国家出版基金项目
NATIONAL PUBLICATION FOUNDATION

"十二五"国家重点图书

中国农业科学院植物保护研究所 中国植物保护学会 主编

中国农作物病虫害

ZHONGGUO NONGZUOWU BINGCHONGHAI

中册

第3版

中国农业出版社
北京

图书在版编目（CIP）数据

中国农作物病虫害. 中册／中国农业科学院植物保
护研究所，中国植物保护学会主编. —3版. —北京：
中国农业出版社，2014.12
国家出版基金项目
"十二五"国家重点图书
ISBN 978-7-109-19908-8

Ⅰ. ①中… Ⅱ. ①中…②中… Ⅲ. ①作物−病虫害
防治−中国 Ⅳ. ①S435

中国版本图书馆CIP数据核字（2014）第294531号

中国农业出版社
地址：北京市朝阳区麦子店街18号楼
邮编：100125

策划编辑：张洪光 阎莎莎
文字编辑：张洪光 阎莎莎 杨金妹 张 利
　　　　　黄 宇 石飞华 郭 科 郭晨茜
装帧设计：杨 璞
版式设计：胡至幸
责任校对：陈晓红 周丽芳
责任印制：刁乾超 郝荣福

印刷：中国农业出版社印刷厂
版次：2015年3月第3版
印次：2015年3月北京第 1 次印刷
发行：新华书店北京发行所

开本：880mm×1230mm 1/16
印张：108
字数：3 598千字
印数：1～2 000册

定价：460.00元

National Publication Foundation

National Key Publication Programme in the Twelfth Five-Year Plan

Crop Diseases and Insect Pests in China

Third Edition (Vol. II)

Edited by

Institute of Plant Protection, Chinese Academy of Agricultural Sciences

China Society of Plant Protection

China Agriculture Press

第3版编辑委员会

第1版编辑委员会

第2版编辑委员会

DI 2 BAN BIANJI WEIYUANHUI

第3版前言

《中国农作物病虫害》于1979年出版，历经35年，已逐渐被广大植保及相关专业工作者视为一部必备的工具书。该书第1版由我国100多个科研院所、高等院校、技术推广等单位的300多位专家撰写，全面系统地概括了我国农业生产上所有重要的病虫草鼠害，涉及粮、棉、油、果、蔬、茶、麻、桑、烟、糖、牧草等植物的1600多种有害生物的分类地位、生物学特性、发生为害规律和综合防治等方面的内容，反映了当时我国农作物病虫害科学研究与防治技术的最高水平，既有很高的学术价值，又有很强的实用性。该书第1版出版发行16年后，于1995年修订再版，对部分单元设置作了调整，增加了290种病虫草鼠害，增补了"六五""七五""八五"国家科技攻关计划主要农作物病虫害防治技术研究取得的主要研究成果，以及水稻、小麦、棉花三大作物主要病虫害防治策略及综合防治技术体系，成为广大农业科技人员、高等院校师生、植物保护企事业单位的研究与管理人员、基层植保人员参考的重要文献，并受到国际同行专家、学者的高度认可。

该书第2版出版至今，又过去了19年。其间，气候条件、农作物种植结构及农业生产经营方式发生了较大变化，国际贸易飞速发展，导致农业外来生物频繁入侵、农作物有害生物种类增加、主要病虫害灾变规律发生变化，病虫灾害出现突发、多发、重发和频发态势；同时，人民生活水平的提高和消费观念的转变，对食品安全和生态安全提出了新的要求，植物保护科技工作面临新的挑战。

"十五"以来，国家通过加强对植物保护学科的理论基础和应用基础、高新技术和关键防治技术的研究，推动了植物保护基础理论和应用技术的飞速发展，显著提升了我国植物保护科技的总体水平，增强了农作物病虫害的监测预警与防控能力。《中国农作物病虫害》第2版内容已不能反映当今中国植物保护领域的新理念、新成果、新策略、新技术，也不能适应当今农业科研、教学及生产发展的需求。为此，中国农业出版社与中国农业科学院植物保护研究所、中国植物保护学会商定对该书进行全面修订，使这部具有广泛社会影响的专著与时俱进。

本次再版，集成了21世纪以来中国植物保护科技发展成果，反映了当今中国植物保护科技事业蓬勃发展的概貌，展示了中国植物保护科技的发展策略与方向，突出了在现代生物技术飞速发展背景下，植物保护研究领域在基础理论研究、高新技术研发和关键防治技术开发方面取得的重大突破和重要成果，尤其是在重大病虫害成灾机理与可持续控制技术、病菌致病性和作物抗性变异机制与遗传规律、植物有害生物与寄主植物互作机理等方面的研究成果，在本书中有一定的反映，使本书内容更为全面、系统、丰富。全书分上、中、下3册，上册包括水稻病虫害、麦类病虫害、玉米病虫害、薯类病虫害、高粱及其他旱粮作物病虫害、棉花病虫害、大豆病虫害、油菜病虫害、花生及其他油料作物病虫害等9个单元，中册包括蔬菜病虫害、果树病虫害、西瓜及甜瓜病虫害、杂食性害虫、地下害虫、储粮病虫害等6个单元，下册包括茶树病虫害、热带作物病虫害、桑树及柞树病虫害、麻类作物病虫害、糖料作物病虫害、烟草病虫害、牧草病虫害、农田杂草、农牧区鼠害等9个单元，共计24个单元，包含农业病虫草鼠害对象共1665种，其中病害775种，害虫739种，杂草109种，害鼠42种。每种病虫草鼠害的描述，仍沿用第2版的体例。着重介绍病害的分布与危害、症状、病原、病害循环、流行规律、防治技术，害虫的分布与危害、形态特征、生活习性、发生规律、防治技术，农田杂草的形态特征、生物学特性、发生规律、防除技术，农牧区鼠害的形态特征、分布与危害、生活习性、防治技术，以及水稻、小麦、玉米、棉花、茶树、储粮等病虫害综合防治技术，并附部分重要病虫害调查及测报技术规范、彩色图片及病、虫、草、鼠等学名索引。是一部兼具科学性、先进性、专业性与实用性的植物保护领域百科巨著。

《中国农作物病虫害》再版工作自2011年9月启动以来，会聚了全国植物保护领域200多个单位的700多位专家，包括6位院士，先后召开了三次编辑委员会会议和三次常务编委会会议。根据中国农业出版社、中国农业科学院植物保护研究所、中国植物保护学会共同制订的编写计划，经过全体作者的共同努力，历时3年编撰完成了这部巨著。对于当前种群数量明显减少，发生为害显著减轻，已很少有人研究的病虫害，为保持本书原版的历史资料，本版仍采用第2版的文本和插图，同时，在书末列出第2版的作者和目录，以表示对原作者及其单位的敬意，同时为读者提供相关历史信息。

为规范本书生物学名和农药名称，本书编委会邀请大连民族学院吕国忠教授和北京市农林科学院植物保护环境保护研究所刘伟成研究员、中国农业科学院植物保护研究所赵廷昌、周广和、彭德良研究员、北京市农林科学院植物保护环境保护研究所吴钜文研究员分别对植物病原真菌、细菌、病毒、线虫和昆虫的学名及其分类地位进行审核。邀请中国农业科学院植物保护研究所郑斐能、袁会珠和刘太国、陆宴辉研究员审核农药名称和英文图题、表题。

在本书编写过程中，对于个别有争议的名称或名词的用法特作以下说明：

(1) 有关"胞囊线虫"的"胞"字，作者有两种意见：一种意见为"胞囊线虫"，另一种意见为"孢囊线虫"。本书统一采用了"胞囊线虫"。

(2) 有关病情指数有两种表示方法：有的作者以"%"表示，如病情指数为60%；有的作者用数字表示，不加"%"，如病情指数为60。本书统一采用传统的表示方法，即不加"%"。

(3) 有些害虫名称有新的变化，为了保持与本书第2版的名称相一致，本版中文名称仍沿用第2版的，但在文中注明其新的中文名称，拉丁文学名以新的分类学研究结果为主。如水稻病虫害单元的"水稻大螟 [*Sesamia inferens* (Walker)]"，中文名称新修订为"稻蛀茎夜蛾"，本版仍沿用"大螟"，但在文中注明"又名稻蛀茎夜蛾"。

为做好《中国农作物病虫害》（第3版）的编辑出版工作，中国植物保护学会作为主编单位之一，负责本书常务编委会办公室的工作，学会秘书处文丽萍、冯凌云、胡静明同志承担了编委会、常务编委会会议的会务以及与单元负责人、作者和审稿专家的联系、协调等工作，在本书的修订出版中发挥了重要作用。

在本书编写过程中，得到各位编委、单元负责人、作者和所在单位的大力支持，保证了按计划进度顺利完成修订再版。在此谨对为本书出版付出辛勤劳动的各位作者致以衷心的感谢。

本书再版得到了倪汉祥、吴钜文、朱国仁、冯兰香、肖悦岩、周广和、郑斐能等老专家的支持，负责审阅书稿、提出修改意见和建议，在本书出版之际谨向各位专家致以诚挚的谢意。

由于本书规模大、内容多、时间紧，同时受作者水平所限，疏漏和不足在所难免，期待读者不吝指教。

《中国农作物病虫害》第3版常务编委会

2014年11月

Foreword
to the Third Edition

Since the first edition of the *Crop Diseases and Insect Pests in China* was published in 1979, it has gradually been used as an essential reference book by the majority of researchers, trainees and university students in plant protection and related subjects over the past 35 years. The first edition was written and compiled by more than 300 professors and researchers specialized in plant protection from over 100 organizations, including research institutes, universities, and extension sectors of China. It systematically summarized all of the important crop diseases, insect pests, weeds and rodents in agricultural production of China, covering the taxonomic status, biological characteristics, occurrence, and integrated control techniques of more than 1600 species of harmful organisms in grains, cotton, oil crops, fruits, vegetables, tea, bast fiber crops, mulberry, tobacco, sugar crops, forage and pasture crops and other crops. The first edition presented the highest level of research and control technologies of crop diseases and insect pests at that time, having high academic value and strong practicability. The second edition of the *Crop Diseases and Insect Pests in China* printed in 1995 supplemented 290 species of crop diseases, insect pests, weeds and rodents, and also the main achievements in IPM research for major crops, including the control tactics, and IPM technique system for rice, wheat and cotton since the National IPM Technique Research Projects started in 1983. The second edition, which deserved high praise from international experts and scholars, has become an important reference document for scientists, students and teachers in universities, research and administrative staff in enterprises and institutions of plant protection, and even the plant protection technicians at grass-root level.

So far, 19 years have passed since the second edition of the *Crop Diseases and Insect Pests in China* was published. During this period, there have been great changes in the climate, crop planting structure and agricultural production with rapid growth of international trade. These changes led to frequent invasions by alien species in agriculture, increased species of crop pests, and changed the occurrence of main diseases and insect pests with a sudden, multiple, repeated and frequent trend. For improvement of living standard and changes of consumption concept, new demands have been put forward to food safety and ecological security, which posed new challenges to the field of plant protection.

Since the Tenth State Five-year Plan, China has strengthened basic and applied research and developed the key high-tech in plant protection. The promotion of rapid development of relevant basic theories and applied technologies significantly enhanced the level of plant protection technologies, and improved the capabilities of monitoring, early warning, prevention and control of diseases and insect pests in crops. In this context, the previous version of the *Crop Diseases and Insect Pests in China* could not accurately reflect new ideas, new achievements, new strategies or new technologies in the field of plant protection in today's China. At present, it cannot meet the demands of research, teaching and production development in agriculture. Thus, it is agreed to completely revise the second edition by China Agriculture Press (CAP), the Institute of Plant Protection, Chinese Academy of Agricultural Sciences (IPPCAAS) and China Society of Plant Protection (CSPP). The monograph with an extensive social impact should advance with the times.

The third edition of the *Crop Diseases and Insect Pests in China* integrates the updated achievements of technological development in plant protection of China since the 21 century. It reflects the general picture of thriving high-tech enterprises of plant protection and displays the developmental strategy and direction of plant protection technology in today's China. The contents of the third edition are more comprehensive, systematic and informative, including 24 chapters in three volumes. The first volume includes nine chapters describing the diseases and insect pests of rice, wheat, maize, potato, sorghum and other dry crops, cotton, soybean, canola, peanut and other oil crops; the second volume includes six chapters summarizing the diseases and insect pests of vegetables, fruits, watermelon and melons, stored grains, as well as polyphagous and soil dwelling insect pests; the third volume includes nine chapters documenting plant diseases and insect pests of tropical crops, tea, mulberry and oak trees, bast fiber crops, sugar crops, tobacco, forage and pasture crops, as well as weeds in farmland and rodents in agricultural and pastoral areas. The book totally records 1 665 species of pests, includes 775 species of crop diseases, 739 species of insect pests (including mites, snails and slugs), 109 species of weeds, and 42 species of rodents in agricultural production of China, 150 species more than those in the second edition. The description for each of crop diseases, insect pests, weeds and rodents still follows the pattern of the second edition, with specific focuses on the distribution and damage, symptoms, pathogens, disease cycles, epidemiology, and control techniques of crop disease; the distribution and damage, morphological characteristics, life behavior, occurrence, and control techniques of insect pests; the morphological and biological characteristics, occurrence, and control (weeding) techniques of weeds in farmland; the morphological characteristics, distribution and damage, life behavior, and control techniques of rodents in agricultural and pastoral areas; and IPM for plant diseases and insect pests in rice, wheat, corn, cotton, and stored grains. Additionally, the rules for surveying and forecasting of some important crop diseases and insect pests and color figures are appended. The appendix index of scientific names of relevant diseases, insect pests, weeds, and rodents are also attached. Thus, the third edition of the *Crop Diseases and Insect Pests in China* represents a scientific, advanced, specialized, practical, and popular masterpiece of encyclopedia in the field of plant protection.

Six academicians and over 700 experts/professors in the field of plant protection in China have been gathered to hold three editorial board meetings plus three executive board meetings since the third revision started in September 2011. According to the compilation plan developed by CAP, IPPCAAS and CSPP, it took three years to complete this great masterpiece in plant protection with the joint efforts of all the authors. During the compilation process, it was strongly supported by the members of the editorial board, subject editors, and authors as well as their institutions, which ensured the successful completion of the third edition as scheduled. Here the heartfelt appreciation is given to all of the authors for their hard work contributing to the publication.

For a small number of crop diseases and insect pests, the population demographics and damages have significantly decreased since the late 20th century with less updated studies. To maintain historical data of the original book, the text and figures for those rare diseases and insect pests in the third edition are still adopted from the second edition. Additionally, author names and table of contents of the second edition are listed at the end of the new version to show respect for all the experts and institutions which contributed to the book and provide relevant historical information for readers.

To standardize the biology names and the names of pesticides used in the book, the editorial board invited professor Lü Guozhong of College for Nationalities of Dalian, researchers Liu Weicheng and Wu Juwen of Institute of Plant Protection and Environment Protection of Beijing Agricultural and Forestry Academy, researchers Zhao Tingchang, Zhou Guanghe, Peng Deliang of Institute of Plant Protection of Chinese Academy of Agricultural Science, to verify the names and taxonomic status of insects, and pathogenic fungi, bacteria, viruses and nematodes in plants. Researchers Zheng Feineng and Yuan Huizhu were invited to verify the names of pesticides. Researchers Liu Taiguo and Lu Yanhui were invited to verify the English titles of figures and tables.

In regard to disputable usages of some names and words, the editorial standards in this book are as the following:

(1) "胞囊线虫" is used in this book.

(2) disease index is presented as, for example, 60, without "%".

(3) the names of some insect pests have changed, but the third edition still uses the early names in the second edition (published in 1996) to maintain historical data, while giving the new Chinese names and Latin names in text.

The China Society of Plant Protection, one of the chief editorial units, was in charge of office work for the executive editorial board for better editing and publishing the third edition of the *Crop Diseases and Insect Pests in China*. Ms Wen Liping, Feng Lingyun and Hu Jingming at the Secretariat of the Society played important roles in the revision and publication as the coordinators of the editorial board meetings and executive board meetings. They also took charge of contact and coordination with subject editors, authors, and reviewers.

The editorial work was supported greatly by the members of editorial board, unit conveners, authors and the related institutes. Sincere thanks are given to all the contributors to the publication of the book.

Additionally, the publication of the third edition was supported by a number of eminent experts, who reviewed the manuscripts and provided comments and suggestions for the revision. On the occasion of the publication of the book, sincere thanks are given to these experts, including Professors Ni Hanxiang, Wu Juwen, Zhu Guoren, Feng Lanxiang, Xiao Yueyan, Zhou Guanghe and Zheng Peineng.

Because of the large scale, substantial contents, tight schedule and limit knowledge of the authors, omissions and deficiencies might not be inevitable in this book. The readers are expected to feel free to offer comments and kind advices.

Executive Editorial Board of *Crop Diseases and Insect Pests in China* (third edition)

November 2014

第1版前言

DI 1 BAN QIANYAN

我国社会主义革命和社会主义建设已进入了一个新的历史时期。为了实现新时期的总任务，适应我国社会主义农业高速发展对植保工作的需要，在农业部、中国农业科学院的领导下组成编辑委员会，由中国农业科学院植物保护研究所主持，并按不同作物病虫害单元由编委单位分工负责，组织全国一百六十多个植保科研、教学、生产单位协作，300多位同志参加执笔，将1959年出版的《中国农作物主要病虫害及其防治》一书重新编写。根据书的内容，现将书名改为《中国农作物病虫害》。

本书共分17个单元，包括病、虫、杂草、鸟兽害共1 300多种。分上、下两册出版。上册包括水稻、麦类、旱粮、棉花、油料病虫，杂食性害虫，粮食安全贮藏7个单元；下册包括麻类、桑、茶、糖料、蔬菜、烟、落叶果树、常绿果树病虫，农田杂草，鸟兽害10个单元，以及附录超低容量喷药技术。为了便于识别，附有大量彩色图、黑白图和照片。内容着重介绍其形态、生物学特性、发生规律和综合防治方法。对病虫测报的具体方法，因全国及各省(市、区)另有规定，在本书中未单设章节叙述，只在防治方法中根据需要扼要述及。本书可供各级植保工作者、农业大专院校师生和社、队中有经验的植保员，在进一步研究病、虫、鸟、兽、杂草的发生规律和指导防治时做参考。

在编写中，各单元虽经两次集体讨论修改，引用了各地科研、教学、生产单位的已发表和未发表的新成就、新经验以及图片，但由于时间关系可能仍有遗漏和错误，望读者指正。

本书由各单元负责单位分别邀请了有关专家、教授、科技人员和农民植保专家参加了审订工作，特此致谢！

《中国农作物病虫害》编辑委员会

1979年1月

第2版前言

DI 2 BAN QIANYAN

本书第1版上、下两册，分别于1979年和1981年出版。问世以后，正值"科学春天"之始，至今已历时十余载。在此期间，我国的植物保护科学技术工作，在国家、部门、地方的科技发展计划中，均受到高度重视，给予资助，使之得到长足发展，硕果累累，其中某些方面的研究进展已达到或领先于国际同类研究的水平，且大部分已在农业生产中应用，发挥了很大作用。为及时总结传播这些新经验，更好地为当前农业生产建设服务，重新厘定增补此书至感必要。为此，在农业出版社的支持下，由中国农业科学院植物保护研究所主持，邀请有关专家、教授组成编辑委员会，编委按单元分工负责，通力协作，并请110个植物保护科研、教学、生产单位直接从事研究的311位作者，分别完成本书第2版的撰写工作。

此次增订，仍沿用第1版的体例。各单元描述的病虫对象，由单元负责编委决定增补。对单元的设置，做了必要的调整。增设了亚热带作物病虫害和牧草病虫害两个单元；将落叶果树和常绿果树病虫害合并为果树病虫害单元；将麻作和常绿果树中的部分内容并入亚热带作物病虫害单元，并在此单元内增加了胡椒、咖啡、可可、木薯、香料等作物病虫害；鸟兽害单元，调整后改为农牧区鼠害。全书调整后仍分上、下两册出版。上册包括：水稻病虫害、麦类病虫害、旱粮病虫害、杂食性害虫、贮粮病虫害、油料作物病虫害和蔬菜病虫害等7个单元。下册包括：棉花病虫害、麻类作物病虫害、桑树病虫害、茶树病虫害、糖料作物病虫害、烟草病虫害、果树病虫害、亚热带作物病虫害、牧草病虫害、农田杂草、农牧区鼠害等11个单元，以及附录和病、虫、草、鼠学名索引。

本书共描述农业病虫草鼠1648种，其中病害742种，害虫（螨）838种，杂草64种，害鼠22种；比第一版增加了290种。书内对每种病虫对象的描述，根据资料多寡，作出详简不同的表述。为使读者识别病虫，插有黑白图及照片图版1105幅。此外，鉴于目前各种病虫彩色挂图、图册已出版很多，为降低成本，利于读者购买，此次增订删除了彩色图版。

自从1991年农业出版社与中国农业科学院植物保护研究所共同制定出本书第2版编写计划以来，得到编委、作者及其所在单位的大力支持，保证了按计划进度顺利完成厘定增补；许多同行为本书的增订提供了大量资料；黑白插图除大部沿用原书第1版外，部分引自中国科学院动物研究所、浙江农业大学、华南农业大学、西北农业大学、北京市农林科学院等单位编著的有关书刊；部分图请周至宏、董平、曹雅忠等同志根据本书第1版彩图及作者提供的照片、草图改绘。在此一并致以衷心的感谢。

我们增订此书出版，限于业务水平，在资料的收集、取舍、叙述等方面还存在不完全统一，以及缺点和错误，恳切希望读者批评指正，以利今后修改和提高。

《中国农作物病虫害》编辑委员会

总目次

Contents

目　录

第 10 单元　蔬菜病虫害

第 11 单元　果树病虫害

第 12 单元　西瓜、甜瓜病虫害

第 13 单元　杂食性害虫

第 14 单元　地下害虫

第 15 单元　储粮病虫害

第10单元　蔬菜病虫害

第1节　蔬菜苗期猝倒病

一、分布与危害

蔬菜猝倒病是一种世界性的苗床病害，几乎能为害所有蔬菜的幼苗，一年四季都可发生，尤以冬春季节或早春蔬菜育苗期最为严重。

我国有些地方将猝倒病称为"倒苗"、"霉根"、"歪脖子"或"小脚瘟"，在全国各地均有分布。冬春季节，空气湿度和土壤湿度通常都很大，尤其是塑料大棚内的湿度多处于过饱和状态，非常适宜猝倒病的发生。特别是番茄、辣（甜）椒、茄子、黄瓜、西葫芦、冬瓜、芹菜、莴苣、菜豆和黄秋葵等蔬菜在种子未萌发或刚发芽时，即可受害，造成烂种、烂芽；出苗后一旦染病，迅速传播，一些幼苗发病后1～2d内即造成周围幼苗成片倒伏、死亡，甚至毁种，菜农的经济损失十分惨重。当前，我国保护地蔬菜生产及其育苗产业仍处在高速发展之中。因此，苗期猝倒病似乎也呈现上升趋势。一般来说，该病引起的死苗约占幼苗死亡率的80％或更多，严重地制约着保护地蔬菜生产的发展。另外，猝倒病菌还可侵染各种苗木、花卉和烟草等植物。

二、症状

以茄科和葫芦科为主的多种蔬菜在幼苗出土前、后均可发病，在种子萌发后至幼苗出土前受害，造成烂种缺苗；番茄、辣（甜）椒等茄科蔬菜出苗后发病，多见于2～3片真叶期的幼苗，此时幼苗的茎部皮层尚未木栓化。病菌首先侵入近地面的幼茎基部，并产生水渍状病斑，后变为暗褐色，继而绕茎扩展，茎逐渐缢缩成细线状，病株随即倒伏死亡，但此时幼苗的子叶或幼叶尚未凋萎仍呈绿色，故此得名"猝倒病"。幼苗一旦染病，可快速向四周蔓延，引起成片幼苗倒伏、死亡；潮湿时，被害部位产生白色絮状菌丝。该病的显著特点是病苗倒伏时植株仍为绿色（彩图10-1-1）。

黄瓜、冬瓜等葫芦科蔬菜幼苗猝倒病的症状基本上与番茄相同，幼苗出苗前受害造成烂种、烂芽，不能出土；出苗后受害，近地面的幼茎最先发病，初期呈水渍状病斑、似开水烫过，后变褐、干枯并绕茎一周，幼苗茎部缢缩成"细脖"状而倒伏。条件适宜时病程极短，幼苗从发病到倒伏只需1d，而子叶在2～3d内仍呈青绿色，几天时间就能引起幼苗成片猝倒。湿度大时，病株附近长出白色絮状菌丝。

白菜、青菜和菜薹等十字花科蔬菜幼苗发病，在幼苗茎基部近地面处产生水渍状斑，很快茎部缢缩折倒，湿度大时病部或土表也长出白色棉絮状物，即病菌菌丝、孢囊梗和孢子囊。

蔬菜苗期猝倒病与立枯病的症状比较容易混淆，可从以下4点区分：一是症状，猝倒病苗在小苗尚未完全萎蔫和绿色时即倒伏在地，而感染立枯病的幼苗在枯死后仍然直立；二是产生的霉层，在湿度大时，猝倒病苗在幼茎被害部及周围地面产生白色絮状物，而立枯病则产生浅褐色蛛丝网状霉层；三是发病时间，猝倒病一般发生在3片真叶之前，特别是刚出土的幼苗最易发病，而立枯病则发生较晚，茄子定植后也可发病；四是发病温度，猝倒病偏低温，苗床温度在2～8℃时发生的可能性大，立枯病偏高温，23～25℃时发生的可能性才大。

猝倒病与生理性沤根也有相似之处。但沤根多是由低温、积水引起。沤根常发生在幼苗定植后，如遇低温、阴雨天气，根皮呈铁锈色腐烂，基本无新根，地上部萎蔫，病苗极易被拔起，严重时成片幼苗干枯。

三、病原

由于多种病菌都会引发蔬菜幼苗产生猝倒症状，因此，国内外报道的猝倒病的病原菌也是多种多样，至少有数十种。但总体来说，瓜果腐霉［*Pythium aphanidermatum*（Edson）Fitzp.］、终极腐霉（*P.ultimum* Trow）、刺腐霉（*P.spinosum* Sawada）、德里腐霉（*P.deliense* Meurs）、德巴利腐霉（*P.debaryanum* R.Hesse）、强雄腐霉（*P.arrhenomanes* Drechsler）、畸雌腐霉（*P.irregulare* Buisman）、寡雄腐霉（*P.oligandrum* Drechsler）和链状腐霉（*P.catenulatum* V.D.Matthews）等比较常见或重要，均为卵菌门霜霉目腐霉属；还有辣椒疫霉（*Phytophthora capsici*）、烟草疫霉（*Phytophthora nicotianae*）等也可引起猝倒病，均属于卵菌门霜霉目疫霉属；另外，国外甚至报道某些丝核菌（*Rhizoctonia* spp.）和镰孢菌（*Fusarium* spp.）也是蔬菜猝倒病的病原。

（一）瓜果腐霉

瓜果腐霉的寄主范围很广，是引起番茄、辣（甜）椒、茄子等茄科蔬菜，黄瓜、西葫芦、冬瓜等葫芦科蔬菜，白菜、萝卜、菜薹等十字花科蔬菜以及其他蔬菜猝倒病的主要病原物。瓜果腐霉菌丝体发达，无隔膜，呈白色絮状，但孢子囊与菌丝体之间有隔膜；孢子囊管状或裂瓣状，顶生或间生，大小为（124～624）μm×（4.9～14.9）μm，内含 6～25 个或更多的游动孢子；游动孢子双鞭毛，肾形，大小为（13.7～17.2）μm×（12.0～17.2）μm；藏卵器内有一个卵球，交配后卵球发育成卵孢子；卵孢子球形，平滑，直径为 13.2～25.1μm（图 10 - 1 - 1）。

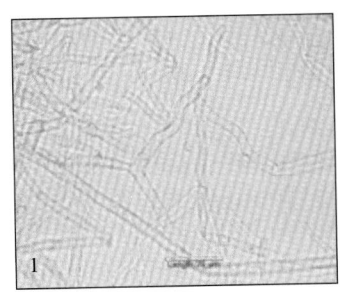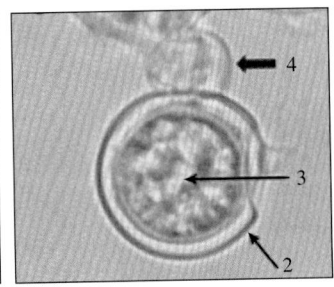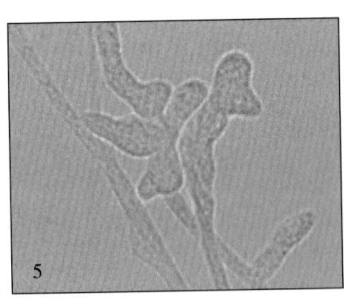

图 10 - 1 - 1 瓜果腐霉形态特征（引自 Hashem Al - Sheikh and Abdelzaher H. M. A.，2010）

Figure 10 - 1 - 1 Morphology of *Pythium aphanidermatum*（from Hashem Al - Sheikh and Abdelzaher H. M. A.，2010）

1.菌丝体 2.藏卵器 3.卵孢子 4.雄器 5.孢子囊念珠状

（二）终极腐霉

终极腐霉可引起茄科、葫芦科等蔬菜幼苗猝倒病。在 CMA 培养基上菌丝呈放射状生长。菌丝发达，分枝繁茂，宽 4.08～10.7μm；孢子囊球形或卵圆形，间生或顶生，大小为 14.28～25.5μm，不产生游动孢子；藏卵器球形，平滑，多顶生，大小为 19.38～23.46μm；雄器囊状，弯曲，无柄，紧靠藏卵器，典型同丝生，偶有异丝生和下位生，大小为（5.1～12.24）μm×（4.08～9.18）μm，每个藏卵器有雄器 1 个；卵孢子球形，平滑，不满器，直径 18.36～24.48μm，壁厚 0.92～2.65μm，内含储物球和折光体各 1 个（图 10 - 1 - 2）。

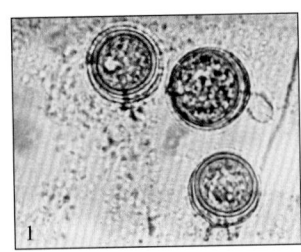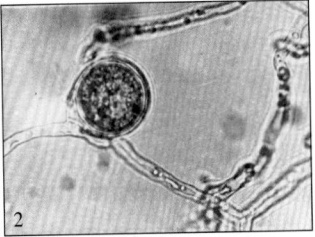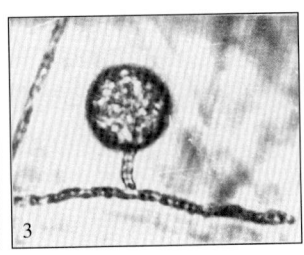

图 10 - 1 - 2 终极腐霉形态特征（李长松提供）

Figure 10 - 1 - 2 Morphology of *Pythium ultimum*（by Li Changsong）

1.卵孢子 2.雄器与藏卵器 3.孢子囊

（三）刺腐霉

刺腐霉在 CMA 培养基上无特殊形状，在 PCA 培养基上菌丝略呈放射状生长；菌丝无隔，老熟后有隔膜，发达，不规则分枝，主菌丝宽 $7.0\sim8.0\mu m$，蔓延在细胞间或细胞内；孢子囊球形或近球形，平滑或具刺，顶生或间生，顶生时偶见生于主干菌丝的短小分枝上，直径为 $14\sim33\mu m$，萌发时生 $1\sim3$ 个芽管；藏卵器顶生或间生，球形至亚球形，其上密生上下粗细均一、长短不一、直而不弯的指状刺，个别刺少或无，高 $4.6\sim9.3\mu m$，基部宽 $1.2\sim3.1\mu m$；雄器生在藏卵器柄内或主菌丝内，棍棒状或弯棍棒状，顶生，与藏卵器同丝生，较少异丝生，具柄，大小为 $(12\sim32)\ \mu m\times(3\sim5)\ \mu m$，大多数藏卵器只有 1 个雄器；卵孢子无色，球形，平滑，满器，偶有不满器的，直径 $19\sim25\mu m$，壁厚 $2\mu m$（图 10-1-3）。在 $5\sim30\,℃$ 的范围内，孢子囊萌发不产生游动孢子。

刺腐霉的寄主范围广，可侵染甘蓝、青花菜、葱、萝卜、胡萝卜、番茄、茄子、荸荠、蕹菜、莴苣和蚕豆等近百种植物，引起幼苗猝倒病。

（四）德里腐霉

德里腐霉在 PDA 和 PCA 培养基上产生旺盛的、絮状气生菌丝；孢子囊为念珠状，似菌丝状膨大，分枝不规则；藏卵器光滑，球形，顶生，直径 $18.1\sim22.7\mu m$，藏卵器柄弯向雄器，每个藏卵器具 1 个雄器；雄器多为同丝生，偶异丝生，柄直，顶生或间生，亚球形至桶形，大小为 $14.1\mu m\times11.5\mu m$；卵孢子平滑，不满器，直径为 $15.5\sim20\mu m$（图 10-1-4）。菌丝生长适宜温度为 $30\,℃$，最高为 $40\,℃$，最低为 $10\,℃$，在 $15\sim30\,℃$ 条件下均可产生游动孢子。该菌主要引起葫芦科蔬菜猝倒病。

四、病害循环

猝倒病的病菌以卵孢子或菌丝体在病株残体上越冬，也可在土壤中长期存活。通过土壤、种子、未腐熟的农家肥、雨水或灌溉水、农机具以及移栽传播，条件适宜时卵孢子萌发产生芽管，直接侵入幼苗。此外，在土中营腐生生活的菌丝也可产生孢子囊，孢子囊萌发后产生游动孢子；也有时孢子囊萌发后形成泡囊，泡囊内含多个次生游动孢子。游动孢子在水中游动几分钟后，变成圆形的休眠孢子，进入休眠阶段，然后再萌发产生芽管，侵入寄主组织。孢子囊和卵孢子

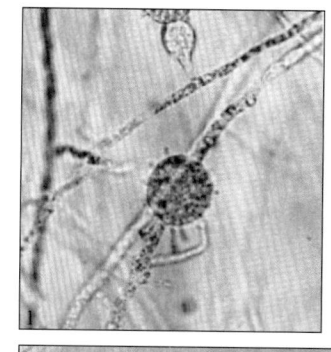
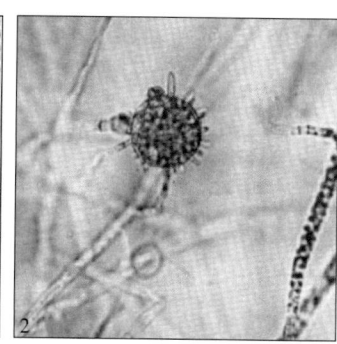
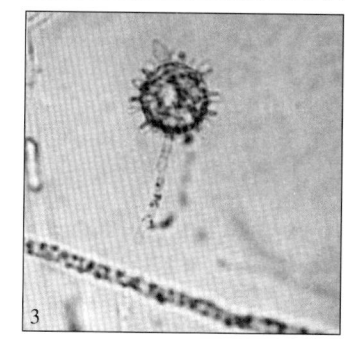
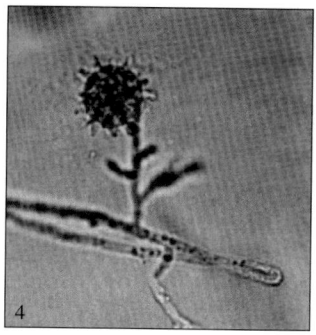

图 10-1-3　刺腐霉形态特征（引自 Hashem Al-Sheikh and Abdelzaher H. M. A.，2010）

Figure 10-1-3　Morphology of *Pythium spinosum*（from Hashem Al-Sheikh and Abdelzaher H. M. A.，2010）

1. 菌丝肿胀，老熟时有隔膜　2. 卵孢子为雄器与藏卵器同丝生
3. 卵孢子为雄器与藏卵器异丝生　4. 卵孢子球形，器满，上生许多钝直的指状刺

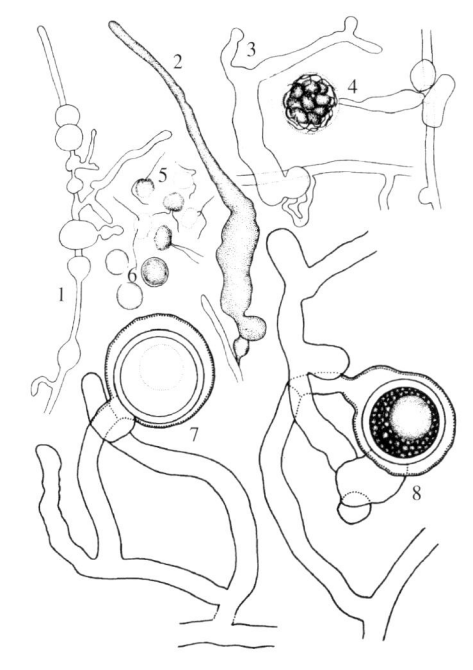

图 10-1-4　德里腐霉形态特征（引自余永年，1998）

Figure 10-1-4　Morphology of *Pythium deliense*（from Yu Yongnian，1998）

1～3. 孢子囊　4. 泡囊　5. 游动孢子
6. 休止孢子　7. 藏卵器　8. 雄器和卵孢子

的萌发方式主要取决于当时的温度，一般来说温度高于 18℃ 时，卵孢子往往萌发产生芽管；当温度为 10～18℃ 时，则萌发产生孢子囊并释放出游动孢子。游动孢子有趋向于根伸长区和切口的特性，距根的伸长区和切口越远游动孢子则越少。因此，根毛区的游动孢子比较少，根的成熟区几乎见不到游动孢子。猝倒病菌的休眠孢子萌发时产生芽管并伸向根伸长区，但芽管接触侵染点后不产生附着胞和侵染钉，而是直接穿透根的表皮细胞或切口引起发病；条件适宜时病部可不断地产生孢子囊，进行重复侵染。菌丝体进入根部后沿根轴上下伸长继续蔓延，并在根里形成藏卵器和雄器；菌丝体进入茎内后，从一个细胞扩散到相邻的细胞，以此在皮层中逐渐扩展蔓延，最后在病组织内形成卵孢子越冬（图 10 - 1 - 5）。

五、流行规律

土壤含菌量大、苗床高湿低温、光照不足、幼苗生长衰弱是该病发生的主要诱因。

（一）幼苗生长时期

幼苗在长出第一片真叶的前后最易发病，长出 3 片真叶后较少发病，这是由于幼苗在子叶养分即将耗尽而新根尚未扎实之前营养缺乏、幼苗抗病力减弱所致。

（二）菌源

用重病地做苗床，或利用旧苗床、旧床土，或施用带有病残体及未充分腐熟的肥料，均可增加苗床土壤的带菌量。

（三）湿度

土壤湿度大利于病菌繁殖和在地

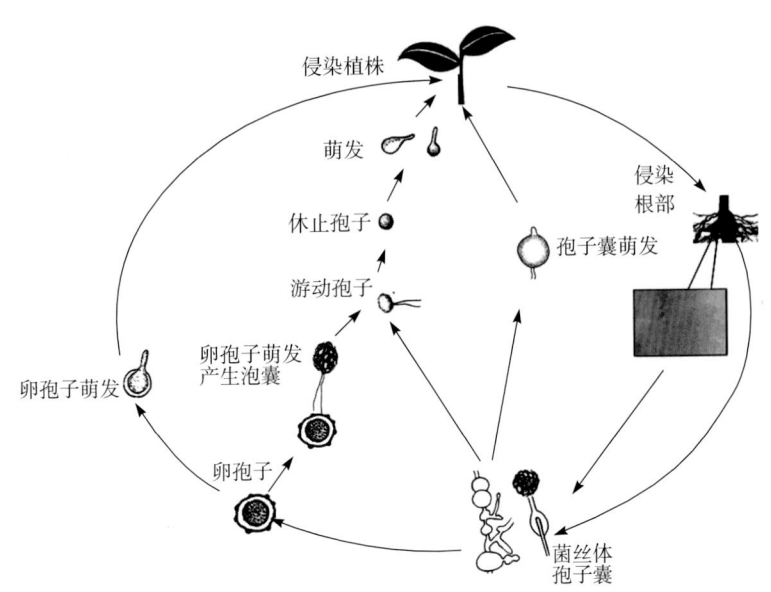

图 10 - 1 - 5　蔬菜猝倒病病害循环（李长松提供）

Figure 10 - 1 - 5　Disease cycle of vegetable damping - off (by Li Changsong)

表移动，从而加重病害。大棚中，病害多从棚膜滴水处向外扩展。高湿时，幼苗根系不良、易徒长、茎叶嫩弱，也有利于发病。苗床地势低、地下水位高、土壤黏重、排水不良或播后浇水多、连续阴雨天气、通风不良都会造成苗床湿度大，有利于病害的发生。

（四）温度

较高的温度适于病原菌生长、繁殖和侵染，但实际上低温时猝倒病易大发生，特别是遭受冷害后发病更重，其原因是幼苗生长发育需要较高的温度，长期低于 15℃ 或忽冷忽热，幼苗生理功能受到削弱，抗病性降低，而病原菌的生长温度范围较宽，低温时仍能进行侵染和蔓延。

（五）光照

苗床光照弱，光照时间短，均可使幼苗徒长、纤弱，易被病菌感染；播种量大，留苗过密或幼苗缺乏低温锻炼，也会造成幼苗纤弱，抗病性降低。相反，光照充足、炼苗充分的健壮幼苗，抗病性增强。

六、防治技术

（一）育苗基质处理

苗床土可用威百亩熏蒸，即用 32.7% 威百亩水剂 60 倍液喷洒苗床，并用薄膜覆盖严实，7d 后撤膜，并松土 2 次，充分释放药气后播种；也可喷洒 30% 噁霉灵・精甲霜灵水剂 1 500～2 000 倍液。

应用穴盘或营养钵育苗时，每立方米营养土或者基质加入 30% 噁霉灵水剂 150mL，或 54.5% 噁霉・福美双可湿性粉剂 10g，充分混匀后育苗。

在土壤中添加 0.5% 或 1% 的甲壳素，或施用稻壳、蔗渣、虾壳粉、硅酸炉渣等土壤添加剂，均可提高幼苗的抗病性，减轻发病。

（二）选择耐低温品种

目前尚缺乏抗猝倒病的蔬菜品种，但可因地制宜地选用一些耐低温的品种，能在一定程度上起着减轻病害的作用。如济南早小长茄子、长茄 1 号、齐茄 1 号等茄子品种耐低温弱光，勾茄 1 号、勾茄 2 号、丰研 1 号、金茄 1 号、三月早茄、新乡糙青茄等茄子品种较耐寒。早杂 1 号、吉农早丰、晋番茄 1 号、河南 5 号、霞粉、浙杂 7 号、兰优早红、夏星、粤红玉和红杂 16 等番茄品种比较早熟或耐低温。中椒 2 号、中椒 3 号、中椒 7 号、甜杂 1 号、甜杂 2 号、辽椒 4 号、早丰 1 号、早杂 2 号、湘研 1 号、湘研 4 号等甜（辣）椒品种也较早熟和耐低温。

（三）种子处理

种子用 50℃温水消毒 20min，或 70℃干热灭菌 72h 后催芽播种；或用 35％甲霜灵拌种剂或 3.5％咯菌·精甲霜悬浮种衣剂按种子重量的 0.6％拌种；也可用 72.2％霜霉威水剂 800～1 000 倍液，或 68％精甲霜·锰锌水分散粒剂 600～800 倍液、72％锰锌·霜脲可湿性粉剂 600～800 倍液浸种 0.5h，再用清水浸泡 8h 后催芽或直播。

（四）加强苗床管理

快速育苗或营养基质育苗，加强苗床管理，看苗适时适量放风，避免阴雨天浇水等防止出现低温高湿的措施可使幼苗生长健壮，值得应用与推广。选择避风向阳高燥的地块作苗床，既有利于排水、调节床土温度，又有利于采光、提高地温。苗床或棚室施用经酵素菌沤制的堆肥，减少化肥及农药施用量。齐苗后，苗床或棚室内的温度白天保持在 25～30℃，夜间保持在 10～15℃，以防止寒流侵袭。苗床或棚室湿度不宜过高，连阴雨或雨雪天气或床土不干时应少浇水或不浇水，必须浇水时可用喷壶轻浇；当塑料膜、玻璃面或秧苗叶片上有水珠凝结时，要及时通风或撒施草木灰降湿。

（五）喷洒药剂

一旦发现病株应立即拔除，并及时施药。药剂可选用 68％精甲霜·锰锌可湿性粉剂 600～800 倍液，或 3％噁霉灵·甲霜灵水剂 800 倍液＋65％代森锌可湿性粉剂 600 倍液、25％吡唑醚菌酯乳油2 000～3 000倍液＋75％百菌清可湿性粉剂 600～1 000 倍液、69％烯酰·锰锌可湿性粉剂 1 000 倍液、15％噁霉灵水剂 800 倍液＋50％甲霜灵可湿性粉剂 600～1 000 倍液等，均匀喷雾，视病情每隔 7～10d 喷 1 次。

李长松　齐军山（山东省农业科学院植物保护研究所）

第 2 节　蔬菜苗期立枯病

一、分布与危害

蔬菜苗期立枯病是一种世界性的重要病害，凡是种植蔬菜的地方都有发生，几乎无一幸免。为害的蔬菜种类十分广泛，如茄科的茄子、辣椒、番茄、马铃薯等；十字花科的白菜、甘蓝、花椰菜、苤蓝、萝卜、油菜等；葫芦科的黄瓜、南瓜、西葫芦、冬瓜、苦瓜、丝瓜、瓠瓜等，此外，还包括其他科的菜豆、豇豆、毛豆、洋葱、芹菜、莴苣、茼蒿等近百种蔬菜作物。

该病在我国各地均有分布，终年均有发生，南方俗称"死苗"，北方俗称"立枯死"等，尤以番茄、辣（甜）椒、茄子、黄瓜、白菜、甘蓝、花椰菜等幼苗受害最重。通常在蔬菜苗期及移栽成活后发生，植株进入旺盛生长期后，组织器官逐渐发育完全，抗病性明显增强，病情慢慢减轻。幼苗发病初期，白天茎叶萎蔫，早晚尚能恢复，但数日后便整株枯死，田间往往出现明显的发病中心。若遇连续低温阴雨、光照不足，该病在田间迅速蔓延，造成幼苗一片片地死亡。由于全国各地栽培的蔬菜种类繁多、管理水平不同，所以，立枯病的发生与为害差异较大，通常发病株率为 10％～30％，严重时可达 80％以上，幼苗成片死亡甚至毁种重播。

二、症状

虽然许多种类的蔬菜从刚出土的小苗直到定植后的大苗都会发生立枯病，但其主要症状基本相同或相似。通常是幼苗出土后开始发病，土壤中的立枯病菌首先侵入幼苗近地面的根颈部，产生椭圆形、暗褐色的坏死斑点，受害幼苗白天轻度萎蔫，夜晚恢复，随后病部逐渐凹陷和扩展，当病斑绕茎一周时，病部缢缩，幼苗逐渐干枯，直至植株直立死亡而不倒伏（彩图 10-2-1）；定植后，当空气和土壤潮湿时，病部长出稀疏、淡褐色的蛛丝状菌丝体，后期形成菌核。不同蔬菜种类幼苗干枯的速度不同，比如茄子、番茄等幼苗病程发展比较缓慢，从发病到死亡通常为 5～6d 甚至十多天，而黄瓜、冬瓜等葫芦科幼苗以及白菜、萝卜等十字花科幼苗的病程很短，发病幼苗往往在 3～4d 内，甚至 1～2d 内就会死亡。立枯病早期与猝倒病不易区别，但随着病情发展，立枯病病株的病部会出现稀疏、淡褐色的菌丝。

立枯病与猝倒病同是蔬菜苗期的两种重要病害，两者在症状上的区别主要有三点：一是立枯病病苗不产生絮状白霉；二是立枯病病苗不倒伏；三是立枯病的病程发展相对缓慢；猝倒病与此相反。

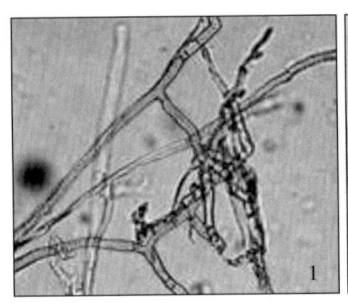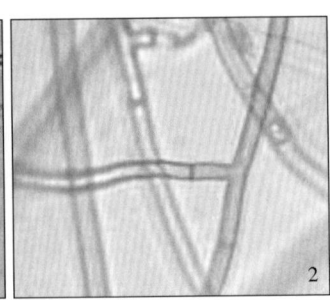

图 10 - 2 - 1 立枯丝核菌形态
(1. 引自 Paul Bachi，2010；
2. 引自 Gerald Holmes，2009)
Figure 10 - 2 - 1 Morphology of *Rhizoctonia solani*
(1. from Paul Bachi，2010；
2. from Gerald Holmes，2009)
1. 菌丝体 2. 菌丝呈直角状分枝

三、病原

蔬菜苗期立枯病病原为立枯丝核菌（*Rhizoctonia solani* Kühn），隶属于担子菌无性型丝核菌属真菌。初生菌丝无色，后为黄褐色，具有隔膜，粗为 8～12μm，分枝基部缢缩，不产生无性孢子；老熟菌丝常为一连串的桶形细胞，后期变黄褐色至深褐色，分枝基部稍缢缩，与主菌丝成直角，并交织成松散不定形的菌核；菌核浅褐色、棕褐色至暗褐色，近球形或无定形，直径 0.1～0.5nm，质地疏松，表面粗糙（图 10 - 2 - 1）。

蔬菜苗期立枯病病原有性型为瓜亡革菌 [*Thanatephorus cucumeris*（Frank）Donk]，属于担子菌门亡革菌属。仅在酷暑高温条件下产生，在自然条件下并不常见。担子无色，单胞，圆筒形或长椭圆形，顶生 2～4 个小梗，每个小梗上产生 1 个担孢子；担孢子椭圆形，无色，单胞，大小为（6～9）μm×（5～7）μm。

四、病害循环

蔬菜苗期立枯病是一种常见的土壤传播病害，病菌不易产生孢子，主要以菌丝体或菌核在土壤中越冬。病菌适宜生长温度为 24℃，在 12℃ 以下和 30℃ 以上时，菌丝生长受到抑制；地温高于 10℃ 时，病菌进入腐生阶段。菌核及菌丝体腐生性强，病残体分解后病菌也可在土壤中腐生存活 2～3 年，遇有合适寄主和适宜条件时，以菌丝体作为初侵染源，直接侵入植株；病斑上产生的菌丝通过土壤、水流、农具、雨水以及带菌的堆肥传播，在适宜的环境条件下，菌丝从伤口或直接由表皮侵入寄主幼茎、根部而引发病害，并由此不断地在田间引起再侵染（图 10 - 2 - 2）。

图 10 - 2 - 2 蔬菜苗期立枯病病害循环（仿童蕴慧，1996）
Figure 10 - 2 - 2 Disease cycle of damping off in the field（from Tong Yunhui，1996）
1. 菌丝或菌核在土壤中越冬 2. 菌丝萌发繁殖
3. 侵入蔬菜小苗根颈，引起田间初侵染
4. 形成病株 5. 病部产生菌丝或菌核，导致田间病害的再侵染

五、流行规律

蔬菜苗期立枯病的发生、流行与土壤带菌量和环境因素的关系极大，菌源决定病害是否发生，环境决定严重程度。该病原菌喜低温高湿、昼夜温差大的环境条件，其发育适温为 24℃，最高 42℃，最低 13℃，适宜 pH 为 3～9.5。在温度为 13～30℃、土壤湿度为 20%～60% 的条件下，病菌都可侵入植株，但发病的最适温度为 20～24℃。因此，反季节栽培的蔬菜幼苗很易感病，我国长江以南地区的发病盛期主要为 2～4 月。

一般来说，生长衰弱、徒长或受伤的蔬菜幼苗，容易遭受病菌的感染。播种过密，间苗不及时，土壤

水分多、湿度大，有机肥不腐熟、酸性土壤等都可诱发立枯病；育苗期间，天气闷热或多阴雨的年份发病比较重。育苗棚内温度较低，而空气湿度过大，阳光不足，通风不良，二氧化碳不足，有害气体含量高等因素都会造成蔬菜苗生长不良，光合作用降低，影响幼苗根系正常的生长和养分的合成，植株徒长嫩弱，抗病力降低，而有利于病菌的快速繁殖和侵染，极易造成田间立枯病的发生和流行。

六、防治技术

蔬菜苗期立枯病的防治要遵循"预防为主，综合防治"的植保方针，即以农业防治为主，化学防治为辅。重点抓好土壤或基质消毒、苗期水肥管理和施用药剂等环节。

（一）农业防治

1. 适期播种，培育壮苗　根据当地气候条件，因地制宜地确定适宜的播种期，避开不良天气。播种后如遇连续几天的高温干旱天气，应及时浇水以降低地温，减少高温对幼苗茎秆的伤害。多雨季节采用高垄或高畦育苗，降低土壤湿度，控制密度，加强通风，适当控制浇水，浇水后及时通风排湿，尽量防止叶面结露，可有效减少病害的发生。

2. 苗床实行轮作　苗床应避免连作，实行 3 年以上轮作。

3. 苗床选择　选择地势高，地下水位低，排水良好以及无病的地块作苗床。雨季育苗应深挖排水沟，及时排水，并合理布局排水沟渠，避免病区水流向健区，造成交叉感染。

4. 苗床温湿度管理　幼苗出土后加强通风透光、合理浇水施肥和及时调节温湿度等，避免苗床温湿度过高，并加强幼苗锻炼，防止幼苗嫩弱徒长。一般要求苗床温度在 25℃左右，不要低于 20℃，也不要高于 30℃；当塑料薄膜或幼苗叶片上有凝结露珠时，应及时通风降湿，傍晚盖严薄膜保温；最好在晴天傍晚浇水，杜绝中午浇水，尽量控制浇水次数，浇水后及时揭开大棚两端的棚膜以利通风排湿；阴雨天苗床湿度过高时，可撒施一些干草木灰，以降低苗床湿度，利于培育壮苗。

5. 平衡施肥　追肥时，要控制氮肥的施用量，并增施磷、钾肥，3 片真叶以后，可喷施 0.2%～2.5%磷酸二氢钾溶液 2～3 次，间隔 5～7d 喷施 1 次，可有效地提高幼苗的抗病性，但浓度不能太高，以免发生肥害。幼苗对植物生长调节剂和叶面肥较为敏感，易产生药害，应谨慎使用或避免使用。

6. 改进育苗方式　培育壮苗是预防立枯病的有效措施，将传统母床育苗改进为营养钵（营养袋、营养穴盘）育苗或基质漂浮育苗（为工厂化育苗所用）。

营养土育苗可有效提高成苗率。幼苗移栽时根系带土较多，缓苗快、成活率高、生长整齐、成本较低。育苗营养土配方为：60%壤土＋35%腐熟有机肥＋5%钙镁磷肥，调节 pH 为 7～8 较好。该营养土可增加土壤肥力和通透性，提高土壤透气、透水性。即使应用营养钵育苗，也需注意提高地温、通风排湿、薄肥勤施和补喷 0.2%～0.25%磷酸二氢钾 2～3 次，防止幼苗在高温、高湿条件下遭受立枯病的侵害。

如用母床育苗则应选择肥力高、土壤透气好以及排水方便的地块作育苗地，翻耕前每 667m² 苗床施入2 000～2 500kg 的腐熟有机肥，翻耕混合后密闭大棚，闷棚 15～20d；也可用药剂消毒土壤，以杀虫灭菌；还需适当稀播，利于培育壮苗。

（二）化学防治

1. 床土消毒　育苗床土应进行消毒处理，可用 25%甲霜灵可湿性粉剂，或 70%代森锰锌可湿性粉剂，或 50%多菌灵可湿性粉剂等，每 100g 药剂加 5kg 细干土，充分拌匀后制成药土，施药前先将苗床浇透底水，待水下渗后先将 1/3 药土均匀撒施在苗床上，播完种后再把其余 2/3 药土覆盖在种子上面。

2. 种子处理　可选用 75%代森锰锌可湿性粉剂，或 50%多菌灵可湿性粉剂、70%噁霉灵可湿性粉剂、70%甲基硫菌灵可湿性粉剂、40%百菌清可湿性粉剂等药剂的 15 倍液拌种，晾干后播种；也可选用2.5%代森锰锌悬浮种衣剂 12.5mL，或 3.5%甲霜灵悬浮种衣剂 30mL、45%克菌丹悬浮种衣剂 3～5g、3%苯醚甲环唑悬浮种衣剂 0.5～1mL，对水 50mL，再与 5kg 种子搅拌混匀，晾干后播种；还可选用 75%代森锰锌可湿性粉剂，或 50%多菌灵可湿性粉剂、70%甲基硫菌灵可湿性粉剂、40%百菌清可湿性粉剂等药剂干拌种子，每 1kg 种子用药 2g，也要充分拌匀，拌种后不宜暴晒和受潮。直接使用商品包衣种子也很有效。

3. 喷洒药剂　苗床初现萎蔫症状时，应及时拔除并施药防治。可选用 70%甲基硫菌灵可湿性粉剂800 倍液，或 50%多菌灵可湿性粉剂 500 倍液、20%甲霜灵可湿性粉剂 1 200 倍液、40%百菌清可湿性粉剂 800 倍液、43%戊唑醇悬浮剂 3 000 倍液、50%异菌脲可湿性粉剂 800～1 000 倍液、3%多抗霉素水剂 500～1 000 倍液等药剂，间隔 7～10d 喷洒 1 次，连续 2～3 次。当猝倒病和立枯病混合发生时，可与防治猝倒病的药剂混合施用。

　　苗床发病时，既要对整个苗床进行普遍喷药，又要对发病中心进行重点防治，即将整个幼苗和根系土壤充分淋透；露地苗床若在施药后 3d 内遇雨，应在雨停后 1d 补喷。

李向东（云南省农业科学院农业环境资源研究所）

第 3 节　十字花科蔬菜霜霉病

一、分布与危害

　　十字花科蔬菜霜霉病是全世界十字花科蔬菜生产上非常重要的真菌性病害，在中国、日本、巴西、加拿大和瑞典等国都有造成严重危害的报道，大白菜、小白菜、青菜、菜心、花椰菜、青花菜、甘蓝、萝卜、芥菜及芥蓝等十字花科蔬菜均易受害。该病在我国各地均有发生，特别是在沿江、沿海和气候潮湿、冷凉地区极易流行。在十字花科蔬菜霜霉病中尤以大白菜受害最为严重，菜农一直将大白菜霜霉病、病毒病和软腐病称为大白菜的三大病害。在大白菜霜霉病流行年份，发病株率可达 80%～90%，田间一片枯黄，减产 50%以上，甚至绝收，而且病株极不耐储存。

　　自 20 世纪末以来，随着青花菜的种植面积不断扩大，霜霉病也逐渐成了我国南方青花菜的重大病害，特别是在浙江、上海和江苏一带，常年发病株率达到 15%～30%，严重时可高达 90%以上，严重地制约了青花菜产业的发展；此外，花椰菜霜霉病的发生比较普遍和严重。该病还可为害采种株，对种子产量的影响也较大。

二、症状

　　十字花科蔬菜整个生育期都可受到霜霉病的侵害，尤以叶片发病普遍且严重，其次是留种株茎、花梗和果荚。下面以受害最重的大白菜、萝卜、花椰菜为例分述霜霉病症状（彩图 10 - 3 - 1）。

（一）大白菜霜霉病

　　苗期受害，初期正面无明显症状，叶背面有白色霜状霉层，后期病叶发黄，整株枯死。成株期受害，初期呈现淡绿色水渍状斑点，叶正面不表现症状，随着病情的发展，叶面逐渐出现黄色至黄褐色的病斑，由于病斑扩大常受叶脉限制，因而霜霉病病斑常为多角形或不规则形，叶背面病斑处密生灰白色霉层，后期病组织干枯；进入包心期，若环境条件适宜，病情发展迅速，叶片上的病斑不断增加，并连接成片、逐渐干枯，病情从外叶向内叶发展，最后田间一片枯黄，只剩下叶球；采种株受害，花梗肥大、肿起、弯曲，呈"龙头"状，病部生有白霉，花器肥大成畸形，花瓣变为绿色、瘦小、久而不落，感病种荚呈淡黄色、瘦小、不结实或结实不良，种荚上生有灰白色霉层。

（二）萝卜霜霉病

　　初发病时叶片上产生水渍状、不规则的褪绿斑点，很快扩大为多角形或不规则形的黄褐色病斑，有时叶正面病斑边缘不甚清晰，背面病斑则较为明显；湿度大时，病斑上长出白色霉层；严重时，病斑连片，叶片变黄、干枯；种株染病，自下向上发展，茎部出现黑褐色、不规则状的斑点，霉层较少，并逐渐蔓延到种荚；种荚上的病斑淡褐色、不规则形，上生白色霜霉，严重时种子也受害。萝卜、根芥菜等的地下根部也可受害，产生灰黄色至灰褐色斑痕，储藏期间根系极易腐烂。

（三）花椰菜霜霉病

　　花椰菜幼苗和成株均可发病。幼苗受害，叶片背面出现白色霉状物，即病原菌的孢子囊和孢囊梗，正面症状不明显，严重时叶片、幼茎变黄死亡；成株期发病，主要为害叶片，也可为害花梗和种荚。叶片发病多从下部叶片开始，叶片正面出现黄绿色、水渍状病斑，后变为黄色至黄褐色，病斑因受叶脉限制呈多角形或不规则形，在干燥条件下病斑边缘明显，潮湿条件下不明显，但在叶背可见稀疏的白霉。病害严重时病斑连片，造成叶片枯黄而死。为害花梗和种荚，可造成畸形、弯曲和膨肿，潮湿时病部也能长出霜状霉层。花梗受害常发生折断以致枯死，使种荚不能结籽。

三、病原

十字花科蔬菜霜霉病的病原为寄生霜霉〔*Hyaloperonospora parasitica*（Pers. ex Fr.）Constant.，异名：*Peronospora parasitica*（Pers：Fr）Fr.〕，隶属于卵菌门霜霉目明霜霉属。寄生霜霉是一种专性寄生菌，在不同寄主属、种间存在着致病性差异，具有生理小种分化。

寄生霜霉菌的菌丝无色、无隔膜，蔓延于细胞间，靠吸器伸入细胞内吸收水分和营养，吸器球形至梨形或囊状。无性态在菌丝上产生孢子囊梗，从气孔伸出，单生或 2～4 根束生，无色，无分隔，全长 192.0～233.0 μm，主干基部稍膨大，上部锐角二叉分枝，分枝 1～7 次，多为 3～6 次，末枝（6.4～25.6）$\mu m \times$（1.3～3.2）μm，弯曲，枝端尖细，每个枝端着生 1 个孢子囊。孢子囊无色，单胞，椭圆形或近球形，大小为（19.8～30.9）$\mu m \times$（18～28）μm，萌发时多直接从侧面产生芽管，不形成游动孢子。有性态产生卵孢子，在罹病的叶、茎、花薹和荚果中都可形成，尤以花薹等肥厚组织中为多。卵孢子近球形，单胞，黄褐色，壁厚，表面光滑或略有皱纹，直径 34～42 μm，抗逆性强，条件适宜时，直接产生芽管进行侵染。

较低的温度和较高的湿度有利于病菌的生长发育。菌丝发育适温为 20～24℃，孢子囊形成适温为 8～12℃，萌发温度为 3～35℃，适温为 7～13℃，孢子囊在水滴中和适温下，经 3～4h 即可萌发；病菌侵染适温为 16℃；在温度 10～15℃和相对湿度 70%～75%的条件下，卵孢子会大量形成，其萌发的适宜温度与孢子囊大致相同。

据报道，寄生霜霉菌可分为 3 个变种（专化型）：寄生霜霉芸薹属变种（*H. parasitica* f. sp. *brassicae*）、寄生霜霉萝卜属变种（*H. parasitica* f. sp. *raphani*）和寄生霜霉荠属变种（*H. parasitica* f. sp. *capsellae*）。这三个变种的主要区别是各自的侵染能力不同。其中，芸薹属变种（图 10 - 3 - 1）又可分为甘蓝型、白菜型和芥菜型菌株，该变种对芸薹属植物的侵染力强，但对萝卜的侵染力弱，并不易侵染荠；萝卜属变种对萝卜的侵染力强，而对芸薹属植物的侵染力弱，并不侵染荠；荠属变种，只侵染荠，不侵染其他十字花科植物。

白菜型菌株对大白菜、小白菜、油菜、青菜、芥菜和芜菁等的侵染力极强，对甘蓝的侵染力弱；甘蓝型菌株主要侵染甘蓝、花椰菜和苤蓝等，虽能侵染白菜、油菜、芥菜和芜菁，但致病力极弱；芥菜型菌株主要侵染芥菜，对甘蓝侵染力很弱，但有些芥菜型霜霉菌可侵染大白菜、小白菜和油菜等。

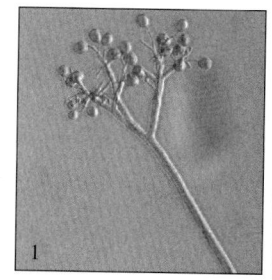 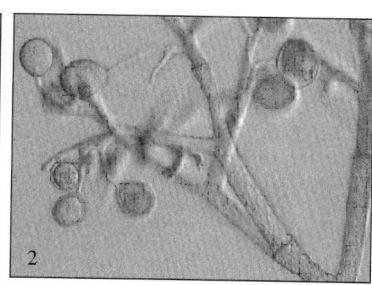 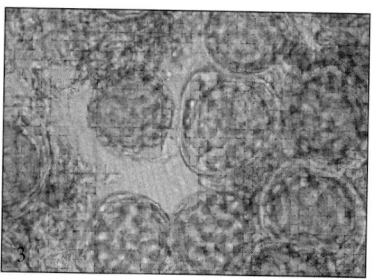

图 10 - 3 - 1　寄生霜霉芸薹属变种甘蓝型菌株的形态特征（陈玉森提供）

Figure 10 - 3 - 1　Morphology of *Hyaloperonospora parasitica* f. sp. *brassicae*（by Chen Yusen）

1. 孢子囊梗　2. 孢子囊　3. 卵孢子

四、病害循环

北方地区，大白菜、花椰菜和甘蓝等霜霉病菌一般以卵孢子和菌丝体随病残体遗落在土中越冬，也可在采种母株根部或窖藏大白菜上越冬，少数还可黏附在种皮上越冬，并随种子调运作远距离传播。第二年春季温、湿度适宜时，卵孢子和休眠菌丝产生的孢子囊及游动孢子借助风雨、流水或田间操作等传播，作为初次侵染菌源，从寄主气孔或细胞间隙侵入，条件适宜时潜育期为 3～5d。植株发病后，病部产生的孢子囊及游动孢子作为再次侵染菌源，不断地侵入寄主，引起春菜霜霉病的逐步扩展和蔓延。到了夏季，病原菌以卵孢子随病残体休眠约 2 个月，再侵染秋菜，如此循环往复（图 10 - 3 - 2）。在南方或冬季温暖的地方，全年都可以种植十字花科蔬菜，也就没有明显的越冬现象。

萝卜霜霉病的侵染循环基本与白菜、甘蓝霜霉病相同，病菌也主要以卵孢子在病残体或土壤中越冬或混杂在种子中越冬，翌年卵孢子萌发长出芽管，从幼苗胚芽处侵入。也可以菌丝体在采种母根或窖储萝卜上越冬，翌年菌丝体向上蔓延至叶片和嫩茎，并在其上产生孢子囊，形成有限的系统侵染。病菌还可附着在种子上越冬，带菌种子上的病菌随着种子发芽直接侵染幼苗，引起苗期发病。储藏期间，病株病部的病菌也可越冬，翌年春季产生孢子囊，孢子囊成熟后脱落，借气流、风雨和农事操作传播，在寄主表面产生芽管，由气孔或从细胞间隙侵入，经 3～5d 的潜育期后，病部可产生大量的孢子囊进行再侵染，病害如此循环往复。到了秋末冬初

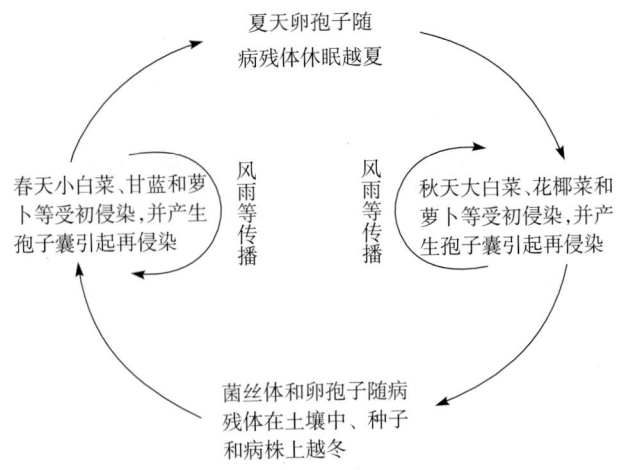

图 10-3-2 十字花科蔬菜霜霉病病害循环（王晓梅提供）
Figure 10-3-2 Disease cycle of downy mildew on cruciferous vegetables（by Wang Xiaomei）

环境条件恶劣时，病菌才在寄主组织上进行有性繁殖，产生卵孢子越冬，并经 2～3 个月休眠后又可萌发，成为翌年的初侵染源。

五、流行规律

十字花科蔬菜霜霉病的发生与气候条件、栽培管理、品种抗病性等因素的关系十分密切，但决定病害是否流行的首要因素是降水量。

（一）大白菜

大白菜喜好冷凉湿润的气候，生长发育的适宜温度为 18～21℃，整个生长期间都需湿润的环境条件，否则生长受阻。

大白菜霜霉病菌喜温暖潮湿的环境，最适发病的气象条件为日平均温度 14～20℃，相对湿度 90% 以上，最适合发病的生育期为莲座期至采收期，发病潜育期为 3～10d。由于病菌生长发育要求稍低的温度（适温为 20～24℃）和高湿的条件，降水量比温度对病害的发生和发展的影响更大。通常在忽暖忽寒、多雨高湿的气候条件下，该病最易发生和流行。

在我国北方，大白菜播种后，若遇高温多雨，特别是地温高且持续时间长，植株抗病力急剧下降，霜霉病非常容易发生；反之，病害很轻。比如黑龙江、吉林和辽宁三省的 7 月下旬至 8 月上旬、新疆和甘肃的 6～8 月、黄河流域的 8 月中旬以及长江流域的 8 月中、下旬，降雨天数是秋季大白菜霜霉病流行的决定性因素。总的来说，秋季高温多雨的年份，霜霉病发生严重。

植株生育不良，或感染了病毒病，或过度密植导致田间湿度大，病害也较严重。此外，品种间存在着明显的抗病性差异，也会影响到田间病害发生的早晚与轻重。

（二）花椰菜

花椰菜霜霉病菌喜多雨潮湿、稍冷凉、昼夜温差大的气候条件，在多雨、多雾、多露、气温忽高忽低、昼夜温差大时，病害发生严重。当日平均气温 15～24℃、相对湿度 70%～75% 时，或植株表面存有水滴，病害极易发生与流行。在北方，春季霜霉病重于秋季；在南方，冬、春两季霜霉病发生都比较普遍。花梗抽出和花球形成期或反季节栽培时遇连阴雨、气温较低时，受害较重。在不加温的保护地里，冬季霜霉病也重。此外，菜田低湿、土质黏重、肥力较差的田块发病都较重；管理粗放、杂草丛生、田间郁闭等环境也有利于病害的发生与发展。

（三）萝卜

萝卜霜霉病菌的侵染条件在各地基本相同，日平均气温在 16℃ 左右，相对湿度高于 70%，有 1 次 5d 的连阴雨天气、存在感病品种或一定数量的菌源，该病即可发生。湿度对病害的发展影响很大，阴雨或高湿常促使病害迅速蔓延甚至流行。通常，萝卜霜霉病多发生于 8 月中旬至 9 月中旬。此外，发生病毒病的

植株也容易感染霜霉病。

六、防治技术

十字花科蔬菜霜霉病菌的寄主植物十分广泛，且对不少杀菌剂出现了抗药性。因此，十字花科蔬菜霜霉病初侵染来源非常多，防不胜防，防治该病必须采取预防为主、综合治理的防治措施。

（一）因地制宜地选用抗（耐）病品种

目前，抗或耐霜霉病的大白菜、花椰菜、萝卜等新品种在生产中已被广泛种植，可因地制宜地选用。大白菜抗（耐）病品种主要有中白 2 号、绿宝、中白 4 号、北京 106、豫白 1 号、豫白 4 号、秦白 3 号、鲁白 10 号、夏冬青、双冠、青庆、青麻叶品系 816 - 812 等；花椰菜品种有祁连白雪、瑞士雪球、荷兰 75 等；萝卜品种有通园红 2 号、鲁萝卜 2 号、郑州金花、春萝 1 号、京红 1 号、红丰 2 号等。

（二）选好茬口和适时播种

调整蔬菜生产布局，合理间、套作和轮作，不要以十字花科蔬菜特别是春季白菜、花椰菜采种地为前茬，而选用春黄瓜、马铃薯及葱蒜类、茄果类作物的茬口较好。在保证大白菜有足够生长期的前提下，适期晚播。花椰菜、萝卜与大白菜基本相同，播种过早发病重，播种过晚结球不实或产量降低。所以，要根据当地气候做到适期播种，因地制宜，减轻霜霉病造成的危害。

（三）加强栽培管理

1. 清洁田园　在间苗、定苗时应清除病苗，拉秧后也要把病叶、病株清除出田，深埋或烧毁，并深翻土壤，以减少田间的菌源。

2. 施足底肥　尽量施用充分腐熟的有机肥，增施磷、钾肥，增强植株的抗病力。

3. 适度蹲苗　掌握好间苗、定苗的时间，尽量早间苗和晚定苗，除高寒少雨地区外，定植密度不宜过大；为了促使根系强壮，还要适度蹲苗。

4. 加强水分管理　在低洼地或多雨地区，宜采用高垄栽培，苗期不能缺水，但须小水勤浇，做到土壤见干见湿；避免大水漫灌，雨后及时排除田间积水，并及时中耕除草，以利于田间通风降湿。

（四）药剂防治

由于种子能够带菌，所以最好从无病种株上采种；对于有带菌嫌疑的种子进行消毒，用种子重量 0.2% 的 40% 福美·拌种灵可湿性粉剂拌种，或用种子重量 0.3% 的 58% 甲霜·锰锌可湿性粉剂拌种，都有较好的防病效果。

发病初期即可喷药，药剂有 52.5% 噁唑菌酮·霜脲氰水分散粒剂 1 500～1 800 倍液，或 10% 氰霜唑可湿性粉剂 450 倍液、72.2% 霜霉威盐酸盐水剂 600 倍液、78% 波·锰锌可湿性粉剂 500 倍液、40% 三乙膦酸铝可湿性粉剂 250 倍液、58% 甲霜·锰锌可湿性粉剂 500 倍液、25% 嘧菌酯悬浮剂 800～1 250 倍液、50% 琥铜·甲霜灵可湿性粉剂 600 倍液、40% 福美双可湿性粉剂 800 倍液、75% 百菌清可湿性粉剂 500 倍液、53% 精甲霜·锰锌水分散粒剂 600～800 倍液、69% 烯酰·锰锌可湿性粉剂 600～800 倍液等，但须注意轮换、交替使用，可隔 7～10d 喷洒 1 次，连喷 2～3 次。

王晓梅（吉林农业大学农学院）

刘长远（辽宁省农业科学院植物保护研究所）

李屹（青海省农林科学院园艺研究所）

第 4 节　十字花科蔬菜白锈病

一、分布与危害

十字花科蔬菜白锈病是一种世界性的重要病害，早在 1791 年就发现其为害。该病分布范围极广泛，世界各地十字花科蔬菜生产国都有发生，如英国、美国、巴西、加拿大、德国、印度、日本、巴勒斯坦、罗马尼亚、土耳其、斐济、希腊、新西兰和澳大利亚等。中国也是该病的主要流行国家之一，北京、上海、江苏、浙江、广西、广东、福建、云南、贵州、山西、河北、河南、陕西、甘肃、宁夏、内蒙古、辽宁、吉林、西藏等省份都有发生。该病病原菌可侵染十字花科的 63 属 246 种植物，其中，具有较大经济价值的有油菜、萝卜、小白菜、紫菜薹、红菜薹、花椰菜、芥蓝、青花菜、球茎甘蓝、叶芥菜、茎芥菜（头菜）、根芥菜（大头菜）、榨菜和大白菜等。十字花科蔬菜的整个生育期均能发病，既可局部侵染又可系统侵染。局部侵染在叶背、茎或种荚上产生白色疱斑，影响植株的正常生长发育；系统侵染则使花序肿胀、弯曲，不结实。

20 世纪中期以前，在我国及亚洲的一些国家中，十字花科蔬菜白锈病所造成的损失不是太大，一般减产在 10% 以下。但随着十字花科蔬菜面积的不断增长、复种指数不断提高，该病已成为十字花科蔬菜生产上的主要病害之一，产量损失逐渐加重。在我国，萝卜白锈病的发病率一般为 5%～10%，严重时为 50% 左右；在印度，芥菜叶片受害可造成 27.4% 的损失，花序受害可造成 62.7% 的损失，若二者同时发生损失则高达 89.8%；在加拿大西部，油菜白锈病造成的产量损失一般在 1.2%～9%，严重的田块则为 30%～60%。

二、症状

虽然十字花科蔬菜种类很多，但白锈病症状却比较相似。该病主要为害叶片、茎、花、花梗，种荚也可受害。如芥菜、萝卜、大白菜、甘蓝、油菜叶片受害初期，叶面出现不规则的褪绿小斑点、边缘不清晰，后发展成黄色病斑，在叶背对应的部位出现白色或乳黄色、近圆形至不规则形、稍隆起的疱疹，即为孢子囊堆，严重时全叶布满病斑、病叶枯黄脱落，有时叶正面也生疱疹状的孢子囊堆；孢子囊堆还可生在茎和花柱等部位，散生或聚生，圆形、长椭圆形至不规则形，白色、浅黄色，直径 0.1～3.1mm，愈合后可至 5mm；有的孢子囊堆周围有黑色线圈，外围具淡黄色晕圈，或周围呈"绿岛"，黄色底叶和茎部亦可呈现"绿岛"；叶正面对应处淡黄色稍隆起，周围常有黑褐色线圈；芥菜、萝卜和油菜等的茎和花器受害，呈肥大、扭曲的畸形，不能结实，菜农俗称为"龙头拐"，花瓣变绿色叶状肿大，其上散生或群生孢子囊堆（彩图 10-4-1）；孢子囊堆成熟后表皮破裂，散发出白色粉状物，即为病菌孢子囊，这是该病的重要病征。严重时全叶布满病斑，病叶枯黄脱落，有时叶正面也生疱疹。

十字花科蔬菜白锈病与十字花科蔬菜霜霉病的症状比较相似，且常混合发生，二者的主要区别是：白锈病在叶背表皮下形成白色疱状孢子囊堆，霜霉病在叶背有稀疏的白色霉状物。

三、病原

十字花科蔬菜白锈病的病原有两种，一为白锈菌 [*Albugo candida* (Gmelin：Pers.) Kuntze]，另一为大孢白锈菌 [*Albugo macrospora* (Togashi) S. Ito，异名：*A. canclida* var. *macrospora* Togashi]，均为卵菌门白锈菌属。无性繁殖产生游动孢子，有性繁殖产生卵孢子。

白锈菌（*A. candida*）的菌丝无色，无分隔，生长于寄主细胞间隙；孢子囊梗无限生长、短棍棒状，不分枝，大小为 (24～30) μm×(11.4～15) μm，栅栏状排列，丛生于寄主表皮下，其顶端生有串珠状的孢子囊；孢子囊卵圆形、近球形或球形，单胞，无色，大小为 (11.4～16.3) μm×

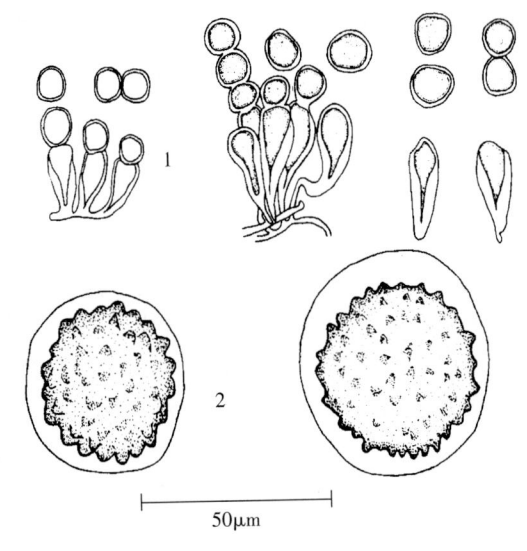

图 10-4-1 白锈菌形态（引自余永年，1998）
Figure 10-4-1 Morphology of *Albugo candida*
(from Yu Yongnian, 1998)
1. 孢子囊梗和孢子囊 2. 卵孢子

(14.4～17.5) μm，萌发时产生 6～18 个游动孢子；游动孢子圆形或肾形、具双鞭毛；鞭毛侧生，脱落后成为休止孢；藏卵器近球形，无色，多呈空腔，大小为 (60～93) μm×(43～63) μm；卵孢子近球形，褐色，外壁有瘤状突起，大小为 (33～48) μm×(33～51) μm（图 10-4-1）；卵孢子萌发时表层破裂，内层呈囊状自裂口突出，破裂后其内的游动孢子自此游出。

大孢白锈菌（*A. macrospora*）的菌丝无色，无分隔，蔓延于寄主细胞间隙；孢子囊梗棍棒状，大小为 (22.5～47.5) μm×(12.5～17.5) μm；孢子囊球形或卵圆形，壁薄、等厚，大小为 (15～25) μm

×（13.8～17.5）μm；卵孢子近球形，红褐色至茶褐色，外壁平滑或偶有皱纹，无瘤状突起，大小为（45～61.3）μm×（50～67.5）μm（图 10-4-2）。

白锈病菌的寄主专化性很强，不能离体培养，有明显的生理分化现象。根据病菌对鉴别寄主致病力的不同，鉴定出白锈菌（A. candida）至少有 11 个生理小种，每个小种在自然条件下只侵染与其相对应的鉴别寄主（表 10-4-1）；鉴定出大孢白锈菌（A. macrospora）有 3 个生理小种，即侵染萝卜的萝卜系、侵染芜菁与白菜的芜菁系、侵染芥菜的芥菜系。

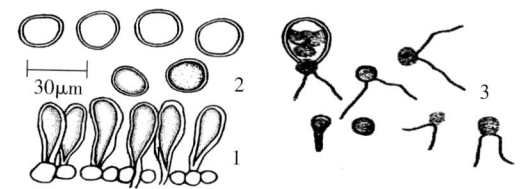

图 10-4-2　大孢白锈菌形态（引自余永年，1998）
Figure 10-4-2　Morphology of *Albugo macrospora*
（from Yu Yongnian，1998）
1. 孢子囊梗　2. 孢子囊　3. 游动孢子

表 10-4-1　白锈菌的生理小种及其在鉴别寄主上的反应（引自 Pound and Williams，1963）
Table 10-4-1　Races of *Albugo candida* and their resistant/susceptible patterns on the
differential hosts（from Pound and Williams，1963）

鉴别寄主	生 理 小 种										
	1号	2号	3号	4号	5号	6号	7号	8号	9号	10号	11号
萝卜 (*Raphanus sativus*)	S	R	R	R	R	R	R	R	R	R	R
芥菜 (*Brassica juncea*)	SS	S	SS	SS	SS	SS	SS	R/S	SS	SS	SS
辣根 (*Armoracia rusticana*)	R	R	S	R	R	R	R	R	R	R	R
荠菜 (*Capsella bursa - pastoris*)	R	R	R	S	R	R	R	R	R	R	R
钻果大蒜芥 (*Sisymbrium officinale*)	SS	SS	S	SS	S	SS	R	R	R	SS	R
沼生蔊菜 (*Rorippa islandica*)	R	R	SS	SS	R	R	R	R	R	R	R
油菜 (*Brassica rapa*)	R	R/S	R	R	R	R	S	R/S	R	R	R
黑芥 (*Brassica nigra*)	SS	SS	R	R	R	R	SS	S	SS	SS	R
甘蓝 (*Brassica oleracea*)	SS	SS	R	R	R	R	SS	SS	R	R	SS
野芥 (*Brassica kaber*)	R	R	R	R	R	R	R	R	R	S	R
埃塞俄比亚芥 (*Brassica carinata*)	SS	SS	R	R	R	R	SS	S	SS	R	S

注　R：抗病；S：感病；SS：轻微感病；R/S：抗病和感病分离，以抗病为主。

四、病害循环

在寒冷地区，病菌主要以卵孢子随病残体在土壤中或附着在种子上越冬，也可以菌丝体或孢子囊堆在采种株上越冬。翌春条件适宜时，越冬卵孢子萌发，产生游动孢子并静止后生成侵入丝，从气孔或直接侵入寄主组织，从而完成初侵染，潜育期为 7～10d；植株发病后，其病部不断产生孢子囊和游动孢子，传到邻近健康植株进行再侵染，使病害进一步蔓延，随后又以卵孢子、菌丝体在带有病残体的土壤中或种子上越夏，以后再侵染秋菜。在南方温暖潮湿地区，十字花科等寄主全年存在，孢子囊在田间无明显的越冬期，可继续传播与为害，引起病害不断蔓延。

病菌在田间主要是通过气流、雨水或灌溉水传播，其次是通过带菌的种子、农具及田间操作传播。此外，混有病残体的堆肥、沤肥以及带菌土壤和染病的十字花科杂草也可随风雨、流水或农具、人、畜以及昆虫的活动等方式传到其他植株或田块，引起发病（图 10-4-3）。远距离传播则通过调运带菌种子和有病蔬菜，将病菌从病区带到无病区，使病害得以进一步扩散。

五、流行规律

（一）卵孢子的寿命和萌发条件

卵孢子在干燥条件下至少可存活 20 年。在 15℃下，孢子囊可存活 4.5d，但在离体条件下 18h 即丧失活性。

卵孢子须经一段时间的休眠后才能萌发，但其萌发还与本身的成熟度、外界温度有关，适当的低温利于卵孢子萌发，13℃低温处理 20h 后的萌发率明显提高。卵孢子通常有两种萌发方式：一是直接产生芽管形成菌丝；

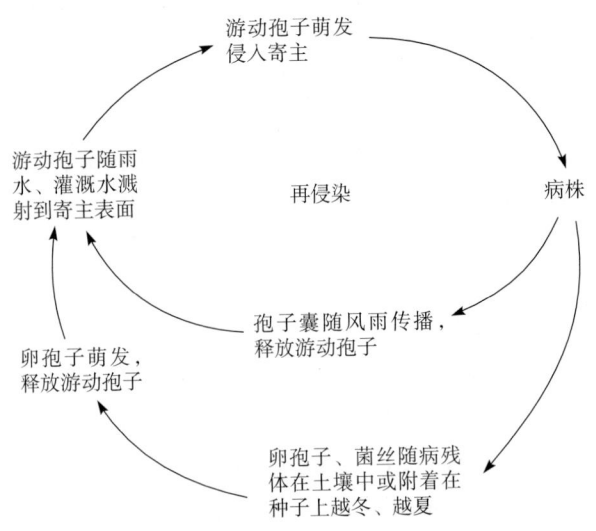

图 10-4-3　十字花科蔬菜白锈病病害循环（覃丽萍提供）

Figure 10-4-3　Disease cycle of white rust of cruciferous vegetables（by Qin Liping）

二是产生排孢管或芽管，在顶端形成无柄的小囊泡或游动孢子囊，再释放出双鞭毛的游动孢子。卵孢子萌发的方式主要取决于其所处环境的温度，温度超过 18℃多产生芽管，温度在 10～18℃之间则较易形成泡囊。孢子囊萌发适宜温度为 0～25℃，最适萌发温度为 10～14℃，但只有在相对湿度大于 95% 或有水膜、水滴存在时才能萌发。游动孢子萌发和侵染的适宜温度是 16～25℃，最适温度为 20℃。

（二）侵染过程和侵染条件

卵孢子萌发产生 1～2 根芽管，形成菌丝直接侵入寄主，或产生孢子囊及游动孢子。游动孢子随流水游动一段时间后鞭毛脱落，附着在感病寄主表面，遇适宜的条件，以休止孢子萌发产生芽管形成菌丝，从气孔侵入寄主组织，菌丝在细胞间隙生长，以小球状或圆锥状吸器伸入细胞内，用以从寄主组织吸收养分和水分，至此病菌萌发及侵染过程已完成。寄主表面有水膜或水滴是游动孢子萌发侵染的必需条件。因此，有露水或浓雾或大雨且低温的天气很适合游动孢子的萌发和侵染。在适宜温度（6～24℃）下，只要植株叶面的水膜或水滴保持 6h 左右即可完成侵染，侵染后 6～10d 形成疱疹（孢子囊堆）。

（三）病害发生与流行条件

该病在低温、多雨以及昼夜温差大的地区发生较重，如在高纬度或海拔高的青海、西藏、内蒙古和云南等省份，在低海拔地区如广东、广西和福建等省份，在多寒雨、少光照的冬春季节，通常就会严重发生。影响病害发生与流行的主要因素有以下 4 点。

1. 菌源量　在菌源充足的条件下更利于病害的普遍发生。在 20℃下，当游动孢子浓度为 1×10^3 cfu/mL 时，发病率为 41%，而当游动孢子浓度为 1×10^4 cfu/mL 时，发病率就高达 93.9%。

2. 温度和湿度　病害在 5～25℃范围内均可发生，以 20℃左右最适，低于 3℃或高于 29℃时病菌不能侵染寄主。阴雨天气多、田间湿度大、不冷不热，白锈病很易流行。病害严重度与日照时数也相关，在西藏，6～7 月旬日照时数每增加（减少）1h，油菜白锈病发病率降低（提高）1.31%，病情指数减少（增加）0.91。

3. 栽培措施　十字花科蔬菜常年套种、间种、混种或连作，病菌积累量大，发病重；轮作特别是水旱轮作发病轻；过早播种，苗期尤其是子叶期，如遇低温、阴雨天气发病则重；过于密植，通风透光性差，也有利于病害的发生与流行。

4. 肥水管理　地势低洼，长期积水，田间湿度大；底肥不足或偏施氮肥，植株生长不良或幼嫩，抗病能力低下，均有利于病害的发生；反之，底肥充足，氮、磷、钾肥配合适当，及时排除田间积水，土壤通透性好，发病则轻。

六、防治技术

（一）农业防治

1. 轮作与清除菌源　实行轮作，特别是重病田一定要与非十字花科作物轮作 2～3 年，若条件允许可与水稻隔年轮作，可有效减少土壤中卵孢子的数量。蔬菜收获后，及时清除田间病残体，深耕翻晒土地，促使病残体加速腐烂，减少田间初侵染菌源。

2. 使用无病种子与种子消毒　据报道，每克油菜种子中有卵孢子 6～41 个，多者高达 1 500 个，混入卵孢子的油菜种子播种后，幼苗的发病率大幅度增高，且多引起系统侵染，产生"龙头拐"症状。因此，提倡建立无病采种田，从无病株上留种；对疑似带菌种子进行药剂消毒，播种前用种子重量 0.4% 的 25% 甲霜灵可湿性粉剂，或 40% 三唑酮·福美双可湿性粉剂，75% 百菌清可湿性粉剂拌种。

3. 选用抗（耐）病品种　总的来说，目前尚无理想的抗病品种，但油菜品种中存在着显著的抗病性差异。通常，芥菜型油菜抗性最强，甘蓝型次之，白菜型易感病，比如华油 8 号、国庆 25、东辐 1 号、小塔、加拿大 1 号、蓉油 11、齐菲、江盐 1 号、加拿大 3 号、花叶油菜、云油 31、宁油 1 号、新油 9 号、亚油 1 号、茨油 1 号等比较抗病，可因地制宜地选用；另外，T-4、Domo、Cutlass 和 Scimitar 等芥菜品种也有一定的抗性。

4. 加强以肥水为中心的栽培管理　低洼地种植，要提前开好排水沟，施足基肥，多施腐熟的有机肥，避免偏施氮肥，增施磷、钾肥；适时播种，及时间苗和中耕，适时浇水，杜绝大水漫灌，尽量保持叶面干燥；适时追肥和喷施叶面营养剂，促进植株健壮生长，提高抗病能力；及时摘除病枝、病叶和拔除病株，防止病害蔓延。

（二）化学防治

防治白锈病的药剂种类和使用浓度基本与防治霜霉病相同，因此，一般两病可兼治。如单一发生白锈病，在发病初期可喷洒 25% 甲霜灵可湿性粉剂 600～1 000 倍液，或 58% 甲霜灵·锰锌可湿性粉剂 500 倍液、64% 噁霜·锰锌可湿性粉剂 500 倍液、75% 百菌清可湿性粉剂 1 000～1 200 倍液、20% 三唑酮乳油 1 000～1 200 倍液、70% 代森锰锌可湿性粉剂 500～600 倍液，隔 7～10d 喷洒 1 次，连喷 1～2 次，雨后要补喷。

覃丽萍（广西农业科学院微生物研究所）

第 5 节　十字花科蔬菜根肿病

一、分布与危害

十字花科蔬菜根肿病主要为害白菜、青菜和花椰菜等十字花科蔬菜，属于世界范围内土壤传播的真菌性病害之一。最早于 13 世纪在地中海西岸和欧洲南部被发现，目前已在欧洲、北美以及亚洲的日本、中国、韩国、印度等严重发生，在全世界广泛分布，尤以温带地区发生更为普遍。根肿病在中国主要分布在黑龙江、辽宁、山东、新疆、甘肃、陕西、江苏、浙江、福建、江西、湖北、湖南、广东、广西、四川、云南和重庆等省份。

随着我国十字花科蔬菜栽培种类的增加及面积的扩大，蔬菜的调运及引种、土壤酸化及全球气候变暖等因素的影响，根肿病发生逐年严重。在我国，根肿病常年发生面积为 320 万～400 万 hm²，占全国十字花科作物种植面积的 33%，大流行年份发生面积可高达 900 万 hm²，平均产量损失为 20%～30%，严重田块达 90% 以上，甚至毁产。自 20 世纪末以来，根肿病在黑龙江、辽宁、四川、云南、江西、湖北、江苏以及山东的青岛等地迅速扩大，现又扩展到新疆、甘肃、陕西、浙江、福建、湖南、广东、广西和重庆等省份。

四川、云南、贵州、重庆等西南地区十字花科蔬菜种植面积占全国的 1/6，根肿病的发生面积却占全国的 1/4，其中，在云南省已经蔓延到 16 个地州市，发病面积占全省十字花科蔬菜种植面积的 1/3～1/2。一旦土壤受到根肿病的污染，将不再适宜种植十字花科蔬菜，严重制约着白菜类和花椰菜等十字花科蔬菜的商品性生产，迫使其生产基地不得不向山区或半山区转移。

十字花科蔬菜根肿病菌可侵染 100 多种十字花科植物。主要为害十字花科白菜类的大白菜、小白菜、菜心等；甘蓝类的甘蓝、苤蓝、花椰菜等；根菜类的萝卜、根芥菜、茎芥菜等；芥菜类的子芥菜和榨菜等。

二、症状

十字花科蔬菜整个生长期均可感染根肿病，但以苗期发病最为突出。主要受害部位是根部，引起根部组织肿大，逐渐丧失输送养分和水分的功能，导致地上部分生长不良、减产甚至绝收。

地上部分症状：感病初期，地上部分无明显症状，植株生长缓慢、矮小，并常表现出缺水症状；早期感染植株的基部叶片易在中午时萎蔫，早晚恢复正常，染病后期植株的基部叶片开始变黄、萎蔫呈失水状，严重时全株枯死。

地下部分症状：病株根部形成大小不等的肿瘤，一般主根肿瘤大而少，侧根肿瘤小而多，肿瘤一般呈椭圆形、近球形和手指形等。初期肿瘤表面光滑，后期粗糙，常发生龟裂，易被其他杂菌侵入而引起整个根部组织腐烂（彩图 10 - 5 - 1、表 10 - 5 - 1）。

表 10 - 5 - 1 十字花科蔬菜田间根肿病症状区别
Table 10 - 5 - 1 Symptom differences in clubroot on cruciferous vegetables

蔬菜种类	地上部症状	根部症状
白菜类	病株前期凋萎，后期矮缩，叶片发黄	主根的根肿大而少、近球形，侧根根肿小、串生
甘蓝类	病株叶片发黄，植株生长不良、凋萎	主根的根肿纺锤形、球形，侧根的根肿手指状
芥菜类	病株逐渐凋萎	根部生有不规则球形或长形的瘤状物
根菜类	病株叶片发黄，植株矮小、凋萎、枯死	主根发病很少，侧根多生肿瘤，根肿表面呈鱼卵块状，并龟裂

三、病原

十字花科蔬菜根肿病病原为芸薹根肿菌（*Plasmodiophora brassicae* Woronin）侵染引起，属于原生动物界根肿菌门根肿菌属。

根肿病菌的休眠孢子囊在寄主根部薄壁组织细胞内形成，不同寄主上根肿菌休眠孢子的形态和大小略有不同，通常为球形或扁圆形，单胞，薄壁，无色或略带灰色，大小为（4.6～6.0）μm × （1.6～4.6）μm，萌发产生游动孢子；游动孢子洋梨形或球形，直径 2.5～3.5μm，前端具两根长短不等的鞭毛，在水中能游动，静止后呈变形体状（图 10 - 5 - 1）。

十字花科作物根肿病菌属于专性寄生菌，存在着生理小种分化的现象。国外常用的基本寄主是 Williams 系列和欧洲 ECD 系列，全世界已鉴定出 24 个以上的小种。我国也开展了十字花科蔬菜芸薹根肿菌生理小种的鉴定，结果是辽宁、山东、云南、四川和吉林等 11 个省份有 2 号、11 号、7 号和 10 号生理小种，其中，以 4 号生理小种最为主要。

四、病害循环

十字花科蔬菜根肿病菌主要以休眠孢子囊在土壤、病残体中或黏附在种子上越冬和越夏，休眠孢子囊抗逆性强，在土壤中至少可存活 5～8 年；病菌通过病根、雨水、灌溉水、地表径流、地下害虫活动、农具、运输工具及农事操作等作近距离传播，但带菌的种苗、病根、土壤、农家肥、种子及流水等均可作远距离传播。条件适合时，土壤中的休眠孢子囊即能萌发，产生游动孢子，静止一段时间后从寄主根毛侵入；病菌在根毛细胞里形成无细胞壁、不定形、多核的原生质团（变形体），并分化成游动孢子囊和释放出游动孢子；游动孢子在土中侵

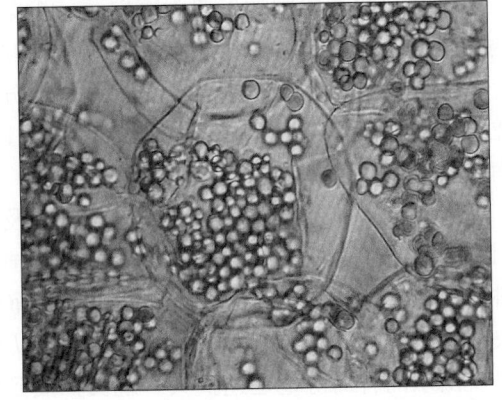

图 10 - 5 - 1 大白菜根肿病菌的休眠孢子
（杨明英提供）

Figure 10 - 5 - 1 The resting spores of *Plasmodiophora brassicae* from Chinese cabbage (by Yang Mingying)

入寄主根部皮层细胞，在皮层细胞中又形成原生质团；受侵染的寄主细胞不断增生肿大，经过多次侵染后终成根瘤；由于根部维管束组织受增殖细胞的挤压，发育不正常，输导系统不能连贯，直接影响水分的吸收和养分的输送，致使植株发育迟缓、萎蔫甚至枯死；被害根部腐烂后，大量的休眠孢子囊残留于土壤中，又可引发翌年的病害。

综上所述，根肿病菌的生活史有初侵染和再侵染两个阶段：初侵染阶段是指土壤中休眠孢子萌发形成初生原生质团、初级游动孢子囊和初级游动孢子，初级游动孢子到达寄主根毛表面后，穿过细胞壁侵入根毛内部，因而该阶段又称为根毛侵染阶段或第一次侵染阶段；再侵染阶段是指侵入寄主根毛表皮细胞的病原菌，在根毛内部形成次生原生质团，部分细胞核裂解形成多核的次级游动孢子囊，每个次级游动孢子囊可产生 4～16 个次级游动孢子，次级游动孢子侵入主根和下胚轴的皮层并在其中繁殖，因而该阶段也称为皮层侵染阶段或第二次侵染阶段。病原菌在寄主侵入根部皮层细胞后 9～10d，受刺激的根部皮层细胞大量分裂、逐渐肿胀膨大，最后形成根部肿瘤。根肿成熟后破裂、腐烂，散落出休眠孢子囊随病残体在土壤、堆肥或流水中，重新再侵染或休眠（图 10-5-2）。

五、流行规律

病菌生长发育的温度为 9～30℃，适宜温度为 18～28℃，致死温度 45℃，适宜相对湿度 50%～98%。当土壤温度在 19～25℃、相对含水量在 60%～98% 时，十分有利于根肿病的发生；土壤温度和含水量对休眠孢子的萌发及侵染有明显的影响，当土壤含水量低于 45% 时，病菌侵染力极低甚至完全丧失。但温度是影响根肿病菌初侵染阶段的关键因子，25℃时最利于根肿病菌的初侵染，10 d 就可以观察到发病症状，在 20℃或 30℃时 14d 才见到症状，而当温度为 10℃时 28 d 仍见不到症状，低温不利于根肿病的发生。

一般来说，我国大部分十字花科蔬菜根肿病的病区全年均可发病，但以 5～9 月最为严重，特别是高温多雨的夏秋季，病情要远

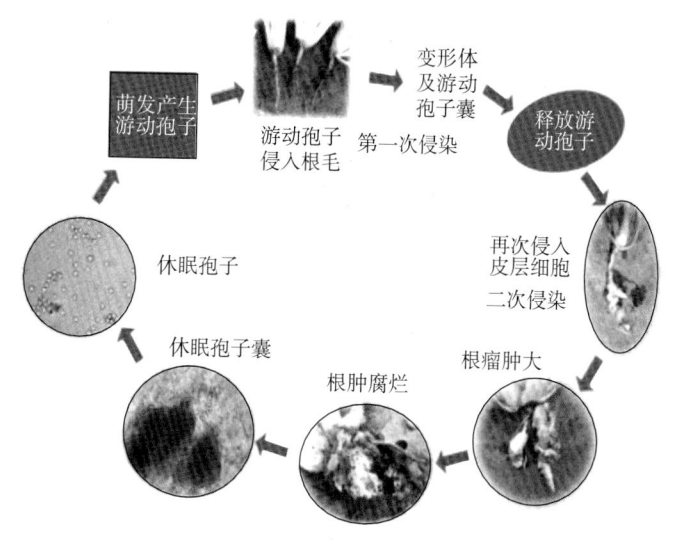

图 10-5-2　十字花科蔬菜根肿病病害循环（杨明英提供）
Figure 10-5-2　Disease cycle of clubroot of cruciferous vegetables（by Yang Mingying）

远重于低温干燥的冬春季。以成都和长沙为例，8 月中、下旬的温度很高，基本上为 28～38℃，在此期间播种的大白菜苗期就可受到感染，9 月上、中旬出现根肿，定植大田后病害继续扩展，9 月中、下旬可见病株萎蔫，10 月中、下旬至 11 月初为盛发期，田间病情达到高峰，11 月中旬后趋于稳定。这反映出只要土壤中有根肿病菌，即使在 30～35℃高温下，十字花科蔬菜幼苗也能遭受根肿病菌的侵染与为害。

虽然，十字花科蔬菜的整个生育期均可感染根肿病，但以苗期发病最烈，造成的产量和产值损失最严重。这是因为 5～10cm 耕作层中的休眠孢子囊数量最多，在 20cm 耕作层则相对较少，而十字花科蔬菜为浅根系作物，根系就分布在 5～15cm 耕作层范围内，所以特别容易感染发病。在十字花科蔬菜生长的中后期，即使再感病，病菌往往只是侵染侧根或须根，对产量和产值的影响要小得多。

土壤酸碱度与田间根肿病发生程度也密切相关，土壤 pH 为 4.8～7.6 均可发病，以 pH5.4～6.5 最适，pH7.2 以上很少发病。大量施用酸性肥料和经常降酸雨，可加重土壤酸度，适宜病菌的发育和侵入，黏土及酸性红壤土最适宜根肿病的发生，其次是壤土、水稻土及沙壤土；大量使用酸性肥料、地下害虫严重以及移栽不久等地块发病也较重；此外，连作、地势低洼、排水不良、平畦栽培、有机质少、过多施用化肥、地下水位高的田块发病均比较严重。

目前，尚无理想的十字花科蔬菜抗病品种，但是品种间的发病程度存在差异。一般来说，大白菜、小白菜、油菜、花椰菜、青花菜、球茎甘蓝等易感病，其中，白菜类比甘蓝类更感病；而萝卜、芜菁则比较抗病。

六、防治技术

十字花科蔬菜根肿病的防治，必须坚持"预防为主，综合防治"的植保方针。以选用抗病品种为前提、培育无病壮苗为中心、增施有机肥和草木灰为基础、苗期药剂防治为重点，以达到减轻病害之目的。

（一）进行检疫

保护未发病区域，严禁从病区调运种苗；严格把关农事操作，严禁将病根或带菌土壤等传入无病区。

（二）选用抗（耐）病品种

通过田间比较试验发现，新优早 4 号、白菜王、CR 千秋白菜、夏秋王、星星和俄罗斯大白菜等白菜品种比较耐病，可以引种试种，但需注意连种几茬或几年后，品种的耐病性会逐渐降低；大根萝卜、樱桃萝卜和芥菜等根菜也比较耐病。

（三）农业防治

1. 实行轮作，合理安排茬口　严重发病田块实行 5 年以上的水旱轮作，也可与非十字花科作物如番茄、辣椒、茄子、南瓜、西葫芦、苦瓜、黄瓜、玉米、葱、蒜等作物轮作 3~5 年或间套作。在 5~9 月根肿病盛发期，应尽量避免种植易感病的十字花科作物，并结合深耕土壤，可以有效减轻下茬作物病害的发生。

2. 清除病根，减少田间菌源　生长期间及时拔除田间病株，收获后及时将病根清理干净，并将病根集中深塘用石灰水处理，并向病穴内施入少量石灰水消毒，以减少田间菌源数量。

3. 调节土壤酸碱度，增施有机肥　增施有机肥，平衡施肥，控制氮肥施用量，可提高植株抗逆性；土壤偏酸可施用适量的石灰、草木灰等碱性肥、有机肥或土壤调理剂等，以调节土壤酸碱度、恶化根肿病菌生存的环境条件。比如，对重病田和土壤酸性较重的田块，播种前适量施用草木灰和腐熟有机肥作基肥，出苗后至旺盛生长期用适当的生石灰水浇根，但不宜长期或大量施用石灰，以防破坏土壤团粒结构，造成土壤板结。

4. 无病土育苗　根肿病菌在十字花科蔬菜幼苗的 2 叶期即可侵入根部组织，但外表症状还未显露。因此，2 叶期以前是田间防控的关键时期。采用无根肿病菌的土壤或基质进行穴盘、漂浮或袋苗等方式育苗，也可采用无根肿病菌的田块进行常规苗床育苗，培育出不带根肿病菌的壮苗移栽，可有效避开残存土壤根肿病菌对幼苗根系的侵染，保护苗期根系的正常生长。

5. 深耕晒垡及排水　病田土壤经过深耕和日晒后可减轻病害，因为日晒后土壤水分降低，对根肿病菌的侵染有一定抑制作用，但日晒的时间要长，而且越长防病效果越好；对地势低洼和地下水位高的田块应采用深沟、高畦栽培。保护地栽培中，宜采用小水勤浇来控制土壤湿度，切忌大水漫灌。

6. 温汤浸种　将种子用 55℃温水浸种 15min，稍晾干后播种。

（四）生物防治

1. 种植易感根肿病作物　在病田中种植易感根肿病菌的诱发病害作物，刺激根系休眠孢子萌发侵染，减少土壤休眠孢子数量，待诱发病害作物处于旺长期时连根拔除，随后再种植十字花科蔬菜，对减轻根肿病发生有一定控制效果。

2. 生防制剂的研发与应用　从白菜根际土壤中分离出的枯草芽孢杆菌（*Bacillus subtilis*）和产生几丁质酶的放线菌（*Streptomyces* sp.），与有机肥混合施用，对根肿病菌也有一定的抑制效果。

（五）化学防治

化学防治是根肿病综合控制技术中的关键，只有做到早用药、选对药、用法得当才能收到较好的防治效果。

1. 药剂浸种　播种前，选用 50％多菌灵可湿性粉剂 800 倍液，或 10％氰霜唑悬浮剂 2 500 倍液等浸种 10min，清水洗净后播种。

2. 药剂处理土壤　效果较好的药剂有氟啶胺、百菌清、甲基硫菌灵、氰霜唑、多菌灵、噻菌铜等，其次是甲霜灵·锰锌、代森锌、甲霜灵、烯酰吗啉等。

苗床消毒可用 75％百菌清可湿性粉剂 800 倍液，或 10％氰霜唑悬浮剂 1 500 倍液、50％氟啶胺悬浮剂 300 倍液处理苗床土壤，每公顷用药量为 4 500mL，一般淋湿 15cm 左右的土层；苗期可用 75％百菌清可湿性粉剂或 70％甲基硫菌灵可湿性粉剂 800 倍液浇淋，一般浇施 2~3 次，间隔 7~10d；移栽前可用

50％氟啶胺悬浮剂 300 倍液处理土壤，移栽后可用 10％氰霜唑悬浮剂 1 500 倍液，或 75％百菌清可湿性粉剂 600 倍液、70％甲基硫菌灵可湿性粉剂 600 倍液等浇灌根部，一般零星发生田块灌根 1 次，轻病田 2～3 次，中度病田 3～4 次，间隔 7～10d。但须注意，药剂应轮换使用。

杨明英（云南省农业科学院农业环境资源研究所）

第 6 节　大白菜黑斑病

一、分布与危害

十字花科蔬菜黑斑病是全世界十字花科蔬菜生产上的重要病害之一，1836 年最先在甘蓝上被发现，如今已在许多国家普遍发生，尤其是美国、波兰、芬兰、加拿大等国该病发生较重。据报道，波兰的甘蓝采种田曾因黑斑病为害导致种子减产 86％。除甘蓝外，该病还为害大白菜、花椰菜、萝卜和其他十字花科的多种植物。

长期以来，我国一直都是大白菜的生产大国，但直到 1937 年，才在江苏省首次发现黑斑病，到了 20 世纪 40～60 年代，该病虽然在我国发生比较普遍，但是发病程度却较轻，对生产影响不大。然而，自 70 年代末开始，该病在我国各地大白菜上的为害明显地逐年加重，特别是贵州和云南两省几乎年年流行，损失惨重；随后，河南、河北、甘肃、陕西、吉林、北京及武汉等地的大白菜黑斑病也频频暴发。1975 年，北京中度流行白菜黑斑病，1978 年、1982 年、1983 年和 1987 年又有较大面积的发生；1988 年，河北、河南、山东、北京、天津、辽宁、吉林、黑龙江、陕西、山西、甘肃、宁夏和内蒙古等省份的大白菜黑斑病特大流行，尤其是北京地区几乎棵棵大白菜都被感染，大部分田块的白菜外叶干枯，远远望去一片焦黄；1982 年和 1983 年，河北省的大白菜黑斑病发生也较重，仅保定地区就普遍减产 10％，严重的可达 40％～60％；1991 年以后，大白菜黑斑病从陕西、河南、河北、北京和天津逐渐向辽宁、吉林和黑龙江地区偏移，导致在吉林省敦化市和黑龙江省哈尔滨市大面积发生，减产 20％以上；1996 年，大白菜黑斑病再次在北京远郊菜区特大流行，几乎绝收；1999 年，内蒙古呼伦贝尔市大白菜黑斑病大暴发，严重地块发病率高达 100％。

黑斑病不仅直接导致田间大白菜的减产，而且还引发储藏期间的腐烂。留种株感染黑斑病后，常使种荚发育不全、种子干瘪，带菌种子的发芽率降低 7％～35％。

二、症状

大白菜黑斑病不仅为害叶片，也能为害叶柄、茎、花梗和种荚。开始时叶片上出现黑褐色、直径 1～3mm 的小暗点，扩大后变成近圆形、褪绿色至灰褐色病斑，几天后迅速扩展成圆形、直径 5～20mm 的大病斑，具明显的同心轮纹，有的病斑边缘还有黄色晕圈（彩图 10-6-1）；通常病斑中心变得薄脆、易裂，在高温、高湿条件下，病部常常穿孔。病害严重时，多个病斑连接成片，致使半边叶或整片叶干枯、死亡。叶柄上的病斑为长梭形、暗褐色、条状凹陷，也有轮纹。花梗及种荚染病时，往往出现长梭形、黑色病斑，纵行排列。当相对湿度达到 85％以上时，病斑上产生暗褐色霉层，即病菌的分生孢子。一般大白菜的外叶发病最重，球叶次之，心叶最轻；同株叶片发病的次序是由下至上和由外至内，植株下部较大叶龄的外叶，往往发病既早又重。

三、病原

大白菜黑斑病病原主要为芸薹链格孢 ［*Alternaria brassicae* (Berk.) Sacc.］，芸薹生链格孢 ［*A. brassicicola* (Schw.) Wiltshire］ 和萝卜链格孢 （*A. raphani* Groves et Skoloko） 偶尔也能侵染大白菜（图 10-6-1），这三种病菌均属于子囊菌无性型链格孢属真菌，侵染大白菜后都可出现典型的黑斑病症状。

芸薹链格孢及甘蓝链格孢引起的黑斑病，在大白菜上的发生往往表现出周期性。如北京地区 6 月中旬以前田间发生的黑斑病病原以芸薹链格孢为主，主要为害小白菜、小萝卜、春播大白菜的种株。进入 7～8 月高温季节时，田间黑斑病菌以芸薹生链格孢为主，主要为害甘蓝、花椰菜及小白菜等。9 月以后芸薹

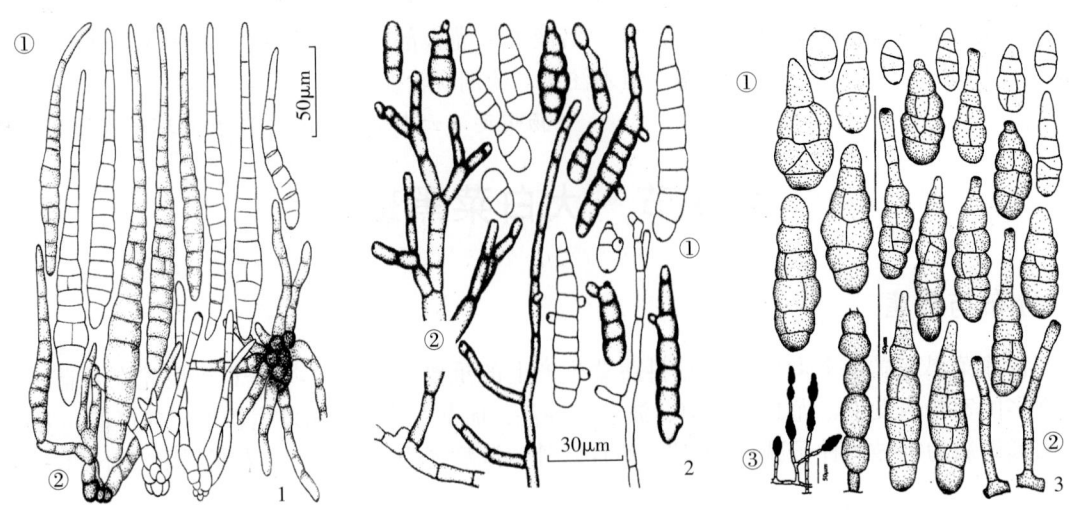

图 10 - 6 - 1　芸薹链格孢、芸薹生链格孢和萝卜链格孢的形态特征

(1 和 2. 引自李明远，1992；3. 引自张天宇，2003)

Figure 10 - 6 - 1　Morphology of *Alternaria brassicae*，*A. brassicicola* and *A. raphani*

(1 and 2. from Li Mingyuan，1992；3. from Zhang Tianyu，2003)

1. 芸薹链格孢：①分生孢子，②分生孢子梗　2. 芸薹生链格孢：①分生孢子，

②分生孢子梗　3. 萝卜链格孢：①分生孢子，②分生孢子梗，③厚垣孢子

链格孢所占的比例增大，最高检出率可达 96.6%。

(一) 芸薹链格孢

在 PDA 培养基上的菌丝无色，有隔，直径 2~7μm，生长后期部分菌丝变成暗褐色，并逐渐转化为孢子梗；孢子梗单生或束生，近棍棒状，一般不分枝，长短不一，最长可达 1 000μm，基部通常膨大，有隔，褐色至淡褐色，大小为 (40~170) μm×(5~11) μm，在高湿条件下产生分生孢子；分生孢子一般单生，偶见 2~4 个链生，从孢子梗壁上的小孔长出，顶侧生；分生孢子直或微弯，倒棒状，淡褐色，有喙，具 6~19 个横隔膜、0~8 个纵隔膜，大小为 (95~235) μm×(12~23) μm，最宽处可达 40 μm；分生孢子表面光滑或罕见小疣，较老的分生孢子隔膜处缢缩，喙较长或极长，可达孢身的 1/3~1/2，宽 5~9 μm，孢身至喙部逐渐变细。

(二) 芸薹生链格孢

PDA 培养基上的菌丝无色，丝状，有隔；孢子梗单生或 2~12 根束生，从子座伸出，常常直立或向上弯曲，偶尔呈屈膝状或类似棒状，有时有分枝，基部稍膨大，有隔，淡褐色至褐色，光滑，长可达 70 μm、宽 5~8 μm，在高湿条件下产生分生孢子；分生孢子顶侧生，从梗壁的小孔伸出，直立，通常有 20 个以上的分生孢子链生；单个分生孢子圆柱状、近卵形或倒棒状，基部细胞圆形，顶部细胞近矩形；多数分生孢子淡褐色至暗褐色，无纵隔，但具 1~11 个横隔膜，多数少于 6 个，分隔处缢缩，表面光滑，较老的分生孢子表面有疣，大小为 (15~90) μm×(6.2~17.5) μm；分生孢子有喙或喙不明显，喙的宽度为 6~8μm，长不超过孢身的 1/6。

(三) 萝卜链格孢

PSA 培养基上的菌落初为白色，后转为暗灰色；菌丝近无色，具隔，直径 2~8 μm；在 PDA 培养基上可形成大量的厚垣孢子；厚垣孢子一般串生，少数单生，近球形，暗褐色，表面光滑，直径一般为菌丝的 2~4 倍；分生孢子梗从培养基表面或气生菌丝上生出，多单生（在叶片上一般单生），少数束生；绝大多数分生孢子单生或 2~3 个孢子串生，多数较短、呈倒棍棒状，少数为阔卵形或卵形、暗褐色，具 2~8 个横隔膜和 1~5 个纵隔膜，主横隔处有明显缢缩，大小为 (27.5~76.25) μm×(12.5~30.0) μm，多数分生孢子有一短喙。萌发时几乎所有的细胞均可长出芽管。

四、病害循环

在我国北方，3 种大白菜黑斑病菌主要以菌丝体及分生孢子随病残体遗留在土壤中越冬，也可在储存的大白菜和采种株上或种子表面越冬，成为翌年早春十字花科作物病害的初侵染源，带菌种子还是病害远距离传播的重要来源。通常遗留在土表病株残体上的分生孢子可存活 1 年，在土壤中则可生存 3 个月，在水中仅存活 1 个月；也有报道芸薹链格孢的分生孢子对干燥的忍耐力较差，一般在种子表面存活的可能性不大。分生孢子借助风雨、气流传播，当温度、湿度条件适宜时，分生孢子萌发产生芽管，从大白菜叶片的气孔或表皮直接侵入，染病植株在适宜的环境条件下，1 周后病斑上即可产生大量的分生孢子，造成田间多次再侵染，病害就此逐渐扩散蔓延。

而在我国的广东、广西、四川、云南、重庆、福建、湖北、湖南、江西、安徽、江苏、上海和浙江等南方各省份，大白菜、小白菜、甘蓝等一年四季均可种

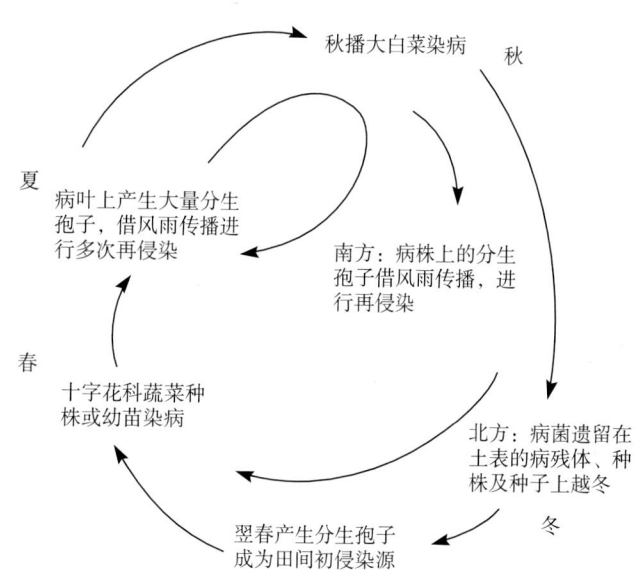

图 10 - 6 - 2　大白菜黑斑病病害循环（严红提供）
Figure 10 - 6 - 2　Disease cycle of black spot on Chinese cabbage（by Yan Hong）

植，黑斑病菌就可直接在不同茬口的十字花科蔬菜上辗转为害，从而完成其病害循环（图 10 - 6 - 2）。

五、流行规律

（一）病菌的传播、扩散与萌发条件

在适宜的温、湿度条件下，带菌种子、发病种株以及遗留在土壤中的病残组织均可产生大量的分生孢子，经气流、雨水传播，成为田间病害的初侵染源。

黑斑病菌喜温暖、潮湿的环境。芸薹链格孢菌生长发育的温度范围较宽，菌丝在 1～35℃ 均能生长，以 20～25℃ 最适，可忍受 −35℃ 低温 5h，但对高温的耐受力较差，在 50℃ 下经 10min 即失去活性；病菌在 0～35℃ 下保湿 24h 后均可产生分生孢子，以 17～20℃ 为最适，个别菌株的分生孢子可耐受 45℃ 左右的高温；菌丝生长的适宜氮、碳原为硝态氮、麦芽糖或蔗糖，且产孢能力也最强。芸薹生链格孢菌菌丝生长的最适温度为 25～27℃，分生孢子产生的最适温度为 28～31℃。萝卜链格孢菌菌丝在 10～40℃ 范围内均可生长，最适温度为 23℃。

湿度对这 3 种病菌分生孢子的萌发及侵入非常重要，相对湿度大于 90% 时分生孢子才能萌发，大于 93% 时才能侵染，相对湿度愈大侵染率愈高；分生孢子对干燥的忍耐力较差，在相对湿度 63%～64% 时，4h 后分生孢子萌发率下降 80%，192 h 后则完全丧失萌发力；适当的光照有助于黑斑病菌分生孢子的产生，但需在黑暗条件下才能完成侵染过程；分生孢子萌发最适 pH 为 4～6。

（二）流行条件

大白菜黑斑病的发生与温湿度、品种抗病性和栽培管理措施等因素的关系非常密切，特别是这三种因素相互配合的程度对病害流行起着决定性的作用。芸薹链格孢和芸薹生链格孢都喜好温暖潮湿的气候。因此，在温度适宜的情况下，遇到高湿天气，特别是在连续阴雨或大雾的条件下，感病品种的大白菜黑斑病极易流行成灾。此外，地势低洼、土壤贫瘠、底肥不足、大水漫灌、耕作粗放、杂草丛生的田块发病都比较严重。

在我国偏北方地区，如吉林、辽宁、河北及北京一带，主要种植秋大白菜，播种期一般在 8 月 7 日（立秋）前后，此时已进入初秋，气温逐渐降低到 15～25℃，比较符合芸薹链格孢菌生育对温度的要求。因此，容易发生由芸薹链格孢引起的大白菜黑斑病；中部地区如陕西、甘肃、山西等省，春、夏种植的大白菜，生长期间的温度较高，通常在 22～30℃，比较符合芸薹生链格孢菌生育的要求。所以，容易发生由芸薹生链格孢菌引起的大白菜黑斑病，而秋季种植的大白菜所处的温度也比较低，由芸薹链格孢菌引起的大白菜黑斑病往往重新抬头；南方地区如广东、贵州和云南等省，白菜生长期间的气温一直较高，因而

白菜一年四季均可被芸薹生链格孢菌侵染。

六、防治技术

防治大白菜黑斑病应采取以选用抗病良种和加强栽培管理的农业防病措施为主，化学药剂防治为辅的综合防治措施。

（一）选用抗（耐）病品种

种植抗病品种是控制有害生物最经济、安全的有效手段，只有因地制宜地选择适合当地的抗黑斑病品种，才能减轻黑斑病对十字花科蔬菜的为害。

虽然大白菜品种间对黑斑病的抗性有差异，但尚未发现对黑斑病完全免疫的品种。比较抗病的大白菜品种有北京新 1 号、北京新 3 号、北京新 4 号、北京 88、中白 2 号、洛阳东京 3 号、秦白 3 号、秦白 4 号、豫白菜 3 号、郑杂 2 号、郑白 4 号、郑白 10 号、鲁白 15、双青 156、津青 9 号、太原 2 号、晋菜 3 号、青庆、通园 4 号、青岛改良 5 号、蓉白 4 号、牡丹江 1 号和牡丹江 3 号等；抗黑斑病的小白菜品种有矮抗 4 号、矮抗 5 号、矮抗 6 号和小叶青等。

（二）适期播种

大白菜黑斑病的发生受气候因素影响较大。因此，不同地区应根据当地气象特点适时播种，对秋播大白菜而言，在满足品种生育期的同时，适当晚播可减轻黑斑病的发生。需播种多个品种时，要合理安排播种期，先播较抗病的杂交一代种子，后播种比较感病的品种；为在最佳播种时间内完成播种工作，最好采取机械化或半机械化播种，以提高播种效率；对病害发生较重的地区或田块，可每隔 8 垄留出一垄作打药行，便于后期进行药剂防治。

（三）农业防治

1. 轮作　由于大白菜黑斑病病菌可侵染大多数的十字花科蔬菜，因此，大白菜、小白菜、油菜、甘蓝、花椰菜和青花菜等各种十字花科蔬菜之间不能连作、套作和邻作，有条件的地区最好与葫芦科或茄科等非十字花科蔬菜轮作 2～3 年。

2. 保证播种质量　采取高垄栽培，建议垄高为 10～15cm，垄长不超过 25m；选用优质种子，每 667m² 播种量为 150～200g，播后覆土压实。

3. 加强苗期管理　大白菜出齐苗后要及时间苗、定苗，定苗要早且一次性完成，种植密度不宜太大，一般每 667m² 以种植 2 000 株为宜，以免影响田间通风降湿；定苗后及时中耕，适时浇水，合理追施苗肥，保证幼苗均衡、苗壮地生长。

4. 搞好田园清洁　在大白菜生长期间，发现病叶立即摘除，将病株带出田外深埋或烧毁，并用药剂处理病株周围的土壤，防止病菌扩散；收获后彻底清除田间病残体，集中烧毁或深埋，并要深翻晒垡，可有效降低第二年的初始病菌数量，减轻病害的发生。

5. 合理管理水肥　播种前施足底肥，适当增施磷、钾肥，可提高植株的抗病力；有条件的地区应采用配方施肥，施肥的原则是前重后轻，在莲座期沟施碳酸氢铵 35kg/hm²，包心前期及中期各随水施碳酸氢铵 20kg/hm²，最后一次追肥以施碳酸氢铵 5～10kg/hm² 为宜；灌溉要遵守生长前期小水勤灌、莲座期适当控水、包心期稳水足水的原则，切忌大水漫灌，以保持地面湿润为度；在病害发生期需适当控水，雨后及时清沟排涝，降低田间湿度；封垄前适时中耕松土，提高土壤温度，抑制病菌生长。

（四）物理与化学防治

1. 种子消毒　将种子置于 50℃ 温水中浸种 20～25min，其间要不断搅拌，然后立刻移入凉水中冷却，晾干后播种；也可用 50% 异菌脲可湿性粉剂，或 50% 福美双可湿性粉剂、70% 代森锰锌可湿性粉剂拌种，用药量为种子干重的 0.2%～0.3%；或用 2.5% 咯菌腈悬浮剂包衣，用药量为种子干重的 0.4%～0.5%，包衣后需晾干后再播种。

2. 生长期药剂防治　发病初期及时喷药，常用的药剂有：50% 异菌脲可湿性粉剂 1 000 倍液，或 80% 代森锰锌可湿性粉剂 600～800 倍液、50% 福美双可湿性粉剂 500 倍液、10% 苯醚甲环唑水分散粒剂 1 000～1 200 倍液、430g/L 戊唑醇悬浮剂 2 000～3 000 倍液等喷施叶面，每隔 7～10d 喷 1 次，连续喷 3～4 次，可有效控制黑斑病的发生和蔓延。

严红（北京市农林科学院植物保护环境保护研究所）

第 7 节　大白菜白斑病

一、分布与危害

大白菜白斑病是大白菜上发生较普遍的一种真菌病害，世界各地都有分布，尤以朝鲜、韩国和日本等国家发生严重。在我国主要发生在辽宁、吉林、黑龙江、内蒙古等省份；此外，其他各地也有发生，以春、秋两季露地种植的大白菜发病为重。

该病不仅为害大白菜，还可为害小白菜、油菜、萝卜、芜菁和芥菜等十字花科蔬菜，一般年份的发病率为 20%～40%，产量损失约 5%，严重地块或重病年份的发病率可达 80% 以上，减产 25%～35%，特别是自 20 世纪中期以来，该病在一些高海拔及冷凉地区的为害也逐年加重。此病不仅造成产量损失，还影响蔬菜的品质和储藏；另外，还常与霜霉病并发，造成更加严重的危害。

二、症状

大白菜白斑病主要为害叶片，极为严重时也可为害叶柄。发病初期叶片上出现灰褐色小斑点，直径 1～2mm，随着病害的发展，病斑逐渐扩大为近圆形或不规则形，病斑中心从灰褐色逐渐变为灰白色甚至白色，病斑直径 6～18mm，外围有苍白色或淡黄色晕圈；当田间相对湿度达到 60% 以上时，叶背病斑出现淡灰色霉层，即为病菌的分生孢子梗和分生孢子；后期病部组织逐渐坏死、变薄、白色、半透明，似火烤状，病斑极易破裂或穿孔；发病严重时，病叶上的多个病斑联合成片，致使整个叶片干枯，最终脱落（彩图 10 - 7 - 1）。植株的下部叶片通常先发病，后逐渐蔓延至上部叶片，严重的地块田间呈现一片枯白。

三、病原

大白菜白斑病病原为芥假小尾孢 [*Pseudocercosporella capsella* (Ellis & Everh.) Deighton]，为子囊菌无性型假尾孢属真菌。

菌丝蔓延于寄主细胞间隙，有隔，无色；分生孢子梗数根至数十根从叶背气孔伸出，无色，单胞，不分枝或具短分枝，线形，直或略弯曲，大小为 (7.0～17.2) μm × (2.5～3.25) μm，顶端着生单个分生孢子；分生孢子无色，细线形或鞭形，直或略弯曲，顶部略尖，大小为 (30～90) μm × (2.0～3.0) μm，一般有 3～4 个隔膜，多者有 5～7 个隔膜（图 10 - 7 - 1）；子座近乎无色至暗褐色。

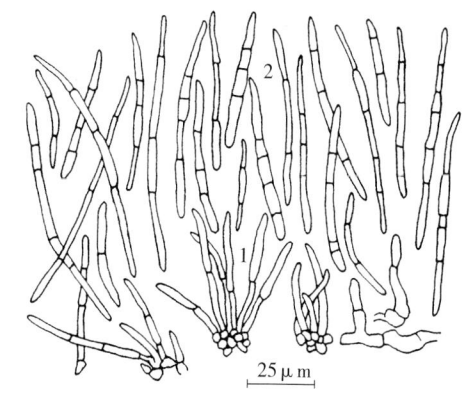

图 10 - 7 - 1　芥假小尾孢形态（郑建秋提供）

Figure 10 - 7 - 1　*Morphology of Pseudocercosporella capsella* (by Zheng Jianqiu)

1. 分生孢子梗　2. 分生孢子

四、病害循环

病菌以菌丝体、分生孢子梗基部的菌丝块随遗留在田间土壤中的病叶及留种株越冬，也可以分生孢子附着在种子上越冬，为翌春提供初次侵染源。当环境条件适宜时产生分生孢子，成熟的分生孢子通过气流或雨水反溅传播至寄主植物上，分生孢子萌发产生芽管，从叶片的气孔侵入，引致初侵染。形成病斑后，其上又可产生大量的分生孢子，仍借助风雨传播进行多次再侵染，造成田间病害逐步扩散和蔓延。病留种株在春季也开始产生分生孢子，相继侵染小白菜、油菜和萝卜等十字花科植物，到秋季再侵染大白菜（图 10 - 7 - 2）。

五、流行规律

白斑病菌的分生孢子往往随空气飘浮在离地表 0.35～0.5m 的空中，随时可降落在寄主叶片表面。当叶片表面湿润时，分生孢子萌发和侵入时间的长短与温度呈负相关，温度越高潜育期越短，在 15～20℃

时需 6～8h，10℃左右需 12h，5℃时需 24h。在日平均温度 15℃以上、积温达 120℃后病害开始流行。

白斑病菌对温度要求不高，5～28℃均可发病，最适温度为 11～23℃。当旬平均气温达到 23℃、旬平均相对湿度高于 62％、降水量在 16mm 以上时，经 12～16d 开始表现症状，即越冬病菌完成了初次侵染。当白菜生育后期，气温降低、旬平均气温为 11～20℃、最低 5℃、温差大于 12℃、遇雨或暴雨、旬平均相对湿度 60％以上时，可不断地发生再侵染，病害逐渐扩展开来，连续降雨可促进病害的流行。白斑病属于低温型病害，气温偏低时容易流行。在北方菜区，8～10 月是大白菜白斑病的盛发期；湖北、湖南、江西、安徽、江苏、上海及浙江各省份以及临近大江、大湖的白菜产区，春、秋两季均可发生白斑病，春季发病盛期在 4～6 月，特别是春末夏初多雨或梅雨期多雨的年份发病

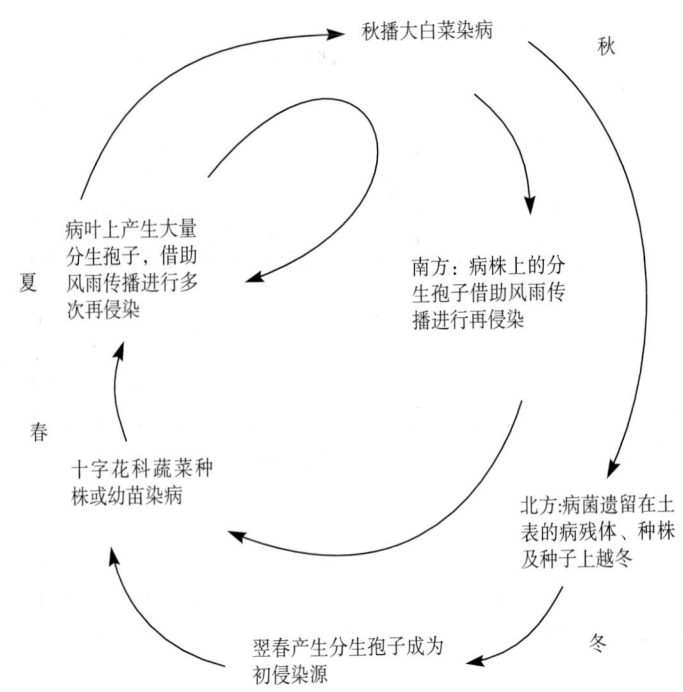

图 10-7-2 大白菜白斑病病害循环（严红提供）
Figure 10-7-2 Disease cycle of white spot of Chinese cabbage（by Yan Hong）

重；秋季发病盛期在 9～11 月，尤以秋季多雨、多雾的年份发病更重。

此外，白斑病的发生还与品种、播期、连作年限、地势等因子有关。一般播种早、连作年限长、地势低洼、排水不良、土壤贫瘠或基肥不足，种植密度过大、通风透光较差、植株长势弱的田块发病均严重。

六、防治技术

（一）选用较抗病品种

虽然目前尚无对白斑病高抗或免疫的品种，但可选用具有一定抗性的品种，如沈农青丰、山海关青麻叶、通化大白菜、鲁白 3 号、津绿 55、津绿 75、辽白 1 号和疏心青白口等。

（二）农业防治

1. 轮作倒茬与清洁田园 与非十字花科蔬菜进行轮作，可降低田间病原菌的基数，减少初侵染源；大白菜收获后，应及时将残株病叶从田间清除，深埋于地下或作为堆肥原料进行高温发酵。

2. 种子处理与适时播种 从无病留种株上采收种子，尽量选用无菌种子；对于引进的商品种子，可用 50℃温水浸种 20min，其间需不断搅拌，然后立即转入冷水中降温，沥去水分后催芽播种；也可在播种前，用 2.5％咯菌腈悬浮剂拌种，用药量为种子干重的 0.3％～0.4％；还需根据当地气候规律及品种特性，适时晚播，尽量规避利于白斑病发生的气候条件。

3. 加强田间管理 播种前施足底肥，白菜生长期适当增施磷、钾肥，雨后及时排水，追施有机肥，及时摘除发病早的老叶并带出田外及时处理。

（三）化学防治

发病初期开始喷药，常用药剂及使用浓度为：250g/L 醚菌酯悬浮剂 800～1 000 倍液、52.5％噁唑菌酮·霜脲水分散粒剂 1 000 倍液、20％苯醚甲环唑微乳剂 1 500～2 000 倍液、25％多菌灵可湿性粉剂 400～500 倍液、80％代森锰锌可湿性粉剂 600～800 倍液、60％噻菌灵可湿性粉剂 600～800 倍液、65％甲硫·霉威可湿性粉剂 1 000 倍液、50％甲基硫菌灵可湿性粉剂 500 倍液、50％苯菌灵可湿性粉剂 1 500 倍液、50％异菌脲可湿性粉剂 800～1 000 倍液等，可因地制宜地选用，每隔 10～15d 喷 1 次，连续喷施 2～3 次，但须注意药剂应轮换施用。

严红（北京市农林科学院植物保护环境保护研究所）

第8节 白菜炭疽病

一、分布与危害

白菜炭疽病是全世界白菜生产中的常见真菌性病害，在美国、牙买加、南非、日本、韩国、朝鲜、泰国、印度、马来西亚以及欧洲等地都有发生，常导致较大的经济损失。白菜炭疽病主要为害叶片、叶柄和中脉，也可为害花梗、种荚等。受害叶片和茎上往往出现大量病斑，严重时病斑连接成片，影响植株生长甚至导致植株成片死亡，造成白菜产量和品质的降低。除了直接为害白菜外，还常常加重白菜霜霉病和软腐病的发生，给白菜生产带来巨大的损失。该病为害大白菜、小白菜、菜心、萝卜、甘蓝、花椰菜、芥菜、芜菁和油菜等，几乎所有的十字花科蔬菜都可被侵染。

该病在我国各白菜产区均有发生，早在1931年，台湾就有结球白菜炭疽病的记载，以后全国各地陆续有报道，以多雨高温的地区或年份发生较重。在北方地区，该病主要发生在白菜生育期的前期至中期，一般年份于8月中旬或9月上旬开始发生，9月中旬至10月上旬为发病盛期，10月中旬后病情逐渐稳定。自1998年以来，随着蔬菜基地化、专业化的发展及产业化程度的提高，南方地区十字花科蔬菜的复种指数越来越高，广东、广西和海南等省份1年内甚至连作6~7茬，致使菜田生态环境急剧恶化，白菜炭疽病越来越普遍和严重，尤其是在十字花科蔬菜的有机栽培中，该病已经成为白菜生产中的常发病害。另外，全球气候变暖也影响该病的发生与发展，比如自21世纪以来，四川、云南、重庆、湖北、湖南、江西、安徽、江苏、上海和浙江等省份的秋季气温明显变暖，白菜炭疽病的为害越来越严重，其中四川、云南、重庆、湖北和湖南诸省份在病害流行年份，发病率高达50%左右。通常广东、广西和海南等省份的气候比较适宜白斑病的发生，每年4~10月发病普遍较高，重病田的产量损失可达30%~40%。

二、症状

白菜炭疽病主要为害叶片和叶柄，也可为害花梗、种荚等。叶片受到侵染后，初期产生苍白色或褪绿水渍状小斑点，然后扩大成凹陷、边缘稍隆起、灰褐色、圆形或近圆形的病斑。病斑小，一般直径为1~2mm，最大不超过4mm。后期病斑中央变成灰白色，呈薄纸状，半透明，容易穿孔，病害严重时，整片叶面布满病斑，相互融合成不规则形大病斑，使叶片萎黄枯死。叶脉上病斑多发生于叶背面，形成长短不一的条状斑，稍凹陷，灰褐色或淡褐色；叶柄染病，形成长圆形或纺锤形至梭形，灰褐色病斑，凹陷深，有时开裂；花梗、种荚被害，产生长椭圆形或纺锤形至梭形、褐色或灰褐色凹陷的病斑。潮湿时，病部常常长有淡红色的黏质物（彩图10-8-1）。

炭疽病在小白菜、菜心的苗期和成株期皆有发生。小白菜受害时，叶片、叶柄均可染病，而菜心以叶片染病为主，其症状与大白菜炭疽病症状类似。

识别要点：叶片上初期为苍白色、水渍状小斑点，扩大后呈圆形或近圆形，边缘褐色，中央灰白色呈薄纸状、半透明，后期病斑容易穿孔；叶柄、花梗和种荚被害，产生梭形凹陷病斑。湿度大时，病部长出淡红色的黏质物。

三、病原

白菜炭疽病病原为希金斯炭疽菌（*Colletotrichum higginsianum* Sacc.），属于子囊菌无性型炭疽菌属真菌。菌丝无色，透明，有隔膜；分生孢子盘小，

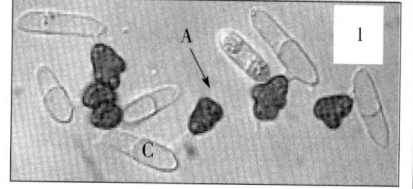
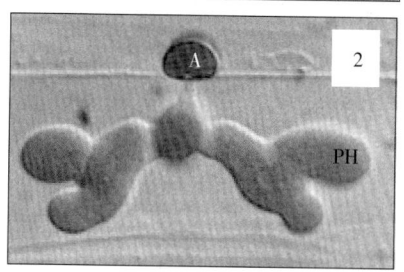
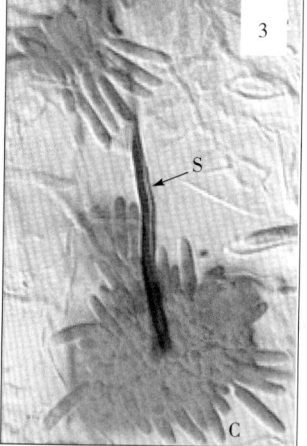

图10-8-1 希金斯炭疽菌形态特征（引自 Sabrina Resende，2010）

Figure 10-8-1 Morphology of *Colletotrichum higginsianum* (from Sabrina Resende，2010)

1. 分生孢子（C）及其萌发产生的附着胞（A） 2. 附着胞产生的初生菌丝（PH）
3. 分生孢子盘（C）、刚毛（S）

直径 25～42 μm，散生，大部分埋于寄主表皮下，黑褐色，有钝针状刚毛；分生孢子梗顶端窄，基部较宽，呈倒钻状，无色、单胞，大小为（9～16）μm×（4～5）μm；分生孢子长椭圆形，两端钝圆，无色、单胞，大小为（13～18）μm×（3～4.5）μm，具有 1～2 个油球（图 10-8-1）。

白菜炭疽病菌生长温度范围广，在 10～38℃内均可发育，最适温度为 26～30℃；在菌丝生长温度范围内均可产孢，最适产孢温度为 28℃；病菌在 pH3.0～10.0 范围内均能生长和产孢，菌丝生长最适 pH 为 6.0，最适产孢 pH 为 7.3～8.9。不同地区、不同寄主上的病原菌生长温度略有差异。分生孢子萌发的温度范围非常广，在 12～38℃范围内均可萌发，最适萌发温度为 26～28℃，光照可刺激菌丝生长。

该病菌的寄主范围非常广，除了侵染白菜外，还可侵染十字花科的小白菜、菜心、芜菁、甘蓝、芥蓝、羽衣甘蓝、花椰菜、芥菜和萝卜等，甚至也可侵染十字花科的毛独行菜、阿拉伯芥，玄参科的定经草等，此外，在有伤口的情况下，还可侵染芒果和番茄。

四、病害循环

白菜炭疽病菌主要以菌丝体或分生孢子随病残体在土壤中越冬，或黏附在种子表面越冬，也可寄生在留种白菜株的花梗、种荚，或其他十字花科蔬菜上越冬。翌年，当温度条件适宜时，长出分生孢子，借风或雨水飞溅传播，分生孢子长出芽管，从伤口或直接穿透表皮侵入寄主，潜育期为 3～5 d。带菌种子出苗后发展

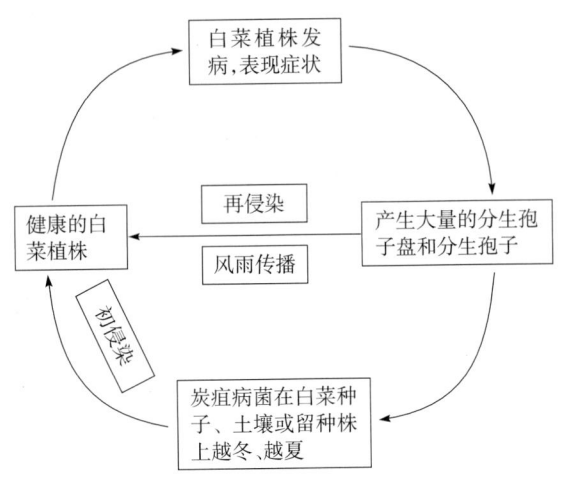

图 10-8-2 白菜炭疽病病害循环（冯淑杰提供）

Figure 10-8-2 Disease cycle of Chinese cabbage anthracnose（by Feng Shujie）

成病株，病部产生大量的分生孢子，借雨水或灌溉水进行再侵染。此外，昆虫、田间农事操作也可传播病菌，造成再侵染（图 10-8-2）。该病菌的潜育期较短，侵染比较频繁，属于典型的多循环病害。

五、发病规律

（一）白菜炭疽病菌的传播、扩散及侵染条件

1. 病菌的传播、扩散与萌发条件 白菜炭疽病菌在田间主要通过气流、雨水、灌溉水、带菌的种子、未腐熟的有机肥、农事操作等传播，远距离主要通过带菌种子的调运传播和扩散。

分生孢子萌发的温度范围很广，最适萌发温度为 26～28℃，但是孢子萌发需要高湿环境，相对湿度达 95%以上时，对分生孢子萌发和侵入最有利，相对湿度低于 78%，孢子不能萌发。酸性条件利于孢子萌发。

2. 病菌的侵染过程 白菜炭疽病菌是一种半活养生物，即使病组织死亡后，还可在上面产生分生孢子。分生孢子的侵染途径有两种：一种是通过自然孔口（气孔）或伤口入侵；另一种主要的途径是依赖于附着胞的直接侵入。因此，可将其侵染过程分为两个阶段，即初生菌丝的活体营养阶段和次生菌丝的死体营养阶段。分生孢子首先吸附于寄主组织表面，接着分生孢子萌发产生芽管，芽管顶端形成附着胞，附着胞再产生侵染钉，侵染钉穿透寄主表皮细胞，侵入植物角质层和细胞壁，并产生球形的初生菌丝，此时病菌进入到初生菌丝的活体营养阶段；初生菌丝在寄主细胞内生长、发育，并形成大量的、分叉的、穿透寄主细胞的次生菌丝，次生菌丝在细胞间和细胞内扩展，通过菌丝体对细胞壁施加的机械压力引起寄主细胞壁破裂，或同初生菌丝一起使细胞壁解体，杀死寄主植物细胞，并快速在寄主组织中定殖，最终导致植物细胞与组织坏死，病菌便进入了次生菌丝的死体营养阶段，在这个阶段，病菌以死亡的寄主细胞为食，产生产孢结构——分生孢子盘。

（二）流行条件

白菜炭疽病系高温高湿型病害，每年的发生时期主要受温度影响，而在适宜发病温度的条件下，病害的严重度则主要受降水量、湿度、品种抗病性、播种期和栽培管理等因子的影响。在北方地区，早熟白菜先发病；在华南地区，每年的 4～10 月多为高温多雨天气，适合该病的发生。

1. 气候　高温高湿是白菜炭疽病流行的主要条件，尤其是时晴时雨的天气更易诱发该病。在温度适宜病菌生长的季节，白菜炭疽病的发生与温度、相对湿度、雨日、雨量间存在正相关，尤其是降水量对病情的影响最为明显。当田间相对湿度低于 90％时，一般发病轻，低于 60％时不发病。秋季当连续 5 d 的平均气温在 25℃以上，同时降水量大或田间湿度在 80％以上，则该病容易流行。

2. 品种　目前尚缺乏对白菜炭疽病高抗或免疫的品种，但不同白菜品种对炭疽病抗性有差异，通常青帮型白菜较白帮型抗病。

3. 栽培管理措施　重茬、管理粗放、虫害严重的地块病害较重；早播病也重，而且播期越早，病情越重。在湖南衡阳，8 月上旬播种的白菜病情指数要比 8 月中旬的高 30％，在 8 月中旬播种的又比下旬的高 45.6％。此外，栽培制度不合理，如抢茬早播种植或感病作物的间、套作，都可使白菜处在利于发病的时期，炭疽病的始发期常常提前，如再遇上高温暴雨后天气转晴等适于病害发展的气象条件，往往导致病害大流行。

地势高低与发病有密切关系，地势低洼、地下水位高、畦间湿度大，有利于炭疽病菌的繁殖和传播。反之，地势高燥，病菌繁殖受到限制，发病就轻；苗期间苗不及时，植株相互拥挤，生长嫩弱，抗性降低，同时由于密度过大，增加了田间湿度，利于病菌的生长发育和传播，发病也较重；在大白菜的莲座后期直到包心前期，如果浇水施肥过多都可能促进炭疽病的发展和蔓延。

六、防治技术

白菜炭疽病应采取以改善栽培管理条件为主，药剂防治为辅的综合措施。

（一）种植抗（耐）病品种

不同白菜品种的抗病性不同，青帮品种比白帮品种抗病，但这些品种在各地的适应性不同，各地可因地制宜地选用，特别是对一些重病区尤为重要。比较抗（耐）病的大白菜有青杂 3 号、青杂 5 号、青庆、夏冬青和双冠等。

（二）选育无病种子及种子消毒

白菜炭疽病菌可以侵染留种白菜的种荚和花梗，以分生孢子黏附在种子上越冬和传播，所以要从无病株上选留采种。播种前对种子进行消毒处理也非常关键。

1. 温汤浸种　种子先用冷水浸 1h，然后放入 50℃温水中浸种 15min，再投入冷水中冷却，晾干播种。

2. 药剂拌种　用 50％多菌灵可湿性粉剂或 50％福美双可湿性粉剂，用药量为种子重量的 0.3％；或用 70％代森锰锌可湿性粉剂或 75 ％百菌清可湿性粉剂拌种，用药量为种子重量的 0.5％。

（三）清洁田园与合理轮作

白菜采收后，清除田间遗留在土壤中的病残体，集中烧毁或深埋，并进行深耕，将带菌的表土层翻至深层，促使病菌死亡，可有效地减少翌年病害的初侵染源，减轻病害的发生。

避免十字花科蔬菜连作或邻作，严重的地块要与非十字花科作物轮作 1～2 年，尽量减少病原菌的积累。

（四）加强栽培管理

1. 高畦种植　选择排水良好的土地高畦种植，播种前进行深翻晒垡，适时播种，合理密植；在发病严重的地区，播种时尽量避开高温多雨季节，适期晚播。如在湖南省衡阳市，早熟白菜品种宜在 8 月中旬以后播种，中、晚熟品种可在 8 月下旬至 9 月上旬播种。北方地区的播种期可略提前，但是对于冬储白菜，还是应适当晚播。苗期要及时间苗，避免种植太密不通风，及时清除生长期间的病叶。

2. 科学施肥　种植前施足基肥，避免偏施氮肥，间苗后应及时做好追肥；控制莲座期水肥，使菜田土壤形成干燥表层，防止田间湿度过高，对炭疽病有明显的预防作用；进入包心期以后应适当增加水肥用量，但要注意合理施肥，适当增施磷、钾肥，增强植株抗病力。

（五）药剂防治

在白菜炭疽病发病初期，尽早喷药防治，以控制病害的蔓延。可选用 50％多菌灵可湿性粉剂 500 倍液，或 25％溴菌腈可湿性粉剂 500 倍液、70％甲基硫菌灵可湿性粉剂 600 倍液、80％炭疽福美可湿性粉剂 800 倍液喷雾，隔 7～10d 喷 1 次，连喷 2～3 次，采收前 20d 停止用药，并注意药剂的交替轮换使用。

此外，也可选用 43％戊唑醇悬浮剂 3 000～4 000 倍液，或 50％咪鲜胺可湿性粉剂 1 000～2 000 倍液、75％百菌清可湿性粉剂 600 倍液、20％嘧啶核苷类抗菌素水剂 150 倍液、10％多抗霉素可湿性粉剂 1 000 倍液、40％多·硫悬浮剂 600 倍液等。

冯淑杰（华南农业大学园艺学院）

第 9 节　甘蓝菌核病

一、分布与危害

甘蓝菌核病又称菌核性软腐病，是世界上许多国家甘蓝类蔬菜生产中最常见的病害之一，分布较广泛、发生频率高，如巴西、加拿大、伊朗、美国、南非、尼泊尔、匈牙利、日本、印度、中国、韩国和泰国等国家都有发生。

在我国南方的四川、云南、重庆、湖北、湖南、江西、安徽、江苏、上海、山东、浙江、福建、广东、广西和海南等省份发生非常普遍；北方的甘肃、宁夏、内蒙古、陕西、山西、河南、河北、北京和天津等省份的保护地也时有发生。受害甘蓝的叶球或茎基部常常腐烂，一般减产 10％～30％，重病田减产约达 70％；甘蓝采种株也可受害，造成结荚率低，种荚籽粒不饱满，直接影响种子的产量和品质。

甘蓝菌核病菌除侵染甘蓝类蔬菜和其他十字花科作物外，还侵染番茄、辣椒、茄子、马铃薯、莴苣、胡萝卜、黄瓜、洋葱、菠菜、菜豆、豌豆、蚕豆等 64 科 225 属近 400 种植物。

二、症状

甘蓝菌核病主要为害植株的茎基部，也可为害叶片、叶球、叶柄、茎及种荚，苗期和成株期均可染病。苗期染病，多在幼苗近地面处的茎基部变色，呈水渍状腐烂，引起猝倒。

成株染病，多发生在近地表的茎、叶柄或叶片上，初生水渍状、稍凹陷、淡褐色病斑，扩大后病斑呈湿腐状、不规则形、淡褐色、边缘不明显。后期引起叶球或茎基部腐烂，茎基部病斑环茎一周后致全株枯死，但不发生恶臭。田间湿度高时，发病部位软腐并长出白色棉絮状菌丝体及黑色鼠粪状菌核（彩图 10 - 9 - 1）。

采种株多在终花期发病，病菌除侵染叶和荚外，可引起茎部腐烂、中空，表面及髓部生白色絮状菌丝和黑色菌核，晚期致茎倒伏。一般多从距离地面较近的衰老叶片或种株下半部老叶开始发病，初呈水渍状、浅褐色病斑，在多雨高湿的环境下，病斑上可长出白色棉絮状菌丝体，并由叶柄向茎蔓延，引起茎部发病；茎部受害主要发生在茎基部或分枝的分叉处，产生水渍状、不规则的病斑，扩大后环绕茎一周，淡褐色，边缘不明显，使植株枯死。终花期湿度高时茎病部也长出一层白色棉絮状菌丝体，最后茎秆组织腐朽呈纤维状，茎内中空，剥开可见白色菌丝体和黑色菌核。菌核鼠粪状，圆形或不规则形，早期白色，后变为外部黑色、内部白色；受害种荚呈黄白色，荚内常生有黑色小粒状菌核。

三、病原

甘蓝菌核病的病原菌是核盘菌 [*Sclerotinia sclerotiorum* (Lib.) de Bery]，属于子囊菌门核盘菌属真菌。菌核或子囊孢子萌发产生无色、有隔膜的菌丝体，菌丝体可以相互纠集

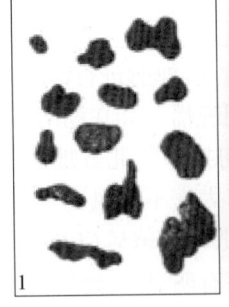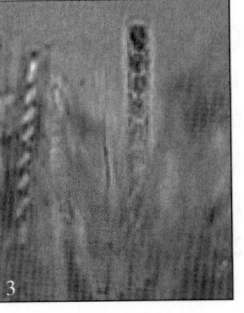

图 10 - 9 - 1　核盘菌形态（1. 引自 Gerald Holmes，1999；2. 引自 J. Rollins，2010；3. 引自 Howard F. Schwartz，2008）

Figure 10 - 9 - 1　Morphology of *Sclerotinia sclerotiorum*（1. from Gerald Holmes，1999；2. from J. Rollins，2010；3. from Howard F. Schwartz，2008）

1. 菌核　2. 菌核萌发产生子囊盘　3. 子囊和子囊孢子

在一起而形成菌核。菌核由皮层、拟薄壁细胞和疏丝组织组成，具有抵抗不良环境的能力，可以越冬和越夏；菌核黑色，呈不规则状、球形至豆瓣形或鼠粪状，直径1～10mm，在正常情况下，菌核萌发产生1～20个子囊盘，大多数为5～10个。子囊盘初为乳白色小芽，随后逐渐展开呈盘状，颜色由淡褐色变为暗褐色；子囊盘杯形、肉质、大小不等，子囊盘下有柄，子囊盘柄细长弯曲，长度可达6～7cm；子囊盘柄顶部伸出土表后，先端膨大，展开后为盘形，开展度在0.2～0.5cm，盘浅棕色、内部较深。

子囊盘表面为子实层，由子囊和杂生其间的侧丝组成。侧丝无色、丝状，顶部较粗；子囊盘萌发形成子囊，子囊无色、倒棍棒状，大小为（113.87～155.42）μm×（7.7～13）μm。每个子囊内含有8个子囊孢子；子囊孢子椭圆形或梭形，无色，单胞，大小为（8.7～13.67）μm×（4.97～8.08）μm，在子囊内斜向排成一列；子囊孢子萌发产生菌丝（图10-9-1）。该病菌一般不产生分生孢子，只有在衰老或营养不良的菌丝上有少量分生孢子产生，而且分生孢子在水中或培养物中很少萌发，因而无性孢子在病害侵染中无明显作用。

菌核无休眠期，但抗逆力很强，在18～22℃、有光照及足够湿度的条件下，菌核即萌发，产生菌丝体或子囊盘。菌核萌发时先产生小突起，约经5d后伸出土面形成子囊盘，开盘后4～7d放射孢子，以后凋萎。菌核在干燥条件下，可以存活4～11年，但在水中浸泡1个月后则软化腐烂。

四、病害循环

病原以菌核在土壤中、粪肥中、采种株上或混杂在种子间越冬、越夏，是该病的初侵染来源。种子中混杂的菌核，在播种时随着种子进入田间，在第二年早春季节较适宜的温、湿度条件下，土中的菌核大量萌发产生子囊盘及子囊孢子；在田间，菌核还可经流水传播，引发病害，同样产生子囊盘及子囊孢子；子囊孢子成熟后，从子囊顶端逸出，主要借助气流传播。子囊孢子在寄主表面萌发后产生的菌丝从伤口侵入，首先在生活力弱的叶片及花瓣上侵染，引起发病，获得营养后才能通过菌丝侵染健壮的部位。在甘蓝的生长季节，病菌主要通过菌丝体在病、健株间或病、健组织间蔓延与接触，进行反复不断的再侵染，病害很快扩展到全田，并可为害甘蓝类蔬菜以外的作物，直到生长后期又形成菌核越冬（图10-9-2）。

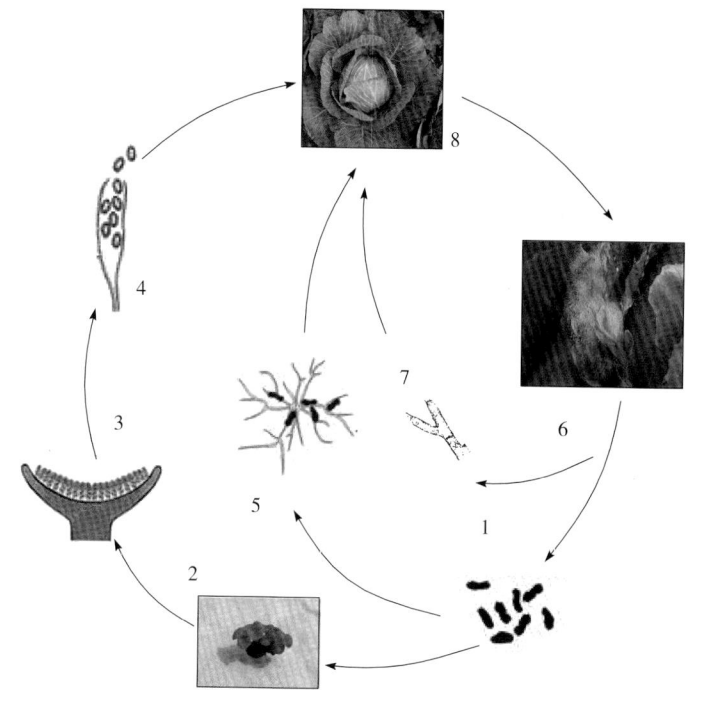

图10-9-2　甘蓝菌核病病害循环（匡成兵提供）

Figure 10-9-2　Disease cycle of cabbage Sclerotinia rot (by Kuang Chengbing)

1. 菌核　2. 子囊盘　3. 子囊盘表面的子囊　4. 子囊释放子囊孢子
5. 菌核萌发菌丝　6. 病组织表面的菌丝　7. 菌丝体　8. 健康植株

五、流行规律

甘蓝菌核病菌喜温暖、潮湿的环境，该环境有利于菌核的存活、萌发、传播和侵入，因而温、湿度是影响蔬菜菌核病发生早晚和严重程度的最主要因子。菌核萌发的最适温度是15℃左右，最低0℃，最高30℃；子囊孢子萌发的最适温度是5～10℃，最低0℃，最高35℃；菌丝不耐干旱，相对湿度在85%以下，菌丝生长受抑制，65%以下停止生长；菌核在干燥的土壤中可以存活3年以上，而在潮湿的土壤中只能存活1年。越冬菌核是病害的初侵染菌源，越冬的有效菌核数量越多，初侵染的子囊孢子数量就越多，发病就越严重。

田间温度在20℃左右、相对湿度在85%以上的环境条件下，病害发展迅速、病情严重；反之，湿度在70%以下发病轻。病害潜育期为5～15d，因此，低温、湿度大或多雨的早春或晚秋有利于该病发生和流行，菌核形成快、数量多。

在湖北、湖南及河南等省的华中地区，菌核 1 年萌发 2 次，第一次在 2～4 月、第二次在 11～12 月，每年的春季发病都重于秋季。此外，早春低温、连续阴雨或多雨水以及梅雨期间多雨的年份发病较重；深秋低温、寒流早、多雨、多雾的年份发病也较重；连作地、低洼地、排水不良、种植过密、通风透光差、偏施氮肥或遭受霜害、冻害的田块，往往发病既早又重。

六、防治技术

（一）农业防治

1. 选用无病种子或进行种子处理 从无病株上采种，对可疑种子可用食盐 0.5～0.75kg 或硫酸铵 0.5～1kg，对水 5kg 进行选种，除去上浮的秕粒和菌核，再用清水洗干净后播种；也可用 55℃温水浸种 15min，杀死菌核，然后在冷水中浸 3h，再催芽播种。

2. 选好苗床和生产田 选择未种植过十字花科作物或地势较高、排水较好的地块作苗床，适时假植，培育矮壮苗；生产田也应选择近年来未种植过十字花科作物的田块，或与粮食作物轮作 2 年以上，或水旱轮作 1 年以上的田块；适时移栽、合理密植。

3. 清洁田园 生长期及时清除病株、病老黄叶，收获后及时清除病残体，带出田外深埋或烧毁，深翻土壤，加速病残体的腐烂分解。

4. 采用配方施肥技术 提倡施用酵素菌沤制的堆肥或腐熟的有机肥，避免偏施氮肥，配施磷、钾肥及硼、锰等微量元素，以防止开花结荚期徒长、植株倒伏或脱肥早衰；及时中耕或清沟培土；盛花期及时摘除黄叶、老叶，改善株间通风透光条件，减少发病。

5. 管理好田间湿度 多雨地区推行窄厢深沟栽培，雨后及时排水，防止湿气滞留；病害流行季节，露地蔬菜需狠抓清沟理墒，排水降渍；大棚蔬菜以通风降湿为主，应小水勤灌，切忌大水漫灌，浇后加大通风量，坚持植株不干不闭棚，以恶化病害流行的环境条件；在老病区春、秋季定植时，尽量采用黑色地膜覆盖，抑制子囊盘正常发育，并减少病菌与植株接触的机会。

（二）化学防治

1. 苗床土壤消毒 播种前，将 50％硫菌灵可湿性粉剂或 40％多菌灵可湿性粉剂与细土按 1：30 拌匀后，均匀撒在育苗床面上进行土壤消毒，控制苗期菌核病的发生。

2. 喷药 发病初期立即喷药，可喷洒 40％菌核净可湿性粉剂 800～1 500 倍液、50％腐霉利可湿性粉剂 1 500 倍液、50％多菌灵可湿性粉剂 500 倍液、50％异菌脲可湿性粉剂 800 倍液、50％乙烯菌核利可湿性粉剂 600～800 倍液、30％噁霉灵乳油 1 200～1 500 倍液等。注意要将药液喷洒到植株茎基部及地面，隔 7～8d 喷施 1 次，连续喷施 3～4 次。在利用菌核净、异菌脲、腐霉利等药剂防治菌核病时，要注意交替用药，以延缓或防止病菌抗药性的产生。

3. 烟熏 对于保护地栽培的十字花科蔬菜，可用 15％腐霉利烟剂于傍晚进行密闭烟熏，每 667m² 每次用药 250g，隔 7d 熏 1 次，连熏 3～4 次。

4. 喷撒粉尘 在发病初期的傍晚，喷撒 5％百菌清粉尘剂或 10％氟吗啉粉尘剂，每 667m² 每次用药 1kg，隔 7～9d 喷撒 1 次，连续喷撒 3～4 次。施药后不会增大棚室内的相对湿度，对防治高湿条件下易发病害防治效果更好。

5. 病部涂药 当发现田间有始发病茎或病枝时，可将 50％腐霉利可湿性粉剂或 50％多菌灵可湿性粉剂加 100 倍的水，调成高浓度的糊状药液，用毛笔将糊状药液涂抹在病茎上或病枝上，涂药面积比病部面积大 1～2 倍，重病株 5～7d 后再涂 1 次，可挽救 80％的病株与病枝。此法虽费工，但比较省药，效果也好。

（三）生物防治

生防菌盾壳霉（*Coniothyrium minitans*）和木霉菌中的某些种（*Trichoderma* spp.）等真菌寄生菌对菌核病菌有一定的抑制作用，生产上已有所应用。

匡成兵（成都市农林科学院园艺研究所）

第 10 节 甘蓝枯萎病

一、分布与危害

甘蓝枯萎病最早于 1895 年在美国纽约哈得孙峡谷发现，20 世纪 70 年代已遍布美国所有气候温暖的甘蓝种植区，目前在全球大部分夏秋甘蓝产地均有发生，是造成甘蓝产量损失最严重的病害之一。其中，甘蓝枯萎病菌小种 1 分布范围广，在世界各大洲都有发生。主要发生的国家有：非洲的刚果、摩洛哥、喀麦隆、刚果（金）、津巴布韦，亚洲的中国、印度、伊拉克、日本、菲律宾、泰国和越南，大洋洲的澳大利亚、新喀里多尼亚、新西兰和萨摩亚，欧洲的法国、匈牙利、意大利、荷兰和俄罗斯，北美洲的加拿大、美国、哥斯达黎加、古巴、巴拿马、波多黎各、萨尔瓦多和特立尼达岛，南美洲的巴西等；甘蓝枯萎病菌小种 2 仅在美国加利福尼亚州、得克萨斯州和俄罗斯有发生。2001 年，该病在我国的北京市延庆县甘蓝生产基地首先发现，随后迅速蔓延，现已在山西、河北和陕西等夏秋甘蓝基地陆续发生。

甘蓝感染枯萎病后，生理机能遭到干扰和破坏，结球不实甚至不能结球，严重影响甘蓝的品质及经济收益，致使甘蓝种植产业遭受毁灭性的打击。如甘蓝枯萎病自 2001 年在北京市延庆县开始出现以来，呈现出快速上升的趋势，由 2002 年的 2 个村约 13.3hm² 发展到 2006 年的 25 个村 86.7hm²，仅在 4 年中发病面积就增长了 5.5 倍，病害造成的产量损失高达 30％以上，甚至绝收，使得当地甘蓝出口量由 2003 年的 4 500 万 kg 降低到 2006 年的 1 900 万 kg；山西寿阳县旱垣夏甘蓝生产基地 40％的面积发生了枯萎病，其中，轻病田发病率在 10％以下，中度病田发病率在 10％~15％，较重的病田达到 40％以上，成为制约当地甘蓝安全生产的最关键因素之一。

二、症状

甘蓝枯萎病从苗床到本田可持续地发生。苗期发病，最初叶脉发黄，继而叶片变黄、植株枯死。成株期发病，主要由植株下部叶片逐渐往上部叶片发展，病叶褪绿黄化；发病初期仅个别叶片中肋或侧脉变黄，随后植株一侧或整个下部叶片黄化，黄化的叶片以主脉为中心，叶片的一侧黄变、主脉向黄化的一侧扭曲，叶片畸形，而且继续呈单侧生长，致使整个植株矮化、向一侧弯曲，根系减少；发病严重的植株叶片全部变黄，并从下部开始逐渐脱落，植株不能结球，最后萎蔫死亡；横切病株的短缩茎可见叶脉、叶柄和短缩茎的维管束明显变褐（彩图 10 - 10 - 1）。

三、病原

甘蓝枯萎病的病原是尖镰孢黏团专化型 [*Fusarium oxysporum* Schltdl. ex Snyder et Hansen Schltdl. f. sp. *conglutinans*（Wollenw.）Snyder et Hansen]，属于子囊菌无性型镰孢属。病原菌在土壤中为兼性寄生，产生丝状体在土壤和病残体中生长，同时形成分生孢子和厚垣孢子。分生孢子存活期较短，对翌年病害的发生和流行作用不大；厚垣孢子壁厚，抗低温和干旱，在土壤中能存活多年，甚至在没有甘蓝等寄主的土壤中仍能存活，是甘蓝枯萎病菌重复侵染的主要菌源。

PDA 培养基上菌落的正面为白色、圆形，气生菌丝絮状，生长茂盛、紧凑；菌落背面略呈奶黄色。菌丝丝状、无色、有隔，在人工培养基和自然条件下都能产生 3 种类型的孢子，即小型分生孢子、大型分生孢子和厚垣孢子。小型分生孢

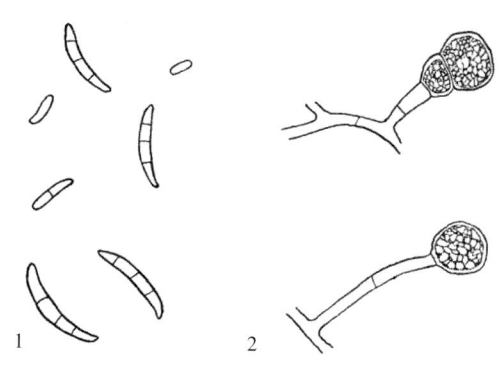

图 10 - 10 - 1　尖镰孢黏团专化型的形态特征
（引自 Joseph C. Gilman，1916）

Figure 10 - 10 - 1　Morphology of *Fusarium oxysporum* f. sp. *conglutinans*（from Joseph C. Gilman，1916）

1. 分生孢子　2. 厚垣孢子

子无色透明、长椭圆形至短杆状，直或略弯，多数单胞，大小为（6~15）μm×（2.5~4）μm，绝大多数为（7~10）μm×（2.5~3）μm；个别具 1 个隔膜，大小为 19μm×4μm，下部的细胞较宽、顶端渐尖。大型分生孢子梭形或镰刀形，两端逐渐变细，但顶部较钝，没有明显的足细胞，多为 3 个隔膜，无色，大小为（25~33）μm×（3.5~5.5）μm。厚垣孢子顶生或间生，通常单胞，有时双胞，球形至卵圆形，壁厚但不规则，大小为（7~12）μm×（7~15）μm（图 10-10-1）。产孢细胞短，单瓶梗。通常小型分生孢子占绝大多数，罕见大型分生孢子和厚垣孢子。

在人工培养基质中，病原菌适宜生长温度为 20~30℃，25℃时菌丝生长最快，低于 15℃和高于 30℃的条件下，生长都趋于缓慢，低于 5℃或高于 35℃时则不能生长；pH 对菌丝生长的影响不大，在 pH 为 3~10 的范围内均能生长，以 pH 为 8 时生长最快；病菌能利用多种碳源，其中以淀粉为碳源时生长最快，其次为乳糖；不同的氮源对病原菌的生长影响显著，以硝酸钾、硝酸钙和硝酸钠作为氮源比较适宜，硫酸铵和尿素不利于菌落生长；光照对病原菌生长影响不大，不同光照条件下枯萎病菌均能生长。土壤温度对病原菌的生长影响最大，最适宜生长土温为 27℃左右，低于 16℃不适于病菌生长，高于 32℃生长则受到极大的抑制；而土壤湿度和 pH 对病菌生长的影响不大。

甘蓝枯萎病菌可以侵染所有甘蓝类蔬菜和其他十字花科作物，包括结球甘蓝、花椰菜、青花菜、抱子甘蓝、羽衣甘蓝、球茎甘蓝、茎蓝、芜菁、萝卜、芥菜、芥蓝、油菜和白菜等。

四、病害循环

甘蓝枯萎病菌以菌丝体或厚垣孢子在土壤中越冬，在土壤中可存活数年之久；种子也可带菌。翌春条件适宜时从根尖或根部伤口侵入寄主，引起初侵染，病菌在维管束内随水分扩展到木质部，然后通过茎秆向上进入叶片，形成田间中心病株。中心病株上的病斑可产生大量的孢子，通过土壤、肥料、灌溉水、昆虫以及农具等传播，再从根部伤口侵入，造成田间不断地再侵染。落入土壤的孢子在土壤中生存、繁殖，越过夏季，侵染秋季十字花科作物，病菌越冬后又可侵染春季作物，病害在一年四季中如此循环往复（图 10-10-2）。

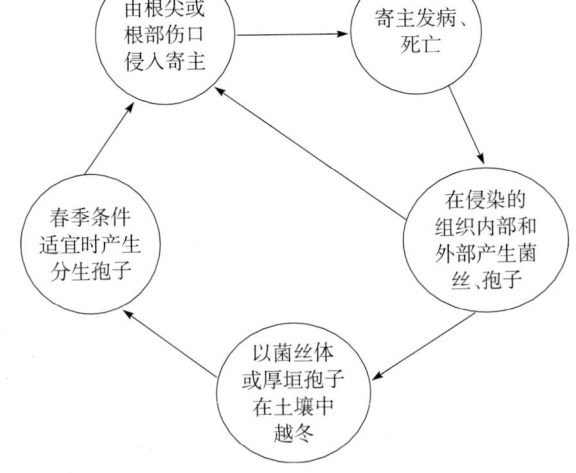

图 10-10-2 甘蓝枯萎病病害循环（杨宇红提供）
Figure 10-10-2 Disease cycle of cabbage Fusarium wilt
(by Yang Yuhong)

五、流行规律

（一）枯萎病菌的传播扩散及其侵染条件

1. 枯萎病菌的传播与扩散 甘蓝枯萎病为土传病害，主要以带菌土壤、发病幼苗及病残体传病，病田土壤作肥、病苗移植、病残体随处遗弃、病菜运输、灌溉水甚至农具等均可造成病原菌蔓延，扩大发病面积。另外，种子对该病害的扩散也起一定的作用。

2. 枯萎病菌侵染过程及侵染条件 病原菌主要穿过幼根进入植株体内，老根移栽时造成的伤口也为病菌提供了入侵的途径。病原菌侵入幼根后直接移动到输水管，随水流上升至茎部和叶部，在导管中繁殖，阻碍水分通过，并产生毒素，导致植株枯死。病害发展速度主要取决于品种感病程度与土壤温度，小种 1 通常在土温高于 18℃时发病，小种 2 在温度低至 12℃时仍具活性，最适侵染温度为 25~29℃。另外，甘蓝感病品种的根部分泌物可增加对抗性品种的侵染程度。

（二）枯萎病菌流行规律

1. 品种与抗病性 在甘蓝类作物中发现的枯萎病抗性基因主要有 A 型和 B 型 2 种。A 型抗性基因由单显性基因控制，对温度不敏感，在所有温度条件下均表现稳定的抗性，但具有小种特异性，仅对小种 1 表现抗性，可感染小种 2；B 型抗性基因由多基因控制，仅表现在低温下有效，在土壤温度超过 20℃时其抗性就失去作用，这种抗性基因的温度敏感性限制了对其进一步的利用。在我国现有的栽培品种中，从日本、韩国引进的珍奇、百惠、夏强、绿太郎及国内新培育的中甘 18、中甘 96 对枯萎病具有显著的抗性，而其他主栽品种诸如中甘 11、8398、报春、京丰、8132、北农早生和铁头 4 号等均为易感枯萎病品种。一般叶片鲜嫩，叶球白色至浅绿色，口味较好的甘蓝，对枯萎病抗性弱；反之，叶色灰绿，叶片厚，叶球深绿色，口味较差的甘蓝，对枯萎病抗性强。

2. 栽培季节与枯萎病流行 目前，我国甘蓝枯萎病仅在北京、山西、陕西、河北等北方地区发现，发病高峰期为 6 月中、下旬至 9 月初，此时发病率和病情指数迅速升高。通常 2 月底至 3 月初育苗，4 月底至 5 月初定植，6 月下旬至 7 月初采收的春甘蓝发病较轻；而 5 月底育苗，6 月底至 7 月初定植，9 月下旬至 10 月初采收的夏甘蓝发病较重，一般造成产量损失高达 30% 以上。

3. 栽培环境与枯萎病流行 甘蓝枯萎病是一种在温暖季节中发生的病害，主要发生在热带、亚热带等较为温暖的地区，或者在较寒冷地区的晚春和早秋时节，其发生严重度与土壤温度密切相关，土壤温度偏高及土壤夯实适宜发病。通常土壤温度在 16℃ 时，枯萎病菌可以侵染植株，空气或土壤温度高于此温度时，开始显症，并且病害随温度升高逐渐加重。当温度达到 25～29℃ 时，枯萎病增长最快，发病最为严重，感病品种 2 周内即可死亡，一些品种在整个生育期间则持续衰弱，渐渐死亡，有些仍然可以结球，但球小而弱；如果病菌侵入后温度不适合时则植株仅表现生长缓慢，结球小而疏松；此时如果土温持续降低（低于 20℃），植株仅仅少量叶片受到病害影响，但仍可恢复并正常结球。另外，土壤温度对小种 1、小种 2 的发病程度和生态型的变异影响很大，小种 2 在温度低于 14℃ 时仍能发病，而小种 1 低于 16℃ 则失去致病性。

土壤的湿度和酸碱度对枯萎病影响较小，然而任何不利于根部生长的其他因子均可增加植株对枯萎病的感病程度：生长初期种植于凉爽、潮湿的土壤中对发病有利，种植密度过高利于病害侵染，不适宜的栽培方式、其他土传病害的发生及各种除草剂等造成幼苗根部伤口等因子均加剧枯萎病的为害。另外，甘蓝感病品种的根部分泌物可增加病菌对抗性品种的侵染程度；同时，土壤的营养状况与症状的表现也息息相关，钾不足在导致许多综合病症加剧的同时也加重枯萎病的发生程度。除此以外，镰孢菌酸、病菌产生的 pectolytic 酶对病害有一定的限制作用。

（三）枯萎病菌的生理专化现象

引起十字花科枯萎病的尖镰孢有 5 个明显的致病群，过去曾将 *F. oxysporum* f. sp. *conglutinans*（FOC）分为小种 1～5。小种 1 寄主广泛，引起甘蓝和其他十字花科蔬菜枯萎病；小种 2 通常侵染小萝卜，也可侵染其他十字花科作物，但不侵染甘蓝和花椰菜；小种 3、小种 4 引起紫罗兰枯萎病，其中小种 4 从纽约紫罗兰上获得；小种 5 引起抗小种 1 的含有 A 型抗病基因的甘蓝品种发病。现将以上 5 个小种归为 3 个专化型，分别为尖镰孢萝卜专化型（*F. oxysporum* f. sp. *raphani*，FOR）、尖镰孢紫罗兰专化型（*F. oxysporum* f. sp. *mathioli*，FOM）和尖镰孢黏团专化型（*F. oxysporum* f. sp. *conglutinans*，FOC）。目前，比较认可的专化型名称归纳如下：原 FOC 小种 1 仍然为黏团专化型（FOC）的小种 1；原 FOC 小种 2 现为萝卜专化型（FOR）；原 FOC 小种 3 现为紫罗兰专化型（FOM）小种 1；原 FOC 小种 4 现为紫罗兰专化型（FOM）小种 2；原 FOC 小种 5 现为尖镰孢黏团专化型（FOC）小种 2。我国甘蓝枯萎病是近年新发生的一种病害，初步推断由尖镰孢黏团专化型小种 1 引起。

国外用于甘蓝枯萎病菌生理小种鉴定的鉴别寄主为 3 个甘蓝品种，即 Golden Acre 84、Wisconsin Golden Acre 和 Badger Inbred 16。鉴定生理小种的土壤温度保持在 24℃，接种后 10～15d 进行调查鉴定（表 10 - 10 - 1）。

表 10 - 10 - 1 甘蓝枯萎病菌生理小种鉴定（引自 Bosland & Williams，1985）

Table 10 - 10 - 1 Identification of physiological race of *Fusarium oxysporum* f. sp. *conglutinans*

（from Bosland & Williams，1985）

甘蓝品种	生理小种	
	1	2
Golden Acre 或 Golden Acre 84	S	S
Wisconsin Golden Acre	R	S
BI - 16（Badger Inbred 16，University of Wisconsin，Madison）	R	R

注 R：抗病，S：感病。

六、防治技术

(一)加强检疫，警惕病害在全国蔓延

甘蓝枯萎病目前仅在我国北京、山西、河北、陕西严重为害，在其他地区尚未发现。鉴于甘蓝枯萎病菌寄主范围广，防治难度大，如大面积传播出去，其后果将不堪设想。因此，首先，必须严格执行检疫制度，从国外引种时谨防病原随种子传入我国，同时限制疫区甘蓝等发病十字花科蔬菜运往外地，从而杜绝该病随产品、种子进行远距离传播、扩散；其次，禁止将病、残、死株随意遗弃，乱丢乱堆，应集中烧毁处理，防止近、中距离传播；另外，不要在有十字花科蔬菜枯萎病的地区制种、采种；菜农不要使用在疫区培育的带土十字花科蔬菜种苗，并且尽量避免进入病田观摩，以减少病原的传播，防止病害在我国蔓延。

(二)选用抗(耐)病品种

不同甘蓝品种的产量、品质性状以及对枯萎病的抗、感性状具有明显差异，利用抗病品种是防治枯萎病等土传病害最经济、有效的措施。在甘蓝类作物中存在 A 型和 B 型两种枯萎病抗性基因，发掘出具有温度不敏感特征的 A 型抗性材料对于甘蓝抗枯萎病育种具有重要意义。但由于 A 型抗性具有生理小种特异性，因此，在抗病品种的选育中也应注意对 B 型抗性的保存和保护，以避免长期种植单一抗性品种导致优势小种更替而使品种抗性"丧失"。目前，国内种植的较抗枯萎病的甘蓝品种有中国农业科学院蔬菜花卉研究所培育的中甘 96 和中甘 18，以及国外引进的珍奇、绿太郎、夏强、百惠等。甘蓝枯萎病发病严重地区可根据需要选择具有抗病性的品种，因地、因时制宜地推广种植。

我国甘蓝品种目前普遍缺乏抗性基因，虽品质优良、口感好，但大多不抗枯萎病，现有的抗源材料中绝大部分来源于欧洲、日本及韩国等甘蓝枯萎病抗性育种研究较为先进的国家。因此，在今后的育种工作中应加强从以上国家引进抗性种质。

在抗病育种中，甘蓝苗期对枯萎病的抗病性鉴定可执行《NY/T 2313—2013　甘蓝枯萎病抗病性鉴定技术规程》。

(三)农业防治

1. 加强种子处理，实行无病土育苗，杜绝初侵染源　甘蓝枯萎病是 2001 年在北京延庆首次发现的，在此以前国内没有甘蓝枯萎病的发生为害报道，有专家分析该病害很可能是通过种子传带进行跨地区远距离传播；另外，枯萎病病原菌习居于土壤中，可以在病残体或土壤中越冬，多年连作的土壤中病菌会逐年累积。因此，病害的预防控制应首先考虑种子处理和育苗苗床的土壤处理。

种子处理：对甘蓝种子进行药物拌种和包衣处理可以预防病菌随种子传播，同时可以作为保护屏障防止土壤中的病菌侵染种子和幼苗，可用种子重量 0.3% 的 50% 多菌灵可湿性粉剂拌种，或者用种子重量 3% 的 2.5% 咯菌腈种衣剂进行包衣处理，在一定程度上可控制病害的发生为害。

苗床处理：选择从未种植过十字花科作物或从未发生过甘蓝枯萎病的田块作为苗床，播种前将苗床耙松、耙平，施适量底肥或者撒施适量尿素做基肥，并进行必要的药剂处理：将适量的多菌灵或甲基硫菌灵或 30% 枯萎灵可湿性粉剂(15% 多菌灵＋15% 福美双)撒施于秧床土壤表面，混匀后将种子直接撒播于苗床上，以降低病害发生为害程度。

2. 实行轮作防病　轮作在一定程度可以控制土传病害，可选择与非寄主如谷类、玉米及非十字花科蔬菜如葫芦科、茄科等进行 5 年以上轮作，以减少因为连作造成的土壤中枯萎病菌的积累，控制病害的发生为害。

3. 适期播种，调整移栽期，避开发病高峰期　甘蓝枯萎病是典型的高温病害，因此，适期播种可以躲过高温干旱季节。我国北方甘蓝枯萎病发病高峰期集中在 6～9 月，春甘蓝宜适当提前播种、秋甘蓝则适当推迟播种，尽量躲过高温干旱季节，从而避开枯萎病的发病高峰，减轻枯萎病为害甘蓝。

4. 加强田间管理　①蹲苗适度。改变蹲"满月"习惯，防止苗期土壤干旱，遇有苗期干旱年份地温过高宜勤浇水降温，确保根系正常发育。②及时清理田园。清除前茬和田间发病植株及病残体，防止其随农事操作在田间传播或者成为病害的侵染来源，对减缓病害发生和蔓延具有积极作用。具体做法是发现病株，应及时将病株连同周围 5～10m 的植株拔除。拔除时，位于下水头植株应当多拔一些。拔下的病株、采收后的根茬以及败叶不可乱扔，要集中深埋或用其他有效的方法销毁。③深耕土壤至 25～50cm，以促

进根系发育，增加对枯萎病的抵抗能力；定植成活后至植株封行前开展中耕除草，可适时进行 2～3 次中耕，深度 6cm 左右为宜，尽量避免伤根，中耕后结合培土。④加强灌溉管理，适时浇水。莲座期必须保持土壤湿润，要求土壤湿度为 70％～80％。具体操作掌握前少后多的原则，莲座期前可结合追肥浇水，进入结球中期，对水分的要求逐渐增加，在一般情况下，夏秋栽培每 4～6d 浇 1 次水。多雨季节要及时排水以防渍涝，避免土壤积水造成根部缺氧。另外，避免种植过密，植株间至少相隔 5～8cm，以减少植株对水的竞争。⑤合理追肥。缓苗后，每 667m² 浇 10％腐熟人粪尿 600kg；莲座期每 667m² 施尿素 10kg、硫酸钾 7kg；结球初期每 667m² 施腐熟人粪尿 1 500kg、硫酸钾 5kg。

（四）利用甘蓝残株结合太阳能加热协同控病

利用太阳能进行土壤热处理不仅能杀死土壤处理层中绝大多数病原菌，而且在覆膜封闭条件下，土壤中的氧气逐渐消耗，呈缺氧还原状态，使大多数好气的病原菌在缺氧和高温条件下死亡，从而显著降低田间病原菌的基数，有效控制病害发生。具体做法如下：将田间甘蓝或十字花科作物的残株用机器搅碎、晒干，使用旋转式耕耘机将晒干的残留物与土表约 15cm 深的土壤（按 1∶1）充分混匀，然后连续洒水灌溉 3d 至土层 76cm 处，用 0.025mm 厚的透明薄膜覆盖，在阳光下曝晒 4～6 周后掀膜，然后整土种植甘蓝。盖膜处理时应经常检查，防止边角漏气，遇到畦面薄膜破损，应及时盖土，防止漏气，以提高增温效果。

（五）药剂防治

目前，国际上对枯萎病的地上部施药防治尚无成功范例，因此，使用药剂防治枯萎病必须根据甘蓝枯萎病的发生流行特点、气候条件、品种感病性及杀菌剂特性等，贯彻预防为主的方针，在枯萎病发病前或发病始期，进行施药保护。具体操作如下：在苗期或定植时使用多菌灵、噁霉灵等化学农药处理土壤或蘸根，必要时结合防虫，喷淋或浇灌 12.5％增效多菌灵可溶液剂 200～300 倍液，或 54.5％噁霉·福可湿性粉剂 700 倍液、50％甲基硫菌灵悬浮剂 600 倍液、50％百·硫悬浮剂 500 倍液、20％二氯异氰尿酸钠可溶粉剂 400 倍液、50％氯溴异氰尿酸可溶性粉剂、30％苯噻氰乳油 1 000～1 500 倍液，每株浇灌 100mL。约隔 10d 浇灌 1 次，共浇灌 1～2 次。将荧光假单胞杆菌（*Pseudomonas fluorescens*）LRB3W1 菌株与苯菌灵复配用于防治甘蓝枯萎病，苯菌灵在较低的使用浓度下即可表现出很好的防治效果，在保证防效的同时降低了化学药剂对环境的破坏。

为提高植株抗病力，还可施用 1.6％己酸二乙胺基乙醇酯水剂 900 倍液，或植物微量元素营养液（植物动力 2003）1 000 倍液、0.01％芸薹素内酯乳油 3 000 倍液、富尔 655 液肥，每 667m² 用 80g 加水 30kg，喷叶 2～3 次。

杨宇红（中国农业科学院蔬菜花卉研究所）

第 11 节　甘蓝黑胫病

一、分布与危害

甘蓝黑胫病又称根腐病、根朽病，是甘蓝生产中的一种世界性重要病害，在甘蓝整个生长期和储藏期均可为害。该病于 1849 年在法国首次被发现，然后传遍整个欧洲、澳大利亚、美国以及前苏联的高加索、西伯利亚和部分远东地区，曾在乌克兰和哈萨克斯坦发展迅速，现已遍布白俄罗斯全境，尤其是南部和西南部地区。在适宜的条件下，全田都可发病；该病还可在储藏期间继续发展和为害，受害株率可达 80％，产量损失达 70％；如果再与其他病害混合发生，则会导致烂窖。

我国的黑龙江、吉林、辽宁、北京、天津、河北、河南、山东、湖北、湖南、陕西、山西、甘肃、宁夏和内蒙古等省份是甘蓝黑胫病的多发地区，一般年份发病株率为 5％～10％，流行年份或重病田常引起成片植株枯死，减产 30％～40％。该病主要为害甘蓝，也为害花椰菜、白菜、芜菁、苤蓝、萝卜、芥菜和油菜等十字花科植物，通常花椰菜、青花菜和芜菁等中度感病，芜菁甘蓝、萝卜和芥菜等发病略轻。

二、症状

甘蓝幼苗、成株和采种株的任何部位都可受害，早期最显著的症状是苗床中的幼苗在移栽前 14～20d

时，子叶上出现模糊的灰白色斑点，幼叶上也显出模糊的灰白色病变区，之后逐渐变成清晰的、灰白色或灰色的病斑，其上散生许多小黑点（分生孢子器）；在潮湿的条件下，植株幼苗快速死亡。病菌在下胚轴、子叶及第一片真叶上产生大量的分生孢子，引起苗床或田间的二次侵染。叶片发病后，其上出现近圆形、浅棕色至褐色病斑，病斑中央散生黑色分生孢子器。在成熟、衰老或死亡的植株上，外部叶片上的点状物有时会变为红色，尤以外叶边缘处的红色点状物更为明显。茎上病斑初为黑褐色，长形，边缘淡紫色，凹陷，随着病害的继续发展，病斑可环绕茎秆变黑。若病斑靠近地面，常常向下蔓延至根部，呈现出暗紫色的溃疡斑，其上亦散生少量的黑色小点；严重时，主、侧根全部腐烂，植株倒伏，地上部逐渐枯萎。若病害发展缓慢或较轻时，随着主根的逐渐死亡，在茎基病斑上端的健康部位可再生新的侧根，以维持生长，但植株发育不良、长势衰弱，后期即使维持到叶球形成，罹病的根茎也难以支撑不断增重的叶球，植株最终仍会折倒。有些病株在田间突然萎蔫枯死，萎蔫的叶片仍附着在茎轴上而不脱落。健壮的植株如根部发病，外叶边缘表现淡红色症状，有的植株外叶发黄，类似缺磷症状。根部受害一般是在肉质根上形成溃疡斑或在叶球内出现干腐，但一般不会导致严重的腐烂（彩图 10 - 11 - 1）。采种株受害则在侧枝、花梗及种荚上出现与茎部相似的病斑，病荚内的种子干瘪、种皮皱缩；种株储藏期染病叶球干腐，剖开病茎，病根部维管束变黑。

三、病原

甘蓝黑胫病的病原是黑胫茎点霉 [*Phoma lingam*（Tode ex Fr.）Desm.]，属半子囊菌无性型茎点霉属真菌。分生孢子器一般散生、埋生或半埋生在寄主表皮下，球形至扁球形，深黑褐色，直径 100～400μm，顶端有明显突起的孔口，并聚集成直径 1mm 近圆形或者卵形的小黑点；分生孢子器内有胶质物和许多分生孢子，吸湿后从分生孢子器孔口中涌出很长的、污白色胶质的、长分生孢子角（内含大量的分子孢子）。分生孢子长圆形，大小为（3～6）μm×（1～2.5）μm，单细胞，无色，内有两个油球（图10-11-1）。黑胫茎点霉的线粒体 DNA 是线形的，长约 1.40μm。

甘蓝黑胫病菌有性阶段是十字花科小球腔菌或斑点小球腔菌 [*Leptosphaeria maculans*（Desm.）Ces. et de Not.]，与无性时期相比，有性时期较少产生，也较少形成假囊壳。假囊壳形成于老的黑茎或叶片上，紧密排列呈簇状；假囊壳内含大量圆柱形至棒状的子囊，每一子囊含有 8 个圆柱形至椭圆形、黄褐色、多分隔的子囊孢子。

依据甘蓝黑胫病菌对油菜是否造成茎部溃疡和产生 sirodesmin PL 毒素，可将该菌的不同菌株划分为两类：造成茎溃疡及严重为害的称之为强致病力，或毒性菌株或 A 群，不造成茎溃疡的为弱致病力，或无毒菌株或 B 群。通常有致病力的菌株侵染寄主后，在侵染点的周围组织上很快就会出现失绿病区，病斑扩大后变为灰色，病情发展较快，常常导致病叶枯焦，并产生分生孢子器；而无致病力的菌株不产生上述典型症状，或只在接种点周围稍微有点失绿（也许是由刺伤引起而已），甚至在长达半个月内都不能扩展成病斑。凡无致病力的菌株在查氏培养液内，在 20℃下培养 20d 可产生褐色水溶色素，菌落生长较快，形成少量的分生孢子器；有致病力的菌株则相反，不产生褐色水溶色素，菌落生长较慢和形成大量的分生孢子器。有致病力菌株与无致病力菌株在 7 种酶 [MDH（苹果酸脱氢酶）、IDH（异柠檬酸脱氢酶）、G - 6 - PD（6 -磷酸葡萄糖脱氢酶）、PGM（葡萄糖磷酸变位酶）、AST（天门冬氨酸转氨酶）、GPT（谷丙转氨酶）、EST（脂酶）] 中的酶带位置和数目并不相同，表明这两类菌株在酶活性上有差异；而且，这两类菌株产生的有毒物质结构也不相同。但是，目前尚未对这两类菌株重新分类。

有研究者从弱毒性菌株中发现了一个特殊菌株，并产生了一种新的寄主选择性毒素（host - selective

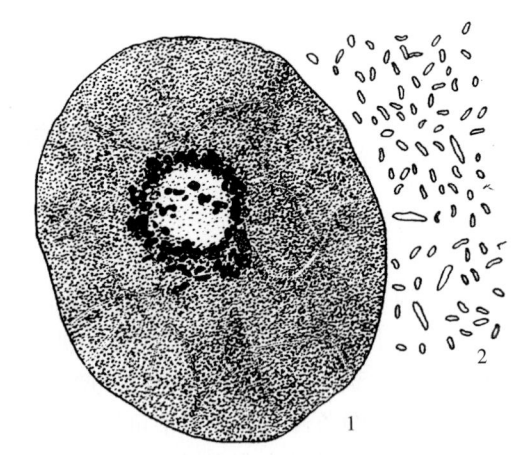

图 10 - 11 - 1 黑胫茎点霉的形态特征（郑建秋提供）

Figure 10 - 11 - 1 Morphology of *Phoma lingam*
（by Zheng Jianqiu）

1. 分生孢子器 2. 分生孢子

phytotoxin），该毒素与已有的强毒株和弱毒株的毒素不同。并且，此菌株包含一段只有强毒菌株含有的5.2kb重复DNA序列，能使传统抗强毒菌株的棕色芥菜（*Brassica juncea*）发病。

四、病害循环

病菌以菌丝、分生孢子器、带菌种子、土壤中的病残体和其他带菌十字花科蔬菜留种株构成田间病害的初侵染来源。翌年早春，潜伏在种皮中的菌丝或分生孢子入侵幼苗的子叶，延至幼茎，引起幼苗发病，严重的致幼苗枯死。苗床中的病苗上可产生分生孢子器并释放出大量的分生孢子进行再侵染，继续在苗床内为害。病苗移栽到大田后病害可继续发展，病斑上产生的分生孢子，与土壤中越冬后的病原菌均可借雨水和水滴飞溅传播到健康植株的叶片和茎秆上，从寄主的表皮直接侵入或从伤口侵入，引起其他植株发病，病斑上产生的分生孢子又可进行再侵染，病害得以在田间不断地扩展蔓延（图10 - 11 - 2）。

五、流行规律

病原菌在种子、土壤、种用叶球、病残体以及其他十字花科蔬菜种株上越冬。病菌在种子中可存活4年，在病残体上存活3年，菌丝体和分生孢子器在土壤中可存活2～3年。当翌年气温达到20℃时，越冬病原菌均可产生分生孢子，萌发后通过气孔、皮孔、水孔和伤口侵入寄主。分生孢子器遇水后排放出许多分生孢子，在田间分生孢子主要靠气流和雨水飞溅进行传播蔓延。虽然分生孢子可以在空中随气流传播一定距离，但其孢子浓度随距离增加而快速减少。

在雨天有风或是灌溉的情况下，植株易被感染，但是潮湿多雨以及雨后温度偏高的气候条件是病害流行的关键因素。当温度在20～24℃、相对湿度达60%～80%时适宜病害的发生。通常在一个种植季节，病菌可以繁殖5～8代。分生孢子释放、萌发和侵染都需要水分，而侵入后的

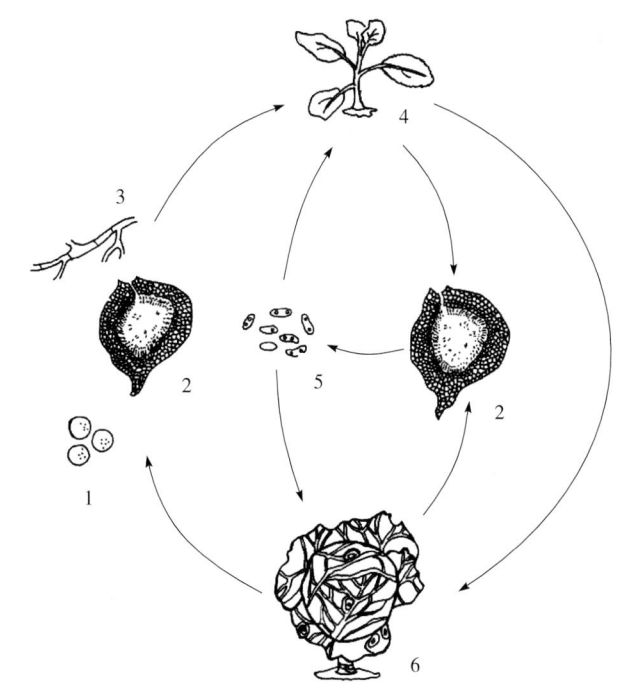

图10 - 11 - 2 甘蓝黑胫病病害循环（肖崇刚和马冠华提供）
Figure 10 - 11 - 2 Disease cycle of cabbage black leg（by Xiao Chonggang and Ma Guanhua）
1. 种子带菌 2. 分生孢子器 3. 菌丝体 4. 病苗 5. 分生孢子 6. 病株

温度对潜育期的影响也很大，在日平均温度24～28℃时潜育期只需5～6d，17～18℃时需9～10d，9～10℃时则需23d，0～2℃时病害停止发展。重茬地、排水不良以及前旱后涝的地块均易发病；此外，在甘蓝蝇、种蝇的幼虫以及椿象等昆虫为害的同时也有传病作用。然而，在干旱又缺乏灌水的条件下，病菌受到抑制或不发生；夏季温度很高，即使多雨也不易发病。

六、防治技术

在春、秋两季，甘蓝黑胫病的侵染时间往往比较长，很难找到集中防治的好时机，而且病原菌存活时间也比较长，一般的植物病害防控方法难以奏效，因而防控难度较大。目前，主要采取以下综合防控措施。

（一）选用抗（耐）病品种与种子处理

目前，抗（耐）黑胫病的甘蓝品种甚少，应加大抗病品种选育的力度；四季39在有的地方表现尚好，可因地制宜地选用。

带菌种子是主要初侵染来源，从无病植株上选留种子是首要的预防措施，对选用的种子进行杀菌处理也是十分必要的。可用50℃温水浸种20～30min后，以冷水冷却，晾干播种，或用种子量0.4%的50%福美双可湿性粉剂或50%琥胶肥酸铜可湿性粉剂拌种。

（二）苗床管理

1. 苗床选择 选择麦田或葱、蒜田的表土用作苗床土。

2. 土壤消毒 每平方米用50%福美双可湿性粉剂10g或40%五氯硝基苯粉剂8～10g掺拌30～40kg细干土，并混合均匀，播种时直接撒于床面。

3. 营养钵育苗 为避免移栽伤根，宜采用营养钵育苗；苗床上方搭拱棚，用薄膜遮顶，防止雨淋，减少病菌再侵染；选择无病壮苗定植，避免将病苗带入大田。

（三）轮作

实行与非十字花科蔬菜作物轮作4年以上，且不与十字花科作物邻近、间作，也不要在十字花科作物顺风方向的田块中种植。

（四）药剂防治

发病初期喷洒60%多·福可湿性粉剂600倍液，或40%多·硫悬浮剂500～600倍液、70%百菌清可湿性粉剂600倍液，间隔7～10d，连续喷洒2～3次。

（五）栽培管理

幼苗期要控制住根蛆、菜青虫等害虫以及十字花科杂草的为害，一般每隔7～10d检查一次，发现虫害及时防治，以减少虫害伤口；低洼地宜采用半高垄栽培方式，或结合中耕培土成垄；平畦栽培的地块要提前挖好排水沟，做到雨后及时排水；浇水时尽量不要洒到叶面上，防止病原菌溅洒扩散，堆肥应充分腐熟后方可施用，追施化肥时注意防止烧根；田间发现病株要立即拔除，并带出田外深埋或焚烧；尽量避免在雨天或田间潮湿的情况下进行农事操作。

（六）加强储藏管理

选择健康的植株用于储藏，储藏前，用50%多菌灵可湿性粉剂500倍液喷洒储藏室的墙壁及存放架，以杀灭病菌；用25%异菌脲悬浮剂2 000倍液蘸甘蓝根系后储藏也有一定防病效果；尽量创造适宜储藏的条件，以温度为0℃、相对湿度为85%～90%、氧气浓度为5%、二氧化碳浓度为1%～5%的储藏环境为好。

肖崇刚　马冠华（西南大学植物保护学院）

第12节　十字花科蔬菜软腐病

一、分布与危害

十字花科蔬菜软腐病是一类重要的细菌病害，广泛分布于全世界的十字花科蔬菜产区。该病在白菜、甘蓝、花椰菜和萝卜等十字花科蔬菜的生长期和储藏期中造成腐烂，恶臭四溢，难以防治，造成重大经济损失。

十字花科蔬菜软腐病在我国各地、各茬十字花科蔬菜上都有发生，特别是大白菜软腐病为害极为严重。大白菜软腐病又称水烂、烂疙瘩等。早在20世纪60年代，我国北方大白菜产区，该病十分猖獗，与大白菜病毒病、霜霉病一起称大白菜的三大病害，常常造成早、中熟大白菜产量损失30%～50%，大发生年份则减产50%以上。1987年，湖南省大白菜软腐病大流行，全省平均减产40%～50%；2001年，黑龙江省东部地区大白菜软腐病极其严重，造成许多田块毁种、绝收；2003年，江苏省海安县李堡镇的大白菜地块，发病株率普遍在20%以上。此外，该病在储藏、运输、销售过程中，仍可继续腐烂，仅储藏期大白菜损失就可达20%左右，经济损失极大。

二、症状

十字花科蔬菜软腐病的症状因寄主、部位、环境条件的不同而有差异，常见症状有三种：一是外叶叶柄基部先发病，初呈水渍状，后变褐腐，外叶晴天中午萎蔫，早晚恢复正常，持续几天后不再恢复，心部或叶球外露，根茎的髓部组织腐烂，菜株轻碰即折倒；二是叶球顶部叶片开始发病，初呈水渍状、淡褐色腐烂，后向叶球内扩展呈软腐；三是叶球基部开始发病，初呈水渍状，后扩展为淡灰褐色腐烂，叶心萎蔫，渐向外叶蔓延，致外叶的叶柄腐烂，发病组织呈既黏又滑的软腐状（彩图10-12-1）。三种症状的病部腐烂后均发出恶臭，溢出灰黄色或污白色黏液；在日晒失水条件下，病叶变干呈薄纸状，紧贴叶球。

（一）大白菜和甘蓝

大白菜和甘蓝感染软腐病多在包心后开始表现症状，初期植株外围叶片萎蔫，早晚尚能恢复，随着病情加重，萎蔫不再恢复。重病植株结球小，叶柄基部和根茎处心髓组织完全腐烂，充满灰黄色黏稠物，臭气四溢，病株一踢即倒，一拎即起。有的从外叶边缘或心叶顶端向下扩展，或从叶片虫伤处向四周蔓延，最后造成整个菜头腐烂。腐烂病叶在晴暖干燥环境下失水变成透明薄纸状。软腐病发生后病部维管束不变黑，以此与黑腐病相区别。

（二）花椰菜和青花菜

花椰菜和青花菜软腐病发病始于生长中后期，特别是花球形成增大期间，主要为害花球，也能为害主茎和叶片。初期在外叶或花球茎部出现湿润状淡褐病斑，中下部包叶在中午似失水状萎蔫，初期早晚尚可恢复，数天后不再恢复，病部开始腐烂，压之呈黏滑稀泥状。腐烂部位逐渐向上扩展，致使部分或整个花球软腐，产生污白色细菌溢脓，有恶臭味。

（三）萝卜

萝卜感染软腐病多从根尖虫伤或切伤处开始，呈水渍状褐色软腐，以后病部上下发展呈软腐状。病健界限明显，常有汁液渗出。留种植株往往老根外观完好，而心髓已完全腐烂，不能抽薹，后期染病开花而不能结实，致全株枯死。

三、病原

十字花科蔬菜软腐病病原为胡萝卜果胶杆菌胡萝卜亚种 ［*Pectobacterium carotovorum* subsp. *carotovorum*］，属于薄壁菌门果胶杆菌属。

十字花科蔬菜软腐病菌在普通肉汁培养基上的菌落呈灰白色，圆形或不定形，表面光滑，微凸起，半透明，边缘整齐。菌体短杆状，大小为（0.5～1.0）μm×（2.2～3.0）μm，周生鞭毛 2～8 根，无荚膜，不产生芽孢（图 10 - 12 - 1），革兰氏染色阴性。在结晶紫果胶酸盐培养基（CVP）上产生杯状凹陷。Pcc 生长发育最适温度为 25～30℃，致死温度为 50℃10min。对氧气要求不严格，在缺氧情况下也能生长发育。在 pH 5.3～9.2 均可生长，以 pH7.2 最适，不耐光或干燥，在

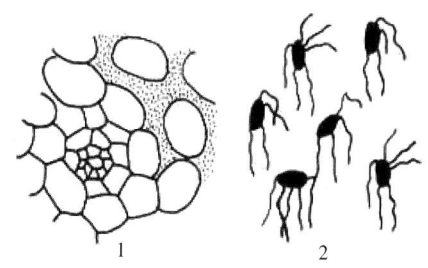

图 10 - 12 - 1　胡萝卜果胶杆菌胡萝卜亚种形态特征
（引自吕佩珂等，1992）

Figure 10 - 12 - 1　Morphology of *Pectobacterium carotovorum* subsp. *carotovorum* (from Lü Peike et al., 1992)

1. 病组织内的细菌　2. 细菌菌体

日光下暴晒 2h 大部分死亡，在土壤中未腐烂寄主组织中可存活较长时间，但在脱离寄主的土壤中只能存活 15d 左右，通过猪的消化道后则完全死亡。

四、病害循环

十字花科蔬菜软腐病菌自身的抗逆能力并不强，依靠自身抗逆特性无法引起年复一年的广泛侵染为害。由于其寄主范围广泛，可依靠十字花科蔬菜等多种作物进行循环寄生，并保持旺盛的生命力。在南方温暖地区四季均有蔬菜生长，病菌可周年寄生发育；但北方冬季不适合病菌的生存，病菌则主要在病株和病株残体中越冬，如菜窖、仓库、田内遗留的烂根和尚未完全分解的病株堆肥，都是重要的初侵染来源。

越冬后的病原细菌能大量繁殖，通过昆虫（如地蛆、蝼蛄、黄条跳甲、甘蓝蝇、花条蜱、菜粉蝶、菜青虫等）、雨水、灌溉水和肥料等传播，主要从植株基部的虫害伤口、机械伤口、自然裂口等处侵入春季蔬菜造成危害；秋季再传播到大白菜等多种植物上继续为害，迅速繁殖并分泌果胶酶，使寄主细胞的中胶层分解，各个细胞分离，并从这些细胞中吸收养分，导致细胞死亡，组织腐烂。在寄主发病过程中，病菌先破坏寄主维管束组织的细胞壁，然后进入薄壁细胞中扩展为害。

土壤中残留的病菌还可从幼芽和整个生育期的根毛侵入，通过维管束向地上部运转；或潜伏在维管束

中，成为生长后期和储藏期发病的主要
菌源。由于病菌的潜伏侵染，田间大白
菜等寄主植物的根部带菌率可高达
95%。通常情况下，潜伏侵染可持续整
个生长期，只有当环境条件不适宜蔬菜
生长时，潜伏侵染才转化为侵入状态
（图 10 - 12 - 2）。

五、流行规律

十字花科蔬菜软腐病的发病和流
行，除了与品种抗病性及栽培管理有关
外，还与下面因素息息相关：一是一定
量的病菌侵染源；二是适合病菌生长发
育的气象条件；三是产生伤口。

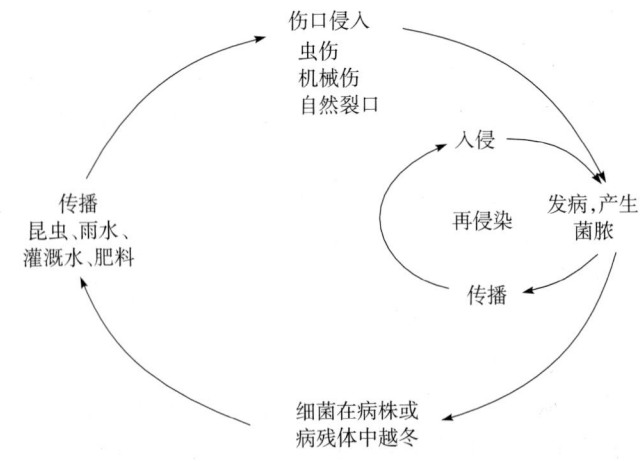

图 10 - 12 - 2　十字花科蔬菜软腐病病害循环（宋从凤提供）

Figure 10 - 12 - 2　Disease cycle of bacterial soft rot on cruciferous vegetables
(by Song Congfeng)

（一）病菌侵染源

若前茬作物为软腐病菌的寄主植
物，而且收获后未经翻耕暴晒，土壤中病原细菌积累多，蔬菜受感染机会多，病害随之严重。十字花科蔬
菜与禾本科及豆科作物轮作时发病轻，而与十字花科、茄科、瓜类等作物轮作则发病重。因为这些作物易
感病，致使植株残体在土壤中保存有大量菌源。

另外，昆虫可携带大量细菌，直接起到传播作用。许多为害十字花科蔬菜的昆虫体内、外均可携带软
腐病菌，其中以花蝇、麻蝇传菌能力最强，并可远距离传播，为害性极大。另外，昆虫可以通过咬食形成
伤口，所以黄条跳甲、花菜蟥、菜青虫、地蛆、金针虫、蛴螬和蝼蛄等害虫的消长，对十字花科蔬菜软腐
病的发生与流行有明显的影响。

（二）气候条件

气候条件中以雨水和温度对软腐病的影响最大，两者共同影响病菌的增殖和传播、媒介昆虫的繁殖和
扩散、寄主植物伤口愈伤速度等三个方面。多雨易使蔬菜叶片基部浸入水中，缺乏氧气，极易产生伤口也
易导致伤口难以愈合；在湿度大的条件下，寄主组织含水量高也延缓伤口的愈合速度；同时，多雨、高湿
有利于病菌的繁殖和传播。温度对苗期愈伤能力影响较小，但对成株期组织的愈伤能力影响较大，低温会
延迟伤口木栓化进程，不利于伤口愈合，从而增加病菌侵入的机会。所以，在低温、多雨、高湿的条件
下，软腐病极易流行。

（三）伤口种类和愈伤能力

十字花科蔬菜生育后期常有自然开裂、虫伤、病伤以及人工或机械操作损伤等引起的裂口，为软腐病
菌提供了侵入途径。通常，导致软腐病发病率最高的是自然裂口，其次为虫伤。自然裂口多发生在久旱降
雨之后，病菌从裂口侵入后发展迅速，损失最大；病菌也常常从昆虫伤口侵入，这些伤口的产生为软腐病
的发生与流行创造了条件。然而，寄主植物均有愈合伤口的能力，伤口愈合对细菌侵染造成阻碍，故愈伤
能力与软腐病的发生与流行有很大的关系。寄主愈伤能力强，愈伤速度快则发病轻，反之发病严重。十字
花科蔬菜不同品种间及同一品种的不同生育期愈伤能力都不相同，以大白菜来说，一般苗期愈伤能力较
强，莲座期减弱；直立型和青帮型大白菜品种的愈伤能力较强。大白菜苗期的伤口 3h 后开始木栓化，
27h 后病菌则不易侵入；而在莲座期以后的伤口愈合则较慢，12h 开始木栓化，72h 后才能达到抗御病菌
侵入的程度，这是大白菜软腐病在莲座期以后发病较多的原因之一。

（四）品种抗病性

由于十字花科蔬菜不同品种对软腐病的抗病能力不同，所以，在田间的发病程度也就不同。对于大白
菜，不同的品种间抗病性有显著差异，疏心直筒品种抗病能力较强；青帮型品种抗病性优于白帮型品种；
抗病毒病和抗霜霉病的品种，也较抗软腐病。

（五）栽培管理

高垄栽培不易积水，土壤中的氧气比较充足，利于寄主愈伤组织形成，病菌侵染的机会减少，发病

轻；而平畦栽培地面易积水，土壤缺乏氧气，不利于寄主根系或叶柄基部愈伤组织的形成，则发病重。

六、防治技术

对于十字花科蔬菜软腐病的防治，应采取以加强栽培管理、防治害虫、选种抗病品种为主，化学药剂防治为辅的综合防治措施。

（一）选种抗（耐）病品种

一般来说，抗病毒病的品种也比较抗（耐）霜霉病和软腐病，如山东 1 号、城阳青、北京大青口、旅大小梗、北京 100、青杂 5 号、城青 2 号、包头青等大白菜品种，抗（耐）病性均比较好，各地可因地制宜地选用。

（二）加强栽培管理

应选择地势高且相对干燥、排水良好的壤土、沙壤土地块种植十字花科蔬菜，忌低洼、黏重地。黏重地可适当施用炉灰等疏松物质进行改良，同时增施磷、钾肥。合理安排茬口，最好与禾本科及豆类、葱蒜类等不易感病的作物轮作，避免与茄科、葫芦科作物连作，减少病菌积累；栽培前 2～3 周进行深翻晒垡，改善土壤性质，促使病残体腐烂分解，抑制病菌繁育；施足基肥，有机肥料应充分腐熟，及时追肥，促进菜苗健壮，提高植株抗病性；为避免病害发生，应尽量采用高垄栽培，适期晚播，适当加大行距，以利通风透光，降低田间湿度；出苗后及时浇水，做到不旱不涝，防止因水分不均产生自然裂口，雨后松土培垄，避免菜根外露，减少感染机会；切忌大水漫灌，雨季应及时排水、防涝，及时降低田间湿度。发现病株立即清理，同时病穴撒石灰消毒，防止病害蔓延。

（三）防治虫害

害虫为害造成的伤口会加重软腐病的发生，应及时喷药防治。在植物生长早期应注意杀灭地下害虫，可用 40％辛硫磷乳油 1000 倍液灌根。从幼苗期加强防治黄条跳甲、菜青虫、小菜蛾、甘蓝蝇等害虫，可用 2.5％溴氰菊酯乳油 2 000 倍液喷雾。人工日常管理中也应小心操作，避免造成机械伤口，减少病菌的侵染。

（四）药剂防病

田间发病初期就开始喷药预防，喷药以轻病株及周围健株为重点，注意近地表的叶柄及茎基部，以保证叶柄基部和茎部充分着药，真正起到保护作用。还可以用药液浇灌病株及其周围健株根际土壤，每株灌药液 0.25kg。常用药剂有：①72％农用链霉素可溶粉剂，每 200mg 药对水 1kg；90％农用新植霉素可溶粉剂，每 200～400mg 药对水 1kg；②50％代森铵水剂 800～1 000 倍液；③敌磺钠原粉 500～1 000 倍液或 14％络氨铜水剂 350 倍液。每 7～10d 用药 1 次，共 2～3 次。

十字花科蔬菜的储藏窖可用硫黄粉熏蒸，或用石灰乳喷涂进行消毒。储存期应保持适当的低温，同时降低湿度，可适量喷洒上述药剂，防止病害大量发生。

（五）生物防治

播种前用菜丰宁 B_1（一种枯草芽孢杆菌）浓缩菌粉、春雷霉素和中生菌素等生物制剂拌种对抑制种子及苗期周围土壤中的病菌有良好效果。

宋从凤　王超（南京农业大学植物保护学院）

第 13 节　十字花科蔬菜黑腐病

一、分布与危害

自 19 世纪末期十字花科蔬菜黑腐病被发现以来，现已成为全世界的重要蔬菜病害之一，尤其在气候温湿的热带和亚热带地区，发病十分严重。许多十字花科蔬菜都可受害，尤以甘蓝、花椰菜和萝卜发病最为普遍，损失最为严重，芜菁、白菜和苤蓝等次之。此外，十字花科杂草如荠菜和独行菜等也遭受其害。

该病在全世界十字花科蔬菜产区周期性地发作。曾在美国肯塔基州、艾奥瓦州、纽约州及威斯康星州等地造成芜菁和甘蓝严重的经济损失；在非洲和亚洲等国家也是如此。我国从 20 世纪 70 年代开始发生十字花科蔬菜黑腐病，80年代以后逐渐普遍且严重，至今全国各地均有发生，特别是广东、海南、广西和台湾等南方省份终年可见，以每年6～11月发生最为猖獗，严重时可使甘蓝减产70%；花椰菜黑腐病是21世纪以来逐年加重的病害，一般发病年份可减产20%～30%，有的年份减产高达50%～60%；即使高海拔寒冷地区栽植的十字花科蔬菜亦不能幸免，陕西省武功一带的萝卜病株率为30%，流行年份枯死株率可达30%以上，储藏后肉质根腐烂率为5%～10%，从而造成严重的产量降低和品质下降。

二、症状

黑腐病是一种维管束病害，十字花科蔬菜从苗期到成株期均可染病，主要为害叶片、叶球或球茎以及肉质根，各种十字花科蔬菜黑腐病的基本症状比较相似，维管束变黑和坏死是其主要特征。

幼苗被害，子叶呈现水渍状，并逐渐蔓延至真叶，叶脉上出现小黑斑或长短不等的小黑条斑；严重时，可造成幼苗萎蔫、干枯或死亡。成株期发病，多从叶缘（和虫伤处）开始，病原细菌自叶缘水孔侵入后，向内扩展形成V形黄褐色病斑，周围有黄晕，尤其是萝卜叶片的V形病斑十分明显，向内扩展后全叶呈网纹状花斑，叶脉变黑，最后枯黄；环境适宜时，病菌由叶脉的维管束向上、下侵染扩展至主茎，并再延伸到上位叶，造成植株系统性感染；病株的外叶一片片地萎蔫或变黄干枯、叶脉坏死变黑，病叶提早脱落；有的病株的叶柄中肋变褐、半侧叶片生长受阻，严重时叶片呈现出"歪柄"或"半边瘫"状；病害蔓延到茎部和根部后，可使茎部和根部的维管束变黑腐烂。在干燥条件下，病部往往呈现黑色的干腐状，无明显的恶臭味，可区别于软腐病。

在甘蓝、花椰菜、萝卜和大白菜等十字花科蔬菜的储藏期间，只要条件合适，黑腐病就会继续发展蔓延，引起脱帮、烂叶和烂心等症状；即使被害萝卜肉质根的外部症状并不明显，但横切萝卜后可清楚地看到维管束呈放射状、黑褐色，严重时有菌脓溢出，最后内部组织严重腐烂或干腐，空心而不能食用（彩图10-13-1）。

三、病原

十字花科蔬菜黑腐病病原为油菜黄单胞菌油菜变种 [*Xanthomonas campestris* pv. *campestris* (Pammel) Dowson]，属于薄壁菌门黄单胞菌属。野油菜黄单胞杆菌是黄单胞菌属的模式种，包括最少125种致病型，不同致病型可以侵染不同的寄主植物，油菜致病变种主要侵染十字花科植物引起黑腐病。

该菌的菌体短杆状，极生单鞭毛，无芽孢，不产荚膜，大小为 (0.7～3.0) μm × (0.4～0.5) μm，菌体单生或链生（图10-13-1），革兰氏染色反应阴性，好气性。在牛肉汁琼脂培养基上，菌落近圆形、圆形或稍不规则形，初呈淡黄色，后变蜡黄色，边缘完整，略凸起，薄或平滑，具光泽，表面湿润有光泽，但不黏滑，老龄菌落边缘呈放射状；在马铃薯培养基上，菌落呈浓厚的黄色黏稠状。病菌生长发育适温为25～30℃，最低5℃，最高38～39℃，致死温度51℃10min；对酸碱度适应范围为pH 6.1～6.8，最适pH 6.4。对干燥的抵抗力很强，在干燥状态下可存活1年。

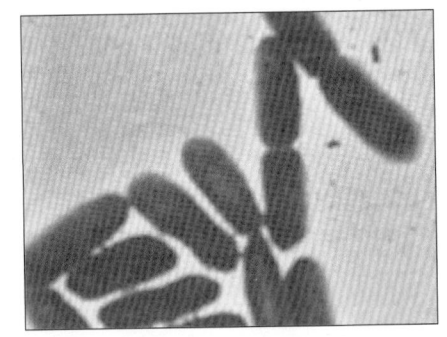

图10-13-1 油菜黄单胞菌形态的电镜照片（引自 Daniel Graham，1990）

Figure 10-13-1 *Xanthomonas campestris* by scanning electron microscopy (from Daniel Graham，1990)

十字花科蔬菜黑腐病菌存在生理小种分化现象，国际上一般划分为6个生理小种。我国已报道，北方地区有1号和4号生理小种，所占比例相近；南方地区以1号生理小种为主，特别是东南沿海和西南地区的十字花科蔬菜黑腐病菌主要是1号生理小种。

四、病害循环

病原细菌随种子或病残体遗留在土壤中、种子或采种株上越冬，在土壤中的病残体上可存活1年以上，直至病残体完全腐解后，病菌亦随之消亡。播种带菌种子后，病菌可从幼苗子叶叶缘的水孔和气孔侵入，引起发病；在田间，病菌通过雨水、灌溉水、农事操作及昆虫等传播到叶片上，从叶缘的水孔或叶面的伤口侵入，先侵染少数薄壁组织细胞，然后进入维管束组织，由此向上、下扩展，造成植株的系统性侵染（图10-13-2）。

在染病的留种株上，病菌可从果柄维管束进入种荚，使种子表面带菌，并可从种脐侵入使种皮带菌。病菌在种子上可存活 28 个月，是病害远距离传播的主要途径。

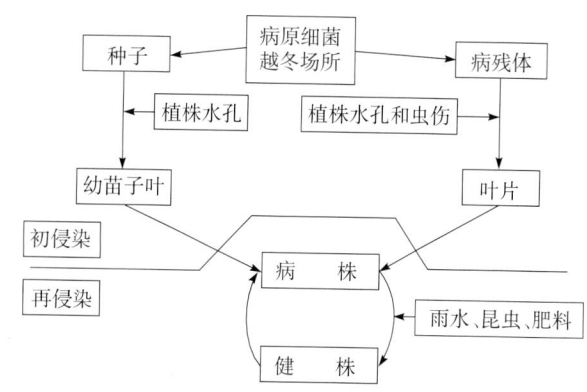

图 10-13-2　十字花科蔬菜黑腐病病害循环（刘苏闽提供）

Figure 10-13-2　Disease cycle of black rot of cruciferous vegetables (by Liu Sumin)

五、流行规律

黑腐病菌喜高温、高湿的气候条件，温度在 25～30℃ 时利于病菌生长发育；多雨高湿、叶面结露，均利于发病。在田间，病菌主要借助雨水、昆虫和肥料等传播。低洼地块，土壤黏重、排水不良、浇水过多，病害重；播种过早、与十字花科蔬菜连作、种植过密、管理粗放、植株徒长、粪肥带菌、中耕伤根、害虫较多的地块发病均重。环境条件适宜时，病菌可大量繁殖，再侵染频繁，遇暴风雨后，病害极易流行。

在重庆、四川、湖北、湖南、江西、安徽、江苏、浙江及上海等省份，十字花科蔬菜黑腐病的主要发病盛期为 5～11 月，如甘蓝黑腐病主要在春、秋两季发生，夏季发病较轻；萝卜和大白菜黑腐病主要发生在秋季。育苗期间气温偏高、多雨，苗期和定植后的病害均较重。发病后雨水多或常有大雾，为害显著加重。萝卜储藏期间的湿度一般较大，一旦温度适宜，萝卜上的黑腐病菌便迅速繁殖，引起烂心。甘蓝耐热品种比较抗病；早熟品种的大白菜对黑腐病比较敏感，而晚熟品种的抗病性则较强。

十字花科蔬菜的不同种质资源或品种间的抗病性差异比较明显，对田间病害发生的影响也较大，这为培育抗病品种提供了良好的抗源材料。

六、防治技术

防治十字花科蔬菜黑腐病应采用以农业防治和种子处理为主、化学防治为辅的综合防治措施。

（一）选用抗病品种

虽然目前尚无对黑腐病免疫及高抗的十字花科蔬菜品种，但品种间抗病性存在着较大的差异。现已选育出一批抗病的甘蓝组合，如高抗的 014 号、抗病的 010 号和 012 号，可在生产上使用或继续配种；中国农业科学院和湖北省农业科学院等单位相继筛选出 10 余份抗病的萝卜材料。至于大白菜，一般来说，青帮、直筒型大白菜品种比较抗病。据报道，改良 83-24、德高 1 号、正旺达 12、多抗 3 号、津秋 75、晋菜 3 号、铁头和太原 2 号等大白菜品种的抗病性较好。

（二）使用无病种子

从无病田和无病株上采种，必要时进行种子处理。可温汤浸种，将种子先用冷水预浸 10min，再用 50℃温水浸 20～30min；或用药剂消毒，如 72%农用硫酸链霉素可溶性粉剂 1 000 倍液浸种 2h，或 45%代森铵水剂 300 倍液浸种 20min，然后洗净晾干播种；也可用 50%福美双可湿性粉剂拌种，用药量为种子重量的 0.4%。这些措施都可减少种子的带菌量，减少田间初侵染来源。

（三）加强栽培管理

重病地与非十字花科蔬菜进行 2～3 年的轮作；施用腐熟肥料作底肥，适时播种，不宜早播，适宜密度，适当蹲苗；采用高畦栽培，开好排水沟，雨后及时排水，以降低田间湿度；干旱地区，切忌大水漫灌，避免病菌扩散；合理施肥，促使植株生长健壮，提高抗病力；及时清洁田园，将病株残余深埋土中，减少田间菌源。

（四）药剂防治

发病初期，及时喷施 72％农用硫酸链霉素 1 500 倍液，或 90％新植霉素可溶性粉剂 4 000 倍液、10％氯霉素水剂 2 000 倍液、50％琥胶肥酸铜可湿性粉剂 500 倍液、60％百菌清可湿性粉剂 600 倍液、14％络氨铜水剂 350 倍液等。施药时，尤其应注意药液浇灌萝卜和芜菁等的根冠部，同时注意对铜制剂敏感的品种不可随意提高浓度，以防药害。在植株生长期间，需及时防治菜青虫等害虫，以减少传病媒介，可用 2.5％敌杀死乳油 5 000 倍液，或 100 亿孢子/g Bt 乳剂 400 倍液等进行防治。

刘苏闽（扬州环境与资源学院园林园艺系）

第 14 节　十字花科蔬菜病毒病

一、分布与危害

十字花科蔬菜病毒病是十字花科蔬菜生产中的世界性重要病害，早在 1791 年就被发现。现在，全世界凡是种植十字花科蔬菜的地方就有该病的发生，甚至蔬菜生产极不发达的莱索托、科特迪瓦等国家也不例外，十字花科蔬菜都曾因该病遭受过大面积的产量损失。该病发生越早损失越重，通常减产 33％以上；如果带病幼苗被定植到大田，一旦遇到适宜发病的气候条件，则往往造成 75％以上的产量损失。在我国，黄河以北地区的十字花科蔬菜病毒病主要指大白菜病毒病，而黄河以南各地则主要指榨菜、小白菜、菜心、芥菜、萝卜和甘蓝等的病毒病。

大白菜是中国、韩国、朝鲜和日本等亚洲国家的传统性重要蔬菜，却常年遭受病毒病的严重为害。大白菜病毒病又称为孤丁病、抽风病，在我国大白菜产区都普遍发生，以河北、山西、内蒙古、北京、天津、辽宁、吉林、黑龙江、新疆、陕西、宁夏、青海和甘肃等省份发生最重，一般发病率为 3％～30％，严重地块可达 80％以上。从 20 世纪 50 年代初期到 80 年代后期，特别是 1952 年、1958 年、1972 年、1977 年、1985 年和 1987 年，我国北方气候高温干旱，当时又缺乏抗病品种，致使病毒病大流行而致严重减产；1962 年，新疆大白菜病毒病大流行，新疆北部的大白菜几乎绝收。感染病毒病后大白菜很易遭受霜霉病和软腐病的侵害。因此，病毒病、霜霉病和软腐病被冠以"大白菜三大病害"之称，在三大病害流行的年份，减产幅度几乎都在 50％以上。

病毒病还是榨菜的头号杀手，长期以来，四川、湖北、福建和浙江是我国榨菜的生产大省，自 21 世纪以来，山东省和河南省等黄淮海地区也有较大面积的种植，这些地区的榨菜因病毒病为害，一般年份减产 20％～30％，重病年则减产 50％～60％，并严重影响榨菜的品质。

二、症状

虽然十字花科蔬菜种类繁多，引起病毒病的毒原种类也较多，但病毒病症状却有许多相同或相似之处。基本症状为幼叶明脉，之后病叶逐渐呈现花叶、皱缩、畸形，重病株则矮化，甚至枯死。下面以影响较大的大白菜、甘蓝、榨菜和萝卜病毒病为例，分述其症状（彩图 10 - 14 - 1）。

（一）大白菜

大白菜从苗期到包心期均可发病，但发病愈早为害愈重，包心期以后受感染则病症轻微。苗期发病时，心叶初显明脉，后沿叶脉失绿，并产生淡绿与浓绿相间的斑驳或花叶；随着病害的发展，病叶明显皱缩、质地脆硬、叶色变黄，心叶扭曲畸形；有些品种在叶背的叶脉处产生褐色坏死点或条斑，叶片抽缩、凹凸不平或叶柄向一边弯曲，老叶提前脱落。发病严重的植株矮缩，不能正常包心；病轻的植株虽能包心，但内部叶片上常出现灰黑色坏死斑点。有病采种株抽出的花梗短缩，弯曲畸形，其上有纵横裂口，花朵早衰，很少结实或果荚细小，籽粒不饱满，发芽率低；发病严重的采种株，往往花梗尚未抽出时即死亡。

（二）甘蓝

甘蓝、青菜花、花椰菜和茎蓝病毒病的症状基本相同。开始时叶片上产生直径 2～3mm 的褪绿斑点和明脉，后逐渐出现淡绿与黄绿相间的花叶、斑驳和不太明显的黑色坏死环斑，严重的病叶皱缩、畸形，病株矮化、结球迟、叶球疏松。收获时，带病叶球虽然表面完好无症，但储藏 2～5 个月后，叶球上的黑色坏死环斑十分显著，甚至深达叶球深处的叶片、中脉和支脉，支脉两侧的小型坏死斑常常愈合成片。

（三）榨菜

榨菜病毒病的主要症状与大白菜基本相同，整个生育期均可受害，但以苗期至移栽后菜头膨大之前发病最重。初发病时，叶脉褪绿或半透明，随后叶片出现浅绿与深绿相嵌的花叶，病叶皱缩或凹凸不平、卷曲成畸形或向一侧扭曲；病害继续发展可使叶背的叶脉产生褐色坏死斑或横裂口，而叶面出现褐色坏死小点或条状裂口，条状裂口可沿叶脉继续扩展最终导致叶脉开裂。重病株严重矮缩、叶片减少、幼叶扭曲、皱缩成团、下部叶片枯黄、肉质茎僵化成细棒状，主根褐色较短，须根少，病株枯黄提早死亡。病种株的整个花梗短缩为扫帚状，或部分花梗短缩，不结实或种子不饱满。

（四）萝卜

萝卜的幼苗、成株以及采种株均可发病，以苗期发病为主。幼苗发病，首先心叶明脉，然后沿叶脉褪绿，继之叶片上出现深、浅相间的花斑，病叶皱缩、畸形，幼叶扭曲，重病幼株提前死亡。幸存的病株到成株期症状加剧，常整株发病，叶片成为明显的、深浅相间的疱斑花叶状，有的病叶上产生黄斑、坏死斑、条斑或呈现严重的畸形扭曲，有的沿叶脉产生耳状突起，病株矮缩不长，根系发育不良，肉质根小，品质降低；采种株受害，叶片花叶或生有圆形小黑斑，茎部可产生黑色条斑，花梗及花瓣发育迟缓、萎缩变小，果荚小，籽粒少且不饱满。

三、病原

引起十字花科蔬菜病毒病的病毒有：芜菁花叶病毒（*Turnip mosaic virus*，TuMV）、黄瓜花叶病毒（*Cucumber mosaic virus*，CMV）、花椰菜花叶病毒（*Cauliflower mosaic virus*，CaMV）、萝卜花叶病毒（*Radish mosaic virus*，RMV）、烟草花叶病毒（*Tobacco mosaic virus*，TMV）、芜菁黄花叶病毒（*Turnip yellow mosaic virus*，TYMV）、甜菜西方黄化病毒（*Beet western yellows virus*，BWYV）、萝卜耳突花叶病毒（*Radish enation mosaic virus*，REMV）、萝卜叶缘黄化病毒（*Radish yellow edge virus*，RYEV）、烟草环斑病毒（*Tobacco ringspot virus*，TRV）、车前草花叶病毒（*Plantain mosaic virus*，PLMV）及蚕豆萎蔫病毒（*Broad bean wilt virus*，BBWV）等，但以前 4 种病毒最为主要（图 10 - 14 - 1）。

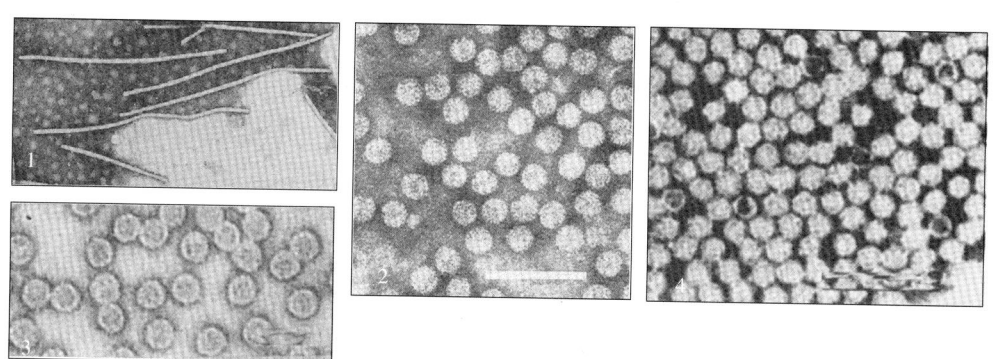

图 10 - 14 - 1　芜菁花叶病毒、黄瓜花叶病毒、花椰菜花叶病毒和萝卜花叶病毒的病毒粒体形态（1. 引自 J. A. Tomlinson，1970；2. 引自 R. J. Shepherd，1981；3. 引自 A. J. Gibbs 等，1970；4. 引自 R. N. Gampbell，1973）

Figure 10 - 14 - 1　Virions of the *Turnip mosaic virus*，*Cucumber mosaic virus*，*Cauliflower mosaic virus* and *Radish mosaic virus* (1. from J. A. Tomlinson，1970；2. from R. J. Shepherd，1981；3. from A. J. Gibbs et al.，1970；4. from R. N. Campbell，1973)

1. 芜菁花叶病毒　2. 黄瓜花叶病毒　3. 花椰菜花叶病毒　4. 萝卜花叶病毒

（一）芜菁花叶病毒（TuMV）

TuMV 属于马铃薯 Y 病毒科马铃薯 Y 病毒属，是马铃薯 Y 病毒科中为害范围最广、为害程度最重的世界性病毒，主要分布在温带和热带地区。至少可以侵染 43 科 156 属中的 318 种植物，以十字花科植物受害最重，是十字花科蔬菜病毒病中的首要病毒种类，特别是在大白菜、芜菁、芥菜和萝卜等病毒病中更为突出，约占病毒病毒原种类的 70%；其他科的莴苣、菠菜、茼蒿、甜菜、烟草、矮牵牛、百日草以及车前草等植物也可受害。在 28 个国家和地区的蔬菜病毒病中，TuMV 的危害性仅次于 CMV，是侵染蔬菜作物的第二大病毒。在田间，TuMV 常常与 CMV、CaMV 或 TMV 等复合侵染十字花科蔬菜。

TuMV 病毒粒体弯曲丝状，长约 720nm，温度钝化点在 62℃ 以下，稀释限点为 $1 \times 10^{-3} \sim 1 \times 10^{-4}$，20℃ 下的体外存活期为 3~4 年，2℃ 下则为数月。在自然界中，TuMV 可至少通过 89 种蚜虫以非持久性方式进行传播，如桃蚜（*Myzus persicae*）、甘蓝蚜（*Brevicoryne brassicae*）等，获毒时间不到 1min，传毒仅需 10~30s，没有潜伏期。该病毒也极易经汁液接触传毒，但不能通过种子传播。

由于寄主植物可受到 TuMV 不同株系或分离物的侵染，所以引起的症状也不尽相同。1990 年，我国的科研单位利用携带独立的、显性遗传的、具有不同抗病基因代表性的 4 个大白菜栽培品种作为划分株系的鉴别寄主谱（表 10-14-1），将为害北京地区大白菜的 TuMV 分离物划分为 TuMV-C1~TuMV-C5，共 5 个株系，其中，TuMV-C4 株系占分离物的 42.4%，为最主要的株系，其余依次为 TuMV-C5、TuMV-C1、TuMV-C3 和 TuMV-C2 株系，这为十字花科蔬菜特别是大白菜抗 TuMV 育种提供了科学依据。

表 10-14-1 大白菜 TuMV 株系的划分标准（引自 S. K. Green 等，1985）

Table 10-14-1 The classification standard of TuMV strains isolated from Chinese cabbage (from S. K. Green et al., 1985)

鉴别寄主	TuMV 株系				
	C1	C2	C3	C4	C5
PI 418957	I	R	I	R	S
PI 419105	S	R	R	S	S
Tropical delight	I	S	S	S	S
Crusader	S	R	S	S	S

注 I：免疫，R：抗病，S：感病。

（二）黄瓜花叶病毒（CMV）

CMV 为雀麦花叶病毒科黄瓜花叶病毒属中的典型成员，是世界上最流行的植物病毒，分布很广，特别是在热带和温带地区极为普遍。寄主范围十分广泛，能侵染 100 多科 12 000 多种双子叶和单子叶植物，尤以葫芦科的黄瓜、甜瓜、南瓜等，茄科的番茄、辣椒等，藜科的菠菜，香蕉科的香蕉等受害严重。在田间，CMV 常与 TuMV 或 TMV 等复合侵染十字花科蔬菜，造成更加严重的经济损失。

CMV 病毒粒体球状，直径 28~30nm，钝化温度 60~70℃/10min，病毒汁液稀释限点 $10^{-3} \sim 10^{-4}$，体外存活期数小时或 3~4d，但在冰冻条件下则可长期存活，不耐干燥。

在自然界中，CMV 可通过 33 属 80 多种蚜虫以非持久性方式传播，桃蚜（*Myzus persicae*）、甘蓝蚜（*Brevicoryne brassicae*）是最重要的传毒蚜虫，其次是萝卜蚜（*Lipaphis erysimi*）；也极易经汁液接触传播，20 多种植物的种子带毒（如菜豆、花生、甜瓜和番茄等），此外，还有 10 多种菟丝子也能传毒。目前所知的 CMV 分离物很多，有的含卫星 RNA（sRNA），有的则不含，由于前者参与病理的变化，因此，往往影响到引致的病毒病症状。CMV 株系划分的标准较多，如根据 CMV 侵染的不同寄主范围，将来源于蔬菜的 CMV 分离物划分为十字花科株系群、普通株系群等 6 个株系群；近些年来，国际上比较多的是根据 CMV 分离物的生物学、血清学以及 CP 基因序列，将所有 CMV 株系划分为 I 和 II 两大亚组。

（三）花椰菜花叶病毒（CaMV）

CaMV 属于花椰菜花叶病毒科花椰菜花叶病毒属，分布于全世界温暖地区，寄主范围局限于十字花科植物，是十字花科蔬菜病毒病的重要病毒之一，其症状往往与 TuMV 引起的症状相似，常引致许多十字花科蔬菜与杂草呈现明脉、花叶、斑驳、扭曲、下卷以及叶背沿叶脉产生疣状凸起等症状，尤以油菜和甘蓝受害较重；在高温条件下，重病株往往坏死和矮化；储藏期间，球叶的两面均出现许多细小斑点和叶脉坏死条纹。在自然界，常与 TuMV 复合侵染。

病毒粒体为正 20 面体，直径约 50nm，是具有双链 DNA 的少数植物病毒之一，钝化温度为 75~

80℃/10min，稀释限点 10^{-3}，体外保毒期 5～7d/20℃。可由 40～50 种蚜虫以非持久性或半持久性方式传毒，尤以桃蚜 [*Myzus persicae*]、甘蓝蚜 [*Brevicoryne brassicae*] 为最，也能极易经汁液摩擦接触传播，种子不能传毒。

（四）萝卜花叶病毒 (RMV)

RMV 属于豇豆病毒科豇豆花叶病毒属，分布广泛。在自然情况下，仅能侵染十字花科植物，主要引致花叶、环斑、叶脉坏死、叶片皱缩以及萝卜叶片产生耳突等症状；此外，通过接种还可侵染茄科、藜科和葫芦科等少数非十字花科植物，产生局部病痕。病毒粒体球状，直径约 30nm，钝化温度为 65～70℃，稀释限点 $15×10^{-4}$，体外保毒期 2～3 周/20℃；病毒能通过菜跳甲（*Phyllotreta* spp.）和黄瓜十一星甲虫（*Diabrotica undecimpunctata*）传播，在田间往往与 TuMV 复合侵染。

四、病害循环

在我国北方，十字花科蔬菜病毒病的几种病原病毒均可在窖藏的大白菜、甘蓝、萝卜、花椰菜等十字花科蔬菜和采种株上越冬，也可在宿根作物如菠菜及田边杂草寄主的根部越冬，还可在温室里生长中的十字花科蔬菜寄主体内越冬。

在南方，田间终年长有菜心、小白菜和西洋菜等十字花科植物，病毒不存在越冬问题，受感染的十字花科蔬菜和杂草都是翌年田间病害的重要初侵染源。翌年随着气温的回升，桃蚜、甘蓝蚜、萝卜蚜等有翅蚜虫（或其他有关昆虫介体）把病原病毒从越冬寄主植物上传到春季小白菜、大白菜、油菜、甘蓝、花椰菜、萝卜等十字花科蔬菜及野油菜上，春菜受到初侵染后发病。春菜病株上的病原病毒不仅可以通过大量繁殖的无翅蚜继续传播，而且还可以通过中耕除草、浇水施肥、喷洒农药等农事操作以及昆虫为害等途径，极其高效地将含有病原病毒的病汁液传播给健康植株，这两种接连不断的再侵染导致春菜田间病毒病害的发生和扩散。春菜收获后，再经带毒有翅蚜虫迁飞与取食，病毒病又被传播到夏季小白菜、油菜、薹菜、萝卜等十字花科蔬菜上，并经病汁

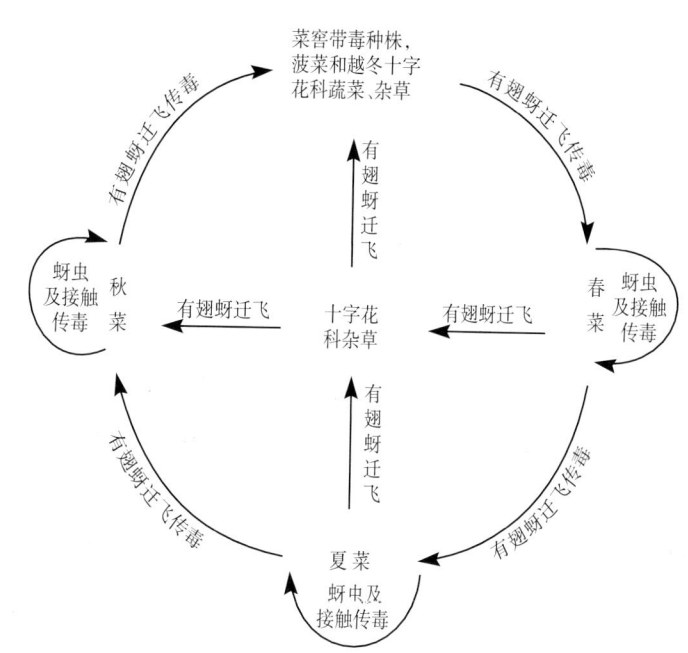

图 10 - 14 - 2　十字花科蔬菜病毒病病害循环（冯兰香提供）

Figure 10 - 14 - 2　Disease cycle of cruciferous vegetable viral disease (by Feng Lanxiang)

液接触传染的方式使病毒病在夏菜田间不断传播和蔓延；此后，仍然通过这两种传毒方式引致大白菜、甘蓝、花椰菜、茎蓝、萝卜、榨菜、芥菜等秋季十字花科蔬菜和杂草发病，一旦天气高温干旱，就会造成秋菜病毒病大流行，该病在一年四季如此循环发生，周而复始（图 10 - 14 - 2）。

有翅蚜往往是田间病毒病害初侵染的主要传播者，一旦有翅蚜虫定居下来，就会产生大量的无翅蚜虫，随着田间无翅蚜虫的取食为害和病汁液的接触传染，再侵染现象急剧上升，田间病毒病也就逐渐蔓延开来。但是，无翅蚜虫传毒的范围较窄，仅在数百米以内，只有在刮大风或有翅蚜迁飞的情况下，病毒才能被远距离传播。

五、流行规律

十字花科蔬菜病毒病的发生流行与气候条件、栽培管理、品种抗性以及蚜虫发生时期等因素有着十分密切的关系，但决定病害流行与否的首要因素是雨量多少，其次是蚜虫数量。

大白菜等十字花科蔬菜喜冷凉、湿润的气候，生长发育的适宜温度为 18～21℃，整个生长期间都需

湿润的环境条件，否则生长受阻。因此，对秋季大白菜产量影响最大的病毒病来说，从播种到包心前期的气温高低和雨量多少是病毒病发生与流行的关键气候条件。我国北方地区，大白菜播种后，若遇高温干旱、地温高且持续时间长，植株抗病力急剧下降，发病则较重；反之，冷凉和阴雨连绵的天气不利于蚜虫和病毒的繁殖，发病则很轻。特别是在黑龙江、吉林和辽宁三省的 7 月下旬至 8 月上旬、新疆和甘肃的 6～8 月、黄河流域以北地区的 8 月中旬以及长江流域的 8 月中、下旬期间，降雨天数和雨量多少是秋白菜病毒病流行的决定因素。总的来说，秋季高温干旱的年份，病毒病发生严重。

高温干旱病毒病重的原因主要有三：一是大白菜等十字花科类蔬菜的整个生长期间都需比较冷凉湿润的环境条件，否则菜苗不能正常生长发育，尤其是地温高往往导致幼苗根系弱，抗逆性降低；二是高温干旱和强光照，促使有翅蚜虫的大量产生和迁飞，而且在新的寄主植物上滋生出大量的无翅蚜虫，病毒随之广泛传播与蔓延；三是高温干旱缩短了病毒病的潜育期，病毒繁殖速度加快，有利于病害的流行。反之，大雨对蚜虫有冲刷和淹死的作用，气温低于 15℃，病毒病的潜育期长达 25d 左右，甚至隐症，而气温在 25～28℃ 下潜育期仅 5～10d。

不同品种间的抗病性或耐病性有显著差异。在大白菜中，青帮品种比白帮抗病；在小油菜中，甘蓝型抗病力高于芥菜型，芥菜型高于白菜型；另外，植株体内多元酚氧化酶活性高、总糖和氨基酸以及幼苗 3～4 叶期单宁含量高的品种抗病性均较强。在 20 世纪 80 年代，国外发现了一些大白菜品种或品系携带独立的、能显性遗传的抗 TuMV 基因。我国通过杂交育种也获得了大批具有不同抗病性的大白菜新品种。

尽管十字花科蔬菜的整个生长期都可感染病毒病，但不同生育期的抗病性差异很大，苗龄愈小受害愈重。以大白菜为例，6～7 叶期前是对病毒病的敏感期，也是蚜虫传毒的危险期。在此期间，如果天气高温干旱，幼苗生长不良、蚜虫为害猖獗，植株感病越早，发病越重，损失越大，甚至毁种重播；此后，特别是莲座期以后，植株染病受害显著降低。

耕作及栽培管理措施是否得当对病毒病的影响很大。十字花科蔬菜不宜互为邻作，在黑龙江、吉林、辽宁、四川、贵州、云南、西藏、陕西、甘肃、青海、宁夏、新疆等省份，种植在夏甘蓝、伏萝卜附近的秋白菜往往发病早、发病重，早播的秋菜遇上高温干旱的天气，发病也早且重；管理粗放，生长前期杂草丛生、肥水不足、根系弱小、蚜虫猖獗的地块病害往往偏重。

六、防治技术

十字花科蔬菜病毒病的寄主植物十分广泛，初侵染来源非常之多；主要传毒媒介蚜虫的繁殖速度极快，防不胜防，而且传毒效果极高；人们在田间操作中造成的病毒汁液接触传染又十分普遍与频繁，加之目前尚无有效的杀病毒制剂，都给该病的有效防治造成了极大的困难。为此，必须采取预防为主、综合治理的防治措施，特别是选种抗病品种、苗期小水勤浇、尽早治蚜防病尤为重要。

(一) 因地制宜地选用抗 (耐) 病品种

自 20 世纪 70 年代以来，我国开展了大规模的大白菜、小白菜和甘蓝抗芜菁花叶病毒病育种研究，先后培育出一大批品质优良、抗病性强的品种，在病毒病的防治中起到了关键性的作用；后来又推动了花椰菜、青花菜、萝卜和榨菜等的抗病毒病育种。目前，抗 (耐) 病毒病的大白菜、油菜、甘蓝、花椰菜、青花菜、芥菜、萝卜、榨菜等新品种在生产中被广泛种植：大白菜抗病品种主要有中白 76、北京新 5 号、凌丰、珍绿 80、锦秋 1 号、秦白 3 号、秀翠、胶白 7 号、金秋 68、东白 2 号、东农 906、秋白 80、秋白 85、新早 56、新中 78、惠白 88、石育秋宝和天正秋白 5 号等；小白菜抗病品种有矮抗 1 号、矮抗 2 号等；油菜抗病品种有天津青帮、上海四月蔓、丰收 4 号、秦油 2 号、九二油菜和陇油系统等；甘蓝抗病品种主要有中甘 21、中甘 101、寒春 4 号、惠丰 3 号、秋甘 1 号、秋甘 4 号、西园 6 号和泰甘 4 号等；花椰菜抗病品种有满月和华玉大花菜 60 天等；青花菜抗病品种有中青 2 号和中青 8 号、里绿、上海 1 号、绿岭和加斯达等；菜心抗病品种有 8722；芥菜抗病品种有 T - 4、Domo、Cutlass 和 Scimitar 等；萝卜抗病品种有维德、黄泥湖萝卜、常德圆萝卜、秦菜 2 号、武青 1 号、通园红 2 号、鲁萝卜 2 号、郑州金花、春萝 1 号、京红 1 号、红丰 2 号、杂选 1 号、衡阳半节红、豫萝卜 1 号、翘头青和千禧 2 号等；榨菜抗病品种有丰抗 1 号、蔺市草腰子、浙桐 1 号和红卫米碎叶等。

(二) 选好茬口和适时晚播

调整蔬菜生产布局，合理间、套、轮作，不以十字花科蔬菜特别是春季白菜、甘蓝采种地为前茬，而以春黄瓜、马铃薯及葱蒜类、茄果类蔬菜茬口较好，育苗床尤须隔离；在保证大白菜、花椰菜等有足够生长期的前提下，秋菜尽量适期晚播，躲过高温干旱及蚜虫猖獗为害的季节，减少菜苗染病的概率，为丰产奠定良好的基础。

（三）培育无病壮苗

由于苗期是病毒病的最易发病期，因此，防止幼苗染病极为重要。秋菜育苗床应远离十字花科蔬菜田，育苗期间如遇高温干旱天气，尽可能搭阴棚、覆盖防虫网或银灰色薄膜，还需小水勤灌，保持土壤湿润，降低地温，增施苗肥，保根壮苗。另外，及时清除苗床和周围杂草，及早防治蚜虫、菜青虫、菜螟等害虫，田间作业时减少机械损伤，确保培育无病苗。

（四）加强栽培管理

采种株在入窖前和栽植后均需彻底治蚜，并需喷药杀灭邻近菜田及杂草上的蚜虫，避免有翅蚜迁飞传毒；夏、秋菜生产田应远离其他十字花科蔬菜田，定植前彻底清除前茬作物残余和周边杂草，深翻晒土，施足底肥，增施磷、钾肥；除做好平衡施肥外，还应重视在榨菜苗期及定植前增施硼肥；在高温干旱年份适当晚定植，定植时剔除病苗、弱苗，防止手、服装和农具的接触传染；适当缩短蹲苗期，生长前期勤浇水以降温保根，采用配方施肥技术，特别是喷施复合叶面肥，以提高植株抗病能力和缓解病株症状；及时清除田间杂草、弱苗和重病株，减少病害传播。

（五）尽早防治传毒昆虫

多种蚜虫甚至一些甲虫是十字花科蔬菜病毒病的传播媒介，将其消灭在传毒之前最为关键。春菜播种或定植前，对周边的木槿、桃树、菠菜、芥菜等木本或宿根植物以及田间十字花科杂草等越冬寄主喷药，杀灭越冬蚜虫，可减少有翅蚜迁飞传毒；育苗期更要彻底消灭田间及周边杂草，在大白菜等菜苗的第一片真叶长出后要及时喷药治蚜，定植后也不能松懈。药剂可选用 2.5%高效氯氟氰菊酯乳油 1 000 倍液，或40%氰戊菊酯乳油 6 000 倍液、3%啶虫脒微乳剂 2 000～3 000 倍液、50%抗蚜威可湿性粉剂 2 000～3 000倍液、10%吡虫啉可湿性粉剂 1 500 倍液、22.5%氯氟·啶虫脒可湿性粉剂 2 000 倍液等，视天气和病害情况每隔 5～7d 喷 1 次。

冯兰香（中国农业科学院蔬菜花卉研究所）

第 15 节　大白菜干烧心病

一、分布与危害

大白菜干烧心病又名焦边病、干心病，世界各地均有分布。在荷兰，美国的纽约州、威斯康星州，日本的静冈县等地发生较重。早在 20 世纪 50 年代我国就发现了大白菜干烧心病，70 年代以后日趋严重。1983 年，我国北起黑龙江，南至福建，东从大连，西至新疆等地，无处没有该病的发生，该病也是北方大白菜主产区的重要病害之一。一般田间的发病率为 10%～20%，严重时高达 50%；即使在大白菜储藏期的头两个月内，病情还会继续发展、症状还会不断加重。大白菜发生了干烧心病以后，严重降低甚至丧失了商品价值。因此，该病对大白菜的产量及品质带来了巨大的威胁。

二、症状

大白菜干烧心病的症状多从莲座期出现，心叶边缘干黄，向内卷曲；结球初期，球叶的边缘呈现水渍状、黄色透明，后逐渐发展成黑褐色、向内卷的焦边；白菜生长受抑制，包心不紧密。结球后的病株，叶球外表不见异常，但剖开叶球后可以看到部分叶片的叶缘发黄变干、叶脉呈暗褐色、叶肉组织水渍状，甚至呈薄纸状，具有发黏的汁液，但不出现软腐，也不发臭，反而有一定的韧性，病、健组织间具有明显的界限，随着病情的发展，最终表现为干枯。干烧心既可发生在连续的叶片上，亦可能是病叶、健叶相间发生，病叶有苦味，严重者完全失去食用价值（彩图 10 - 15 - 1）。有病的叶球不耐储藏，储藏中的有病球叶还会继续扩展，直至整个叶球完全腐烂。

大白菜干烧心病往往易与病毒病引起的叶片坏死相混淆。但仔细观察可以看出，病毒病引起的坏死病斑中有很多星状小点，而干烧心病斑为均匀的浅灰褐色。有时该病还容易与黑腐病相混淆，它们的不同之处在于，黑腐病侵染叶球往往是由外向内发展，而且维管束多褐色状，而干烧心病的病叶为发软的干腐。但是，如果干烧心的病叶被软腐病二次感染后，也会表现出与软腐病相同的症状。

三、病因

大白菜干烧心病是由钙素供应不足或是逆境胁迫而引起钙营养失调的一种生理病害，主要发生在大白菜迅速生长的莲座末期至包心期。即 80%～90% 的球叶是在此期间长成的，球叶的重量约占植株总重量的 1/3，在此期间需要供应大量的营养物质，如果此时水肥充足，外界环境适宜，外叶可制造足够的光合产物，并通过韧皮部大量运往叶球，表现出叶球充实，产量增加。反之，如果此期间天气干旱，土壤返盐或重施氮肥，不仅增加了土壤溶液的浓度、相应减少了土壤溶液中钙的含量，而且阻碍了根系对钙的吸收、老叶中积累钙的再利用，以及钙向叶球的及时输送，即便叶球缺钙时间较短，也能很快地造成中部球叶因缺钙而出现干烧心症状。同时，钙与植株体内氮素代谢关系密切，从大白菜叶片中钙的含量可明显看出，无论是生长后期还是储藏期，植株外叶钙的含量明显大于球叶，病株中外叶和球叶钙的含量差别就更大，而氮的含量正好相反。Ca 与 N 的比值越低植株越容易发生干烧心病。当钙供应量越低时，植株体内含钙量就越少，也就越加剧病情。正常生长的大白菜，每千克至少需要 80mg 以上的钙，在 20mg/kg 钙的条件下，就足以引发干烧心病，同时植株根系生长受阻、包心不良、产量下降（图 10-15-1）。

电镜扫描病叶表面可以看到正常组织表皮细胞饱满，排列整齐，保护层均匀，气孔开度适当；病组织细胞皱缩变形，气孔开度很大；干纸状的病组织细胞已完全脱水死亡。

植物缺钙的发生与钙的生理功能有关。通常，存在于细胞壁中胶层和质膜外表面的 Ca^{2+} 与多聚半乳糖醛酸的 R-COO- 基结合后，变成易交换的形态，以调节膜透性及相关过程，并增加细胞壁强度。缺钙组织表现为质膜结构破坏，内膜系统紊乱，细胞分隔化消失。钙可以稳定细胞膜是靠它将膜表面上的磷酸盐和膦酸酯以及蛋白质的羟基桥接起来。同时 Ca^{2+} 对质膜的 ATP 酶有活化作用，这可能与 Ca^{2+} 的信使功能有关。钙对细胞壁结构完整性的作用，表现在位于胞壁中层的果胶酸钙在细胞壁中胶层的果胶蛋白质复

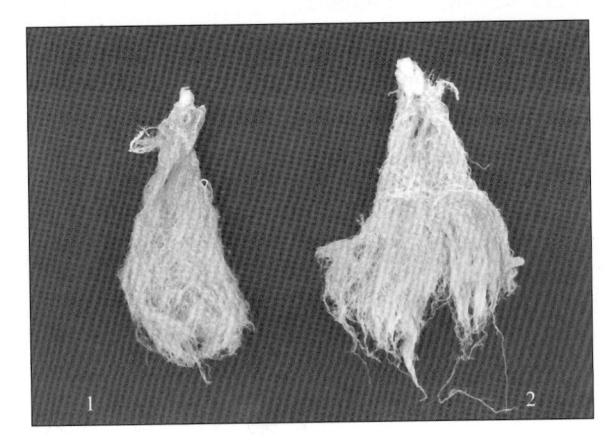

图 10-15-1 缺钙对大白菜根系的影响（刘宜生提供）
Figure 10-15-1 Effects of calcium deficiency on root development of Chinese cabbage（by Liu Yisheng）
1. 缺钙 2. 不缺钙

合物中起到分子间连接剂的作用。Ca^{2+} 能促进细胞壁多聚体的合成，提高细胞壁合成中的关键酶-β-葡聚糖合成酶的活性。当组织中钙的供应不足或缺钙初期，植物细胞壁进行自我防御反应，刺激细胞 β-葡聚糖合成酶迅速合成葡聚糖，这种比正常细胞壁成分结构更加致密的多糖可以抵抗外界的伤害。钙水平低于临界浓度时，细胞壁的中胶层才开始解体。由此可见，大白菜干烧心病发展过程，首先表现为膜系统的破坏，其次才是细胞壁结构的解体。随着叶片中钙含量的下降，大白菜干烧心病症逐渐出现，光合强度降低，膜受损伤，糖含量及电解质外渗率渐增，黏液外渗于叶表，质膜内陷，细胞器逐步解体，可溶性果胶剧增，胞壁损伤，最后细胞解体死亡，残存固形物充塞了胞壁内外。

大白菜干烧心病是受多基因控制的数量性状，大白菜品种在抗干烧心病和钙吸收上存在着基因型的差异，但是其发病情况又受到多种环境因素的诱导。这说明大白菜品种间的抗病性有一定的差异，其遗传力主要受基因的加性效应控制。通过多代选择，可以获得抗原，从而有可能培育出抗干烧心病的品种。根据狭义遗传力的估算，大白菜干烧心病性状有 61.1% 受累加效应所控制，有 38.9% 受环境因素控制。这说明不同品种和育种材料，对干烧心病的抗性存在较大的差异。

四、发病规律

据报道，大量施用单一氮素，可以明显地诱发干烧心病，多氮区的发病率比少氮区的发病率高 4～7 倍，病情指数高 5～14 倍。在大白菜莲座期至结球初期，施氮区的干烧心的发病率与病情指数，分别比对

照区增加 75％和 106％左右（表 10 - 15 - 1）。适量施用氮、磷、钾复合肥，比过量单施氮肥可显著降低病情指数。通过对我国北方地区 31 块大白菜地的调查可看出，未发病地块的平均含盐量为 0.128％，发病地块为 0.232％，干烧心发病率与土壤盐分呈极显著正相关。土壤溶液浓度也与干烧心发病有密切的关系，在施肥量相同的情况下，以土壤相对含水量保持在 85％以上时的大水处理，发病最轻；而以土壤相对含水量为 75％～85％和 75％以下的中、小灌水量，发病率最高，这说明耕层土壤盐分含量是影响大白菜干烧心病发生的另一个重要原因。

但在我国南方土壤淋溶作用较强、盐分含量不高的地区，土壤盐基代换量及离子不平衡是影响干烧心病发生的另一个因素。陪衬离子对代换性 Ca 的利用率起着明显的抑制作用。当陪衬离子为 1 价盐基离子 K^+、Na^+ 或 NH^{4+} 时，则代换性 Ca 的活动性随着 1 价盐基离子饱和度的增加而降低。同样在施用 1 价盐基离子肥料时，植株对 Ca 的吸收就相应的减少。例如，大连市用井水灌溉，随着井水中氯化物含量的增高，干烧心病的发病率也加重，反之则较轻，二者呈显著的正相关。再据对各地大白菜土壤的含盐量分析发现，健康植株根区土壤的含盐量均在 0.2％以下，而干烧心病株根区的土壤含盐量都在 0.2％以上。

表 10 - 15 - 1　水分与氮肥因子对大白菜干烧心病的影响
Table 10 - 15 - 1　Influence of water and nitrogen fertilizer on Chinese cabbage tipburn

处	理		调查株数（株）	发病率（%）	病情指数
莲座期	浇水	少氮区	10	0.0	0.0
		多氮区	10	50.0	35.0
	控水	少氮区	10	10.0	2.5
		多氮区	10	100	60.0
结球期	浇水	少氮区	10	0.0	0.0
		多氮区	10	90	62.5
	控水	少氮区	10	30.0	10.0
		多氮区	10	90.0	40.0

另据报道，空气湿度对干烧心病的影响最大，其次是降水量，再次是日照时数和平均温度。降水量是影响病害轻重的主要气象要素，因为降水量大既影响空气的湿度，又影响了土壤的含水量，降水量主要是通过影响空气湿度而间接影响病情，但却直接影响着土壤盐分浓度的变化。降水量少，土壤含水量低，土壤中水溶性盐分浓度上升；土壤盐分浓度高，干烧心病重；相反，降水量多，土壤含水量高，土壤中水溶性盐分浓度低，干烧心病就轻。由此可见，降水量的多少则是影响大白菜干烧心病的间接因素之一。所以，在干旱少雨的年份，增加灌水量或灌水次数来提高空气湿度和土壤水分，降低土壤的盐分含量，可减轻病害的发生。

在 1970—1979 年的 10 年间，天津市大白菜干烧心病有 4 年是基本无病年，有 6 年为中度发生年或大发生年，造成大发生年的主要原因是处于莲座期的大白菜进入蹲苗后，遇到了无雨或极少雨的"秋吊年"，但是菜农仍然机械地执行着大蹲苗的措施，从而导致土壤缺水、土壤溶液浓度过高，阻碍了大白菜根系对钙的吸收，再加上天津市菜地本来就为轻盐碱地的土质，大白菜干烧心病必然严重发生。

五、防治技术

防治大白菜干烧心病应在采用抗病品种的同时，注意采用合理的栽培管理措施。

（一）选用抗病品种

研究表明，大白菜对干烧心病的抗性遗传属于多基因控制的数量性状遗传，品种间或育种材料间的抗病性有较大差异，通过连续多代的选择，可以培育出抗干烧心病的新品种，及时更换抗病的优良品种是最直接的防治方法。一般直筒拧抱类型的品种比卵圆叠抱类型的抗病，天津大白菜系列新品种对干烧心病有一定抗性。如津绿 55 为抗干烧心病品种，京春王等为耐干烧心病品种，北京小杂 57 等为感干烧心病品种，北京 106 等为高感干烧心病品种等。

（二）严格掌握播种期

在大白菜不同品种适宜播种期的范围内，适当晚播可减轻干烧心病的发生程度。

（三）增加土壤有机质

由于干烧心病的发病率与土壤盐分的含量呈极显著的正相关，当土壤含盐量超过 0.2% 以上时，不宜种植大白菜。因此，要选择土质疏松、排水良好的地块种植大白菜，尽量不选地势低洼的盐碱地。土壤有机质含量达 2.5% 以上的地块有利于大白菜的生长，对于盐碱地、黏重地可通过增加有机质，改良土壤性状，减轻大白菜干烧心病为害。

（四）改善水质，均匀灌溉

灌溉用水中的氯化物含量增高，干烧心病发病率加重；当每克水质氯化物含量超过 800mg 时，需降低氯化物的含量，以减轻干烧心病的发生。此外，在大白菜生长发育期间，水分供应需均匀适当，尤其是莲座期应注意土壤湿度的变化。雨水多的年份要适当中耕，并延长蹲苗天数；干旱年份则应缩短蹲苗期并及时浇水。

（五）合理施用氮素肥料

切忌在大白菜生育期间单一、过量施用氮肥，应注意氮、磷、钾肥的配合，如在干旱条件下，危害更大。特别要防止苗期和莲座期的干旱，及时浇水保墒。同时要注意与磷、钾肥配合应用，莲座后期尽量控制植株不疯长，或适当进行人工辅助包心。天津地区施用氮、磷、钾肥的经验是：幼苗期的比例为 5∶1∶4，莲座期为 4∶1∶3，结球期为 4∶2∶4，还应注意施肥要均匀一致。

（六）补施钙素

对酸性土壤可增施石灰，调整土壤酸度至中性，以利于根系对钙的吸收。此外，从大白菜莲座中期开始根外补钙，即向叶面喷施氯化钙溶液是直接、有效的办法，在每千克 0.7% 氯化钙溶液中加 50mg 萘乙酸，施用时注意集中向心叶喷洒，隔 7~10d 喷 1 次，连续喷 4~5 次，可有较好效果。

（七）储存管理

大白菜干烧心病的发生与储存期的长短和条件有关，应储存在低温、通风良好处，如果储藏期间的温度长期控制在 0~1℃ 时，比温度不稳定的土窖发病率明显降低，即使经过 50~60d 的储藏，干烧心病仍无大的发展。

刘宜生（中国农业科学院蔬菜花卉研究所）

第 16 节　茄科蔬菜白粉病

一、分布与危害

茄科蔬菜白粉病是茄科蔬菜生产上的世界性病害，特别是番茄、辣（甜）椒和茄子受害较重。早在 20 世纪 70~80 年代，在日本、澳大利亚和英国等国就出现了番茄白粉病为害，随后辣（甜）椒和茄子白粉病也在欧洲、亚洲和北美洲的很多国家屡见报道，并成为这些地区茄科蔬菜上的重要病害之一，给当地生产造成了巨大的经济损失。

我国番茄白粉病最早发生在台湾，现在辽宁、吉林、黑龙江、内蒙古、甘肃、宁夏、新疆、河南、贵州、云南和北京等地也相继发生了番茄白粉病，特别是在北方保护地的生产中日趋严重。据调查，东北三省常年因该病减产 20%~30%，严重年份可达 40%~60%。

辣（甜）椒白粉病自 1971 年在美国出现后，到 20 世纪 80 年代末还只是零星发生，90 年代初为害逐渐普遍和严重，现已遍及巴西、加拿大、美国、法国、英国、玻利维亚、以色列等国家和地区，几乎在所有辣（甜）椒种植区都有发生。1919 年，我国台湾报道了辣椒白粉病，直到 20 世纪末，才在广东、宁夏、甘肃、新疆、湖南、湖北、云南、贵州、北京、天津和青海等地发生为害，目前逐年加重的趋势比较明显。据报道，2001 年 7 月中旬，新疆哈密市的温室及大棚内的观赏性辣椒普遍感染了白粉病，大量叶片黄化和干枯，提前落叶，丧失了原有的商品价值及观赏价值，椒农毫无收益；在山东寿光地区，白粉病已成为设施栽培辣椒最重要的叶部病害之一。

与番茄、辣椒白粉病相比，茄子白粉病发生较少、为害较轻。20 世纪初，乌兹别克斯坦曾发生过较为严重的茄子白粉病；20 世纪 90 年代以来，我国西藏、黑龙江、吉林、浙江、上海、湖南、湖北和四川等地也相继发现了白粉病菌为害茄子，甚至部分地区的茄子白粉病还相当严重。据报道，在武汉除冬、春保护地栽培的茄子能够感染白粉病之外,夏、秋露地栽培的茄子在 5 月天气明显转暖之后,也容易发生白粉病,一般年份发病株率为 5%～30%。

二、症状

(一)番茄白粉病

番茄叶片、叶柄、茎和果实均可染病,其中以叶片发病最重,茎次之,果实较少受害。叶片发病时,一般下部叶片先发病,逐渐向上部发展。发病初期,叶面出现褪绿小点,扩大后呈近圆形或不规则形的病斑,表面生有白色粉状物,即病原菌的菌丝、分生孢子梗及分生孢子;开始时白色粉层比较稀疏,以后逐渐加厚,并向四周扩展,严重时整个叶片布满白粉,抹去白粉可见褪绿的叶组织,最终病叶变黄褐并逐渐枯死。有些病斑发生于叶背,病部正面边缘呈现不明显的黄绿色斑块,后期整叶变褐枯死。其他部位染病时也产生白粉状病斑(彩图 10-16-1,1)。

(二)辣椒白粉病

主要为害叶片,严重时的嫩茎和果实也能受害,多从植株下部老叶开始发病。最初在叶片背面的叶脉间产生小块、白色、稀疏的霉丛,不久在叶片正面出现褪绿或淡黄色、不规则的斑块,叶片的背面逐渐长满白色粉状物,即病菌分生孢子梗及分生孢子。随着病害的发展,病斑不断扩大,病斑界限变得不明显,严重时整个叶片布满白粉,特别是在植株生长后期,病叶和老叶从下向上逐渐变黄、大量脱落,仅留顶端数片嫩叶,病株不能正常结果(彩图 10-16-1,2),对产量和质量的影响很大。

(三)茄子白粉病

除主要为害叶片外,叶柄和果实等也可受害。叶片正面的症状明显,背面较少出现症状。叶片受害,叶面初现不定形的褪绿小黄斑,并近乎呈放射状地扩展,菌丝体在叶面上形成白色或灰白色、粉状或绒絮状、近圆形的霉斑。随着病情的发展,霉斑数量增多,霉斑上粉状物也日益增多,成为明显的白色粉斑,往往数个白粉斑连接成较大的白粉状斑块,最终白粉布满大部分或整个叶片。叶柄受害初生圆形、白色霉斑,植株生长中、后期的大部分叶柄均被白粉覆盖。果实发病,首先是果柄及果萼处受侵染,白色霉斑较大、近圆形或不定形,霉层趋于绒絮状(彩图 10-16-1,3)。果面上一般无霉斑,只有当果实发育不良或出现生理裂果时,果面上才有较大的白色霉斑,且霉层较厚。未见病叶和病果上产生病菌的有性阶段。

三、病原

(一)番茄白粉病

目前,国际上公认番茄白粉病的病原有两个种,即新番茄粉孢(*Oidium neolycopersici* Kiss)和番茄粉孢(*O. lycopersici* Cooke et Massee),均属于子囊菌无性型粉孢属真菌。前者是引起澳大利亚以外地区番茄白粉病的病原,后者可引起澳大利亚地区的番茄白粉病。我国番茄白粉病主要由新番茄粉孢引起。

新番茄粉孢的分生孢子梗直立,不分枝,多为 3 个细胞,大小为(59.8～124.8)μm×(6～9.6)μm;脚胞柱形,上接 1～2 个短细胞,大小为 58.4μm×5.1μm;分生孢子椭圆形至圆形,单生于分生孢子梗顶端,分生孢子大小为(23～39)μm×(10～20)μm。分生孢子萌发时偏向一侧产生芽管,芽管末端产生附着胞,附着胞呈乳突状或浅裂片状;菌丝无色,有隔,附着器为裂瓣形,单生或对生(图 10-16-1),吸器球形。未发现有性世代。

(二)辣(甜)椒白粉病

辣(甜)椒白粉病病原为辣椒拟粉孢 [*Oidiopsis taurica* (Lév.) E. S. Salmon],属于子囊菌无性型拟粉孢属的真菌,其有性型为鞑靼内丝白粉菌 [*Leveillula taurica* (Lév.) G. Arnaud],属子囊菌门内丝白粉菌属真菌。

辣椒拟粉孢菌在叶片的两面均可产生菌丝,但以背面为主;菌丝体内外兼生,菌丝上有吸器,深入寄主细胞内吸取营养。分生孢子梗从气孔伸出,一般较细,单生或数根丛生,无色,有分隔,大小为(121～289)μm×(5～7)μm。分生孢子无色,单个生于孢子梗顶端,一般有两种类型:初生分生孢子为火焰状,顶端尖,基部缢缩,表面很粗糙,有疣状或长条状突起,大小为(57～68)μm×(11～19)μm;次生分生孢子多为圆柱形或长椭圆形,大小为(55～68)μm×(8～16)μm。分生孢子两端萌发产生芽管,芽管菌丝状(图 10-16-2)。据报道,有性世代的闭囊壳埋生于菌丝中,近球形,直径 140～

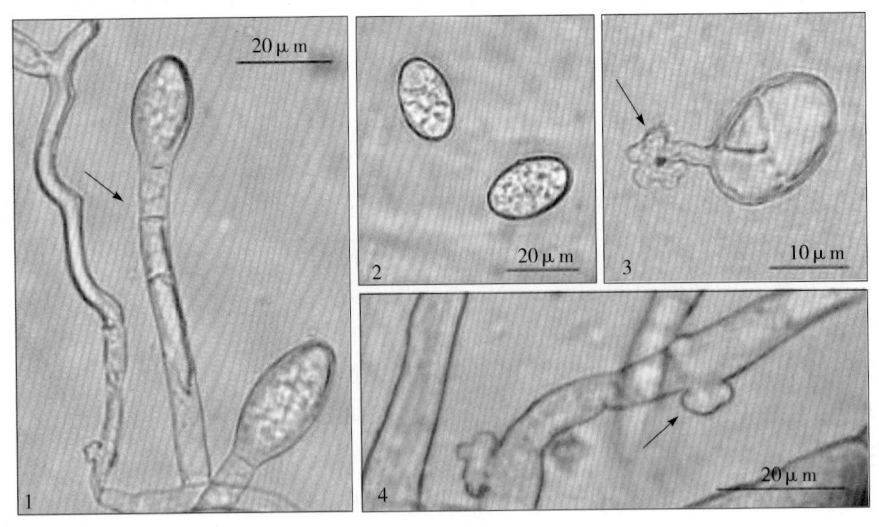

图 10 - 16 - 1 新番茄粉孢的形态（刘淑艳提供）

Figure 10 - 16 - 1 Morphology of *Oidium neolycopersici*（by Liu Shuyan）

1. 分生孢子梗 2. 分生孢子 3. 萌发的分生孢子 4. 附着胞

250μm，附属丝丝状，与菌丝交织，不规则分枝；闭囊壳内含子囊 10～40 个；子囊近卵形，大小为（80～100）μm×（35～40）μm，其中多含子囊孢子 2 个，子囊孢子单生。

（三）茄子白粉病

目前，世界各地报道茄子白粉病病原菌的种名不完全相同，我国报道有 3～5 个种，其中以辣椒拟粉孢 [*Oidiopsis taurica*（Lév.）E. S. Salmon] 为主，属于子壳菌无性型拟粉孢属真菌。具体形态特征参见辣椒白粉病菌；另外，茄子粉孢（*Oidium melougena* Zaprometov）也较常见，属于粉孢属。

茄子粉孢菌的菌丝体表生，无色，多分枝，不规则，以吸器深入寄主表皮细胞中吸取养料。分生孢子梗菌丝状，近无色，直立，不分枝，以

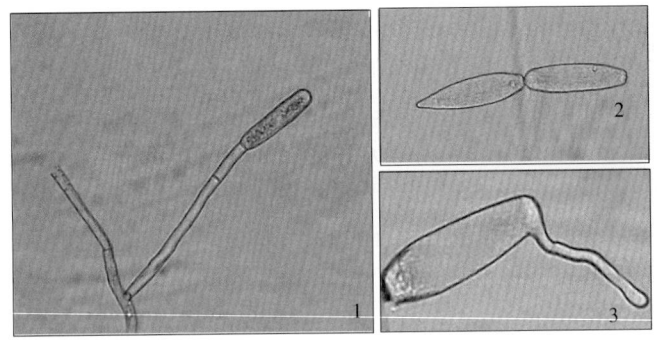

图 10 - 16 - 2 辣椒拟粉孢的形态（刘淑艳提供）

Figure 10 - 16 - 2 Morphology of *Oidiopsis taurica*

（by Liu Shuyan）

1. 分生孢子梗 2. 分生孢子（初生分生孢子和次生分生孢子）

3. 分生孢子萌发产生芽管

全壁体生式产生分生孢子。分生孢子单胞，无色至微黄色，2～5 个串生，短椭圆形或圆柱形，大小为（22～38）μm×（15～20）μm，分生孢子萌发产生芽管，芽管菌丝状（图 10 - 16 - 3）；未见产生闭囊壳。

四、病害循环

茄科蔬菜白粉病菌通常不产生有性世代。在冬季温暖地区或温室内，该病菌无明显的越冬现象，菌丝及分生孢子均可在病株上存活，并不断地产生大量的分生孢子，造成田间病害终年不断。在北方寒冷地区，病菌主要在病株残体上越冬，以温室活寄主或多年生其他寄主植物体内的分生孢子或菌丝体越冬，成为翌年的初侵染源。通常在 4～5 月，气候条件比较适宜越冬病原菌产生分生孢子，分生孢子萌发后产生芽管，从寄主叶背侵入，或直接突破角质层侵入寄主叶片表皮细胞。茄科蔬菜发病后，病株上可产生大量分生孢子，在干燥条件下，分生孢子易随气流飘散，所以，分生孢子主要靠气流进行传播，特别是可被大风吹到很远的地方；病菌也可通过雨水或灌溉水传播，分生孢子随水滴冲刷或飞溅到健康植株上，引起新的病株。另外，蓟马、蚜虫等昆虫以及农事操作都可成为病菌的传播源。白粉病多在茄科蔬菜的生长中、后期发生，特别是在 7 月中、下旬到 9 月上旬天气干旱时，秋季露地茄科蔬菜白粉病很容易流行（图 10 - 16 - 4）。

五、流行规律

茄科蔬菜白粉病的发病程度与种植品种、环境条件、栽培管理等因素密切相关。

（一）品种抗病性

据报道，侵染番茄和茄子的白粉病菌一般不侵染辣（甜）椒或只产生轻微的致病性，而侵染辣（甜）椒的白粉病菌可以侵染番茄、茄子甚至其他一些茄科植物；侵染茄子的白粉病菌只侵染茄子，基本上不侵染辣（甜）椒。

目前尚未发现茄科蔬菜抗白粉病的免疫品种，但不同种类蔬菜、不同品种间的抗（耐）病性存在较大差异。番茄几乎没有抗白粉病的品种，其他蔬菜抗白粉病的品种也很少，但可以选择耐热、耐寒、耐涝或兼抗数种病害的品种进行种植；当然，良好的栽培管理措施可以显著地增强植物的生长势和抗病力，起到了减轻白粉病为害的作用。

（二）环境条件

茄科蔬菜白粉病菌在 10～37℃ 均可萌发，但适宜温度为 20～28℃，最佳为 25℃ 左右，在适宜温度下，分生孢子即使经过 3 个月仍具很高的萌发率。菌丝生长和分生孢子形成不需要高湿，但分生孢子萌发和侵染的适宜相对湿度则为 85% 以上，特别是需

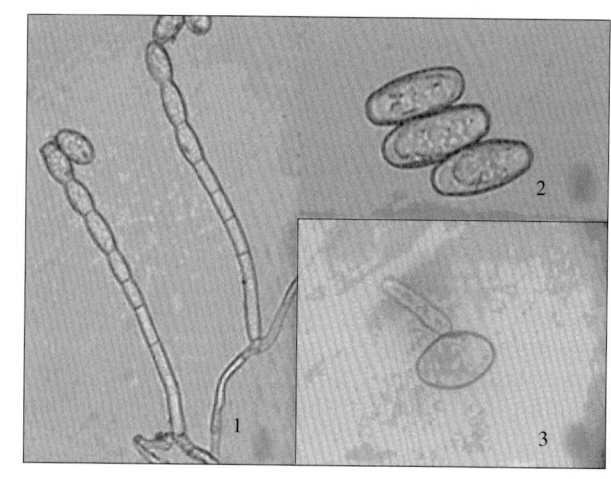

图 10 - 16 - 3　茄子粉孢的形态（刘淑艳提供）

Figure 10 - 16 - 3　Morphology of *Oidium melougena*（by Liu Shuyan）

1. 分生孢子梗　2. 分生孢子　3. 分生孢子萌发产生芽管

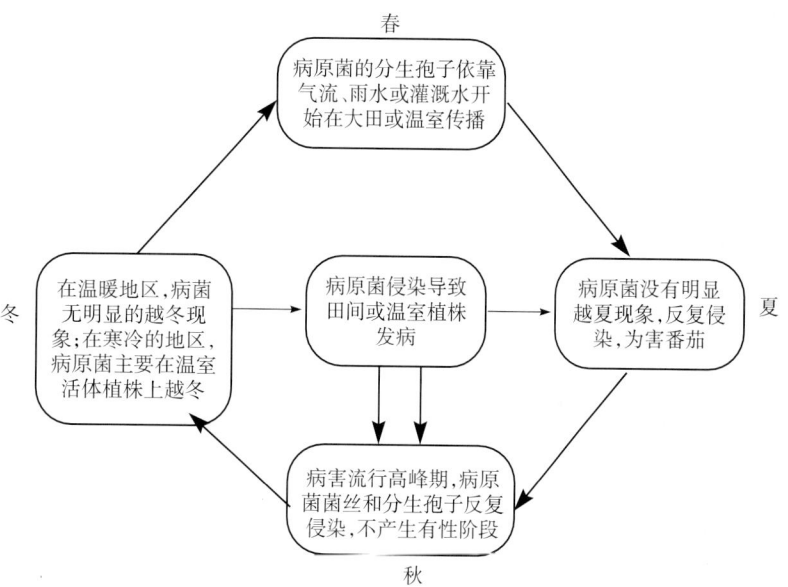

图 10 - 16 - 4　番茄白粉病病害循环（刘淑艳提供）

Figure 10 - 16 - 4　Disease cycle of tomato powdery mildew（by Liu Shuyan）

要有水滴存在，棚室内早晚结露多且时间长，分生孢子的侵染率增大。因此，温暖、相对湿度为 50%～80%、早晚易结露以及光照较弱的环境条件非常有利于病害的蔓延和流行。通常，棚室内的湿度偏大、温度偏高，白粉病往往比露地蔬菜发生早、为害重。特别是在温度比较高的时期，晴雨交替、天气闷热，更利于病害的流行。但是，长时间的降雨对病害有较大的抑制作用。

（三）栽培管理

一般来说，棚室内的茄科蔬菜周年都可以发生白粉病。需要加强栽培管理，尽量创造只利于植株生长而不利于病菌发育的环境条件，一旦种植过密，就会造成枝叶荫蔽、光照不足、通风不好，植株生长不良；或灌水过大过勤、雨后排水不良、株间湿度大，植株生长衰弱；或偏施氮肥，尤其是偏施速效氮肥，造成植株徒长、降低抗病力，发病则较重；还有邻近温室、大棚的田块病菌来源较多，也易于引发病害。此外，不能及时清除病叶残枝的棚室，病害也较重。

（四）寄主生长期

虽然茄科蔬菜的苗期到成株期均可发生白粉病，但不同的发育阶段对白粉病的抗性有差异，通常苗期的抗病性要略强些，之后随着植株逐渐进入开花期和结果期，抗病性也随之减弱，因此初花期比

幼苗期感病，结果期又比初花期感病，到了生长后期发病最为严重；在田间很易发现，老植株较幼小植株病重。

六、防治技术

防治茄科蔬菜白粉病应采取以种植抗病品种和加强栽培管理为主，以化学防治等为辅的综合防治措施。具体抓好以下环节。

（一）选育和利用抗病品种

在番茄、辣（甜）椒及茄子的种质资源中存在着丰富的对白粉病表现抗病或高抗的品种与材料，可以进行选育和利用。有报道，法国巨茄、丰宝紫红茄和长丰 2 号茄子较抗白粉病，甚至是高抗；加工番茄中的 06 - 1、钻石、SM07、T05 - 8 和 T05 - 16 等品种也比较抗病，但各自都存在着一定的缺陷，可因地制宜地试种或改造。在栽培最广泛的辣椒（*Capsicum annuum*）栽培种中，抗白粉病的品种却很少，而在长柄椒（*C. baccatum*）和中国辣椒（*C. chinense*）两个辣椒栽培种中集中了较多抗性品种，这需要大力加强对辣椒抗白粉病育种的研究。

（二）农业防治

在育苗阶段，就必须加强光、温、肥、水的调节管理工作。选择地势较高、排灌良好的地块种植或采用高垄栽培。定植时要选择无病壮苗、单株栽种、合理密植；适量浇水，尽量避免土壤忽干忽湿；通风换气，以降低植株间的湿度；合理施肥，要施足钾、钙肥，促使植株稳健生长，增强抗病力。茄子是喜钾、钙蔬菜，茄子中后期对钾、钙的需求量很大，要适时供应；及时摘除植株下部的重病叶，带出田间烧毁或深埋。

（三）药剂防治

1. 苗床消毒　播种前，用 70％甲基硫菌灵可湿性粉剂，或 75％百菌清可湿性粉剂、10％苯醚甲环唑水分散粒剂，分别与 10 倍药量的细土拌匀制成药土，播种前将 1/3 药土撒铺在床面上，播种后将剩余的 2/3 药土覆盖种子；也可沟施、穴施和撒施药土，进行土壤消毒；还可以用 2％多抗霉素可湿性粉剂 1 000 倍液喷洒苗床。

2. 施用药剂　发病前施药预防，可喷洒 50％硫黄悬浮剂 500 倍液，或 70％代森锰锌可湿性粉剂 500～600 倍液；发病后可用 2％武夷菌素水剂 150 倍液，或 2％嘧啶核苷类抗菌素（农抗 120）水剂 150 倍液、70％甲基硫菌灵可湿性粉剂 1 000 倍液、50％多菌灵可湿性粉剂 800 倍液、65％甲硫·霉威可湿性粉剂 800 倍液、75％百菌清可湿性粉剂 700 倍液、50％福美双可湿性粉剂 700 倍液等喷雾防治，隔 7～10d 喷 1 次，连喷 2～3 次；或喷洒 15％三唑酮可湿性粉剂 1 500 倍液、20％三唑酮乳油 2 000 倍液，施药间隔为 10～15d。

白粉病菌对某些药剂容易产生抗性，应注意药剂的正确选择和轮换使用。如对上述药剂产生了抗药性，可改用 40％氟硅唑乳油 8 000 倍液，或 12.5％腈菌唑乳油 2 500～3 000 倍液、10％苯醚甲环唑水分散粒剂 2 000 倍液、25％吡唑醚菌酯乳油 2 000～3 000 倍液、25％嘧菌酯悬浮剂 1 000～1 500 倍液、50％苯醚菌酯悬浮剂 3 000 倍液等。但防治必须快、准、狠，喷药应全面、彻底，才能收到较好的防治效果。

防治棚室内茄科蔬菜白粉病，可选用烟雾剂或粉尘剂。常用的有硫黄熏烟消毒，即定植前几天，将棚室密闭，每 100m³ 用硫黄粉 250g，锯末 500g 掺匀后，分别装入小塑料袋放置在棚室内，于傍晚点燃熏 1 夜，效果较好，但需注意安全防火。

刘淑艳（吉林农业大学农学院）

第 17 节　茄科蔬菜灰霉病

一、分布与危害

茄科蔬菜灰霉病是一种世界性的重要病害，在亚洲、非洲、欧洲、南美洲、北美洲和大洋洲的番茄、辣（甜）椒和茄子种植地都有不同程度的发生，一般造成的产量损失为 20％～30％。

自 20 世纪 80 年代起，茄科蔬菜灰霉病在我国逐渐蔓延开来，现已成为设施蔬菜生产中的限制性因子，特别是山东、河南、安徽、江苏、黑龙江、吉林、辽宁、新疆、内蒙古和宁夏及甘肃等省份设施栽培番茄、辣（甜）椒和茄子的面积都较大，灰霉病的发生既普遍又严重，每年的产量损失都很大。番茄灰霉病通常造成的产量损失约 30%，严重时可达 50%～70%；辣（甜）椒灰霉病的产量损失为 25%～30%，严重的达 40%～60%；茄子灰霉病较前两者稍轻，产量损失在 20%～25%，严重的为 30%～40%。对山东寿光市内 5 个乡镇 40 栋温室番茄和 20 栋温室茄子的主要病害发生情况的调查显示，从 11 月到翌年 3 月，发生频率最高的病害是灰霉病，发病株率均在 90% 以上，这足以证明灰霉病是设施栽培茄科蔬菜的头等大病。此外，该病还可严重为害瓜类、豆类、葱蒜类及绿叶菜类等 50 多种其他蔬菜。

二、症状

在番茄、辣（甜）椒和茄子的整个生育期间，植株的各个部位均可感染，症状表现有许多相似之处（彩图 10 - 17 - 1）。

苗期发病，一般先从较衰弱的子叶及真叶的边缘开始，叶片变软下垂；病部初为水渍状，后逐渐变为淡褐色至褐色、半圆形、具轮纹的病斑。条件合适时，病害沿叶柄扩展到茎部，初为水渍状，以后病茎变细、腐烂，生有大量的灰色霉层，最后病株折倒。有时病部纵向发展较快，往往造成植株的一侧受害较重而歪倒。严重时，田间幼苗成片地腐烂。

成株期发病，可为害地上部的各个部位。番茄叶片染病多从叶尖及叶缘开始，初为水渍状，后颜色变淡，呈淡褐色，稍有深浅相间的轮纹，叶片病斑多呈 V 形，扩大后呈不规则形或圆形轮纹斑，边缘明显，叶面产生灰色霉层，有时病斑破裂；病斑往往不受叶脉限制继续向全叶扩展，致使叶片最后干枯死亡。辣（甜）椒叶片染病，多从叶尖或叶缘发病，致使叶片灰褐色腐烂或干枯，湿度大时可见灰色霉层。茄子叶片染病，病斑近圆形、有轮纹，很容易破裂，潮湿时病斑上生有淡灰色稀疏的霉层。叶柄染病，初生褐色、水渍状病斑，后病部缢缩、变细，叶柄折断。

在各种茄科蔬菜的成株期，病害会向茎部扩展，开始时呈水渍状小点，后扩展为边缘深褐色长椭圆形病斑，湿度大时，病斑上生有灰色霉层，植株病部以上的枝叶萎蔫，严重时枯死。土壤中的病菌可直接侵染植株的茎基部，最初呈条状或不规则的水渍状病斑，后为深褐色并向周围扩大，湿度大时表面生有大量的灰霉，严重时病斑扩展绕茎一周，病处凹陷缢缩，引起基部腐烂。初期在晴天中午病株部分叶片萎蔫，早晚尚能恢复，最后整株变黄枯死、倒伏。

茄科蔬菜的初花期即可发生灰霉病，一般病菌多从花瓣或柱头处侵染，开始时花瓣上出现褐色小斑点，后逐渐扩大到整个花瓣，可见淡灰褐色的霉层，最后全花瓣甚至萼片褐色、变软、萎缩、腐烂，花丝、柱头也变为褐色，并向其他花蔓延，严重时整穗花死亡。病花上的病菌可通过花梗蔓延到与茎的连接处，并沿着茎部向上、下、左、右蔓延，病害愈来愈重。

灰霉病为害茄科蔬菜最大危害是引起果实腐烂。病菌侵染花瓣后，在适合的条件下向萼片发展，引起萼片及蒂部发病，进一步发展到果实，在未成熟的番茄果实上形成外缘白色、中央绿色，直径 3～8mm 的 "花脸斑"，轻者病果提前成熟，潮湿时果面上生有大量灰色霉层及黑色颗粒状菌核，重者病果的果皮初为灰白色软腐，最后整个病果腐烂落地。

三、病原

茄科蔬菜灰霉病的病原是灰葡萄孢（*Botrytis cinerea* Pers. ex Fr.），属于子囊菌无性型葡萄孢属真菌。

图 10 - 17 - 1 灰葡萄孢分生孢子（引自 A. J. Sdverside，2008）

Figure 10 - 17 - 1 Conidia of *Botrytis cinerea* (from A. J. Sdverside，2008)

病菌在 PDA 培养基上的菌落圆形，菌丝无色，菌丝生长后期产生菌核。分生孢子梗数根丛生、具隔膜、淡褐色，顶端呈 1～2 次分枝，梗顶部稍膨大，呈棒头状，其上密生小柄和大量分生孢子，分生孢子聚集一起呈葡萄穗状；分生孢子梗长短与着生部位有关，通常约为（1 429.3～3 207）μm×（12.4～24.8）μm（图 10-17-1）。分生孢子椭圆形至卵形，单胞，近无色，大小为（6.25～13.75）μm×（6.25～10.0）μm，有时还常形成无色、球形的小分生孢子；一般在寄主上少见菌核，但当田间条件恶化后，则可产生黑色片状的菌核。

灰霉病菌的菌丝在 2～31℃ 均能生长，以 10～25℃ 最为适宜，10℃ 以下和 30℃ 以上生长明显减弱；光照和黑暗各 12h 交替，菌丝生长最好；最适 pH 为 5。分生孢子萌发最适温度为 24～25℃，最适相对湿度为 81% 以上，55～56℃ 10min 可使分生孢子致死。

四、病害循环

病菌主要以菌核越冬，也能以菌丝体或分生孢子随病残体遗落在土中越冬，甚至以腐生的方式在其他有机物上越冬，均可作为田间病害的初侵染菌源。翌春条件适宜时，菌核萌发产生分生孢子进行初侵染，引起植株发病。田间病株新产生的大量分生孢子可随气流、露珠、雨水、灌溉水及农事操作不断地进行传播，造成田间病害的无数次再侵染，尤其是随意遗弃的病果，最易造成孢子四处飞散传播，灰霉病很快地蔓延到全田。由于灰霉病菌分生孢子的萌发要求一定的营养，因此，病菌通常都是从寄主的衰弱或死亡部位侵入，然后在植株体内不断扩展为害。衰老的叶片、残留花瓣和柱头以及肥害、病害、虫害或农事操作给植株造成的大量伤口等，都是灰霉病菌侵入的极佳途径，造成了灰霉病在田间的多点发生和迅速蔓延（图 10-17-2）。

通常花期是病菌侵染的高峰期，重要原因有两个：一是通过人工蘸花将病菌传播开来；另一是蘸花后的果实处在膨大期，其上的花瓣往往被萼片夹住而不能很快脱落，使病菌得以侵入、定殖和发展。据调查，灰霉病菌从残留花瓣处侵入果实的概率最大，占所有侵入的 86.27%～91.61%，其次为从柱头侵入，占 5.52%～10.88%，从其他部位侵入的（花萼、果面等）比例较少，仅占 2.88%；此外，植物生长调节剂蘸花后，果蒂部花瓣残留率为 67.71%～100%，人工振动授粉的仅为 0～1.43%。

五、流行规律

茄科蔬菜灰霉病的流行与环境条件的关系非常密切。由于番茄、辣（甜）椒和茄子上的衰败花瓣及授粉后的柱头上常常会附着大量的分生孢子，可以成为直接侵染果蒂及果脐的主要菌源。因此，花期与坐果期的天气情况对病害流行的影响很大。如果开花期遇到连阴天，病菌侵入果蒂引起果实发病的较多；如果果实开始膨大时遇到连阴天，由病果脐引起果实发病的就较多。田间小气候直接影响灰霉病的发生与流行，一般来说，茄科蔬菜对灰霉病的抗性都不强，如果地势不平、种植过密、整枝打杈不及时、通风透光差、浇水过勤过多、排水不良、田间湿度大，灰霉病的发生往往既早又重。特别是多年重茬的老菜田，土壤中积累了大量的病原菌，栽培管理措施稍不到位，就会导致灰霉病的大发生。

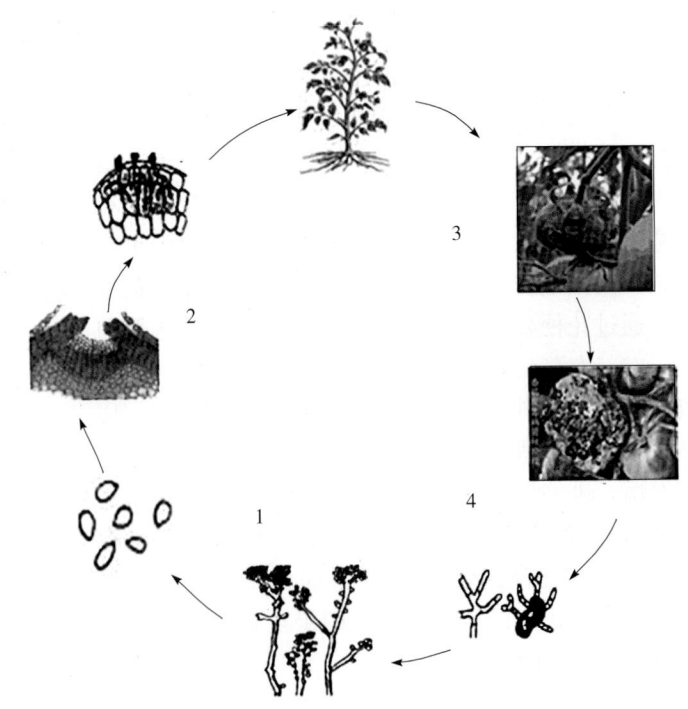

图 10-17-2 番茄灰霉病病害循环（崔元玗提供）

Figure 10-17-2 Disease cycle of tomato gray mold（by Cui Yuanyu）

1. 分生孢子 2. 分生孢子萌发侵入 3. 发病植株 4. 菌核、菌丝萌发

灰霉病菌是一种弱寄生菌，营养不良、衰弱的植株抗病力变差，很容易受感染。花期是灰霉病菌侵染的高峰期，如果生产上采用了早熟高产品种，由于这些品种的生育期比较长，花期也相应地较长，受灰霉病菌侵染的概率往往会明显增加。棚室覆盖薄膜后，棚室内的光照强度仅为自然光的 $40\%\sim50\%$，如覆盖旧薄膜则更低，这样番茄长期处于弱光环境中，植株长势弱、抗病性降低；另外，阳光照射还能在一定程度上抑制孢子的形成，而保护地栽培的环境则削弱了这种作用。

在日光温室中，通常相对湿度基本上能满足灰霉病发病的要求，温度则是病害流行的限制因素。当低于 15℃ 的温度持续时间较长时，番茄生长不良，灰霉病就比较容易发生，如果再遇上持续 8h 以上的高湿（相对湿度超过 85%），番茄灰霉病菌能够连续侵染，病害迅速蔓延。

六、防治技术

（一）控制棚室环境

由于高湿有利于灰霉病菌分生孢子的萌发、侵染与扩展，所以，湿度是灰霉病发生和流行的重要因子。营造出有利于茄科蔬菜生长，而不利于灰霉病菌发育的棚室环境，是减少病害发生的有效措施。

1. 定植前棚室的消毒　彻底清除棚室内前茬留下的病果、残枝、落叶等病残体，并进行熏蒸消毒，杀死残留在地表、墙体及温室棚体上的病原菌。在 100m×7m×3.5m 的棚室内，用 50% 敌敌畏乳油 0.3kg、硫黄粉 3kg、细木屑 3kg 混合均匀后，均匀分堆点燃，密闭熏蒸 12h，彻底放风后才能移栽幼苗。

2. 定植后棚室的温、湿度管理　在日平均气温 15℃ 以下的低温来临时，应进行加温以提高棚室内温度，可有效地预防灰霉病的发生。如果气温上升过快、过高，则需尽量减少浇水、加强放风，以降低棚室内的温、湿度和减少叶片、果面的结露时间，对病害有一定的控制作用。

3. 棚室土壤的消毒　保护地的土壤消毒可以减轻灰霉病为害，具体做法是：春茬保护地蔬菜拉秧后，先彻底清除病株残余，再施入麦秸或农家肥并翻入土壤中，然后做畦、浇足水和严实覆盖塑料膜，消毒处理土壤 10～15d。在此期间的晴天下午 14：00，棚室内 20cm 深处的地温可达 52℃，只要 2～3d 持续达到如此的高温，即可杀死土壤中的灰霉病菌。

（二）加强栽培管理

1. 培育无病壮苗　育苗前进行种子消毒，方法有温汤或药剂浸种。如番茄种子在 52℃ 温水中浸 30min，或辣（甜）椒、茄子种子在 55℃ 温水中浸 15min，浸种期间不断地搅拌，或用 50% 多菌灵可湿性粉剂 500 倍液浸种 2～3h，可有效杀死种子表面或种子内部的病原菌；移栽前，可再用 50% 多菌灵可湿性粉剂 800 倍液喷洒幼苗。此外，在移栽前 3d，用 0.2%～0.3% 磷酸二氢钾溶液喷施叶面可提高幼苗抗病性。定植时，严格淘汰病苗、弱苗，必须定植无病苗。

2. 合理密植　种植过密通风透光差，不仅植株生长不良，下部叶片易早衰，而且田间小气候湿度较大，利于病害的发生。番茄、辣（甜）椒、茄子等可采取大垄双行的栽培模式，大垄中间有通道不仅便于人工授粉、整枝打杈、施肥灌水等，还有利于通风，降低土壤和株间的湿度。

3. 降低棚室内湿度　在采取高畦栽培的同时，再采用滴灌、渗灌、膜下灌等灌溉方式，可大大提高土壤的温度和降低棚室内的湿度，非常有利于缓苗和防病；此外，地膜覆盖还可有效阻止土壤中病菌的传播。尽量在晴天的上午浇水，避免阴天及阴天之前灌溉，发病后要适当控水。不要采用喷淋法浇水，以免灰霉病的分生孢子借水流传播。当棚室内的温度达到 33℃ 以上时，浇水后棚室内的湿度就会迅速增加，必须及时放风，尽量将棚室内相对湿度降到 80% 以下，阴天也应开窗换气，以免叶片和果面结露。

4. 科学施肥　充足合理的养分供应可以提高植株的抗病能力，农家肥必须充分腐熟，以减少未腐熟肥料对幼苗的伤害和粪肥中残留病菌对菜苗的侵害；还要注意控制氮肥的用量，避免植株生长过旺、过嫩，增施磷、钾肥，促进植株健壮生长和增强抗病力。

5. 及时摘除残留花瓣与柱头　由于果实灰霉病的初侵染部位主要是残留花瓣与柱头，所以，及时摘除残留花瓣与柱头是最简便、安全、有效的防治措施，试验表明，防治效果可达 80% 以上，而且对果实生长发育无任何不利影响。也需及时清除衰老或有病的叶片、卷须和果实，清除病果时可用塑料袋套住后再摘除，集中起来深埋或销毁。

（三）生物防治

为减少化学农药残留和抗药性问题，近年来生物防治受到很多人的关注，如木霉和酵母等，但目前尚未在生产上大面积应用。

以色列曾用哈茨木霉（*Trichoderma harzianum*）T39菌株防治温室作物的灰霉病，国内也有的用木霉素（trichodermin）防治番茄灰霉病，效果尚好。此外，在茄科蔬菜发病初期和开花期，可喷洒10亿活芽孢/g枯草芽孢杆菌可湿性粉剂300～500倍液，连续喷2次；也可喷洒47%春雷·王铜可湿性粉剂400～600倍液，间隔期约4d；还可喷施多利维生·寡雄腐霉生物制剂7 500～10 000倍菌液，7～10d喷1次，连喷2～3次，都有一定的防治作用。另据报道，农用抗菌素中的2%武夷菌素水剂150倍液对番茄灰霉病菌丝和分生孢子具有良好的抑制作用，1.5%多抗霉素可湿性粉剂300倍液也有较好的防治效果。

植物诱抗剂的应用也取得一定进展，葡聚六糖能诱导番茄抗灰霉病菌的侵染，以诱导3次为好。

（四）化学防治

1. 可选药剂　发病前或发病初使用保护性杀菌剂，如50%克菌丹可湿性粉剂800倍液、50%福美双可湿性粉剂600倍液、75%百菌清可湿性粉剂600倍液等，特别是在几种病害同时发生时使用比较合适，而且防治效果也比较稳定，不容易产生抗药性，但必须喷洒均匀，多次使用。发病后可选用专性杀菌剂，如25%多菌灵可湿性粉剂300倍液、70%甲基硫菌灵可湿性粉剂1 500倍液、50%苯菌灵可湿性粉剂800～1 000倍液、45%噻菌灵悬浮剂1 000倍液、28%百·霉威可湿性粉剂600倍液、50%异菌脲可湿性粉剂1 000～1 500倍液、50%乙烯菌核利干悬浮剂1 000～1 500倍液、97%抑霉唑原药4 000倍液、40%嘧霉胺悬浮剂1 200倍液、26%嘧胺·乙霉威水分散粒剂1 500～2 000倍液、50%腐霉利可湿性粉剂1 500倍液等，但这类杀菌剂较易产生抗药性，一般单一、连续地使用3～5年后效果明显下降，可选用65%甲硫·雪威可湿性粉剂1 000～1 500倍液、25%多·霉威乳油300～400倍液、50%嘧霉·多菌灵悬浮剂600倍液、50%乙霉·多菌灵可湿性粉剂800倍液以及6.5%甲硫·霉威粉尘剂等复配杀菌剂，既可达到较好的防治效果，又能延缓病菌抗药性的产生。

目前，又有一批新农药问世，如50%咯菌腈可湿性粉剂90g/hm² 对水喷雾，用药后7d对番茄灰霉病的防效达90%以上；喷洒50%啶酰菌胺水分散粒剂1 200倍液效果也较好。

2. 合理使用化学药剂　早期诊断病害和及时用药防治对于减轻灰霉病为害都很重要。定植前7～10d普遍施一次"陪嫁药"，以防止幼苗将病害带到定植田；缓苗后的第一次施药，不但要将药剂喷洒到植株上，而且还要兼顾植株周围的土壤和大棚后墙等处；开花期施药2～3次，间隔7d，重点喷花，同时兼顾叶片的正反面；催果期灌水前再施一次药，重点喷青果，并兼顾叶的正反面及茎部；蘸花辅助授粉时，蘸花液中应添加防治灰霉病的药剂，如在配好的防落素（对氯苯氧乙酸）或2，4-滴稀释液中，加入0.1%的50%腐霉利可湿性粉剂或50%异菌脲可湿性粉剂，然后再进行蘸（喷）花。如果出现植株茎基腐烂，可在植株茎基部及周围土壤撒施上述药剂的药土或药液灌根。

从第一穗果开花时实行的"局部二期联防"是药剂防治灰霉病的好方法，"局部"是将药剂施到主要的侵染点，比如花瓣、柱头上；"二期"即在开花期与结果期各用一次药，重点保护花瓣及柱头；"联防"就是将杀菌剂与生长调节剂混在一起用，两次工作一次完成。但是，使用时必须只将药液蘸在花瓣、柱头上，不能涂抹在花梗和幼果上。还可采用"一换二轮"施药技术，"一换"即去掉因病菌产生抗药性而失效的药剂，更换更有效的药剂；"二轮"即在开花期与结果期轮换施用两类不同的杀菌剂，如在每穗果的开花期使用杀菌剂与生长调节剂喷花，结果期用50%异菌·福可湿性粉剂800倍液喷洒已膨大的幼果。

防治保护地茄科蔬菜灰霉病宜选用各种烟剂和粉尘剂，如果灰霉病尚轻，而其他病害较重，这时可选择含有百菌清的烟剂或粉尘剂。如果当地的灰霉病菌对多菌灵或腐霉利产生了抗药性，则应当选用异菌·福粉尘剂或异菌·福烟剂。

崔元玗（新疆农业科学院植物保护研究所）

第18节　茄科蔬菜枯萎病

一、分布与危害

茄科蔬菜枯萎病是一种世界性的重要土传病害，几乎在国内、外所有的番茄、辣（甜）椒和茄子种植区都有发生，植株的整个生育期均可受害，每年都会造成不同程度的产量损失。

番茄枯萎病在我国南方的广西、贵州、四川、重庆、广东和福建等省份均有发生，在北方的河北、山东、青海、陕西和黑龙江等省保护地为害也十分严重，一般发病率为 20%～30%，严重地块达 80%～90%，甚至绝收。1999—2010 年，山东省济宁地区的大棚番茄枯萎病的发病率一般为 20%～30%，严重地块达 80%～90%；2008 年，辽宁省普兰店市驿城堡社区日光温室的樱桃番茄枯萎病发病率为 32.6%，减产约 48.2%。

辣（甜）椒枯萎病在陕西、山西、甘肃、吉林、四川、湖南、浙江、广西、新疆和北京等省份普遍发生，发病率一般为 15%～30%，严重时达 70%～80%，有的全田植株枯萎死亡。2004 年，新疆阿克苏地区塑料大棚辣椒枯萎病的发病率达 70%～90%，部分大棚绝产改种。

21 世纪以前，茄子枯萎病主要在我国南方如湖北和广西的部分露地栽培区发生严重，以后随着茄子设施栽培的迅速发展，北方的辽宁、黑龙江、吉林和河北等省的保护地也有发生，病株率为 10%～40%，一般年份减产 10% 左右，个别年份可减产 20% 以上，有的地块甚至无收。

二、症状

茄科蔬菜的苗期和成株期均可发生病毒病，但以开花初期到结果中期最重。苗期染病，从子叶发黄开始，以后有病子叶逐渐萎垂干枯，茎基部变褐腐烂，常造成猝倒状死苗；成株期染病，开始时植株下部叶片中午萎蔫下垂，早晚恢复正常，叶色变淡，似缺水状，症状逐渐向上部叶片发展，反复数天后，整株叶片都萎蔫下垂，早晚也不再复原，15～30d 后整个植株枯萎死亡；横剖病茎，病部维管束变褐色。不同茄科蔬菜上的症状基本相同，但也存在一些差异。

（一）番茄枯萎病

发病初期仅茎的一侧自下而上地出现凹陷，致使一侧叶片发黄、变褐后枯死，有的半个叶序或半边叶片发黄，病株根部变褐；湿度大时，病部产生粉红色霉层，即病菌的分生孢子梗和分生孢子；剖开病茎，可见维管束变黄褐色（彩图 10 - 18 - 1）。

在田间，有时番茄枯萎病与青枯病混合发生，以下 3 点可用于区分：

（1）枯萎病株多半是自下部叶片开始萎垂，且先呈黄色；青枯病株多自顶部叶片开始萎垂，叶色虽欠光泽但却青绿。

（2）枯萎病病程进展较缓慢，植株发病到枯死一般需 15～30d；青枯病病程短而急，数天后即可死亡。

（3）两病的根茎维管束均可变色，但枯萎病是真菌性病害，潮湿时患部表面长出近粉红色霉层；而青枯病是细菌性病害，患部表面无霉层病症，挤压病茎切口或将病茎切口悬浸于清水中，则可见乳白色的混浊液溢出（菌脓）。

（二）辣（甜）椒枯萎病

发病植株的下部叶片大量脱落，近地面的茎基部呈水渍状腐烂，地上部的茎叶迅速凋萎，有时病变只在茎的一侧发生与发展，形成一纵向条状坏死区，后期整株枯死，剖检病株地下根系呈水渍状软腐，皮层极易脱落，木质部变成暗褐色至煤烟色（彩图 10 - 18 - 2，1、2），在湿度大的条件下，病部常产生白色或蓝绿色的霉状物。

（三）茄子枯萎病

病株叶片自下而上地逐渐变黄枯萎，病症多表现在第一、二层分枝上，有时同一叶片仅半边发黄，另一半健康如常（彩图 10 - 18 - 2，3、4）。此病的症状与茄子黄萎病相似，易于混淆，需镜检确定。

三、病原

茄科蔬菜枯萎病的病原是尖镰孢 [*Fusarium oxysporum* Schltdl. ex Snyder et Hansen]，属于子囊菌无性型镰孢属真菌。

尖镰孢的气生菌丝白色、棉絮状，培养基底呈淡黄色、淡紫色或蓝色；小型分生孢子数量多，无色，长椭圆形，单胞或偶有双胞；大型分生孢子数量少，无色，镰刀形或纺锤形，具 1～5 个隔膜，多数为 3 个隔膜；厚垣孢子数量少，顶生或间生，圆形，淡黄色。

茄科蔬菜枯萎病菌主要有 3 个专化型：番茄专化型 [*F. oxysporum* Schltdl. ex Snyder et Hansen

f. sp. *lycopersici*（Sacc.）Snyder et Hansen]、萎蔫专化型 [*F. oxysporum* Schltdl. ex Snyder et Hansen

f. sp. *vasinfectum*（Atk.）Snyder et Hansen] 和茄专化型 [*F. oxysporum* Schltdl. ex Snyder et Hansen

f. sp. *melongenae* Matuo et Ishigami]，不同的专化型侵染不同的茄科蔬菜。

（一）番茄专化型

尖镰孢番茄专化型只侵染番茄。大型分生孢子为镰刀形或纺锤形，顶端和尾孢稍弯曲，具 3～5 个隔膜，大多 3 个隔膜，大小为（27.0～46.0）μm×（3.0～5.0）μm；小型分生孢子长椭圆或卵形，无色，单胞，大小为（5.0～12.0）μm×（2.2～3.5）μm；厚垣孢子圆形或椭圆形、黄褐色、单胞，顶生或间生于菌丝上，大小为（11.2～16.0）μm×（9.6～11.3）μm；在 PDA 培养基上的菌落为白色或粉红色（图 10-18-1）。番茄专化型有 1 号、2 号和 3 号 3 个生理小种，分布于美国、以色列、日本、加拿大和澳大利亚等国家，我国番茄枯萎病菌以 1 号生理小种为主。

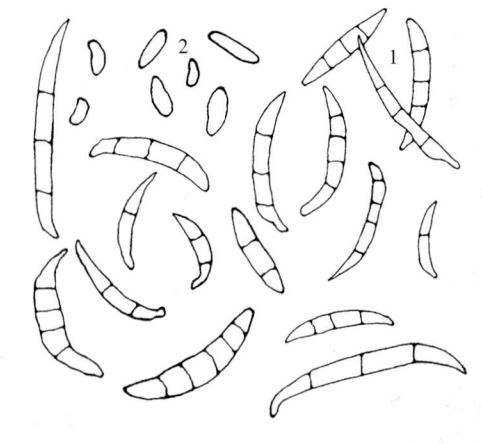

图 10-18-1　尖镰孢番茄专化型形态特征（郑建秋提供）

Figure 10-18-1　Morphology of *Fusarium oxysporum*

f. sp. *lycopersici*（by Zheng Jianqiu）

1. 大型分生孢子　2. 小型分生孢子

（二）萎蔫专化型

尖镰孢萎蔫专化型不仅能够侵染辣（甜）椒，还可侵染其他茄科及其他科的植物。在 PDA 培养基上，气生菌丝茂盛，呈白色絮状，培养基反面的菌丝初无色，后逐渐变为淡紫色至深紫色，少数不变色。大型分生孢子数量多，纺锤形至镰刀形，通常顶端细胞呈钩状，基部有足细胞，2～5 个分隔，以 3 个分隔为主，大小为（25.5～50.0）μm×6.0μm，4 隔的分生孢子较大，大小为（38.5～50.0）μm×（4.0～6.0）μm。小型分生孢子数量很少，卵圆形到椭圆形，个别的卵圆形孢子略弯曲，团生，大小为 4.0μm×（1.5～4.0）μm。厚垣孢子间生或顶生，偶尔串生，淡黄色，球形或椭圆形，壁光滑，直径为 7.0～10.0μm。

（三）茄专化型

尖镰孢茄专化型只侵染茄子。在 PDA 培养基上，菌落初期白色，后逐渐变为肉色，气生菌丝茂盛，呈白色絮状。在分生孢子梗的分枝上或直接在菌丝上形成产孢细胞，产孢细胞单瓶梗状，具分枝。大型分生孢子很少，纺锤形至镰刀形，通常顶端细胞呈钩状，基部有足细胞，具 2～5 个分隔，以 3 分隔为主，大小为（16.6～51.1）μm×（1.3～2.6）μm。小型分生孢子数量多，团生，卵圆形至椭圆形，少数卵圆形略弯，大小为（3.8～14.1）μm×（1.2～3.8）μm。厚垣孢子间生或顶生，偶尔串生，球形或椭圆形，壁光滑，直径 8～10μm。

四、病害循环

茄科蔬菜枯萎病菌主要以菌丝和厚垣孢子在土壤、病残体、未腐熟的有机

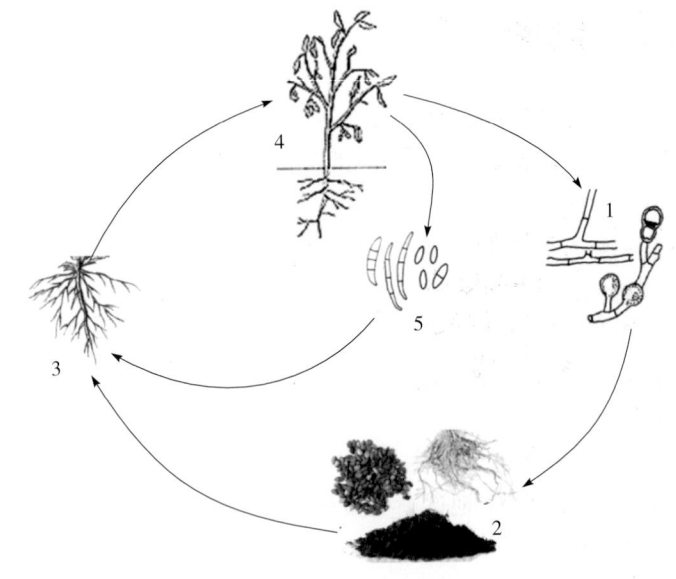

图 10-18-2　茄科蔬菜枯萎病病害循环（缪作清提供）

Figure 10-18-2　Disease cycle of Fusarium wilt on solanaceous

vegetables（by Miao Zuoqing）

1. 病株上厚垣孢子和菌丝体　2. 厚垣孢子和菌丝体在土壤、病残体和种子上越冬

3. 病菌侵染植株根部　4. 植株发病　5. 病株上产生分生孢子，并在田间再侵染

肥中或种子上越冬，也可在土壤中营腐生性生活多年，成为翌年田间病害的主要初侵染源。病菌从幼根、根部伤口或根部自然裂口侵入，在维管束中继续生长、发育和扩展，产生的大量菌丝体堵塞导管，并产生

毒素毒害维管束细胞，导致植株缺乏水分和养分，叶片发黄、植株枯萎甚至死亡。病株死亡后，其上的病菌随病残体重新进入土壤，引起新的植株发病，从而使得病害在田间周而复始地发生与为害（图 10 - 18 - 2）。

病菌还可通过导管从病茎向果梗蔓延到果实，病菌进入果实并导致种子带菌。种子上的菌丝体和厚垣孢子可随种子调运作远距离传播，带菌种子萌发时，病菌随之侵入幼苗。

五、流行规律

（一）病菌的传播和侵染条件

1. 病菌的传播与扩散 病菌可通过土壤、肥料、种子、灌溉水、地下害虫和土壤线虫、农事操作等途径进行传播。在病区，施用带菌肥料而广泛传播病害的现象十分突出；在田间，病菌主要依靠雨水、灌溉水和病土扩散、蔓延。

2. 病菌的生长发育 尖镰孢番茄专化型菌丝生长和产孢的温度为 15～35℃，孢子萌发的温度为 20～35℃；但以 28℃ 为菌丝生长、产孢及孢子萌发的最适温度；然而，孢子萌发率是随着相对湿度的增加而提高，特别是在水滴中的萌发率最高，可达 80.3%。病菌生长适宜的 pH 是 5～7，以 pH6 为最适，pH 低于 3 或高于 11 时菌丝不能生长；孢子在 pH3～11 时均可萌发，但以 pH7 为最适。萎蔫专化型病菌生长发育适温为 27～28℃，最高 37℃，最低 17℃；茄子专化型病菌生长发育适温为 25～28℃，最高 33℃，最低 21℃。

3. 病菌的侵染 茄科蔬菜枯萎病菌一般从植株幼根、根部伤口或自然裂口侵入，经薄壁细胞进入维管束，在导管内大量发育阻塞导管，并分泌果胶酶和纤维素酶破坏细胞，影响水分和养分的输导，造成病株萎蔫；并产生镰孢菌素等有毒物质，导致植株叶片枯黄和死亡。

4. 病害的发生 该病在 8～34℃ 均能发生，最适发病温度为 24～28℃；在茄科蔬菜全生育期内均可发病；发病程度与降水量、灌水量有密切的关系，连续降雨或灌水量大、排水不良时，发病重；重茬地、低洼地和黏质土壤的地块发病也重；酸性土壤有利于病害发生，土壤 pH 为 4.5～6.0 时发病最严重，pH 在 3.5 以下或 9.0 以上则不发病。此外，偏施氮肥、施用带菌有机肥、地下害虫和土壤干裂造成根部伤口多等因素，均易诱发病害。病菌侵入后，随温度的升高，潜育期缩短。通常，土温 15℃ 时病害潜育期为 15d，20℃ 时为 9～10d，25～30℃ 时仅为 4～6d，这是由于温度升高，不但有利于病菌生长，而且蒸腾量加大，植株失水严重，因而导致病情加重。

（二）病菌的潜伏侵染现象

番茄枯萎病具有潜伏侵染现象。通常，田间幼苗有很高的带菌率，但这些带菌幼苗并不全部表现症状，而是在具备适宜的条件时才发病，这就是田间的大多数植株在开花结果期，并遇到高温潮湿的天气才表现出典型症状的原因。

六、防治技术

（一）选用抗（耐）病品种

据报道，L - 402、津冠 8 号和中杂 6 号等比较抗病，红杂 18、东农 708、东农 710、东农 711，以及苏抗 5 号、西安大红、强力米寿、佛洛雷特和强丰等番茄品种比较耐病。辣椒耐病品种有金棚 1 号、保粉 1 号，以及西农 20 号线椒、云南小米椒、遵义牛角椒和海南米椒等品种。茄子抗性品种有五叶茄、七叶茄、紫长茄等。各地可因地制宜地选用。

番茄苗期对枯萎病的抗性鉴定可按照中华人民共和国农业部发布的行业标准《NY/T 1858.3—2010 番茄主要病害抗病性鉴定技术规程 第 3 部分：番茄抗枯萎病鉴定技术规程》进行。

（二）农业防治

1. 轮作 避免连作，提倡轮作倒茬，可与非茄科蔬菜（如葱、蒜等）实行 3 年以上轮作，有条件的地方推行水旱轮作，效果很好。

2. 改进育苗方法 选用无病土育苗，或采用育苗盘或营养钵育苗，可减少因分苗造成的伤口。

3. 嫁接防病 选用适宜的抗病砧木与品质优良的茄科蔬菜品种进行嫁接，可有效防止枯萎病为害。番茄嫁接可选用托鲁巴姆、砧木 1 号、LS - 89、兴津 101 等作砧木。茄子嫁接可选用托鲁巴姆、赤茄、刺茄等作砧木。

4. 加强田间管理　选择地势高燥、排灌方便的地块栽培茄科蔬菜；合理密植，改善通风透光条件；采用科学配方施肥，避免偏施氮肥，适当增施磷、钾肥，多使用腐熟的有机肥；禁止大水漫灌和串灌；零星发病时，及时拔除病株，并穴施石灰进行消毒；及时防治地下害虫和线虫；前茬收获后，彻底清除残枝、枯叶和残根等，减少病原基数。棚室栽培要加强通风，降低温、湿度。

（三）物理防治

1. 太阳能高温消毒　收获后深耕翻晒土壤，利用太阳高温和紫外线杀死部分病菌；在夏季晴天，收获后深耕、灌水、铺地膜，在晴天强光下可使膜内温度达 70℃，消毒 5～7d，保护地栽培还可同时密闭棚室进行闷棚，提高棚室内土温更利于消毒。也可在翻耕前每公顷撒 600～750kg 生石灰，以增强消毒效果。

2. 种子热处理　可用温汤浸种，即播种前用 52℃ 温水浸种 30min；也可干热处理，将种子放在 70～75℃的恒温中处理 72h。

（四）化学防治

1. 药剂浸种或拌种　播种前，用 50％多菌灵可湿性粉剂 300 倍液浸种 1h，或用 0.4％硫酸铜溶液浸种 5min，也可用 0.1％高锰酸钾 500 倍液或 50％异菌脲可湿性粉剂 1 000 倍液浸种 20～30 min，洗净后催芽播种。还可用种子重量 0.3％～0.5％的 50％克菌丹可湿性粉剂，或 50％福美双可湿性粉剂、50％苯菌灵可湿性粉剂进行拌种。

2. 苗床药剂处理　可用 50％多菌灵可湿性粉剂消毒土壤，每平方米用药粉 8～10 g 加入到 4～5kg 的苗床土或营养土中，配制成药土。播种前先将 1/3 的药土撒于床面上，余下的药土覆盖在种子上；或播种前 2～3 周，每平方米用 40％甲醛 120mL 对水 3～9L，浇施于床土上，并立即用薄膜覆盖，4～5d 后揭去薄膜，再经 2 周左右待药味充分挥发后即可播种。

3. 药液灌根　茄科蔬菜定植后至开花结果初期是病菌侵染时期，即便无症也要定期灌药预防；田间初现病株更需防治，可选用 50％多菌灵可湿性粉剂 500～1 000 倍液，或 50％琥胶肥酸铜可湿性粉剂 400 倍液、50％苯菌灵可湿性粉剂 500～1 000 倍液、14％络氨铜水剂 300 倍液、30％多·福可湿性粉剂 1 000～2 000 倍液灌根，每株灌药 300 mL，隔 10d 灌 1 次，连续灌 2～3 次；或选用 10％多抗霉素可湿性粉剂 100 倍液灌根，每株灌 500～1 000 mL。对未发病的植株要进行施药保护。

李世东　缪作清（中国农业科学院植物保护研究所）

第 19 节　茄科蔬菜菌核病

一、分布与危害

茄科蔬菜菌核病是全世界茄科蔬菜生产中的一种重要病害，我国也不例外，特别是早熟品种及无加温保护地栽培的茄科蔬菜受害严重，主要为害茄子、辣（甜）椒和番茄等。生产中连年重茬栽培，菌核在土中逐年积累，导致该病呈逐年上升的趋势，尤以春季提早及秋季延后栽培的田块发病更重。如在我国辽宁、天津、山东、江苏、上海、浙江、福建、广东、广西、海南以及台湾等沿海省份，菌核病造成的茄子茎部发病率为 5％～13％，门茄发病率为 12％～15％，大量的门茄、对茄的花蕾和幼果腐烂脱落，主茎及分枝枯死，早期产量锐减；另据报道，河北、河南、北京、天津和山东等地，在有些年份，菌核病可引起近 30％保护地的辣（甜）椒成株死亡，严重时高达 50％以上；保护地栽培番茄的茎、叶、花和果实也往往遭受感染，甚至整株枯死，严重影响蔬菜的品质和产量。

二、症状

菌核病可在番茄、辣（甜）椒和茄子等茄科蔬菜的苗期和成株期为害，以茎秆、叶片、花器和果实受害为主。无论苗期或成株期发病，其主要症状的共同特征是：湿度大时，发病部位产生絮状白色霉层，后期形成黑色菌核，并常常引起湿腐，但无臭味。

（一）番茄菌核病

叶片、茎秆和果实均能感染发病。叶片受害，大多从叶缘侵染，产生水渍状、淡绿色的病斑，湿度大时长出白色霉层，病斑呈灰褐色，并迅速扩展，致使叶片枯死。病菌常由病叶叶柄基部侵入茎内，引起茎部发病，茎部病斑向上、下发展，最初灰白色，稍凹陷，进而表皮纵裂，边缘呈水渍状，茎内、外都能产生菌核，严重时植株枯萎死亡。果实受害，一般由果柄向果面蔓延，致未成熟果似水烫状，病部也产生菌核。

（二）辣（甜）椒菌核病

辣（甜）椒苗期发病，在幼苗基部产生水渍状、浅褐色的病斑，后变为棕褐色软腐状，通常无恶臭，病斑可绕茎发展，湿度大时长出白色絮状菌丝体，干后呈灰白色，病茎部变细，上生黑色鼠粪状菌核，幼苗呈立枯状死亡，或在病斑处折断倒伏。成株期病害主要发生在距地面 5～20cm 处茎部和枝杈处，病斑初呈水渍状、淡褐色，后变为灰白色，并向茎部上、下扩展，湿度大时，病部内、外生白色菌丝体，茎部皮层软腐，干燥后表皮破裂，纤维外露，病茎的髓部成为空腔，并形成许多黑色鼠粪状菌核，致使整个植株或 1～2 个分枝凋萎死亡。果实染病，多从蒂部开始，病部变褐腐烂，逐渐向果面扩展，造成果实全部或部分软腐，湿度大时长出白色菌丝体，后形成黑色、鼠粪状菌核，病果常常脱落。

（三）茄子菌核病

茄子整个生长期均可发病，主要为害茎秆、果实和叶片。苗期发病，始于茎基部，初为水渍状、浅褐色的病斑，后变为深褐色，病苗呈立枯状死亡。成株期发病，先从主干茎基部或茎的分杈处侵染，产生水渍状、浅褐色、不规则的病斑，后绕茎一周，并向上、下扩展，病部组织稍凹陷；湿度大时，病部产生白色棉絮状菌丝，无臭味，干燥后呈灰白色，主干病茎表皮易破裂，茎上纤维外露，后期茎内形成鼠粪状黑褐色菌核，致使植株枯死（彩图 10-19-1）。花、叶、果柄染病呈水渍状软腐并脱落。果实染病，果面出现水渍状褐色病斑、腐烂，严重时逐渐向全果扩展；有的果实受害先从脐部开始，后向果蒂部扩展直到整果腐烂，表面长出白色菌丝体，后期也产生黑色不规则的菌核。

三、病原

菌核病的病原为核盘菌 [*Sclerotinia sclerotiorum* (Lib.) de Bary]，属于子囊菌门核盘菌属真菌。病菌的菌丝发达，具有分枝，纯白色，可相互交织形成菌核。菌核形状为鼠粪状或豆瓣状，初白色，后变成黑色，大小为（3～7）mm×（1～4）mm，或更大，菌核有时单个散生，有时多个聚生一起。

菌核萌发后产生 1～16 个子囊盘，初生子囊盘棕黄色，成熟时，色泽略变浅，子囊盘柄长 3.5～50mm，多为 7～20mm；子囊盘杯形，成熟子囊盘直径可达 49mm，子囊盘表面生有大量的棒形子囊，子囊间生有大量侧丝，组成子实层。子囊无色，棍棒状或长圆筒形，顶部钝圆，基部渐缓变细，大小为（113.9～155.4）μm×（7.7～13）μm，长度多为 90～130μm，每个子囊内含有 8 个子囊孢子。子囊孢子椭圆形或棍棒形，单胞，无色，单行排列，大小为（0.3～0.5）μm×（0.6～0.9）μm（图 10-19-1）。子囊盘存活时间长短变化较大，可为 1～30d，而后逐渐萎缩枯死。

病菌菌丝生长最适温度为 15～25℃，致死温度为 47℃/10min，生长最适 pH 为 7，受光照的影响较小；温度为 25℃时适宜于菌核的产生，致死温度为 50℃/10min，菌核萌发的适宜温度为 20～25℃，光、暗交替的条件下可产生较多的菌核。菌核在 PDA、PSA、沙氏培养基及天然培养基上易于萌发，黑暗、偏酸性的条件也有利于菌核的萌发；菌核经低温处理后萌发率较高，可达 60.38%，而室温自然放置的菌核萌发产盘率仅为 20.67%；15～18℃ 和 23～26℃ 两种室内温度对菌核萌发有显著影响，在 15～18℃ 条件下菌核萌发产生子囊盘，而在 23～26℃ 条件下，菌核萌发产生无性态菌丝，并不产

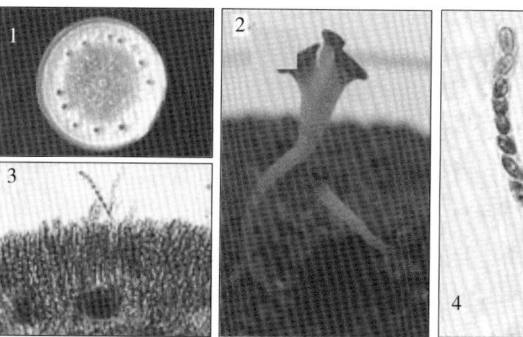

图 10-19-1 核盘菌形态特征（刘志恒和邵丹提供）

Figure 10-19-1 Mrophology of *Sclerotinia sclerotiorum*

(by Liu Zhiheng and Shao Dan)

1. 菌落　2. 子囊盘　3. 子囊盘切片　4. 子囊和子囊孢子

生子囊盘。子囊孢子萌发温度为 5~25℃，以 5~10℃为最适。

菌核的形成和萌发，子囊孢子的萌发和侵入均需要高湿环境。

茄科蔬菜菌核病菌的寄主范围很广，能侵染 64 科 383 种植物，除侵染茄子、辣（甜）椒和番茄外，黄瓜、大豆、菜豆、豇豆、白菜、油菜、甘蓝、莴苣、茼蒿、胡萝卜、芫荽和向日葵等多种植物也可受害。

四、病害循环

病菌主要以菌核随病残体或直接落入土壤中或混杂在种子中越冬和越夏，成为下茬作物病害的主要初侵染源。落入土中的菌核可存活 3 年以上。通过调运带菌种子和移栽病苗也可传病。温、湿度适宜时，菌核萌发产生子囊盘和子囊孢子，子囊孢子成熟后被放射到空中，并借助气流、流水和农事操作等传播到植株上，进行初次侵染。子囊孢子先从寄主衰弱的器官（衰老叶片及残存花瓣等）侵入，感染力增强后再侵害植株健壮部位。子囊孢子经伤口或叶片气孔侵入，也可由芽管穿过叶片表皮细胞间隙直接侵入。病菌在田间可通过病、健株间，或病、健花间，或染病杂草与无病植株的接触，或农事操作以及风雨等传播方式进行多次再侵染，导致病害不断加重（图 10-19-2）。

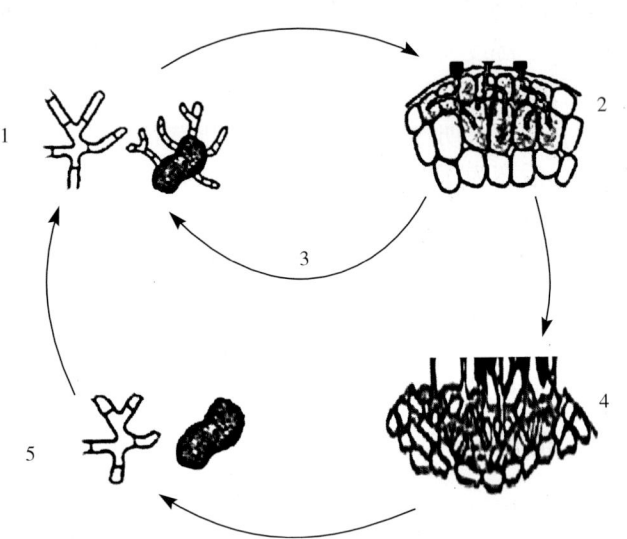

图 10-19-2　茄科蔬菜菌核病病害循环（刘志恒提供）
Figure 10-19-2　Disease cycle of Solerotinia stem rot of
solanaceous vegetables（by Liu Zhiheng）

1. 菌核、菌丝萌发　2. 侵入寄主组织　3. 病菌再侵染
4. 发病植株　5. 菌核、菌丝越冬

五、流行规律

该病的菌核无休眠期，当吸收一定水分后，在 15℃左右和散射光的环境里就能萌发形成子囊盘，较低的温度比较适宜子囊孢子的萌发和菌丝的生长，但均需 85%以上的相对湿度。因此，在早春和晚秋保护地栽培中最容易发生菌核病，北方地区菌核病多发生在 3~5 月，而南方地区则多在 10~12 月。

低温、高湿是发病的主要影响因素，一般空气相对湿度达 85%以上时发病重，低于 65%发病轻或不发病。通常，日光温室和塑料大棚栽培的茄科蔬菜菌核病要重于露地栽培的同类蔬菜。茄科蔬菜进入开花结果期后，浇水次数逐渐增加、灌水量逐渐增大，有利于菌核萌发和产生子囊孢子，病害就逐步加重，在盛果期往往达到发病高峰。此外，容易感病的蔬菜种类常年连作、套种或间作时，菌源增多，发病加重；生产中浇水过多、植株过密、偏施氮肥、枝叶徒长、通风不良、光照不足、植株受冻以及不及时清除病叶枯枝等因素，均能导致菌核病的发生或流行。

六、防治技术

防治茄科蔬菜菌核病，应采取加强栽培管理、彻底清除初侵染菌源，并结合化学防治的综合措施。

（一）农业防治

1. 科学耕作　合理轮作，最好与水生蔬菜、禾本科作物或葱蒜类蔬菜轮作，避开同类寄主作物连作；大力采用高畦或半高畦栽培、双行定植、覆盖地膜及膜下浇水等防病栽培技术，以阻止子囊盘萌发出土，减少病菌与植株接触的机会。

2. 清除菌源　选用无病植株留种，防止种子带菌；精细选种，并剔除种子中混入的菌核。定植时选用无病幼苗。发病地块收获后及时深翻晒垡，既可提高土壤肥力，又可将落在土壤表层的菌核翻入土层下，使之不能产生子囊盘；在蔬菜生长期间，应及时摘除下部病叶、老叶、病枝和病果，携出田外深埋销毁，以减少菌源；在收获后的休闲期间，彻底清除棚室内的病株残体，消灭或减少越冬、越夏与再侵染的病菌数量。

3. 加强水肥管理 根据不同蔬菜的生长要求，合理控制植株密度，以利通风降湿；浇水时须小水勤灌，切忌大水漫灌；采取配方施肥，要施足充分腐熟的有机肥，避免偏施氮肥，增施磷肥、钾肥，防止植株徒长，增强植株抗病性。

（二）种子消毒

播种前，将种子在凉水中浸泡 10min，捞出后放入 55℃ 温水中，不断搅拌，并随时补充热水，保持水温为 55℃ 约 30min，再将种子放入凉水中浸泡 4～5h，晾干播种；或用 10％ 的盐水选种，除去漂浮的菌核和其他杂质，然后将种子用清水漂洗几次后备用；或用种子重量 0.3％～0.5％ 的 50％ 多菌灵可湿性粉剂拌种消毒。

（三）土壤消毒

选用 50％ 腐霉利可湿性粉剂，或 50％ 甲基硫菌灵可湿性粉剂、40％ 多菌灵可湿性粉剂，按 1∶30 的比例与细土拌匀制成药土，均匀撒在育苗床面上消毒土壤，可有效地控制苗期菌核病的发生；也可每平方米苗床用 40％ 福尔马林 360mL 对水 9～13.5L，均匀地喷洒床土表面，然后覆盖薄膜密闭 2～3d，揭膜后将土表耙松，使福尔马林全部挥发，15～20d 后即可播种；或定植前撒施五氯硝基苯药土，即每 667m² 用 40％ 五氯硝基苯粉剂 1kg，与细土 20kg 拌匀配制；或采用太阳能消毒法，在病田拉秧后的夏闲期间，每 667m² 施入石灰 100kg 与碎稻草 500kg 的混合物，随即深翻土壤，起高垄，垄沟里灌水，直至饱和，然后严实覆盖地膜，并密闭棚室 7～10d，消灭土壤中的菌源。

（四）药剂防治

发病前或发病初期用药。可喷施 50％ 乙烯菌核利可湿性粉剂 1 000 倍液，或 50％ 腐霉利可湿性粉剂 1 000 倍液、50％ 异菌脲可湿性粉剂 1 000 倍液、40％ 菌核净可湿性粉剂 600 倍液、50％ 多菌灵可湿性粉剂 500 倍液、70％ 甲基硫菌灵可湿性粉剂 800 倍液、25％ 醚菌酯悬浮剂 1 000 倍液、10％ 苯醚甲环唑水分散粒剂 1 000 倍液等，间隔 7～10d 喷药 1 次，连续用药 2～3 次。植株生长前期，喷雾重点是植株基部和地表，开花期后重点喷洒植株上部。对于病茎，除喷药外，还可将上述药剂配制成高浓度的（20～30 倍液）药糊涂抹病部，效果更佳。在棚室发病的初期，可用 10％ 腐霉利烟剂或 45％ 百菌清烟剂熏烟防治，每 667m² 用药 250g，傍晚进行密闭熏烟，第二天上午结合放风排烟，约间隔 7d 熏烟 1 次，连续处理 2～3 次。

魏松红　刘志恒（沈阳农业大学植物保护学院）

第 20 节　番茄晚疫病

一、分布与危害

番茄晚疫病是一种毁灭性病害，历史上爱尔兰曾暴发了马铃薯晚疫病而导致了严重的饥荒。自 1847 年法国首次报道番茄晚疫病以来，该病已成为世界及中国番茄生产中最重要的病害之一。番茄晚疫病菌除侵染番茄外，还侵染马铃薯。在我国番茄产区，无论是露地栽培还是保护地种植，也不管是鲜食番茄还是加工番茄，晚疫病每年都有不同程度的发生，尤其在冷凉和多雨、多雾等高湿条件下往往发病较重。

我国的北京、山西、河南、河北、山东、陕西、贵州、四川、云南、湖北等省份在不同时期均报道过番茄晚疫病不同程度为害。

1976 年、1977 年和 1979 年，北京市春播露地番茄因晚疫病造成的损失在 30％ 以上；1983 年，江苏南京因该病番茄减产 2 000t；1984 年，湖北宜昌受该病为害番茄达 73.2hm²，毁种 21hm²，减产 40％～60％；1991—1994 年，云南昆明共暴发 3 次番茄晚疫病，发病率都达到 100％。1999—2002 年，广西有 5 次番茄晚疫病流行；2001—2003 年，甘肃平凉露地番茄种植面积 1 000hm²，番茄晚疫病暴发面积达 640hm²；2002—2003 年，福建厦门番茄种植面积 2 670hm²，番茄晚疫病发生面积达 1 600hm²；2007 年，青海西宁 70hm² 番茄受晚疫病为害率达 95％；2007 年 7 月，内蒙古巴彦淖尔番茄晚疫病大流行，受灾面积占加工番茄播种面积的 47.6％，造成产量损失 63.89 万 t，占总产量的 28.4％，仅杭锦后旗头道桥镇挪一村就有 133.3 hm² 加工番茄绝收，损失近 400 万元。

二、症状

在番茄生长的整个生育期，只要条件适宜晚疫病都可能发生。该病可为害番茄幼苗、叶片、茎和果实等器官，其中以叶片和青果受害最常见。叶片受害，多从叶尖、叶缘开始发病，初为暗绿色、水渍状、不规则病斑，扩展后颜色转为暗褐色。湿度大时，叶片背面的病、健交界处长出白色霉层（病菌产生的孢囊梗和孢子囊），病叶组织很快坏死，并可蔓延至叶柄和主茎；空气干燥时，病部干枯、变脆、易碎。茎秆发病，病斑纵向延伸产生暗褐色条斑，湿度大时产生稀疏的白色霉层，植株易从发病部位弯折，或引起植株萎蔫。果实受害，主要发生在青果上，发病初期病斑呈暗绿色油渍状，后期变为棕褐色，果实一般不变软，湿度大时长出白色霉层（彩图10-20-1）。

三、病原

(一) 病原生物学

番茄晚疫病的病原是致病疫霉 [*Phytophthora infestans* (Mont.) de Bary]，属于卵菌门疫霉属。病菌适宜在黑麦琼脂培养基、V8或黑麦番茄汁培养基上生长，菌落白色。菌丝无隔，自由分枝。孢囊梗由菌丝生出，直立，合轴分枝。湿度大时，番茄病斑上的单根或多根孢囊梗成束地从气孔伸出。当孢囊梗顶端膨大形成一个孢子囊后，孢囊梗又向上生长，将孢子囊推向一侧，顶端又膨大形成新的孢子囊，使整个孢囊梗呈粗细相间的结节状；孢囊梗顶端尖细；孢子囊顶生或侧生，单胞，卵圆形或近圆形，大小为 (21~38) μm× (12~23) μm，顶端有半乳突，基部具短柄。在温暖 (18~24℃) 的环境条件下，孢子囊萌发可直接形成芽管，或在冷凉、湿润的条件 (8~13℃) 下释放游动孢子，每个孢子囊可释放5~12个游动孢子。游动孢子肾形，双鞭毛，在水中游动片刻后静止，鞭毛收缩成为休止孢，休止孢萌发产生芽管侵染番茄。此外，晚疫病菌还能在菌丝内部形成休眠的褐色厚垣孢子（图10-20-1）。晚疫病菌的菌丝生长温度为10~30℃，最适为20~23℃，孢子囊形成温度为3~26℃，最适为18~22℃。

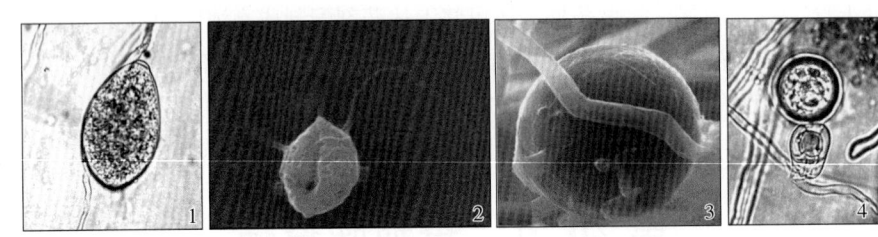

图10-20-1 致病疫霉形态特征（引自 H. Nicholls，2004）

Figure 10-20-1 Morphology of *Phytophthora infestans*

(from H. Nicholls，2004)

1. 孢子囊 2. 游动孢子 3. 厚垣孢子 4. 卵孢子

致病疫霉是一种异宗配合的卵菌，一般需要 A1 和 A2 两种交配型的菌株同时存在才能发生有性生殖。20世纪80年代以前，普遍认为全球范围内只存在 A1 交配型，直到1956年首次在墨西哥中部发现了马铃薯晚疫病菌 A2 交配型，之后许多国家相继发现了 A2 交配型菌株。1996年，我国在北京、内蒙古、山西和云南等地的马铃薯上发现了 A2 交配型的致病疫霉菌株；2002年，从1997—1999年分离自河北徐水的44个番茄晚疫病菌株中，发现了3个 A2 交配型菌株；2003年，从云南124个番茄晚疫病菌株中，也发现了3个 A2 交配型菌株；2004年，在来自我国18个省份的201个番茄晚疫病菌株中发现了8个 A2 交配型菌株，分布于广西、云南、河北和福建；2000—2006年，从广西239个番茄晚疫病菌株中，发现了8个 A2 交配型菌株；2009年，发现1991—2006年分离自台湾的655株番茄晚疫病菌株均为 A1 交配型。综上所述，目前我国番茄主产区的晚疫病菌仍然以 A1 交配型为主，A2 交配型菌株的比例很少，而且只在个别省份有分布。A1、A2 交配型菌株同时存在显示，田间番茄晚疫病菌极有可能发生变异，产生出致病力更强的菌株。然而，尚难在田间见到卵孢子，国内仅从云南马铃薯晚疫病的病叶中观察到卵孢子。

据国内外报道，晚疫病菌群体经历了几次迁移，第一次可能是从墨西哥传播到欧洲，第二次是从欧洲到南美洲、非洲和亚洲。随着中国从前苏联、欧洲、美国等地区引进马铃薯种薯，晚疫病菌群体可能传入中国。在国内，随着马铃薯种薯从黑龙江、内蒙古、甘肃等地的调出以及种质资源的交流，也极大地促进了晚疫病菌的传播与扩散。由于马铃薯上的一些晚疫病菌株能够侵染番茄，因此，马铃薯晚疫病菌的任何变化都会影响番茄晚疫病的发生与发展。

致病疫霉对甲霜灵药剂敏感性的测试对生产中防治晚疫病药剂的选择有着重要的指导作用。一些地区多年使用甲霜灵或在一个生长季多次使用甲霜灵防治晚疫病，使得晚疫病菌出现了抗药性菌株，导致甲霜灵防治效果大大下降。比如 2006 年，对来自云南的 82 个晚疫病菌株进行了测试，敏感菌株为 14 株，占测定菌株总数的 17.1%，中抗菌株为 26 株，占 31.7%，抗性菌株为 42 株，占 51.2%。

（二）番茄晚疫病菌生理小种的划分

番茄晚疫病菌有明显的生理分化现象，可以分为许多不同的生理小种（表 10-20-1）。2001 年，亚洲蔬菜研究与发展中心鉴定台湾地区番茄晚疫病菌包括 T1、T1.2、T1.2.3、T1.4 和 T1.2.4 共 5 个生理小种。我国大陆地区的番茄晚疫病菌的生理小种表现复杂。在 2002—2008 年，大陆地区应用亚洲蔬菜研究与发展中心提供的 6 个番茄鉴别寄主 Ts19（Ph+），Ts33（Ph-1），W. Va700（Ph-2），CLN 2037B（Ph-3），L3708（Ph-3，4）和 LA1033（Ph-5）对 304 个番茄晚疫病菌的生理小种进行了测定，一共有 11 个生理小种，包括 T0、T1、T1.2、T1.2.3、T1.2.3.4、T1.4、T1.2.4、T3、T1.3、T1.3.4、T1.2.3.4.5，其中主要为 T1.2、T1 和 T0，分别占 30.0%、29.2% 和 16.1%。

表 10-20-1　番茄晚疫病菌生理小种的划分（引自 Zhu 等，2007；Chen 等，2008）

Table 10-20-1　Physiological race characterization of *Phytophthora infestans* from tomato

(from Zhu et al.，2007；Chen et al.，2008)

生理小种	鉴别寄主/基因型					
	Ts19/ (Ph+)	Ts33/ (Ph-1)	W. Va700/ (Ph-2)	CLN2037B (Ph-3)	L3708/ (Ph-3, 4)	LA1033/ (Ph-5)
T0	S	R	R	R	R	R
T1	S	S	R	R	R	R
T1.2	S	S	S	R	R	R
T1.2.3	S	S	S	S	R	R
T1.2.3.4	S	S	S	S	S	R
T1.2.3.4.5	S	S	S	S	S	S
T2	S	R	S	R	R	R
T2.3	S	R	S	S	R	R
T2.4	S	R	S	R	S	R
T2.3.4	S	R	S	S	S	R
T2.3.4.5	S	R	S	S	S	S
T1.2.4	S	S	S	R	S	R
T1.2.5	S	S	S	R	R	S
T1.3	S	S	R	S	S	R
T1.3.4	S	S	R	S	S	R
T1.3.5	S	S	R	S	R	S
T1.2.3.5	S	S	S	S	R	S
T1.2.4.5	S	S	S	R	S	S
T3	S	R	R	S	R	R
T3.4	S	R	R	S	S	R
T3.5	S	R	R	S	R	S
T3.4.5	S	R	R	S	S	S
T4	S	R	R	R	S	R
T1.4	S	S	R	R	S	R

注　S：感病型，R：抗病型。

参考测定马铃薯晚疫病菌生理小种的做法，应用分别含有单个抗性基因（R1-R11）的马铃薯鉴别寄主测定番茄晚疫病菌的生理小种。2003—2004 年从云南番茄上分离的 61 个致病疫霉菌对已知的 10 个抗性基因有毒性，存在 26 种毒力类型，毒力复合程度高、类型复杂，具有较高的毒力多样性；其中，T1.3.4.7.9 为优势毒力类型，其次是 T1.3.4.6.7.9 和 T1.3.7.9。

四、病害循环

病菌主要以菌丝体在马铃薯和番茄病残体，田间的栽培番茄、马铃薯，番茄和马铃薯的自生苗或田边的野生茄科植物上越冬，成为第二年田间发病的初侵染源。孢子囊借气流或雨水传播到番茄植株上，从气孔或皮孔直接侵入，在田间形成中心病株，当条件适宜时，病菌经过 3～4d 后就可在病部产生大量孢子囊，孢子囊借风雨、气流传播蔓延，进行多次再侵染，导致病害流行（图 10-20-2）。

致病疫霉产生的有性孢子为卵孢子，卵孢子可以在受侵染的寄主组织叶片、茎、果实、种子上产生并成为重要的侵染来源。在一些地区，比如以色列、瑞典、墨西哥中部等地，卵孢子在晚疫病发生和流行中具有重要的作用。

五、流行规律

晚疫病是一种危害性大、流行性强的病害，病害发生的早晚以及病情发展的速度与气象因素的关系非常密切。在低温、高湿，连续阴雨或早晚多雾多露的情况下，病害容易流行。适宜该病发生的温度是白天为 24℃ 以下，夜间 10℃ 以上，相对湿度为 75%～100%。病菌形成孢囊梗要求空气湿度大于 85%，而且以饱和湿度为最适条件，温度为 3～26℃，最适为 18～22℃。所以，孢囊梗往往在夜间大量产生。孢子囊必须在有水滴或水膜时才能萌发侵入，孢子囊萌发的方式和速度与温度有关，温度为 8～13℃ 时，孢子囊萌发产生游动孢子，游动孢子萌发的最适温度为 12～15℃；高于 15℃ 时则直接萌发产生芽管，需要 5～10h 才能侵入。菌丝侵入寄主后，20～23℃ 时蔓延最快，潜育期最短。

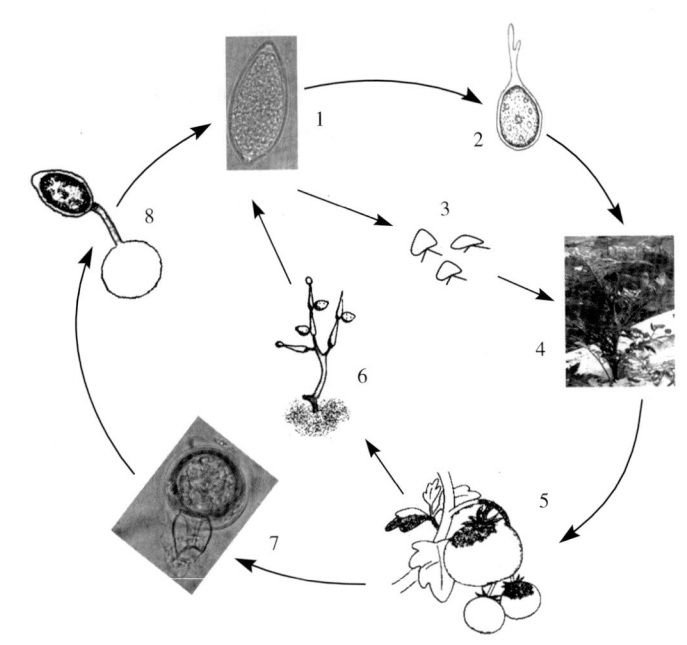

图 10-20-2　番茄晚疫病病害循环（朱小琼提供）

Figure 10-20-2　Disease cycle of tomato late blight（by Zhu Xiaoqiong）

1. 孢子囊　2. 孢子囊萌发产生芽管　3. 游动孢子　4. 健康番茄植株
5. 番茄病株　6. 番茄病组织上的白色霉层（孢囊梗和孢子囊）　7. 卵孢子
8. 卵孢子萌发产生孢子囊

当条件适宜时，从田间出现中心病株到全田枯死，仅需 0.5～1 个月。田间温度高于 30℃ 不利于病害的扩展。若中心病株出现以后遇到连续高温干旱，病害有可能停止发展。

晚疫病的发生与植株的抗性以及栽培条件等因素也密切相关。地势低洼、积水、种植过密等导致田间湿度过大的情况都有利于病害的发生。偏施氮肥导致植株徒长或植株营养不良、长势衰弱等情况下容易发生晚疫病。

六、防治技术

番茄晚疫病的防治目前仍然以加强栽培管理、化学防治为主，结合选用抗病品种等综合措施。

（一）农业防治

1. 实行轮作　减少侵染来源是一项重要的措施，田间有卵孢子产生而且发病严重的病田可与非茄科作物实行 3 年以上轮作。

2. 加强栽培管理　采取高畦种植，提早培土；合理密植，及时整枝打杈，摘除植株下部老叶，改善通风透光条件，降低田间湿度。配方施肥，创造有利于植株生长的小环境。合理灌水，切忌大水漫灌，雨后及时排水，避免积水，降低田间湿度。保护地栽培番茄，前期适量控水，天气转暖后及时放风，并逐渐加大放风量，降低保护地内湿度，防止高湿引起病害发生。

（二）选用抗病品种

番茄不同品种对晚疫病的抗性表现不同，利用抗晚疫病品种是最经济、有效的病害防治措施。但是，目前我国番茄抗晚疫病育种研究进展还比较缓慢，尚无抗性好且品质优的番茄品种，可从国外引种和选用国内相对抗性较好的品种，如凯特 1 号、耐运 2000、俄罗斯 A10、强力米寿、荷兰 5 号、晚霞、圆红、渝红 2 号、中杂 101、桃星和佳红等，应该因地制宜地试种。

在抗病育种中，番茄苗期对晚疫病的抗性鉴定可按照《NY/T 1858.1—2010　番茄主要病害抗病性鉴定技术规程　第 1 部分：番茄抗晚疫病鉴定技术规程》进行。

（三）化学防治

发现中心病株应及时摘除病叶、病枝、病果，拔除重病株，并对中心病株周围的植株进行喷药保护，特别注意喷植株中下部的叶片和果实，防止病害蔓延。如果遇到连续阴雨等高湿的条件，必须对全田进行喷药保护。喷药防治是目前防治晚疫病的主要手段之一，同时也是利用抗病品种防治病害措施的必要补充。要充分发挥药剂的最大效果，提高经济效益，必须根据当地晚疫病发生流行特点、气候条件、品种感病性及杀菌剂特性等，结合预测预报，确定防治对象田、用药量、用药适期、用药次数和施药方法等。目前常用的药剂主要有：25%甲霜灵可湿性粉剂 800～1 000 倍液、72.2%霜霉威水剂 800 倍液、72%霜脲氰可湿性粉剂 600～750 倍液、69%烯酰吗啉·锰锌水分散粒剂 600～800 倍液等，各种药剂的具体用量根据使用说明书确定。甲霜灵、烯酰吗啉等药剂容易产生抗药性，在化学防治过程中应注意不同类别药剂的轮换使用或进行复配使用，延缓或减少抗药性的产生。

冯兰香（中国农业科学院蔬菜花卉研究所）

朱小琼（中国农业大学植物病理学系）

第 21 节　番茄叶霉病

一、分布与危害

番茄叶霉病俗称"黑毛"，是一种世界性病害，在番茄生产中普遍发生。该病最早于 1883 年发生在欧洲。我国是 1931 年最早在台湾报道，以后在其他地方基本上是偶尔发生。但 20 世纪 80 年代以后，随着保护地番茄种植面积的不断扩大，为害渐趋加重。叶霉病在露地和设施栽培番茄中均有发生，尤以保护地番茄受害严重，露地番茄发病一般较轻。目前，以河北、山西、内蒙古、北京、天津、辽宁、吉林和黑龙江等省份发生最为严重。由于该病在番茄整个生长季均可发生，且流行速度快，常常在较短时期内暴发成灾，重病田块的病叶率高达 90%以上，甚至叶片完全干枯，严重影响植株养分的积累。据报道，由番茄叶霉病引起的产量损失一般年份为 20%～30%，流行年份达 50%以上，严重地块甚至绝收，因此，番茄叶霉病早已成为设施番茄生产的重要障碍。

二、症状

番茄叶霉病主要为害叶片，严重时也可侵染茎和花，但果实很少受害。

叶片受害，初在叶片正面出现不规则形或椭圆形、淡绿色或浅黄色的褪绿斑块，边缘界限不清晰，以后病部背面产生致密的绒毯状霉层，严重时叶片正面也可生出霉层。霉层初起时为白色至淡黄色，后逐渐转为深黄色、褐色、灰褐色、棕褐色至黑褐色不等。发病严重时，数个病斑常连接成片，叶片逐渐干枯卷曲。病害多从植株中、下部叶片开始发生，逐渐向上扩展蔓延，后期导致全株叶片皱缩、枯萎和提早脱落。花部受害，花器凋萎或幼果脱落。偶尔果实发病，多在果实蒂部形成近圆形、黑色的凹陷病斑，果实革质硬化，不能食用。病部均可产生大量灰褐色至黑褐色霉层（彩图 10-21-1）。

三、病原

番茄叶霉病的病原为褐孢霉 [*Fulvia fulva* (Cooke) Cif.]，属于子囊菌无性型褐孢霉属真菌。

病菌分生孢子梗成束地从寄主气孔伸出，有分枝，初无色，后呈淡褐色至褐色，具1～10个隔膜，节部膨大呈芽枝状，其上产生分生孢子。分生孢子椭圆形、长椭圆形或长棒形，初无色，后变淡褐色，有单胞、双胞或3个细胞等多种类型，以单胞和双胞者常见，大小为（13.8～33.8）μm×（5.0～10.0）μm（图10-21-1）。

番茄叶霉菌可在多种培养基上生长和产孢，以在燕麦培养基和玉米粉培养基上生长最佳，但菌丝层薄；在PDA和PSA培养基上生长缓慢，但菌丝层厚。病菌能利用单糖、双糖和多糖，以对硝态氮和有机氮等氮源利用较好，铵态氮则抑制病菌生长。分生孢子对碳源的利用以葡萄糖和淀粉较好，木糖最佳；氮源以谷氨酸最佳。病菌在PSA培养基上产孢量最大。

番茄叶霉病菌菌丝发育温度为9～34℃，最适为20～25℃。分生孢子在

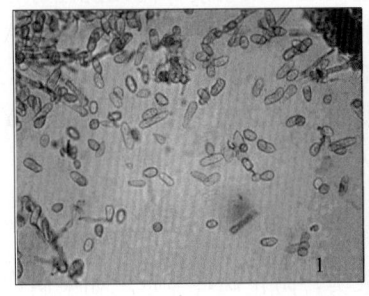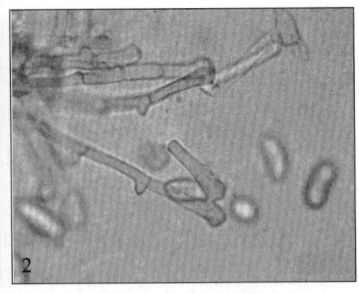

图10-21-1 褐孢霉菌形态（引自Junichiro Enya等，2008）

Figure10-21-1 Morphology of *Fulvia fulva* （from Junichiro Enya et al.，2008）

1. 分生孢子 2. 分生孢子梗

5～30℃均可萌发，最适为25℃。病菌的生长和繁殖，需要较高的湿度，一般以80%以上的相对湿度为适宜，否则不适于病菌的生长和孢子的形成。孢子在水滴中萌发最好，在相对湿度低于96%时，孢子萌发受到抑制，低于75%，孢子则不萌发。菌丝在弱光及黑暗条件下生长较好，而较强光照不利于病菌的生长发育。分生孢子在黑暗条件下比在光照条件下萌发快且萌发率高。分生孢子在pH为3.0～9.0均可萌发，最适pH为5.0，小于2.0或大于10.0时孢子都不能萌发。分生孢子的致死温度为45℃/5min。

该病菌是侵染蔬菜的病原真菌中生理分化表现最为明显、复杂的病菌，具有明显的生理分化现象，不同地区生理小种的组成和致病性具有明显的差异。世界上已建立起一整套较完备的叶霉病菌生理小种鉴别寄主体系。目前，国际通用的番茄叶霉病菌生理小种鉴别寄主谱由7个含不同抗性基因的番茄品种组成，即Money Maker，Leaf Mould Resister，Vetomold，VI21，Ont7516，Ont7717，Ont7719，它们分别含有*Cf0*，*Cf1*，*Cf2*，*Cf3*，*Cf4*，*Cf5*和*Cf9*抗叶霉病基因，其中，*Cf0*是无任何抗性的普通感病基因（表10-21-1）。

表10-21-1 褐孢霉菌生理小种及其在寄主上的抗感反应（引自P.Day，1956）

Table 10-21-1 The resistant/susceptible patterns of major races for *Fulvia fulva* on the differential hosts （from P.Day，1956）

生理小种	鉴别寄主/基因型						
	Money Maker /（*Cf0*）	Leaf Mould Resister/（*Cf1*）	Vetomould Resister/（*Cf2*）	V121 /（*Cf3*）	Ont7516 /（*Cf4*）	Ont7717 /（*Cf5*）	Ont7719 /（*Cf9*）
0	S	R	I	R	I	I	I
1	S	R	I	R	I	I	I
2	S	R	S	R	I	I	I
3	S	R	I	S	I	I	I
1.2	S	S	S	R	I	I	I
1.3	S	S	R	S	I	I	I
2.3	S	R	S	S	I	I	I
1.2.3	S	S	S	S	I	I	I
4	S	R	I	R	S	I	I
1.4	S	S	I	R	S	I	I
3.4	S	R	I	S	S	I	I

（续）

生理 小种	鉴别寄主/基因型						
	Money Maker /（Cf0）	Leaf Mould Resister/（Cf1）	Vetomould Resister/（Cf2）	V121 /（Cf3）	Ont7516 /（Cf4）	Ont7717 /（Cf5）	Ont7719 /（Cf9）
1.3.4	S	S	I	S	S	I	I
2.4	S	R	S	R	S	I	I
1.2.4	S	S	S	R	S	I	I
2.3.4	S	R	S	S	S	I	I
1.2.3.4	S	S	S	S	S	I	I

注 免疫（I）：$DI=0$；抗病（R，包括高抗、抗病和中抗）：$0<DI<50$；感病（S，包括感病和高感）：$50\leqslant DI\leqslant100$。

迄今为止，全世界鉴定出的番茄叶霉病菌生理小种至少有 24 个。在 20 世纪 30 年代，美国、加拿大、荷兰、英国等国的番茄叶霉病菌以生理小种 0 为主，之后相继分化出 1、2、3、1.2、2.3 和 1.2.3 等生理小种，克服了 Cf1、Cf2、Cf3 以及这 3 个基因不同组合的基因型。截至 1990 年，荷兰、法国、波兰等欧洲国家相继出现了番茄叶霉病菌生理小种 2.5、2.4.11、2.4.5.11 和 2.4.5.9.11 等分化层次较高的生理小种。

目前，我国尚未对全国范围内的番茄叶霉病菌生理小种进行系统研究。1984—1985 年，首次鉴定出北京地区番茄叶霉病菌以 1.2 和 1.2.3 生理小种为主；1990 年，鉴定出侵染 Cf4 基因的生理小种群 1.2.4、2.4 和 1.2.3.4；2000 年，又鉴定出新的生理小种 1.2.3.4.9；1994 年，东北地区番茄叶霉病菌生理小种鉴定为 1.2.3、1.3 和 3，其中以 1.2.3 为主；2006 年，黑龙江、吉林和辽宁三省番茄叶霉病菌主流生理小种为 1.2.3.4 和 1.2.3，后又发现有 1.2.4 生理小种，2006—2007 年鉴定，该三省番茄叶霉病菌主流生理小种为 1.2.3.4 和 1.3.4，新发现的生理小种有 1.3.4 和 1.4；2009 年未发现新的生理小种，但主流生理小种只是 1.2.3.4；2006 年，山东省寿光地区的生理小种为 1.2.3.4，莱阳地区为生理小种 1.2.3。可见，我国番茄叶霉病菌生理小种具有十分复杂的种群结构，且随着番茄栽培品种的变更而发生演化。

在番茄叶霉病菌侵染番茄的过程中，叶霉病菌分泌出两种重要的毒素 ECP1 和 ECP2，以 ECP2 蛋白毒性最强、最为重要。ECP2 蛋白是包含 142 个氨基酸的蛋白质，对叶霉病菌的致病力起着至关重要的作用。

四、病害循环

番茄叶霉病菌主要以菌丝体随病残体在土壤内越冬，也可以分生孢子黏附在种子表面或菌丝体潜伏于种皮内越冬，成为翌年病害的初侵染源。春季环境条件适宜时，病菌开始活动。如播种带菌种子，病菌可直接侵染幼苗引起病害；从病残体内越冬后的菌丝体可产生分生孢子，通过气流传播，也可引起初次侵染。田间植株发病后，发病部位产生大量的分生孢子，借助

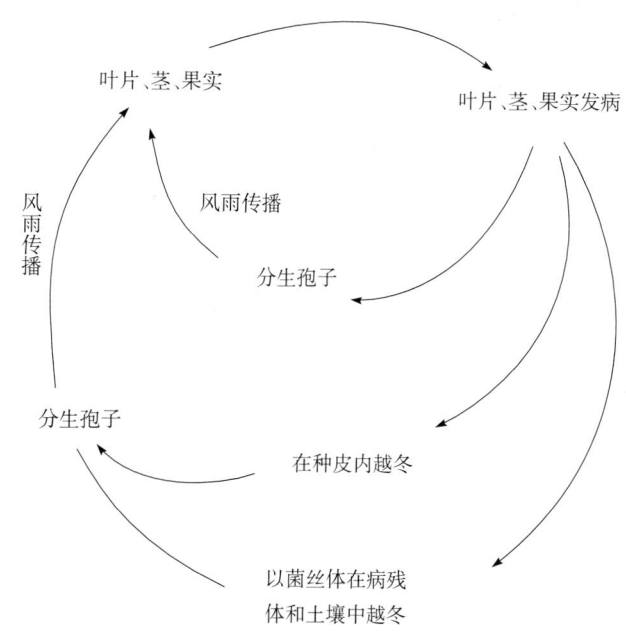

图 10-21-2　番茄叶霉病病害循环（赵秀香提供）
Figure 10-21-2　Disease cycle of tomato leaf mold（by Zhao Xiuxiang）

气流和雨水传播，从寄主的气孔侵入，不断地进行再侵染。病菌孢子萌发后侵入寄主，菌丝在细胞间隙蔓延，产生吸器吸取营养；病菌也可以从萼片、花梗的气孔侵入，并进入子房，潜伏在种皮内，又成为翌年的初侵染菌源，以此循环往复（图 10-21-2）。

五、流行规律

影响番茄叶霉病发生与流行的因素主要有气象因素、栽培环境及品种抗病性。

（一）气象因素

温暖、高湿的气候条件是影响病害发生和流行的主要因素。该病菌生长发育适应性较强，生长、萌芽和侵入对环境条件的要求较宽。相对湿度在 80% 以下，不利于孢子形成，也不利于病菌的侵染及病斑的发展；在高温（20～25℃）、高湿（相对湿度 95% 以上）的条件下，病害仅需 10d 左右的潜育期即可进入发病高峰期。在保护地番茄生产中，如遇有连续的阴雨天气，光照不足、通风不利、湿度过高，则非常有利于病菌孢子的萌发和侵染，同时植株长势衰弱，降低抗病力，病害极易发生、流行和蔓延；若短期内温度上升至 30～36℃，对病害的抑制作用很大。

（二）栽培管理因素

种植密度过大、行间郁闭闷湿；通风不良，棚室内湿度过高，昼夜温差大，夜间易结露；氮肥过多植株徒长，或营养不足植株生长衰弱；整枝打杈绑架不及时，浇水过多或过勤等，均易加重病害。

（三）品种

不同番茄品种对叶霉病的抗病性具有明显的差异，番茄抗叶霉病由单个显性基因所控制，现已明确抗病基因有 20 余个。随着 RFLP、RAPD、AFLP 等分子标记技术的发展和应用，越来越多的基因被定位和克隆，目前已克隆的抗叶霉病基因有：$Cf2$，$Cf4$，$Cf4A$，$Cf5$，$Cf9$，$CfECP1$，$CfECP2$，$CfECP4$，$CfECPS$，$Hcr94E$ 等，其中对 $Cf9$ 研究得最为透彻。$Cf9$ 基因包括一个编码 863 个氨基酸的开放阅读框，7 个结构域，编码一个跨膜蛋白，无胞内蛋白激酶区域，其膜外部分有 27 个富含亮氨酸重复单位，占据了蛋白分子的大部分。

我国培育出的抗番茄叶霉病的品种非常之多，如佳粉 15、佳粉 17、辽粉杂 3 号、中蔬 5 号、中杂 7 号、中杂 9 号、浙粉 202、沈粉 3 号、毛粉 802 等，但是一旦出现新的番茄叶霉病菌生理小种就会克制应用中的相应抗叶霉病基因，致使抗病品种的抗性"丧失"。

六、防治技术

番茄叶霉病在设施番茄上发生严重，防治上应采取合理调节温、湿度，及时清除病残体，结合化学防治的综合措施。

（一）选用抗病品种

番茄品种间的抗病性差异明显，各地可因地制宜选用，并应注意生理小种的消长，及时调整和更换不同的抗病品种。目前，推广的抗叶霉病的番茄品种有佳粉 15、佳粉 16、佳粉 17、中蔬 4 号、中蔬 5 号、中蔬 6 号、中杂 7 号、中杂 9 号、东圣 5 号、双抗 1 号、双抗 2 号、沈粉 3 号、沈粉 5 号、佳红 15、辽粉杂 3 号、辽粉杂 7 号、浙粉 202、毛粉 802、毛粉 32、西番 303 和保冠等。

在抗病育种中，番茄苗期对叶霉病的抗性鉴定可按照《NY/T 1858.2—2010　番茄主要病害抗病性鉴定技术规程　第 2 部分：番茄抗番茄叶霉病鉴定技术规程》进行。

（二）应用无病种子

选用无病种子，必要时采用 52℃ 温水浸种 30min 以清除种子内外的病菌，取出后在冷水中冷却；或用高锰酸钾 500 倍液浸种 30min，或 2% 武夷菌素水剂 100 倍液浸种 60min，或硫酸铜 1 000 倍液浸种 5min，取出种子后用清水漂洗几次，最后晾干催芽播种；或用 50% 克菌丹可湿性粉剂按种子重量的 0.4% 拌种。

（三）农业防治

1. 加强栽培管理　采用无病土育苗和地膜覆盖栽培；增施磷、钾肥，病田合理控制灌水，提高植株抗病性；重病田可与非寄主作物轮作 2～3 年，以降低土壤中菌源基数；收获后深翻，清除病残体。

2. 消灭菌源　收获后彻底清除病株残体，休闲期或定植前空棚时，用硫黄熏蒸进行环境消毒，按每 100m³ 用硫黄 0.25kg 和锯末 0.5kg，混合后分几堆点燃熏蒸 24h；也可在生长期用 45% 百菌清烟剂，每 667m³ 用药 250g 分放几点后，点燃进行熏烟，一般密闭 3h 后即可开棚。

（四）生态防治

合理调控温度、湿度和光照条件。保护地番茄应科学通风，前期搞好保温，后期加强通风，降低棚室内湿度，夜间提高室温减少或避免叶面结露。应用膜下灌水方式，采取定植时透灌，前期轻灌，结果后重灌的原则，创造有利于番茄生长而不利于病害发生的环境条件。病害严重时，采用高温闷棚的方法，35～36℃维持2h，可有效抑制病情发展。

（五）化学防治

药剂防治适期应掌握在发病初期，常用药剂及使用浓度：50%克菌丹可湿性粉剂、70%甲基硫菌灵可湿性粉剂800倍液、70%代森锰锌可湿性粉剂500倍液、70%百菌清可湿性粉剂600倍液、50%敌菌灵可湿性粉剂500倍液、65%甲硫·霉威可湿性粉剂1 000倍液、50%多·霜威可湿性粉剂800倍液、50%异菌脲可湿性粉剂1 000倍液、40%氟硅唑乳油8000～10 000倍液等喷雾。

保护地番茄用45%百菌清烟剂熏蒸，每667m² 用药200～250g；也可喷撒5%百菌清粉尘剂，每667m² 用药66g，隔8～10d喷撒1次，连续或交替轮换施用，可有效控制病害。

赵秀香　刘志恒（沈阳农业大学植物保护学院）

第 22 节　番茄早疫病

一、分布与危害

番茄早疫病又名轮纹病，是一种世界性的病害，在美国、澳大利亚、以色列、印度和希腊等国家发病率很高，严重时产量损失可达35%～78%。

在我国，该病主要为害露地番茄，自20世纪70年代后期以来，我国部分地区由于多年推广抗病毒病但不抗早疫病的番茄品种，导致番茄早疫病逐渐地扩展蔓延和加重为害，大部分番茄产区普遍发生、为害较重，现已成为大部分露地番茄产区的重要病害之一。一般年份发病率为10%左右；病重时可以引起落叶、落果和断枝，造成减产10%～30%；流行年份，植株发病率高达100%，产量损失30%～40%，甚至绝产。此外，病果含有一定的毒素，不宜食用。

二、症状

番茄早疫病主要为害叶片，也可为害叶柄、茎和果实等部位。

叶片被害，最初呈深褐色或黑色、圆形至椭圆形的小斑点，逐渐扩大后成为1～2cm的病斑；病斑边缘深褐色，中央灰褐色，具明显的同心轮纹，有的边缘可见黄色晕圈；潮湿时病斑表面生有黑色霉层，即病菌的分生孢子梗和分生孢子。病害常从植株下部叶片开始发生，逐渐向上蔓延，严重时病斑相互连接形成不规则的大病斑，病株下部叶片枯死、脱落。茎部病斑多在茎部分枝处发生，灰褐色，椭圆形，稍凹陷，具有同心轮纹，但轮纹不明显，发病严重时病枝断折。叶柄也可发病，形成轮纹斑。果实上病斑多发生在蒂部附近和有裂缝之处，圆形或近圆形，黑褐色，稍凹陷，也具有同心轮纹，为害严重时，病果常提早脱落。在潮湿条件下，各受害部位均可长出黑色霉状物（彩图10-22-1）。

三、病原

番茄早疫病的病原为茄链格孢 [*Alternaria solani* (Ellis et G. Martin) Sorauer]，属于子囊菌无性型链格孢属真菌。病菌除侵染番茄外，还可侵染马铃薯、茄子、辣椒、曼陀罗等植物。

病菌的菌丝具有隔膜和分枝，较老的菌丝颜色较深；分生孢子梗从病斑坏死组织的气孔中伸出，直立或稍弯曲，短，单生或簇生，圆筒形或短棒形，具1～7个分隔，暗褐色，大小为（40～90）μm×（6～8）μm；分生孢子自分生孢子梗顶端产生，通常单生，其形状差异很大，为倒棍棒形至长椭圆形，黄褐色，顶端有细长的嘴胞，表面光滑，具9～11个横隔膜、0到数个纵隔膜，大小为（120～296）μm×（12～20）μm；分生孢子喙长等于或长于孢身，有时有分枝，喙宽2.5～5μm（图10-22-1）。

在PDA培养基上，病原菌菌丝呈放射状生长，发达，气生菌丝灰白色。菌落初为淡灰色，后转为青褐色、褐色；在PSA培养基上，菌落呈整齐的圆形或波浪状，基质呈黑色或黄褐色，菌丝颜色为灰白色或灰褐色。不同菌株间菌丝生长速度有明显差异。国外研究显示，番茄早疫病菌在V8汁液琼脂培养基上生长最好，且含有番茄汁液的培养基对此病原菌供养最好。国内相关研究表明，PDA 是该菌最为适宜的固体培养基，其次为 CSA 和 Czapek 琼脂培养基。菌落扩展速度和菌落的颜色、致密度有一定的相关性，扩展速度较快的菌落，颜色较深，形态致密；而扩展速度较慢的菌落，颜色较浅，形态稀疏。在液体培养中，以 PD 培养液最为适宜，其次是 PTD 培养液。

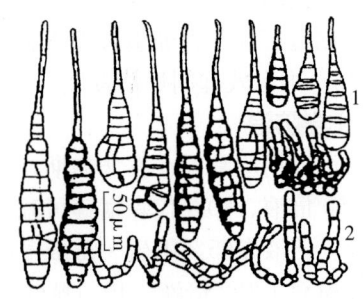

图 10 - 22 - 1　茄链格孢形态（郑建秋提供）
Figure 10 - 22 - 1　Morphology of *Alternaria solani*（by Zheng Jianqiu）
1. 分生孢子梗　2. 分生孢子

在固体培养中，病菌对碳源的利用以葡萄糖、木糖、蔗糖、乳糖和肌醇为好，对山梨糖的利用很差。病菌对氮源的利用以 NH_4Cl 和酵母浸出汁为最好，其次为 KNO_3。另有研究表明，葡萄糖、蔗糖、麦芽糖、鼠李糖、阿拉伯糖和树胶醛糖是较适合番茄早疫病菌的碳源，该菌对有机氮和无机氮均能利用，其中，酪氨酸、甘氨酸、天门冬氨酸和亮氨酸比较适宜菌丝生长，半胱氨酸和硫酸铵不适合该菌生长。在液体培养中，病菌对碳源的利用以可溶性淀粉和木糖为好，其次为葡萄糖，病菌对甘油、甘露醇和肌醇的利用较差。病菌对氮源的利用以谷氨酸为最好，其次为 $NH_4H_2PO_4$ 和酵母浸出汁，病菌对牛肉膏和 $NaNO_3$ 利用也较好，病菌对其他氮源的利用则较差。

在黑暗和可见光条件下，早疫病菌不产生或极少产生分生孢子，紫外线却能诱导该病菌产生大量的分生孢子。

在 1～45℃下，病菌能够生长，分生孢子也可萌发，但最适宜的温度为 26～28℃；病菌发育的 pH 为 4.0～9.9，适宜 pH 为 5.0～7.0；分生孢子形成温度为 15～33℃，最适为 19～23℃；分生孢子萌发的相对湿度为 31%～96%，以 86%～98% 为最适。温度适宜时，分生孢子在水滴中经 1～2h 即可萌发。病菌侵染最适温度为 24～29℃，致死温度为 50℃/10min，光照对菌丝生长有明显的促进作用。

虽然不同分离菌株在侵染能力、形态特征、培养性状和对环境条件的耐受性等方面均有很大的差异，但是该菌是否存在着生理小种分化现象目前尚无定论。一些研究显示，不同分离菌株在质地、颜色、菌落直径和色素沉积等方面存在着一些差异，如分生孢子的大小、喙的最宽处和总长不同，但分生孢子体的长度和横隔数没有差异；还有研究显示，菌株间在许多生物学特性方面也存在一定差异，来源于不同地区的番茄早疫病菌的致病力有强弱之分，但始终未确定是否存在生理分化现象。

番茄早疫病菌毒素即茄链格孢菌酸，是一种半醌衍生物，也是番茄早疫病的毒性因子，其植物毒性效应是萎蔫、坏死、褪绿。有试验表明，病菌产生的茄链格孢菌酸可改变胞间连丝附近的原生质膜形态学和生理学特性，而引起原生质膜渗透率的改变，最终导致电解质渗漏。

四、病害循环

病菌主要以菌丝体和分生孢子在病残体上或遗落在土壤中越冬，可存活 1 年以上；还能以分生孢子附着在种子表面或以菌丝潜伏于种皮内越冬，可存活 2 年，这些病原菌都可成为翌年病害的初侵染源。条件适宜

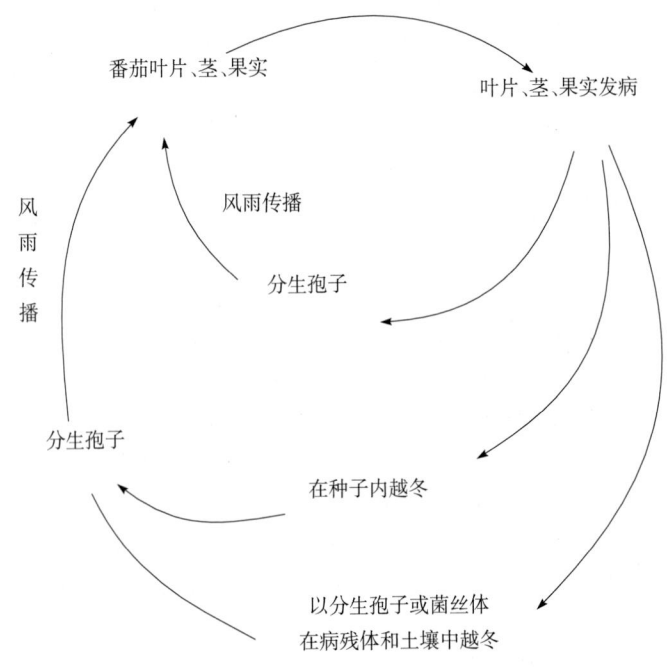

图 10 - 22 - 2　番茄早疫病病害循环（赵秀香提供）
Figure 10 - 22 - 2　Disease cycle of tomato early blight（by Zhao Xiuxiang）

时，越冬的以及新产生的分生孢子主要通过气流、雨水、灌溉水、昆虫和农事操作传播，从气孔、伤口或从表皮直接侵入寄主，完成初侵染。在适宜的环境条件下，经过 2～3d 的潜育期后出现病斑，3～5d 病部产生大量的分生孢子，进行反复多次再侵染，使病害逐渐在田间蔓延与流行。秋季番茄收获后，病原菌又以同样的方式进行越冬（图 10-22-2）。

五、流行规律

番茄早疫病的发生流行与气象因素、寄主生育期和生长势以及品种抗病性等的关系十分密切。

（一）气象因素

在发病的各种气象条件中，以温度和湿度最为重要，特别是温度偏高、湿度偏大有利于发病。通常气温在 15℃ 左右、相对湿度 80％ 以上时，病害开始发生；气温在 28～30℃ 时，分生孢子在水滴中 35～45min 就可萌发。在初夏季节，如果遇阴雨、多雾的天气，分生孢子不但形成快，而且数量多，病害很易流行。通常，在浙江地区 5 月中、下旬为发病盛期，山东地区 6 月上、中旬为发病高峰期，河北、吉林、辽宁和黑龙江等省在 7～8 月多雨季节发病严重，常造成较大损失。

（二）栽培管理

番茄重茬，土壤中累积的菌量多，发病较重。此外，地势低洼、土质黏重、排灌不良、栽植过密、氮肥过多、植株徒长以及通风不良的地块发病也较重。当然，土壤缺肥、植株生长衰弱以及管理粗放的地块发病更重。

（三）寄主因素

1. 生育期　番茄苗期和成株期均可发生早疫病，特别是当植株的 1～3 穗果进入膨大期时，下部和中下部的较老叶片首先发病，并逐渐向上部叶片扩展。然而，此时植株的营养却大量地向果实输送，致使植株下部、中下部和中部叶片及茎秆的光合作用产物含量很低，抗病能力下降，容易遭受病菌侵染。所以，在这些叶片和茎秆上出现了许多病斑和产生了大量的分生孢子。因而，番茄结果初期是早疫病的敏感时期。

2. 品种抗病性　番茄品种间的抗病性有很大差异。相关研究表明，在供试的 11 个番茄品种中未发现免疫和高抗品种，仅中杂 11 表现为叶部耐病、茎部抗病；中杂 101 和中杂 106 表现为茎部耐病、叶部轻微感病；黄 153、中蔬 4 号、Money Maker、Micro Tom、中杂 105 和中杂 9 号等基本上都表现为茎、叶感病或高感。

六、防治技术

对于番茄早疫病的防治，应采取以种植抗病品种和加强栽培管理为主、辅以化学防治的综合措施。

（一）种植抗（耐）病品种

一般早熟、窄叶的番茄品种发病偏轻，而高棵、大秧、大叶的番茄品种发病偏重。对早疫病有一定抗性的番茄品种有：茄抗 5 号、奇果、矮立元、密植红、荷兰 5 号、苏抗 9 号、苏抗 11、毛粉 802、粤胜、金棚 1 号、粉都 78、春雷、陇番 5 号、陇番 7 号、青海大红番茄、茸丰、豫番 1 号、21 世纪宝粉、金粉 101、上海 908、合作 928、中杂 105、中研 958、苏粉 1 号、苏粉 2 号、渝粉 109 和西粉 3 号等，各地可因地制宜地选用。此外，番茄品系 NC EBR1 和 NC EBR2 比较抗早疫病，可用作抗病亲本，培育抗病品种。

（二）无病株留种和种子处理

从无病地块、无病植株上采收种子；若种子带菌，播种前可用 52℃ 温水浸种 30min，自然降温处理 30min，然后冷水浸种催芽。也可用 2％ 武夷菌素水剂 150 倍液浸种处理，或 1％ 福尔马林溶液浸泡种子 15～20min，取出后闷种 12h。还可用种子重量 0.4％ 的 50％ 克菌丹可湿性粉剂或 50％ 多菌灵可湿性粉剂拌种，或用 2.5％ 咯菌腈悬浮种衣剂 10mL 加水 150～200mL，混匀后拌种 3～5kg，包衣晾干后播种，能有效杀灭黏附于种子表皮或潜伏在种皮内的病菌。

（三）农业防治

苗床采用无病新土；重病田与非茄科作物轮作 2～3 年；施足基肥，适时追肥，增施钾肥，做到盛果期不脱肥，提高寄主抗病性；合理密植，及时绑架、整枝和打底叶，促进通风透光；及时清除病残枝叶和病果，结合整地搞好田园卫生，减少菌源。露地番茄特别要做到雨后及时排水。

(四) 生态防治

对于保护地番茄早疫病的防治，重点是抓生态防治和变温管理，控制好温、湿度。早春晴天上午晚放风，使棚温迅速增高；当棚温升到 33℃ 时开始放风，使棚温迅速降到 25℃ 左右；中午加大放风量，使下午温度不低于 15℃，阴天打开通风口换气。有些保护地设施比较先进，可采用变温管理来调节棚室内的温湿度，即通过启闭棚门，撩起边膜，开设天窗调温。变温管理的优点主要体现在，上午高温利于光合作用制造营养，下午低温利于光合产物运转，夜间低温可减少自身呼吸的消耗，有利于营养物质的积累。

(五) 化学防治

1. 栽植前棚室消毒　连年发病的温室、大棚，在定植前密闭棚室后，按每 100m³ 空间用硫黄 0.25kg、锯末 0.5kg，混匀后分几堆点燃熏烟 12h；或每 667m² 棚室用 45% 百菌清烟剂 11g 熏烟，或用 5% 百菌清粉尘剂 1kg 喷撒。

2. 药剂防治　幼苗定植时，先用 1∶1∶300 倍的波尔多液喷施幼苗，然后再定植，既可节省药液和时间，又有较好的预防作用，特别是在番茄苗期，更应注意预防病害的发生。定植后，每隔 7～10d 再喷药 1～2 次。保护地可喷撒 5% 百菌清粉尘剂，每 667m² 用药 0.67～1kg，间隔 9d，连续喷撒 3～4 次；或用 45% 百菌清或腐霉利烟剂，每 667m² 用药 11～13g 熏烟。露地栽培可喷洒 25% 丙环唑乳油 4 000 倍液，或 10% 苯醚甲环唑水分散粒剂 1 000 倍液、70% 甲基硫菌灵可湿性粉剂 700 倍液、50% 异菌脲可湿性粉剂 1 000 倍液、25% 吡唑醚菌酯悬浮剂 1 500～2 000 倍液，7～10d 喷药 1 次；另外，喷洒 70% 代森锰锌可湿性粉剂 600 倍液、70% 百菌清可湿性粉剂 600 倍液、47% 春雷·王铜可湿性粉剂 800 倍液等也有较好的防效，为防止产生抗药性，需要轮换交替使用农药。

赵秀香　刘志恒（沈阳农业大学植物保护学院）

第 23 节　番茄斑枯病

一、分布与危害

番茄斑枯病又称斑点病、白星病、鱼目斑病，是造成番茄减产的一种主要叶斑病害，在世界各个番茄产区都有发生，如英国、法国、意大利、美国、加拿大、澳大利亚、新西兰、巴西、墨西哥、中国、韩国、日本、印度和泰国等国家。

1992 年，美国东北部番茄斑枯病大规模暴发，导致果实损失 50%；长期以来，我国大部分省份种植的番茄时有斑枯病的发生，在黑龙江、吉林、辽宁、河北、河南、山东、山西、陕西、甘肃和宁夏等一些地方的某些年份还相当严重。一般年份或地块造成减产约 20%，严重时可达 50% 以上，大流行时甚至导致番茄绝产，对番茄生产的发展和种植者的经济效益有着严重的影响。

二、症状

番茄各个生长期均可发病，主要为害番茄叶片，尤以开花结果期的叶片上发生最多，其次为茎、花萼和叶柄，果实很少受害。

通常是接近地面的老叶片最先发病，以后逐渐蔓延到上部叶片。初发病时，叶片背面出现水渍状小圆斑，不久正、反两面都长出圆形和近圆形的病斑，边缘深褐色、中央灰白色，略凹陷，一般直径 2～3mm，上面密生黑色小粒点，即病菌的分生孢子器；严重时许多叶斑会成大的枯斑，病叶枯黄，提前脱落，植株早衰；有时病组织脱落成穿孔，严重时中下部叶片全部干枯，仅剩下顶端少量健叶。叶柄和茎的病斑近圆形或椭圆形，略凹陷，褐色，其上散生小黑点，叶柄上的小斑也可会合成大枯斑；果实上病斑圆形、褐色，一般很少发生（彩图 10-23-1）。由于番茄斑枯病病株的中下部叶片可早期、大量脱落，因而常使番茄果实暴露在日光下，极易造成果实日灼病的危害。

番茄斑枯病的田间症状主要有两种：即大斑型和小斑型。大斑型是常见的类型，多发生在感病寄主上；通常先在老叶上出现 1～2mm 水渍状的坏死点，后逐渐变成椭圆形、2～5mm 的坏死小斑，最后中间变成灰白色，其上散生很多分生孢子；小斑型主要出现在抗病寄主上，斑点极小，通常只有针尖大，直径一般小于1mm，深红棕色，其上有少量或者没有分生孢子。

三、病原

番茄斑枯病病原为番茄壳针孢（*Septoria lycopersici* Speg.），属于子囊菌无性型壳针孢属真菌。

病菌在 PDA 培养基上的菌落为黑色秕粒状，致密，隆起，生长缓慢，气生菌丝少或无；分生孢子器扁平，球形，黑褐色，壁薄，孔口部色深，无乳突，大小为（180~200）μm×（100~200）μm，初生时埋于寄主表皮下，逐渐突破表皮外露；分生孢子器底部产生分生孢子梗及分生孢子；分生孢子单胞，无色，针状，直或微弯，有 3~9 个隔膜，大小为（45~90）μm×（2.3~2.8）μm，顶部较尖，基部钝圆，长度变幅很大，宽度一般稳定（图 10 - 23 - 1），成熟后从孔口溢出。

病菌菌丝生长的适宜温度为 25℃ 左右，最低 1.5℃，最高 34℃；分生孢子形成的适宜温度为 25℃，最低 1.5℃，最高 28℃。在温度为 25℃ 及饱和相对湿度下，48h 内病菌即可侵入寄主组织内。在温度为 20℃ 或 25℃ 时，病菌发育很快且易产生分生孢子器，而在 15℃ 时，分生孢子器形成则慢。在适宜的发病条件下，病害潜育期为 4~6d，10d 左右即可形成分生孢子器。分生孢子于 52℃ 下经 10min 致死。

番茄斑枯病菌除侵染番茄外，还侵染茄子、马铃薯以及茄科杂草，如酸浆、曼陀罗等。

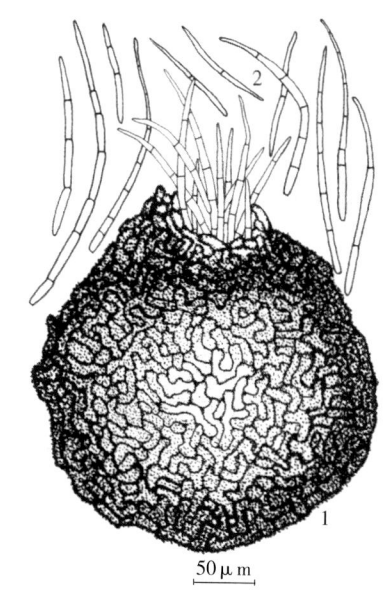

图 10 - 23 - 1　番茄壳针孢形态特征（郑建秋提供）
Figure 10 - 23 - 1　Morphology of *Septoria lycopersici* (by Zheng Jianqiu)
1. 分生孢子器　2. 分生孢子

四、病害循环

番茄斑枯病菌主要以分生孢子器或菌丝体随病残体遗留在土壤、粪肥中越冬，也可以在多年生的茄科杂草上越冬。国外曾经报道种子可作远距离传播，但国内尚未证实。第二年春暖时，病残体上产生的分生孢子是病害的初侵染源。分生孢子器吸水后从孔口涌出分生孢子团，分生孢子借风吹、雨溅到达番茄叶片上并进行侵染，所以，接近地面的叶片首先发病。此外，在雨后或早晚露水未干前，病菌可经过农事操作人的手、衣服和农具等途径进行传播。分生孢子在湿润的寄主表面萌发后从气孔侵入，菌丝在寄主细胞间隙蔓延，以分枝的吸器穿入寄主细胞内吸取养分，使组织破坏或死亡，并在组织中蔓延。菌丝成熟后又产生新的分生孢子器，进而又形成新的分生孢子进行再次侵染（图 10 - 23 - 2），所以，一个生长季可发生多次再侵染。

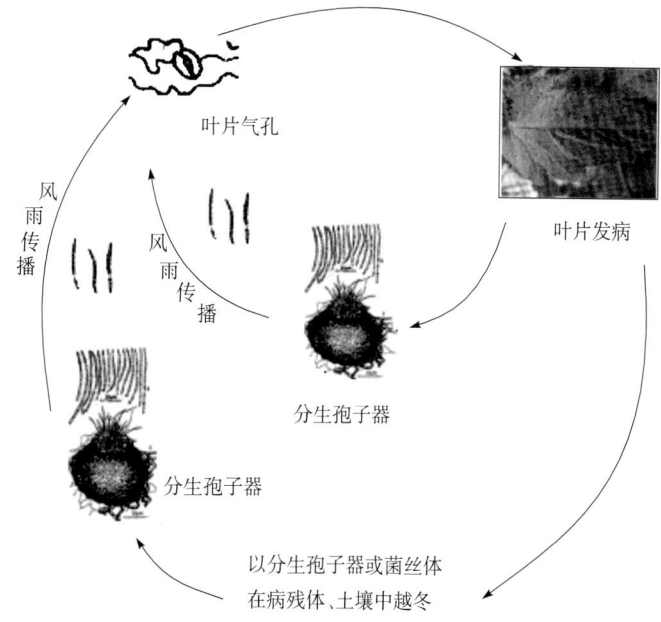

图 10 - 23 - 2　番茄斑枯病病害循环（赵秀香提供）
Figure 10 - 23 - 2　Disease cycle of tomato Septoria leaf spot (by Zhao Xiuxiang)

五、流行规律

番茄斑枯病的发生与流行与菌源数

量、气候条件和栽培管理等因子的关系十分密切。

（一）气候条件

番茄斑枯病菌发育适宜温度为 22～26℃，12℃以下或 27.8℃以上生长发育不良，相对湿度在 92％以上利于发病。温暖潮湿和阳光不足的阴天，有利于番茄斑枯病的发生。当气温在 15℃以上，遇阴雨天气，同时土壤缺肥、植株生长衰弱，病害容易流行。在高温干燥的情况下，病害的发展受到抑制。番茄斑枯病常在初夏发生，到果实采收的中后期快速蔓延，在结果期，如遇到阴雨天多、光照不足、昼夜温差大、结露时间长、作物长势弱，斑枯病也比较严重。

（二）栽培条件

在种植过密、通风透光差、缺肥和长期连作等不良的栽培条件下，往往植株生长衰弱，抗病力降低，容易诱发斑枯病；在地势低洼、排水不良的地块病害容易流行。高畦栽培，植株根部不积水，通气性也较好，湿度低，病害明显减轻；而平畦恰好相反，土壤积水，氧气缺乏，发病较重。

（三）品种抗病性

不同番茄品种抗病性差异明显，通常野生品种抗病力较强，如秘鲁番茄、多毛番茄及潘那利番茄等对斑枯病有很强的抗性，普通栽培番茄品种抗病力较差。

六、防治技术

防治番茄斑枯病，应采取以种植抗病品种、加强种子检疫和栽培管理为主，配合化学防治的综合措施。

（一）加强种子检疫

严格执行检疫制度，杜绝病原菌传入无病区。从无病株上选留种子，对于可能带菌的种子进行种子消毒，如用 52℃温水浸种 30min，捞出后晾干、催芽播种。

（二）选用抗病品种

比较抗病的番茄品种有浦红 1 号、广茄 4 号、蜀早 3 号等，可因地制宜地选用。

（三）苗床处理和培育壮苗

在无病区建育苗床，或用无病土育苗，防止苗期染病；苗床可喷施 1∶1∶200 倍的波尔多液消毒土壤，也可喷洒 70％甲基硫菌灵可湿性粉剂 1 000 倍液，每 667m² 喷 150 kg 药液，连喷 2～3 次；育苗不能过密，保持床内通风透光；加强肥水管理，避免浇水过多、过勤，增施磷、钾肥，以培育壮苗。

（四）加强栽培管理

选干燥、易排、能灌的地块种植番茄，采用高畦或半高畦栽培；定植不宜过密，及时合理整枝、搭架，以利通风透光，降低田间湿度；多施有机肥，施足基肥，增施磷、钾肥，提高植株抗病性；及时清洁田园，铲除杂草及病株残叶，减少菌源，收获后彻底清除田间病株，深埋销毁；重病地与非茄科作物实行 3～4 年轮作，最好与豆科或禾本科作物轮作。

（五）药剂防治

发病初期喷药防治，药剂可选用 50％多菌灵可湿性粉剂 600～800 倍液，或 70％甲基硫菌灵可湿性粉剂 800 倍液、65％代森锌可湿性粉剂 500 倍液、58％甲霜·锰锌可湿性粉剂 600 倍液、70％代森锰锌可湿性粉剂 600 倍液、65％福美锌可湿性粉剂 500 倍液、50％异菌脲可湿性粉剂 1 000 倍液等；阴雨天气条件下，可改用 45％百菌清烟剂熏烟，每 667 m² 用药 250g；也可用 7％叶霉净粉尘剂喷粉，每 667m² 喷施 1 kg 药粉，每 7～10d 喷 1 次，连喷 2～3 次。

赵秀香　刘志恒（沈阳农业大学植物保护学院）

第 24 节　番茄灰叶斑病

一、分布与危害

番茄灰叶斑病也称作芝麻斑病，全世界均有发生，但以温暖潮湿地区发生严重，主要分布在安哥拉、利比亚、毛里求斯、尼日利亚、塞内加尔、苏丹、坦桑尼亚、赞比亚、塞舌尔群岛、印度、日本、泰国、以色列、新西兰、澳大利亚、新喀里多尼亚、意大利、英国、加拿大、美国、巴巴多斯、洪都拉斯、牙买加、特立尼达和多巴哥、巴西、哥伦比亚、委内瑞拉、中国等地。

在我国大陆传统的番茄栽培品种中，灰叶斑病并不是主要病害。但自21世纪以来，随着一些国外番茄品种特别是一些硬果型番茄的引进，该病由一种很少见的病害逐渐发展成为为害严重的病害，并呈现出流行的趋势。目前，在河北、山东、辽宁、湖南、海南及北京等省份都有严重发生，并导致植株早衰减产。一般发病株率为40%～100%，重病田产量损失可达50%以上。2009—2010年在海南省海口市和山东省寿光县等地都发现了番茄灰叶斑病的严重为害，通常在1月番茄定植后零星发病，到3月番茄株高1.6～1.8m时，大多数温室的番茄都出现了灰叶斑病症状，尤其是在连阴天、湿度大、温度忽高忽低时，病害肆虐，引起大量落叶，减产十分严重。

二、症状

番茄灰叶斑病主要为害番茄叶片，很少为害叶柄和茎秆，几乎不为害果实。常见的叶部症状有小型斑和大型斑两种（彩图10-24-1）。

（一）小型斑

这种症状较为常见。开始时，叶片正反面均出现许多暗褐色、水渍状的极小斑点，不久扩大为黑褐色、直径0.5～3.0mm的圆形或近圆形小病斑。小病斑周围有一窄的黄色晕圈。条件适宜时，病斑继续扩大，并由黑褐色变成灰褐色，后期病斑中央易破裂穿孔。通常叶片背面病斑的颜色较叶片正面浅。

（二）大型斑

比小型斑症状要少见得多。病斑较大，圆形或近圆形，病斑直径可达5～10mm。病斑中央褐色，叶背病斑颜色较深，为黑褐色，病斑周围具有黄色晕圈。有时在叶缘也形成大型病斑，病斑沿叶缘发展，呈不规则形。

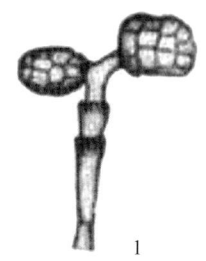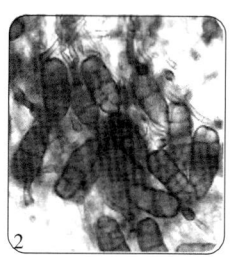

图10-24-1 茄匍柄霉的形态特征（卢悦提供）

Figure 10-24-1 Morphology of *Stemphylium solani* (by Lu Yue)

1. 分生孢子梗和分生孢子　2. 分生孢子显微结构

以上两种类型的病斑到了发病后期，均易破裂穿孔为其特征。该病在苗期就可发生，定植后病害由下部叶片逐渐向上蔓延，由圆形病斑很快发展到椭圆形，并逐渐变褐。严重时，全田叶片一片枯黄。该病比早疫病、实腐病和斑枯病的病斑小、圆，且分布均匀，基本上不呈同心轮纹状或鱼目状。

三、病原

番茄灰叶斑病的病原为茄匍柄霉（*Stemphylium solani* G. F. Weber），属于子囊菌无性型匍柄霉属真菌。

菌丝无色，分枝，分隔。分生孢子梗淡褐色，有隔膜，单生或2～3根束生，长200μm，粗4～7μm。分生孢子淡褐色至浅黑色，脐部深褐色，无喙，一般着生于分生孢子梗的顶端，分生孢子为砖格形，有3～6个横隔膜及数个纵隔膜，在中隔处缢缩，表面光滑或具有细疣，大小为（35～55）μm×（18～28）μm（图10-24-1）。有性阶段为番茄格孢腔菌（*Pleospora lycopersici* El. & Em. Marchal）。

四、病害循环

番茄灰叶斑病菌分生孢子或菌丝体随病残体在土壤中越冬，成为翌年主要初侵染源。种子带菌少。当温、湿度条件适宜时，病菌在田间引起初侵染，发病后新产生的分生孢子通过气流、雨水、灌溉水、农具和农事操作等途径传播，分生孢子萌发后从叶片的气孔或伤口侵入，引起多次再侵染，使病害在田间不断蔓延。在适宜条件下，该病传播极快，从发病到全株叶片感染只需2～3d（图10-24-2）。病菌一般从植株的老叶开始侵染，故植株中下部的老叶发病较重。

五、流行规律

（一）菌丝及分生孢子萌发条件

菌丝生长和孢子萌发的温度为 20～30℃，最适温度 24℃。产生孢子的温度是 14～32℃，最适温度 20～22℃；孢子在相对湿度 93％以上时萌发率为 98％～100％，在 82％时萌发率为 85％；在适温范围内，水滴中的孢子 4h 后开始萌发，8h 后萌发率达 90％以上。

（二）发病及流行规律

番茄灰叶斑病主要发生在气候暖湿地区的春、夏季番茄上，发病初期为 4 月末至 5 月初，当时的气温已经稳定在 10℃以上，但相对湿度不是很高，病害不会迅速传播蔓延；以后植株生长逐渐茂盛，到了 5 月中旬进入发病的敏感期，此时相对湿度比较大，利于病害的蔓延，田间往往出现发病高峰，并且一直持续到 7 月中旬才开始减弱，秋季发病相对较轻。

番茄灰叶斑病的发生及流行受温度及相对湿度的影响很大。连雨天、多雾的早

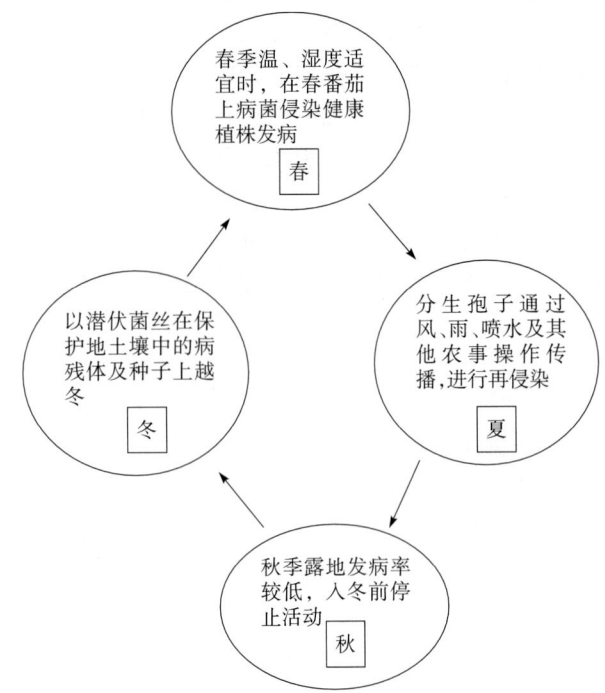

图 10 - 24 - 2　番茄灰叶斑病病害循环
（卢悦提供）

Figure 10 - 24 - 2　Disease cycle of tomato gray leaf spot（by Lu Yue）

晨以及忽高忽低的温度均有利于该病的发生及蔓延。发病初期，病害严重度随着温度及相对湿度的升高而升高；发病中期，在 20～30℃发病适温范围内，病害潜育期为 3～4d，相对湿度越大发病就越严重；到了发病后期，虽然温度一直维持在发病适温内，但相对湿度下降，发病严重度减弱。可见，番茄灰叶斑病的发生及迅速蔓延对温度的要求较低，但是对相对湿度的要求较高，只有在相对湿度适宜时才会迅速传播蔓延。此外，连作地、低洼积水地、偏施或重施氮肥地发病均较重。

番茄灰叶斑病的发生及流行与栽培品种的关系非常密切。在 21 世纪以前，我国种植的番茄品种基本上都是软果型的，很少有番茄灰叶斑病的发生；然而，进入 21 世纪后，我国不断、大量引进国外番茄品种，特别是在生产中逐渐推广硬果型番茄品种。虽然这些品种有许多优点，但却表现出了对番茄灰叶斑病的高度感病性，从而造成了当前番茄灰叶斑病上升为番茄重要病害的被动局面。

六、防治技术

（一）选育和利用抗病品种

由于番茄灰叶斑病是新近在我国发生和流行的一种病害，因此，有关抗病育种研究起步较晚，目前尚无抗番茄灰叶斑病的品种。但据报道，巴西育成了抗灰叶斑病的番茄杂交种，并在生产上推广与应用，从而使该病很少发生；加拿大种质资源委员会确认的番茄品种 CODED 1 - 9，对灰叶斑病也有较好的抗性；美国佛罗里达州在生产中已经推广了一些抗病品种，如 FL47、FL91、HA3073、Phoenix、RPT153 等，收效良好。此外，Amelia、Linda、RPT 6153、Quincy 等品种对番茄灰叶斑病也具有一定的抗性。

（二）农业防治

1. 清除病残体　生长期间及时整枝抹芽，保证田间通风；及时清除病株和病残体，拉出田外集中清理并烧毁，减少初始菌源。

2. 合理轮作　避免与茄科作物连作，病重田块与非寄主植物如十字花科蔬菜、葫芦科蔬菜轮作 3 年以上，以减少初侵染源。

3. 控制好温、湿度　对于保护地番茄，要自始至终地做好适时放风降湿工作，防止早晨棚室内出现

滴水;发病初期,严格控制棚室内的温、湿度,温度和相对湿度要分别控制在20℃以下和60％以下;还要建好排灌沟渠,避免田间积水。

4. 隔离栽培 在发病较重的田块周围,种植非寄主植物或设置隔离带,防止无病田块遭受感染。

(三)化学防治

番茄灰叶斑病流行较快,发现病斑后及时用药防治非常关键。发病前,可用75％百菌清可湿性粉剂或50％多菌灵可湿性粉剂800倍液＋70％代森锰锌可湿性粉剂600倍液混合喷雾,或用57.6％氢氧化铜水分散粒剂1 000倍液,或20％噻菌铜悬浮剂500倍液喷雾进行预防。

发病后可选择以下配方药剂交替使用:10％苯醚甲环唑水分散粒剂1 500倍液＋70％甲基硫菌灵可湿性粉剂600倍液混合喷雾,或25％嘧菌酯悬浮剂1 500～2 000倍液喷雾。喷雾时务必要将药液喷到叶片的正、反两面。一般情况下,每隔7～10d喷药1次,病情严重时可缩短至3～4d喷1次,共喷2～3次,雨后须补喷。在湿度较大的阴雨天或浇水前后,可选用烟雾剂或粉尘剂防治,如45％百菌清烟剂,每667m²用药200～250g,傍晚时用暗火点燃,施药后封闭棚室过夜。

郭亚辉(河北工程大学农学院)

第 25 节　番茄褐斑病

一、分布与危害

番茄褐斑病又称为番茄黑枯病或芝麻瘟,除为害番茄外,还为害多种茄科蔬菜及豆类、芝麻等,但国外鲜有报道。

在我国,该病害原仅发生在江苏和浙江一带,自21世纪以来,呈现迅速蔓延趋势,现已扩展到云南、广西、四川、重庆、湖北、湖南、江西、安徽、上海、甘肃、宁夏、陕西、河南及山东等省份,每年都造成一定的损失,有的年份减产严重;即使在北方的黑龙江,当病害流行时,露地番茄植株上、下部的叶片可同时发病,引起大量叶片枯死、落花严重或果实不能膨大。该病在保护地和露地都可发生,硬果型番茄更易染病,通常病株率为30％～70％,病叶率达80％以上;重病地病株率达100％,病叶率高达98％以上,甚至全田植株枯死,绝产绝收。

二、症状

番茄褐斑病主要发生在番茄成株期的叶片上,也可为害茎和果实。病斑多时密如芝麻点,因而称芝麻瘟。叶片受害,病斑近圆形、椭圆形至不规则形,大小不等,灰褐色,边缘明显,直径1～10mm,较大的病斑上有时有轮纹,病斑中央稍凹陷、变薄、有光亮,尤以叶片背面显著,后期病斑易穿孔(彩图10-25-1)。高温、高湿时,病斑表面生出灰黄色至暗褐色的霉,为病菌的分生孢子梗和分生孢子。茎部病斑为灰褐色、凹陷,数个病斑常连成长条状,潮湿时长出暗褐色霉状物。叶柄、果柄受害症状与茎部基本相同,果实上的病斑圆形,初期呈水渍状,表面光滑,常数个病斑连合成不规则形,以后逐渐凹陷成黑色硬斑、有轮纹,大病斑的直径甚至可达3cm,潮湿时病部也长出暗褐色霉状物。

三、病原

番茄褐斑病由番茄长蠕孢(*Helminthosporium carposaprum* Pollack)强毒菌株侵染所致,为子囊菌无性型长蠕孢属真菌。

病原菌致病性强,在条件适宜时侵入后的潜育期比较短。菌丝无色或黄褐色,生长最适宜培养基为PSA培养基,菌落初为灰白色,后期变为褐色;分生孢子梗单生,有隔膜4～10个,褐色,大小为(118.7～166.6)μm×(7.0～8.5)μm;分生孢子生于分生孢子梗的顶部,淡黄褐色,呈链状,圆筒形或棍棒形,有隔膜0～20个,大小为(39.6～69.3)μm×(14.9～24.8)μm。

病菌生长的温度为9～38℃,最适为25～28℃;分生孢子产生和萌发的温度分别为25～35℃和10～40℃,最适温度分别为30℃和25～30℃,并均要求95％以上的相对湿度;菌丝体及分生孢子的致死温度分别为 51℃和 55℃。病菌生长和孢子萌发的 pH 分别为 3～10 和 4～10，最适 pH 均为 6～7；在 25℃、pH7.0 的条件下，产孢量达到最大。光照对该菌的生长几乎没有影响，但紫外光对分生孢子有很强的杀伤作用。

四、病害循环

番茄褐斑病菌主要以菌丝体和分生孢子在田间病残体上越冬，翌年越冬病菌直接萌发或产生分生孢子成为田间病害的初侵染来源。分生孢子借气流、雨水及灌溉水传播至寄主，从寄主的气孔、皮孔、伤口或表皮直接侵入形成初侵染，在气候和栽培条件适宜时，潜育期为 1～2d，后出现病斑，而且病斑上产生大量分生孢子，迅速传播，引起多次再侵染，致使病害在田间蔓延和流行（图 10-25-1）。

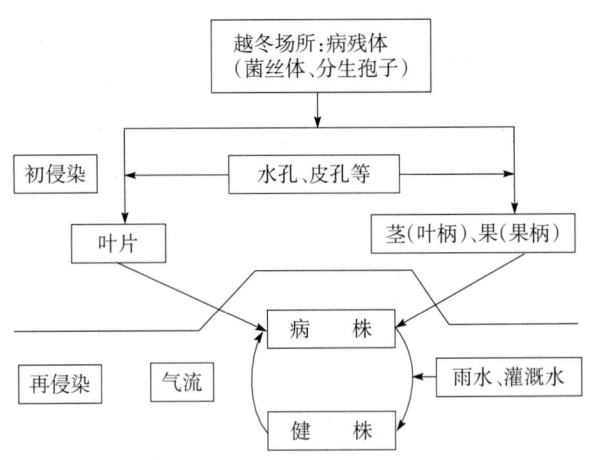

图 10-25-1 番茄褐斑病病害循环（刘苏闽提供）
Figure 10-25-1 Disease cycle diagram of tomato brown spot（by Liu Sumin）

五、流行规律

番茄褐斑病菌喜温好湿，适宜生长温度为 25～28℃，空气相对湿度为 80%以上。当温度为 10℃时，病菌潜育期达 74h，而温度为 25～30℃时，潜育期仅为 6～8h。因此，高温高湿，特别是多雨高温季节易造成病害流行。一般春番茄比秋番茄发病重，比如四川、云南、重庆、湖北、湖南、江西、安徽、江苏、上海和浙江等省份，通常在梅雨季节发病很严重。在北京、天津、河北、山西和内蒙古等华北地区，春番茄于 5 月开始零星发病，6～7 月为发病盛期，秋季发病较轻。而南方的广西、广东、云南和四川等地在 9 月也会出现发病高峰。此外，地势低洼、排水不良、种植过密、通风透光差、施肥不足、植株生长衰弱的地块发病也较重。

六、防治技术

番茄褐斑病潜育期短，适宜条件下流行速度快，对该病的防治应采取以农业防治为主，辅以药剂防治的综合防治策略。

（一）选用抗病品种

不同番茄品系或品种对番茄褐斑病菌的敏感性差异较显著，如 08HN31、7945、08HN30 番茄品系抗病，霸王、皖粉 3 号、皖粉 4 号、粤农 2 号和早雀钻及农交 1 代等则较耐病。

（二）农业防治

1. 轮作 根据病原菌的寄主范围，在发病严重的地区和田块，适当调整轮作植物种类，重病田与非寄主植物轮作 2～3 年。

2. 加强田间管理 挖好配套排水系统，采用高畦或高垄栽培，防止畦面积水；合理密植，降低田间湿度，改善田间通透性；科学配方施肥，适当增施磷、钾肥，提高植株抗病性；及时清除病叶，收获结束后清除病残体并烧毁，或集中堆制沤肥，减少初侵染源。对于保护地栽培的番茄，需要加强棚室内的通风换气，创造低湿的生态环境是控制病害流行的重要措施。

（三）药剂防治

发病后须及时进行药剂防治。可选用 50%多菌灵可湿性粉剂 500 倍液，或 70%甲基硫菌灵可湿性粉剂 800～1 000 倍液、77%氢氯化铜可湿性粉剂 500～800 倍液、50%多菌灵可湿性粉剂 800～1 000 倍液、75%百菌清可湿性粉剂 600～800 倍液、50%多·硫悬浮剂 600 倍液喷雾，一般每 10d 左右喷 1 次，连续喷 3～4 次。

刘苏闽（扬州环境与资源学院园林园艺系）

第 26 节　番茄细菌性斑点病

一、分布与危害

番茄细菌性斑点病又称番茄细菌性叶斑病、斑疹病，是严重影响番茄产量和品质的一种世界性病害。自 1933 年 Okabe 首次报道以来，已在摩洛哥、南非、澳大利亚、前苏联、美国、以色列、加拿大、中国等 20 多个国家有发生报道。在美国南佛罗里达，平均每年所造成的经济损失在 10% 以上，重者可达 100%；1978 年，番茄细菌性斑点病造成美国佐治亚州 160hm² 番茄歉收；1980—1983 年，该病在澳大利亚严重发生，1985 年再度流行。

番茄细菌性斑点病具有传染性强、影响范围广、为害较重等特点。1998 年我国台湾报道发生该病。1998—1999 年，长春市大棚内发现该病。自 21 世纪以来，该病为害日益严重，尤其在我国北方有逐年上升之势。现已蔓延到黑龙江、辽宁以及甘肃、山西、天津、新疆等北方番茄产区，常年减产 5%～75%，平均年减产 20%～30%，严重时高达 50%，对番茄生产构成了巨大的威胁。在南方，2006 年 1 月，首次在福建省闽清县种植的反季节番茄上发现该病。

二、症状

番茄苗期和成株期均可感染番茄细菌性斑点病，主要受害部位是叶片，其次是茎、花、果实和果柄（彩图 10-26-1）。

叶片染病，下部老叶先发病，再向上部蔓延，发病初期叶背产生水渍状小圆点斑，扩大后病斑暗褐色、圆形或近圆形、直径 1～4mm。将病叶对光透视可见病斑周缘具黄色晕圈，这是叶组织分泌乙烯造成的。发病中、后期病斑呈褐色或黑色，干枯质脆。如病斑发生在叶脉上，可沿叶脉连续串生多个病斑，致叶片为畸形。

叶柄和茎秆的症状与叶部症状相似，先于茎沟处出现褪绿水渍状小斑点，然后沿茎沟上下扩展，形成长椭圆形短条斑，中部凹陷，产生黑色斑点，但病斑周围无黄色晕圈。病斑易连成斑块，严重时病茎部变黑，形成长条状黑斑。

花蕾染病，在萼片上形成许多黑点，严重的连成片使萼片干枯，不能正常开花。幼果染病，果面开始产生水渍状褪绿斑点，后呈圆形或椭圆形的褐色或黑色的小斑，直径 0.2～0.5cm，中央形成木栓化疮痂。果实近成熟时，病斑周围往往仍保持较长时间的绿色，病斑附近果肉略凹陷，病斑周围黑色。若果柄与果实连接处受害，易引起落果。

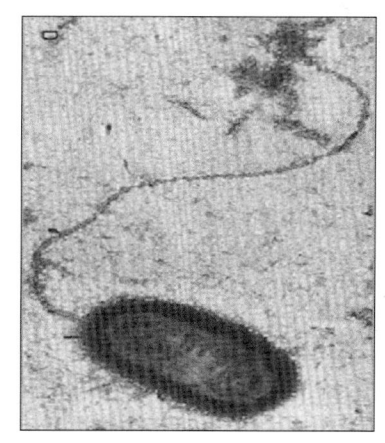

图 10-26-1　番茄细菌性斑点病病原菌
形态（赵廷昌提供）

Figure 10-26-1　Morphology of *Pseudomonas syringae* pv. *tomato*（by Zhao Tingchang）

三、病原

番茄细菌性斑点病病原为丁香假单胞菌番茄变种 [*Pseudomonas syringae* pv. *tomato*（Okabe）Young, Dye & Wilkie]，属于薄壁菌门假单胞菌属。菌体短杆状，直或稍弯，单细胞，大小为（1.5～4）$\mu m \times$（0.1～1）μm，有 1 至数根极生鞭毛（图 10-26-1），无荚膜，无芽孢，革兰氏染色阴性。该病菌主要侵染番茄，也可侵染辣椒。人工接种可侵染茄子、龙葵、毛曼陀罗和白花曼陀罗等茄科植物。

该菌在 KB 培养基上培养 48h 后形成乳白色圆形菌落，菌落直径 2～3mm，边缘不透明，表面光滑黏稠状，在紫外灯下观察有黄绿色荧光，在 YDC 培养基上菌落白色；在含有蔗糖的培养基上能产生绿色荧光，超过 41℃ 菌株不能生长。

该菌耐盐性为 5％，严格好氧，无冰核活性，能产生果聚糖，液化明胶，过氧化氢酶和脲酶均呈阳性，不能积累 PHB，不产生 H_2S 和吲哚，硝酸盐还原反应、氧化酶反应、葡萄糖酸氧化、苯丙氨酸脱氨酶、卵磷脂酶和精氨酸双水解均为阴性。

PST 存在着生理小种分化，现已鉴定出 PST 的 2 个生理小种，即生理小种 0 号和生理小种 1 号。两个小种的区别在于它们对抗病番茄具有不同的毒力。在抗病番茄上接种 PST 的 0 号小种，植物会产生过敏性坏死反应；而在抗病番茄上接种 1 号小种，PST 大量增殖，引起感病反应。RAPD 和 AFLP 技术不能区分 PST 的两个生理小种。病菌分血清学Ⅰ和血清学Ⅱ菌系。菌株的致病性、碳水化合物的利用、噬菌体敏感性和质粒情况具有多样性。菌株的总可溶性蛋白电泳图谱也存在很大差异。

四、病害循环

番茄细菌性斑点病菌可在番茄植株、种子、病残体、土壤和杂草上越冬，也可在拟南芥等多种植物的叶和茎上存活，病原体在干燥的种子上可存活 20 年。带菌种子的调运是远距离传播病害的主要途径。播种带菌种子后，幼苗期即可染病。此外，病菌也可随病株残余组织遗留在田间越冬，而且病菌在干燥的病残组织中可长期成活，也成为翌年的初侵染源。田间发病后，病原细菌通过雨水、灌溉水、昆虫、农事操作等途径进一步传播，形成多次再侵染，最终造成田间病害大流行（图 10-26-2）。在我国北方冬季保护地番茄上，该菌可平安越冬，往往成为邻作番茄病害的初侵染来源。

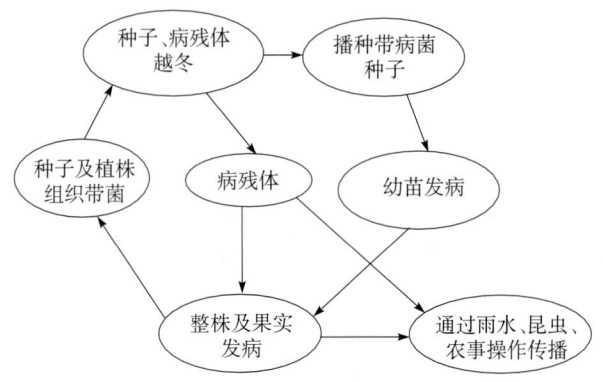

图 10-26-2　番茄细菌性斑点病病害循环（赵廷昌提供）
Figure 10-26-2　Disease cycle of tomato bacterial speck
(by Zhao Tingchang)

五、流行规律

(一) 温、湿度条件

番茄细菌性斑点病菌喜好温暖、潮湿的环境，适宜发病的温度为 18～28℃；最适发病温度为 20～25℃，相对湿度 90％以上；最适感病的生育期为育苗末期至结果前后。发病潜育期为 7～15d；病菌生长发育最适温度为 27～30℃，在 15℃以下、30℃以上的环境中，基本上不发病。

(二) 致病机理

PST 侵染番茄的主要位点是叶片气孔、叶毛基部及果皮上类似毛状体的基部。PST 侵染时能产生冠瘿碱，可诱导番茄产生褪绿毒素和类似菜豆丁香假单胞杆菌毒素的物质。在自然条件下用 PST 菌株生理小种 1 号接种拟南芥时，必须在冠瘿碱抑制了相关基因的活性后才能侵染成功。此外，PST 在侵染感病品种的初期可产生几丁质酶和果胶酶，PST 产生的氨也能引起番茄叶片产生枯斑，PST 产生的 Hrp 菌毛在过敏性反应和致病性方面也起着一定的作用。

(三) 流行条件

该病菌主要随大风、大雨传播，也可借介体昆虫活动而传播。病原细菌一般由寄主伤口或气孔侵入叶片。因此，叶片的破伤、叶毛的擦伤以及细胞间充水过多都能加重病情。在植株叶片表面具水滴或水膜的条件下，病菌从植株自然气孔或伤口侵入，在寄主的薄壁组织细胞间隙繁殖蔓延，破坏寄主细胞并进入细胞内，以此在田间不断再侵染，致病害愈来愈重。

病害主要发生在高温多雨的季节，暴风雨会给植物造成伤口而有利于病菌侵入，通常雨季早的年份发病也早，多雨年份或地区发病就重。由于 25℃以下的温度和相对湿度 80％以上的条件有利于发病，因此，冬、春保护地番茄往往也会严重受害。长期的高温、高湿，病斑迅速扩展可使叶缘枯焦或叶片布满小斑点，从而造成大量落叶。我国吉林省一般在 7～8 月雨季发生此病，美国佛罗里达也是在雨季时病害大流行。

六、防治技术

（一）选育抗病品种

因地制宜地选育和引用抗（耐）病高产良种是防治该病的最经济有效的措施，但是目前尚无理想的抗病品种。据报道，H5503、石番 19、H8504、T737、石番 28、石番 33、石番 29 和石红 401 等加工番茄品种为耐病品种。此外，美味樱桃番茄和圣女果等小番茄也比较抗病。

（二）植物检疫

由于该病是一种种传病害，因此加强种子检疫，防止带菌种子传入非疫区是非常重要的防治手段，必须做到建立无病留种田，从无病留种株上采收种子，选用无病种苗。

（三）种子处理

在番茄播种前，用 55℃温水浸种 30min，捞出晾干后再催芽播种；也可采取化学方法处理种子，用 20％噻唑锌悬浮剂 100～200 倍液浸种 30min，洗净后播种。

（四）农业防治

实施与非茄科蔬菜 3 年以上的轮作，以减少初侵染源；加强田间管理，发病初期及时清除病叶、病茎及病果；灌溉、整枝、打杈、采收等农事操作中避免传播病害；尽量采用滴灌，防止大水漫灌；合理密植，适时开棚通风换气，降低棚内湿度；增施磷、钾肥，提高植株抗病性。

（五）化学防治

土壤消毒是杀灭病原菌，降低重茬影响的有效办法。在每年的 7～8 月，用土壤处理剂进行处理，先深翻耕 10～15cm，再洒上土壤处理剂，然后加入有机肥及稻草，覆土，最后扣上塑料拱棚，灌水闷棚 20d，可以消除病菌。

发病期间需喷药防治，可选用 77％氢氧化铜可湿性粉剂 400～500 倍液，或 53.8％氢氧化铜干悬浮剂 600 倍液、20％噻菌灵悬浮剂 500 倍液、14％络氨铜水剂 300 倍液、200μL/L 链霉素或新植霉素溶液等，隔 10d 喷 1 次，连喷 3～4 次。病害较重时应尽快使用 20％噻唑锌悬浮剂 300 倍液，每隔 3d 喷 1 次，直到控制住病害为止。

赵廷昌　洪玉梅（中国农业科学院植物保护研究所）

第 27 节　番茄溃疡病

一、分布与危害

番茄溃疡病是一种严重威胁番茄生产的细菌性病害，被列入我国 2007 年颁布的《中华人民共和国进境植物检疫性有害生物名录》。该病害自从 1909 年首次在美国密歇根州的温室番茄上发现以来，发生与为害十分频繁，现已广泛分布于世界各个番茄产区。在 20 世纪 30 年代、60 年代和 80 年代，该病分别在美国中西部地区、北卡罗来纳州及加拿大安大略地区大流行；1943—1946 年，该病在英国大流行，番茄产量大为降低，严重影响番茄加工业。目前，在美洲、欧洲、亚洲、非洲和大洋洲的 60 多个国家都有番茄溃疡病发生为害的报道（表 10-27-1）。

1954 年，在我国大连市场上发现了 2 个症状颇似溃疡病的番茄果实，这是我国关于番茄溃疡病的最早记载。此后，该病的危害性逐渐显现出来，其发病情况屡见报道，1986 年，北京市和内蒙古赤峰市的番茄发病率为 15％～20％，重病地块达到 65％。到了 2012 年年底，我国北京、黑龙江、吉林、辽宁、内蒙古、新疆、甘肃、宁夏、四川、河北、河南、山西、山东、上海和海南等地都有此病的发生，严重时田间病株率可达到 100％，造成叶片坏死、植株早衰，产量损失为 80％以上，严重影响番茄的产量和品质。该病也严重地威胁着我国加工番茄制种业和加工业的发展，自 2005 年以来，作为我国加工番茄生产基地的河北、甘肃、宁夏、内蒙古和新疆等地，年年都会遭受溃疡病为害，而且呈现出上升的趋势。

番茄溃疡病主要为害番茄，在特定条件下，也可以侵染辣椒、龙葵、曼陀罗、树番茄等其他茄科植物。

表10-27-1 番茄溃疡病在世界各国家及地区的分布

Table 10-27-1 Distribution of tomato bacterial canker in the world

所在洲	国 家 或 地 区
欧洲	奥地利、白俄罗斯、比利时、保加利亚、捷克、芬兰、法国、德国、希腊、匈牙利、爱尔兰、意大利（包括撒丁和西西里岛）、立陶宛、荷兰、挪威、波兰、葡萄牙、罗马尼亚、俄罗斯（包括欧洲和西伯利亚地区）、斯洛文尼亚、西班牙、瑞士、英国、乌克兰、前南斯拉夫
亚洲	亚美尼亚、阿塞拜疆、中国、印度、伊朗、以色列、日本、黎巴嫩、土耳其
非洲	埃及、肯尼亚、马达加斯加、摩洛哥、南非、突尼斯、多哥、乌干达、赞比亚、津巴布韦
北美洲	加拿大、美国（包括：加利福尼亚、佛罗里达、佐治亚、夏威夷、艾奥瓦、伊利诺伊、印第安纳、密歇根、北达科他、俄亥俄、怀俄明州）、墨西哥
中北美及加勒比地区	哥斯达黎加、古巴、多米尼加共和国、格林纳达、瓜德罗普岛、马提尼克岛、巴拿马
南美洲	阿根廷、巴西、智利、哥伦比亚、厄瓜多尔、秘鲁、乌拉圭
大洋洲	澳大利亚（包括：新南威尔士、昆士兰、南澳大利亚、塔斯马尼亚、维多利亚、西澳大利亚州）、新西兰、汤加

二、症状

番茄溃疡病既是细菌性维管束病害，又是系统性侵染病害，因此，能侵染番茄植株的一切组织，受害的幼苗和成株常常萎蔫或死亡。总的来说，苗期发病率偏低，多表现为幼苗叶片坏死或单侧萎蔫等症状；而开花结果期则是发病敏感期。田间发生时，常常可见到点片状或成行分布的发病中心，病株表现出局部的和系统的症状。开始时，植株下部叶片随叶柄一起下垂，叶缘上卷，脉间发黄，全叶逐渐变褐枯死，通常是植株的一侧先发病，后期扩展至整株，最终植株也枯死。在病情发展过程中，茎秆、枝条和叶柄上也会出现褐色狭长的条斑，表皮开裂，潮湿时溢出黏稠的细菌液。病茎的髓部也可变褐、溃烂，产生大小不一的空腔。果实受害，最先出现环形小白斑点，后发展为中央褐色、径约3mm的病斑，表面粗糙并稍微隆起，边缘有白色晕圈，形似"鸟眼状"，为本病的典型症状（彩图10-27-1）。病害严重时，果实上的许多病斑往往连成一片，显得十分粗糙，成熟果实的导管也有浅褐色条斑，部分种子变黑或有小黑点。

三、病原

番茄溃疡病的病原是密执安棒形杆菌密执安亚种 [*Clavibacter michiganensis* subsp. *michiganensis* (Smith) Davis et al.]，属于厚壁菌门棒形杆菌属。菌体呈直或略弯曲的短杆状，无鞭毛，无运动性，大小为（0.3～0.5）$\mu m \times$（0.7～1.2）μm（图10-27-1），革兰氏染色阳性；在LB培养基上生长72h后，长出淡黄色至黄色、圆形、边缘整齐、凸起、不透明、较黏稠、直径为2～3mm的菌落；最适培养温度为25～28℃，最适生长pH为6.0～8.5，当培养基pH小于5或大于10时，病菌生长受到明显的抑制。此外，高浓度的铜离子（Cu^{2+}）能抑制菌体的生长。

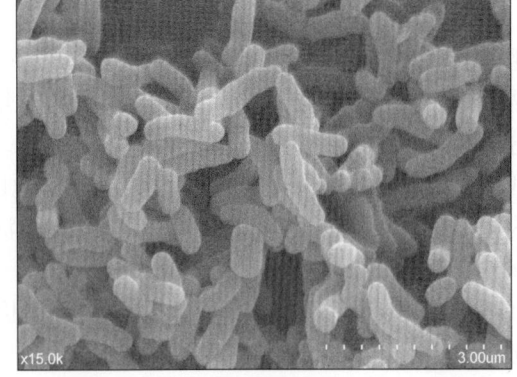

图10-27-1 密执安棒形杆菌密执安亚种
扫描电镜照片（罗来鑫提供）

Figure 10-27-1 *Clavibacter michiganensis* subsp. *michiganensis* photoed by scanning electric microscope (by Luo Laixin)

四、病害循环

番茄溃疡病菌主要以种子或种苗带菌进行远距离传播，病菌随病残体在土壤和粪肥中越冬，可存活2～3年，是田间病害重要的初侵染源；病菌还可存活在种皮和种毛中，造成种子带菌，种子带菌率往往可达50%左右，带菌种子在病害远距离传播中起到很大的作用。通常，在番茄种子的国际进出口贸易中，对番茄种子的带菌率严格地限制为零容忍，即不允许检测番茄溃疡病菌呈阳性的种子进入市场。病菌主要依靠雨水飞溅传播，从伤口侵入寄主，3~4周后，田间就会出现发病植株。这些病株的病斑上可产生大量的病原细菌，除继续由雨水飞溅传播外，还可随灌溉水、整枝、打杈、绑蔓等农事操作以及昆虫为害的途径传播，在田间进行多次再侵染（图10-27-2）。

五、流行规律

温暖潮湿的气候有利于发病，特别是在开花结果期间，最高气温在 28℃ 以下，并多雨和狂风，病害最易流行。因此，在初夏季节，田间病害往往是随着一场雷雨或是大水漫灌后呈明显加重的趋势；在特别炎热的盛夏时期病势发展比较缓慢，甚至停滞。苗期喷灌、田间大水漫灌、雷阵雨等均有利于病原细菌的传播，流水、飞溅的水滴、不当农事操作造成的伤口等条件均会加速病害在田间的发展。

在我国北方，番茄制种区和栽培区，通常是早春在温室里育苗，4 月下旬或 5 月上旬定植到大田，如果幼苗带菌，

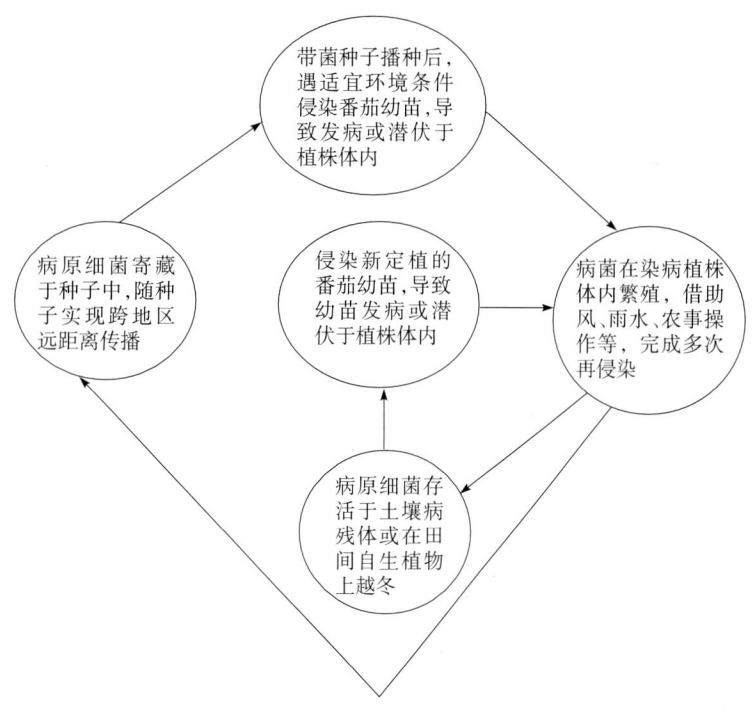

图 10 - 27 - 2　番茄溃疡病病害循环（罗来鑫提供）
Figure 10 - 27 - 2　Disease cycle of tomato bacterial canker（by Luo Laixin）

在经过一段时间的潜伏期后，于 6 月中、下旬（植株始花期）开始显现症状，如叶片边缘焦枯、上卷等，这些植株便是田间零星分布的中心病株；到了 7 月上、中旬（授粉前期和青果期），病害进入发展期，由各个中心病株逐渐向四周扩散，新病株不断增加，在田间呈点片分布；7 月中、下旬至 8 月中旬（授粉后期至果实收获期）为病害盛发期，田间病株的普遍率和严重度迅速提高，表现出大量叶片焦枯、坏死，维管束变色和整株萎蔫等症状。最终病原菌随带菌种子或病残体在土壤中越冬，成为下一生长季的初侵染来源。

种子带菌率的高低是决定田间番茄溃疡病发生严重与否的首要因素。据报道，1% 的带菌种子可引起田间 50% 的植株发病；在适宜的条件下，当幼苗发病率达到 0.01% 时，即可引起田间病害大流行。带菌种子如果未经严格处理，育苗定植后遇到温暖、高湿等适宜发病的环境条件，将会导致田间病害的大发生。

六、防治技术

严格实施种子检疫制度，防止带菌种子进入非疫区以及对可疑种子进行消毒处理，是防治溃疡病最基本的措施。

（一）加强种子带菌的检测和检疫

番茄溃疡病主要通过种子带菌实现远距离传播，我国和世界上的多个国家都将其列入进境植物检疫性有害生物。对生产中使用的种子必须实施严格检疫，坚决不得批准检测呈阳性的种子进入市场，以杜绝病害的传播。

目前，国内、外种子健康检测机构对番茄种子携带溃疡病菌的检测方法有出苗检测法（grow out）、半选择性培养基分离培养（semi-selective medium agar plating）、酶联免疫吸附测定法（ELISA）和基于 PCR 的分子生物学方法等，其中，以半选择性培养基分离培养与分子生物学相结合的 Bio - PCR 方法和传统的出苗检测法最为常用。

Bio-PCR 方法是先将种子样品提取液涂布于适合番茄溃疡病菌生长的 mSCM 或 mCNS 等半选择性培养基平板上，培养一定时间后，刮取平板上的所有细菌菌落，使用特异性引物进行 PCR 检测，从而判定种子中是否携带有番茄溃疡病菌，检测时间为 1～2 周，其准确性取决于培养基的选择性和 PCR 引物的特异性。出苗检测法需要将 10 000 粒待检番茄种子（分 3 次重复）种植在温室里，2～3 周后根据幼苗的发病情况和从病苗上分离到的细菌种类，确定种子的带菌情况，此法得出的结果准确可靠，但费时费力，需要足够的温室空间，费用昂贵。

（二）种子处理

建立无病采种基地，单采单收，防止与其他田块的种子混合。对于不能确定健康与否的种子，进行种子处理是控制番茄溃疡病发生和传播蔓延的最有效措施。先将番茄种子进行 24～48h 的发酵，清洗后置于浓度为 1%～2% 的稀盐酸中浸泡 15～20min，能有效地杀灭种皮内、外携带的溃疡病菌；或是发酵种子在清洗前，往发酵液中加入终浓度为 1%～2% 的稀盐酸，浸泡 15～20min 后再清洗晾晒；还可将种子置于 55℃温水中浸种 30min，或在 72% 硫酸链霉素可溶粉剂 2 000 倍液或 1% 次氯酸钠溶液里浸泡 20～30min，然后用清水洗净、催芽播种。

（三）农业防治

1. 选用抗（耐）病品种　虽然不同的番茄品种对溃疡病的抗性有所不同，从与栽培番茄亲缘关系较近的番茄属野生种，如醋栗番茄（*Lycopersicon pimpinellifolium*）、多毛番茄（*L. hirsutum*）和秘鲁番茄（*L. peruvianum*）等对番茄溃疡病菌具有中度抗性，也从栽培的番茄品种中发现了一些耐病性品种，但目前尚未开发出具有商业价值的抗溃疡病的番茄品种。据报道，中蔬 4 号、强丰、佳粉 2 号、齐研矮粉、卢比和紫玉番茄比较耐病。

2. 培育无病壮苗　对于制种田，不得使用来自于发病父本的花粉进行授粉；选择无病健壮的幼苗进行定植，并注意尽量不要伤根，以减少病原细菌的侵入机会。

3. 合理轮作　溃疡病田不要再连作番茄，而与其他非茄科作物进行两年以上的轮作，能有效地降低田间病菌的数量，控制病害的发生为害。

4. 加强栽培管理　定植田要施足经高温发酵的有机肥，适当增施磷、钾肥，以增强植株抗性；有条件的地区，建议采取覆膜滴灌技术，避免喷灌和大水漫灌；在番茄溃疡病发生初期，及时拔除田间病株，将病残体深埋或烧毁，同时使用石灰对病区土壤进行消毒处理，保持田间清洁，减少病菌传播的可能性。

（四）化学防治

旧床土在播种前两周用 40% 福尔马林 50 倍液消毒土壤，随后用塑料膜覆盖 5d，揭去塑料膜，将床土耙松，半月后再播种；苗床框架、覆盖物、架材、用具等，用 40% 福尔马林 30～40 倍液浸泡或淋洗式喷雾消毒。

在溃疡病发生初期、敏感期，或是夏天雷雨过后进行药剂防治。可喷施 1∶1∶200 波尔多液，或 77% 氢氧化铜可湿性粉剂 500 倍液、50% 琥胶肥酸铜可湿性粉剂 500 倍液等铜制剂，并配合使用 80% 代森锰锌可湿性粉剂 600 倍液等保护性杀菌剂，每 7～10d 喷 1 次；也可在发病初期喷施 72% 硫酸链霉素可溶粉剂 2 500 倍液，或 20% 叶枯唑可湿性粉剂 600～800 倍液，能在一定程度上控制病害的发展。此外，植物抗病活化剂苯并噻二唑（actigard）与上述药剂混用能增强控制病害的作用。

然而，化学药剂仅仅具有一定程度的防治作用，尚不能完全控制住病情的发展，多种防治措施的有机结合才能收效良好。

罗来鑫（中国农业大学植物病理学系）

第 28 节　番茄、辣（甜）椒细菌性疮痂病

一、分布与危害

番茄、辣（甜）椒细菌性疮痂病俗称疱病，是番茄和辣（甜）椒上普遍发生的一种病害，广泛分布于世界上湿度较大、气候温暖的地方。目前，这种病害在欧洲、亚洲、非洲、美洲以及加勒比海地

区的大多数国家和地区都有分布（表 10‐28‐1）。20 世纪 40 年代，土耳其、以色列、希腊、非洲南部、古巴及智利等国家和地区都把该病害作为检疫对象，但此后该病还是在这些国家得以迅速传播和蔓延。

表 10‐28‐1 番茄、辣（甜）椒细菌性疮痂病在世界各地的分布

Table 10‐28‐1 Distribution of tomato and pepper bacterial spot in the world

国家或地区	分布情况	国家或地区	分布情况	国家或地区	分布情况
欧洲		埃塞俄比亚	X	多米尼加共和国	X
奥地利	B	肯尼亚	X	格林纳达	X
阿塞拜疆	X	马拉维	B	瓜德罗普岛	X
白俄罗斯	X	摩洛哥	X	牙买加	X
保加利亚	B	莫桑比克	X	马提尼克岛	A
捷克共和国	B	尼日尔	X	波多黎各	X
法国	B	尼日利亚	X	圣基茨和尼维斯	X
希腊	A	留尼汪	B	圣卢西亚岛	X
匈牙利	B	塞内加尔	X	圣文森特和格林纳丁斯岛	B
意大利	A	塞舌尔群岛	A	特立尼达和多巴哥	A
波兰	X	南非	X	美属维尔京群岛	X
罗马尼亚	A	苏丹	X	阿根廷	X
俄罗斯	A	坦桑斯	B	巴西	X
斯洛伐克	A	多哥	B	智利	B
斯洛文尼亚	B	突尼斯	X	哥伦比亚	X
西班牙	B	赞比亚	C	巴拉圭	A
土耳其	B	津巴布韦	C	苏里南	X
亚洲		美洲		乌拉圭	A
中国	A	百慕大群岛	A	委内瑞拉	X
印度	C	加拿大	A	大洋洲	
以色列	A	墨西哥	A	澳大利亚	B
日本	X	美国	A	斐济	X
哈萨克斯坦	X	哥斯达黎加	X	密克罗尼西亚联邦	X
朝鲜	X	萨尔瓦多	X	新喀里多尼亚	B
韩国	X	危地马拉	X	新西兰	C
泰国	X	洪都拉斯	X	帕劳	X
菲律宾	X	安提瓜和巴布达	X	汤加	X
非洲		巴巴多斯	A		
埃及	X	古巴	B		

注 X：有发生和分布，但具体情况不详；A：发生分布范围广泛；B：仅局部地区有发生和分布；C：很少地区有发生和分布。

我国也将番茄、辣（甜）椒细菌性疮痂病作为检疫对象。1991—1993 年，该病在我国的黑龙江、吉林和辽宁 3 省，内蒙古的呼和浩特、包头，山西大同，北京郊区，新疆石河子市和阜康县，山东及云南等地的辣（甜）椒和番茄上不断发生和蔓延，造成很大损失；2007—2009 年，又在江苏邳州县、安徽合肥市、河北保定市、内蒙古通辽市、北京延庆县、陕西杨陵市、山西朔州市、新疆吉木萨尔县、山东泰安市、福建福州市以及黑龙江哈尔滨市和双城县等地的辣（甜）椒或番茄上相继发生并造成不小的损失。

20 世纪末期，我国大量从国外引进番茄和甜椒新品种，其栽培面积也不断扩大，该病在棚室和露地的发生日趋严重，病株率常常达到 10％～30％，严重时高达 50％～80％或以上，导致早期落叶、落花、落果，对番茄产量和品质影响很大。现在，番茄疮痂病已逐渐成为棚室番茄的主要病害，尤对早春和秋季延后栽培番茄为害更加严重，一旦防治不及时就造成大面积减产；特别是在南方的 6 月和北方的 7～8 月，高温多雨或暴雨后，发病十分严重。该病除为害辣（甜）椒、番茄外，还可为害曼陀罗、天仙子、枸杞、黄花烟、马铃薯、欧白英、龙葵、小酸浆和茄子等。

二、症状

番茄、辣椒细菌性疮痂病菌主要为害番茄和辣（甜）椒的叶片、茎蔓和果实，尤以叶片发病最普遍（彩图 10-28-1）。

（一）叶部症状

通常是近地面的老叶先发病，逐渐向上部叶片蔓延。发病初期在叶背面形成水渍状、暗绿色小斑，直径 0.2～0.5cm，边缘带有黄绿色晕圈，扩大后成为圆形或连接后成为不规则形的黄色病斑，病斑表面粗糙、不平，周围有较窄的黄色环形晕圈，内部较薄，具油脂状光泽，后期叶片干枯、质脆。如长期高温、高湿时，病势发展很快，短期内植株叶片焦枯，田间一片片枯黄。受害重的叶片，叶缘和叶尖常变黄、干枯、破裂，最后脱落；如病斑沿叶脉发生时，常使叶片畸形。

（二）茎部症状

茎部受害，先在茎与枝杈连接处产生水渍状、褪绿的小斑点，茎上也出现水渍状、不规则条斑，扩展后成为长椭圆形或不规则的黑褐色条斑，之后病组织木栓化、稍隆起、纵裂呈溃疡疮痂状；叶柄和果梗上的病斑与茎部病斑相似。

（三）果实症状

果实受害，主要发生在着色前的幼果和青果上，果面初生圆形、四周具较窄隆起的白色小点，扩大后呈黄褐色或黑褐色、近圆形、粗糙隆起的环斑，直径 1～3mm，疮痂状，伴有水渍状晕环，病斑边缘有裂口，潮湿时疮痂斑的中央有菌液溢出。

三、病原

番茄、辣（甜）椒细菌性疮痂病的病原为油菜黄单胞菌辣椒斑点病致病变种［*Xanthomonas campestris* pv. *vesicatoria* (Doidge) Dye］，属于薄壁菌门黄单胞菌属。

（一）分类及命名

番茄、辣（甜）椒细菌性疮痂病菌的分类和命名经历了很长的过程。1921 年，在南非分离出了引起番茄疮痂病的病原菌，命名为 *Bacterium vesicatorium*；同年，在美国印第安纳州也分离到了这种病害的病原菌，但命名为 *Bacterium exitiosa*；几乎与此同时，在辣椒上也发现了疮痂病菌。这 3 个病原菌经过多项鉴别试验，最终被确认为同一种菌，即为 *Bacterium vesicatorium* Doidge，其后更名为 *Xanthomonas campestris* pv. *vesicatoria*。在 *X. campestris* pv. *vesicatoria* 中存在 A 和 B 两个表现型和遗传特性不同的组。后来 *X. campestris* pv. *vesicatoria* 又被划分为 2 个不同的种，即 *X. vesicatioria* 和 *X. axonopodis*，B 组菌被划在 *X. vesicatoria* 中，而 A 组菌则被划为 *X. axonopodis* 的一个致病变种，即 *X. axonopodis* pv. *vesicatoria*。1957 年，在南斯拉夫分离到番茄疮痂病的一种新病原菌 *Pseudomonas gardneri*，后又发现 *P. gardneri* 和 *X. vesicatoria* 是同一种菌。20 世纪 90 年代，在美国佛罗里达州番茄上分离到 T3 小种，经血清学和脉冲电场凝胶电泳分析，该菌与上述各菌都不同。根据病原菌对碳基质的利用、酶活性、血清学特性、限制性片段长度多态性等的测试结果，将 *P. gardneri* 和 T3 两种病原菌归为 *X. campestris* pv. *vesicatoria* 的两个不同菌组，即 C 和 D。T3 小种是 C 组菌的典型菌株。由于 C 组菌和 A 组菌的 DNA 一致性很高，而将 C 组菌归为 *X. axonopodis* pv. *vesicatoria*。*P. gardneri* 是 D 组菌的典型菌株，D 组菌在遗传特性上与其他 3 个菌组没有共同点。2004 年，有人将 A、B、C、D 这 4 个表型组命名为 4 个种：*X. euvesicatoria*（A 组）、*X. vesicatoria*（B 组）、*X. perforans*（C 组）和 *X. gardneri*（D 组）。这 4 个菌组的特性差异见表 10-28-2。鉴于目前生产实际情况，在本文中仍沿用 *X. campestris* pv. *vesicatoria* 这一学名。

表 10 - 28 - 2　疮痂病菌 4 个表型组的分类比较（引自 J. B. Jones 等，2004）

Table 10 - 28 - 2　Comparison of four phenotype groups of pathogens causing bacterial spot（from J. B. Jones et al.，2004）

表型组	分布	MAbs[1]	蛋白质[2] (ku)	PFGE[3]	水解淀粉活性[4]	水解多聚果胶酸钠活性[4]	种名[5]
A	世界各地	1、21	32	A	—[6]	—	*X. euvesicatoria*
B	世界各地	8、15	27	B	+	+	*X. vesicatoria*
C	墨西哥 泰国 美国	30	27	C	+	+	*X. perforans*
D	哥斯达黎加 前南斯拉夫	8	27	D	—	—	*X. gardneri*

注　1. 利用细菌性疮痂病菌菌株制备的单克隆抗体；2. Bouzar 等研究发现的细菌性疮痂病菌蛋白质结构和大小；3. Jones 等根据脉冲凝胶电泳将细菌性疮痂病菌划分为 4 个组；4. +表示菌株在两天内能将淀粉和果胶酸盐明显水解；5. 对引起辣椒、番茄细菌性疮痂病致病黄单胞菌的重新分类；6. 分布于巴巴多斯、墨西哥和美国俄亥俄州的一些菌株能够水解淀粉。

（二）生理专化现象

1969 年，有人依据番茄及辣（甜）椒对疮痂病菌敏感性的差异，将佛罗里达的番茄和辣（甜）椒细菌性疮痂病的病原菌分成 3 个生理小种。随后，鉴定了一些品种的抗病性，并制定了一套初步的鉴别寄主。目前，这套鉴别寄主已发展到 9 种，其中，5 种鉴别寄主用于鉴别辣（甜）椒疮痂病菌生理小种：Early Calwonder（ECW）、ECW - 10R（含有抗性基因 *Bs1*）、ECW - 20R（含有抗性基因 *Bs 2*）、ECW - 30R（含有抗性基因 *Bs 3*）和 *Capsicum pubescens* 品种 PI235047（含有抗性基因 *Bs 4*）；4 种鉴别寄主用于鉴别番茄疮痂病菌生理小种：Hawaii7998（HA7998）、Hawaii7981（HA7981）、Bonny Best 和 *Sonalum pennellii* 品种 LA716。目前，国际上共鉴别出辣（甜）椒疮痂病菌有 11 个生理小种（P0～P10）、番茄疮痂病菌有 5 个生理小种（T1～T5）（表 10 - 28 - 3、表 10 - 28 - 4）。

表 10 - 28 - 3　辣（甜）椒疮痂病菌不同生理小种对辣（甜）椒不同品种和
不同抗病基因的反应（引自 Stall 等，2009）

Table 10 - 28 - 3　Differential reactions of *Xanthomonas* races on pepper cultivars with different
resistance genes（from Stall et al.，2009）

生理小种	辣（甜）椒品种（抗病基因）				
	ECW	ECW - 10R（*Bs1*）	ECW - 20R（*Bs2*）	ECW - 30R（*Bs3*）	PI235047（*Bs4*）
P0	S	HR	HR	HR	HR
P1	S	S	HR	HR	HR
P2	S	HR	HR	S	S
P3	S	S	HR	S	HR
P4	S	S	S	HR	HR
P5	S	HR	S	S	S
P6	S	S	S	S	HR
P7	S	S	HR	HR	S
P8	S	S	HR	S	S
P9	S	S	S	HR	S
P10	S	S	S	S	S

注　HR：过敏性反应，S：敏感。

表 10 - 28 - 4　番茄疮痂病菌不同生理小种对番茄不同品种和不同抗病基因的反应（引自 Stall 等，2009）

Table 10 - 28 - 4　Differential reactions of races of *Xanthomonas* on tomato cultivars with different
resistance genes（from Stall et al.，2009）

生理小种	番茄品种（抗病基因）			
	Hawaii7998 (*rx1*, *rx2*, *rx3*)	Hawaii 7981（*Xv3*）	Bonny Best（*Xv4*）	*S. pennellii* LA716
T1	HR	S	S	S
T2	S	S	S	S

（续）

生理小种	番茄品种（抗病基因）			
	Hawaii7998 (rx1, rx2, rx3)	Hawaii 7981 (Xv3)	Bonny Best (Xv4)	S. pennellii LA716
T3	S	HR	HR	HR
T4	S	S	HR	HR
T5	S	S	HR	S

注　HR：过敏性反应，S：敏感。

1. 辣（甜）椒疮痂病菌的生理小种　根据辣（甜）椒疮痂病菌分离物是否引起 ECW 及其近基因品系 ECW-10R、ECW-20R 和 ECW-30R 以及 *Capsicum pubescens* 品种 PI235047 与种寄主产生过敏性反应予以鉴别。ECW 对目前发现的 11 个小种都感病；ECW-10R（含有抗性基因 Bs1）对小种 P0、P2 和 P5 具有抗性；ECW-20R（含有抗性基因 Bs2）对小种 P0、P1、P2、P3、P7 和 P8 具有抗性；ECW-30R（含有抗性基因 Bs3）对小种 P0、P1、P4、P7 和 P9 具有抗性；PI235047（含有抗性基因 Bs4）对小种 P0、P1、P3、P4 和 P6 具有抗性，而小种 P10 是小种 P6 的变异株，寄主 PI235047 对它不具有抗性。小种 P1、P2 早在 1969 年美国就有报道，1972 年巴西也报道了这 2 个小种。20 世纪 80 年代，对世界各地辣（甜）椒疮痂病菌的生理小种研究发现，P1 在世界各地都有分布，而 P2 仅在美国佛罗里达州和瓜德罗普有分布。P0 最早发现于北卡罗来纳州，随后发现在墨西哥、巴西、美国俄克拉荷马州都有分布。P3 在美国俄亥俄州、佛罗里达州和加勒比海地区等地都有分布。P4 首先发现于澳大利亚，后来发现在美国东南部佛罗里达州也有分布。P5、P6 在美国有分布，P7、P8 在美国俄亥俄州有分布。

2. 番茄疮痂病菌的生理小种　番茄疮痂病菌鉴定出 5 个生理小种，即 T1 至 T5。T1 小种的菌株只能引起 Hawaii7998 的过敏性反应，T3 小种的菌株只能引起 Hawaii7981 的过敏性反应，而 T2 小种的菌株在这 3 种寄主上都不能引起过敏性反应。T4、T5 是 T3 小种的变异株，它们失去了无毒基因 avrXv3，从而克服了 Hawaii7981 的抗性，T4 小种能够在野生种潘那利番茄 *Sonalum pennellii* LA716（含有抗性基因 Xv4）上引起过敏性反应，而 T5 小种不能。

1992—1993 年，我国对采自北京、山西、内蒙古、云南和新疆等地的 19 个疮痂病病菌株系，用标准鉴别寄主进行了鉴定。结果表明，我国存在 2 个生理小种，即番茄小种 1（T1）和辣椒、番茄小种 3（PT3）。前者只存在于北京地区，后者为我国优势生理小种，遍布我国大部分辣（甜）椒、番茄产区。

番茄、辣（甜）椒细菌性疮痂病菌小种间存在着变异，在细菌的培养过程中，番茄小种 1（T1）向辣椒、番茄小种 2（PT2），再向辣椒小种 1（P1）一直以 1.0×10^{-4} 的高变异率自发地进行着变异，这也许是辣椒小种 1（P1）处于优势的原因。事实上，P1 可能就是番茄、辣椒细菌性疮痂病菌的原始菌种，而其他小种只不过是它的变异形式而已。到了 1990 年，用基因对基因学说来解释寄主—病原菌系统的互作及病原菌的变异，辣椒小种漂移现象是由种植携带有不同抗性基因的辣椒材料或品种造成的。另外，还有两种比较合理的解释，一种认为某些小种的出现是通过种子携带而来的；另一种认为某个小种是因具有竞争优势而存在的。

（三）特征、特性

番茄、辣（甜）椒疮痂病菌的菌体呈短杆状，两端钝圆，大小为（1.0～1.5）μm×（0.6～0.7）μm（图 10-28-1）；单极生鞭毛，能游动；菌体呈链状排列，有荚膜，无芽孢，革兰氏染色为阴性，好气，不能利用葡萄糖发酵；在 YDC 固体培养基上菌落凸起呈圆形，呈现出黄色黏稠状；在 CK-TM 选择性培养基上长出的菌落比在 YDC 固体培养基上的菌落要小一些，但是肉眼观察可见在黄色菌落周围有一圈清晰的菌环；病原菌生长发育温度为 5～40℃，最适生长温度为 27～30℃，而致死温度为 59℃/10min。

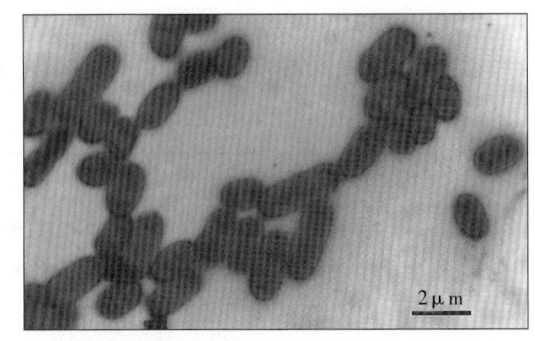

图 10-28-1　野油菜黄单胞菌辣椒斑点病致病变种形态（赵廷昌提供）

Figure 10-28-1　Morphology of *Xanthomonas campestris* pv. *vesicatoria*（by Zhao Tingchang）

四、病害循环

细菌性疮痂病菌主要在种子表面或随病残体在土壤中越冬，种子带菌是病害远距离传播的重要途径，病残组织中的病菌在灭菌土壤中可存活 9 个月，都可以成为田间病害的初侵染源。病菌与寄主叶片接触后从气孔或水孔侵入，在细胞间隙繁殖，经过 3～6d（叶片）或 5～6d（果实）的潜育期表现出症状，即致使表皮组织增厚呈疮痂状；又由于寄主细胞被分解，造成孔穴而凹陷，孔穴中充满了细菌，溢出以后成为菌脓。条件适宜时，初次发病的病株上，可产生大量的病斑，病斑上溢出的菌脓借助雨水、昆虫及农事操作传播，在田间引起多次再侵染，病害逐渐蔓延开来（图10 - 28 - 2）。

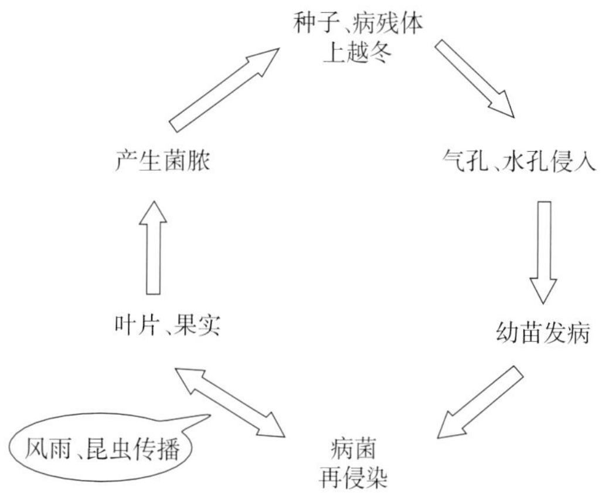

图 10 - 28 - 2　番茄、辣（甜）椒疮痂病病害循环
（赵廷昌提供）

Figure 10 - 28 - 2　Disease cycle of bacterial spot on tomato and pepper（by Zhao Tingchang）

五、流行规律

番茄、辣（甜）椒疮痂病的流行频率和严重程度与多种因素有关，一是高温多湿的气象条件；二是传播病菌的多种途径；三是多个种和生理小种的病原菌；四是没有真正起防治作用的化学药品；五是产生抗药性的病原菌群体；六是缺乏抗病性的番茄或辣（甜）椒商业化品种。同时具有上述因素愈多发病就愈重，病害就愈容易流行。

当然，气象因素首当其冲。由于高温多湿有利于病菌的发育和传播，因此该病多发生于7～8月高温多雨季节；尤其是在夏季暴雨过后，植株伤口增多，更加有利于病菌的传播和侵入，病害极易暴发和流行。因为病菌侵入后遇到适宜的发病条件，叶片发病的潜育期一般为3～6d，果实发病的潜育期为5～7d，在这期间，叶片上病斑往往不形成疮痂而直接迅速扩展至叶缘，或在叶片上形成许多小斑点而导致大量落叶；另外，叶片表皮的损坏、叶毛擦伤以及细胞间充水过多都能加重病情。

连作田、低洼地、土质黏重、田间积水、窝风或缺肥、植株生长不良的地块发病重。据调查，大田内有10%的植株发病，只要温、湿度适宜，就可传染到整个地块以致病害流行。品种抗病性也有差异。氮肥过量，磷、钾肥不足会加重发病。

有人在生产实践中发现并总结出番茄、辣（甜）椒疮痂病的发生还与播种时期、操作卫生等因素有关。下午播种比上午播种发病轻，秋季播种比春季播种病害轻。播种前用酒精消毒手部，可在一定程度上减轻病害。

六、防治技术

防治番茄和辣（甜）椒疮痂病需采取综合性的防治措施，包括播种无菌种子、合理轮作、科学灌溉、加强田间卫生，加之及时施药等，才能收到良好的防治效果。

（一）农业防治

1. 实施健身栽培　尽量用营养钵培育壮苗、大龄苗；早春用小拱棚地膜覆盖育苗，提高地温，培育壮苗。种植番茄或辣（甜）椒的地块需实施合理轮作，尤其注意不要与茄科蔬菜连作，而与十字花科或禾本科作物轮作 2～3 年以上，以减少病菌的积累。合理密植，行距 45～55cm，株距 20～25cm，做到"有草必锄，无草也锄，灌溉后、雨后必锄"，以保持土壤和田间的通透性，抑制病菌滋生。

2. 种子消毒　从无病果或无病株上选取生产用种。带菌种子可用 1∶10 的 72% 农用链霉素可溶粉剂浸种 30min，或在 0.1% 高锰酸钾溶液中浸泡 15min，或在 55℃ 温水中浸泡 10min，用清水清洗后催芽播种。也可以先用冷水浸泡 10～12h，再用 1% 硫酸铜溶液浸泡 5min，最后用少量生石灰或草木灰来中和酸性，即可播种。

在抗病育种中，番茄苗期对疮痂病的抗病性鉴定可按照《NY/T 1858.5—2010　番茄主要病害抗病性鉴定技术规程　第 5 部分：番茄抗疮痂病鉴定技术规程》进行；甜（辣）椒对疮痂病的抗病性鉴定也可参照此标准进行。

3. 田园清洁 结合深耕，消除病残体，促进病残体分解和病菌死亡，适时整枝打杈，及时清除田间植株上的病叶、病果等。

4. 加强水分管理 推行深沟高畦垄栽技术，降低田间湿度，增加土壤通透性；雨季加强排水，降低田间湿度，保持土壤见干见湿；小水勤灌，夜间湿，白天干；增强田间通风透光性。

5. 合理施肥 采用腐熟有机肥作本田底肥，并配施钾、磷肥，增施锌、硼肥，以能够活化土壤和增强植株的抗病能力；生长期间控制氮肥的用量，合理喷洒叶面肥，追施壮果肥；在开花结果期，用 0.15％芸薹素内酯乳油 5 000 倍液或 0.1％硫酸锌溶液等生长调节剂或叶面肥喷施 2～4 次，及时补充氮、钾、磷及多种微肥，促进秧苗生长发育，提高抗病性。

（二）化学防治

1. 苗床、种苗消毒 旧苗床用 40％福尔马林 30mL 加 3～4L 水稀释后喷于土壤表面，用塑料膜盖 5d，揭膜 15d 后再播种；或者每 667m² 苗床用 40％五氯硝基苯粉剂 20g，拌入 1kg 细土中，均匀撒在苗床上，耙平，再覆盖塑料膜闷 5d，然后播种；或在移苗时，用 72％农用链霉素可溶粉剂 5 000 倍液浇灌根部，防治效果比较显著。

2. 田间喷洒药剂 番茄或辣（甜）椒定植后，喷洒 1∶1∶200 倍波尔多液，每隔 7～10d 喷 1 次，连续喷施 3～4 次；发病初期喷 72％农用链霉素可溶粉剂 3 000 倍液，或 50％琥胶肥酸铜可湿性粉剂 400～500 倍液、77％氢氧化铜可湿性粉剂 600 倍液、14％络氨铜水剂 300 倍液、47％春雷・王铜可湿性粉剂 600 倍液、60％（春雷霉素・氢氧化铜）硫酸锌十三羟酸铜＋三乙膦酸铝可湿性粉剂 500 倍液、20％噻菌铜悬浮剂 500 倍液、12％松脂酸铜乳油 500 倍液、27％碱式硫酸铜可湿性粉剂 400 倍液、52％氢氧化铜可湿性粉剂 600 倍液、86.2％氧化亚铜可湿性粉剂 1 300 倍液等，每隔 7～10d 喷 1 次，连续喷施 3～4 次。

（三）生物防治

1. 诱导抗性 综合利用系统获得性抗性诱导因子（如：苯并噻二唑、过敏性抗病性蛋白等）、生防菌、细菌性疮痂病菌的特异性噬菌体及促进植物生长的根际细菌等防治方法是预防和控制该病害的主流趋势。如在番茄、辣（甜）椒疮痂病发生前喷洒 150mg/L 的苯并噻二唑溶液，可诱导番茄、辣（甜）椒在受到疮痂病菌侵染时产生系统获得性抗性，以减轻病害。

2. 表面活性剂 据报道，将木质素磺酸铵和磷酸钾按一定的比例配制成混合液，喷洒到辣（甜）椒和番茄叶片上。此法与使用杀菌剂相比，具有更好的防治效果，还能够提高辣（甜）椒或番茄的产量。

3. 特异噬菌体 据有关利用病原菌特异噬菌体防治细菌性疮痂病的报道，使用一些辅佐剂可延长噬菌体在叶片上的存活期，进而提高防病效果，比如用水生拉恩菌（*Rahnella aquatilis*）处理番茄叶、根和土壤后，对细菌性疮痂病有良好的防治效果，在播种前用该菌来处理种子预防效果则更好；将疮痂病菌的 Xcv75-3 突变株喷洒到番茄叶片上也有较好的防治作用。

赵廷昌（中国农业科学院植物保护研究所）

刘慧芹（天津农学院）

第 29 节　番茄细菌性髓部坏死病

一、分布与危害

番茄细菌性髓部坏死病是世界上许多国家的重要番茄病害之一，其发生历史久远，分布范围广泛，为害严重，一直受到人们的高度重视。早在 1978 年，该病首先在英国番茄园里被发现，后来在美国、南非、新西兰、丹麦、法国、意大利、日本、前南斯拉夫、瑞典和葡萄牙也陆续发生。1993 年，该病导致意大利西西里岛的番茄种植区减产近 90％。

1998 年，番茄细菌性髓部坏死病首次在我国浙江省宁波市露地樱桃番茄上发生。2001 年，又在山东省鱼台县和江苏省苏州市保护地种植的番茄上出现，前者受害面积为 467hm²，发病率达 60％，造成大片植株枯死，重病大棚毁种；后者发病面积为 0.13hm²，发病率为 35％，感病品种死亡率高达 95％。2011 年 11 月，浙江南部部分地区番茄细菌性髓部坏死病发生为害较重，平均病株率在 10％以上，严重的高达 30％～50％。2012 年 3～6 月，河北全省的番茄普遍发生了该病，以香河县最为严重，病棚率 25.2％，病株率 11.2％。目前，该病尚未得到有效遏制，几乎每年都有一些地区棚室或露地番茄遭受不同程度的损害，对番茄生产构成很大的威胁。

二、症状

番茄细菌性髓部坏死病属于系统性侵染病害，主要为害番茄茎和分枝，叶片、果实也可被害（彩图 10-29-1），被害植株多在青果期表现症状。病程发展比较缓慢，从表现萎蔫至全株枯死约需 20d。

叶片初发病时，植株上、中部叶片失水萎蔫，部分复叶的少数小叶叶尖和叶缘褪绿，初呈暗绿色失水状，渐向小叶内扩展，引起黄枯，发病较晚的植株叶片青枯、无斑点。

下部茎多先发病，初时病茎的表面生褐色至黑褐色病斑，髓部发生病变的地方则长出很多不定根。后在长出不定根的上、下方，出现褐色至黑褐色斑块，表皮质硬，长度可达 5～10cm 不等。纵剖病茎，可见髓部变为褐色至黑褐色，或出现坏死，髓部病变长度往往要超过茎部外表变褐长度；茎部外表褐变处的髓部先坏死、干缩中空，并逐渐向茎的上、下延伸。湿度大时，从病茎伤口或叶柄脱落处可溢出黄褐色的菌脓，但病茎髓部的坏死处无腐臭味。

分枝、花器、果穗被害症状与茎部相似。番茄果实多从果柄处变褐，终至全果褐腐、果皮质硬，挂于枝上。

棚室内的番茄于 3 月中旬进入现蕾期便开始发病，少数植株的中部叶片失水萎蔫、小叶边缘褪绿、下部茎上长出白色突起不定根，但仅在个别植株下部近叶柄处的茎上产生黑褐色病斑；至 4 月番茄进入青果生长期，病株增多，叶片呈萎蔫状，数日后全株青枯。露地樱桃番茄于 6 月上旬青果期发病，开始只是少数植株的叶片凋萎，茎下部呈现出不规则的黑褐色病斑；15～20d 后，病情可扩展蔓延至全田，早发病植株叶片黄枯，迟发病植株叶片青枯；严重时，茎中部或分枝上也能出现黑褐色病斑，最后全株枯死。

三、病原

番茄细菌性髓部坏死病的病原是皱纹假单胞菌（*Pseudomonas corrugata* Roberts and Scarlett），又名番茄髓部坏死假单胞菌，属于薄壁菌门假单胞菌属。为革兰氏反应阴性菌，菌体杆状，多根极生鞭毛；菌落起皱、淡黄色，有时中央有绿点；能产生黄色至黄绿色、扩散性非荧光色素，因菌龄和培养基的差别，菌落呈土黄色至淡黄褐色（图 10-29-1）。最适生长温度为 25℃，在 4℃低温和 35℃高温下仍能生长；积累 PHB，氧化酶、硝酸盐还原、吐温 80 水解、明胶液化和葡萄糖氧化反应均呈阳性；能分解蔗糖、葡萄糖和 D-半乳糖产酸，不能水解淀粉、果胶酶，不能利用 D-阿拉伯糖、纤维二糖、己二酸盐、内消旋-酒石酸盐。人工接种能使莴苣叶片坏死，不能使洋葱片腐烂，也不能使马铃薯产生软腐。过去一直认为番茄髓部坏死假单胞菌是非荧光假单胞细菌，现在则认为是荧光假单胞菌。其自然寄主植物为番茄（*Solanum lycopersicum*）、紫苜蓿（*Medicago sativa*）。

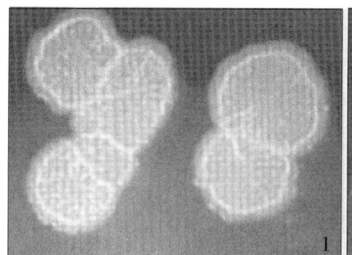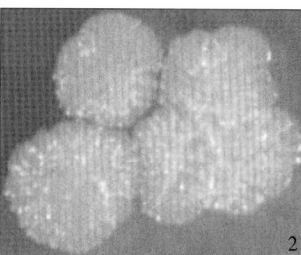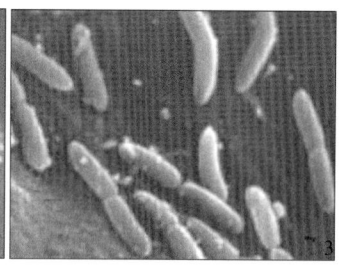

图 10-29-1　皱纹假单胞菌形态特征（引自 Vittoria Catara，2007）

Figure 10-29-1　Morphology of *Pseudomonas corrugata* (from Vittoria Catara, 2007)

1. 在含葡萄糖的培养基上的菌落，表面皱缩，边缘褶皱明显　2. 在普通培养基上的菌落　3. 菌体电镜照片在体外条件下和从土壤中再分离时，病原菌形态往往会产生自发变化，菌落由粗糙型变为光滑型，胞外酶的合成减少，侵染活性和毒力有所改变，反映出病原菌形态变化可能与流行病学有关。

不同来源的番茄细菌性髓部坏死病菌菌株基因组 DNA 存在明显的片段差异，按特异引物扩增基因片段大小不同可分组为 Ⅰ 型和 Ⅱ 型，但是这种基因组 DNA 上的多样性并没有导致致病性和流行病学上的差异。

四、病害循环

病株残余组织中的病菌能在土壤中营较长时间的腐生生活并越冬，而且在沙质壤土中比在沙土中的存活时间更长；也可在带菌种子中越冬，均可作为田间病害的初侵染源。翌年种植番茄时，土壤中的病菌即可从植株的伤口等处侵入并在维管束中蔓延，遭受初次侵染的植株发病后，病菌可通过雨水和灌溉水、农事操作、整枝绑蔓等途径进行再次传播和再次侵入（图 10 - 29 - 2）。

番茄细菌性髓部坏死病通常发生在番茄第一穗果坐住后到最后一穗进入绿果期之间，尤以植株生长中期和果实膨大期发病为重。该病在田间的分布是随机的，病原菌可以从花器和未成熟的果实侵入，也可以通过植株的气孔、皮孔、花器、伤口以及茎部开裂处侵入，进而到达番茄整个植株的各部分组织，病菌在植株体内的传输效力非常高。病害在田间发展速度很快，条件适宜时特别容易大面积流行。

五、流行规律

番茄细菌性髓部坏死病菌多从番茄植株伤口侵入，病菌随病株残余组织遗留于土壤中，也可在土壤中进行较长时间腐生生活。带菌的种子、有机肥、田间操作、农具、灌水、气流、雨水均可传播病菌。

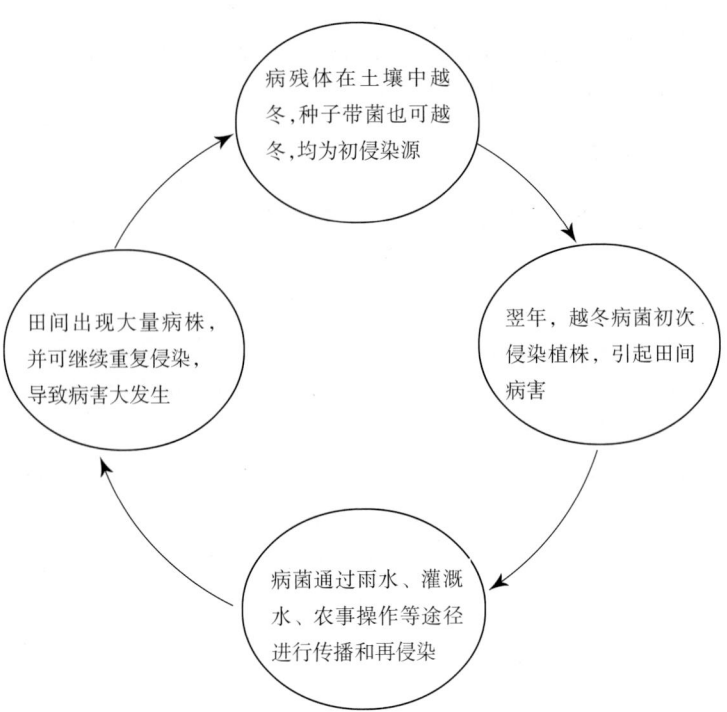

图 10 - 29 - 2　番茄细菌性髓部坏死病病害循环（甘琴华提供）
Figure 10 - 29 - 2　Disease cycle of tomato pith necrosis
（by Gan Qinhua）

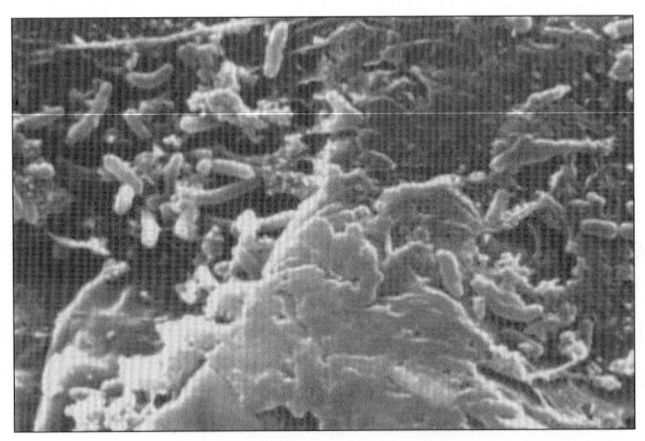

图 10 - 29 - 3　皱纹假单胞菌侵入番茄髓部组织的电镜形态
（引自 Vittoria Catara，2007）
Figure 10 - 29 - 3　Scanning electron microscope image of pith
tissue infected by *Pseudomonas corrugata*
（from Vittoria Catara，2007）

但在田间的分布并不均匀，这是受不同地段小气候影响的结果。病菌侵入植株后即在维管束中蔓延扩展，直至茎、枝、叶、果实和种子（图 10 - 29 - 3）。一旦病原菌与番茄细胞相互识别后建立了反应关系，即可产生毒素代谢物，引起植物抗毒素的生物合成，瞬间形成活性氧类物质，2d 后就可引起番茄细菌性髓部坏死病。

发病症状表现多在番茄青果期，症状往往在中耕、施肥后 7～10d 病情转重。病菌喜温暖和潮湿，一般在 3～6 月，夜间低温、高氮或高湿条件下容易发病，特别是雨水多时病害往往更重；此外，连作地、地势低洼、排水不良、肥料缺乏、氮肥过量、植株衰弱或茎柔嫩病害严重。

六、防治技术

（一）农业措施

发病地块避免番茄连作，可与非茄科蔬菜轮作 2～3 年；收获后清洁棚室，深翻改土，结合深翻改善土壤结构，提高保肥保水性能，促进植株根系健壮发达，以提高抗病能力；施用酵素菌沤制的堆肥或充分腐熟的有机肥、菌肥等，避免过量施用氮肥，增施磷、钾肥；加强棚室的科学管理，生长期间夜温不应低于 10℃；经常通风，降低棚室内的空气湿度，防止棚室内低温高湿；避免在阴雨天整枝打杈或带露水操作，雨后及时排除积水；及时除草和拔除病株，带至田外深埋或烧毁。

（二）选用抗病品种

各种不同番茄品种间的抗病性差异显著，应因地制宜选用适合当地种植的抗（耐）病品种。据报道，合作 906 和七仙女为感病品种，容易发病，而合作 908、红樱桃、圣女、日本桃太郎则较抗病。

（三）药剂防治

对可疑种子必须进行消毒，可采用 55℃ 温水浸种 15min，捞出后用冷水冷却，再催芽播种；或用 0.6% 乙酸溶液浸种 24h，清水冲洗，稍晾干后催芽播种。定植前 1 周，用 40% 福尔马林药液 1 000 倍液泼浇地面，并用薄膜覆盖，封棚杀死病菌。

一旦田间出现中心病株，立即喷药防治。可选用 72% 农用链霉素可溶粉剂 3 000～4 000 倍液，或 90% 新植霉素可溶粉剂 4 000 倍液、85% 三氯异氰尿酸可溶粉剂 1 500 倍液、77% 氢氧化铜可湿性粉剂 500 倍液、50% 琥胶肥酸铜可湿性粉剂 500 倍液、14% 络氨铜水剂 300 倍液等，每 10d 用药 1 次，连续防治 2～3 次。有些地方在发病较重时，采用注射法进行防治，将上述药剂从病部上方注射到植株体内进行治疗，3～5d 注射 1 次，连续 3～4 次，采收前 3d 停止用药。也可用上述药剂灌根，或提高药液浓度后与白面调成药糊涂抹在轻病株的病斑上，如 85% 三氯异氰尿酸可溶性粉剂 500 倍液、77% 氢氧化铜可湿性粉剂 300 倍液、50% 琥胶肥酸铜可湿性粉剂 300 倍液、14% 络氨铜水剂 200 倍液，白面适量，能黏住即可。

邵秀玲　甘琴华（山东出入境检验检疫局食品农产品检测中心）

第 30 节　茄科蔬菜青枯病

一、分布与危害

茄科蔬菜青枯病是世界上许多国家茄科蔬菜生产上的主要细菌性病害之一，分布范围十分广泛，发生频率非常之高，造成损失极为严重。如美国、巴西、巴拿马、德国、波兰、法国、埃及、南非、尼日利亚、印度、朝鲜、日本、菲律宾、印度尼西亚、孟加拉国、尼泊尔、泰国、埃塞俄比亚、刚果、肯尼亚和毛里求斯等国家都有发生，特别是热带、亚热带地区茄科蔬菜种植业几乎每年都遭受毁灭性的打击，仅印度每年夏季番茄青枯病的田间病株率都在 10%～100%。

番茄、茄子和辣（甜）椒等是我国重要的茄科蔬菜作物，在我国南、北方均有大面积地种植。每年在广东、海南、广西、云南、江西、浙江、福建、江苏、湖南、湖北、贵州、四川、河南、山东和河北等地都有茄科蔬菜青枯病发生为害，并且造成较大的经济损失，特别是广东、广西和海南等地区该病发生最为严重，一般番茄、辣（甜）椒田间病株率为 20%～40%，严重时达到 60%～80% 或以上，甚至绝收；茄子田间病株率一般在 10%～30%。

二、症状

茄科蔬菜青枯病属于细菌性维管束病害，保护地和露地都有发生。番茄植株发病后，通常是顶部嫩叶首先表现症状，特别是中午明显萎蔫，傍晚以后恢复正常，随着病害的发展植株的萎蔫症状逐渐加重，早晚不再能够恢复，一周内整株便可凋萎、枯死，但叶片无斑点、不脱落，并且仍保持绿色。辣（甜）椒青枯病的发病过程及症状与番茄青枯病相似（彩图 10 - 30 - 1，1～3）。但茄子青枯病的症状与番茄、辣（甜）椒青枯病略有不同，即发病初期仅个别枝上一片或几片叶颜色变浅，并呈现局部萎垂，随后逐渐蔓延扩展，有的植株全部叶片萎蔫，有的植株则是半边枝叶萎蔫、半边枝叶正常，或半片叶片萎蔫、半片叶片正常；病叶褪绿不变黄，直到最后全株叶片才逐渐变褐焦枯，病叶脱落或不脱落。

维管束变褐色是茄科蔬菜青枯病的重要共同特征，剥开病茎部的皮层或横切病茎，均可见木质部的维管束组织呈褐色，而且褐色部位往往从根部一直延伸到枝条，横切后的病茎在清水中浸泡或用手挤压切口，常有白色黏液溢出（彩图 10-30-1，4），发病末期枝条的髓部大多腐烂、空心，但病株根部正常。番茄病茎下端的表皮粗糙不平，常常长出不定根和不定芽。

三、病原

茄科蔬菜青枯病病原是茄劳尔氏菌 [*Ralstonia solanacearum* (Smith) Yabuuchi et al.]，属于薄壁菌门劳尔氏菌属。菌体短杆状，两端钝圆，平均大小为 $(0.5\sim0.7)$ μm × $(1.5\sim2.5)$ μm（图 10-30-1），极生鞭毛 $1\sim4$ 根，无芽孢和荚膜，革兰氏染色阴性。$27\sim35℃$ 适于病菌生长，$4℃$ 以下和 $40℃$ 以上不生长，致死温度为 $52℃$。

茄劳尔氏菌的寄主范围很广，可侵染 53 个科 200 多种植物。茄劳尔氏菌是一个复合种，根据寄主范围差异，可将该菌划分为 5 个生理小种：1 号小种为害多数茄科植物，包括番茄、马铃薯、茄子、烟草

图 10-30-1 扫描电镜下的茄劳尔氏菌（佘小漫提供）
Figure 10-30-1 Morphological characteristics of *Ralstonia solanacearum* from infected tomato plants (by She Xiaoman)

等，还为害其他科植物；2 号小种为害三倍体香蕉、海里康和大蕉；3 号小种主要为害马铃薯，对番茄和烟草有较弱的侵染能力；4 号小种侵染姜以及弱侵染马铃薯、番茄等其他植物；5 号小种对桑的致病力很强（表 10-30-1）。另外，根据菌株对 3 种双糖（乳糖、麦芽糖和纤维二糖）和 3 种己醇（甘露醇、山梨醇和卫矛醇）利用能力的差异，又可将茄劳尔氏菌分为 5 个生化变种（表 10-30-2）。生理小种和生化变种之间并没有严格的对应关系，但生理小种 3 只包含生化变种 2 的菌株。

表 10-30-1 茄劳尔氏菌的生理小种分类（引自 Buddenhagen 等，1962）
Table 10-30-1 Race differentiation of *Ralstonia solanacearum* (from Buddenhagen et al.，1962)

生理小种	寄主范围	生化变种
1	多数茄科植物	Ⅲ，Ⅳ，Ⅰ
2	三倍体香蕉、海里康和大蕉	Ⅰ
3	马铃薯、番茄和烟草	Ⅱ
4	姜	Ⅲ，Ⅳ
5	桑	Ⅴ

表 10-30-2 茄劳尔氏菌生化变种的划分（引自 Hayward，1991）
Table 10-30-2 Detection of *Ralstonia solanacearum* biovars (from Hayward，1991)

生化变种	双 糖			己 醇		
	乳糖	麦芽糖	纤维二糖	甘露醇	山梨醇	卫矛醇
Ⅰ	−	−	−	−	−	−
Ⅱ	+	+	+	−	−	−
Ⅲ	+	+	+	+	+	+
Ⅳ	−	−	−	+	+	+
Ⅴ	+	+	+	+	−	−

注 −：不能氧化某种糖或醇；+：能氧化某种糖或醇。

为害我国茄科蔬菜的茄劳尔氏菌以生理小种 1 为主，生化变种以Ⅲ型为主，其次是Ⅳ型，但这种传统的青枯病菌分类系统存在着一定的局限性，不能有效地反映出病原菌在遗传进化及地理起源上的差异，而且有些生理小种如 1 号生理小种包含过多的变种。新的分类方法将茄劳尔氏菌划分为种（species）、演化型（phylotype）、序列变种（sequevar）以及克隆（clone）4 个不同水平的分类单元，并建立了相应的鉴定方法。在青枯病菌种和演化型分类水平上，可直接采用演化型复合 PCR 体系进行快速鉴定，这种分类方法更能体现菌株的遗传进化关系和地理起源。我国茄科蔬菜青枯病菌均属于演化型Ⅰ，至少可分属于 1，12，13，14，15，16，17，18，34，44 和 48 等 10 个序列变种。

四、病害循环

茄科蔬菜青枯病属土传和水传病害，病原菌能在水中和土壤中长期存活。在20～25℃的纯水中，该菌能存活长达 40 年；但在极端的环境下，如高温、严寒、盐分胁迫，病原菌的种群数量会减少。在自然界中，病菌主要随病株残体在土壤中或在田间的中间寄主植物上越冬和渡过无茄科作物期；当无寄主植物时，病原菌在土壤中一般能存活 14 个月至 6 年之久，这些越冬病菌都可成为下

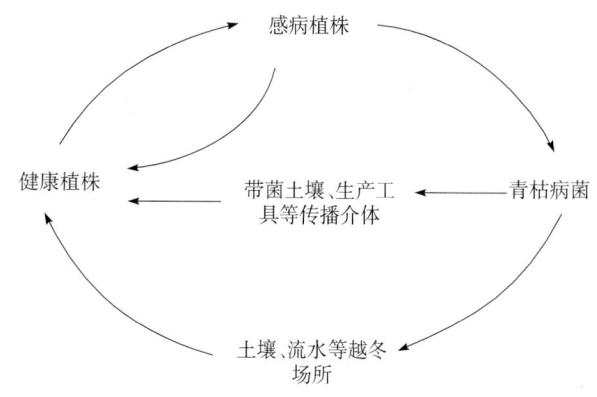

图 10 - 30 - 2　茄科蔬菜青枯病病害循环（佘小曼提供）
Figure 10 - 30 - 2　Disease cycle of bacterial wilt of solanaceous vegetables（by She Xiaoman）

季发病的初侵染源。在田间，病菌主要通过雨水、灌溉水、昆虫、带菌土壤及生产工具等传播扩散，通过伤口和自然孔口侵入植物，并最终使整株植物萎蔫。受侵染的植株发病后，新病株产生的病菌仍由土壤、病株残体和灌溉水等途径传播，在田间进行反复的再侵染（图 10 - 30 - 2）。

五、流行规律

（一）病害的传播与侵染

1. 传播扩散　青枯病为维管束系统病害。在田间，青枯病菌通过雨水、灌溉水、昆虫、生产工具等传播扩散，通常病原菌只需要一个侵染位点就可以系统地感染植物，并最终使整株植物萎蔫。

2. 侵染过程　青枯病菌通常可从植物根部或茎部的伤口侵入，引起发病。但在自然条件下，也能从没有受伤的次生根的根冠部位侵入，并穿过根冠和主根表皮间的鞘，侵入皮层细胞间隙，破坏细胞间中胶层，使细胞壁分离、变形，形成空腔，继而侵入木质部薄壁组织，使导管附近的小细胞受刺激形成侵填体，侵填体破裂后被释放进入导管，并在导管内大量繁殖和快速扩张，逐渐将导管堵塞，从而引起植株萎蔫死亡。此外，青枯病菌在导管中可产生大量胞外多糖，直接影响植物体内的水分运输，特别是容易堵塞叶柄和小叶片着生处的导管穿孔板，引起植株萎蔫和枯死；同时，该菌还能够分泌果胶酶和纤维素酶等多种细胞壁降解酶，这些酶也可能破坏导管组织。

（二）病害的发生与流行

高温、湿热的天气是青枯病发生和流行的重要条件，温度以 30～35℃ 最为适宜。然而，土壤湿度与发病关系更为密切，25% 以上的根部土壤含水量才利于病害的发生，通常长时间的降雨或大雨后立即转晴，气温急剧增高，病情显著加重。土壤的 pH 也会影响发病，pH 4.8～6.6 十分有利于发病，而土壤偏碱（pH 7.9～8.3）时病株率则较低。但各地区茄科蔬菜栽培的时间不同，流行的时间亦不同。总的来说，华南地区的广东、广西和海南等省份，露地番茄、辣（甜）椒和茄子每年可以种植两季，青枯病发生高峰期常在 5 月下旬至 7 月上旬以及 10 月上旬至 12 月上旬；华东地区的福建、江苏、浙江、江西和上海，露地番茄、辣（甜）椒和茄子青枯病发生高峰期多在 5 月下旬至 6 月下旬；云贵地区的云南和贵州以及华中地区的湖南、湖北和河南等省，每年在气候凉爽的山区或半山区种植两季茄科蔬菜，在炎热地方只种植一季，但青枯病发生期却在 6 月下旬至 7 月上旬。长江流域以北地区，每年露地和大棚各种植一季茄科蔬菜，青枯病往往只是零星发生，为害较轻。

我国南方的土壤偏酸，加上高温、潮湿的气候条件，很适合青枯病菌的生长发育。因此，南方青枯病

发生往往较重。此外，连作发病重，轮作、施足腐熟的有机肥或耕作时少伤根的地块发病都较轻。

六、防治技术

（一）农业防治

1. 选用抗（耐）病品种 由于青枯病菌寄主范围广泛、侵染来源复杂，细菌学特性差异大，使得青枯病的防治成为一个难题，选育以及种植抗病品种是茄科蔬菜青枯病最经济、有效的防治措施。目前，我国已育成和推广了一大批抗（耐）青枯病的茄科蔬菜品种，尤以抗（耐）青枯病的番茄品种较多，如阿克斯 1 号、新星 101、益丰、年丰、红箭樱桃番茄、浙杂 204、西粉 3 号、渝抗 5 号、毛粉 802 等番茄抗病品种；抗（耐）青枯病的茄子品种有紫荣 2 号长茄、红丰紫长茄、丰宝紫红茄、贝司特 3 号、瑞丰 1 号和琼 2 号紫长茄等；抗（耐）青枯病的辣（甜）椒品种主要有粤红 1 号、粤椒 3 号、粤研辣椒、桂牛 5 号、茂青 5 号、海丰 25、京甜 3 号、哈椒 8 号、湘椒 62、冀研 15、福湘早帅、苏椒 15、苏椒 16 和新椒 1 号，这些品种对减轻病害起到了良好的作用。由于青枯病菌的致病力分化复杂，变异能力强，各地病菌的致病力差异较大，所以要因时、因地制宜地选用适合当地栽培及消费习惯的抗（耐）病品种，栽种时还需注意品种的合理布局和轮换种植，防止大面积单一使用某一品种。

番茄苗期对青枯病的抗性鉴定可按照《NY/T 1858.3—2010 番茄主要病害抗病性鉴定技术规程第 3 部分：番茄抗番茄青枯病鉴定技术规程》进行。

2. 加强轮作和栽培管理 茄科蔬菜青枯病的病原菌可以互相侵染，因此，应避免番茄、茄子和辣（甜）椒的连作或邻作，可与瓜类、禾本科作物多年轮作，重病区需轮作 4～5 年，以减少土壤中的病菌残留量。

选择无病地育苗，采用高畦、窄垄种植，做到"畦、垄、围"三沟配套；提倡早育苗、早移栽，培育壮苗，促进早发，增强抗病性；早期中耕宜浅，到旺盛生长期要停止中耕除草，改为清沟埋草，避免伤根传病；适时整枝，避免病、健株同时整枝；使用充分腐熟的有机肥，合理配比氮、磷、钾肥等；避免大水漫灌，做好雨后排水工作。另外，对于酸性土壤，在整地时可撒施适量的石灰（根据土壤酸度确定石灰用量），然后耕翻混匀，使土壤呈微碱性，以减少发病；加强田间调查，一旦发现病株应立即拔除销毁，并在病穴中撒生石灰消毒，防止病害扩散。

（二）化学防治

目前，防治茄果类蔬菜青枯病的有效化学药剂较少，因此应尽量在发病初期用药，以提高防效。可用 72％农用硫酸链霉素可湿性粉剂 4 000 倍液，或 25％络氨铜水剂 500 倍液、77％氢氧化铜可湿性微粒粉剂 400～500 倍液、50％琥胶肥酸铜可湿性粉剂 400 倍液灌根，每 10d 灌根 1 次，连续灌 3～4 次。种子和幼苗的消毒处理也是防治青枯病的重要环节，可在播种前用种子重量 3％的 50％克菌丹可湿性粉剂拌种，幼苗定植前用石灰或芥子油饼处理土壤，可降低土壤的含菌量。

（三）生物防治

当前，防治茄科蔬菜青枯病的商品化生防制剂贫乏，只有 3 000 亿个/g 荧光假单胞杆菌粉剂（*Pseudomonas fluordscens*）、200 亿芽孢/g 枯草芽孢杆菌可湿性粉剂、0.1 亿 cfu/g 多黏类芽孢杆菌细粒剂等，对番茄青枯病有一定的防治效果，并且对人、畜、作物安全，还能促进植物生长。

何自福 佘小漫（广东省农业科学院植物保护研究所）

第 31 节 番茄花叶病毒病

一、分布与危害

番茄花叶病毒病是世界范围内分布最广的番茄病毒病之一，几乎所有番茄产区均有发生，20 世纪初，荷兰和美国已经报道了此病。1990—1995 年，我国对番茄花叶病毒病的发生情况开展广泛调查与系统研究，确认该病在我国各地均有不同程度的发生与为害。

番茄是全世界最广泛栽培的蔬菜作物之一，2010 年全球番茄产量达 1.5 亿 t，其中，我国番茄产量为 4 100 多万 t，占世界产量近 1/3，而该病每年可引起番茄减产 15％～25％。以此推算，全球每年因番茄花叶病毒病造成的经济损失可达上百亿美元，我国约 30 亿美元。自 2005 年以来，由于番茄黄化曲叶病毒病在我国广大番茄产区多地发生、迅速流行，常常造成毁灭性的危害，致使人们的目光高度地投向番茄黄化曲叶病毒病，而逐渐忽视了番茄花叶病毒病的危害性。

二、症状

番茄的整个生长期都可遭受花叶病毒病为害，侵染越早，受害越重，尤以初花期至坐果期受害最为普遍且严重。番茄花叶病毒病的典型症状为病株叶片呈系统性花叶，叶片浓绿和淡绿相间，浓绿部分稍隆起，呈疱状，使叶面皱缩不平；病株新长出的叶片变小、细长，甚至扭曲为畸形；叶脉、叶柄和茎部产生褐色坏死斑点或条斑，果面上也有坏死斑块，果肉变褐。高温时花叶不明显，但茎部和果实坏死较重，特别是具有 $Tm2^a$ 杂合基因的番茄，生长点和幼嫩枝条常常枯死（彩图 10 - 31 - 1）。若苗期被侵染发病，病株生长减缓，矮化。另外，受番茄品种、病毒株系、感染时间和环境条件等多种因素的影响，病株的症状也有较大的差异。

三、病原

番茄花叶病毒病的病原是番茄花叶病毒（*Tomato mosaic virus*，ToMV），为帚状病毒科烟草花叶病毒属的成员。病毒粒体刚直长杆状，大小约 18nm×300nm（图 10 - 31 - 1）。基因组为正义、单链 RNA，大小约 6.4kb，编码 4 个蛋白，其中靠近 5′端的 183ku 和 126ku 2 个蛋白是由基因组直接表达产生，主要参与病毒的复制，但也参与其他一些功能，比如基因沉默的抑制和病毒的细胞间运动等。另外 2 个蛋白，即病毒的外壳蛋白和运动蛋白则由基因组复制出负链 RNA 后，再由生成的亚基因组表达产生。该病毒寄主范围很广，能侵染茄科、十字花科、禾本科、藜科、豆科等百余种植物，番茄是其主要寄主之一。

番茄花叶病毒与烟草花叶病毒（*Tobacco mosaic virus*，TMV）的粒体均为长杆状，基因组为正义单链 RNA，在许多寄主上产生的症状基本相同，而且二者具有很近的血清学关系。因此，在相当长的一段时间内，ToMV 被认为是 TMV 的一个株系。1971 年才将 ToMV 从 TMV 中划分出来作为一个种，并明确 ToMV 与 TMV 同属烟草花叶病毒组，二者不但在病毒粒体形态与大小、血清学关系、物理特性、寄主反应、传播方式上都极为相似，而且外壳蛋白氨基酸组成上

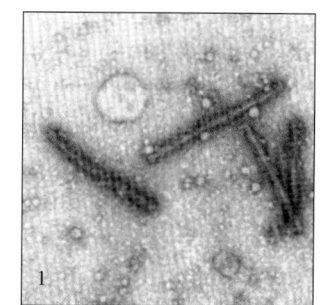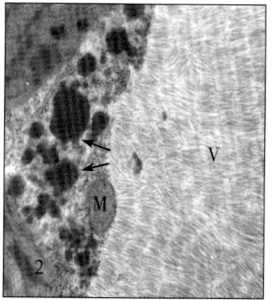

图 10 - 31 - 1　番茄花叶病毒粒体电镜照片（1. 引自 R. Silvia Moreira 和 L. R. Alexandre 等，2003；2. 引自洪健等，2005）

Figure 10 - 31 - 1　Virions of *Tomato mosaic virus* by electron scanning microscopy (1. from R. Silvia Moreira and L. R. Alexandre et al.，2003；2. from Hong Jian et al.，2005)

1. ToMV 粒体　2. 感染 ToMV 番茄细胞的超薄切片

也很相近。一般来说，我国番茄上发生的 ToMV 要多于 TMV。

除 ToMV 外，黄瓜花叶病毒（*Cucumber mosaic virus*，CMV）、烟草花叶病毒（*Tobacco mosaic virus*，TMV）、马铃薯 X 病毒（*Potato virus X*，PVX）及马铃薯 Y 病毒（*Potato virus Y*，PVY）等也能侵染番茄引起番茄花叶症状，而且这些病毒在田间常复合侵染，引起更复杂的症状。

四、病害循环

ToMV 非常稳定，广泛存在于自然界中，有着十分广泛的寄主，在植物、土壤、淡水、云、海水中均检测到 ToMV，甚至在丹麦格陵兰岛 500～140 000 年间的冰川中也检测到了该病毒。尽管如此，无论是露地栽培还是温室等设施栽培的番茄，其 ToMV 毒源主要还是来源于带毒的种子和耕作土壤，至于灌溉水在番茄花叶病毒病病害循环中的作用还需要进一步研究。

ToMV 主要通过种子上和土壤中携带的病毒侵染番茄幼苗，形成初侵染。没有发现 ToMV 有自然传

播介体，但该病毒很容易通过病株汁液摩擦传播。因此，病、健植株叶片的接触和田间农事操作都是田间 ToMV 传播与扩散的主要途径。

番茄种子带毒主要是外表皮黏附、外种皮及胚乳带毒，但胚不带毒。番茄种子的带毒率差异很大，有时种子带毒率很低，有时却高达 94%。在番茄种子的催芽、出苗过程中，这些带毒种子的幼苗即被侵染，移栽到大田的病苗即可成为发病中心，通过相邻植株叶片的接触和田间农事操作进行传播与再侵染。而对于受 ToMV 污染的土壤，病毒由番茄的幼根侵入，发病后，病株同样通过与相邻植株叶片接触及田间农事操作进行再次传毒和侵染。当番茄成熟时，部分轻病株所结果实常会与健康果实一起被收获，如留作种用，带毒的病果种子就可能混入而被播种；同时，病毒还会随病株残体遗留在田间耕作土壤中，从而成为初侵染源。另外，被病毒感染的中间寄主植物（如辣椒、烟草或杂草）上的 ToMV 也可能成为田间番茄的初侵染源（图 10 - 31 - 2）。

五、流行规律

（一）传播与扩散

ToMV 在土壤中、病残体和种子上越冬，在田间主要依靠病、健植株叶片的相互接触摩擦以及人为的农事操作进行传播与扩散。病毒也可以在众多中间寄主植物上度过田间无番茄生长的夏季或冬季，以后再通过田间农事操作传播到番茄植株上。

（二）流行因素

1. 高温干旱发病重 高温、干旱天气有利于番茄病毒病的发生，在露地番茄生产上尤为突出。一方面较高的温度有利于病毒在寄主体内的繁殖；另一方面，高温干旱天气不利于番茄植株的生长和对病毒病的抵抗。

2. 露地番茄发病比保护地重 露地番茄多在气温较高的春末或秋初季节种植，无任

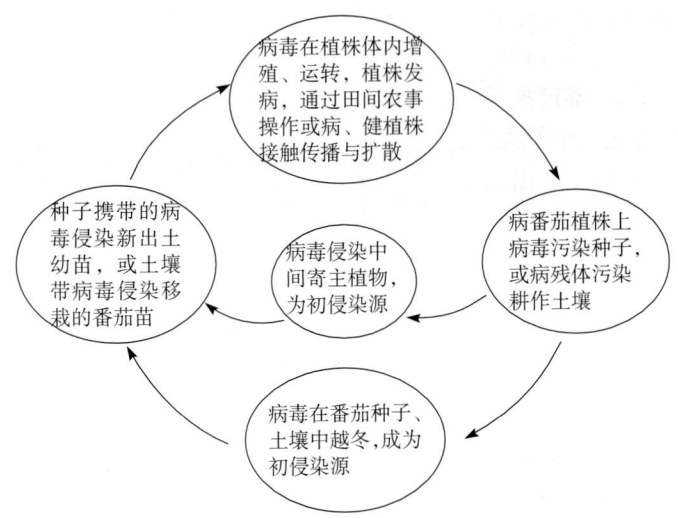

图 10 - 31 - 2 番茄花叶病毒病病害循环（何自福提供）
Figure 10 - 31 - 2 Disease cycle of tomato mosaic
(by He Zifu)

何保护屏障，易直接受到恶劣天气的影响，病毒病往往发生早、流行快、为害重；而保护地番茄生长在温度相对适中和栽培管理良好的环境里，塑料薄膜或其他屏障能减轻外界不良环境的干扰，植株生长健壮，毒源较少，病害发生常较露地轻得多。

3. 不同季节病情不同 在我国大部分番茄产区，一般夏番茄花叶病毒病最重，秋番茄次之，春番茄再次之，冬种番茄最轻甚至不发生。对于华南地区，由于夏季气温较高且持续时间长，不利于番茄生长，加之青枯病发生严重，所以夏种番茄很少；而冬季气温较高，冬种番茄面积较大，花叶病毒病的发生也较重。因此，华南地区番茄花叶病毒病以秋番茄最重，其次是春番茄和冬番茄。

4. 种植抗病品种发病轻 在 20 世纪 80 年代中期，曾引进及培育出一批抗 ToMV（或兼抗 CMV）的番茄品种，并在全国推广应用，显著地减轻了该病在全国范围内的发生与流行，成效十分显著。也正是如此，我国多数番茄产区基本上已有效地控制了番茄花叶病毒病的流行。

5. 老菜区病情重于新菜区 在老菜区，由于番茄自身或与其他茄科、十字花科、葫芦科、豆科等蔬菜作物长期连作或邻作，毒源丰富，花叶病毒病发生及病情往往较重。

6. 茬口较多地区发病重 如珠江三角洲菜区，番茄生产包括春种、秋种和冬种等，茬口较复杂，几乎一年四季都有番茄种植，花叶病毒病得以终年发生；但以冬种为主的粤西菜区，番茄花叶病毒病则较轻。

六、防治技术

（一）选用抗（耐）病品种

利用抗病品种是防治番茄花叶病毒病最经济、有效的措施。早在 20 世纪初，国际上就开始了 ToMV

抗性资源的筛选，并从野生番茄中得到了 3 个抗 ToMV 基因，即从多毛番茄（*Lycopersicon hirsutum*）中得到的 *Tm1* 和从秘鲁番茄（*L. peruvianum*）中得到的 *Tm2* 和 *Tm2²*。并将这 3 个基因广泛地应用于番茄抗 ToMV 育种，使得 ToMV 在全世界的发生与流行都呈明显的下降趋势。

在 20 世纪 70~80 年代，我国的一些科研单位和大专院校培育出约 60 个单抗、兼抗及多抗的丰产、优质番茄新品质及新品种；此后，每年均有数量不等的抗病、优质番茄新品种推出。先正达、圣尼斯、海泽拉等国外种业公司也纷纷在我国推出一些抗病、优质番茄品种。因此，各地生产者可根据当地市场需求，选择种植抗（耐）病、品质优良的番茄品种。

尽管抗病品种在番茄花叶病毒病的防治上效果极为明显，但是必须懂得正确地利用这些抗病品种。因为长时间、大面积地种植抗病品种往往会导致品种抗性的"丧失"，这种教训在历史上屡见不鲜。比如，*Tm1*、*Tm2* 和 *Tm2²* 抗病基因在释放后不久即可引起病毒产生突变，如果这些突变株成为优势种群，即可能导致病害的流行。因此，在抗病品种利用中，应首先明确当地 ToMV 株系分化情况，做到有的放矢，并避免长期大面积地种植含单一抗性基因的番茄品种。

在抗病育种中，番茄苗期对番茄花叶病毒病的抗性鉴定可依照《NY/T 1858.6—2010 番茄主要病害抗病性鉴定技术规程 第 6 部分：番茄抗番茄花叶病毒病鉴定技术规程》进行。

（二）种子消毒处理

病株生产出的种子带毒率往往很高，而种子带毒是 ToMV 的主要侵染源之一，特别是该病毒进行长距离传播的重要途径。因此，生产用种必须选择健康不带毒的种子，并进行种子消毒处理。可用 10% 磷酸三钠溶液浸种 0.5~2 h，清水冲洗干净后再催芽、播种。

（三）农业防治

1. 轮作 ToMV 污染的土壤也是该病田间主要侵染源之一。ToMV 可在土壤中或土壤中的病残体上长期存活，而连作可导致土壤中病毒的积累。因此，番茄应与非寄主作物（如水稻、玉米、小麦）进行 3 年轮作，有条件地区与水稻进行轮作效果更好。

2. 搞好田园卫生 作为中间寄主的杂草，在病毒病的流行中起着重要的作用。在番茄播种或定植前，尽可能地彻底清除棚室内外、田间地头的杂草，可减少毒源。前茬作物及番茄收获后，要彻底清除田间植株残体，并集中晒干烧毁，避免将田间病株残体直接翻耕到土壤中。

3. 避免农事操作传播病毒 农事操作是田间传播番茄花叶病毒病的一条很主要的途径。一旦发现田间病株，应及时连根拔除，并装入塑料袋中带出田外集中烧毁。不要将拔出的病株直接拖出番茄地，以免在拖出的过程中，病株与其他植株接触摩擦而传毒。田间整枝打杈、绑蔓、采摘等农事操作时，病、健株要分开进行；操作前最好用 3% 磷酸三钠溶液洗手和浸泡工具再经清水洗净，可减少带毒量，尤其是在接触病株后更须注意。

（四）化学防治

目前，用于防治番茄花叶病毒病的药剂及使用浓度为：20% 盐酸吗啉胍铜可湿性粉剂 500 倍液、1.5% 三十烷醇＋硫酸铜＋十二烷基硫酸钠水剂 1 000 倍液、10% 混合脂肪酸水乳剂 100 倍液、8% 宁南霉素水剂 800 倍液等。在发病初期喷药 1 次，视病情再施药 2~3 次，间隔约 10d，有一定延缓病情的作用。

（五）抗病基因工程

虽然传统的番茄抗病育种取得了显著成效，但由于人们发现的抗性资源及抗性基因有限，而且抗性基因常与劣质基因连锁，这成为培育抗病、优质番茄品种的主要障碍。为此，人们把目光投向利用基因工程来获得抗病毒番茄，即采用转病毒外壳蛋白（CP）基因、病毒卫星 RNA、病毒反义 RNA 或其他来源的抗性蛋白基因等方法，从遗传转化的后代中筛选出抗病的番茄植株。我国先后获得转 *TMV-cp*、*CMV-cp*、双抗载体和 *TCS* 等的转基因番茄，都对 ToMV 和 CMV 等表现出不同程度的抗性。

何自福（广东省农业科学院植物保护研究所）

第 32 节　番茄黄化曲叶病毒病

一、分布与危害

番茄黄化曲叶病毒病是中国也是世界上许多国家番茄上重要的病害之一。在我国，该病害主要分布在广西、广东、海南、云南、台湾、福建、浙江、江苏、上海、安徽、山东、河北、天津、北京、河南、湖北、陕西、甘肃、辽宁、内蒙古、新疆、四川、贵州等番茄产区。在国外,自 1964 年首次在以色列报道该病毒病以来,约旦、黎巴嫩、伊朗、泰国、印度、巴基斯坦、越南、尼泊尔、菲律宾、印度尼西亚、马来西亚、斯里兰卡、日本、埃及、坦桑尼亚、马里、尼日利亚、塞内加尔、苏丹、意大利、西班牙、土耳其、葡萄牙、阿塞拜疆、土库曼斯坦、乌兹别克斯坦、古巴、多米尼加、牙买加、墨西哥、美国、澳大利亚等国家均有分布。番茄不同生育期染病所造成的危害差异显著,通常感染愈早、发病愈重、损失愈大,如苗期感染,为害极其严重,可导致减产 80％以上,甚至绝收;定植后到开花前染病,为害也比较严重,一般减产 50％左右;而结果期感染,发病减轻、为害较小,减产 20％～30％。

二、症状

番茄植株感染番茄黄化曲叶病毒病的初期,顶部几片叶从叶缘开始褪绿黄化,叶片变小、皱缩、向上或向下卷曲,老叶症状不明显;随着病情发展,病株生长缓慢,叶片明显变小、边缘鲜黄色,叶脉间也变黄,叶片增厚、脆硬、皱缩、向上卷曲呈杯或盘状,植株顶部形似菜花;发病后期,植株严重矮化,枝条直立丛簇(彩图 10-32-1);病株开花迟缓,大部分花穗凋萎、脱落,结果稀少且畸形,果实着色不均匀,失去商品价值。

然而,该病的症状也不是一成不变的,随着病毒株系、番茄品种、植株生长期、病毒侵染时间、栽培管理以及气候条件的不同而改变。再者,番茄病毒病种类很多,经常是多种病毒同时发生,构成复合侵染,因此,田间症状往往十分复杂,不易辨认。但是,万变不离其宗,只要紧紧抓住该病的症状特点,即病叶很小、粗糙、变厚、边缘鲜黄色、上卷成杯状,病株严重矮化,顶端似菜花状,落花严重,结果少,在田间还是可以粗略识别的。

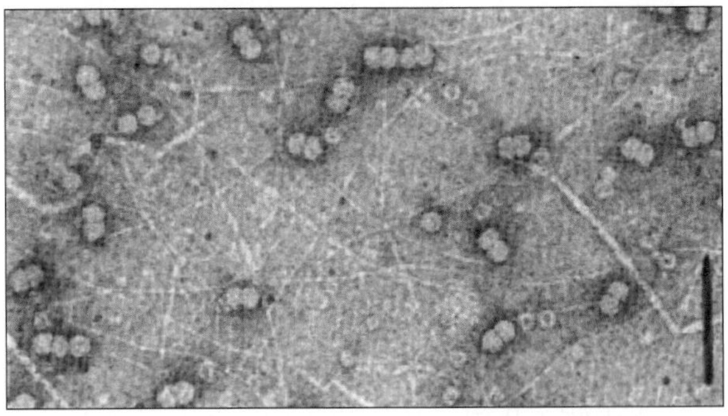

图 10-32-1　番茄黄化曲叶病毒粒体的电镜照片
(引自 Czosnek 等,2008)

Figure 10-32-1　SEM image of *Tomato yellow leaf curl virus* virions purified from infected tomato plants (from Czosnek et al.,2008)

三、病原

在世界范围内,可引致番茄黄化曲叶病毒病的病毒有 43 种,均属双生病毒科菜豆金色花叶病毒属。这些病毒有着共同特点,即病毒粒体均为双联体结构(或称之为孪生),每个粒体的大小约为 18nm×30nm,无包膜,病毒的基因组结构为单链环状 DNA(图 10-32-1)。

在为害番茄的 43 种病毒中,仅古吉拉特番茄曲叶病毒(*Tomato leaf curl Gujarat virus*)、新德里番茄曲叶病毒(*Tomato leaf curl New Delhi virus*)、锡那罗亚番茄曲叶病毒(*Tomato leaf curl Sinaloa virus*)、北碧番茄黄化曲叶病毒(*Tomato yellow leaf curl Kanchanaburi virus*)和泰国番茄黄化曲叶病毒(*Tomato yellow leaf curl Thailand virus*)共 5 种病毒为双组分(DNA-A 和 DNA-B),其余的病毒均为单组分,仅含 DNA-A,每个组分大小为 2.5～2.8 kb。DNA-A 编码 *AV1*(CP)、*AV2*、*AC1*、*AC2*、*AC3* 和 *AC4* 基因,DNA-B 编码 *BV1* 和 *BC1* 基因。

另外,中国番茄黄化曲叶病毒(*Tomato yellow leaf curl China virus*)、云南烟草曲叶病毒(*Tobacco leaf curl Yunnan virus*)、越南番茄黄化曲叶病毒(*Tomato yellow leaf curl Vietnam virus*)、菲律宾番茄曲叶病毒(*Tomato leaf curl Philippines virus*)和新德里番茄曲叶病毒(*Tomato leaf curl New Delhi virus*)等还伴随有卫星分子(DNA β),其大小为 1.3～1.4 kb。除了含有双生病毒科病毒保守的 TAATATTAC 9 碱基序列外,DNA β 与 DNA-A、DNA-B 几乎没有序列相似性。该卫星分子也有一个开放阅读框[ORF(C1)],编码 118 个氨基酸的 βC1,参与辅助病毒的致病与寄主植物的症状诱导,是症状相关因子。DNA β 不能自主复制,需依赖于辅助病毒编码的蛋白进行复制和系统运输。

值得注意的是,在双生病毒科菜豆金色花叶病毒属中,虽然某个番茄黄化曲叶病毒或某个番茄曲叶病毒为不同种，但它们侵染番茄引起的症状并无绝对差异，在某一时期番茄植株可能主要表现为黄化症状、叶片卷曲症状或叶片黄化且卷曲症状等，仅仅是该病毒的发现者命名时为了区分已有病毒种类的一种选择。因此，田间不能根据番茄植株的症状来确定是何种病毒侵染引起的，需要根据病毒的全基因组序列与国际上已报道的双生病毒基因组序列相似性比较加以确认。

我国已报道可侵染引起番茄黄化曲叶病毒病的病毒有 13 种（表 10 - 32 - 1），分别为中国番茄黄化曲叶病毒、台湾番茄曲叶病毒（*Tomato leaf curl Taiwan virus*）、广东番茄黄化曲叶病毒（*Tomato yellow leaf curl Guangdong virus*）、广东番茄曲叶病毒（*Tomato leaf curl Guangdong virus*）、广西番茄曲叶病毒（*Tomato leaf curl Guangxi virus*）、番茄黄化曲叶病毒（*Tomato yellow leaf curl virus*）、中国番茄曲叶病毒（*Tomato leaf curl China virus*）、中国番木瓜曲叶病毒（*Papaya leaf curl China virus*）、泰国番茄黄化曲叶病毒、烟草曲茎病毒（*Tobacco curly shoot virus*）、云南烟草曲叶病毒、胜红蓟黄脉病毒（*Ageratum yellow vein virus*）和中国胜红蓟黄脉病毒（*Ageratum yellow vein China virus*）。这些病毒均为单组分，仅含有 DNA - A。研究还发现，侵染我国云南番茄、烟草等作物的单组分双生病毒 DNA - A 普遍伴随有 DNA β 分子，且二者存在共进化关系。

表 10 - 32 - 1　侵染中国番茄的双生病毒种类及其分布
Table 10 - 32 - 1　Species of *begomovirus* infecting tomato and distribution in China

病毒名称	分布区域
番茄黄化曲叶病毒 （*Tomato yellow leaf curl virus*，TYLCV）	广西、广东、云南、江苏、浙江、上海、安徽、山东、天津、河北、河南、北京、新疆
中国番茄黄化曲叶病毒 （*Tomato yellow leaf curl China virus*，TYLCCNV）	广西、云南
台湾番茄曲叶病毒 （*Tomato leaf curl Taiwan virus*，TLCTWV）	台湾、广东、浙江
广东番茄黄化曲叶病毒 （*Tomato yellow leaf curl Guangdong virus*，TYLCGDV）	广东
广东番茄曲叶病毒 （*Tomato leaf curl Guangdong virus*，TLCGDV）	广东
广西番茄曲叶病毒 （*Tomato leaf curl Guangxi virus*，TLCGXV）	广西
中国番茄曲叶病毒 （*Tomato leaf curl China virus*，TLCCNV）	广西
中国番木瓜曲叶病毒 （*Papaya leaf curl China virus*，PLCCNV）	云南、广西
泰国番茄黄化曲叶病毒 （*Tomato yellow leaf curl Thailand virus*，TYLCTHV）	云南
烟草曲茎病毒 （*Tobacco curly shoot virus*，TCSV）	云南
云南烟草曲叶病毒 （*Tobacco leaf curl Yunnan virus*，TLCYNV）	云南
胜红蓟黄脉病毒 （*Ageratum yellow vein virus*，AYVV）	海南
中国胜红蓟黄脉病毒 （*Ageratum yellow vein China virus*，AYVCNV）	海南、广西

在自然条件下，引起番茄黄化曲叶病毒病的双生病毒均是由烟粉虱（*Bemisia tabaci*）以持久方式传播，而机械摩擦和种子不传毒。病毒在介体烟粉虱刺吸番茄植株汁液的同时将该病毒带入植物细胞内，经胞内运转进入细胞核，并利用寄主细胞内的复制系统大量地繁殖和转录病毒基因组 DNA。该病毒是以滚环复制（rolling circle replication，RCR）的方式进行病毒基因组的复制，可分为两个阶段：第一阶段是合成互补链，以病毒链 DNA 为模板，在病毒和寄主因子（依赖寄主的 DNA 合成酶系）作用下合成超螺旋共价闭环 dsDNA；第二阶段进行病毒基因组滚环复制，以 dsDNA 为模板，在病毒复制因子（Rep/RepA、REn 等）和寄主细胞内复制因子的作用下，以滚环复制方式合成 ssDNA。病毒在通过滚环复制形成 dsDNA 中间体的同时，还进行着病毒基因组的转录。双生病毒的 IR 区包含有双向的启动子，能够通过双向转录的方式产生 mRNA，表达出病毒各蛋白。在具有移动功能的蛋白（单组分 MP，双组分 BV1、

BC1、MP）等作用下，ssDNA 在胞间移动。病毒衣壳蛋白（CP）包裹 ssDNA 装配形成典型的病毒粒体，病毒粒体进入韧皮部筛管中进行长距离运输，随介体烟粉虱取食传播到新的寄主植物上，进入新一轮的侵染循环（图 10 - 32 - 2）。

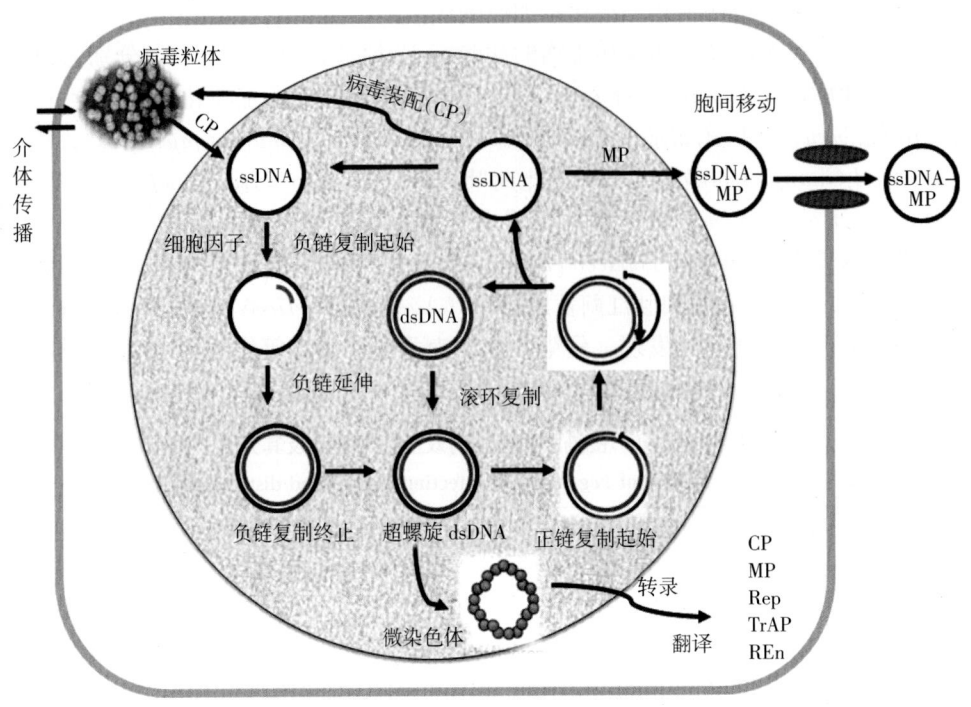

图 10 - 32 - 2　番茄黄化曲叶病毒在寄主细胞内复制

（何自福参考 Briddon、Stanley 和 Gutierrez 后制作）

Figure 10 - 32 - 2　Replicative cycle of *Tomato yellow leaf curl virus* in host cell（by He Zifu after reference to the Briddon ，Stanley and Gutierrez's figure）

四、病害循环

在广东、广西和海南，由于田间周年均有农作物种植，而且杂草种类繁多，这为介体烟粉虱种群的存活和病毒的中间寄主提供了十分有利的条件，进而为番茄黄化曲叶病毒病的流行提供了丰富的传播介体和侵染毒源，使番茄黄化曲叶病毒病在华南地区春、秋茬番茄上均严重发生与流行。华南地区的番茄黄化曲叶病最先是由烟粉虱或番茄带毒苗传播到大田，形成 1 个或多个发病中心；病毒通过烟粉虱从发病中心向四周扩散传播，在大田番茄病株与健株间辗转侵染与为害。当番茄收获结束后，菜农清理番茄植株残体，烟粉虱从番茄植株上大量迁移到周围寄主植物上，其中部分烟粉虱携带着病毒从番茄病株上传播到中间寄主植物（如番木瓜、胜红蓟、鬼针草等）上；当下一茬番茄开始育苗或移栽大田后，烟粉虱

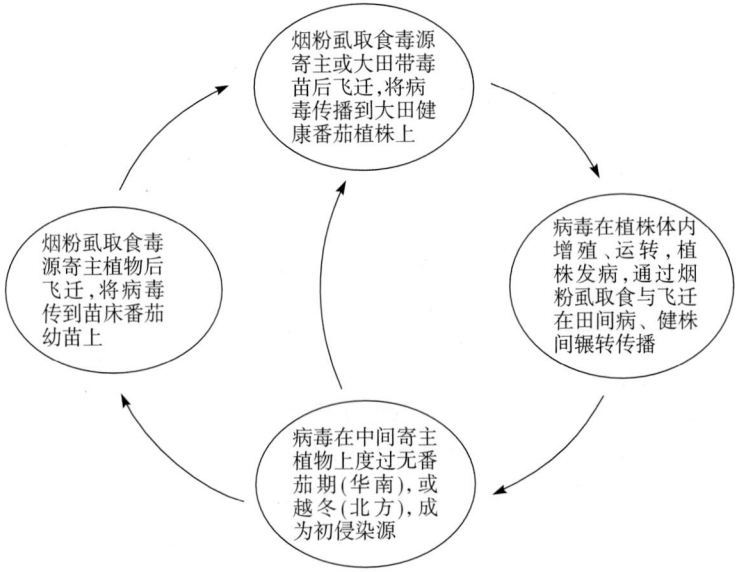

图 10 - 32 - 3　番茄黄化曲叶病毒病病害循环（何自福提供）

Figure 10 - 32 - 3　Disease cycle of tomato yellow leaf curl（by He Zifu）

再次从菜田周边中间寄主植物上陆续迁移到番茄上，部分烟粉虱带毒在刺吸番茄植株时传播病毒。如此春去秋来，循环往复，构成华南地区番茄黄化曲叶病毒病的循环（图 10 - 32 - 3）。其中，烟粉虱在番茄黄化曲叶病毒病的循环中起关键作用。

在我国的山东、江苏、安徽、浙江、福建、上海的华东地区和北京、天津、河北、山西、内蒙古的华北地区，番茄黄化曲叶病毒病的病害循环与华南地区稍有不同。介体烟粉虱在温室蔬菜或花卉等植物上越冬，其中，烟粉虱的部分寄主也可能成为病毒的中间寄主；当番茄种植后，病毒随着烟粉虱带毒传播，并在大棚中进行辗转侵染与为害。同时，温室中的病株及带毒烟粉虱也是露地栽培番茄的主要毒源。因此，烟粉虱的越冬场所是我国北方番茄黄化曲叶病毒病病害循环的关键。

五、流行规律

（一）番茄黄化曲叶病毒病传播扩散及侵染条件

1. 传播与扩散　番茄黄化曲叶病毒病的自然传播介体为烟粉虱，以持久方式传播，其中以 B 型烟粉虱传播效率最高。另外，嫁接也可以传播，但种子和机械摩擦不能传播。因此，番茄黄化曲叶病毒病在田间和近距传播与扩散主要依靠烟粉虱，而长距传播与扩散主要是通过带毒番茄苗和带毒花卉苗木等中间寄主实现。

2. 侵染过程及侵染条件　当烟粉虱成虫飞到番茄黄化曲叶病毒病植株上，刺吸植株汁液的同时获得病毒，病毒粒体通过口针进入食道和消化道，穿过中肠膜进入血淋巴，到达唾液腺，最终进入唾液管；当烟粉虱再次取食时，病毒随烟粉虱的唾液一起排出进入番茄植株细胞，在细胞内进行复制、转录、翻译、装配与运输，进而为害番茄植株。

烟粉虱最短获毒饲育期和传毒饲育期为 15～30 min；但也有试验表明，应用 PCR，在获毒饲育 5～10 min 后即在烟粉虱体内检测到病毒 DNA。病毒在烟粉虱体内的潜育期为 8 h，病毒可在介体烟粉虱体内终身存在，进行传播。

（二）流行规律

1. 病害的发生与介体烟粉虱暴发相关　烟粉虱尤其是 B 型烟粉虱在世界范围内大暴发，导致其传播的番茄黄化曲叶病毒病广泛发生与流行。自 20 世纪 90 年代烟粉虱在我国各地相继暴发以来，目前已在 20 多个省份普遍发生与为害。虽然番茄黄化曲叶病毒病早在 1994 年广西即有发生的报道，但直到 2005 年，该病才开始在广西、广东等华南地区流行。从 2007 年开始，在浙江、江苏、上海、山东、河南、安徽、河北、天津和内蒙古等省份相继暴发与流行。一些研究证明，烟粉虱尤其是 B 型烟粉虱的大暴发是导致番茄黄化曲叶病毒病流行的主要原因。

2. 病害流行程度与烟粉虱种群密度密切相关　烟粉虱对番茄黄化曲叶病毒的传毒效率与其获毒及传毒时间的长短有关。烟粉虱在感染番茄黄化曲叶病毒的番茄植株上获毒 15min 时即可传毒，传毒效率随其获毒时间的延长而增加，24h 时达到最高，使 89% 的植株感染病毒；烟粉虱传毒的最短时间为 15min，传毒效率随其传毒时间的延长而提高，于 12h 时达到最高，使 94% 的植株感染病毒。烟粉虱对双生病毒的传毒效率还随其个体数量的增加而提高。烟粉虱在获毒 24h 后，单头带毒成虫即可将番茄黄化曲叶病毒传于健康番茄植株，使 18.5% 的植株感染病毒；当传毒烟粉虱达到每株 5～15 头时，其传毒效率可达 100%。当田间烟粉虱平均单叶成虫数量为 5.8 头时，温室番茄黄化曲叶病毒病的病株率为 60%；而在单叶成虫数量为 54.7 头时，病株率高达 100%。

3. 病害流行程度与栽培季节有关　在广东和广西等华南地区，番茄分为春茬和秋茬种植，每年 4～5 月、10～12 月分别为春番茄和秋番茄的发病高峰期，病害流行程度与番茄苗期感染情况及大田期烟粉虱种群量直接相关。一般秋番茄发病重于春番茄。

在江苏、上海等华东地区，4～5 月和 8～9 月分别是温室番茄和露地番茄黄化曲叶病毒病发病高峰期。一般的，高温季节栽培的夏秋番茄发病较重，低温季节的越冬番茄发病较轻。

4. 病害流行程度与栽培环境有关　由于目前我国番茄生产种植的品种绝大多数不抗番茄黄化曲叶病毒病，因此，一旦某一番茄产区发生了番茄黄化曲叶病毒病，此后就会逐年加重。一般的说，番茄老产区的病情要重于新植区，连作田重于轮作田，烟粉虱种群量大的田块重于种群量低的田块。

六、防治技术

(一) 选用抗 (耐) 病品种

利用抗病品种是防治番茄黄化曲叶病毒病最经济、有效的措施。目前，生产上可选用的抗病品种有迪芬尼、佳西娜、格利、荷兰 6 号、迪抗、航杂 3 号和西农 2011 等，且多来自国外公司。我国抗番茄黄化曲叶病毒病育种研究起步较晚，时间短，可应用的抗源也有限，但通过育种专家的努力，已选育出一些抗番茄黄化曲叶病毒病的品种，如红罗曼 2 号、秋展 47、佳丽 10 号、浙杂 301、苏红 9 号和 TY209 等，已开始在生产上示范与推广。

我国番茄黄化曲叶病毒病的毒原比较复杂，尤其是广东、广西和海南等省份，既有本地种（如中国番茄黄化曲叶病毒、广东番茄黄化曲叶病毒、广东番茄曲叶病毒、广西番茄曲叶病毒、台湾番茄曲叶病毒、中国番木瓜曲叶病毒等），又有外来入侵种（如番茄黄化曲叶病毒以色列株系）；其他省份主要是外来入侵种番茄黄化曲叶病毒以色列株系，这给全国各地培育和选用抗病品种都增加了难度。

不同抗病基因对不同病毒种类或株系的抗性有着明显的差异，一些抗病品种只对某种或某几种病毒表现出抗病，对另外一些种病毒却可能感病。因此，各地对抗病优质的番茄品种也需因地制宜地选用。

(二) 农业防治

1. 轮作 番茄黄化曲叶病毒的寄主范围相对较窄，比如自然寄主植物只是番茄、番木瓜、胜红蓟和烟草等。因此，生产上可通过与非寄主作物轮作，尤其是与水稻、玉米、小麦等作物轮作，达到控制病害的目的。

2. 防除病毒和烟粉虱的中间寄主 由于番茄黄化曲叶病毒不能离开寄主活细胞而存活，因此番茄收获后，病毒通过介体烟粉虱传播到田间中间寄主植物上，或显症或潜伏侵染。当下一茬番茄播种、移栽到大田时，病毒又通过烟粉虱再次传播、侵染番茄，引起病害。因此，清除田间中间寄主，对于防控番茄黄化曲叶病毒病至关重要。

(三) 防虫治病

烟粉虱是番茄黄化曲叶病毒的唯一自然传播介体，在番茄黄化曲叶病毒病的周年循环中起着至关重要的作用。虽然烟粉虱传播番茄黄化曲叶病毒是以持久方式传播，而且获毒饲育期与传毒饲育期仅15～30min，但病害的流行程度与烟粉虱的虫口密度却密切相关。因此，防治烟粉虱，有效控制其种群量，对于防治番茄黄化曲叶病毒病的流行有较大的作用。可采用以下两种措施防治烟粉虱。

1. 黄板诱杀烟粉虱 利用烟粉虱对黄色具有强烈的正趋性进行诱杀。将黄板垂直悬挂于番茄行间，黄板高度基本上保持与植株顶端相平，或稍低一点效果较好。

2. 药剂防治烟粉虱 烟粉虱发生初期喷药防治，可选用20％啶虫脒乳油 2 000 倍液，或25％噻虫嗪水分散粒剂 2 000～3 000 倍液、24％螺虫乙酯悬浮剂 4 000～5 000 倍液、10％烯啶虫胺可溶液剂 1 500 倍液、1.8％阿维菌素乳油 2 500～3 000 倍液、50％丁醚脲悬浮剂 1 500 倍液等，并注意轮换使用药剂，以防烟粉虱快速产生抗药性。

(四) 其他药剂防治

目前，用于防治植物病毒病的药剂及使用浓度为：20％盐酸吗啉胍·乙酸铜可湿性粉剂（病毒 A）500 倍液，或 1.5％三十烷醇＋十二烷基硫酸钠＋硫酸铜乳剂 1 000 倍液、10％混合脂肪酸水乳剂 100 倍液等。在发病初期喷药 1 次，视病情再施药 2～3 次，对于延缓番茄黄化曲叶病毒病的发生有一定的作用。

何自福（广东省农业科学院植物保护研究所）

第 33 节 茄科蔬菜根结线虫病

一、分布与危害

茄科蔬菜根结线虫病是世界上重要线虫病害之一，在世界各蔬菜种植区的分布十分普遍，为害异常严重。我国茄科蔬菜根结线虫病的问题也很突出，尤其以沿海地区沙质土壤类型的种植区发生最为严重，该病严重为害的省份主要为广东、广西、海南、福建、云南、山东、河南、江苏、上海、浙江、北京、河北、辽宁、黑龙江等。随着保护地蔬菜种植面积的迅速增加，特别是大棚温室的大面积推广，蔬菜栽植复种指数的提高，茄科蔬菜根结线虫为害日益严重。该病造成了番茄、茄子、辣（甜）椒等茄科蔬菜不同程度的减产，特别是番茄受害更重，一般减产 10％～15％，严重时达 30％～40％，甚至绝收。

二、症状

寄生茄科蔬菜的根结线虫仅侵染作物的根部，其中以侧根和须根最容易受害，在病根上形成大小与形状不等的瘤状物（根结），这是根结线虫病的特异性症状。根结的大小因根结线虫种类和寄主蔬菜种类的不同而有所差异，南方根结线虫引起的根结一般较大，形状多样，有时许多根结相互愈合为根结块；北方根结线虫引起的根结一般较小，并且或多或少呈球形。

番茄受到根结线虫为害后，根系发育不良，主根和侧根萎缩、畸形，形成大小不等的瘤状物或结节，形如鸡爪状，结节有时串生，使病根肿大粗糙。根结初时为白色、光滑质软，后转黄褐色至黑褐色，表面粗糙甚至龟裂，严重时病根腐烂。剖视番茄根部的结节，可见许多白色柠檬形雌虫，有时可见蠕虫形雄虫。根结上通常有稀疏细小新根，之后新根又被感染肿大。

根结线虫也可侵染茄科蔬菜的块根、块茎，例如马铃薯遭受根结线虫侵染后，块茎表面粗糙不平。根结线虫在利用口针取食植物根系直接引起根部肿大的同时，还在根部造成了伤口，其他病原物也会随同线虫一起形成复合侵染，使病害的发生与为害更加严重。

茄科蔬菜受到根结线虫为害后，一般植株地上部分不表现特异性的症状，只有在病害严重的情况下，病株才表现为发育不良、植株矮小、生长衰弱、叶片褪绿黄化、结果少而小和品质差等。如果土壤中根结线虫的密度很高，植株可能被严重侵染而呈现出萎蔫和死亡（彩图 10 - 33 - 1）。

三、病原

不同茄科蔬菜根结线虫病的病原线虫种类有所不同，主要种类包括南方根结线虫 [*Meloidogyne incognita* (Kofoid & White) Chitwood]、爪哇根结线虫 [*M. javanica* (Treub) Chitwood]、花生根结线虫 [*M. arenaria* (Neal) Chitwood]、北方根结线虫（*M. hapla* Chitwood）、象耳豆根结线虫 [*M. enterolobii* Yang & Eisenback]。国外报道，奇氏根结线虫（*M. chitwoodi* Golden, O'bannon, Santo & Finley）、佛罗里达根结线虫（*M. floridensis* Handoo, Nyczepir, Esmenjaud, van der Beek, Castagnone - Sereno, Carta, Skantar and Higgins）等，均属于线形动物门垫刃目根结线虫属。

一般来说，南方露地蔬菜根结线虫病病原以南方根结线虫为主；北方露地蔬菜根结线虫病病原以北方根结线虫为主，而大棚蔬菜则仍以南方根结线虫为主。南方根结线虫、爪哇根结线虫、花生根结线虫和北方根结线虫在雌虫会阴花纹的形态结构上有重要区别，是其重要的鉴别根据之一（表 10 - 33 - 1）。

表 10 - 33 - 1　四种常见根结线虫会阴花纹特征比较（引自张绍升，1991）

Table 10 - 33 - 1　Morphological comparison of perineal patterns for the four common species of root - knot nematodes（from Zhang Shaosheng，1991）

种名	鉴 别 特 征			
	背 弓	侧 区	角质膜纹	尾 端
南方根结线虫	高，近方形	侧线明显，平滑至波浪纹，有断裂纹和叉状纹	粗，平滑至波浪纹，有时呈之字形纹	常有明显的轮纹
爪哇根结线虫	低、近圆	有明显的侧线	粗，平滑至略有波浪纹	常有显著轮纹
花生根结线虫	低、圆，近侧线处有锯齿纹	无侧线，有短而不规则的叉状纹	粗，平滑至略有波浪纹	通常无明显轮纹
北方根结线虫	低、近圆	侧线不明显	细，平滑至略有波浪纹	无轮纹，有刻点

南方根结线虫雌虫梨形，无尾突，口针长 $15～16\mu m$，基部球圆形，与杆部有明显的界线，前端有缺刻；会阴花纹卵圆至圆形，背弓高、方形，背纹常为波浪状，侧区无明显侧线，部分线纹在侧面相交，常有一些弯向阴门的线纹。雄虫唇区不缢缩，唇盘大而高圆，中部凹陷，通常缺侧唇，口针长 $23～26\mu m$，

基部球圆形至长圆形，DGO（背食道腺开口）＝ 2～4μm；二龄幼虫体长 350～450μm，半月体位于排泄孔前或附近，尾长 43～65μm，透明尾长 6～14μm，尾尖端圆（图 10 - 33 - 1）。

根据鉴别寄主反应，南方根结线虫分为 4 个小种，而花生根结线虫分为 2 个小种。南方根结线虫所有 4 个小种、花生根结线虫所有 2 个小种都可以寄生番茄 Rutgers 品种（表 10 - 33 - 2）。据调查，南方根结线虫为我国最主要的根结线虫，其优势小种为 1 号小种。

四、病害循环

根结线虫是定居型内寄生的专性寄生物，它寄生在田间的寄主作物或野生寄主（如杂草）上。茄科蔬菜根结线虫主要以卵囊中的卵和卵内的幼虫在土壤中和蔬菜病残体上越冬，土壤温、湿度条件适宜时，线虫卵孵化为具侵染性的二龄幼虫。蔬菜出苗或移植后，土壤中的侵染性二龄幼虫向作物根部移动，寻找新根并用口针穿刺，在根尖端和根伸长区侵入寄主植物组织，刺激取

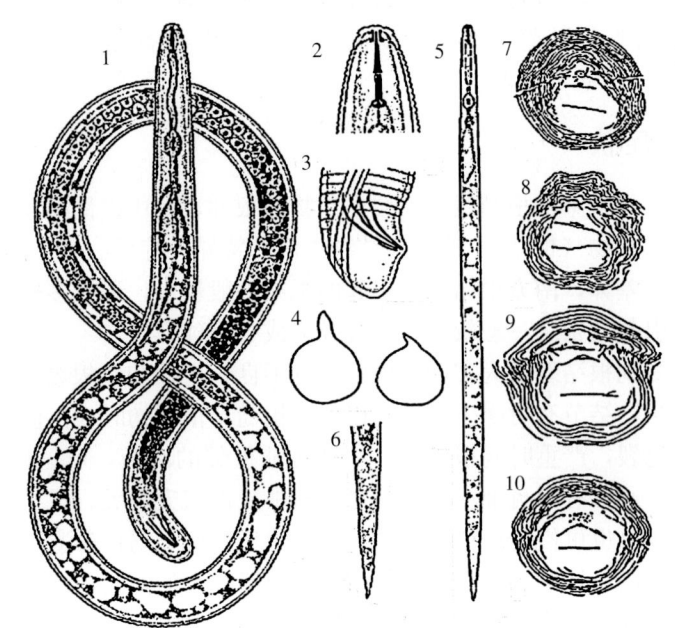

图 10 - 33 - 1　寄生茄科蔬菜的根结线虫形态（引自 Michel 等，2008）

Figure 10 - 33 - 1　Root knot nematodes parasitizing solanaceous vegetables (from Michel et al.，2008)

1～3. 分别是南方根结线虫雄虫的整体、头部和尾部　4 和 8. 分别为南方根结线虫成熟雌虫和会阴花纹

5 和 6. 分别为南方根结线虫二龄幼虫整体和尾部　7、9 和 10. 分别为爪哇根结线虫、花生根结线虫和北方根结线虫的会阴花纹

食点的细胞形成"巨型细胞"。二龄幼虫继续在巨型细胞上取食，蜕皮 2 次变为四龄幼虫，膨大成香肠状，在第四次蜕皮前，雄虫变为纺锤形，并在此次蜕皮后离开根进入土壤中。雌虫仍留在根内，继续发育变为梨形或柠檬形，成熟后产卵于虫体后部的胶质卵囊中。卵囊在一般情况下外露于根表皮。通常适合蔬菜生长的环境条件也适宜根结线虫的繁殖，在一个作物生长季节中，根结线虫能完成 1～3 个世代，在适宜的季节里，根结线虫完成一个世代需 30～40d。根结线虫可在茄科蔬菜的根部进行多次再侵染，最终导致植株产生严重的根结症状（图 10 -33 - 2）。

表 10 - 33 - 2　根结线虫常见种和小种对鉴别寄主的侵染反应（引自张绍升，2004）

Table 10 - 33 - 2　Reaction of differential host plants to root - knot nematodes species and races（from Zhang Shaosheng，2004）

线虫种名与小种名称		鉴别寄主					
		烟草 NC95	棉花 Deltapine	辣椒 California wonder	西瓜 Charleston grey	花生 Florruner	番茄 Rutgers
南方根结线虫	1 号	－	－	＋	＋	－	＋
	2 号	＋	－	＋	＋	－	＋
	3 号	－	＋	＋	＋	－	＋
	4 号	＋	＋	＋	＋	－	＋
花生根结线虫	1 号	＋	－	＋	＋	＋	＋
	2 号	＋	－	＋	＋	＋	＋
爪哇根结线虫		－	－	－	＋	－	＋
北方根结线虫		－	－	＋	－	＋	＋

注　＋：亲和，－：不亲和。

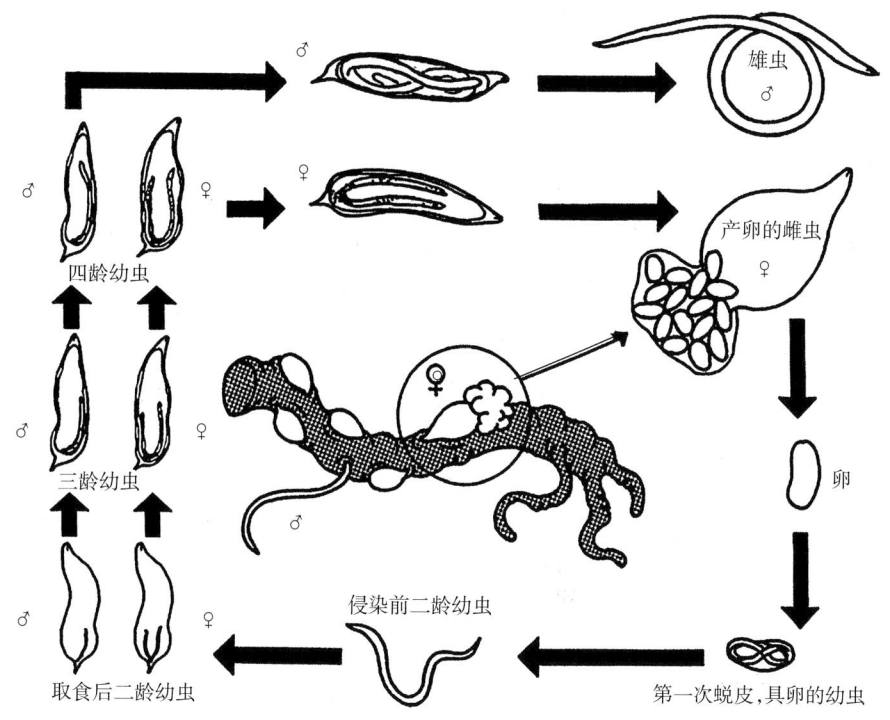

图 10 - 33 - 2 茄科蔬菜根结线虫的生活史（引自 Roland 等，2009）
Figure 10 - 33 - 2 Life cycle of root - knot nematodes parasitizing solanaceous vegetables
(from Roland et al.，2009)

根结线虫主要分布于茄科蔬菜根围的土壤中，一般以 10～20cm 土层中最多。残存于田间的根结线虫病病根、携带虫卵和虫瘿的病土，以及感病块根和球茎都是田间病害的主要初侵染源。根结线虫主动移动的距离有限，主要依靠被动扩散传播。随着携带线虫的农具、灌溉水和雨水等在田间作近距离传播与蔓延，也可随调运中的感病的种苗和种薯等植物材料作长距离扩散与传播。

五、流行规律

（一）栽培制度

茄科作物是许多根结线虫的优良寄主，因此，连年种植番茄或种植番茄后再种植茄子、辣（甜）椒等其他茄科作物，会增加茄科蔬菜根结线虫病的严重程度。连作年限越长，土壤中根结线虫的虫口密度越高，病害就会更加严重。由于保护地内通常连年种植容易感染根结线虫的茄科蔬菜或葫芦科蔬菜，因而保护地的根结线虫病往往显得十分严重。茄科蔬菜收获后，轮作其他非寄主植物或者休耕一段时间，就会使土壤中的根结线虫的虫口密度因"饥饿"而大大降低，从而减轻了根结线虫为害。特别是水旱轮作能有效减轻根结线虫病的发生，其原因不仅是茄科蔬菜的根结线虫不能寄生水稻，而且水田不利于根结线虫的存活。

（二）土壤结构

一般沙性土壤的根结线虫病要比黏性土壤的严重，这是因为在沙性土壤中，土壤结构较疏松、通气好，有利于维持线虫正常的生理过程，同时也有利于线虫的运动和侵入，所以，土壤中虫口密度高，为害作物重；另一方面，由于沙性土壤保水能力较差，使受害植物更难于获取生长所需的水分，因而加剧了症状的严重性。而潮湿、板结的土壤，通气状况较差，不利于根结线虫的生存和发育，土壤中虫口密度较低，线虫为害也相对较轻。

（三）温度

温度是影响线虫的存活、发育、孵化、运动和侵入的关键因素。北方根结线虫是一种温带地区作物的寄生线虫，生存的适宜温度一般为 15～25℃，卵孵化的最适温度为 25℃，在寒冷地区 1 年只完成 1 代，而在较温暖地区则 4～5 代；南方根结线虫、花生根结线虫、爪哇根结线虫和象耳豆根结线虫则是热带、亚热带地区作物的寄生线虫，较高的温度（25～30℃）对生存更为有利，爪哇根结线虫卵孵化最适温度为

30℃，在14℃时完成一个生活史需要56 d，26℃时为21 d。我国南方地区气温较高，茄科蔬菜根结线虫发生的世代相对较多，为害时间较长，一般南方地区的根结线虫病要比北方地区严重得多；同样的道理，大棚内的土壤比露地土壤升温早、温度高，线虫初侵染时间提前，繁殖世代增加，根结线虫病为害也相应加重。

（四）土壤水分

水分是维持线虫生活和运动的重要因素，土壤水分状况的好坏决定了根结线虫能否存活和移动。当土壤水分适中时，田间根结线虫的卵易于孵化，幼虫易于存活及在土壤孔隙中自由移动，因而线虫侵染率高，病害严重发生；当土壤水分较多或水渍情况下，土壤中的氧气不足，茄科蔬菜的各种根结线虫虫口密度大为降低，发病很轻；此外，天气干旱和土壤长时间缺水，根结线虫就处于缺水或失水的状态，线虫卵难以孵化，因而线虫病的发生就会受到很大抑制。

六、防治技术

（一）抗线虫品种

茄科蔬菜中番茄和辣（甜）椒的抗根结线虫资源比较丰富。现已从番茄资源中发掘出9个抗性基因：$Mi1$、$Mi2$、$Mi3$、$Mi4$、$Mi5$、$Mi6$、$Mi7$、$Mi8$和$Mi9$，其中Mi是目前唯一被克隆和利用的抗性基因，但热稳定性不好。目前，国外已有商品化的、抗根结线虫的番茄、辣（甜）椒和茄子品种，如我国从国外引进的抗线虫番茄品种博尔特、飞腾、凯蒂、巴利亚、凯美瑞、莎丽、CC779、W733、Nematex、瑞光和瑞星等；我国育成的抗根结线虫番茄品种主要有仙客5号、仙客6号、佳红6号、浙杂301、莱红2号、金鹏8号、樱红1号、粉玉1号和东农708等。另外，番茄品种与抗性砧木托鲁巴姆茄子嫁接，可大大提高番茄对根结线虫的抗病性；美国Fery利用回交转育方法育出两个抗南方根结线虫的甜椒品种Charleston Bell和Carolina Wonder，均具显性抗性基因N。

番茄苗期对根结线虫病的抗性鉴定可按照《NY/T 1858.8—2010 番茄主要病害抗病性鉴定技术规程 第8部分：番茄抗根结线虫病鉴定技术规程》进行。

（二）农业栽培管理

搞好农业栽培虽然是一种非常传统的农业防治措施，但却十分有用，可以显著减轻根结线虫为害茄科蔬菜。

1. 建立无病苗圃 选择没有发生过根结线虫病或没有种植感病寄主植物的地块建立育苗床，也可在播种育苗前对苗床进行土壤消毒处理，以杀灭土壤中的线虫，具体施药方法参见下面"药剂防治"中的有关部分。

2. 合理轮作 茄科蔬菜生产田宜与油菜、葱、蒜、韭菜、芝麻、蓖麻甚至万寿菊等非寄主蔬菜或耐病作物轮作2~4年，可降低土壤虫口密度，特别是与水稻、茭白、荸荠、慈姑、水芹、莲藕和芡实等水生作物轮作，收效非常明显。

3. 改良土壤和清洁田园 通常瘠薄的沙质土壤有利于根结线虫病的发生，而有机质含量高的土壤根结线虫病却往往较轻，可通过施用石灰、稻田土、鱼塘泥、腐熟农家肥或土壤改良剂等方法改良土壤，创造对根结线虫不利而对作物有利的土壤环境条件。田间作物收获后，要及时清理和销毁受线虫侵染的病株与病残体，以减少下季作物的初侵染源。

4. 植物诱虫 种植诱虫植物是大量杀灭土壤中根结线虫的好方法，即在种植茄科蔬菜之前，先种植1~2个月的菠菜、小白菜和小青菜等速生蔬菜，在线虫大量侵染植株后尚未产卵前连根拔除，可以大量地清除土壤中的根结线虫。

5. 科学管理水肥 浇水要适中，以能满足茄科蔬菜正常生长发育的水肥要求为宜，并要确保灌溉水源和水渠没有受到根结线虫的污染；施足有机肥或农家肥，但肥料必须充分腐熟、不带线虫，还需注意避免施用过多的氮肥，而要增施磷、钾肥。

（三）阳光消毒

阳光消毒土壤可降低土壤中根结线虫的密度，是防治茄科蔬菜根结线虫病的有效方法，即在种植前将保护地密闭起来，利用太阳能产生的高温杀灭土壤中的线虫。具体方法是先在棚内撒3~5cm厚的碎稻秸或其他作物秸秆，并均匀洒石灰水，翻耕土壤30cm深后浇水，土面覆盖塑料薄膜（黑色薄膜效果更好），同时封严大棚，高温闷棚15~16 d即可，露地蔬菜地也可参照此法进行消毒。此外，露地土壤翻耕后直接在阳光下暴晒也有一定的消毒效果。

（四）药剂防治

目前，国内外杀线虫药剂的种类不多，我国登记杀番茄线虫的药剂主要是0.5%阿维菌素颗粒剂（每公顷用药量为45kg）和10%噻唑磷颗粒剂（每公顷用药量为22.5 kg）。可在蔬菜移栽时沟施、穴施或撒施，线虫较重的地块或生育期较长的蔬菜也可在生长期间增施1次0.5%阿维菌素颗粒剂。对棚室内种植的番茄，在种植前约15d，可用98%棉隆微粒剂熏蒸土壤，每平方米用药量为30~45g。此外，每公顷土壤用75 kg的50%石灰氮颗粒剂（有效成分为氰氨化钙）消毒，对番茄根结线虫病有66%的防治效果，或每公顷土壤用30~37.5 kg的2% Agri - Terra 颗粒剂［有效成分为海藻酸丙二酯及疣孢漆斑菌（*Myrothecium verrucaria*）的代谢产物］消毒也有良好的效果。

（五）生物防治

目前，已有一些生防制剂控制番茄根结线虫病可收到一定的效果，如国外产品 BIOCON 菌剂［100亿/g淡紫拟青霉（*Paecilomyces lilacinus*）活体孢子］对番茄根结线虫病有较好防效，每公顷用药30 kg；此外，Royal 350［不规则节丛孢（*Arthrobotrys irregularis*）制剂］、Deny［洋葱假单胞菌（*Pseudomonas cepacia*）制剂］、线虫必克［国内生产的厚垣孢普可尼亚菌（*Pochonia chlamydospora*）制剂］以及一些源自细菌的生防制剂等。由于大部分生防制剂的防治效果不够理想，也不太稳定，生物防治方法还没有在生产中大面积推广应用。

廖金铃（华南农业大学资源环境学院植物病理系）

第 34 节　番茄筋腐病

一、分布与危害

番茄筋腐病也称条腐病、带腐病、黑筋病、青皮果或铁皮果等，是番茄常发性的生理病害之一，发生历史久远，分布范围广泛。世界上主要番茄产区无一不受该病为害，意大利、英国、俄罗斯、西班牙、荷兰、法国、德国、以色列、美国、巴西、墨西哥、阿根廷、古巴、印度、加拿大、菲律宾、泰国、日本、韩国、澳大利亚和新西兰等国该病发生往往较重。发病较轻时，发病率约20 %，仅部分果实因病而降低品质；但发病严重的地块，其病果率可达70%以上，产量损失为80%以上，甚至绝收。

我国于20世纪70年代初次发现番茄筋腐病，到80年代末就普遍发生，进入21世纪后，保护地番茄的发病率急剧增加。目前，除西藏地区鲜有报道外，其余各省份都有不同程度的发生。无论是保护地番茄还是露地番茄均受筋腐病为害，特别是冬、春季番茄受害较重。据报道，辽宁部分大棚番茄的发病率一般为20% 左右，重者高达70%~80%，严重地影响了番茄果实的商品质量和经济价值。

二、症状

番茄筋腐病主要为害番茄果实，病株生长比较正常，茎、叶上也没有明显症状，果实症状主要有下列两种类型（彩图10 - 34 - 1）。

（一）白变型

白变型是生产上常见的症状类型，主要在番茄绿熟至红熟期发生。病果着色不匀或不着色，或成熟后不转成红色的果实表面呈红黄相间，或红白黄绿相间等症状；有时果面呈半透明状，明显可见内部维管束组织变褐。发病轻的果实形状变化不大，发病重的果实靠胎座部位的果面呈绿色凸起状，其余转红或黄的部位稍凹陷，且果面颜色红黄绿不匀，发病部位具蜡样光泽。剖开发病较轻的病果，可见果肉维管束组织呈黑褐色，且褐变部位果肉硬化、不变红，食之淡而无味；病重果的果肉维管束则全部呈黑褐色，在横切面或纵切面的表皮下可见一圈褐色至黑褐色的点或线，即病果变色的维管束，剥去果皮后，可见褐色或黑褐色的网状维管束，与病果不转红（即黄、绿、白色）的部位对应的维管束也呈褐色或黑褐色，部分重病果内形成空洞，完全丧失商品价值和食用价值。

（二）褐变型

番茄筋腐病的病果有时表现为褐变症状。幼果期就可发生，特别是第一至三穗果的幼果，在果实膨大期果面上出现局部变褐，果面凹凸不平，隐约可见表皮下组织呈暗褐色，自果蒂向果脐逐渐出现条状的灰色污斑，严重时病果呈茶褐色、变硬、出现坏死斑或云雾状的灰色污斑，后期病部颜色加深，病健部界限明显；剖开病果可见维管束呈茶褐色条状坏死，细胞坏死，或果心变硬、果肉变褐，木栓化，也完全丧失商品价值和食用价值。

一般来说，番茄筋腐病不易从植株茎、叶的表现观察病情，但剖开距茎基部 20cm 以上的茎秆时，常常可见输导组织呈褐色病变，最终导致所结果实呈现筋腐病状，以此可与病毒病状相区别。

三、病因

番茄筋腐病是一种生理性病害，其发生与外界多种不良因素的综合作用密切相关，直接原因是番茄植株体内碳水化合物不足，碳氮比例下降，引起代谢失调，致使果实维管束木质化。具体因素有光照不足、空气不流通、低温、高湿、二氧化碳不足，或夜温偏高等，从而导致番茄体内碳水化合物的合成速度减慢和合成量减少；还有土壤中氮、磷、钾等营养元素比例失调，或生产上不合理偏施氮肥，或连作，或土温偏低，导致番茄植株缺钾，尤其是体内的铵态氮过多会引起番茄植株碳水化合物与氮的比值下降，也造成番茄植株新陈代谢失常和维管束木质化，最终导致发生筋腐病。

不同番茄品种对筋腐病的敏感性差异明显；另外，在保护地栽培条件下，番茄筋腐病常易与病毒病混合发生，加重了对番茄产量和质量的影响。二者的区别如表 10 - 34 - 1。

表 10 - 34 - 1　番茄筋腐病与病毒病的田间症状区别

Table 10 - 34 - 1　Symptom of blotchy ripening and virus diseases of tomato in the field

项目	筋腐病	病毒病
病害类型	非侵染性病害	侵染性病害，可由十多种病毒引起
发生时期	结果期	整个生育期
为害部位	果实	整个植株
植株	生长正常或偏旺盛	通常，叶、茎和果实均表现症状，植株往往皱缩、矮化等
叶部	肉眼观察没有明显症状	花叶、蕨叶、卷叶或坏死等
茎部	解剖病茎，在距茎基部 20cm 以上处，有时可见维管束变褐色	茎上常呈现褐色坏死或条斑，一般不深入内部
果实	着色不匀，重病果靠胎座的果面呈绿色凸起状，或茶褐色，发硬	果面常呈现褪绿花斑或坏死斑等，病果变小、发硬，甚至畸形

四、发生规律

随着番茄栽培方式的不同，筋腐病的发病时期也有所差异。该病主要发生在番茄果实膨大至成熟期，越冬栽培的番茄多在第二至三穗果大量发生，冬春季栽培的番茄多在结第一至二穗果过程中大量发生，病果在转色期显现症状。病害的发生程度与土壤中氮、磷、钾比例和土壤理化性质、施用肥料的种类等因素密切相关；有机肥的腐熟程度等亦影响该病的发生。多茬连作，氮肥过多，氮、磷、钾比例失调，施用未充分腐熟的有机肥等田块发病重。土壤含水量过高，通透性不好，妨碍根系吸收养分和水分，养分转移受抑制，导致番茄植株体内养分失调，则发病重。

番茄生产期间的环境条件对发病也有较大影响，特别是番茄果实发育期间的气候条件尤为重要。如长江中下游地区，当12月至翌年3月期间番茄果穗长期处在低温寡照的条件下，植株光合作用较弱，加上土壤温度偏低，影响番茄植株对养分的吸收，体内二氧化碳含量不足，导致番茄植株光合产物积累减少，新陈代谢失常，维管束木质化而诱发筋腐病的发生。不同种植时期和生育期的果实发病程度不同，一般是较早种植的番茄大棚发生重，且下部果实的病情重于上部果实；叶量大、生长势强的品种，病害较轻或不发病。

五、防治技术

引起番茄筋腐病发生的因素众多，只有采取综合治理的技术措施，才能收到较好的防治效果。

（一）选用抗（耐）病品种

生产上因地制宜选用抗（耐）病番茄品种，充分发挥品种优势，特别是在冬春栽培中，一定要种植耐低温、弱光品种，否则很容易发生筋腐病。比较抗筋腐病的品种有浙粉 202、浙杂 203、中杂 7 号、中蔬 4 号、萨顿、粉迪、佳粉 1 号、佳粉 2 号、佳粉 15、强力米寿、早丰、L-402、西粉 3 号、毛粉和美国大红等，可作为重病区的主栽品种；一般果皮薄的中型果、植株叶片中等的品种，熟性较晚、果实发育较慢的品种也较抗病。

（二）增强番茄植株的光合作用

选择采光好的地块建棚种植，并覆盖透光性强的农膜，保持薄膜清洁；选好适合当地番茄品种的播种期、定植期，避开低温寡照的生长季节；做到合理密植，防止栽植过密，结合绑蔓进行整枝打杈，并尽早摘去老叶和病叶，增加行间透光率和改善通风透光条件；及时通风换气，调节好棚温，早春和晚秋要防止温度过低，夏季则防止高温徒长；尽量使开花结果期的环境温度接近 25～30℃；在低温寡照的生长季节，最好增加辅助光照。

（三）实行配方施肥

保护地番茄施肥要掌握轻氮、少磷、重钾和补充钙、镁的原则，提倡配方施肥，即按番茄对氮、磷、钾、钙、镁的吸收比率，以及各种肥料在土壤中的吸收倍率进行施肥，保证各种元素比例协调；需施用充分腐熟的有机肥或生物菌肥，增施二氧化碳气肥，防止偏施氮肥，尤其避免过多施用铵态氮肥。

（四）科学灌水

选用排灌方便的田块，开好排水沟，降低地下水位；浇水宜少量多次，严禁大水漫灌，最好采用膜下暗灌或滴灌，确保坐果期土壤不过干、过湿，使土壤湿度适宜；雨后防止田间积水，降低田间湿度，保持土壤通透性良好。

（五）轮作换茬

实行轮作制，避免多年连作，南方推荐水旱轮作，北方可与非茄科蔬菜轮作换茬，缓解土壤养分的失衡状态，以满足作物正常生长的需要，特别是重病大棚的轮作换茬更为必要。

（六）及时喷施叶面肥

在发病初期，向叶面喷施 0.2％多元复合微肥溶液，这种微肥含有钾、钙、镁、硼、锌等多种营养元素，每 667m² 施用量为 120～200kg 溶液，约 7d 施用 1 次，共施 3～4 次。

在结果盛期和果实膨大期，追施叶面肥可起到预防筋腐病的作用，每 15d 施 1 次，连续喷施 2～3 次。

王汉荣（浙江省农业科学院植物保护与微生物研究所）

第 35 节 番茄生长调节剂药害

一、分布与危害

番茄生长调节剂药害是全世界番茄生产上的主要问题之一。由于各国都几乎种植番茄，为了满足市场日益增长的周年需求，人们想方设法地进行周年生产或反季节栽培，因此落花、落果现象频繁发生，给番茄生产造成了很大的损失，而使用外源植物生长调节剂［2，4-滴、番茄灵（对氯苯氧乙酸）等］来保花保果，收到了很好的效果。据报道，在 20 世纪 80 年代以后的 20 年间，每年植物生长调节剂的应用始终保持在 10％以上的增长速度，每年销售额高达数亿美元，甚至到了过分依赖的程度。在植物生长调节剂给番茄生产和种植者带来十分可观经济效益的同时，也带来了生长调节剂药害愈来愈普遍、愈来愈严重的恶果。几乎每年、每个国家的保护地的番茄都有发生，只是轻重程度不同而已，严重时产量损失达 50％左右，成为影响番茄产量和品质的又一个严重问题。

二、症状

番茄上应用的植物生长调节剂主要有 2，4-滴、对氯苯氧乙酸和乙烯利等，前两者主要用于保花保果，后者主要用于果实催熟。其药害都主要表现在果实上，其次是叶片。不同的番茄生长调节剂造成的药害有所差异，但基本上以果实和叶片的畸形最为常见，其中以2，4-滴的药害症状最为典型和常见（彩图10-35-1）。

受害果实顶端往往出现乳突状的畸形，俗称"桃形果"或"尖头果"；如果花梗残留有生长调节剂溶液，其残留处会出现褪绿至褐色斑痕，通常称之为"烧花"；受害花朵变褐、畸形，提早脱落或不能正常结果。叶片受害症状也十分明显，新生小叶通常不能正常展开，叶片或生长点向下弯曲，叶片僵硬细长，叶肉颜色较深叶脉较浅，纵向皱缩，叶缘扭曲，呈蕨叶状畸形，常被误认为是病毒病或茶黄螨为害所致；如果茎蔓受害，则凸起、颜色变浅。尽管受害叶片会随着生长加大而略有舒展，但至少需要10~15d，甚至1个月以上。

番茄的乙烯利药害主要表现在受害果实的果皮变薄、果肉变软，果面出现白晕区，并产生浅褐色至灰褐色、边缘褐色的凹陷斑；受药害的叶片变小、畸形，小叶一般向上扭曲，可与2，4-滴药害相区分。

三、病因

落花落果是设施番茄生产中经常发生的现象，一般可分两种情况：一种是营养不良落花，多数是由营养及水分供应不足、光照较差、夜温较高、各花穗之间营养供应不均衡导致，一般发生在开花前；另一种是生殖生长受阻落花，主要是由气温过低或过高，影响花粉萌发及花粉管伸长，产生了生殖障碍而引起，多半发生在开花以后。因为番茄开花坐果的最适宜温度为15~28℃，低于15℃或高于30℃，就可造成番茄落花、落果。

植物的生长发育在本质上受遗传特性的控制，但在一定的环境条件下，其生长发育进程又受到内源激素的调节，因此，植物激素对植物各种生理过程的正常进行起着至关重要的作用。番茄开花是其进入生殖生长的一个重要标志，这意味着在番茄植株上形成两个生长中心，一个营养生长中心（生长点），另一个生殖生长中心（花器官），植株制造的营养物质要同时向两个中心输送。然而，营养物质的分配是由激素参与完成的，向花器官输送营养物质的多少，直接影响到花器官能否继续发育并正常结果。

在番茄开花后进行授粉，可使番茄子房内的激素含量发生剧烈变化，并产生出大量的生长素，促使花器官吸收大量的营养物质，以保证结实。但是，在番茄开花前后，往往会遇到高温或低温、弱光、营养不充足、植株徒长等问题，使得番茄不能正常完成授粉、受精过程，或营养物质供应量不能保障子房膨大和果实形成的需要，从而发生了落花落果现象。此时，有必要采取人工授粉措施，向花器官处添加或补充外源生长素类物质，促进营养向花器官输送，以便达到保花保果的目的，于是生长调节剂蘸花的做法就应运而生，并且收效良好。但是蘸花时，对生长调节剂的使用浓度、剂量、方法和环境温度都有着严格的要求，只要有一项不符合要求，轻者起不到保花保果的作用，重者则出现生长调节剂药害。

四、发生规律

造成药害的外源植物生长调节剂主要为2，4-滴，其次是对氯苯氧乙酸。这两种生长调节剂产生药害的因素主要有以下几点。

（一）2，4-滴

2，4-滴只能用来蘸花而不能喷花。蘸花的常用浓度为每升溶液中含2，4-滴有效成分10~20mg，目前市场销售的2，4-滴溶液，在使用前要根据使用说明配制成合适的浓度，配制药剂不能用金属容器，以免发生化学反应，降低药效。

蘸花时间以花即将开放或刚开放时为宜，最好在上午露水消失后或下午高温过后进行，当一个花穗有2~8朵花开放时，用毛笔等工具蘸取药液涂抹花序的梗部、花柄或花上。不可将花序浸入药液，以免发生药害。一些早熟番茄品种对2，4-滴比较敏感，使用时需多加注意。

在下列情况下应用2，4-滴蘸花容易出现药害。

1. 室内温度过高或过低时 清晨气温过低、中午气温过高，或连续阴雨天时蘸花容易造成药害。据报道，即使在2，4-滴的浓度适宜的情况下，如果蘸花时的温度较高，仍会出现10%~15%的畸形果；阴天往往气温低、光照弱，药液在植株体内运输、吸收均较慢，也易出现药害。因此，应该选择晴天、气温不太高（20~25℃）时蘸花。

2. 重复蘸花 据调查，重复蘸花的畸形果率高达 50％～70％。因此，在对好的 2，4 -滴药液中加点红颜料，蘸过 2，4 -滴药液的花就明显可辨，能有效地防止重复蘸花。当然，如果用药过浓、过多时，也会形成 20％～30％的畸形果，特别是在高温时，2，4 -滴的药量偏浓和偏多，药害常常十分严重。

3. 药液接触生长点、嫩叶和花蕾 一旦生长点、嫩叶和花蕾污染了药液，则新枝不能正常抽出、叶片皱缩畸形，花蕾停止发育或枯死，影响番茄的生长和结果。

4. 肥水供应不足 2，4 -滴不是营养源，但是蘸花后，会使营养物质向花、果部分运转的速度加快，如果肥水供应不足或不及时，上层花朵就形成"瞎花"或脱落，直接影响植株正常生长发育。

5. 药液污染用具 用配制过植物生长调节剂药液的容器，又用来配制防治番茄病虫害的杀菌剂或杀虫剂等农药，往往会引起番茄生长调节剂药害，这种现象在生产中屡见不鲜。另外，大田作物喷洒除草剂时，药液会随风飘移到附近的番茄田块，也能引发药害。

（二）对氯苯氧乙酸

对氯苯氧乙酸（PCPA）又称防落素。在番茄每穗花序有 3～4 朵花盛开时喷洒对氯苯氧乙酸药液为宜，并且宜花开大些，不宜过小，每朵花用药 1 次即可，一般需隔 4～5d 喷药 1 次。在开花期比较集中时，一穗花序喷 1 次药就可以了，如果花朵很多，可再喷 1 次。尽管对氯苯氧乙酸比 2，4 -滴要安全些，但在下列情况下应用对氯苯氧乙酸也容易出现药害。

1. 药液浓度过高 对氯苯氧乙酸喷花的适宜浓度为 30～40mg/L。用对氯苯氧乙酸喷花后，最初子房膨大的速度要慢于 2，4 -滴，通常需 10～15d 后才逐渐赶上。对此，如误认为是由对氯苯氧乙酸浓度偏低所致，而不合理地提高了药液浓度或用药量，势必产生药害。

2. 温度或天气不合适 与 2，4 -滴蘸花一样，在烈日高温或阴雨天喷药很容易产生药害。即使用药量正常，如在气温低于 15℃时喷药，也易使番茄脐部形成乳突状药害；高于 30℃时，则形成脐部放射状开裂药害；如果喷雾器的质量很差，喷出的药液不是细雾状而是水滴流，也极易形成畸形果。

五、防治技术

2，4 -滴、对氯苯氧乙酸等植物生长调节剂之所以产生药害，主要是菜农不清楚它们的作用原理和使用方法，因此，加强对菜农的知识普及和操作指导至关重要，即需高度重视、预防为主。

（一）严格掌握使用浓度

植物生长调节剂的使用浓度应随着气温增高而降低，以日光温室春茬番茄为例，随着温度的升高，通常第一花序蘸花使用的 2，4 -滴药液浓度是 20mg/L，第二花序是 15mg/L，第三花序则是 10mg/L；对氯苯氧乙酸开始为 30～40mg/L，逐渐降至 20～30mg/L。反过来，秋季栽培则随着温度的逐渐下降，使用浓度要逐渐升高。

（二）掌握好使用时机

气温在 15℃以下或 30℃以上都不能使用植物生长调节剂，否则定会出现药害；初花期的花数少，可隔天蘸 1 次，盛花期花数多，要每天蘸 1 次；处理当天开的花要十分小心，处理早了容易形成僵果，处理晚了容易形成裂果；在药液中加入红色染料作标记，可避免重复蘸花，不能将 2，4 -滴药液洒落到番茄嫩枝或嫩叶上；严禁用 2，4 -滴药液喷花。

（三）采取挽救措施

番茄应用植物生长调节剂产生药害后，可用生理平衡剂 100g，白糖 100～150g，对水 35kg 进行叶面喷雾，连喷 2～3 次，可有效缓解药害症状，使番茄恢复生长。也可在形成药害初期用康丰素（大量元素水溶肥）5mL 对水 12.5kg 喷施，4d 后再喷 1 次，或用生命 1 号按说明喷施。同时应加大土壤水分的供应，以降低植株体内的激素浓度。

（四）振动或机器授粉

在 3～5 月，随着外界自然温度逐渐回升和棚室内光照增强，夜间温度也会有所提高，加之白天通风时间延长，空气湿度降低，致使室内生态条件已经比较有利于番茄的自花授粉，此时可振动植株人工辅助授粉。具体操作方法是：于晴天 9：00～11：00，以细竹竿或细木棒轻轻敲打花序近处的茎蔓，使花序震动，花粉散落于柱头上并授粉；也可以使用番茄花粉授粉器授粉，通过授粉器振动使花粉自然飘落到花柱上而达到授粉的目的。应用授粉器授粉具有安全自然、促进坐果、提高产量和节省成本的优点。

（五）熊蜂授粉

熊蜂被称之为农作物及园艺作物的授粉能手，而且熊蜂对低温及弱光不很敏感，授粉效率高。用熊蜂授粉不仅可以提高番茄的品质，而且比手工授粉成本要低得多。

此外，在 2，4-滴药液涂抹花柄或蘸花的过程中，往往会顺带地传播灰霉病菌。如果在 1L 2，4-滴药液中加 50％腐霉利可湿性粉剂 5g，混匀后使用就可有效地进行预防。

（六）农业措施

首先改善棚室内番茄生长的小气候环境，调整好适宜的温、湿度，白天为 23～30℃，夜间 15℃左右；冬季勤擦洗棚膜，夏季覆盖遮阳网，改善光照条件；适时浇水，加强通风换气，使番茄大部分时间在适宜的条件下生长和发育；本着"少吃多餐"和氮、磷、钾平衡施肥的科学施肥原则，在每穗果膨大期都要追施氮、磷、钾肥各一次，调节营养生长与生殖生长的平衡，使植株生长健壮。

王富（青岛农业大学园林园艺学院）

第 36 节　番茄、辣（甜）椒脐腐病

一、分布与危害

脐腐病又称蒂腐病、顶腐病，俗称"黑膏药斑"，是番茄、辣（甜）椒生产中一种典型的生理性病害，也是长期以来存在的世界性难题。据报道，番茄脐腐病在国外造成的经济损失很惊人，以色列减产常常在 40％左右，欧洲一些主要蔬菜生产国也在 20％～40％。

在我国，番茄脐腐病是个老病害，全年均有发生，尤以春、夏季为重，沙壤土和干旱年份为害更加严重。发病时常造成果实黑斑、腐烂，一般年份发病率为 30％～40％，减产 30％左右，严重年份可达 50％甚至更多，致使 90％的果实失去商品价值，直接影响番茄产量和菜农收入。然而，辣（甜）椒脐腐病却是 21 世纪以后逐渐显露出来的，这可能是随着保护地栽培的辣（甜）椒生产迅猛发展，特别是复种指数提高，再加上不少地方初夏时节常常遇到持续高温干燥，才使辣（甜）椒脐腐病呈逐年加重的趋势。2000 年，天津市的辣（甜）椒脐腐病发生比较少，但到了 2001 年初夏时节，正当大多数棚室里的辣（甜）椒处于坐果期，却普遍地发生了脐腐病；此后，辣（甜）椒脐腐病不断加重，尤其是甜椒脐腐病发病率较高，常常为 20％左右，个别地块可达 40％～50％。

二、症状

虽然番茄和辣（甜）椒的品种繁多，栽培环境也各不相同，但是脐腐病的症状却基本相同或相似。

（一）番茄脐腐病

番茄脐腐病多发生于番茄幼果的脐部，即花器残余部分及其附近组织，故称脐腐病。幼果膨大期（果实长至核桃大时）为主要发病期，尤以见不到阳光的第一、二穗果实较多，同一花序的果实几乎同时发病；果实发病初期，脐部出现水渍状病斑，后逐渐扩大到直径为 1～2cm，果实顶部凹陷、变褐（彩图 10-36-1，1）；严重时病斑可达半个果面，病部黑色，呈显著扁平状。干燥时病斑为革质，潮湿条件下病斑表面寄生了各种腐生真菌，并产生出黑色、白色或粉红色的霉状物。病株生长缓慢，叶片褪绿，结果量少，或所结果实发育不良、表面缺少光泽，果实发硬且提早变红。

（二）辣（甜）椒脐腐病

辣（甜）椒脐腐病发生在果实脐部附近，并逐渐向果面扩展；早期果实顶部（脐部）呈水渍状、淡绿色或黄色凹陷斑，随着病情的发展病斑逐渐扩大为暗褐色或黑色、不定形，横径可达 2～3cm，甚至扩至半个果实；病斑组织皱缩、中部呈革质化、扁平状。病果在病、健交界处着色变红并提早成熟；空气潮湿时，重病果的病斑表面常常长有腐生真菌，致使病斑呈黑色，内部果肉也变黑，但病部仍较坚实，不过一旦遭软腐细菌侵染后便会引起软腐。线形尖椒脐腐病多发生在脐下部，使果实弯曲；甜椒染病后，病斑在脐部连接成片并向果柄处扩展（彩图 10-36-1，2、3）。

三、病因

脐腐病是一种由生理代谢失调引发的生理性病害，不具传染性。长期以来，缺钙被认为是引起脐腐病

的直接原因，而土壤水分供应失调及养分分布不均则是引起果实缺钙的间接原因。

（一）缺钙栽培

钙在植物体内主要分布在营养器官或较老的组织中，是一个在体内很难移动的元素，即不能从较老的组织向较幼嫩的器官中转移，因此，缺钙症状往往发生在根尖、顶芽及生殖器官等部位，表现为根短小、茎及根尖分生组织细胞逐渐腐烂、死亡，生殖器官则表现出不结实或结实不良。

番茄、辣（甜）椒缺钙表现的特定部位是果脐。果实中钙的分布以近花梗端含量最高、花蒂端最低，增加营养液中钙的浓度，果实积累钙的速率和钙的含量就会随之增加。有研究指出，当营养液中的钙浓度过低（8mg/L）时，番茄就会出现严重的缺钙症状，顶端分生组织死亡，叶片坏死，不能结实；当钙浓度为100mg/L 时，尽管叶片、茎及第一、二果穗均没有明显的缺钙症状，但从第三穗果起脐腐病会增加，畸形果较多，颜色发黑，且种子较小。在钙浓度为 0～20g/L 的范围内，随着溶液中钙浓度的增加，脐腐病发生率则降低；超过了这个范围，随着钙浓度的增加脐腐病的发生率又有增加的趋势，这表明生长介质中过低的钙易引起脐腐病，但并不是脐腐病发生的必然因子。脐腐病只是生理缺钙所引起的次生症状，而真正原因则是根系对钙的吸收能力以及钙在植物体内的分布等众多因素，这些因素相互作用的结果便引发了脐腐病。

（二）影响钙元素向果实运输

1. 土壤中其他元素的含量　番茄、辣（甜）椒均为喜钙作物，对钙的需要量较多，而生产中往往不重视钙肥的施用，这是近年来脐腐病频繁发生的原因之一。但是，施用过多的碳酸铵、尿素和磷酸铵等肥料时，土壤溶液中的钙离子容易与碳酸根、磷酸根离子发生反应，结合成不易溶于水的碳酸盐及磷酸盐，难以被植株吸收和向果实输送；土壤中钾离子（K^+）、钠离子（Na^+）、铵离子（NH_4^+）、镁离子（Mg^{2+}）等阳离子过多，也会影响根系对水分、养分的吸收，尤其是对钙的吸收，不能满足果实对钙素的需求，导致脐腐病的发生。在一般情况下，土壤盐渍化程度越高脐腐病的发病程度也越重。其实，在多数情况下土壤并不缺钙，而是过量施用氮肥，使土壤溶液浓度增大，或肥料不腐熟，或施肥过多等因素引起烧根，影响植株对水分的正常吸收，也就间接影响到对钙素的吸收；另外，偏施氮肥造成植株生长过旺，耗水量过大，如突遇干旱，都会促进脐腐病的发生。脐腐病还与营养液中磷的浓度有关，增加磷的浓度可使果实、叶片、叶柄和茎的含钙量增加，有效降低脐腐病的发生率；相反，降低磷浓度，植物对钙的吸收下降，体内钙含量降低。

2. 土壤和空气中的水分不足　植物根部吸收的钙会随着木质部液流运输到叶片、果实等各个器官中，因此，影响根系吸收水分的各种因素必然要影响到植物对钙的吸收。根系吸水有通过根压主动吸水和通过蒸腾作用被动吸水两种方式。根系吸水和吸钙具有高度的相关性，钙优先到达并积累在蒸腾强烈的器官中。钙在植株体内运输的主要动力是蒸腾拉力，而果脐是番茄、辣（甜）椒蒸腾作用最弱的部位。当土壤水分供应不足、空气湿度下降导致蒸腾减弱时，钙不易运输到脐部就造成脐部缺钙，最终形成脐腐病。当空气湿度较低时，叶片是蒸腾失水的主要部位，钙元素向叶片的输入量远远高于果实，也导致果实钙含量降低，脐腐病发生增加。在高湿的环境中，叶片蒸腾速率下降，叶片与果实对钙的竞争减小，果实钙含量增加，脐腐病发生率降低。传统观点认为果实含钙量高则脐腐病发生率降低，虽然，经低湿处理的番茄果实钙的含量要显著高于高湿处理的，但低湿处理脐腐病的发生率却高于高湿处理，究其原因可能是由于在低湿处理条件下，果实的蒸腾作用增强，水分损失较多，伤及了原生质膜所致；高湿处理的果实含钙量虽低于低湿处理，但是果实却未遭到外界强光、高温等环境胁迫的影响，脐腐病发生率也就比较低。

3. 栽培介质中的盐度较高　脐腐病的发生与蔬菜品种的耐盐性密切相关，但与盐的种类无关。现在，温室蔬菜经常出现栽培介质含盐量高的问题，高盐度降低了根系吸水和钙的能力，可能是引起脐腐病的主要原因。

抗脐腐病的蔬菜品种在较高的盐度下发病率较低，而不抗病的品种即使在盐度较低时病害也很严重，但这并不意味着不抗病品种吸收钙的能力就低于抗病品种。当营养液电导率（EC）为 5mS/cm 时，不抗病品种的果实蒂部组织中钙含量均高于抗病品种；营养液盐度由 5mS/cm 增至 10mS/cm 时，不抗病品种中果实钙的输入和分布急剧下降，脐腐病大量发生，这显示出不同品种对盐分的敏感性不同。此外，胶酸钙、磷酸钙等钙化合物与细胞壁和细胞膜结构有关。在高盐下，胶酸钙、磷酸钙等含量往往降低，果实蒂部细胞组织受损，可能是诱发脐腐病的重要原因。

4. 温度过高　温度也是引起脐腐病的重要因素之一。目前，温室栽培中常向屋顶洒水以降低温度及叶片蒸腾速率，从而有效地控制了脐腐病的发生。但是，在阴天过后天气突然放晴的情况下，气温迅速升高、空气湿度下降，叶片蒸腾速率大为提高，果实钙积累急剧下降；此时的光照强度却在增加，光合速率也在增强，光合产物如蔗糖大量地运往果实，提高了果实细胞原生质膜对钙的需求，形成了钙在供需方面的矛盾；还有温度的升高，加速了同化物向果实转移，这在一定程度上阻碍了向果实输送钙，使果实蒂部钙的含量最低，加之果实迅速膨大时木质部的发育较差，从而导致脐腐病的严重发生。因此，可以认为夏季番茄、辣（甜）椒脐腐病频繁发生的原因，可能是高温导致向果实胎座和心室运输的钙量减少，不能满足细胞生长对大量钙的需求。

5. 生长素用量偏高　游离态生长素（IAA）具有极性运输的特点，番茄、辣（甜）椒果实中钙的运输可能与生长素的向基运输有关。有研究表明，生长素运输抑制剂 2，3，5 -三碘苯甲酸（2，3，5 - triiodo-benzoic acid，TIBA）能抑制番茄对钙的吸收，从而也增加了果实发生脐腐病的概率。

另外，茄科蔬菜连茬造成土壤中所需养分减少，一旦钙离子浓度低于临界值就可能导致脐腐病发生；此外，不及时整枝、疏叶和疏果，过多地消耗植株体内的水分和养分，也是引起脐腐病发生的因素之一。

四、发生规律

（一）栽培管理

水分供应不均、土壤中氮素或钾素过多、土壤酸性、开花结果期高温干旱、生长调节剂使用不当、栽培管理粗放以及品种不抗病等诸多因素都会影响到脐腐病的发生。虽然土壤钙素不足是果实缺钙的重要因素之一，但在实际生产中，往往却是土壤中氮素、钾素等含量过高，抑制了植株根系对钙的吸收，或土壤干旱影响了根系对钙的吸收，或是植株体内大量草酸与钙结合形成不溶性的草酸钙，当果实中钙含量低于0.2%时就容易发生脐腐病；在辣（甜）椒果实形成前缺钙，以后形成的幼果往往易发脐腐病。其次，土壤耕层浅、沙性大、土壤干湿不均，也极易引起脐腐病。还有土壤碱性过重、施用未腐熟的肥料或施肥浓度过高引起烧根以及根系发育不良，影响水分的正常吸收，也会导致病害发生。此外，在南方秋冬茬番茄的生长前期，常常出现高温天气，并常用 2，4 -滴或对氯苯氧乙酸保花保果，均容易出现脐腐病。

（二）品种特性

果实品种与脐腐病发病率有关。抗病品种果实中等偏小，而且挂果数中等、生长率适中及果实木质部发育较好；反之，易染脐腐病的品种挂果数多、生长快和果实较大。果脐端花器不易脱落和花痕大的番茄品种，易遭受腐生菌腐生，常加重果实受害；另外，茄科蔬菜品种间也存在敏感性差异，曾经有人将番茄、辣（甜）椒品种是否具有钙高效性作为筛选抗脐腐病品种的指标，然而一些研究指出，具有钙高效性的品种一般具有较高的吸水和吸钙能力，体内钙含量较高，如果该品种有较大的叶面积、冠层以及较强的蒸腾和根压，反而更易"夺走"果实中的钙，尤其是在低湿、高盐等环境中。因此，有人认为脐腐病与品种的钙高效性并无必然的联系。

五、防治技术

脐腐病是一种生理性病害，单纯地打药不能从根本上解决问题。生产中必须抓好肥水管理，调节好植株的生长和生理生化代谢过程，以达到预防为主、防控结合的目的。

（一）选用抗（耐）病品种

通常，圆形果或果实较尖、果皮光滑且较厚的品种比较抗脐腐病。比如番茄中有鲁粉 2 号、申粉 10号、申粉嘉华、嘉田 1 号、长春 1 号、橘黄佳橙、奇果、毛粉 802、佳粉 2 号、佳粉 10 号、中蔬 4 号等品种。目前，还没有发现抗脐腐病的辣（甜）椒品种，生产上可选择株型不要过大的品种，以避免旺盛的蒸腾作用引发水分失调。

（二）水分管理

补钙的关键是要有健壮的根系，良好的土壤环境（土壤透气性好、湿度适宜）是保证根系正常吸收钙的重要条件。因此，栽培中应保证土壤湿润，尤其在开花期、坐果期和果实膨大期等最易发生脐腐病的时期更是如此。定植时要浇足水，保证花期及结果初期有足够的水分供应；结果期应注意水分的均衡供应，特别是在初夏温度急剧上升时，需小水勤浇以防止高温伤害；雨涝时应及时排除田间积水，保持土壤湿润即可；宜在早晨或傍晚浇水，避免在高温干燥的中午浇灌。

（三）养分管理

目前，生产中普遍存在着营养失衡问题，即少施或不施有机肥，而单靠施化肥求增产的倾向，而且又偏施重施氮肥、少施磷肥和钾肥等，这是造成番茄、辣（甜）椒脐腐病频繁发生的外在原因。茄科蔬菜的产量高，需肥量大，果实采收期长，随着采收养分不断消耗，在采收期要及时补充养分，才能满足不断开花结果的需要。另外，结果期对钾、钙、镁的需求量较大，尤其是在果实膨大期。因此，生产上要结合茄科蔬菜的营养需求特点，合理施肥。

在土壤不缺钙的情况下应控制土壤溶液浓度，尤其是要控制好对钙产生拮抗作用的钾、镁和铵离子的浓度，以免影响钙元素的吸收。其次避免施氮过多，特别是速效氮不要一次施用过量，注意氮、磷、钾的配比适当。此外，适当增施有机肥减少化肥用量，既可改善土壤结构，为根系生长发育创造良好条件，又可增加土壤微生物群体数量，加快难溶性钙盐及其他养分的分解，提高土壤溶液中的养分含量，减少盐渍化的发生。

此外，根外施肥也很重要。番茄、辣（甜）椒定植后，用 1％过磷酸钙溶液或 0.5％硝酸钙溶液喷洒叶面，每 5～7d 喷 1 次，连喷 2～3 次，可防止缓苗期植株体内因钙量不足而影响新根的生长发育；从初花期开始，喷施叶面肥绿芬威 3 号（10％含钙量）1 000 倍液，或喷施全水溶性美林高效钙 300 倍液，每 7d 喷 1 次，连喷数次；坐果后 1 个月内是吸收钙的关键时期，更加需要补施钙肥。结合喷钙可喷施高效硼肥（硼含量≥20％）1000 倍液，隔 7d 喷 1 次，连喷 2～3 次；进入盛果期后，根系衰弱，吸肥能力下降，可以喷施磷酸二氢钾、硝酸钙、硼砂和尿素等的水溶液。叶面追肥宜选在晴天下午进行，以喷施叶片背面为主。使用氯化钙及硝酸钙时，不可与含硫的农药及磷酸盐（如磷酸二氢钾）混用，以免产生沉淀。

（四）其他措施

选择保水力强的沙壤土种植番茄、辣（甜）椒。对于碱性过重的土壤，可多施腐熟的有机肥以改良土壤性能，增强其保水能力。保持土壤 pH 为 6.5 左右为好，酸性土壤在播种前 1～3 个月，可施入生石灰调节土壤酸碱度；碱化土壤则施用熟石灰或石膏（硫酸钙）来矫正，还有补钙作用。定植时要带坨移植，避免伤根；最好将长势一致的幼苗种植在一起，以利于水分管理。病区宜采用地膜覆盖栽培，保持土壤水分相对稳定，有利于植株发根。天气炎热时，覆盖遮阳网，减少植株水分过度蒸腾。适时整枝，无限生长型的番茄品种一般宜用单干整枝法，留 2～3 穗果，花序上部留 2 片叶，每个花序选 5～6 朵花，保留 3～4 个果；生长期间要适时摘心，避免植株徒长。开花结果后，要及时摘除枯死花蒂和病果，减少植株水分和养分的消耗；结果后及时疏花、疏果，避免竞争钙。果实膨大期可在地面铺稻草或覆盖塑料薄膜以防止土温过高。另外，还需避免茄科蔬菜重茬连作。

徐新娟（河南科技大学生命科技学院）
董彩霞（南京农业大学资源与环境学院）

第 37 节　茄科蔬菜日灼病

一、分布与危害

茄科蔬菜日灼病也称日烧病，广泛分布于全世界，是高温季节茄科蔬菜生产中最常见的生理病害之一，尤以番茄、甜（辣）椒受害最重，茄子相对较轻，往往只在夏季特别炎热、强光直射的条件下发病。

我国各地的露地和保护地茄科蔬菜均可不同程度地发生日灼病，病害较轻时，仅部分植株的叶片被灼伤，对生产影响较小，一旦为害果实，则可造成不同程度的减产。一般露地栽培的蔬菜发生重于设施蔬菜，特别是在南方露地茄科蔬菜发病十分普遍、受害十分严重。通常番茄病果率为 30％～60％，严重时日灼病斑覆盖整个果面，几乎所有的果实都失去商品价值，损失极大；即使在高纬度的北方，只要连续出现炎热的天气，露地蔬菜也难以幸免。据报道，1998 年黑龙江省穆棱地区的甜（辣）椒发生日灼病，发病率高达 74％，减产 20％～40％。

二、症状

日灼病主要发生在茄科蔬菜植株外围和顶层的叶片和果实上。其症状随茄科蔬菜种类、发生时期、温度高低、时间长短及相关环境的不同而表现出一定的差异（彩图 10 - 37 - 1）。

（一）番茄日灼病

番茄幼苗或幼嫩植株发生轻度日灼时，幼嫩叶片常出现皱缩、弯曲或扭卷的症状，有的叶片呈线状或柳叶状；大多数花芽分化不正常，并造成花芽枯死或花序细小，也常导致落花、落蕾，或形成畸形果、空洞果和杂色果。日灼较重时，叶片不均匀地失绿褪色，花朵边缘焦枯，或落花、落蕾，进而叶片呈水渍状、不规则的坏死斑块，或叶片的一部分呈漂白状，最后叶片上形成不规则的白色枯斑，或沿叶缘灼伤干枯，或整叶、整枝永久性地萎蔫或干枯。果实发病，多表现在果肩部位，尤其是果实的向阳面最易受害，果面被晒成具光泽、半透明、灰白色或浅白色的革质状斑块；有的日灼斑表面皱缩、组织坏死，有的干缩、变硬、凹陷，有时病部果肉变成褐色块状，如同开水烫过。在潮湿的条件下，日灼部位易遭受腐生菌的寄生，并长出灰黑色霉层，病部腐烂。

（二）甜（辣）椒日灼病

甜（辣）椒的幼果和成熟果均可受害，主要发生在甜（辣）椒果实的向阳面。发病初期向阳的果面褪绿，以后病部果肉失水、表面变薄，形成黄褐色、有光泽、近似透明、灰白色或浅白色的革质状斑块，病部扩大后稍凹陷，最后组织坏死，病部易破裂，病果干缩变硬。轻者果实伤面小，褪色、畸形，病部表皮和果肉失水变薄，近革质，半透明，易破裂；而重者果实 5～7d 后变黄脱落。随着气温的升高和相对湿度的下降，病果率相应增加，受害程度逐渐加重。在潮湿条件下，病果的病部也易受腐生菌的侵染，长出灰黑色或粉色的霉层，最终腐烂。

（三）茄子日灼病

茄子日灼病也是以果实受害为主，苗床或棚室内栽培的茄子有时叶片也会发生日灼病，以上、中部叶片最重。叶片受害，较轻时只是叶尖或叶缘等部位变白、卷曲，重者则整个叶片变白、枯焦；果实向阳面遭受日灼后，果面出现褪色或发白的斑块，扩大后变为浅褐色，病斑组织坏死，皮层变薄、干燥后呈革质状，最后也遭受腐生真菌侵染，产生黑色霉层，湿度大时果实腐烂。有时果实向阳面的表皮与正常果实无异，但皮层下的组织坏死，呈浅褐色至黑褐色。

三、病因

茄科蔬菜日灼病是由强光暴晒引起的，系生理性病害，现以番茄为重点，阐述茄科蔬菜日灼病的发病原因。

番茄正常生长发育温度为 15～30℃，当受强烈日光照射、田间小气候的温度高于 35℃ 时，番茄植株的正常生长与发育被抑制，高于 45℃ 时番茄植株即受到伤害。

通常当生长的环境温度高于 30℃，番茄植株的呼吸消耗大于光合积累，造成营养状况恶化、叶色褪绿；在 40～45℃ 时，番茄植株正常生理机能受到干扰，花芽分化、花序形成以及叶片、果实生长都出现异常；高于 45℃ 时，空气湿度降低，土壤缺水，致使番茄植株水分供应严重失衡，短期内叶片、花器及嫩茎的部分组织即被灼伤，出现水渍状斑或浅黄色至枯白色的坏死。一般当白天温度在 35℃ 以上或夜间温度高于 20℃ 且持续时间超过 4d 时，在强烈日光的照射下，果实向阳面的果皮温度往往过高，加之水分蒸发激增，果面就可被灼伤，即发生日灼现象。

甜（辣）椒和茄子日灼病主要病因与番茄大致相同。即植株骤遇高温、低湿、强光照的气候条件，叶片和果实受高温灼烤、强光暴晒后，引起叶片和果皮的局部温度上升，水分大量蒸发，从而造成叶片、果面局部烧伤、坏死。

四、发生规律

日灼病发生的程度取决于茄科蔬菜品种、发生时期、受害温度和持续时间、光照时数、光照强度以及土壤含水量、果实着生部位等。通常株型较松散、叶片较浓密的茄科蔬菜品种，发病率往往偏低；而株型较紧凑、果实外露的品种发病率则较高。顶部和向阳果实由于直接受到高温强光为害，发病较重，中下部果实和叶背的果实发病则较轻。受高温强光暴晒的时间愈长，受害程度愈烈；果实向阳面与背阴面的温差愈大，发病愈重。果实的发育前期或转色期往往是日灼病的敏感期。因此，春季栽培的茄科蔬菜，如果果实膨大期和结果盛期正值盛夏和初秋的时节，日灼病必会高发且严重。一般来说，栽植过稀、叶片缺乏遮蔽、土壤蒸发加快、结果期缺乏微量元素、病虫害严重、植株发育不良、天气持续干热以及雨、露、雾天后暴晴暴热的田块，均易发生日灼病。另外，在长时间的高温和强光天气里，如果保护地浇水不足、放风不及时，或早晨叶片、果实上出现露水水珠，在强烈阳光的照射下，也会导致日灼病的严重发生。

五、防治技术

（一）选择早熟或耐热品种

因地制宜地选用早熟或耐热品种能够减轻日灼病为害，如番茄可选用浙杂 3 号、浙粉 2 号、农大 23、中杂 4 号、佳粉 10 号等新品种；甜（辣）椒可选用冀椒 1 号、大鹰王和椒王 K1 号等品种；茄子可选用辽茄 1 号、早茄 3 号、内茄 1 号、济南小茄、七叶茄、九叶茄、浙茄 1 号和杭茄 1 号等品种。

（二）覆盖遮阳网

为避免强烈阳光的直接照射，可在棚膜上加盖一层遮阳网以降低棚膜的透光性，减弱棚内光照，从而起到降低棚温的作用。

（三）科学栽培管理

采用一切科学合理的栽培管理措施尽量降低棚室内的温度，以减轻为害。如合理密植，使植株茎、叶能互相遮掩，减少阳光直接照射果实；合理整枝，促进植株健壮生长，保持植株拥有适量的叶片数，也能防止阳光直射；勤浇水，尤其是在幼果膨大期应保证充足的水分供应，适当增加棚室内湿度及果实、叶片的含水量，提高叶片的蒸腾作用，从而有效降低叶片温度，减轻高温强光为害；加强通风，保证棚室内、外空气流通，能降低棚室内温度；合理间作，每隔 4～6 行甜（辣）椒间作 2 行玉米，是防御日灼病简便有效的方法。

（四）配方施肥

根据不同茄科蔬菜对氮、磷、钾、钙、镁等元素的吸收比率，以及各种肥料在土壤中的吸收倍率进行配方施肥，保证各种元素的比例协调；施用充分腐熟的有机肥或生物菌肥，防止偏施氮肥，尤其避免过多施用铵态氮；叶面适当追施含有钾、钙、镁、硼、锌等元素的多元复合微肥，可提高植株应对高温强光的能力。

王汉荣（浙江省农业科学院植物保护与微生物研究所）

第 38 节　茄科蔬菜畸形果

一、分布与危害

茄科蔬菜畸形果或称变形果，即非正常的果实，通常是指在番茄、辣（甜）椒和茄子等茄科蔬菜果实生长发育的过程中，出现的与正常果实在形状、大小、色泽和硬度等方面不同的异类果实。畸形果是一种生理性病害，在全世界茄科蔬菜生产中都比较常见。

畸形果在我国露地和保护地种植的茄科蔬菜上均有发生，一般发生率为 5%～15%，但是番茄往往比辣（甜）椒和茄子重。发病较轻时，仅零星果实成畸形，经济损失不明显；但发生严重时，畸形果率常常高达 50% 以上，严重影响茄科蔬菜的产量、品质和经济效益。

二、症状

发生在各种不同茄科蔬菜上的畸形果，其症状和程度各不相同，甚至同一作物的不同品种，畸形果的症状类型和为害程度也不相同。

（一）番茄

1. 畸形果类型　常见的番茄畸形果有三种类型（彩图 10 - 38 - 1）。

（1）变形果。果实的结构没有很大的变化，但形态不完整，比如有椭圆形的、尖嘴形的或其他形状的。

（2）瘤状果。果实近萼片处或脐部有瘤状凸起，形状似鼻。

（3）脐裂果。这是结果早期最常见的一种畸形果，近果脐部位的果皮裂开，以致胎座组织及种子向外翻转，裸露出来。

2. 畸形果形状　可分为尖顶果、穿孔果、裂果、多蕊果、指突果、乳突果、空洞果、双子果、菊形果、椭圆形果和偏心果等多种类型。

（1）穿孔果。茎、叶生长正常，果实上有孔洞，从外面能看到果肉内胶状物质。

（2）裂果。果实的一部分裂开露出果腔，又称之为"草莓"，常发生于果实成熟期。常见的裂果主要有3种类型：一是放射状裂果，即多发生在果实绿熟期，以果蒂周围的果皮开始开裂，向果肩部延伸，呈放射状深裂，在果实转色前裂痕比较明显；二是环状裂果，也是以果蒂为中心，环绕果蒂，呈环状裂沟，多在果实成熟前出现，少数果从脐部开裂；三是条纹状裂果，即在果实表面呈现出横向或纵向的不规则条状开裂。幼果从侧面开裂的现象也时有发生，裂果的形态因品种而异，不严重时不影响食用，但外观差，商品性降低，从顶部开裂的容易腐败，基本没有商品价值。

（3）指突果。在果实花萼等附近形成指形状的突起。

（4）多蕊果和双子果。前者似多个果实聚集在一起，整个果实不完整；双子果是多蕊果中较简单的一种，两个果实并在一起，似双身果。

（5）菊形果。果实心室里的果肉凸起，心室内凹陷，形成多心室的菊花形果实。

（6）椭圆形果。比正常果扁平些，呈椭圆状，果实较大，心室多。

（7）偏心果。不像椭圆形果那样左右对称，而是中心偏向一侧。

（8）僵果。也叫豆果，果实坐住后，基本不发育，小如豆粒，大如拇指，僵化无籽的老小果实。

（9）空洞果。俗称"八角帽"，从外表上看，果实不圆滑，外形不饱满，心室塌陷进去，呈凹凸状，有棱沟；横断面大多呈多角形，切开果实后可以看到在果肉与胎座之间缺少充足的胶状物和种子，果皮与胎座分离，存在着明显的空腔，果肉不饱满。有些外形虽不带棱角，和正常果实一样，内部胎座却不发达，与果皮之间也存在着明显的空腔；空洞果一般在第三、四穗果中发生较重，通常植株表现徒长、叶片生长过度茂盛。

（10）乳突果和尖顶果。前者在果实的脐部出现乳头状的突起，后者出现尖尖的突起。

（二）甜（辣）椒

甜（辣）椒畸形果主要表现为果实生长不正常，瘦小、干硬，或长得像柿饼、蟠桃，或果实扁圆形、无规则形状，果实内几乎无种子或很少种子，或种子发育不良。在甜（辣）椒生产上还常见果实扭曲、皱缩和僵果等（彩图10-38-2，1）。

（三）茄子

生产上常见的茄子畸形果有僵果、扭曲果和裂果。此外，茄子还有极少的凹凸果、着色不良果、乌皮果和萼裂果等（彩图10-38-2，2、3）。

1. 僵茄　又称石茄，属于单性结实的畸形果，果实外观细小，质地坚硬，口感很差，长茄易弯曲。还会产生扁平果、歪果，果实不肥大，果实顶部凹陷，变成坚硬小果，或勉强肥大，形成圆形、较硬的果实；剖开僵果，可见内部存在很多空隙，基本无种子，胚珠极小。

2. 扭曲果　果实形状不正，外观扭曲难看。

三、病因

茄科蔬菜较长时间在低温或高温、光照不足、肥水管理不善或植物生长调节剂使用不当等不良条件下生长，造成花器和果实不能充分发育，从而出现尖顶、畸形；也可能由于养分过多、过分集中地输向正在分化的花芽中，致使花芽细胞分裂过旺、产生多心皮的子房和形成多心室的畸形果。

（一）番茄畸形果

在番茄花芽分化、果实膨大阶段，可能遇到各种各样恶劣的环境条件，就会形成各种各样的畸形果。

1. 穿孔果和指突果　当番茄幼苗处在2~8片真叶期，往往是第一花序至第三花序的形成时期，此期夜间如遇10℃以下的低温并持续10d以上，且光照不足，但肥水充足，可使花芽过度分化或花芽发育不良，从而形成穿孔果和指突果。

2. 菊形果、椭圆形果、偏心果、多蕊果和双子果　如果施用过量的氮肥和磷肥，而缺乏钙肥和硼肥，往往造成植株生长过于旺盛、花芽分化不良和心室数目增多的现象，致使形成各种各样多心皮的畸形果，特别是在夜温低且天气干燥的条件下发病最重。

3. 桃形果、乳突果和尖顶果 在低温、日照少、养分供应不足的情况下，植株长势过弱，往往容易形成少心室的尖嘴果；在生长调节剂浓度过高时，则容易形成桃形果、乳突果和尖顶果。

4. 裂果 在番茄花柱开裂或柱头受到机械损伤的情况下，常常造成果实顶部开裂，开花时缺钙则常形成花柱开裂；在花芽分化过程中，如果雄蕊不能与子房分离，开花时雄蕊就会靠在子房上，造成果实膨大时把雄蕊嵌在里面，在果实侧面形成纵向的弥合线，不能弥合之处便开裂；花芽分化期遇低温特别是夜温偏低、氮肥多或缺钙时易产生纵裂果；再如在果实生长期，遇高温、烈日、干旱、灌水不当和暴雨等情况，果实生长与果肉组织膨大的速度不同步，膨压增大，也就会出现各种裂纹果；还有在高温干旱持续时间长的情况下，花器易木栓化，但以后的温、湿度却比较合适，原木栓化的果皮组织不能适应果肉组织的迅速生长也能导致裂果；此外，裂果还与品种有关，果皮薄容易产生裂果。

5. 空洞果 花粉形成时如遇到弱光、低温或高温等不利环境时，常使花粉不饱满、花粉少或花药不能正常开放散粉，影响受精和形成种子，果实便成空洞；或在开花前两天喷施植物生长调节剂后，果实发育速度比正常授粉果实快，但胎座的发育跟不上，可致子房产生空洞；再如夜间高温时间持续过长，造成受精不良或果肉组织的细胞分裂和种子成熟加快，与果实生长的速度不协调，也易形成空洞果；还有冬季光照不足，光合产物减少，向果实输送的养分供不应求，也会形成空洞果；此外，四穗果以上的果实，营养物质的供应常常跟不上，或者需肥多的品种，生长后期营养跟不上，同样也会出现空洞果。

6. 僵果 在温度、光照不适的情况下，原本要落的花经过生长调节剂处理后勉强被保住，但果实并不能正常膨大从而形成僵果。

（二）甜（辣）椒畸形果

在同一果实内，如果只有部分花粉受精完全，所形成的部分果实组织发育正常，而未受精或受精不良部分则不能正常发育，最终会出现果实的果形不正；或雌蕊比雄蕊短、授粉困难，即使坐住的果实往往是单性结实的变形果；或气温过高或过低时，也会导致果形不正；温度在13℃以下时，常常不能正常受精，从而形成僵果；还有低温会影响养分吸收，果实发育不良，变形果明显增多；此外，土壤水分不足、植株生长衰弱的田块，都会出现大量的僵果、变形果以及落果。

（三）茄子畸形果

施入肥料的总量过多，或者喷施植物生长调节剂的浓度过高，或者开花期遇到低温容易形成双身茄；或花期低温或生长调节剂使用浓度过大，施肥过多，植株营养过剩，使细胞分裂过于旺盛，也易形成多心皮的畸形果；或开花前后遇到低温、高温或日照不足，造成茄子花粉发育不良，受精作用受到抑制利于僵茄的形成；植物生长调节剂浓度使用过高则易造成果实萼洼处的果皮细胞提前木栓化，后期果皮就易破裂；或在果实膨大过程中，干旱后突遇降雨或浇水过量，果实生长速度没有胎座快可造成裂果；还有在果实发育后期，土壤干旱或浇水不足、不及时，会形成暗淡无光泽的僵硬果实。此外，如果幼果遭受茶黄螨为害，到生长后期果实往往开裂，而且裂果苦涩，不能食用。

四、发生规律

茄科蔬菜畸形果与植株花芽分化和生长发育期间的温度密切相关，如遇持续低温，特别是遇8℃以下的低温，且持续天数达到10～12d，畸形果率非常高。

畸形果与茄科蔬菜的品种有着一定的关系。一般来说，需肥量大、心室数少、大果型的中晚熟番茄品种容易发生空洞果，小果型品种较少产生畸形果。早粉2号番茄的果皮薄且心室数多，易产生顶裂和横裂型畸形果，发病重时畸形果率高达82%；果皮裂开，果肉外露，完全失去商品价值；L402、中蔬4号等品种果皮厚且心室数少，易产生椭圆形或扁圆形畸形果，严重时畸形果率为56.7%，虽然果实畸形，可果皮尚完整，仍有一定的商品价值。因此，在同一年份、同样的环境条件下，由于品种不同，畸形果率和畸形症状有很大的差异。

畸形果与保果植物生长调节剂使用技术不当也有密切的关系。生产上为了防止番茄落花、落果，提高坐果率，在花期普遍采用2,4-滴或防落素（对氯苯氧乙酸）等植物生长调节剂进行蘸花。然而药剂的浓度、蘸花时的气温与畸形果的关系很大，尤其是药剂浓度的影响更大。如用植物生长调节剂蘸花处理时，即使气温较高（30℃以上），但植物生长调节剂浓度较低（10mg/L）时，不但不影响果实的形状，而且还能提高坐果率；然而在气温既高，植物生长调节剂又浓（30mg/L 以上）时，尽管坐果率有所提高，但畸形果率也随之增高，可达 13%～58%。

畸形果与肥水管理不善的关系也比较紧密。在很大程度上，畸形果的产生取决于植株的生长状况，而肥水条件又直接影响植株的生长。通常番茄发芽后 25～30d，第一花序的花芽开始分化，35～40d 时第二花序的花芽开始分化，60d 时第三花序花芽开始分化，这时的幼苗正处在 7～8 片真叶期，也就是说花芽分化阶段是在育苗期完成的；如果苗期第一、二、三花序形成时遇低温、水足、氮肥多、致花芽过度分化，易形成多心皮的畸形花，最终导致果实呈现为桃形、瘤形或指形等畸形果。因此，在肥水条件好、光照充足、昼夜温差大的条件下，往往幼苗生长旺盛、茎秆粗壮、叶片肥大浓绿，当长出 8 片真叶时，茎粗可达到 6.9～7.2mm，这样的植株往往易产生畸形果，畸形果率常为 17%～30%；而生长稳健、叶片绿色，8 片真叶时茎粗只有 4.8～5.2mm 的幼苗，以后形成的畸形果反而较少，畸形果率仅为 3%～5%。但是苗期较长时间处在低温或干旱的情况下，幼苗生长受到抑制，拉长了苗龄，往往会使花器木栓化，此后一旦条件适宜时，果实内部组织迅速生长，而早先木栓化的组织生长缓慢，势必造成裂果、疤果或籽外露果的现象。因此，冬春低温多雨年份畸形果较多，晚春或夏秋栽培的畸形果较少。

不同的农膜透光率和温度管理措施，对保护地内茄科蔬菜的空洞果率也有影响。如覆盖透光率只有 60% 左右的旧农膜，棚室内温度为 32℃ 以上时，番茄空洞果率高达 25%～30%；只要温度管理正常（25℃ 左右），空洞果率就只有 16%。反过来，覆盖透光率 80% 以上的新农膜，棚室内温度仍在 32℃ 以上，番茄空洞果率只有 13%，当将温度降至 28℃ 以下时，空洞果率仅为 5% 左右。蘸花时间也影响番茄的畸形果率。在花蕾期进行蘸花处理的番茄，空洞果率也很高，多在 80% 以上；而在正开花时蘸花处理的，空洞果率仅有 5% 左右。

在番茄生产中发现，随着结果部位的升高，空洞果率会逐渐上升，第一穗果的平均空洞果率仅为 5% 左右，第二穗果的平均空洞果率上升为 25% 左右，第三穗果的平均空洞果率降为 13%，但到第四穗果的平均空洞果率可高达 51.3%。此外，坐果前使用植物生长调节剂过量、光照不足、35℃ 以上高温时间持续较长、中后期肥水不足或过量等，均易诱发空洞果。

五、防治技术

（一）选用抗（耐）病品种

据报道，一些产量高、抗逆性强、遗传性稳定、耐低温、耐弱光的茄科蔬菜品种，畸形果的发生率比较低。如中杂 9 号、吉粉 3 号、晋番茄 1 号、河南 5 号、浙杂 7 号、吉农早丰、粤红玉、津粉 65、青岛早红和长春 4 号等番茄品种；京茄 1 号、京茄 10 号、京茄 20、三叶茄、高秆竹丝茄、墨茄、杭茄 1 号、浙茄 1 号、茄杂 1 号、茄杂 2 号、鲁茄 1 号、鲁茄 3 号和天津快圆茄等茄子品种；中椒 2 号、中椒 3 号、中椒 4 号、中椒 6 号、中椒 7 号、长灯笼椒、京彩玉妃和杭椒 1 号等甜（辣）椒品种，生产上可因地制宜地选用。

（二）调控好温度和光照

保护地夜间的温度应保持在 10℃ 以上，以 12～16℃ 为宜；如果低于 8℃，就要避免多肥多水，尤其避免氮肥过多，并适量增施磷、钾肥；开花期间如遇白天光照十分强烈的天气，需加强通风、遮阴降温，尽量控制温度在 25～28℃，35℃ 以上高温会影响花粉受精，容易形成畸形果。

（三）控制好水分

避免在地下水位过高的地块种植番茄，低洼地采用高畦栽培；浇水要做到适时、适量和均匀，干旱时不缺水，多雨时排干积水，始终保持适宜的土壤水分，高温期及结果期防止土壤骤然变干。

（四）实行配方施肥

在配方施肥原则的指导下，增施腐熟有机肥，不偏施或不过量地施用氮肥，严格控制铵态氮肥的施用量，适当补充钾肥，确保氮、磷、钾、钙和镁等各元素的比例协调。

（五）合理使用植物生长调节剂

严格掌握植物生长调节剂的使用时间、使用浓度、使用剂量和使用方法。当花瓣伸长到喇叭口时是蘸花的最佳时机，具体是在一个花序中有 50% 的花开放时进行蘸花即可；不蘸花蕾未全开的花，切忌重复蘸花，严禁喷施 2，4-滴溶液；蘸花时间以 8：00～10：00 和 15：00～16：00 为宜，并根据当时棚室内的气温确定使用浓度：气温在 15～20℃时，2，4-滴的使用浓度为 10～15mg/L，气温升高后，2，4-滴使用浓度需降为 6～8mg/L；气温低、花少时，每隔 2～3d 蘸花一次，盛花期每天或隔天蘸花；花量很大时，可改用对氯苯氧乙酸 25～40mg/L 喷花。经蘸花处理后的植株，及时选留 3～4 个果，其余的花和果都应全部疏掉，以保证养分集中供应，防止因营养不良而造成畸形果。也可以对茄子的花朵进行蘸花处理，但只有 3d 的最佳时间，即开花的当天和开放前的两天，以开放当天处理最佳；不能再提前处理，否则极易形成僵茄。此外，采用振动授粉的方法也可减少畸形果的发生。

（六）及早预防

坐果后，定期喷施 1%糖液，或 0.2%磷酸二氢钾液，也可喷施 0.2%的多元叶面微肥，隔 12～15d 喷施 1 次，连续喷施 2～3 次，对预防畸形果有一定的作用；增施 CO_2 也可以有效预防空洞果等畸形果的发生，但 CO_2 施用时间不能过长，浓度不能过高，否则就容易发生叶枯病。

王汉荣（浙江省农业科学院植物保护与微生物研究所）

第 39 节　茄科蔬菜低温冷害

一、分布与危害

茄科蔬菜低温冷害是一类世界性的生理性病害，各种形式栽培的番茄、茄子和辣（甜）椒都会发生，造成损失较大。在美国、俄罗斯、意大利、荷兰、希腊、土耳其、葡萄牙、西班牙、以色列、秘鲁、厄瓜多尔、智利、加拿大、法国、德国、匈牙利、奥地利、瑞士、日本、韩国、爱尔兰、瑞典、英国、比利时、波兰、澳大利亚、新西兰、墨西哥、阿根廷等国的茄科蔬菜生产中，低温冷害就经常发生。

为满足市场茄科蔬菜的周年供应，我国各地都想方设法地进行全年生产或反季节栽培，有些地方在秋冬季节进行延后栽培，有些地方甚至在气温最低的 12 月到翌年的 1 月间育苗，致使植株常常生长在温度过低且持续时间又长的不利环境中，必然会引发低温冷害；如果对栽培环境的控制能力较弱，低温冷害就更加普遍和严重。尤其是在黑龙江、吉林、辽宁、新疆、内蒙古、河南、山东、北京、天津、河北、宁夏、山西、陕西、青海、甘肃和贵州等省份的种植区，低温冷害对反季节设施栽培的茄科蔬菜为害更加严重。

茄科蔬菜遭遇低温冷害后，往往在出苗前就烂种，即使出了苗，幼苗也容易萎蔫枯死，成株容易出现生长衰弱、落花落果、果实僵化和畸形等症状，直接影响茄科蔬菜的产量和品质，轻者减产 10%～20%，严重时可达 30%～50%。

二、症状

通常不同种类及不同发育阶段的茄科蔬菜遭受低温冷害后，所产生的症状不尽相同。

（一）番茄

番茄在子叶期遇上低温表现为子叶小、上举、不舒展或叶背向上反卷、叶色发黄；花芽分化期遇低温则形成畸形花芽。幼苗遭遇低温，叶片的叶缘会逐渐枯干或整片叶枯死，长时间低温后叶片皱缩、叶绿素减少，出现黄白色花斑或呈现黄化状，叶片暗绿无光泽，顶芽生长受抑制，根系发育不良。定植后植株受低温冷害，叶面产生冻害斑点或斑块，背面叶脉往往变紫，严重时，叶片萎蔫或局部坏死，植株生长迟缓。成株期遭遇低温，叶片边缘的部分叶肉褪绿黄化，或部分叶肉枯死，并扩展到叶脉间，植株生长非常缓慢，生长点呈蜂窝状，受害严重的茎叶干枯或整株死亡。

番茄在开花结果期对低温的抵抗能力较差，受冷害或冻害后，往往造成坐果率低、果实僵化或膨大慢、果实不易着色成熟或果实色泽较浅；容易落花落果、果实产生裂纹或形成畸形果，品质和产量均明显下降；低温还容易诱发低温型寄生性病害，如猝倒病、疫病和灰霉病等；另外，由于遭受低温冷害后茄科蔬菜的根系吸收能力减弱，因此容易伴生缺素症，如缺镁、钙等的症状（彩图 10-39-1）。

（二）茄子

茄子发生低温冷害时，叶片的叶绿素减少或在近叶柄处产生黄色花斑，叶缘和叶尖出现水渍状斑块，叶组织产生花青素变为褐色，植株生长缓慢，根系生长停滞；萼片萎缩、褪色或腐烂，果肉发软变褐，其至僵化，果面颜色不正或出现褐色斑，导致落叶、落花和落果，严重时植株枯死（彩图 10-39-2）。

茄子幼苗遇冰点以下的温度可发生冻害，生长点或子叶节以上的 3～4 片真叶受冻后，叶片萎垂或枯死；植株生长后期或果实在田间或运输、贮存的过程中，遇冰点以下温度，也可常常被冻伤，但冻害的症状往往是在温度回升至冰点以上时才显出，开始时为水渍状、软化、果皮失水皱缩，果面现凹陷斑，持续一段时间后腐烂。

（三）辣（甜）椒

辣（甜）椒抵抗低温的能力很弱，容易遭受低温冷害。受害辣（甜）椒叶片的叶绿素明显减少或在近叶柄处产生黄色花斑，病株生长缓慢；叶尖、叶缘出现水渍状斑块，叶组织变成褐色或深褐色，后呈现出青枯状；有的植株落花、落叶和落果。育苗期遭遇冻害时，未出土的小苗即可冻死在地下，出土后的幼苗其生长点或子叶萎蔫或枯死；果实遇 0～2℃ 的低温时也能发生冻害，如果 0℃ 持续 12d，果面就会出现大片灰褐色、无光泽、少凹陷的斑块，似开水烫状，12～5℃ 的低温可引发萼片萎缩、褪色或腐烂（彩图 10-39-3）。

三、病因

（一）番茄

番茄种子发芽的最低温度为 12℃，最适宜温度为 25～30℃；幼苗生长最适宜温度白天为 20～25℃，夜间为 10～15℃；成株期生长适宜温度白天为 24～26℃，夜间为 13℃ 以上。如果气温低于 12℃，种子不易发芽，而易烂种。苗期温度低于 10℃ 时，茎、叶生长停滞，长时间低于 6℃ 时，幼苗因冷害而死亡。温度在 10℃ 以下，成株期均可遭受冷害，如生长缓慢、叶片褪绿、萎蔫；开花坐果期的最适宜温度为 15～28℃，低于 15℃，就会落花落果；温度降至 -1～-3℃ 时，受冻植株迅速死亡。当植株体内的养分消耗过多、生长十分衰弱时，即便在 2℃ 下也会受冻。根系生长的最适土温为 20～22℃，最低土温为 8～10℃，低于 8℃ 时根毛的生长发育受到抑制，低于 6℃ 时根系停止生长。

番茄果实着色与胡萝卜素、番茄红素形成的快慢有关，低于 16℃ 时胡萝卜素形成很慢，低于 24℃ 时番茄红素形成受抑制，从而造成果实不易着色或转色不良。

（二）茄子

茄子是喜温、怕寒和较耐高温的蔬菜，种子发芽的最适宜温度为 30℃，在 25℃ 以下则发芽缓慢且不整齐，15℃ 以下就难以发芽；生长发育最适宜温为 25～28℃，气温降至 20℃ 以下时不能正常授粉、受精，所结果实也发育不良；低于 15℃ 生长缓慢，易落花、落果，低于 13℃ 则生长停止。

（三）辣（甜）椒

辣（甜）椒对温度的要求介于番茄和茄子之间，但更接近于茄子，种子发芽的适宜温度为 25～32℃，低于 15℃ 时不发芽。生长适宜温度为 20～30℃，成株可耐 8～10℃ 的低温，但长期低于 5℃ 时植株会死亡；开花授粉的适宜温度白天为 20～25℃，夜间为 16～20℃；果实膨大期的适宜温度为 25～28℃，15℃ 以下的低温不利于果实的生长发育。辣（甜）椒生长的冷害临界温度因品种及成熟度而异，一般在 5～13℃，18℃ 左右时根的生理机能下降，8℃ 时根系则停止生长。

总的来说，茄科蔬菜的适宜生长温度为 15～30℃，低于该温度生长发育就要受到限制。目前将 0℃ 以上的低温分成两个档次，即亚适宜温度和冷害温度。亚适宜温度是指适宜温度之下的温度，虽然对植株生长发育有影响，但恢复到适宜温度后植株还能进行正常的生长发育（也叫低温胁迫），这个温度范围一般不产生冷害；冷害温度是指能对植株的生理机能产生破坏的温度，低温冷害程度随温度的降低和低温持续时间的延长而加重。

低温对茄科蔬菜的伤害首先发生在细胞水平上，即对细胞的结构和功能产生影响，然后才在外部表现出来，因此维持细胞膜系统的稳定性，保持细胞的正常生理功能是植物抗冷性的基础。维持细胞稳定的因素主要有 4 个方面：①细胞膜本身的结构和组成成分，尤其是不饱和脂肪酸含量及其所占的比例大小；②细胞膜系统的保护酶体系，如 SOD、POD、CAT 等酶类对于清除氧自由基有较大作用；③非酶促防御系统，如维生素 E、维生素 A 和辅酶 Q 等；④细胞内含物质等，这些物质的含量变化可反映出细胞对低温的抗性强弱，是细胞抗冷的保护反应。

冷害之所以能造成茄科蔬菜的严重损伤，是因为它主要通过影响植物细胞膜的结构、功能、稳定性以及酶的活性而对植物生长发育产生不良的影响。在低温下植物细胞膜会收缩，由液晶状态转变成凝胶状态，这种变化引致细胞膜透性降低及膜系统酶系功能改变，导致细胞代谢的变化和功能紊乱，引起低温生理病和冷害。冷害取决于植株对低温的敏感性及其细胞膜脂质含有脂肪酸的饱和程度，脂肪酸饱和度高，遇冷害后易凝固，膜脂质就由液晶态转成凝胶态，使膜透性增强，从而不仅引起植株生理失调，还会引起原生质环流缓慢或停止，造成细胞缺氧。细胞和植物体遭受低温伤害后，选择透性能力减弱，细胞外渗物质增加，因而促成电导率值上升，膜体系受到氧自由基攻击后，发生脂质过氧化作用，最终产生丙二醛，因此，相对电导率和丙二醛含量可以作为冷害程度的指标。低温还可引起蛋白谱系变化，如可溶性蛋白及酶类发生变化、产生抗冷蛋白等。然而，在冷害改变多种酶系结构、功能和数量的同时，低温也许可导致细胞中可溶性蛋白含量的增加，酶系更加稳定，因而低温锻炼能使植物的基因表达发生改变并有新的蛋白质合成，这是低温锻炼的基础。

低温引起茄科蔬菜叶片呈水渍状，是细胞膜系统半透性受损、细胞质外渗所致。冷害影响光合作用，低温和冷害扰乱了叶绿素合成系统的功能，致净光合率下降，尤其是在光照弱和有水分胁迫的条件下，对光合作用影响更大，造成番茄叶片黄化，果实迟迟不红；同时，低温影响根系对磷、钙、钾、镁等营养元素的吸收和利用，使叶片黄化加剧。

茄科蔬菜开花结果是通过生殖生长来完成的，生殖生长主要包括花芽分化、雌雄配子形成、开花、授粉受精、子房发育和果实膨大等阶段，在这些阶段发育的过程中，随时都可能发生低温冷害造成生殖障碍如落花落果和果实空洞、僵化、畸形及颜色不正等现象。茄科蔬菜落花落果是生产中经常发生的情况，主要由于气温过低影响花粉的萌发率、花粉管的伸长以及幼果的形成与膨大等，产生了严重的生殖障碍而引起。

四、发生规律

茄科蔬菜低温冷害的发生时期，依据栽培方式的不同而有所差异，主要在栽培环境温度低于5℃情况下发生，冷害的程度取决于发生冷害的温度及该温度持续时间的长短。在一年之中，冬季茄科蔬菜生产发生冷害比较严重，特别是日光温室冬季生产遇到连续的阴天和雨雪天气，室外气温很低，室内没有加温，非常容易出现低温冷害，尤以棚室的前沿和四周的冷害较重；露地栽培的茄科蔬菜也会发生冷害，早春栽培的冷害主要发生在植株定植后到缓苗前，秋季延后栽培的冷害主要发生在果实采收末期。此外，地势低洼田块、生长衰弱的幼苗和植株都比较容易发生冷害。通常叶片的冷害往往会随着温度的升高，能得到一定程度的缓解，但花和果实的冷害却很难恢复。

五、防治技术

（一）选用耐低温弱光品种

目前，已有一批耐低温弱光的番茄品种可供各地因地制宜地选用，如金棚1号、合作903、合作908、青农08-66、普罗旺斯、倍赢、欧盾、好韦斯特等番茄品种比较耐低温弱光，而且兼抗番茄花叶病毒病、根结线虫病等。需要注意的是，一些抗番茄黄化曲叶病毒病的品种耐热性强，抗冷性差，低温下容易产生畸形果实。

耐低温弱光的茄子品种有布利塔、东方长茄、东方美琪、黑丽人、齐茄1号、辽茄1号、辽茄4号、齐杂茄2号、沈茄2号、内茄1号、内茄2号等，耐寒和早熟茄子品种有早熟墨茄、三月早茄和新乡糙青茄等。

耐低温的辣（甜）椒品种有红罗丹、曼迪、长剑、中椒2号、中椒3号、中椒7号、甜杂1号、甜杂2号、辽椒4号、早丰1号、早杂2号、9179、9198、湘研1号和湘研4号等。

（二）适时播种与定植

番茄种子虽在11～40℃均可萌发，但发芽时温度最好控制在25～30℃，定植后气温白天控制在24～26℃、夜间在18℃左右，地温在20～23℃最为理想。一般来说，冬春大棚里的光线不足，最低温度可短暂降至5℃，对番茄生长的影响不是太大，但是一旦最低温度降到3℃时则会导致产量大减。番茄的不同生育期对低温的敏感性也不同，通常生长前期对低温敏感，应设法满足，到了生长后期，地温高能显著促进果穗膨大，生产上需努力将地温提高至16～18℃。因此，在冬季和春季种植番茄，或反季节生产番茄中，既要考虑气温和地温能否满足番茄正常生长的需要，又要考虑番茄对低温的适应能力，适时播种与定植。

茄子和辣（甜）椒对温度的要求比番茄高一些，更须重视。

（三）培育壮苗

精选无病饱满的种子，床土要富含有机质，并要配合足够的氮、磷、钾肥，还需加强苗床内的温度、水分管理，才能培育出健壮的幼苗。壮苗耐旱，耐轻霜，定植后缓苗快，开花早，结果多。黑色塑料营养钵育苗具有白天吸热，夜间保温护根的作用，当外界气温为－10℃、苗床内温度 6～7℃时，黑色塑料营养钵内温度可达 10℃左右，这样幼苗尚能缓慢生长，不至于遭受冻害。

（四）苗期低温锻炼与蹲苗

低温锻炼和蹲苗十分重要，可增强幼苗的抗寒能力，收到良好的效果。控水、控温是蹲苗的常用方法，最好采用控水不控温或控温不控水的方法，可提高壮苗指数。低温锻炼时，夜间的温度可低至 5℃，维持 2～3d。通过低温锻炼和蹲苗，幼苗叶色变深，叶片变厚，含水量降低而束缚水含量提高，过氧化物酶活性提高，原生质胶体黏性、细胞内渗性调节物质的含量增加，可溶性蛋白、可溶性糖和脯氨酸含量提高，植株抗寒能力明显增强。

（五）覆盖薄膜与临时加温

据报道，每增加一层薄膜覆盖可提高棚内温度 2～3℃，减少棚内热损耗 30％～50％，覆盖两层薄膜则可提高温度 6℃左右。因此，遇有寒流或寒潮侵袭，出现大幅度降温天气时，可采用覆盖薄膜、临时加温或熏烟等措施来提高棚内温度，减轻冷害。如寒冷季节的保护地茄子可进行多层覆盖，辣（甜）椒采用双层或三层膜覆盖，尽量使地温稳定在 13℃以上，防止落叶、落花和落果。寒流到来之前，要选晴朗天气浇足水可预防冻害，因为水分比空气的储热能力强，散热慢；寒流过后要千方百计把棚温和地温提高到 13℃以上，避免低温型病害发生和蔓延。

（六）喷洒植物抗寒剂

降温前，可对番茄喷洒植物抗寒剂、低温保护剂或防冻剂，有一定的提高植株抗寒性的作用，每 667m² 喷洒抗寒剂 200mL 左右。向叶面喷洒光合微肥，可矫治因根系吸收营养不足而造成的缺素症；向叶面喷洒 100～300 倍液的米醋有抑菌驱虫的作用；米醋与白糖、过磷酸钙混用，可增加叶肉含糖量，提高叶片硬度和抗寒性。

茄子在低温到来前及时喷洒抗寒药剂，如 27％高脂膜乳剂 80～100 倍液等，每 667m² 用药液 100～200mL。辣（甜）椒幼苗移栽成活后，根据幼苗的生长情况喷施 15％多效唑可湿性粉剂 10 万～20 万倍液，或绿风 95 叶面肥 800 倍液，或促丰宝Ⅱ号多元活性液肥 600～800 倍液可促进植物生长，增加抗寒能力。

王富（青岛农业大学园艺学院）

第 40 节 辣（甜）椒疫病

一、分布与危害

辣（甜）椒疫病又称辣（甜）椒枯萎病、疫霉病，是一种世界性土传病害，分布广泛，毁灭性强。除辣椒、甜椒外，还可为害番茄、茄子、马铃薯、洋葱、西葫芦、南瓜、豇豆、菜豆及金盏花等作物。1918 年，该病首次在美国新墨西哥州被发现，此后在北美洲、南美洲、欧洲和亚洲各地逐渐蔓延，现已遍及世界各地辣椒、甜椒种植区，并造成不同程度的损失。据报道，希腊线辣椒发病株率往往高达 70％以上，意大利辣椒也因该病而造成 50％的产量损失。

辣（甜）椒疫病在我国各地均有分布，在 20 世纪 70～80 年代，广东、云南、贵州、上海、浙江、江西、河北、北京、辽宁、吉林、青海、陕西、甘肃以及新疆等省份辣椒、甜椒疫病极为严重，一旦发病，只要条件适宜，1 周内就可暴发成灾，造成大面积连片枯死，轻者产量损失在 20％～30％，重者则为 95％以上，甚至毁种绝收。辣椒、甜椒疫病在保护地和露地均可发生，而且保护地的病情往往重于露地。自 21 世纪以来，随着我国辣椒、甜椒种植面积逐年增加，尤其是保护地辣椒、甜椒栽培面积迅速扩大，该病的严重性也逐年上升。

二、症状

在辣（甜）椒的整个生育期间均可发生疫病，主要为害叶片、果实和茎，且茎基部最易发病（彩图10-40-1）。

苗期发病，多从茎基部开始，病部出现水渍状、暗绿色的软腐病斑，病茎以上的部分倒伏，幼苗枯萎死亡。成株期发病，以根、茎受害较多，受害根部呈褐色，后整株枯死；病茎多出现在近地面以及茎节分杈处，初呈水渍状、暗绿色病斑，边缘不明显，病斑迅速绕茎一周后，病茎部缢缩，渐变为黑褐色，病部以上茎叶枯萎，最后整株死亡。

叶片发病，多在叶缘和叶柄连接处出现暗绿色、水渍状、不规则形的病斑，边缘黄绿色，湿度大时病斑扩大、叶片腐烂或软腐，易脱落；病斑干燥后呈淡褐色，潮湿时在病部可见稀疏的白色霉状物。果实发病，多从蒂部开始，病斑初为水渍状、暗绿色软腐，迅速扩大至全果，引起腐烂。潮湿时，病部也覆盖白色粉状霉层，干燥后形成暗褐色僵果，果内有灰白色菌丝和孢子囊，感染杂菌后，发出臭味。

三、病原

辣椒、甜椒疫病的病原是辣椒疫霉（*Phytophthora capsici* Leonian），属于卵菌门疫霉属。

（一）生活史

辣椒疫霉生长发育以二倍体阶段为主，具典型的二倍体型生活史。

1. 无性阶段　无隔多核的菌丝体经一定时间的营养生长后，部分菌丝分化出孢囊梗，并在顶端产生孢子囊；孢子囊萌发释放出游动孢子，游动孢子经过一段时间的游动后休止，鞭毛脱落后成为休止孢；休止孢萌发后产生芽管，发育成新的菌丝体。

2. 有性阶段　单个纯化菌株培养时只能进行营养生长和无性繁殖，但具有同时产生雌、雄配子体的潜在能力。有性阶段则为异宗配合，只有在两个不同交配型菌株接触时才可能发生，当两个不同菌株相互诱导时，部分菌丝顶端可分别分化出藏卵器和雄器，藏卵器和雄器在发育过程中，其中的细胞核发生减数分裂，产生单倍体细胞核；雌、雄配子体很快进行交配，雄器内的单倍体细胞核进入藏卵器，在藏卵器内核配并发育成卵孢子；卵孢子经过一定时间的休眠后萌发，产生新的菌体。

（二）形态特征

菌丝无隔膜，丝状，有分枝，偶有瘤状或结节状膨大，多数菌丝基部分枝处缢缩，平均宽 5.7μm；孢囊梗不分枝或单轴分枝，顶生孢子囊；孢子囊长椭圆形或卵圆形，淡色，单胞，顶端乳头状突起明显，偶具双乳突，大小为（21～56）μm×（15.5～34）

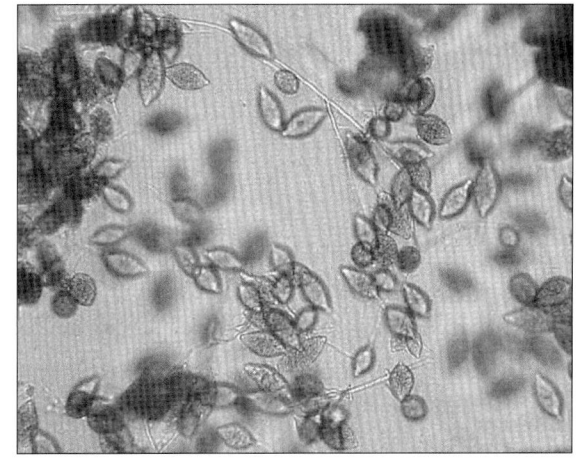

图 10-40-1　辣椒疫霉的孢子囊形态
（引自 Paud Bachi，2011）

Figure 10-40-1　Sporangia of *Phytophthora capsici*
（from Paud Bachi，2011）

μm，成熟后脱落，多具长柄，在水中易释放游动孢子；游动孢子肾形，带有鞭毛。有性态为异宗配合，藏卵器球形，淡黄色至金褐色，直径15.5～29μm；雄器围生，扁球形，直径14.5～17μm；卵孢子球形，浅黄色至金黄色，直径15.0～28.0μm。环境条件不利时，可形成少量的厚垣孢子，厚垣孢子球形，单胞，黄色，壁滑（图10-40-1）。

辣（甜）椒疫霉菌在 OMA、V8、CA、PDA、PSA、CMA 等培养基上生长良好，但孢子囊形成较少，若将菌丝移入水中诱导后可产生孢子囊；菌株在 OMA、CMA、PSA、V8、CA 培养基上（25℃）的菌落类型依次为花瓣型、放射型、绒毛型及不易看到气生菌丝的非绒毛型。在 CA、油菜种子琼脂培养基上均可产生大量孢子囊。病菌生长发育温度为 10～37℃，最适温度为28～30℃，致死温度为50℃/5～10min。

四、病害循环

病菌主要以卵孢子和厚垣孢子在土壤、病残体或种子中越冬，其中以土壤中的病残体带菌率最高，是最主要的初侵染源。条件合适时越冬病菌萌发并侵染寄主植物的根系或地下部分，在高湿条件下，病部可产生大量的游动孢子囊，释放游动孢子，经雨水或灌溉水传播到植株的茎、叶及果实上引起发病，形成发病中心。病株上的病部又可产生大量的新孢子囊，仍借助气流和雨水不断地传播扩散，造成再侵染，病害得以迅速蔓延；游动孢子可直接侵入或通过伤口侵入寄主，但以伤口更有利于病菌的侵入；游动孢子也可在水中游动到侵染点附近，形成休止孢，萌发产生芽管，芽管顶端与植物表面接触时形成附着胞，在附着胞下方形成侵染钉，依靠酶的消解和机械压力穿过寄主表皮进入寄

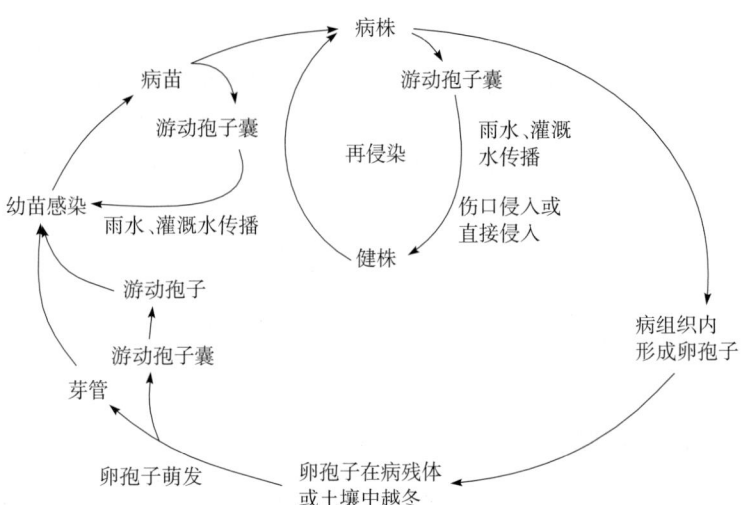

图 10-40-2　辣（甜）椒疫病病害循环（引自陈利锋和徐敬友，2009）

Figure 10-40-2　Disease cycle of pepper Phytophthora blight

(from Chen Lifeng and Xu Jingyou, 2009)

主体内；菌丝在寄主组织内扩展，产生分枝进入寄主细胞内形成吸器，从寄主细胞内吸取养分。因此，水在病害循环与病害流行中起着重要作用（图 10-40-2）。一般在雨季，或大雨后天气突然转晴，气温急剧上升的情况下，病害极易流行。当土壤湿度在 95% 以上并持续 4~6h 的情况下，病菌即完成侵染，2~3d 就可发生 1 代。因此，该病是一种发病周期短、流行速度迅猛异常的毁灭性病害。

五、流行规律

辣（甜）椒疫病为积年流行病害，土壤疫霉菌数量随种植年份的增加而增加，达到一定程度后，如环境条件合适，疫病就有可能暴发和流行，但病害的暴发和流行还与寄主抗病性、气候因素和栽培管理措施等密切相关。

（一）寄主抗病性

不同辣（甜）椒品种间的抗病性存在着显著的差异。甜椒系列品种较感病，辣椒系列品种较抗病或耐病。不同龄期的植株抗病性也存在差异，苗期易感病，成株期较抗病，苗龄越大，病害潜育期越长。

（二）气候因素

温度、湿度与发病关系密切。在旬平均温度高于 10℃ 时始见病害，以 25~30℃ 最有利于病害的发生，超过 35℃ 的高温对病害有抑制作用。雨季或大雨后天气突然转晴，气温急剧上升，或浇水后土壤湿度大且易积水，则发病迅速。在保护地栽培条件下，土壤含水量超过 40% 时即可发病，含水量越高，发病越重。

（三）栽培管理

卵孢子在土壤中可存活 3 年，故连作特别是保护地栽培条件下，初侵染源丰富，会加重病害。露地栽培时，田园不卫生、根茬过多、平畦种植、地势低洼积水、过于密植、施未经腐熟的肥料或氮肥过多而磷、钾肥不足或微量元素欠缺等因素均会导致疫病暴发。棚室内湿度过大、叶面结露或叶缘吐水、光照不足或长期阴雨，也有利于病菌的侵入和扩展。

六、防治技术

对于辣（甜）椒疫病，应采取以农业防治和化学防治相结合的综合防治措施。

（一）选用早熟避病或抗（耐）病品种

由于辣（甜）椒疫病的传播途径多，病原菌的卵孢子在土壤中存活期长，所以，在适宜的温、湿度情

况下，很容易暴发流行，使辣（甜）椒在短期内大面积枯死。适宜辣（甜）椒生长的季节，其温、湿度也非常适合于疫病菌的生长和繁殖。因此，选育抗疫病的辣（甜）椒品种非常重要。目前，还比较缺乏抗（耐）病的品种，早熟品种可起到避病作用，如陇椒 1 号、陇椒 2 号、湘研 9 号及线椒类等；此外，湘研 10 号、湘研 15、21 号牛角椒、麻大椒以及细线椒等中晚熟品种也有良好的抗病性。

在抗病育种中，辣（甜）椒苗期对疫病的抗性鉴定可依据《NY/T 2060.1—2011　辣椒抗病性鉴定技术规程　第 1 部分：辣椒抗疫病鉴定技术规程》进行。

（二）农业措施

1. 合理轮作倒茬　避免辣（甜）椒、番茄、茄子等茄科蔬菜连作，而与玉米、大豆及十字花科蔬菜、葱蒜类蔬菜轮作 3 年以上，以减少土壤中的病菌量，降低发病率。

2. 浅中耕　在辣（甜）椒种植大行内进行浅中耕，可降低土壤湿度，增加土壤透气性，提高辣（甜）椒根系的抗病力。

3. 测土配方施肥　针对土壤主要营养元素的测定结果，制定配方施肥方案，合理施用氮、磷、钾肥及微肥，防止植株徒长；据报道，施用 2％硅肥或硼肥能在一定程度上提高植株对疫病的抗性。

4. 科学管理水分　畦面覆盖地膜、严禁大水漫灌，改大水串灌为小水细灌或隔行浇灌，有条件的地方采用滴灌，尽量避免植株基部触水；生长后期遇连阴雨或暴雨时，要注意防止田间积水。

5. 减少伤口　田间管理中尽量减少人为、机械创伤以及昆虫损伤，以避免病菌从伤口侵入。

6. 清洁田园　在辣（甜）椒生长期和收获后，及时清除病株和病残体，并严禁将其丢弃在田内、田埂和水渠中，应集中烧毁或妥善处理，以减少病菌来源。

（三）化学防治

1. 种子消毒处理　用 52℃温水浸种 30min，或清水预浸 10～12h 后，再用 1％硫酸铜液浸种 5min，捞出后拌少量草木灰播种；也可用 72.2％霜霉威盐酸盐水剂 600 倍液，或 20％甲基立枯磷乳油 1 000 倍液浸种 12min，洗净后晾干催芽。

2. 定植后喷药或灌根　为了防止或减少生长前期的初次感染，发病前就对辣（甜）椒茎基部和地表喷洒药剂；生长中后期进行田间喷药，以防止再侵染；发现田间中心病株后，抓紧时间采用喷药与灌药并举的方法予以防治，可收到显著的效果。药剂可选用 25％甲霜灵可湿性粉剂 800～1 000 倍液，或 90％三乙膦酸铝可湿性粉剂 500～1 000 倍液、50％甲霜•铜可湿性粉剂 500～1 000 倍液、64％噁霜•锰锌可湿性粉剂 500 倍液、70％乙膦•锰锌可湿性粉剂 400～500 倍液等；保护地栽培，在阴雨天或湿度大时，可改用烟熏剂或粉尘剂防治，即于发病初期每 667m² 用 45％百菌清烟剂 250～300g，或用 5％百菌清粉尘剂 1kg，隔 7～10d 熏烟或喷撒 1 次，连用 2～3 次，防效良好。此外，链霉素对辣（甜）椒疫霉菌菌丝生长具有明显的抑制作用，也可采用。

（四）生物防治

1. 利用生物诱导抗性　利用生物因素可诱导辣（甜）椒产生抗病性，如接种高浓度诱抗剂 β-氨基丁酸（BABA）和水杨酸（SA）后可诱发辣（甜）椒植株产生系统获得抗性（SAR），可减轻疫病为害。

2. 利用拮抗微生物　目前，已报道用于辣（甜）椒疫病生物防治的拮抗细菌主要有芽孢杆菌、假单胞菌、海洋细菌等，特别是芽孢杆菌（*Bacillus*）具有分离频率高、易培养、易保存、有效期长的优点，不仅对病原物有拮抗作用，还对作物有促生作用；用于防治辣椒（甜）疫病的真菌主要有哈茨木霉（*Trichoderma harzianum*）、黄绿木霉（*T. aureoviride*）、毛壳菌（*Chaetomium* spp.）和曲霉属（*Aspergillus*）中的一些曲霉菌等。此外，芽孢杆菌、放线菌中的一些种也是防治辣（甜）椒疫病的常用微生物，如放线菌 WZ60 菌株对辣（甜）椒疫病具有较好的防效。

此外，还可利用基因工程技术，如将广谱抗真菌基因转化到辣（甜）椒植株上，可收到较好的效果。

张修国（山东农业大学植物保护学院）

第 41 节　辣（甜）椒根腐病

一、分布与危害

辣（甜）椒根腐病是一种典型的土传性病害，全世界的辣椒、甜椒种植区都有发生，特别是在亚洲和南美洲的一些辣椒生产国发生十分普遍和严重，该病也是影响我国辣椒、甜椒生产的重要病害之一。

长期以来，我国露地栽培的辣椒、甜椒深受根腐病为害，在播种后即可发病，导致发芽困难甚至烂种、幼苗成片枯死；成株期发病影响开花和结果。一般年份减产约 10%，严重时可达 20%～30%，甚至高达 50% 以上。

从 20 世纪末起，我国辣椒、甜椒保护地栽培迅速发展，轮作倒茬更加困难，该病为害明显上升。21 世纪初期，沈阳市法库县的大棚辣椒普遍发病，最低发病率为 4%，最高达到 39%，平均为 25%；烟台市郊区因该病为害，造成辣椒、甜椒普遍减产 20%～30%，重者高达 50% 以上，甚至绝产翻种；在山东省寿光市、临淄市、青州市和苍山县等老菜区，保护地辣椒、甜椒的病株率高达 50%，成为保护地辣椒、甜椒生产中亟待解决的问题。

二、症状

根腐病主要为害辣椒、甜椒的根部及维管束，病部一般局限于根和根颈部。种子发芽期、苗期及成株期均可发病，但以定植后缓苗不久的植株最易受侵害。发病初期，白天病株顶部叶片稍见萎蔫，傍晚至次日清晨恢复，反复多日后叶片全部萎蔫，但基本上仍呈绿色，最后整株枯萎甚至死亡。病株的根颈部及根部皮层呈淡褐色至深褐色腐烂，极易剥离，露出暗色的木质部（彩图 10-41-1），多由侧根蔓延到主根；萎蔫阶段的根颈木质部多不变色，但到后期，横切病茎可见维管束变褐色。湿度大时，生育后期的茎基部往往腐烂，病部可长出粉红色菌丝及点状黏质物，甚至出现明显的白色至粉红色霉层（病菌的分生孢子）。

三、病原

从症状来看，辣椒、甜椒根腐病可由多种因素引起，如病菌的侵染，或水淹、干旱、肥害和盐碱等的影响，但主要是由病原真菌侵染所致，特别是由腐皮镰孢 [*Fusarium solani* (Mart.) App. et Wollenw. ex Snyder et Hansen] 引起（图 10-41-1），该菌隶属于子囊菌无性型镰孢真菌属。

该病菌在 PDA 培养基上菌丝为绒毛状、银白色，基物表面为猪肝紫色，培养基不变色；在大米饭培养基上呈银白色至米色。分生孢子有大、小两型：大型分生孢子纺锤形，稍弯曲，两端较钝，无色，具 2～5 个隔膜，以 3 隔膜者居多，大小为 (19～50) μm×(3.5～7.0) μm，5 隔膜的为 (32～68) μm×(4～7) μm；小型分生孢子卵形或椭圆形，无色单胞，大小为 (6～11) μm×(2.5～3.0) μm。病菌能产生厚垣孢子和菌核。厚垣孢子顶生或间生，褐色、球形或洋梨形，单胞的大小为 8μm×8μm，双胞的为 (9～16) μm×(6～10) μm。

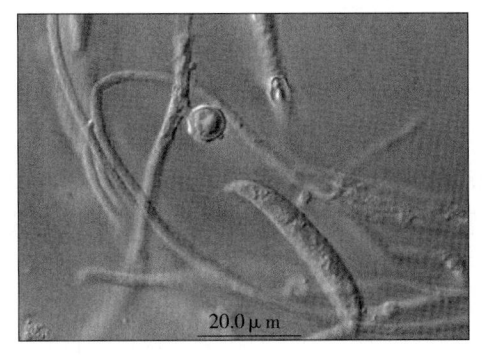

图 10-41-1 腐皮镰孢形态特征（引自 Bruce Watt，2013）

Figure 10-41-1 *Morphology of Fusarium solani* (from Bruce Watt，2013)

四、病害循环

腐皮镰孢腐生性很强，其厚垣孢子在土壤中可存活 10 年以上。病菌以菌丝体、厚垣孢子或菌核随病残体在土壤或粪肥中越冬，种子也可带菌越冬。翌年，病菌萌发产生分生孢子，成为田间病害的初侵染源，从根部伤口侵入，引起植株发病，并在病斑上产生分生孢子。分生孢子借助雨水或灌溉

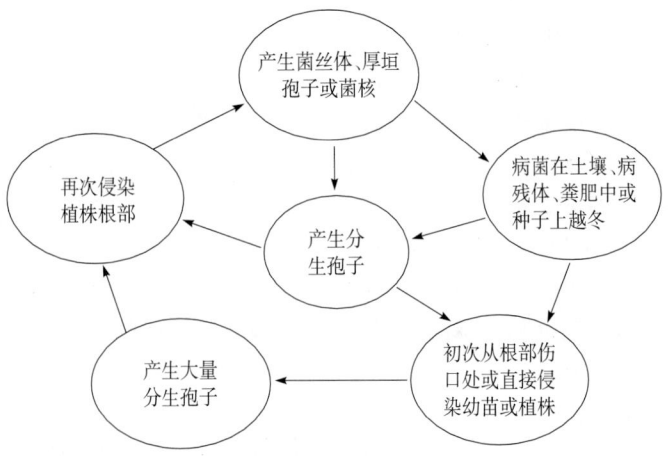

图 10-41-2 辣椒、甜椒根腐病病害循环（刘长远提供）

Figure 10-41-2 Disease cycle of pepper Fusarium root rot (by Liu Changyuan)

水传播，病菌侵入寄主后在根部皮层细胞中为害，并逐渐扩展到木质部。病害的潜育期通常为 3~4d，之后新病斑上产生大量分生孢子，不断地引起再侵染，条件适宜时病害迅速蔓延。如果根部受地下害虫、线虫或其他病害的危害，将有利于病菌的侵入，加速病害发展。此外，带菌种子上的病菌孢子萌发后可直接侵染幼苗（图 10-41-2）。

五、流行规律

连年、重茬种植是辣（甜）椒根腐病发生的主要原因。因此，与茄果类蔬菜连作发病最重，以辣椒、甜椒定植后至采果盛期的症状最为明显；另外，该病的发生与温度、湿度的关系，甚至与栽培管理水平的关系都十分密切。

昼暖夜凉的天气有利于发病，棚、室内种植的辣椒、甜椒发病最适宜温度为 20~25℃，超过 30℃时发病率将至 2% 以下；但如果播种和定植过早，气温低，特别是地温低于 12℃ 发病也重。

该病喜高湿，湿度大利于发病，湿度越大发病越重。棚室内郁闭高湿，种植地低洼积水，会加重发病，病棚每多浇水 1 次，发病率可提高 5%~8%；大水漫灌发病重，而小水勤浇发病轻；连作地、低洼地，排水不良、田间积水，土壤黏重以及滴水漏水的棚室发病也重；春季多雨或梅雨期间多雨的年份发病也较重。

在 25℃ 左右的适温条件下，当土壤湿度达 65%~75% 时，病害潜育期仅为 5~7d。在湖北、湖南、江西、安徽、江苏、上海及浙江等省份，露地辣（甜）椒根腐病的发病盛期主要在 3~6 月；而保护地的发病盛期则为秋冬季，此季节棚室内的白天温度较高，夜间温度较低，空气相对湿度较大，病害非常容易发生。

此外，辣椒、甜椒植株的茎秆基部受到地下害虫为害，或栽培管理不善造成许多伤口，或未充分腐熟有机肥烧伤根系，均会加重辣（甜）椒根腐病。

六、防治技术

（一）选用抗病品种
选用抗根腐病的辣椒、甜椒品种是预防该病的有效途径。如八五一大辣椒、中椒 2 号、中椒 3 号等品种比较抗根腐病。

（二）实行轮作
辣（甜）椒根腐病的发生和严重程度与土壤带菌量的关系很大，如果辣（甜）椒常年连作，土壤病菌残留量大，有利于根腐病的发生，因此有条件的地区可与十字花科、百合科作物实行 3 年以上的轮作，最好与玉米、小麦等粮食作物轮作，有条件的实行水旱轮作效果更好。

（三）加强栽培管理
1. 精细整地，宽窄垄种植　整地好坏和种植方式直接影响根腐病的发生。认真平整土地、采用宽窄垄栽培，既有利于提早封垄，又有利于通风透光，还便于田间操作和避免大水浸泡根部。

2. 高温闷棚杀菌、高垄覆膜　保护地栽培时，最好能提早扣棚，高温闷棚杀菌；高垄覆膜定植，减少根部产生伤口。

3. 科学施肥　加强苗床水肥管理，培育壮苗；开花结果期注意追施磷、钾肥和及时补充叶面钙肥；每隔 10~15d 喷 1 次 0.3% 尿素或 0.3%~0.5% 磷酸二氢钾。施足腐熟的有机肥料，生长中后期最好施用配制好的复合肥母液作为追肥，因为复合肥可随浇水时浇施，或顺垄沟撒施后浇水，减少人为施肥对辣（甜）椒根部造成伤口。据报道，每克泰宝抗茬宁菌肥含 20 多亿有益微生物，施入土壤后，对土壤中有害生物有一定的阻断作用，可在追施磷、钾肥时，与抗茬宁混合施用，以增强植株抗病力。

4. 合理灌水　防止大水漫灌非常重要，有条件的地方可采用滴灌，保持土壤半干半湿状态，并及时中耕松土，增强土壤通透性，促进根部伤口愈合和根系发育。保护地栽培，生长期严禁雨水进入棚室内，浇水要选择晴天上午进行，小水浇灌或隔行浇，不可大水漫灌；雨后或灌水后要注意放风排湿，降低棚室内的空气湿度，生长中后期要适当控制土壤水分。

5. 其他栽培管理措施　在辣（甜）椒发病期间，更加要注意棚室内的温、湿度管理，白天降温、晚上保温；将病根系周围的塑料膜扒开进行晒根，可减轻发病；及时清除病株，并用石灰水灌病穴以消毒土壤，控制病害的蔓延传播。

（四）生物防治

用枯草芽孢杆菌、木霉菌等微生物杀菌剂，栽前处理土壤，可控制病害的发生。

（五）药剂防治

1. 种子处理　有些辣（甜）椒种子的表面黏附杂物，在药剂处理前先用0.2%～0.5%碱液清洗种子，再用清水浸种8～12h，然后放入1%次氯酸钠溶液中浸5～10min，冲洗干净后催芽播种；或用冷水浸种10～15h后，移入1%硫酸铜溶液中浸5min，取出拌以适量的消石灰后再播种；还可先用冷水预浸种子1～2h，然后用55℃温水浸10min，再放入冷水中冷却，催芽播种。

2. 苗床处理　早春尽量采用酿热温床或电热温床育苗，提高土壤温度。苗床土选用2年未种过茄科蔬菜的土壤，并用50%多菌灵可湿性粉剂消毒土壤，即每平方米苗床用药10g与10倍细干土混匀撒施，然后播种、盖土、覆膜，床土需增施有机肥和磷、钾肥，掌握好放风时间和放风量的大小，及时排出苗床湿气，或撒干细土和草木灰降低床内湿度；幼苗定植大田时，也可穴施或沟施50%多菌灵可湿性粉剂药土，进行大田土壤消毒。

3. 大田施药　田间发病初期进行药液灌根，可用50%甲基硫菌灵可湿性粉剂500倍液，或50%多菌灵可湿性粉剂600倍液，每次每株灌药液500mL，隔7d灌1次，连续3～4次；还可选用10%混合氨基酸铜水剂200～300倍液，或45%甲霜·噁霉灵可湿性粉剂1 200～1 500倍液，每隔7～10d喷淋或灌根1次，连续2～3次。

刘长远　刘丽　张博（辽宁省农业科学院植物保护研究所）

第42节　辣（甜）椒炭疽病

一、分布与危害

辣（甜）椒炭疽病是世界上许多国家辣椒、甜椒生产中的最主要病害之一，分布极其广泛，世界上除了寒冷地区以外，其热带地区、亚热带地区，甚至温带地区都有发生，尤以热带和亚热带地区发病更为普遍和严重。1890年，美国新泽西州首先在辣椒上发现了炭疽病为害。此后，该病快速发展和蔓延，现已遍及亚洲、非洲、北美洲、南美洲和大洋洲的每一个辣（甜）椒种植区，不但田间发病率和流行频率都很高，而且发病果实在储运中腐烂，大大地降低了辣（甜）椒的商品价值，并造成了巨大的经济损失。据报道，该病常导致印度、印度尼西亚、韩国等国家的辣（甜）椒减产30%～40%；2007年，泰国辣（甜）椒减产80%，韩国和印度的辣（甜）椒经济损失均达1亿美元。

我国是世界上辣（甜）椒栽培最多的国家，也是辣（甜）椒炭疽病为害最重的国家之一。全国各辣（甜）椒栽培区都有发生，特别是保护地栽培受害最重。该病可为害辣（甜）椒、茄子和番茄等180余种植物，主要为害辣（甜）椒的叶片、果梗及果实；叶片受害引起落叶，果实受害引起果腐，特别是在高温多雨季节，常常造成许多辣（甜）椒田块大量落叶、落花和落果，对辣椒、甜椒的产量和品质影响很大，一般产量损失为20%～50%，严重时甚至绝收。

二、症状

辣（甜）椒炭疽病主要为害果实，也能为害叶片、茎和果梗，特别是近成熟期的果实更易发病，田间症状复杂多样（彩图10-42-1）。在我国，辣（甜）椒炭疽病一般由3种不同的致病菌单独或混合侵染所致，仅从叶片病征尚不易辨别由何种病原菌所致，但这3种病原菌引起的果实症状稍有差异，据此可分为红色炭疽病、黑色炭疽病和黑点炭疽病。

（一）黑色炭疽病

辣（甜）椒的叶片、茎、果梗和果实均可受害，但以成熟果最易发病。果实病斑为褐色、水渍状、不规则形，病斑中央有稍隆起的同心环纹，其上密生小点，周缘有湿润性变色圈，干燥时病斑常干缩似羊皮纸状，且易破裂；叶片上病斑初呈褪绿色、水渍状的斑点，而后逐渐变成褐色、近圆形斑，病斑中央为灰白色，其上轮生黑色小点；茎及果梗上产生褐色病斑，稍凹陷、不规则形，干燥时容易裂开。

（二）黑点炭疽病

黑点炭疽病对成熟果实为害更加严重，病斑初为水渍状，后为褐色、长椭圆形或不规则形，病斑中央凹陷、有同心轮纹；虽然黑点炭疽病的病斑与黑色炭疽病类似，但前者的粒状小黑点较大，颜色更深、更黑，潮湿时病斑表面溢出黏质物。

（三）红色炭疽病

辣（甜）椒的成熟果和幼果均易发生红色炭疽病，病斑水渍状、黄褐色，病斑中央密生红色小点，呈同心纹环状排列；湿润时整个病斑表面溢出淡粉红色的粒状黏稠状物（即病菌孢子堆），干燥时呈膜状，病斑表面易破裂。

除此以外，还有一些病菌也能引起辣（甜）椒炭疽病。比如尖孢炭疽菌侵染果实，发病初期，病果上出现水渍状病斑，后期病斑凹陷、长椭圆形或不规则形，中央有成片的黄褐色粉末，外围为粉红色轮状排列的小点，边缘水渍状，个别病斑有开裂现象，但一般不侵染茎、叶。束状炭疽菌可侵染辣（甜）椒的果实或叶片，病斑圆形、长椭圆形，黄褐色至红褐色，后呈灰白色，上生刺毛状小黑点；后期病斑上下扩展或相互会合，造成大量叶片和果实枯死或脱落。

三、病原

据报道，引起辣（甜）椒炭疽病的病原主要有 5 种，即蜡虫炭疽菌 [*Colletotrichum coccodes* (Wallr.) S. J. Hughes]、辣椒炭疽菌 [*C. capsici* (Syd.) E. J. Butler et Bisby]、胶孢炭疽菌 [*C. gloeosporioides* (Penz.) Penz.]、尖孢炭疽菌 [*C. acutatum* (Simmonds)] 和束状炭疽菌 [*C. dematium* (Pers. ex Fr.) Grove]，均属于子囊菌无性型炭疽菌属真菌（图 10 - 42 - 1）。由辣椒炭疽菌和胶孢炭疽菌引起的炭疽病发生历史很长、发病比较普遍、为害比较严重，而蜡虫炭疽菌引起的炭疽病仅在部分地区比较常见；但是，自 21 世纪以来，尖孢炭疽菌和束状炭疽菌导致的炭疽病呈逐年上升态势。

（一）蜡虫炭疽菌

该菌在 PDA 平板上菌落圆形，菌丝初为白色后变为灰黑色。菌落中央产生黏性的分生孢子堆，略呈轮状排列。分生孢子盘周缘生暗褐色刚毛，具 2～4 个隔膜，大小为（74～128）μm×（3～5）μm。分生孢子梗短，无分枝，顶端着生分生孢子。分生孢子直，梭形，顶端突然变尖，无色，单胞，内含油球，大小为（16～23）μm×（4.0～5.7）μm。

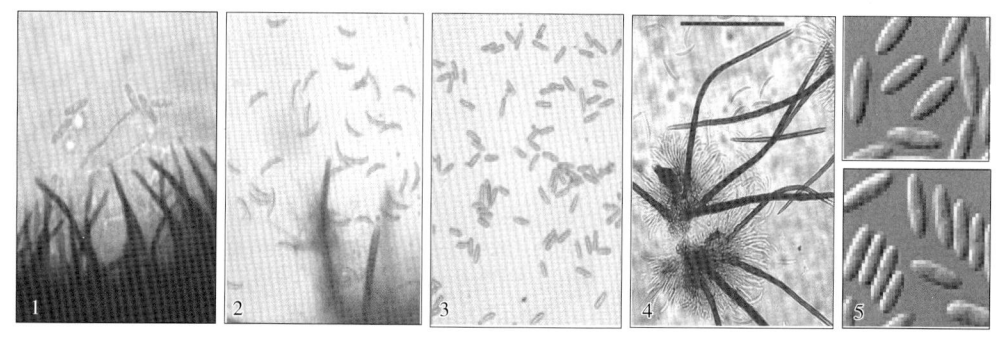

图 10 - 42 - 1 辣（甜）椒炭疽病菌的分生孢子（1～3. 肖仲久提供；
4. 引自 R. Vinay 等，2014；5. 引自 U. Damm 等，2009）
Figure 10 - 42 - 1 Pathogen conidia causing pepper anthracnose (1 - 3. by Xiao Zhongjiu;
4. from R. Vinay et al.，2014；5. form U. Damm et al.，2009)
1. 蜡虫炭疽菌 2. 辣椒炭疽菌 3. 胶孢炭疽菌 4. 束状炭疽菌 5. 尖孢炭疽菌

（二）辣椒炭疽菌

在 PDA 平板上菌落圆形，灰白色，背面黑色，中央产生许多黑色的黏性分生孢子堆。分生孢子盘聚生，起初埋生于表皮下，以后突破表皮而出，黑色，顶端不规则开裂。刚毛散生于分生孢子盘中，暗褐色，顶端色淡，具隔膜，大小为（96～126）μm×（5～7.5）μm。分生孢子梗有分枝，具隔膜，无色。分生孢子镰刀形，无色，单胞，顶端尖，基部钝，内含油球，大小为（22.8～27.0）μm×（2.8～5.4）μm。

(三) 胶孢炭疽菌

在 PDA 平板上培养的菌落呈圆形，边缘整齐，生长较慢；菌丝呈绒毛状，初为白色，后变为灰白色至浅褐色，基质由白色变为暗绿色。分生孢子盘黑色，无刚毛；分生孢子梗单胞，无分枝，分生孢子团橘红色；分生孢子单胞，无色，圆柱状，两端钝圆或一端钝圆一端略尖，大小为 (13.1～14.9) μm×(3.7～6.1) μm；附着胞褐色，卵圆形或倒卵圆形，边缘规则或略不规则，大小为 (5.6～10.0) μm×(5.0～7.5) μm。

(四) 尖孢炭疽菌

在 PDA 培养基上菌落边缘较平滑，培养基内菌丝和气生菌丝都很发达，有隔膜，具分枝；气生菌丝初期为白色，渐变为浅红色粉状菌丝，后期颜色加深，具明显灰黑色的同心轮纹。分生孢子盘不发达，特别是在培养中无刚毛或很少刚毛。分生孢子梗单生，褐色。分生孢子单生，无色，椭圆形或梭形，一端尖，壁薄，中间收缩，内含几个油球，大小为 (13.3～17.4) μm×(3.5～5.5) μm。附着胞较少，棍棒状或不规则形状，淡褐到深褐色，大小为 (8.5～10) μm×(4.5～6.0) μm。

(五) 束状炭疽菌

在 PDA 培养基上的菌落圆形，边缘整齐，黑褐色，气生菌丝贴着平板生长。分生孢子盘黑色，椭圆形，有刚毛。分生孢子梗棍棒状，大小为 (8.0～11.5) μm×(6.5～8.0) μm。分生孢子单胞，无色，为显著的镰刀状或新月形，两端尖锐，有 1 个油球，大小为 (18.0～24.0) μm×(3.5～4.5) μm。

四、病害循环

辣（甜）椒炭疽病菌以菌丝潜伏在种子内或附着在种子上越冬，也能以菌丝或分生孢子盘随病残体在土壤中越冬，在种子内的菌丝体以内表皮和外胚乳处居多，成为翌年田间的初侵染源。第二年条件适宜时，越冬后长出的分生孢子通过风吹、雨溅、露水、浇水、昆虫、农具以及衣物等途径进行传播，侵染时分生孢子先产生芽管，芽管先端形成附着胞，从球状附着胞上抽出侵入丝侵入寄主表皮，从而完成初侵染；病菌在细胞间隙繁殖和扩展，经 3～7d 潜育期即可发病。带菌种子可作远距离传播，播种带菌种子发芽后，子叶即被感染，直接引起幼苗发病，田间病株上的病斑可产生大量的、新的分生孢子盘和分生孢子，这些分生孢子再以同样的传播方式在田间频繁引起再侵染，病害由此逐渐蔓延开来（图10 - 42 - 2）。

五、流行规律

温暖多雨是诱发辣（甜）椒炭疽病的主要气象条件。病菌生长发育温度为 13～33℃，相对湿度不能低于 55%，最适温度为 27℃，最适相对湿度 95% 左右；分生孢子萌发适宜温度为 25～30℃，适宜相对湿度为 95% 以上。如果辣（甜）椒生长发育不良、长势较差、抗病能力弱，病害容易发生；结果期间多

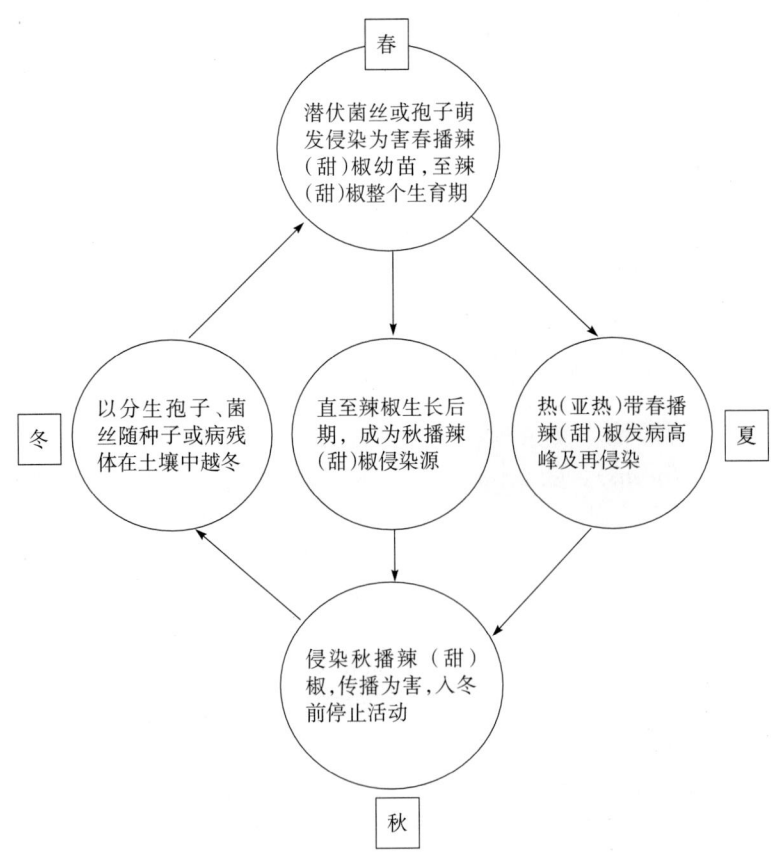

图 10 - 42 - 2 辣椒炭疽病病害循环（肖仲久提供）

Figure 10 - 42 - 2 Disease cycle of pepper anthracnose
(by Xiao Zhongjiu)

雾、多露及连绵细雨，病害迅速蔓延。受日灼伤害以及受各种损伤的果实发病严重；成熟或过熟果实易发病，青果、幼果发病少。地势低洼、土质黏重、排水不良、种植过密、通透性差、施肥不足或氮肥过多、管理粗放，或虫害、病害、曝晒等引起的表面伤口多等情况，都易于诱发病害。

另外，果实损伤有利于发病，果实越成熟越容易发病。辣椒、甜椒品种间的抗病性有差异，通常甜椒比尖辣椒感病。宽垄或套作的发病轻，安装频振式杀虫灯的田块往往发病也轻。

六、防治技术

（一）选用抗（耐）病品种

选用抗（耐）病品种是防治辣椒、甜椒炭疽病的根本性措施，具有经济、有效、安全等优点。一般来讲，甜椒易感病，辣椒较抗病，如铁板椒、野山椒系列、尖椒系列、朝天椒系列都表现出显著的抗病性。

（二）农业防治

首先是要建立无病留种田，选择无病果实留种，以减少田间病害的初侵染来源；重病田避免茄科作物连作，可与葱蒜类或十字花科蔬菜轮作2～3年，可减少田间病菌数量；选择疏松肥沃、排水好的田块种植；培育壮苗，施足腐熟有机肥，避免偏施氮肥，增施磷、钾肥，增强植株的抗逆能力；小水勤灌，降低田间湿度，改善株间小气候；成熟衰老的、受伤的果实容易发病，应及时甚至于提前采摘果实，避免病害流行；及时清除田间茄科杂草及病果、病株残余；收获后应将病株残体集中烧毁或深埋，并进行深翻，促使病原菌死亡，减少翌年初侵染源。

（三）药剂防治

1. 种子处理 先用清水将辣（甜）椒种子反复冲洗几次，清除掉附着在种子表面的大部分孢子，然后用0.2%高锰酸钾溶液浸泡15min，或0.1%硫酸铜溶液浸泡20min，或0.1%多菌灵药液浸泡30min，将药液用清水冲净后，25～28℃催芽后播种；或用0.1%多菌灵药液消毒30min，再用清水冲净后催芽播种；也可将冷水预浸2h后的种子，再用50℃温水浸泡30min，或55℃温水浸泡10min，经冷水冷却后催芽播种。

2. 田间喷药防治 贯彻"预防为主，综合防治"的植保方针，搞好炭疽病发病前或果实着色前的药剂防治。药剂有70%代森锰锌可湿性粉剂1 000倍液，或75%百菌清可湿性粉剂800倍液、70%甲基硫菌灵可湿性粉剂800～1 000倍液、80%代森锰锌可湿性粉剂600～800倍液、50%多菌灵可湿性粉剂500倍液、45%氟硅唑可湿性粉剂8 000倍液、40%多·福·溴菌可湿性粉剂500～600倍液、25%咪鲜胺乳油500～1 000倍液、50%咪鲜胺锰盐可湿性粉剂1 000～2 000倍液、22.7%二氰蒽醌悬浮剂800倍液等，这些药剂均具有较好的防治效果。每隔7～10d施药1次，连续施药2～3次，防治效果最佳。由于炭疽病主要为害辣椒果实，施药时一定要喷到果实上，最好做到摘除病果后再打药，若打药后下雨则雨后需补施。

3. 生物防治 据报道，哈茨木霉菌G-41、枯草芽孢杆菌（*Bacillus subtilis*）、地衣芽孢杆菌（*B. licheniformis*）、荧光假单胞菌（*Pseudomonas fluorescens*）对辣椒炭疽病均表现出很高的活性，对辣椒还有明显的促生效果，对辣椒炭疽病菌的生长有抑制作用，但在田间实际运用中还有很多的局限性。

肖仲久（遵义师范学院生命科学学院）

第 43 节　辣（甜）椒湿腐病

一、分布与危害

辣（甜）椒湿腐病又叫褐腐病或笄霉疫病，在全世界广泛分布，尤以热带、亚热带地区最为普遍。2002年春末夏初，美国佛罗里达州遭遇长时间的多雨高温天气，大面积辣（甜）椒暴发湿腐病，40%以上果实腐烂，产量锐减。与此同时，该州的菜豆、豇豆、西葫芦、南瓜等作物也同样遭受湿腐病菌的严重侵染。

我国大部分地区都有辣（甜）椒湿腐病发生。早在 1948 年，四川省就出现了辣椒湿腐病，在经历了数十年的沉寂之后，随着辣（甜）椒种植面积愈来愈大，该病得以迅速发展和蔓延，重病年田间病株率可高达 60％以上，现已上升为我国保护地及多雨季节露地辣（甜）椒生产上重要的病害，特别是在台湾、广东、福建、重庆、四川、山东、河南、北京和辽宁等地发生较重。2006 年初夏，沈阳市多雨，一块正值结果初期的辣椒地，湿腐病病株率高达 90％以上。由于辣（甜）椒初花期为发病盛期，大量叶片和嫩茎湿腐，幼果腐烂，病株枯死，加之病害的潜育期极短、频繁侵染、来势凶猛，常造成全田发病、毁垄改种，损失惨重。

二、症状

辣椒、甜椒从苗期到开花初期为病害的敏感期、高发期，幼苗的幼叶和嫩枝顶端 2～5cm 的幼嫩部位极易受害。病部初呈水渍状，在高湿或叶面结露条件下迅速扩展，呈湿腐状腐烂，病茎绿色软腐，表皮极易剥落；湿度大时病部密生直立的、银白色至灰白色的茸毛状菌丝，菌丝顶生黑色大头针似的球状体，即病菌孢囊梗和孢子囊，清晨手持 20 倍的放大镜就能观察到。在干燥条件下或阳光充足时，腐烂的嫩枝干枯并倒挂在茎顶，重病株萎蔫甚至死亡。

开花期以花器和幼果受害最重，通常是生长衰败的花瓣最先受侵染，花朵萎蔫、变褐腐烂、枯干或脱落；病菌可从花蒂侵入果实，引致果面出现褐色至黑色斑块，变褐软腐或逐渐失水干枯，果梗呈灰白色或褐色，病果很易脱落（彩图 10 - 43 - 1）。

在田间，辣（甜）椒湿腐病与疫病（*Phytophthora capsici*）的症状较相似，易混淆，需认真观察分辨。

除辣（甜）椒外，辣（甜）椒湿腐病菌还能严重侵染瓜类（黄瓜、西瓜、甜瓜、苦瓜、南瓜、丝瓜、佛手瓜、西葫芦等）、豆类（大豆、豌豆、扁豆、菜豆、蚕豆、豇豆等）、茄果类（茄子、番茄、马铃薯等）及其他蔬菜（黄秋葵等）的花器和果实，甚至包括一些花卉、木本植物及常见杂草。其中，引起的重要蔬菜病害有黄瓜和茄子花腐病、西葫芦和南瓜褐腐病、豌豆芽枯病等。

三、病原

辣（甜）椒湿腐病的病原是瓜笄霉［*Choane-phora cucurbitarum*（Berk et Ravenel）Thaxt.］，属接合菌门笄霉属真菌。寄主范围极广，可侵染茄科、葫芦科、豆科、锦葵科、苋科等 17 科 37 属 48 种重要植物。

气生菌丝透明，无隔膜，直径为 2.6～8.3μm，可产生厚垣孢子。无性繁殖阶段是在气生菌丝上产生许多孢囊梗，孢囊梗从寄主病部表面直立生出，无色透明，无隔膜，不分枝，顶端膨大成大头针状的初生泡囊，直径差异很大，为 25～124μm，上生数枝短小孢囊梗，短小孢囊梗末端再膨大形成棍棒状的次生泡囊，上面聚生许多突起的小梗，小型孢子囊成簇地着生在小梗上，呈笄状；小型孢子囊椭圆形或纺锤形，褐色至淡褐色，孢子壁上有明显的纵纹，大小为（11～13）μm×（13～20）μm，成熟后，次生泡囊从原始泡囊上脱落，小型孢子囊只含 1 个孢囊孢子。在环境不利的条件下，往往会产生带有囊轴的大型孢子囊，孢囊梗大多向下弯曲。大型孢子囊近球形，初为白色，渐为黄色、浅褐色，成熟

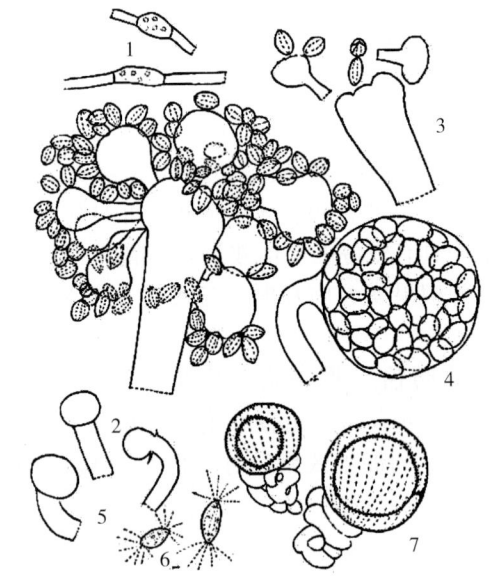

图 10 - 43 - 1 瓜笄霉形态（引自 Wu M. L.，1980）

Figure 10 - 43 - 1 Morphology of *Choanephora cucurbitarum*
(from Wu M. L.，1980)

1. 菌丝中的厚垣孢子 2. 孢囊梗顶端膨大为大头针状的初生泡囊，上生许多短小孢囊梗和次生泡囊，次生泡囊上又生许多短小孢囊梗，小型孢子囊聚生在短小孢囊梗顶端 3. 小型孢子囊成熟后，次生泡囊从初生泡囊上脱落 4. 成熟的大型孢子囊 5. 具囊轴的孢囊梗 6. 成熟的大型孢囊孢子，两端具数条附属丝 7. 成熟的接合孢子，表面有条纹

时暗褐色，直径40～170μm；内含多个孢囊孢子，大小为（8～12）μm×（20～24）μm，褐色至暗褐色，宽纺锤形，表面有条状直纹，两端具有数条细小透明的毛状附属丝。孢囊孢子的形状和表面饰纹是鉴定瓜笄霉的主要形态依据。

有性阶段是异宗配合，两个亲和性菌丝各向对方生出一个原配子囊，原配子囊接触后逐渐膨大并各产生一个隔膜，顶端的细胞为配子囊，两配子囊间的隔膜逐渐消失后便形成一个厚壁的接合孢子，接合孢子近球形，暗褐色，厚壁，表面有条纹，直径55～90μm，配囊柄钳状，下部相互扭结，无附属物，接合孢子萌发形成芽孢子囊和孢囊孢子（图 10 - 43 - 1）。

该菌在马铃薯葡萄糖琼脂（PDA）、麦芽糖酵母浸膏琼脂（MYE）、查氏酵母琼脂（CYA）和 10% V8 培养基上生长良好，生长温度范围是 15～40℃，以 25～30℃ 最为适宜；孢子囊和孢囊孢子产生温度为 15～25℃，萌发最适温度为 25～35℃；麦芽糖酵母浸膏琼脂培养基还可用来产生接合孢子。

四、病害循环

由瓜笄霉引起的辣（甜）椒湿腐病是典型的土传病害，随病残体遗留在土壤里的病菌菌丝体、接合孢子和厚垣孢子不仅能够安全越冬，而且还是田间病害的初侵染来源。由于病原菌的寄生性较弱，翌年随着气温的回升，土壤中的病菌只能从植株的机械损伤或昆虫咬伤处侵入，通常最先侵染地面上凋谢脱落或开始腐烂的花，并在病部产生大量的孢子囊和孢囊孢子，此时植株还未显现症状；然而，随着田间灌水或降雨的增多，地面上的孢囊孢子作为田间病害的真正初侵染源，不断地侵染临近地面的辣（甜）椒残花、幼果、幼小叶片和嫩枝顶端，引起近 30%～40% 植株发病。此后，瓜笄霉的寄生性和侵染性得到了加强，田间的菌源数量得到了积蓄。在这种情况下，一旦遇到持续多雨、高湿和高温（25～30℃）的气候条件，孢囊孢子就通过风吹、雨溅或昆虫四处传播并循环往复，不断地进行再侵染，3～4d 之内就能引起田间一批又一批叶、枝、花和果实

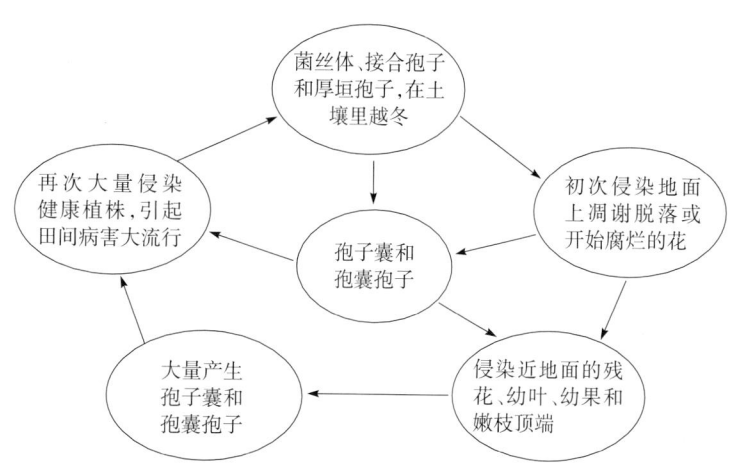

图 10 - 43 - 2　辣（甜）椒湿腐病病害循环（冯兰香提供）
Figure 10 - 43 - 2　Disease cycle of pepper wet rot（by Feng Lanxiang）

发病，蔓延之迅速以至于来不及防治（图 10 - 43 - 2）。只要适宜发病的条件不变，此病为害一直可以持续到生长季结束。此外，农具和农事操作者的衣裤上附着的孢囊孢子也能造成病害的传播。

五、流行规律

辣（甜）椒湿腐病的发生与流行和地块的平整度与含菌量、植株生育期、水分管理、降水量以及气温等因素关系密切，但决定病害是否流行的首要因素是田间湿度，其次是温度。

感病作物连茬栽培易使土壤中病原菌含量不断提高，增加了病害的初侵染来源；地块不平致使田间低洼处积水，增加了病菌初侵染的诱因；苗期到结果初期植株幼嫩和地面常有落叶、落花、落果，增加了病菌入侵的桥头堡，此时如果田间湿度仍然较大，地面的病菌萌发后侵入植株下部衰败的叶片和花瓣，从而形成田间的中心病株。即便如此，田间病害只是处在零星分布的初发阶段，只要水分供应均衡适度，病害一般不会流行。但是，一旦连续降雨、气温较高或骤晴骤雨、田间相对湿度超过 85%，3～4d 后田间病害就会迅速发展，甚至大流行。因此，露地辣（甜）椒湿腐病是否流行主要取决于雨日多少、雨量大小、积水与否、温度高低及田间郁闭程度。一般的说，高温多雨的年份和种植过密、排水不良的田块往往发病重。保护地的辣椒、甜椒如遇阴雨绵绵、日照不足、生长不良或浇水过大、放风不及时，棚内潮湿闷热，病害也极易发生。

六、防治技术

目前尚无抗病品种问世，而且化学防治往往不太奏效。因此，该病的防治必须贯彻"预防为主，综合防治"的植保方针。在综合防治中要以农业防治和物理防治为主，农业防治的核心是想方设法地降低田间湿度。

（一）农业防治

1. 无病土育苗与合理轮作　由于该病是土传病害，土壤中的菌丝体、接合孢子、厚垣孢子都是田间病害的初侵染源，加之该病菌腐生性较强、寄主范围较广，一旦土壤带菌，最好的办法就是选用无病土壤育苗和合理轮作。辣椒、甜椒重病地不能连作番茄、茄子、马铃薯等茄科蔬菜，也不能连作黄瓜、西葫芦、南瓜等葫芦科以及豌豆、菜豆、豇豆等豆科蔬菜，必须与其他作物轮作，特别是与禾本科作物轮作 3 年以上效果更好。此外，还应及时清除田间及田边杂草，如苋属的野苋菜、刺苋、绿穗苋、反枝苋等，以及青葙、矮牵牛、长春花、红脚鷊、金钱草、豆瓣菜等。

2. 高畦栽培与合理密植　选择排水良好或高燥的地块种植辣（甜）椒十分重要。在地下水位较高或雨水较多的地方，必须采用小高垄或高畦地膜覆盖栽培，这样既可防止水多泡根，又可雨后及时排水；还需合理密植，不宜过密，以利株间通风透光，降低田间湿度；此外，尽可能地改明水灌溉为膜下滴灌，以减少棚内水分的蒸发。

3. 科学管理与排涝防淹　注意平整土地、整修排灌系统，避免水淹；禁止大水漫灌，雨后及时排水，严防田间积水；排除积水后，待土壤的耕作层稍干后及时中耕松土，以增加土壤中氧气供给量，促进植株及根系生长健壮，防止沤根、落叶、落花和落果；有机肥要充分腐熟，尽量减少土壤中的病菌数量。保护地栽培的辣椒、甜椒，除注意通风排湿外，还需加强棚内温、湿度管理，注意通风排湿，严禁大水漫灌和田间积水，尽量控制白天温度为 23～28℃，相对湿度为 60%～75%，夜间温度为 13～15℃，相对湿度为80%～95%。

4. 清洁田园　前茬蔬菜收获后要彻底清洁田园，将病株残体及地面的病叶、残花、病瓜和杂草集中销毁深埋；对于连作地或重病田，在定植前高温闷棚，消毒土壤；在开花坐果期，及时摘除植株上的残花病果和清除地面落叶落花。

（二）药剂防治

在辣椒、甜椒开花初期到坐果中期，随时注意天气状况，如遇连续几天高温多雨，则需仔细检查地面落花和植株上的残花、嫩枝、幼叶和幼果，一旦发现病症立即清除和销毁，并进行全田喷药防治。药剂有植物源杀菌剂 0.3% 丁子香酚可溶液剂 2 000 倍液，或 25% 甲霜·霜霉威可湿性粉剂 1 000 倍液、44% 菲格（百菌清＋精甲霜灵）悬浮剂 1 000 倍液、68.75% 氟菌·霜霉威悬浮剂 600 倍液、70% 丙森锌可湿性粉剂 300 倍液、58% 甲霜灵·锰锌 600 倍液等，均具有一定的保护与治疗双重功效。一般 5～7d 喷洒 1 次，连续喷洒 2～3 次。保护地提倡用 45% 百菌清烟剂，每 667m² 用药 150～200g，点燃后密闭熏烟 1 夜。

冯兰香（中国农业科学院蔬菜花卉研究所）

第 44 节　辣（甜）椒褐斑病

一、分布与危害

20 世纪中期以前，全世界的辣椒、甜椒种植区都较少发生褐斑病，但在 20 世纪末，该病在印度、日本和韩国等国家的温室辣椒、甜椒生产中造成了极大的损失。我国也是如此，虽然南方辣（甜）椒褐斑病时有发生，但北方一直少见，即使发生也很轻。然而，自 21 世纪以来，在保护地辣椒、甜椒栽培中，该病不但愈来愈普遍，而且愈来愈严重，大有快速上升之势。比如在 2005 年以前，辽宁省几乎没有辣（甜）椒褐斑病发生，但此后辣（甜）椒褐斑病却在逐步发展、逐年加重，葫芦岛、鞍山和盘锦等地的保护地都相继遭受该病的严重为害，导致植株早衰、叶片枯黄，甚至提早落叶，轻者产量损失 20%～30%，严重时减产 50% 以上。此外，在低洼地带和山区、半山区的土壤贫瘠地块，病害也常常比较严重。

二、症状

辣（甜）椒褐斑病主要为害叶片，尤以成熟的叶片最易感染，偶尔也为害青果和茎秆。通常植株下部的叶片先受害，逐渐向上部叶片发展，严重时上部叶片的叶尖、叶缘及叶面均可产生病斑。

发病初期，叶片正面出现水渍状、淡褐色、针尖大小的病斑，后逐渐扩展成直径为 6～12mm 的圆形、近圆形或不规则形，初为黄褐色至黑褐色，病健部组织交界处明晰可辨；此后病斑渐变为灰褐色，病斑表面稍隆起，有明显的同心轮纹，而且病斑中央为非常明显的、直径约 2mm 的灰白色斑块，其周围黑褐色，灰白色斑块的中央长出一层暗褐色霉，形似蛙眼；发病较重时，病斑相互愈合形成不规则的大斑。后期病部组织常干枯坏死，有的呈现出挣裂状穿孔，致使叶片支离破碎。病害严重时病叶枯黄、提早脱落，结果减少，果变小甚至畸形。湿度大时病斑正反两面均可产生灰色霉状物。茎部染病，病斑常为椭圆形，其他特点和叶片病斑相似（彩图 10-44-1）。

三、病原

辣（甜）椒褐斑病的病原为辣椒尾孢（Cercospora capsici Heald. et F. A. Wolf.），属子囊菌无性型尾孢属真菌。

病菌子实层生于叶片两面，呈现出灰色霉状物，为病原菌的分生孢子梗和分生孢子。分生孢子座无或很小，仅由少数褐色细胞组成；分生孢子梗 2～20 根成束从气孔伸出，暗橄榄色，具 3～8 个隔膜，一般不分枝，少数具分支，直或微弯，或有膝状屈曲 1～3 处；分生孢子无色，鞭形或细棍棒形，直或微弯，基端较平，顶端近乎钝圆或稍尖，隔膜初时不甚清晰，后期老熟时明显，多为 4～9 个，大小为（67～120）μm ×（2.4～3.3）μm，萌发时芽管可分别从不同细胞中生出（图 10-44-1）。

辣（甜）椒褐斑病菌的寄主范围较窄，主要侵染辣椒、甜椒，不侵染番茄、茄子、豇豆、菜豆、黄瓜、西瓜、葫芦、白菜、香菜、茼蒿和胡萝卜等蔬菜。

四、病害循环

辣（甜）椒褐斑病菌主要以菌丝块在病叶、病茎上或随病残体落入田间土壤中越冬，成为翌年主要初侵染源，在适宜的气候条件下，越冬的病原菌直接发芽或产生新的分生孢子引起田间病害的初侵染。种子偶尔也可带菌，但不是病菌的主要越冬场所，而且也不是病菌的侵入部位。病原菌生活力与温度有密切的关系。在自然条件下，田间病原菌随着赖以生存的病残组织的腐解，存活能力大大下降；但在室温条件下，病原菌分生孢子存活力较强，存活年限一般可达 14 个月；而在 -20℃ 的冷冻条件下，病原菌分生孢子存活时限只为

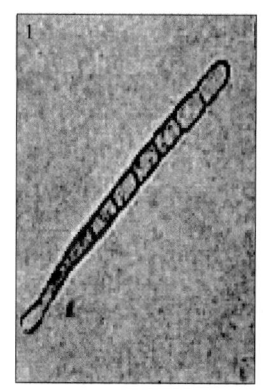

图 10-44-1　辣椒尾孢形态（刘志恒提供）
Figure 10-44-1　Morphology of *Cercospora capsici* (by Liu Zhiheng)
1. 分生孢子　2. 分生孢子梗

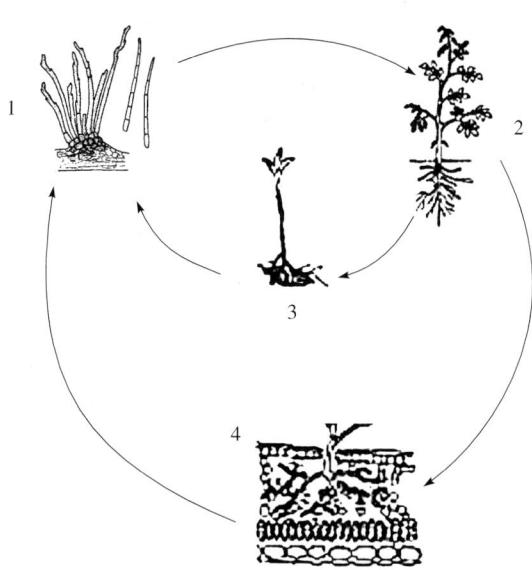

图 10-44-2　辣（甜）椒褐斑病病害循环（刘志恒提供）
Figure 10-44-2　Disease cycle of pepper Cercospora leaf spot（by Liu Zhiheng）
1. 分生孢子　2. 侵染植株　3. 再侵染
4. 病菌在病残体中越冬

8 个月。

在辣（甜）椒生长期间，只要温、湿度条件适宜，如叶面有露水等，常常导致分生孢子萌发和侵入，引起植株发病。病部可长出大量的新分生孢子，借助气流、雨水、灌溉水和农事操作而广泛传播，从寄主的气孔或表皮直接侵入，引起田间病害的再次侵染。条件适宜时 2～3d 即可发病并进行再次侵染。发病严重时，大量的枯枝病叶脱落，病菌也就随着病株残留在土壤中越冬（图 10-44-2）。

五、流行规律

病菌生长适宜的温度为 25～28℃，空气相对湿度为 80% 以上，而且湿度越高发病越重。因此，高温高湿，或高温季节遇到暴风雨或连阴雨，特别是高温高湿持续时间长，极易导致病害的大发生、大流行。

辣椒、甜椒的整个生长期都有可能遭受褐斑病为害，苗床中幼苗发病的现象十分多见。据报道，在 25℃ 条件下，接种 4～5 片叶的幼苗，5d 后即可见到叶片上产生褐色病斑，7d 后叶背病斑开始产生霉层，11d 后病叶开始脱落，表明病菌侵染幼苗叶片的潜育期为 5～6d；在同样的温度条件下，接种 7～10 片的成株，7d 后叶片开始发病，11d 后病叶开始脱落，表明病菌侵染成株叶片的潜育期为 7～8d。

不良的栽培管理也会导致病害的发生和蔓延，比如前茬遗留病残体多、栽植密度高、植株间郁闭高湿、田间低洼积水等因素均有利于发病；此外，土壤贫瘠、植株脱肥，植株生长衰弱的地块往往发病也重。

六、防治技术

（一）加强栽培管理

从无病株上选择优质果留种，防止种子带菌传病。与非茄科蔬菜轮作 2 年以上。采收后清除病株残体集中烧毁，以减少田间初侵染源。多雨地区和低洼地块，实行高垄或高畦栽培，以利雨后及时排干积水，保持田间通风透光。采用利于植株健壮生长的栽培措施，如适时施肥，合理搭配氮、磷、钾，采收期叶面喷施微肥，确保植株前期不疯长后期不早衰。

（二）种子消毒

播种前，用 55℃ 温水浸种 10min，冷水中冷却后播种；或用 50% 多菌灵可湿性粉剂 500 倍液浸种 20min，冲净后催芽播种；还可用 50% 多菌灵可湿性粉剂拌种，然后直接播种，用药量为种子重量的 0.3%。

（三）土壤消毒

用 50% 多菌灵可湿性粉剂与 50% 福美双可湿性粉剂按 1:1，或 25% 甲霜灵可湿性粉剂与 70% 代森锰锌可湿性粉剂按 9:1 混合，每平方米用混合药剂 8～10g，与 15kg 细土混匀后撒入沟内。

（四）化学防治

应在发病前或发病初期用药，可喷洒 1:1:200～300 波尔多液，或 15% 络氨铜水剂 200～250 倍液、50% 多菌灵可湿性粉剂 500 倍液、70% 代森锰锌可湿性粉剂 600 倍液、70% 甲基硫菌灵可湿性粉剂 800 倍液、75% 百菌清可湿性粉剂 600 倍液、50% 异菌脲可湿性粉剂 1 000 倍液、10% 苯醚甲环唑水分散粒剂 1 000 倍液以及 40% 氟硅唑乳油 8 000～10 000 倍液等，喷药时需细致周到，间隔 7～10d 喷药 1 次，连续用药 2～3 次，可有效控制病害。

魏松红 刘志恒（沈阳农业大学植物保护学院）

第 45 节 辣（甜）椒病毒病

一、分布与危害

辣（甜）椒病毒病是全世界辣椒、甜椒生产上最主要的病害之一，广泛分布于北美洲、南美洲、亚洲、欧洲、大洋洲和非洲等地的辣椒、甜椒产区，特别是在美国、墨西哥、巴西、委内瑞拉、阿根廷、澳大利亚、丹麦、法国、匈牙利、冰岛、意大利、荷兰、西班牙、英国、摩洛哥、德国、科特迪瓦、加纳、肯尼亚、尼日利亚、南非、印度、日本、韩国、朝鲜、马来西亚、菲律宾、泰国、中国等地发生极为普遍和为害严重。在我国，无论是北方温室大棚、还是南方露地的辣椒、甜椒均不同程度地遭受病毒病为害。

1932 年，我国广东正式报道了辣椒病毒病的发生。20 世纪 70 年代以来，由于辣椒、甜椒品种交流范围扩大、交流速度加快以及耕作制度的改变，使得病毒病的传播进一步加快，发病率增高，蔓延迅速，为害日趋严重，由原来的次要病害逐渐上升为主要病害，严重影响辣椒、甜椒的产量和品质。该病引起的产量损失取决于病害流行程度。一般在轻度流行年，产量损失为 5%～20%，中度流行年则为 30%～50%，而严重流行年造成的损失往往超过 70%，甚至绝收。

二、症状

由于辣（甜）椒品种繁多、种植环境多变，所以，辣（甜）椒病毒病的症状比较复杂，在田间常见的症状有 4 种类型（彩图 10-45-1）。

（一）花叶型

花叶型症状多出现在辣椒、甜椒苗期到幼果形成之前。起初叶片出现不规则的褪绿或深绿与淡绿相间的花叶或斑驳，随着病情的发展，病叶逐渐皱缩和卷曲，尤以植株顶部嫩叶最为明显。如果此时的外界环境条件非常适合病毒病的发生，则病害会继续加重，导致病株生长缓慢，甚至矮化，并伴随落花、落果，或所结果实较小、畸形，且难以转红或只局部转红。

（二）坏死型

坏死型症状主要包括顶枯、斑驳坏死和条纹坏死。顶枯是指植株顶部叶基部或沿主脉变褐坏死，引起落叶、落花，而植株其余部分的症状并不明显；斑驳坏死可发生在叶片和果实上，病斑褐色或深褐色，不规则形，有时穿孔或发展成深褐色坏死大斑；条纹坏死主要表现在枝条上，病斑褐色至黑褐色，沿枝条上下扩展，甚至于扩展到主茎，引起大量落叶、落花、落果，严重时整株枯干。

（三）黄化型

黄化型症状主要是指病叶变黄、皱缩。病害严重时，植株上部的叶片甚至于全部变为黄色，病株看上去为上部黄下部绿，并伴有落叶、落花、落果和植株矮化等症状。

（四）畸形型

畸形型症状主要是指植株的叶片和果实的形状发生改变，变为畸形。比如病株的心叶先出现叶脉褪绿，逐渐变为花叶、皱缩，叶缘向上卷曲，幼叶小，严重时呈线状或蕨叶状的畸形；病果变小不整，果面凹凸不平；重病株节间缩短、矮化甚至簇生。

三、病原

据国外报道，侵染辣（甜）椒的病毒种类超过 45 种，我国至少报道了 10 种（表 10-45-1、图 10-45-1），其中，以烟草花叶病毒（*Tobacco mosaic virus*，TMV）、黄瓜花叶病毒（*Cucumber mosaic virus*，CMV）的发生率最高、分布最广，而且田间辣椒、甜椒常常受多种病毒的复合侵染。

表 10-45-1 侵染我国辣椒、甜椒的病毒种类及其特征
Table 10-45-1 Symptom types and their characteristics of virus on pepper in China

病毒名称	症状特点	病毒特征
黄瓜花叶病毒（CMV）	系统性花叶、畸形、蕨叶、矮化、叶片坏死枯斑或茎部条斑等	雀麦花叶病毒科黄瓜花叶病毒属成员。蚜虫传播，易由汁液传播。病毒粒体等轴对称，直径约 29 nm，CMV 基因组为三分体，包括 3 个 RNA 片段
烟草花叶病毒（TMV）	急性坏死枯斑、落叶，后期心叶呈系统花叶，或叶脉坏死等	帚状病毒科烟草花叶病毒属成员，汁液传播，病毒粒体长杆状，300～310 nm，基因组为线形正义 ssRNA，长 6 395 nt
马铃薯 Y 病毒（PVY）	系统性轻花叶和斑驳，也可引起花叶、矮化等	马铃薯 Y 病毒科马铃薯 Y 病毒属成员，蚜虫和汁液传毒，病毒粒体弯曲线状，长 680～900 nm，基因组为单分子线形正义 ssRNA，长约 9.7kb
烟草蚀纹病毒（TEV）	花叶、畸形等	马铃薯 Y 病毒科马铃薯 Y 病毒属成员，蚜虫和汁液传毒，病毒粒体为弯曲线状，长约 730 nm，基因组为单分子线形正义 ssRNA，长为 9 494～9 539 nt
马铃薯 X 病毒（PVX）	系统性重花叶和叶脉深绿	甲型线形病毒科马铃薯 X 病毒属成员。机械接触传播，病毒粒体弯曲线状，长 470～580 nt，单分子线形正义 ssRNA，长 6.1～7.5kb

（续）

病毒名称	症状特点	病毒特征
苜蓿花叶病毒（AMV）	系统花叶或褪绿黄斑；高温度时，叶脉和茎部易产生坏死条斑	雀麦花叶病毒科苜蓿花叶病毒属成员，蚜虫、种子和汁液传毒，病毒粒体杆菌状，4 种大小，分别为 B 组分 58nm×18nm、M 组分 48nm×18nm、Tb 组分 36nm×18nm 和 Ta 组分 28nm×18nm，三分体基因组
蚕豆萎蔫病毒（BBWV）	叶片系统性褪绿、斑驳，花蕾变黄、顶枯、茎部坏死及整株萎蔫	豇豆花叶病毒科蚕豆病毒属成员，蚜虫和汁液传毒，病毒粒体等轴对称，直径约 30nm，基因组为二分线形正义 ssRNA，RNA1 长 6.0～6.3kb，RNA2 长 3.6～4.5kb
辣椒轻斑驳病毒（PMMoV）	叶片皱缩、斑驳、黄化或轻微褪绿；苗期感病植株可能矮化；果实褪绿、斑驳、畸形，甚至脱落	帚状病毒科烟草花叶病毒属成员，机械接种传播。病毒粒体为杆状，长约 312 nm，直径 18 nm，基因组为线形正义 ssRNA，长 6 356 nt
辣椒脉斑驳病毒（PVMV）	叶斑驳和暗绿色脉带，一些病叶变小、扭曲，以幼叶症状最明显；感病幼苗植株矮化，茎和侧枝上常有暗绿色条纹，落花，病果畸形	马铃薯 Y 病毒科马铃薯 Y 病毒属成员。蚜虫传播，机械接种可传毒病毒粒体为弯曲线状，长约 770 nm
番茄花叶病毒（ToMV）	叶坏死、脱落，或花叶，植株矮化	芜菁黄花叶病毒科烟草花叶病毒属成员，汁液传播，病毒粒体长杆状，长约 300 nm，基因组为线形正义 ssRNA，长约 6.4 kb

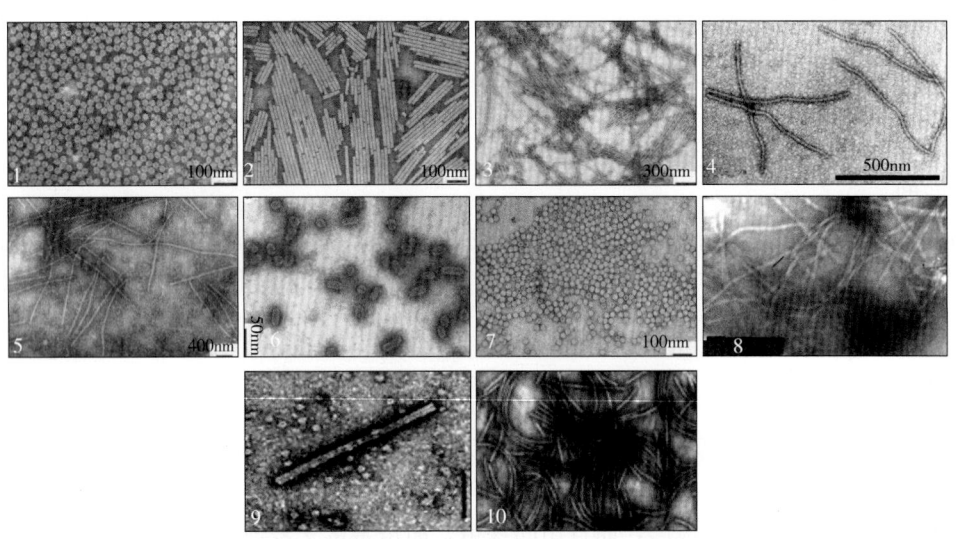

图 10 - 45 - 1　侵染辣椒、甜椒的病毒粒体电镜照片（1～3 和 5～7. 引自洪健等，2005；4. 引自 S. R. Christie，1977；8. 引自 Khattab，1997；9. 引自 Kamenova 等，2004；10. 引自 IACR - Rothamsted，2008）

Figure 10 - 45 - 1　Electron micrograph of virions of viruses infecting pepper（1 - 3 and 5 - 7. from Hong Jian et al.，2005；4. from S. R. Christie，1977；8. from Khattab，1997；9. from Kamenova et al.，2004；10. from IACR - Rothamsted，2008）

1. 黄瓜花叶病毒　2. 烟草花叶病毒　3. 马铃薯 Y 病毒　4. 烟草蚀纹病毒　5. 马铃薯 X 病毒
6. 苜蓿花叶病毒　7. 蚕豆萎蔫病毒　8. 辣椒轻斑驳病毒　9. 番茄花叶病毒　10. 辣椒脉斑驳病毒

　　我国不同地区和不同季节不但种植许多不同品种的辣椒、甜椒，而且各地、各季节的毒原种类也不尽相同。因此，各地区、各季节、各品种的主要毒原种类就差异很大。在广东，为害辣椒、甜椒的病毒主要是 TMV、CMV 和 PVY（马铃薯 Y 病毒，*Potato virus Y*）；在陕西，引起线辣椒病毒病的病原主要有 7 种，包括 CMV、TMV、BBWV（蚕豆萎蔫病毒，*Broad bean wilt virus*）、PMMoV（辣椒轻斑驳病毒，*Pepper mild mottle virus*）、ToMV（番茄花叶病毒，*Tomato mosaic virus*）、PVY 和 PVMV（辣椒脉斑驳病毒，*Pepper veinal mottle virus*），以 BBWV 最为普遍，其次是 CMV、PMMoV；在关中西部地区，线辣椒 6 月前病毒病的主要病原为 BBWV 和 CMV，成株期以后主要病原为 PMMoV、BBWV、CMV、ToMV；在海南省文昌市，大棚设施栽培中的辣椒病毒病主要是由 CMV、TMV 侵染引起的；另外，还有些地方的辣椒、甜椒遭受到 PVX（马铃薯 X 病毒，*Potato virus X*）、TEV（烟草蚀纹病毒，*Tobacco etch virus*）和 AMV（苜蓿花叶病毒，*Alfalfa mosaic virus*）的侵染。尽管如此，但绝大多数辣椒、甜椒产区的病毒病病原均以 CMV 和 TMV 为主。

四、病害循环

为害我国辣椒、甜椒的病原病毒多达 10 余种，且不同产区的病毒主要种类也不尽相同，但其主要传播途径可归纳为蚜虫传毒和汁液接触传毒两大类（图 10 - 45 - 2）。

由蚜虫传播的病毒有 CMV［主要为桃蚜（*Myzus persicae*）和棉蚜（*Aphis gossypii*）传毒］、PVY［主要为桃蚜、蚕豆蚜（*Aphis fabae*）、马铃薯长管蚜（*Macrosiphum euphorbiae*）等传毒］、AMV［主要为桃蚜（*Myzus persicae*）传毒］、BBWV［主要为桃蚜、豆蚜（*Aphis craccivora*）和马铃薯长管蚜（*Macrosiphum euphorbiae*）传毒］、PVMV［主要为桃蚜和棉蚜（*Aphis gossypii*）传毒］和

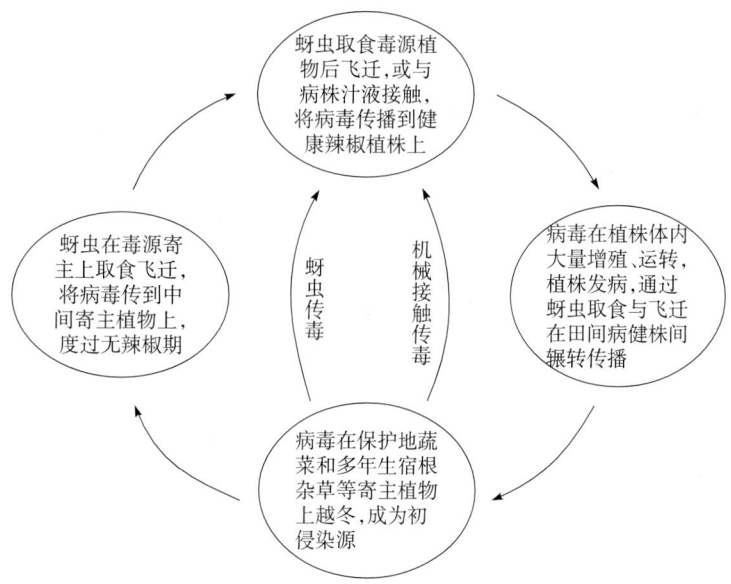

图 10 - 45 - 2　辣（甜）椒病毒病病害循环（何自福提供）
Figure 10 - 45 - 2　Disease cycle of pepper viral diseases（by He Zifu）

TEV［主要为桃蚜、马铃薯长管蚜和蚕豆蚜传毒］。其中，以 CMV 为害最普遍。该病毒的寄主范围广泛，超过 40 科 191 种植物，包括许多蔬菜作物和杂草。病毒在保护地蔬菜和多年生宿根杂草上越冬，翌年由蚜虫传播到辣椒、甜椒上为害；此外，这些病毒也易通过汁液接触传播。

由汁液接触传播的病毒有 TMV、ToMV、PMMoV 和 PVX，以 TMV 为害较普遍。该病毒的寄主也很广，至少可侵染 30 科 199 种植物，可在土壤、病残体、种子或卷烟中越冬，也可在众多寄主上越冬，经汁液接触传播，如移栽、定植、整枝、中耕、除草、采果等农事操作等，还可由土壤、种子和花粉传播。

五、流行规律

（一）蚜虫传毒

1. 病毒的传播与扩散　以 CMV 为代表，在北方主要是在保护地蔬菜或多年生杂草上越冬，通过蚜虫传播与扩散；而在华南地区，主要是在其他作物和杂草寄主上度过田间无辣椒、甜椒种植的时期，也由蚜虫传播与扩散。虽然这些病毒都易经汁液接触传播，但在田间还是以蚜虫传毒的作用更大，特别是有翅蚜可进行远距离传播。因此，介体蚜虫的发生量、迁飞期与辣（甜）椒病毒病流行时间、范围和程度的关系极大。

2. 病害的发生与流行　辣（甜）椒病毒病的发生与气候条件密切相关。最适发病温度为 20～35℃ 和相对湿度低于 80%，在此条件下病害潜育期仅为 10～25 d；最易感病生育期为苗期到结果中期。

在我国北方辣椒、甜椒产区，病毒病于 5 月中、下旬开始发生，7～8 月为发病盛期，7 月病株多表现为重型花叶和畸形；进入 9 月，病毒大量增殖积累，田间管理放松，病情则急剧加重，此时病株症状多为线叶、丛枝或坏死顶枯等。一般早春温度偏高、少雨、蚜虫大量发生，辣椒、甜椒很易发病；播种过迟、种植过密、偏施氮肥、周边毒源寄主多、蚜虫发生量大的田块，病毒病较重；定植晚、重茬、缺肥的田块，病害也较重。此外，辣椒、甜椒品种间抗性差异明显，一般锥形椒比灯笼椒抗病。

在广东、广西、云南、福建和台湾等南部地区，秋种或冬种辣椒、甜椒易遭蚜虫为害，由蚜虫传播的病毒病发生较重。通常是 10 月中旬开始发病，11 月中旬至翌年 1 月为发病高峰期，因为每年 9 月后，这些地区比较高温干旱、雨量少，不仅有利于蚜虫大量发生与传毒，而且还降低了植株的抗病性，所以病毒病比较重；连作、定植晚、地势低洼的辣椒、甜椒田块都容易导致病毒病的流行。此外，管理粗放、杂草

丛生、缺肥或肥水过足旺长等也可加重病毒病为害。

（二）汁液接触传毒

1. 病毒的传播与扩散 以TMV为代表的汁液接触传毒为例，在土壤中、病残体、种子或烟草上越冬的病毒，主要靠机械摩擦、人为接触传播，田间发病后，新病株上的病毒仍然是通过汁液接触传染与扩散。虽然病毒也能由带毒种子和土壤传播，但不是田间病害的主要传播途径。病毒还可以在众多中间寄主植物（如番茄、茄子、龙葵、酸浆等）上度过无辣椒、甜椒种植的时期，然后经田间农事操作而传播蔓延。

2. 病害的发生与流行 在云南、四川、重庆、湖南、湖北、江西、安徽、江苏、上海、山东和河南等省份，辣椒、甜椒病毒病从5月中、下旬开始发生，6～7月为发病高峰期，8月进入高温干旱季节，病情随之加重。辣椒、甜椒从苗期至成株期均可被害，以2～4叶期侵染率最高，随着辣椒、甜椒生育期的推进，病毒侵染率依次降低，对辣椒、甜椒产量影响也就逐渐减轻。据调查，重茬、露地栽培、移栽早的辣椒、甜椒病毒病往往较重；土质差、干旱地的辣椒、甜椒地块发病也重。另外，持续高温、干旱、少雨的天气条件都有利于病毒病的发生。

在广东、广西、云南、福建和台湾等南部地区，由汁液接触传播的病毒病在春季辣椒、甜椒上发生较重，而秋冬季种植的辣椒、甜椒发生较轻。通常4月下旬开始发病，5月中旬至6月中旬为发病高峰期。虽然这些地区的春季多雨、高温，对蚜虫的发生与繁殖不利，但是此时的辣椒、甜椒病毒病的毒源种类主要是TMV等，通过田间农事操作就可接触传播，该类病毒病害仍然能够发生与流行。此外，地势低洼、与其他茄科蔬菜连作、定植整枝晚、缺肥以及未及时清除病残体的田块，都容易导致病毒病的发生与流行。辣椒、甜椒品种间的抗病性也不相同，一般尖辣椒发病率较低，甜椒发病率较高；青皮椒较黄皮椒发病轻。

六、防治技术

（一）选用抗（耐）病品种

不同辣椒、甜椒品种对病毒病的抗性差异较大，各地可因地制宜地选用。一般叶片细长、果实为牛角形或羊角形的辣椒比叶大而阔、果实为灯笼形的甜椒抗病，耐热品种比耐寒品种抗病，青皮辣椒比黄皮辣椒抗病。目前，较抗病毒病的辣椒品种有中椒2号、中椒4号、湘研19、湘椒48、津椒3号、苏椒3号、沈椒3号、湘研11等；较抗病的甜椒品种有以色列彩椒、甜杂1号、茄门甜椒、天津8号等。对于棚室栽培，可选用高产、商品性好、抗（耐）病的红丰404、海椒4号、线椒3号等品种。

辣椒、甜椒苗期对烟草花叶病毒病的抗性鉴定可依据《NY/T 2000.3—2011 辣椒主要病害抗病性鉴定技术规程 第3部分：辣椒抗烟草花叶病毒病鉴定技术规程》进行；辣椒、甜椒苗期对黄瓜花叶病毒病的抗性鉴定可依据《NY/T 2060.4—2011 辣椒主要病害抗病性鉴定技术规程 第4部分：辣椒抗黄瓜花叶病毒病鉴定技术规程》进行。

（二）农业防治

1. 培育无病壮苗

（1）适时早播。春播辣（甜）椒适时早育苗、早定植，可使结果盛期避开病毒病发生高峰。

（2）种子处理。播种前将辣（甜）椒种子放在阳光下暴晒1d，用清水预浸泡1～2 h后，换用10%磷酸三钠溶液浸泡2 h，捞出洗净，再用清水浸泡10～12 h，然后催芽播种。

（3）无病土壤育苗和培养无病苗。苗床土要求营养丰富、保水保肥力强、透气性好、无污染，并需施足基肥，及时防治蚜虫。有条件的地方，春季用小拱棚覆膜育苗，以促进幼苗生长和防止蚜虫传毒；秋季育苗的小拱棚最好覆盖一层防虫纱网，防止蚜虫飞入。

2. 加强水肥管理 施足基肥，增施磷、钾肥，保持土壤湿润，促进辣椒、甜椒健壮生长，提高植株抗病力，能有效地减轻病毒病为害。

3. 搞好田间卫生 进行农事操作时，要防止病毒汁液接触传播；定植前，尽可能彻底清除棚室内外或田间地头所有杂草；发现病株应及时拔除，并带出田外或棚外销毁。

（三）防治蚜虫与切断毒源

及时防治蚜虫等传毒介体，以切断毒源。在蚜虫发生初期，可喷施3%啶虫脒乳油1 000倍液，或

10％吡虫啉可湿性粉剂 1 500 倍液、4.5％高效氯氰菊酯乳油 1 000～1 500 倍液、20％氰戊菊酯乳油 3 000 倍液等。同时，对苗床和辣椒、甜椒田四周的杂草进行喷药，防止带毒蚜虫在田间传毒。

利用银灰色地膜覆盖棚室，对蚜虫有很强的驱避作用；也可用黄板诱杀蚜虫，每 667m² 悬挂 20～25 块黄色诱蚜板诱杀蚜虫，可减少杀虫用药次数。

（四）化学防治

定植前、后，喷洒 NS‐83 增抗剂 100 倍液各 1 次，以提高辣（甜）椒植株的抗病能力。在发病初期，可喷施 20％盐酸吗啉胍·乙酸铜可湿性粉剂 500 倍液，或 1.5％植病灵（三十烷醇＋硫酸铜＋十二烷基硫酸钠）乳剂 1 000 倍液，或 3.85％三氮唑核苷·铜·锌水乳剂 600 倍液等，每 7～10d 喷洒 1 次，连喷 3～4 次，有一定减轻病害的作用。

何自福（广东农业科学院植物保护研究所）

第 46 节　茄子黄萎病

一、分布与危害

茄子黄萎病俗称半边疯、黑心病和凋萎病等，在世界各地茄子产区均有发生，是一种毁灭性土传维管束病害，每年可造成巨大的经济损失。欧洲、北美和亚洲等地的茄子产区该病发生十分严重。1914 年，美国加利福尼亚州就发生了茄子黄萎病，以后逐渐蔓延和加重，曾使 Florioda Market 茄子和 R4 茄子分别减产 62％～85％和 34.1％～42.5％。

我国于 1955 年首次发现茄子黄萎病，但在 20 世纪 50 年代初，该病仅在黑龙江、辽宁和吉林等省份的局部地区发生，后来随着茄科蔬菜面积的不断扩大，病害也迅速蔓延；到了 80 年代中期，这 3 个省以及内蒙古自治区的茄子黄萎病都很严重，并且发病范围也逐渐向南扩展。目前，我国所有茄子产区都有该病的发生，在四川、新疆、青海、甘肃、云南、山西、江西、河南、河北、山东和江苏等省份，该病还比较严重。茄子感病后，病原菌破坏维管束、堵塞导管、分泌毒素，引起植株系统萎蔫，甚至枯死。该病一般引致 30％左右的产量损失，严重时达 60％以上，有的几乎绝收，现已成为威胁茄子生产的重要病害之一。

二、症状

在茄子整个生长期间均可发生黄萎病，苗期即可遭受侵染，5～6 叶时初见症状；门茄坐果以后，症状逐渐明显，常见的田间症状有 3 种类型。

（一）黄斑型

黄斑型症状比较普遍，病株一般不矮化或稍矮化，叶片受害先是在叶脉间、叶尖或叶缘部分出现褪绿、黄化病斑，并逐渐扩展到整个叶片，使病叶变黄或呈现大片黄化斑驳，而且从下部叶片向上部叶片发展（彩图 10‐46‐1）。通常先是植株的一个枝条变黄，后发展成半边枝条变黄，故此得名“半边疯”。早期病株遇高温、干旱时，病叶萎蔫，早晚或天气阴凉时恢复；后期病株彻底萎蔫，叶片萎黄、卷曲、脱落，严重时只剩下茎秆或心叶，病株死亡。但发病初期一般不出现整株枯死的现象，仅是一侧的数片叶出现病症，待病害发展到晚期，植株才枯死；病株的根、茎、分枝及叶柄的维管束变成褐色（彩图 10‐46‐2）。

（二）萎蔫型

与黄斑型相比，萎蔫型症状的特点是发病植株的叶片没有明显的黄斑症状，而是病株的叶片比较迅速地自下而上呈现出失水萎蔫状，往往病株的下部叶片枯死、上部叶片萎蔫。

（三）枯死型

枯死型的植株往往严重矮化，叶片皱缩、凋萎、枯死、脱落，病情扩展更为迅速，在比较短的时间内常常导致整株死亡；发病植株结果少，果实小、质地较硬、风味很差，甚至失去食用价值。

三、病原

茄子黄萎病的病原主要是大丽轮枝菌（*Verticillium dahliae* Kleb.），其次为黑白轮枝菌（ *Verticilli-*

um albo-atrum Reinke et Berthier）和变黑轮枝菌（*Verticillium nigrescens* Pethybr.），这 3 种真菌都属于子囊菌无性型轮枝菌属。

我国大部分地区的茄子黄萎病是由大丽轮枝菌引起，只在甘肃省兰州市的部分地区发现了黑白轮枝菌引起的茄子黄萎病。大丽轮枝菌的寄主范围比较广泛，除引起茄子黄萎病外，还可侵染棉花、番茄、辣椒、草莓、油菜及瓜类等多种植物。

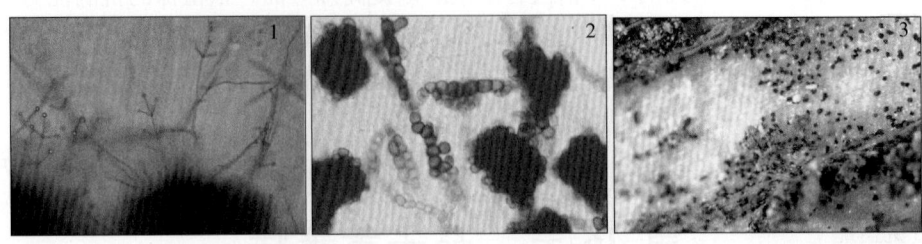

图 10 - 46 - 1　大丽轮枝菌形态（1. 引自 D. Blancard，1992；2. 引自 Francisco Javier López -
Escudero，2011；3. 引自 Luis Gómez - Alpízar，2011）

Figure 10 - 46 - 1　*Verticillium dahliae*（1. from D. Blancard ，1992；2. from Francisco
Javier López - Escudero，2011；3. from Luis Gómez - Alpízar，2011）

1. 分生孢子梗　2. 放大的微菌核　3. 病茎中的微菌核

大丽轮枝菌的菌丝无色，有隔膜；分生孢子梗直立，基部无色，全长 $110 \sim 230 \mu m$，上有 $1 \sim 5$ 个轮枝层，每层有 $3 \sim 4$ 个轮枝，上着生分生孢子；分生孢子长卵圆形，单细胞，无色，大小为 $(3.5 \sim 7.7)$ $\mu m \times (2.0 \sim 4.3) \mu m$。许多厚壁的菌丝细胞结合后可生成微菌核。微菌核近球形，直径 $40 \sim 60 \mu m$。菌丝细胞的胞壁增厚还可产生成串的厚垣孢子。厚垣孢子黑褐色（图 10 - 46 - 1）。20% 含水量的土壤有利于微菌核的形成。

四、病害循环

茄子黄萎病菌以微菌核、厚垣孢子和休眠菌丝体在病残体、土壤和粪肥中越冬，并能存活多年；病菌也能以分生孢子和菌丝体在种子内、外越冬，随着种子的调运作远距离传播，均可成为田间病害的初侵染源（图 10 - 46 - 2）。翌春温度适宜时，病菌的分生孢子或微菌核萌发，通过根部伤口侵入或直接侵染幼根表皮和根毛，首先在寄主细胞间扩展和根部维管束内繁殖，再逐渐蔓延到茎、叶、果实和种子，引起茄子系统发病和出现系统症状。施用混有病残组织的肥料和带菌土壤借助刮风、流水、人、畜及农具等途径，都可以将病菌传到无病田内。该病在寄主的一个生长季节内无再侵染。

图 10 - 46 - 2　茄子黄萎病病害循环（王伟提供）

Figure 10 - 46 - 2　Disease cycle of eggplant Verticillium wilt（by Wang Wei）

1. 微菌核萌发　2. 侵入根系　3. 在植株中扩展　4. 引起植株发病
5. 植株茎维管束变褐　6. 病组织中形成的微菌核　7. 病残体中的菌丝体

五、流行规律

（一）病菌的传播、扩散及侵染

1. 病菌传播、扩散与萌发的条件　带菌的种子、有机肥、田间操作、农具、气流、灌水和雨水均可传播病菌。引起田间植株病害的初侵染以后，环境条件的状况决定病害是否快速地发展，如果叶片先发病，病叶的感染能力最强，很容易引致田间茄子黄萎病的进一步蔓延。

菌丝在 5～33℃和 pH4～9 的范围内均可生长发育，最适温度为 22～24℃，分生孢子萌发适温为 25℃，并且可短时间耐受 40℃左右高温。作为病害主要初侵染源的微菌核，10℃时就可以萌发，以 25～30℃最适；微菌核一般可存活 6 年，抗逆性强，在自然风干的土壤中，35℃处理 14 d 后，其萌发率高达 43％，40℃处理 14 d 后其萌发率仍可达 35.8％。因此，微菌核的存活数量是病害周年发生与为害的关键因素。

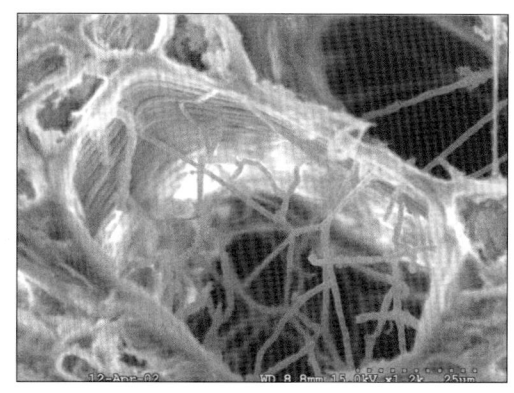

图 10 - 46 - 3　大丽轮枝菌侵入茄子根维管束组织电镜形态（引自 Randy Rowe，2000）

Figure 10 - 46 - 3　Scanning electron microscope image of *Verticillium dahliae* infecting vascular tissue of eggplant root（from Randy Rowe，2000）

2. 病菌侵染过程及侵染条件　茄子黄萎病菌分生孢子或微菌核萌发后，从根部的伤口或直接从幼根表皮及根毛侵入，菌丝在寄主皮层薄壁细胞间扩展，然后侵入维管束并在维管束内繁殖（图 10 - 46 - 3），并随植株体内液流向地上部扩展，直至茎、枝、叶、果实和种子。病菌侵入木质部导管后，刺激邻近的薄壁细胞产生富含 β - 1，3 葡聚糖的胶状物质，形成封闭位点，堵塞导管，进而阻碍水分输导，致使植株萎蔫；同时，病菌侵入茄子植株后，还可产生糖蛋白毒素，破坏寄主组织结构，增加细胞透性，破坏原生质体，从而引起凋萎。另外，菌丝体内亚油酸、亚麻酸等不饱和脂肪酸干扰茄子植株体内合成 Lubmin（一种植保素）所需的前体，从而降低植保素的累积水平，减弱植株抗病力，使植株表现病征。

一般来说，病菌的萌发和侵入都需要水的参与，土壤含水量在 20％以上时，病原菌就可正常萌发和侵入，而茄子正常生长时的土壤 pH 和温度对病菌的萌发和侵入影响不是太大。

（二）流行条件

病害的发生和流行主要取决于初始病原菌的数量，而低温和高湿的气候条件对发病十分有利。一般当土壤温度达到 10℃以上时，土壤中的病残体、微菌核以及种子携带的病原菌便开始萌发和侵染，茄子于 5～6 叶时开始发病，以后随着温度的升高病害逐渐加重。当气温维持在 20～25℃、土壤温度在 12～30℃波动时，病害进入流行期，这时茄子往往已开始结果，病株症状比较明显，病害发生比较严重；当气温升至 28～31℃、土壤温度处于 22～28℃时，症状往往减轻，而当土壤温度维持在 28℃ 以上时病害不再发生。一般当土壤含水量在 45％～95％时，对茄子黄萎病发生程度没有显著影响，含水量超过 95％时发病率降低。土壤中的酸碱度对病害流行影响不大 。

1. 病原菌数量　由于病害无再侵染，因此，种子和土壤中病原菌的数量，特别是微菌核的数量是病害发生流行的关键因素。

2. 气象条件　在茄子定植后至开花期，如果日平均气温低于 15℃的时间比较长，则发病早、病害重；此期间如气候温暖，雨水调和，病害明显减轻；在茄子始花期至盛果期若雨水多，或地势低洼，容易积水，或漫灌，或灌水后遇暴晴天气，水分蒸发快，造成土壤干裂伤根，增加了病原菌的侵染概率，病害发生就会严重。

3. 耕作栽培条件　通常连茬田块病害比较严重，比如前茬为茄子、辣（甜）椒、番茄、马铃薯、棉花、芝麻、烟草、大豆及瓜类等易受大丽轮枝菌侵染的作物，则可加重病害；定植时或中耕除草等农事操作时伤根多，病害发生也重；定植期过早，栽苗太深，或土壤温度低等因素都利于病害的发生。

4. 管理措施　施用未腐熟有机肥，或缺肥、生长不良及土壤线虫和地下害虫为害重，均有利于病害的发生和流行；偏施氮肥，植株生长幼嫩，抗病能力低下，容易发病；在冷凉天气直接浇灌井水，可使土壤温度降至 15℃以下，也会导致病害的发生和流行。

六、防治技术

茄子黄萎病是一种系统性维管束病害，一旦病原菌侵入，就无法控制。因此，应采取预防为主、综合防治的措施。即除了加强检疫工作外，还需加强农业栽培管理和及时进行药剂防治。

(一) 加强检疫

种子带菌是新病区初侵染的主要来源。因此，严格进行种子检疫，防止带菌种子传入新菜区和未发病的地区，是控制病害的有效措施。

(二) 选用抗 (耐) 病品种

选种适合本地区的茄子抗病品种，对黄萎病的发生有较好的控制作用。目前，生产上常用的抗病品种较多，如长茄 1 号、湘茄 4 号、丰研 1 号、布利塔、黑紫茄王、辽茄 1 号、辽茄 3 号、龙杂茄 1 号、龙杂茄 2 号、茄杂 2 号、杂圆茄 1 号、黑将军、黑元帅、黑又亮、长野郎、冈山早茄、济南早小长茄、吉茄 1 号、9808、承茄 1 号、丰研 1 号和湘杂 7 号等。再有日本的米特和 VF 也较抗 (耐) 病，各地可因地制宜引用。另外，叶片长圆或尖形、叶缘有缺刻、叶面茸毛多、叶色浓绿或紫色的茄子品种也比较抗病。

(三) 农业防治

1. 轮作 由于茄子黄萎病菌的寄主范围广泛，因此，选择正确的轮作作物，才能减少土壤里的病原菌数量。有条件的最好进行水旱轮作 1~2 年，防治效果明显；与韭菜、葱、蒜、茴香、甘蓝、花椰菜等蔬菜轮作 4~5 年，防治效果也比较理想。若与小麦、玉米、谷子等大田作物轮作，至少需 3 年以上才能减少土壤中病原菌的数量。

2. 嫁接 嫁接是目前防治土传病害比较有效的手段，已被作为一项无公害技术和节能措施进行推广，即利用高抗或免疫的砧木与优质品种的接穗进行嫁接，既可以有效防治茄子黄萎病，又能增强茄子的抗逆性。目前常用的茄子砧木有野生茄托鲁巴姆、野茄 2 号、CRP (刺茄)、刚果茄、野生水茄、茄砧 1 号、日本野红赤茄、托托斯加茄和红茄等。据报道，用野生茄托鲁巴姆作砧木的嫁接茄子既抗黄萎病，又抗褐纹病，植株不易倒伏；而用刚果茄和日本野红赤茄作砧木的嫁接茄子虽然比较抗黄萎病，但比较易感褐纹病，而且植株易倒伏。嫁接方法主要有劈接法和靠接法。

3. 培育壮苗、适时定植 一般采用穴盘育苗法，可使茄苗营养充足，根系发达，提高茄苗的抗病能力；当田间土壤温度稳定在 15℃ 以上时，选择晴暖天气定植；有条件的地块，实行高畦地膜覆盖栽培，定植后缓苗快，可增强抗病性。

4. 清除田间病残体 发现病株及时拔除，并要带出田外深埋或烧毁；药剂处理病株的周围土壤，防止病原菌扩散；收获后也要彻底清除田间病残体，集中烧毁或深埋，可有效降低翌年的初始病原菌数量，减轻病害的发生。

5. 科学管理水肥 整地做畦时，每 667 m² 施用 3 000kg 以上的优质腐熟有机肥，并适当补施酸性肥料，以改良土壤通气性；中耕培土时，再增施氮、磷、钾肥 50kg；茄子坐果后，适时追氮素化肥 2~3 次，每次 10~15 kg，使叶片始终保持绿色；结合病虫害防治施用植物叶面肥，提高植株抗病力。也可以适当施用有机改良剂，如壳质粗粉、几丁质、豆秸、饼肥和绿肥等，具有直接抑制病菌、调节土壤微生物区系、诱导抗病性、改良土壤结构和促进植物生长等功能。严格控制田间水分，切忌漫灌或喷淋；选晴天灌溉，最好使用滴灌；注意提高土壤温度，雨天加强排水，防止病原菌借水流传播。

(四) 物理防治

1. 温汤浸种 将种子在 55℃ 的温水中浸 15 min，移入冷水中冷却后催芽播种，可杀死种子表面的病原菌。

2. 高温杀菌 菌丝和微菌核一般经 60 ℃ 处理 10 min，就可致死；苗床也可通过烧土、烘土来杀死土壤中的病原菌。大田土壤可以利用太阳能消毒，即在高温季节，选择晴天覆盖地膜 (黑色最好) 并密封 8~10 d，可有效杀灭土壤中的病原菌。

对于保护地的土壤，高温闷棚是减少土壤中病菌的极好方法，且操作简单、安全、无污染。一般在夏季生产空隙 (如 7~8 月)，进行 1 个月左右的高温闷棚。闷棚前，尽量将棚内的枯枝残叶清除干净，然后关闭风口进行第一次闷棚；闷棚 1 周后，打开风口，进行翻地，随翻地施入秸秆、粪肥、尿素、速腐剂等，并浇一次水，以保证土壤湿度在 85% 左右，10 cm 深的浅层土壤温度持续在 40℃ 以上的天数达到

20d，进行第二次闷棚，就可有效控制微菌核的萌发，土壤消毒效果极佳。

（五）药剂防治

1. 种子消毒　播种前，用 50% 多菌灵可湿性粉剂 500 倍液浸种 20min，或用种子重量 0.2%～0.3% 的 70% 五氯硝基苯粉剂拌种，还可以用 2.5% 咯菌腈悬浮种衣剂包衣，每 10mL 悬浮剂加水稀释为 20 倍液，包种 10kg，阴干后播种。

2. 苗床土壤消毒　苗床土或营养钵土应选用 6 年内未种过茄科作物的菜田土或稻田土，有机肥应充分腐熟。播种前，用 50% 多菌灵可湿性粉剂或 2.5% 咯菌腈悬浮剂配制的药土消毒苗床，即 100 kg 苗床土加入 10g 药剂拌匀，也可用配好的苗床药土装营养钵或铺在育苗畦上，即将 1/3 药土下铺床面，另 2/3 药土覆盖种子。还可以用 3 亿活芽孢/g 枯草芽孢杆菌微囊悬浮剂 500 倍液或 50% 多菌灵可湿性粉剂 1 000 倍液喷洒苗床。

大田整地时，每平方米用 40% 棉隆可湿性粉剂 10～15g 与适量细土混合均匀，撒在畦面上并翻入 15cm 土层中，整平后浇水，盖地膜，使其充分发挥熏蒸作用，10d 后定植。或结合整地，每 667 m² 施用石灰 50～100 kg 消毒和改良土壤。也可以用 50% 多菌灵可湿性粉剂，或 70% 敌磺钠可湿性粉剂，或 70% 甲基硫菌灵可湿性粉剂 2～3kg 与细土混合，均匀撒在垄上，然后翻入土中消毒。

3. 定植田土壤消毒　定植用用 50% 多菌灵可湿性粉剂，按药∶细土为 1∶100（重量比）配成药土施入定植穴中，或 50% 多菌灵可湿性粉剂 700 倍液、75% 百菌清可湿性粉剂 800 倍液、2.5% 咯菌腈悬浮剂 1 500 倍液、50% 甲基硫菌灵可湿性粉剂 800 倍液灌根。采用生物农药处理效果更好，用 3 亿活芽孢/g 枯草芽孢杆菌微囊悬浮剂（太抗）或 10 亿活芽孢/g 枯草芽孢杆菌可湿性粉剂（菱菌净）以 1∶50 倍与细土混合，每穴每株施药土 50g，穴施后定植，也可将上述两种生物农药分别稀释到 800～1 000 倍药液，每穴灌任何一种药液 250mL，防治效果显著。

4. 生长期间药剂防治　茄子从定植到坐果是防治黄萎病的关键时期。即定植后，可用 50% 苯菌灵可湿性粉剂 1 000 倍液，或 50% 硫菌灵可湿性粉剂 500 倍液、50% 多菌灵可湿性粉剂 800 倍液进行灌根，每隔 7～10d 灌 1 次，连续 3 次，可基本阻止黄萎病菌的侵染。

定植缓苗后，可用生物农药 3 亿活芽孢/g 枯草芽孢杆菌微囊悬浮剂（太抗）或 10 亿活芽孢/g 枯草芽孢杆菌可湿性粉剂（菱菌净）1 000 倍药液再灌根 1～2 次，并可喷洒 0.5% 几丁聚糖水剂 500 倍液 1～2 次，能显著抑制病原菌的侵染，并增加茄子的抗病性，减少病害的发生。

田间发病初期，及时清除病株及根系周围的土壤，集中处理，防止扩散。用 2.5% 咯菌腈悬浮剂 1 000倍液，或 70% 噁霉灵可湿性粉剂 2 000 倍液、50% 苯菌灵可湿性粉剂 800 倍液、70% 敌磺钠可溶粉剂 1 000倍液、50% 多菌灵可湿性粉剂 500 倍液灌根，防止病原菌传播扩散。

王伟（华东理工大学生物工程学院）

第 47 节　茄子绵疫病

一、分布与危害

茄子绵疫病常常引起成片果实腐烂、脱落，因而俗称"掉蛋"、"烂茄子"等，是世界各国茄子生产和销售中最重要的病害之一，一般引起 20%～30% 减产，严重时高达 50% 以上。

我国各地露地和保护地茄子上都有绵疫病的发生，不但严重为害田间生长中的茄子，造成产量锐减，而且还在茄子的运输、储藏乃至销售过程中引起大批果实腐烂，经济损失惨重。2005 年，福建省上杭县茄子绵疫病大面积发生，茄果发病率在 80% 以上，一般产量损失为 40%～75%，严重的达到 100%，给茄农造成了巨大的经济损失。自 21 世纪以来，茄子绵疫病对日光温室茄子为害也日益加重。如 2007 年春季，辽宁省朝阳市温室茄子绵疫病的发生面积占全市温室总面积的 70%，重病区产量损失普遍在 35% 以上。茄子绵疫病菌除侵染茄子外，还可侵染番茄、辣（甜）椒、黄瓜、南瓜及马铃薯等蔬菜。

二、症状

茄子的各个生育阶段皆可遭受绵疫病为害，但以果实受害最为严重，叶片、茎和花器受害相对较轻。

苗期发病，幼茎基部呈水渍状，病害发展迅速，常常导致病苗迅速猝倒死亡。成株期叶片被害，出现不规则形或近圆形、水渍状、淡褐色至褐色病斑，具有明显的轮纹，潮湿时，病斑边缘不明显，斑面上产生稀疏的白霉（病菌的孢囊梗和孢子囊），干燥时，病斑边缘明显，不产生白霉；茎部受害初呈水渍状，后变成暗绿色或紫褐色，病部缢缩或有时折断，上部枝叶萎蔫下垂，湿度大时，上生稀疏白霉。花器发病，病斑褐色凹陷，呈湿腐状，病部也产生白色棉絮状物（病菌的菌丝体及孢子囊），并向嫩茎蔓延；果实受害，往往是近地面果实先发病（长茄多从腰部开始发病），起先出现水渍状、圆形或近圆形、黄褐色至暗褐色、稍凹陷的病斑，边线不明显，扩大后可蔓延至整个果面，果肉呈黑褐色腐烂，在高湿条件下病部表面长有白色絮状菌丝，病果很快脱落腐败或干缩成僵果挂在枝条上（彩图 10 - 47 - 1，1）。

番茄植株的果实、茎、叶等各个部位也可受到绵疫病菌的侵染，各生育期均可发病。以未成熟的果实受害为主，初发病时在近果顶或果肩出现表面光滑的淡褐色斑，长有少许白霉，后逐渐形成同心轮纹状斑，渐变为深褐色，皮下果肉也变褐，造成果实脱落；湿度大时，果实迅速腐烂，有的大病斑呈牛眼状，严重的在果面上长有白色霉层（彩图 10 - 47 - 1，2）。

三、病原

茄子绵疫病主要由辣椒疫霉（*Phytophthora capsici* Leonian）和烟草疫霉［*P. nicotianae* Breda de Haan，异名：寄 生 疫 霉（*P. parasitica* Dastur）］、茄 疫 霉（*P. melongenae* Sawada）侵染所致，它们均属卵菌门疫霉属。

辣椒疫霉的气生菌丝发达，为白色棉絮状，无隔，多分枝；孢囊梗无色，纤细，无隔膜，一般不分枝；孢子囊着生在孢囊梗的顶端，偶尔间生，无色或微黄，卵圆形、倒梨形或近球形，也有不规则形，大小差异较大，为（28～59）μm ×（24.8～43.5）μm，孢子囊顶端乳头状突起明显，大小为 6.2～6.8μm，也有的孢子囊有半乳突或无乳突，成熟

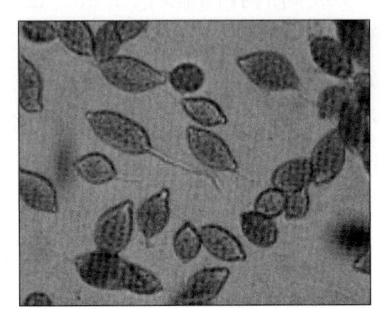

图 10 - 47 - 1 辣椒疫霉孢子囊（引自 Paul Bachi，2001）

Figure 10 - 47 - 1 Sporangia of *Phytophthora capsici*（from Paul Bachi，2001）

后脱落或不脱落（图 10 - 47 - 1）；孢子囊萌发产生游动孢子，或直接萌发产生芽管；游动孢子卵形或肾形，侧生双鞭毛，休眠后形成球形、具细胞壁的休止孢；厚垣孢子产生在菌丝顶端或中间，圆球形，黄色至褐色，直径20～40 μm，壁厚 1.3～2.6 μm，单生或串生。藏卵器球形或近球形，内含 1 个卵孢子，卵孢子球形，厚壁或薄壁，无色至浅色；雄器大小形状不一，围生或侧生。

四、病害循环

茄子绵疫病菌主要以卵孢子随病残组织在土壤中越冬，翌年卵孢子经雨水飞溅到茄果实上，萌发长出芽管，芽管与茄果表面接触后产生附着器，从其底部生出侵入丝，穿透寄主表皮侵入，形成初侵染；厚垣孢子能存活数月，也可引起下茬茄子发病；发病后病斑上可产生大量孢子囊，萌发形成游动孢子，借流水、雨水传播，也可由农具或农事操作传播，引起再侵染；秋后在病组织中形成卵孢子越冬（图 10 - 47 - 2）。田间的厚垣孢子能存活数月，可引起下茬茄子发病。种子可以带菌，也是田间病害的初侵染源之一，播种后直接引起幼苗发病。

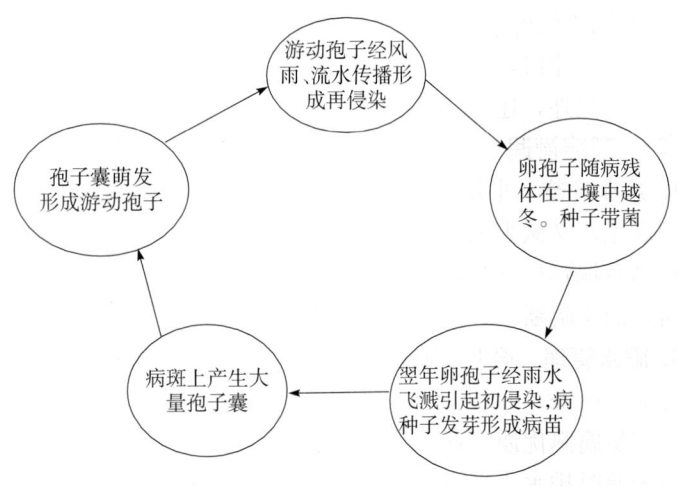

图 10 - 47 - 2 茄子绵疫病病害循环（张修国提供）

Figure 10 - 47 - 2 Disease cycle of eggplant Phytophthora blight（by Zhang Xiuguo）

五、流行规律

茄子绵疫病菌生长发育的最适温度为 28～30℃，最适宜相对湿度为 90％以上。因此，高温、高湿的气候或环境条件有利于病害发生与蔓延。一般来说，在结果期，气温容易满足病菌生长的需要，故降水量是病害流行的决定性因素，发病高峰往往紧接在雨量高峰之后，通常大雨后 2～3d 即可出现大量烂果。在四川、云南、重庆、湖北、湖南、江西、安徽、江苏、上海以及浙江等省份 5～6 月梅雨季节、8～9 月秋雨季节和北方主要蔬菜生产区 7～8 月的雨季一般都是发病盛期。2005 年，福建省上杭县 5 月份的雨日为 30d，降水量比 40 年的平均值增加了 163.2mm，相对湿度在 95％ 以上，月平均气温为 24.8℃，比 40 年的平均值高出 1℃，这种适宜的气温以及寡照、多雨潮湿的条件有利于病菌侵染和繁殖，为绵疫病大发生创造了必要条件，成为该年上杭县茄子绵疫病大发生的首要原因。对于保护地栽培来说，由于棚室内的湿度往往都比较高，只要有足够的病原菌和适宜的温度，病害就很容易发生。

重茬地、土壤黏重、地下水位高、排水不良、植株密度过大、栽培管理粗放、氮肥施用过量、通风透光差的地块或雨后骤晴、多雾的天气发病往往较重；保护地撤棚膜后下雨，或棚膜滴水、漏雨，造成地面积水、棚内潮湿，也易诱发茄的绵疫病。

此外，茄子品种间存在着一定的抗病性差异，一般圆茄系列品种比长茄系列品种抗病；茄子品种抗病性的"丧失"也会为绵疫病的发生奠定基础，据福建省上杭县调查，该县许多茄农喜欢种植产量高、成熟早、果型细长、紫红色的闽茄 1 号和闽茄 2 号，但此品种的抗病性已经"丧失"，结果时正值 4～5 月的雨季，从而导致茄子绵疫病大发生。

六、防治技术

在因地制宜地选用抗病品种的基础上，采取合理轮作、搞好田园清洁、加强科学管理和及时喷药保护的综合防治措施。

（一）选用抗（耐）病品种

比较抗、耐绵疫病的茄子品种有墨黑茄、九叶茄、粤茄 2 号、广东优红茄、济南早小长茄、辽茄 3 号、青选 4 号、老来黑、兴城紫圆茄、贵州冬茄、通选 1 号、竹丝茄和丰研 11 等；一般圆形、厚皮和早熟品种茄子要比长形、薄皮和晚熟品种茄子抗病，各地可因地制宜地选用。

（二）种子消毒

播种前对种子进行消毒处理，如用 55℃温水浸种 15min，或用 50℃温水浸种 30min 后，立即用冷水降温，晾干播种；也可用 1％高锰酸钾溶液浸种 10min，或 0.1％硫酸铜溶液浸种 5 min，浸种后捞出，用清水反复冲洗、晾干后播种，均能大大减轻绵疫病的发生。据经验介绍，最好选择离地面 25cm 以上高度所结茄果作种茄，以减少种子的带菌率。

（三）实行轮作

合理安排茬口，茄子忌与番茄、辣（甜）椒等茄科、葫芦科蔬菜连作或邻作；一般需实行 3 年以上的轮作倒茬。此外，还要选择地势高燥、排水良好、沙质壤土地块种植。

（四）栽培管理

1. 穴盘育苗 采用穴盘育苗，养分充足，根系发达，幼苗生长健壮；定植时不伤根或少伤根，既可增强抗病性，又减少染病机会。

2. 地膜覆盖 彻底清除前茬残留物，深翻并平整土地，深沟高畦栽培，采用黑色地膜覆盖地面或铺于行间，能够阻断土壤中病菌的飞溅传播，还可促进根系发育、防止杂草生长。

3. 肥水管理 合理密植，据长春市二道区的经验，中晚熟品种种植密度每 667 m² 少于 1 000 株，有的甚至可为 700 株，并在宽垄稀植的基础上间作矮生菜豆、矮生豇豆、日本夏阳白菜等矮生蔬菜，经济效益很好；施足腐熟优质的有机肥，增施磷、钾肥，适时追肥，促进植株健壮生长，提高植株抗性；小水细灌，雨天及时排水，田间不积水，降低田间湿度；在高温高湿季节，保护地更要加强通风降湿，减轻病害发生。

4. 清洁田园 及时整枝、打老叶和适时采收，使田间通风透光；发现病果、病叶需及时摘除，集中深埋处理，以防止再侵染。

(五) 药剂防治

茄子定植前，用 50％克菌丹可湿性粉剂 500 倍液喷洒苗床，也可用 50％多菌灵可湿性粉剂 5kg 拌细土 100kg，撒入定植穴内。茄子定植缓苗后，喷洒 70％代森锌可湿性粉剂 500 倍液进行保护，在结果期，特别是雨季前喷药防止绵疫病发生与蔓延。

田间一旦发现中心病株，应立即拔除销毁并喷药。药剂可选用 75％百菌清可湿性粉剂 500～800 倍液，或 65％代森锌可湿性粉剂 500 倍液、58％甲霜灵·锰锌可湿性粉剂 600 倍液、72％代森锰锌·霜脲氰可湿性粉剂 600～800 倍液、72％霜霉威水剂 800 倍液、78％波尔多液·代森锰锌可湿性粉剂 600 倍液、80％代森锰锌可湿性粉剂 500～600 倍液等，一般每隔 7～10d 喷 1 次，连喷 3～4 次。重点喷下部果实和叶片，为防止产生抗药性，应做到不同种类药剂交替使用。

张修国（山东农业大学植物保护学院）

第 48 节　茄子褐纹病

一、分布与危害

茄子褐纹病是一种茄子生产上为害比较严重的世界性病害，几乎所有茄子栽培地区均有发生，从苗期到成株期均可发病，引起幼苗死亡、枝条枯黄和果实腐烂，其中以烂果最为普遍和严重，常造成 5％～20％的减产，严重时高达 50％以上。印度曾有茄子园因该病大面积减产 10％～20％的报道。

我国最早在南京发现茄子褐纹病，至今已扩展到全国各地，每个省份都相继报道发生该病。随着茄子种植面积的不断扩大，该病还呈上升的趋势，不但直接影响果实的商品价值，并且还会导致留种田茄子严重发病而无种可收。据报道，吉林省的长春、四平两市常发生茄子褐纹病，留种田病害严重时，病果率一般为 40％～50％，个别地块高达 80％以上，导致留种田无种可收。

二、症状

茄子从苗期到成株期均可发生褐纹病，可为害叶、茎和果，以果实受害为主。苗期发病多在幼茎基部先产生水渍状、梭形或椭圆形病斑，稍后病斑逐渐变褐至黑褐色，并生有黑色小颗粒（病菌的分生孢子器）。定植后，随着植株生长，病苗茎部上粗下细，呈棒槌状。当病斑绕茎一周时，病部凹陷，最后致使幼苗猝倒或大苗立枯。

成株期叶片发病时，最初形成灰白色、水渍状、近圆形斑点，以后逐渐扩大成不规则形病斑，边缘暗褐色、中间灰白色，并呈轮纹状排列或散生许多小黑点；后期病斑扩大连片，常造成叶片干裂、穿孔甚至脱落。茎部受害多发生在基部，病斑纺锤形、边缘褐色、中央灰白色并凹陷，再扩大为干腐溃疡斑，其上密生黑色小点，严重时许多病斑融合坏死，使皮层脱落，露出木质部，病株易折断枯死；果实受害初呈浅褐色、圆形、凹陷斑，后扩展为黑褐色、圆形或不规则形，上有明显斑纹，逐渐扩大到半果甚至全果，病部着生许多小黑点，后期病果落地腐烂或仍挂在枝上干腐（彩图 10-48-1）。带菌种子多呈灰白色、无光泽、种脐变黑。

三、病原

(一) 病原菌形态特征

茄子褐纹病的病原为茄褐纹拟茎点霉 [*Phomopsis vexans* (Sacc. et P. Syd.) Harter]，属子囊菌无性型拟茎点霉属真菌。有性型为茄褐纹间座壳菌 [*Diaporthe vexans* Gratz]，属子囊菌门间座壳属，但有性态少见。

茄褐纹拟茎点霉的分生孢子器寄生于寄主表皮下，成熟后突破表皮外露；分生孢子器近球形，单独生在子座上，呈凸透镜形，具有孔口，果实上分生孢子器大小为 120～350μm，叶上的为 60～200μm。分生孢子单胞，无色，有 α 型和 β 型两种形态：在叶片上产生的分生孢子多为椭圆形或纺锤形，即 α 型，大小为 (4.0～6.0) μm×(2.3～3.0) μm；在茎上产生的分生孢子多呈线形或拐杖形，即 β 型，大小为

（12.2～28）μm×（1.8～2.0）μm，线状分生孢子不能萌发（图 10-48-1）。上述两种分生孢子可长在同一个或不同的分生孢子器内。

（二）病原菌分类地位

Phomopsis 属以全壁芽生式产生 α 型和 β 型两种分生孢子，其中 α 型孢子为单胞，无色，长圆柱形、球形或梭形，一端或两端较尖，有 1～2 个大油球或两端各聚集多个小油球，这是 *Phomopsis* 属的一个稳定特征，可作为该属的判断依据。

但在自然状态的多数情况下，*Phomopsis* 的分生孢子器仅含有 α 型分生孢子而无 β 型分生孢子，这就引发了在什么情况下才能产生两种类型分生孢子的问题。传统观点认为分生孢子形态的产生与所发病的植株部位有关。即叶片上多为椭圆形的 α 型分生孢子，其他形状的分生孢子少见，而茎秆及果实上则多为线形或一端弯曲呈钩状的 β 型分生孢子，这种线形分生孢子往往不能萌发。同时，两种类型的分生孢子可产生在同一个分生孢子器内，或者一个分生孢子器内只产生一种类型的分生孢子。另一种观点则认为 *Phomopsis* 产生何种类型的分生孢子是受温度的影响，如果恒温培养，分生孢子器内只产生 α 型分生孢子；如果变温培养，有些分生孢子器内可同时产生 α 型和 β 型两种类型的分生孢子，而另外一些分生孢子器内只产生 α 型分生孢子。

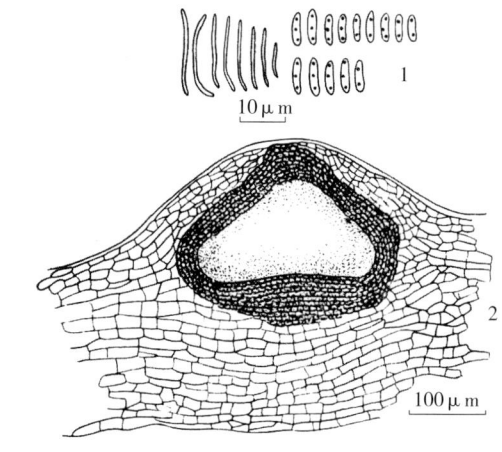

图 10-48-1　茄褐纹拟茎点霉形态（郑建秋提供）
Figure 10-48-1　Morphology of *Phomopsis vexans*
(by Zheng Jianqiu)
1. α 型和 β 型分生孢子　2. 分生孢子器

四、病害循环

茄子褐纹病菌主要以菌丝体或分生孢子器在土表的病残体上越冬，同时也可以菌丝体潜伏在种皮内部或以分生孢子黏附在种子表面越冬。种子带菌是幼苗发病的主要原因。土壤中病残体带菌多造成植株基部溃疡，再侵染引起叶片和果实发病。病菌的成熟分生孢子器在潮湿条件下可产生大量分生孢子，分生孢子萌发后可直接穿透寄主表皮侵入，也能通过伤口侵染。病苗及茎基溃疡上产生的分生孢子为当年再侵染的主要菌源，然后经反复多次的再侵染，造成叶片、茎秆的上部以及果实大量发病。分生孢子在田间主要通过风雨、昆虫以及人工操作（如摘果、整枝）等传播，引起病害流行（图 10-48-2）。

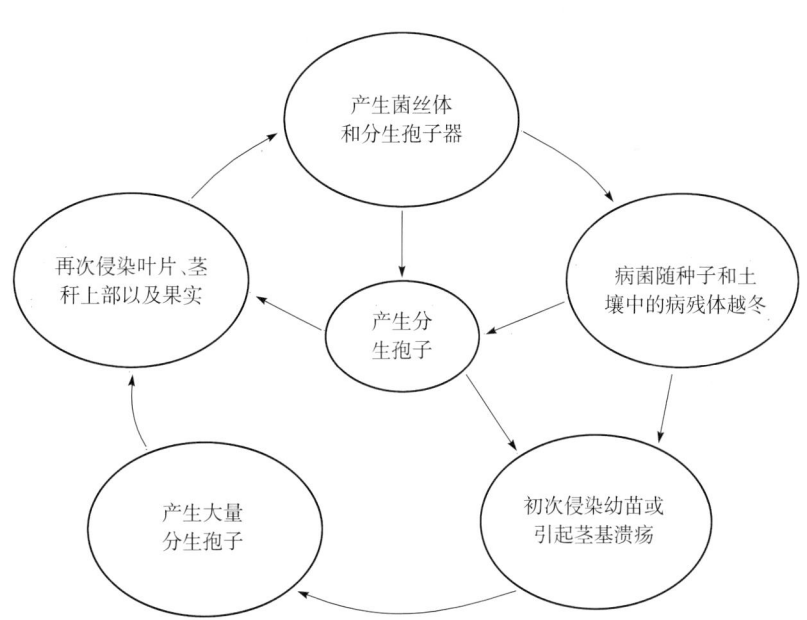

图 10-48-2　茄子褐纹病病害循环（刘长远提供）
Figure 10-48-2　Disease cycle of eggplant Phomopsis blight
(by Liu Changyuan)

五、流行规律

（一）病菌传播扩散及分生孢子萌发条件

1. 病菌的传播与扩散　病菌主要在土表病残体中越冬，也可在种子内外越冬，并能存活 2 年以上。若播种带菌种子，则引起幼苗发病，导致幼苗猝倒和立枯，土壤带菌常引起茎基部溃疡。发病后数天，即可在病部产生分生孢子，靠风雨、昆虫和农事操作传播，在田间引起再侵染，使植株叶、茎和果实发病。病害远距离传播主要靠带菌种子的调运。

2. 分生孢子萌发条件 病菌发育及形成分生孢子的最适温度为28～30℃，形成分生孢子器的最适温度为30℃；分生孢子萌发的适温为28℃。不同光照处理下，自然光最适宜褐纹病菌的生长，其次为连续光照，连续黑暗条件下病菌生长最差。该病原菌可形成α型和β型两种分生孢子。寄主的不同部位病斑上的孢子类型有很大差异。果实上α型、β型分生孢子都存在，多数为α型孢子；茎秆上采集的孢子都是β型；叶片上产生的均为α型分生孢子。寄主叶片汁液和葡萄糖可有效促进病菌分生孢子的萌发。燕麦培养基也是适宜褐纹病菌产孢的培养基，产孢期在10 d以上。燕麦培养基也是褐纹病菌菌种保存的适宜培养基。适宜该病菌生长的最佳碳源为蔗糖，最佳氮源为硝酸钠、硝酸钾。pH7为最适合褐纹病菌生长的酸碱条件。

（二）病菌侵染条件

病菌可在12d内侵入寄主，其潜育期在幼苗期为3～5d，成株期则为7～10d。病菌从伤口侵入果实和直接侵入果实的发病率基本相同，而发病部位又都主要集中在花萼处。

茄子褐纹病在留种田严重发生的原因有3个：一是病菌具有两种侵入途径，既能从伤口侵入果实，又能直接侵入果实；二是病菌的侵染时期长达2个多月，造成频繁的再侵染；三是寄主抗病性弱、多阴雨、栽培粗放和虫害严重等。

（三）环境条件

茄子褐纹病发生的最适气候条件是高温高湿，而起主要作用的是湿度。田间气温28～30℃，相对湿度高于80%且持续时间长，连续阴雨天，病害易发生。南方地区，夏季高温多雨，极易引起病害流行；北方地区，在夏秋季节如遇多雨潮湿天气，也能引起病害流行。因此，降雨期、降水量和高湿条件是茄子褐纹病能否流行的决定因素。

（四）栽培管理

茄子褐纹病发生程度与栽培管理及品种有关，一般多年连作，或苗床播种过密、幼苗瘦弱、定植田块低洼、土壤黏重、排水不良、氮肥过多都会导致发病加重；播种过早，定植过晚等均可导致该病的发生或加重为害。不同品种的抗病性也不同，一般长茄较圆茄抗病，白皮茄和绿皮茄较紫皮和黑皮圆形茄抗病。

六、防治技术

（一）选育抗（耐）病茄子品种

1. 茄子抗病资源 茄子不同品种对褐纹病的抗性差异非常明显，利用抗病良种是防治褐纹病最经济、有效的措施。在褐纹病的抗性遗传方面，印度鉴定了黄果茄（*Solanum xanthocarpum*）、刺天茄（*S. indicum*）、*S. gilo*、喀西茄（*S. khasianum*）、龙葵（*S. nigrum*）和蒜芥茄（*S. sisymbriifolium*）共6种茄科作物以及多个茄子品种（系）的抗病性，认为这6种茄科作物高抗褐纹病，有两个茄子品系（11a和264）也抗褐纹病，可以利用其抗源培育抗病杂交种，也可以采用回交的方法，将抗病基因导入高产、优质品种中，培育出综合性状优良的品种或高配合力的杂交亲本。

2. 培育抗病品种 随着分子生物学的发展，人们尝试着将野生种茄子的抗病基因转入茄子。茄子品种果皮结构解剖学研究指出，茄子果皮机械组织的发达与否并不是产生抗病性的主要原因，抗病性存在的根本原因，还在于果实内部的某种生化机制，这一结果可用于茄子褐纹病的品种抗性鉴定。

3. 种植嫁接茄苗 由于抗性品种的选育耗时长，优良品质与抗病性之间存在一定矛盾等问题，所以，开展茄子嫁接的研究很有意义。将生长势强和抗病性强的野生茄子与农艺性状好的栽培茄子进行嫁接，获得的嫁接茄子具有抗病增产的效果。

（二）农业防治

针对该病害具有种子带菌传播和只侵染茄子等特点，必须采用无病种子或种子处理、床土消毒、合理轮作和科学田间管理等综合防治措施，才能收到良好的防治效果。

1. 实行轮作 与非茄科蔬菜实行2年以上轮作换茬，前茬最好是葱蒜类或豆类等作物，并与近年的茄茬田相隔 100 m 以上，防止病原菌传播。

2. 选用抗病品种 要根据在当地的栽培表现和市场销售情况选择优良抗病品种进行栽培，如因地制宜地选用新乡糙青茄、安阳茄、杭州红茄、北京线茄等。品种间的抗病性差异还表现为长茄较圆茄抗病、白皮茄、绿皮茄较紫皮茄抗病，含水量低较含水量高的抗病。

3. 种子消毒处理

（1）温汤浸种。种子先在冷水中浸 3～4h，换清水冲洗 2～3 遍后，再用 50℃恒温水浸种 30min，按时换冷水降温，继续用 40℃左右的温水浸泡 3～4h，换几次清水并搓去种表的黏液，置于 28～30℃温度下催芽备播。

（2）药剂浸种。40％福尔马林 300 倍液浸种 15 min，1％高锰酸钾溶液浸种 10min，1％硫酸铜溶液浸种 5min，浸种后捞出，用清水反复冲洗后晾干备用。

（3）药剂拌种。50％苯菌灵可湿性粉剂与 50％福美双可湿性粉剂各 1 份与 3 份土拌匀，按种子重量的 0.1％混合粉剂拌种；也可采取先温汤浸种，然后再药剂拌种的综合处理；高原地区也可利用日光优势，晴天晾晒种子 1d，进行杀菌。

4. 地块选择与土壤消毒 苗床和栽培田需选择无病、净土、平整、肥沃、排灌良好的沙壤土。每平方米土壤用 50％多菌灵可湿性粉剂 8～10g 或 50％福美双可湿性粉剂 8g 加干细土 10～15kg 拌匀，以 2/3 药土铺底，1/3 覆盖。

育苗床土的消毒，除用甲醛熏闷土壤外，对留作早春育苗的地块，可在夏季加盖地膜，利用烈日的太阳能消毒，当膜下地表 10cm 土壤温度达到 48～50℃时，完全可以消除土表病菌。如在盖膜前地表喷撒黑色物质，温度还可提高 3～5℃。

5. 定植壮苗 适当早育苗，精心管理苗床，培育壮苗；提倡高垄栽培，宽行密植。剔除病苗、弱苗、受伤苗和小苗，选择茎粗、叶大、叶色浓绿有花蕾的壮苗，适时早移栽；定植时要防止伤根、伤苗，要摆正苗，将两边土培在苗周围堆成小高垄。栽植密度一般为 1 200～1 800 株/hm²；有条件的地方最好用地膜覆盖，可减少发病率 50％以上。

6. 合理施肥 施足基肥，以有机肥为主，增施磷、钾肥，不偏施氮肥，以增强植株抗病能力；坐果前少施氮肥，坐果后重施追肥；结合中耕培土，每公顷用复合肥 700kg、尿素 50kg、沤熟花生麸 475kg、氯化钾 600kg 和过磷酸钙 150kg；头次收获后，每 5～7d 追肥 1 次，每公顷施复合肥 750kg、氯化钾 450kg；还可叶面喷施 0.1％～0.4％磷酸二氢钾溶液，增强植株的抗病和抗倒伏能力。

7. 合理排灌 选择排水良好的沙壤土，并深沟高畦种植；苗期应在晴天隔行浅灌，以保持土温；生长前期宜隔垄浇水，避免土温降得过多，后期要小水浅浇，切勿大水漫灌，畦面要见干见湿；雨后及时排除田间积水，防止根系缺氧而烂根死秧；并可采用竹竿绑枝，防止植株倒伏。

8. 疏叶整枝 及时疏叶整枝以提高田间通透性，避免湿度过大。当茄子符合上市销售要求时，应及时采摘；整枝时尽量不要伤害枝叶，减少伤口，避免病菌侵入；对茄收获后摘去基部 2～3 片叶，特别是摘掉黄叶、虫叶，以后还应多次摘除老叶、病叶，集中深埋处理，防止病害蔓延。

（三）化学防治

苗期发病，可喷施 60％福美锌可湿性粉剂 500 倍液、50％克菌丹可湿性粉剂 500 倍液、1∶1∶240 倍波尔多液，每隔 5～7d 喷 1 次；定植后可在茎基部撒施草木灰或石灰粉。结果期发病，常用的农药有 50％乙霉威可湿性粉剂 500～800 倍液，或 75％百菌清可湿性粉剂 600 倍液、40％甲霜灵·琥胶肥酸铜可湿性粉剂 600～700 倍液、58％甲霜灵·锰锌可湿性粉剂 500 倍液、70％乙铝·锰锌可湿性粉剂 500 倍液、50％苯菌灵可湿性粉剂 800 倍液、15％混合氨基酸铜·锌·锰·镁水剂 300～600 倍液等，隔 10d 左右喷施 1 次，连续喷施 2～3 次。温室大棚可以采用熏烟法，即在温室大棚内用 10％百菌清烟剂，或 20％腐霉利烟剂，或 10％百菌清加 20％腐霉利的混合烟剂，每 667m² 用药 300～400 g，隔 5～7 d 熏烟 1 次，连续熏 2～3 次。

刘长远　于舒怡（辽宁省农业科学院植物保护研究所）

第49节 茄子黑枯病

一、分布与危害

茄子黑枯病又称茄子棒孢叶斑病,是全世界广泛发生的病害。早在1963年,日本高知县、大阪市等地曾经发生过该病。但是,一直作为次要病害未能引起关注,自20世纪80年代开始,这类病害不但在日本愈来愈重,而且陆续在印度、斯里兰卡、印度尼西亚、北美各国以及我国大面积流行,田间发病率常达30%~60%。目前,已经由次要病害上升为主要病害,成为制约茄子产业发展的重要因素。

茄子黑枯病是保护地栽培茄子特有的病害,我国茄子保护地种植面积很大,这在基本保证了茄子生长所需温湿度条件的同时,也导致茄子黑枯病的频繁发生和流行。从2005年以来,我国山东、河北、北京、辽宁、吉林、河南、云南以及海南等省份的茄子黑枯病几乎连年暴发,为害十分严重,田间发病率常常达到30%~50%,每年发生面积在66.7万hm²以上,经济损失超过50亿元。

二、症状

通常茄子进入成株期后容易发生黑枯病,该病主要为害茄子叶片,也可为害茎秆和果实。

发病初期,叶片上出现深褐色小点,周围褪绿变黄,病斑逐渐扩展形成大型病斑或小型病斑两种症状,病斑颜色为典型的黑褐色。大型斑直径可达1.0cm以上,近圆形、黑褐色,常带有明显的轮纹,个别病斑中部破裂,这与茄子褐纹病形成的病斑相似,但后者病斑上不形成黑色小点;条件适宜时,病斑背面长出褐色霉层;田间病害严重时,叶片上具有大量病斑,常造成早期落叶。小型病斑多为圆形或不规则形,周围为紫黑色,中央稍浅为浅褐色,直径0.5~1.0cm,叶背症状相近,颜色略浅。

茎秆发病时,初期褪绿变褐,后期病斑下凹,茎秆上出现干枯状龟裂,上面密生黑褐色霉层。茄子的果实较少发病,有时在果梗和脐部产生红褐色、类似日灼病的病斑,凹陷龟裂,果实表面形成无数水泡状的小隆起,长茄易弯曲畸形,果实商品价值下降(彩图10-49-1)。

三、病原

茄子黑枯病的病原主要为山扁豆生棒孢 [*Corynespora cassiicola* (Berk. et M. A. Curtis) C. T. Wei.],属子囊菌无性型棒孢属真菌。

该病菌的菌丝无色至暗褐色,分隔,直径3.75~50μm。分生孢子梗直立或微弯,无色至褐色,不分枝,中间有时有膨大的节,基部细胞较大,大小为(60~960)μm×(3.75~7.5)μm,具有0~8个层出梗。分生孢子通常单生,淡榄褐色至深褐色,圆柱形或倒棍棒形,壁厚、平滑,顶端钝圆,基部平截,偶有分枝,分生孢子大小为(60~240)μm×(10~15)μm,有4~19个假隔膜,分隔处不缢缩(图10-49-1)。

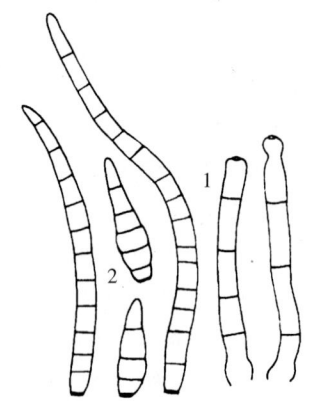

图10-49-1 山扁豆生棒孢形态(卢悦提供)
Figure 10-49-1 Morphology of *Corynespora cassiicola* (by Lu Yue)
1. 分生孢子梗 2. 分生孢子

四、病害循环

茄子黑枯病菌主要以菌丝或分生孢子随病残体在土壤中、棚室屋架材料上越冬,病菌抗逆性较强,至少可存活2年,成为翌年的初侵染源。田间植株发病后,新病斑上形成的分生孢子可通过气流、雨水、灌溉水及农事操作传播,并进行多次再侵染,从而使田间病害逐步蔓延和加重。

山扁豆生棒孢的寄主范围较广,除侵染茄子外,也侵染黄瓜、番茄、菜豆、豇豆、木瓜、苦瓜等作物和经济作物橡胶。

五、流行规律

茄子黑枯病的发生与温湿度关系密切。病菌生长发育喜高温，平均气温在 25～28℃ 最为有利；分生孢子产生的最适温度为 30℃，在 15～35℃范围内均能萌发，以 25～ 30℃为最适；同时，也需要高湿，相对湿度 90％以上才能萌发，水滴中萌发率最高。

我国茄子栽培大多以棚室种植为主，保护地栽培在保证了茄子生长所需温湿度条件的同时，也促进山扁豆生棒孢的生长与发育。因此，保护地内高温、高湿的条件有利于该病的流行和蔓延。一般来说，5～6 月晴天多，气温显著上升，保护地内温度较高，如果此时管理不善、放风不及时，发病往往较重，特别是在夜间植株叶片上形成水滴的情况下，病害传播蔓延速度非常之快，易于流行。

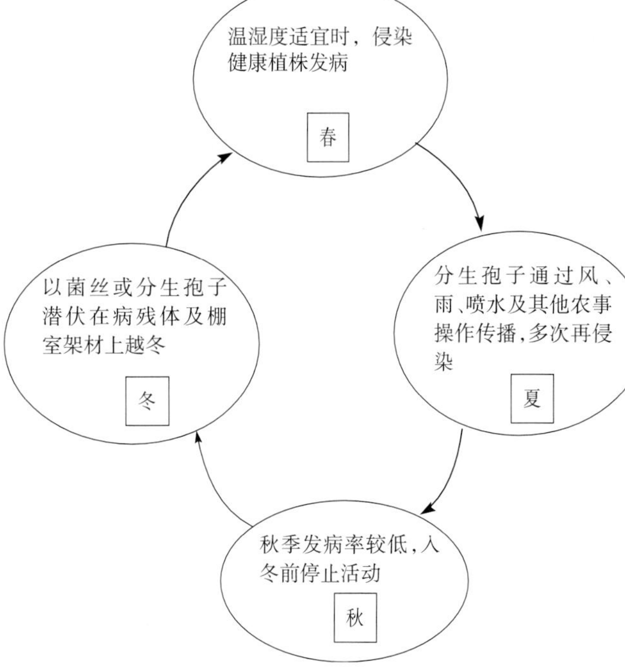

六、防治技术

防治茄子黑枯病，应采取科学种植与化学药剂防治相结合的综合措施。

（一）苗床消毒

用新苗床或新土育苗，发病重的大棚和温室 3 年内不要再种茄子，其架材用 40％福尔马林 100 倍液喷洒消毒。

（二）农业防治

发病后及时摘除病叶，采收后彻底清洁田园，减少翌年初侵染源。施足腐熟有机肥，增施磷、钾肥，不偏施氮肥，培育壮苗。合理控制栽培密度，保护地栽培及时放风排湿，不能灌水过量，防止出现高温高湿环境条件。

（三）药剂防治

发病初期及时进行喷药防治。可选用 50％甲基硫菌灵可湿性粉剂 500 倍液、或 50％福美双可湿性粉剂 500 倍液、75％百菌清可湿性粉剂 600 倍液、50％苯菌灵可湿性粉剂 1 500 倍液、12.5％烯唑醇可湿性粉剂 2 000～2 500 倍液，每隔 7～10d 喷药 1 次，连续防治 3～4 次。喷药时注意交替使用不同作用机理的杀菌剂，避免病菌产生抗药性。

郭亚辉（河北工程大学农学院）

图 10 - 49 - 2　茄子黑枯病病害循环（卢悦提供）
Figure 10 - 49 - 2　Disease cycle of eggplant Corynespora blight（by Lu Yue）

第 50 节　茄子褐色圆星病

一、分布与危害

早在 20 世纪 20 年代，国外就发现了茄子褐色圆星病，直到 40 年代才确定了其病原菌的学名。该病害在欧洲、非洲、亚洲都有报道，尤以日本发生比较普遍。我国的广东、台湾、云南、四川、湖南、河南、江苏、黑龙江、吉林、辽宁、甘肃等省均有发生。据报道，1998 年，辽宁海城西四镇的保护地栽培茄子就发生了严重的褐色圆星病。一般年份该病发病率在 5％～10％，多雨年份病害发生较为严重，发病率可达 20％以上，常造成田间茄子大量叶片破裂穿孔、枯死、脱落，直接影响茄子的正常生长和产量。

二、症状

茄子褐色圆星病只为害茄子叶片。叶片染病后，最初产生褐色或暗褐色小点，后扩大为直径 3～5mm 的不规则近圆形的病斑，有的病斑直径可达 10mm，边缘明显为暗褐色或红褐色，中央褪为灰褐色，最外面常有黄白色晕圈。湿度大时，病斑中央密生暗灰色至灰白色霉，即病原菌的繁殖体。病害发生严重时，叶片布满病斑，常会合连片，老病斑易破裂成孔洞，甚至造成落叶（彩图 10-50-1）。该病与茄子煤斑病症状类似，但后者病斑边缘为黄色，背面长有煤烟状霉，叶片不破裂穿孔。

三、病原

茄子褐色圆星病的病原是茄生假尾孢 ［*Pseudocercospora solani - melongenicola* Goh et Hsieh，异名：*Cercospora solani - melongenae* Chupp、*Paracercospora egenula* (Syd.) Deighton］，属子囊菌无性型假尾孢属。

病原菌的菌丝无色，有分隔。子实体主要生于叶片背面，子座无或由少数褐色细胞组成。分生孢子梗束生，密集，暗褐色，单枝分生孢子梗呈淡橄榄色，直或微弯 顶端呈膝状，0～1 个隔膜，大小为 (16～36) μm × (3～4.5) μm，分生孢子梗可连续生长，并接连不断地产生分生孢子；分生孢子无色或淡橄榄色，壁平滑，鞭形或倒棒形，直或微弯曲，顶端较尖，基部近截形，具 2～8 个横隔膜，大小为 (18～98) μm × (3.5～5.5) μm（图 10-50-1）。该病菌在 PDA 培养基上可以产生分生孢子，但在光照条件和黑暗条件下的产孢量、孢子大小以及孢子分隔数差异较大，光照条件下孢子数量多，孢子大，分隔多，而黑暗条件下则相反。

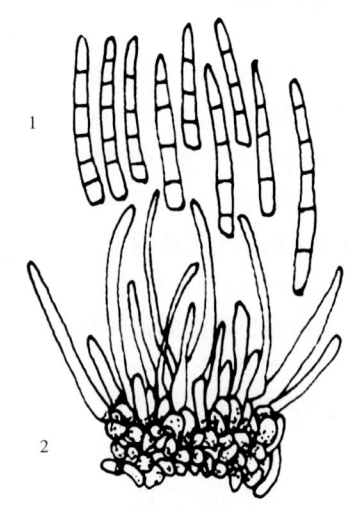

图 10-50-1　茄生假尾孢形态（关天舒提供）

Figure 10-50-1　Morphology of *Pseudocercospora solani - melongenicola*

(by Guan Tianshu)

1. 分生孢子　2. 子座及分生孢子梗

四、病害循环

病原菌以菌丝块或分生孢子在病株残体里或土壤中越冬，翌年条件适宜时萌发产生分生孢子，借气流、雨水传播，直接或从叶片的伤口或自然孔口侵入，在田间形成初侵染。一般老叶比嫩叶感病。环境条件适宜时，初侵染发病株的叶片病斑上会产生大量的分生孢子，又借助气流、雨滴以及农事操作进行广泛传播，造成田间的多次再侵染，病害逐渐蔓延开来。入秋以后，病斑上的菌丝可形成密集的菌丝块或分生孢子越冬（图 10-50-2）。

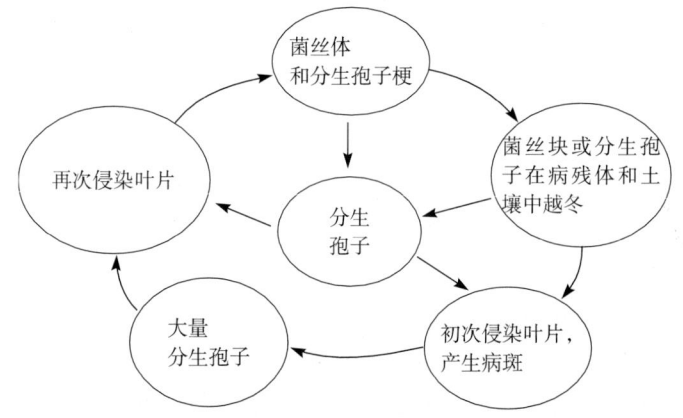

图 10-50-2　茄子褐色圆星病病害循环（刘长远提供）

Figure 10-50-2　Disease cycle of eggplant Pseudocercospora leaf spot

(by Liu Changyuan)

五、流行规律

该病菌喜温暖多湿的环境条件，特别是在茄子开花结果期间，温度持续为 25～28℃和相对湿度在 85％以上，非常有利于病害发生与流行。在我国北方菜区，露地茄子的褐色圆星病多发生于 7～8 月；保护地栽培茄子，只要条件适宜几乎随时都可发病；在南方茄子生产中，该病发生较为普遍，往往在 3～5 月和 10～12 月发病较重。茄子的栽培管理对病害的发生影响很大，连作地、前茬病重、菌源多，或低洼积水、排水不良，或土质黏重、土壤偏酸等因素都利于该病发生；还有氮肥过多、种植过密、株间郁闭、通风透光差，或大棚管理粗放、为了保温而不放风或放风不及时，造成湿度过大等也会加重病害。此外，如果苗床土壤带菌，或有机菌肥未充分腐熟、早春多雨或梅雨来得早、气候温暖空气湿度大；秋季多雨、多雾、重露或寒流来得早等都容易引发该病流行。

六、防治技术

防治茄子褐色圆星病应采取以农业防治为主，药剂防治为辅的综合防治措施。

（一）农业防治

因地制宜地选用抗病良种进行栽培，据报道，Pant Samrat 茄子比较抗褐色圆星病，而且兼抗茄子煤斑病。培育无病壮苗，定植时要剔除病苗、弱苗、受伤苗和小苗，并要防止伤根、伤苗。定植田应施足基肥，以腐熟的有机肥为主，增施磷、钾肥，不偏施氮肥，以增强植株抗病能力；合理密植，雨季应及时排水，防止田间积水，以降低田间湿度；及时清除病蔓、病叶、病株，并带出田外烧毁，防治病害蔓延。对于发病田块需与水田轮作，能减轻发病；保护地栽培可在夏季休闲期，棚内灌水，地面盖上地膜，利用太阳能高温闷棚 15～20d，对减轻病害有较好的效果。

（二）药剂防治

发病初期，及时进行药剂防治。可选用 50％多菌灵可湿性粉剂 700 倍液，或 80％代森锌可湿性粉剂 800 倍液、70％代森锰锌可湿性粉剂 500 倍液、80％代森锰锌可湿性粉剂 600 倍液、50％硫菌灵可湿性粉剂 800 倍液、75％百菌清可湿性粉剂 600 倍液、50％甲基硫菌灵·硫黄悬浮剂 500 倍液、40％多·硫悬浮剂 500 倍液、70％甲基硫菌灵可湿性粉剂 600 倍液等，每隔 7～10d 喷施 1 次，连续喷施 2～3 次。但必须注意药剂的轮换使用，以防止产生抗药性。

刘长远　黄宇飞　关天舒（辽宁省农业科学院植物保护研究所）

第 51 节　黄瓜黑星病

一、分布与危害

黄瓜黑星病又称疮痂病，是一种世界性病害。1898 年，该病首先由美国报道，后逐渐蔓延开来，现广泛分布于欧洲、非洲、北美洲和亚洲的一些国家。在 20 世纪 50～60 年代，美国、荷兰等国曾多次发生黄瓜黑星病的大流行。迄今为止，只有大洋洲、南美洲尚未见黄瓜黑星病的报道。

20 世纪 70 年代以前，该病只在我国黑龙江、吉林和辽宁等省的保护地黄瓜上零星发生，但未能成灾。此后，随着设施蔬菜种植面积的迅速扩大，黄瓜黑星病不但在东北三省保护地黄瓜上严重发生，而且呈现出逐年加重的趋势，现已成为该地区仅次于霜霉病的重要病害。进入 21 世纪以来，内蒙古、河北、北京、天津、山西等华北地区也成了黄瓜黑星病肆虐之地；甚至山东、四川、海南和甘肃等地的黄瓜也都普遍发生该病，个别地区甚至大流行，导致幼芽腐烂、植株枯死，瓜条畸形，失去商品价值。发病严重的保护地，黄瓜病株率可达 100％，病瓜率可达 90％以上，轻则减产 20％左右，重者减产 80％以上，甚至绝收。该病已成为我国保护地黄瓜生产中的重要威胁之一，在北京、山东等一些地区被列为检疫性病害。该病除为害黄瓜外，还可为害冬瓜、南瓜、甜瓜、西葫芦和丝瓜等。

二、症状

黄瓜整个生育期均可发生黑星病，发病部位有叶片、叶柄、茎蔓、卷须、瓜条以及生长点等，尤以嫩叶、嫩茎和幼瓜最易感病，而老叶和老瓜不大敏感。

幼苗染病，子叶上产生黄白色、近圆形的斑点，严重时子叶干枯、生长点腐烂、幼苗死亡；幼嫩叶片染病，起初产生褪绿的近圆形小斑点，进而扩大成直径为 1～3mm 的近圆形斑，少数病斑直径可达 5 mm；病斑不受叶脉限制，淡黄褐色，后期病斑上星状开裂穿孔渐进式扩大，穿孔边缘为长短不等的锯齿状，病斑周围具有黄色晕圈，后期不明显；叶脉染病，病斑处组织生长受阻，周围健部继续生长，因而使病斑周围叶组织扭皱，病斑长纺锤形，后形成木栓化组织龟裂；成株的心叶染病，导致生长点染病，两三天后即可腐烂致死，形成"秃桩"。

嫩茎染病，初为水渍状、暗绿色梭形斑，扩大后的病斑为长梭形、淡黄褐色，中间开裂下陷，分泌琥珀色胶状物，潮湿时病斑表面长出灰黑色霉状物，即病原菌的分生孢子梗和分生孢子。卷须、叶柄、果柄亦可受害，病斑大小不等，特点与茎秆相似。

幼瓜到成瓜均可染病，最初出现暗绿色、圆形至椭圆形的病斑，病斑处常溢出透明的胶状物，不久变为琥珀色，并凝结成块，随着病斑逐渐扩大和凹陷，形成横向穿孔，深可达4 mm，甚至接触籽粒，造成种子带菌；逐渐增多的胶状物，堆积在病斑附近，后期空气干燥时，胶状物脱落，病斑表面龟裂呈疮痂状，病斑直径一般为2~4mm（彩图10-51-1）；空气潮湿时，病斑上也长出灰黑绿色霉状物，霉层致密，用手持扩大镜可见似绒毯状。因病斑处组织生长受到抑制，生长不平衡，致使瓜条粗细不匀、弯曲畸形，病瓜条一般不腐烂，即使瓜条收获后田间的病势仍会继续扩展。

通常，田间黄瓜植株可遭受多种病害的复合侵染，但不同病害在不同黄瓜部位上的发病症状各有特点，表10-51-1为黄瓜黑星病与黄瓜其他常发病害的区别。

表10-51-1　黄瓜黑星病与黄瓜其他几种病害的区别

Table 10-51-1　Difference between cucumber scab and other diseases

病害名称		黑星病	细菌性角斑病	炭疽病	霜霉病
为害部位		主要为害瓜条，也为害叶、茎、叶脉、叶柄、果柄、卷须	主要为害叶片、瓜条	为害叶片、茎、瓜条	主要为害叶片
主要症状	叶片	叶片病斑圆形至椭圆形，一般1~3mm，常出现星状开裂穿孔，穿孔边缘呈不规则锯齿状	叶片病斑受叶脉限制呈多角形，后期病斑干枯脆裂，形成穿孔	叶片病斑较大，呈圆形，直径为4~18mm，病斑常连接为不规则大斑，严重时叶片干枯	叶片病斑受叶脉限制，呈多角形，直径为5~16mm，潮湿时叶背病斑产生灰黑色霉层
	瓜条	瓜条病斑凹陷呈孔洞状，并溢出琥珀色胶状物，潮湿时生灰绿色霉层，瓜条不腐烂	瓜条偶尔被害，病斑溢出乳白色菌脓，后腐烂，有臭味	瓜条上病斑圆形、稍凹陷，常分泌出粉色黏状物	不为害瓜条
病原菌		瓜枝孢（Cladosporium cucumerinum）。分生孢子梗中上部分枝，分生孢子椭圆形、柠檬形、圆柱形或纺锤形，多数单胞少数双胞	丁香假单胞杆菌黄瓜致病变种（Pseudomonas syringae pv. lachrymans）。显微镜下有云雾状细菌溢出	瓜类炭疽菌（Colletotrichum orbiculare）。分生孢子盘具褐色刚毛，分生孢子长卵圆形	古巴假霜霉（Pseudoperonospora cubensis）。孢囊梗上部呈3~5次锐角分枝，孢子囊卵形或柠檬形，顶部具乳状突

三、病原

黄瓜黑星病的病原为瓜枝孢（*Cladosporium cucumerinum* Ellis et Arthur），属于子囊菌无性型枝孢属真菌。

病菌的菌丝灰色至淡褐色，具分隔；分生孢子梗细长，丛生，褐色或淡褐色，呈合轴分枝，大小为（160~520）μm×（4~5.5）μm，顶端串生大量分生孢子；分生孢子形状各异，梭形、长梭形、哑铃形，串生，具0~2个隔膜，淡褐色，单胞大小为（11.5~17.8）μm×（4~5）μm，双胞大小为（19.5~24.5）μm×（4.5~5.5）μm（图10-51-1）。

病菌在燕麦片、黄瓜汁及PDA培养基上均可生长，以燕麦片培养基上生长速度较快。不同碳源中，葡萄糖和蔗糖最有利于病菌菌丝生长，山梨糖则不利；葡萄糖产孢最多，而淀粉产孢最少。在不同氮源中，酵母提取物、硝酸钠、牛肉膏最有利于病菌菌落生长和产孢。分生孢子的萌发

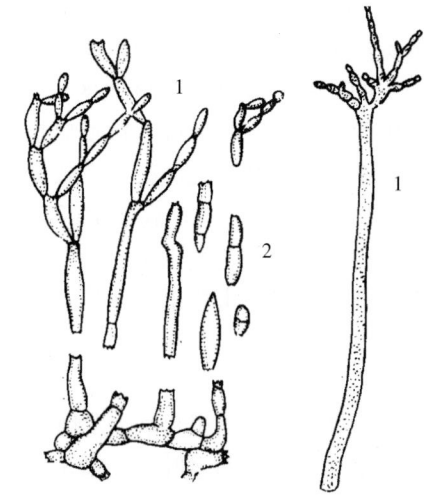

图10-51-1　瓜枝孢形态（仿吕佩珂等，1992）

Figure 10-51-1　Morphology of *Cladosporium cucumerinum* (from Lü Peike et al., 1992)

1. 分生孢子梗　2. 分生孢子

受碳、氮源的影响，并且碳源比氮源更有利于孢子萌发；碳源中麦芽糖、乳糖和木糖为最有利于孢子萌发；氮源中，天冬氨酸有利于孢子萌发。在无碳源情况下，无论相对湿度高或低，分生孢子均不易萌发，无机盐溶液也不利于孢子萌发。

四、病害循环

黄瓜黑星病菌以菌丝体随病残体在田间或土壤中越冬，也可以黏附在棚室墙壁缝隙或材架上越冬，成为翌年病害的主要初侵染源；分生孢子可附着在种子表面或以菌丝潜伏在种皮内越冬，成为该病远距离传播的重要途径，播种带菌种子，病菌可直接侵染幼苗。第二年气温合适时，越冬病菌产生分生孢子，萌发后从寄主的气孔、伤口或直接穿透表皮侵入植株，形成田间的初侵染。该病的潜育期因温度而异，温度越高，潜育期越短，棚室里栽培的黄瓜一般需 3～5d，露地栽培的黄瓜需 9～10d 便开始发病。黄瓜发病后，病斑上可产生新的分生孢子，又通过气流、雨水和农事操作等途径传播蔓延，反复进行再侵染，病害逐渐蔓延开来（图 10 - 51 - 2）。在冬季温暖的南方露地或保护地，病菌可在黄瓜上持续为害，基本上没有越冬问题，从冬茬传到春茬，后又进一步扩展到露地黄瓜上。

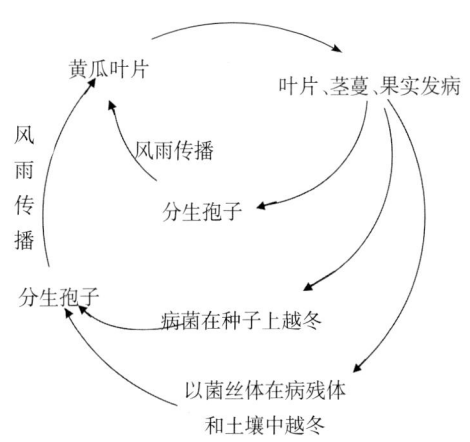

图 10 - 51 - 2　黄瓜黑星病病害循环（赵秀香和刘志恒提供）
Figure 10 - 51 - 2　Disease cycle of cucumber scab（by *Zhao Xiuxiang and Liu Zhiheng*）

五、流行规律

黄瓜黑星病菌生长发育适宜温度为 15～25℃，最适温度为 20～22℃，温度达 35℃时，病菌停止生长和产孢，在中低温环境中易发病。在 15～30℃ 的温度下，病菌比较容易产生分生孢子。分生孢子萌发温度为 5～30℃，萌发要求 pH 为 5～7，最适为 pH 6，pH 低于 3.5 和高于 11 时均不萌发；光照对分生孢子萌发也有一定的影响，散射光和黑暗都有利于分生孢子萌发。

虽然黄瓜黑星病菌对温度的适应范围较宽，但对湿度要求较高，在相对湿度为 93%～100% 时才能萌发，特别是有水膜存在时最为有利。低温、高湿和光照不足有利于黑星病的发生。温度 15～20℃、相对湿度 90% 以上、叶面有水滴（膜）时，分生孢子很快萌发。病菌喜弱光。因此，当棚室内温度低于 10℃，相对湿度高于 90% 时，就易引起黑星病的发生。通常春天温度低、湿度大、雨雪大，如果透光差的棚室发病就早而重；露地黄瓜黑星病的发生和流行则与当年的降水量和雨日数成正相关，连阴天、降雨时间长、降水量大则病害容易发生、为害严重，甚至造成流行。土壤黏重、黄瓜连茬、种植过密、前期长势差以及管理粗放的田块病害均较重。

此外，该病的发生与品种的抗性关系密切。据报道，我国市场上的许多黄瓜品种都比较感病，比如长春密刺和津研系列等黄瓜品种高度感病，重病地区应尽量不采用。

六、防治技术

对于黄瓜黑星病的防治，应实施严格的种子检疫、禁止使用带菌种子和加强农业栽培管理，辅以药剂防治的综合措施。

（一）选用抗病品种

黄瓜品种间对黑星病存在着明显的抗病性差异。近年国内各地进行的黄瓜抗病性筛选表明，吉杂 1 号、丹东刺瓜、青杂 1 号、青杂 2 号、92 - 82、中农 11、中农 13 等较抗黑星病，各地可因地制宜地选用。

在抗病育种中，黄瓜苗期对黄瓜黑星病的抗性鉴定可依据《NY/T 1857.5—2010　黄瓜主要病害抗病性鉴定技术规程　第 5 部分：黄瓜抗黑星病鉴定技术规程》进行。其他葫芦科蔬菜苗期对黑星病的抗性鉴定也可参照该标准进行。

（二）加强种子检疫

应当尽快划定黄瓜黑星病疫区和保护区，防止疫区的病种子向无病区流通。同时要制定切实可行的检疫方法，供各检疫部门采用。尚未发生黄瓜黑星病的地区，必须加强对黄瓜种子的检疫，严防该病害的传播蔓延。

（三）农业防治

1. 减少初侵染源　发病严重地块应与非葫芦科作物进行 2～3 年轮作。发病田收获后，彻底清除病残体，予以深埋或烧毁。也可在休闲期或定植前的空棚期，熏蒸消毒，杀灭残留病菌。

2. 加强田间管理　保护地栽培，尽可能采用生态防治。从定植期到结瓜期严格控制浇水，放风排湿，降低棚内湿度，减少叶面结露，抑制病菌萌发和侵入，白天控温在 28～30℃，夜间 15℃，相对湿度低于 90%；中温和低温棚的平均温度控制在 21～25℃，或控制相对湿度持续高于 90% 不超过 8h，可减轻发病。增施磷、钾肥，提高植株抗病力。

（四）化学防治

1. 种子处理　用 50% 多菌灵可湿性粉剂 500 倍液浸种 20min，冲净后催芽，或用种子重量 0.3%～0.4% 的 50% 多菌灵可湿性粉剂拌种，均可取得良好的效果。

2. 烟熏处理　保护地定植前 10d，按 100m³ 用硫黄粉 0.25kg 与锯末 0.5kg 拌匀后，分放几处，点燃密闭熏棚 1 夜；或在发病初期用 45% 百菌清烟剂熏烟，每 667m² 每次用药 200～250g，连续熏 3～4 次。

3. 喷撒粉尘　可喷撒 10% 多·百粉尘剂，每 667m² 每次喷药 1kg，既省工、省水，价格便宜，又不增加棚内湿度。

4. 喷洒药剂　在发病初期，应及时拔除病株并喷药防治。可选用的药剂有：50% 多菌灵可湿性粉剂加 70% 代森锰锌可湿性粉剂 600 倍液喷雾，或 2% 武夷菌素水剂 200 倍液、72% 霜脲·锰锌可湿性粉剂 700～800 倍液、50% 异菌脲可湿性粉剂 1 000 倍液、40% 氟硅唑乳油 8 000～10 000 倍液喷雾，或 20% 腈菌唑·福美双可湿性粉剂每 667m² 用药 100～130g 对水喷雾，间隔 7d 喷施 1 次，连续喷施 3～4 次。

周如军　刘志恒（沈阳农业大学植物保护学院）

第 52 节　黄瓜褐斑病

一、分布与危害

黄瓜褐斑病又称靶斑病、棒孢叶斑病，是黄瓜叶部的一种重要病害。1906 年该病首次在欧洲报道，其后在美国、日本、韩国、印度、澳大利亚、尼日利亚、塞内加尔等国家相继发生，现已在世界范围内广泛分布。1957 年，美国佛罗里达州的黄瓜因遭受该病严重为害，经济损失惨重。

20 世纪 60 年代，该病在我国只是零星发生。当时，我国保护地黄瓜的种植面积极小，发病也就很少，未能引起重视。到了 90 年代初期，辽宁省瓦房店市、海城和沈阳的保护地黄瓜先后发病，并造成了大面积减产；此后，该病几乎是连年发生、逐步蔓延、渐趋严重，又在山东、河北、北京、天津、辽宁、河南和海南等多省份造成严重危害。进入 21 世纪以来，随着保护地蔬菜种植规模的迅速扩大，褐斑病在保护地蔓延的趋势日益明显，山东省的主要黄瓜产区如寿光沂南、莘县、济阳等都大面积发生。据报道，2008 年，全国各地保护地黄瓜普遍发生褐斑病，一般病田病叶率为 10%～25%，严重时可达 60%～70%，甚至 100%，成为保护地黄瓜生产中亟待解决的叶部病害之一。该病还严重为害露地黄瓜。

二、症状

黄瓜褐斑病多在黄瓜生长中、后期发生，以为害叶片为主，特别是盛瓜期叶片受害最重；叶片正、背面均可受害，中、下部叶片先发病，再向上部叶片发展。严重时，病害可蔓延至叶柄和茎蔓。

田间发病初期，叶片上先产生黄色、水渍状、直径约 1mm 的斑点，后病斑扩展为近圆形或稍不规则形，黄褐色，病斑外围颜色稍深，中部颜色稍浅，直径 1.5～2.0mm；当病斑扩展至 3～4mm 时，多为圆形，少数多角形或不规则，整体褐色，中央灰白色，半透明，病斑背面则产生大量黑色霉状物；正面粗糙不平，隐约有轮纹，霉层较少；迎光观察，病部叶脉呈黄褐色网状。条件适宜时，病斑可迅速扩大，直径达 10～15 mm，病斑边缘水渍状，失水后呈青灰色，病斑中央有一明显的眼状靶心；迎光观察，叶脉深黄褐色，网状更为明显，严重时病斑可连片呈不规则状，病叶逐渐干枯死亡，造成提早拉秧（彩图 10 -52 - 1）。

概括起来，病叶上可存在 3 种类型病斑，简述如下。

（一）小斑型

低温低湿时，小斑型病斑多出现在初发病的黄瓜新叶上。病斑直径 0.1～0.5 cm，呈黄褐色小点，扩展后病斑正面略凹陷，近圆形或稍不规则，病健部界限明显，病斑黄褐色，中部颜色稍浅呈淡黄色；病部背面稍隆起，黄白色。

（二）大斑型

大斑型病斑多出现在高温高湿和植株长势旺盛时期。病斑多为圆形或不规则形，直径 2.0～5.0 cm，灰白色；病斑正面粗糙不平，隐约有轮纹；湿度大时病斑两面均可产生大量灰色霉状物，但病部不易产生分生孢子和分生孢子梗。

（三）多角型

多角型病斑常与小斑型、大斑型病斑及霜霉病病斑混合出现。病斑黄白色，多角形，病健交界处明显，直径 0.5～1.0 cm；多角型病斑易与黄瓜霜霉病混淆，故菜农常称之为"假霜霉"、"小霜霉"等。

以上 3 种类型病斑均可不断蔓延扩展，至发病后期，病叶上散生大量病斑或连接成片，造成叶片穿孔、枯死、脱落；在高温高湿条件下，病菌也可侵染黄瓜果实，造成果实开裂、流胶，或产生黄色黏状物。

表 10 - 52 - 1　黄瓜褐斑病、霜霉病和细菌性角斑病的症状特点

Table 10 - 52 - 1　Symptom differences among cucumber target spot, downy mildew and bacterial angular leaf spot

病害名称	病状特点	病症特点
黄瓜褐斑病	病斑近圆形或稍不规则，外围颜色稍深，黄褐色，中部颜色稍浅，半透明；叶片正面病斑粗糙不平，有晕环，隐约有轮纹，病健交界处不规则，多单独成斑	湿度大时背面产生大量黑色霉状物；正面霉层较少，迎光观察，病部叶脉呈黄褐色网状
黄瓜细菌性角斑病	初为鲜绿色水渍状，渐变淡褐色，病斑受叶脉限制呈多角形，灰褐或黄褐色，后期干燥时病面干枯脱落成孔	湿度大时产生乳白色菌脓，水分蒸发后形成一层白色粉末状物质，或留下一层白膜
黄瓜霜霉病	叶片病斑平展，正面褪绿、发黄，受叶脉限制呈多角形；病健交界清晰；后期严重时，病斑连片，叶片卷皱黄枯死亡	湿度大时叶背面出现灰黑色、霜粉状霉层

黄瓜褐斑病与霜霉病、细菌性角斑病极易混淆（表 10 - 52 - 1），生产上常将霜霉病和细菌性角斑病当作褐斑病进行药剂防治，既浪费了人力、物力，又大大降低了防治效果。

三、病原

黄瓜褐斑病的病原为山扁豆生棒孢 ［*Corynespora cassiicola* (Berk. et M. A. Curtis) C. T. Wei］，属于子囊菌无性型棒孢属真菌。有些书籍还将山扁豆生棒孢菌称为多主棒孢霉。

病菌的菌丝、分生孢子梗和分生孢子生长在叶面。分生孢子梗细长，不分枝，倒棍棒形、圆筒形、线形或 Y 形，基部膨大，顶端钝圆，直立或略微弯曲，平滑，壁厚，无色至褐色，具有 0～10 个层出梗；分生孢子着生于分生孢子梗顶端；分生孢子倒棒形或圆柱形，浅褐色至深褐色，单生或串生，有假隔膜；分生孢子从梗上脱落后，基部形成深褐色

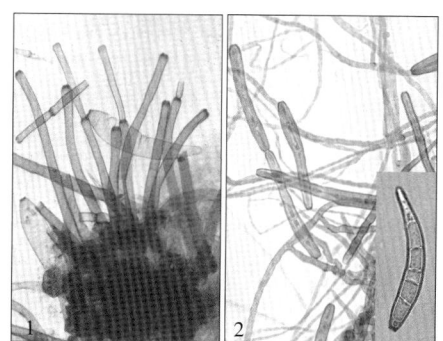

图 10 - 52 - 1　山扁豆生棒孢菌形态（1. 引自 Truman State University，2004；2. 刘志恒提供）

Figure 10 - 52 - 1　Morphology of *Corynespora cassiicola* (1. from Truman State University, 2004；2. by Liu Zhiheng)

1. 分生孢子梗　2. 分生孢子

的基脐（图 10 - 52 - 1）。

病菌在 10~35℃ 范围内均可生长，以 30℃ 左右生长最快；分生孢子产生的温度为 20~35℃，以 25℃ 左右产孢量最大；分生孢子萌发的温度为 10~35℃，以 30℃ 最为适宜。叶片病斑的产孢量与湿度关系密切，一般在相对湿度 90% 以上时才能产孢，湿度越高产孢量越大，尤以叶片上有水膜的条件下产孢量更高，是饱和湿度下产孢量的 3 倍左右，病斑背面与正面的产孢情况基本一致。菌丝生长要求的 pH 为 3~12，最适 pH 为 5；孢子萌发要求的 pH 为 3~13，最适 pH 为 5~6。

病菌生长对碳源的利用以乳糖为最好，产孢量则以肌醇为最多；对氮源的利用以硝酸铵为最好，产孢量以酪氨酸为最多；在连续光照条件下菌丝生长最快，在光暗交替条件下产孢量最高。

四、病害循环

黄瓜褐斑病病原菌以分生孢子丛、菌丝体或厚垣孢子随病残体在土壤中越冬，也可以附着在种子表面或潜伏在种皮内部的休眠菌丝进行传播，种子带菌是远距离传播的主要途径。翌年春季产生分生孢子，通过气流和雨水飞溅传播，进行初侵染。在初侵染后形成的病斑上可产生大量分生孢子，这些分生孢子又借助风、雨向周围蔓延，造成再侵染。在一个生长季中，这种再侵染可发生无数次，使田间病害日益加重。在冬季寒冷的条件下，分生孢子难以在露地越冬，但能在保护地内安全越夏，也可成为下茬黄瓜的初侵染源（图 10 - 52 - 2）。

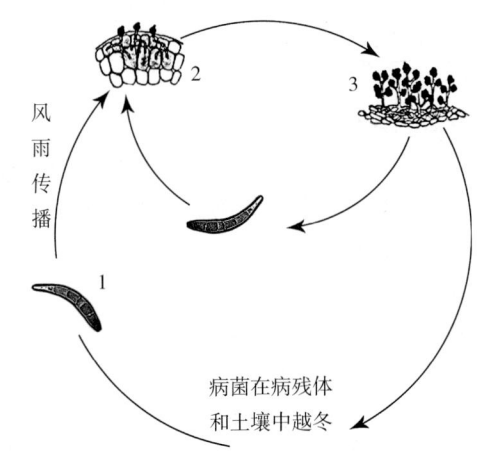

图 10 - 52 - 2　黄瓜褐斑病病害循环

（刘志恒和赵秀香提供）

Figure 10 - 52 - 2　Disease cycle of cucumber target spot

（by Liu Zhiheng and Zhao Xiuxiang）

1. 病菌分生孢子　2. 分生孢子侵入　3. 组织发病

五、流行规律

黄瓜褐斑病是一种气流传播病害，分生孢子萌发产生芽管，从气孔、伤口或直接穿透表皮侵入，潜育期 5~7d。病菌侵染后会产生果胶酶、纤维素酶，可以分解植物细胞壁，增加质膜的透性，引起细胞死亡。

黄瓜褐斑病的病情消长与保护地内小气候的关系密切。该病在保护地内的周年病情消长大致可分为始发期、始盛期、盛发期、终止期及休眠期共 5 个时期。春保护地一般在 3 月中旬开始发病，4 月上、中旬后病情迅速扩展，至 5 月中旬达发病高峰。

高温、高湿有利于发病。阴雨天较多，或长时间闷棚、叶面结露、光照不足、昼夜温差大均有利于发病。病害发生的适宜温度为 20~30℃，相对湿度为 90% 以上，尤以 25~27℃ 和饱和湿度条件下最为严重（表 10 - 52 - 2）。

表 10 - 52 - 2　保护地内黄瓜褐斑病的周年发生规律

Table 10 - 52 - 2　Occurrence regularity of cucumber target spot in greenhouse

时期	起止时间	病害扩展特点
始发期	12 月到翌年 1 月	进入采瓜期，初见褐斑病，发病仅限于个别温室和个别植株
始盛期	2~3 月	随着温度上升和病原积累，病害开始蔓延，发病程度有所加重，个别温室发病较重
盛发期	4~6 月	由盛瓜期进入盛瓜后期，保护地内温、湿度不断上升，形成适合褐斑病发生的小气候，同时菌源不断积累，导致褐斑病迅速蔓延，发病程度加重，某些温室猖獗发生时，黄瓜提前拉秧
终止期	7~8 月	温室内小气候仍有利于褐斑病的发生，但采瓜期基本结束，进入拉秧期，从而终止病害流行
休眠期	8~12 月	保护地进入休闲期，开始下一生长季的整地、育苗，病菌失去寄主，进入越夏休眠阶段。到 12 月下茬黄瓜采瓜始期进行初侵染，开始下一季病害流行

田间发病后，在适宜条件下病部产生大量分生孢子。病菌潜育期 5～7d。保护地内的高温高湿环境有利于病菌的繁殖，叶面结露、光照不足、昼夜温差均会加重病害。病菌侵入叶片的成功率极高，显症后第十至十四天，落叶率达 5％，在其后 6d 内落叶率剧增到 90％。严重时蔓延至叶柄、茎蔓，并可造成果实流胶。

大水漫灌，保护地放风不及时，湿度较大的田块，往往发病较重；保护地中缓冲室及过道附近发病明显较轻；灌水后遇阴天或者下雨，会加重病情。

六、防治技术

（一）选用抗病品种

现有的黄瓜种质资源中蕴涵着黄瓜褐斑病抗性基因。据报道，高抗褐斑病的黄瓜材料有 W17-2-1、Q6、XL6-1-2、Q5、W43-1-2 等，抗病材料有 XL6-3、66B 等，中抗材料有 S9、A18-2-1、Q10 等，可用于黄瓜抗病育种。

（二）农业防治

1. 减少初侵染源　与非葫芦科蔬菜实行 2～3 年以上轮作，降低病菌积累，减少发病。彻底清除前茬作物病残体，同时喷施消毒药剂并覆盖薄膜进行消毒处理；摘除中下部病斑较多的病叶，减少病原菌数量。

2. 种子处理　采用温汤浸种，即将种子用常温水浸种 15min 后，转入 55～60℃ 热水中浸种 10～15min，并不断搅拌，待水温降至 30℃，继续浸种 3～4h，捞起沥干后于 25～28℃ 条件下催芽，消除种内病菌。若结合药液浸种，杀菌效果更好。

3. 加强栽培管理　适时中耕除草，浇水追肥，控制空气湿度，实行起垄定植，地膜覆盖栽培，膜下沟灌，减少水分蒸发，小水勤灌，避免大水漫灌，注意通风排湿；增加光照，创造有利于黄瓜生长发育，不利于病菌萌发侵入的温、湿度条件；在开花前、幼果期、果实膨大期喷施壮瓜蒂灵促使瓜蒂增粗，加大营养输送量，加快瓜体发育速度。结瓜盛期及时冲施含有芸薹素内酯的碧禾冲施肥 150～300 倍液，叶面喷施斯德考普叶面肥 8 000 倍液，及时摘除大瓜，促进植株迅速长秧，新叶发育。

4. 生态防治　保护地种植黄瓜应以控制温度、降低湿度为中心进行生态防治。选用无滴膜覆盖大棚，尽量使黄瓜叶面不结露或缩短结露时间；上午日出后揭开草苫，使保护地内温度尽快升至 25～30℃，但不要超过 33℃，然后通风降温散湿，使相对湿度降到 75％ 左右；若早晨棚室内温度较高、相对湿度较大，可先短时间通风降湿，下午温度降至 25～20℃，相对湿度降至 70％ 左右，傍晚为 20℃ 左右时再封闭棚室。

（三）化学防治

一旦发现病情需及时用药，可选用的药剂有：75％ 百菌清可湿性粉剂 600 倍液，或 50％ 福美双可湿性粉剂 500 倍液、25％ 嘧菌酯悬浮剂 1 000 倍液、40％ 嘧霉胺悬浮剂 500 倍液、25％ 咪鲜胺乳油 1 000 倍液、43％ 戊唑醇悬浮剂 3 000 倍液、40％ 腈菌唑乳油 3 000 倍液等，间隔 5～7d 喷施 1 次，连续喷施 2～3 次，防治效果较好。病情严重时，加喷铜制剂，如叶面喷洒 77％ 氢氧化铜可湿性粉剂 500～600 倍液，或 30％ 硝基腐植酸铜可湿性粉剂 600～800 倍液，轮换交替用药。

（四）生物防治

目前，一些地方试用根际促生菌来提高黄瓜内源过氧化酶活性，以增强黄瓜对褐斑病的抗性，但尚未大面积推广应用。

周如军　刘志恒（沈阳农业大学植物保护学院）

第 53 节　葫芦科蔬菜霜霉病

一、分布与危害

葫芦科蔬菜霜霉病是全世界葫芦科蔬菜生产上常见的重要气传病害之一。1868 年首先在古巴的黄瓜上发生，此后世界上 70 多个国家均有报道。葫芦科蔬菜霜霉病主要分布于温带地区，如美国、日本、澳大利亚、南非及欧洲等；此外，热带、亚热带和半干旱地区也有发生。我国各地种植的黄瓜、丝瓜、苦瓜和冬瓜等多种葫芦科蔬菜都不同程度地遭受霜霉病为害，保护地栽培往往比露地栽培病重，特别是保护地黄瓜受害最为严重。黄瓜霜霉病周年发生、来势凶猛、传播极快，能在短短的几天内使大部分叶片干枯，俗称"跑马干"，常年造成减产20%～40%，流行年份减产高达70%以上，甚至绝收。2001年，广东一些地方春夏种植的黄瓜、丝瓜霜霉病感染株率达100%，苦瓜和节瓜的受害率也很高，重病瓜田只得提早拉秧，造成损失十分严重；2010年冬季，寿光市洛城街道丁家殿子村70%～80%的黄瓜大棚内发生霜霉病，病害严重的减产50%～60%。该病还为害西葫芦、南瓜、佛手瓜和瓠瓜等葫芦科其他蔬菜。

二、症状

霜霉病在葫芦科蔬菜的各个生育期都可发生，主要为害叶片，各种葫芦科蔬菜的发病症状比较相似，下面以黄瓜霜霉病为例介绍葫芦科蔬菜霜霉病症状。

黄瓜幼苗感染霜霉病后，子叶正面出现不规则的褪绿色病斑，潮湿时病斑背面产生灰黑色霉层，严重时子叶变黄干枯。成株叶片染病，自下向上蔓延，初发时仅在叶背产生水渍状病斑，早晨和阴雨天尤为明显，病斑扩大后受叶脉限制呈多角形，叶面病斑褪绿成淡黄色，叶背病斑黄褐色，湿度大时叶背病斑上长出黑褐色霉层，即病菌孢囊梗和孢子囊；随着病情的加重，病斑由黄色逐渐变为黄褐色，后期病斑破裂或融合成大斑，叶缘卷缩干枯，严重时除顶端保存少量新叶外，全株叶片迅速变黄干枯，宛如"跑马干"，田间一片枯黄（彩图10-53-1）。黄瓜霜霉病的症状表现与品种的抗病性有关，感病品种往往出现典型的症状，病斑大且易连接成大块黄斑，后迅速干枯；植株所结瓜条多半弯曲、瘦小、僵化和萎缩，产量和质量显著下降；抗病品种的病斑一般较小，褪绿斑持续时间长，虽然也能形成圆形或多角形黄褐色病斑，但扩展速度较慢，叶背病斑不长霉层或长有少量稀疏霉层。

丝瓜霜霉病与黄瓜霜霉病的叶部症状很相似，但病斑通常比黄瓜霜霉病的小些，而且病斑的多角形也没有黄瓜那么突出，病斑周围有明显的水渍状边缘，叶背病斑上长有白色、棉絮状白霉（彩图10-53-2）。

三、病原

引起葫芦科蔬菜霜霉病的病原主要有两种：一种是古巴假霜霉 [*Pseudoperonospora cubensis* (Berk. & M. A. Curtis) Rostovzev]，属卵菌门假霜霉属，可侵染绝大多数葫芦科蔬菜；另一种是南方轴霜霉 [*Plasmopara australis* (Speg.) Swingle]，属于卵菌门单轴霉属，可侵染丝瓜，尚不知是否侵染其他葫芦科蔬菜。

（一）形态特征

1. 古巴假霜霉 菌丝体无色，无隔膜，在寄主细胞间生长发育，以卵形或指状分枝的吸器深入寄主细胞内吸收营养。无性繁殖时，孢囊梗由寄主叶片的气孔伸出，单生或2～5根丛生，长240～340μm，无色。孢囊梗主干基部稍膨大，上部呈双叉状分枝3～5次，末枝稍弯曲或直，长1.7～15μm，在小梗顶端着生孢子囊；孢子囊淡褐色，椭圆形或卵圆形，具顶端乳突，淡褐色，大小为（15～31.5）μm×（11.5～14.5）μm。低温时，孢子囊在水中萌发可释放出1～8个无色、圆形或椭圆形的游动孢子，在水中游动片刻后形成休止孢，再萌发产生芽管，从寄主气孔或细胞间隙侵入；但在较高温度和湿度不足的条件下，孢子囊则直接产生芽管侵入寄主（图10-53-1）。

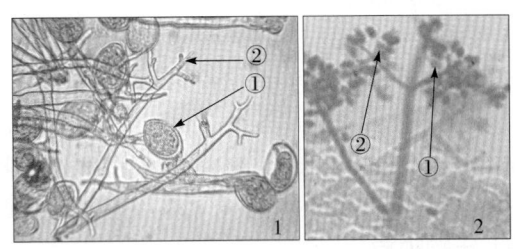

图10-53-1 古巴假霜霉菌和南方轴霜霉菌的形态
特征（1. 兰成忠提供；2. 引自D. J. Soares
等，2000）

Figure 10-53-1 *Pseudoperonospora cubensis* and *Plasmo-
para australis* (1. by Lan Chengzhong;
2. from D. J. Soares et al., 2000)

1. 古巴假霜霉菌：①孢子囊，②孢囊梗
2. 南方轴霜霉菌：①孢子囊，②孢囊梗

古巴假霜霉菌有性阶段产生卵孢子，但仅在澳大利亚、以色列、印度、伊朗和中国发现。该菌的藏卵器为倒球形至椭圆形，或不规则梨形，大小为（28～56）μm×（24～44）μm；雄器为棍棒状至球形，大小为（14～22）μm×（10～16）μm；卵孢子几近圆球形，壁光滑，透明或浅黄色，内有1～2个油球，大小为（25～33）μm×（25～31）μm。

2. 南方轴霜霉 孢囊梗从气孔伸出，常为1～3次分枝，无隔膜，圆柱形，直立，长270～860 μm；孢囊梗基部10～18 μm一段稍肿胀，顶端钝平，孢囊梗上部呈3～6次单轴分枝，3次分枝时通常为直角，4次分枝时有时为簇生，分枝长1.7～6.7μm；孢子囊椭圆、卵圆或近球形，具1～2 μm长的微乳突，大小为（11.6～23.3）μm×（10～15.2）μm，成熟后脱落（图10-53-1），尚未发现卵孢子。

（二）致病型分化

目前，可用 C. E. Thomas（1992）的古巴假霜霉菌株致病型鉴定体系鉴定古巴假霜霉的致病型或生理小种，其鉴别寄主是6种葫芦科作物，根据病原菌对寄主叶片的致病性，将其分为5个致病型。致病型1对黄瓜及网纹甜瓜具强致病性；致病型2对黄瓜、网纹甜瓜及越瓜具强致病性；致病型3对黄瓜、网纹甜瓜、越瓜及酸甜瓜具强致病性；致病型4对黄瓜、网纹甜瓜、越瓜、酸甜瓜及西瓜具强致病性；致病型5对黄瓜、网纹甜瓜、越瓜、酸甜瓜、西瓜及南瓜具强致病性（表10-53-1）。

表10-53-1 古巴假霜霉菌株致病型鉴定（引自 C. E. Thomas 等，1992）
Table10-53-1 Pathotype designations based on host compatibility to *Pseudoperonospora cubensis*
（from C. E. Thomas et al.，1992）

鉴别寄主	致病型				
	1	2	3	4	5
黄瓜（*Cucumis sativus*）	+	+	+	+	+
网纹甜瓜（*C. melo* var. *reticulatus*）	+	+	+	+	+
越瓜（*C. melo* var. *conomon*）	−	+	+	+	+
酸甜瓜（*C. melo* var. *acidulus*）	−	−	+	+	+
西瓜（*Citrullus lanatus*）	−	−	−	+	+
南瓜（*Cucurbita* spp.）	−	−	−	−	+

注 +：病原菌对鉴别寄主具有致病性；−：病原菌对鉴别寄主不具或有轻微致病性。

四、病害循环

古巴假霜霉的孢子囊对不良环境条件的抵抗力较差，存活期较短，在我国北方高寒地区的自然条件下难以越冬，但病菌可在温室栽培的葫芦科蔬菜上存活越冬，并不断产生孢子囊，成为第二年春保护地或春露地葫芦科蔬菜霜霉病的初侵染源；在南方，病菌可周年不断侵染各个季节的葫芦科蔬菜，引发田间周年发病。此外，病原菌还可随着季风由南方或较早发病的地方向北方传播。

孢子囊主要通过气流传播，雨水飞溅可造成近距离传播。往往先在田间通风不良的潮湿处形成发病中心，然后在病斑上形成大量孢子囊并向四周蔓延，不断引起再侵染（图10-53-2），致使病害很快扩展到全田。有些地方，葫芦科蔬菜霜霉病菌形成的卵孢子在病残体上及病田土壤中越冬，成为第二年的初侵染源。

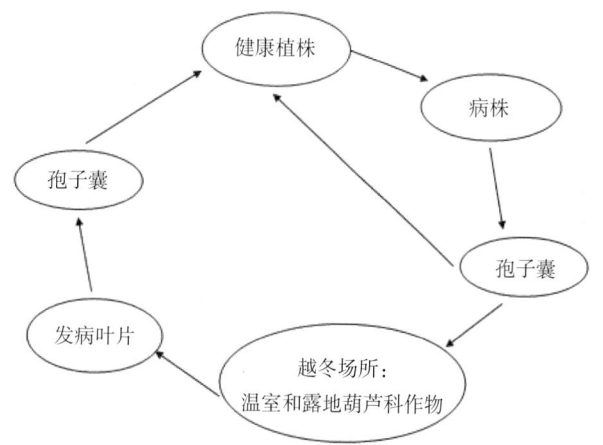

图10-53-2 葫芦科蔬菜霜霉病病害循环（兰成忠提供）
Figure 10-53-2 Disease cycle of cucurbits downy mildew（by Lan Chengzhong）

五、流行规律

葫芦科蔬菜霜霉病的发生和流行与温度、湿度的关系非常密切，与栽培管理和寄主的抗病性等因素也密切相关。

(一) 气候因素

葫芦科蔬菜霜霉病的发病迟早和轻重与温、湿度条件密切相关。通常，葫芦科蔬菜生长期间的温度能满足发病要求，而湿度是决定发病与否和流行程度的关键因素。孢子囊形成的最适温度为 $15\sim19℃$，在 $5\sim30℃$ 范围内均可萌发，最适萌发温度为 $21\sim24℃$；当气温在 $20℃$ 时，病害潜育期仅 $4\sim5d$，而在高温或低温时则需 $8\sim10d$；病害在田间发生的气温为 $16\sim28℃$，适宜流行的气温为 $20\sim24℃$，高于 $30℃$ 或低于 $15℃$ 病害受到抑制。病菌对湿度有一定的适应范围，空气相对湿度在 $50\%\sim60\%$ 时，不能产生孢子囊，只有空气相对湿度在 83% 以上时，经过 $4h$ 就可以产生孢子囊；当叶片上存在水膜、气温在 $15℃$ 时，孢子囊经 $1.5h$ 即可产生游动孢子，$2h$ 后休止孢萌发并侵入寄主；若叶片上无水膜，即使接种病原菌也很难发病，湿度愈高孢子囊形成的速度愈快、数量愈多。总之，只要湿度条件适宜，气温达到 $16℃$ 以上时，病害即可发生，$20\sim24℃$ 时最为有利；但当平均气温达 $30℃$ 以上时，即使湿度适宜，病害的发展也非常缓慢。因此，多雨、多露、多雾、昼夜温差大，或阴雨天与晴天交替等气候条件有利于病害的发生和流行。

保护地霜霉病的发生除与上述条件有关外，还受棚室内小气候的影响。如果棚室结构不合理，或结构合理，但管理不善、通风不良、室内湿度过高、昼夜温差大、夜间易结露等，均会导致病害严重发生。

(二) 栽培管理

栽培管理措施是决定霜霉病发生程度的一个重要因素，尤其在保护地栽培中更是如此。通常，靠近温室、大棚及苗床附近的露地葫芦科蔬菜发病早、病害重；地势低洼、栽培过密、通风透光不良、肥料不足、浇水过多、植株徒长、地表潮湿的地块发病也严重。在保护地栽培中，水肥管理不当，放风、排湿差、晚上闭棚过早，叶面水膜形成多，霜霉病易流行。

(三) 寄主抗病性

葫芦科蔬菜的不同品种对霜霉病的抗性差异较大，一般晚熟品种比早熟品种抗病。同一植株的不同叶片抗性也不同，幼苗期子叶较抗病，成株期顶部嫩叶比下部叶片抗病，中下部叶片较感病，而基部老叶由于钙积累较多抗性也较强。因此，植株上部嫩叶和底部老叶发病较轻，中下层叶片发病最重。此外，一些抗霜霉病的品种对枯萎病抗性较弱，推广后枯萎病往往发生较重。但是，自 20 世纪末以来，我国已培育出一些兼抗霜霉病和枯萎病，且品质优良的葫芦科蔬菜品种，在生产中被广泛使用。

六、防治技术

(一) 选用抗病品种

目前，国内已选育出一批抗病性较好、品质优良的葫芦科蔬菜品种，各地应因地制宜地选用。露地栽培抗霜霉病的黄瓜品种有津研 2 号、津研 4 号、津研 6 号、津研 7 号、津杂 1 号、津杂 2 号、津杂 3 号、津杂 4 号、津早 3 号、中农 2 号、中农 6 号、中农 8 号、京旭 2 号等；保护地栽培的抗霜霉病黄瓜品种有津春 3 号、津春 4 号、津杂 2 号、津优 2 号、津优 3 号、中农 7 号和碧春等。较抗霜霉病的冬瓜品种有碧绿翡翠、绿春小冬瓜、新选 2003 黑皮冬瓜、宁化爬地冬瓜、牛脾冬瓜、灰斗、车轴皮、柿饼冬瓜、青皮、梅花瓣和广优 1 号等耐热冬瓜。较抗霜霉病的苦瓜品种有早优苦瓜、湘苦瓜 5 号、夏丰苦瓜、夏丰 3 号、湘丰 11、碧绿 2 号苦瓜、泰国大肉王和青翠 1 号等。较抗霜霉病的丝瓜品种有特优墨旺丝瓜、粤农双青丝瓜、白沙夏优 1 号棱丝瓜、翠绿早丝瓜、短棒早丝瓜、驻丝瓜 9 号、皖绿 1 号和早杂 5 号等；台湾育成的高抗霜霉病的丝瓜品种有 CITC - 70 - 180、CITC - 70 - 181、长种、粗胖米筒种、中长丝瓜和白种米筒等，中抗品种有北港丝瓜、云林丝瓜、台北丝瓜、黑仔丝瓜、林技丝瓜和棱角丝瓜等。

在抗病育种中，黄瓜苗期对霜霉病的抗性鉴定可依据《NY/T 1857.1—2010 黄瓜主要病害抗病性鉴定技术规程 第 1 部分：黄瓜抗霜霉病鉴定技术规程》进行。西葫芦、南瓜、冬瓜、苦瓜等葫芦科蔬菜苗期对霜霉病的抗性鉴定也可参照此标准进行。

(二) 农业防治

应采用轮作、培育无病壮苗、测土配方施肥以及加强灌水管理等农业措施来防治葫芦科蔬菜霜霉病。

1. 合理轮作 轮作能充分利用土地肥力资源，改善土壤的理化性质，减少土壤中的病原菌，实现可持续发展。因此，实行轮作十分重要，特别是在有条件的地方进行水旱轮作或与非葫芦科蔬菜轮作，效果更好。

2. 加强栽培管理 首先要培养无病壮苗，采用营养土、塑料钵育苗，注意苗床温、湿度调节，避免瓜苗叶面结露，苗期可用 50％烯酰吗啉可湿性粉剂 1 500 倍液喷雾，防止苗期霜霉病发生；定植前可实行低温锻炼，严格去除病株；尽量选择地势高、排水良好的地块作为定植田，尽量采用地膜覆盖，有条件的地方可采用滴灌和膜下暗灌技术，避免大水漫灌，降低植株间湿度；生产前期，尤其是结瓜前应控制浇水，适时中耕，以促进根系发育。

3. 测土配方施肥 根据土壤肥力采用配方施肥技术，在合理施用有机肥料的基础上，采用适宜的氮、磷、钾及中、微量元素等肥料的施用数量、施肥时期和施用方法。在葫芦科蔬菜生长后期，叶面可喷施 1％尿素或 0.3％磷酸二氢钾溶液，以提高植株抗病力。

（三）生态防治

生态防治是利用葫芦科蔬菜与霜霉病菌生长发育对环境条件要求的不同，创造有利于葫芦科蔬菜生长发育和抑制病原菌的条件，以达到减轻病害的目的。比如在较温暖的时节，日出后通风，将棚温控制在 $25 \sim 30$℃、相对湿度降到 75％以下，既抑制了发病，又满足瓜类蔬菜光合作用所需条件，可增强植株抗病性；午后要加大通风量和延长通风时间，使温度控制在 $20 \sim 25$℃，湿度降至 70％左右；傍晚，需继续放风 $2 \sim 3$h，使上半夜相对湿度控制在 70％左右，温度控制在 $15 \sim 20$℃，当夜间温度高于 12℃以上时，可整夜通风。

（四）生物防治

在病害发生初期或病害较轻的情况下，可选用 6％嘧啶核苷类抗菌素水剂 1 000 倍液，或 0.3％苦参碱水剂 $600 \sim 800$ 倍液喷雾预防，每隔 $5 \sim 7$d 施用 1 次。

（五）化学防治

在霜霉病较重或环境气象因子适宜霜霉病流行暴发时，必须使用化学杀菌剂进行防治，不同的栽培类型应选用不同的施药方法，将不同作用机理的药剂轮换使用。

1. 喷雾法 发病前，可喷施 80％代森锰锌可湿性粉剂 500 倍液，或 75％百菌清可湿性粉剂或悬浮剂 600 倍液预防。发病初期，可喷施 35％烯酰吗啉·霜脲氰可湿性粉剂 1 500 倍液，或 60％氟吗·锰锌可湿性粉剂 700 倍液、72％霜脲氰·代森锰锌可湿性粉剂 $600 \sim 800$ 倍液、52.5％噁唑菌酮·霜脲氰水分散粒剂 $2 000 \sim 3 000$ 倍液、250g/L 嘧菌酯悬浮剂 1 500 倍液、68％精甲霜灵·锰锌水分散粒剂 $700 \sim 800$ 倍液、86.2％氧化亚铜可湿性粉剂 1 500 倍液、50％烯酰吗啉可湿性粉剂 1 500 倍液、18.7％吡唑醚菌酯·烯酰吗啉水分散粒剂 1 500 倍液、64％噁霜灵·锰锌可湿性粉剂 $600 \sim 800$ 倍液、60％吡唑醚菌酯·代森联水分散粒剂 $1 000 \sim 1 500$ 倍液、100g/L 氰霜唑悬浮剂 2 000 倍液，每隔 $7 \sim 10$d 喷施 1 次，视病情决定喷雾次数。

目前，古巴假霜霉菌已普遍对苯基酰胺类杀菌剂甲霜灵和甲氧基丙烯酸酯或嘧菌酯产生了抗性，甚至不少地方对三乙膦酸铝和霜霉威也产生了抗性。为避免病原产生抗药性，杀菌剂要交替、轮换或混合使用。施药应注意作用部位，尽量将药液喷施到叶片背面。

2. 熏烟法 防治棚室内葫芦科蔬菜霜霉病可使用熏烟法，即在发病初期每个标准大棚（面积约 2 000 m²）可用 45％百菌清烟剂 $450 \sim 600$g，分放在棚内 $9 \sim 12$ 处，用香或卷烟等暗火点燃，发烟时闭棚，熏 1 夜，次晨通风，隔 7d 熏 1 次，可单独使用，也可与粉尘法、喷雾法交替轮换使用。

3. 粉尘法 防治保护地葫芦科蔬菜霜霉病还可用粉尘法，傍晚喷撒 5％百菌清粉尘剂，或 5％春雷·王铜粉尘剂，每 667m² 用药 1kg，隔 $9 \sim 11$d 施用 1 次。

兰成忠（福建省农业科学院植物保护研究所）
王文桥（河北省农林科学院植物保护研究所）
陈国华（中国农业科学院蔬菜花卉研究所）

第 54 节　葫芦科蔬菜疫病

一、分布与危害

葫芦科蔬菜疫病是葫芦科蔬菜的重要土传病害之一，在世界各葫芦科蔬菜种植区均有分布，包括英国、德国、西班牙、丹麦、希腊、波兰、美国、新西兰、澳大利亚、阿根廷、南非、日本、伊朗、印度以及中国等国家。

在 20 世纪 70 年代初期，我国只有少数黄瓜产区发生疫病，此后，随着设施蔬菜栽培面积迅速扩大、复种指数不断提高，该病在全国葫芦科蔬菜产区迅速蔓延，无论在露地还是在保护地，不仅发病非常普遍，而且来势凶猛、蔓延迅速，常常暴发流行。广州、成都、武汉、南京、上海、杭州、北京、西安和台湾等省份的黄瓜和冬瓜疫病极为严重，特别是北方的秋黄瓜和南方的春黄瓜发病最重，一般年份造成减产20% 左右，流行年份高达 50%～70%，甚至植株大面积死亡和绝产。冬瓜疫病俗称"烂冬瓜"，多在果实接近成熟时突然发生，严重时可造成减产 30%～50%。丝瓜、南瓜和苦瓜等葫芦科蔬菜也常发生疫病。

二、症状

黄瓜、冬瓜和丝瓜等葫芦科蔬菜的整个生育期都可感染疫病。疫病菌侵染叶片、茎秆、果实和根系，以蔓茎基部及嫩茎节部受害最为严重。苗期发病，初期常在幼嫩的生长点、嫩茎或嫩叶上产生暗绿色、水渍状斑，幼苗逐渐萎蔫。成株发病，多在植株的茎基部或嫩茎节部出现暗绿色、水渍状病斑，受害组织变软、显著缢缩，枝蔓易从病节处折断，病部以上叶片萎蔫，甚至全株枯死，但横切茎部，维管束不变色；叶片发病，产生圆形或不规则形、水渍状大病斑，边缘不明显，迅速扩展，干燥时病斑中部淡褐色、干枯易破裂；潮湿时，全叶腐烂；瓜条被害，形成暗绿色近圆形凹陷水渍状病斑，很快扩展到全果。病果皱缩软腐，表面长有灰白色稀疏霉状物，迅速腐烂，有腥臭味（彩图 10 - 54 - 1）。

三、病原

引起葫芦科蔬菜疫病的病原菌主要有 4 种，即堀氏疫霉（*Phytophthora drechsleri* Tucker）、辣椒疫霉（*P. capsici* Leonian）、烟草疫霉（*P. nicotianae* Breda de Hann）和柑橘褐腐疫霉 [*P. citrophthora* (R. E. Sm. et E. H. Sm.) Leonian]，均隶属于卵菌门疫霉属，我国黄瓜和冬瓜疫病主要由堀氏疫霉引致，丝瓜疫病主要由烟草疫霉引致。

堀氏疫霉菌在 CA 培养基上的菌落均一，具短绒毛状气生菌丝。菌丝体无色，无隔，自由分枝，老熟后具隔，粗 4～7 μm。菌丝膨大体球形或近球形，直径 10～30 μm。孢囊梗与菌丝无明显分化，或简单地假轴式分枝，粗 2.5～4.0 μm；在皮氏液中，孢子囊卵形至长卵形，不脱落，无乳突，具内层出现

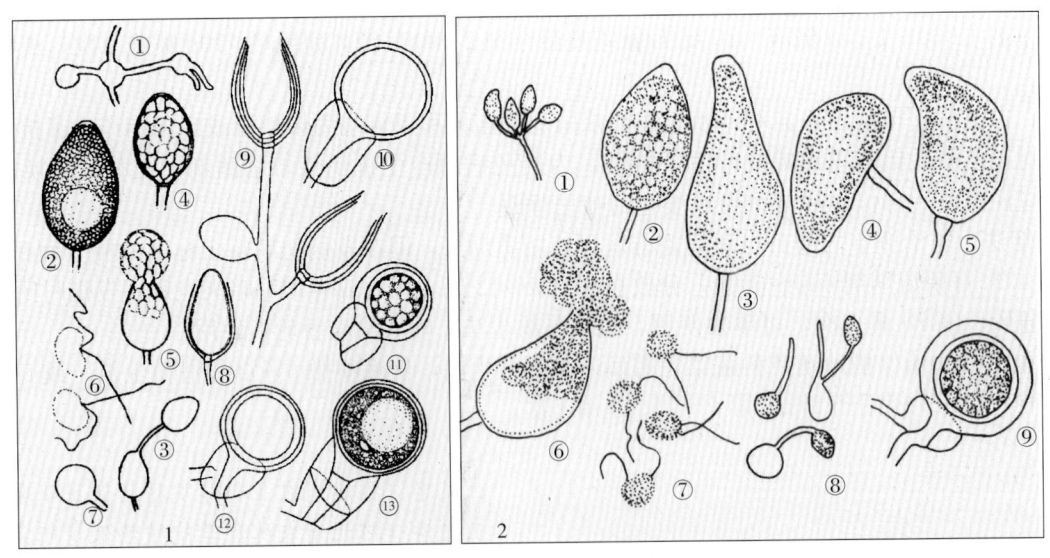

图 10 - 54 - 1　葫芦科蔬菜疫病菌形态特征（1. 引自余永年，1986；2. 引自吕佩珂等，1992）
Figure 10 - 54 - 1　Morphology of *Phytophthora* (1. from Yu Yongnian, 1986; 2. from Lü Peike et al., 1992)

1. 堀氏疫霉：①菌丝膨大体，②～⑤孢子囊及其萌发，⑥游动孢子，
⑦休止孢萌发，⑧、⑨孢子囊层出，⑩、⑪、⑫、⑬藏卵器、雄器和卵孢子
2. 辣椒疫霉：① 孢囊梗及孢子囊，②～⑤ 孢子囊，⑥ 孢子囊释放游动孢子，
⑦ 游动孢子，⑧ 休止孢萌发，⑨ 藏卵器

象 3～6 次或更多，大小为（24～80）μm ×（20～40）μm，萌发时释放出游动孢子，间或生芽管，排孢孔宽 10～14 μm；游动孢子肾形，大小为（11～17）μm×（8～12）μm。有性生殖为同宗配合，在 OMA 培养基上，藏卵器球形或亚球形，向基渐狭，壁薄，浅褐色，直径 19～46μm。雄器近球形或短柱形，无色，围生，单胞，少见双胞，大小为（7～37）μm ×（9～25）μm。卵孢子球形或近球形，浅褐色，直径 16～38μm，外壁平滑，厚 2.0～3.8μm，满器或几乎满器，未见厚垣孢子（图 10‐54‐1）。

四、病害循环

在保护地及南方温暖地区，葫芦科蔬菜疫病菌无明显越冬现象，病菌可在病株上存活，并不断产生孢子囊和释放游动孢子，连续侵染。在寒冷地区，病原菌以菌

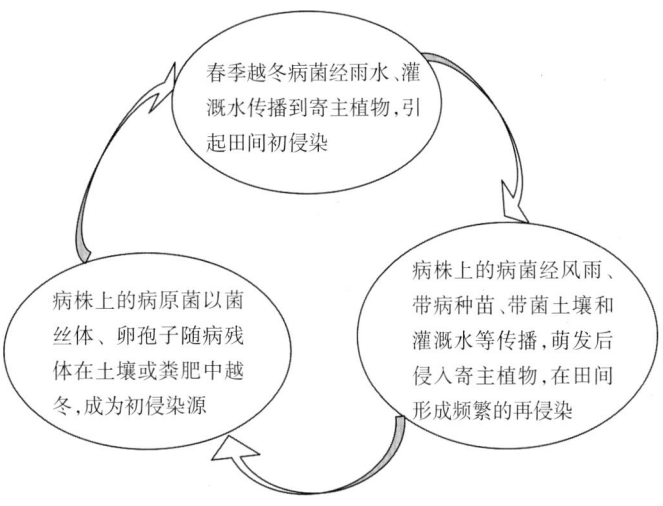

图 10‐54‐2　黄瓜疫病病害循环（林壁润和沈会芳提供）
Figure 10‐54‐2　Disease cycle of Phytophthora blight of cucumber
(by Lin Birun and Shen Huifang)

丝体和卵孢子随病体在土壤或粪肥中越冬，卵孢子在土壤中可存活 5 年以上，均成为翌春初侵染源。第二年菌丝体接触到葫芦科蔬菜植株表皮直接侵入，或卵孢子通过雨水、灌溉传播到寄主上，萌发产生芽管，芽管顶端与寄主表面接触时形成附着胞，在附着胞下方形成侵染钉，在酶的降解作用和机械压力下侵染钉穿过寄主表皮，引发病害，如遇高湿或阴雨病部产生大量孢子囊。孢子囊和游动孢子又借风、雨水、带病种苗、土壤和灌溉水传播，侵入寄主植物形成再侵染。在适宜发病的条件下，通常只需几天病部表面就可产生大量孢子囊并释放游动孢子，引起田间病害大发展、大蔓延。比如黄瓜疫病的再侵染就十分频繁，在 25～30 ℃并有水滴存在时，一次侵染仅需 24 h，在短时间内病原菌数量急速上升，只要温、湿度适宜，病害即迅速蔓延与流行（图 10‐54‐2）。

五、流行规律

（一）气候条件

葫芦科蔬菜疫病对温度的要求不太严格，病原菌生长的温度是 8～40℃，发病适温为 24～30℃。在适温范围内，雨季来临的早晚、降水量及雨日数是疫病发生的决定因素。因此，雨季来临早、雨量大、雨日多的年份则发病早，再侵染频繁，传播蔓延快，易流行，造成损失重。

田间发病高峰期通常在降雨高峰之后。比如黄瓜疫病，在广东、广西、福建、四川、云南、贵州、湖北、湖南、江西、河南、山东、安徽、江苏、上海和浙江等省份，一般发病始期在 4 月下旬，发病盛期为 5 月中、下旬到 6 月；而在北京、天津、河北、陕西、山西和内蒙古等省份，发病始期往往偏晚，发病盛期则在 7～8 月；到了海南和台湾，一般冬种黄瓜 12 月上旬就开始发病，翌年 1 月中、下旬到 2 月是发病盛期。田间小气候也是影响该病发生的重要因素，地势低洼，地下水位高，浇水过多或排水不良的田块，常导致植株嫩弱，根系发育不良，抗病力下降，病害较重。

（二）栽培措施

不同的作畦方式直接影响病害的发生程度。高畦深沟和小高畦栽培可使植株根系处在相对较高的位置，避免根系和茎基部直接浸泡在水中，降低了根系周围的土壤湿度，减少了病菌侵染的概率，发病较轻；而平畦栽培，由于根际周围容易积水，环境条件非常不利于根的发育，却十分有利于孢子囊的形成和游动孢子的萌发，发病则重。

不同的耕作制度也与病害发生程度有关。由于卵孢子可以在土壤中存活 5 年，所以，连作地发病重，轮作地发病轻；种植过密，氮肥过量，施用未腐熟的厩肥或田园不清洁，土壤带菌量大的田块发病均重。此外，地下水位高、排水不良、雨后易积水或大水漫灌的地块病害也重。葫芦科蔬菜不同生育期的抗病力有明显差异，通常苗期比成株期更易感病。

六、防治技术

葫芦科蔬菜疫病潜育期短、蔓延快，仅靠药剂很难控制住病害的发生与蔓延。因此在生产中，应采用农业防治与化学防治相结合的综合防治措施，即以栽培管理为主，结合选用抗（耐）病品种，并及时进行药剂防治，可收到良好的效果。

（一）农业防治

1. 选用抗（耐）病品种　根据当地实际情况，因地制宜地选用抗、耐病品种是防治葫芦科蔬菜疫病最经济有效的方法。目前，尚未发现对该病具有完全免疫或高抗的黄瓜品种，但品种间存在着显著的抗性差异，如早青 2 号、中农 2 号、津杂 1 号、津杂 3 号、津研 7 号和 88-1 等黄瓜品种比较抗病；海南青皮和黑皮等冬瓜品种也比较抗疫病。

在抗病育种中，黄瓜苗期对疫病的抗性鉴定可依据《NY/T 1857.4—2010　黄瓜主要病害抗病性鉴定技术规程　第 4 部分：黄瓜抗疫病鉴定技术规程》进行；其他瓜类蔬菜苗期对疫病的抗性鉴定也可参照该标准进行。

2. 嫁接防病　用黑籽南瓜作砧木与栽培黄瓜嫁接，其嫁接苗长势强，耐低温，能有效地减轻黄瓜疫病为害，有些地块的防治效果可达 90%。

3. 合理轮作　因为病菌主要以卵孢子在土壤病残体中越冬，成为翌年病害的初侵染源，所以在茬口安排上，应避免重茬或与葫芦科蔬菜连作，实行与十字花科、豆科等蔬菜的轮作制度，2～3 年轮作 1 次，可大大减轻植株感染病害的概率。

4. 清洁田园，消毒土壤　保护地在种植前深翻土壤，经过冻垡和晒垡，可直接杀灭土壤中的害虫和病原物；定植前选择晴天盖上棚膜，密闭闷棚 7～10 d，可提高室内温度 10℃以上，杀灭土表和墙体、架材上的病菌；及时摘除病叶、拔除重病株，收获后及时清除棚室内的枯枝烂叶、根茬及杂草，可有效减少菌源。

5. 加强水分管理　选高燥地块，采用垄作栽培，挖好排水沟，雨季及时排水，降低田间湿度；大力推广垄膜栽培技术，覆盖地膜，阻挡土壤中病菌溅附到植株茎、叶和果实上，减少侵染机会；施足腐熟有机肥，及时补充磷、钾肥，适时追肥，注意氮、磷、钾的合理配施，避免偏施氮肥，生长中后期增施磷、钾肥及其他微肥；生长前期严格控制浇水量，生长中期适当浇水，结瓜后浇水也不宜过勤、过大，做到土壤表面见湿见干，有条件的地区最好采用滴灌；发现病株可适当停止浇水或少浇水，控制病情扩展。

6. 保护地内通风降湿　保护地种植采用高垄、宽窄行定植，合理密植，增强株间通风透光；采用地膜覆盖技术，既能提高地温，促进根系发育，又能较有效地降低空气湿度；苗期控制浇水，结瓜期禁止大水漫灌，避免积水，做到地面见湿见干，发病时浇水减到最低量，最好采用滴灌和膜下暗灌技术，以控制病情扩展。

（二）化学防治

1. 种子清洁及种子消毒　在无病田或无病植株上留种，以避免种子带菌。播种前可用药剂消毒种子，如用 25% 甲霜灵可湿性粉剂 800 倍液、72.2% 霜霉威水剂 800 倍液、72% 霜脲氰·锰锌可湿性粉剂 800 倍液、64% 噁霜·锰锌可湿性粉剂 500 倍液浸种 20min，洗净后催芽播种；也可用上述药剂拌种，用药量为种子重量的 0.4%。

2. 苗床土壤卫生与土壤消毒　有条件的菜区最好用新苗床，新苗床要选用无病地块的土壤，营养钵育苗也要选用无病土。如果在旧苗床上育苗，可选 72% 霜脲·锰锌可湿性粉剂，或 25% 甲霜灵可湿性粉剂、50% 甲霜铜可湿性粉剂消毒土壤，每平方米用药 6～8g，加干细土 2 kg，充分拌匀后施入苗床内。

3. 施用药剂　发病初期要及时拔除中心病株，并立即施药防治。可选用 50% 甲霜铜可湿性粉剂，或 58% 甲霜灵·锰锌可湿性粉剂、25% 甲霜灵可湿性粉剂、72% 霜脲·锰锌可湿性粉剂等 500～600 倍液交替灌根；也可喷洒 72% 霜脲氰·锰锌可湿性粉剂 700 倍液，或 25% 甲霜灵可湿性粉剂 800 倍液、80% 代森锰锌可湿性粉剂 400 倍液、58% 甲霜灵·锰锌可湿性粉剂 600 倍液，每隔 5～7d 喷 1 次，连喷 3～4 次；还可用 50% 烯酰吗啉可湿性粉剂 1 500 倍液，或 50% 霜脲氰可湿性粉剂 2 000 倍液、25% 烯肟菌酯乳油

2 000倍液、72.2％霜霉威水剂800倍液等，先灌根后喷药，每株灌药液250～300 mL。

林壁润　沈会芳（广东省农业科学院植物保护研究所）

第 55 节　葫芦科蔬菜白粉病

一、分布与危害

葫芦科蔬菜白粉病是一种重要的气传病害，早在19世纪初期就有发生，现已遍及世界各国，尤其在英国、荷兰、意大利、前苏联、德国、法国、罗马尼亚、澳大利亚、美国、加拿大、以色列、土耳其、日本等国家发病相当严重。葫芦科蔬菜白粉病通常在植株生长中、后期发生严重，导致叶片干枯、植株死亡，严重影响瓜的品质和产量，甚至导致部分栽培地块绝收，有的可导致收获后储藏期变短。据报道，在20世纪80～90年代，美国和加拿大的甜瓜、黄瓜等作物因白粉病而减产12％～50％。

我国葫芦科蔬菜白粉病发生也较普遍，发展速度很快，北方以黄瓜、西葫芦、甜瓜和南瓜发生较重，对露地春黄瓜、温室及大棚黄瓜为害较烈。南方以黄瓜和苦瓜发生较重，春、秋两季为害较重。自20世纪末以来，发病比较严重的地区为吉林、黑龙江、陕西和新疆等地，发病株率常达90％以上，一些观赏性葫芦科植物的发病率更高，直接影响观赏价值。目前，该病在保护地生产中有日趋严重的趋势。

二、症状

葫芦科蔬菜白粉病发生普遍，几乎所有葫芦科蔬菜都可受害，特别是黄瓜、甜瓜、西葫芦和南瓜发病较重，又以黄瓜白粉病发生最重。该病主要为害叶片，其次是叶柄和茎，果实很少受害。发病之初，在叶片或幼茎上出现白色、近圆形的小粉斑，以叶正面为多。条件适宜时，粉斑迅速扩大，相互连接成边缘不明显的大片白粉区，甚至布满整个叶面（彩图10-55-1），这些白粉就是病原菌的气生菌丝体、分生孢子梗及分生孢子，后期白粉状物变成灰白色；最后病叶枯黄、卷缩，一般不脱落。在有些地区该病发生晚期，病斑上形成黄褐色或黑褐色的小粒点，即病菌的闭囊壳，尤以秋季病斑上的闭囊壳为多。

丝瓜中有些品种具有过敏性抗病性，白粉病的症状不太明显，通常只在病部产生不规则形、黄褐色斑块，病斑连接后干枯。若要进行病原菌鉴定，可将病叶保湿两天，病斑上往往产生大量的白色霉。

三、病原

据报道，引起葫芦科蔬菜白粉病的病原种类比较多，如：苍耳叉丝单囊壳 [*Podosphaera xanthii* (Castagne) U. Braun et Shishkoff]、奥隆特高氏白粉菌 [*Golovinomyces orontii* (Castagne) V. P. Heluta]、菊科高氏白粉菌 [*G. cichoracearum* (DC.) V. P. Heluta]、鞑靼内丝白粉菌 [*Leveillula taurica* (Lév.) G. Arnaud]、十字花科白粉菌 (*Erysiphe cruciferarum* Opiz ex L. Junell) 和棕丝单囊壳 [*Podosphaera fusca* (Fr.) U. Braun et N. Shishkoff] 等。在不同国家、不同地区侵染葫芦科蔬菜的白粉病菌不完全一样，而且同一种葫芦科蔬菜可感染不同种类的白粉病菌。综合分析已经报道的我国不同省份、不同地区侵染各种葫芦科蔬菜的白粉病菌种类分布情况，大部分为苍耳叉丝单囊壳和奥隆特高氏白粉菌。其中，以苍耳叉丝单囊壳发生更为普遍、危害性更大。

（一）苍耳叉丝单囊壳

苍耳叉丝单囊壳（*Podosphaera xanthii*）隶属于子囊菌门叉丝单囊壳属。菌

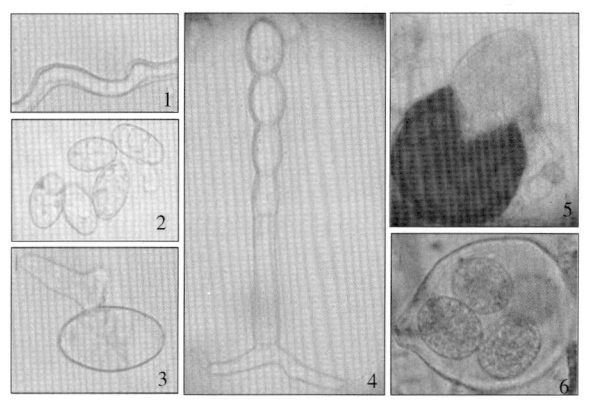

图10-55-1　苍耳叉丝单囊壳形态特征（刘淑艳提供）
Figure 10-55-1　Morphology of *Podosphaera xanthii* (by Liu Shuyan)
1. 附着器　2. 分生孢子　3. 芽管　4. 分生孢子梗
5. 闭囊壳和子囊　6. 子囊及子囊孢子

丝壁薄，光滑或近光滑，附着器不明显至轻微乳头状；分生孢子椭圆形、卵圆形至瓮形，内有明显的纤维体；芽管侧面生，简单至叉状，短；分生孢子梗直立，脚胞圆筒形；闭囊壳球形，近球形，内含单个子囊，每个子囊内通常含有8个子囊孢子；附属丝菌丝状，长度为闭囊壳直径的0.25～4倍；子囊孢子广卵形至亚球形（图10-55-1）。

　　该菌主要分布在河北、内蒙古、辽宁、江苏、台湾、广西、云南、四川等地，但是在多数地方只产生无性世代，其种类的确定仅根据无性世代特征，存在一定的误差。自20世纪90年代后，该菌又在江苏、黑龙江、北京、海南、陕西、吉林、浙江、新疆、山西、河南等省份被报道。

（二）奥隆特高氏白粉菌

　　奥隆特高氏白粉菌（*Golovinomyces orontii*）隶属于子囊菌门高氏白粉菌属。菌丝略微弯曲，附着器乳头状，分生孢子内无纤维体，芽管从分生孢子顶端或底部长出，通常很短，与分生孢子等长或更短，通常扭曲，有时直或弯，但很少叉状（图10-55-2）；闭囊壳很少见，通常含有5～14个子囊，子囊内含2～4个子囊孢子。主要分布在黑龙江、甘肃、青海、新疆和江苏等地。

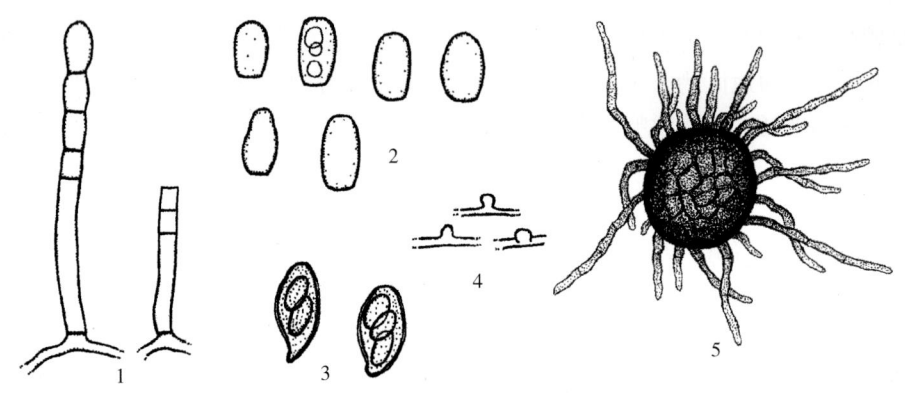

10-55-2　奥隆特高氏白粉菌的无性态和有性态（标尺为20μm）（引自Braun和Cook，2012）

Figure 10-55-2　Morphology of *Golovinomyces orontii*（from Braun and Cook，2012）

1. 分生孢子梗　2. 分生孢子　3. 子囊和子囊孢子　4. 附着胞　5. 闭囊壳

四、病害循环

　　白粉病菌是专性寄生菌，必须在活寄主组织上才能生长与发育。在全年种植黄瓜或其他寄主的南方地区，以及北方保护地中，病菌无明显越冬现象，可以菌丝及分生孢子在病株上持续为害和生存；而在寒冷地区，则以闭囊壳随病残体遗留在土壤里越冬，成为翌年初侵染源。但闭囊壳只是在南瓜和黄瓜上比较容易产生，其他葫芦科蔬菜上则很少形成。经初侵染发病的植株上可产生大量致病性很强的分生孢子，通过气流传播，特别是可被大风吹到很远处，萌发后以侵染丝直接侵入寄主表皮细胞。菌丝体匍匐于寄主表面，不断伸长，产生吸器后伸入寄主表皮细胞内，一方面起固定作用，另一方面吸收寄主养分。对于露地栽培的葫芦科蔬菜，病害多在8月中、下旬至9月上旬干旱时发生与流行，而保护地内栽培的葫芦科蔬菜，整个生育期均可发病（图10-55-3）。

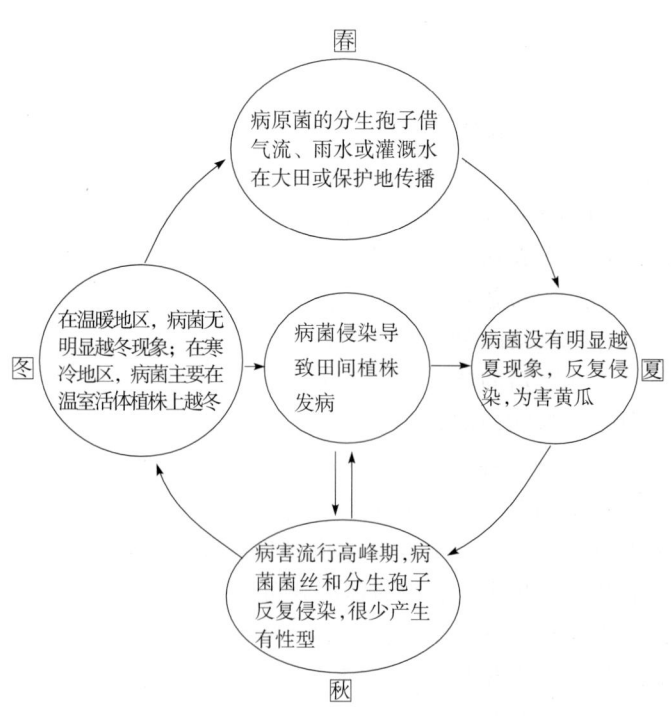

图10-55-3　黄瓜白粉病病害循环（刘淑艳提供）

Figure 10-55-3　Disease cycle of cucumber powdery mildew
(by Liu Shuyan)

五、流行规律

葫芦科蔬菜白粉病菌有两个特点，第一，病菌为专性寄生，即只能在活体瓜类植株上吸取营养，一旦寄主死去，病菌也随即不能生长繁殖；第二，病菌为外寄生，不能进入寄主内部，主要是产生吸器吸取植物营养，整个生活史都在植物表面完成。初侵染源为残留在瓜类病株上的有性世代，即闭囊壳，翌春，当温度适宜释放出子囊孢子时进行侵染；葫芦科蔬菜白粉病菌一般不产生有性世代，所以，在一些温暖地区和保护地中，初侵染源可以是分生孢子和菌丝；带菌的葫芦科蔬菜种子和幼苗也可以成为初侵染源。

气流是葫芦科蔬菜白粉病传播的主要途径，病原孢子随气流在田间传播，子囊孢子或分生孢子可在适宜条件下萌发侵染，从叶面直接侵入。雨水或灌溉水也是病原菌的传播途径，病原孢子随水滴冲刷或飞溅从发病植株传播到健康植株，引起病害蔓延。另外，雨后干燥有利于分生孢子繁殖和病情扩展，容易造成该病流行。影响该病流行的主要环境因素为温度和相对湿度。在适宜条件下，白粉病发展的特别快，从侵染到显症通常仅需 3～7d，同时可产生大量分生孢子。分生孢子萌发温度为 10～30℃，以 20～25℃ 最适宜。白粉病菌孢子萌发时，并不要求有水滴，水滴反会使分生孢子膨胀过度，细胞破裂，影响萌发；但病菌孢子萌发需要较高的相对湿度，通常以 50%～85% 最为有利，超过 95% 时则受到抑制。而霜霉病菌孢子萌发时，至少要有 80% 以上的相对湿度，这是两病发生期分先后的关键所在。一般在雨量偏少的年份，当气温在 16～24℃，如遇连续阴天，光照不足，天气闷热或雨后放晴，但田间湿度仍大时，白粉病很易流行。保护地种植黄瓜通常比露地发病早且重，主要原因是室内湿度大，温度较高，有利于分生孢子大量繁殖和病害迅速蔓延。

在华北地区，温室黄瓜在 4～5 月，大棚黄瓜在 5～6 月，露地黄瓜在 6～8 月最易发病。秋黄瓜病害轻，但南瓜、西葫芦病害较重。东北地区，该病发生稍晚。长江流域，一般在梅雨期和多雨潮湿的秋季发病重。盛夏季节，高温干旱，病菌生长缓慢，分生孢子不易萌发，甚至很快失去活力，病害往往停止蔓延。

不同叶龄的叶片对白粉病的抵抗能力不同。一般是嫩叶及老叶比较抗病，叶片展开后 16～28d 内最易感病，这段时间为防治的最重要时期。此外，栽培管理粗放、缺水、缺肥，或浇水过大、偏施氮肥，植株徒长、通风不良以及光照不足、生长衰弱的地块发病也重。

葫芦科蔬菜白粉病发生程度和产量损失因品种抗性程度和种植方式不同而有所差异，其中，南瓜、黄瓜、西葫芦等抗性较低，发病严重，发病率可达 100%，而丝瓜的抗病性较强，较少发病。

六、防治技术

对于葫芦科蔬菜白粉病应采取以选用抗病品种及药剂防治为主，结合良好的栽培管理的综合防治措施。

（一）选用抗病品种

目前尚未发现免疫品种，但不同品种间抗（耐）病性存在较大差异。黄瓜、西葫芦、南瓜、冬瓜等葫芦科蔬菜最容易感病，几乎年年都会有不同程度的发生，苦瓜、瓠瓜等也比较感病，而丝瓜的抗病性最强。在露地栽培的黄瓜中，津春 4 号、津春 5 号、中农 4 号、中农 8 号、夏青 4 号、津研 4 号等品种比较抗病；大棚栽培的黄瓜以中农 5 号、中农 7 号、津春 1 号、津春 2 号、津优 1 号、津优 3 号、龙杂黄 5 号等品种比较抗病；加温温室栽培则可选用中农 13、农大春光 1 号、津春 3 号、津优 3 号、津优 2 号、鲁黄瓜 10 号等抗病品种。

比较抗病的南瓜品种有青绿贝 1 号、谢花面、三星、红栗、二星、蜜本南瓜等，不同栽培地区可因地制宜地选用。

在抗病育种中，黄瓜苗期对黄瓜白粉病的抗病性鉴定可依据《NY/T 1857.2—2010 黄瓜主要病害抗病性鉴定技术规程 第 2 部分：黄瓜抗白粉病鉴定技术规程》进行；其他葫芦科蔬菜苗期对白粉病的抗病性鉴定也可参照此标准进行。

（二）加强栽培管理

加强育苗期的光、温、肥、水的合理调节与管理，培养无病壮苗；避免连作，选择地势较高、排灌良好的地块定植，避免栽植过密；及时摘除植株下部的重病叶，带出田间烧毁或深埋；科学浇水，降低田间湿度；合理施肥，底肥中配合适量的磷、钾肥，生长中、后期适当追肥，既要防止植株徒长，也要防止脱肥早衰；保护地内不宜与易感白粉病的月季花等花卉混栽。

（三）药剂防治

防治白粉病的有效药剂较多，国内登记用于葫芦科蔬菜白粉病防治的药剂主要有三唑类杀菌剂己唑醇、戊唑醇、腈菌唑，以及甲氧基丙烯酸酯类杀菌剂醚菌酯、吡唑醚菌酯。

26%三唑酮可湿性粉剂 2 000 倍液，或 20%三唑酮乳油 2 000～3 000 倍液，防治效果较好，持效期可达 20d 左右。此外，还可选用 2%嘧啶核苷类抗菌素水剂或 2%武夷霉素水剂 100～200 倍液、50%多菌灵可湿性粉剂 600 倍液、45%硫黄悬浮剂 500 倍液、70%甲基硫菌灵可湿性粉剂 800 倍液、30%二元酸铜（琥胶肥酸铜悬浮剂）500 倍液、45%代森铵水剂 1 000 倍液、75%百菌清可湿性粉剂 600 倍液等，若在发病初期喷洒，可基本控制蔓延。后 3 种药剂可兼治霜霉病。

白粉病菌容易产生抗药性，各种药剂应轮换使用。一般每隔 7～10d 喷 1 次，连续喷施 2～3 次。喷药应细致周到，以成熟叶片及叶背为主。有些黄瓜和甜瓜品种对硫制剂敏感，要注意用药浓度及避免在苗期和高温下使用。

除上述常规药剂外，有研究报道 4%四氟醚唑水乳剂、0.5%大黄素甲醚水剂对葫芦科蔬菜白粉病也有较好的防治效果。

（四）物理防治法

在发病前，喷洒无毒高脂膜 30～50 倍液，每隔 7～10d 喷 1 次，连续喷 3～4 次，也有一定效果。

刘淑艳（吉林农业大学农学院）

第 56 节　葫芦科蔬菜枯萎病

一、分布与危害

葫芦科蔬菜枯萎病又称蔓割病、萎蔫病，俗称"死秧子"，是全世界葫芦科蔬菜生产上的重要土传病害，尤以热带、亚热带地区以及保护地葫芦科蔬菜受害最为严重。

我国种植的葫芦科蔬菜种类较多，在整个生育期都能发生枯萎病，以开花结果后发病较重、结瓜期最盛，一般病株率在 10%～30%，重病地可达 60%～70%。其中，受害最重的是黄瓜，其次是苦瓜和冬瓜，而南瓜、西葫芦和瓠瓜等受害较少。黄瓜枯萎病在我国各地均有发生，在黑龙江、吉林、辽宁、内蒙古、宁夏、甘肃、陕西、河北、河南、山东、江苏、安徽、浙江、湖南、湖北、云南、广东、江西和北京、天津和上海等省（自治区、直辖市），每年都有不同程度的发生。黄瓜一旦发病，一两周内便整株枯死，一般年份或地块减产 10%～30%，稍重者为 30%～50%，流行年份普遍减产 50%以上，重病田高达 80%～90%，甚至绝收。冬瓜枯萎病主要发生在四川、广东和福建等省。苦瓜枯萎病主要发生在广东、台湾、浙江和四川等省。如 1997 年广东省的广州市、南海市、茂名市和中山市等发生严重的苦瓜枯萎病，发病率在 10%左右，严重的在 30%～40%，部分田块高达 60%～70%。

二、症状

各种葫芦科蔬菜植株的整个生育期或各个部位都能发生枯萎病，但以开花至结果期的根、茎部受害最重。

黄瓜、苦瓜、冬瓜、南瓜、西葫芦和瓠瓜等葫芦科蔬菜枯萎病的症状大致相同，现以黄瓜枯萎病为例。在黄瓜种子幼芽出土前即可受害，造成烂芽而不能出土；苗期发病子叶先变黄，幼苗顶端呈失水状、萎垂，茎基部缢缩、变褐，或呈立枯状。成株期发病，一般在植株开花、结瓜前后表现症状，多从距地面较近的叶片开始，发病初期病株叶片自下而上逐渐萎蔫，有时全株叶片萎蔫，有时半边正常半边萎蔫，有时中、上部叶片或侧蔓局部叶片萎蔫。萎蔫多在中午明显，早晚尚能恢复，反复几次后整株叶片枯萎、下垂，不能再恢复，4～5 d 后枯死。病株的根系发育较差，须根较少、变褐腐烂、易拔起。病害逐渐由根部向上扩展，茎基部发病初呈水渍状、软化缢缩，后逐渐干枯，常纵裂，表面产生粉红色的胶状物，剖开病茎可见维管束变色；湿度大时，茎基部的表面常产生白色或粉红色的霉层（彩图 10-56-1）。

三、病原

(一)病原菌种名

葫芦科蔬菜枯萎病的病原菌是尖镰孢(*Fusarium oxysporum* Schltdl. ex Snyder et Hansen),属于子囊菌无性型镰孢属真菌。尖镰孢在 PDA 上的菌落呈浅橙红色、淡紫色或蓝色;气生菌丝白色,棉絮状;有大小两种类型的分生孢子,大型分生孢子无色,镰刀形,具 1~5 个隔膜,多数为 3 个隔膜;小型分生孢子无色,长椭圆形,单胞或偶有双胞;厚垣孢子顶生或间生,圆形,淡黄色。

(二)病原菌专化型

为害葫芦科蔬菜的尖镰孢至少有 6 个专化型。

1. 黄瓜专化型 〔*F. oxysporum* Schltdl. ex Snyder et Hansen f. sp. *cucumerinum* Owen〕 强力侵染黄瓜,不侵染南瓜、冬瓜、丝瓜、葫芦和西葫芦(图 10 - 56 - 1)。

2. 冬瓜专化型 〔*F. oxysporum* Schltdl. ex Snyder et Hansen f. sp. *benincasae* Gerlagh & Ester〕 强力侵染冬瓜,弱侵染黄瓜,不侵染南瓜、丝瓜和西葫芦(图 10 - 56 - 2)。

3. 苦瓜专化型 〔*F. oxysporum*

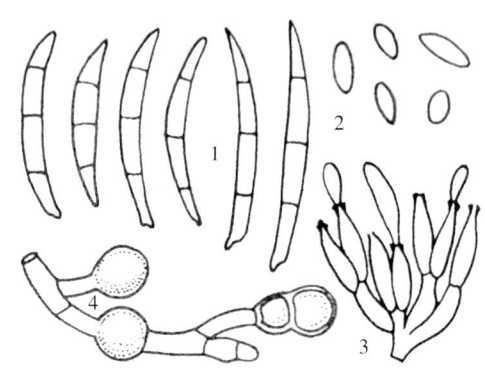

图 10 - 56 - 1 尖镰孢黄瓜专化型形态特征(仿吕佩珂,1992)

Figure 10 - 56 - 1 Morphology of *Fusarium oxysporum* f. sp. *cucumerinum* (from Lü Peike,1992)

1. 大型分生孢子 2. 小型分生孢子 3. 分生孢子梗 4. 厚垣孢子

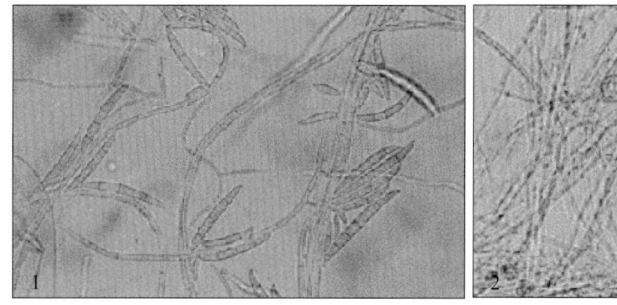

图 10 - 56 - 2 尖镰孢冬瓜专化型形态特征(引自蔡竹固等,1998)

Figure 10 - 56 - 2 Morphology of *Fusarium oxysporum* f. sp. *benincasae* (from Cai Zhugu et al.,1998)

1. 分生孢子 2. 厚垣孢子

Schltdl. ex Snyder et Hansen f. sp. *momordicae* Sun & Huang〕 高度侵染苦瓜,不侵染冬瓜、黄瓜和丝瓜。

4. 葫芦专化型 〔*F. oxysporum* Schltdl. ex Snyder et Hansen f. sp. *lagenariae* Matuo & Yamamoto〕 侵染葫芦和冬瓜,不侵染黄瓜、丝瓜、南瓜和西葫芦。

5. 丝瓜专化型 〔*F. oxysporum* Schltdl. ex Snyder et Hansen f. sp. *luffae* (Kawai) Suzuki & Kawai〕 主要侵染丝瓜,不侵染黄瓜。

6. 西瓜专化型 〔*F. oxysporum* Schltdl. ex Snyder et Hansen f. sp. *nivenm* (Smith) Snyder & Hansen〕 可侵染黄瓜,不侵染南瓜、冬瓜、丝瓜、西葫芦和葫芦。

不同专化型的培养形态特征差异不大。黄瓜专化型在马铃薯葡萄糖琼脂培养基上 25℃ 培养 6 d 后,菌落浅橙红色,气生菌丝乳白色,产生较多的大型分生孢子和小型分生孢子,但厚垣孢子极少;大型分生孢子镰刀形,大多 3 个隔,大小为(8.0~12.1)μm×(1.3~2.8)μm;小型分生孢子椭圆形,无分隔或 1 个分隔,油球不明显,大小为(6.5~2.0)μm×(0.8~1.9)μm。

根据对同种瓜类不同品种鉴别寄主的抗感反应不同,不同专化型下可有多个生理小种。利用黄瓜鉴别寄主 MSU8519、MSU441034、PI390265 对病菌的抗感反应，将黄瓜专化型鉴别为 4 个生理小种：感-感-抗为小种 1 号（美国）、抗-感-抗为小种 2 号（以色列）、抗-抗-抗为小种 3 号（日本）、抗-抗-感为小种 4 号（中国）。

四、病害循环

葫芦科蔬菜枯萎病菌以菌丝体、厚垣孢子随病残体在土壤和未腐熟的有机肥中越冬，也可以种子带菌越冬。越冬菌体成为第二年病害的初侵染源。病菌从根部伤口及根毛顶端细胞间侵入，后进入维管束，在导管内发育、生长和蔓延，堵塞导管或产生毒素引起植株中毒而萎蔫死亡，病菌随病残体重新进入土壤。该菌还可通过导管从病茎向果梗蔓延到达果实，病菌进入果实后再随果实腐烂扩展到种子上，从而导致种子带菌（图 10-56-3）。种子带菌可使病菌随种子进行远距离传播，播种带菌种子可导致苗期发病。

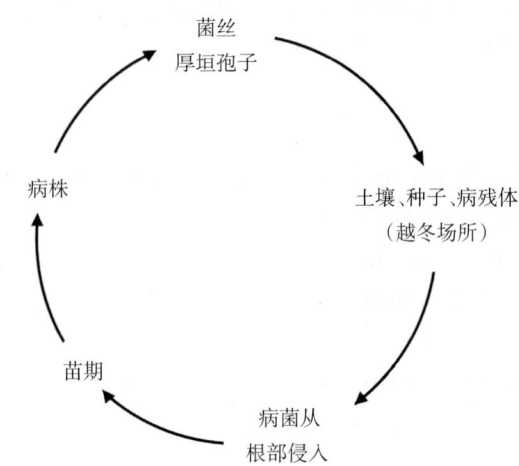

图 10-56-3 葫芦科蔬菜枯萎病病害循环
（缪作清提供，2013）

Figure 10-56-3 Disease cycle of Fusarium wilt on cucurbits（by Miao Zuoqing, 2013）

五、流行规律

（一）病菌的传播扩散及其侵染条件

1. 传播与扩散 葫芦科蔬菜枯萎病是一种土传病害。病菌主要借土壤、粪肥、雨水、灌溉水、农具、地下害虫、土壤线虫或种子等传播和扩散。病菌存活能力强，在土壤中能存活 5～6 年；厚垣孢子通过牲畜的消化道后仍存活。

2. 菌丝生长、产孢和孢子萌发条件 菌丝生长的温度范围为 5～35℃，适宜温度为 20～30℃，生长最快温度为 25℃，小于 5℃或大于 35℃时病菌不再生长。

在 PDA 培养基上，黄瓜专化型菌株能产生大量大型分生孢子和小型分生孢子（10～30℃范围内），厚垣孢子极少产生，只在 25℃时有发现；在 15～30℃下各种孢子均可萌发，20℃时两种分生孢子的萌发率都最高，小于 15℃或大于 30℃时，孢子萌发率均下降。pH 为 6 时最适于孢子萌发；pH＞7 时，萌发率显著降低；而 pH 为 9 时，各种孢子均不能萌发。

3. 侵染过程 病菌主要从根和茎基部伤口或根毛顶端细胞侵入寄主，在根部皮层细胞间生长，当菌丝体到达木质部后，通过木质部的纹孔侵入导管，并在导管里向上生长，至植株的茎和顶部。病菌也会通过木质部的纹孔横向进一步扩展；由于病原菌在植株维管束组织内生长，阻碍了植株体内营养和水分的供应，导致植株萎蔫甚至死亡。同时，病菌还能分泌毒素破坏维管束细胞，引起维管束组织坏死。

4. 侵染条件 病菌易从植株的伤口侵入，因此，根部、茎基部的伤口或自然裂口非常有利于病菌的侵染和病害的发生。15～35℃是病菌侵染根系的温度范围，但以 23～28℃为最适温度。

（二）发病条件

1. 土壤温湿度和 pH 枯萎病的发生和蔓延与土壤温度和湿度的关系密切。通常土温在 20℃左右，植株便开始发病，上升到 25～28℃时会出现首次发病高峰；到了秋季，土温降至 25℃左右时，就出现第二次发病高峰。在适宜温度下，雨水成为影响病害发展的重要因素，相对湿度为 80% 以上容易发病，相对湿度 70% 以下发病减轻，所以，夏季降雨期长或暴雨后往往容易造成病害流行；酸性土壤不利于植株根系生长和伤口愈合，因此，土壤 pH 4.5～6.0 时发病较重，pH 9.0 以上不发病。

2. 地势和土质 地势高、排水方便、土壤含水量低，病害较轻；反之，地势低洼、土壤黏重、偏酸、易积水或地下水位高，病害较重；沙壤土发病重，而壤土、红壤土发病较轻。

3. 生育期 在通常情况下，枯萎病发病盛期是在现蕾前后，即营养生长转为营养和生殖生长并进的开花结瓜期。此时，植株需要大量养分，若施肥不及时或养分不够，均减弱植株的抗病力；盛瓜期过后，植株抗病性逐渐增强，轻病株常可恢复正常生长，症状趋向隐退。

4. 栽培管理 连作地、移栽或中耕时伤根多，植株长势弱发病重，而新植田或轮作田发病轻；合理施肥的较偏施氮肥的田块发病轻；不同品种对枯萎病的抗性不同，一般杂交品种抗病性好、发病轻。

5. 地下害虫与线虫 由于蛴螬、金针虫等地下害虫和根结线虫为害植株根部，产生大量伤口，有利于病菌侵入，因此，地下害虫和线虫为害重的田块，枯萎病发生亦重。室内人工接种线虫试验表明，仅单独接种枯萎病菌的植株发病率为 55%，而混合接种枯萎病菌和根结线虫的植株发病率可达 70%。

六、防治技术

（一）选用抗（耐）病良种

抗（耐）病黄瓜良种有北京碧春，北京小刺，津春 1 号至津春 5 号，中农 3 号、5 号、7 号、8 号、11 号和 13 号，津杂 1 号至 4 号和 7 号，津研 6 号和 7 号，津优 10 号、30 号和 40 号，新杂 2 号，长春密刺，鲁春 1 号和西农 58 等。冬瓜有福建华大冬瓜、湖南青杂 1 号和四川蓉惠 1 号等品种，各可因地制宜选用。

在抗病育种中，黄瓜对黄瓜枯萎病抗性鉴定可按照《NY/T 18578.3—2010 黄瓜病害抗病性鉴定技术规程 第 3 部分：黄瓜抗枯萎病鉴定技术规程》进行；其他葫芦科蔬菜苗期的抗性鉴定也可参照此标准进行。

（二）农业防治

1. 与非寄主作物轮作 育苗地或苗床土需 2～3 年更换一次。本田发病严重地块，宜与非葫芦科蔬菜轮作 5 年以上，如与玉米、大豆等作物轮作，也可与葱属植物轮作或混植。有条件的地方实行水旱轮作效果最好，能够大大减少土壤中枯萎病菌的数量，显著减轻病害的发生。

2. 改进育苗方法 尽量采用营养钵育苗或塑料套（袋）育苗，可有效地避免移栽时伤根，减少病菌侵染；最好采用营养基质育苗，避免苗期被土壤中的病菌侵染。

3. 与抗性砧木嫁接 利用黄瓜枯萎病菌不侵染南瓜的特性，可以用黑籽南瓜（主要是云南黑籽南瓜）作砧木，与黄瓜嫁接；还可用长筒形的普通丝瓜作砧木嫁接苦瓜；冬瓜还可用中晚熟大型南瓜、丝瓜和/或西葫芦作为砧木进行嫁接，可有效减少枯萎病的发生。嫁接方法可选用靠接法或插接法等。

定植黄瓜等嫁接苗时，特别需注意在嫁接口以下埋土，避免土壤接触接口，防止病菌从嫁接口侵入，从而导致嫁接苗发病。

4. 调节土壤酸碱度 如果土壤偏酸性，可适当施用石灰，将土壤 pH 调节到大于 6，使之不利于病菌的生长发育，减少病害发生。如对土壤 pH 5.5～6.0 的地块，在深耕和翻犁时，分别撒施石灰粉 100 kg 和 75 kg，可将耕作层土壤的 pH 调到 7.0～7.5。

5. 加强田间管理 选择地势高、排水良好的地块，采用高畦栽培；施足充分腐熟的有机肥作基肥，避免偏施氮肥，及时追施磷、钾肥。根据天气状况和植株生长需要进行合理灌水，保持土壤湿润；避免大水漫灌，雨后及时排水；结瓜前应适当控制浇水次数，以提高地温、促进根系发育；结瓜后则应适当增加浇水次数，防止植株早衰；夏季高温时不要在中午浇水，防止土温骤然下降而诱发病害。及时打杈、整蔓、摘去底部老叶，保持田间通风透光，降低田间湿度；棚室栽培要及时通风降湿。田间出现病株后应及时清除，并带出田外烧毁或深埋，同时用石灰消毒病穴土壤。及时防治地老虎、蛴螬、蝼蛄以及根结线虫等，减少植株根部伤口。

（三）物理防治

1. 太阳能高温消毒土壤 葫芦科蔬菜收获后深耕、翻晒土壤，利用紫外线和太阳照射产生的高温可杀死部分病菌；对于发病轻微的连茬田块，夏季可利用高温闷棚消灭枯萎病菌，每公顷撒施石灰 50～100 kg，翻入土中深达 40 cm 左右，然后起栽培垄，垄沟灌满水，后覆盖地膜闷棚 10d 左右，闷棚期间须始终保持垄沟满水。棚室栽培还可密闭大棚进行闷棚，提高消毒效果。

2. 温汤浸种 将种子在 55℃的温水中浸种 15 min，其间不断搅动，再用冷水冷却后催芽播种；或将干燥种子进行 70℃恒温处理 72 h 后，催芽播种。

3. 盖顶棚避雨防病　在大棚栽培地区，春季气温回升后，保留棚膜和裙膜，平时将裙膜卷起、棚门打开，下雨时放下裙膜、关上棚门，用以避雨降湿，预防病害。

4. 换土防病　在保护地栽培中，用没有种植过葫芦科蔬菜的土壤替换病土，以减少土壤中的病原菌，防止病害发生。

（四）化学防治

1. 药剂拌种或浸种　播种前，按种子重量 0.3％～0.4％的 50％多菌灵可湿性粉剂拌种；也可将种子在 2％～3％的漂白粉溶液中浸泡 30～60 min，或在 40％甲醛 150 倍液中浸泡 90 min；还可用 50％多菌灵可湿性粉剂或 72.2％甲霜灵可湿性粉剂 800 倍液，或 45％代森铵水剂 500 倍液浸种 60 min，然后用清水洗净后催芽播种。用 2.5％咯菌腈悬浮种衣剂进行包衣、拌种或黏种效果较好，每 2～3 kg 种子使用 10 mL 药剂。

2. 土壤消毒　每平方米用 50％多菌灵可湿性粉剂 8 g，与苗床细土拌匀，将 2/3 的药土均匀撒在苗床上，然后播种，再用余下的药土覆盖种子；或用 40％甲醛 30～50 mL 对水 3 L 喷洒 1 m² 的苗床，再用塑料薄膜闷盖 3 d 后揭膜，待甲醛气体散尽后播种；还可在定植前，每 667 m² 用 50％多菌灵可湿性粉剂 2 kg，与干细土 30 kg 混合均匀，撒于定植穴内。

3. 药剂灌根

（1）苗期预防。可用 2.5％咯菌腈悬浮剂 2 000～4 000 倍液进行苗床灌根和移栽时灌根，每 667 m² 用药液 250～300 kg；或在定植后 7 d，用高锰酸钾 800～1 000 倍液灌根，每株灌药液 100 mL，以后每隔 7 d 灌 1 次，共灌 3 次。

（2）发病初期防治。可选用 50％多菌灵可湿性粉剂 500 倍液，或 20％噻菌铜悬浮剂 500～600 倍液，或 70％甲基硫菌灵可湿性粉剂 ＋ 50％多菌灵可湿性粉剂（1∶1）1 000 倍液，或 30％噁霉灵水剂 500～1 000 倍液等进行灌根，每穴灌 300～500 mL 药液，每隔 5～7 d 灌 1 次，连灌 2～3 次，注意病株周围 2 m² 范围内的植株都应灌药。还可用 50％多菌灵可湿性粉剂或 70％甲基硫菌灵可湿性粉剂加少量水制成糊状，涂抹在病部，每 7～10 d 涂抹 1 次，连续 2～3 次。

（五）生物防治

于发病初期，用 2％嘧啶核苷类抗菌素水剂 100 倍液灌根，每株灌 250mL 药液，10 d 后再灌 1 次。

（六）诱导植株抗病

在镰孢属中，有许多非致病性菌株和弱毒菌株对维管束病害具有交叉保护和诱导抗性的作用。利用从黄瓜枯萎病株分离到的尖镰孢弱致病菌株处理黄瓜苗，可使与抗病性有关的过氧化物酶、多酚氧化酶、苯丙氨酸解氨酶等的活性明显增强，酚类物质和木质素含量增多，从而诱导黄瓜产生抗病性。也可用甲壳质处理黄瓜，对黄瓜枯萎病有较好的抑制作用，防病效果约达 67.2％。植物源杀菌物质能有效抑制枯萎病菌，比如利用大蒜鳞茎提取物可有效抑制黄瓜枯萎病病原菌丝生长和孢子萌发；当提取物质量浓度达到 100 mg/mL 时，防病效果可达 65.5％～81.8％。

利用拮抗微生物也可防治枯萎病，拮抗微生物包括真菌、细菌和放线菌，如真菌中的哈茨木霉（*Trichoderma harzianum*）和绿色木霉（*T. viride*），细菌中的假单胞菌（*Pseudomonas* spp.）等，生防放线菌对枯萎病菌的控制主要是利用所产生的抗生素，其中，嘧啶核苷类抗菌素和中生菌素已在生产中被广泛应用。

李世东　缪作清（中国农业科学院植物保护研究所）

第 57 节　葫芦科蔬菜蔓枯病

一、分布与危害

葫芦科蔬菜蔓枯病又称黑斑病、黑腐病等，是世界性的葫芦科蔬菜重要病害。最初于 1891 年在法国、意大利、美国被报道，主要为害露地黄瓜、甜瓜和西瓜等，而后则频繁发生于温室中。我国北京、天津、河北、山西、内蒙古、辽宁、吉林、黑龙江、新疆、广东、广西、云南、福建、台湾等省（自治区、直辖市）都有瓜类蔓枯病的记载，特别是在南方多雨的地区受害更重。露地栽培葫芦科蔬菜以夏、秋季节发病严重，温室和塑料大棚则以春、秋季节病重。目前有逐年加重的趋势。该病的寄主范围比较广泛，黄瓜、西葫芦、冬瓜、南瓜、甜瓜、西瓜、丝瓜、苦瓜、佛手瓜和瓠瓜等均可受害。病害流行时致使瓜秧根部腐烂，藤蔓早期枯萎，植株成片死亡。发病瓜田病株率一般为 15%～25%，严重时高达 60%～80%，严重影响产量和品质。现在，该病主要发生在我国广东、广西、云南、福建、台湾等南方多雨的地区。

二、症状

该病在瓜类蔬菜的各生育期均可发生，以瓜生长中后期发病较重。幼苗茎基部发病后，引起幼芽、叶片萎蔫，腐烂和全株枯萎（彩图 10-57-1）。

该病主要为害茎蔓，一般从茎蔓基部分枝处开始发病。病斑初为水渍状，稍凹陷，扩展后呈椭圆形或梭形，其上密生小黑点。病部龟裂，并分泌琥珀色胶状物，表皮纵裂脱落，后期干缩露出维管束，呈乱麻状。茎节部也易发病，产生黄褐色病斑，后软化、变黑，密生小黑点，也流出胶质物。

叶片病害多从靠近叶柄附近或叶缘开始发生，形成 V 形或半圆形或不规则形的褐色大斑。叶片上的病斑有不明显的同心轮纹，后期产生小黑粒点，病斑连接后易干枯破裂；叶部病斑和卷须病斑往往引起茎节部发病。干燥气候条件下产生的病斑有明显的轮纹，而多雨或高湿条件下则轮纹不明显或无轮纹。叶柄染病呈水渍状腐烂，后期病斑上产生许多小黑点，干缩倒折、下垂枯死。

瓜果发病后引起腐烂，先从瓜蒂或近瓜蒂的果面开始发生，果面上初期产生黄褐色小斑病，病斑逐渐扩展形成淡褐色近椭圆形凹陷的大病斑，病斑表面较干、后期产生小黑点；瓜蒂发病时，先在瓜蒂上产生水渍状黄色斑点、病斑绕瓜蒂扩展，形成大面积腐烂，严重时导致瓜果脱落，腐烂的病斑上密生小黑粒点，瓜蒂上的病斑继续向下扩展，引起瓜果腐烂。

三、病原

葫芦科蔬菜蔓枯病病原菌为蔓枯亚隔孢壳 [*Didymella bryoniae* (Auersw.) Rehm]，隶属于子囊菌门亚隔孢壳属；其无性型为瓜茎点霉 [*Phoma cucurbitacearum* (Fr.：Fr.) Sacc.]。

该病菌在马铃薯葡萄糖琼脂培养基（PDA）上，形成略有同心环的绒毛状菌落，菌落正面前期白色、后期黑色，菌落背面棕色。

有性阶段的假囊壳埋生于寄主表皮下，散生、单生，黑色，球形或近球形，直径为 $94.5\sim98.5\mu m$，有孔口。假囊壳内无侧丝，子囊着生在假囊壳底部，子囊束生，多为直的圆筒形至棍棒状，两侧稍屈曲，子囊基部处明显地向下渐变细，末端锐或钝圆，无色透明，子囊大小为 $(28.5\sim43)\mu m\times(8.5\sim12.5)$ μm。子囊内有 8 个子囊孢子，呈单行或双行排列，子囊孢子无色、椭球形至近纺锤形，双胞，上面细胞较宽、下部细胞较窄，分隔处明显缢缩，大小为 $(10\sim20)\mu m\times(3.5\sim6.5)\mu m$。无性阶段的分生孢子器球形或扁球形，顶部呈乳头状突起，具孔口，直径 $52.0\sim74.5\mu m$。分生孢子长椭圆形，无色，两端钝圆；初为单胞，后生一隔膜，分隔处常缢缩，大小为 $(9.2\sim16.4)\mu m\times(3.3\sim5.2)\mu m$（图 10-57-1）。

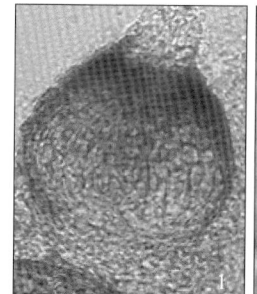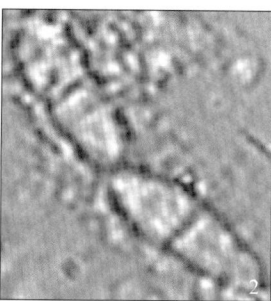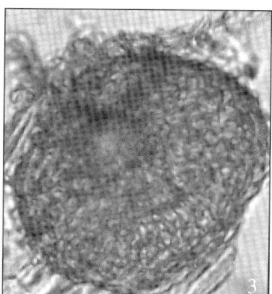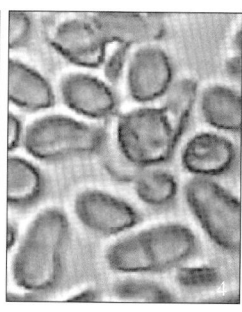

图 10-57-1 黄瓜蔓枯病菌形态（余文英提供）

Figure 10-57-1 Morphology of the pathogenes of cucumber gummy stem blight (by Yu Wenying)

1. 假囊壳 2. 子囊孢子 3. 分生孢子器 4. 分生孢子

四、病害循环

病菌以分生孢子器和假囊壳随病株残体在地表、土壤里或棚架上越冬。从病株上采收的葫芦科蔬菜种子的表面和内部也可带菌。田间病残体和带菌种子是田间病害的主要初侵染来源。种子带菌引致幼苗期子叶发病，病苗移栽到大棚里后，病害继续传播蔓延。翌年条件适宜时，越冬病株残体上的分生孢子萌发后从寄主的茎节间、叶片和叶缘的气孔、水孔或伤口侵入，进行初次侵染，产生新病株，病斑上可产生大量的分生孢子，通过雨水、灌溉水、气流或农事操作等传播方式不断进行再侵染，田间病害随之蔓延开来（图 10 - 57 - 2）。温室的条件往往比较适宜发病，病害潜育期通常为 7d 左右。

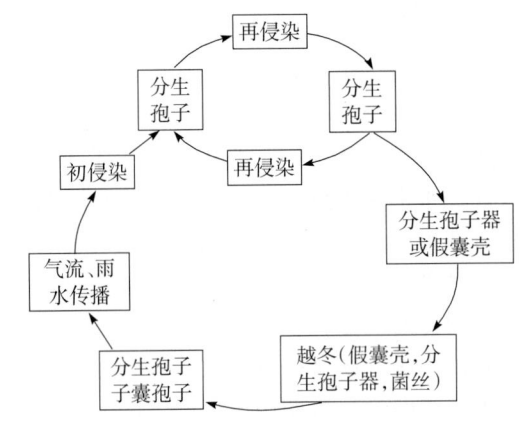

图 10 - 57 - 2　瓜类蔓枯病病害循环（张绍升提供）

Figure 10 - 57 - 2　Disease cycle of cucumrbits gummy stem blight （by Zhang Shaosheng）

五、流行规律

病害发生与气候条件和栽培方式有着密切的关系。种子在室温条件下储藏时，种子表面的分生孢子可存活 18 个月以上，种子内部的菌丝体经 24 个月仍有生命力。病残体上的病菌存活期因越冬场所而异，在旱地土壤中存活期为 6～9 个月，在旱地土壤表面存活期为 12～21 个月，在潮湿土壤中经 3 个月就死亡。

病菌的生长温度范围为 5～35 ℃。子囊孢子和分生孢子的萌发温度范围为 10～32℃，相对湿度 76 ％以上；但最适温度为 25～27 ℃，最适相对湿度为 80％～92％。病害潜育期在 15℃时为 10d，28℃ 时仅为 3～5d；在相对湿度 85％以上，平均温度 22℃以上时，病害即可发生流行。

对于露地栽培的葫芦科蔬菜来说，降水量和降雨次数是蔓枯病发生流行的主导因素，特别是在瓜果膨大时期，如遇上雨日多、雨量大、湿度高很易引起病害的流行。大棚种植时，棚内湿度对发病程度的影响很大，通常是蔓枯病随温度升高和湿度加大而加重，夏秋季节的病情要重于冬春季，尤以夏季发生最重。

栽培管理水平直接影响到病害的发生程度。比如病菌可从整蔓和采摘造成的伤口侵入，引发病害；葫芦科蔬菜连作栽培比轮作栽培发病重；一般保护地栽培比露地栽培病重；平畦栽培比高垄或高畦栽培发病重；大水漫灌或喷灌比滴灌发病重；地势低洼或雨后积水、地下水位高、缺肥或偏施重施氮肥的地块均易发病。

六、防治技术

（一）清除初侵染菌源和消除发病中心

瓜果采收后应及时清除病株残体，搞好田间卫生，减少田间初侵染菌源；选留无病种子，对可疑的种子，在播种前用药剂进行消毒处理，可选用 50％多菌灵可湿性粉剂 500 倍液浸种 30min，或用 50％福美双可湿性粉剂按种子重量的 0.3％拌种。田间病害发生初期及时拔除病株或剪除病枝病果，消灭发病中心，减少再侵染。

（二）与非寄主作物轮作

选择排水良好的高燥地块种植，特别是避免葫芦科蔬菜连作，而与非葫芦科作物轮作 2～3 年，以消除和减少田间侵染菌源。

（三）改善栽培环境

1. 控制水分和湿度　翻晒土壤，高畦深沟，雨后及时排除积水；提倡地膜覆盖种植，以利保持土壤水分和降低空气湿度；采用膜下滴灌技术，避免喷灌和大水漫灌。

2. 合理施肥　进行配方施肥，施用充分腐熟的有机肥，避免重施或偏施氮肥，适当增施磷、钾肥，尤其是结瓜盛期要适时追肥，防止植株脱肥或早衰。

（四）药剂防治

发病前或发病初期选用以下药剂进行防治：如喷洒 50％异菌脲可湿性粉剂 800 倍液，或 70％代森锰锌可湿性粉剂 500 倍液，或 70％百菌清可湿性粉剂 600 倍液，或 70％甲基硫菌灵可湿性粉剂 1 000 倍液，或 10％苯醚甲环唑水分散粒剂 5 000 倍液等，隔 5～7d 喷 1 次，连喷 2～3 次。

余文英　张绍升（福建农林大学植物保护学院）

第 58 节　葫芦科蔬菜炭疽病

一、分布与危害

葫芦科蔬菜炭疽病是葫芦科蔬菜上的主要病害，在世界范围内均有发生，不仅为害黄瓜，还能为害西瓜、甜瓜、冬瓜、苦瓜、南瓜和瓠瓜等多种蔬菜作物的叶片、茎蔓、叶柄、果实，导致蔬菜作物的产量下降，品质降低。

在我国，随着设施农业的快速发展，葫芦科蔬菜炭疽病的发生不断加重，尤其在黄瓜生产中，春秋两季均有发生。黄瓜从苗期到收获前均可受害，特别是在生长后期，受病害侵染的植株中下部叶片大量干枯，果实产生病斑，致使品质降低或完全失去商品价值，产量损失 40％以上，甚至绝收。由于该病原菌的侵染力强，繁殖率高，在适宜的条件下会造成病害的大面积流行，严重时大棚与温室内的病株率达100％，且防治难度较大，对生产影响较大。

二、症状

炭疽病在葫芦科蔬菜的各生长期均可发病，以中、后期发病较重，现以受害严重的黄瓜炭疽病症状为例。主要为害叶片，也为害叶柄、茎、瓜条。幼苗发病，多在子叶边缘出现半圆形或圆形淡褐色病斑，稍凹陷，病斑边缘明显，湿度大时上有淡红色黏稠物，严重时幼苗茎基部呈淡褐色，病部凹陷并逐渐萎缩，造成幼苗折倒死亡。真叶受害，初呈水渍状圆形或椭圆形斑点，病斑黄褐色，边缘有时有黄色晕圈，严重时病斑相互连接成不规则的大病斑，干燥时病斑中部易破碎穿孔，叶片干枯死亡，潮湿时病斑正面生粉红色黏稠物或黑色小点，即为分生孢子盘和分生孢子。叶柄受害，产生长圆形病斑，稍凹陷，初呈黄色水渍状，后变为深褐色；茎部受害，在节处产生黄色的不规则形病斑，稍凹陷，严重时病斑连接环绕茎部，致使病部以上或整株枯死。瓜条被害，开始产生水渍状浅绿色的病斑，后变为黑褐色稍凹陷的圆形或近圆形病斑，干燥时凹陷处常龟裂，上生许多黑色小粒点，即病菌的分生孢子盘，潮湿时生红色黏稠物（彩图10 - 58 - 1）。

冬瓜、苦瓜炭疽病的症状与黄瓜十分相似，以叶片和果实受害为主，茎部较少被害。但叶片病斑的大小差异较大，其直径可为 3～30mm，多为8～10mm；果实染病多在顶部，而且病斑常常连片致使皮下果肉变褐。

三、病原

葫芦科蔬菜炭疽病病原菌的有性型为葫芦小丛壳（*Glomerella lagenaria* F. Stevens），隶属于子囊菌门小丛壳属，但在自然情况下很少出现。无性型为瓜类炭疽菌 ［*Colletotrichum orbiculare* (Berk. & Mont.) Arx］，隶属于炭疽菌属。

分生孢子盘产生在寄主表皮下，成熟后突破表皮外露。分生孢子盘上着生一些暗褐色基部膨大的刚毛，长 90～120μm，有 2～3个横隔；分生孢子梗无色，单胞，圆筒状，

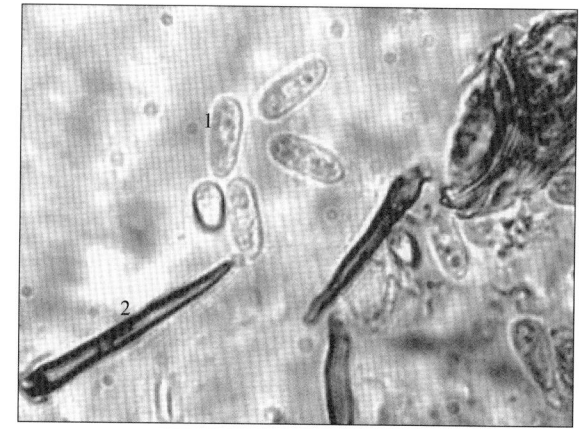

图 10 - 58 - 1　瓜类炭疽菌（引自 Charles Averre，2009）
Figure 10 - 58 - 1　*Colletotrichum orbiculare*（from Charles Averre，2009）
1. 细长、透明的单细胞分生孢子　2. 黑色的刚毛

大小为（20~25）μm×（2.5~3.0）μm；分生孢子单胞，无色，长圆或卵圆形，一端稍尖，大小（14~20）μm×（5.0~6.0）μm，多数聚集成堆后呈粉红色（图10-58-1）。病菌生长适温为24℃，30℃以上、10℃以下即停止生长；分生孢子萌发适温为22~27℃，4℃以下不能萌发，分生孢子萌发还需高湿以及充足的氧气。

引起葫芦科蔬菜炭疽病的瓜类炭疽菌通常有两个小种：1号小种主要为害黄瓜，2号小种（即美国印第安纳州常见的小种）主要为害西瓜。对于甜瓜，1号小种比2号小种更使其易感病。

四、病害循环

炭疽病菌主要以菌丝体和拟菌核（发育未完全的分生孢子盘）随病残体遗落在土壤里越冬，种子表面附带的菌丝体也可越冬；病菌还能在温室或大棚内旧木料上腐生，这些病原菌都可成为田间病害的初侵染源。翌年春季环境条件适宜时，越冬后的病菌产生大量的分生孢子，成为田间病害的初侵染来源。分生孢子接触寄主表皮后，萌发产生芽管后，再产生侵入丝侵入寄主，分生孢子也可以芽管从伤口或自然孔口直接侵入，经过3~4d的潜育期后

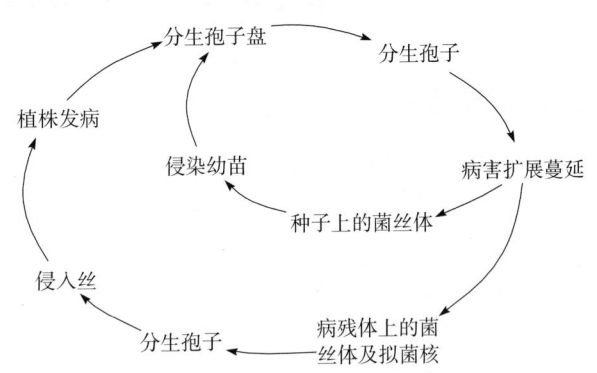

图10-58-2　黄瓜炭疽病病害循环（韩先旭提供）

Figure 10-58-2　Disease cycle of cucumber anthracnose (by Han Xianxu)

引起发病，新病斑上形成的分生孢子盘再产生大量的分生孢子，经雨水、流水、昆虫或人畜活动传播引起再侵染，使病害扩展蔓延（图10-58-2）。通过种子调运可造成病害的远距离传播，未经消毒的种子播种后，病菌可直接侵入子叶引起幼苗发病，病苗定植后往往成为田间病害的中心病株。摘瓜时果面携带的分生孢子，在储运过程中也能萌发侵染造成瓜果发病。

五、流行规律

低温、高湿是葫芦科蔬菜炭疽病发生流行的主要条件。在10~30℃范围内均可发病，但相对湿度要求在80%~98%，因为该菌的分生孢子外围有水溶性胶质，干燥时黏集成团，经雨水冲散才能传播，湿度低于54%不发病。在适宜的温湿度条件下，病菌侵染次数频繁，病原累积速度快，在短时间内即可造成病害的大流行。当温度为24~26℃、相对湿度在97%以上，炭疽病仅需5h即可完成侵染过程，3~4d后即可产生分生孢子；15~20℃的温度会延迟病斑产生分生孢子的时间，10℃时病斑则停止扩展；气温超过30℃、雨水少、空气干燥，病势也停止发展。在湖北、湖南、江西、安徽、江苏、浙江及上海等地区，保护地黄瓜发病较多，发病盛期在5、6月和9、10月，因此，严格控制相对湿度是防治炭疽病的关键。

此外，管理不当，氮肥过量，排水不畅，通风不良，植株衰弱，连作地块等发病都较重；早春塑料棚内温度低，相对湿度高，叶面吐水或结有大量水珠，病害易流行。

六、防治技术

（一）农业防治

1. 选用抗病品种　选用抗病品种是预防炭疽病的关键，不同的黄瓜品种对炭疽病的抗性不同。如可因地制宜地选用津杂1号、津杂2号、中农5号、中农1101等抗病或耐病的黄瓜品种。

2. 合理轮作与科学施肥　避免与葫芦科蔬菜长期连作，重病区可与麦类、玉米等大田作物实行2~3年以上的轮作倒茬。生产中推荐采用高畦地膜覆盖栽培，地块平坦，排水良好；栽培中采用测土配方施肥技术，施足基肥，多施腐熟有机肥和磷、钾肥，少施氮肥，促进黄瓜生长健壮，提高植株的抗病能力，有利于减轻病害的侵染。

3. 加强田间管理　露地栽培的葫芦科蔬菜在定植后至结瓜前控制浇水，雨后及时排水，降低田间湿度；大棚与温室栽培防病的关键是控温排湿，应注意提高棚内温度，及时放风降低相对湿度，减少结露时间，以抑制病菌萌发和侵入；在整枝、绑蔓、采收、病虫防治等各项农事操作时，应尽量选择在晴天或露

水干后进行，避免碰伤植株，以减少人为传播蔓延。另外，应及时清除病株、病叶，带出田外集中销毁。

（二）化学防治

1. 种子处理　播种前对种子进行消毒是预防炭疽病的有效方法。可用 0.1％高锰酸钾溶液浸种 5～6h，或用 72％农用链霉素可溶粉剂 200 倍液浸种 2h，再用清水冲洗 3～4 遍后催芽播种或直播，效果较好。

2. 药剂防治　发病初期及时喷药可取得较好的防治效果。可选用以下杀菌剂或配方进行防治：75％百菌清可湿性粉剂 800 倍液＋25％溴菌腈可湿性粉剂 600～1 000 倍液，或 80％炭疽福美可湿性粉剂 800 倍液，或 70％代森锰锌可湿性粉剂 800 倍液＋25％咪鲜胺乳油 1 000～2 000 倍液，或 80％烯酰吗啉水分散粒剂 2 500 倍液，或 12.5％烯唑醇可湿性粉剂 4 000～6 000 倍液＋70％丙森锌可湿性粉剂 700 倍液。防治时注意每隔 7d 喷药 1 次，连喷 3～4 次，喷施时应喷雾均匀、周到。为防止病菌产生抗药性，建议多种药剂轮流交替使用。

韩先旭（新疆昌吉市农业技术推广中心）

第 59 节　葫芦科蔬菜灰霉病

一、分布与危害

灰霉病是一种世界性的真菌病害，寄主范围非常广泛，其中黄瓜、冬瓜、南瓜、西葫芦、瓠瓜和苦瓜等多种葫芦科蔬菜受害极为严重，现已成为英国、法国、意大利、荷兰、德国、西班牙、波兰、匈牙利、俄罗斯、加拿大、美国、日本、韩国和中国等国家保护地葫芦科蔬菜生产中的巨大威胁。

20 世纪 80 年代以前，我国很少发生灰霉病，此后随着保护地蔬菜栽培的发展，灰霉病的发生呈明显的上升趋势。以黄瓜灰霉病为例，无论在南方或北方，蔬菜灰霉病都频繁出现，尤以江苏、江西、安徽、黑龙江、吉林、辽宁、北京、天津、河北、河南、宁夏、甘肃、陕西、山西和山东等省（自治区、直辖市）发生严重。2007 年，安徽省淮安地区的黄瓜灰霉病普遍流行，一般田块减产 10％～30％，严重的减产 50％以上；2008 年，陕西省榆林地区的冬暖棚栽培黄瓜因此病减产 20％～30％，甚至少数大棚整棚黄瓜萎蔫死亡；2009 年，长春市有 70％～80％保护地黄瓜发生灰霉病，轻者减产 10％，发病中等的减产 20％～30％，病重的整棚绝产；在山东省滨州地区，2009 年因灰霉病造成西葫芦减产 20％左右，严重的产量损失 80％以上。

二、症状

葫芦科蔬菜幼苗感染灰霉病，可造成苗枯株死，也可为害成株期的花、果实、叶片和茎蔓，造成花腐、瓜腐、叶枯和茎腐等症状。虽然葫芦科蔬菜种类较多，但是灰霉病的症状却基本相似，现以黄瓜灰霉病为例描述各部位的主要症状。

（一）苗枯

黄瓜幼苗的子叶期最易感病，先从叶缘结露处褪绿变黄，不久脱水干枯、变褐坏死或腐烂，高湿时表面密生灰霉（分生孢子梗和分生孢子）。幼茎发病，多从叶基部开始出现水渍状病斑，不久变软腐烂。真叶由叶缘向内呈 V 形扩展，病斑初呈水渍状，后为浅褐色至黄褐色，病势发展较快，低温高湿下，病斑上易产生灰白色霉状物，最后幼苗腐烂枯死。

（二）花腐

一般是雌花受害，尤其是残留在植株上的雌花花瓣先受病菌侵染，造成水渍状腐烂，病部表面密生灰色至淡褐色霉层，最后雌花枯萎或腐烂，病花有时会脱落。

（三）瓜腐

瓜条感染多由花瓣传染所致，雌花花瓣上的灰霉病菌往往会逐步蔓延到幼果果蒂，受侵染的果蒂产生水渍状病斑，病组织逐渐腐烂、变软，表面也密生灰色至灰褐色粉状霉层（彩图 10-59-1，1、2）。在霉层中间夹杂着黑色椭圆形菌核，因而一些菜农将发生灰霉病的黄瓜瓜条称为"鼠尾瓜"或"化瓜"，发病瓜条也可干缩。

（四）叶枯

当带菌花瓣散落在叶片上时，花瓣中的菌丝就会侵染黄瓜叶片，引起叶片发病，产生坏死病斑。发病瓜条与叶片接触时也可造成叶片感染。叶片病斑初呈水渍状、灰白色，温度和湿度环境适宜时，坏死斑可不断扩大，并造成叶片腐烂，有时腐烂的叶片组织上显现出同心状的轮纹，病组织表面密生灰白色粉状霉层。天气干燥时，坏死的叶片变成焦枯状，有时病部中心组织脱落，形成穿孔。

（五）茎蔓枯

带菌花瓣散落在茎蔓分节处即可引起茎蔓发病，发病瓜条与茎蔓接触也可引起茎蔓感染。此外，黄瓜茎基部也常遭受灰霉病菌的侵染而引起发病。病部表面密生灰白色至灰褐色霉层（彩图 10 - 59 - 1，3）；当病部环绕茎蔓时，上部叶片和茎蔓表现出萎蔫症状。有时，在病茎蔓表面产生黑色扁平状菌核。

灰霉病和菌核病可同时发生在同一病组织上。灰霉病病部密生灰白色粉状霉层，有时病部形成黑色椭圆形菌核，成熟菌核不易脱离病组织；菌核病病部则产生白色绒毛状菌丝及黑色鼠粪状菌核，成熟菌核极易脱离病组织。

三、病原

葫芦科蔬菜灰霉病病原菌的有性型为富克葡萄孢盘菌 [*Botryotinia fuckeliana* (de Bary) Whetzel]，隶属于子囊菌门葡萄盘菌属，能产生菌核，菌核萌发后产生子囊盘，子囊盘中产生子囊及子囊孢子，但在自然条件下，有性繁殖不太多见。无性型是灰葡萄孢（*Botrytis cinerea* Pers. ex Fr.）。分生孢子梗单生或丛生，大小为（712～1 745）μm×（10～17）μm，在分生孢子梗顶部产生多轮互生分枝，最后一轮分枝末端膨大，芽生分生孢子；分生孢子椭圆形，单胞，大小为（7～14）μm×（6～13）μm，簇生在分生孢子梗顶端。

灰霉病菌在 PDA 培养基上可产生边缘整齐的菌落，菌丝体初期灰白色，绒毛状，后期菌落的表面产生分生孢子梗、分生孢子及菌核；菌核初期为白色菌丝团原基，逐渐变成灰白色颗粒状，有水滴从菌核溢出；成熟的菌核为黑色，不规则形，散生于整个培养皿，大小为（1.0～12.9）mm×（0.7～6.1）mm（图 10 - 59 - 1），菌核不易脱离基质。

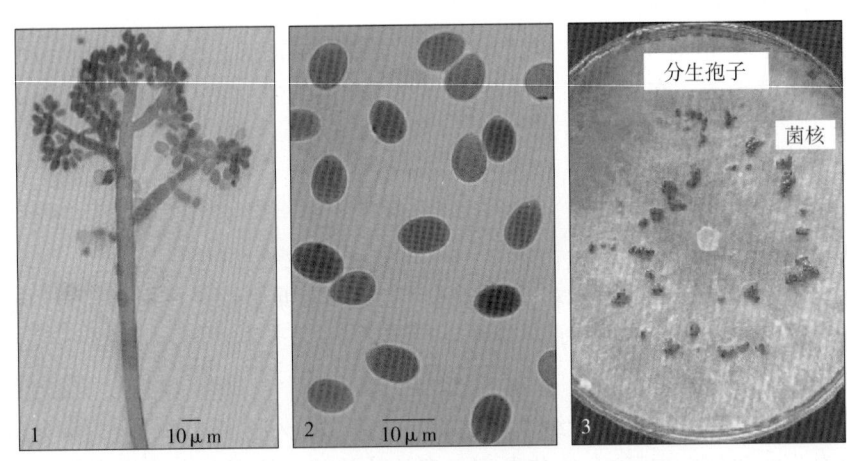

图 10 - 59 - 1　灰葡萄孢的形态特征（张静提供）

Figure 10 - 59 - 1　Morphology of *Botrytis cinerea* （by Zhang Jing）

1. 分生孢子梗　2. 分生孢子　3. PDA 培养基上的菌落

四、病害循环

灰霉病菌以分生孢子、菌丝体及菌核在土壤表面和土壤中的病残体上越夏和越冬，分生孢子较耐干燥，在病残体上能存活 4～6 个月。环境条件适宜，病残体中的菌丝产生分生孢子；虽然菌核也可萌发产生子囊孢子，但不常见。分生孢子借助气流、雨水溅射、农事操作等方式接触葫芦科蔬菜的花瓣或茎叶组织，特别是气流可将分生孢子传播到很远的地方。与植物组织接触的分生孢子在外源营养物质（衰老花瓣、花粉、植物伤口外渗物）的刺激下，分生孢子萌发产生芽管和侵染丝，从植株的伤口和死亡组织等处侵入薄壁组织，造成病组织软腐或腐烂，继而在腐烂组织表面产生分生孢子梗和分生孢子。这些新形成的分生孢子在田间进行多次再侵染（图10-59-2）。发病后期，在病组织表面可产生黑色扁平状菌核。由于该菌腐生性强，寄主多，土壤和其他蔬菜上产生的分生孢子也可成为田间病害的侵染源。

五、流行规律

葫芦科蔬菜灰霉病的发生、流行与灰霉病菌的数量、温度、湿度、栽培措施以及瓜类品种特性等多种因素密切相关，现以黄瓜灰霉病为例说明其流行规律。

（一）菌源数量与多样性

一般来说，分生孢子的数量愈大灰霉病的发生就愈重。灰霉病菌的寄主范围十分广泛，源于其他寄主植物（如番茄、茄子、辣椒等）病残体上的

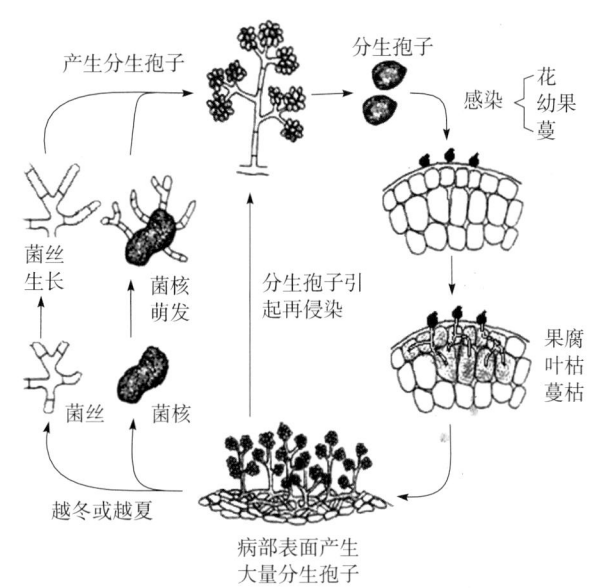

图10-59-2　黄瓜灰霉病病害循环（参照 G. N. Agrios，2008）
Figure 10-59-2　Disease cycle of cucumber gray mold
(from G. N. Agrios，2008)

灰霉病菌也可以感染葫芦科蔬菜。因此，灰霉病菌群体比较复杂，比如一些真菌病毒可感染灰霉病菌而导致该菌侵袭力的丧失或下降。此外，长期使用的杀菌剂也能导致灰霉病菌产生抗药性，具有抗药性的菌系势必在生态适应性和侵染能力等方面与敏感菌系存在着差异。

（二）温度与湿度

灰霉病菌比较耐低温，低温、高湿环境是黄瓜灰霉病发生流行的主要原因。只要温度为20～23℃，相对湿度达到80%以上，便开始发病；若连续阴雨，田间湿度大，则易造成灰霉病流行。因此，早春如遇连阴天，室外温度低不宜放风，再加之浇水偏多，或大棚与温室内的温度在10～15℃，又遇连阴雨天气，灰霉病便会突然暴发；反之，气温高于30℃或低于4℃，相对湿度低于80%时，灰霉病菌往往停止侵染，其病害也随之停止蔓延。在四川、云南、重庆、湖北、湖南、江西、安徽、江苏、上海和浙江等地温暖多湿，黄瓜灰霉病的发生盛期通常在3～6月和11～12月，并且春季发生较重、秋季发生稍轻。

（三）栽培措施

栽培措施对黄瓜灰霉病的发生影响很大。比如保护地的地势低洼潮湿、光照不足、氮肥过多、密度过大、灌水过勤或过大、生长过旺、整枝打顶和中耕除草不及时等，这些粗放的栽培措施都会促进灰霉病的发生与流行；葫芦科、茄科等旱地蔬菜长期连作也有利于灰霉病的发生与流行，反之实行水旱轮作可减少田间菌源数量，从而减轻灰霉病为害。此外，通风状况不良的大棚和温室往往灰霉病也较重。

（四）瓜类品种和生育期

迄今尚未发现真正抵抗灰霉病菌侵染的葫芦科蔬菜品种，但不同品种存在着一定的抗病性差异，至少会有比较耐病的材料或品系，有待进一步发掘和利用；葫芦科蔬菜的不同生育期对灰霉病流行影响很大，总的来说，苗期和花期是容易感染灰霉病的敏感期。

六、防治技术

采取以生态防治为主，以发病初期药剂防治为辅的综合防治措施。

（一）生态防治

生态防治主要是指通过控制大棚与温室内的温度与相对湿度来减轻灰霉病发生的防治技术。在控制温度方面，只要每天大棚与温室内气温高于30℃的时间达到2～3h，就可有效地抑制灰霉病菌滋生。因此，在晴天上午和中午需适时揭开大棚和温室的草帘等不透明覆盖物，增加光照时间，使温度上升到33℃并维持2h，之后放风排湿，再使空气湿度降低至80%左右；当气温降至24℃时，关闭通风口。下午则覆盖

草帘，维持棚内温度至 21～20℃，相对湿度至 65%～70%。在夜间，大棚与温室内的温度应控制在 14℃ 以上，但须防止夜间放风时间过长引发冻害。

合理管理水分可起到降低大棚与温室内湿度的效果，如实行高畦栽培，采用滴灌或小水勤灌，减少大水漫灌；及时疏通棚室内外的排灌水沟系，防止雨后积水等。

（二）栽培防治

1. 合理轮作　对于灰霉病发生较重的田块，提倡葫芦科蔬菜与水生蔬菜或禾本科作物轮作 2～3 年，可收到良好的防治效果。

2. 加强田间管理　实行深沟高畦栽培、地膜覆盖及合理密植。苗期施足磷肥，结果期增施磷、钾肥与叶面肥，增强植株的抗（耐）病能力。合理管理大棚与温室内水分，包括实时通风换气和疏通灌溉沟系。

3. 妥善处理病残体　及时摘除病花、病瓜、病叶和病茎等病残体，并将其深埋，这一措施可有效减少大棚与温室内灰霉病菌的来源。

4. 摘花和套袋　摘除黄瓜植株上的残花及瓜条套袋能有效防治黄瓜灰霉病的发生。

（三）生物防治

从发病初期开始，喷洒 1%武夷菌素水剂 150 倍液，每隔 6～7d 喷 1 次，连续喷 3～4 次；发酵沼液对黄瓜灰霉病菌分生孢子萌发和菌丝生长有抑制作用，在大棚与温室内使用发酵沼液对减轻灰霉病为害有一定效果。

据报道，木霉（*Trichoderma viride*，*T. harzianum*）和粉红黏帚霉（*Gliocladium roseum*）可以寄生灰霉病菌的菌丝和菌核。枯草芽孢杆菌（*Bacillus subtilis*）的一些菌株能够产生抗真菌物质和有着良好的竞争作用，从而收到防治灰霉病的效果。

（四）化学防治

1. 大棚与温室内熏蒸施药　在大棚与温室内葫芦科蔬菜发病之前，使用 10%腐霉利烟剂或 45%百菌清烟剂进行熏烟过夜。每 667m² 用烟剂 250g，每隔 5～7d 熏烟 1 次，效果良好。最好选择在阴雨天的傍晚进行熏烟，烟熏点应均匀分散，熏烟后第二天清晨应通风换气。

2. 植株喷雾施药　重点要抓住 3 个用药关键时期，即黄瓜移栽前期、开花期和果实膨大期。很多杀菌剂对灰霉病菌都具有明显的防治效果，可喷洒 65%甲硫·乙霉威可湿性粉剂 1 000～1 500 倍液，或 50%多·霉威可湿性粉剂 1 000～1 200 倍液、50%氟吗啉·锰锌可湿性粉剂 600 倍液、50%异菌脲可湿性粉剂 1 000～1 500 倍液、50%腐霉利可湿性粉剂 1 500～2 000 倍液、40%嘧霉胺可湿性粉剂 1 000 倍液、65%硫菌·霉威可湿性粉剂 1 000 倍液、40%嘧霉胺悬浮剂 1 200 倍液、40%啶菌噁唑·福美双悬浮剂（使用浓度为每升清水中含有效成分 1 333mg）、50%乙烯菌核利干悬浮剂 500～1 000 倍液、20%菌核净水乳剂 5 000 倍液等。每隔 7～10d 喷一次，连续喷施 2～3 次。为避免灰葡萄孢抗药性产生，需交替使用不同的杀菌剂。

为避免加水喷雾引起的大棚与温室内湿度过高，可改用喷粉的方法施药，如可选用 5%灭霉灵、5%百菌清或 6.5%硫菌·霉威的粉尘剂。

3. 蘸花施药　即在进行人工授粉的同时，使用杀菌剂来抑制或杀死花瓣上散落的灰霉病菌。具体操作方法是在配好的 2，4 -滴或对氯苯氧乙酸稀释液中加入 0.1%的 50%异菌脲可湿性粉剂或 50%多菌灵可湿性粉剂进行蘸花或涂抹。

为了选择合适的杀菌剂防治葫芦科蔬菜灰霉病，施药前必须明确当地灰霉病菌群体的抗药性。

李国庆（华中农业大学植物科技学院）

第 60 节　葫芦科蔬菜菌核病

一、分布与危害

菌核病是全世界葫芦科蔬菜的重要病害之一，因病部产生黑色鼠粪状菌核而得名。在加拿大、美国、英国、法国、德国、丹麦、荷兰、波兰、意大利、俄罗斯、澳大利亚、新西兰、中国、日本、韩国等的葫芦科蔬菜均有发生。该病除为害葫芦科蔬菜外，还可为害多种油料作物、绿叶蔬菜、茄果类、豆类以及花卉植物等，可造成重大的经济损失。

随着我国保护地栽培蔬菜的发展，菌核病的发生呈上升趋势。以黄瓜菌核病为例，据报道，在我国江苏、上海、湖北、黑龙江、内蒙古、吉林、辽宁、北京、天津、河北、河南、宁夏、甘肃、陕西、山西和山东等省（自治区、直辖市）均有黄瓜菌核病发生。2004 年，江西省永丰县的保护地黄瓜菌核病大流行，一般大棚黄瓜病株率为 30%～50%，病重大棚的黄瓜病株率达到 70%～80%，病瓜率达到 40%左右，造成减产 50%～60%；2008 年，黑龙江省通河县大棚黄瓜，也因菌核病导致减产 10%～30%，重病棚减产达 90%以上甚至绝产。

二、症状

葫芦科蔬菜菌核病主要发生在保护地，局部地区的露地栽培田块也有发生。苗期和成株期均可受害，主要分布部位是茎基部和果实，但也能为害茎蔓和叶片（彩图 10‑60‑1）。

（一）果实腐烂

果实腐烂多发生在幼瓜期，有些地区的菜农将黄瓜瓜条腐烂病称为烂尖病。病菌从花瓣或柱头侵入，瓜条尖端出现水渍状、黄绿色病斑，病部逐渐变软腐烂；空气潮湿时，病部长出白色棉絮状菌丝，后期病部往往产生黑色、鼠粪状菌核。

（二）茎蔓腐烂

茎蔓腐烂主要发生在茎基部和茎蔓分枝处，初期发病部位呈水渍状腐烂；湿度大时，病组织表面产生白色蓬松菌丝，后期病部表面或髓部产生黑色鼠粪状菌核。茎蔓发病严重，常常导致病部以上叶片萎蔫枯死。

（三）叶片腐烂

叶片受害初期，病斑先为水渍状后腐烂，有时会穿孔；在高湿情况下，病部表面也产生出白色蓬松的菌丝，后期病部表面也会形成黑色菌核。

三、病原

葫芦科蔬菜菌核病的病原菌为核盘菌 [*Sclerotinia sclerotiorum* (Lib.) de Bary]，隶属于子囊菌门核盘菌属真菌。菌核黑色，鼠粪状或不规则状，大小为 (1.5～5) μm×(1.5～22) mm，成熟后极易脱离基质；菌核萌发产生子囊柄，柄顶端在散射光刺激下发育成子囊盘，子囊盘初期呈杯状、肉色，后期盘状、褐色，成熟子囊盘直径可达 1 mm，盘内着生栅栏状排列的子囊和侧丝（子实层）；子囊棍棒状，大小为 (125～129) μm×(7～11) μm，每个子囊内有 8 个子囊孢子；子囊孢子无色、透明、单胞、椭圆形，大小为 (8～15) μm×(3～7) μm（图 10‑60‑1）。在有些情况下，菌核可进行菌丝式萌发。目前，尚未发现核盘菌的无性繁殖阶段。

核盘菌生长及产生菌核的温度范围为 5～33℃，最适温度为 25℃，菌核在低温干燥环境下可存活一至数年，但在高温潮湿环境下存活时间短。菌核萌发产生子囊盘的温度范围为 10～20℃，适宜温度为 15～

图 10‑60‑1 核盘菌的形态特征 （李国庆提供）

Figure 10‑60‑1 Morphology of *Sclerotinia sclerotiorum* （by Li Guoqing）

1. 培养基上的菌核 2. 菌核萌发产生子囊柄及子囊盘 3. 子囊盘 4. 子囊孢子

18℃。子囊孢子萌发的温度范围为
5～30℃，适宜温度为10～20℃。但
是，不同地域和不同寄主植物的核盘
菌株在致病力和菌核萌发方面存在着
差异。

核盘菌的寄主范围十分广泛，能
侵染64科225属400多种植物。除
葫芦科植物外，常见的其他寄主植物
有油菜、莴苣、大豆、向日葵、茄子
和辣椒等。

四、病害循环

核盘菌主要以菌核在土壤、病残
体和种子中越冬和越夏。在高于5℃
和土壤潮湿的条件下，土壤中的菌核
萌发产生子囊盘。子囊盘产生的子囊
孢子被喷射至空气中，随之飘落在葫
芦科蔬菜的花器、叶片和茎蔓上，子
囊孢子利用衰老花瓣上的营养物质以

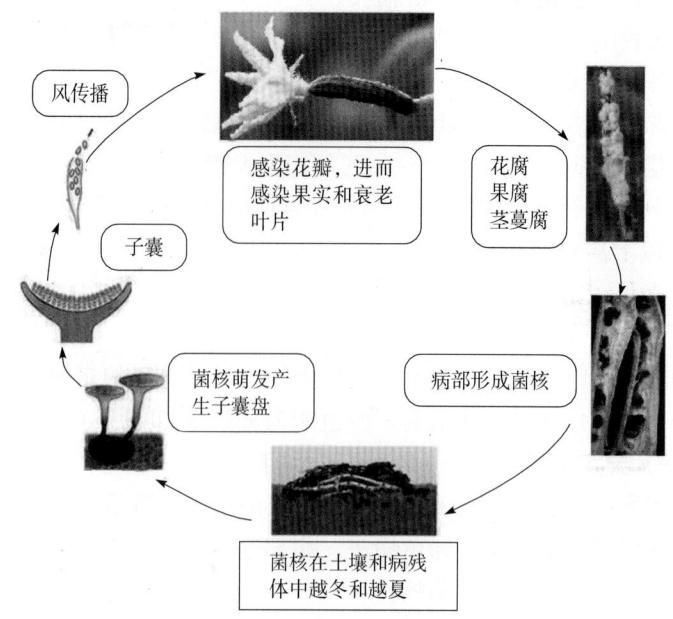

图 10-60-2　黄瓜菌核病病害循环（李国庆提供）
Figure 10-60-2　Disease cycle of Sclerotinia stem rot on cucumber
(by Li Guoqing)

及花粉粒、植物叶片及茎蔓的外渗物，促使孢子萌发及菌丝生长，进而感染瓜条、叶片和茎秆，由此引起
瓜条、叶片和茎蔓的腐烂。在发病后期，病部表面或内部可形成黑色菌核。成熟菌核随病残体进入土壤，
或在收获时混在种子中，成为下茬田间病害的菌源（图10-60-2）。

五、流行规律

葫芦科蔬菜菌核病的流行与耕作模式、气候条件、保护地管理水平及葫芦科蔬菜品种等因素密切
相关。

（一）与耕作方式的关系

葫芦科蔬菜菌核病的发生与土壤中存活的菌核数量有关系。一般而言，连作地发病重，而与水生
蔬菜轮作地发病轻。虽然核盘菌的寄主范围十分广泛，但不能侵染水稻、玉米和小麦等禾本科作物。
实践表明水旱轮作能显著减少土壤中菌核的数量，因此，葫芦科蔬菜与禾本科作物轮作可以起到减轻
病害的作用。

（二）与气候和保护地管理水平的关系

核盘菌通常喜好低温、潮湿的环境条件，特别是18～22℃温度和90％以上的相对湿度非常适合菌核
病的发生，加之有自由水存在时，子囊孢子便会迅速萌发，并有助于菌丝侵染及在寄主组织中定殖。因
此，排水不良、种植过密、通风透光差、氮肥施用过多、遭受冻害和霜害以及管理不善的田块，往往发病
较重。

保护地内、外的气候条件对葫芦科蔬菜菌核病的发生也有影响，在湖北、湖南、安徽、江西、浙江、
江苏、上海和浙江等地，黄瓜菌核病的发生盛期通常在2～5月和10～12月，尤以早春低温多雨和晚秋多
雨时节发病严重。

（三）与葫芦科蔬菜品种的关系

到目前为止，尚未发现真正抗菌核病的葫芦科蔬菜品种，但其品种间的抗病能力存在着显著差异，比
如黄瓜品种C1、A15、甘丰2号、中农2号等的抗病性较强，中农7号和828等的抗病性中等，而津春3
号和山东密刺等的抗病性很差，甚至感病；花瓣不易脱落的葫芦科品种发病重。此外，葫芦科蔬菜的不同
发育阶段对菌核病的抗性也有差异，一般是老龄瓜较幼龄瓜抗病。

六、防治技术

采用包括生态防治、农业防治、生物防治和化学防治在内的综合治理技术可以达到防治葫芦科蔬菜菌核病的目的。

(一) 生态防治

通过调控大棚与温室内的温度和湿度可以起到一定的防病效果。这一防治措施不仅可以防治菌核病，而且可以防治灰霉病。具体做法是：在早春和秋冬季节，提倡闷棚杀菌。核盘菌不耐高温，可在中午关闭大棚，使温度上升至40℃左右，闷棚时间可持续2h左右。闷棚结束后及时通风降湿，将温度保持在20～25℃。

在开花前控制浇水，维持土壤含水量在20％左右。浇水应在晴天上午进行，温度可提高到30～35℃，下午多放风降湿。要尽量防止叶片结露，缩短结露时间，将空气相对湿度控制在85％以下。

(二) 农业防治

提倡水旱轮作，以减少土壤中残存的菌核数量；提倡深耕土壤，以减少菌核萌发产生子囊盘的数量；提倡地膜覆盖栽培，以减少子囊盘萌发产生子囊孢子的数量。播种前用10％～40％盐水漂洗种子2～3次，可以汰除混杂在种子间的菌核。加强田间管理，推广配方施肥，提高抗病力。控制好大棚与温室内的温、湿度，创造不利于发病的条件。及时摘除病瓜、病叶及下部老叶。收获结束时彻底清园、深翻土壤，将病残体深埋至30cm以下。

(三) 生物防治

土壤中存在着一些寄生核盘菌菌核的真菌，如木霉菌（*Trichoderma* spp.）和盾壳霉（*Coniothyrium minitans*），还存在着一些取食菌核的动物，研究与开发利用这些生物因子，制成的生防菌将对减少土壤中核盘菌菌核或子囊盘的存活数量起到一定的作用。

(四) 化学防治

可采用10％腐霉利烟剂和45％百菌清烟剂等烟剂熏烟法施药，通常在阴雨天傍晚进行熏烟，每667m² 用烟剂250g，每隔5～7 d熏烟1次，熏烟后第二天清晨开棚通风。也可采用喷雾法施药，可选用的杀菌剂有40％菌核净可湿性粉剂500 倍液，或50％乙烯菌核利可湿性粉剂1 000～1 500 倍液、50％腐霉剂可湿性粉剂1 500 倍液、50％异菌脲可湿性粉剂800 倍液、多·酮可湿性粉剂（按产品说明书使用）每隔7～10d喷一次药，连续喷施2～3次。为避免产生抗药性，不同杀菌剂可交替使用。

近年来研究表明，咪鲜胺锰盐（prochloraz-manganese chloride）对核盘菌引起的多种蔬菜病害具有明显的防治效果，比如50％咪鲜胺锰盐可湿性粉剂1 000～2 000 倍液防治油菜菌核病收效良好，可望将其发展为防治葫芦科蔬菜菌核病的药剂。

据报道，在发病初期，采用涂抹施药法将药液涂抹在病叶、病枝和病瓜上，能有效控制病部扩展。

李国庆（华中农业大学植物科技学院）

第61节　葫芦科等蔬菜红粉病

一、分布与危害

红粉病是一种世界性葫芦科蔬菜上的真菌病害，以腐生为主，兼具寄生，可以为害多种葫芦科蔬菜。因此，该病不但发生地区广泛，而且寄主种类很多，除黄瓜、甜瓜、苦瓜、西葫芦等葫芦科蔬菜外，还可为害番茄、菜豆、苹果、梨、棉花和醋栗等其他植物。1809 年，该病首次在德国柏林发生，1902 年又在美国纽约出现，随后世界各地都有其为害的报道。据国外报道，该病还可导致储藏期间的黄瓜、番茄、苹果等变质，产生苦味，甚至腐烂。

1966 年，我国吉林省的黄瓜发生了红粉病，当时并不为人们重视。进入21 世纪以来，随着我国蔬菜设施栽培的发展，该病不但逐渐蔓延到其他地区的黄瓜上，并且苦瓜、番茄等蔬菜也受害，特别是黄瓜和苦瓜红粉病的发生频率、为害面积都显著增加，造成大量叶片坏死、植株连片枯萎，一般年份减产5％～10％，严重时则高达30％以上；2006 年春，在天津市武清、北辰等地的大棚番茄红粉病也十分严重，后来逐渐蔓延到内蒙古、黑龙江、辽宁、山东、河北及北京等地。因此，红粉病现已成为葫芦科蔬菜和番茄上新流行的病害之一。

二、症状

葫芦科等蔬菜红粉病主要为害葫芦科蔬菜的叶片，也可为害瓜条和茎秆。多从叶片中间或叶缘开始发病，产生圆形、椭圆形或者不规则形的浅褐色病斑，大小为 2～5cm，病健部界限明显，病斑一般不穿孔；湿度大时病斑边缘呈水渍状，上面生有淡橙红色的霉状物，即病原菌的分生孢子梗和分生孢子；严重时，病斑迅速扩大，多个病斑连接成片，病叶腐烂或干枯。茎部受害可造成茎节间开裂，湿度大时呈水渍状、淡橙红色的病斑。该病还可在枯萎的雄花上发生，落在叶片上可引起叶片发病。瓜条受害病菌多从花蒂部侵入，向瓜条上部扩展，病斑上生有浅橙红色霉层；病瓜变黄、变苦，失去食用价值（彩图 10-61-1）。

番茄红粉病主要为害果实，也可为害叶片。从果实着色始至成熟期均可发病，初期果实顶部出现褐色水渍状病斑，后变为深褐色，不凹陷，逐渐扩展，后期可扩展至整个果面，湿度大时病部产生白色霉层，病斑迅速扩张后，霉层逐渐增多并变为浅粉红色绒状物，为该病菌的分生孢子梗和分生孢子。湿度大时可为害叶片，形成小圆形至椭圆形浅褐色病斑，后逐渐扩展（彩图 10-61-1）。

三、病原

葫芦科等蔬菜红粉病的病原菌是粉红单端孢 [*Trichothecium roseum* （Pers.；Fr.）Link]，隶属于子囊菌无性型单端孢属真菌。粉红单端孢的菌丝体绒毛状，具隔膜，初为白色，后粉红色；分生孢子梗细长、直立、无色，不

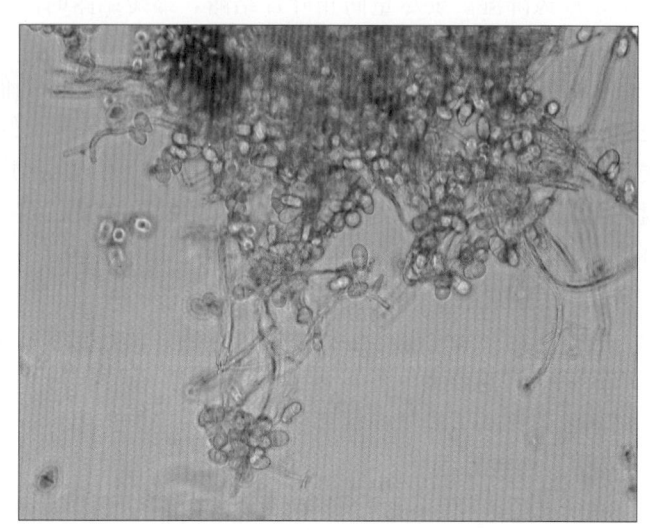

图 10-61-1　粉红单端孢（王勇提供）
Figure 10-61-1　*Trichothecium roseum*（by Wang Yong）

分枝，无隔膜，或偶有 1～2 个隔膜，顶端有时稍大，以倒合轴式序列产生分生孢子；分生孢子在孢子梗顶端密生形成孢子堆，挤压成由上往下的 Z 形扭曲，新生孢子在 Z 形下方形成；分生孢子倒洋梨形、卵形，孢子基部具偏乳头状突起，透明且稍带颜色，成熟时具 1 个隔膜，分隔处稍缢缩，孢壁光滑略厚，孢子大小无色或半透明，具 1 隔膜，隔膜处略缢缩，孢子大小（7.5～12.5）μm×（10～25）μm，平均为 11μm×19μm。

该菌在 PDA 培养基上，初期产生无色、绒毛状或粉状的霉层，后转为淡红色。在 25℃ 条件下培养 4d 菌落直径可达 5cm，形成粉状扁平菌落，起初是白色，孢子成熟后呈粉白色至粉红色，背面白色（图 10-61-1）。

四、病害循环

葫芦科蔬菜红粉病菌以菌丝、孢子随病株、腐烂组织在土壤中越冬，成为第二年的初侵染来源（图 10-61-2）。翌年春季条件适宜时，病菌的菌丝体或产生的分生孢子通过土壤、农具、气流和灌水传播，从皮口、伤口以及死亡组织侵入叶片或果实，尤以各种伤口最为重要，菌丝在寄主细胞

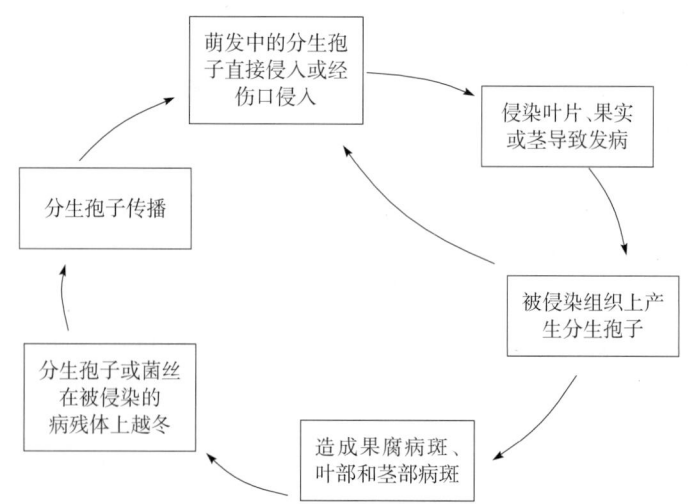

图 10-61-2　葫芦科等蔬菜红粉病病害循环（王勇提供）
Figure 10-61-2　Disease cycle of pinkmold rot on cucumber and tomato（by Wang Yong）

间扩展，引起危害。发病后，病部可产生大量的分生孢子，又借助风、雨、灌溉水及农事操作传播，在田间不断地进行再侵染。

五、流行规律

该病菌在 5～35℃温度范围内均能生长，以 15～30℃为适宜温度，但在 15℃以下和 30℃以上时，菌丝伸长的速度明显降低。研究表明，在 5℃的低温环境下，菌丝经过 172h 仅伸长 2.5mm。温度在10～35℃，病菌均能形成分生孢子，以 20～30℃为产孢的最适宜温度，在20℃以下和30℃以上产孢量明显下降，特别是低温环境非常不利于菌体产孢。粉红单端孢喜好中等偏酸性条件，也可在碱性条件下生存，菌丝伸长和孢子着生在 pH 5～9 均较为适宜。

当气温在 20～30℃、相对湿度高于 85％的条件下，葫芦科蔬菜红粉病最易发生，尤其是多集中在春、秋两季流行。春季，保护地内温度较高、光照不足、湿度偏大，此时管理不善、通风不良的大棚或温室里易引发红粉病。一般中下部果实先发病，病情控制不及时易造成流行，对葫芦科蔬菜产量及质量构成极大威胁。

露地葫芦科蔬菜在夏季多雨高湿条件下也可发生红粉病，特别是在阴雨连绵、光照不足，或忽晴忽雨、天气闷热、多露等天气条件下，植株生长不健壮，病害往往较重。此外，地势低洼、易于积水、灌水过多、湿度过大、放风不及时、植株栽植过密、偏施氮肥或管理粗放等因素都会使植株徒长或长势衰弱等，而葫芦科蔬菜红粉病菌的腐生性比较强，也会加重病害的发生与为害。

六、防治技术

（一）合理密植

栽培密度不仅影响蔬菜的产量和质量，还影响红粉病的发生和蔓延。栽培密度过大，则易形成湿度大、光照不足、通风不良的环境，加重瓜果类蔬菜红粉病的发生。因此，保护地蔬菜更需合理密植。

（二）适时插架绑蔓、整枝打杈、摘除病果

保护地内湿度、光照等对葫芦科蔬菜红粉病的发生影响较大，因此，蔬菜定植后到开花前要及时插架绑蔓，以提高群体通风透光性，以利植株茎叶的生长。由于粉红单端孢菌为弱寄生菌，因此应适当整枝和摘除多余的侧枝，加强通风透光，防止植株徒长，同时结合整枝进行疏花疏果，摘除老叶、病果、病叶，改善植株生长环境，提高植株抗病能力。

（三）合理灌溉，降低棚室内湿度

大棚与温室内湿度大易诱发葫芦科蔬菜红粉病，因此，在保证蔬菜生长适温的前提下，要加强放风排湿，使相对湿度低于85％。同时注意合理浇水，在初花期到坐果前不宜过量供水；进入盛果期，应保持土壤湿润适中，切忌忽旱忽涝。大棚与温室内尽量采用滴灌和膜下浇水的方式，有利于保持土壤持水量、降低湿度，是防止瓜果类蔬菜红粉病的蔓延和为害的有效方法。

（四）药剂防治

发病后要及时防治，控制住病情的发展。可于发病前或发病初期喷洒 50％咪鲜胺锰盐可湿性粉剂1 000～1 500 倍液，或 10％苯醚甲环唑水分散粒剂 1 000～1 500 倍液、72％霜脲氰・锰锌可湿性粉剂 800倍液、50％苯菌灵可湿性粉剂 1 000～1 500 倍液、50％硫黄・多菌灵可湿性粉剂 800～1 000 倍液，7～10d 喷洒 1 次，连续 2～3 次。

王勇（天津市植物保护研究所）

第 62 节　葫芦科蔬菜细菌性角斑病

一、分布与危害

细菌性角斑病是世界性黄瓜、西葫芦、苦瓜等多种葫芦科蔬菜生产中的重要病害之一，主要为害叶片、果实，造成叶片干枯，果实腐烂，严重减产，甚至绝收。该病在欧洲普遍发生，特别是在东欧，黄瓜细菌性角斑病已成为生产中的重要病害之一，常常造成 30％～60％的产量损失。该病在我国也很严重，

黑龙江、辽宁、吉林、内蒙古、山西、河北、河南、北京、天津、山东、江苏、安徽、浙江、福建和上海等省、自治区、直辖市的黄瓜普遍受害，已成为保护地黄瓜的重要病害，并有逐渐加重的趋势。2008年，陕西省杨凌地区的黄瓜细菌性角斑病十分严重，许多田块的发病株率达100%，病叶率达90%以上，病果率达10%～20%，多数叶片畸形，植株生长缓慢或停止，受侵染果实出现畸形或脱落。苦瓜细菌性角斑病是我国长江流域一些地区棚室苦瓜生产中很易流行的一种病害，一般发病率达30%～50%，严重时可使植株中下部叶片全部坏死。

二、症状

几种葫芦科蔬菜细菌性角斑病的症状基本相似，现以黄瓜细菌性角斑病为例介绍其田间症状。黄瓜幼苗期和成株期均可发病，主要为害叶片；发病严重时，叶柄、卷须、果实和茎蔓也可受害。子叶发病，初期产生水渍状、近圆形的斑点，后变为黄褐色枯斑；真叶受害，初生针头大小的水渍状斑点，以后病斑扩大，受叶脉限制呈多角形，黄褐色，湿度大时病斑背面产生乳白色菌脓，干燥后形成一层粉质白膜，或形成白色粉末状物，后期病斑呈黄褐色、质脆易穿孔；病斑组织的叶脉变黑色，生长停滞，致使病叶皱缩畸形。茎蔓、叶柄和卷须发病，病斑沿茎沟纵向扩展，形成条斑；严重时病茎纵向开裂，呈水渍状腐烂，高湿条件下溢出污白色菌脓，病斑干燥后，表面遗留白粉痕迹。瓜条发病，初期产生水渍状的小斑点，扩展后呈不规则形或者圆形、灰白色病斑，病斑不断向果实内部扩展，深达种子，造成种子带菌，后期整个瓜条腐烂发臭；瓜条病斑干燥后呈灰白色，形成溃疡状裂口（彩图10-62-1）。

在田间，黄瓜细菌性角斑病易与霜霉病混淆，造成错误用药。二者的主要区别为：霜霉病叶片背面有黑色霉层，病斑不穿孔，瓜条不受害；角斑病叶背病斑溢出菌脓，病斑常穿孔，瓜条受害且有臭味。

三、病原

黄瓜细菌性角斑病的病原菌为丁香假单胞菌流泪（黄瓜）致病变种 [*Pseudomonas syringae* pv. *lachrymans* (Smith et Bryan) Young, Dye & Wilkie.]，隶属于薄壁菌门假单胞菌属。菌体短杆状，连接成链，端生1～5根鞭毛，大小（0.7～0.9）μm×（1.4～2）μm，有荚膜，无芽孢，革兰氏染色阴性。在金氏B平板培养基上，菌落白色，近圆或略呈不规则形，扁平，中央凸起，污白色，不透明，具同心环纹，边缘一圈薄而透明；菌落直径5～7 mm，外缘有放射状的细毛，具黄绿色荧光。该细菌好气性，不耐酸性环境；在pH5～11和温度10～36℃范围内均能生长，以pH为6～8时生长速度最快，在22～29℃生长较好，致死温度是49～50℃（10min）；菌株能利用木糖、葡萄糖、果糖、蔗糖、棉籽糖、甘露醇、肌醇并产酸，对甲基红和明胶液化反应呈阳性，对乙酰甲基醇、吲哚、淀粉水解、硝酸盐还原、氧化酶、硫化氢反应呈阴性。

角斑病菌除侵染黄瓜外，还可侵染葫芦、西葫芦和丝瓜等多种葫芦科植物。

可用以ELISA为代表的血清学方法鉴定黄瓜细菌性角斑病，其操作简便，且易标准化，已得到了广泛应用。但是，丁香假单胞杆菌种下致病型变种多，难以获得特异性好的抗体，常常出现假阳性现象，可直接影响鉴定的准确性。现在，可以采用细菌核糖体基因转录间隔区（16S-23S Ribosomal DNA Internal Transcribed Spacer，ITS）指纹鉴定和直接测序等分子学鉴定方法，实现了对该病害的早期、快速诊断。

四、病害循环

病原细菌在黄瓜种子的内、外或随其病残体遗

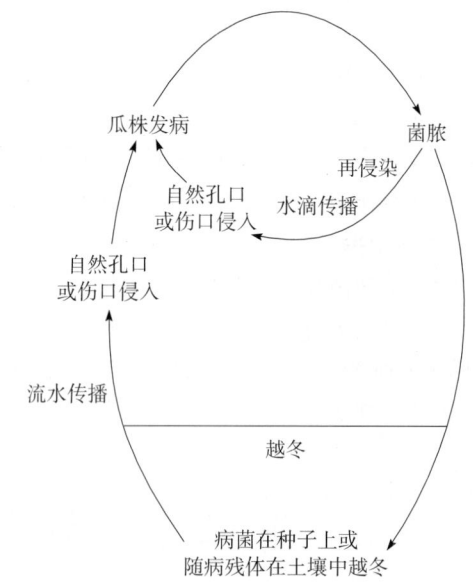

图10-62-1　黄瓜细菌性角斑病病害循环
（胡小平和张管曲提供）

Figure 10-62-1　Disease cycle of bacterial angular leaf spot on cucumber (by Hu Xiaoping and Zhang Guanqu)

留在土壤中越冬，种子带菌率一般为 2%～3%，种子内的病菌可存活 1 年，病菌通过种子可进行远距离的传播，因而带菌种子是该病传播很重要的方式。一旦生产上播种了带菌种子，出苗后的子叶会随即被细菌侵染而发病。通常病菌在干燥的病残体中能存活两年，而在冬季土壤中的病残体上可存活 3～4 个月，翌年环境条件适合时，越冬的病菌作为田间病害的初侵染来源，通过气流、雨水、灌溉水、昆虫及农事作业的途径，从黄瓜叶片或瓜条的伤口、自然孔口等处侵入寄主，在寄主的细胞间隙繁殖，引起田间病害发生。新病株上的病菌作为田间病害的再侵染来源，再以同样的方式不断地进行传播和为害，病害就此逐渐地蔓延开来。由于病菌在寄主细胞间不断繁殖，因而大棚与温室内的黄瓜发病部位往往有菌脓溢出，菌脓可借棚顶水珠、结露或叶缘水珠的滴落、飞溅而传播蔓延（图 10-62-1）。此外，进入胚乳组织或幼胚根外皮层的病菌，会造成种子内带菌；而采瓜种时，通过病瓜与种子接触，病菌被污染到种子上，造成种子外带菌。

五、流行规律

病害发生的温度范围为 10～30℃，以 18～26℃最适宜，相对湿度又在 75%以上，病害容易流行，湿度愈大，病害愈重，一般在暴风雨过后病害常常流行；当旬平均气温为 23℃、日夜温差达到 12℃左右，或结露重，或浇水多，相对空气湿度达 90%～93%，或每天的饱和湿度持续 6h 以上，就会引起病害的大流行。地势低洼，排水不良，重茬，氮肥过多，钾肥不足，种植过密的地块，病害也较重。此外，低温、高湿也是促使保护地病害快速蔓延的有利条件。在黑龙江，春季大棚黄瓜一般在 5 月中、下旬开始发病，露地黄瓜在整个生长季节均可发病，以 6～7 月上、中旬为主要流行期。露地黄瓜蹲苗结束后，随雨季到来和田间浇水开始，始见发病，以后逐渐蔓延加重，一直延续到结瓜盛期，到了秋季随气温下降，病情缓和。

病斑的大小与空气的湿度密切相关，当夜间相对湿度趋于饱和状态在 6h 以上时，叶片上部基本上都产生典型的大病斑；而相对湿度低于 85%以下或饱和湿度时间少于 3h 时，则产生小病斑。在田间浇水较勤或较多的情况下，数日后往往可见叶背出现大量水渍状病斑，并产生菌脓，有时只要有少量菌脓的存在就可引发病害的流行。

六、防治技术

（一）选育抗（耐）病品种

选育抗（耐）病品种是防治细菌性角斑病的最重要措施之一。目前，欧洲绝大多数葫芦科蔬菜的品种是感病的，但据报道在一些野生的种质中存在着部分抗病性，可以加以利用。我国通过黄瓜苗期接种鉴定，已经发现了一些黄瓜材料对角斑病具有较强抗性或中等抗性，正在培育抗病品种。

在抗病育种中，黄瓜苗期对黄瓜细菌性角斑病的抗性鉴定可按照《NY/T 1857.6—2010 黄瓜主要病害抗病性鉴定技术规程 第 6 部分：黄瓜抗细菌性角斑病鉴定技术规程》进行。

（二）农业防治

重病田与非葫芦科作物实行 2 年以上轮作；收获后及时清除田间病残体，集中烧毁或者深埋；在保护地栽培中，需控制灌水、适时通风；在露地栽培中，宜采用深翻晒土、高垄覆膜栽培。

（三）化学防治

初发病时，可全株喷药。药剂有 50%琥胶肥酸铜可湿性粉剂 500 倍液，或 14%络氨铜水剂 300 倍液，或 77%氢氧化铜可湿性微粒剂 400 倍液，或 90%新植霉素可溶粉剂 200mg/kg 药液，或 72%硫酸链霉素可溶粉剂 4 000 倍液等。在田间，细菌性角斑病可与霜霉病同时发生，应喷布 47%春·王铜可湿性粉剂 600～800 倍液，或 60%三乙膦酸铝可湿性粉剂 500 倍液，或 50%甲霜·铜可湿性粉剂 600 倍液。但需注意药剂应轮换使用，并注意所用农药的安全间隔期。

胡小平　张管曲（西北农林科技大学植物保护学院）

第 63 节 葫芦科蔬菜病毒病

一、分布与危害

葫芦科蔬菜病毒病是一类世界性的主要蔬菜病害，分布极其广泛、寄主范围较广、经济损失惨重。1981 年，意大利和法国在数种葫芦科蔬菜上发现了小西葫芦黄化花叶病毒，随后在美国及其他 17 个国家均有此病毒病发生与流行的报道，给西葫芦、笋瓜、甜瓜和西瓜生产造成毁灭性的打击；南瓜花叶病毒病也一直是西方国家南瓜上的重大病害。据报道，对葫芦科蔬菜带来明显经济损失的病毒种类，在美国至少有 7 种，在法国至少有 6 种，其中，为害最严重的就有 4 种；韩国全南道地区黄瓜病毒病的病毒种类有 5 种，以黄瓜绿花叶斑驳病毒为主。

葫芦科蔬菜每年都遭受多种病毒的严重侵染，导致品质下降，损失巨大，通常减产 10%～30%，严重时达 50%～100%。其中，秋季黄瓜病毒病和西葫芦病毒病的发病株率分别为 30% 以上和 70% 以上，特别是后者在病情严重时可减产一半以上，甚至绝收。南瓜病毒病也是如此，有时田间发病率可达到 100%。相比之下，丝瓜和苦瓜病毒病稍轻。

随着葫芦科蔬菜栽培面积的不断扩大和复种指数的不断提高，其病毒病的发生时间和为害程度也随之加大，有些病毒种类现已上升为生产中的重要病害。比如进入 21 世纪以来，我国台湾省首次在甜瓜、黄瓜和西瓜等葫芦科蔬菜上发现了一种新的病毒病症状，即瓜类褪绿黄化病毒为害造成的植株系统性褪绿黄化症状。到了 2008 年，上海地区的葫芦科蔬菜大棚里也观察到这种褪绿黄化症状；2009 年 10 月底在上海、浙江宁波和山东寿光等地开始大面积发生，发病株率在 50%～100%；2011 年在河南郑州的温室与大棚中也大面积发现了这种病害，并且为害比较严重。

二、症状

由于葫芦科蔬菜种类比较多，可被侵染的病毒种类也很多，因此，造成其田间症状复杂多样，可将常见的症状归纳为以下 4 种主要类型（彩图 10-63-1）。

（一）花叶与蕨叶

花叶蕨叶症状通常是由小西葫芦黄化花叶病毒（*Zucchini yellow mosaic virus*，ZYMV）、西瓜花叶病毒 2 号（*Watermelon mosaic virus-2*，WMV-2）、黄瓜花叶病毒（*Cucumber mosaic virus*，CMV）、番木瓜环斑病毒西瓜株系（*Papaya ringspot virus*-watermelon strain，PRSV-W）和南瓜花叶病毒（*Squash mosaic virus*，SqMV）引起。叶片或果实呈花脸状，有些部位绿色变浅。有的不仅花叶，同时也黄化，成黄花叶。病害严重时，叶片畸形，成鞋带状、鸡爪状，也称蕨叶。果实感病常常表现为果面凹凸不平，严重时呈现畸形瓜，尤以西葫芦和南瓜的病瓜条最为明显。葫芦科蔬菜染病愈早，症状愈重，甚至于造成植株矮缩，结瓜少、小或不结瓜。

（二）绿斑驳花叶

绿斑驳花叶症状多由黄瓜绿斑驳花叶病毒（*Cucumber green mottle mosaic virus*，CGMMV）引起。黄瓜受害后，最初新叶出现黄色小斑点，后叶片逐渐呈不均匀花叶、斑驳，随着病情的进一步发展，叶片产生浓绿色的泡状突起，叶肉组织褪色，叶脉呈绿带状，病叶畸形，植株矮化，结瓜延迟；病果的大部分表面黄化或变白，并产生墨绿色水泡状的坏死斑，轻者产量损失，重者导致绝产。CGMMV 对黄瓜、西瓜为害比较严重，特别是西瓜受害更重。

（三）黄化

黄化症状往往是由瓜类蚜传黄化病毒（*Cucurbit aphid-borne yellows virus*，CABYV）、甜瓜蚜传黄化病毒（*Melon aphid-borne yellows virus*，MABYV）与丝瓜蚜传黄化病毒（*Suakwa aphid-borne yellows virus*，SABYV）引起。其典型症状为病叶褪绿黄化。开始时，叶片黄化，但仍能看见保持绿色的叶肉组织，后逐渐发展为全叶黄化、增厚、变脆、变硬。病叶的叶脉不黄化，始终保持为绿色。通常由植株中、下部叶片开始发病，逐渐向上发展至全株，而新叶常无症状。CABYV 主要自然感染西瓜、甜瓜和黄瓜等，以甜瓜大面积发病最为常见。

（四）褪绿黄化

葫芦科蔬菜褪绿黄化症状多由瓜类褪绿黄化病毒（*Cucurbit chlorotic yellows virus*，CCYV）引起，典型症状是叶片大范围褪绿。发病初期，褪绿进程发展缓慢，常常能看见保持绿色的组织，直至全叶黄化，但叶脉不黄化，仍为绿色，叶片不变脆、不变硬和不变厚。通常是植株中、下部叶片先感染，逐渐向上发展，新叶常无症状。CCYV 除侵染西瓜、甜瓜外，还自然感染黄瓜。

三、病原

在自然条件下，国外从葫芦科作物上分离和鉴定出约 28 种病毒，我国有 11 种（图 10 - 63 - 1）：小西葫芦黄化花叶病毒（*Zucchini yellow mosaic virus*，ZYMV）、西瓜花叶病毒 2 号（*Watermelon mosaic virus -2*，WMV - 2）、黄瓜花叶病毒（*Cucumber mosaic virus*，CMV）、番木瓜环斑病毒西瓜株系（*Papaya ringspot virus -* watermelon strain，PRSV - W）、南瓜花叶病毒（*Squash mosaic virus*，SqMV）、黄瓜绿斑驳花叶病毒（*Cucumber green mottle mosaic virus*，CGMMV）、瓜类蚜传黄化病毒（*Cucurbit aphid-borne yellows virus*，CABYV）、甜瓜蚜传黄化病毒（*Melon aphid-borne yellows virus*，MABYV）、丝瓜蚜传黄化病毒（*Suakwa aphid-borne yellows virus*，SABYV）、瓜类褪绿黄化病毒（*Cucurbit chlorotic yellows virus*，CCYV）和中国南瓜曲叶病毒（*Squash leaf curl China virus*，SLCCNV）。这 11 种病毒的分类地位和重要特征见表 10 - 63 - 1。

表 10 - 63 - 1 侵染我国葫芦科蔬菜的病毒种类及其特征（古勤生提供）

Table 10 - 63 - 1 Virus species and their characteristics infecting cucurbit crops in China

(by Gu Qinsheng)

病毒种名	分类地位	分布	重要特征
小西葫芦黄化花叶病毒	马铃薯 Y 病毒科马铃薯 Y 病毒属	全国	正义单链 RNA 病毒，病毒粒体线条状，长 750nm；钝化温度 60℃，稀释限点 10^{-4}，室温下体外存活期 3d；机械传播和蚜虫非持久性方式传播；能侵染多数葫芦科作物
西瓜花叶病毒	马铃薯 Y 病毒科马铃薯 Y 病毒属	全国	正义单链 RNA 病毒，病毒粒体线条状，长为 725～765nm；钝化温度 58～60℃，稀释限点 10^{-2}～10^{-4}，室温下体外存活期 20～25d；由种子传播、机械传播和蚜虫非持久性方式传播；主要为害南瓜、黄瓜、西瓜、甜瓜和葫芦
黄瓜花叶病毒	雀麦花叶病毒科黄瓜花叶病毒属	全国	病毒粒体为等轴对称二十面体，直径约 29nm；含 3 条正链 RNA；钝化温度 55～70℃，稀释限点 10^{-4}，室温下体外存活期 3～6d；由种子和机械传播，也可由瓜蚜、桃蚜等蚜虫以非持久性方式传播；可侵染多数葫芦科作物
番木瓜环斑病毒西瓜株系	马铃薯 Y 病毒科马铃薯 Y 病毒属	全国	正义单链 RNA 病毒，病毒粒体线条状，长 760～780nm，直径 12nm；钝化温度 60℃，稀释限点 $5×10^{-4}$，室温下体外存活期 40～60d；由机械传播和蚜虫非持久性方式传播；可侵染多数葫芦科作物
南瓜花叶病毒	豇豆花叶病毒科豇豆花叶病毒属	新疆、内蒙古、甘肃、宁夏、山西等	正义单链 RNA 病毒，病毒粒体为等轴对称二十面体，直径 30nm；钝化温度 70～80℃，稀释限点 10^{-4}～10^{-6}，室温下体外存活期超过 4 周；由种子传播和机械传播；侵染葫芦科作物
黄瓜绿斑驳花叶病毒	帚状病毒科烟草花叶病毒属	全国多数地区	正义单链 RNA 病毒，病毒粒体杆状，大小为 300nm×18nm；钝化温度 90～100℃，稀释限点为 10^{-6}～10^{-7}，室温下体外存活期数月至 1 年；由种子传播和机械传播；主要为害黄瓜、西瓜、葫芦等葫芦科作物
瓜类蚜传黄化病毒甜瓜蚜传黄化病毒丝瓜蚜传黄化病毒	黄症病毒科马铃薯卷叶病毒属	全国多数地区	正义单链 RNA 病毒，病毒粒体为等轴对称二十面体，直径为 25nm；不能机械传播，以蚜虫持久性方式传毒，嫁接也可传毒
瓜类褪绿黄化病毒	长线形病毒科毛形病毒属	海南、河南、北京、山东、浙江、江苏等	基因组含 2 条线性正义单链 RNA；病毒粒体为长线形，长为 700～900nm；由烟粉虱以半持久性方式传播，可为害葫芦科蔬菜
中国南瓜曲叶病毒	双生病毒科菜豆金色花叶病毒属	全国多数地区	双分体病毒，无包膜，由两个不完整的二十面体组成；基因组含 2 条闭环状 DNA 链；由烟粉虱以持久性方式传播

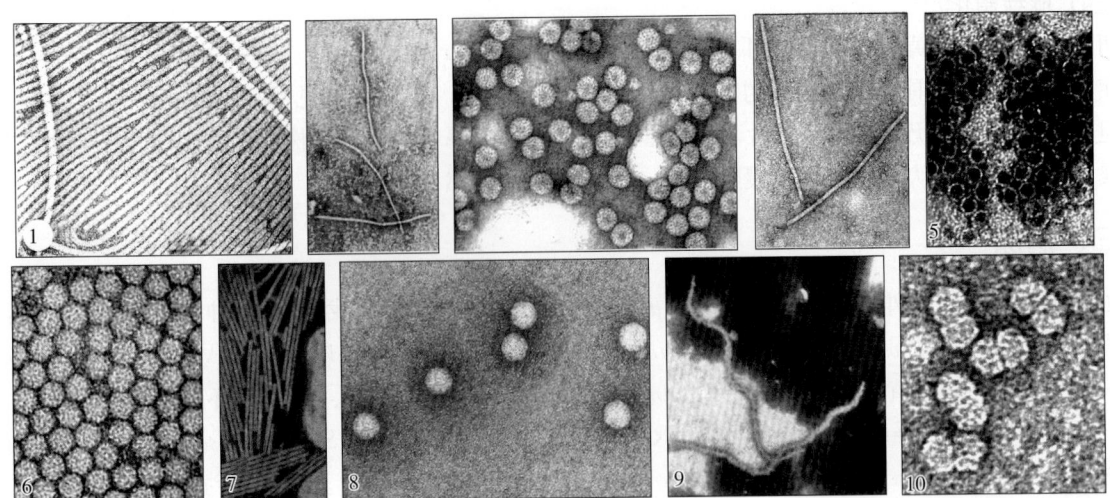

图 10 - 63 - 1　葫芦科蔬菜病毒病主要病毒粒体的形态（1. 引自 V. Lisa 和 H. Lecoq，1984；2. 引自 D. E. Purcifull 等，1984；3. 引自 Peter Palukaitis 和 Fernando García-Arenal，2003；4. 引自 D. E. Purcifull 和 E . Hiebert，1971；5. 引自 R. N. Campbell，1971；6. 引自 M. Hollings 等，1975；7. Cecile Desbiez 提供；8. 引自 Kenji Kubota 等，2011；9. 引自 M. S. Pinner，2012）

Figure 10 - 63 - 1　Virions of virus on cucurbits（1. from V. Lisa and H. Lecoq，1984；2. from D. E. Purcifull et al.，1984；3. from Peter Palukaitis and Fernando García-Arenal，2003；4. from D. E. Purcifull and E. Hiebert，1971；5. from R. N. Campbell，1971；6. from M. Hollings et al.，1975；7. by Cecile Desbiez；8. from Kenji Kubota et al.，2011；9. from M. S. Pinner，2012）

1. 小西葫芦黄化花叶病毒　2. 西瓜花叶病毒 2 号　3. 黄瓜花叶病毒
4. 番木瓜环斑病毒　5. 南瓜花叶病毒　6. 黄瓜绿斑驳花叶病毒
7. 瓜类蚜传黄化病毒　8. 瓜类褪绿黄化病毒　9. 中国南瓜曲叶病毒

四、病害循环

我国葫芦科蔬菜上的 11 种病毒可以在多种葫芦科作物和某些多年生杂草宿根上越冬，也可在温暖地区或温室内的病株上越冬。第二年春天，不同病毒通过不同方式传播，如蚜虫、烟粉虱等，或汁液接触，或带毒种子以及带毒土壤等（图 10 - 63 - 2）。

（一）汁液传播（机械传播）

小西葫芦黄化花叶病毒、西瓜花叶病毒、黄瓜花叶病毒、番木瓜环斑病毒西瓜株系、南瓜花叶病毒和黄瓜绿斑驳花叶病毒，这些病毒容易通过汁液直接传播。因此，中耕搭架、整枝打杈、浇水施肥和采收果实等田间农事操作，都易将病株汁液中的病毒经手摸、衣服和农具与健株接触传播开来。

（二）种子传播

小西葫芦黄化花叶病毒、西瓜花叶病毒、黄瓜花叶病毒、番木瓜环斑病毒西瓜株系、南瓜花叶病毒和黄瓜绿斑驳花叶病毒还可由带毒种子传播，如与带毒砧木嫁接也很容易传毒，并且成为田间病害的初侵染源。发病植株可通过蚜虫以非持久性方式或汁液传播方式进行传毒，在田间通过重复多次地再侵染、再传播，从而将病害扩展到全田。

（三）蚜虫传播

蚜虫传播可分非持久性传播和持久性传播两种方式。

通过蚜虫以非持久性传播方式传播的病毒有小西葫芦黄化花叶病毒、西瓜花叶病毒、黄瓜花叶病毒和番木瓜环斑病毒西瓜株系等，常见的传毒蚜虫有棉蚜（*Aphis gossypii*）、桃蚜（*Myzus persicae*）等。通常，蚜虫获毒和传毒时间短，病毒不能在口针内长时间停留，因此这类蚜虫的传播类型也称为口针污染传毒型。另外，这 4 种病毒具有广泛的寄主植物，一些杂草也是它们的田间病毒宿主，这些病毒宿主同样也能成为田间病害的初侵染源。

通过蚜虫（如桃蚜 *Myzus persicae*）以持久性方式传播的病毒有瓜类蚜传黄化病毒、甜瓜蚜传黄化病毒和丝瓜蚜传黄化病毒，获毒和饲毒的时间均较长，往往需要数分钟，病毒在介体内潜伏数小时或数日后才能传毒，且这种传毒能力可保持终生，甚至通过卵传给子代；也能通过嫁接传播，但不能经汁液机械接种传毒。

（四）烟粉虱传播

烟粉虱（*Bemisia tabaci*）传播病毒也可分为非持久性传播和持久性传播两种方式。由烟粉虱以半持久性方式传播的病毒有瓜类褪绿黄化病毒，是经 Q 型和 B 型烟粉虱传播的。因此，葫芦科蔬菜病毒病的暴发与这两种类型烟粉虱的大发生直接相关；而中国南瓜曲叶病毒则由烟粉虱以持久性方式传播。

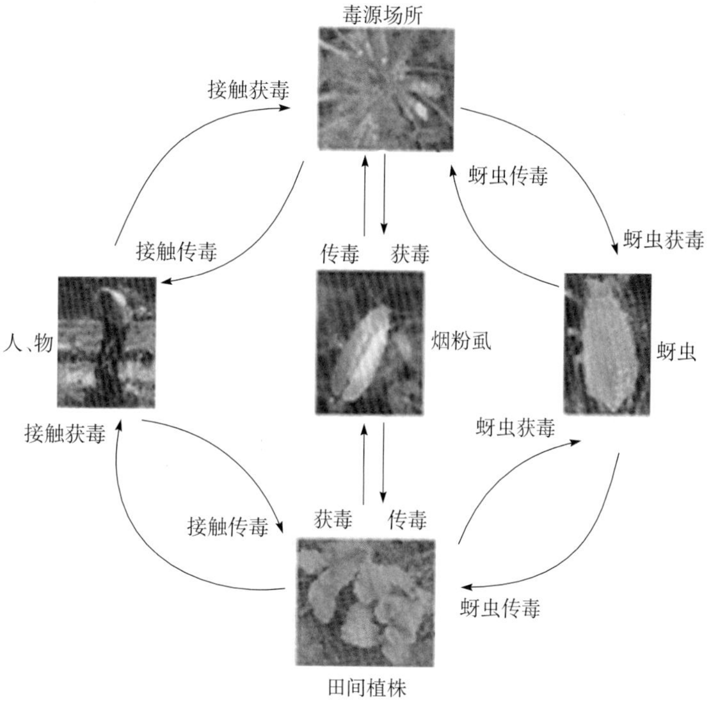

五、流行规律

主要介绍以下 3 种不同传播方式病毒的流行规律。

图 10 - 63 - 2　葫芦科蔬菜病毒病病害循环（古勤生提供）
Figure 10 - 63 - 2　Disease cycles of virus diseases on cucurbits (by Gu Qinsheng)

（一）种子传播的病毒病害

如小西葫芦黄化花叶病毒、西瓜花叶病毒、黄瓜花叶病毒、番木瓜环斑病毒西瓜株系、南瓜花叶病毒和黄瓜绿斑驳花叶病毒等可由种子传播，这类病毒引起葫芦科蔬菜病毒病，其病害的严重度主要取决于带毒种子或带毒砧木的比例，种子和砧木带毒比例越高，带毒量越大，田间中心病株就越多，初侵染来源就越多，病害扩散与蔓延也就越快；此外，在育苗期与大田种植阶段，气候与栽培管理措施对病害的发生与流行关系也很密切，温度较高和湿度较低的气象条件不利于植株的正常生长，却有利于病毒的繁殖与扩散，会加重发病；管理粗放，植株生长不良，抗病能力下降，均会加重病害。

（二）蚜虫非持久性传播的病毒病害

如小西葫芦黄化花叶病毒、西瓜花叶病毒、黄瓜花叶病毒和番木瓜环斑病毒西瓜株系等病毒可由蚜虫以非持久性的方式传播病毒，这类病毒引起葫芦科蔬菜病毒病，其病害的发生早晚与受害程度取决于传毒蚜虫的发生早晚与群体数量，蚜虫的发生动态决定了病毒的发生与流行。在日平均气温 19～27℃时，发病高峰约出现在有翅蚜虫迁飞高峰之后的 15d。有翅蚜出现早，病毒病害也发生早；干旱少雨的年份或田间小气候有利于蚜虫的发生，病毒病也就随之大发生、大流行。此外，带毒种子、带毒杂草以及其他发病的葫芦科作物都可以成为田间病毒病的初侵染源。因此，通常田边地头或附近杂草多的地块发病早，往往出现由 2～3 个紧密相邻病株形成的田间发病中心，病害由此逐渐向四周蔓延。

棉蚜和桃蚜都可以传播多种葫芦科蔬菜病毒病。在同样条件下，棉蚜传毒的潜育期为 5～11d，桃蚜为 9～15d。因此，棉蚜传毒效率比桃蚜略高，潜育期也较短，但潜育期可随着寄主生育期的向后延迟而逐渐加长；因而氮肥过多、植株生长过于旺盛或柔嫩，病害也重。除此之外，较高的温度（23.5～28.6℃）和较低的相对湿度（65% 以下）有利于蚜虫的繁殖，能促使病毒病害的蔓延和流行。

（三）烟粉虱半持久性传播的病毒病害

如瓜类褪绿黄化病毒是由烟粉虱以半持久性方式传播，21 世纪末，该病毒病害只在我国东部沿海地区发生，由于当时对该病的发病规律和防治措施不太了解，检疫意识淡薄，且全国各地保护地面积很大，葫芦科蔬菜周年种植，加上 B 型和 Q 型烟粉虱繁殖快和传毒能力强等因素，因此只经过短短的 5 年时间，该类病毒病害就迅速扩展蔓延，现在南自海南省、北到黑龙江省都有发生。

六、防治技术

由于葫芦科蔬菜病毒病的病原种类、传播方式和流行规律不同，需根据不同的病毒种类采取不同的防治方法。

(一)加强检疫

黄瓜绿斑驳花叶病毒是我国检疫性病毒，加强检疫是阻隔该病害大量发生和大区域传播的重要途径。

(二)清洁田园

由于田间杂草是葫芦科蔬菜病毒的重要寄主，因而及时清除田间杂草和病株及残余组织是减轻葫芦科蔬菜病毒病的一项重要的农业防治措施。

(三)选用抗(耐)病品种

总的来说，葫芦科蔬菜的抗病毒病育种难度较大。目前研究发现，源自国内的华北型黄瓜材料绝大多数抗小西葫芦黄化花叶病毒和西瓜花叶病毒，中抗或抗黄瓜花叶病毒；华南型材料也表现抗病；而源自欧洲和美国的材料多数不抗这 3 种病毒。但是，国外的 TMG-1 品系抗小西葫芦黄化花叶病毒、番木瓜环斑病毒西瓜株系、西葫芦黄斑病毒和摩洛哥西瓜花叶病毒等多种病毒病。并且明确，不同黄瓜材料对小西葫芦黄化花叶病毒和西瓜花叶病毒的抗性不同。这些研究结果可在葫芦科蔬菜抗病毒病育种中加以应用。我国有些黄瓜品种在田间的病毒病发生较轻，特别是比较抗黄瓜花叶病毒，如长春密刺、中农 5 号、中农 18、中农 106、京旭 2 号、津春 4 号、津优 42、津优 48、津优 401、春秋大丰等；比较耐病毒病的西葫芦品种有极纳 544、长青王 4 号、长青王 5 号、早青杂交一代、黑皮、天津 25 和邯郸西葫芦等，特别是荷兰的极纳 544 西葫芦的抗病性较强；耐病毒病的南瓜品种有瑞绿 1 号、黑贝—贝贝南瓜、博山长南瓜和枣庄南瓜等，各地可因地制宜地选用。

另外，美国的转基因西葫芦品种 ZW-20 和 CWZ-3 分别于 1994 年、1996 年通过安全性评价，获得释放可在田间种植，前者抗小西葫芦黄化花叶病毒和西瓜花叶病毒，后者除抗这两种病毒外，还兼抗黄瓜花叶病毒。

在抗病育种中，黄瓜苗期对黄瓜花叶病毒病的抗性鉴定可按照《NY/T 1857.7—2010 黄瓜主要病害抗病性鉴定技术规程 第 7 部分：黄瓜抗黄瓜花叶病毒病鉴定技术规程》进行。冬瓜、苦瓜、西葫芦、南瓜等其他葫芦科蔬菜对黄瓜花叶病毒病的抗性鉴定也可参照此标准执行。

(四)种子消毒

用 10% 磷酸三钠溶液浸泡种子 3h，以钝化种子上病毒的侵染能力，有一定的防治效果；种子干热处理是防治黄瓜绿斑驳花叶病毒的关键措施，种子在 72℃ 干热处理 72h，可以有效降低病毒病尤其是黄瓜绿斑驳花叶病毒病的发生，但需要严格控制温度，而且要求消毒设备内部的通风良好。根据韩国的经验，种子依次经过 35℃ 24h、50℃ 24h 和 72℃ 72h 的处理，然后逐渐降温至 35℃ 以下处理 24h，防病效果较好。

(五)接种弱毒苗

日本利用不同病毒株系交叉保护的原理，于黄瓜苗期接种小西葫芦黄化花叶病毒，或西瓜花叶病毒，或黄瓜花叶病毒的弱毒株系，从而有效地减轻相应病毒病为害。

(六)控制介体昆虫

覆盖防虫网是防蚜最简单有效的措施，即在温室或大棚外覆盖 50~60 目的防虫网，以阻止或减少蚜虫、烟粉虱等传毒介体进入大棚与温室内取食为害；覆盖银灰色薄膜也能有效地驱避蚜虫，起到一定的防病效果。

此外，在田间和大棚与温室内悬挂黄色黏板，也可起到诱杀蚜虫和烟粉虱的作用；在葫芦科蔬菜田里套种玉米、高粱等高秆作物，能起到隔离作用；秋茬大棚黄瓜种植前，采用高温闷棚等措施，都可减轻病毒病为害。

(七)化学控制

喷洒 20% 盐酸吗啉胍·铜可湿性粉剂 500~800 倍液，或 1.5% 三十烷醇＋硫酸铜＋十二烷基硫酸钠乳剂 1 000~1 200 倍液；或新型生物制剂如 0.5% 菇类蛋白多糖水剂 200~300 倍液、混合脂肪酸 100 倍液、2% 氨基寡糖素水剂 300~400 倍液、2% 宁南霉素水剂 250 倍液、4% 博联生物菌素水剂 200~300 倍等，可在一定程度上减轻葫芦科蔬菜病毒病为害，应注意施药间隔期，药剂应交替使用。

古勤生（中国农业科学院郑州果树研究所）

第 64 节　葫芦科蔬菜根结线虫病

一、分布与危害

葫芦科蔬菜根结线虫病是世界性分布的重要病害之一，据 2001 年报道，对葫芦科蔬菜生产造成的经济损失大约为 65 亿美元。根结线虫的寄主范围达到 2 000 多种，葫芦科蔬菜是其中的重要寄主，几乎所有葫芦科作物都可受害，如黄瓜、南瓜、冬瓜、丝瓜、西葫芦、苦瓜、瓠瓜、佛手瓜等。近年来，随着农业产业结构的调整，大棚与温室等设施栽培技术的推广，使得设施蔬菜种植的黄瓜、西葫芦等面积越来越大，致使倒茬困难，根结线虫病泛滥成灾；同时根结线虫病也加剧了枯萎病等其他病害的发生，加大了其经济损失。在数种根结线虫中，尤以南方根结线虫对黄瓜等为害最为广泛和严重。

在 20 世纪末以前，根结线虫病并不是我国葫芦科蔬菜生产上的主要病害，只在南方局部地区有少量发生。但此后，随着大棚与温室等设施蔬菜栽培的推广，使得根结线虫病一年四季均可发生，特别是对南方露地及北方设施栽培中的黄瓜、西（甜）瓜为害最重，造成了巨大的经济损失。一般年份，黄瓜的产量损失在 20%～30%，重病年达 50%～70%，严重地块甚至绝收。

二、症状

根结线虫均为害葫芦科蔬菜根部，以侧根和须根受害较重，形成许多大小、形态各异的根结。不同种根结线虫所产生的症状很相似，例如，在南方根结线虫为害黄瓜，初发病时根结色浅，呈白色，严重时根结呈串珠状，后期逐渐变成淡褐色，使整个根系变粗。随着为害加重，根系逐渐腐烂，最后根系完全腐烂。黄瓜被侵染后，地上部分也有明显的异常表现。重者地上部分生长迟缓，植株矮小，叶片发黄，长势衰弱似缺水缺肥状，生长发育不良。有的植株叶片瘦小皱缩，开花迟，甚至不开花，结果少而小。中午气温高时，植株呈萎蔫状，早晚气温低或浇水充足时，暂时萎蔫的植株又恢复正常，随着病情加重，这种暂时萎蔫渐渐不能恢复正常，植株萎蔫、枯死。葫芦科蔬菜根部受害后，其上可形成大小不一的根结，根结中有许多乳白色的鸭梨形雌虫，尤以苦瓜、南瓜、西葫芦等蔬菜上较为明显（彩图 10 - 64 - 1）。根结线虫侵入造成的伤口有利于其他土栖病原物的侵入，常与枯萎病等土传病害共同发生，从而加剧病情。

三、病原

（一）主要根结线虫的种类

引起葫芦科蔬菜根结线虫病的线虫主要有 4 种，即南方根结线虫（*Meloidogyne incognita* Kofoid & White）、爪哇根结线虫 ［*M. javanica* (Treub) Chitwood］、花生根结线虫 ［*M. arenaria* (Neal) Chitwood］ 和北方根结线虫

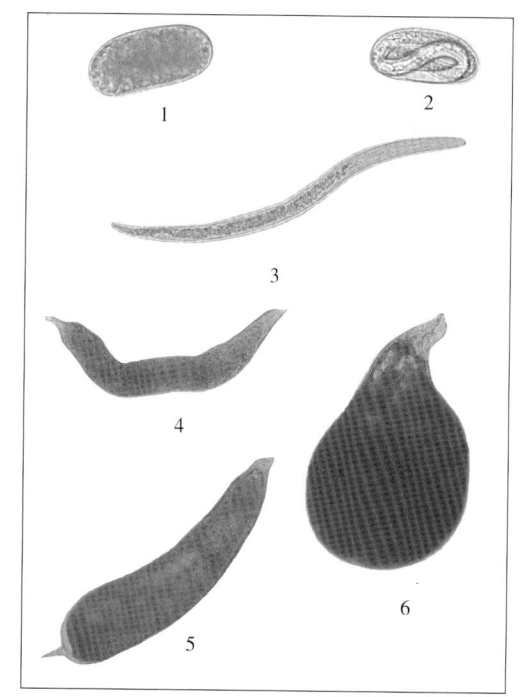

图 10 - 64 - 1　南方根结线虫不同时期的虫态
（茆振川和沈宝明等提供）

Figure 10 - 64 - 1　Developmental stages from eggs to adult of *Meloidogyne incognita* （by Mao Zhenchuan and Shen Baoming et al.）

1. 卵　2. 卵内的 J_1，一龄幼虫　3. J_2，二龄幼虫　4. J_3，三龄幼虫　5. J_4（雌虫），四龄雌性幼虫　6. 雌成虫

（*M. hapla* Chitwood），均隶属于线虫动物门垫刃目根结线虫属。

我国北方设施栽培主要受南方根结线虫为害，其他线虫种类很少；但在南方露地葫芦科蔬菜上 4 种根结线虫都有发生，但依然以南方根结线虫为主。自 20 世纪初期以来，海南省一些地方的葫芦科蔬菜日益受到象耳豆根结线虫（*M. enterolobii*）的严重为害。

根结线虫雌、雄成虫异形。雄成虫线形，而雌成虫梨形。雌成虫固定寄生于寄主组织内，大小为（440～1 300）μm×（325～700）μm，虫体乳白色，中食道球发达，口针发育良好，具有的独特会阴花纹是线虫分类的重要依据；每头雌虫可产卵 300～800 粒，卵长椭圆形，约为 83μm×38μm，淡褐色，卵常常被透明的胶状物质黏在一起形成褐色的卵块。二龄侵染型幼虫呈细长蠕虫状，可以自由运动，长（400～500）μm×（13～15）μm，食道腺发育良好。雄成虫细长蠕虫形，大小为（700～1 900）μm×（30～40）μm，头部呈圆锥状，尾端钝圆，具有粗大的交合刺（图 10 - 64 - 1）。

（二）4 种根结线虫会阴花纹的区别

4 种根结线虫会阴花纹的区别见图 10 - 64 - 2。

1. 南方根结线虫 会阴花纹背弓明显高，背弓线纹平滑至波浪形，在侧面一些线纹具有分叉，无明显侧线。

2. 爪哇根结线虫 会阴花纹比较特殊，背弓近圆而扁平，其花纹于侧线处有明显切迹，把背和腹之间的线纹隔断，此线沿雌虫体从会阴处延至颈部。

3. 花生根结线虫 会阴花纹圆至卵圆形，背弓扁平至圆形，弓上的线纹在侧线处稍有分叉，并常在弓上形成肩状突起，背面和腹面的线纹常在侧线处相遇，并呈一个角度。

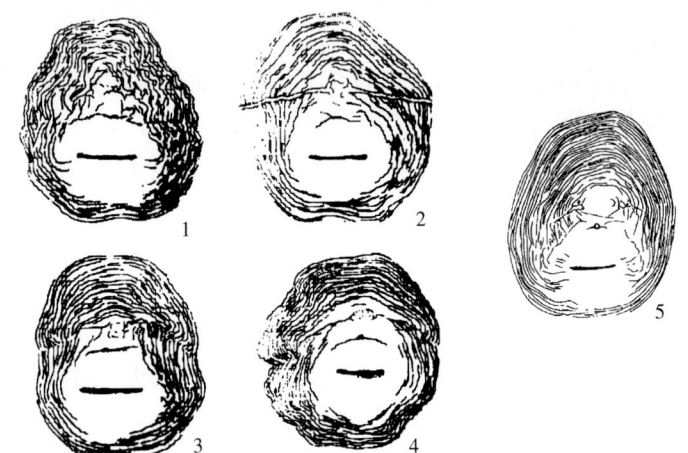

图 10 - 64 - 2 五种主要根结线虫的会阴花纹比较（引自刘维志，2000）

Figure 10 - 64 - 2 Comparison of perineal patterns for 5 major species of *Meloidogyne* spp.（from Liu Weizhi, 2000）

1. 南方根结线虫 2. 爪哇根结线虫 3. 花生根结线虫
4. 北方根结线虫 5. 象耳豆根结线虫

4. 北方根结线虫 会阴花纹从近圆形的六边形至扁平的卵圆形，背弓扁平，背腹线纹相遇呈一定角度，或呈不规则变化，但侧线不明显，线纹平滑至波浪形，尾端具有刻点。

5. 象耳豆根结线虫 会阴花纹特征主要表现在整体呈卵圆形至椭圆形，背弓较高，线纹较细，由平滑至波浪状，尾尖区环纹不规则，侧线不明显。

（三）南方根结线虫的生理小种

就多数地区来说，我国葫芦科蔬菜上的根结线虫种类主要是南方根结线虫，但各地的生理小种却不尽相同，采用烟草、棉花、辣椒、西瓜、花生和番茄共 6 种作物的相关品种作为鉴别寄主，将南方根结线虫的不同分离物接种到每一鉴别寄主上，根据其鉴别寄主的根结数目确定是否为亲和反应，再以特定的亲和反应组合划分为 4 个生理小种（表 10 - 64 - 1）。据报道，目前为害我国葫芦科蔬菜的南方根结线虫以 1 号生理小种为主。

四、病害循环

初侵染源主要是病土、病苗中的卵块或是二龄幼虫。黄瓜根结线虫远距离的移动和传播，通常是借助于灌溉水、雨水、土肥、种苗、病土搬迁和农机具沾带的病残体、病土等进行传播（图 10 - 64 - 3）。

表 10-64-1　南方根结线虫生理小种的鉴定（引自 M. R. Khan，1999）

Table 10-64-1　Identification of physiological race of *Meloidogyne incognita*（from M. R. Khan，1999）

鉴别寄主	生理小种			
	1号	2号	3号	4号
烟草（*Nicotiana tabacum* var. NC95）	−	+	−	+
棉花（*Gossypium hirsutum* var. Deltapine16）	−	−	+	+
辣椒（*Capsicum frutescens* var. California Wonder）	+	+	+	+
西瓜（*Citrullus lanatus* var. Charleston Gray）	+	+	+	+
花生（*Arachis hypogaea* var. Florunner）	−	−	−	−
番茄（*Lycopersicon esculentum* var. Rutgers）	+	+	+	+

注　接种后60d调查，每株根系的根结数目0~2个为不亲和，用"−"表示；根结数目3个或3个以上为亲和，用"+"表示。

根结线虫只有二龄幼虫能够侵染寄主植物。二龄幼虫通过头部敏感的化感器寻找寄主植物的根，侵入植物根尖组织后，用口针刺穿植物细胞壁，将食道的分泌物质注入细胞，从而刺激寄主细胞发生各种复杂的生理和病理变化，细胞核分裂但细胞质不分裂，组织细胞发育过度，最终形成多核巨细胞，为根结线虫的生长和繁殖提供营养来源。根结线虫侵入植物根尖组织后，穿刺吸食植物营养，破坏细胞壁，对植物组织细胞造成了机械损伤，还为其他病原物提供了方便的入侵通道，使植物更加容易感染其他病害。此外，根结线虫食道腺的分泌物会刺激寄主植物根细胞增大形成巨型细胞，使根部细胞分裂形成瘤肿和过度分支，或使细胞中胶层溶解引起细胞裂解，导致根部和皮层形成空洞甚至细胞死亡。

黄瓜常遭南方根结线虫的侵染与危害，其完整的生活史需经历卵、幼虫（1~4龄）和成虫3个阶段。根结线虫多生活在5~25cm深的土层里，以3~10cm深的土层中分布的最多。在大田生产环境

图 10-64-3　南方根结线虫病病害循环（茆振川提供）

Figure 10-64-3　Disease cycle of *Meloidogyne incognita*
（by Mao Zhenchuan）

1. 卵　2. 卵内一龄幼虫（J₁）　3. 侵染型二龄幼虫（J₂）
4. 寄生型三龄幼虫（J₃）　5. 四龄幼虫（J₄）　6. 雌成虫
7. 雄成虫　8. 根结及卵块　♀：雌虫，♂：雄虫

中，根结线虫以卵、二龄幼虫随病残体在土壤或粪肥中越冬，卵块可存活1~3年；在设施栽培环境中，根结线虫得以继续生存与为害，其越冬成活率显著提高，甚至不存在越冬阶段，一年四季都可以连续繁殖、多次侵染，造成世代混杂，为害严重。南方根结线虫、爪哇根结线虫、花生根结线虫均以孤雌生殖方式进行繁殖，虽然可以产生雄虫，但是基本不起作用。根结线虫的卵在适当的条件下发育，并在卵内发育形成一龄幼虫，一龄幼虫在卵内蜕皮孵化出二龄幼虫；二龄幼虫在寄主根部分泌物的诱导下向根部移动，由根尖部位侵入，固定于维管束位置进行危害和生长发育，再经过3次蜕皮发育为成虫，雌成虫固定在寄主上并连续产卵到体外，而雄虫逸出根外，进行交配或是不交配。在适宜温度下，整个发育周期仅需要21~25d。

五、流行规律

葫芦科蔬菜根结线虫病的发生与气温、土质、土壤温度以及栽培制度紧密相关。病原线虫生长和

繁殖的适宜温度为24~30℃，温度过高或过低对线虫的活动均不利。在 10℃以下时，根结线虫的幼虫停止活动，当春季平均地温上升至 10℃以上时，线虫的越冬卵开始陆续孵化为一龄幼虫；平均地温在12℃以上时，可发育为二龄幼虫；当平均地温在 13~15℃时，二龄幼虫就可以完成对植物的侵染，在最适宜温度下其完成 1 个世代仅需 21~25d。根结线虫生长发育的最适宜土壤湿度为 40%~70%，pH 为 4~8。

根结线虫具有好气性，适宜生存在地势高、土质疏松、含水量较高、含盐量低或呈中性的沙壤土中；反之，过于潮湿、黏重、板结的土壤不利于根结线虫的存活。

在露地黄瓜栽培中，根结线虫一年可发生 4 代左右，从 3 月上旬至 10 月下旬均可发生与为害，以 6月中旬至 7 月下旬受害最为严重。在保护地黄瓜栽培中，由于冬季温度和土壤湿度都比较适合根结线虫的生长发育，因此，根结线虫可以周年存活繁殖、周年侵染为害，往往出现世代混杂、致害成灾的局面。总的来说，根结线虫在保护地里一年可发生 10 代左右，每个雌虫产卵 300~800 枚。往往从 3 月进入为害期，至 6 月达到为害高峰。

六、防治技术

到目前为止，由于葫芦科蔬菜缺乏可以利用的抗根结线虫的育种材料，所以没有抗根结线虫的黄瓜、南瓜、丝瓜、西瓜、甜瓜等栽培品种的推广，必须遵循"预防为主，综合防治"的基本原则，重点是以农业技术防治为基础，培育无菌苗和采用合理轮作，结合化学农药适时防治。

（一）农业技术防治

1. 培育无线虫种苗　苗床是根结线虫传播的重要途径之一，因此，首先要选用未发生根结线虫病的土壤或是两年以上的稻田土壤作为苗床土。在工厂化育苗中，对营养基质进行高温灭菌，可有效地防止根结线虫病害的发生及传播；另外，播种前应对种子进行药剂消毒或温汤浸种等，以杀灭虫卵，防止线虫随种子传播。

在抗病育种中，黄瓜苗期对根结线虫病的抗性鉴定可按照《NY/T 1857.8—2010　黄瓜主要病害抗病性鉴定技术规程　第 8 部分：黄瓜抗根结线虫病鉴定技术规程》进行；其他葫芦科蔬菜对根结线虫病的抗性鉴定也可参照此标准进行。

2. 合理轮作　合理轮作可以减少土壤中的线虫数量，减轻病害的发生。黄瓜等葫芦科蔬菜根结线虫发生严重的田块可以与水稻育苗田进行两年以上的轮作，防治效果很好。通常，大葱、大蒜、韭菜等葱蒜类蔬菜的根结线虫病都比较轻，如果黄瓜等葫芦科蔬菜与葱蒜类蔬菜轮作后，15~20cm 深土层中的线虫数量可减少 75%~92%，为害大大减轻。另外，葫芦科蔬菜还可以与抗根结线虫的番茄或辣椒等品种进行轮作，也能获得良好的防效。

3. 高温杀虫　由于在土壤 10cm 深处的地温达到 30~40℃、5cm 深处的地温白天为 60~70℃时，即可有效杀灭各种发育阶段的根结线虫，因此在 7~8 月灌水后，用塑料膜平铺地面，压实后密闭暴晒 15~20d，可达到高温杀虫的效果。温室土壤或是无土栽培基质可用 90~95℃的热水灌溉，或用蒸汽进行热力消毒，都可有效地控制根结线虫为害。

4. 清除田间虫源　收获后要彻底清除田间病根残余及杂草，带出田外集中烧毁。如继续种植生长期短的油麦菜、小白菜或菠菜等速生蔬菜，约 1 个月后将其收获，可起到诱捕根结线虫的作用，减少田间的虫源基数。在夏季换茬时，要翻晒土壤，进行高温闷棚，可显著减轻根结线虫病的发生。即使在北方冬季休闲时节，也要翻耕保护地里的土壤，并进行长时间低温处理，可大大减少虫源数量。

（二）生物防治

采用有益生防菌来防治根结线虫具有安全、不污染环境等优势而备受关注。用于防治根结线虫的生防菌很多，如厚垣轮枝孢（*Verticillium chlamydosporium*）、淡紫拟青霉（*Paecilomyces lilacinus*）、穿刺巴氏杆菌（*Pasteuria penetrans*）、枯草芽孢杆菌（*Bacillus subtilis*）、苏云金芽孢杆菌（*Bacillus thuringiensis*）等，部分菌株已经有商品化制剂用于生产，如淡紫拟青霉颗粒剂（5×10^8 孢子/g）、厚垣孢轮枝菌微粒剂（2.5×10^8 孢子/g）等。但是生防菌制剂在防治效果、稳定性及配合使用技术等方面还存在一些问题，需要加以改进。

现在，我国已将厚垣轮枝菌制剂——"线虫必克"用于生产，如黄瓜播种前，将2kg2.5亿孢子/g厚垣孢轮枝菌微粒剂与适量营养土混匀后，撒在667m²的苗床上；也可于黄瓜定植前将药土均匀施入土壤中，防治效果良好。

（三）化学防治

土壤熏蒸消毒、药剂灌根及穴施药剂是控制土传病害的重要措施之一。化学药剂虽然杀虫快，效果好，但用量大，成本高，且有些药剂对人畜剧毒、破坏土壤微生态环境，应选择使用。目前，国内用于替代溴甲烷的土壤消毒熏蒸剂有棉隆、阿维菌素、噻唑磷、灭线磷、涕灭威、威百亩等。

1. 棉隆 是一种新型广谱型土壤熏蒸剂，属低毒杀菌、杀线虫剂。棉隆混入湿润的土壤中后，迅速分解为几种具很强刺激性的物质，其中98％是异硫氰酸甲酯（MITC），另有少量的甲醛、甲胺、硫化氢、二硫化碳等。试验证明，用棉隆消毒处理过的土壤，可使幼苗健康生长、增强对病害的抵抗力，而且对各种线虫、土传病菌、地下害虫和杂草种子等皆有杀灭效果，特别适用于常年连茬种植蔬菜的温室土壤消毒。

使用前，先深翻土壤约30cm深，再耙平，并保持土壤湿度为60％～70％（湿度以手捏土能成团，1m高度掉地后能散开为标准），使线虫、病原菌及草籽萌动后被棉隆气体杀死。施药方法有全地撒施、沟施、条施等。每公顷撒施或沟施98％棉隆颗粒剂75～105kg，施药深度不低于20cm，以25～30cm为宜，撒施后马上用旋耕机混匀土壤；沟施和穴施时，使药剂与土壤粒子充分接触。温室大棚内使用要确保立柱和边角用药到位，以防消毒不彻底。然后迅速覆盖无透膜，从开始旋耕到盖膜结束最好在2～3h内完成，减少有效成分挥发。覆膜后，密封消毒12～20d，不得少于12d，以确保无残留药害。揭膜后，松土30cm，并透气一周以上，再取土以甘蓝或其他易发芽种子做安全发芽试验，安全后才可再进行播种育苗。

2. 威百亩 是一种低毒、水溶性及灭生性土壤熏蒸剂，具有熏蒸作用的土壤杀菌剂、杀线虫剂，兼具除草和杀虫作用，主要商品制剂为30％威百亩水剂。主要用于播种前的土壤消毒，防治对象广谱，具有见效快、在土壤中残留时间短、农产品上无残留等特点。其作用是由于分解成异硫氰酸甲酯。由于其对植物的毒性，必须待其安全分解并通风后才能种植，种植前应进行独行菜种子萌发试验，在潮湿土壤中本品一般在14d内分解。

在蔬菜播种或移栽前的17～18d，当温度达15℃以上时，开沟深16～23cm，沟距24～33cm，每667m²用药剂4～5kg（重发生地块可用8～10kg），对水300～500kg混匀后，均匀地施于沟内，随即盖土压实，并覆盖地膜，15d后揭膜，翻耕透气2～3d后即可。据报道，施药后7个半月内，对黄瓜根结线虫的防效仍达90％以上；但施药后9个月（植株临拉秧时），防治效果完全丧失。这是由于威百亩能杀死土壤中包括有益生物在内的所有生物，一旦有害生物重新进入，其为害就会迅速回升。所以，用威百亩熏蒸土壤消毒，应避免人为再传入线虫。同时，注意施入优质有机肥或复合肥，以尽快建立良好的土壤微生物环境。

3. 氰氨化钙 又名石灰氮，施入土壤后，在高温下能杀死土壤中的大部分根结线虫和卵。可在6～7月的温室与大棚休闲换茬时，每1 000m²面积，用稻草或麦秸等未腐熟的有机物1～2t与50％氰氨化钙颗粒剂100kg混匀后，撒施在土壤表面，并用旋耕机充分深翻、浇大水、土表覆盖地膜，最后将大棚封闭，高温闷棚20～30d，可杀死土壤上层的绝大多数线虫。

4. 10％噻唑磷颗粒剂 噻唑磷是具有触杀及内吸传导作用的新型高效、低毒杀线虫剂，能有效防止线虫侵入植物体内并杀死已侵入体内的线虫，施用效果不受土壤条件影响，持效期可达2～3个月。

播种或定植前，每667m²用10％噻唑磷颗粒剂1.5～2kg，拌细干土40～50kg，均匀撒于土表，再翻入15～20cm的耕作层；也可均匀撒在沟内或定植穴内，再浅覆土。施药与播种、定植的间隔时间尽可能短，最好当日播种或定植。据报道，防治黄瓜、西瓜根结线虫的效果可达75％～90％。

5. 1.8％阿维菌素乳油 阿维菌素为抗生素类广谱杀虫、杀螨剂，同时也可作为杀线虫剂。低毒，持效期约2个月。

防治根结线虫病应于播种或定植前施药，每平方米用1.8％阿维菌素乳油1～1.5mL，对水2 000～3 000倍液，均匀地喷洒到土表，并立即耙入15～20cm的耕作层，充分拌匀后播种或定植；药液也可沟施或穴施，浅覆土后播种或定植。阿维菌素见光易分解，不可长时间暴露。植株生长期间施药，可用1 000～1 500倍液灌根，每株灌250mL。据报道，1.8％阿维菌素乳油对根结线虫病的防治效果通常为65％～88％，但有些地方连续使用多年后防效有所下降，应与其他土壤消毒技术配合或交替使用。

茆振川（中国农业科学院蔬菜花卉研究所）

第 65 节　黄瓜花打顶及畸形瓜

一、分布与危害

　　黄瓜在生产中尤其是开花坐瓜期常常出现花打顶及畸形瓜现象，是全世界黄瓜生产中十分常见的生理性病害，特别是在冬季气候寒冷、阴冷天气时间长，或夏季气温高、土壤干旱的地区尤为严重，不仅影响产量，而且也严重降低品质，给瓜农造成极大的损失。轻者植株生长缓慢，畸形果、起霜果增多，嫩瓜的商品性变差、产量下降；重者在苗期或伸蔓期发生花打顶、停止抽蔓，如不及时解救，会丧失结瓜能力。此外，该病一旦发作，往往是大面积甚至全田发生，常导致拉秧换茬的严重后果。

　　该病在我国的保护地黄瓜栽培中发生普遍、为害严重，尤其是在"春提早"和"秋延晚"的大棚和温室中，黄瓜进入结果期以后，畸形瓜的发生概率有逐年加重的趋势，百株黄瓜畸形瓜发生率已达到 10％以上，严重影响了黄瓜的商品性能，也使菜农的经济利益受损。

二、症状

（一）花打顶

　　黄瓜花打顶又称花抱头、花抱顶和瓜打顶，在黄瓜苗期或定植初期最易发生，严重阻碍了黄瓜的生长发育，但对植株营养生长和生殖生长影响的严重程度不一致。黄瓜生长受阻的最典型症状是瓜蔓的伸长速度明显缓慢、节间缩短、生长点以下各节紧缩集中；而生殖生长却仍在继续，植株顶端仍然逐步出现花蕾，并聚集成花簇，雌花开放后其高度往往超过了生长点，便形成了花打顶现象，幼瓜瓜条不伸长，无商品价值。由于花打顶的黄瓜植株其营养生长处于停止或基本停止状态，致使叶片瘦小、叶色深绿，常常形成小老苗或老化苗（彩图 10 - 65 - 1）。

（二）畸形瓜

　　畸形瓜主要指尖嘴瓜、蜂腰瓜、大肚瓜、弯曲瓜、瓜佬及双体瓜等。

　　尖嘴瓜是瓜条在中部到顶部膨大伸长时生长受阻，造成瓜条变短，有时略弯曲，顶部较尖。蜂腰瓜则是瓜条中部多处缢缩，状如蜂腰，又如系了多条腰带。将蜂腰瓜纵切开，常会发现细腰处的果肉已龟裂甚至中空，果实变脆。大肚瓜是瓜中部或顶部异常膨大。弯曲瓜是瓜条不直，向一侧弯曲，或严重弯曲成钩状，有时也会表现为不规则形弯曲（彩图 10 - 65 - 2）。瓜佬即是黄瓜植株上偶尔结出形似小香瓜的"瓜蛋"，鸡蛋大小，称为瓜佬。双体瓜看上去像两条瓜并列连为一体，在开花时就能看到两条瓜并生，以后逐渐长大，形成双体瓜，这种瓜除外观奇特外，品质、风味都没有异常，对植株也没有不良影响，有时个别出现，有时大量发生。

三、病因

（一）花打顶

　　1. 温度异常　在我国北方地区的温室或大棚蔬菜栽培中，黄瓜从当年秋季育苗到翌年初夏拉秧要经历苗期高温、中期低温和后期高温 3 个非适宜生长温度的阶段。在夏秋季节，如果棚室内的温度长期处于 30℃以上时，黄瓜叶片的颜色为浓绿或墨绿、生长缓慢甚至萎蔫，此时的营养生长常受到抑制，被迫进入生殖生长，植株从而呈现出以僵化苗、小老苗为特征的花打顶。

　　2. 水分异常　在黄瓜育苗过程中，营养钵之间存在空隙，导致土壤水分散失较多，或定植后控水蹲苗过度，造成土壤干旱，或大棚与温室内白天气温在 35℃以上，夜晚在 18℃以上，均高于黄瓜生长的适温，光合作用就会受阻，呼吸作用和蒸腾作用加强，加剧了土壤水分的蒸发，使土壤湿度降至 80％以下，如果此时浇水不及时或补水量不足，植株就会缺水早衰，造成花打顶。

　　3. 营养异常　在植株生长前期，如果施入大量未腐熟的农家肥或过量化肥作底肥，这些肥料随着大棚与温室内气温和地温的升高而发酵，短时间内能产生较多的热量，当植株根系扎到肥料层时，就会发生烧根现象，从而引发花打顶现象。

　　黄瓜生产中的病害、虫害和药害等都会造成叶片变小、变弱或损伤，直接影响到光合产物的形成，从而导致植物营养不良出现花打顶；在植株大量结果期，随着温度的逐步升高，昼夜温差逐渐变小，光合产物主要被输送到果实中，而回流到根系的养分大大减少，根系衰老加快，新根再生能力减弱，最终也造成了花打顶。

4. 药害 乙烯利是一种高效植物生长调节剂，具有促进雌花分化的作用。利用乙烯利来促进大棚黄瓜雌花分化，已成为一项比较成熟的增产新技术。如果不能准确掌握施药浓度，会因浓度过高而导致幼苗生长停滞，出现花打顶或形成僵苗的现象，严重时生长点干枯死亡。

（二）畸形瓜

授粉不及时、水肥不合理、高温及光照不足等多种原因都会造成畸形瓜。

1. 尖嘴瓜的形成 黄瓜为单性结实弱的品种，如果开花期雌花没有受精，果实就不能形成种子，缺少促使营养物质向果实运输的原动力，造成果实尖端营养不良；在植株生长早期，如果养分供应不足或其他原因，造成植株长势较弱，特别是在果实膨大后期，肥水不足使果实得不到正常的养分供应，往往形成尖嘴瓜。

2. 蜂腰瓜的形成 雌花授粉不完全或受精后植株干物质合成量少，营养物质分配不均匀是造成蜂腰瓜的最主要原因，如将蜂腰瓜纵切开，常会发现变细部分果肉已龟裂甚至中空，果实变脆；另外，高温干燥的天气，会影响植株对水分的需求，减弱植株的生长势，也易形成蜂腰瓜。

3. 大肚瓜的形成 如果黄瓜受精不完全，只在瓜条的先端产生种子，使得瓜条的先端积累到大量的营养物质，致使先端果肉组织肥大，形成大肚瓜；还有在低温季节温室栽培期间，不经受精而单性结实所形成的瓜条多为大肚瓜。此外，在瓜条膨大过程中，生长前期缺水，后期大量供水，或是前期和后期均缺水，也易形成大肚瓜。

4. 弯曲瓜的形成 由于种植过密、高温干旱以及肥料不足等原因，造成植株叶片的光合产物不足，或不能顺利地将营养物质输送到果实中去，都容易形成弯曲瓜；营养不良和温度障碍还会造成花芽分化异常，雌花子房不正常，常常弯曲，随着子房增大，弯曲角度也增大，通常是开花时子房小的弯曲度大，随子房变长变粗，弯曲度变小。估计在雌花开花前12d左右子房开始弯曲，6d左右稍稍急转弯，此后变缓。单性结实能力差的品种受精不良或不完全，只有一侧受精，产生种子多，或仅仅外侧细胞受精，造成瓜条的一侧发育好，另一侧发育不好，导致果实发育不平衡，也可能形成弯曲瓜。

5. 瓜佬和双体瓜的形成 黄瓜属雌雄同株异花植物，刚分化出的花芽不分雌雄，性型分化主要依赖于花芽发育过程中的环境条件，低温和短日照有利于雌花的形成，而高温长日照则会使花芽向雄花方向发展。如在偶然情况下，同一花芽的雌蕊原基和雄蕊原基都得到了发育，就会形成两性花（完全花），由完全花结出的黄瓜，就是瓜佬。如果在花芽分化时，天气干燥、土壤缺水，加之氮肥、钙肥过多，使得植株对硼的吸收受到阻抑，很易导致花芽分化异常，有可能形成双体瓜。

四、发病条件

（一）花打顶

1. 低温寡照的环境条件 在深秋、冬季和早春季节，如遇多阴天或多雨雪，夜间温度常常低于15℃，叶片中白天光合作用制造的养分不能及时输送到其他部分而积累在叶片中（在15～16℃条件下，同化物质需4～6h才能被运输出去），造成叶片浓绿、皱缩和老化，光合机能急剧下降，就会形成花打顶；即使白天长期低温也易形成花打顶。此外，育苗期间的低温寡照也十分有利于雌花形成，特别是在保温性能较差的温室里，黄瓜植株的雌花往往较多，花打顶的现象比较明显。

2. 植株长期营养不良 黄瓜结果多、产量高，要求的养分供应也多。尤其是进入结果盛期后，对氮、磷、钾的需求大幅增加，如果长期处于缺水状态中，C/N相对会升高、生理活性会降低、器官常常老化，而生殖生长却相对较旺，在叶腋、生长点处往往会形成大量的花和果，这是最为常见的一种花打顶；此外，在浇水过多、土壤通透性不良的情况下，若再遭遇低温和连阴天，根系生理活性变差，代谢机能变弱，引发沤根坏死、植株萎蔫，也会出现花打顶的现象。

3. 栽培管理不当 定植过晚的老龄苗、弱苗容易产生花打顶，尤其是根系老化、生长势差、C/N高、呈小老苗状态的植株，在定植后不久，甚至在苗床（营养钵）阶段就会发生花打顶；生产中如果蹲苗过猛、过狠，也会发生干旱型或盐害型的花打顶；生产人员如不能准确掌握植物生长调节剂——乙烯利的施药方法，特别是使用浓度过高，往往导致植株生长缓慢甚至停滞，很容易出现花打顶或形成僵苗的现象。此外，不及时采收也容易造成花打顶，尤其是在黄瓜生产淡季，如放松疏花疏果，一味追求产量，致使植株结果多，或等待时机卖高价，不及时采收，瓜条超期挂株，加大了植株负荷，也易产生花打顶。

（二）畸形瓜

常年大量使用化肥，土壤溶液中盐浓度过高，土壤盐渍化严重；或遇高温障碍，天气干燥，土壤缺水，或光照不足，密度过大或浇水过多，种植过密，通风透光不良，根系衰弱，影响对养分的吸收；或打老叶过多，不能及时和均匀地满足植株对肥水的需求，特别是植株缺钾而氮肥供应过量；或遭受黑星病等病虫的严重为害，瓜条会从伤口处弯曲；或雌花授粉不完全或不经受精单性结实等，这些因素都会造成植株根系发育不良，吸收能力降低，植株老化，花芽分化异常及雌花子房不正常等现象，从而为各种各样畸形瓜的出现创造了有利条件。

除了上述生理条件外，极少数畸形瓜还可能是外物阻挡而引起的。如支架、吊绳、绑蔓、卷须缠绕等原因，使正在伸长的瓜条夹挤在茎蔓、支架上，不能正常生长成形。

五、防治技术

（一）花打顶的防治

黄瓜花打顶现象是由多种因素综合造成的，在预防和治疗花打顶时，应采取综合防治措施，使黄瓜的营养生长与生殖生长达到平衡。

1. 加强温光管理，培育壮苗　温度对花打顶影响极大，尤其是夜间的低温。在黄瓜出苗至 10 片真叶展开期间，应尽量保持大棚与温室内气温在 15℃以上。生产上往往在 9 月下旬就开始育苗，能基本保证黄瓜生长前期的夜间温度达到 15℃以上。在寒冷季节，加强控温管理，白天棚温保持 25～32℃，超过 28℃放风，前半夜保持 20～16℃，后半夜保持 15～12℃；当遇大风降温天气，则运用电热线、可移动的热风炉、不冒烟的玉米芯、木炭火盆等方式进行人工增温。选择合理的棚体结构、使用消雾无滴膜和保持棚膜洁净等方式来提高透光率；在连阴天和雨雪天，可在棚、室的后墙前挂反光幕，并用电灯照明 1～2h 进行人工补光等。

2. 适期定植，调控肥水　无论是黄瓜实生苗还是嫁接苗，均应在三叶一心时定植。定植前精细整地，每公顷一次性基肥施用量为腐熟优质有机肥 150t、过磷酸钙 3 000kg、尿素 350kg、硫酸钾 300kg 或草木灰 6 000kg、高效复合生物菌肥"肥力高"30～60kg，2/3 的肥料撒施、1/3 集中垄沟施，施后浇足底墒水，最好覆盖地膜，尽量使早晨的地温升高到 10℃以上；定植后浇好定植水，当植株长至四叶一心时，进行 7～10d 的轻蹲苗，以后即转入正常管理；及时摘除 9～10 片叶以下的花与果，待植株长势强壮、叶面积系数达 1.5 以上时开始留瓜，其后的大棚与温室温度控制在 10～30℃。当早晨地温在 10℃左右时，一般每隔 15d 浇 1 次水；15℃左右时，每隔 7～10d 浇 1 次水；18℃以上时，每隔 5～7d 浇 1 次水。每次的浇水量为 150～225m³/hm²。在黄瓜日产量达 300kg/hm² 时，需隔 1 水追 1 次肥；达 600kg 左右时，每次灌水都要追肥，一般追施碳酸氢铵 150kg/hm²、磷酸二氢钾 30kg/hm²。当黄瓜累计产量达到 3 万 kg/hm² 时，随灌水追稀土微肥 30～60kg/hm²。一般生产 1 000kg 黄瓜约需吸收纯氮 2.8kg、磷 1.3kg、钾 4.1kg，其比例为 1∶0.5∶1.5，可根据产量计算出施肥总量。施肥应坚持有机肥为主、化肥为辅，氮、磷、钾、微肥合理搭配的平衡施肥原则。当发现缺肥时，可叶面喷施 0.2%磷酸二氢钾＋1%尿素＋1%白糖溶液。结瓜后还可增施 CO_2，浇水采取小水勤浇、膜下暗浇、微滴灌等方式，满足瓜条生长需求。

3. 促进植株平衡生长　对苗期出现花打顶的植株要摘除所有花和果，在结瓜期如发现有花打顶迹象时，应及时重摘商品瓜，尤其是生长点附近的花果更需尽早摘除，以减轻植株负担。一般每 3～5d 摘除 1 次，直到花打顶现象解除为止；当新梢长 20cm 左右时，可视具体情况适当减少摘除次数，转入正常管理。同时，在全生育期要树立均衡生产的观念，尤其是在植株生长的前期和中期，要同时兼顾营养生长与生殖生长，保持 7～8 节以下不留瓜，促进植株健壮；株高 30～35cm 时，用塑料绳吊蔓，并适时落蔓，使植株顶端的龙头离地面始终保持 1.5～1.7m，同时除去老黄叶片。必要时可偏重植株营养生长，单个植株留 100g、50～80g 和 20～30g 的瓜各 1 条，留 20g 以下的瓜、花或蕾 2～3 个。生长前期及长势较弱的植株单瓜重长至 100～130g，中后期及旺长植株的单瓜重长至 150～180g 为宜，严禁 250g 以上的瓜条超期挂株。深冬季节，对瓜节密、易坐瓜的品种要适当地疏去部分幼瓜和雌花。一旦出现花打顶，长势弱的植株应摘除全部瓜条，长势强的植株可留 1~3 个大瓜，以抑制生殖生长迫使养分向营养生长部位转移。

4. 挽救病苗

（1）对定植老龄苗和蹲苗过度引起的花打顶，可用生根粉，或赤霉酸、尿素的水溶液灌根，配置方法是 10~100mg 生根粉，或 15~20mg 赤霉酸、2.5g 尿素分别对水 1kg 即可，每次每株灌 0.5kg 配制好的水溶液，7d 灌 1 次，连续灌 2 次；也可叶面喷施云大 120 的 1 500~2 000 倍水溶液或其他液体肥料，如 2g 尿素、或 1g 磷酸二氢钾分别对水 1kg。

（2）对干旱、施肥过量、盐碱为害引起的花打顶，要及时浇水或叶面喷水增加棚内湿度，以解除旱情、减轻盐害。

（3）对浇水过量、沤根造成的花打顶，则采取揭开地膜、通风散湿或提高棚温等措施，同时叶面喷施磷酸二氢钾 1 000 倍液或葡萄糖 200 倍液。

（4）对因温度过高引起的花打顶，应加大通风、放底风及早揭晚盖草帘的措施，叶面可喷施云大 120 的 1 500~2 000 倍液；对因温度过低引起的花打顶，应采取间歇放风、少浇水、早盖帘等措施，必要时进行人工增温，并叶面喷施葡萄糖 200 倍液或 1 000 倍液等进行挽救。

5. 药剂防治　正确使用乙烯利、赤霉酸等激素类药物，既可提高经济效益，又可抑制花打顶的发生。但使用浓度和方法需严格按说明书执行。

（二）畸形瓜的防治

1. 选择优良品种　选用单性结实能力强的品种，如长春密刺、津春 3 号、马房营旱黄瓜等。

2. 科学管理水肥　控制化肥施用量，增施有机肥，合理平衡施肥，除可使黄瓜丰产外，还能明显减少甚至杜绝畸形瓜的出现。适量均匀浇水，增加土壤植株水分供应，保证有充足水分运输到果实，协调瓜条与瓜秧的平衡生长。定植后需浇缓苗水，结瓜初期每隔 5~7d 浇 1 次水，盛瓜期每隔 2~3d 浇 1 次水；结瓜期更需加大肥水供应，每浇 2 次水，追肥 1 次。根据植株长势，适量喷洒 0.3% 磷酸二氢钾液等植物叶面肥；施用硼肥，增加硼向果实内的运输浓度。

3. 植株生长调控　通过花期人工授粉、放蜂授粉，促进雌花受精；进入结果期，要做好温度、湿度、光照和水分管理工作。实行变温管理，促进光合产物的积累。午前棚内温度保持在 30℃ 左右，午后降至 23~15℃，以抑制养分消耗；前半夜温度控制在 15~12℃，以促进光合作用能量的储存，后半夜保持在 11℃ 左右，抑制呼吸耗能。气温高于 35℃ 时应及时通风，宜维持在 28℃ 左右。严禁大水漫灌，应小水勤浇，施肥时需少量多次。结瓜期随时绑蔓，及时摘除底部黄化老叶、卷须和畸形果，增加株间通风透光；及时采收根瓜，在结瓜期最好每天都采瓜，以保持植株旺盛的长势。

梁晨（青岛农业大学植物保护学院）

第 66 节　菜豆炭疽病

一、分布与危害

菜豆炭疽病是一种以引起菜豆豆荚、种子、叶片发病为主的真菌性病害，严重影响菜豆的产量和品质。1875 年菜豆炭疽病在德国初次报道，现已广泛分布于世界各地的菜豆种植区，特别是在高纬度或高海拔的冷凉地区发生更为严重。有菜豆炭疽病发生记载的国家和地区有亚洲的中国、韩国、日本、越南、老挝、柬埔寨、缅甸、文莱、印度尼西亚、孟加拉国、印度、伊朗、以色列，非洲的利比亚、摩洛哥、马里、埃塞俄比亚、肯尼亚、坦桑尼亚、乌干达、塞内加尔、尼日利亚、刚果民主共和国、赞比亚、津巴布韦、马拉维、莫桑比克、安哥拉、南非、毛里求斯、马达加斯加，欧洲的芬兰、瑞典、挪威、丹麦、俄罗斯、波兰、捷克、斯洛伐克、匈牙利、德国、奥地利、瑞士、英国、爱尔兰、荷兰、法国、罗马尼亚、保加利亚、希腊、意大利、西班牙、塞尔维亚，北美洲的加拿大、墨西哥、美国和百慕大群岛，加勒比及中美洲的巴巴多斯、古巴、多米尼加、海地、牙买加、特立尼达和多巴哥、安的列斯群岛、波多黎各、危地马拉、伯利兹、萨尔瓦多、洪都拉斯、哥斯达黎加和巴拿马，南美洲的阿根廷、巴西、智利、哥伦比亚、厄瓜多尔、圭亚那、秘鲁、乌拉圭、委内瑞拉，大洋洲的澳大利亚、新西兰、新喀里多尼亚、巴布亚新几内亚，美国的夏威夷等。其中南美洲和非洲是菜豆炭疽病的重病区，在南美的哥伦比亚和非洲的马拉维，有一些地区曾因炭疽病的发生而导致 95％和 92％的严重减产。

　　我国各菜豆种植区均有菜豆炭疽病发生，诸如北京、天津、河北、内蒙古、山西、辽宁、吉林、黑龙江、江苏、浙江、福建、江西、河南、湖南、广东、广西、四川、云南、陕西和台湾等省（自治区、直辖市）。在田间种植感病品种并有适宜发病的环境条件时，炭疽病容易流行，豆荚严重受损，籽粒斑驳干瘪，一般减产 20％～30％，重病田达 95％以上，甚至绝产。特别是播种带菌种子，可使粒用菜豆的籽粒减产 22％～69％，荚用菜豆的豆荚减产 2.7％～21.3％。

二、症状

　　菜豆整个生育期都能受害。幼苗发病多由种子带菌所致，病菌随种子萌发而侵染子叶，在子叶上产生很小、深褐色至黑色的小斑点，逐渐扩大后形成下陷的病斑，环境潮湿时，病斑上产生黑褐色的分生孢子盘和粉红色的分生孢子团；严重时幼茎折断、幼苗死亡。叶片的病斑多发生在叶背，初期在叶脉上出现红褐色小条斑，逐渐沿叶脉扩展为明显的网状病斑，叶片局部萎蔫坏死。叶柄和茎秆受害，其上产生褐色的凹陷斑。豆荚上的病斑初为暗褐色，后形成边缘黑褐色、稍隆起、中部下陷的溃疡斑，病斑中央常生有砖红色的分生孢子团或黑点状的散生分生孢子盘；当豆荚上病斑多时，可致豆荚皱缩或干枯，严重时籽粒失去光泽，甚至种皮上出现深褐色至黑色的不规则病斑（彩图 10 - 66 - 1）。

三、病原

（一）形态特征

　　菜豆炭疽病致病菌为菜豆炭疽菌 [*Colletotrichum lindemuthianum*（Sacc. and Magnaghi）Briosi et Cavara]，隶属于子囊菌无性型炭疽菌属。病菌在 PDA 培养基上的菌落平坦，生长缓慢，周缘整齐或波状，背面墨绿色或灰黑色；气生菌丝污白色，稀疏，较短；适宜生长温度为 20～28℃，最适温度为 25℃。在寄主上，分生孢子座着生于寄主表皮层，初埋生在表皮下，后突破表皮外露，盘状，暗褐色，直径50～100μm，上生暗褐色刚毛或无刚毛；分生孢子梗圆柱状，不分枝，较短，大小为（12～24）μm×（3～5）μm；分生孢子无色，单胞，短圆柱状，直，两端钝圆，大小平均为（12～13）μm×4μm；附着胞近圆形，黑褐色，较小，（5.0～6.5）μm×（3.5～5.0）μm（图 10 - 66 - 1），但不易形成。

　　菜豆炭疽菌的有性型为菜豆小丛壳（*Glomerella lindemuthiana* Shear），隶属于子囊菌门小丛壳属，在自然条件下很少发生。在 Mathu's Agar（MA）培养基上的菌落圆形，平坦，边缘整齐，气生菌丝稀疏，团絮状，白色，菌落背面不变色；菌落中散生菌核状子座，内生子囊壳；子囊壳近球状，直径 160～

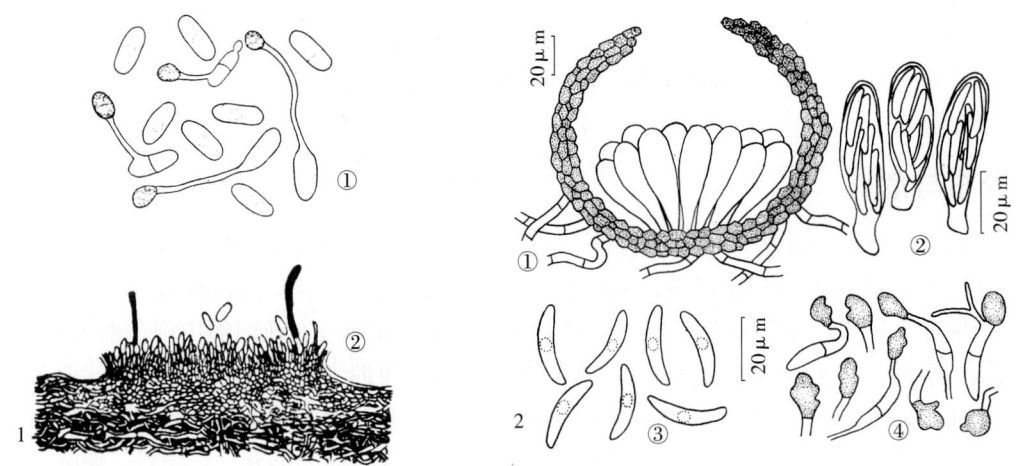

图 10 - 66 - 1　菜豆炭疽菌形态（1.①王晓鸣提供，②仿 Owens，1964；2. 王晓鸣提供）
Figure 10 - 66 - 1　*Colletotrichum lindemuthianum*（1.①by Wang Xiaoming，
②from Owens，1964；2. by Wang Xiaoming）
1. 无性态：①分生孢子及附着胞，②分生孢子盘
2. 有性态：①子囊壳，②子囊，③子囊孢子，④附着胞

180μm，无喙，无侧丝；子囊簇生，棒状，直或略弯，大小为（38.4～53.8）μm×（10.2～12.8）μm，平均为 46.7μm×12.4μm；子囊壁单层，顶部加厚，成熟后壁消解；子囊孢子腊肠状，无色单胞，两端渐狭，端钝圆，具一个油球，大小为（17.9～28.2）μm×（3.8～5.1）μm，平均为 23.0μm×4.0μm；附着胞褐色，边缘不规则，12.8μm×7.7μm（图 10 - 66 - 1）。

（二）生理分化

菜豆炭疽病菌主要侵染菜豆，还能侵染蚕豆、扁豆、豇豆、刀豆等多种豆科作物。菜豆炭疽菌与菜豆的互作属于"基因对基因"类型，病菌存在生理小种分化，而寄主的选择作用，致使该病菌在不同国家和地区的生理小种组成差异较大，从而影响到各地菜豆炭疽病的发生和流行。

1988 年，菜豆炭疽病国际研讨会决定，采用含不同抗菜豆炭疽病菌基因的 12 个菜豆品种作为国际统一的菜豆炭疽病病原菌生理分化鉴别寄主，这套鉴别寄主分别含有单一或多个不同的抗炭疽病基因，并有固定的小种命名（表 10 - 66 - 1），其中，品种 Michelite 曾被认为不含抗病基因，但后来的研究表明，该品种也含有一个抗病基因。目前，许多国家利用这套统一的鉴别寄主以及研究者增加的鉴别品种，陆续报道了 100 多个菜豆炭疽菌生理小种。

表 10 - 66 - 1　国际热带农业中心（CIAT）菜豆炭疽病菌鉴别寄主中所含有的抗病基因
Table 10 - 66 - 1　The resistance genes of differentials to *Colletotrichum lindemuthianum* from CIAT

鉴别寄主	抗病基因	基因来源	小种命名
Michelite	*Co11*	MA	1
Michigen dark red kidney	*Co1*	A	2
Perry Marrow	*Co1³*	A	4
Cornell 49 - 242	*Co2*	MA	8
Widusa	*Co9*	MA	16
Kaboon	*Co1²*	A	32
Mexico 222	*Co3*	MA	64
PI 207262	*Co4³*，*Co9*	MA	128
TO	*Co4*	MA	256
TU	*Co5*	MA	512
AB 136	*Co6*，*Co8*	MA	1024
G 2333	*Co4²*，*Co5*，*Co7*	MA	2048

注　普通菜豆有两个起源中心，MA 起源于中美地区，A 起源于安第斯地区。

中国的菜豆炭疽病发生广泛，经过多年的鉴定，已鉴别出 15 个生理小种。分布最为广泛的是小种 81（表 10 - 66 - 2），在 13 个省份有分布；其次是小种 113，分布在 4 个省份；其他小种则表现为零散分布；西南地区的小种构成更为特殊。中国菜豆炭疽病菌小种的分化和分布与中国为普通菜豆的次级起源中心和遗传多样性中心之一、菜豆种植区生态类型多等因素有关，使得菜豆炭疽病菌在与普通菜豆长期互作中得到进化与变异。中国的菜豆炭疽菌小种对抗性基因 *Co1*、*Co3* 和 *Co11* 具有较强的致病性。

表 10 - 66 - 2　菜豆炭疽病菌生理小种在中国的分布
Table 10 - 66 - 2　Distribution of *Colletotrichum lindemuthianum* races in China

小种	分布
2	黑龙江
17	贵州
18	黑龙江、吉林
50	黑龙江、吉林
65	北京、内蒙古
81	北京、天津、河北、山西、内蒙古、黑龙江、吉林、辽宁、山东、湖南、云南、陕西
90	贵州

（续）

小种	分　　布
100	辽宁
113	北京、河北、辽宁、河南
115	北京、辽宁
119	四川
194	北京
562	吉林、云南
1299	吉林
1553	河南

四、病害循环

菜豆炭疽病菌主要以菌丝体潜伏在种子内或病残体中越冬。带病种子内的休眠菌丝体可存活 5 年。带病种子播种后，其病菌在种子萌动时直接侵害子叶和下胚轴，成为初侵染来源，引起幼苗子叶和茎秆发病，并在病斑上产生出许多分生孢子，导致后来田间病害的流行。植株病残体中的菌丝体可存活 1～2 年，翌年春季条件适宜时，病残体内的病菌也产生出分生孢子，通过雨水飞溅、昆虫及田间农事操作传播，从寄主的表皮和伤口侵入，如侵染叶片则多从叶脉侵入，再扩大为害；田间植株发病后，病斑上又产生大量的分生孢子，不断地形成再侵染，致使病害在田间进一步扩散。在多雨和温度较低的田间环境下，病菌在菜豆生长期能够完成多次再侵染，病害得以迅速蔓延和流行，甚至

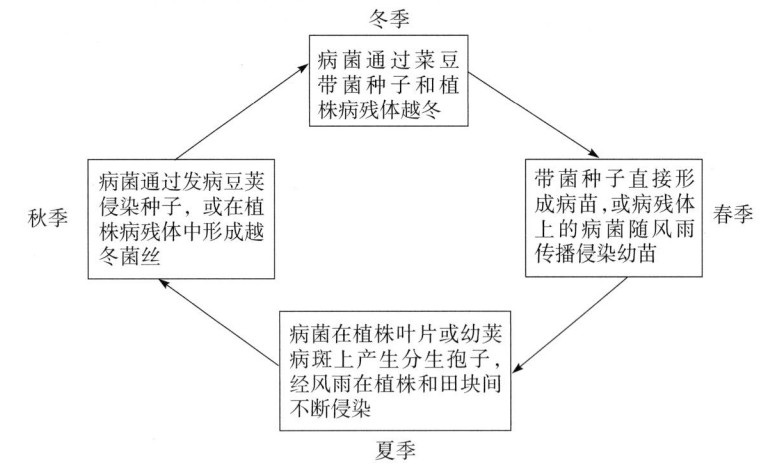

图 10 - 66 - 2　菜豆炭疽病病害循环（王晓鸣提供）

Figure 10 - 66 - 2　Disease cycle of common bean anthracnose (by Wang Xiaoming)

侵染豆荚，造成种子带菌（图 10 - 66 - 2）。在豆荚上的病斑逐步发展到荚壳内，并进入种皮；种子内的病菌在储运期间还能继续发展。

五、流行规律

（一）传播扩散及其侵染条件

1. 传播与扩散　菜豆炭疽病主要通过带菌种子进行远距离传播，以带菌种子和带菌病残体两种方式进行年度间的病害传播。植株间和田块间的病害传播与蔓延，主要是植株病斑上新产生的分生孢子通过风雨、昆虫和动物活动以及人的田间劳作进行扩散，风雨对病害在田间的传播与扩散起主要作用。

2. 侵染过程及侵染条件　在菜豆炭疽病菌侵染感病菜豆的组织时，病菌会形成一系列的特殊结构，包括寄主组织上的分生孢子萌发后，当萌发菌丝扩展到一定阶段时，其顶端与寄主结合的部位向下形成一个深褐色的附着胞，通过机械压力或酶的作用使其产生的侵染丝穿透寄主细胞壁进入细胞中并生成一个侵染囊，继续产生初生菌丝并从寄主细胞中吸收营养；经过 24h 的活体营养后，被侵染寄主细胞的细胞质出现浓缩和降解，病菌初生菌丝逐渐发育成次生菌丝并继续在寄主细胞间扩展，最终形成病斑，并在病斑上产生新的分生孢子。病菌完成整个侵染循环需要 7～8d。

3. 流行的环境条件　在适宜湿度和 6℃以上温度的环境条件下，菜豆炭疽病菌就可以生长发育，适温为 22～25℃，产孢适温为 14～18℃，病害扩展适温为 17～22℃，35℃以上时生长受抑制。分生孢子在

1%的菜豆叶片汁液中，其萌发率较在其他碳源（葡萄糖、果糖、木糖和蔗糖）中高。因此，病害在高纬度和高海拔的冷凉地区发生普遍，在温度适宜、多雾、降水较多的年份，菜豆炭疽病发生严重。

六、防治技术

（一）选用无病种子

菜豆炭疽病能够经种子带菌作远距离和年度间的传播。由于不是每粒带菌种子的表面都有病斑，因此常常被忽视而当作生产用种，很容易将病害传播开来。加上我国农户习惯于自己留种，一旦种子带菌，往往导致菜豆炭疽病发生早、传播快、损失重。据报道，当种子带菌率为10%时，播种后将有1%的种子能够直接引起幼苗发病，成为田间发病中心，病害则从发病中心向四面八方扩散蔓延。因此，在无菜豆炭疽病地区（如甘肃、宁夏、新疆等西北地区）建立菜豆良种繁殖基地十分重要，是避免种子带菌传播病害的最有效措施。也可以在田间选择无病豆荚留种，单留单收。另外，加强种子健康检测也很必要，健康种子可以直接播种，必须使用的非健康种子可进行消毒处理。

（二）选用抗病品种

在菜豆炭疽病常发区和重发区，选择种植抗病品种是控制炭疽病为害的最有效措施。自 1986 年以来，我国对来自北京、河北、内蒙古、吉林、黑龙江、四川、贵州、云南、陕西等省、自治区、直辖市及引进的 1 970 余份籽粒菜豆资源和 2 460 余份荚用菜豆资源，用在我国普遍分布的菜豆炭疽病菌生理小种 81 为接种菌源进行了抗病性鉴定，发现一批在生产上和育种中可利用的抗菜豆炭疽病种质资源。在荚用菜豆中，抗病性较好的有：引自国外的 Lamaniere（V07A2116）、五月香（V07A1969），黑龙江的原 54（V07A0673），在吉林收集的五台山七寸莲（V07A0936）等；在籽粒菜豆中，高抗炭疽病的有：吉林的白饭豆（F0002476），法国引进的法引 11（F0003382）和科巴（F0001273），河北的红芸豆 4（F0002320）和红芸豆 3（F0002322），黑龙江的花芸豆（F0002527）和红花芸豆（F0002533）以及 LRK33（F0004335）、SEQ1006（F0004339）等一批从国际热带农业中心（CIAT）引进的菜豆种质。各地可因地制宜地选作生产用种或用于抗病育种。

菜豆炭疽病的抗病基因有两类，一类为显性或隐性单基因，一类为微效多基因，在 22 个已知的单基因中，21 个属于显性，包括近年我国的研究所确定的 2 个新的抗病基因，另 1 个为隐性。一些抗病基因已获得了距离较近的分子标记，这为分子标记辅助抗炭疽病育种提供了有效的技术（表10-66-3）。

表 10-66-3　抗菜豆炭疽病基因相关信息
Table 10-66-3　Information of resistance to common bean anthracnose

抗病基因	携带基因种质	连锁群	分子标记
Co1	Michigen dark red kidney，Jalo EEP558，Diacol Calima	B1	SE_{ACT}，M_{CCA}
Co1²	Kaboon	B1	
Co1³	Perry Marrow	B1	
Co1⁴	AND277	B1	$CV542014^{450}$，$TGA1.1^{570}$
Co2	Cornell 49-242	B11	
Co3	Mexico 222	B4	
Co3?	Mexico227，BAT93，PI207262	B4	SB12
Co4	TO	B8	SAS13，SH18，SBB14
Co4²	SEL1308，G 2333	B8	
Co4³	PI 207262	B8	
Co5	TU，G2333，SEL1360，G2338	B7	SAB3
Co6	AB 136	B7	SAZ20，SZ04
Co7	G 2333，MSU-7	?	
Co8	AB 136		OPAZ20
Co9	PI 207262（*Co3* 的等位基因）	B4	SB12

（续）

抗病基因	携带基因种质	连锁群	分子标记
Co 9²	BAT93	B4	SB12
Co 9³	Widusa	B4	
Co 10	Ouro Negro	B4	SF10
Co 11	Michelite		
Co 12	Jalo Vermelho		
Co 13	JLF		
Co F2533	红花芸豆	B6	BM170，Clon1429
Co F2322	红芸豆	B1	g1224，C871
QTL		B11	

（三）药剂防治

1. 种子包衣　在菜豆炭疽病常发区，可以采用含有福美双成分的悬浮种衣剂进行拌种，用药量为种子重量的 1.5%；也可以用 75%卫福可湿性粉剂（萎锈灵与福美双混剂），每 100kg 种子用药 250～400mL 拌匀种子。

2. 田间喷药　发病初期喷洒 50%多菌灵可湿性粉剂 500 倍液，或 50%甲基硫菌灵可湿性粉剂 500 倍液、75%百菌清可湿性粉剂 600 倍液、25%丙环唑乳油 4 000～5 000 倍液等，也可以选择其他具有内吸作用的杀菌剂。一般苗期喷药 2 次，结荚期 1～2 次，每次相隔 5～7d。

（四）农业防治

1. 与非寄主作物轮作　由于病菌在菜豆植株病残体中能够存活 2 年，因此，在有条件的地方可与禾谷类作物实行 2 年以上的轮作。

2. 清洁田园　当菜豆收获后，应及时清除并销毁田间的植株病残体，减少翌年初侵染源。

王晓鸣（中国农业科学院作物科学研究所）

第67节　菜豆、豇豆枯萎病

一、分布与危害

菜豆枯萎病俗称萎蔫病或死秧，是一种世界性病害，非洲、欧洲、美洲等的主要菜豆生产国都有报道，1987 年在巴西、1989 年在肯尼亚和美国科罗拉多州、1993 年在埃及、1997 年在哥伦比亚以及 2000 年在中非共和国，都曾因菜豆枯萎病的严重为害而造成大面积减产。

我国也是菜豆枯萎病发生普遍和为害严重的国家，在四川、贵州、湖南、广西、山东、吉林、辽宁、黑龙江、陕西和北京等省、自治区、直辖市的菜豆产区，枯萎病的发病株率一般在 30%～50%，轻病块为 6%～10%，重病田可高达 90%以上。

豇豆枯萎病是热带和亚热带地区的重要病害，自 20 世纪 70 年代以来，该病在我国的为害逐年加重，常造成田间植株大片死亡，现已成为豇豆生产上的主要病害之一，尤以南方地区受害为重，如在海南、广东、福建、江西、湖北和广西等地的豇豆产区，一般发病株率在 10%～30%；2006 年贵州省荔波县豇豆枯萎病病株率达 47.9%，甚至有的地块高达 85%以上。

二、症状

菜豆、豇豆从苗期至成株期都可遭受枯萎病为害，以开花结荚期发病最重，一般从花期开始显现症状。发病初期先在植株下部叶片的叶尖和叶缘上出现不规则形的褪绿斑块，似开水烫伤状，无光泽，叶脉变褐色，叶肉发黄，继而全叶失绿萎蔫，变为黄色至黄褐色，由下向上扩展，3～5d 后整株凋萎，叶片枯黄脱落，植株茎秆变为暗褐色、凹陷，茎维管束变色（彩图 10-67-1）。有时病株仅一侧或少数侧枝枯萎，其余侧枝仍正常。病株根系通常发育不良，侧根少，植株矮小，长势衰弱，严重时根茎处常纵向开裂，根系变色腐烂，容易拔起。剖视主茎，可见中、上部茎蔓的维管束变为褐色至暗褐色，这一症状可与根腐病、菌核病和立枯病等根腐性病害相区分。病株结荚显著减少，荚背、腹缝线也变黄褐色。严重时，植株成片枯死，潮湿时茎基部常产生粉红色霉状物，即分生孢子；急性发病时，病害由茎基向上急剧发展，引起整株青枯。

三、病原

菜豆枯萎病的病原菌是尖镰孢菜豆专化型（*Fusarium oxysporum* Schltdl. ex Snyder et Hansen f. sp. *phaseoli* Kendrick et Snyder），隶属于子囊菌无性型镰孢属真菌，该病菌只侵染菜豆。病菌菌丝体白色、棉絮状；有大型和小型两种分生孢子，大型分生孢子无色、圆筒形、纺锤形或镰刀形，顶端细胞尖细，基部细胞有小突起，多具 2～3 个隔膜，大小（25～33）$\mu m \times$（3.5～5.6）μm；小型分生孢子无色、卵形或椭圆形，单细胞，大小（6～15）$\mu m \times 2.5\mu m$；厚垣孢子无色或黄褐色，球形，单胞或串生。

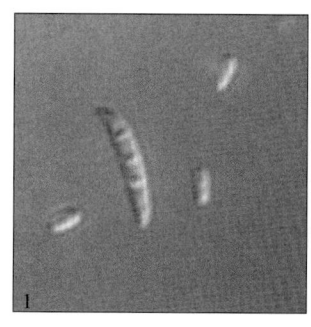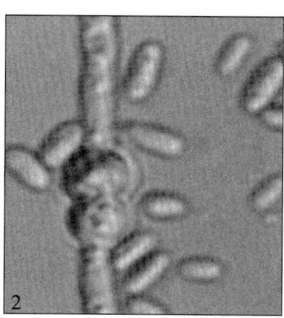

图 10 - 67 - 1　尖镰孢嗜导管专化型的分生孢子和厚垣孢子
（缪作清提供）

Figure 10 - 67 - 1　Macroconidia and chlamydospores of *Fu-sarium oxysporum* f. sp. *tracheiphilum* (by Miao Zuoqing)

1. 大分生孢子和小分生孢子　2. 小分生孢子和厚垣孢子

菜豆枯萎病菌至少有 7 个生理小种，分别是小种 1（美国南卡罗来纳州）、小种 2（巴西）、小种 3（哥伦比亚）、小种 4（美国科罗拉多州）、小种 5（希腊）以及小种 6 和 7（西班牙）。

豇豆枯萎病的病原菌是尖镰孢嗜导管专化型 [*F. oxysporum* f. sp. *tracheiphilum* (E. F. Smith) Snyder et Hansen]。该病菌只侵染豇豆。大型分生孢子镰刀形、略弯曲，部分足细胞明显，顶端细胞稍尖，具 3～6 个隔膜（多为 3～4 个），大小为（24.4～28.8）$\mu m \times$（3.8～4.8）μm；小型分生孢子无色、椭圆形，单胞或具 1 个分隔，大小为（5～12.5）$\mu m \times$（1.5～3.5）μm；厚垣孢子单生或串生，圆形或椭圆形，直径 8～10μm（图 10 - 67 - 1）。

四、病害循环

病原菌以菌丝体和厚垣孢子在病残株、土壤和带菌肥料中越冬，也可附着在种子上越冬，土壤中的厚垣孢子可存活 3 年以上，成为第二年的初侵染菌源。带菌种子也可作远距离的传播源。病菌在寄主根部伤口处或根毛先端细胞间侵入植株的导管，在其中生长繁殖，并向上扩展到植株的其他部位，导管中大量生长的菌丝体可堵塞维管束，致植株因供水不足而枯萎。在植株生长期，病原菌主要靠灌溉水、流水传播，也可随病土借风吹移和黏附在农机具上，成为再侵染菌源，并在田间不断地传播蔓延（图 10 - 67 - 2）。

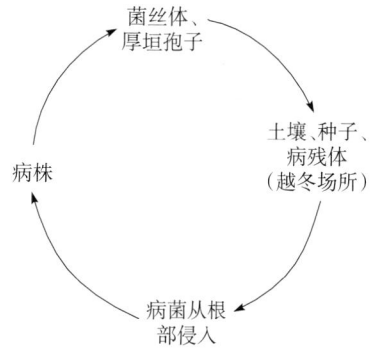

图 10 - 67 - 2　菜豆、豇豆枯萎病病害循环
（缪作清提供）

Figure 10 - 67 - 2　Disease cycle of Fusarium wilt of common bean and cowpea (by Miao Zuoqing)

五、流行规律

菜豆、豇豆枯萎病一般不在苗期表现症状，而以开花期或结荚期的病症明显，特别是结荚盛期症状十分严重，常常形成发病高峰；通常感病的品种发病较早，抗病品种发病较晚。

（一）病菌传播与扩散

病原菌随植株病残体、土壤和带菌肥料传播，也可通过种子带菌作远距离传播。在植株生长期，病原菌主要靠灌溉等流水传播，也可随病土借风吹和黏附在农机具上在田间传播扩展。

（二）病菌侵染过程

病菌在根部伤口处或根毛先端细胞间侵入，进入导管，在其中生长繁殖，并向上扩展到植株其他部位。大量生长的菌丝体常可堵塞维管束，致使植株因供水不足而枯萎。

（三）病害发生条件

由于菜豆枯萎病菌生长适温为 24～28℃，24℃以下和 28℃以上均不利于病菌生长；豇豆枯萎病菌生长发育适温为 27～30℃，40℃以上和 5℃以下不能生长，最适 pH 为 5.5～7.7。因此，菜豆、豇豆枯萎病往往是在平均气温达 20℃以上时发生，但发病最适温度为 24～30℃，适宜空气相对湿度为 80％以上；雨后晴天易发病，特别是结荚期如遇雨后暴晴或时晴时雨天气，病情常迅速发展；灌水频繁、土壤水分大和田间积水常导致发病加重。此外，多年连作、地势低洼、平畦种植、土壤黏重板结以及土壤线虫数量多的地块，病害均比较严重。

六、防治技术

（一）选用抗病品种

选用抗病而且适应性强的菜豆品种种植，如丰收 1 号、丰收 2 号、九粒白、早熟 14、芸丰、春丰 2 号、双丰 2 号等。豇豆抗、耐枯萎病的品种有猪肠豆、珠燕、西园、新青、早翠、901、早丰 3 号、之豇 90、穗郊 101 等，各地可因地制宜选用。

（二）农业防治

1. 合理轮作　对于种植早熟菜豆的地块，尽量在冬季进行翻耕、冻垡休闲，并与非豆科作物实行 3 年以上轮作，尤以水旱轮作效果更好。

2. 清洁田园　①对上茬使用过的架材进行消毒，避免架材带菌，可喷洒 50％多菌灵可湿性粉剂或 70％甲基硫菌灵可湿性粉剂 500 倍液，喷后用塑料布包裹好，密封 7d；②菜豆、豇豆生长期间，及时除去田间病叶或病株，并灌药防治，以减少田间的病原菌；③拔秧后，清除遗留在地面的病残体并集中烧毁或深埋，结合翻地清除土壤里的病残根。

3. 培育壮苗　采用营养钵育苗，可有效地保护根系；在 3 年以上没有种过豆科作物的地块育苗，也可用 50％多菌灵可湿性粉剂或 70％敌磺钠可湿性粉剂消毒土壤，每立方米床土用药量为 80～100g，需充分混匀，可预防病害发生；幼苗出土后需适当降低苗房温度，白天控制在 18～20℃，夜间在 10～15℃，防止幼苗徒长。

4. 其他耕作措施　从无病地块或无病株上采种；种植密度要适宜，每 667m² 栽苗 3 300 穴，每穴两株，以利通风排湿；合理增施磷、钾肥以增强植株抗病力，避免偏施氮肥；采用高垄地膜覆盖栽培，雨后及时中耕；及时搭架整蔓，改善通风透光条件，促进植株健壮生长。

（三）化学防治

1. 药剂浸种或拌种　用 5％高锰酸钾溶液浸种 15min，或用 40％甲醛 300 倍液浸种 4h，清水洗净药液，置 25℃下催芽或晾干后播种；或用种子重量 0.5％的 50％多菌灵可湿性粉剂拌种。

2. 药剂防病　播种前，可用 50％多菌灵可湿性粉剂 500 倍液，或 20％甲基立枯磷乳油 1 200 倍液，或 10％混合氨基酸铜水剂 250 倍液，或 50％琥胶肥酸铜可湿性粉剂 400 倍液消毒土壤，浇沟或穴施，待药液下渗后播种或定植。

3. 药剂灌根　发病初期，用 50％琥胶肥酸铜可湿性粉剂 400 倍液，或 20％甲基立枯磷乳油 1 200 倍液，或 50％多菌灵可湿性粉剂或 50％甲基硫菌灵可湿性粉剂 400 倍液，浇灌病株根部，每株用药液300～500mL；或用 20％甲基立枯磷乳油 1 200 倍液，或 10％混合氨基酸铜水剂 250 倍液，喷淋病株，使药液沿茎流入土壤，隔 10d 1 次，喷淋 2～3 次。

李世东　缪作清（中国农业科学院植物保护研究所）

第 68 节　菜豆、豇豆镰孢菌根腐病

一、分布与危害

菜豆、豇豆镰孢菌根腐病是重要的土传病害，在世界大多数的菜豆、豇豆产区都有发生与为害，尤其中

非洲、南美洲发生更重，如在肯尼亚西部，菜豆镰孢菌根腐病造成的产量损失常年都在10％～100％。

我国所有菜豆、豇豆种植区均有发生，其中以江苏、浙江、河南、山东、山西、安徽、湖北、湖南、云南、北京、天津、内蒙古、甘肃、新疆、黑龙江、吉林和辽宁等省（自治区、直辖市）发生严重。2003—2007年江苏省如皋市豇豆镰孢菌根腐病的病田率为100％，病株率为12％～100％，平均产量损失35％以上，部分田块绝收；大连市郊菜豆根腐病发病严重的地块病株率达到80％，其中20％～30％造成茎叶枯死。该病害可以与丝核菌根腐病、腐霉根腐病等形成病害复合体，造成更大的危害。

二、症状

（一）菜豆镰孢菌根腐病

该病为害菜豆根部和地下茎部。春菜豆一般在开花结荚期开始显症，通常是下部叶片的边缘先变黄，然后自下而上蔓延，叶片逐渐枯萎，但一般不脱落，病株容易拔出；在茎的地下部和主根上最初产生小的红褐色病斑，随着病斑的扩大和合并，整个根系和茎基部表现为红褐色坏死，病部稍凹陷，病斑有时开裂深达皮层。夏播菜豆苗期即可染病，播种后2～3周就表现症状，最初是下部茎秆产生狭长的红色至褐色的病斑，常常纵向开裂；病斑向下扩展至主根，严重时导致主根枯萎、腐烂和死亡；病株常常矮化，生长缓慢，叶片淡绿或变黄，最后茎叶萎蔫或枯死（彩图10-68-1，1、2）。土壤湿度大时，常在病株茎基部产生病菌的分生孢子梗和分生孢子。此外，菜豆根腐病的另外一个重要鉴别特征是：病株常常在近土表处的下胚轴产生大量不定根，这些根在一定程度上可以弥补死去的根，减轻植株地上部症状。

（二）豇豆镰孢菌根腐病

豇豆镰孢菌根腐病与菜豆镰孢菌根腐病症状相似，也是为害根部和茎基部。生长早期症状表现为幼苗生长缓慢，典型症状通常在开花结荚期开始出现，即下部叶片从叶缘变黄，一般不脱落，病株很容易拔出，侧根少并且多腐烂死亡。拔出病株可观察到主根至茎基部颜色变成褐色，病部凹陷，有时开裂（彩图10-68-1，3）。剖开主根或茎基部，维管束变褐。当主根腐烂后，植株萎蔫继而枯死。

三、病原

菜豆、豇豆镰孢菌根腐病由腐皮镰孢菜豆专化型〔*Fusarium solani*（Martius）Appel et Wollenw. ex Snyder et Hansen f. sp. *phaseoli* Snyder & Hansen〕引起，隶属于子囊菌无性型镰孢属。菌丝有隔膜，无色。分生孢子座上产生大量的大型分生孢子，无色，圆柱形，多数具3～4个横隔膜，顶端细胞钝圆，或多或少呈喙状，足细胞圆形或明显足状，大小为（44.5～50.9）μm ×（5.1～5.3）μm；小型分生孢子稀少，椭圆形或肾形，无色，单胞，偶尔具1个分隔，大小为（8～16）μm ×（2～4）μm，与尖镰孢（*F. oxysporum*）小型分生孢子相似，但较大、壁厚。厚垣孢子球形，单生或串生于菌丝或分生孢子上，直径7～10 μm（图10-68-1）。

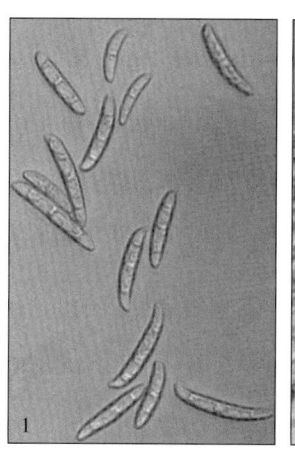
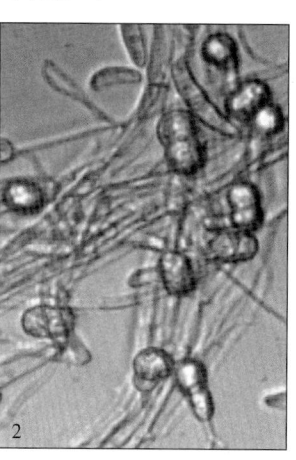

图10-68-1　腐皮镰孢（吴仁峰提供）
Figure 10-68-1　*Fusarium solani*（by Wu Renfeng）
1. 大型分生孢子　2. 厚垣孢子

四、病害循环

厚垣孢子可在土壤中越冬或长期习居，也可在未腐熟的厩肥中越冬，这些厚垣孢子就是田间病害发生的主要初次侵染源。厚垣孢子的孢子壁较厚，抗逆性很强，在一般土壤中可存活10年，主要存在于20～30 cm深的土壤耕作层中，在33～41 cm深的底层土中很少，而菜豆或豇豆的绝大部分根系正好都集中在土壤耕作层里，因此根部很容易遭受病原菌的侵染。厚垣孢子主要通过灌溉水、雨水、工具和肥料等传播，厚垣孢子萌发后，由菜豆或豇豆植株根部的伤口侵入。在菜豆、豇豆种子萌发时，其根尖往往分泌诸如蔗糖、氨基酸等的营养物质，一旦休眠的厚垣孢子受到这些分泌物的刺激也很容易萌发、侵入寄主根部。在高土壤湿度条件下，近土壤表面的植株气孔可以长出分生孢子座产生分生孢子，分生孢子借助于雨水溅射、灌溉水传播，进行重复侵染，致病害蔓延。当病残体进入土壤被降解，分生孢子和菌丝就转换成厚垣孢子完成其生活史（图 10 - 68 - 2）。种子不传病。

五、流行规律

菜豆、豇豆镰孢菌根腐病是一种土传病害，厚垣孢子能够在许多非感病植物根际附近的土壤内或含有其他有机物质土壤内萌发和繁殖，从而使得病原菌可以在染病的田块内无限期存活，甚至能够在连续种植非寄主作物的土壤中存活 30 年以上。带菌土壤、秸秆、厩肥中的厚垣孢子是田间病害的初次侵染源，通过雨水、灌溉水或农具等进行传播蔓延。菜豆、豇豆根腐病发病的最适温度为 24～28℃，相对湿度为 80%，通常在土壤温度偏低、湿度偏大时，菜豆、豇豆的根系往往生长不良，抗病性降低，容易被侵染。低温、高湿、多雨、日照不足易发病。早春多雨或梅雨来得早、气候温暖空气湿度大，秋季多雨、多雾、重露或寒流来早时易发病。

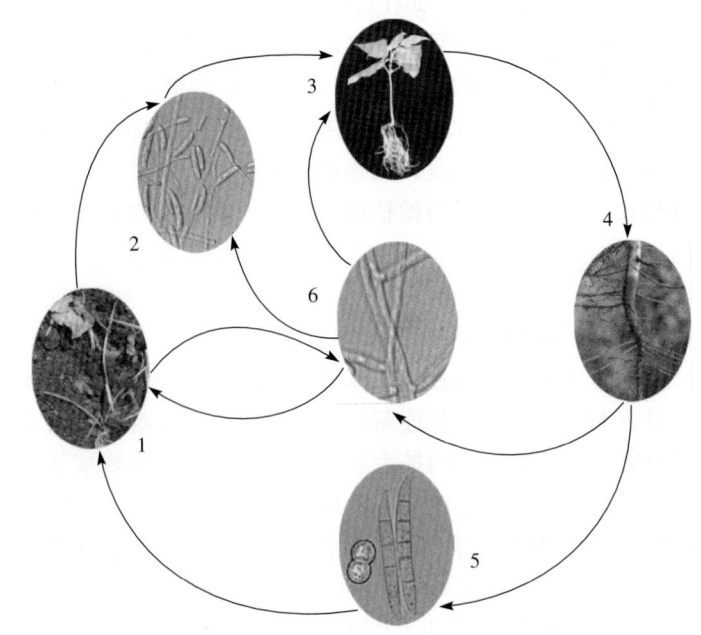

图 10 - 68 - 2 菜豆、豇豆镰孢菌根腐病病害循环（朱振东提供）
Figure 10 - 68 - 2 Disease cycle of Fusarium root rot on common bean and cowpea（by Zhu Zhendong）
1. 病原菌在土壤及病残体中越冬 2. 大型分生孢子 3. 侵染根系
4. 根腐病发生 5. 大型分生孢子和厚垣孢子 6. 菌丝体

所有减少或抑制根系生长的因素都可能增加菜豆或豇豆对根腐病的感病性，所以病害发生的严重程度还取决于栽培和气候条件，如种植历史、栽培密度、土壤湿度、播种深度、高温或低温胁迫等。连作导致病原菌密度增加，从而加重病害的发生。同时，高密度的病原菌容易导致病菌通过农事操作而快速在田间扩散。播种过密，增加植株间的胁迫；播种过深，导致出苗缓慢，都会增加病菌侵染的机会。

土壤的不良状况也是病害发生的重要因子，通常土壤中存在沙砾层，或土壤黏重、贫瘠，或地势低洼，水淹，或持续干旱、土壤板结，或管理粗放的地块发病均较重；农药或肥料伤害、地下害虫为害加重病害的发生；过多施用氮肥、田间杂草过多加重根腐病的严重度。

土壤水分的有效性也是影响菜豆根腐病的重要因素之一，在相对湿润的土壤中，根系容易进入没有病原菌的犁底层，土壤中的水分能被植株有效地吸收与利用，往往不容易发生根腐病。但在干旱地区，少雨和低湿导致水分缺乏，根系发育不良，不但许多植株的下胚轴或主根受害，而且大量的侧根干枯，损伤更重，加重了干旱的危害性，造成了更大的产量损失。此外，在降雨比较多的地区，水淹导致暂时性土壤低氧或缺氧，也加重了病害的发生。大棚栽培的，放风和排湿不及时，棚内湿度过大病害也重。

品种的感病性也能影响根腐病的严重性，在收获干籽粒的菜豆品种中，花芸豆（Pinto）和白芸豆（Navy）、红芸豆（Red Kidney）与其他品种相比，对根腐病有较高的抗病性。

六、防治技术

（一）利用抗（耐）病品种

目前，国内、外还没有发现高抗镰孢菌根腐病的菜豆、豇豆品种资源，但不同的菜豆、豇豆品种对镰孢菌根腐病的感病性存在差异，一些耐病资源可用来选育抗性品种。国内抗或耐镰孢菌根腐病的菜豆品种或资源有：抗热 52、宽荚白莲、洋刀豆、白水四季豆、白棒豆、一挂鞭、双季豆、长丰芸豆等；抗或耐镰孢菌根腐病的豇豆品种或资源有：早翠、特长豇豆、鄂豇豆 2 号、鄂豇豆 5 号、高产 4 号、杜豇、扬豇 12、湘豇 2 号、穗郊 101、新青、铁线青等。由于菜豆、豇豆对镰孢菌根腐病的抗性受环境因素的影响，抗病或耐病品种的种植必须与合适的栽培措施及肥水管理相结合，才能有效地控制镰孢菌根腐病为害。

（二）农业防治

1. 适时播种、合理密植　土壤温度太低、出苗缓慢，有利于根腐病菌的侵染，因此，应该在土壤温度稳定达到13℃以上时播种菜豆、豇豆。此外，播种不要太深，种植密度不要过大，避免增加植株的逆境胁迫和防止病原菌的侵染。

2. 合理轮作　重病田可与玉米、小麦、大麦、苜蓿、十字花科及葱蒜类等非寄主作物轮作3～5年，以降低土壤中病原菌种群密度，减轻病害发生程度。

3. 高垄栽培　提高保肥保水性能，促进不定根的产生，减少根腐病的侵染；深耕土壤减少板结，尽量使根系生长在病原菌密度小的深度土层中，以减少病菌的侵染和吸收更多的水分与养分。

4. 增施有机肥，磷、钾肥和微肥　适量施用氮肥，改善土壤结构，促进根系生长；或在连作地使用土壤修复剂如黄腐酸钾、连作生物有机肥等。

5. 适时扒土　在抽蔓期对豇豆根部适当扒土，使豇豆茎基部裸出地面，对减轻豇豆根腐病为害有一定的作用。

6. 清洁田园、施用腐熟有机肥　大量遗留病残体的豆田，增加了土壤中病原菌接种体的密度，提高发病率和发病程度，因此，收获后及时清除田间病残体。用带病残体的土壤沤积的粪肥也是初侵染的来源，必须施用经高温发酵的腐熟粪肥。

（三）化学防治

1. 土壤处理　播种时用70％甲基硫菌灵可湿性粉剂或50％多菌灵可湿性粉剂与细干土以1∶50比例充分混匀后沟施或穴施，每667m²使用量为1.5kg；或用45％敌磺钠200 g加水40 kg，播种前5 d用喷水壶均匀喷洒到土壤上。

2. 发病初期施药　喷施或浇灌30％噁霉灵水剂1 000倍液，或50％多菌灵可湿性粉剂800倍液、70％甲基硫菌灵可湿性粉剂800倍液、50％异菌脲可湿性粉剂1 000倍液、70％敌磺钠可溶粉剂1 000倍液、43％丙森锌悬浮剂500～1 000倍液，每7～10d喷1次，连喷2～3次，喷药时应细致周到，一定要喷洒到根部和茎基部；也可用上述药液灌根，每株灌0.5L。

3. 防虫治病　种蝇、蛴螬、金针虫、蝼蛄等害虫为害可以加重根腐病的发生。因此，对于害虫发生较重的地块，播种前进行土壤处理，出苗后用药剂灌根和撒施毒饵相结合的方法进行防治。每667m²用5％辛硫磷颗粒剂1.5 kg，对细土30 kg，混匀后撒于播种沟（或穴）内，播种后覆土；还可在植株于3～4叶期，用80％敌百虫可湿性粉剂1 000倍液灌根，每株灌0.5L，效果良好。

4. 根外追肥　喷施0.136％赤·吲乙·芸薹可湿性粉剂5 000倍液或0.01％芸薹素内酯可溶液剂5 000倍液等植物生长调节剂，10～15d喷1次，连续喷洒4～6次，提高菜豆、豇豆植株自身的适应性和抗逆性，提高光合效率，促进植株健壮，减少发病。

（四）生物防治

据报道，国外应用丛枝泡囊菌根真菌、木霉菌、枯草芽孢杆菌、荧光假单胞杆菌等生防菌防治菜豆、豇豆根腐病，效果良好。丛枝泡囊菌根与作物形成共生关系，帮助作物高效吸收、输送与存储养分和水分，提高作物抗病、抗旱、抗寒等能力，同时抢占根表面，分泌抗生素，抑制病原菌生长，使作物根际生态系统的各个环节保持平衡，如根内球囊霉（*Glomus intraradices*）能够显著减少菜豆植株内及根际土壤中的根腐病菌，还对铜、镉等重金属有较强的固持作用，显著提高植物对重金属的抗性，减轻植物被重金属毒害。此外，土壤接种或拌种豌豆根瘤菌（*Rhizobium leguminosarum*）能够显著减少根腐病的严重度，同时提高氮含量，促进植株生长。

此外，利用山梨酸钾、苯甲酸钠、乙酰水杨酸等处理种子并结合喷雾也能有效地防治菜豆根腐病。

朱振东（中国农业科学院作物科学研究所）

第69节　菜豆、豇豆锈病

一、分布与危害

锈病是菜豆、豇豆上最重要的病害之一，主要发生在菜豆、豇豆生长中后期的中下部叶片，发生严重时有数百至上千个孢子堆，严重影响叶片的光合作用，还造成水分大量蒸腾，叶片脱落，减产又降低质量。该病分布范围广，流行性强，损失严重，在全球近 60 个国家中均有分布。在 20 世纪 60 年代，此病在美国科罗拉多州东部、内布拉斯加州西部和周边地区周期性的流行，产量损失超过 50%。

此病在我国各菜区普遍发生，江西、安徽、湖南、湖北、河南、山东、江苏、上海、浙江、福建、广东、广西、海南等省（自治区、直辖市）受害较重。1983—1992 年，仅河南省郑州市就有 4 年是菜豆、豇豆锈病的偏重流行年，损失惨重。就常年来说，在多雨年份的沿海地区受害尤为严重，大发生时发病率可达 100%，造成大量叶片干枯脱落，严重影响菜豆、豇豆品质。大流行年份可减产 50%～100%。

二、症状

菜豆和豇豆锈病的症状相似。多发生在较老的叶片上，茎和豆荚也可受害。发病初期，叶背产生淡黄色的小斑点，后逐渐扩大变褐、稍隆起，呈近圆形的黄褐色小疱斑，后期病斑中央的突起呈暗褐色（即为病菌的夏孢子堆），周围常具黄色晕环，形成“绿岛”，病斑表皮破裂后散出大量锈褐色粉末（夏孢子），严重时锈粉覆满叶片。夏孢子堆多发生在叶片背面，严重时叶片正面也有（彩图 10 - 69 - 1）。发病严重时，新、老夏孢子堆群集形成椭圆形或不规则锈褐色枯斑，相互连接，引起叶片枯黄脱落。秋后天气逐渐转凉时，菜豆、豇豆正处在生长的中后期，原有病斑往往会发展成椭圆形或不规则黑褐色枯斑（冬孢子堆），病株也可长出黑褐色冬孢子堆，冬孢子堆表皮破裂后散出黑褐色粉末（冬孢子）。茎和荚果染病与叶片症状相似，也产生夏孢子堆和冬孢子堆，但比叶片的稍大些，病荚所结籽粒不饱满。在菜豆、豇豆上很少发生性孢子器和锈孢子器。

三、病原

菜豆锈病的病原为疣顶单胞锈菌 [*Uromyces appendiculatus* (Pers.) Unger，异名：*Uromyces phaseoli* (Pers.) Wint.]；豇豆锈病的病原菌为豇豆单胞锈菌 (*U. vignae* Barclay)，这 2 种病原菌均属于担子菌门单胞锈菌属真菌，在生活史上属于全孢型单主寄生锈菌，在同一寄主上能产生 5 种不同类型的孢子，即夏孢子、冬孢子、担孢子、性孢子和锈孢子。田间常见的是夏孢子和冬孢子。

（一）形态特征

疣顶单胞锈菌的夏孢子单胞，椭圆至长圆或卵圆形，浅黄或橘黄色，表面有稀疏微刺，具芽孔 1～3 个，大小为（20～30）μm×（17.5～22.5）μm。冬孢子单胞，圆至椭圆形，褐色，顶端有较透明乳突，突高（4.25～8.25）μm，下端具无色透明长柄，孢壁深褐色，表面光滑，厚（2.5～3.75）μm，大小为（26.3～35.5）μm×（20～25.75）μm（图 10 - 69 - 1）。锈孢子近椭圆形或楔形，淡榄色或无色，表面密生微刺，大小为（20～27.5）μm×（15～22.5）μm。

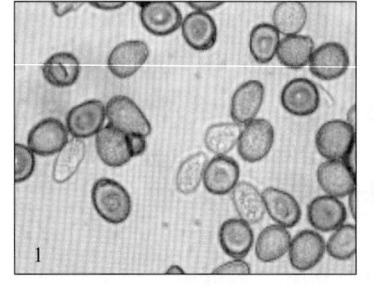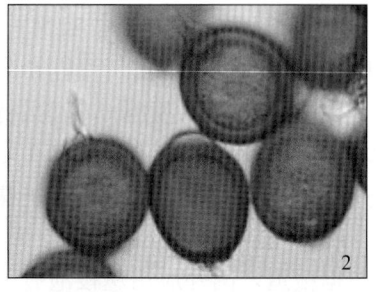

图 10 - 69 - 1 菜豆锈病菌夏孢子和冬孢子形态（1. 引自 Cesar Calderon, 2006；2. 引自 Bruce Watt, 2012)

Figure 10 - 69 - 1 Uredospore and teliospore of pathogens of common bean rust（1. from Cesar Calderon, 2006；2. from Bruce Watt, 2012)

1. 夏孢子 2. 冬孢子

豇豆单胞锈菌的夏孢子单细胞，短椭圆形或卵形，淡黄色，表面有细刺，大小为（20～32）μm×（18～25）μm，有芽孔 2 个。冬孢子单细胞，圆形或短椭圆形，黄褐色，顶部有一个透明的乳头状突起，大小为（27～36）μm×（20～28）μm。

（二）生理分化

该病菌又是一类专性寄生菌，具有很强的生理分化和变异性，可分化成许多形态相同而致病力不同的生理小种。20 世纪 80 年代，美国鉴定出 55 个生理小种；巴西、墨西哥、哥伦比亚等几个拉美国家和澳大利亚先后鉴定出 150 多个菜豆锈菌生理小种。在我国，黑龙江、辽宁、吉林、内蒙古、北京、河北、宁夏、新疆、甘肃、陕西、山西、山东、河南、天津、安徽和江苏等省（自治区、直辖市）存在 8 个菜豆锈菌生理小种，台湾有 15 个生理小种。目前，尚未见到关于豇豆锈菌生理分化现象的报道。

四、病害循环

在我国长江流域以北冬季寒冷的地区，菜豆、豇豆锈病菌表现为典型的全孢型单主寄生菌，以冬孢子在病残体上越冬。翌年春季，当温、湿度条件适宜时，冬孢子经过 3～5d 就可萌发，产生出担子和担孢子；担孢子通过气流传播到菜豆、豇豆的叶片上，萌发产出芽管侵入寄主引起初侵染，经过 8～9d 的潜育后，叶片上出现病斑并形成性孢子和锈孢子，锈孢子侵染菜豆、豇豆，并形成疱状夏孢子堆，夏孢子堆散发出大量的夏孢子，再经气流传播进行再侵染，病害得以蔓延扩大。到了深秋，日照变短诱导病原菌产生冬孢子堆和冬孢子进行越冬（图 10-69-2）。在长江流域以南长日照地区，锈菌不产生冬孢子。在南方，特别是福建、广东、广西、云南和海南等冬季温暖地区，主要以夏孢子越夏和越冬，成为田间病害的初侵染源。夏孢子借气流和雨水传播，从气孔或表皮直接侵入。初侵染发病后产生大量新的夏孢子，通过传播可频频进行再侵染。如此一年四季辗转传播、蔓延和为害。

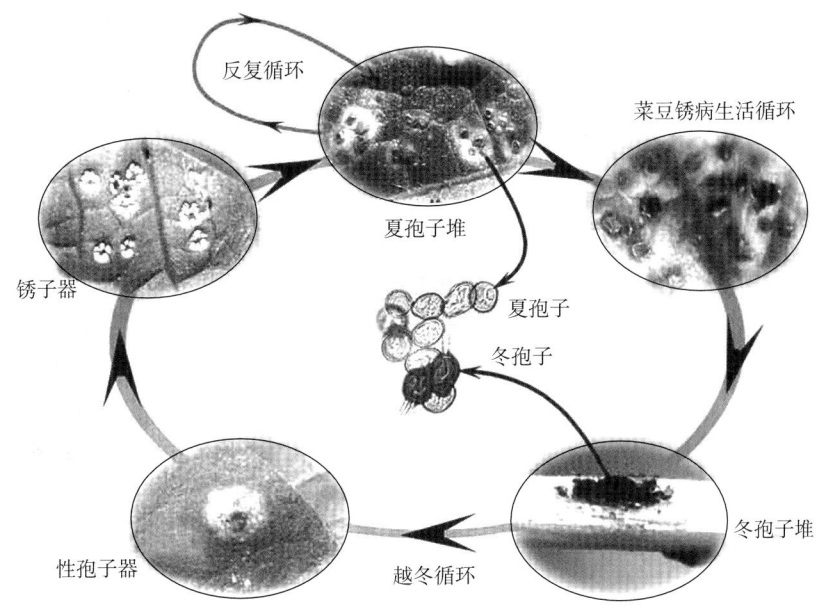

图 10-69-2　菜豆锈病病害循环（引自 H. F. Schwartz 和 M. S. McMillan，2014）
Figure 10-69-2　Disease cycle of common bean rust（from H. F. Schwartz and M. S. McMillan，2014）

五、流行规律

（一）病菌的传播、扩散及其侵染条件

1. 传播、扩散与萌发条件　菜豆、豇豆锈病是一种气流传播病害，锈菌夏孢子遇到轻微气流，就会从夏孢子堆中飞散出来。风力弱时，夏孢子只能传播至邻近菜豆、豇豆植株上。当菌源量大、气流强时，强大的气流可将大量的锈菌夏孢子吹送至远方，比如南方菜豆、豇豆锈病发病早，产孢也早，孢子可随强大气流传播，甚至可达到北方的菜豆、豇豆植株上。

夏播与春播豇豆田的距离不同，锈病发生程度具有明显的差异，这是因为豇豆锈病与侵染源距离存在着明显梯度现象。病害侵染梯度的出现说明春播豇豆为夏播豇豆锈病的发生提供了明显的菌源中心。夏播豇豆距菌源中心愈近、病害密度愈大，经济损失愈严重。

2. 夏孢子形成、侵入和萌发条件　叶面结露及叶面上的水滴是锈菌孢子萌发和侵入的先决条件。夏孢子形成和侵入的适宜温度为 15～24℃，萌发的温度范围为 10～30℃，以 16～22℃最适。豇豆锈病夏孢子在 15～20℃时萌发率最佳，6h 的萌发率为 61.4%～79.4%，10h 达 64.1%～84.8%；在不同的日平均气温条件下接种，豇豆锈病的发病程度有明显差异，在 23～26℃下接种最易发病，超过 33℃时难于成功。豇豆锈病在不同温度下其潜育期不同，10℃时其潜育期为 15d，27℃时为 14d，15～25℃时则为 6～12d，其中在 19～23℃时平均潜育期最短为 8d。不同的保湿时间对豇豆锈病的潜育期也有较大影响，在 23℃保湿4h，平均潜育期为14d，保湿16h以后，其平均潜育期则为8d。当气温为20～25℃、相对湿度95％以上时，最适于锈病的流行。

3. 侵染过程及侵染条件 锈菌夏孢子落到感病品种的叶片上，遇到合适的温、湿度条件即萌发长出芽管，并沿着叶片表皮生长，遇到气孔后，芽管顶端膨大形成压力胞，然后从压力胞下方伸出1条管状的侵入丝，钻入气孔内。在气孔下长出侵染菌丝和吸器，伸入附近细胞内，从组织中吸取养料和水分，至此，锈菌夏孢子完成萌发侵入寄主的过程。夏孢子的萌发和侵入都要求与水滴或水膜接触，如无水滴或水膜，夏孢子很少或不能萌发。因此，结露、降雾、下毛毛雨均非常有利于锈病的发生。菜豆进入开花结荚期后，如气温在20℃左右、高湿、昼夜温差较大和结露的持续时间较长，病害极易加重。

（二）流行条件

在以当地越冬菌源为主的地区，锈病一般先从基部叶片开始发生，随着病害发展逐步向上蔓延，最后导致植株严重发病。一般在菜豆、豇豆现蕾或初花后，开始进入盛发期。如果发病早，常造成叶片早期脱落，结荚减少，损失较大。如果发病过晚，仅部分叶片发病，为害不大。虽然越冬菌源数量的多少对病害的轻重有直接的影响，但是只要环境条件适宜，即使越冬菌源的数量很少，病害也能快速地发展与蔓延，中心病株数和病叶数能成倍地增长，仍能造成病害的流行。在很少或没有越冬菌源的地区，菜豆、豇豆锈病的春季菌源依靠从外地吹来的夏孢子，一般在菜豆、豇豆植株的生长中后期发病。

诱发菜豆、豇豆锈病的因素很多，主要因素有：

1. 高温高湿 一般日平均气温24℃，遇上频繁的小到中雨，或降雨时间长，则病害易于流行。例如，豇豆锈病在日平均气温稳定在24℃，雨日数和间断中、小雨多，就会流行。丘陵山区雾多、露重，往往比平原地区发病早而重。保护地或大棚与温室浇水多，通风不及时；露地栽培的，当季降雨早，降雨次数多，雨量大，锈病发生严重。

2. 栽培管理 菜地土质黏重，地势低洼积水，种植密度过大，田间郁闭不通风，或过多施用氮肥，植株徒长也会促使发病。不同栽培密度下的豇豆锈病有明显的差异，栽培密度高，植株发病严重。据报道，密度为每667m²6 000株时发病率12.41％，8 000株时为23.54％、10 000株时则为35.46％。在同一密度下，长势弱的发病率高。菜豆与豇豆套种或紧邻重病田的迟播菜豆、豇豆病情加重。此外，不同季节播种病情有所不同，例如在广州地区，春茬菜豆、豇豆锈病远比秋茬严重。

3. 品种 菜豆、豇豆品种间的抗病性有差异，一般菜豆比豇豆感病。在菜豆中，矮生种比蔓生种较抗病；在蔓生种中，"细花"比"中花"和"大花"较抗病。国内比较抗（耐）病的菜豆品种有碧丰（蔓生，较早熟，荷兰引入）、江户川矮生菜豆（较强，引自日本）、意大利矮生玉豆（极早熟，引自意大利）、甘芸1号（蔓生，中早熟，辽宁大连）、12号菜豆（蔓生，中早熟，广东广州）、大扁角菜豆（蔓生，中熟，山东滨州）、83-B菜豆（蔓生，早熟，兼抗病毒和炭疽病，辽宁大连）、矮早18（早熟，兼抗炭疽病，浙江省农业科学院）、新秀2号与春丰4号（蔓生、早熟，天津市水产研究所）等。

六、防治技术

菜豆、豇豆锈病的防治应采取以农业防治为中心，药剂防治为辅的综合防治措施。

（一）选用抗（耐）病的丰产良种

菜豆、豇豆不同品种对锈病的抗性差异明显，利用抗锈良种是防治锈病最经济、有效的措施。目前，各地都选育出了不少抗锈丰产品种，可因地、因时制宜地推广种植。抗（耐）锈病的菜豆品种除前面提及之外，还有福三长丰、新秀1号、九粒白、绿龙等。抗锈病豇豆品种有粤夏2号、桂林长豆角、铁线青豆角、望丰早豇80、成豇3号、航豇2号、穗郊101、红嘴金山、湘豇2号、湘豇4号、大叶青、益农红仁特长豆角、金山长豆、成都紫英白露等。在选用抗锈丰产良种时，要注意品种的合理布局、搭配及轮换种植，防止大面积单一、长期使用某一个品种。

（二）农业防治

1. 合理轮作 与葫芦科、茄科、十字花科蔬菜等其他非豆科作物轮作2～3年。

2. 加强管理 高畦栽培，合理密植。科学浇水，及时排除田间积水，降低田间湿度，棚室栽培尤应注意通风降温。增施磷、钾肥，以增强植株长势，提高抗病力。及时整枝，收获后及时清除病残体，带出田间集中销毁，减少田间菌源。杜绝在早豇豆地中套种迟播豇豆，迟豇豆和早播重病田应间隔一定距离，严防紧紧相邻，避免病菌交互侵染。必要时调整春秋植面积比例，以减轻为害。在南方一些地区，例如广州地区，菜豆锈病春植病情远重于秋植，在无理想的抗病品种或防治药剂以及病害严重的地方，可调整春秋种植面积比例，或适当调整播种期以避病，如春播宜早，必要时可采用育苗移栽避病。

（三）化学防治

喷药防治是控制大面积锈病流行的主要手段之一。要充分发挥药剂的最大防锈保产效果，提高经济效益，必须根据当地菜豆、豇豆锈病的发生流行特点、气候条件、品种感病性及杀菌剂特性等，结合预测预报，确定防治对象田、用药量、用药适期、用药次数和施药方法等。在发病前或发病初期病斑未破裂前立即喷药防治，最好实行农户联防联治，首先要封锁田间发病中心植株。推荐使用唑类杀菌剂，如三唑酮（高效、持效期长，内吸性强），具有预防、治疗、铲除、熏蒸作用；三唑酮的剂型较多，有15％、20％乳油，12％增效乳油，10％、15％、25％可湿性粉剂，15％烟雾剂等。还可用12.5％烯唑醇可湿性粉剂、15％三唑醇可湿性粉剂、20％丙环唑微乳剂、25％丙环唑乳油、25％腈菌唑乳油、5％烯唑醇微乳剂、50％多·硫悬浮剂、10％苯醚甲环唑可溶粒剂、50％嘧菌酯水分散粒剂、40％氟硅唑乳油等。各种药剂的具体用药量根据使用说明书确定。视病情发展，每隔7～10d喷药1次，连喷2～3次。注意药剂的交替使用。

另外，对于保护地栽培，在菜豆、豇豆拉秧后，揭膜前注意对老棚内墙体、棚架等用硫黄熏蒸、严格消毒。

曾永三（仲恺农业工程学院）

第70节　菜豆、豇豆病毒病

一、分布与危害

菜豆、豇豆病毒病是一种世界性的重要病害，在英国、法国、德国、意大利、西班牙、美国、巴西、阿根廷、古巴、墨西哥、日本、印度、泰国、马来西亚、中国以及非洲等地都有发生和为害，常年引起减产10％～15％，在局部地区可达40％以上，甚至更高。

该病在我国北京、天津、河北、河南、山西、内蒙古、辽宁、吉林、黑龙江、宁夏、新疆、青海、陕西、甘肃等省（自治区、直辖市）的菜豆、豇豆产区均有发生，尤以夏、秋季露地栽培的蔓生菜豆和豇豆受害严重，病株率可达80％以上，如遇干旱气候，甚至引起局部地区毁种。除菜豆、豇豆外，还可为害扁豆、刀豆和毛豆等豆科蔬菜。

自2010年以来，我国已发现番茄黄化曲叶病毒为害菜豆、豇豆，田间的发病率可达60％～70％，应该引起高度重视。

二、症状

由于菜豆、豇豆的品种繁多，受其侵染的病毒种类也较多，再加之不同病毒的复合侵染，所以菜豆、豇豆病毒病的田间症状十分复杂多样，下面介绍3种主要不同传毒方式的病毒病害症状（彩图10-70-1）。

（一）菜豆蚜传病毒病

菜豆植株早期发病，叶片上会出现明脉、斑驳，后期绿色部分出现凹凸不平，叶片皱缩，有些叶片扭曲变形，表现卷曲和皱缩的花叶，植株伴有矮缩症状，开花延迟或者落花，豆荚有时伴有斑驳或畸形等症状。

（二）豇豆蚜传病毒病

为系统性侵染病害，整株（包括叶片、花器、豆荚）均可表现症状。其中叶片上的症状比较典型，早期侵染的植株叶片主要表现为黄绿相间或叶色深浅相间的花叶症状，有时也会出现明脉、卷曲、皱缩等症状，发病重的植株叶片会表现严重的褪绿、畸形、植株伴有矮化等症状；而后期感染的植株叶片褪绿和皱缩等症状较常见，严重畸形和矮化不常见。发病植株也会表现开花延迟、花器畸形、结荚率低、豆荚瘦小而细短等症状。

（三）粉虱传病毒病

植株感病后，在叶片上表现主要症状：病株的叶片变小、僵硬、皱缩、下卷，叶片会伴有黄绿相间的斑驳症状。早期感染的植株会有明显的矮缩，花稀少，结荚率低等症状；后期感病的植株仅在心叶上表现黄绿相间的斑驳、叶片变小、皱缩、下卷等症状。

三、病原

引起菜豆花叶的蚜传病毒有很多种，如普通菜豆花叶病毒（*Bean common mosaic virus*，BCMV）、菜豆黄色花叶病毒（*Bean yellow mosaic virus*，BYMV）、番茄不孕病毒（*Tomato aspermy virus*，TAV）、黄瓜花叶病毒（*Cucumber mosaic virus*，CMV）等，其中，我国比较常见的主要是普通菜豆花叶病毒和黄瓜花叶病毒等。这些病毒既可以单独侵染为害，也可以复合侵染为害。

引起豇豆蚜传病毒病的病原也有很多，其中较常见的有豇豆蚜传花叶病毒（*Cowpea aphid-borne mosaic virus*，CABMV）、黄瓜花叶病毒（*Cucumber mosaic virus*，CMV）、蚕豆萎蔫病毒（*Broad bean wilt virus*，BBWV）、黑眼豇豆花叶病毒（*Black eye cowpea mosaic virus*，BCMV）等。同样，这些病毒既可以单独侵染为害，也可以多种病毒复合侵染为害。

目前，虽然国际上报道侵染菜豆、豇豆的粉虱传双生病毒有多种，但在 21 世纪初，我国报道侵染菜豆、豇豆引起叶片黄化、皱缩症状的病原主要为番茄黄化曲叶病毒（*Tomato yellow leaf curl virus*，TYLCV）。

引起菜豆、豇豆病毒病的 6 种主要病毒种类的粒体形态（图 10 - 70 - 1）、理化性状和传毒方式如下。

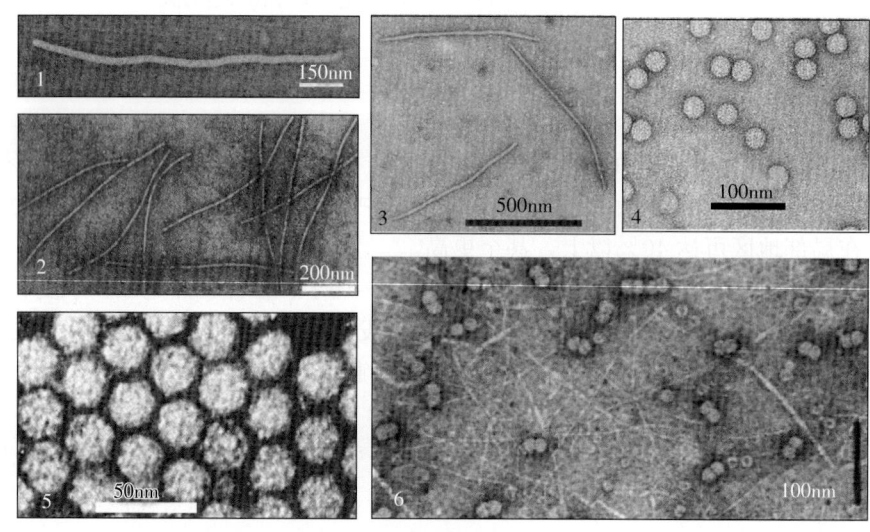

图 10 - 70 - 1　引发菜豆、豇豆病毒病的主要病毒粒体形态（引自：1. F. J. Morales 和 L. Bos，1988；2. K. R. Bock 和 M. Conti，1974；3. D. Purcifull 和 D. Gonsalves，1985；4. A. J. Gibbs 和 B. D. Harrison，1974；5. R. H. Taylor 和 L. L. Stubbs，1972；6. Henryk Czosnek，1999）

Figure 10 - 70 - 1　Virions of BCMV, CABMV, BCMV, CMV, BBWV and TYLCV (from：1. F. J. Morales and L. Bos，1988；2. K. R. Bock and M. Conti，1974；3. D. Purcifull and D. Gonsalves，1985；4. A. J. Gibbs and B. D. Harrison，1974；5. R. H. Taylor and L. L. Stubbs，1972；6. Henryk Czosnek，1999）

1. 菜豆普通花叶病毒　2. 豇豆蚜传花叶病毒　3. 黑眼豇豆花叶病毒
4. 黄瓜花叶病毒　5. 蚕豆萎蔫病毒　6. 番茄黄化曲叶病毒

（一）菜豆普通花叶病毒（BCMV）

BCMV 属于马铃薯 Y 病毒科马铃薯 Y 病毒属，病毒粒体线状，长约 750 nm，钝化温度 50～60℃，稀释限点 1 000～10 000 倍，体外存活期 1～4 d。可由豌豆蚜（*Acyrthosiphon pisum*）、蚕豆蚜（*Aphis fabae*）和桃蚜（*Myzus persicae*）等多种蚜虫以非持久性方式传毒；也可由汁液接触、种子和花粉传播，其中，种子带毒率相对较高，甚至高达 83%。寄主范围较窄，局限于少数豆科植物，很少侵染非豆科植物，在全世界范围内都有广泛分布。

（二）豇豆蚜传花叶病毒（CABMV）

CABMV 属于马铃薯 Y 病毒科马铃薯 Y 病毒属。病毒粒体线状，长 750 nm，钝化温度 57～60℃，稀释限点 1 000～10 000 倍，体外存活期 1～3 d。可由桃蚜（*Myzus persicae*）、蚕豆蚜（*Aphis fabae*）和马铃薯长管蚜（*Macrosiphum euphorbiae*）等多种蚜虫以非持久方式传毒，蚜虫获毒后至少可以持毒 15 h；种子传毒率相对较低，在 3% 以下。可侵染豆科、苋科、藜科、葫芦科和茄科等多种寄主。该病毒在亚洲、非洲、欧洲、美洲等都有发生为害报道，侵染豇豆时病叶的叶脉呈绿带状和花叶症。

（三）黑眼豇豆花叶病毒（BCMV）

引起菜豆、豇豆病毒病的病毒是菜豆普通花叶病毒（*Bean common mosaic virus*，BCMV）的一个株系，属于马铃薯 Y 病毒科马铃薯 Y 病毒属，病毒粒体线状，长 743～765 nm，钝化温度 60～65℃，体外存活时间 1～2 d，稀释限点 1 000～100 000 倍，主要由豌豆蚜（*Acyrthosiphon pisum*）、蚕豆蚜（*Aphis fabae*）和桃蚜（*Myzus persicae*）等多种蚜虫以非持久方式传播，仅饲毒 1 min 后就有 59% 蚜虫个体完成了获毒；种子也可传毒且传毒率也较高，达 30.9%；此外，汁液摩擦亦传毒。该病毒寄主范围广，能侵染 7 科 36 种植物。

（四）黄瓜花叶病毒（CMV）

CMV 属于雀麦花叶病毒科黄瓜花叶病毒属，病毒粒体球状，直径 28～30 nm，病毒汁液稀释限点 1 000～10 000 倍，钝化温度 65～70℃ 10 min，体外存活期 3～4 d。可由数十种蚜虫以非持久方式传播，尤以桃蚜（*Myzus persicae*）和棉蚜（*Aphis gossypii*）的传毒效率最高；蚜虫各个龄期均可获毒，获毒时间 5～10 min，持毒时间不超过 2 h。机械摩擦也可以传毒，有些株系在菜豆上可以种传，有些则不能。CMV 的寄主范围非常广，可以侵染 85 科 1 000 多种植物，世界范围发生分布。

（五）蚕豆萎蔫病毒（BBWV）

BBWV 属于豇豆花叶病毒科蚕豆病毒属，病毒粒体球状，直径 25 nm，稀释限点 10 000～100 000 倍，钝化温度 58℃，体外存活期 2～3 d。可通过桃蚜（*Myzus persicae*）、大豆蚜（*Aphis glycines*）等 20 余种蚜虫以非持久性方式传毒；寄主范围广，可侵染 44 科 186 属中的 328 种植物，其中有 40 种为豆科植物，感染豇豆引起轻花叶症状。

（六）番茄黄化曲叶病毒（TYLCV）

TYLCV 属于双生病毒科菜豆金色花叶病毒属，病毒粒体孪生颗粒状，大小 20 nm × 30 nm，主要由烟粉虱（*Bemisia tabaci*）传播，单头烟粉虱在番茄病株上的最短获毒时间为 15～60 min，潜育期 8 h，最短传毒时间 15～30 min，烟粉虱获毒后可终身带毒，但不经卵传；种子和汁液接触均不能传播。

四、病害循环

不同病毒种类引起的菜豆、豇豆病毒病害，其病害循环也不尽相同。

（一）菜豆蚜传病毒病

在田间，该类病原病毒主要通过蚜虫为害、病健株汁液接触、田间农事操作等方式进行传播扩散。但是不同的病毒在传播扩散方式上又存在差异，如普通菜豆花叶病毒种传的比例很高，而寄主范围相对较窄，因此，其越冬主要通过种子带毒来完成，同时种子带毒也是病毒远距离传播的重要途径。而对于黄瓜花叶病毒，种传的比率很低，而寄主范围非常广，因此其主要的越冬方式是通过中间寄主（如温室的蔬菜、杂草等其他寄主）来完成。

（二）豇豆蚜传病毒病

该类病原病毒的越冬方式主要有两种：一种如黑眼豇豆花叶病毒等是通过种子带毒越冬，有些种子的带毒率还比较高，达 15% 以上，来年播种带毒种子后，幼苗出土即可发病，成为田间病害的初侵染来源；另一种如黄瓜花叶病毒等是在越冬寄主（如温室蔬菜、杂草或多年生寄主等）上越冬，来年通过传毒介体蚜虫、汁液接触或整枝打杈等田间管理及农事操作传播到寄主植物上，引起发病与为害。

但在田间的病害循环中，蚜虫传毒是病毒扩散的最主要方式，而病汁液接种及田间管理等农事操作传毒排在其后。

（三）菜豆、豇豆粉虱传 TYLCV 病

烟粉虱获得 TYLCV 后可以终生带毒，但是 TYLCV 在介体内并不能经卵传给后代，因此，该病毒可能在设施栽培蔬菜（如番茄等）、杂草或多年生寄主上越冬。翌年春天天气转暖后，烟粉虱在带毒植物上取食并获毒，再转移到春茬菜豆、豇豆或番茄等寄主上继续取食为害，从而将 TYLCV 逐渐传播开来（图 10 - 70 - 2）。

五、流行规律

（一）菜豆蚜传病毒病

菜豆苗期至成株期是最易感病的生育期，若这期间高温干旱来得早、持续时间长，则田间病毒病害往往发生早、发生重，甚至有流行的可能性。对于 BCMV 等种子传毒率较高的病毒，如在发病田里留种将会导致翌年病毒病的大发生。蚜虫是田间病害扩散的重要因子，在早春温度偏高、少雨的年份，往往有翅蚜迁飞早，蚜量也较大，病毒病害则较重；同样的道理，在秋季少雨、蚜虫多发的年份病害也较重。此外，田块周边蔬菜或杂草等毒源寄主多，田间农事操作粗放，水肥管理不善，虫害严重的田块发病均较重。

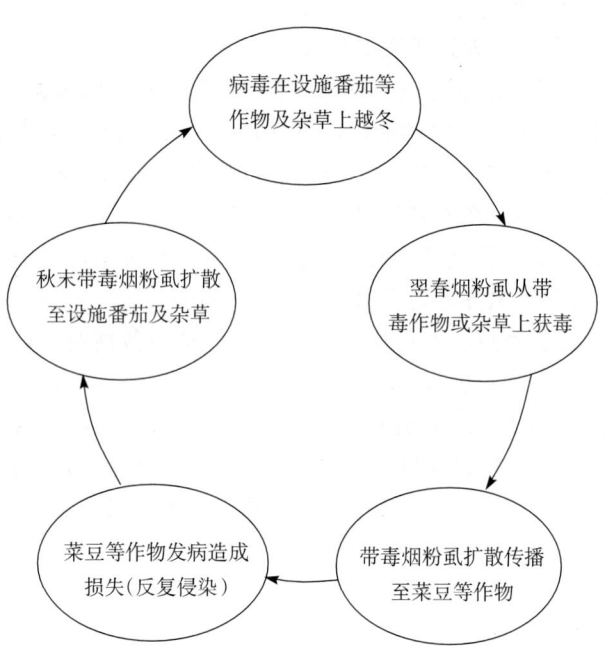

图 10 - 70 - 2　烟粉虱传菜豆 TYLCV 病病害循环（周益军提供）

Figure 10 - 70 - 2　Disease cycle of TYLCV disease on common bean mediated by *Bemisia tabaci*（by Zhou Yijun）

（二）豇豆蚜传病毒病

适宜豇豆蚜传病毒病发生的温度范围为 $15\sim38℃$，最适温度为 $20\sim35℃$，适宜发病的相对湿度为 80% 以下，最宜感病生育期是苗期至结果前期，一般持续高温干旱天气，有利于病害的发生与流行。早春温度偏高、少雨、蚜虫发生量大的年份发病重；秋季少雨、蚜虫多发的年份发病也重；田块周边毒源寄主多发病早且重。缺肥少水、蚜虫滋生、生长衰弱的田块发病都较重。

（三）菜豆、豇豆粉虱传 TYLCV 病

烟粉虱是 TYLCV 的主要传播介体，低湿干燥的情况下极易大量发生，因此在水分管理不善、烟粉虱发生量大的田块，病害发生重。苗期是植株对病毒病最为敏感的时期，若苗期与烟粉虱的暴发时间重叠，容易引起病害大流行。

TYLCV 的寄主范围非常广泛，除了菜豆、豇豆外，还可以侵染番茄、辣椒等蔬菜作物及多种杂草，特别是在番茄上，TYLCV 已经成为当前我国番茄生产上的一个主要威胁。因此，与番茄等 TYLCV 寄主作物混种的田块或园区病害往往发生重，特别是秋季更为突出；田块周边杂草丛生，管理粗放也极易导致病害发生。

六、防治技术

（一）选用抗病品种

据报道，菜豆中的优胜者、春丰 4 号、吉农引快豆、白水四季豆、长丰芸豆、长白 7 号、扬白 313、早熟 14、芸丰、秋抗 6 号、早白羊角等品种对菜豆蚜传病毒的抗性较强；豇豆中的成豇 3 号、航育青豇豆、秋豇 512、秋豇 17、航豇 2 号、之豇 90、秋赤豇、之青 3 号、望丰早豇 80、之豇矮蔓 1 号等品种对豇豆蚜传病毒的抗性较强，各地可因地制宜地加以选用。国外报道，抗 TYLCV 的菜豆品种有 Alubia Blanca、Cantara、Celtic、Colana、Contender、Cyprus、Nirda、Pinto Amber、Speedy、Tema、Venture、Wonder Bush、4087 和 4095 等，可先少量引种试种。

（二）种子处理

尽量建立无病留种田，在无病田里的无病植株上采种，减少种子带毒的概率。对于购买的种子，一要确认是否抗病，二要确认是否经过消毒处理。否则要在播种前先用清水浸泡种子3～4 h，再放入10％磷酸三钠溶液中浸20～30 min，捞出洗净后催芽播种。

（三）加强栽培管理

尽量避免在棉花、番茄等常遭蚜虫、烟粉虱为害的田块周围种植菜豆、豇豆，以减少田间病毒来源；适当调整播种和定植期，使苗期错开传毒介体蚜虫、烟粉虱的发生高峰期；加强肥水管理，调节田间小气候，促进植株生长健壮，提高植株抗病能力；及时清除田边杂草和病残株，保持田园清洁，减少病毒再侵染的机会；在农事操作中，尽量做到接触过病株的手和农具用肥皂水冲洗干净，防止接触传染。

（四）防治传毒介体

播种前对整个大棚、温室进行烟剂熏蒸，减少蚜虫、烟粉虱的虫口基数；在烟粉虱发生初期，尽量用60目防虫网覆盖大棚与温室，防止蚜虫、粉虱等传毒介体进入传毒，效果较好；采用黄板诱杀和银灰膜驱避昆虫等措施，也有一定的防治作用。

除上述防治措施外，及时进行药剂防治也十分重要。防治蚜虫的药剂有50％马拉硫磷乳油1 000倍液，或50％抗蚜威可湿性粉剂2 000～3 000倍液等（详见芹菜病毒病）。防治烟粉虱的药剂有30％啶虫脒微乳剂4 000～6 000倍液，或70％吡虫啉水分散粒剂2 500～5 000倍液、25％噻虫嗪水分散粒剂2 000～5 000倍液、10％烯啶虫胺水剂1 500倍液、50％噻虫胺水分散粒剂4 000～6 000倍液、10％吡丙醚微乳剂500～1 000倍液等。

（五）喷洒药剂

发病初期喷洒8％宁南霉素水剂300～400倍液，或20％盐酸吗啉胍可湿性粉剂500～600倍液，或30％壬基酚磺酸铜水乳剂400倍液，或20％盐酸吗啉胍·乙铜可湿性粉剂300～400倍液，或3.85％三氮唑核苷·铜·锌可湿性粉剂600倍液，或0.5％菇类蛋白多糖水剂300倍液等药剂，每隔5～7 d喷1次，连续防治2～3次，有一定的增强植株抗病性作用。

周益军（江苏省农业科学院植物保护研究所）

第71节　豇豆煤霉病

一、分布与危害

豇豆煤霉病又称叶霉病、叶斑病，分布于世界上大部分豇豆产区，20世纪70年代在非洲尼日利亚等国家有报道。我国各地均有发生，尤以在夏秋季节发生普遍、为害严重。该病曾一度是长江以南地区豇豆上的重要病害，但自21世纪以来，北方地区也相继发生，其为害日益加重，特别是对在大棚与温室中栽培的豇豆影响极大。常导致豇豆田的大量叶片出现病斑，病株叶片自下而上地成片干枯、脱落，结荚数量锐减，一般减产10％～20％，严重的为30％以上，因此，该病已成为全国豇豆生产的主要病害。

菜用大豆煤霉病在我国发生也较普遍，以春、秋季受害为重，一般病株率为30％～60％，严重时病株率在80％以上，部分病叶枯死脱落。

二、症状

豇豆煤霉病主要为害成熟叶片，嫩叶不易发病；严重时，茎蔓、叶柄和豆荚也能被害。

发病初期，叶片的两面都产生赤褐色或紫褐色小点，后扩大成直径0.5～2 cm、近圆形，或受较大叶脉限制而呈多角形的褐色至紫褐色病斑，病斑边缘界限不明显（彩图10-71-1），有时在变黄的叶片上，病斑周围仍可保持绿色；环境湿度大时，病斑上密生暗灰色或灰黑色煤烟状的霉，尤以叶片背面病斑上的霉层明显且密集。随着病情加重，多个病斑相互连接形成不规则形的大斑块，致使病叶枯黄，甚至植株中下部的大量叶片干枯、提早脱落，仅存顶端幼嫩叶片，有时茎蔓和嫩荚也发病，其症状与叶片相似，最后病蔓、病荚变枯干，病株的病叶通常变小、结荚减少。

在田间，豇豆煤霉病常与豇豆轮纹病混合发生，但是前者的病斑不产生轮纹，在适宜条件下病斑上的霉层较为浓密，而且豇豆煤霉病的茎部病斑多为梭形，灰黑色，病斑不产生轮纹，也不穿孔，依此豇豆煤霉病可与豇豆轮纹病相区别。

三、病原

豇豆煤霉病的病原菌为菜豆尾孢（*Cercospora cruenta* Sacc.），隶属于子囊菌无性型尾孢属。

病菌的分生孢子梗从气孔中伸出，直立不分枝，数枝至十多枝丛生，具 1～4 个隔膜，淡褐色，大小为（15～52）μm×（2.5～6.2）μm；分生孢子鞭状，下端稍粗大，渐次向上端略变细，无色至淡褐色，具 3～17 个隔膜，大小为（27～127）μm×（2.5～6.2）μm（图 10-71-1）。

病菌发育的温度范围为 7～35℃，最适温度为 30℃；分生孢子萌发的最适温度为 25～28℃。豇豆煤霉病菌除为害豇豆外，还可为害菜用大豆、菜豆、蚕豆、扁豆、绿豆、红小豆和豌豆等豆科作物。

四、病害循环

病菌以菌丝块随病残体在田间土壤中越冬。分生孢子抗逆性较强，在自然干燥的状态下，可存活 1 年以上。翌年环境条件适宜时，在菌丝块上产生分生孢子，通过风吹、雨溅传播，遇适宜的温、湿度即可萌发长出芽管，从寄主的气孔侵入，进行初侵染。发病后病部又产生大量新的分生孢子，仍然借助气流和雨水传播，进行多次再侵染，从而导致田间病害流行。种子也能带菌，可进行远距离的传播（图 10-71-2）。

在我国南方温暖地区，豇豆可周年生长，病菌则可辗转为害，无明显的越冬现象。

五、流行规律

一般在豇豆开花结荚期发病，病害多发生在老叶或成熟的叶片上，顶端嫩叶或上部叶片较少受害。高温、高湿或多雨的环境条件有利于发病，故各地的雨季往往是煤霉病为害盛期。当温度 25～30℃、相对湿度达 85% 以上，或遇高湿多雨，或保护地内高温高湿、通气不良时，病害均较重。

病情轻重亦随播期不同而有差异，春播豇豆比夏播的发病重，尤以晚春豇豆受害最重。套种、连作地较轮作地病害重；此外，地势低洼、排水不良、土质黏重、管理粗放、种植过密、植株长势较弱的地块发病也较重。

豇豆不同品种间对煤霉病的抗病性差异较明显。在植株个体生长过程中，幼嫩叶片较成熟叶片的抗病性强，田间一般表现为苗期较少感病，多在现蕾开花后开始发病；成株期的上部叶片及顶端嫩叶受害轻或不发病。

通常在不同年份间，以夏秋季多雨的年份发病重；而在一年中春豇豆比秋豇豆发病重；春豇豆在 5 月下旬始发，6 月上、中旬进入盛发期，秋豇豆在 8 月上旬始发，8 月下旬进入盛发期；南方菜区如浙江省及长江中下游地区，豇豆煤霉病的主要发病盛期在 5～10 月。

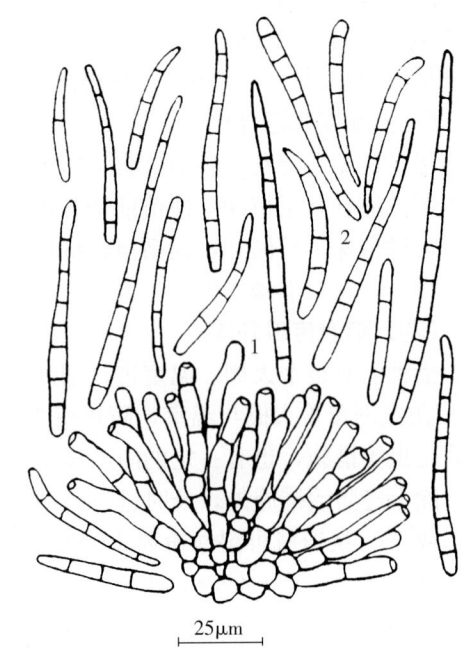

25μm

图 10-71-1　豆尾孢形态（郑建秋提供）

Figure 10-71-1　Morphology of *Cercospora cruenta*（by Zheng Jianqiu）

1. 分生孢子梗　2. 分生孢子

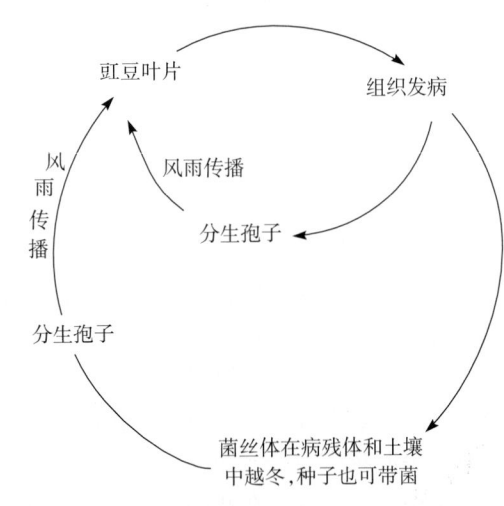

图 10-71-2　豇豆煤霉病病害循环（刘志恒和赵秀香提供）

Figure 10-71-2　Disease cycle of cowpea Cercospora leaf spot（by Liu Zhiheng and Zhao Xiuxiang）

六、防治技术

（一）选用抗病品种

豇豆不同品种间对煤霉病的抗病性差异较明显，如鄂豇豆 2 号、湘豇 1 号、湘豇 2 号、湘豇 4 号、扬豇 40、之青 3 号、宁豇 3 号及之豇矮蔓等品种比较抗病，可因地制宜地选用适宜品种。

（二）加强栽培管理

避免套种、连作，应合理轮作，重病田与非豆科作物轮作两年以上；发病初期及时摘除病叶，豇豆收获完毕彻底清除病残体，并集中烧毁或深埋；施用腐熟有机肥及磷、钾肥，采用配方施肥技术，促使植株生长健壮，增强抗病性；合理密植，使田间通风透光，防止湿度过大；保护地做好通风透气，排湿降温，以减缓病害发生；实行深沟窄畦栽培，以利雨后及时排水，降低田间湿度。

（三）药剂防治

发病初期及时用药。可喷施 70％甲基硫菌灵可湿性粉剂 800 倍液，或 50％多菌灵可湿性粉剂 500 倍液、70％代森锰锌可湿性粉剂 600 倍液、65％代森锌可湿性粉剂 500 倍液、75％百菌清可湿性粉剂 600 倍液、77％氢氧化铜可湿性粉剂 500 倍液、40％多·硫悬浮剂 500 倍液、50％腐霉利可湿性粉剂 1 000 倍液，亦可用 36％双苯三唑醇乳油 800 倍液，每 7～10d 喷药 1 次，连续用药 2～3 次，可有效地控制病害。

魏松红　刘志恒（沈阳农业大学植物保护学院）

第 72 节　菜用豌豆白粉病

一、分布与危害

豌豆白粉病是豌豆生产中的一种最重要的病害，在世界各地普遍发生，主要影响结荚数和荚粒数等。轻病地区的发病率常为 10％～30％，重病地区的病株率可达 40％以上，甚至 100％，严重减产，颗粒无收。20 世纪 70～80 年代，美国豌豆产区在温暖、干旱的年份，粒用豌豆常因白粉病为害导致 10％～65％的产量损失。1999 年，澳大利亚新南威尔士州中部的豌豆白粉病大暴发，减产严重；巴基斯坦菜用豌豆白粉病常年减产 50％。

在我国，该病主要发生在四川、新疆、内蒙古、吉林、黑龙江、安徽、福建、河南、台湾、广东、广西、陕西、青海等省（自治区）的豌豆产区，现已成为制约豌豆产业发展的重要病害之一。据报道，1998 年在福建省漳州、莆田、福州、南平等地，豌豆白粉病的严重发生期为幼苗期和开花结荚期，对植株的正常生长及豆荚产量影响极大；又据 2002 年报道，在福建、广东、广西等地每年的 12 月到翌年的 3 月，豌豆白粉菌的发生最为严重。在长江流域以北的地区，豌豆白粉病发病相对较轻，一般在 9 月中旬发生。

该病除为害豌豆外，有些小种也可侵染菜豆、荷兰豆、蚕豆等。

二、症状

菜用豌豆植株的地上各个部位都可被侵染，但以叶片受害为主。发病初期，叶面出现白色粉状斑，即为病原菌的菌丝、分生孢子梗和分生孢子，是白粉菌的无性世代，病斑背面呈褐色或紫色斑块；病斑扩大后病斑相互连接，致全叶正、背面均覆盖一层白色粉末，发病后期病叶枯黄或干枯，其上产生大量的黑色小粒点，即闭囊壳，是白粉菌的有性世代。遭受白粉病为害的叶片会逐渐萎蔫、干枯，最后引致落花、落荚，直至全株死亡（彩图 10 - 72 - 1）。茎蔓和豆荚染病，其表面也出现小粉斑，严重时布满整个茎、荚，造成茎蔓枯黄、嫩荚干缩，结荚少乃至不结荚，病菌可通过豆荚侵染种子。

三、病原

据报道，菜用豌豆白粉病的病原菌有 3 个种，即豌豆白粉菌（*Erysiphe pisi* DC.）、车轴草白粉菌（*Erysiphe trifolii* Grev.）、鲍勒白粉菌［*Erysiphe baeumleri*（Magnus）U. Braun et S. Takam.］，均隶属

于子囊菌门白粉菌属。

我国菜豆白粉病的主要病原菌是豌豆白粉菌，叶片两面均可长出菌丝体，形成白色病斑，常常布满整个叶面。菌丝无色，附着胞裂瓣形；分生孢子梗的脚胞柱形、弯曲，大小为（28～41）μm×（8～10）μm，上部着生 1～2 个细胞；分生孢子单生，椭圆形或近柱形，大小为（27～44）μm×（16～18）μm。闭囊壳聚生至近散生，暗褐色，直径 74～130μm，每一闭囊壳附属丝有 12～38 根，附属丝长 55～431μm 或更长，局部粗细不均匀，有 0～3 个隔膜，不分枝或少数有不规则叉状分枝 1～2 次，呈曲折的扭曲状，个别屈膝状，成熟时下半部褐色，有时全长淡褐色或完全无色；子囊卵形或近卵形 5～10 个，短柄或近无柄至无柄，大小为（44～82）μm×（33～51）μm，多数含子囊孢子 3～5 个，少数为 2 个；子囊孢子卵形、宽卵形、带黄色，大小为（18～28）μm×（13～18）μm（图 10-72-1）。

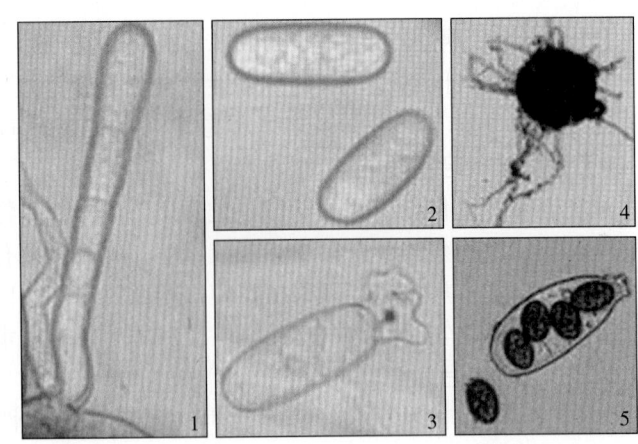

图 10-72-1 豌豆白粉菌的形态特征（刘淑艳提供）
Figure 10-72-1 Morphology of *Erysiphe pisi*（by Liu Shuyan）
1. 分生孢子梗 2. 分生孢子 3. 芽管 4. 闭囊壳 5. 子囊和子囊孢子

四、病害循环

白粉菌属于专性寄生菌，在人工培养基上不能培养，豌豆白粉病的病原菌不侵入寄主体内，产生吸器吸取寄主表皮细胞里的营养，生长发育均在寄主表面进行。田间病害的初侵染菌源有三种：一为有性世代的闭囊壳，随病残体留在土壤中或大棚与温室中的豌豆作物上；二为无性世代的分生孢子和菌丝，在冬季温暖地区或温室中的豌豆植株上继续为害；三为带菌的种子或幼苗。再侵染的菌源主要是无性世代的分生孢子。

在寒冷地区，病菌主要以闭囊壳随病残体在土壤表面越冬，翌年温、湿度适宜时，释放出子囊孢子进行初侵染。在染病的组织上会产生出大量的分生孢子，借助气流和雨水传播，在田间形成多次再侵染，使得病害在田间逐步蔓延；到了植株生长后期，病株产生闭囊壳并以此越冬。在冬季温暖的地区或温室中，分生孢子和菌丝能终年存活或为害，可作为来年早春露地豌豆白粉病的初侵染源，分生孢子落到寄主表面后萌发长出芽管，形成侵染丝，并长出吸器伸入寄主表皮细胞内，吸取养分；随即在粉斑上产生分生孢子进行再次侵染（图 10-72-2）。

五、流行规律

菜用豌豆白粉病在 15～30℃ 时均能发生，最适温度为 25～28℃；分生孢子萌发无需水膜。在高温干旱与高温高湿交替出现、又有大量菌源的条件下，容易造成病害的流行。因此，一般白天温度 25℃、湿度小于 80%，而夜间湿度大于 85% 时，该病扩展得最快。干旱年份，日暖夜凉、昼

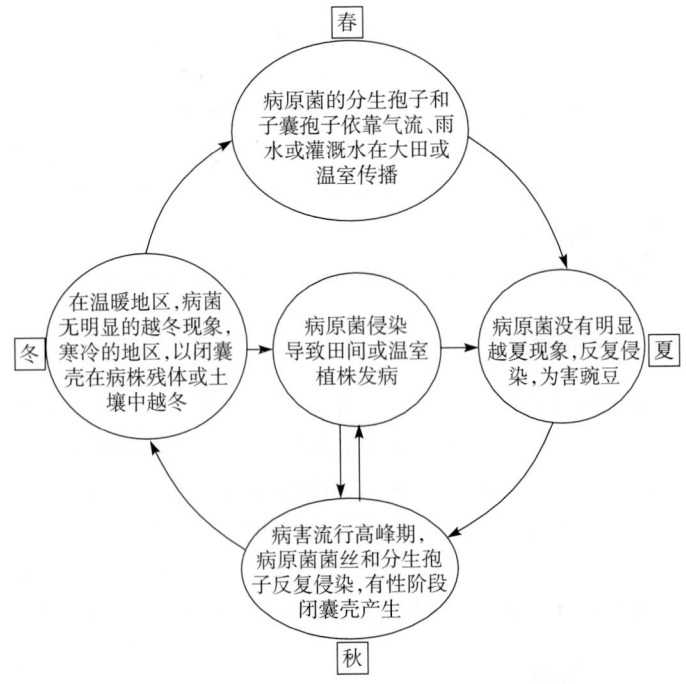

图 10-72-2 豌豆白粉病病害循环（刘淑艳提供）
Figure 10-72-2 Disease cycle of pea powdery mildew
（by Liu Shuyan）

夜温差大的多露潮湿，或早春多雨，气候温暖，空气湿度大的环境；或地势低洼积水、排水不良或土质黏重、土壤偏酸的地块；或氮肥施用过多，栽培过密，不通风透光的大棚与温室等，发病均较重。此外，相对湿度为50%～80%及弱光照时，有利于病害的发生和流行，但长时间的降雨可抑制病害的发生。

豌豆品种间抗病性有较大差异，一般细荚豌豆较大荚豌豆抗病力强。

六、防治技术

（一）选用抗（耐）病品种

目前，已有一些抗病或耐病的菜用豌豆品种可用于生产，各地需因地制宜地选用。如"中豌 2 号"适于北京、浙江、湖北种植，晋硬 1 号、晋软 1 号适于华北及西北部分地区种植，绿珠、小青荚适于华北部分地区种植，无须豆尖 1 号适于西南和华南地区种植，杂交大荚豌豆适于华南等地区种植。另外，食荚菜用豌豆甜脆 761，鲜食豌豆品种辽鲜 1 号、宁豌 5 号和赤花绿英等较适合春豌豆区种植；还有一些品种如西豌 1 号、陇豌 1 号、草原 27 等也具有较好的抗病性。

（二）加强栽培管理

1. 地块的选择 选择土层疏松、地力肥沃、排灌水方便、背风向阳以及无污染源的地块种植为佳。

2. 耕翻整畦 结合耕翻施入适量石灰粉既可以进行土壤消毒，又能中和土壤酸碱度。整畦时，畦面要呈瓦背形（即中间高两边稍低），田间要挖深排水沟，及时排除雨天积水，以降低田间湿度。

3. 适时播种 过早或过迟播种对豌豆的生长发育均不利，应根据当地气候选择适宜的时间播种，促进豌豆提早开花结荚，不但可以延长采摘期，而且还可以避开白粉病的高发期，对增产增收很有好处。

4. 覆盖地膜 豌豆播种后及时覆盖地膜，有利于提高地温、防止杂草疯长和减少土壤中病菌的初侵染机会。

5. 拌种 使用根瘤菌、钙镁磷肥或草木灰拌种，增施磷、钾肥或农家有机肥，以促进豌豆的根、茎、蔓、叶的健壮生长，增强豌豆植株的抗病力。

（三）药剂防治

1. 播前药剂拌种 用种子重量 0.3%的 70%硫菌灵可湿性粉剂＋75%百菌清可湿性粉剂（1∶1）拌种并密封 72h，可推迟病害发生。

2. 及早喷药预防 豌豆生长中后期容易发病，应在植株初花期喷药预防。即在第一次开花或发病始期喷洒 50%三唑酮·硫悬浮剂 600 倍液，或 15%三唑酮可湿性粉剂 1 500～2 000 倍液、0.5%大黄素甲醚水剂 100～200 倍液。病害盛发期改喷 25%三唑酮乳油 1 500～2 000 倍液，或 50%三唑酮·硫黄悬浮剂 1 000～1 500 倍液、40%多·硫悬浮剂 600 倍液、50%硫黄·甲硫灵悬浮剂 600～800 倍液、2%宁南霉素水剂 260 倍液，每 7d 喷 1 次，连续喷药 2～3 次。注意不同药剂交替喷施，喷匀喷足。

（四）生物防治

国外有用蚯蚓粪便提取物防治该病害的，或用含 1%～5%蚯蚓粪便的土壤进行防治，发病前用 3%浓度进行预防，发病后用 4%浓度进行防治。

刘淑艳（吉林农业大学农学院）

第 73 节　菜用豌豆褐斑病

一、分布与危害

豌豆褐斑病是豌豆生产上的主要病害之一，在世界上分布很广，美国、加拿大、波兰、荷兰、澳大利亚、法国和中国等国家都有该病发生的报道。该病于 1830 年首先在法国被报道。此后，加拿大萨斯喀彻温省的豌豆褐斑病造成了持续多年 5%～15%的产量损失，有些年份甚至高达 50%；美国也有类似报道。

在我国，福建、台湾、广东、广西、云南、贵州、江西、四川、上海、陕西、北京、青海等南、北菜用豌豆产区也经常遭受褐斑病为害，尤以南方春季多雨潮湿的年份最为严重，重病田的发病株率可高达60％，减产10％～30％。该病往往造成植株早衰，开花结果少，所结豆荚病斑累累，给产量和产值带来极大损失，现已成为限制菜用豌豆产业发展的一大障碍。除豌豆外，该病还可为害蚕豆、扁豆、菜豆等。

二、症状

该病主要为害叶片、茎（秆）、豆荚、花器及种子。叶片染病后，其上产生近圆形、淡褐色至黑褐色病斑，直径为2～5mm，病斑中央淡褐色、边缘为明显的暗褐色，在一个病叶上，往往有数个病斑；病害后期在病斑中央生有小黑点，即分生孢子器。茎部病斑多在节部，为褐色至黑褐色、纺锤形或椭圆形、稍凹陷，也有明显的深褐色边缘。花器发病，病斑常常环绕花萼，造成花和幼荚脱落或扭曲。豆荚上也产生与茎类似的病斑，圆形至不规则形、病斑下陷、向内扩展到种子上，致种子带菌（彩图10-73-1）。种子上的病斑干燥时不易辨认，湿度大时病种子表面有皱纹，病斑呈污黄色，或灰褐色至黑色，病斑还可深入种皮、子叶和胚乳。

菜用豌豆褐斑病在我国不但是常发病害，而且在田间常与褐纹病、黑斑病、基腐病等混合发生。该病比褐纹病发生早，茎上病斑在节部，叶部病斑不产生轮纹，只产生小黑点，可以此特征与褐纹病相区别。

三、病原

菜用豌豆褐斑病的病原菌是豌豆壳二胞（*Ascochyta pisi* Lib.），隶属于子囊菌无性型壳二胞属。病菌的分生孢子器主要产生在叶面上，常聚生于病斑中央，呈同心轮纹状排列；分生孢子器球形或扁球形，壁为淡褐色、膜质，突出表皮，大小为（100～180）$\mu m \times$（100～120）μm，分生孢子器的孔口圆形，成熟时释放出分生孢子。分生孢子呈圆柱形或长椭圆形、无色、正直或微弯、两端钝圆、双胞，大小为（10～14）$\mu m \times$（3～5）μm，每个细胞内有明显的油点。

豌豆褐斑病菌存在着不同的致病型或生理小种，目前国际上公认 Darby 等人建立的豌豆褐斑病菌致病型的鉴定体系，即在人工控制条件下，将病原菌的不同分离物接种在具有不同代表性的6个豌豆（*Pisum*）品种上，根据其对寄主叶片和茎秆的致病性，将病原菌分为5个致病型（表10-73-1）。该病原菌除了为害豌豆外，还可侵染蚕豆、菜豆、扁豆和野豌豆等。

表10-73-1 豌豆壳二胞菌株的致病型鉴定（引自 P.Darby 等，2007）
Table 10-73-1 Pathotype identification of *Ascochyta pisi* on *Pisum*（from P. Darby et al.，2007）

编号	豌豆品种	其他名称	致病型	反应症状
JI 1097	*Pisum arvense*	PI343971/2	0	仅出现偶发性过敏性反应
JI 423	*P. sativum*	Dik Trom	1	出现过敏性反应，接种叶片出现轻微枯萎，无病斑或茎秆侵染
JI 181	*P. sativum*	Keerau	2	小叶或托叶出现病斑，叶片与叶柄连接处变褐，茎秆无病斑
JI 228	*P. arvense*	—	3	叶片和托叶出现病斑，但茎秆无病斑
JI 250	*P. jomardii*	—	4	叶片和托叶出现病斑，茎秆发病但植株未倒伏
JI 403	*P. sativum*	Frazer	5	叶片和托叶出现病斑，大多数叶片枯萎，茎秆发病，植株死亡

四、病害循环

病原菌以分生孢子器或菌丝体附着在种子上或随同病残体遗落在土壤中越冬，但豌豆壳二胞菌的腐生能力较弱，因此，在病残体上越冬的病菌并不是主要的初侵染源，而种子的带菌率可高达62％，因此，种子带菌对病害发生和流行却极为重要，这也是病菌进行远距离传播的主要途径。在病菌产生子囊壳的地区，子囊壳也是一个重要的越冬器官。播种带菌豌豆种子后，引起幼苗的子叶和胚轴发病，并在病斑处产生分生孢子器。分生孢子器产生的分生孢子借风吹、雨溅等方式传播，从寄主的气孔或者直接穿透表皮侵入寄主组织，进行初侵染。经6～8d的潜育期后，田间出现发病植株，病株上的病斑也可产生大量的分生孢子器和分生孢子，再以同样的方式进行病菌的传播和再侵染，病害得以扩散和蔓延（图 10 - 73 - 1）。

五、发病规律

病菌发育的温度范围是 15～33℃，最适温度为 15～26℃，高温、高湿的天气或土壤含水量大等环境易于发病，特别是收获期多雨，常诱发病害的大发生、大流行。该病的发生及流行规律除了与气候因素密切相关外，还与种子、土壤和施肥等因素密切相关。种子带菌是豌豆褐斑病发生流行的关键因素之一，留种的田块存在豌豆褐斑病，所留的种子就很可能带菌，播种了带菌种子，田间病害也就很可能发生早、发生重；土壤和肥料对该病的发生流行也具有重要的影响，连续多年种植豌豆，土壤含菌量往往较大，增加了植株的感病机会；如以土壤黏重的水稻田或玉米田为前茬，收获后不经耕翻就种植豌豆，则土壤

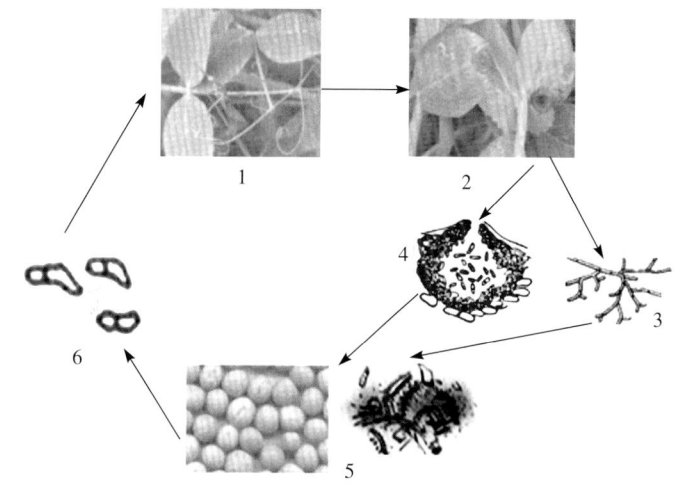

图 10 - 73 - 1　菜用豌豆褐斑病病害循环（陈庆河提供）

Figure 10 - 73 - 1　Disease cycle of Ascochyta leaf and pod spot of pea (by Chen Qinghe)

1. 健康植株　2. 病株　3. 菌丝　4. 分生孢子器　5. 越冬场所　6. 分生孢子

的通透性较差，排水性也不好，田间湿度大，再加上施肥不合理，豌豆根系势必发育不良，抗病能力下降，病害肯定严重；另外，发病初期未及时进行有效的药剂防治，也会加重病害。

六、防治技术

（一）农业防治

1. 选用无病种子和种子处理　播种健康的种子能极大地减少初侵染来源，这是控制该病害的最重要措施。因此，选择在干燥、无病的田块繁种，并选用无病、健壮、充分成熟的豆荚留种。播种时用草木灰拌种或将种子在冷水中浸 4～5h 后，置入 50℃温水中浸 5 min，再经冷水冷却后晾干播种。

2. 栽培措施　因地制宜地选用抗、耐病的菜用豌豆品种；重病田与非豆科蔬菜轮作 2～3 年；选择高燥地块、采用高畦或半高畦栽培，并盖地膜，杜绝在低洼地或排水不良的地块种植豌豆；合理密植，保证菜田通风透光良好；科学浇水，防止大水漫灌，雨后及时排水，做到田间不积水；采用配方施肥技术，施足基肥，合理搭配氮、磷、钾肥，促使植株生长健壮，提高植株抗病力，切不可偏施氮肥，防止植株疯长；保护地种植应注意通风，降低湿度；一旦发现病株，需及时拔除或摘除病叶、病荚，集中处理；收获后及时清除田间病残体和杂草，直接深埋或晒干烧毁，并深翻、晒土，以减少越冬菌源。

（二）生物药剂防治

据报道，生物农药华光霉素（又称尼柯霉素）对多种真菌病害具有良好防效、低毒、低残留的特点，在发病初期喷洒 2.5%华光霉素可湿性粉剂 400～600 倍液，每隔 7d 喷 1 次，连喷 2～3 次。

（三）化学药剂防治

1. 药剂拌种　可选用种子重量 0.2%的 50%四氯苯醌可湿性粉剂拌种，也可用种子重量 0.3%的 40%三唑酮•多菌灵可湿性粉剂，或 70%甲基硫菌灵可湿性粉剂、50%敌菌灵可湿性粉剂、50%福美双可湿性粉剂拌种。

2. 喷药防治　豌豆开始抽蔓时就需对豌豆褐斑病进行预防，可与预防炭疽病等病害相结合。如喷施 70%甲基硫菌灵可湿性粉剂 800～1 000 倍液，或 75%百菌清可湿性粉剂 500～600 倍液、25%三唑酮可湿性粉剂 2 000 倍液、70%代森锰锌可湿性粉剂 600～800 倍液进行喷雾防治，隔 7～10d 喷施 1 次，交替喷施 3～4 次。还可用 50%异菌脲可湿性粉剂 1 000～1 500 倍液，或 60%噻菌灵可湿性粉剂 500～1 000 倍液、95%噁霉灵可湿性粉剂 4 000 倍液进行喷雾防治，每 7～10d 喷施 1 次，连喷 2～3 次。在保护地发病

初期，可喷施 5％百菌清粉尘剂，或 1.5％福·异菌粉尘剂、5％春雷·氧氯铜粉尘剂，每 667m² 用药 1kg，于早上或傍晚喷布。施药前关闭大棚与温室，喷施时将喷头冲上，药粉喷布在作物上空（且能直接对着植株喷），让粉尘自然飘落在叶片上，每 7d 喷 1 次，连续喷 2～3 次，收获前 15 d 停止用药。

陈庆河（福建省农业科学院植物保护研究所）

第 74 节　菜豆细菌性疫病

一、分布与危害

菜豆细菌性疫病是生产中为害性最大的病害之一，致使成片菜豆植株的大量叶片和茎蔓枯死，一眼望去田间似过火状，故又称为菜豆细菌性叶烧病，常常导致 20％～60％的产量损失，高度感病菜豆品种的产量损失甚至高达 80％以上。该病首先在美国发生，目前已遍布世界各大洲的主要菜豆生产国。早在 1918 年，美国纽约州 75％的菜豆受到该病的严重侵染，在随后的数年中仍病情不减，创下减产 20％～50％的记录；1953 年，美国西部因此病造成的经济损失超过 100 万美元；1976 年，又损失 400 万美元。1970 年，加拿大安大略省的菜豆产量为 1 252t，但在重病的 1972 年，产量仅为 724.7t。

1956 年，我国首次报道了此病，现在全国各菜豆产区都有发生，尤以露地栽培的菜豆发病更为普遍且严重，部分田块的发病率高达 100％，严重地影响到菜豆的产量和品质。该病除能为害菜豆外，还可为害豇豆、绿豆、扁豆和小豆。

二、症状

菜豆植株地上叶、茎、豆荚及种子等所有部分都可感染细菌性疫病（彩图 10 - 74 - 1），在潮湿环境下，茎部或者种脐部常有黏液状菌脓溢出，有别于菜豆炭疽病。

（一）叶片症状

发病初期，从叶尖或叶缘开始出现暗绿色、水渍状的小斑点，后为不规则的褐色斑，边缘有黄色晕圈，病斑直径一般不超过 1 mm，扩大后呈不规则形，病斑边缘是淡黄色，严重时病斑连片、病部脆硬、易破，最后致叶片干枯如火烧过，但一般不脱落，最后引起叶片枯死；潮湿时，病斑上常分泌出淡黄色菌脓，干燥后在病斑表面形成一层白色或黄色的薄膜状物。嫩叶受害则扭曲变形，甚至皱缩脱落。

（二）茎部症状

播种有病种子，萌发后的子叶多出现红褐色、溃疡状病斑，病害逐渐向子叶着生处、第一片真叶的叶柄处及整个茎基部扩展；在子叶着生的节上或第一片真叶的叶柄处产生水渍状小斑点，扩大后成红褐色溃疡状，并绕茎一周，病茎处易折断、幼苗枯萎。成株茎部受害，则产生红褐色、长条形、稍凹陷、略呈溃疡状的病斑。

（三）豆荚症状

病菌可从豆荚的任何部位侵入，产生暗绿色、油渍状小斑点，扩大后为红色、不规则形病斑，有时略带紫色，最后变为褐色病斑。病斑中央部分下陷，病斑表面有淡黄色菌脓；受害严重时，全荚皱缩、褪色，表面产生黄斑，种脐部也常有黄色菌脓，病荚所结籽粒不饱满。

（四）种子症状

病重的豆荚干缩后，其内部的种子往往染病；大多数带病种子的种皮皱缩，或者在脐部有黄褐色、稍凹陷的小斑，病种子往往干瘪、变色。

三、病原

菜豆细菌性疫病的病原菌为地毯草黄单胞菌菜豆致病变种 $[Xanthomonas\ axonopodis$ pv. $phaseoli$ (E. F. Smith) Dye]，隶属于薄壁菌门黄单胞菌属。

菌体大小为 $(0.3～0.8)\ \mu m \times (0.5～3.0)\ \mu m$，短杆状，单极生鞭毛，具运动性，有荚膜，不产生芽孢（图 10 - 74 - 1）。病菌生长最适温度为 30℃，最低为 4℃，超过 40℃不能生长，致死温度为 50℃，暴露于日光下 45 min 即死亡。病菌适宜 pH 为 5.7～8.4，最适 pH 为 7.3。革兰氏染色阴性，接触酶阳性，氧化酶阴性，能产生 H_2S，能水解吐温-80，不还原硝酸盐，不产生吲哚；在 YS 培养液中、36℃下能生长，YDC 培养基上菌落为黄色黏稠，对明胶液化不稳定，不产生尿酶，能水解淀粉，甲基红与 V.P 试验阴性，能利用阿拉伯糖、葡萄糖、甘露糖产酸，对鼠李糖不能利用，不能在 Sx 琼脂培养基上生长。据最新报道，褐色黄单胞菌褐色亚种（*Xanthomonas fuscans* subsp. *fuscans*）也能侵染菜豆，引起细菌性疫病。

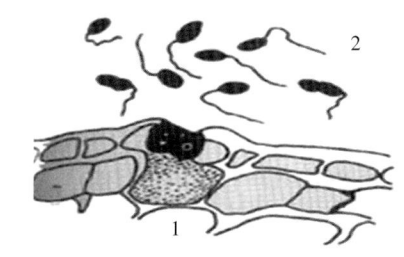

图 10 - 74 - 1　地毯草黄单胞菌菜豆致病变种形态特征（引自吕佩珂等，1992）
Figure 10 - 74 - 1　Morphology of *Xanthomonas axonopodis* pv. *phaseoli*（from Lü Peike et al.，1992）
1. 菜豆发病组织中的病原细菌　2. 菌体放大

四、病害循环

菜豆细菌性疫病菌主要在菜豆种子内越冬，也可随病残体留在土壤中越冬（图 10 - 74 - 2）。种子内的病菌经 2～3 年后仍具致病力，土壤中病残体的病菌也可存活 1～2 年。带菌种子发芽后，病菌随即侵染子叶及生长点，引起幼苗发病，但子叶发病后往往并不马上产生菌脓，而是在寄主的输导组织中扩展，迅速蔓延到植株的各个组织，在田间引起初侵染，形成中心病株；中心病株体内的病菌靠气流、风雨、昆虫或者农事操作等接触等方式传播，从植株的气孔、水孔及伤口处等进行再次侵入，并在维管束中扩展，病害得以在田间逐渐向四周蔓延。虽然此病在植株上造成的是局部为害，但是一旦病菌侵入维管束内，则可引起全株性发病。

五、流行规律

菜豆细菌性疫病是一种高温、高湿病害，潮湿的环境、24～32℃的适宜温度以及寄主受害部位存在水滴是病害发生最重要的条件。病菌的侵染能力随温度升高而增加，一般高温多湿、雾大露重或暴风雨后天气转晴时最易诱发本病。

菜豆整个生育期都可感病，发病潜育期为 5～15d，在高温条件下，发病潜育期一般 2～5d，短的只有 1d 左右；特别是在暴风雨

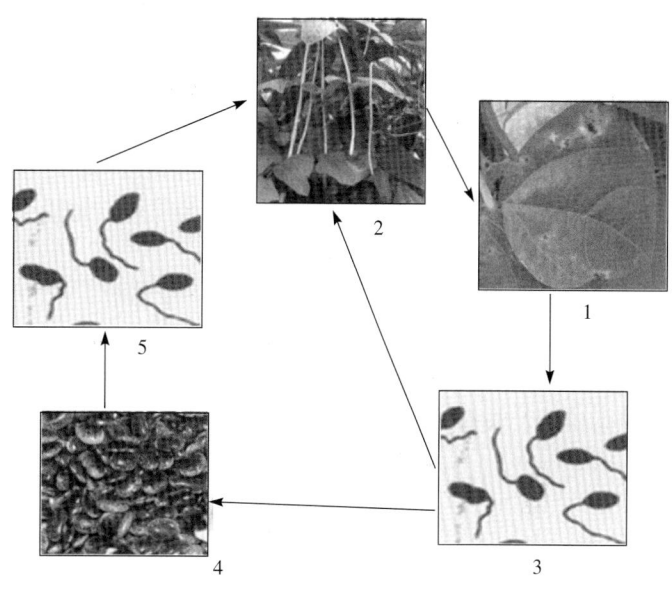

图 10 - 74 - 2　菜豆细菌性疫病病害循环（陈庆河提供）
Figure 10 - 74 - 2　Disease cycle of common bean bacterial blight（by Chen Qinghe）
1. 发病植株　2. 健康植株　3 和 5. 病原细菌　4. 土壤中的病株残体

过后，由于植株间的摩擦造成了大量伤口，有助于病菌的传播、侵入和为害。初夏后常常是连续阴雨、多雾、闷热潮湿的天气，此时病害往往较重；当温度超过 36℃时，病害发展受到抑制。

此外，栽培管理不当、种植密度过大、保护地不通风、大水漫灌、虫害发生严重、肥力不足，或偏施氮肥造成植株衰弱或徒长以及杂草丛生的田块，病害均较重。

六、防治技术

防治菜豆细菌性疫病要坚持"预防为主，全程控制"的基本原则。

（一）农业栽培防治

1. 选用无病种子和种子处理　从无病株上采种，选择有光泽、粒大饱满、具有本品种特性的种子。播种前，可用温水浸种或化学药剂拌种进行处理。温水浸种是将种子置于 45℃温水浸种 15min，捞出再用冷水冷却，晾干后播种；药剂拌种则用 100mg/L 的链霉素·土霉素溶液浸种 1h，捞出种子经清水冲洗 3 次后，再催芽播种，或用种子重量 0.3% 的 58% 甲霜灵·锰锌可湿性粉剂或者 50% 福美双可湿性粉剂拌种，也用清水冲洗干净、催芽播种。

2. 选用耐病品种　目前尚未发现对细菌性疫病表现高抗或免疫的菜豆资源或品种，但存在着抗病性的差异。据报道，陕西省的地方品种如老红豆、红豆、土红豆、四季豆和瓦灰菜红豆等菜豆的抗病性强，吉菜豆 1 号和双丰 1 号、双丰 2 号、双丰 4 号耐病，20 世纪 90 年代培育的丰收 1 号也具有一定的抗病性，各地可因地制宜地选种；国外新育成的杂交菜豆品种——Badillo 有很强的抗病性。

3. 合理轮作　避免连作，有条件的地区可实行水旱轮作或与非豆科作物轮作 3 年以上。

4. 科学栽培管理　选择地势高，排水良好，耕作层深厚、肥沃的沙质壤土种植菜豆；采取高垄地膜覆盖栽培可提高早春地温，增加土壤通透性，有利于幼苗健壮生长。

采用测土配方施肥，如播种前深翻土地施足基肥，出苗后施少量速效性氮肥，每公顷施入尿素 75kg；嫩荚坐住后，进行第二次追肥，每公顷施入过磷酸钙和硫酸钾各 150 kg，以后每采收 1～2 次，追肥 1 次。

科学浇水，其原则是"苗期要少，抽蔓期要控，结荚期要促"，防止茎蔓徒长引起落花落荚；菜豆定苗后到开花结荚前以蹲苗、中耕、保墒为主，定苗后浇 1 次定苗水，但不能过大，控制土壤相对湿度在 60%～70%；当蔓生菜豆甩蔓时，要结束蹲苗，结合插架浇水。做好保墒、中耕和培土。当豆荚长约 3cm 时，根据天气状况进行浇水，通常是 1 周浇水 1 次；在植株生长的早期最好在上午浇水，以防止浇水降温，在夏季的早晚要小水勤浇，以降低田间温度。

保持田间卫生，及时摘除病叶、病荚并带出田外销毁，减少病菌的积累与传播。收获后也需及时清除田间病株和病残体，集中烧毁或深埋，以减少再侵染来源。

（二）生物药剂防治

可选用 72% 农用链霉素可溶粉剂 3 000 倍液，或 80% 乙蒜素乳油 1 500 倍液，或 3% 中生菌素可湿性粉剂 500～600 倍液喷雾防治，发病初期开始喷药，每隔 7～10d 喷 1 次，连喷 2～3 次。

（三）化学药剂防治

在发病初期，可选用 25% 络氨铜水剂 500 倍液，或 20% 噻菌铜水悬浮剂 500 倍液，或 50% 琥胶肥酸铜可湿性粉剂 700 倍液，或 45% 代森铵水剂 1 000 倍液等喷雾防治。在生产中应做到不同药剂的轮换交替用药，施药安全间隔期以 7～10 d 为宜。另外，在防治露地、大棚菜豆细菌性疫病的同时，还应及时预防和兼治菌核病、灰霉病、锈病及炭疽病等病害。

陈庆河（福建省农业科学院植物保护研究所）

第 75 节　韭菜疫病

一、分布与危害

韭菜疫病俗称"烂韭菜"，是我国韭菜生产上最严重的一种病害，露地和保护地栽培韭菜的整个生长期均可受害，保护地病害又往往重于露地。特别是自 20 世纪末期以来，随着温室、塑料大棚的迅猛发展，疫病已逐渐成为保护地韭菜生产中的一大障碍。该病具有发病周期短、流行速度迅猛的特点，加之韭菜是多年生蔬菜，占地时间较长，随着连作种植年限的增加，菌源高度集中，病害愈来愈重。

该病引起韭菜叶片、花茎和根部腐烂，抑制植株生长，造成不同程度的减产，一般年份减产 10%～20%，严重时减产更多，云南省开远市曾报道减产 40% 以上。此病在梅雨期长、雨量多的年份尤为严重，特别是与灰霉病混合发生时，其危害性极大，甚至许多田块的植株成片死亡，毁种改种。

二、症状

根、茎、叶和花薹等部位均可发病，以叶片、假茎和鳞茎受害最重（彩图 10-75-1）。

叶片和花薹被害，多从植株下部开始，初为边缘不明显、暗绿色或浅褐色水渍状病斑，扩大后病部缢缩，叶片、花薹下垂腐烂。空气湿度大时，病部软腐，上生稀疏的灰白色霉状物，即病原菌的孢囊梗和孢子囊。

假茎受害，呈水渍状、浅褐色软腐，叶鞘易脱落。湿度大时假茎上出现白色稀疏霉层。鳞茎被害，根盘处呈水渍状、浅褐色至暗褐色，也可生灰白色霉层；纵切鳞茎，内部组织呈浅褐色，新生叶片瘦弱。根部被害后，根毛明显减少，并难以再发新根，病根变褐腐烂；地上部新生的叶片越来越细，最后植株停止生长或萎蔫枯死。

三、病原

韭菜疫病由烟草疫霉（*Phytophthora nicotianae* Breda de Haan）侵染所致，属于卵菌门疫霉属。在固体培养基上菌落呈棉絮状，气生菌丝发达；菌丝较平直，粗 $3\sim8\mu m$，菌丝膨大体球形或不规则，单生、串生或聚集成簇；孢囊梗从气孔伸出，长 $12\sim832\mu m$，无色、无隔、细长、不分枝，顶生孢子囊；孢子囊倒洋梨形、椭圆至卵圆形，大小（$29\sim64$）$\mu m\times$（$14\sim47$）μm，囊顶乳突明显，不脱落；游动孢子肾形，带有鞭毛；休止孢子球形，直径 $7\sim14\mu m$；厚垣孢子球形、近球形、淡黄色，直径 $20\sim45\mu m$；藏卵器球形，直径 $15\sim35\mu m$，无色；雄器围生，近圆形，直径 $8\sim16\mu m$；卵孢子球形，呈淡黄色或金黄色，直径 $12\sim28\mu m$（图 10-75-1）；病菌发育最适温度为 $25\sim32℃$，菌丝生长最低温度 $10℃$，最高温度 $37℃$。此菌还可为害大葱、洋葱、大蒜及茄子、番茄等蔬菜。

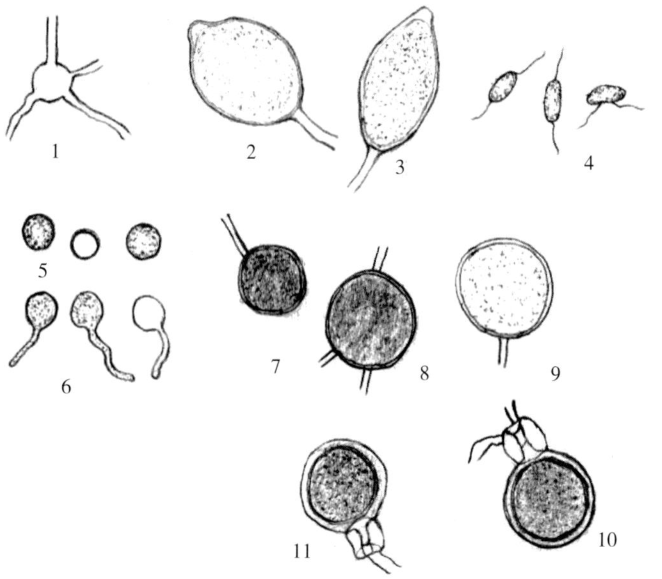

图 10-75-1　烟草疫霉形态特征（李屹提供）

Figure 10-75-1　Morphology of *Phytophthora nicotianae*（by Li Yi）

1. 菌丝膨大体　2、3. 孢子囊　4. 游动孢子　5. 休止孢子
6. 休止孢子萌发　7～9. 厚垣孢子　10、11. 藏卵器、雄器和卵孢子

四、病害循环

病菌以菌丝体、卵孢子或厚垣孢子随病残体在土壤里越冬，是主要初侵染源。萌发后以芽管的方式直接侵入韭菜表皮；条件适宜时产生大量孢子囊和游动孢子，借风、雨或水流传播到植物地上茎、叶上，形成发病中心。再次侵染主要来自病部产生的孢子囊，仍借风、雨、灌水等传播，进行多次再侵染，病害得以在田间不断地传播和蔓延（图 10-75-2）。高湿利于发病，土壤含水量大、空气湿度大、连作、田间积水、偏施氮肥、植株徒长、棚室通风不良的田块发病重。年度间梅雨期长、雨量多的年份发病重。

五、流行规律

韭菜疫病的发生与温、湿度关系极为密切。病菌喜高温、高湿环境，发病最适气温为 $25\sim32℃$，相对湿度为 90% 以上；高湿利于发病，土壤含水量大，空气湿度大发病重。一般雨季或大雨后天气突然转晴，气温急剧上升，病害易于流行。土壤湿度 95% 以上，持续 $4\sim6h$，病菌即完成再侵染，经 $2\sim3d$ 就可繁殖 1 代。

雨量的多少和雨日的长短直接影响到该病的发生和流行，夏季是露地韭菜疫病的主要发生时期，夏季多雨年份常常暴发大流行；总的说来，全国韭菜疫病的主要发病盛期为 $5\sim9$ 月。黄河流域以北各省露地栽培韭菜一般 7 月上旬开始发病，7 月下旬进入发病盛期，8 月上旬病情达到高峰，10 月份温、湿

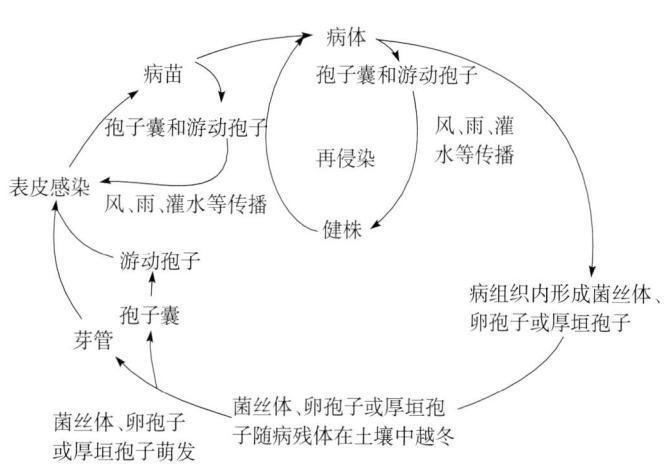

图 10-75-2　韭菜疫病病害循环（李屹提供）

Figure 10-75-2　Disease cycle of Phytophthora blight in Chinese chives（by Li Yi）

度降低，逐渐停止发生；而浙江省及长江中下游地区露地栽培韭菜，一般 7 月下旬至 8 月上旬为盛发期，以后随降雨减少而病势缓慢，10 月下旬停止发生。

此外，发病与耕作措施也有密切关系。重茬地、老病地、土质黏重以及易积水、偏施氮肥、定植过密、通风透光不良的田块以及植株长势差、收割过多、营养不良的地块发病重。扣棚韭菜如棚内温、湿条件适宜，发病早，病势发展快，受害重。

六、防治技术

（一）选用抗病品种

选用直立性强、生长健壮、有较强的抗病性的优良品种，如平韭 4 号、平韭杂 1 号、优丰 1 号、赛松、豫韭菜 1 号、豫韭菜 2 号、平丰 6 号等，可因地制宜地选用推广。

（二）农业防治

1. 轮作倒茬 与非葱蒜类、非茄果类蔬菜实行 2 年以上轮作。一般 2～3 年换 1 次茬，可减少菌源，减轻病害发生。

2. 精细整地 选择土层深厚肥沃、能灌能排的高燥地块种植；前茬作物收获后，及时深翻，耕深 25～30cm，精细耙糖 2～3 遍后晒土；合理密植，栽植前整地做畦，施入腐熟农家肥，掺匀细耙，做到地平、土细、墒足；合理浇水，禁止大水漫灌；周围筑水沟以便排水，做到大雨后不积水。

3. 培育无病壮苗 不从病田取苗，栽苗时严格淘汰病苗、弱苗，栽植健苗壮苗；合理收割，每次收割后追肥 1～2 次，及时补充养分。

4. 水肥管理 韭菜是多年生蔬菜，喜肥、耐肥，栽植地要施足基肥，一般每 667m² 施腐熟农家肥 5 000～8 000kg，并合理增施磷、钾肥，促进生长、防止早衰；避免施用过量氮肥，提高植株抗病能力；加强中耕除草，通风降湿，防止幼苗徒长倒伏；对发病地块需暂停浇水，以缓解病情。对于保护地栽培更需加强温湿度管理，适时通风降温降湿，及时撤除棚膜，避免保护地内出现高温高湿环境，这是防治保护地韭菜疫病的关键。

5. 清洁田园 病残体是田间韭菜疫病菌的主要来源，每次收获后都要及时清除田间病叶、残株及杂草，将其带出田外集中深埋或烧毁；在进入无病韭菜地进行农事操作时，用石灰或波尔多液消毒农具、鞋底等，防止病菌传入田间。

（三）药剂防治

当田间出现少数中心病株时，及时拔去病株，并立即对病穴土壤及周围植株进行药剂防治，防止病害的进一步蔓延。

发病初期，可选用 25％甲霜灵可湿性粉剂 600～1 000 倍液，或 58％甲霜灵·锰锌可湿性粉剂 500 倍液，或 64％噁霜·锰锌可湿性粉剂 500 倍液、50％甲霜·铜可湿性粉剂 600 倍液喷雾防治、40％三乙膦酸铝可湿性粉剂 250 倍液等药剂喷雾，每 7d 喷 1 次，连续防治 2～3 次。除喷雾施药外，也可在栽植时用药液蘸根，或雨季来临前用药液灌根。

李屹（青海省农林科学院园艺研究所）

第 76 节 韭菜灰霉病

一、分布与危害

韭菜灰霉病是生产上的重要病害之一，该病还为害葱、蒜等蔬菜。1925 年，美国人 Walker 首先在洋葱（*Allium cepa* L.）上发现灰霉病。

我国是韭菜生产与消费大国，并出口到日本。1981 年 4 月，在北京市保护地的韭菜上发现了灰霉病，当时发病面积较小、为害不重。但此后，该病一直以较快的速度向其他地区扩展，进入 21 世纪后，半个中国都有报道。目前，新疆、宁夏、内蒙古、青海、西藏、甘肃、黑龙江、吉林、辽宁、陕西、山西、河北、河南、北京、天津、山东、四川、云南、重庆、湖北、湖南、江西、安徽、江苏、上海和浙江等长江流域及其以北广大地区的韭菜灰霉病十分严重。该病主要发生在秋、冬、春三季，并以春季的 3～4 月最为猖獗。如甘肃省武山县曾发现在 1 067 hm² 的塑料大棚韭菜中，有占 76.3% 的面积发病，病株率达到 10%～46%，产量损失约 25%，严重的病棚只得毁种重播。

二、症状

韭菜灰霉病的症状比较复杂。一般来讲，可分为以下 3 种类型（彩图 10 - 76 - 1）。

（一）白点型

即在叶面上生白色斑点。初为小点，进而形成椭圆或近圆形直径 1～3mm 灰白色的病斑。多由叶尖向下发展，散落成片，故又称为"白点病"。随着病斑的扩大，病斑互相融合，形成大的坏死斑，使叶片卷曲、枯死；湿度大时，在枯叶上生出大量灰霉。

（二）干尖型

即从韭菜的叶尖开始发病，逐渐向叶片下部蔓延，病部最后干枯。特别是收获后的韭菜，由于出现切口，病菌可从伤口侵入，先是出现 V 形的水渍状病斑，以后病斑变成灰白色，病叶逐渐干枯；在潮湿的条件下，病部可以产生很多灰霉。这种症状有时和干旱引起的生理性枯叶很相似，所不同的是韭菜灰霉病引起的干尖有比较规则的轮纹和明显的霉层。当然不排除在干旱的条件下，韭菜叶尖部组织往往生长衰弱，遇潮湿环境易被灰霉菌感染，也能形成干尖型的症状。

（三）湿腐型

这种症状是在植株抵抗力低下、环境条件十分适合灰霉病菌发育的情况下才出现，特别是在韭菜储藏运输期间最常见。通常在收获韭菜时，灰霉病菌就被扩散开来，加之储运环境相对封闭、湿度较高，这种条件降低了韭菜的抗病性，却十分有利于灰霉病的发展，被感染的叶片迅速腐烂成一团，即为湿腐状。湿腐型的病叶伴有明显的腥臭味，被污染的韭菜完全丧失食用价值。

三、病原

引起韭菜灰霉病的病原菌主要是葱鳞葡萄孢（*Botrytis squamosa* J. C. Walker），隶属于子囊菌无性型葡萄孢属真菌。菌丝无色透明，直径变化较大，平均 5μm 左右，具有分隔，在分枝的基部不缢缩。分生孢子梗在寄主上由叶组织内伸出，但在培养基上则由菌核上长出，密集、丛生、直立，衰老后梗渐消失。初生梗淡灰色、透明，后变为暗褐色，有 0～7 个分隔，基部稍膨大，表面有时有疣状突起，分枝处正常或缢缩，在形成分生孢子前分生孢子梗顶部多分枝，分生孢子着生在顶端膨大的枝梗顶端。小枝梗短而透明，在分生孢子脱落后，侧枝干缩，形成波状皱褶（似手风琴状），最后往往在基部分隔处折倒，脱落，在主枝上留下清楚的疤痕，分生孢子梗大小为 （208～1 216） μm ×（9.6～19.2）μm；分生孢子卵形至椭圆形，光滑，透明，后渐变成褐色，大小 （12.5～25）μm×（8.75～18.5）μm，一般不残留小梗。目前在田间尚未发现菌核，但在 PDA 培养基上可大量形成，菌核为圆至不整齐形、黑褐至黑色，呈片状，新鲜时厚度为 0.5～1.5mm，大小 （1～9）mm×（1.5～5）mm（图 10 - 76 - 1）。现已发现葱鳞葡萄孢的有性型是葱鳞核盘菌（*Sclerotinia squamosa* Vienn.），隶属于子囊菌门核盘菌属。

除葱鳞葡萄孢菌外，有时灰葡萄孢（*Botrytis cenirea* Pers.）也会为害韭菜。该菌的分生孢子梗数根丛生、有隔、褐色，上端有 1～2 次分枝，梗顶稍膨大，呈棒头状，上密生小柄，其上产生大量的分生孢子，分生孢子梗的长短与着生部位有关，大小为 （1 429.3～3 207.8）μm×（12.4～24.8）μm；分生孢子圆形、椭圆形或雨滴形，单细胞，近无色，大小为 （6.25～13.75）μm×（6.25～10.0）μm。在 PDA 培养基上产生的菌核，大小一般为 （3～4.5）mm×（1.8～3）mm，最小的为 1 mm×1 mm。现已发现灰葡萄孢的有性阶段是福克兰核盘

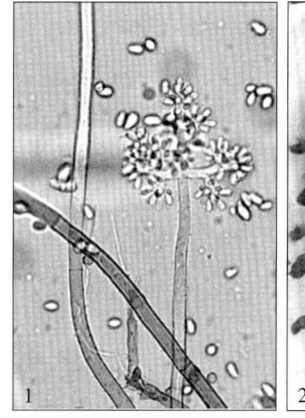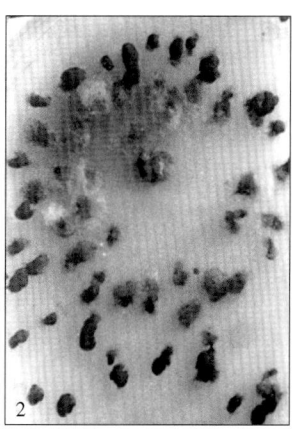

图 10 - 76 - 1　葱鳞葡萄孢形态（李明远提供）

Figure 10 - 76 - 1　Morphology of *Botrytis squamosa*
（by Li Mingyuan）

1. 分生孢子梗和分生孢子　2. PDA 培养基上的菌核

菌［*Sclerotinia fuckeliana* (de Bary) Fuckel］，隶属于子囊菌门核盘菌属。

四、病害循环

　　葱鳞葡萄孢引起的韭菜灰霉病，一般在秋、冬、春三季发生。该病菌一般以菌核和分生孢子随病残体在土壤中越夏，经气流、雨水、灌溉水及农事操作进行传播、蔓延；也有人认为种子可以带菌。遇到适合的条件时，菌核产生出孢子梗，继而长出分生孢子，进行再次传播。病菌在适合的条件下也可直接侵染寄主，但是更易从伤口（如收获时的刀伤、低温引起的冻伤及高温引起的灼伤等）和叶片衰弱组织处侵入，经过较短时间潜伏后，叶片组织便出现病变，所以每次收割造成的伤口，都会引起一次新的发病高峰。在潮湿条件下，病斑处会产生新的分生孢子梗以及分生孢子进行下一轮侵染和发病（图10-76-2）。

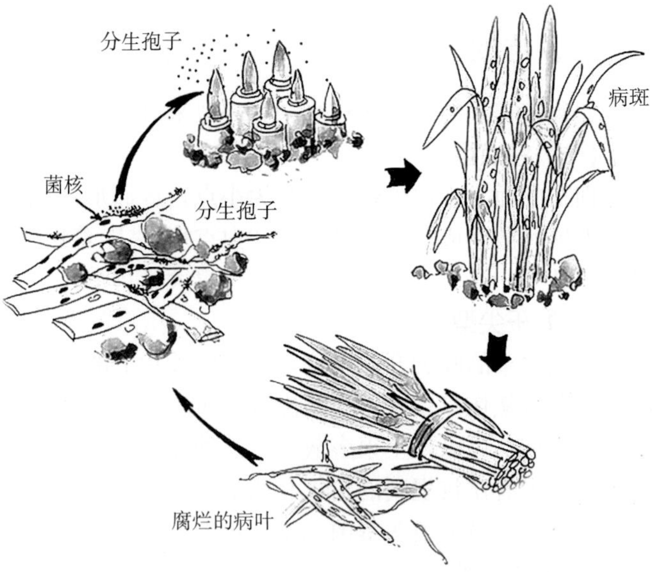

图 10-76-2　韭菜灰霉病病害循环（李明远提供）

Figure 10-76-2　Disease cycle of Chinese chives mold
(by Li Mingyuan)

五、流行规律

　　病菌发育的温度范围为 2～31℃，最适温度为 18～23℃。一般相对湿度在 70% 以上时，就比较适合病菌的生长；当相对湿度 90% 以上，特别是叶片表面有水膜时，病害便会蔓延迅速。该病的侵染能力不是很强，一般要在比较衰弱的组织上落脚后，经过一段时间的营养积蓄，才有能力侵染活力较强的叶片组织。因此，在植株密度过大，放风不及时，缺肥特别是缺磷、钾肥或氮肥施用过多，植株生长衰弱，遭受冻害或高温灼伤以及收获刀伤等情况下，此病均可迅速发生与扩展。此外，采用大水漫灌，棚内湿度大，结露持续时间长，病害易流行；还有人认为，韭菜灰霉病的病原菌怕阳光，在晴好的天气下，活动能力较差，往往不易发病。

　　韭菜灰霉病是一种暴发性病害，据河南省驻马店市报道，通常韭菜灰霉病从收割前 7d 开始发病，从初见侵染点到点片发病，只需要一夜，从点片发病到整棚暴发流行，只需要 2～3d，韭菜灰霉病被认为是一种毁灭性病害。因此，有人认为病害的流行和初侵染源的多少关系不大，只要条件适宜，病害流行迅速。

　　韭菜灰霉病的发生和地域、季节、保护地形式以及连作期限等有关。该病主要发生在保护地内，但在深秋露地中也会有少量发生，只是随着进入冬季，造成的损失一般比保护地小。在保护地里，不同地区发生的情况也不同。如在驻马店地区，韭菜灰霉病可跨越秋、冬、春 3 个季节，为害期长达 5～6 个月；在西安地区的保护地里，其发生期仅为 3 个月，即 2 月下旬有零星的病株出现，发病盛期在 3 月下旬至 4 月中旬，以后病害就轻了下来；在较重的年份韭菜灰霉病可以持续到 5 月下旬。此外，不同地区的韭菜发病生育期也有所不同。在河北省东部地区，春季小棚韭菜的第二刀最重，第三刀时气温升高，病情减轻。而在甘肃省武山县，第二刀到第三刀病害不断加重，到第四刀病情才轻下来。还有人认为覆盖的空间越小病害越重，小拱棚（高宽为 0.6m×1.0m）的韭菜灰霉病要比大棚（1.2m×1.5m）重。一般连作 3 年以上的保护地病情加重，也有的是保护地韭菜第二年会比第一年发病轻，其原因是第二年植株积累的养分充足，增强了对灰霉病的抗病性。

六、防治技术

　　韭菜（葱、蒜）灰霉病应采用栽培与药剂相结合的综合措施进行防治。

（一）种植抗病品种

　　不同的韭菜品种，对灰霉病的抗性不同，目前各地都选出了一些适应性、商品性好的抗病品种。在病区，应优先考虑选用较抗病的品种，如寒青韭霸、寒绿王 F_1、天津黄苗、天津津南青、中韭 2 号、平韭 1 号、平韭 4 号、雪韭、平丰 8 号、平丰 6 号、独根红、克霉 1 号、雪韭、平丰 8 号、嘉兴白根、竹竿青、多抗富韭 6 号、791、金钩、寒冻、大马蔺等。

此外，留种田的病情会对病害的发生有一定影响。据调查，由无病田种子长出的韭菜与病田种子长出的韭菜相比，前者灰霉病的病情要比后者轻 10% 左右。

（二）韭菜定植后收获年限为 2～3 年

韭菜定植后收获年限一般应在 2～3 年为宜，收获年限过长植株除长势弱、抗病力下降外，病原积累的也比较多，病情容易加重；建议韭菜病重地与十字花科及伞形科蔬菜实行轮作。

（三）根据品种的特点合理密植

根据韭菜的品种特性、栽培季节、设施条件等因素进行合理密植，种植过密田间通透性差，有利于发病。一般每公顷栽植 600 万～900 万株为宜；在韭菜行间铺草，有利于降低环境湿度、预防冻害、阻隔病原，有利于减轻病害。

（四）实行高畦栽培，防止田间积水

多雨地区实行高畦栽培，防止田间积水，可显著地减轻韭菜灰霉病为害；越冬韭菜适时扣棚可提高地温、预防冻害，扣棚应当在地上部分全部干枯、充分休眠后进行。如河南省平顶山市一般在 12 月中、下旬进行扣棚；在棚膜的选择上，应采用防灰霉的无滴膜为好。

（五）增施有机肥

定植前，每 667m² 施有机肥 5 000～7 000kg、磷酸二铵 15kg、硫酸钾 12kg 或草木灰 50kg，浇透水后定植；还需适时追肥、浇水、除草，促使苗壮，提高植株的抗病性；在定植后除浇一水外，扣棚前还要追施两次尿素（间隔 15d），每次每 667m² 施用尿素 15kg，追肥后及时浇水，保证植株健壮。

（六）注意棚室通风换气，降低湿度

白天 18～28℃、夜间 8～12℃ 的条件比较适合韭菜生长。当大棚或温室内温度上升到 24℃ 以上时，要将大棚或温室顶部的膜（窗）打开，进行通风散湿，使其湿度下降。但在冬季一般不要由大棚或温室底部通风换气，以免韭菜受冻，加重病害。通风时要注意韭菜的长势和天气，如在刚刚收割后，或天气偏冷时，应减小风量或推迟通风，保证棚室内的温度不至于太低，以适合植株的生长。

（七）科学收获和储运

采用科学的收获和储运方式也有利于控制收获后韭菜灰霉病的发展，当年生的韭菜不宜收割。一般当韭菜长到 25cm 时即可收获，但是有灰霉病的韭菜要适当早收，韭菜收割不及时，直接导致了韭菜质量的下降。一般越冬韭菜开春后可收割 3～4 次；炎夏时一般只收韭菜花。收割韭菜以清晨为好，收获时要避开有露水、阴雨天和炎热的中午；收后不要长时间存放，特别是洗后不能久存，以免引起更大的损失。每刀留茬应较上刀高出 1cm 左右，切忌伤及鳞茎，以免造成伤口，增加侵染途径。还要做到随时收割，随时处理病残体；更不能重复使用含有病残体的土壤覆盖韭菜田。

（八）药剂防治

首先在扣棚后要进行大棚或温室消毒。可用 45% 百菌清烟剂熏烟消毒，每 667m² 每次用药 250g 熏 1 次，减少定植棚中残存的病菌。初发病时，应及时喷药防治：药剂有 75% 百菌清可湿性粉剂 600 倍液，或 50% 福·异菌可湿性粉剂 600～800 倍液、65% 甲硫·霉威可湿性粉剂 500～600 倍液、50% 腐霉利可湿性粉剂 600～700 倍液、50% 乙烯菌核利可湿性粉剂 1 000～1 500 倍液、50% 异菌脲可湿性粉剂 1 000～1 500 倍液、40% 嘧霉胺悬浮剂 1 200 倍液、50% 多菌灵可湿性粉剂 500～600 倍液、60% 多菌灵盐酸盐可湿性粉剂 600 倍液等，每隔 7～10d 喷药 1 次，共防治 2～3 次。在喷药时要把重点放在心叶、割口和周围的地面上。每次收割都要做到边收割，边喷药，封住伤口，防治灰霉菌的传播和侵染。

保护地可使用烟剂和粉尘进行防治。如在冀东地区防治小棚韭菜灰霉病的做法，在割第一刀时，每 667m² 使用 10% 的百菌清烟剂 250～300g 熏 1 次，在第二茬长到 5cm 时及其以后 7d 再各熏 1 次。应在傍晚进行熏烟，具体操作是在 2～2.5m 宽的小棚里，每隔 13～15m 放一枚烟剂，每 667m² 共放 10 个点。点燃后立即闭棚，次日早晨开棚换气。常用的粉尘为 5% 百菌清粉尘剂，每次每 667m² 用药 1kg，每 10d 1 次，共 2～3 次。在使用时可用其他方法其他农药交替使用，有利于发挥药效，避免抗药性的产生。收获时要注意安全间隔期，避免出现农药残留超标的问题。

种子消毒可用种子重量的 0.3%～0.5% 的 50% 多菌灵可湿性粉剂或 50% 腐霉利可湿性粉剂拌种，对防治苗期灰霉病有效。如果在高温季节、露地育苗，可不用这一方法。

目前，在许多地区相继出现了灰霉病菌对腐霉利的抗药性，比如韭菜灰霉病菌对井冈霉素、蜡质芽孢杆菌、嘧霉胺的抗药性就明显提高。

（九）及时防治其他病虫草害

除了要防治韭菜灰霉病以外，还要注意防治根蛆和潜叶蝇等其他的病虫草害，如不及时防治就会降低韭菜对灰霉病的抗性。防治根蛆和潜叶蝇成虫在 9：00 以后进行，可选用 50％敌敌畏乳油 1 000 倍液，或 5％溴氰菊酯微囊悬浮剂 2 000 倍液等喷雾；防治其幼虫时可用 0.5％印楝素乳油 600～800 倍液，或 20％吡·锌乳油 100～200 倍液、40.7％毒死蜱乳油 1 000 倍液、50％辛硫磷乳油 800 倍液等杀虫剂灌根。

李明远（北京市农林科学院植保环保研究所）

第77节 葱类霜霉病

一、分布与危害

霜霉病是葱类蔬菜的重要病害，呈世界性分布，在温带、亚热带及热带地区的葱类作物种植区都有发生。据统计，1996 年在南美洲的巴西，该病害造成的产量损失在 30％～97％；而在亚洲印度的损失更大，仅 2002 年造成的产量损失就高达 60％～70％；在美国洋葱种植区，该病常年为害，是春茬洋葱上的最主要病害，往往减产 50％～100％，每年造成的经济损失可达 8 500 万美元，以致重病区的一些农民放弃春季种植洋葱；在英国，该病也能造成洋葱年均减产 60％～75％，有些制作沙拉的洋葱品种发生霜霉病后，由于失去卖相而被丢弃，农民毫无经济收入。

葱类霜霉病在我国南、北各地都有发生，为害严重，并呈逐年加重的趋势。如在山东省葱蒜种植比较集中的金乡县，1995 年以前，当地洋葱种植面积较小，病害只是零星发生；后来随着种植面积扩大，病害逐渐加重；1995 年以后，大多数年份都严重发病，一般地块的减产率在 20％～50％。类似的情况也发生在甘肃省兰州市西固区洋葱种植区，1999 年，发病严重的乡镇，一般病田的病叶率为 70％～90％，最严重田块的病叶率则高达 90％～100％，几乎没有收成。

该病不仅仅能造成田间洋葱、大葱、大蒜、细香葱和韭葱等发病，也会在葱蒜储藏期间继续为害，并与其他病菌形成复合侵染，加速葱蒜的腐烂；采种株发病也常常导致种子发育不良，萌发率低下。

二、症状

葱类霜霉病可以发生在植株的各个部位，既有局部侵染又有系统性侵染。局部侵染主要由降落在田间植株上的孢子囊萌发后侵入所致，系统侵染则主要由带菌的鳞茎种球发病所致。

该病主要为害叶和花梗，尤其是老叶片最易受到感染。叶片发病多在洋葱、大葱的叶片长至 12～15cm 高时出现，先从外叶的中部或叶尖处发病，逐渐向上、下叶片或心叶蔓延。病斑呈淡黄绿至黄白色，边缘不明显，纺锤形或椭圆形，潮湿时叶片与茎的表面遍生白色至紫色茸霉，为病菌的孢子囊覆盖层，叶片常在病斑处发生弯折；中、下部叶片被害，病部的上部叶片常干枯死亡（彩图 10 - 77 - 1）。茎基部感染，病株矮缩，叶片畸形或扭曲。

花梗受害，其病斑和叶片的病斑相似，后期病斑干枯，由于上部伞状花絮有一定重量，因此花梗很容易从病部弯折而枯死，常导致种子发育受阻而空瘪；有些情况下，病菌也可侵染花器，致使种子带菌。

假茎染病多在病斑处破裂，上部生长不均衡，造成病株扭曲，后期病部处易折断枯萎，病株种子难以成熟。鳞茎染病可引致系统性侵染，病株矮化，叶片畸形或扭曲；外部鳞片先是呈水渍状，随后失水而表面粗糙或皱缩。湿度大时，表面长出大量白霉。该病虽然很少导致全株死亡，但发病洋葱鳞茎球往往变小、产量减少，而且发病叶片和鳞茎组织变得松软，在储藏期间易受其他病菌感染。

带菌洋葱鳞茎长出的植株往往呈现出系统侵染的症状，整个病株矮化、扭曲和畸形，叶片也变为浅绿色。天气潮湿时，植株整个表面也覆盖着灰紫色霉层；天气干燥时，病部霉层会消失，病斑也会变薄，但当有利于发病的条件再次出现时，霉层又能重现。

需要注意的是，葱霜霉病的病斑常会被葱叶枯病菌（*Stemphylium botryosum*）二次侵染，并在发病部位长出褐色至黑色霉层，或被葱紫斑病菌（*Alternaria porri*）二次侵染而在发病部位出现椭圆形、具同心轮纹的紫色病斑。因此，特别需要分清葱霜霉病的典型症状和被其他病菌二次感染而引起的其他症状。

三、病原

葱类霜霉病的病原菌是葱霜霉 [*Peronospora destructor* (Berk.) Casp. ex Berk.]，隶属于卵菌门霜霉属。病菌的孢囊梗稀疏，1～3 根从气孔伸出，顶端呈 3～6 次二叉状对称分枝，无色，无隔膜，大小 250～400μm；孢囊梗顶端有尖细小梗，向内弯曲，略呈钳状或鸟嘴状，小梗顶端各着生一个孢子囊（图 10-77-1）；孢子囊单胞，卵圆形，淡褐色，大小（60～65）μm×（22～30）μm；孢子囊具有一定的抗逆性，在 -3～-1℃下，可存活 48h，在冷冻状态下甚至可以存活 12～15h。有性孢子为卵孢子，卵孢子球形，具厚膜，呈黄褐色，大小 50～60μm，在植株生长季节后期，在病叶片和病花梗中产生较多的卵孢子。

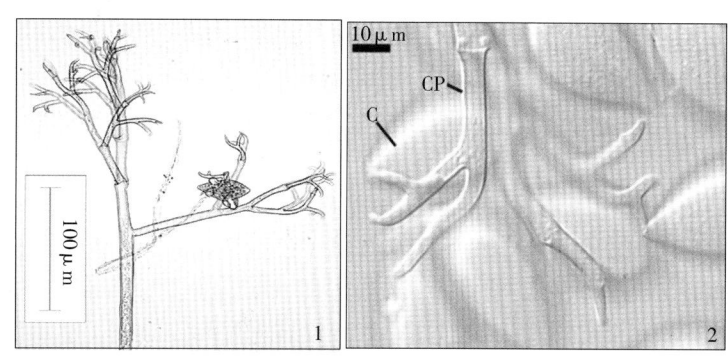

图 10-77-1 葱霜霉分生孢子梗 (1. 引自 D. A. Glawe，2004；2. 引自 J. Blaszkowski 等，1989)

Figure 10-77-1 Conidiophores of *Peronospora destructor* (1. from D. A. Glawe，2004；2. from J. Blaszkowski et al.，1989)

1. 孢子囊梗 2. 孢子囊梗末端（CP）和孢子囊（C）

葱霜霉（*P. destructor*）的菌丝发育要求较低的温度和较高的湿度，发育适温为 20～24℃，病菌不耐干燥和日晒。该菌主要通过菌丝体在寄主细胞间蔓延扩展，以栅栏组织中较多，海绵组织中较少；并以管状或球形的吸器深入寄主细胞内吸取营养。

四、病害循环

田间主要以厚壁的休眠卵孢子随同枯死的病叶等病株残体遗留在土壤中越冬，或以菌丝体潜伏在病株鳞茎或其侧生苗中越冬，休眠卵孢子可以在土壤中存活 4～5 年；带菌的鳞茎或种苗，播种后也可直接感染幼苗；病种子中有潜伏的菌丝，种子表皮也可黏附孢子囊，甚至于菌丝体直接在秋季种植的带病植株上越冬，这些都是田间病害的初侵染来源。

翌年 2～3 月，随着气温回升，年前带病植株开始缓慢发病，病株上形成大量的病原物；土壤中越冬的卵孢子也开始萌发，成为田间春种洋葱、大葱霜霉病的初侵染来源，造成植株发病并产生许多病斑。湿度大时，病斑上产生大量的孢子囊，从受害植株的气孔中伸出，并通过气流和雨水传播到其他大葱、洋葱等植株上，条件合适时，孢子囊萌发后从气孔或表皮直接侵入，在田间形成多次再侵染，病害便逐步扩大蔓延开来。在春种葱类蔬菜发病的中后期，罹病组织内可形成大量的卵孢子，只要条件合适，卵孢子经过 1～2 个月的短期休眠即可萌发，从而也能侵染当季种植的葱蒜类蔬菜。孢子囊远距离扩散传播主要靠潮湿的气流，其次是昆虫等。

在我国北方葱类蔬菜种植区，通常在 4 月中旬前后田间开始发病，4 月中旬至 5 月上旬为发病盛期，5 月中旬以后，随着气温的进一步升高，病害基本停止发展；后期在病株上形成卵孢子，收获后在病残体或土壤中越夏或越冬，成为下一个生长季节的初侵染源（图 10-77-2）。

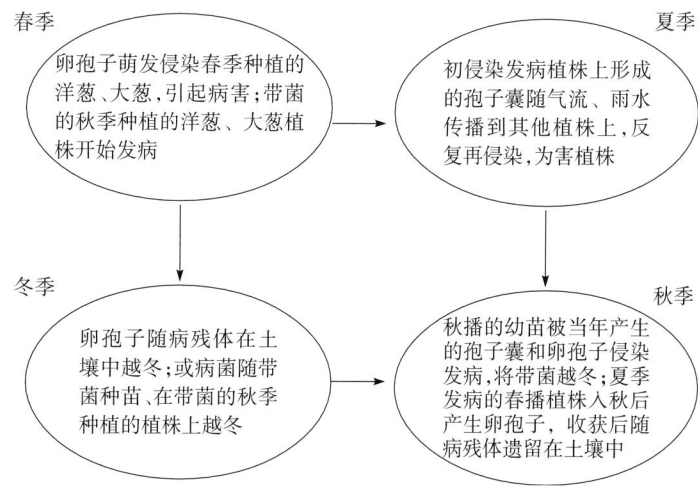

图 10-77-2 葱霜霉病病害循环（竺晓平提供）

Figure 10-77-2 Disease cycle of onion downy mildew (by Zhu Xiaoping)

五、流行规律

（一）病菌侵染条件

1. 病菌孢子囊萌发条件 病菌从孢子囊梗上释放孢子囊主要受到湿度、红外线辐射和振动的影响。当田间相对湿度从高向低变化时，孢子囊的释放量比较高，而相对湿度从低到高变化时释放量则比较少；红外线辐射是另一个导致孢子囊释放的因素，即使空气湿度处于饱和状态，如在没有红外线辐射的黑暗环境，孢子囊也很少释放，相反当空气相对湿度低到 45%，气温为 18℃时，只要有短暂的红外线照射，也能触发孢子囊释放；振动也是触发孢子囊释放的一个因素，田间葱叶随着风、雨摆动，可促进孢子囊释放。

薄壁的孢子囊在 4～25℃温度范围和高湿度下都可以产生，但以 13℃左右最为适宜。10℃以下或 20℃以上时，则孢子囊的产生显著减少；孢子囊的形成需要较长的黑暗和短时间的光照间隔以及持续的高湿度，如果连续光照 8h，孢子囊很少产生，因此阴天有利于孢子囊的形成；在湿度适合的条件下，如果只有单纯的持续光照和持续黑暗，而没有光照间隔时间，也不能产生孢子囊。

孢子囊在离体状态下，当温度为 10℃时，其存活率最高；35℃以上时，存活率较低；相对湿度在 33%以下时，存活率最低。

病菌孢子囊的萌发适温为 10℃，温度越高萌发率越低，3℃以下或 35℃以上不萌发。在温度为 10～18℃时，孢子囊萌发需要 2～3h，22℃时萌发需要 4 h，而在较低的 5℃时，萌发需要的时间更长，为 5～7 h。在温度为 10℃和相对湿度为 76%～95%的条件下，72 h 后有 60%的孢子囊萌发；10℃、相对湿度 33%时，72 h 后只有 20%的萌发率；25℃、相对湿度 75%时，48 h 后萌发率只有不到 20%。而在同样的温度下，相对湿度低于 33%时，萌发率为零。无论湿度是否合适，当温度高于 35℃时，孢子囊都不萌发。阴天和晴天对孢子囊的萌发影响也较大，阴天有利于孢子囊的萌发。在多云的阴天，6 h 后离体的孢子囊萌发率会从 83%降到 68%；而在晴朗的天气下，6 h 后萌发率则从 46%一直降低到 0%。

10～15℃的温度和 70%～75%的相对湿度有利于卵孢子的形成，卵孢子萌发所要求的温度和湿度与孢子囊基本一致。

2. 病菌侵染过程及侵染条件 在翌春条件适宜时，越冬卵孢子借助于雨水反溅而附着到植株地上部组织，萌发产生芽管，从气孔侵入寄主。植株发病后，病斑上可产生大量的孢子囊，很容易地通过气流传播而引起多次再侵染；孢子囊萌发时，芽管前端的附着胞对病菌侵入到寄主体内能起到关键的作用，附着胞在湿度适合、气温 10～18℃时，只需要 2～3h 即可形成；而在 22℃时，需要 6 h。在 6～8℃时，附着胞穿过气孔侵入寄主只需要 3 h；而在 26℃时，则需要 6～10 h。在叶片表面有水膜存在的情况下，当温度在 3～14℃，完成 1 次侵染只需 2～6 h。

湿度影响到孢子囊的形成、释放、萌发和入侵等各个环节，但各环节的要求也不尽相同。对孢子囊形成来说，叶片和花梗表面持续存在的液态水滴或水膜是有害的，只是叶片和花梗表面有不连续的液态水和高湿的环境才有利于孢子囊的形成；但是对孢子囊萌发来说，叶片和花梗表面的液态水却是必需的。

温度主要影响病菌在寄主组织内的扩散速度，在 10℃时，病菌菌丝的扩展最快，每天扩散速度可达 3～7 mm；一旦病菌成功地侵入到寄主组织，最快 7～10d 后就可产生孢子囊，但此时植株尚未表现出明显的症状，往往至少需 10～17d 后，才能出现首个褪绿病斑。

病菌对洋葱等葱类蔬菜的系统侵染也和温、湿度相关，在较温暖和较干燥的气候条件下，病菌的侵染往往是局部的；而在冷凉环境中或遮阳种植的植株，其成熟期常常被延迟，病程较长，系统侵染的概率就变得比较高。

（二）流行条件

目前，尚缺乏准确测量田间结露频率和数量的方法，而露水形成的快慢和多少是决定该病害流行与否的最关键因素，因此，仅仅根据温、湿度的指标，很难准确地预测出霜霉病的流行情况。国外开发了一些用于霜霉病流行预报的模型，如 ZWIPERO（ZWIebel - PEROnospora forecast）、MILIONCAST（MIL-dew on ON ion forecast）和 DOWNCAST 等，但要真正应用到实际工作中，还有很多工作要做。在国内，根据多年的观察发现，当年系统侵染发生得越多，翌年的病害就越重。

1. 气象条件　葱类霜霉病的发生与气候有密切关系。温度对病害发生与发展影响很大，病害流行的最适宜温度是 10～12℃，14～18℃时尚可维持，但高于 22℃时病害发生显著减少。通常，白天温暖、夜晚凉爽、多雨多雾、空气湿度大、土壤含水量大，有利于病害发生；此外，在土壤黏重、排水不良、大水漫灌、生长势弱的情况下，发病也严重。

湿度对病害发生与发展起到至关重要的作用，空气相对湿度在 90％ 以上才有发病的可能。冷凉和潮湿的气候有利于病害的发生，田间结露的频率和结露时间的长短对病害的发生起到了决定性作用。空气湿度大，结露频繁，结露时间长有利于孢子囊的存活和病害的发生；相反在干燥环境下，即使温度适合，孢子囊成活率也较低。雨天虽然可以增加田间的湿度，但连续降雨也会冲刷掉叶片表面上的很多孢子。在葱蒜类蔬菜的生长旺盛时期，如遇连续阴雨、暴雨或大雾、低温的环境条件，病害往往严重发生，易于流行；此外，夜间凉湿、白天温暖、浓雾重露、土壤黏湿等条件都有利于该病的发生和流行。

病害主要通过气流传播，孢子随气流可以升到高空从而扩大了传播的距离，根据调查，地面气温 20℃、空气相对湿度 85％ 时，在葱蒜类霜霉病发生严重的地区利用飞机进行空中孢子捕捉，从 15～450 m 的空中均能收集到孢子囊，其中 250 m 高空以上收集到的孢子，50％ 均能够萌发。一天当中，孢子囊向空中扩散也有一定规律，一般早晨开始扩散，高峰在 10：00～12：00，此时的气温和湿度非常适合孢子囊扩散。

2. 品种、耕作与栽培条件　不同洋葱品种抗病性差异显著，但到目前为止，尚没有完全免疫的品种。一般来说，红皮品种较黄皮品种抗病，黄皮品种又比白皮品种抗病。葱表皮蜡质层愈多，霜霉病发病率就愈小。由于保护地中植株表面的蜡质层较露地植株厚，所以保护地洋葱的病害比露地要轻。

重茬地块的病害往往较重，与葱蒜类以外的蔬菜轮作，尤其是水旱轮作的病害较轻。

3. 管理措施　灌溉方式也影响田间病害的发生，膜下浇水、滴灌及垄沟浇灌等都不会使地上部的叶片和花梗潮湿，病害较轻；而从上往下的喷淋灌溉方式，会使得植物地上部全部淋湿，增加了孢子囊萌发的概率，加重了病害的发生。种植密度过高往往导致通风不畅，使病害加重。在每公顷种植 50 万株苗的适宜密度下，可以控制发病率在 25％ 左右。过量施用氮肥也有利于病害的发生，主要原因是氮肥过量，会使叶片过度生长、通风透光变差、田间湿度增加，利于病情发展。每公顷施用不超过 120kg 纯氮、90kg 纯磷和 60kg 纯钾，整个生长季节浇水不超过 8 次，可显著减少田间病害的发生。

六、防治技术

葱蒜类霜霉病的主要防治原则是：通过改进栽培管理和科学施用药剂，可减少田间再侵染次数和压低田间病原菌数量，以减轻为害。

（一）选用耐、抗病品种

不同品种的抗病性有一定差异，种皮颜色较深的红皮和黄皮品种比较抗病，如历城固葱、章丘巨葱、辽葱 1 号、披辐 1 号、蜡粉厚、假茎紫红、中华巨葱、长龙、长宝等。

（二）农业防治

1. 轮作　避免葱蒜类蔬菜相互连作，发病地一定要与非葱蒜类作物轮作，如与豆科、葫芦科或大田作物等轮作 3～4 年。

2. 培育壮苗、适时定植　选地势高燥或未栽过葱蒜类蔬菜的田块繁殖种子；在无病田中留种或从无病植株上采种，防止种子带菌；播种前 2～3h 时浇足底水，水渗完后播种、覆土，并立即覆盖地膜，确保地温略高、利于出苗。

3. 清除田间病残体　田间病株应及时拔除、深埋或烧毁。收获后彻底清除病残体，集中处理，并进行深耕，减少菌源。

4. 合理的肥水管理　选地势高、土壤疏松、排水良好的地块种植；采用高畦、高垄栽培，最好选择南、北垄向，便于通风。

合理灌水，避免大水漫灌，不使葱地过湿；及时排涝，防止菜田阴湿；选晴天浇水，浇水时尽量不要从上往下淋湿植株，如果非做不可，最好是在夜间结露时进行，因为夜间的露水主要是在白天蒸发，如果白天淋泼浇水必然造成田间湿度的再次增加。夜间浇水的管理方式在北美被作为一项重要的防病措施而被广为采用。当然，采用滴灌和地膜下浇水也是降低田间湿度的好做法。

施足有机肥，增施磷、钾肥，避免过量施用氮肥，既能防止植株徒长，又能提高植株抗病力。

（三）物理防治

1. 温汤浸种　带菌的种子可用50℃温水浸种25 min后，放入冷水中冷却，再捞出种子催芽播种，或晾干后备用；洋葱种球和侧生苗可采用45℃温水处理60min，能有效杀死内部的病菌。

2. 种球干热处理　播种前，将洋葱种球经40～43℃恒温干热处理8h，可以杀灭鳞茎内部的菌丝体，对种球生活力影响不大。恒温干热处理与药剂浸种相结合效果更佳，即经干热处理后的种球，再用72％甲霜灵·锰锌可湿性粉剂400倍液浸种1h，可显著地减少种球所带菌量。对怀疑被系统侵染的洋葱种球，收获后置阳光下晾晒12d，也可得到良好的防治效果。

（四）药剂防治

药剂可以抑制病菌的萌发、生长和繁殖，能够很好地控制病害的发生与发展。

1. 种子和幼苗处理　用0.3％种子量的35％甲霜灵·锰锌可湿性粉剂拌种，或用50％福美双可湿性粉剂＋35％甲霜灵·锰锌可湿性粉剂（1∶1混合）拌种。幼苗长至3～4片叶时，用74％百菌清可湿性粉剂600倍液喷洒幼苗和地面，隔7d喷1次，连喷3～4次；也可喷洒生物制剂放线菌酮溶液，即每2.5mL的0.5％放线菌酮液剂对水1L，效果较好。洋葱鳞茎种球下种前，先剥除外部干枯和坏死的鳞片，然后按100kg种球用1kg的25％甲霜灵·锰锌可湿性粉剂拌种，或用该药剂800倍稀释液浸种30～50min，晾干后播种。

2. 烟熏与喷粉　保护地栽培，可用45％百菌清烟剂或15％霜脲氰烟剂等烟熏防治，即每公顷用药3.75kg，于傍晚分放4～5个点，点燃冒烟后密闭棚室，7d熏1次，连熏4～5次；也可喷粉防治，如每公顷喷撒15kg的5％百菌清粉尘剂或7％噁霜·锰锌粉尘剂，喷撒时喷头向上，喷在作物上方空间，不能直对作物。

3. 生长期施药　发病初期进行喷药保护，或在大葱长至15cm左右（约5片叶）时，即开始茎叶喷雾预防。药剂有64％噁霜·锰锌可湿性粉剂600倍液，或58％甲霜灵·锰锌可湿性粉剂500倍液、50％甲霜·铜可湿性粉剂600倍液、58％甲霜灵·锰锌可湿性粉剂500倍液、70％代森锰锌可湿性粉剂500倍液、40％三乙膦酸铝可湿性粉剂250倍液、72％霜脲·锰锌可湿性粉剂600倍液、50％烯酰吗啉可湿性粉剂2 500倍液、72.2％霜霉威水剂700倍液等，每7～10d喷1次，连喷3～4次。选晴天喷药，如喷后遇雨、大雾或重露天气以及浇水，应及时补喷。长期用药需注意不同药剂轮换施用。

一般葱叶表面有蜡质层，难以附着药剂，可在每10kg药液中加中性洗衣粉5～10g作展着剂；在防治霜霉病的同时，还需及时防治葱蝇、蓟马、潜叶蝇、蚜虫等害虫。

竺晓平（山东农业大学植物保护学院）

第78节　葱类紫斑病

一、分布与危害

葱类紫斑病是中国乃至世界许多葱类蔬菜种植区的重要病害之一，主要为害露地栽培的大葱、洋葱、大蒜和韭菜等，在温暖和潮湿的地区发病重，尤其在夏季多雨的年份容易流行。印度尼西亚曾报道，在湿度大的季节，青葱紫斑病常常严重发生，致使青葱减产60％～70％。

我国各地都有葱类紫斑病的发生和为害，南方地区可终年受害，北方地区以夏秋季受害为重。葱类蔬菜感染紫斑病后，其生理机能遭到不同程度的干扰与破坏。一般年份病害造成的损失不大，但在流行年份，该病往往造成葱类植株的叶片和花梗变黄、枯死或折倒，严重威胁到葱类蔬菜的产量及质量。2012年，河南省汝州市大葱紫斑病发生严重，一些田块的病株率高达50％以上。

二、症状

葱蒜类蔬菜的苗期、生长期及采种期均可受到紫斑病为害，主要为害植株的叶片和花梗，在贮藏期间还可侵染鳞茎，留种株受害常使种子发育不良。

叶片和花梗受害，最初多在近叶尖处或花梗中部产生水渍状白色小点，逐渐扩大为（2～4）cm×

（1～3）cm的紫褐色病斑、椭圆形、稍凹陷，周围有黄色晕圈，病斑上有明显的同心轮纹，潮湿时生有黑褐色的霉；病害严重时，病斑常常相互愈合成大型病斑，病部组织逐渐失水死亡，机械强度降低，导致发病叶片或花梗从病处折断（彩图10-78-1）。

留种株也常常受害，病株往往在种子尚未成熟时花梗即折断，颗粒无收；即使病轻花梗不折断，也常使种子皱瘪，不能发芽。鳞茎病害多发生在颈部或从收获时的切口处感染发病，呈现半湿性腐烂，整个鳞茎收缩，病组织开始为红色或黄色，渐转变成暗褐色，并提前抽芽。

三、病原

葱类紫斑病是由葱链格孢［*Alternaria porri*（Ellis）Ciferri］引起的真菌性病害，属于子囊菌无性型链格孢属真菌。分生孢子梗单生或5～10根簇生，淡褐色，有隔膜2～3个，大小为（30～100）μm×（4～9）μm，不分枝或不规则稀疏分枝，每一枝上着生一个分生孢子。分生孢子褐色，常单生、直或略弯，倒棍棒状，或分生孢子本体椭圆形，至喙部嘴胞渐细；分生孢子具纵横隔膜5～15个，纵隔膜1～6个，大小为（6～130）μm×（15～20）μm，最长可达300μm；喙部（嘴胞）直或弯曲，具隔膜0～7个，大小为（45～432）μm×（2～4）μm（图10-78-1）。

菌丝发育适温为22～30℃，分生孢子萌发适温为24～26℃，萌发时分生孢子的每个细胞都可长出芽管，孢子的产生和萌发均需要水滴。

温、湿度对病菌产生分生孢子的数量影响较大，25～28℃时的产孢能力最强，30～35℃时较差，湿度愈高、高湿保持时间愈长，产孢量则愈多；施肥情况也会影响病菌的产孢量，施用了氮、钾肥的植株，病斑的产孢量要小于

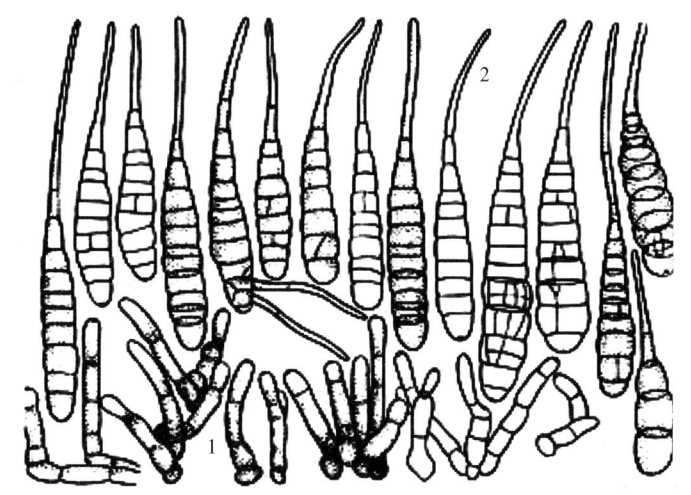

图10-78-1　葱链格孢形态（引自李明远，1980）
Figure 10-78-1　Morphology of *Alternaria porri*（from Li Mingyuan，1980）
1. 分生孢子梗　2. 分生孢子

不施肥或施磷肥的植株；病斑在黑暗条件下的产孢量明显高于在散射光条件下的产孢量；具6～9日龄的葱紫斑病病斑产孢能力比较强，其中8日龄病斑的产孢能力最强，1～3日龄的病斑产孢能力较弱。病斑在夜间释放孢子的数量明显多于白天。

四、病害循环

北方寒冷地区，病菌以菌丝体和分生孢子在寄主体内或随病残体在土壤中越冬，翌年条件适宜时产生分生孢子，通过气流或雨水传播。分生孢子萌发后可由气孔或伤口侵入，也能以芽管直接穿透寄主表皮侵入。发病适温25～27℃，低于12℃则不发病。病害潜育期为3～5d，5d后即可产生分生孢子，即在病斑上出现霉层，新生的分生孢子可散发到各处，从而引起大面积的再侵染（图10-78-2）。

由于分生孢子萌发必须要有水滴，因此高湿多雨、昼夜温差大容易引发病害；保护地病害往往重于露地，温暖潮湿的环境，特别是夏、秋多雨季节，病害十分普

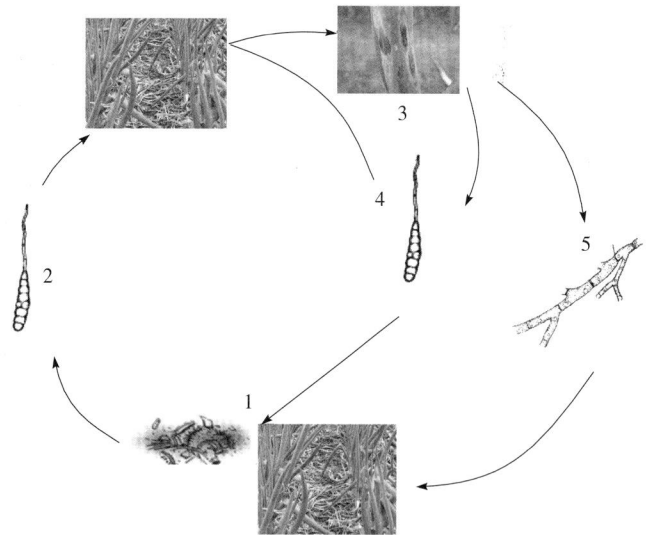

图10-78-2　大葱紫斑病病害循环（于金凤提供）
Figure 10-78-2　Disease cycle of onion purple blotch（by Yu Jinfeng）
1. 越冬场所　2和4. 分生孢子　3. 病株　5. 菌丝

遍且严重。此外,土壤贫瘠、生长势弱、虫害严重的地块发病也重。

五、流行规律

(一)病菌的传播、扩散及其侵染

1. 病菌传播、扩散与萌发的条件 带菌种子、土壤病残体上越冬的病菌及活着病株上的病菌都是来年田间病害的初侵染来源,新产生的分生孢子通过田间操作、农具、灌水、气流、雨水传播,进行多次再侵染。

病菌分生孢子在适温下置清水中 3h 后,萌发率为 87%,并开始形成附着胞,6h 后达到形成高峰,分生孢子的侵入率和附着胞的形成率呈高度正相关;孢子萌发的适宜温度为 23~30℃,最适温度为 25℃,在适温下病害的潜育期为 3d,萌发后遇干燥 6d,孢子即可死亡;氮、磷、钾肥可显著降低葱紫斑病菌的侵染能力,其中氮、钾肥抗侵染能力大于磷肥。

葱类紫斑病菌的分生孢子在 4~25℃ 条件下,诱导 2h 即可萌发。其孢子的萌发率与温度呈正相关,在 18℃ 条件下,终端附着胞 4h 即可形成,在 15~25℃ 条件下,中间附着胞 8h 开始形成。附着胞的形成数量随温度的提高而增加,在 25℃ 条件下,24h 后附着胞的形成数量达到高峰,4℃ 条件下 24h 后没有发现附着胞的形成。

2. 病菌的侵染条件 病菌分生孢子萌发后,通过气孔或穿透寄主的表皮直接侵入,病菌侵入的适宜温度范围是 18~25℃。在此温度条件下,病菌分生孢子诱导 4h 后就能从气孔完成侵入过程,8h 后才能完成直接侵入过程,在 4℃ 条件下病菌不能完成其侵入过程,病菌通过气孔侵入的数量远远高于直接侵入过程。

(二)病害流行条件

葱类紫斑病是否能够流行主要取决于下列因素:

1. 温、湿度 总的来说,温暖多湿的天气条件非常适合葱类紫斑病的发生与流行。当早春日平均温度上升到 12℃ 以上和越冬葱类蔬菜开始返青时,受侵染的植株开始显现症状,早春田间积温愈高的年份紫斑病发生得愈早,反之,发病推迟。当田间温度达到 23~25℃,葱类植物进入旺长期,如果此时多雨潮湿,空气相对湿度高于 80%,病斑上就会产生大量的分生孢子,且湿度愈高,孢子愈多,病斑表面甚至覆盖一层黑褐色的煤粉状霉,紫斑病即将暴发、流行。

2. 生育期 紫斑病的发生与葱类蔬菜的生育期关系密切,通常生长前期比较抗病,中后期比较感病。如在澳大利亚南部地区的非连作地块,葱类蔬菜定植后 54~69d,叶片上出现紫斑病病斑,定植后 123~158d(接近成熟)发病最为普遍。

3. 虫害 在葱蓟马(*Thrips tabaci*)严重发生的葱类蔬菜地块,由于葱蓟马刺吸造成的伤口为病菌的侵入提供了良好的途径,紫斑病往往比较严重。

4. 品种 不同葱类品种对紫斑病的抗性存在着一定的差异,就洋葱品种而言,红皮洋葱较黄皮洋葱抗病。据四川省西昌市 2007—2011 年连续 5 年的调查表明,红皮洋葱的平均病情指数为 1.3,而黄皮洋葱则为 19.5,两品种间的病情指数差异十分显著。

5. 施肥 土壤贫瘠、管理不善的地块,紫斑病比较严重。据报道,施用氮、磷、钾肥不仅能抑制病斑产生分生孢子的数量,还能降低分生孢子的侵染力,从而减轻病害。

6. 连作 葱类蔬菜连作病重,连作时间愈长发病愈重。据 2007—2011 年对四川省西昌市紫斑病的调查结果,老菜区(连作 3 年以上)的洋葱紫斑病平均病情指数为 30.3,新菜区则为 1.8,显然新菜区洋葱紫斑病要比老菜区轻得多。

六、防治技术

由于葱类紫斑病在田间可形成重复多次的再侵染,而且温暖、湿度大易诱发病害流行,因此防治上应采取一切措施降低该病害在田间的流行速率。

(一)农业防治

1. 清洁田园 收获后应清除田间病残体,并深耕翻土,消灭越冬菌源;在葱类蔬菜生长季节,同样要及时摘除病叶、病花梗或拔除病株、集中销毁。

2. 轮作与施足底肥　重病地应与非葱类蔬菜或大田作物实行 2 年以上的轮作，以减低田间的菌源。施足底肥，每 667m² 可施农家肥 5 000kg、磷肥 100kg、尿素 10kg、钾肥 15kg，或磷酸二铵 30kg，或复合肥 50kg 作底肥，然后耕翻晒土，以消灭菌源、杂草，提高肥力。

3. 适期定植　选择地势高、排水好、土壤肥沃的地块种植葱类蔬菜；按沟距 80cm，沟深、宽各 25cm 左右开沟，南北向沟最好；定植时尽可能选择壮苗，淘汰伤残苗和病苗。

4. 加强栽培管理　合理浇水，避免大水漫灌，雨后及时排水，使植株生长健壮，提高抗病能力；葱类蔬菜根部吸水、吸肥能力较弱，要适当多加追肥，尤其是在叶片迅速生长期，不能缺肥，除施有机肥外，还需追施尿素、磷酸二铵等，以及时补充养分；适时收获，洋葱收获应掌握在葱头顶部成熟后，收获晾晒，待鳞茎外部干燥后再入窖；低温贮藏，贮藏窖应保持低温（0～3℃）和较低的湿度（相对湿度低于65%），并经常通风换气。

（二）物理防治

选用无病种子种植，对有病或可疑种子进行种子消毒。如用 40% 的甲醛 300 倍液浸种 3h，浸后及时清水冲洗，避免药害；洋葱鳞茎可用 40～45℃ 温水浸泡 1.5h。

（三）化学防治

1. 药剂拌种　可用 50% 福美双可湿性粉剂或 50% 多菌灵可湿性粉剂拌种，用药量为种子重量的 0.3%。

2. 药剂防治　葱类蔬菜定植后 54d 左右，田间注意观察，经常检查田间发病情况，一旦有病立即喷洒杀菌剂。药剂可选 50% 异菌脲可湿性粉剂 1 500 倍液，或 75% 百菌清可湿性粉剂 500～600 倍液、64% 噁霜·锰锌可湿性粉剂 500 倍液、40% 敌菌丹可湿性粉剂 400～500 倍液、58% 甲霜灵·锰锌可湿性粉剂 500 倍液、50% 乙烯菌核利可湿性粉剂 1 000～1 500 倍液等，一般隔 7～10d 喷洒 1 次，连喷 3～4 次。

由于葱叶表面光滑，为增加展着力，可在 50kg 药液中加入 1.5kg 大豆浆或 0.1kg 合成洗衣粉。每5～7d 喷 1 次，连喷 3 次，也具有较好的防治效果。

于金凤（山东农业大学植物保护学院）

第 79 节　葱类菌核病

一、分布与危害

葱类蔬菜菌核病也称白腐病，最早于 1841 年在英国被发现，随后在加拿大、美国、澳大利亚、肯尼亚等国的洋葱产地普遍发生，现在，菌核病已是全世界葱类生产上的严重病害之一。在澳大利亚的维多利亚地区，60% 的农场受该病为害，一般可造成 5%～50% 的损失。该病传播速度很快，加拿大不列颠哥伦比亚省菲莎河谷地区继 1970 年首次发现该病后，至 1974 年这些地区几乎每个洋葱地块都有该病发生；1975 年，该地区植物保护部门不得不下令禁止在这些地区继续种植洋葱等葱类植物。

葱类菌核病在我国陕西、甘肃、江西、云南、江苏和山东等省的洋葱和大葱产区都有分布，也是我国洋葱和大葱产区的重要病害。2006 年，甘肃省成县 97% 的洋葱地块都发生菌核病，田间发病株率为20%～80%，死苗率为 10%～40%，严重地块死苗率达 100%，造成严重地块减产和减收。在低洼地，雨水频繁的季节或年份，菌核病发生尤其严重，成片植株枯死，大量鳞茎腐烂。即使发病较轻的鳞茎，在储藏期间还可继续为害，使鳞茎腐烂，不能食用。

二、症状

菌核病主要为害露地栽培的大葱、洋葱和大蒜等，洋葱和大葱的整个生育期均可染病，在带菌量大的田块，常常发生植株成片枯死。苗期发病表现为植株矮小，叶片黄化，幼苗枯死等症状；成株期发病，首先是外部老叶的叶尖处开始褪绿变黄，并逐渐向叶内部延伸，最后病叶部分或全叶枯死、下垂；随着病害的进一步扩展，受侵的叶鞘及新生叶也逐渐变黄，植株生长衰弱，严重时整株变黄、枯死；鳞茎和根系受害，初期在病部表皮出现水渍状病斑，后鳞茎和根系变黑、水渍状腐烂，表面布满灰白色、棉絮状的菌丝体，后期在菌丝体上产生大量的、油菜籽状的小颗粒，即为病菌形成的菌核；菌核初期白色，老熟后呈茶褐色或黑色，致密坚实，表面光滑。天气潮湿时，病株茎基部近土壤处呈水渍状、软腐，并在病部周围形成浓密的白色棉絮状菌丝体和球形的颗粒状菌核（彩图 10-79-1）。病株由于根系腐烂，很容易从土壤中拔出。病害在储藏期的鳞茎上可进一步发展，导致鳞茎水渍状腐烂。

三、病原

葱类菌核病的病原菌为白腐小核菌［*Sclerotium cepivorum* Berk.，异名：*Stromatinia cepivora* (Berk.) Whetzel]，属于子囊菌无性型小核菌属真菌。该菌的菌核近球形至扁球形，表面光滑，黑褐色或暗褐色，直径 200～600 μm；有时也可形成大菌核，不规则形，长度为 0.5～1.5 cm。病菌在整个生活史中不产生任何类型的孢子，只有在无性世代产生菌丝体和菌核。菌丝体在 PDA 培养基上呈白色，绒毛状，较为稀疏（图 10-79-1）。菌

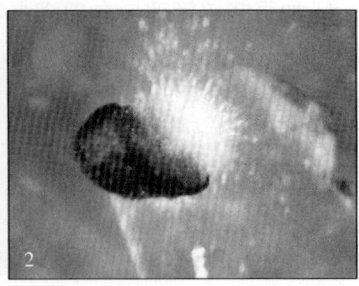

图 10-79-1　白腐小核菌形态特征（1. 引自 B. Watt，2012；2. 引自 D. A. Metcalf，2001）

Figure 10-79-1　Morphology of *Sclerotium cepivorum* (1. from B. Watt, 2012；2. from D. A. Metcalf, 2001)

1. 菌核　2. 菌核萌发并形成菌丝体

丝体生长的适宜温度为 12～21℃，低于 6℃或高于 30℃时菌丝几乎停止生长。菌核在 8～27℃均可萌发，最适萌发温度为 12～24℃。病菌较喜好在酸性条件下生长，适宜菌丝体生长的 pH 为 3.0～9.0，最适 pH 为 4.8～5.3。在 pH 4.0～5.0 时产生菌核最多，最适宜菌核萌发的 pH 为 4.0～9.0。该菌最佳生长碳源是可溶性淀粉，山梨醇、葡萄糖酸等不适于该菌生长。精氨酸、天冬氨酸和干酪素水解物等多种氨基酸都有利于病菌的生长发育。白腐小核菌的寄主范围较窄，主要侵染洋葱、大葱、韭菜、大蒜等葱属植物。

四、病害循环

白腐小核菌以菌核和休眠菌丝体在病残体、土壤以及粪肥中越冬，病菌也能以菌核混杂在种子间越冬，成为第二年初侵染来源（图 10-79-2）。春季温度适宜时，越冬菌核受葱属植物根系分泌物的刺激，萌发形成菌丝，并向根系附近生长，在寄主根系表面形成附着胞等结构，直接从寄主根系侵染，并在根内、外生长蔓延，致使根系腐烂。菌丝体还可由根系逐渐向鳞茎和茎基部扩展，当菌丝体蔓延到茎基部时，整个植株迅速枯死，鳞茎腐烂，并在寄主表面重新形成棉絮状菌丝体和菌核。新形成的菌核受根系分泌物刺激继续萌发，并形成菌丝体向外继续扩展；菌丝体也可从发病植株的根系向邻近植株根系扩展，从而发生多次再侵染。

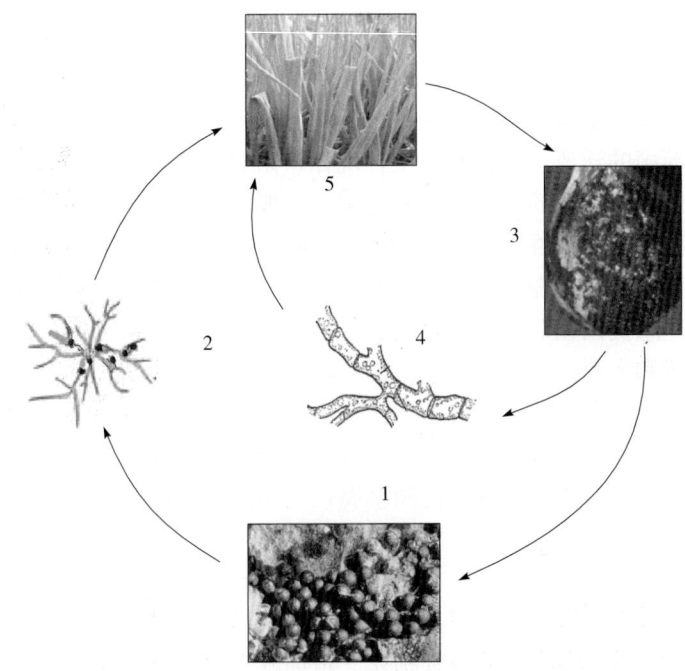

图 10-79-2　洋葱菌核病病害循环（刘爱新提供）

Figure 10-79-2　Disease cycle of onion white rot (by Liu Aixin)

1. 菌核　2. 菌核萌发形成菌丝　3. 病斑表面的菌丝及菌核　4. 菌丝体　5. 健株

五、流行规律

（一）病菌的传播、侵染及扩散

1. 病菌的传播　发病鳞茎收获后或坏死腐烂后，其表面的菌核落入土壤中或在病残体上休眠越冬。菌核在没有寄主的土壤中可存活 3～4 年，

有时长达 15～20 年或更长时间，因此，土壤中或混杂在病残体上的菌核或菌丝体是田间病害的最主要初侵染来源，移栽病鳞茎和病幼苗往往造成田间病害的直接发生。菌核可通过灌溉水、昆虫、农具和田间农事操作等方式传播，种子间夹带的菌核还可随种子作远距离传播。菌核萌发形成的菌丝体穿过土壤向根系方向生长，在寄主根系表面形成附着胞，直接侵染寄主根系。菌丝体首先在根系皮层细胞间和细胞内扩展，并逐渐蔓延至鳞茎底部。鳞茎及根系表面的菌丝体同时向植物内部组织蔓延，使根系和鳞茎腐烂，并在寄主表面形成棉絮状菌丝体和菌核。寄主表面的菌丝体及新形成的菌核萌发形成的菌丝体逐步向周围扩展，侵染邻近的植株。每个菌核萌发后可以侵染附近 20～30 株植株，通过这种扩展方式，病原菌可沿着栽培行向四周扩展，导致同一行内许多植株受害。未腐烂的鳞茎收获后，如果储藏期低温潮湿，病害可以继续发展最终导致鳞茎腐烂。

2. 菌核萌发的条件 寄主根系分泌物和土壤微生物是影响菌核萌发的重要因素。葱类植物根系分泌的含硫化合物对菌核萌发至关重要，最利于菌核萌发的物质是正丙烯和烯丙基硫化物。这是因为健康的葱类植物不能直接产生这些物质，但葱类根系分泌物中含有少量烯丙基-半胱氨酸亚砜，土壤微生物能够将其降解为挥发性的烷基硫化物。休眠菌核受挥发性硫化物刺激，萌发并侵染。每个菌核只能萌发一次，萌发形成的菌丝体在土壤中的存活时间与土壤温度有关，一般可存活几天至几周，如果萌发的菌丝体找不到合适的寄主，将会逐渐耗尽营养而死亡，从而丧失致病力。

（二）病害发生及流行条件

病害发生程度与土壤中菌核的数量与分布、气候条件及栽培管理等多种因素有关。

1. 菌核数量 土壤中菌核数量直接影响病害的发生程度，如果每 1kg 病田土壤中含有 0.1 个菌核，即能诱发病害；若含有 1 个菌核，即可导致 30%～60% 的产量损失；当含有 10 个以上的菌核时，足以导致所有植株发病并几乎造成 100% 的产量损失。在澳大利亚维多利亚洋葱产区，由于常年重茬，每千克病田土壤中菌核数量高达 5～232 个，是当地每年高发菌核病的主要原因。

2. 菌核分布 菌核在土壤中的分布深度对病害也有明显的影响，菌核分布越浅，侵染越早，发病越重。菌核病菌形成的菌核多数分布在距表层土 0～25cm 处，最深在表层土下 30cm 处仍可侵染发病。如将菌核埋在土下 1cm，第 35 天就可使洋葱发病，并最终导致根系腐烂、植株枯死，病部产生大量菌丝体和菌核，再向周围邻近植株扩散蔓延；而将同样数量的菌核分别埋在土下 10cm 和 20cm 处时，50d 后才能出现发病症状，一般仅造成部分根系变褐、腐烂，坏死根系表面只产生少量菌丝体，地上部症状不明显。土壤中菌核与鳞茎距离的关系比与根系的关系更为明显，距鳞茎越近，植株发病越早，受害越重，这可能是由鳞茎比根系能够分泌出更多的含硫化合物所致。

3. 土壤条件 低温、高湿的土壤条件适宜于菌核病的发生。土壤温度在 10～23℃ 范围内，菌核均可萌发、侵染，但以 15～18℃ 为最适，菌核病发生流行的土壤适宜温度为 20～24℃，超过 25℃ 时病害则受到抑制。在培养条件下，最适合菌丝体生长的 pH 为 4.8～5.3，当土壤 pH4.5～7.8 时，50% 以上的菌核萌发良好。一般来说，葱类根系正常生长发育的土壤湿度都能满足病菌的侵染。

4. 栽培条件 重茬地块往往病害均较重，因为葱蒜类作物连作，土壤中菌核数量逐年增加，可加重病害。栽培密度过大，有利于病原扩散，也会加重病害。若夏季多雨水，或地势低洼，排水差，容易渍水，地温低，或栽苗太深等因素也易于发病；浇水太勤，漫灌，特别是夏季直接浇灌井水，使地温很快降至 20℃ 以下，也会导致此病的发生和流行。此外，偏施氮肥、植株生长幼嫩、抗病能力降低，也易于发病。

六、防治技术

对于葱蒜类菌核病，应采取农业防治为主、药剂防治和生物防治为辅的综合防治措施。

（一）农业措施

1. 轮作倒茬 菌核在土壤中一般可存活 3～4 年，在发病重的地区，土壤中积累了大量菌核，应进行 4 年以上轮作倒茬，可选用与胡萝卜，或白菜、萝卜等芸薹属等蔬菜，或水生蔬菜，或禾本科作物等轮作，以降低发病率。

2. 加强栽培管理 葱类蔬菜收获后，应彻底清除病株残体和覆盖物，并集中烧毁，减少菌源。田间要注意增温排湿、增强光照等，可控制病害发生；增施底肥，实行氮、磷、钾平衡施肥，及时适量追肥，可提高植株抗病能力；干旱时适量浇水，有条件地区尽量采用滴灌或喷灌，减少病原传播；雨水多或田间湿度大时要及时排水，适时中耕、松土，培育壮苗，促进植株健壮生长，可增强植株抗病能力；实施地膜覆盖和起垄栽培技术也可减轻病害。

3. 农具消毒 在病田使用过的农具，必须彻底清理干净或经过消毒后才可使用，防止菌核病通过农具传播。

（二）化学防治

1. 合理使用杀菌剂 用药时间对病害的防治效果影响很大，防治葱类菌核病有 3 个关键期。播种后立即进行首次施药，即土壤表面喷药，有效药剂有 25％戊唑醇水乳剂 2 000～3 000 倍液，或 50％腐霉利可湿性粉剂 1 500～3 000 倍液、50％啶酰菌胺水分散粒剂 1 000～1 200 倍液、25％嘧菌酯悬浮剂 1 000～2 000倍液、50％异菌脲悬浮剂或可湿性粉剂 1 000～1 500 倍液等；播种后 30～40d 喷第二次药，用上述杀菌剂集中对茎基部进行喷洒；根据田间病情，在播种后 50～60d 喷第三次药，集中喷洒茎基部。一般 3 次关键期用药后，其防治效果可达到 90％～95％。施药过程中要注意多种杀菌剂的轮换和交替使用，避免单一用药。

2. 施用菌核萌发诱导物 利用白腐病的菌核只有在葱蒜类作物根系分泌物的诱导下才能萌发的特性，在葱类作物栽培前，土壤温度达到 10～20℃时，每平方米土壤注入 20～30cm 的二烯丙基二硫化物等，可刺激菌核萌发，萌发的菌丝体因找不到合适寄主逐渐失去活性。用这种方法一年处理 2 次，土壤中菌核数量可以减少 90％～97％。在田间无葱类作物时，每公顷土壤用 120kg 大蒜粉处理，也可达到同样的效果。

（三）物理防治

暴晒或热处理土壤可有效地防治菌核病，即在一年中最热的 7～8 月份，清除田间病残老株，多施有机肥料，翻平压实土地，浇水后用 1～2 层薄膜严密覆盖土壤，密闭 15～20d，土温可升至 50～60℃，能杀死土壤中的各种病菌。

（四）生物防治

在葱类蔬菜播种前或播种时，将木霉菌孢子制剂撒入播种沟内，可起到一定的防治作用，但这种生防制剂尚处在试验阶段，还没有大面积应用。用充分发酵腐熟的洋葱废弃物，或将洋葱废弃物与芸薹属、胡萝卜等废弃物混合发酵，经 7d 以上（50℃）堆闷，于栽培前 3 个月施到田间，对减少菌核活性也有较好效果。

刘爱新（山东农业大学植物保护学院）

第 80 节 洋葱炭疽病

一、分布与危害

洋葱炭疽病又称洋葱污点病、污斑病等，是洋葱生产中的重要病害之一。该病最早于 1851 年在英国被发现，1874 年美国等国相继报道，目前已广泛分布于欧洲许多国家以及美国、韩国、日本和中国等。

该病在我国各洋葱产区都有不同程度的发生和为害，尤以温暖潮湿的年份和地区为重。主要为害洋葱鳞茎，在鳞茎表面形成大量污渍状斑，使洋葱的产量和产值大大降低。除田间发病外，在储藏过程中仍可继续为害，污染鳞茎。1999 年 11 月，在乌鲁木齐市北园春菜市场发现了该病，几乎所有洋葱摊点的白皮洋葱中都掺杂感染炭疽病的洋葱葱头，其中发病鳞茎占到 12％～15％，严重的高达 30％～45％；2000 年，该地冬储后入市的洋葱几乎都感染了炭疽病，发病鳞茎的表面污秽不堪，有的病害深度达到鳞茎直径的 1/3 以上，有的病鳞茎最终收缩、腐烂，损失极其严重，是洋葱冬储期的毁灭性病害。

二、症状

洋葱的整个生长期都可遭受炭疽病为害，以鳞茎成熟期和储藏期发病最普遍。染病葱头种植后，幼苗就可受害，病苗如遇温暖、潮湿的天气，常造成幼苗猝倒死亡；成株期发病，随发病部位不同而表现出不同的症状。叶片发病，首先在叶面上形成卵圆形或不规则形的斑点、水渍状、暗绿色或灰白色，有时病斑周围有黄色晕圈，病斑常纵向扩展直至整个叶片，严重时上部叶片枯死；叶鞘发病，常在靠近地面的茎基部形成淡黄色的小凹陷斑，有时多个病斑连在一起形成不规则形的大斑，后期病斑上形成黑色小点，为病菌分生孢子盘；鳞茎发病，初期在鳞茎外层形成暗绿色或黑色斑点，以后逐渐扩大成暗褐色或黑色污斑，有时多数病斑连成不整圆形，直径多为 1cm 左右，有时可达 2~3cm，后期病斑上可见黑色小点，即病菌的分生孢子盘，呈散生状或同心轮纹状排列（彩图 10 - 80 - 1）；严重时病害向鳞茎内部扩展，在肉质鳞茎上产生小型黄色凹陷斑，并逐渐向内溃烂，造成整个鳞茎收缩、早熟并提前萌芽。有色品种上病斑多发生在鳞茎颈部的无色部分，鳞茎上的症状通常在收获前开始出现，一直到储运期间仍可继续发展蔓延。

三、病原

洋葱炭疽病的病原菌是旋卷炭疽菌 [*Colletotrichum circinans* (Berk.) Voglino]，隶属于子囊菌无性型炭疽菌属真菌。主要侵染洋葱、甜菜、大葱和韭葱等植物，病斑上产生的黑色小粒点即为病原菌的分生孢子盘。分生孢子盘初生于寄主表皮下，成熟后突破寄主表皮外露，黑色、盘状或垫状，每一盘内散生数根到十多根坚硬刚毛和分生孢子梗，刚毛暗褐色至黑色，有 1~4 个隔膜，大小为 (80~315) μm × (3.7~5.6) μm；分生孢子梗粗短、棍棒状、单胞、无色，大小为 (11~18) μm × (2~3) μm，顶端生分生孢子；分生孢子无色、单胞、弯月形或纺锤形，稍向一侧弯曲，大小为 (14~30) μm × (3~6) μm，萌发前偶生一个隔膜。附着胞褐色或暗褐色，球形或不规则形，大小为 (6.5~15.0) μm × (5.0~7.5) μm（图 10 - 80 - 1）。

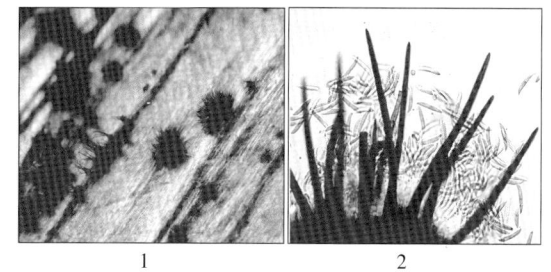

图 10 - 80 - 1 旋卷炭疽菌形态（引自 C. Calderon，2010）
Figure 10 - 80 - 1 Morphology of *Colletotrichum circinans* (from C. Calderon，2010)
1. 分生孢子盘 2. 分生孢子

四、病害循环

炭疽病菌主要以分生孢子盘，其次以菌丝体、分生孢子附着在被害鳞茎、葱苗、种子和土壤中的病残体越冬，成为第二年发病的初侵染来源。春季温度适宜时，病菌分生孢子萌发形成菌丝体，从寄主的伤口或直接穿透寄主表皮侵入，首先在寄主的表层为害，环境条件适宜时继续向内部组织扩展，经 5~6d 的潜育期就可表现症状，随后在寄主表面形成分生孢子盘和分生孢子。此后，只要温、湿度条件适宜，病菌就可以在田间不断地进行再侵染（图 10 -80 -2）。

五、流行规律

（一）病菌的传播、扩散及侵染

在适宜条件下，越冬后的炭疽病菌在分生孢子盘上形成大量的分生孢

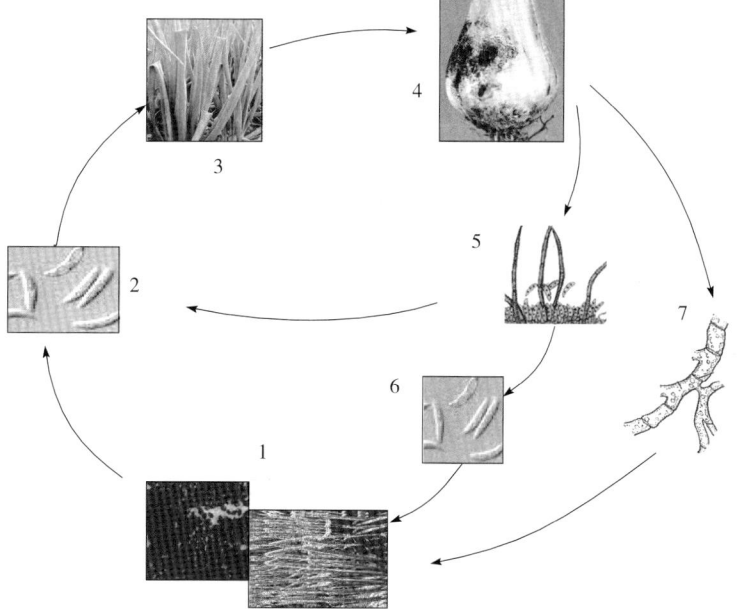

图 10 - 80 - 2 洋葱炭疽病病害循环（刘爱新提供）
Figure 10 - 80 - 2 Disease cycle of onion anthracnose (by Liu Aixin)
1. 越冬场所 2 和 6. 分生孢子 3. 健株 4. 病株 5. 分生孢子盘 7. 菌丝

子，分生孢子主要通过风、雨或灌溉水等传播；另外，分生孢子可黏附在农具、作业人员的衣物及小昆虫身体上等进行传播；病菌还可随鳞茎、葱苗和种子等进行远距离传播，因此，栽培带菌的鳞茎是田间重要的初侵染来源之一。病株上产生的分生孢子在田间可以进行多次再侵染，通常只侵染鳞茎的外鳞片，在鳞片表面形成大量污渍状斑点，当条件适宜时，病菌也可以向鳞茎内部扩展，使幼嫩的肉质鳞片发病；田间受侵染的鳞茎，在储藏期间遇到合适的条件也可进一步为害，导致鳞茎收缩或腐烂，但一般难以发生新一轮的再侵染。

炭疽病菌喜温好湿，在培养条件下生长发育的温度为 4～34℃，最适为 20～26℃；分生孢子的产生、萌发都需要较高的相对湿度，尤其是分生孢子的萌发，以寄主表面有水滴或雾滴为宜。所以，温暖潮湿的环境条件有利于炭疽病的发生与发展。分生孢子在 13～25℃均可萌发，最适萌发温度为 20℃。侵染温度为 5～32℃，最适为 23.9～29.4℃，低于 10℃病菌很难侵入；在适宜温湿度条件下，一般 5～6d 就可以完成一个侵染循环。因此，在温暖、高湿的环境条件下，病害易于发生和流行。

（二）病害发生及流行条件

影响洋葱炭疽病发生与流行的主要因素有以下几个方面。

1. 品种抗病性　洋葱有色品种和白色品种对炭疽病的抗性有明显的差异。一般红皮品种和黄皮品种的鳞茎表面含有脂溶性酚类物质，在病原菌侵染过程中，这些物质能够在侵染点周围快速积累或沉积形成木质素，使细胞壁加厚，从而抵抗病原菌侵入；而白皮品种由于缺乏这些物质，就较为感病。

2. 气象条件　在洋葱整个生育期中，以收获前的气候条件对病害的影响最大。洋葱收获期如果遇到短短几天的阴雨天气，或土壤高度潮湿，病菌就能迅速侵染并产生大量分生孢子，一个病斑上产生的分生孢子数量足以使一个葱头发病腐烂。

3. 储藏条件　虽然病菌的侵染大多发生在田间，但是在储藏期间病害也会加重，特别是白色品种甚至可出现新的病斑。如果窖温升高至 5℃以上时，带病鳞茎上的病菌即可活动，侵染病斑下层的鳞片组织，使之呈褐腐的水渍状，储温越高、湿度越大腐烂就越重，在 10～15℃的温度下，经 7～10d 鳞茎即可全部损坏而不可食用。比较抗病的有色洋葱品种在储运期间难以产生新病斑。

4. 管理措施　病田连作或以葱类作物为前茬的田块，病害往往较重；管理不当，如偏施氮肥或氮肥过量，通风不良，地势低洼，排水不畅，大水漫灌等措施，均有利于病菌的传播蔓延和病害的发生流行。

六、防治技术

采用以抗病品种为主，加强栽培管理并结合施用药剂的综合防治措施才能有效地控制病害。

（一）选用抗病的有色洋葱品种

红色或黄色品种洋葱对炭疽病的抗性较强，各地可因地制宜地选用；而白色品种极易感病，在发病重的地区不宜种植。

（二）选留无病葱头作种株，加强种子处理

应选择无病葱头作种株进行采种。采种葱头春栽前，仔细检查留种鳞茎，以确保鳞茎无病；或在移种前用 5%～8%的次氯酸钠或漂白粉液浸渍种鳞茎 15min，然后再移栽也有消毒作用。

对有病或可疑带菌种子必须进行消毒处理，如用 70%代森锰锌可湿性粉剂 500 倍液浸种 2h，清水冲洗后晾干播种，也可用 50%多菌灵可湿性粉剂，或 50%福美双可湿性粉剂拌种，用药量为种子重量的 0.3%～0.5%；还可用温汤浸种，即播种前先将种子在凉水中浸 10～12h，沥干后再浸入 55℃温水中 15min，其间不断搅拌，基本上可铲除种子上所带病菌。

（三）选择排水良好的地块种植，加强栽培管理

严防田间积水，以降低土壤湿度，特别是收获前的一段时间，切忌土壤湿度过高；雨后及时排水，干旱时可采用滴灌或喷灌，避免大水漫灌；搞好田间卫生，收获后彻底清除残株病叶，并集中处理；冬前土地深耕、晒田。

（四）药剂防治

发病初期及时摘除病叶、老叶，并立即喷洒杀菌剂进行防治。有效药剂有 70%代森锰锌可湿性粉剂 800 倍液，或 75%百菌清可湿性粉剂 500 倍液、70%甲基硫菌灵可湿性粉剂 800 倍液、50%炭疽福美可湿

性粉剂400倍液、25%咪鲜胺乳油2 000倍液、2%嘧啶核苷类抗菌素水剂、50%醚菌酯干悬浮剂3 000倍液、2%武夷霉素水剂200倍液等，同时要注意多种杀菌剂交替和轮换使用。在病害发生期间，隔7～10d喷药1次，连续用药2～3次，可有效控制病害的蔓延，喷药后3h内遇雨，应在晴天补喷。

（五）及时收获，保证无菌葱头入窖储藏

避免在雨天收获，以减少田间染病机会；晴天收获后，对鳞茎进行充分晾晒，干燥后再储运，并尽量保持储运环境的温度为0～2℃，相对湿度60%以下。

洋葱入窖前要仔细检查，选择无病、无伤口的鳞茎入窖储藏；剥离并立即销毁带有病斑的洋葱表皮，如发现下层鳞片出现变色等症状，也应顺势将感染层撕掉，直至露出表面光洁无病斑的鳞片，严禁病重的鳞茎进入窖内。入窖前将选好的洋葱摊开成单层，在阳光下曝晒10～12d，直至鳞茎的上端干涸封顶，洋葱表面洁净无斑后，再晾置冷却才能入窖。储藏期间窖内温度控制在0℃左右，相对湿度在70%以下。

（六）进行轮作

由于洋葱炭疽病菌的寄主范围较窄，主要侵染葱类作物和甜菜等，因此，可与十字花科、茄科蔬菜或小麦、玉米、谷子等非寄主作物轮作2～3年，重病田最好轮作3年以上，可以收到较好的防治效果。

刘爱新（山东农业大学植物保护学院）

第81节　洋葱、大蒜干腐病

一、分布与危害

洋葱、大蒜干腐病也称洋葱、大蒜茎腐病，是一种世界性的土传病害，各大洲的洋葱、大蒜种植地区都有发生，特别是在温暖的亚热带地区，发生普遍且严重。据报道，美国新墨西哥州秋季种植的洋葱发病率在0.6%～40%，而春季种植的洋葱田间发病率在2.9%～29.2%；印度班加罗尔的洋葱发病株率为20%～80%；巴西洋葱的发病株率在12%～75%；在非洲的赞比亚，病害可造成田间洋葱产量损失达44%，储藏期损失达30%，甚至有些新茬地的洋葱发病率竟高达80%。

在我国，洋葱、大蒜及其大葱、细香葱、青葱、韭葱等葱属植物的整个生育期以及储藏期间均可遭受干腐病为害，通常田间损失为3%～35%，尤以秋茬的田间发病率较高，一般高于春茬。自21世纪以来，甘肃省酒泉地区的洋葱干腐病一直呈上升趋势，到了2008年，一般大田的发病率都在2%～5%，病重地块甚至高达30%～50%，基本上失去了生产价值。当地上部出现症状时，往往地下部分已经受侵染而腐烂，对产量影响较大。而且，该病害多半是在储藏期被发现的，储藏期病害造成的损失也重于田间发病的损失。

二、症状

由于葱蒜类蔬菜的各个生育期和植株的各个部位都可以遭受该病为害，所以其根系、叶片、鳞茎、鳞茎基盘以及蒜瓣都可以表现出病害症状。

洋葱、大蒜播种后到出苗前受害，往往出苗延迟，病苗易发生猝倒和矮化等现象。如果外部条件适宜发病时，病害发展很快，受害植株迅速死亡。

在洋葱、大蒜成株期发病，地上部首先表现出叶片褪绿黄化，然后植株萎蔫和叶尖坏死，进而向下发展、逐渐坏死，这种现象在整个生育期均可发生；受害洋葱根部出现黄褐色至粉红色腐烂状；大蒜发病，病株抽薹慢，病蒜头上也出现褐色至红紫色斑块。无论哪种葱属植物都会引起根、茎交界处的鳞茎基盘（即根组织与鳞茎基部的连接处）组织腐烂，初为水渍状、淡黄褐色至深黄褐色，受侵组织尚比较坚实，随着病情发展，受害组织渐呈软腐状，并向洋葱鳞茎或大蒜蒜瓣组织部分扩展，严重时导致植株萎蔫倒伏。因此，葱蒜类干腐病的典型症状是鳞茎基盘腐烂、根部和鳞茎分离，极易被轻轻提起；遇高湿环境时，腐烂洋葱鳞茎基盘或者大蒜的蒜瓣基部往往出现白色至粉红色霉层（彩图10-81-1）。

纵向剖开洋葱鳞茎可见鳞茎基盘发生明显的褐变，此后随着水分的丧失，茎基盘组织出现凹陷和干腐

状，干燥时茎基盘和干燥的外围膜质鳞皮会出现开裂（彩图10-81-2）。病害造成的伤口往往会导致其他病原菌和害虫（如种蝇）为害。

病菌有时会受寄主植物限制，潜伏在茎基盘附近，植株并不表现明显的症状，但会造成球茎重量减轻和产量损失。而且，这种不表现症状的潜伏侵染还会导致植株抗病性降低，后期易受到其他病害和逆境的侵袭。

病害可以持续到储藏期间，在田间已被感染的植株，即使没有表现出症状，在储藏阶段也往往会干腐。在储藏期，受侵染的蒜瓣变软、呈海绵状、凹陷，病部出现黄褐色坏死斑，剖开蒜头可见水渍状；有时蒜瓣上或腐烂的孔洞里有浅粉红色或红色的霉，蒜瓣随着腐烂、开裂和失水干燥后变小、皱缩。此外，有病的蒜瓣常常变小、腐烂变褐，根部组织退化等。

三、病原

葱蒜类干腐病可由几种真菌侵染所致，以尖镰孢洋葱专化型 [*Fusarium oxysporum* Schltdl. ex Snyder et Hansen f. sp. *cepae* （H. N. Hans.） W. C. Snyder & H. N. Hans.] 为主，分离频率约为68%；其次是层出镰孢 [*F. proliferatum* （Matsush.） Nirenberg]、黄色镰孢 [*F. culmorum* （W. G. Smith） Sacc.]；此外，还有燕麦镰孢 [*F. avenaceum* （Fr.） Sacc.]、紧密镰孢 [*F. camptocerus* （Wollenw.） Gordon]、拟轮枝镰孢 [*F. verticillioides* （Sacc.） Nirenberg] 和腐皮镰孢 [*F. solani* （Martius） Appel et Wollenw. ex Snyder et Hansen] 等，只是引起局部地区的葱蒜类蔬菜发病。这些病原菌均隶属于子囊菌无性型镰孢属真菌。

尖镰孢洋葱专化型（*F. oxysporum* f. sp. *cepae*）具有侵染专化性，主要侵染葱属植物，也能侵染黄瓜、南瓜、豌豆、大豆、小麦、水稻和玉米等其他作物；据国外报道，还可侵染酢浆草、藜等杂草。病菌生长的温度是4～35℃，发育适温为25～28℃。在形态上和菌落特征上与其他尖镰孢真菌相类似。子座褐色或紫色，在马铃薯葡萄糖琼脂培养基上长出棉絮状气生菌丝，并产生桃红色或紫红色色素。分生孢子大小有两种：小型分生孢子多为单胞、椭圆形或肾形，生在气生菌丝中，数量多；大型分生孢子往往生在垫状子座上，多为4～6个细胞、弯曲纺锤形，大小为（33～36）μm×（3.8～4.0）μm。该菌容易产生球状的厚垣孢子，串生在菌丝中间或顶端（图10-81-1）。在田间，厚垣孢子大量存在，是田间病害的主要初侵染源。当温度为25～45℃、且培养基pH为6～7时，最容

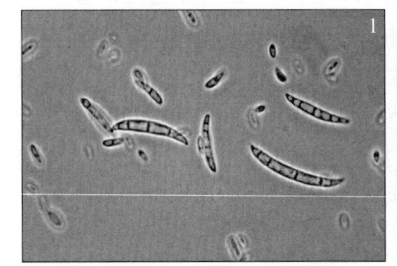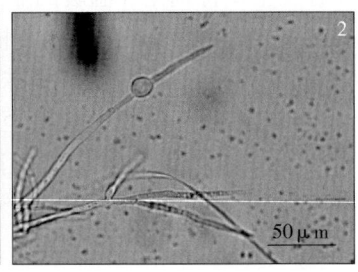

50 μm

图 10-81-1　尖镰孢洋葱专化型的大分生孢子、小分生孢子和厚垣孢子
（1. 引自 M. McGinnis，2000；2. 于金凤提供）

Figure 10-81-1　Macroconidia, microconidia and chlamydospore of *Fusarium oxysporum* f. sp. *cepae* (1. from M. McGinnis, 2000；2. by Yu Jinfeng)

易产生厚垣孢子。洋葱受害组织的流出液能促进大型分生孢子转变成厚垣孢子，特别是在有机质丰富的土壤中，90%的大型分生孢子在14d内都会转成厚垣孢子。大量的报道表明，尖镰孢洋葱专化型的致病性有分化，不同国家、地区分离到的菌种致病性都有差异，同一地区不同地方分离到的病菌致病性也有差异，但至今尚没有小种分化的报道。

层出镰孢（*F. proliferatum*）在培养基上大多产生单胞或双胞的小型分生孢子，小型分生孢子底部略钝，成长链状串生在分生孢子梗上，分生孢子梗多胞，该菌虽然不产生厚垣孢子，但也能在土壤中存活很长时间。层出镰孢在形态上与拟轮枝镰孢非常相似，极易混淆，除形态学鉴定区分外，还可通过分子鉴定手段将它们区分开。有研究表明，层出镰孢和拟轮枝镰孢是腐马素毒素（fumonisins）的高产菌，前者还产生其他真菌毒素，因此，这两种菌具有生物安全隐患。尖镰孢洋葱专化型常导致田间葱属植物的干腐病，而层出镰孢常导致储藏期发生病害。

黄色镰孢（*F. culmorum*）子座褐色或橘红色，不产生小型分生孢子，能产生大量的大型分生孢子，该孢子粗壮、厚壁且具有突起的隔膜，两端较平钝，孢子中部较宽，外侧背脊部弯曲，内侧腹部较平

直，大小为（25～50）μm×（7～10）μm，一般 3～5 个隔膜，足胞有轻微的孢子痕；分生孢子梗大小为 5μm×（15～20）μm。在人工培养和在田间都能产生大量的厚垣孢子，厚垣孢子大小为 9～14μm，主要产生于菌丝中和大型分生孢子中。田间测试发现，大型分生孢子中的厚垣孢子存活力明显优于菌丝中的厚垣孢子。在 PDA 培养基上，菌落含有大量致密的白色气生菌丝，菌落下面的培养基呈特殊的洋红色。

四、病害循环

（一）越冬与初侵染

尖镰孢洋葱专化型是土壤习居菌，厚垣孢子抗逆性强，至少在土壤中能存活 5～6 年。病菌主要通过厚垣孢子在土壤中越冬，也可以菌丝体、分生孢子在病残体上及土壤中越冬。带菌种苗也是初侵染来源之一，也是远距离传播的主要途径。

目前，尚不清楚种子是否带菌。但有一些尖镰孢专化型如莴苣萎凋病菌（*F. oxysporum* f. sp. *lactucae*）、番茄枯萎病菌（*F. oxysporum* f. sp. *radicis-lycopersici*）和罗勒枯萎病菌（*F. oxysporum* f. sp. *basilica*）均已经被证明具有种传特性。因此，对于尖镰孢洋葱专化型来说，种子带菌传播还是很有可能的。

（二）再侵染与病害传播

病原菌虽然有再侵染，但田间主要以初侵染为主，再侵染作用不大。病害的流行主要靠越冬的初侵染源的积累，为积年流行病害。病菌可通过带菌的农具、病残体、病种子、病种苗移栽或流水等传播。远距离传播主要通过带菌的土壤和种苗的调运。地蛆、线虫等地下害虫也能传播该病（图10-81-2）。

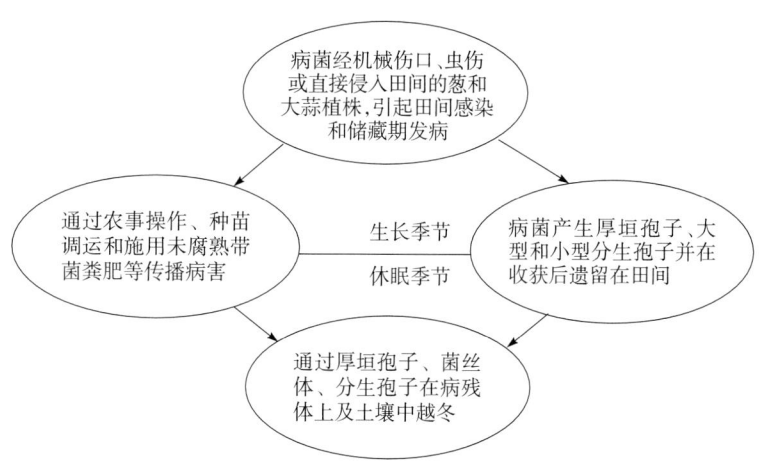

图 10-81-2 葱、蒜干腐病病害循环（竺晓平提供）
Figure 10-81-2 Disease cycle of onion and garlic basal rot（by Zhu Xiaoping）

五、流行规律

（一）病菌的传播与扩散

1. 病菌的传播 在耕地、灌水、施用未经腐熟的土杂肥等农事操作中，都可造成病害的近距离传播扩散；带菌的农具、病残体、病种子、病种苗移栽也能传播病害。此外，地蛆、线虫等地下害虫也有一定的传病能力。

2. 病菌的侵染 尖镰孢洋葱专化型不但可以通过根部、茎基盘和老叶片等多种寄主组织侵入，而且还可采用多种侵入手段，如直接穿透寄主表皮侵入鳞茎基盘，也可通过病原菌或害虫造成的机械伤口侵入寄主。

整个生育期和储藏期都可发生侵染，但有时田间病株不显症，到储藏期才有症状，显示出潜伏侵染的特性。分生孢子在幼根表面萌发，通过球茎基部和根部伤口与裂口侵入，由下向上蔓延，先在表皮层中扩展，4～5d 后便穿过内皮层，进入导管，并在导管内不断产生小型分生孢子，从而进一步扩散。

田间的机械损伤多来自于农事操作，如除草、移苗时对根的损伤等。病害的发生也常与根蛆的发生有关，如常见的葱蝇（*Delia antiqua* Meigen）和灰地种蝇（*Delia platura* Meigen），特别是灰地种蝇为害常造成干腐病严重发生。其他害虫如储藏期为害大蒜的根螨（*Rhizoglyphus* spp.）、腐食螨（*Tyrophagus* spp.）和麦瘿螨（*Eriophyes tulipae*）同样也能造成伤口引致发病。

病菌的侵入常伴随多聚半乳糖醛酸酶和果胶裂解酶的分泌和对寄主细胞壁组织的酶解过程。尖镰孢洋葱专化型可以释放多种细胞壁降解酶以完成侵染,如外切多聚半乳糖醛酸酶(exo - polygalacturonase, exp - PG)和果胶-果胶酸内切裂解酶(endo pectin - transeliminase, endo - PTE),发病洋葱组织汁液的 pH 为 5,正合 exp - PG 酶的适宜 pH。在病菌初次侵入寄主时,这些细胞壁降解酶对降解寄主细胞壁起到了重要的作用。exp - PG 酶不但在病菌入侵时起到重要作用,在随后的寄主组织软化和腐烂过程中也在一直起作用;endo - PTE 酶在病菌入侵寄主组织后开始起作用,导致寄主组织消解和腐烂,并使受侵寄主组织细胞释放出游离糖分,这些游离糖为病菌的生长、扩展、繁殖提供了丰富的营养,最终导致组织消解。病菌除了分泌果胶酶和纤维素酶破坏寄主组织外,还能分泌毒素,破坏寄主细胞原生质体,干扰寄主正常代谢,促使多酚氧化酶、过氧化物酶活性异常活化,从而积累了许多醌类物质,使细胞中毒死亡并使鳞茎组织和鳞茎基盘产生褐变。

(二)流行条件

总体来说,尖镰孢洋葱专化型的侵染和病害的发展受温度的影响较大,地温在 13～32℃时,病害都可以发生,但在幼苗定植期间,28～32℃的地温最适合发病,如果此时土壤菌量较多,品种又感病,则病害发生较重。土壤温度在 12℃以下时,病害很少或不发生;如果土温连续升至 30℃,常导致幼苗猝倒。

1. 病原菌数量　尖镰孢为土壤习居菌,厚垣孢子在土中或在病残体中能存活 5～6 年,但尖镰孢水仙专化型(*F. oxysporum* f. sp. *narcissi*)的厚垣孢子,在土壤中甚至可以存活 20 年。厚垣孢子抗逆性很强,通过牲畜的消化道后仍能存活。

该病属于积年流行病害,其发生程度决定于当年的侵染菌量,一般当年不进行再侵染,即使有也不起主导作用。但是连作土壤中病菌积累多,病害往往较严重。此外,长期连作会发生严重的连作障碍,大蒜尤其敏感,植株生长衰弱,更易加重病害。

2. 气象条件　当土温为 15～32℃、pH 为 2.2～8.4 时都可以发病,但最适土温是 28～32℃,最适 pH 为 6.6。在葱、蒜接近成熟时,遇土壤高温,病害加重。储运期间温度在 28℃左右时,大蒜最易腐烂,而 8℃或以下时病害很轻。

高湿度也有利于发病,生长季节或生长后期遇多雨、多雾天气易发病;低洼积水、大水漫灌、种植过密、通风不畅可以加重病害的发生。强光对病害发生不利,光合作用越强,越有利于植株的生长。施肥不当或氮肥过多、虫害严重的田块病害也往往较重。

3. 品种抗病性　品种的抗病性有差异,长日型洋葱品种比较抗病,短日型品种相对较感病。适宜春季种植的洋葱品种普遍不适宜秋季种植的品种抗病。有些品种在田间表现抗病,没有表现症状,但已被病菌潜伏侵染,在储藏期间至少发病 3 个月,从而造成储藏期产量的损失。有研究表明,洋葱品种的抗病性主要是由两个半显性基因 *Foc1* 和 *Foc2* 控制的,推测两者的作用有位置叠加效应。但也有报道说,长日型洋葱品种对尖镰孢洋葱专化型的抗病性是由单显性基因决定的。

直到当前,有关葱蒜类蔬菜对干腐病的抗性机制还研究得很少,从解剖学来看,抗、感品种的结构相似,被尖镰孢洋葱专化型侵染的概率也差不多,特别是在侵染的早期阶段,病菌在抗病、感病品种中的扩展、酶促活动和酶的产生量都一致,但是在随后的阶段中逐渐显现出差异。病菌在抗病品种球茎中的生长速度比感病品种要慢,果胶酶水平也相应要低。另外,两者的差异还表现在对限制病菌扩展的时间上,抗病品种可至少在 9 个月内,限制病菌只能在基部鳞茎和茎基盘中生存,而感病品种只能限制 2～3 个月。

4. 其他病虫害　田间其他病虫害会加重该病的发生,如葱蝇、灰地种蝇等害虫常造成伤口,有利于病菌的入侵和为害;葱粉红根病菌(*Phoma terrestris* E. M. Hans.)引起的粉红根病的发生,使干腐病菌更容易从根部入侵。

六、防治技术

主要通过选用抗病品种、加强栽培管理措施并结合药剂和生物防治等综合措施来防治此病。

(一)农业防治

1. 轮作　合理轮作,避免与葱属其他植物和谷类植物连作。由于尖镰孢洋葱专化型不与为害马铃薯的尖镰孢交互侵染,因此,葱蒜类蔬菜可与茄科蔬菜进行轮作,轮作 4 年以上效果较好。

2. 选用抗病品种 洋葱选用较抗病的长日型或中间型品种，发生病害严重的地区尽量不用短日型品种。

3. 清洁田园 大蒜收获后及时清除病残体，集中烧毁或深埋，同时用溴甲烷或威百亩对土壤进行熏蒸消毒，可以显著降低发病率。土壤深翻暴晒也能减少田间病原菌的数量，而减轻病害的发生。

4. 科学栽培管理 深翻土壤，科学施肥，施足基肥（腐熟有机肥），增施磷、钾肥（每公顷各施用45～60kg）；杜绝大水漫灌，雨后及时排水；防止中耕、锄草等田间操作造成伤口，同时还要防治根蛆等为害根茎。

5. 储运期病害控制 尽量避免洋葱和大蒜在收获储藏过程中造成损伤。储存环境应阴凉和通风良好，保持室内温度在 0～4℃、相对湿度在 65% 左右，并要及时剔除有病或损坏的葱头和大蒜，防止干腐病发生。

（二）化学药剂防治

1. 种子处理 洋葱用种要经过严格筛选，严防播种带菌种子；精选种蒜，选择饱满无病无破伤的蒜瓣作种，剥皮栽植，以缩短烂母子时间；播种前可进行药剂处理，以 50% 福美双可湿性粉剂＋50% 苯菌灵可湿性粉剂组合拌种的效果最好，每千克种子各用福美双制剂 4.05g 和苯菌灵制剂 1.50g；也可单用 40% 福美双可湿性粉剂拌种，用药量为种子重量的 0.2%～0.4%；或用 50% 多菌灵可湿性粉剂 500 倍液浸种 2h；咪鲜胺、戊唑醇和异菌脲等药剂处理种子的效果也不错。

2. 苗床及田间土壤处理 种植前可用 50% 苯菌灵可湿性粉剂 1 000 倍液，或 50% 多菌灵可湿性粉剂 500 倍液浇施土壤进行消毒，施用量以 5～10cm 表土湿润为度，然后再种植，以后每月浇施 1 次效果很好；也可用 98% 棉隆微粒剂，每平方米用 10g 药剂拌适量细土，撒于地表，耕翻土壤 15～20cm 后，用薄膜覆盖 12～15d 并晾晒数天，然后播种或定植，不仅防病还可治虫（种蝇等）。

3. 生长期药剂防治 一旦发现田间中心病株，立即灌药处理。药剂可选 50% 多菌灵可湿性粉剂 500 倍液，或 50% 苯菌灵可湿性粉剂 1 000 倍液、50% 甲基硫菌灵可湿性粉剂 1 000 倍液、10% 混合氨基酸铜水剂 300 倍液等，每株用药液 200～300mL，隔 10d 浇灌 1 次，连灌 3～4 次。发生种蝇幼虫为害时，及时喷洒 90% 敌百虫原药，或 48% 毒死蜱乳油、25% 喹硫磷乳油、50% 马拉硫磷乳油均为 1 000 倍液，或用 50% 灭蝇胺可湿性粉剂 1 500 倍液浇灌，即可用去掉雾化片的喷雾器沿葱、蒜根灌入土中，均有良好防效。

（三）生物防治

生物防治也是防治病害的有效措施之一，如绿色木霉（*Trichoderma viride*）、哈茨木霉（*T. harzianum*）、钩状木霉（*T. hamatum*）、康宁木霉（*T. koningii*）和拟康氏木霉（*T. pseudokoningii*）等木霉菌，荧光假单胞杆菌［*Pseudomonas fluorescens*（strain WCS 417）］、枯草芽孢杆菌（*Bacillus subtilis*）以及洋葱伯克霍尔德氏菌（*Burkholderia cepacia*）等都是有效的拮抗菌。将绿色木霉和荧光假单胞杆菌这两类生防菌组合起来，其防治效果很好，可显著地降低田间发病率。其中，哈茨木霉生防菌已经商品化（商品名称为 KUEN 1585），并投放欧洲市场，使用时可以将该生防菌包被种子表面，每千克种子用生防菌 10g，不但可减少发病率，而且能促进洋葱、大蒜增大。

竺晓平（山东农业大学植物保护学院）

第 82 节　洋葱、大蒜锈病

一、分布与危害

洋葱、大蒜锈病是葱蒜类蔬菜生产上常见的病害之一，遍布世界各国的葱蒜类种植区，主要为害露地栽培的大葱、香葱、洋葱、大蒜和韭菜等。

该病在我国各地一年四季都可发生，总体来说以秋季最为严重。特别是进入 21 世纪以来，一些地区大力发展洋葱裸地种植，其面积不断增加，种植户在获得可观经济效益的同时，洋葱锈病也呈现逐渐发展并严重趋势。大蒜锈病更是大蒜生产中的老病害，发生极为普遍，通常发病率为 10%～30%，减产 5%～12%；严重时发病率高达 80%，减产 30% 以上，严重影响到大蒜的产量和质量，出口创汇显著下降；此外，大棚栽培的大蒜锈病往往发病十分急速，大量蒜苗在 2～3d 内遭受感染，病株常常成片枯死。韭菜锈病以春、秋两季发病重，病叶上疱斑密布，病叶提前枯死，不能食用。山东莱阳市是大葱的主要产地之一，每年大葱的种植都比较集中，往往重茬，锈病十分严重，通常轻病田减产 10%～20%，重者在 50% 以上。再者，即使病株不死亡，也因病叶外观质量差，从而失去商品价值。因此，锈病已成为我国阻碍洋葱、大蒜和大葱产业发展的重要病害。

二、症状

洋葱、大蒜等葱蒜类锈病的感病生育期为幼苗至成株期，感病盛期为生长后期，主要受害部位是叶片、花梗及绿色茎或大蒜的假茎，基本症状比较相似。发病初期，通常在表皮上产生梭形、纺锤形的褪绿斑，后在表皮下产生圆形或椭圆形、稍凸起的病斑，中间呈灰白色、四周具浅黄色晕环；随着病情发展，病斑逐渐成为稍隆起的橙黄色疱斑，后期表皮破裂外翻，露出病菌的夏孢子堆，散出橙黄色粉末，即夏孢子。严重时，病斑布满整个叶片，并且病斑连接成片，致使全叶黄枯，植株早早枯死。进入深秋疱斑变为黑褐色，为病菌的冬孢子堆，破裂时散出暗褐色粉末，即冬孢子（彩图 10-82-1）。采种株受害，花梗变成红褐色，花蕾干瘪或凋谢脱落。此外，韭菜叶片两面均可染病，很快干枯；洋葱受侵后，葱头变小；受害大蒜的蒜头也变小，并容易开裂散瓣。

三、病原

葱蒜类蔬菜锈病主要由葱柄锈菌 [*Puccinia allii* (DC.) Rudolphi] 侵染所致，属于担子菌门锈菌目柄锈菌属。单主寄生，同宗配合。夏孢子单胞，球形至椭圆形，大小为（18～32）μm×（18～26）μm，孢壁无色至黄色，有微刺，厚 1～2 μm。冬孢子堆分散在夏孢子堆之间。冬孢子棍棒形至倒卵圆形，大小为（35～80）μm×（17～30）μm，黄褐色至深褐色，表面平滑，双胞带有无色小柄，柄长 8～32.5μm，易脱落，分隔处有缢缩，顶平截或突起，且较厚，达 3～4μm，个别单细胞，顶端厚可达 6.5μm（图 10-82-1）。

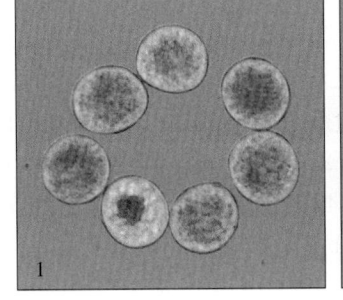

图 10-82-1 葱柄锈菌夏孢子和冬孢子（时呈奎提供）
Figure 10-82-1 Uredospore and teliospore of *Puccinia allii* (by Shi Chengkui)
1. 夏孢子 2. 冬孢子

夏孢子的萌发温度为 9～21℃，侵染温度为 7～22℃，芽管分枝的生长温度为 5～25℃。夏孢子堆的形成数量随叶片上夏孢子密度的增加而增加，在密度很低的情况下，夏孢子堆的产生几乎不受温度的影响；而在高密度的情况下，受 9～11℃温度的影响最大，超过这个温度范围，夏孢子堆的数量则显著下降。病原菌的潜育期也受温度影响，19～22℃时潜育期最短，随着温度的降低，潜育期增加；潜育期还受夏孢子浓度的影响，夏孢子的浓度每增加 10 倍，潜育期就相应地缩短 1.8d；夏孢子堆产生的速度随叶片上夏孢子浓度的增加而增加。

葱蒜类蔬菜锈病菌存在生理小种分化现象。用来自加利福尼亚葱蒜类蔬菜锈病菌的担孢子接种大蒜和北美野韭，所有的菌株都能使大蒜在接种后 13d 产生夏孢子堆，再过 21d 后产生冬孢子堆，但都不能形成性孢子器和锈孢子器；而所有的病原均不能使北美野韭产生夏孢子堆、冬孢子堆、性孢子器和锈孢子器。相反，用来自中东葱蒜类蔬菜锈病菌的担孢子接种大蒜和北美野韭，7～12d 后，两者都能形成性孢子器，若将这些性孢子器混合后再接种原来的大蒜和北美野韭的叶片上，3～4d 后都会出现锈孢子器，10d 后锈孢子器发育成熟。若把这些锈孢子器里的锈孢子收集起来接种另外的大蒜和北美野韭植株，10～15d 后产生夏孢子堆，10～30d 产生冬孢子堆。

四、病害循环

在我国南方，葱蒜类蔬菜锈病菌以夏孢子在洋葱、大葱、大蒜、韭菜等寄主上辗转为害，并以夏孢子和菌丝体在留种大葱、越冬青葱、大蒜及洋葱病组织上越冬，翌年夏孢子随气流传播进行初侵染和再侵染。夏孢子萌发后从寄主表皮或气孔侵入。浙江省及长江中下游地区大葱锈病的盛发期主要在 3～4 月和 10～12 月。武汉地区 4 月中旬左右开始侵染大蒜中下部叶片，在 5 月中旬前后散出夏孢子，并通过风雨传播，进行多次再侵染。陕西省关中在 4 月下旬至 5 月上旬，大田开始出现病株，5 月中、下旬至 6 月上旬大面积流行，大蒜收获后病菌在植株残体上存留，或在葱上寄生。在陕西省以夏孢子在蒜苗、留种葱或越冬青葱上越冬，成为翌年春再次侵染大蒜的侵染源。在山东省，病原菌在陆地以冬孢子在病残体上越冬，也可依附在拱棚内的葱苗上越冬，翌年随气流传播进行初侵染和再侵染。

葱蒜类蔬菜锈病菌在新疆维吾尔自治区也可在病株残体上以冬孢子形式越冬，越冬的冬孢子萌发后产生担孢子，侵入寄主，形成性孢子器和锈孢子器，而后产生夏孢子，并以夏孢子通过风雨进行传播。该菌生活史型为单主寄生的全孢型寄生菌，除担孢子外，其他的性孢子、锈孢子、夏孢子、冬孢子 4 个阶段的孢子类型都是在大蒜的叶片、花薹上寄生完成。在蒜锈菌生活史的个体发育中，性孢子和锈孢子阶段在叶上表现的时间短，量小且分布零散，而在这个时期内，在夏孢子为害的症状尚未出现以前，性孢子器、锈孢子器在田间很难被发现，直到 6 月上旬，夏孢子阶段在

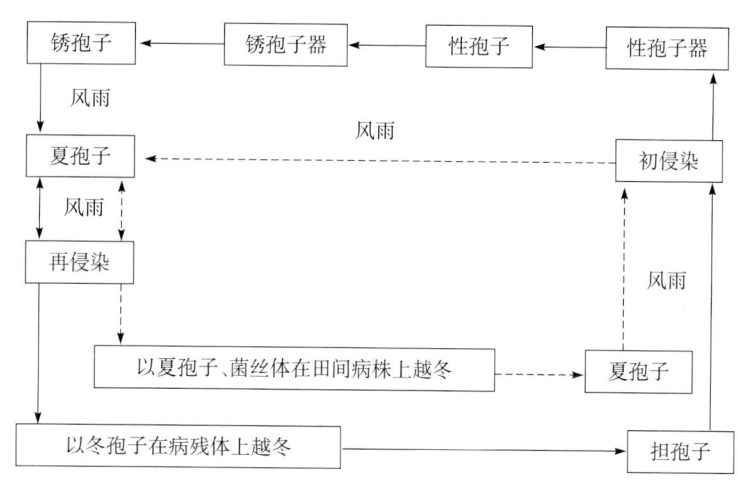

图 10 - 82 - 2　葱蒜类蔬菜锈病病害循环（迟胜起提供）
Figure10 - 82 - 2　Disease cycle of onion and garlic rust（by Chi Shengqi）

田间开始形成发病中心，植株开始表现症状。而在春季蒜锈病初发阶段，性孢子器、锈孢子器在田间维持的时间相对较长，病点少，病势进展也比较滞缓（图 10 - 82 - 2）。

五、流行规律

（一）病菌的传播、扩散及其侵染条件

葱蒜类锈病菌主要借助风雨、气流进行传播，田间病株是主要的初侵染源。病原菌菌丝在 5～25℃ 均能生长，但最适温度为 19～22℃；夏孢子萌发适温为 9～18℃，如低于 9℃，侵入后的菌丝体仍可缓慢扩展，但高于 24℃，夏孢子萌发率显著下降，高于 25℃ 只能存活几天；气温高时，病菌以菌丝在病组织内越夏。冬季温暖潮湿的南方丘陵地区和夏季低温多雨的北部冷凉山区，都有利于病菌的越冬和越夏，往往造成第二年春季和当年秋季病害的严重发生。

病菌喜较低温度、潮湿的环境，发病最适宜的气候条件为温度 10～20℃，相对湿度 85% 以上。孢子萌发和侵入需要有水膜存在，在适宜的环境条件下，夏孢子萌发后从寄主表皮或气孔侵入，潜育期 10d 左右。因此，低温、高湿有利于病害的发生和流行。春季和初夏是大蒜蒜头形成膨大期，如果天气多阴雨，发病重。秋天是大葱、洋葱的主要生长季节，阴雨、多露病害往往大流行。葱类锈病的感病生育期为成株期，如浙江省及长江中下游地区，大葱锈病的主要发病盛期为春季 3～4 月，秋季 10～12 月。

（二）病害的流行条件

影响葱蒜类锈病流行主要有以下几个因素。

1. 品种抗病性差异　不同品种的葱、蒜、韭菜等葱蒜类蔬菜对锈病的抗病性存在着较大的差异，如紫皮蒜比较抗锈病，白皮蒜发病则较重；就香葱而言，在目前种植较多的小米葱、马尾葱、铁杆葱、牛角葱等品种中，以小米葱、马尾葱比较抗病；在大葱中，五叶长白 501、五叶长白 502、章丘 1 号、章丘 2 号、章丘大梧桐等品种都有不同程度的抗病性。

2. 田间病原菌数量　无论在我国南方和北方，葱（蒜）类锈病菌均可以不同的方式在田间或大棚与温室内安全越冬和越夏，若田间积累了大量的病原菌，则为病害流行提供了重要的菌源条件。

3. 种植海拔高度　据报道，大蒜锈病菌的生存空间与海拔高度密切相关，同一大蒜品种种植在海拔

1 000m 以上，病情较重，而在海拔 1 000m 以下的栽培区则较少发病，这说明病害发生程度是温度、湿度及菌源等环境条件综合作用的结果。

4. 气象条件　低温、高湿有利于病害的发生和流行。早春低温、多雨或梅雨多或秋季多雾、多雨的年份往往发病重；在大葱迅速生长、大蒜头迅速膨大的春季和初夏，如果多阴雨，发病则重。在大葱、洋葱旺盛生长的秋季，如遇阴雨、多露的天气，也往往造成病害大流行。

5. 栽培管理　栽培密度过大，造成田间郁闭、通透性差，以及管理粗放、杂草丛生的田块发病均较重；地势低洼、土质黏重、雨后积水田块容易发病；缺水、缺肥，植株长势较弱，抗病力低，或氮肥施用太多，生长过嫩的田块也易发病；此外，多年重茬，田间病残体多，肥料带菌或未充分腐熟都为病害的发生与流行提供了极为有利的条件。

六、防治技术

葱蒜类蔬菜锈病是一种以气流传播为主的病害，在防治策略上，应该以选用抗病品种为主、农业防治和药剂防治为辅的综合防治措施。

(一) 选用抗 (耐) 病良种

如紫皮蒜、小石口大蒜、舒城蒜等大蒜品种比较抗病或耐病，小米葱、马尾葱等香葱品种较抗病，各地可因地制宜地选用。

(二) 农业防治

1. 选地与轮作　选择地势高燥、排灌方便、土壤肥沃疏松、pH 为 7～8 以及未种过葱、蒜的地块种植；避免葱、蒜混作，病田与非葱蒜类作物进行 2 年以上轮作，最好是水旱轮作。

2. 合理密植、灌水与施肥　合理密植，增加田间通风透光；进行科学的灌溉与施肥：开好排水沟、降低地下水位、达到雨停田间无积水、大雨过后及时清理沟系，防止湿气滞留，降低田间湿度；施足腐熟有机肥，增施磷、钾肥，避免偏施氮肥，提高植株抗病力。

3. 搞好田园卫生　播种和移栽前，深翻地灭茬，促使病残体分解，减少病原；在植株生长期间，发现病叶和杂草也要及时清除，深埋或烧毁；收获后，再次彻底清除田间病残体及四周杂草。

(三) 化学防治

发病初期喷药预防，可用的杀菌剂有 65% 代森锌可湿性粉剂 500～700 倍液，或 68.75% 噁唑菌酮·锰锌水分散粒剂 800～1 000 倍液、50% 克菌丹可湿性粉剂 400～600 倍液等，视病情间隔 7～10d 喷 1 次。

病害比较普遍时，可改喷 15% 三唑酮可湿性粉剂 1 500 倍液，或 12.5% 腈菌唑乳油 1 500 倍液、25% 丙环唑乳油 3 000 倍液、25% 丙环唑乳油 4 000 倍液加 15% 三唑酮可湿性粉剂 2 000 倍液、70% 代森锰锌可湿性粉剂 1 000 倍液加 15% 三唑酮可湿性粉剂 2 000 倍液，隔 10～15d 喷 1 次，防治 2～3 次。

迟胜起（青岛农业大学农学与植物保护学院）

第 83 节　大蒜病毒病

一、分布与危害

大蒜病毒病又名大蒜花叶病，是世界上大蒜生产中的重要病害，发病率高，危害性大。大蒜植株一旦感染病毒后，新长出的大蒜鳞茎变小，品质变劣，长年累月就造成了大蒜的严重退化，产量和品质显著下降。引起大蒜病毒病的毒原种类较多，据报道，在法国、印度、埃及、澳大利亚、荷兰、智利、捷克、斯洛伐克、中国、阿根廷和摩洛哥等国家，仅由韭葱黄条病毒引起的大蒜病毒病，其常年发病率就约为20%；由大蒜普通潜隐病毒引起的大蒜病毒病在法国、英国、德国、阿根廷、韩国、印度、印度尼西亚及尼泊尔等国极为普遍；在印度尼西亚、中国、荷兰、法国及德国的大蒜上出现了青葱潜隐病毒为害；在德国、法国、荷兰及俄罗斯的大蒜上检测出了洋葱螨传潜隐病毒。

我国是世界上最大的大蒜种植国和出口国，几乎所有大蒜品种都可感染病毒病，特别是自 21 世纪初以来，大蒜病毒病常常造成 20%～45% 的减产，严重年份及地块可以达到 50% 以上，甚至更高，成为影响大蒜品质和产量的最主要因素。在我国北方大蒜主产区，病毒病分布很广，黑龙江省大蒜病毒病的发生相当严重，且多数为复合侵染，其中韭葱黄条病毒、大蒜普通潜隐病毒和青葱潜隐病毒发生比较普遍；山东蒜区往往遭受多种病毒的侵染，病株率达 100%，一些名特优大蒜品种受病毒为害濒于绝种，或因蒜头变小严重影响出口；同样的情况还出现在湖北广水市和浙江余姚市等地方，据调查，一般田块病株率为 20%～30%，重病的可达 50%～60%，白蒜品种发病率甚至高达 100%，不少地块绝产。

二、症状

大蒜病毒病可由某一种或多种病毒复合侵染引起，既有相似的主要症状又有各自的不同特点。主要症状为条纹花叶，发病初期，在叶片上沿叶脉产生褪绿条点，以后连接成褪绿黄条纹。轻者只在下位叶上呈现明显条纹，上位叶产生褪绿条点，重者下位叶变黄，上位叶及蒜薹均有明显条纹。严重发生时植株矮化、畸形，畸形株扭曲，心叶往往被包住、伸展不出来。病株鳞茎（蒜头）减小，瓣少甚至不分瓣，蒜薹矮小，纤细，显条纹症。根系少，蒜薹蒜头产量下降，品质变劣（彩图 10 - 83 - 1）。

不同病毒单独感染大蒜的症状各具特点。大蒜感染洋葱黄矮病毒后所产生症状的类型因大蒜品种而异，或植株矮化、黄条斑布满叶面，或大部分叶片绿色只伴有鲜黄色条斑，或仅表现轻度褪绿，无条斑。大蒜感染韭葱黄条纹病毒后，基本症状是叶片上出现黄条纹，如受强毒系侵染，叶片上的黄条纹常常连片，占叶面积的 70% 以上；而受弱毒系侵染，其条纹较少，颜色较淡。但洋葱黄矮病毒和韭葱黄条纹病毒复合侵染引起的症状却轻于二者的单独侵染，这可能是交互保护作用所致。大蒜普通潜隐病毒单独侵染大蒜多不表现症状，与马铃薯 Y 病毒复合侵染，则表现严重的黄化和花叶症状。

三、病原

引起我国大蒜病毒病的毒原种类较多，以韭葱黄条病毒、洋葱螨传潜隐病毒和洋葱黄矮病毒为主，以大蒜普通潜隐病毒和青葱潜隐病毒为次（图 10 - 83 - 1）。

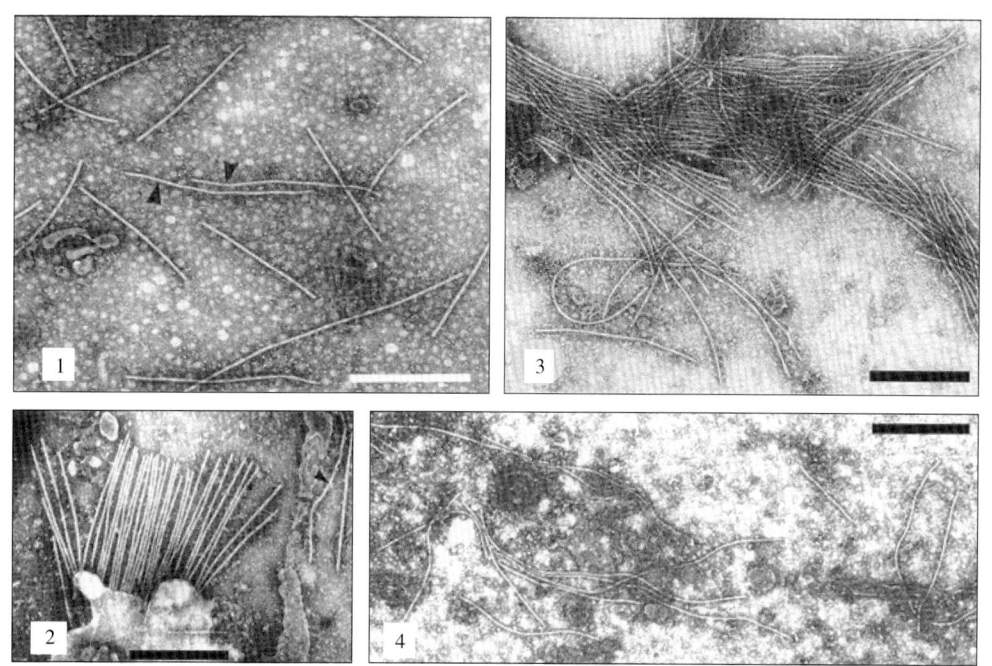

图 10 - 83 - 1　侵染大蒜的病毒粒体电镜照片（标尺：500nm）（1 和 2. 引自 L. Bos，
1982；3. 引自 L. Bos，1981；4. 引自 L. Bos，1976）

Figure 10 - 83 - 1　Virions of SLV，LYSV and OYDV（Bar represents 500 nm）

（1 and 2. from L. Bos，1982；3. from L. Bos，1981；4. from L. Bos，1976）

1. 青葱潜隐病毒　2. 附着于细胞膜碎片上的青葱潜隐病毒束状内含体　3. 韭葱黄条病毒　4. 洋葱黄矮病毒

（一）韭葱黄条病毒

1957 年，在德国发现，韭葱遭受病毒为害后叶片卷曲，有黄条纹，病株含水量低，鳞茎变小、不耐储存，后经鉴定该病毒为韭葱黄条纹病毒（*Leek yellow stripe virus*，LYSV），隶属于马铃薯 Y 病毒科马铃薯 Y 病毒属。在欧洲的许多国家均有分布，特别是周年种植韭葱的地方更为普遍。病毒粒体弯曲线状，长约 820nm，由蚕豆蚜（*Aphis fabae*）和桃蚜（*Myzus persicae*）等数种蚜虫以持久性方式传毒，也可经汁液接种传播；温度钝化点为 50~60℃，稀释限点为 $1×10^{-2}$~$1×10^{-3}$，体外存活期 3~4d；该病毒侵染韭葱、大蒜，不侵染洋葱和青葱。该病毒侵染大蒜后，其叶片会出现黄条纹症状，但症状依株系强弱和品种敏感性而异。

（二）洋葱螨传潜隐病毒

1991 年，从荷兰的洋葱、青葱和大蒜上分离到洋葱螨传潜隐病毒（*Onion mite-borne latent virus*，OMbLV），隶属于甲型线性病毒科青葱 X 病毒属，病毒粒体为丝状，长约 775nm，单链 RNA 病毒，由麦瘿螨（*Aceria tulipae*）传毒，也可通过机械传播，但蚜虫和种子不传毒。除侵染大蒜、洋葱、韭葱和葱等葱蒜类蔬菜外，还感染苋科、藜科和茄科作物。

（三）洋葱黄矮病毒

洋葱黄矮病毒是为害大蒜的主要病毒之一，由于该病毒最早在洋葱上发现，引起洋葱叶片的黄化花叶和植株矮化，因此被定名为洋葱黄矮病毒（*Onion yellow dwarf virus*，OYDV），隶属于马铃薯 Y 病毒科马铃薯 Y 病毒属。洋葱黄矮病毒在世界上分布极广，不仅侵染洋葱、青葱，还侵染大蒜。

病毒粒体为弯曲线状，长约 775nm，由冬葱瘤蚜（*Myzus ascalonicus*）等数种蚜虫以持久性方式传毒，也易经汁液接种传播；温度钝化点为 60~65℃，稀释限点为 $1×10^{-3}$~$1×10^{-4}$，体外存活期 2~3d；侵染大蒜的洋葱黄矮病毒通常为弱毒株系，具有较强的寄主专化性，很难侵染洋葱或青葱。

（四）大蒜普通潜隐病毒

大蒜普通潜隐病毒（*Garlic common latent virus*，GarCLV）隶属于乙型线形病毒科香石竹潜隐病毒属，单链正义 RNA 病毒，由蚜虫以非持久性方式传毒，病毒粒体弯线状，长为 610~910nm，钝化温度约 60℃，体外存活期 2~3d。在荷兰、德国、日本、印度尼西亚、韩国和中国等国都有发生，是大蒜病毒病的主要病毒种类之一，单独侵染大蒜无症状，但与洋葱黄矮病毒及韭葱黄条病毒共同侵染时会产生叶片黄化和花叶症状。该病毒除侵染大蒜外，还侵染洋葱、青葱及其他葱属植物。

（五）青葱潜隐病毒

1972 年，在荷兰的无症青葱中检测出了青葱潜隐病毒（*Shallot latent virus*，SLV），而且叶片汁液中的病毒浓度很高，多附着在细胞膜上，隶属于乙型线形病毒科香石竹潜隐病毒属。病毒粒体直线形至略弯曲线形，长约 650nm，由冬葱瘤蚜（*Myzus ascalonicus*）和蚕豆蚜等蚜虫以持久性方式传毒，也可经人工接种传播；温度钝化点为 80℃（10min），稀释限点为 $1×10^{-4}$~$1×10^{-5}$，韭葱病汁液中的病毒在室温下至少可以存活 8~11d。该病毒侵染青葱不显症，但与洋葱黄矮病毒复合侵染时则表现出严重的症状。

四、病害循环

田间大蒜病毒病的病毒来源主要是带毒蒜种、田间病株、前茬遗留带病鳞茎及邻近作物的毒株。大蒜病毒分布于除气生鳞茎以外的蒜株各个部位，有病蒜瓣长出的苗和自生苗是大蒜病毒病的中心毒源。

各种大蒜病毒都可由种蒜（鳞茎）传播，病区连续多年种植带毒种蒜或没有复壮或更新的种蒜，带毒率均很高，可造成严重的病毒病害。各种病毒还可随带毒种蒜的调运而作远距离传播。在田间，大蒜病毒也可经病株汁液或介体害虫传播。一旦病株与健株叶片相互摩擦或田间作业造成微小伤口，病毒就会通过伤口传毒。

多种侵染大蒜的病毒可由多种蚜虫或螨类进行传毒，但介体害虫传播的专化性很强，如韭葱黄条病毒的传毒介体是蚕豆蚜和桃蚜，洋葱螨传潜隐病毒的传毒介体是麦瘿螨，洋葱黄矮病毒的传毒介体是冬葱瘤额蚜，青葱潜隐病毒的传毒介体是冬葱瘤额蚜和蚕豆蚜等。蚜虫用刺吸式口器以非持久性方式从病株的地上部组织中吸取带毒汁液，成为病毒携带者，再通过刺吸式口器将病毒传送到其他植株中；麦瘿螨主要为害贮藏的蒜头，其传毒方式是以螨体前端的喙刺入带毒蒜瓣，使螨体带毒，再为害其他蒜瓣，将病毒传播开来。传毒的生物介体有蚜虫和螨类等（图 10 - 83 - 2）。

五、流行规律

大蒜病毒病害的发病程度与天气状况、栽培管理有着密切的关系。大蒜病毒病的毒原种类很多，加之我国大蒜种植广泛，各地气候、品种和管理条件不尽相同，致使病害的严重程度有所差异。通常在大蒜生长季节，如遇较长时间的高温干旱，浇水施肥和喷药治虫等管理措施不能及时到位，必然造成植株生长衰弱、蚜虫大量发生，病害极易发生与流行；田间管理粗放，缺水少肥，大蒜生育不良，发病较重；间作套种不合理，与葱属作物连作和邻作的大蒜田，由于毒源植物多也会加重病害。此外，农事操作造成的机械损伤也会促进病毒传播。病毒在植株体内增殖不仅限于地上部分叶片、假茎及蒜薹，而且可向地下鳞茎转移、蔓延，引起蒜头生长受阻而变小。大蒜是无性繁殖作物，常年无性繁殖会使多种病毒在营养器官中逐代积累，病情也势必会逐年加重，导致蒜头和蒜薹产量锐减。

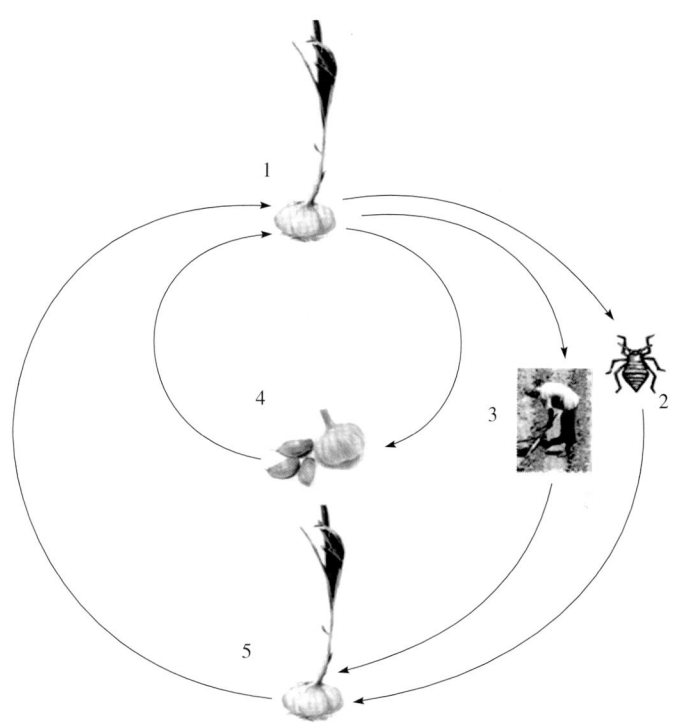

图 10 - 83 - 2　洋葱黄矮病毒引起的大蒜病毒病病害循环（刘红梅提供）

Figure 10 - 83 - 2　Disease cycle of *Onion yellow dwarf virus* on garlic （by Liu Hongmei）

1. 大蒜病株　2. 蚜虫传毒　3. 农事操作传毒　4. 种蒜带毒　5. 大蒜健株

病毒在大蒜体内的分布很不均匀，染病大蒜的不同品种间、同品种不同单株间以及同株不同鳞芽间的病毒含量均有较大差异，比如在同一株大蒜中，有的鳞芽感染了病毒，有的鳞芽部分感染，甚至有的鳞芽没有感染。

六、防治方法

目前，由于尚无防治大蒜病毒病的良好药剂，因此农业防治措施就显得极为重要。

（一）轮作

避免大蒜连作，也不与其他葱属作物连作或邻作，而与非葱蒜类蔬菜轮作 3～4 年，以减少病毒来源和互相感染。

（二）蒜种脱毒

采用脱毒大蒜生产脱毒蒜种是防治大蒜病毒病极为有效的措施，法国、中国、韩国、意大利、阿根廷等许多国家都是利用茎尖组织培养技术，从感染病毒的大蒜中获得无毒大蒜，再将无毒大蒜在严格防毒的栽培条件下，生产出大量的脱毒蒜种，供大面积种植所用，一般可使大蒜增产 30%～110%，其增产效果往往可以维持 4 个无性繁殖世代。

（三）种蒜处理

带毒种蒜是田间大蒜病毒病重要来源之一，因此，务必进行种蒜处理，即在播种前严格选种，淘汰有病、虫的蒜头，选出的种瓣再用 80% 敌敌畏乳剂 1 000 倍液浸泡 24h，以消灭蒜瓣上的螨类。

（四）加强栽培管理

加强大蒜田的水、肥管理，培育健壮植株，增强植株的抗病力是减轻病害的基础。施足有机肥，适时追肥，并保持田间土壤湿润，在高温季节增加浇水次数，以降低土温，宜在早晨或晚间日落前后进行浇水。

（五）田间防治

对于留种田，从幼苗期就开始进行严格选样，及时拔除病株，以减少田间病毒植株；在大蒜植株生长期间及蒜头贮藏期间都需防治传毒害虫，如留种田覆盖银灰色地膜，并在距地面高约 1m 处，随蒜行拉 10cm 宽的银灰膜条，可起到一定的避蚜作用；及时喷药防治大蒜田及周围作物上蚜虫，减少病毒的传播。

在大蒜田发病初期，喷洒蓖麻油乳剂 100 倍液，或高脂膜 200 倍液、10％混合脂肪酸水乳剂 100 倍液、20％盐酸吗啉胍·铜可湿性粉剂 500～1 000 倍液、1.5％植病灵（三十烷醇＋硫酸铜＋十二烷基硫酸钠）乳剂 1 000 倍液等，3～7d 喷 1 次，共 3～4 次，有一定的延缓病害发生的作用。

刘红梅（山东农业大学生命科学学院）

第 84 节　芹菜斑枯病

一、分布与危害

芹菜斑枯病又称叶枯病，国外称其为芹菜晚疫病，1906—1910 年在英国首先发生并很快遍及该国。芹菜斑枯病分布很广，中国、俄罗斯、美国、英国、罗马尼亚、比利时、澳大利亚、波兰、阿根廷、意大利、加拿大、哥斯达黎加、奥地利、以色列、埃及、日本等国家均有发生。

由于芹菜有西芹（洋芹）和本芹（中国芹菜）两大类型，而西芹在欧美是重要的沙拉蔬菜，所以，这两类芹菜一年四季均有生产，芹菜斑枯病也就随之周年发生，以保护地内芹菜受害较重。此病可为害芹菜叶片、叶柄、茎和种子，通常病害从幼苗期即可发生，流行速度较快，一旦条件适合短时间内就可造成大量叶片干枯、落叶和死亡，甚至叶柄腐烂。重病田病株率高达 100％，减产 50％～90％。该病也可为害采收后的芹菜，即采收后若不及时妥善处理，有时只需几天，叶片、叶柄上就会出现大量病斑，丧失商品价值。病株在贮藏和运输过程中还能继续蔓延、为害。

二、症状

芹菜斑枯病主要为害叶片，也能为害叶柄和茎干。一般老叶先发病，后向新叶发展。叶片受害，初期产生淡褐色或黄色、油渍状小斑点，后期病斑呈圆形、近圆形、多角形或不规则形，病斑淡褐色、灰褐色或灰白色，边缘褐色，具黄色晕圈。大多数病斑直径为 2～3mm，称为小型病斑，小型病斑边缘明显，中央呈黄白色或灰白色，边缘聚生许多黑色小粒点，病斑外常有一黄色晕圈，病重时多个病斑融合成不规则的巨型大斑，全叶迅速变褐干枯，似火烧状，叶片易脱落；病斑直径在 10mm 以上者称为大型病斑，通常大型病斑多散生，边缘明显，外缘深褐色，中央褐色，病斑上散生黑色小斑点。叶柄或茎受害时，产生油渍状、长圆形或梭形、褐色或棕褐色、稍凹陷的病斑，后期在叶片、叶柄以及种皮、果梗的病斑上生有黑色小粒点，散生或聚生，即病原菌的分生孢子器（彩图 10-84-1）。

三、病原

芹菜斑枯病的病原菌是芹菜生壳针孢（*Septoria apiicola* Speg.），隶属于子囊菌无性型壳针孢属真菌。分生孢子器产生在叶片的两面或茎上，散生或聚生，最初分生孢子器埋生，后期突破表皮，孔口外露，球形或扁球形，直径 70～180μm，生育后期分生孢子从分生孢子器的孔口挤出，形成分生孢子角；器壁膜质、褐色、由 2～3 层细胞组成，壁厚 5～8μm；孔口圆形胞壁加厚，暗褐色；产孢细胞分枝明显，梨形、葫芦形、倒棍棒形、单胞、无色，大小为（5.0～10.0）μm×（2.5～5.0）μm；分生孢子针形、无色、直或弯曲、基部钝圆、顶端尖，1～6 个隔膜，多数 3～4 个隔膜，大小为（25～55）μm×（1.5～2.5）μm（图 10-84-1）。

四、病害循环

芹菜斑枯病菌可侵染芹菜种子，因此，种子内的菌丝、种壳上的分生孢子器和种子表面携带的分生孢子以及土壤中病残体的越冬菌源均可成为芹菜斑枯病的主要初侵染来源。芹菜种子携带的病菌随着种子的萌发而生长，首先侵染胚轴，在适宜条件下 9～12d 即可产生坏死斑；土壤中罹病植株碎屑携带的病菌可引起幼苗叶片发病。病原菌通过气孔或表皮侵入，建立初侵染，菌丝在植物组织内的细胞

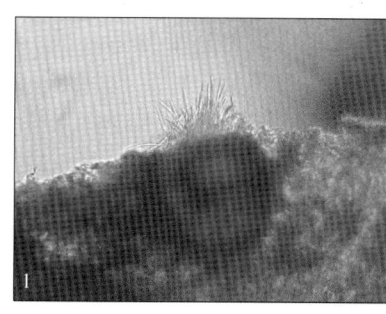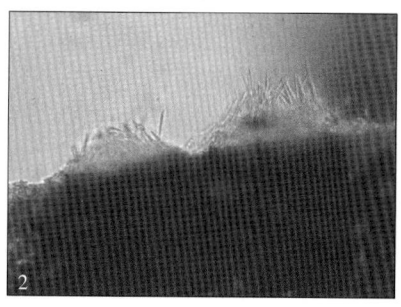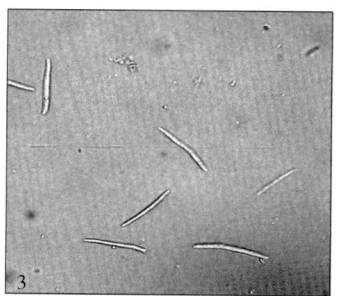

图 10 - 84 - 1　芹菜生壳针孢的分生孢子器和分生孢子（赵奎华提供）
Figure 10 - 84 - 1　Pycnidia and conidia of *Septoria apiicola* (by Zhao Kuihua)
1. 单生的分生孢子器　2. 双生或多生的分生孢子器　3. 分生孢子

间生长发育，后期在病斑上形成分生孢子器，从气孔挤出、膨大，在潮湿情况下，分生孢子器释放出分生孢子，新形成的分生孢子通过雨水飞溅、漫灌水流和农事操作者的田间作业进行传播，实现再侵染，如此反复数次（图10 - 84 - 2）。

五、流行规律

（一）病原菌菌丝生长、孢子萌发及寿命

在人工培养条件下，菌丝生长利用较好的碳源有葡萄糖、果糖、半乳糖、甘露糖、木糖、鼠李糖、

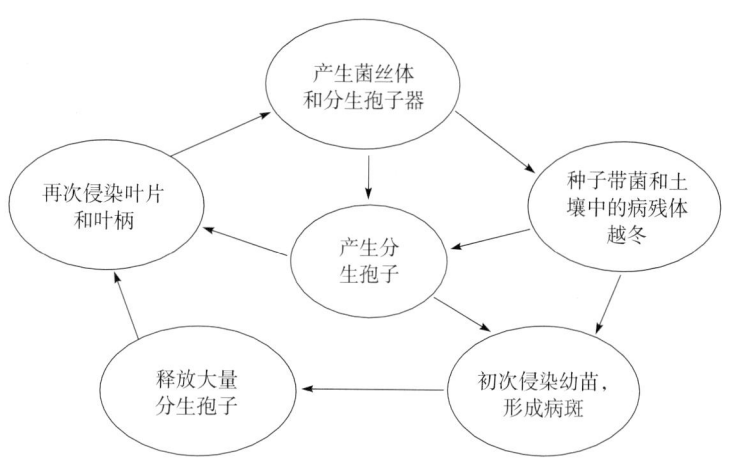

图 10 - 84 - 2　芹菜斑枯病病害循环（梁春浩提供）
Figure 10 - 84 - 2　Disease cycle of Septoria late blight of celery (by Liang Chunhao)

蔗糖和棉籽糖，较好的氮源有 KNO_3、$NaNO_3$、$NH_4H_2PO_4$、蛋氨酸，适宜温度为 21～23℃，适宜 pH 为 4～5，菌丝的致死温度为 39℃/40min 或 43℃/10min；分生孢子萌发时隔膜增多，并可断裂成若干段，每段均能产生芽管；分生孢子萌发的适宜相对湿度为78%～100%，但是相对湿度低于97%以下时孢子萌发的芽管弯曲或畸形；孢子萌发的适宜温度为17～25℃，在 14℃以下和29℃以上时芽管畸形；孢子萌发的适宜 pH 为 4.6～6.6；孢子的致死温度为 42℃/20min。

（二）侵染过程及侵染条件

芹菜种子携带的病菌随着种子的萌发而生长，首先侵染胚轴；土壤中病残株携带的病菌侵入幼苗叶片，然后其菌丝在病株的细胞间生长发育，适宜条件时 9～12d 即可产生坏死斑，16～18d 即可形成分生孢子器；分生孢子器从气孔挤出表皮、膨大，呈半埋生状态；潮湿时，从分生孢子器内挤出分生孢子角（一种由胶状物粘连的分生孢子团），在水中分生孢子角中的分生孢子会分散开来，新形成的分生孢子通过雨水等传播，附着在芹菜叶片或茎表面，如遇温度 10～30℃、相对湿度97%以上的条件，分生孢子萌发形成新的菌丝，又通过气孔或表皮侵入，实现再侵染。

（三）分生孢子器的形成过程及条件

分生孢子在 9～36h 内完全萌发，2～3d 芽管伸长并出现分枝，4～6d 形成肉眼可见的小菌落，12～14d 开始形成初生褐色的分生孢子器，半埋生于培养基内，16～18d 分生孢子器成熟，于孔口处出现无色透明状液滴并逐渐转变为乳白色分生孢子角。连续光照 5 000lx 和 5～25℃变温处理 1～5d，对分生孢子器的形成有明显促进作用。

（四）病害田间发生规律

潜伏在芹菜种皮内的病菌可存活 1 年，种皮上附着的病菌可存活 2 年，在病残体上的病菌可存活8～11 个月；当气温达到 15℃以上时，病菌即行侵染，潜育期 7～8d，田间可见到小型病斑。发病初期的田

间病害分布具有明显的发病中心，即属于核心分布类型，畦植芹菜的田块出现明显的沿灌溉水流方向扩展的趋势；而在芹菜生育后期，由于传播因素较多，病害往往遍布全田，几乎为均匀分布类型。

通常叶片发病在先，叶柄发病滞后，基本上滞延 10d 左右；该病的发生与芹菜叶龄关系很大，病斑多出现在第 3~5 位叶片上，一般 24~32d 叶龄的叶片最易发病，叶龄短和中心叶的叶片不发病，48d 以上的老龄叶片发病较少。

芹菜斑枯病在田间的流行呈现明显的两次高峰。在辽宁，病害于 4 月下旬开始发生，至 5 月初病害的进展都较慢，之后随着气温的升高发病率逐渐上升，加之频繁降雨，到 7 月初便出现发病高峰；7 月初至 8 月下旬，由于温度较高（一般为 26~31℃），病害发展趋缓，但在 8 月下旬至 9 月上旬气温略降，田间又一次出现发病高峰。研究表明，相对湿度 80% 以上时芹菜斑枯病才能发生，相对湿度 75% 以下几乎不发病。因此，在田间气温 18~24℃，相对湿度 90% 以上气象条件下，病害发展速度快，极易造成病害流行，而且随着湿度的加大发病既快又重。此外，低洼易涝地块及大棚与温室内露滴多的地方都很容易发病。

六、防治技术

（一）选用抗病良种

芹菜对斑枯病缺少免疫的品种，但抗感程度有明显差异，一般而言，本芹比西芹相对抗病，比如玻璃脆芹、特选玻璃脆、脆芹 1 号、菊花大叶空芹等品种较为抗病，主要表现是病斑小，病斑扩展慢，病斑上的分生孢子器少而小；津南实芹、天津白庙实芹、实芹 1 号等中等抗病。适当地选用抗病品种对控制和减缓病害大流行具有明显的效果。

（二）农业防治

1. 种子消毒 用 48~49℃ 温水浸种 30min 后，移入冷水中冷却，再晾干播种。此法虽然可使种子萌发率降低 10% 左右，但是消毒效果较好，一般还是推荐使用。

2. 降低湿度 及时排除田间积水，宜少灌勤灌，避免大水漫灌，不宜种植过密，增加通风透光条件，控制田间相对湿度在 80% 以下。

3. 及时防控发病中心 一旦发现个别地块叶片上有病斑发生，立即将其摘除焚毁或深埋，并对发病区重点进行药剂防控。

4. 清除病残体 芹菜收完后，将残留的茎、叶等病残体彻底清除干净并焚毁或深埋。

5. 实行轮作 对常发、多发的重病田，应与其他作物轮作两年以上。

（三）化学防治

对于常发病田，从苗期起就应实施药剂防控，尤其在发病初期开始防治更显得经济有效。一般较为有效的化学杀菌剂有：25% 腈菌唑可湿性粉剂 3 000 倍液，或 50% 福美双可湿性粉剂 600 倍液、50% 代森锰锌可湿性粉剂 500 倍液、75% 百菌清可湿性粉剂 600 倍液、50% 代森锌可湿性粉剂 1 000 倍液、50% 异菌脲可湿性粉剂 1 000 倍液、43% 戊唑醇悬浮剂 8 000 倍液、10% 苯醚甲环唑水分散粒剂 8 000 倍液、65% 多果定可湿性粉剂 1 000 倍液、40% 多·硫悬浮剂 500 倍液、70% 丙森锌可湿性粉剂 800 倍液等喷雾。保护地内可用粉尘剂或烟剂，如每公顷用 5% 百菌清粉尘剂或 6.5% 甲硫·乙霉威粉尘剂 15kg，也可用 45% 百菌清烟剂 3kg。

在化学防治中，应根据病害发展情况决定施药种类和次数，对多年频繁进行药剂防控的重病区要特别注意轮换使用不同种类药剂，防止或减缓病菌抗药性的产生。

赵奎华 梁春浩（辽宁省农业科学院植物保护研究所）

第 85 节 芹菜叶斑病

一、分布与危害

芹菜叶斑病也称芹菜早疫病，是芹菜生产上最为常见的病害之一。该病害发生普遍且分布极为广泛，在全世界几乎所有种植芹菜的地区均有不同程度为害，比如北美温带地区的芹菜叶斑病几乎是年年发生，重病年产量锐减，轻病年虽然减产不大，但是需花费大量人工和时间清理枯枝病叶，以维持芹菜的商品性。

在我国，芹菜叶斑病为害芹菜不分种植区域和时期，无论是保护地还是露地，无论是苗期还是成株期，此病害均可发生并周年不断，属于常发、多发的侵染性病害。重病田芹菜发病率可达 90％以上，一般损失 10％～20％，严重时可达 40％以上，对芹菜的产量和品质影响较大，甚至失去商品价值。

二、症状

芹菜叶斑病主要为害芹菜叶片，也可为害芹菜叶柄、茎和种子。叶片受害时，多数是先在叶缘和叶柄上出现症状，初期表现为黄绿色水渍状小斑，逐渐发展为圆形或不规则形病斑，典型的单个病斑 2～15mm、大斑边缘黄色、中央褐色或浅褐色、变薄，病斑发展很迅速，后期严重时病斑不但扩大，并且多个病斑相互连接形成巨型大斑，可造成整叶枯死。叶柄上的病斑椭圆形、长梭形或纵条形，一般 3～23mm，初发病时病斑黄色，后期变为褐色、凹陷（彩图 10‐85‐1），严重时茎秆病斑处开裂、缢缩，甚至造成植株叶柄折断和倒伏，高湿情况下病部腐烂。高温、高湿的环境若持续数日，病叶正、反面和叶柄的病斑上可产生稀疏的、灰白色绒状霉层，即病菌的分生孢子梗和分生孢子。芹菜叶斑病经常与芹菜斑枯病混发，二者的主要区别在于后者的病斑上散生黑色小粒点（病菌的分生孢子器），而前者则无肉眼可见的黑色小粒点。

三、病原

芹菜叶斑病是由芹菜尾孢（*Cercospora apii* Fresen.）侵染引起，属于子囊菌无性型尾孢属。该菌是一个形态学较复杂的真菌类群，寄主范围较宽。病菌可在叶片病斑的正、反面产生子实体，子座发达、较小、褐色；分生孢子梗束生、直或稍弯曲，常成簇从寄主气孔伸出，每束 2～11 根不等，孢子梗榄褐色、顶端色淡、无分枝、有或无膝状节、顶端较钝、近截形、有 0～6 个隔膜，大小为（13.0～147.0）μm×（3.0～5.5）μm；产孢细胞有明显疤痕，具 0～2 个隔膜；分生孢子单生、倒棍棒状或鞭形、无色、具 3～19 个隔膜、直或弯曲、表面光滑、基部平截、顶端钝或尖，大小为（38～280）μm×（3.0～5.5）μm（图 10‐85‐1）。

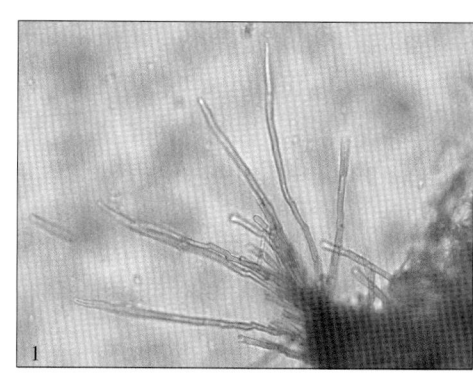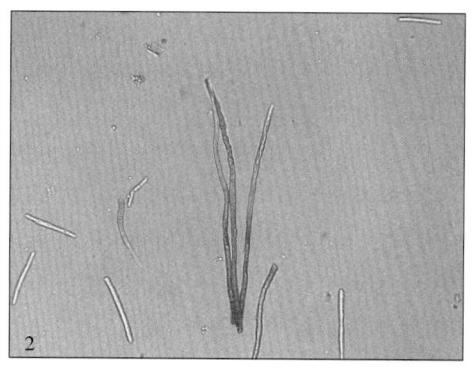

图 10‐85‐1　芹菜尾孢的形态（赵奎华提供）
Figure 10‐85‐1　Morphology of *Cercospora apii*（by Zhao Kuihua）
1. 病菌的子座及分生孢子梗　2. 病菌的分生孢子梗及分生孢子

四、病害循环

芹菜叶斑病菌以芹菜种子内的菌丝、种子表面附着的分生孢子和罹病残体以及散落在土壤中的病菌子实体越冬，这些菌源均可成为田间病害的主要初侵染来源；对非疫区，种子带菌是此病的唯一侵染来源。翌年当气温升至 15℃以上、相对湿度达 85％以上时，越冬的病原菌开始生长发育并形成分生孢子；分生孢子可通过雨水飞溅、漫灌水流、气流、农具、昆虫和田间农事操作传播到芹菜的叶片或叶柄上，通过寄主的气孔或表皮侵入芹菜组织内，建立初侵染；侵入芹菜组织内的菌丝不断生长发育，破坏器官，汲取营养，使组织死亡，形成坏死斑。条件适宜时，侵入的病菌又在病斑上形成新的分生孢子，进行多次再侵染。因此，在芹菜的生长季内可如此反复数次，直至芹菜被收获（图 10 - 85 - 2）。

五、流行规律

越冬的芹菜叶斑病菌引起芹菜初次发病后，在病斑上形成分生孢子器并释放出分生孢子，分生孢子可通过雨水飞溅、漫灌水流和农事操作者的田间作业等进行传播与扩散，进行再次侵染，如此过程在芹菜的一个生长季内可以重复多次。高温高湿是芹菜叶斑病流行的主要因子。

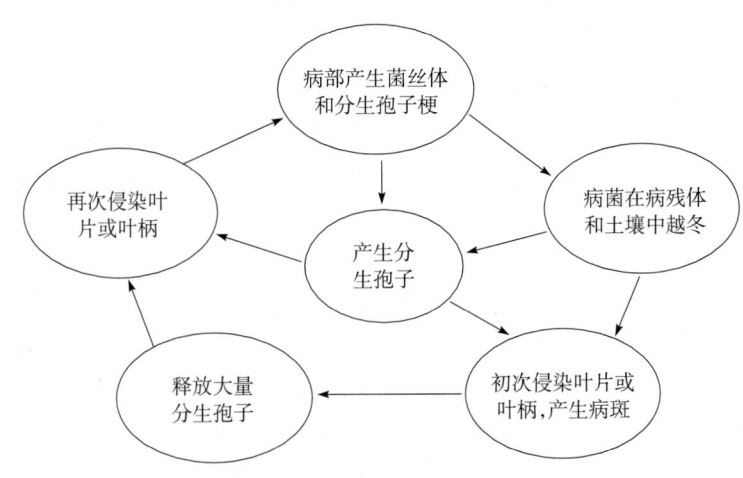

图 10 - 85 - 2 芹菜叶斑病病害循环（梁春浩提供）

Figure 10 - 85 - 2 Disease cycle of Cercospora early blight of celery (by Liang Chunhao)

芹菜叶斑病菌生长发育的适宜温度为 25~30℃，分生孢子形成的适宜温度为 15~20℃，萌发的适宜温度为 28℃；此病在田间的发生温度是 15~30℃，适宜温度为 22~30℃，相对湿度在 85% 以上；病菌的分生孢子主要在夜间形成，当温度达 15℃ 以上，相对湿度接近 100% 且持续 10h，分生孢子开始产生，随着夜间到清晨期间相对湿度不断降低，分生孢子即随气流飞散，传播到周边的芹菜植株上，引起再次侵染。高温多雨、低洼潮湿、通风不良、多年连作的地区和田块易于发病；夏、秋季不防雨、不遮阳的育苗床，则发病早且重；夏、秋高温高湿的条件易发病；发病必须有高湿条件，有时虽然高温干旱，但只要夜间结露重、持续时间长也能发病；缺水、缺肥或灌水过多，植株生长势弱也易发病；芹菜定植后 20d 左右，正值芹菜分蘖期，此时成为第一次发病高峰，应予以高度重视。

六、防治技术

（一）选用抗病品种

芹菜品种抗病性有明显差异，在芹菜栽培中，根据需要可适当选用抗病品种，如高优它（Tall utah）、加州王、文图拉（Ventura）、百利西芹、脆芹、津南实芹等较抗病或耐病。

（二）无病采种和种子消毒

种子带菌是此病的重要传播途径，尤其对芹菜叶斑病的非疫区至关重要，在芹菜制种过程中要特别注意叶斑病的防控，尽量减少种子带菌的概率。芹菜播种前，应对种子进行消毒处理，比较简易的办法是温汤浸种，即将种子置入 50℃ 恒温水中浸种 25min，其间尽量搅拌均匀，然后立即放入冷水中冷却 5~10min，捞出晾干后即可播种；另一种办法是化学药剂消毒，即用 50% 福美双可湿性粉剂 600 倍液浸种 50min，捞出用清水冲洗、晾干后播种。

（三）培育无病壮苗

最好在棚室内育苗，育苗棚与生产田保持有效的隔离；如用新鲜沃土育苗更好，旧床土则需进行土壤消毒；苗床土应整平，避免坑洼积水；夏播育苗时要遮阳、防雨、防露，定植前 20d 撤去遮阳网炼苗。总之，在育苗过程中，都要随时注意防病、治病，培育出无病壮苗，防止带菌幼苗用于本田生产。

（四）栽培控病措施

1. 深翻和轮作 常发、多发和病害较重的田块可进行土壤深翻，并与非寄主蔬菜作物实行 2 年以上轮作。

2. 控制湿度 实行科学管理水分，即小水勤灌、通风透光，尤其是对于大棚与温室内种植的冬春茬芹菜，一定要加强通风降湿，保持白天温度不超过 20℃、夜间温度在 10℃ 左右较好；有条件的地方，可在大棚与温室内安装微喷系统，以加强室内保温，尽量降低温室内温差，避免棚膜滴水和减少叶面结露。

（五）清除病残体

减少菌源是芹菜叶斑病持续控制的重要环节。芹菜生长期间，一旦发现少量病叶即行摘除深埋，并使用化学药剂控制发病中心；芹菜收获后，及时、彻底地清除枯枝、病叶等病残体，将其深埋或烧毁。

（六）化学药剂防治

防治芹菜叶斑病的药剂较多，发病初期即喷药防治。主要药剂可选用50％多菌灵可湿性粉剂600倍液，或50％甲基硫菌灵可湿性粉剂600倍液，或70％代森锰锌可湿性粉剂500倍液，或77％氢氧化铜可湿性粉剂500倍液，或40％春雷·王铜500倍液；40％多·硫悬浮剂800倍液，或75％百菌清可湿性粉剂600倍液加60％噁霜·锰锌可湿性粉剂600倍液，或10％苯醚甲环唑可湿性粉剂1 500倍液，或12％松脂酸铜乳油400倍液，或70％丙森锌可湿性粉剂500倍液，或25％丙环唑乳油800倍液等，每7～10d喷洒1次，连续2～3次。在保护地内可用粉尘剂或烟剂，如每公顷施药5％百菌清粉尘剂7.5～15kg，或45％百菌清烟剂5.25kg，9～11d用药1次，连续2～3次。在化学药剂防治过程中，要特别注意农药的轮换使用，防止病菌产生抗药性。

赵奎华　梁春浩（辽宁省农业科学院植物保护研究所）

第86节　芹菜软腐病

一、分布与危害

芹菜软腐病又称"烂疙瘩"，是芹菜生产上较重的病害，在全世界均有分布，主要发生于叶柄基部或茎上，为典型的细菌性土传病害。在美国、加拿大、澳大利亚、新西兰和欧洲各国西芹的种植面积很大，软腐病常常导致西芹严重的减产。据报道，在1972—1985年，美国纽约州检查了运往市场大货车上的西芹，有61.4％的西芹不同程度地被软腐病菌侵染，而且多数比较严重，经济损失重者超过10％。

芹菜在我国也被广泛种植，芹菜软腐病几乎随处可见，在大棚与温室、露地和贮运期间均可发生，引起作物植株倒伏、变褐腐烂等。芹菜从苗期到成株期均可遭受感染与危害，且周年不断，一旦发病则病势迅猛，常常导致全田绝产。幼苗受害，其发病率和植株死亡率几乎一致，连茬多年芹菜田的软腐病更为严重，发病率可达60％～90％，植株成片死亡，损失惨重。

二、症状

芹菜柔嫩多汁的叶柄基部和根茎部是软腐病最容易发生的部位，叶片病害少见。病害多由在叶柄基部和根茎部的裂口和伤口处开始发生，发病初期叶柄基部先出现水渍状、淡褐色的圆点，之后不断扩大成纺锤形或不规则形的凹陷斑，条件适宜时病斑迅速向上、下扩展和向茎内部发展，此时病斑逐渐转为褐色或深褐色（彩图10-86-1），若田间湿度较大时，病部成为湿腐状，薄壁细胞组织解体，仅剩下维管束变黑，病株叶柄萎蔫下垂、腐烂、发臭，腐烂处伴有黄白色黏稠物；田间湿度较小或干旱时，病斑扩展缓慢，病部干缩，病叶倒伏；叶柄基部和根茎部受害后，叶片逐渐变黄、萎蔫。软腐发臭是此病的典型症状之一。

三、病原

芹菜软腐病是由胡萝卜欧文氏菌胡萝卜亚种［*Erwinia carotovora* subsp. *carotovora* (Jones) Bergey et al.］引起的，隶属于薄壁菌门欧文氏菌属。在琼脂培养基上培养菌落白色或灰白色，菌体短杆状，鞭毛周生2～8根，无荚膜，不产生芽孢，革兰氏染色阴性，菌体大小为（1.2～3.0）$\mu m \times$（0.5～1.0）μm。该病菌的寄主范围较广，除可侵染伞形科蔬菜外，也可侵染十字花科、茄科、百合科及菊科蔬菜作物，常见的有番茄、马铃薯、辣椒、白菜、萝卜、葱、洋葱、莴苣、胡萝卜等蔬菜作物。病原细菌在生长发育过程中，分泌出一些果胶酶、纤维素酶、蛋白酶等酶类，使寄主组织细胞崩解，引起腐烂病。

芹菜软腐病菌的生长温度为5～38℃，适宜温度为25～30℃，有的菌体发育适温范围较低，为10～20℃，致死温度为51℃/10min；生育pH为5.3～9.2，最适为pH7.2；菌体不耐光照和干燥，日光下暴晒2h可大部分死亡；病菌能够利用葡萄糖、果糖、木糖，不能利用α-阿拉伯糖、α-甲基葡萄糖苷，能产生酸、气、氨、硫化氢，能使明胶液化。

四、病害循环

芹菜软腐病菌主要随植株病残体在土壤中越冬，成为翌年田间病害的初侵染来源。由于该病菌的寄主范围十分广泛，若前茬作物为十字花科、茄科、瓜类等软腐病菌的寄主植物，而且收获后未经翻耕暴晒，致使植株残体在土壤中保存有大量菌源，下茬种植的芹菜受感染的机会照样很多，发病依旧严重。这些越冬菌源当条件适宜时被传播到芹菜叶柄基部，遇到伤口或自然裂口便可侵入，病菌快速繁殖，遇水等又传播、再侵染，周而复始，直至芹菜收获（图 10-86-1）。病菌甚至可以随植株到储藏、运输和销售过程中继续引发芹菜腐烂。

另外，许多为害十字花科蔬菜的花蝇、麻蝇等昆虫，其体内、外均可携带软腐病菌，而且传菌能力极强，这些携带了大量细菌的昆虫直接起到传播病害的作用，并可远距离传播，为害性极大；黄条跳甲、花菜椿象、菜青虫、地蛆、金针虫、蛴螬和蝼蛄等害虫可以通过咬食形成大量的伤口，也有利于芹菜软腐病的发生与流行。

五、流行规律

病原细菌随病残体在土壤、堆肥、留种株或保护地的植株上越冬，一般可随病残体在土壤中存活 4～5 年，但在脱离寄主的土中只能存活 15d 左右。病残

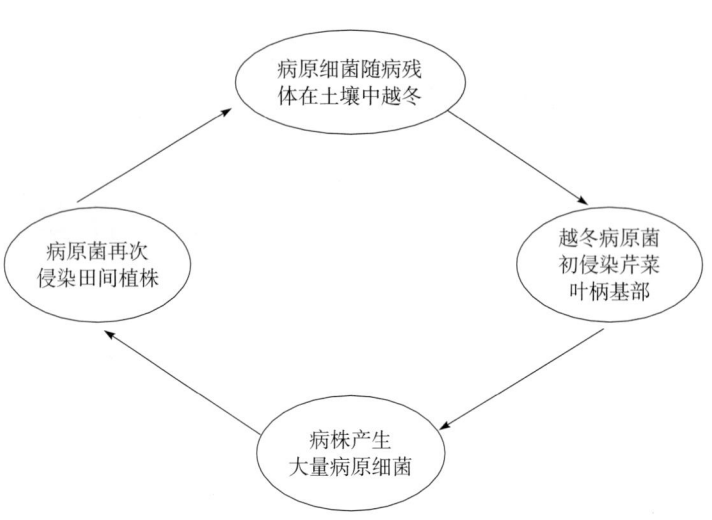

图 10-86-1 芹菜软腐病病害循环（梁春浩提供）
Figure 10-86-1 Disease cycle of celery soft rot（by Liang Chunhao）

体在田间存留的越多，越冬的菌量也就越大；田间的杂草根围也可成为病原菌越冬的场所之一。病菌借雨水、灌溉水、昆虫、农事操作等传播，并通过机械、昆虫、移栽等造成的伤口或自然裂口侵入并快速繁殖，破坏寄主组织，使植株坏死腐烂。感病寄主、水和伤口是病菌建立侵染的 3 个必备条件。病菌生长发育的温度适应范围很宽，芹菜生长发育期间一般都适于病菌的繁殖与侵染，发病的温度为 2～40℃，最适发病温度为 25～30℃，相对湿度 90% 以上，高温高湿易造成病害流行。一般春、夏、秋季温度高和持续多雨时发病重；地势低易积水，排水不良，多年连作地块，基肥不足氮肥过多，秋茬种植过早，植株密度过大，田间通透性差，植株长势弱的地块发病均较重；强风暴雨过后发病率往往急剧上升。此外，地下害虫较多时发病也重，如蝼蛄等咬食芹菜所造成的伤口很容易被病菌侵染，每平方米地下害虫 50 头时，发病率可高达 60%。

六、防治技术

（一）培育无病壮苗

育苗地需与生产田实行有效隔离，有条件时苗床土最好使用新鲜沃土，如果是旧床土则需要进行土壤消毒；苗床土应整平，避免坑洼积水；在育苗过程中，首先进行种子处理，可用 72% 农用硫酸链霉素可溶粉剂 1 000 倍液，或 3% 中生菌素可湿性粉剂 500 倍液浸种 30min，用清水清洗后催芽播种；或用农抗 751 粉剂和丰灵可溶粉剂，按种子重量的 1% 拌种后播种；或用 2% 农抗 751 水剂 100 倍液 15mL 拌 200g 种子，晾干后播种；也可采用 50℃ 的温汤浸种 25min。育苗时播种密度不宜过大，及时拔除苗田杂草，精心管理，培育无病壮苗非常重要。

（二）农业防治

1. 实行轮作 常发病田应实行两年以上轮作是防治此病的最好方法之一，可与豆科、禾本科等作物至少轮作 2～3 年。

2. 及时清除病残体 收获后，彻底清除病残体，结合整地，深翻暴晒土壤。田间发现零星病株时，应立即连根带土一起铲除，带出田外深埋，并撒石灰消毒封闭病穴，随后对全田喷药。

3. 防治地下害虫　有效地控制好蝼蛄、金针虫等地下害虫，能显著地减少软腐病的发生。

4. 加强栽培管理　注意选择种植时期，避免因早播造成的感病阶段与雨季相遇；低洼地块可实行深沟高畦栽培，以利及时排除积水；种植密度不宜过大，尽量保持通风良好；施足基肥，采用腐熟的有机肥，适当增施磷、钾肥；定植、松土时避免伤根，培土切勿过高，不要将叶柄、茎埋在土内；科学灌水，发病期尽量少浇水或停止浇水。

（三）化学防治

发病初期用于防治的药剂有：20％喹菌酮水剂 1 000～1 500 倍液，或 86.2％氧化亚铜可湿性粉剂 2 000～2 500 倍液，或 47％王铜可湿性粉剂 600～800 倍液，或 30％琥胶肥酸铜可湿性粉剂 400～600 倍液，或 77％氢氧化铜悬浮剂 800～1 000 倍液，或 2％春雷霉素可湿性粉剂 400～500 倍液等喷雾。田间发病普遍时用于防治的药剂有：72％农用硫酸链霉素可溶粉剂 2 000～4 000 倍液，或 50％琥胶肥酸铜可湿性粉剂 1 000 倍液、50％春雷·王铜可湿性粉剂 600～800 倍液、88％水合霉素可溶粉剂 1 000～2 000 倍液、20％噻唑锌悬浮剂 600～800 倍液、3％中生菌素可湿性粉剂 500～800 倍液、36％三氯异氰尿酸可湿性粉剂 1 000～1 500 倍液、20％叶枯唑可湿性粉剂 600～800 倍液喷雾。需重点喷洒病株基部及地表，使药液流入菜心效果好，视病情间隔 7～10d 喷药 1 次。喷洒铜制剂时应谨慎，方法不当易造成芹菜药害。视病情间隔 7～10d 喷药 1 次，连续喷药 2～3 次。

赵奎华　梁春浩（辽宁省农业科学院植物保护研究所）

第 87 节　芹菜病毒病

一、分布与危害

芹菜病毒病又称芹菜花叶病，是中国芹菜（本芹）和西洋芹菜（西芹）上的重要病害之一，世界各地均有发生，如美国、墨西哥、巴西、意大利、德国、法国、英国、西班牙、中国、日本、韩国、印度等，特别是在热带、亚热带地区发生严重，温带地区夏季高温季节栽培时发病也较重。

该病在我国各地都有不同程度的发生，特别是在高温干旱的年份发病十分严重。以往多出现在大田中，自 20 世纪 80 年代后期以来，随着保护地芹菜的迅速发展，芹菜病毒病也频频发生且大有逐年加重之势。该病属于系统侵染性病害，发病愈早受害愈重，常常造成 15％以上的产量损失，重病地块则严重减产，病株即使存活下来，也失去了其商品价值。

二、症状

苗期至成株期均可感病。幼苗初感染时，叶片上出现明脉和轻微花斑，以后逐渐显现系统症状；病叶为明显的黄绿相间或叶色深浅相间的花叶、斑驳或者黄化；后期病叶变小，皱缩、扭曲、畸形，有的叶肉退化，叶片变窄而狭长，呈鸡爪状或者蕨叶状；发病重的植株叶柄纤细及心叶节间缩短，严重矮缩，不到健株高度的一半，并往往伴有黄化症状。发病晚的芹菜，仅见新生叶片呈浓淡绿色相间的花叶，但植株正常。

成株期发病，感病早的病株新生嫩叶先表现斑驳，继之发展为典型花叶，病叶后期会伴有变小、皱缩、扭曲、畸形等症状，植株也会表现矮化（彩图 10-87-1）。感病迟的病株仅新生叶片出现浓淡绿色相间的斑块或者黄色斑块，表现黄斑花叶，植株生长基本正常，矮缩症状不明显。

三、病原

在自然情况下，侵染芹菜的病毒有多种，如黄瓜花叶病毒（*Cucumber mosaic virus*，CMV）、芹菜花叶病毒（*Celery mosaic virus*，CeMV）、苜蓿花叶病毒（*Alfalfa mosaic virus*，AMV）、芹菜潜隐病毒（*Celery latent virus*，CLV）、花生矮化病毒（*Peanut stunt virus*，PSV）、南芥菜花叶病毒（*Arabis mosaic virus*，ArMV）、芹菜黄脉病毒（*Celery yellow vein virus*，CYVV）、草莓潜隐环斑病毒（*Strawberry latent ringspot virus*，SLRSV）、芹菜斑萎病毒（*Celery spotted wilt virus*，CeSWV）、马铃薯 Y 病毒（*Potato virus Y*，PVY）和芜菁花叶病毒（*Turnip mosaic virus*，TuMV）等。据报道，我国芹菜病毒病的主要毒原种类是黄瓜花叶病毒和芹菜花叶病毒，前者约占分离物的 78％，后者则占 22％（图 10-87-

1）；二者既可单独侵染，也可复合侵染造成危害，在芹菜生长前期以 CMV 侵染为主，中后期则以两者符合侵染较多。

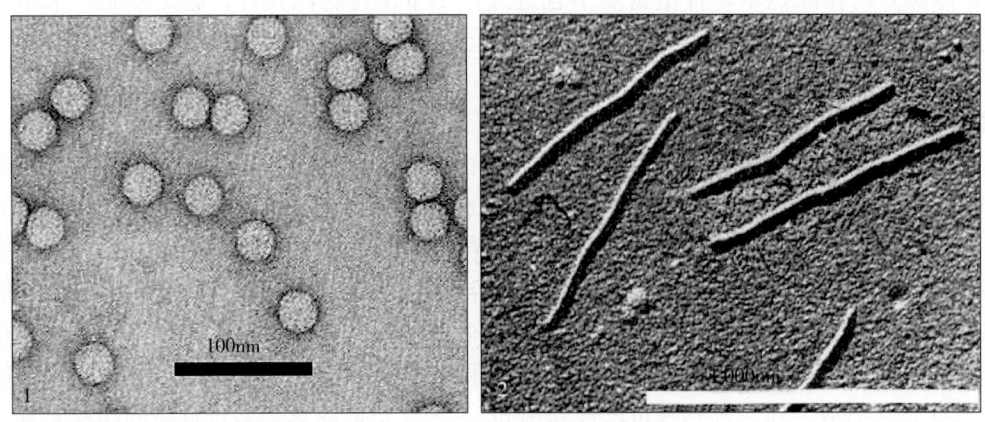

图 10 - 87 - 1 　黄瓜花叶病毒和芹菜花叶病毒粒体形态（1. 引自 Francki RIB，1979；2. 引自 J. F. Shepard，1971）

Figure 10 - 87 - 1 　Virions of CMV and CeMV from celery plant（1. from Francki RIB. ，1979；2. from J. F. Shepard，1971）

1. 黄瓜花叶病毒　2. 芹菜花叶病毒

（一）黄瓜花叶病毒

黄瓜花叶病毒隶属于雀麦花叶病毒科黄瓜花叶病毒属，病毒粒体球状，直径 28～30nm，病毒汁液稀释限点为 1 000～10 000 倍，钝化温度 65～70℃/10min，体外存活期 3～4d。主要由棉蚜（*Aphis gossypii*）和桃蚜（*Myzus persicae*）等蚜虫以非持久方式传播，蚜虫各个龄期均可获毒，获毒时间 5～10min，持毒时间不超过 2 h；机械摩擦也可以传毒。该病毒的寄主范围非常广，可以侵染 85 科 1 000 多种植物。

（二）芹菜花叶病毒

芹菜花叶病毒隶属于马铃薯 Y 病毒科马铃薯 Y 病毒属，病毒粒体线状，长 784nm，病毒汁液稀释限点为 100～1 000 倍，钝化温度 55～65℃10min，体外存活期为 6d。主要由桃蚜（*M. persicae*）等多种蚜虫以非持久方式传播，在桃蚜取食前饥饿 2～6 h 的情况下，其传毒效率最高；机械摩擦也可以传毒。寄主范围相对较窄，主要侵染菊科、藜科、茄科植物。

四、病害循环

芹菜属耐寒性蔬菜，要求较冷凉湿润的环境条件，因此，我国适宜芹菜露地栽培的季节为春、秋两季（北方部分地区夏季不太炎热也可种植），冬季可利用日光温室进行保护地生产。

病毒在温室与大棚蔬菜、越冬芹菜及杂草上越冬，翌年春天气温适宜时，由传毒介体蚜虫传播扩散，这种传播既可以发生在芹菜病健株之间，也可以发生在芹菜与其他寄主之间，从而对芹菜造成危害。在邻近种植的寄主蔬菜之间，病毒也可以通过汁液接触传播或田间农事操作接触摩擦传播（图10 -87 - 2）。

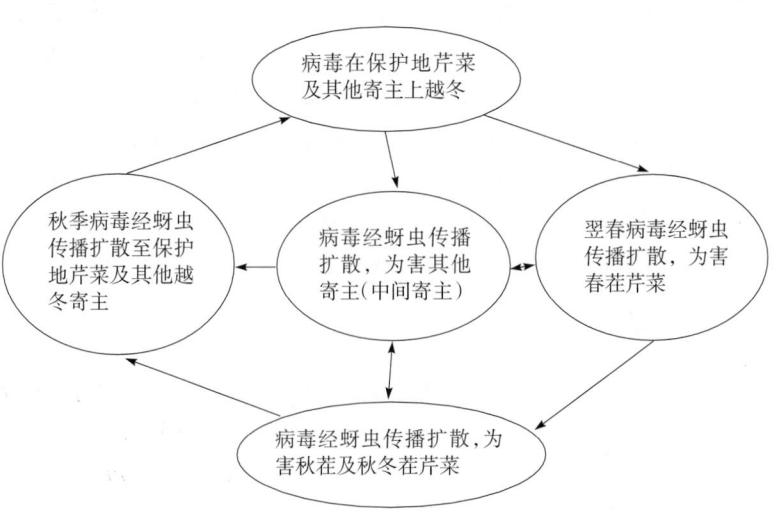

图 10 - 87 - 2 　由 CMV 引起的芹菜病毒病病害循环（周益军提供）

Figure 10 - 87 - 2 　Disease cycle of celery virus disease caused by CMV（by Zhou Yijun）

由于黄瓜花叶病毒的寄主范围远比芹菜花叶病毒的寄主广泛得多，所以在通常情况下，芹菜生长前期基本上是遭受作为初侵染来源的黄瓜花叶病毒的侵染；而到了芹菜生长中后期，芹菜花叶病毒才逐渐被蚜虫传播到芹菜田。如果是芹菜连作田，两种病毒都可以成为初侵染和再侵染的主要毒源。

五、流行规律

病毒喜高温干旱的环境，适宜发病的温度为 15～38℃，最适发病温度为 20～35℃、相对湿度 80% 以下，最适显示症状的生育期为成株期。发病潜育期为 10～15d，一般持续高温干旱天气有利于病害发生和流行。

湖南、湖北、江西、安徽、江苏、浙江及上海等地芹菜病毒病的主要发病盛期在 5～7 月和 10～11 月。上海地区 5 月中、下旬至 6 月上、中旬为有翅蚜迁飞高峰期，往往也是芹菜病毒传播扩散高峰期。在早春温度偏高、少雨、蚜虫发生量大的年份发病重；秋季温度偏高、少雨、蚜虫多发的年份发病也重。此外，芹菜与高度感病的作物连作、间作时发病严重，耕作管理粗放、田间杂草多、田间农事操作传毒、缺少有机基肥、缺水、氮肥使用过多的田块发病均较重。

六、防治技术

芹菜病毒病的田间扩散主要通过蚜虫传播，而苗期是芹菜病毒病的高度敏感时期。在育苗过程中若遇上蚜虫发生或迁飞高峰，芹菜病毒病的发生将会特别严重。因此，芹菜病毒病防控的关键环节就是苗期严格驱避蚜虫阻断传毒，并结合其他措施进行综合防治。

（一）农业栽培措施

1. 选用抗病品种　选择较丰产又耐病的品种，如新泰芹菜、津南实芹、意大利夏芹、黄旗堡实心芹、空心大叶黄芹菜、玻璃脆芹、美国西芹和意大利冬芹等品种。

2. 轮作　最好选用芹菜与豆科等非芹菜作物进行轮作或者间作。

3. 搞好田间管理　适当调整播种期，使芹菜苗期避开蚜虫的发生高峰期，并用银灰色遮阳网育苗；挑选无病毒壮苗移栽；合理密植，施足有机基肥，加强肥水管理；保护地覆盖或悬挂银灰膜，避蚜防病；尽量避免田间操作时，由人工接触或农具传毒；田间悬挂黄板诱杀蚜虫；及早清除田间杂草和病株，以减少毒源。

（二）治虫防病

在蚜虫发生初期特别是在芹菜苗期，做好蚜虫的预测预报，及时指导施药治蚜，杀灭传毒蚜虫，直至芹菜收获前半个月都需注意防治。药剂可选择 50% 抗蚜威可湿性粉剂 2 000 倍液，或 25% 吡蚜酮可湿性粉剂 1 500 倍液、48% 噻虫啉悬浮剂 1 500 倍液、10% 吡虫啉可湿性粉剂 2 500～3 000 倍液、20% 氰戊菊酯乳油 3 000～4 000 倍液等。

（三）提高植株抗病力

除加强栽培管理外，在田间发病初期，可喷洒一些植物生长调节剂。比如 1.5% 植病灵乳剂 1 000 倍液，或 20% 盐酸吗啉胍可湿性粉剂 500 倍液、20% 盐酸吗啉胍·乙酸铜可湿性粉剂 500 倍液、8% 宁南霉素水剂 300～400 倍液等，每隔 7～10d 用药 1 次，连续施药 2～3 次，有一定的抑制病害扩散的效果。

周益军（江苏省农业科学院植物保护研究所）

第 88 节　芹菜黑心病

一、分布与危害

芹菜黑心病又称芹菜心腐病，是芹菜生产上最为严重的毁灭性病害，无论是露地还是保护地栽培的芹菜整个生育期都会遭受危害，甚至在运输期间病情还可继续加重，尤以西芹受害更重。该病的特征是当病株外观依然是叶片深绿时，而心部幼叶组织却已溃烂，并且病害始终在心部蔓延直到整个心部变黑腐烂，致使植株丧失其商品价值和食用价值，因此，得名黑心病或心腐病。

该病的分布十分广泛，全世界绝大多数芹菜产区都有发生，早在 1897 年，美国罗得岛州就发生了芹菜黑心病，此后在加利福尼亚州、得克萨斯州、威斯康星州、新泽西州、犹他州和佛罗里达州等地都十分流行；20 世纪 50 年代，佛罗里达州遭受的经济损失每年往往达 1 亿美元，其他州的产量损失常常在 60% 以上。

自 20 世纪末以来，随着我国芹菜种植面积的显著扩大和保护地芹菜的迅速发展，黑心病的发生频率和严重程度也在上升，现已成为广大菜农提高芹菜产量和效益的重要障碍。21 世纪初，河南省济源市塑料大棚秋冬芹菜黑心病幼苗的死亡率高达 70%，定植后死亡率在 40% 以上；与此同时，内蒙古自治区锡林郭勒盟多伦县的芹菜黑心病也极其严重，致使贫困县的菜农生活更加艰难。

二、症状

芹菜从一叶期至收获前均可发病，以 8～12 叶期为发病高峰，轻者缺苗断垄，重者全田毁种。通常病害首先出现在芹菜心部叶片或冠部正在生长的叶片上，往往是较早成熟的叶片先变色褪绿，而多数外叶仍然深绿，随后芹菜短缩茎中央的心叶叶缘褪绿和变褐，整片心叶逐渐凋萎、枯焦，甚至死亡，形成黑褐色的心腐；此后病害继续向短缩茎发展，叶柄基部的维管束组织变褐，病部变黑腐烂，最后形成黑心。有些芹菜黑心病株最初为心叶、叶脉间变褐，以后叶片外缘变为黑褐色，生长点干枯，似干烧心，仅从植株外表尚不易察觉到受害，往往到生长后期肉眼才看到明显的症状。病情不太严重时，短缩茎四周仍能长出看似正常或略向外展的叶片，叶片的顶部或边缘组织常常死亡，有时死亡组织迅速发展为大型褐色坏死斑，并逐渐变黑，当植株成熟时病害发展很快，由新叶向外叶发展，同时通过根茎向根系发展，植株心部几天内就可毁坏，生长停滞，病株外叶偏少或向外展开，根尖变黄，剖开根茎可见根茎内部及根部组织均变褐坏死；遇潮湿时，病部可招致腐生细菌或胡萝卜欧文氏菌胡萝卜亚种（*Erwinia carotovora* subsp. *carotovora*）的侵袭，心叶变黑褐色、湿腐、黏滑，短缩茎中央褐腐（彩图 10 - 88 - 1，1～4），最后全株叶片萎蔫倒伏，直至死亡。有时核盘菌（*Sclerotinia sclerotiorum*）也会接踵而来，病部长出白色菌丝及黑色菌核，造成田间植株严重腐烂或成片死亡（彩图 10 - 88 - 1，5）。在田间出现了黑心病的芹菜植株，在运输和储藏期间病情往往加剧。

三、病因

芹菜黑心病的发生至今已有一百多年的历史，国内外许多学者先后开展了一系列的病因研究，至今唯一得到的一致结论是该病不属于侵染性病害，而属于由生理障碍所致的、十分复杂的生理性病害，然而对于具体的生理障碍因子及致病机理则说法不一，黑心病的发病原因尚未完全清楚。

目前，普遍认为芹菜黑心病与莴苣、菠菜及其他绿叶蔬菜干烧心一样，是钙缺乏或钙混乱所致。钙不仅是芹菜生长必需的矿质营养元素之一，而且在维持细胞壁、细胞膜及膜结合蛋白的稳定性，调节无机离子的运输，对逆境胁迫的感受、传递、响应和适应过程中都起着重要的作用。钙是构成植物体细胞壁和细胞间层不可缺少的物质，有防止细胞液外渗和早衰的作用。缺钙会破坏细胞壁和细胞膜的稳定结构，降低植株的机械强度，并阻碍细胞分裂的正常进行和新细胞的形成，抑制顶芽或根等最旺盛组织的生长；缺钙还影响到植物对钾、镁等营养元素的吸收与运输，造成体内钙、钾、镁、硼元素的不平衡，特别是钙元素本身就难以移动和重复利用，故缺钙植株的分生组织往往发育变慢，生长点和幼嫩叶片发育不良，严重时叶片褪绿和变形，叶缘出现坏死斑点，最终心叶褐色干腐。

引起植株缺钙的因素很多，至少包括直接缺钙和间接缺钙两类因素，直接缺钙主要是土壤或栽培基质中钙肥不足，不能满足植株对钙的需求，这在早年的芹菜生产中很是常见；但如今的蔬菜栽培都比较注意施用钙肥，不大会出现土壤或栽培基质直接缺钙的情况，因此，植株缺钙有可能是间接缺钙所致。间接缺钙主要指土壤和空气的湿度、温度、品种特性及生育期等因素引起的植物缺钙，气温和土壤湿度长期过高或过低、干旱后突遭大雨淹没、氮肥施用过多以及品种对钙元素敏感等因素都会影响植株对钙的吸收和钙在体内的运输。在自然条件下，田间小气候是千变万化和难以控制的，芹菜品种的选择也不多，所以间接缺钙同样应引起重视。

综上所述，尽管目前对芹菜黑心病的主要病因有所了解，但要搞清楚每次发病的具体因子却比较困难，有待于今后更加深入地研究。

四、发生规律

芹菜黑心病发生的严重度主要取决于土壤中钙元素的含量和影响植株吸收钙离子的各种因素。

（一）土壤缺钙

土壤缺钙是引发芹菜黑心病的主要因素，钙不仅是芹菜生长必需的矿质营养元素之一，而且在一系列的生理生化代谢与基因调控反应中起着重要的作用。从芹菜第一片真叶长出一周后至收获前半个月内，对钙元素的需求量大，特别是芹菜生长的最后 6 周正值营养生长极度旺盛期，也是决定产量的关键期，这期间芹菜生长最快、最接近成熟也最需要钙，此时缺钙就最容易产生黑心病。

（二）土壤水分供应不平衡

在很多情况下，黑心病的发生并不是土壤真正缺钙所致，而是影响植株对土壤中钙的吸收及在体内传输等其他多种因素综合作用的结果，特别是与土壤水分的关系十分密切。在芹菜生长中，即使总体水分供应量较低，但只要始终如一地均衡供应一般不会发生该病，反之则不然。土壤的透气性也十分重要，如果雨季过长或长期干旱，灌水过多或过少，久旱之后突然大水猛灌或甚至淹没以及土壤板结等都会直接阻碍芹菜有限根系对钙素的吸收，再遇植株的生长速率超过从土壤中钙吸收速率时，黑心病植株就频频出现。高温、高湿、强光照和低蒸腾率也会导致黑心病的发生，特别是在高温干旱、偏施氮肥的情况下，芹菜的生长发育加快，对氮、磷、镁等元素的吸收能力增强，但此时植株往往钙吸收率较低、传输能力局限和钙量累积不足，最终导致植株体内生理性缺钙，引起黑心坏死。发生黑心的芹菜病株常常伴有细菌感染，在闷热多雨或骤晴骤雨的天气条件下，芹菜烂心现象十分严重。土壤干旱降低了土壤中硼的有效性，也使得幼叶由边缘逐渐向内变褐，最后心叶坏死。总体来说，我国芹菜黑心病多发生在高温多雨的季节，通常以 5～7 月和 9～11 月病株较多，特别是在秋季定植后遇到暴雨发病更重。

（三）肥料供应不合理

除了水分不平衡、高温和强光照外，施肥的时期、肥料的种类和数量也影响黑心病的发生。芹菜在营养生长旺盛时期对养分的需求量高，此期对氮、磷、钾、镁、钙的吸收量占总吸收量的 84% 以上，其中氮的需求量最高，钙、钾次之，磷、镁、硼最少。但是，过度施肥也是诱发黑心病的重要因子，在过度施肥的土壤中，氮、钾、镁等盐分浓度往往过高，相互间的拮抗作用阻碍了植株对钙、硼的吸收，即便吸收了也不能很好地运转，必然导致心叶缺钙、缺硼而褐变干腐。一些菜农每年都往芹菜地施入大量诸如碳酸氢铵、尿素及磷酸二铵等铵态氮肥料，大大增加了土壤中的氮、磷元素，土壤 pH 的提高促使土壤钙离子与磷酸根离子结合，使得土壤中游离钙离子成为难溶于水、植株难以吸收的钙盐。在可溶性钙、镁和钾的总重量中，当钾量超过 18% 和钙量低于 78% 时，容易出现黑心病。芹菜对硼的需要量也很大，在缺硼的土壤或由于干旱低温抑制吸收时，叶柄易横裂；然而，过多的硼也会使芹菜叶片中毒，引发心叶扭曲。因此，要求适时、适量、平衡施肥。此外，地势不平、通透性差、土质贫瘠或者黏重以及过盐碱或过酸化的地块，芹菜烂心现象都十分显著。

五、防治技术

芹菜黑心病是一种生理性病害，引起发病的因素复杂多样，目前既无抗病品种，又无有效药剂。因此，防治芹菜黑心病应从栽培管理入手，关键措施包括平衡、适量施肥和均匀浇水，创造适宜芹菜生长的土壤、温度和湿度环境。一旦发病立即防治，防治前需认真分析病因，力争判断合理，防治措施得当。具体的防治技术有以下几点。

（一）选用耐病品种

在我国广泛种植的芹菜品种中，加州王、优他 52 - 70、文图拉、皇后、意大利冬芹、FS 西芹 3 号、胜利西芹、SG 抗病西芹、四季西芹、正大脆芹等品种性状较好，且耐缺钙症；美国的 Golden phenome-nal、Golden Plume 芹菜品种及 Golden self Blanching、Meisch's Special、Meisch's Wonderful、Pearlt White 中的一些品系对黑心病不太敏感，表现较强的耐病性，可引种试种。而佛罗里达州芹菜 Golden self Blanching、Old Golden、Paris Golden 中的一些品系以及 Utah、Golden Crisp 则非常感病。

（二）均衡配方施肥

在当今农业现代化生产中，国际上十分重视采用均衡配方施肥技术，已经成为一种常规的农业技术措施，并取得了很大的成功。这项技术要求对芹菜生产地的土壤进行养分含量测定，测定后进行分析诊断，再按照芹菜对养分的需求制定不同生育期的肥料配方，最后在适当时期进行科学施肥。芹菜均衡配方施肥的要点如下：

1. 有机肥与无机肥配合施用　有机肥包括农家肥和商品有机肥，农家肥最好多用秸秆沤制并直到腐熟，这样营养丰富全面、土壤通透性强、根系生长良好，而且有机肥与无机肥配合施用可以起到缓急相济、相互补充的作用。国外用骨粉、血粉作基肥，效果很好。

2. 无机肥中大量元素与中、微量元素合理配比　芹菜的营养生长对氮肥需求量最大，钾次之，但并不意味着氮、钾用量愈多愈好。在满足大量元素氮的基础上，适量施用中量元素钙和大量元素钾，并辅以微量元素磷、镁和硼，多种营养元素的合理配比才是确保芹菜正常生长、预防黑心病的前提。

3. 科学施肥　由于芹菜根系浅，栽培密度大，所以需肥量很高，通常将肥料总用量的30%～40%作基肥、70%～60%作追肥。基肥包括全部有机肥和磷肥，磷肥主要是过磷酸钙或钙、镁、磷肥等，与有机肥混合堆沤一段时间后施用效果更好。缺硼土壤可施入少量的硼砂；追肥有氮、钾肥、腐熟人粪尿、尿素或硫酸铵、硫酸钾等，要根据作物营养临界期和最大效率期分次进行，以确保肥料适时有效地被作物利用。这些肥料分基肥和3次追肥施用，第一次追施大约在蹲苗结束后、半月后第二次追肥、再过半月第三次追肥，4次施肥比例大约为2∶3∶3∶2，当然也可视芹菜的生长情况增加或减少肥料用量。总体来说，本芹对氮、磷、钾的吸收比率约为3∶1∶4，西芹则约为4.7∶1.1∶1。

黏壤土宜采用重基肥、早追肥的施肥方式；沙壤土则采取多次追肥的施肥方式；壤土采用基肥、追肥并重的施肥方式；过黏或过沙的土壤，需结合种植前耕翻土地施入充分腐熟的有机肥作底肥，以改善土壤通透性，增强保水、保肥能力；酸性土壤要增施石灰，既提供钙营养，又中和土壤酸性。设施栽培可增施二氧化碳气肥。总之，在芹菜旺盛生长时期，务必要控制好氮肥和钾肥的用量，增加硼肥和钙肥的施用。如基肥和追肥中钙量不足或易发生烂心的地块，需及时补钙，于西芹4叶时起，喷洒1%过磷酸钙溶液或0.5%硝酸钙溶液或其他叶面钙肥，每5～7d喷洒1次。

（三）水分平衡管理

黑心病与水分平衡管理密切相关，土壤缺水使植物细胞失水，膨压下降，叶片、幼茎下垂，再加上缺水提高了土壤中的盐分浓度，降低了植物根系的吸水能力，造成植株体内水分外渗的生理干旱现象，必然发生萎蔫。但是土壤含水量过大时，土壤水分处于饱和状态，土中往往缺氧，植株生理活动受到抑制，影响根系对水、肥的吸收，加速根系衰亡；缺氧还会加速不良气体形成的过程，产生硫化氢、甲烷等有毒物质，受毒害的植株根系缺氧、呼吸困难、阻碍无机盐运输；此时，土壤水分过多，也会使田间空气湿度增大，植株生态环境恶化。一般来说，当土壤含水量为田间持水量的70%左右时，最适宜耕作。不同质地的土壤田间持水量有所不同，壤土为14%～18%、中壤土为22%～27%、黏土为41%～47%。土壤沙性越强，田间持水量越小，而土壤黏性越大，田间持水量就越大。因此，适时适量灌溉避免土壤忽干忽湿极为重要，特别是在初夏季节，温度急剧上升时，一定要保持畦面湿润；高温干旱期间绝对不能缺水，注意遮阳降温、小水勤浇、防止土壤干旱；露地芹菜浇水宜在早晨或傍晚进行，保护地则在晴天上午进行，避免大水漫灌，夏季注意排水防涝，及时中耕松土，降低土壤湿度。

（四）其他农业防治措施

1. 培育壮苗和合理密植　由于成熟的芹菜对黑心病十分敏感，所以，播种期的确定应尽量避免其收获前期处于高温和高湿的季节。育苗床宜选择阴凉地块，播前结合苗床精细整地，施用优质腐熟农家肥和磷肥，播后覆盖薄膜，以利出苗。出苗后及时揭去薄膜，9月前育苗需搭棚遮阳防止烈日暴晒或暴雨冲苗，保持苗床畦面湿润，促使幼苗苗壮生长。

最好实行不同种类的蔬菜轮作换茬，克服土壤中偏肥缺肥现象，缓和土壤养分的失衡状态。直播芹菜在苗高3～5cm时匀苗，苗高12～15cm时定苗，株距为7～12cm，夏季和初秋播种的密度可稍大些；移栽的芹菜苗龄一般在40～50d为宜，可按幼苗大小分级定植，定植前将根系在1%过磷酸钙溶液中浸泡2～3s，以补充萌发新根对钙的需求，定植宜浅不宜深。

2. 大棚芹菜的水肥管理　芹菜喜凉爽、湿润的生长环境，为防止大棚西芹定植后徒长，促进根系生长和根茎增粗，必须采取通风、蹲苗措施，保持白天15～20℃，夜间不低于8℃；当夜间外界温度稳定在8℃以上时，可全部撤除覆盖物；西芹的根颈处极易分生萌蘖，影响植株生长，应及时摘除；尽可能采用滴灌，以确保水分均衡供应。高海拔地区栽培芹菜，定植前期气温较低，浇水不宜多，加强中耕保墒，提高地温，以利缓苗；芹菜进入快速生长期，在肥水不过量的前提下做到水肥齐攻，防止水肥不足引致黑心病。对于发生了黑心病的芹菜必须在成熟前收获，以免病情继续发展造成更大的经济损失。

3. 及时补钙 必须在芹菜显现缺钙迹象以前补钙，可以减轻缺钙的影响。通常从 7～8 叶开始叶面喷洒 0.5％氯化钙溶液或 0.5％硝酸钙溶液或绿芬威 3 号 1 000 倍液，由于老叶片上的钙离子不能输送到幼嫩叶片里，所以，必须将钙液喷入芹菜心部，否则起不到防治作用。近十年来，出现了一些新型的螯合钙肥，如益妙钙、甘露糖醇有机螯合钙、EDTA 钙钠盐等，由于钙的螯合作用加强了钙在植株体内的运转，因而螯合钙肥具有渗透性强、易被植株吸收、化学性能稳定等优点，比非螯合钙肥的补钙效果高出数倍。喷洒浓度为 5％益妙钙液态肥 1 000～1 200 倍液或甘露糖醇有机螯合钙液态肥 1 000 倍液，每周喷洒 1～2 次；还可在发病初期喷洒氨基酸钙 600～800 倍液或美林高效钙 500～600 倍液，每 10d 喷 1 次，连续施用 3～4 次，喷后 6h 内遇雨应补喷。叶面喷施 0.2％～0.5％的硼砂或硼酸溶液可减轻芹菜茎裂的发生。

对伴有核盘菌感染的田块，辅以喷洒 50％啶酰菌胺干悬浮剂 1 500 倍液，可收到良好的防治效果，收获期前 7d 停止使用。

冯兰香（中国农业科学院蔬菜花卉研究所）

第 89 节 绿叶蔬菜霜霉病

一、分布与危害

在我国，人们常将莴笋（茎用莴苣）、菠菜、皱叶莴苣、油麦菜（直立莴苣）、结球莴苣、茼蒿、蕹菜、香菜、茴香和油菜等统称为绿叶蔬菜，这是一类我国广大民众每日必食的蔬菜。菠菜、生菜和结球莴苣在北美洲、欧洲、大洋洲、南美洲和非洲各国都有大面积种植，亚洲各国除种植这 3 种绿叶蔬菜外，还广泛种植莴笋、茼蒿和油麦菜等，这些绿叶蔬菜非常容易感染霜霉病，轻者降低产品质量和菜农经济收入，重者毁种绝收。1843 年欧洲最早发现了生菜霜霉病；1960 年，美国首次报道了阿拉斯加州的莴笋霜霉病，随后在澳大利亚、奥地利、巴西、美国（加利福尼亚州）、加拿大、古巴、德国、韩国、新西兰等40 多个国家亦相继有报道；美国每年因菠菜霜霉病减产 3％～15％；在日本，长期以来绿叶蔬菜霜霉病为害严重，保护地内也是如此。

绿叶蔬菜霜霉病在我国的发生历史较长、发生面积较广，尤在南方地区发生最重。自 20 世纪 90 年代以来，我国南、北方的绿叶蔬菜种植面积都在迅速扩大，霜霉病也逐渐成了绿叶蔬菜生产上的常发和高发重大病害。其中，夏、秋茬菠菜发病很严重，导致病株叶片提早枯黄，常年减产 10％～20％，个别地块可达 50％以上；霜霉病也是我国莴笋上的主要病害之一，在露地和保护地生产中发生都很严重，特别是保护地莴笋发病更重，通常减产 30％～60％，有的可达 100％；江苏省宿迁市宿城区中杨镇的大棚莴笋就曾经普遍发生霜霉病，一般病株率为 5％～10％，重者达 70％～80％；霜霉病是保护地生菜的主要病害，多发生在春季和秋季，以春末和秋季发病最普遍，南方露地生菜亦普遍发病，常造成一定的减产，严重时可达 20％～40％；茼蒿霜霉病主要在南方春、秋季露地生产中发生，北方以冬、春季的保护地较多，重病棚减产 20％～30％；菊苣霜霉病是 21 世纪以后逐渐上升的新病害，以春末和秋季发生最普遍，严重时可造成 20％～40％产量损失。总的来说，绿叶蔬菜霜霉病严重为害叶片，且发病迅速，一旦防治不及时就会造成严重减产。

二、症状

绿叶蔬菜霜霉病尤以叶片发病普遍且严重，下面以受害最重的菠菜、莴笋、生菜、茼蒿为例分述霜霉病症状（彩图 10‑89‑1）。

（一）菠菜霜霉病

霜霉病是菠菜病害中发生率最高的病害，主要在叶片正面产生淡黄色、不规则形的病斑；病斑大小不一，直径为3～17mm，边缘不明显，扩大后互相连接成片，后期变褐枯死，叶片背面病斑上产生灰紫色霉层。病害往往从植株外叶向内叶、从下向上逐渐扩展，干旱时病叶枯黄，湿度大时多腐烂，严重的整株叶片变黄枯死。如果种子带菌则引起系统性侵染，病株萎缩，新叶变小、变脆，潮湿时也密生霉层。

（二）生菜霜霉病

生菜从幼苗到收获的各个阶段都可感染霜霉病，以成株期发病最重。霜霉病主要为害生菜叶片，先从基部叶片开始，在叶背产生淡黄色近圆形病斑，后沿叶脉发展成多角形病斑，有时延及正面，病害由基部叶逐渐向上部叶发展；潮湿时，叶背病部产生白色霜霉状物，这是病菌的孢子囊和孢囊梗，严重时正面也产生白霉；后期病斑连片，叶片变黄褐色枯死。

（三）莴笋霜霉病

莴笋霜霉病的症状基本上与生菜霜霉病相同。植株从幼苗期至成株期都可发病，以生长中后期发病较重。主要为害叶片，通常下部叶片的叶正面先出现淡黄色、近圆形病斑，无明显边缘，后扩大成黄褐色、不规则形或受叶脉限制呈多角形，潮湿时病斑背面长出稀疏霜状霉层；病重时许多病斑相连使叶片干枯，最后发展到莴笋表面变褐、变黑，甚至整株腐烂。病害从下部叶片逐渐向上部叶片发展，受害叶片多时茎部虽能长高，但不能正常长粗，导致产量和品质下降。

（四）茼蒿霜霉病

茼蒿霜霉病主要为害叶片。病害通常从植株下部叶片开始发生，并逐渐向上部叶片发展。叶片发病多从顶端开始，起先产生褪绿至淡黄色的小斑，扩大后病斑呈不规则形，边缘不明显，病叶背面病部同时产生一层白色霜霉层，即病菌孢子囊和孢囊梗。干旱时病叶枯黄，发病严重时，多个病斑连接成片，色泽呈枯黄色至褐色，使整株叶片变黄枯死。

三、病原

菠菜霜霉病由菠菜霜霉 [*Peronospora farinosa* （Fr.：Fr.）Fr. f. sp. *spinaciae* Byford] 侵染引起，该菌属于卵菌门霜霉属；生菜和莴笋霜霉病是由莴苣盘梗霉（*Bremia lactucae* Regel）侵染引起，该菌属于卵菌门盘梗霉属；茼蒿霜霉病由多型类霜霉 [*Paraperonospora chrysanthemi-coronarii* （Sawada）Constant.] 侵染引起，该菌属于卵菌门类霜霉属。这3种菌均系专性寄生菌，只能在活体上生存、繁殖。

（一）菠菜霜霉

菠菜霜霉病是菠菜的主要病害之一，主要为害叶片。孢囊梗从气孔伸出，大小为250～450μm，无色，分枝与主轴成锐角，分枝3～6次。孢子囊卵形，半透明，顶生，无乳状突，单胞，大小为（18～34）μm×（16～24）μm（图10-89-1）。卵孢子球形，黄褐色，具厚膜，大小为24～38μm。该菌只侵染菠

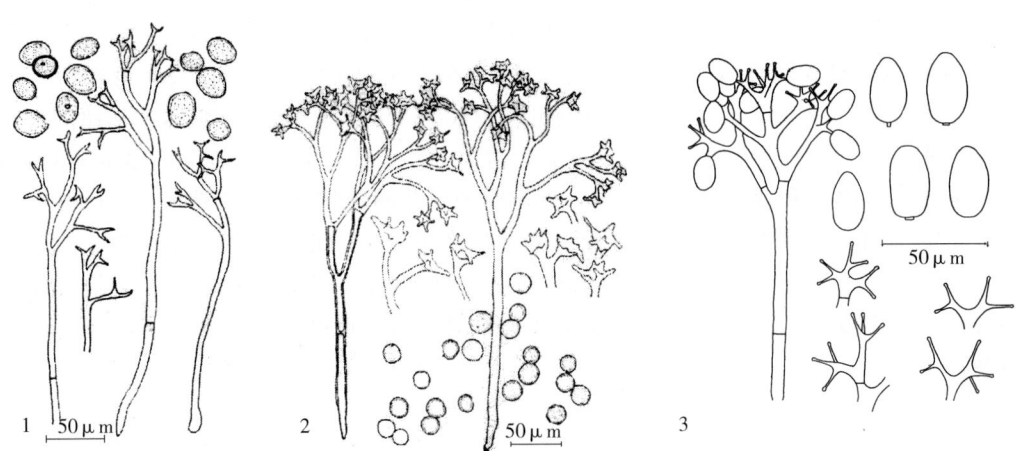

图10-89-1　菠菜霜霉、莴苣盘梗霉和多型类霜霉的孢囊梗和孢子囊（郑建秋提供）

Figure 10-89-1　Sporangiophores and sporangia of *Peronospora farinosa* f. sp. *spinaciae*, *Bremia lactucae* and *Paraperonospora chrysanthemi - coronarii*（by Zheng Jianqiu）

1. 菠菜霜霉孢囊梗和孢子囊　2. 莴苣盘梗霉孢囊梗和孢子囊　3. 多型类霜霉孢囊梗和孢子囊

菜属植物和藜属的几种植物，以前曾报道 *Peronospora farinosa* f. sp. *spinaciae* 有 4 个生理小种，现在已发现该菌有 7 个生理小种。

（二）莴苣盘梗霉

主要侵染莴笋、生菜和油麦菜，还可侵染毛连菜、蒲公英、苦菜、苦苣菜、山莴苣等菊科植物。孢囊梗自气孔伸出，单生或 2~6 根束生，无色，无分隔，主干基部稍膨大，二叉状锐角对称分枝 4~6 次，长度为 216~536μm；孢囊梗顶端分枝扩展成小碟状，大小为 3.0~5.0μm，小碟状物边缘长出 3~5 个小短梗，大小为（2.5~3.75）μm×（0.75~1.75）μm，每个小短梗上长一个孢子囊；孢子囊单胞，无色，卵形或椭圆形，具乳状突起或不明显，大小为（14.28~19.9）μm×（14.28~25.7）μm，易脱落（图 10-89-1）；通常孢子囊直接萌发产生芽管，但在黑暗、低温、水分充足的条件下能产生游动孢子；卵孢子球形，黄褐色至褐色，不满器，孢壁皱缩，直径 26~34μm，一般不常见。

该病菌有明显的生理分化现象，目前报道的有 3 个变种，分别为莴苣盘梗霉（原变种）（*Bremia lactucae* Regel var. *lactucae*）、莴苣盘梗霉毛连菜变种（*Bremia lactucae* Regel var. *picridis-hieracioidis*）和莴苣盘梗霉蒲公英变种（*Bremia lactucae* Regel var. *taraxaci*）。

（三）多型类霜霉

多型类霜霉主要侵染茼蒿，引起茼蒿霜霉病。也可侵染其他菊科蔬菜、菊科杂草、菊科花卉等。孢囊梗 2~3 根从寄主气孔伸出，有隔膜，基部膨大，高 200~660μm；主轴长 114~467μm，占全长的 1/2~2/3，粗 7~16μm；上部分枝不规则，三叉或近单轴状，个别轮生，分枝 5~8 次，末枝长圆锥形，常 2 枝或 3 枝直角分开，长 6.5~19μm，顶端膨大成直径 2.5~3.5μm 的小球，边缘生 3~6 个小梗，小梗长 4~11μm。孢子囊长卵形或椭圆形，无色，具柄，长 17~41μm，宽 13~25μm（图 10-89-1）。卵孢子球形，直径 28~36μm，壁淡黄色或黄褐色，平滑或微皱，藏卵器不正形。

四、病害循环

菠菜霜霉病菌、生菜和莴笋霜霉病菌以及茼蒿霜霉病菌都是严格的专性寄生菌，各自的寄主范围都很狭窄，菠菜霜霉病菌只能侵染菠菜，生菜和莴笋霜霉病菌还可侵染油麦菜、菊苣等菊科植物，而茼蒿霜霉病菌只能侵染茼蒿和欧茼蒿。但是这几种病害的病害循环却有许多相似之处（图 10-89-2），它们均以菌丝体随病株残余组织遗留在田间或在种子上越冬或越夏，也能以卵孢子在病残叶内越冬或越夏。翌春环境条件适宜时产生孢子囊，孢子囊成熟后借助气流、雨水反溅、昆虫或农具及农事操作等传播到寄主植物上。孢子囊可直接萌发产生芽管，也可间接萌发产生游动孢子，游动孢子在水中游动片刻后鞭毛消

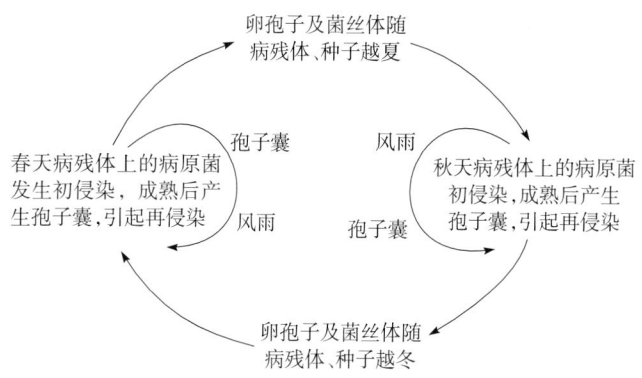

图 10-89-2　绿叶蔬菜霜霉病病害循环（王晓梅提供）

Figure 10-89-2　Disease cycle of downy mildew on spinach, lettuce and crowndaisy（by Wang Xiaomei）

失，萌发产生芽管，从寄主叶片的气孔或直接穿过表皮细胞间隙侵入，引起初次侵染。寄主发病后在受害部位产生成熟的孢子囊，在田间广泛传播不断引起再侵染，导致田间病害的逐渐蔓延和流行。在发病后期，霜霉病菌都可在寄主组织内产生卵孢子，随同病株残体在地上越冬或越夏，成为下一个生长季的初侵染源。在适宜条件下从侵入到发病仅需几天时间，病原菌在生长季中繁殖很快，反复引起再侵染。

在一般情况下，这几种绿叶蔬菜霜霉病的初侵染菌源是发病的同类绿叶蔬菜，尤其是在气温较高的南方，周年都可以种植同类绿叶蔬菜，病原菌就可传来传去、扩大蔓延，不存在越冬现象，病菌还可在一些多年生杂草或附着在种子上越冬，气流可将这些周围相同寄主上的霜霉病菌孢子囊源源不断地吹送过来，也可成为这些蔬菜连续种植区的田间主要初侵染源。在北方较冷的地区，保护地绿叶蔬菜的种植面积较大，病原菌既可在保护地内的寄主上持续为害、越冬，也可通过秋播绿叶蔬菜的病株残体或落入土壤中的

卵孢子越冬,当大地回春、温湿度适宜时,病害就会发生与流行。此外,生菜、莴笋霜霉病菌还可在一些多年生的菊科杂草上越冬。

五、流行规律

绿叶蔬菜霜霉病的发生与气候条件、栽培管理、品种抗性等因素的关系十分密切,但决定病害是否流行的主要因素是降水量。

(一)菠菜霜霉病

菠菜霜霉病发病的适宜温度为 6～10℃,病斑扩展最适温度为 12～25℃,侵染后 6～12d 可再形成孢子囊,温度高于 26℃时病害发展受到抑制;孢子囊萌发的适宜温度为 7～18℃,或在适宜温度下经 2～6h 释放出游动孢子。孢子囊萌发和芽管伸长温度条件为 2～25℃,最适温度为 9～12℃。除温度外,高湿对病菌孢子囊的形成、萌发和侵入更为重要。在发病温度范围内,多雨多雾,空气潮湿或田间湿度高,种植过密导致株行间通风透光差,均易诱发霜霉病。通常在保护地早播、低温高湿、种植密度过大和土壤积水等情况下病害发生严重,特别是冷凉多雨天气条件下易暴发成灾,导致全田毁种。菠菜霜霉病最适发病生育期为 5 叶以上至采收前,发病潜育期为 5～15d。浙江及长江中下游地区菠菜霜霉病的主要发病盛期在春季的 3～4 月和秋季的 9～12 月,春季一般发生较轻,秋季发生偏重。年度间秋季多雨、多露的年份发生重,田块间多年连作、排水不良的发病早而重,栽培上早播田、种植密度过高的田块也往往发病早而重。

(二)莴笋和生菜霜霉病

莴笋和生菜霜霉病喜低温高湿的环境,适宜发病温度为 1～19℃;最适发病的环境条件是温度为 15～17℃、相对湿度在 90% 以上,最易发病生育期为成株期。发病潜育期为 3～5d。湖南、江西、安徽、江苏、浙江和上海等长江中下游地区莴苣霜霉病的主要发病盛期在春季 3～5 月和秋季 10～11 月。在湖北武汉,每年 4 月和 11 月发病较多。年度间早春低温多雨、日夜温差大的年份发病重;秋季多雨、多雾的年份发病重。田块间连作地、地势低洼、排水不良的田块发病较重。栽培上种植过密、通风透光差、肥水施用过多的田块发病重。

(三)茼蒿霜霉病

茼蒿霜霉病的发生与气候条件关系密切,尤其是温、湿度。病菌不抗高温,孢子萌发适宜温度为 6～10℃,病菌侵染适宜温度为 15～17℃,病菌侵染需要 85% 以上的相对湿度,游动孢子萌发侵入需要叶面有水膜存在。因此,茼蒿霜霉病多发生于春末或秋季。此时若遇昼夜温差大、结露时间长或雾多、阴雨等气候条件,则病害发生严重。种植过密、群体过大、氮肥使用过多、茼蒿生长过旺、通风透光不良、灌水过多或排水不良、田间湿度过大,病害发生均重。

六、防治技术

绿叶蔬菜霜霉病具有流行性强、来势猛、发病重、传播快且毁灭性强的特点,加之目前使用的部分杀菌剂出现了抗药性,因此,生产中对该病的防治应倍加关注,必须采取"预防为主、综合治理"的防治措施。

(一)因地制宜地选用抗(耐)病品种

目前,尚无抗病性强的栽培品种,但是不同品种间存在着抗病性差异。就莴笋来说,凡根、茎、叶带紫色或深绿色的品种比较抗霜霉病,如红皮莴笋、尖叶子、青麻叶和万年桩莴苣;从生菜的外形来说,通常花叶和散叶型品种比较抗病,如蒙玛、皇帝、鸡冠结球莴苣、红结球莴苣、太湖 366 等。据报道,菠菜品种中的萨沃杂交种 612 号和 621 号、巴恩蒂、鲍纳斯、杜埃特、华菠 1 号、春秋大叶和全能菠菜等对霜霉病有一定的抗性。茼蒿有大叶茼蒿和小叶茼蒿两大类型,一般是小叶茼蒿的耐寒性和抗病性要强于大叶茼蒿,另外,一些优良茼蒿品种如茼 02-1、茼 02-2 等,只要防病措施得当,很适合保护地种植,各地可因地制宜地加以试种和选种。

(二)选好茬口,适时播种

播种前,要彻底清除前茬田间的病株残余和野生杂草,深翻土壤,精细整地,尽量减少土壤中的病原菌量。注意倒茬,忌连作,重病田应与其他蔬菜实行 2～3 年轮作。在保证菠菜、莴笋、生菜、茼蒿有足够生长期的前提下，要根据当地气候做到适时早播，因地制宜，才能为丰产奠定良好的基础。

（三）加强栽培管理

培养无病壮苗，及时淘汰病苗、弱苗。低洼地采用高畦栽培，合理密植，增施腐熟的农家肥，实行平衡施肥，避免偏施氮肥；合理灌水，降低田间湿度，如遇雨天，需及时清沟排水，露晒畦面；发病后及时清除病叶、病株，并带出田外烧毁；中拱棚和连栋大棚栽培，采用全地膜覆盖可降低棚室内湿度，尤其是叶片表面不结露或少结露，不利于孢子囊的萌发；全覆盖还有保水保肥的作用，利于植株生长；同时要合理控制浇水量，改进灌溉技术，如采用滴灌、渗灌、膜下暗灌、膜下侧灌等；适时放风降湿，高温闷棚；早施肥，及时中耕培土，培育壮苗。有条件的温室可释放 CO_2 气体，有助于叶片气孔的关闭，阻碍病菌侵入。

（四）化学防治

1. 药剂处理根际土壤和种子　播种前可用 50％烯酰吗啉可湿性粉剂 2 000 倍液淋湿植株根际土壤，或用 2％石灰粉拌无菌泥粉撒施于土壤，防止土壤中残留的菌丝体造成再侵染；为了预防种子带菌引起田间发病，可用种子重量 0.2％的 40％拌种双粉剂拌种，或用种子重量 0.1％的 35％甲霜灵拌种剂拌种，可减轻病害发生。

2. 喷药防治　在发病初期开始喷药，药剂可选用 50％烯酰吗啉可湿性粉剂 1 500 倍液，或 72％霜脲·锰锌可湿性粉剂 1 500 倍液、72.2％代森锰锌可湿性粉剂 1 000 倍液、75％百菌清可湿性粉剂 600 倍液、77％氢氧化铜可湿性粉剂 1 000 倍液、58％甲霜灵·锰锌可湿性粉剂 800 倍液等。每隔 7～10d 喷施 1 次，连喷施 2～3 次，喷药液时须均匀周到，特别注意叶背和雨前喷药，药剂要交替使用。

保护地预防该病还可采用 45％百菌清烟剂，标准棚（667m^2）每棚用药 100g，傍晚闭棚后熏烟，次日早晨通风，7d 熏 1 次，视病情连续熏 3～6 次。

（五）其他方法

在绿叶蔬菜霜霉病发病初期，每 667m^2 可用 1.5 亿活孢子/g 木霉素可湿性粉剂 300g 对水 50～60kg，均匀喷雾，每隔 5～7d 喷洒 1 次，连续喷施 3 次，防病效果良好。还可向叶片或根部施用 DL-3-氨基丁酸（BABA），诱导植物产生局部或系统抗病性，从而达到预防霜霉病的目的。另据报道，在无土栽培方式育苗中，可在营养液中加入硅盐以增加其导电性，也有一定预防霜霉病的作用。

王晓梅（吉林农业大学农学院）

冯兰香（中国农业科学院蔬菜花卉研究所）

第 90 节　莴苣菌核病

一、分布与危害

莴苣菌核病最早在 1900 年被发现，当时美国马萨诸塞州莴苣因该病普遍减产 25％以上，有的达 40％；1906 年，北卡罗来纳州莴苣也因该病减产 10％～70％；1925 年，亚利桑那州发病田块达莴苣种植面积的 85％。目前，该病已广泛分布于世界各莴苣种植区，也是我国莴苣的常见病，只要寄主和气候条件适宜，就可造成危害。

该病在露地和保护地都有发生，但以冬春保护地栽培的莴苣发病严重。轻者，田间发病率为 10％～20％；中等者，发病率达 30％左右；重者达 40％以上，更加严重者全田绝收。留种田块发病后，可导致留种株不能结果，甚至腐烂枯死，颗粒无收。莴苣菌核病菌的寄主种类很多，除莴苣外还可侵染十字花科、葫芦科、豆科、茄科、藜科、伞形科等 19 科 71 种植物，同样也造成植株腐烂或整株死亡。

二、症状

植株发病，一般从基部开始逐渐向叶片或茎秆上部蔓延，常使病部腐烂。发病初期，往往先从莴苣基部出现褐色、水渍状斑块，并沿着主脉向叶片顶端扩展，后褐色病变组织逐渐腐烂；潮湿时病斑表面产生浓密的、白色絮状的菌丝，后期白色絮状菌丝逐渐变为球状，颜色加深，最后形成黑色、坚硬、形状不规则的菌核。茎用莴苣的茎秆亦可受害，茎秆表面呈黄褐色、表皮腐烂，湿度大时，表面也有茂盛的白色絮状菌丝和菌核。留种株莴苣受害严重时，茎秆内髓部腐烂变成空腔，空腔内产生许多鼠粪状的菌核（彩图 10 - 90 - 1）。

三、病原

莴苣菌核病的病原为核盘菌 [*Sclerotinia sclerotiorum* （Lib.） de Bary]，属于子囊菌门核盘菌属真菌。

核盘菌菌丝茂盛，肉眼观察呈白色棉絮状，不产生无性孢子；菌核由菌丝体形成，外部黑色，内部浅红褐色，菌核外层为细胞排列紧密的拟薄壁组织，内部为疏松菌丝形成的疏丝组织；菌核萌发产生子囊盘，每粒菌核一般产生 5～10 个，有时可多达 20 个以上；子囊盘杯状或盘状，肉色或浅褐色，直径最大可达 11mm，有柄；子囊圆筒形，整齐排列在子囊盘表面，大小为 （116～144） μm× （8.2～11） μm，内含 8 个子囊孢子；子囊孢子斜向整齐排列，椭圆形，单细胞，无色，（8～13） μm× （4～8） μm（图 10 - 90 - 1）。

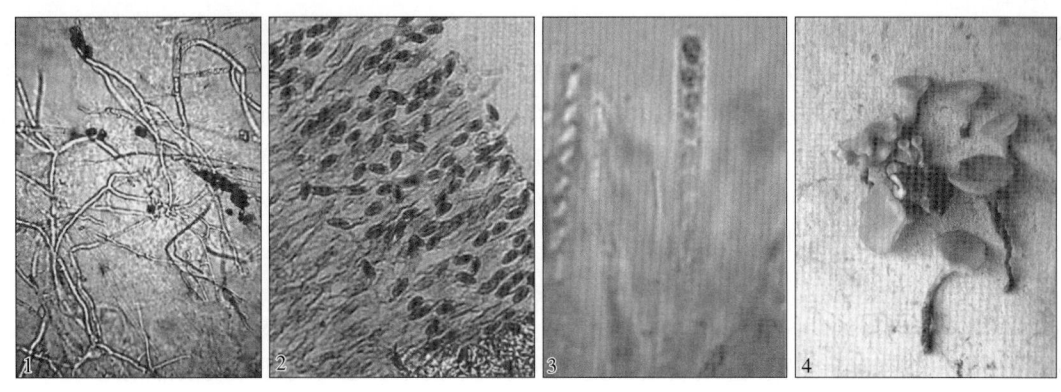

图 10 - 90 - 1　核盘菌形态（1. 引自 Clarissa Balbalian，2012；2. 童蕴慧提供；3. 引自 Howard F. Schwartz，2008；4. 郑建秋提供）

Figure 10 - 90 - 1　Morphology of *Sclerotinia sclerotiorum* （1. from Clarissa Balbalian，2012；2. by Tong Yunhui；3. from Howard F. Schwartz，2008；4. by Zheng Jianqiu）

1. 菌丝体　2. 子实层　3. 子囊和子囊孢子　4. 子囊盘

菌核萌发子囊盘释放子囊孢子的有利条件是，温度 8～20℃，连续 10d 以上的湿润环境，在此条件下可持续释放子囊孢子 8～15d。子囊孢子在 5～20℃、相对湿度 85% 以上就能达到较高的萌发率。菌核抗干热，70℃处理 10min，死亡率仅为 25%，但不耐湿热，用 50℃热水处理 5min 可死亡。

病菌在致病过程中能产生果胶酶和纤维素酶，这些酶类分解植物细胞壁，导致腐烂症状，还可以产生草酸类毒素作用于寄主细胞。有观点认为，草酸和果胶酶中内切多聚半乳糖醛酸酶的相互促进作用有利于核盘菌致病力的发挥。

四、病害循环

病菌以菌核在土壤中越冬、越夏，或混于病残体、种子中越冬、越夏，在冬季温暖的保护地，菌丝可以在寄主内越冬。菌核在干燥土壤中存活期很长，可达 3 年以上，但在潮湿土壤中仅存活 1 年，若在淹水情况下，1 个月就会腐烂死亡。菌核主要分布于土面下 2～5cm 处，南方在 2～3 月、北方在 3～5 月时气温回升，菌核开始萌发产生子囊盘，或直接产生菌丝。子囊孢子成熟后被弹射到空中随气流传播扩散。子囊孢子萌发的芽管一般从伤口或衰老叶片侵入，病斑表面的菌丝可以蔓延或攀缘到其他部位，直接侵染健康叶片和茎秆，造成多次再侵染（图 10 - 90 - 2）。病害在春秋季都有发生，以春季发病较重，冬季仅在保护地和温暖地区为害。

莴苣菌核病菌的寄主范围很广，可侵染 64 科 396 种植物，许多蔬菜都是它的寄主。其中，包括大白菜、萝卜等十字花科蔬菜，番茄、辣椒等茄科蔬菜，西葫芦等葫芦科蔬菜，菜豆、豇豆等豆科蔬菜。若上季作物发病严重，田间遗留大量菌核，会导致下一季作物的严重发病。

五、流行规律

该病菌的菌丝对温度要求不严，在 0～35℃ 都能生长，最适宜温度为 20℃ 左右，最适相对湿度为 85% 以上；菌核可不休眠，5～20℃ 及较高的土壤湿度即可萌发，以 15℃ 最适，在 50℃ 条件下处理 5min，菌核死亡；菌核在干燥土壤中可存活 3 年，甚至更长时间，而在水中 1 个月即死亡。气温 20℃、相对湿度 85% 以上时适宜病害发生，故冬春低温季节遇长期阴雨天气病重；当相对湿度低于 65% 时，病害发生轻或不发生。植株密度过大，通风透光差，地势低洼，排水不良及偏施氮肥的田块发病重，保护地栽培中，高湿环境亦能诱致病害增重。

该病发生程度与栽培习惯、管理水平的关系极大。在许多菜区，莴笋

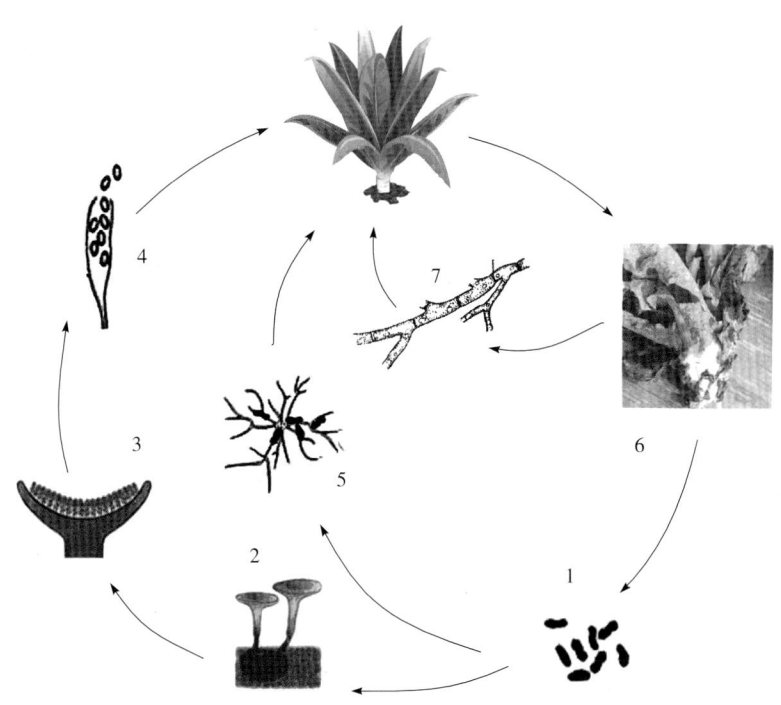

图 10 - 90 - 2　莴苣菌核病病害循环（童蕴慧提供）

Figure 10 - 90 - 2　Disease cycle of lettuce Sclerotinia rot（by Tong Yunhui）

1. 菌核　2. 子囊盘　3. 子囊盘表面的子囊　4. 子囊释放子囊孢子
5. 菌核萌发菌丝　6. 病斑表面的菌丝　7. 菌丝体

和生菜常年都是与茄科、葫芦科、十字花科蔬菜连作或邻作，土壤里积累了大量的病原菌，只要环境条件合适，立即就会引起发病。此外，地势低洼、排水不良、种植过密、通风透光差、偏施氮肥特别是速效氮肥、植株徒长、浇水过多、保护地放风较差、田间湿度大、杂草丛生、病虫多发以及植株长势弱的地块，发病均较重。

六、防治技术

（一）轮作及深耕

与非寄主植物轮作 2～3 年能够减少土壤中菌核数量，有较好的防病效果。需要注意的是菌核病菌寄主种类很多，可与葱、蒜类植物或禾本科植物轮作，其中，以水旱轮作效果最好，因为菌核在淹水的状态下容易腐烂死亡。若无条件轮作，则应深翻土壤。据调查，94% 的菌核分布于土壤表层 5cm 处，萌发的菌核中 24.6% 来自土壤表层 2cm 处。因此，可将表层带有菌核的土壤翻至深层，使其中的菌核不能萌发释放子囊孢子。

（二）利用抗（耐）病品种

目前，尚未发现对莴苣菌核病免疫或高抗的品种。一般来说，莴苣叶片颜色深绿或带有紫红色的品种比较耐病，如红叶莴笋、挂丝红、孝感莴笋、红皮圆叶和南京紫皮香等莴笋；红帆紫叶生菜、红裙生菜、科兴 7 号、科兴 11 和意大利耐抽薹生菜等。另外，精选种子和清除种子间混杂的菌核对减轻病害十分重要。

（三）加强栽培管理

采用高畦覆膜栽培，特别是莴苣移栽前覆盖地膜，可以阻断子囊孢子向空中释放。及时清理病残体，减少田间菌核数量；用腐熟的有机肥作基肥，不偏施氮肥，增施磷、钾肥，基肥应占施肥总量的 60% 左右；合理密植，铲除田间杂草，改善通风透光条件；雨水多的地区应作垄栽培，根据莴苣生长需要适量浇水，沿田块四周挖深沟，做到雨后能及时排水。保护地应及时通风排湿，低温时采取保温措施，防止植物冻伤。

（四）药剂防治

发病初期立即喷药防治，药剂可选用 28% 井冈·多菌灵悬浮剂 500 倍液，或 50% 腐霉利可湿性粉剂

1 000 倍液、40％菌核净可湿性粉剂 1 000 倍液、50％异菌脲可湿性粉剂 1 000～1 500 倍液、20％甲基立枯磷乳油 1 000 倍液等，连续喷施 2～3 次，间隔 7～10d。保护地可选用 15％腐霉利烟剂或 45％百菌清烟剂，每 667m² 用药 250g，熏烟 5～6h 后开棚通风，间隔 7～10d 熏烟 1 次，连续熏烟 3～4 次。

童蕴慧（扬州大学园艺与植物保护学院）

第 91 节　菠菜炭疽病

一、分布与危害

菠菜炭疽病是菠菜生长中的常见病，广泛分布于我国菠菜种植区，其他国家也有发生，特别是在美国、英国、法国、意大利、德国、波兰、西班牙、日本、朝鲜、韩国、印度、越南、泰国等发生较重。

许多国家和地区一年四季均有菠菜种植。露地春、秋两季栽培的菠菜，当气温在 20℃以上时，就有可能发生炭疽病；夏季高温对该病有一定抑制作用，因此发生较少；初春、晚秋和冬季菠菜多为保护地栽培，大部分时间环境温度、湿度都比较适宜病害发生发展，因此，菠菜炭疽病往往比较严重，通常造成减产 5％～10％。菠菜是一种速生叶菜类蔬菜，生长期比较短，仅为 30～50d，一旦发生炭疽病，病株难以恢复，病叶完全丧失食用价值，常常造成产量大幅度下降和菜农收入锐减。

二、症状

在菠菜营养生长期，炭疽病一般发生在叶片与叶柄上。病斑初期为淡黄色，近圆形，可布满整个叶片，后期颜色变为枯黄色，并变薄呈纸状；气候潮湿时，病斑周围呈水渍状。病斑可以相互愈合成不规则形，或成片枯黄，受害严重的叶片会提早枯死；气候干燥时病斑极易开裂，因此病叶上常出现裂纹。在枯黄病斑中央，可产生密集的黑色小颗粒，排列成轮纹状，这是炭疽病的典型特征（彩图 10-91-1）。在菠菜叶片上还有由变异芽枝孢 [*Cladosporium variabile* (Cooke) de Vries] 引起的菠菜叶霉病和由菠菜匍柄霉（*Stemphylium spinaciae*）引起的菠菜叶斑病，但与菠菜炭疽病相比，主要区别是前两种病害的病斑表面没有颗粒状物。

采种株菠菜茎秆也可被病菌侵染。病斑为梭形或纺锤形，并逐渐干枯凹陷，中部灰白色，边缘灰褐色，其上密生轮纹状排列的黑色小粒点。茎秆病斑易造成病株上部的茎叶枯死和折断。

三、病原

菠菜炭疽病的病原有两种：束状炭疽菌 [*Colletotrichum dematium* (Pers.：Fr.) Grove] 和菠菜炭疽菌（*C. spinaciae* Ellis et Halst.），均属于子囊菌无性型炭疽菌属。这两种真菌的致病力有明显差异，菠菜炭疽菌在菠菜以外的寄主上只能造成轻微症状，而束状炭疽菌则可侵染多种植物，并造成严重症状。据国外报道，菠菜炭疽病的病原菌主要是束状炭疽菌；日本报道该菌还可侵染甜菜，引起甜菜炭疽病严重发生。

束状炭疽菌以分生孢子盘产生分生孢子，分生孢子盘上生有针状、黑色刚毛；刚毛具隔膜 2～3 个，基部屈曲；分生孢子梗无色，单胞；分生孢子镰刀形，无色，稍弯曲，中央具 1 个油球，大小为（21～25）μm×（2.3～3.0）μm；分生孢子萌发后在芽管顶端可形成椭圆形的附着胞（图 10-91-1）。

病菌菌丝生长的温度为 5～31℃，最适温度为 24～29℃；分生孢子产生的温度为 10～29℃，最适温度为 22～24℃。该病菌可产生 4 种非寄主专化性毒素，毒素在病斑形成过程中起着一定的作用。

图 10-91-1　束状炭疽菌分生孢子盘与分生孢子（引自 Department of Plant Pathology Archive，2007）

Figure 10-91-1　Acervulus and conidia of *Colletotrichum dematium*（from Department of Plant Pathology Archive，2007）

四、病害循环

病菌主要以菌丝体在越冬菠菜上或随病残体在土壤中越冬。病叶片中的菌丝在室内 25～35℃下可以存活 90d，0℃下可以存活 600d；种子内外也可带菌，这些都可成为翌年病害的初侵染源。土壤中散落的分生孢子不能作为下一季的侵染源，在田间自然条件下，分生孢子 1 个月内就会死亡，但若在室内或室外有遮盖的条件，分生孢子的存活期可以延长。

分生孢子通过风吹、雨溅、灌溉水或农具传播，小昆虫身体往往会黏附分生孢子，通过昆虫活动也可传播病菌。分生孢子多从伤口侵入，也可直接侵入，侵入后 48h 就可见症状。只要温、湿度适宜，病菌可以进行多次再侵染（图 10-91-2）。在炭疽病菌分生孢子接种豇豆茎秆的试验中发现，分生孢子接种后 6h 萌发形成椭圆形附着胞，14h 附着胞积累黑色素，并开始侵入寄主，20h 在寄主表皮细胞中形成囊状体，再形成菌丝并向邻近细胞扩展，40h 后多分枝的菌丝便充满寄主细胞。

五、流行规律

菠菜炭疽病发生对温度要求不严，在早春和晚秋温度偏低的情况下，只要湿度大就可发病，湿度愈大病害愈重。四川、云南、重庆、湖北、湖南、江西、安徽、江苏、上海和浙江等省份的春、秋两季，气温较低、湿度较大，比较适合菠菜炭疽病的发生和发

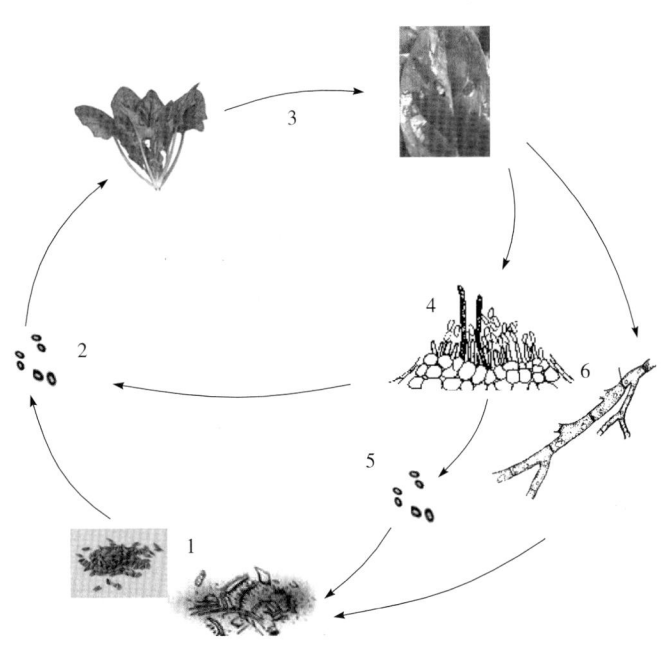

图 10-91-2　菠菜炭疽病病害循环（童蕴慧提供）
Figure 10-91-2　Disease cycle of spinach anthracnose (by Tong Yunhui)
1. 越冬场所　2 和 5. 分生孢子　3. 病株　4. 分生孢子盘　6. 菌丝

展，容易引发该病的流行。此外，在种植密度高，田间密闭不透风，或植株叶片肥大柔嫩、相互遮盖，造成田间相对湿度较高时，病害较重；降雨和浇水过多，或阴雨天持续时间长，地势低洼排水不畅，病害也较重。

重茬特别是常年连作的田块，由于田间积累了大量病原菌，环境条件一旦比较适宜，很容易诱发炭疽病多发、重发。同样，在田间病残体未清理干净，或种子带菌率高的情况下，初侵染源量大，也会加重病害。

除气候条件和土壤带菌量外，栽培管理也直接影响田间病害的发生程度，比如土壤贫瘠、施肥不足、管理粗放，导致植株长势弱、抗病力下降，病害往往比较严重。但是施肥量过高，植株生长过于柔嫩，也会增加植株的感病性。

六、防治技术

（一）农业防治

1. 清洁田园　前茬植物收获后及时清理病残体和田块周围杂草，集中销毁。深翻土壤，可以将病残体埋入土中，促进其分解。或种植前耕翻晒土，促进其中病菌死亡，减少初侵染菌源。

2. 避免重茬　最好能在无病菌田块育苗，或用药土处理苗床土壤。重病田土壤中积累的病菌多，可与其他植物轮作，以减少土壤中菌量，轮作时间在 3 年以上效果较好。

3. 合理密植　适时播种，合理密植，增加株间通风透光条件，保护地浇水后要开棚通风排湿。

4. 合理施肥、浇水　施足有机肥作基肥，每 667m² 施优质有机肥 400～450kg，适当追施复合肥，叶面喷施多元素复合肥，促使植株生长健壮；使用的有机肥一定要腐熟，不能带有病株残体，否则其中的病菌仍能传病。在田块四周开好排水沟，降低地下水位，做到雨停无积水。适时适量浇水，严禁连续浇水和

大水漫灌，防止浇水时水滴溅起传播病菌。

（二）种子处理

播种前用温汤浸种法处理种子，将种子在 50℃ 热水中浸 10min，捞出后立即用凉水冷却，晾干后播种。

药剂处理可选用种子重量 0.4％ 的 50％ 多菌灵可湿性粉剂拌种，或用 25％ 咪鲜胺乳油 3 000 倍液浸种 24h，或用 80％ 乙蒜素乳油 5 000 倍液浸种 24h，捞出晾干后即可播种。

（三）化学防治

在发病初期用化学药剂防治，可选择喷洒 70％ 代森锰锌可湿性粉剂 500 倍液，或 50％ 多菌灵可湿性粉剂 500～600 倍液、70％ 甲基硫菌灵可湿性粉剂 700 倍液、75％ 百菌清可湿性粉剂 800 倍液，间隔 7～10d 用药 1 次，连续用药 2～3 次。

童蕴慧（扬州大学园艺与植物保护学院）

第 92 节　菠菜病毒病

一、分布与危害

菠菜病毒病又称花叶病，是菠菜上的主要病害之一，在全世界菠菜产区几乎都有发生，而且随着病毒种类的不断增加，其为害也在逐渐加重。据希腊报道，有 13.5％、7％ 和 5.4％ 的菠菜样本分别感染了西方甜菜黄化病毒（BWYV）、黄瓜花叶病毒（CMV）和芜菁花叶病毒（TuMV）；德国和美国报道，由多种病毒侵染引起的菠菜病毒病造成的产量损失可高达 47％，个别严重地块甚至绝收。

21 世纪以前，虽然菠菜病毒病在我国各地均有发生，但对产量的影响往往不太大。可是现在的情况却明显改变，该病害不但在菠菜生产上愈来愈普遍，而且在不少地区的病原种类愈来愈多，产量损失愈来愈大，重病田块减产 30％ 不足为奇，现已成为菠菜生产上的一个主要问题。特别是在高温、干旱年份，如果栽培管理不善、蚜虫暴发、杂草丛生，通常会导致该病流行，对菠菜的产量和品质影响极大。

二、症状

菠菜从苗期到成株期均能发生病毒病，以叶片受害为主，由于菠菜品种、毒原种类、环境条件以及侵染时间的不同，菠菜病毒病的田间症状比较复杂多样，大致可分为三大症状类型（彩图 10 - 92 - 1）。

（一）花叶

病株心叶首先出现明脉和褪绿斑驳，进而变为黄绿色斑块，病情不断向上部叶片发展，许多叶片呈现出黄绿相间的斑纹，或形成不规则的淡绿与浓绿相间的大花斑叶，稍皱缩畸形，叶片边缘偶向下卷，老叶黄化、枯萎，病株不太矮化。

（二）畸形

病株的心叶扭曲、皱缩，上部叶片除表现明显花叶外，还逐渐变细小、弯曲、严重皱缩畸形，植株瘦弱、矮小，发病愈早矮化愈重。到了发病后期，病株老叶提早枯死脱落，仅留黄绿斑驳的菜心。

（三）坏死

病株除表现花叶、皱缩、畸形等症状外，不少植株在心叶明脉之后不久叶片产生褐色或黑褐色坏死斑，病叶很快枯死，甚至心叶也枯死；病株生长逐渐停滞，全株枯黄、萎蔫并死亡。

三、病原

引起我国菠菜病毒病的病毒种类较多，如黄瓜花叶病毒（*Cucumber mosaic virus*，CMV）、芜菁花叶病毒（*Turnip mosaic virus*，TuMV）、甜菜花叶病毒（*Beet mosaic virus*，BtMV）、蚕豆萎蔫病毒（*Broad bean wilt virus*，BBWV）、甜菜曲顶病毒（*Beet curly top virus*，BCTV）、甜菜西方黄化病毒（*Beet western yellows virus*，BWYV）、莴苣小斑驳病毒（*Lettuce speckles mottle virus*，LSMV）等，以前 4 种病毒为主（图 10 - 92 - 1）。每种病毒既可单独侵染为害，也可两种或两种以上复合侵染，在田间产

生出比较复杂、多变的症状。

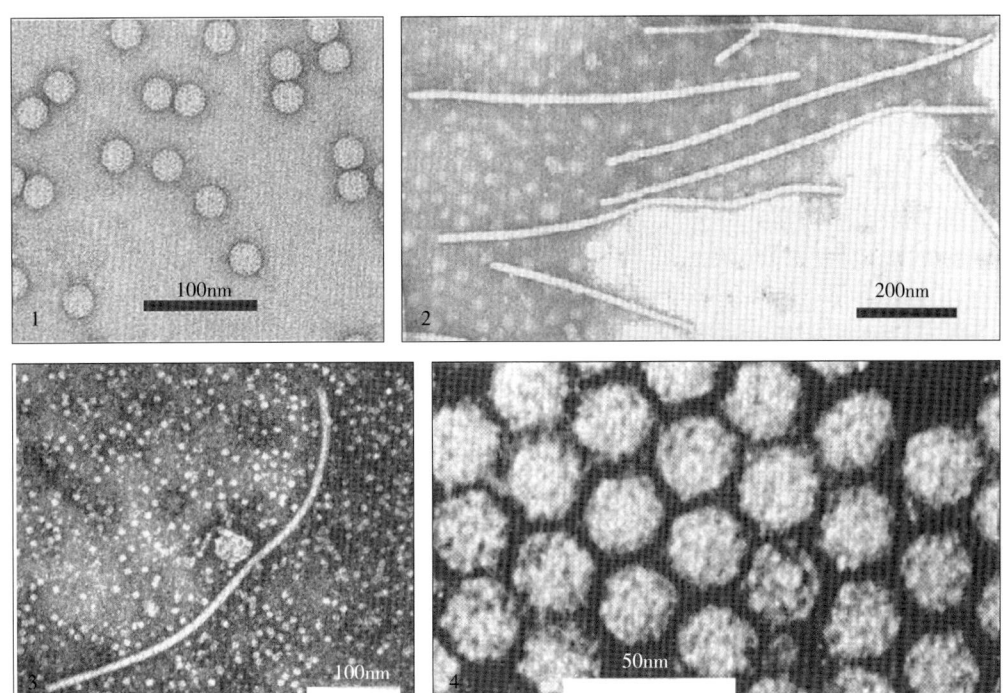

图 10 - 92 - 1　菠菜病毒病病毒粒体结构（分别引自 Peter Palukaitis，2003；J. A. Tomlinson，1970；
G. E. Russell，1971；R. H. Taylor，1972）

Figure 10 - 92 - 1　Virions from infected spinach（from Peter Palukaitis，2003；J. A. Tomlinson，1970；
G. E. Russell，1971；R. H. Taylor，1972，respectively）

1. 黄瓜花叶病毒　2. 芜菁花叶病毒　3. 甜菜花叶病毒　4. 蚕豆萎蔫病毒

（一）黄瓜花叶病毒（CMV）

该病毒隶属于雀麦花叶病毒科黄瓜花叶病毒属。病毒粒体球状，直径为 28～30nm，病毒汁液稀释限点为 1 000～10 000 倍，钝化温度为 65～70℃/10min，体外存活期 3～4d。主要由棉蚜（*Aphis gossypii*）、桃蚜（*Myzus persicae*）、萝卜蚜（*Lipaphis erysimi*）等数十种蚜虫以非持久方式传播，蚜虫各个龄期均可获毒，获毒时间为 5～10min，持毒时间不超过 2h；机械摩擦也可以传毒。CMV 的寄主范围非常广，可以侵染 85 科 1 000 多种植物。侵染菠菜的主要症状表现为叶形细小、畸形或植株丛缩。

（二）芜菁花叶病毒（TuMV）

该病毒隶属于马铃薯 Y 病毒科马铃薯 Y 病毒属。病毒粒体线条状，长度各异，主要有 680nm、722nm 和 754nm 三种类型。病毒汁液的钝化温度不超过 62℃/10min，稀释限点为 1 000～10 000 倍，体外存活期 3～4d。主要由桃蚜、甘蓝蚜（*Brevicoryne brassicae*）、萝卜蚜和棉蚜等蚜虫以非持久方式传播，蚜虫各个龄期均可获毒，获毒时间不超过 1min，传毒时间不超过 1min，无潜育期，持毒时间最长不超过 4h；机械摩擦也可以传毒。寄主范围相对广泛，可以侵染 20 多科的双子叶植物。侵染菠菜的主要症状表现为叶片形成浓淡相间的斑驳，叶缘上卷。

（三）甜菜花叶病毒（BtMV）

该病毒隶属于马铃薯 Y 病毒科马铃薯 Y 病毒属。病毒粒体线条状，大小为 730nm×12nm，在寄主体内产生颗粒状的核内含体。稀释限点为 4 000 倍，体外存活期 24～48h，钝化温度为 55～60℃/10min。主要由桃蚜和豆蚜（*Aphis craccivora*）以非持久方式传播，获毒及传毒时间为 6～10s，无潜育期，持毒时间不超过 4h；汁液接触也可以传播。侵染菠菜的主要症状表现为明脉和新叶变黄，或产生斑驳，叶缘向下卷曲。

（四）蚕豆萎蔫病毒（BBWV）

该病毒隶属于豇豆花叶病毒科蚕豆病毒属。病毒粒体为等轴对称状，直径约 30nm。在自然界中由桃蚜、豆蚜、豌豆蚜（*Acyrthosiphon pisum*）等多种蚜虫以非持久方式传播，也易经机械接种传毒，种子不传毒。稀释限点 10 000～100 000 倍，钝化温度为 60～70℃，体外存活期 4～6d。寄主范围广泛，可侵染茄科、藜科、十字花科等 21 种植物。侵染菠菜的主要症状表现为叶片花叶、皱缩、畸形、重病株明显矮化。

四、病害循环

病毒在菠菜及其他寄主（蔬菜或菜田杂草）上越冬，翌年春天当气温适宜时，由虫媒（桃蚜、萝卜蚜、豆蚜、棉蚜等）传播扩散，特别是有翅蚜比无翅蚜活动范围广，传毒作用大。这种传播既可以发生在菠菜病健株之间，也可以发生在菠菜与其他寄主之间，还可以发生在其他寄主病健株之间。这种传播扩散方式一方面可以在菠菜的生长季节保障病毒实现对菠菜的侵染，另一方面在非菠菜生长季节，可以保障毒源相对长久地得到保存。当然在菠菜田块中，病健株摩擦接触、农事操作等也有助于病害的传播，但在该病的蔓延和流行中，接触传毒的作用远小于蚜虫（图 10-92-2）。

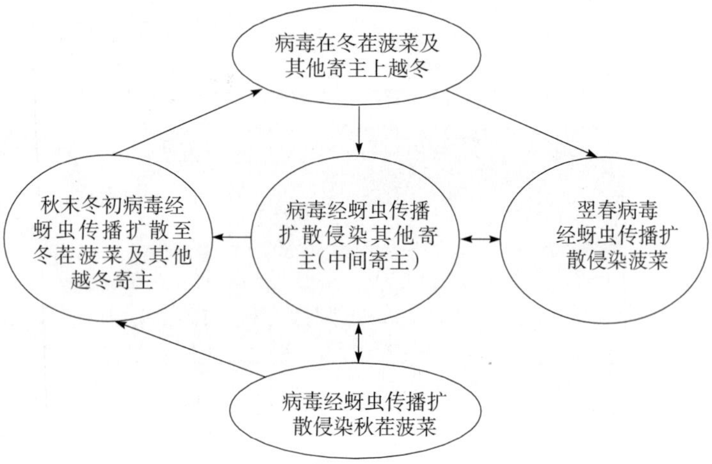

图 10-92-2　黄瓜花叶病毒、芜菁花叶病毒、甜菜花叶病毒和蚕豆萎蔫病毒引起的菠菜病毒病病害循环（周益军提供）

Figure 10-92-2　Disease cycle of CMV、TuMV、BtMV and BBWV infecting spinach（by Zhou Yijun）

五、流行规律

在我国南方，引起菠菜病毒病的病原多数为 TuMV，其次是 CMV 和 BtMV；但在北方，还常常有蚕豆萎蔫病毒的复合侵染。这几种病毒主要由蚜虫进行传毒，也可由汁液接触传毒。

总的来说，菠菜病毒病喜温暖较干爽的气候条件，发病温度为 5～30℃；最适温度为 12～25℃，相对湿度在 70% 以下，发病潜育期为 15～25d。虽然菠菜整个生育期均可受害，而且发病愈早为害愈重，但发病盛期多为成株期至采收期。病害发生程度与寄主生育期、品种、气候、栽培制度和播种期等因素密切相关；特别是秋季早播、苗期高温干旱，有利于蚜虫繁殖和有翅蚜迁飞，传毒频繁，同时高温干旱不利于菠菜生长发育，植株抗病力下降；温度高病害的潜育期也短，有利于病害早发、重发。

四川、湖北、湖南、江西、安徽、浙江、江苏和上海等省份菠菜病毒病主要发病盛期是春季 3～5 月和 9～12 月，而且一般下半年病害要重于上半年；年度间的病情有差异，往往秋季干旱少雨、晚秋温度偏高、早春温度偏高及雨量偏少的年份发病重；与黄瓜和十字花科蔬菜相邻的田块发病也较重。此外，栽培上秋季播期过早、耕作管理粗放、缺乏有机基肥、缺水，以及氮肥施用过多的田块发病均较重。

六、防治技术

（一）清除初侵染毒源

选择远离十字花科蔬菜和黄瓜的田块种植菠菜，防止这些蔬菜上的病毒传播到菠菜上；及时清洁田园，铲除田间杂草，彻底拔除病株。

（二）治虫防病

做到适时播种，秋季避免过早播种，适当迟播，可减轻病害发生程度；采用银灰膜、银色遮阳网等可避蚜防病；采用防虫网，隔离传毒蚜虫；幼苗出土后勤查蚜虫发生动态，发现蚜虫，及时喷药防治，通常每隔 7～10d 防治蚜虫 1 次，具体防治方法参见本单元第 122 节。

（三）提高寄主抗病性

菠菜田应施足有机肥，增施磷、钾肥，增强寄主抗病力；秋季或春季干旱时，要适时浇水、小水勤灌，保持土壤湿润，以利于植株生长而不利于蚜虫发育；出苗后施用植物动力 2003 叶面肥（德国产品），促进根系健壮生长。

(四) 化学防治

发病初期及时施药防治。药剂可选 8％宁南霉素水剂 300～400 倍液，或 20％盐酸吗啉胍可湿性粉剂 500～600 倍液、1.5％植病灵（三十烷醇＋硫酸铜＋十二烷基硫酸钠）乳剂 1 000 倍液、0.5％菇类蛋白多糖水剂 300 倍液、31％吗啉胍·三氮唑核苷可溶性粉剂 700 倍液等喷雾，每隔 7～10d 用药 1 次，连续施药 2～3 次，有较明显的抑制病害扩散的效果。

周益军（江苏省农业科学院植物保护研究所）

第 93 节　蕹菜白锈病

一、分布与危害

蕹菜白锈病是蕹菜生产上的主要病害，发生比较普遍，分布广泛，为害较重。据报道，世界上发生该病的国家有中国、印度、日本、菲律宾、马来西亚、泰国、美国、摩洛哥、苏丹、法国、意大利、马耳他、澳大利亚、斐济、牙买加、海地以及南美洲的其他大部分国家。

在我国，白锈病每年都有不同程度的发生和为害，以海南、广东、广西、江西、福建、香港、湖南、湖北、四川、云南、上海、重庆、台湾、江苏和浙江等地比较普遍和严重，北京、河南、辽宁、吉林和黑龙江也有零星发生。

蕹菜植株的各个部位均可受害。受害叶片的叶绿素含量降低，严重时叶片扭曲畸形，容易脱落；受害叶柄和茎秆肿大，品质下降，甚至失去食用价值。随着蕹菜种植面积的扩大和种植年限的增加，蕹菜白锈病的发生与为害呈日趋严重之势，一般发病率为 10％～20％，严重时可达 30％～50％，甚至高达 80％。一般发病田块减产 10％～20％，严重的可达 40％以上，甚至绝收。

二、症状

蕹菜白锈病主要为害叶片，也可为害叶柄、茎和根。被害叶片的典型症状是叶片正面最初出现黄绿色至黄色近圆形或不规则形斑点，随病情发展，病斑逐渐扩大，后渐变褐色，大小不等，一般为 4～16mm；在相应的叶背面出现白色至黄褐色，近圆形、椭圆形或不规则形，稍隆起状疱斑，即孢子囊堆，直径为 0.3～7.5mm，偶有穿孔，以后疱斑越来越隆起，最终破裂散出白色粉末，即为病菌孢子囊；严重时，叶片上的疱斑较密，并常常相互连接，导致病叶呈皱缩肥厚、凹凸不平的畸形状，最后干枯脱落；叶柄、茎部或根部受害时，患病处变肥肿，比正常茎增粗 2～3 倍，且扭曲畸形（彩图 10-93-1），有时病部也产生白色疱疹，内含大量卵孢子。

三、病原

蕹菜白锈病的病原有蕹菜白锈菌（*Albugo ipomoeae-aquaticae* Sawada）和旋花白锈菌 [*Albugo ipomoeae-panduranae* (Schwein.) Swingle] 两种，均为卵菌门霜霉目白锈菌属的真菌。

(一) 蕹菜白锈菌

孢子囊梗棍棒状，粗大，多有楔足，无色至淡黄色，不分枝，大小为（35～62.5）μm×（15～25）μm，平均 47.7μm×20.16μm，排列于基部，其上长出串生的孢子囊。孢子囊椭圆形至扁椭圆形，无色，串生，大小为（15.9～25.0）μm×（12.5～22.1）μm。病菌在寄主组织内易进行有性生殖。藏卵器球形、椭圆形、卵形，表面具皱褶，淡黄褐色，直径为 48.75～75μm。卵孢子近圆形，壁厚，表面平滑，无色至淡黄色，直径为 33.75～58.8μm，壁厚 4.5～9.5μm，平均 6.6μm（图 10-93-1）。雄器肾形、棍棒形，无色，28μm×14.7μm。该菌的寄主植物有蕹菜、牵牛花等。

(二) 旋花白锈菌

孢子囊梗棍棒状，顶部较大，楔足明显，大小为（20～78）μm×（8～27）μm，平均 38.8μm×16.3μm；孢子囊堆白色或淡黄色，初埋生于寄主表皮下，后突破表皮外露并散发出粉状的孢子囊。孢子囊短圆筒形、椭圆形或近球形，无色，中腰膜稍厚，大小为（12.5～24.3）μm×（12.5～21.6）μm，平均 17.59μm×15.34μm。卵孢子淡黄色至暗褐色，外壁平滑，成熟时外壁具瘤状、乳状突起，大小为（35～51.4）μm×（31.3～42.7）μm，直径 30～60μm（图 10-93-2）；藏卵器无色，散生或群生，大小为（46～61）μm×（41～52）μm。该菌除了侵染蕹菜，还侵染甘薯、旋花、圆叶牵牛、裂叶牵牛、圆叶茑萝等旋花科植物。

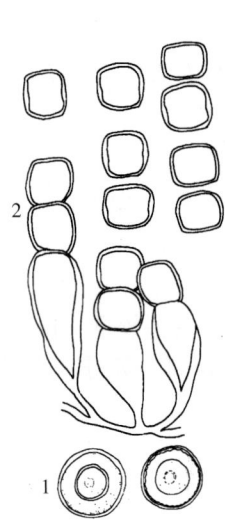

图 10-93-1 蕹菜白锈菌形态（引自余永年，1998）

Figure 10-93-1 *Albugo ipomoeae-aquaticae*（from Yu Yongnian，1998）

1. 卵孢子 2. 孢子囊梗和孢子囊

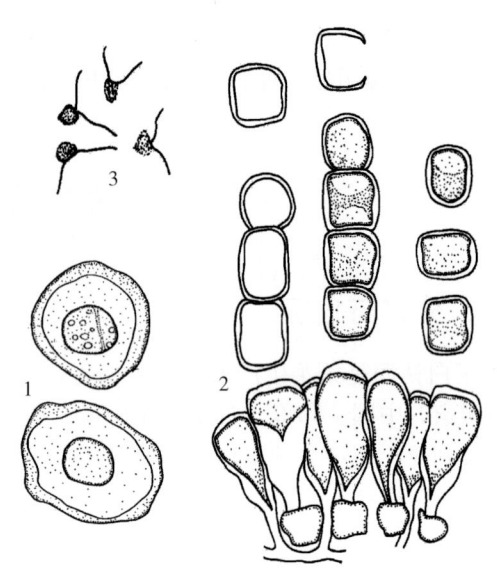

图 10-93-2 旋花白锈菌形态（引自余永年，1998）

Figure 10-93-2 *Albugo ipomoeae-panduranae*（from Yu Yongnian，1998）

1. 卵孢子 2. 孢子囊梗和孢子囊 3. 游动孢子

四、病害循环

病菌主要以卵孢子随病残体遗留在土壤和厩肥中或附着在种子上越冬，少数以菌丝体在寄主根茎内存活越冬，成为翌年重要的初侵染源。温度适宜时，卵孢子萌发，产生大量游动孢子，进行初侵染，发病后病部又产生大量新的孢子，在植株之间传播，引起再侵染。在同一生长季内病菌可进行频繁的再侵染。

病菌的卵孢子和游动孢子借助风、雨、灌溉水进行传播。在田间，被病菌

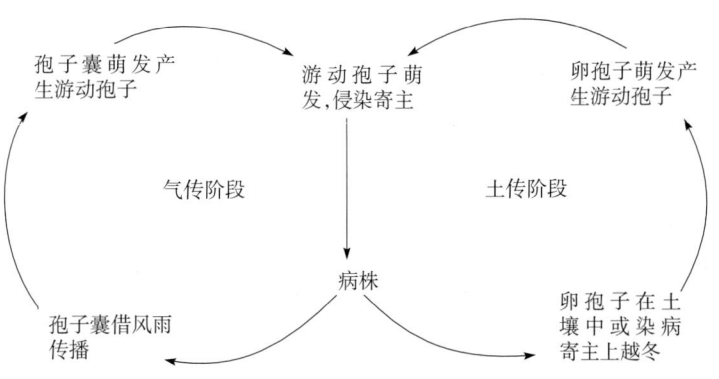

图 10-93-3 蕹菜白锈病病害循环（覃丽萍提供）

Figure 10-93-3 Disease cycle of water spinach white rust（by Qin Liping）

污染的农具、昆虫以及人、畜等都可近距离传播病土；施用未充分腐熟的、混有病残体的厩肥、沤肥，也可以传播病菌（图 10-93-3）；而带菌种子和有病蔬菜的调运是远距离传播病菌的有效方式。

五、流行规律

（一）孢子寿命与萌发条件

在室温和湿润条件下，大部分卵孢子可存活 1 年，少部分可存活 2 年以上。离体孢子囊的存活期随温度升高而缩短，日均温为 16～17.3℃时可存活 4～5d，25.6～27.3℃时只能存活 1～2d，而在低温干燥条件下可存活数十天。

孢子囊萌发温度为 15～35℃，最适温度为 25～30℃，孢子囊要接触到水膜或水滴才能萌发，如无水滴或水膜，即使在相对湿度大于 90% 的条件下也不能萌发。紫外光、直射日光对孢子囊萌发有抑制作用，

孢子囊在紫外光下照射 30min 即全部丧失活力，在日光下照射 2h，萌发率比遮光对照降低 75.5%。

（二）侵染过程及侵染条件

卵孢子在适宜温度、湿度条件下萌发，伸出 1 个薄膜泡囊，内含大量游动孢子，游动孢子黏附在叶片上。游动孢子静止后在水滴中萌发，产生芽管形成菌丝，从幼嫩叶片气孔侵入，完成初侵染。发病后在病部产生孢子囊，孢子囊萌发后产生游动孢子，游动孢子萌发产生芽管而侵入。病菌只能侵染幼嫩的组织，幼苗、新出土子叶最易感病，第二片真叶长成后，子叶、真叶的抗性增强，病菌只能侵染成苗上部 1～2 片未长成的嫩叶和嫩芽。病菌入侵要求较低温度（20～24℃）和高湿度，只有寄主表面有水滴或水膜存在的条件下才能侵入。

（三）发生流行条件

蕹菜白锈病的流行主要与菌量、湿度、温度等因素有关。播种未消毒的带菌种子，病害则加重。地势低洼、积水、连作、通风透光差、肥水管理不到位的地块发病早而重。温暖多湿的天气，特别是日暖夜凉或风雨频繁的季节最有利于该病的发生流行。

1. 菌源　连年大面积种植，品种单一，有利于病害的传播和病菌增殖；田间病株不清除或清除不彻底，遗留在土壤中的卵孢子量大，田间菌源充足，易引起病害流行。

2. 气候条件　影响蕹菜白锈病发生流行的主要因素有温度和湿度。田间湿度大，寄主表面有水膜，并保持 5～6h，夜间气温 21℃，白天气温不低于 23℃，在菌源数量充足的条件下可引起普遍发病。在生产上 5 月下旬开始发病，旬均温 25℃ 左右始见，6～8 月高温、多雨季节是发病盛期，9 月气温下降，降雨减少，病情有所减轻。

3. 栽培管理　多年连作，菌源积累量大；播种带菌种子；施氮肥过多，植株生长幼嫩；肥水不足，植株生长不良；菜地长期积水，灌溉不当或过于密植，通风透光性差，田间湿度大，都有利于病害发生流行。

六、防治技术

（一）选用抗（耐）病品种

各地可因地制宜选种抗病品种，泰国种、细叶种和柳叶种较为抗病。

（二）清除菌源

发病初期摘除病组织，拔除病株，带出田外销毁，防止病害蔓延扩大。采收后彻底清理田园，收集病株残体，集中销毁，深耕翻晒土地，促使病残体加速腐烂以减少越冬菌源。

（三）实行轮作

蕹菜白锈菌仅限于侵染旋花科蔬菜，与非旋花科作物进行轮作或水旱轮作可大大减少土壤中卵孢子的数量，间隔 1 年可减少 87%，使病情减轻，或者水淹菜地也可降低发病，甚至无越冬卵孢子。

（四）栽培防病

低湿地区实行高垄、高畦栽培，合理密植；蕹菜对肥水需求量大，宜施足基肥，增施有机肥和磷、钾肥，避免偏施氮肥，适时喷施叶面肥，促使植株早生快发，提高抗病能力。

（五）选用无病种子或种子消毒

在远距病田或病区设无病留种田，确保播种无病种子。对可疑种子在播种前进行种子消毒，先用磷酸二氢钾 150～200 倍液浸种 6～8h，再用干种子重量 0.3% 的 72% 霜脲氰・代森锰锌可湿性粉剂，或 35% 甲霜灵可湿性粉剂、69% 烯酰吗啉・代森锰锌可湿性粉剂进行拌种；也可用 60℃ 温水浸泡种子 10min，以杀灭种子上的病菌。

（六）药剂防治

按苗情、病情、天气状况喷药控病。药剂可选用 69% 烯酰吗啉・代森锰锌可湿性粉剂 800 倍液，或 72% 霜脲氰・代森锰锌可湿性粉剂 800～1 000 倍液、25% 甲霜灵可湿性粉剂 800 倍液、58% 甲霜灵・代森锰锌可湿性粉剂 500～700 倍液、58% 甲霜灵・锰锌可湿性粉剂 500～800 倍液、43% 戊唑醇悬浮剂 3 000～5 000 倍液、25% 三唑酮乳油 1 500 倍液、64% 噁霜・锰锌可湿性粉剂 500 倍液、72.2% 霜霉威水剂 800 倍液等，或 1：1：200 波尔多液。通常每隔 7～15d 喷 1 次药，连续喷 2～3 次，前密后疏、交替喷施。

覃丽萍（广西农业科学院微生物研究所）

第 94 节　芦笋茎枯病

一、发生与危害

芦笋茎枯病是一种毁灭性病害，故有"芦笋癌症"之称，1921 年首次在美国新泽西州被发现，现已扩散到北美洲、南美洲、欧洲和亚洲的大多数国家，甚至大洋洲的新西兰和澳大利亚也有发生。

我国是世界上最大的芦笋生产国，芦笋茎枯病是芦笋生产中的最主要病害，每年在保护地和露地均有不同程度的发生，并且呈上升趋势，尤其是广东、广西、海南、云南、贵州、四川、重庆、湖南、湖北、江西、安徽、江苏、上海、浙江和福建等省份发生最为严重，大流行年份往往造成大面积毁种。田间自然发病率一般为 30%～40%，严重地块达 60% 以上；受害芦笋田轻者减产 20%～30%，重者减产 70% 以上，甚至毁园绝收，已成为严重制约我国芦笋产业发展的关键因素。

二、症状

芦笋茎枯病在芦笋的整个生长季节都可发生。主要发病部位为茎秆和枝条，其次为拟叶，未发现果实发病，但种子可以带菌，严重时病株枯死甚至根盘腐烂。在不同的环境条件下，茎秆上可形成两种不同类型的病斑（彩图 10-94-1），但在发病初期均呈水渍状的褪绿小斑、小点或短线斑。

（一）急性型病斑

即温度适宜时，在距离地面约 30cm 的茎秆处，先出现水渍状、梭形或短线形、略凹陷的褪色斑，边缘不明显，病斑扩展迅速，形成大型的梭形或长椭圆形病斑；严重时病斑常相互连接成片或呈长条状，病斑灰白色，中间凹陷，表面密生黑色小点（病菌的分生孢子器），散生或轮纹状排列；湿度大时，病斑边缘处有灰白色绒状菌丝，茎秆髓部腐烂。当病斑环绕茎秆一周时，上部发黄的枝叶开始干枯，田间往往出现大量枯死株，病处易折断。

（二）慢性型病斑

在气候干燥、温度过低或过高时，病斑小且浅、不深及髓部、扩展慢、边缘明显，常为褐色至棕褐色的纺锤形或短线形病斑，病斑中间不形成黑色小粒点或只有稀疏几个黑色小粒点，茎秆髓部一般不腐烂，小枝上的病斑与茎秆上的相似，发病处易折断，使之以上部分枯死。

小枝梗和拟叶发病，先产生褐色小点，后边缘变成紫红色、中间灰白色并着生黑色小点；拟叶发病来势迅猛，小枝则易折断，茎秆内部灰白色，短期内可使芦笋大面积枯黄、成片死亡，似火烧状；急性枯萎病株的根盘往往腐烂，茎秆地下部出现棕褐色至黑褐色病斑。

三、病原

芦笋茎枯病的病原为天门冬拟茎点霉 ［*Phomopsis asparagi* （Sacc.） Bubak］，隶属于子囊菌无性型拟茎点霉属。该病菌的寄主范围较狭窄，能侵染百合科和苋科的植物，以芦笋受害最重，还能侵染文竹、紫狼尾草等。

在 PDA 培养基上的菌落初为白色棉絮状，后呈灰白色或淡黄绿色，气生菌丝平铺，培养基底色略带淡紫褐色，7d 后菌丝层内逐渐产生黑色、球形分生孢子器；分生孢子器常数个纠集成块，成熟后外露于菌丝层，并分泌乳黄色黏质菌液。在 PSA 培养基上生长快，菌丝致密，菌落白色且较亮，产孢量较多。菌丝生长的温度为 20～30℃，以 25℃ 最适，致死温度为 60℃/10min，最适 pH 为 5.0～6.0，12h 光暗交替有利于菌丝生长和分生孢子产生。

菌株培养 10～30d 后可产生分生孢子器和分生孢子。分生孢子器单生或 2～3 个生于一个子座内，黑褐色，圆锥形或烧瓶形，器壁较厚，孔口有或无，直径 40～73μm，内生分生孢子和分生孢子梗。分生孢子梗短，无色。分生孢子有 α 型、β 型和中间型。α 型分生孢子纺锤形或椭圆形，无色，单胞，一端较窄，大小为 （5.0～12.5） μm×（2.0～4.5） μm，内含 2 个油球；β 型分生孢子以线形为主，一端弯曲，还有披针形、波浪形或钩形的，无色，单胞，大小为 （17.5～27.5） μm×（1.0～2.0） μm，通常不含油球（图 10-94-1）。自然状态下同一分生孢子器内可见 α 型和 β 型分生孢子，但以 α 型分生孢子居多。

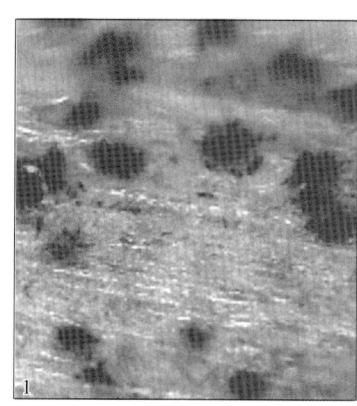 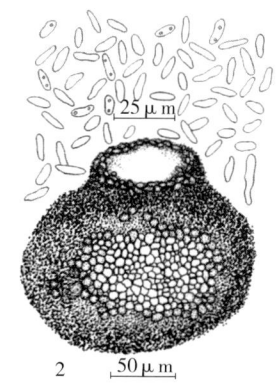 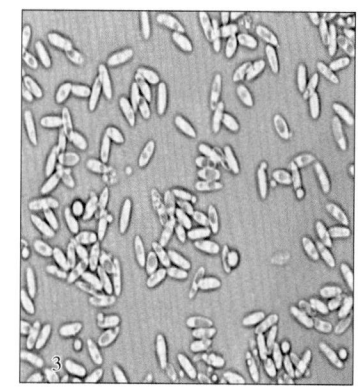

图 10 - 94 - 1　天门冬拟茎点霉形态特征（1. 引自陈建仁等，2012；2. 郑建秋提供；3. 引自孙燕芳，2013）

Figure 10 - 94 - 1　Morphology of *Phomopsis asparagi*（1. from Chen Jianren et al.，2012；2. by Zheng Jianqiu；3. from Sun Yanfang，2013）

1. 分生孢子纠集成块　2. 分生孢子器及分生孢子　3. α型分生孢子

四、病害循环

在我国冬季温暖的南方，芦笋茎枯病菌不但可顺利越夏还可越冬，春季病茎是秋季的菌源；但在冬季寒冷的地方，病原菌除了能够在温室内的寄主植物上持续为害外，还可以分生孢子器、分生孢子和菌丝体在田间病株残体上越冬，一般可存活 2～3 年；此外，土壤中的病残体和根盘上，以及在其他寄主（如紫花苜蓿及玉米等）残体上营腐生生活的病原菌也可越冬，这些病菌都是翌年田间病害重要的初侵染源。虽然，芦笋茎枯病可由种子带菌进行远距离传播，但在田间，病菌主要通过风雨传播，雨水飞溅是近距离传播的主要因子；也可通过气流、农事操作传播。开春后，土壤中的初侵染源萌发产生分生孢子，通过雨水进行传播并首先侵染嫩茎，从伤口侵入，也可直接从茎表面侵入，形成初侵染。植株发病后又产生大量分生孢子，再借各种传播途径感染其他植株，形成再侵染。病菌最容易侵入幼嫩的茎枝，当嫩茎表皮硬化后，就不易侵入。在芦笋整个生长季节，芦笋茎枯病菌可进行多次反复侵染（图 10 - 94 - 2）。

图 10 - 94 - 2　芦笋茎枯病病害循环（易克贤等提供）

Figure 10 - 94 - 2　Disease cycle of asparagus Phomopsis blight（by Yi Kexian et al.）

五、流行规律

病害的流行与菌源数量、降水量、气温高低的关系极为密切，菌源量大、连续降雨、温度适中则发病重，尤其是气温在 24℃ 左右的多雨时节，病情发展非常迅速。在我国南方，3～4 月阴雨天，6～7 月梅雨期和 9～10 月秋雨期为发病高峰期；而北方，春季温度较低、湿度较小、病情发展缓慢，病害较轻；但在夏季，7～8 月雨水较多，为芦笋茎枯病的发病高峰期，病株率可达 70%～80%，如无得当的管理措施，到 8 月下旬甚至全田枯死。田间早期形成的分生孢子器均能越夏，成为秋季病害的重要菌源。

茎枯病的流行与芦笋感病生育期的气象条件关系也极为密切。在适宜的温、湿度条件下，孢子的萌发、侵染和出现病斑均极为迅速，如在 25℃、饱和湿度条件下，孢子萌发只需 4h，病害潜育期仅为 7d。

如果在植株感病期遇上连续阴雨和适宜气温（20~28℃），病害极易流行。一般来说，日平均气温低于10℃，不发生茎枯病；23~26℃时易于产生大量的分生孢子，病害潜育期为 5~7d；旬平均气温 19.8~28.6℃为病害盛发期。雨季的迟早、降水量及降雨频次的高低与病害发生的严重度呈正相关，特别是在台风暴雨过后，病害发生十分严重。

长期连作、清园不彻底、土壤黏重、田间积水、偏施氮肥或缺少氮、磷、钾肥等，致使植株生长不良或苗株徒长、行间郁闭可导致病害严重。此外，收获末期植株营养不足或过度采摘，引起笋丛极度衰弱，也是病害流行的重要原因之一；采用劣质的 F_2 代种子或感病品种，病害也较重；雨季留母茎则很容易感染茎枯病，导致病害的大暴发。

田间病害的发展有两个阶段：第一阶段在采笋田发病后 40d 以内，病害处在横向扩展阶段，病株率增加快，能够达到 50%，但发病程度轻；第二阶段在病株率达 50% 后的 50~70d，随着田间菌源量的增长，新出幼笋增多，温、湿度适宜，病情较重，出现大片茎枯株死，反过来茎秆和拟叶的病斑和伤口又加速了病情的发展。

芦笋新种植区，一般头两年发病较轻，随着病菌的不断积累，病情逐年加重。而在重病区，新栽幼苗当年也可严重发病。

六、防治技术

防治芦笋茎枯病，防重于治、控防结合是治理该病害的关键。

（一）选用抗病品种

芦笋品种间对茎枯病的抗性差异较大，F_1 代杂交种的抗病性比 F_2 代种子要好很多，可选择种植。自 20 世纪末以来，许多单位采用各种方法培育或选育出一大批高抗品种或种质，如大理天门冬、B7/TX-4、H666、Gijnlim、Backlim、阿波罗、紫色激情和杰西奈特；较抗病的有格兰德、阿特拉斯、早生帝王、井冈 701、TC 山东、井冈全雄（2）、B4-a/B20-a（紫）、B19-c（H）、B2-a/SD、B3/TX-6 等。

然而，目前不少地方仍然种植 UC157 F_2、UC800 F_2、UC72F_2 等劣质 F_2 代芦笋，这些品种的抗病力很差，容易引起大面积发病，必须更换。现在河北、山西、内蒙古、北京、天津等省份推广的 NJ951、NJ857，浙江富阳推广的格兰德 F_1、阿特拉斯 F_1、阿波罗 F_1，福建东山推广的 Gijnlim，基本上都具有产量高、品质好及抗茎枯病等特性。另外，芦笋从无性系杂交 F_1 代新品种井冈 701、京绿 1 号、井冈红、J2-2 和早熟品种台南选 3 号等也比较抗茎枯病，有的还兼抗叶枯病、锈病和根腐病等，值得各地因地制宜地选用。

（二）栽培措施

1. 选好地块 选择未种过芦笋的地块育苗；定植田应为地势平坦、地下水位低、土质肥沃、排灌方便和通气性好的沙壤壤土或壤土地。土质黏重、地势低洼及排水不畅的地块不利于芦笋根系发育。

2. 种子消毒 热水处理结合药剂拌种，即用 70~80℃热水浸烫 5~10min，立即放在冷水中漂洗，然后用 25% 多菌灵可湿性粉剂 400~500 倍液浸种 2~3d，再催芽播种。

3. 合理间套作 芦笋与甘薯、玉米、棉花等间作茎枯病发生严重，而与大蒜、洋葱、豆类等间作则病害发生相对较轻。

4. 清洁田园 种植初年，由于芦笋行距较宽，植株矮小，易滋生杂草，严重地影响芦笋的生长发育；特别是进入雨季后，杂草生长更为迅速。因此，要适时中耕锄草，并及时清除病茎、疏枝打顶，多松土，改善土壤中的营养条件，促使芦笋茎枝迅速生长，提高植株的抗病能力。

芦笋种植地都应重点抓好春母茎、秋母茎留养前和冬季植株枯黄后的清洁田园。越冬阶段的清园工作分两次进行，第一次于 1 月上、中旬待地上部茎枝全部枯萎后，把离地表 16~17cm 处的枯茎全部割掉，统一烧毁遗留在田间的残枝枯叶，再行冬翻，并喷洒 70% 敌磺钠可湿性粉剂 500 倍液消毒棵盘，每667m² 用药液 250~500kg，以减少越冬病原基数；第二次于 2 月中旬再拔净枯茎残桩，搬离田外烧毁；芦笋采收结束后，及时开垄扒土，清除棵盘上的嫩茎残桩，裸露出棵盘曝晒 3~5d，再用 70% 敌磺钠可湿性粉剂 500 倍液消毒棵盘，并覆以薄土。

5. 及时疏株 适当控制留母茎数，一般每穴留 3~5 根，均匀分布。如果芦笋株丛内抽生和鳞芽萌发的茎枝过多，往往会造成株丛内郁闭、茎枝柔嫩，将会大大增加病株率。因此，需要在晴天及时疏除株丛内老、病、弱、断、倒、密的茎枝，再喷药防病。

6. 科学施肥　施用氮肥过量可诱发茎枯病，要科学配方施肥。增施有机肥，重施钾肥，补施微量元素、生物菌肥，抑制病菌的活性和提高笋株的抗病性。不少地方推广的"看苗、看地轻施或迟施，甚至不施复壮肥"的施肥方法，一般都能达到笋株长势健壮、茎枝抽生合理、田间通风透光良好的效果。采收结束后约 40d 需施用秋发肥，一般在 8 月下旬，分 2～3 次看苗施用，为翌年高产打好基础。

7. 加强排水　做好三级排水系统，防止田间积水，确保雨停田干。定植初年，排水沟不可开得太深，以防鳞芽盘上升太快和盛产后期无法培土，缩短田块的采掘年限。但需逐年加深排水沟，第一年畦沟深13～14cm，腰沟深约 20cm，边沟深 26～27cm；第二年畦沟深约 20cm，腰沟深 26～27cm，边沟深 33～34cm；第三年畦沟深 26～27cm，腰沟深 33～34cm，边沟深约 50cm。这样逐年加深，沟泥逐渐填高畦面，可减少土壤浅层水对芦笋的不利影响，创造有利于芦笋植株生长发育的条件。

8. 避雨栽培　田间铺草秸或覆地膜，可防止病菌被水溅起，阻断侵染途径，可减少病株率72.7%～77.1%。大棚种植芦笋也是良好的避雨栽培措施，能有效阻止台风和雨水侵袭，减轻芦笋茎枯病为害。在芦笋春、秋母茎留养期间不拆除顶膜，能避免雨水、降低设施内湿度，创造不利于茎枯病发生的低湿环境条件，减轻病害。留母茎时要选择连续 5d 以上晴好的天气和粗大健壮的嫩茎留作母茎，以减少受病菌侵染的概率。尽量使母茎嫩茎的出土期与雨季错开，坚持 7、8 月雨季采笋，都能收到一定的防病效果。

（三）化学防治

1. 药剂种类　清园后要进行土壤消毒，可喷洒 75%百菌清可湿性粉剂 600～800 倍液或 50%多菌灵可湿性粉剂 300～500 倍液；也可用 50%多菌灵可湿性粉剂 500～600 倍液或 4%嘧啶核苷类抗菌素水剂 200 倍液进行灌根。

生长期间防治芦笋茎枯病，除可应用多菌灵、百菌清以外，还可应用 70%甲基硫菌灵可湿性粉剂 600 倍液、25%嘧菌酯悬浮剂 2 000 倍液、50%异菌脲悬浮剂或可湿性粉剂 1 000 倍液、70%代森锰锌可湿性粉剂 600 倍液、50%福美双可湿性粉剂 500～800 倍液和 30%苯甲·丙环唑乳油 4 000 倍液等喷雾，防病效果均较好。

为了延缓病菌产生抗药性，应将保护性杀菌剂与内吸性杀菌剂交替使用。在春秋两次留母茎时，幼笋期可用 70%甲基硫菌灵可湿性粉剂 800 倍液，或者 75%百菌清可湿性粉剂 800 倍液防治。当母茎长至50cm 左右开始分枝时，可改用 0.5%～1%波尔多液保护。此外，还可用代森锰锌、福美双等交替使用或甲基硫菌灵与福美双或百菌清等不同类杀菌剂混合使用。

2. 喷药时间　在嫩茎及嫩枝抽生期进行喷药保护，大田芦笋嫩茎抽生高度达 10～30cm 时，及时采用药剂防治，控制茎枯病为害。过去曾片面强调抓好梅雨和秋雨季节的茎枯病防治，忽视高温期间的药剂防治。芦笋茎枯病菌孢子在土壤中遗留的病残枝上越冬，孢子在 13℃以上即可萌发为害，适宜于孢子萌发和菌丝体生长的温度是 20～30℃，33℃以上的高温对孢子萌发和菌丝体生长有抑制作用，孢子靠雨水和气流传播，茎枝得病后的潜伏期为 10～15d；南方 7 月下旬至 8 月下旬常年日平均气温达 27～28℃，这是孢子萌发、菌丝体生长最适温度范围，茎枝 7 月下旬得病，8 月上旬发病，中旬日趋严重。因此，药剂防治时间应为 7 月上、中旬，每间隔 7～10d 喷防 1 次，视病情确定喷药次数。

3. 喷药部位　应以喷嫩茎、茎枝为主，改变只打枝叶、不打茎枝的做法。

易克贤　郑金龙　陈河龙（中国热带农业科学院热带生物技术研究所）

第 95 节　芋　疫　病

一、分布与危害

芋头原产我国、印度和马来半岛等炎热潮湿的沼泽地带。芋疫病最早发生于南太平洋的萨摩亚群岛，后来其他国家陆续也有报道。据报道，疫病每年可造成印度芋头直接减产 20%～50%，严重地块几乎无收。另外，带菌的芋头在运输、销售和储藏期间还会继续为害，引起腐烂。由于芋头也是印度、斯里兰卡等一些南亚国家的粮食作物，所以，芋疫病在这些国家备受重视。

我国芋头有水芋和旱芋两大生态类型，均主要分布在南方，珠江流域及台湾种植较多，长江流域次之，其他省份也有少量种植，旱芋种植面积远远大于水芋，所以，芋疫病在上述芋种植地区都普遍发生，有的地区甚至非常严重。重病株叶片和叶柄都能受害，导致上部叶片很快枯萎或整叶死亡，严重影响植株生长；芋头受害后即失去食用价值，严重时可造成直接减产 50%左右，芋农的经济损失很大。

二、症状

芋疫病为害叶片、叶柄和球茎。叶片病斑，初期为圆形淡褐色小斑，病、健交界处不明显，病斑扩大后成不规则形深、浅相间的轮纹状，常有黄褐色液滴从病斑渗出，相对湿度大时，表面有稀薄的白色霉层；后期病斑常破裂或穿孔，严重时叶肉组织破碎消失，仅剩叶脉。叶柄受害，形成大小不等的、不规则形、黑褐色斑块，潮湿时表面也产生白色霉层，当病斑连片或环绕叶柄时，可导致植株上部叶片萎蔫。地下球茎受害，外部症状不明显，但内部组织变褐色甚至腐烂（彩图 10 - 95 - 1）。

三、病原

芋疫病的病原为芋疫霉（*Phytophthora colocasiae* Racib.），属于卵菌门疫霉属。芋疫霉营养体为发达的无隔菌丝体；孢囊梗单根或数根从叶片气孔伸出，短而直，一般不分枝，大小为（15～24）μm×（2～4）μm，无色，无隔膜，顶端单生孢子囊；孢子囊梨形或长椭圆形，顶端有乳头状突起，单胞，大小为（48～55）μm×（19～22）μm，具短柄；27℃以上时孢子囊萌发产生菌丝，22℃以下则萌发产生游动孢子；游动孢子在孢子囊内形成，肾形或近圆形，单胞，无色，大小为 10～16μm，成熟后从孢子囊顶部排孢孔释放；该菌为异宗配合，藏卵器球形，壁光滑，平均直径 29μm 左右，雄器下位（图 10 - 95 - 1）。

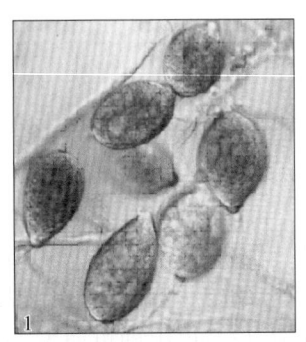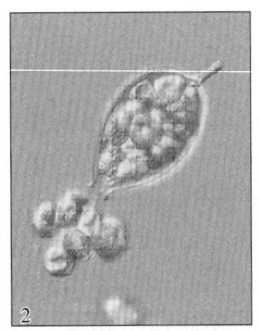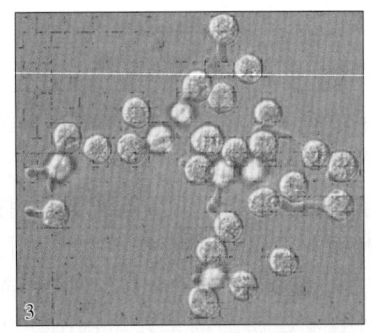

图 10 - 95 - 1 芋疫霉游动孢子囊与游动孢子的形态（引自 Fred Books，2009）

Figure 10 - 95 - 1 Sporangia and zoospores of *Phytophthora colocasiae* (from Fred Books，2009)

1. 孢子囊 2. 孢子囊释放游动孢子 3. 游动孢子

病菌在 15～35℃条件下都能够生长，最适温度为 27～30℃；能分泌糖蛋白类的激发子。在病菌侵染的后期，激发子往往高水平地表达，从而诱导芋植株体内苯丙氨酸解氨酶、过氧化物酶等防御酶活性的增加，而且这种激发子引发的诱导抗性对减轻病害有一定的应用前景。

四、病害循环

病原菌主要以菌丝体在种芋球茎、病株体内或病残体上越冬，都是翌年田间病害的初侵染源；也有人认为病菌可形成厚垣孢子在土壤中越冬，但在温暖地区，并没有明显的越冬时期。翌年越冬病菌产生孢子囊，孢子囊随气流传播，在适宜条件下萌发产生游动孢子或菌丝，从气孔、伤口或直接侵入，一般潜育期为 3～5d。病斑表面能形成大量的孢子囊，孢子囊随气流传播进行多次再侵染，使病害不断扩展蔓延（图 10 - 95 - 2）。

五、流行规律

病菌喜温暖、潮湿的环境条件。因此，在雨日多、降水量大的年份病害重。月降水量达 150mm 以上，病害就有流行的可能；夜间温度接近 20℃、相对湿度大于 90％时病害很易流行。另外，在地势低洼、田间积水、过度密植田块病害比较严重。偏施氮肥常使植株营养生长过旺，组织幼嫩，同时不断抽生嫩叶，造成田间荫蔽，通风透光差，不但发病期提前，而且病情比正常施肥田块加重。不同品种间抗病性差异明显，但尚未发现免疫品种。芋植株随寄主生长期的延长，抗性逐渐增强。美国的研究表明，第二张叶片的抗病性要强于第三张叶片。

条件适宜时，游动孢子释放高峰后 2～4d，在田间芋株上就可见到病斑；发病后 5～10d，一张叶龄为 40d 的叶片会完全枯萎。据在广西观察，香芋有两个发病高峰期，第一个高峰期在 6 月 20～30 日，主要为害叶片；第二个高峰期在 8 月 18 日至 9 月 2 日，主要为害叶柄，第二个高峰期也是一年中最重要的发病高峰。

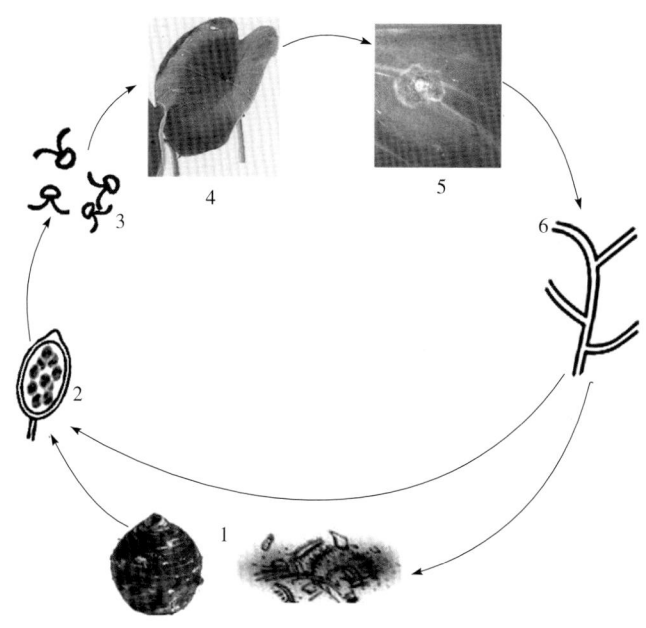

图 10 - 95 - 2　芋疫病病害循环（童蕴慧提供）

Figure 10 - 95 - 2　Disease cycle of dasheen Phytophthora blight
(by Tong Yunhui)

1. 病菌越冬场所　2. 游动孢子囊
3. 游动孢子　4. 健株　5. 病株　6. 菌丝

六、防治技术

（一）种植抗病品种和无菌种芋

栽培品种中，香芋特别是潮州香芋发病较轻。自留种时，要选择无病害田块的芋头留种，如多仔芋中的广州 2 号、湛江 5 号、湛江 6 号、湛江 9 号、北海 1 号和江门 2 号抗病，魁芋中的高州 1 号、汕头 3 号、吴川 1 号和兴安 2 号等表现耐病。播种时要精心选种，去除病芋、虫伤芋。种芋可用 60℃温水浸种 15min，或 25％甲霜灵可湿性粉剂 800 倍液浸种 30min，晾干后播种。

（二）加强栽培管理

种植前开沟清墒，高垄栽培，做到田平、土细、沟深。施足有机基肥，利用复合肥追施，忌偏施氮肥。虽然芋是喜湿性植物，但是合理灌溉对控制病害非常重要；旱芋生长前期要注意开沟排水，保持土壤湿润，避免穴内积水，雨后要及时排水，生长后期田间不能积水。

收获后清理田间病残体，芋生长期一旦发现中心病株，要及时摘除病叶，并带出田外销毁，避免附带的病菌传播扩散。清除杂草，降低田间密度，增加通风。

对病害较重的田块，连续种植 2～3 年芋后，必须与病菌的非寄主作物进行轮作，特别是水旱轮作有较好的防病效果。

（三）化学防治

发病初期施用化学药剂，采收前 1 个月停止用药。可喷洒 58％甲霜灵·锰锌可湿性粉剂 800 倍液，或 64％噁霜·锰锌可湿性粉剂 500 倍液、20％氟吗啉可湿性粉剂 1 000 倍液、25％嘧菌酯悬浮剂 1 000～1 500倍液等，每隔 7～10d 喷药 1 次，共喷 2～3 次。

童蕴慧（扬州大学园艺与植物保护学院）

第 96 节 莲藕枯萎病

一、分布与危害

莲藕枯萎病又称莲藕腐败病，是莲藕种植区的重要病害，在我国莲藕产区都有发生。随着产业结构调整，莲藕种植面积有所扩大，病害在新种植区也逐渐蔓延。

莲藕枯萎病主要为害莲藕的地下茎组织，但受害植株的叶片症状却十分严重，甚至田面呈现火烧状。莲藕是水生植物，枯萎病为土传病害，病菌在土壤有水的情况下扩散蔓延迅速，因此，莲藕种植区一旦有该病发生，传播速度较快。有些地区发病面积占总种植面积的 40%～60%，轻病田减产 20% 左右，但老病区田块或水稻田改种的莲藕田块往往是重病田，减产高达 30%～50%，甚至更多，严重影响莲藕的产量和品质。

二、症状

初发病时，病株外部症状不明显，剖视地下茎组织，维管束呈淡褐色，变色的维管束颜色逐渐加深；后期病茎表面出现不规则的褐色病斑，病茎、藕节、须根变黑甚至腐烂，藕孔中可见白色棉絮状菌丝体和橘红色黏质物。发病初期叶片褪绿，逐渐变黄至干枯，最后整张叶片卷曲枯萎；叶柄直立不倒，顶端多呈弯曲状，叶柄维管束组织也变为褐色；病株花蕾极易枯死。发病严重时，全田一片枯黄，似火烧状（彩图 10-96-1）。采收后病藕储放数日，表面常产生白色絮状物和橘红色黏质物，失去食用价值。

三、病原

莲藕枯萎病的病原为尖镰孢莲专化型〔*Fusarium oxysporum* Schltdl. ex Snyder et Hansen. f. sp. *nelumbicola*（Nis. & Wat.）Booth〕，也有认为串珠镰孢（*F. moniliforme* Sheld）、腐皮镰孢〔*F. solani*（Mart）App. & Wollenw.〕、半裸镰孢（*F. semitactum* Berk. et Ravenel）和接骨木镰孢（*F. sambucinum* Fuck.），还有认为球茎状镰孢莲变种（*F. bulbi-genum* Cooke et Massee var. *nelumbicolum* Nisikado et Watanabe）也可以引起本病，均为子囊菌无性型镰孢属真菌。

尖镰孢分生孢子有两种形态，一种为大型分生孢子，纺锤形至镰刀形，无色，多数 3 个隔膜，大小为（27～46）μm×（3～4.5）μm；另一种为小型分生孢子，卵形至椭圆形，无色，（5～12）μm×（2.5～3.5）μm，大多数单胞。厚垣孢子常见，顶生或间生，球形，直径 20～27μm（图 10-96-1）。病菌生长的温度为 10～30℃，最适宜温度为 24～27℃，最适酸碱度为 pH7.2。

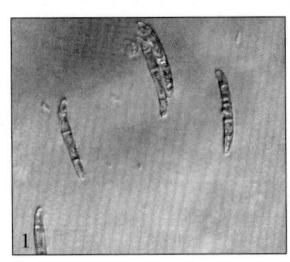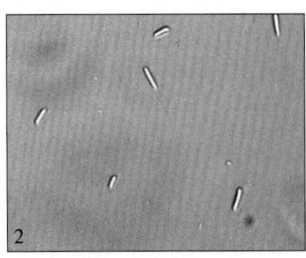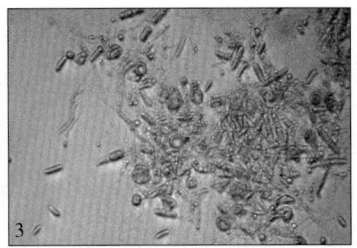

图 10-96-1 尖镰孢分生孢子和厚垣孢子（童蕴慧提供）

Figure 10-96-1 Conidia and chlamydospores of *Fusarium oxysporum*（by Tong Yunhui）

1. 大型分生孢子 2. 小型分生孢子 3. 厚垣孢子

四、病害循环

病菌以菌丝体和厚垣孢子在种藕内、病残体内、土壤中越冬。该病原菌腐生性较强，能在土壤中存活多年，也可随种藕越冬，成为翌年田间的初侵染源；若莲藕发病后，则土壤中病菌可作为下一生长季的病害初侵染源。病菌从地下茎的伤口或节间处先在寄主薄壁细胞间和细胞内生长，然后进入维管束组织，在导管内发展蔓延，阻塞导管，并分泌毒素干扰寄主的正常代谢，使其中毒变色，最后坏死。受初侵染的病株往往也是田间的发病中心，病株表面或藕孔中可产生分生孢子，病株表面的分生孢子随水流或农事操作传播，而且传播的效率较高，能引起多次再侵染（图 10-96-2），随着分生孢子的四处传播，病害会很快蔓延至全田。

五、流行规律

春季气温回升至 10℃ 以上时病菌开始生长发育，当温度稳定在 20℃ 以上，田间始见病株；温度在 24～27℃ 时病害扩展蔓延迅速，田间出现大量枯死叶片时为发病高峰期；当土温高于 30℃ 时病害停止扩展。一般莲株成苗后期始见症状，花果期进入发病盛期。

影响病害发生发展的因素有多种，特别是与耕作制度关系极大。据调查，连作田病害较重，一般发病率为 46%，严重的高达 80%。主

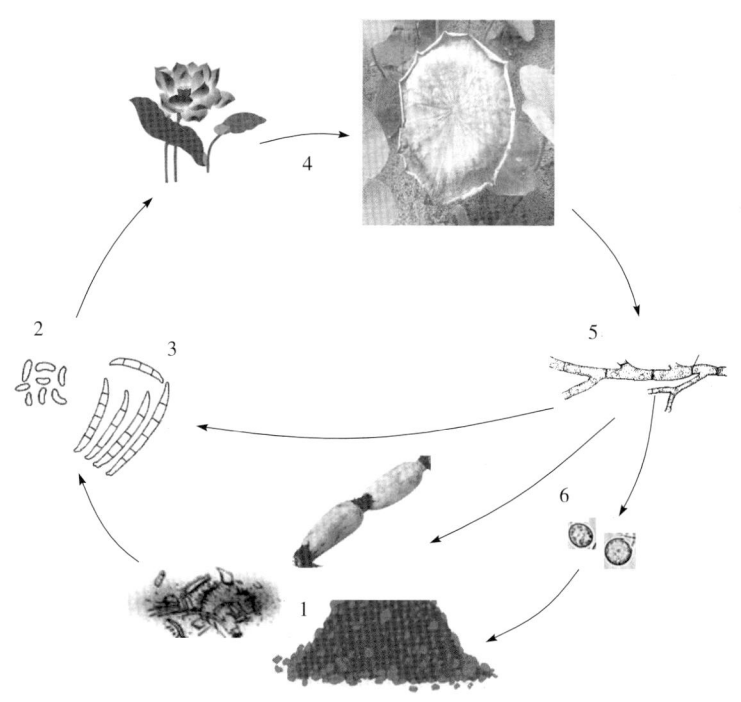

图 10-96-2　莲藕枯萎病病害循环（童蕴慧提供）
Figure 10-96-2　Disease cycle of Fusarium wilt on lotus rhizome（by Tong Yunhui）
1. 病菌越冬场所　2. 小型分生孢子　3. 大型分生孢子
4. 病株　5. 菌丝　6. 厚垣孢子

要原因是连作田病菌积累多，其次连作田块土层板结，通透性差，连作障碍明显，对莲藕生长不利，易造成病害流行。种植带菌种藕的田块发病重，种藕上携带的病菌在田间能产生大量分生孢子，这些分生孢子经水流或农事操作传播后，会感染更多的健康植株。

偏施氮肥或施用未腐熟有机肥的田块，水温过高（35℃ 以上），均可加重发病；田间管理粗放、土壤酸性过强、长期蓄水过深的田块易削弱植株对病菌的抗性，均会加重病害发生程度。在阴雨连绵、光照不足或暴风雨频繁的气候条件下，植株生长不健壮，风雨有利于病菌传播，造成的伤口有利于病菌侵染，因此也有利于发病。

品种间抗病性差异较大，通常是深根系品种较浅根系品种发病轻，柴藕、毛节、太空莲 3 号等品种较抗病，家渔、泡子等较感病；食根金花虫等地下害虫为害造成根部伤口，有利于病菌侵入，病害也会加重；此外，一般耕作层浅和水浅的老藕田及连作田发病重，稻改藕的田块，兼养鱼、虾池塘内的莲藕发病也重。但是，藕田不断水，特别是冬季仍然灌溉的田块发病往往较轻。

六、防治技术

（一）利用抗病品种和无菌种藕

根据各地特点选择抗性较好或深根性的莲藕品种种植，如柴藕、毛节、太空莲 3 号、鄂莲 5 号、鄂莲 6 号和巨无霸莲藕等，对病害有一定抗性。剔除带菌种藕，或用 70% 甲基硫菌灵可湿性粉剂 700 倍液，或 50% 多菌灵可湿性粉剂 1 000 倍液喷雾种藕，并闷种 24h，然后晾干种植。

（二）轮作

对病重田块改连作为轮作，与其他水生蔬菜、旱田蔬菜、大豆等轮作都有效，轮作时间一般以 3～5 年为宜。新开垦藕田一般病轻，可连作几年，但以后也需要与其他作物轮作。

（三）土壤处理

选择水源充足，灌排自如的田块种植莲藕，并要求土壤肥沃、质地松软、土层深厚、富含有机质、保水保肥能力强；整地前每 667m² 施 50～100kg 石灰消毒；重病田块在施石灰 10d 后，再撒 50% 多菌灵可

湿性粉剂药土（即 2kg 药拌细土 20kg），种植前深翻土壤，将土表层病菌翻到深层，以改变土壤酸度，使之不利于病菌生长。

（四）加强栽培管理

收获后及时、彻底清除病株残体，在莲藕生长期间发现少量病株应立即拔除，减少病菌数量。合理施肥，藕田基肥应选择充分腐熟的优质有机肥，栽植前 1～2 周将基肥一次施入，每 667m² 施农家肥 5 000～6 000kg，纯氮 15～18kg，不得超过 20kg，并配合施用氮、磷、钾肥，增施硅肥，增强莲株抗病能力；科学灌水，根据莲藕生长需要适量灌水，避免长期淹深水，做到深浅适宜，以水调温调肥，保持田水新鲜度，防止夏季田水温度超过 35℃；冬季不脱水，可以降低越冬病菌存活率。

（五）药剂防治

种植前施用化学药剂抑制重病田土壤中的病菌，每公顷用 50％多菌灵可湿性粉剂，或 50％腐霉利可湿性粉剂 3kg，拌细土 15～25kg 后撒施到浅水层。发病初期也可将上述药土撒入浅水层的莲蔸下。如果在以腐霉菌（*Pythium* sp.）为害为主的地区，则需增加 25％甲霜灵可湿性粉剂配制成混合药土，以同样的方法撒施或蔸施。如果地上部症状明显严重，也可进行叶面喷施药剂，控制叶片上病菌蔓延。药剂一般用 2～3 次，间隔 7～15d。但莲藕接近成熟期需停止用药，防止药剂在莲藕内残留。另外，地下害虫为害严重的田块，还应及时防治地下害虫，能有效减轻枯萎病为害。

发病初期，可喷洒 50％多菌灵可湿性粉剂 600～800 倍液，或 70％甲基硫菌灵可湿性粉剂 800～1 000 倍液；重病田块，可选用 50％多菌灵可湿性粉剂和 75％百菌清可湿性粉剂 1：1 混合后，稀释为 600 倍液后喷雾。也可将上述混合药粉与细土拌匀和堆闷 3～4h 后，再撒入浅水层莲蔸下进行消毒，每 667m² 用混合药粉 0.5kg 拌细土 25～30kg；2～3d 后再向叶面或叶柄喷洒上述混合药粉 600 倍液，或 70％甲基硫菌灵 800 倍液、25％甲霜灵可湿性粉剂 1 000 倍液，连喷 2～3 次。

童蕴慧（扬州大学园艺与植物保护学院）

第 97 节　荸荠秆枯病

一、分布与危害

荸荠秆枯病俗称荸荠瘟或红秆病，原先发生于印度和我国华南一带，是荸荠生产中最严重的病害，发病后荠秆成片枯死，地下茎不结荸荠或结小荸荠。

据报道，该病主要在我国南方种植区发生，一般病株率为 30％～50％，严重时病株率达 80％～100％，尤以广西、广东、福建、江西、浙江、江苏、安徽、湖北、湖南和贵州等地发生最重，特别是在 8 月底至 9 月初，田间病害会突然加重，几天之内地上茎呈现一片枯黄。1985 年，我国首次报道荸荠秆枯病，但进入 21 世纪以来，随着产区荸荠栽培面积的增加，秆枯病渐成上升之势，一些地方甚至十分严重，一般减产 20％，严重的减产 50％以上，甚至绝收，现已成为影响荸荠规模化生产的严重障碍。

二、症状

荸荠秆枯病主要为害植株的叶鞘、茎秆和花器（彩图 10 - 97 - 1），其田间症状大致可分为以下 3 种类型。

（一）普通型

为常见的典型症状，初生病斑为浅褐色或暗绿色小点，扩大后呈梭形。病斑长 3～30mm，平均 14.9mm，枯黄色，中间灰褐色；病斑到了后期常相互连接，形成条状或不规则形的大斑。

（二）急性型

在温暖、高湿的气候条件下，在较短时间内产生暗绿色、水渍状、近圆形的病斑，直径多在 2.5～4.0mm。

（三）褐点型

在气温较低的条件下，常产生 1mm 左右的褐色斑点，斑点数量较多，部分茎秆病部组织成纵向凹陷后折断枯死。荸荠秆枯病产生病斑后，阻碍水分和养分的输送，使茎秆从顶部向下部逐渐失水枯死，或折断倒伏。病部干燥后呈灰白色并出现短条状黑色小点，即病菌的分生孢子盘。湿度大或早晨露水未干时，病斑表面可见大量浅灰绿色霉层，为病菌的分生孢子。

无论哪种症状类型的荸荠秆枯病，在天气干燥时，病斑易失水干燥，中间呈灰白色，外围暗褐色；病斑密集时秸秆呈暗稻草色，重者全秆枯死倒伏。

花器染病症状与茎部类似，多发生在鳞片或穗颈部，致花器黄枯。球茎不染病但表面可带菌。

三、病原

荸荠秆枯病病原为荸荠柱盘孢（*Cylindrosporium eleocharidis* Lentz），属于子囊菌无性型柱盘孢属真菌。菌丝初期无色，后转灰色至深褐色。在 PSA 培养基上形成圆形菌落，菌落正面有绒状气生菌丝，中央略隆起，其余平坦，鼠灰色，边缘无色至白色；菌落背面墨绿色，后为深褐色。在培养基上病菌不易形成分生孢子。在植株上病菌的分生孢子盘平行于叶状茎表面，不突出，呈长短不一的黑短条点。分生孢子盘黑色细长，平行排列或略呈轮环状排列，大小为（40～105）μm ×（20～35）μm。分生孢子梗数根丛生，无色至淡褐色，短棒状，不分枝，顶部尖削，中间略宽，7.0～9.80μm，瓶梗大小为（6.25～25.00）μm×（3.13～8.75）μm。分生孢子无色，单胞，线形，无隔膜，基部钝圆，顶部窄小，向一边弯曲呈月牙形，常有一至数个油球，大小为（38.0～103.8）μm×（2.50～8.13）μm（图 10-97-1）。未见病菌的有性世代。

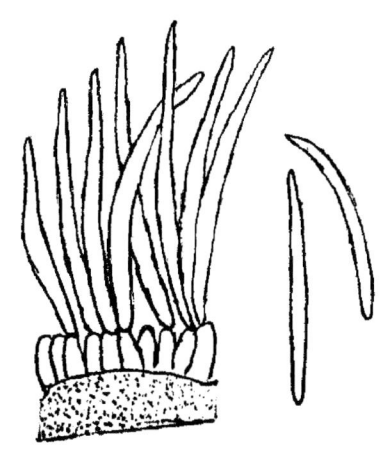

图 10-97-1 荸荠柱盘孢的分生孢子形态（仿赖传雅，1996）

Figure 10-97-1 Conidia of *Cylindrosporium eleocharidis* (from Lai Chuanya, 1996)

荸荠秆枯病菌生物学特性研究结果表明，在连续光照、12 h 光暗交替和连续黑暗条件下，病菌均能正常生长，分生孢子在 2% 水琼脂平板上均可萌发，该菌菌丝在 PDA 平板上培养时，在 5～35℃条件下均能生长，最适温度为 25～30℃；分生孢子在 2% 水琼脂平板上，于 5～35℃内均可萌发，最适温度为 25～30℃。最适产孢温度为 25～30℃，20～28℃时孢子萌芽率较高。病菌菌丝的最低致死温度为 50℃水浴 10min，分生孢子最低致死温度为 55℃水浴 10min。病菌在空气相对湿度 75% 以上生长良好，其产孢量则随着湿度升高而增加。空气相对湿度 81% 以上时分生孢子可以发芽，饱和湿度再加水滴时萌发率最高。菌丝在 pH 为 3.0～10.0 的 PDA 培养基上均能生长，pH 为 6.0～7.0 时菌丝生长最快，pH 为 11.0 时菌丝不能生长。产孢量则以在 pH 6.9～9.1 时较多，pH 4.2～7.6 较适宜孢子萌发。连续黑光灯照射有促进孢子形成和菌丝体旺盛生长的作用。荸荠秆枯病菌能够利用多种碳源和氮源，在无碳或无氮条件下也能生长，但生长量小，供试碳源中以蔗糖和淀粉的利用效果最好，D-甘露醇和 D-半乳糖的利用次之，利用最差的是葡萄糖、L-山梨醇、麦芽糖、柠檬酸和果糖。以蜜二糖、麦芽糖、葡萄糖等产孢量较多。在供试氮源中以酵母膏和蛋白胨的利用效果最好。

四、病害循环

该病菌主要以菌丝体和分生孢子盘随病残体遗落在土壤中越冬，球茎上的病菌也可越冬。翌年条件适宜时产生分生孢子，萌发生出芽管，由气孔或穿透寄主表皮直接侵入，经 6～13d 潜育期后出现病斑。发病后病斑上产生分生孢子，借风雨和灌溉水传播，从叶片气孔或穿透表皮直接侵入。气温 24～26℃时，潜育期 6～9d，病部不断产生孢子引起再次侵染（图 10-97-2）。晚水荸荠一般 8 月下旬开始发病，9 月中旬始盛发，9 月下旬至 10 月上旬盛发流行，霜降前后停止蔓延。

由于各地气候条件和耕作制度不同，病害发生先后也不一样：广西水秧田 4、5 月即可见病征并产生分生孢子，借风雨传播蔓延，进行再侵染，9 月上、中旬至 10 月上、中旬盛发；湖北 6～7 月开始发病，8～9 月发病最盛；浙江 8 月下旬开始发病，9 月下旬到 10 月上旬为盛发期；安徽则分别在 6 月中、下旬开始发病，9月下旬盛发。由于该病的病原菌菌丝离开病残体后，在土壤中存活期少于3个月，而育苗期在翌年4月以后（水育）；早育苗则在6月下旬至7月上旬，因此，遗落于土壤中的病菌不能成为荸荠苗的初侵染源；鉴于水育的苗龄长达100d，有的苗床病秆率可达70%以上，病苗移栽后就成为本田病害流行的主要菌源。故认为初侵染源主要是带菌种荸，其次是田间病残体。

五、流行规律

（一）气候与发病的关系

温、湿度是影响荸荠秆枯病发生的重要因素。气温在20℃时始病，8~9月间气温通常为24~29℃，并伴有雨湿或浓雾、重露天气，田间很容易形成发病高峰。2003年，在广西贺州市的荸荠生长期中，当地菌源充足，加上雨日多、降水量大、温度适宜，苗期病斑始见于5月18日，大田病斑见于7月25日；盛发期出现在8月中、下旬，9月

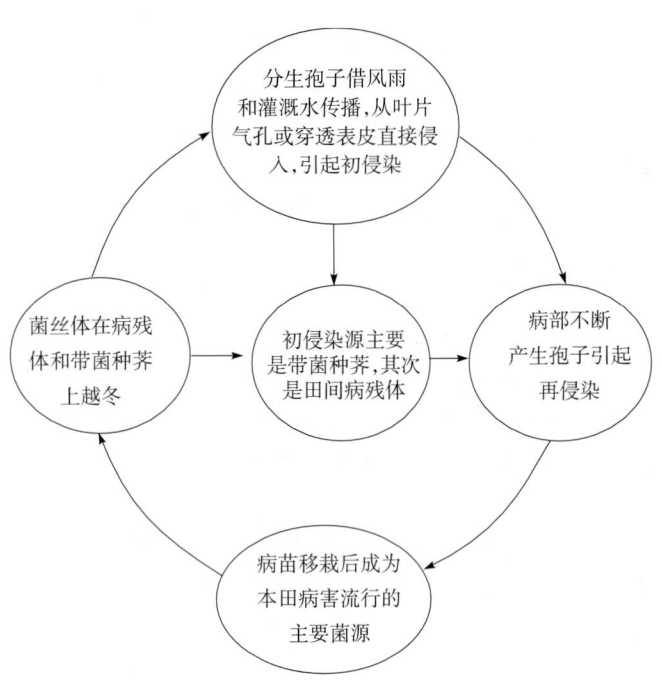

图10-97-2 荸荠秆枯病病害循环（韦继光提供）
Figure 10-97-2 Disease cycle of stem blight of Chinese water chestnut (by Wei Jiguang)

中旬进入发病高峰期，始见期、盛发期和高峰期均比常年提早约12d。在安徽，4月5日前后开始荸荠育苗，球茎间距20cm，到5月上旬苗高20~30cm，开始二次育苗，株距保持在0.5m，到6月中、下旬，荸荠密度增大，气温升高，秆枯病开始发生。生长茂密的荸荠田块发病重。但发生普遍率不高，为害不重；7月荸荠栽入大田，株距0.3~0.5m，由于密度低，且气温又高，该病停止发展；到8月底至9月初荸荠开始封行，且气温下降，有利于该病发生，前3d荸荠田一片青绿，3d后一片枯黄。根据该病的潜育期为5~7d，可知8月下旬病菌就已侵入，发病前期病斑小，不易被发现，等发现时已成片枯黄，表现为突发性。9月中、下旬是发病高峰期，若防治不当，常造成严重危害，单个叶状茎上有病斑几个到几十个，很快使全田荸荠枯黄死亡。到10月，该病逐渐停止发展。

温度适宜时，雨湿则是影响病害发生程度的决定因素。8~9月如降雨多，病害顺利扩展，此时植株间密度逐渐加大，而田间小气候十分阴湿，且露时较长，有利于病菌繁殖产孢，并通过株间接触加速传播，侵染发病，此期主要表现为发病率增加。荸荠分蘖分株期如环境不适宜病害发生发展，则感病茎秆逐渐消亡，加之此时植株生长量增加迅速，病情就呈下降之势。若不适宜发病条件持续的时间较长，病害流行就有中断的可能，存在分蘖分株期的病害"跨越阶段"，该阶段就决定着荸荠秆枯病能否流行、流行迟早及严重程度。9月中旬后，荸荠封行，田间湿度较大，气温27℃左右，易促进病情加重。

（二）栽培管理与发病的关系

栽培管理粗放，密度过大，封行早，株间荫蔽，通风透光不良，植株生长差的田块，发病早而重；尤其有机肥缺乏，底肥不足，早期又偏施大量氮肥的田块，茎叶柔嫩，若大水漫灌、串灌或遭洪涝灾害，削弱了植株抗逆力，都易诱致病害严重流行。此外，发病田连作，及沿河两岸、坡地谷地的荸荠秆枯病为害都较重。生长后期脱肥或经常缺水，使茎秆抽生慢，抗病力弱，会加重发病。

（三）品种与发病的关系

目前，还没有典型抗秆枯病的品种，但品种间存在着抗病性差异。江苏苏州地方品种苏荠抗病力较弱，而江西地方品种鹰潭大头荸荠抗病性和抗逆性较强。抗逆性较强的品种还有浙江地方品种大红袍、番瓜荠，福建地方品种尾梨，广西桂林地方品种马蹄，安徽地方品种铜陵荸荠和芜湖荸荠等，可结合当地生产或加工所需，因地制宜选用抗（耐）病品种。

六、防治技术

依据荸荠秆枯病初侵染源主要是土壤中的病残体、带菌球茎和田间堆垛病秆，病菌分生孢子经风雨和灌溉水传播到健荸荠秆上反复侵染为害的特点，对该病的防治应采用"农业防治为基础，化学防治作保障"的策略。

（一）选用抗病品种和无病种球、种苗

结合生产或加工所需，因地制宜选用荸荠抗病品种，如浙江余杭大红袍、安徽的铜陵荸荠、芜湖荸荠等；并需注意在无病田和无病株上采种，以减少田间病害的初侵染来源。

（二）药剂处理球茎或荠苗

用25%多菌灵可湿性粉剂250倍液或50%甲基硫菌灵可湿性粉剂1 000倍液，于育苗前浸泡种球茎18~24h，定植前再浸泡荠苗18h。移栽前3~5d可用50%甲基硫菌灵可湿性粉剂800倍液喷淋1次"送嫁药"，以推迟发病时间。在消毒技术上，连作田以浸泡荠苗加施药土对荸荠秆枯病防治效果较好，如用25%多菌灵可湿性粉剂250倍液，或50%甲基硫菌灵可湿性粉剂800倍液特别是50%甲基硫菌灵可湿性粉剂800倍液浸泡荠苗18h，以及77%氢氧化铜可湿性粉剂500g加细土500~600kg配制成药土，施于荠苗根部的处理效果最好，处理45d后，相对防效达89.8%。用50%甲基硫菌灵可湿性粉剂800倍液喷荸荠苗的预防效果也好，45 d后的相对防效为76.5%。

（三）轮作

据调查，通常新田块种植荸荠秆枯病发病率仅为5%~8%，连作田块发病率都在50%以上，严重的田块发病率达90%。因此，实行轮作，尤其是老病区实行3年以上轮作，可有效防治该病。

（四）加强田间管理

认真落实荸荠丰产栽培技术，及时拔除田间病株，防止病害传播蔓延。施足基肥，多施农家肥，氮、磷、钾肥配合使用。球茎开始膨大时应特别注意追施钾肥。在水的管理上，掌握湿润育苗，浅水移栽，寸水（3cm水层）返青，薄水（5~7cm水层）分蘖分株，够苗封行后，应灌10~12cm水层控苗，除非是生长过旺柔嫩郁闭的田块，一般不得排水露田。待球茎基本定型后保持土壤湿润直至收获。同时做到排灌分开，避免串灌和漫灌，并及时排除雨水，以提高植株抗病力，避免病菌随水流传播。处理好发病田块的病苗，挖荸荠前，将病苗全部割除，集中烧毁，挖净病荠。翌年开春，把遗留田中的荸荠打捞干净，减少菌源基数。此外，铲除田边、沟边的野荸荠及自生苗，减少初侵染源。

（五）治虫防病

荸荠的主要虫害是荸荠螟。荠苗受害后留下大量虫伤口，使植株生长衰弱，抗病力下降，有利于秆枯病菌从伤口侵入，加重病害的发生流行。因此，及时防治虫害也是防治荸荠秆枯病的重要措施之一。

（六）叶面喷药

发病初期及时用药，可选用50%甲基硫菌灵可湿性粉剂800倍液，或25%多菌灵可湿性粉剂250倍液、45%代森铵水剂1 000倍液、25%嘧菌酯悬浮剂800倍液、2.5%咯菌腈悬浮剂1 000倍液、25%咪鲜胺乳油1 500倍液等药剂防治。此外，25%丙环唑乳油在生产中对荸荠秆枯病有较好的防治效果，喷施1 000倍液防效均在90%以上，1 500倍液防效在80%以上。

韦继光（广西大学农学院植物保护系）

第98节　茭白胡麻斑病

一、分布与危害

茭白胡麻斑病又称茭白叶斑病，在茭白上发生普遍、蔓延迅速、为害严重，并有逐年加重的趋势。该病在我国南方比北方发生重，大棚茭白的叶片发病率一般为57.5%，严重时高达80%~100%；露地茭白的产量损失为10%~20%，严重田块减产50%以上。在广西桂林地区有少数地方的茭白田全部发病，造成全田一片枯黄，植株提早枯死，对产量影响极大。1989年，江苏无锡市约有90%的茭白田发生胡麻斑

病，病情指数高达 70。病害的发生，不仅使茭白瘦小不丰满，直接造成减产，而且还严重影响茭白的商品性，减少茭农收入。自 21 世纪以来，我国的茭白栽培面积不断扩大、连片种植并且达到相当大的规模，致使茭白胡麻斑病越来越重。

二、症状

该病主要为害叶片，植株下部发病往往重于上部，叶鞘也可发病。叶片受害初期，叶面密生褐色小斑点，后扩大成芝麻粒状或椭圆形、边缘深褐色、中部黄褐色至灰褐色的病斑；病斑外围具有淡黄色晕环；潮湿时，病斑表面出现暗灰色至黑色霉（即病菌分生孢子梗及分生孢子）。因其病斑大小和形状近似芝麻粒，故名胡麻斑病。叶鞘病斑较大，数量较少。病害严重时，叶片上的病斑密密麻麻，并往往联合成不规则形的大型斑块，致使叶片由叶尖或叶缘向下或向内逐渐枯死，最后全叶干枯（彩图 10 - 98 - 1）。叶鞘受害则呈不规则形的淡褐色大病斑。

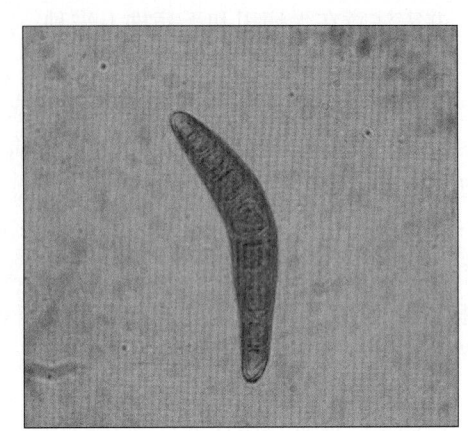

图 10 - 98 - 1　菰离平脐蠕孢的分生孢子
形态（韦继光提供）

Figure 10 - 98 - 1　Conidia of *Bipolaris zizaniae*（by Wei Jiguang）

三、病原

茭白胡麻斑病的病原是菰离平脐蠕孢［*Bipolaris zizaniae*（Y. Nishik.）Shoemaker］，属于子囊菌无性型平脐蠕孢属。分生孢子梗丛生，黄褐色至褐绿色，大小为（150～275）μm ×（7.4～9.5）μm；分生孢子倒棍棒状，黄褐色至褐绿色，大小为（40～165.8）μm ×（12.3～29.3）μm，有 5～8 个横隔膜，胞壁较厚，脐明显突出（图 10 - 98 - 1）。

菌丝生长的温度为 10～35℃，最适温度为 25℃；分生孢子产生的温度为 10～30℃，最适温度为 25℃，致死温度为 56℃/10min；分生孢子萌发适温为 28℃，并需要高湿，尤以在水滴或水膜中萌发更好；菌丝生长和分生孢子产生的 pH 为 3～12，最适 pH 为 6～9，中性偏碱的条件有利于分生孢子形成。菌丝生长的最适碳源为乳糖，产孢最适碳源为果糖；以酵母膏为氮源能促进菌丝生长，酵母膏和氯化铵能促进产孢，而牛肉膏和硝酸钾不利于产孢。

四、病害循环

病菌以菌丝体和分生孢子在茭白老株上越冬或随病残体遗落在土壤中越冬，是翌年病害的初侵染源。天气回暖后，越冬病菌产生分生孢子，萌发后的菌丝直接侵入叶片表皮或气孔，引起田间植株发病；病部新产生的分生孢子，借助气流、雨水传致茭白叶片上，又穿透寄主表皮细胞或从气孔直接侵入，进行多次再侵染（图 10 - 98 - 2）。

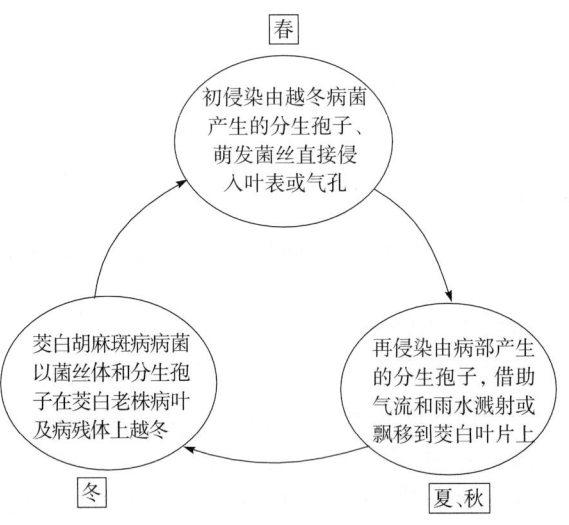

图 10 - 98 - 2　茭白胡麻斑病病害循环（韦继光提供）

Figure 10 - 98 - 2　Disease cycle of cultivated wildrice brown leaf spot（by Wei Jiguang）

五、流行规律

（一）气候与发病的关系

茭白胡麻斑病蔓延与温、湿度密切相关，气温在 15℃ 以下，病害仅零星发生，扩展缓慢。在气温为 20～32℃ 和高湿、多雨的环境下，病情发展很快，病叶率急剧上升。

在我国大多数茭白产区，茭白胡麻斑病常于 4 月下旬开始发生，5 月中旬病势显著发展，7～8 月发病率高达 50% 以上，而后一直持续至采收末期。四川、重庆、湖南、湖北、江西、安徽、江苏、上海和浙江等长江流域，由于 5 月下旬至 6 月下旬是梅雨季节，所以也往往是病害发生的高峰期。在武汉，5 月下旬的平均气温常常上升到 20℃ 左右，该病开始发生，以后随着温度的升高，病害迅速蔓延。如 1988 年，在 5 月 28 日至 6 月 7 日期间，田间的病叶率由较低的 11％ 迅速地上升至 46％，增加了 3 倍；病情指数由 2.4 上升至 16.8，增加了 6 倍。6 月 18～29 日，正值梅雨季节，病害蔓延更加迅速，10d 内病叶率由 51％ 上升至 100％，病情指数由 23.6 上升至 57.4，均增加了 1 倍。因此，5 月下旬至 6 月下旬是该病流行为害的高峰期。在此期间的平均气温为 20～26℃，田间重复侵染极为频繁，病情不断加重。7 月中旬以后，气温常在 35℃ 以上并高温干旱，病情有所平缓；8 月中旬以后，秋雨期来临，气温有所下降，病害进入新的流行期，也是全年的第二个发病高峰期。

浙江省茭白胡麻斑病一般在 6 月初见，但受年度间气候等条件的影响，严重度差异较大。比如，1999 年病害的始发期为 6 月 7 日；2000 年的始发期为 6 月 24 日，两年相差 17 d。此外，不同年份病情指数发展速率也不相同，如 1999 年，该病在始发后的 30d 内，病情指数从 1.6 上升到 68.7，呈直线上升态势，随后上升缓慢，到后期呈下降态势（可能与人为剥叶有关）；2000 年，在病害始发后近 2 个月内，病情指数从 1.77 上升到 25，上升态势比较缓慢，但在随后的 8 d 内，病情指数从 25 很快上升到 37.9。

（二）品种的抗病性

目前，抗胡麻斑病的茭白品种不多，已报道印尼茭、水珍 1 号、北京茭和十月茭抗病性好；武汉双季茭、浙大茭白、浙 991 和浙 911 比较抗病；四九茭、浙茭 2 号、六月白、武汉单季茭、8820 和嘉兴单季茭比较耐病，其他许多品种都比较感病。

（三）栽培技术与发病的关系

茭白胡麻斑病的发生受土质、肥水管理与耕作制度的关系极为密切，甚至超过了气候条件的影响。通常连作、土层浅、土壤瘠薄、保水性差的沙质土，通透性不良并呈酸性的泥炭土发病重；施用未腐熟有机肥、偏施氮肥及土壤中缺硅、镁、锰等微量元素，发病也重，特别是缺钾最易诱发此病；另外，茭株密度过大，通风透光性差的田块发病严重。

六、防治技术

（一）选用抗病品种

各地的抗病品种不完全相同，要从当地使用的品种中选择抗病性好的品种种植，如印尼茭、水珍 1 号、北京茭和十月茭等。

（二）轮作与清洁田园

重病田实行 2 年以上的轮作，最好是水旱轮作。冬前齐泥割去地上部的残株枯叶，秋冬挖出的雄茭（墩）、灰茭株等，必须在翌年 3 月前全部深埋或用于沤制肥料，待充分腐熟后方能使用，以减少病菌的越冬基数；保持田间通风透光，以利于茭株分蘖，减少病害发生。还要保持田间平整、湿润不干裂。

（三）施肥防病

施用钾肥能减轻病害发生，以每 667m² 施 15 kg 钾肥的防病增产效果最好，不仅能减轻病害严重度约 1/3，茭白还能提早成熟 5～6d，比对照增产 11.2％～18.93％。

肥料施用要采取前促（分蘖）、中控（无效分蘖）、后补（促孕茭）的策略，采用测土配方施肥技术。施足基肥，适时适量追肥，加强田间管理，促进植株早生快发，壮而不过旺，提高植株自身抵抗力。

（四）化学防治

病害盛发期应喷药防治，每隔 15～20d 喷 1 次，视病情连续喷雾 2～3 次，孕茭前停止用药。可用的农药有 25％ 丙环唑乳油 2 000～3 000 倍液，或 50％ 异菌脲可湿性粉剂 600 倍液、40％ 氟硅唑乳油 5 000 倍液、40％ 多·硫悬浮剂 600 倍液、10％ 苯醚甲环唑水分散粒剂 5 000 倍液、75％ 百菌清可湿性粉剂 800 倍液、80％ 乙蒜素乳油 8 000 倍液等。

韦继光（广西大学农学院植物保护系）

第99节 茭白锈病

一、分布与危害

茭白锈病是茭白生产中最为严重的一种病害，主要发生在我国南方，比如江西、湖北、安徽、浙江和福建等茭白主产区，发病期从分蘖开始直到孕茭采收结束，长达数月之久。在常规的等距栽培方式中，茭白种植的密度往往较高，封行较早，群体较大，株间比较郁闭，锈病发生比较普遍而且为害较重，一般发病率达30%～40%，重者达80%以上，产量减少25%以上。病株的茭白瘦小不丰满，产量低，卖相差。茭白锈病已成为茭白优质高产的最大障碍，严重阻碍了茭白产业的发展。

二、症状

茭白锈病主要为害叶片，也可为害叶鞘和茎。发病初期，在叶片上散生或成排产生褪绿小点，后稍扩大并逐渐隆起为黄褐色的小疱斑，即夏孢子堆；疱斑破裂后，散出锈褐色粉末状物，为病菌夏孢子。条件适宜时，病叶上布满了狭长形或长梭形、锈黄色疱斑，周围常具黄色晕圈；严重时全叶逐渐枯黄、早衰。发病后期，病叶上出现黑色疱斑，及病菌冬孢子堆；冬孢子堆的表皮通常不易破裂，如果破裂可散发出黑色粉末状物（彩图10-99-1）。叶鞘和茎部症状与叶片相同。

三、病原

茭白锈病的病原是茭白单胞锈菌（*Uromyces coronatus* Miyabe et Nishida ex Dietel），隶属于担子菌门单胞锈菌属。夏孢子堆生于叶背的较多，边缘表皮破裂的残余明显，病斑呈褐色；夏孢子球形或椭圆形，大小为（21～30）μm ×（15～22）μm，表面有细刺，黄褐色，顶端色浓，侧丝头状或光棍棒形，长为40～75μm，顶端直径15～21μm，细胞壁薄。冬孢子堆生于叶的正反两面，但以叶背为多，受害部位表皮破裂，冬孢子堆裸露，黑色；冬孢子卵形或长椭圆形，大小为（24～40）μm ×（20～30）μm，顶圆而壁厚，有指状突起1～8个，高8～16μm，下部略窄，壁厚1.5μm，淡褐色；柄褐色或淡褐色，不脱落，长约45μm（图10-99-1）。

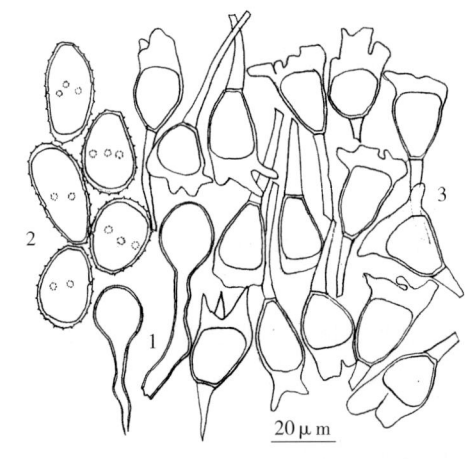

图10-99-1 茭白单胞锈菌夏孢子和冬孢子形态（引自庄剑云，2005）

Figure 10-99-1　Uredospore and teliospore of *Uromyces coronatus*（from Zhuang Jianyun, 2005）

1. 夏孢子堆侧丝　2. 夏孢子　3. 冬孢子

四、病害循环

病菌以菌丝体及冬孢子在老株、病残体上越冬。翌年在茭白生长期间，邻近田间的夏孢子借气流从叶片的气孔侵入进行初侵染，病部产生的夏孢子不断进行再侵染使病害扩散蔓延。生长季节结束后，病菌又在老株和病残体上越冬（图10-99-2）。

五、流行规律

茭白锈病从分蘖到孕茭采收均可发生，往往在植株下部的茎叶先发病，老病区出现发病中心后迅速向外蔓延。在适宜的条件下，病害发展速度很快，造成病害流行和损失。影响锈病发生的因素很多，包括品种的抗（感）病性、气象条件、栽培管理等。茭白锈病菌喜温暖气候条件，气温14～24℃适于孢子萌发和侵入，20～25℃夏孢子迅速增多，病害易流行。一般4月初病害始发（春暖年份3月下旬始发），5月上旬至6月中旬进入发病高峰，常年4～6月多雨、湿度大、菌源足、为害重，偏施氮肥有利于发病。

（一）品种

茭白锈病的发生与品种的关系密切。茭白品种对锈病的抗性有明显差异。四九茭、吴岭茭、8820为高抗，浙 991 和丽水高山茭为抗，浙茭 2 号、六月白、余茭 3 号为中抗，嘉兴双季茭、浙农 3 号、天台茭和嘉兴单季茭为高感，水珍 1 号、浙大茭白、河姆渡梅茭、十月茭、武汉单季茭、象牙茭、金华冷水茭、磐安单季茭、姜山一点红、余茭 1 号、余茭 2 号为感病品种。

（二）气象因子

气象因素主要是温、湿度与茭白锈病发生程度关系密切。在茭白生长期，平均气温 25～30℃，相对湿度 80％～85％最有利于发病。降雨天多，降水量大，该病易流行。在福建古田，一般年份 5 月旬平均气温 18～23℃、旬雨日 6d 以上、旬降水量 60mm 以上、旬平均相对湿度 80％以上时茭白锈病易大流行；个别年份，如 1997 年于 4 月上旬起，旬平均气温就达 18℃以上，锈病提前于 4 月份流行。

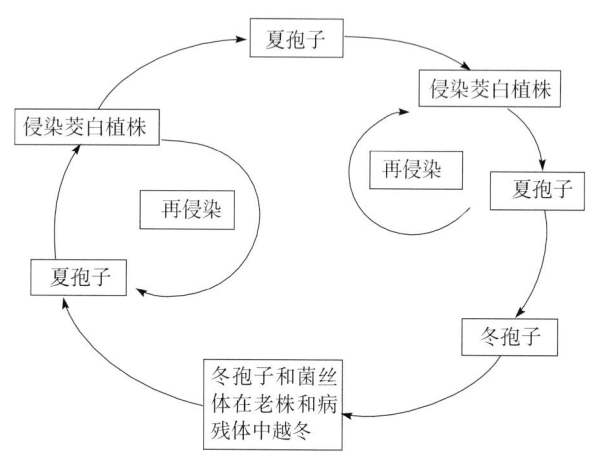

图 10 - 99 - 2　茭白锈病病害循环（曾永三提供）
Figure 10 - 99 - 2　Disease cycle of cultivated wildrice rust
（by Zeng Yongsan）

每年 6 月下旬至 8 月下旬，旬平均气温达 26℃以上、旬雨日少于 5d、旬降水量少于 50mm、旬平均相对湿度 80％以下时病害发生受到抑制；9 月下旬至 10 月下旬，旬平均气温下降到 18～23℃，但因秋高气爽，多数旬雨日少于 5d、旬降水量少于 50mm、旬平均相对湿度在 80％以下，所以，锈病再次轻度流行。

由于每年春季一般雨日、雨量和湿度足够发病，锈病的发生迟早和轻重，主要决定于早春气温回升的快慢；夏季因气温高、雨日和降水量少、湿度低，锈病潜伏不流行；秋季虽然温度适合发病，但因雨日和雨量不足，湿度低，一般锈病发生较轻。

（三）种植密度

栽培密度对病害的发生有一定的影响。每 667m² 以 1 000～1 100 株为宜。密度提高，发病期提早，发病程度加重。这是因为栽种密度高、株间郁闭、通风透光条件差，易形成高湿的田间小气候，不但有利于病菌孢子的萌发侵染，同时，也促进了病株与健株叶片之间的接触，增加了病害的传播概率。

（四）施肥

施肥与病害发生程度关系密切。氮肥过多或过少都会导致茭白植株营养失衡或 C/N 比例失调，茭白锈病加重。配方施肥，施用复合肥的田块发病轻；茭白施锌肥可提高植株对锈病的抗性，减轻锈病的发生。

六、防治技术

茭白锈病的防治应采取以农业防治为主，药剂防治为辅的综合措施。

（一）选用抗（耐）锈丰产良种

茭白不同品种对锈病的抗性差异大。生产上可选种美人茭、象茭、四九茭、吴岭茭、8820、浙 991、丽水高山茭、浙茭 2 号、六月白和余茭 3 号等抗病品种，但是要做好提纯复壮工作，选用无病种苗。

（二）农业防治

1. 清洁田园，减少越冬菌源　冬季清园，结合冬前割茬，收集病残老叶烧毁，并铲除四周杂草，清除越冬菌源。

2. 选适栽土壤，实行轮作　生产上应选排灌方便，土层深厚、富含有机质、保水保肥力强的黏壤土或壤土栽植。条件许可的，可实行 2 年以上的水旱轮作。

3. 合理密植　合理密植可以增强通风透光，降低田间小气候湿度，减少病菌孢子的萌发和侵染，同时可以减少病株与健株叶片之间的接触，进而减少病害的传播概率。定植时，适宜密度为每 667 m² 种植 1 000～1 100 穴，宽窄行种植，每穴种 4～5 株，株距 60 cm，行距 100～120cm。

4. 加强栽培管理　适时适度晒田，提高根系活力，增强植株抗病能力；加强水肥管理。

（1）科学施肥。茭白耐肥，但偏施氮肥发病重。根据茭白的需肥规律，应施优质有机肥作底肥，适时追肥，适当增施磷、钾肥。基肥一般每 667 m² 施猪栏肥 3 500～4 000kg，或者是菜籽饼肥 50～150kg；追肥第一次中耕施尿素 20～25kg，过磷酸钙或钙镁磷肥 15～20kg，氯化钾 15～20kg；分蘖期施复合肥 5.0～7.5kg；孕葭施尿素 5～10kg 或复合肥 20kg。

（2）合理灌溉。茭白灌水宜掌握"薄水栽植、浅水分蘖，中后期加深水层，湿润越冬"的原则。移栽成活后灌 3.5cm 水层，从萌芽到分蘖保持 3～5cm 水层，分蘖后期到孕葭前采取干湿管理，孕葭期灌深水 12～15cm，但不能高过叶枕。当盛夏 30℃以上高温时，应日灌夜排，降温防病，促进茭白生长。结合除草等农事操作，及时摘除基部病、老叶，并深埋或焚毁，增加田间通风透光。

（三）化学防治

喷药防治是大面积控制茭白锈病流行的主要手段之一。要充分发挥药剂的最大防锈保产效果，提高经济效益，必须根据当地茭白锈病的发生流行特点、气候条件、品种感病性及杀菌剂特性等，结合预测预报，确定防治对象田、用药量、用药适期、用药次数和施药方法等。在发病前或发病初期病斑未破裂前，病叶率 1％～5％ 时开始用药。可选用 25％三唑酮乳油 1 500 倍液，或 12.5％烯唑醇可湿性粉剂 600 倍液、20％腈菌唑乳油 2 500 倍液、75％百菌清可湿性粉剂 600 倍液、50％咪鲜胺可湿性粉剂 1000 倍液、10％苯醚甲环唑水分散粒剂 2 000～2 500 倍液、25％丙环唑乳油 3 000 倍液等。视病情发展，每隔 7～10d 喷药 1 次，连喷 2～3 次。注意药剂的交替使用。

曾永三（仲恺农业工程学院）

第 100 节　黄花菜锈病

一、分布与危害

黄花菜锈病是黄花菜生产上最严重的"三大病害"之一，世界各产区都有发生。在俄罗斯的发病历史较长，后来日本、中国都有发生，并逐渐在全世界蔓延；2000 年，美国首次在佐治亚州发现了黄花菜锈病，2001 年美国的其他 20 个州和哥斯达黎加也有该病发生。

我国种植黄花菜的面积比较大，几乎遍及全国各地。该病在主要黄花菜产区如北京、上海、重庆、湖南、湖北、浙江、江苏、贵州、四川、山东、河南、河北、陕西、山西、甘肃、宁夏和内蒙古等省份都普遍发生，为害严重，常引起叶片变黄、干枯，花蕾短小、粗糙、干瘪、脱落，重者造成全株叶片枯死。一般发病率 30％～50％，重病地区或重病地块病株率可达 100％；轻者减产约 10％，严重时减产 30％以上，特别严重地块可造成绝收。严重影响黄花的产量和品质，制约了黄花菜产业的发展。

二、症状

黄花菜锈病主要为害植株中、上部叶片，也可为害花茎和花柄。病害初期，叶片及茎薹上产生黄色或橘红色或铁锈色疱状斑点，即病菌夏孢子堆，孢子成熟以后散发黄褐色粉末（病菌孢子），孢子堆排列不规则，孢子堆周围的叶片往往失绿而呈现淡黄色圈（彩图 10 - 100 - 1，1）。孢子堆多，连接成片时，叶片表层明显翻卷，叶片逐渐黄枯。黄花菜生长后期，叶片上产生短线状或长椭圆形黑色疱斑，即冬孢子堆，冬孢子堆一般不破裂。田间该病始发期有明显的发病中心，先是点片发生，逐步扩散至全田。受害叶片颜色变黄，似缺乏营养的症状，病害严重发生时，整株叶片枯死，花薹短瘦或根本不能抽薹，花蕾易凋萎脱落（彩图 10 - 100 - 1，2、3）。

三、病原

（一）病原菌及其形态特征

黄花菜锈病菌是由萱草柄锈菌（*Puccinia hemerocallidis* Thüm.）侵染所致，隶属于担子菌门柄锈菌属。该菌在生活史上属于转主寄生锈菌，其中间寄主为败酱草［*Ixeris chinensis*（Thunb.）Nakai］。性孢子和锈孢子产生于败酱草，夏孢子堆和冬孢子堆产生于黄花菜（*Hemerocallis citrina* Baroni）上。夏孢子堆黄色或黄褐色，夏孢子单细胞，椭圆形或卵形，橙黄色，表面有微刺，内有 1～3 个油球，大小约为

24.1μm×18.62μm；冬孢子堆群生于叶片的两面，大多数在叶背，圆形或椭圆形，黑褐色，冬孢子棒形，具无色至黄色的柄，双胞，中部横隔处微缢缩，黄褐色，顶端平切且壁较厚，大小为（40.25～72.82）μm ×（15.36～22.12）μm（图 10 - 100 - 1）。

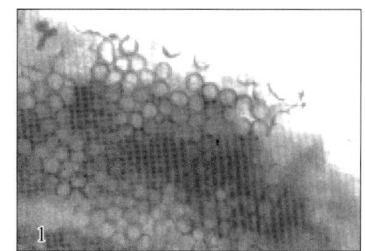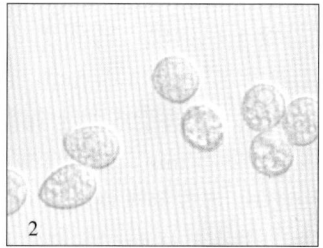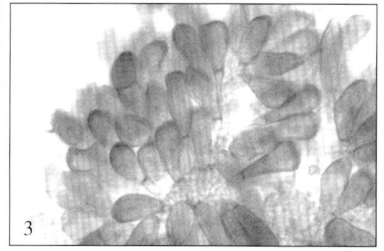

图 10 - 100 - 1　萱草柄锈菌形态（引自 Florida Division of Plant Industry Arhive，2007）

Figure 10 - 100 - 1　Morphology of *Puccinia hemerocallidis*（from Florida Division of Plant Industry Arhive，2007）

1. 夏孢子堆破裂　2. 夏孢子　3. 冬孢子

（二）病原菌生活史

黄花菜锈病菌属转主寄生型。冬孢子在黄花菜病叶残体上越冬，翌春冬孢子经越冬休眠和减数分裂后萌发并产生担子和担孢子，担孢子成熟后借风传到败酱草上，先在其叶面产生性孢子器和性孢子，性孢子借昆虫、气流、雨水传播到败酱草叶背产生锈孢子腔和锈孢子。锈孢子成熟后从锈孢子腔顶端弹射出，借气流传到黄花菜叶片上进而产生橘黄色的夏孢子堆及夏孢子，寄主表皮破裂后夏孢子借气流和雨水传播蔓延反复进行再侵染小循环，至秋苗期再产生黑褐色的冬孢子堆及冬孢子后，正值黄花菜准备进入越冬休眠期而随病株残体越冬，积累大量菌源，准备翌年完成循环侵染。

四、病害循环

黄花菜锈病菌是一种专性寄生菌，只能和寄主以共存的方式越冬或越夏。在冬季温暖的南方周年都种植黄花菜，该病菌可以持续为害，不存在越冬问题；但在冬季寒冷的北方，该病菌则以冬孢子在病株残体上越冬。翌年春季，当气候条件适宜时冬孢子即可萌发产生担孢子，然而担孢子不能侵染黄花菜，只能通过气流传播侵染败酱草，在败酱草上产生性孢子和锈孢子，锈孢子是黄花菜锈病的初侵染源。黄花菜受到锈孢子侵染后产生病斑，病斑上产生大量夏孢子，仍然靠气流传播，在黄花菜生长季节进行多次再侵染，加重田间病情，夏孢子是锈病的再侵染源。黄花菜生长季晚期，在叶片和花梗上又重新形成冬孢子堆和冬孢子越冬（图 10 - 100 - 2）。

五、流行规律

黄花菜锈病从初蕾期就可发生，但以花蕾末期发病为多。首先从植株茎部的叶片开始发病，逐渐向植株中、上部叶片扩展蔓延，最后导致植株严重发病，而且往往先在老病区出现发病中心，之后迅速蔓延到全田。在适宜的条件下，病害发展速度很快，造成流行和损失。影响黄花菜锈病发生的因素很多，主要有品种抗病性、气象条件、栽培管理等方面。

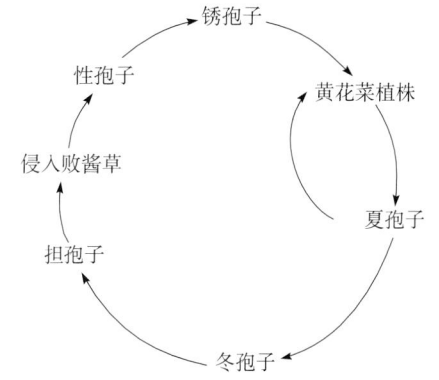

图 10 - 100 - 2　黄花菜锈病病害循环（曾永三提供）

Figure 10 - 100 - 2　Disease cycle of daylily rust（by Zeng Yongsan）

（一）品种抗病性

黄花菜锈病的发生与品种的关系极为密切。凡抗病性强的品种，病害发生轻而迟，流行期短，发病程度较轻，损失较小；反之，感病性品种受害严重，发病早，损失亦大。

（二）气象条件

气象条件主要是指温度和湿度与黄花菜锈病发生程度关系密切。在黄花菜生长期间，平均气温为24～

26℃，相对湿度为 85% 左右时，最有利于发病。降雨天多，空气潮湿，尤其在晴雨相间和时晴时雨的湿热天气里，该病易流行。

降水量与病害流行的关系极大。例如，在甘肃省庆阳市，1996 年 7 月降水量达 139.5 mm，约为历年同期的 2 倍，相对湿度 85%，黄花菜锈病较常年提前（7 月下旬）进入盛发期，尤其是 7 月 22～27 日连续阴雨促成锈病大流行；1997—1999 年因持续干旱少雨，锈病于 9 月下旬轻度发生；1999 年 9 月中旬至 2000 年 6 月上旬连续 215 d 无有效降雨，7 月降水量仅 41.6 mm，但 8 月降水量骤增至 93.3 mm，仅 8 月上旬降水量为 52.2 mm，比历年同期偏多 97%，锈病于 8 月上旬始发，9 月下旬降水多达 54.5 mm，使锈病大流行；2003 年 1～9 月全市总降水量达 648.5 mm，比历年同期偏多 45%，特别是 8 月 24～26 日降水量高达 214.2 mm，普遍遭水灾，导致 2003 年黄花菜锈病大流行。

黄花菜锈病在四川、云南、重庆、湖北、湖南、江西、安徽、江苏和上海等长江流域各省份以及浙江省一般在 5 月中、下旬始发，6 月中旬至 7 月上旬形成田间发病高峰期，7 月下旬以后气温高，黄花菜已到采收盛期，病害逐渐停止蔓延，10 月气温下降，几次秋雨后，锈病又开始为害秋苗。

（三）种植密度

不同栽种密度对黄花菜病害的发生有一定的影响。每 667m² 以 1 000～2 000 株为宜。密度提高，发病期提早，发病程度加重。这是因为黄花菜栽种密度高，株间郁闭，通风透光条件差，易形成高湿的田间小气候，不但有利于病菌孢子的萌发侵染，同时也促进了病蔸与健蔸叶片之间的接触，增加了病害的传播概率。

（四）种植年限

随着黄花菜种植年限的延长，其生活力显著衰退，表现为地下根群密集丛生，根系活力下降，纺锤根增多；地上无效分蘖增多，蔸间株叶拥挤，从而导致植株抗病性下降，易发多种病害。调查结果显示，种植 1～5 年的黄花菜，病叶率和病情指数相对较低；而栽种 8 年以上的黄花菜，发病期比 1～5 年的菜地提早 10～15 d，病情指数增加 2.3～12.4 倍。

（五）施肥量

在不过量施肥的情况下，黄花菜锈病随着氮肥用量的增加而加重。施尿素 0.07 kg/m²，黄花菜锈病的病情指数为 33.8，比施尿素 0.02 kg/m² 处理病情指数（6.4）增加 4.3 倍。氮肥用量过多，黄花菜植株叶片组织疏松，易造成贪青徒长，抗病性下降，有利于病菌侵染而加重病害。而合理的氮、磷、钾配方施肥（比例为 2：1：2）锈病的发病率较低。

（六）栽培管理

对黄花菜园地进行秋季深翻土，是一项有效的控病措施，采用秋季深翻土，增施石灰等健身管理措施，能加深和熟化菜地的耕作层，起到疏松土壤，降酸增钙，消毒灭菌和改良土壤理化性状的作用，有利于黄花菜壮苗早发，减轻病害。

六、防治技术

黄花菜锈病的防治应采取以农业防治为主，药剂防治为辅的综合防治措施。

（一）选用抗（耐）锈丰产良种

黄花菜不同品种对锈病的抗性差异明显。目前各地都选育出了不少抗锈丰产品种，可因地、因时制宜地推广种植。目前，我国比较抗病的黄花菜品种有白花、大乌嘴、黑嘴子花、五月花、猛子花、蟠龙花、荆州花、片子花、四月花、早茶山条子花、中花等。在选用抗锈丰产良种时，要注意品种的合理布局和搭配及轮换种植，防止大面积单一使用某一个品种。

（二）农业防治

1. 清除田间杂草，切断侵染循环 败酱草是黄花菜锈病生活史中的转主寄生植物，结合中耕除草、施肥灌水等田间作业彻底清除败酱草等转主寄生植物，做到除早除了，以切断侵染循环而打断其生活史。

2. 合理密植 合理密植可以增强通风透光，降低田间小气候的湿度，减少病菌孢子的萌发和侵染，同时可以减少病株与健株叶片之间的接触，进而减少病害的传播概率。定植时，适宜密度为每 667m² 种植 1 000～1 100 穴，宽窄行种植，每穴种 4～5 株。株距 60cm，行距 100～120cm。

3. 及时分株，更新老龄株　深挖覆土 30 cm，并去掉部分老根，促进秋苗分株。对 5 年生以上株丛的黄花菜应及时改造更新，以保持壮龄当家，提高植株的抗病能力。一般生长 10 年以上的植株长势衰弱、地下老根交错拥挤，影响生长，需分株更新。将老龄株丛全部挖出，剔除老根茎，选苗移栽，施足有机肥和化肥，深翻土地，耙耱整地，以备栽苗。

4. 合理施肥　合理施用氮、磷、钾肥，氮∶磷∶钾为 1∶0.6∶0.8 的比例对控制锈病的发生非常有益，增施锰、硼等中微量元素。结合整地每 667 m² 施腐熟有机肥 2 000～3 000 kg 作底肥。一般在萌芽前 4 月中旬、6 月中旬及 8 月中旬各追施 1 次萌芽肥、催薹肥、催蕾肥和秋季展叶肥。催薹肥宜重施，每 667 m² 可用尿素 10～15 kg、钾肥 10 kg、过磷酸钙 25 kg，以促进抽薹和花蕾形成。在生长季看苗适当追肥，每 667 m² 施尿素等速效氮肥 15～20 kg，配合施过磷酸钙 50 kg、氯化钾 20 kg，切勿过量施用速效氮肥。增施有机肥，并配合喷施叶面肥及微量元素，使黄花菜生长健壮，增强抗病能力。

5. 适当灌水　每年的 3～6 月基本上是黄花菜叶丛旺盛生长和花芽分化的中后期，水分需求量比较大，应及时灌水，以免减产。蕾期如遇连续降水，往往会造成渍涝，使花蕾大量脱落。因此，在雨季来临之前应及时清沟排渍，降低田间湿度。干旱会引起落蕾，用 1 mg/L 的 2，4-滴喷布植株，对防止落蕾有一定效果。

6. 及时清除病残枯叶，减少菌源数量　对发病的枯叶要及时采取刈割，集中焚烧以减少越冬菌积累量，并喷药保护，未发病的田块可在晨露未干前撒"三灰粉"（鲜生石灰粉∶鲜草木灰∶细硫黄为 6∶10∶2）保护叶片预防传染。专业黄花菜园需在采收蕾后，对全田秋苗普遍喷施 0.5 波美度石硫合剂或 15％三唑酮乳剂 1 500 倍液，喷洒 1～2 次进行预防，杜绝锈菌夏孢子萌发侵染。

（三）化学防治

喷药防治是大面积控制黄花菜锈病流行的主要手段之一。要充分发挥药剂的最大防锈保产效果，提高经济效益，必须根据当地黄花菜锈病的发生流行特点、气候条件、品种感病性及杀菌剂特性等，结合预测预报，确定防治对象田、用药量、用药适期、用药次数和施药方法等。在发病前或发病初期病斑未破裂前，病叶率 1％～5％时开始用药。可先用 25％三唑酮乳油 1 500 倍液，或 12.5％烯唑醇可湿性粉剂 600 倍液、20％腈菌唑乳油 2 500 倍液、50％咪鲜胺可湿性粉剂 1 000 倍液、10％苯醚甲环唑水分散粒剂 2 000～2 500 倍液、25％丙环唑乳油 3 000 倍液等。视病情发展，每隔 7～10 d 喷药 1 次，连喷 2～3 次。注意药剂的交替使用。

曾永三（仲恺农业工程学院）

第 101 节　胡萝卜黑斑病

一、分布与危害

胡萝卜黑斑病又称胡萝卜链格孢黑斑病、黑叶枯病等，1855 年，首先在北欧胡萝卜上发现，1890 年在美国路易斯安那州又被发现，随后在世界各地都有胡萝卜黑斑病发生，现已成为一种世界性的病害。

黑斑病主要为害胡萝卜叶片，引起黑斑，采种株发病可造成严重减产和品质低劣；还导致胡萝卜在储藏期腐烂。病菌侵染花序或种皮后，影响种子萌发，甚至造成苗期猝倒死亡。我国早在 20 世纪 40 年代就有该病发生，当时对生产影响不大，但自 20 世纪 90 年代以来，胡萝卜黑斑病的发病频率和严重程度都显著上升，一般田块发病率达 10％～30％，重病田或流行年则可高达 60％以上。该病还能为害本芹和西芹。

二、症状

黑斑病可为害胡萝卜叶片和根等各个部位。叶片发病，多从叶尖或叶缘开始，形成不规则形深褐色至黑色斑，周围组织略褪色呈现出黄色晕圈，湿度大时病斑上密生黑色霉层，外观似绒毛状，即病菌分生孢子梗和分生孢子；发病严重时，多个病斑扩展会合，呈不规则形、黑褐色、内部淡褐色的大斑，当病斑布满叶片后叶缘上卷，从下到上的叶片逐渐枯黄，甚至死亡；叶柄、茎、花梗和花器发病，初生赤褐色、无光泽、不规则形条斑，并逐渐凋萎（彩图 10 - 101 - 1）；花梗多弯曲或折断，后期生出黑色霉层；根冠受害变黑，扩展后病斑长圆形、稍凹陷、软化，严重时心叶髓部消失成空洞。

三、病原

胡萝卜黑斑病的病原菌是胡萝卜链格孢 [*Alternaria dauci* (Kühn) Groves et Skolko]，属于子囊菌无性型链格孢属真菌。

分生孢子梗单生或簇生，直或屈膝状弯曲，淡褐色，分隔，大小为 (26.5～81) $\mu m \times$ (5～7) μm。分生孢子单生，成熟的分生孢子卵形或阔倒棒状，黄褐色至中度青褐色，大小为 (51.5～82) $\mu m \times$ (15.5～23) μm，生横隔膜 5～9 个，纵、斜隔膜 1～5 个，主分隔处略缢缩；分生孢子向顶端逐渐变细，延伸成喙；喙丝状，淡褐色，分隔，长 129～286 μm，基部直径 4～5 μm。菌丝体在 10～28℃ 皆可形成厚垣孢子。厚垣孢子球形或椭圆形，黄褐色，表面光滑或有疣状突起，大小为 (10.8～16.2) $\mu m \times$ (8.1～16.2) μm（平均 13.87 $\mu m \times$ 11.37 μm），呈聚集状或长短链状，少数成对或单个（图 10 - 101 - 1）。少数采集到的胡萝卜链格孢菌还可形成黑色的微菌核，直径为 11.3～89.1 μm。

四、病害循环

胡萝卜黑斑病菌以菌丝或分生孢子在种子、窖藏种株或病残体上越冬，成为翌年初侵染源。春季温度适宜时，分生孢子萌发，从气孔、伤口或直接从表皮侵染叶片、叶柄和茎等，在寄主细胞间扩展形成病斑。田间发病后，病斑上产生新的分生孢子，通过气流、雨溅传播，进行多次再侵染（图 10 - 101 - 2）。一旦田间出现明显的发病中心，在环境条件适宜时，病害会很快地扩展蔓延。此外，胡萝卜黑斑病菌还可通过种子传播，播种带菌种子可导致发芽障碍或幼苗立枯，这些病苗就可成为田间的中心病株。在胡萝卜储藏和运输过程中，黑斑病还可持续为害、扩散和蔓延。

五、流行规律

胡萝卜黑斑病在 15～35℃ 条件下均可发病，发病适温为 22～28℃。一般在胡萝卜苗期开始发病，由于病菌喜温暖、高湿的气候条件，在高湿条件下分生孢子产生最多、最快，所以当胡萝卜处在旺盛生长期时，遇温暖多雨的天气，田间很快就进入病害高发期，极易造成流行。此外，在阴雨连绵、光照不足或暴风雨频繁，或忽晴忽雨、天气闷热、多露等气候条件下，植株生长不健壮，有利于胡萝卜黑斑病菌侵染，而加重病害。

影响胡萝卜黑斑病发生发展的因素有多种。除气象因素外，连作田一般病害发生较重，主要原因是连作田病菌积累多和土壤板结等连作障碍明显，对胡萝卜生长不利，易造成病害流行；播种带菌种子或种植病株的采种田块，因病菌积累量大带病种株发病较重；早播、地势低洼、易于积水、种植过密和肥水不当的地块，都会造成植株长势衰弱，抗病力下降，病害加重；此外，在收获、储运过程中，胡萝卜遭受机械损伤严重时也会加重病害。

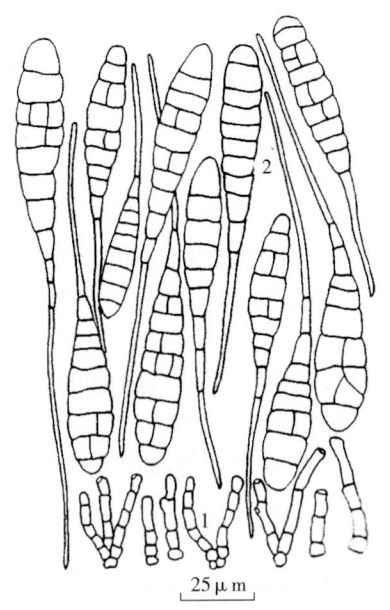

图 10 - 101 - 1　胡萝卜链格孢形态特征（郑建秋提供）

Figure 10 - 101 - 1　Morphology of *Alternaria dauci* (by Zheng Jian-qiu)

1. 分生孢子梗　2. 分生孢子

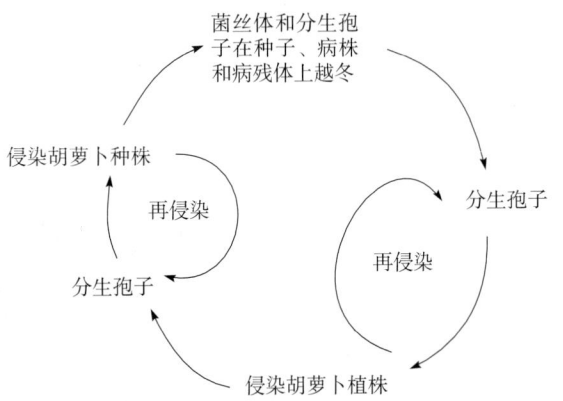

图 10 - 101 - 2　胡萝卜黑斑病病害循环（王勇提供）

Figure 10 - 101 - 2　Disease cycle of carrot Alternaria leaf blight (by Wang Yong)

六、防治技术

(一) 实行轮作和清洁田园

避免连作，病重地块应与非十字花科蔬菜及胡萝卜实行 3 年以上的轮作；收获后彻底清洁田园，深翻土壤，压埋病残体。

(二) 从无病株采收种子及种子消毒

应选择在无病田留种，种植从无病株上采集的种子。播种前进行种子消毒处理，可采用温汤浸种方法，即用 45～55℃温水浸种 20～30min，也可用 1％次氯酸钠溶液浸种 5～10min，之后用清水洗净播种，还可采用种子重量 0.3％的 50％异菌脲可湿性粉剂，或 50％福美双可湿性粉剂、40％拌种双可湿性粉剂拌种。

(三) 加强栽培管理

高垄栽培，精细整地，避免早播，施足底肥，增施磷、钾肥；适时追肥、灌水，防止植株早衰；特别是遇到高温、干旱时，要注意及时灌水施肥，提高植株抗病能力。一旦发现中心病株，要及时拔除；收获后进行深翻，把地面的病残体埋入土中，加速腐烂、分解。

(四) 做好采收和储运工作

在采收、储运过程中，注意保护肉质根免受机械损伤。旧储藏窖用福尔马林或百菌清烟剂消毒；入窖前，剔除受损肉质根，并在阳光下晾晒数天；储藏窖内要保持通风、降低窖内湿度，及时清除病残体。

(五) 及时用药防治

发病初期，及时进行药剂防治。可选用 70％代森锰锌可湿性粉剂 600 倍液，或 75％百菌清可湿性粉剂 600 倍液、50％异菌脲可湿性粉剂 1 200 倍液、58％甲霜灵·锰锌可湿性粉剂 500 倍液、64％噁霜·锰锌可湿性粉剂 400 倍液喷雾，隔 7～10d 喷施 1 次，连续喷施 2～3 次。

王勇（天津市植物保护研究所）

第 102 节　姜腐烂病

一、分布与危害

姜腐烂病又称姜瘟病、细菌性青枯病、软腐病等，是热带、亚热带和温带地区生姜生产中的一种毁灭性病害，一旦发生很难防治。国外许多生姜种植区都有该病发生，印度、斯里兰卡、日本、韩国、泰国、越南、阿富汗、伊朗、美国和墨西哥等国家，每年都因该病造成生姜减产。

我国的山东、四川、贵州、广西、安徽、江西、福建、江苏和浙江等省份的生姜主产区，姜腐烂病发生极为普遍，为害严重，常使生姜大幅减产，一般年份减产 20％～30％，重病年减产高达 50％～70％，局部地块绝收。带菌的生姜在储藏期间仍可继续为害，甚至引起烂窖。

二、症状

姜腐烂病主要为害地下根茎部和根系，亦可为害地上茎和叶片。发病初期，下部叶片的叶缘及叶尖发黄、反卷，白天萎垂夜间恢复，病情逐渐由下向上发展，2～3d 后下部叶片不再恢复，叶片萎蔫枯黄，4～5d 后茎基部腐烂，植株倒伏，整株枯死。但是，植株发病通常从母姜及其假茎开始，再依次蔓延到子姜、孙姜及新抽出的假茎（即姜块）。地上茎部症状不太明显，略呈暗紫色，但剥开皮层，木质部呈褐色，这种变色可从假茎一直延伸到枝条；茎基部变软呈水渍状，髓部大多腐烂空心；根颈部呈淡黄褐色腐烂，纵剖茎基部和根颈部维管束变褐，挤压时有污白色菌脓从维管束溢出。姜块受害，初期产生水渍状、黄褐色病斑，后内部组织软化腐烂，也可挤压出白色黏稠汁液（彩图 10 - 102 - 1）。

三、病原

姜腐烂病的病原菌是茄劳尔氏菌〔*Ralstonia solanacearum*（Smith）Yabuuchi et al.〕，隶属于薄壁菌

门劳尔氏菌属。

细菌菌体杆状，两端钝圆，大小为 $(0.5\sim0.8)$ μm × $(1.3\sim2.2)$ μm，顶端有鞭毛1~3根，革兰氏染色阴性，不形成荚膜和芽孢。最适生长温度为28~32℃，低于4℃、高于40℃不能正常生长，52℃为致死温度，pH4~9都能生长，最适生长 pH 为6.6~7.0。能还原硝酸盐，产氨、脱氨；接触酶和氧化酶反应呈阳性。耐旱力可达3d；当培养基内氯化钠含量为1%时生长较差，高于1.8%时不能正常生长。

姜腐烂病菌在 TZC 选择培养基上培养48h后，可分化出有毒性或无毒性（强或弱致病力）两类菌落：有毒性（强致病力）菌株的菌落呈不规则圆形或近圆形、稍隆起、具流动性、中央粉红色或浅红色稀液状，具有较宽的白边（彩图 10-102-2）；无毒性（弱致病力或无致病力）菌株的菌落较小，呈圆形，较扁平，中央呈玫瑰红色或暗红色，白边很窄，这一选择性培养特性在研究茄劳尔氏菌的致病性或进行农作物抗病性鉴定时非常重要。

姜腐烂病菌寄主范围很广，可侵染44科300多种植物。从姜上分离的病原物与其他寄主上分离的病原物培养性状和菌体特征无明显差异，但致病力却有差异，比如从生姜上分离的菌株对姜有致病性，而对番茄的致病性很弱，反之番茄上的菌株则不能侵染姜。

青枯菌系是个复杂的群体，可分为5个生理小种和5个生化型。根据不同来源菌株对不同种类植物的致病性差异，将菌株划分为5个生理小种：可侵染茄子和其他科植物，寄主范围广的为小种1；只侵染香蕉、大蕉和海里康（Heliconia）的为小种2；只侵染马铃薯、偶尔侵染番茄、茄子的为小种3；只对姜具强致病力而对番茄、马铃薯等其他植物致病力很弱的为小种4；对桑具强致病力，对番茄、马铃薯、茄子、龙葵、辣椒致病力很弱，对普通烟、花生、芝麻、蓖麻、甘薯和姜不致病的为小种5（详见本单元第30节 茄科蔬菜青枯病）。

根据不同菌株对3种双糖（麦芽糖、乳糖和纤维二糖）和3种己醇（甘露醇、山梨醇和卫矛醇）氧化产酸能力的差异，将茄劳尔氏菌划分为5个生化型：不能氧化3种双糖和3种己醇的菌株属生化型Ⅰ；只能氧化3种双糖而不能氧化3种己醇的菌株属生化型Ⅱ；既能氧化3种双糖又能氧化3种己醇的菌株属生化型Ⅲ；只能氧化3种己醇，不能氧化3种双糖的菌株属生化型Ⅳ；氧化3种双糖和甘露醇产酸，而不能利用山梨醇和卫矛醇的菌株属生化型Ⅴ（详见本单元第30节 茄科蔬菜青枯病）。

四、病害循环

姜腐烂病病原细菌在姜块和土壤中越冬，病菌可在土壤中存活2年以上，是翌年田间病害的主要侵染源。带菌姜种和从带菌土壤里长出的姜苗发病后，成为田间中心病株。中心病株的病菌靠雨水、灌溉水、地下害虫、中耕及其他农事活动等传播蔓延，通常从植物根部或茎部的伤口侵入，或直接进入导管系统引起发病（图 10-102-1）；也可从次生根的根冠部侵入，经薄壁组织蔓延到维管束，使细胞质壁分离、变形，形成空腔，继而侵染木质部薄壁组织，刺激导管附近的小细胞受刺激形成诸如鞣质、树脂等物质的侵填体，侵填体进入导管后大量增殖，堵塞导管并分泌毒素，最终使病株萎蔫枯死。

五、流行规律

影响姜腐烂病发生与流行的最主要因素是温、湿度和降水量，其中降水量更为重要。高温、多雨的天气条件利于发病，当旬均温度在24℃左右时，病害开始出现；气温高于30℃，相对湿度在76%以上，土温在25~28℃，土壤含水量达25%以上时，病害极易流行。故在久雨或大雨后转晴、气温急剧上升时，往往病害

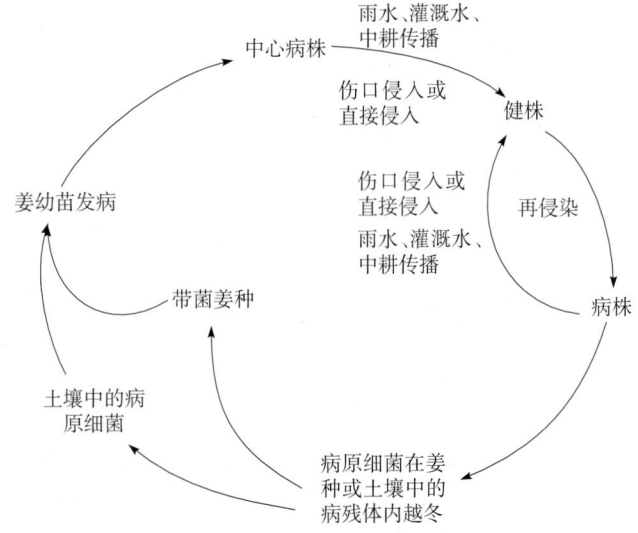

图 10-102-1 姜腐烂病病害循环（帅正彬提供）

Figure 10-102-1 Disease cycle of bacterial wilt on ginger（by Shuai Zhengbin）

会严重发生。我国5～10月是姜腐烂病的高发季节，比如福建省生姜腐烂病初见期在6月至7月上旬，发病高峰在7月下旬至8月下旬；浙江省南部5月下旬至6月上旬开始发病，6月下旬至8月初为第一个发病高峰期，8月下旬至9月中旬为第二个发病高峰期。

生姜长期重茬连作，或前茬是番茄、茄子、辣椒、马铃薯、花生的田块，由于土壤中积累了大量的菌源，往往发病早、发病重，而与水稻、大蒜、非茄科蔬菜轮作的田块发病轻；土壤黏重偏酸、地势低洼易积水和土壤瘠薄施肥不足的田块，也易发病。此外，施肥和灌水对姜腐烂病的发生影响很大，基肥不足、追肥过量、偏施氮肥的田块发病重；土质肥厚，有机质多，增施磷、钾肥的田块发病轻；漫灌、串灌可增大土壤湿度，加快病菌传播，病害重；在地下害虫多、为害严重的地块，给植株造成了大量伤口，利于病菌侵入，会大大加重病情。

六、防治技术

由于姜腐烂病带菌姜种和带菌土壤是主要侵染源，加之病原菌变异大、寄主范围广，因而极难防治。目前，我国主要采用化学防治与农业防治、生物防治相结合的综合防治措施。

（一）农业防治

1. 实行轮作 与葱、蒜、韭菜、水稻、甘薯、玉米实行3年以上轮作，减少土壤中残留病菌的积累与传播。不能与茄科蔬菜和马铃薯、烟草、花生和芝麻间作或轮作。

2. 选用无病姜种 建立无病留种田，最好在前茬种过水稻的无病姜田内严格挑选姜种，在姜窖里单存单放，播种催芽前再挑选一次，消除姜种带菌隐患。姜种储藏前，对储藏窖进行消毒，可喷洒高锰酸钾500倍液或甲醛150倍液，彻底杀灭窖内残存病菌后，再存放姜种。

3. 及早清除病株 结合冬翻土壤，清除病株残体；及时拔除中心病株及其周围植株，挖去病穴内带菌土壤，并用石灰或草木灰消毒病穴。病株残体和带菌土壤带出田块深埋，不得随意弃于田边、水渠或粪池中。

4. 加强田间管理 选择地势高燥，能排能灌的地块种植生姜，冬翻土壤，并深耕不耙；每667m²施石灰100～150kg，调节土壤酸碱度，减少土壤中病菌数量；结合整地筑埂，增施有机肥料，配方施用氮、磷、钾肥和生物菌肥，基肥中加入EM益生菌，改善土壤环境；严禁使用病姜、带菌病株和带菌土壤沤制的土杂肥和被病株污染了的水源灌溉或配药，最好用滴灌、井水灌溉；在进行培土和除草等农事操作时，尽量减少对块根和茎基的损伤。

（二）化学防治

1. 姜种消毒 严格挑选姜种，用72%农用硫酸链霉素可溶粉剂2 000倍液浸种姜48h，或用30%氢氧化铜800倍液浸种6h，或用石灰水100倍液浸种3d，用草帘、麻袋覆盖闷种，杀灭姜种所带病菌，晾干后掰成块，掰口蘸草木灰后播种。

2. 药剂防治 尽量在发病初期用药。药剂有72%农用硫酸链霉素可溶粉剂3 000倍液，或25%络氨铜水剂500倍液及77%氢氧化铜可湿性粉剂、50%琥胶肥酸铜可湿性粉剂400倍液灌根，每10d灌根1次，连续灌3～4次。及时清除病株与根际土壤后，可选用如下药剂进行防治：50%甲霜·福美双可湿性粉剂1 000倍液、77%氢氧化铜可湿性粉剂400～500倍液、30%琥胶肥酸铜可湿性粉剂500倍液、3%中生菌素可湿性粉剂500倍液、72%农用链霉素可溶粉剂3 000倍液等交替灌根，并浇灌病株周围姜苗，每株用药50～100mL，每7～10d灌药1次，连续浇灌2～3次。

3. 及早防治地下害虫 防治地下害虫时要注意成虫、幼虫兼治，可采用冬季深翻，清洁田园，诱杀成虫，撒毒土、诱饵等诱杀幼虫的防治措施。

（三）生物防治

用拮抗生物菌液灌根，对姜腐烂病有一定的防效，比如芽孢杆菌B130菌株、木霉菌株SMF2（*Trichoderma* spp. SMF2）、蜡状芽孢杆菌（*Bacillus cereus*）、地衣芽孢杆菌（*Bacillus licheniformis*）等。有人用8亿个活芽孢/g枯草芽孢杆菌可湿性粉剂防治姜腐烂病，效果良好。

帅正彬（成都市农林科学院园艺研究所）

第 103 节　食用菌竞争性病害

一、分布与危害

少数食用菌栽培是采用阔叶树树干作为栽培基质，进行食用菌段木栽培。多数食用菌栽培主要是以农作物的秸秆或林木枝丫粉碎后的木屑为主要培养料，按照一定配方比例混合装袋后进行灭菌处理，然后将菌丝体接种在培养料中进行纯培养，菌丝体经过生长发育，最后形成各种子实体，称之为袋料栽培或袋栽模式。

食用菌竞争性病害又称竞争性杂菌为害，是指在食用菌生长过程中，某些有害微生物侵入培养料或段木，与人工培养的食用菌争夺营养成分、水分或生活空间，污染栽培基质，导致食用菌菌丝体无法继续在培养基质中正常生长，或者生长不良、减产甚至绝收。

食用菌竞争性病害主要是各种微生物感染栽培基质或覆土，它不同于食用菌菌丝体病害，也不同于食用菌子实体侵染性病害。食用菌菌丝体病害通常是菌丝体长满菌袋之后再被病原物感染，且因为病原物胞外酶降解或毒素作用而致死。由于木霉（*Trichoderma* spp.）等微生物既能引起培养料的竞争性病害，又能引起菌丝体病害，人们通常易将菌丝体病害混同于竞争性病害。

由于引起竞争性病害的病原微生物种类多，适应力强，繁殖迅速，常在短期内将培养基质完全占领，甚至抑制正常生长的食用菌菌丝或将其覆盖或降解，给食用菌菌种制作或栽培造成极为严重的经济损失。金针菇工厂化生产中，液体菌种或栽培瓶感染竞争性病害后，一次损失可达数十万元。常规袋料栽培中，由于灭菌不彻底，可导致成批次的菌袋感染各种微生物，直接造成菌袋生产失败。几乎所有的食用菌在各种栽培模式下，都会被不同的竞争性杂菌为害，其中为害最严重的是培养料灭菌后的菌袋，其次是发酵培养料和覆土，而段木受竞争性病害为害较小。

二、症状

由于引起竞争性病害的病原微生物种类较多，所以引起的症状也多种多样，下面介绍几种主要病原微生物侵染各种食用菌后引发的症状（彩图 10 - 103 - 1）。

（一）食用菌木霉病

木霉（*Trichoderma*）引起的食用菌木霉病，是生产中发生最普遍且为害最严重的竞争性杂菌之一。凡是适宜食用菌生长的培养基质都适合木霉菌丝的生长，包括菌种培养基、袋栽培养料、发酵培养料和段木。香菇、平菇、金针菇、灵芝、黑木耳、银耳等食用菌培养料在被木霉侵染 2～4d 后，即可长出大量的白色菌丝，通常 1 周后即产生大量分生孢子而使菌落呈现绿色，整个菌袋完全报废。食用菌菌丝在与木霉竞争营养和空间时，一般停止生长，甚至被木霉所完全覆盖。

若环境条件适宜，木霉会迅速在双孢蘑菇、草菇的菇床上发展为片状，污染整个菇床，使菇床无法正常出菇。白灵菇、灰树花、鸡腿菇等需要进行覆土才能出菇的食用菌，在覆土层上也易感染木霉；栽培木耳和香菇的段木上同样会受到木霉侵染，但通常仅接种孔可以看见感染木霉，其他部位症状表现不明显。

（二）食用菌曲霉病

曲霉（*Aspergillus*）引起食用菌曲霉病，是食用菌生产中发生最普遍、为害最严重的主要杂菌之一，尤其在春夏潮湿多雨季节。

曲霉分生孢子较耐高温，若灭菌不彻底一般经过 10d 左右，培养基质内会产生绒毛状的曲霉菌丝，继而形成黄色至深褐色的粉末状分生孢子，形成黄、绿、褐、黑等各种颜色的霉层，肉眼观察为疏松的颗粒状物，被侵染的培养料上食用菌菌丝体不再生长，并逐渐消失。

（三）食用菌链孢霉病

链孢霉（*Neurospora*）引起食用菌链孢霉病，对菌种制作和栽培造成较大危害，是普遍发生的主要竞争性杂菌之一。病菌一旦从菌袋（瓶）口或其他隙缝中侵染，生长速度极快，2～3d 菌丝即达生理成熟，很快在菌落及其周边形成橘红色或白色的分生孢子。此后 1～2d 在袋口或瓶口处形成一团橘红色或灰白色的分生孢子团，内含大量分生孢子。尤其是在以玉米芯、棉籽壳作培养料或掺入较多玉米粉的培养料中，链孢霉发生最为普遍，在香菇、平菇、茶树菇、金针菇生产中均可发生，其症状极易识别。

（四）食用菌褐色石膏霉病

褐色石膏霉（*Papulaspora byssina*）侵染覆土栽培类食用菌的菇床，可引发食用菌褐色石膏霉病。发病初期，覆土表面出现浓密的白色菌丝体，菌丝体所覆盖直径可达 30cm 以上，后渐形成许多小颗粒状菌核。菌核初期乳黄色，后期褐色，似石膏粉末状，手指触之有滑石粉的感觉。褐色石膏霉可抑制覆土层中食用菌菌丝体生长，阻止其扭结出菇，或推迟出菇时间。

（五）食用菌胡桃肉状病

胡桃肉状菌（*Diehliomyces microspores*）引起食用菌胡桃肉状病。该菌主要在双孢蘑菇覆土层或料面为害，也可在金针菇和平菇菌袋中为害。高温期一般多发生于双孢蘑菇覆土前后的料面或覆土层中。侵染初期出现短而浓密的白色菌丝，后形成粒状的红褐色的子囊果，表面有脑状皱纹，似胡桃肉状；子囊果群生于覆土表面，与蘑菇菌丝争夺养分，阻碍双孢蘑菇子实体形成，严重时菇床完全不出菇。如双孢蘑菇菌种瓶内发生该菌，闻之则有漂白粉气味。若在覆土期间感染该病菌，则该菌迅速在菇床上蔓延，致使双孢蘑菇菌丝逐渐萎缩。经胡桃肉状菌侵染的菇房，一般较难彻底消毒。平菇和金针菇菌袋感染胡桃肉状菌之后，在菌袋料面或菌袋内侧料面形成胡桃肉状的子囊果，菌袋外观畸形，无法正常出菇。

三、病原

引起食用菌竞争性病害的病原有多种，现介绍以下 5 种主要病原（图 10‐103‐1）。

图 10‐103‐1　食用菌竞争性病害主要病原菌形态特征（1. 引自 Gerald Holmes，1993；2. 引自 Nathan W. Gross，2012；3. 引自 Dennis 和 Kunkel.，2001；4. 引自吴菊芳和陈德明，1996；5～7. 引自宋金俤，2011）

Figure 10‐103‐1　Competitor moulds causing edible mushrooms disease（1. from Gerald Holmes，1993；2. from Nathan W. Gross，2012；3. from Dennis and Kunkel.，2001；4. from Wu Jufang and Chen Deming，1996；5—7. from Song Jinti，2011）

1. 木霉分生孢子梗及分生孢子　2. 曲霉分生孢子梗及分生孢子　3. 黑曲霉分生孢子
4. 链孢霉分生孢子梗、分生孢子、子囊壳、子囊及子囊孢子　5. 草菇菌床上的石膏状霉层
6. 石膏状霉的小球形菌核　7. 双孢菇覆土层上的胡桃肉状菌子实体

（一）木霉

木霉（*Trichoderma*）又称绿霉，感染食用菌培养基质的木霉主要有绿色木霉（*T. viride* Pers.：Fr.）、康氏木霉（*T. koningii* Oudem.）、哈茨木霉（*T. harzianum* Rifai）、长枝木霉（*T. longibrachiatum* Rifai）、多孢木霉［*T. polysporum*（Link：Fr.）Rifai］等，均属于子囊菌无性型木霉属真菌。木霉适应性强，传播蔓延快，菌落起初为白色、致密、圆形，向四周扩展后，菌落变为绿色粉状，边缘仍是密集的白色菌丝。

不同的木霉菌种类在菌丝及孢子形态等方面存在差异，症状亦不同。绿色木霉在侵染香菇菌袋的培养料时，呈深黄绿色至深蓝绿色，老熟后有椰子气味，而康氏木霉呈浅黄绿色，菌丝透明。

木霉菌丝无色，分枝发达，有隔膜，侧枝上生出分生孢子梗。分生孢子梗直立，对生或枝状丛生，黏块状分生孢子簇生于分生孢子梗顶端。分生孢子多为卵圆形或球形，无色或绿色，大小为（2.8～4.5）μm×（2.2～3.9）μm。分生孢子梗在主轴上分枝较均匀，主轴上的次级分枝较复杂，通常有两回以上分枝；孢子梗基部膨大，安瓿瓶形至细圆锥形。

（二）曲霉

感染食用菌培养基质的曲霉（*Aspergillus*）种类主要是黄曲霉（*A. flavus* Link：Fr.）、黑曲霉（*A. niger* Tiegh.）和灰绿曲霉（*A. glaucus* Link：Fr.），均属于子囊菌无性型曲霉属真菌。其中，为害最严重的是黄曲霉。

曲霉菌丝无色、淡色或白色，有隔膜，有分枝。当菌丝活力旺盛时，在分化为厚壁的足细胞上，常长出大量的分生孢子梗。分生孢子梗直立，不分枝，无隔膜，顶端膨大成球形或椭圆形的顶囊，顶囊上长满辐射状的小梗。分生孢子球形或卵圆形，单细胞，串生于小梗顶端。由于曲霉种类和发育期不同，其分生孢子呈炭黑色、黄绿色、淡绿色或浅褐色等各种颜色，菌落也呈各种鲜艳的色彩。

在 PDA 培养基上，黄曲霉菌落初期浅黄色，后渐变为黄绿色，最后为褐绿色；分生孢子梗直立，顶囊近球形；分生孢子球形，放射状，黄绿色，大小为 3.5～5μm。黑曲霉菌落初期白色，后变黑色；分生孢子球形，炭黑色；分生孢子梗长短不一。灰绿曲霉菌落初期白色，后变灰绿色；分生孢子球形或椭圆形，淡绿色。

（三）链孢霉

链孢霉（*Neurospora*）又名红霉、粉霉、红色面包霉、脉孢霉、面包霉等，感染食用菌培养基质的以好食脉孢霉（*N. sitophila* Shear et B. O. Dodge）为主，属于子囊菌门脉孢霉属真菌；无性阶段隶属于子囊菌无性型脉孢霉属真菌，造成危害的主要是其无性阶段。另外，粗糙脉孢霉（*N. crassa* Shear et B. O. Dodge）有时亦造成危害。

链孢霉在适宜条件下生长迅速，菌丝分枝发达，有隔膜，初期为白色或灰色，后逐渐变为粉红色，匍匐生长，并在表层产生粉红色粉末。分生孢子梗直接从菌丝上长出，与菌丝无明显差异，顶端产生分生孢子；分生孢子单胞，卵形或近球形，无色或淡色，以芽生方式形成长链，呈念珠状，长链可分枝。菌丝生长后期，可直接断裂形成分生孢子。

有性繁殖产生子囊孢子。子囊壳近球形或卵形，暗褐色、黑色或粉红色，簇生或散生。子囊圆柱形，有孔口，孔口乳状或短嘴状。子囊内生 8 个子囊孢子，子囊孢子初无色透明，后变为暗褐色、黑色或墨绿色，表面有明显的纵向脉纹。菌落初期为白色粉粒状，后期呈粉红色，绒毛状。

（四）褐色石膏霉

褐色石膏霉（*Papulaspora byssina* Hots.）属于子囊菌无性型丝葚霉属真菌。不产生无性或有性孢子，只有不孕性菌丝和菌核两种形态。菌丝初为白色，后渐变为褐色；菌核球形或不规则形，组织紧密。菌核起休眠和传播病害的作用，在环境条件适宜时，菌核可萌发形成菌丝。

（五）胡桃肉状菌

胡桃肉状菌［*Diehliomyces microspores*（Diehl. et Lamb.）Gilkey］又名狄氏裸囊菌、小牛脑菌、脑菌、小孢德氏菌等，属于子囊菌门假块菌属（狄氏菌属）。菌丝白色，粗壮，有分枝和隔膜。子囊果由菌丝发育组成，致密，有脉络和空隙，初期为乳白色小圆点，后为不规则块状或脑髓状，成熟时暗褐色，多皱褶，皱纹处色深，外形酷似胡桃肉状。子囊果内着生子囊；子囊多个，近球形或卵形，每个子囊内含 8 个子囊孢子。子囊孢子无色，近球形。子囊孢子成熟后，子囊果破裂，大量子囊孢子被释放出来。子囊果形状不规则，群生，直径一般可达 1～5cm。

四、病害循环

引起食用菌竞争性病害的病原物可以在各种有机质上越冬，尤其是各种培养料、栽培废弃料、垃圾、菇房四壁及层架上。对于袋栽食用菌的多数竞争性病害而言，培养料中残存的病原菌是初次侵染的重要来源，再侵染源既可能是已经感染的菌袋，又可能是菇房内外环境中的病原菌，但一般从菌袋破损处、瓶（袋）口棉塞松动处或出菇（耳）的刺孔割口处感染（图 10 - 103 - 2）。对于以发酵料进行栽培，或采用覆土出菇方式栽培的食用菌而言，通常培养料发酵不充分，或覆土消毒不彻底，培养料和覆土会成为主要的侵染源，病原菌在覆土层上产生大量孢子或者菌核，并迅速向四周传播（图 10 - 103 - 3）。竞争性病害病原菌传播的方式多种多样，既可以靠气流传播，又可以靠人工操作、工具、灌溉水、菇房滴水或昆虫传播。

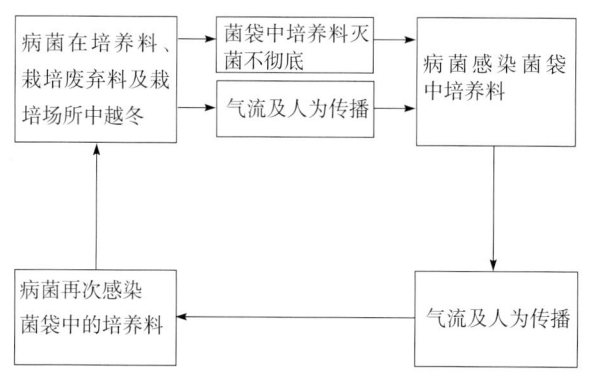

图 10 - 103 - 2 袋栽食用菌竞争性病害循环
（边银丙提供）

Figure 10 - 103 - 2 Disease cycle of edible mushrooms during bagged cultivation（by Bian Yinbing）

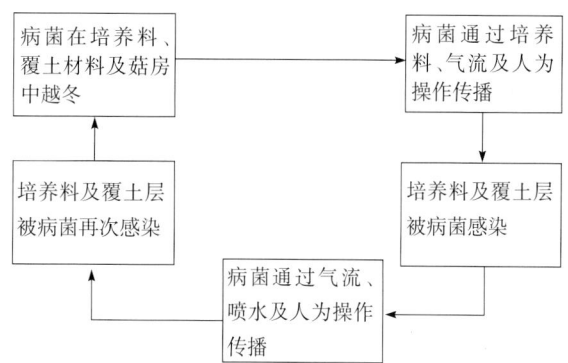

图 10 - 103 - 3 发酵料栽培食用菌竞争性病害循环
（边银丙提供）

Figure 10 - 103 - 3 Disease cycle of edible mushrooms growth in fermented matrix（by Bian Yinbing）

五、流行规律

引起食用菌竞争性病害的原因很多，比如由原材料受潮发霉、培养料含水量过大、装料太满或料袋扎口不紧等造成的料瓶（袋）制作不当；或由于灭菌时间或压力不够、灭菌时装量过多或摆放不合理，以及高压灭菌时冷空气没有排净等造成的培养基质灭菌不彻底，致使瓶壁和袋壁上出现各种杂菌群落；或由接种后菌种块上或其周围污染杂菌造成的菌种带杂菌，接种场所消毒不彻底，接种时无菌操作不严格造成的污染；或由灭菌时棉塞等封口材料受潮，培养室环境不卫生、高温高湿等导致的培养过程中污染；或由于出菇室环境不卫生，高温高湿，通风不良，尤其是采完一潮菇后，料面不清理造成的出菇期污染；或由于灭菌操作或运输过程中不小心，使容器破裂或出现微孔，以及鼠害等使菌袋破损而造成的破口处污染等。

（一）菌源

各种木霉、链孢霉、曲霉的菌丝体、分生孢子或菌核广泛存在于自然界中，分生孢子和菌核可长期存活于土壤、有机肥料、植物残体、墙体缝隙、菇房床架中，通过气流、灌溉水、人工操作和工具等进行传播。

袋栽食用菌的培养料装入塑料袋或 PE 瓶中，经过高压蒸汽灭菌，正常情况下不可能存在竞争性病原物。但在实际生产中，许多菇农采用常压蒸汽灭菌，由于灭菌温度和时间不够，或培养料水分不足，或菌袋排放过密等，使部分甚至全部菌袋或菌瓶的培养料灭菌不彻底，易导致病害暴发流行。

对于覆土栽培的食用菌而言，如果培养料发酵不充分，会导致各种竞争性病原菌在培养料中存活或繁殖，成为主要的侵染来源之一。此外，覆土层消毒不彻底夹带杂菌，也成为竞争性病害发生的重要原因。

（二）栽培环境

通常情况下，食用菌菌丝体与竞争性病害病原菌适宜生长的温度条件非常接近，但木霉、曲霉和链孢霉等病菌在 25℃ 以上温度条件下，孢子可大量繁殖，而香菇、木耳、金针菇等菌丝体在持续 28℃ 以上高温条件下，极易发生"高温烧菌"现象，导致菌丝活力下降，抵御竞争性病原物的能力下降，菌袋感染病原物的概率急剧上升。特别是在高温高湿条件下，致病菌的孢子和菌核都极易萌发，迅速占领培养料或覆土层表面。通常，食用菌的培养料和覆土层含水量偏高、菇房或菇棚内空气湿度大、通风不良，水分难以挥发，二氧化碳浓度偏高，加之温度又往往偏低，更不利于食用菌菌丝生长，但二氧化碳对于致病菌的影响较小，使得致病菌繁殖和蔓延。双孢蘑菇是一种中低温食用菌，菌丝体在 20℃ 以下生长健壮，但当菇房温度超过 24℃ 时，双孢蘑菇菌丝活力下降，而胡桃肉状菌、褐色石膏霉菌丝则在此温度条件下生长速度加快，孢子或菌核快速繁殖，导致病害暴发与流行。

六、防治技术

由于多数食用菌是即收即食的农产品，不宜用喷洒农药的办法来防治病害；而且许多病原菌菌丝与食用菌菌丝交织缠绕在培养料中，无法靠施药彻底铲除。对于食用菌竞争性病害，必须采取"预防为主、防重于治"的防治策略。

（一）做好菇房场地卫生，减少侵染源

保持生产场所洁净干燥，周边一定范围内无禽畜养殖场和垃圾场，及时处理栽培废料和污染物，避免废弃料袋堆积；在菌种或菌袋制作过程中，严格隔离有菌区和洁净区。菇房使用前后应严格消毒处理，地面用 50％咪鲜胺锰盐可湿性粉剂 3 000 倍液喷洒，也可用高锰酸钾和甲醛混合后产生的气雾或其他气雾消毒剂熏蒸菇房。

（二）培养料严格灭菌，减少感染途径

灭菌设备需按规定检修，严格按灭菌技术操作规程生产，防止留下灭菌死角，避免出现灭菌不彻底的现象。灭菌后，菌袋运输到冷却和接种场所时，应尽量避免与不洁净的物体或者污染源接触。接种场所或设备应提前做好消毒工作，所用接种工具应灭菌或消毒处理；接种时环境温度应在 28℃以下，严格无菌操作，动作应迅速，动作幅度不要过大，尽量减少种源在空气中暴露的时间，减少人为走动，适当增加接种量，用优势菌种覆盖料面，减少病原菌侵染概率。在制袋、运输、培养等过程中，应尽量减少破袋和袋口松动，防止杂菌感染；熟料栽培的菌袋厚度应达 0.5mm 以上，无微孔。

（三）科学配制培养基质，控制含氮量

培养料应尽量不加入糖分，防止酸化；培养料水分控制在 60％～65％，麸皮、玉米粉用量不可过大；大规模制种或熟料栽培时，可用 70％噁霉灵可湿性粉剂，按 1∶1 200 拌入培养料中可有效减少各种霉菌感染。

（四）调控菇场环境条件

在养菌期间，不仅要维持菌丝生长的适宜温度，还需经常通风，增加发菌室氧气含量，适当降低温度和湿度，并经常检查发菌情况，及时拣出污染菌袋。在菇房水分管理上，应干湿交替，保持一定的干燥程度。及时采收，摘除残菇、菇根、病菇，清除污染的培养基质。

（五）培养料应充分发酵，覆土材料应严格消毒

为了保证双孢蘑菇、草菇等食用菌培养料发酵质量，应尽可能采用二次发酵，有条件时应推广通气发酵或发酵池发酵技术。可用 50％咪鲜胺锰盐可湿性粉剂，按 1∶1 500 拌入覆土中，堆闷 5d 左右后使用。

（六）药剂防治

若出菇期菇床或菌袋上出现木霉、青霉、链孢霉感染时，在出菇间歇期选择低毒安全药剂进行化学防治，可将 40％二氯异氰尿酸钠可溶粉剂加水稀释 1 000 倍后喷洒于料面上，间隔 3～5d 再次使用，也可以在发病部位撒生石灰，抑制病原菌的繁殖。喷药期间不宜喷水，3d 左右后再喷水管理，同时出菇期间严禁用药，任何情况下严禁向子实体上喷药。

边银丙　张健（华中农业大学植物科学技术学院）

第 104 节　毛木耳油疤病

一、分布与危害

毛木耳油疤病又称疣疤病，是典型的菌丝体病害。毛木耳菌袋中白色菌丝体感病后，变为黑褐色，渐腐烂，导致产量显著下降，甚至完全不能出耳。2009 年，首先在四川什邡毛木耳种植区发现，随后在福建漳州、河南驻马店、湖北武汉和江苏徐州等地的毛木耳产区陆续发生。2009—2012 年，四川什邡、彭州和河南驻马店等毛木耳产区严重受害。

毛木耳油疤病菌除了感染已灭菌的培养料外，主要是感染毛木耳菌丝体。通常，在菇房或菇棚卫生环境差的情况下，或者同一菇房或菇棚连续种植 3 年以上，菌袋感染率一般可高达 80％以上，产量下降 30％以上。在毛木耳油疤病严重发生的菇房或菇棚，当菌袋处于发菌期，感病率就可达到 20％；进入刺

孔催耳期，菌袋的感病率迅速上升；到了出耳后期，菌袋的感病率可高达 80% 以上，菇农几乎没有经济收入。

二、症状

毛木耳菌丝体感染油疤病菌后，菌袋中白色菌丝体上初现深褐色、不规则的病斑，之后迅速向四周扩散。病斑质地硬实，外围颜色较深，中间颜色稍浅，表面有滑腻感，具光泽。有时在病斑与毛木耳健康菌丝交界处有红褐色的拮抗带，拮抗带边缘不整齐。从菌袋感病部位可以明显看出，染病的毛木耳菌丝体被病原菌所降解，菌丝体成小碎段，似豆渣状（彩图 10-104-1）。

在毛木耳菌袋养菌期，毛木耳油疤病即可感染菌丝体，既可以在毛木耳菌丝正在生长时感染，也可以在菌丝长满菌袋后感染，但极少直接污染培养料而形成病斑。

一旦出现病斑后，致病菌可迅速不断地在毛木耳菌丝体上蔓延，直至覆盖整个菌袋。在发病后期，病斑上有时还可出现青霉（*Penicillium* spp.）或木霉（*Trichoderma* spp.）分生孢子堆，这是环境中杂菌在病斑上腐生的表现。

当毛木耳栽培进入催耳期，菌袋两端或侧面被划口或刺孔后，病原菌迅速从孔口处感染，表现出极强的传染力，迅速在菌袋之间传播与蔓延，并可在短期内扩展至整个栽培棚架。

三、病原

毛木耳油疤病的病原是木生节格孢（*Scytalidium lignicola* Presented），属于子囊菌门节格孢属真菌。

木生节格孢在 PDA 平板上初期菌丝灰白色且纤细，之后菌落渐呈褐色至黑褐色，菌落平展，气生菌丝较发达，菌丝生长速度较快，表面略呈蜂窝状。菌丝体在 10～30℃下均可生长，最适生长温度约为 25℃；在 pH 为 3～9 条件下均可生长，最适 pH 约为 7。在不同的碳源和氮源的培养基中，菌落表现相似，但菌丝生长速度具有明显差别。在碳氮比（C∶N）为 40∶1 的条件下，C 浓度为 6g/L 时，菌丝生长速度最快。菌丝宽为 2～5μm，有隔膜，有分枝。

尚未发现该病菌的有性阶段。无性阶段可产生厚垣孢子，特别是在适宜的条件下，菌丝体上能大量产生厚垣孢子。厚垣孢子大小为（6～15）μm×（5～10）μm，壁厚，褐色至深褐色，呈宽椭圆形，常 3～6 个串生在菌丝的顶端，呈链状（图 10-104-1）。

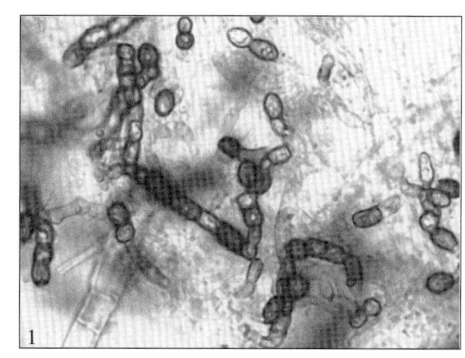 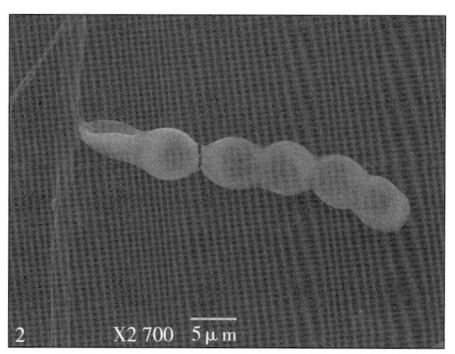

图 10-104-1　木生节格孢的形态特征（边银丙提供）
Figure 10-104-1　*Scytalidium lignicola*（by Bian Yinbing）
1. 菌丝及厚垣孢子　2. 厚垣孢子电镜照片

四、病害循环

毛木耳油疤病的致病菌木生节格孢（*Scytalidium lignicola*）是一种兼性寄生菌，通常在各种朽木、秸秆上和有机质中营腐生生活或越冬；在培养料灭菌不彻底时，培养料栽培基质中玉米芯或木屑中会带有该病菌，这些病原菌就是菇棚中病害的初侵染源。在栽培多年的阴棚中，病害发病程度较新阴棚严重，表明在毛木耳栽培阴棚中存在大量病原菌，病原菌通过浇灌水传播，也可以通过气流传播；在毛木耳菌袋出耳之前，进行刺孔或割口等田间操作时，还可人为传播病害。致病菌在菌袋中能够迅速生长，侵袭并覆盖毛木耳菌丝，或与毛木耳菌丝之间形成拮抗线，菌丝体上形成大量厚垣孢子。厚垣孢子通过浇灌水、气流或人为操作而传播，导致许多菌袋被感染。栽培季节结束后，病原菌在废弃的发病菌袋中存活，或者在阴棚的木桩、竹架或稻草、麦秸、玉米秸等覆盖物上存活，越冬后再感染毛木耳菌丝体（图 10-104-2）。

五、流行规律

毛木耳油疤病菌在各种农林作物残体、阴棚建设材料、有机质中普遍存在，病原菌来源广泛，成为病害流行的重要因素之一。

栽培阴棚中湿度长时间高于 90%

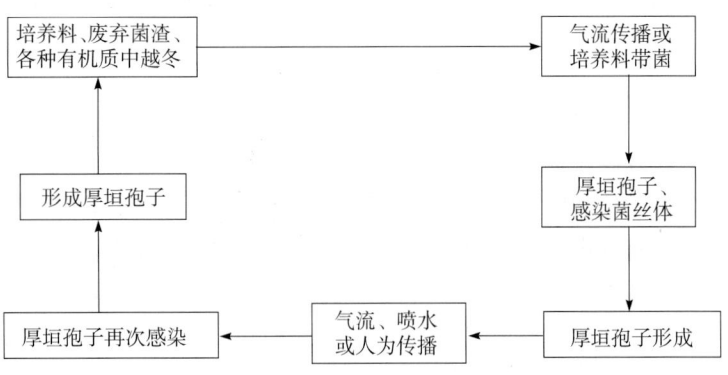

图 10-104-2　毛木耳油疤病病害循环（边银丙提供）

Figure 10-104-2　Disease cycle of *Auricularia polytricha* slippery scar (by Bian Yinbing)

以上，气温 25℃ 以上，通风不良，特别适合于毛木耳油疤病大发生。采用水管直接向菌袋喷水淋灌，不仅加大了空气湿度，更可大量传播病原菌，导致病害流行。油疤病菌仅感染毛木耳的菌丝体，不感染子实体耳片，这是毛木耳油疤病的显著特点。有时在已灭菌的菌袋中接种毛木耳菌丝后，在远离毛木耳菌丝的培养料中也会出现油疤病病斑，表明培养料中带有病原菌，这可能由于灭菌不彻底或菌袋破损等导致。

在四川，毛木耳通常是冬季制袋，春、夏季出耳，冬季或早春即有少量毛木耳菌袋发生油疤病，随着气温逐步升高，菌袋发病率不断上升。气温上升到 25℃ 以上时，病原菌繁殖加快，随着耳芽发育和耳片生长，阴棚内喷水次数和喷水量增加，病斑数量急剧上升。栽培棚内喷水过勤，极少或者不通风，湿度过大，特别是四川菇农习惯采用浇灌或淋灌方式喷水，容易造成病原菌传播和导致病害大发生。采摘第一茬耳片后，袋口成为油疤病菌侵染的主要途径。随着采摘次数增加，菌袋感染率也急剧增加，至 5~6 月感染率可达 80%~100%。

毛木耳油疤病最初在四川大发生，随后发现在河南驻马店地区发生严重。在福建漳州毛木耳栽培袋上也发现了该病，经病原菌分离鉴定和致病性验证，证实它们与四川、河南等地病原菌相同，但毛木耳油疤病在福建漳州仅零星发生，这可能是因为当地毛木耳一般秋冬季栽培，且采用少喷水或喷雾状水等措施，耳棚通风好、湿度小。

六、防治技术

（一）清洁栽培环境，进行菇房消毒处理

毛木耳栽培季节结束后，应及时清理废弃栽培袋，进行菇房卫生清理，更换耳棚木质或竹质床架，更新稻草、麦秸或玉米秆等遮阴材料，喷洒石灰或甲醛进行消毒。冬季可以揭去覆盖物，在太阳下曝晒或低温处理，减少病原菌越冬存活率。也可采用钢架、塑料薄膜、遮阳网等材料替代毛毡覆盖，可有效减轻病害。

对菇房和棚架进行严格的消毒处理。发菌期间每隔 7~8d，使用 5% 饱和石灰水、40% 三乙膦酸铝可湿性粉剂 200 倍液或复合酚 50 倍液，对菇房做消毒处理，一般药剂用量为 50g/m²。菌袋上架期交替使用漂白粉 700 倍液、5% 饱和石灰水对棚架进行消毒。在菌袋划口催耳前，使用漂白粉 700 倍液、5% 饱和石灰水对菌袋进行泡袋消毒，24h 后再进行划口处理。出耳期间，喷水与消毒相结合，能够有效降低油疤病的发病率。每潮耳采收结束后，第一次喷水都需加入消毒剂进行消毒处理。菇房增设防虫网，大力推广使用黄板和频振式杀虫灯，减少虫害。

（二）使用高质量的聚丙烯塑料菌袋

尽量使用质量好，厚度大于 0.03mm，耐高压，耐磨损，不易穿孔或破损的塑料栽培袋，这样可减少病菌侵入的途径。

（三）适当提高培养料中石灰用量

研究表明，木生节格孢生长适宜的 pH 环境偏酸性，且最适 pH 为 6，而毛木耳菌丝体最适生长 pH 为 7.0 左右。将栽培料中石灰用量从 1%~1.5% 提高到 3%~3.5%，可以有效降低毛木耳油疤病的发病率。

（四）选择适宜品种、低温发菌和适当遮光

当前尚无对毛木耳油疤病菌具有抗性的毛木耳品种，但品种之间的抗性存在一定的差异，其中 781 的抗性略强于其他品种；木生节格孢菌丝生长的最适温度为 25～30℃，通过降低菌袋培养温度，采用 20℃ 菌袋培养温度，可有效降低油疤病的发生；光照对木生节格孢菌丝生长有促进作用，因此，适当的遮光培养有助于降低油疤病的发生。

（五）改进喷水方式

据报道，65%～70% 的含水量有利于降低病害的发生率。因此，适当降低出耳期空气湿度，菇棚内耳芽诱导期或出耳期，应尽量采用地面灌水或微雾状喷水的方式增加空气湿度，避免采用水管淋灌，防止喷水传播病菌孢子，避免空气湿度过高。

（六）及时清除病斑

按 1∶800～1 000 倍在培养料中拌入 50% 咪鲜胺锰盐可湿性粉剂，可以抑制培养料中油疤病菌繁殖，预防菌袋感染。在菌袋已经出现病斑时，可以挖除病斑及周围 1～2cm 菌丝体，然后将 50% 咪鲜胺锰盐可湿性粉剂与干细土拌匀后（药剂与细土重量之比为 1∶250～500），均匀撒在病斑处，或加少许水和成稀泥状，涂抹在挖除培养料的部位，可以有效地抑制病斑扩展。

边银丙　张有根（华中农业大学植物科技学院）

第 105 节　双孢蘑菇疣孢霉病

一、分布与危害

双孢蘑菇疣孢霉病又称湿泡病、白腐病、褐腐病、水泡病等，主要感染双孢蘑菇子实体，是当前世界上双孢蘑菇生产中发生最普遍，危害性最大的病害之一。德国早在 1926 年就因双孢蘑菇疣孢霉病为害导致减产 10%～25%。2000 年在印度喜马偕尔邦和哈里亚纳邦双孢蘑菇疣孢霉病普遍发生，导致减产 10%～20%，特别严重的菇房损失高达 50%～60%，有的菇房甚至绝收。

我国于 20 世纪 20～30 年代开始引进栽培双孢蘑菇，90 年代以后，双孢蘑菇的发展十分迅猛，栽培地区几乎遍及全国，主要产区分布在长江中下游及南方各省，其中福建栽培面积最大、产量最高，其次是广东、浙江、江苏、上海、江西、湖南、湖北、广西、安徽、四川等省份，现在山东、河北和甘肃等省亦有栽培。这些双孢蘑菇产区几乎都遭受着双孢蘑菇疣孢霉病为害，尤以福建等老产区发生严重。自 20 世纪 90 年代初以来，福建漳州、莆田等地该病严重发生，病菇率可达 30% 以上，每年造成的经济损失达 3 000 多万元，现已成为制约双孢蘑菇产业发展的主要因素之一。

二、症状

双孢蘑菇疣孢霉病菌只侵染双孢蘑菇子实体，不侵染菌丝体，而当双孢蘑菇菌丝由营养生长进入生殖生长时，也是该病发生最关键时期。双孢蘑菇在不同生长发育时期感染该病，症状有所不同，具体可分为 4 种类型（彩图 10 - 105 - 1）。

（一）菌索感染

双孢蘑菇菌丝在覆土中形成菌索时被侵染发病，初期菇床表面形成一堆堆白色绒状物，此为双孢蘑菇疣孢霉病菌的菌丝和分生孢子；后渐变为黄褐色，表面渗出褐色水珠，直径可达 15cm 以上，散发出臭味，黄褐色部分即为厚垣孢子。

（二）原基感染

当双孢蘑菇菌索扭结形成原基时被侵染发病，形成不规则的硬团块，上面覆盖白色棉絮状菌丝；后期变为黄褐色至暗褐色，常从感病组织中渗出暗褐色液滴。覆土下面扭结的小原基也可被感染，在覆土表面可看到点状的暗黄色菌丝体。

（三）幼蕾期感染

双孢蘑菇在菇蕾形成期被侵染发病，菇床还未看到正常的菇蕾出现时，病菇就已大量出现，一般病菇比正常菇提前 3～4d 出菇，菌柄与菌盖尚未分化时即被完全感染，幼蕾形成马勃状组织，菇农称为"菇包"。

在幼蕾生长期被侵染发病，双孢蘑菇的菌柄继续生长，但菌盖发育不正常或停止发育，菌柄膨大变形呈现各种畸形，后期内部中空，菌盖和菌柄交界处及菌柄基部长出白色绒毛状菌丝，进而转变成暗褐色，并渗出褐色液滴而腐烂，散发出恶臭气味。在空气潮湿时，病菇溢出褐色臭汁，使菌盖和菌柄上出现褐色病斑。

（四）子实体感染

菌柄和菌盖分化后感染发病，菌柄伸长变成褐色，病菌常侵染菌柄或菌褶一侧，受侵染菌褶上有白色菌丝体。子实体生长后期菌柄基部受侵染，菌柄加粗，形成大脚菇，有时菌盖上长出小瘤，表面粗糙，呈现淡褐色，最后菌盖变成棕褐色，腐烂，分泌褐色液滴，有恶臭味。

双孢蘑菇疣孢霉病菌与双孢蘑菇菌丝体竞争培养料中的营养成分，并使双孢蘑菇子实体皱缩、软化、畸形，失去商品价值。双孢蘑菇发病后，散发出一种臭味，易吸引菌蚊类来取食。调查发现，该病发生越严重的菇房，虫害相应也发生严重。

三、病原

双孢蘑菇疣孢霉病病原为有害疣孢霉（*Mycogone perniciosa* Magn.），又称菌盖疣孢霉，属于子囊菌无性型疣孢霉属真菌。

有害疣孢霉在马铃薯葡萄糖琼脂培养基（PDA）平板上菌落初期为白色，之后逐渐转为黄色至黄褐色，可产生分生孢子和厚垣孢子。分子孢子无色，单胞，大小为（8～40）$\mu m \times$（3～8）μm。厚垣孢子为双胞，其中较大的细胞褐色，球形，表面粗糙有短刺状瘤突，大小为（18～23）$\mu m \times$（19～26）μm；较小的细胞无色，半球形或杯状，壁薄，表面光滑，大小为（10～14）$\mu m \times$（12～17）μm（图 10 - 105 - 1）。

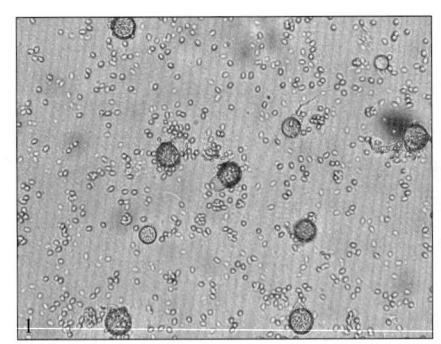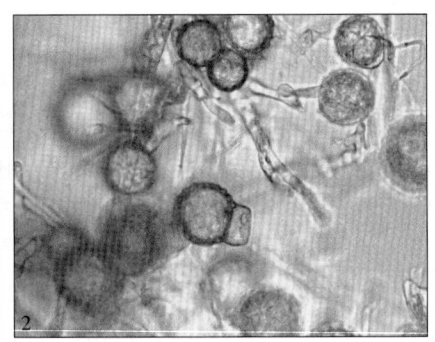

图 10 - 105 - 1　有害疣孢霉形态特征（边银丙提供）

Figure 10 - 105 - 1　Chlamydospores and conidia morphology of *Mycogone perniciosa*（by Bian Yinbing）

1. 分生孢子和厚垣孢子　2. 双细胞厚垣孢子

四、病害循环

有害疣孢霉为土壤习居菌，广泛分布于土壤表层 2～9cm 处，在消毒不彻底的覆土中常大量存在。该病菌主要以厚垣孢子越冬。厚垣孢子抗逆性强，在土壤中可存活 3 年以上。覆土中的厚垣孢子是双孢蘑菇疣孢霉病的主要初侵染源，其次是菇棚层架和地面环境中的厚垣孢子，当双孢蘑菇菌丝扭结形成菌索或原基，菇床表面潮湿时，厚垣孢子萌发侵染双孢蘑菇。感病部位最初产生大量单细胞无色的分生孢子，之后产生双细胞淡黄色的厚垣孢子。在催蕾出菇管理中，通过喷水、气流、工具、害虫以及人为操作，厚垣孢子和分生孢子在菇棚中大肆传播而引起大面积再侵染，直至采收结束。栽培后的废弃菌渣、病菇残体、覆土或者旧菇架等处的厚垣孢子都可成为下一轮双孢蘑菇疣孢霉病发生的初侵染源（图 10 - 105 - 2）。

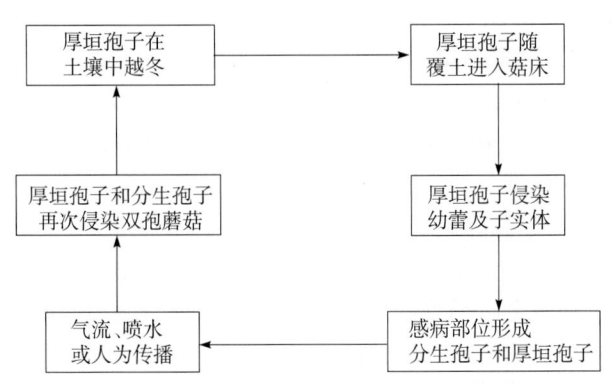

图 10 - 105 - 2　双孢蘑菇疣孢霉病病害循环（边银丙提供）

Figure 10 - 105 - 2　Disease cycle of *Agaricus bisporus* wet bubble（by Bian Yinbing）

五、流行规律

（一）病菌的传播与扩散

有害疣孢霉主要由覆土带入菇房，其次是菇房中存在的越冬厚垣孢子。一旦菌索、原基或幼小子实体发病，会产生大量分生孢子和厚垣孢子，它们主要借助喷水操作传播，喷水可将有害疣孢霉孢子传播至50～100cm 之外。其次借助气流、工具、昆虫或者人员操作等在菇房内传播，造成再次侵染。喷水措施不当最易导致该病大范围暴发。

菇房温度高于 18℃，湿度过高，菇床表面有水膜，菇房通风差，导致该病发生严重。随着采收潮次增加，病情发生愈来愈重，至采收结束前达到发病高峰。据 2012 年 1～4 月对福建漳州地区龙海市定点调查，双孢蘑菇疣孢霉病在 1 月中、下旬第一潮菇生长过程中仅个别子实体零星发病，至第二潮菇生长发育时病菇率达到 5％以上，而 3 月底第四潮菇发育过程中，病菇率上升至 15％以上；气温在 10℃以下时，极少发生该病。施用生长激素，如三十烷醇、葡萄糖、硫酸锌等会加重病害发生。随意丢弃的感病子实体和携带病菌孢子床架、工具、培养料等，都会成为病害发生的菌源。

（二）病菌菌丝体及孢子的生长条件

有害疣孢霉菌丝及孢子生长的最低温度为 10～12℃，最适温度为 24～25℃，最高温度为 32～35℃；病菌侵染双孢蘑菇的最适温度为 15～21℃。病菌厚垣孢子在覆土中的致死温度为 60℃下 2h。研究表明，我国不同产区的双孢蘑菇有害疣孢霉菌生物学特性存在一定差异。通常菌丝生长 pH 为 3～12，最适 pH 为 5～6；分生孢子萌发 pH 为 3～8，最适 pH 为 6。相对湿度在 90％以上，有利于分生孢子和厚垣孢子萌发；覆土含水量在 3％以下，有害疣孢霉不能存活。培养基中的碳源、氮源及维生素对有害疣孢霉菌丝生长均有影响，特别在无氮处理下，虽有菌落形成，但菌丝极稀疏，产孢极少。菌丝在 20℃时分生孢子产生量最大，二氧化碳浓度对菌丝和孢子生长均影响不大。

（三）病菌的侵染过程及侵染条件

在常规人工培养条件下，有害疣孢霉厚垣孢子不萌发，只有在通入由双孢蘑菇菌丝体代谢所产生的气体的特定条件下才能萌发，但萌发率较低。此外，有害疣孢霉厚垣孢子只有在 17℃以上才能萌发。

双孢蘑菇营养菌丝对有害疣孢霉免疫，仅在菌索扭结开始形成原基时才对有害疣孢霉敏感。有害疣孢霉菌丝和厚垣孢子不能在双孢蘑菇培养料上生长萌发，但生长素和麦粒菌种能促进其孢子萌发生长。覆土中含病原物多少与发病率成正相关，在自然土壤中有一些放线菌能抑制有害疣孢霉的生长，在这些微生物的作用下，土壤中的有害疣孢霉处于休眠状态。多年种植后，带有双孢蘑菇废弃培养料及感病的覆土材料回归到土壤中，这些废弃培养料及覆土材料有利于有害疣孢霉厚垣孢子萌发和菌丝生长，打破了土壤中微生物的生态平衡，使得有害疣孢霉在土壤中快速生长繁殖，成为双孢蘑菇疣孢霉病日益严重的重要因素之一，因此老产区双孢蘑菇疣孢霉病发病严重，而新产区极少发生。

以福建漳州为例，大部分双孢蘑菇产区在白露节气后开始堆料，10 月左右培养料上床架，若覆土后出菇前遇高温天气，加之喷水过多，则有利于该病发生，翌年 3～4 月气温回升也有利于该病发生，形成福建每年该病发生的两个高峰期。

六、防治技术

（一）农业防治

1. 覆土处理 覆土材料带菌是双孢蘑菇疣孢霉病发生的重要原因，覆土处理显得尤为重要。覆土应来源于无病菌污染，距表层 25～30cm 以下，切勿使用被有害疣孢霉污染的废弃培养料或覆土。

覆土准备好后，应在阳光下暴晒 3～5d，这是预防双孢蘑菇疣孢霉病发生的有效方法。对覆土材料可以采用甲醛进行消毒，即在覆土前 7～10d，将 40％甲醛稀释 50 倍，喷在覆土上，再用塑料薄膜密闭覆盖24～48h。覆土消毒后，揭去薄膜，待甲醛气味全部散尽才可使用。一般栽培双孢蘑菇 110m² 所用的覆土，需用 40％甲醛 50 倍液 2.5kg 进行熏蒸；随着覆土用量的增加，熏蒸时间和甲醛散发时间需要相应延长。

2. 菇房卫生与病菇清理 菇房应建在远离老种植区的地方，四周需通风，地势较高为宜。种植前，一定要暴晒菇棚、床架数日，对菇棚、床架及各种用具用 5％漂白粉水溶液、5％甲醛溶液或浓石灰水喷洒消毒。建议采用二次发酵杀灭菇房残留的有害疣孢霉孢子，巴氏灭菌阶段 65℃保温 2h 可以较完全地杀灭病菌孢子。菇房的门、窗及通气孔最好安装纱窗，以防昆虫进入而传播病菌孢子。一旦发现菇床感染有害疣孢霉，必须将病菇及时采下，并将病区附近10cm左右的覆土一起清除，撒上石灰，再使用消过毒的覆土补上。将采下的染病子实体集中烧毁，切勿乱扔。碰触病菇后，操作人员切勿碰触其他健康子实体，人员及相关工具要进行消毒，防止病菌传播。采菇结束，菇房内废弃培养料及覆土用甲醛熏蒸杀菌，切勿不经杀菌就随便将带病菌料堆放在菇房周围或者随意丢弃。发病严重时，菇农应尽量不要互相串棚，以免将病原孢子传入其他菇房。

3. 改进菇房管理　双孢蘑菇疣孢霉病的发生与菇房温度密切相关。通风不良的菇房，当温度长期处在18℃以上，相对湿度超过90%时，极适合该病发生。应当适时安排栽培季节，如上海市及周边地区，双孢蘑菇堆料时间应在9月15日至10月15日，播种时间在10月5日至11月5日，覆土时间在10月25日至11月25日，开始出菇时间在11月20日至12月20日；而在福建省莆田市莆田县、仙游县及周边地区可适当推迟栽培时间，避过病害高发期；其他地区可根据各地的气候条件，以出菇阶段菇房温度在18℃以下作为安排生产季节的主要依据。

若在菇房内发现双孢蘑菇感染疣孢霉后，应立即停止喷水，加强通风，使菇房温度降到17℃以下，并向菇床及周围环境中喷洒相关药剂以抑制病害。种植期间应使用清洁水，不能用田沟灌溉水，并保持适宜的温度，避免高温高湿。

（二）化学防治

在双孢蘑菇疣孢霉病防治上要以农业防治为主，但化学防治也是不可缺少的辅助手段。在双孢蘑菇疣孢霉病药剂防治中，既可以采用覆土材料拌药防治，也可以采用菇床表面喷雾防治，还可以在菇房中熏蒸或喷雾进行消毒处理。

在众多的杀菌剂中，咪鲜胺类对双孢蘑菇疣孢霉病有良好的防治效果，且对双孢蘑菇菌丝和子实体无不利影响。值得注意的是三唑类杀菌剂对有害疣孢霉的菌丝生长和分生孢子萌发虽然具有高度抑制活性，但同样对双孢蘑菇菌丝生长具有很强的抑制作用，在实际生产中不宜使用。使用50%咪鲜胺锰盐可湿性粉剂 2 000～5 000 倍液喷洒在覆土层表面，也可每平方米用药35g与覆土混匀，均能有效抑制覆土中有害疣孢霉孢子萌发，持效期45～55d，防治效果能延长至第三潮菇采收结束；使用50%咪鲜胺锰盐可湿性粉剂 1 000 倍液，在覆土初期和覆土 10d 后进行两次菇床表面喷雾杀菌，防治效果为60%～90%。

边银丙　詹佳丹（华中农业大学植物科学技术学院）

第 106 节　平菇黄斑病

一、分布与危害

平菇黄斑病又称为细菌性斑点病、褐斑病、黄化病、麻脸病，是亚洲、欧洲和美洲菇类生产中常见的细菌性病害。2008 年 1～5 月，西班牙卡斯蒂利亚-拉曼恰自治区 40% 的杏鲍菇遭受该病为害，损失严重；该病在韩国和日本更是年年多发。

从 20 世纪 80 年代起，随着我国平菇栽培面积的扩大，加上缺乏科学的出菇管理，平菇黄斑病呈现出蔓延加重之势。现在，在全国平菇各个产区都有发生，尤其是以发酵料栽培或生料栽培的平菇产区为重。此病一旦发生，轻者造成减产，重者引起绝收。在南方平菇产区，每年春夏之交或秋冬之交的季节，平菇黄斑病容易发生，如四川、安徽、江苏、河南、河北和北京等地常常严重发病，造成 50% 的减产已不足为奇。发病后的菌盖表面形成黄褐色斑点或黄色斑块，导致整个菇体的商品价值大为降低。

二、症状

平菇黄斑病菌可侵染糙皮侧耳（*Pleurotus ostreatus*）、秀珍菇（*P. geesterani*）、杏鲍菇（*P. eryngii*）、黄白侧耳（*P. cornucopiae*）和金针菇（*Flammulina velutipes*）等菇类。平菇黄斑病发生普遍，蔓延迅速，从幼菇期到成熟期都可发病。当病害发生在子实体原基发育阶段时，幼嫩的子实体原基或整簇或部分变为淡黄色至微红色，发育迟缓，后迅速萎蔫。幼小子实体感病后，表面布满褐色点状病斑和成片的黄色病斑，子实体停止发育。成熟的子实体感病后，菌盖或菌柄上淡黄色至微红色病斑周围常有黄色至红色的圈纹。在高温高湿条件下，子实体发病后常迅速腐烂，并发出刺鼻气味。在通常情况下，子实体表面全部或部分黄化。在同一栽培条件下，部分或全部的菌袋都会发生类似症状。一些菌袋可能仅部分子实体色变，而另外一些菌袋发病严重，造成严重减产或绝产；病害可能在第一潮菇发生后就不再出现，也可能在整个生产周期都会发生（彩图 10 - 106 - 1）。

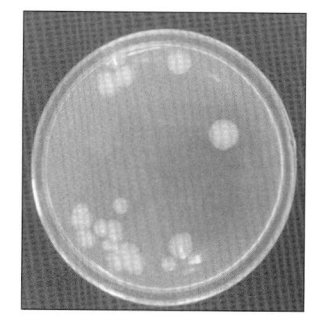

图 10 - 106 - 1　托拉氏假单胞菌菌落形态（黄军平提供）

Figure 10 - 106 - 1　Colony morphology of *Pseudomonas tolaasii* (by Huang Junping)

三、病原

平菇黄斑病的病原为托拉氏假单胞菌（*Pseudomonas tolaasii* Paine），属于薄壁菌门假单胞菌属。在培养基上菌落圆形，乳白色，表面光滑，稍隆起，直径 2～4mm，荧光反应明显（图 10 - 106 - 1），菌体杆状，大小为 (0.4～0.5) μm× (1～1.7) μm，具 1 根或多根极生鞭毛，革兰氏反应阴性。

假单胞杆菌类细菌是食用菌细菌性病害的主要病原物。据报道，伞菌假单胞菌（*P. agarici*）能引起双孢蘑菇褐斑病，*P. constantinii*、*P. reactans*、*P.* sp. strain NZ17 等假单胞菌也能引起双孢蘑菇褐斑病。此外，蘑菇感染 *P. gingeri* 后，菌盖表面出现菌斑；*Pseudomonas* spp. 可使子实体产生干瘪症状等。

四、病害循环

平菇黄斑病菌广泛存在于自然界各种有机质中，包括培养料、覆土以及平菇栽培场地周边垃圾，特别是废弃或污染的栽培袋，这些场所均可能是平菇黄斑病的菌源。病原菌在各种有机质中存活越冬，翌年侵染平菇子实体。

病原菌的另一个重要来源是未灭菌或灭菌不彻底的培养料。采用发酵料或生料进行平菇栽培时，当发菌结束后，打开菌袋两端覆盖的报纸或牛皮纸时，培养料中的病原菌极易侵染幼蕾和子实体。这也是平菇黄斑病在河南、河北等部分平菇发酵料栽培产区发生严重的主要原因之一。

平菇黄斑病菌主要通过喷水方式传播，特别是采用水管淋喷时，不仅可将菇房地表的病原菌传播到平菇子实体上，也可将病菇上的病原菌传播到健康的平菇子实体上，并在子实体表面形成水膜，有利于病原菌侵染。此外，昆虫携带病菌或人工操作也是传播病原菌的重要方式（图 10 - 106 - 2）。

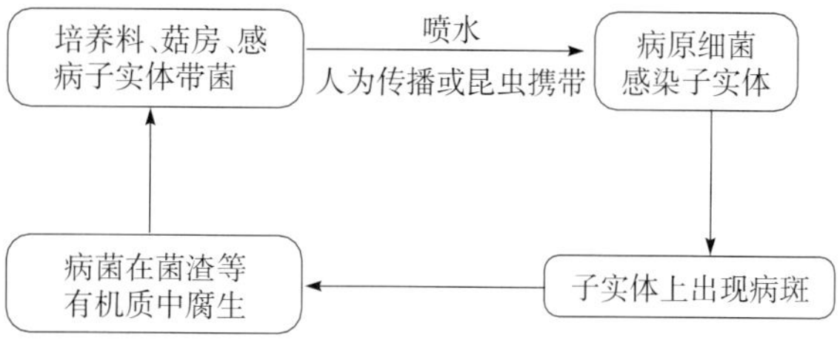

```
培养料、菇房、感     喷水       病原细菌
病子实体带菌    人为传播或昆虫携带   感染子实体

病菌在病渣等                    子实体上出现病斑
有机质中腐生
```

图 10 - 106 - 2　平菇黄斑病病害循环（边银丙和黄军平提供）

Figure 10 - 106 - 2　Disease cycle of oyster mushroom brown blotch (by Bian Yinbing and Huang Junping)

五、流行规律

虽然影响平菇黄斑病发生与流行的因素有多种，但是归纳起来主要有以下 3 个方面。

（一）病菌基数

多年使用的菇场环境中病原菌基数高，发病率明显上升，或土壤带菌或栽培平菇的发酵料或生料未灭菌或灭菌不彻底，或菌种带菌和菌袋培养料带菌，或菇房卫生条件差，或喷洒菇体的水源不清洁，或在每潮菇采收后未及时清除残留在菇床上的死菇、病菇，都会造成平菇生产过程中遭受致病菌的侵染，而且致病菌的基数将愈来愈大。尽管平菇菌丝生活能力强，即使在培养料中存在少量致病菌，也不影响平菇菌丝生长，但终究致病菌会在后期感染子实体，导致平菇黄斑病的发生。

（二）环境条件

平菇黄斑病发生的温度是 15～24℃，以 18～22℃ 为最适，每年的 4～5 月和 9～10 月往往是发病高峰期。通常在平菇产区的秋、冬和春季，容易出现连续 2～3d 的大雾天气，这为黄斑病的发生与发展提供了十分有利的环境条件；或管理不善，子实体发生过密，或不清洁的水源中可能携带有大量病原菌，也易造成菇体感染。常使菇房或菇棚的温度处在 20℃ 左右，很适宜平菇黄斑病的发生，或采用大水喷灌、多次浇淋，菇体吸水处于饱和状态，或菇房通风差，子实体表面有水膜，或害虫虫口基数大、伤口多，病菌容易传播，或土壤偏酸有利于致病菌生长等，都是引发平菇黄斑病的重要原因。开始时，菇体局部或个别菌菇出现水渍状斑，1～2d 后菇体变黄并迅速蔓延，直至腐烂，黄斑病暴发成灾。此外，随着平菇不断采摘而菌丝生长能力下降，导致子实体生活力下降，病原菌更易侵染。因此，后潮菇一般感病较重。从理论上讲，喷水后应加强通风，但通风常导致菇房温度下降，且通风导致水分散失，湿度迅速下降，故少数菇农习惯于在喷水后紧闭门窗，造成菇房内高温高湿和通风不良，导致该病大发生。

（三）品种

不同平菇品种对黄斑病的抗性存在着差异，现已发现高感品种、中感品种、中抗品种和高抗品种，但尚未发现免疫品种。平菇子实体的颜色与品种抗病性存在某种关联，白色品种较灰色或黑色品种抗病能力强。此外还发现，高温品种较低温品种抗病能力强。

六、防治技术

（一）农业防治

农业防治又称栽培措施防治，应始终贯穿于平菇栽培管理的整个过程中，包括严格进行栽培场所环境卫生清理，采用发酵料熟料栽培方式，防止菌种和栽培袋培养料带菌，加强菇房环境中温度、湿度、通风和水分管理等；要尽可能选择抗病能力较强的浅色品系或高温品种进行栽培；选择新鲜培养料，在使用之前曝晒培养料，并严格进行培养料发酵和灭菌；栽培袋进入菇房前，要对菇房内外和床架等进行消毒；使用无污染的清洁水源，注意通风，保证菇房内适当的空气湿度，避免平菇的表面形成水膜，严禁菇房出现高温高湿且不通风的情形。发现病菇后应及时摘除，并在病菇及其周围菌袋上撒石灰进行消毒。

（二）化学防治

在平菇黄斑病的发病初期，可喷洒化学药剂进行防治。目前常用的化学药剂有漂白粉 600 倍液、二氧化氯消毒剂 4 000 倍液、4% 春雷霉素可湿性粉剂 1 000 倍液和 72% 农用链霉素可溶粉剂 3 000 倍液等。此外，有研究表明，Ni^{2+}、Cd^{2+}、Zn^{2+} 等都可以抑制毒素 Tolaasin 诱导的溶菌作用，从而达到防治病害的目的。还有一些报道指出，植物精油对细菌性黄斑病防治具有很好的效果，如百里香、熏衣草、薄荷、留兰香等植物精油都具有较高的抗菌活性。由于平菇子实体发育快、病程短，平菇黄斑病化学防治应尽可能着眼于菇房处理和培养料灭菌，以预防病害发生为主。

（三）生物防治

据报道，从腐烂的平菇子实体上分离到了一株能显著减弱平菇黄斑病菌致病能力的革兰氏阳性细菌，从伞菌目（Agaricales）的子实体上分离到了能有效解除平菇黄斑病菌毒性的几种拮抗细菌；中生菌素对平菇黄斑病的治疗效果较好；另外，平菇黄斑病菌的噬菌体也可以用于黄斑病的生物防治。

目前，生物防治在食用菌生产上的应用还处于初级阶段，虽然取得了一些进展，但在应用上还存在一些问题有待进一步研究。

边银丙　黄军平（华中农业大学植物科学技术学院）

第 107 节　食用菌病毒病

一、分布与危害

食用菌病毒病是全世界食用菌生产中比较重要的一类病害，病原病毒种类多，产量损失很严重。在食用菌生产中占有重要地位的几种食用菌中，均不同程度地遭受病毒侵染，比如双孢蘑菇、平菇、香菇、金针菇、草菇、茯苓、银耳及夏块菌等。

食用菌病毒病在英国、荷兰、法国、加拿大、波兰、韩国、日本等国家也有发生与分布。该病最早是 1950 年在美国宾夕法尼亚州的双孢蘑菇菇房中发现的。此后不久，又在英国、荷兰、法国、加拿大、波兰等国家的多处菇房相继发生，给双孢蘑菇生产造成严重的经济损失。2000 年，病毒病使英国 80％以上的双孢蘑菇种植户受到影响，至少造成 5 亿欧元的直接经济损失，多个种植场因此而关闭；2003 年，荷兰蘑菇产业因病毒病导致的经济损失达 1 亿欧元。韩国和日本则以平菇和金针菇的病毒病发生严重，使品质和产量都下降，严重时导致绝收，经济损失重大。

在 20 世纪 80～90 年代，我国食用菌病毒病主要分布在栽培历史悠久的上海食用菌产区；进入 21 世纪以后，食用菌栽培发展十分迅速，该病害的分布范围及为害程度都有所上升，直接影响多种食用菌的质量和产量。比如香菇病毒病引起菌种退化严重，栽培过程中子实体变小，甚至畸形，产量显著下降，严重时减产 60％～80％，甚至绝收；在平菇的栽培种质资源中，病毒的检出率高达 40％，带毒平菇菌种退化非常明显，使平菇生产遭受严重的经济损失。

二、症状

食用菌感染病毒后具有潜隐特性。在大多数情况下，病毒侵染寄主后并不对寄主造成明显危害，常常处于无症状的状态。最初认为这是由寄主体内病毒浓度太低所致，但后来发现，不管有无症状表现，寄主在同等条件下都能抽提出相同的病毒量，甚至个别病毒浓度极高的样品来自于高产的外表健康的蘑菇。这表明，一些食用菌病毒与其寄主存在某种共进化（co-evolve）的关系。此外，食用菌病毒的致病性与潜隐性也可能取决于寄主的基因型和环境条件。在 25℃下感染球状病毒的香菇菌丝较不带病毒的健康菌丝生长异常，而在较低温度下培养时，却能在形成秃斑的部位重新长出正常菌丝，并进而形成子实体。此外，有相当一部分食用菌病毒能引起寄主表现出明显的症状（彩图 10-107-1）。

食用菌病毒病在菌丝体营养生长阶段引起的主要症状表现是菌丝生长速度慢，长势减弱，菌落形状不规则，局部伴有缺刻或菌丝紊乱的现象。香菇病毒病在母种阶段一般以潜伏侵染为主，轻度感染病毒的症状较为隐蔽，外观上不易识别，而严重带毒菌株的症状则较为明显。原种、栽培种和栽培袋阶段一般开始显现症状，在木屑培养基中菌丝生长速度慢，生长势弱，有些菌丝生长势越来越弱，甚至停止生长，菌丝生长的前缘形成一条明显的分界线。菌丝培养后期，在长好菌丝的培养料中出现大小不一、分布不均匀的花斑或缺刻，或是菌丝生长不整齐，与正常菌株相比表现出稀疏和紊乱，有些菌丝生长的前沿呈锯齿形。此外，有的症状表现为局部培养料中菌丝退化，显现出培养料原有的颜色，或是发病部位极易受到绿霉、曲霉等杂菌侵染。平菇、杏鲍菇和金针菇在菌丝体生长阶段感病的症状与香菇类似。在菌丝体生长阶段双孢蘑菇病毒病症状表现为菌丝在堆肥层和覆土层中定植能力差，生长速度慢，生长势弱，出现许多无菌丝的区域。

在子实体形成阶段，食用菌病毒病的症状表现为在菌丝退化的区域不产生原基，只在菌丝正常的部位发育形成子实体，但易出现畸形菇，导致质量和产量显著下降。香菇病毒病的典型症状为菌褶不整齐，有些子实体不开伞，或菌褶和菌盖发育不完整，也有些表现为子实体萎蔫，萎蔫子实体极易受绿霉、曲霉等杂菌污染。双孢蘑菇病毒病发生后，子实体发育停留于原基阶段，产生无菇区，或子实体提前开伞，或子实体发生不同程度的褐变，且易形成菌柄细长、菌盖小的鼓槌状的畸形子实体。平菇病毒病症状表现为子实体呈现多分枝的鸡爪状。杏鲍菇病毒病症状表现为子实体畸形，菌柄短而粗，菌盖平展且不规则。金针菇病毒病症状表现为子实体褐变。

三、病原

不同食用菌寄主中可能存在着不同形态的病毒粒体，经扫描电子显微镜观察多为不同直径的等轴状或球状，少数为细菌状、两端圆的病毒粒体，还有的为杆状。病毒粒体通常存在于寄主的细胞质、液泡或者泡囊中；也有一些食用菌病毒仅以裸露的核酸形式存在。

（一）双孢蘑菇病毒病病原

引起双孢蘑菇病毒病的病原种类较多，最先观察到 2 种形态和血清学均不相同的病毒，分别为直径为 25nm、34～36nm 等轴状病毒（La France isometric virus，LIV）粒体和 19nm×50nm 的双孢蘑菇杆状病毒（Mushroom bacilliform virus，MBV，属于杆菌状核糖核酸病毒科杆菌状核糖核酸病毒属）粒体（图 10-107-1）；后来还发现了直径 34nm 或 35nm、50nm 等轴状病毒粒体，以及短杆状的类似病毒粒体和棍棒状病毒粒体等。多种病毒粒体的发现使得由 La France 兄弟在双孢蘑菇中发现的病毒病——"La France Disease"的病原变得复杂起来。当然，这不排除不同实验室报道的病毒粒体是同一种病毒的可能性，尤其是直径相近的等轴状病毒粒体存在着这种可能性。因为染料是否进入病毒粒体核心，病毒粒体是单独或成排存在等因素都能造成直径大小的明显差别。虽然，目前这些病毒的作用机制仍不清楚，但可以肯定其中至少有一种病毒及其 dsRNA 与病害症状存在明显的相关性。

LIV 为多分体 dsRNA 病毒，其分类地位目前尚不明确。与 LIV 相关的 dsRNA 片段至少有 6 条（最多时可以检测到 9 条），这些 dsRNAs 按大小可分为大（L_1，3.6kb；L_2，3.0kb；L_3，2.8kb；L_4，2.7kb；L_5，2.5kb）、中（M_1，1.6kb；M_2，1.4kb）和小（S_1，0.9kb；S_2，0.8kb）3 个类别，M_1、S_1 和 S_2 只在部分感病的双孢蘑菇中能被检测到。在长达 13 年对北美地区"La France Disease"病害的监测中发现，在 60% 感病的双孢蘑菇中被检测到 LIV 的同时，也能检测到 MBV 的存在。

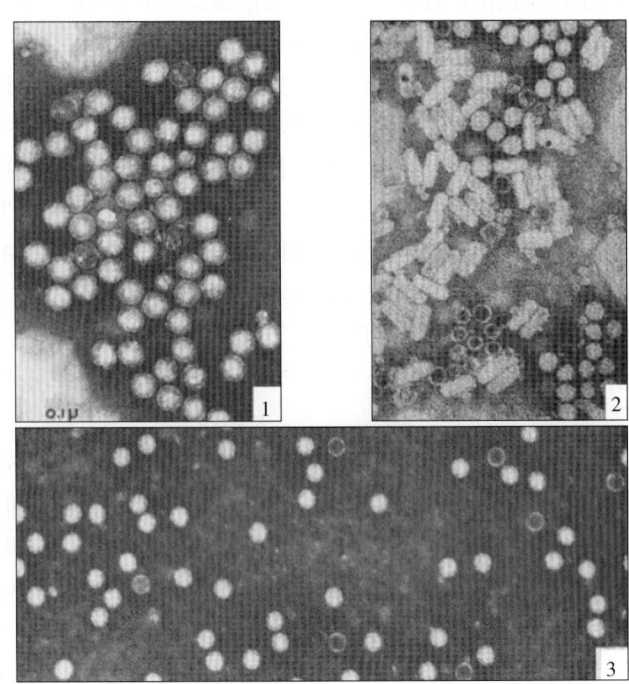

图 10 - 107 - 1　与"La France Disease"相关的病毒粒体形态（引自 A. D. Z. Zaayen 和 J. H. M. Temmink，1968）

Figure 10 - 107 - 1　Virions associated with 'La France isometric virus' (from A. D. Z. Zaayen and J. H. M. Temmink, 1968)

1. 直径为 34nm 的等轴状病毒粒体，含少数直径为 25nm 的等轴状病毒粒体
2. 直径为 19nm×50nm 的细菌状病毒粒体　3. 直径为 25nm 的等轴状病毒粒体

　　双孢蘑菇病毒病另一种重要病原是蘑菇病毒 X（Mushroom virus X，MVX），目前尚不明确其分类地位。该病毒与已发现的其他真菌病毒不同，在不同的感病双孢蘑菇子实体中可检测到 26 多条 dsRNAs；另外，还有 23 条 dsRNAs 与症状相关、4 条小的 dsRNAs（2.0kb，1.8kb，0.8kb，0.6kb）与菌盖褐变有关。不同样品中 dsRNAs 的大小、数量及出现的频率不同，而且不同样品的 dsRNAs 浓度变化很大。从 MVX dsRNA 的数量、大小和图谱上推测 MVX 可能为多种病毒复合体，这些 dsRNAs 在投射电镜下并没有发现有外壳蛋白包被。

（二）平菇病毒病病原

　　自 21 世纪以来，韩国发现的平菇病毒病的毒原种类主要有 6 种：糙皮侧耳球形病毒（*Oyster mushroom spherical virus*，OMSV）、糙皮侧耳病毒 I（*Pleurotus ostreatus virus* I，POV I）、糙皮侧耳等轴状病毒（*Oyster mushroom isometric virus*，OMIV）、糙皮侧耳病毒 SN（*Pleurotus ostreatus virus* SN，POV - SN）、糙皮侧耳病毒（*Pleurotus ostreatus spherical virus*，POSV）和杏鲍菇球形病毒（*Pleurotus eryngii spherical virus*，PeSV），这 6 种病毒的分类地位和重要特征见表 10 - 107 - 1；在中国发现的平菇病毒是糙皮侧耳病毒。

表 10 - 107 - 1　平菇病毒种类及其重要特征

Table 10 - 107 - 1　*Pleurotus* viruses and the characteristics

名称	粒体形态和大小（nm）	分类地位		基因组及其序列信息
糙皮侧耳球形病毒（*Oyster mushroom spherical virus*，OMSV）	球形，直径 23	双分体病毒科双分体病毒属	+ssRNA	大小为 5.784kb；整个基因组包含 7 个 ORFs，ORF1 编码 RdRp（174ku）和旋转酶，ORF2 编码 CP（28.5ku），其他的 ORFs 推测的氨基酸序列与已知病毒序列没有明显的同源性

（续）

名称	粒体形态和大小 (nm)	分类地位		基因组及其序列信息
糙皮侧耳病毒 I（*Pleurotus ostreatus virus* I，POV I）	裸露核酸	尚不明确	双分体 dsR-NA	dsRNA-1 长度为 2 296bp，3'-UTR 和 5'-UTR 分别为 78bp 和 97bp，编码 RdRp；dsRNA-2 长度为 2 223bp，3'-UTR 和 5'-UTR 分别为 1 14bp 和 198bp，编码 CP
糙皮侧耳等轴状病毒（*Oyster mushroom isometric virus*，OMIV）	球形，直径 30～32	双分体病毒科 双分体病毒属	4 分体 dsR-NA	dsRNA-1、dsRNA-2、dsRNA-3 和 dsRNA-4 大小分别为 2.1kb、2.0kb、1.9kb 和 1.7kb，这 4 个 dsRNA 分别包裹在 2 个不同的病毒粒体中；CP 分子质量为 58ku
糙皮侧耳病毒 SN（*Pleurotus ostreatus virus* SN，POV-SN）		尚不明确	双分体 dsR-NA	dsRNA-1 和 dsRNA-2 大小分别为 2.5kb 和 2.4kb
糙皮侧耳病毒（*Pleurotus ostreatus spherical virus*，POSV）		尚不明确	单分体 dsR-NA	基因组大小为 2.5kb，1 558bp 序列已测，编码的氨基酸序列与 POV I 的 RdRp 相似性很高
			dsRNA	基因组大小分别为 8.2kb、2.0kb、1.1kb，8.2kb dsRNA 的 3 479bp 和 2.0kb dsRNA 的 1 046bp 序列已测，编码的氨基酸序列分别与 OMSV 的 RdRp 和 POV I 的 CP 相似性很高
杏鲍菇球形病毒（*Pleurotus eryngii spherical virus*，PeSV）			+ssRNA	基因组大小为 7.85kb，CP 分子质量为 22ku

（三）香菇病毒病病原

据国外报道，侵染香菇的病毒较多，有直径分别为 25nm、30nm 和 39nm 的 3 种球状病毒粒体，以 39nm 病毒粒体最为主要；有直径分别为 30nm、36nm 和 45nm 的球状病毒粒体；还有长度和宽度不同的、杆状的类似病毒粒体，可分为粗杆状〔(25～28) nm×(280～310) nm〕和长而易弯曲状〔(15～17) nm ×1 500nm〕两类（图 10-107-2）；还发现了香菇病毒 HKB 株系（*Lentinula edodes mycovirus* HKB）的侵染，该病毒为裸露 dsRNA，无蛋白外壳包被（图 10-107-2），系统进化分析表明，该病毒与 *Phlebiopsis gigantean mycovirus* dsRNA 1 和 *Helicobasidium mompa* V670 L2-dsRNA virus（AB275288）处于同一分支，而独立于 *Totiviridae* 成员分支和 *Chrysoviridae* 成员分支。

此外，从畸形香菇样品中检测到了 55nm 的香菇球形病毒粒体（*Lentinula edodes spherical virus*，LeSV）（图 10-107-3），编码的外壳蛋白分子质量为 120ku。

国内早期从上海香菇栽培房的病菇中检测到的病毒类型绝大多数与日本的病毒类型相同，但含量较低。20 世纪 80 年代以来，从生长不正常的香菇菌株中分离到了直径大小不同（34nm、30nm、40nm 等）的球状或杆状的多种病毒粒体。

值得指出的是，病毒和香菇的互作关系至今仍是一个让人捉摸不透的问题。很多时候病毒粒体的存在与香菇质量、产量、菌丝体生长并没有什么关系。虽然在香菇中偶然观察到类似病毒粒体引起子实体畸形，以及菌丝体生长异常等，也发现在畸形菇子实体上部存在浓度较高的病毒粒体，但在菌柄中病毒粒体浓度和正常菇没有明显区别，异常生长和正常生长的菌丝体在病毒粒体含量上相似。有一些病毒粒体在畸形菇和正常菇中也几乎相同。此外，香菇子实体中含有的 dsRNA 像香菇多糖一样，具有抗病毒和抗肿瘤的重要功效。用包含有病毒粒体的香菇样品作注射试验，发现病毒粒体对干扰素有高浓度的诱导能力，但当取更纯的病毒样品时，没有观察到类似结果。新加坡国立大学的研究学者也同样发现香菇中的 dsRNA 具有抗癌作用，能够抑制老鼠体内的血癌细胞和肿瘤的生长。

（四）其他食用菌病毒

侵染草菇的病毒主要有直径为 35nm 的等轴对称颗粒，偶见直径 45nm 的病毒；侵染金针菇的病毒有金针菇褐化病毒（*Flammulina velutipes browning virus*，FvBV），属于分体病毒科分体病毒属；侵染菌

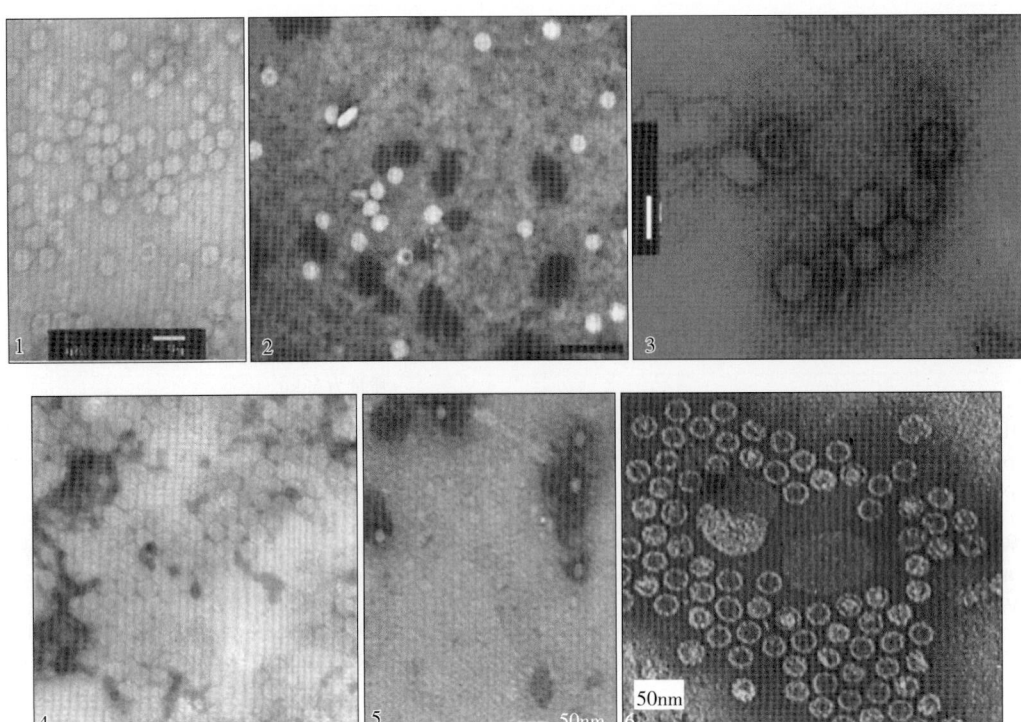

图 10 - 107 - 2　侧耳属病毒病相关病毒的粒体形态（1. 引自 Yu H. J. 等，2003；2. 引自 W. S. Lim 等，2008；3 和 4. 引自 H. S. Ro 等，2007；5. 引自 S. W. Kim 等，2008；6. 引自 Qiu L. 等，2010）

Figure 10 - 107 - 2　Virions associated with *Oyster mushroom virus*（1. from Yu H. J. et al.，2003；2. from W. S. Lim et al.，2008；3 and 4. from H. S. Ro et al.，2007；5. from S. W. Kim et al.，2008；6. from Qiu L. et al.，2010）

1. 直径为 27nm 的球形 OMSV　2. 直径为 28～30nm 的球形 POV I　3. 直径为 43nm 的球形 OMIV
4. 直径为 33nm 的球形 PoV - SN　5. 直径为 30～32nm 的球形 PeSV　6. 直径为 23nm 的等轴状 POSV

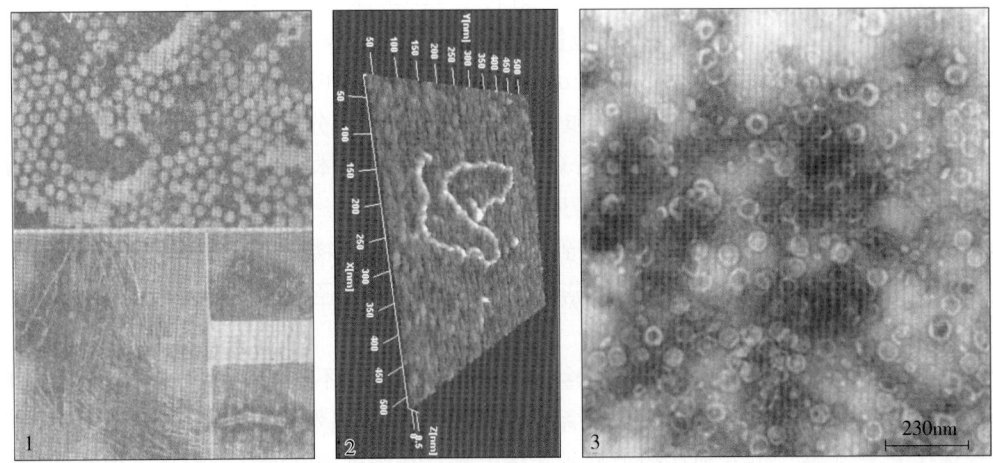

图 10 - 107 - 3　引起香菇病毒病的相关病毒粒体形态（1. 引自森千一等，1980；2. 引自 Y. Magae，2010；3. 引自 Hyo-Kyoung Won 等，2013）

Figure 10 - 107 - 3　Viruse particles associated with *Lentinula edodes virus*（1. from Mori Sem'ichi et al.，1980；2. from Y. Magae，2010；3. from Hyo-Kyoung Won et al.，2013）

1. 直径为 23nm、36nm 和 45nm 的球形病毒粒体，（17～18）nm×（200～1 500）nm 丝状和 25nm×280nm 短杆状病毒粒体
2. 原子力显微镜下观察到的 HKB 病毒粒体　3. 直径为 55nm 的 LeSV 球形病毒粒体

根菌的病毒有夏块菌病毒（*Tuber aestivum virus* - 1，TaV - 1），基因组为单分体 dsRNA，大小为4 587 bp，属于整体病毒科整体病毒属。

四、病害循环

食用菌病毒的主要传播方式是通过带毒和正常菌丝之间的细胞质融合而进行的，至今尚未发现传播介体。植物病毒可以通过介体如昆虫、线虫、壶菌或原生生物来绕开寄主细胞壁在传播中的障碍问题，食用菌病毒则只能通过细胞内传播。食用菌病毒最初是由带毒菌株，在环境条件适宜时形成 1 个或多个发病中心；病毒通过菌丝联合方式从发病中心向四周扩散传播，在菌种袋、菇床或栽培袋中感病菌株与健康菌株间辗转侵染与为害。待病株形成子实体后，产生大量的带毒有性孢子，这些有性孢子通过气流向

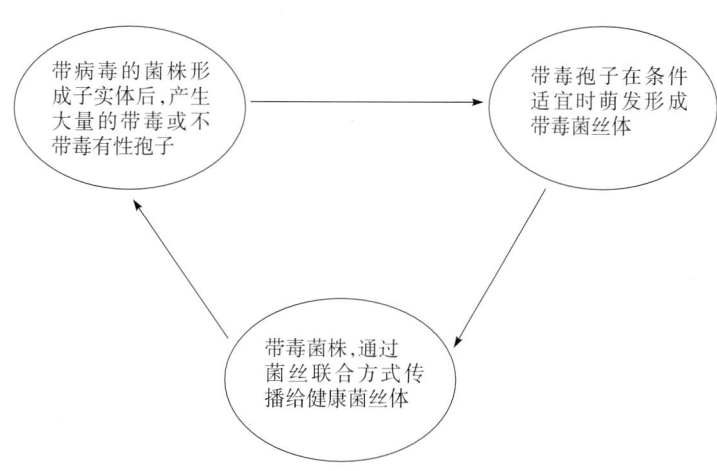

图 10 - 107 - 4   食用菌病毒病病害循环（徐章逸提供）
Figure 10 - 107 - 4   Disease cycle of mushroom viruses（by Xu Zhangyi）

整个菇房或周围空间扩散，或是藏匿于栽培空间的任何固体载物上，包括堆肥、覆土层、培养料、栽培架及房间的角落等，待条件适宜，孢子萌发成菌丝体后，就成为下一轮侵染源，如此往复（图 10 - 107 - 4）。

五、流行规律

食用菌孢子类型及数量众多，在食用菌病害传播和流行中发挥了重要作用。1962 年，由于工人罢工导致美国最大的蘑菇栽培园中断采收蘑菇 1 周，成熟的蘑菇子实体释放出大量带有病毒的孢子，迅速四处扩散，造成食用菌病毒病害的蔓延和流行，最终导致毫无收成。而且，这种带毒孢子大肆污染情况持续了数月之久。香菇病毒中直径 25nm、30nm 和 39nm 的球状病毒，及白绒鬼伞（*Coprinus lagopus*）中的直径 130nm 的病毒都能通过担孢子传播。况且，菌菇孢子中存在病毒并不降低孢子的活性，感染病毒的双孢蘑菇菌株产生的担孢子萌发率反而高于未感染病毒的菌株。在 4℃下保存 5 年或在室温下经过 3 年多的担孢子中的病毒依然存活，并能致病。有人试用福尔马林液浸泡过的纸覆盖保护菌种，或在菇房采用过滤空气的方法都不能避免病毒的传播，而来自感病蘑菇的 10 个担孢子就足以使双孢蘑菇的菇床发病。

带病毒菌菇的菌株通过菌丝体断裂方式进行营养体增殖，也是食用菌病毒病流行的一个重要途径。在食用菌常规栽培中，从母种、原种、栽培种到栽培袋，经过逐级的扩大培养，所携带的病毒也被逐级扩大而得以传播。此外，通过菌丝联合及异核体形成也可导致病害的流行。研究表明，生长慢的带毒菌丝和健康蘑菇菌丝在同一培养皿中进行对峙培养，待菌丝在中间交接后，再从原来健康的培养物一边连续转管后得到了生长慢的菌落，从中能分离到病毒。由此可见，通过菌丝融合，病毒可以从带毒菌丝传染到健康的不带毒菌丝上。当带毒蘑菇收获后，残留在培养基质中的菌丝也可以和新种植的蘑菇菌丝融合，使后者感染病毒。

食用菌感染病毒后，是否发病和流行还取决于病毒和寄主之间、寄主和环境之间的相互作用及相互影响。许多病毒只保留其生存所必需的基因，即 $RdRp$ 和 CP，当然也有裸露的 dsRNA，然后充分利用寄主的蛋白质。寄主细胞能进化到维持病毒特定的复制水平，两者共同接受自然选择，在相互的克制中向自身有利的方向发展，只有当寄主细胞这种水平低于病毒时，才可达到病毒致病的水平。一般来讲，菇房内外卫生条件比较差，管理不当，使得环境温度过高或通风不良，病害发生概率增加；菇体发生过密或每潮菇采收后，病死菇未被及时清除，造成再侵染，也会导致病害的流行。此外，菇场多年使用，带毒菌株基数及带毒孢子污染重，发病率也明显上升。

六、防治技术

（一）选用无病毒菌种和抗（耐）病品种

选用无病毒菌种是防治食用菌病毒病最经济有效的措施。目前还未发现任何食用菌病毒的天然媒介，

选用无病毒菌种可以从源头上切断致病来源，避免病害发生。此外，食用菌感染病毒具有潜隐特性，一般不容易被人发现，建立快速灵敏的病毒检测技术，对菌种进行病毒检测，是保证使用无病毒菌种的关键。在对双孢蘑菇的研究中发现，不同双孢蘑菇品种的抗（耐）病性差异较大。一般野生菌株比栽培菌株更具有抵抗病毒侵染的能力。

（二）农业防治

1. 菇房卫生与清洁处理　清洁栽培环境，对菇房、棚架及其用具进行严格的消毒处理十分重要。种植前，一定要曝晒菇棚、床架数日，对菇棚、床架及各种用具用硫黄熏蒸，用药量为 $5\sim20g/m^3$、熏蒸 $24\sim48h$，或福尔马林熏蒸，用药量为 36% 甲醛 $12\sim15mL/m^3$、熏蒸 $12\sim24h$，或过氧乙酸熏蒸，用药量为 26% 过氧乙酸 $5\sim10mL/m^3$、熏蒸 $12\sim24h$，或 0.2% 过氧乙酸或 5% 有效氯漂白粉溶液喷洒消毒。一旦发现菇床发病，必须清除菌袋，并集中烧毁，切勿乱扔。采菇结束后，应及时清理菇房内废弃培养料及覆土，切勿将带病废弃料堆放在菇房周围或者随意丢弃。发病严重时，工作人员应尽量不互相串棚，以免将带毒孢子传入其他菇房。

2. 适时种植、改进菇房管理　依据不同食用菌的生物学特性适时安排栽培季节种植，避免病害发生高峰。食用菌病毒病发生程度与环境条件密切相关，温度太高、通风不良、湿度太大的菇房，都容易导致病害的发生。种植后，根据需要勤通风，种植期间应使用清洁水，不能用田沟水，并保持适宜的温度，避免高温高湿诱发病害发生。在食用菌整个栽培过程中，使用快速灵敏的病毒检测技术对食用菌病毒进行监测，在感病菌株的潜隐阶段或是在感病孢子弹射之前及早发现病毒，及时清理发病子实体。

徐章逸（华中农业大学植物科学技术学院）

第 108 节　食用菌线虫病

一、分布与危害

食用菌线虫病是食用菌生产上最重要的病害之一，在全世界范围内均有发生，国内分布也十分广泛，湖北、湖南、江苏、浙江、福建、北京、上海和陕西等多个省份都有发生。几乎每种食用菌都能遭受到线虫侵害，尤其是在培养料覆土栽培和脱袋地表摆袋栽培条件下食用菌线虫病发生更为严重，如双孢蘑菇、草菇、鸡腿菇、平菇和香菇等。

病原线虫常在覆土、培养料、食用菌菌丝及子实体等栽培环境中形成群体，往往几种线虫同时或持续发生，造成的经济损失通常约为 10%，重者可达 30% 以上。据报道，在线虫病发生严重的菇床上，只长出零星的双孢蘑菇，最严重者甚至绝产。

二、症状

各种人工栽培的食用菌在整个生育期都可能受害，每个时期患病都表现出明显的症状（彩图 10-108-1）。

（一）菌丝期受害

在双孢蘑菇菌丝期发生线虫病时，初期可见菇床上的菌丝产生零星的潮湿病斑，似水渍状。随着为害加重，菌丝明显变得稀疏，颜色加深，进一步发展可以见到培养料下沉、变黑、发黏，有腥臭味。病害严重时，培养料表面在强光照射下，能看到白色纤丝状物摆动，这就是纠结在一起的病原线虫。取少许这种摆动的丝状物，放入盛水的培养皿内，解剖镜下能见到许许多多的线虫在蠕动。

（二）幼菇蕾受害

当双孢蘑菇的幼菇蕾受害时，最初菌盖中央变黄，后逐渐扩展至整个菇蕾，病菇蕾畸形、柄长、盖小，最后软腐。

（三）子实体成熟期受害

子实体成熟期受害，双孢蘑菇从菇柄到菇盖的颜色逐渐变深，进一步发展成水渍状软腐，有时整个子实体变成黄褐色，最后枯萎死亡。

夏季袋栽香菇在脱袋摆在土壤表面后，极易受线虫侵害，菌丝体被线虫取食，呈豆渣状，有水渍状病斑，最后菌棒完全腐烂，线虫迅速向四周菌棒扩展。鸡腿菇、巴氏蘑菇和草菇等菇床栽培的食用菌受线虫危害以后，其症状与双孢蘑菇几乎完全相同。

木耳受害后，耳片初期呈水湿状、变软，严重时整个子实体消解腐烂，最后成一团胶状物，取少许胶体放在水中检查，可见大量线虫游到水中；病耳采收后烘干，成一团硬物，完全失去食用价值。

三、病原

侵害食用菌的线虫种类比较多，国外已报道 16 种，国内报道有 20 多种，大部分属于自由生活类群，一般不被视为直接侵害食用菌的线虫群体。国内外的研究认定，直接取食食用菌的病原线虫有蘑菇茎线虫（*Ditylenchus myceliophagus* Goodey）和居肥滑刃线虫（*Aphelenchoides composticola* Franklin）。

（一）病原线虫形态

1. 蘑菇茎线虫（*Ditylenchus myceliophagus* Goodey） 蘑菇茎线虫隶属于线形动物门垫刃目茎线虫属（*Ditylenchus*），测量值如下。

雌虫：L = 525.0（480.5～560.0）μm；a = 33.3（30.3～36.7），b = 4.2（3.8～5.1），c = 18.9（18.9～22.0），v = 80.9（79.2～83.3），口针长 9.3（9.0～10.0）μm。雄虫：L = 754.5（563.0～900.0）μm；a = 40.6（35.0～45.7），b = 6.2（5.0～8.3），c = 11.9（10.6～13.6），口针长 = 11.5（8.0～12.5）μm，交合刺长 = 15.0（10.5～17.0）μm。

蘑菇茎线虫雌虫虫体蠕虫形，被杀死后稍向腹面弯曲，侧带区有 6 条侧线。唇区矮，缢缩不明显，前端平圆，没有明显的环纹。口针细小但清晰，基部球小，圆形。中食道球长椭圆形，瓣膜可见，食道腺覆盖肠前端背面。单生殖腺向前直伸，即母细胞单列；袋状的后子宫囊为肛径的 8～13 倍。尾圆锥形，较细，末端钝圆。雄虫体形与雌虫相似。交合伞伸至尾中后部，尾圆锥形，末端钝（图 10 - 108 - 1）。

2. 居肥滑刃线虫（*Aphelenchoides composticola* Franklin） 居肥滑刃线虫隶属于线形动物门滑刃目滑刃线虫属，测量值如下。

雌虫：L = 875.0（765.0～930.0）μm；a = 33.7（31.1～42.2），b = 7.4（5.3～9.0），b' = 5.2（3.8～5.7），c = 17.1（14.0～48.9），c' = 3.5（2.9～3.7），v = 70.9（69.2～84.1），s = 0.9（0.8～1.1），口针长 = 10.4（10.0～11.5）μm，尾长 = 40.75（30.0～47.5）μm。雄虫：L = 783.2（718.0～860.0）μm；a = 33.4（29.6～37.3），b = 6.8（5.6～7.0），b' = 6.0（4.6～5.4），c = 19.4（16.0～20.8），c' = 2.8（2.4～3.4），s = 1.1（0.9～1.3），口针长 = 10.0（9.0～11.0）μm，交合刺长 = 20.5（17.5～25.0）μm，尾长 = 40.7（30.0～42.0）μm。

居肥滑刃线虫雌虫体比蘑菇茎线虫细长，在水中比较活跃。体形蠕虫状，唇区明显高，缢缩明显，前端平圆。口针较细长，基部球小而圆。中食道球大，近圆形，瓣膜清楚，食道腺前伸，不回折，卵母细胞单列，后子宫囊发达，伸至约 1/2 肛阴距处。尾圆锥形，均匀收细，末端腹面有一尾尖突。雄虫体形与雌虫相似，比雌虫短小，有交合刺，无交合伞，尾部有 3 对尾乳突（图 10 - 108 - 2）。

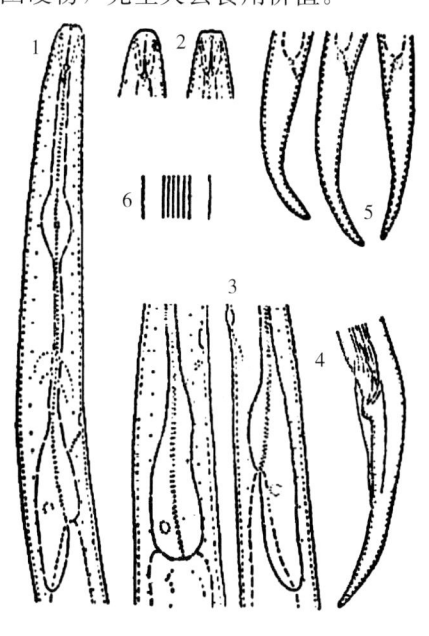

图 10 - 108 - 1 蘑菇茎线虫形态（仿 Sturhan & Brzeski，1991）

Figure 10 - 108 - 1 *Ditylenchus myceliophagus* (from Sturhan & Brzeski，1991)

1. 雌虫食道区 2. 雌虫头部 3. 雌虫食道后部 4. 雄虫尾部 5. 雌虫尾部 6. 虫体中部侧区

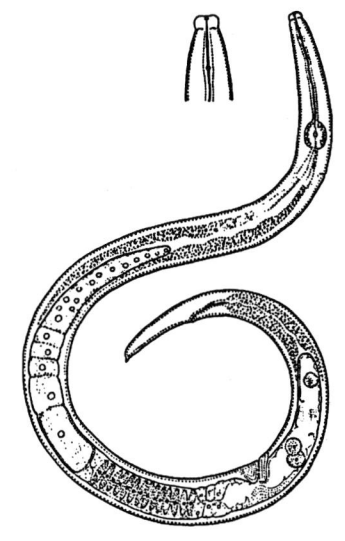

图 10 - 108 - 2 居肥滑刃线虫形态（仿 M. T. Franklin，1957）

Figure 10 - 108 - 2 *Aphelenchoides composticola* (from M. T. Franklin，1957)

对夏季脱袋地栽香菇为害的主要线虫除了居肥滑刃线虫外，还有小杆线虫（*Rhabditis* spp.）。

（二）病原线虫生物学特性

温暖湿润的环境适于食用菌病原线虫生长发育和取食为害。线虫抗干燥能力强，怕湿热，在干燥环境中可以存活 3 年之久，在 45℃ 热水中 10min 即可致死。一般情况下，线虫卵和高龄幼虫抗逆能力较强。在 15～30℃ 条件下，线虫都能生长发育，温度越高，繁殖速度越快。在 30℃ 条件下，经过 21d 线虫增殖数量是 15℃ 下的 30 倍；但当温度升到 35～40℃ 时，线虫几乎停止活动；温度降到 13℃ 时，线虫完成 1 个世代需要 40d，而在 18～23℃ 时只需 8～11d。

食用菌病原线虫还较耐低温，在 3～5℃ 下行动缓慢，0～3℃ 经 65h 后存活率为 15%～25%，-5℃ 经 65h 死亡率约 90%，25℃ 经 64h 死亡率为 100%，在 55℃ 热水中 1min 死亡率即达到 100%。研究表明，通常食用菌病原线虫在自然条件下不会自行消亡，特别是在温暖湿润的南方地区。

四、病害循环

（一）线虫生活史

食用菌病原线虫是以卵繁殖，一般是经雌雄线虫交配产卵。一龄幼虫在卵壳内完成，第一次蜕皮孵出卵外的已是二龄幼虫。二龄幼虫可以直接取食食用菌菌丝体，造成危害。幼虫在卵外经过 3 次蜕皮后，就成为成虫。在食用菌常规栽培的温度和湿度条件下，线虫完成 1 个世代一般需要 3～4 周。但在中低温的栽培环境中，有时需要 10 周左右。线虫世代重叠严重，因此在任何时间取样检查，各龄虫态都会存在。

（二）病害循环

旧菇房、旧菇床架及菇房地面（非水泥地）表土中均可能有残存的线虫。废弃的培养料等都是当期食用菌线虫病发生最重要的初侵染源；不洁净的喷灌用水是另一个重要的初侵染源。此外，使用不洁净的工具，甚至人为活动，也可以将病原线虫带到栽培场所。

培养料一旦受侵染，线虫会迅速繁殖。如果床面湿度较大，在培养料表面存有水膜，线虫就靠自身的蠕动，迅速蔓延，扩大为害。夏季脱袋栽培的香菇菌棒与地表直接接触后，在菌棒表面喷水过多时，土壤或灌溉水中的线虫会取食菌棒中的菌丝体，导致菌棒成片地完全腐烂，之后线虫随菌渣进入土壤（图 10‑108‑3）。

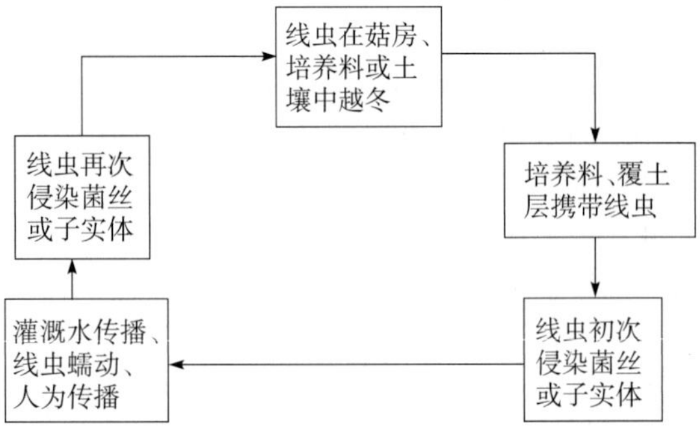

五、流行规律

一般而言，适合食用菌生长发育的条件，也适合线虫生长发育。特别是在菇房或棚室栽培条件下，外界气候对线虫病发生严重程度没有直接影响，栽培场所的小气候条件直接影响线虫病害发生和流行程度。

图 10‑108‑3　蘑菇茎线虫病病害循环（肖炎农提供）
Figure 10 ‑ 108 ‑ 3　Disease cycle of mushroom stem nematode caused by *Ditylenchus myceliophagus*（by Xiao Yan‑nong）

（一）培养料含水量对线虫病发生的影响

培养料的含水量主要影响病原线虫的生长发育速度。通常当培养料含水量达到 60% 以上时，含水量越高，线虫生长繁育速度越快；当含水量达到 70% 时，繁育速度最快。培养料高含水量持续时间越长，病害发生就越重；如果将培养料含水量降到 55%，线虫繁育速度迅速下降；在相同时段内，含水量 70% 时的线虫繁育增殖量是含水量 55% 时的 120 倍。当培养料表面有水膜时，极有利于线虫蠕动，线虫病害会迅速蔓延，导致严重发生。

（二）培养料酸碱度

培养料酸碱度影响线虫发育和繁殖速度。在 pH 为 4～7 的条件下，线虫都能正常生长和发育。pH 6 时最为适宜，经过 31d 后线虫增殖量是 pH4 时的 20 倍。碱性条件下不利于线虫生存，当 pH 达到 8 时，线虫会 100% 死亡。

（三）栽培环境

食用菌栽培环境极大地影响着线虫病发生的严重程度。厕所、鸡舍、仓库等场所藏匿的线虫较多，当菇房和菇棚与这些场所毗邻时，线虫极容易传播到菇床或菌袋中，增加了病原线虫初次侵染数量；用于食用菌栽培的各种原材料如牛粪、稻草、甘蔗渣、棉籽壳等都可能携带线虫。如果培养料堆制发酵温度不够高，就难以完全杀死培养料中的线虫，残存的线虫会随培养料进入菇床，增加了初侵染线虫数量，引起线虫病害严重发生；未经消毒的覆土也会将病原线虫带入菇床，增加侵染的线虫基数，加重病害发生程度；栽培管理中使用不洁净的沟渠水或池塘水，以及未经严格消毒的旧菇房、菇床等，都会增加菇床上的病原线虫数量，导致线虫病害大发生。

六、防治技术

食用菌线虫病的防治是一项系统工程。从食用菌栽培前的场地准备和原料选择，一直到子实体收获结束，必须认真贯彻"预防为主，综合防治"的植保方针，才能达到减轻或控制线虫为害的目标。

（一）农业措施防治

双孢蘑菇线虫病预防的重点是确保培养料的堆肥发酵质量，使培养料充分腐熟，通过堆肥中的高温杀灭线虫，应大力推广隧道式通气发酵。目前，普遍推广培养料二次发酵技术，一般是将培养料堆放在菇房层架下部的 2～4 层，将热蒸汽通入菇房缓慢加温，10h 内使菇房温度上升到 60～65℃，保持 10h，慢慢降到 48～52℃，再维持 4～6d，确保培养料消毒彻底。

双孢蘑菇栽培结束后，应该及时清除栽培废料，深埋或采用高温堆制方法制成农家肥；下一次栽培开始前，对空菇房喷洒杀线虫剂，或以药物熏蒸方式杀死残存的线虫，也可以通入高温蒸汽进行菇房消毒，所有这些措施应该在培养料进房前 3～5d 进行。进料前 1d，在菇房地面撒一层 0.5cm 厚的石灰粉，创造不适宜线虫生长的环境。同时搞好菇房周围的环境卫生，减少线虫被人为传入的机会。

对于袋栽食用菌而言，应尽量采用熟料栽培方式，通过高温灭菌消灭培养料中的线虫，避免采用生料栽培或发酵料栽培。用于制作菌种的培养料相对较少，可采用高压灭菌方式，即将袋料放入高压灭菌锅内，148～158kPa 压力下保持 2h；也可以采用常压灭菌方式，将袋料放进蒸锅内，当锅内温度达到 100℃ 左右后维持 10h。最好是将培养料建堆发酵 3～5d 后，再装袋进行高压灭菌或者常压灭菌。

覆土也应该保证干净，避免带有线虫。尽量从未用过食用菌废料作肥料的田内取土，最好使用泥炭土或塘泥土。取回的土可以整理后集中堆放，用塑料薄膜封闭，通入蒸汽，当土壤温度上升到 60～65℃ 时，维持 3～4h；也可以用 5% 甲醛稀释 10 倍液喷洒于土堆上，封闭 1～2d 以杀灭线虫，之后揭开薄膜，使残留甲醛挥发。

（二）生物防治

国际上研究有益生物控制线虫病害已有 170 多年的历史，近年来已有 3 个商品制剂用于防治蘑菇茎线虫（D. myceliophagus）、植物根结线虫（Meloidogyne spp.）和胞囊线虫（Heterodera spp.）。

自 20 世纪 80 年代以来，国内线虫生物防治研究取得重要进展。研究得最多的是线虫寄生性真菌淡紫拟青霉（Paecilomyces lilacinus）防治线虫，还有轮枝菌（Verticillium spp.）、镰孢菌（Fusarium spp.）防治线虫。除对上述寄生性真菌的开发利用外，不少人也研究了捕食线虫的真菌，这类真菌中有 6 种已初见成效，如研究者用节丛孢菌（Arthrobotrys robusta）防治蘑菇茎线虫（D. myceliophagus）取得了良好的效果。之后人们又开始研究真菌毒素杀线虫，向红琼（2001）用糙皮侧耳（Pleurotus ostreatus）固体和液体培养，提取毒素杀灭食用菌线虫，取得重要的进展。据 Sharma（1994）报道，用凤尾菇的培养液过滤后处理蘑菇滑刃线虫（A. composticola），使线虫减退 90% 左右。关于捕食线虫的螨类，也有若干研究报道。

目前线虫生物防治研究多是针对植物线虫，而针对食用菌线虫的研究许多还停留在实验室阶段，极少真正用于食用菌生产实践中。通常有杀（捕）线虫能力的真菌和螨类，也能为害食用菌。如淡紫拟青霉是当前研究较多的线虫寄生菌，而它同时又是食用菌栽培中最常见的杂菌之一。经过灭活的生物粗毒素或提纯的毒素，在线虫病害防治中有广阔的应用前景。

（三）化学防治

化学药剂一般是用于预防线虫病发生，即在栽培场所、培养料和覆土处理中使用，菇床在接种食用菌菌种之后应该避免使用农药，尤其是子实体发育和生长阶段应严禁使用任何杀线虫剂。

1. 化学药剂处理培养料、菇房和覆土　①对重病菇房可以用磷化铝进行熏蒸，按每立方米用56%磷化铝片剂6~15g，密闭72h后，开门窗充分换气，确保有害气体散尽后方可使用。②用3%氯唑磷颗粒剂800倍液喷洒待用覆土或培养料，再用塑料薄膜密闭30d，杀虫效果可达到90%以上。③可将35%威百亩水剂200倍液，喷洒在待堆制的覆土上，每铺一层土，喷1次药，直到覆土堆积成堆，再盖塑料薄膜密闭15d。

2. 菇床药剂防治　菇床用药应选择无毒或低毒药剂，一般在零星发病期开始使用，发病面积太大则可能面临毁床的危险。①在零星发病区滴0.03%~0.05%碘液，亦可喷洒1%醋酸或25%米醋。②当原基发生期和子实体生长阶段发病后，喷洒0.5%碘化钾液，或喷洒1.8%阿维菌素乳油2 000~3 000倍液，能有效杀灭培养料和菇体上的线虫。③采用35%威百亩水剂200倍喷洒零星病区，喷药后用薄膜覆盖病区3~5d，也能有效控制线虫为害。

肖炎农　边银丙（华中农业大学植物科学技术学院）

第109节　烟　粉　虱

一、分布与危害

烟粉虱［*Bemisia tabaci*（Gennadius）］又称棉粉虱、甘薯粉虱、一品红粉虱，属半翅目粉虱科小粉虱属。该虫首先报道于1889年，在希腊的烟草上发现并被命名为烟粉虱。烟粉虱是一种世界性分布的害虫，除了南极洲外，在其他各大洲均有分布。烟粉虱的寄主植物范围广泛，是一种多食性害虫。该虫可以通过直接吸食植物汁液、分泌蜜露诱发煤污病、传播病毒等途径为害作物。

在20世纪50年代，波多黎各大学Julio Bird博士发现棉叶膏桐（*Jatropha gossypifolia*，别名为棉叶麻疯树）烟粉虱种群不能在赛葵（黄花草、黄花棉）（*Malvastrum coromandelianum*，异名：*Sida carpinifolia*）上取食繁殖，赛葵烟粉虱种群也不能在棉叶膏桐上取食繁殖，推测烟粉虱可能存在不同的"生理小种"（physiologic race）。随后，又发现了一些烟粉虱种群对寄主适应性不同的现象。20世纪90年代初，美国学者基于酶谱同时结合其他生物学性状，将不同的烟粉虱种群命名为生物型。迄今为止，已有30多种生物型被命名，而且许多烟粉虱种群的生物型尚未确定。这些生物型在形态上不可区分，但在寄主范围、抗药性、传毒能力等方面存在差异。烟粉虱生物型的概念得到了广泛的应用。近年来研究发现，许多生物型存在生殖隔离。因此，一些学者认为烟粉虱是存在许多隐种的物种复合体（species complex）；而另一些学者认为在尚未进一步验证的情况下，将烟粉虱视为姊妹群（sibling species group）。为了与前人文献一致，本文仍然称为生物型。

在众多生物型中，B型与Q型是入侵性较强、分布较广的两种生物型。B型烟粉虱起源于中东-小亚细亚地区，它最初引起人们广泛专注是源于20世纪80年代中后期传入美国并造成严重危害。在随后的20多年中，B型烟粉虱又入侵许多国家。因此，烟粉虱被世界自然保护联盟（IUCN）认为是全球为害最为严重的100种入侵物种之一。人们推测，B型烟粉虱可能是借助一品红或其他花卉的调运等贸易活动在全世界范围内扩散开的。Q型烟粉虱源于地中海地区，最初在伊比利亚半岛等地区发现，随后又在其他地中海国家发现。近年来，在许多非地中海国家发现了Q型烟粉虱的传入。

在我国，早在1949年就有烟粉虱的记载，但一直不是重要农业害虫。直到20世纪90年代中后期，随着B型烟粉虱的传入，烟粉虱才成为蔬菜等作物上的重要害虫。在很长一段时间内，B型烟粉虱一直是为害蔬菜等作物的优势生物型。2003年，在云南首次发现Q型烟粉虱传入我国以来，在国内许多地区发现其为害。对2007年在我国15个省份22个烟粉虱种群生物型的监测发现，在19个种群中存在Q型烟粉虱，其中10个种群中Q型比例在50%以上。对2008年10月至2009年10月我国8个省份采集的14个烟粉虱种群生物型的监测发现，有9个Q型种群，3个B型种群以及2个B、Q型混合种群。2009年对我国18个省份55个烟粉虱种群生物型的监测发现，43个种群为Q型；对2009年6月至2010年3月在我国16个省份烟粉虱种群生物型鉴定发现，有12个省份主要是Q型烟粉虱（图10-109-1）。2011年对全国范围内的烟粉虱生物型鉴定表明，除了贵州省、天津市等个别地区外，全国各地主要以Q型烟粉虱为主（褚栋等，未发表资料）。根据上述生物型监测结果可以推测：2003年或更早的一段时间，属于Q型烟粉虱传入或定殖阶段；2004—2007 年，属于 Q 型烟粉虱扩散蔓延阶段；2008 年以来，属于 Q 型烟粉虱暴发为害阶段。

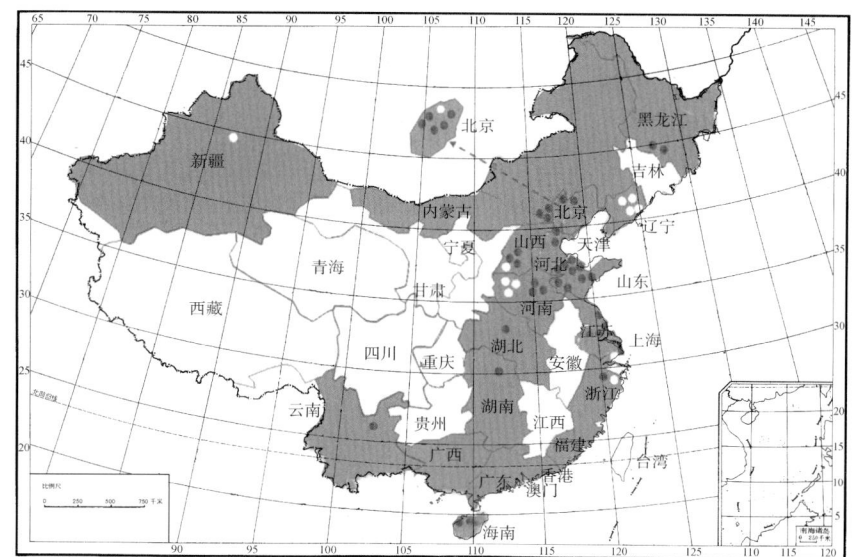

图 10 - 109 - 1　我国主要农区烟粉虱生物型的地理分布（2009 年数据）（引自 Pan 等，2011）

Figure 10 - 109 - 1　Geographical distribution of *Bemisia tabaci* biotypes in China in 2009（from Pan et al.，2011）

白色与黑色分别表示 B 型与 Q 型烟粉虱分布区

烟粉虱为多食性害虫，寄主植物范围广泛，有 600 多种，对蔬菜为害尤为严重。调查表明，在我国可以为害的蔬菜包括结球甘蓝、球茎甘蓝、羽衣甘蓝、芥蓝、花椰菜、青花菜、普通白菜（小白菜）、菜薹（菜心）、大白菜、叶用芥菜、茎瘤芥（榨菜）、根用芥菜、萝卜、胡萝卜、豆瓣菜、番茄、茄子、甜椒、辣椒、马铃薯、黄瓜、南瓜、苦瓜、西葫芦、甜瓜、蛇瓜、丝瓜、冬瓜、西瓜、菜瓜、瓠瓜、节瓜、越瓜、豇豆、扁豆、赤豆、菜豆、豌豆、菜用大豆、茎用莴苣（莴笋）、长叶莴苣（油麦菜）、结球生菜、散叶生菜、芹菜、芫荽、菠菜、菊苣、茼蒿、苦苣菜、苦荬菜、荠菜、薄荷、香椿、苋菜、芋头、蕹菜、黄鹌菜、塘葛菜、印度簕菜等。

20 世纪 90 年代中期，由于 B 型烟粉虱的入侵和在我国各菜区相继暴发，使得广东多个设施蔬菜生产基地出现绝收情况；北京东南郊多个地点黄瓜、西葫芦和樱桃番茄受害减产达 70%～80%。烟粉虱成虫、若虫在叶片背面直接吸取蔬菜汁液，可造成蔬菜营养不良，长势衰弱，引起叶片、果实脱落，使蔬菜减产 10%～50%，严重时高达 80%。资料表明，结球期甘蓝被害后，萎缩株率与枯萎株率分别增加了 42.58%、43.65%，维生素 C 与蛋白质含量分别下降了 45.34%、29.51%。坐果期茄子受害后，花茄率和僵茄率分别增加了 43.15%、34.19%，维生素 C 和蛋白质含量分别下降了 49.68%、49.74%。成熟期番茄受害后，维生素 C 含量下降 15.07%～54.49%，可溶性糖含量下降 9.75%～62.40%，糖酸比也随着虫口密度的升高明显下降。烟粉虱直接吸取蔬菜汁液还影响蔬菜的品质和经济价值。例如，番茄、黄瓜和南瓜等果实类蔬菜在烟粉虱为害后果实不均匀成熟；甘蓝、花椰菜等叶菜类蔬菜在烟粉虱为害后叶片萎缩、白化、黄化、枯萎；萝卜、花菜等根茎类蔬菜在烟粉虱为害后根部颜色白化、无味、重量减轻。

除直接为害外，烟粉虱还可以通过分泌蜜露及传播植物病毒的方式造成间接危害。烟粉虱分泌的蜜露，可诱发煤污病，影响光合作用。烟粉虱传的植物病毒，能引起蔬菜病毒病的大发生。20 世纪 90 年代初期，番茄黄化曲叶病毒病在广东、广西、海南、云南、台湾等省份零星发生。随着传播媒介烟粉虱的入侵和在全国性的蔓延，2005 年番茄黄化曲叶病毒病在广西百色地区大发生，2006 年以来先后在广东、浙江、重庆、云南、福建、上海、江苏、安徽、山东、河南、河北、北京、陕西、辽宁、新疆等省份相继发生为害。由于我国原有的番茄生产品种均不抗番茄黄化曲叶病毒（TYLCV），导致该种病毒病暴发流行。例如，2006 年仅温州地区蔬菜上的番茄黄化曲叶病毒病发病面积就达 333hm² 以上，经济损失逾 1 000 万元；2007 年河南省番茄大面积发生该病，特别是扶沟县、开封县、中牟县发病面积达 2 660hm²，造成 2 000hm² 大棚番茄绝产，未绝产地块减产 30%～80%，且番茄品质严重下降。据各地植物保护部门的不完全统计，2010 年前后我国番茄黄化曲叶病毒病的年发生面积超过 6.7 万 hm²，经济损失超过 20 亿元，其发生为害值得进一步关注。

二、形态特征

烟粉虱属渐变态昆虫，个体发育分成虫、卵、若虫 3 个阶段。其中，若虫有 4 个龄期，通常将四龄若虫后期不再取食的阶段称为伪蛹或拟蛹，蜕下的皮为蛹壳。

成虫：雌性与雄性个体的体长略有差异，雌虫体长约 0.91mm，雄虫体长约 0.85mm。成虫体色淡黄，翅被白色蜡粉，无斑点。触角 7 节，复眼黑红色，分上下两部分并有一单眼连接。前翅纵脉 2 条，前翅脉不分叉；后翅纵脉 1 条。静止时左右翅合拢呈屋脊状。跗节 2 爪，中垫狭长如叶片。雌虫尾部尖形，雄虫呈钳状（彩图 10 - 109 - 1，1）。

卵：椭圆形，约 0.2mm，顶部尖，端部有卵柄，卵柄插入叶表裂缝中，产时为白色或淡黄绿色，随着发育时间的推移颜色逐渐加深，孵化前变为深褐色（彩图 10 - 109 - 1，2）。

一龄若虫：体椭圆形，约 0.2mm，淡绿色至黄色，有 3 对足和 1 对触角，体腹部平、背部隆起、周围有蜡质短毛，尾部有 2 长毛。

二龄、三龄若虫：体椭圆形，体长分别约 0.36mm 和 0.50mm，淡绿色至黄色，腹部平、背部微隆起，足和触角退化至仅有 1 节，体缘分泌蜡质，帮助其附着在叶片上。

四龄若虫：体椭圆形，扁平，黄色或橙黄色，长 0.6～0.9mm，蛹壳边缘薄或自然下垂，无周缘蜡，管状孔长三角形，舌状突长匙状，顶部三角形，具有 1 对刚毛，尾沟基部有 5～7 个瘤状突起。伪蛹蛹壳规则的比例、背部大刚毛数量、前缘和后缘蜡饰的宽度等许多性状在不同的寄主植物上的具有不同程度的变异（即形态可塑性），这种形态可塑性与寄主植物叶背特征有密切的关系。叶背面无毛的蔬菜（如甜椒）上的蛹壳形态比较规则，规则蛹的比例均在 80% 以上，刚毛数量较少（平均 0～1.8 个）。在叶背面有毛的寄主（如茄子）上蛹壳形态多不规则，边缘凹陷蛹的比例均在 70% 以上，刚毛数量较多（平均 3.7～7 个）（彩图 10 - 109 - 1，4）。

三、生活习性

烟粉虱在热带、亚热带及相邻的温带地区，1 年发生 11～15 代，世代重叠。在我国华南地区，1 年发生 15 代。在温暖地区，烟粉虱一般在杂草和花卉上越冬；在寒冷地区，在温室内作物和杂草上越冬，春季末迁到蔬菜、花卉等植物上为害。

烟粉虱成虫可两性生殖，也可产雄孤雌生殖。受精卵为二倍体，发育成雌虫；未受精的卵为单倍体，发育成雄虫。卵散产于叶片背面，成虫每雌产卵 30～300 粒不等，在适合的寄主上平均产卵 200 粒以上。一龄若虫有足和触角，一般在叶片上爬行几厘米寻找合适的取食点，在叶背面将口针插入到韧皮部取食汁液。从二龄起，足及触角退化，营固定生活。成虫具有趋光性和趋嫩性，群居于叶片背面取食，中午高温时活跃，早晨和晚上活动少，飞行范围较小，可借助风或气流作长距离迁移。

四、发生规律

（一）寄主植物

烟粉虱为多食性害虫，寄主植物范围广泛，有 600 多种，对蔬菜为害尤为严重。尽管如此，烟粉虱对植物仍有一定的嗜好，不同的寄主对烟粉虱的产卵力、存活率、发育历期、成虫寿命等生物学参数，以及烟粉虱体内乙酰胆碱酯酶、谷胱甘肽-S-转移酶、羧酸酯酶等生理学指标都有影响。例如，B 型烟粉虱黄瓜、甘蓝上的种群繁殖力大，若虫存活率高，非常有利于种群的发生。

（二）传播病毒

烟粉虱主要传播双生病毒，传播过程可分为获毒、持毒、传毒 3 个阶段。病毒被烟粉虱摄取后，首先从烟粉虱消化道运输到唾液腺内，再在烟粉虱取食过程中随唾液一起排出。烟粉虱获毒 1～2d 后，双生病毒可在烟粉虱体内存留 1 至数周，有的可终生存在。由烟粉虱摄取病毒至侵染敏感植株所用的时间称为潜伏期。潜伏期反映了烟粉虱积累足够的病毒粒体并有效侵染健康植株的时间。烟粉虱有效获毒及传毒所需的最短时间与病毒类型有关，一般 5～60min。烟粉虱传毒效率还与虫龄及性别有关，烟粉虱成虫传播番茄黄化曲叶病毒的效率随虫龄的增长而下降；雌成虫传毒效率比雄成虫高 5 倍。

作物病毒的传播扩散可能与烟粉虱生物型的更替密切相关。以山东省为例，持续 8 年（2005—2012年）烟粉虱生物型与双生病毒的监测表明，2005 年 Q 型烟粉虱首次在聊城地区发现；直到 2007 年 Q 型烟粉虱逐渐取代 B 型烟粉虱而成为优势种群。与此同时，2007 年番茄黄化曲叶病毒（TYLCV）只在山东菏泽和淄博被零星发现；2008 年在潍坊、聊城、济宁、青岛和枣庄均发现了该病毒为害。伴随着 Q 型烟粉虱入侵山东的两年时间内，番茄黄化曲叶病毒在整个山东蔓延开来。笔者推测，番茄黄化曲叶病毒在我国的扩散蔓延可能与 Q 型烟粉虱密切相关。

（三）气候条件

温度是影响昆虫分布与扩散的重要因素之一。研究表明 25～30℃ 是烟粉虱发育的适宜温度，温度过高或过低都会对烟粉虱的生长发育产生不利影响；短时高温热激可影响烟粉虱的生殖状况，造成烟粉虱产卵量降低和寿命缩短，降低烟粉虱的发育适合度；低温可降低烟粉虱的存活率和产卵量。

湿度对烟粉虱成虫的寿命和产卵力有显著影响，B 型烟粉虱成虫寿命在相对湿度 50% 的情况下为24.6d，而在 90%、70% 和 30% 的相对湿度下分别缩短了 5.5d、5.0d 和 10.0d。相对湿度较大的环境有利于烟粉虱产卵。烟粉虱种群在 25℃ 时，相对湿度 90%、70%、50%、30% 的条件下，烟粉虱种群的内禀增长率分别为 0.049 9、0.059 6、0.064 0 和 0.085 6。可见，相对湿度 30%～70% 是烟粉虱发育的适宜范围。

光照因子能影响烟粉虱雄虫的求偶行为，但未发现雌成虫对光照变化的行为反应。烟粉虱具有趋光性，光周期对各虫态存活率、成虫寿命及产卵、种群增长指数影响显著，均表现为 18L：6D＞15L：9D＞12L：12D＞9L：15D，在 18L：6D、15L：9D、12L：12D 和 9L：15D 的条件下，种群增长指数分别为56.62、47.47、39.97 和 15.21。由此可见。光照时间越长（9～18h），越有利于烟粉虱的发育，其发育速率、存活率、成虫寿命及产卵量、种群增长指数都随之增大。研究表明，至少在 12h 以上的光照条件下，才有利于烟粉虱种群的增长。

（四）天敌

1. 天敌昆虫（螨） 天敌是影响昆虫田间种群动态变化的重要生物因子之一。在每株黄瓜上释放浆角蚜小蜂（*Eretmocerus* sp.）雌蜂 1 头、2 头、3 头和 5 头的棚室，3 周后，当代烟粉虱种群分别被控制了 19.49%、38.33%、58.59% 和 73.11%，烟粉虱的增长趋势指数分别为 24.13、18.51、12.41 和8.06，随着放蜂密度的增加，烟粉虱种群增长趋势指数逐渐减小，蚜小蜂寄生对烟粉虱种群增长的干扰作用控制指数分别为 0.805 1、0.617 6、0.414 1 和 0.268 9。在生产中，烟粉虱虫口基数为成虫 0.5～2 头时，以 3 头或 5 头雌蜂/株的密度放蜂，对烟粉虱种群的控制效果较好。黄（胡）瓜新小绥螨（*Neoseiulus cucumeris*）能够捕食烟粉虱的卵、成虫、若虫和伪蛹。在利用黄瓜新小绥螨控制日光大棚甜椒烟粉虱研究中，苗期放捕食螨 5～10 头/株，结果期放捕食螨 20～30 头/株，在释放后 30d 内对烟粉虱种群控制效果为 92.9%～93.6%，40d 后为 61.1%～67.9%。

研究表明，某些寄生蜂对不同生物型烟粉虱的寄生能力不同。如我国广泛分布的索菲亚恩蚜小蜂（*Encarsia sophia*），对 B 型与 Q 型烟粉虱若虫的体外检测时间差异不显著，而寄生 Q 型烟粉虱若虫时的体内检测和产卵时间（190.2±14.6）s 显著高于寄生 B 型时所用时间（140.0±7.5）s。在非选择条件下，浅黄恩蚜小蜂寄生 B 型烟粉虱若虫的数量（8.1±0.5）头及总产卵量（9.3±0.6）粒显著高于寄生Q 型烟粉虱的数量（6.3±0.5）头及总产卵量（7.0±0.6）粒。在选择性条件下，该蜂寄生 B 型烟粉虱若虫量（3.1±0.4）头、总产卵量（3.8±0.5）粒及被寄生若虫单头着卵量（1.2±0.1）粒都显著高于对Q 型烟粉虱的寄生 [分别为（1.8±0.3）头、（1.8±0.4）粒、（0.7±0.1）粒]。上述研究表明，相对于Q 型烟粉虱，浅黄恩蚜小蜂倾向于 B 型烟粉虱若虫作为寄主。

日本刀角瓢虫（*Serangium japonicum*）、淡色斧瓢虫（*Axinoscymnus cardilobus*）、红星盘瓢虫（*Phrynocaria congener*）、文莱斧瓢虫（*Axinoscymnus apioides*）、曼谷刀角瓢虫（*Serangium* sp.）等种群数量也比较大，对烟粉虱都有一定的控制作用。

2. 病原菌 目前发现的烟粉虱病原真菌多为子囊菌门粪壳菌纲的无性阶段，如蜡蚧轮枝孢（*Lecanicillium lecanii*，异名：*Verticillium lecanii*）、玫烟色拟青霉（*Paecilomyces fumosoroseus*）和粉虱座壳孢（*Aschersonia aleyrodis*）等几种。蜡蚧轮枝菌是寄生烟粉虱的一种虫生真菌，对烟粉虱卵的侵染率极低，但对各龄若虫的侵染率很高，在温室 4 次/周施用该菌可明显降低甜瓜上烟粉虱的种群数量。玫烟色拟青霉分布比较广泛，对烟粉虱卵侵染率很低，但对若虫尤其是低龄若虫侵染率很高。粉虱座壳孢易侵染烟粉虱一至三龄若虫，其中以对二龄若虫的侵染率为最高（达到 98%）；粉虱座壳孢侵染率随处理时间延长、接种浓度增加而增大；被侵染烟粉虱若虫死亡通常发生在处理后的下一个龄期。

（五）烟粉虱不同生物型的生物学差异

1. 寄主范围及其适应性　烟粉虱不同生物型寄主范围不同。大多数烟粉虱生物型是多食性的，如 A 型、B 型、J 型、Q 型、非木薯型、木薯型、秋葵型、Sida 型等能够取食多种植物；某些生物型是寡食性或单食性的，如非洲科特迪瓦的 C 型仅取食木薯和野茄，非洲贝宁的 E 型仅取食爵床科十万错属（*Asystasia* spp.）植物，波多黎各岛的 N 型仅取食棉叶膏桐。

许多生物型对于同一寄主植物的适应性也存在差异。例如，在四川小花锦葵（*Malva parviflora* L.）、荠菜（*Capsella bursa-pastoris* L.）以及野芥（*Brassica kaber*）上，Q 型烟粉虱雌虫产卵量、化蛹数、成虫羽化率等明显比 B 型烟粉虱的高。在反枝苋（*Amaranthus retroflexus*）、藜（*Chenopodium album*）植株和叶片上，Q 型烟粉虱为害比例、每天为害植株的成虫数量及每个植株上蛹数量比 B 型烟粉虱明显高。在 26℃ 条件下，曼陀罗（*Datura stramonium*）和龙葵（*Solanum nigrum*）上 Q 型烟粉虱从卵到成虫的发育历期分别为 22d 和 20d，明显短于 B 型烟粉虱的发育历期（分别为 23d、22d）。在 17℃、20℃、23℃、26℃、30℃、33℃ 和 35℃ 时，Q 型烟粉虱在甜椒上的平均发育历期显著短于 B 型烟粉虱。

2. 传毒能力　烟粉虱不同生物型的传毒能力可能存在差异。例如，Sida 型烟粉虱传播新大陆联体病毒而不传 *Jatropha* 花叶病毒，而 N 型烟粉虱可以传播 *Jatropha* 花叶病毒。对于传播同一种病毒的烟粉虱不同生物型，其获毒、持毒、传毒能力也可能存在差异，如我国 B 型与 Q 型烟粉虱虽然均能获得并传播 TYLCV，然而，Q 型烟粉虱的获毒和持毒能力优于 B 型，传毒频率也显著高于 B 型。

3. 抗药性　烟粉虱入侵我国之前，许多国家已有其对各类杀虫剂产生不同程度抗性的报道。烟粉虱入侵我国后，福建、江苏、北京、山东、湖北、新疆等省份，也报道了抗药性监测结果。福建于 2004、2005 年，测定了福州、漳州、龙岩、三明、南平、宁德地区菜田 B 型烟粉虱种群对 13 种杀虫剂的抗性。结果表明，6 个 B 型种群对氯氟氰菊酯、甲氰菊酯、氯氰菊酯、溴氰菊酯、乙酰甲胺磷、毒死蜱产生了高水平抗性，抗性倍数分别达 838.38～2 460.52 倍、244.64～834.29 倍、116.02～266.35 倍、81.75～124.18 倍、425.18～875.56 倍和 54.53～78.43 倍，对乐果（14.16～17.66 倍）产生了中等水平抗性，对敌敌畏（6.23～11.25 倍）为中等偏低水平抗性，对灭多威（4.07～5.66 倍）抗性水平较低。漳州 B 型种群对烟碱类杀虫剂吡虫啉、啶虫脒和噻虫嗪的抗性分别为 23.08 倍、10.32 倍和 24.60 倍，达到中等水平抗性，而其他地区种群对这 3 种杀虫剂敏感或产生低水平抗性，抗性倍数分别仅为 1.31～3.28 倍、1.82～7.23 倍和 1.39～5.45 倍，各地区种群都对阿维菌素敏感。

烟粉虱不同生物型抗药性存在差异。例如，Q 型烟粉虱比 B 型更容易产生抗药性。对从以色列采集的 11 个烟粉虱种群研究发现，6 个 Q 型或 Q 型为主的种群中，仅有 1 个是对吡丙醚的敏感种群；而 5 个 B 型烟粉虱均为吡丙醚敏感种群。对新传入美国的 Q 型烟粉虱抗药性监测发现，Q 型对吡丙醚、噻嗪酮等能够有效控制 B 型的杀虫剂均具有较高的抗性。在我国，2007—2008 年监测的烟粉虱抗药性结果发现，浙江杭州辣椒上 Q 型和北京番茄上 B 型烟粉虱种群，对阿维菌素和吡丙醚敏感，其抗性倍数均在 3.8 以下；对联苯菊酯和氯氰菊酯的抗性，分别为 86.1 倍、45.9 倍和 36.6 倍、34.3 倍，说明所测试的 Q 型和 B 型烟粉虱对这两种药剂的抗性水平差异较小。北京 B 型种群，对新烟碱类杀虫剂吡虫啉和噻虫嗪敏感，对啶虫脒产生 7.2 倍的低水平抗性。而浙江 Q 型种群对 3 种杀虫剂，分别产生 83.8 倍、153.7 倍和 33.0 倍的抗性，分别为北京 B 型种群的 84.2 倍、153 倍和 4.6 倍抗性。2008—2009 年江苏盐城 Q 型种群，分别对吡虫啉和噻虫嗪产生了 1 900 倍和 1 200 倍的极高水平抗性，均明显高于广州 B 型种群 320 倍和 240 倍的抗性水平。

烟粉虱不同生物型抗药性的稳定性不同。在没有杀虫剂选择压力下，Q 型烟粉虱对新烟碱类杀虫剂的抗性比较稳定，如在西班牙阿尔梅里亚（Almeria）地区 Q 型烟粉虱对新烟碱类杀虫剂的抗性尤其突出；在没有杀虫剂筛选的情况下，能够保持至少 2 年的抗性；而 B 型烟粉虱对新烟碱类杀虫剂的抗性则会急剧下降。

4. 竞争取代　2012 年我国报道了杀虫剂对 B 型和 Q 型烟粉虱种群竞争取代的影响，在棉花上等量的 B 型和 Q 型烟粉虱，在噻虫嗪处理后经过 4 代 Q 型即替代了 B 型烟粉虱，比未经杀虫剂处理的替代速度加快 2 代。而在黄瓜植株上未用杀虫剂处理，经过 9 代 B 型烟粉虱替代了 Q 型；但使用杀虫剂噻虫嗪和螺虫乙酯处理后，B 型和 Q 型烟粉虱间的替代方向发生改变，经过 5 代后 B 型烟粉虱被 Q 型烟粉虱所替代，使用联苯菊酯的处理，仅需 4 代 B 型烟粉虱即被 Q 型烟粉虱替代。由于新烟碱类杀虫剂被广泛用于烟粉虱的防治，结合全国范围内烟粉虱生物型鉴定结果的分析认为，在田间 Q 型烟粉虱竞争取代 B 型烟粉虱的过程中，使用杀虫剂起着关键性的作用。

五、防治技术

烟粉虱防控主要包括农业防治、生物防治、化学防治、物理防治以及综合治理等各种措施。目前，烟粉虱防控不能局限于某一种防治措施，应是多措并举。

（一）农业防治

农业防治措施主要包括以下几个方面：①加强田园管理。在蔬菜收获后，设施内留下的蔬菜残株及杂草上都会有烟粉虱的卵、若虫或成虫存在。因此，要及时清理蔬菜的残株及杂草，集中处理，从而切断烟粉虱的传播虫源。②合理选择种植品种。在选择栽培品种时，要尽量选择叶片薄、叶片韧度大和毛刺密度较大的品种，在一定程度上能降低烟粉虱为害。因地制宜选用抗番茄黄化曲叶病毒的丰产良种，如浙粉 701、浙粉 708、浙杂 502、申粉 V-7、苏粉 12、拉比、飞天、齐达利、欧贝等，在番茄生产中有重要作用。③建立无虫苗培育室，确保移植到温室、大棚的蔬菜苗为无虫苗。④改进耕作制度。避免大面积种植烟粉虱嗜好的蔬菜，根据烟粉虱种群动态调整蔬菜的布局及播种期，对于烟粉虱嗜好的寄主如甘蓝、番茄、茄子和黄瓜等蔬菜，尽量与烟粉虱非嗜好寄主如芹菜、菠菜、葱、蒜、韭菜等间作并提早种植，可有效控制烟粉虱的数量并使其在烟粉虱大发生前成熟，尽量避开烟粉虱暴发期以减轻损害。

（二）生物防治

丽蚜小蜂（Encarsia formosa）等寄生性天敌在欧美一些国家早有商品化生产与销售。20 世纪 70 年代温室白粉虱在我国暴发，国内一些研究机构对丽蚜小蜂的繁殖技术进行了研究，这些研究成果为利用丽蚜小蜂防控烟粉虱提供了参考。其中，国际上通用的繁蜂技术为五室繁蜂技术，又称为商品化繁蜂技术。五室包括清洁苗种植室、烟粉虱接种室、烟粉虱若虫培育室、蚜小蜂接种室、烟粉虱蚜小蜂分离室。五室繁蜂技术便于包装、储存，适于商品化生产与市场销售。国内利用该技术成功繁殖了丽蚜小蜂，取得了明显的经济效益与生态效益。

多种天敌联合控制烟粉虱的效果远优于单独释放其中一种天敌。例如，浆角蚜小蜂和日本刀角瓢虫对一品红上烟粉虱联合控制作用达到 98.99%；浆角蚜小蜂和玫烟色拟青霉对一品红上烟粉虱的联合控制作用为 97.70%；日本刀角瓢虫和玫烟色拟青霉对一品红上烟粉虱的联合控制作用达到了 99.67%，效果明显好于单独使用；且玫烟色拟青霉对日本刀角瓢虫的取食和产卵无不利影响。

长期的害虫生物防治实践表明，大多数生物防治只能起到暂时的控制作用。因此，如何保证天敌对烟粉虱的持续控制作用已经成为现代生物防治急需解决的问题。美国佛罗里达大学研究人员与国内外科学家合作，利用载体植物系统（banker plant system）原理，建立了木瓜—粉虱—寄生蜂载体植物系统来控制烟粉虱为害。目前，此系统正在美国番茄、黄瓜、茄子、生菜等蔬菜生产中推广应用。

（三）物理防治

利用黄色黏板可诱杀烟粉虱。黄板放置高度以顶部与植株上部持平为佳；放置方式为株间垂直放置；放置的数量越多，诱集的粉虱也就越多；11：00～16：00 对烟粉虱诱杀效果较好；雨天注意保护黄板勿被雨水破坏。在烟粉虱发生初期，虫口密度小于 5 头/叶时，以 4～5m 间距悬挂金黄色板，对烟粉虱具有理想的控制效果。烟粉虱一旦大暴发，黄板对其控制作用则显不足。此外，还可以在密闭较好的设施内利用高温闷杀烟粉虱；还可以利用防虫网对烟粉虱进行隔离控制。

（四）化学防治

目前，生产中用于防治烟粉虱的杀虫剂主要包括：生物源农药（阿维菌素、印楝素、苦参碱等）；昆虫生长调节剂（噻嗪酮）；新烟碱类杀虫剂（烯啶虫胺、吡虫啉、噻虫嗪、啶虫脒、吡蚜酮）；季酮酸类化合物（螺虫乙酯）；拟除虫菊酯类杀虫剂（溴氰菊酯、氰戊菊酯、甲氰菊酯、高效氯氟氰菊酯、氟氯氰菊酯等）。我国多数地区烟粉虱对多种杀虫剂产生了不同程度的抗性，特别是对有机磷类和菊酯类杀虫剂的抗性水平高，对烟碱类杀虫剂呈中等至高等抗药性水平，应慎重选择使用；个别地区烟粉虱对昆虫生长调节剂类杀虫剂也产生了抗性，而对阿维菌素和新的杀虫剂并未产生明显的抗药性。因此，不同地区应在抗药性监测数据基础上，结合用药历史和田间防治效果综合分析，进行科学选药并轮换用药，根据虫情一般间隔 7～10d，连续防治 2～3 次，才能取得良好的防治效果。

在抗药性严重地区建议选用敏感药剂，如噻嗪酮、吡丙醚、螺虫乙酯、溴氰虫酰胺等，对若虫高效且持效期较长，或烯啶虫胺、氟啶虫胺腈、阿维菌素、甲氨基阿维菌素苯甲酸盐、氯噻啉、矿物油（敌死虫）等。在烟粉虱虫口密度较高时，可分别用阿维菌素、烯啶虫胺、氟啶虫胺腈与噻嗪酮、吡丙醚等，按推荐剂量混合使用。此外，不同作用机理的杀虫剂混配制剂有利于克服抗药性，如吡蚜·噻嗪酮、阿维·噻嗪酮、烯啶·噻嗪酮、烯啶·吡蚜酮等，建议上述药剂在一茬蔬菜上只用 1 次。

由于 Q 型烟粉虱已在许多省份替代了 B 型成为农区的优势生物型，而两者的抗药性不同，因此，应该注意农药的更替与调整。如 2011 年研究报道，北京地区黄瓜上 Q 型烟粉虱对常用杀虫剂均产生不同程度的抗性，且抗性水平高于 B 型。其中，Q 型烟粉虱对高效氯氰菊酯抗性（抗性倍数 47.69）显著高于 B 型（7.19）；对阿维菌素抗性则相对较低，抗性指数仅为 4.40；对苦参碱、啶虫脒和吡虫啉的抗性居中（抗性倍数 4.57～9.44）。同时，生产上进行化学防治时可暂时少用烟粉虱产生抗性的杀虫剂（吡虫啉、烯啶虫胺、氯氰菊酯等）；注意杀虫剂之间的交替或轮换使用，尤其是与对烟粉虱卵或若虫具有良好效果的杀虫剂（螺虫乙酯、噻嗪酮、吡丙醚等）交替或轮换使用。

（五）综合治理

杀虫剂不合理使用会导致蔬菜产品受到严重污染。无公害和绿色食品蔬菜生产已是产业的发展趋势，人们寄希望于生物防治。然而，生物防治在实际大面积推广过程中也有一定的局限性。因此，对于烟粉虱的防控不能仅仅局限于某一种防治措施，要多措并举，对烟粉虱进行综合治理。增效醚（piperonyl butoxide，PB）、保幼激素类似物（methoprene ZR-515）和 5% 氟虫脲可分散液剂，与双斑恩蚜小蜂（Encarsia bimaculata）对大棚黄瓜烟粉虱的联合控制试验显示，这 3 种昆虫生长调节剂可以明显提高蚜小蜂对烟粉虱的寄生率，提高了对烟粉虱种群的控制作用。

2003 年以来，北方菜区应用以"隔离、净苗、诱捕、寄生和调控"为核心的烟粉虱可持续控制技术体系，基于"清洁田园、预备无病虫苗床、防虫网覆盖培育无病虫壮苗、悬挂黄色黏虫板黏杀成虫、释放寄生蜂和适时使用高效低毒农药控制害虫种群"的综合治理技术体系，对于烟粉虱的防控具有显著的效果，上述具体措施可参见温室白粉虱。

褚栋（青岛农业大学农学与植物保护学院）
张友军（中国农业科学院蔬菜花卉研究所）

第 110 节 温室白粉虱

一、分布与危害

温室白粉虱 [*Trialeurodes vaporariorum* (Westwood)] 又称温室粉虱，其成虫俗称小白蛾，属半翅目粉虱科蜡粉虱属。1856 年 Westwood 根据英国的标本定种时划到粉虱属（*Aleyrodes*），1915 年 Quaintance 和 Baker 将其归入蜡粉虱属（*Trialeurodes*），至 1936 年共有同种异名 11 个，分别是 *Aleyrodes vaporariorum* Westwood，1856；*Asterochiton lecanioides* Maskell，1879；*Aleyrodes papillifer* Maskell，1890；*Aleyrodes nicotianae* Maskell，1895；*Aleyrodes sonchi* Kotinsky，1907；*Asterochiton sonchi* (Kotinsky) Quaintance & Baker，1914；*Asterochiton vaporariorum* (Westwood) Quaintance & Baker，1914；*Trialeurodes sonchi* (Kotinsky) Quaintance & Baker，1915；*Trialeurodes mossopi* Corbett，1935；*Trialeurodes natalensis* Corbett，1936；*Trialeurodes sesbaniae* Corbett，1936。温室白粉虱起源于南美的巴西和墨西哥一带，后随寄主植物传入美国和加拿大，再由此传播到欧洲；20 世纪 60 年代初入侵亚洲西部的伊朗、斯里兰卡，70 年代印度、日本和我国报道了该虫发生为害。目前温室白粉虱分布于 65°N 至 45°S 的五大洲广阔区域，北起挪威、芬兰、瑞典、荷兰、俄罗斯、加拿大，经美国、东北亚与中国、南亚多国、地中海沿岸（法国、意大利、西班牙、摩洛哥等）国家，南到阿根廷、智利、澳大利亚、新西兰和南非等 63 个国家和地区，成为世界性的园艺和观赏等植物的重要害虫。在国际贸易一体化的形势下，

世界各地温室蔬菜、花卉栽培的迅速发展，是其广泛分布的重要原因。

我国于 1948 年和 1963 年，在北京郊区温室中发现了该虫并保存了成虫标本，虫源不明。1973 年、1974 年北京郊区个别温室有少量温室白粉虱发生，1975 年冬季温室蔬菜受害较为普遍，天津、济南、石家庄也有虫情报道，1976 年夏秋季在北京等地多种蔬菜田暴发成灾。至 20 世纪 80 年代初期已迅速传播蔓延至我国广大菜区，如北京、天津、河北、山东、河南、山西、辽宁、吉林、黑龙江、内蒙古、陕西、甘肃、青海、宁夏、新疆以及四川、云南、贵州、安徽、江苏、福建、台湾等 22 个省份，现已几近分布全国各地（含台湾和西藏）。上述情况与日本的调查报道，即 1974—1977 年该种害虫入侵定殖后，迅速传播蔓延全国各地和严重为害的强势种群特征非常类似。据此分析，我国的温室白粉虱虫源，不排除 20 世纪 70 年代初期外来入侵种群的可能性。

温室白粉虱是多食性害虫，世界已记录的寄主植物达 121 科 898 种（含 39 变种），我国北京已查明 65 科 273 种（含 22 变种）。主要蔬菜寄主如黄瓜、西瓜、甜瓜、西葫芦、南瓜、冬瓜、丝瓜、苦瓜、番茄、茄子、马铃薯、甜（辣）椒、菜豆、豇豆、扁豆、刀豆、豌豆、菜用大豆、苋菜、草莓、花椒等。主要花卉和观赏植物有菊花、一品红、月季、玫瑰、倒挂金钟、一串红、茉莉、金盏花、瓜叶菊、牡丹、矮牵牛、野蔷薇、扶桑、木槿、夹竹桃、木芙蓉、爬山虎等。经济作物有烟草、棉花、甘薯、向日葵、蓖麻、紫苜蓿、苹果、桃、李、杏等。此外，多种菜田杂草也是重要寄主，如龙葵、苍耳、葎草、反枝苋、曼陀罗、艾蒿、刺儿菜、苦菜、牵牛花、酸模叶蓼、夏至草、益母草等。广泛的寄主植物，有利于温室白粉虱种群繁衍和传播为害。

温室白粉虱以成虫和若虫群集在寄主叶片背面，以刺吸式口器的口针穿过植物的细胞间隙深入韧皮部取食，大量吸食植物汁液，被害叶片褪绿、黄化、萎蔫甚至枯死，影响作物正常生长发育。同时，成虫和若虫还大量分泌蜜露，污染叶面、嫩梢和果实，堵塞气孔，蜜露含糖和多种氨基酸，在潮湿条件下引起煤污菌如多主枝孢（*Cladosporium herbarum*）、大孢枝孢（*C. macrocarpum*）、球孢枝孢（*C. sphaerospermum*）和煤污尾孢（*Cercospora fuligena*）等侵染繁殖，诱发煤污病流行，阻碍寄主植物的呼吸、蒸腾和光合作用，造成减产并降低蔬菜产品的品质和商品价值（彩图 10-110-1）。我国的研究资料表明，黄瓜叶片糖含量、叶绿素含量、光合作用强度和蛋白质含量，随着白粉虱生物量的增加而降低。生物量为白粉虱各虫态 100 头的重量（mg），将实验种群全株的白粉虱数量折算得来，作为其种群数量大小和为害能力的单位。其中，前三项生理指标变化的时间从植株孕蕾起到初瓜止，处理间的差异逐渐明显，到盛果期的差异达到最大限度。为了简化白粉虱种群数量的调查方法，便于指导防治工作，在测定成虫数量与为害损失关系的基础上，通常以黄瓜平均上部叶片成虫 50~60 头（或平均成虫 250~300 头/株）、番茄成虫 400 头/株作为经济损害水平（EIL），而且黄瓜、番茄不同生育期成虫密度达到 EIL 越早，受害损失亦越严重。1976—1990 年，在我国北方保护地和露地瓜果豆类蔬菜生产及化学防治条件下，白粉虱的成虫密度普遍在 EIL 之上，导致了严重发生、猖獗为害的局面，常使蔬菜减产 10%~30%，严重的损失超过 50%，个别棚室和露地蔬菜干枯死亡、毁种失收。北京市、黑龙江省大庆市等局部地区，甚至出现成虫漫天飞舞的景象，妨碍城乡居民的正常生活。此外，温室白粉虱能以持久性方式传播黄瓜黄化病毒（CYV）、番茄褪绿病毒（TCV）、马铃薯黄脉病毒（PYVV）等，引起病毒病，但未见严重为害的报道。

1976 年以前，我国对温室白粉虱生活习性、发生规律和防治技术均无研究报道，其后几年为了控制其猖獗为害主要采取化学防治为主的应急策略。频繁的施药不仅使温室白粉虱很快产生了抗药性，还杀伤了天敌和削弱了天敌的自然控制作用；同时，蔬菜产品具有多次采收和可供生食的特点，直接威胁到蔬菜产品的质量安全。随着我国开展温室白粉虱综合防治的研究与应用取得显著成效，至 20 世纪 90 年代末期其在北方菜区的发生为害程度得到了良好的控制。后因 B 型和 Q 型烟粉虱的入侵和广泛传播，与温室白粉虱的生态位（ecological niche）既有重叠又存在明显差异，种间竞争呈现出烟粉虱成为北方许多菜区高温季节优势种的态势，但在高纬度和高海拔地区如辽宁、吉林、黑龙江、山西、宁夏、甘肃、内蒙古与西藏、青海、新疆北部和东部农区、河北北部农区，甚至北京局部菜区的低温季节，以及云南（玉溪）、贵州南部仍是温室白粉虱为害为主。在我国南方非适生区如福建、广西、四川的个别地区，也有发生为害的报道。

二、形态特征

温室白粉虱属渐变态，若虫分 4 个龄期，四龄末期称为伪蛹（彩图 10 - 110 - 2）。

成虫：体长 1～1.5 mm，淡黄色，体和翅覆盖白色蜡粉。头部触角 7 节、较短，各节之间都是由一个小瘤连接。基部 2 节（柄节、梗节）粗短，淡黄色，鞭节细长，褐色，各节有 10 个环纹，末端具 1 刚毛。复眼较大，红褐色，哑铃形，分为上、下两部分，每个复眼上方有 1 单眼。刺吸式口器，喙 3 节，粗针状，口针细长。前胸较窄，中、后胸较大。前翅纵脉 2 条，一长一短，后翅 1 条，前翅较长的纵脉中部有一个很短的分支，翅外缘有一排小颗粒。停息时左右翅合拢覆盖腹部上，较平坦略呈屋脊状。足基节膨大，粗短，后足胫节远端着生一行硬刚毛，跗节 2 节，端部具 2 爪，爪间为一个带毛的尖形中垫。腹部背面可见 6 节，第一节细小。雄虫具蜡板 4 对，位于第二至五腹节两侧，雌虫 2 对蜡板着生于第二、三腹节两侧。雄虫个体明显小于雌虫，腹部比雌虫腹部细瘦，腹部末端黑色阳具明显。

卵：长 0.22～0.24mm，宽 0.06～0.09mm，长椭圆形，顶端稍尖，基部有卵柄，长 0.02 mm，从叶背插入叶片组织中。初产时为淡绿色，微覆蜡粉，从顶部开始向卵柄渐变黑褐色，孵化前紫黑色，具光泽，可透见 2 个红色眼点。

一龄若虫：体长 0.28 mm，宽 0.11 mm，长椭圆形，头端略圆，尾端稍尖，具触角和胸足可爬行。体缘有 17 对较短的蜡丝，背面具 5 对蜡丝。腹部末端 1 对尾须较长，约为体长的 1/3。管状孔位于背盘后端中央，肛门开口于盖瓣下面与舌状器基部之间。若虫固着在叶片上生活后其触角、足和尾须退化。

二龄若虫：体长 0.35～0.49 mm，宽 0.20 mm，蚧形，扁平，附肢退化，体侧缘和背面有蜡丝，体背面具蜡孔 5 对。

三龄若虫：体长 0.48～0.54 mm，宽 0.33 mm，形似二龄若虫但略厚。呼吸褶明显，位于胸部两侧。体侧缘和背面有蜡丝，体背面具蜡孔 12 对。

四龄若虫初期：体长 0.66 mm，宽 0.39 mm，较扁平，体色半透明至淡绿色。体初生 7 对大而圆的刺突，后从刺突处的蜡腺发出长而明显的蜡丝。

四龄若虫中期：体长 0.67mm，宽 0.348mm，较初期体加长增厚明显，淡黄色，背面和边缘均有蜡丝。

四龄若虫末期（伪蛹）：体长 0.7～0.8 mm，宽 0.48 mm，椭圆形，乳白至黄褐色，蛹壳边缘明显增厚呈蛋糕状，中央纵向略高。周缘排列均匀发亮的细小蜡丝 38 对，背盘区及亚体缘分布有短圆锥形乳头状突，另有几对粗而长的蜡刺，在亚体缘尾端分布有 2 根鬃状长毛。背盘后端中央的管状孔长三角形，盖瓣仅盖住孔口之上方 1/2 处。舌状器明显伸出于盖瓣之外。肛门位于管状孔内，肛门能分泌大量蜜露。

伪蛹的特征是粉虱类昆虫分类、定种的最重要形态学依据。

三、生活习性

在北京温室和露地番茄上温室白粉虱 1 年发生 6～11 代，1～2 个月发育 1 代，我国主要发生区 1 年可发生 10 代以上。由于温室白粉虱成虫期和产卵期常比卵和若虫的发育历期长，造成了该虫世代重叠现象严重和各虫态混合发生的特点。温室白粉虱成虫、卵和伪蛹虽然有一定的耐受低温能力，但抗寒性弱，在北方冬季野外（露地）寒冷、干燥、寄主植物枯死的条件下不能存活。而以各虫态在加温温室、节能型日光温室、育苗设施的瓜果豆类蔬菜、多种花卉上继续繁殖为害，无休眠和滞育现象，并形成虫源基地。自 1985 年以来，我国北方地区（32°～42°N）推广应用节能型日光温室，基本实现了不用人工加温进行越冬喜温果菜生产，加温温室面积较小，约占设施栽培面积的 1‰。节能型日光温室在秋、冬、春季节室内温度、光照和相对湿度等环境因素，随着外界气象条件而变化，波动较大，温室白粉虱种群数量动态以 1 月中、下旬为界，先后出现缓慢增长和快速增长两个阶段。翌年春季和初夏季节，在育苗设施内菜苗上寄生的温室白粉虱，通过移栽、定植环节传播，以及成虫从门窗、通风口迁出扩散，从温室传播到大中小塑料棚、露地蔬菜和杂草等寄主植物上，从温室区由片到面、由近及远的传播、蔓延。此外，由于蔬菜、花卉规模化商品育苗产业的发展，增加了该虫随现代交通工具，异地、远距离传播的概率；同时，气流（刮风）对于成虫的传播蔓延可能有一定作用。在北京塑料棚和露地蔬菜上，温室白粉虱于春末夏初种群数量逐渐增长，夏季高温多雨时虫口密度有所下降，但至秋季又迅速上升达到高峰，秋末与初冬随着天气转冷、蔬菜生长后期植株衰老和陆续收获等原因，虫口密度显著下降。在陕西省咸阳市，温室白粉虱各虫态在温室大棚内周年繁殖为害；在露地蔬菜田的发生期为 4～11 月，随着蔬菜寄主作物的更替、气温季节变动的影响，其种群动态分为春季始迁期、春夏缓增期、夏秋季峰值期、深秋减退期和越冬回迁期 5 个阶段。温室白粉虱完成年生活史的关键时期是秋季，迁入温室蔬菜有 3 条途径：①幼苗移栽时带入；②温室内混栽的寄主蔬菜、残存的自生苗和杂草上寄生的虫源；③塑料棚、露地蔬菜和寄主植物上发生的温室白粉虱成虫，经门、窗及通风口迁入。可见，温室白粉虱的自然生活史中有两个关键环节，一是秋季从露地、塑料棚迁入温室，二是春季由温室迁出到塑料棚和露地。由于我国北方菜区不同茬口的温室、塑料棚和露地蔬菜生产紧密衔接和相互交错，使得温室白粉虱可周年发生。针对上述两个关键环节采取防控措施，切断其生活史是根治温室白粉虱的有效途径。

我国南方为温室白粉虱非适生区，虽然可以成虫、卵和伪蛹在露地寄主植物上越冬，但并未成为主要害虫，仅对个别地区设施蔬菜造成明显危害。据 2004—2011 年有关报道，在广西南宁市，温室白粉虱冬季在温室、大棚蔬菜上繁殖为害，也是露地蔬菜的主要虫源。云南省昆明市呈贡县连作大棚，温室白粉虱在 5～10 月有 3 个发生高峰期，分别为 5 月下旬、7 月中旬和 9 月中旬，进入 7 月后种群数量上升快，9 月迅速增长进入发生为害盛期。四川省西昌大棚，3～5 月、10～11 月种群数量较多，以春季为害较重，对蔬菜生长发育、产量和质量有较大影响。

温室白粉虱成虫多集中在清晨羽化，从伪蛹背面的 T 形缝脱出，两对翅折叠于虫体背面，约 10min 开始平展开来。成虫后足胫节不断地刮擦腹部的蜡腺，将蜡粉涂于全身，历时约 5h。雌、雄成虫常成对排列于叶片背面，呈八字形。羽化后 1～3d 开始交尾产卵，雌虫通过释放性信息素吸引雄虫，18～20℃下交尾时间 2～3h。北京自然种群的性比为 1:1。成虫也可营孤雌生殖，其后代发育成雄虫。每头雌虫一般产卵 120～130 粒，最多可产 534 粒。成虫对黄色和绿色表现强烈的趋性，而对白色和银灰色表现出负趋性或忌避性，其中以"金盏黄色"制成黏板的诱捕效果最好。成虫也有强烈的趋嫩习性，在寄主作物摘掉生长点（打顶、摘心）前，成虫总是随着植株生长不断追逐顶部嫩叶的背面产卵，使不同虫态在植株上的垂直分布有明显的规律，即成虫和新产的卵（淡绿色）多集中在顶部嫩叶上，将要孵化的卵（黑色）则位于稍下的嫩叶上，再往下的叶片则分别以一龄、二龄、三龄若虫和伪蛹为主，最下层叶片则基本是伪蛹壳和新羽化的成虫。但有时在同一张叶片上也可见到温室白粉虱的几个虫态。所以，农事作业的整枝打杈、摘除枯黄底叶加以处理，都有灭虫的作用。温室白粉虱成虫的昼夜活动节律，与温室环境温度和相对湿度、光照强度有密切关系，尤其在冬季晴天温室条件下更为明显。一般中午前后活动性最强，清晨和傍晚活动减弱，夜间基本不活动。卵多为散产，有时排列呈弧形或半圆形。以卵柄从气孔插入叶片组织内，极不易脱落，并从叶片吸收水分和可溶性物质保障存活。初孵若虫在卵壳附近爬行，可以断续的、短距离游走二、三天，甚至穿过细脉、侧脉以及主脉，称为徘徊期或游走阶段。喜在叶脉附近定居，随后身体的附肢退化，虫体周缘的蜡腺分泌蜡形成蜡边，将虫体固着在寄主于叶面。当虫口密度高时，常可见到若虫在叶面上的分布呈现相对较均匀的情况，游走可能是缓和种内竞争的一种行为。二至四龄若虫营固着生活至成虫羽化，受风雨等不利环境因素影响较小，有利于种群存活、繁衍，种群的存活率可高达 86.44%，在害虫自然种群中较为罕见。温室白粉虱成虫、若虫大量分泌蜜露，在番茄上每头成虫 1h 分泌 10 粒（覆盖面积为 0.03mm^2），二至三龄若虫为 8 粒（覆盖面积为 0.01mm^2），四龄若虫为 25 粒（覆盖面积为 0.03mm^2）。若以 1 头雌虫产卵 120 粒计算，所发育的个体在整个发育期中排出的蜜露，可覆盖 20 片番茄叶面。当环境的相对湿度在 90% 以上时，只要 14 个昼夜就会发生煤污病。

四、发生规律

（一）设施栽培

温室等设施为蔬菜生产创造了适宜环境，也为温室白粉虱的安全越冬和周年发生提供了良好条件。20 世纪 70 年代中后期，温室白粉虱首先在北京、天津、济南等大城市菜区暴发，与加温温室果菜栽培面积较大有密切关系。例如，1976 年北京市加温温室面积约 46.85hm²，多集中在近郊 3 个传统菜区。1977 年和 1979 年，海淀区玉渊潭、四季青先后建成、投产 4 hm²、2.2 hm² 大型连栋加温温室，至 1986 年温室白粉虱严重为害黄瓜、番茄等蔬菜，殃及周围菜田，每逢秋季时常出现白粉虱成虫漫天飞舞的景象。海淀、丰台和朝阳区成为北京市温室白粉虱重发区，而远郊县农区菜田只是零星发生，两者之间粮菜种植区呈现过渡发生为害区的空间格局。同期，黑龙江省大庆市虽然位于高纬度（45°46′～46°55′N）地区，冬季严寒最低温度可达−35℃，但在 6hm² 大型连栋温室中温室白粉虱仍然发生为害严重，并成为虫源基地殃及广大菜田。进入 20 世纪 80 年代，随着我国农业产业结构调整，各地区设施蔬菜产业发展很快。据农业部有关统计资料显示，1980—1981 年度全国设施蔬菜栽培面积为 7 000hm²，占蔬菜总播种面积 316.2 万 hm² 的 0.2%，到 2010 年设施蔬菜栽培面积达到 525 万 hm²，占蔬菜总播种面积 2 128.3 万 hm² 的 24.7%，为温室白粉虱的广泛传播、蔓延和加重为害提供了适宜环境，成为北方地区蔬菜主要害虫之一。

（二）气候条件

温度是影响温室白粉虱种群数量的时间、空间动态的重要因子，因此受到广泛关注。温室白粉虱的发育历期、成虫寿命和产卵量与温度有密切关系。在不同温度下（相对湿度 45%～65%），从卵到成虫的发育历期随着温度的升高而缩短。雌成虫寿命由 12℃时 36d，上升到 15℃的 50.5 d，其后逐渐下降至 24℃的 17.2 d 和 33℃时的 4.63 d。雌虫产卵量从 12℃时 40.67 粒，上升到 18℃时最高达 319.58 粒，其后逐渐下降至 24℃时的 123.9 粒和 33℃时的 5.53 粒。从中可以看出，18～24℃是温室白粉虱适宜生长发育的温度。

表 10 - 110 - 1 不同温度下温室白粉虱的主要生物学参数（引自 Burnett，1949）

Table 10 - 110 - 1 Main biological parameters of *Trialeurodes vaporariorum* at different temperatures（from Burnett，1949）

温 度 (℃)	卵到成虫发育历期（d）		雌成虫寿命 (d)	平均生育力 （粒/♀）
	雄 虫	雌 虫		
12	—	—	36.00	40.67
15	—	—	50.50	93.56
18	29.9	30.0	42.50	319.58
21	27.9	27.6	28.50	209.46
24	24.8	24.3	17.20	123.90
27	21.3	21.2	8.30	29.50
30	—	—	5.38	19.06
33	—	—	4.63	5.53

注 表中主要生物学参数参照 Burnett（1949）的资料整理。

烟粉虱入侵我国以来常与温室白粉虱混合发生，逆境温度对两种粉虱生物学特征影响的研究结果显示，在 37℃、39℃、41℃、43℃和 45℃下暴露 1 h 后，B 型烟粉虱成虫的存活率随着温度的升高从 99.1% 下降到 42.6%，温室白粉虱成虫则从 95.0% 下降到 13.5%。烟粉虱雌雄成虫在 45℃高温下暴露 1 h 后的寿命超过 10d，而温室白粉虱的存活时间不足 24 h，差异显著。高温暴露对前种成虫的产卵量无显著影响，但后代的存活率随着暴露温度升高由 70.7% 下降到 25.1%。后种成虫在 37～43℃条件下暴露 1h 后雌虫产卵量由 62.4 粒下降到 1.5 粒，45℃下暴露 1h 后停止了产卵活动，导致前种和后种成虫后代 Lt_{50} 和 Lt_{90} 的温度分别相差 1.6℃和 4.1℃。B 型烟粉虱成虫的耐热性高于温室白粉虱，极端高温对前种成虫存活和生殖适应性的不良影响比较小。而在短时低温胁迫处理下，B 型烟粉虱在 2℃下暴露 2～12d，各虫态的存活率迅速下降，卵、二至三龄若虫、伪蛹在 12d 后和成虫在 4d 后均 100% 死亡。而温室白粉虱卵、伪蛹在暴露 12d 后其存活率超过 45%，成虫暴露 7d 后存活率仍高达 80.9 %。说明温室白粉虱对低温的适应性要显著高于 B 型烟粉虱。2007 年以来，在我国大多数地区，Q 型烟粉虱已取代 B 型烟粉虱成为优势生物型，但是它们生长发育适宜较高温度（25～30℃）、逆境温度下的生物学特征是一致的。

昆虫属变温动物，温度对温室白粉虱种群数量、空间和时间动态的影响，是气候因素中最重要的因子，上述结果与两种粉虱在我国的发生动态趋势吻合。我国南方地区气温比北方地区高，夏、秋季日平均温度达到 25～30℃、极端高温超过 30℃的天数多，还有降水量多和空气湿度大等不利因素影响，使温室白粉虱的存活、繁殖受到持续地抑制，不利于种群的建立与发展，有别于北方地区而成为温室白粉虱的非适生区。

（三）寄主作物

1. 不同寄主对温室白粉虱种群的影响　温室白粉虱为多食性害虫，喜温性瓜果豆类蔬菜为嗜食的寄主作物，而耐寒、半耐寒性叶菜类为不适宜寄主或非寄主作物。不同的蔬菜寄主及其温室栽培的生态环境条件，对温室白粉虱的种群增长、发生为害和完成生活史有重要影响。

研究表明，温室白粉虱在黄瓜、番茄、茄子、菜豆等寄主上死亡率低、生殖力高，种群增长快；而在甜椒、辣椒上较差。据笔者 2001 年的试验结果，节能型日光温室春夏茬黄瓜上成虫初始种群密度为 0.004 2头/株，在隔离虫源、不使用农药与平均温度为 23.9℃的条件下，第 99 天成虫虫口高峰期达 705.96 头/株，种群增长 168 085.7 倍。成虫密度（N_t）与不同日期（$0 \leqslant t \leqslant 99$）的关系，符合指数增长模型 $N_t = 0.001\ 9e^{0.126\ 1t}$（$R = 0.946\ 5^{**}$）。后因温室白粉虱严重为害，植株部分叶片干枯、煤污病以及白粉病流行，导致成虫大量死亡和成虫密度明显下降。秋季温室黄瓜上的温室白粉虱成虫初始种群密度为 0.022 头/株，在冬季至翌年初春平均温度为 14.6℃、不使用杀虫剂的条件下，第 132 天成虫密度最高时仅增长 21.23 倍，虽然种群数量增长缓慢但仍可成为越冬虫源。

有关温室白粉虱越冬罩笼试验结果，日光温室秋冬茬种植芹菜，在平均温度为 10.5℃和 5.7℃的条件下，温室白粉虱成虫种群数量分别下降 75.7％和 92.6％；芹菜收获后经过整地、换茬，残存的成虫失去了虫源的作用。而在菠菜、小白菜、甘蓝等蔬菜上接种观察的温室白粉虱成虫则全部死亡，不能越冬。

2. 黄瓜不同生育期的受害损失　据报道，温室白粉虱在连栋温室春茬黄瓜的经济损害水平（EIL），为每株成虫 250～300 头，与 Hussey 等 1971 年提出黄瓜上部叶片平均每叶 50～60 头的指标基本一致。测产结果显示，黄瓜不同生育期受害越早产量损失越重，如黄瓜定植后 5d 平均每株 5 片真叶（下同）、25d 时 12 片叶、40d 时 17 片叶、48d 时 20 片叶和 57d 时 23 片叶，温室白粉虱成虫密度达到经济损害水平（EIL），黄瓜减产损失率分别为 97.8％、87.3％、65.0％、45％和 36.0％。按照温室白粉虱成虫种群的指数增长模型，分别取黄瓜生长期的低限值 90d 和 EIL 下限 250 头/株的指标，春茬黄瓜温室白粉虱成虫的动态经济阈值（ET）与不同天数（$T_a = 0～90d$）关系，拟合的数学模型 $ET = 192.5855 \div e^{0.1198T_a}$。

此外，有的学者将番茄叶片和果实开始发生煤污病时，白粉虱的成虫密度 400 头/株作为 EIL 的指标。番茄定植后白粉虱成虫密度越高，煤污病发生期越早，为害损失亦相应严重。

（四）栽培管理

温室白粉虱常被称为温室或设施害虫。温室（大棚）生态系统，是在人为控制下的半封闭系统，温暖的环境、集约化的管理为蔬菜作物生产创造了良好的条件，也为温室白粉虱的猖獗为害提供了条件。因此，设施蔬菜栽培管理水平，与温室白粉虱的发生为害有密切关系。

1. 初始种群（发生基数）　国内外有关温室白粉虱的种群动态研究和生产实践业已证明，初始种群的数量和年龄构成，对于白粉虱的种群增长率高低、发生期早晚和为害程度轻重有直接影响。蔬菜育苗过程中若管理不善，如在蔬菜生产的温室、塑料棚内育苗，或育苗设施未采取防虫网阻隔外来虫源等，均容易感染、滋生白粉虱。在 20 世纪 90 年代以前，这种状况较为普遍，特别是瓜果豆类蔬菜幼苗定植时，每株平均虫量常达数百头，且各种虫态混合发生，导致了温室白粉虱严重发生为害的局面，并把管理工作推到了化学防治的窘境，造成了经济、生态和蔬菜产品的食用安全问题。只有坚持清洁生产理念，结合育苗的各个生产环节加以预防，培育无虫壮苗，即可有效地抑制温室白粉虱的发生为害，多数温室和大棚甚至可以免于药剂防治，同时也为生物防治创造了有利条件。

2. 混栽影响　由于我国保护地设施结构、温度和光照等环境条件的差异，以及广大生产者种植习惯等原因，瓜果豆类蔬菜、绿叶蔬菜先后混栽的现象较为普遍，有利于温室白粉虱的安全越冬和传播、蔓延，从而加重为害并给防治工作增加难度。

（五）抗药性

温室白粉虱体被蜡粉、繁殖迅速、世代重叠严重，生产中不合理使用杀虫药剂容易产生抗性。自 1972 年 Wardlow 等首次报道温室白粉虱对马拉硫磷、滴滴涕和敌敌畏产生抗性以来，国外陆续报道了该虫对传统的和新烟碱类杀虫剂的抗性。我国于 1983 年采用浸渍法进行了该虫若虫抗药性检测，结果表明温室白粉虱北京种群一龄若虫对马拉硫磷、敌敌畏的抗性倍数分别为 8.91 倍和 6.76 倍，1988 年增长到

66.2 倍和 17.3 倍。由于拟除虫菊酯类杀虫剂的广泛应用，抗性问题十分严重，与 1983 年测定数据比较，1987 年北京四季青该虫种群对溴氰菊酯抗性上升至 744.9 倍，1988 年为 6 289.7 倍；1987 年北京马连洼种群对氰戊菊酯抗性上升至 1 054.3 倍，1988 年为 1 941.7 倍。在两种菊酯药液中加入增效醚（PBO）、磷酸三苯酯（TPP），对白粉虱抗性种群有明显的增效作用。据此推测，多功能氧化酶在抗药性中起主要作用，其次是羧酸酯酶。随着 21 世纪新烟碱类杀虫剂和阿维菌素的广泛应用，相继出现了抗药性问题。2011 年采用药膜法，山西省测定了五个地区温室白粉虱成虫种群对 5 种杀虫剂的敏感性。结果表明，除晋中种群对溴氰菊酯产生 6.5 倍抗性外，大同、太原、临汾、运城种群对联苯菊酯、溴氰菊酯均属敏感。不同地区种群对阿维菌素的抗性上升较快，其抗性倍数为 14.3～33.7 倍，已达中等水平抗性；大同种群对啶虫脒敏感，其他四地种群的抗性倍数为 8.2～16.9 倍（低、中抗水平）；太原和晋中种群对吡虫啉的抗性倍数分别为 7.1 倍（低抗水平）和 15.7 倍（中抗水平）。

上述研究结果与不同地区防治温室白粉虱的用药情况基本吻合。20 世纪 80 年代拟除虫菊酯类杀虫剂用于蔬菜生产，曾被作为防治温室白粉虱的首选种类，不合理使用导致了严重的抗药性问题，并与有机磷类杀虫剂存在交互抗性，一时形成了防治温室白粉虱无药可用的局面。例如，1988 年 2 月 1 日至 5 月 15 日北京大型连栋温室春茬黄瓜，温室白粉虱成虫初始种群密度为 2.2 头/株，共用 2.5% 溴氰菊酯乳油 1 000 倍液为主喷雾 5 次，22% 敌敌畏烟剂每 667m² 250g 熏烟 21 次，在 104 d 内平均 4d 用药 1 次，温室白粉虱成虫种群数量仍呈指数增长达到 3 500 头/株，共增长 1 590.9 倍。1987 年在秋冬茬番茄上，126d 共施药 12 次（杀虫剂种类同上），虽然温室的温度比春茬偏低，但温室白粉虱成虫密度仍由 1.4 头/株上升到 660.8 头/株，增长 472 倍。上述事例充分说明，化学防治在温室白粉虱治理中的局限性，以及加强科学用药与白粉虱抗药性治理的重要性。

（六）天敌

我国已报道的温室白粉虱天敌约有 50 种。其中，寄生蜂 16 种分属恩蚜小蜂 9 种、桨角蚜小蜂 2 种、捕虱蚜小蜂 4 种和跳小蜂 1 种，优势种为丽蚜小蜂（Encarsia formaosa Gahan）和索菲亚恩蚜小蜂 [E. sophia (Girault & Dodd)]；丽蚜小蜂防治温室白粉虱是世界上生物防治的典型实例。自 1978 年我国从英国等引进丽蚜小蜂以来，现已在多数温室白粉虱发生区域建立了种群，有的地区控害作用明显。如 2009 年新疆报道，全区东部、南部和北部的广大农区温室番茄、茄子等蔬菜田调查，发现丽蚜小蜂自然发生的温室占 30% 以上，对温室白粉虱若虫的寄生率为 12.76%～69.53%，对抑制该虫自然种群有良好作用。在各地有机蔬菜生产体系下也有类似的情况。但是在其他蔬菜产区，受蔬菜种类多、换茬勤和使用农药等因素的影响，通常丽蚜小蜂的自然寄生率很低，保护地内应用需要人工释放助增才能建立种群。丽蚜小蜂发育起点为 11.2℃，有效温积 229.7℃。在恒温 27℃、相对湿度 70%～80% 和 16h/d 光照条件下，寄生蜂的寿命 18.9d，产卵量（148.4±31.6）粒，刺吸若虫致死 50.4 头。在平均温度 15℃（温度变幅 4.6～3.5℃）时，寄生蜂的三项生物学参数，分别比 27℃时减少 42.3%、95.9% 和 62.7%。相对湿度 43%～90% 范围内，寄生蜂寿命、产卵量差异不显著，但刺吸量随相对湿度升高而降低。又据在冬季和早春节能型日光温室番茄上释放寄生蜂防治温室白粉虱，当平均温度 16℃、夜晚至清晨番茄叶片结露 12h 以上的条件下，丽蚜小蜂不能建立种群，成蜂被植株和叶片的露滴黏住致死是主要原因。上述研究结果，揭示了我国以不加温为主的保护地蔬菜生态系统环境特征，是应用丽蚜小蜂的限制因子。1978 年以来我国多地在合适的季节和设施环境条件下，释放丽蚜小蜂成功地防治温室白粉虱，显示了其扩大应用的前景。

温室白粉虱捕食性天敌 26 种，包括瓢虫 7 种、捕食盲蝽和小花蝽 4 种、草蛉 4 种、食蚜蝇 6 种，方头甲、隐翅虫、捕食小黑蛛、捕食螨共 5 种。调查发现，在保护地和露地蔬菜作物上，捕食性天敌仍难形成较稳定的种群，但其种类和数量明显多于寄生性天敌，对温室白粉虱种群的控制作用有所提升；温室白粉虱寄生性真菌 8 种，其中蜡蚧轮枝孢（Verticillium lecanii）在温室潮湿环境下有时可寄生白粉虱成虫和若虫，但难以自然流行。

五、防治方法

根据我国菜田和温室生态系统的特征、温室白粉虱的发生为害规律，温室白粉虱的防控策略是：围绕着断（切断虫源和生活史）、洁（培育无虫苗）、诱（黄板诱杀成虫）、寄（释放天敌寄生若虫）和治（科学用药）5 个环节，以农业技术、物理措施为主，加强生物防治技术推广应用，化学防治为辅的综合防治技术体系。

（一）农业防治

1. 合理布局茬口 日光温室、塑料棚和结构、性能不良的节能型日光温室，在秋冬茬种植耐低温和温室白粉虱非嗜食的蔬菜作物，如白菜（青菜、小油菜）、菠菜、芹菜、生菜、茼蒿、韭菜、小萝卜等，可有效抑制温室白粉虱发生为害和阻断其生活年史，发挥生物屏障治理虫源基地的作用。在此基础上，可进行冬春茬果菜的安全生产。

2. 培育无虫苗 系指定植菜苗不被温室白粉虱侵害或带虫量很低，如大型连栋温室春茬黄瓜、番茄苗的成虫发生基数应在 0.002 头/株以下，节能日光温室、塑料棚春茬栽培低于 0.004 头/株。只要抓住这一关键措施，可使保护地蔬菜免受温室白粉虱为害或受害程度明显减轻，也为应用其他防治措施打好基础。具体方法：北方地区冬季初春搞好育苗设施清洁，做到无残株落叶、杂草和自生苗，避免在温室白粉虱发生的保护地内混栽育苗，防止交叉感染。同时，悬挂黄色黏虫板。夏秋季苗房育苗，可适期晚播，避开炎热天气，在通风口和门窗处安装 40～60 筛目*防虫网，苗房覆盖遮阳网，进行避雨、遮阳、防虫育苗，其他农事措施同上。育苗设施与蔬菜生产区保持一定距离对培育无虫壮苗可起到良好作用。

3. 避免混栽 保护地内若存在温室白粉虱虫源，在采取有效措施防除前，应避免混栽温室白粉虱嗜食的果菜类蔬菜。否则，会造成温室白粉虱严重发生。

4. 结合农事作业灭虫 整枝打杈，摘除染虫的枯黄老叶携出田外进行无害化处理，收获后搞好棚室的清洁卫生。

5. 种植避虫品种 如佳粉 17、茸粉 1 号、茸粉 2 号、毛粉 802、皖粉 4 号等多茸毛、多抗病性的优良品种，全株被有较浓密的白色茸毛，对温室白粉虱、蚜虫等有良好的忌避作用，可减轻烟草花叶病毒（TMV）、黄瓜花叶病毒（CMV）侵染，提高防控病毒病效果，可因地制宜选用。

（二）物理防治

1. 应用防虫网 在棚室瓜果类豆类蔬菜等种植前，应清洁田园并于通风口、门、窗加设 40 筛目白色或灰白色防虫网，兼治烟粉虱用 60 筛目防虫网，防止粉虱类成虫迁入免受其害，有利于切断白粉虱的虫源，起到预防作用；兼治斑潜蝇、蚜虫、蓟马等重要害虫。

2. 黄色黏板诱杀成虫 在温室白粉虱发生初期，每 667m² 挂 20～30 片规格为 40cm×25cm 黄色诱虫黏板，或其他市售产品，黄板下沿略高于植株顶部，随着植物的生长不断调整黄板的高度，通常 1～2 个月更换 1 次，持续诱捕温室白粉虱成虫，监测发生动态，控制其种群增长，兼治的害虫同上。为了减少废弃黄板污染环境，提倡黄板上的胶干了以后，涂上市售的不干胶类产品；或用机油掺和少量凡士林油代替。

（三）生物防治

在不加温棚室春夏秋季和加温温室冬季果菜上，当温室白粉虱成虫发生密度较低时（平均 0.1 头/株以下），每 667m² 释放丽蚜小蜂或浆角蚜小蜂 1 000～2 000 头/次，将市售蜂卡挂在植株中上部叶片的叶柄上，均匀布点，隔 7～10d 1 次，共挂蜂卡 5～7 次，使成蜂寄生温室白粉虱若虫并建立种群，有效控制温室白粉虱发生为害。若虫量稍高，可用 25% 噻嗪酮可湿性粉剂 1 000～1 500 倍液，或 10% 吡丙醚乳油 750 倍液喷雾，压低粉虱发生基数与释放丽蚜小蜂结合。同时，提倡放蜂寄生粉虱若虫与悬挂黄板诱捕成虫的措施结合应用，可提高防治效果和稳定性。试验显示，在冬季和早春节能型日光番茄上释放防治温室白粉虱，当温室平均温度低于 16℃、夜晚至清晨相对湿度为 100%、番茄植株和叶片结露 12h 以上时，由于成蜂被露滴黏住致死等原因，丽蚜小蜂不能建立种群。因此，在我国应用丽蚜小蜂时应注意环境条件。

（四）药剂防治

合理用药技术是温室白粉虱种群管理的一项辅助性措施，包括施药适期、敏感杀虫剂选择和轮换用药三方面。

1. 灌根法 黄瓜、番茄苗等定植前 3～5d 或定植后，用 25% 噻虫嗪水分散粒剂 3 000 倍液，或 10% 吡虫啉可湿性粉剂 1 000 倍液，均匀喷淋幼苗根颈部，或灌根处理药液量为 50mL/株。噻虫嗪、吡虫啉内吸传导性强，可明显推迟温室白粉虱的发生期和降低种群密度，兼治烟粉虱、蚜虫、蓟马、潜叶蝇等害虫。此外，噻虫嗪缓释颗粒的研发取得了可喜的进展，田间试验表明，在幼苗移栽时一次施入移栽沟内，

---

* 筛目为非法定计量单位，40 筛目孔径为 0.44mm，60 筛目孔径为 0.30mm，均为不锈钢丝网。

对番茄上温室白粉虱成虫和若虫具有防效高、持效期长和使用简便等特点，显示了良好的应用前景。

2. 喷雾法 在未施行生物防治的菜田，应用种群控制的原理于温室白粉虱发生初期，参考平均成虫密度 1~3 头/株的指标，及时选用敏感杀虫剂进行叶面喷雾，是化学防治成功的关键。如 25%噻嗪酮可湿性粉剂 1 000 倍液、10%吡丙醚乳油 750 倍液、10%溴氰虫酰胺悬浮剂 1 000 倍液、22.4%螺虫乙酯悬浮剂 2 000~2 500 倍液、10%烯啶虫胺水剂 2 000~3 000 倍、22%氟啶虫胺腈悬浮剂 2 000~3 000 倍液、1.8%阿维菌素乳油 2 000 倍液、2%甲氨基阿维菌素苯甲酸盐乳油 3 000 倍液、10%氯噻啉可湿性粉剂 2 000 倍液等，提倡阿维菌素、烯啶虫胺、氟啶虫胺腈与噻嗪酮、吡丙醚等，按上述剂量混合使用。

温室白粉虱对新烟碱类杀虫剂未产生抗药性的地区，可选择 10%吡虫啉可湿性粉剂 2 000 倍液、25%噻虫嗪水分散粒剂 3 000 倍液、25%吡蚜酮可湿性粉剂 2 000 倍液、5%啶虫脒可湿性粉剂 3 000 倍液等，或用 25%吡蚜·噻嗪酮可湿性粉剂 1 500~2 000 倍液、15%阿维·噻嗪酮悬浮剂 1 000~1 500 倍液、70%烯啶·噻嗪酮水分散粒剂 2 500~3 000 倍液、60%烯啶·吡蚜酮水分散粒剂 2 500~4 000 倍液等。一般 7~10d 喷雾 1 次，连喷 2~3 次，兼治烟粉虱。

此外，在历年虫情较轻、用药较少和对下列药剂敏感的地区，还可选用 2.5%联苯菊酯乳油、2.5%高效氯氟氰菊酯乳油、20%甲氰菊酯乳油 2 000~2 500 倍液等。配制充足的药液量，将药液均匀地喷洒在叶片背面。不同类型的药剂须交替轮换使用，提倡每一种（类）的杀虫剂在一茬（季）蔬菜作物上仅用 1 次，防止或延缓温室白粉虱产生抗药性。

杀虫剂与喷雾助剂混用：在药剂推荐剂量减少 25%的药液中，添加 0.1% 杰效利、丝润（Silwet）等喷雾助剂，可提高药液的展着性、渗透性和防治温室白粉虱效果。

3. 熏烟法 保护地，每 667m² 用 22%敌敌畏烟剂 250~300g，或 20%异丙威烟剂 250g，于傍晚收工前将保护地密闭，把烟剂分成等量的 5~6 份，由内向门的方向依次点燃熏烟，可杀灭成虫，次日正常农事作业。由于熏烟法对成虫外的虫态基本无效，提倡在设施蔬菜育苗前或移栽定植前用于消毒灭虫。

朱国仁（中国农业科学院蔬菜花卉研究所）

第 111 节　美洲斑潜蝇

一、分布与危害

美洲斑潜蝇（*Liriomyza sativae* Blanchard）是一种为害多种蔬菜和观赏植物的检疫性害虫，属双翅目潜蝇科斑潜蝇属。原产于南美洲，20 世纪 70~80 年代传至太平洋部分岛屿，90 年代又在阿拉伯半岛南部、非洲、亚洲部分国家和地区发现。1993 年，首次在海南省三亚市（18.2°N，109.5°E）蔬菜上发现美洲斑潜蝇，系中国新记录种。美洲斑潜蝇传入我国后，从南到北蔓延十分迅速。1994 年底，已有海南、广东、广西、福建、江西、四川 6 省份发现该虫。到目前为止，该虫已广泛分布于我国 29 个省份，对我国蔬菜生产构成了严重威胁。美洲斑潜蝇为多食性害虫，寄主范围十分广泛。据调查北京地区美洲斑潜蝇寄主植物已涉及 20 科 130 余种，其中普通蔬菜 41 种，特种蔬菜 39 种，还有花卉、粮、棉及其他作物、杂草等。主要嗜食葫芦科、豆科和茄科蔬菜，以菜豆、豇豆、黄瓜、西葫芦、番茄等被害最重，在云南还发现该虫对香料烟为害较重。

美洲斑潜蝇在我国的发生具有来势猛、蔓延快、为害重、毁灭性强的特点。在此虫发现之初，海南省冬春瓜菜被害面积就达 8 万 hm²，造成直接经济损失约 3 亿元，仅三亚市黄瓜就减产 30%~50%。据 1995 年统计，山东因该虫为害，损失高达 11 亿元。在广东，瓜、豆类蔬菜和番茄因该虫为害一般减产 20%~30%，估计损失 16.16 万 t。1996 年北京郊区美洲斑潜蝇全面暴发，重发区损失 30%~50%，1 300hm² 蔬菜绝收。经过多年的防控技术研究与应用，至 20 世纪 90 年代末期（或 21 世纪初期）已取得了良好成效，基本控制了美洲斑潜蝇严重发生为害的状况。

二、形态特征

成虫：外形与南美斑潜蝇相似，但体型较小（表 10-111-1），体长 1.3~1.8mm，翅长 1.8~2.2mm。额宽为眼宽的 1.5 倍，稍突出于眼眶，上眶鬃 2 对，下眶鬃 2 对，内顶鬃着生于黄与暗色交界处，外顶鬃着生于暗色处。中胸背板黑色有光泽，小盾片黄色，胸部中侧片黄色，下缘带黑色斑，腹侧片有 1 个三角形大黑斑。背中鬃 3＋1，中鬃散生呈不规则 4 行。足基节、腿节黄色，胫节、跗节暗褐色。前翅中室较小，M_{3+4} 末段长为次末段的 3～4 倍。雄虫外生殖器端阳体褐色、分为 2 片，具圆齿状外缘，基阳体有一段暗色，精泵具短、狭的柄，扇状叶片褐色，略不对称，背针突末端具 1 齿（彩图 10‑111‑1）。

表 10‑111‑1　美洲斑潜蝇与南美斑潜蝇的区别（引自雷仲仁，2003）
Table 10‑111‑1　**The distinguish between *Liriomyza sativae* and *L. huidobrensis***
(from Lei Zhongren，2003)

	美洲斑潜蝇	南美斑潜蝇
卵	较小，（0.20～0.30）mm×（0.10～0.15）mm，卵通常产于叶片正面，反面很少	较大，（0.27～0.32）mm×（0.14～0.17）mm，卵产于叶片正反面
幼虫	橙黄色，后气门突具 3 个气孔	乳白色，微透明。后气门突具 6～9 个气孔
蛹	鲜黄色至黄褐色	淡褐色至深褐色
成虫	较小，体宽 0.3～0.5mm，头宽 0.3～0.6mm，体长 1.3～1.8mm，翅长 1.8～2.2mm。头部外顶鬃着生在暗色处，内顶鬃着生在黄色与暗色交界处，胸部中侧片黄色，下缘带黑色斑。足基节、腿节黄色。前翅中室较小，M_{3+4} 末段长为次末段的 3～4 倍	较大，体宽 0.4～0.7mm，头宽 0.5～0.8mm，体长 1.6～2.1mm，翅长 2.1～2.8mm。头部内外顶鬃均着生在暗色处，胸部中侧片下方 1/2 至大部分为黑色，仅上方黄色。足基节黄色具黑纹，腿节具黑色条纹至几乎全黑色。前翅中室较大，M_{3+4} 末段长为次末段的 1.5～2.5 倍
为害特点	在叶片上层（但不沿叶脉）形成潜道，潜道由细到粗，比较完整；幼虫仅取食叶肉上层的栅栏组织。一般不钻蛀到作物的叶柄或茎秆中取食；老熟幼虫多从叶片正面钻出，落地或在叶片表面化蛹，常因寄主不同在叶片和土中化蛹的数量不同	沿叶脉形成潜道，潜道比较粗短；幼虫不仅取食叶肉上层的栅栏组织，还取食下层的海绵组织，叶片背面常有明显的潜道。虫量大时，常钻蛀到一些作物（如蚕豆、芹菜）的叶柄和茎秆中取食；老熟幼虫多从叶片背面钻出，一般落地化蛹，在叶片或茎秆上化蛹的较少
寄主差别	对芹菜、蚕豆、茎用莴苣、结球和散叶莴苣生菜、葱、蒜、马铃薯很少为害或不为害	比美洲斑潜蝇寄主范围广。与美洲斑潜蝇嗜好不同的寄主有芹菜、蚕豆、茎用莴苣、结球和散叶莴苣生菜、葱、蒜、马铃薯等

卵：椭圆形，乳白色，半透明，大小为（0.2～0.3）mm×（0.10～0.15）mm。

幼虫：初孵半透明，随虫体长大渐变为黄色至橙黄色。老熟幼虫体长 2mm 左右，后气门突末端 3 分叉，其中两个分叉较长，各具 1 气孔开口。

蛹：鲜黄色至橙黄色，腹面略扁平（彩图 10‑111‑2）。

三、生活习性

（一）生活史

美洲斑潜蝇在北京地区全年可发生 8～9 代，在华南地区每年可发生 15～20 代，年度之间因气温差异发生的世代数可能稍有变化。采用笼罩法和埋蛹法进行越冬模拟试验表明：美洲斑潜蝇在北京地区田间自然条件下不能越冬。黄卡监测结果证实该虫越冬的主要场所为保护地。说明美洲斑潜蝇是一种耐寒性较弱的昆虫，在北京以北大部分地区露地不能越冬。所以，其虫源主要来自保护地蔬菜、花卉等寄主植物，其次来自寄主植物的调运等。采用黄卡诱集成虫监测美洲斑潜蝇种群发生动态，结果表明，在北京地区美洲斑潜蝇 6 月初始见，7 月上旬之前虫量很少，主要发生期是 7 月上旬至 10 月上旬，虫口峰值出现在 8 月中旬。7 月中旬至 9 月底，美洲斑潜蝇占潜蝇总虫量的 50%～100%，是这一时期蔬菜潜叶蝇类的优势种。在美洲斑潜蝇主要发生期内，田间寄主作物以黄瓜、豇豆、菜豆、白菜为主，可见明显被害状。10 月上旬以后，随着嗜食寄主作物的逐渐减少，气候转凉，美洲斑潜蝇虫量逐渐下降，11 月 10 日后未再诱到成虫。温室内美洲斑潜蝇一年四季均可发生，但冬季由于温度低，发育十分缓慢，虫口数量极低。春、秋季温室的环境温度高于同期田间温度，美洲斑潜蝇种群增长快于田间，因而具有春季发生早，虫口上升快，秋季发生持续时间长，虫口密度高的特点。在海南，美洲斑潜蝇在一年四季中，种群数量变化较大，当年11 月至翌年 4 月发生量大，虫口密度高，为害严重；6～9 月种群数量下降。

（二）生活习性和行为

美洲斑潜蝇成虫羽化时，借助额囊不断收缩和舒张产生的压力突破蛹壳，蛹壳前端沿两侧纵向裂开，成虫借助于体液的压力从蛹壳中钻出，三龄幼虫口钩遗留在蛹壳前端腹面，蛹壳上留下裂口，或裂口上半部脱落，形成半圆形脱口，整个羽化过程约几分钟至 1h 左右，而有些成虫未能脱离蛹壳即死亡。刚脱离蛹壳的成虫喜趋向光亮处，一般在 20min 内翅完全展开，1h 后身体完全骨化着色。土壤中的蛹羽化后成虫即钻出地面，在土表爬行，待翅完全展开和身体骨化后才飞向寄主叶片。对成虫羽化出土能力测定结果表明：成虫出土率随蛹在土壤中深度的增加而减少，蛹位于 1～5cm 深度时，出土率达 80％以上。当蛹位于 20～30cm 深时，只有 20％～30％的成虫可以出土；蛹深 40cm 时成虫无法出土。成虫羽化多在上午完成，16：00 以后极少。温度对成虫羽化有一定影响，主要表现为羽化持续时间和高峰期有所不同。

成虫羽化当日即可交尾。白天各时间段均可交尾，但以上午和中午交尾较多。交尾时，雌、雄虫重叠，雌虫位于雄虫下方，静伏于叶面之上，双翅水平略分开，雄虫以前、中足抱握雌虫腹部，后足支撑于叶面，双翅折叠于背面正常位置，交配器官向前向下弯曲与雌虫相连，交尾过程一般持续几十分钟。雌、雄虫均可多次进行交尾。王音（2008）曾在温室中观察到不同雄虫竞争交尾的现象，当一对雌、雄虫正进行交尾时，另一雄虫会直接爬到正在交尾的两虫背上，迫使原雄虫与雌虫中止交尾，离开雌虫，闯入者随即继续与雌虫进行交尾。美洲斑潜蝇雌、雄虫多次交尾的现象可能有利于其产生最大卵量。

成虫通过雌虫产卵器在寄主植物叶面上形成的刻点进行取食。首先，成虫在叶面上不停地爬动，不时将腹部弯向叶面刺探，选定刺伤点后，将黑色产卵器伸出弯曲向下，接触叶表皮后，如钻头般旋转插进，然后身体前半部分左右摇摆，带动产卵器摇摆，使刺伤点扩大，或产卵器进一步向后刺入，产卵。拔出产卵器，虫体后退，喙伸出通过刺伤口进行取食。形成刺伤点的过程只需几秒即可完成，然后又开始新的寻找—刺探—产卵器刺伤—（产卵）—取食活动。雌虫选取取食、产卵位点是随机的，选定位点后，往往在确定点周围小范围内连续形成多个刻点或产下几粒卵，曾在 1cm² 范围内发现 6 粒卵，卵粒之间仅相距 2～3mm。无论刻点中是否产了卵，每形成一个刺伤点，美洲斑潜蝇均后退进行取食，因而所有的刺伤点都可认为是取食孔，产卵孔只是取食孔的一种类型。雄虫不能形成取食孔，需通过雌虫形成的刺伤点进行取食。

美洲斑潜蝇传入我国后，利用其对黄色的趋性进行测报和防治，同时也开展了黄色黏性卡与美洲斑潜蝇诱捕关系的研究。一天中，美洲斑潜蝇的趋黄高峰在 12：00～14：00，此时温度最高，美洲斑潜蝇最活跃，所以上卡成虫最多；而第二个高峰出现在 6：00～8：00，这时在北京的夏季，天气逐渐转亮，温度逐渐升高，在天气逐渐转亮的过程中，唯有黄色穿透力最强，显得最亮，正好黄色是美洲斑潜蝇最喜欢的颜色，所以此时斑潜蝇只要活动就很容易上卡。无论在菜豆或黄瓜地，黄卡的设置在作物顶端时诱捕的虫量最大。高于或低于作物顶端诱集量均减少。相同面积的黄卡，放置方式的不同对诱虫数量影响很大。在菜豆上，黄卡面朝下水平放置时诱蝇效果最好，其次为筒状；而黄瓜田筒状诱蝇效果最好，黄卡水平放置面朝下次之。

幼虫从卵中孵出后即开始取食，用口钩不断刮食叶肉的栅栏组织，残留上表皮，形成蛇形潜道。新鲜虫道呈绿白色，后逐渐变为锈褐色。解剖镜下观察，可见幼虫口钩不停地左右摆动取食，同时虫体内容物不断流动，随着虫体向前蠕动，腹末端收缩时将黑色粪便呈条形横向挤出。二龄前粪便在虫道中呈交替排列，十分规律，三龄幼虫粪便常在一侧连成线，有时发生卷曲。幼虫昼夜均可取食。随着龄期的增加，虫道不断加粗变长。虫道初形成时平均宽 0.25mm，幼虫老熟时虫道宽度平均达 1.5mm。不同温度下美洲斑潜蝇幼虫取食面积没有差异，但不同寄主间取食面积有显著差异。三龄幼虫取食面积占总取食面积的80％以上。

幼虫老熟后，在虫道末端附近咬一半圆形切口，通过虫体的蠕动收缩逐渐钻出虫道，在即将脱离虫道时发生弹跳，离开虫道，寻找适宜化蛹场所（土壤或叶片）。在温室自然变温情况下，老熟幼虫脱道高峰为 7：00～9：00，脱道全部在上午完成。化蛹高峰为 7：00～11：00，以 8：00～9：00 最多。在 31℃、28℃ 和 25℃ 恒温条件下，老熟幼虫脱道比例最高的时间段分别为 7：00～8：00，8：00～9：00 和 9：00～10：00。11：00 之前 90％以上老熟幼虫完成脱道。在光暗交替条件下，幼虫脱道主要发生于光期开始后的 5h 之内。在连续光照条件下，老熟幼虫昼夜均可在（土壤或叶片）脱道化蛹。

四、发生规律

(一) 气候条件

不同温度条件下，美洲斑潜蝇各虫态发育历期明显不同。在 14~31℃内，随温度的增加，各虫态的发育历期相应减少。14℃下卵平均历期为 8.46d，完成 1 代需 68d 左右，而 31℃下卵期只有 1.83d，完成 1 代只需 12d 左右。在北京地区，美洲斑潜蝇发生量较大的 7~8 月平均温度为 24.7~26.1℃，每月可发生 2 代左右。在恒温条件下矮生菜豆上美洲斑潜蝇卵的发育起点温度为 9.47℃，完成发育所需积温最少。蛹发育起点温度为 10.96℃，完成发育所需积温也最多。完成一个世代的有效积温为 241.07℃，发育起点温度为 10.74℃。

不同温度条件下，美洲斑潜蝇一生取食产卵呈现出不同的规律。16.5℃下取食、产卵在 5~23d 较为活跃，但日产卵量小，表现为卵期长，卵量少的特点。21.5℃和 26.5℃下取食、产卵高峰分别为 4~9d 和 2~11d，表现为产卵高峰期较长，产卵量大的特点。31.5℃下产卵、取食高峰集中于 2~4d。36.5℃下产卵、取食高峰出现在第二天，其产卵量占总产卵量的 45% 左右，第三天猛降至 14.29%，之后降至 10% 以下，且总卵量少。每雌总产卵量与温度（16.5℃，21.5℃，26.5℃）之间的关系可用回归式 $Y = 44.610X - 703.34$（F 值 $= 81.834$，$P < 0.01$，$DF = 41$，$R^2 = 0.671\ 7$）表示，当 $Y = 0$ 时，解出 $X = 15.77℃$，此为理论上的产卵阈值温度。在较高温度下（31.5℃，36.5℃），产卵量下降，两者之间变为非线性关系。将每日累积产卵百分比与各温度的累积（℃）数据用 Marquardt 最小二乘方法拟合标准生长曲线，拟合结果为 $Y = 110.1\ [1 - \exp\ (-0.004\ 339X)]$（$R^2 = 0.914\ 3$，$P < 0.01$）。

对美洲斑潜蝇成虫的耐高温能力测定结果显示，成虫有较强的耐高温能力。在 37℃恒温下成虫死亡高峰在 9h 前后，即使在 40℃高温下，经过 6h 后仍有 50% 的成虫能够存活。43℃恒温下成虫绝大多数在 2h 内死亡。在田间自然状况下，环境温度很少能持续 40℃以上高温 8~9h，根据笔者观察测量，夏天温室内温度最高可达 45℃，40℃以上高温持续 2h 左右。加之美洲斑潜蝇在自然生存状态下与寄主植物相伴，在高温时，常躲在叶片背面，其所处微环境温度大大低于气温，这种对高温的化解方式使美洲斑潜蝇忍受高气温的能力进一步增强。这也证明了美洲斑潜蝇是喜温的害虫，所以，每年夏天发生为害较重，冬天发生很轻。

美洲斑潜蝇由于虫体较小，对暴风雨抵抗能力较差，每次暴雨后，其种群密度就会下降。

蛹期是美洲斑潜蝇在叶片外的生活阶段，因而更易受环境因素的影响。研究表明，温度、湿度及温湿度综合因素对蛹羽化均有极显著影响。蛹羽化率与温度之间存在负相关关系，与湿度呈正相关关系。温度 28℃、33℃与相对湿度 90%~100% 组合中美洲斑潜蝇蛹羽化率最高，为 70%~80%；当温度升高或湿度降低时，蛹羽化率均有不同程度下降。高温低湿组合最不利于蛹的羽化，即低湿度可加剧高温对蛹羽化的抑制作用。蛹羽化率（Y）与温度（X_1）和湿度（X_2）因子的二元二次回归关系式为 $Y = -48.247 + 9.195X_1 - 0.649X_2 - 0.231X_{12} + 0.033X_1X_2 + 0.001X_{22}$（$R = 0.921\ 9^{**}$）。田间调查也发现，高温干旱也会影响美洲斑潜蝇的种群数量。

(二) 寄主植物

在长期的协同进化过程中，昆虫与植物形成了相对稳定的关系，一些植物成为昆虫的寄主，而另一些则不适于某种昆虫取食。寄主植物是昆虫的食物来源，因而与昆虫的生长发育有密切的关系。就美洲斑潜蝇而言，成虫的取食选择决定了成虫生活力，表现为产卵能力和寿命，而成虫的产卵选择则决定了幼虫的生存环境和食物条件，从而影响到幼虫生命参数。

对美洲斑潜蝇在不同寄主植物上各虫态历期系统研究结果显示，美洲斑潜蝇卵的发育不受寄主植物种类的影响，而不同寄主植物对幼虫和蛹的历期及成虫寿命均有显著影响。在白菜上幼虫发育历期最长（4.09d），在架芸豆、西葫芦、菜豆和番茄上幼虫发育历期较短（2.78~2.65 d）。而蛹期则以在黄瓜上最长，为 8.85d，西葫芦、番茄、地芸豆和白菜上较短，为 7.29~7.51d。茄子上的成虫寿命最长，为 10.23 d，番茄上成虫寿命只有 4.07 d。

美洲斑潜蝇幼虫不能在寄主植物之间进行迁移，因而选择寄主植物是由成虫来完成的，成虫通过在寄主上产卵而确定了幼虫的生活环境。美洲斑潜蝇虽是一多食性种类，但对不同的寄主植物嗜好程度不同。在美国，美洲斑潜蝇主要为害温室和田间番茄、黄瓜、甜瓜等瓜果类蔬菜。美洲斑潜蝇对不同寄主的嗜好程度为豆科＞葫芦科＞茄科＞十字花科和叶菜类。据报道，美洲斑潜蝇最喜食菜豆，其次是黄瓜和豇豆，再次是西葫芦、冬瓜、丝瓜、番茄、茄子、油菜等，对甜椒、辣椒、葫芦和苦瓜等为害很轻。

当寄主植物上美洲斑潜蝇种群密度过高时，由于可利用的食物资源有限，就会发生种内竞争，竞争的结果使美洲斑潜蝇生存质量受到一定影响。Petitt 等研究表明，美洲斑潜蝇一、二龄幼虫存在自残现象，这属于干涉性竞争。当棉豆（Phaseolus lunatus L.）上一龄幼虫密度高于 1 头/cm² 时，由幼虫自残引起的死亡率显著增加。老熟幼虫重量及幼期存活率也与幼虫密度有关。幼虫存活率随一龄幼虫密度的增加而降低，当幼虫密度小于 1 头/cm² 时，幼虫生存率均在 90％ 以上，但幼虫密度增加为 2.63 头/cm² 时，幼虫存活率只有 32％，这是由于幼虫密度过高时，不但自残现象增加，而且幼虫常会因叶片某一区域快速失水干燥而被困住，导致死亡率上升。一龄幼虫密度还影响老熟幼虫重量，当一龄幼虫密度由 0.3 头/cm² 增至 2.8 头/cm² 时，脱叶幼虫平均重量由（654±16）μg 降至（414±13）μg，减少了 37％。原因在于当幼虫密度大于 1 头/cm² 时，栅栏组织已无法满足其取食需要，一些三龄幼虫会离开栅栏组织进入海绵组织中取食，而对美洲斑潜蝇而言，海绵组织并非是最适宜食物。陈艳等（1998）研究报道，美洲斑潜蝇卵期不存在密度效应，但幼虫期存在密度效应。在豇豆上，当每叶幼虫数低于 7 头时，幼虫期死亡率与一龄幼虫密度无关，每叶虫数超过 7 头时，死亡率急剧增加，幼虫密度与死亡率之间的关系为 $Y=4.13+2.2029X$（$R=0.9926^{**}$）。预蛹重、成虫性比、成虫寿命及产卵量也受幼虫密度的影响。当一龄幼虫密度大于 7 头/cm² 时，雌性比例随幼虫密度的升高而下降，预蛹重、成虫寿命的差异均极显著。一龄幼虫密度低于 7 头/cm² 的产卵量与密度超过 7 头/cm² 的产卵量间有极显著差异。

田间是否连续存在敏感寄主也是影响美洲斑潜蝇种群数量的关键因素之一，若田间连续种植美洲斑潜蝇嗜好的寄主作物，则十分有利于其种群繁殖。采取与非美洲斑潜蝇嗜食作物轮作的方法，恶化其生存条件，可达到抑制美洲斑潜蝇种群的目的。在美洲斑潜蝇夏秋发生较严重地区，将冬季日光温室黄瓜、番茄和冬瓜生产改为生产韭菜、甘蓝和菠菜等美洲斑潜蝇不嗜食作物，第二年春季恢复种植黄瓜、番茄、冬瓜、西葫芦等，可明显减少田间虫量。

在寄主植物不同层面上，美洲斑潜蝇分布是不均匀的。菜豆植株的上、中、下部叶片上美洲斑潜蝇密度之间存在显著差异，下部叶片虫口密度最高，上部虫口密度最低。在豇豆上，自心叶起 0～50cm 卵密度最高，活幼虫密度则以 50～150cm 为最高，而在 150～200cm、200～250cm 死亡幼虫密度较高。美洲斑潜蝇幼虫种群消长及为害程度与作物生长阶段有关。以甜椒为例，从苗期到开花期，美洲斑潜蝇种群数量维持低水平。子叶期虽然害虫密度不高，但由于可供取食产卵的叶片少，此时为害也对作物影响较大，子叶期过后至开花前这段时间，作物生长十分旺盛，补偿能力很强，对害虫为害的耐受性强，美洲斑潜蝇为害对青椒影响不大。从开花期开始，种群数量持续上升，直至成熟、收获期一直处于较高水平。对作物的为害也随之增加，一般接近收获时为害最重。此时的严重为害会导致甜椒落叶严重及病菌的侵染。

（三）天敌

美洲斑潜蝇的寄生蜂至少有 4 科 16 属 49 种，绝大多数为幼虫和幼虫至蛹期寄生蜂，对美洲斑潜蝇的种群自然控制起着重要作用。不同国家和地区及不同的季节里，寄生蜂种类组合及优势种均不相同。1994 年美洲斑潜蝇在我国暴发以来，中国农业科学院植物保护研究所对北京、海南及云南等地的美洲斑潜蝇天敌资源进行了调查，经英国帝国理工学院 LaSalle 博士鉴定确认，已知北京地区美洲斑潜蝇寄生蜂 14 种，云南省 5 种，海南省 4 种，均属姬小蜂科，其中北京地区以美丽新金姬小蜂（芙新姬小蜂）[Neochrysocharis formosa（Westwood）] 和底比斯金绿姬小蜂（攀金姬小蜂）[Chrysocharis pentheus（Walker）] 最为普遍，后者也是海南省美洲斑潜蝇寄生蜂优势种类。许再福等（1999）报道了广东省美洲斑潜蝇寄生蜂 7 种，包括茧蜂科 2 种，姬小蜂科 5 种。优势种类为攀金姬小蜂和冈崎新金姬小蜂 [Neochrysocharis okazakii（Kamijo）]。在不受化学农药的干扰下，作物生长后期美洲斑潜蝇被寄生率可达 47.2％～68.4％。

在国内，已报道的美洲斑潜蝇寄生蜂超过 30 种，其中，中国农业科学院植物保护研究所问锦曾、雷仲仁等报道的就达 22 种，在北京地区分布的已确定种名的 19 种。由此可见，我国的斑潜蝇寄生蜂资源相当丰富。

除寄生性天敌外，美洲斑潜蝇还有许多捕食性天敌，如蚂蚁、草蛉、蜘蛛、舞虻等。

（四）农事综合措施

保护地冷冻或闷棚防治。在北方（北京以北）美洲斑潜蝇在露地不能越冬，所以对一些美洲斑潜蝇发生比较严重的棚室，在冬天可采取休闲揭膜冷冻大棚处理，这样可有效地压低虫口基数，切断斑潜蝇的终年循环。如北京朝阳区，在 1997 年比较了两个棚在冬季冷冻处理和不处理两种情况下的种群消长规律。两个棚在秋季番茄上的种群基数是基本相同的，经处理后的 1 号棚直到 5 月中旬种群才开始上升，而且种群密度最高时仅 80 头/卡，而未处理的 2 号棚，2 月种群就逐渐上升，种群最高峰达 152 头/卡，持续为害时间很长，对茄子造成了明显的产量损失；而 1 号处理棚，美洲斑潜蝇种群基本处于允许为害水平以下，无须防治。由此可见，此方法是一种高效、简便易行的控制美洲斑潜蝇的方法，可在北方地区结合冬季休闲采用。

在 6 月上旬选择美洲斑潜蝇发生较重的黄瓜大棚，采取高温闷棚处理，即闭棚升温至 45℃，持续 2h 后慢开风口，恢复正常。结果可杀死 99.9% 一龄幼虫，二、三龄幼虫死亡率为 94.8%～96.1%，防效显著。但此方法技术难度大，如果温度低于 43℃，防效不佳，高于 48℃，可能毁坏黄瓜生长点。所以，应用时需特别注意。

由于美洲斑潜蝇种群受到寄主植物、气候条件、天敌寄生、防治药剂等多种环境因素的影响，通过人为措施改变其发生的环境条件即可有效抑制发生数量。如调整播种期，对作物进行合理布局、合理轮作、农药的合理使用等。美国印第安纳州自 1980 年以来，对现行耕作栽培制度进行了改进，由原来从美国南部引进幼苗移栽改为直接播种或自育苗移植，推迟了美洲斑潜蝇的发生期与发生量。另外，认真选择药剂种类，尽量施用低毒农药，根据实际虫情用药而不是按习惯用药，大大减少了用药频率。通过这一系列的措施有效地减轻了美洲斑潜蝇为害。

五、防治技术

美洲斑潜蝇虫体小，繁殖力强，寄主广，为害严重，并且易产生抗药性。防治策略上要以改进耕作栽培技术等农业防治措施和保护利用寄生蜂等为主，辅之以物理防治和化学防治并注重抗药性治理，实施可持续的综合治理。

（一）农业防治

1. 休闲与轮作　根据美洲斑潜蝇主要嗜好豆类、瓜类和番茄等作物，而对甜椒、辣椒、苦瓜、油菜、小麦、玉米、水稻等作物选择性很差或不为害等特点，进行轮作倒茬和休闲，可明显压低虫口，不用喷药防治。在北京根据美洲斑潜蝇在露地不能越冬的特点，将夏秋季发生较重的棚室，冬季改种韭菜、甘蓝、菠菜等耐寒蔬菜，第二年春季恢复种植黄瓜、番茄、冬瓜、西葫芦等果菜。

2. 深翻浇水灭虫　斑潜蝇幼虫老熟后大部分钻出叶片掉落土中，并在 2cm 以内的表土层中化蛹。根据对斑潜蝇羽化出土能力的研究，发现在 30cm 深时，只有 19.6% 的蛹可羽化出土，在 40cm 以下均不能出土羽化。所以结合耕翻土地可有效地杀灭土中活蛹和残枝落叶上的活虫；同时也可对带虫枝叶采取挖沟深埋处理，均可消灭活虫。

（二）物理防治

1. 防虫网　随着保护地蔬菜种植面积不断扩大，应用防虫网控制多种害虫的发生与为害显得既简便又经济高效。应用 30 筛目的防虫网，可以把美洲斑潜蝇、南美斑潜蝇等多种斑潜蝇和比其体积更大的害虫挡在保护地外，可有效预防斑潜蝇的发生与为害；如果有少量斑潜蝇进入温室，可用黄板诱杀或熏蒸剂及时处理。

2. 黄卡（板）诱杀　根据美洲斑潜蝇的趋黄性，利用黄色黏板（卡、杯）等来诱杀斑潜蝇成虫，国内外有许多文献报道。对于一般作物，黄卡筒状或竖直放置，并把黄卡放置在作物顶端齐平处诱集效果最好；黄卡以 15cm×20cm 大小诱蝇效果最佳，最经济方便。

在实践中也发现，黄卡诱捕在苗期、虫源地有一定的防治效果，但仅用黄卡不能完全控制斑潜蝇为害，必须配合其他防治措施。

（三）化学防治

1. 药剂筛选　化学防治是目前防治斑潜蝇的主要措施之一。为了对症下药，提高防效，首先应对防治不同虫态、不同作用机理的药剂进行筛选。对斑潜蝇幼虫和成虫防效都好的药剂有高效氟氯氰菊酯；沙蚕毒素系列的杀虫单、杀虫环、杀虫双等品种及混配剂中的 20% 阿维·杀虫单微乳剂等。仅对幼虫防效较好的药剂有阿维菌素类药剂，如阿维菌素等。昆虫生长调节剂中的灭蝇胺。仅对成虫防效较好的药剂主要有80%敌敌畏乳油（击倒快，但持效期很短）、45%辛硫磷乳油等有机磷类药剂和5%顺式氰戊菊酯乳油、10%氯氰菊酯乳油、4.5%高效氯氰菊酯乳油等拟除虫菊酯类药剂。

2. 防治的最佳虫态 通过大量药剂对不同虫态的毒力和防效筛选，已了解了对斑潜蝇成虫、幼虫、卵及蛹活性最高的药剂。此外，通过对同一虫态即幼虫不同龄期的防治试验，发现同种药剂对初孵幼虫的毒力明显大于对二、三龄幼虫的毒力。所以，在幼虫防治阶段，要掌握好在初孵幼虫期用药这一关键，即把斑潜蝇消灭在为害初期。另外，在保护地，于秋季封棚初期和春季开棚前期最好用敌敌畏或顺式氰戊菊酯、高效氟氯氰菊酯等药剂对成虫进行防治，以便阻止其扩散。多数药剂对蛹的防效很差或无效；沙蚕毒素类药剂对斑潜蝇卵的孵化有明显抑制作用，所以，在成虫产卵盛期施用可杀成虫、幼虫及卵，效果很好。

（四）生物防治

斑潜蝇主要为害蔬菜、花卉等经济作物，不允许使用高残留和高毒农药，要持续无公害地控制斑潜蝇，生物防治就显得尤为重要，而且势在必行。在发达国家，生物防治已越来越引起了人们的重视，并在许多地区获得了成功。如荷兰Koppert公司可生产防治斑潜蝇的3种寄生蜂4种产品，已在欧洲广泛应用，并且该产品也销往美洲、非洲和亚洲等地用于防治保护地多种斑潜蝇。美国、英国、法国等也都开展了斑潜蝇生物防治的应用研究，现已发现斑潜蝇寄生蜂6科、150余种。而且随着调查研究的深入，其寄生蜂的种类将会不断增加。

国内有关斑潜蝇寄生蜂生物学、生态学及其繁殖技术等方面的研究也已展开。如冯红云和雷仲仁等对潜蝇姬小蜂（*Diglyphus isaea* Walker）的行为学特性、发育和生殖、功能反应和繁殖技术等进行了系统研究，测定了几种植物挥发性物质对潜蝇姬小蜂的生物活性，并对主要植物挥发性物质的组分进行了分析鉴定。

保护利用天敌，特别是保护利用斑潜蝇寄生蜂，对持续控制美洲斑潜蝇有很重要的作用。应尽量采取选择性农药（对寄生蜂比较安全）、物理防治、农业防治等措施防治美洲斑潜蝇，从而保护利用天敌。

雷仲仁　王海鸿（中国农业科学院植物保护研究所）

第112节 南美斑潜蝇

一、分布与危害

南美斑潜蝇［*Liriomyza huidobrensis*（Blanchard）］是一种为害多种蔬菜和观赏植物的检疫性害虫，隶属于双翅目潜蝇科斑潜蝇属，系E.Blanchard（1926）于阿根廷瓜叶菊上发现和记述。原分布于阿根廷、巴西、秘鲁等南美国家，后随菊花切枝传入美国、墨西哥，20世纪80年代末传入荷兰、德国、意大利等欧洲国家和以色列，以后又传入大洋洲和亚洲一些国家，并暴发为害，引起了各国的重视，被欧洲植物保护组织（EPPO）列为检疫性害虫。当时其俗名为South American leaf miner，故中名译为南美斑潜蝇（国内有人译为拉美斑潜蝇，但拉美Latin America系泛指包括中美洲的拉丁语系国家，和南美意义不同）。1993年该虫随花卉引种传入我国昆明花卉圃场，逐渐蔓延到农田。由于南美斑潜蝇具有寄主广泛，为害能力强，防治困难等特点，因而蔓延扩展十分迅速。自1993年在云南个别花卉场发现以来，1998年在青岛蔬菜基地，芹菜受到南美斑潜蝇的毁灭性危害；随后在北京、四川、河北、天津、河南、内蒙古省份都不同程度暴发了南美斑潜蝇为害，目前已在全国20多个省份造成不同程度的危害，在云南、四川、贵州等西南地区和新疆、青海、甘肃、吉林、辽宁等省份，已成为蔬菜、花卉及小春作物上的主要害虫。

南美斑潜蝇是一种典型的多食性害虫，寄主范围十分广泛。据昆明市植物保护站调查，其寄主植物达41科百余种，包括豆科、茄科、葫芦科、菊科、十字花科、石竹科、伞形科、藜科、苋科、天南星科、落葵科、大戟科、车前草科、锦葵科、蓼科、酢浆草科、禾本科的多种蔬菜、花卉及一些粮食作物、杂草等。嗜食作物有芹菜、生菜、菠菜、莴笋、黄瓜、蚕豆、马铃薯、满天星等，并能取食大麦、小麦和烟草。该虫不仅是蔬菜上的重要害虫，还是花卉的重要害虫，其为害的花卉达30科94种。在云南，南美斑潜蝇造成大面积蚕豆绝收，蔬菜严重减产。1995年昆明缤纷园艺有限公司，花卉大棚直接受害面积为27hm²，经济损失达30万元人民币；兴海花卉公司66个满天星花棚，植株受害率达100%，叶片受害率达90%，经济损失40万元。据统计，1997年云南省受害面积达33.5万hm²，其中蚕豆15.1万hm²，蔬菜6.7万hm²，马铃薯2.5万hm²，花卉、烤烟等9.3万hm²。令人惊异的是，小麦和大麦亦为其寄主，这在世界上尚属首次记录，且在油菜、小麦、大麦上的为害有逐年扩大趋势，1997 年全云南省油菜被害达 1.76 万 hm²，麦类被害达 1.64 万 hm²。1998 年，在贵州省的贵阳、兴义、凯里、兴隆、花溪等地暴发南美斑潜蝇为害，给多种蔬菜、花卉、蚕豆等作物生产造成了严重损失。

用同位素标记的方法测定南美斑潜蝇潜道对光合效率的影响，结果表明，南美斑潜蝇潜食海绵组织对其周围组织的各项生理指标均有明显影响。光合作用和叶肉传导性明显降低，分别为对照的 80.5% 和 78.4%，另外，对气孔的传导性也有一定影响。

二、形态特征

成虫：外形与美洲斑潜蝇相似，但体型较大，体长 1.6～2.1mm，翅长 2.1～2.8mm，额橙黄色，上眶鬃 2 对，下眶鬃 2 对，内、外顶鬃均着生于暗色处。中胸背板黑色有光泽，小盾片黄色，胸部中侧片下方 1/2 至大部分为黑色，背中鬃 3+1，中鬃散生呈不规则 4 行。足基节黄色具黑纹，腿节具黑色条纹至几乎全黑色，胫节、跗节黑褐色。前翅中室较大，M_{3+4} 末段长为次末段的 1.5～2.5 倍。雄虫外生殖器端阳体与中阳体前部之间以膜相连，中阳体前部骨化较强，后部几乎透明，精泵黑褐色，柄短，叶片小（彩图 10-112-1，1）。

卵：椭圆形，乳白色，微透明。大小为 (0.27～0.32) mm×(0.14～0.17) mm（彩图 10-112-1，1）。

幼虫：初孵半透明，随虫体长大渐变为乳白色，有些个体带有少许黄色。老熟幼虫体长 2.3～3.2mm，后气门突具 6～9 个气孔（彩图 10-112-1，2）。

蛹：淡褐至黑褐色，腹面略扁平。大小为 (1.3～2.5) mm×(0.5～0.75) mm（彩图 10-112-1，3）。

三、生活习性

(一) 生活史

南美斑潜蝇在北京地区全年可发生约 8 代，在西南地区每年可发生约 16 代。南美斑潜蝇在北京地区田间自然条件下不能越冬。所以，其虫源主要来自保护地蔬菜、花卉等寄主植物，其次是来自寄主植物的调运等。南美斑潜蝇种群动态与季节变化有密切关系。采用黄卡对北京地区南美斑潜蝇种群消长进行监测，结果表明，在北京地区，南美斑潜蝇 3 月中旬始见，6 月中旬以前数量很少，随后虫口逐渐上升，7 月上旬达到最高虫量，同时田间作物出现明显的被害状。之后虫量逐渐下降。7 月底至 9 月中旬越夏，黄卡未诱到成虫。9 月中旬至 11 月上旬虫口数量维持低水平，11 月上旬以后进入越冬，田间再无成虫活动。温室内一年四季均可见南美斑潜蝇活动，但高峰期也出现于 6 月中、下旬至 7 月初，与田间高峰同步。这是由于此时的温室处于开放状态，与田间环境相通，南美斑潜蝇成虫在温室与大田间迁移。田间发生盛期为 6 月中、下旬至 7 月中旬，是这一时期田间蔬菜潜叶蝇优势种类，占潜叶蝇总量的 60%～90%。主要受害蔬菜为黄瓜。南美斑潜蝇在南方无休眠和滞育习性，在合适的温度和寄主作物存在下均可发生，世代重叠明显。昆明地区，南美斑潜蝇一年四季都有发生，无明显越冬现象。成虫高峰期出现在 4 月中旬至 5 月上旬，最高种群数量出现在 4 月下旬 (2 895 头/百网)，此时，不同寄主上种群数量由高到低依次为茼蒿、芹菜、菜心、菠菜。成虫另一高峰期出现在 10 月下旬至 11 月下旬，种群数量低于前一峰期 (356.2 头/百网)，这段时间受害较重的蔬菜有芹菜、莴苣、苦菜、茼蒿、菠菜、菜心。冬季由于气温低，南美斑潜蝇发育缓慢，虫量较少，1 月上旬虫口密度最低 (15.7 头/百网)。夏季由于雨水多，南美斑潜蝇自然死亡率较高，因而发生量也较少，6 月中、下旬每百网虫量为 32 头。

(二) 主要习性和行为

南美斑潜蝇成虫羽化过程与美洲斑潜蝇相似，借助于额囊的收缩与舒张产生的压力，突破蛹壳，在体液压力的作用下从蛹壳前端钻出。整个羽化过程约几分钟至 1h 左右。不同温度下，成虫羽化高峰有所不同，但绝大多数羽化发生在中午之前，16:00 以后成虫羽化极少。温度越高，羽化时间越集中，羽化高峰时间越早。在黑暗条件下没有成虫羽化。当给予连续光照时，成虫 24h 内均可羽化，且各时间段羽化量较均匀。

成虫羽化当日即可进行交尾，羽化第二天是交尾的高峰期。温度越高，交尾越早。大部分交尾在上午和中午进行。雌雄交尾时的姿态与美洲斑潜蝇相同。交尾过程一般持续几十分钟。雌雄虫均可多次交尾。

南美斑潜蝇成虫取食产卵过程与美洲斑潜蝇基本相同。雌虫以产卵器在寄主植物叶片上形成刺伤点，成虫取食刺伤点渗出液，因而常把这种刺伤点称为取食孔，取食孔绝大部分位于叶片正面，近似圆形，较大。雌虫形成的另一种刺伤点是产卵孔，雌虫将卵产于其中，产卵孔一般呈椭圆形，雌虫不在产卵孔中取食。南美斑潜蝇喜在叶背面产卵，卵散产，但往往在选定区域内连续产下几粒卵。从卵在植物上的分布看，为害前期植株中下部叶片着卵较多，为害中后期中上部叶片着卵多于下部叶片；芹菜上靠近叶柄处着卵较多。雄虫不能形成取食孔，需通过雌虫形成的刻点进行取食。南美斑潜蝇形成的刺伤点可明显降低光合效率、叶肉及气孔传导性。自然条件下，南美斑潜蝇成虫取食、产卵活动均在白天进行，夜晚不取食，不产卵。室内恒温试验也证实取食、产卵活动均在光期内进行，暗期内取食、产卵活动停止。光照期内各时间段取食量无显著差异。产卵主要在 16：00 之前进行。取食、产卵活动随温度的升高而逐渐增加，与温度呈正相关关系。温室内的观察结果表明，13：00～15：00 取食量最高，11：00～13：00 产卵量最大。

南美斑潜蝇成虫的飞翔活动是由日光启动的，并在日出后迅速达到高峰，之后逐渐下降。6：00～7：00 为成虫最活跃的时间段，随气温的升高黄卡诱集量逐渐下降，且到傍晚当温度与光线条件与早晨相似时，种群数量未出现第二个高峰。南美斑潜蝇成虫活动随季节而变动。在云南呈贡县，该虫夏季日活动高峰期为 7：30～9：30 和 17：30～19：30，冬季日活动高峰期在 11：00 和 15：00。气温对成虫活动有明显影响，气温高成虫活跃，气温降低成虫活动缓慢。另外，风向、叶位及叶片正、反面等因素也与成虫活动有关，背风处可诱集到较多的成虫。成虫喜光，在叶片向光面成虫较多。

一龄幼虫从卵中孵出后，即开始取食。与美洲斑潜蝇不同，幼虫喜沿叶脉进行取食，用口钩不断刮食叶肉的海绵组织或栅栏组织，尤喜食下层的海绵组织，残留下表皮或上表皮，形成浅绿色或白色潜道，潜道比美洲斑潜蝇的略宽，从叶正面看，潜道常不连续或紧沿叶脉形成，易与美洲斑潜蝇形成的潜道区分（彩图 10 - 112 - 2）。低龄幼虫在潜道内一般只向前取食，三龄幼虫在潜道内常左右来回取食，形成的潜道较宽，有时形成一个潜食斑。幼虫昼夜均可进行取食，潜道宽度和面积随幼虫龄期的增加而不断增加，一龄幼虫蛀食面积平均为 4.12mm^2，而三龄幼虫达 163.2mm^2。

幼虫老熟后，在潜道末端附近咬一半圆形切口，脱出潜道化蛹。在温室自然变温情况下，老熟幼虫脱道高峰为 7：00～9：00，脱道在上午全部完成。化蛹高峰为 7：00～11：00，8：00～10：00 化蛹最多。在恒温条件下，29℃、24℃、20℃ 和 14℃ 下老熟幼虫脱道比例数最高的时间段分别为 6：00～7：00，7：00～8：00，8：00～9：00 和 9：00～10：00，上午 12：00 以前 90% 以上老熟幼虫完成脱道，当给予连续光照时，老熟幼虫昼夜均可脱道化蛹，且各时间段脱道虫量较均匀。老熟幼虫脱出虫道后即寻找适宜的场所化蛹，化蛹场所因寄主和环境条件而异。多数情况下老熟幼虫从叶片上滚落地面，在土表或表土层中化蛹，少数直接在植物叶片上化蛹。在一些寄主如矮生菜豆上，在叶片上化蛹的比例较高。极少数在叶片内或茎秆中化蛹。

与斑潜蝇属其他种类一样，南美斑潜蝇成虫对黄色也有强烈趋性，许多学者对黄卡颜色、形状、大小、放置方式、位置等与诱捕南美斑潜蝇成虫效果的关系进行了研究。不论何种作物和高度，均以柠檬黄诱捕效果最好，诱虫量比橘黄色、土黄色、淡黄色多 0.6～1.5 倍。一般作物田黄卡应与作物等高或稍低，搭架的高秆作物，黄卡高度在 60cm 即可。背风面诱虫量明显高于迎风面。黄卡平行放置诱虫量为垂直放置诱虫量的 1.3 倍，但因放置麻烦不易推广。自制黄卡时，塑料万通板优于塑料泡沫板、木板、硬纸板等。黄卡表面涂黏虫胶诱虫效果较好，凡士林效果差。多数学者研究结果表明，黄卡对雄虫的吸引力强于雌虫。Chavez 等报道，黄卡上南美斑潜蝇雄虫与雌虫的比例为 16：1。但也有一些试验结果相反。Weintranub 和 Horowitz（1996）在马铃薯田距地面 10cm、30cm、50cm 和 70cm 高度设置了黄卡，捕获的雌虫占 51.17%～65.58%。

四、发生规律

（一）气候条件

在矮生菜豆上，南美斑潜蝇各虫态发育历期是随温度的升高而相应缩短，温度与发育速率之间呈逻辑斯蒂曲线关系。14℃ 时卵平均历期为 6.54d，幼虫期及蛹期均较长，分别为 16.25d 和 23.10d，完成 1 代需 45.89d。29℃ 下卵期只有 1.997d，完成 1 代仅需 13.93d。根据北京市 10 年气象资料推算，在南美斑潜蝇发生量较大的 6～7 月，北京地区平均温度为 24.7～26.3℃，每月可发生 1 代多。不同温度下，南美斑潜蝇未成熟期各虫态历期在总历期中所占比例变化不大，卵期占 13%～15%，幼虫期占 33%～37%，蛹期占 48%～50%。

温度对南美斑潜蝇试验种群存活率的影响因不同虫态而异，卵和幼虫的存活受温度影响较小，蛹存活受温度影响较大。在 14～29℃内，卵存活率均达 90%以上，幼虫存活率为 87.76%～93.67%，而蛹存活率则因温度不同明显不同，20～24℃时存活率为 70%以上，29℃下只有 25.3%的蛹羽化为成虫。从温度对整个世代存活率的影响看，20℃和 24℃下世代存活率较高，分别为 64.6%和 63.76%，14℃和 29℃下由于蛹存活率的显著下降，导致了整个世代存活率的明显降低，高温比低温更不利于蛹的羽化，即温度对南美斑潜蝇种群的影响主要发生在蛹期，蛹期是决定世代存活率的关键期。整个世代的存活率与试验温度呈抛物线关系，可用方程式 $Y=-231.058+29.010\ 9X-0.711\ 4X_2$ 来表示。

南美斑潜蝇对高温较敏感，30℃以上即不能完成整个世代。31℃下卵的孵化率只有 57.92%，幼虫不能化蛹。33℃下卵孵化率仅为 1.2%。成虫在 37℃恒温条件下，致死中时在 4.5h 前后，41℃下成虫全部在 3.5h 内死亡。因此，与美洲斑潜蝇相比，南美斑潜蝇对高温的耐受性较差，夏季高温可造成其种群数量显著下降。其生存的适温区也相应偏低，为 18～25℃，适宜在温凉的气候条件下生活。云南省的滇中地区处于低纬度、高海拔的区域，终年气候温凉，已成为南美斑潜蝇的重发生区。青海、贵州等省的一些地区也具备类似特点，同样已成为南美斑潜蝇的适生区。

温度、相对湿度及温湿度综合因素对蛹羽化均有极显著的影响。20℃、24℃与 90%（相对湿度）组合中南美斑潜蝇蛹羽化率最高为 75%，温度升高或湿度降低时，蛹羽化率均有不同程度下降。湿度低于 30%时显著影响蛹的羽化，高温低湿组合对蛹羽化影响最大，28℃、相对湿度为 10%时蛹的羽化率仅为 13.75%。相对湿度为 100%时蛹易发霉，影响羽化的正常进行。蛹羽化率（Y）与温度（X_1）和湿度（X_2）因子之间的关系可用 $Y=-167.803+16.117X_1+0.765X_2-0.341X_{12}-0.006X_1X_2-0.003X_{22}$（$R=0.931\ 8^{**}$）表示。

在恒温条件下，南美斑潜蝇各虫态的发育起点和有效积温是幼虫发育起点温度最低，为 6.24℃，蛹期的发育起点温度最高，为 7.9℃，完成发育所需积温最多，为 140.70℃。完成一个世代的有效积温为 298.35℃。

在室内恒温条件下，24℃成虫取食活动最活跃，一生总取食量最大，其他依次为 20℃、14℃、29℃和 33℃。日均食量也以 24℃时最高，但与 29℃和 33℃的日均食量之间无显著差异，20℃和 14℃下日均取食量显著减少，即低温条件下，成虫取食活动受到抑制，日食量减少，但由于寿命长，总取食量仍能保持较高水平。

温度对南美斑潜蝇成虫产卵有明显影响。不同温度条件下，成虫一生总产卵量、日均产卵量不同。在 24℃下，南美斑潜蝇总产卵量最高，平均为 555.91 粒，单雌最大产卵量达 787 粒。日产卵量也最高，平均为 38.97 粒，最多达 96 粒。在 14℃下，成虫总产卵量为 229 粒，日均产卵量为 10.98 粒，而在 33℃下成虫一生产卵量仅为 25.22 粒，日均产卵量为 4.37 粒。说明南美斑潜蝇对低温的适应性较强，对高温较为敏感。总产卵量与温度之间的关系可用回归式 $Y=1.262X-13.7$（$F=25.844$，$P<0.01$，$DF=31$，$R^2=0.462\ 8$）表示。由上式解出理论产卵阈值温度为 10.88℃。在较高温度下，两者之间变为非线性关系。累积产卵百分比与积温之间的关系为 $Y=109.1\ [1-\exp\ (-0.009\ 988X)]$（$R^2=0.887\ 3$，$P<0.01$）。24～33℃范围内，南美斑潜蝇成虫产卵前期平均短于 1d，14℃下产卵前期平均为 2.50d。温度对雌虫产卵与取食比率也有影响，24℃和 20℃下雌虫总产卵与取食比率显著高于其他 3 个温度，日均产卵与取食比率显著高于 29℃和 33℃，与 14℃无显著差异。33℃下总产卵与取食比率仅为 0.01，表明 33℃已接近其产卵的上限温度。

不同温度对南美斑潜蝇和美洲斑潜蝇生物学特性的影响见表 10-112-1。

表 10-112-1　南美斑潜蝇和美洲斑潜蝇的过冷却点和结冰点（引自雷仲仁等，1999）
Table 10-112-1　The supercooling points (SCP) and the freezing points (FP) of the pupae of *Liriomyza huidobrensis* and *L. sativae* (from Lei Zhongren et al., 1999)

种类	试虫数	过冷却点（℃）	结冰点（℃）
南美斑潜蝇	16	-19.55 ± 1.54	-18.70 ± 2.14
美洲斑潜蝇	51	-9.96 ± 0.69	-9.06 ± 0.75

从表 10‐112‐2 中可以看出：南美斑潜蝇适应较低的温度和抗寒性较强，其适生区域、发生季节以及寄主植物与为害状等与美洲斑潜蝇有所不同。

表 10‐112‐2　南美斑潜蝇和美洲斑潜蝇各虫态发育起点温度与有效积温（引自雷仲仁等，1999）

Table 10‐112‐2　The estimated threshold temperature for development and degree‐day values of *Liriomyza huidobrensis* and *L. sativae* (from Lei Zhongren et al.，1999)

虫态	南美斑潜蝇		美洲斑潜蝇	
	发育起点温度（℃）	有效积温（℃）	发育起点温度（℃）	有效积温（℃）
卵	7.78±0.75	41.52±2.61	9.96±0.75	37.52±2.02
幼虫	6.24±0.65	117.19±7.15	11.14±0.65	63.55±3.23
蛹	7.97±0.59	140.70±2.03	11.33±0.59	130.76±6.10
卵‐蛹	7.37±0.49	298.35±5.76	11.08±0.49	232.16±8.80

（二）寄主植物

南美斑潜蝇虽为多食性种类，但对不同寄主敏感性和适应性存在差异，表现为在不同寄主上取食、产卵量不同，因而同一区域同时存在的不同寄主作物上南美斑潜蝇发生数量及作物被害程度各异。当番茄、辣椒、西瓜和南瓜同时存在时，南美斑潜蝇最喜食南瓜。就豌豆、蚕豆和菜豆而言，蚕豆是其首选寄主。

有关南美斑潜蝇对不同寄主选择机制的研究目前还比较少，但已知南美斑潜蝇对寄主的选择性与寄主植物的外部形态结构和植物本身各种生理生化物质组成及含量有关。邹立等研究了南美斑潜蝇对 47 种植物的选择性，结果表明，叶片表皮外壁厚度影响雌成虫的探查和取食行为，从而影响成虫的寄主选择性，而幼虫的发育更多地受到栅栏组织和海绵组织的紧密程度制约。此外，叶片营养成分也与南美斑潜蝇的寄主适合度有关，叶片蛋白质和氮的含量与寄生适合度呈显著正相关。

由于不同寄主植物营养物质组成不同，必然会对以其作为营养来源的南美斑潜蝇的生长发育产生一定的影响。菊花、紫菀和豌豆均为南美斑潜蝇寄主，从取食量看，在 3 种寄主中南美斑潜蝇最喜食菊花，对紫菀的嗜好性较差，豌豆居中。从产卵选择性看，从豌豆上获得的蛹数显著多于菊花和紫菀上的蛹数。在豌豆上南美斑潜蝇幼虫发育期明显短于其他两种寄主。另外，寄主种类还影响蛹的存活率，在豌豆上蛹存活率为 73.8%，在菊花和紫菀上分别只有 36.0% 和 39.0%。寄主种类对卵期、蛹期及成虫寿命无明显影响。

（三）天敌

南美斑潜蝇可被 4 科 14 属 30 多种寄生蜂寄生，其中绝大部分种类分布于南美和欧洲国家。在我国，据我们初步调查，现已发现南美斑潜蝇寄生蜂 15 种（表 10‐112‐3），包括茧蜂科 1 种，姬小蜂科 11 种，金小蜂科 3 种；其中蝇茧蜂（*Opius* sp.）是云贵地区的优势寄生蜂。

表 10‐112‐3　南美斑潜蝇的寄生蜂（引自雷仲仁，2009）

Table 10‐112‐3　The Parasitoids of *Liriomyza huidobrensis* (from Lei Zhongren，2009)

科名及种名	记录的地区
茧蜂科 Braconidae	
蝇茧蜂（*Opius* sp.）	中国（北京、云南、贵州）
姬小蜂科 Eulophidae	
底比斯金绿姬小蜂［*Chrysocharis pentheus*（Walker）］	中国（云南、贵州）
毛角金绿姬小蜂［*C. pubicornis*（Zetterstedt）］	中国（北京、云南、贵州）
粗脉潜蝇姬小蜂（*Diglyphus crassinervis* Erdos）	中国（北京）
豌豆潜蝇姬小蜂［*D. isaea*（Walker）］	中国（云南、贵州），德国，哥斯达黎加，荷兰，希腊
厚脉潜蝇姬小蜂（*D. pachyneurus* Graham）	中国（北京）
瘦短胸姬小蜂［*Hemiptarsenus unguicellis*（Zetterstedt）］	中国（北京）
异角短胸姬小蜂［*H. varicornis*（Girault）］	中国（云南）

（续）

科名及种名	记录的地区
橙节短胸姬小蜂（*H. zilahisebessi* Erdos）	中国（北京、山东）
美丽新金姬小蜂［*Neochrysocharis formosa*（Westwood）］	中国（云南、贵州）
潜蝇升毛姬小蜂（*Pnigalio katonis* Ishii）	中国（北京）
金属光泽柄腹姬小蜂［*Pediobius metallicus*（Nees）］	中国（北京）
金小蜂科 Pteromalidae	
圆形赘须金小蜂［*Halticoptera circulus*（Walker）］	中国（云南），美国，奥地利
底诺金小蜂［*Thinodytes cyzicus*（Walker）］	中国（北京、云南）
灿金小蜂（*Trichomalopsis* sp.）	中国（北京）

除寄生性天敌外，南美斑潜蝇还有许多捕食性天敌，如蚂蚁、草蛉、蜘蛛、舞虻等。

五、防治技术

根据南美斑潜蝇的适生区域、发生为害规律，应加强虫情监测，采取综合防治策略和技术，具体措施参见美洲斑潜蝇部分。

雷仲仁（中国农业科学院植物保护研究所）

第 113 节　三叶草斑潜蝇

一、分布与危害

三叶草斑潜蝇［*Liriomyza trifolii*（Burgess）］是一种世界性蔬菜作物和观赏作物害虫，属双翅目潜蝇科斑潜蝇属。原产于美国，其分布和传播中心大致是美国的佛罗里达州，其原始分布还包括美国东北部的州，如哥伦比亚特区、印第安纳、艾奥瓦、马里兰、新泽西、俄亥俄、宾夕法尼亚和德拉维尔。1970年以后，开始向世界各地传播，传播方式主要为植物材料夹带。通过菊花切枝、大丁草等花卉传至非洲、南美洲及英国、荷兰等几个欧洲国家，1976年在荷兰首次暴发，继而从荷兰温室进一步向外传播。1977年通过丝石竹苗从荷兰传至意大利、匈牙利、法国、前南斯拉夫，1978年通过非洲菊传至以色列。目前这种害虫也发现于挪威、瑞典、芬兰、瑞士、希腊、罗马尼亚、波兰、西班牙等国，1984年被欧洲和地中海地区植物保护组织列为 A2 类检疫对象。1990年6月在日本静冈县的菊花、非洲菊、番茄、旱芹等作物上大量发生，到1992年8月，已普遍存在于关东地区15个都县。韩国于1994年发现三叶草斑潜蝇，主要为害菊花、番茄和马铃薯等。1988年，我国台湾发现该虫，系进口非洲菊种苗时检疫不彻底而夹带侵入。

2005年，在我国广东中山发现三叶草斑潜蝇，尽管采取了很多检疫控制措施，使其扩散蔓延的速度得到一定的控制，没有像美洲斑潜蝇那样迅速蔓延至全国，但现已分布在海南、云南、广东、广西、上海、福建、江苏等省份。

三叶草斑潜蝇是潜蝇科昆虫中食性最杂的一种，其寄主范围十分广泛，涉及25科，122种不同植物，其中40%属菊科的27个属，15%为豆科的10个属，其他还包括茄科、伞形科、十字花科、葫芦科、石竹科、锦葵科等。可为害芹菜、番茄、茄子、莴苣、甘蓝、白菜、辣椒、油菜、茼蒿、花椰菜、菊花、满天星、大豆、马铃薯、棉花、蓖麻、向日葵及瓜类、豆类等多种蔬菜、花卉及粮食作物和经济作物，同时还可取食荠菜、千里光等多种杂草。在台湾花卉上主要为害非洲菊、菊花、大丽花、满天星、桔梗、金孔雀等。蔬菜上主要为害番茄、茄子、马铃薯、豌豆、菜豆、甘蓝、白菜、茼蒿、黄瓜、花椰菜及辣椒等。随着三叶草斑潜蝇不断侵入新的地区其寄主范围仍在扩大。

三叶草斑潜蝇与斑潜蝇属其他种类的生活习性相似。雌虫用产卵管刺破叶片表皮，形成刺伤点，然后取食其中渗出的汁液，刺伤点不仅用于取食，雌虫还将卵产于其中，对植物造成危害。卵孵化后，幼虫即开始在叶片内潜食叶肉，形成蛇形潜道。幼虫潜食叶肉，使寄主植物叶片组织结构受损，维管束系统遭到破坏，影响水分运输，继而引起膨压改变。由于保卫细胞被破坏，引起气孔传导性降低，从而影响蒸腾作用和光合作用。芹菜每叶片上存在 1 个虫道时，光合作用即降低约 40%，叶片提早枯萎脱落，严重时整株枯死。对观赏作物而言，由于潜食活动使叶片上形成各种各样的虫道，大大降低了其观赏价值和商品价值。在芹菜上，幼虫能钻蛀茎秆，导致茎秆折断或死亡，幼虫为害还导致植株生长缓慢，叶片数减少，收获延迟。发生量大时，由于需在芹菜上市前进行修剪去除带虫茎、叶，可导致明显的产量损失。

二、形态特征

成虫：额宽为眼宽 1.5 倍，不突出于眼，双顶鬃着生处黄色，触角各节亮黄色，中胸背板灰黑色，大部分无光泽，后角黄色，中鬃很弱，前方不规则 3～4 行，后方 2 行，或缺失，中侧片下缘具黑斑，腹侧片大部分黑色，足基节黄色，腿节大部分黄色，有时有淡褐色条纹，胫节、跗节暗棕色，翅长 1.25mm（♂）至 1.9（mm）♀，中室小，M_{3+4} 末段长为前一段的 3 倍。

雄虫外生殖器：端阳体淡色，分为 2 片，外缘明显缢缩，中阳体狭长，后段常透明，基阳体前段淡色，背针突具 1 齿，精泵叶片狭小，两侧对称，呈透明状。

卵：椭圆形，乳白色，半透明。大小为（0.2～0.3）mm×（0.10～0.15）mm。

幼虫：初孵半透明，随虫体长大渐变为黄色至橙黄色。老熟幼虫体长 2mm 左右，后气门突末端 3 分叉，其中两个分叉较长，各具 1 气孔开口（彩图 10 - 113 - 1，1）。

蛹：鲜黄色至橙黄色，腹面略扁平（彩图 10 - 113 - 1，2）。

三、生活习性

（一）生活史

三叶草斑潜蝇在华南地区每年可发生 15～20 代，目前在北方还没有发现三叶草斑潜蝇。雷仲仁等（2007）对三叶草斑潜蝇在我国的适生区预测结果表明，三叶草斑潜蝇能广泛分布于华东、华南、华中和西南等绝大部分地区，特别是长江以南的广大地区，以及华北的山东、河北、天津和北京，东北的辽宁，西北的陕西等部分地区，其潜在的分布区可达北部纬度较高的地区（内蒙古、黑龙江）以及西部的新疆、西藏个别地区。三叶草斑潜蝇没有休眠和滞育，在合适的温度和寄主作物存在条件下均可发生，世代重叠明显。

三叶草斑潜蝇的虫源主要来自田边地头的杂草及蔬菜、花卉等寄主植物，其次是来自寄主植物的调运等。三叶草斑潜蝇在华南地区的发生有两个高峰，分别在春季和秋季，夏季和冬季其种群密度受到温度和寄主作物的影响而降低。对海南三亚市凤凰镇、海棠湾镇和崖城镇的三叶草斑潜蝇种群发生情况调查发现，三叶草斑潜蝇在三亚只有一个发生高峰，即 3～4 月，7～10 月处于发生的低谷。调查发现，其喜好寄主依次为豇豆、菜豆、芹菜、番茄、节瓜、甜瓜、青瓜、黄瓜、西瓜、冬瓜、茄子、辣椒等多种蔬菜和杂草等。如豇豆、丝瓜等三叶草斑潜蝇喜食寄主植物的被害株率为 100%，被害叶率为 75%～100%，处于结果期和成熟期的寄主植物被害叶率几乎达 100%。

（二）生活习性和行为

三叶草斑潜蝇与斑潜蝇属其他种类的生活习性相似，成虫羽化均在白天完成，羽化时间与日出早晚有关，黎明时间越早，羽化越早而且集中，羽化高峰一般在 7：00～11：00。羽化时靠额囊的不断收缩与膨胀将蛹壳前端顶破钻出，整个过程需 5～20min。刚羽化的成虫具向光性，喜爬向植株向光处，然后静止不动，经 25min 左右，前翅展开，1h 后，身体完全骨化，颜色变深。雄蝇羽化略早于雌蝇。雌、雄性比接近 1：1。成虫羽化当天即可交尾，交尾时雄蝇爬到雌蝇背上，尾端相接，交尾时间约持续 0.5h。5：00～17：00 均可进行交尾，交尾高峰期为 5：00～9：00。上午羽化的成虫约 40% 当日即进行交尾，而下午羽化的成虫多于次日上午交尾，第一日龄交尾率为 26%，第二日龄交尾率达 99%。成虫一生可进行多次交尾。未交尾的雌虫也能产卵，但不能孵化。

成虫的主要食物是植物汁液，此外还可取食水和蜂蜜。雌虫用产卵管刺破叶片表皮，形成刺伤点，然后取食其中渗出的汁液，雄虫不能刺破叶表，需通过雌虫形成的刺伤点来取食。刺伤点可分为两类，一类仅用于取食，一般近似圆形，长 0.36mm，宽 0.32mm，通常称为取食孔。另一类不仅用于取食，雌虫还将卵产于其中，一般呈椭圆形，长 0.29mm，宽 0.154mm，通常称之为产卵孔。但严格地讲，产卵孔也是一种取食孔，因为雌虫无论在孔内产卵与否，均取食其中汁液。雌虫在产卵孔内取食可提高卵的孵化率。取食活动在 5：00～19：00 均可进行，13：00～19：00 为取食高峰期。取食孔的分布呈聚集型。三叶草斑潜蝇喜产卵于叶片上表皮下的栅栏组织内，卵单粒散产。在菜豆苗上三叶草斑潜蝇只在真叶上产卵，不在复叶上产卵。5：00～19：00 均可产卵，每产 1 粒卵约需 24.5s。卵形成方式属应变式产卵策略。雌虫在叶片上形成的取食孔和产卵孔肉眼看去为一个个小的白色斑点，因而常称其为刻点。据 Trumble 等研究，在芹菜上，当取食孔密度小于 13 个/cm² 时，不影响光合作用，当取食孔密度为 13～19 个/cm² 时，对光合作用有轻度影响，若取食孔密度大于 19 个/cm² 时，将明显降低光合作用。Chandler 研究表明，取食孔的存在使甜瓜枯萎病的发病概率增加，发病程度加重。由于病叶提早脱落，还会引起果实灼伤，果品质量下降。

同斑潜蝇属其他种类一样，卵孵化后，幼虫即开始在叶片内潜食叶肉，形成蛇形潜道。新形成的潜道无色，渐变为白色，老化的潜道呈锈褐色。潜道内可见幼虫遗留下的黑色线状排泄物，常交替排列（彩图 10-113-2）。一龄幼虫食量较小，形成的潜道细小，长 1.1cm 左右，宽 0.136～0.36mm，二龄以后食量明显增加，潜道也显著加长、加宽，长 2.1cm，宽 0.44～0.80mm，三龄幼虫取食量最大，对叶片造成的危害最大，潜道长 9.9cm，宽 0.83～1.79mm。三龄幼虫消耗的叶肉体积为一龄的 643 倍，取食率是一龄的 50 倍。幼虫发生龄期改变时，骨化的口钩遗留在潜道内，可用于区分龄期。三叶草斑潜蝇幼虫一般只潜食栅栏组织，大龄幼虫有时也取食海绵组织。幼虫老熟后，即在虫道近末端咬破叶表皮，自潜道中脱出。88% 脱道发生于 8：00～11：00。老熟幼虫具趋暗性和趋触性，大多数滚落于地面在表土层中或暗处化蛹，少数在叶片上和叶柄处化蛹。新化的蛹淡褐色，后逐渐加深，至羽化前呈黑褐色。

三叶草斑潜蝇成虫一旦确定了适宜的寄主植物，往往仅在这种寄主不同植株间进行小范围内飞翔活动，在叶片上取食、产卵。只有在此种寄主因收获等原因不存在了，才迁往附近其他寄主。Trumble 的研究表明，相邻种植的芹菜与番茄田中，当两种作物都存在时，三叶草斑潜蝇主要在芹菜田活动，而番茄田中则以美洲斑潜蝇为主。当芹菜收获后，番茄田中三叶草斑潜蝇种群数量明显上升，即三叶草斑潜蝇发生了由芹菜田到番茄田的迁移。Jones 和 Parrella 在 1.2hm² 的菊花温室中研究了三叶草斑潜蝇成虫的扩散规律。他们将成虫用荧光粉进行标记后释放，用黄卡对释放的成虫进行回收。结果发现，雌虫飞行距离远于雄虫。雌虫平均飞行距离为 21.5m，而雄虫只有 18.0m，从 90% 捕获率距离看，雌虫为 46.6m，雄虫为 25.6m。但在距释放点最远点（102m）处两性均被捕到，说明温室中三叶草斑潜蝇是单一的种群。用 Taylor 公式拟合方程对雌雄虫的扩散行为研究表明：随着距释放点距离的增加，雄虫数量减少比雌虫快，说明雄性个体间相对于雌性个体间有较强的吸引力。分析风向与斑潜蝇飞行方向的关系，发现三叶草斑潜蝇在温室中并非是被动扩散，在迎风方向同样可以飞行。根据此研究确定设置黄卡的合适距离应为 26m，不同的试验小区间距离为 46m。

三叶草斑潜蝇成虫与本属其他种类一样也具有趋黄性，尤以柠檬黄诱虫效果最佳。许多学者研究了三叶草斑潜蝇的这一生物学特性及其应用，建议使用黄色黏板诱集成虫监测三叶草斑潜蝇种群，这种监测方法具有快速、简便、易行的特点。同时黄板也被应用于成虫期防治。

四、发生规律

（一）气候条件

不同温度条件下三叶草斑潜蝇各虫态发育历期不同。在 12～35℃ 范围内，随着温度的升高，发育历期相应缩短。在矮生菜豆上，12℃ 下三叶草斑潜蝇完成一代需 3 个月左右，而 25℃ 下半个月左右即可完成一代。在整个幼期中，卵期占 13%～20%，幼虫期占 25%～33%，蛹期占 48%～62%。温度条件还影响到各虫态的存活率，其中卵的存活受温度影响最小，幼虫其次，蛹存活受温度影响最大。在 20～35℃ 范围内，卵存活率均在 90% 以上，在较极端的 10℃ 和 38℃ 条件下，卵存活率也达 65% 以上。15～35℃ 对幼虫存活影响不大，存活率基本上可达 90% 以上，12℃ 以下明显影响幼虫存活，38℃ 幼虫全部死亡。20～35℃ 对蛹生存较适宜，存活率达 80% 以上。12～15℃ 下只有 20% 的蛹能够存活，10℃ 下蛹全部死亡。40℃ 高温下三叶草斑潜蝇各虫态均无法存活。综合来看，20～35℃ 是三叶草斑潜蝇发育的适温区，卵至成虫存活率达 75% 以上，低于 15℃ 与高于 35℃ 均对发育有明显不良影响。

三叶草斑潜蝇各虫态的发育起点温度均在8℃左右,卵的发育起点温度最低,为8.1℃,幼虫最高,为8.6℃。蛹期完成发育所需有效积温最高,为161℃,完成整个幼期发育所需有效积温为294℃。

据钱景秦等(1996)研究,三叶草斑潜蝇在12~40℃均可取食,20~25℃取食活动最为活跃,15℃以下取食明显减少。取食数与温度(12~40℃)之间的关系式为圆顶形抛物线方程式($Y=-4.302\,4+4.5696X-8.088\,X^2$,$R^2=0.83$)。三叶草斑潜蝇在12~40℃范围内均可产卵,其中以20~35℃产卵较多,最高卵量出现在25℃下,为463粒。40℃和12℃已接近其产卵的上、下限温度。产卵量与温度(12~40℃)之间的关系式为抛物线方程式($Y=-1.093\,3+1.142\,1X-2.175\,6X^2$,$R^2=0.91$)。从不同温度下三叶草斑潜蝇试验种群主要统计参数值看,35℃下试验种群的内禀增长力最高,就净生殖率而言,则以25℃最佳。25℃下经过一个世代,三叶草斑潜蝇种群将增殖136倍。15℃时种群增长趋于停止。20~35℃产卵孔与取食孔比例显著高于其他温度。温度对产卵前期的影响在低温下明显,15℃以下产卵前期明显长,20℃以上产卵前期非常短。

成虫寿命与温度条件有关,25℃以下成虫寿命较长,30℃以上寿命明显缩短。同一温度下雌虫寿命长于雄虫。Leibee研究了低温条件(1.1℃)对芹菜上三叶草斑潜蝇各虫态存活的影响,发现卵在1.1℃下经过10d,致死率为50%,经16d死亡率达100%。幼虫各龄期中,三龄幼虫对低温耐受力最强,经16d 1.1℃处理后,仍有17%存活,而一、二龄幼虫已全部死亡。预蛹期对低温最为敏感,1.1℃下处理4d后,只有1/3能够存活至成虫阶段,处理7d,则无一能存活至成虫期。蛹期对低温敏感性最低,敏感程度与蛹发育阶段有关。敏感程度由高至低为发育初期蛹>发育末期蛹>发育中期蛹。初期蛹在1.1℃下经13d后,死亡率可达90%,而中期蛹死亡率仅为15.3%。基于上述研究结果,Leibee认为,为杜绝三叶草斑潜蝇随寄主芹菜一起传播到其他地区,调运时应在1.1℃低温下处理16d以上,方可实现安全调运。

(二)寄主植物

三叶草斑潜蝇虽为多食性种类,但由于寄主植物营养成分、次生物质组成和含量以及叶片表面的物理性状存在差异,三叶草斑潜蝇对其嗜好程度也不同,表现为取食及产卵选择性不同。就芹菜与番茄而言,三叶草斑潜蝇明显嗜好芹菜。在黄瓜、番茄、棉花与秋葵中,三叶草斑潜蝇喜取食黄瓜与番茄。同时,由于成虫主要取食寄主植物的汁液,不同的食物质量会影响成虫的存活时间。西东力(1994)报道,25℃下,三叶草斑潜蝇雌虫在菜豆上平均存活25d,每雌平均产卵540粒;在芹菜上雌虫平均寿命为7d,总卵量为206粒;当以番茄为寄主时,雌虫平均寿命仅4d,每雌平均产卵55粒。

耕作制度、栽培措施和管理方法的变化可以影响三叶草斑潜蝇的种群数量。对保护地作物而言,大棚或温室材料的选用会影响三叶草斑潜蝇的发生数量。日本将塑料棚设计为两边采用粗布,顶部采用能够吸收紫外光的塑料薄膜,试验证明这种塑料棚能有效防止三叶草斑潜蝇成虫对番茄的为害,特别是粗布的网眼孔径小于1mm时效果更佳。以色列将一种能够阻挡紫外线的覆盖物用于温室,这种覆盖物由紫外线阻挡网和塑料布组成,经与PVC和不同种类的聚乙烯膜比较,发现紫外线阻挡膜能大大减少温室中的三叶草斑潜蝇、蓟马、温室白粉虱等害虫的数量,同时还明显减少了由这些昆虫传播的病毒病的发生。地膜覆盖有利于减少三叶草斑潜蝇种群数量,地膜覆盖配合浇水,使地膜表面湿润,可以淹死膜表面的预蛹。干燥的地膜表面常发现大量草栖铺道蚁〔*Tetramorium caespitum*(L.)〕捕食预蛹。与裸露田相比,三叶草斑潜蝇发生程度明显减轻。

作物的合理布局也可减轻三叶草斑潜蝇为害。Jeyakumar等发现,水稻—休闲—棉花轮作田中,棉花上三叶草斑潜蝇发生量只有2%~4%。他们认为,这是由于水稻田起到了阻止三叶草斑潜蝇迁移到棉田的屏障作用。洋葱或花生与棉花间作也可减轻三叶草斑潜蝇为害棉花。

施肥与三叶草斑潜蝇的发生程度有关,Harbaugh等研究发现,菊花上三叶草斑潜蝇数量随叶片含氮量和含钾量的增加而增加,其中又以叶片含氮量对三叶草斑潜蝇发生影响较大,磷肥含量不影响三叶草斑潜蝇发生程度。在番茄、菜豆上也发现类似现象,三叶草斑潜蝇卵、幼虫的发育速率和存活率、蛹大小等生命参数均随含氮水平的增加而增加,因而适度使用氮肥也是控制三叶草斑潜蝇发生程度的关键之一。

五、防治技术

由于三叶草斑潜蝇目前还没有扩散到我国大部分蔬菜产区,所以,除在已分布区参照美洲斑潜蝇防治方法进行防治外，还需要对其进行检疫控制，以便延缓其扩散蔓延的速度，收到事半功倍的效果。

（一）三叶草斑潜蝇发生区的检疫管理

三叶草斑潜蝇发生区植物检疫机构对有三叶草斑潜蝇为害的植物及其植物产品调运的生产基地、公司、厂家、企业等单位进行登记备案，货物必须经产地检疫和调运检疫后凭《植物检疫证书》调运。未经检疫批准，任何植物及植物产品不得调运出（进）发生区，或从发生区内的一个区域移至另一区域；蔬菜、花卉、瓜果、种苗、盆景等植物每年必须进行 2 次产地检疫，或在其生长季节内必须进行 1 次以上的产地检疫。货物调运必须提前 30d 进行 1 次产地检疫，并对调运货物、存放场所及运输工具进行灭蝇处理。三叶草斑潜蝇发生区内禁止建立新的蔬菜、花卉苗圃繁育基地；非三叶草斑潜蝇发生区植物及植物产品的调入必须凭《植物检疫证书》调运，调入后引进单位要配合植物检疫人员对货物进行再次检疫和灭蝇处理；国内调运货物经过发生区时，货物不得拆包、分装、卸载，经过发生区前后要对货物、包装物及运输工具等进行喷药处理；发生区内的厂家、企业等单位业主或负责人要配合植物检疫人员做好检疫检查工作。自觉做好本辖区内的三叶草斑潜蝇调查，搞好辖区环境卫生，发现可疑三叶草斑潜蝇及时报告当地植物检疫机构采取相应措施。配合植物检疫人员做好货物调运前的相关灭蝇处理。调运单位要妥善保存发货记录、《调运检疫证书》等相关资料信息 2 年以上；加强境外引种审批和疫情监测工作。尤其是对来自三叶草斑潜蝇发生国家（地区）的植物及其产品，必须严格进行隔离试种或集中种植，加强疫情监测。

（二）非三叶草斑潜蝇发生区的检疫管理

蔬菜、花卉等植物及植物产品的调运必须经产地检疫和调运检疫后，凭《植物检疫证书》进行调运。未经检疫批准，任何植物及植物产品不得调运；从三叶草斑潜蝇发生区调入的高风险物品，调运前必须进行严格的产地检疫和灭蝇处理，凭《植物检疫证书》调入，货物卸载、拆包前必须对货物、运输工具和包装物进行检疫和灭蝇处理，确保无三叶草斑潜蝇传入；调运厂家、企业等单位业主或负责人要配合植物检疫人员做好检疫检查工作。自觉做好本辖区内的三叶草斑潜蝇调查，搞好辖区环境卫生，发现三叶草斑潜蝇及时报告当地植物检疫机构采取相应措施。调运单位要妥善保存发货记录、《调运检疫证书》等相关资料信息 2 年以上；加强境外引种审批和疫情监测工作。尤其是对来自三叶草斑潜蝇发生国家（地区）的植物及其产品，必须严格进行隔离试种或集中种植，加强疫情监测。

雷仲仁　高玉林（中国农业科学院植物保护研究所）

第 114 节　棉　铃　虫

一、分布与危害

棉铃虫 [*Helicoverpa armigera* (Hübner)] 属鳞翅目夜蛾科。原被划归为实夜蛾属（*Heliothis*），1965 年被划归为铃夜蛾属（*Helicoverpa*）。为东洋区、古北区、澳洲区、非洲区和新北区共有种，我国各省份均有分布。

棉铃虫是多食性昆虫，我国记载的寄主植物有 30 余科 200 多种，但比较喜食禾本科、锦葵科、茄科和豆科植物的蕾、花和果实等繁殖器官。在菜区，棉铃虫主要为害番茄，也为害茄子、西葫芦、菜豆、菜用豌豆、梅豆、大白菜、甘蓝、莴苣、苋菜、辣椒和大葱、韭菜等。一般秋季为害蔬菜严重。

在番茄田，棉铃虫以幼虫蛀食番茄的蕾、花、果，也食害嫩茎、叶和芽。花蕾受害后苞叶张开，变成黄绿色，2～3d 后脱落。食害果实时多从蒂部蛀入，幼果常被吃空，大果果肉被食成孔洞。蛀孔处易造成雨水、病菌侵入而引起果实腐烂、脱落。各地番茄田的主要为害世代为第二代，常年蛀果率在 5%～10%，发生严重的地块或大发生年份，折茎和蛀果率高达 30% 以上。近几年来，随着保护地面积的扩大和耕作制度的改变，第一代和第四代为害呈加重之势。

棉铃虫寄主分散，为害多种农作物和蔬菜。但 20 世纪 90 年代后期，随着种植结构的调整，黄河流域和长江流域棉花种植面积缩减，并且大面积推广种植抗虫棉品种，使棉铃虫大发生的势头得到一定程度控制。但多年来蔬菜面积不断扩大，番茄、菜豆豆、甘蓝等棉铃虫喜食蔬菜种植面积逐年增加，蔬菜种植形成区域化栽培，加之菜田水肥足、密植等原因，导致棉铃虫在菜田发生为害加重，尤其是对番茄为害严重。如广西贺州 2002—2004 年连续 3 年番茄上棉铃虫中等偏重发生，2002 年 6 月蛀果率最高达 46.3%，平均23.5%；2004年6月蛀果率最高达67.3%，平均30.1%。山西省广灵县近几年番茄棉铃虫已成为番茄生产的大敌，常造成第一穗果脱落、腐烂，严重影响番茄的产量和品质，一般年份产量损失达10%～20%，重发年份可达30%左右。安徽安庆2007年番茄棉铃虫发生严重，安庆城郊种植番茄约450hm²，每年因棉铃虫为害导致番茄减产3 800t。陕西省蓝田县晚茬番茄田棉铃虫为害也呈逐年上升趋势，产量损失达30%以上，已经成为当地发展晚茬番茄生产的主要障碍之一。

二、形态特征

成虫：体长约15mm，翅展27～38mm，雄虫翅灰绿色，雌虫略带红褐色或棕红色。前翅外缘较直，中横线由肾形斑向内斜伸，末端到达环形斑的正下方；外横线的末端可达肾形斑中部的正下方；亚缘线的锯齿较均匀，到外缘的距离基本一致。后翅灰白色，翅脉褐色，沿外缘有褐色宽带，宽带内有近似新月形灰白色斑（彩图10-114-1，1）。

卵：半球形，顶部隆起较高。中部有26～29条纵脊，纵脊到达底部，分叉的和不分叉的相间排列。纵脊间有横道18～20根（彩图10-114-1，2）。

幼虫：老熟时体长35～45mm。头黄色，具不明显的网状斑纹。体色有淡红色、黄白色、淡绿色、绿色、棕褐色等色型。前胸气门前2毛基部与气门下缘在一直线上。体表满布褐色及灰色小刺，背面有尖塔形小刺，腹面的毛状小刺呈黑褐色至黑色，十分明显（彩图10-114-2）。

蛹：长17～21mm。纺锤形，黄褐色。腹部第五至七节前缘有稀而粗的刻点，腹部末端有2根尖端微弯的臀刺，着生在2个分离的突起上。

三、生活习性

(一) 生活史

棉铃虫在我国各地的发生代数由北向南递增。在辽河流域、新疆、甘肃、河北北部等地年发生3代，黄河流域和长江流域北部4代，长江流域和部分华南地区5代，华南地区南部6代，云南南部7代。有些年份年发生世代数也会发生变化，如20世纪90年代的一些年份，黄河流域年曾发生5代。各地均以蛹在约10cm深土壤中做土室越冬。

在黄河流域以北与京津地区之间的地区，越冬蛹羽化很不整齐，成虫一般始见于4月中、下旬，盛期在5月上、中旬。在河南郑州，第一代卵主要见于麦田，番茄田卵量较少，且集中于早熟和偏早熟的田块，该代卵一般始见于4月下旬，5月中旬为盛期，终见于5月末。第一代幼虫发生盛期为5月中、下旬，成虫一般始见于6月初，盛期在6月中旬，7月初终见。第二代卵始见于6月初，盛期在6月中旬末，7月初终见。第三代卵一般始见于7月上旬，7月下旬为高峰期，8月上旬绝迹。第四代卵见于8月中旬，8月下旬至9月上旬为盛发期，9月中旬终见。在菜区，从第二代开始卵产得较分散，除番茄外，还产于其他多种蔬菜上，以及菜田周围的玉米、芝麻、棉花等作物上。在山西长治地区蔬菜田年发生4代。越冬代成虫4月下旬始见，高峰期在5月上旬。第一代幼虫主要在小麦、苜蓿等作物上为害，但数量较少，为害较轻。第一代成虫6月上旬开始羽化，此时正值大田番茄现蕾开花，因此第二代卵多集中在番茄植株上，卵盛期在6月中、下旬，幼虫为害盛期在6月底至7月中旬，蛀果率一般为7%～12%，严重年份几达80%，该代是造成番茄产量损失的主要世代。第二代成虫7月下旬羽化。第三代幼虫为害盛期在8月上、中旬，主要为害青椒、豆角等，蛀果率一般为3%～8%，严重年份达30%左右。第三代成虫8月下旬出现，第四代幼虫发生盛期在9月上、中旬，该代为害较轻，蛀果率仅0.7%～1%。在山东莱阳菜区年发生4代。越冬代成虫5月上旬末始见，盛期在5月下旬。第一代卵盛期为5月下旬至6月初，成虫盛期在7月上旬。第二代卵盛期为7月上旬，幼虫为害盛期在7月上、中旬，成虫盛期在7月下旬。第三代卵盛期在为8月上旬，成虫盛期在8月下旬末。第四代卵高峰期为8月下旬至9月上旬，幼虫为害期在8月下旬至10月上旬，以滞育蛹于10月底前越冬。

长江流域的江苏年发生4～5代。春季气温回升至15℃时，越冬蛹开始羽化。越冬代成虫始见于4月中旬，5月上、中旬为盛期。第一代幼虫盛期为5月中旬至6月上旬。第二代卵盛期为6月下旬，幼虫盛期在6月下旬至7月上旬。第三代卵盛期在7月下旬至8月上旬，幼虫盛期在7月下旬至8月中旬。第四代卵盛期在8月下旬至9月上、中旬，幼虫盛期在8月下旬至9月中旬。世代重叠严重。有些年份可发生 5 代。湖南南县年发生 5 代，其中第一、二代主要发生于地膜覆盖早播辣椒田。第一代四至六龄幼虫盛期在 5 月 7～18 日。二代卵盛期在 6 月 3～10 日，四至六龄幼虫盛期在 6 月 15～25日。一、二代幼虫期距 31～33d。幼虫主要取食 10～15 日龄的辣椒幼果。在四川年发生 4～5 代。越冬代始蛾期一般在 4 月中旬，第一代在 5 月中旬至 6 月中旬发生，二代发生于 6 月中、下旬至 7 月，三代7 月下旬至 8 月，四代 8 月下旬至 9 月，9 月下旬至 11 月上旬为五代发生期。为害番茄的主要是第一代和第二代幼虫。

在广西年约发生 6 代。第一代卵一般见于 4 月上旬至中旬，5 月中、下旬春番茄盛花期和挂果期是第二代幼虫发生为害盛期。第三代发生为害盛期在 6 月中、下旬，这两代是为害春番茄的主要世代。第四代幼虫发生盛期在 7 月下旬至 8 月上旬，8 月下旬至 9 月中旬为第五代幼虫为害期，这两代一般发生较轻。第六代卵高峰出现在 9 月中旬，9 月下旬至 10 月上、中旬为第六代幼虫为害期，主要为害秋番茄。10 月底 11 月初以第六代滞育蛹开始越冬。

棉铃虫各虫态历期因世代和地理纬度的不同而有差异，一般卵历期 3～6d，幼虫 12～23d，蛹 10～14d，成虫寿命 7～12d。在江苏东台各虫态、各龄幼虫历期见表 10 - 114 - 1。

在河南郑州地区番茄田，第二代的自然存活率卵至三龄幼虫为 23.73%，三至四龄幼虫为 57.73%，四至五龄幼虫为 72.43%，五至六龄幼虫为 48.19%；在黄河流域以北、京津及其以南的番茄田，第二代卵至三龄幼虫的自然存活率平均为 24.67%，三至六龄幼虫平均为 38.60%。

棉铃虫各虫态的发育起点温度和有效积温见表 10 - 114 - 2。

表 10 - 114 - 1　江苏东台棉铃虫不同世代各虫态发育历期（引自马继盛等，2007）

Table 10 - 114 - 1　The duration of different developmental stages of *Helicoverpa armigera* in each generation in Dongtai, Jiangsu（from Ma Jisheng et al.，2007）

代 别	发育历期（d）										
	卵	各龄幼虫						幼虫	预蛹	蛹
		一	二	三	四	五	六			
一	4.63	3.54	2.70	2.60	2.93	2.60	4.00	18.91	2.94	14.93
二	3.06	2.90	2.11	2.30	2.20	2.50	3.53	17.70	2.20	9.94
三	2.40	2.50	2.00	1.90	2.00	2.40	3.45	16.60	2.30	11.64
四	3.38	3.15	2.50	2.57	3.04	3.80	6.00	25.00	4.20	越冬

表 10 - 114 - 2　棉铃虫各虫态发育起点温度和有效积温（引自李超等，1987）

Table 10 - 114 - 2　The developmental threshold and effective accumulated temperature of different developmental stage of *Helicoverpa armigera*（from Li Chao et al.，1987）

项目	卵期	一至三龄	四至六龄	幼虫期	预蛹	蛹
发育起点温度（℃）	9.43	10.39	11.88	12.27	16.26	14.24
有效积温（℃）	31.54	103.81	114.09	200.78	20.14	127.61

（二）主要习性和行为

成虫羽化多在夜间。在夜间有 3 次明显的飞行时段。第一时段为 18：00～21：00，特征是边飞行边取食，且雌蛾比雄蛾早半小时左右。第二时段在 1：30～4：00，是觅偶、交尾和产卵高峰期。第三时段在黎明前，主要是寻找隐蔽场所。日出后飞行停止，隐蔽在寄主植物叶背或杂草丛中。成虫有补充营养的习性，羽化后取食花蜜或蚜虫分泌的蜜露。飞翔力强，对黑光灯尤其是波长 333nm 的光波趋性较强，对草酸、蚁酸的气味以及萎蔫的杨、枫杨枝把释放的气味有强烈趋性，对糖醋液气味的趋性较差。

雌成虫信息素腺体及求偶时释放的性信息素有多种组分，如江苏南京种群、河南郑州种群雌成虫性信息素腺体提取物内有 7 种组分，即顺-11-十六烯醛（Z11 - 16：Ald）、顺-9-十六烯醛（Z9 - 16：Ald）、顺-7-十六烯醛（Z7 - 16：Ald）、饱和十六醛（16：Ald）、顺-11-十六烯醇（Z11 - 16：OH）、饱和十四醛（14：Ald）和顺-9-十四烯醛（Z9 - 14：Ald），但各组分的滴度因地理种群的不同而有所差异。同一地理种群各世代间雌性信息素总量比较稳定，但各组分滴度的差异显著。不同世代的个体性信息素都具有顺-11-十六烯醛，80％以上的个体具有顺-9-十六烯醛、顺-7-十六烯醛，且这些组分世代间差异不明显。室内试验发现，雌成虫求偶多发生于黑暗后 7～8h。2 日龄的求偶行为最为强烈。有多次交尾习性，羽化当日即可交尾，2～3d 后开始产卵。产卵期 6～8d。产卵有明显的选择性。喜在植株高大、茂密、嫩绿的现蕾开花寄主田产卵。在郑州郊区番茄植株上，第二代卵在植株顶端嫩尖、上部复叶及其花序和果穗上较多，95％左右的卵产于植株顶尖至第四复叶层上。卵单粒散产，单雌产卵量 1 000 粒左右。卵在番茄田呈负二项分布，分布的基本成分是个体群，个体群在番茄田为聚集分布。

卵初产出时乳白色，以后出现紫红色晕环，孵化前变为黑色。初孵幼虫有取食卵壳的习性。幼虫一般 6 龄。在番茄田（彩图 10 - 114 - 2，3～4），初龄幼虫多在孵化处附近取食嫩叶和嫩梢，在蕾、花上孵化的幼虫直接蛀食所在的蕾、花，造成蕾、花脱落。三龄以后幼虫开始蛀食果实，并有自相残杀的习性。食害果实时常从果实蒂部或侧面蛀入果内，取食胎座、果肉，果实内常残留许多虫粪。幼虫主要钻蛀青果，幼果常被吃空或造成腐烂而脱落，老熟时多取食近成熟的果实。五龄幼虫有转果和转穗习性。一般一头幼虫可食害 3～5 个果。但蛀果数的多少与番茄果实密度、每果穗的果实数、幼虫密度等因素有关。下雨会促使果内幼虫转果取食，因而蛀果数也随之增多。幼虫食害十字花科蔬菜、叶用莴苣、苋菜等时，造成叶片出现孔洞、缺刻，嫩尖枯死（彩图 10 - 114 - 2，2）；在辣椒和豆角上，取食花、蕾及嫩尖，钻蛀果实，造成蕾、花脱落，果实腐烂（彩图 10 - 114 - 2，1）。幼虫老熟时常爬至植株上部嚼食少量嫩叶，老熟后落地入土化蛹。冬季以滞育蛹或非滞育蛹在土壤中越冬。在华南的部分地区、云南南部以非滞育蛹越冬，其他地区则以滞育蛹越冬。四、五龄幼虫是感受滞育光周期的临界虫态。滞育蛹和非滞育蛹的区别是：若将蛹置于 25℃ 环境中，5d 内复眼后颊区的 4 个眼点消失者为非滞育蛹，未消失者为滞育蛹。在 26℃ 条件下，以化蛹后 2～6d 眼点是否移动作为我国棉铃虫蛹滞育的判别标准。滞育蛹的耐寒力一般强于非滞育蛹。

四、发生规律

（一）气候条件

棉铃虫属喜温性害虫，其生长发育的最适温度为 25～28℃，相对湿度为 70％ 左右，低于 20℃ 不能正常生长发育。卵和幼虫 15℃ 时大量死亡，35℃ 时卵的死亡率达 44.7％。温度影响各虫态的发育历期。在适宜温度内，温度愈高，发育历期愈短。春季气温变化直接影响越冬蛹的羽化及成虫的产卵活动。如在黄河流域地区，4 月底、5 月初气温偏高的年份，越冬蛹羽化早，第一代发生期比常年提早。如遇寒潮，则不仅越冬蛹羽化推迟，而且第一代的发生量也减少。温度影响成虫的繁殖力。最适于繁殖的温度为 25～30℃。在此温度范围内，单雌平均抱卵量在 1 200 粒以上，卵产出率高达 97％。高于 30℃ 或低于 20℃，抱卵量及卵的产出率均下降。如 15℃ 时，抱卵量仅为 200 多粒。2005 年山西省春季偏暖，温度高，5 月上旬第一代棉铃虫发生期间，气温一般在 23℃ 以上，相对湿度为 65％～85％，适宜于成虫产卵活动，因此发蛾总量比历年同期高 2～3 倍。温度影响蛹的滞育。棉铃虫属于短光照滞育型，秋季的短光照是诱导滞育的重要因素，但是温度低时，诱导滞育的临界光周期会发生变化。如在 18～30℃ 温度内，温度越低滞育率越高。22℃、24℃ 和 26℃ 时，河南新乡种群滞育的临界光周期分别为 13h22min、13h26min 和 12h4min。光周期（光：暗）12：12 条件下，18℃ 时滞育率为 96.35％，30℃ 时仅 7.98％。

降水量与棉铃虫的发生程度关系密切。棉铃虫喜偏干旱的环境条件，如 1992 年山西长治地区，6 月中、下旬至 7 月上旬气温偏高，降水量较少，为棉铃虫卵的孵化和幼虫的生长发育提供了有利条件，导致棉铃虫大发生，番茄田有虫株率达 100％，虫果率 78％ 以上。在长江中、下游地区，若春雨连绵，越冬代个体死亡率则高，第一代为害也轻；第二代发生时正值梅雨季节，自然种群数量受到抑制，因而为害轻；第三代发生期间，梅雨结束，伏旱开始，有利于种群繁殖，因而发生较重；第四代发生时恰值伏旱期，加之第三代基数较大，也常会导致大面积发生。降雨影响土壤含水量，因而直接影响蛹的存活率。据河南新乡等地调查，蛹期降水超过 100mm 时，下一世代的发生量会显著降低。据上海等地观察，土壤绝对含水量 40％ 时，蛹的死亡率为 30.8％，土壤含水量 50.4％ 时死亡率高达 95％。在天津郊区，4～5 月降水量大时越冬代蛹的死亡率高。

适于成虫羽化的土壤含水量为 7.6％，含水量达 20％ 时绝大多数蛹不能羽化。我国华南地区常年降水量较多，因此，该地区干旱少雨的年份，棉铃虫发生常较重。

（二）寄主植物

棉铃虫为多食性害虫，所嗜食的作物种类多样，包括番茄、棉花、小麦、玉米、烟草、高粱等多种作物和多种蔬菜。寄主植物的种类、长势、生育期以及栽培制度、耕作类型和田间管理水平等都对棉铃虫的发生、生长、发育以及抗药性有一定的影响。在菜区，凡定植早、植株生长茂密的菜田，由于田间小气候有利于成虫产卵和幼虫孵化，棉铃虫为害常较重。

取食不同寄主植物时，幼虫存活率及成虫产卵量变化较大。如第二代棉铃虫取食棉花、番茄、辣椒、甘蓝时，其死亡率分别为 44%、64%、94% 和 98%。取食棉花、番茄和辣椒的第二代幼虫所发育的成虫，单雌平均产卵量分别是 1 002 粒、379 粒和 290 粒。近年来，随着农作物高产优质品种的推广，农田复种指数的提高以及种植制度的多样化，棉铃虫的发生态势和为害情况发生了不少变化。例如，在河南夏玉米产区，随着棉花种植面积的大幅度下降，夏玉米受棉铃虫为害程度逐年加重，玉米穗被害率达 40% ~ 50% 甚至更高；该区番茄田棉铃虫为害株率增加，为害程度加重。又如在我国北方菜区，由于冬季大棚、温室等保护地种植面积不断扩大，致使土壤中越冬蛹的存活率提高，且保护地较高的地温使越冬代羽化期提前，这不仅常使翌年第一代种群数量增加，田间为害时期也多前移。

寄主植物也影响幼虫对农药的敏感性。如取食番茄、扁豆、棉蕾和人工饲料时，幼虫对溴氰菊酯敏感性不同，其 LD_{50} 值分别为 $0.28\mu g/g$、$0.30\mu g/g$、$2.76\mu g/g$ 和 $4.85\mu g/g$。寄主植物影响幼虫体内解毒酶活性。如取食甜椒、棉铃、番茄、扁豆和人工饲料的棉铃虫三龄幼虫，其体内羧酸酯酶的活性依次为甜椒>人工饲料>棉铃>番茄>扁豆，多功能氧化酶活性依次为甜椒>人工饲料>番茄>扁豆>棉铃。

（三）天敌

菜田棉铃虫的天敌种类很多。如在郑州郊区番茄田，幼虫的寄生性天敌有棉铃虫齿唇姬蜂（*Campoletis chlorideae* Uchida）、螟蛉悬茧姬蜂 [*Charops bicolor* (Szepligeti)]、中红侧沟茧蜂 [*Microplitis mediator* (Haliday)] 等；捕食性天敌常见的有七星瓢虫（*Coccinella septempunctata* Linnaeus）、龟纹瓢虫 [*Propylea japonica* (Thunberg)]、异色瓢虫 [*Harmonia axyridis* (Pallas)]、暗色姬蝽（*Nabis stenoferus* Hsiao）、日本通草蛉 [*Chrysoperla nipponensis* (Okamoto)，异名：中华草蛉（*Chrysopa sinica* Tjeder）]、丽草蛉（*Chrysopa formosa* Brauer）、大草蛉 [*Chrysopa pallens* (Rambur)] 以及蜘蛛、螳螂等。在北京郊区菜田，卵的寄生性天敌有广赤眼蜂（*Trichogramma evanescens* Westwood）和玉米螟赤眼蜂（*T. ostriniae* Pang et Chen）；幼虫的寄生性天敌有棉铃虫齿唇姬蜂、甘蓝夜蛾拟瘦姬蜂 [*Netelia* (*Netelia*) *ocellaris* (Thomson)]、螟蛉盘绒茧蜂 [*Cotesia ruficrus* (Haliday)]、广大腿小蜂 [*Brachymeria lasus* (Walker)]、善飞狭颊寄蝇（*Carcelia kockiana* Townsend）、伞裙追寄蝇（*Exorista civilis* Rondani）和日本追寄蝇（*E. japonica* Townsend）；捕食性天敌主要是蜘蛛。

天敌对棉铃虫自然种群的增长具有重要的抑制作用。如七星瓢虫和龟纹瓢虫对棉铃虫卵的日捕食量可达 41.0 ~ 72.3 粒。在北京郊区菜田，第二代卵被赤眼蜂寄生的个体比率有时高达 51%，在河南开封郊区有时高达 44.1%。在郑州郊区菜田，第二代幼虫被齿唇姬蜂寄生的比率高达 44.0%，一般为 18.6% ~ 40.0%，北京郊区第一代幼虫的被寄生率一般为 28% ~ 37%。

番茄田棉铃虫幼虫的病原微生物主要是棉铃虫核型多角体病毒（*Helicoverpa armigera* nucleopolyhedrovirus，HaNPV）和苏云金芽孢杆菌（*Bacillus thuringiensis*，Bt）等。幼虫感染 HaNPV 后，初期症状不明显，4 ~ 5d 后幼虫常到处爬行，停止取食，继而死亡。死亡时幼虫常用腹足倒挂在植株上。罹病个体膨胀，暗褐色，有时灰白色。幼虫的内部器官和表皮细胞多被病毒粒体侵染，细胞核内充满多角体，细胞和组织液化、解体，因此表皮脆软，一触即破，流出的液体呈褐色或灰色，一般无臭味。以 HaNPV 制剂 LC_{50} 处理幼虫，96h 后多功能氧化酶活性下降 12.02% ~ 13.5%，羧酸酯酶活性下降 14.88% ~ 15.25%。感染 Bt 的幼虫，开始时食量减少，继而停食，排稀粪，之后 1 ~ 2d 便死亡。以 Bt 制剂 LC_{50} 剂量处理的幼虫，多功能氧化酶和羧酸酯酶活性分别下降 4.17% ~ 4.27% 和 5.77% ~ 6.55%。

（四）化学农药

长期单一使用化学农药易使棉铃虫产生抗药性。目前棉铃虫已对多种农药产生了不同程度的抗性，如随着阿维菌素（avermectins）系列品种的广泛使用，多地棉铃虫种群出现抗药性。据测定，海南省感城、罗带、茗山和定安等地花生田棉铃虫种群，2004 年对阿维菌素的抗性分别是当地敏感种群的 10.29 倍、10.75 倍、6.08 倍和 3.70 倍。棉铃虫抗性种群的羧酸酯酶活性显著提高，表明羧酸酯酶活性增强可能是导致棉铃虫对阿维菌素敏感性降低的重要原因。因此，应注意合理使用阿维菌素类农药，以防抗性继续增强。同时，对溴氰菊酯产生抗性的种群的 α-乙酸萘酯酶含量高于敏感种群，且其对底物的亲和力也高于敏感种群，表明棉铃虫对溴氰菊酯抗性的产生与 α-乙酸萘酯酶有关。

棉铃虫对不同杀虫剂的抗性发展速度不同。如对高效氯氟氰菊酯和氰戊菊酯抗性的狭义遗传力分别为 0.247 6 和 0.462 5，说明棉铃虫对氰戊菊酯的抗性发展速度要快于高效氯氟氰菊酯。化学杀虫剂不仅能导致棉铃虫产生抗性，而且还会干扰棉铃虫的化学通信系统进而影响其求偶行为。如用 97% 溴氰菊酯处理棉铃虫雌蛾时，雌蛾体内性信息素含量明显升高，求偶率上升了 45%。

棉铃虫不同地理种群的抗性水平也有差异。2011 年来自河北、江苏、浙江、安徽、江西、山东、河南、湖北、湖南、广东、广西、四川、云南、新疆等省份 63 个抗药性监测点的数据表明，棉铃虫种群对辛硫磷、高效氯氟氰菊酯和甲氨基阿维菌素苯甲酸盐的抗性水平差异很大，多地种群对辛硫磷处于敏感状态，抗性倍数只有 1.1～3.0 倍，最高的仅达中抗水平（15.4～23.7 倍）。对高效氯氟氰菊酯的抗性较强，多地种群处于中抗水平（21.2～31.2 倍）和高抗水平（41.1～107.1 倍）。但对甲氨基阿维菌素苯甲酸盐多处于敏感状态，最高抗性倍数只有 4.4 倍。因此，用杀虫剂防治棉铃虫时，应注意交替使用杀虫作用机制不同的品种。

五、防治技术

在菜区，棉铃虫寄主植物种类繁杂，蔬菜复种指数高且轮作、倒茬困难，采收期不一致。因此，对于菜田棉铃虫的防治，应采取"抓好农业防治，加强生物防治，严控化学防治，注重综合防治"策略。在华北和黄淮流域，建议采取"挑治一、四代，主攻二、三代"的对策。

（一）农业防治

1. 深耕细耙　棉铃虫以蛹在土壤中越冬，因此秋茬蔬菜收获后土壤深耕细耙，能直接杀死越冬蛹，或破坏蛹室，使成虫难以羽化。

2. 种植诱集植物　在栽植番茄等主要寄主的蔬菜田或其周围，种植芹菜、胡萝卜、洋葱等蜜源植物诱杀第一代成虫。芹菜、胡萝卜、洋葱等的花期在 30d 以上，华北地区开花期在 5 月下旬至 7 月上旬，盛花期为 6 月中、下旬，恰值一代成虫发生期。利用成虫对这些花的趋性，傍晚在这些植株花上喷洒常用杀虫剂以杀灭成虫。在我国中北部地区，还可在菜田田埂上种植 1 行糯玉米或甜玉米，或每隔数行蔬菜种植 1 行玉米，使玉米心叶期与棉铃虫的主要为害世代第二代卵高峰期相吻合，以诱使棉铃虫在玉米上产卵。在棉铃虫成虫羽化初期，在玉米诱集带上喷洒浓度 0.1% 的草酸，可提高诱集带玉米植株上的落卵量。幼虫孵化盛期，集中在诱集带上喷施杀虫剂。

3. 结合田间管理，消灭虫卵，摘除虫果　根据棉铃虫成虫喜欢在番茄上部及嫩尖处产卵的习性，在每个世代的卵期，结合整枝、打杈，抹去嫩尖和嫩叶上的卵和幼虫。这种措施杀虫效果非常明显。如在北京市，打杈植株上的卵量比不打杈的卵量平均减少 70%～75%。田间管理及采摘成熟果时，及时摘除并处理有虫果，可减少田间残虫量，使下代发生数量下降。

（二）生物防治

蔬菜生育期短，采收频繁，因此，采用生物防治措施，是安全、高效、经济的防治手段，也是生产无公害乃至"绿色蔬菜"的关键。

1. 释放赤眼蜂　目前生产上使用的赤眼蜂种是松毛虫赤眼蜂（*Trichogramma dendrolimi* Matsumura）、广赤眼蜂（*T. evanescens* Westwood）和螟黄赤眼蜂（*T. chilonis* Ishii）。释放赤眼蜂可有效防治棉铃虫。如山西长治 1998—1999 年在第二代棉铃虫卵盛期的 6 月 21 日、24 日和 28 日各释放一次螟黄赤眼蜂，释放数量依次为每 667m² 5 万头、3 万头和 2 万头，棉铃虫卵的被寄生率达 60% 以上。

释放赤眼蜂时，一要确定放蜂时间和次数：放蜂时间一般在棉铃虫卵的始期、始盛期和盛末期；放蜂次数可根据卵量而定，发生量大时可多放几次，如果卵期比较集中，可放蜂 2～3 次。赤眼蜂喜光，且多在上午羽化，因此应选择上午放蜂。二是掌握好赤眼蜂的发育进度，使羽化出蜂期与田间棉铃虫卵期吻合。一般赤眼蜂蛹的复眼变为红色时，3d 左右即可进入出蜂期，也是释放的有利时机。

2. 施用生物制剂

（1）苏云金芽孢杆菌制剂：施药适期为棉铃虫幼虫盛孵期至二龄盛期。如使用 32 000IU/mg 苏云金杆菌可湿性粉剂，制剂用量一般为 600～900g/hm²，使用时可加入常用剂量 1/5～1/3 的化学杀虫剂，以提高杀虫效果。

（2）棉铃虫核型多角体病毒制剂：施药适期为卵高峰期。用 50 亿 PIB/mL 悬浮剂或 600 亿 PIB/g 水分散粒剂，制剂用量分别为 300g/hm² 或 30g/hm² 对水喷雾。一般每隔 8d 施用 1 次，一个世代连续施用 2～3 次，可有效控制幼虫为害。

（三）物理防治

根据成虫具有趋光性和趋化性的习性，在菜田设置诱虫灯或性诱剂等诱杀成虫。诱虫灯可为高压汞灯或频振式杀虫灯，使用时最好连片成网，灯距 250m。如使用高压汞灯，需在灯下设一捕虫水池，水池直径 1.2m，水深 6～10cm，灯下端距水面 20cm，并在水中加入少许洗衣粉（其在水中的浓度达到 0.1%）。在各代成虫发生期间，每天傍晚开灯，黎明前关灯，白天及时清除水池中的成虫。使用性诱剂时，可采用水盆诱捕器或黏胶诱捕器，每 667m² 放置 2 个诱捕器。每 20～30d 更换一次诱芯。使用水盆诱捕器时每 2～3d 应清理一次诱捕器中的成虫，并及时补水。

需要注意的是，性诱剂诱杀方法须大面积连片统一使用，否则防虫效果不明显。

（四）化学防治

施用杀虫剂防治菜田棉铃虫时，一要掌握好防治适期，二要选用高效、低毒、低残留的药剂，并严格按操作规程及安全间隔期施药，三要选择对天敌杀伤力小的杀虫剂，以充分发挥天敌的抑制作用。施药适期为卵孵化盛期至二龄幼虫盛期。目前杀虫效果较好的农药品种有：2% 甲氨基阿维菌素苯甲酸盐乳油（有效成分用量为 8.55～11.4 g/hm²）、5% 氯氰菊酯乳油（有效成分用量为 45～90 g/hm²），2.5% 高效氯氟氰菊酯微乳剂（有效成分用量为 15～22.5 g/hm²）、50g/L 虱螨脲乳油（有效成分用量为 37.5～45 g/hm²）、20% 虫酰肼悬浮剂（有效成分用量为 240～300 g/hm²）、5% 氟啶脲乳油（有效成分用量为 37.5～52.5 g/hm²）、18% 杀虫双水剂（有效成分用量为 540～675 g/hm²）、14% 氯虫·高氯氟微囊悬浮剂（有效成分用量为 22.5～45 g/hm²）等。

郭线茹（河南农业大学植物保护学院）

第 115 节　烟 青 虫

一、分布与危害

烟青虫（*Helicoverpa assulta* Guenée）属鳞翅目夜蛾科。原归属于实夜蛾属（*Heliothis*），1965 年被划归为铃夜蛾属（*Helicoverpa*），为东洋区、古北区、澳洲区和非洲区共有种。我国各省份均有分布。

据记载，烟青虫的寄主植物有 70 余种，其中包括烟草、辣椒、玉米、高粱、亚麻、豌豆、苋菜、向日葵、甘蓝、甘蔗、南瓜、洋葱、扁豆等，在菜田主要为害辣椒、甜椒，是我国各地辣椒产区的主要害虫。在辣椒上，烟青虫与其近缘种棉铃虫时有混合发生的现象，但以烟青虫为主。在我国，烟青虫对辣椒为害比较严重的世代多是第三代和第四代，常年蛀果率为 10%～15%，严重时可达 40%～50%，产量损失率达 20%～30%，秋茬辣椒受害尤重。

烟青虫以幼虫取食辣椒的蕾、花和果实，也食害嫩茎和叶芽（彩图 10-115-1）。果实被蛀后易腐烂、脱落，致使产量和品质下降。我国辣椒主产区烟青虫发生为害有逐步上升趋势，据调查 1989 年宝鸡市辣椒烟青虫和棉铃虫为害虫果率平均为 17.8%，严重地块达 43%。陕西岐山县辣椒每年因烟青虫和棉铃虫为害而导致的产量损失 11.8%，直接经济损失达 562 万元。江西永丰 2000—2003 年烟青虫发生面积分别占早春辣椒总面积的 20%、38%、41% 和 60%，田间有虫株率平均达 21%，为害严重的蛀果率达 40%～50%。

二、形态特征

成虫：体长约 15mm，翅展 24～33mm，雄蛾灰黄绿色，雌蛾体背及前翅棕黄色。前翅内横线、中横线和外横线均为波状暗褐色细纹；外横线较直，末端仅达肾形斑边缘的下方。后翅黄褐色，翅脉也带黄褐色，沿外缘有褐色宽带，宽带内侧中部有1与其平行的短黑纹（彩图10-115-2，1）。

卵：扁圆形。高0.4～0.5mm。中部有23～26条纵脊，纵脊不分叉，不达底部。纵脊间有横道13～16根（彩图10-115-2，2）。

幼虫：老熟时体长31～41mm。体色多变化，有青绿色、黄绿色、黄褐色等色型。前胸气门前2毛基部连线的延长线远离气门下缘。体表密生短而粗的小刺，腹面毛状小刺色浅，不甚明显（彩图10-115-1）。

蛹：长17～21mm，纺锤形，黄褐色。腹部第五至七节前缘密生小刻点，末端2根小刺的基部接近（彩图10-115-2，3）。

三、生活习性

烟青虫在我国各地的年发生代数从北向南逐渐增加。东北地区每年发生2代，河北2～3代，黄淮地区3～4代，陕西宝鸡地区年发生4代，湖北、安徽、浙江、上海、四川、云南、贵州等地4～6代。各地均以蛹在距土表10cm左右的土中越冬。

在甘肃天水年发生4代。第一代成虫6月中旬始见，6月下旬至7月上旬盛发。7月下旬第二代成虫始见，盛期在8月上、中旬。9月中旬第三代成虫盛发。

淮北地区，越冬代蛹5月中旬至6月下旬羽化，10月中、下旬最后一代幼虫入土化蛹越冬。9月中、下旬大棚秋延后辣椒坐果盛期是烟青虫第三代幼虫为害期。

江西永丰年发生4～5代。成虫4月上、中旬至11月下旬均可见。第一代幼虫始见于4月下旬，第二代幼虫始见于5月下旬，6月以后世代重叠，7月中下旬、8月中下旬、9月上旬至10月上旬分别是第三、四、五代幼虫盛发期，全年以5月上旬至6月中旬发生的第一、二代幼虫对甜椒为害最烈。10月上旬化的蛹一部分年内能羽化，10月中旬以后化的蛹，则全部越冬。

在海拔较高（1 450m）的贵州毕节反季节辣椒田，烟青虫幼虫发生盛期为7月中旬至9月中旬，时值辣椒结果盛期。田间7月上旬始见幼虫，花、果上幼虫盛期在7月中旬至8月下旬。

烟青虫生活习性与棉铃虫相似。蛹羽化多在20：00～23：00，羽化后30min左右成虫开始飞翔。成虫白天多在辣椒或杂草丛中栖息，晚上和阴天活动。有趋光性，对杨树、柳树的枯萎枝叶和糖醋液有趋性，喜吸食丝瓜和南瓜的花蜜补充营养。2日龄雌成虫交尾率最高，2～4日龄的雌成虫产卵量最多，约占总产卵量的77.85%。产卵量的多少与成虫补充营养关系密切，如饲喂多维葡萄糖的雌成虫平均每头产卵量526.2粒，最多916粒，饲以清水的最多仅产332粒。

在辣椒田，卵仅产于已现蕾、开花的辣椒植株上，辣椒生长前期多散产于上部叶片正面或叶背，后期卵多在果面、花蕾、萼片、花瓣上。大部分卵在19：00～20：00和6：00～9：00孵化。

初孵幼虫先取食卵壳，一、二龄时取食嫩叶，三龄后蛀果为害。一般1个椒果内只有1头幼虫，食料少和密度大时偶见2～3头幼虫。幼虫偶见转果为害。食害辣椒果时，幼虫全身蛀入果内，啃食果肉和胎座，残留果皮，果表仅留1个蛀孔，果内积满虫粪。被害果遇雨时易腐烂脱落。

幼虫老熟后脱果落地，钻入3～5cm深土中做蛹室准备化蛹。预蛹期约3d。初蛹嫩黄色或绿色，2～3h后呈黄褐色或绿褐色，8～10h后均为红褐色，臀棘由透明白色变为黑色。非越冬蛹历期13～14d。

四、发生规律

（一）虫源基数

烟青虫的发生程度与越冬基数关系密切。因以蛹在土中越冬，秋茬辣椒及其他寄主作物收获后进行深耕细耙，能杀灭土壤中的越冬蛹，减少翌年羽化量。

（二）气候条件

气温高低直接影响蛹羽化的早晚、卵的历期和幼虫发育的快慢。生长发育适温为20～28℃。在江西永丰，各虫态历期分别为卵5～7d，幼虫五至七龄15～21d，蛹7～10d（越冬代近6个月），成虫寿命10～25d。

烟青虫卵的发育起点温度为13℃，有效积温50℃。幼虫的发育起点温度为15℃，有效积温150℃。

世代有效积温300℃。卵、幼虫和蛹的发育速率随温度的升高而加快。如在20℃下卵和蛹的发育历期分别为6.1d 和 21.8d，32℃时分别只有 2.3d 和 8.8d。雌成虫寿命随温度升高而缩短，且在 24～28℃时产卵量较高，36℃时则不能产卵。日均温 25～28℃、相对湿度 80％左右有利于种群增长。春季气温偏高、湿度较大、食料丰富时，第一、二代烟青虫发生早、发生量大。

（三）寄主植物

蜜源植物的多寡影响初羽化的成虫补充营养。若有较多的开花植物，特别是丝瓜和南瓜花可供取食，则烟青虫产卵量明显增加，为害加重。

寄主植物影响烟青虫的抗药性。取食红辣椒的幼虫比取食烟草和人工饲料的幼虫对氰戊菊酯、茚虫威、辛硫磷和灭多威更敏感。研究还发现，取食红辣椒的幼虫乙酰胆碱酯酶活性约为取食烟草和人工饲料幼虫的 2 倍，但其羧酸酯酶和谷胱甘肽转移酶的活性则显著下降。

寄主植物长势及品种影响成虫的产卵选择性及幼虫为害程度。一般露地定植早、植株长势好、现蕾早的辣椒田落卵量高，受害重。同一时期辣椒早熟品种上卵量少，幼虫蛀果率低，而中晚熟品种中植株叶色浓绿、生长好、现蕾早的田块落卵量多，受害也重。辣味程度不同的辣椒品种间作时，烟青虫在各品种上的落卵量及虫果率随辣椒果实中辣椒碱含量的增加而呈下降趋势。但辣椒碱对烟青虫取食及生长发育又具有刺激作用，如在整个幼虫期饲以含有辣椒碱的人工饲料时，幼虫的死亡率下降，生长速率增加。以半致死剂量的辣椒碱注射处理烟青虫五龄幼虫时，处理幼虫所化的蛹重不受影响，但能使烟青虫的近缘种棉铃虫的蛹重减轻，表明烟青虫对辣椒碱的耐性较棉铃虫强。

（四）天敌

烟青虫的捕食性天敌有草蛉、猎蝽、姬蝽、花蝽、隐翅虫、瓢虫和多种蜘蛛等，寄生性天敌主要有棉铃虫齿唇姬蜂（Campoletis chlorideae Uchida）和螟蛉悬茧姬蜂 [Charops bicolor (Szepligeti)] 等。另外，还有球孢白僵菌 [Beauveria bassiana (Balsamo)]、苏云金芽孢杆菌（Bacillus thuringiensis Berliner）、烟青虫核型多角体病毒、烟青虫质型多角体病毒、棉铃虫核型多角体病毒等病原微生物可侵染烟青虫幼虫。在甘肃天水辣椒田，烟青虫田间自然被寄生率达 10.77％～34.3％；8月上旬至 9月上旬，捕食性天敌种类多，数量较大，对烟青虫卵和幼虫有一定控制作用。

（五）化学杀虫剂

常年所采取的化学防治方法已使烟青虫对一些杀虫剂如一些菊酯类品种和硫丹产生了抗性，但茚虫威和联苯菊酯对烟青虫仍具有较高的杀虫活性。室内经过 13 代抗性筛选后，茚虫威和联苯菊酯对烟青虫幼虫的 LC_{50} 值分别提高 4.19 倍和 10.67 倍，但马来酸二乙酯（diethyl maleate）和磷酸三苯酯（triphenyl phosphate）均能使茚虫威对烟青虫的毒力增加，且已初步明确羧酸酯酶和谷胱甘肽转移酶活性增强在烟青虫对茚虫威的抗性发展中起关键作用。因此，生产中应合理使用茚虫威，必要时与其他农药交替使用。

五、防治技术

在菜田，烟青虫主要食害辣椒。对于菜田烟青虫的防治，应采取"以农业防治为基础，加强生物防治，合理进行化学防治"的防治对策。

（一）农业防治

辣椒播种前进行种子处理和苗床消毒，大田实行宽窄行种植模式，合理密植，降低田间湿度，平衡施肥，提高辣椒植株抗性。辣椒田插花种植玉米、高粱等高秆非茄科作物，避免与烟草等茄科作物邻作或间作，可降低辣椒田烟青虫卵量。辣椒生长期及时清理落花和虫果，可降低下一代虫源基数。辣椒收获后土壤深耕细耙，杀灭土中的蛹，可使越冬虫口数量下降。

（二）生物防治

发现辣椒受害时首选生物源杀虫剂进行防治。在幼虫孵化盛期，可采用苏云金芽孢杆菌、青虫菌和棉铃虫核型多角体病毒等微生物制剂或苦参碱、印楝素、鱼藤酮等植物源农药进行防治。如苏云金杆菌16 000IU/mg 可湿性粉剂制剂用量 750～1 500g/hm²、8 000IU/mg 悬浮剂 3 000～3 750mg/hm²，对水进行叶面喷雾，或者棉铃虫核型多角体病毒50 亿 PIB/mL 悬浮剂，每 10mL 对水 15kg 进行喷雾。也可在每代卵发生始盛期开始，连续释放赤眼蜂 3～4 次，每次每 667m² 放蜂 10 000～15 000 头，每隔

4～5d 放 1 次。

也可利用性诱剂诱杀成虫。在每代成虫始盛期开始，每 667m² 放置 1～2 个性诱芯水盆诱捕器。诱芯每 20d 左右更换 1 次，夏季高温季节每 10d 左右更换 1 次。使用期间及时清理水盆中的成虫，并及时补水。

（三）物理防治

1. 灯光诱杀 可利用太阳能频振式杀虫灯诱杀成虫。在地势平坦的菜田，每 3hm² 左右安装 1 盏灯，灯距离地面 1.2～1.5m，在每代成虫发生初期开始使用，每隔 2～3d 清理一次接虫袋。

2. 糖醋液诱杀 糖醋液配制比例为白酒 1 份、水 2 份、红糖 3 份、醋 4 份，另加辛硫磷或乐果乳油（其量为糖醋液总量的 1% 左右）。将糖醋液装入直径 20～30cm 的盆中，盆中放置海绵以吸附糖醋液。每 667m² 设置 5～6 个。放置糖醋液的器皿顶部高出辣椒植株冠层顶部 20～30cm。

（四）化学防治

化学防治适期为 50% 左右的卵顶部变黑至幼虫孵化盛期。参考防治指标为百株辣椒卵量 20～30 粒。施药后百株幼虫超过 5 头时应补治。应选择高效、低毒、低残留的杀虫剂，做到科学、合理、安全用药。可选用 14% 氯虫·高氯氟微囊悬浮-悬浮剂 22.5～45g/hm²、3% 阿维菌素微乳剂 8.1～10.8 g/hm²、1% 甲氨基阿维菌素微乳剂 3～3.75 g/hm²、1% 甲氨基阿维菌素苯甲酸盐乳油 1.5～3 g/hm²、5% 氯虫苯甲酰胺悬浮剂 22.5～41.25 g/hm²、50g/L 氟氯氰菊酯乳油 22.5～26.5 g/hm²、25% 灭幼脲悬浮剂 56.25～90 g/hm² 等药剂对水喷雾。

郭线茹（河南农业大学植物保护学院）

第 116 节　茄黄斑螟

一、分布与危害

茄黄斑螟［*Leucinodes orbonalis* (Guenée)］属鳞翅目草螟科白翅野螟属，别名茄子钻心虫、茄白翅野螟、茄螟等。该虫属热带昆虫，在国外分布于亚洲的越南、新加坡、泰国、马来西亚、柬埔寨、老挝、缅甸、菲律宾、印度尼西亚、日本、尼泊尔、孟加拉国、巴基斯坦、斯里兰卡、印度、沙特阿拉伯、文莱，非洲的布隆迪、喀麦隆、刚果、埃及、埃塞俄比亚、加纳、肯尼亚、莱索托、马拉维、莫桑比克、尼日利亚、卢旺达、圣多美和普林西比、塞拉利昂、索马里、南非、坦桑尼亚、乌干达、刚果民主共和国、赞比亚、津巴布韦等，北美洲的美国佛罗里达州、路易斯安那州、马萨诸塞州、密西西比州、宾夕法尼亚州。在我国主要分布于华中、华东、华南、西南及台湾、香港等地。其中，湖北、湖南、江西、广西、广东、福建、四川、浙江、山东和上海等省份，均有发生为害的记载。

茄黄斑螟主要为害茄子，但也可为害其他茄科植物如马铃薯、多皮刺茄、刺天茄、水茄、番茄、辣椒和龙葵；还有为害甜菜、甘薯、豌豆和芒果的报道。在热带适生区域如印度，幼虫蛀食茄子幼根，使植株长势衰弱，果实发育不良而降低产量；更重要的是幼虫钻蛀果实，导致收获时无法上市或商品率降低，经济损失可达 60%～70%。由于幼虫隐藏在根和果实中，大量施用杀虫剂也收不到防治效果。农户通常每周施药两次，一茬内施药次数平均达 15～40 次或者更多，其中 9% 的样品农药残留量超过最高残留限量标准（MRLs）。在我国南方亚热带地区，茄黄斑螟为间歇性发生害虫，幼虫取食茄子花蕾、花蕊、子房、蛀食嫩茎、嫩梢和果实，引起枝梢枯萎、断梢、落花、落果及烂果。20 世纪 70 年代末期，湖北省武汉及襄樊等地因该虫致茄子严重减产。夏初枯顶、枯梢及落花较多，秋季蛀果率高达 90%～100%，一个果实内有幼虫 3～5 头，多则 6～7 头。据江西省 1982 年调查，南昌、景德镇、九江、吉安、井冈山、上饶等 23 个市（县）有虫情发生。茄子被害株率高达 60%～100%，其中，嫩梢被害率为 22%～82%，花蕾被害率为 16%～28%，大果被害率为 3.1%～13.6%，中果为 7.2%～16%，小果为 8.5%～17.6%，对茄子产量和品质造成很大损失。据浙江省景宁县 2005 年报道，茄子受该虫危害，一般发生年份虫果率为 25%～35%，严重年份达 50%～85%。随着全球性的气候变暖，以及该虫可随被害果实调运远距离传播，茄黄斑螟在我国的发生趋势值得关注。

二、形态特征

成虫：体长 6.5～10mm，翅展 18～32mm，多数 20 mm 左右，一般雌蛾比雄蛾稍大。体、翅均为白色，前翅有 4 个鲜明的大黄色斑，中室顶端下侧与后缘相接成 1 红色三角形纹，翅基部浅黄褐色，翅顶角下方有 1 黑色眼形斑。后翅中室有 1 小黑点，有明显的浅褐色后横线及两个浅黄色斑。复眼黑色，触角丝状，头、颈、前胸白色，夹有灰黑色鳞片。中、后胸及腹部第一节背面呈浅灰褐色，其余各腹节背面呈灰白色或灰黄色。成虫栖息时两翅伸展，腹部向上翘起，腹部两侧节间的毛束直立，前足向前伸并弯曲交叉盖于下唇须之上（彩图 10 - 116 - 1，1）。

卵：长 0.7～0.8 mm，宽 0.4～0.5 mm，外形似水饺状，光滑无纹。卵脊上有锯齿状刺 2～5 根，大小长短不一。初产时乳白色，逐渐产生鲜红色斑纹，孵化前呈灰黑色。

幼虫：多数 5 龄，末龄幼虫体长 16～18 mm，粉红色，初龄期黄白色，中龄期灰黄色。头及前胸背板黑褐色，背线浅褐色，各节均有 6 个黑褐色疣状毛斑，前 4 个大，后 2 个小，各节背区两侧各有 2 个毛瘤，上着生 2 根刚毛。腹末端黑色，腹足趾钩双序缺环，腹足外侧上方具 3 根刚毛（彩图 10 - 116 - 1，2）。

蛹：体长 8～9 mm，浅黄褐色，第三、四腹节两侧各有 1 对较突出的气门。头三角形稍突出，腹面扁平。吻、触角、前翅伸至第九腹节，但与腹部七至九节处分离突出。茧壳坚韧，有内外两层，初结茧时为白色，逐渐加厚变深褐色至棕褐色。茧形不规则，多呈扁长椭圆形，有纵棱数条，茧外露部分平滑，紧贴于附着物上（彩图 10 - 116 - 1，3）。

三、生活习性

茄黄斑螟在长江中下游地区 1 年发生 4～5 代，以老熟幼虫结茧在残株枝杈、枯卷叶中、杂草根际、石块和土表、墙壁缝隙等处滞育越冬。上海地区观察，越冬幼虫常年在 3 月中旬（旬平均温度升至 10～11℃）开始化蛹，4 月中旬至 5 月上旬（旬平均温度 16～20℃）越冬代成虫开始羽化，一般田间 5 月中、下旬始见幼虫为害状，5 月下旬至 6 月下旬（旬平均温度 22～24℃）虫量逐渐增加，7～9 月（温度 25～32℃）为发生为害盛期，以 8 月下旬至 9 月下旬（温度 25～28℃）虫口密度最大，秋茄受害重，与上海市茄黄斑螟历年灯下诱蛾量消长动态（图 10 - 116 - 1）基本吻合。10 月中、下旬温度下降至 15℃ 左右，产生滞育的越冬老熟幼虫；但在保护地反季节和延秋栽培时，由于设施环境温度较高，老熟幼虫越冬最迟会延至 12 月，甚至 1 月上旬。分析上海市宝山、嘉定、金山区和浦东新区等测报点的灯下诱蛾资料显示，8 年期间年均诱蛾量 418.9 头，2006 年蛾量最高为 687 头，2009 年发生最轻蛾量仅 219 头。灯下诱蛾最早的始见期为 2013 年 5 月上旬，而较迟始见期出现在 2008 年、2010 年和 2012 年 5 月下旬。5～7 月茄黄

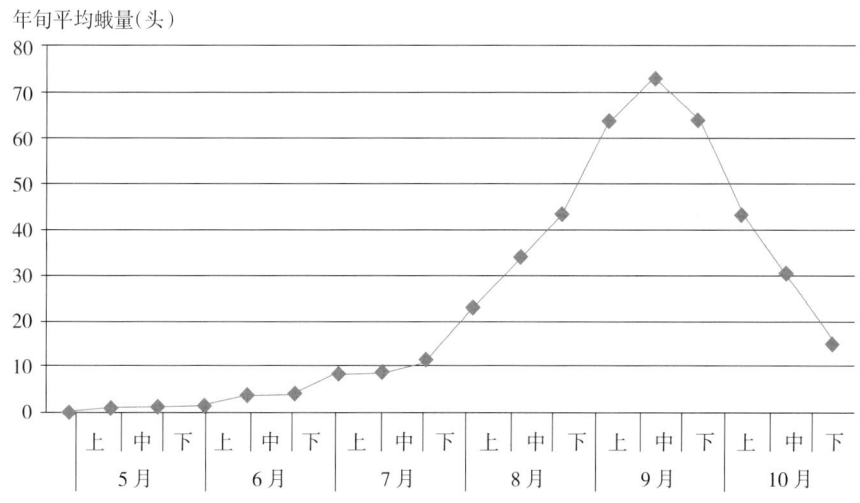

图 10 - 116 - 1　2006—2013 年上海市茄黄斑螟灯下诱蛾消长动态（引自吴寒冰等，2013）

Figure 10 - 116 - 1　Population dynamics of *Leucinodes orbonalis* adults trapped by light during 2006—2013 in Shanghai（from Wu Hanbing et al.，2013）

斑螟发生早期（前半期），年均灯诱蛾量 40.2 头，占年均总蛾量的 9.6%；8~9 月盛发期年均灯诱蛾量 301.4 头，占年均总蛾量的 71.9%。10 月发生末期的诱蛾量，约为年均总诱蛾量的 20%，除保护地反季节和延秋栽培外，基本为无效虫源。

成虫多数在午夜前羽化和交尾，白天不活动，在茄子植株的叶片间或杂草丛中等阴暗处隐蔽藏身，受惊后能在植株行间作低空短距离飞行，较易捕捉，但在夜间极为活泼，一次可以飞翔达 3~5min 之久，最多可水平移动距离达 20m 以上，在阴雨天、低温时成虫夜间活动较弱，气温在 25~28℃ 的晴天，20：00 至翌日 3：00，是成虫取食、交尾的活动盛期。成虫在夜间的活动受环境的影响很大，在气温较高的晴天，风力 1~2 级时诱蛾量突增，风力 4 级以上和中雨的夜间诱蛾量很少。当 10 月下旬气温下降到 15℃ 以下，下雨、刮北风的夜间，活动几乎停止，基本诱集不到成虫。成虫有一定的趋光性，对黑光灯及普通灯光表现趋性，但在越冬代和一代发生期，灯诱效果较差，在二代发生期诱到的成虫数量增加，诱集成虫高峰期与田间发生为害盛期基本吻合，因此用灯诱进行虫情测报，能够反映田间虫口消长趋势。我国从茄黄斑螟雌蛾性腺体提取物中，分离和鉴定出性信息素的主要成分 E11-16：Ac（反-11-十六碳烯醇乙酸酯）。触角电位和田间试验证明，天然提取物和合成样品对雄成虫均有良好的生物活性。但开发出性能稳定、诱捕效果好的商品制剂，还要做许多工作。

成虫寿命的长短受温度影响较大，最适发生温度为 20~28℃，寿命为 7~12d，在 35~40℃ 高温下只能存活 1~3d。雌蛾产卵量也受温度影响，在高温下产卵量下降，甚至不产卵即死亡；当温度在 20~28℃、相对湿度在 70%~80% 时，1 头雌蛾最多可产卵 200~300 粒，最少可产卵 80 多粒，平均产卵量可达 150 多粒。卵绝大多数单粒散产在茄株上部嫩梢初展的小叶反面、蕾、叶腋间、幼果的萼片上，少数产在叶片正面或花、叶柄、嫩枝上。在成虫产卵的中后期偶有 2~3 粒产在一起，也有极少数产卵末期的成虫，因体力、活动能力下降，会产下 7~8 粒的块产。

卵的孵化多在清晨或傍晚，孵化率与温度的关系较为密切。在室内温度 35~40℃ 时，卵的孵化率仅为 5%，卵历期仅 2~3d；在 30℃ 左右时，卵的孵化率不受影响，卵历期 5~7d；在 20~25℃ 时，卵的孵化率上升为 97%~100%，卵历期为 8~13d（朱树勋，1995）。上海地区 2003—2005 年观察，候平均温度在 18~21℃ 时，卵历期为 10~14d，在 22~25℃ 为 7~9d，在 26~28℃ 为 6~7d，在 29~31℃ 时为 5~6d。经生物统计计算得出，卵发育起点温度为 (11.47 ± 1.06)℃，有效积温为 (98.04 ± 7.31)℃。茄黄斑螟卵的发育历期（V）与温度（T）的关系，符合回归模型 $V=1/(0.009\,871T-0.108\,802)$，相关系数为 $R=0.967\,7$。

幼虫是钻蛀性害虫，不为害叶片。初孵幼虫常在卵壳侧面咬孔爬出，留下白色卵壳，随后即在嫩茎最前端的第一节或第二节的枝杈处蛀入，有时也先从这两个节位枝基的叶柄蛀入，再蛀入嫩茎，蛀孔外堆积虫粪，蛀孔大小常随幼虫蛀入时的龄期大小有所不同，幼虫发育至三龄以上，可根据适生需要多次转移蛀食嫩梢，初孵幼虫也常蛀入花蕾、花蕊、子房为害，这些器官受害后大多变黑脱落；高龄幼虫多数蛀食茄果，一旦蛀入茄果后则不再转移，通常可寄生发育到老熟，直到化蛹时再从寄主果实中爬出（彩图 10-116-2）。幼虫的发育受环境温度影响较大，7~8 月，幼虫历期为 10~15d，9 月，幼虫历期为 20d 左右。各龄期秋季幼虫虫体比夏季虫体肥大，重量超过一半，体色为鲜红。当幼虫发育到五、六龄时，历期的长短相差较大，造成世代重叠。上海地区 2003—2005 年对茄黄斑螟幼虫发育的观察显示，候平均气温在 18~21℃ 时，幼虫历期为 17~21d；在 22~25℃ 时，幼虫历期为 14~16d；在 26~28℃ 时，幼虫历期为 11~13d；在 29~31℃ 时，幼虫历期为 8~10d。经生物统计计算得出，幼虫发育起点温度为 (14.84 ± 3.06)℃，有效积温为 (119.7 ± 3.92)℃。茄黄斑螟幼虫的发育历期（V）与温度（T）的关系，符合回归模型 $V=1/(0.007\,204T-0.095\,192)$，相关系数为 $R=0.862\,3$。

幼虫老熟后爬出虫道或蛀害果外（夏季在田间植株上易查到），多数在植株的枝杈、卷叶、果柄附近或两叶相靠的地方吐丝缀合薄茧化蛹，少数在枯枝落叶、杂草及土壤等处化蛹；秋季（在植株上不易查到）多数在阴暗的枯枝落叶、杂草基部、土缝、砖石块凹陷处作茧化蛹。虫茧初期为白色，逐渐从内部将茧壳加厚，后渐转褐色。在茧的一端开始时留下一指缝，待茧壳结好后，吐丝将缝封住，以后成为成虫的羽化孔。蛹历期长短主要受温度影响，对湿度要求不严格，即使在室内墙壁、家具等干燥的物体上，均能正常羽化。在 7~8 月（室温 35℃ 左右）预蛹期为 2~3d，蛹期 8~12d（平均 9.5d）；在 9 月中旬气温

28～30℃条件下，预蛹期 4d 左右，蛹期 15～20d。上海地区 2003—2005 年对茄黄斑螟蛹的发育观察显示，候平均温度在 18～21℃时，蛹历期为 17～25d，在 22～25℃时为 13～16d，在 26～28℃时为 10～12d，在 29～31℃时为 7～9d。经生物统计计算得出，蛹发育起点温度为（13.88±0.58）℃，有效积温为（133.3±5.55）℃。茄黄斑螟蛹的发育历期（V）与温度（T）的关系，符合回归模型 $V = 1/(0.007\,185T - 0.096\,176)$，相关系数为 $R = 0.957\,7$。

四、发生规律

（一）气候条件

茄黄斑螟是喜温性害虫，主要分布于热带和亚热带地区。在我国南方发生为害区，每年 7～9 月高温多湿季节，适宜茄黄斑螟的发生，是该虫的发生为害盛期。多年的暖冬气候提高了越冬虫口的存活率，利于早春的发生。根据上海市 2006—2013 年的灯诱虫情调查数据，结合气象因素研究分析显示，该虫发生程度轻重与当年相关的气温、降水量要素关系密切。当 6～7 月旬平均温度低于 25.5℃，如 2010 年温度偏低，或 7～8 月的降水量超过 400mm，如 2009 年为显著多雨年份，该虫卵粒易被暴雨冲刷死亡，茄黄斑螟均发生偏轻；而 6～7 月旬平均温度高于 27.0℃的 2013 年，或 7～8 月降水量低于 200mm 的 2006、2007、2011 年，分属高温、潮湿闷热天气年份，茄黄斑螟发生偏重。但 2013 年 6～7 月旬均温度高达 27.2℃、降水量少于 50mm 的干旱年份，也影响茄黄斑螟的发生量。现将 8 年的茄黄斑螟诱蛾数据及其拟合值，与汇总的气象要素列于表 10 - 116 - 1。

表 10 - 116 - 1　2006—2013 年上海地区相关气象要素与茄黄斑螟诱蛾量的回归检验（引自李雅珍等，2014）

Table 10 - 116 - 1　Regression test between *Leucinodes orbonalis* adults trapped by light and fitted values at weather - related factors during 2006－2013 in Shanghai（from Li Yazhen et al.，2014）

年份	6～7月旬均温度（℃）	7～8月降水量（mm）	年诱蛾量（头）	拟合值（头）	拟合误差（头）	预测符合率（%）
2006	26.6	118.5	687	555.79	131.21	80.90
2007	26.7	164.7	546	539.89	6.11	98.88
2008	26.4	300.2	393	377.85	15.15	96.15
2009	26.7	538.5	219	217.19	1.81	99.18
2010	25.4	234.7	278	269.54	8.46	96.96
2011	26.4	142.8	423	548.66	−125.66	71.39
2012	26.6	334.2	393	408.84	−15.84	85.91
2013	27.2	38.8	412	433.24	−21.24	94.84

将表内的 6～7 月旬平均气温（X_1）、7～8 月降水量（X_2）和年诱蛾量（Y）数据，用 DPS 数据处理系统进行二次逐步回归分析，得出预测式为 $Y = 4\,713.521\,0 - 55.713\,1X_2 - 5.849\,5X_1 \times X_1 - 0.001\,6X_2 \times X_2 + 2.095\,5X_1 \times X_2$，其相关系数 $R = 0.878\,6$。并经拟合检验，理论预测的符合率达到 70.39%～98.88%，平均预测的符合率为 90.52%。

（二）寄主植物

据联合国粮食与农业组织统计，我国 2007 年茄子栽培面积 120 万 hm^2，占世界总栽培面积的 58.8%，总产量占世界份额的 56.2%。在我国南方各地均有茄子栽培，茄子是夏秋季的主要蔬菜之一。随着设施栽培的发展，实现了茄子周年生产，为茄黄斑螟提供了充足的食料条件，以及良好的越冬庇护场所。

茄子的品种很多，从果实形状不同可分为椭圆形、圆球形（或扁圆形）和长条形等。在江西南昌的调查结果显示，茄黄斑螟对不同品种茄子为害程度有明显差异，条形茄的果实被害率为 19%，而圆球形的果实被害率达 52%。据上海观察，条形茄子品种抗（避）虫性最强，其被害株率仅为椭圆形品种的 10%～20%。因此，南方地区适宜选择长条形茄为主栽培品种。

（三）化学杀虫剂

2000 年以来，我国加强了蔬菜产品质量安全的管理工作，生产过程中限用广谱性有机磷、菊酯类杀虫剂，提倡应用高效、低毒和选择性制剂，对常发性的害虫兼治作用减弱，可能是局部地区茄黄斑螟种群回升的一个因素。

（四）天敌

茄黄斑螟的幼虫有多次转移为害的特性，给天敌提供了良好的寄生机遇。据江西南昌 1978 年的初步调查结果，茄黄斑螟卵期、幼虫期的天敌有松氏通草蛉 [*Chrysoperla savioi*（Navas），旧称牯岭草蛉（*Chrysopa kulingensis* Navas）]，对卵的捕食率为 12.5%，对幼虫的捕食率为 2%～4%。蛹期有寄生性天敌网盾姬小蜂（*Dermatopolle* sp.），自然寄生率为 16%，每只寄主蛹可羽化 12～21 头蜂；还有一种寄蝇（学名未知）寄生率为 5%～8%。由被害嫩梢迁移的幼虫，受病原细菌的感染率为 2%～3%。天敌对茄黄斑螟不同发育阶段均有一定的控制作用。浙江省景宁县 2005 年调查，主要的天敌有绒茧蜂、甲腹茧蜂和鸟类等，寄生蜂对幼虫和蛹的寄生率达 50% 以上。但不合理使用农药常造成过多杀伤天敌，加重茄黄斑螟的发生为害。

五、防治技术

防治茄黄斑螟应注重农业、生物、物理的防治方法，尽可能减少化学农药使用次数，降低农药残留，在必须使用化学农药时，要选用高效、低毒、低残留农药，并注意控制好采收安全间隔期。

（一）农业防治

1. 清洁田园　在夏秋季茄子生长期，坚持每间隔 10d 左右，定期剪除田间被害植株嫩梢、虫枝及茄果，带出田外进行无害化灭虫；茄子采收后，及时清除残株落叶和杂草，清洁田园，机耕整地灭虫，并在冬前彻底处理茄子秸秆，减少越冬虫源。

2. 选栽抗虫品种　南方重发生区域，夏、秋二季的盛发期尽可能选种条形茄品种，减轻茄黄斑螟为害。

（二）物理防治

1. 设置防虫网　保护地设施生产基地，可以设置防虫网，以阻隔成虫迁入在植株上产卵，从而有效降低种群密度及后代发生数量。

2. 高温闷棚　由于茄黄斑螟难耐 35℃ 以上的高温，而茄子在 40～45℃ 的高温条件下仍可正常生长、开花结果。在保护地，可实行深沟、高畦栽培，沟内灌水，闭棚提温（闷棚）至 35～40℃，不仅可以控制茄黄斑螟为害，还可抑制蓟马、蚜虫、烟粉虱和褐纹病、绵腐病、煤霉病等多种病虫害。应注意，实施该项技术一定要用温度计监测棚内温度，设专人值守观察温度变化，防止天气突然变化引起植株受害或烧苗。

（三）化学防治

在夏秋季节茄黄斑螟幼虫孵化始盛期、盛期用药 1～2 次，防治间隔 7～10d。可选用 150g/L 茚虫威悬浮剂 3 000 倍液，或 10% 虫螨腈悬浮剂 1 000～1 500 倍液、25g/L 多杀霉素悬浮剂 800～1 000 倍液、24% 氰氟虫腙悬浮剂 600～800 倍液、24% 甲氧虫酰肼悬浮剂 1 500 倍液、5% 氟啶脲乳油 1 000～1 500 倍液等，采收安全间隔期为 3～7d。常规防治用药可选 3% 甲氨基阿维菌素苯甲酸盐微乳剂 2 500～3 000 倍液、10% 高效氯氰菊酯乳油 1 500～2 000 倍液等喷雾防治，采收安全间隔期为 7～10d。

附：测报技术

1　调查内容与方法

1.1　诱蛾系统调查

1.1.1　调查时间：从旬平均温度回升至 15℃ 以上开始，至旬平均温度回落到 15℃ 以下结束。

1.1.2　调查环境与田块的选择：在茄子主要生产基地，区域生产面积至少应大于 0.67hm²（6 667 m²）。选择有代表性的早、中、晚茬主栽品种的类型田，灯诱成虫的测报灯应安装在便于调查出入的田边，周边应避免有干扰光源。

1.1.3　调查方法：每日 6：00 至翌日 5：00，用佳多智能型测报灯，通宵开 20W 黑光灯 2 盏，两灯至少相距 200m，逐日早晨调查集虫箱内诱捕的成虫数，并收集隔夜诱捕的成虫，区分雌、雄后，将结果汇总填入附表 10‐116‐1。

附表 10‐116‐1　茄黄斑螟成虫消长系统调查记载表（引自李惠明等，2006）

Supplementary Table 10‐116‐1　Investigation recordation of *Leucinodes orbonalis* adults trapped by light（from Li Huiming et al. ，2006）

调查单位：　　　　　　　　　　　　　　　　　　　　　　　　　　　　　　　　　年度：

调查日期（日/月）	类型田	生育期	灯 诱 成 虫（头）					单灯平均蛾量	平均累计蛾量	备注
			灯1		灯2		合计			
			雄	雌	雄	雌				

1.2　田间虫情消长系统调查

1.2.1　调查时间：从旬平均温度回升至 10℃以上开始，至旬平均温度回落到 12℃以下结束。

1.2.2　调查环境与田块的选择：在茄子主要生产基地，区域生产面积至少应大于 0.67hm² （6 667 m²）。选茄子定植后 20d 以上早、中、晚茬主栽品种的类型田各 2 块。

1.2.3　调查方法：采用对角线五点取样法，每 5d1 次，每点定株 20 株，共取样 100 株，调查有虫株率、卵数、幼虫数，每点随机取样采收前的成龄果 20 个，共取样 100 个果实调查幼虫蛀果率，将调查结果填入附表 10‐116‐2。

附表 10‐116‐2　茄黄斑螟田间卵、幼虫、蛀果率调查表（引自李惠明等，2006）

Supplementary Table 10‐116‐2　System investigation records of eggs, larvae and damaged fruits in *Leucinodes orbonalis*（from Li Huiming et al.，2006）

调查单位：　　　　　　　　　　　　　　　　　　　　　　　　　　　　　　　　　年度：

调查日期（日/月）	类型田	品种	生育期	调查株数（株）	有虫株率（%）	卵（粒）		幼虫（头）		茄果被害			备注
						卵量	累计卵量	幼虫数	累计幼虫数	调查茄果数（个）	蛀果数（个）	蛀果率（%）	

1.3　大田虫情巡回普查

1.3.1　调查时间：在茄黄斑螟发生盛期开始至秋季发生末期。

1.3.2　调查环境与田块的选择：在茄子主要生产基地，选茄子定植后 20d 以上的早、中、晚茬主栽品种的各类型田 2～3 块，调查田块总数不少于 10 块。

1.3.3　调查方法：采用对角线五点取样法，每 10d1 次，每点定 20 株，共取样 100 株调查株寄生率，将大田虫情巡回普查结果填入附表 10‐116‐3。

附表 10‐116‐3　茄黄斑螟大田虫情普查结果汇总记载表（引自李惠明等，2006）

Supplementary Table 10‐116‐3　Summary results of the field survey in *Leucinodes orbonalis*（from Li Huiming et al.，2006）

调查单位：　　　　　　　　　　　　　　　　　　　　　　　　　　　　　　　　　年度：

调查日期（日/月）	调查面积（m²）	品种	生育期	调查株数（株）	有虫株数（株）	虫株率（%）	虫情普发面积（667m²）					虫情普发指数
							0级	1级	2级	3级	4级	

2 虫情预报

2.1 大田虫情发生趋势预报

根据测报点茄黄斑螟虫情系统消长调查，在越冬代灯诱成虫始见后 30d 左右的初始发生期，汇总当前虫口的发生基数、历年同期虫口基数与中长期天气预报的综合因素对比，分析下阶段虫情的发生动态，向主要生产区发出趋势（预警）预报。

2.2 防治适期及防治对象田预报

2.2.1 防治适期：茄黄斑螟有虫株率 5%～10%时或茄黄斑螟发蛾始盛期＋卵历期。

2.2.2 防治对象田：夏、秋茄子开花坐果期至采收中期的类型田。

3 预测预报参考资料

参考 1 茄子黄斑螟大田巡回普查发生程度分级标准：0 级：有虫株率为 0；1 级：有虫株率≤25%；2 级：有虫株率 26%～50%，株分枝蛀害率≤9%；3 级：有虫株率 51%～75%，株分枝蛀害率 10%～20%；4 级：有虫株率≥76%，株分枝蛀害率≥21%。

参考 2 茄黄斑螟适宜发生预警参考：①最适温度：20～28℃；②相对湿度：80%～90%。

李惠明（上海市农业技术推广服务中心）

朱国仁（中国农业科学院蔬菜花卉研究所）

第 117 节 马铃薯甲虫

一、分布与危害

马铃薯甲虫 [*Leptinotarsa decemlineata* (Say)] 隶属于鞘翅目叶甲科瘦跗叶甲属，是世界公认的马铃薯毁灭性食叶害虫，也是我国对外重大检疫对象和外来入侵生物之一。该虫原产于美国落基山脉东坡，首次在野生杂草刺萼龙葵（*Solanum rostratum*）上发现，1824 年记述为新种。1855 年，首次报道了马铃薯甲虫作为农作物害虫在美国科罗拉多州马铃薯产区造成严重危害，故此又称该虫科罗拉多马铃薯甲虫（Colorado potato beetle，CPB）。此后马铃薯甲虫每年以 85km 的速度向东扩散，1875 年传播到大西洋沿岸，并向周边国家传播，相继传入加拿大、墨西哥，19 世纪 70 年代由于人为因素传播到欧洲西部的德国、英国和荷兰，但是通过检疫封锁措施，得到有效控制。1918—1920 年第一次世界大战后又经波尔多进入法国，此后分三路向东扩散，不久在捷克、斯洛伐克、克罗地亚、匈牙利、波兰等东欧国家定殖。20 世纪 50 年代侵入苏联边境，60 年代传入苏联欧洲部分，1975 年传入里海西岸的阿塞拜疆和俄罗斯，20 世纪 80 年代继续向东蔓延至中亚各国，于 20 世纪 90 年代初传入我国新疆。在世界范围内，目前马铃薯甲虫分布于美洲大陆 15°～55°N 与欧亚大陆 33°～60°N 的欧洲、亚洲和北美洲，以及非洲北部的 40 多个国家和地区（彩图 10 - 117 - 1）。

马铃薯甲虫于 1993 年 5～7 月在我国伊宁市、察布查尔县和塔城市首次发现。该虫在过去的 20 年不断沿天山北坡向东蔓延，传播直线距离超过了 800km，每年扩散速度平均约为 80km。2003 年传播至昌吉回族自治州木垒哈萨克自治县。截至 2012 年，马铃薯甲虫分布扩展至新疆天山以北准噶尔盆地的伊犁河谷地区（察布查尔锡伯族自治县、霍城县、伊宁市、伊宁县、特克斯县、昭苏县、巩留县、尼勒克县、新源县）、塔城地区（塔城市、额敏县、裕民县、托里县、沙湾县、乌苏市）、阿勒泰地区（仅分布于哈巴河县、福海县、吉木乃县、布尔津县、阿勒泰市）、博尔塔拉蒙古自治州（精河县、博乐市、温泉县）、奎屯市、石河子市、五家渠市、昌吉回族自治州（玛纳斯县、呼图壁县、昌吉市、阜康市、奇台县、吉木萨尔县、木垒哈萨克自治县）、乌鲁木齐市（新市区、米东区、乌鲁木齐县）、巴音郭楞蒙古自治州（仅分布于和静县林场）等 7 个地（州、市）的 37 个县（区、市）约 30 万 km² 的区域，以及上述区域新疆建设兵团所属农场马铃薯种植区。目前马铃薯甲虫分布的最东端在我国新疆天山以北昌吉回族自治州木垒县博斯坦乡三个泉子村（90°41′15″E，43°44′20″N，海拔 1 465m），距新疆与甘肃交界处 550km。除新疆天山以北的大部分区域，马铃薯甲虫在新疆天山以南喀什地区、和田地区、阿克苏地区、巴音郭楞蒙古自治州（和静县除外）、新疆中东部的吐鲁番地区和东部的哈密地区尚未发生。在我国东北，马铃薯甲虫现已逐步扩散蔓延到吉林省和黑龙江省与俄罗斯的滨海边区西南部毗邻的边境地区。2013 年 7~8 月吉林珲春春化镇首次发现马铃薯甲虫疫情以来，2014 年 7~8 月黑龙江省虎林市、东宁市、绥芬河市等边境地区马铃薯种植区也先后发现了马铃薯甲虫疫情，均已铲除，2014 年珲春市亦未发现马铃薯甲虫疫情。对上述突发疫情的监测和分析，目前该区域马铃薯甲虫处于初发和入侵早期阶段，表明俄罗斯滨海区西南部发生区马铃薯甲虫向我国东北吉林省和黑龙江省等与之毗邻的边境区域传播和扩散趋势在不断加剧，应给予高度重视。除上述区域外，截至目前我国其他省份均未发生马铃薯甲虫（彩图 10 - 117 - 2）。

马铃薯甲虫的寄主范围相对较窄，属于寡食性昆虫。其寄主主要包括茄科 20 多个种，多为茄属植物，包括马铃薯（*Solanum tuberosum*）、茄子（*S. melongena*）等寄主作物，和茄属的刺萼龙葵（或称黄花刺茄）（*S. rostratum*）、欧白英（*S. dulcamara*）、狭叶茄（*S. angustifolium*）等茄属野生寄主植物；而茄属的 *S. carolinense*、*S. sarrachoides* 和 *S. elaeagnifolium* 等野生植物只偶尔被取食。马铃薯甲虫寄主还包括茄科天仙子属的天仙子（*Hyoscyamus niger*）；番茄属的番茄（*Lycopersicon esculentum* L.）。在我国新疆发生区，马铃薯甲虫寄主有 10 余种，主要包括马铃薯、茄子、天仙子、刺萼龙葵、番茄、龙葵（*S. nigrum*）。此外，马铃薯甲虫偶食茄科曼陀罗属的曼陀罗（*Datura stramonium*）和十字花科的白菜（*Brassica pekinensis*）等个别植物。

马铃薯甲虫以成虫、幼虫取食并为害马铃薯叶片和嫩尖。其成虫及三、四龄幼虫取食量较大，在我国发生区，马铃薯甲虫为害初期常使叶片出现大小不等的孔洞或缺刻，继续取食可将叶肉吃光，留下叶脉和叶柄。马铃薯甲虫成虫和幼虫严重为害时常将叶柄或较细的幼茎咬断，从而引起整个叶片或茎上部分叶片枯死。这种情况通常发生在开花前受害严重的马铃薯植株上，在夏季强烈阳光的照射下，被害马铃薯植株剩余的茎秆会在几天内失水干枯致死亡。因此，在马铃薯幼苗期、开花期至薯块形成期遭受马铃薯甲虫严重为害会对产量造成很大影响。成虫、幼虫喜食幼嫩的中上部叶片，形成"秃顶"后，向下转移为害，待整株叶片都吃光后，再向邻近植株转移为害。马铃薯甲虫在食物条件匮乏的情况下也取食马铃薯块茎，还偶食茄子和曼陀罗的果实，以及番茄茎秆韧皮部和白菜等十字花科植物。同时，可传播马铃薯褐斑病、环腐病等多种病害（彩图 10 - 117 - 3）。

马铃薯甲虫是世界范围内马铃薯主要产区最具毁灭性的食叶害虫，在过去的 150 年里不断传播扩散，所到之处给当地马铃薯生产造成严重损失。根据国外相关文献报道和对我国马铃薯甲虫为害的调查显示，如不进行合理防治，马铃薯甲虫一般可造成 30%~50% 产量损失，严重者减产达 90%，甚至绝收。此外，在我国马铃薯甲虫二代发生区研究发现，马铃薯产量损失随该虫虫口密度的增加而增大。第一代马铃薯甲虫幼虫田间密度与马铃薯产量损失关系符合回归方程 $Y = -2.5143 + 2.3771X$（$R = 0.9229$**）。在第一代马铃薯甲虫低龄幼虫（一、二龄）虫口密度达到 5 头/株时，可造成 14.9% 的产量损失；当马铃薯甲虫低龄幼虫虫口密度为 20 头/株时，该虫导致的产量损失可达 60% 以上。据不完全统计，仅美国每年因马铃薯甲虫为害导致的经济损失为 41.4 亿~69 亿美元，而全世界每年因该虫为害损失高达 50 亿~100 亿美元。

二、形态特征

马铃薯甲虫属全变态昆虫，一生为分成虫、卵、幼虫和蛹四个虫态，各虫态形态特征如下。

成虫：体长 9~12mm，宽 6~7mm，短卵圆形，体背显著隆起。淡黄色至红褐色，具多数黑色条纹和斑。头顶的黑斑多呈三角形。复眼后方有一黑斑，但通常被前胸背板遮盖。口器淡黄色至黄色，上颚端部黑色，下颚须末端色暗。触角 11 节，第一节粗而长，第二节短，第五、六节约等长；触角基部 6 节黄色，端部 5 节膨大而色暗。上唇显著横宽，中央缺切线，着生前缘刚毛；上颚有齿 4 个，其中 3 个明显；下颚的轴节和茎节发达，茎节端部又分为内颚叶及外颚叶，上面密被刚毛，下颚须短，末节端部呈截形，短于其前一节。前胸背板隆起，长 1.7~2.6mm，宽 4.7~5.7mm；基缘呈弧形，后侧角稍钝，前侧角突出；顶部中央有一 U 形斑纹或 2 条黑色纵纹，每侧又有 5 个黑斑，有时黑斑相互连接；中区的刻点细小，近侧缘的刻点粗而密。小盾片光滑，黄色至近黑色。鞘翅卵圆形，显著隆起。每一鞘翅有 5 个黑色纵条纹，全部由翅基部延伸到翅端。翅合缝黑色，条纹 1 与翅合缝在翅端几乎相接，条纹 2、3 在翅端相接，条纹 4 与 3 的距离一般情况下小于条纹 4 与 5 的距离，条纹 5 与鞘翅侧线接近。鞘翅刻点粗大，沿条纹排成不规则的刻点行。足短；转节呈三角形；腿节稍粗而侧扁；胫节在端部方向放宽，跗节 5 节，假 4 节，第四节极短；爪的基部无附齿。腹部第一至五腹板两侧具黑斑，第一至四腹板的中央两侧另有长椭圆形黑斑。雄虫外生殖器的阳茎呈圆筒状，显著弯曲，端部扁平，长为宽的 3.5 倍。雌雄两性外形差别不大，雌虫个体一般稍大。雄虫最末端腹板比较隆起，具一凹线，雌虫无此特征（彩图 10 - 117 - 4，1）。

卵：椭圆形，顶部钝尖，初产时鲜黄色，后变为橙黄色或浅红色。长 1.5～1.8mm，宽 0.7～0.8mm（彩图 10 - 117 - 4，2）。

幼虫：共 4 个龄期。体长×头宽分别为：一龄（2.10～3.20）mm×（0.50～0.67）mm；二龄（4.40～5.60）mm×（0.84～1.00）mm；三龄（7.70～9.10）mm×（1.17～1.50）mm；四龄（12.40～15.40）mm×（2.17～2.50）mm。一、二龄幼虫暗褐色，三龄开始逐渐变鲜黄色、粉红色或橘黄色；头黑色发亮，前胸背板骨片以及胸部和腹部的气门片暗褐色或黑色。幼虫背方显著隆起。头为下口式，头盖缝短；额缝由头盖缝发出，开始一段相互平行延伸，然后呈一钝角分开。头的每侧有小眼 6 个，分成 2 组，上方 4 个，下方 2 个。触角短，3 节。上唇、唇基及额之间由缝分开。头壳上仅着生初生刚毛，刚毛短；每侧顶部着生刚毛 5 根；额区呈阔三角形，前缘着生刚毛 8 根，上方着生刚毛 2 根。唇基横宽，着生刚毛 6 根，排成 1 排。上唇横宽，明显窄于唇基，前线略直，中部凹缘狭而深；上唇前缘着生刚毛 10 根，中区着生刚毛 6 根和毛孔 6 个。上颚三角形，有端齿 5 个，其中上部的 1 个齿小。一龄幼虫前胸背板骨片全为黑色，随着龄期的增加，前胸背板颜色变淡，仅后部仍为黑色。除最末两个体节外，虫体每侧有两行大的暗色骨片，即气门骨片和上侧骨片。腹节上的气门骨片呈瘤状突出，包围气门。中、后胸由于缺少气门，气门骨片完整；四龄幼虫的气门骨片和上侧片骨片上无明显的长刚毛。体节背方的骨片退化或仅保留短刚毛，每一体节背方约有 8 根刚毛，排成 2 排。第八、九腹节背板各有一块大骨化板，骨化板后缘着生粗刚毛，气门圆形，缺气门片；气门位于前胸后侧及第一至八腹节上。足转节呈三角形，着生 3 根短刚毛；爪大，骨化强，基部的附齿近矩形（彩图 10 - 117 - 4，3）。

蛹：为离蛹，椭圆形，尾部略尖，体长 9～12mm，宽 6～8mm，橘黄色或淡红色，体侧各有 1 排黑色小点（彩图 10 - 117 - 4，4）。

三、生活习性

（一）生活史

在美洲和欧洲，马铃薯甲虫年发生 1～2 代，部分地区 1 年可发生不完全 3 代。在我国新疆马铃薯甲虫发生区，马铃薯甲虫 1 年可发生 1～2 代，以 2 代为主，个别区域可发生不完全 3 代。马铃薯甲虫以成虫越冬，其越冬场所为寄主田的土壤，尤以马铃薯、茄子田为主要越冬场所，与其寄主田邻近的作物田或荒地、林地亦有少数成虫越冬。据在我国马铃薯甲虫发生区新疆伊犁河谷地区调查，成虫越冬土层深度为 6～30cm，主要分布于 11～20cm 的土层，占总量的 91.2%。在伊犁河谷 8 月中旬以后成虫开始入土休眠准备越冬，其初入土深度较浅，主要分布于 6～10cm。随着气温下降，11 月中旬后成虫入土深度逐步达到 11～20cm。目前我国马铃薯甲虫 2 代发生区主要包括新疆北部的平原马铃薯产区，其中，博乐至奇台的沿天山一带大部分地区，如沙湾县、石河子市、奎屯市、乌鲁木齐市米东区、奇台、昌吉市、阜康市、吉木萨和木垒县北部，以及伊犁河谷的新源县、尼勒克县、特克斯县等地 1 年可发生 2 代。而塔城、阿勒泰等高纬度地区马铃薯甲虫虽然 1 年发生 2 代，但属于不完整 2 代区。在海拔较高的冷凉山区 1 年仅发生 1 代，如昭苏县、乌鲁木齐县南山地区、木垒县南部等地；在伊犁河谷西部热量资源较为丰富的区域，如伊宁、霍城、察布查尔等地马铃薯甲虫 1 年发生 2 代或不完全 3 代，该区域马铃薯主要于 4 月上旬至 5 月上旬播种，一般越冬代成虫于 5 月上、中旬出土，随后转移至野生寄主植物取食和为害早播马铃薯，由于越冬成虫越冬入土前进行了交尾，因此，越冬后雌成虫不论是否交尾，取食马铃薯叶片后均可产卵。第一代卵盛期为 5 月中、下旬，第一代幼虫为害盛期为 5 月下旬至 6 月下旬，第一代蛹盛期为 6 月下旬至 7 月上旬，第一代成虫发生盛期为 7 月上旬至 7 月下旬。第一代成虫产卵盛期为 7 月上旬至 7 月下旬，第二代幼虫发生盛期为 7 月中旬至 8 月中旬，第二代幼虫化蛹盛期为 7 月下旬至 8 月上旬，第二代蛹羽化盛期为 8 月上旬至 8 月中旬，第二代（越冬代）成虫入土休眠盛期为 8 月下旬至 9 月上旬，该虫世代重叠十分严重，世代发育需要 30～50d。

表 10 - 117 - 1　马铃薯甲虫在新疆伊宁的年生活史（引自吐尔逊·阿合买提等，2010）
Table10 - 117 - 1　Life history of *Leptinotarsa decemlineata* in Xinjiang（from Tursun Ahmad et al.，2010）

	1~3月			4月			5月			6月			7月			8月			9月			10月			11~12月		
	上旬	中旬	下旬	上旬	中旬	下旬	上旬	中旬	下旬	上旬	中旬	下旬	上旬	中旬	下旬	上旬	中旬	下旬	上旬	中旬	下旬	上旬	中旬	下旬	上旬	中旬	下旬
越冬代成虫	▲	▲	▲	▲	▲	▲	▲	▲	△	△	△	△	△	△	△	△	△	△	△	△	△	△					
					△	△	△									▲	▲	▲	▲	▲	▲	▲	▲	▲	▲	▲	▲
第一代							○	○	○	○	○	○	○	○	○	○	○	○	○								
										—	—	—	—	—	—	—	—	—	—								
													+	+	+	+	+	+	+	+	+	+					
														△	△	△	△	△	△	△	△	△					
																▲	▲	▲	▲	▲	▲	▲	▲	▲	▲	▲	▲
第二代										○	○	○	○	○	○	○	○										
													—	—	—	—	—	—									
															+	+	+	+	+	+	+						
																	△	△	△	△	△	△					
																	▲	▲	▲	▲	▲	▲	▲	▲	▲	▲	▲

注　▲：滞育成虫，△：非滞育成虫，—：幼虫，＋：蛹，○：卵。

（二）传播扩散方式

大量的研究表明，马铃薯甲虫成虫是传播和扩散的主要虫态。马铃薯甲虫可以通过成虫迁飞随气流自然传播，也可以通过发生区的马铃薯薯块、蔬菜等农副产品，以及交通工具等人为方式传播，但是以起飞后随气流的传播为主要方式。影响其传播因子主要包括地理阻隔、越冬条件、寄主分布、风向风速、监测和防控水平等。其中地理阻隔、越冬条件和寄主分布是制约其传播的关键因素。同时，马铃薯甲虫也可随水传播。

（三）迁飞习性

在我国马铃薯甲虫发生区，越冬后成虫及第一代成虫发生期是马铃薯甲虫主要迁飞阶段。一般马铃薯甲虫成虫自然扩散有两种方式：一是爬行，主要是发生于春季和秋季，属田间扩散，距离一般在 15～100m；二是飞行，马铃薯甲虫的飞行行为有 3 种：一种是小范围的低空琐细飞行，局限于田块内或邻近田块的飞行，这种飞行的方向不受气流的影响，属自主飞行，飞行距离一般为几米至数百米，飞行高度不超过 20m，可持续多次进行。第二种是高空非自主迁飞，这种迁飞距离一次飞行超过 1km，飞行高度超过 50m，其飞行方向与气流方向一致，其飞行距离与气流强度成正相关。这种飞行多发生于春季滞育出土后成虫寻找新的寄主阶段。第三种是长距离迁飞。这是马铃薯甲虫扩散的主要原因。在新疆伊犁河谷地区这种迁飞主要发生在越冬后成虫迁入寄主田，紧接着产卵高峰后。这种迁飞发生主要是由于温度和日照强度的刺激，其飞行方向和距离取决于优势风向和风速。

（四）繁殖及其他生物学特性

据在我国发生区的观察，马铃薯甲虫成虫一般将卵产于寄主植株下部的嫩叶背面，卵为块状，偶产于叶表和田间各种杂草的茎、叶上。据田间调查，第一代和第二代卵块平均卵粒数为（25.14±14.13）粒和（32.7±17.88）粒，一般单雌一生产卵量为 300～3 130 粒，平均约 1 000 粒，表明马铃薯甲虫繁殖力极强，雌虫个体间产卵量差异十分明显。越冬后成虫取食并交尾产卵，其卵的孵化率为 95%～100%，而未交尾者为 76.5%～92.6%，前者稍高于后者。研究发现，饲喂嫩叶越冬后成虫有 10.3% 的个体，在秋季（10月上旬）可再次入土越冬。

在我国发生区，马铃薯甲虫越冬代、第一代成虫雌雄性比分别为 1.1∶1 和 1.02∶1，表明其性比基本为 1∶1，雌虫略占多数。马铃薯甲虫成虫具有夜伏昼出性，交尾、产卵和取食活动一般在

12：00～18：00最盛。成虫具有假死习性。由于大部分越冬代雌虫交尾在越冬前已完成，翌春越冬雌虫补充营养后不需交尾即可产卵，在马铃薯、茄子、天仙子寄主存在的情况下，即可形成一个种群。在没有食物供给，但补充水分的条件下，大部分马铃薯甲虫成虫个体可存活约30d，最长可存活101d，70％饲喂幼嫩叶片的越冬代成虫可存活110d以上，表明越冬后成虫具有较强的耐饥饿能力。由于受温度、越冬场所灌水等因素影响，越冬后成虫出土可持续30d以上，而寄主作物播种期不整齐也影响了越冬代个体出土后获取食物的早迟，进而引起成虫产卵期长短不一致。上述原因使马铃薯甲虫世代重叠现象十分严重，这不仅增加了防治难度，导致加大化学农药使用量，也为抗性的发生埋下隐患。

（五）滞育

在我国马铃薯甲虫 2 代发生区，通过田间调查和室内饲养观察表明：马铃薯甲虫滞育的临界光照虫态为成虫，第一、二代和少数越冬成虫产卵后在一定环境条件下均可滞育，从而证实该虫属兼性滞育性昆虫。在光周期长于 16h 温度适宜的条件下继续生长发育，短日照（不足 14h）可引起该虫滞育，说明其滞育类型属于短日照滞育型，其临界光照周期为 14h。

（六）空间分布与田间抽样

研究表明，在我国马铃薯甲虫发生区该虫各虫态均为聚集分布。田间抽样时，成虫应采用大五点法、对角线法；幼虫最宜采用 Z 字形法；卵最宜采用对角线法。

四、发生规律

（一）温度

1. 温度对各虫态发育历期、发育速率及死亡率的影响　在我国新疆马铃薯甲虫发生区，马铃薯甲虫各虫态发育历期、发育速度与温度的关系十分密切。卵、幼虫和蛹（包括预蛹）的发育历期随着温度的升高而缩短，发育速度逐渐加快。在 15℃ 和 20℃ 条件下，从幼虫发育至成虫开始产卵，死亡率较高，分别为 56％ 和 42％；在 25℃ 和 30℃ 条件下死亡率极低，分别为 6％ 和 8％；而 32℃ 下死亡率为 75.3％；35℃ 下卵孵化率仅为 0.98％，幼虫不能正常发育；25～30℃ 产卵量较高，表明 25～30℃ 是马铃薯甲虫适宜发育温度。

表 10 - 117 - 2　马铃薯甲虫在不同温度下的发育历期（d, $X \pm S_x$）（引自郭文超等，2013）

Table 10 - 117 - 2　Developmental duration (d) of *Leptinotarsa decemlineata* at different temperatures (d, $X \pm S_x$) (from Guo Wenchao et al.，2013)

虫 态	15℃	20℃	25℃	30℃	32℃
卵期（d）	11.04±0.96	5.12±0.13	4.88±0.16	4.89±0.14	4.09±0.25
幼虫期（d）	35.16±3.58	18.97±1.84	10.74±0.54	9.36±0.49	9.61±0.82
蛹期（d）	28.88±1.86	18.64±0.73	11.64±0.72	9.34±0.53	8.97±0.39
整个未成熟期（d）	75.08	42.73	27.26	23.59	22.67
成虫产卵前期（d）	—	13.00	9.00	6.00	6.00
整个世代（d）		55.73	36.26	29.59	28.67

2. 发育起点与有效积温　在我国马铃薯甲虫 2 代发生区，对新疆乌鲁木齐市安宁渠地里种群发育起点和有效积温测定结果表明，马铃薯甲虫卵、幼虫、蛹发育起点温度分别为 9.14℃、9.59℃ 和 10.23℃，有效积温依次为 73.26℃、273.02℃ 和 100.38℃。这一结果与 Tauber（1988）报道的马铃薯甲虫的发育起点温度基本一致。

3. 过冷却点与冰点　在我国马铃薯甲虫 2 代发生区新疆乌鲁木齐地区研究发现，当地马铃薯甲虫地理种群各虫态过冷却点存在一定的差异。过冷却点由低到高的顺序为：卵＜成虫＜一龄幼虫＜蛹＜四龄幼虫＜二龄幼虫＜三龄幼虫。冰点也存在一定的差异，冰点由低到高的顺序为：卵＜一龄幼虫＜成虫＜二龄幼虫＜蛹＜四龄幼虫＜三龄幼虫。

表 10-117-3　马铃薯甲虫不同发育阶段的发育起点温度和有效积温（引自周昭旭等，2010）

Table 10-117-3　Developmental threshold and effective accumulated temperature in every developmental stages of *Leptinotarsa decemlineata* （from Zhou Zhaoxu et al.，2010）

发育阶段	发育起点温度（℃）	有效积温（℃）	相关系数 r（P<0.01）
卵期	9.14±1.38	73.26±6.79	0.987 4
一龄幼虫期	10.50±1.75	43.22±5.54	0.976 2
二龄幼虫期	8.17±0.94	39.23±2.33	0.994 7
三龄幼虫期	10.28±0.33	34.05±0.80	0.999 2
四龄幼虫期	9.04±1.66	161.97±17.85	0.982 3
幼虫期	9.59±1.53	273.02±28.78	0.983 7
蛹期	10.23±1.92	100.38±13.83	0.972 7

表 10-117-4　马铃薯甲虫不同虫态过冷却点和冰点（引自张云慧等，2012）

Table 10-117-4　Supercooling point and freezing point in different developmental stages of *Leptinotarsa decemlineata* （from Zhang Yunhui et al.，2012 ）

虫态	过冷却点			冰点		
	平均值（±SE）（℃）	最小值（℃）	最大值（℃）	平均值（±SE）（℃）	最小值（℃）	最大值（℃）
卵	-13.73±0.93	-16.66	-10.98	-12.57±0.94	-15.39	-9.63
一龄幼虫期	-7.87±0.18	-11.70	-6.40	-6.64±0.18	-9.25	-4.99
二龄幼虫期	-6.27±0.12	-7.80	-3.12	-4.03±0.12	-7.02	-1.38
三龄幼虫期	-6.21±0.08	-7.31	-3.85	-2.80±0.08	-5.39	-1.09
四龄幼虫期	-6.31±0.14	-7.74	-4.20	-3.01±0.88	-6.13	-0.51
幼虫	-6.66±0.08	-11.70	-3.12	-4.12±0.14	-9.25	-0.51
蛹	-6.90±0.12	-9.19	-5.30	-3.07±0.78	-4.67	-0.99
成虫	-7.89±0.07	-9.37	-5.02	-6.57±0.79	-8.39	-3.66

（二）寄主

在我国马铃薯甲虫发生区的研究表明，马铃薯、茄子和天仙子等不同寄主对马铃薯甲虫幼虫和蛹发育历期的影响因温度不同而异。在 15℃ 低温条件下，饲喂茄子的幼虫期最长，达到 47.31d，而饲喂天仙子的幼虫期仅为 40.76d，缩短了 6.55d，表明寄主对幼虫发育历期有显著影响，但随温度逐渐升高，不同寄主间幼虫发育历期差异相对减少，尤其是在 23℃ 时饲喂不同寄主的幼虫发育历期差异不明显。而且，幼虫的存活率以饲喂茄子为最高，其次为马铃薯，天仙子最低；蛹的存活率则以饲喂天仙子的最低，饲喂茄子和马铃薯的蛹存活率差异不明显。在不同寄主条件下蛹重差异明显，蛹重顺序是饲喂马铃薯＞饲喂茄子＞饲喂天仙子。总体而言，取食马铃薯的成虫产卵前期最短、产卵期最长、产卵量最大，说明马铃薯是马铃薯甲虫生长、发育和繁殖的最适寄主。

（三）天敌

研究发现，我国新疆马铃薯甲虫发生区马铃薯甲虫捕食性天敌有 54 种，其中昆虫天敌 25 种，蜘蛛 29 种。迄今为止未发现寄生性天敌和专一性天敌。主要捕食性天敌包括：日本通草蛉 [*Chrysoperla nippoensis* （Okamoto），异名：中华通草蛉 （*Chrysoperla sinica* ）]、蓝蝽 （*Zicrona caerula* ）、多异瓢虫 （*Hippodamia variegata* ）、十三星瓢虫 （*Hippodamia tredecimpunctata libialis* ）、七星瓢虫 （*Coccinella septempunctata* ）、蠋蝽 （*Arma chinensis* ）、苜蓿盲蝽 （*Adelphocoris lineolatus* ）、牧草盲蝽 （*Lygus pratensis* ）、华姬蝽 （*Nabis sinoferus* ）、原姬蝽 （*N. ferus* ）、异须微刺盲蝽 （*Campylomma diversicornis* ）、拟青新圆蛛 （*Neoscona pseudoscylla* ）、冠花蟹蛛 （*Xysticus cristatus* ）、蒙古花蟹蛛 （*X. mongolicus* ）、中华亮豹蛛 （*Luctinosa sinensis* ） 等。中华草蛉、蓝蝽和苜蓿盲蝽等主要天敌对马铃薯甲虫卵或一至三龄幼虫的捕食效应评价研究发现，其捕食功能反应均符合 Holling Ⅱ 型。其中，蓝蝽二至五龄若虫和

成虫对卵的最大日均捕食量分别为 3.50 粒、10.25 粒、22.09 粒、30.60 粒和 28.78 粒；中华草蛉一至三龄幼虫对卵的最大日捕食量为 4.86 粒、12.86 粒和 33.68 粒；苜蓿盲蝽成虫对卵和一龄幼虫的最大日捕食量分别为 11.39 头和 9.12 头，表明上述天敌对马铃薯甲虫具有较强的控制能力。可采取天敌助迁措施，发挥其控害作用。另外，对我国发生区马铃薯甲虫病原微生物分离和鉴定表明，主要病原微生物包括：球孢白僵菌（*Beauveria bassiana*）、轮枝菌（*Verticillium* sp.）、绿僵菌（*Metarhizium anisopliae*）、镰孢菌（*Fusarium* sp.）、木霉菌（*Trichoderma* sp.）等。其中球孢白僵菌为主要致病菌，该菌广泛分布于我国马铃薯甲虫发生区，并具有较强的致病性。

（四）迁飞

在我国马铃薯甲虫发生区，在实验生态学条件下，利用昆虫飞行磨系统研究环境因子对马铃薯甲虫飞行能力的影响结果表明，越冬代、一代和二代成虫迁飞能力存在一定差异。总体而言，越冬代出土后的迁飞能力最强，其次为第一代，第二代（越冬代入土越冬前）的迁飞能力最弱。种群拥挤度、温度、营养条件等环境因素对马铃薯甲虫成虫飞行能力（飞行时间、飞行高度和飞行距离）具有显著的影响。田间种群密度增加时，引起食物匮乏是造成迁飞扩散的主要因素。室内外研究发现，迁飞活动需要在 20℃以上和较强光照的条件下才能进行，温度过低或过高时均不利于马铃薯甲虫的迁飞。

（五）化学药剂

长期以来由于过度使用化学杀虫剂，在美国以及欧洲一些国家曾引发了严重的马铃薯甲虫抗药性问题。马铃薯甲虫对所有已注册化学农药均产生了抗药性，注册的化学农药一般使用 2～3 年后便可产生抗药性，被认为是世界上抗药性发生最为严重的害虫之一。虽然马铃薯甲虫传入我国仅 20 年，但由于长期使用化学农药防治，其抗药性水平发展很快，对高效氯氟氰菊酯、溴氰菊酯等拟除虫菊酯类农药分别产生了 29～5 868 倍和 15～2 325 倍中到极高水平的抗性，对氨基甲酸酯类丁硫克百威的抗性也已达到了 12～90 倍的中到高水平抗性。因此，发展化学防治替代技术和产品，建立应对有效的治理策略刻不容缓。近年来，我国科技工作者构建含有 Bt 毒蛋白基因的单价和双价转基因植物，表现出优良的抗虫活性，并对田间主要天敌及其他节肢动物群落无明显影响，薯块色泽、形状和产量与常规品种无明显差异。同时还挖掘了基于 RNA 干扰技术的致死基因，取得了可喜的进展。

五、防治技术

2008 年以来，根据我国马铃薯甲虫发生区的生产实际，在防治上采取"压前控后、治本清源"的对策，实施包括与环境相容的化学防治、生物防治、生态调控和防虫栽培等关键技术的综合防控技术，不仅有效控制了马铃薯甲虫为害，而且有效地遏制了其进一步向东扩散传播。

（一）植物检疫

一旦局部地区发生马铃薯甲虫疫情，应在当地行政主管部门的监督和指导下将该区域划为疫区。疫区周边区域植物保护部门应制定行之有效的防控预案，采取积极的检疫、封锁和应急扑灭等响应机制，防止和杜绝马铃薯甲虫的进一步传播。

（二）农业防治

1. 秋耕、冬灌和轮作　秋耕、冬灌和轮作可恶化马铃薯甲虫的生活环境，有效控制马铃薯甲虫为害。在我国发生区，马铃薯田经秋翻马铃薯甲虫越冬死亡率可达 33%～76%，秋翻田越冬死亡率比未翻田提高平均约 50%。与非寄主作物轮作可明显推迟马铃薯甲虫越冬后发生期 2～4d，远距离轮作超过 400m 可普遍推迟发生期 7d 以上，同时轮作对马铃薯甲虫种群数量发展也具有明显的抑制作用。在相同条件下，在 5 月中旬伊犁河谷马铃薯甲虫 2 代发生区轮作田该虫种群密度比连作田低 29%～84%，平均降低达 65%。这些栽培控制技术在新疆大规模应用取得了良好的效果。此外，在马铃薯甲虫严重发生区，可采取适时早播，或种植早熟品种，可提前收获，不仅缩短了被害时间，而且减轻了为害程度。

2. 种植诱集带　在早春马铃薯甲虫发生区，提早种植一定面积的马铃薯诱集带（面积不低于当地马铃薯种植面积的 1%），通过化学防治集中杀灭诱集的越冬成虫，可大幅度降低用药水平，延缓其抗性的发生。

3. 防虫栽培技术　①选用优质高产品种，改传统的裸地起垄沟灌种植为覆膜种植，可阻断成虫入土化蛹和出土羽化通道，降低种群密度；有效提高地温，降低水分无效蒸腾，促进马铃薯生长发育。②合理的施肥和管理，即在马铃薯全生育期，一般中等肥力土壤采取投入各种肥料总量分别为氮肥 375kg/hm² ＋磷肥 225kg/hm² ＋钾肥 225kg/hm²，其中 60％氮肥、60％磷肥和 30％钾肥作基肥，播种前施用 40％氮肥、40％磷肥和 70％钾肥，40％在开花前期作追肥，该施肥技术可显著提高马铃薯的耐害性，降低马铃薯甲虫为害导致的产量损失。尤其是适当增施钾肥，可明显减轻马铃薯甲虫为害。③推广覆膜滴灌随水施肥技术，全生育期滴肥 7～8 次，氮肥和钾肥滴施 112.5kg/hm²，磷肥滴施 97.5kg/hm²，可以达到有效控制马铃薯甲虫为害，实现节水和增产多个目标。

4. 人工捕捉　利用成虫的假死习性，于每年 4 月下旬至 5 月中旬马铃薯甲虫越冬成虫出土期，在田间定期（1～2 次/周）捕捉越冬成虫，摘除叶片背后的卵块，带出田外集中销毁，可有效压低虫口基数，减轻为害。

（三）生物防治

除了保护利用马铃薯甲虫的捕食性天敌，充分发挥其在田间的控害作用外，可在马铃薯甲虫幼虫发生期，应用 300 亿孢子/g 球孢白僵菌可湿性粉剂，每 667m² 用量为 100～200g，在一至二龄幼虫期，喷雾防治 2～3 次，间隔 7d，有较好的防治效果，或利用低量喷雾 100 亿孢子/g 悬浮液 15 000mL/hm²，喷雾防治 2 次，间隔 7d。在虫害较为严重的地块可加大菌剂的使用量，在越冬成虫入土期采用同样的用量和方法，可有效压低越冬虫源数量；多杀霉素或除虫菊等，在卵孵化盛期至二龄幼虫期或成虫期使用效果也较好。

（四）化学防治

1. 种衣剂应用技术　在马铃薯播种期，使用新型薯块专用种衣剂 3.2％甲·噻悬浮种衣剂（国家专利：ZL. 2007 1 0145394. X），按药剂与种薯以 1：80 的比例包衣种薯；或采用 70％噻虫嗪种子处理可分散粉剂，按照药剂有效成分与种薯以 18g：100kg 进行拌种处理，持效期可达 60d 以上，可有效控制越冬代成虫和第一代幼虫为害。

2. 化学引诱剂应用技术　我国科技工作者从马铃薯叶片中分离出 2-苯乙醇、（Z）-乙酸-3-己烯-1-醇酯、芳樟醇和水杨酸甲酯等具有较高活性的挥发物，筛选出了对马铃薯甲虫具有较强引诱作用的配方。应用人工合成的引诱剂可成功地监测马铃薯甲虫成虫的发生动态，结合植物源农药印棟素或其复配制剂，防治效果在 80％以上。此外，首次在国内人工合成马铃薯甲虫聚集素，并研制了相应的引诱剂。马铃薯甲虫聚集素引诱剂与寄主作物中活性挥发物混合，不但消除了单独使用寄主植物引诱活性物质对马铃薯甲虫引诱作用的雌雄二型现象，而且使引诱率显著提高，雌雄引诱率分别为 83％和 88％。

3. 科学施药　在新疆马铃薯甲虫 2 代发生区，越冬代成虫化学防治的经济阈值为 24 头/百株，第一、二代低龄幼虫（一、二龄）为 106 头/百株，可选用多种类型的杀虫剂进行田间喷雾防治。例如 4.5％高效氯氰菊酯乳油 1 500 倍液、6％乙基多杀菌素悬浮剂 800 倍液、0.3％印棟素乳油 800 倍液，或 5％噻虫嗪水分散粒剂 90g/hm²、70％吡虫啉水分散粒剂 30mL/hm²、3％啶虫脒乳油 225mL/hm²、20％啶虫脒可溶液剂 150g/hm²、2.5％多杀霉素悬浮剂 150mL/hm²、3％甲氨基阿维菌素苯甲酸盐微乳剂 900g/hm²、200g/L 氯虫苯甲酰胺悬浮剂 150g/hm²、40％氯虫·噻虫嗪水分散粒剂 150g/hm²、14％氯虫·高氯氟微囊悬浮剂 10g/hm²，对水稀释后喷雾。第一代幼虫化学防治适期一般为 6 月中旬至 6 月下旬；第二代幼虫防治适期一般为 7 月下旬至 8 月上旬。一般每代幼虫喷药防治 1～2 次，用药间隔期为 10～15d。要重视药剂交替轮换使用，以避免或延缓马铃薯甲虫抗药性的产生。

郭文超　吐尔逊·阿合买提（新疆农业科学院植物保护研究所）

第 118 节　棕榈蓟马

一、分布与危害

棕榈蓟马（*Thrips palmi* Karny）（1925）又名节瓜蓟马、瓜蓟马、棕黄蓟马和南黄蓟马，属缨翅目蓟马科蓟马属。异名有 *Thrips clarus* Moulton，1928；*Thrips leucadophilus* Priesner，1936；*Thrips gossypicola* Ramakrishna ＆ Margabandhu，1939；*Chloethrips aureus* Ananthakrishnan ＆ Jagadish，1967 和 *Thrips gracilis* Ananthakrishnan ＆ Jagadish，1968。棕榈蓟马首次发现于 1925 年在印度尼西亚

苏门答腊岛的烟草上，同期该种标本还出现在印度、苏丹和我国台湾。由于当时分类学上的混乱而使该虫未被确认，直到 Bhatti (1980) 发表了印度的蓟马属种类论文，修订了该属分类方法以后，巴基斯坦、新加坡、菲律宾、泰国、印度尼西亚和我国台湾相继有关于该虫的报道。目前，该虫广泛分布于亚洲、非洲北部、美洲及澳大利亚和许多太平洋岛国。1988 年以后，棕榈蓟马在欧洲的荷兰曾经发生过数次，但随即被根除。目前，欧洲及地中海地区为该虫非分布区，并将其列为检疫性害虫。20 世纪 80 年代前期，棕榈蓟马仅在我国大陆广东、广西、湖南、云南等省份发生为害，随着保护地蔬菜栽培的发展，20 世纪 90 年代传播到湖北、浙江、江苏、上海等省份，之后在贵州、海南、福建、北京、天津、辽宁、吉林、山东、河南、河北、重庆、四川、西藏等省份均有分布。其中，以沿海各地及云南、贵州发生为害较重。

棕榈蓟马是一种杂食性的昆虫，其寄主植物种类繁多。据国外报道，棕榈蓟马是葫芦科、茄科、豆科植物及叶菜、棉花、烟草、花卉和果树等的主要害虫。我国已报道的寄主植物有 40 科 200 余种，包括茄子、辣椒、番茄、黄瓜、葫芦、节瓜、西瓜、南瓜、冬瓜、苦瓜、菜豆、豇豆、大豆、绿豆、蚕豆、豌豆、花生、黄秋葵、茼蒿、莴苣、菠菜、紫背天葵等蔬菜作物；棉花、小麦、向日葵、芝麻、苜蓿、烟草等大田作物；菊花、石竹、康乃馨、美人蕉、月季、凤仙花、一串红、仙客来、矮牵牛、紫茉莉等花卉，柑橘、鳄梨、芒果、桃、李、梨等果树，三七、决明子、薄荷、接骨草等药用植物，以及龙葵、灰藜、毛蓼、通泉草、加拿大一枝黄花、一年蓬、牛繁缕、蘘菜、苣荬菜、空心莲子草、鳢肠、葎草等杂草，也可侵害林业苗圃地的珍珠罗汉松、竹柏和大叶罗汉松等苗木，造成植株顶梢嫩叶枯死。

棕榈蓟马以锉吸式口器加害寄主植物叶片或果实，吸食寄主细胞内含物，受害叶片出现斑点，表面变皱，发育缓慢或畸形；受害的果实表皮粗糙呈现锈褐色疤痕并生长缓慢、瘦小畸形甚至脱落，造成产量和品质下降；花器受害后常凋萎而不结果、幼果黄化脱落或表皮粗糙。棕榈蓟马不仅通过直接取食作物造成危害，而且还可以持久性方式传播花生芽坏死病毒 (Groundnut bud necrosis virus，GBNV)、甜瓜黄斑病毒 (Melon yellow spot virus，MYSV)、西瓜银灰斑驳病毒 (Watermelon silver mottle virus，WSMOV)、番茄斑萎病毒 (Tomato spotted wilt virus，TSWV) 等斑萎病毒属 (Tospovirus) 病毒，对作物造成重大经济损失。在我国许多地区均有棕榈蓟马严重为害的报道。20 世纪 70 年代后期在广东、广西棕榈蓟马为害逐年加重，对夏、秋种植的节瓜为害尤甚，严重时致使无法种植或有种无收，严重影响秋淡蔬菜供应。1993 年棕榈蓟马在杭州、宁波等地大暴发，严重为害茄科、葫芦科、豆科等蔬菜作物，造成 6～9 月大多数茄果类、瓜类作物植株相继枯死衰败，有的甚至绝收。棕榈蓟马在适宜条件下（夏、秋季高温），1～2 个月之内种群数量可成百倍增长。在黄瓜上棕榈蓟马成虫种群密度达到 5.3 头/片叶或 10.6 头/片叶时，黄瓜总产量损失可达 5% 或 10%；1999 年在江西吉安市，因对该虫为害的认识不足，保护地内的早熟嫁接茄子及早熟冬瓜受害严重，推迟 10～15d 上市，减产 20%～30%。

二、形态特征

棕榈蓟马属不完全变态中的过渐变态昆虫，包括成虫、卵、若虫、前蛹和蛹 5 个虫态。

成虫：雌成虫体细长，长约 1mm 左右，淡黄色至橙黄色，头、胸或腹部无暗色区域（少量粗黑身体刚毛）。头近方形，复眼稍凸出，单眼 3 个，红色，三角形排列，单眼前鬃 1 对，位于前单眼之前，单眼间鬃 1 对，位于单眼三角形连线的外缘，即前单眼的两侧各 1 根。触角 7 节，第一节和第二节为淡白色，第三节基部淡白色，端部淡褐，第四至七节褐色，但第四、五节基部淡黄色。第三和四节有叉状感觉锥。翅 2 对狭长，周缘具长毛。前翅淡黄，前脉基半部有 7 根鬃，端部一半处有 3 根端鬃。足淡黄。前胸背板后缘有 2 对长的后角鬃。后胸背板有 1 对钟状感觉器，有纵向线形刻纹，不形成网目状，渐次在后部聚合。腹部第二背片侧缘纵列鬃有 4 根。腹部第二至五背片上的 S_2 鬃毛与 S_3 鬃毛颜色相近呈深色，长度几乎相等。腹部第四和第五节侧背片，微刺和侧刚毛缺失。腹部腹片没有附鬃或纤毛。腹部侧腹片没有中域刚毛。腹部第八背片有完整的栉齿状突起（或称后缘梳），腹部第九背片通常有 2 对钟状感觉器（气孔）。雄虫体型小，体长 0.8～0.9mm，比雌虫体色淡，腹部细窄。雄虫腹部第三至七腹片上，各有 1 个狭窄的腹腺域或称雄性腺域，呈横条斑状（彩图 10-118-1，1～3）。

卵：无色透明或乳白色，长椭圆形，大小为 0.2mm×0.12mm。经染色技术处理后，在 400 倍显微镜下才能清晰观察到卵粒及其内含物（例如卵黄等）（彩图 10-118-1，4、5）。

若虫：若虫分 4 个龄期，其中，三龄若虫又称为前蛹，四龄若虫又称为蛹。

一龄若虫体长 0.2～0.3mm，初孵时白色，渐变乳白色到淡黄色，具有头和 1 对触角，3 个胸节，3 对足，11 个腹节。但触角节数少，缺单眼，复眼只有 3～4 个小眼面，头胸占比例大，无翅芽，足跗节有爪无垫（彩图 10-118-1，6）。

二龄若虫体长 0.6～0.9mm，淡黄色至黄绿色，行动和取食更加活泼，体积增大，头胸比例变小。第一、二龄若虫腹部末节仅有数个短而小的刚毛（彩图 10-118-1，7）。

三龄若虫体长 0.7～0.8mm，触角变为鞘囊状，短而向前，复眼小，无单眼，翅芽外露，腹部节 IX 出现向上倾斜的齿，历期很短，又称为前蛹或预蛹（彩图 10-118-1，8）。

四龄若虫体长 0.8～0.9mm，触角伸长且弯向头背后，出现单眼，翅芽增大，历期稍长，又称为蛹（彩图 10-118-1，9）。

三、生活习性

（一）生活史

棕榈蓟马在我国各地的发生代数由南向北递减。在我国华南地区的海南、广东年发生在 20 代以上，广西 17～18 代。在长江流域的江西吉安市年发生 15～16 代，浙江杭州露地约 11 代，春季和秋、冬季大棚 17～18 代，江苏金坛年发生 12 代。我国华北地区的山东胶东保护地内年发生 11～13 代。棕榈蓟马世代重叠严重，夏、秋季繁殖一代 10～11d，冬季繁殖一代则需 50～60d。

棕榈蓟马在广州可周年发生，世代重叠严重。多以成虫在茄科、豆科作物及杂草上，或在土块缝隙下、枯枝落叶间越冬，少数以若虫越冬。冬暖时可在菠菜、菜豆、茄子、野节瓜、鳢肠上取食活动。翌年春季气温回升到 12℃时，越冬成虫开始活动、取食和繁殖。田间 4 月初开始从冬季寄主转移到春植节瓜上，并开始取食为害。5～6 月种群数量上升，7 月下旬至 9 月进入发生和为害高峰，以秋季节瓜等受害最重。秋瓜收获后成虫逐渐向越冬寄主转移。棕榈蓟马在广西南宁冬末春初栖息于茄子、野茄、马铃薯等茄科植物上越冬，气温下降活动缓慢，躲藏在茄果裂缝、卷叶等处。气温回升时，则继续活动取食。每年 2～3 月气温回升时，成虫从冬季茄科作物上转移到早春南瓜苗上取食活动、繁殖，待节瓜、冬瓜等作物生长时，又转移到这些嗜食作物上为害，3 月底至 4 月初渐趋严重。节瓜、冬瓜等瓜类收获后，棕榈蓟马有些转移到茄子、野茄上为害，有些则转移到附近的白瓜、西瓜上为害。每年 11 月二茬节瓜、冬瓜都已收获，棕榈蓟马成虫转移到田边的枯枝残叶或野生的冬瓜、节瓜、西瓜苗上取食为害，到 12 月这些瓜类也都先后枯死，成虫再转移到野茄、茄子、马铃薯等茄科植物上越冬。

棕榈蓟马在长江流域的江西吉安市，2 月下旬至 5 月主要为害保护地内种植的茄子、黄瓜，5 月中旬至 7 月为害冬瓜、黄瓜，8 月以后主要为害秋茄子、秋黄瓜和豆科、十字花科蔬菜等。为害最重的时段是 5 月下旬至 6 月下旬，其次为 3 月中、下旬至 4 月，其中又以保护地内的早熟品种受害最重。在浙江杭州 12 月中旬至翌年 3 月上旬是棕榈蓟马棚内越冬阶段，完成 1 个世代需 40～50d。3 月中旬至 5 月中旬是种群数量回升阶段，在 5 月中旬种群数量可达 40 头/叶（茄子）左右。5 月下旬至 10 月上旬是棕榈蓟马为害猖獗阶段。10 月中旬至 12 月上旬是种群数量回落转移阶段，随着气温的下降，棕榈蓟马在露地的种群数量回落，逐渐向保护地内转移，准备进入越冬阶段。在浙江，棕榈蓟马成虫在大棚内的瓜、果类蔬菜及龙葵、早熟禾、牛繁缕、球序卷耳等杂草上越冬。在江苏金坛市，棕榈蓟马全年可完成多代，第一至三代主要为害春茬蔬菜，第四至七代主要为害夏季蔬菜，第八至十二代主要为害秋茬蔬菜，第三代后世代重叠发生。主害世代出现在第八代（8 月上旬至中旬）、第九代（8 月中旬至 9 月上旬）和第十代（9 月中旬至 10 月上旬），虫口密度高峰出现在第九代（平均虫量 87.20 头/片叶）。

棕榈蓟马在北方地区的山东胶东地区保护地蔬菜上，可常年发生为害，在露地蔬菜上 7～9 月进入发生为害盛期。

（二）主要习性和行为

棕榈蓟马成虫能飞善跳，能借助气流作远距离迁飞。成虫在土壤内羽化后向上移动，爬出表土，飞到植株幼嫩部位为害。一般在作物叶片上作"跳跃"飞动。在植株的叶背、叶面、花、幼果和蔓头嫩叶上均可发现成虫活动。成虫趋嫩绿叶片产卵，因此，成虫数量在植株上、中部叶片上占多数。成虫具有较强的趋光性和嗜蓝色习性，在叶面上的数量多于叶背。棕榈蓟马对不同颜色黏卡的趋性大小顺序为蓝色＞蓝绿色＞黄色＞深蓝色＞绿色＞橘黄色＞红色＞黑色，蓝色（色泽明度为 48.48）黏卡诱成虫数量与其他 7 种颜色之间存在显著差异（$P<0.01$）。北朝向的黏卡诱虫效果好于其他方向，黏卡的高度以 73.9cm、101.7cm 为最好，在 5：00～17：00 诱虫量较多，表明成虫在白天比较活跃。棕榈蓟马以两性繁殖为主，可营产雄性孤雌生殖，但两种生殖方式的产卵量没有显著差异。从田间采集的若虫饲养至成虫，进行孤雌生殖，后代雌雄比为 1.3：8.7，再从其中取雌成虫进行孤雌生殖，其子代均为雄性。进行两性繁殖的后代雌雄比为 6.4：3.6。用两性繁殖的子代（F_1）进行孤雌生殖其后代（F_2）也全部是雄虫。两性繁殖的后代前期雌虫比例大，后期则雄虫比例大。成虫一般于上午羽化，羽化后数小时便可交尾。交尾时间一般 1.5～3min。成虫交尾后，当晚便可产卵。雌虫以锯状的产卵器锉刺叶片，产卵于叶肉内。雄虫寿命最长 24d，最短 3d，平均 10.3d。雌成虫寿命最长 65d，最短 3d，平均 14.8d。在不同寄主上棕榈蓟马成虫寿命和繁殖力不同。雌成虫的交尾率会随种群密度的增大而增大。

卵散产于植株的嫩头、嫩叶及幼果组织中。肉眼不易观察，在被害叶上针点状白色卵痕内，卵孵化后卵痕为黄褐色。卵历期夏天为 3～4d，秋冬天为 16～19d。一龄、二龄若虫在寄主的幼嫩部位穿梭活动，活动能力强；畏光，有聚集性，大多数一、二龄若虫躲在叶片背面表皮毛之间背光面锉吸汁液，取食为害，在叶背上的若虫数量大大多于叶面。一龄、二龄若虫历期夏天为 3～4d，秋冬天为 7～16d。棕榈蓟马有落地化蛹的习性，若虫必须入土化蛹。三龄若虫（前蛹）不取食，行动缓慢，落到地上，钻到 3～5cm 的土层中，四龄若虫在土中化蛹。在平均气温 23.2～30.9℃时，三、四龄发育历期为 3～4.5d。蛹羽化为成虫后再爬出表土，在植株上继续产卵为害。但在室内无土环境下饲养，老熟的二龄若虫可以在玻璃器皿上化蛹、羽化。蛹期夏天为 3～4d，秋冬天为 12～17d。

棕榈蓟马的成虫、第一、二龄若虫为锉吸式口器，是造成危害的主要虫期。茄子叶片被害初期，一般叶背、叶脉分叉三角地带或叶脉附近，被锉吸成粗糙白色，后连成一片，稍有白色反光，严重时，整张叶片发白，叶面叶脉呈现白点，叶片逐渐枯死。幼苗被害，顶叶展不开，形成"猫耳朵"，植株矮小，发育不良。不论幼苗、成株，为害严重时导致全株枯死。若虫在萼片内为害，使幼果发育缓慢，弯曲畸形。为害茄果，近萼片处开始形成条状黄带，一条条向果顶延伸，严重时黄带会合成块，严重影响茄子的品质。为害瓜类叶片，初期在叶背造成粗糙的白色斑点，严重时，整片叶的叶背发白，叶面沿叶脉处形成斑点，然后叶片相继枯死。冬瓜、瓠瓜、黄瓜蔓出现叶片皱缩，呈"龙头"状，丝瓜上面叶片呈现花叶，与病毒病症状相似。这些蔓头、皱缩叶片、花叶上的蓟马数量，远低于造成白色叶片症状的蓟马数量。因此，怀疑这些类似病毒病的症状是由蓟马传播病毒造成的。为害瓠瓜的瓜果后，果皮皱而有粗糙凹点，瓜果发育不良；为害黄瓜幼果，造成卷曲畸形；为害丝瓜瓜果至粗细不匀，有的像"鼠尾"；为害冬瓜幼果，严重的由黄变黑，不能结瓜，能结的瓜皱皮畸形，果小（一般像柚子大小）。节瓜苗期受害后，死苗率可达 25%～55%；受害后的嫩叶出现斑点，植株呈萎缩和丛生状；受害的幼瓜表皮粗糙呈现锈褐色疤痕并生长缓慢、瘦小畸形甚至脱落，造成产量和品质下降（彩图 10-118-2）。

四、发生规律

（一）虫源

棕榈蓟马除了华南地区可周年发生外，在我国其他地区冬季露地条件下不能存活。在南方棕榈蓟马主要在大棚中、在北方多在节能型日光温室内越冬，并成为露地蔬菜的虫源。浙江多年调查结果显示，12 月至翌年 3 月上旬，在露地的寄主植物上及表土，均未发现棕榈蓟马存活的虫态。同期在设施栽培条件下，棕榈蓟马可在棚内不同生育期的各种作物上繁殖为害，如大豆、茄子、白菜、甘蓝、菜豆等，以及牛繁缕、加拿大蓬、早熟禾、球序卷耳、荠菜、龙葵、辣蓼等杂草；用蓝色黏虫板监测结果显示，大棚内 1～4 月都能诱到棕榈蓟马成虫。在露地，3 月中旬至 4 月的青菜、早熟禾上才查到少量棕榈蓟马；蓝色黏虫板上到 3～4 月才能诱到成虫。在江苏，棕榈蓟马越冬前主要在保护地内茄子、秋黄瓜等蔬菜上繁殖为害，11 月上、中旬茄子、秋黄瓜平均虫量可达 39.4 头/片叶、35.7 头/片叶，并迁移到冬作蔬菜苗床上继续繁殖为害，上述结果与日本的报道基本一致。因此，夏秋露地蔬菜棕榈蓟马发生为害的虫源来自冬季大棚和育苗房，其发生为害程度与虫源基地的面积、管理水平有密切关系。

（二）气候条件

在恒温条件下，棕榈蓟马卵的发育起点温度为 10.80℃，有效积温为 70.36℃；一至二龄若虫发育起点温度为 12.11℃，有效积温为 79.63℃；三龄（预蛹）至四龄（蛹）若虫发育起点温度为 12.15℃，有效积温为 59.87℃。在自然变温情况下，棕榈蓟马卵的发育起点温度为 11.49℃，有效积温为 58.33℃；一至二龄若虫发育起点温度为 10.51℃，有效积温为 60.36℃；三龄（预蛹）至四龄（蛹）若虫发育起点温度为 8.16℃，有效积温为 101.67℃。棕榈蓟马的发育速度与温度的关系呈逻辑斯蒂曲线关系，发育速度随着温度的升高而加快。在 32℃时，卵、一至二龄若虫、三至四龄若虫的发育历期分别为 3.36d、3.81d 和 2.96d；在 25℃时，卵、一至二龄若虫、三至四龄若虫的发育历期分别为 4.83d、6.58d 和 4.41d；在 15℃，卵、一至二龄若虫、三至四龄若虫的发育历期分别长达 12.93d、16.18d 和 16.13d。完成一个世代（卵至成虫），32℃时仅需 10.13～11.30d，而在 15℃时，则长达 42.00～45.24d。经过低温驯化的棕榈蓟马，耐寒性并没有增强，但对极端低温（如−10℃）的耐受能力高于其他蓟马种类，如西花蓟马（*Frankliniella occidentalis*）等。

干旱的环境条件下会加重棕榈蓟马对植株为害程度，暴雨则可减轻为害，夏季台风暴雨对棕榈蓟马种群的影响比较大。

（三）寄主植物

不同寄主上棕榈蓟马的繁殖力不同。据日本研究报道，棕榈蓟马在甜瓜、南瓜、苦瓜、茄子、甜椒、番茄、秋葵、菜豆、草莓等不同寄主上饲养，发现取食黄瓜的产卵量最大达 60 粒/头，取食甜瓜、茄子和南瓜的产卵量仅 20 粒/头。最适温度 26℃下，棕榈蓟马在辣椒上的存活率和繁殖率比冬瓜、茄子、黄瓜要低得多；32℃时棕榈蓟马的内禀增长率在冬瓜、茄子、黄瓜上的比在辣椒上的大；在 15℃和 32℃下用辣椒饲养，只有 40%和 48%的存活率。棕榈蓟马在节瓜品种"七星仔"上产卵量为 54.9 粒/头，大于其他节瓜品种如红心、黑毛、杂优及红茄。瓜类（主要是黄瓜、节瓜、葫芦、冬瓜等）、茄子、菜豆等是棕榈蓟马的嗜好寄主。

不同栽培方式对棕榈蓟马的种群增长也有较大影响，设施栽培的条件下棕榈蓟马种群密度大于露地栽培；棕榈蓟马在设施栽培茄子上的种群增长速率（r）也明显大于露地栽培。

（四）天敌

棕榈蓟马的捕食性天敌主要有捕食螨如黄瓜新小绥螨（*Neoseiulus cucumeris*）［同种异名胡瓜钝绥螨（*Amblyseius cucumeris*）］、斯氏钝绥螨（*A. swirskii*）等；小花蝽类如东亚小花蝽（*Orius sauteri*）、狡小花蝽（*O. insidiosus*）等；捕食性蓟马如细腰凶蓟马（*Frankliothrips vespiformis*）、塔六点蓟马（*Scolothrips takahashii*）等。寄生性线虫有斯氏线虫（*Steinernema feltiae*）等。寄生性真菌有蜡蚧轮枝菌（*Verticillium lecanii*）、球孢白僵菌（*Beauveria bassiana*）等。其中，小花蝽是棕榈蓟马最重要的天敌之一，欧美国家控制棕榈蓟马应用捕食螨、小花蝽、寄生线虫和虫生真菌的较多。

研究表明，在有充足的猎物（棕榈蓟马）时，东亚小花蝽可以使甜椒植株上棕榈蓟马种群数量降低 50%。盆栽茄子上棕榈蓟马密度为 60 头/片叶，接入小花蝽 1.2 头/片叶，13d 后棕榈蓟马种群密度降到 0.3 头/片叶，而没有接入的棕榈蓟马密度为 20 头/片叶。另外，大量使用杀虫剂会降低小花蝽对棕榈蓟马的控制作用。研究表明，温室或露地茄子喷洒倍硫磷后，会使小花蝽（*Orius* sp.）的密度显著降低。在温室，处理后的茄子上棕榈蓟马种群密度上升很快，而未处理的密度很低；而在露地，处理区棕榈蓟马的密度比未处理区高 4 倍多。

虫生真菌对棕榈蓟马也有一定的控制作用。在西印度群岛特立尼达的田间大约有 80%的棕榈蓟马因感染被毛孢属（*Hirsutella* Patouillard）的 1 个未知种真菌而死亡。室内试验表明，在 1.5×10^8 个/mL 孢子浓度下，球孢白僵菌（*Beauveria bassiana*）对棕榈蓟马成虫、蛹和若虫的寄生率分别为 70%、50.20%和 17.78%，而在相同浓度下绿僵菌的寄生率较低。在 2.0×10^8 个/mL 孢子浓度下对田间土壤和植株喷施球孢白僵菌，5d 后可使棕榈蓟马成虫减少 49.22%。白僵菌分生孢子在相对湿度 90%和温度 28℃时最适宜萌发，每隔 1 周施用 1 次效果好。斯氏线虫对棕榈蓟马在 20℃时的致死率高于 15℃或 25℃，而且明显高于在 25℃应用蜡蚧轮枝菌对棕榈蓟马的致死率；对棕榈蓟马若虫的致死率在菊花、甜椒和黄瓜这 3 种寄主植物上没有表现出明显差异；结合化学杀虫剂吡虫啉的使用，可提高致死率。

（五）化学农药

多年来我国对于棕榈蓟马是以化学防治为主，但是由于不科学的使用方法，加上棕榈蓟马的个体小、隐蔽性强、繁殖力高，导致防治效果差且极易产生抗药性，进而导致其再猖獗。目前我国尚未有棕榈蓟马产生抗药性的报道，但国外的研究表明，棕榈蓟马已对氯氰菊酯、乐果、马拉硫磷、硫丹等杀虫剂产生了抗性。因此，在使用杀虫剂防治棕榈蓟马时，应注意交替使用杀虫作用机制不同的农药品种，以延缓抗药性的产生。

五、防治技术

根据棕榈蓟马发生为害的规律，采取以农业防治为基础，协调使用物理防治、生态调控和生物防治措施，改进施药技术和保护利用自然天敌的综合防治技术，压低虫口基数，使为害程度降到经济允许水平以下。

(一) 农业防治

1. 合理轮作 合理轮作可以减轻棕榈蓟马为害。菜田或棚内及其周围的前茬作物应种植棕榈蓟马非嗜食植物，如芹菜、茼蒿等。可进行葱蒜类蔬菜（葱、韭、大蒜）与葫芦科蔬菜（黄瓜、西瓜、葫芦）轮作，葱蒜类蔬菜与茄科蔬菜（番茄、茄子、辣椒）轮作，有条件的最好进行水旱轮作。

2. 清洁越冬场所，搞好封棚前的灭虫工作 前茬寄主植物在收获时把茎、叶、秸秆连同菜田或大棚周围杂草一起清理干净，进行粉碎沤肥或深埋。土壤深翻 $25 \sim 30cm$，把表土层翻到下面，并每 $667m^2$ 撒施生石灰 $75 \sim 100kg$。避免棕榈蓟马传入棚内，降低棚内虫源，控制其在冬季大棚蔬菜上的发生为害。

3. 培育无虫苗 即净土、净肥、净场地。育苗时首先要选择虫源少的地块，其次是选用无虫土和无虫肥。育苗期间苗床要用塑料薄膜隔离，阻挡外来棕榈蓟马进入苗床。

4. 科学合理的田间管理 适时栽培，避开棕榈蓟马发生高峰期。清除田间杂草，加强水肥管理，使植株生长健壮，可减轻为害。采用银灰色地膜覆盖栽培技术，尽量避免与其他嗜食寄主作物相邻种植，也可减轻为害。灌溉时可浇适量水于畦面上，以不利于若虫入土化蛹。将沼液稀释 $10 \sim 50$ 倍喷施作物叶面对该虫也有一定的抑制作用。采用喷灌技术，也可减少棕榈蓟马的发生和为害。

(二) 生物防治

1. 释放捕食螨控制棕榈蓟马 在早春棕榈蓟马发生初期，用胡瓜新小绥螨作预防性释放，控制棕榈蓟马，释放密度为 50 头$/m^2$，间隔时间为 $14d$；棕榈蓟马发生密度较低时，防治性释放密度为 100 头$/m^2$，间隔时间为 $14d$；发生严重时，释放密度为 100 头$/m^2$，间隔时间为 $7d$。释放时要求环境相对湿度为 75%，温度在 $20℃$ 以上。用狡诈花蝽预防性释放控制棕榈蓟马，释放密度为 0.5 头$/m^2$，间隔时间为 $14d$，释放 2 次（花期 1 次）；棕榈蓟马发生较轻时，防治性释放密度为 1 头$/m^2$，间隔时间为 $7d$，释放 2 次；发生严重时，释放密度为 10 头$/m^2$，释放 1 次。

2. 虫生真菌喷雾控制棕榈蓟马 在国外，用蜡蚧轮枝菌（*Verticillium lecanii*）防治棕榈蓟马若虫可兼治烟粉虱若虫和红蜘蛛，用 10^{10} 个孢子$/g$ 蜡蚧轮枝菌可湿性粉剂，先用 $3 \sim 4L$ 水加 $500g$ 菌粉充分搅拌配成母液，再加水配制需喷雾的浓度 0.1%（$500g$ 可喷 $2\,000m^2$），为害较轻的每 $7d$ 防 1 次，共防 $2 \sim 3$ 次；发生为害重的每 $7d$ 防 1 次，共 $3 \sim 4$ 次。高秆作物 $2\,000L/hm^2$ 药液量，矮秆作物 $1\,000L/hm^2$。在傍晚喷药，控制温度在 $18 \sim 28℃$，相对湿度为 70%，保持几天。

3. 天敌的保护利用 由于天敌昆虫对药剂的敏感性都比较高，应尽量不用或少用药剂，必须使用药剂防治时特别注意保护和利用天敌，尽量选择对天敌昆虫杀伤力小的植物源、矿物源杀虫剂和生物制剂，避开天敌昆虫繁殖期和敏感期施药，发挥天敌的自然控制作用来降低棕榈蓟马种群密度。

(三) 物理防治

利用棕榈蓟马趋蓝色的习性，在作物种植行间悬挂蓝色诱集带或黏虫板诱集成虫，时间越早越好，最好从苗期移栽开始就挂，既可用于该虫的预测预报也可作为早期控制。具体做法是：高秆作物如黄瓜、苦瓜、菜豆等，可用旧塑料薄膜制成长 $100cm$、宽 $30cm$ 的蓝色诱杀带，两面涂上不干胶，挂在作物行间。也可用 $20cm \times 25cm$ 的蓝色诱虫板，每 $667m^2$ 一般用量为 $30 \sim 40$ 块，在矮秆作物中如番茄、茄子、西葫芦，用木棍插入作物行间，诱虫板下沿高度应略比同期作物偏高 $5 \sim 10cm$。此外，黄色黏虫板也有良好的诱集效果。

(四) 生态调控

根据棕榈蓟马对温度差反应敏感的特性，冬季在蔬菜定植前 $15 \sim 20d$，将保护地覆膜，密封 $8 \sim 10d$ 后，当土壤中的棕榈蓟马基本羽化出土时，夜间进行通风降温，致其死亡。这样经过几天的温差处理，可将土壤中 90% 以上的蓟马杀灭，此法效果甚佳。也可用高温闷棚的方法，即在春末初夏（$4 \sim 5$ 月）$13：00 \sim 14：00$，闭棚使棚内温度升至 $45℃$，相对湿度提高至 90% 以上并保持 $1 \sim 2h$，对控制棕榈蓟马有较好的效果。

（五）化学防治

1. 土壤处理　幼苗移栽前用辛硫磷处理土壤，每 667m² 用 5％辛硫磷颗粒剂 1.5kg 拌细土 50kg 制成毒土均匀施入土壤中，结合栽苗实施地膜覆盖，可防治土壤中的越冬成虫并兼治其他地下害虫。在苗期和初花期，用 50％辛硫磷乳油与细土按 1∶125～150 的比例或用 5％丁硫克百威可湿性粉剂与细土按 1∶19 的比例或将 18％杀虫双水剂 500mL 配制 20kg 毒土，均匀撒于根际周围土表，对于落地若虫的防治效果也较好。

2. 生长期防治　棕榈蓟马体积小，早期不易被发现，繁殖快，极易成灾，一定要注意经常检查嫩梢和幼苗，以便及时发现及早防治。防治上要在"早"字上下工夫，从苗期开始就应注重预防工作，当每株有虫 3～5 头时，应及时喷药防治。为防止其产生抗药性，应多种药剂交替使用。

（1）灌根法。幼苗定植后可用内吸杀虫剂 25％噻虫嗪可湿性粉剂 3 000 倍液，每株用 30～50mL 灌根，对棕榈蓟马具良好的预防和控制作用。

（2）喷雾法。可选用 2.5％多杀霉素乳油 2 000～3 000 倍液、6％乙基多杀菌素乳油 2 500～3 000 倍液、70％吡虫啉可湿性粉剂 5 000～6 000 倍液、10％吡虫啉可湿性粉剂 1 000～2 000 倍液、1.8％阿维菌素乳油 1 500～3 000 倍液、20％丁硫克百威乳油 1 000～2 000 倍液、10％顺式氯氰菊酯乳油 2 000～3 000 倍液、25％噻虫嗪可湿性粉剂 5 000～6 000 倍液等喷雾，每 667m² 药液量为 50～100L，根据植株大小来定，各种药剂轮换使用，每隔 5～7 d 喷 1 次，连续喷 3～4 次。当虫口密度大时，可将两种不同类型的药剂混用，如 2.5％高效氯氟氰菊酯乳油 2 500 倍液加 20％吡虫啉可溶液剂 3 000 倍液、2.5％联苯菊酯乳油 2 000 倍液加 3％啶虫脒乳油 2 500 倍液等轮换使用。喷药时要注意将全株喷雾均匀，特别是叶片背面、幼嫩部位和果实都要喷到，若再加入 0.1％的中性洗衣粉可增强药效。

（3）熏烟法。在保护地内棕榈蓟马发生数量较大时，每 667m² 可选用 22％敌敌畏烟剂 250g，或 20％异丙威烟剂 250g 等，在傍晚收工时将棚室密闭，把烟剂分成几份点燃熏烟。

贝亚维　吕要斌（浙江省农业科学院植物保护与微生物研究所）

第 119 节　西花蓟马

一、分布与危害

西花蓟马 [*Frankliniella occidentalis* (Pergande)]，属缨翅目蓟马科花蓟马属。西花蓟马体色多变，早春时期的雌虫几乎为黑色，到夏季初为黄色且在每一节腹部背片有深色斑，这些体色的多样性和体表刚毛的长短及比例的不同，导致许多分类学家将其归为不同种，同物异名多达 20 余种，例如 *Euthrips occidentalis* Pergande，1895；*E. helianthi* Moulton，1911；*E. tritici* var. *californicus* Moulton，1911；*F. tritici* var. *moultoni* Hood，1914；*F. moultoni* Hood，1924；*F. nubila* Treherne，1924；*F. claripennis* Morgan，1925；*F. canadensis* Morgan，1925；*F. trehernei* Morgan，1925；*F. occidentalis* f. *brunnescens* Priesner，1932；*F. occidentalis* f. *dubia* Priesner，1932；*F. venusta* Moulton，1936；*F. conspicua* Moulton，1936；*F. chrysanthemi* Kurosawa，1941；*F. dahliae* Moulton，1948；*F. dianthi* Moulton，1948；*F. syringae* Moulton，1948；*F. umbrosa* Moulton，1948。

西花蓟马起源于美国和加拿大的西部山区，最早记载于 1895 年。随着国际贸易的增加主要是花卉和蔬菜的调运促进了西花蓟马的传播，20 世纪 70 年代末和 80 年代初西花蓟马已遍及整个北美洲，特别是自 1983 年在荷兰温室发现后迅速向世界各地扩散，1990 后扩展至亚洲，目前已在 69 个国家（包括中国）和地区报道，其中在美国、荷兰、英国、西班牙、以色列等 14 个国家广泛分布，成为世界性的园艺作物上最重要的害虫之一。

1996 年西花蓟马被我国农业部列为进境植物检疫潜在危险性害虫，并于 2000 年在昆明国际花卉节参展的缅甸盆景上截获该虫。2003 年 7 月在北京郊区的部分保护地辣椒和黄瓜上首次发现西花蓟马严重为害，随后在云南、贵州、浙江、山东、新疆、江苏、湖南等地检测到西花蓟马，2012 年发现西花蓟马又在西藏成功定殖。目前，西花蓟马在北京、云南和山东等地广泛分布，其中辣椒、黄瓜及云南的花卉受害最重，平均每朵花有虫近百头。在各地区的调查还发现，西花蓟马通常与花蓟马、棕榈蓟马等其他种类蓟马混合发生。

西花蓟马食性杂，寄主植物有 60 多科 500 余种，包括重要的菊科、葫芦科、豆科、十字花科等，尤其温室中的花卉、茄果类植物受害最重。西花蓟马还可以取食花粉和花蜜甚至捕食二斑叶螨卵。在棉田里，每头西花蓟马每天可以取食 12～40 粒二斑叶螨卵。西花蓟马以锉吸式口器刺吸寄主植物的叶、芽、花或茄果汁液，被害叶片初呈白色斑点后连成片，叶片正面似斑点病害，叶背则有黑色虫粪，严重为害时叶片变小、皱缩，甚至黄化、干枯、凋萎，花器受害呈白斑点或变成褐色，果实受害多留下创痕，甚至造成伤疤（彩图 10 - 119 - 1）。花卉受害后表现为叶片和花瓣褪色并留下食痕，影响观赏和商品价值，受侵害的花蕾花朵畸形，严重者导致花不能正常开放。西花蓟马除直接为害寄主植物外，还能传播许多病害，其中最重要的是番茄斑萎病毒属（*Tospovirus*）的两种病毒：番茄斑点萎蔫病毒 *Tomato spotted wilt virus*（TSWV）和凤仙花坏死斑病毒 *Impatiens necrotic spot virus*（INSV），病毒病造成的经济损失远大于西花蓟马本身的为害。据统计，在荷兰西花蓟马每年导致温室作物 4 900 万美元的损失，在英国可使温室黄瓜减产 90% 以上，在西班牙东南部 TSWV 导致温室番茄、辣椒和花卉的经济损失可达 50%。我国尚无有关西花蓟马及 TSWV 为害损失的数据统计，但通过对受害最严重的辣椒的调查，受害严重时虫株率为100%，每朵花上可见百头左右成虫，单株虫量可达上千头。在昆明和大理等地区西花蓟马对蔬菜和花卉为害性最重，为害级别大都在 3～4 级，为害高峰期可达 5 级以上。2010 年西南地区严重干旱，芒果园西花蓟马暴发成灾，虫株率达到 95%，导致芒果嫩叶和幼果表面组织被锉伤，然后木栓化。而云南局部地区番茄斑萎病毒病暴发，导致蔬菜、花卉生产减产，甚至绝收。

二、形态特征

西花蓟马属渐变态昆虫，有卵、若虫、预蛹和蛹以及成虫不同发育阶段。

成虫：雌虫体长 1.2～1.3mm。体黄色至深褐色，头及胸部色略淡，腹部各节前缘线暗棕色。触角 8节，第三至五节黄色，但端部棕色，其余各节淡棕色，第三、四节上有叉状感觉锥。头短于前胸，两颊后部略收窄。单眼 3 个，呈三角形排列；单眼间鬃发达，位于前、后单眼中心连线上，其中一对长鬃与复眼后方的长鬃等长。前胸背板有 4 对长鬃，其中从中央向外第二对鬃最长。中后胸背板愈合，后胸背板中央具长形网状线纹，后方有 1 对钟形感觉孔。前翅淡黄色，上脉鬃 18～21 根，下脉鬃 13～16 根，排列均匀完整。腹部第五至八节背板两侧有微弯梳，第八背板后缘有梳状毛 12～15 根。第九节背板有 2 对钟状感觉器。第三至七节腹板后缘有鬃 3 对，无附鬃。雄虫体长 1～1.15mm，体黄色，腹部第三至七节腹板前部有小的椭圆形腺室，第八节背板后缘无梳状毛，其他特征与雌虫相同（彩图 10 - 119 - 2，1）。

卵：0.25～0.55mm，肾形，半透明至白色。

若虫：有 2 个龄期，无翅，眼睛为红色。初孵若虫细小，为半透明白色，蜕皮前变为黄色；二龄若虫金黄色，大小和形状与成虫相似（彩图 10 - 119 - 2，2）。

蛹：分为预蛹和蛹，预蛹与二龄若虫相似，但可见短的翅芽，其触角前伸；蛹的翅芽长，长度超过腹部一半，几乎达腹末端，触角向头后弯曲。

三、生活习性

西花蓟马若虫孵化后即开始取食，非常活跃，在植物表面快速爬行和跳跃，二龄若虫取食量为一龄若虫的 3 倍，接近成熟时表现负趋光性，离开植物入土或残株败叶中。

西花蓟马的预蛹和蛹都不食不动，除非受到惊扰。西花蓟马通常在土中化蛹。

西花蓟马成虫行动敏捷，能飞善跳，遇到惊扰会迅速扩散；具有群集习性。寄主植物的花在西花蓟马的生态学中发挥着重要的作用。一方面，花粉和花蜜是西花蓟马的食物来源；另一方面，花可能为西花蓟马提供了交尾场所。通过对西花蓟马在黄瓜上的访花和产卵习性研究发现，太阳刚升起时西花蓟马开始往花上聚集，一直到中午达到最大数量，午后虫量开始减少，到晚上数量最低；花中多数为成虫，黄瓜雌花上的成虫量稍高于雄花上的，有少量的一龄和二龄若虫，但可能由于一龄若虫的活动性差，一龄若虫的数量显著低于二龄若虫，花中从未发现预蛹和蛹。西花蓟马的产卵前期为 1～3d，雌虫寿命显著长于雄虫。成虫主要将卵产于叶片和叶柄，少量产于花瓣、花柄和茎。雌虫用锯齿状的产卵器在叶片、茎、芽、花瓣或果实上切口，然后将 1 粒卵产入其中，一生可产卵 150～300 粒。雌虫在叶片上的产卵也非随意，多选择靠近叶脉或叶毛下面，可能这样的微生境为西花蓟马提供了更多的保护，较高的相对湿度也有利于卵的孵化。白天西花蓟马活跃，而在晚上活性差，也极少取食。成虫白天产卵量明显高于晚上（长日照条件下产卵量高于短日照），在持续光照下成虫可连续产卵。西花蓟马营两性生殖和孤雌产雄生殖，即受精卵发育成雌虫，未受精卵发育成雄虫。但 Kumm 和 Moritz（2009）研究发现（试验条件 15℃、23℃ 和 32℃，75% 相对湿度，光周期 L16：D8），有的未受精卵（约 0.5%）也可以发育成雌虫，在西花蓟马体内未检测到沃尔巴克氏菌（Wolbachia），这种转换机制尚不清楚。自然条件下，西花蓟马雄虫的比例约占种群量的 30%～50%，随温度的升高性比更偏雌虫。在 23℃ 条件下，西花蓟马实验种群的雌雄性比约为 1：1，32℃ 时的性比为 1：0.5，而在 15℃ 时性比为 1：1.2。

在 20 世纪 60 年代，Moffitt 研究发现，西花蓟马成虫对白色的趋性显著强于黄色，诱集虫量相差 10 倍左右。此后又相继有西花蓟马对蓝色，甚至粉色趋性的报道。目前，有大量的研究显示，西花蓟马对蓝颜色以及蓝色光（波长为 438.2～506.6nm）有特殊偏好，利用该特征，研发出的蓝色黏虫板已广泛用于生产中，成为防治西花蓟马的主要手段之一。2005 年 Hamilton 等人首次从西花蓟马雄虫体内分离鉴定到两种信息素，（R）-乙酸薰衣草酯和（S）-2-甲基丁酸橙花酯，两种组分经人工合成后开发出相应的生防产品。田间试验表明，将（S）-2-甲基丁酸橙花酯单独或者以 1：1 比例与（R）-乙酸薰衣草酯混合，蓝板上诱集西花蓟马雌成虫和雄成虫数量显著增加，而（R）-乙酸薰衣草酯单独使用没有活性。西花蓟马雄虫产生的性信息素不仅有引诱异性以完成交尾的功能，也有聚集两性成虫的功效，因此，西花蓟马雄虫产生的性信息素也称为聚集信息素。

西花蓟马对温度的适应性强，若虫和成虫的过冷却点为 -13～-22℃，成虫耐低温的能力更强。应用有效积温法则预测西花蓟马在我国华南、华中、华北和东北地区的年发生代数分别为 24～26 代、16～18 代、13～14 代和 1～4 代，西南地区昆明与丽江分别为 13～15 代和 8～10 代。西花蓟马在云南、北京和浙江等不同生态区域、不同耕作方式和不同寄主植物上的种群动态趋势不同。在云南，西花蓟马在西葫芦上 5 月达到发生高峰，导致西葫芦过早枯萎，而在辣椒上 3 月底至 4 月初的开花盛期达到高峰；在石榴树上 3～6 月西花蓟马的种群数量都维持较高水平，下部花朵西花蓟马虫量明显较中、上部多。在北方露地和塑料大棚中，于植物定植后的 1 个月，西花蓟马种群数量增长缓慢。当植物进入开花期，西花蓟马数量开始快速增长。进入 6 月后西花蓟马种群保持在高数量水平，可见成虫在植株间飞行。秋茬辣椒上西花蓟马的种群数量显著低于春季，植株上的蓟马也主要在花上活动。随着温度的降低，种群数量下降，10 月后数量锐减，继而转入温室中，以若虫或成虫越冬，温度适宜可周年为害。在日光温室中，西花蓟马成虫日活动具有明显的规律。采用蓝板诱集发现，诱集量从 7：00 开始逐渐上升，到 15：00 达最多，之后下降。空间上，西花蓟马成虫数量在日光温室内由北向南依次减少。东西方向上西花蓟马成虫分布表现为由中间向东西两边逐渐增多。

四、发生规律

（一）寄主植物

西花蓟马的寄主广泛，在其分布区内，几乎所有的观赏花卉及蔬菜均有可能成为其寄主。因此，西花蓟马在入侵一个新的地区后，在很短的时间内就可以建立种群。但不同寄主植物叶片的物理结构、化学物质成分与含量、次生挥发性物质等有明显的差异，西花蓟马对不同寄主植物的选择性也不同。西花蓟马对黄瓜、四季豆、茄子、萝卜和香菜的嗜食度很高，为最适宜寄主，而对蒜、芹菜等蔬菜的嗜食度较低，为非适宜寄主。一般西花蓟马在寄主植物上的产卵量与对寄主植物的选择性呈正相关，选择性越高的寄主上产卵越多。西花蓟马在不同的季节对寄主的选择性不同，在没有最适宜寄主的情况下，可转移到非适宜的寄主上。西花蓟马在不同寄主植物上的生物学特性存在显著差异，在黄瓜叶片上的表现最好，发育历期最短、净增殖率和种群增长指数最高，相反在辣椒上的表现最差。西花蓟马在黄瓜、甘蓝、菜豆、辣椒和番茄上从卵到成虫的发育历期分别为 9.2d、10.2d、10.4d、12.2d 和 12.9d，在黄瓜、甘蓝和番茄上的存活率较高，达到 75%～80%，而在辣椒上仅有 50%。西花蓟马在黄瓜上的产卵速率最快，在辣椒上繁殖能力和产卵速率都最低。不同的食物条件明显地影响雌、雄成虫的寿命，从若虫到成虫用辣椒叶片饲养的西花蓟马雌成虫寿命最短，仅为 8.2d，在甘蓝叶片上成虫寿命可长达 15.6d。在甘蓝叶片上成虫产卵期最长为 12d，比在辣椒叶片上长 8d。在番茄上，雌成虫的产卵前期和产卵后期都比其他 4 种蔬菜上的长，二者共计约整个成虫寿命的 1/2。而在其他 4 种蔬菜上雌成虫的产卵前期和产卵后期都小于成虫寿命的 25%。西花蓟马在黄瓜上的内禀增长率最高，达到 0.208，在甘蓝、菜豆、番茄和辣椒上内禀增长率分别为 0.184、0.164、0.100 和 0.017。

表 10 - 119 - 1 西花蓟马于 5 种蔬菜叶上的产卵前期、后期、产卵期和成虫寿命 (*M*±*SE*) （引自张治军等，2007）

Table 10 - 119 - 1 Pre -，post -，oviposition periods and adult longevity of *Frankliniella occidentalis* on the leaves of 5 vegetable species (*M*±*SE*) （from Zhang Zhijun et al.，2007）

蔬菜植物	雌 虫				雄 虫
	寿命 (d)	产卵前期 (d)	产卵期 (d)	产卵后期 (d)	寿命 (d)
黄瓜	15.62±5.74	1.15±0.04	12.62±3.84	1.85±0.09	8.50±1.04
甘蓝	11.42±4.78	1.42±0.02	8.42±2.84	1.58±0.06	6.57±0.76
菜豆	13.56±5.02	1.11±0.03	10.56±3.29	1.89±0.09	7.37±1.77
番茄	12.69±4.53	2.74±0.07	6.74±3.86	3.21±0.65	6.83±0.63
辣椒	8.23±3.26	1.67±0.08	4.00±1.29	2.56±0.81	4.00±0.10

西花蓟马成虫喜在花中栖息，取食花粉和花蜜。西花蓟马取食花粉能够增加产卵量并缩短发育历期，而取食不同的花粉其生长发育亦不同。例如，取食玫瑰花粉的西花蓟马平均产卵量达到 114 粒，取食茶花粉和油菜花粉的产卵量分别为 90 粒和 82 粒，而未取食花粉的产卵量仅为 55 粒。取食花粉的西花蓟马若虫期缩短约 2d，卵至成虫的发育历期可缩短至少 2d。西花蓟马在不同的花中进出取食，在某种程度上起到了传播花粉的作用，早期也被认为是一种传粉昆虫。

（二）气候条件

温度是决定西花蓟马能否建立稳定种群的最基本因素。西花蓟马对温度的适应范围广，在 10～30℃ 均能够完成生长发育。不同实验种群西花蓟马的发育起点温度和有效积温等有差异，北京海淀种群卵、一龄若虫、二龄若虫、预蛹和蛹的发育起点温度分别为 10.2℃、6.2℃、5.6℃、3.5℃ 和 7.8℃，世代的发育起点温度为 7.4℃，有效积温为 208℃。北京门头沟种群卵、若虫、预蛹和蛹的发育起点温度分别为 5.7℃、7.0℃、4.5℃ 和 6.8℃，世代的发育起点温度为 6.2℃，有效积温为 219.7℃。当温度在 15～30℃ 时，西花蓟马各虫态的发育速率随温度的升高而明显加快，发育历期随温度升高而显著缩短。15℃ 下西花蓟马卵期长达 10.4d，一龄若虫期为 4.4d，是 30℃ 时的 3.2 倍，二龄若虫期为 6.8d，比 30℃ 下延长约 4d，各温度下预蛹期均比较短，为 0.8～2.2d，而蛹期差异显著，15℃ 下长达 5.02d，比 30℃ 下延长近 3d。在 15℃、20℃、25℃ 和 30℃ 条件下，西花蓟马未成熟期（从卵到羽化成成虫）分别为 28.9d、16.0d、11.1d 和 9.4d。

室内研究显示，西花蓟马对低温的耐受力比较强，在 -5℃ 可存活 56～63d。5℃ 下西花蓟马不能完成生活史，卵不能正常孵化，在 5℃ 放置 5d，存活率为 53%，放置 10d，有 47% 的卵可以孵化，20d 后存活率下降至 27%，33d 后仅有 0.03% 的卵可以孵化，卵在 5℃ 低温下存活最长达近 40d；一龄若虫可以发育到二龄，二龄若虫发育速度缓慢，但不能发育到蛹，转入室温可以正常化蛹，最长可存活 70d 余；可以从预蛹发育至蛹，预蛹至蛹期的平均发育历期为 18d；进入蛹期后，有 82% 的个体能够正常羽化，蛹期至成虫期的平均发育历期为 24d，最长 32d；成虫阶段平均发育历期为 9d，最长 44d，不能产卵。从 5℃ 转移至正常温度下，西花蓟马能够继续正常发育。10℃ 下西花蓟马能够完成生活史，但发育历期显著延长。

西花蓟马在 35℃ 条件下不能完成生长发育，但能从卵正常发育至二龄若虫，到二龄若虫末期全部死亡。35℃ 下处理 2h，对若虫、蛹和成虫的影响较小，死亡率在 30% 以下；40℃ 下处理 2h，各虫态的死亡率上升到 80% 左右，而在 45℃ 时的死亡率均达到 100%。随着处理时间的延长，西花蓟马的死亡率上升，40℃ 时处理 6h，成虫全部死亡，若虫的死亡率为 90%。田间试验结果表明，高温闷棚 42～46℃ 对成虫的防效达 84.5%。

（三）天敌

西花蓟马的天敌包括捕食螨、捕食性蝽、病原真菌和线虫等。

捕食西花蓟马的螨种类很多，有的可以取食西花蓟马的地上虫态（若虫和成虫），有的可以取食西花蓟马的地下虫态（预蛹和蛹）。用于防治西花蓟马地下生活阶段的捕食螨包括尖狭下盾螨（*Hypoaspis ac- ulei fer*）和兵层厉螨（*Stratiolaelaps miles*），而更多的捕食螨是用于防治西花蓟马的地上生活虫态，主要包括黄瓜新小绥螨（又名胡瓜新小绥螨、胡瓜钝绥螨，*Neoseiulus cucumeris*）、巴氏新小绥螨（*Neo- seiulus barkeri*）、木槿真绥螨（*Euseius hibisci*）、草地小盲绥螨（*Typhlodromips limonicus*）和不纯伊绥螨（*Iphiseius degenerans*）。其中，最常用的是胡瓜新小绥螨，在国外20世纪80年代时已经商品化生产，并广泛应用于西花蓟马的生物防治。黄瓜新小绥螨在国内没有分布，我国于20世纪90年代从国外引进，也已实现工厂化生产，并有成功防治西花蓟马的报道。胡瓜新小绥螨只能捕食蓟马的一龄若虫，对高龄若虫捕食效率低。2005年，在地中海周边地区发现的并已商品化生产的一种捕食螨——斯氏小盲绥螨（*Typhlodromips swirskii*），旧称斯氏钝绥螨（*Amblyseius swirskii*），在一些植物上对西花蓟马的防治效果优于胡瓜新小绥螨。巴氏钝绥螨是广食性捕食螨，分布于欧洲、非洲北部及美国、泰国、日本等地，在我国大部分省份均有分布，雌成螨日取食7～12头西花蓟马一龄若虫。田间释放试验显示，在温室、大棚茄子上释放巴氏钝绥螨后，对西花蓟马高峰期种群数量具有一定的抑制作用，每平方米释放200头效果更好。栗真绥螨（*Euseius castaneau*）是我国的本土螨种，1987年在河北及北京的板栗树上首次发现，后在多种植物如野苋菜、桑树、构树上发现，是我国北方地区的广布种。栗真绥螨对西花蓟马初孵若虫有较强的捕食能力，日最大捕食量为8头，显示出良好的应用前景。利用捕食螨防治西花蓟马，优势在于捕食螨易大量生产，成本低。但也有不足之处，如捕食螨的个体均较小，通常只能取食西花蓟马初孵若虫，对二龄后的虫态基本无作用，释放过迟会导致防治失败；西花蓟马二龄若虫甚至可以取食其天敌捕食螨如不纯伊绥螨和胡瓜新小绥螨的卵，使捕食螨难以建立种群；多数捕食螨的卵对低湿十分敏感，可造成大量卵死亡；有些作物的特性可能影响释放捕食螨的有效性；土壤生物群落的复杂性，影响土壤中使用的多食性捕食螨的有效性。因此，利用捕食螨防治西花蓟马需要进行大量的深入研究。

用于西花蓟马防治的捕食性蝽主要种类有塔马尼猎盲蝽（*Dicyphus tamaninii* Wagner）、矮小长脊盲蝽（*Macrolophus pygmaeus*）和一些小花蝽属天敌。花蝽（*Orius* spp.）是一种广泛用于防治蓟马的天敌昆虫，可以捕食许多种节肢动物，尤喜取食蓟马，可以捕食蓟马若虫和成虫，成虫比若虫能够取食更多的西花蓟马若虫。花蝽主要包括暗色小花蝽（*O. tristicolor*）、狡小花蝽（*O. insidious*）、肩毛小花蝽（*O. niger*）、微小花蝽（*O. minutus*）、东亚小花蝽（*O. sauteri*）和南方小花蝽（*O. strigicollis*）等，其中，暗色花蝽和美洲小花蝽已在北美商品化，并有许多成功防治西花蓟马的报道。研究发现，每隔1周在每株菊花上释放1头小花蝽可以将西花蓟马为害率从40%～90%降到5%～20%；在田间保证10头/m² 小花蝽成虫和相应作物植株上5～10头/株小花蝽成虫，可以控制西花蓟马种群。我国花蝽的种类主要包括在我国中部和北部的优势种东亚小花蝽和南方优势种南方小花蝽。东亚小花蝽成虫对西花蓟马成虫有很强的捕食潜能，26℃下理论日捕食量达51.3头，其二龄若虫的理论日捕食量为9.2头，四龄若虫为23头。东亚小花蝽在田间分布广、活动能力强，在西花蓟马的生物防治中有重要应用价值。南方小花蝽可捕食西花蓟马的若虫和成虫，偏好取食若虫，并且龄期越高控制能力越强。

西花蓟马的寄生真菌有5种，包括蜡蚧轮枝菌（*Verticillium lecanii*）、球孢白僵菌（*Beauveria bas- siana*）、金龟子绿僵菌（*Metarhizium anisopliae*）、玫烟色拟青霉（*Paecilomyces fumosoroseus*）和小孢新接合霉（*Neozygites parvispora*）。其中，蜡蚧轮枝菌已经成功用于防治菊花和黄瓜上的西花蓟马，对黄瓜上西花蓟马的感染率达60%，并且蜡蚧轮枝菌也可成功用于防治土壤中西花蓟马蛹。球孢白僵菌的有些株系对西花蓟马具有较强的致病性和控制作用，在温室黄瓜上喷施球孢白僵菌可湿性粉剂，可降低65%～87%的西花蓟马种群。金龟子绿僵菌对菊花上西花蓟马的控制作用明显，接种后7d可导致至少94%的西花蓟马成虫死亡。

抑制蓟马种群的线虫有两大类，一类为直接杀死蓟马，如斯氏线虫属和异小杆线虫属，可在土壤中传播，寄生生活于土壤中的西花蓟马蛹；另一类线虫感染蓟马以后不立即杀死蓟马，而是使被感染的蓟马若虫发育成不育的成虫，如尼氏蓟马线虫（*Thripinema nicklewoodi*）是西花蓟马发源地加利福尼亚州用于防治西花蓟马非常普遍的天敌，喷施后西花蓟马将携带的线虫传播到蓟马聚集的花和内芽上，可有效地在植物上传播，防治西花蓟马效果稳定。但是，线虫在高剂量使用及环境条件比较适合时才能取得比较好的防治效果，低的传播率，要求高的释放率，从而导致释放使用成本过高，限制了其使用价值。

（四）化学农药

目前，化学农药仍然是国内外防治西花蓟马的主要手段。但由于大量化学杀虫剂的使用，加上西花蓟马世代短、繁殖快、可孤雌生雄，单倍体雄虫完全暴露于杀虫剂的选择之下，导致许多地区的田间种群都对各种杀虫剂产生了不同程度的抗药性，包括有机磷、有机氯、氨基甲酸酯、拟除虫菊酯以及多杀霉素等。多杀霉素类杀虫剂是目前国内外防治西花蓟马的主要药剂，但在西班牙阿尔梅里亚田间采集的西花蓟马对多杀霉素的抗性倍数已达到13 500倍。在我国，北京地区的西花蓟马对氯氟氰菊酯已产生中等水平的抗性，对茚虫威、吡虫啉、灭多威等药剂的敏感性也有所下降。因此，抗性治理是西花蓟马综合治理的主要内容。

五、防治技术

（一）农业防治

首先培育无虫苗，需有专门的育苗房，在通风口和门、窗处加设孔径为280μm的防虫网，阻止外部的西花蓟马随气流进入保护地内。保护地蔬菜定植前精细整地施足基肥，在通风口和门、窗处覆盖孔径为280μm的防虫网，开花植物能够吸引西花蓟马栖息，在温室周围5m左右最好不种任何植物；畦面覆盖黑色地膜，一方面可以提高地温，另一方面可以阻止蓟马入土化蛹。种植驱避作物，据国外经验，大蒜有驱避蓟马的作用。作物收获后及时清除残株特别是有虫株，空棚至少1周再种植下茬作物，减少虫源。夏季休耕期进行高温闷棚，首先清除田间所有作物、杂草，棚室周围的植物一并铲除，将棚室温度升至40℃左右，保持3周，可杀灭大量西花蓟马。

（二）生物防治

西花蓟马的天敌很多，生物防治是欧美国家防治西花蓟马的重要方法。很多生防产品用于防治西花蓟马的地上虫态（成虫和若虫），或者防治地下虫态预蛹和蛹，或者联合使用防治地上和地下的虫态。在国内，生物防治的应用受到诸多因素限制，但在有条件的地区可释放捕食性花蝽或捕食螨，喷施商品性真菌或线虫等，应掌握在西花蓟马发生初期使用。

（三）物理防治

西花蓟马具有趋蓝色、黄色和粉色的习性，可购买商品化产品或自制有色黏板，悬挂在温室或大棚内，一方面用于监测西花蓟马种群发生动态，另一方面可诱杀成虫，减少成虫产卵和为害。春季西花蓟马会借助风力在寄主间进行短距离迁移，加设防虫网是阻止蓟马进入温室最简单有效的措施，可减少农药使用量50%～90%。

（四）化学防治

温室黄瓜上西花蓟马的经济阈值为每中部叶片1.7头成虫或9.5头若虫，或者是有成虫20～50头/（黄板·d）或3～5头/花。登记用于防治蓟马的农药种类比较少，借鉴防治蔬菜上棕榈蓟马、茄子上蓟马的农药品种及用量，在西花蓟马数量较少时进行喷雾防治。可选用25g/L多杀霉素悬浮剂，有效成分用量为25～37.5g/hm²、10%吡虫啉可湿性粉剂有效成分用量为30～52.5g/hm²、25%噻虫嗪水分散粒剂有效成分用量为30～56.25g/hm²、240g/L虫螨腈悬浮剂有效成分用量为72～108g/hm²、15%唑虫酰胺乳油有效成分用量为112.5～180g/hm²。

苗期灌根法是值得推荐的措施，可在幼苗定植前用内吸杀虫剂25%噻虫嗪水分散粒剂3 000～4 000倍液，每株用30～50mL灌根，对西花蓟马具良好的预防和控制作用。

吴青君（中国农业科学院蔬菜花卉研究所）

第120节 侧多食跗线螨

一、分布与危害

侧多食跗线螨［*Polyphagotarsonemus latus* (Banks)］，又名茶黄螨、茶嫩叶螨、茶半跗线螨、嫩叶螨、茶壁虱等，俗称阔体螨、白蜘蛛。属蛛形纲真螨目跗线螨科多食跗线螨属。

该螨为世界性害螨，分布遍及40多个国家和地区，以热带地区分布最广。在我国各地均有发生，其中以北京、天津、河北、内蒙古、山西、山东、河南、江苏、浙江、福建、广东、广西、安徽、江西、湖南、湖北、四川、重庆发生较重，在温带主要在温室中为害，并渐向露地蔓延。寄主广泛，已知有 37 科 80 余种，多为害经济作物和观赏植物，包括茄子、辣椒、番茄、马铃薯、菜豆、豇豆、黄瓜、丝瓜、苦瓜、萝卜、芹菜、落葵、茼蒿等蔬菜作物以及茶树、棉花、烟草、柑橘等经济作物。大棚茄子、青椒、番茄等受害最重。由于螨体微小，为害隐蔽，肉眼难以观察识别，往往被误诊为生理性病害和病毒病害而延误防治，造成严重危害。一般减产 10%～30%，严重的可达 50% 以上。

侧多食跗线螨在我国于 1976 年由北京市农业科学院植物保护研究室发现，此后许多地区有了发生为害的报道，并开展了寄主植物、生物学、形态学及其防治技术的综合研究。该螨在京郊为害茄子、辣椒、番茄、马铃薯、黄瓜、菜豆等蔬菜，严重影响果实品质，给生产造成很大损失。在湖南中部丘陵冷水江市，该螨 1983 年以前仅轻度为害辣椒、茄子等蔬菜；以后逐年加重，1988 年种植辣椒 133.3hm² 全部被害，总计减产 92.23 万 kg（减产 49%），单产由 1983 年前的 22 500kg/hm² 左右下降到 7 200kg/hm²（含干旱和其他病虫害因素），成为辣椒生产的最大生物灾害。2003 年，山东邹平县高新办事处吕家黄瓜生产基地曾发生大面积的侧多食跗线螨，造成减产 30%～50%。2008 年，四川内江东兴区白合镇辣椒生产基地大面积发生侧多食跗线螨，致使减产 10%～50%。2008 年，广西部分地区茄子发生侧多食跗线螨，平均虫株率 80% 以上，严重者虫株率达 100%，叶片严重变褐，植株生长不良，茄果木栓化、龟裂，对产量及品质影响极大。2010 年，辽宁朝阳地区露地蔬菜 4 万 hm²，保护地蔬菜 5.33 万 hm²，发生侧多食跗线螨，轻者减产 20%～35%，重者损失 75% 以上，甚至绝收。

二、形态特征

雌成螨：椭圆形，较宽阔，腹部末端平截，长约 0.21mm。发育成熟的雌成螨呈深琥珀色，半透明。领部小，近圆形，具假气门器 1 对，身体分节不明显。足较短，第四对足纤细，其跗节末端有端毛和亚端毛。腹面后足体部有 4 对刚毛（彩图 10-120-1，4）。

雄成螨：近似六角形，末端为圆锥形，长约 0.19mm。发育成熟的雄成螨为深琥珀色，未成熟的雄成螨为淡黄色，半透明。前足体有 3 对刚毛，腹面后足体有 4 对刚毛。足较长而粗壮，第三和第四对足的基节相接，第四对足的胫节和跗节融合形成胫跗节，其上有 1 个距状的爪，足的末端为一瘤（彩图 10-120-1，4、5）。

卵：椭圆形，长 0.1mm。卵体无色透明，卵面纵向排列 6 行白色瘤状突起。贴在叶表的卵面，为扁平形（彩图 10-120-1，1）。

幼螨：椭圆形，淡绿色，有 3 对足。头胸部和成螨很相似，但没有假气门器。腹部明显分为 2 节，近若螨阶段分节逐渐消失。腹部末端呈圆锥形，具有 1 对刚毛（彩图 10-120-1，2）。

若螨：长椭圆稍呈梭形，是一个静止的生长发育阶段，在幼螨的表皮内完成发育，两对前足向前伸，两对后足向后伸（彩图 10-120-1，3）。

三、生活习性

侧多食跗线螨 1 年可发生 25～31 代。在热带及温室条件下，全年都可发生。在北京、天津及其以北地区的冬季，该螨不能在露地越冬，主要螨源来自保护地。在长江流域以雌成螨在冬作物和杂草根部越冬；另一部分在保护地繁殖越冬。在长江以南可在茶树叶芽鳞片内、旱莲草头状花序中、禾本科杂草叶鞘内以及辣椒僵果萼片下和皱褶中越冬。在冬季温暖地带可在露地周年繁殖，没有越冬现象。

北京郊区，在保护地蔬菜栽培条件下，侧多食跗线螨可周年发生，春季从 4 月上旬开始缓慢扩散，5 月上、中旬出现 1 个明显为害期，6 月下旬至 9 月中旬为盛发期。在露地蔬菜栽培条件下，该螨于 6、7 月开始发生，7 月多雨年份种群增殖迅速，从 7 月开始到 8 月种群增殖速度快，为害高峰期主要集中在 8 月。夏播茄子上的初发期为 7 月下旬至 8 月上旬，8 月中旬至 9 月上旬茄子裂果达到高峰，10 月以后种群数量迅速减少。

在南方，露地蔬菜栽培条件下，若 6 月下旬降雨偏多，7～8 月雨日较多、雨量适中，侧多食跗线螨发生量大，果蔬被害率高，以 7～8 月为害最重。夏季若雨日多，雨量大，降低了气温，有利于该螨繁殖，为害加重。叶表面积水可妨碍螨的活动，大雨对螨体有明显的冲刷作用。在湖北，露地茄果类蔬菜上，一年内有 3 次为害高峰，7 月中旬、8 月中旬和 9 月上旬，保护地 10 月上旬也有一次种群高峰。但是这些高峰期的数据采集往往是与作物的生育期有紧密联系，主要受作物生理衰老导致营养恶化的影响，表现为种群数量降低，而其他的生长健壮的作物上的数量并未减少，实际上并不是某地区真正意义上的种群下降。

　　侧多食跗线螨主要营两性生殖，也可营孤雌生殖。两性生殖的后代有雌螨和雄螨；孤雌生殖的后代全部为雄性，但未受精卵孵化率较低。温暖、高湿的环境条件，有利于其发生，繁殖能力强，后代存活率高。雌成螨一生平均可产卵 200 粒，最高 500 粒，平均卵孵化率为 98%，死亡率在 2% 以下，其后代存活率平均在 90% 以上。

　　侧多食跗线螨成螨活泼，雄成螨有携带雌若螨（彩图 10 - 120 - 1，5）向植株幼嫩部位迁移的习性。这些雌若螨在雄螨身体上蜕一次皮变为成螨后，即与雄螨交尾。雌螨定居在幼嫩叶片上取食 1～3d 后开始产卵，多数将卵散产在嫩叶背面，也有少数产在叶片正面和果实凹陷处。产卵期一般 3～5d，产下的卵经 3～5d 孵化为幼螨。初孵幼螨不太活动，常停留在卵壳附近取食，随着生长发育，活动能力逐渐增强。幼螨期为 2～3d。当幼螨停止取食，静止不动时进入若螨期。若螨期为 2～3d。若螨蜕一次皮后变为成螨。成螨较为活跃，尤其是雄螨活动能力更强，爬行迅速。成螨主要在新鲜叶片的背面活动，最喜在叶片未展开前的折缝内取食。

　　侧多食跗线螨有很强的趋嫩性，始终随着植株的生长而转移为害部位，一部分由雌成螨和幼螨自身爬行转移，另一部分由雄成螨携带若螨转移。开始发生阶段，在田间呈核心分布，先由点片发生，而后逐渐向全田扩散；扩散的方式主要靠风力和田间操作时人为传播。本田以外靠爬行、风力、农具、移栽菜苗等传播蔓延。果树、花木与蔬菜混、间、套作种植的生产方式，为多食性的侧多食跗线螨发生为害提供了有利的食物条件。

　　侧多食跗线螨为害植株最突出的特征，是成螨和幼螨集中植株幼嫩部位刺吸汁液，致使嫩叶受害时皱缩、纵卷（彩图 10 - 120 - 1，8），正面绿色，背面观发亮呈茶褐色，具油质状光泽或油浸状，叶片挺直、僵脆（彩图 10 - 120 - 1，9），叶片从叶缘开始变褐并向下卷曲。嫩茎受害时表皮木质化呈现黄褐色（彩图 10-120-1，7），扭曲畸形。嫩茎生长点受害时不发新叶，萎缩，形成秃顶（彩图 10 - 120 - 1，11），变黄褐色，植株矮小丛生。花蕾、幼果受害后逐渐萎缩，不能开花、结果，严重时可导致落花、落蕾。植株茎部和叶柄表皮木质化失去光泽。果实受害时果柄、萼片及果皮表面木质化，变为黄褐色，生长受到抑制，果实受害后缩小、僵化变硬，丧失光泽成锈壁果，后期致使果实开裂。圆茄子果实受害后果面形成典型木栓化网纹，果实开裂，种子外露，形成开花馒头状（彩图 10 - 120 - 1，6）。

　　侧多食跗线螨为害植株的症状，与病毒病和植物生长调节剂药害症状有所不同。该螨为害植株生长点，致使叶片皱缩、挺直、僵脆，叶片背面观发亮，叶片从叶缘变褐。茎部和叶柄表皮木质化失去光泽。果实受害后变硬，表皮木质化，后期果实开裂。植株矮小，但不丛生，只有生长点及其下部的 2～3 片叶明显畸形皱缩。植物病毒病与植物生长调节剂药害表现的症状是叶片萎缩，呈鸡爪形，有细胞聚集的厚重感，但不僵脆和发亮。果实上有坏死斑，没有木质化、果实不开裂。茎部和叶柄也不出现木质化现象。

四、发生规律

(一) 气候

　　侧多食跗线螨生活周期较短，在 29～32℃ 下，完成 1 个世代需要 4～6d；在 18～22℃ 下为 8～12d。1 年可发生 25～31 代。但冬季繁殖能力较低。侧多食跗线螨生长繁殖的最适温度为 22～28℃，相对湿度为 80%～90%。在 30℃ 以下，发育随温度增高而加快。幼螨对湿度条件要求很严格，高温对其发育不利。当气温为 34～35℃ 持续 2～3h 后，若螨死亡率可达 80%，成螨死亡率高达 60% 以上。成螨耐高湿不耐高温，当气温达 35℃ 时，成螨寿命缩短，发育迟缓，并丧失正常的生殖能力。湿度对成螨影响不大，相对湿度在 40% 以上均可正常生殖。卵和幼螨只能在相对湿度 80% 以上的条件下孵化和生长。

　　侧多食跗线螨在保护地内的发生期，依各地区棚室中的温湿度不同有变化。北方干旱地区保护地湿度小的春季该螨很少发生，但湿度控制不当的环境下，4 月也可发生。秋冬季节种群发育缓慢，但可以维持种群越冬。在南方地区保护地中该螨周年均可发生为害，只是种群增殖速度随温、湿度不同差异较大。南方夏季保护地采取降温措施，更有利于该螨的发生为害。需密切注意其发生动向，及时采取防控措施。

适宜的光照强度能促进侧多食跗线螨的生长发育，光照过强则能明显抑制侧多食跗线螨的生育和繁殖，光照强度过弱或长时间光照强度过低，也不利于侧多食跗线螨发生及繁殖。

（二）食料

不同食料对侧多食跗线螨数量增长有很大影响。在茄子、辣椒、马铃薯、黄瓜、番茄、菜豆上最适宜生长发育，数量增长快。辣椒窄叶品种苏椒 2 号、苏椒 5 号和江西牛角椒等，比阔叶品种有一定的抗（耐）性。圆茄品种受害裂果率较高，灯泡茄次之，长形茄则较轻。辣椒品种浙研 1 号、浙研 5 号和板桥 1 号等宽叶型品种，茄子品种的荆州长白茄 1 号对该螨抗性差。

（三）农事作业

农事操作影响侧多食跗线螨的发生。在蔬菜栽培过程中施用未腐熟的有机肥，特别是未腐熟作物秸秆及残叶；或连续间作套种侧多食跗线螨嗜食寄主作物，有利于虫源积累，侧多食跗线螨发生较重。

（四）种群密度

侧多食跗线螨的种群密度对其种群消长有明显制约作用。据在青椒上试验证实，当幼若螨的密度平均 2～9 头/叶时，幼若螨死亡率随着密度的增加而下降，当密度上升到 9～42 头/叶时，死亡率随密度增加而上升。

（五）天敌

据报道，该螨的天敌有黄瓜新小绥螨 ［*Neoseiulus cucumeris* (Oudermans)，异名：黄瓜钝绥螨（*Ambluseius cucumeris*)］、巴氏新小绥螨（*N. barkeri*）、拉哥钝绥螨（*A. largoensis*）、斯氏钝绥螨（*A. swirskii* Athias-Henriot）、祖鲁拟伊绥螨（*Iphiseiodes zuluagai* Denmark et Muma）、盲走螨（*Typhlodromus* sp.）、智利小植绥螨（*Phytoseiulus persimilis*）及塔六点蓟马（*Scolothrips takahashii*）、小花蝽（*Orius* sp.）、腹管食螨瓢虫（*Stethorus siphonulus* Kapur）等，在自然条件下尚未发现天敌对种群增长有显著控制作用的报道。

五、防治方法

（一）农业防治

1. 调整种植结构　将嗜食寄主与非嗜食寄主轮作，切断该螨的食物链。如百合科蔬菜与茄果类和瓜类蔬菜轮作，十字花科蔬菜与茄果类和瓜类蔬菜轮作，对种群均有抑制作用。

2. 加强田间管理　及时铲除棚室四周及棚室内的杂草，并用杀螨剂处理温室后坡保温材料。蔬菜收获后及时清理枯枝落叶，集中烧毁，深翻耕地，以压低虫源基数。不施未经充分腐熟的作物秸秆等有机肥，避免人为带入虫源。

（二）物理防治

利用侧多食跗线螨生长发育对温、湿度的要求，结合田间管理，进行大温差防治。白天将棚温升高至 34～35℃，控制 2～3h，夜间降低温度至 11～12℃，可抑制种群快速增长，加强通风，降低棚室内湿度可抑制卵的孵化。

（三）生物防治

对侧多食跗线螨的生物防治研究发现，胡瓜新小绥螨对该螨的雌成螨捕食能力很强，捕食螨的雌成螨对侧多食跗线螨卵、幼螨、若螨和雌成螨各虫态均有良好的捕食能力，此外，还对二斑叶螨和蓟马有很强的捕食作用。由于该种捕食螨已实现了商品化生产，在露地茄子栽培中适时释放初见成效，每 10m² 释放 2～3 袋（每袋 300 只），释放 20～30d 后，侧多食跗线螨等害螨虫口减退率在 90% 以上，显示了扩大应用的前景。此外，在制定防治策略时应充分注意保护自然天敌，应使用选择性强、对天敌杀害小的药剂；在田间施药时采用局部施药或采用"涮头法"。

（四）化学防治

1. 清除虫源　冬季育苗温室和生产棚室在育苗和定植前，采用硫黄粉熏蒸消灭虫源。具体做法是：在棚菜前茬拉秧后，下茬育苗前，认真清除残枝落叶、拔除杂草、封闭好温室，每 1 000m² 温室用 5kg 硫黄粉拌入1倍量干锯末，在阴、雨、雪天无风夜晚，分放2~3堆点燃，翌日早晨开口放风，5~7d后育苗或定植菜苗。必须注意，在用硫黄粉熏蒸时，室内严禁有人畜滞留，以防发生意外，在生长期的蔬菜上禁用此法灭虫。及时清除棚室周围的杂草，对当地侧多食跗线螨集中越冬寄主喷药防治，均可减少越冬虫源。

2. 培育无虫（螨）壮苗　育苗期若有侧多食跗线螨发生，在移栽前全面施药防治2次，做到秧苗不带螨。不能从已发生侧多食跗线螨的地区引进辣椒苗、茄苗或其他寄主秧苗，防止侧多食跗线螨随秧苗传入新区。

3. 监测螨情　定植后加强调查，在发生初期或发现个别植株出现受害状时，喷第一次药，隔7~10d喷第二次。关键在于及早发现，并在发生初期及时选用有效杀螨剂进行防治。喷雾施药侧重在植株上半部分的幼嫩部位、叶背等处，要细致均匀。

4. 药剂防治　首选生物和矿物源农药，如10%浏阳霉素乳油500倍液、1.8%阿维菌素乳油3 000倍液、2.5%羊金花生物碱水剂500倍液、45%硫黄悬浮剂300倍液、99%机油乳剂200~300倍液。其次选择高效低毒化学农药，如：5%噻螨酮乳油1 500~2 000倍液、20%双甲脒乳油1 000~2 000倍液、73%炔螨特乳油2 000倍液、25%苯丁锡可湿性粉剂1 000~1 500倍液、25%三唑锡可湿性粉剂1 000~1 500倍液。在上述杀螨剂中，双甲脒对各螨态都有效；炔螨特和苯丁锡防治幼、若螨和成螨效果好，对卵效果较差；噻螨酮防治卵和幼、若螨效果好；三唑锡对若螨、成螨、夏卵有效，对越冬卵无效。喷雾时要重点覆盖植株上部，尤其是嫩叶背面、嫩茎、花器和幼果，避免向成熟果上喷药，并严格执行安全间隔期。1.8%阿维菌素乳油安全间隔期为7~10d，20%浏阳霉素·乐果乳油间隔期为7d，73%炔螨特乳油间隔期为7d，15%哒螨灵乳油间隔期为40d，5%噻螨酮乳油间隔期为60d。

上述药剂的选用，各地区应根据当地用药情况合理选择，避免长期单一使用同一类农药。即便是效果突出的药剂，也应更换，并交替使用各种不同类型药剂，以减缓抗药性产生。对于侧多食跗线螨的抗药性，目前虽没有连续监测跟踪的系统报道，但是可以肯定的是，该螨已经在许多地区对许多种农药产生了不同程度的抗性。只是不同地区对不同药剂的抗性程度存在差异，这些差异与地区间的用药类型和频次差异紧密相关。

5. 生长点"涮"药（液）法　最安全省药的方法是在晴天的下午稍晚时，采用上述药剂"涮头"。具体做法是将稀释好的药液放在小盆中，将植物的生长点浸入药液中，该方法适用于茄果类、瓜类和豆类等高秧作物，比叶面喷雾节省农药10倍以上；安全性也比喷雾要高。注意不要在阴天操作，以免传播病害。

石宝才（北京市农林科学院植物保护环境保护研究所）

第121节　瓜　实　蝇

一、分布与危害

瓜实蝇［*Bactrocera cucurbitae*（Coquillett）］是我国南方实蝇类害虫的优势种，发生较多的还有橘小实蝇［*B. dorsalis*（Hendel）］、南瓜实蝇［*B. tau*（Walker）］。瓜实蝇属双翅目实蝇科离腹寡毛实蝇属，俗称黄瓜实蝇、针蜂、瓜蛆。世界上许多国家和地区都把瓜实蝇列为重要的检疫对象，是中国二类植物检疫对象。迄今为止，瓜实蝇广泛分布于南亚、东南亚、东亚、非洲、太平洋、北美洲等地区，如缅甸、泰国、柬埔寨、老挝、越南、菲律宾、日本、马来西亚、印度尼西亚、印度、巴基斯坦、孟加拉国、文莱、斯里兰卡、尼泊尔、伊朗、阿富汗、阿塞拜疆、毛里求斯、埃及、肯尼亚、坦桑尼亚、布干维尔岛、新爱尔兰、新不列颠、巴布亚新几内亚、圣诞岛、所罗门群岛、美国等30多个国家和地区。在我国主要分布于广东、广西、海南、福建、江西、云南、贵州、四川、重庆、湖南、湖北、浙江、江苏、上海、安徽、河南、山东等省份，以及香港、澳门、台湾等地区。

瓜实蝇主要为害苦瓜、节瓜、冬瓜、南瓜、黄瓜、丝瓜、甜瓜、西瓜、瓠瓜、西葫芦等瓜类作物，还可为害豇豆、菜豆、豌豆等豆类作物，以及番石榴、杨桃、葡萄柚、甜橙、酸橙、橘、柠檬、香蕉、番木瓜、西番莲、无花果、桃、梨、芒果、辣椒、番茄等，总计寄主多达200余种栽培果蔬和野生植物。20

世纪初，瓜实蝇曾对夏威夷的瓜类生产构成严重威胁，以致许多地区被迫中止或放弃了葫芦科蔬菜的种植，每年经济损失估计达数百万美元。1995 年我国广州的调查结果表明，瓜实蝇的种群密度在果树蔬菜混合布局的生境和局部地区大面积生产瓜菜的生境中密度最高，苦瓜受害最重，其次是黄瓜。6～10 月在苦瓜正常生产管理情况下，每周施用化学农药 1 次，防治病虫害和瓜实蝇，苦瓜的受害率仍然达到 10％～25％，高者达 30％以上，在个别未防治的田块，受害率高达 50％～60％。2003 年 5 月中旬至 7 月，湖南省会同县藕塘蔬菜基地 100hm² 南瓜、苦瓜、丝瓜，瓜实蝇发生为害严重，平均瓜被害率达 65.9％，老熟的商品南瓜和留种的丝瓜被害率达 93％，瓜内常有幼虫几条至几十条。受害瓜畸形、果皮变硬，瓜瓤、籽粒有臭味，失去食用价值，整瓜腐烂脱落。甜瓜是海南省冬季的主要栽培瓜菜之一，2012 年 2～4 月露地甜瓜田间对比试验结果，未经套袋保护的瓜实蝇果实叮蛀率为 70.4％，比套袋处理的高 81.25％；前者的商品瓜率和产量，分别比后者降低 64.86％和 53.78％，严重影响瓜果的品质和产量。瓜实蝇已经成为我国南方瓜类生产上的重要害虫，而且防治难度较大；随着气候变暖和瓜果类种植面积的扩大，瓜实蝇的发生为害有向北方地区扩展的趋势。

二、形态特征

成虫：体长 8～9mm，翅展 16～18mm。头褐色，中颜板黄色，具 1 对黑色大颜面黑斑，额有 3 对下侧额鬃。中胸背板黄褐色，缝后具 3 个黄色纵条，中间的 1 条较短，两侧条终止于内后翅上鬃。小盾片黄色，基部有 1 红褐色至暗褐色狭横带。肩胛、背侧胛、横缝前每侧有 1 黄色小斑。翅斑深棕黄色至褐色，前缘带于翅端扩展成 1 大斑，其宽度达 R_5 室上部的 2/3；腹部黄褐色。第二背板的前中部有 1 褐色狭短带，第三背板上的前部有 1 褐色长横带，第四、五背板的前侧部具褐色斑纹，第三至第五背板的中央具 1 黑纵条纹。雄虫第三背板具栉毛，第五腹板的后缘略向内凹陷。雌虫产卵器官基节黄褐色至红褐色，长约 1.7mm（彩图 10 - 121 - 1）。

卵：细长，长约 0.8mm，一端稍尖，乳白色。

三龄幼虫：体长 9.0～11.0mm，宽 1.0～2.0mm。乳黄色。头部：口感器小，完全被 6～7 个大的前口叶围绕，有些具齿，其边缘与口脊相似；口脊 17～23 条，齿中等长度，一致和钝圆；副板多，具齿缘，与口脊互锁；口钩大，强度骨化，各具 1 端前小齿。胸节和腹节：第一胸节的前部具 1 宽的刺带环，背面和侧面有 7～10 列齿板，腹面的刺列不连续；第二胸节具较细、短的刺，形成 5～7 个不连续的刺列围绕节的前部；第三胸节与第二胸节相似，但刺列减少到 4～6 个。爬行突明显，有小刺 9～13 列。第八腹节有大、甚圆的中间区，几乎被大、略弯曲的色素横线连起来。瘤和感器明显。前气门指状突 16～20 个。后气门的气门裂大，有强度骨化的缘；气门毛细长，通常在端部的一半长度处分支。背腹毛束 6～12 根毛，侧毛束 4～6 根毛。肛区的肛叶大，表面略带刻纹，有 3～7 列刺围绕。外缘周围的刺小，不成连续的刺列。紧靠肛叶的刺更粗，在肛开口下方集结。

蛹：长约 5mm，黄褐色，圆筒形。

三、生活习性

（一）生活史

瓜实蝇在我国 1 年发生多代，世代重叠。安徽南部和上海 4～5 代、浙江 4～6 代、江西中南部 5～7 代、湖南中南部 5～6 代、四川东部 2～5 代、重庆 3～6 代、云南中东部 2～5 代、贵州 2～5 代、福建 6～8 代、广东 6～9 代、广西 5～8 代、海南 9～11 代、香港 8～9 代。

瓜实蝇在福建三明 1 年发生 7 代，世代重叠，以成虫在杂草、寄主作物上越冬，但冬季晴朗天气仍可见成虫活动。2001 年、2002 年在田间成虫诱捕结果表明，3 月天气转暖后即可诱捕到少量越冬成虫，4 月逐渐增加并出现一个小高峰，到 6 月后诱捕到的成虫陡增，并在 8 月达到全年的最高峰，9 月以后诱捕到成虫数量逐渐下降，到 12 月基本诱捕不到成虫。2001 年 12 月只诱捕到 1 头成虫，2002 年 12 月天气较温暖，诱捕到 6 头成虫。1～2 月，三明地区气温比较寒冷（经常在 10℃以下），没有诱捕到成虫。瓜实蝇自然种群消长波动明显，其变化与瓜实蝇年生活史和寄主植物种植情况有关。

在湖南永州瓜实蝇世代重叠发生，主要以蛹在土壤中越冬，成虫也能越冬，冬日温暖天气成虫仍可取食活动。越冬蛹于翌年 4 月中旬开始羽化，4 月底大量羽化。越冬成虫 4 月中、下旬出蛰活动，若早春气温回升早 4 月上旬便开始活动。每年 4 月下旬至 5 月上旬，越冬代成虫先迁至温室、大棚和地膜覆盖的瓜类或苗圃花卉取食花蜜，补充营养并产卵和为害幼果。5 月底至 6 月初迁至瓜田为害，直至秋末冬初，老熟幼虫 10 月底入土化蛹越冬。一年中 6~8 月瓜类蔬菜受害最重，9~10 月多种瓜类寄主逐渐衰老后，主要为害丝瓜和苦瓜。

据广西大学农学院室内测定，瓜实蝇在 15℃、20℃、25℃和 30℃温度下，全世代的平均发育历期分别为 106.21d、62.58d、37.03d 和 22.47d，各虫态发育历期均随温度升高而缩短（表 10-121-1）。在温度 30℃和 35℃下，卵和幼虫的发育历期差异不显著；35℃下蛹不能存活。

表 10-121-1　不同温度下瓜实蝇的发育历期（d，$X \pm S_x$）（引自韦淑丹等，2011）

Table 10-121-1　Developmental duration of *Bactrocera cucurbitae* at different temperatures（d，$X \pm S_x$）（from Wei Shudan et al.，2011）

温度（℃）	卵	幼虫	蛹	产卵前期	世代	成虫寿命
15	2.56±0.06a	15.89±0.20a	19.98±0.38a	67.78±0.16a	106.21±0.67a	145.82±3.19a
20	1.54±0.04b	8.91±0.12b	14.17±0.27b	36.43±0.10b	62.58±0.42b	131.56±2.51b
25	0.83±0.09c	6.12±0.22c	7.02±0.16c	23.06±0.14c	37.03±0.61c	110.17±3.15c
30	0.63±0.06d	5.03±0.03d	5.72±0.39c	15.90±0.09c	22.47±0.55c	87.13±1.29d
35	0.54±0.03d	5.17±0.13d	—	—	—	—

（二）主要习性和行为

瓜实蝇成虫羽化时，从蛹壳的前部破壳而出，随即慢慢从土层钻出。遗留土中的羽化孔近圆形，往往具有各种倾斜度。初羽化的成虫，体壁软而色浅，数小时以后，体壁变硬，色泽变深，并开始取食。羽化后的成虫，通常经过 3~5d 体壁达到正常硬度，体和翅上的色斑颜色达到稳定状态。在田间，瓜实蝇成虫多在早上取食，在中午或下午通常只在叶丛中停息。在室内自然变温条件下，瓜实蝇成虫可整天取食，即使在夜间，只要有光照，取食也不停止。瓜实蝇成虫可取食雌性成虫在产卵刺伤寄主果皮时分泌的汁液，尤其是葫芦科果实，因为这些果实被产卵刺伤后会分泌出大量汁液。田间破损的果实、损伤的茎蔓甚至受害果实腐烂的部分，都能吸引成虫取食。

瓜实蝇成虫存在雄虫产生性外激素以吸引雌虫的现象。瓜实蝇交尾行为大多在日落黄昏时进行，直至翌日早晨结束。夏季在黄昏后交尾最盛，每次交尾可持续 1~3h，受到惊扰会暂时分开。在室内平均温度 22℃的条件下，历时约 3h。春季瓜实蝇交尾可连续几天在黄昏进行，也有相隔 2~5d 的现象。瓜实蝇成虫交尾时，随着黄昏光线渐趋微弱，温度下降之际，雄虫开始兴奋地扇动双翅，造成高频率的声音，以吸引雌虫，雌虫四处追逐狂舞。成虫交尾的频率随光线的减弱而快速增加，日落前 15min 瓜实蝇的交尾达到高潮，黑暗来临后交尾开始减少，至天亮前交尾活动完全停止。交尾时间最长有达 13h 的，受到惊扰时即行分开。室内饲养观察发现，雄成虫可连续多次交尾，雌成虫也可多次交尾。瓜实蝇成虫羽化后，需经一段时间补充营养，待性成熟后才交尾和产卵。在室内 25℃恒温条件下，瓜实蝇的产卵前期为 11~12d。雌成虫的产卵期达 1 个月以上，平均每天可产卵 30 粒，仅交尾一次的雌虫亦可持续产卵达 27d 之久。唯一 1 次交尾的雌虫，其总产卵量和平均每日产卵数均不及多次交尾的多，而且仅 1 次交尾的雌虫所产下的卵粒孵化率有随产卵日数增加而逐渐下降的趋势。在夏季高温季节晴天条件下，10:00 前为瓜实蝇雌成虫的产卵最盛时期，此后雌成虫便潜伏在寄主叶下休息，特别是中午时分不产卵。但在阴天条件下，瓜实蝇雌成虫全天均可产卵。春、秋季节，瓜实蝇几乎全天均可陆续产卵。

瓜实蝇雌成虫产卵时，先用口器和产卵管在果实表面来回试探多次。产卵的位置选好后，产卵器完全伸出，用产卵管端部在果面上寻找插入点，然后逐渐刺入果皮组织。瓜实蝇在鲜黄瓜上产卵，产卵孔从瓜表面至卵粒上端部，深度为 1.0~1.5mm，含卵粒总深度为 2.0~3mm。

瓜实蝇成虫产卵，对不同品种的寄主以及寄主的不同生长期具有选择性。在福建三明郊区田间调查发现，瓜实蝇可在丝瓜蔓上产卵，幼虫取食藤蔓后形成虫瘿。在各种葫芦科植物子房未发育完成前，瓜实蝇多不在植株上产卵，待果实发育至 5~10cm 大小时，才在果实上产卵为害。田间调查还发现，瓜实蝇在南瓜和西葫芦的雄花上产卵，但未发现产卵于西瓜、厚皮甜瓜、黄瓜或番茄、菜豆的花上。成虫还可在前一批卵孵出后造成的伤口，或植株破损的表皮裂口处，产下成簇的卵。瓜实蝇在丝瓜、苦瓜、冬瓜、节瓜上产卵也是选择幼嫩的瓜而不是选择成熟的老瓜。

室内饲养时，瓜实蝇在无产卵寄主的情况下，均可任意产卵在虫箱的纱网上或与供水器底部接触的边缘处。瓜实蝇有假产卵的习性，即产卵管插入寄主组织后，不排卵就拔起，仅留下椭圆形的"产卵"孔。大批量统计表明，瓜实蝇一生中平均产卵约 1 000 粒，10 粒为一堆，每天平均产卵 12~17 粒，产卵期平均 59~73d。瓜实蝇成虫在大自然中的寿命因环境条件有很大差异。养虫箱内观察，瓜实蝇成虫寿命多则 260d，少则 60d。一般雌性寿命比雄性长，为雄性的 1.5 倍。据 Back（1917）报道，瓜实蝇成虫寿命，在有食物和水的条件下，可长达 431d；如无食物无水供给，至多可活 100~102h；若仅供水而不给食，则可生存 120h 以上。如分别在水解蛋白质、糖和水食料中添加矿物质和 B 族维生素，可进一步延长寿命。

瓜实蝇卵粒孵化时，幼虫自卵粒具乳突的一端破壳而出，留下卵壳。雌成虫产下的卵不会全部孵化，同一天产的，在25~30℃下观察，48h 内未孵化的卵就不会再孵化。从观察中发现，这些不孵化的卵经过 48h 后，多变为淡紫灰色，卵粒内呈水渍状，或卵的两端处呈水渍状透明。室内观察瓜实蝇卵孵化情况，结果在观察的 1 172 粒卵中，孵化数为 1 038 粒，孵化率为 89%，余 134 粒不能孵化。

瓜实蝇幼虫阶段共有 3 个龄期。室内饲养观察发现，放置在黄瓜横切片肉质部分表面的瓜实蝇卵孵化后，一龄幼虫很快就朝瓜瓤方向移动，并进入瓤部取食，但在进入二龄之前，很少钻入瓤的深处。二龄以后，幼虫已很活跃，不仅蛀食瓜瓤，也进而蛀食肉质部分；瓜实蝇幼虫取食黄瓜的时候，先取食瓤部，进而蛀食肉质部，在虫口密度很大的情况下，幼虫会食空全瓜，仅留下皮层。瓜实蝇幼虫生活在寄主植物组织内，喜群集，接近成熟的幼虫，一旦受到外界惊扰，便会成群结队地从寄主果实中夺腔而出。此时尚未成熟的三龄幼虫，先后外逃四散，即使努力将其收集放回原寄主果实中，也不会回复原来的状态，不能安静地取食，而是继续向外爬行，无法阻止。这些逃散的幼虫大多数已接近成熟，很快化蛹。在人工饲料中养育的幼虫，当将养虫箱网盖揭开时，成熟的幼虫犹如受到一种刺激，很快就从饲料中跳出。如果突然降低饲料的温度，这些幼虫也会成群外出，四处弹跳。幼虫除了爬行移动之外，还可以其独特的弹跳方式，从一处到达另一处。弹跳时虫体首尾相触呈弯弓状，然后弹跳。瓜实蝇幼虫弹跳距离从 5cm 到 20.3cm 不等。曾发现该虫可在水泥地面连续弹跳 381cm 长。幼虫弹跳，多朝光源方向。据测定，瓜实蝇幼虫弹跳的高度可达 20.3~222.86cm。

瓜实蝇幼虫老熟后，从果实中钻出，落到地面，入土后的幼虫，很快收缩成围蛹状，皮色变深，12h 后色泽变褐硬化。瓜实蝇老熟幼虫入土后，需经过预蛹阶段。在室内 25℃恒温条件下，瓜实蝇的预蛹期为 7~9h；在平均温度为 22.22℃（变幅 18.89~25.56℃）时，瓜实蝇老熟幼虫约经 48h 便可发育成围蛹内的蛹。在日平均温度 28℃条件下，瓜实蝇老熟幼虫在半干湿疏松的，或稍加压紧，或再加入少许水沉压的沙土中化蛹深度作比较，发现上述 3 种沙土疏紧程度对幼虫的化蛹深度有一定的影响。3 种不同松紧度的沙土，厚度均为 10cm，沙土盛于 1 000mL 容量的烧杯里。在第一种类型，即疏松沙土中化蛹，最深处为 9cm；第二种类型，即稍加压紧的沙土中化蛹，最深处为 6cm；第三种类型，即加少许水沉压的沙土中化蛹，最深处 3cm。瓜实蝇老熟幼虫的化蛹率，一般为 80%~90%。在室内 27℃恒温条件下，瓜实蝇蛹经过 8~9d 便可羽化。

在葫芦科蔬菜上，瓜实蝇以成虫产卵为害和幼虫蛀瓜为害。雌虫以产卵管刺入幼瓜表皮内产卵，每次产几粒至 10 余粒，每雌可产卵几十粒到 1 000 余粒，幼虫孵化后在瓜内蛀食。初孵幼虫在瓜内蛀食，将瓜蛀食成蜂窝状，以至瓜条腐烂、脱落。被害瓜先局部变黄，而后全瓜腐烂变臭，大量落瓜；即使不腐烂，刺伤处凝结着流胶，畸形下陷，果皮变硬，瓜味苦涩，品质下降。受害轻的，瓜虽不脱落，但生长不良，储存数日即变软腐烂。瓜实蝇发生隐蔽，常常易被种植者忽视而造成大幅度减产，甚至绝收。

四、发生规律

（一）气候条件

通过饲养观察，瓜实蝇亚致死低温区为 5.37~10.64℃，与试验测定的各虫态发育起点温度（6.52~10.69℃）基本一致，有效温区为 10.64~41.12℃，亚致死高温区为 41.21~47.06℃，致死高温为 51.27℃以上。这一结果表明，瓜实蝇成虫比较耐高温。这与田间诱捕瓜实蝇成虫在 8 月达到全年最高峰的调查结果一致。15℃以下低温和 35℃以上高温对瓜实蝇的存活率影响比较大，特别是对瓜实蝇幼虫和蛹的存活率影响最大。在 20~30℃条件下，瓜实蝇的存活率基本能保持在 80%以上，说明 20~30℃的温度条件比较有利于瓜实蝇的存活。

瓜实蝇卵的孵化率与湿度关系密切，湿度越高孵化率越高。在高湿度条件下，瓜实蝇卵的孵化率最高，这与瓜实蝇产卵在高湿度瓜果或个别幼嫩组织中的习性相吻合。但大于饱和湿度对瓜实蝇卵的孵化则有不利影响，如卵浸水则孵化率下降，仅为 30% 左右。低湿度不利于卵的发育与孵化，过分干旱则卵不孵化。

光对瓜实蝇是不可缺少的因素，瓜实蝇的许多习性和行为都受光的控制。光照对瓜实蝇的繁殖起着重要作用，但对其发育和死亡的直接影响不大。光影响繁殖的主要方面有两个：第一，影响雌虫的正常活动，尤其是取食和产卵活动；第二，其重要作用在于与交尾习性有密切关联。瓜实蝇饲养在强光条件下，比在弱光中性成熟更早，交尾更快，产卵也较早。在夏季黄昏时瓜实蝇成虫显得非常活跃，对光的反应敏感。在黑暗养虫室内，一旦启亮电灯，瓜实蝇成虫片刻即可飞翔活动。

降雨对空气湿度有直接影响，从而与瓜实蝇卵孵化率有密切的关系，以饱和湿度最为适宜。降雨主要通过影响土壤湿度等土壤物理性状而影响瓜实蝇的化蛹与存活等。空气湿度对瓜实蝇幼虫化蛹的影响表现为湿度过高则幼虫化蛹不良，空气湿度对瓜实蝇蛹羽化的影响表现为湿度过高蛹羽化率明显降低。

（二）寄主植物

寄主植物的种类与分布影响瓜实蝇的生存、生长发育、繁殖、寿命、分布等生物学特性，从而影响瓜实蝇种群数量。

在温度为（30±1.5）℃、相对湿度为 75%±5%、L∶D 为 12∶12 光照条件人工气候箱（LRH-250-GS 型）内，采用苦瓜、黄瓜、丝瓜分别饲养瓜实蝇，瓜实蝇幼虫期、产卵前期、全世代发育历期存在显著差异（丝瓜＞黄瓜＞苦瓜）。不同瓜果寄主饲养瓜实蝇，瓜实蝇卵期、蛹期的发育历期差异不显著。存活率曲线表明，瓜实蝇幼虫期死亡率较高，进入成虫期后死亡率下降的速度比较缓慢而平稳，这与瓜实蝇幼虫期抗逆性较弱有密切关系。不同寄主营养条件下的瓜实蝇实验种群的存活率差异极显著，其中，以黄瓜饲养条件下的瓜实蝇实验种群存活率最高，与苦瓜、丝瓜饲养条件下的瓜实蝇实验种群存活率差异极显著，但以苦瓜、丝瓜饲养条件下的瓜实蝇实验种群存活率差异不显著。瓜实蝇实验种群生命表研究表明，苦瓜、黄瓜、丝瓜三种寄主饲养的瓜实蝇的种群趋势指数差异显著（黄瓜＞苦瓜＞丝瓜），说明不同寄主营养条件对瓜实蝇种群增长的影响是明显的，这与田间调查的瓜实蝇在不同寄主植物上为害程度基本一致。不同寄主营养条件下的瓜实蝇实验种群生命表参数测定结果显示，不同寄主营养条件下的瓜实蝇实验种群的净生殖率差异显著（黄瓜＞苦瓜＞丝瓜），表明不同寄主营养主要影响瓜实蝇实验种群的生殖力。

根据生命表分析，不同寄主营养条件下的瓜实蝇实验种群生殖力差异显著，这与田间调查黄瓜、苦瓜、丝瓜在同期的发生为害程度相一致。田间调查证实，瓜实蝇对寄主的偏好程度：黄瓜＞苦瓜＞丝瓜。

（三）土壤因素

不同湿度条件下瓜实蝇老熟幼虫均可以入土化蛹。在土壤干旱条件下，瓜实蝇幼虫仅停留在土壤表层化蛹，土壤潮湿条件下，大多数幼虫入土 3~5cm 化蛹。在试验处理的土壤湿度范围内，土壤相对湿度超过 25% 时瓜实蝇幼虫化蛹不良；低于 25% 相对湿度条件下，瓜实蝇幼虫均可以化蛹，以 5%~25% 相对湿度范围内的化蛹率最高，基本达到 75% 以上。在试验处理湿度范围内，土壤相对湿度为 5%、15%、20% 条件下瓜实蝇蛹的羽化率最高，并且差异不显著。相对湿度超过 25% 的条件下，瓜实蝇蛹的羽化率骤减，在相对湿度 30% 以上蛹就不羽化。在低湿度条件下，湿度下降则羽化率下降。土壤相对湿度是影响瓜实蝇化蛹深度、蛹存活的主要因素，但土壤类型对瓜实蝇的化蛹深度、蛹存活也有显著的影响。

在田间，瓜实蝇老熟幼虫常因灌溉、排水不良积水或连日下雨而处于浸水土壤中。浸水农田严重影响瓜实蝇幼虫的化蛹率与蛹的羽化率。试验表明，浸水 12h 对老熟幼虫没有影响，浸水 24h，48h 老熟幼虫的化蛹率分别下降到 70% 和 36.67%，而浸水 72h 则幼虫全部死亡。所以，田间长期积水将严重影响瓜实蝇种群数量。采用灌水法防治瓜实蝇要保持田间持水 3d 以上，对幼虫和蛹才能达到较好的致死作用。

瓜实蝇化蛹多集中在土表下 2~4cm 处，分布率达到 78%，深于或浅于此深度范围，则其化蛹数量的百分率均甚低，不同土层蛹的分布概率差异极显著。土壤理化性质、土层深度、团粒结构、土壤湿度都影响瓜实蝇化蛹和羽化。瓜实蝇蛹期随蛹的浸水时间而延长，浸水 24h 后蛹的羽化率明显下降，均在 40% 以下。

(四) 种间竞争

瓜实蝇田间种群消长规律与竞争实蝇种类及其寄主植物条件关系密切。2001—2002 年在福建三明地区利用诱捕器诱捕实蝇成虫，系统调查 3 种优势种实蝇的自然种群动态。结果表明，3 种实蝇在 4 月同时都出现一个小的发生高峰期，随后瓜实蝇逐渐占优势，并在 8 月达到全年的最高峰，诱捕到的成虫数明显高于橘小实蝇和南瓜实蝇。8 月后瓜实蝇逐渐失去优势，先是 9 月被南瓜实蝇夺取优势位置，接着在 10 月又被橘小实蝇夺取优势位置，3 种实蝇在一年中出现交替占据优势地位的局面。橘小实蝇全年有 3 个高峰期，分别发生在 4 月、8 月和 10 月，前两个高峰期与瓜实蝇的高峰期出现的时间一致。南瓜实蝇全年有两个高峰期，分别出现在 4 月和 9 月，4 月高峰期与瓜实蝇的高峰期出现时间一致，后一个高峰期比瓜实蝇迟 1 个月。这种现象与三明地区各种实蝇的寄主植物的丰盛度交替演变关系密切。

4 月是越冬成虫活动的高峰期，3 种实蝇越冬成虫的活动时间基本一致，同时在 4 月出现了一个发生小高峰期，以后随着各自喜食的寄主植物的先后出现和丰盛情况，3 种实蝇由于食物营养关系，各自种群增长的速度就发生了变化。上半年随着各种瓜菜的栽培和成熟，瓜实蝇种群增长的速度比橘小实蝇和南瓜实蝇快，在 8 月达到了全年的高峰期。橘小实蝇的寄主范围较广（150 多种），也比较嗜食瓜类蔬菜，所以在 8 月也达到全年的第二高峰。在 9、10 月随着各种果实的成熟，橘小实蝇逐渐在 10 月占据优势地位。南瓜实蝇的寄主有 70 多种，与瓜实蝇的寄主重叠较多，多数月份瓜实蝇占优势，9 月则南瓜实蝇占优势。这与南瓜实蝇嗜食南瓜有关。8 月以前无南瓜果实时，南瓜实蝇种群增长明显比瓜实蝇处于劣势地位，8 月以后随着南瓜果实的丰盛度增加，南瓜实蝇种群在 9 月超过了瓜实蝇种群。瓜实蝇在 9 月以后明显受到橘小实蝇和南瓜实蝇种群增长的抑制，从此失去了优势地位。

(五) 天敌

天敌对瓜实蝇蛹期影响比较大。由于瓜实蝇蛹栖居土中，成虫亦多在土中羽化外出，这两个虫态与天敌接触的概率较大。而卵和幼虫阶段，由于在寄主果实内，相对获得较好的保护，但仍免不了受到寄生蜂、螨类和致病微生物的侵袭。土壤里捕食性昆虫中最重要的是蚂蚁，曾发现实蝇老熟幼虫、蛹和刚羽化的成虫大量被蚂蚁拖走。其他捕食性天敌包括隐翅虫科、步行虫科、草蛉科和猎蝽科中的瓜实蝇天敌。

五、防治技术

瓜实蝇是我国二类检疫性害虫，一旦发现疫情农业部门应采取紧急措施进行田间防治。根据其发生为害特点，采取农业防治、物理防治、生物防治、化学防治和检疫处理相结合的综合防治措施，保护瓜果免受危害。

(一) 清洁田园，瓜果处理

及时摘除成熟瓜果，防止成熟瓜果实里的老熟幼虫弹出果实入地化蛹。及时摘除被害瓜果和收集成熟的落地瓜果，集中深埋、药液浸果或焚烧，防止幼虫入土化蛹。如瓜果已腐烂脱落，应在烂瓜烂果附近的土面喷洒杀虫剂，防止蛹羽化。清洁田园，收集落地烂瓜烂果集中处理（喷药或深埋），以减少虫源，减轻危害。加强农业防治，覆盖地膜，防止成虫钻入表土层化蛹。

(二) 套袋护瓜护果

在虫情发生严重的地区或栽培名贵瓜果品种，可采用套袋护瓜护果的有效保护措施，防止成虫产卵为害。但要掌握有利时机，即等到花完全凋谢后，在幼瓜生长到长 2～4cm 时套袋，套袋过早会影响雌花受粉，套袋过迟会失去防虫作用而使损失严重。果实套袋前必须喷施一次农药，以防治其他的病虫害，确保瓜果套袋后的质量。

(三) 诱杀成虫

1. 诱饵　利用瓜实蝇成虫嗜食甜质花蜜的习性，用香蕉皮或菠萝皮（也可用南瓜、甘薯煮熟经发酵）40 份，90% 晶体敌百虫 0.5 份（或其他农药），香精 1 份，加水调成糊状毒饵，直接涂在瓜棚篱竹上或装入容器挂于棚下，每 667m² 布 20 个点，每点放 25g 诱饵诱杀成虫。

0.02% 多杀霉素饵剂（GF - 120）是美国开发的专门用于防治实蝇的产品。饵剂中含有激食要素，可引诱实蝇成虫前来取食，以胃毒作用方式杀灭之。该药为微毒产品，对施药者安全，对环境友善。采用 0.02% 多杀霉素饵剂对水稀释 6～8 倍后，用手提式微型喷雾器对瓜园进行点喷，即每 3～5m 喷一个点，喷药部位一般在植株中上部 1～1.5m 处的叶片背面，施药半小时后可见该虫取食、死亡。在瓜园挂果期每 7d 点喷 1 次，但雨水对药效影响很大，若喷药后 1～2d 内下大雨，则需补喷。以黄瓜挂果期 2 个月计算，需喷施饵剂 8 次，则防治效果可达 90％以上。国产 0.1％阿维菌素饵剂，每 667m² 用量为 180～270mL，对水稀释 2～3 倍后装入 10 个诱集瓶，分散放置田间。

2. 诱黏剂　由瓜体花粉和黏结剂加工制成，如从台湾引进的新型高效物理诱黏剂"好黏"，可双杀雌、雄成虫，且有效成分受日晒及雨淋的影响较小，使用一次可保持药效 15d，施用后可大大压低虫口基数。该剂使用简便，将其喷洒在撕去标签的空矿泉水瓶外壁（或其他不吸水的材料）上，略为晾干后挂到瓜田即可，一般每 667m² 挂置 4～5 处。

3. 性诱剂　人工合成的瓜实蝇性激素，配合一定的农药毒杀瓜实蝇，诱杀效果比单纯化学农药制成毒饵诱杀效果更好。目前引进的台湾产品普遍在大田应用。以克蝇与甲基丁香油（1∶1）混合作诱芯诱杀效果最好，既可诱杀瓜实蝇也可诱杀果实蝇，用于大棚种苦瓜防治效果更好。每隔 20m 在瓜棚下挂 1 个诱杀笼，每 15d 添加诱杀剂 1 次。性诱剂应长期大面积不断使用，才能有效降低田间瓜实蝇的数量。

4. 黏蝇纸　瓜实蝇成虫有趋黄性，用黄色塑料板涂抹机油制成黏蝇纸，把它固定于竹筒（长约 20cm、直径 7cm）上，然后挂在离地面 1.2m 高的瓜架上，15～20m² 挂 1 张，每 10d 换黏蝇纸 1 次，连续 3 次，防效显著。或用黄板包在水瓶外，然后挂在瓜棚内瓜果附近诱杀成虫。

此外，在各种瓜类在结幼瓜时，特别是规模种植，可以安装频振式杀虫灯开展灯光诱杀。

（四）化学防治

在成虫盛发期，选择中午或傍晚喷施药液，隔 3～5d 喷施 1 次，连喷 2～3 次，药液量应充足，到果实采收前 10～14d 停止用药。应选用高效、低残留农药，如 5％天然除虫菊素乳油 1 000 倍液，或 85％敌百虫可湿性粉剂 1 000 倍液、10％氯氰菊酯乳油 2 000～3 000 倍液、40％辛硫磷乳油 800 倍液、50％敌敌畏乳油 1 000 倍液、21％氰·马乳油 6 000 倍液等。对落瓜附近的土面喷淋 50％辛硫磷乳油 800 倍液，以防蛹羽化。

（五）检疫处理技术

在检疫过程中发现瓜实蝇疫情后，可根据贸易合同要求，对进出口岸的瓜果采取有效的处理措施，清除瓜果中携带的瓜实蝇。瓜实蝇检疫处理的内容包括检疫政策的执行和防除处理。对带有瓜实蝇疫情的农产品的检疫处理，特别是对新鲜瓜果的处理，重点是收获时在产地的处理，目前国内外多采用低温致死或辐射处理等物理方法，或采用药剂熏蒸处理的化学方法，实施以最短时间达到最佳效果的措施。

1. 低温杀虫处理技术

（1）速冻处理。对感染了瓜实蝇的水果、蔬菜，在仓库常温下（约 20℃）储存期间，每天 8：00 将仓库温度速降到 2℃，并保持 6h 后逐渐恢复到常温，连续处理 10d，瓜果中的瓜实蝇死亡率可达到 100％。

（2）低温冷藏处理。将感染了瓜实蝇的瓜果，置于 2℃冷库中冷藏处理 15d，瓜果中的瓜实蝇死亡率可达到 100％。在 0.2～0.5℃的低温处理条件下，瓜实蝇三龄幼虫的死亡率达 100％的时间为 8d。

2. 辐射处理技术　目前，植物检疫部门正发展和应用射线处理瓜果，以达到杀灭瓜果携带的瓜实蝇，又不影响瓜果品质的目的。试验表明，用 0.26kGy 剂量的，瓜实蝇幼虫的死亡率达到 90％以上，用 0.40～0.70kGy 剂量的，瓜果中瓜实蝇卵死亡率达到 100％。处理瓜实蝇最佳的剂量为 0.26kGy。

赵士熙（福建农林大学植物保护学院）

江昌木（福建三明出入境检验检疫局）

第 122 节　瓜　　蚜

一、分布与危害

瓜蚜［*Aphis gossypii* (Glover)］又名棉蚜，属半翅目蚜科蚜属，俗称腻虫、蜜虫等，是一种世界性的害虫。主要为害葫芦科、芸香科、锦葵科等植物。在蔬菜上主要为害西瓜、甜瓜、黄瓜、南瓜、西葫芦等，在其他蔬菜上如辣椒、茄子、洋葱、芦笋等也时有发生。对柑橘、棉花、木槿、花椒等也为害。据报道，世界上瓜蚜的寄主植物有 700 种之多。

瓜蚜分布广泛，除北极地区未见报道外，目前在世界上的热带和温带地区均有发现，发生较为普遍的国家和地区有：北美洲、南美洲、中亚、非洲、澳大利亚、巴西、东印度群岛、西班牙、夏威夷以及欧洲的大部分地区。在我国遍布各地，以在华南地区、黄河流域、长江流域为害最重，辽河流域次之，一般干旱年份发生较重，其余时间较轻。瓜蚜的寄主植物种类繁多，在我国有74科285种，但以葫芦科、豆科、十字花科、鼠李科、芸香科等植物为主。根据瓜蚜越冬和侨居的特点，其寄主植物可以分为两类：一是越冬寄主植物，主要有石榴、木槿、花椒、车前草等；二是侨居寄主植物，主要有锦葵科、葫芦科等50多科植物。

瓜蚜以成虫和若虫，首先在叶片背面为害，利用刺吸式口器吸取植物汁液，其次选择嫩茎和花芽为害，当种群数量较大时，整个寄主植物有可能被完全覆盖（彩图10-122-1）。受害初期，叶片变黄；随着瓜蚜数量的上升，受害叶片向背面卷缩；严重时可导致叶片萎蔫、发育不良，幼株生长受阻，减产可达22%～56%。此外，瓜蚜排泄大量极易滋生霉菌的蜜露，乌黑的霉菌覆盖叶片，使光合作用减弱。若果实上出现大量蜜露和霉菌，可以导致果实滞销或者等级的降低，其市场价值便会随之降低。

瓜蚜可以传播超过50种的植物病毒，包括在黄瓜、豌豆、葫芦、辣椒等多种植物上以非持久性和持久性方式传播的病毒。其中，黄瓜花叶病毒（*Cucumber mosaic virus*，CMV）最重要的传毒介体就是瓜蚜，它可以在5～10s获毒并且用少于1min的时间进行传毒。瓜蚜在获毒2min后，CMV的毒性下降，2h后CMV通常会被丢失。在植物病毒侵染大多数植物时，瓜蚜充当植物病毒的传播介体可以导致严重的经济损失。

二、形态特征

为适应不同的生长环境，瓜蚜的形态有多型性，在不同时期不同寄主上其形态有明显差异。主要有以下几种。

干母：从越冬卵孵化出来的成熟个体，宽卵圆形，体长约1.6mm，体茶褐色至暗绿色。复眼红色。触角5节，长度约为体长的一半。无翅。营孤雌生殖。

无翅胎生雌蚜：卵圆形，体长1.5～1.9mm，体表常被白蜡粉。体色随季节而变化，夏季多为黄绿色，春、秋季多为深绿色。触角约为体长的3/4，触角第三节无感觉圈，第五节有1个，第六节膨大部有3～4个，并且第六节鞭状部的长度约等于基部两节长的4倍。复眼暗红色。前胸第一和第七腹节有较小的边缘结节，前胸背板两侧各有1个锥形小乳突。腹管较短，约为体长的1/5，黑色或青色，圆筒形，基部略宽，上有瓦砌纹。尾片青色或黑色，两侧各有刚毛3根。尾板暗黑色，有毛。足黄色，腿节、胫节、跗节为黑色（彩图10-122-2）。

有翅胎生雌蚜：梭形，体长1.2～1.9mm，体黄色、浅绿色或深绿色，前胸背板及胸部黑色。触角略短于体长，比无翅胎生雌蚜长，第三节上有5～8个感觉圈，排成1行，第五节末端有1个，第六节鞭状部长度为基部两节长的3倍。腹部黄绿色，背面两侧伴有3～4对黑斑。2对翅透明，中脉3分叉，翅痣灰黄色或青黄色。腹管黑色，圆筒形，表面有瓦砌纹。尾片乳头状，黑色，有毛4～7根，一般为5根。

性母：体黑色。触角第三节有感觉圈8～10个，第四节0～2个，第五节末端1个，第六节膨大部有一群。有翅。

无翅产卵雌蚜：体长1.28～1.4mm，体灰褐色，有灰白色薄蜡粉。触角5节，感觉圈着生于四、五节上。后足腿节粗大，上有排列不规则的感觉圈数十个。

有翅雄蚜：体长1.28～1.4mm，体橙红色。触角6节，感觉圈生于第三、五、六节。腹管较有翅胎生雌蚜短小，灰黑色。

卵：椭圆形，长径0.49～0.69mm，短径0.23～0.36mm。初产时橙黄色，后变成漆黑色，有光泽。

无翅若蚜：共4龄。体长约1.63mm，夏季体淡黄或黄绿色，春、秋季为蓝灰色，复眼为红色。触角节数因虫龄不同而异，末龄若蚜触角6节。

有翅若蚜：共4龄。夏季黄色，秋季灰黄色。第三龄出现翅芽，翅芽后半部为灰黄色。

三、生活习性

瓜蚜可在多种植物上营寄生生活，寄主植物大致可分为两类：一是越冬寄主也叫第一寄主，是指瓜蚜在其上产卵越冬，翌年春季孵化后又在其上生活一段时间的植物。二是侨居寄主，又叫第二寄主或者夏季寄主，是指瓜蚜在越冬寄主上寄生一段时间后，又迁移到另一种植物上去，这种植物就叫做侨居寄主。在呼和浩特地区调查发现，在田间，瓜蚜以卵在夏枯草、蒲公英、车前草、苦荬菜等野生植物上越冬。在大棚内，无越冬卵，最先出现的是有翅蚜，说明大棚中的瓜蚜主要是由外界迁入的。只要温度和寄主条件适合，瓜蚜在温室中可连续发生，无冬眠现象。呼和浩特地区的瓜蚜，除了为害黄瓜外，还为害南瓜、西瓜、番茄、枸杞等，在托县、土左旗等地瓜蚜还是枸杞上的主要害虫。

瓜蚜中存在寄主转换的现象，即同为瓜蚜越冬寄主或侨居寄主，有的可以相互转换，有的则不能转换。研究发现，这种现象已成为一种专化性。在同为侨居寄主的棉花和黄瓜上的蚜虫，两者均不能相互转换，即棉花上的蚜虫（棉花型）不能在黄瓜上建立种群；而黄瓜上的蚜虫（黄瓜型）也不能在棉花上建立种群。因而产生了棉花型蚜虫和黄瓜型蚜虫。还有研究认为，这种现象与其生活史有关，利用分子生物学技术对两个种群进行检测，结果发现，它们之间存在较大的遗传分化，可能由控制基因的不同而导致。

在我国瓜蚜一般每年发生 10～30 代，其中，华北地区约 10 代，长江流域 20～30 代。瓜蚜的生活周期可以分为两类：一类是全周期型，是指一年内存在孤雌生殖与两性生殖交替发生；另一类是不全周期型，是指全年孤雌生殖，不发生性蚜世代。其中，根据整个生活史是否在同一寄主植物上，全周期型又分为同寄主全周期型和异寄主全周期型。北方大部分地区属于异寄主全周期型，以卵在夏枯草、车前草、苦荬菜等草本植物，以及花椒、木槿、石榴等木本植物上越冬，翌年温度回升后，迁飞至瓜田和菜园，继续为害。花椒、石榴、鼠李等既是瓜蚜的越冬寄主，又是它的越夏寄主。在其上进行为害的瓜蚜则属于同寄主全周期型。由于瓜蚜无滞育现象，在北方保护地内和南方地区可终年发生，并营孤雌生殖。

全周期型瓜蚜的卵在越冬寄主上越冬，翌年春天气温回升时（一般 6℃ 左右）越冬卵开始孵化为干母，孤雌生殖 2～3 代后，随着气温的上升，产生无翅胎生雌蚜（干雌），干雌在越冬寄主上繁殖若干代后，产生有翅胎生雌蚜（迁移蚜）。迁移蚜由越冬寄主、迁致露地蔬菜、瓜类及其他侨居寄主上为害，随后在田间大量繁殖，并在其夏季寄主上以孤雌胎生方式产生侨居蚜（无翅或有翅胎生雌蚜），无翅者可就地为害，有翅者可再迁飞。炎热的夏季是瓜蚜为害的高峰期，但遇干旱年份为害期会相应延长。侨居蚜繁殖若干代后，到晚秋气温降低，夏季寄主衰老，侨居蚜中的无翅胎生雌蚜产生了有翅性母，性母回迁至越冬寄主上产生有翅雄蚜和无翅产卵雌蚜，雌、雄蚜交配后，在越冬寄主枝条缝隙或根系处产卵越冬。少数个体会在侨居寄主上产生有

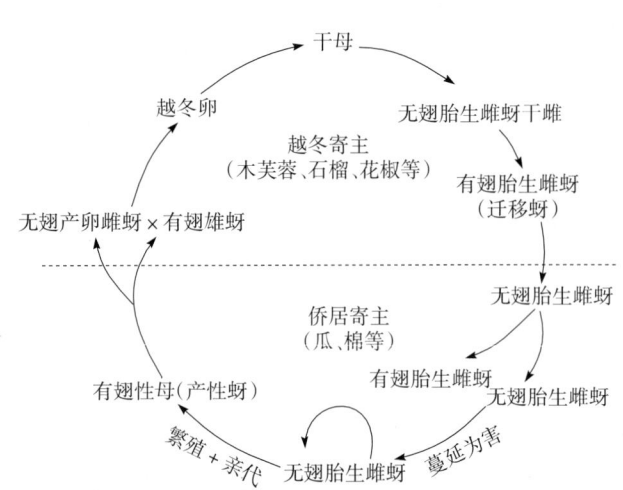

图 10 - 122 - 1 瓜蚜生活史（引自刘鸣韬，2002）
Figure 10 - 122 - 1 Life cycle of *Aphis gossypii*
(from Liu Mingtao，2002)

翅雄蚜，再飞到越冬寄主上与无翅产卵雌蚜交配。不全周期型瓜蚜，以有翅胎生雌蚜和无翅胎生雌蚜（成蚜和若蚜）在越冬寄主上越冬，幼苗出土后，有翅蚜迁飞到田间扩散蔓延为害。这类生活周期的越冬寄主多为冬天植株不会枯老的植物。

瓜蚜属不完全变态昆虫，其幼期除卵期外，仅有若蚜期，若蚜有 4 个龄期。研究发现，随温度的升高，各龄发育历期和成蚜寿命逐渐缩短，瓜蚜发育速率逐渐加快。完成一代 5.04～12.27d，成蚜平均寿命 5.8～17.7d。随着温度的升高，平均产仔期和产仔量有降低的趋势，而日均产仔量以 23℃ 时为最大，低于或高于此温度均降低。瓜蚜成虫平均产仔期 4.1～13.4d，平均产仔量 29.2～70.8 头，日均产仔量 5.3～8.7 头。23℃ 左右是瓜蚜生长发育和繁殖的最适温度，高于 25℃ 或低于 16℃ 将不利于瓜蚜的生长发育和繁殖。

瓜蚜在我国绝大部分地区有两种繁殖方式：一种是有性繁殖即晚秋经过雌、雄蚜交尾产卵繁殖，一年中只发生在越冬寄主上；另一种是孤雌繁殖，即有翅胎生雌蚜或无翅胎生雌蚜不经过交尾，而以卵胎生繁殖，直接产出若蚜，这种生殖方式是瓜蚜的主要繁殖方式。

迁飞对瓜蚜种群的延续和繁殖是十分重要的，尤其当环境条件不适宜时，瓜蚜需要进行寄主间的转换。而每年瓜蚜迁飞也是有规律的，一般主要有 3 次：第一次是由越冬寄主向夏季寄主上迁飞，辽河流域迁飞高峰期大致在 5 月上旬，长江流域多在 4 月下旬至 5 月上旬，即植株出苗时期。第二次是夏季寄主间的迁飞：这种迁飞的次数南北不同，东北只 1～2 次；华北一般 2 次，个别 3 次；南方多为 3 次。迁飞时间，一般在植株开花前后。经过迁飞，蚜虫种群迅速扩散。第三次是由田间向越冬寄主迁飞，大约在田间植株衰老时。

四、发生规律

(一) 气候条件

气候条件是影响瓜蚜发生的重要因子，主要包括温度、湿度以及降水量。气温在 10～13℃ 的条件下，瓜蚜的发育较慢，生长周期较长；当日均气温上升到 15℃ 时，虽然发育速度有所加快，但仍不适于生活，瓜蚜寿命较短，产蚜量亦较少；当温度提高到 18℃ 时，发育速度明显加快；25℃ 时蚜虫发育达最大速率，也是瓜蚜最适宜的生长发育的温度；32℃ 时发育历期比 25℃ 时稍长，温度维持在 32℃ 以上时蚜虫开始死亡。说明随温度的升高，瓜蚜的发育历期缩短，发育速率加快，但温度过高对蚜虫的发育不利，有一定的抑制作用，使发育延迟甚至致死。瓜蚜的净繁殖力随温度升高而降低，25℃ 时日均产仔量最高，18℃ 又比32℃ 高。瓜蚜成蚜的存活时间也随温度的升高而缩短，但在不同寄主上缩短的幅度不同。就全年来看，春季气温越高，瓜蚜卵开始孵化的时间越早，为害的时间亦越早；夏季干燥时，气温度超过 25℃，有利于田间瓜蚜的大量繁殖，为害也越加严重。可见气温的高低不仅影响越冬虫卵的孵化，而且还影响瓜蚜的种群数量以及发生情况。

瓜蚜发育适宜的相对湿度为 40%～60%，田间高湿气候不利于瓜蚜的繁殖发育。一般平均相对湿度在 75% 以上，不利于瓜蚜的繁殖，虫口密度会迅速下降，瓜蚜大暴发的可能性很小。气候干旱有利于瓜蚜发生。因此，北方蚜害暴发较南方严重。降雨也会影响瓜蚜的发生。若迁飞前和高温季节，遇到持续低温降雨对蚜虫杀伤力较大，其种群数量会迅速下降。可见，相对湿度和降雨对瓜蚜种群数量的发生和个体的发育同样起着不可忽视的重要作用。

(二) 寄主植物

同一寄主植物的不同品种对瓜蚜的生长发育、存活率和产蚜量有明显的影响。如黄瓜品种对蚜虫抗性机制的研究表明，品种四川寸金上的若蚜发育历期最短，为 5.0d，品种阿信上的最长，为 8.4d；品种四川寸金上的若蚜存活率最高，为 58.56%，品种秀燕上的最低，为 28.28%；品种碧玉上的产蚜量最大，为 27.4 头，品种碧玉 3 号上的最小，为 14.2 头。对供试品种上瓜蚜种群趋势指数分析表明，品种碧玉的种群趋势指数最大，为 9.75，品种 JY30 的种群趋势指数最小，为 5.54。

同一寄主不同园艺性状的植物，表现出不同的抗蚜性。以无毛和有毛黄瓜幼苗为材料，研究两个黄瓜品种对瓜蚜的抗性，结果表明：接种瓜蚜后，有毛黄瓜幼苗瓜蚜数量始终多于无毛黄瓜；并进行抗蚜性鉴定表明，无毛黄瓜为高抗材料，有毛黄瓜为高感材料。

植物组织中所含的营养物质对蚜虫的生长发育有重要作用。叶片中可溶性糖和游离氨基酸过低不利于蚜虫的生长发育，主要引起蚜虫自身营养不良减少其产蚜量而起到抗蚜的作用；另外，叶片中高含量的亮氨酸、异亮氨酸、脯氨酸、缬氨酸、丝氨酸和低含量的谷氨酸、丙氨酸、赖氨酸、天冬氨酸、精氨酸可能对蚜虫的生长发育起阻碍作用。此外，植物叶片挥发性物质对瓜蚜的驱避性、抗性也有重要作用。

(三) 天敌

瓜蚜常见的捕食性天敌有：七星瓢虫、龟纹瓢虫、异色瓢虫、黑背小毛瓢虫、中华草蛉、大草蛉、叶色草蛉、小花蝽、华姬猎蝽、食蚜蝇等。寄生性天敌有蚜茧蜂、蚜跳小蜂、蚜霉菌等。据报道，瓢虫 1 天可食 100 余头瓜蚜，平均益害比在 1：200 以下时，瓜蚜数量在 5d 内就可下降。

在人工释放或助迁天敌时，需准确掌握天敌的释放状态及数量。多异瓢虫对蚜虫的防治效果表明：多异瓢虫的最适释放虫态为蛹态，而非卵态；以蛹态释放的各处理中，蛹、蚜比为 30：1 000 的防效最好，释放后 5d 和 11d 的防效分别达到 80.43% 和 98%。如果平均每株蚜量与平均每株天敌总食蚜量的比值 <1.67 时，瓜蚜在 4～5d 内将受到抑制。或天敌总数与瓜蚜比例为 1：200 时，可以有效控制蚜量。此外，因地制宜地合理选择符合本地区生态特点的天敌昆虫。例如：多异瓢虫产卵量及各虫态历期与湿度呈反相

关，高湿和降雨对多异瓢虫种群的增长有严重的制约作用，而宁夏中部干旱带每年降水量低于 200mm，多异瓢虫在此地具有良好的生存环境。

（四）化学农药

化学防治一直是控制瓜蚜的主要手段，由于连续单一使用化学药剂，导致瓜蚜抗药性的产生及其天敌种群数量下降，最终使瓜蚜为害严重。抗药性的产生也是造成瓜蚜发生的原因之一。20 世纪 50～70 年代，国内对瓜蚜化学防治主要采用有机磷类药剂；80 年代初开始使用拟除虫菊酯类药剂防治瓜蚜，到 80 年代中后期瓜蚜对拟除虫菊酯类药剂的抗性迅速增加，有机磷和氨基甲酸酯类药剂又被重新用于治蚜，例如乐果、灭多威等。进入 20 世纪 90 年代以来，瓜蚜的化学防治基本依赖于新烟碱类药剂。

瓜蚜的抗药性在我国发生比较普遍。在山东省主要菜区，瓜蚜对氰戊菊酯、吡虫啉、氧乐果和灭多威 4 种药剂均产生了抗性，并且对氰戊菊酯抗性最高。在上海市郊的主要菜区，瓜蚜对拟除虫菊酯表现出高度抗性，对乐果、马拉硫磷、乙酰甲胺磷等表现出中等抗性，而抗蚜威的毒力则始终很低。郑炳宗等 1988 年报道，北京、廊坊及香河等地区的瓜蚜种群对氰戊菊酯及溴氰菊酯已产生了明显的抗性，这种抗性与蚜虫体内酯酶的活性有密切关系；随后研究发现瓜蚜对抗蚜威、马拉硫磷、乐果、敌敌畏、乙酰甲胺磷也产生了不同程度的抗性，并且除酯酶外，多功能氧化酶活性的高低也与抗药性水平有关，谷胱甘肽-S-转移酶活性则与瓜蚜的抗性无关。

不同体色的瓜蚜，对杀虫药剂的敏感度存在差异。研究发现，黄瓜上绿色瓜蚜种群对氧乐果、抗蚜威和氰戊菊酯的耐性明显高于黄色瓜蚜种群。这可能是由于两种种群乙酰胆碱酯酶和羧酸酯酶活性不同造成的。

五、防治技术

瓜蚜的防治策略是以农业防治为主，化学防治为辅，兼以生物防治和物理防治。运用有害生物综合治理（Integrated Pest Management，简称 IPM）的原则和方法，将瓜蚜的种群数量控制在经济阈值以内，做到统筹安排、合理防治，最终建立一个良好的田间生态系统。

（一）农业防治

1. 选用高产优质的抗蚜或耐蚜品种　在甜瓜上，茸毛对瓜蚜有阻碍作用，平滑的无毛品种比有软毛品种上瓜蚜多。同样在冬瓜上，软毛的密度越大，蚜虫和病毒病为害就越轻。

2. 清除杂草及病残体　在种植前除草和生产期间适时中耕除草，尤其是清除田块和温室周边的杂草，以切断害虫桥梁寄主，恶化瓜蚜的生存环境。及时拔除虫苗，摘除虫叶，减少虫源。收获后还应彻底清除残枝落叶，深埋或烧毁，目的是消灭部分虫卵以及减少瓜蚜的繁殖场所。

3. 因地制宜地合理安排作物布局　菜田与麦田邻作，利用麦田内瓢虫等天敌捕食瓜蚜。一方面可以保护瓜蚜的天敌，另一方面可以降低瓜蚜的虫口密度，从而可以有效减轻瓜蚜为害。

4. 加强栽培管理，合理施肥　适时间苗、定苗，培育壮苗。按照科学配方施肥，氮、磷、钾肥配合施用，不施过多氮肥。研究结果表明：不同氮水平可以通过改变叶片内游离氨基酸和可溶性糖的含量，进而影响蚜虫的繁殖和种群的增长。因此，氮肥过量，叶片中可溶性氮含量高，对蚜虫有利，而对植物生长不利，尤其在作物生长中后期切忌过量追施氮肥。

5. 合理灌溉　在夏季高温干旱季节，田间蒸发量大，易造成田间缺水干旱。及时合理灌溉，不仅可以改善瓜菜类植物的营养条件，提高植株的抗害能力，加速虫害伤口的愈合，而且还可促进蚜霉菌的流行，以控制瓜蚜的大发生。

（二）生物防治

瓜蚜天敌的种类很多，我国已记载的瓜蚜天敌就有 213 种，其中体内寄生的蚜茧蜂科、蚜小蜂科、跳小蜂科和金小蜂科共 26 种。捕食性天敌有瓢虫、草蛉、食蚜蝇、食蚜瘿蚊、食蚜螨、花蝽、猎蝽、姬蝽等。还有菌类如蚜霉菌等（孙执中等，2004）。研究显示：按中华通草蛉与瓜蚜 1∶5 的比例，将草蛉释放到田间，12d 便可以控制瓜蚜为害；按照 1∶50 的比例释放瓢虫，对秋葵上的瓜蚜控制效果达到 99%。除了天敌自然迁移外，还可人工助迁天敌。据初步调查，黑龙江、吉林、辽宁、河北、山东、山西、河南以及北京等省份的某些山区，都有越冬集群的有益瓢虫。因此，可以在瓢虫越冬聚集地区选择长势良好的麦田捕捉瓢虫，以清晨、傍晚无风天较好，利用捕虫网，边走边轻抖麦穗，瓢虫随即抖入网中。有条件的地区，也可购买现在已较为成熟、商业化的瓜蚜天敌。在释放前要充分了解天敌与瓜蚜的最佳防治比例并计算好天敌释放的数量，达到充分利用天敌，以虫治虫，将瓜蚜种群数量降到经济阈值以下。在瓜蚜盛发期或刚释放天敌后，尽量不要喷洒化学农药，避免杀伤天敌；如必须进行药剂防治，也尽量选用对天敌伤害小的药剂并改进施药方法。

（三）物理防治

黄板诱集。瓜蚜有趋黄色的习性。因此，在有翅蚜大发生前，提前于田间或保护地内在高于植株20cm 左右处，设置 30cm×50cm 黄色诱集板，在板上涂 10 号机油，并且在温室内侧距出口较远处增加放置密度，每 667m² 设 32～34 块，每 7～10d 涂机油 1 次，或选用市售黄色黏板，可有效减少瓜蚜发生数量。

另外，银灰色对蚜虫有驱避作用。利用这一特性，在田间或棚内用银灰色薄膜代替普通地膜进行覆盖，而后定植或播种。或者在其周围每隔一定距离悬挂一条 10～15cm 宽的银灰色带子。

（四）化学防治

清洁田园，消灭越冬虫源。保护地内的花卉和蔬菜是瓜蚜越冬场所。可用吡虫啉等对根部施药控制地上部分蚜虫。对于蚜量较大的植株或田块可选用吡虫啉等药剂进行喷雾防治，以防止越冬蚜虫由室内迁飞到室外。早春，还需对木槿、石榴等越冬寄主进行化学防治，做到各类田块同时用药，避免有翅蚜在各田块间迁飞而降低防治效果。

根据植物的生长发育状况、瓜蚜的种群数量以及天敌的影响等方面的因素，因地制宜地合理制定瓜蚜田间防治指标。点片防治与全面防治相结合，尽量选用高效低毒、对天敌杀伤力小、环境友好型的化学药剂。具体来说，当田间瓜蚜呈零星或点片发生时，可结合田间管理，进行挑治，不必全田喷药，发生区域可用吡虫啉、啶虫脒等新烟碱类药剂或联苯菊酯等进行防治。

保护地内，可采用敌敌畏、异丙威等烟剂进行防治。将烟剂均匀分成 4～5 堆摆放在畦埂上，于傍晚收工前将保护地密闭熏烟，关好门。次日清晨通风后方可进入。应注意：烟剂燃烧灭蚜作用，在 15℃ 以上随气温的升高而增强，所以只有在气温较高时，施药才具速效、高效的特点。这种方法还适于苗房育苗前、生产温室定植前杀灭残余成虫。

在选择化学防治时应特别注意，全面掌握用药的时机与方法，做到科学用药。例如，瓜蚜一般选择在叶片的背部、嫩梢和嫩茎为害，喷药时应喷头朝上，自下而上，喷匀打透；交替用药，降低用药频率，避免同一种药长期使用（尤其是菊酯类药剂），以防止和减缓抗药性的产生。目前新烟碱类药剂对瓜蚜活性比较高，菊酯类药剂中联苯菊酯、高效氯氟氰菊酯、溴氰菊酯等活性高于其他菊酯类药剂。

高希武　梁彦（中国农业大学农学与生物技术学院）

第 123 节　瓜 绢 螟

一、分布与危害

瓜绢螟 ［*Diaphania indica* (Saunders)］ 属于鳞翅目草螟科绢螟属。Saunders（1851）最早将该种归入 *Eudioptes* 属，至今同种异名有 *Botys hyalinalis* Boisduval，*Eudioptis capensis* Zeller，*Glyphodes indica* Saunders，*Hedylepta indica* Saunders，*Margaronia indica* Saunders，*Palpita indica* Saunders，*Phacellura indica* Saunders，*Phakellura curcubitalis* Guenée，*Phakellura gazorialis* Guenée 和 *Phakellura zygaenalis* Guenée。瓜绢螟在国外分布于文莱、柬埔寨、印度、印度尼西亚、日本、朝鲜、老挝、马来西亚、马尔代夫、缅甸、菲律宾、沙特阿拉伯、新加坡、斯里兰卡、泰国、越南、也门、安哥拉、贝宁、喀麦隆、中非、科摩罗、刚果（金）、刚果（布）、科特迪瓦、埃塞俄比亚、加蓬、冈比亚、几内亚、肯尼亚、马达加斯加、马拉维、马里、毛里塔尼亚、毛里求斯、莫桑比克、尼日尔、尼日利亚、塞内加尔、塞舌尔、塞拉利昂、索马里、南非、坦桑尼亚、乌干达、赞比亚、古巴、圭亚那、牙买加、巴拉圭、波多黎各、美国、委内瑞拉、萨摩亚、澳大利亚、斐济、波利尼西亚、基里巴斯、马绍尔群岛、北马里亚纳群岛、巴布亚新几内亚、所罗门群岛、汤加群岛、瓦努阿图。其中，亚太地区和非洲是主要分布为害区。瓜绢螟在我国的分布很广，在北起吉林（东辽县）、内蒙古（通辽），南迄海南（三亚），西至新疆（于田），东达沿海各地,包括台湾都有分布。在华东、华中、华南及西南等地区发生为害重。

瓜绢螟主要侵害葫芦科植物,但在茄科、豆科等植物上也有侵害记录。主要寄主包括冬瓜、西瓜、甜瓜、黄瓜、南瓜、丝瓜、苦瓜、节瓜、瓜蒌、葫芦、西葫芦、瓜叶栝楼等作物。

20 世纪 70 年代前,瓜绢螟在我国南方虽有发生,但为害轻未引起注意。70 年代末 80 年代初开始,该虫在不少地区上升为主要害虫,多次流行成灾;特别是在长江流域各菜区为害持续加剧,造成丝瓜、秋黄瓜严重减产,苦瓜甚至无收。如 1979 年,杭州四季青乡暴发瓜绢螟,瓜不能食;同年 9 月,吉林东辽县蔬菜大棚瓜绢螟侵害秋黄瓜,黄瓜有虫株率在 80% 以上,单株虫量 2～3 头,多的达 5～6 头,造成一定损失。1983 年,瓜绢螟在杭州再次猖獗,瓜秧成片枯死,一个 2～2.5kg 的冬瓜中,计有幼虫 174 头,瓜皮全被啃尽,影响了夏淡蔬菜供应。随着我国种植业结构的调整,瓜类蔬菜周年种植和种植面积的不断扩大,以及设施栽培的发展,给瓜绢螟创造了有利的生态条件,发生量逐年增多,发生面积逐年扩大。1995 年山东巨野县瓜绢螟严重发生,全县 27 个乡镇均有发生,累计发生面积 2.3 万 hm²,严重的有 0.7 万 hm²。平均 1m² 有幼虫 21.7 头,受害最重的冬瓜、丝瓜最多 1 m² 幼虫达 137 头。1 台黑光灯 1d 诱蛾量高达 567 头。1997 年上海市宝山现代温室中瓜绢螟暴发,一棚(1 000m²)黄瓜在几天内被害仅剩光秆。1998 年安徽濉溪县、江苏如皋县、广东广州等地瓜绢螟相继严重发生(彩图 10-123-1)。

瓜绢螟已经成为我国瓜类生产上的主要害虫,在华东、华中和华南地区普遍、频繁发生,致使瓜类生产常年损失达 10%～20%,严重田块减产 30%～40%,高时达 60% 以上,甚至瓜蔓提前枯死绝收,瓜绢螟幼虫吃光叶、果后转移到附近的豇豆等作物上继续为害,成为影响蔬菜生产的重要因子。

二、形态特征

成虫:体长约 11mm,翅展 23～26mm。头、胸部黑色,触角灰褐色,长度接近翅长,下唇须下侧白色,上部褐色,胸部领片及翅基片深褐色,末端鳞片白色细长。腹部一至四节白色,五、六节黑褐色,腹部左右两侧各有一束黄褐色臀鳞毛丛。前、后翅白色半透明状,略带紫色金属光泽,前翅沿前缘及外缘各有一条淡墨褐色带,翅面其余部分为白色三角形,缘毛墨褐色;后翅白色半透明有闪光,外缘有一条淡墨褐色带,缘毛墨褐色。雄成虫腹端腹板较尖,不向前凹入,被黑色鳞片,活体常有雄性外生殖器伸出。雌成虫腹端腹板向前呈半圆形凹入,被白色或黄色鳞片(彩图 10-123-2,1)。

卵:扁平,椭圆形,淡黄色,表面有网状纹(彩图 10-123-2,2)。

幼虫:幼虫 5 龄。初龄幼虫体透明,随发育而呈绿色至黄绿色。初孵幼虫 1.2～1.5mm,头黑色,体淡绿色;取食后,体增长为 2～3mm,二龄幼虫 4～8mm,三龄幼虫 11～15mm,四龄幼虫 17～21mm,五龄幼虫 23～26mm。不同龄期幼虫头壳宽度符合戴尔氏法则(Peter and David,1991a),一龄、二龄、三龄、四龄、五龄幼虫头壳平均宽度分别为 0.227mm、0.374mm、0.580mm、0.906mm 和 1.372 mm。二龄开始,头胸部淡褐色,腹部草绿色,头部至腹末出现白色亚背线,随虫龄增长,背线增白加宽。各体节上有瘤状突起,上生短毛,气门黑色。老熟幼虫(五龄末期)亚背线消失(彩图 10-123-2,3)。

蛹:长约 14 mm,深褐色,头部光整尖瘦,翅基伸及第六腹节。外被薄茧(彩图 10-123-2,4)。

本种易与黄粉绢野螟[D. perspectalis(Walker)]混淆,它们在外形上相似。主要区别是在后者成虫前翅前缘褐色带内有 2 个白点,一个细小另一个弯曲为新月形,后缘有一褐色带,体型较前者大。

三、生活习性

瓜绢螟一般年发生 4～6 代,发生为害期为 4～10 月,其中,7～9 月为盛发期,11 月至翌年 2 月发生较轻。上海、江苏、安徽、湖北、山东等地年发生 4～5 代,浙江、江西、湖南、福建、广东等地年发生 5～6 代。北方地区多发生在 8、9 月,主要为害大棚蔬菜,而在海南岛则可周年发生。在广州地区越冬蛹 4 月羽化,5 月幼虫为害,7～9 月发生数量最多,世代重叠,10 月后虫量下降,11 月后进入越冬期,以蛹和老熟幼虫越冬。在苏州地区越冬代 4 月底 5 月初羽化,第一代幼虫 5 月下旬始见为害,但该代发生数量少,对瓜类作物为害较轻;第二代于 6 月下旬至 7 月上旬为害,夏茬丝瓜、黄瓜、西瓜、冬瓜等是主要寄主,开始出现世代重叠现象;第三代于 8 月上旬为害,夏黄瓜、夏丝瓜、秋西瓜、秋冬瓜等是主要寄主;第四代于 8 月下旬至 9 月初为害,主要寄主有秋茬丝瓜、黄瓜、西瓜、冬瓜、甜瓜、南瓜等;第五代于 9 月下旬至 10 月上、中旬为害,主要寄主有秋黄瓜、甜瓜、南瓜、冬瓜,11 月下旬终见。其中第三、四代为主害代，种群发生量大，7~9 月如防治不力，将使田间瓜类遭受危害。在吉林东辽，8~10 月在大棚黄瓜上发生为害，以 9 月为害严重，世代重叠。在保护地栽培条件下，瓜绢螟可周年发生，但在冬季一般不造成危害；若在加温温室中，冬季有时会造成一定危害。瓜绢螟对温度适应范围广，15~35℃都能生长发育，最适环境温度为 26~30℃。喜高湿环境，湿度低于 70% 不利于幼虫活动。在平均温度 28.49℃、相对湿度 80%~90% 的条件下，卵期 3~5d，幼虫共 5 龄，第一龄 1~2d，第二、三、四龄均为 1~3d，第五龄 3~5d，蛹期 6~8d，成虫寿命 6~14d。

　　绝大多数成虫在晚间羽化，占全天羽化数的 92.5%，羽化率为 66.8%，性比为 1：0.984。成虫羽化后在蛹壳附近稍停片刻后飞往其他瓜叶上。成虫夜间活动，19：30 左右开始活动，至翌日 5：00 左右停息。有弱趋光性，白天潜伏于隐蔽场所或叶丛中，受惊后会作 3~5m 短距离飞行。羽化当天或第二天午夜前后交尾，平均交尾时间为 (52.6±15.0) min。产卵前期一般为 2~3d，羽化后 4~5d 为产卵高峰。产卵多在 22：00 至翌日 2：00。丝瓜、黄瓜和冬瓜是成虫喜产卵的植物，甜瓜、南瓜和西瓜次之，不喜在葫芦上产卵。多数卵产在植株 2/5 的高度处，80~120cm、120~160cm 和 160cm 以上的卵量，分别占总卵量的 24.5%、34.9% 和 29.5%。产卵具有明显的趋嫩性，如早秋黄瓜上部第二叶受卵量为 31.25%，第三叶为 43.75%，第四叶为 18.75%，第五叶为 6.6%。卵散产或多粒产在一起，平均每雌产卵 300 粒左右。产卵数量随寄主和一年中的不同时期而变化。如柯礼道等（1986）发现，在 8 月的西葫芦上每雌产卵 510 粒，在 9 月仅 340 粒，最大每雌产卵量达 1 053 粒。在丝瓜上，每头雌虫每天平均产卵 59.8 粒，最高产卵量达 841 粒。卵主要产在叶片背面，大多在夜间孵化，夜间孵化率平均占 83.4%。初孵幼虫先取食卵壳，不久即取食寄主植物。初孵化幼虫即可吐丝，有群集习性，因龄期增大而逐渐分散。幼虫喜食嫩叶，在叶背取食叶肉，具有一定的负趋光性，为害使叶片呈灰白色斑块。三龄以上的幼虫可吐丝卷叶、缀叶为害，蜕皮之前吐一层极薄的丝裹身。四、五龄幼虫常被薄丝。幼虫较活泼，遇惊即吐丝下垂，并转移他处为害。幼虫主要取食瓜叶，昼夜取食。幼虫的取食量因不同的龄期和性别表现出一定的差异。第一至四龄幼虫的食量不大，第五龄幼虫的食量大增，取食量接近或超过前四个龄期的总和。柯礼道等（1988）报道，第一至三龄期的食量仅占总食量的 4.8%，第四、五龄期的食量分别占总食量的 24.0% 和 71.2%。汪钟信等（1994）用丝瓜叶饲喂，一头幼虫平均取食 42cm²，其中第一至四龄共取食 23 cm²，第五龄幼虫取食 19 cm²。雌性个体的取食量在五个龄期中均大于雄性个体，而且这种差异随虫龄的增大而增加。在叶片被食尽时幼虫会啃食或蛀食瓜果或蔓。瓜绢螟主要侵害幼果，尤其是靠近叶片或地面的果实，较少为害长成的果实。瓜绢螟幼虫分布的基本成分为个体群，在丝瓜和秋黄瓜上的空间格局主要是聚集型的；不同时期种群空间格局可归为低密度前期和高密度后期两大类。黄瓜中部叶片上幼虫数量的变化可以代表全株幼虫数量变动的 97% 以上。老熟幼虫多在叶背停止取食，进入预蛹期。可在被害的卷叶内、支架竹竿顶节内、瓜架的草索之中或在根际 5~10cm 表土层中作白色薄茧化蛹。45.4% 的幼虫化蛹于支架竹竿顶节内，19.3% 的幼虫化蛹于瓜架的草索之中，虫口密度高时，一支竹心内能查到 3~5 头蛹。越冬蛹比其他世代蛹色深。

四、发生规律

（一）越冬虫源

　　柯礼道等曾研究认为，瓜绢螟在杭州气候条件下不能越冬。但也有调查认为，6~8 月杭州瓜绢螟的发生数量是逐步上升的，没有迁飞昆虫常表现的虫口突增现象。韩国冬季寒冷，随地点不同 1 月最低温度为 -2~-9℃，最高为 0~6℃。据报道，当地瓜绢螟以蛹在土壤中越冬，10 月间寄主上的幼虫减少，进入 5~10cm 的土层中化蛹越冬。根据在韩国越冬的习性，瓜绢螟可以在我国大部分发生区越冬。尤其是随着保护地栽培的发展，瓜绢螟在当地越冬的可能性有极大的提高。

　　越冬基数大是瓜绢螟发生严重的重要原因。近几年来，由于冬季气温高，加上保护地栽培面积的扩大，蔬菜田土壤湿度适宜，瓜绢螟的越冬虫量大，越冬死亡率低。2001—2005 年荆州调查，冬后各类寄主植物田每平方米有幼虫或蛹 0~5 头，平均 0.3 头，虫量大，当年瓜绢螟发生严重，丝瓜虫株率一般为 40%~100%，百叶虫量 80~300 头，严重的垮秆枯死；黄瓜虫株率为 25%~80%，百叶虫量 43~272 头。此外，保护地栽培的发展，还提高了蔬菜生长的环境温度和湿度，促进了越冬瓜绢螟的发育和初期种群密度的增长。

（二）寄主植物

瓜绢螟主要取食葫芦科植物。在印度寄主调查中发现，瓜绢螟幼虫仅在葫芦科植物上取食，而不在紫草科、苏木科、十字花科、禾本科、唇形科、锦葵科、芭蕉科、蝶形花科和茄科植物上取食。实验室饲养观察，瓜绢螟只在瓜类植物上完成从一龄幼虫到成虫的发育。向日葵、茄子、番茄和桑叶都是瓜绢螟低龄幼虫不取食的植物。用桑叶、棉叶、木槿、梧桐和向日葵叶饲喂一、二龄瓜绢螟幼虫，结果幼虫全部死亡。但瓜绢螟对不同瓜类的选择性不同。冬瓜是该种的最重要的寄主，其次是黄瓜、丝瓜、葫芦和西瓜。瓜绢螟的生长与繁殖随寄主植物种类而变化。在黄瓜、南瓜、西瓜、薄皮甜瓜和网纹甜瓜中，瓜绢螟取食和产卵选择顺序为黄瓜、南瓜、西瓜、薄皮甜瓜和网纹甜瓜，黄瓜和南瓜是瓜绢螟最喜欢的寄主植物。取食薄皮甜瓜、网纹甜瓜和南瓜的瓜绢螟的卵期和幼虫期长于取食西瓜和黄瓜的。在黄瓜上蛹期最长，为10.5d。黄瓜上的卵孵化率最高，为 87.2%；而网纹甜瓜上的最低，为 72.8%。西瓜和薄皮甜瓜上的化蛹率（分别为 90.0% 和 89.1%）高于黄瓜上的（62.0%）。黄瓜和南瓜上的羽化率分别为 93.5% 和 92.0%，高于薄皮甜瓜上的 78.7%。从孵化到羽化的存活率，西瓜上的最高，为 76.0%；黄瓜上的最低，为 50.0%。在网纹甜瓜上成虫寿命最长，为 21d，黄瓜上的最短，为 15.5d。黄瓜上平均单雌产卵量最高，达 281.8 粒，薄皮甜瓜上的最低，为 96.6 粒。薄皮甜瓜和网纹甜瓜上的产卵前期长于西瓜上的，平均世代发育历期网纹甜瓜上的最长，为 47.2d。黄瓜上的净增殖率和内禀增长率最高，分别为 191.3 和 0.127。瓜绢螟幼虫对葫芦科植物不同器官的取食选择性随虫口密度而变化，低密度时为害叶子，高密度时先吃叶子后吃瓜果，甚至蔓；中密度时以叶子为主，花果为次。

多年来，随着我国种植业结构的调整，瓜类种植面积不断扩大，1952 年我国瓜类种植面积仅 300 万 hm^2，2004 年发展到 1 971 万 hm^2；同一地区早、中、迟熟品种混栽明显，品种多、复种指数高，尤其是大面积成片种植，为瓜绢螟的发生提供了丰富的食物条件。

（三）气候条件

卵的发育起点温度为 13.23℃，有效积温为 46.15℃；完成幼虫的发育需要 12.42℃ 以上积温 136.84℃；完成蛹的发育需要 11.45℃ 以上积温 120.55℃；世代的发育起点温度为 13.83℃，有效积温 297.14℃。瓜绢螟对温度的适应范围广，发育的适宜温度为 25.0～32.5℃。随温度的升高，卵、幼虫和蛹的历期下降，发育速率加快。17.5℃ 下产卵前期和成虫寿命分别为 11.5d 和 30.6d，而在 35.0℃ 下分别为 1.5d 和 9.2 d。在 25℃ 和 27.5℃，卵孵化率、幼虫化蛹率和成虫羽化率高于其他温度。27.5℃ 下孵化的幼虫到成虫的存活率最高。在 25℃ 和 27.5℃ 每雌平均产卵力高于其他温度。随温度升高，平均世代历期减少。30℃ 条件下内禀增长率最高，说明瓜绢螟是一种喜高温的害虫。

在自然条件下，瓜绢螟的越冬蛹于 4～5 月开始羽化，由于当时气温较低，一般第一代虫口密度上升较缓，发生数量较少，对瓜类作物为害也较轻。如这段时间内气温较高，对当年发生有利。如在南昌瓜绢螟的发生与为害程度，与当年 4～6 月的气温有密切关系，若日平均气温在 20℃ 以上，相对湿度在 82% 以上，田间食料丰富，则有利于瓜绢螟的繁殖，第二代虫源基数增加，当年为害重。7～9 月气温较高，对瓜绢螟的发生较为有利，是瓜绢螟的发生为害盛期。

瓜绢螟喜湿润的环境条件，相对湿度低于 70% 会影响卵的孵化，不利于幼虫的活动。在苏州地区，6 月中旬前降雨少，所以，前期虫口密度一般上升较缓慢。6 月中旬进入梅雨季节后，尤其是 7～9 月气温偏高，且常有台风或雷阵雨，虫口密度迅速增加。据湖北荆州报道，7～8 月气温适宜，时有阴雨，有利于瓜绢螟主害代的发生。2002 年、2004 年 7～8 月平均温度为 27.0℃，降水量为 403.8 mm，丝瓜上瓜绢螟百叶虫量为 89～1 200 头。而 2001 年、2005 年同期月平均温度为 28.0℃，降水量为 209.0 mm，丝瓜上瓜绢螟百叶虫量较 2002 年和 2004 年低，为 53～250 头。

（四）天敌

据在湖北武汉调查发现，瓜绢螟的捕食性天敌有 6 目 19 种，包括鞘翅目步甲 7 种、半翅目捕食性蝽 2 种、膜翅目捕食性蜂 1 种、螳螂目 1 种、蜻蜓目 2 种、蜘蛛目 6 种，平均日捕食量分别为 5.7 头、3.7 头、3.6 头、5.0 头、4.7 头和 3.7 头，其中，小花蝽、步甲、胡蜂、三突花蟹蛛田间发生数量较多。室内测定发现，黑足历猎蝽（*Rhynocoris fuscipes*）对瓜绢螟的功能反应呈 Holling's type Ⅱ 型，其捕食攻击率随瓜绢螟密度的增加而提高；在较高密度下 K 值最大为 2.30；在 1:1 的密度下攻击系数最大（0.99），而在 8:1 密度下攻击系数最低，为 0.52。捕食量与瓜绢螟密度呈正相关，而搜寻时间与瓜绢螟密度呈负相关。田间发生的捕食性天敌对瓜绢螟的种群数量可能有一定的抑制作用。观察发现，家八哥（*Acridotheres tristis*）和牛背鹭（*Bubulcus ibis*）亦捕食瓜绢螟幼虫。

瓜绢螟的寄生性天敌有 20 多种，包括卵寄生蜂 3 种、幼虫寄生蜂 14 种、蛹期寄生蜂 4 种。此外，寄生性微生物 3 种，即苏云金芽孢杆菌（*Bacillus thuringiensis*）、莱氏野村菌（*Nomuraea rileyi*）和瓜螟核型多角体病毒。国内记载的寄生蜂主要有 5 种，包括寄生卵的拟澳洲赤眼蜂（*Trichogramma confusum* Viggiani）和寄生幼虫的广黑点瘤姬蜂（*Xanthopimpla punctata*）、瓜螟绒茧蜂（*Apanteles taragamae* Vieveck）、小室姬蜂（*Scenocharaps* sp.）、菲岛扁股小蜂（*Elasmus philippenensis* Ashmead）。拟澳洲赤眼蜂广泛分布于我国长江以南和华北、东北各地。在杭州市郊菜地中的系统调查结果表明，拟澳洲赤眼蜂是瓜绢螟的主要寄生性天敌。每年 8～10 月，瓜绢螟卵常被大量寄生，平均寄生率为 54.2%，寄生率高时可连续 10 d 以上均接近 100%。在杭州 9 月中旬之后，瓜绢螟为害减轻可能与赤眼蜂寄生率提高有关。温度是影响拟澳洲赤眼蜂田间发生的主要气候因子，适宜的温度为日均温 17～28℃。菲岛扁股小蜂寄生瓜绢螟幼虫，被寄生幼虫为二至四龄，每一寄主体上常有数头扁股小蜂幼虫，但寄生率一般在 10% 以下，很少达到 20%。瓜绢螟绒茧蜂在海南全年均可发生，能寄生一至三龄瓜绢螟幼虫，当一至三龄幼虫同时存在时，偏爱寄生二龄幼虫。在室内试验条件下，每雌 24 h 内平均可寄生 6.33 头幼虫，对幼虫平均寄生率为 15.83%；被寄生幼虫的历期有延长的趋势，其中，四龄被寄生幼虫历期较正常幼虫的历期延长较为明显；瓜绢螟幼虫被寄生后的取食量极显著少于未被寄生幼虫的取食量。在田间，以温度较低季节（10 月至翌年 3 月）寄生率较高，为 14.33%～29.73%；温度较高季节（4～9 月）寄生率较低，仅为 2.26%～8.54%。在杭州，瓜绢螟绒茧蜂在 8 月中、下旬始见，但在 11 月更为常见。

（五）化学农药

20 世纪 70 年代以前，瓜类栽培较少，瓜绢螟发生很轻，一般不造成危害。随着蔬菜栽培的发展，尤其是瓜类栽培的发展等，不少地区瓜绢螟上升为主要害虫。80 年代末，杀虫双、辛硫磷、氰戊菊酯、氯氰菊酯、溴氰菊酯等药剂对瓜绢螟均有较好的防治效果，但由于随意混配农药，或增加施药次数与用药剂量，导致害虫抗药性明显增强。1998 年广州测定，乐果、鱼藤酮、苏云金芽孢杆菌制剂对瓜绢螟在常规使用剂量下已基本失效。进入 21 世纪以来，菜农常反映常用药剂对瓜绢螟的防效越来越差。2004 年，海南比较了澄迈、儋州、乐东三地区瓜绢螟种群对辛硫磷、高效氯氟氰菊酯和阿维菌素等药剂的敏感性。结果表现了明显的差异，如辛硫磷对三地瓜绢螟的毒力测定结果为，澄迈地区种群最不敏感，其次为儋州地区，再次为乐东地区。若以棉铃虫敏感种群对高效氯氟氰菊酯、辛硫磷的 LD_{50} 作为参考（缺少瓜绢螟种群对药剂的敏感基线），海南瓜绢螟对高效氯氟氰菊酯和辛硫磷的抗性水平分别达 44～73 倍和 8.7～14.42 倍。抗药性的增加导致用药效果下降，造成瓜绢螟残留基数增大，为害严重。一些农药的使用直接导致菜田天敌大量死亡，削弱了对瓜绢螟的自然控制作用。2001—2005 年，在荆州无公害蔬菜田和农民自种田进行调查，无公害蔬菜田由于采用低毒生物农药，对天敌杀伤力小，天敌对瓜绢螟卵、幼虫寄生率达 10%～50%，平均为 23.6%。而农民自种田瓜绢螟卵、幼虫寄生率在 5% 以下。农药的不合理使用成为瓜绢螟种群暴发的主要原因之一。

五、防治技术

瓜绢螟喜高温湿润的气候环境，主要发生时期世代重叠现象严重，高龄幼虫具有较高的抗药性，且有缀叶或蛀入瓜内为害的习性，防治困难。因此，瓜绢螟的防治要以农业防治为基础，结合物理防治和生物防治，辅以化学防治，开展综合治理。

（一）农业防治

实行轮作制度，瓜类蔬菜与玉米、花生、韭菜、芹菜等进行轮作，通过类似"拆断桥梁"作用降低瓜绢螟种群密度。在瓜果采完后，及时将枯枝残叶集中深埋或烧毁，及时更新有裂缝或者枯朽的支撑材料，消灭藏匿于其中的幼虫和蛹，降低下代虫口基数或越冬基数。换茬时，对土壤进行深翻或灌水处理，促进表土内幼虫和蛹的死亡。结合整枝，人工摘除无效子蔓、孙蔓的嫩叶及蔓顶、虫卷叶及基部老黄叶，降低田间卵、幼虫和蛹的发生数量，减轻为害。

（二）生物防治

1. 使用性诱剂诱杀 瓜绢螟的性诱剂的两个组分为 E11 - 16：Ald 和 E，E - 10，12 - 16：Ald，将两组分以 7:3 的比例配伍,对瓜绢螟有很好的引诱作用。在瓜绢螟发生期进行诱杀,减少雄性成虫数量,降低交配率,从而减低有效卵的比例。

2. 保护利用天敌 在天敌发生季节,避免使用化学杀虫剂或使用对天敌较安全的选择性农药,保护利用拟澳洲赤眼蜂等天敌的自然控制作用。

3. 施用生物源药剂 在卵盛孵期施药,可使用 1.6 亿活芽孢/g 苏云金杆菌可湿性粉剂 800 倍液、0.36%苦参碱水剂 1 000 倍液等生物药剂进行防治,或以 $1×10^6$ PIB/ hm^2 剂量施用瓜螟核型多角体病毒、以 $3×10^9$ IJs/ hm^2 剂量施用斯氏线虫,在阴天或晴天傍晚施药,对瓜绢螟有明显的防治效果。印棟、蓖麻提取物对瓜绢螟有明显的拒食和毒杀作用。

(三)物理防治

提倡使用防虫网栽培。使用网室栽培能有效阻挡瓜绢螟成虫飞入产卵为害。在夏季换茬时节进行高温闷棚,在上茬残体清除后进行深翻、灌水、覆盖地膜,再将大棚密闭。利用夏季太阳能提高棚内及土壤温度,经过 7~10d 处理,可有效杀虫灭卵。于成虫发生期在田间安装频振式杀虫灯或黑光灯,利用成虫的趋光性结合高压静电诱杀成虫,从而有效降低田间成虫种群密度及后代发生数量。

(四)化学防治

1. 瓜田瓜绢螟的防治指标 相关研究较少,一般认为瓜类蔬菜对害虫造成的损害有一定的补偿能力,瓜绢螟幼虫密度低于平均 10 头/百叶时,对瓜类产量影响不大。可以将 10 头/百叶作为防治指标。2006年 Jeon H. Y. 等根据 5.8%的自然损失率,研究提出了黄瓜田瓜绢螟的防治指标为 9.1 头/株。

2. 施药适期 加强虫情监测,适时进行药剂防治。瓜绢螟幼虫共 5 龄,一至三龄幼虫食量小、体重轻、对药剂敏感,而四至五龄幼虫取食量明显增加,对药剂抗性高,同时有藏匿于卷叶内为害的习性。因此,药剂防治要选择在低龄幼虫高峰期进行,即盛孵至二龄幼虫期。一般在成虫产卵高峰期后 4~5 d 为防治适期。

3. 药剂及使用技术 由于瓜类蔬菜具有边开花边采收的栽培特点,药剂防治必须遵循先采收后施药的原则,并严格执行农药安全间隔期,确保瓜果的食用安全。可选药剂和制剂用量:5%氯虫苯甲酰胺悬浮剂 500~625mL/ hm^2、24%甲氧虫酰肼悬浮剂 625~750mL/ hm^2、2.5%多杀霉素悬浮剂 500~700mL/ hm^2、1.8%阿维菌素乳油 250~500mL/ hm^2、10%虫螨腈悬浮剂 500~750mL/ hm^2、150g/L 茚虫威悬浮剂 180~250mL/ hm^2、24%氰氟虫腙悬浮剂 750~950mL/ hm^2。

王冬生(上海市农业科学院生态环境保护研究所)

第 124 节 黄足黄守瓜

一、分布与危害

黄足黄守瓜 [*Aulacophora indica* (Gmelin);异名:*A. chinensis* (Weise),*A. femoralis* (Motschulsky)] 隶属于鞘翅目叶甲科守瓜属,成虫通常被称为黄守瓜、瓜守、瓜叶虫等,幼虫通称水蛆。

黄足黄守瓜属东洋、古北区系共有种,国外分布包括朝鲜、越南、印度、日本、俄罗斯、斯里兰卡、缅甸、尼泊尔、不丹、泰国、柬埔寨、老挝、菲律宾、马来西亚等国。在国内分布区域广泛,包括黑龙江、吉林、辽宁、内蒙古、北京、天津、河北、河南、甘肃、陕西、山东、山西、江苏、上海、浙江、安徽、江西、福建、台湾、湖北、湖南、广东、广西、海南、四川、重庆、贵州、云南和西藏等省份。其中,以长江流域及其以南地区发生最重,为害最烈。

黄足黄守瓜成虫和幼虫均可造成危害。成虫多食性,寄主植物有葫芦科、豆科、十字花科、茄科、芸香科、蔷薇科及桑科等 19 科 69 种。黄足黄守瓜最喜欢取食葫芦科植物,其中又以西瓜、黄瓜、甜瓜和南瓜等受害最严重。黄足黄守瓜成虫主要取食瓜类幼苗的叶片、嫩茎及花和幼果。成虫咬食叶片,造成圆形或半圆形的缺刻,严重时叶片被吃光;咬断嫩茎,会导致死苗。幼虫主要取食葫芦科植物的根部或蛀食地表的瓜果。幼虫蛀食主根或茎基后,会出现死苗或瓜藤枯萎,类似于枯萎病、青枯病或根腐病,一些瓜农误以为是病害,使用杀菌剂防治,从而错过了防治适期,造成严重损失。所以,当发现瓜类植株地上部分枯萎时,首先观察叶面是否有划圈现象,然后再扒开根际土壤,仔细观察植株根部是否有黄足黄守瓜幼虫。只有这样，才能对真正原因做出正确判断，及时实施有效的防治策略，将该虫种群数量控制在经济阈值以下。黄足黄守瓜在我国发生历史久远，早在公元 2 世纪已有守瓜喜食瓜叶的记载。至 20 世纪 60 年代，由于缺乏有效的防控技术，曾是南方地区瓜类的主要害虫和苗期毁灭性害虫。1961 年湖北武汉黄瓜、西葫芦的被害株率分别达 88％、95％，每株成虫虫口密度分别为 16 头和 39 头。另有记载，幼虫蛀食根系，有时每株瓜根中虫数多达 20～30 头，被害株渐形黄萎而倒伏。其后，随着瓜类生产和防控水平不断提高，黄足黄守瓜逐渐成为一种常发性害虫。有关取食量的测定结果表明，当瓜苗 2～3 片真叶期，每株成虫数量达 1 头或超过 1 头，3～4d 后瓜苗就可能被吃光毁掉，在华南等地区，若瓜类苗期疏于管理、防治不及时，常可造成缺苗（彩图 10 - 124 - 1）。

二、形态特征

成虫：体近椭圆形，长 7.5～9 mm，宽 3～4 mm；雄虫比雌虫略小。体有光泽，呈黄色、橙黄色或橙红色，但复眼、上唇、后胸腹面和腹部腹面黑色，一些个体的中足和后足也是黑褐色。头部颜面的触角间有脊状隆起。触角线状，11 节，长度约为体长之半。前胸背板近横矩形，宽约为长的 2 倍，有细小刻点，中间有一条横沟，沟中段略向后弯入，呈浅 V 形；前胸背板的 4 个侧角各有一根长毛鬃。鞘翅基部比前胸背板宽，两外侧缘向后渐宽，但在鞘翅后端 1/3 处开始，两侧缘向后又明显变窄；翅面上密布细小刻点。雌虫腹部末节向后延伸，背面呈三角形露出鞘翅外；腹部末端有一个 V 或 U 形缺刻。雄虫鞘翅肩部及肩角下的一小区域内被有竖毛；腹部末节向后延伸，背面呈半圆形露出鞘翅外；腹部末节腹片中叶长形，腹面有一个瓢形凹陷（图 10 - 124 - 1，1、2、3）。

卵：近椭圆形，长 0.7～1 mm，宽 0.6～0.7 mm；初产时为鲜黄色，中期时黄色变淡，孵化前呈黄褐色，仔细观察还可见卵内胚胎，卵壳表面密布六角形蜂窝状网纹（图 10 - 124 - 1，4）。

幼虫：3 龄。体细长，圆筒形。初孵幼虫体为乳白色。老熟幼虫体呈黄白色，但头部黑褐色，前胸盾黄褐色。老熟幼虫头宽 1.2～1.3 mm，体长约 12 mm，体宽约 3 mm。头部口器发达。胸部有 3 对浅褐色胸足。胸腹部各节有很多突起，其上各有 1 至数根刚毛。腹部无腹足，但在末节腹面有肉质的足状突起，以助步行。腹部末端臀板长椭圆形，向后伸出，上有圆圈状褐色斑纹，并有 4 条纵凹纹（图 10 - 124 - 1，5）。

蛹：为裸蛹，近纺锤形；体长约 9 mm，宽 2.5～3.5 mm。化蛹初期，蛹体为乳白色或稍带淡黄；羽化前，蛹体为黑褐色。头缩在前胸下，上方两侧各有 3 根褐色刚毛。前翅翅芽伸达第五腹节，后足伸达第六腹节。腹部各节背面有稀疏褐色刚毛；腹部末端有 2 枚大刺（图 10 - 124 - 1，6）。

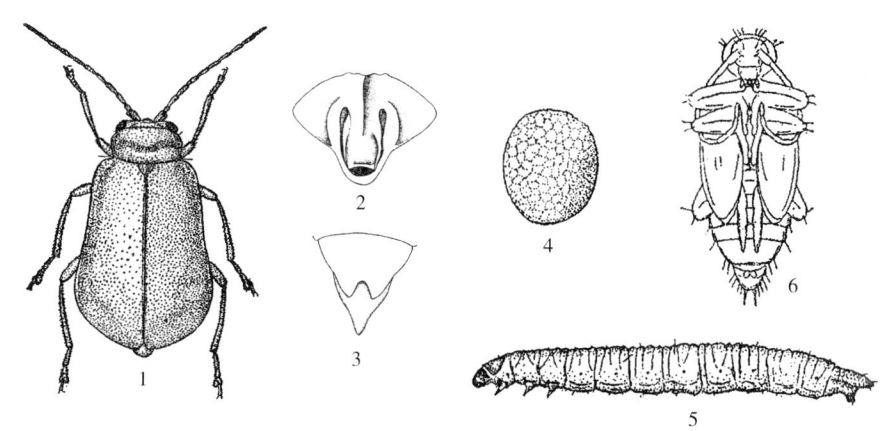

图 10 - 124 - 1　黄足黄守瓜（1，4～6. 仿沈阳农学院；2，3. 仿陈世骧）
Figure 10 - 124 - 1　*Aulacophora indica*（1，4—6. from Shenyang Agricultural College；2，3. from Chen Shixiang）
1. 成虫　2. 雄虫腹部末端　3. 雌虫腹部末端　4. 卵　5. 幼虫　6. 蛹

三、生活习性

黄足黄守瓜在我国华北地区 1 年发生 1 代；在江苏、上海、浙江、湖北、湖南和四川等地的发生以 1

代为主，部分 2 代；在福建、广东、海南、广西等地 1 年发生 2~3 代，在台湾 1 年发生 3~4 代，世代重叠。在冬季，黄足黄守瓜成虫常有十几头到数十头群聚在背风向阳的草堆、杂草根际、土缝、树隙、落叶和瓦砾下休眠越冬，但无滞育现象。越冬时，虫体背面朝下，腹面朝上。在不同的场所越冬，其死亡率不同。在土壤里越冬的存活率最高，在石块缝隙间越冬的基本上不能存活。无论是一化性还是多化性的越冬代成虫，在进入越冬前，都需大量进食，但不交尾也不产卵。尽管黄守瓜成虫是多食性的，但在越冬前只有取食瓜类植物才能成功越冬。越冬成虫寿命长，可达 1 年左右，所以常与下一代成虫重叠发生。新一代成虫比越冬代成虫体色浅而鲜亮。在露地 1 年 1 代区，当春季气温达到 10℃ 以上时，越冬成虫开始出蛰，先为害春季蔬菜，等瓜苗出土后转害瓜苗。瓜苗以 5~6 片真叶前受害最重。5~8 月产卵，以 6 月产卵最盛。6~8 月为幼虫为害期，以 7 月为害最重。8 月成虫羽化后取食秋季瓜菜；10~11 月逐渐进入越冬场所。在大棚及温室内，越冬成虫多于 2~6 月产卵；3~6 月为幼虫为害期，在 5 月对处于结瓜盛期的冬春茬瓜类作物为害最重；6 月下旬至 7 月上旬羽化为成虫。第二代幼虫为害期在 7~11 月，主要为害秋冬茬瓜类蔬菜和伏茬的瓜果，11 月后又以成虫于保护地内越冬。例如，在福州，越冬成虫在 3 月中旬开始出蛰，4 月中旬为出蛰盛期，此期成虫主要咬食瓜苗嫩茎，导致死苗；5 月初开始产卵，5 月中旬为幼虫盛孵期，此期幼虫主要咬食主根或茎基；6 月上旬开始化蛹，6 月下旬为羽化盛期，此期成虫主要取食嫩叶、瓜花或幼小瓜果；7 月中旬出现第二代卵，7 月下旬为第二代卵盛孵期，此期幼虫主要蛀食瓜的根部和接触地面的幼瓜；8 月中旬出现第二代成虫，9 月上旬为第二代成虫羽化盛期，11 月下旬第二代成虫于向阳的隐蔽场所越冬。

成虫喜阳光，白天早晨露水干后开始活动，晴天 8：00~10：00 和 14：00~17：00 最活跃；飞翔能力强；有假死性和趋黄性。夜间成虫停止活动，停息于瓜田附近的树木、杂草、绿篱或其他作物上。寿命一般为 1 年。黄守瓜田间雌雄性比为（2~3）：1。成虫通常于 8：00~14：00 交尾，其中 9：00~10：00 是交尾盛期。雌雄交尾多在瓜叶正面上进行，中午气温过高或太阳暴晒时就在瓜叶的背面进行，交尾持续时间 30~70 min。雌虫交尾后第二天便可产卵。雌虫一生可交尾多次。雌虫交尾一次后，可产卵 4~7 次，每次产卵 29~35 粒，然后再交尾，接着继续产卵。单雌一生可产卵 150~2 000 粒。春季成虫发生期的气温、降水量是影响其产卵日期、产卵量和卵的孵化率的重要因素。成虫在 24℃ 时产卵最多。卵产在寄主根际潮湿的表土中，块产或单产。雌虫产卵对土壤理化性质有明显的选择性，以壤土中产卵最多，黏土次之，沙土最少。黄守瓜喜温暖潮湿的环境，土壤湿度愈高产卵愈多，常在降雨后大量产卵。在日均温 15℃、16℃、18℃、20℃ 和 29℃ 的条件下，卵的发育历期分别为 28d、25d、18.5d、16.3d 和 9 d。在 35℃ 的恒温条件下，卵的历期是 8.5 d。卵孵化后，幼虫生活在土中，低龄幼虫先取食支根或细根，三龄才钻入主根或茎基内蛀食，也能钻入近地面的瓜果内食害。幼虫常在土壤表层 6~10 cm 的深度内活动，水平爬行距离可达 1 m。幼虫发育历期为 19~38 d，平均 30 d。老熟幼虫在瓜苑附近土下 10~13 cm 深处作土室化蛹。蛹期 16~26 d。1 年发生 1 代的成虫于 7 月下旬至 8 月下旬羽化，再为害瓜叶、花或其他作物。

成虫特别喜欢取食瓜类植物，对瓜类寄主的嗜食顺序为西葫芦＞黄瓜＞南瓜＞瓠瓜＞佛手瓜＞西瓜。成虫主要取食瓜苗叶片。成虫取食叶片时，腹部末端贴于叶面上，以腹部末端为中心，回转啃食，将叶片啃切出一个个环形或半环形圈痕，然后在圈内取食，留下环形或半环形的孔洞，成为黄足黄守瓜为害的典型特征，易于识别。黄足黄守瓜特别喜欢取食瓜类的嫩叶，因此瓜苗在 5~6 片真叶以前受害最重；为害严重时可将整株叶片大部分吃光。黄足黄守瓜也咬断嫩茎造成死苗。瓜类开花后，也喜欢食花，还会蛀食接触地面的幼瓜，导致烂瓜。翌春，瓜苗出土前，越冬成虫开始活动，首先在大田作物、蔬菜、果树、杂草等植物上取食，待瓜苗长出后就迁到瓜田为害。黄足黄守瓜成虫耐饥能力强，10d 不取食不会饿死。越冬成虫甚至可停止取食半年左右。

幼虫具有专食性，只咬食土壤中的瓜根和茎基。幼虫对瓜类的嗜食顺序为甜瓜＞西葫芦＞西瓜＞南瓜。幼虫也取食丝瓜和苦瓜的根系，但往往不能完成发育。低龄幼虫只咬食根毛、细根和支根，三龄才钻蛀主根和茎基。幼虫蛀食主根后，叶子会萎缩；蛀入茎基后，瓜藤会萎蔫，甚至整株死亡。幼虫可转株为害。三龄幼虫还可蛀食地面的瓜果，引致烂果或腐果。西瓜的死藤瓜，多是由于黄足黄守瓜幼虫为害主根和茎基后，导致营养不良，虽能结瓜但不能成熟，农民称为"气死瓜"。

在实验室条件下，瓜的茎、叶、花瓣和瓜肉都可使黄足黄守瓜的幼虫完成发育。在食料不足时，三龄幼虫甚至还取食卵和低龄幼虫。幼虫有较强的耐饥能力，一龄幼虫能耐饥 4 d，二龄幼虫能耐饥 8 d，三龄幼虫能耐饥 11 d。

四、发生规律

（一）虫源基数

越冬虫源和有效产卵量是影响黄足黄守瓜虫源基数的重要因素。黄足黄守瓜是喜温好湿的昆虫，耐寒能力较弱。成虫在 −8℃ 条件下经历 12h，或在 −10℃ 条件下经历 6h，全部个体都会被冻死。在我国东北地区，由于冬季寒冷干燥，成虫不能安全越冬。在我国台湾的台南与日本的石垣岛都处在 23℃ 的等温线上，但是由于台南雨季和旱季分明，较长的旱季制约了该虫的发生；而石垣岛则因 6~8 月的降雨适量，气温适宜，非常有利于黄足黄守瓜的发生。

黄足黄守瓜产卵的多少与湿度密切相关。在 20~30℃ 的适温范围内，湿度愈高产卵愈多。一般情况下，降雨之后，黄守瓜会大量产卵。如果春季降雨早，并且温度适宜，产卵即可提前；反之，则会推迟。在 25℃ 下，相对湿度低于 75% 时，卵不能孵化；当相对湿度为 90%、96.1% 和 98.5% 时，卵的孵化率也分别仅有 15%、18.3% 和 25%；只有当相对湿度达到 100% 时，卵的孵化率才达 100%。因此，降雨早且多的年份有利于黄足黄守瓜的卵孵化，虫源基数大。

（二）气候条件

黄足黄守瓜的成虫主要在晴朗的白天活动，阴天活动迟钝，雨天和夜间停止活动。所以雨过天晴时，常常因为饥饿而导致其大量取食为害。

在春季土壤温度为 0℃ 时，黄足黄守瓜越冬成虫不能活动；当土壤温度上升到 6℃ 时，越冬成虫开始活动，但此时活动缓慢，抗寒能力差，如遭遇低温则大量死亡；当土壤温度达 12℃ 时，全部成虫出蛰，离开越冬场所出来活动；在气温为 22~23℃ 时，黄足黄守瓜开始取食，在 27~28℃ 时取食活动最活跃；20℃ 开始产卵，24℃ 为产卵最适温度。成虫耐热性强，在 41℃ 下经历 1 h 死亡率只有 18%；44℃ 下经历 1h 才会全部死亡。

卵比成虫更耐高温，在 45℃ 下经历 1 h 后仍有 44% 的孵化率，在温度为 46℃、47℃、48℃ 的条件下经历 1 h 后的孵化率分别为 40%、36%、16%，在 49~50℃ 的条件下经历 1 h 后则会全部死亡。卵喜湿耐水，浸泡 6 d 后的孵化率仍达 75%，故有"水蛆"之称。幼虫较不耐水，浸泡 24 h 后就死亡。化蛹要求土壤湿度适中，在土壤过于干燥或含水量过高时，其化蛹率都会明显下降。蛹有负趋光性。蛹不耐水浸，在水中浸泡 10 h 后死亡率为 10%，浸泡 24 h 后死亡率达 80%。黄足黄守瓜 1 年发生 2 代或 2 代以上的地区，每代的历期是不同的。例如，在福州，黄足黄守瓜完成第一世代的平均历期是 79~106 d，而完成第二世代的平均历期是 280~314 d。黄足黄守瓜的卵、幼虫和蛹均生活在土壤中，所以土壤理化性质与该虫发生量密切相关。一般壤土和黏土保水性强，对卵的孵化、幼虫的生长和化蛹及成虫羽化都有利；而沙土则由于保水性差，不利其发生。所以，黄足黄守瓜在壤土中常发生较严重，而在沙土中发生较轻。因为黄足黄守瓜喜温好湿，所以越往南部地区发生越严重。

黄足黄守瓜的发生代数和为害程度取决于温度和湿度。在 9~16℃ 的等温线地区，1 年发生 1 代，而且愈往北其为害愈轻，到 12℃ 的等温线以北为害很轻。在 16~23℃ 的等温线之间，1 年发生 2 代或 2 代以上；在此地区的南界为 3~4 代，可能常年发生。在北方，保护地与其相邻露地交替栽培瓜类蔬菜的地区，黄守瓜于保护地和露地之间来回转移，可 1 年发生 2 代，甚至在冬暖大棚内出现第三代幼虫。

（三）寄主植物

黄足黄守瓜的寄主种类多，其中最喜食葫芦科植物，但对不同的葫芦科植物种类的嗜好性差别较大，并且这些差异与葫芦科植物体内的次生化合物葫芦素（cucurbitacin）含量密切相关。葫芦素是一类四环三萜化合物，目前已鉴定出 20 余种结构不同的葫芦素，其中葫芦素 B、E、I 和 E-葡萄糖苷 4 种葫芦素对黄守瓜取食有引诱作用，尤其是葫芦素 B 和 E-葡萄糖苷。黄守瓜喜食的甜瓜、佛手瓜、黄瓜和南瓜中等均含有一定量的葫芦素 B 或 E-葡萄糖苷。黄足黄守瓜不取食丝瓜，因为丝瓜不含有上述 4 种葫芦素。

黄足黄守瓜叶面划圈取食的独特行为，也与瓜类植物中葫芦素的含量直接相关。虽然少量的葫芦素是黄守瓜取食的引诱物质，但是过量的葫芦素会抑制其取食甚至是有毒的。瓜类植物体内含有少量的葫芦素；当被黄足黄守瓜取食后，植物体内的葫芦素含量会逐渐升高，达到抑制其取食的浓度，同时也会合成新的葫芦素。黄足黄守瓜划圈取食，就是为了阻止植株合成更多的或新的葫芦素进入圈内，以达到安全取食的目的。

（四）天敌

黄足黄守瓜的天敌包括天敌昆虫、食虫脊椎动物和昆虫病原微生物。天敌昆虫主要有双峰疣蝽（*Cazira verrucosa*）、中华大刀螳（*Tenodera sinensis*）和卡罗来纳螳螂（*Stagmomantis carolina*）等。鸟类捕食者主要有大杜鹃（*Cuculus canorus*）、红尾伯劳（*Lanius cristatus*）和大斑啄木鸟（*Dendrocopos major*）。病原微生物有丽金龟绿僵菌（*Metarhizium anisopliae*）和斯氏线虫（*Steinernema* spp.）。土壤表层施用绿僵菌，对黄足黄守瓜幼虫有一定的防治效果。如果在相对湿度高于 80％、温度为 21～27℃ 的条件下，土壤表层喷洒格氏斯氏线虫（*Steinernema glaseri*）和夜蛾斯氏线虫（*S. feltiae*）也可有效防治黄守瓜。

五、防治技术

创造有利于作物健康生长、而不利于害虫发生的生态条件是害虫防治的基本原则。从作物生长期来说，幼苗期受黄足黄守瓜为害最严重，所以，防治黄足黄守瓜的关键是防止成虫为害瓜苗和产卵。瓜苗移栽前后至五片真叶前，消灭成虫和灌根防治幼虫是保苗的关键。待植株长大后，虽然也要防止地下幼虫为害，但由于此时以地上活动的成虫为害严重，所以重点是抓好成虫的防治。

（一）农业防治

黄足黄守瓜的农业防治技术主要包括下面 4 个内容。

1. 合理布局作物　避免瓜类作物大面积连片种植或不同熟期瓜类作物混合栽种，尽可能将瓜类作物与禾本科、旋花科、薯蓣科的山药、菊科的莴苣等非寄主作物间种，或与唇形科的紫苏、伞形科的芹菜、苋科的苋菜、落葵科的落葵、百合科的葱和蒜等他感作物或早春蔬菜间种或套种，或瓜苗期适当种植一些高秆作物，可减轻受害程度。

2. 破坏适生环境　黄足黄守瓜喜欢在瓜田田埂和瓜田附近特别是背风向阳坡的杂草上越冬，铲除杂草或清洁瓜田可以降低越冬虫源基数。成虫产卵期间，要及时清沟排水，降低田间湿度；适时中耕松土，破坏幼虫和蛹的生存环境，减少虫源基数。

3. 保护地育苗　利用温床育苗，提早移栽，待黄足黄守瓜成虫开始活动时，瓜苗已长大过了 5～6 片真叶的受害敏感期，可避开成虫产卵，减轻受害程度。

4. 诱杀　秋季于瓜田附近种植扁球形萝卜吸引黄足黄守瓜成虫取食，喷施杀虫剂消灭之；并在萝卜地附近设置草堆以吸引余下的成虫在其中越冬，有条件的地方可在草堆北边设置一道 1m 左右高的作物秸秆篱笆，形成向阳背风环境，在隆冬最冷时日将草堆烧毁或清除，消灭其中的黄足黄守瓜成虫，也能兼治其他害虫。

此外，初见瓜苗的雄花花蕾，摘除部分，可以提高产量，减少成虫。

（二）物理防治

1. 阻隔产卵　采用大田地膜覆盖栽培，可以避免或减少异地成虫迁入产卵。对于露地瓜苗，则在幼苗出土后 1～2 d，用防虫纱网将幼苗罩起来，待幼苗蔓长到 30 cm 以后揭去纱网。该法在保护露地实施效果很好。在露地瓜苗茎基周围地面撒布草木灰、烟草粉、鱼藤粉、麦芒、麦秆、芦草、谷壳、木屑、糠秕、黑籽南瓜枝叶、艾蒿枝叶等，或将这些物料以 20：1 拌煤油、废机油施用，可以有效阻止成虫在瓜苗根际产卵。此外，采用茎基盆接法，在紧靠寄主茎基外放塑料盆，内置厚度 1～1.5cm 湿润松土承接成虫产卵，最后消灭产在盆内土中的卵。在产鱼地区，将洗鱼的鱼腥水喷洒在瓜叶上，有较好的拒避成虫的作用。

2. 果下垫草　在结瓜期，用麦秆或稻草等将瓜果垫离地面，可以防止土壤中的幼虫蛀食瓜果。

3. 黄板诱杀　根据成虫对黄色有正趋性的特点，在成虫发生期用黄板进行诱杀。黄板的设置高度以高出地面 1.5 m 为宜。

（三）生物防治

1. 人工捕捉成虫 瓜苗较小时，不宜用化学农药，可以利用成虫早晚反应迟钝和假死性的特点，于清晨露水未干时进行捕捉，也可在白天用捕虫网扫捕。

2. 使用生物有机肥制剂 用市售产品阿维菌素有机肥或克线蛆菌有机肥，按不同厂家推荐用量作瓜田基肥，如每 667m² 使用量 480～600 kg，可有效防治黄足黄守瓜幼虫。

3. 植物源农药 包括沙葛、鱼藤、雷公藤等。例如，用沙葛磨粉，对水 600～800 倍，浸泡 24 h 后喷雾，或者草木灰与水 1∶5 勾兑，浸泡 24 h 后，取滤液喷施，可以用于防治成虫。黄足黄守瓜成虫喜食甘薯粉，甘薯粉吸水膨胀可使其胀死。甘薯粉喷撒在瓜类植株茎叶上，连撒 2～3 次，防治效果可达 100％。用烟草秆浸出液 30～40 倍，或茶籽饼粉用开水浸泡加入粪水中，每 667m² 用茶籽饼 20～25 kg，于产卵盛期 15～20 d 后交替灌根毒杀幼虫，可取得很好防效。

（四）化学防治

瓜类作物对许多药剂敏感，易发生药害，尤其苗期抗药力差，用药应当十分慎重，不仅要选用合适的药剂，还要严格掌握用药浓度。

1. 驱避成虫 把缠有纱布或棉球的木棍或竹签蘸上农药，纱布或棉球朝上插在瓜苗旁，高度与瓜苗齐平或略低，农药可选用 4.5％高效氯氰菊酯微乳剂 50 倍液、50％敌敌畏乳油 20 倍液等。每苑瓜苗旁插 1 根。1 周后拔起木棍或竹签，再蘸一次药液并插回原处。蘸取的农药品种交替使用，驱避效果更佳。

2. 防治成虫 从早春出蛰到瓜苗定植前，抓住时机消灭成虫于中间寄主上，对减轻瓜类幼苗受害有重要作用。通常防治盛发期成虫比越冬成虫用药浓度要适当提高，用药量要适当加大。常用药剂是 90％敌百虫原药或 80％敌百虫可湿性粉剂 800～1 000 倍液，或 80％敌敌畏乳油 1 000～1 500 倍液。另外，2.5％高效氯氟氰菊酯乳油 2 000 倍液、20％氰戊菊酯乳油 2 000～4 000 倍液、50％辛硫磷乳油或 50％马拉硫磷乳油 1 000～1 500 倍液、10％氯氰菊酯乳油 3 000 倍液、2.5％溴氰菊酯乳油 3 000 倍液、75％鱼藤酮乳油 800 倍液等也较常用。在成虫盛发期，每 667m² 瓜田用 18％杀虫双水剂 50g 对水 75kg，或 667m² 瓜田用 15 000IU/mg 苏云金杆菌水分散粒和 25％杀虫双水剂各 7g 对水 14kg，在晴天傍晚时分进行常规喷雾，叶正反面均匀展着药液，交替使用 2～3 次。

3. 防治幼虫 在瓜田播种时，用 70％吡虫啉悬浮种衣剂拌种，可有效防治幼虫。用 50％辛硫磷乳油或 50％敌敌畏乳油 1 000～1 500 倍液、90％敌百虫原药或 80％敌百虫可湿性粉剂 1 500～2 000 倍液、25％鱼藤精乳油 800 倍液、20％氰戊菊酯乳油 3 000 倍液等灌根，也可有效控制土中幼虫。

许再福　刘慧（华南农业大学资源环境学院）

第 125 节　黄 蓟 马

一、分布与危害

黄蓟马（*Thrips flavus* Schrank，1776），又名欧洲花蓟马、菜田黄蓟马、棉蓟马，属缨翅目蓟马科蓟马属，至 1946 年共有同种异名 15 个：*Thrips melanopa* Schrank，1776；*Thrips ochraceus* Curtis，1841；*Physothrips flavidus* Bagnall，1916；*Thrips flavidus* Bagnall，1916；*Thrips flavosetosus* Priesner，1919；*Thrips obscuricornis* Priesner，1927；*Physothrips flavus* Bagnall，1928；*Taeniothrips clarus* Moulton，1928：287；*Thrips kyotoi* Moulton，1928；*Thrips nilgiriensis* Ramakrishna，1928；*Taeniothrips luteus* Oettingen，1935；*Taeniothrips sufuratus* Priesner，1935；*Thrips biarticulata* Priesner，1935；*Taeniothrips saussureae* Ishida，1936；*Taeniothrips rhopalantennalis* Shumsher，1946。

黄蓟马起源于欧亚大陆，国外主要分布于亚洲的日本、韩国、印度、泰国和斯里兰卡等，欧洲的英国、波兰、意大利和西班牙等国。国内分布于吉林、辽宁、内蒙古、宁夏、新疆、山西、河北、河南、山东、安徽、江苏、浙江、福建、台湾、湖北、湖南、上海、江西、广东、海南、广西、贵州、云南等省份。其中，在华南、华中局部地区发生为害较重。黄蓟马属多食性害虫，寄主范围广泛。主要为害节瓜、黄瓜、西葫芦、冬瓜、苦瓜、丝瓜、南瓜、西瓜等瓜类作物。也为害茄子、菠菜、葱、油菜、萝卜、百合、番茄、辣椒和菜用大豆、菜豆、豇豆、豌豆等豆类蔬菜及玉米、棉花、甘蔗、石榴等。多种花卉如唐菖蒲、金鱼草、金盏菊、雏菊、三叶草、美人蕉、矮牵牛、玫瑰、茉莉、芍药等均是重要寄主。黄蓟马是常发性害虫，成虫、若虫在植物幼嫩部位吸食为害，叶片受害后常失绿而呈现黄白色，甚至呈灼伤般焦状，叶片不能正常伸展，扭曲变形，或常留下褪色的条纹或片状银白色斑纹。花朵受害后常脱色，呈现出不规则的白斑，严重的花瓣扭曲变形，甚至腐烂。据魏潮生等（1983）报道，黄蓟马在广州秋季集中为害瓜类蔬菜，严重影响淡季蔬菜供应。但是，长期以来该虫的发生并未受到重视。有关研究表明，黄蓟马除直接为害植物外还是番茄斑萎病毒属（*Tospovirus*）病毒传播媒介之一，其虫情动态应予关注。

二、形态特征

成虫：体长 1.0～1.1mm，体黄色。头宽大于长，短于前胸。触角 7 节，第三至五节端半部较暗，第六、七节暗褐色。第三、四节上具叉状感觉锥，锥伸达前节基部；单眼间鬃间距小，位于前、后单眼的内缘连线上。前胸背板中部约有 30 根鬃，前外侧 1 对鬃较粗，后外侧 1 对鬃粗而长；后角 2 对鬃较其他鬃长。中胸腹板内叉骨具长刺，后胸腹板内叉骨无刺。前翅前缘鬃 28 根；前脉基鬃 7 根，端鬃 3 根；后脉鬃 14 根。后胸背板后部具 1 对钟形感觉孔，间距小。腹部第二背板侧缘各有纵排 4 根鬃；第三、四背板鬃 2 比鬃 3 短而细；第五至八背板两侧具微弯梳，第八背板后缘梳完整，梳毛细且排列均匀（彩图 10 - 125 - 1，1）。

雄成虫与雌成虫相似，但体型较小，体色淡黄，腹部第三至七节腹板有横腺域，腹部第八背板缺后缘梳（彩图 10 - 125 - 1，2）。

卵：长 0.2mm，长椭圆形（肾形）。

若虫：黄白色，一、二龄若虫无翅芽，行动活泼。三龄若虫（前蛹）触角向两侧弯曲，复眼红色，鞘状翅芽伸达第三、四腹节。四龄若虫（伪蛹）触角往后折于头背上，鞘状翅芽伸达腹部近末端，行动迟缓。

黄蓟马与棕榈蓟马是近似种，在田间常混合发生，以前的文献由于两个种未能正确的区分，造成了许多混乱和困扰，现将其成虫的鉴别特征（彩图 10 - 125 - 1）列于表 10 - 125 - 1。

表 10 - 125 - 1　黄蓟马与棕榈蓟马成虫的鉴别（张治军、贝亚维提供）

Table 10 - 125 - 1　Identification of adults of ***Thrips flavus*** and ***T. palmi***

(by Zhang Zhijun and Bei Yawei)

项　目	黄蓟马	棕　榈　蓟　马
单眼间鬃间距与位置	间距小，在前后单眼的内缘连线上	间距大，位于前后单眼的外缘连线之外
后胸背板刻纹后部聚合状态	后部不聚合	渐次聚合
腹部背板鬃 2 与鬃 3 比较	第三、四节背板鬃 2 比鬃 3 短而细	第二至五背板鬃 2 深色或与鬃 3 长短、颜色相近
雄虫腹部第八背板后缘梳	缺后缘梳	后缘梳完整
为害	常发性害虫，兼治对象	主要害虫，防治对象

三、生活习性

黄蓟马在广东、海南、台湾、广西、福建等地年发生 20～21 代；在上海、云南、江西、浙江、湖北、湖南等地年发生 14～16 代；在北方年发生 8～12 代，世代重叠现象明显。以成虫潜伏在土块、土缝下或枯枝落叶间越冬，少数以若虫越冬。每年 4 月开始活动，5～9 月进入发生为害高峰期，以秋季最为严重。初羽化的成虫具有趋嫩绿习性，常在幼瓜和生长点活动，且特别活跃，能飞善跳，行动敏捷。以后畏强光而隐藏，白天阳光充足时，成虫多数隐蔽于花木或作物生长点或花蕾处取食，少数在叶背为害，受惊后能从栖息场所迅速跳开或振翅迁飞。黄蓟马雌虫产卵于嫩叶组织中，每头产数十至百粒，卵肾形，卵稍隆起于叶面，将叶片对光可见密集的小白点。初孵若虫有群聚取食特点，不太活跃，但亦可侵入新梢顶芽内吸取汁液。二龄若虫活动频繁，在植株各部位均可见，最喜栖于中部叶片的背面。畏强光等习性与成虫相似，受惊后四散逃走。老熟的二龄若虫多在夜间自叶垂落松土内，进入预蛹期（三龄若虫），再蜕皮成为蛹（四龄若虫）。

平均温度 26.9℃、平均相对湿度 82.7% 时，成虫寿命 25～53d，卵期 3.3～5.2d，一至二龄若虫期 3.5～5d，三至四龄若虫期 3.7～6d。

四、发生规律

据魏潮生等（1983）初步调查结果，黄蓟马的发生和为害与下列因素有关。

（一）寄主植物

黄蓟马寄主种类很多，在蔬菜作物中喜食瓜类，以及茄子和豆类等。在广州，一般春植瓜类蔬菜 6 月上旬收获后，黄蓟马成虫即迁移到附近的夏植黄瓜、丝瓜、茄子、菜豆等作物上为害，一般 7 月下旬出苗的秋植节瓜又为它提供了更新鲜的食料，黄蓟马的喜嫩习性，使秋植节瓜受害加重。

（二）气候因素

温、湿度对黄蓟马生长发育有显著影响，其发育最适温度为 25～30℃。高温、干旱对黄蓟马发生有利，常加重为害；多雨则对其发生不利，特别是暴雨对黄蓟马的发生有明显抑制作用。在广东，8 月 18～25 日，雨日 7d，降水量达到 90.8mm，相对湿度 86.7%，其中 8 月 18～20 日连续降雨，降水量分别为 19.5mm、38mm 和 12mm。气温由 30.8℃ 下降到 27℃，黄蓟马成、若虫数量都急剧下降。

（三）天敌

已发现黄蓟马天敌有南方小花蝽（*Orius strigicollis* Poppius）、小花蝽 [*O. minutus* (Linnaeus)]、中华微刺盲蝽（*Campylomma chinensis* Schuh）、亚非玛草蛉 [*Mallada desjardinsi* (Navas)]、白睑草蛉（*Chrysopa* sp.）、梯阶脉褐蛉（*Micromus timidus* Hagen）、塔六点蓟马（*Scolothrips takahashii* Priesner）和蜘蛛类等，其中以南方小花蝽的捕食能力和抑制作用最大。平均每头一生可捕食黄蓟马（成、若虫）328 头，成虫期占总捕食量的 68%，若虫期占 32%；1 年发生约 15 代。每雌平均产卵 77 粒，孵化率 75%。

五、防治技术

我国南方适生区黄蓟马仍是兼治对象，可结合棕榈蓟马、西花蓟马等的综合防治进行，应注重下列措施。

（一）农业防治

及时清除田间杂草，清除残枝败叶，可消灭部分虫源和早春寄主。采用地膜覆盖栽培，可减少出土成虫为害和若虫落地入土化蛹。天气干旱时，注意灌溉或喷灌浇水，增加菜田湿度，营造不利于其发育繁殖的条件。可选种优良品种，及时间苗定植。搭架引蔓，摘除侧蔓；施足基肥，适时淋水追肥，加强田间管理促使瓜苗快长，减轻黄蓟马为害。

（二）物理防治

在瓜类、茄果类、豆类等适宜寄主蔬菜行间，挂蓝色或黄色黏虫板诱捕成虫；提倡采取遮阳网、防虫网栽培，可减轻为害，参见棕榈蓟马。

（三）生物防治

在我国南方黄蓟马的天敌种类较多，其中，南方小花蝽在菜田发生期长，种群数量大且较为稳定，对黄蓟马有一定的抑制作用，应注意保护。利用胡瓜新小绥螨对黄蓟马也有防效。生物制剂 2.5% 多杀霉素乳油 2 000～3 000 倍液、6% 乙基多杀菌素乳油 2 500～3 000 倍液，不仅对蓟马类害虫高效，而且对多种天敌安全，提倡科学使用。

（四）药剂防治

目前，施用化学农药仍是黄蓟马防治的主要方法。针对黄蓟马具有产卵于叶内组织和落土化蛹的习性，应在发生为害期每隔 7d 施药 1 次，根据虫情掌握施药次数。当害虫密度达到 5 头/叶时，可喷施吡虫啉、噻虫嗪、啶虫脒、阿维菌素、联苯菊酯、顺式氯氰菊酯、氯氟氰菊酯、丁硫克百威等，施用浓度参见棕榈蓟马。也可用 240g/L 螺虫乙酯悬浮剂 4 000～5 000 倍液，或 10% 溴氰虫酰胺可分散油悬浮剂 2 500～3 000 倍液、16% 多杀·吡虫啉悬浮剂 3 000 倍液、7.5% 甲氰·噻螨酮乳油 1 000 倍液、20% 异丙威乳油 500 倍液等。

梁广文（华南农业大学资源环境学院）

第 126 节　叶　　螨

一、分布与危害

　　叶螨属蛛形纲蜱螨亚纲真螨目叶螨科，属于世界性的大害螨。在国外，分布于美国北部、英国、地中海沿岸、南非、大洋洲、摩洛哥、前苏联地区、新西兰和日本等 100 多个国家和地区；在我国，各省份均有发生。叶螨寄主植物广泛，多达 50 余科 800 余种。其中，蔬菜作物 35 种，主要为害豆类和瓜类蔬菜及茄子、番茄、辣椒、马铃薯、苋菜、荠菜等，也可为害甘蓝、白菜、小油菜和生菜，部分年份还可严重为害水生蔬菜水芹和莲藕等。叶螨以成螨、幼螨、若螨在叶背刺吸叶片汁液并吐丝结网，并通常从下部叶片开始向上蔓延。寄主叶片被害初期呈现许多细小白点，严重影响光合作用。叶螨种群数量高时易导致整个叶片、茎柄等均被蜘蛛网所覆盖，最后导致失绿枯死或者全株叶片干枯脱落，大大缩短了茄果类、瓜菜类蔬菜的结果期，严重影响蔬菜的产量和品质（彩图 10 - 126 - 1）。叶螨不仅在露地菜田为害，更是保护地菜田的主要害虫。崔元玗和杨华于 2010 年 8 月调查发现，新疆克拉玛依的温室黄瓜全部受叶螨侵害而提早拉秧，豆类蔬菜上叶螨为害致植株死亡可达 50%。石宝才等于 2012 年 3 月在北京大兴区的大棚茄子上调查发现，由于二斑叶螨为害导致茄子提前拉秧，产量损失约 40%。

　　蔬菜上叶螨种类较多，有截形叶螨（*Tetranychus truncatus* Ehara）、朱砂叶螨［*T. cinnabarinus* (Boisduval)］、二斑叶螨（*T. urticae* Koch）、神泽氏叶螨（*T. kanzawai* Kishida）、土耳其斯坦叶螨［*T. turkestani* (Ugarov et Nikolski)］、敦煌叶螨（*T. dunhuangensis* Wang）等。田间蔬菜作物上的常见叶螨种类主包括截形叶螨、朱砂叶螨和二斑叶螨等，它们有时单独发生，有时混合发生。神泽叶螨也为害茄子、辣椒等蔬菜作物，但报道较少，该螨为害更重的是茶和果树等；而土耳其斯坦叶螨和敦煌叶螨的地域性强，前者仅在新疆发生，后者发生在甘肃、新疆等地。因此，这里对蔬菜叶螨的描述重点以我国普遍发生的截形叶螨、朱砂叶螨和二斑叶螨为主。研究表明，中国的朱砂叶螨和二斑叶螨不能交配或成功产下可育的雌性后代，因此一直以来朱砂叶螨和二斑叶螨是作为两个种进行研究，而日本学者则把朱砂叶螨和二斑叶螨分别称为二斑叶螨的红色型和绿色型。也有研究表明，二者之间的遗传分化比较大，二者同时存在时，两型内交配的比例远高于两型间的交配。

　　叶螨体型微小，识别困难，加上同种叶螨种类，其不同地理种群之间也存在形态方面的细微差异，同一地点同种寄主作物上的叶螨种类也会随不同年份或季节发生变异。以前国内多数文献报道朱砂叶螨是大部分地区蔬菜作物、尤其是豆类蔬菜上的优势叶螨。然而，据中国农业科学院蔬菜花卉研究所昆虫组 2009—2013 年的系统调查资料，北京和河北部分地区菜豆、茄子上截形叶螨为优势种类，局部地区以二斑叶螨为主，与传统认识恰好相悖，这可能与叶螨种类的部分程度的误判、采集地点和寄主的局限性、叶螨种类的竞争与演变等因素有关。二斑叶螨在我国属外来种，原产欧洲，是欧洲和北美等地区的重要农林害螨，主要为害温室蔬菜和落叶果树，并造成严重经济损失，被公认是农业螨类中为害最严重、经济重要性最强的一个种。我国除台湾外，在 20 世纪 80 年代前未曾发现二斑叶螨。据史料记载，二斑叶螨于 1983 年由董慧芳等在北京市天坛公园的一串红上首次发现，推测是随进口花卉、果树苗木、草莓苗等传入我国，并扩散蔓延。目前该螨已广泛分布于华北、东北、华中、华东、西北等广大地区。以往研究中多把二斑叶螨归类为杂粮作物害螨，主要寄主列为棉花、玉米、高粱、豆类、果树、花卉等作物。但于 2012—2013 年北京市海淀区温室茄子上和昌平区露地春茬茄子田内发现，二斑叶螨一直为优势害螨；另发现，在与草莓混合栽植或与果园邻近的菜田，二斑叶螨发生更普遍，说明二斑叶螨可能由果树、花卉等作物上的主要叶螨正逐步扩散蔓延，成为蔬菜上的重要叶螨种类之一。

　　由于靠肉眼难以辨别叶螨的不同种类，尤其是朱砂叶螨和截形叶螨雌成螨的体色均为红色，外表难以区分，即使是制作玻片，其形态鉴定仍比较困难，因此在有的研究中将其统称为红蜘蛛。传统的叶螨种类鉴定方法是把叶螨雄成螨的外生殖器做成玻片，烘干之后，在显微镜下观察其细微特征，同时结合新鲜雌雄成螨的体色进行鉴定。而叶螨属于偏雌性比，田间采集到的样本中绝大多数是雌性叶螨，为了实现形态鉴定，就需要在室内单头饲养到下一代，获得雄性个体。因此，研究者近些年一直探索构建叶螨种类的分子生物学鉴定方法，有学者采用线粒体基因 *mtCOI* 的片段序列进行聚类时，发现不能把朱砂叶螨和二斑叶螨区分开，而采用核基因 rDNA 的 *ITS2* 基因片段进行测序、聚类分析时，则可成功区分二者，因为不同的基因片段得出了相悖的结果，因此结论还是相对模糊。同时，国内不同地理种群朱砂叶螨的线粒体 *COI* 部分序列的聚类分析表明，种群内遗传距离可达 0.1018，表明朱砂叶螨有可能存在隐含种。近年逐步建立起来的叶螨属的分子鉴定技术，如 SCAR 标记、PCR-RFLP 鉴定技术等，这些鉴定方法对叶螨形态鉴定方法提供了有力补充。随着形态鉴定方法的不断完善和分子生物学的快速发展，两种方法相互补充和印证，叶螨的发生种类也会得到确认或者订正。

二、形态特征

成螨：雌螨体长 0.41～0.50 mm，椭圆形，可随寄主种类或者地区而有变化。足 4 对。朱砂叶螨体深红色至锈红色，有些甚至为黑色，须肢 1 对，具有发达的胫节爪，须肢跗节锤突粗大，长约为宽的 2 倍；在身体两侧有一横山字形黑斑，刚毛状背毛 6 列，共 24 根，腹毛 16 对。二斑叶螨仅越冬代滞育个体为橙红色，通常均为淡黄色或黄绿色，身体两侧各有一黑色斑块。截形叶螨多为鲜艳的红色，有的为深红色或锈红色，体背两侧有暗色的不规则黑斑，从外形和体色上与朱砂叶螨极难区分。雄螨均比同种的雌螨略小，体长约 0.36 mm，体色常为黄绿色或橙黄色，头胸部前端近圆形，背面菱形，体后部尖削。3 个种类的详细特征比较见表 10 - 126 - 1（彩图 10 - 126 - 2）。

表 10 - 126 - 1　朱砂叶螨、二斑叶螨和截形叶螨成螨的主要形态特征比较（引自洪晓月，2012）

Table 10 - 126 - 1　Comparisons of morphological characteristics in the adult of *Tetranychus cinnabarinus*, *T. urticae* and *T. truncatus*（from Hong Xiaoyue，2012）

形态特征	朱砂叶螨	二斑叶螨	截形叶螨	性别
体形和体色	卵圆形，红色	椭圆形，体色为黄绿色，越冬代滞育个体为橙红色	椭圆形，锈红色	♀
体大小	长 0.42～0.56mm，宽 0.26～0.33mm	长 0.43～0.53mm，宽 0.31～0.32mm	长 0.51～0.56mm，宽 0.32～0.36mm	♀
体背黑斑	躯体两侧各有 1 个长黑斑	躯体两侧各有 1 块黑斑，其外侧 3 裂，内侧接近体躯中部呈横山字形	体背两侧有暗色不规则黑斑	♀
背毛	12 对，刚毛状	12 对，刚毛状，排成 6 横排	12 对，刚毛状，细长不着生在瘤突上，即 2＋4＋6＋4＋4＋4＝24	♀
尾毛	无	无	无	♀
腹毛	12 对	12 对，即足基节毛 6 对、基节间毛 3 对、殖前毛 1 对、生殖毛 2 对	12 对，即足基节毛 6 对、基节间毛 3 对、殖前毛 1 对、生殖毛 2 对	♀
肛毛和肛后毛	各 2 对	各 2 对	各 2 对	♀
阳茎	阳茎的端锤微小，两侧的突起尖利，长度几乎相等	阳茎端锤稍大，两侧突起尖而小	阳茎短粗，端锤较微小，端锤背缘平截。距离侧突 1/3 处有 1 微凹。远侧突不明显，较尖利；近侧突也不明显，较钝圆	♂

卵：直径 0.10～0.12 mm，透明，圆球形，初产时乳白色，后期卵色逐渐加深呈乳黄色，即将孵化时透过卵壳可看到两个红色的眼点。

幼螨：长 0.15～0.20 mm，半球形，透明，浅黄或黄绿色，眼红色，足 3 对，取食后体色变暗绿。

若螨：椭圆形，长约 0.21 mm，有足 4 对，行动比幼螨更加活泼敏捷，体形及体色似成螨，但个体小。背毛数与同种雌螨相同。有前若螨期和后若螨期。

三、生活习性

蔬菜叶螨的发生代数随地区和气候差异而不同。在西藏拉萨设施田内 1 年发生 7～10 代，北方地区一般发生 12～15 代，长江中下游地区年发生 18～20 代，华南可发生 20 代以上。北方地区叶螨以雌成螨在寄主的枯枝落叶、杂草根部和土缝中越冬；长江流域主要以雌成螨和卵越冬，可在豌豆、蚕豆、莴笋、芹菜、菠菜等寄主上越冬，温室、大棚内的蔬菜苗圃等地是其重要越冬场所。叶螨主要以雌成螨越冬，据记载朱砂叶螨还有其他越冬虫态。

2、3 月，越冬雌成螨出蛰活动，气温达到 10℃ 以上时开始繁殖。首先在田边的杂草上取食、生活并繁殖 1～2 代，然后陆续迁往露地菜田或保护地菜田中为害。20 世纪 60 年代初期管致和等报道，5～6 月是露地叶螨的扩散期，又是大量繁殖和一年内的猖獗为害期，干旱年份其猖獗期延长至 7 月。而保护地蔬菜栽培由于温度较高，环境小气候比较适宜，春季叶螨发生为害比露地更早，主要来源于保护地中越冬的叶螨、由移栽的菜苗传播而来的叶螨和从棚室外杂草上或其他作物上迁入的叶螨。初期呈点片发生之势，而后迅速向四周迁移，扩散为害。进入 6 月，随着气温升高，叶螨种群数量呈现指数上升趋势，北方地区 6～7 月是全年发生为害的高峰期，此时蔬菜受害最重，若在发生初期未及时防治，蔬菜将失去食用价值和商品价值。7 月下旬至 8 月上旬，由于气温急剧升高、雨水偏多湿度增高和寄主植物衰老等各种因素影响，种群数量会快速下降，之后维持在较低的密度水平上，持续到秋季，通常不再造成危害。北方地区个别年份的 9 月在保护地蔬菜上（尤其是茄科和瓜类蔬菜）叶螨为害也比较严重。通常情况下，保护地叶螨发生数量显著高于露地蔬菜田，北方地区对春季蔬菜为害程度高于秋季。南洋风天气对叶螨发生十分有利，因此在我国南方，蔬菜叶螨的发生会随着高温干旱南洋风的到来而出现几个为害高峰时段，如在湖北荆州地区每年有 3～5 次高峰。当气温下降到 15℃ 左右时，开始出现越冬雌成螨。

在海南春夏茬的棚室瓜类蔬菜作物上，叶螨于 3 月中旬开始发生，以二斑叶螨为主，之后种群数量快速上升，4 月中旬达到为害高峰期，之后随着寄主的逐渐衰老和温度升高开始下降。到冬春季叶螨会在保护地内持续发生为害，但数量明显低于春夏季。而在湖南春茬大棚的瓜类蔬菜作物上，叶螨于 5 月下旬开始发生，6 月中旬左右达到为害高峰期，数量高于海南。在新疆，土耳其斯坦叶螨 1 年发生 10～12 代，世代重叠，每年于 7 月下旬至 8 月上旬是为害高峰期，8 月中旬种群数量开始逐渐减少，到 9 月上旬几乎接近于零。

叶螨体型微小，活动力有限。有主动迁移和被动迁移两种迁移方式。主动迁移是成、若螨靠爬行、吐丝下垂在株间蔓延，活动范围很小；被动迁移包括农事作业由人、工具等携带传播，在高温季节还可借风力被动扩散蔓延，范围较大。因此，田间会发现叶螨一片一片地发生。叶螨以两性生殖为主，羽化较早的雄成螨等候在静伏期雌若螨旁，待其羽化后即与之交配，之后去寻找其他待羽化雌螨。雌螨也可行孤雌生殖，但孤雌生殖的后代基本全为雄性。叶螨在春秋季节完成一代需 22～27 d，而在夏季只需 10～13 d。叶螨卵散产，多产于叶背中脉两侧及附近，雌螨交配后 1～3 d 即可产卵，1 头雌螨可产卵 50～100 粒。正常年份内，叶螨卵的孵化率在 85% 以上，偏雌性，雌雄性比为（4～5）∶1。幼螨和前若螨不甚活动，后若螨则活泼贪食，有向上爬的习性。

蔬菜叶螨食性繁杂，除了取食蔬菜外，还吸食葫芦科的西瓜、甜瓜等作物，玉米、棉花也是它们的重要寄主；二斑叶螨还是果树、花卉上的重要害螨。田间为害时通常呈现垂直分布的特征，发生初期通常在植株下部叶片为害，以后逐渐向上部叶片蔓延，数量多时常有千余头在叶端或者嫩尖上汇聚，食料不足或者环境不利时也易聚集成团，滚落地面，被风刮走，以向四周扩散。

短日照和低温是诱导叶螨发生滞育的主要因子。实验室条件下，当温度为 15℃、每日光照超过 13 h 时，叶螨不发生滞育；每日光照时间为 12 h 时开始出现滞育个体，以后随着光照时间的缩短，滞育率逐渐增加。在 10～30℃，随着温度的升高，解除雌成螨滞育的速度加快。因此，不同年份间春季温度的高低是决定当年叶螨发生为害早晚的重要因素之一。截形叶螨的滞育雌螨有的 2～3 头聚在一起，多的可达 1 900 多头，其滞育雌螨的过冷却点为 −20.62℃；越冬期间不食不动，抗寒性较强。但由于叶螨分布广泛，寄主繁杂，不同国家、不同地区的叶螨可能起源不同。因此，诱导其滞育的临界光周期长度和温度可能会存在不同程度的差异。

四、发生规律

（一）螨源基数

叶螨种群数量消长的重要影响因子之一是螨源基数。田间叶螨种群的初始螨源主要来自于周围的杂草寄主。凡杂草寄主多、分布广的地区，叶螨的越冬种群基数和春季的繁殖数量就大。临近螨源的菜田叶螨发生早且严重。因此，及时彻底清除田间、地埂渠边杂草，减少叶螨的食料和繁殖场所，可降低螨源基数。土壤耕作层是叶螨越冬的主要场所之一，通过秋耕冬灌，破坏其栖息场所，可在一定程度上降低叶螨的发生数量。定植的蔬菜苗应为无螨苗，定植田块也要保证洁净，无杂草、枯枝落叶等，否则即使有少量叶螨，一旦条件适宜，叶螨种群极易暴发成灾。

（二）气候因素

叶螨的种群消长与温度、湿度、降雨等气候因子密切相关。温度高低决定了叶螨发生期的早晚、不同发育阶段和世代的历期长短。通常来说，高温、干旱是叶螨大发生的适宜气候条件，低温会对叶螨的发育不利。不同温度下，各螨态的发育历期差异较大。气温和湿度适宜时，完成 1 代所需时间为 7～9 d。温度在 25～28℃，相对湿度在 30%～40%，叶螨的产卵量、存活率最高。温度在 20℃ 以下，相对湿度在 80% 以上，不利其繁殖。而在 34℃ 下，叶螨则会停止繁殖。不同叶螨种类发育繁殖的最适温度不同，截形叶螨种群繁殖增长的最适温度为 30℃，朱砂叶螨在 26℃ 左右时，发育历期最短，而二斑叶螨发育的最适温度则为 24～25℃。在 32～42℃ 条件下分别处理二斑叶螨和朱砂叶螨，两种叶螨的卵、若螨和雌成螨 3 个不同发育阶段均表现出不同程度的死亡，其死亡率随着温度的升高而提高；在同一个温度下，两种叶螨的卵死亡率最高，其次是若螨，最后是雌成螨；高温条件下，二斑叶螨的死亡率明显高于朱砂叶螨，说明朱砂叶螨对高温的耐受性高于二斑叶螨。研究证明，温度也对土耳其斯坦叶螨的发育和产卵影响极大。19～31℃ 范围内，世代存活率达 79.8%～100%，产雌率达 83.3%～85.3%。对土耳其斯坦叶螨繁殖最有利的温度为 22.7～27.5℃，最适宜的温度为 27～31℃；对其生长最有利的温度为 21～27℃；当气温超过 33℃ 或低于 11℃ 时，可抑制其生长繁殖。

适宜叶螨生长发育的相对湿度为 40%～65%。叶螨忌暴风雨，日降水量达到 50 mm 时，螨量可减少 50%～75%，若同时伴有大风，则螨量下降更多；若 6 月每旬降水量达 30mm 以上时，则对后期叶螨的发生有很大的抑制作用。保护地菜田由于温度高，叶螨发生早，因而为害也比露地重。而露地发生的叶螨如果遇到连续阴雨天气或者暴雨天气，叶螨同时受到雨水冲刷、泥土黏附和田间湿度增加的极大影响，种群难以发展。地势越高、越干燥的田块，对叶螨的发生越有利。

由于各地气候条件、种植制度等因素差异的影响，蔬菜叶螨在各地的发生种类、发生规律不同。近两年发现，海南三亚瓜类作物上的优势叶螨种类在冬春茬为截形叶螨，春夏茬则主要为二斑叶螨，而且施用常规的杀螨剂的推荐剂量每周喷施 1 次都难以控制二斑叶螨的种群数量及其为害。

（三）寄主植物

寄主植物是影响叶螨种群数量的重要因子之一。用不同寄主植物来饲养叶螨，其发育历期存在不同程度的差别，产卵量也存在差异。叶螨在不同蔬菜作物上表现出不同的种群发展规律。连续多年田间观察发现，叶螨在菜豆和茄子上发生数量最高，种群发展速度最快，其次是瓜类蔬菜和其他茄果类蔬菜。室内叶碟法研究发现，朱砂叶螨在常见的蔬菜寄主上，最喜食菜豆，在该寄主上种群发展速度最快，其次是茄子、番茄和黄瓜，在这 3 种寄主上的取食选择性差异不大，甜椒是该螨相对不喜食的寄主植物，但也可以完成世代发育。截形叶螨雌螨在黄瓜、菜豆和茄子上完成 1 代分别需要 9.3 d、9.3 d 和 11.0 d，单雌产卵量和净增殖率相比在茄子上最低，幼、若螨的存活率分别是 89.9%（黄瓜）、84.3%（菜豆）和 61.6%（茄子），表明截形叶螨更喜食黄瓜和菜豆，对茄子的嗜食性相对较差。但在田间，截形叶螨在茄子和菜豆上发生更为普遍，黄瓜上却相对较少，推测可能与各寄主的品种不同有关。田间自然发生的二斑叶螨种群，常见于辣椒、番茄、菜豆和茄子上，菜豆上饲养的二斑叶螨的内禀增长率 r_m 值最高，其次是茄子，最不喜食棉花。同域发生的不同叶螨种类之间存在竞争，从而直接影响叶螨的种群数量。当二斑叶螨与朱砂叶螨在四季豆、茄子等寄主上进行竞争时，无论是单头或者混合种群，二斑叶螨的内禀增长率均大于朱砂叶螨，从而在竞争中占据优势，而二者在黄瓜、棉花等上进行竞争时出现相反的结论。而当朱砂叶螨和二斑叶螨面对衰老的菜豆寄主时，朱砂叶螨的内禀增长率下降更为缓慢，表明在食物短缺时，朱砂叶螨可能表现出比二斑叶螨更强的适应环境的能力。说明叶螨种间的竞争结果不仅随着寄主植物不同而异，而且与寄主植物的生长状态和时期也有关。土耳其斯坦叶螨在玉米和番茄上不能完成生活史，在大豆、四季豆和茄子上则可以，说明这些蔬菜很适宜其生长繁殖。

（四）种植模式

蔬菜作物的种植模式对叶螨的发生数量影响很大。研究证明，保护地蔬菜上叶螨发生为害的时间和为害程度显著高于露地。其原因主要是保护地蔬菜田良好的小气候条件、较少受到外界不良环境（如刮风、下雨）的影响。叶螨嗜食的蔬菜寄主，如菜豆、茄子和甜椒等连片种植时，叶螨数量增长较快，为害严重。前茬种植菜豆，后茬作物如为叶螨的寄主时则受害较重。当环境中寄主食料比较丰富时，叶螨活动迁移范围很小；当为害严重、食料不足时，蔬菜上的叶螨往往群集成团，凭借吐丝结网，迁移扩散。另外，靠近棉田、豆田或玉米田的保护地蔬菜受叶螨侵害更重。另外，种植密度较大的田块内，因小环境郁闭，相对湿度较大，也不利于叶螨的生长发育和繁殖，种群数量较低，而稀疏种植或长势差的田块，因通风透光好，遮阴度差，植株体内及外来水分易蒸发形成高温低湿的小气候，有利于叶螨种群的快速增长。

（五）天敌生物

叶螨在田间的天敌很多，主要包括草蛉、塔六点蓟马（*Scolothrips takahashii*）、小花蝽（*Orius minutus* Linnaeus）、深点食螨瓢虫（*Stethorus punctillum*）、异色瓢虫（*Harmonia axyridis*）、黄瓜新小绥螨［*Neoseiulus cucumeris*（Oudemans）］、钝绥螨等。天敌是影响田间叶螨种群数量和发生为害程度的重要因子。如深点食螨瓢虫对朱砂叶螨有很好的控制作用，日平均捕食量为 $20\sim25$ 头，而且能捕食成螨、若螨和幼螨，但对卵的捕食效果不理想。在春茬辣椒棚内，在朱砂叶螨发生前期，按照 0.5 头/m² 和 1 头/m² 释放东亚小花蝽，释放 $5\sim7$ 周时可对叶螨达优良的防治效果。拟长毛钝绥螨（*Amblyseius pseudo-longispinosus*）对朱砂叶螨的功能反应曲线属 Holling II 型，对其卵和幼、若螨的控制能力最强，对雌成螨非嗜食。所以田间有一定数量的天敌时，应协调使用杀螨剂或杀虫剂，以保护和利用田间的天敌，减轻叶螨为害。

（六）化学农药

化学农药一直是防治叶螨的主要方式。蔬菜田由于多种害虫与叶螨同时发生，尤其是微型害虫蓟马、粉虱、蚜虫等，使用广谱性杀虫剂时可以兼治叶螨，如阿维菌素、虫螨腈、联苯菊酯、吡虫啉等。而防治蔬菜田的粉虱、蚜虫时，由于烟碱类杀虫剂的优良防效而得到广泛、大量使用。但研究证明，叶螨的大发生与此类杀虫剂（如吡虫啉、啶虫脒等）的广泛使用和亚致死剂量的刺激有密切相关性，是叶螨灾变的重要诱发因素之一。因此，在烟碱类杀虫剂施用的地区要特别注意叶螨种群的控制。另外，对田间二斑叶螨和朱砂叶螨、截形叶螨种群进行抗药性测定发现，二斑叶螨的抗药性倍数显著高于朱砂叶螨或截形叶螨，常用杀螨（虫）剂按照推荐剂量进行田间喷雾对朱砂叶螨和截形叶螨的防治效果优良，而对二斑叶螨则基本无效。如 2013 年北京 4 个田间二斑叶螨种群对阿维菌素均达到极高抗水平，抗性倍数超过 1 000 倍，各种群的抗性基因突变频率达 85% 以上，导致阿维菌素在上述地区防治二斑叶螨彻底失效。因此，田间防治应更重视二斑叶螨的早期预防和控制。二斑叶螨的全基因组 DNA 研究发现，其体内的解毒基因是其他动物的 3 倍之多，含有一个抗药性基因家族的 39 个基因，而昆虫和脊椎动物只有 14 个，这提供了二斑叶螨对众多杀螨（虫）剂产生抗药性、更加难以防治的分子基础。抗阿维菌素的朱砂叶螨种群对高温存在生殖优势和更强的适应能力，因此，化学农药的施用可能会在一定程度上促进了叶螨对高温的适应能力。另外，滥用化学农药杀伤天敌后，也间接导致了田间叶螨的猖獗成灾。

五、防治技术

蔬菜叶螨的防治应遵循"预防为主，综合防治"的原则，根据蔬菜叶螨具有寄主范围广、体型微小、传播快、世代重叠等特性，发生初期不易被发现，防治策略上要做好田间监测、将叶螨种群控制在点片初发阶段，防治方法上应采用农业防治、化学防治和生物防治协调配合运用的综合防治措施。

（一）农业防治

在早春、秋末结合积肥，清洁田园及棚室周边杂草。菜豆、茄子、黄瓜、辣（甜）椒等收获后，及时清除残株败叶，用以沤肥或销毁，可以消灭部分虫源。在天气干旱时，适时适量灌溉，增加田间湿度，配合追施氮、磷、钾肥，促进植株健壮，提高抗螨害能力。棚室夏季休耕时深翻晒土可明显减轻叶螨数量。

（二）培育无螨苗

培育无螨菜苗是蔬菜害螨防治的基础性措施。把苗房和生产田分开，育苗前彻底清除残体、自生苗和杂草，必要时用烟剂熏灭残余虫（螨）口，培育出无螨苗再定植到清洁的生产田中。只要抓住这一关键措施，可明显减轻螨害。

（三）生物防治

在露地茄子害螨发生密度较低时（平均低于 5 头/株），每 10 m² 释放 2～3 袋（每袋 300 头）黄瓜新小绥螨，30 d 后叶螨和茶黄螨的虫口减退率在 90％以上。目前黄瓜新小绥螨在我国已实现商品化生产，在蔬菜田尤其是保护地蔬菜上有扩大应用的前景。巴氏新小绥螨（*Neoseiulus barkeri* Hughes）对叶螨的卵和若螨的捕食能力明显高于对雌成螨的捕食能力。因此，产卵盛期释放巴氏钝绥螨对蔬菜叶螨的控制效果更好。拟长毛钝绥螨和智利小植绥螨（*Phytoseiulus persimilis*）等作为叶螨的专性捕食性天敌，小面积试验已显示出优良的控制效果，有条件的地方可以选择释放。

（四）药剂防治

加强螨情调查，叶螨初发生时呈现出明显的点片发生特点。应及时进行挑治，采取"发现一株打一圈、发现一点打一片"的方法。有螨株率在 5％以上时，应立即进行普遍除治。药剂可选用 10％浏阳霉素乳油 1 000 倍液，或 0.3％印楝素乳油 800～1 000 倍液、1.8％阿维菌素乳油 2 500～3 000 倍液、2.5％联苯菊酯乳油 2 000 倍液、20％甲氰菊酯乳油 2 000 倍液、5％氟虫脲乳油 2 000 倍液、20％哒螨灵可湿性粉剂 3 000 倍液、20％双甲脒乳油 1 500 倍液、73％炔螨特乳油 1 500～3 000 倍液、5％噻螨酮乳油 1 500 倍液、24％螺螨酯悬浮剂 1 500～2 000 倍液、15％哒螨灵乳油 3 000 倍液、10％虫螨腈悬浮剂 2 000 倍液、11％乙螨唑悬浮剂 5 000～7 000 倍液、5％唑螨酯悬浮剂 1 000～2 000 倍液等，防治效果较好。发生量较大时，可选择毒杀成螨的药剂（如阿维菌素）与杀卵药剂（如噻螨酮、螺螨酯、唑螨酯等）混合或者交替施用，防治效果更好。对于二斑叶螨为优势种类且对常规药剂产生抗药性的地区，可选择 43％联苯肼酯悬浮剂 2 000～3 000 倍液，于叶螨为害初期进行叶面喷雾，速效性良好，接触药剂的害螨很快停止取食，于 24～72h 内死亡，持效期可达 14d 左右，推荐使用剂量范围内对作物安全；同时应注意避免单一使用联苯肼酯，提倡与噻螨酮、虫螨腈、乙螨唑、唑螨酯等杀螨剂轮换或结合使用，以延缓产生抗药性。药剂喷雾时注意做到周到细致，对叶片的正反面进行均匀喷施。

王少丽（中国农业科学院蔬菜花卉研究所）

第 127 节　豇豆荚螟

一、分布与危害

豇豆荚螟 [*Maruca vitrata* (Fabricius)，异名：*Maruca testulalis* Geyer] 属鳞翅目草螟科豆荚螟属，俗称豆野螟、豇豆钻心虫、豆卷叶螟和豇豆螟，是全球豆类蔬菜上的一种重要钻蛀性害虫。

豇豆荚螟在我国的分布区北起吉林、内蒙古，南至台湾、海南等地及广东、广西、云南南境，东面临海，西至陕西、宁夏、甘肃、四川、西藏等地。国外朝鲜、日本、越南、老挝、柬埔寨、泰国、缅甸、马来西亚、印度尼西亚、印度、孟加拉国、斯里兰卡、尼泊尔等亚洲国家及非洲、美洲、大洋洲和欧洲等地均有分布。目前，已知豇豆荚螟的寄主植物有 5 科 20 属 39 种，涉及豆科、苏木科、胡麻科、含羞草科和锦葵科。其中，豇豆荚螟对豆科植物为害最严重，尤其是表面少毛的豇豆（*Vigna unguiculata* L.）、菜豆（*Phaseolus vulgaris* L.）、扁豆（*Dolichos lablab* L.）和木豆（*Cajanus cajan* L.）等。

在我国，20 世纪 80 年代前，豇豆荚螟零星发生。20 世纪 80 年代以来，豇豆荚螟逐步从次要害虫上升为主要害虫。随着农业种植结构和产业化结构的调整、耕作制度的变更以及气候变暖等诸多因素的影响，豇豆生产和保护地栽培的发展，该虫的发生呈加重趋势，且发生范围广、面积大、为害重。豇豆荚螟为害豇豆等豆类蔬菜时常造成"十荚九蛀"。2002 年在贵州铜仁地区，一般田块株被害率达 85％以上，花被害率达 50％以上，果荚被害率接近 40％，严重时可达 90％，特别是夏播迟栽豇豆，如不及时防治，基本绝收。目前，豇豆荚螟的防治仍然以化学防治为主，但由于许多生产者对该虫具有钻蛀为害的习性认识不足，常错失防治适期，使得化学农药的喷施并不能收到理想的效果。还有一些种植者为了追求产量，往往通过增加施药次数和用药剂量来进行防治，却造成了豆类蔬菜上农药残留量超标。这不仅使豇豆荚螟产生抗性，而且还杀伤了天敌，削弱了天敌的自然控制作用。同时，蔬菜产品质量安全也得不到保障。

二、形态特征

成虫：体长 10～13mm，翅展 25～28mm。触角丝状，黄褐色，长 10～12mm。体背黄褐或灰褐色，腹面灰白色。前翅黄褐至茶褐色，自内缘向外有大、中、小透明斑各 1 块。后翅近外缘 1/3 面积色泽如同前翅，其余透明，有 3 条淡褐色纵线，前缘近基部有 2 块小褐斑。静止时，前后翅平展。雄成虫尾部有灰黑色毛 1 丛，挤压后见黄白色抱握器 1 对；雌成虫腹部较肥大，近末端圆筒形（彩图 10 - 127 - 1，1）。

卵：扁平，椭圆形，长约 0.6mm，宽约 0.4mm，卵壳表面有近六角形网纹，初产卵白色，渐转为淡黄绿色，后期为橘红色（彩图 10 - 127 - 1，2）。

幼虫：共 5 龄。体色黄绿至粉红色，头部及前胸背板褐色，毛片和斑呈棕褐色，中后胸背板上有黑褐色毛片 6 个，排成 2 列，前排 4 个各生有 2 根细长的刚毛，后排 2 个无刚毛。腹部各节背面有同样毛片 6 个，前排 4 个，后排 2 个，但在毛片上各生有 1 根刚毛。腹足趾钩双序缺环。一至五龄幼虫头壳宽依次为 0.197mm、0.330mm、0.536mm、0.889mm 和 1.471mm，老熟幼虫体长 18mm 左右（彩图 10 - 127 - 1，3）。

蛹：体长 11～13mm，茧长约 18mm，宽约 8mm。蛹室（土茧）长 20～30mm，宽约 10mm。翅芽伸至第四腹节。触角、中足胫节与下颚等长，至第十腹节。中胸气门前方有刚毛 1 根。棘突褐色。臀棘上生 8 根钩刺，末端向内卷曲。早期蛹绿色，复眼浅褐色；中期蛹茶褐色，复眼红褐色；后期蛹黑褐色，在褐色的翅芽上能见到成虫前翅的透明斑（彩图 10 - 127 - 1，4）。

三、生活习性

豇豆荚螟在我国每年发生 3～10 代，由北向南呈逐渐增加趋势。北方发生 3～4 代，华中地区发生 4～5 代，广州至海南沿海一带可终年发生。在武汉，该虫年发生 5～6 代，成虫 5 月下旬始见，以后 1 个月左右发生 1 代，11 月中旬结束，世代重叠现象严重，6～9 月为发生高峰期。

成虫夜间活动，趋光性弱，白天潜伏于隐蔽场所或草丛中，受惊扰后作短距离飞行，飞行速度较快。初羽化成虫需吸食花蜜补充营养。成虫寿命 7～12d。成虫求偶行为均发生在暗期，一生交尾 1～4 次，羽化 3～4d 后开始产卵，交尾后 6～8d 的卵量占总产卵量的 55% 左右，卵散产，平均每雌产卵 84.7 粒，单雌最大产卵量为 412 粒。产卵有很强的选择性，多产在始花至盛花期类型田块内的植株中上部，花蕾、花瓣、苞叶和花托上的产卵量最多，少数产在嫩茎和嫩荚上。初孵幼虫即蛀入花蕾或花器，然后吐丝将其连成虫苞在虫苞内为害，取食幼嫩子房花药，被害花蕾或幼荚不久同幼虫一起掉落，幼虫再次重返植株转移为害，蛀食花或幼荚。三龄以上的幼虫除少部分继续为害花外，大部分蛀荚为害，少数也可吐丝卷叶为害（彩图 10 - 127 - 2）。幼虫老熟后多数离开豆荚，钻入土缝内做土室结茧化蛹，少数在叶背由叶片与脱落的残花缀结在一起结茧化蛹，也有的在植株上或豆架杆内化蛹。

适宜豇豆荚螟生长发育的环境温度为 15～36℃；最适温度为 25～29℃，相对湿度 85%～100%。幼虫的发育起点温度为 9.3℃。在盛发期内各虫态历期分别为：卵历期 2～4d，幼虫历期 6～8d，蛹历期 7～10d。

四、发生规律

（一）气候条件

豇豆荚螟对温度的适应性强，7～31℃ 条件下均能发育，最适温度为 28℃，最适相对湿度为 80%～85%。柯礼道等（1985）总结得到了豇豆荚螟幼虫、蛹的发育历期与日平均温度之间的对数回归方程 $Y_l = 3.582\,5 - 1.776\,6X$ 和 $Y_p = 3.811\,8 - 2.080\,0X$。若是长时间持续阴雨天气，有可能导致豇豆荚螟的大发生，因为：①豇豆荚螟喜高温潮湿的环境；②南方地区第一代、第二代发生期多阴雨天气，不利于早期防治，而增加了夏、秋季节的虫口密度；③限制了天敌的活动，给豇豆荚螟的发生创造了适宜条件。因此，凡是田间湿度增加的因素，包括人工灌溉，搭架浇水等措施都会使豇豆荚螟的发生和为害程度加重。

（二）寄主植物

豇豆荚螟的发生与寄主植物的分布与面积、寄主植物的播种期、种植寄主植物的地域以及寄主植物的品种都有关系。大面积连作无限花期、颗粒大、高产的优质品种都可造成豇豆荚螟的大发生。寄主植物的开花结荚期是否与成虫的产卵期相吻合是影响豇豆荚螟发生程度的重要原因。若成虫产卵期处于豇豆现蕾开花期则受害非常严重。当幼虫的发生期和花期不一致时，低龄幼虫会转而取食叶片，而高龄幼虫则转移到茎秆和荚上为害。一般来说，涝洼地，蛹期遭遇大到暴雨不利于豇豆荚螟成活，发生程度会较轻；反之，高岗地（特别是山地）一般很少积水，发生程度会偏重。豇豆品种也与该虫发生程度有关。如蔓生无限花序的豇豆品种，因开花结荚期比矮生有限花序品种的要长，其上豇豆荚螟的发生比矮生品种的严重。

（三）种植环境

土壤湿度直接影响蛹的存活、羽化和成虫出土，因此豆类作物的种植环境与豇豆荚螟种群的增长也有一定关系。高山、半高山地区的豇豆荚螟种群数量比平坝地区的小，并且随着海拔升高，豇豆荚螟的发生期相应推迟 5～10d。种植于小山丘陵地区的豆类蔬菜，面积小且集中、越冬代或一代豇豆荚螟的虫口基数往往高于滨湖、平原地区，因此，其豇豆荚螟种群数量大大高于这些地区。种植于涝洼地的豆类作物，其豇豆荚螟种群增长速度较慢，因为涝洼地容易积水，不利于蛹的成活；相反，高岗地（特别是山地）由于少积水，蛹的成活率高，其种群增长速度往往较快。

（四）天敌

由于天敌昆虫对豇豆荚螟的自然控制作用，也会影响其发生程度。豇豆荚螟的寄生性天敌有：小花蝽（*Orius minutus* L.）、广屁步甲［*Pheropsophus occipitalis* Maeleay）、黄喙螺蠃［*Rhynchium quinquecinctum* (Fabricius)］、赤眼蜂、非洲姬蜂、安赛寄蝇（*Pseudoperichaeta insidiosa* Robineau-Desvoidy）、菜蛾盘绒茧蜂（*Cotesia vestalis* Haliday）等；捕食性天敌有：螳螂、猎蝽、草间钻头蛛［*Hylyphantes graminicola* (Sundevall)］、七星瓢虫（*Coccinella septempuctata* L.）、龟纹瓢虫［*Propylea japonica* (Thunberg)］、异色瓢虫［*Harmonia axyridis* (Pallas)］、草蛉和蚂蚁等；致病微生物有：真菌、线虫等昆虫病原微生物。凹头小蜂（*Antrocephalus* sp.）是寄生蛹的优势种，同时，微孢子虫（*Nosema* sp.）和苏云金芽孢杆菌可以引起豇豆荚螟幼虫很高的死亡率。

五、防治技术

因豇豆荚螟年发生代数多，盛发期的虫口密度大，而且世代重叠现象严重，加之幼虫的钻蛀性强，给防治带来了一定的困难，因此，找准该虫的防治适期是控制为害的关键。

（一）农业防治

1. 培育和种植抗虫品种 抗豇豆荚螟品种主要体现在拒产卵、末龄幼虫体重下降、蛹期延长、羽化的雌成虫个体较小和生殖力退化等方面。豆荚上的短茸毛及植物化学物质是评价豇豆品种对豇豆荚螟抗性的重要因素。豇豆荚螟在抗性差的豇豆品种上产卵量多，不同品种的花和荚上的幼虫数量存在显著差异，说明不同豇豆品种对豇豆荚螟的抗性有显著差异。大豆种质资源豇豆荚螟抗性鉴定筛选结果表明，中抗比例一般在 30%～40%，高抗、高感所占比例在 5%～10%，抗虫与感虫比例均在 10%～20%，同时红褐（黄褐）荚易被豇豆荚螟蛀食，推测其差异可能源自于内部生化物或控制荚颜色的基因与植物体内某种生化物质含量相关联。因此，要因地制宜地选育高产、优质、抗豇豆荚螟的品种推广、种植。

2. 栽培措施 与豇豆荚螟非嗜食作物间作；适时播种，以错开豇豆盛花期与豇豆荚螟成虫产卵高峰期；调节株、行距，均可减轻豇豆荚螟为害。豆类作物与其他作物间作时受害轻，单作时受害重。减少间作植株间的间距可减轻豇豆荚螟为害。此外，应通过合理地安排茬口，避免与豆类作物连作，尤其注意同一年要避免夏播和秋播豇豆连作，恶化或切断豇豆荚螟的食物来源，控制其种群增长。

3. 加强田间管理 结合施肥、浇水，铲除杂草，清洁田园，以减少成虫的适生环境，收获后及时清地翻耕，并灌水以消灭土表层的蛹，这些措施均可以有效减少下代的虫源基数。

（二）物理防治

1. 灯光诱杀 利用成虫的趋光性，20：00 至翌日 6：00 在豇豆田间放置频振式杀虫灯或黑光灯诱杀成虫，有一定作用。

2. 灌水或机械灭蛹 在螟虫发生高峰期根据豇豆生长发育需要，放水灭蛹能收到一定的效果，但实际生产中通常选择在收获后再进行田间灌水灭蛹，或及时清茬、机耕整地，杀灭、深埋虫蛹。

3. 人工捕捉幼虫 结合田间管理摘除被害花荚，杀灭其中的幼虫并集中处理，以免导致再次为害。

4. 浸种处理 通过种子筛选，剔除带虫的种子，并将籽粒饱满的种子用温水浸泡 4h 后播种，有利于出苗。

5. 使用防虫网 在早春与晚秋保护地豇豆栽培中，通风口设置防虫网，夏秋高温季节撤掉棚室顶膜，采用防虫网全覆盖，对减轻豇豆荚螟为害有明显效果，可以大幅度提高豇豆的产量，有条件的地区可推广应用。

(三) 生物防治

1. 推广性信息素引诱技术　性信息素具有专一性强、微量、成本低、有效期长、无污染、害虫不产生抗性等一系列优点，在豇豆荚螟的预测预报和防治中有很好的应用前景。早在 1982 年就有学者提出可以利用性信息素控制豇豆荚螟。最早在非洲贝宁开展的田间试验表明：利用性信息素制成的诱芯能诱捕到豇豆荚螟成虫。随后，在非洲和印度的田间诱捕试验证实了这一结果。目前，国内利用豇豆荚螟性信息素进行预测预报和防治的工作才刚刚起步，在相关生物学及应用技术研究的基础上，利用雌蛾性腺粗提物进行虫情预测预报以及根据性腺粗提物的田间诱捕结果，指导化学杀虫剂的合理、有效使用。

2. 应用天敌　在豇豆荚螟的天敌中，小花蝽捕食幼虫和卵，步甲和胡蜂捕食幼虫，因此可以发挥小花蝽、步甲和胡蜂等天敌的自然控害作用，在自然寄生率高的田块，保护和助迁天敌，或在被害田块释放人工饲养的天敌。需要注意的是，由于豇豆荚螟的蛹以茧室形式存在且高龄幼虫蛀入荚内为害，所以利用天敌防治的重点应放在卵和低龄幼虫阶段。

3. 其他　除了性诱剂和天敌之外，使用细菌、真菌、病毒、植物源杀虫剂等也是防治豇豆荚螟的措施。利用苏云金芽孢杆菌防治豇豆荚螟，可以取得良好的效果，且减少了污染。同时，还有对豇豆荚螟致病能力强的病毒豆野螟颗粒体病毒 (MtGV)。此外，在植物源杀虫剂方面，柠檬苦素是一种昆虫拒食剂，可明显地阻止豇豆荚螟幼虫的取食。凝集素是一种植物源蛋白杀虫剂，兰科植物二叶凝集素 (LOA) 的杀虫效果可达 60%。研究发现，从飞机草 (茎、叶)、蟛蜞菊 (茎、叶、花) 和马缨丹 (茎、叶) 三种寄主植物的乙醇提取物对豇豆荚螟具有驱避作用。其中，以飞机草效果最好。野豇豆 (*Vigna vexillata*)、狭叶野豌豆 (*Vicia oblongifolia*) 和豇豆 3 种豆荚的乙烷提取物对豇豆荚螟幼虫的体重、化蛹以及成虫的羽化具有显著的抗生性，推测其提取物中具有抗豇豆荚螟的代谢物。

(四) 化学防治

在豇豆荚螟的化学防治过程中，选择合适时期和重点部位是防治成功的关键。药剂防治应采取"治花不治荚"作为防治指标，以卵孵盛期至高峰期，最好是在初孵幼虫发生之前，或豇豆开花盛期作为防治适期，一般应选择 7：00～10：00 豇豆花开放时施药。因豇豆荚螟幼虫白天隐藏于花、荚内为害，药剂防治时药液很难触及虫体。因此，应选用渗透性强、杀卵杀虫效果好的药剂。同时，为确保药剂防治效果，若在用药后短期 (2h) 内下雨，必须在雨水干后及时补喷。此外，因豇豆是连续采收的作物，在进行化学防治的时候，要严格掌握农药的安全间隔期。如上海菜区一般是始花期用一次药，可用拟除虫菊酯类等杀虫剂；盛花期用一次药，只能用多杀菌素和茚虫威等高效低毒杀虫剂。两次用药大约间隔 10d 左右。

可选用 1.8% 阿维菌素乳油 1 000 倍液 (每 667m² 制剂用量 60～80mL，下同)、20% 氰戊菊酯乳油 3 000～3 500 倍液 (667m² 用量 40～50g)、10% 氯氰菊酯乳油 3 500～4 500 倍液 (667m² 用量 25～30g)、2.5% 溴氰菊酯乳油 3 500～4 500 倍液 (667m² 用量 25～30g)、18% 杀虫双水剂 300～400 倍液 (667m² 用量 200g)、100 亿活芽孢/mL 苏云金杆菌悬浮剂 500 倍液 (667m² 用量 200g)、90% 敌百虫可溶粉剂 800～1 000 倍液 (667m² 用量 100g) 等喷雾防治。也可选用 2.5% 多杀菌素悬浮剂 1 000 倍液 (667m² 用量 60～80mL)、150g/L 茚虫威悬浮剂 3 500 倍液 (667m² 用量 10～18mL)、10% 虫螨腈乳油 2 000 倍液 (667m² 用量 34～50mL) 等。

附：虫情预测与趋势分析

1. 发生期与防治适期预测

(1) 赶蛾。每年 6 月中旬起选豇豆田边近水沟的杂草密生处约 20m²，于早上露水未干前赶蛾，每 2d 1 次，点计起飞的豇豆荚螟蛾数，记载蛾始见期和蛾消长。常年赶蛾始见后 15～20d 为田间第二代成虫产卵高峰期，即幼虫蛀花为害发生始盛的防治适期。以后各代用赶蛾法监测发蛾高峰日，加 4～5d 推算防治适期，以指导防治。

(2) 田间虫口密度调查方法。大田虫口密度调查自赶蛾始见后 1 周开始，选豆类作物生育期正处于始花至盛花期的田块，每 3d 调查 1 次落花的虫口密度，在第一代发生期，当累计虫花率达到 3% 时，间隔 5d 即是防治适期。第二至四代发生期一般始花至盛花期，即是防治适期。

(3) 黑光灯诱蛾。由于成虫趋光性较弱，蛾峰不太明显，常常灯下见蛾时田间已进入发蛾盛期，防治适期预报的时间极短，效果也不及赶蛾明显。

2. 发生程度预测主要经验参数

（1）6月中旬前累计蛾量参数。上海地区豇豆荚螟赶蛾量大小是预测发生程度的主要依据，从始见至6月中旬的累计赶蛾量是预报指标中的极重要参数。蛾量高于20头是重发生年份，高于10头时将中等偏重发生，低于5头时将中等偏轻发生。在20W黑光灯下中等偏轻发生年份诱不到蛾，也可以作发生程度预测的辅助参考。

（2）蛾始见期参数。赶蛾始见期在6月上旬，是利于早发、重发的信号。始见期在6月中旬末后，是迟发、轻发的信号。

（3）温度参数。7～8月的月均温度高于27.5℃，9月的月均温度高于25.0℃。有利于发生，秋豇豆被害严重。

（4）湿度参数。梅雨季节入梅早，雨日多，有利于豇豆荚螟早发。7～9月的月降水量在130～150mm，有利于各代豇豆荚螟多发。

（5）豇豆荚螟不同温度下的各虫态历期。不同温度条件下豇豆荚螟的发育进度见附表10-127-1。

附表10-127-1　豇豆荚螟不同温度下各虫态发育历期（引自李惠明，2001）

Supplementary Table 10-127-1　Developmental periods of eggs, larvae and pupae of *Maruca vitrata* at different temperatures (from Li Huiming, 2001)

温度(℃)	卵(d)	幼 虫(d)					蛹(d)	总历期(d)
		一龄	二龄	三龄	四龄	五龄		
19	3.8	3.6	3.6	2.3	2.1	2.6	16.2	34.20
21	3.5	2.8	2.6	1.9	1.8	2.2	13.2	28.00
23	3.2	2.1	2.3	1.7	1.6	2.0	11.2	24.10
25	3.0	1.7	2.1	1.4	1.5	1.8	9.7	21.20
27	2.5	1.4	1.9	1.3	1.3	1.6	8.5	18.50
29	2.0	1.2	1.7	1.2	1.2	1.5	7.6	16.40
31	2.0	1.4	1.5	1.1	1.1	1.5	6.9	15.50

雷朝亮（华中农业大学植物科学技术学院）

第 128 节　豌豆彩潜蝇

一、分布与危害

豌豆彩潜蝇［*Chromatomyia horticola* (Goureau)］，又称豌豆植潜蝇、豌豆潜叶蝇、油菜潜叶蝇，常见异名有 *Phtomyza horticola* Goureau 和 *P. atricornis* Meigen，隶属于双翅目潜蝇科植潜蝇亚科彩潜蝇属。国外分布于非洲的喀麦隆、中非、佛得角、埃及、厄立特里亚、埃塞俄比亚、加蓬、冈比亚、肯尼亚、利比亚、马达加斯加、摩洛哥、卢旺达、塞内加尔、南非、乌干达、津巴布韦；亚洲的印度、印度尼西亚、伊拉克、以色列、日本、韩国、朝鲜、马来西亚、蒙古国、科威特、尼泊尔、菲律宾、斯里兰卡、泰国、越南；欧洲的奥地利、比利时、波黑、保加利亚、克罗地亚、捷克、丹麦、芬兰、法国、德国、匈牙利、意大利、爱尔兰、西班牙、瑞典、立陶宛、马其顿、马耳他、黑山、波兰、荷兰、葡萄牙、俄罗斯、塞尔维亚、瑞士、乌克兰、英国。我国各省份均有分布。

豌豆彩潜蝇为多食性，已知寄主植物有36科268属，主要为害十字花科、豆科、菊科及茄科等蔬菜；大丽花、菊花、鸡冠花等多种花卉；红花、党参、补骨脂等药用植物和蒲公英、鼬瓣花、风花菜、荠菜、葶苈、酸模类、蒿类、车前草等杂草，尤以豌豆和十字花科蔬菜，在春末夏初受害严重。在北京地区，豌豆彩潜蝇主要为害小白菜、莴苣、花椰菜、生菜、水萝卜及正处于苗期的菜豆、豇豆、黄瓜等蔬菜，对豌豆及小白菜、生菜的品质影响最大。在江苏扬州地区，豌豆彩潜蝇的蔬菜寄主有6科、23种（变种），田间嗜食寄主有莴苣、皱叶生菜、豌豆、油菜、花椰菜、茼蒿等。室内进行的7种寄主选择性试验也表明，豌豆彩潜蝇最嗜好莴苣，皱叶生菜次之，豇豆、大白菜、小白菜（青菜）较差，不太喜好瓠瓜和茄子。在浙江杭州，豌豆彩潜蝇对豌豆、油菜为害最为严重，豌豆叶片受害率为 70%～85%，油菜叶片受害率为 46%～67%；还可为害百合科的葱、蒜，毛茛科的毛茛等。在海南，豌豆彩潜蝇主要为害叶菜类蔬菜，在瓜类和茄果类蔬菜上未见其为害。

豌豆彩潜蝇以幼虫在寄主叶片表皮下潜食叶肉组织，受害叶片正反面均出现灰白色迂回曲折的蛇形蛀道，蛀道多是从叶片边缘开始，随着取食，向内盘旋延伸，并逐渐加宽。蛀道内有细小的颗粒状虫粪，蛀道端部可见椭圆形、淡黄白色的蛹。一片叶上经常有多头幼虫蛀食，受害严重的植株，叶片布满蛀道，且互连成片，导致叶片枯萎，受害植株生长不良，严重减产。豌豆荚受害后，表皮出现白色潜道，严重影响商品价值，同时果荚的饱满度也受到影响，从而影响产量。叶菜类受害后，商品价值降低，甚至无法食用。此外，豌豆彩潜蝇成虫也可以为害，雌虫用产卵器刺破寄主叶片产卵，或雌、雄成虫从刺孔处吸食汁液，留下密密麻麻的灰白色小点。取食痕和产卵痕严重影响蔬菜的产量、质量及花卉的观赏价值。

豌豆彩潜蝇常与其他蔬菜潜叶蝇混合发生，但发生时间与其他种类有明显的季节差异。该种较喜低温，在大田整个生长季节中，发生最早，通常是春季蔬菜上潜叶蝇的优势种，秋末发生期最长。

二、形态特征

成虫：雌虫体长 2.3～2.7mm，翅展 6.3～7.0mm；雄虫体长 1.8～2.1mm，翅展 5.2～5.6mm。体青灰色，无光泽，被有稀疏的刚毛。额黄色，额宽约为头宽的 1/2，眶毛 1 行，前倾。复眼椭圆形，红褐色至黑褐色。触角黑色，3 节。中胸背板、小盾片黑灰色，背中鬃 1+3，无中鬃，小盾片后缘有 4 根粗长的小盾鬃。足黑色，仅腿节端部黄褐色。翅长 2.20～2.60mm，前翅前缘脉达 R_{4+5}，M_{1+2} 与 M_{3+4} 脉间无 m-m 横脉（或称第二横脉）。平衡棒黄白色。腹部灰黑色，但各节背板及腹板的后缘为暗黄色。雌虫腹部末端有粗壮而漆黑色的产卵器；雄虫腹部末端有 1 对明显的抱握器。雄外生殖器端阳体骨化程度高，呈 V 形，末端略钩曲（彩图 10-128-1，1）。

卵：长卵圆形，长 0.3～0.33mm，一端有小而突出的卵孔区。颜色灰白而略透明，卵壳薄而柔软，外表光滑，无固定结构。当胚胎发育到后期，透过卵壳可见到幼虫的黑色口器。

幼虫：蛆形，共 3 龄。初孵幼虫乳白色，透明，取食后变为黄白色，前端可见黑色能伸缩的口钩。一龄幼虫体长 0.26～0.34mm，前端较粗钝，后部较细，仅后端有 1 对气门，无前气门，后气门孔突和开口较二龄、三龄幼虫少，头咽骨长度达到身体的 1/3。二龄幼虫体长 1.4～2.1mm，宽 0.55～0.63mm，身体最宽处在后气门所在部位；属两端气门式，前、后 2 对气门均长在突起上，前气门各有 9～10 个排成不整双行的开口，后气门各有 7 个排成圈的开口。三龄幼虫体长 3.2～3.5mm，宽 1.5～2.0mm，前气门成叉状前伸，各有 6～10 个开口，后气门在腹部末端背面，为 1 对明显小突起，后气门突各具 3 个开口（彩图 10-128-1，2）。

蛹：为围蛹，长椭圆形而略扁。长 2.1～2.6mm，宽 0.9～1.2mm。蛹的颜色随着发育而由乳白色变为黄色、黄褐色或黑褐色。前端有 1 对形似叉状的前气门突，每突起上各有 10 个气门开口，环绕在突起上。前气门通常伸出叶面。后气门突不从共同的基部分出，每突起也有 10 个开口环绕在突起上，但并不成全环。雌蛹长度通常为 2.2～2.5mm，而雄蛹可达 2.5mm 以上（彩图 10-128-1，3、4）。

三、生活习性

豌豆彩潜蝇年发生世代数随地区不同而异，从北到南发生代数逐渐增加。在淮河以北以蛹在被害叶片内越冬；长江以南、南岭以北则以蛹越冬为主，也有少数以幼虫和成虫越冬；在华南地区终年可以生长发育，无越冬现象。各地均从早春起虫口数量逐渐上升，春末夏初为害猖獗；随着气温的升高和夏熟寄主的成熟枯老，逐渐以蛹越夏；秋季再继续为害。

在黑龙江佳木斯地区 1 年发生 2～3 代，但主要为害期只有 1 代（6 月），5 月中、下旬始见虫道，为害高峰期在 6 月 10～20 日，幼虫期在 5 月中、下旬至 6 月 15 日，化蛹期在 6 月 5～18 日，成虫期在 6 月 15～25 日，各虫期有重叠现象，1 代生活史 30～35d。

华北地区 1 年发生 4～5 代，世代重叠。3 月先在保护地内为害，后随温度升高，虫量增加，逐渐转入大田为害。一般于春末夏初和秋季形成两个为害高峰，夏季受高温抑制，虫口数量极低。

在河南郑州每年发生 5 代，世代重叠严重。3 月上旬为越冬代成虫和第一代卵盛期，3 月中、下旬为第一代幼虫盛期，田间出现第一个幼虫小高峰，此时虫量相对较少而集中，仅在越冬寄主和蜜源植物上为害，主要为害豌豆和十字花科蔬菜留种株。5 月上、中旬为第二代幼虫盛期，是田间第二个幼虫高峰期，虫量大，寄主植物分散，为害严重，是全年为害最严重的时期。夏季 7～8 月很少见到幼虫为害，部分存活的幼虫以蛹越夏。8 月底以后随着气温下降，成虫数量逐渐增多，9 月中、下旬第四代幼虫形成第三个为害高峰期，其程度次于第二个高峰期。10 月下旬后，第五代幼虫继续发生，数量少。从 11 月开始，幼虫陆续化蛹越冬。

在江苏海门、南京、扬州等地，几种蔬菜潜叶蝇中豌豆彩潜蝇发生最早，早春 3 月即有为害，为害高峰出现在 5 月中、下旬，主要为害油菜和小白菜（青菜）、豌豆、茼蒿等蔬菜，其中，留种茼蒿株害率高达 100%，叶害率也达 90% 左右，豌豆叶害率为 50%～60%。6 月上旬以后，随着温度的升高，虫量急剧下降，6 月下旬进入高温季节后田间很难觅见，秋季气温下降后，数量又有所回升，但发生为害程度较第一个高峰轻。种群季节消长呈马鞍形，属春秋多发型，以春季为主。

在浙江杭州，豌豆彩潜蝇 1 年发生 10～12 代，世代重叠明显。一般在 10 月开始为害小白菜（青菜）、萝卜等蔬菜，12 月豌豆上已有发生，冬季无明显越冬现象，豌豆上的幼虫和蛹仍能发育，以后陆续羽化，3 月随气温升高而盛发。4 月在豌豆上发生量最大，当油菜、小白菜（青菜）开花后迁至油菜、小白菜上为害，以花期最为严重。5 月底以后，由于高温和作物的成熟收获，田间虫量迅速减少，只有少数在阴凉杂草上越夏。到了秋季气温下降，又在秋播蔬菜上为害，但田间虫量不及春季。

江西南昌 1 年发生 12～13 代，福建福州 13～15 代。

豌豆彩潜蝇成虫在晴天 8：00～11：00 羽化最多，活泼，善飞，白天活动、取食、交尾和产卵。在气温 20℃ 左右、晴天和无风条件下最活跃，喜食花蜜和嫩叶汁液作为补充营养，夜间栖息在植株中下部叶片背面。一般在羽化后 36～48h 交尾，交尾多在 8：00～10：00 进行。成虫喜产卵于嫩叶背面边缘的叶肉里，以叶尖处最多，产卵时间以上午和中午最盛。卵散产，单雌产卵量为 45～98 粒。产卵和取食时，雌成虫在叶背叶缘用产卵器刺出刻点，雌、雄虫取食刻点处汁液，或雌成虫将卵产于刻点内，叶片上被取食处呈现圆形白色斑痕，呈点线分布在叶片的边缘，近中部较少，且排列不规则。斑痕上一般有 1 或 2 个刺孔，少数 3 个，取食痕与产卵痕形状相同，但产卵痕仅有 1 个刺孔，取食痕数量是产卵痕的 6 倍左右。成虫寿命一般 7～20d，气温高时 4～10d。卵期 4～5d。幼虫孵化后在叶片表皮下啃食叶肉，形成灰白色弯曲潜道，潜道多由叶片边缘向中部延伸，叶片正反面均有，少数可穿过主脉。幼虫共 3 龄，1 头幼虫的蛀道长为 6.7～15.8cm，宽为 0.1～0.12cm，取食叶面积为 0.8～1.9cm^2。幼虫老熟后一般在叶背潜道末端化蛹，但在毛茛上为害的豌豆彩潜蝇大多数入土化蛹，蛹淡黄白色至浅褐色。在 13～15℃ 条件下，幼虫期 11d，蛹期 15d；在室温 19～24℃ 条件下，幼虫期 5～8d，平均 6d，蛹期 7～11d，平均 9d，成虫在未给食料时可存活 3～6d，平均 4.5d；23～28℃ 下，幼虫期 5.5d，蛹期 6.8d。

四、发生规律

豌豆彩潜蝇一般在低温凉爽的季节发生，黑龙江大庆地区对保护地和露地蔬菜的调查表明，豌豆彩潜蝇在 3～12 月都有发生，但春季和秋季发生较重，其他时期发生相对较轻，主要为害十字花科蔬菜以及豌豆。在北京地区，豌豆彩潜蝇 3 月上旬即有零星发生，其主要发生期为 4 月底至 6 月中、下旬，是这一时期蔬菜潜叶蝇的优势种。5 月中、下旬田间可见明显被害状。发生高峰期为 5 月中旬至 6 月中旬，入夏后数量骤减，7 月至 9 月初用黄卡在田间基本诱不到成虫。9 月中、下旬天气转凉后田间又有少量发生，11 月底至 12 月初进入越冬。在江苏扬州地区，4 月下旬到 5 月是露地蔬菜豌豆彩潜蝇发生为害最为严重的时期。在这段时间，有 20 余种蔬菜受豌豆彩潜蝇为害，其中有 7 种为害程度达到严重级别。夏季随着气温升高，转移到杂草上化蛹越夏，秋随着气温的降低又回到蔬菜上为害，但虫量远不及春季大；冬季由于天气寒冷，露地蔬菜上的豌豆彩潜蝇在留种的莴苣、青菜等蔬菜上化蛹越冬，而在温室大棚内则可继续为害。

（一）气候条件

豌豆彩潜蝇喜欢偏低的温度，成虫发育的适宜温度为 16～18℃，幼虫在略高于 20℃ 时发育最快，在 0℃ 以下，幼虫和蛹仍能发育。在春季随气温逐渐升高雌雄比逐渐加大，由低温时的 1：（5～2.5）逐渐加大至高温时的 1：（0.9～0.3）。生活周期短和雌雄比加大是春季种群上升迅速的主要原因。该虫不耐高温，超过 35℃时，幼虫、蛹的自然死亡率迅速升高，成虫也大量死亡。因此，夏季气温升高，是其种群数量下降的主要原因。

豌豆彩潜蝇属中温型昆虫。在 14～26℃范围内，豌豆彩潜蝇发育速率与温度呈显著正相关，18～26℃内发育速率明显加快，但 28℃以上卵、幼虫、蛹发育速率明显减缓。豌豆彩潜蝇卵发育起点温度较低，为 4.81℃，有效积温为 79.04℃；幼虫发育起点温度为 6.92℃，有效积温为 87.13℃；蛹发育起点温度为 5.01℃，有效积温为 191.20℃，全世代发育起点温度为 4.73℃，有效积温为 357.37℃。

在江苏扬州、南京，豌豆彩潜蝇蛹在露地越冬后，翌年春季羽化率为 27.5%～47.5%。春季蔬菜田的虫源主要来自当地越冬蔬菜上的蛹，其蛹的存活率随着越冬期间温度的降低而降低。

越冬蛹不耐水，冬季如果降水量较大，可以大幅度降低越冬蛹的成活率，减少翌年的虫口基数。

(二) 寄主植物和栽培制度

豌豆彩潜蝇寄主植物很多，但最喜食豆科和十字花科等蔬菜，取食不同寄主各虫态的发育历期差异明显。此外，成虫寿命还与补充营养有关，给以蜂蜜或鲜豆汁时，平均寿命为 15d，若不取食则只能活 3d 左右。所以豆科、十字花科等种植面积大，且连片集中，常严重发生，反之则抑制其种群发展。

扬州地区的调查结果表明，同样是十字花科蔬菜，豌豆彩潜蝇对小白菜、萝卜、花椰菜、油菜的选择性存在明显差异。油菜单位叶面积上的平均虫量达到 0.33 头/cm²，萝卜上为 0.23 头/cm²，而花椰菜上和小白菜上虫量分别只有 0.08 头/cm² 和 0.07 头/cm²。油菜上的虫量从 3 月中旬开始上升，4 月下旬达到最高峰后开始下降。萝卜上在 3 月底有一个小高峰，4 月底 5 月初虫量开始猛增，至采收前一直很高。花椰菜上的虫量始终不高，但在 4 月底有一明显的高峰期。小白菜生育期较短，虫量从 3 月底开始上升，每一茬在采收前都会有一个高峰。而对于菊科蔬菜莴苣、茼蒿、生菜，豌豆彩潜蝇在露地莴苣上只有发生一个高峰，从 4 月初开始一直处于上升趋势，于 4 月 24 日达到高峰，随后即稳步下降，直到 5 月 1 日收获结束。蛹的高峰稍微推后一点，总体趋势与幼虫一致。茼蒿上豌豆彩潜蝇幼虫数量在 5 月出现高峰，且一直居高不下，而蛹的数量始终保持在一定水平，与幼虫数量的消长不同步。这可能因为茼蒿叶片小，幼虫超过一定数量后影响其存活及化蛹。在生菜上，豌豆彩潜蝇幼虫与蛹的发生趋势基本一致；5 月虫量大幅度上升，可能与田间莴苣收获时大量成虫转移有关；6 月因温度上升虫量又迅速下降。

有关蔬菜品种对豌豆彩潜蝇的抗性国外曾有一些报道。印度曾测定了 11 个豌豆品种对豌豆彩潜蝇的抗性差异，发现其中 2 个品种 P-200 和 P-402 为抗性品种，对豌豆彩潜蝇幼虫和蛹的发育有抑制作用，并使成虫寿命、存活率和生殖力降低，同时成虫在其上取食和产卵量也最少。伊朗也发现不同油菜品种对豌豆彩潜蝇抗性有差异，他们还研究了油菜品种、豌豆彩潜蝇与寄生蜂之间的互作关系，指出抗虫品种与天敌昆虫的利用在豌豆彩潜蝇的综合治理中具有十分重要的作用。但目前国内尚未见有关品种抗性的相关报道。

(三) 天敌

目前，国内已报道的豌豆彩潜蝇寄生蜂有：姬小蜂科的豌豆潜蝇姬小蜂 [Diglyphus isaea (Walker)]、白柄潜蝇姬小蜂 (D. albiscapus Erdos) (多寄生)、丽足潜蝇粗脉姬小蜂 [D. pulchripes (Crawford)]、厚脉潜蝇姬小蜂 (D. pachyneurus Graham)、粗脉潜蝇姬小蜂 (D. crassinervis Erdos)、瘦短胸姬小蜂 [Hemiptarsenus unguicellus (Zetterstedt)] (外寄生)、潜蝇短胸姬小蜂 [H. dropion (Walker)]、异角短胸姬小蜂 [H. variconis (Girault)]、橙栉短胸姬小蜂 [H. zilahisebessi (Erdos)]、潜蝇什毛姬小蜂 [Pnigalio katonis (Ishii)]、潜蝇敌奥姬小蜂 (Diaulinopsis arenaria Erdos)、兰克瑟姬小蜂 (Cirrospilus lyncus Walker)、底比斯金绿姬小蜂 [Chrysocharis pentheus (Walker)]、毛角金绿姬小蜂 [C. pubicornis (Zetterstedt)]、美丽新金姬小蜂 [Neochrysocharis formosa (Westwood)]、冈崎新金姬小蜂 (N. okazakii Kamijo)、潜蝇纹翅姬小蜂 [Teleopetrus erxias (Walker)]、潜蝇纹翅姬小蜂 [Closterocerus lyonetiae (Ferriere)]、二线姬小蜂 [Asecodes erxias (Walker)]、海瑟姬小蜂 [Cirrospilus hytomyzae (Ishii)]、金属光泽柄腹姬小蜂 [Pediobius metallicus (Nees)] 等，茧蜂科的黄赤蝇茧蜂 (Opius sp.) 和金小蜂科的圆形赘须金小蜂 [Halticoptera circulus (Walker)]、底诺金小蜂 [Thinodytes cyzicus (Walker)]、斯夫金小蜂 (Sphegigaster sp.)、灿金小蜂 (Trichomalopsis sp.) 等。其中，在许多地区，豌豆潜蝇姬小蜂是豌豆彩潜蝇优势寄生蜂。

在自然条件下，天敌对豌豆彩潜蝇种群数量具有重要的控制作用。如在福州，3 月初小蜂对豌豆彩潜蝇蛹的寄生率为 14.5%，4 月初 48.4%，以后寄生率还有所提高。据调查，浙江省豌豆彩潜蝇幼虫寄生蜂有：豌豆潜蝇姬小蜂、潜蝇纹翅姬小蜂、潜蝇什毛姬小蜂、敌奥姬小蜂、啮小蜂（*Tetrastichus* sp.）、卡丽金小蜂（*Callitura* sp.）；幼虫—蛹跨期寄生蜂有：潜蝇茧蜂（*Opius* sp.）、底比斯金绿姬小蜂、赘须金小蜂（*Halticoptera* sp.），其优势种是底比斯金绿姬小蜂、豌豆潜蝇姬小蜂和潜蝇茧蜂，3 种寄生蜂占总量的 80% 以上。但不同作物上的寄生蜂优势种差异较大，其中，豌豆、油菜上以底比斯金绿姬小蜂和豌豆潜蝇姬小蜂最多，而二月兰上以底比斯金绿姬小蜂和潜蝇茧蜂较多。寄生蜂的总寄生率为 13%～97%，在作物生长后期寄生率达 60% 以上，对豌豆彩潜蝇有明显的控制作用。因此，豌豆彩潜蝇夏季数量骤减除了高温的作用外，天敌的寄生也是重要原因之一。

五、防治技术

根据豌豆彩潜蝇的发生为害特点，结合对其他蔬菜潜叶蝇的防治，将化学防治与农业防治、生物防治及物理防治有机结合，充分利用各种措施，达到经济有效地控制豌豆彩潜蝇的目的。

（一）农业防治

由于豌豆彩潜蝇卵至蛹期均在寄主叶片内度过，蔬菜收获后注意清洁田园，及时处理残株余叶，铲除地边、道边等杂草，集中深埋、沤肥或烧毁，可以消灭大量残虫，减少虫源；在保护地，利用蔬菜换茬的间隔期，高温闷棚，消灭虫源，减少保护地潜叶蝇外迁。合理布局，把豌豆彩潜蝇嗜食作物与非嗜食作物进行套种或轮作，适当疏植，增加田间通透性，以达到控制该虫的目的。

（二）化学防治

防治适期掌握在一、二龄幼虫期，群体叶害率在 5%～8% 时进行叶面喷雾防治，应注意选择低毒、低残留、与环境相容性好的药剂。可首选生物杀虫剂 2% 甲氨基阿维菌素苯甲酸盐乳油 4 000 倍液。1.8% 阿维菌素乳油 2 500～3 000 倍液、5% 氟啶脲乳油 1 500 倍液、10% 吡虫啉可湿性粉剂 4 000 倍液、40% 阿维·敌畏乳油 1 000～1 500 倍液、2.4% 阿维·高氯可湿性粉剂 1 500 倍液、20% 灭蝇胺可溶粉剂 1 000 倍液、10% 氯氰菊酯乳油 2 000～3 000 倍液、20% 阿维·杀虫单乳油 1 500 倍液等，也有较好的防治效果。

（三）天敌保护与利用

各地调查结果均表明，豌豆彩潜蝇的寄生性昆虫种类丰富，以姬小蜂科、金小蜂科和茧蜂科寄生蜂为主，既有幼虫寄生蜂，也有幼虫—蛹跨期寄生蜂，种群数量较大，寄生率较高，特别是在作物生长后期气温较高时，寄生率常达 60% 以上。应注意保护和充分利用天敌的自然控制作用，如果害虫种群数量过大，可辅之以少量的对天敌杀伤力较小的生物农药进行防治，以确保豌豆彩潜蝇的可持续治理。

（四）物理防治

豌豆彩潜蝇成虫有趋黄性，在成虫盛发期可用黄板诱杀。黄板悬挂高度为作物生长点上方 20cm，可收到很好的效果，特别是早春在大棚内，能起到一定的控制作用。另外，在发生高峰阶段，结合其他害虫的防治，使用 30 筛目的防虫网覆盖，防虫效果可达到 90% 以上，尤其银灰色网防虫效果更佳。

王音（中国农业科学院植物保护研究所）

第 129 节　小　菜　蛾

一、分布与危害

小菜蛾 [*Plutella xylostella* (Linnaeus)] 属鳞翅目菜蛾科菜蛾属，幼虫俗称小青虫、两头尖、吊丝虫。原拉丁名为 *Tinea xylostella*，后由 Bradley 于 1966 年归入 *Plutella* 属，异名为 *Plutella maculipennis* (Curtis)。小菜蛾源自地中海地区，后随着十字花科植物而遍布世界各地，在 128 个国家和地区有发生记录，被认为是鳞翅目中分布最广的昆虫，中国各省份菜区均有分布。

小菜蛾为寡食性害虫，主要寄主为十字花科蔬菜和野生的十字花科植物，主要为害结球甘蓝、芥蓝、花椰菜、青花菜、大白菜、油菜、萝卜和各种青菜等。早期的文献中称小菜蛾亦可取食苋科的绿苋、锦葵科的秋葵，以及洋葱、水仙花、豆瓣菜、紫罗兰等，但相关研究报道较少。Löhr 于 1999 年在肯尼亚中部的纳瓦莎（Naivasha），发现小菜蛾能够取食当地的一种豌豆（*Pisum sativum* L.）并造成严重危害，进而研究了小菜蛾寄主转移后的一些生物学特性和与天敌的互作关系等。通过室内对比试验发现，豌豆品系小菜蛾（DBM - P）在豌豆和羽衣甘蓝上生长得都很好，而十字花科品系小菜蛾（DBM - C）在豌豆上的存活率仅为 2.4%；在豌豆上 DBM - C 幼虫发育缓慢，比在羽衣甘蓝上发育时间长 5d；取食豌豆的 DBM - C 蛹重为 3.8mg，而 DBM - P 为 4.6mg，在羽衣甘蓝上两个品系的蛹重分别为 5.7mg（DBM - C）和 5.3mg（DBM - P）；两品系小菜蛾成虫正交和反交均可产生可育后代。当地最优势寄生蜂——薯块茎蛾弯尾姬蜂（*Diadegma mollipla*）更偏好寄生豌豆品系小菜蛾。

　　小菜蛾幼虫为害植物后的典型症状是在菜叶上形成透明斑，称为"开天窗"，大龄幼虫可将菜叶食成孔洞和缺刻，严重时全叶被吃成网状。苗期小菜蛾常集中为害心叶，取食生长点，影响包心，在留种菜上为害嫩茎、幼荚和籽粒，影响结实等。在 20 世纪 30 年代前，小菜蛾是十字花科蔬菜上的次要害虫，40年代后随着广谱性杀虫剂的推广应用，小菜蛾为害日益严重，在很多国家和地区上升为主要害虫。小菜蛾为害较轻年份蔬菜的减产损失为 10%～20%，一般为 30%～50%，严重时可达 90% 以上，甚至绝收。目前，小菜蛾已成为世界上最难防治的害虫之一。中国（台湾）最早记录小菜蛾是 1910 年，专题研究始于1942 年。小菜蛾在很长一段时间内也是我国蔬菜的次要害虫。20 世纪 70 年代以来，随着化学农药的频繁使用、杀伤天敌和小菜蛾抗药性的发展，小菜蛾发生数量逐渐增加，为害程度加剧，成为我国十字花科蔬菜上的主要害虫，并持续在南方如广东、海南、福建、云南、湖北等地严重发生，成为影响十字花科蔬菜生产的主要因素。其发生为害所导致的经济损失，与国外的情况相似。随着北方种植业结构的调整，十字花科蔬菜和油菜种植面积增加，给小菜蛾提供了丰富食料；保护地栽培迅速发展为小菜蛾提供了安全的越冬场所，使其可周年发生，导致小菜蛾为害呈明显加重的趋势。

二、形态特征

　　小菜蛾属完全变态，有成虫、卵、幼虫和蛹 4 个虫态。

　　成虫：为灰褐色小蛾，体长 6～7mm，翅展 12～15mm，前后翅细长，缘毛很长，翘起如鸡尾；前翅前半部有灰褐色，中间有一条黑色波状纹；后翅灰白色，前翅后缘有黄白色三度曲折的波浪纹，两翅合拢时呈 3 个连续的菱形斑纹；停息时，两翅覆盖于体背呈屋脊状。触角丝状，褐色有白纹，静止时向前伸。雌蛾较肥大，灰黄色，菱形斑纹不明显，腹部末端圆筒状；雄蛾体略小，菱形斑纹明显，腹末圆锥形，抱握器微张开（彩图 10 - 129 - 1，1）。

　　卵：扁平，椭圆形，长约 0.5mm，宽约 0.3mm。初产时乳白色，后变淡黄，具光泽，卵壳表面光滑。

　　幼虫：共 4 龄，每龄初期均以头部为最宽，随着成长，体形渐变纺锤形。一龄幼虫深褐色，后变绿色，偶见浅黄色和红色；一龄头壳宽约 0.157mm，每次蜕皮后宽度为原来的 1.57 倍。末龄幼虫体长 10～12mm，体上生稀疏的长而黑的刚毛；头部黄褐色，前胸背板有深褐色斑点构成的两个 U 形纹。幼虫体节明显，两头尖细，腹部第四、五节膨大，整个虫体呈纺锤形，并且臀足向后伸长。腹足趾钩单序缺环。幼虫活跃，遇惊扰即扭动、倒退或吐丝翻滚落下。幼虫体色多变，有绿、黄、褐、粉红等，通常初为淡绿色，渐呈淡黄绿色，最后变为灰褐色（彩图 10 - 129 - 1，2）。

　　蛹：长 5～8mm，体色有纯绿、灰褐、淡黄绿、粉红和黄白等变化。近羽化时，复眼变深，背面出现褐色纵纹，中胸气门成三角形突起，腹部气门成管状突起，无臀棘，肛门附近有钩刺 3 对，腹末有小钩 4对。茧纺锤形，灰白色，纱网状，可透见蛹体；通常附着于菜叶背面或茎部。

三、生活习性

　　小菜蛾 1 年发生的世代数因地而异，从南向北递减。东北地区最少，年发生 2～3 代，华北地区 4～6代，湖南 9～12 代，浙江 9～14 代，云南 10～12 代，台湾 18～19 代，华南地区广东和海南可超过 20 代，由于雌虫产卵期接近或长于下代未成熟阶段的发育历期，所以世代重叠严重。我国长江流域及其以南地区终年可见各虫态，无越冬现象。在温带寒冷及高寒地区，小菜蛾能否在露地越冬一直存在争议，目前尚无定论。即使在同一地区的越冬试验，不同研究者的结果也不相同。例如，Harcourt 在加拿大安大略省的田间调查和田间罩笼饲养试验显示，小菜蛾在当地无法越冬；Butts 的田间罩笼试验，虽然观察到小菜蛾各虫态无法在冬季存活，但坚持认为小菜蛾能在当地越冬。我国的研究认为，小菜蛾在东北地区不能顺利越冬，湖北武汉至河南驻马店区域为小菜蛾的越冬北限。但是在北京郊区，有的年份早春能够在植物残株上观察到存活的小菜蛾蛹。

小菜蛾在各地的发生规律有明显差异。其始发期从南至北逐渐向后推移，海南地区出现虫口高峰最早（2～3 月），东北地区最迟（6～7 月）。每年不同区域有 1～2 个发生高峰，南方一般在 9～10 月发生数量最多，北方以春季为主，4～6 月为害严重。广东地区小菜蛾周年发生，每年可完成 20 代左右，全年有春秋两个高峰期（连作田），发生高峰期出现在 3～4 月和 8～9 月。在浙江等华东地区，小菜蛾可周年发生，主要发生在 5～6 月和 11～12 月，春季和秋季高峰不同年度间有差异。小菜蛾在湖南 1 年发生 9～12 代，终年可见各虫态，世代重叠严重。不论是平原地区还是丘陵区菜田，小菜蛾年度消长规律均呈双峰型，虫口高峰期分别为 4 月中、下旬到 6 月中、下旬和 10 月中、下旬到 11 月中、下旬，丘陵区种群数量少于平原地区。小菜蛾成虫在哈尔滨地区 5 月中旬开始出现，6 月上旬至 8 月上旬为成虫盛发期，高峰期在 6 月末，8 月中旬后小菜蛾虫量显著下降。

在海南地区，小菜蛾主要发生为害期在每年 10 月至翌年 4 月，5～9 月虽有发生，但种群数量较少，一般不造成危害。全年呈现两个发生为害盛期，分别出现在 11 月中旬至 12 月中、下旬，翌年 3 月中、下旬至 4 月中旬。一般每年从 9 月下旬开始普遍发生，10 月中旬开始种群数量快速增长，11 月中旬至 12 月上旬达到高峰；12 月中、下旬至翌年 2 月初，小菜蛾种群数量仍保持在较低水平，直至 2 月下旬至 3 月中旬，其数量开始上升，于 3 月下旬至 4 月中旬重新达到高峰，之后种群数量迅速下降，至 5 月中、下旬降至较低水平，并持续整个夏秋季。

在云南地区，小菜蛾在各蔬菜产区可全年发生，发生为害程度为滇南＞滇中＞滇西南＞滇东北，以玉溪市通海县、昆明市、大理州弥渡县和曲靖陆良县发生尤其严重。①滇中、滇南（昆明、玉溪）年发生约 20 代，全年有 2 个发生为害盛期，春季（3～5 月）重于秋季（8～11 月）。②滇西南（大理、临沧等市县）年发生 10～12 代，周年发生，有 2 个高峰期，第一高峰期在 3～6 月，甘蓝上虫量在 1 500 头/百株以上，7～8 月幼虫数量和为害均有下降，9～10 月出现第二个高峰期，甘蓝上虫量 1 200 头/百株，进入 11 月幼虫数量明显下降、为害减弱。临沧发生期较大理提前 1 个月左右，但以大理弥渡县发生更为严重，2009 年 3 月下旬百株虫量高达 5 600 头。③滇东北（昭通市）小菜蛾夏季发生为害重于春秋两季，同时夏季幼虫量和卵量明显高于秋季，这与其他菜区明显不同。

华北地区春季小菜蛾成虫最早出现在 3 月中旬，田间杂草萌芽，露地十字花科蔬菜尚未种植。小菜蛾先潜伏在十字花科杂草上，然后迁入种植作物上为害。一般 10d 左右小菜蛾成虫出现突增，5 月 10 日左右达到第一个蛾峰，通常是全年的最高蛾峰。6 月、7 月春茬蔬菜收获后又继续在十字花科杂草上越夏，可查到成虫、卵、幼虫和蛹各个虫态。秋茬蔬菜种植后随即迁入作物上为害，形成秋季发生高峰。如果春季出现低温、夏季降雨多等极端天气，小菜蛾的始发期和春季蛾峰一般延后 7～10d（个别地区并不延后），虫量比常年明显减少 2～4 倍，8 月后虫量急剧下降，秋季小菜蛾发生很轻，秋峰不明显。

小菜蛾成虫昼伏夜出，白天隐藏于植株隐蔽处或杂草丛中，日落后开始取食、交尾、产卵等活动，又以午夜前后活动最盛。羽化后当天即可交尾，求偶时雌蛾腹部末端腺体释放性信息素，其主要成分为（Z）- 11 - 十六碳烯乙酸酯和（Z）- 11 - 十六碳烯醛。雌、雄虫均可多次交尾，雌虫的产卵前期仅几小时，长则 1d，多数在当天即达产卵高峰。产卵量与补充营养和温度有关，平均每雌产卵 250 粒，最高可达 600 粒。卵一般散产，偶见 3～5 粒成堆，多产于叶背叶脉凹陷处。未经交尾的雌虫能产不育卵，但产卵前期为交尾雌虫的 3 倍以上。雄虫增多会干扰雌虫正常产卵。雌虫的平均寿命长于雄虫，适温下，雌虫平均寿命为 11～15d，雄虫 6～10d，越冬成虫寿命长达 30d 以上。成虫有趋光性，灯下性比约为 1：1.4，自然雌、雄性比在不同地区和不同季节有差异。秋季雌、雄性比高于春季，如通海地区小菜蛾春秋两季的雌、雄性比为 0.44 和 1.28；昆明地区则为 0.40 和 0.89；射洪地区为 0.74 和 1.10。成虫适应性很强，在 10～35℃ 范围内都可生长繁殖。成虫的飞翔能力不强，可在田间进行短距离的株间飞行扩散，但可借风力作远距离迁飞，在强风作用下每天可飞行 1 000km 以上。在温度普遍偏低的环境下生长的小菜蛾个体较大，前翅较长，寿命较长，适于远距离飞行。目前关于小菜蛾是否能够进行主动的远距离迁飞尚无定论，有关小菜蛾迁飞与越冬的一些问题有待进一步研究。

小菜蛾卵期 3～11d，昼夜均能孵化。初孵幼虫不管食料组织的厚薄和温、湿度条件的变化，一般 4～

8h 即钻入叶片的上下表皮之间啃食叶肉或叶柄，在叶片内蛀食成小隧道，多数在一龄末，少数在二龄初才从潜入口退出，也有的个体多次潜叶。二龄后不再潜叶，多数在叶背为害，取食下表皮和叶肉，仅留上表皮呈透明的斑点，俗称"开天窗"（彩图 10 - 129 - 2）。四龄幼虫蚕食叶片呈孔洞和缺刻，严重时将叶的上下表皮食尽，仅留叶脉。幼虫对食料质量要求极低，在黄叶残株上都能完成发育。幼虫昼夜均能取食，一般不转株为害。幼虫受惊扰后剧烈扭动，倒退或吐丝下垂。幼虫老熟后，在被害叶片背面或老叶上吐丝结网化蛹，也可在叶柄腋及杂草上作茧化蛹。小菜蛾的抗寒能力强，各虫态抗寒能力：蛹＞成虫＞幼虫，幼虫和蛹的高温临界温度为 36℃。

表 10 - 129 - 1　小菜蛾的过冷却点和结冰点（引自熊立钢等，2010）

Table 10 - 129 - 1　Supercooling point and freezing point of *Plutella xylostella*

(from Xiong Ligang et al.，2010)

不同虫态	过冷却点（℃）	结冰点（℃）
一龄幼虫	−16.56±0.91	−13.08±0.79
二龄幼虫	−15.68±0.80	−11.81±0.73
三龄幼虫	−14.15±0.72	−10.42±0.80
四龄幼虫	−8.50±0.50	−3.63±0.35
蛹	−20.12±0.47	−16.76±0.55
成虫	−16.56±0.95	−13.60±0.95

四、发生规律

（一）寄主植物

小菜蛾几乎仅取食十字花科植物，这与十字花科植物中普遍存在的次生物质硫代葡萄糖苷有关。在植物体内黑芥子酶作用下，硫代葡萄糖苷水解生成具有挥发性的异硫氰酸酯类化合物（芥子油），芥子油是引诱小菜蛾产卵的信息化合物。小菜蛾对十字花科蔬菜的产卵选择性与各种蔬菜中硫代葡萄糖苷的含量有一定关系，小菜蛾在菜心、芥菜上产卵最多，在白菜、萝卜上次之，芥蓝、花椰菜上的卵量最少，菜心中硫代葡萄糖苷的含量是最高的。但是，小菜蛾对寄主植物产卵的选择性与硫代葡萄糖苷的含量相关性并不显著，例如芥蓝中的硫代葡萄糖苷含量也较高，而着卵量较少。因此，小菜蛾的产卵选择性除与硫代葡萄糖苷有关外，还与被接触物的表面状况有关，有些十字花科植物中除含有产卵引诱性物质以外，还含有驱避性物质，引诱性物质和驱避性物质都影响小菜蛾的产卵选择。另外，小菜蛾产卵还与视觉有关。小菜蛾幼虫对寄主植物的偏好性也不同，明显喜好甘蓝型蔬菜。在甘蓝型蔬菜上，小菜蛾幼虫的发育历期短，蛹重较高，雌虫产卵量也大。小菜蛾成虫对寄主的选择性与幼虫对寄主的偏好无相关性。例如一种介于拟南芥甘蓝型油菜之间的欧洲山芥（*Barbarea vulgaris*）G2 型，能够强烈吸引小菜蛾产卵，但又对小菜蛾幼虫具有较强的致死作用。现已知其对小菜蛾起致死作用的代谢物成分为三萜烯皂苷（常春藤皂苷、齐墩果酸皂苷、丝石竹皂苷及 4 - epi -常春藤皂苷）。欧洲山芥的这种特性，使其作为诱杀植物用于防治小菜蛾具有很大潜力。

小菜蛾的寄主范围主要局限于含芥子油和硫代葡萄糖苷的十字花科植物，对不同的十字花科植物的选择性也存在显著差异。因此，可通过作物的合理布局来控制小菜蛾的种群数量。应避免十字花科蔬菜的大片连作，在考虑耕作和施药方便及经济效益的基础上，适当间作一些其他作物，可对害虫起到物理屏障作用。十字花科植物中的有些化合物，如含硫的芥子油苷及其代谢产物和丙烯基芥子油等，能够刺激小菜蛾产卵，若种植经济价值不高但能显著吸引小菜蛾的诱虫植物，如芥菜等，也可能使商品作物免受虫害。通过切断害虫食物链的方法防治小菜蛾，也可以收到良好的防治效果。例如我国广东省南部的宝安、惠阳、东莞等供港菜区，20 世纪 80～90 年代十字花科蔬菜的种植面积约占 90％，周年种植，小菜蛾为害猖獗。2005 年以来，有的大菜场采用夏季休耕、晒田、与水稻轮作，高温季节田间不种植十字花科作物等农业措施，切断了小菜蛾的食物来源，小菜蛾的种群数量显著下降，也压低了小菜蛾的秋季高峰。

虽然小菜蛾主要在十字花科植物上取食产卵，但是在肯尼亚发现小菜蛾能够在豌豆上生存且造成严重危害，国内也发现了小菜蛾雌虫在非寄主植物的豆苗上锻炼后也可以产卵；肯尼亚当地甘蓝种群小菜蛾即使不经过在豌豆苗上的适应锻炼也能产下 33.7％ 的卵，而国内的种群产卵量仅为 1.5％，经过锻炼后产卵量也仅上升到 20％。肯尼亚地区小菜蛾的寄主范围扩大到豌豆植物，当地的甘蓝种群小菜蛾也具有与其他区域小菜蛾明显的差异，小菜蛾这种区域性差异对研究其寄主选择机理、种下分类等问题具有重要意义。

（二）气候条件

小菜蛾对温度的适应性强，各虫态在 10～35℃ 范围内均可发育生长，最适发育温度为 20～26℃。春秋季节气候适宜，小菜蛾发生重。在 12～30℃ 的范围内，卵的孵化率都能达到 90％ 以上，温度为 33℃，孵化率下降为 68％ 左右，而在 35℃ 条件下，不能孵化。在 8～30℃ 范围内，小菜蛾的存活率随温度升高而增高，但温度超过 30℃ 后，存活率显著下降，35℃ 时急剧下降，种群趋势指数降为 0。不同地理种群的小菜蛾发育起点温度存在差异，可能存在不同的生态型。江苏扬州地区小菜蛾卵、幼虫、蛹的发育起点温度依次为 13.7℃、7.4℃ 和 7.7℃，有效积温分别为 30.22℃、173.00℃、72.10℃；吉林公主岭地区小菜蛾卵、幼虫、蛹的发育起点温度依次为 14.55℃、8.29℃ 和 9.85℃，有效积温分别为 32.99℃、171.29℃、66.16℃；昆明地区小菜蛾卵、一至四龄幼虫和蛹的发育起点温度依次为 11.1℃、9.1℃、13.0℃、11.1℃、8.4℃ 和 11.5℃，有效积温分别为 38.3℃、45.5℃、41.4℃、60.5℃、121.8℃ 和 50.7℃。一般温度越低，小菜蛾成虫的产卵期越长，20～25℃ 成虫产卵量最高，超过 29℃，卵量明显减少，高温（33℃）和低温（8℃）致部分成虫不能产卵，35℃ 高温下，成虫不产卵。因此，夏季高温是制约小菜蛾种群数量的关键因子。旬平均气温在 18～25℃ 时，适宜小菜蛾生长发育，田间发生量大，旬平均气温超过 27℃ 时，小菜蛾发生受到抑制，田间发生量小。在北方地区，春季低温对小菜蛾全年的发生有显著影响，表现在始发期延后、种群数量少等。例如，2010 年河北张家口早春气温比历年偏低，坝上地区 3 月平均气温比 2009 年低 2.7℃，4 月平均气温比 2009 年低 5.9℃，常有雨雪天气出现，平均气温波动在 -8～8℃，而且 3～4 月降水量比历年偏高。坝下地区 3 月 8 日、14 日降中到大雪，4 月 26 日雨夹雪、温度出现 -3℃ 的异常天气情况。2009 年和 2010 年度小菜蛾的发生动态有很大差异。坝下地区 2009 年小菜蛾成虫最早出现在 3 月中旬，而 2010 年最早出现在 4 月 8 日；坝上地区 2009 年最早出现在 4 月 1 日，而 2010 年最早出现在 4 月 21 日。张家口地区 2010 年田间小菜蛾成虫发生比历年晚 15d 左右，而且种群数量上升较慢。

相对湿度对小菜蛾生长发育影响不大，但降雨对田间小菜蛾种群增长有抑制作用。雨水可冲落寄主植物叶片表面小菜蛾的卵、幼虫和部分蛹，强降雨对成虫有致死作用。降雨亦影响小菜蛾成虫飞翔、交尾、产卵等行为，从而降低田间虫口密度。另外，阴雨天气导致田间湿度大，有利于白僵菌等病原真菌的传播蔓延，导致幼虫死亡，降低虫口密度。据南京调查，旬降水量达 50mm 以上，对小菜蛾的发生有一定抑制作用，旬雨量 90mm 以上有明显的抑制作用，如连续 4 旬降水量均在 50mm 以上，可有效抑制小菜蛾的发生。在海口市 2009 年 3 月下旬降水量 121mm，小菜蛾田间幼虫发生量降雨前为 56 头/百株，而雨后 3d 骤降至 2.8 头/百株，4 月上、中旬降水量为 50mm 和 134mm，随着雨季的到来，小菜蛾田间发生量长时期维持在较低水平。北方地区连续的阴雨天气，可能导致小菜蛾秋季为害高峰不明显或者秋季不造成危害。

（三）天敌

小菜蛾的天敌种类很多，包括寄生性天敌和捕食性天敌等。全世界已知小菜蛾的寄生蜂 126 种，其中卵寄生蜂主要属于赤眼蜂属（*Trichogramma*），但由于小菜蛾的卵散产，卵寄生蜂飞翔能力弱，致使卵寄生蜂的利用受到一定限制。小菜蛾幼虫寄生蜂至少有 81 种，是最具优势和有效的天敌。其中，小菜蛾弯尾姬蜂（*Diadegma semiclausum* Hellén）和菜蛾绒茧蜂（*Cotesia vestalis*）等为优势种。小菜蛾弯尾姬蜂广泛分布于欧洲，被认为是欧洲大陆持续控制小菜蛾的优势寄生蜂。1940 年澳大利亚、新西兰等国引入小菜蛾弯尾姬蜂、岛弯尾姬蜂（*D. insulare*）等多种寄生蜂，1943 年小菜蛾弯尾姬蜂在引入地成功定殖，小菜蛾为害受到有效的抑制，成为小菜蛾天敌昆虫引进利用及生物防治最早成功的例子。我国于 1997 年从台湾引小菜蛾弯尾姬蜂入云南，1 年后在释放地成功定殖，田间种群自然寄生率可达 74.7％，对小菜蛾的自然控制作用超过当地两种优势寄生蜂。菜蛾绒茧蜂是分布更为广泛的小菜蛾幼虫优势寄生蜂，主要寄生二、三龄幼虫。作为菲律宾的当地优势寄生蜂种，配合苏云金芽孢杆菌制剂使用，有效地控制了小菜蛾为害。菜蛾奥啮小蜂（*Oomyzus sokolowskii*）是广泛分布的小菜蛾幼虫—蛹的优势寄生蜂，源于加勒比海群岛，我国也有分布，在释放区自然寄生率可达 60％～70％。小菜蛾蛹期寄生蜂至少有 23 种，颈双缘姬蜂（*Diadromus collaris*）为优势种。

小菜蛾的捕食性天敌种类较多，包括瓢虫、隐翅虫、椿象、步甲、蜘蛛和鸟类等，其中以蜘蛛的种类最多，其次为瓢虫和隐翅虫。在蜘蛛种类中草间钻头蛛 [*Hylyphantes graminicola* (Sundvall)]、食虫沟瘤蛛 [*Ummeliata insecticeps* (Boes. et Str.)]、八斑鞘腹蛛 (*Coleosoma octomaculatum* Boes. et Str.) 和三突花蛛 [*Misumenops tricupidatus* (Fabricius)] 最为常见。草间钻头蛛和食虫沟瘤蛛春季数量多，八斑鞘腹蛛和三突花蛛秋季发生较多。但由于蔬菜生产周期短，复种指数高，大多数捕食性天敌难以建立种群。

能够侵染小菜蛾的病原微生物较多，在室内饲养过程中小菜蛾常受到病毒、真菌、细菌、线虫和微孢子虫等侵染，有时严重影响种群的继代繁殖。病原微生物对小菜蛾田间种群的控制作用与温度和相对湿度有关，空气相对湿度大有利于病原微生物对小菜蛾的侵染。

目前尚无有关不同体色小菜蛾差异的报道，据对河北张家口地区田间不同体色小菜蛾的观察，似乎红色或褐色小菜蛾的自然抵抗力强于常见的绿色个体，受病原菌的侵染率和寄生蜂的寄生率也较低。

(四) 化学农药

国内外的实际情况表明，20 世纪 40 年代后期以来随着广谱性杀虫剂的推广应用，导致小菜蛾为害逐年加重，上升为世界性的十字花科蔬菜的主要害虫。其主要原因是，小菜蛾的适应性强，对杀虫剂很容易产生抗药性，杀虫剂的频繁使用，导致小菜蛾种群内大量的抗性个体被筛选出来，并遗传给后代。目前，小菜蛾也是抗药性最强的蔬菜害虫之一，其产生抗性速度快、抗性水平高、抗性谱广，成为最难防治的害虫之一。自 1953 年 Ankersmit 首次报道小菜蛾对滴滴涕产生抗性以来，小菜蛾已对至少 50 多种杀虫剂产生了不同程度的抗药性，几乎涉及所有的防治药剂，其中对某些菊酯类药剂的抗性水平超过万倍。2008—2009 年度，公益性行业（农业）科研专项"小菜蛾可持续防控技术研究与示范"项目组，对我国华南、华中、华东、华北及西南 5 个十字花科蔬菜主产区，设置 34 个小菜蛾抗性监测点，采用统一的抗性检测方法，监测了小菜蛾对高效氯氰菊酯、阿维菌素、多杀菌素、氟虫腈、茚虫威、氟啶脲、丁醚脲、虫酰肼、虫螨腈、杀螟丹和苏云金芽孢杆菌制剂 11 种代表性杀虫剂的抗性。结果表明，全国各菜区的小菜蛾都有较强的抗药性，不同药剂在全国的抗药性水平有很大差异，在华南、西南和华东十字花科蔬菜主产区抗性水平相对较高，其中海南儋州的小菜蛾抗性水平最高，其次是云南通海、广东广州和东升供港菜场、江西信封、海南三亚、广东惠州、云南弥渡等地区的小菜蛾抗性水平极高，部分药剂在华中和华北呈现抗性上升。任何药剂不合理的使用，均可导致小菜蛾对其迅速产生抗药性。由杜邦公司 2007 年开发的新型邻氨基苯甲酰胺类杀虫剂氯虫苯甲酰胺，在世界各地推广应用，成为防治抗性小菜蛾的替代药剂。但在我国，氯虫苯甲酰胺仅使用 2 年多，就已经有产生严重抗药性的报道，在广州一菜区抗性倍数达到 500～600 倍，过度依赖该种药剂、随意提高施用剂量、不合理混配是产生抗性的主要原因。总体上，小菜蛾对拟除虫菊酯类药剂的抗性发展速度最快，氨基甲酸酯类和酰基脲类次之，对有机磷类抗性发展速度较慢，对杀螟丹等沙蚕毒素类药剂抗性发展缓慢；相对而言，我国南方小菜蛾种群的抗性水平和抗性发展速度要比北方种群快得多。小菜蛾对各种杀虫剂都有产生抗药性的潜在能力，小菜蛾的抗性治理是小菜蛾防治的核心内容。

五、防治技术

(一) 农业防治

1. 培育无虫苗　在远离生产田的苗床播种育苗，苗房覆盖防虫网，并注意及时清除苗床和菜田的作物残体耕翻入土。

2. 物理防治　保护地栽培加盖防虫网，防止外源虫迁入。

3. 合理布局　避免十字花科类蔬菜大片连作，在考虑耕作和施药方便及经济效益的基础上，实行十字花科蔬菜与茄果类蔬菜、葱蒜类蔬菜轮作，同时几种不同类的蔬菜进行间作套种，可对小菜蛾的转移起到物理屏障作用。

4. 适期种植　避开小菜蛾发生高峰期种植，提早或推迟种植，使十字花科蔬菜的危险生育期避开小菜蛾的发生高峰，从而降低小菜蛾的虫口压力。

5. 合理喷灌　喷灌能够降低田间的虫口数量，傍晚应用可限制成虫的活动。

6. 清洁田园　收获时及时清除田间枯、残株及残菜叶，清除残虫。

（二）生物防治

1. 利用小菜蛾性信息素诱杀成虫 十字花科蔬菜定植后即在田间摆放小菜蛾性信息素和诱捕器。诱捕器的选择和放置：选用专门的黏胶诱捕器或自制水盆诱捕器。每 667m² 放置 3～5 个，沿主风向均匀摆放于田间，诱捕器之间的距离为 30m 以上；诱捕器放置要稳固，防止风吹打翻，要高于菜的顶部。水盆诱捕器上诱芯的安装：在水盆边沿相对位置穿 2 个孔，再用细铁丝将一个诱芯固定在水盆上方中央，诱芯口朝下，防止雨水冲淋其中的有效成分。在盆内加入 0.1%～0.2% 洗涤灵（或适量洗衣粉）水溶液，水面距诱芯 1～1.5cm。田间放置诱芯后，每隔 1～2d 把盆内诱到的蛾子捞出来，以保持盆内清洁；随着植物的生长，调整诱捕器的位置，并根据水分蒸发情况适时加水。

2. 释放小菜蛾的天敌 有条件的地区可在小菜蛾发生初期（始见幼虫时），释放商品化的半闭弯尾姬蜂（*Diadegma semiclausum*）、菜蛾奥啮小蜂（*Oomyzus sokolowskii*）等幼虫寄生性天敌或赤眼蜂等卵寄生性天敌。使用时注意，由于天敌昆虫对多数的化学农药敏感，在放蜂后 15d 内应停止施用任何化学杀虫剂；在放蜂区，种植适宜不同时期的蜜源植物品种要求在放蜂期能够开花，为寄生蜂提供栖息场所与蜜源，能提高寄生蜂的寄生率。

（三）化学防治

种植甘蓝、大白菜、小白菜和菜心等十字花科蔬菜，当小菜蛾幼虫虫口密度达到 30 头/百株时进行防治。化学防治仍然是世界各国防治小菜蛾的主要方法，我国登记用于防治小菜蛾的单剂和复配制剂也较多，需特别注意各种药剂的合理使用。在我国小菜蛾对拟除虫菊酯类药剂已产生高水平抗性，建议停用。不同地区可根据当地对小菜蛾抗性监测的结果选择合适的药剂。用于防治小菜蛾的药剂见表 10 - 129 - 2。小菜蛾虫龄小、虫量低时，建议使用苏云金芽孢杆菌制剂、氟啶脲、植物源杀虫剂等，虫情严重时选择使用多杀菌素、氯虫苯甲酰胺、虫螨腈和茚虫威等，注意不同药剂的轮换使用，严格控制使用次数，防止和延缓小菜蛾抗药性的发生发展。施药时使用液压喷嘴喷雾，务必均匀周到，重点是心叶和叶片背面。

表 10 - 129 - 2　防治小菜蛾的药剂、安全间隔期及其使用注意事项
（引自农药电子查询服务系统，2014）

Table 10 - 129 - 2　The insecticides registered for *Plutella xylostella* control and their safety intervals and
application guidelines（from Pesticide electronic service system，2014）

类型	药剂	用药量	安全间隔期及使用注意事项
生物农药	16 000IU/mg 苏云金杆菌可湿性粉剂	制剂 750～1 125g/hm²	施药期比化学农药提前 2～3d，连续喷 2 次，每次间隔 7～10d
	300 亿 OB/mL 小菜蛾颗粒体病毒悬浮剂	制剂 375～450mL/hm²	
	0.5% 印楝素乳油	有效成分 9.375～112.5g/hm²	在甘蓝作物上的安全间隔期为 5d，每季作物最多使用 3 次
	0.5% 苦参碱微乳剂	有效成分 4.5～6.75g/hm²	若作物前期使用过化学农药，5d 后方可使用该药
	18g/L 阿维菌素乳油	有效成分 8.1～10.8g/hm²	在十字花科叶菜类蔬菜上的安全间隔期为 7d，每季最多使用 1 次
	5% 甲氨基阿维菌素苯甲酸盐乳油	有效成分 1.5～3g/hm²	在甘蓝上的安全间隔期为 3d，每季作物最多使用 2 次
	25g/L 多杀霉素悬浮剂	有效成分 12.375～24.75g/hm²	在甘蓝上的安全间隔期为 1d，每季作物最多使用 3 次
	60g/L 乙基多杀菌素悬浮剂	有效成分 18～37g/hm²	
昆虫生长调节剂	50g/L 氟啶脲乳油	有效成分 30～60g/hm²	在甘蓝上的安全间隔期为 7d，甘蓝每季使用不超过 3 次
	5% 氟铃脲乳油	有效成分 37.5～52.5g/hm²	
	40% 杀铃脲悬浮剂	有效成分 86.4～108g/hm²	
吡咯类	100g/L 虫螨腈悬浮剂	有效成分 75～105g/hm²	安全间隔期 14d，每季作物最多使用 2 次
双酰胺类	5% 氯虫苯甲酰胺悬浮剂	有效成分 22.5～41.25g/hm²	安全间隔期 1d，每季作物最多使用 3 次
	20% 氟虫双酰胺水分散粒剂	有效成分 45～50g/hm²	在白菜上的安全间隔期为 14d，每季作物使用不超过 3 次

（续）

类型	药剂	用药量	安全间隔期及使用注意事项
缩氨基脲类	240g/L 氰氟虫腙悬浮剂	有效成分 252～288g/hm²	安全间隔期 3d，连续用药不超过 2 次
嘧啶类	100g/L 三氟甲吡醚乳油	有效成分 75～105g/hm²	在甘蓝和大白菜上的安全间隔期为 7d，每季最多使用 2 次
噁二嗪类	30%茚虫威水分散粒剂	有效成分 22.5～40.5g/hm²	在十字花科蔬菜上的安全间隔期为 3d，每季作物使用不超过 3 次
吡唑类	15%唑虫酰胺乳油	有效成分 67.5～112.5g/hm²	安全间隔期 3d，每季最多使用 2 次

（四）综合防治

小菜蛾是世界公认的最难防治的害虫之一，单一的防治方法无法将其有效控制。为了将小菜蛾的种群数量控制在经济损害水平之下，尽量协调应用农业、生物和化学等各种治理手段综合治理，维护菜田生态系统的自然平衡。

附：测报技术

小菜蛾种群调查测报技术规程详见《GB/T 23392.3—2009 十字花科蔬菜病虫害测报技术规范 第3部分：小菜蛾》。

吴青君（中国农业科学院蔬菜花卉研究所）

第 130 节　甜菜夜蛾

一、分布与危害

甜菜夜蛾［*Spodoptera exigua*（Hübner）］属鳞翅目夜蛾科灰夜蛾属，别名贪夜蛾、玉米叶夜蛾、白菜褐夜蛾。寄主涉及 35 科 108 属 170 多种植物，主要包括十字花科、豆科、葫芦科、茄科、百合科、苋科、藜科、伞形科等蔬菜作物，以及玉米、烟草、甜菜、棉花、甘薯、亚麻、芝麻、康乃馨等经济作物及花卉。

甜菜夜蛾原产于南亚地区，从 40°～57°N 到 35°～40°S 均有分布，在亚洲、北美洲、欧洲、大洋洲及非洲均有发生和为害。我国 1892 年便有了甜菜夜蛾发生的记录，20 世纪 50 年代末到 60 年代初曾在湖南、湖北、山东、河南、陕西和北京等省份呈间歇性和区域性暴发为害。20 世纪 80 年代中后期以来，甜菜夜蛾为害地区逐渐扩大，成灾程度也越来越严重，1999 年甜菜夜蛾在黄淮、江淮流域猖獗成灾，仅山东、河南两省发生为害面积就达 300 万 hm²，造成的直接经济损失超过 70 亿元。2000 年北京地区甜菜夜蛾大暴发，严重影响首都"菜篮子工程"的安全实施。国内除西藏鲜有报道外，南起海南、台湾、广东、广西、云南，北至北京、河北、辽宁等地，全国 30 多个省份均有该虫发生为害，其中以长江流域和淮河流域暴发频率较高，为害最为严重，而西南、西北、华北和东北地区仍呈典型的间歇性暴发为害特征。随着全球气候变暖、农业结构的调整、设施农业的推广，以及甜菜夜蛾抗药性发展迅速等原因，导致甜菜夜蛾在我国大部分地区农作物上成为常发性害虫。据统计，该虫对蔬菜为害轻者损失 5%～10%，重者减产 20%～40%，甚至造成绝产。

二、形态特征

成虫：体长 8～10mm，翅展 19～25mm，灰褐色，少数深灰褐色，头胸有黑点。前翅灰褐色，基线仅前段可见双黑纹，内横线、亚外缘线均为灰白色，亚外缘线较细，外缘由 1 列黑色三角形小斑点组成，前翅中央近前缘外方有肾形纹 1 个，内方有环形纹 1 个，肾形纹大小为环形纹的 1.5～2 倍，均为土红色。后翅白色，略带粉红，翅缘灰褐色。雌蛾腹部圆锥形，交尾孔（产卵孔）外露，明显可见；雄蛾腹部尖，末节有 1 对抱握器（彩图 10-130-1，1）。

卵：圆馒头状，直径 0.2～0.3mm，白色，1～3 层排列成块，卵块外覆白色绒毛（彩图 10-130-1，2）。

幼虫：常为5龄。末龄幼虫体长约22mm，体色变化大，有绿色、暗绿色、黄褐色、褐色至黑褐色。不同体色有不同的背线，也有的无背线。腹部气门下线为明显的黄白色纵带，有时带粉红色，末端直达腹末，不弯到臀足上。各节气门后上方具1白点，绿色型幼虫尤为明显（彩图10-130-1，2～4）。

蛹：长约10mm，黄褐色，中胸气门深褐色，位于前胸后缘，显著外突，臀棘上有刚毛2根，腹面基部也有极短刚毛2根，前者长是后者的1.5～2倍。雌蛹有两个V形的隐线汇聚于腹部末节最前端，两个V形以短线相连；雄蛹腹部末节1/2处、肛门正前方有两个小突起（彩图10-130-1，5）。

三、生活习性

我国甜菜夜蛾随纬度的升高而世代数递减，从南到北年发生世代数最多11代，最少3代，可以取我国不同地区纬度值用下面任一模型推测甜菜夜蛾大约发生世代数：模型1：$Y_1 = 14.2662 - 0.2642X$（$R^2 = 0.605^{**}$，$F = 29.14$，$P = 0.000$，$N = 19$）；模型2：$Y_2 = 1/(-0.0457 + 0.0074X)$（$R^2 = 0.729^{**}$，$F = 51.08$，$P = 0.000$，$N = 19$）。模型1和模型2中的$Y_1$和$Y_2$为甜菜夜蛾年发生世代数的推测值，$X$为所在地区的纬度值。我国甜菜夜蛾各地从南到北年发生始盛期有逐步推迟的趋势，最早为4月上旬，最迟为6月下旬，而盛发期南北各地相差不大，大多在7～10月，南北不同纬度间没有明显迟早差异。由于保护地栽培的推广，使得部分地区甜菜夜蛾始见期提前。

甜菜夜蛾幼虫和蛹无滞育特性，卵、幼虫和蛹能适应-8～-15℃的低温环境，蛹室有利于蛹越冬。但温度、光照、寄主和土壤含水量4个环境因子均影响其抗寒能力，低温驯化可增强甜菜夜蛾的抗寒力和存活率，温度、寄主和龄期以及光周期对其抗寒力的影响存在交互作用，土壤含水量低可增强甜菜夜蛾蛹的抗寒力，在冬季低温不低于其致死温度的区域（如温带和亚热带），甜菜夜蛾幼虫和蛹具备在当地越冬的能力。对与温度胁迫密切相关的热激蛋白的分子克隆与基因表达研究表明，HSP70和HSP90基因的上调是其抗寒能力增强的重要原因。甜菜夜蛾在我国的越冬区域南界位于北回归线附近（23.5°N），北界位于长江流域（30°N）。温室、大棚等设施栽培给甜菜夜蛾提供了冬季食物的同时，也提供了越冬场所，从而增加了翌年为害的虫源。如山东茌平县1996年发展冬暖式蔬菜大棚2万个，1997年增至5万个，冬暖式蔬菜大棚的飞速发展导致1997年甜菜夜蛾在山东聊城地区严重发生。

甜菜夜蛾成虫昼伏夜出，趋光性强，且成虫需吸食一定的花蜜与露水作为补充营养。成虫20：00～23：00活动最盛，进行取食、交尾和产卵。卵块产，多产于寄主叶片背面或田间杂草上。初孵幼虫群集叶背啃食，稍大分散，分散性强于斜纹夜蛾。二龄后在叶内吐丝结网，取食成透明小孔（彩图10-130-1，6）。三龄后分散，进入暴食期，且幼虫抗药性增强。四龄后食量大增，为害叶片、嫩茎成孔洞或缺刻状，严重时吃成网状，造成无头菜，苗期受害可形成缺苗断垄。此外，尚可钻蛀青椒、番茄、茄子的果实，造成果实腐烂与脱落。大龄幼虫有假死性，受惊扰即落地。幼虫取食多在夜间，白天常潜伏在土缝、土表层及植物基部或包心中，18：00开始向植物上部迁移，晴天清晨随阳光照射的强弱提前或推迟下移时间，雨日活动减少。老龄幼虫入土吐丝筑土室化蛹，化蛹深度为0～5cm，其中以1.1～2.0cm处的化蛹率最高。

我国甜菜夜蛾广域的最适生存温度为26～29℃，最适生存相对湿度为70%～80%。甜菜夜蛾在温度（27±1）℃、相对湿度70%±10%、光周期14L：10D条件下世代历期为24～29d，各虫态历期分别为：卵期约2d，幼虫期10～12d，预蛹期1～2d，蛹期5～6d，产卵前期1～2d，产卵期4～6d。各虫态广域发育起点温度和有效积温各地区间差异不显著，卵为14.39℃和36.88℃，幼虫为11.31℃和192.86℃，蛹为13.65℃和105.77℃。温度是影响甜菜夜蛾存活率、发育力的主导因素，地理区域间和湿度与之相关，但不显著；地理区域是影响成虫繁殖力的主导因素，温度和湿度的变化与成虫产卵量变化相关，但不显著。

四、发生规律

（一）迁飞

甜菜夜蛾发生为害受东南亚各国以及我国华南等地终年发生区虫源基数的影响较为明显，这些地区的冬季虫源数量将直接影响其迁飞扩散区的发生虫源。外地虫源的大量迁入是造成各地区当地虫口数量突增的重要原因，迁飞也是影响越冬模糊地区次年种群发生的主要因素之一。

甜菜夜蛾是目前报道的鳞翅目夜蛾科昆虫中迁飞距离最远的昆虫，其最远可连续飞行 3 500km；室内飞行磨吊飞系统测试其最远可连续飞行 179km，飞行时间长达 50h，这表明甜菜夜蛾具有较强的飞行潜力。不同蛾龄及性别与成虫的飞行能力有显著相关性。总体来说，初羽化（1 日龄）成虫飞行能力较弱，此后 2～7 日龄成虫飞行能力较强，而 7 日龄后的成虫飞行能力显著下降；就飞行潜力而言，雌蛾飞行潜力显著强于雄蛾。成虫飞行的适温为 24～28℃，比黏虫和草地螟迁飞飞行的适宜温度显著偏高。能源物质利用效率不同是温度引起飞行能力变化的本质原因，脂类（甘油酯）是成虫持续飞行的主要能源物质，糖原和海藻糖主要在飞行初期消耗，而蛋白质和氨基酸不是其飞行的主要能源物质。幼虫期营养的好坏直接影响其迁飞能力，补充营养对成虫飞行与生殖也有不同的作用；尽管甜菜夜蛾成虫期营养对其产卵量、产卵前期、产卵期、寿命、交尾率、交尾次数以及孵化率均无显著影响，但对成虫飞行能力的影响显著。幼虫中等密度发生有利于甜菜夜蛾种群的增长与繁殖，随着密度的升高，不利于种群增长的因素增加，表现出明显的密度效应。

甜菜夜蛾可能的起飞日龄为羽化后 1～2 日龄，但条件合适时，可停止迁飞进行生殖。生殖过程中如有不利的环境条件胁迫或者在气候因素等有利条件的诱导下，仍然具有再次迁飞的可能。因此，甜菜夜蛾的迁飞模式与大多数迁飞昆虫不同，并不存在以飞行与生殖相拮抗、并交替进行为基础的"卵子发生-飞行拮抗综合征（Oogenesis-flight syndrome）"，但产卵过程中的迁飞行为会随着蛾龄的增长、成虫产卵量和交尾次数的增加而逐渐停止，从而成为限制其继续迁飞的重要生理因素。

（二）气候条件

甜菜夜蛾发生的长期趋势和年度间波动状况，均与广域温度和广域降水量具有复杂的相关关系。1979—2008 年，我国甜菜夜蛾暴发频度呈现出波浪式上升趋势，其暴发指数平均年递增率为 0.076，而我国广域温度（以 27 个省市级气象台数据统计为例）在 1990—2008 年的平均年递升率为 0.039，即我国甜菜夜蛾暴发频度上升趋势与我国广域温度升高趋势同向而行。从 52 个因素（当年和上一年 1～12 月各月及全年日均温和月均降水量）中筛选出具有显著回归影响（$P<0.05$ 或 0.01）的 10 个因素进行回归模拟，认为广域温、雨因素与广域甜菜夜蛾暴发趋势指数有密切相关的因果关系。

运用灰色系统关联度分析方法对影响甜菜夜蛾田间成虫种群数量的非生物因子进行分析，定量化地明确了：季节间对田间种群动态影响最大的是月平均温度，即在一年中，温度对甜菜夜蛾种群数量影响最大，田间表现为高温季节更有利于甜菜夜蛾发生（温度高，个体发育快，历期相对缩短，世代重叠加重，对天敌的繁衍不利等）；年度间影响最大的是总降水量，降水量大的年份甜菜夜蛾发生量少（幼虫和蛹耐湿性差，幼虫连续取食带水叶片 5d 后成活率降低 80% 以上，土壤湿度过大影响蛹的成活和正常羽化；田间湿度大有利于白僵菌、绿僵菌的繁衍等）。这与甜菜夜蛾发生的实际情况相吻合，凡是入梅早、夏季炎热少雨的年份，秋季甜菜夜蛾的发生就重；7～9 月天气高温、干旱是甜菜夜蛾大发生的有利条件。

引起全球气候异常的厄尔尼诺和拉尼娜现象，与甜菜夜蛾暴发成灾之间可能具有一定的联系。根据近 50 年的气象资料可知，厄尔尼诺发生后，我国当年冬季温度偏高的概率较大，翌年我国南部地区夏季降水往往偏多，而北方地区往往出现大范围干旱。暖冬及干旱少雨的地区，为甜菜夜蛾大暴发创造了有利条件，在厄尔尼诺发生后甜菜夜蛾大暴发的报道呈上升趋势。

（三）寄主植物

甜菜夜蛾对不同寄主为害程度不同。在武汉地区，甜菜夜蛾主要为害十字花科蔬菜，在甘蓝、花椰菜、大白菜田的密度最大，其次为芦笋、苋菜、豇豆、萝卜、茄子、番茄等。甜菜夜蛾 6 月最早出现时为害的是苋菜与豇豆，随后转入十字花科蔬菜苗床为害，此时虫口基数大小是预测 8 月以后能否大发生的重要依据；7 月中旬后甜菜夜蛾迁入十字花科蔬菜大田，先在野苋菜上产卵，杂草多的地块产卵量也大，作物受害也重；甜菜夜蛾在 11 月后田间最晚可以在菠菜上发现。在四川达县，甜菜夜蛾主要为害分葱、豇豆、蕹菜、萝卜、白菜、甘蓝、菜豆、冬苋菜等蔬菜作物，在甘薯上也发生为害，尤以为害分葱最为突出。2003—2004 年在江苏大丰地区普查，共发现甜菜夜蛾寄主包括 10 科 23 种植物，其中嗜好寄主有百合科的日本香葱、十字花科的大白菜和甘蓝、豆科的赤豆、藜科的灰绿藜、蓼科的日本蓼、茄科的青椒，其他寄主有棉花、菠菜、大豆、甘薯、玉米、苋菜、雪里蕻、反枝苋、马铃薯、黄瓜、紫苏、小蓟等。棉花在大丰地区其实并不是甜菜夜蛾的适宜寄主，但在蔬菜种植面积太小或没有适宜蔬菜寄主的情况下，甜菜夜蛾则选择棉花田作为生存场所，而且长势差的棉田和田边杂草多的田块发生偏重。尽管甜菜夜蛾对不同寄主植物有不同的嗜好，但这种嗜好在种群大发生时影响作用显著降低。甜菜夜蛾成虫产卵的寄主与幼虫取食的寄主无显著关联。

(四) 天敌

根据浙江大学应用昆虫学研究所收藏的寄生蜂标本和国内外的报道，我国甜菜夜蛾寄生蜂共 33 种，其中原寄生蜂 25 种，重寄生蜂 8 种。原寄生蜂包括卵寄生蜂 5 种：碧岭赤眼蜂 (*Trichogramma bilingensis* He et Pang)、螟黄赤眼蜂 [*Trichogramma chilonis* Ishii，异名：拟澳洲赤眼蜂 (*Trichogramma confusum* Viggiani)]、松毛虫赤眼蜂 (*Trichogramma dendrolimi* Matsumura)、短管赤眼蜂 (*Trichogramma pretiosum* Riley)、斜纹夜蛾黑卵蜂 (*Telenomus* sp.)；卵—幼虫寄生蜂 1 种：台湾甲腹茧蜂 (*Chelonus formosanus* Sonan)；幼虫寄生蜂 15 种：淡足侧沟茧蜂 (*Microplitis pallidipes* Szepligeti)、螟蛉悬茧姬蜂 [*Charops bicolor* (Szepligeti)]、裹尸姬小蜂 (*Euplectrus* sp.) 等；蛹寄生蜂 4 种：阿格姬蜂 (*Agrypon* sp.)、螟蛉埃姬蜂 [*Itoplectis naranyae* (Ashmead)]、黏虫棘领姬蜂 [*Therion circumflexum* (Linnaeus)]、黏虫白星姬蜂 [*Vulgichneumon leucaniae* (Uchida)]。重寄生蜂有绒茧刺姬蜂 (*Diatora prodeniae* Ashmead)、绒茧金小蜂 (*Trichomalopsis apanteloctena* Crawford)、菲岛分盾细蜂 (*Ceraphron manilae* Ashmead) 等。同时，国外已有报道但在我国还未采集到标本的寄生蜂有 70 种。

甜菜夜蛾的捕食性天敌有 25 种，其中半翅目种类最多，占 14 种。我国甜菜夜蛾主要捕食性天敌有叉角厉蝽 [*Cantheconidea furcellata* (Wolff)]，主要捕食幼虫，星豹蛛 [*Pardosa astrigera* (L. Koch)]，主要捕食幼虫和卵。捕食性天敌是抑制甜菜夜蛾种群增长的一个重要自然因子，当使用杀虫剂而不引起捕食者种群密度降低时，甜菜夜蛾的非自然死亡大多数是由捕食作用造成；而当捕食者受到药剂影响导致数量下降且甜菜夜蛾的数量达到暴发水平的时候，其幼虫大多因寄生或感病而死亡。

寄生甜菜夜蛾的病原真菌有金龟子绿僵菌 (*Metarhizium anisopliae*)、球孢白僵菌 (*Beauveria bassiana*)、黏质沙雷氏菌 (*Serratia marcescens*) 等。其中主要生防真菌为白僵菌 (*Beauveria* spp.)，在江苏北部地区白僵菌的田间寄生率一般为 27.6%～31.6%，最高可达 53.5%。在湖南，白僵菌的田间寄生率一般为 40%，个别达 60%。在安徽宿松棉区，白僵菌的田间寄生率达 50% 以上。

甜菜夜蛾的细菌性天敌主要是苏云芽孢金杆菌 (*Bacillus thuringiensis* Berliner，Bt)，我国蔬菜上应用的 Bt 主要是苏云金亚种 (*B. t.* subsp. *thuringiensis*)、蜡螟亚种 (*B. t.* subsp. *galleriae*)、库斯塔克亚种 (*B. t.* subsp. *kurstaki*) 和武汉亚种 (*B. t.* subsp. *wuhanensis*)，它们对甜菜夜蛾、甘蓝夜蛾和斜纹夜蛾等致病力不是很强，杀虫效果不十分理想。

甜菜夜蛾的病原线虫有 9 种。武汉甜菜夜蛾幼虫可被地老虎六索线虫 (*Hexamermis agrotis*)、白色六索线虫中华亚种 (*H. albicans sinensis*)、菜粉蝶六索线虫 (*H. pieris*) 和太湖六索线虫 (*H. taihuensis*) 所寄生，寄生率高达 34%。也有报道认为，斯氏线虫 [*Steinernema carpocapsae* (Weiser)] 对甜菜夜蛾有良好的杀灭活性。

甜菜夜蛾病毒制剂主要有多核蛋白壳核多角体病毒和颗粒体病毒。我国已开发出甜菜夜蛾核型多角体病毒杀虫剂，并将其用于防治甜菜夜蛾等多种害虫。除此之外，能侵染甜菜夜蛾的病毒还有苜蓿银纹夜蛾核型多角体病毒、甘蓝夜蛾核型多角体病毒、芹菜夜蛾核型多角体病毒、棉铃虫核型多角体病毒、烟青虫质型多角体病毒等。然而单一的病毒杀虫剂往往存在杀虫速度慢、田间使用时容易失活、特别是在紫外线的照射下很快失去侵染力、效果不突出等缺点，从而影响了其广泛应用。

(五) 抗药性水平

我国 2008—2010 年系统监测了 19 省份 27 个代表区域，甜菜夜蛾对 10 种不同类农药的抗药性，全国范围内甜菜夜蛾对虫螨腈、灭多威抗性处于低抗水平；对虫酰肼、多杀菌素、茚虫威表现出中等抗性；对高效氯氰菊酯、毒死蜱已处于高抗乃至极高抗水平；对甲氨基阿维菌素苯甲酸盐、甲氧虫酰肼、氟啶脲抗性以秦岭—淮河为界南北方差异明显，北方地区对甲氨基阿维菌素苯甲酸盐表现为中低抗性，南方地区则为中高抗水平，对甲氧虫酰肼、氟啶脲北方表现为高抗水平，南方抗性水平中等。2008—2010 年各地田间种群对虫螨腈、灭多威、虫酰肼、甲氧虫酰肼、多杀菌素、茚虫威、高效氯氰菊酯、氟啶脲抗性变化不明显，对甲氨基阿维菌素苯甲酸盐、毒死蜱抗性发展较快，尤其是南方地区。部分地区年度间 (2009 年与 2010 年相比) 抗性水平差异较大，如上海奉贤地区甜菜夜蛾对虫酰肼抗性降低了 6.6 倍，山东章丘地区对甲氧虫酰肼抗性增加 6.9 倍，山东安丘地区对高效氯氰菊酯抗性降低 35 倍，可能是甜菜夜蛾的迁飞造成了同一地区不同年度间的抗性差异。

甜菜夜蛾的抗药性与其体壁穿透性降低、解毒酶活性提高及乙酰胆碱酯酶敏感性下降等多种机制有关，但不同的药剂种类其抗性机制有所不同。如有机磷类杀虫剂主要涉及水解酶和谷胱甘肽 S-转移酶、乙酰胆碱酯酶活性增强等；溴氰菊酯主要与酯酶、酚氧化酶、多功能氧化酶 O-脱甲基活性增强及表皮穿透率降低有关；灭多威主要涉及乙酰胆碱酯酶活性下降及酯酶活性增强等。

五、防治技术

甜菜夜蛾的暴发为害在于有充足的虫源、丰富的食料、适宜的气候环境和不良的自然控制作用。基于此，对菜田生态系统进行综合管理，以"预防为主，综合防治"为指导方针，加强虫情测报，以农业防治为基础，持续辅以物理防治，以生物防治为主体，科学合理地进行化学防治。

（一）监测预报，确定防治适期

利用甜菜夜蛾性诱剂，或设立虫情测报灯监测田间甜菜夜蛾成虫发生动态，选择有代表性的菜地对甜菜夜蛾卵和幼虫进行田间系统调查，预测发生期、发生量，确定防治适期。如发现害虫数量达到防治指标，即进行药剂防治。因性诱监测比灯诱监测更灵敏，故悬挂性诱剂诱捕器的时间应比开灯时间提前半个月到 1 个月，收回诱捕器的时间比关灯时间推迟半个月到 1 个月（各地可根据甜菜夜蛾实际发生时期进行调整）。具体测报方法详见《GB/T 23392.4—2009 十字花科蔬菜病虫害测报技术规范 第 4 部分：甜菜夜蛾》。

（二）农业防治

1. 合理布局 合理安排农作物及蔬菜布局，减少甜菜夜蛾嗜好作物的单一大面积种植。

2. 轮作倒茬 甜菜夜蛾发生严重的地块，可选择间作套种或轮作模式。如我国海南省大面积推广菜—稻水旱轮作，从 11 月至翌年 4 月种植蔬菜，4 月后种植水稻，明显压低了甜菜夜蛾种群数量。尽可能避免十字花科蔬菜连作，要在为害高峰期停止分葱、菜心等易受害蔬菜的种植，换种其他受害较轻的蔬菜，以阻断有利于甜菜夜蛾生长发育的食料链，同样可以有效地减轻甜菜夜蛾的发生程度。

3. 清洁田园 及时清除菜田的残枝落叶及杂草，集中深埋或沤肥，减少甜菜夜蛾产卵场所，减少虫源基数。

4. 中耕和灌溉 利用甜菜夜蛾在土中化蛹的习性，及时中耕与合理浇灌，适时浇水，破坏其化蛹场所；提高田间湿度，有利于天敌对害虫的寄生，从而减少甜菜夜蛾的虫源基数。

5. 人工除卵捕虫 在产卵高峰期至卵孵化初期，特别是蔬菜移栽后甜菜夜蛾第一代发生较为整齐，人工摘除卵块及低龄幼虫聚集较多的叶片，清晨、傍晚人工捕捉高龄幼虫，降低田间虫口密度。

（三）物理防治

1. 设施栽培 使用防虫网或塑料薄膜大棚栽培，可有效阻挡甜菜夜蛾侵入为害。地膜覆盖有利于保温和保湿，造成不利于蛹羽化的生境。

2. 灯光诱杀 利用频振式杀虫灯诱杀甜菜夜蛾成虫，杀虫灯采取棋盘状布局，每台 30W 杀虫灯可控制 2～3.33hm² 菜田，50W 杀虫灯可控制 5.33～6.67hm² 菜田；或利用黑光灯进行诱杀，每台灯可控制 0.67～1hm² 菜田。开灯时间为每年 6 月底（华南地区每年 3 月初），关灯时间为 11 月初。杀虫灯每 5～7d 用刷子清理电网 1 次，同时处理杀虫灯下的收集袋，及时杀灭成虫。

（四）生物防治

1. 喷施病毒杀虫剂 在甜菜夜蛾发生初期（三龄及以下），可选 300 亿 PIB/g 甜菜夜蛾核型多角体病毒水分散粒剂 5 000 倍液，或 30 亿 PIB/g 甜菜夜蛾核型多角体病毒悬浮剂 1 500 倍液喷施，连喷 2 次，每次间隔 7d，在阴天或黄昏时重点喷施新生部分及叶片背面等部位。使用时需避开强光照、低温暴雨等不良天气。

2. 释放寄生蜂 甜菜夜蛾卵期及卵孵化初期，在田间释放寄生蜂如马尼拉陡胸茧蜂，每公顷释放 1.5 万头，甜菜夜蛾发生期内释放 3～4 次，各地根据实际发生情况可适度调整释放量及释放次数，在 6：00～8：00 和 17：00～19：00 进行，不宜在中午释放。

3. 性信息素诱杀 通过诱芯释放人工合成的性信息素引诱甜菜夜蛾雄蛾至诱捕器，杀死雄蛾，从而达到防治虫害的目的。甜菜夜蛾诱捕器底部距离作物顶部 20cm，每公顷设置 15 个诱捕器，诱捕器安装应呈平行线排列，每个诱捕器 1 枚诱芯，隔 30～40d 更换一次诱芯，并将更换的诱芯深埋。及时清理诱捕器中的死虫，每次清理后接装成虫的塑料袋、矿泉水瓶或水盆，要更换或添加肥皂水或洗衣粉水至要求液面。大面积连片应用效果较好。

（五）化学防治

菜田甜菜夜蛾的防治指标是百株幼虫量 80～100 头。

1. 参考抗药性监测结果，选择对农药 根据甜菜夜蛾抗性监测的结果，化学防治过程中应限制使用高效氯氰菊酯等拟除虫菊酯及有机磷农药；我国北方地区限制使用甲氧虫酰肼、氟啶脲，南方地区限制使用甲氨基阿维菌素苯甲酸盐；可轮换使用虫螨腈、虫酰肼、茚虫威等杀虫剂，以延缓甜菜夜蛾对这些药剂抗性的发展。氯虫苯甲酰胺、氟虫酰胺等新型农药对甜菜夜蛾的防效良好，且持效期长，在甜菜夜蛾大发生时可优先考虑，但要注意与其他农药轮换使用，严格控制施用量和安全间隔期。

2. 施药技术 由于甜菜夜蛾在 20：00 至翌日 8：00 孵化卵块比例接近全天的 70％，孵化的幼虫量占总量的 90％以上，因此，在卵孵高峰期开展化学防治时，施药时间应选择在清晨最佳；若针对低龄或大龄幼虫防治，施药时间选择在傍晚或清晨为宜，这样可提高药剂触杀效果，尤其是在葱类作物上更应注意这一点。喷雾要均匀周到、打透，使植株全面着药。因甜菜夜蛾幼虫具假死性，触碰植株易引起落地而避开药剂，所以，喷雾时隔行行走打药，同时地表也要喷药，以杀死落在地表的幼虫。特别注意不同杀虫机理的药剂应交替使用、轮用或混用，利用杀虫剂对生物的多位点作用防止和延缓抗性发展。利用增效剂、渗透剂与农药混用，提高对害虫的防治效果，如可加入浓度 0.1％的有机硅喷雾助剂 Ag - 64（倍效），按二次稀释法混匀后喷雾，可减少药量 25％、降低药液量 50％。

大葱田尤要注意卵孵盛期内防治，避免幼虫钻入葱管，药剂接触不到虫体而影响防效；大葱上用药时避免碰触植株，可向上喷雾使药液慢慢飘落，让葱叶上黏附足够的药液。

11 月以后十字花科蔬菜等进入结球期或花期，甜菜夜蛾种群数量开始下降，且寄生蜂、白僵菌等寄生严重，此时可放宽防治指标，降低施药频率或停止使用农药。天敌是影响甜菜夜蛾种群动态的重要因子，在制定甜菜夜蛾的化学防治策略时要考虑农药对天敌的影响。

司升云 周利琳（武汉市蔬菜科学研究所）

第 131 节 斜纹夜蛾

一、分布与危害

斜纹夜蛾［*Spodoptera litura*（Fabricius）］属鳞翅目夜蛾科灰翅夜蛾属，又名斜纹夜盗蛾，异名：*Prodenia litura*（Fabricius），是经济作物尤其是蔬菜上的暴发性害虫。

国外分布于东北亚的朝鲜半岛、日本，东南亚的菲律宾、缅甸、老挝、柬埔寨、印度尼西亚、马来西亚、泰国、新加坡、越南、斯里兰卡，南亚的印度、巴基斯坦、孟加拉国，南太平洋的斐济，中东的伊拉克、伊朗、约旦，大洋洲的澳大利亚、新西兰、所罗门群岛，欧洲的德国、法国、英国、意大利、希腊、瑞士、比利时，美洲的美国，非洲的埃及、阿尔及利亚、突尼斯、加纳、毛里求斯、塞内加尔、摩洛哥，尤以非洲、中东、南洋群岛、印度等地发生重。国内分布遍及全国，北起黑龙江、内蒙古、吉林，南抵台湾、海南、广东、广西、云南，西至新疆（墨玉）、西藏、青海，东达沿海各省。以长江流域的江西、湖北、湖南、浙江、江苏、安徽、上海及黄河流域的河南、河北、山东等省发生最重。

斜纹夜蛾是典型的多食性昆虫，寄主范围十分广泛，我国已记载的寄主达 109 科 389 种（包括变种），涉及农作物、果树、园林植物及野生植物等多类寄主，包括蕨类植物、裸子植物、双子叶植物、单子叶植物。主要蔬菜寄主有甘蓝、青菜、大白菜、生菜、菠菜、苋菜、蕹菜、茄子、辣椒、番茄、葱、马铃薯、莲藕、芋及豆类、瓜类等。

斜纹夜蛾原是一种间歇性暴发的害虫，20 世纪 80 年代中期以前，3～4 年大发生一次，其后种群数量逐年增加。90 年代以来，由于我国种植业结构调整和蔬菜产业迅速发展，该虫已上升为常发性农业大害虫，在长江流域特别是华东各省几乎年年暴发，已成为十字花科蔬菜的最主要害虫之一。2002 年福建省斜纹夜蛾暴发成灾，受害作物面积多达 10 万 hm²，其中尤以蔬菜受害最重，严重的减产达 25％～30％，个别田块高达80%～90%，甚至绝收。斜纹夜蛾是长江中下游地区秋季大白菜田的重要害虫之一，为害损失大，1头幼虫蛀食叶球后往往将整个叶球完全食毁，常年叶球被蛀害率20%～40%，严重的达50%以上。2008年前后斜纹夜蛾为害致使广西陆川无公害蔬菜生产基地大白菜产量损失一般达20%～30%，受害严重的田块超过50%（彩图10-131-1）。

二、形态特征

成虫：体长14～20mm，翅展35～40mm。头、胸、腹均深褐色，胸部背面有白色丛毛，腹部前数节背面中央具暗褐色丛毛。前翅灰褐色，具有复杂的黑褐色斑纹，翅基部前半部有白线数条，内横线及外横线灰白色，波浪形，内外横线间有灰白色宽纹，在环状纹与肾状纹间，自前缘向后缘外方有3条白色斜线，故名斜纹夜蛾。后翅白色，无斑纹。前后翅常有水红色至紫红色闪光（彩图10-131-2，1）。

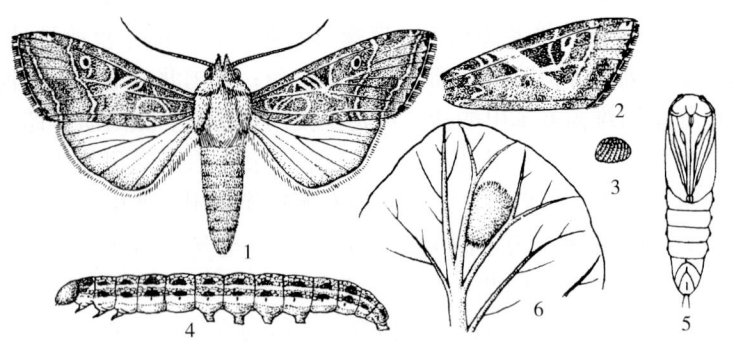

图10-131-1　斜纹夜蛾（仿丁锦华等，2002）
Figure 10-131-1　*Spodoptera litura*（from Ding Jinhua et al.，2002）
1. 雌成虫　2. 雄成虫前翅　3. 卵　4. 幼虫　5. 蛹　6. 叶片上的卵块

卵：扁半球形，直径0.4～0.5mm。初产黄白色，后转淡绿，孵化前紫黑色。卵粒集结成3～4层的卵块，外覆灰黄色疏松的绒毛（彩图10-131-2，2）。

幼虫：共6龄。老熟幼虫体长35～47mm。头部黑褐色，胴部体色因寄主和虫口密度不同而异，土黄色、青黄色、灰褐色或暗绿色，背线、亚背线及气门下线均为灰黄色及橙黄色。四至六龄幼虫从中胸至第九腹节在亚背线内侧有三角形黑斑1对，其中以第一腹节、第八腹节的最大。胸足近黑色，腹足暗褐色（彩图10-131-2，3）。

蛹：长15～20mm，赭红色。腹部背面第四至第七节近前缘处各有1个小刻点。臀棘短，有1对强大而弯曲的刺，刺的基部分开（彩图10-131-2，4）。

三、生活习性

斜纹夜蛾1年发生多代，世代重叠。华北地区年发生4～5代，在长江流域和黄河流域菜区一般年发生5～6代，每年以7～10月发生数量最多。福建年发生6～9代，在广东、广西、海南、福建、台湾等地，斜纹夜蛾可终年繁殖，无越冬（滞育）现象，冬季可见到各虫态。在长江流域以北的地区不能越冬，其春季虫源可能是从南方迁飞而来；长江流域以南地区越冬问题虽尚无定论，但大棚等设施栽培为斜纹夜蛾越冬提供了条件。上海市多年调查显示，在露地尚未发现越冬虫情，但在保护地芦笋栽培中能以低龄幼虫在植株根系附近的土中休眠越冬。当保护地晴天中午前后温度高于20℃以上时，越冬幼虫可出土取食为害，并在2～3月诱到了斜纹夜蛾成虫，比露地最早的成虫始见期（4月上旬）明显提前。在浙江慈溪，2001年2～4月，利用性信息素在大棚蔬菜田内诱到斜纹夜蛾成虫，同时也发现了少量幼虫，但在露地调查未发现越冬虫源。在江苏南京各代发生期为：第一代5月上旬至6月下旬，第二代6月上、中旬至7月中旬，第三代7月中旬至8月下旬，第四代8月中旬至9月中、下旬，第五代9月中旬至10月中、下旬。一般年份一、二代发生较轻，三代以后逐步加重，四代、五代发生最严重。上海地区菜田1991—1999年灯下诱蛾消长的各代发生期，常年越冬代成虫始见期5月中旬至6月中旬，到12月上旬终见。第一代6月中、下旬至7月中、下旬，全代历期25～35d；第二代7月中、下旬至8月上、中旬，全代历期24～28d；第三代8月上、中旬至9月上、中旬，全代历期27～30d；第四代9月上、中旬至10月中、下旬，全代历期30～35d；第五代10月中、下旬至11月下旬、12月上旬，全代历期45d以上。

成虫昼伏夜出。白天隐藏在植株茂密处、土缝及杂草丛中，傍晚开始活动，以20：00～24：00为盛。飞翔能力很强，1次可飞数十米，高度可达3～7m。有趋光性，特别对频振式诱虫灯有较强的趋性，扑灯高峰时间在19：00～23：00。对糖、醋、酒及发酵的胡萝卜、豆饼等都有趋性。成虫羽化时间多在8：00～11：00，9：00前后最多。羽化后1d即交尾，交尾时间多在19：00～23：00，以20：00～

21：00 为最盛。交尾后即可产卵，产卵时间以 4：00～10：00 为最多；卵多产于高大、茂密、浓绿的边际作物上，以植株中部叶片背面居多；每雌可产卵 3～5 块，每卵块有数十粒至数百粒不等，一般为 300～500 粒，最多的可达 1 000 多粒。实验室观察到未交尾的雌虫也可产卵，但卵块不能孵化。雌成虫产卵前期 1～3d，产卵期 2～4d。寿命一般 2～7d。据室内观察，无补充营养时，雌成虫寿命 4～5d，雄成虫 2～3d；如饲喂 5％的蜜糖水，雌成虫延长至 9～11d，雄成虫延长至 4～6d。

幼虫共 6 龄。多在 4：00～9：00 孵化，6：00～7：00 为孵化高峰。初孵幼虫群集取食，三龄前仅食叶肉，残留上表皮及叶脉，使叶片呈枯黄白色半透明的薄膜。二、三龄幼虫遇风吹动或机械触动会吐丝下垂，并能借风力转移寄主。三龄期开始分散爬行，觅食为害。三龄以下幼虫食量很少，四龄时开始增加，五龄始进入暴食期。

幼虫畏强阳光，喜荫蔽，有假死现象。低龄幼虫白天多躲在茂密的叶片下或心叶处避光，老龄幼虫则躲在土表裂缝处或土表落叶下，黄昏后出来觅食。据观察，幼虫在菜株上的垂直分布，随幼虫虫龄的增长，分布重心逐渐向菜株下部移动。据华南农业大学报道（1998），二龄幼虫主要集中在植株的顶部，三龄以后幼虫活动性增强，白天向植株下部移动。另外，幼虫的分布与天气状况有关。在雨天，有 74.26％的幼虫分布在菜株的心叶和顶叶，但在晴天则下降到 42.21％；在晴天，五龄、六龄幼虫白天基本上不活动，而是集中在落叶下、地面和土壤中等，如五龄幼虫有 69.8％的个体隐藏在地面下，30.16％的个体分布在落叶中及土表。但在雨天，由于土壤含水量高，高龄幼虫在地下的数量很少，主要分布在落叶下和地面。

低龄幼虫迁移性较差，中高龄幼虫较强。在寄主被害严重，取食殆尽时，幼虫会结队迁移，老龄幼虫还有越过水沟继续爬行的能力。幼虫老熟后，多数在寄主附近的土壤里作一椭圆形土室化蛹，有时也在土表落叶下化蛹。蛹室深度多为 1～3cm，深的达 7cm。

四、发生规律

（一）虫源基数

斜纹夜蛾第三至五代发生程度与一、二代的虫量大小关系最为密切。7 月以前成虫出现早晚（即灯下诱蛾发生早晚）和水花生上的虫口密度大小，对预测 8～9 月是否大发生有重要意义。若成虫出现早、虫口基数大，当年就可能大发生。

（二）气候条件

适宜斜纹夜蛾生长发育的温度为 20～40℃，最适温度为 28～32℃，相对湿度为 75％～95％，土壤含水量为 20％～30％。在 28～30℃下卵历期 3～4d，幼虫历期 15～20d，蛹历期 6～9d。

气候因子中对斜纹夜蛾种群数量影响最大的是温度和降雨。降水少、天气高温干旱，有利于害虫发生。日平均气温 30℃ 以上高温是斜纹夜蛾大发生的预兆温度。斜纹夜蛾卵、幼虫、蛹的发育起点温度分别为 13.69℃、11.84℃ 和 13.57℃。低温和高温对斜纹夜蛾种群数量的影响最为明显。斜纹夜蛾不耐低温，抗寒力弱，冬季低温冰冻易引起死亡，在 0℃ 左右长时间低温易引起死亡。在我国湖北、河南等地斜纹夜蛾不能安全越冬，正是由于冬季低温所致。平均气温在 13℃ 以下的年份，斜纹夜蛾发生轻；7 月或 8 月日平均 30℃ 以上的高温超过 10d，大发生的可能性更大；气温超过 38℃ 会使其卵不孵化、幼虫及蛹发育中断。浙江海宁地区性诱剂诱集数据表明，旬平均气温低于 13.89℃ 不能诱集到斜纹夜蛾成虫，17℃ 左右开始零星发生，成虫高峰一般出现在旬平均气温 19.21～29.14℃，其中旬最高诱集量出现在 20.53～25.66℃。

降雨是影响斜纹夜蛾种群数量的另一个重要气候因子。据报道，梅雨持续时间长，降水量大（月降水量 150～180mm），洪涝灾害严重的年份，该虫发生量也大。但是降雨过多或降雨日过多，月降水量超过 300mm 则影响成虫取食蜜源和交尾产卵，特大暴雨还可通过机械冲刷，导致部分初孵幼虫损伤死亡。土壤湿度过低（含水量低于 20％）也会使幼虫不能正常化蛹。在广州地区，冬春 1～3 月的雨量调匀（降水总量 300mm 以上），有利于斜纹夜蛾老熟幼虫在冬季气温较冷的年份入土越冬化蛹，成虫羽化率高；雨量过多，造成土壤板结，土壤含水量过高，老熟幼虫化蛹后，蛹的死亡率高，成虫羽化率低。

斜纹夜蛾发生量除与上述两种因子相关外，其他气候因子如日照也会影响其种群发生量。浙江慈溪报道，斜纹夜蛾发生量 Y 与气象因子 X_i（X_1 为 7 月平均温度、X_2 为 8 月累计日照、X_3 为 8 月平均温度、X_4

为 9 月平均温度）有一定的关系，关系式 $Y=2\,240.98+57.70X_1+5.59X_2-284.44X_3+135.92X_4$（$R=0.954\,2$，$P<0.05$）。

（三）寄主植物

斜纹夜蛾对寄主植物的选择性是影响其发生程度的重要因素之一。众多研究表明，斜纹夜蛾有其嗜食寄主，且在嗜食寄主上表现不同的嗜食强度。江西南昌地区报道，斜纹夜蛾对寄主植物嗜好性强弱依次为：槟榔芋、莲藕、甘蓝、青菜、水蕹菜、黄芽白菜、棉花、大豆、萝卜、豇豆、落葵、花生、芝麻、四叶萍、甘薯、绿豆、黄瓜，其中取食芋头、水蕹菜、青菜、甘蓝、豇豆和莲藕等寄主植物叶片的幼虫发育历期较短、蛹较重、蛹羽化率较高，取食槟榔芋、莲藕、甘蓝的斜纹夜蛾发生量分别为取食辣椒的 18.65 倍、17.23 倍和 13.19 倍。广东南雄地区发现，对斜纹夜蛾幼虫诱集量大小依次为：莲藕、芋、烟叶、花生、茄子、辣椒、菜豆。

同种寄主植物的不同品系对斜纹夜蛾种群发生也有明显影响。江西彭泽地区发现，不同芋品种对斜纹夜蛾的诱集数量差异很大，香梗芋、槟榔芋诱集斜纹夜蛾卵块和幼虫数量都比红芽芋、绿梗芋多，这与香梗芋和槟榔芋的植株高大、叶大叶厚或所含的化学物质有关；与芋套种的其他蔬菜上斜纹夜蛾虫口数显著低于对照。

斜纹夜蛾对寄主作物的选择，也反映在田间大发生时。在田间虽其害多种作物，但并不是在所有受害作物上都能大量繁殖，只有在专嗜寄主作物上才能繁殖足够虫口数量，导致其大发生。引起斜纹夜蛾大发生的一个重要条件是，田间必须有足够数量的嗜食寄主处于生长旺期。

不同的食料条件对昆虫产生不同的营养效应。这主要通过对昆虫生长发育和繁殖产生影响反映出来。食物营养条件影响斜纹夜蛾的取食速率和生长速率，进而影响斜纹夜蛾繁殖力。而营养条件的好坏，则取决于寄主植物种类、品种及其生育期，老嫩适宜的叶片，蛋白质含量高，是斜纹夜蛾比较喜欢的食料。斜纹夜蛾取食甘蓝、棉花、大豆、豇豆、甘薯、空心莲子草后，其幼虫历期和蛹历期均以甘蓝最短，成虫寿命以豇豆最短，而蛹重和产卵量以甘蓝最大。

除了寄主植物本身影响斜纹夜蛾的发生外，寄主植物的布局也会对其发生、发展产生较大影响。随着农业结构的调整，蔬菜和一些经济作物种植品种增多、种植面积不断扩大，复种指数提高，多种作物的间作和套作，给斜纹夜蛾提供了丰富的食料。同时，农田生态系统中的杂草以及农田周围、城镇中的绿化植物，也为斜纹夜蛾提供了适宜的野生寄主和桥梁寄主，为其转移、繁殖及世代延续提供了十分有利的条件。

（四）天敌因子

斜纹夜蛾天敌资源丰富，全世界已记录的天敌种类共计 169 种，包括捕食性天敌、寄生性天敌、病原微生物（细菌、真菌、病毒等）、微孢子虫和线虫。华南农业大学（1999）应用生命表方法和排除作用控制指数，评价了菜田天敌对斜纹夜蛾的自然控制作用。一至三龄幼虫的捕食性天敌是影响斜纹夜蛾种群数量动态的重要因子，对深圳地区菜田第四代和第八代种群的排除作用控制指数分别为 13.9 和 12.9，表明如果没有捕食性天敌的作用，下代种群数量将分别增长到当代的 15.1 倍和 74.7 倍。第四代斜纹夜蛾的寄生蜂和病原微生物对种群趋势指数的作用也较大，如果没有寄生性天敌和病原微生物的作用，下代种群数量将分别增长 2.9 倍和 2.5 倍。

我国斜纹夜蛾的寄生性天敌物种比较丰富。浙江大学应用昆虫学研究所报道，我国代表性的寄生蜂有40 种，其中，包括原寄生蜂 29 种，重寄生蜂 11 种。如卵寄生蜂主要有：斜纹夜蛾黑卵蜂（*Telenomus olecto* crawford）、碧岭赤眼蜂 [*Trichogramma billingensis*（He et Pang）]、螟黄赤眼蜂 [*Trichogramma chilonis* Ishii，异名：拟澳洲赤眼蜂（*Trichogramma confusum* Viggiani）、广赤眼蜂 [*Trichogramma evanescens*（Westwood）]；幼虫寄生蜂主要有：斜纹夜蛾侧沟茧蜂（*Microplitis* sp.）、淡足侧沟茧蜂 [*Microplitis pallidipes*（Szepligeti）]、斑痣悬茧蜂 [*Meteorus pulchricornis*（Wesmael）]、马尼拉陡胸茧蜂 [*Snellenius manilae*（Ashmead）]、螟蛉盘绒茧蜂 [*Cotesia ruficrus*（Haliday）]、斜纹夜蛾长绒茧蜂 [*Dolichogenidea prodeniae*（Viereck）]、棉铃虫齿唇姬蜂 [*Campoletis chlorideae*（Uchida）]；蛹寄生蜂有：斜纹夜蛾盾脸姬蜂 [*Metopius rufus browni*（Ashmead）]、螟蛉埃姬蜂 [*Itoplectis naranyae*（Ashmead）]、黏虫白星姬蜂 [*Vulgichneumon leucaniae*（Uchida）]。虽然有报道赤眼蜂能寄生斜纹夜蛾卵，但对斜纹夜蛾种群数量变动的作用却很小，因为寄主卵表面覆盖的鳞毛能阻止赤眼蜂产卵寄生。在中国，侧

沟茧蜂是斜纹夜蛾幼虫的主要寄生性天敌，田间幼虫寄生率较高。广州报道，除在 2 月难以发现外，在其他各月的幼虫寄生率为 6.3%～47.7%。

斜纹夜蛾微孢子虫是斜纹夜蛾自然种群数量的重要调节因子，自然侵染率高，室内用天然饲料饲虫时，常常由于微孢子虫的感染而死亡，死亡率高达 55%。微孢子虫（*Nosema* sp.）能经卵传播到斜纹夜蛾的下一代，这在该虫流行病学或微生物防治中均有重要意义，因而微孢子虫作为一种生物防治物种具有潜在的应用价值。

在自然条件下能对斜纹夜蛾种群数量具有控制作用的病毒主要有斜纹夜蛾核型多角体病毒和斜纹夜蛾颗粒体病毒。在国内，华南农业大学于 1960 年在广州郊区首先发现了感染斜纹夜蛾核型多角体病毒的幼虫；1964 年，中国科学院动物研究所在河北、广州、南昌等地区也找到了感染该病毒的斜纹夜蛾死虫；两年后在广州原采集地调查仍看到大量病虫，说明病毒流行对幼虫有一定的控制作用。除上述两种病毒外，还发现了斜纹夜蛾质型多角体病毒（CPV），斜纹夜蛾虹彩病毒。另外，其他昆虫病毒如苜蓿银纹夜蛾型多角体病毒、黏虫核型多角体病毒也能感染斜纹夜蛾幼虫。

（五）化学农药

在蔬菜生产中，高效低毒的化学农药仍然是防治斜纹夜蛾的首选，是保障蔬菜生产的重要手段。但农业生产者由于对斜纹夜蛾发生特点缺乏了解，不能采取针对性的措施，往往连续使用同一种农药，甚至盲目加大施药浓度，这不仅使斜纹夜蛾产生抗药性，还大量杀伤天敌，大大降低了生物因子的自然调控作用，导致菜田生态系统的稳定性下降，给斜纹夜蛾的猖獗为害创造了有利条件。据报道，斜纹夜蛾对有机磷类、氨基甲酸酯类、拟除虫菊酯类农药已产生不同程度的抗药性。

五、防治技术

（一）农业防治

1. 清洁田园 铲除杂草，将残株落叶就地火烧处理或带出田外处理，杀灭部分幼虫和蛹，减少虫源。

2. 摘除卵块和人工捕杀低龄幼虫 结合田间操作，摘除卵块和有低龄幼虫的叶片。如幼虫已经分散，可在产卵叶片的周围喷药，以杀灭分散的低龄幼虫。

3. 耕翻灭蛹 叶菜类蔬菜换茬时，及时耕翻或灌水灭蛹，减少虫源。

4. 搭配种植诱集作物 利用斜纹夜蛾最喜欢产卵的芋、大豆、甘蓝等 3 种作物，在叶菜类、瓜类、茄类等蔬菜作物的田块周围或中间条状插花种植，面积在 1/10 左右，能诱集斜纹夜蛾集中产卵，以利于集中歼灭。

（二）物理防治

利用斜纹夜蛾的趋光性和趋化性进行诱杀，从而有效降低成虫种群密度及后代发生数量。

1. 利用杀虫灯诱杀成虫 利用斜纹夜蛾的趋光性，采用频振式诱虫灯和黑光灯诱杀成虫，减少田间落卵量。

2. 使用糖醋液诱杀成虫 利用成虫的趋化性，以糖∶醋∶白酒∶水＝3∶4∶1∶2 的比例，并加总量 1%～2% 的 90% 敌百虫晶体，于诱虫盆中混匀，放在田间离地面 1m 的支架上，每 667m² 放 3 处，诱杀成虫。

3. 诱杀高龄幼虫 将残留菜叶剁碎，拌 1% 的 90% 敌百虫晶体溶液，以潮湿为宜，撒施于菜田地面，诱杀高龄幼虫，保护出苗率。

4. 覆盖防虫网 夏秋保护地栽培可覆盖防虫网和遮阳网，防止斜纹夜蛾成虫侵入其中产卵为害。可选用 25 目左右的聚乙烯防虫网。防虫网覆盖方式可根据作物的不同，采取平棚、拱棚等多种不同的覆盖方法来进行防虫。

（三）生物防治

1. 保护利用天敌 斜纹夜蛾的天敌种类很多，捕食性天敌主要有瓢虫、蜘蛛、侧刺蝽、蚂蚁和青蛙等；寄生性天敌主要有侧沟茧蜂、姬蜂等，这些天敌对斜纹夜蛾种群的自然控制起着重要作用。利用有利于天敌繁衍的栽培措施，选用对天敌较安全的选择性农药，合理减少施用化学农药。

2. 利用性引诱剂诱杀雄蛾，减少雄蛾交尾 性诱剂（Z9，E11-十四碳烯乙酸酯和 Z9，E12-十四碳烯乙酸酯）应用于面积较大的蔬菜生产区域，按要求布置于田间边缘，放置高度为高出作物 20cm，诱芯密度和使用时期根据不同产品性能确定。

3. 利用生物农药防治幼虫 目前对斜纹夜蛾幼虫防治效果较好且成功应用的生物农药，主要有核型多角体病毒和植物源杀虫剂等，其中，200 亿 PIB/g 斜纹夜蛾核型多角体病毒水分散粒剂 40～60g/hm²，被广泛地用于防治蔬菜作物上的斜纹夜蛾一至四龄幼虫，并取得了令人满意的防治效果。这一类微生物杀虫剂，在日本、印度、埃及、韩国等国家也有较广泛应用。

（四）化学防治

在长江流域和黄河流域菜区，宜采用压低三代虫口、巧治四代控制为害、挑治五代的防治策略。在防治第三代、第四代的同时，还需喷药兼治菜田边水花生等杂草上的斜纹夜蛾。药剂防治应掌握在低龄幼虫分散前喷药。斜纹夜蛾高龄幼虫昼伏夜出，在防治上宜傍晚喷药。注意农药的合理交替使用，延缓害虫对农药产生抗性，并遵守各种农药的安全间隔期，降低农药残留。药剂可轮换选用：5％氯虫苯甲酰胺悬浮剂 1 500～2 000 倍液、1％甲氨基阿维菌素苯甲酸盐乳油 1 000～1 500 倍液、5％氟虫脲乳油 800～1 200 倍液、5％氟啶脲乳油 800～1 200 倍液、5％氟铃脲乳油 800～1 200 倍液、240g/L 氰氟虫腙悬浮剂 800～1 200 倍液、20％虫酰肼悬浮剂 600～1 200 倍液、24％甲氧虫酰肼悬浮剂 1 500～3 000 倍液、5％虱螨脲乳油 1 500～2 000 倍液、15％茚虫威悬浮剂 2 000～4 000 倍液、10％虫螨腈悬浮剂 1 000～2 000 倍液、4.5％高效氯氰菊酯乳油 1 000 倍液、2.5％高效氯氟氰菊酯乳油 1 000 倍液、2.5％溴氰菊酯乳油 1 000 倍液、10％甲氰菊酯微乳剂 1 000 倍液等。

附：斜纹夜蛾预测预报技术（适用于长江流域菜区）

1. 调查内容与方法

1）成虫消长动态监测 成虫监测时间为 5 月中旬至 11 月底。在主要蔬菜生产基地，区域生产面积至少应大于 0.67hm²。选有代表性的茬口、主栽品种，在空旷、便于进出调查的田边安装测报灯诱集成虫，周边应避免有干扰的光源。设置用于测报的性诱剂诱捕器，放在便于调查的菜田中。

（1）黑光灯诱测。采用多功能自动虫情测报灯（20W 黑光灯）诱蛾，设置在视野开阔处，四周无高大建筑物及树木遮挡。测报灯（或黑光灯）的灯管下端与地表面垂直距离为 1.5m。黑光灯的灯管一般每 30d 更换 1 次。每天检查灯下成虫数量、性比。

（2）性诱剂诱测。设干式诱蛾器 2～4 只，下部挂瓶或塑料袋，相邻 2 个诱蛾器至少间隔 100m，每只诱捕器用诱芯 1 个，性信息素诱芯主要为毛细管诱芯，性信息素置于其中，诱捕器下孔接上瓶口吻合的市售 596mL 纯净水瓶或塑料袋，并在瓶（袋）内加入 2/3 体积的清水，将整个诱集装置绑定在直径为 2cm 的竹竿上，诱芯与地面的垂直高度为 100cm。每 2d 换 1 次纯净水瓶（袋），取出诱集到的斜纹夜蛾成虫计数统计，换上新的纯净水瓶（袋）。斜纹夜蛾大发生时，每天换 1 次纯净水瓶（袋）并对诱集到的斜纹夜蛾成虫计数。诱芯 30d 更换 1 次。

2）田间虫情系统调查 调查时间为 6 月初至 11 月底。选择定植后 15d 以上的早、中、晚茬主栽品种类型田各 2 块。有条件的专业测报点要设面积不小于 0.02hm² 的虫情自然消长观察圃 1 个，调查自然状态下的发生消长规律。调查时，采用棋盘式多点取样法，每 5d 1 次，每田定点 25 个，每点定株 2 株，共取样 50 株在傍晚或清晨调查有虫株率、卵块数、幼虫数（虫态发育进度）。

3）田间虫情巡回普查 调查时间在斜纹夜蛾发生盛期的 7 月中、下旬至 10 月下旬。在早、中、晚茬口选定植后 15d 以上的主栽品种类型田各 2～3 块，调查总田块数不少于 10 块。采用对角线五点取样法，每 10d 1 次，每田定点 10 个，每点定株 5 株，共取样 50 株在清晨或傍晚调查有虫株率，将大田虫情巡回普查面积及发生程度分级结果汇总。

2. 虫情预报

1）大田虫情普查预报 根据测报点斜纹夜蛾虫情系统消长调查，在第二代发蛾峰始盛期（7 月中旬前后的初始发生期），汇总当前虫口发生基数、中长期天气预报对下阶段虫情发生的影响等综合因素，分析发生动态，向主要生产区发出预警趋势预报。

2）防治适期及防治对象田 防治适期＝斜纹夜蛾发蛾峰＋（日均温度 20～25℃蛾峰日＋8～11d，或日均温度 26～28℃蛾峰日＋6～7d，或日均温度 28℃以上蛾峰日＋5～6d）。防治对象田＝大田虫情有虫株率达到 3％以上的各类型田。

3. 发生程度分级　以有虫株率定发生程度，分为5级，即轻发生（1级）、偏轻发生（2级）、中等发生（3级）、偏重发生（4级）、大发生（5级），各级指标的有虫株率为：1级：有虫株率≤25%；2级：有虫株率25.1%～50%；3级：有虫株率50.1%～75%；4级：有虫株率75.1%～95%；5级：有虫株率95.1%～100%。

蒋杰贤（上海市农业科学院生态环境保护研究所）

第 132 节　甘蓝夜蛾

一、分布与危害

甘蓝夜蛾 [*Mamestra brassicae* (Linnaeus)] 属鳞翅目夜蛾科甘蓝夜蛾属。别名甘蓝夜盗虫、菜夜蛾等。此虫为古北、新北区系共有种的世界性害虫，广泛分布于从西伯利亚到印度的亚洲、非洲、欧洲和美洲。国内分布于各地区，以黑龙江、吉林、辽宁、内蒙古、河北、河南、山东、山西、北京、天津、陕西、宁夏、甘肃、新疆、青海、西藏等省份菜区发生程度偏重，属局部间歇性大发生害虫。甘蓝夜蛾食性复杂，是一种较为典型的多食性昆虫，寄主植物多达45科120种以上，有甘蓝、白菜、油菜、萝卜、菠菜、甜菜、甜椒、番茄、茄子、马铃薯、胡萝卜及瓜类、豆类蔬菜等，尤其嗜食十字花科芸薹属和藜科甜菜属植物，还可为害桃叶卫矛、葡萄、紫荆、桑、柏、松、杉、鸢尾等木本植物。

幼虫初孵化时喜集中在植物叶片背面取食，吃掉叶肉，残留表皮，稍大后渐分散，可将叶片咬成小孔洞，四龄后食量大增，将叶片咬成大洞，五、六龄进入暴食期，可食光叶肉仅残留叶脉。还可蛀入甘蓝、大白菜叶球为害，排出粪便污染叶球导致腐烂，并能诱发软腐病和黑腐病，严重影响蔬菜产量和商品价值（彩图10-132-1）。据报道，西藏日喀则地区甘蓝夜蛾每年发生1代，6月下旬田间始见幼虫为害，8月进入暴食为害期，主要为害豆类作物和十字花科蔬菜。1979年，该虫食去了豌豆上部叶片和嫩尖，减少结荚20.0%～35.1%。1982年，甘蓝夜蛾大发生，日喀则等6个县平均虫量为24.74头/m²，最高的田块虫量为482.76头/m²，严重制约甘蓝、大白菜、油菜生产。2000年，青海省部分地区油菜田甘蓝夜蛾发生为害严重，平均为害株率80%以上，7月中、下旬盛发期，田间虫口密度为30～40头/m²，个别田块虫口密度高达每90头/m²，产量损失率为14%～29%。据2007年、2008年辽宁、山西虫情报道，在辽宁岫岩地区甘蓝夜蛾主要为害甘蓝、秋白菜、番茄、辣（甜）椒和花椰菜等多种植物，被害株率为20%～30%，严重的达70%以上，一般可造成产量损失15%～25%。山西太原地区一般年份蔬菜被害率为20%～25%，造成减产25%～40%。2008年佳木斯市甜菜甘蓝夜蛾大发生面积达1万hm²，占总面积的80%以上，幼虫密度达到了100多头/m²，造成甜菜减产达20%以上。

二、形态特征

成虫：体长15～25mm，翅展40～50mm。体、翅灰褐色，复眼黑紫色。前翅中央位于前缘附近内侧有一环状纹，灰黑色，肾状纹灰白色。外横线、内横线和亚基线黑色波纹状，沿外缘有黑点7个，下方有白点2个，前缘近端部有等距离的白点3个；亚外缘线色白而细，外方稍带淡黑。缘毛黄色。后翅灰色，基半部色淡（彩图10-132-2，1、2）。

卵：底径0.6～0.7mm，半球形，上有放射状的三序纵棱，棱间有1对下陷的横道，隔成一行方格。初产时黄白色，后来中央和四周上部出现褐色斑纹，孵化前变紫黑色。

幼虫：体色随龄期不同而异，初孵化时，体色稍黑，全体有粗毛，体长约2mm，头壳宽度为0.45mm。二龄体长8～9mm，头壳宽度为0.90mm，全体绿色。一、二龄幼虫仅有2对腹足（不包括臀足）。三龄后具腹足4对。三龄体长12～13mm，头壳宽度为1.30mm，全体绿黑色，具明显的黑色气门线。四龄体长20mm左右，头壳宽度为1.78mm，体为灰黑色，各体节线纹明显。五龄体长28mm，头壳宽度为2.30mm，老熟幼虫体长约40mm，头壳宽度为3.40mm，头部黄褐色，胸、腹部背面黑褐色，散布灰黄色细点，腹面淡灰褐色，前胸背板黄褐色，近似梯形，背线和亚背线为白色点状细线，各节背面中央两侧沿亚背线内侧有黑色条纹，似倒八字形。气门线黑色，气门下线为一条白色宽带。臀板黄褐色椭圆形，腹足趾钩单行单序中带（彩图10-132-2，3、4）。

蛹：长 20mm 左右，赤褐色，蛹背面由腹部第一节起到体末止，中央具有深褐色纵行暗纹 1 条。腹部第五至第七节近前缘处刻点较密而粗，每刻点的前半部凹陷较深，后半部较浅。臀刺较长，深褐色，末端着生 2 根长刺，刺从基部到中部逐渐变细，到末端膨大呈球状，似大头钉（彩图 10 - 132 - 2，5）。

三、生活习性

甘蓝夜蛾每年发生代数各地不一，东北地区 1 年发生 2 代，华北地区 2～3 代，陕西泾阳 4 代，新疆 1～3 代（一般 2 代），重庆 2～3 代，均以蛹在寄主根部附近 7～10cm 深土中滞育越冬，也可在田边杂草、土埂下越冬。越冬蛹一般于翌年春季气温在 15～16℃时羽化出土。越冬代成虫出现期，一般 2 代区于 5 月、3 代区于 4 月、4 代区于 3 月，由北往南发生期逐渐提早。各地幼虫发生为害盛期有所差异，东北地区和宁夏在 6～7 月的第一代幼虫和 8～9 月的第二代幼虫；重庆等地为 5 月的第一代幼虫和 9～10 月的第三代幼虫，盛夏季节第二代发生为害较轻，呈现出春末夏初（或夏季）的发生为害程度重于秋季的趋势。

成虫昼伏夜出，以 21：00～23：00 活动最盛，有趋光性和趋化性，其中对黑光灯及糖醋液趋性较强。甘蓝夜蛾成虫的翅发达，具有较强的飞翔力并进行频繁的飞翔活动，成虫羽化从出土到展翅飞翔大约需 2h，得到补充营养后方能持续飞翔。成虫的夜间活动有两个高峰。从黄昏开始至午夜前是第一个活动高峰。初为飞翔觅食补充养料，继而寻找配偶交尾，及雌蛾选择产卵寄主和场所。日出前之飞翔主要是觅食和寻找隐蔽场所，形成夜间活动的第二个高峰。成虫羽化后于次日即可交尾，交尾 1～3 次，交尾时间为 6～12h。交尾后 2～3d 开始产卵，雌虫寿命 2～3 周。

卵块产，多产在叶背，卵粒不重叠。每块平均有卵 140～150 余粒。每头雌成虫可产卵 5～6 块，总产卵量 500～1 000 粒，最多的可达 3 000 粒。成虫产卵量与补充营养的多少有相关性，补充营养不足，产卵量受影响。成虫的产卵量还受环境温度的影响，最适宜温度为 21.8～25.2℃，低于适温或高于适温时，产卵量都要下降。成虫喜在高大、生长茂盛的植株上产卵，田块间生长幼嫩、植株高大的田块着卵最多。卵的发育上下限温度为 30℃及 11.5℃，发育最适温度为 23.5～26.5℃，在适温下卵的发育历期为 5d，在较低温度下卵的发育历期将延长至 10～12d。

幼虫 6 龄。初孵幼虫集中在叶背卵壳周围取食，通常停留在叶脉上，取食叶脉两侧的组织，同时残存植物叶片上表皮，此时其为害不容易被发现；二龄幼虫陆续扩散至产卵株的其他叶片，三龄时逐渐向产卵株周边的植株扩散为害，二、三龄幼虫在叶片上咬出孔洞；四龄后食量增大，此时它们可以把植物叶片几乎吃光，只残存大的叶脉。高龄幼虫为夜出性，日间多潜伏于心叶、叶背或寄主根部附近表土中，夜间外出为害。五、六龄食量最大，占幼虫期食量的 90.84%，常暴食成灾。当食料缺乏时，能成群迁移。幼虫发育最适温度为 20～24.5℃，其上下限分别为 30.6℃和 16℃。在最适温度下，幼虫历期一般为 20～30d，依据空气和土壤的温度、湿度而变化。幼虫老熟后入土，吐丝结带土的粗茧，而化蛹其中，入土深度通常为 6～7cm。

蛹红褐色，蛹期一般为 8～15d；甘蓝夜蛾在各地以蛹在土中滞育越冬。光周期是甘蓝夜蛾滞育诱导的主要影响因子，幼虫期感受不同光周期，导致甘蓝夜蛾蛹有三种发育类型：夏滞育、冬滞育以及非滞育。冬滞育的甘蓝夜蛾在 20℃、光照大于 14h 几乎全部发育，而光照小于 13h 全部滞育；在 25℃，光照大于 14h 几乎全部发育，而光照小于 13h 滞育率很高；在 28℃，光照大于 8h 小于 14h 滞育率较高，光照大于 14h 和小于 8h 滞育率低；其光周期反应类型为在 20℃和 25℃为长日照发育型，在 28℃为长日照—短日照发育型。而且不同地理种群的甘蓝夜蛾滞育存在差异，甘蓝夜蛾哈尔滨种群在 28℃光期长度 12h 滞育率最高，达到 90%以上。

四、发生规律

甘蓝夜蛾是一种间歇性局部大发生的害虫，环境条件适宜年份的春季初夏易于成灾，少数年份秋季亦能严重为害，其发生程度与环境条件密切相关。

（一）气候条件

温、湿度是影响该虫发生轻重的重要因子，以日平均气温 18～25℃和相对湿度 70%～80%对其生长发育最为有利；若温度低于 15℃或高于 30℃和相对湿度低于 68%或高于 85%时，则对该虫发生有不利影响。例如，当室内温度达 25℃以上时，饲养的幼虫食欲减退，体躯发软，发育不正常，大批感病。土壤温、湿度直接影响成虫羽化出土,如土壤含水量 16%~19% 时和气温在 21℃ 以上,束翅蛾率达 56.2%。同时,蛹在高温下会发生滞育,据中国农业科学院兴城果树研究所观察,当室温在 22℃ 以上时,各代蛹总有一部分不能羽化,直至温度降低到 18℃ 时才羽化,滞育期可达 2~4 个月。在东北地区以第一代幼虫,有时也有少部分以蛹态在土中滞育越夏,到 9 月才羽化,这一部分只能发生 2 代,在重庆也有同样情况。

(二)寄主植物与蜜源植物

幼虫食性广泛,所以幼虫的食料条件可能不是影响发生数量的重要因素。而成虫能否获得充足的补充营养,则影响很大。据陕西研究,用清水饲养的成虫,寿命仅 4~5d,且不产卵;而用蜂蜜水和红糖水饲养的,成虫寿命分别为 7~9d、10~15d,平均产卵量分别为 792 粒和 634 粒。越冬代成虫发生期有丰富的蜜源,可能是促成春季一代幼虫大发生的原因之一。

(三)天敌因素

天敌是影响甘蓝夜蛾种群数量的因素之一。卵期天敌有寄生蜂和草蛉,幼虫和蛹期有寄生蝇、寄生蜂和寄生菌等。幼虫三至四龄后,个体明显增大,且身体无毛、多汁液,是很多鸟类喜欢取食的食料。幼虫也容易被鞘翅目的步甲科(Carabidae)和膜翅目的胡蜂科(Vespidae)昆虫所捕食,被膜翅目茧蜂科(Braconidae)昆虫所寄生。田鼠、鼹鼠、蜈蚣等还可以取食越冬的蛹;成虫可以被猫头鹰、蜘蛛等捕食。甘蓝夜蛾的卵也会受到缨小蜂科(Mymaridae)和赤眼蜂科(Trichogrammatidae)昆虫的寄生,寄生蜂一年可繁育多代,起到持续控制作用。赤眼蜂科昆虫的多个种类被用于甘蓝夜蛾的生物防治。赤眼蜂的成虫将卵产在甘蓝夜蛾卵内,寄生蜂孵化后取食甘蓝夜蛾卵内物质,造成甘蓝夜蛾卵胚胎发育终止,卵变黑。根据卵的颜色变化,可以确定卵是否被寄生。赤眼蜂的一些种类还可以幼虫在甘蓝夜蛾卵内越冬,赤眼蜂不同种类对甘蓝夜蛾的寄生效果不同,选择优势种赤眼蜂是保证赤眼蜂防治甘蓝夜蛾效果的基础。

五、防治技术

甘蓝夜蛾是多种蔬菜的重要害虫,由于具间歇性大发生的特点,正确的预测预报对指导防治十分重要。在防治策略上优先采用生物、物理、农业防治的方法,必要时使用高效、低毒、低残留杀虫剂,并控制好不同农药的安全间隔期,保障蔬菜产品质量安全。

(一)农业防治

1. 深耕晒垡 在秋冬季节蔬菜收获后,及时深耕翻土,能把甘蓝夜蛾在土中越冬的蛹翻到地面上,或者破坏其越冬场所,利用机械的杀伤作用和冬季的严寒天气杀死害虫,可将一大部分虫源消灭,减少第二年成虫数量。

2. 铲除杂草,清洁田园 蔬菜收获后,及时清除田间残枝败叶,铲除地边、沟边杂草,可以消灭附着在其上的害虫,同时可以减少害虫的产卵寄主和食料。

3. 人工摘除卵块和初龄幼虫为害叶片 甘蓝夜蛾卵块产于菜叶上,并且二龄前幼虫不分散,易被发现,可结合田间管理,及时摘除被害叶片,杀灭之。

4. 甘蓝夜蛾嗜食作物与其他作物间作和套种 两种或多种作物间作和套种后,提高菜田环境的生物多样性,保护多种天敌昆虫的生存和繁衍,有利于发挥天敌昆虫的自然控制作用,从而可以减少化学农药的用量。

(二)生物防治

1. 利用天敌 目前主要是释放螟黄赤眼蜂(Trichogramma chilonis)、松毛虫赤眼蜂(T. dendrolimi)、玉米螟赤眼蜂(T. ostriniae)和广赤眼蜂(T. evanescens)防治甘蓝夜蛾卵。每 667m² 设 3~5 点,每点放 3 000 头蜂,具体时间根据灯光和糖醋液诱集甘蓝夜蛾成虫的高峰期确定,在高峰期过后 1~3d 内开始第一次放蜂,每隔 3~4d 放 1 次,共放 4 次。

2. 利用微生物杀虫剂 针对初龄幼虫进行微生物防治可用苏云金芽孢杆菌(Bacillus thuringiensis,Bt)杀虫剂,如 16 000IU/mg 可湿性粉剂 750~1 125g/hm²,8 000IU/mL 悬浮剂 1 500~2 200mL/hm²。

甘蓝夜蛾核型多角体病毒(MbNPV)是甘蓝夜蛾的主要病原微生物,MbNPV 杀虫剂对甘蓝夜蛾的防治效果不仅表现在对产量的影响上,更主要在于明显改善产品品质,并且对人、畜及天敌无害,可用 20 亿 PIB/mL 核型多角体病毒悬浮剂 1 350~1 800mL/hm²。

3. 利用诱捕器诱杀 在无甘蓝夜蛾商品化诱芯的情况下，可以采用以下两种办法。①用活雌蛾制作诱捕器诱杀。把 2～4 头未交尾的活雌蛾装在尼龙纱网制作的小笼子里，吊挂在水盆上方，诱杀雄蛾；②用粗提物诱杀雄成虫。剪取 10～20 头雌蛾腹部末端，用二氯甲烷等溶液进行粗提，利用粗提液诱集雄性成虫。

利用诱捕器诱捕雄性成虫，可减少田间成虫交尾，从而减少产卵和田间幼虫量；还可以通过诱集成虫预测幼虫发生量和发生时间，为确定是否使用化学农药防治和防治适期提供依据。

（三）物理防治

利用甘蓝夜蛾成虫的趋光性，应用频振式杀虫灯、黑光灯、高压汞灯等，使用 220V 交流电，每 1～1.4hm² 菜地挂 1 盏灯。灯高度为距地面 1～1.5m，每天 7：00～9：00 开灯，露地悬挂的时间是在蔬菜定植后的 10d 内。利用趋光性诱杀可以降低成虫发生数量，预测幼虫发生量和发生期，指导科学用药。同时还可以配合使用糖醋盆利用趋化性诱杀成虫、监测虫情。

（四）化学防治

防治适期为一至三龄幼虫盛发期，且幼虫只在植株的外部叶片取食。施药时间为早晨或傍晚幼虫比较活跃期。可选用的化学药剂有：150g/L 茚虫威悬浮剂 3 000 倍液、50g/L 虱螨脲乳油 800～1 000 倍液、25g/L 多杀霉素悬浮剂 800～1 000 倍液、10％虫螨腈悬浮剂 1 000～1 500 倍液、1.8％阿维菌素乳油 1 000 倍液、3％甲氨基阿维菌素苯甲酸盐微乳剂 2 000～3 000 倍液、5％氟虫脲乳油 1 000～1 500 倍液、5％氟啶脲乳油 1 000～1 500 倍液、2.5％高效氯氟氰菊酯乳油 1 500～2 500 倍液、5％氯虫苯甲酰胺悬浮剂 1 500～2 000 倍液等，喷雾防治。

十字花科菜田化学防治甘蓝夜蛾，在一般发生年份，通常结合小菜蛾等害虫防治统筹兼治，就能达到控制为害的目的。严重发生时需要适期防治、均匀周到喷药，才能有良好的防治效果。

樊东（东北农业大学农学院）

第 133 节 菜 螟

一、分布与危害

菜螟 [*Hellula undalis* (Fabricius)] 属鳞翅目草螟蛾科野螟亚科，俗称菜心野螟、萝卜螟、白菜螟和钻心虫等。菜螟是一种世界性害虫，我国各地均有发生，是我国南方菜区及山东、河南、河北、陕西等省常发性害虫，主要为害萝卜、青菜、大白菜、甘蓝、花椰菜、芥菜、芜菁、油菜等十字花科蔬菜，尤其是秋萝卜受害最重，白菜和甘蓝次之。菜螟也是传播十字花科蔬菜软腐病的重要媒介害虫。

在我国，菜螟的为害报道始见于 20 世纪 50 年代。21 世纪以来随着蔬菜种植面积的扩大，菜螟的虫口密度呈上升趋势，为害也随之加重。例如，2003 年上海市崇明、南汇、奉贤区（县）始见有菜螟零星发生，2004 年由于气候较适宜等原因，菜螟在出口叶菜类上大发生，受灾面积超过 67hm²，毁种 7～8hm²。2004 年河南省安阳市报道，一般年份秋季萝卜、大白菜和油菜苗期受害株率都在 30％左右，严重地区和地块常常高达 70％～80％。菜螟以初龄幼虫蛀食幼苗心叶，吐丝结网，轻则影响菜苗生长，重者可致幼苗枯死，造成缺苗断垄；高龄幼虫除啃食心叶外，还可蛀食茎髓和根部，造成根部腐烂，萝卜出现无心苗，甘蓝、大白菜不能结球、包心，严重影响蔬菜产量和菜农的经济收入。

二、形态特征

成虫：体长约 7mm，翅展 16～20mm，小型蛾类。体灰褐色或黄褐色。前翅有 4 条灰白色波状横纹，翅中央有 1 灰黑色肾形纹，肾形纹四周灰白色，外缘有 1 排黑色小点。后翅灰白色，外缘略带褐色（彩图 10-133-1，1）。

卵：椭圆形，扁平，长约 0.3mm，表面有不规则网状纹，初产时淡黄色，渐转为红色或橙黄色。

幼虫：共 5 龄，末龄幼虫体长 12～14mm。头部黑色，胸、腹部淡黄色或浅黄绿色，背面有 5 条深褐色纵线。前胸盾片上有不规则褐斑，刚毛褐色或淡黄绿色，中、后胸各有 6 对毛突，横排成 1 行。腹部各节的背面及侧面有毛突 2 排，前排 8 个，后排 2 个；腹足趾钩为双序外缺环，趾钩外侧有刚毛 3 根（彩图

10-133-1，2）。

蛹：体长 7～9mm，黄褐色，翅芽长达第四腹节后缘，腹部背面 5 条纵线，腹末有 2 对刺，中间一对略短，末端稍弯曲。蛹茧长椭圆形，茧外附有泥土。

三、生活习性

菜螟每年发生的世代数由南向北逐渐减少。广西 1 年发生 9 代，武汉 7 代，上海、成都 6～7 代，河南焦作 6 代，北京、山东 3～4 代。菜螟以老熟幼虫在避风向阳处，吐丝缀合泥土或枯叶结成丝囊，在其内越冬，少数也可以蛹越冬。越冬幼虫于翌年春季在表土层作茧化蛹，也可在残株落叶中化蛹。武汉地区各代幼虫为害期为：第一代在 4 月下旬至 5 月下旬；第二代在 5 月下旬至 6 月下旬；第三代在 7 月上旬至 7 月中旬；第四代在 7 月下旬至 8 月上旬；第五代在 8 月上旬至 8 月下旬；第六代在 9 月上旬至 9 月中旬；第七代在 9 月下旬至 11 月上旬。各地的严重为害期均在 8～10 月。

成虫昼伏夜出，白天隐藏在叶背或茎基部阴凉处，夜间出来活动，但趋光性较弱，黑光灯下很少见到该虫。成虫飞翔能力不强，多在距地面 1 米左右的上空飞行。成虫多在夜间羽化、交尾，产卵前期约 2d。卵多散产在幼苗的心叶、叶柄及外露的根上。每雌平均产卵约 200 粒，繁殖系数高。成虫寿命 5～7d，最长可达 11d。卵期 2～5d，最长可达 7d。

初孵幼虫大多潜入叶表皮下，啃食叶肉，形成小且短的袋状隧道；二龄后钻出叶表皮，在叶面活动；三龄以后钻入菜心，并吐丝缠结心叶，藏匿其中取食心叶基部和生长点，造成心叶枯死；四龄至五龄幼虫向上蛀入叶柄，向下蛀食茎髓或根部，蛀孔显著，孔外有丝掩盖。幼虫可转株为害，并能传播软腐病。幼虫历期在 5～9 月为 9～16d，其余气温稍低的季节其幼虫期可延长至 3～7 周。幼虫老熟后，大多在菜根附近的土中化蛹，少数在被害菜心内吐丝结茧化蛹，预蛹期 1～2d，蛹期 5～10d。

适宜菜螟生长发育的温度为 15～38℃，最适环境为温度 26～35℃，相对湿度 40%～70%，干旱少雨的年份一般发生偏重，秋季为害最重。例如，山东在 8 月下旬至 9 月上、中旬，河南焦作在 8 月下旬至 9 月，成都、武汉和南京在 8～9 月，长沙在 8 月下旬至 9 月上旬，福州在 8 月，广西柳州在 9 月上旬至 10 月上旬均为主要为害时期。菜螟在南方 1 年中可分为三个为害阶段：严重为害期是在 8～9 月，此时正当秋播萝卜、白菜出土破心，为第四至六代发生期，发生量最大，是治螟保苗的关键时期；一般为害期是 6 月、7 月和 10 月，为第二至三代发生盛期和 10 月末代幼虫尚未越冬时期，这一时期可根据蔬菜苗龄，适当进行防治；较轻为害期为 5 月和 11 月。5 月是第一代幼虫发生期，此时正值低温多雨季节，幼虫死亡率高，虫口密度小；11 月末代幼虫逐步进入越冬的阶段，取食为害较轻。12 月至翌年 4 月幼虫越冬，一般不为害。

四、发生规律

（一）气候条件

菜螟一般较适宜高温低湿的环境。秋季能否形成猖獗为害，与这一时期的降水量、湿度和温度密切相关。例如，在 8～9 月发生为害盛期，若降水量偏高则为害较轻。若气温在 30～31℃，相对湿度在 69% 左右时，则较适宜菜螟的发生。气温在 20℃ 以下，相对湿度超过 75% 时，幼虫大量死亡。如武汉地区，8～9 月遇高温干旱年份，菜螟发生严重，造成许多地块萝卜、白菜缺苗断垄，补种重栽。相反，8～9 月降水量较常年偏多，不利于菜螟的发生，其为害较轻。

（二）寄主植物

菜螟的发生为害程度与寄主植物的苗龄大小密切相关。据记载，河南新乡秋萝卜幼苗在 1～2 片真叶期，百株卵量仅 2～3 粒，3～5 片真叶期，百株卵量上升为 14 粒以上，6～7 片真叶期，则基本上没有产卵。菜螟产卵对 3～5 片真叶期的秋萝卜、秋白菜具有明显的选择性。由此可见，萝卜、白菜 3～5 片真叶期，与菜螟的产卵盛期和幼虫孵化盛期是否吻合，是受害轻重的重要原因之一。

此外，蔬菜的播种期、前茬及地势高低均与菜螟的发生轻重有关。一般在 10 月上旬播种的萝卜受害较轻，10 月中、下旬播种的则很少受害。前茬作物为十字花科蔬菜，往往受害严重。地势高、土壤干燥和干旱季节，菜地灌溉不及时，也有利于菜螟发生。

（三）天敌昆虫

天敌的控制作用也可影响菜螟发生程度。菜螟的天敌昆虫主要包括寄生性天敌有凹眼姬蜂 [*Casinaria infesta* (Cresson)]、弯尾姬蜂属（*Diadegma*）、夏威夷齿腿姬蜂（*Pristomerus hawaiiensis* Perkins）、黄眶离缘姬蜂 [*Trathala flavoorbitalis* (Cameron)]、螟甲腹茧蜂（*Chelonus blackburni* Cameron）、麦蛾茧蜂（*Habrobracon hebetor* Say）和微小赤眼蜂（*Trichogramma minutum* Riley）等；捕食性天敌有蜘蛛、猎蝽、鸟类和步甲等；致病微生物有真菌、线虫及其他病原微生物等。研究结果表明，自然条件下无卵和蛹寄生，田间幼虫自然寄生率达 10%～38%。室内生测结果表明，致病微生物可导致菜螟 80%左右的死亡率。

五、防治技术

（一）农业防治

1. 合理布局作物 根据老熟幼虫在被害植株附近土缝中化蛹及成虫飞翔力较弱等习性，对秋萝卜、白菜进行合理布局，尽可能避免连作。

2. 调节播种期 适时播种，使幼苗 3～5 片真叶期与菜螟为害的高峰期错开，从而减轻受害，南方可延迟播种。

3. 加强田间管理 采收后深翻土地，清除残株落叶，可消灭一部分在表土和枯叶残株内的幼虫、蛹或成虫，减少下代虫源基数。幼虫发生期及时增加灌水，利用喷灌等设施勤浇水，提高田间湿度，以减少幼虫数量，降低田间虫口密度。

（二）物理防治

1. 人工捕捉 结合间（定）苗等田间操作，拔除虫苗，见有菜心被幼虫丝缠住即捏杀，可减少部分虫量。

2. 灯光诱杀 在菜螟成虫羽化期，每 6 670m² 菜园挂 1 盏黑光灯诱杀。

3. 性诱剂诱杀 将 2～4 头未交尾的活雌菜螟装在尼龙纱网制作的小笼子里作为诱捕器，吊挂在水盆上方诱杀菜螟雄虫。

（三）生物防治

利用天敌防治。保护释放赤眼蜂等天敌，抑制菜螟的生长发育和控制其种群。人工放蜂时应选择晴天 8：00～9：00，露水已干，日照不烈时进行。一般发生代数重叠、产卵期长、数量大的情况下放蜂次数要增多，蜂量要加大。通常每代放蜂 3 次，第一次可在始蛾期开始，数量为总蜂量的 20%左右；第二次在产卵盛期进行，数量为总蜂量的 70%左右；第三次可在产卵末期进行，释放总蜂量的 10%左右。每次间隔 3～5d。放蜂的方法有成蜂释放法和卵箱释放法，亦可将两者结合释放。

用苏云金杆菌乳剂（每 667m² 用原药 100g），或用青虫菌或用杀螟杆菌菌粉，含孢子数在 100 亿/g 以上，加水 300～500 倍，并加 0.1%洗衣粉，喷雾，均可收到较好的防治效果。

（四）化学防治

很多药剂都对菜螟有良好的效果，但防治效果的好坏，主要在于掌握防治适期和喷药技术。掌握在幼虫孵化始盛期和蛀心前喷药，同时药剂应尽量喷到菜株心叶上。在幼苗出土后检查卵的密度和孵化情况，在卵孵化盛期或初见心叶被害和有结网时即开始喷药，一般需连续喷药 2～3 次。可选用 90%敌百虫原药 800～1 000 倍液，或 2.5%高效氯氟氰菊酯乳油 3 000 倍液、10%高效氯氟氰菊酯乳油 2 500 倍液、2.5%联苯菊酯乳油 3 000 倍液、10%氯氰菊酯乳油 2 000～3 000 倍液、3%甲氨基阿维菌素苯甲酸盐微乳剂 2 500～3 000倍液、50%辛硫磷乳油 1 000 倍液、5%氟啶脲乳油 2 000～2 500 倍液、5%氟虫脲乳油 2 000～2 500 倍液、5%氟铃脲乳油 2 000～2 500 倍液等，喷雾防治。

雷朝亮（华中农业大学植物科学技术学院）

第 134 节 菜 粉 蝶

一、分布与危害

菜粉蝶（*Pieris rapae* Linnaeus）又称菜白蝶、白粉蝶、白蝴蝶和小菜粉蝶，幼虫称菜青虫或青虫，属鳞翅目粉蝶科粉蝶属。Linnaeus 于 1758 年定种后，李传隆等曾于 1992 年将其归入 *Artogeia* 属，*Artogeia rapae* (Linnaeus) 为同种异名。菜粉蝶原产亚洲温带地区和欧洲大陆，19 世纪传入美洲，20 世纪传入澳大利亚和新西兰，现已遍及世界各大洲，是东洋、古北、非洲、澳洲、新北和新热带区系共有种，但仍以原产地发生为害最为普遍。菜粉蝶适应外界环境能力强，在我国所有省份均有分布，从中东部平原到海拔 4 000m 的高原都能生活。除广东、海南、新疆、西藏、香港、台湾地区及高山反季节蔬菜产区等发生较轻外 [新疆、西藏南部大菜粉蝶 (*Pieris brassicae* Linnaeus) 为优势种]，在我国其他地区菜粉蝶都是十字花科蔬菜主要害虫。尤以结球甘蓝、花椰菜和球茎甘蓝等受害最重；大白菜、白菜 (青菜)、油菜、萝卜、芥菜、芜菁及药用植物板蓝根等次之。在缺乏十字花科蔬菜寄主植物时，也可为害白花菜科、金莲花科、菊科、百合科等 9 科共 35 种植物。

幼虫多在叶片背面啃食叶肉，残留表皮或成缺刻和孔洞，严重时仅残存叶脉和叶柄，影响植株生长发育和包心，造成减产，苗期受害可整株被食光 (彩图 10 - 134 - 1)。幼虫排泄的粪便污染菜叶、叶球和球茎，降低蔬菜商品价值。幼虫取食为害时造成的伤口利于病菌侵染，同时其口器、食管携带病菌起到传播和接种作用，是诱发十字花科蔬菜软腐病、黑腐病等病害流行的原因之一，从而加重为害。此外，在我国南方蚕桑产区和种蚕场，菜粉蝶成虫还可感染、携带家蚕微孢子虫 (*Nosema bombycis* Nageli) 污染桑叶，是传播家蚕微粒子病的一条重要途径，对蚕桑产业尤其是蚕种生产具有毁灭性的危害。

陈生斗等 (2003) 统计了 1949—1999 年我国菜青虫发生为害和防治的情况，因前 4 年的资料不完整予以略去，加以合并整理列于表 10 - 134 - 1，结合各阶段蔬菜产业发展和影响防治效果的关键因素，对本种害虫的经济学意义做一初步分析。

表 10 - 134 - 1　1953—1999 年我国菜粉蝶发生及防治概况 (引自陈生斗等，2003)

Table 10 - 134 - 1　Occurrence damage and control overview of *Pieris rapae* during 1953 —1999 in China (from Chen Shengdou et al. , 2003)

年份	发生面积/年 (万 hm²)	防治面积/年 (%)	挽回损失/年 (万 t)	实际损失/年 (万 t)	相对损失率 (%)
1953—1959	2.134 1	61.90	1.172 6	1.353 4	53.58
1960—1969	2.360 6	69.82	0.425 4	0.342 6	44.61
1970—1979	2.612 9	95.13	1.697 1	0.670 0	28.30
1980—1989	28.914 1	109.45	35.535 4	7.896 2	18.18
1990—1999	106.836 3	125.10	162.566 6	28.256 3	14.81

注　表中相对损失率 (%) ＝实际损失÷ (实际损失＋挽回损失)。

从表 10 - 134 - 1 可见，20 世纪后半叶特别是 80 年代后，随着我国蔬菜产业的迅速发展，菜粉蝶的发生面积增长很快，由于防治技术提高和防治面积相应扩大，菜粉蝶为害的相对损失率呈逐步明显下降的态势。50～60 年代我国蔬菜生产中，除了大、中城市郊区科学技术普及程度较高、开展化学防治外，许多地区受制于防治技术和农药的匮乏，未进行防治的菜田面积占 30.18%～38.1%，而造成了菜粉蝶猖獗为害，蔬菜相对损失率高达 44.61%～53.58%。进入 70 年代和 80 年代初期，则因菜粉蝶对连续、广泛使用的杀虫剂品种滴滴涕、敌百虫、敌敌畏等产生抗药性，使之成为"无效药剂"，菜粉蝶仍然为害严重并造成了较大的经济损失。1983 年我国停止生产、使用滴滴涕、六六六等高残留杀虫剂。从 1986 年开始，我国蔬菜植物保护相继开展了多层次的协作攻关研究，提出了菜粉蝶等害虫综合防治技术，以及苏云金芽孢杆菌制剂、拟除虫菊酯类、昆虫生长调节剂类、阿维菌素等新型杀虫剂渐成主要品种，提高了对菜粉蝶等害虫的防治技术水平，使得传统蔬菜产区菜粉蝶严重为害的局面得以有效的控制。但由于 70 年代末和 80 年代后，我国新菜区迅猛发展，受生产条件、管理技术水平、防控病虫技能和药械等因素影响，菜粉蝶仍造成一定危害。从山东省的历史记录来看，1978 年全省菜青虫大发生，济南、枣庄、济宁三地发生尤为严重；1980 年济南市个别地块绝产；1988 年、1989 年菜青虫在淄博市暴发，严重发生面积分别达 2 633.3hm² 和 3 706.7hm²，个别地块绝收。

进入 21 世纪以来，我国实施无公害食品行动计划，由于菜青虫的综合防治技术已列入十字花科蔬菜无公害生产技术规程，随着科学技术的普及和广泛应用，菜青虫已基本得到了安全有效的控制。

二、形态特征

成虫：体长 12～20mm，翅展 35～55mm。头大，额区密被白色及灰黑色长毛。眼大，圆凸，裸出，赭褐色。下唇须较头长，前伸。体灰黑色，腹部密被白色及黑褐色长毛。前翅长三角形，后翅略呈卵圆形，翅粉白色，鳞粉细密。雌蝶前翅前缘和基部大部分灰黑色，顶角有一个三角形黑斑，在翅的中室外侧有两个黑色圆斑。后翅基部灰黑色，前缘也有一个黑斑，展翅时其前、后翅 3 个圆斑在一条直线上。雄蝶翅较白，基部黑色部分小，前翅近后缘的圆斑不明显，顶角的三角形黑斑较小。成虫有春型和夏型之别，春型翅面黑斑小或消失，夏型翅面黑斑显著，颜色鲜艳（彩图 10 - 134 - 2，1）。

卵：似瓶形，高约 0.8mm，直径 0.4mm。初产时乳白至淡黄色，后变橙黄色。卵面有纵棱 11～13 条，其中 8～10 条到达精孔区，横脊 35～38 条，卵面形成许多长方形小方格。

幼虫：共 5 龄。初孵化的幼虫橙黄色，随后渐变为浅绿色，同时背中央出现一条模糊的黄线。老熟时体长 35mm，体圆筒形，中段较肥大，体背密布黑色小瘤突，上生细绒毛。各环节有横皱纹，腹面淡绿白色，各腹节沿气门线上有 2 个黄色斑点，其一为一环状围绕气门，背中线黄色（彩图 10 - 134 - 2，2）。

蛹：长 18～21mm，纺锤形，两端尖细，中部膨大且有棱角状突起。背中线突起呈脊状，在中胸背中央呈棱形隆起，腹部两侧各有一黄色脊，第二、三节腹节的较高，成一角状突起。蛹色随化蛹地点而异，在叶片化蛹的多呈绿色，其他场所化蛹的为淡褐色、灰黄色、灰褐色等。尾部和腰间常由丝连在寄主上。

三、生活习性

菜粉蝶在我国 1 年发生的世代数因地而异，由北向南逐渐增加，黑龙江 3～4 代，内蒙古和辽宁南部、华北北部 4～5 代，长江流域 7～9 代，广州 12 代（室内完成 14 代）。除海南、台湾和广州等地可周年发生外，北方各地均以蛹越冬；随着菜田规范化建设和环境条件的变化，南方地区除越冬蛹外，露地和温室、大棚内十字花科作物上也可以高龄幼虫越冬。田间越冬场所多在冬前为害田附近的屋墙和棚室设施外侧、田间作物与树干上或土缝、杂草间，而屋墙、篱笆、风障等作为越冬场所的地位下降，越冬虫态也出现了新变化。研究明确，短日照是诱发菜粉蝶滞育的主导因素，其感受光周期的敏感虫态为二至四龄幼虫，尤以三龄幼虫的敏感性最强，在 17℃条件下，菜粉蝶南昌种群的临界光周期为 11h 44min；低温对滞育蛹有活化作用。蛹在滞育期间体内糖类代谢活动非常活跃，血淋巴中的糖原减少，同时伴以海藻糖和山梨醇的积累，以抵御冬季的寒冷，滞育终止后糖类代谢则发生相反变化。

由于不同地区及其滞育蛹所处越冬场所的环境条件差异较大，翌年春季菜粉蝶羽化时间参差不齐，羽化期可长达 1～2 个月，造成世代重叠现象严重。我国东部、中部平原地区越冬蛹羽化时间大致是：辽宁兴城 5 月上旬至 6 月上旬，北京地区 4 月中旬至 5 月中、下旬，江苏南京、湖北武昌 3 月中旬至 4 月中、下旬，江西南昌、湖南长沙 2 月中、下旬至 4 月上、中旬。菜粉蝶喜温暖少雨的气候条件，与十字花科蔬菜栽培的适宜环境条件一致。春季随着气温上升，虫口数量逐渐增多，春夏之交可达虫口高峰，为害最重。夏季炎热其种群数量明显下降，菜粉蝶多在棚架作物的瓜豆间、花丛中、园林或水沟花草间飞翔取食花蜜。喜转移到阴凉的杂草上产卵、繁殖，十字花科杂草蔊菜 ［Rorippa montona （Wall）Small］、美洲独行菜（Lepidium virginicum L.）和臭荠 ［Coronopus didymus （L.）Smith］等，是南方菜粉蝶夏季的主要野生寄主。进入秋季虫口数量回升，逐渐形成为害高峰。不同菜田生态区菜粉蝶的种群数量季节消长多呈双峰型，东北地区的发生为害盛期为 7 月和 9 月，华北地区 5 月中旬至 6 月和 8～9 月，长江中下游地区 4 月下旬至 6 月和 9～10 月，华南地区广州多在 3 月前后和 10～11 月。进入晚秋季节田间种群数量锐减，南方菜区若遇暖冬年份，直到 12 月中、下旬田间还可以见到个别幼虫活动。

蝶类昆虫对寄主的专一性较强，尽管它们有一定的迁飞能力。菜粉蝶在广西南部和河北西北部等地，曾经出现集群迁飞较远距离的现象，但是它们的分布仍是以寄主植物为中心。成虫日出性，多在早晨露水干了以后开始活动，白天飞翔，取食花蜜补充营养，夜间、刮风下雨停息于树枝下、作物和草丛中，并有趋集于白花、蓝花和黄花间吸食与休息的习性。晴朗天气以 8∶00～14∶00 羽化最多，一般在羽化后当天即能交尾，交尾时间长的可达 2h，产卵前期为 1～4d。成虫对芥子油糖苷有强烈趋性，喜选择含芥子油糖苷多的十字花科蔬菜产卵，尤喜叶面光滑、蜡质层较厚的甘蓝型蔬菜。卵散产于叶片的正、背面，但叶背为多，极少产在叶柄上。每产一粒即振翅飞去，且飞且产，不时地飞翔于蜜源植物和菜田之间，使得靠近蜜源植物较近的田边着卵量较多。成虫寿命 3～9d 至 14～30d 不等，每头雌成虫产卵量少则 20～30 粒，一般为 100～200 粒，多者可达 500 余粒，与补充营养以及气候因素有关，以越冬代和第一代成虫产卵量高。卵孵化以清晨居多，傍晚次之，初孵幼虫先食卵壳，然后在叶背取食，残留表皮。从二龄开始到叶的正、背面，食叶成空洞或缺刻，食量增加、活动范围扩大，且能转叶和转株为害。第一龄至第三龄食叶量较小，占幼虫期食叶面积的 2.9%，第四龄食量增加占 12.89%，第五龄进入暴食期，占 84.19%，幼虫期可食甘蓝叶片面积 43.9cm²。每天 10：00～12：00 和 16：00～18：00 取食最盛，夜间也能取食。一、二龄幼虫受到惊扰有吐丝下垂的习性，而高龄幼虫则卷缩落地。老熟幼虫多在菜株上化蛹，也能爬行很远的距离寻觅化蛹场所。深秋和初冬季节随着日照逐渐缩短、温度下降，老熟幼虫开始化蛹越冬。

菜粉蝶不同虫态发育历期随着温度升高而缩短。菜粉蝶陕西延安实验种群在恒温 16～28℃、相对湿度 70%～80%、光照 L∶D=14∶10，以十字花科沙芥 ［*Pugionium cornutum*（Linn.）Gaertn.］为食物，卵期为 8.22～3.72d，幼虫期为 24.29～11.45d，蛹期为 17.01～5.21d，世代历期为 49.52～20.38d。卵、幼虫和蛹的发育起点温度分别为 8.4℃、6.0℃ 和 7.0℃，有效积温依次为 56.4℃、217.0℃ 和 150.1℃，世代有效积温 423.5℃。

在北京甘蓝田菜粉蝶自然种群，1980—1984 年第一代卵、第一至三龄幼虫、第四至五龄幼虫和蛹的平均存活率，分别为 61.45%、72.76%、69.82% 和 78.10%；世代总平均存活率为 24.5%。第二代卵、第一至三龄幼虫、第四至五龄幼虫和蛹的平均存活率，分别为 53.97%、80.35%、55.13% 和 60.49%；世代总平均存活率为 14.46%。山东泰安甘蓝田，1989—1993 年菜粉蝶第二代卵、第一至二龄幼虫、第三至五龄幼虫和蛹的平均存活率，分别为 73.21%、57.46%、35.16% 和 37.96%；世代总平均存活率为 35.16%。

菜粉蝶卵、幼虫和蛹在甘蓝田的空间分布图示极不均匀，主要呈负二项分布。田间种群数量调查方法，应选择不同类型的菜田，以 Z 字形抽样最好，其次是棋盘式取样。

四、发生规律

（一）寄主植物与生育期

菜粉蝶的寄主植物已知分属 9 科 35 种，但主要取食十字花科蔬菜，属寡食性害虫。有关的食性研究证实，十字花科、白花菜科植物中含有的一类植物次生化学物质，即硫代葡萄糖苷及其酶解产物异硫氰酸酯（芥子油，mustard oil），是菜粉蝶雌成虫产卵的信号化合物和幼虫取食的指示剂，菜粉蝶成虫位于前足跗节的化感器能灵敏地感觉到芥子油的气味。自然界中硫代葡萄糖苷主要存在于十字花科植物中，这是菜粉蝶与植物在漫长的进化过程中相互适应的结果。因此，有无十字花科植物，与菜粉蝶发生程度关系甚为密切。十字花科蔬菜是我国栽培地区最广、生产面积最大的一类蔬菜，一般在春末夏初和秋季栽培最多。给菜粉蝶提供了丰富食料和蜜源植物，使菜粉蝶成虫补充营养充足，繁殖力强，导致种群数量增长快，成为菜粉蝶发生为害盛期。此外，欧洲菘蓝（*Isatis tinctoria* L.）、菘蓝（*I. indigotica* Fort.）及十字花科水生蔬菜豆瓣菜等也受其害。由于我国十字花科植物在 400 种以上，菜粉蝶可取食的植物种类可能不止 35 种。

十字花科蔬菜是菜粉蝶的主要寄主作物，由于同种蔬菜不同发育阶段的叶片数、叶面积和生物量差别很大，对菜青虫的耐害性有明显差异。如甘蓝生长期越早，耐受菜青虫为害的虫口密度越低。因此，甘蓝不同生育期的菜粉蝶的防治指标，又称经济阈值（ET）是动态的，生产中要结合农事作业注重预防和早期管理。山西太原、北京、江苏扬州等地，根据甘蓝不同生育期的耐害性，提出了菜粉蝶的防治指标列于表 10 - 134 - 2。

表 10 - 134 - 2　甘蓝不同生育期的耐害性和菜粉蝶的经济阈值（引自陆自强等，1992）

Table 10 - 134 - 2　Tolerance to pest and economical thresholds of *Pieris rapae* at different growth stages on cabbage（from Lu Ziqiang et al.，1992）

甘蓝生育期	百株卵量（粒）	三龄以上幼虫数（头/百株）
发芽期（2 叶）	10	5～10
幼苗期（6～8 叶）	30～50	15～20
莲座期（10～24 叶）	100～150	50～100
成熟期（24 叶以上）	200 以上	200 以上

（二）耕作制度

由于市场需求和不同地区间蔬菜流通网络的调节、耐热品种改良和品种类型多样化，以及夏季防雨棚、遮阳网等栽培技术的应用，十字花科蔬菜生产季节已由过去春、秋两季露地栽培为主，发展为春、夏、秋和越冬反季节栽培。此外，在全国逐渐形成了南方高海拔地区蔬菜、黄土高原和云贵高原夏秋季喜凉蔬菜优势生产区域。随着十字花科蔬菜种植制度的变革，菜粉蝶的发生为害态势出现了新变化，分布与为害区域扩大，发生期明显延长，还有利于高龄幼虫越冬。例如，南方高海拔地区十字花科蔬菜田，害虫发生规律与平原地区有很大差异。菜青虫等主要害虫种类较少、种群密度较低，发生为害盛期通常在 6 月中旬至 8 月；菜田昆虫群落食物链单一，生态系统更脆弱。因此，害虫管理应更加谨慎，注意协调生物防治与化学防治的关系。

（三）气候因素

温润、少雨和光照充足的气候条件适宜于菜粉蝶生长、发育和生殖。据报道，菜粉蝶幼虫的适宜发育温度为 16～31℃、相对湿度为 68％～80％，最适温度为 20～25℃、相对湿度为 76％。若气温超过 32℃或低于−9.4℃，能使幼虫死亡，并显著降低成虫的生殖力。最适降水量每周为 7.5～12.5mm，雨量过大如日降水量 19.7mm，可使 16％的卵脱落及一至三龄幼虫受冲刷死亡。此外，北方 4～5 月超过 4m/s 的风力多，将造成第一代菜粉蝶卵脱落、死亡，是影响当代种群数量的关键致死因素。我国广大平原菜区，春末夏初和秋季气候有利于该虫发生。在江苏扬州，第二代幼虫发生在 5 月上旬至 6 月下旬，该代发生量最大，在全年为害最重；7～8 月（第三、四代）高温多雨，发生量骤减，9 月下旬至 10 月中旬发生第六代幼虫，是秋季为害高峰。但是，周年种植十字花科蔬菜的地区，夏季 7～8 月气温偏低的年份，菜粉蝶也会严重发生。

上海市菜粉蝶预测预报工作，始于 20 世纪 80 年代初期。李惠明等（2006）基于长期历史预测预报数据，结合实践经验，以及历年同期气象资料，进行科学整理分析，提出了与菜粉蝶预测预警相关的分析参考指标列于表 10-134-3。可见，在上海菜区气象条件下，同一时期的降水量、温度和日照时数，在不同年份之间也有很大变化，直接影响菜粉蝶发生期早晚、发生数量多少和为害程度轻重。上半年的虫情，随着关键时期的降水量减少、日照时数增加和温度升高而加重；下半年的虫情，随着关键时期的降水量减少、温度降低和日照时数增加而加重，可为菜粉蝶的科学管理提供参考。

表 10-134-3　上海菜粉蝶发生程度与气象因子的关系（引自李惠明等，2006）

Table 10-134-3　The relationship between occurrence degree of *Pieris rapae* and meteorological factors in Shanghai（from Li Huiming et al.，2006）

预测期	预测指标	轻发生	中等发生	重发生
上半年虫情	4 月上旬至 5 月上旬雨量（mm）	≥71	22～50	≤15
	4 月旬平均温度（℃）	≤12.9	13.5～14.5	≥15.1
	4 月上旬至 5 月上旬日照时数（h）	≤100	130～160	≥181
	甘蓝着卵始见期	4 月 21 日以后	4 月 11 日至 4 月 15 日	4 月 5 日前
	至 5 月 10 日甘蓝累积卵量（粒/株）	≤3.9	6.5～15	≥17.6
	5 月上旬虫口密度（头/株）	≤0.9	2～3	≥4.1
下半年虫情	8 月上旬至 9 月上旬雨量（mm）	≥91	32～76	≤19
	8 月旬平均温度（℃）	≥28.9	27.3～28.2	≤26.5
	8 月中旬至 9 月上旬日照时数（h）	≤100	136～170	≥201
	8 月 1 日至 9 月 10 日甘蓝累积卵量（粒/株）	≤9.0	14.1～34.0	≥39.1
	9 月上旬虫口密度（头/株）	≤1.5	2.6～4.0	≥5.1

注　引自李惠明等（2006）简化整理。表中发生程度分级标准：轻发生为菜青虫为害株率≤25％，中等发生为 50.1％～75％，重发生为 100％。

（四）天敌

1. 种类　我国菜粉蝶的天敌资源丰富，种类多、分布区域广泛、自然控制作用不容忽视。据初步统计，已知的菜粉蝶天敌种类约有百余种。其中，寄生蜂 42 种，包括卵期寄生蜂广赤眼蜂（*Trichograma* *evanescens* Westwood）和螟黄赤眼蜂（*T. chilonis* Ishii）等 6 种；幼虫期寄生蜂有粉蝶盘绒茧蜂 [*Cotesia glomeratus* (Linnaeus)]，异名为黄绒茧蜂（*Apanteles glomeratus* Linnaeus），以及微红盘绒茧蜂 [*C. rubecula* (Marshall)] 等 6 种；蛹或幼虫—蛹寄生蜂 15 种，如蝶蛹金小蜂（凤蝶金小蜂）[*Pteromalus puparum* (Linnaeus)]、粉蝶大腿小蜂 [*Brachymeria femorata* (Panzer)]、广大腿小蜂 [*B. lasus* (Walker)] 和舞毒蛾黑瘤姬蜂（*Pimpla disparis* Viereck）等。另有重寄生蜂 17 种，如红腿大腿小蜂 [*B. podagrica* (Fabricius)]，异名为粉蝶红股大腿小蜂 [*B. fonscolombei* (Dufour)] 和小齿腿长尾小蜂 [*Monodontomerus minor* (Ratzeburg)]、菜蛾奥啮小蜂 [*Oomyzus sokolowskii* (Kurdjumov)] 等（何俊华，1998）。寄生菜粉蝶的蝇类有日本追寄蝇（*Exorista japanica* Townsend）、家蚕追寄蝇（*E. sorbillans* Wiedemann）、毛虫追寄蝇（*E. rossica* Mesnil）和普通常怯寄蝇 [*Phryxe vulgaris* (Fallén)] 4 种。捕食性天敌 49 种，包括捕食幼虫的赤胸步甲 [*Dolichus halensis* (Schaller)]、曲纹筒虎甲 [*Cylindera elisae* (Motschulsky)]、青翅（蚁形）隐翅虫（*Paederus fuscipes* Curtis）、蠋蝽 [*Arma chinensis* (Fallou)]、多毛砂泥蜂（*Ammophila hirsute* Scop.）及胡蜂、马蜂、捕食性蜘蛛等；病原微生物有苏云金芽孢杆菌（*Bacillus thuringiensis* var. *thuringiensis*）、青虫菌（*B. thuringiensis* var. *galleriae*）和菜青虫颗粒体病毒（PrGV）3 种。此外，还有菜粉蝶六索线虫（*Hexamermis pieris*）、白僵菌（*Beauveria bassiana*）等。

2. 卵期　菜粉蝶卵期优势寄生蜂，为广赤眼蜂（北方）和拟澳洲赤眼蜂（南方）。在北京、天津、辽宁、吉林、内蒙古和新疆等多数地区，赤眼蜂的卵寄生率为 0～0.95%～1.5%。但在陕西 5～10 月平均卵寄生率为 11.73%～15.74%，6～8 月是寄生的高峰期，寄生率为 32.46%～46.42%。最高达 52.41%～56.0%（延安），其次如铜川等三地为 22.36%～30.78%，其他 10 个县、市均在 7.5% 以下或为 0。拟澳洲赤眼蜂在上海、山东、江西、湖南等地未见寄生，在江苏南京和无锡的寄生率为 0.38%，杭州 6～9 月的最高寄生率也仅 1.7%。

3. 幼虫期　在北方，微红绒茧蜂寄生率颇高，吉林通化达到 64.50%，北京最高寄生率为 53.6%。华东地区主要天敌是粉蝶盘绒茧蜂，上海宝山区寄生率为 17.28%～28.91%。在浙江杭州郊区，不同年份粉蝶盘绒茧蜂的寄生率变动较大，1978 年 9 月至 1980 年 9 月，多次、大量调查结果无一头被寄生；1980 年 11 月的寄生率为 5.50%～6.18%，1981 年 4～11 月每次调查均见寄生，最高寄生率达 52.05%。另有报道，1995—1997 年杭州粉蝶盘绒茧蜂田间种群消长动态，与上述结果相似。

4. 蛹期　凤蝶金小蜂（蝶蛹金小蜂）是我国广大地区菜粉蝶的主要天敌，占蛹寄生率的 85% 以上；东北地区则以普通常怯寄蝇为优势种，占蛹寄生率的 65.5%。其他常见种类有粉蝶大腿小蜂、广大腿小蜂和舞毒蛾黑瘤姬蜂等。

菜粉蝶越冬代蛹的寄生率高且稳定，北京 1982 年调查结果，凤蝶金小蜂寄生蛹率为 40.1%，每蛹平均含蜂量 69 头（最多 226 头），蜂的羽化率高达 90.9%；杭州 1978—1982 年越冬代蛹的平均寄生率为 59.28%，凤蝶金小蜂占寄生蛹的 99.48%。而菜粉蝶非越冬代蛹的寄生率也较高，杭州为 36.47%，比同期越冬代寄生率低 22.81%。华东其他省份、中南、西南、华北、西北和东北，寄生率在 21.66%～35.56%。

5. 病原微生物　是抑制我国南方、北方菜粉蝶种群数量的重要因素。1980—1984 年的北京菜粉蝶自然种群生命表的研究结果表明，寄生于第一代幼虫的颗粒体病毒和细菌，平均致死作用为 28.04%；第二代幼虫的颗粒体病毒平均致死作用为 23.87%。1979 年广州 4～5 月降水量为 641mm，引起菜青虫颗粒体病毒病流行，平均发病率在 30% 以上，虫口密度高的田块发病率高达 60%～80%。

我国地域辽阔，不同地区的气候条件、耕作制度、用药水平的差异，虽然对菜粉蝶的主要天敌种类、发生数量和自然控害作用有所影响，在年度之间亦有波动。但与多种主要蔬菜害虫比较，菜粉蝶天敌的控害作用是非常重要的。

（五）抗药性

我国从 20 世纪 50 年代中期，开始使用滴滴涕防治菜青虫，由于药剂种类单一，60 年代末期进入抗性高峰期，1971 年山东泰安菜青虫种群对滴滴涕的抗性为 54.96 倍（高抗水平）。60 年代初期和后期，生产中开始和广泛应用敌百虫、敌敌畏防治菜青虫，至 70 年代中期敌百虫已成无效杀虫剂，进入了敌百虫抗性高峰期。据测定，1980 年山东泰安菜青虫种群对敌百虫的抗性，比 1971 年增长 2 772.86 倍；1981 年黑龙江（哈尔滨）、新疆（乌鲁木齐市郊）的抗性分别为 4 059.80 倍和 560.39 倍，湖北武昌（狮子山）、江苏南京（浦口）和重庆（北碚）的抗性均超过 6 908.25 倍，达到极高抗水平。而且，尽管滴滴涕已经停用，但各地菜青虫仍为敌百虫-滴滴涕联合抗性种群。北京、上海也报道了菜青虫对敌百虫、敌敌畏和乙酰甲胺磷的抗性。其中，上海郊区对敌百虫的抗性超过 440.9 倍。自 80 年代初期，我国进入了引进、研发拟除虫菊酯类杀虫剂的新阶段。为了解决当时菜青虫抗药性的问题，慕立义等于 1984 年提出了菊酯类药剂、有机磷类的辛硫磷（负交互抗性）及沙蚕毒素类的杀虫环交替使用的方法和策略。其后，菜青虫种群对溴氰菊酯、氰戊菊酯的抗性发展较快，北京菜区的系统监测结果显示，1988 年已分别出现 100 倍和 98.3 倍的抗性种群，不同地区间的抗性水平差异与药剂使用年限、次数关系密切。

从 20 世纪 90 年代以来，随着化学防治和昆虫毒理学的发展，防治菜青虫的杀虫剂类型、种类较多，对主要类型杀虫剂的抗性机理、交互抗性等比较清楚，为科学、轮换用药提供了有利条件。例如，湖南较系统监测了湖南长沙、常德、邵阳、郴州和怀化的菜青虫种群对 10 种药剂的抗性，不含目前在蔬菜上禁用的氟虫腈和灭多威的资料。结果表明，5 个地区菜青虫种群对氯氟氰菊酯（48.6～150.91 倍）、辛硫磷（8.0～89.4 倍）和乙酰甲胺磷（23.8～38.7 倍）的抗性倍数较高；同时除两个地区对辛硫磷为低抗水平外，其他地区均达到中抗和高抗水平。而菜青虫对新杀虫剂甲氨基阿维菌素苯甲酸盐（2.0～10.9 倍）、阿维菌素（2.7～14.6 倍）、茚虫威（2.4～7 倍）、多杀霉素（2.2～15.9 倍）和虫螨腈（2.1～16.2 倍）的抗性倍数较低。其中，仅两个地区各出现一次对甲氨基阿维菌素苯甲酸盐、虫螨腈中抗水平，两个地区对多杀霉素、阿维菌素出现 2 次中抗水平。此外，与我国蔬菜生产中的主要鳞翅目害虫，如小菜蛾、棉铃虫、甜菜夜蛾和豇豆荚螟等比较，菜青虫的抗药谱相对较窄、抗药性水平偏低，为因地制宜地制定菜青虫科学用药对策奠定了良好的基础。

五、防治技术

根据菜粉蝶发生为害规律，及现有防控技术的作用与功能，应采用发挥农业措施的预防作用，以生物防治为主体，辅之化学防治的策略。鉴于菜粉蝶与小菜蛾等十字花科蔬菜害虫混合发生的特点，应对菜田生态系统多种害虫进行综合治理。

（一）农业防治

1. 选种早熟品种　如中甘 11、8398、中甘 21、中甘 192、春甘 2 号、津甘 8 号等春甘蓝早熟品种，从定植到商品成熟 50d 左右，采用地膜覆盖栽培和提早定植，在 5 月上旬前收获。南方菜区春丰甘蓝、春魁、春早等品种越冬栽培，翌年 4 月下旬至 5 月初即可上市，均可避开第二代菜粉蝶为害，可免于药剂防治。

2. 合理布局　在蔬菜主产区尽量避免十字花科蔬菜连作，夏季停种过渡寄主、铲除越夏野生杂草，称之"拆桥断代"，以减轻为害。

3. 苗床覆盖防虫网，培育无虫壮苗　保护地防虫网栽培，气温高时加设遮阳网，防止外部虫源迁入。推广喷灌浇水技术，增加田间空气湿度，降低虫口密度。

4. 清洁田园　每茬十字花科蔬菜收获后，及时做好田间卫生和翻耕灭茬，结合积肥消灭田间残存的幼虫和蛹，避免菜粉蝶在残株败叶上繁殖，减少田间虫口基数。

（二）生物防治

1. 保护利用天敌　在主要天敌发生期，应避免使用广谱性化学杀虫剂，优先选用微生物制剂、昆虫生长调节剂等环境友好型药剂，保护和发挥天敌的控害效能。

2. 人工助增释放广赤眼蜂　有条件的地区应扩大应用赤眼蜂，可有效防治菜粉蝶。如陕西大荔县 1981—1982 年 6 月中旬，在第二代卵量明显上升时，一周内分 3 次释放赤眼蜂 75 万头/hm²，广赤眼蜂对卵平均寄生率高达 86.2%，比螟黄赤眼蜂、松毛虫赤眼蜂和对照（未放蜂）分别高 83.2%、85.1% 和 85.7%。放蜂田未施杀虫剂，广赤眼蜂处理区百株甘蓝幼虫仅为 7 头，比化学防治区的虫量降低 89.86%。1998 年在山西太原地区，夏甘蓝田第二代卵初期和卵盛期，释放广赤眼蜂 45 万头/hm²，放蜂后卵寄生率达到 80% 以上。田间幼虫期结合喷洒苏云金芽孢杆菌，可有效地控制菜粉蝶为害甘蓝。

释放赤眼蜂防治菜粉蝶，首先要确定适合当地的蜂种，掌握放蜂的有利时机、放蜂次数和放蜂数量，使赤眼蜂建立种群。也可采用释放赤眼蜂与喷洒苏云金芽孢杆菌结合的方法，保障防控效果。采用生物防治措施，各种天敌得到保护，数量显著增加。

3. 施用微生物杀虫剂　施用微生物制剂应参照菜粉蝶的动态的防治指标和发育进度适时进行。

（1）苏云金芽孢杆菌（Bt）：菜粉蝶对苏云金芽孢杆菌制剂敏感，在菜粉蝶卵盛孵期至二龄幼虫盛期，可选用苏云金芽孢杆菌系列制剂进行防治。如16 000IU/mg 苏云金杆菌可湿性粉剂，一般用量为 375～750g/hm²，进行叶面喷雾，尤其要保障叶片背面喷洒药液均匀。在气温 20℃以上时使用，防治效果好。

（2）颗粒体病毒和苏云金芽孢杆菌混剂：施药适期同苏云金芽孢杆菌，如 1 万 PIB/mg 菜青虫颗粒体病毒·16 000IU/mg 苏云金杆菌可湿性粉剂，一般用量为 750～1 125mL/hm²，或 1 000 万 PIB/mL 菜颗·0.2％苏云金杆菌悬浮剂，常用量为 3 000～3 600mL/hm²。每隔 7d 施用 1 次，一个世代连续施用 2～3 次，可有效控制菜青虫为害。

（三）化学防治

科学轮换用药是综合防治的一项重要措施，由于菜青虫抗药性较差，而登记注册的杀虫剂种类多，常用药剂一般对菜青虫均有良好防治效果，如植物源杀虫剂（苦参碱、印楝素等）、苯甲酰脲类制剂（即昆虫生长调节剂如氟啶脲、除虫脲等）、氨基甲酸酯类、拟除虫菊酯类、甲氨基阿维菌素苯甲酸盐、阿维菌素等杀虫剂，及不同类型药剂的混配制剂如高氯·辛硫磷、氯氰·敌百虫、溴氰·马拉松、阿维·高氯等。幼虫三龄前是施药的关键时期。其中，苯甲酰脲类杀虫剂的用法同苏云金芽孢杆菌制剂，用药间隔期为7～10d，连续防治 2～3 次。在我国春、秋季节菜粉蝶与小菜蛾、甜菜夜蛾、斜纹夜蛾、甘蓝夜蛾等常混合发生，应根据当地主要害虫种类及其抗药性的现状，选用敏感杀虫剂防治主要害虫并兼治其他害虫，可参见有关章节，注意科学轮换用药。

朱国仁（中国农业科学院蔬菜花卉研究所）

第 135 节　黄条跳甲

一、分布与危害

黄条跳甲（*Phyllotreta* sp.），也称黄条菜甲，俗名狗虱虫、地蹦子、跳蚤虫、菜蚤子、土跳蚤等，属鞘翅目叶甲科条跳甲属。黄条跳甲是世界性十字花科蔬菜的重要害虫，我国已知的发生种类有 11 种。其中，为害蔬菜的黄条跳甲主要有黄曲条跳甲 [*P. striolata* (Fabricius)]、黄直条跳甲（*P. rectilineata* Chen）、黄狭条跳甲 [*P. vittula* (Redtenbacher)] 和黄宽条跳甲（*P. humilis* Weise）4 种，且以黄曲条跳甲最为常见，分布广，为害严重。

黄曲条跳甲：国外主要分布在亚洲、欧洲、北美洲等 50 多个国家。该虫最早在欧洲及北美洲发现，且在热带、亚热带地区为害最为严重。在国内，该虫也是分布最为普遍，全国各地十字花科蔬菜和油菜种植区均有发生，在南方一些菜区，已取代小菜蛾成为为害十字花科蔬菜的头号害虫。受害较重的蔬菜主要有白菜、油菜、萝卜、芥菜、花椰菜等。

黄直条跳甲：国外分布区域与黄曲条跳甲相似，而且在热带、亚热带地区为害严重。在国内，主要分布于江苏、浙江、湖南、湖北、江西、广东、广西、福建、海南等地区，尤其是在我国南方油菜种植区发生为害严重。

黄宽条跳甲：国外主要分布于欧洲、西伯利亚及亚洲中、西部等地域。在国内，主要分布区为北起黑龙江、内蒙古、新疆，南抵长江流域附近，东与俄罗斯、朝鲜北境邻接，西南止于云南，西达新疆。甘肃、宁夏、青海发生较多，该种常与近似种黄狭条跳甲混合发生。寄主主要是白菜、油菜等十字花科蔬菜，并兼害粟、大麦、大麻、甜菜等。

黄狭条跳甲：国外主要分布于欧洲、西伯利亚及亚洲中、西部等地域。在国内，主要分布于河北、内蒙古、甘肃、山西、山东等北部省份，除为害油菜和十字花科蔬菜外，还为害禾本科作物等。

在北美地区，黄曲条跳甲是十字花科作物上的主要害虫，每年造成大约 10％的产量损失，尤其是在油菜上，每年造成的经济损失超过 3 亿美元。在国内，该虫在不同地区的发生为害虽有所差异，但总的趋势是从北向南，逐渐加重。如在黑龙江一些地区，为害高峰期为 6 月中旬，且以油菜受害最重，被害率达 70％以上；在青海一些地区，蔬菜受害率一般在 20％～40％，最高达 70％，损失率在 20％～30％，有的田块可高达 60%；在河北一些地区，虽然菜株受害率仅为 3%～10%，但菜苗受害较重；在江苏各地，该虫为害严重，已对叶菜类蔬菜生产构成很大的威胁；在福建南部地区，每年 5～6 月和 9～11 月为该虫为害高峰期，且白菜等十字花科蔬菜受害最重，损失率在 35%～60%，有的田块甚至绝收；在广西，该虫每年春、秋两季为害最重，有的地区已成为蔬菜上的头号害虫。

黄条跳甲的幼虫和成虫均可为害甘蓝、白菜、萝卜、芥菜、油菜等十字花科蔬菜。幼虫生活在植株地下部，在土中为害菜根，蛀食根皮成环状弯曲虫道，使菜根表面形成若干不规则的条状疤痕，或咬断须根，影响根系发育和营养传输，为害严重时造成植株地上部叶片萎蔫枯死。成虫群集在叶上为害，以叶背数量多，成虫咬食叶片通常自上表皮啮食而残留下表皮，偶亦会自下表皮啮食，被害叶片初呈点状食痕，后成无数小孔，呈筛网状，被害叶片上布满稠密的小椭圆形孔洞，影响光合作用，严重时致整株菜苗枯死。成虫对一些叶肉较厚的品种，只啮食叶肉，留下一层表皮。在一些留种菜地，除为害叶片外，还时常将荚果表面、果梗、嫩梢咬成疤痕状或咬断，取食花蕾及幼嫩籽荚。成虫喜食植株的幼嫩部分，尤其是刚刚出土的幼苗，子叶被成虫取食后，整株死亡，常致毁种。同时，该虫除直接为害菜株外，还可传播细菌性软腐病和黑腐病，造成更大的危害（彩图 10 - 135 - 1）。

黄曲条跳甲仅成虫在植株地上部取食，卵多散产或成小堆地产于植物周围主根附近的湿润土隙中或细根上。幼虫孵出后取食植株根部，老熟后做土室化蛹。

二、形态特征

（一）四种常见黄条跳甲的识别

四种黄条跳甲的形态相似，主要区别特征是其成虫鞘翅上黄色纵斑的大小和形状（图 10 - 135 - 1）。

黄曲条跳甲：头、胸部黑色光亮，无绿色金属光泽，雄虫触角第四、五节特别粗壮。鞘翅上黄色条纹略呈弓形弯曲，似哑铃状，其外侧中部窄而弯曲，且向内弯曲颇深。

黄宽条跳甲：体长 1.5～2.2mm，额顶刻点稀少，鞘翅上黄色纵纹宽大，中部无弓形弯曲，占鞘翅的大部分，仅留黑色边缘，最窄处亦超过鞘翅宽度的一半以上。

黄直条跳甲：形态与黄曲条跳甲相似，但虫体较大，体长 2.2～2.8mm，鞘翅的黄条和足色不同。雄虫触角第四、五节正常，额顶刻点极深密，足腿节和胫节黑色，跗节棕红色。鞘翅上黄色纵斑较窄、直形，中部无弓形弯曲，其宽度仅为鞘翅宽度的 1/3。

黄狭条跳甲：头、胸部呈金属暗绿色，鞘翅上黄条狭小且直，其中部宽度仅及翅宽的 1/3 左右。

（二）黄曲条跳甲形态特征

成虫：体长 1.8～3mm，椭圆形，雌性稍大，鞘翅上有黑色光亮。额顶仅限两复眼后缘以前部分布有深刻点；触角基部 3 节及跗节深棕色，触角间隆起，脊纹狭隘；触角基部颇长，其余以第五节最长，约为第四节的 2 倍，第六节最短小；雄虫触角第四、五节特别膨大粗壮。前胸背板及鞘翅上有许多点刻，小盾片光滑，鞘翅上刻点多排列成行，鞘翅中央有一黄纵条，纵条的外缘中部凹曲颇深，内缘中部直，仅前后两端向内弯曲。后足腿节

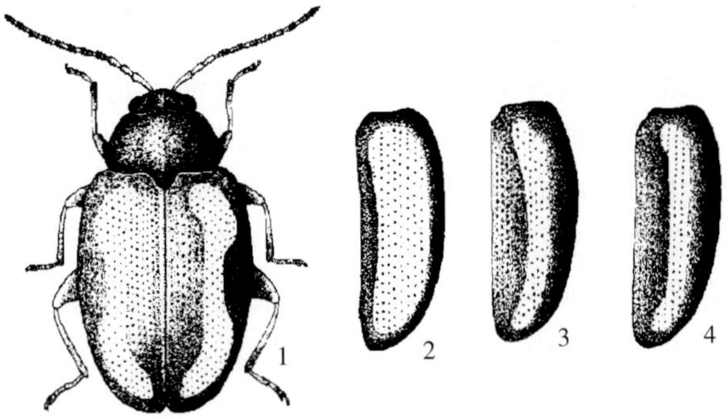

图 10 - 135 - 1　4 种黄条跳甲（*Phyllotreta* spp.）的鞘翅区别（周尧，2001）
Figure 10 - 135 - 1　Elytra distinction of four species of *Phyllotreta* spp. (from Zhou Yao, 2001)
1. 黄曲条跳甲　2. 黄宽条跳甲鞘　3. 黄窄条跳甲鞘　4. 黄直条跳甲鞘翅

膨大，善跳跃，跳跃迁移如蚤，俗称为黄条叶蚤（彩图 10 - 135 - 2，1）。

卵：长约 0.3～0.5mm，长椭圆形，淡黄色，表面光滑、发亮、半透明，柔软（彩图 10 - 135 - 2，2）。

幼虫：分 3 龄。各龄幼虫主要形态差异见表 10 - 135 - 1。老熟幼虫停止取食活动，体长缩短略肥胖，体长近 4mm，长圆筒形，黄白色，生有细毛。头部、前胸盾及臀板淡褐，胸、腹部乳白，各体节均有不很突出的肉瘤，瘤上着生细毛（彩图 10 - 135 - 2，3、4）。

表 10 - 135 - 1　黄曲条跳甲各龄幼虫形态指标（引自魏洪义，1992）

Table 10 - 135 - 1　Morphological characteristics of each instar larvae of

Phyllotreta striolata（from Wei Hongyi，1992）

龄期	头宽（mm）	体长（mm）	体宽（mm）	臀板宽（mm）
一龄	0.14～0.18	1.13～1.26	0.25～0.27	0.14～0.17
二龄	0.20～0.27	1.65～2.08	0.31～0.42	0.22～0.30
三龄	0.30～0.41	3.23～4.43	0.60～0.84	0.30～0.42

蛹：刚化时乳白色，后变淡黄色，长 2～2.5mm，椭圆形，头部隐于前胸下。初蛹复眼呈鲜红色后逐渐呈黑色，翅芽及足伸达第五腹节，各体节背面有稀疏褐色刚毛，腹末有 1 对叉状突起，叉端褐色（彩图 10 - 135 - 2，5）。

三、生活史和习性

（一）年生活史

黄曲条跳甲在我国各地的发生代数差异较大，由北向南逐渐增加，年发生 2～8 代。东北地区（黑龙江）年发生 2～3 代；华北地区（河北）年发生 4～5 代；华东地区（江苏）年发生 4～6 代；华中地区年发生 5～7 代；华南地区年发生 7～8 代，且终年发生，世代重叠明显。在长江以北地区，黄条跳甲均以成虫在枯枝、落叶、杂草丛或土缝里越冬，而在长江以南地区，冬季各虫态均有，无明显越冬现象。在翌年春季气温达 10℃以上时，黄条跳甲开始取食，在春季的保护地菜苗定植或露地蔬菜定植后，即可造成危害，且以春、秋两季为害最重。根据田间饲养观察，黄曲条跳甲在福州 1 年发生 10～15 代，世代重叠极严重，无明显越冬现象。每年 3 月气温回升后种群开始逐渐增长，5～7 月达到全年第一个高峰。入夏后，种群开始消减，虫口密度降到第一个低点；9 月后自然种群开始发展，10～11 月自然种群达到全年第二个高峰，12 月后气温降低，种群回落，田间虫口较少，成为全年最低点。冬季气温达到 15℃以上且持续2～3d 时田间仍可见一定的虫量。张茂新和凌冰于 1996—1997 年在深圳对黄曲条跳甲种群动态的研究表明，一年中有两个发生高峰，即春季高峰和秋季高峰，秋季发生高峰的虫口数量是春季的 2.4～2.5 倍，同时，黄曲条跳甲在一季蔬菜生长期内的发生动态与寄主植物生长发育密切相关。黄曲条跳甲成虫数量的变化呈现较为复杂的波浪状变化，数量变化幅度较大，这与黄曲条跳甲成虫的活动受到气候因子的影响较大有关，也与成虫能入土躲避不良气候的习性有关。在福州地区，全年均能监测到黄曲条跳甲成虫的活动，说明该虫在福州地区并无明显的越冬现象。

（二）主要习性和行为

黄曲条跳甲成虫善跳，以白天活动为主，在中午前后活动最盛，高温时还能飞翔。早晚或阴雨天躲在叶背或土缝下。成虫具有明显的趋光性，耐饥饿能力弱，抗寒性较强。

黄曲条跳甲对红色、绿色、黑色和蓝色的趋向差异不明显，成虫对黄色和白色的趋性最强，其次为绿色，对红色表现最不敏感。采用黄板诱集法和五点单位面积法同时对试验菜田黄曲条跳甲种群动态进行监测，结果表明两种方法所获得的田间种群动态基本一致，说明黄板法诱集能够有效监测黄曲条跳甲的田间种群发生动态。利用黄板法监测田间种群发生动态可以有效减少工作量，避免叶菜不同生长期由于蔬菜形态的差异所造成的调查误差等。

黄曲条跳甲的卵多产于植株根部或附近土缝中或细根上，每雌虫产卵约 200 粒，最多可达 600 多粒。卵期平均 3～9d，最长可达 15d，在南方冬季 6.0～7.1d，夏季 3.0～4.3d，发育起点温度为 12℃，适温为 26℃，卵发育要求湿度较高，南方菜田湿度高，有利于卵的孵化，因此为害重；而北方春季干旱，影响卵的孵化，故为害较轻。20℃时卵发育历期 4～9d。幼虫具土栖性，初孵幼虫便潜入土中啃食植株根部，致使植株生长不良或失去商品价值。卵需在高湿下才能孵化，因而近水沟的田内幼虫较多。幼虫共 3 龄，幼虫期 11～16d，最长可达 20d，冬季约 20.4d，夏季约 10.5d。幼虫在土内栖息深度与作物根系有关，最深可达 12cm。初孵幼虫，沿须根食向主根，剥食根的表皮。老熟幼虫多在 3～7cm 深的土中做土室化蛹。羽化后爬出土面继续为害。预蛹期 2～12d，蛹期 3～17d，在南方冬季约 9.8d，夏季约 4.0d。幼虫和蛹的发育起点温度为 11℃。成虫寿命长，平均寿命 30～80d，最长可达 1 年多，在南方冬季为 50～60d，夏季为 20～30d。产卵多以晴天为主，在一天中，以午后为多。在南方，黄曲条跳甲完成一个世代，冬季约 66.9d，夏季约 32.9d。

黄曲条跳甲成虫在小白菜（菜心）田的分布符合负二项分布和核心分布，种群在田间分布的基本成分为个体群，空间分布格局为聚集分布。同时，应用 Bliackith 的聚集均数公式，得到聚集均数（λ）与平均虫口密度（m）的关系式，$λ=0.0302+0.2703m$（$R=0.9999$**）。可以看出，黄曲条跳甲成虫的聚集均数随着平均虫口密度的增加而增加。当 $λ=2$ 时，黄曲条跳甲成虫种群密度 $m=7.29$ 头/株。因此，可将 $m=7.29$ 头/株作为判别黄曲条跳甲成虫聚集原因的临界值。根据田间调查结果可以看出，黄曲条跳甲成虫种群密度均远小于此临界值，因而可认为聚集均数 $λ<2$。黄曲条跳甲成虫的聚集原因主要是由环境因素（如食料等）所致，也与自身生物学、生态学特性有关。

四、发生规律

（一）寄主植物

黄曲条跳甲发生程度与蔬菜栽培制度密切相关。20 世纪 90 年代后，我国蔬菜种植面积不断扩大，尤其是一些地区常年种植十字花科蔬菜，给黄曲条跳甲的持续发生创造了良好的环境条件。黄曲条跳甲是寡食性害虫，偏好十字花科蔬菜，尤其偏好小白菜（菜心、上海青）、大白菜、青花菜、甘蓝、花椰菜、芥蓝等蔬菜，所以在十字花科蔬菜周年种植地区，由于食料充足，适于其大量繁殖和猖獗为害。同时，该虫发生的轻重还与茬口连作有关，十字花科作物连作田最重，与非十字花科蔬菜轮作田较轻，另外，旱地连作较重，水旱轮作较轻。

寄主植物的种类及其种植方式均对黄曲条跳甲的发生为害起着十分重要的作用，尤其是在不同寄主间的转移为害等。田间同时种植不同寄主植物时，黄曲条跳甲成虫对其寄主作物表现出不同的取食偏好，在芥菜上成虫落虫数最多，为害程度重，在芥蓝上成虫落虫数最少，为害程度较轻。同时，黄曲条跳甲在芥菜和萝卜根部的产卵数最多，在芥蓝上的产卵数最少，其产卵选择顺序是：芥菜＞萝卜＞大白菜＞山西白＞芥蓝。表明，在这 5 种寄主植物中，黄曲条跳甲最嗜好的是芥菜，其次是萝卜和大白菜，再次是山西白，最不嗜好芥蓝。说明田间多种寄主同时存在的情况下，在不同寄主上的发生数量存在明显差异，黄曲条跳甲成虫对寄主具有明显的选择作用。张茂新和凌冰认为，黄曲条跳甲在一季菜上的发生动态与蔬菜生育期密切相关，不同蔬菜品种中，白菜、菜心、芥菜有利于黄曲条跳甲种群数量的快速增长。

（二）气候因素

1. 温度　温度对黄曲条跳甲的发育速度、耐饥能力等均有较大的影响。该虫对温度的适应能力极强，成虫在 -10℃ 下仍能存活，在 10℃ 左右即开始取食活动，适宜温度为 20～30℃，在此范围内成虫活动量最大，取食量最大，生存率最高，低于 20℃ 或高于 30℃，成虫活动明显减少，特别是夏季高温季节，食量锐减，繁殖率下降，因而在夏季发生为害较轻。温度对黄曲条跳甲种群数量的影响在不同地区有明显差异。在我国北方地区冬季温度较低，黄曲条跳甲以成虫越冬，翌年春季由于多风干旱，不利于成虫活动，而且影响卵的孵化，因而种群数量较低，为害较轻；5～8 月气温和地温较高时，有利于各虫态发育，种群数量变大，为害加重。而在广东、福建、台湾等地，冬季温度较高，该虫无越冬现象，可终年繁殖，加之南方湿度高，有利于卵的孵化，因而南方各地黄曲条跳甲种群数量大，为害严重。

2. 湿度　湿度与黄曲条跳甲的发生数量关系十分密切，特别是产卵期和卵期，在田间湿度高的田块发生重于湿度低的田块。成虫产卵喜潮湿土壤，极少在含水量较低的土壤中产卵。在相对湿度低于 90%时，卵孵化极少，相对湿度为 90%以上时，卵孵化率随湿度上升而升高，以湿度接近饱和时孵化率最高。由于食料内水分充足，湿度对幼虫生存的影响比卵期小。

3. 降雨　降雨是影响黄曲条跳甲自然种群动态的主要因素之一，降雨可引起成虫和幼虫的大量死亡和减少成虫在蔬菜根部的大量产生。日均降水量低于 2.50mm 时，降雨对黄曲条跳甲的种群数量影响较小；当降水量大于 2.50mm 时，降雨对黄曲条跳甲的田间数量变化产生重要影响，且降水量越大，成虫数量减少越显著，持续降雨会引起成虫大量死亡。同时，短时间的大暴雨对成虫数量的影响也很大，但雨后的持续晴朗天气却有利于黄曲条跳甲成虫的大量羽化和出土。

（三）天敌

1. 寄生性和捕食性昆虫（蜘蛛）　在北美地区二色缘茧蜂［*Perilitus bicolor*（Wesmael），异名：两色汤氏茧蜂 *Townesilitus bicolor*（Wesmael）］和短茎缘茧蜂［*Peritius brevipetiolatus* Thomson，异名：食甲茧蜂（*Microctonus vittatae* Muesebeck）］均可稳定寄生于黄曲条跳甲成虫，其中食甲茧蜂对黄曲条跳甲的平均寄生率可达 46.4%，是黄曲条跳甲的重要寄生性天敌。在西欧，两色汤氏茧蜂对白菜上黄曲条跳甲的寄生性较稳定，数量最多。但到目前为止，有关寄生性天敌的田间成功应用未见报道。

同时，有关黄曲条跳甲捕食性天敌的报道也较少。Burgess 在加拿大观察到长蝽科的泡大眼长蝽［*Geocoris bullatus*（Say）］捕食黄曲条跳甲成虫；张茂新在田间观察到步甲、蚂蚁等捕食跳甲幼虫和蛹，但在室内观察时，均未发现捕食现象；Thomas 报道了半翅目捕食性天敌斑腹刺益蝽（*Podisus maculiventris* Say）和美洲缘修姬蝽［*Nabicula americolimbata*（Carayon）］等。我们实验室发现部分蜘蛛（如狼蛛）能够捕食黄曲条跳甲的成虫，在猎物密度为 20 头时每头蜘蛛的捕食量为 1.32 头。

2. 昆虫病原细菌　关于利用昆虫病原细菌防治黄曲条跳甲的相关报道较少。黄运霞等在土壤中分离到一株对黄曲条跳甲成虫具有毒力的菌株坚强芽孢杆菌（*Bacillus firmus*）。室内试验表明，该菌对跳甲具有一定的毒杀作用。邝灼彬等从小猿叶甲（*Phaedon brassicae*）中分离得到的球孢白僵菌［*Beauveria bassiana*（Bals.）Vuill］对黄曲条跳甲具有一定的致病能力。

3. 昆虫病原线虫　Elsey 报道了圆线虫科的几个种均可感染黄曲条跳甲。在北卡罗来纳州菜田中黄曲条跳甲的线虫感染率达 17.27%～18.92%。李小峰等（1990）用斯氏线虫科的 *Steinernema* spp. 及异小杆线虫科的 *Heterorhabditis* sp.（86H-1）进行了室内侵染试验，黄曲条跳甲幼虫被感染率达 53.85%～100%，且斯氏线虫对黄曲条跳甲具有很好的控制效应。

（四）抗药性水平

长期以来，在黄曲条跳甲防治中均以化学防治为主。20 世纪 60 年代便发现了黄曲条跳甲对滴滴涕的敏感性下降。20 世纪 70 年代以来，有机磷类和除虫菊酯类杀虫剂等在蔬菜生产中的大量使用，使该虫产生了一定的选择压力，导致敏感性下降，引起田间防治效果降低。黄曲条跳甲已对敌敌畏、毒死蜱、辛硫磷、乙酰甲胺磷、丁硫克百威、氰戊菊酯、氯氰菊酯、高效氯氰菊酯、溴氰菊酯、高效氯氟氰菊酯等均产生不同程度的抗性，且不同菜区黄曲条跳甲抗药性水平差异较大。在台湾地区，黄曲条跳甲对有机磷类（马拉硫磷）、氨基甲酸酯类（甲萘威）及生物农药阿维菌素等均产生了不同程度的敏感性下降；在福建一些地区，黄曲条跳甲对毒死蜱、丁硫克百威、敌敌畏普遍处于敏感性下降到低抗水平，部分地区对氯氰菊酯达到中抗或高抗水平。由此可见，黄曲条跳甲种群抗药性水平的不断提升，是其成灾的重要因素之一。

五、防治技术

根据黄曲条跳甲的发生规律、为害特性和生活习性等，对黄曲条跳甲的控制应从农业生态系统的整体出发，以生态控制为基础，充分发挥农业防治、物理防治和生物防治等措施的作用，实现对黄曲条跳甲种群的持续控制。其他黄条跳甲的防治可参照黄曲条跳甲的防治方法。

（一）农业防治

1. 清洁田园，深翻晒土　播种前，清除前茬残株落叶，清除周边杂草，集中处理或将其翻埋于 20～25cm 土层内。同时，在整地播种前，提前两周进行播前深翻晒土，不仅能改善土壤理化性状，调节土壤气候，提高土壤保水保肥能力，还可恶化黄曲条跳甲在土中的生活环境，消灭部分幼虫和蛹等。同时，在寄主作物进入成株期时，及时清除基部伏地老黄叶，以压低虫源基数，减轻为害损失。

2. 合理轮作和间作套种　由于黄曲条跳甲嗜食十字花科蔬菜，属寡食性害虫，因而可采用嗜食寄主与非嗜食寄主轮作措施，以切断或减少其食物来源，从而有效减少黄曲条跳甲的繁殖，减轻其发生为害。尤其是在跳甲发生高峰期，通过轮作，减少十字花科蔬菜的种植，可以压低虫口基数。轮作包括十字花科蔬菜与其他蔬菜或其他作物的轮作，水生蔬菜和旱田蔬菜轮作，特别是水旱田轮作（如与水稻的轮作），可以断绝黄曲条跳甲的过渡食物源。在生产上常用的轮作蔬菜有葱、蒜、菠菜、生菜、莴苣、蕹菜、茼蒿、苋菜、荠菜、茄子、番茄、辣椒、生姜、紫苏、藿香、薯类及水生蔬菜等非寄主作物。高泽正等

（2004）发现，十字花科蔬菜与非十字花科蔬菜间作、嗜好性寄主与非嗜好性寄主间作能够减轻黄曲条跳甲为害；Belder 等认为间种的作物可能干扰了黄曲条跳甲与寄主之间的化学和视觉联系，对其转移起到屏障甚至驱避的作用，且能够增加天敌的丰富程度，从而减轻为害。叶一强利用紫苏等一些具有挥发性物质的蔬菜与叶菜间种混种，发现对黄曲条跳甲和小菜蛾（*Plutella xylostella*）的为害具有一定的控制作用等。在北方一些地区，禾本科作物后茬种植白菜，土壤中跳甲越冬虫量少、为害减轻。在福建，10 月至翌年 1 月连续种植两茬菜（特别是小白菜、大白菜）后，改种非十字花科蔬菜，2～5 月种植 1 茬辣椒、茄子等后，6～9 月再种植 1 茬黄瓜、西瓜等，轮作区的跳甲出现的时间较非轮作区平均推迟 3～4d，前期虫口数量轮作区较非轮作区平均下降 13.5%。同时，白菜与葱、菜心与茄子间作，能显著减轻黄曲条跳甲为害白菜、菜心，间作田上的黄曲条跳甲成虫的发生数量与单种田相比减少明显；在白菜地间作芥菜，白菜上成虫数量逐渐减少，芥菜上的虫量逐渐增加；在芥蓝地间作萝卜后，黄曲条跳甲成虫大都转移到萝卜上为害，使间作田芥蓝上的黄曲条跳甲种群数量明显少于芥蓝单种田，而且每隔约 15m 间种一行萝卜就能收到很好的诱集跳甲成虫的效果。

（二）物理防治

1. 黑光灯诱杀 利用黄曲条跳甲成虫具有趋光性及对黑光灯敏感的特点，使用黑光灯诱杀具有一定的防治效果。

2. 防虫网的应用 利用防虫网可预防菜青虫、小菜蛾、黄曲条跳甲、蚜虫等多种害虫侵入菜田，还可防止蚜虫传毒，减轻病毒病为害，同时又可减轻或避免灾害天气对蔬菜的危害，主要形式有大棚覆盖、平棚覆盖、小拱棚覆盖等。菜田覆盖防虫网后，防虫网可以调节菜田的气温、土温和湿度，在夏季，还可起到防强光直射的作用。在芥菜、大白菜田，应用防虫网对黄曲条跳甲的防治效果可达 61.4%～70.8%。在十字花科蔬菜的苗期和小白菜的整个生长期用竹片沿畦做成小垄，然后覆盖防虫网（40 目），边沿用泥土覆盖，可有效预防黄曲条跳甲为害。防虫网有黑色、白色、银灰色等多种颜色，可根据需要来选择网色。单独使用时，应选择银灰色或黑色，与遮阳网配合使用时，以选择白色为宜。

3. 黄板或白板诱杀 利用黄曲条跳甲成虫的趋光、趋上和对黑光灯等的趋向习性，对其成虫进行诱杀。田间设置黄板时，生产上推荐的使用方法为每 667m² 挂板 25～30 块，距离地面高度为 5～10cm，黄板大小为 40cm×40cm，隔 7d 更换一次。Cho 等采用黄板涂抹烯丙基异硫氰酸酯的方法诱集叶甲科害虫，发现对黄曲条跳甲有较强的诱集作用。

（三）昆虫病原线虫的利用

在黄曲条跳甲种群控制中，将幼虫控制在土壤中，是其生态控制的核心。侯有明等（2001b）利用斯氏线虫 A24 品系在潮湿土壤中的主动搜索能力，提出和采用条带式（条带宽约 10cm，带间距 22.5cm）施用线虫控制黄曲条跳甲种群，取得显著的效果。以施用 70 万条/m² 的斯氏线虫为例，田间小区试验结果，其实际用量可由全施的 70 亿条/hm²，下降为 3 条带施用 17.5 亿条/hm²，在施用后第六天斯氏线虫对黄曲条跳甲幼虫的感染率可达 71.28% 左右，防效达 72.2% 左右。并使黄曲条跳甲种群趋势指数 I 值降为 2.416，干扰控制指数为 0.252。且田间操作也简单易行。同时，在成虫迁入菜田的高峰期，配以植物性杀虫剂进行联合防治，可使种群趋势指数降到 1 以下。

线虫的感染功能是同土壤的环境密切相关的，一般情况下要求有比较潮湿的土壤环境，线虫才能很好地生存。结合福建省各地气候条件，在春季应用线虫控制黄曲条跳甲的效果较好，一方面是因为南方春季雨水较多，土壤湿度适宜线虫生存，另一方面是春季黄曲条跳甲幼虫基数较低，线虫的控制效果较好，而在秋季因气候多为干旱少雨，菜田土壤不适宜线虫存活，不宜采用线虫控制黄曲条跳甲。

（四）化学防治

1. 土壤处理 在蔬菜种植前或播种前使用辛硫磷颗粒剂作土壤处理，每 667m² 均匀撒施 5% 辛硫磷颗粒剂 2～3kg，可杀死幼虫和蛹，持效期在 20d 以上。在播种或移苗之前进行土壤处理，根据后作蔬菜的需求可撒适量的石灰、草木灰，也可与有机肥一起使用，不仅可减轻黄曲条跳甲为害，还可防治线虫及其他地下害虫。

侯有明等采用烟草处理土壤后，可使菜田黄曲条跳甲幼虫密度明显减少。具体方法是将废弃烟草（烟草叶和烟草梗）密封堆压 2～3 个月后，将其切割成细小碎片，于蔬菜播种前整地时，按 1 875～2 250kg/hm² 薄薄撒施于土壤表层，然后与土壤混匀，12h 后播种。处理后，不仅对土壤中黄曲条跳甲幼虫具有显著的控制作用，而且对黄曲条跳甲成虫也有一定的控制作用，成虫的拒避率达 79.78%，可使种群趋势指数降到 1.882 以下。

2. 拌种和喷淋（灌根）处理 在北美，利用噻虫嗪等药剂进行处理种子防治黄曲条跳甲等，获得较好的效果。在国内，应用 70% 噻虫嗪种子处理可分散粉剂按药剂与种子重量的比例为 8～12：1 000，于油菜播种前 8d，用种子重量 5% 的水稀释后进行包衣处理，对油菜苗期黄曲条跳甲的防效可达 75% 以上。同时，采用 300g/L 氯虫·噻虫嗪悬浮剂 125～150g/hm²（有效成分）喷淋或灌根，也会收到较好的效果。

3. 药剂控制成虫 田间采用药剂控制黄曲条跳甲，首先要科学合理用药。药剂应根据兼治其他害虫的原则来合理选用，同时，主要应用高效、低毒、低残留的农药，如每 667m² 选用 2.5% 溴氰菊酯乳油 60mL、20% 敌畏·氯乳油 80mL、45% 马拉硫磷乳油 120mL 对水 50～60kg 进行叶面喷雾处理等。当前在生产上用于防治黄曲条跳甲的农药品种较多，如于成虫盛发期选用 50% 马拉硫磷乳油 1 125mL/hm²、90% 晶体敌百虫 2 250g/hm²、20% 甲氰菊酯乳油 450mL/hm² 等对水喷雾，均有较好的防治效果；成虫发生盛期，用 10% 高效氯氰菊酯乳油、5% 氯虫苯甲酰胺悬浮剂 1 500 倍液、10% 溴氰虫酰胺可分散油悬浮剂 1 500～2 000 倍液、28% 杀虫·啶虫脒可湿性粉剂 1 200～1 500 倍液、22.5% 氯氟·啶虫脒可湿性粉剂 1 500～2 500 倍液等，可收到理想的效果。

同时，要根据黄曲条跳甲成虫的活动规律，适时喷药和有针对性喷药。温度较高的季节，中午阳光过烈，成虫大多数潜回土中，这时喷药效果较差；7：00～8：00 或 17：00～18：00，成虫出土后不活跃，喷药效果较好；而冬季，10：00 左右和 15：00～16：00 成虫特别活跃，易受惊扰而四处逃窜，但中午常静伏于叶底，可在早上成虫刚出土时，或中午或下午成虫活动时喷药。在实际应用中，要注意药剂间的交叉使用和轮换使用，以延缓害虫抗药性的产生，还要根据每种农药的安全间隔期安排施药时间，确保农药残留不超标，以保证蔬菜质量安全。

侯有明（福建农林大学植物保护学院）

第 136 节　猿　叶　虫

一、分布与危害

蔬菜作物上的猿叶虫有大猿叶虫 [*Colaphellus bowringi*（Baly）] 和小猿叶虫（*Phaedon brassicae* Baly）两种，其成虫又名猿叶甲、乌壳虫、黑蓝虫等，幼虫俗称肉虫、弯腰虫等，分属鞘翅目叶甲科的无缘叶甲属和猿叶甲属。

猿叶虫在我国除新疆和西藏未见记录外，其他各省份均有分布和为害的报道。在国外，大猿叶虫分布于中印半岛、越南北部和马来西亚等地，小猿叶虫分布于朝鲜、日本、越南和印度等地。猿叶虫属寡食性害虫，是十字花科蔬菜上的重要害虫，尤其偏好十字花科中薄叶型蔬菜，如小白菜、芥菜、萝卜、黄芽菜（大白菜）、雪里蕻、兰花子（茹菜）等，油菜和独行菜也是其重要寄主植物，可偶害甜菜、水芹、洋葱和胡萝卜等，甘蓝、花椰菜很少受害。

猿叶虫在我国各地的发生和为害报道较多，部分地区大猿叶虫和小猿叶虫混合发生。据记载，20 世纪 30 年代，小猿叶虫在我国常暴发成灾。20 世纪 50 年代后，随着化学防治技术的推广，特别是 20 世纪 60 年代有机磷农药乐果（防治蚜虫兼治小猿叶虫）等的推广应用，该虫种群得到有效控制。然而，自 20 世纪 90 年代开始推广杀虫双和氟啶脲等，对小猿叶虫幼虫和成虫防治效果较差或无效，其种群发生呈现上升趋势。例如，1991 年浙江省郭县、奉化、宁海、江北等县（市）调查，芥菜、青菜一般单株虫量达 7～32 头，重发田块单株虫量高达 186 头。同期，大猿叶虫在我国部分地区的发生和为害亦呈加重趋势。例如，在江西省山区桑园桑树行间秋季种植的萝卜上，大猿叶虫为害尤为严重，在未防治田可将萝卜叶食尽，仅留茎秆。1995 年，在山东省枣庄市薛城区该虫暴发成灾，5 月上、中旬，一代成虫大量从菜株下部向上逐叶为害，每株有虫 100～200 头，未及时防治田块 1～2d 内即被吃光。2000 年，河南省开封市大川的白菜等十字花科作物被大猿叶虫严重为害。除药剂因素外，田间地头和路边杂草及枯叶未能及时清除，可增加该虫越冬、越夏种群基数，早春猿叶虫越冬代成虫出土活动繁殖，多隐蔽在枯叶和杂草下，不易被察觉，是导致其为害加重的主要原因。

二、形态特征

两种猿叶虫的形态特征较为相似（彩图 10 - 136 - 1），各虫态的特征见表 10 - 136 - 1。

表 10 - 136 - 1 大猿叶虫和小猿叶虫各虫态的形态特征比较（引自沈阳农学院，1980）

Table 10 - 136 - 1 Comparison of morphological characteristics between *Colaphellus bowringi* and

Phaedon brassicae（from Shenyang Agricultural College，1980）

虫态	指标	大猿叶虫	小猿叶虫
成虫	体长	4.7～5.2mm	3.3～3.5mm
	体形	长椭圆形，末端尖	卵圆形
	体色	蓝黑色，略带金属光泽	蓝色，带绿色光泽
	小盾片	三角形	近似于圆形
成虫	鞘翅	鞘翅上散生不规则大而深的刻点	鞘翅上有 11 行细密的小刻点
	后翅	发达，能飞翔	退化，不能飞翔
卵	卵长	1.5mm	1.2mm
	卵形	长椭圆形	长椭圆形
	卵色	浅黄色或深红色	初产鲜黄色，后变暗黄色
幼虫	体长	老熟幼虫体长约 7.5mm	老熟幼虫体长 6.8～7.4mm
	体色	体灰黑色稍带黄色	初孵幼虫淡黄色，后变黑褐色
	肉瘤	每体节有大小不等肉瘤 20 个	每体节有肉瘤 8 个
	刚毛	瘤上刚毛不明显	瘤上刚毛很明显，有黑色毛瘤刺
蛹	体长	约 6mm	3.4～3.8mm
	体形	半球形	近半球形
	体色	黄褐色	淡黄色
	腹部	各节侧面各具有黑色短小刚毛 1 丛，腹末有 1 对叉状突起、尖端紫黑色	腹部各节无成丛的刚毛，腹部末端也无瘤状突起

三、生活习性

（一）大猿叶虫

大猿叶虫在我国年发生 1～6 代。在黑龙江哈尔滨，多数个体年发生 1 代，少部分个体年发生 2 代；越冬成虫 4 月下旬开始出土活动，第一代发生在 5 月上旬至 7 月上旬，第二代发生于 6 月中旬至 7 月中旬，所有成虫 7 月下旬后均滞育越冬。山东泰安，年发生 1～2 代；越冬成虫于 3 月中旬至 4 月下旬陆续出土繁殖，第一代成虫 5 月中旬全部入土越夏，越夏成虫于 8 月下旬至 9 月中旬出土繁殖，第二代成虫 10 月下旬前入土越冬。湖南长沙，春季发生 1 代，秋季发生 2 代；3 月上、中旬越冬成虫开始外出活动，5 月底成虫入土越夏，9 月下旬至 11 月中旬第二至三代幼虫盛发。江西龙南，年可发生 1～4 代；越冬成虫 2 月中旬至 4 月初出土繁殖，4 月上旬至 5 月中旬陆续入土越夏，越夏成虫 8 月中旬至 10 月中旬出土繁殖，9 月中旬至 12 月中旬陆续入土越冬。在广东和广西，年发生 5～6 代，无明显越冬现象。

以成虫在土壤中滞育越冬和越夏，越夏期间在土中的蛰伏深度为 10～27cm，以 14～16cm 居多，越冬蛰伏的深度为 9～31cm，以 15～22cm 居多。滞育诱导主要受温度和光周期的影响，随纬度变化，滞育诱导从北向南呈现明显的地理变异。温度是诱导成虫滞育的决定性因子，高于特定温度时，存在光周期反应，诱导滞育的敏感期主要为幼虫期和蛹期。室内研究表明，黑龙江哈尔滨种群无光周期反应，滞育诱导完全取决于温度；山东泰安种群、江西修水种群和龙南种群分别在不高于25℃、20℃和18℃的温度下饲养，不论光周期如何，全部个体均进入滞育；高于此温度时，长光照诱导的滞育率随温度的升高而明显降低。同时，成虫滞育与取食寄主植物的种类及衰老程度有关。此外，大猿叶虫成虫存在二次滞育和非滞育成虫交尾或产卵后进入滞育的现象，较低的温度是其二次滞育和非滞育成虫交尾或产卵后滞育的诱导因子。影响大猿叶虫成虫滞育解除的因子尚不明确，但个体间滞育持续期存在变异，导致生活史的明显分化。当年入土滞育的成虫，第二年仍以滞育状态在土中栖息，直至第三年或第四年春季或秋季才出土繁殖。以江西修水种群为例，1998 年入土滞育越冬的 588 头成虫，有 463 头在 1999 年春季或秋季出土繁殖，75 头在 2000 年春季或秋季出土繁殖，38 头在 2001 年春季或秋季出土繁殖，12 头在 2002 年春季出土繁殖。

滞育成虫在春季或秋季滞育解除出土后繁殖，滞育解除后的成虫需取食后才能交尾、产卵。当年繁殖个体多在夜间羽化，羽化后并不立即出土，仍匿居蛹室中 6~12h。成虫可多次交尾，交尾节律、日交尾频率和交尾持续时间受温度的影响。每日平均交尾 5~6 次，最高可达 11 次。交尾后 3~4d 开始产卵，卵多产于近根际土表或土隙间，或产在植株心叶上；卵成堆，排列不整齐，每堆 20~100 粒。春季与秋季世代产卵量有一定的差异，春季世代平均每雌产卵量为 644 粒，秋季世代为 963 粒，最多时超过 2 000 粒。滞育解除后成虫或非滞育成虫的寿命在 2~3 个月，最长可达 167d。成虫有假死性，不善飞翔。

不同月份卵的发育历期也有较大差异。3 月中旬至 4 月的为 12~15d，5 月的为 3d，9 月的为 4~5d，10 月的为 6~7d，11 月初的为 10~12d。室内测定表明，在 15~30℃卵期 13.8~3.1d。

幼虫共 4 龄，有聚集习性，昼夜均可活动，喜在心叶内取食，晚间为取食高峰。幼虫有假死性，受惊扰后可分泌黄绿色液体并坠地。幼虫历期与温度有关，在 15~30℃，幼虫历期 22.8~6.9d。

幼虫老熟后入土化蛹。化蛹前在土中建造一内壁光滑而坚硬的土室，匿居其中，预蛹期长短因土壤温度差异不等，多数为 1~5d。在 15~30℃，蛹历期 12.1~3.2d。

大猿叶虫成虫和幼虫均可为害叶片。初孵幼虫啃食叶肉，残留表皮，形成细小凹斑痕，高龄幼虫与成虫咬食叶片后形成椭圆或卵圆形孔洞，各孔洞连成网眼状，严重影响蔬菜的正常生长发育及产量（彩图10 - 136 - 2）。

（二）小猿叶虫

小猿叶虫在我国年发生 2~6 代。在江苏响水，春、秋季各发生 1 代，成虫高峰期为 3 月上旬和 8 月上、中旬。在长江流域，春季发生 1 代，秋季发生 2 代；越冬成虫于 2 月下旬至 3 月上旬开始活动（若温度适宜，2 月上旬便开始活动），3 月中旬产卵，5 月成虫和幼虫混合发生和为害，5 月中旬气温升高，成虫蛰伏越夏。8 月下旬成虫又外出活动，9 月上旬产卵，9~11 月盛发，各虫态均有，12 月中、下旬成虫越冬。在浙江宁波发生不完整 6 代，第一代发生于 2 月中、下旬至 5 月中、下旬，第二代发生于 5 月上旬至 6 月下旬，第三代发生于 6 月中、下旬至 7 月中、下旬，第四代发生于 8 月中、下旬至 10 月上、中旬，第五代发生于 9 月下旬至 12 月上旬，第六代幼虫受低温影响，不能完成世代。

小猿叶虫以成虫越夏和越冬，在部分地区能以少量卵、幼虫和蛹越冬。成虫越冬和越夏的场所通常为小石块、小土块和枯叶下面，或土缝或菜根基部的土壤表面，略群集。光周期、温度和食料是成虫滞育的诱导因子，长光照、食物衰老或缺乏诱导成虫进入夏季滞育，而低温诱导其进入冬季滞育。短日照和凉爽的气温有利于其滞育解除。在湖北武汉，越夏期间，成虫滞育个体占 70.5%~97.1%；越冬期间，成虫滞育个体占 24.8%~48.2%，随着越冬进程，滞育成虫比率增大，但大部分个体处于休眠状态。卵、幼虫、蛹和成虫的过冷却点为 -12.4~-21.6℃，具较强的抗寒能力，因此在部分地区（如浙江）可观察到成虫在冬季仍能活动、取食和产卵，且存在以卵和幼虫越冬的现象。

小猿叶虫在阴天或晴天的上午至傍晚均可交尾，交尾一般在叶背进行。交尾后 5~9d 开始产卵，产卵期 13~19d。卵散产，多产于叶片的粗叶脉或叶柄上。成虫打孔将卵产于浅槽中，每槽 1 粒，横卧或直立其中，整个产卵过程需 10~15min。不同蔬菜上的产卵部位有较大差异；在萝卜上，成虫喜产卵于嫩叶上半部叶背的叶脉中；在大白菜上，成虫多将卵嵌入叶背叶脉的正面或侧面，下部叶和嫩叶上产卵概率相近，叶柄上很少着卵。此外，小猿叶虫对不同十字花科蔬菜寄主的产卵也具有选择性。产卵量以黄芽菜最多，大白菜次之，尖头甘蓝最少。温度对产卵量有一定影响，在 15～31℃ 范围内，其产卵量在 25℃ 左右最多且存活率最高，温度过高或过低均影响其产卵量和卵存活率。成虫活动能力弱，无飞翔能力，靠爬行迁移觅食。成虫寿命短则数月，长则 4 年，平均约 2 年。有假死性，受惊后即缩足落地。

卵期约 7d。幼虫共 4 龄。初孵化幼虫 30min 后便可活动，且转移至近叶缘处，在叶背啃食叶肉，造成很多小斑痕。孵化后 5d，取食量激增。二龄后咬食叶片成孔洞或缺刻，且随着龄期的增大，幼虫食量逐步增加。幼虫虽喜食心叶处的嫩叶，但不同部位叶片均可为害。幼虫具有假死性，受惊后即缩足落地，有时有黄白色体液泌出。幼虫期第一代约 21d，其他各代 7～8d。

末龄幼虫入土筑室化蛹，入土深度为 3～7cm；若寄主为叶片包裹较紧的白菜类，末龄幼虫可直接在叶球内化蛹。蛹期 7～10d。

小猿叶虫成虫和幼虫均可为害叶片，为害症状与大猿叶虫相似（彩图 10 - 136 - 2）。

四、发生规律

春、秋两季温度适宜，田间十字花科蔬菜作物种植面积大，利于猿叶虫的发生；夏季高温、食料缺乏，冬季低温，猿叶虫多以成虫滞育或休眠，极少发生。

（一）气候条件

大猿叶虫的生长适温为 22～25℃，大于 28℃ 对其生长发育和存活不利。各虫态发育起点温度和有效积温分别是：卵 10.8℃ 和 64.8℃，幼虫 10.9℃ 和 117.4℃，蛹 9.8℃ 和 64.4℃。大猿叶虫属于短日照发育型昆虫，温度和光周期在夏季和冬季滞育的诱导中起主要作用。以江西修水种群为例，在 22℃ 及以上温度，且短日照条件下饲养的成虫，有一定数量能够继续发育繁殖，发育的比率随温度的升高而增加；而在恒温 20℃ 及以下温度则全部进入滞育，与光周期无关。由于生长环境的光周期与温度不同，大猿叶虫中国各地理种群发生规律有明显的不同，复杂多样，主要分为：①隔年繁殖型。当年入土滞育越冬的成虫第二年仍以滞育状态栖息在土中，直至第三年春季再外出繁殖。②年发生 1 代型。一种是当年越冬的成虫，第二年春季仍不出土活动，而紧接着越夏，至第二年 10 月初才出土活动，繁殖后代，即以新羽化的成虫越冬。另一种是当年 5 月越夏的成虫，秋季不外出活动，而紧接着越冬。③年发生 2 代型。一种是春季和秋季各繁殖 1 代，另一种是越冬的成虫直接越夏，之后成虫在秋季繁殖 2 代。④年发生 3 代型。越冬成虫繁殖 1 代后越夏，越夏成虫在秋季繁殖 2 代。

温度和光周期对小猿叶虫生长发育、存活和繁殖以及滞育调控均有影响。小猿叶虫适宜的温度范围非常宽，耐高温和低温的能力均比较强，发育适宜温度为 20～25℃，不论恒温还是变温条件下，高于 30℃ 均不利于小猿叶虫存活、发育和繁殖。各虫态的发育速率与温度呈直线关系，卵、幼虫、蛹及卵至成虫的发育起点温度分别为 7.7℃、7.2℃、7.3℃ 和 7.2℃；有效积温分别为 80.8℃、188.6℃、68.3℃ 和 342.8℃。较低的发育起点温度能确保幼虫和蛹在冬季存活，成虫能取食和产卵。

（二）寄主植物

大猿叶虫的寄主植物种类较多，但其对寄主植物有一定选择性，寄主植物对其生长发育也有一定影响。取食的寄主植物种类不同，滞育发生比例也不相同，例如，大猿叶虫不同地理种群取食 5 种寄主植物（白菜、油菜、雪里蕻、萝卜和独行菜）后，滞育发生比例存在差异，但食料对哈尔滨种群的滞育诱导作用不依赖于光周期，而对泰安种群和龙南种群的滞育诱导作用依赖于光周期。此外，取食不同生育期的寄主植物，其滞育比例也不相同，这些均会对其种群发生产生一定影响。大猿叶虫不同地理种群对寄主的适应已出现分化现象；例如，萝卜是大猿叶虫修水种群和泰安种群的主要寄主，但在室内用萝卜饲养大猿叶虫哈尔滨种群，只有 7.5% 的个体能够完成生活史，且发育历期延长，产卵量减少。

不同寄主植物对小猿叶虫的发生规律有显著影响。在小猿叶虫的寄主植物中，白菜上发生最重，但取食不同十字花科蔬菜对小猿叶虫生长发育的影响显著性不同。据报道，小猿叶虫对含有丙烯基、丁 - 3 - 烯基、戊 - 4 - 烯基、2 - 羟基丁 - 3 - 烯基和 2，4 - 二羟基黄酮等物质的芥菜、萝卜和白菜类十字花科植物的嗜好性极高，而对含有类黄酮（如栎苷、芸香苷、槲皮苷、杨梅苷和桑色苷）和黄烷酮物质的蔬菜嗜好性较差。此外，寄主植物的质量可影响小猿叶虫成虫的滞育诱导，这有助于大部分成虫在没有食料的夏季来临之前及时进入滞育而安全越夏。

菜蚜

五、防治技术

猿叶虫成虫和幼虫对杀虫剂比较敏感，防治上可以采取"农业防治为基础，结合其他害虫防治，施药兼治"的策略。

（一）农业防治

1. 加强田间管理 清洁田园，结合秋冬沤肥积肥，铲除菜地杂草，清除残株落叶，消灭越冬虫源，减少发生基数；冬闲菜地、连作田块要耕翻 1～2 次，使土壤中的虫子暴露出来，利用夏（冬）季自然高（低）温杀灭或使其被鸟类取食。

2. 轮作 采取十字花科蔬菜与葫芦科、茄科、豆科等作物轮作，避免连作。减少嗜食寄主，以减轻发生。

（二）物理防治

1. 人工捕杀 利用成虫和幼虫的假死性，将水盆置于简易的木制板上，在菜田行间移动木板，使其落于水盆中，然后集中处理。也可一手拿盆一手轻抖叶片，将其抖入水盆中，再集中处理，清晨捕杀效果较好。

2. 人工诱杀 成虫越冬前，在田间、地埂、畦埂处堆放菜叶或杂草，引诱小猿叶虫成虫，集中杀灭。

（三）生物防治

可采用植物源杀虫剂及昆虫病原真菌、细菌和线虫等生物防治手段防治猿叶虫。研究发现，薇甘菊（*Mikania micrantha*）挥发油 5～10μL/株可干扰小猿叶虫对十字花科寄主植物的反应，减少其在寄主植物上产卵，起到一定的驱避作用。此外，喷洒类黄酮类物质栎苷、芸香苷、槲皮苷、杨梅苷和桑色素等物质在一定程度也可抑制其取食。以卵孢白僵菌（*Beauveria brongniartii*）1×10^8 孢子/mL 菌液处理土壤表面后 15d 和 30d，猿叶虫成虫平均校正僵死率分别为 81.7％和 85.2％。此外，在 23～26℃条件下，相对湿度大于 90％时，球孢白僵菌（SCAU-BB01D）易感染小猿叶虫，而收到一定的防治效果。从苏云金芽孢杆菌（*Bacillus thuringiensis*）中分离的 Cry7Ab4 蛋白 trypsin 酶解液对猿叶虫有一定的防效；从苏云金芽孢杆菌分离的 rTmCad1p 也可显著增加 Cry3Aa 毒蛋白对猿叶虫的杀虫活性。小卷蛾线虫（*Steinernema carpocapsae*）和斯氏线虫（*Steinernema feltiae*）对猿叶虫也有较好的控制作用，寄生率分别可达 90％和 50％～90％。

（四）化学防治

在十字花科蔬菜生产中，可结合其他主要害虫防治，施药兼治猿叶虫，一般不需单独防治。在药剂选择上，有机磷类和拟除虫菊酯类常规杀虫剂品种对猿叶虫均有较好的防治效果，提倡使用高效、低毒药剂，且将多种药剂搭配混用，避免长期使用单一药剂。在猿叶虫成虫盛发期、卵孵化高峰期施药，常用药剂及使用浓度为：80％敌百虫可溶粉剂 800 倍液、50％马拉硫磷乳油 800 倍液、10％氯氰菊酯乳油 2 000～3 000 倍液、20％氰戊菊酯乳油 2 000～3 000 倍液、2.5％溴氰菊酯乳油 2 500～3 000 倍液、20％氰戊·马拉松乳油 3 000 倍液等，还可用 0.2％阿维菌素乳油 1 500 倍液等喷雾，可有效防除猿叶虫成虫和幼虫。

王小平（华中农业大学植物科学技术学院）

第 137 节 菜 蚜

菜蚜是十字花科蔬菜蚜虫的统称，包括桃蚜〔*Myzus persicae*（Sulzer）〕、萝卜蚜〔*Lipaphis erysimi*（Kaltenbach）〕和甘蓝蚜（*Brevicoryne brassicae* Linnaeus），分别隶属于半翅目蚜科瘤蚜属、十字蚜属和短棒蚜属。其中，桃蚜是为害蔬菜和果树最重要的蚜虫，萝卜蚜和甘蓝蚜是取食十字花科蔬菜的专性害虫。

一、分布与危害

（一）桃蚜

桃蚜又名烟蚜、桃赤蚜、菜蚜、腻虫等，分布遍及全世界（除了极冷的两极地区和极热的沙漠地带以外）。在我国也普遍分布，北京、天津、上海、重庆、河南、河北、山东、山西、内蒙古、辽宁、吉林、黑龙江、宁夏、甘肃、陕西、新疆、西藏、云南、四川、湖南、湖北、广东、广西、贵州、江西、福建、浙江、江苏、安徽、海南、台湾等省份均有分布。桃蚜寄主植物多达 50 多科 352 种，我国记载 170 多种，包括萝卜、白菜、甘蓝、油菜、芥菜、芜菁、花椰菜、烟草、辣椒（甜椒）、茄子、枸杞、芝麻、棉、蜀葵、甘薯、马铃薯、蚕豆、南瓜、甜菜、芹菜、茴香、菠菜、人参、三七、大黄、桃、梨、杏、樱桃、梅等。十字花科、茄科蔬菜和温室中多种作物混栽常严重受害。因此，桃蚜也叫温室蚜虫。油料作物芝麻、油菜受害较重；药用植物枸杞、三七、大黄受害较重；果树以桃树受害最重，其次是杏和李。

2011 年 12 月，北京市房山区芦村彩椒被桃蚜为害损失率达到 15%；2012 年 4 月，延庆县旧县镇的日光温室辣椒被桃蚜为害损失 10% 以上；同年 5 月，平谷区马昌营日光温室茄子被桃蚜为害，造成损失达到 15% 以上。在保护地中桃蚜对茄果类蔬菜所造成的危害，比对十字花科蔬菜要严重得多。1993 年 12 月，广东东莞乌塌菜被桃蚜为害，导致商品菜的价格降低 30%。

（二）萝卜蚜

萝卜蚜又名菜缢管蚜、菜蚜，原产于亚洲，随着商品的运输，目前已知在亚洲、非洲、大洋洲、美洲以及夏威夷均有分布，但欧洲尚未记载。国内各地均有分布，如北京、辽宁、内蒙古、河北、山东、河南、宁夏、甘肃、上海、江苏、浙江、湖南、四川、福建、广东、广西、云南、台湾等省份，是华南地区菜蚜的优势种。萝卜蚜寄主植物包括白菜、萝卜、芥菜、油菜、青菜、芜菁、荠菜、水田芥菜等 30 余种，对芥菜型油菜、白菜以及萝卜偏爱，是十字花科蔬菜、油料作物和药用植物的大害虫。成、若蚜常聚集在叶背面及嫩梢、嫩叶上为害（彩图 10 - 137 - 1，1），受害嫩梢节间变短，弯曲，幼叶向下面畸形卷缩，使植株矮小，叶面出现褪色斑点、变黄，常使白菜、甘蓝不能包心或结球，油料作物、蔬菜和药用植物不能正常抽薹、开花和结籽。还可传播病毒病，严重影响作物生长。

（三）甘蓝蚜

甘蓝蚜主要分布在温带和亚热带，起源在欧洲，随十字花科蔬菜的存在而传播，目前在亚洲、非洲、美洲、大洋洲及夏威夷均有分布。在我国南方的浙江、江苏、福建、湖北、台湾及西北的新疆均有记载。但管致和及相关文献的记载对上述分布区域尚存疑义；而西北的新疆、青海、甘肃、宁夏和东北的沈阳以北肯定有分布。笔者认为华北的北京、天津、河北、内蒙古、山西等地也有分布，属于不同年份偶发类型。

甘蓝蚜的寄主已知有 61 种，如甘蓝、花椰菜、芜菁、白菜、萝卜、油菜、荠菜、野萝卜、紫罗兰等十字花科植物，偏爱甘蓝型蔬菜。1987 年 7 月北京市顺义区北小营的春晚熟甘蓝曾被甘蓝蚜为害导致全部绝收，主要原因是甘蓝被害后的外层叶片失水、干枯将叶球紧箍，使里面的水分不能蒸发，遇阴雨天气导致腐烂（彩图 10 - 137 - 1，2）。

菜蚜是我国蔬菜作物的重要害虫，历年都可造成不同程度的危害，现将《中国植物保护五十年》中的统计资料列于表 10 - 137 - 1。

表 10 - 137 - 1 1949—1999 年我国菜蚜发生及防治情况（引自陈生斗等，2003）

Table 10 - 137 - 1 The occurrence and control situations of vegetable aphids during 1949—1999 in China (from Chen Shengdou et al.，2003)

年　份	发生面积/年（千 hm²）	防治面积/年（千 hm²）	挽回损失/年（千 t）	实际损失/年（千 t）	相对损失率（%）
1949—1959	9.64	4.08	1.517	0.642	29.74
1960—1969	35.35	24.14	8.162	4.004	32.91
1970—1979	32.70	28.67	14.112	5.755	28.97
1980—1989	323.73	338.47	384.496	93.949	19.64
1990—1999	1 451.48	1 798.38	2 454.211	439.231	15.18

注 表中相对损失率（%）= 实际损失 ÷（实际损失 ＋ 挽回损失）。

从表 10 - 137 - 1 可见，20 世纪 50 年间特别是 80 年代后，随着我国蔬菜产业的迅速发展，菜蚜的发生面积增长很快,由于防治技术提高和防治面积相应扩大,造成危害的相对损失率呈逐步明显下降的态势。50～70 年代,在我国蔬菜生产中,大部分未对菜蚜进行有效防治,蔬菜减产相对损失率达 32.91%～28.97%。进入 80 年代和 90 年代,损失率逐渐降低,分别为 19.64% 和 15.18%。例如,1986—1988 年对北京市四季青乡甘蓝和大白菜调查,菜蚜造成的损失率为 5%～15%。1987 年山东省济宁市菜蚜大发生,严重发生面积为 9 530hm²,个别地块绝收;1998 年全省菜蚜发生面积 30.8 万 hm²,蔬菜损失 22.2 万 t。进入 21 世纪以来,随着新技术和新农药的发展及防控技术水平的提升,使得传统菜区菜蚜严重为害的局面得以控制。但由于设施蔬菜的迅猛发展,也为菜蚜的周年繁殖和为害创造了优越环境和食物条件。致使菜蚜在保护地中常造成较重危害,特别是桃蚜对保护地茄子、辣椒(彩椒)为害有加重趋势。

二、形态特征

(一)桃蚜

有翅胎生雌成蚜:体长 1.8～2.5mm,宽 0.8～1.1mm;头、胸部黑色,腹部淡暗绿色;背面中央有一淡黑色大斑块,两侧有小斑;额瘤内倾;触角第三节有 9～17 个排成一列的感觉圈;腹管色同腹部,甚长,中后部略膨大,末端有明显缢缩(彩图 10 - 137 - 2,2)。

无翅孤雌蚜:体长 2.0～2.6mm,宽 0.9～1.2mm,卵圆形(彩图 10 - 137 - 2,1)。体有绿色、黄绿色(彩图 10 - 137 - 2,3)、赭红色(彩图 10 - 137 - 2,4)和乳白色不同类型。头部色较深,表皮粗糙,有粒状结构,但背中区光滑,体侧表皮粗糙,背片有横皱纹,有时可见稀疏弓形构造,第七至八节有网纹。背毛粗短尖顶,第八腹节有毛 4～6 根,毛长为该节直径的 1/4。额瘤显著,内缘圆内倾,中额微隆起,触角 1.5～2.3mm,为体长的 0.8 倍,各节有瓦纹。喙深色,达中足基节,第 4+5 节之和长 0.12mm,几与后足第 2 跗节等长,有次生刚毛 2 对。腹管长筒形,端部黑色,为尾片的 2.3 倍。尾片黑褐色,圆锥形,近端部 1/3 收缩,有曲毛 6～7 根。雌性蚜(无翅)和雄性蚜(有翅)见彩图 10 - 137 - 2,6。

卵:椭圆形,初产时褐绿色,后渐变黑褐色(彩图 10 - 137 - 2,5)。

干母:低龄时体色为暗绿色,不透明(彩图 10 - 137 - 2,7)。

干雌:体色透明,体上有红斑(彩图 10 - 137 - 2,8)。

(二)萝卜蚜

有翅胎生雌成蚜:体长 1.6～2.4mm,宽 0.9～1.2mm;头、胸部黑色,腹部黄绿至深绿色;腹部第一、二节背面各有一淡黑色横带(有时不明显),腹管后有两条淡黑色横带,腹管前侧各有一黑斑;有时身上覆有稀少的白色蜡粉;触角第三节有 16～26 个不规则排列的感觉圈,第四、五节各有 2～6 个和 0～2 个感觉圈;额瘤不明显;腹管较短(约与触角第五节等长),暗绿,中后部稍膨大,末端稍缢缩(彩图 10 - 137 - 2,9)。

无翅胎生孤雌蚜:体长 1.8～2.4mm,宽 1.0～1.3mm;黄绿色,体稍覆有白色蜡粉。头部稍有骨化,中额明显隆起,额瘤微隆外倾。触角粗糙,全长 1.3mm,第三节长 0.4mm,第三至六节长度比例为 100:52:42:30+67;第三节有短毛 7～8 根,触角仅第五、六节各有 1 感觉圈。喙达中足基节,第四与第五节之和长为后足跗节的 0.81 倍,有次生刚毛 2～3 对。第一跗节毛序 3,3,2。腹管长筒形,顶端收缩,长为尾片的 1.7 倍。尾片有毛 4～6 根,尾板有毛 12～14 根。活时胸部及腹部背面两侧各节各有一条长方形的浅褐色斑,各节两侧近侧缘处各有一近圆形斑(彩图 10 - 137 - 2,10)。

(三)甘蓝蚜

有翅胎生雌成蚜:体长 1.8～2.4mm,宽 0.8～1.1mm。头、胸部黑色,腹部黄绿色;腹部有数条不很明显的暗绿色横带,两侧各有 5 个黑点,全身覆有明显的白色蜡粉。无额瘤;触角第三节有 37～49 个不规则排列的感觉圈;腹管很短,远比触角第五节短,中部稍膨大(彩图 10 - 137 - 2,11)。

无翅胎生雌成蚜:体长 2.0～2.5mm,宽 1.0～1.3mm。黄绿色至暗绿色,有明显的白色蜡粉。复眼黑色;触角第三节无感觉圈;无额瘤;腹管短圆管状,基部收缩,中部膨大,端部收缩,长 0.13mm。尾片有毛 6～7 根,尾板有毛 9～16 根(图 10 - 137 - 2,10)。

无翅孤雌蚜:体长 1.9～2.3mm,宽 1.0～1.2mm。活时黄绿色,被白粉。头背黑色,中缝隐约可见。胸节有缘斑,中侧斑断续。第一至六节各有大小中侧斑,有时中侧斑相合,第七节斑呈中断横带,第八节斑呈带状横贯全节。缘瘤不显。体表光滑,前头部微有曲纹。背毛尖锐,头部有毛 16 根;第八腹节有毛 16 根，毛长为触角第三节直径的 0.91 倍。触角长 1.3mm，第三节长 0.45mm，第三至六节长度比例为 100∶33∶40∶27+71；第三节有毛 7～8 根，毛长为直径的 0.6 倍。喙达中足基节第四至五节之和，长为后足第二跗节的 0.74 倍，有次生毛 2 对。第一跗节毛序 3，3，2。腹管圆筒形，基部收缩，为尾片的 0.9 倍，尾片近等边三角形，有毛 7～8 根（彩图 10 - 137 - 2，12）。

三、生活习性

（一）生活史

桃蚜年生 10 余代至 30～40 代不等，萝卜蚜年生 15～45 代，甘蓝蚜年生 10～30 代，发生世代数由北向南逐渐增加。三种蚜虫在露地发生代数与在保护地存在很大差异，在北方尤其明显。华北、东北和西北露地均只能发生 10 多代，在保护地可发生 30～40 代以上。

桃蚜和萝卜蚜在露地蔬菜上有两个高峰期，第一个高峰期在春季，第二个高峰期在秋季至初冬（南方）。在北京地区有翅蚜迁飞在全年有两个高峰期，分别为春季的 5 月中旬至 6 月，秋季 9 月中旬至 10 月；春季十字花科蔬菜上桃蚜占优势，秋季大白菜上的发生量不同年份间差别很大，1986 年萝卜蚜为主，桃蚜很少，1987 年和 1988 年桃蚜居多；甘蓝蚜偶有发生，个别年份造成严重危害。

桃蚜和萝卜蚜在杭州地区的两个发生高峰分别在 5～6 月和 11 月前后，第二个高峰虫量较多，持续时间较长。在夏末秋初气温明显偏低的年份，8～9 月作物上虫量上升迅速，盛夏和隆冬季节数量都很低。每年的 12 月至翌年 5 月以桃蚜占绝对优势，7～10 月以萝卜蚜占绝对优势，5～7 月和 10～12 月两种蚜虫的发生比例交错变换。温度是决定菜蚜混生种群数量消长规律，及导致两种蚜虫季节消长规律差异的主要因子。深圳菜区春季（3～4 月）桃蚜占优势，秋季（11～12 月）桃蚜和萝卜蚜混合发生，蜡质多、表面光滑的十字花科蔬菜上以桃蚜居多，叶片表面多毛刺的蔬菜上以萝卜蚜居多。甘蓝蚜的发生主要集中在高纬度地区的东北和西北，华北及其以南地区为偶发区，发生时期在春末和夏季。9 月下旬和 10 月陆续产生性蚜，交尾后产卵越冬。少数成蚜和若蚜在菜窖中越冬。新疆的甘蓝蚜只在甘蓝、萝卜上产卵越冬。

（二）习性与行为

1. 生活与繁殖

（1）桃蚜。繁殖生育有两种不同的形式，一是孤雌胎生，二是有性卵生；并有越冬寄主，属于全周期型。孤雌胎生阶段可以在非越冬寄主和春季的越冬寄主植物（桃树）上孤雌胎生后代，其中包括有翅型和无翅型，有翅蚜的产生机制主要与营养条件的恶化密切相关，在寄主植物和所取食的叶片逐渐老化时蚜群若蚜与成蚜比例发生变化，当二者比例达到或低于（2.17～2.91）∶1 时，4～6d 后开始出现有翅若蚜。有性卵生阶段发生在越冬前，即 10 月露地十字花科蔬菜上的部分蚜虫产生有翅产雌性母，在 10 月中、下旬陆续往越冬寄主上迁飞，在老叶背面取食，孤雌胎生出雌性蚜，雌性蚜无翅。同时，在 10 月十字花科蔬菜上部分蚜虫产生无翅的产雄性母，10 月中、下旬仍留在侨居寄主上取食，并孤雌胎生出有翅的雄性蚜，在 10 月下旬和 11 月上旬迁至越冬寄主，与雌性蚜交尾后在树木的芽腋、小枝分权处或枝梢皱纹伤疤处产卵越冬。翌年早春 2 月中旬至 3 月中旬树芽萌动时卵开始陆续孵化为干母，干母又开始孤雌胎生繁殖，干母生出的后代称为干雌，之后在越冬寄主上繁殖 5～10 代，4 月中旬至 6 月上旬陆续产生有翅蚜迁往侨居寄主繁殖为害；并在越冬之前的夏季和初秋季不再回迁到越冬寄主上。秋季可迁往多种果树越冬，但只有桃树上的卵能孵化。该虫无严格滞育现象，在温暖地区和保护地冬季仍可行孤雌胎生，为害深秋、冬季和春季种植的蔬菜，并成为春季露地蔬菜的主要虫源。北方冬季也有部分桃蚜以成、若蚜在冬季菠菜地和储藏大白菜上越冬，但随着耕作制度的改变，风障菠菜和储藏大白菜大幅度减少，该部分越冬虫源虽在某些地区仍存在，但已不是春季的主要虫源。

（2）萝卜蚜。在北方也可产卵越冬，但无多年生越冬寄主，即无冬夏寄主转换过程，属不全周期型。在南方冬季可不产卵，连续繁殖，而在北方则在秋白菜上产卵越冬。在北美也有在芥菜上产卵雌蚜的记载。但都没有木本寄主及草本寄主间转换的现象。在华北、华中、华东等地都在春末至仲夏和秋季大量发生和为害。每头雌蚜平均能生仔蚜 50～85 头，多至 100 多头。

（3）甘蓝蚜。是一种以十字花科植物为寄主的专性害虫，是东北和西北及高海拔地区的主要蚜虫，常与桃蚜混合发生。但发生为害的高峰期与桃蚜有明显的时间差，在早春季节主要以桃蚜为主，在春末和夏季以甘蓝蚜为主。以莲座期至结球期的甘蓝受害重，成蚜和若蚜在莲座期在叶正、反两面取食，在结球期随着球茎的生长，可在各个夹层中取食为害，导致叶球局部坏死，并逐渐感染细菌，致使腐烂失去商品价值。被取食区域的球茎外层叶片表现出严重失绿，形成数个或多个白斑（图 10-137-1，2），甚至白斑连片，导致整个叶片卷曲变形。

在新疆北部，甘蓝蚜越冬卵主要产在晚甘蓝上，其次是冬萝卜、球茎甘蓝和冬白菜上。但在很温暖的地区也可以行连续孤雌胎生繁殖而不产卵。生活史属不全周期型。

2. 种间竞争 桃蚜和萝卜蚜的种内密度和种间竞争问题，在 5 头/株和 10 头/株密度下单独饲养时，两种蚜虫种内密度效应均较弱；而在 15 头/株时，桃蚜和萝卜蚜的寿命和产蚜量都显著降低。两种蚜虫共存时，单头产蚜量均显著下降，种间竞争作用明显。在 10 头/株、15 头/株密度下，桃蚜的竞争力大于萝卜蚜，萝卜蚜的寿命和单头产蚜量都极显著低于桃蚜。

3. 生物型 桃蚜有桃树上的全周期型和蔬菜上的不全周期型两个生物型，前者可在烟草上为害，而后者不能。蔬菜上的不全周期型是由上年秋季桃树上全周期型进入菜田后所形成。十字花科植物上的桃蚜也有两个生物型，一个是烟草型，另一个是甘蓝型。二者最重要的区别在于能否取食烟草，其次是颜色特征，烟草型为赤褐、鲜红或绿色，甘蓝型为绿色至黄白色。还可将其分为红色型、褐色型和黄绿色型 3 种颜色生物型；或分为红色、褐色、绿色、黄绿色 4 个色型。各种生物型对温度的适应性不同，以褐色型最为抗高温或低温，但在适温 15～25℃的范围内，内禀增长率比其他两型都要小；相反，黄绿色型对温度的适应范围最小，但在适温范围内，内禀增长率最大；而红色型则居于两者之间。各种色型颜色稳定，变异很小；但随寄主植物不同也会表现差异，不同代别也有一定的差异。在不同体色生物型中，以黄绿色生物型最为稳定。不同体色对温度的适应性及其生存对策不同，黄绿色型以适温下的高繁殖力来提高种群的数量，褐色型则以扩大生存温度范围来抵抗不良温度环境，而红色型介于两型之间。因此，3 种生物型桃蚜在野外的分布差别很大。不同体色生物型在各寄主植物上的存活率，成、若蚜发育历期，产仔动态，成蚜寿命，生殖力及内禀增长率均有明显差异。各色型个体当从烟草转接到桃树、从油菜转接到桃树或烟草、从甘蓝转接到桃树或烟草时，新接蚜虫均不能存活。

在同一地区全周期型与不全周期型并存。德国也有相关报道，将其分成不适于在烟草上发生和能在烟草上发生的两个生物宗。美国华盛顿亚吉玛谷底的桃蚜有黄色全周期型和绿色不全周期型之分，在温室分别繁殖 20 代后，对甜菜西方黄化病毒的传毒性能仍有明显区别。可见，蚜虫生物宗或生态型的分化颇为复杂。

4. 迁飞 有翅蚜的迁飞与蚜虫扩大为害和传播病毒病均直接相关。无风时，蚜虫自主迁飞，一次飞翔不超过 5m；有风时，迁飞方向和距离均受风向、风力影响。无风时，菜蚜的迁飞方向在一定程度上由光起导向作用；在微风至风速为 0.41m/s 时，风向与迁飞方向夹角由 180°减至 135°；0.5～0.84m/s 时，夹角缩小至 90°；1.25～1.4m/s 时，夹角由 33.8°减至 22.5°；风速再大时迁飞方向与风向完全一致，成为随风迁飞。

蚜虫出现有翅蚜以前先出现生殖力下降的情况，故可以蚜群中若蚜与成蚜数量比的变化预测有翅蚜发生期；当桃蚜蚜群中若蚜与成蚜的数量比下降到 2.17～2.91（95％置信）后 4～6d 开始出现有翅若蚜；萝卜蚜若蚜与成蚜数量比下降到 8.56～9.76（90％置信）或 8.29～10.03（99％置信）后 5～6d 开始出现有翅若蚜。

翅芽分化与种群拥挤度、食物营养和温度三因子密切相关，但三者又可独立发挥作用。种群拥挤度大、食物营养恶化、低温促进翅芽分化；相反，抑制翅芽分化。

蚜虫翅型的分化与生理、生态条件关系密切。当蚜虫处于不适宜条件（如缺水、缺肥、寄主植物老化、蚜虫种群密度大等）时，产生有翅蚜迁飞。但应用机理研究的结果并不完全符合这一规律。马铃薯植株中的氮、磷、镁刺激桃蚜生长和生殖，钾含量超过一定水平则起相反作用。低水平氮肥会降低叶内氨基酸含量，钾会减少谷氨酸、鸟氨酸、组氨酸和络氨酸含量而增加脯氨酸含量，由芳香族氨基酸色氨酸和络氨酸的衍生物生成的生物源酰胺在桃蚜翅型调解中起信使作用，微量元素锂则干扰这些生物源酰胺的活性而使桃蚜转向发育成无翅蚜。以氮、磷、钾肥综合处理可使桃蚜种群数量降至正常的 20％，不致造成产量损失，产生有翅蚜由 70％减至 30％。锂的合理使用可使有翅蚜进一步减少到 1％以下。

桃蚜和萝卜蚜混合种群在田间甘蓝和小白菜上的分布类型为聚集型，但聚集强度有明显的季节规律。在杭州地区 7～9 月聚集度最高，5 月和 11 月前后有 2 个明显的扩散高峰，在甘蓝上的聚集强度春夏季为高—低—高，夏秋季一直较高，秋冬季在年度间有较大变化，冬春季开始由低向高变化。

5. 趋性 桃蚜、萝卜蚜和甘蓝蚜对橘黄色均有很强的趋性。利用该趋性采集数据可进行田间有翅成虫发生期和发生量的预测测报。温室中用黄板诱杀有翅成虫也是利用该趋性。对银灰色有很强的负趋性，保护地可利用此习性在棚膜通风口处悬挂银灰膜条，用于驱避蚜虫（该法主要用于桃蚜）。趋嫩性也是菜蚜的共同特点，尤其是在留种菜上，桃蚜和萝卜蚜均有随寄主植物生长逐渐上移到幼嫩部位取食的特点；甘蓝蚜也喜欢在甘蓝嫩叶和球茎上取食为害。

四、发生规律

（一）虫源基数

桃蚜是一个多寄主害虫，虫源也是多途径的。在北京地区的春季，桃树上从 4 月中旬开始陆续出现有翅蚜，迁往不同类型的寄主上定居，繁殖为害，成为第一来源；保护地蔬菜中繁殖越冬是另一个来源；阳畦菜苗和根茬风障油菜、菠菜及储藏菜窖是第三个来源。三者共同构成春季为害的主要虫源。在南方则主要来源于连茬的露地蔬菜，因为在广州等南部沿海地区，桃蚜可在深冬季节繁殖为害，并且可在该季节对种群进行自然复壮。个体重量可达到夏季高温时期的 2～3 倍。萝卜蚜的早春来源主要有 3 个途径，一是由保护地蔬菜外迁，二是由越冬根茬风障油菜、野生荠菜上迁飞而来，三是由越冬卵孵化而来。甘蓝蚜早春主要来源于上年越冬卵孵化和储藏蔬菜窖内的有翅成蚜及保护地中外迁的有翅成蚜。

（二）气候因素

1. 温度 夏季桃蚜胎生雌蚜发育起点温度为 4.3℃，有效积温为 137℃，24℃下发育最快。从 9.9℃ 升至 25℃，平均发育历期由 24.5d 缩短至 8d，每日平均产仔由 1.1 头增至 3.3 头，但成蚜寿命由 69d 降至 21d。萝卜蚜发育起点温度为 4.91℃，有效积温为 132.2℃。甘蓝蚜在北温带露地年生 8～9 代，发育起点温度为 4.3℃，有效积温为 112.6℃，最适发育温度为 20～25℃；从产仔总数来看，最适产仔温度为 12～15℃；从平均日产仔量看，16～17℃为最适温度，低于 14℃或高于 18℃均趋减少。成蚜寿命随温度升高而缩短，如 15℃时为 33.5d，15～20℃为 31.5d，20～25℃为 21.2d，25℃以上为 15.2d。

温度对桃蚜、萝卜蚜两种蚜虫的发育速率（以及桃蚜的翅型分化）、寿命和存活率、生殖力和生殖率都有直接影响；两种蚜虫能生存繁衍的温度广度基本一致，恒温下限到上限约相距 23℃，但所对应的具体温度范围桃蚜的比萝卜蚜的约低 3～4℃；在较低的温度下，桃蚜的发育速率、若虫存活率、生殖力和生殖率都比萝卜蚜的高，而在较高温度下则是萝卜蚜比桃蚜的高；在 16～24℃范围内两种蚜虫的内禀增长率基本一致，低于 16℃桃蚜的比萝卜蚜的高，高于 24℃萝卜蚜比桃蚜的高；变温时对低温的适应范围均比恒温时低。萝卜蚜种群最大增长率是在 20～30℃条件下，在 5℃之下 30℃之上，种群增长率均下降。

2. 湿度与降水 桃蚜对湿度的敏感性低，主要与温度联合作用，当日平均温度高于 26℃，相对湿度大于 80%种群数量下降，这也是夏季高温高湿季节种群下降的重要原因。温度适宜条件下湿度趋近饱和时抑制生长发育和繁殖；低温高湿有利于蚜霉菌的侵染。小雨对种群增殖有种，暴雨对种群有很大的冲刷作用，可导致大量虫体死亡。

（三）天敌

菜蚜的天敌昆虫很多，其中捕食性天敌有瓢虫类的七星瓢虫（*Coccinella septempunctata*）、异色瓢虫（*Harmonia axyridis*）、龟纹瓢虫（*Propylea japonica*）、多异瓢虫（*Hippodamia variegata*）、六斑月瓢虫（*Cheilomenes sexmaculata*）、狭臀瓢虫（*Coccinella transversalis*）、八斑和瓢虫（*Harmonia octomaculata*）等；食蚜蝇类包括大灰优食蚜蝇（*Eupeodes corollae*）、黑带食蚜蝇（*Episyrphus balteatus*）、斜斑鼓额食蚜蝇（*Scaeva pyrastri*）、细腹食蚜蝇（*Sphaerophoria sp.*）、黄环粗股食蚜蝇（*Syritta pipiens*）、巨斑边食蚜蝇（*Didea fasciata*）等；食蚜瘿蚊（*Aphidoletes aphidimyza*）是菜蚜的重要捕食性天敌，目前国内外已有多家单位进行繁殖饲养，也是防治蚜虫的商品化天敌，荷兰、芬兰、加拿大已作为商品销售，我国河北、上海、北京已经进行规模繁殖饲养，并初步形成商品化销售；草蛉类包括大草蛉（*Chrysopa pallens*）、丽草蛉（*Chrysopa formosa*）、日本通草蛉〔*Chrysoperla nipponensis*，异名：中华草蛉（*Chrysopa sinica*）〕等；椿象类的黑点齿爪盲蝽（*Deraeocoris punctulatus*）、东亚小花蝽（*Orius sauteri*）、南方小花蝽（*Orius strigicollis*）等；蜘蛛类的草间钻头蛛（*Hylyphantes graminicola*）；螨类的蚜绒螨等。寄生性天敌有蚜茧蜂类的烟蚜茧蜂（*Aphidius gifuensis*）、菜少脉蚜茧蜂（*Diaeretiella rapae*）等，小蜂类的有蚜小蜂（*Aphelinus sp.*）。寄生菌类有蚜霉菌（*Entomophthora aphidis*）、蜡蚧轮枝菌（*Verticillium lecanii*）等。

这些天敌在自然界中，依不同区域、季节和蔬菜作物对菜蚜种群都有不同程度的控制作用。从早春开始至夏初的发生次序为食蚜蝇、瓢虫、草蛉、蚜茧蜂、蚜小蜂、食蚜瘿蚊、黑食蚜盲蝽等。秋季至初冬低温高湿时上述天敌昆虫逐渐减少，蚜霉菌感染的数量迅速上升，例如北方的秋大白菜上的蚜虫感染个体在90％以上。曾发现，在冬季的连栋温室中95％以上的蚜虫个体被蚜茧蜂寄生；在6月中旬露地甘蓝上自然食蚜瘿蚊将90％以上的蚜虫捕食。瓢虫、草蛉和食蚜蝇发生较早，对种群增长有较强的控制作用。实际生产中除了气候因子外，各种自然天敌对蚜虫的种群增殖起着持续的和潜移默化的抑制作用；菜蚜真正对作物造成危害的时间是很短暂的，也就是当气候条件和食物条件都适宜的时候，引起种群骤增而天敌又没有发展起来的这段时间。因此，在作防治决策时应充分考虑发挥自然天敌因子的抑制作用。

（四）化学农药

到目前为止化学农药在菜蚜的防治中仍起着不可替代的作用，用于防治菜蚜的农药有机氯、有机磷、菊酯类、氨基甲酸酯类、烟碱类、抗生素类。这些药剂对蚜虫控制在特定时段都起到了很好的作用；但也都产生了一系列问题，其中最主要的是抗药性问题。每种新药剂在开始使用时效果都很好，随着时间的推移和使用次数的增加，都陆续产生了不同程度的抗性。尤其是防治效果突出的药剂，由于使用频率高，抗药性产生的速度更快。

以桃蚜为例，对有机磷类的乐果、氧乐果和乙酰甲胺磷都达到了高抗水平，对菊酯类农药的抗性也达到了中抗到高抗水平，对氨基甲酸酯类达到中抗水平，对烟碱类也产生了不同程度的抗性，在很多地区吡虫啉已经远不如开始应用时效果好了，对抗生素类也产生了抗性。目前桃蚜对各类型药剂的抗性还在发展之中，而新药剂的开发赶不上抗性产生的速度。

1983—1986年，北京桃蚜种群对乐果、抗蚜威和溴氰菊酯的抗性倍数，最高值分别为101.8倍、163.4倍和143.7倍；1986—1990年，对氰戊菊酯和溴氰菊酯的最高抗性分别为674.9倍和1 468.2倍。2010年，测定北京地区门头沟、通州、延庆、海淀、大兴、顺义6个种群桃蚜对多种药剂的LC_{50}，结果对高效氯氰菊酯均产生了极高水平抗性，大兴、顺义、通州3个种群处理24h、48h和72h后观察，桃蚜生长状态良好，并且正常产仔、繁殖，说明该药基本无效；除延庆和门头沟种群外，抗性纯合子比例均在90％以上。门头沟、通州和延庆种群对吡虫啉抗性在32.03～41.27倍。大兴种群对阿维菌素、甲氨基阿维菌素苯甲酸盐，及海淀种群对阿维菌素的敏感性有所降低。2012年，检测来源于甘蓝的红色型和绿色型桃蚜，对阿维菌素、吡虫啉和毒死蜱的敏感性，结果显示二者对吡虫啉LC_{50}分别为28.5和679.7，对毒死蜱分别为193.7和1 230.0，对阿维菌素分别为29.1和31.2。表明，红色型桃蚜对吡虫啉的抗性比绿色型高23.8倍，对毒死蜱的高6.4倍。

2006年，用6种药剂对桃蚜济南种群的毒力测定结果显示，以啶虫脒的防效最好，明显优于吡虫啉和抗蚜威；田间试验结果以啶虫脒和吡虫啉对桃蚜防效最好，抗蚜威药后3d防效最高，高效氯氟氰菊酯和辛硫磷防效低。

2008年，测定福州4个地区桃蚜种群对吡虫啉、丁硫克百威和氰戊菊酯的抗性及酶活、温度、寄主植物的影响，结果显示不同地区种群对3种药剂的抗性差异明显；抗药性强弱与体内羧酸酯酶、乙酰胆碱酯酶和谷胱甘肽转移酶的活性密切相关，酶活性高，抗性强；吡虫啉和丁硫克百威的毒力与温度呈正相关，氰戊菊酯的毒力与温度呈负相关；取食不同寄主植物抗性强弱依次为甘蓝种群、龙葵种群、烟草种群、桃树种群，酶活的强弱也遵循该顺序。

2008年，测定3种菜蚜昆明种群对多种杀虫剂的敏感性，结果显示：甘蓝蚜的敏感性顺序为5％云菊（除虫菊素）乳油＞4.5％高效氯氰菊酯乳油＞0.36％苦参碱水剂＞5％吡虫啉可湿性粉剂＞3％啶虫脒乳油＞0.3％印楝素乳油＞80％敌敌畏乳油＞30％乙酰甲胺磷乳油。萝卜蚜的顺序为5％吡虫啉可湿性粉剂＞3％啶虫脒乳油＞5％云菊（除虫菊素）乳油＞4.5％高效氯氰菊酯乳油＞0.36％苦参碱水剂＞0.3％印楝素乳油＞80％敌敌畏乳油＞30％乙酰甲胺磷乳油。桃蚜的顺序为3％啶虫脒乳油＞5％吡虫啉可湿性粉剂＞4.5％高效氯氰菊酯乳油＞0.3％印楝素乳油＞0.36％苦参碱水剂＞5％云菊（除虫菊素）乳油＞80％敌敌畏乳油＞30％乙酰甲胺磷乳油。

2009年，对山西省太谷地区桃蚜对不同药剂的敏感性变化进行了测定，结果显示，不同药剂的抗性不同。8种药剂敏感顺序为：阿维菌素＞吡虫啉＞灭多威＞溴氰菊酯＞氧乐果＞氰戊菊酯＞辛硫磷＞马拉硫磷。

　　2009 年，监测湖南长沙、湘潭、常德、岳阳、益阳 5 个地区桃蚜田间种群对常用的 9 种杀虫剂的抗药性结果显示，5 个种群对联苯菊酯、丁硫克百威和硫丹表现敏感或低抗（抗性倍数依次为 3.1、12.3、11），对溴氰菊酯、抗蚜威和吡虫啉抗性倍数依次为 24、27 和 34（中抗水平），对乐果和甲氨基阿维菌素苯甲酸盐抗性倍数分别为 40 和 53（中抗、高抗水平），对毒死蜱的抗性倍数为 170（极高抗水平）。

　　综上所述，菜蚜的抗药性是一个各地区都普遍存在的问题，只是各地区由于耕作制度、作物种类、复种指数、使用的农药种类及使用农药的方法和频率不同，致使各地区和各作物间的抗性程度不同。因此，在防治中农药的选择也有很大差别，很难提出统一用药模式。各地要根据各自的用药历史，尽量不选择那些长期在该地区使用的种类。使用效果好的新型农药也要避免连续使用，每茬菜最好使用 1 次，并与当地防治效果良好的药剂交替使用。选择农药时尽量考虑专性强并且对天敌伤害小的种类，充分发挥天敌的作用。

五、防治技术

　　菜蚜是一类世界性害虫，由于各地区气候条件、种植制度和生产方式等不同，其发生为害程度和频率也不尽相同，防治措施多种多样，尤其在农药的使用方面也有很大差异。因此，各地区应根据自身的具体情况制定防治规程，首先选择农业、物理和生物措施控制虫源和种群增殖，尽量避免农药的重复使用，从根本上治理害虫的抗药性。

（一）农业措施

　　1. 合理安排茬口　特别是在保护地通过调整种植蔬菜类别，切断菜蚜食物链是一项重要措施。例如，在冬季种植十字花科蔬菜的下茬栽种番茄或瓜类蔬菜；夏季甜椒套种玉米阻隔有翅蚜迁飞传播病毒，可减轻病毒病和日灼病的发生为害。

　　2. 清洁田园　及时多次地清除田间杂草，尤其是在初春和秋末除草，可消灭很多虫源。生长期及时拔除染虫较多的菜苗，减少虫口数量。

　　3. 消灭越冬虫源　在越冬菠菜、十字花科蔬菜留种株和桃树等越冬场所，于蚜虫迁飞扩散前进行。在保护地生产集中地区，搞好棚室蔬菜的蚜虫防除工作，防止越冬蚜虫迁入大田。

　　4. 选用抗（耐）虫品种　同一种蔬菜中不同品种抗（耐）虫性有差异，如紫甘蓝、紫花椰菜上很少着生萝卜蚜，同时桃蚜的数量也仅为绿色型甘蓝和花椰菜上的 1/3～1/4，为害较轻。紫甘蓝和紫花椰菜对萝卜蚜的抗（耐）性更强，对桃蚜的抗（耐）性不及萝卜蚜，但远比绿色型甘蓝和花椰菜强。

（二）物理防治

　　1. 设置防虫网　在保护地通风口安置 40 筛目防虫网，阻止有翅蚜迁入或迁出棚室。

　　2. 黄板诱杀　利用蚜虫对黄色的强烈趋性，在田间每 667m² 悬挂黄板 30 片，诱杀有翅成蚜，可大幅度减缓蚜虫的种群增殖。

　　3. 银灰膜驱避蚜　利用菜蚜对银灰色的负趋性，在蔬菜生长季节，可在田间张挂银灰色塑料条，或插银灰色支架，或铺银灰色地膜等，以减轻蚜虫为害。

　　4. 高温闷棚　在夏季保护地换茬时，采用高温闷棚措施消灭虫源。具体做法是在上茬蔬菜收获后，及时拔出残株和杂草，然后密闭棚室 7～10d；开棚后再将残株运到棚外堆沤处理。

（三）生物防治

　　1. 释放天敌昆虫　主要有三类：①瓢虫，包括七星瓢虫、异色瓢虫等，在蚜虫种群增长初始阶段每 667m² 释放瓢虫卵 500 粒/次，2 周后再释放 1 次。②食蚜瘿蚊，每 667m² 释放量为 3 000 头/次，10d 后再释放 1 次。③烟蚜茧蜂，释放 1 次，每 667m² 释放量 3 000 头/次。

　　2. 自然天敌保护利用　进行化学防治时应选择对天敌毒性低、伤害小的杀虫剂种类，保护天敌，发挥自然天敌如食蚜蝇、盲蝽、小花蝽、龟纹瓢虫、多异瓢虫等对蚜虫种群的控制作用。

　　3. 有益真菌微生物　室内毒力试验证明，应用球孢白僵菌（*Beauveria bassiana*）含量为 $1×10^7$ 孢子/mL，对桃蚜具有较好的控制作用；安徽虫瘟霉（*Zoophthora anhuiensis*）对桃蚜也有较好的致病力。蚜霉菌在结露地区和季节致病力高。

　　4. 植物源农药　主要有藜芦碱、苦参碱、川楝素和除虫菊素，应在蚜虫种群上升的初始阶段喷洒，以控制蚜虫种群的增长速度。常用的制剂有 0.6% 苦参碱水剂 500 倍液、2% 苦参碱水剂 1 000 倍液、

0.5%藜芦碱水剂500倍液、1.2%川楝素水剂800倍液、1.5%除虫菊素油剂800倍液，喷洒。

（四）化学防治

化学防治仍是目前不可替代的防治蚜虫的重要手段，尤其在种群迅速增长的蔬菜敏感期，以免造成损失。在选择药剂时需综合考虑地区、作物、茬口、天敌、抗药性等因素，科学选择使用高效低毒、对天敌伤害小的杀虫剂，常用的农药种类如下。

1. 抗生素类 主要种类有：阿维菌素、甲氨基阿维菌素苯甲酸盐、浏阳霉素。常用的制剂及使用浓度：1.8%阿维菌素乳油4 000倍液、2%甲氨基阿维菌素苯甲酸盐乳油4 000倍液和2.5%浏阳霉素悬浮剂1 000倍液，喷雾。部分地区菜蚜已产生抗性，应避开原来使用频繁的制剂种类。安全间隔期7d。

2. 烟碱类 10%吡虫啉可湿性粉剂4 000倍液，喷雾。有些地区已产生较强抗性，注意替换新药。安全间隔期7d。

3. 吡啶类 5%啶虫脒悬浮剂4 000倍液，喷雾。已有抗性产生，注意交替使用。安全间隔期14d。

4. 季酮酸类 24%螺虫乙酯乳油3 000倍液，喷雾。该药特点是上下双向内吸传导，作用缓慢，需5d见效，残效期长，安全间隔期在60d以上。该药剂一茬蔬菜只可使用1次，并在生育期长的蔬菜苗期使用。

5. 菊酯类 2.5%高效氯氟氰菊酯乳油、2.5%溴氰菊酯乳油、5%高效氯氰菊酯乳油、20%氰戊菊酯乳油2 000倍液，喷雾。需要注意的是很多地区菜蚜对该类药剂已产生了很强的抗性，尤其是桃蚜对氰戊菊酯抗性水平高，除了少数边远地区还保持较好的防治效果外，一般地区尽量不要使用该类药剂。安全间隔期7d。

6. 氨基甲酸酯类 50%抗蚜威水分散粒剂3 000倍液、10%唑蚜威可湿性粉剂2 000倍液。该类药剂在不同地区已产生不同程度的抗性，原来频繁使用的地区要谨慎使用。安全间隔期7d。

7. 有机磷类 40%乐果乳油等喷雾。该类药剂在很多地区易产生严重抗性，应尽量避免使用。安全间隔期7d。

在选择化学农药时，尽量选择在该地区使用频率低，持续销售量较小或新型的种类。保证在关键时期一次用药即可有效控制菜蚜为害，其他时期发挥气候、天敌等的抑制作用，提高蔬菜产品的安全等级。

需要特别注意农药使用的安全间隔期，严格按照国家规定标准执行。

石宝才（北京市农林科学院植物保护环境保护研究所）

第138节　菠菜潜叶蝇

一、分布与危害

菠菜潜叶蝇［*Pegomya exilis*（Meigen）］又名藜泉蝇、甜菜潜叶蝇、甜菜藜泉蝇，属双翅目花蝇科泉蝇属。同种异名有 *P. cunicularia*（Panzer）、*P. cunicularia*（Rondoni）和 *P. hyoscyami*（Panzer）等。我国各地大多有分布，但在黑龙江、吉林、辽宁、内蒙古、新疆、青海、山东、河北、北京、上海、湖南等省份发生偏重，是菠菜、叶用甜菜的主要害虫。国外主要分布于前苏联亚洲部分（除极北地区外）、欧洲、北美、北非等地区。

菠菜潜叶蝇属寡食性害虫，在经济作物中主要为害藜科的菠菜（*Spinacia oleracea*）、甜菜（*Beta vulgaris*），以及十字花科的萝卜（*Raphanus sativus*）。此外，藜科的藜（*Chenopodium album*）、墙生藜（*C. murale*）、茄科的莨菪［别名天仙子（*Hyoscyamus niger*）］，蓼科的春蓼（*Polygonum persicaria*），石竹科的繁缕（*Stellaria media*）均可受害。幼虫潜叶取食叶肉，仅留上下表皮，形成较宽的隧道，或形成较大块状潜食斑。隧道和斑内常有幼虫和残留很多湿黑色虫粪，使菠菜失去食用价值，严重时成片或全田菠菜被毁。据吉林报道，各地无论春、秋菠菜每年均有不同程度的被害，有的年份还十分严重，如1958年省内某些城市受害菠菜不能上市销售。1959年在湖南长沙等几个地区调查结果显示，叶用甜菜、菠菜和糖用甜菜的植株受害率都高达100%。其中，叶用甜菜的虫口平均密度为53.6头/株，单株最多有180头，糖用甜菜平均密度为20.6头/株，菠菜亦达19.9头/株。严重受害田如同火烧，被害蔬菜不堪食用，只能做饲料。据1973年新疆记载，在新疆铁干里克地区潜叶蝇为害春菠菜的程度重于秋菠菜，严重发生时春菠菜百株卵粒数可达1 246粒，田间成片菠菜因潜叶幼虫和虫粪污染而不堪食用，一般减产30%

以上；同时，造成留种菠菜种子产量降低和质量下降。秋菠菜田每平方米土壤中越冬蛹数量有数头，重发生时超过百头。2005年邯郸等冀南地区，菠菜受害率达60%～70%。随着菠菜种植面积的扩大，耐热品种的推广和栽培技术水平不断提高，上海菜区以前未有该虫发生为害的记载，现在也有了虫情报道。2010—2012年春季，菠菜潜叶蝇在上海市10个区（县）均有发生，严重田块有虫株率达5%～10%，造成局部菠菜叶片干枯和虫粪污染。该虫的发生趋势值得关注。

二、形态特征

成虫：体长4～7mm，展翅10mm，体灰黄色，复眼黄红色。雄蝇头部两复眼间的间额狭于前单眼的宽度，雌蝇额带较雄蝇宽。额带的颜色有两种，淡色型为赤黄色至黄褐色；浓色型为暗红色至黑褐色，额侧及颊的颜色为黄褐色至暗褐色，表面有银色粉。有1对短小的触角，共3节，基部的第一、二节为黄色至暗褐色，长度约为第三节的一半左右；第三节为扁平、黑色，抖动非常频繁，基部外侧有1根触角芒，长度约为第三节触角的2.5倍，触角芒基部为黑色、粗大，逐渐过渡为黄色的细长丝状。成虫胸部背面，淡色型为灰黄色至暗灰黄色，有时稍带绿色，背部有明显的褐色条纹或还混有不规则的杂斑；浓色型个体因条斑的颜色与体色相近，粗看无明显条纹，细看或在解剖镜下观察可见到条斑的存在。小盾片上有较粗大的3对刚毛。后翅退化成极小的平衡棍，翅暗黄色，翅脉黄色（彩图10-138-1，1、2）。

卵：长椭圆形，(0.8～0.9)mm×0.3mm，扁平、多粒扇形排产，也有的堆产。初产时为白色，孵化前逐渐转变为米黄色，表面有似长方形或似多角形规则的网状纹（彩图10-138-1，3、4）。

幼虫：共3龄。老熟幼虫（蛆）头尖尾粗，体长7～9mm，污黄色。口钩黑色，近三角形，有4～6个小齿。虫体各体节有许多皱纹，交界处有肉质小突起，腹部后端围绕后气门有7对肉质突起。初龄幼虫体长1mm，末期不及2mm，二龄幼虫体长在5mm以下（彩图10-138-1，5）。

蛹：为围蛹，体长4～5mm，头部较窄，尾部较平，仍可看到前后气门突起，红褐色至黑褐色（彩图10-138-1，6）。

三、生活习性

菠菜潜叶蝇在国内自北向南1年发生2～6代。在吉林、辽宁年生2～3代，北京、河北等地区3～4代，湖南、上海等长江中下游地区4～6代。在国外，前苏联1年发生2代、英国3代、美国3～4代。该虫世代重叠，均以蛹在土中滞育越冬。

在沈阳地区，越冬蛹于5月中旬羽化为成虫，在菠菜和杂草的叶背面产卵，6月上旬为产卵盛期，5月下旬至6月上旬为第一代幼虫为害盛期，春菠菜受害较重，第二、三代为害较轻。在华北地区，4月至5月上旬根茬菠菜受害，为第一代幼虫发生为害期；5月上旬开始发生第二代，6月发生第三代，秋季在部分地区还可发生第四代。在新疆铁干里克地区，越冬蛹4月中旬初期开始羽化，5月上旬达到羽化高峰，4月中旬在菠菜上产卵，5月中旬进入产卵和第一代幼虫为害盛期，不防治田菠菜叶片受害率达80%。以后各代为害春栽晚菠菜、留种菠菜、甜菜和藜科杂草，8月为害秋菠菜幼苗但较轻。在上海保护地菠菜上，1年发生5～6代，越冬代成虫的始见期为2月下旬至3月上旬，4月上旬至5月中旬为盛发期；在大田菠菜上可完成2个世代，在留种菠菜上可完成3个世代。6～8月气温较高不适宜菠菜生长，该虫可能多数转移到露地、阴凉的萝卜、叶用甜菜或在新鲜的农家粪肥堆上腐生、滞育越夏。自9月部分成虫又迁回到保护地菠菜上为害，至12月上、中旬可完成2～3个世代，其后以蛹在土中滞育越冬。在上海露地菠菜上该虫1年发生约4代，3月下旬至4月上旬始见成虫产卵，4月中旬至5月中旬为盛发期，可完成一个完整的世代，因受菠菜抽薹开花和收获的影响，不能完成第二个发育世代。第一代成虫羽化后可能直接迁移到阴凉的萝卜、叶用甜菜田或在农家畜肥的堆肥上腐生、滞育越夏。10月上、中旬起部分成虫回迁到秋菠菜田产卵繁殖为害，可完成1～2个世代，至11月中、下旬起以蛹态在土中越冬。

菠菜潜叶蝇属兼性滞育害虫，据管致和的资料介绍，在英国第一代蛹约有5%滞育，第二、三代各有50%～100%滞育，法国亦有类似的记载。由于各世代的滞育蛹都将集中在春季羽化，是造成第一代大发生的原因之一。夏季高温不适宜菠菜生长，对菠菜潜叶蝇的生长发育不利，以致其后各代的虫口数量明显下降。

成虫多在环境温度达到 10℃ 时开始活动，白天有较强的飞行扩散能力，8：00～10：00、14：00～15：00 有两个活动高峰。田间用黄色黏虫板诱杀成虫效果较差，可见成虫对黄色的趋性较弱。成虫羽化多数在气温低、湿度大的清晨，一般成虫寿命为 7～15d，最长可达 18～20d，产卵前期 2～4d。产卵多选择在寄主叶背，以 4～9 粒扇形排产居多，少数仅 1～3 粒或 10 多粒块产。每头雌成虫可产卵 24～110 粒，平均产卵量为 60 多粒。在日平均温度 15～21℃ 时，成虫寿命长、产卵量多，平均每头雌虫产卵量为 80 多粒，有时一张叶片上产有 2～3 个卵块，最多可见 4～5 个，卵多达几十粒。成虫产卵对植株生育期有较严格的选择性，多数选在菠菜生育期超过 4 叶 1 心的植株，喜在叶肉偏厚的成龄叶上产卵，一般不在叶龄偏小的植株上产卵，也不在已有潜叶虫道的叶片上产卵。在 18～20℃，没有水分和营养补充的条件下，成虫的寿命通常只有 1～4d，几乎不产卵。而在有水分和营养补充的条件下，日平均温度 25～30℃ 时，成虫寿命一般为 4～7d，最长不超过 10d，每头雌虫产卵量减少至 10 多粒至 60 粒，平均约 35 粒左右。

卵孵多数在傍晚，同一卵块的卵粒大都同时孵化，但从孵化至幼虫潜入叶内需 15～30h，钻入的速度与叶片表皮厚度、环境温度、湿度以及转移距离有关系。卵的发育历期受环境温度影响较大，12～16℃ 卵期为 6～9d，17～20℃ 为 4～6d，21～25℃ 为 2～4d，26～30℃ 为 1～2d。在 14～20℃ 区间，卵的孵化率最高，达到 85% 以上。经统计分析，卵发育起点温度为 (11.23 ± 0.16)℃，有效积温为 (34.69 ± 3.06)℃，卵历期回归预测式为 $V = 1/(0.027675T - 0.290149)$，相关系数为 $R = 0.959$（V 为发育历期，T 为温度）。

初孵幼虫一般在原处潜入叶内取食叶肉，由于卵是多粒堆产，潜叶为害的起始点常有多头幼虫集中在同叶上为害（发生早期，少数也有仅 1 头幼虫潜入为害的），随幼虫生长发育，潜叶虫道呈现不规则形扩展，形成一个半透明只剩下上下表皮的膜状大斑块，被害处内常可见有虫粪。由于发生盛期同叶常有多头幼虫同时潜入为害，大多被害叶在 3～7d 即可被食光叶肉，后经阳光照射和风吹，被害叶片随即干枯（彩图 10-138-2）。

在 4 月的盛发期，保护地严重发生时一张叶片上会产有多个卵堆，最早孵化的（卵堆）幼虫在原地潜叶为害，而其他迟后（卵堆）孵化的幼虫，则不喜欢在已有幼虫入潜的叶片内再潜入，一般都会另选新叶片入潜为害，迟后初孵的幼虫为寻找适合的寄主，最多可转移 10～20cm 的距离，所以田间常可查见同株有几张叶片同时被潜为害的严重受害株（为害中心点），全株除心叶外成龄叶均是虫斑，造成植株生长缓慢，导致严重减产。

人工饲养结果显示，不同温度下的幼虫发育历期有较大差异，在 14～16℃ 为 21～27d，17～20℃ 为 16～20d，21～25℃ 为 12～15d，26～30℃ 为 9～12d。在 16～23℃ 区间，幼虫的成活率最高，可顺利完成潜叶为害的比率达到 75% 以上。经统计分析，幼虫发育起点温度为 (8.06 ± 1.17)℃，有效积温为 (165.58 ± 15.66)℃，幼虫的历期回归预测式为 $V = 1/(0.005\,931T - 0.044\,667)$，相关系数为 $R = 0.982\,7$（V 为发育历期，T 为温度）。

幼虫的发育历期也常因寄主的生育期、营养（食料）不同而发生变化，幼虫历期会适应性调整（缩短），最短的甚至在二龄幼虫期即可转入化蛹，但个体较小，最小的不足正常蛹的 1/2，也较难羽化为成虫，有的即使能羽化，寿命很短、产卵量也很少。

幼虫发育老熟后，多数从叶中钻出，转移数厘米后入土化蛹，少部分直接在潜叶为害的虫道内化蛹。越冬代幼虫都从叶中钻出转移到安全处入土化蛹，入土深度在 1～5cm 以内。

不同温度下的蛹历期差异明显，12～16℃ 为 18～32d，17～20℃ 为 12～17d，21～25℃ 为 10～12d，26～30℃ 为 7～9d。在 16～23℃ 区间，蛹的羽化率可达 55% 以上。经统计分析，蛹发育起点温度为 (5.99 ± 1.15)℃，有效积温为 (180.49 ± 15.83)℃，蛹的历期回归预测式为 $V = 1/(0.002621T - 0.019448)$，相关系数为 $R = 0.9904$（V 为发育历期，T 为温度）。各世代幼虫取食菠菜的生理和营养成分的差异，对蛹的发育历期也会有一定影响。

四、发生规律

（一）气候条件

菠菜耐寒力强、耐热性弱，是我国各地春、秋、冬季栽培的重要蔬菜。菠菜潜叶蝇适宜生长发育的温度为 10～25℃，最适温度为 14～22℃。在春季第一代盛发期内卵期 3～6d，幼虫期 10～15d，蛹期 10～

15d。同时，雌虫产卵量亦最高（平均每头80多粒），幼虫存活率和完成潜叶为害的比率最高达75%以上，蛹的羽化率最高超过55%。进入夏季高温季节后，对菠菜潜叶蝇生长发育、存活和繁殖不利，而且各代滞育蛹的数量显著增加，其种群数量显著下降。菠菜潜叶蝇在各地种群数量和发生为害，均为春季一代多发型，可能是与菠菜等主要寄主植物长期协同进化的结果。

（二）寄主植物

1. 菠菜种植面积　菠菜潜叶蝇属寡食性害虫，菠菜是其嗜食寄主作物之一。进入20世纪90年代以来，由于我国种植业结构的调整和蔬菜产业迅速发展，形成了许多以生产绿叶蔬菜为特色的新基地，其中菠菜是绿叶蔬菜的主要品种之一，如山东等地菠菜已成为出口创汇的重要蔬菜。随着耐热、耐抽薹品种的推广，保护地和遮阳网等防暑降温栽培面积的不断扩大，许多地区实现了菠菜除盛夏季节（7月中旬至8月中旬）外的周年生产，为菠菜潜叶蝇的发生提供了良好的寄主等环境条件，有利于其发生区域的扩展和发生为害程度加重。

2. 菠菜生育期　菠菜不同生长阶段与菠菜潜叶蝇的发生为害有密切关系。上海松江用3个品种进行对比试验的结果表明，菠菜3叶1心期前是避虫阶段，潜叶蝇的寄生率（虫株率）低，感虫品种一般在2%以下，而抗虫品种均低于1%。菠菜5叶1心期的寄生率明显上升，感虫品种一般在5%以下，抗虫品种均不足2%。7叶1心期后进入最感虫阶段，感虫品种的有虫株率超过5%，部分高感虫品种可达10%～15%，而抗虫品种的有虫株率均低于5%，两者的差异显著。

3. 品种抗性　菠菜的品种很多，依果实上是否有刺和叶形，可将菠菜分为有刺变种 *Spinacia oleracea* var. *spinosa*（又称尖叶菠菜）和无刺变种 *S. oleracea* var. *inermis*（又称圆叶菠菜）两种类型，也有尖叶和圆叶的过渡类型。在上海地区，菠菜潜叶蝇的盛发期进行的不同菠菜品种与潜叶蝇发生为害关系的田间试验结果表明，17个圆叶品种的有虫株率较高，为5.0%～13.3%，而3个尖叶品种的有虫株率（1.3%～1.5%）最低，1个尖（圆）叶品种的有虫株率为3.5%，居中。统计分析结果显示，绍兴尖叶、南京尖叶和上海鸡脚叶3个尖叶品种的抗虫性强，极显著优于另二类各品种。尖（圆）叶品种金申小菠菜抗虫性较强，显著优于圆叶品种金风，虽然表现出优于2个圆叶品种（上海圆叶1号和联合1号）的趋势，但无显著性差异；极显著优于其他14个圆叶品种的抗虫性。绿优秀、帅绿等14个圆叶品种为感虫品种，其中进口红莲草（红梗）为敏感品种，与其他各品种差异极显著。

（三）化学农药

从20世纪80年代以来，国内少见有关菠菜潜叶蝇的研究论文发表，可能与多年来各地广泛使用高效、广谱的有机磷、菊酯类农药，对菠菜潜叶蝇有效的兼治作用有关。进入21世纪以来，我国重视蔬菜产品的食用安全，例如，上海、北京等多地通过优惠政策，推动生物农药、仿生物等安全农药的应用，减少了广谱农药的用量。上海市在2010—2012年对菠菜潜叶蝇发生普查结果表明，春季菠菜潜叶蝇的旬平均有虫株率，有机蔬菜、无公害蔬菜生产基地是常规生产模式（没严格控制广谱性农药使用）的3.1倍和1.53倍，秋季分别达14.08倍和4.44倍。初步分析认为，有机蔬菜、无公害蔬菜生产模式的害虫防治，因使用安全农药品种、限用次数等原因，对菠菜潜叶蝇的兼治作用差，可能是造成其发生程度明显偏重的原因之一。因此，搞好菠菜潜叶蝇的管理还要做许多工作。

五、防治技术

菠菜潜叶蝇是菠菜上的常见害虫，根据该虫的发生趋势和为害特点，各地应以防控春季第一代为重点，采取多种农业措施抑制种群增长，且与发生盛期化学防治结合的综合防治措施。

（一）农业防治

1. 清洁田园　发生早期（菠菜通常分批采收）发现潜叶蝇虫害叶片要及时摘除，采收后期的菠菜田，要及时清除残茬，减少虫源。

2. 出茬田块及时机耕　春秋二季，菠菜采收后的田块残留虫蛹，要及时机耕，整地深度应在10cm以上，杀灭深埋入土的虫蛹，减少虫口基数。

3. 田块选择　秋季菠菜田要远离农畜堆肥，或在农畜堆肥上喷洒杀虫剂，以减少越夏虫源。

4. 休耕期消毒　利用夏季菠菜休种期，对生产菠菜的设施，实施灌水10～15d的高温闷棚、洗盐渍化消毒，达到杀灭土壤中的虫蛹、（旱地）杂草种子（菠菜对除草剂敏感，此种消毒洗盐可兼治草害）的目的，修复、改善设施栽培菠菜的土壤条件。

5. 选种抗虫品种 在春（秋）季潜叶蝇发生盛期，选用尖叶（抗虫）品种，规避发生为害的高峰，减少用药，安全生产无农药残留菠菜。

（二）化学防治

在春（秋）季发生盛期的卵孵始盛期，对菠菜生育期在 3 叶 1 心期以上类型田，选用仿生物高效低毒杀虫剂，如 60% 灭蝇胺水分散粒剂 2 000～3 000 倍液，或 75% 灭蝇胺可湿性粉剂 2 500～3 000 倍液等喷雾，视虫情一般间隔期 10～15d 喷施 1 次，连续 2 次，安全间隔期为 5～7d。此外，常规防治还可选用 1.8% 阿维菌素乳油 2 500～3 000 倍液、20% 阿维·杀单微乳剂 1 000 倍液、40% 阿维·敌畏乳油 1 000 倍液、2.5% 高效氯氟氰菊酯乳油 2 500 倍液等喷雾，一般防治间隔 7d 1 次，连续 2～3 次，用药安全间隔期为 10～15d。

附：测报技术

1 田间虫情消长系统调查

1.1 调查时间 春季从旬平均气温回升至 10℃ 开始，至旬平均气温升到 25℃ 结束。秋季从旬平均气温下降至 26℃ 开始，至旬平均气温低于 8℃ 结束。

1.2 调查环境的配置与田块的选择 在菠菜主要生产基地，区域生产面积至少应大于 1.0hm²。选早秋菠菜、秋菠菜相邻连茬种植的田块，在晚秋接茬早秋菠菜田（保证有一定的虫源能安全过渡）种植越冬圆叶类型（有条件的选感虫进口品种红莲草）的菠菜田设虫情发生消长观察圃 2 个。当翌年开春后（上海为 2 月下旬至 3 月初）菠菜进入 5 叶 1 心期，开始设点调查。

秋菠菜的虫情调查田应选择在越夏的有机堆肥附近的田块，种植早秋圆叶类型菠菜。设虫情发生消长观察圃 2 个，当菠菜进入 3 叶 1 心期开始设点调查。并在这之后每隔 20～30d 分期播种，保证观察圃的调查有合适生育期菠菜的连续性，直至晚秋发生盛末。

1.3 调查方法 有虫株率调查：采用对角线五点取样法，每 5d 1 次，每点定株 100 株，共取样 500 株，调查有虫株率。

卵量调查：采用对角线五点取样法，每 5d 1 次，每点选株型高大、叶片肥厚的植株取样 20 株，共取样 100 株，调查有卵株率和卵量，将调查结果填入附表 10 - 138 - 1。

附表 10 - 138 - 1 菠菜潜叶蝇观察圃有虫株率和卵量调查表（引自李惠明等，2006）

Supplementary Table 10 - 138 - 1 System investigation records of damaged plant ratio and amount of eggs of *Pegomya exilis* at observation nursery（from Li Huiming et al.，2006）

调查单位：　　　　　　　　　　　　　　　　　　　　　　　　　　　　　　　　　　年度：

调查日期 （月/日）	叶片 类型	品种	生育期	调查株数 （株）	有虫株率 （%）	有卵株率 （%）	卵量		备注
							当日卵量 （粒）	累计卵量 （粒）	

2 大田虫情巡回普查

2.1 调查时间 春季旬平均温度 15℃ 以上（上海 3 月下旬至 4 月上旬）开始至春菠菜采收旺季（上海 5 月中旬）过后结束。

秋季旬平均温度回降到 25℃（上海 9 月上、中旬）开始至秋菠菜采收旺季（上海 12 月上旬）过后结束。

2.2 调查环境与田块的选择 在菠菜主要生产基地，选菠菜生育期在 5 叶 1 心期、7 叶 1 心期以上菠菜田分圆叶和尖叶品种的类型田不少于 5 块，调查田块总数不少于 10 块。

2.3 调查方法 采用对角线五点取样法，每 10d 1 次，每点定株 100 株，共取样 500 株，将大田虫情巡回普查结果填入附表 10 - 138 - 2。

附表 10 - 138 - 2　菠菜潜叶蝇大田虫情普查结果汇总记载表（引自李惠明等，2006）

Supplementary Table 10 - 138 - 2　Summary results of the field survey of *Pegomya exilis*

(from Li Huiming et al.，2006)

调查单位：　　　　　　　　　　　　　　　　　　　　　　　　　　　　　　　　　　　　　　年度：

调查日期 （月/日）	调查面积 （m²）	调查田块	品种类型	生育期	调查株数 （株）	有虫株数 （株）	虫株率 （%）	备注

3　虫情预报

3.1　大田虫情发生趋势预报　根据上海测报点菠菜潜叶蝇虫情系统消长调查，春季在越冬代成虫始见后 10～15d 或始见一代幼虫潜叶为害期，汇总当前虫口的发生基数、历年同期有虫株率、前年秋季有虫株率、当前卵量基数、种植面积等因素，分析下阶段虫情的发生动态，向上海主要蔬菜生产区发出趋势（预警）预报。一般将 3 月下旬到 4 月初调查的虫口数量，与前 5 年同期资料进行比较，若增加 90% 或达到 3 倍以上，发出菠菜潜叶蝇中等偏重或重发生的虫情预警；若虫口减少 70%，发出中等偏轻或轻发生的虫情预警。

3.2　防治适期及防治对象田预报　防治适期＝菠菜潜叶蝇（潜叶为害）有虫株率 2%～3% 时。

防治对象田＝菠菜生育期处于 5 叶 1 心期以后的圆叶品种类型田。

李惠明（上海市农业技术推广服务中心）

朱国仁（中国农业科学院蔬菜花卉研究所）

第 139 节　葱 蓟 马

一、分布与危害

葱蓟马（*Thrips tabaci* Lindeman）属于缨翅目蓟马科蓟马亚科蓟马属，又称烟蓟马、棉蓟马、瓜蓟马等。在我国分布广泛，吉林、辽宁、内蒙古、新疆、宁夏、甘肃、陕西、西藏、四川、贵州、云南、山西、河北、山东、河南、江苏、湖北、湖南、台湾、安徽、广西、海南、广东、江西、上海、浙江、福建等省（自治区、直辖市）均有发生。国外主要分布于亚洲（日本）、欧洲（英国、意大利）、美洲（美国、加拿大）、南美洲（巴西）、非洲（尼日利亚）等区域。葱蓟马的寄主植物多达 150 余种，可为害百合科的葱、大葱、洋葱、蒜、韭菜、砂韭、藠头等，茄科的辣椒（甜椒）、马铃薯、茄子、番茄等，葫芦科的节瓜、黄瓜、苦瓜、南瓜、西葫芦、冬瓜、丝瓜等，豆科的菜豆、豌豆、豇豆等，十字花科的白菜、萝卜、甘蓝等，藜科的菠菜，伞形科的芹菜、胡萝卜、香菜、茴香，菊科的莴苣等多种蔬菜以及葡萄、柿子、棉花、烟草和小麦等作物。

葱蓟马原产我国。20 世纪 90 年代以来，随着蔬菜种植面积的扩大，葱蓟马的发生有逐步加重的趋势，发生范围进一步扩大，成为为害葱蒜类蔬菜的重要害虫之一。在我国大葱、香葱、洋葱、大蒜种植区葱蓟马为害普遍。大葱被害率高达 50% 以上，严重时大葱叶片受害率达到 100%，整个葱田一片干枯。2001—2003 年四川宾川 4 500hm² 的香葱、大蒜受害面积达 1 500～2 000hm²，损失达 500 万～600 万 kg。四川西昌是中国洋葱之乡，为国家级蔬菜基地，洋葱种植面积为 4 000hm²，但由于连年重茬种植，葱蓟马为害程度逐年加重，使洋葱减产 10%～40%，已成为提高洋葱产量和品质的主要限制因素。云南元谋是我国每年上市较早的洋葱生产基地之一，2 月中旬洋葱就开始上市，直至 3 月下旬结束，年种植面积 1 333.3hm²。由于 2009 年冬至 2010 年春的大旱，导致洋葱上市期延后。2001—2003 年湖南省湘阴县藠头栽培面积达 2 500～3 000hm²，已成为湘阴县重要的出口农产品。但由于大面积连年种植，葱蓟马为害逐年加重。山东省平度市、金乡县、章丘市是全国闻名的葱蒜种植基地，由于葱蓟马为害，用药频繁，严重影响大葱、大蒜品质，对食品安全造成威胁。葱蓟马以成虫、若虫用锉吸式口器为害植物的子叶、真叶、生长点和花器。叶片受害后,轻则叶背呈现灰白色条斑或下凹小斑,严重时导致叶片变形,受害幼苗生长缓慢。寄主生长点受害后,会影响种子发育成熟。葱蓟马取食时需要刺穿寄主植物表皮和薄壁组织细胞,然后吸取汁液。受害组织呈干粉状,然后产生变色斑点。葱蓟马为害洋葱时,使洋葱叶片形成许多细密而长形的灰白色斑痕,严重时使叶片失去膨压而下垂,甚至扭曲变黄,阻碍叶片光合作用,从而使洋葱鳞茎变小甚至腐烂。葱蓟马的粪便则污染蔬菜,不堪食用。在我国许多地区有生食大葱、香葱的习惯,由于蓟马为害,致使叶片伤痕累累,布满斑点、虫粪,口感变差,无法生食。葱蓟马还是许多病毒的携带者,而且葱蓟马所传播病毒造成的危害大于其直接造成的危害。葱蓟马能传播多种植物病毒,如烟草条纹病毒(TSV)、番茄斑萎病毒(TSWV)和鸢尾花黄斑病毒(IYSV)等。研究表明,葱蓟马传播番茄斑萎病毒的效率与其生殖模式及寄主植物有关。Chatzivassiliou 等(2002)在室内通过对希腊的葱蓟马研究发现,寄主是洋葱和韭菜的产雌孤雌生殖的葱蓟马,不能传播番茄斑萎病毒,并且不能在烟叶上完成生活史;寄主是烟叶的产雄孤雌生殖的葱蓟马,能有效传播番茄斑萎病毒,且能在韭菜上繁殖后代;寄主是韭菜和菜豆的产雄孤雌生殖的葱蓟马,不能在烟叶上繁殖后代,且仅有少数个体能获毒后进行传播,但死亡率很高。也有报道称,产雄孤雌生殖的葱蓟马种群不能有效传播番茄斑萎病毒,然而产雌孤雌生殖的葱蓟马种群不能传播或者低效率传播番茄斑萎病毒。Zawirska 根据对田间番茄斑萎病毒传播的研究推断,葱蓟马存在 2 个亚种:一个亚种是对烟草具有寄主专一性的经两性生殖产生,能传播番茄斑萎病毒;另一个亚种是不偏好取食烟草经孤雌生殖产生,不能传播番茄斑萎病毒。

二、形态特征

成虫:体长 1.2～1.4mm,黄白色或褐色。触角共 7 节,第一节颜色较淡,其余较暗,第三、四节上具叉状感觉锥;单眼间鬃较短,位于前后单眼的连线上,且长于复眼后鬃;前胸背片后缘鬃 2～5 对,前翅前脉鬃 7 根,端鬃 4～6 根,后脉鬃 13～14 根,均匀分布;后胸背板前中部为横纹,其后为网纹,其上无亮孔,钟形感觉孔缺;足胫节端部和跗节较淡;前翅淡黄色;腹部第二至八节背片较暗,前缘线栗棕色;腹部背片两侧和背侧片线纹上有众多微毛;腹部第八节背片后缘梳完整,仅两侧缘缺(彩图 10-139-1,1)。成虫的形态特征是分类的主要依据。

卵:长 0.3mm,宽 0.15mm,肾形,卵壳光滑无毛,柔软,乳白色,半透明。

一龄若虫:长 0.5mm,宽 0.2～0.3mm,白色,有背光性(彩图 10-139-1,2)。

二龄若虫:长 0.8mm,宽 0.35mm,全体淡黄色,触角 6 节(彩图 10-139-1,3)。

预蛹:长 0.9～1.2mm,宽 0.5mm,白色,身体变短;出现较短翅芽,约为腹部长度的 1/3;触角短且竖起,基本垂直于头部,可向缝隙、阴暗处缓慢移动(彩图 10-139-1,4)。

蛹:长 1.0～1.2mm,宽 0.5～0.6mm;翅芽较预蛹期长,长度超过腹部一半,几乎长至腹末端;触角变长,后伸紧贴于身体背面(彩图 10-139-1,5)。

三、生活习性

葱蓟马在我国各地发生世代数差异很大,世代重叠。在华南年发生 20 代左右,华北 3～4 代,河南、山东每年发生 6～10 代。在我国北方,一般以成虫、若虫潜伏在土缝里、土块下、枯枝落叶间、杂草及未收获的葱、蒜、洋葱等的叶鞘内越冬,前蛹及蛹期则在为害处附近的土里度过。在华南、云南、福建等温暖地区以及北方温室中无越冬现象。越冬葱蓟马在葱、蒜返青时出蛰为害,然后在棉花、烟草等寄主间转移为害。春季为害蒜,初夏后严重为害葱。山东大葱

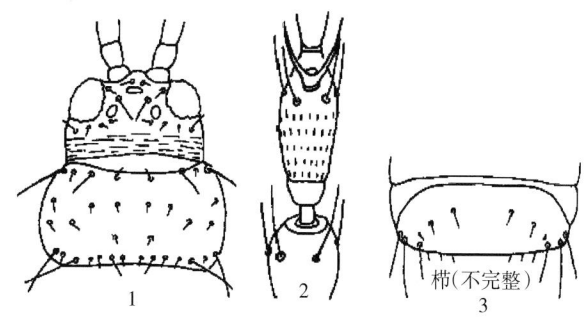

图 10-139-1 葱蓟马(仿刘宁等,2005)
Figure 10-139-1 *Thrips tabaci*(from Liu Ning et al.,2005)
1. 头部和前胸 2. 触角第二、三节 3. 第八腹节

栽培方式有 3 种:越冬大葱每年的 10 月种植,翌年 4～5 月收获;春季大葱 4 月底 5 月初种植,8、9 月收获;夏季大葱 6 月中、下旬种植,10、11 月收获;其中以麦收后 6 月种植的大葱面积较大。通常情况下,越冬大葱在翌年返青后葱蓟马为害程度受越冬基数的影响,由于此时间段内温度较低,同时浇返青水对葱

蓟马的发生有抑制作用,葱蓟马为害较轻。春季种植的大葱,随着气温的升高,如果遇到雨水较少的年份,6、7月为害严重,8月高温多雨,不利于葱蓟马的发生。夏季种植的大葱,往往葱苗期就受到葱蓟马为害,7月受害重,8月由于高温多雨葱蓟马数量下降,9月气温下降又有一个为害小高峰,10月后随着温度的降低虫口数量减少,为害减轻。

由于各地气候及种植习惯的不同,葱蓟马种群动态存在差异。如陕西咸阳在一年中以4~5月和10~11月发生为害较重。福建莆田葱蓟马第一代若虫出现在1月下旬,一般每株有虫10~25头,多的30~45头。第二代若虫出现在2月中、下旬,严重的每株可达50~100头。冬春干旱的年份葱蓟马发生严重,春雨连绵的年份发生较轻。

葱蓟马一生经历卵、一龄若虫、二龄若虫、预蛹、蛹和成虫5个阶段。在17~33℃范围内,随着温度的升高,其发育历期缩短。成虫期为27~5.6d,卵到蛹期为21~9d。每头雌虫可产30~180粒卵。成虫可出现长翅或者短翅类型,长翅型一般在春季出现在户外,而且会随季节的变化迁移到新的寄主之上。

葱蓟马多为雌虫,雄虫极少见,主要进行产雌孤雌生殖。成虫用锯齿状的产卵器将卵产于寄主植物叶片、茎或叶鞘的组织内部,初孵若虫活动性不强,多在原孵化处及周围取食,有群集为害的习性,多集中在葱叶基部或葱叶内为害,稍大后分散。二龄时活动性增强,取食能力增大。二龄若虫老熟后躲在寄主叶鞘内或进入浅表土,经1次蜕皮成为预蛹,再蜕1次皮变为蛹,预蛹和蛹期不食不动。3~4d后蛹羽化为成虫。成虫活跃、善飞,可借助风力传播到远处,怕阳光直射,晴天多隐蔽在叶荫或叶鞘缝隙内,早晚、阴天和夜间才转移到叶面上活动、取食。

四、发生规律

(一)虫源基数

葱蓟马耐低温能力比较强。由于葱蓟马越冬场所较多,成虫、二龄若虫可在寄主叶鞘内越冬,预蛹和蛹可在土壤中越冬,多样的越冬虫态和越冬场所为葱蓟马提供了有利的规避不良环境的可能。越冬基数对来年发生程度会产生较大影响。3月田间随机调查,返青大葱上葱蓟马的数量多的可达58头,少的也有9头。冬季温暖干旱的年份葱蓟马越冬存活基数高。

(二)气候条件

葱蓟马喜温暖、干旱的气候,其发生适宜温度为23~28℃、相对湿度为40%~70%;高温、高湿对其发育均不利,湿度过大不能存活。当相对湿度达到100%,温度达31℃时,若虫全部死亡。在雨季,如遇连阴雨,葱的叶腋间积水,能导致若虫死亡;雨后因土壤板结,若虫不能入土,土中的蛹也不能羽化。温暖干旱季节,葱蓟马2~3周即可繁殖1代,常会导致种群数量快速提升,造成严重危害。雨季到来后,虫口数量自然下降。因此,山东有句俗语是"七老八嫩",即7月大葱受蓟马为害重,叶片老,口感差,8月随着雨水的增多,气温较高,叶片受蓟马为害轻,大葱生长速度快,口感好。

葱蓟马的体色和大小通常与它所处的外界环境温度相关。若虫期所受外界环境温度决定了成虫的大小,温度越低,发育的成虫个体越大;蛹期所受外界环境温度决定了成虫的体色,温度越低,发育的成虫体色越深。室内恒温条件下葱蓟马在33℃下存活率为37.5%,35℃下存活率为24%;在-12℃下暴露24h后葱蓟马成虫有44.5%能够存活,而若虫和蛹的存活率还能超过65%。葱蓟马对高温敏感,对低温的适应性要强于对高温的适应性。

(三)寄主植物

葱蓟马寄主植物种类繁多,可为害多种蔬菜及大田作物。田间调查发现,百合科蔬菜中大葱、洋葱受害最重;十字花科蔬菜中甘蓝、花椰菜、油菜等叶片较厚的蔬菜受害重;茄科蔬菜中茄子、辣椒等叶片受害重;伞形科的芹菜受害较重。葱蓟马为害时主要在叶片背面取食。幼苗期为害生长点,会导致整株枯死。蔬菜品种对葱蓟马的抗性存在差异。一般黄皮洋葱比红皮洋葱感虫,品质优良高产的日本洪育和美国rutukuusu发生量较大。洋葱品种叶色不同对葱蓟马的发生为害影响不同。叶色浅绿的洋葱品种为害程度平均为30.9,虫害率平均为58.9%,有连片的条斑;叶色深绿的洋葱品种为害程度平均为8.8,虫害率平均为18.7%。叶色浅绿比叶色深绿的洋葱品种受蓟马为害重,深绿色叶片比浅绿色叶片蜡质层厚,葱蓟马对叶片蜡质层厚的深绿色有一定的驱避性。连作导致葱蓟马发生加重,重茬年限越长葱蓟马为害越重。不同栽培密度对葱蓟马的发生为害影响不同。洋葱栽培密度(株、行距)为19cm×18cm平均受害程度重、平均虫害率高，分别为 24.7% 和 49.7%；栽培密度为 15cm×15cm 平均受害程度轻、平均虫害率低，分别为 8.0% 和 17.0%，栽培密度与田间湿度呈正相关，密度越小湿度越低，葱蓟马发生越重；传统压沙栽培比地膜栽培洋葱葱蓟马为害轻。

寄主植物还影响葱蓟马的生殖方式。在田间葱蓟马雄虫较难见到，孤雌生殖是葱蓟马比较常见的生殖方式。Gangloff 在洋葱种植田观察发现，只有在洋葱上能发现葱蓟马雄虫，在附近种植的小麦、苜蓿、三叶草上没能发现葱蓟马雄虫，洋葱具有某种抗菌性能，这可能使得沃尔巴克氏体（Wolbachia）不能在取食洋葱的葱蓟马体内存活，因此取食附近其他作物的葱蓟马很可能被沃尔巴克氏体侵染而只能进行产雌性孤雌生殖，取食洋葱的葱蓟马可能因未被沃尔巴克氏体侵染而能进行产雄性孤雌生殖。

（四）天敌

葱蓟马的天敌有小花蝽、捕食螨、瓢虫、窄姬猎蝽、草蛉、拟灰猎蝽、蜘蛛等。七星瓢虫对葱蓟马有很好的捕食效果。释放钝绥螨可有效防治甘蓝上的葱蓟马，且应根据葱蓟马虫量而确定释放时间和释放数量。

（五）化学农药

国外研究报道，葱蓟马对拟除虫菊酯类杀虫剂已经产生抗药性。国内田间调查发现，多杀霉素连续使用 4 次，防治效果大大下降。葱蓟马个体小，隐蔽性强，地上、地下都有其虫态，为其抗药性的产生提供了有利条件。因此，应科学合理地使用农药，避免抗药性的产生。

五、防治技术

葱蓟马具有发育历期短、寄主范围广、隐蔽性强等特点，给防治带来了很大的困难，而频繁地使用杀虫剂会导致其产生抗药性且抗性不断增强，应采取预防为主、防与治结合的综合防治措施。

（一）农业防治

1. 清洁田园 及时清除田间杂草和前茬作物的残株、枯叶，集中深埋或烧毁，减少越冬虫源和虫口基数。葱蓟马发生严重地块可结合冬耕，同时向田间灌水，以杀死部分越冬虫源。保持田间的通风透气，以利于大葱的生长，增强其抗虫性。避免葱类蔬菜与棉花、烟草及其他寄主植物邻作。

2. 实行配方施肥 基肥中氮、磷、钾肥按 1：0.17：1.1 进行配比，同时注意有机肥的配合使用，培植健壮的大葱，增强大葱的耐虫性。

3. 适时浇水 可杀死部分地下的预蛹和蛹；在干旱季节，适时灌水，提高大葱田间的湿度，有利于抑制葱蓟马发生为害；在温室中若虫和成虫发生为害初期可以使用雾化喷灌设备冲刷植株表面，抑制其发生。

4. 其他 选用抗蓟马品种，与非寄主作物轮作，合理种植密度，可有效控制葱蓟马为害。

（二）物理防治

葱蓟马对蓝色、黄色趋性最强，对白色和粉色趋性较强。在田间可悬挂蓝色或黄色黏板，诱杀成虫。悬挂最适宜高度为黏板底部离寄主植物顶部 0～10cm，若悬挂高度使黏板底部超过植株顶部 40cm，诱集效果不好。葱蓟马若受扰动，其上板率较高。田间试验发现，小雨过后，25cm×40cm 的黄板，最多可诱集葱蓟马 5 万多头。但高温天气，悬挂在田间的黏板会流胶，黏板上的蓟马随着胶滴到地上，四散逃离，仍然可以存活。因此，应及时清除黏板上诱集到的葱蓟马。在国外，使用反光膜控制葱蓟马收到较好的效果。

（三）化学防治

由于葱蓟马虫体小不易觉察，繁殖快，发生量大，抗药性强，因此要加强虫情监测，做到及早发现、及早防治。在若虫发生为害期早晨露水未干时喷药，可选用 4.5% 高效氯氰菊酯乳油 1 000 倍液、0.3% 苦参碱水剂 800 倍液、10% 吡虫啉可湿性粉剂 2 000 倍液、1.8% 阿维菌素乳油 3 000 倍液、0.12% 阿维菌素可湿性粉剂 1 500 倍液、10% 虫螨腈乳油 2 000 倍液、25g/L 多杀霉素悬浮剂 1 500 倍液、25% 吡蚜酮可湿性粉剂 2 500 倍液，视虫情 7～10d 用药 1 次，连喷 2～3 次。还可喷洒 200g/L 丁硫克百威乳油 800 倍液或 2.5% 高效氟氯氰菊酯乳油 2 000 倍液、25% 喹硫磷乳油 800～1 000 倍液。在用药过程中要注意在大葱的一个生长季节，每种药只能使用 1 次，不可重复使用，并在大葱收获前 15d 内禁止用药，以确保大葱的食用安全。喷药时要特别注意喷叶腋间（五叉）和叶背，要将植株全部喷到，喷施均匀。

另外，烟草石灰水防治葱蓟马也有较好的效果。其制备方法是：用 1kg 烟草叶加 40kg 水浸 24h，用纱布滤去残渣；另将 1kg 生石灰用 40kg 水调成石灰乳，取滤液。喷施前将石灰乳和烟草叶水混合拌匀即可，注意浸出液不能久储，必须现制现用。1% 丁香酚水乳剂 2 000 倍液喷施于黄瓜和韭菜地，可缩短葱蓟马用于取食和产卵的时间，从而显著降低其对作物造成的经济损失。

郑长英（青岛农业大学农学与植物保护学院）

第 140 节　葱斑潜蝇

一、分布与危害

葱斑潜蝇 [*Liriomyza chinensis* (Kato)] 又称葱潜叶蝇、韭菜潜叶蝇，俗名串皮虫、叶蛆，属双翅目潜蝇科斑潜蝇属。该虫食性较窄，主要为害大葱、韭菜、洋葱、大蒜等百合科蔬菜，以大葱和韭菜受害最重。

葱斑潜蝇是一个亚洲种，主要分布于中国、日本、韩国、马来西亚、新加坡、泰国、越南等国家，是这些国家葱属植物的重要害虫，现已扩散到欧洲的法国。中国、日本、越南都有其严重发生的报道。该虫在我国分布广泛，凡有葱属植物栽培的地区几乎都有发生。黑龙江、辽宁、吉林、内蒙古、宁夏、新疆、北京、河北、山东、山西、江苏、浙江、江西、福建、广东和台湾等省份均有分布。

该虫原为大葱等百合科蔬菜上的一般性害虫。20 世纪 80 年代中期新疆部分地区洋葱受害较为严重。90 年代中后期开始，随着葱属植物栽培面积的扩大和蔬菜大棚栽培面积的增加，葱斑潜蝇在很多地区上升为葱属蔬菜，尤其是春秋季细葱上的常发性主要害虫，在部分地区为害十分严重。例如，1995—1996 年沈阳近郊大葱的被害株率高达 70%～80%，严重的达 100%。1997 年该虫在吉林市大葱产区为害严重，部分地区大葱受害率达 100%，被害叶率达 40% 以上，减产 30%～45%。2001 年在黑龙江省黑河市爱辉区幸福乡 5 个村调查结果，大葱受害株率达 100%，被害叶率达 45% 以上，减产 30%～40%，尤其是草荒严重或与百合科连作的葱地，葱斑潜蝇为害更为严重。该虫也是浙南地区葱属植物的主要害虫。

二、形态特征

成虫：雌虫体长 2.0～2.5mm，雄虫体长 1.75～2.0mm。头部黄色，额明显突出于眼，内顶鬃着生处黄色，外顶鬃着生于小片黑斑上，其外围为黄色；头顶两侧有黑纹。复眼红褐色，单眼三角区黑色。触角 3 节，黄白色，芒黑色。中胸背板灰黑色，光泽弱或无，两侧淡黄色，盾沟前背中鬃 1 根，盾沟后 3 根，胸部中鬃排成 2 行；小盾片黑色。前翅膜质透明，翅脉褐色，翅中脉 M_{3+4} 末段为前一段的 3～4 倍；后翅退化为平衡棒，黄色。足基节、腿节亮黄色，胫节、跗节暗棕色。腹部背面黑色，各节背板后缘黄色，腹面黄白色。腹末及产卵器黑色。雄成虫比雌成虫略小，头顶后缘中部有半圆形黑斑 1 个，中胸后侧角各有 1 个黄斑，握器半圆形黑色（彩图 10 - 140 - 1，1、2）。

卵：长椭圆形，长 0.25～0.40mm，宽 0.13～0.20mm。乳白色，产在葱叶表皮下，八字形纵向排列。

幼虫：蛆形，初孵幼虫长约 0.5mm，无色透明，取食后渐变乳白色至黄白色。老熟幼虫体长 3.8～4.0mm，乳白色。无足，每体节间有 3 排白色小突起，体表光滑、柔软，体末端背面有后气门突 1 对，后气门突具 6～10 个开口。幼虫分为 3 龄，一、二、三龄幼虫口钩长度分别为 0.021mm、0.054mm 和 0.092mm，头咽骨长度分别为 0.089mm、0.165mm 和 0.261mm，体长分别为 0.425～0.97（平均 0.685）mm、0.831～2.35（平均 1.429）mm 和 1.68～3.63（平均 2.61）mm。

蛹：围蛹，长 1.75～2.0mm，宽 0.8～1.0mm，初黄白色，渐变黄褐色，后部略粗，全体稍扁。前端可见 2 个前气门，后端可见 1 对气门突（彩图 10 - 140 - 1，3）。

三、生活习性

在我国，从北到南葱斑潜蝇 1 年发生 3～15 代不等。在吉林 1 年发生 3～4 代，世代重叠，4 月下旬始见成虫，5 月上旬为成虫羽化盛期。在华北和西北地区每年发生 4～5 代，第一代幼虫为害阳畦育苗小葱,以后各代为害大葱。幼虫老熟后脱叶落地化蛹。5月上旬为成虫发生盛期。在银川地区7～8月进入为害严重期,直到9～10月还继续为害。山东1年发生6～7代,发生期为4～11月,为害盛期为6～9月。江西1年12～13代,福建13～15代。

成虫白天活动,羽化多于上午进行,羽化高峰期为6:00～8:00,性比接近1:1。成虫活泼,善飞,对糖醋液无趋性,对葱汁液趋性很强。8:00～11:00、15:00～17:00最活跃,晴朗的白天飞行于葱株和其他作物植株间,夜间或阴天栖于叶筒顶端。成虫多在9:00～16:00取食补充营养。成虫取食前先用产卵器将葱表皮刺破,再将口器伸入伤口处,舐吸汁液。在所有的刺伤孔中,仅有一小部分为成虫的产卵孔。

成虫羽化当日即可交尾产卵。交尾产卵一般在白天进行,15:00～17:00产卵较多。一次可连续产17粒,每头雌虫一生可产卵29～285粒,平均109粒。产卵多选择在大葱心部第一、二叶,占总卵量的95.5%。成虫将卵产在葱叶表皮下,卵期一般2～5d。卵孵化后,幼虫即潜入叶组织内蛀食叶肉为害,形成黄白色隧道,曲折如树枝状,有时若干隧道合并一团如乱麻状。幼虫取食量随龄期增加而增加,一龄幼虫潜道长度约5mm,宽度0.1～0.25mm;二龄幼虫潜道长度10～20mm,宽约0.5mm;三龄幼虫潜道长40～130mm,宽0.6～1.2mm。幼虫期3～12d。幼虫老熟后,离叶入土化蛹,4:00～6:00开始离叶,7:00～9:00为离叶高峰。化蛹深度多为1～5cm浅表层,极少数在隧道末端化蛹。蛹期7～16d,越冬蛹期长达7个月之久。夏季气温超过35℃时有越夏现象。室内饲养观察,雌虫寿命一般为10～12d,雄虫仅6～8d。

葱斑潜蝇是为害大葱叶的主要害虫。雌成虫通过取食和产卵为害,取食时先用产卵器将葱叶表皮刺破,然后吸食汁液,在葱叶上形成整齐排列的圆形白点。产卵孔呈细长椭圆形,多数十几粒呈双列倒八字形排在葱叶上,少数单个分散。幼虫则潜入葱叶表皮下取食叶肉,形成无固定形状和方向的蛇形潜道,潜道黄白色,潜道内充满黑褐色虫粪,破坏叶的绿色组织,影响大葱生长(彩图10-140-2)。幼虫一般不转移为害,但为害小葱时可在一个叶筒内转移,形成一段一段的分散潜道。为害严重时整个叶片布满虫道,虫道交错融合成潜食斑,严重影响叶片的光合作用,造成葱叶萎蔫枯黄而减产。为害大蒜时,也是形成连续的比较直的潜道;为害韭菜时主要在韭白及心芽部分,韭菜受害后常导致地上部韭苗腐烂枯死。为害洋葱、毛葱(分蘖葱头)时,幼虫蛀食心叶及纵深蛀食葱头茎心组织,造成膨大期植株烂心或收获后期葱头烂心。

四、发生规律

(一)气候条件

葱斑潜蝇性喜高温高湿,因此在温度较高的7月洋葱等作物通常受害较重,田间湿度越大,虫害发生也越严重。据报道,在一些地区,7月洋葱受害率达100%。密植洋葱田由于湿度大,受害程度重于稀植田。

葱斑潜蝇生长发育和繁殖的最适温度为25～30℃,在15～30℃范围内,幼虫发育历期随温度的增加而缩短,卵—成虫期由69.6d下降到17.1d,蛹期比卵—幼虫期略长。32.5℃以上,发育历期有所延长。卵的发育起点温度为11.6℃,有效积温为36.2℃,幼虫期发育起点温度为7.9℃,有效积温为98.7℃;蛹发育起点温度为9.2℃,有效积温为230.4℃;整个世代发育起点温度为10.0℃,有效积温为361.6℃。卵、幼虫、蛹和整个未成熟期发育的上限温度分别为37.8℃、34.9℃、35.8℃和35.0℃,最适温度分别为31.7℃、30.1℃、30.6℃和30.9℃。温度高于33℃和低于16℃时,成虫活动力减弱,繁殖力降低。10℃时成虫不活动、不取食、不产卵,卵不能孵化,幼虫发育速率和取食速度较30℃时降低79.2%和87.5%,化蛹率降低71.7%～77.3%,残存蛹的羽化率降低88.9%～95.6%。

25℃恒温下,卵期2.5～4d,平均3.4d;幼虫期一龄平均1.6d,二龄平均1.7d,三龄平均2.3d;蛹期12～16d,平均13.6d;整个未成熟期平均22.6d。蛹期略长于幼虫期与卵期之和。雌虫寿命4～14d,平均9d,产卵量17～281粒,平均108粒,平均刺取食孔1 013.9个。取食和产卵高峰在成虫羽化后第五天,其内禀增长率、净生殖率和种群加倍时间分别为0.099、14.3和27.1d。

有关葱斑潜蝇的耐寒性研究表明,低温和暴露在低温下时间的长短对葱斑潜蝇蛹的死亡率有明显影响。随着温度的降低和暴露在低温下时间的延长,蛹的死亡率逐渐增加。在0℃、2.5℃、5℃下暴露1d,蛹的死亡率分别为16.8%、10.9%和13.2%;暴露4d后,蛹的死亡率分别为57.5%、41.5%和24.6%,16d后几乎所有的蛹都死亡。但在10℃条件下,其存活率可达42.9%。蛹的耐寒性还与蛹的日龄有关,新化蛹耐寒性较差，随着日龄增加，蛹的耐寒性增强。在 0℃下暴露 10d，6h 龄、1 日龄、4 日龄和 6 日龄的蛹死亡率分别为 87.7％、55.7％、10.6％和 6.4％。致死中时随暴露温度的增加而延长，0℃、2.5℃、5℃和 10℃下，其致死中时分别为 3.7d、5.2d、6.8d 和 11.6d。同时，致死中时（LT_{50}）还随蛹龄增加而增加，0℃下，6h 龄、1 日龄和 4 日龄蛹 LT_{50}分别为 3.7d、7.8d 和 52.1d。

相对湿度在 60％～90％范围内葱斑潜蝇各虫态发育正常，但湿度过高或过低对成虫羽化不利。土壤含水量在 3％～25％范围内对幼虫化蛹无不良影响，含水量 5％～15％最利于蛹的羽化，羽化率为 83.3％～90％，含水量低于 3％或高于 20％条件下羽化率降低。降雨对成虫影响较大，而对卵、幼虫和蛹影响较小，但雨量过大时，由于田间积水，大葱叶筒内含水量过高，会造成幼虫和蛹死亡。

（二）栽培条件

与百合科植物连作或邻作，草荒严重的葱地，葱斑潜蝇发生为害严重。密植田比稀植田发生严重。

（三）天敌昆虫

据日本报道，葱斑潜蝇幼虫或蛹的寄生蜂有金小蜂科的圆形赘须金小蜂 [*Halticoptera circulus* (Walker)]，姬小蜂科的潜蝇什毛姬小蜂 [*Pnigalio katonis* (Ishii)]、豌豆潜蝇姬小蜂 [*Diglyphus isaea* (Walker)]、底比斯金绿姬小蜂 [*Chrysocharis pentheus* (Walker)]、美丽新金姬小蜂 [*Neochrysocharis formosa* (Westwood)] 和三带扁角姬小蜂 (*Closterocerus trifasciatus* Westwood)，优势种为潜蝇姬小蜂和潜蝇什毛姬小蜂，不同年份有所差异。

在我国吉林，葱斑潜蝇幼虫有一种茧蜂，寄生率为 23.3％。山东共发现葱斑潜蝇幼虫和蛹寄生蜂 3 科 9 种，其中，寄生幼虫的姬小蜂 6 种，如美丽新金姬小蜂和粗脉潜蝇姬小蜂 (*Diglyphus crassinervis* Erdos) 等。幼虫—蛹期寄生的赘须金小蜂 (*Halticoptera* sp.) 1 种，茧蜂 2 种，其中 1 种为离颚茧蜂 (*Dacnusa* sp.)。另外，还有蜘蛛、蚂蚁等可捕食落到地面的幼虫和蛹。我国报道的其他寄生蜂还有：潜蝇短胸姬小蜂 [*Hemiptarsenus dropion* (Walker)]、橙柄短胸姬小蜂 [*Hemiptarsenus zilahisebessi* (Erdos)]、底比斯金绿姬小蜂 [*Chrysocharis pentheus* (Walker)]、圆形赘须金小蜂 [*Halticoptera circulus* (Walker)]、反颚茧蜂 (*Chorebus* sp.) 等。姬小蜂对葱斑潜蝇幼虫的寄生率一般达 40％以上，幼虫—蛹期寄生率达 28.4％～79.4％，一般在 40％以上；而茧蜂的寄生率一般高于金小蜂。这些寄生蜂在自然状况下对葱斑潜蝇的控制能力较强。

五、防治技术

葱斑潜蝇是葱类蔬菜的主要害虫，由于其体型小，生活周期短，世代重叠严重，繁殖力强，取食为害隐蔽，早期不易发现，能在短期内造成严重危害。对其应采取综合防治的方法，采取调整作物布局、黄板诱杀、保护利用天敌和化学药剂防治等措施，控制其发生。防治重点时期在成虫期和幼虫为害初期。

（一）农业防治

栽葱时选择健壮无虫苗，剔除带虫苗或带虫葱叶，集中销毁。在大葱生长期，幼虫脱叶前及时摘除有虫叶。根据不同的栽培目的适时收获，收获后进行深翻地，彻底清除残枝虫叶，清除杂草，集中带出田外销毁，减少田间虫源积累，造成不利于葱斑潜蝇发生、繁殖和扩散的生态环境。

另外，根据葱斑潜蝇食性较窄、成虫飞翔扩散能力较低的特点，与非百合科作物实行 2 年以上轮作或与非寄主植物进行间作、套种等，也可减少该虫的发生数量。

（二）生物防治

注意保护和利用寄生蜂等天敌昆虫，在天敌发生盛期，尽量不施用农药或施用低毒性的生物源农药，充分发挥天敌的自然控制作用，可在一定程度上抑制葱斑潜蝇的发生数量。

（三）黄板诱杀

利用斑潜蝇对黄色的趋性，在成虫高峰期，将黄色黏虫板放置田中诱杀成虫，黄板放置在作物上方 20～30cm 处，每 667m² 可设置 40cm×25cm 的诱虫板 15～20 块。

（四）化学防治

葱斑潜蝇的防治指标为：当大葱百株幼虫潜道达 150 条时即应进行化学防治。防治适期为成虫高峰期至幼虫初孵期，育苗葱田从 4 月下旬开始对越冬代成虫、一代幼虫进行重点防治，以压低当年虫源。在大葱整个生育期中，应特别注意中、后期的防治。防治中应选用高效、低毒、低残留并且对天敌影响较小的农药，注意交替轮换用药。有效药剂及使用浓度为：0.9%阿维菌素乳油 2 000 倍液、1.8%阿维菌素乳油 3 000 倍液、1%阿维·高氯乳油 1 500 倍液、90%敌百虫可溶粉剂 1 000 倍液、40%阿维·敌畏乳油 1 500～2 000 倍液、35%辛·阿维乳油 2 000 倍液、1%阿维·高氯乳油 1 500～2 000 倍液、25%喹硫磷乳油 1 000 倍液、75%灭蝇胺可湿性粉剂 4 000～5 000 倍液（仅对幼虫有效）。以上药剂在发生初期开始使用，每隔 10～15d 喷 1 次，发生量大时，每 7d 用药 1 次，连续 2～3 次。但应在大葱收获前 15d 停用，以防农药残留超过允许标准。

王音（中国农业科学院植物保护研究所）

第 141 节　韭菜迟眼蕈蚊

一、分布与危害

韭菜迟眼蕈蚊（*Bradysia odoriphaga* Yang et Zhang）俗称韭蛆，属双翅目长角亚目蕈蚊总科眼蕈蚊科迟眼蕈蚊属。该虫在新中国成立之前就有为害的记录。1981 年版的《中国农作物病虫害》（下册）所用学名为 *Sciara sp.*，杨集昆等 1985 年将其定名为新种韭菜迟眼蕈蚊，是我国特有的昆虫种类。韭菜迟眼蕈蚊在我国分布广泛，北京、天津、山东、河北、山西、陕西、辽宁、宁夏、内蒙古、甘肃、江西、四川、湖北、浙江、江苏、台湾等省份均有发生。寄主范围较广，可为害百合科、菊科、藜科、十字花科、葫芦科、伞形科等 7 科 30 多种蔬菜，其中以韭菜受害最重，其次为大蒜、洋葱、大葱、莴苣和瓜类蔬菜，还为害食用菌。在我国韭菜的主产区，该虫发生普遍，韭菜被害墩（株）率一般在 20% 以上，严重地块高达 100%，造成的经济损失为 30%～80%，甚至绝产。北方冬季设施栽培韭菜的发展，给该虫冬季继续繁殖为害和顺利越冬提供了良好的条件。设施栽培韭菜不仅受害严重，而且造成虫源积累，使该虫的发生和为害日趋严重，给韭菜生产造成了巨大的经济损失。为了有效控制韭菜迟眼蕈蚊为害，常因该虫难治往往使用农药超量或使用高毒农药，导致产品中农药残留超标，给人们的身体健康带来威胁，已成为制约韭菜生产和产品出口的重要因素之一。该虫为害大蒜也较重，在山东金乡一般地块虫株率达 40%～50%，严重地块虫株率达 90% 以上。

韭菜迟眼蕈蚊以幼虫群集在寄主地下部柔嫩的茎部和鳞茎处为害。初孵幼虫先为害韭菜叶鞘茎部和鳞茎上部，在春、秋两季主要为害韭菜的嫩茎，夏季和冬季向下活动，钻食假茎和鳞茎，易导致地下部分腐烂（彩图 10 - 141 - 1）。受害植株的地上部分轻者叶片瘦弱、枯黄（彩图 10 - 141 - 2）、逐渐向地面倒伏，严重时成株或成墩死亡。当从地上观察到韭菜叶尖发黄变软时，幼虫已进入为害盛期。为害大蒜，幼虫群居在根、茎和鳞茎处蛀食为害，可造成大蒜苗期地上部分枯死，形成缺苗断垄；生长期为害可导致蒜瓣受损，地上部分从下部老叶逐渐向上发黄干枯死亡，导致植株长势弱，茎秆过早变软倒伏，严重影响产量。该虫还为害黄瓜、西瓜等瓜类幼苗，幼虫聚集在地下的根、茎为害，在砧木与接穗嫁接口处最多。在上海浦东温室中发现，韭菜迟眼蕈蚊为害黄瓜苗，被害株率也达 10% 左右。初孵幼虫为害叶鞘基部，而后蛀入嫩茎内取食，导致瓜苗嫩茎腐烂干枯，被害株地上叶片衰弱、枯黄、萎蔫断叶，甚至腐烂，成垄死亡，症状类似猝倒病。用手轻轻一拔，即可拔出断裂的瓜苗，断口处可见韭菜迟眼蕈蚊幼虫。

二、形态特征

成虫：灰黑色的小蚊子。体长 2.5～3mm，翅展 4～5mm。头小，胸背部高度隆起，头弯向胸部下方。复眼黑色，半球形，两复眼在头顶相接；触角丝状，16 节，漆黑色，有微毛。胸部发达，背部隆起。足细长，前足胫节端部有距 1 根，中、后足各有距 2 根。翅脉简单，前翅透明，有蓝色闪光，具缘毛，前缘脉及亚前缘脉较粗，中脉主干细弱，端部分 2 支，后翅退化为平衡棒。雄虫腹末下弯，生殖器较大且突出，末端有 1 对钳形抱握器；雌虫腹末尖细，具 1 对 2 节的尾须。

卵：长 0.24～0.28mm，椭圆形，初产时白色透明（彩图 10 - 141 - 3），后变污白色，表面发亮，呈堆状。当卵壳上出现小黑点时即将孵化。

幼虫：体细长，老熟幼虫体长 6～7mm，乳白色（彩图 10 - 141 - 4）。透过胸部体壁可见其消化道。幼虫无足。头部明显，黑色，咀嚼式口器，上颚具 4 个大齿和 1 个小齿，下颚外侧有一些细齿。

蛹：裸蛹，长椭圆形。初期黄白色，后变黄褐色，羽化前呈灰黑色。蛹无光泽，腹部可见 10 节，3 对足和翅芽平齐。蛹外常有较薄的白色丝茧。

三、生活习性

韭蛆的发生代数依据各地区和栽培模式的不同而异。在华北地区露地韭菜上该虫 1 年发生 4～6 代，世代重叠严重。以各龄幼虫在 3～4cm 深的土层内植株的假茎基部或鳞茎盘上越冬，冬季在温室、大棚、阳畦内可继续繁殖为害。

在山东露地韭菜田 1 年约发生 6 代，露地越冬幼虫于翌春 3 月开始活动，韭菜刚露芽，地下部分即被为害，3 月下旬越冬代幼虫开始化蛹，4 月上、中旬羽化为成虫，此时是全年防治成虫的关键时期。此后世代重叠严重，各代幼虫出现的时间约为第一代 4 月中旬至 5 月中旬，第二代 5 月下旬至 6 月下旬，第三代 6 月下旬至 7 月下旬，第四代 7 月中旬至 8 月下旬，第五代 8 月中旬至 10 月中旬，第六代 9 月中旬以后，越冬前主要为害韭菜和大蒜的幼苗，11 月下旬进入越冬状态，以春季为害最重。在上海露地韭菜田 1 年发生 6 代，越冬幼虫翌年 2 月下旬开始化蛹，3 月中旬为羽化高峰，12 月中、下旬进入越冬状态。该虫在南北方露地韭菜上均有两个主要为害阶段，第一阶段为春季 4～6 月，第二阶段为秋季 9 月下旬至 10 月，晚的可延迟到 11 月。在一般发生区因夏季 7～8 月高温，植株老化，降雨频繁，为害骤减。

冬季设施栽培的韭菜，扣棚后是该虫为害高峰。韭蛆在棚内可以完成 1 代。北方温棚韭菜一般在春季 3 月陆续掀棚，掀棚后进入韭菜养根期，春季 3 月中、下旬至 5 月为露地春季发生高峰，进行浇水管理的田块，韭蛆为害重；6～8 月高温高湿或高温低湿，韭蛆发生轻；9 月韭蛆又形成秋季发生高峰。

成虫不取食，喜在阴湿弱光环境下活动，能飞，喜爬行，白天多在韭菜丛间及地面上活动。雄虫活跃、善飞，羽化后不久便追逐雌虫，雄虫靠近雌虫，展开双翅的同时卷曲腹部向前伸至胸部的下面，与雌虫交尾，交配方式为尾对尾的"一"字形。交尾时间约 10min，有时长达 15min，且有多次交配的习性。交配后 1～2d 开始产卵。雌虫不经交尾也可产卵，但是卵不能孵化。成虫喜腐殖质，趋向田间腐殖质多、湿度大而又有栽培寄主植物的地块产卵。新鲜韭菜植株、大蒜乙醇提取物、大蒜素及多硫化钙对成虫有明显的引诱作用。卵主要产在韭菜植株基部与土壤间隙、叶鞘缝隙及土块下，卵多堆产，少数散产，在适温范围内单雌产卵 100～300 粒，平均单雌产卵量 100 粒左右。成虫产卵时移动性小，卵堆较大，随产卵腹部逐渐收缩，产完卵便在卵堆附近死亡。

幼虫共 4 龄，营半腐生生活。孵化后便向下移动，并逐渐蛀入寄主组织，以近地面烂叶、伤口、潮湿而含水量大的韭菜幼嫩部分及叶鞘基部和鳞茎上端先受害。老熟幼虫多离开寄主到浅层土内做丝网状的茧化蛹。幼虫发育历期随温度的升高而缩短，在 4 月中、下旬平均气温达 20.3℃时，幼虫历期为 14.5～15.5d，预蛹期为 1～2d，蛹期为 3～7d，成虫寿命为 2～6d，卵期为 5d 左右。5 月中、下旬平均温度 24℃时，幼虫平均历期为 13.3d。春、秋季幼虫的发育历期一般为 15～18d。

四、发生规律

（一）气候因素

韭菜迟眼蕈蚊卵、幼虫、蛹和成虫的发育起点温度分别为 5.9℃、8.7℃、3.3℃和 7.8℃，有效积温分别为 77.7℃、267.2℃、75.7℃和 418.2℃。平均气温 10℃时成虫开始活动，15℃时活动最盛。韭菜迟眼蕈蚊发生的适温范围为 13～28℃，在适温范围内各虫态的发育历期随着温度的升高而缩短。在 15℃下卵至成虫的发育历期最长，为 72.4d，而 30℃时仅为 21.2d，20℃和 25℃时分别为 27.3d 和 23.9d。在温度为 20℃条件下，各虫态及不同龄期幼虫发育历期为：卵期 5.1d、一龄幼虫期 4.4d、二龄幼虫期 2.6d、三龄幼虫期 2.8d、四龄幼虫期 8.0d、蛹期 4.4d、卵至成虫 27.3d。韭菜迟眼蕈蚊成虫寿命随温度升高而逐渐缩短，雌虫寿命在 20℃时最长，为 11.7d，在 30℃下最短，仅为 4.1d，30℃以外的其他温度下雌虫寿命均长于雄虫。温度对产卵量也有显著的影响，在适温范围内有温度越低产卵量越高的趋势。当温度在 20℃左右时，成虫寿命长且产卵量大，单雌平均产卵 159.9 粒；其次为 25℃和 15℃，单雌平均产卵分别为 140.9 粒和 131.8 粒；30℃时产卵量最低，单雌平均产卵为 114.7 粒，高温高湿的环境（30℃以上）有的只产几粒卵甚至不产卵便死亡。温度对韭蛆的生长和繁殖有较大的影响，在低温下，韭蛆的发育历期较长，产卵量较低，不利于快速建立种群；高温对韭蛆的影响更大，高温下成虫寿命、产卵量和种群趋势指数均为最低；20～25℃下韭蛆的种群增长指数和繁殖力较高，该温度范围是韭蛆的最适宜生长温度，这是该虫春、秋季发生重的原因之一。幼虫的垂直分布随土壤温度的季节变化而变化，春、秋季上移，冬、夏季下移。

土壤湿度是直接影响该虫生长发育及发生程度的关键因素。各虫态均喜湿润隐蔽的环境，土壤湿度较高对卵的孵化、幼虫化蛹、成虫羽化和出土有利。凡地面覆盖度大、植株郁闭和地面经常保持湿润的韭菜田虫量高。3～4cm 深土层的含水量为 15%～24%时，对该虫最为适宜；土壤过湿或过干均不利于幼虫孵化和成虫羽化。卵对湿度最敏感，其胚胎发育过程需一定量的水分，卵才能不断膨大，干燥时则干瘪。湿度过大也不利，浇大水后幼虫移至表层或地面，蛹在高湿高温下能羽化出成虫，但翅粘连、足易断裂而死亡，初蛹则呈浊黄色，头部伸出，死亡。高温对韭蛆的致死效应与土壤含水量关系密切，高温低湿或高温高湿，其存活率均显著下降。在山东潍坊，6～8 月 5cm 深处地温、旬平均高温达 30.3～31.2℃，且多数韭菜田夏季控制浇水，其含水量下降为 5%以下，韭蛆种群数量下降。夏季的高温干旱或高温多雨是韭蛆种群数量下降的主导因素。

（二）土壤质地和施肥

虫口密度与土壤质地有密切的关系，中壤土保水性好，有利于韭蛆发生，轻壤土和沙质土发生轻。韭蛆具有半腐生习性，施用未腐熟的有机肥或者施肥水平高的地块韭蛆发生重。

（三）种植方式

韭菜为多年生宿根蔬菜，为韭蛆生存提供了良好的栖息地和丰富的食源，导致虫源积累，一般种植 3年以上的韭菜田受害严重。韭菜种植密度越大越适宜韭蛆的发生。韭蛆的寄主植物多，相邻种植其喜食寄主大蒜、大葱、莴苣等植物，易扩大韭蛆为害范围，增加防治难度。北方冬季设施栽培韭菜不仅为韭蛆提供了良好的越冬和继续繁殖为害的条件，且使之周年为害，为翌年露地生产积累了大量的虫源。

（四）寄主植物

韭菜迟眼蕈蚊最喜为害百合科蔬菜，但不同的寄主植物对其生长发育和繁殖的影响存在着差异。田间罩笼试验和室内成虫的产卵选择试验结果表明，在韭菜、大蒜、大葱和洋葱 4 种寄主植物中，韭菜迟眼蕈蚊成虫对韭菜的选择性最强，其次是大葱和大蒜，在洋葱上最少；韭菜迟眼蕈蚊一龄和四龄幼虫对上述 4 种寄主植物的取食选择与成虫产卵选择趋势一致。韭菜迟眼蕈蚊幼虫取食韭菜、大蒜、大葱和洋葱对其生长发育和繁殖的影响差异显著，其中以取食韭菜的对其生长发育和繁殖最为有利，主要表现在其幼虫存活率高、蛹重和单雌产卵量高；取食大葱的居中，而取食大蒜和洋葱对其生长和繁殖表现出明显的不利性。取食不同寄主植物的韭蛆对某些杀虫剂的敏感性也产生了差异，如辛硫磷对取食韭菜、大葱、洋葱和大蒜的韭菜迟眼蕈蚊四龄幼虫的毒力 LC_{50} 分别为 0.543 7mg/L、1.192 1mg/L、1.771 3mg/L 和1.922 4mg/L。

（五）田间分布型

韭菜迟眼蕈蚊幼虫在韭菜田呈聚集分布，符合负二项式分布型，韭菜田较为理想的抽样方式有 Z 形、棋盘式和平行线法取样，取样 10 点以上。

五、防治技术

韭蛆在我国北方露地有春、秋两次为害高峰，在冬季设施栽培韭菜中连续发生，为害严重，并周年为害。因其幼虫在土中隐藏为害，耐药性强，成虫繁殖力强，在防治上难度大，导致农产品中易产生农药污染。对韭蛆的防治应采取地上防治成虫和地下防治幼虫相结合的以农业防治为基础的综合防治措施。

（一）农业防治

1. 清洁育苗移栽　在韭蛆非寄主植物前茬的田内育苗，或从非寄主作物田取土育苗。移栽韭菜时，选择不带韭蛆的健壮植株，避免将虫源带入移栽田。

2. 适时轮作换茬　根据韭蛆的为害程度确定适宜的轮作时间，一般种植 3～4 年韭菜后，可与其他非寄主作物轮作一次，既利于韭菜的生长，又可减轻韭蛆等韭菜病虫害的发生。

3. 晒土、晒根，控制浇水　越冬韭菜在春季开始解冻萌发前，用双齿钩或竹签剔开根部周围的土壤，晾根，7～10d 后韭蛆可大量死亡。在冬季扣膜前扒土晾根，也可冻杀根蛆。设施栽培养根期韭菜，在麦收前后控制浇水，麦收后停止浇水，可减轻韭蛆为害，也防止韭株倒伏。

4. 阻隔成虫产卵 在韭蛆成虫发生盛期前，在植株周围撒细沙或者草木灰，不利于成虫产卵和幼虫孵化，可减轻为害。

5. 合理施肥 韭蛆喜有机肥，施用农家肥时要使其充分腐熟发酵，施肥时做到均匀、深施，提倡使用工业化处理的有机肥及有机无机复合肥。韭蛆为害严重地块，尽量改用化肥，韭菜在头刀或二刀后，结合灌溉使用氨水 2 次，可以减轻为害。也可使用沼液，顺着韭菜垄浇灌，可达到与浇氨水同样的效果。

（二）物理防治

防虫网隔离。韭菜田覆盖防虫网可以有效控制韭蛆发生，但要注意在覆网前彻底清理干净虫源。

黏虫板诱杀。成虫发生期，田间放置黄色黏虫板诱杀成虫，黏虫板放置高度不宜过高，当黄板表面沾满韭蛆成虫时，及时更换黏虫板。

（三）生物防治

异小杆属昆虫病原线虫防治韭蛆的效果较好，室内试验表明，在韭蛆与昆虫病原线虫 *Heterorhabditis indica* LN2 品系比例为 1∶200 时，韭蛆幼虫的死亡率达 85.4%。斯氏线虫 O_{tio} 和异小杆线虫 C_{Bl5} 田间防治韭蛆，100 万条/m² 的防治效果可达 67.8 %～69.3 %。但田间温湿度对线虫的防治效果影响较大。

可使用 3% 苦参碱水剂每 667m² 500mL，加水稀释后灌根。

（四）化学防治

露地栽培田，防治重点在春、秋两季；温棚栽培的地块，防治重点应放在冬季扣棚时，以压低棚内虫口基数。

1. 播种期防治 在播种或定植前，可选用 40% 辛硫磷乳油或 40% 毒死蜱乳油配制成毒土处理播种沟（穴）或土壤。每公顷用上述药剂 3 000mL 拌细土 750kg 配成毒土。或将 5% 辛硫磷颗粒剂 15～22.5kg/hm² 加适量细土拌匀，播种前沟施或者与肥料混匀一起使用。

2. 生长期防治 ①灌根防治幼虫：幼虫开始为害时，可选用 40% 辛硫磷乳油、10% 吡虫啉可湿性粉剂 3 000～4 500g/hm² 或 5% 氟铃脲乳油 2 250～4 500mL/hm²。氟铃脲等昆虫生长调节剂的防治效果虽较为缓慢，但可导致产生大量的畸形蛹，降低繁殖力。②地面喷雾防治成虫：在成虫羽化初盛期地上喷药，可选用 4.5% 高效氯氰菊酯乳油 2 000 倍液或 2.5% 溴氰菊酯乳油 2 000 倍液，在韭菜收获后喷洒效果更好。

薛明（山东农业大学）

第 142 节 葱地种蝇

葱地种蝇 [*Delia antiqua* (Meigen)] 属双翅目花蝇科地种蝇属，*Hylemya antique* (Meigen) 为同种异名。葱地种蝇又称为葱蝇、蒜蛆，属根蛆类，是为害百合科蔬菜的重要地下害虫。葱地种蝇主要发生在北半球温带地区。其分布区需具备以下条件：12 月份平均温度在 −2℃ 以北地区；降水量 4～5 月份 50～100mm，6～8 月份 100～180mm，9 月份 100～150mm。在我国，该虫主要分布在中部和北部地区，江苏、河南、山东、河北、北京、辽宁、宁夏、甘肃、山西、陕西、内蒙古、新疆和青海等省（自治区、直辖市）。在国外，朝鲜、日本、俄罗斯、英国、法国、美国、加拿大等均有该虫发生为害的报道。

葱地种蝇属寡食性害虫，仅为害葱、大蒜、洋葱、韭菜等百合科蔬菜。在国外，以洋葱受害最重；在我国，以大蒜、洋葱受害严重，大葱受害较重，韭菜受害轻。幼虫群集蛀食植株的地下根茎和鳞茎，严重时蛀空鳞茎，引起地下部分腐烂，地上部分生长矮小、叶片发黄、萎蔫，严重者整株枯死，造成田间缺苗现象严重。葱地种蝇在北方大蒜集中产区常年发生严重，春季大蒜受害最重，枯苗率一般达 10%～20%，严重地块达 50% 以上；大蒜生长后期被害，轻者外皮受损，蒜头畸形突出或蒜瓣裂开，重者蒜头形成中空，腐烂变臭，失去食用价值，是目前影响大蒜产量和质量的重要原因。例如，在山东苍山，葱地种蝇常年发生面积占大蒜种植面积的 30%～40%，一般发生田块减产 10%～20%，个别严重田块减产 50% 以上，一个鳞茎可有幼虫 10 余头，甚至达几十头，导致毁种或绝收。1995 年江苏大丰县报道，冬前葱蝇幼虫为害蒜苗，一般田块死（缺）苗率达 20% 左右，严重田块达 60% 以上。此外，也有该虫严重为害洋葱的报道。1988 年，新疆哈密垦区洋葱田死亡株率在 10% 以上，重者达 30% 以上，局部耕翻改种；2007 年以来，在四川西昌市，因洋葱连年重茬种植，致使葱地种蝇发生越来越严重，受害田块一般减产 10%～30%，已成为限制洋葱产量和品质提高的重要因素。

葱地种蝇的形态特征、生活习性、发生规律和防治技术见第 14 单元第 6 节。

薛明（山东农业大学）

第 143 节　小地老虎

一、分布与危害

小地老虎〔*Agrotis ipsilon*（Hufnagel）〕属于鳞翅目夜蛾科，别名土蚕、地蚕、黑土蚕、黑地蚕、地剪、切根虫等，是地老虎类害虫中分布最广为害最严重的种类。小地老虎是一种世界性农业害虫，在全国各省份均有分布，其中以沿海、沿湖、沿河及地势低洼、地下水位较高处，土壤湿润杂草丛生的地区发生最重，主要为害春播（栽）蔬菜幼苗。小地老虎是多食性害虫，寄主植物多，主要在豆科、十字花科、茄科、百合科、葫芦科等多种蔬菜以及花生、烟草、麻类等 106 种作物的苗期为害。同时，也是果园、花卉苗圃以及草坪的重要害虫之一。一年中主要以春、秋两季发生较严重。小地老虎低龄幼虫在植物的地上部为害，取食子叶、嫩叶，造成孔洞或缺刻。中老龄幼虫白天躲在浅土穴中，晚上出洞取食植物近土面的嫩茎，使植株枯死，造成缺苗断垄，甚至毁苗重播，直接影响生产。此外，幼虫还可钻蛀为害茄子、辣椒果实以及大白菜、甘蓝的叶球，并排出粪便，引起产品腐烂，从而影响商品质量。

自 20 世纪 90 年代以来，小地老虎在我国许多省份蔬菜、特种经济农作物上的发生为害面积逐年扩大，给农业生产带来巨大损失。据报道，1999 年江苏东台郊区蔬菜田由于小地老虎为害，自然断苗率平均达 36.4%，高的在 70% 以上，给定植以后的豆类、茄果类蔬菜和芦笋等的产量和品质带来极大影响，防治不力的田块损失惨重。2003 年春，在山西榆社县低洼下湿滩地有 90% 的地块发生小地老虎，使 30% 的田块缺苗断垄，10% 田块不得不改种其他作物。2004 年，扬州市春豇豆种植基地，由于小地老虎为害造成缺苗率达 8%，2005 年高达 21%。2012 年 5 月，受气温偏低、降水过程较多的影响，山西全省范围内程度不同地遭受小地老虎为害，发生区域涉及运城、临汾、晋城、长治、晋中、吕梁、太原、忻州、朔州、大同等 10 市，受害作物有玉米、棉花、大豆、蔬菜等，全省小地老虎发生面积 14 万 hm²，一般受害田被害株率为 4%～5%，重发田被害株率为 30%，严重田达到 80% 以上，忻府区 0.2 万 hm² 下湿盐碱地辣椒，被害株率达到 8%～15%。

二、形态特征

成虫：体长 16～23mm，翅展 42～54mm。头部及胸部背面暗褐色，腹部浅灰色。足褐色，前足胫节与跗节外缘灰褐色，中、后足各节末端有灰褐色环纹。前翅褐色，前缘区黑褐色，外缘以内多为暗褐色，基线浅褐色双线波浪形不显，内横线双线黑色波浪形，环纹黑色，具有显著的肾状斑、环形纹、棒状纹和 2 个黑色剑状纹。在肾状纹外侧有 1 明显的尖端向外的楔形黑斑，在亚外缘线上侧有 2 个尖端向内的楔形黑斑，3 斑相对，易于识别。亚外缘线与外横线间在各脉上有小黑点，外缘线黑色，外横线与亚外缘线间淡褐色，亚外缘线以外黑褐色。后翅灰色无斑纹，近外缘处灰褐色。雌虫触角丝状，雄虫双栉状（端半部为丝状）（彩图 10 - 143 - 1，1）。

卵：半球形，似橙果，直径约 0.6mm，表面有纵横交错的隆起线纹，有些纵线 2～3 叉型，顶端有 1 尖小突起。初产时乳白色，渐转淡黄以至老黄色，有红晕圈，孵化前为灰褐色（彩图 10 - 143 - 1，2、3、4）。

幼虫：初孵时灰黄色，二、三龄土黄或灰褐色，四龄以后灰黄色。老熟幼虫体长 41～50mm，宽 7～8mm，体稍扁，暗褐色。头部黄褐至暗褐色，变化较大，颅侧区具不规则的黑色网纹，后唇基为等边三角形，颅中沟短，额区直达颅顶，顶呈单峰。体表粗糙，布满龟裂状的皱纹和黑色小颗粒，背面中央有两条淡褐色纵带；腹部第一至八节背面有 4 个毛片，后方的两个较前方的两个要大 1 倍以上，排成梯形。气门梭形，气门片黑色，气门节灰黑色；伪足趾钩有 16 个，排成半圆形；腹部末节臀板有 2 条深褐色纵带（彩图 10 - 143 - 1，5）。

蛹：雌蛹体长约 18.3 mm，宽约 6.5mm；雄蛹体长约 19.5 mm，宽约 6 mm，赤褐或黄褐色，有光泽。口器末端约与翅芽末端相齐，均伸达第四腹节后缘。腹部前 5 节呈圆筒形，与胸部同粗；腹背第四至七节前缘中央深褐色，有排列不整齐的刻点，为圆形或椭圆形的小孔，两侧尚有细小的刻点，延伸至气门附近；第五至七腹节腹面前缘也有细小的刻点。腹末臀棘短，略呈八字形；雄生殖孔在第九节，雌生殖孔在第八节（彩图 10 - 143 - 1，6）。

三、生活习性

小地老虎在我国发生的世代数，因各地的地势、地貌与气候不同而异，1 年可发生 1～7 代不等，大致可分为 4 个发生区：长城以北为 1～3 代区，如黑龙江北安及克山、内蒙古河套、吉林左家年发生1～2代，沈阳、银川、包头年发生 2～3 代；长城以南至黄河以北为 3～4 代区，如北京、河北霸县、山西太原 1 年 3 代，而山东济宁、陕西武功、江苏徐州、河南郑州及新乡 1 年 4 代；长江两岸为 4～5 代区，如南京、上海、重庆、湖北江陵及宜昌、湖南长沙等地；南方亚热带地区为 6～7 代区，包括福建、广东、广西、云南南部。此外，台湾 1 年发生 5～6 代，四川雅安 3 代，贵州福泉、四川成都均为 4 代。

在南岭以南地区小地老虎终年繁殖，幼虫冬、春季为害。南岭以北至越冬北界（33°N）一线，可以幼虫和蛹越冬，33°N 以北地域不能越冬，每年的虫源均从南方迁飞而来。各地无论年发生代数多少，在生产上为害严重的均为第一代幼虫。长江中下游地区为小地老虎第一代幼虫多发区，以迁入虫源为主。越冬代成虫 2 月出现，3、4 月为迁入代蛾源盛发期，3 月下旬至 4 月上旬进入产卵盛期，4 月下旬至 5 月上旬进入五、六龄幼虫高发期和为害盛期，严重为害春季蔬菜幼苗。据报道，2007 年江苏省海门地区春茬保护地小白菜受小地老虎为害严重，日新受害株率最高达 33.0%。老熟幼虫 5 月中、下旬入土化蛹，6 月上、中旬成虫羽化后陆续向北方迁飞。秋季由北方回迁的虫源，有的年份也可对秋季菜苗造成一定危害。

当蛹发育成熟时，壳内成虫形态已经完全形成，体色先从复眼开始变暗，以后附肢与触角逐渐暗化，最后全体变黑。至羽化前虫体不断伸展，节间拉长，最后迫使蛹壳在附肢与触角的接合处开裂，成虫头部即从裂口脱出，全部羽化过程在 2～3h 完成。成虫羽化后不断爬行，寻找暗处栖息，此时翅只有腹部 1/2 长，7min 左右翅中部隆起，维持 1～2min 后随即平伸展开，长达腹端，经 1～2min 即将双翅合拢竖立于背上，再经 10～18min，又将双翅平展，此时翅展完成。多数成虫刚羽化时，即将粉白色的蛹便排出，而有的成虫须找到隐蔽处休息 7～8min 后才进行排泄。成虫羽化后需要以糖蜜为补充营养，雌成虫羽化后需补充营养才能使卵发育成熟，而补充营养物的浓度、性质与成虫寿命和产卵量有关。据西南农业科学研究所报道，用清水饲喂的雌蛾平均产卵 257 粒，用白糖水饲喂的为 3 048.7 粒，用葡萄糖水饲喂的为 2 403.8粒，用蜂蜜水饲喂的为 1 646.8 粒。中国农业科学院植物保护研究所用 10 种蜜源植物的花及 1%、10% 糖水饲喂小地老虎成虫表明，平均每头雌虫产卵量自 138 粒至 1 930 粒不等，以喂 10% 糖水的产卵最多，小蓟花、胡萝卜花、泥糊菜花饲喂的产卵期最长。羽化后 1～3d 的食量大，食欲强烈，以后渐减。成虫补充营养后 3～4d 开始交尾产卵，交尾 1～2 次的最多，少数 3 次，个别 4 次。雌成虫在交尾后 2～7d 内产卵最多，未经交尾产下的卵一般不能孵化。雌成虫产卵前频繁活动，寻找合适的产卵场所。产出卵粒后，再移动虫体。因此，卵多散产，少有数粒叠在一起的。小地老虎各代产卵量不一样。据广西观察，小地老虎以越冬代成虫产卵最多，平均为 2 409 粒，最多可达 3 012 粒；其他各代较少，第二代平均为 2 904 粒，第三代为 1 236 粒，第四代为 758 粒，第五代为 2 167 粒，第六代为 871 粒，第七代为 1 374 粒。小地老虎的产卵场所因季节或地貌不同而异。如在杂草或作物未出苗前产卵，多落在土块或枯草棒上；寄主植物丰盛时，则产在植株上较多。小地老虎最喜在野芝麻、灰藜、野苘麻、龙葵、旋花、列当等植物上产卵。卵期长短因气候条件不同而异，一般夏季卵期较短，春季卵期较长。小地老虎成虫白天栖息在荫蔽处，如叶下、土缝、石下、屋檐下、墙缝、枯枝下等，而羽化、取食、飞翔、交尾和产卵等活动多发生在夜晚，以 19：00～22：00 活动最盛。成虫活动与温度关系极大，气温 4～5℃ 即可见到其活动；10℃ 以上的适温范围内，温度越高，其活动范围与数量就越大。微风有助于其扩散，风力在 4 级以上时很少活动，大风则完全停止活动。小地老虎成虫有较强的趋光性，对黑光灯极为敏感，对糖、醋、蜜、酒等酸甜芳香气味物质表现强烈正趋化性，成虫嗜食花蜜，黄昏后在开花蜜源植物上常可找到大量成虫。

幼虫共 6 龄，初孵化的幼虫一般较活跃，孵化后常取食卵壳，仅残留底部黏着部分，随即四处扩散，并能立即取食植物的嫩叶。幼虫三龄前在寄主植物心叶或附近土缝内，全天活动，但不易被发现，受害叶片呈小缺刻。三龄后则扩散为害，白天潜伏在杂草、幼苗根部周围土干湿层之间，夜间或雨天外出咬断苗茎，尤以黎明前露水多时更烈，把咬断的幼苗拖入穴内啃食，当苗木木质化后，则食嫩叶，也可咬断茎干端部。小地老虎幼虫食性杂，取食多种植物，不同龄期的幼虫，为害习性略有差别，主要有咬食种芽、啃食叶肉、切断幼茎、咬食生长点、为害果穗、环状剥皮、蛀食块茎等。三龄前取食量约占幼虫期食量的3%，三龄以后食量增大，五龄以后进入暴食期。每头幼虫一夜可咬断 3～5 株幼苗，多的可达 10 株以上，形成断垄。三龄后幼虫有假死性和自相残杀性，受惊吓即蜷缩成环。小地老虎性情凶暴，行动敏捷，如遇食料不足，则迁移扩散为害。在四川发现，油菜田中的小地老虎在收获翻耕后即向田边杂草中迁移，在北方亦发现在虫口密度大时，当一块田地的幼苗被吃光后即迁移到邻近田内为害。根据观察，第一代幼虫数量最多，为害最重，是生产上防治的重点时期。

老熟幼虫大多数迁移到田埂、田边、杂草附近，钻入干燥松土中筑土室化蛹。首先把周围纤维性物质咬碎，从口内排出大量液体，再以潮湿的躯体作快速旋转运动，如此反复多次，一个椭圆形土室即告完成。土室深度与当地土壤性质有关，一般深度为 10～20cm，在干燥、疏松的沙质土中化蛹时，土室位置常较深。此外，越冬蛹的土室也较深。化蛹时幼虫排出液体后体皮皱缩，进入预蛹期，历时 24h 以上，此时虫体腹部向上，从头部朝尾端作收缩运动，体皮从头后首先破裂，经 2～3min 以后，裂缝过头部，再经 3min 左右，即蜕皮完毕进入蛹期。新出现的蛹乳白色而体柔软，2～3min 后开始由乳白色渐变淡黄色，节间乳白色，背面环节和尾刺首先变赤黄色，90min 后蛹体全部变成棕黄色，并且变硬。蛹期的长短因世代不同而异。蛹具有一定的耐淹能力。

小地老虎各虫态发育历期随气温的变化而不同。在幼虫期，六龄幼虫历期最长，各虫态在相同温度下，幼虫的历期最长，除成虫外，在同一龄期幼虫的发育历期随温度的升高而缩短。在日均温 20℃时，卵、幼虫和蛹发育历期分别为 5～6d、30～34d 和 18～22d，完成 1 个世代需要 53～62d，雌成虫寿命 20～25d，雄成虫寿命 10～15d，产卵前期 4～6d。据报道，卵、幼虫、蛹的发育起点温度分别为 8.61℃、9.18℃、11.85℃。

小地老虎幼虫不同龄期对高温的适应力不同。据观察，在 30℃以上温度下，一至三龄幼虫均不能适应生存，几乎全部死亡。所以，6 月以后种群数量骤减，8、9 月极难见到田间为害状。因为四龄以上幼虫转入土中潜伏，进入夏眠状态，直到气候转凉才恢复活动并陆续化蛹。

小地老虎冬季无滞育习性，其耐寒能力较差。研究表明，当温度低于 0℃时，小地老虎难以存活；而在低于 -15℃的极端低温地区，小地老虎任何虫态均无法越冬。过冷却点测定结果显示，不同虫态的小地老虎耐寒能力存在一定差异，卵期最低，平均过冷却点为 -9.5℃；第一至六龄幼虫分别为 -8.8℃、-4.1℃、-3.6℃、-3.0℃、-2.3℃和 -1.2℃；蛹期为 -6.6℃，成虫为 -4.3℃。

小地老虎成虫飞翔能力很强，具有远距离迁飞能力，累计飞行可达 34～65h，飞行总距离达 1 500～2 500km。全国小地老虎科研协作组的研究结果表明，小地老虎在我国北方不能越冬，1 月份 0℃等温线为其越冬界线，10℃等温线以南是主要越冬区，成为北方非越冬区春季小地老虎的虫源基地。自然种群标记回收获得了小地老虎远距离迁飞的直接证据，基本明确了其迁飞的路线、距离与节律。并结合资料分析，提出了小地老虎在我国往返迁飞规律的模式。由于太平洋暖流和西伯利亚冷流的季节性活动，形成我国境内的季风。小地老虎与黏虫等迁飞害虫一样，随季风南北往返迁移为害。春季越冬代成虫由越冬区逐步由南向北迁出，形成复瓦式交替北迁的现象。秋季再由北回迁到越冬区过冬，构成一年内小地老虎季节性迁飞模式内的大区环流。另外，小地老虎还有垂直迁飞的现象。多年虫情资料分析和标放回收的直接数据均表明，在我国境内主要往返迁飞的虫源来自国内，特别是为害较重的一代发生区的虫源均来自我国南方的越冬区。在局部地区或某些年份，有部分虫源来自国外，也有部分虫源迁到国外。例如，在西藏局部发生区，积温不能满足一个完整世代的要求，故每年只是从国外迁入，而无迁出的可能；新疆部分地区偶有发生，但不构成灾害，也是国外虫源所致；在越冬区中亦有部分过境成虫（据解剖分析结果）可能来自更南的东南亚地区。而我国境内的越冬代成虫在个别年份也有部分随气流迁飞出境的可能。

小地老虎主要以幼虫、蛹和成虫越冬，小地老虎幼虫及蛹的越冬场所主要在杂草较多且未翻耕的闲田中，而冬耕地内较少；就土质而言，潮湿土壤和腐殖质高的田块发现小地老虎数量较多，而土壤干燥和无草或杂草过多的田内小地老虎幼虫越冬数量很少。冬季南迁的小地老虎成虫遇到较低温度时，即寻找隐蔽场所，如墙角、草垛、天花板缝隙等处蛰伏，待温度回升时，再寻找合适场所产卵。

四、发生规律

（一）耕作条件

20 世纪 80 年代以来，我国农作物种植制度发生了很大的变化，蔬菜种植面积大量增加，为了获得更高的收益，复种、套种面积不断扩大。种植制度多样化程度日益提高，使得各时期孵化的幼虫均能找到营养丰富的食物，为小地老虎的发生为害创造了极为有利的条件。另外，由于农村劳动力不够，大多数地块不秋耕，杂草丛生，为越冬成虫的产卵提供了良好的场所，这也是小地老虎重发的主要原因。

此外，小地老虎喜欢温暖潮湿的环境条件。因此，凡是沿河、沿湖、水库边、灌溉地、低洼地、地下水位高、耕作粗放、杂草丛生的田块虫口密度大。春季田间凡有蜜源植物的地区发生亦重。小地老虎的发生也与土质有关，凡是土质疏松、团粒结构好、保水性强的壤土、黏壤土、沙壤土更适宜于发生。尤其是上一年被水淹过的地方，杂草丛生，有利于成虫产卵和幼虫取食活动，发生量大，为害更严重。

（二）虫源基数

第一代小地老虎为害程度与越冬成虫的数量有密切的关系。据山西省中心测报站黑光灯诱测统计，2008 年小地老虎越冬代成虫诱集量（3 月 1 日开灯至 5 月 20 日）是常年的 3 倍。其中，汾阳测报站诱蛾量是 20 世纪 70 年代建站以来最大的一年，单灯累计诱蛾 726 头，5 月 20 日前出现 4 个蛾峰，其中 5 月 1 日蛾峰最为明显，单灯诱蛾 110 头；晋中测报站 5 月 20 日前单灯累计诱蛾 441 头，诱蛾量是 2007 年同期的 4 倍；离石测报站从 3 月 24 日至 4 月 27 日，一灯一盆总诱成虫 619.5 头，诱蛾量是 90 年代以来最高的一年。各地不仅外迁蛾量大，而且雌蛾所占比例高，均在 80% 以上，卵巢发育达 3 级以上的占 70% 左右。在离石测报站，发蛾期间共解剖雌蛾 85 头，卵巢发育达 3 级以上的占 96.5%，交尾率达 100%。大同测报站 5 月 18 日调查，卵巢发育 4 级的占 50%，2～3 级的占 20%。抱卵量高造成落卵量就高，5 月 19 日调查，百株灰菜有卵 13 块，明显高于往年。有效虫源基数高，导致 2008 年山西省小地老虎大面积发生，发生范围涉及除运城、晋城市以外其他 9 个市的 76 个县（区），发生面积达到 34.67 万 hm² 以上。据各地调查，被害田的小地老虎幼虫密度明显高于往年，重发区 30～60 头/m²，个别田块虫口密度高达 120 头/m²，并且一代幼虫的发育进度均极不整齐，为害期明显延长，全省平均为害期为 42d，最长的达到 55d，较常年增加了 10～15d。

（三）气候条件

小地老虎成虫产卵和幼虫生活最适宜的气温为 14～26℃，相对湿度为 80%～90%，土壤含水量为 15%～20%，当气温在 27℃ 以上时发生量即开始下降，气温在 30℃ 且相对湿度为 100% 时，常使一至三龄幼虫大批死亡。小地老虎发生还与降水量有密切关系，如果当年 8～10 月降水量在 250mm 以上，翌年 3～4 月降水量在 150mm 以下，会使小地老虎大发生，而秋季雨水少，春季雨水多，土壤湿度过大，会增加小地老虎寄生病菌的流行，虫口密度大大减少。随着暖冬天气增多，使越冬的小地老虎存活数增加，春天温暖潮湿最适于小地老虎大发生。

（四）寄主植物

小地老虎为多食性害虫，寄主范围十分广泛，除为害蔬菜外，还为害粮、棉等多种农作物，其生存环境稳定，隐蔽性强，故防治难度大，极易暴发成灾。作物种类、生育状况、前茬作物以及蜜源植物等都影响小地老虎发生和为害程度。第一代幼虫取食不同的寄主植物，其发育历期有一定差异。据报道，当气温为 21.2℃，相对湿度 83% 时，以红花草子和黄花苜蓿为食物，幼虫历期最短，平均分别为 31.13d 和 32.31d；以棉叶为食物，幼虫历期较长，平均为 36.12d；以蒌蒿、小蓟、蚕豆叶、白菜为食，则幼虫历期居中且相近。春季田间凡有蜜源植物的地区，小地老虎雌成虫能够很好地补充营养，产卵量多，发生亦重。

（五）天敌

小地老虎天敌种类丰富，根据国内外文献记录，其天敌种类至少有 120 多种，主要有天敌昆虫和病原微生物两大类群，包括捕食和寄生性昆虫、蜘蛛、细菌、真菌、病原线虫、病毒、微孢子虫等。天敌昆虫中捕食性种类分属于 4 个目（螳螂目、革翅目、鞘翅目、半翅目）8 个科（螳螂科、蠼螋科、虎甲科、步甲科、隐翅虫科、蜻科、姬蝽科、盲蝽科），共有 30 种。代表种类有广斧螳［*Hierodula patellifera* (Serville)，别名：广腹螳螂］、中华虎甲（*Cicindela chinensis* De Geer）、大气步甲（*Brachinus scotomedes* Redtenbacher）等。据报道，中黑苜蓿盲蝽［*Adelphocoris suturalis* (Jakovlev)］对小地老虎卵和初孵幼虫具有较强的捕食能力，小地老虎卵密度为 60 粒/m² 时，中黑苜蓿盲蝽雌、雄成虫的捕食量分别为 37.80 粒和 38.58 粒，幼虫密度为 12 头/m² 时，雌、雄成虫捕食量分别为 6.80 头和 5.21 头，且捕食量随猎物密度的增加而上升。寄生性天敌昆虫分属于双翅目寄蝇科和膜翅目姬蜂科、茧蜂科、小蜂科、细蜂科、赤眼蜂科等。代表种类有灰色等腿寄蝇（*Isomera cinerascerts* Rondani）、小地老虎大凹姬蜂［*Ctenichneumon panzeri*（Wesmael）］、螟蛉盘绒茧蜂［*Cotesia ruficrus*（Haliday）］、广赤眼蜂（*Trichogramma evanescens* Westwood）、螟黄赤眼蜂（*Trichogramma chilonis* Ichii）、伏虎悬茧蜂（*Meteorus rubens* Nees）等，除伏虎茧蜂外，都是小地老虎卵寄生蜂，而伏虎茧蜂是小地老虎幼虫的主要内寄生蜂，在田间自然寄生率可达 63%。据报道，苏云金芽孢杆菌（*Bacillus thuringiensis*）有 9 个亚种对小地老虎有杀虫活性，其中以鲇泽亚种毒性最强。对小地老虎有侵染毒性的真菌有五大类群，如白僵菌（*Beauveria bassiana*）、金龟子绿僵菌（*Metarhizium anisopliae*）等。病毒有质型多角体病毒（CPV）、核型多角体病毒（NPV）和颗粒体病毒，病原线虫有斯氏线虫科、索科、异小杆科，据报道，小卷蛾斯氏线虫对小地老虎一、二龄幼虫具有很强的侵染力，在线虫剂量为 10 000 条/mL 时，在 17～32℃温度范围内，72h 小地老虎幼虫的死亡率可达 100%。微孢子虫有 4 种，其中国外记述 3 种，代表种为杀蛾多形微孢子虫（*Vairimorpha necatrix*）和具褶微孢子虫（*Pleistophora schubergi*）。

（六）化学农药

以前对小地老虎的防治主要是施用化学农药，施用化学药剂虽然有简便、快速的优势，但长期施用农药使得小地老虎的抗药性发展非常迅速。小地老虎已对菊酯类和有机磷类等多种杀虫剂产生了很高的抗性，有些杀虫剂种类甚至完全失效，只有昆虫生长调节剂类还具有较高的防效，但成本很高。据报道，1965 年南京农学院昆虫教研组测得敌百虫对小地老虎老熟幼虫的触杀 LD_{50} 值为 7.1μg/g，1984 年测得敌百虫对小地老虎的触杀 LD_{50} 值为 45.6μg/g，抗药性增长了 5.4 倍，1994 年小地老虎对敌百虫的抗性增长了 17.6 倍，达到中等水平。1998 年测定小地老虎对敌百虫、辛硫磷、氟虫腈等杀虫剂的抗性达高抗水平。抗药性问题增加了防治难度，造成小地老虎种群基数较大，加重了下一代的发生为害。

五、防治技术

小地老虎是多食性害虫，具有远距离迁飞性，发生量大，为害时间比较集中，高龄期间食量很大，给多种农作物造成极大的危害。对小地老虎的防治应以防治第一代为重点，注重预防，采取农业防治、化学防治和生物防治相结合的综合防治措施。

（一）农业防治

1. 翻耕晒田，清洁田园，减少虫源　根据小地老虎的发生特点，在各种农作物收获之后（或冬闲田），及时翻耕晒田，可将越冬幼虫和蛹暴露于地表，使其被冻死、风干，或被天敌啄食、寄生，以有效减少发生基数；同时，做好田间清洁卫生，清除田边杂草，可有效地减少成虫产卵寄主和幼虫食料，还可减少部分卵量和低龄幼虫；在有条件的地区可以实行水旱轮作，或结合苗期灌水，能有效控制该虫的发生。

2. 调整绿肥播期　使其盛花与成虫羽化高峰期错开，减少诱集成虫产卵，避免幼虫为害。作物移栽前填肥须用腐熟的农家肥，避免用未经腐熟的农家肥，以免将农家肥中的虫卵或蛹及病菌带入田块，减少小地老虎发生量。

3. 定苗与补种　适当推迟定苗时间，做好查苗补种工作，在小地老虎大发生的年份或虫口密度较大的地块，要根据情况进行早中耕、勤锄草，并适当推迟定苗时间。在定苗后，定期进行查苗，若发现缺苗，及时进行防治并补种，将损失降低到最小。

4. 草把诱虫灭卵　用稻草或麦秆扎成草把，下加竹竿，插于田间引诱成虫产卵，每隔 5 d 换一次，将草把集中烧毁以灭卵。

5. 捕杀幼虫　在高龄幼虫盛发期，每天早晨认真巡视田间，找刚出现的萎蔫苗、枯心苗，拔开萎蔫苗周围泥土，挖出小地老虎的大龄幼虫处死。另可采用新鲜泡桐叶、莴苣叶或烟叶，用水浸泡后，于幼虫盛发期的傍晚在菜田内放置 750 片/hm²，次日清晨翻开叶片，人工捕捉叶下小地老虎幼虫。也可采用鲜草或菜叶（400～450kg/hm²），在菜田内撒成小堆诱集捕捉。

（二）物理防治

小地老虎成虫具有明显的趋光性，可用频振式杀虫灯诱杀小地老虎成虫，将其消灭在产卵之前，省时环保，能对小地老虎的发生起到很好的预防作用。具体方法是：5～10 月，在距蔬菜植株顶部 50～100cm 高度安装频振式杀虫灯，每盏灯可控制 2.67hm² 的范围，隔 1～2d 收集昆虫袋和清理杀虫电网。也可根据小地老虎具趋化性的特点，在成虫盛发期，利用糖醋液（糖6份、醋3份、白酒1份、水10份、90%敌百虫晶体1份混合调匀）进行诱杀，傍晚时将盛有诱液的盆放到田间，位置距离地面1m高，次日上午收回。

（三）化学防治

抓住蔬菜苗期和小地老虎三龄以前，最好是在一、二龄幼虫盛发期尚未入土为害时，进行药剂防治。

1. 撒施毒土或颗粒剂　用50%辛硫磷乳油按有效成分2.25kg/hm²（有效成分，下同），拌细沙土750kg/hm²，在蔬菜作物根旁开沟撒施药土，并随即覆土。也可用5%二嗪磷颗粒剂按有效成分600～900g/hm²撒施，以防小地老虎为害植株。

2. 毒饵诱杀幼虫　将鲜嫩青草或菜叶（青菜除外）切碎，用50%辛硫磷乳油0.1kg对水2～2.5kg喷洒在切好的100kg草料上，拌匀后于傍晚分成小堆放置田间，诱集小地老虎幼虫取食毒杀。

3. 药剂灌根　用80%敌敌畏乳油或50%辛硫磷乳油3～4.5kg/hm²，对水6 000～7 500kg灌根，适合小地老虎零星发生时采用。

4. 喷洒药液　可选用150 g/L茚虫威悬浮剂3 000倍液，或10%虫螨腈悬浮剂1 000～1 500倍液、2.5%高效氯氟氰菊酯微乳剂1 000～2 000倍液、90%敌百虫原药800～1 000倍液等喷雾，据虫口密度防治1～2次，防治间隔期7～10d，喷施药液宜在傍晚进行，可提高防治效果。

（四）生物防治

小地老虎天敌种类丰富，国内外在利用生物防治控制小地老虎方面进行了许多实践，取得了一定成效。据报道，大量释放赤眼蜂（松毛虫赤眼蜂和广赤眼蜂）可以有效控制小地老虎。1977年山西省农业科学院在种植菠菜和莴笋的菜园，进行大量释放松毛虫赤眼蜂防治小地老虎的试验，于4月7日、13日和27日3次释放赤眼蜂，每次每667m²蔬菜放蜂0.5万～0.7万头，放蜂后3次采集小地老虎卵1322粒，卵寄生率平均为81.5%。1978—1979年做多点示范，两年效果均极显著，放蜂示范区的菠菜和莴笋上小地老虎卵的寄生率分别为83.0%及81.3%。

昆虫病原线虫也可侵染小地老虎，尤其是斯氏线虫和异小杆线虫。病原线虫对农药有较强的耐受性，且侵染条件与小地老虎适宜生活条件相近，可与其他防治方法结合使用，有较好的协同增效作用，如利用芜菁夜蛾斯氏线虫 [*Steinernema feltiae* (Filipjev)] 防治小地老虎，小地老虎三龄幼虫与寄生线虫比例为1∶80，小地老虎死亡率达80%。利用苏云金芽孢杆菌防治小地老虎的研究也有新的进展，现已从苏云金芽孢杆菌中获得了32株对小地老虎具有高毒力的菌株，校正死亡率达到85%。苏云金芽孢杆菌可增加小地老虎对农药的敏感度，减少用药量，延缓抗药性。

利用性诱剂诱杀是生物防治小地老虎的一项技术。可在小地老虎迁入代成虫始盛期至盛发后期利用性诱剂诱杀小地老虎成虫，在距诱捕器瓶底2/3处的4个方位分别剪1个孔（2cm×2cm），内挂1枚诱芯，位置正对孔口，瓶内装适量的洗衣粉水。诱捕器离地50cm放置，30d左右需更换1次诱芯。此法对防控小地老虎十分有效，据报道，2009年3月1日至4月30日在上海光明食品集团星辉蔬菜基地的甘蓝种植地进行诱捕试验，结果显示单个诱捕器的液诱蛾量为398头，是灯诱的11.7倍，是糖醋液诱蛾的5.68倍。

附：测报技术

防治小地老虎，关键是要在三龄幼虫以前扑灭，此时的幼虫未能扩散为害，且抗药力较小。为能有效地起到防治作用，做好虫情测报和调查工作十分必要。

（一）成虫诱测

2月底至4月初，用黑光灯或糖醋液（按糖6份、醋3份、水10份配成原液，再按原液的0.2%加入90%敌百虫原药）诱虫。在田间较空旷处，放置糖醋盆3～4个（35～50 mL/盆），盆离地面70～100cm高，傍晚放出，早晨收回；每5 d加1次醋，保持原来的液量，10～15 d更换1次糖醋液。逐日记载诱集的雌雄蛾总数，当诱蛾总数突然增大，雌蛾数占总蛾数的10%左右时即表示发蛾始盛期，诱得雌蛾最多的天即为发蛾高峰期，结合历年资料及气候条件，可初步估计当年的发生期和为害程度。在20～25℃气温下，小地老虎的卵经3～6d孵化，这可作为幼虫发生期预测的参考。

（二）幼虫量调查

在 2 月底至 3 月上旬，在苗圃或蔬菜地分区查虫，选择有代表性的幼苗地 1 块，每块地选 5～10 点，每点面积 1m²，或每点检查幼苗和杂草心叶、嫩叶上以及受害株附近的干湿土层之间的虫数。每 3 d 查 1 次，共查 4～5 次，每次在分区地中均匀分布各查虫点，每点查幼虫 30～50 头。当一、二龄幼虫在 70% 以上，其中二龄幼虫占 40% 左右时，即为二龄盛期。

小地老虎各龄幼虫头宽为：一龄 0.20～0.26 mm，二龄 0.36～0.41 mm，三龄 0.60～0.75 mm，四龄 1.06～1.22 mm，五龄 1.68～1.86 mm，六龄 2.45～2.72 mm。

（三）防治指标

当一、二龄幼虫占 70% 以上时，即为药剂防治适期，或当每平方米平均有幼虫 0.5 头或普查作物幼苗心叶被害株率达 50% 时，应立即进行防治。

杨茂发　向玉勇（贵州大学昆虫研究所）

第 144 节　蜗　　牛

一、分布与危害

灰巴蜗牛〔*Bradybaena ravida ravida* (Benson)〕与同型巴蜗牛〔*Bradybaena similaris* (Ferussac)〕为我国蔬菜上有害蜗牛的优势种，属于软体动物门腹足纲柄眼目巴蜗牛科巴蜗牛属，别名蜒蚰螺、水牛等。

灰巴蜗牛在国内主要分布于黑龙江、吉林、河北、河南、山东、山西、湖北、湖南、安徽、江苏、浙江、福建、广东、新疆、台湾等省（自治区），国外分布于俄罗斯、日本、朝鲜半岛等地。同型巴蜗牛原产东南亚，国内主要分布于内蒙古、山东、河北、河南、陕西、甘肃、湖北、湖南、江西、江苏、浙江、福建、广东、广西、台湾、四川、云南等省（自治区），国外主要分布于亚洲热带与温带沿海地区，以及非洲、大洋洲和美洲中南部地区等。

灰巴蜗牛和同型巴蜗牛在我国常混合发生，均为杂食性，寄主植物种类繁多，主要为害豆科、十字花科、茄科、葫芦科及薯芋类等大多数旱生蔬菜，嗜食质地柔嫩、品质优良的蔬菜品种，还可为害棉、麻、桑、谷、花卉及果树等多种经济作物。以塑料大棚为主的蔬菜保护地面积逐渐扩大，为蜗牛的生长繁殖提供了适宜的寄居环境和充足的食源，蜗牛为害逐年加重，已成为保护地蔬菜的主要有害生物之一。蜗牛通过舐刮式口器的齿舌和颚片刮锉植物幼嫩组织，造成蔬菜叶、茎、花、果失绿、干裂、缺刻或孔洞，同时分泌黏液污染植株，影响作物光合作用及其产品品质（彩图 10-144-1）。作物苗期被害，常造成叶、茎破损，僵苗，成苗率下降，重者将幼苗全部吃光，造成缺苗断垄。取食时造成的伤口，以及其分泌物、排泄物在高温高湿、多雨的情况下，还可诱发软腐病、镰孢菌枯萎病等病害。20 世纪 90 年代以来，受种植业结构调整和复种指数增加的影响，蜗牛逐渐从一般性有害生物上升为主要有害生物，当环境条件合适时还会暴发成灾。1992 年，湖北武汉两种蜗牛严重为害保护地蔬菜，3～5 月，部分苗床、无土栽培地、大棚、网室等保护地蜗牛平均密度为 30～40 头/m²；9～10 月，平均单株大白菜上有蜗牛 4～6 头，导致蔬菜产量损失 20%～30%。2008 年，山东聊城、泰安、潍坊和济宁等地蜗牛发生严重，白菜、萝卜、花生、大豆和辣椒等作物上均有大量发生，为害面积达 1.3 万 hm²。同型巴蜗牛和灰巴蜗牛具有繁殖快、食性杂、食量大、密度高、活动隐蔽等特点，严重威胁茄果类、豆类和十字花科等蔬菜生产。

二、形态特征（表 10-144-1）

（一）灰巴蜗牛

成贝：壳质稍硬，坚固，圆球形，壳高 19mm，宽 21mm。有 5.5～6 个螺层，顶部几个螺层增长缓慢，略膨大。壳面呈黄褐色或琥珀色，具有细致密集的生长线和螺纹。壳顶尖，缝合线深。壳口椭圆形，口缘完整略外折，锋利，易碎。轴缘在脐孔处外折，略遮盖脐孔。脐孔窄小，呈缝隙状。爬行时体长 30～36mm。头部发达，具有 2 对触角，前触角较短为 1.5～2.0mm，后触角较长为 8～10mm，后触角顶端有黑色眼。口、足的位置和构造特点与同型巴蜗牛相同。生殖孔（交配孔）位于头左后下侧。腹部足腺能分泌黏质液体（彩图 10-144-2，1、3）。

卵：圆球形，直径（1.9±0.2）mm，初产时湿润，乳白色具光泽，随着胚的发育逐渐变为淡黄色，近孵化时呈土黄色（彩图10-144-2，5）。

初孵幼贝：仅具一个螺层，壳体宽度（1.7±0.2）mm，体形与成贝相似。壳质脆弱，淡黄色，有光泽。数分钟后，壳体颜色变深，失去光泽，并缓慢爬行至周围土缝或土壤表层活动觅食。

（二）同型巴蜗牛

成贝：壳质坚硬，扁球形，壳高9.1～13.6mm，平均11.8mm，壳宽11.2～18.4mm，平均14.9mm。壳面呈黄褐色、红褐色或梨色，具有细致密集的生长线和螺纹。有5～6个螺层，顶部几个螺层缓慢增长，略膨胀，螺旋部低矮，体螺层增长迅速，膨大，周缘中部有一条褐色带，有些个体无此色带。壳顶钝。壳口马蹄形，口缘锋利，轴缘略外折，遮盖部分脐孔。脐孔小而深，呈洞穴状。头部发达，在身体前端具有2对触角，后触角顶端具眼。口位于头部腹面，口内有1发达的齿舌，并具有触唇，足在身体腹面，蹠面宽，适于爬行（彩图10-144-2，2、4）。

卵：球形，直径1.0～1.5mm，初产时乳白色，光亮湿润，后变淡黄色，近孵化时呈土黄色（彩图10-144-2，5）。

初孵幼贝：螺壳高0.8～1.7mm，有1～2个螺层，150d后螺层增至4～5层，270d后增至5～6层。

表10-144-1　灰巴蜗牛和同型巴蜗牛成贝形态特征比较（引自何振昌，1993）

Table 10-144-1　Comparison of morphological characteristics of snail adults between *Bradybaena ravida ravida* and *B. similaris*（from He Zhenchang, 1993）

形态特征	灰巴蜗牛	同型巴蜗牛
贝壳形状	圆球形	扁圆球形
贝壳褐色带	周缘中部不具褐色带	多数个体周缘中部有1条褐色带
螺层（层）	5.5～6	5～6
壳口形状	椭圆形	马蹄形
脐孔形状	窄小，缝隙状	圆而深，洞穴状

注　此表根据何振昌（1993）修改。

三、生活习性

灰巴蜗牛与同型巴蜗牛生活习性较接近，通常1年发生1代，其寿命一般不会超过2年。蜗牛一生经历卵、幼贝和成贝3个阶段，根据其为害活动规律，生活史可分为4个时期：越冬休眠期、苏醒为害期、越夏休眠期和秋季暴食期。温度和湿度是影响蜗牛休眠的主要因素，蜗牛在越冬（夏）前，通常分泌黏液，在壳口外形成膜厣，将虫体与外界隔绝，以度过不良环境。每年冬季，当旬平均气温下降至10℃以下、相对湿度低于76%时，蜗牛以成贝或幼贝在潮湿阴暗的落叶、草堆、石块下，或植物周围浅土层里开始越冬。翌年3月，气温高于10℃时，蜗牛出蛰，开始为害茄科、豆科、葫芦科及十字花科蔬菜的幼芽和嫩叶部分，随着作物生长，蜗牛也可取食各种作物的花和果实。当夏季旬平均气温高于30℃、相对湿度低于65%时则进入越夏。越冬（夏）期间，如果温度、湿度适宜，蜗牛可立即恢复取食活动，如冬季温室中或夏季降雨降温等，蜗牛都能立即恢复其活动。两种蜗牛成贝每年交配产卵2次，第一次在4～5月，第二次在8～9月，6～8月为越夏期。9月为蜗牛田间产卵量最高时期，在产卵后成贝即死亡。蜗牛成贝从交配到产卵需8～23d，平均15d。灰巴蜗牛和同型巴蜗牛的卵表有黏液，常黏结成堆，一般每堆有卵30～60粒，多产于植物根际附近松软湿润的土下1～3cm处，干燥板结土壤多在6～7cm处。卵壳质坚硬，若暴露在阳光下，很快会爆裂。初孵幼贝壳顶不高，有1～1.5个螺层，高1mm，宽1.5mm。幼贝孵化后生长迅速，增加第一螺层需20d；在越夏期间，幼贝生长缓慢，通常增加0.5个螺层；9月以后生长开始加快，增加1个螺层需30d；10月后发育逐渐变慢，增加1个螺层需60d；越冬期间则停止发育。幼贝从孵化至螺层发育完全需180～210d。幼贝除性未成熟外，其他生活习性基本与成贝相同。

蜗牛为雌雄同体动物，每只蜗牛体内均有完整的雌雄生殖器官，但通常需要异体交配才能受精产卵。蜗牛性成熟后，其活动较频繁，发情求偶时产生兴奋状态，表现为颈部膨大，在右大触角后有白色突出物伸缩活动，同时也会不断排出黏液以润滑生殖孔周围，这既是发情特征，也是求偶的行为表现。蜗牛的异体交配方式有两种，即双交配和单交配。双交配为交配双方在交配时雌雄性腺均发育成熟，两个个体同时受精；单交配为一方雌性腺不成熟，充当雄性使对方受精。蜗牛交配时，交配双方爬到一起，先以头交错摩擦，然后触角开始增大并有规律地摆动，再将身体前部相互结合在一起，用各自的石灰质的恋矢刺入对方的生殖孔内，恋矢在交配结束后断掉，经一段时间后可长出新的恋矢。在交配过程中，经反复地互刺，蜗牛的阳茎在对方体内排出精子，射出的精子贮存于储精囊内，待母体雌性生殖细胞成熟后，卵子开始排出并与精子接触完成受精。蜗牛的交配活动一般发生在黄昏和黎明，少数在白天；交配时间多为 2~4h，有时也长达 8~10h，少数交配时伴有休眠现象，可长达 1~2d。

蜗牛性喜阴湿环境，对空气湿度变化十分敏感，在适于蜗牛活动季节，当地面相对湿度高于 70% 以上时，蜗牛纷纷开始活动觅食，其最适相对湿度为 70%~90%。蜗牛在阴雨天能够整天活动，晴天白天躲在植物根部、落叶下、土缝中，有的躲在密集的植物叶背面。蜗牛以夜间和早晨为害较多，如果遇到连续干旱，便隐藏起来，并分泌黏液封住出口，不食不动，干旱过后继续取食为害。阴雨绵绵对蜗牛发生十分有利，但持续降雨，特别是雨量较大时，蜗牛会因土壤缺氧纷纷逃出，爬至植物、田间架材、叶背甚至道路等不易被雨淋湿之处，大雨过后，蜗牛常大量死亡。幼贝孵化后 5~6d 内群集取食，15d 后分散为害作物。初孵幼贝食量较小，仅取食叶肉，稍大时食量增加造成孔洞或缺刻；长至 5~6 个螺层后食量暴增，为害剧烈。

休眠是蜗牛适应不良环境的主要生理反应。在休眠期间，蜗牛通过行为和生理水平上对能量利用、水分保持及抗氧化能力的调控以适应逆境。研究表明，在夏眠过程中，灰巴蜗牛出现贝壳变厚、壳色变淡、体重下降和呼吸受抑制等现象。能量代谢方面，灰巴蜗牛首先主要依靠糖原的分解提供能量，其次是蛋白质、脂肪分解虽然贯穿整个夏眠过程，但在夏眠中期才开始大量出现；肝胰腺中的糖原、蛋白质和脂肪优先被利用，腹足中的糖原、蛋白质以及生殖腺中的脂肪被利用均较慢。水分保持上，灰巴蜗牛的腹足、肝胰腺和生殖腺均表现出对水分的良好保持力，夏眠期间水分的保持依赖于膜厣的形成和代谢供水。其中，腹足靠糖原和脂肪的代谢供水，肝胰腺靠脂肪代谢产生的水维持含水量，腹足靠蛋白质分解产生的尿素来提高组织的渗透压进行保水。腹足和肝胰腺中的超氧化物歧化酶的活性在夏眠期间波动较大，这可能与其采用的呼吸暂停模式有关。

蜗牛为害时常将身体附着在叶片上，然后取食周围叶片组织，在取食过程中因咬断叶柄或外界刺激原因，容易跌落地上而倒置。蜗牛身体倒置后恢复正常姿态的时间是决定蜗牛能否快速恢复取食、躲避外界刺激或天敌进攻的一个参考指标，也是蜗牛适应生态环境的一种生物学习性的表现。研究发现，体重、环境温度、光照强度和饥饿程度等内外因素对灰巴蜗牛翻身影响较为显著。灰巴蜗牛体重超过 0.7g 时，其所需翻身时间显著长于体重低于 0.7g 的个体，体重 0.2g 的灰巴蜗牛翻身时间为 9s，而体重 0.9~1.2g 的个体则需要 19s 才能完成。在 10~40℃ 内，不同体重的灰巴蜗牛翻身时间均随温度升高而缩短，体重 0.5~0.7g 的灰巴蜗牛在 10℃、20℃、30℃ 和 40℃ 条件下的翻身时间分别为 17.59s、13.26s、10.00s 和 7.55s。光照强度对蜗牛翻身影响与蜗牛负趋光习性一致，在 493 lx 光照强度下，体重 0.9~1.2g 的灰巴蜗牛所需翻身时间为 15.64s，而 73.9 lx 光照强度下，翻身需 11.11s。灰巴蜗牛饥饿后，饥饿持续时间对其翻身时间影响较大，饥饿时间越长翻身所需时间也越长；蜗牛取食后，连续取食时长对翻身影响则呈现相反结果，翻身时间随取食时间增加而缩短。

四、发生规律

（一）越冬基数

越冬成活蜗牛数量与翌年发生量大小密切相关。浙江杭州报道，当年为害重且杂草生长茂密的菜地，越冬基数大，第二年蜗牛发生早，密度大，为害重；若当年秋季种植蔬菜耕作较好，其越冬环境被破坏，蜗牛越冬死亡率高，第二年初期则发生量较小。

（二）气候条件

蜗牛最适活动气温为 15~25℃，超过 25℃ 或低于 15℃ 时，其活动逐渐减弱。产卵的适宜温度比活动的适宜温度要低 4~5℃。一般在旬平均地温稳定在 9℃ 左右，或者月平均地温保持在 8℃ 以上时开始大量产卵。当地温超过 23℃ 时，产卵量显著下降，地温超过 25℃ 时，停止产卵。每年 9 月以后，随着地温的下降，其产卵量时高时低，交替上升。变温对蜗牛存活影响较大，如果蜗牛反复进入休眠，则没有足够的营养物质保证休眠时的能量代谢，便会在休眠过程中死亡。

蜗牛喜阴湿环境，在适宜的温度条件下，降水量是影响蜗牛发生为害的决定因素。若 5～6 月连续阴雨天气，利于蜗牛卵的孵化和幼贝的成活，易导致大发生。如 1990—1991 年和 1998 年江苏沿海地区蜗牛便暴发成灾；而 1992—1997 年，由于气候条件不太适宜，蜗牛的发生为害就相对较轻。在适合的温度条件下，蜗牛产卵量一般随湿度的高低而变化，干燥的土壤或过湿的土壤对卵的孵化、胚胎发育都不利。

（三）天敌

蜗牛在自然界中天敌种类较多，鸡、鸭、鹅、牛、猪等畜禽，乌鸦、獾、鼠、蛙、龟、蛇、蜈蚣、步甲、萤火虫、蚂蚁等动物都能捕食蜗牛。与常规化学防治方法相比，利用天敌控制蜗牛为害，不仅节约成本，还可减少农药污染和残留提高蔬菜品质。江苏淮阴在蜗牛发生较严重的 300m² 日光温室中放入 4 只成年麻鸭，灰巴蜗牛和同型巴蜗牛数量均明显降低，7d 后防效可达 83.7％，17～27d 防效可达 100％，明显高于对照化防的防效。浙江宁波在 50m² 塑料大棚内放入 2 500 头灰巴蜗牛，然后投入 2 只麻鸭，1d 后仅剩下 684 头。

五、防治技术

蜗牛生长周期长，世代交替较为明显，而土壤温度与湿度是决定蜗牛发生与为害的主要因子，因此，蜗牛的防治策略为以农业防治为基础，科学使用化学防治，合理利用其他防治措施。

（一）农业防治

做好菜田排灌系统，雨后及时排水，控制土壤湿度。清洁田园，特别要清除沟边杂草，以消除虫源地。保护地四周要固定好塑料围裙，以防外部蜗牛迁入。结合蔬菜中期除草或季节换茬，进行松土及翻耕灭卵，可使蜗牛卵暴晒于土表，也可杀死部分蜗牛，减少种群密度。控制蔬菜种植密度，使田间保持良好的通风条件，减少田间湿度。对蜗牛发生特别严重且有条件的地区，可采取水、旱轮作。施用充分腐熟的有机肥。采用地膜覆盖栽培，能有效减轻蜗牛为害。

（二）物理防治

利用蜗牛昼伏夜出的生活习性，进行人工捕捉，或者在田间设置草堆或菜叶堆进行诱集，次日清晨日出前集中捕杀。

菜田较为干燥时，在植株周围撒施生石灰，使部分成贝或幼贝脱水死亡，或把生石灰撒在保护地进出口处、垄间、沟边，形成封锁带，阻止蜗牛迁入为害。

（三）生物防治

蜗牛天敌有步行虫、蚂蚁、青蛙、鸟类及病原微生物等，可保护和利用天敌以控制蜗牛为害，如在保证蔬菜安全的前提下放鸡、鸭啄食等。

选用生物农药 1.1％苦参碱乳油 200 倍液、2％苏·阿维可湿性粉剂 500 倍液等进行叶面喷雾处理。

（四）化学防治

春、秋雨季是蜗牛活动盛期，也是施药防治关键时期，可在播种或秧苗移植后，选用 80％四聚乙醛可湿性粉剂 750～1 500 倍液、氨水 70～400 倍液、70％杀螺胺粉剂 1 500～2 000 倍液叶面喷雾处理，也可以选择 6％四聚乙醛颗粒剂 6～7.5kg/hm²、6％聚醛·甲萘威颗粒剂 9～11.5kg/hm² 等，拌细沙土均匀撒施于菜株附近。

喷雾处理需选择有露水、多雾的清晨或黄昏前用药，着药要均匀周到，叶片背面及植株中下部要喷到。若撒施颗粒剂则土壤需保持一定湿度，以提高药效。药后不要在田中踩踏，如遇大雨需补充用药。

司升云　李芒（武汉市蔬菜科学研究所）

第 145 节　莲缢管蚜

一、分布与危害

莲缢管蚜（*Rhopalosiphum nymphaeae* L.）属半翅目蚜科莲缢管蚜属。全国莲（藕）、慈姑产区均有分布，是莲、慈姑等水生蔬菜的主要害虫之一。在我国江苏、上海、浙江、安徽、湖北、湖南等省（直辖市）发生为害较重。莲、慈姑的整个生长期均可被害，成、若虫喜栖息嫩茎和嫩叶，常布满嫩叶、叶柄、幼茎甚至花蕾。刺吸植株茎叶，轻者致叶面呈现黄白斑痕，后逐渐黄化，生长不良，植株生长量减少，出叶速度缓慢；严重时能使新叶萎缩枯黄，甚至叶片难以展开，花蕾枯干，进而地下茎生长发育受到抑制，莲藕产量降低，品质变劣，严重田块减产 50% 以上。其他重要寄主有芡实、菱角、水芹、茭白等水生蔬菜。

二、形态特征

成蚜：莲缢管蚜成蚜有 6 种不同形态型。

无翅胎生雌蚜：体长 2.5mm，宽 1.6mm。褐色、褐绿至深褐色，被薄蜡粉。触角 6 节。光学解剖镜下，胸、腹部背面具小圆圈连成的网纹，腹管中部和顶部缢缩、端部膨大。尾片毛 5 根（彩图 10 - 145 - 1，1）。

有翅胎生雌蚜：体长 2.3mm，宽 1.0mm。头、胸黑色，腹部褐绿色至深褐色。额瘤不明显。触角 6 节，第三、四节有感觉圈。腹管形状与无翅胎生雌蚜同。尾片毛 5 根（彩图 10 - 145 - 1，2）。

干母：无翅。体长 2.4mm，宽 1.5mm。体型与无翅胎生雌蚜相似。体色为棕色或深棕色，被薄蜡粉。触角 5～6 节。光学解剖镜下，胸、腹部背面可见由细线条连成的网状纹。腹管短，从基部到端部逐渐变细。尾片毛 8 根。

雌性蚜：无翅。体长 1.7mm，宽 0.8mm。褐绿色至黑褐色。触角 5～6 节。胸、腹背面有小点连成的网状纹。腹管无明显缢缩。后足胫节具感觉圈。

雄性蚜：有翅。体长 2.2mm，宽 0.9mm。与有翅胎生雌蚜相似，但体形小。触角三至五节均有感觉圈。抱握器和阳具明显。

性母：有翅，是第二寄主（慈姑等）向第一寄主（桃树等）迁移的回迁蚜，形态与有翅胎生雌蚜相似。

卵：长卵圆形。长 0.55～0.71mm，宽 0.30～0.39mm。黑色。

若蚜：形似无翅胎生雌蚜，但体型较小。

三、生活习性

莲缢管蚜在长江流域 1 年发生 25～30 代，世代重叠，为全周期生活型。在江苏冬季以卵在桃、李、杏、梅、樱桃等核果类果树上越冬，翌年 3 月初，当月平均气温稳定在 12℃时，越冬卵孵化。干母于桃树上繁殖产生胎生雌蚜，一般年份在桃树上繁殖 4～5 代，是江苏为害桃树的主要蚜种之一。4 月下旬至 5 月上旬产生有翅蚜迁至莲藕、慈姑、菱角等水生蔬菜和其他水生植物上繁殖，受害轻者呈现黄白斑痕，重者叶片皱缩卷曲，茎叶枯黄（彩图 10 - 145 - 2）。在莲藕、慈姑等水生蔬菜上可繁殖 25 代左右，10 月中、

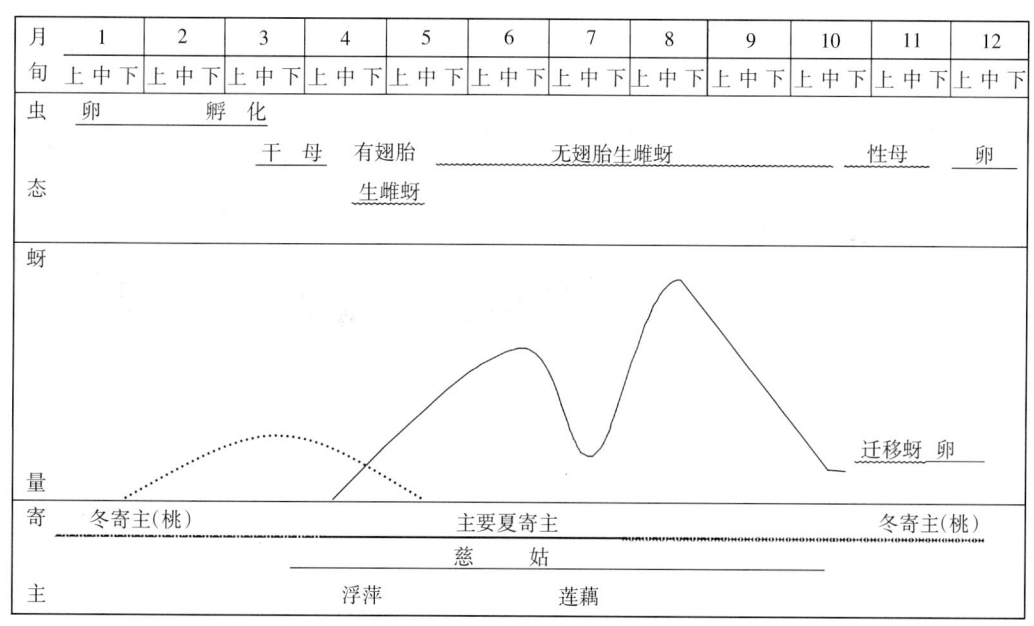

图 10 - 145 - 1　莲缢管蚜年生活史（引自陆自强和祝树德，1992）

Figure 10 - 145 - 1　Life cycle of *Rhopalosiphum nymphaeae*（from Lu Ziqiang and Zhu Shude，1992）

下旬产生有翅产雌性母蚜回迁越冬寄主，产生雌性蚜。产雄性母蚜在莲藕、慈姑等植物上产生雄性蚜，回迁越冬寄主，11 月上、中旬交尾产卵。雌性蚜产卵历期较长，暖冬年份，雌性蚜产卵历期从 11 月中旬一直持续到翌年 3 月上旬（图 10-145-1）。也有报道称，莲缢管蚜在我国南部地区，如温州等地以无翅胎生雌蚜在红萍等水生植物上越冬，系半周期生活型。

莲缢管蚜雌性蚜喜在核果类树木的叶芽、分枝、翘皮等处产卵，但对寄主枝条高度、直径、部位有一定的选择性，卵主要分布在离地面 1～2m 高的树枝上，以 10～15mm 直径枝条的中下部卵量分布最多。越冬卵抗寒性强，孵化率高，但孵化率与产卵时期有一定关系，冬前产的卵（11～12 月）孵化率高，冬后产的卵孵化率低。

无翅胎生雌蚜羽化后的当天就可产若蚜，28℃下羽化后 2～10d 内，产蚜最多，羽化后 10d 内产蚜量占总蚜量的 86.5%。昼夜均可产蚜，但以 10：00～16：00 产蚜量最多，占全天产蚜量的 40% 左右，20：00～22：00 产蚜量最少，占 18.3%。

莲缢管蚜若蚜四龄占大多数，三龄和五龄少量，其三、四和五龄若蚜分别占 4.8%、90.5% 和 4.8%。在 26℃下一、二、三、四、五龄分别为 1.2d、1.3d、1.3d、1.1d 和 1.2d，完成一世代为 6～7d。但各龄历期与温度相关，在 22～30℃的范围内，若虫历期相差不大，18℃下历期显著延长（表 10-145-1）。

表 10-145-1　莲缢管蚜不同温度下各龄若虫历期（d）（引自陆自强等，1991）

Table 10-145-1　Durations of nymphs of *Rhopalosiphum nymphaeae* at different temperatures（d）(from Lu Ziqiang et al.，1991)

温度（℃）	虫龄				
	一龄	二龄	三龄	四龄	总历期
26	1.2	1.3	1.3	1.2	5
22	1.4	1.4	1.5	1.3	5.6
18	2.5	2.8	3.2	2.4	10.9

四、发生规律

（一）寄主

莲缢管蚜全年的种群动态呈现多峰。在江苏，第一次蚜量高峰发生在越冬寄主上，时间为 4 月下旬至 5 月初，在慈姑、莲藕混生地区，莲缢管蚜 5 月初从冬寄主首先迁入莲藕和紫背浮萍上，呈单峰发生型。5 月中、下旬慈姑出苗后陆续迁向慈姑，在慈姑上出现二次高峰。第一峰在 6 月中、下旬，此期间江苏日平均气温度为 24～28℃，适合蚜虫繁殖，盛夏高温季节对蚜虫发生不利，蚜量骤降；8 月中、下旬平均气温在 26℃以下，蚜量回升，8 月下旬至 9 月初出现第二高峰，此峰持续时间长，蚜量大，慈姑进入地下茎生长期，受害重，损失大，是防治的关键期。在湖北等地区水生蔬菜上，5 月下旬至 6 月中旬出现第一次持续为害高峰期，8 月下旬至 9 月上、中旬出现第二次持续为害高峰期，是防治工作的重点。

莲缢管蚜偏嗜嫩茎、嫩叶，大部分集中在心叶和倒二叶叶片与叶柄上，受害植株生长量降低，出叶速度缓慢，慈姑、莲藕地下茎生长受抑，产量降低。

莲缢管蚜虽然为害多种水生植物，但对寄主种类有偏嗜性，最喜食莲、慈姑、睡莲、芡实、香蒲、川泽泻、水葫芦、菱角、芋、细绿萍、眼子菜，其次为水浮莲、紫背浮萍、矮慈姑、雨久花、小叶满江红，再次有陌上花、青萍和槐叶萍等。进一步的生命表研究结果表明，其内禀增长率慈姑＞莲藕＞紫背浮萍。早春，萍、藕混生，萍、慈姑混生田蚜虫发生早，数量上升快，纯慈姑田蚜虫发生迟，数量上升慢；春夏茭混栽区发生早，为害重，纯夏茭慈姑田则发生迟，为害轻。

（二）温、湿度

莲缢管蚜若虫期发育起点温度为 11.24℃，有效积温为 69.26℃。成蚜寿命随温度的增加而明显缩短，16℃时平均寿命为 28.8d，32℃时为 8.6d，20～28℃时平均寿命为 24.3～15.5d。产卵量在 20～28℃较高，24℃平均每头雌蚜产蚜量高达 61 头，32℃和 16℃产蚜量骤降，20～28℃是莲缢管蚜生存繁殖的最适温度范围。29℃是生长发育上限,夏季高温,生长发育、繁殖受抑。

莲缢管蚜喜偏湿环境,相对湿度 80％以上,成虫寿命长,产蚜量较多,85％～95％寿命长达 9.7～10.4d,产蚜量为 30～35 头;相对湿度低于 80％,寿命、繁殖率显著下降。莲缢管蚜对湿度的适应性,可能与长期生活于水生植物上有关。田间调查也发现,凡缺水的慈姑田蚜虫发生较轻,而长期积水、生长茂密的田块则发生重。大雨对蚜虫有冲刷致死作用。

(三)天敌

莲缢管蚜的天敌众多,有长突毛瓢虫(*Scymnus yamatok*)、黑襟毛瓢虫(*Scymnus hoffmanni*)、日本通草蛉[*Chrysoperla nipponensis*,异名:中华草蛉(*Chrysopa sinica*)]、食蚜盲蝽(*Deraeocoris sp.*)、黄斑盘瓢虫(*Lemnia saucia*)、异色瓢虫(*Harmonia axyridis*)、黑带食蚜蝇(*Episyrphus balteatus*)、长翅细腹食蚜蝇(*Sphaerophoria menthastri*)等,6 月下旬至 7 月天敌数量大,对蚜虫控制作用明显。

五、防治技术

春季是慈姑、莲的主要营养生长期,蚜虫发生为害较轻,可在夏、秋季生长中得到补偿,对产量损失影响较小。春末夏初是蚜虫第一高峰期,需要及时用药控制种群增长。进入盛夏,由于高温的抑制作用蚜虫数量下降,可起到保产作用;化学防治应以秋季蚜峰为重点。

(一)园艺技术

慈姑、莲(藕)生产中,应合理规划力求成片种植,减少春夏茬混栽或慈姑、莲藕混栽,清除田内浮萍,合理控制种植密度。

(二)化学防治

以秋季蚜峰为重点,凡达到防治标准田块,用 10％吡虫啉可湿性粉剂 2 000 倍液,或 25％吡蚜酮可湿性粉剂 2 000 倍液、50％抗蚜威可湿性粉剂 2 000～3 000 倍液、40％乐果乳油 800 倍液等喷雾防治,根据虫情确定施药次数。

附:测报技术

莲缢管蚜在田间呈聚集分布,用平行跳跃法取样调查为宜。一般 8 月下旬开始每隔 5d 调查 1 次,每田块调查 100 株,以为害级别结合蚜量作为预测指标。其分级标准如下:

0 级:无蚜虫,无为害;Ⅰ级:受害株叶片(以新生的 3 张叶为准)无明显为害状,叶片平展,无皱缩,色绿,全株蚜量小于 500 头;Ⅱ级:受害叶片有皱缩,但能完全展开,叶绿,全株蚜量在 1 000～2 000 头,蚜虫主要在叶柄、叶片反面为害;Ⅲ级:受害叶片不仅皱缩,而且卷曲,不能完全展开,叶黄绿色,全株蚜量通常在 2 500 头以上,蚜虫不仅在叶背为害,而且正面也有蚜虫为害;Ⅳ级:受害叶严重卷曲,不能展开,叶黄,蚜量有减少趋势。

根据受害植株光合产物积累的减少与为害级别的关系分析,凡达Ⅲ级为害,光合积累减少 56.6％,所以为害程度必须控制在Ⅲ级以下。防治指标为:田间有 50％植株为Ⅱ级时,或为害指数达 350～400(为害指数＝Ⅰ级株数×1＋Ⅱ级株数×5＋Ⅲ级株数×10)。凡达到防治指标的田块定为防治对象田,应立即防治。

祝树德(扬州大学园艺与植物保护学院)

第 146 节　莲藕食根金花虫

一、分布与危害

莲藕食根金花虫[*Donacia provosti*(Fairmaire)]又称长腿水叶甲、食根蛆、饭米虫、水蛆虫等,属鞘翅目叶甲科水叶甲属。该虫在我国分布区域广泛,北起黑龙江,南至广东、海南,西到甘肃、陕西、四川,东至沿海各省份及台湾均有发生。以山区地势低洼的山沟田和终年积水的烂泥田发生最多,是水生蔬菜及作物上的重要害虫。成虫、幼虫均可为害水生蔬菜及作物,以幼虫为害造成的经济损失最为严重。主要寄主为莲藕、莼菜、茭白、矮慈姑、水稻等水生植物。

　　食根金花虫是深水藕田地区莲藕的重要害虫，其幼虫可潜入泥中，在地下茎的节位附近吮吸汁液。进入结藕期后，即在藕身的节位处为害。既为害嫩茎也为害老熟藕体，被害藕形成斑孔，品质变差。生长前期受害，植株矮小，可形成较长时间的浮叶，须根小而短，容易拔起。严重时莲田整片荷叶枯死，将泥土中藕根拔起，可见到根部附着大量的幼虫、蛹茧（彩图 10 - 146 - 1）。2001 年湖北嘉鱼县受害严重的莲田每株藕节须根上有幼虫和茧 10～12 个，幼荷上有 5～8 个虫茧时便可导致地上叶枯死，藕株停止发育生长，减产损失可达 15%～20%。同时，由于莲藕外观损伤，影响加工与商品价值。若防治措施不到位，翌年该虫为害将更加严重，如 2004 年湖北省大冶市保安镇农科村第一年莲藕食根金花虫为害面积为0.4hm²，第二年便扩大到 10.67 hm²。

　　此外，食根金花虫还为害水稻，取食眼子菜、稗草、游草、鸭舌草等植物根部。成虫主要啃食眼子菜叶片，造成孔洞或缺刻，有时也取食鸭舌草、莲叶、稗草叶片等，但为害不严重。

二、形态特征

　　成虫：绿褐色，有金属光泽，雌、雄虫外形相似，但雌虫较雄虫大。雌虫体长约 8.53 mm，宽 2.76 mm，长、宽比为 3.09；雄虫体长 7.24 mm，宽 2.42 mm，长、宽比为 2.99。产卵前雌虫重量约为 0.0258 g，雄虫重量约为 0.0187g。成虫前胸背板近似四方形，雌虫前胸背板长 1.49 mm，宽 1.55 mm；雄虫前胸背板长 1.36 mm，宽 1.38 mm，长、宽比均接近 1。触角短于体长，丝状，共 11 节，各节端部黑褐色，基部黄褐色。头部铜绿到紫黑色，前胸背板、鞘翅均具铜绿光泽，但雌虫颜色偏黄，雄虫偏绿。头部中央两复眼间有纵沟，腹部有厚密的银白色绒毛，鞘翅发达，有刻点和平行纵沟，翅端平截，雄虫鞘翅长 5.14 mm，雌虫鞘翅长 5.81mm；腹部可见 5 节，末端臀板外露。各足腿节端部膨大，具蓝色金属光泽；跗节 4 节，有爪，第三节上有矩（表 10 - 146 - 1，图 10 - 146 - 1，1）。

　　卵：平均长度为 1.17 mm，似香蕉状，长椭圆形，扁平，表面光滑。初产时为乳白色，近孵化前淡黄色，卵粒常聚集成块，通常为 20～30 粒/块，卵块上覆有白色透明的胶状保护物质（图 10 - 146 - 1，3）。

　　幼虫：蛆形，长为 9～11mm，乳白色，头部较小，胸腹部肥大、稍弯曲，胸足 3 对，无腹足，尾端有 1 对褐色爪状尾钩（图 10 - 146 - 1，2）。

　　蛹：长 8mm，围蛹，白色，藏在红褐色的胶质薄茧内，胶质薄茧长椭圆形，长约 8.46 mm，宽约 4.23mm，长、宽比为 1∶2。幼虫初化蛹时胶质薄茧为金黄色，随后颜色变深，至羽化时为深褐色（图 10 -146 - 1，4）。

表 10 - 146 - 1　莲藕食根金花虫成虫形态指标（引自覃春华等，2009）

Table 10 - 146 - 1　**Morphological indicators of *Donacia provosti* adult**（from Qin Chunhua et al.，2009）

虫体	体长 (mm)	体宽 (mm)	体长/ 体宽	鞘翅长 (mm)	鞘翅宽 (mm)	鞘翅长/ 鞘翅宽	前胸背板长 (mm)	前胸背板宽 (mm)	前胸背板长/ 前胸背板宽	身体厚度 (mm)
雌虫	8.53±0.09	2.76±0.04	3.09	5.81±0.06	2.75±0.04	2.12	1.49±0.02	1.55±0.02	0.96	2.07±0.07
雄虫	7.24±0.18	2.42±0.05	2.99	5.14±0.10	2.42±0.05	2.12	1.36±0.06	1.38±0.03	0.99	1.76±0.04

三、生活习性

　　食根金花虫在我国多数地区 1 年发生 1 代，北方部分地区 1 年多或 2 年 1 代，福建建阳等少数地区 1年 2 代。食根金花虫以幼虫在莲藕须根、藕节间以及烂泥田内泥土下 16～30cm 处越冬。越冬幼虫于土温稳定在 18℃ 以上时（南方地区 4 月，北方地区 5 月中、下旬）从泥土深处上升到土表，并集中为害莲藕藕鞭，严重为害时可导致绝收。6～8 月在寄主根际化蛹，6 月中、下旬即有成虫出现。羽化后次日成虫即交尾，隔日产卵在杂草和靠近水面的寄主叶片背面，7 月下旬至 8 月上旬为卵孵化盛期。幼虫孵出后，沿着杂草或寄主地上茎钻入泥土中，食害地下须根，10 月钻入深土层越冬。

　　2009 年覃春华等调查了湖北省莲藕食根金花虫的生活史，结果显示翌年 4 月中旬越冬幼虫开始为害莲藕的嫩茎，至 5 月中旬越冬幼虫开始化蛹，6 月各种虫态都有出现，至 10 月中、下旬温度降低，幼虫开始越冬，生活史见表 10 - 146 - 2。

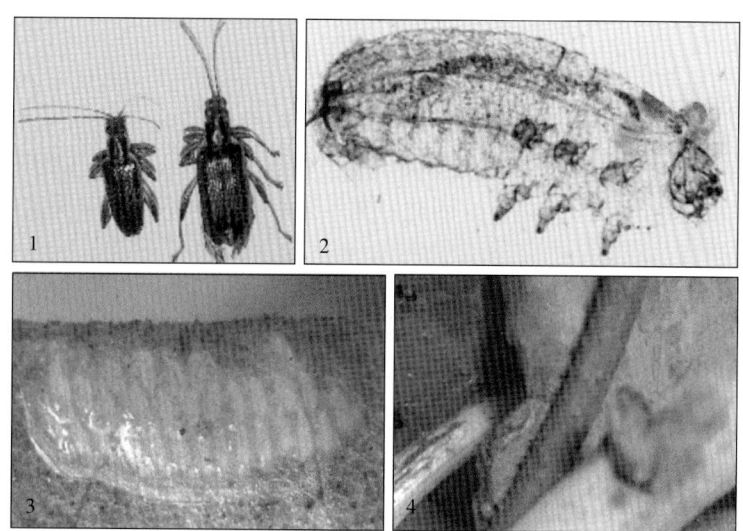

图 10 - 146 - 1　莲藕食根金花虫（引自覃春华等，2009）

Figure 10 - 146 - 1　*Donacia provosti*

（from Qin Chunhua et al.，2009）

1. 成虫　2. 幼虫　3. 卵块　4. 蛹

表 10 - 146 - 2　武汉地区食根金花虫年生活史（引自覃春华等，2009）

Table 10 - 146 - 2　Life cycle of *Donacia provosti* in Wuhan（from Qin Chunhua et al.，2009）

虫态	4月 上旬	中旬	下旬	5月 上旬	中旬	下旬	6月 上旬	中旬	下旬	7月 上旬	中旬	下旬	8月 上旬	中旬	下旬	9月 上旬	中旬	下旬	10月 上旬	中旬	下旬	11～12月
越冬幼虫	（一）	（一）	（一）	（一）	（一）	（一）																
蛹				△	△	△	△	△														
成虫					+	+	+	+	+													
卵							●	●	●	●												
幼虫								—	—	—	—	—	—	—	—	—	—	—	—	—	—	
越冬幼虫																					—	（一）（一）（一）（一）（一）

6月初，莲藕食根金花虫在土中羽化成虫后即向上爬，浮出水面，多停息于莲叶上。成虫可取食莲叶、眼子菜等，为害莲叶时，从莲叶的上表皮开始啃食，仅留下表皮或将莲叶啃成缺刻、孔洞，并喜食幼嫩浮叶。成虫活泼，稍受惊动即沿水面作短距离飞行或潜水逃逸，喜食眼子菜和莲叶，并有假死性。6月下旬成虫数量最多，并开始交尾、产卵。交尾时，食根金花虫成虫通常贴水面飞行，飞行高度约 0.5 m，一般降落在莲叶的浮叶上，当雄虫爬行至距雌虫 5cm 左右距离时，雄虫急速爬行，表现兴奋。交尾时，雄虫伏在雌虫背部，前足搭在雌虫触角基部，中足搭在雌虫后足基部，头部在雌虫鞘翅纵沟处蹭动，前足急速摇动雌虫触角，腹部末端弯曲，抱住雌虫外生殖器，雌虫触角呈直角状弯曲，交尾时间 10min 左右。食根金花虫有假交尾行为，假交尾时雄虫静伏在雌虫背部，前足搭在雌虫触角基部但不摇动触角，头部蹭动雌虫背部，雌虫触角伸直不弯曲，假交尾时间较长，通常可达 1 h 左右，最长可超过 3h。雌、雄虫均可交尾多次。

雌虫交尾后 1d 即可产卵，历期 4～8d，卵离开水面后则难以孵化。雌虫产卵时前足攀附浮叶的边缘，身体后半部浸入水中，腹部弯曲，将卵产在莲藕、浮萍、眼子菜等植物浮叶背面，平均每头雌虫可产卵 175 粒。卵期 6～9d，孵化最适温度为 20～26℃，以 14∶00～18∶00 孵化最多。

莲藕食根金花虫初孵幼虫可沉入水底，钻入土中为害莲藕藕鞭、地下茎。幼虫在莲藕藕鞭上蛀食可形成蛀孔，然后用尾钩固定身体，再次蛀食莲藕藕鞭，两蛀孔相隔 1cm 左右。食根金花虫为害水稻时，食害稻根，使稻株生长发育缓慢，稻叶发黄。水稻有效分蘖及穗粒均显著减少，谷粒不饱满。老熟幼虫一般在地下茎或须根上化蛹。化蛹前幼虫分泌乳白色黏液包围体躯，经 1d 黏液硬化，形成胶质薄茧而化蛹其中，蛹历期 15～17d。

四、发生规律

（一）土壤含水量

食根金花虫的发生程度与土壤含水量密切相关。当土壤含水量在 20％以上时幼虫能长期存活，土壤含水量低于 10％时，幼虫存活率在 4％以下。因此，常年积水和排水不良的田块发生较重，而浅水藕种植区发生较轻。

（二）温度

气温及土壤温度对食根金花虫的发生有显著影响。食根金花虫卵的发育起点温度为（11.74±2.36）℃，有效积温为（158.08±22.98）℃。在 22～32℃，孵化率随温度升高而增加，当温度超过 25℃，孵化率可达 90％以上，但孵化率在 25℃以上时没有明显变化，卵历期随温度升高由 14.35d 降至 8.12d（表 10-146-3）。温度越高，卵孵化也越整齐，孵化历期越短。可见，22～32℃的温度条件对食根金花虫卵发育有促进作用，温度越高，卵发育越快。

土壤温度是影响食根金花虫为害的重要因素。一般 5 月中、下旬土温稳定在 18℃以上时越冬幼虫开始从泥土深处上升到土表，主要为害莲藕藕鞭，当土温达到 23℃时为害最盛。

表 10-146-3 不同温度对莲藕食根金花虫卵孵化率的影响（引自覃春华等，2009）

Table 10-146-3 Effects of different temperatures on hatchability of *Donacia provosti* eggs（from Qin Chunhua et al.，2009）

温度（℃）	孵化率（%）	卵历期（d）	发育速率
22	0.340	14.352 9±0.795 5	0.069 7
25	0.917	13.090 9±0.528 0	0.076 4
28	0.931	9.029 8±0.073 0	0.1 107
31	0.942	8.212 1±0.072 2	0.1 218
32	0.937	8.118 6±0.059 6	0.1 23 2

（三）栽培方式

食根金花虫主要发生在丘陵山区或低洼地区长期积水的老沤田、低洼田、池塘、湖荡中的莲藕上，一般浅水田藕则很少发生。另外，眼子菜多的藕田，虫量多，受害重；眼子菜少的田块受害轻。

五、防治技术

（一）农业措施

1. 轮作换茬 莲藕可与旱作进行 1～2 年轮作，或改种慈姑等，减少食根金花虫田间寄主数量。例如，藕田复种慈姑时，应加大莲藕密度，一般每 667m² 用种量在 350～400kg，以促早结藕，并于 7 月底至 8 月初采收早藕。下茬复种一季晚水慈姑，于 8 月中旬之前定植，密度稍大，每 667m² 栽足 5 000 棵。利用冬季刨慈姑翻地晒垡 1 个月左右，可使莲藕食根金花虫幼虫存活率低于 3％。

2. 翻耕晒田 严重受害的藕田，可在莲藕收获后立即翻耕晒田，可以消灭泥土中的幼虫。在冬季应注意排除田间积水，同样能减少越冬虫量，起到有效防止该虫发生为害的效果。

3. 增施石灰、茶枯等，改良土质 石灰、茶枯饼、菜籽饼等既能灭虫防病又可起到增产的作用。对食根金花虫为害重的藕田，在早春栽藕前，每 667m² 撒施石灰 50kg，以中和土壤酸性，改良土壤理化性质，既能增强植株抗病性，又可杀灭部分越冬幼虫。或在 4 月中旬至 5 月上旬每 667m² 撒施茶籽饼 15～20kg。若条件具备，两种措施结合使用，效果更佳。

4. 种植无虫种藕 引进种藕时注重对食根金花虫的检疫，选择无虫害种藕。

5. 铲除田间杂草 由于食根金花虫可产卵于田间杂草中，因此，及时清除田间杂草特别是眼子菜、鸭舌草等，恶化该虫生存环境，使成虫无适宜产卵场所，从而减少产卵量，降低虫口基数。除草时可采用人工或化学除草方法，人工除草在莲藕生长前期进行，将杂草集中带出田外或踩入土中肥田；化学除草则应在莲藕栽后 7～10d 进行，可采用 50％扑草净可湿性粉剂 1 500g/hm²，或施用 12％噁草酮乳油 3 000g/hm²。施药时注意保持田间浅水层 3～5cm，并保水 5～7d。

（二）生物防治

食根金花虫的生物防治技术主要以水田套养泥鳅、黄鳝等天敌为主。实践表明，藕田套养泥鳅、黄鳝既能防治食根金花虫，又能提高产量，增加收入，提高经济效益，是一种十分环保的防治手段。杨猛、沈汉庭等（2001）研究结果显示，藕田综合套养泥鳅和黄鳝防治食根金花虫的防效可达 94％以上，莲藕增产率达 12％以上。在养殖过程中为了防止泥鳅和黄鳝逃逸，可在藕田四周用铁皮或石棉瓦等深埋作为防逃设施。一般于开春时投放泥鳅和黄鳝苗，每 667m² 投放泥鳅和黄鳝苗（约 10g/条）各 10kg 左右。在幼虫发生高峰期少投放或不投放饵料，使泥鳅和黄鳝的暴食期与幼虫为害高峰期相遇，大量捕食幼虫。此外，用烤烟脚叶、毛木树叶或核桃树叶踩入藕田内，也可杀灭莲藕食根金花虫。

生物防治技术因具有安全无公害的特点，在防治水田病虫害上有很大的优势，但与化学防治手段相比，效果缓慢、防效不稳定是限制其应用的重要瓶颈。

（三）诱杀成虫

成虫盛发期可用眼子菜等诱集成虫，待其产卵后集中将眼子菜等烧毁或深埋。

（四）化学防治

由于食根金花虫主要生长在水田中，化学防治应以高效、低毒、低残留的农药为主，同时应注意避免药剂对鱼类等水生生物的影响。

在幼虫为害初期，每 667m² 可用 5％氯虫苯甲酰胺悬浮剂 30g，加水 500mL 再拌毒土 20kg，在 35cm 水层中撒施；在成虫发生期，使用 70％吡虫啉水分散粒剂 2 000 倍液，或 90％敌百虫原药 800 倍液等，喷雾防治。此外，还可结合追肥和化学除草，每 667m² 使用 1kg 98％杀螟丹可溶粉剂，同样能起到杀虫作用。

附：测报技术

1. 调查抽样技术

选择莲藕食根金花虫为害较重的田块，并设置面积为 4m²（2m×2m）的观察圃监测幼虫活动、取食情况并统计越冬代幼虫的化蛹进度。

2. 测报方法

（1）春季越冬幼虫出蛰始盛期预测。在田间从 3 月下旬开始，排除积水，翻土调查越冬幼虫的活动情况，每隔 3d 调查 1 次。如连续 2 次发现上升土表活动的幼虫，或发现根须或藕段上有越冬幼虫开始取食，则一般再过 7～10d 幼虫进入出蛰始盛期。

（2）夏季成虫羽化高峰期预测。在观察圃内定期检查越冬代幼虫的化蛹进度，根据越冬代幼虫化蛹的始盛期推测成虫羽化高峰期。

其方法是，设置面积为 4m²（2m×2m）的观察圃，冬前放入不少于 300 头的幼虫，当化蛹率累计达到 10％时，则越冬代幼虫进入化蛹始盛期，再过 12～15d 进入成虫高峰期（蛹历期为 7～10d）。

李建洪（华中农业大学植物科学技术学院）

第 147 节　长绿飞虱

一、分布与危害

长绿飞虱［*Saccharosydne procerus*（Matsumura）］属半翅目飞虱科长飞虱属。在我国，分布于辽宁、吉林、黑龙江、甘肃、河北、山东、江苏、安徽、上海、浙江、湖北、湖南、四川、江西、福建、贵州、云南、广东、广西、海南、台湾等省（自治区、直辖市）；国外日本、朝鲜、前苏联有分布。长绿飞虱的主要寄主为茭白、野茭白、芦苇等水生植物。我国茭白主产区在长江流域及其以南的水泽地区，北方仅有零星分布。该虫是南方为害茭白的主要害虫，以成、若虫刺吸汁液，严重时致茭白整株枯黄，叶片卷曲枯死，植株矮小，可造成减产 25％～75％，甚至绝收。

二、形态特征

成虫：淡绿色，雄虫体长 5.2mm，雌虫体长 5.7mm（含翅长）。头顶向前方突出，颜面纵沟、夹沟黄绿色。前胸背板有 3 条纵脊，中胸小盾片也具 3 条纵脊。翅较长超过腹部。后足第二跗节极长。复眼和单眼为黑色至红褐色，喙末端和后足胫距齿黑褐色，有个别个体前翅端部有黑褐色条纹（彩图 10 - 147 - 1，1）。

卵：乳白色，香蕉形，长 0.7mm 左右。卵上覆有白蜡粉，卵粒主要产在叶片中脉小隔室内，散产（彩图 10 - 147 - 1，2）。

若虫：蜕皮 4 次，分 5 龄。体背被白色蜡粉或蜡丝，以腹端拖出的 5 根尾丝最长，似金鱼形。一龄体长 1.20mm，头宽 0.16mm，初孵时黄白色，后带绿色，腹部五至八节有一橘红或橙黄色斑，翅芽未显，后胸长于前中胸，后端角尖。二龄体长 1.32mm，头宽 0.18mm，体色同一龄后期，翅芽开始发育，后胸长于前、中胸，后端角钝圆。三龄体长 2.12mm，头宽 0.20mm，体淡绿色，翅芽明显可见，前翅芽伸达后胸背板中部，后胸仅略长于中胸。四龄体长 2.69mm，头宽 0.21mm，体色同三龄，有些个体腹背中线两侧出现暗褐色斑，前翅芽伸达腹部第二节，后翅芽伸达腹部第三节，中胸长于前、后胸，后足胫节距后缘出现 5 个细齿。五龄体长 4.06mm，头宽 0.32mm，体色同四龄，前翅芽伸达腹部第四或五节，覆盖后翅芽，中胸长于前、后胸，后足胫节距后缘具齿 11～16 个（彩图 10 - 147 - 1，3）。

三、生活习性

长绿飞虱在东北 1 年发生 2～3 代，长江中下游地区 1 年发生 5 代，广东、广西等南方地区可以发生 6～7 代。长绿飞虱以滞育卵在茭白残留叶鞘、叶脉内越冬。在江苏，3 月底至 4 月初孵化，5 月上、中旬出现第一代成虫，在老茭上为害，并向新茭田扩迁，第二代发生在 5 月中旬到 6 月中、下旬，第三代发生在 7 月至 8 月上、中旬，以后世代重叠，第四代发生在 8 月中、下旬，第五代发生在 9～10 月，以第四代后期与第五代成虫产卵在叶鞘或叶脉内滞育越冬。长绿飞虱年生活史见表 10 - 147 - 1。

表 10 - 147 - 1　长绿飞虱年生活史（引自陆自强和祝树德，1992）

Table 10 - 147 - 1　Life cycle of *Saccharosydne procerus* (from Lu Ziqiang and Zhu shude，1992)

时期	3 月 上	中	下	4 月 上	中	下	5 月 上	中	下	6 月 上	中	下	7 月 上	中	下	8 月 上	中	下	9 月 上	中	下	10 月 上	中	下	11 月	12 月
	(0)	(0)	(0)	(0)	(0)																					
一代					—	—	—	—	—																	
						+	+	+	+																	
						0	0	0	0	0																
二代									—	—	—	—	—													
										+	+	+	+													
										0	0	0	0													
三代													—	—	—	—										
													+	+	+	+	+									
													0	0	0	0	0	0								
四代																—	—	—	—							
																+	+	+	+	+	+					
																0	0	(0)	(0)	(0)	(0)	(0)	(0)		(0)
五代																			—	—	—	—				
																			+	+	+	+	+			
越冬代																				(0)	(0)	(0)	(0)	(0)		(0)

注　0：卵，—：若虫，+：成虫，(0)：越冬卵。

雌成虫有产卵前期，越冬代和第一代成虫产卵前期分别为 6～6.4d 和 4.7～5.2d。每头雌虫产卵 150 粒左右，最多达 250 粒。产卵历期一般为 12d，最短 9d，最长 17d。

成虫产卵时间、产卵部位都有一定的规律。昼夜均可产卵，但以 11:00～15:00 产卵最多，占日卵量的 52.97%。卵单产，卵帽上覆盖白色蜡粉，每一隔室大多为 1 粒卵，极少 2 粒卵。雌虫喜在嫩叶叶肋背面肥厚组织内产卵，叶背面卵量占 66.25%，叶鞘占 21.71%，叶正面的落卵较少，占 12.01%，倒四叶至倒六叶卵量最大，占全株卵量的 84.38%。根据胚胎发育可将卵分成胚盘、胚带、黄斑、反转、眼点、胸节、腹节等 7 个阶段，各阶段的历期与温度相关（表 10 - 147 - 2）。

表 10 - 147 - 2 长绿飞虱不同温度下的卵历期（d）（引自陆自强等，1984）
Table 10 - 147 - 2 Egg duration of *Saccharosydne procerus* at different temperatures（d）（from Lu Ziqiang et al.，1984）

平均温度（℃）	卵发育阶段							
	胚盘期	胚带期	黄斑期	反转期	眼点期	胸节期	腹节期	卵历期
22.5	1.2	1.4	3.7	0.6	1.3	1.6	1.8	11.6
23.6	1	1.3	3.3	0.6	1.1	1.3	1.7	10.5
24.2	0.9	1.1	3.5	0.6	1.1	1.3	1.6	10.1
27	0.9	1.1	2.6	0.4	1	1.1	1.4	8.5
30	0.7	0.8	2.6	0.4	0.9	1	1.3	7.7
33	0.8	0.9	2.8	0.5	1	1.1	1.3	8.4

田间越冬代成虫调查结果表明，雌虫多于雄虫，雌、雄比为 1:0.80。长绿飞虱成虫有一定的趋光性，据江苏农学院 1976—1981 年 5～9 月灯下记载，6 年内灯下共诱到 977 头虫，其中雌虫占 43.60%，雄虫占 56.40%，雄虫趋光性稍强于雌虫。成、若虫对茭白均有较强的趋嫩绿性，喜聚集在心叶和倒二叶为害。

四、发生规律

（一）食料

长绿飞虱成、若虫主要取食茭白、野茭白。用蒲饲养若虫，也能完成生活史，但死亡率高。在水稻上不能存活。初孵若虫耐饥能力低，2d 内找不到饲料死亡率为 60%，3d 内找不到饲料死亡率达 100%。所以，具备适生寄主是该虫猖獗发生的基本条件（彩图 10 - 147 - 2）。

（二）温、湿度

温、湿度影响长绿飞虱各虫态的发育。气温为 20～28℃对该虫生长发育及繁殖有利，繁殖力强，增殖快；日平均温度超过 33℃，卵、若虫发育受抑。不同温度下各虫态的历期如表 10 - 147 - 3。越冬滞育的卵抗寒性较强，但到早春滞育被解除，胚胎发育至黄斑期后，抗逆性弱，−8～−7℃条件下 24h 均不能孵化。越冬卵有一定抗水性，带卵残茬淹水 2d 卵仍能孵化，但淹水 3d 以上则可致死。

表 10 - 147 - 3 长绿飞虱各虫态平均历期（引自陆自强等，1984）
Table 10 - 147 - 3 Average durations of each stages of *Saccharosydne procerus*（from Lu Ziqiang et al.，1984）

世代	卵（d）	若虫（d）						成虫（d）
		一龄	二龄	三龄	四龄	五龄	全期	
一	越冬卵（9月上旬至翌年3月下旬）	6.2	5.1	4.5	4.1	6.1	26	21
二	10.9	3.6	3	2.5	2.7	4.6	16.4	15
三	8.2	3.5	2.6	2.5	2.8	3.8	15.2	16.2
四	7.6	3	3	3.5	2.8	4	16.3	10.5
五	12.3	3.7	3.5	3	3	4.5	17.7	17.8

五、防治技术

长绿飞虱繁殖力强，增殖快；茭白分蘖性强，生长快，封行以后防治工作很难开展。所以，该虫的防治要采取"压前控后"的对策，以老茭田为重点防治对象田，农业防治与化学防治紧密结合，压低老茭田虫口密度，保护新茭。

（一）清除残茬

秋茭收获后，大面积割除茭白，晒干作燃料。翌年3月中、下旬再全面清除一次，把残留的枯叶浸到河塘水中或在老茭田上水3~5d，淹杀虫卵，降低虫口密度。江苏农学院试验结果表明，凡清除越冬虫源的田块或无越冬虫源的田块，越冬代发生数量较少，4月中旬调查，平均每株不到4.5头，第一代发生量亦少；而没有清除虫源的地块越冬代发生数量多，平均每株有16.9头，越冬代成虫产卵量大，第一代发生数量多。

（二）化学防治

化学防治应以越冬代为重点。越冬卵虽然孵化时间长，龄期不整齐，但到二、三龄盛末期，越冬卵大部分都已孵化。药剂防治应以二、三龄盛末期为防治适期，可以采用10%吡虫啉可湿性粉剂1 500倍液，或25%吡蚜酮可湿性粉剂2 000倍液、25%噻虫嗪水分散粒剂3 000倍液、50%辛硫磷乳油1 500倍液、40%乐果乳油1 000倍液等喷雾。由于茭白植株比较高大，每667m²茭白田一般要施足70kg以上药液，施药前后最好能保持田间1.5 cm深的浅水层，防治效果均在90%以上。

附：测报技术

长绿飞虱在发生地的虫源，主要来自老茭白及河塘边野茭白（菰）残茬上的越冬卵，所以首先要预测越冬代若虫发生期。在江苏，要在3月中、下旬，以检查老茭残茬中的越冬卵为基准。新茭田的虫源完全来自于老茭田第一代成虫，因此新茭田的测报工作要从查卵开始，以穴为单位，3d查1次，采取平行跳跃法检查，并记载卵的发育情况，根据期距预测第二代若虫发生期，为防治提供依据。

1. **查卵粒发育进度，预测卵孵化高峰期和二龄若虫高峰期** 越冬代（第一代）在3月中、下旬以后，各代在成虫高峰出现后，每隔2~3d查卵粒的发育进度，采用平行跳跃法取20张带卵叶片，查卵50粒以上，查2~13次，根据卵发育进度，即可以预测卵孵高峰期和若虫高峰期。

卵孵化高峰期为从最高级卵占的百分比逐级累加，加到45%~50%为止的该级卵历期。

二龄若虫高峰期＝卵孵高峰期＋一龄若虫发育历期＋二龄若虫发育历期×1/2

2. **查成虫发育进度，预测成虫发生高峰期** 在茭白的整个生长季节，设立田间观察圃，从4月下旬开始，每隔5d查成、若虫发育进度，每次取5个点，每点10株，共50株，当成虫虫量最高时，即为成虫高峰，加上相应虫态历期，可预测下代二龄若虫高峰期。

祝树德（扬州大学园艺与植物保护学院）

第148节 荸荠白禾螟

一、分布与危害

荸荠白禾螟［*Scirpophaga praelata*（Scopoli）］别名荸荠白螟、纹白螟、荸荠钻心虫等，属鳞翅目草螟科。荸荠白禾螟在我国南方荸荠各产区均有分布，以浙江、江苏、安徽和江西等省发生较重，北京、山东、河南、河北和黑龙江等地也有分布。寄主除荸荠外，还为害甘蔗、席草、茭白及莎草科、禾本科杂草等植物。

荸荠白禾螟是荸荠生产上的一种主要害虫，严重受害的田块一般减产20%~30%，个别田块减产70%以上。1995年浙江等地调查结果显示，大发生田块第三代虫口密度每667m²可达42万头，第四代高达69万头，荸荠茎秆枯死率在70%以上，球茎小、少，减产损失严重。2000年该虫在安徽荸荠产区猖獗为害，一般田块造成产量损失达30%以上，严重的甚至绝收。在福建，从2003年以来跟踪观察，一般受害田荸荠枯茎率在8%~18%，严重的田块枯茎率高达63.4%。荸荠白禾螟以幼虫蛀食荸荠茎秆，茎内壁与横隔膜被蛀，仅留外表皮，且粪便污染严重。被害茎顶部开始褪绿、枯萎，然后自上而下变红转黄，最后呈褐色枯死状，有些农民称其为"红死"；分蘖分棵期受害，分株减少，苗数不足；结球期受害，茎秆枯死，影响球茎膨大，产量下降，品质变劣，严重威胁着荸荠生产与产业发展。通常早栽荸荠，施肥多、植株生长嫩绿的田块，受害期长且重。

二、形态特征

成虫：雌虫翅展略大于雄虫，为 40～42mm，体长 12.6 mm；前翅长方形，双翅无任何斑纹；触角念珠状，长 4.8 mm，足由 4 个跗节组成；头、胸、腹、体色纯白有光泽；腹部末节末端有橙黄色鳞毛。雄成虫翅展 23～26mm，体长 11.5 mm；触角念珠状，长 6.3mm，足由 4 个跗节组成，雄成虫跗节较雌虫长；腹部末端无鳞毛；前翅白色略带微黄，后翅背面呈暗褐色；喙不明显，下唇须发达，较长，向水平方向前伸（彩图 10 - 148 - 1，1）。

卵：一般由数十至上百粒聚集成块，呈长椭圆形，卵块长 1.5cm 左右，宽 0.8cm 左右，卵分层，整个卵块如半颗黄豆状，上盖有褐（棕）色绒毛。卵初产时呈淡黄色半透明状，以后变为橙黄色，孵化前呈黑色（彩图 10 - 148 - 1，2）。

幼虫：共 5 龄。初孵幼虫头壳黑色，虫体灰色至蜕皮时呈深灰色；老熟幼虫体呈黄白色略显灰色，尾部灰色更深，复眼褐色，前胸背板淡橙黄色，两侧各有 1 棕褐色斑块，虫体肥大而柔软，多横皱，胸足短小，腹足退化，腹足趾钩列为单行多序环。一龄幼虫头宽 0.24～0.25mm，体长 1.5～5mm；二龄头宽 0.38～0.40mm，体长 5～9mm；三龄头宽 0.45～0.59mm，体长 9～13mm；四龄头宽 0.84～0.94mm，体长 13～20mm；五龄头宽 1.05～1.23mm，体长 20～25mm。蜕皮化蛹前背显深红色，虫体皱缩变短，呆滞不动（彩图 10 - 148 - 1，3）。

蛹：为裸蛹。蛹体初期乳白色，后逐渐变成淡黄色，羽化时呈黄色，腹末宽而呈圆形。雌蛹体长 18～20mm，宽 4mm，翅芽伸达腹部第六节，中足伸达腹部第四节中部，后足伸达腹部第七节。雄蛹体长 14～15mm，宽 3mm，翅芽伸达腹部第六节，中足伸达腹部第六节中部，后足伸达腹部第七节（彩图 10 - 148 - 1，4）。

三、生活习性

广州、广西、安徽、台湾等地 1 年发生 5 代，长江中下游地区在荸荠生育期发生不完整的 4 代，有明显的世代重叠现象。荸荠白禾螟以幼虫在荸荠茎秆、残茬内靠基部处结薄茧越冬，翌年春转移至附近的莎草科植物及禾本科看麦娘和豆科的席草、紫云英等杂草或作物上取食。1995 年在浙江嘉兴、余杭等地田间观察结果，荸荠白禾螟在浙江 1 年发生 4 代，世代重叠。田间灯诱 5 月下旬始见成虫，11 月中旬终见，11 月后以高龄幼虫在荸荠茎秆内结白色薄茧越冬（表 10 - 148 - 1）。

表 10 - 148 - 1　荸荠白禾螟生活史（引自钟慧敏等，1995）

Table 10 - 148 - 1　Life cycle of *Scirpophaga praelata*（from Zhong Huimin et al.，1995）

代别	4 月 上	中	下	5 月 上	中	下	6 月 上	中	下	7 月 上	中	下	8 月 上	中	下	9 月 上	中	下	10 月 上	中	下	11 月 上	中	下	12 月至翌年 3 月
越冬代	—	—	—	—	—	—	—																	
				○	○	○	○																	
					+	+	+	+															
				●	●	●	●																
第一代							—	—	—	—														
							○	○	○	○													
								+	+	+	+												
							●	●	●	●													
第二代										—	—	—	—	—										
										○	○	○	○										
											+	+	+	+									
										●	●	●	●										
第三代													—	—	—	—	—							
														○	○	○	○						
															+	+	+	+	+	+			
第四代															●	●	●	●	●					

注　—：幼虫，○：蛹，＋：成虫，●：卵。

在浙江、湖北等地，荸荠白禾螟通常于4~5月化蛹并羽化成越冬代成虫，成虫飞至上年荸荠自生苗上产卵为害。荸荠白禾螟第一代幼虫7月上旬开始在种苗地为害，程度较轻；第二代幼虫于8月中、下旬在本田为害；第三代幼虫在9月下旬至10月初为害，虫口密度大，为害最重，是防治的重点。第四代出现于9月下旬至11月上旬，是不完整的世代，10月中旬该代幼虫缓慢长大后进入越冬期。在安徽，第一代幼虫发生在6月上旬至7月中旬，以后基本上每月1代，世代重叠严重；第二代幼虫发生在7月上旬至8月上旬；第三代幼虫发生在8月上旬至9月上旬，第二、三代幼虫为主害代，此时正值荸荠移栽活棵、分蘖、发棵的关键时期，遇白禾螟幼虫为害常造成严重减产；第四代幼虫自9月开始为害直至10月中、下旬，大部分幼虫进入越冬状态，而少数幼虫则由于个别年份气温较高可继续化蛹、羽化为成虫，于10月中旬出现第五代幼虫为害，形成不完全5代。

成虫多数在21：00~22：00羽化，羽化后1d就可交尾，交尾历时2~3h。根据大田蹲守及饲养观察发现，羽化后成虫交尾一般在凌晨进行，3：00后基本停止交尾，交尾后雌、雄虫常栖息在同一株荸荠上。雌成虫只交尾1次，而雄成虫可交尾2~3次。交尾雌成虫12h后即可产卵，产卵期2~4d，交尾后第一天晚上产卵量约占总产卵量的90%以上，产卵多在20：00~22：00，以21：00最盛，约占当晚产卵量的55%；成虫具有趋绿产卵习性，雌成虫大部分卵产于距茎尖6~7cm的茎秆上，少数产于附近莎草科、禾本科杂草和作物上。每头成虫的产卵多少及卵块大小不等，一般每茎秆产卵1块，极少2块。每头雌成虫可产卵2~4块，一般每块有卵150~225粒，卵分层相叠。卵期4~7d，秋季气温低时可达10d以上。不同世代产卵量不同，一般越冬代产卵量最少，第二、三代产卵量较大。

幼虫多于8：00~10：00孵化出来，1个卵块全部孵化需2~3d。初孵幼虫具群集性，一茎内可有虫数头至数十头，该虫在田间分布均匀，不像二化螟或三化螟那样形成枯心团。幼虫善爬行并能吐丝随风飘落，扩散后即蛀孔钻入叶状茎，历时1h。蛀孔有趋嫩趋湿的习性，叶状茎各处均可被蛀。幼虫蛀入茎内后，部分幼虫直接打通叶状茎节间隔膜下降到基部，有的则取食一段时间（2~4d）后再降到基部。幼虫二、三龄后可转株为害。转株孔椭圆形，孔口距地面10cm左右，孔口边缘黑褐色。幼虫钻蛀可造成地上部分陆续枯死及整丛荸荠苗生长停滞；同时，幼虫蛀孔伤口易受真菌侵染，造成以蛀孔为中心长达几厘米至十几厘米的一段枯死，在田间十分显眼。部分离茧幼虫可转移到附近杂草或冬种作物上取食，据钟慧敏等在浙江嘉兴、余杭等地调查显示，荸荠田杂草看麦娘有虫株占3.4%，紫云英占2.2%，碎米荠占1.6%。老熟幼虫爬至茎基部，咬1个羽化孔，然后在茎内头部朝上吐丝作茧，茧大小为5mm×24mm，茧体内白色，外为鲜黄色。幼虫在茧体内化蛹，蛹期6~12d。一般化蛹部位距离水面20cm左右。

荸荠白禾螟各虫态历期见表10-148-2。

表10-148-2　荸荠白禾螟各虫态历期（引自姚全甫等，1996）

Table 10-148-2　Developmental periods of egg, larvae, pupae and adults in different generations of Scirpophaga praelata（from Yao Quanfu et al.，1996）

代别	卵		幼虫		蛹		成虫		全历期 (d)
	温度 (℃)	历期 (d)	温度 (℃)	历期 (d)	温度 (℃)	历期 (d)	温度 (℃)	历期 (d)	
越冬代					22.1	9.4	19.0	7.4	
第一代	22.9	10.3	25.9	20.1	27.3	6.6	27.0	5.6	42.6
第二代	27.0	6.0	26.2	18.5	26.2	7.2	25.2	6.2	37.9
第三代	25.2	9.1	21.6	24.9	19.4	11.8	17.6	7.6	53.4
第四代	18.2	15.4		>25					

四、发生规律

（一）食料

荸荠白禾螟的发生与栽培制度有关，一般早栽的荸荠，施肥多生长嫩绿的田块，受害期长，受害程度重。据调查，早栽田比迟栽田受害率高22%~64%。

（二）温度

各虫态的发育速率与温度相关。气温高，虫体发育快，发育历期短。不同温度下的各代、各虫态的历期不同，在 29℃条件下，卵、幼虫、蛹的历期分别为 6～7d、18d、7d，与在 20℃下相比，成虫寿命有所减少。越冬幼虫有较强的抗寒性，过冷却点与结冰点分别为−12.25℃、−5.25℃。但抗寒力与体内脂肪及水分含量有关，脂肪含量高、含水量低的幼虫抗寒能力较强。

（三）天敌

荸荠白禾螟的天敌较多，特别是卵寄生蜂，对减少害虫种群数量有一定作用。据 1985 年第二代卵期调查，在扬州地区卵寄生蜂有稻螟赤眼蜂（*Trichogramma japonicun*）、螟黄赤眼蜂（*Trichogramma chilonis*）等，寄生率高达 45.95％。此外，捕食性天敌有蜘蛛、青蛙、蜻蜓等。

（四）发生量

成虫发生量和卵块密度各代差异较大，第一至四代卵块比通常为 1∶2∶14∶23，发蛾量和卵量均逐代递增。

五、防治技术

由于荸荠白禾螟发生期长，虫口数量大，以往农户多是在大量出现枯茎后才采用化学农药加以防治，不仅防效差还威胁农产品的质量安全。经过多年研究认为，防治荸荠白禾螟应采取无害化控制原则和综合防治措施，化学防治采取重点控制第二、三代，早治第四代的防治策略，以达到安全、优质生产的目的。

（一）农业防治

1. 清洁田园　荸荠收获后，冬前烧毁荸荠残株枯茎，消灭越冬虫源，可减轻为害。及时清除田间残茬、铲除田间遗留的球茎自生苗和杂草、枯茎和遗留残株、抽生苗等，减少虫口基数。

2. 轮作换茬　避免连作，可创造不利于荸荠白禾螟的生存条件，压低虫口基数，控制种群大量发生。

3. 适期栽种　因地制宜调节种植期。如在 7 月中、下旬栽种，可避开第二代为害，减少第三代虫口数量，且有利于荸荠生长及高产。

4. 合理施肥　荸荠移栽前，大田应施足腐熟的有机肥作基肥，有针对性地增施磷、钾肥，避免偏施氮肥，造成荸荠茎秆过于嫩绿贪青而加重白禾螟为害。

5. 水层管理　在各代化蛹高峰期结合草籽翻耕，全田灌深水可杀灭部分虫蛹，压低虫口基数，减轻为害。

（二）物理防治

对种苗田，采用人工集中清除卵块是防治白禾螟行之有效的方法，由于第一代卵量少，种苗田面积集中，茎株上的卵块极易辨认，便于人工清除。人工清除卵块最大的益处是能有效地保护天敌，如寄生类天敌赤眼蜂，捕食类天敌蜘蛛等，还可降低防治成本和减少化学农药的残留。

荸荠白禾螟成虫具有弱趋光性，使用特定频率的灯光进行诱杀，显示了应用的前景。

（三）生物防治

保护并利用天敌昆虫来控制荸荠白禾螟种群，是一种经济有效的方法。荸荠白禾螟的卵可被稻螟赤眼蜂寄生，在早春越冬代成虫产卵始盛期，释放赤眼蜂，防治效果可达 85％～90％，且对环境无污染。通常每 667m² 均匀设置 8～10 个放蜂点，悬挂 10～30 张蜂卡，每卡有效蜂量 1 000 头，共 1 万～3 万头蜂。一般傍晚时放蜂，每隔 3d 释放 1 次，共放 5～6 次。此外，荸荠白禾螟幼虫和蛹的天敌还有稻红瓢虫、蜘蛛、蚂蚁、青蛙、蜻蜓、燕子等，应注意加以保护。

（四）化学防治

必须抓住低龄幼虫钻蛀为害之前的关键时期，秧田苗期防治应在 7 月中旬至 8 月中旬进行，并在第二、三代孵化高峰前 2～3d 施药。应选用兼具内吸性和触杀性的高效低毒低残留农药，如 18％杀虫双水剂 300～400 倍液、80％杀虫单可溶粉剂 1 000 倍液、50％杀螟丹可湿性粉剂 1 000 倍液、40％乙酰甲胺磷乳油 1 000～1 500 倍液等。

药剂可直接往田间泼浇，也可进行喷施，施药时田间最好保持一定的水层，杀虫双在使用浓度过大时可能产生药害，在田中有水的情况下，宜做成毒土撒施。药液应喷施均匀，使茎秆能充分接触和吸收药液，施药时可在药液中添加适量洗衣粉，以增强药液展着性，提高防治效果。应注意各种药剂交替使用，防止害虫产生抗药性。

李建洪（华中农业大学植物科学技术学院）

第 149 节 菱角萤叶甲

一、分布与危害

菱角萤叶甲（*Galerucella birmanica* Jacoby）属鞘翅目叶甲科小萤叶甲属。国内分布于辽宁、山东、江苏、安徽、上海、浙江、江西、湖南、湖北、广东、云南等省（直辖市）。国外分布在印度、缅甸、朝鲜、韩国、俄罗斯远东地区等多个国家和地区。菱角萤叶甲为害菱角、莼菜等水生蔬菜，以成虫、幼虫取食菱角叶片，叶面形成条状痕，严重为害时整张叶片被吃光呈腐烂状，仅剩叶脉，成片枯焦。1981 年，江苏高邮县汤庄乡该虫发生为害面积达 72%，作物减产 60% 以上。杭州毛家埠、苏州东山等地也曾因受该虫为害，莼菜产量每况愈下，严重影响莼菜生产发展。进入 21 世纪以来，该虫有逐年加重趋势，一般被害株率 30%～65%，严重者可达 100%，减产 40% 以上，并可使菱角品质降低。

二、形态特征

成虫：体长约 5mm。褐色，被白色绒毛。头顶后颊部黑色。触角 11 节，丝状，黑褐色。复眼突出，黑褐色。前胸背板两侧黑色，中央具一"工"字形光滑区，小盾片黑色。鞘翅折缘黄色，腹部可见 5 节，第五节后缘中央有一缺口，雌虫缺口较小，后缘稍平截；雄虫缺口较大，后缘呈圆弧状，体型略小于雌虫（彩图 10-149-1，1）。

卵：近似椭圆形。长径 0.44～0.51mm，短径 0.3～0.37mm。初产卵黄色后渐转为橙色，卵端出现一圆形红斑，卵纹呈圆形网络状突起（彩图 10-149-1，2）。

幼虫：蛴形。体 12 节。初孵幼虫黄色。胸节中央具 1 纵沟，胸足 4 节，末节具 1 爪和 1 吸盘，各腹节背面具 1 横褶，最末一节腹突特大，背板后缘具刚毛 1 排 10 根。幼虫分 3 龄。一龄幼虫头宽为 0.29～0.34mm，体长 0.85～2.0mm，二龄、三龄头宽分别为 0.46～0.51mm、0.75～0.85mm，体长分别为 2.5～6.0mm、6.2～9.0mm，刚蜕皮的幼虫头及前胸背板黄色（彩图 10-149-1，3）。

蛹：为裸蛹。长 5～5.5mm，宽 2.5mm。初化蛹时鲜黄色，后渐变为暗黄色。两侧有黑色气门 6 对。尾端常被老龄幼虫残皮所包裹。

三、生活习性

菱角萤叶甲以成虫在茭白、芦苇、杂草等残茬或塘边土缝等处越冬。山东 1 年发生 5 代，上海 1 年发生 6 代，江苏 1 年发生 7 代，热带地区 1 年发生 12 代。在江苏，越冬成虫 4 月上、中旬开始活动，4 月底、5 月初菱盘一出水面，就迁飞到菱盘上啃食叶肉，并进入交尾高峰，取食后 3～4d 产卵。扬州地区 1 年可发生 7 代，第一代发生在 5 月初至 6 月上旬，第二代 6 月上旬至 7 月上旬，第三代 6 月底至 7 月中旬，第四代 7 月中旬至 8 月上旬，第五代 8 月上旬至 9 月上旬，第六代 8 月下旬至 9 月下旬，第七代发生在 9 月下旬以后。10 月下旬成虫陆续迁入越冬场所越冬。越冬成虫出蛰时间参差不一，产卵历期长达 30d 左右，所以世代重叠。

系统调查表明，菱角萤叶甲发生世代虽多，但全年种群数量以 6 月中旬到 7 月中旬为最多（二、三代），为害最重，7 月下旬以后常受高温、雨水等因素影响，种群数量下降。成、幼虫均能取食，用菱角、莼菜、芡实、小叶眼子菜、鸭跖草、四叶萍、槐叶萍、子午莲、水花生、榆悦蓼、水鳖（茱菜）饲养，结果表明，菱角萤叶甲嗜食菱角、莼菜，在食料不足的情况下也能少量取食水鳖。每头成、幼虫一生平均食叶量分别为 358.8mm² 和 140.0mm²。幼虫食量因龄期而异，一龄期食量较少，平均食叶 10.5mm²，占幼虫期总食量的 7.5%；二龄平均食叶 24mm²，占总食量的 17.1%；三龄进入暴食期，平均食叶 105.5mm²，占总食量的 75.4%。菱叶被害，轻者千疮百孔，重者叶肉全部食尽，菱塘一片焦黄。

越冬成虫生殖滞育，雌虫卵巢保持在发育初级阶段，但菱盘一俟出水，即迁入菱塘交尾、取食，取食后卵巢发育甚快，3～4d 就可产卵。雌虫常选择在菱盘的中层叶片正面产卵，每头雌虫平均产卵 25 块，每卵块平均含卵 20 粒。

四、发生规律

（一）温度

菱角萤叶甲各代、各虫态的发育历期因温度不同而异，不同温度下各虫态的发育历期见表 10-149-1。

表 10-149-1　不同温度下菱角萤叶甲发育历期（引自陆自强和祝树德，1992）

Table 10-149-1　Development durations of *Galerucella birmanica* at different temperatures

（from Lu Ziqiang and Zhu Shude，1992）

温度（℃）	20	22	24	27	30	32	34
卵历期（d）	8.16	7.26	5.85	4.26	3.98	3.85	3.87
幼虫历期（d）	18.20	15.87	13.82	8.82	7.82	7.40	7.71
蛹历期（d）	9.70	5.25	4.06	3.05	2.66	2.42	2.58
成虫产卵前期（d）	10.25	8.56	2.57	2.01	1.69	1.53	2.23
全世代历期（d）	46.31	36.94	25.76	18.14	16.15	15.20	16.39

20~32℃是菱角萤叶甲生长发育的最适温区。各虫态发育历期随温度的升高而缩短，34℃时各虫态发育受抑，历期延长，各虫态及全世代的发育起点温度及有效积温见表 10-149-2。

表 10-149-2　菱角萤叶甲的发育起点温度与有效积温（引自陆自强和祝树德，1992）

Table 10-149-2　Developmental threshold and effective accumulated temperature of *Galerucella birmanica*

（from Lu Ziqaing and Zhu Shude，1992）

虫态	卵	幼虫	蛹	产卵前期	全世代
起点温度（℃）	9.66	12.66	14.63	18.08	13.86
有效积温（℃）	84.92	145.23	42.15	20.65	278.45

菱角萤叶甲对极端的高、低温反应敏感。36℃下 24h，卵孵化率、幼虫存活率显著降低，分别为 31.5%、50.0%；38℃下 24h，卵、幼虫全部死亡。越冬成虫在 -5~-4℃条件下，24h 死亡率为 20%；-11~-6℃，5h 死亡率为 100%。菱角萤叶甲是一种不耐高温、抗寒力较弱的昆虫，它的分布及年度间数量变化受温度影响较大。

（二）雨水

雨水对菱角萤叶甲的冲刷致死作用明显，特别是一、二龄幼虫尤为敏感，降雨强度 4mm/h，冲刷致死率高达 50% 左右。

各虫态浸水试验表明，幼虫抗水力较弱，卵次之，蛹较强。幼虫浸水 4h 死亡率高达 80%，不同龄期幼虫抗水浸能力不同，三龄＞二龄＞一龄；蛹浸水 2d 死亡率 12%，4d 死亡率 64%，预蛹抗水浸能力比蛹弱，死亡率平均比蛹高 10%~12%；卵浸水 2d 死亡率 11%，4d 死亡率达 79.8%，卵的抗水性与胚胎发育有关，胚盘期＞翻转期＞胚熟期，胚熟期的卵浸水 24d 死亡率高达 100%。所以，雨日多、降水量大，种群增殖受到抑制。

（三）天敌

菱角萤叶甲天敌有三点龙虱（*Cybister tripunctatus*）、鼎斑龙虱（*Erectes stricticus*）、光盾黑纹龙虱（*Hydaticus grammicus*）、稻田水狼蛛（*Pirata japonicus*）、正盾黑锤牙甲（*Hydrophilus affinis*）、红毛腿牙甲（长盾黑锤牙甲）（*Sternolophus rufipes*）、隆背宽首牙甲（*Amphiops gibbusmater*）、尖翅条纹牙甲（*Berosus lewisius*）、基刺黑点沼梭（*Peltodytes intermedius*）等 9 种，以前 4 种食量较大。

五、防治技术

防治菱角萤叶甲应采取越冬防治与发生期防治相结合的方法，越冬期清除越冬场所虫源，降低越冬基数，化学防治应狠治第二代，补治第三代，控制 6 月中旬至 7 月下旬为害高峰。

（一）控制越冬虫源

秋后及时处理菱盘，可以压低越冬成虫的数量。在江苏，10 月 10 日左右处理老菱盘，可减少越冬成虫，翌年第一代卵量也明显低于其他处理。冬季烧毁河、塘边茭白残茬，铲除杂草可直接杀灭越冬成虫。

（二）化学防治

18% 杀虫双水剂 500 倍液，加 0.3% 洗衣粉增加药液的展着性，或 1.8% 阿维菌素乳油 2 500～3 000 倍液喷雾，对幼虫、成虫防效较高，特别是对一、二龄幼虫防效优异。防治适期为一、二龄幼虫高峰期。在蚕桑区可改用 90% 敌百虫原药 1 000 倍液，或 40% 乐果乳油 1 000 倍液、5% 甲氨基阿维菌素苯甲酸盐乳油 3 000 倍液等喷雾防治。根据虫情定防治次数，注意轮换用药。

附：测报技术

（一）第一代预测

1. **发生趋势分析**　根据冬前越冬寄主上成虫量的调查，并结合早春的气候情况，作出第一代发生趋势预报：为第二代预测提供依据。

2. **系统调查虫口密度和发育进度**　从 4 月底、5 月初起选择有代表性的菱塘，从菱盘一出水面始，每 5d 查 1 次，均匀取菱盘 20 盘，统计百盘卵量，预测卵高峰期、卵孵高峰期。在幼虫二龄高峰期时普查 1 次，验证第一代预报，一般第一代发生轻，不需防治。

（二）第二代预测

1. **查卵预测第二代发生期**　从 5 月底、6 月初开始选择 2～3 块菱塘，间隔 3d 均匀取菱盘 20 盘统计百盘卵量，掌握产卵高峰期，结合气候条件采用历期表法，作出第二代发生趋势预报。

2. **查第二代的发育进度和虫量，验证二代发生期和发生量**　从 6 月 10 日左右开始 2～3d 1 次；系统查发育进度和虫口密度，当幼虫进入二龄高峰期时，选择有代表性菱塘普查发育进度、虫口密度，如大部分幼虫均进入二龄期，就可以立即进行防治。

（三）第三代预测

1. **查第二代残留虫量和发育进度，预测三代发生期**　二代防治结束后选择有代表性的菱塘，调查残留虫口密度和发育进度，方法同上，统计各龄幼虫比例，根据各龄幼虫所占比例和残留虫量、发育进度，用期距法作出第三代预报。

2. **查卵预测第三代发生期、发生量**　从 6 月底、7 月初开始选择长势较好的、一般的、较差的菱塘各 1 块，方法同上，当查到产卵高峰时，再进行一次面上普查，根据系统调查和面上普查的卵量结果，作出第三代发生期、发生量和防治对象田的预报。

3. **查虫量确定一、二龄幼虫高峰期确定防治适期**　卵孵高峰时，对菱塘开展普查，分龄统计虫数，当 50% 幼虫达二龄期时，立即进行防治。

祝树德（扬州大学园艺与植物保护学院）

第 150 节　慈姑钻心虫

一、分布与危害

慈姑钻心虫（*Phalonidia* sp.）属鳞翅目细卷叶蛾科褐纹卷蛾属。主要分布在山东、江苏、上海、安徽、湖北等省（直辖市）。主要寄主是慈姑，也可为害茭白、荸荠、水花生等水生植物。慈姑钻心虫发生普遍，为害严重。据江苏海安、扬州、邗江等地调查，为害严重的田块，植株受害率高达 70%，平均为 25%，是慈姑的重要钻蛀性害虫。该虫以幼虫钻蛀慈姑的茎秆，一根茎秆可以几头幼虫蛀食，将茎秆蛀空，使慈姑茎秆折断枯死。大面积为害常造成成片慈姑枯竭，严重影响慈姑产量。

二、形态特征

成虫：翅展 13～17mm。头部棕黄色，覆有黄色鳞毛。触角基部呈银黄色，其余褐色。下唇须黄色，长而向前伸并稍向上弯曲，第二节膨大并有浅黄色鳞毛。胸、腹部褐色。前翅银黄色，基部前缘有长三角形的褐色斑，翅中央从前缘中部至后缘中部，有几乎与后缘平行的宽褐色中带，翅端部有不规则的褐色小斑一个；后翅淡灰褐色，具银白色的缘毛。前、中足胫节、跗节褐色，散布不规则的小白斑，后足银黄色（彩图 10 - 150 - 1，1）。

卵：卵块鱼鳞状，乳白色。卵粒扁平，椭圆形，较光滑，中央略隆起，长径约 0.8mm，宽径约 0.6mm（彩图 10 - 150 - 1，2）。

幼虫：一般为 4 龄，老熟幼虫长 13～16mm（表 10 - 150 - 1）。蠋形。浅绿色，越冬代体色变化较大，有的呈浅紫红色，也有的呈黄褐色、黄绿色。前胸背板两侧各有毛 5 根，前 3 后 2 排列；中后胸背板两侧各有毛 7 根，前 6 后 1 排列。第一至八腹节背面有毛 6 根，前 4 后 2 排列；第九腹节背面有毛片 3 个，排列 1 行，每个毛片有毛 2 根，臀节背面有刚毛 8 根，趾钩为单序圆环，一般 20 根左右，外侧较疏。臀足为单序中带（彩图 10 - 150 - 1，3）。

蛹：长 7.5～9.5mm，宽 3～4mm。黄褐色。复眼深褐色。腹部背面各节有 2 横列小刺，前缘小刺大而疏，后缘小刺小而密；腹部末端有臀棘 8 根，中间 4 根较细，二侧和端部的较粗，臀棘末端不卷曲（彩图 10 - 150 - 1，4）。

表 10 - 150 - 1　慈姑钻心虫各龄幼虫的头宽、体长（引自陆自强等，1984）

Table 10 - 150 - 1　The head width and body length of different larval instars of *Phalonidia* sp.

(from Lu Ziqiang et al. ，1984)

龄期	头宽（mm）			体长（mm）			趾钩数（个）
	最短	最长	平均	最短	最长	平均	
一	0.24	0.36	0.34	1.40	1.71	1.56	不明显
二	0.40	0.54	0.53	5.78	1.78	3.70	13～15
三	0.65	0.85	0.74	4.32	10.8	6.8	16～18
四	0.95	1.20	1.05	9.50	17.28	14.4	约 20

三、生活习性

慈姑钻心虫在长江中下游地区 1 年发生 3～4 代，以老熟幼虫在慈姑残茬内越冬，以残茬叶柄中和离地面 2～3cm 处为多。越冬幼虫有群集性，每株残茬中最多达 23 头，少则 1 头，平均单株有虫 2.7 头。抗寒力较强，四龄幼虫过冷却点平均 -19℃，结冰点为 -16℃。

在江苏，越冬幼虫在旬平均气温达 23℃时开始化蛹，6 月上旬进入始蛹期，6 月中旬进入化蛹高峰，6 月下旬羽化产卵。第一代幼虫为害高峰期在 7 月中旬，主要为害栽培较早的慈姑，7 月下旬进入化蛹期，7 月底 8 月初羽化产卵。第二代为害较重，主要为害期在 8 月中旬，8 月下旬进入化蛹期，8 月底、9 月初成虫羽化产卵。第三代幼虫发生在 9 月至 10 月上、中旬，这是为害最严重的一代，第三代是不完整的世代，10 月底、11 月初老熟幼虫开始越冬，如秋季温度较高，10 月上、中旬还可发生不完整的第四代。由于越冬代成虫发生期较长，世代重叠。在江苏地区各代各虫态历期如表 10 - 150 - 2。

表 10 - 150 - 2　慈姑钻心虫各代各虫态的历期（d）（引自陆自强等，1984）

Table 10 - 150 - 2　Durations of different developmental stages of *Phalonidia* sp.　(d)

(from Lu Ziqiang et al. ，1984)

世代	卵			幼虫			蛹			成虫			全世代
	最长	最短	平均	最长	最短	平均	最长	最短	平均	最长	最短	平均	
一	6	4	5.5	24	15	20	10	6	8	8	5	6.5	30～48
二	4	3	3.5	21	14	19	10	8	9	8	6	7	31～43
三	4	3	3.5	28	26	27	30	25	28	6	4	5	29～31

成虫夜出性，白天栖息于慈姑植株的各部位，羽化后 2～3d 开始交尾，3～4d 后开始产卵。卵块产在慈姑叶柄和叶片上，但以叶柄中下部为主，占总孵数的 89.4%。成虫需补充营养，用 2% 糖水喂饲的成虫

产卵早且多。卵块大小不一，最大卵块有卵 157 粒，最小卵块有卵 14 粒，3~4 行排在一起呈鱼鳞状。成虫产卵有选择性，喜产在绿色叶位，很少产在外层的黄叶柄上。

幼虫 7：00~8：30 孵化最多，9：00 以后孵化较少，孵化时间比较集中，同一卵块在 10min 左右基本孵完。初孵幼虫不食卵壳，常在卵壳周围徘徊，之后往下爬行至离水面 1~3cm 的叶柄处，群集蛀入表皮，少数钻入内径，或钻入叶表面内取食叶肉，一般孵化后 0.5~3h 全部钻入，如 3h 后不能钻入则大部分死亡。据观察，同一卵块先孵出来的幼虫生命力强，蛀入率高，后孵出的幼虫生命力弱，爬行慢，蛀入率低。随着幼虫长大，在叶柄内逐渐向上蛀食，二龄以后幼虫能转株为害，受害叶柄出现黄斑，随着为害加剧，叶柄折断。

野外调查尚未发现慈姑钻心虫的其他寄主，室内饲养能食害茭白、荸荠、水花生，并能化蛹及羽化。老熟幼虫在叶柄内化蛹，化蛹前先咬一个羽化孔，在离羽化孔不远处化蛹，头朝下，蛹尾有丝黏结在叶柄内壁上。羽化后，蛹壳竖立在羽化孔外。

四、发生规律

慈姑原产我国，长江流域及其以南地区特别是太湖沿岸和珠江三角洲为主要栽培区。慈姑钻心虫性喜温暖，在慈姑主栽区夏秋季发生为害重。

五、防治技术

慈姑钻心虫是一种钻蛀性害虫，一旦幼虫蛀入慈姑茎秆，防治比较困难。因此，慈姑钻心虫的防治要以农业防治为基础，做好预测预报工作，把握好防治适期，及时用药。

（一）农业防治

在耘田时结合捺叶和剥叶，将老叶、外叶和幼虫钻蛀的叶柄摘除，并将其踩入泥中沤，杀灭幼虫，在球茎膨大期保持每株仅留 7~8 片叶，改善行间通风透光条件，减轻为害。

消除慈姑钻心虫越冬场所，减少越冬基数。适时收获，清洁田园，拔除慈姑残茬，集中烧毁或沤肥，消灭越冬幼虫。

（二）化学防治

在卵孵化高峰期到一龄幼虫高峰期撒施 5％杀虫双大粒剂，每 667m² 1 000~1 500g，防治效果可达 95％以上。慈姑蚜虫与慈姑钻心虫混合发生时可用 40％乐果乳油 1 000 倍液兼治，乐果乳油对幼虫的杀伤作用较强，并有内吸作用，对钻入叶柄内的三龄幼虫，用药后 3d 均可杀死。也可选用 1.8％阿维菌素乳油 2 000 倍液，或 10％虫螨腈乳油 2 000 倍液、20％氯虫苯甲酰胺悬浮剂 3 000~4 000 倍液喷雾。

附：测报技术

（一）第一代预测

1. 虫源基数调查 5 月上旬开始，调查越冬幼虫，选择上年栽种慈姑有代表性的地块，随机取样，剥查慈姑残茬不少于 100 株，检查其中的活虫量，作出一代发生趋势预报。

2. 田间卵块消长调查 从 6 月下旬开始，选择栽培较早的慈姑田 2~3 块，每块面积不少于 667m²，按对角线 5 点取样，每点固定 10 株，共查 50 株，每 2~3d 调查 1 次，逐株观察，统计百株卵量，预测产卵高峰期、卵孵高峰期，在幼虫二龄高峰期普查 1 次，验证第一代预报。一般第一代发生较轻，不需防治，仅为第二代预测提供依据。

（二）第二代预测

查第一代的残留虫量及被害株率，预测第二代发生和为害程度：7 月初起，选择播种期、长势不一的代表田块，均匀取样，每点查 5 株，共查 50 株，2~3d 调查 1 次，统计百株残留虫量及被害株率，作第二代发生趋势预报。

田间卵量消长调查，预测第二代的发生期和发生量定防治适期：从 7 月 20 日起，调查方法同第一代，根据卵量及消长情况作出第二代预报，一般产卵高峰后的 2~3d 是孵化高峰，即为用药适期。

（三）第三代预测

方法参照二代预测，从 8 月中旬开始调查第二代的残留虫量及被害株率，定调查对象田，作第三代发生趋势预报，8月底、9月初查三代卵量消长，预测第三代的发生量，定防治适期。

普查卵量消长验证第三代的预报：当查到产卵高峰时，再进行一次面上普查，根据系统调查和面上普查的卵量结果，验证第三代预报，最后作出第三代发生期、发生量和防治适期预报。

祝树德（扬州大学园艺与植物保护学院）

第 151 节　平菇厉眼蕈蚊

一、分布与危害

平菇厉眼蕈蚊（*Lycoriella pleuroti* Yang et Zhang）属双翅目眼蕈蚊科厉眼蕈蚊属，由杨集昆和张学敏于 1987 年定名，俗称菌蚊、菌蛆，是我国特有种，国外尚无该种的分布报道。该虫在我国分布广泛，包括北京、河北、辽宁、山东、江苏、上海、浙江、福建、河南、陕西、甘肃、新疆、云南、贵州、四川等省份。幼虫以发达的咀嚼式口器为害平菇、双孢菇、猴头菇、鸡腿菇、灰树花、杏鲍菇、姬菇、金针菇、凤尾菇、杨树菇、茶树菇、玉皇菇、大球盖菇、榆黄菇、草菇、木耳、香菇、灵芝和天麻等多种食用菌和药用菌以及野生菌，还为害灵芝和香菇培养料中的菌丝体。该虫种群数量大，是多种食用菌的优势种害虫，严重影响食用菌的产量和质量。据云南昆明统计，该虫为害平菇一般减产 15%～30%。在山东，平菇子实体被害率达 10%～60%，严重时导致绝收。在湖北襄樊，平菇平均受害率达 30%～40%。

平菇厉眼蕈蚊为害表现在几个方面：第一，幼虫群集取食多种食用菌的子实体，钻入菇蕾为害，造成死菇；钻蛀菌柄，常致蛀空，造成腐烂与折断；为害菌伞，既取食菌褶，也在菌盖内部蛀食，留下菌盖表皮或引起内部腐烂。第二，幼虫取食培养料内的菌丝和菇体原基，引起退菌和原基消失。大发生时，菌丝体被吃光，损失严重。第三，幼虫群聚取食培养料，常将棉籽壳等吃成碎渣，造成培养料松散，逐渐变成黄褐色或呈水渍状，致使无法出菇。第四，其成虫飞翔能力强，在菇房的培养料、菌袋口处和子实体上爬行、交尾和产卵，能传播许多食用菌病害或害螨，引起培养料污染（彩图 10-151-1）。

二、形态特征

雄虫：体长约 3.3mm，暗褐色。头部小，复眼很大，具毛，眼桥有 4 个小眼（个别为 3 个）。触角长约 1.7mm，第四鞭节长为宽的 2.5 倍。下颚须 3 节，基节具毛 5～7 根，感觉窝边缘很不规则；中节稍短，具毛 6～10 根；端节长，几为中节的 1.5 倍，具毛 5～8 根。翅淡烟色，长 2～2.8mm，宽 0.9～1.1mm，翅脉黄褐色，C、R、R_1 和 Rs 上均具大毛，M 柄微弱；C 在 Rs 至 M_{1+2} 间占 2/3。平衡棒具 1 斜列不整齐的刚毛。足黄褐色，跗节色较深，前足基节长 0.4～0.55mm，腿节长 0.6～0.75mm，胫节长 0.65～0.85mm，跗节长 0.4～0.45mm；胫梳基部弧形（图 10-151-1，5）。尾器基节中央具 1 瘤状后突，疏生刚毛，端节呈弧形弯曲，顶端具锐尖，内侧有 1 列刚毛和 1 根长毛，背侧的刚毛也较长（图 10-151-1，7）。

雌虫：体长约 3.8mm，主要特征与雄虫相似，但触角较短，长 1.3～

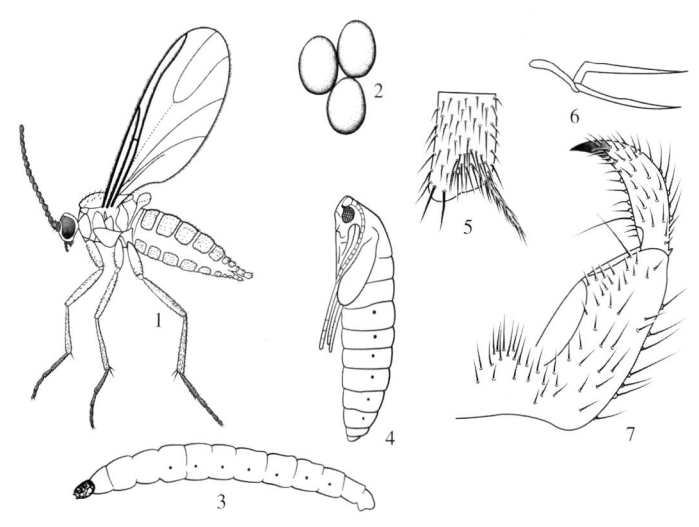

图 10-151-1　平菇厉眼蕈蚊（仿杨集昆等，1987）

Figure 10-151-1　*Lycoriella pleuroti*（from Yang Jikun et al.，1987）

1. 雌成虫　2. 卵　3. 幼虫　4. 蛹　5. 前足胫节端（示胫梳）

6. 雌性阴道叉　7. 雄性尾器

1.5mm，腹部中段粗大、向端部渐细；腹端的一对尾须端节近似圆形，阴道叉的柄长但不突伸，叉的基部折弯（图 10 - 151 - 1，1、6）。

卵：长 0.23～0.27mm，椭圆形，初产白色。表面光滑，逐渐发育后变大，有光泽。幼虫孵化前可见变黑的头部（图 10 - 151 - 1，2）。

幼虫：体细长，成长幼虫体长 7.2～8.3mm，头壳黑色，坚硬，口器咀嚼式，上颚具 4 个小齿，下颚具 8 个等大的小齿。四龄幼虫在头壳后出现逐渐发育的黑色眼点（图 10 - 151 - 1，3）。

蛹：略弯，雌蛹体长 2.9～3.4mm，雄蛹体长 2.1～2.5mm。初蛹白色，渐变黄褐色，羽化前变黑色。常包在椭圆形的丝茧内（图 10 - 151 - 1，4）。

三、生活习性

平菇厉眼蕈蚊 1 年发生多代，因不同地区菇房及食用菌栽培环境条件的差异，年发生世代数不尽相同。

在上海地区菇房内年发生 4～5 代，在菇房及野外能以各种虫态越冬，在最高、最低温度分别低于 32℃、28℃的培养室、菇房中越夏。自然温度下，一般 11 月成虫迁入菇房，但其发生时间与菇房温度高低有密切关系。如 1985 年 11 月末成虫初次仅少量迁入，12 月中旬至 1986 年 3 月上旬候平均温度在 2～6℃，低于发育起点温度，冬季未诱到成虫，4 月上旬始见成虫，6 月上旬达最高峰。1986 年成虫初次迁入时间在 11 月上旬，温度在 3～7℃，12 月上旬温度为 9.7℃，翌年 2 月中旬温度又回升至 10.8℃，整个冬天都有成虫活动，冬后第一个虫量高峰出现在 2 月，最高虫峰出现在 4 月。成虫初次迁入早、虫量多、冬季不冷、春季回暖早的年份则该虫发生早而为害重。冬季平菇房温度在 10～16℃，迁入的成虫仍能繁殖，虫量较高，最高峰出现在 3 月下旬。香菇房和大棚内由于冬季温度低而诱不到虫，在 2～3 月、4～5 月和 6 月有 3 个高峰。毛木耳房在 6 月下旬有 1 个高峰。香菇和木耳房因 7 月高温，诱不到虫。

在湖北襄樊，自然条件下 1 年发生至少 5 代，可周年发生。自然条件下 3～6 月和 8～10 月为成虫盛发期。在广东佛山市周边地区，平菇厉眼蕈蚊盛发期为 4 月中旬至 5 月上旬，此时的温、湿度很适合平菇生长，子实体分化快，发生数量大，该虫为害也最重。在我国北方地区露地，该虫以幼虫在菇场周围的废料内越冬，在冬季的菇房内各虫态均能正常发育，幼虫照常为害。在菇房，发生高峰期在春季和初夏；露地栽培，高峰期在 5～6 月。

山东省大部分地区菇房内 4～6 月为发生高峰期。在山东泰安，中低温平菇房内，平菇厉眼蕈蚊自 3 月下旬数量开始上升，至 4 月下旬数量迅速增多，5 月后达到高峰期。高温平菇房内的发生期在 6 月初至 7 月初和 8 月中旬之后，7 月中、下旬由于 35℃以上高温，其数量明显降低，处于低谷期。

平菇厉眼蕈蚊成虫活跃，趋光性强，常在菇房电灯周围飞翔，在玻璃窗处常爬行或飞行。对黄色、橙黄色有很强的趋性。成虫常在培养料、菌袋口端及子实体上爬行、求偶交尾和产卵。成虫多在傍晚至翌日 8：00 羽化，羽化时性已成熟，不取食，但具有补充水分的习性，在环境很干燥的情况下，会主动寻找水源补充水分。羽化后不久，雄成虫在雌性发出的性外激素引导下，寻找雌虫交尾。交尾历时 10～30 min，最长达 45min，雌成虫多爬行，活动范围小，雄成虫活跃，能与多头雌虫交尾。成虫往往先爬行于料块上，翅未展平就有交尾能力，交尾时雄虫腹末向前弯成钩形紧追雌虫，靠近后用抱握器夹住雌虫腹部末端交尾。交尾中一般为雌虫拖着雄虫跑或静止不动，并有多次交尾的习性。雌成虫多选择隐蔽和湿润的环境产卵，前期为 0.5～1d。卵聚产或散产在菌柄丛间的缝隙、茸毛间、菌褶间、菇基部附近的覆土表面和土中，或培养料袋内的缝内等隐蔽场所及破损的培养料袋内和培养料上。单雌产卵量一般在 100 粒以上，最多可达 200 余粒。雌、雄性比一般大于 1：1。成虫寿命一般 3～5d，个别可达 10d。幼虫孵化后即在培养料内取食菌丝、蛀食菇蕾以及菇体的菌柄和菌伞。幼虫兼有腐生性，能在腐烂的培养料和菇体内取食并能正常生长发育。幼虫共 4 龄。二龄幼虫后能吐丝缀合碎屑等。老熟幼虫能吐丝结茧于其中化蛹，湿度高时不吐丝结茧即化蛹。

据山东农业大学测定，平菇厉眼蕈蚊在 15℃、20℃、23℃、25℃和 28℃ 5 个温度下，全世代的平均发育历期依次为 37.55d、25.62d、24.14d、20.29d 和 15.98d。各虫态发育历期均随温度升高而缩短（表 10 - 151 - 1）。

表 10 - 151 - 1 不同温度下平菇厉眼蕈蚊各虫态平均发育历期（引自王丹丹和郑方强，2012）

Table 10 - 151 - 1 Developmental durations of different stages of *Lycoriella pleuroti* at different temperatures

（from Wang Dandan and Zheng Fangqiang，2012）

虫 态	各温度下平均发育历期（d）				
	15℃	20℃	23℃	25℃	28℃
卵	6.99	4.32	3.91	3.26	2.64
幼虫	19.01	12.86	11.95	9.08	7.80
蛹	6.09	4.16	4.04	4.17	2.86
成虫	5.46	4.28	4.25	3.74	2.68

四、发生规律

（一）虫源基数

多年栽培和周年生产食用菌的菇场与菇房，一般虫源基数高，发生为害重。特别是废旧培养料在菇场和菇房周围堆积的情况下，易造成虫源积累，成为菇房内平菇厉眼蕈蚊发生的重要来源。

（二）气候条件

据山东农业大学测定，卵、幼虫、蛹、成虫和全世代的发育起点温度依次为 7.47℃、7.28℃、5.35℃、5.85℃和 7.72℃，有效积温分别为 55.97℃、164.86℃、67.87℃、63.25℃和 320.32℃。

该蕈蚊对温度适应能力较强，4～30℃均能生活。生长发育适温为 15～26℃，最适温度为 18～25℃。温度超过 26℃幼虫发育缓慢，超过 30℃卵发育受阻。幼虫耐高温能力差，耐低温能力较强，幼虫于 34℃下持续 3h，死亡率为 6.67%，4h 后为 23.33%；34℃存放 2h 的幼虫再置于 25℃常温下饲养，则不能继续发育为成虫；幼虫在 37℃下放置 2h 全部死亡。越冬代老熟幼虫在 -10℃下冷冻 22h 成活率达 21.5%，冷冻 24h 全部死亡。成虫也不耐高温，却较耐低温，34℃高温下持续 4h 全部死亡；越冬代成虫在 -2℃下冷冻 20h 死亡率为 28.25%，-3.5℃冷冻 15h 死亡率为 96.3%。据广东观察，在 4 月中旬至 5 月上旬，当菇房温度低于 12℃或高于 34℃时，菇场、菇房内无成虫发生，其中 3 个菇场在菇房温度为 22～26℃时，该虫发生数量最大。在山东泰安，菇棚内出现春、秋两个高峰（4～5 月和 9 月），春季和秋季温度最适宜该虫生长发育，发生数量大，为害严重。冬季和早春（2～3 月）该虫可以存活，但发育缓慢，对平菇为害较小；夏季高温（7 月至 8 月初）温度达 35℃以上，超出了平菇厉眼蕈蚊正常发育的温度范围，虫量明显减少。温度除了影响平菇厉眼蕈蚊生长、发育和生存外，对产卵也有明显影响。温度在 13.53℃、18.40℃、20.43℃和 26.15℃时，产卵量分别为 87.77 粒、110.00 粒、119.30 粒和 75.67 粒。

菇房内相对湿度和培养料含水量对虫口数量的消长及分布起主导作用。相对湿度低于 75%，对幼虫和蛹均有致死作用；在 30% 时蛹易失水干瘪而死亡；低于 85% 卵不能孵化；当相对湿度达 100% 时，幼虫孵化率和蛹的存活率均高，而成虫的飞翔能力下降，寿命缩短；相对湿度在 33%～93%，幼虫存活率和平均寿命均随相对湿度增加而提高。在平菇栽培季节，培养料中含水量是决定幼虫扩散和分布的主要原因。如果菇房湿度大，则幼虫多在培养料表层活动；当菇房暂时干燥（如收获间歇阶段），表层湿度不能满足其生存要求时，会迫使幼虫向培养料深层潜入。同一栽培期的培养料表层虫量与含水量呈明显正相关，且随着栽培时间的延长，虫口数量不断上升或下降。在温度能满足平菇厉眼蕈蚊生长发育要求的基础上，影响其种群数量最大的环境因素是湿度。

（三）食料因素

不同食料对平菇厉眼蕈蚊发育历期、幼虫个体大小、蛹重、成虫寿命及产卵量等均有显著影响。棉籽皮、带菌培养料、菌柄和菌盖 4 种不同的食料中，以平菇菌柄最适合该虫生长发育。幼虫取食菌柄发育最快，雌蛹重，成虫产卵量高。如幼虫饲喂四种食料的发育历期分别为 17.9d、24.0d、12.2d 和 13.2d，雌蛹重分别是 0.963 2mg、0.950 0mg、1.354 1mg 和 1.031 8mg，平均产卵量分别为 59.0 粒、48.2 粒、86.0 粒和 76.2 粒。

（四）栽培场地和方式

山东省食用菌栽培常见的菇场有全地下室、半地下室、地上棚室和露地栽培等场所。不同场地平菇厉眼蕈蚊的发生高峰期出现早晚、发生量与为害程度高低依次为：全地下室＞半地下室＞地上棚室和露地栽培。主要是因为全地下室栽培，温度和湿度较高且变化小，为该虫提供了有利的生存和繁殖条件；露地一般是菌菜或菌粮间作，发生较轻且发生时间晚，损失小。栽培方式对虫口数量也有影响，一般以袋料栽培发生量最大，菌砖栽培次之，瓶装栽培最少。

（五）天敌

在福建发现，黑条狭胸步甲 ［*Stenolophus connotatus*（Bates）］ 和彩纹猎蝽（*Euagoras plagiatus* Burmeister）的成虫捕食平菇厉眼蕈蚊幼虫，但控制作用不强。在山东泰安，蜘蛛是菇棚内最主要的捕食性天敌，在 6 月和 8～9 月数量均保持较高水平，7 月高温季节其数量下降，与平菇厉眼蕈蚊的发生动态相吻合。

五、防治技术

平菇厉眼蕈蚊及其他食用菌眼蕈蚊的防治，应在各生产环节贯彻"预防为主，综合防治"的植物保护方针。坚持清洁生产的理念，保证生产前的菇房内无虫源。切实做好培养料的灭菌灭虫工作，出菇过程中采用多种有效防治技术，杜绝使用高毒化学杀虫剂，做到食用菌的安全生产。

（一）预防措施

1. 菇场、菇房清洁 整个栽培期间，菇房或菇场内外环境要清洁，及时清理废料、下脚料，或沤肥或深埋，有条件的地方，可将废料加工成有机肥，以免造成虫源积累和传播。对于多年栽培食用菌的菇房，在菇料入房前要用低毒杀虫剂或杀食用菌害虫烟雾剂熏杀残存害虫，确保无虫环境。

2. 菇场、菇房周围灭虫 夏、秋季节栽培，蘑菇房（棚）区周围要喷洒低毒杀虫剂，阻止该虫向房区迁移，特别是靠近山林区的菇房更应注意防范。

3. 袋栽菌发菌期封好袋口 平菇、灰树花等以塑料袋栽培的食用菌，发菌期一定要扎紧密封好培养料袋口，防止平菇厉眼蕈蚊和其他害虫成虫飞入或爬入菌袋。破旧菌袋要及时更换或修补，防止成虫钻入产卵。

4. 清理、处置带虫菌袋 及时清理带虫的菇体和菌袋，随时带出菇房，集中深埋或沤肥。若再利用带虫的菌袋料，可重新进行高温处理，以杀灭其中害虫。

（二）物理防治

1. 高温灭菌杀虫 对于采用菌袋栽培的品种（如平菇等），菌袋培养料要高温灭菌充分，100℃灭菌 8～12h，以杀灭培养料中的害虫。平地栽培双孢菇时，堆料要充分高温发酵以杀灭其中害虫，菌土也要高温消毒。并做好堆料入菇房的二次发酵，确保温度在 60℃左右发酵 6～8h。

2. 控制好菇房内温度 菌袋或堆料入菇房开始生产初期，发菌温度要适当提高，使菌丝迅速生长，缩短发菌时间，以免吸引成虫迁入菇房。

3. 黄板诱杀 悬挂黄板诱杀成虫，以每 667m² 15～20 块为佳，均匀布置，通风口或门口处可适当增加几块。对于不同品种（或不同种植方式的）食用菌，黄板悬挂位置要适当。菌袋培养的平菇等品种可悬挂在菌袋两侧靠近子实体生长处；对于地畦式（菇房地面、林间、山洞和窑洞）栽培的双孢菇、鸡腿菇、草菇等，黄板要悬挂在菇床上面，黄板下沿距离菇床子实体 5～10cm；对于床架式栽培的双孢菇，黄板宜悬挂在床架一侧，板面朝菇床。

4. 灯光诱杀 利用眼蕈蚊类成虫的趋光性，用食用菌专用杀虫灯或频振式 PS-15 Ⅱ 杀虫灯诱杀眼蕈蚊成虫。也可使用食用菌专用防水灭虫灯灭虫器，一般 1 盏灭蚊灯供 100～160m² 的菇房使用。

5. 水盆诱杀 大多数眼蕈蚊成虫有吸水习性，可在菇房地面摆放盛 3/4 体积水的塑料盆，并加入少量洗衣粉搅匀以诱杀成虫。

6. 设置防虫网 菇房的门窗和通风口处安装 60 目的尼龙防虫网，并经常在其上喷洒低毒杀虫剂，以阻隔成虫迁入。菇房的进出口要保持黑暗，应随时关灯，避免吸引成虫飞入。

（三）生物防治

1. 昆虫病原线虫 防治双孢菇的眼蕈蚊幼虫，将夜蛾斯氏线虫 ［*Steinernema feltiae*（Filipjev）］ 用水稀释，按 1.5×10⁶ 条/m² 的剂量使用，喷施在覆土中，有很好的防治效果。

2. 植物源杀虫剂 用 1.5% 除虫菊素水乳剂稀释为 800～1 000 倍液（20mL 对水 16～20kg），或用 5% 除虫菊素乳油 1 000 倍液喷雾，防治成虫或暴露在菇体、菌袋与堆料外的幼虫。

3. 苏云金芽孢杆菌以色列亚种菌剂　国外已有防治蘑菇眼蕈蚊幼虫的苏云金芽孢杆菌制剂，目前国内尚未开发出类似制剂。

（四）化学防治

鉴于一些化学杀虫剂对菇体和菌丝生长产生不良影响和存在食品安全问题，要根据使用场合和食用菌不同栽培方式使用农药。菇体生长过程中，一旦幼虫钻入菇体和在菇料菌袋内发生为害，即使喷施化学杀虫剂也难以奏效，且造成污染和有毒物质残留。考虑到目前针对食用菌的专用杀虫剂很少，尽量使用对食用菌菌丝和子实体生长安全的杀虫剂，以避免产生药害。

1. 药剂封锁　在堆料场、菇房（棚）周围经常喷洒低毒有机磷或拟除虫菊酯类杀虫剂，以防成虫迁入。

2. 烟雾剂熏杀　在培养料入菇房、菇棚前或在子实体生长过程中，若平菇厉眼蕈蚊等害虫发生量大时，用食用菌专用烟雾杀虫剂熏杀，密闭菇房（棚）燃放。

3. 培养料拌药　据澳大利亚报道，在双孢菇培养料中拌灭蝇胺制剂（有效成分含量：10mg/kg）与在覆土中喷洒几丁质合成抑制剂杀铃脲（有效成分含量：20mg/kg）相结合的方法，防治双孢菇眼蕈蚊类幼虫效果优异。江苏省农业科学院食用菌研究所提出的方法是，在培养料拌种前，先在培养料中喷施4.3%氯氟·甲维盐乳油1 000 倍液，边喷边拌料，视培养料的干湿情况，每 100kg 培养料喷施 2～4L 药液，然后开始铺料播种或装袋播种，播种后在料面覆盖一层无纺布，并在无纺布表面喷洒 4.3%氯氟·甲维盐乳油 1 000 倍液。在料面菌丝发满后即可覆土。覆土材料要喷 4.3%氯氟·甲维盐乳油 2 000 倍液，闷 3～5d 后用于床面覆盖。培养料经过 4.3%氯氟·甲维盐乳油处理后对该虫产生驱避和杀灭作用，可保证安全发菌，正常出菇。

4. 喷雾　用 4.3%氯氟·甲维盐乳油 1 000～2 000 倍液喷雾防治平菇厉眼蕈蚊成虫和幼虫。

郑方强　张婷婷（山东农业大学植物保护学院）

第 152 节　异型眼蕈蚊

一、分布与危害

异型眼蕈蚊［*Pnyxia scabiei*（Hopkins）］属双翅目眼蕈蚊科长角蕈蚊属。最早 Hopkins 定名时归入 *Epidapus* 属，1912 年 Johannsen 将之归为 *Pnyxia* 属。在国外，分布于美国、加拿大、澳大利亚、埃及和日本及欧洲。在北美和欧洲分布广泛，据记载其幼虫为害蘑菇、黄瓜、番茄以及马铃薯和芍药的块茎；在日本还为害百合和黑木耳。在欧美国家，由于其幼虫为害马铃薯的表皮形成"疮痂"，故称之为马铃薯疮痂蕈蚊（potato scab gnat）。张学敏和杨集昆于 1987 年鉴定为中国新记录种。在国内，分布于北京、天津、河北、山东、云南等地。主要为害多种食用菌、生姜、西洋参、韭菜、大蒜、大葱、石刁柏（芦笋）、长寿花、山药等，储藏期的寄主有芋、生姜、山药。在山东栽培的食用菌中，主要为害双孢菇、平菇、鸡腿菇、灰树花、猴头菇和榆黄菇等，特别是为害覆土栽培的双孢菇和鸡腿菇较严重（彩图 10 - 152 - 1）。在云南也主要为害双孢菇。该蕈蚊喜食双孢菇初菇和嫩菇，刚出土的双孢菇受害尤其严重，成熟菇受害较轻。异型眼蕈蚊是眼蕈蚊中体形最小的一种，对环境适应性强，又喜食初菇和嫩菇，防治起来有一定困难。除为害食用菌的子实体外，其幼虫也为害培养料和菌丝。成虫飞翔或爬行中，能传播多种食用菌的病原真菌。

异型眼蕈蚊还是生姜的重要害虫，在我国为害大田和储藏期的生姜，俗称"姜蛆"。尤其在山东省生姜产区如莱芜、潍坊等地，是储藏期的重要害虫。

二、形态特征

雄成虫：体长 1.4～1.8mm，褐色，背板和腹板较深。头深褐色，复眼黑色，裸露，无眼桥；单眼 3 个，排列成等边三角形；触角 16 节，长 0.9～1.1mm，柄节、梗节较粗，鞭节逐渐变细，节间均有颈，第四鞭节长是宽的 2.3 倍，节与颈的长度比为 5∶1；下颚须仅 1 节，有毛 4 根。翅淡褐色，长 0.9～1.1mm，宽 0.35～0.45mm，翅端宽而圆，径脉 R_1 甚短，与 Rs 到 M_{1+2} 间约占 2/3。足褐色，前足基节长约 0.3mm，腿节长约 0.35mm，胫节长 0.4mm，跗节长为 0.5mm，胫节端有距，前足距 1 根，中、后足距各 2 根，爪无齿。腹部末端的尾器宽大，端节短粗，顶端钝圆有毛（彩图 10 - 152 - 2，1）。

雌成虫：体长 1.6～2.3mm，褐色，无翅；触角 16 节，长 0.7～0.8mm，胸部短小，背面扁平。腹部长而粗大，腹端渐细长，阴道叉很长，尾须 2 节，端节椭圆形；其余特征同雄虫（彩图 10 - 152 - 2，2）。

卵：椭圆形，表面光亮，初产卵大小为长 0.26mm、宽 0.14mm；发育 2d 后卵长为 0.29 mm、宽为 0.16 mm。初产时呈乳白色，之后小的一端呈半透明状，粗的一端先从边缘变灰黑色，孵化前近中部常出现小黑点（彩图 10 - 152 - 2，3）。

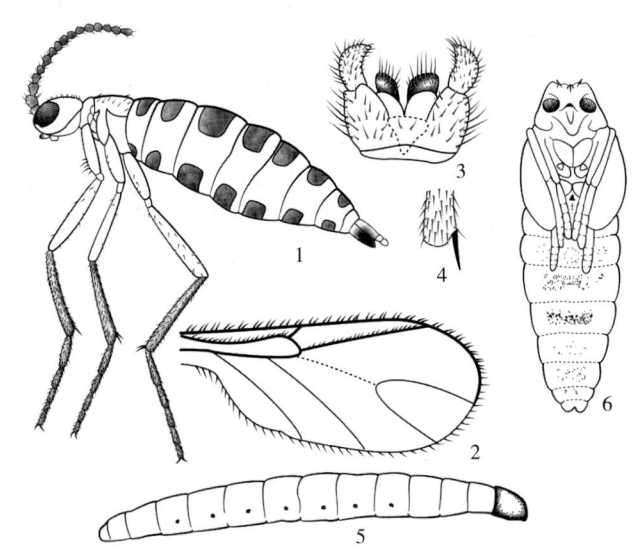

图 10 - 152 - 1　异型眼蕈蚊（1～4. 仿张学敏和杨集昆，1987；5 和 6. 仿冯惠琴，1988）

Figure 10 - 152 - 1　*Pnyxia scabiei*（1—4. from Zhang Xuemin and Yang Jikun, 1987；5 and 6. from Feng Huiqin, 1988）

1. 雌成虫　2. 雄成虫前翅　3. 雄性尾器
4. 前足胫节端部　5. 幼虫　6. 蛹

幼虫：体长 4.1～5.0mm，白色，半透明。头壳坚硬，黑色，有光泽。口器咀嚼式，上、下颚具硬细齿。胴部半透明状，初龄时体呈透明状，老熟幼虫体内因积聚脂肪体而呈乳白色，气门略突出。近化蛹时做白色长椭圆形丝茧（彩图 10 -152 - 2，4）。

蛹：被蛹，初期乳白色，随发育逐渐变为黄褐色，再从头的边缘起逐渐变黑，羽化前呈灰黑色（彩图 10 - 152 - 2，5）。

三、生活习性

在山东泰安市初次栽培双孢菇的菇房内观察，异型眼蕈蚊在菇房内 1 年至少可繁殖 5 代，以幼虫在废弃的培养料内越冬，冬季菇房内各虫态均能正常发育。

雄成虫具翅，但不善飞翔，一般在子实体和培养料上爬行，有时会在两者之间来回爬行，遇到某种刺激如光照、触动时才会飞翔，对黄色、光和湿润都有趋性，遇光表现活跃。雌成虫无翅，体笨重，爬行或略跳跃。雌、雄成虫羽化后即性成熟，不需要补充营养，羽化不久便交尾，交尾前雌虫表现活跃，触角不停地摆动，腹部末端向腹面弯曲，雄虫遇见雌虫后即振翅，腹部末端从腹面向胸前弯曲，开始追逐雌虫，先爬上雌虫的背部与雌虫交尾，然后呈一字形交尾方式，交尾时间一般为 8～15min，雄虫可多次交尾，而雌虫只交尾一次即可产卵。单雌产卵量变化幅度大，平均产卵量为 39.4 粒，最高 66 粒，最低 13 粒，个别高达百粒左右。产卵期较长，一般需要 12h 左右，且有产单一性别（产雌或产雄）卵的习性。一般将卵产于双孢菇和平菇等的菌褶内、双孢菇的子实体与培养料之间的土壤缝隙间，在双孢菇的菌柄和菌盖相接之处常环绕菌柄产卵一圈。卵散产或聚产。在产卵时雌成虫在食用菌子实体和培养料之间来回跑动，寻找合适的产卵场所。雌成虫产完卵不久即死亡。

初卵长椭圆形，乳白色，发育 1～2d 后呈透明状，2d 后长度和宽度都明显增加，粗的一端开始慢慢出现黑头，此时，幼虫身体出现，然后黑头慢慢扩大，逐渐变成幼虫头壳，虫体在卵内活动，孵化前有的卵近中部出现小黑点，不久便孵出透明小幼虫。

幼虫具群集性、趋湿性，有一定腐食性。孵化后立即取食，初孵幼虫取食少、为害轻，二至四龄幼虫食量大，为害重。菌柄最先被害，一般先在菌柄表面咬一个洞，钻入菌柄内部，顺着菌柄的菌丝脉络取食，形成一条条蛀道，接着再横向取食，将受害菌柄切开观察，横切面呈管状，纵切面呈网状，最严重时菌柄几乎中空，里面布满了幼虫取食时的残留物和虫粪。幼虫常群集在菌柄内取食，菇房内湿度过大时就会引起腐烂变质，并发出刺鼻的气味。幼虫聚集在菌褶内取食，致使菌褶变黑，腐烂，并钻入菌伞内取食，严重时菌伞仅剩一层表皮。幼虫取食培养料里面的菌丝和子实体原基，致使菌丝发育不良，培养料变得松软，呈颗粒状，失去营养，严重影响出菇。幼虫老熟后，一般在培养料缝隙、菌褶和菌袋边缘等隐蔽处化蛹，条件适宜时幼虫将周围咬碎的食用菌和培养料颗粒、粪便等黏合起来吐丝结茧化蛹，条件不适宜则不结茧而直接化蛹。

温度 25℃条件下在灰树花上饲养，其产卵前期一般为 1～2d，最长为 3d。卵期为 2～4d，平均 3.3d，卵产下 2d 后开始孵化，第三天为孵化高峰，持续 4d 左右，2d、2.5d、3d、3.5d 和 4d 的孵化率分别为 5.99%、9.33%、32.74%、28.52%和 23.42%。幼虫 4 龄，一至四龄历期分别为 2.3d、1.9d、2.1d 和 4.1d，整个幼虫期为 10.4d；蛹期为 3.8d，其中雄蛹为 2.9d、雌蛹为 3.7d。雄虫从产卵到羽化的发育历期最短为 14.8d，最长为 20.3d，平均 16.6d；雌虫最短为 15.8d，最长为 22.8d，平均 17.4d。雄虫比雌虫早羽化 1～2d。

据在生姜上观察，15℃、20℃、25℃和 30℃下完成 1 代分别约需要 46.5d、34.3d、29.6d 和 18.8d。25℃下单雌产卵量最高，平均 49.2 粒，孵化率最高，幼虫成活率、化蛹率及羽化率皆最高。

四、发生规律

异型眼蕈蚊卵、幼虫和蛹在西洋参上的发育起点温度分别是 (5.14±1.05)℃、(3.81±0.95)℃ 和 (7.21±0.53)℃，完成从卵期到蛹期发育的有效积温为 206.23 ℃。据山东省莱芜市农业科学院观察，从卵至成虫，在生姜上的发育起点温度分别是 (5.19±0.97)℃、(3.69±1.10)℃、(7.19±0.64)℃、(3.89±0.96)℃，有效积温分别是 67.1℃、205.7℃、33.04℃和 56.8℃。但在食用菌上的相关资料尚缺乏。

在泰安市岱岳区道朗镇观察，双孢菇菇房温、湿度是影响异型眼蕈蚊种群数量高低的主要因子。成虫数量随着温、湿度的下降而逐渐降低，发生的高峰期往往与双孢菇出菇期相吻合。如 2007 年 11 月上旬至 12 月底随着菇房温度，由 15℃降至－1℃，相对湿度由 90%降至 73%，成虫数量明显下降，幼虫为害轻。春夏季随着温、湿度的上升，成虫的种群数量逐渐升高。温度从 2008 年 4 月初的 9.5℃上升到 6 月中旬的 25℃，相对湿度由 50%上升至 80%～90%，分别在 2008 年 4 月中旬、5 月底至 6 月中旬出现两次发生高峰，春季第一次高峰则是在双孢菇受害较严重的时期。由于前期采收期管理粗放，地面有很多采后落下的碎菇、虫菇残体，导致了初夏期第二次为害高峰，培养料菌丝被吃光，菇体腐烂严重，成虫发生量大。猴头菇菇房异型眼蕈蚊主要高峰期集中在 9～11 月和 5～7 月两个时间段，这两个阶段由于温、湿度最适合猴头菇生长，采收次数多，人员出入频繁，成虫传入机会增多，发生数量大。在 11 月中旬后，随着温度的下降，该虫数量迅速减少。

从异型眼蕈蚊在双孢菇和猴头菇上的发生看，高温对其生长发育不利，这与高温季节蘑菇生长受抑制也有关系。

异型眼蕈蚊的自然天敌少，仅见有蜘蛛类捕食其成虫，其他虫态天敌尚未发现。

五、防治技术

参见平菇厉眼蕈蚊。

郑方强　张婷婷（山东农业大学植物保护学院）

第 153 节　菇　瘿　蚊

一、分布与危害

菇瘿蚊（*Mycophila fungicola* Felt）属双翅目长角亚目瘿蚊科菌瘿蚊属，又名嗜菇瘿蚊，俗称菇蚊、小红蛆。在国外，分布于美洲、欧洲、大洋洲和亚洲许多国家，是世界上重要的食用菌害虫。在国内，发生也非常普遍，分布于北京、河北、山东、江苏、上海、浙江、福建、河南、贵州、陕西、甘肃等省（直辖市）。主要的食用菌寄主有平菇、双孢菇、金针菇、香菇、白灵菇、木耳、银耳等。幼虫取食培养料中的菌丝体，致使菌丝发育受阻和严重退菌；食害菇蕾，造成萎缩、枯死；还可群集蛀入菇柄和菇伞取食，有时一朵菇内常聚集 20～30 头幼虫，引起菇体腐烂（彩图 10 - 153 - 1）。由于绝大多数幼虫进行幼体生殖，其繁殖周期短、种群密度大，短时间就可造成严重危害，导致食用菌产量和品质下降。福建漳州双孢菇的虫菇率达 10.6％～18.8％，冬季有时超过 20％。河南漯河平菇菌棒上瘿蚊感染率为 25％，严重者达 40％ 以上，造成产量损失 30％～40％，甚至绝收。又因幼虫潜伏在菇柄茸毛下和钻入菌柄与菌伞内，在蘑菇加工时，不容易从菇体上清洗掉，造成罐装蘑菇带虫，降低商品价值。

二、形态特征

成虫：雌虫体长 1.17mm，雄虫体长 0.82mm，微弱细小。头部、胸部背面深褐色，其他部位灰褐色或橘红色。头小，复眼大。触角念珠状，11 节，每节都有环生放射状细毛，雄虫触角比雌虫的长。前翅膜质，透明，有毛，翅脉只有 3 条纵脉和 1 条横脉。后翅退化为平衡棒。足细长，基节较短，胫节长而无端距。雌虫腹末端尖细，产卵器可伸缩；雄虫腹末外生殖器发达，有 1 对钳状抱器。

卵：长 0.3mm，宽 0.1mm，略为肾形，乳白色，近孵化时变为淡褐色。

幼虫：纺锤形，蛆状，头部不发达，有 1 对短触角，体 13 节，表皮透明，无足，淡黄色至白色，由卵发育出的幼虫体长 0.79mm；经幼体生殖的幼虫体长 0.91mm，淡橘黄色；即将行幼体生殖的幼虫体长 3mm，淡橘黄色或白色透明；老熟待化蛹的幼虫体长 1.83mm，橘红色，中胸腹面有 1 黑色剑骨片，端部呈三戟状（彩图 10 - 153 - 2）。

蛹：长 1.07mm，宽 0.27mm，裸蛹，橘红色。头顶有 2 根毛，为呼吸管，初期胸部白色，腹部橙红色，后期胸部渐变为淡褐至棕色，羽化前复眼和翅芽变黑。

三、生活习性

菇瘿蚊在我国年发生的世代数不详。以幼虫在野外培养料中休眠越冬，在冬季菇房内存活，即使最低温度常在 0℃ 左右，幼虫一般也能存活。翌年 2～3 月随温度上升越冬幼虫开始幼体生殖，虫量随之增加，为害春菇。春菇收获后幼虫随料出菇房，在废料中越夏。幼虫有较强的耐高温能力，秋季种菇后成虫又飞入菇房产卵。在上海地区该虫对秋菇为害比春菇重，10 月的虫量占整个栽培期总虫量的 85％～95％，尤其是头几潮菇为害严重，而秋菇又占总产量的 70％。在北方白灵菇栽培中，每年 9～11 月为该虫发生高峰期。

菇瘿蚊有两种生殖方式，成虫进行两性生殖，幼虫营幼体生殖。成虫多在 9：00～15：00 羽化，光照条件下晚上也可羽化。羽化后 1～2 h 交尾，雄虫交尾后很快死亡，雌虫产卵后即死亡，未经交尾的成虫寿命为 2～3d。雌虫在培养料或双孢菇菇床的土缝内产卵。单雌产卵量为 14～31 粒。在相对湿度 85％、温度 18℃ 和 25℃ 条件下，卵期分别为 4 d 和 3 d。在室温 16℃ 与相对湿度 65％ 时，幼虫经过 12～16d 成熟，并进入培养料表层或土块表面作土室化蛹。有性生殖每代需 29～31d。幼虫进行无性幼体生殖，每次产幼仔 6～23 头不等，平均产 20 多头。在福建漳州的蘑菇培养室内，温度为 8～37℃，培养料湿度为 70％～86％ 和食料充足的情况下，幼虫可连续进行幼体生殖，一般 8～14d 繁殖 1 代；若温度在 12～14℃ 时，只需 9d 完成 1 代。室温 15℃、相对湿度 85％ 时，7～8 d 繁殖 1 代；25℃ 下繁殖 1 代需 3～4d。胎生小幼虫活动力强，爬行迅速，群集于菌盖和菌柄之间为害，或群集在菌棒两端的袋口处和有破孔的地方。幼虫为害双孢菇时，特别是覆土后多转移到覆土层为害绒毛菌丝及子实体原基，并在培养料和覆土之间繁殖，子实体出土后，虫量少时主要在菇根上为害，多时扩散到整个菇体。幼虫喜潮湿，在潮湿处自由活动，在水中可存活多日，干燥条件下活动困难，常靠身体蜷曲、张开移动，或众多幼虫聚在一起形成一红色球保护其生命，环境条件适宜时球体瓦解，存活的幼虫继续繁殖。由于幼虫为橙红色，发生量大时，菇床或菇体上呈红色。若温度降到 6～7℃，幼虫停止取食；温度上升到 37℃ 以上、相对湿度低于 65％ 和食料缺乏时，体内未形成小幼仔的老熟幼虫多数进入化蛹期，低龄幼虫死亡。在室温 18℃、相对湿度 80％ 时，蛹期 5～7 d。蛹对环境有很强的抗逆性，在 35～36℃、相对湿度 50％～60％ 的条件下，进入休眠状态，可存活 48 d。6～9 月高温或干燥情况下，幼虫躲在土缝或墙壁缝隙中化蛹，以蛹休眠越夏，休眠期达 9 个月。

四、发生规律

（一）虫源基数

管理粗放、培养料发酵不彻底、环境卫生差、通气不良和老旧菇房等栽培条件下，平菇受害较为严重。菇房或菇棚密封不严，菇瘿蚊成虫容易直接飞入。如双孢菇栽培中瘿蚊在培养料后发酵大通风时容易迁入菇房繁殖；卵、幼虫、蛹及其休眠体主要通过培养料或覆土带入，均成为菇房菇瘿蚊发生的重要来源。

（二）温、湿度

食用菌出菇期间温度和湿度适宜，菇瘿蚊可连续进行无性繁殖，种群数量增长迅速，为害严重。环境不适宜时营有性生殖。温度和湿度主要影响菇瘿蚊的生殖，潮湿环境有利于其幼虫活动和为害，当培养料湿度低于64％时，幼虫活动和繁殖受阻。幼虫喜潮湿，在潮湿处自由活动，存活率也高。干燥条件下幼虫活动受阻，常聚集在一起形成红色球团，遇上适宜环境湿度，幼虫又分散为害和繁殖。温度降至7℃时，幼虫停止取食和繁殖；温度高达37℃以上时，幼虫大量聚集，并停食和化蛹。

菇瘿蚊在菇房内的分布不均匀，菇房较明亮处虫口密度大，为害重；黑暗处则虫口少，为害轻。这是由于成虫和幼虫均有趋光性所致。

（三）营养

营养也是影响瘿蚊繁殖的重要因素之一。食料充足，营养丰富，老熟幼虫体内脂肪积累多，则繁殖量大，为害重；食料短缺，幼虫则进入休眠状态。

（四）天敌

在贵州发现稻瘿蚊广腹细蜂（*Platygaster oryzae* Camerson）能寄生平菇上的瘿蚊幼虫，被寄生的瘿蚊幼虫在2d之内大量死亡。

五、防治技术

根据菇瘿蚊具有幼体生殖特性，繁殖周期短、暴发性强、秋冬季发生量大和为害严重的特点，在防治上要做好预防工作，早期监测，及时控制。特别是双孢菇生产环节复杂，做好培养料的两次发酵是防治的关键措施。堆料场前发酵过程中，翻料要均匀，注意勤翻透气，做到发酵彻底和防止水分过大；入菇房后发酵阶段，要注意快速均匀升至所需温度并及时控温、控湿，以杀死培养料中的菇瘿蚊各虫态，同时创造不利于其发生的环境条件。

在北方地区，冬季可将发生瘿蚊的菌棒移至棚外冷冻处理，其他季节可通过暴晒或撒石灰粉以杀灭菌棒中的瘿蚊。不论采取何种方法，都最好躲开出菇期，以免影响菇体生长。防治结束后应立即恢复正常管理，撒的石灰粉也应清除掉。

其他防治技术参照平菇厉眼蕈蚊。

师迎春　郑建秋（北京市植物保护站）

第 154 节　中华新蕈蚊

一、分布与危害

中华新蕈蚊（*Neoempheria sinica* Wu et Yang）属双翅目长角亚目菌蚊科新菌蚊属，又名中华新菌蚊、大菌蚊，是常见的大型蕈蚊。在国内，分布于北京、河北、山东、上海、江苏、浙江、福建、湖北、广西、贵州、山西、甘肃等省（自治区、直辖市），发生较普遍。可为害双孢菇、平菇、茶树菇、香菇、猴头菇、灰树花、木耳、毛木耳、金针菇、灵芝等食用菌，是食用菌生产的主要害虫之一。在通常情况下，幼虫都在培养料的表面为害，不钻入培养料内，受害处腐烂，呈水渍状，影响出菇。幼虫有群居为害习性，常数十头幼虫集中蛀食原基和子实体，还排泄大量粪便、分泌鼻涕状黏液污染菇体。一般原基和菇蕾受害最重，先萎缩后逐渐枯死。幼虫将子实体蛀成孔洞，菌柄被蛀空，菌褶被吃成缺刻，被害子实体很快腐烂，造成很大经济损失（彩图10-154-1）。在湖北东部大别山区食用菌产区，造成的产量损失一般为15％～30％，严重时绝产；山东泰安有些灰树花菇房的虫袋率达30％左右。

二、形态特征

成虫：体长5～6mm，黄褐色，头淡黄及黄色，触角褐色，其中间到头后部有一条深褐色纵带直穿单

中国农作物病虫害 第3版
■■■ 第10单元 蔬菜病虫害

眼中间。单眼2个，复眼较大，约占头侧面的1/2，靠近复眼的后缘有一前宽后窄的褐斑。触角长1.4mm，基部2节黄色且具毛，第二节毛比第一节毛长1倍多，鞭节褐色，14节；下颚须3节，褐色，第三节短于第一、二两节之和。胸部发达，背板多毛，有5条深褐色纵带，中央一条后端消失，其两侧纵带长，后端合并，呈V形。前翅发达有褐斑，翅长5mm，宽1.4mm；翅面有2个小褐斑；C脉略伸过R_5脉，这段C脉约为R_4脉的一半长；Sc_1脉在小翅室中部之前终于C脉，Sc_2脉约在小翅室基部1/3处与R_1脉接触；小翅室长约为宽的4倍；伪脉存在；Cu脉分叉处在M脉主干之内；Sc脉、R脉及其分支、M脉的分支、Cu脉及其分支上均有长毛。平衡棒淡黄褐色。足细长，基节和腿节均淡黄色，胫节和跗节黑褐色，胫节末端有1对距。腹部9节，背板黄色，第一至五节背板后端有横带，中部有纵带。雄性外生殖器淡黄色，侧背肢长而略内弯，密生长刚毛，内侧中段密生粗短暗褐色刚毛；侧腹肢细长，近中部急弯向背方，被长刚毛（彩图10-154-2,1）。

卵：褐色，椭圆形，顶端尖，背面凹凸不平，腹面光滑。

幼虫：初孵时体长1~1.3mm，老熟幼虫10~16mm，头黄色，胸部和腹部淡黄色，共12节，从第一节至末节均有一条深色波状线（彩图10-154-2,2）。

蛹：长5mm，宽2mm，初化蛹白色，逐渐变深褐色。

三、生活习性

在江苏无锡1年发生12代，完成1个世代最短15~16d，最长34~40d，其中三至五代发生数量多，主要在4~6月为害平菇、香菇、猴头菇等。六至八代发生在7~8月，因受高温影响，卵期延长，幼虫孵化率降低，种群数量急剧下降。9~10月虫量略有回升，九至十一代幼虫对平菇、香菇及灵芝造成轻度危害。10月中旬后光照周期缩短到11h左右，气温18~20℃时滞育卵的比例逐渐增高，11月上旬后成虫停止产卵，并以滞育卵在秋平菇、香菇或灵芝的栽培块上越冬。翌年4月上旬温度回升后，滞育卵才孵化为幼虫，又开始取食为害。幼虫嗜食平菇、香菇子实体，虫口密度高时菇体被蛀食成缺刻，老熟幼虫喜吐丝结网并于其中化蛹。化蛹部位一般在菇盖与菇柄交界处。在18~20℃下卵期为8~6d，28~30℃下仅为3d，而在31℃以上卵期延长至31d。15~18℃和20~28℃时幼虫期分别为15~13d、10~6d，在25℃时发育最快，幼虫平均历期6d，30℃时历期反而延长为12d。14.2~18.8℃时蛹期为7~4d，25~30℃时为2d，30℃以上不适宜蛹的发育，易产生畸形。18~25℃成虫寿命为10~6d，28~32℃为5~4d，34℃为3d。该虫发生的适宜温度在18~28℃。

北京地区1年发生多代，成虫盛发期在6月初至7月中旬。在室温22.5~30.5℃（平均28.4℃）下饲养，完成1代需12~21d，平均13.2d。成虫寿命3~6d，平均4.5d，90%成虫寿命为4d。交尾时间最长可达12h，最短10min，交尾1次的个体占61%左右。雌虫一般产卵50~350粒，最多400粒。成虫多在夜晚产卵，产卵期1~5d，多集中在前3d产卵，占个体的90%。卵多产在培养料缝隙处的表面和覆土上，少产在菇体上。在灵芝上，将卵散产于芝盖及芝柄上。雌成虫不需要补充营养，就能交尾产卵，产卵多在黑暗处与夜间进行，成虫喜在菇质紧密的菇蕾或菇柄上产卵，卵散产或3~6粒一堆。成虫较安静，常停下后很长时间不动。成虫有趋光性，常停息在玻璃、灯、门窗和有光源的墙壁或在其附近活动。气温在28℃左右时卵期2~4d，平均2.5d。幼虫由卵顶端向后延伸开一长口孵化而出。初孵幼虫活跃，头不停地摇动。幼虫期5~7d，平均5.4d，龄期3~5龄，多4龄，占90.3%。幼虫喜在10~28℃的温度下活动，老熟后多在土层缝隙或培养料中做蛹室化蛹。

四、发生规律

中华新蕈蚊属中温喜湿性害虫，有明显的滞育现象，其发生数量和为害程度受多种生态因素的影响。

（一）温、湿度

温度除了影响中华新蕈蚊的发育历期外，也影响其生殖力。试验表明，温度低于14.6℃时不产卵，适宜成虫产卵的温度为18~30℃。18~25℃时单雌产卵量高达222~250粒，25℃时产卵量最多，平均249.7粒。28~32℃时为142~111粒，高于30℃产卵量明显下降，34℃时仅为69粒，34℃以上时不产卵。这是该虫夏季高温季节发生轻的主要原因。

饲养试验表明，中华新蕈蚊喜较高的湿度，相对湿度为70%~85%，有利于各虫态的发育，湿度过

《 550

低，死亡率增加，故阴湿山洞栽培和地沟栽培的条件下易发生，为害重。一般南方食用菌栽培区随着春季气温不断升高，雨水多，湿度大，4～6 月适宜该虫发生为害。而早春或秋季，发生数量较少，为害偏轻。

（二）光周期

不同光周期下的饲养结果表明，幼虫对光周期的变化较敏感。在 25℃ 条件下，当光照 13～14h、黑暗 11～10h 幼虫期为 6d，光照 10～11h、黑暗 14～13h 幼虫期为 8～10d，表明短光照使幼虫期延长。幼虫处在 22℃、10～12h 光照条件下，子代卵滞育率高达 86.8%；当光照时间增加到 12～13h 时，卵滞育率下降到 9%。光照 10～11h，当温度由 22℃ 升至 25℃ 时，滞育率由 86.8% 降到 48%。13～14h 的长光照、25℃ 以上的高温不利于卵滞育的形成，而 10～11h，的短光照、22℃ 以下的低温，则能诱导 80% 以上的子代卵滞育，滞育卵的历期约为 3 个月。

五、防治技术

参见平菇厉眼蕈蚊。

师迎春　郑建秋（北京市植物保护站）

第 155 节　闽菇迟眼蕈蚊

一、分布与危害

闽菇迟眼蕈蚊（*Bradysia minpleuroti* Yang et Zhang）属双翅目长角亚目眼蕈蚊科迟眼蕈蚊属，异名黄足菌蚊，俗称菇蚊、菌蛆等，是福建食用菌栽培区的优势种，尤以地道菇场发生为害严重，也分布于浙江、贵州、陕西等省。主要寄主有双孢菇、平菇、茶树菇、金针菇、秀珍菇、香菇、鲍鱼菇、凤尾菇、黑木耳、毛木耳和银耳等食用菌，通常质地松软、柔嫩的双孢菇、平菇等菇种受害较重。闽菇迟眼蕈蚊以幼虫为害多种食用菌的菌丝和子实体。幼虫多在培养料表面取食为害，可把菌丝咬断吃光，使料面发黑，发生严重时可致培养料成松散米糠状；咬食菇蕾可致被害菇蕾干枯死亡；为害子实体多从接近料面的菌柄基部开始蛀入，逐渐向上钻蛀，将整个菌柄内部蛀空，在菌柄外面留下许多针眼大小的虫孔，继而侵害菌褶和菌盖。每朵受害子实体内少则几头幼虫，多则 300～400 头。有时成虫在菌盖上产卵，幼虫向下蛀食，使被害子实体不能继续发育。成虫在飞行转移时能携带传播病原菌、线虫及害螨。

二、形态特征

雄成虫：体长 2.7～3.2mm，暗褐色，头部色较深，复眼大，肾形，黑色，具眼毛，眼桥小，眼面 3 排。触角褐色，长 1.2～1.3mm，第四鞭节长是宽的 1.6 倍，端部的颈短粗。下颚须基节较粗，有感觉窝，有毛 7 根；中节较短，有毛 7 根；端节细长，有毛 8 根。胸部黑褐色。翅淡烟色，长 1.8～2.2mm，宽 0.8～0.9mm，前缘脉 C 伸达脉 Rs 至 M_{1+2} 间的 2/3，C 脉上有双排大毛，径脉 R、R_1、Rs 上均有一排大毛，M 柄微弱。平衡棒淡黄色，有斜列小毛。足基节和腿节污黄色，转节黄褐色，胫节和跗节暗褐色，前足基节长 0.4mm、腿节与胫节各长 0.6mm、跗节长 0.7mm，胫节有胫梳一排，梳 6 根，爪有齿 2 个。腹部暗褐色，尾器基节宽大，基毛小而密，中节分开不连接，端节小，末端较细，内弯，有 3 根粗刺。

雌成虫：较大，体长 3.4～3.6mm；触角较雄虫短，长 1mm；翅长 2.8mm，宽 1mm，腹部粗大，端部细长，阴道叉褐色，细长略弯，叉柄斜突，尾须粗短，端部圆（彩图 10-155-1，1、2）。

卵：长圆形，初期乳白色，孵化前可见变黑的头部。

幼虫：初孵时体长 0.6mm 左右，老熟后体长 8.5mm。体白色，透明。头壳黑色、坚硬，头部后端几乎与前胸等宽，胸腹部共 13 节，腹部最末一节常向外突出呈泡状（彩图 10-155-1，3）。

蛹：长 3～3.5mm，初期乳白色，2d 后复眼为浅褐色，3d 后呈黑色。幼虫在薄茧内化蛹。

三、生活习性

在福建，闽菇迟眼蕈蚊一年四季均可发生，一般 9 月下旬到翌年 3 月初，多聚集在野外潮湿的菜园地和室内花盆里。通常完成 1 个生活周期为 30～35d。在福建地道菇场中，由于温度变化小，成虫周年发生数量有 3 个明显的高峰期，以秋季 11 月虫口密度最高，其次是秋季 9 月和春季 3 月；而 2 月和 7 月是发生低谷期。但结合不同时期成虫的雌雄性比分析，一年中雌虫比例最高是春季 3 月，雌虫占总虫数的比例为 61.3％以上，也是闽菇迟眼蕈蚊发生、繁殖和为害盛期。5 月后性比又明显下降，9 月雌虫只占总虫数的 21.7％，11 月占 36.6％，加之相对湿度不利于种群增殖，导致幼虫种群数量较低，不造成明显危害。

成虫有趋光性，飞翔能力强，羽化 4~5h 后交尾，交尾时间最少 40s，长可达 17min。雌虫交尾后，翌日产卵于土缝或培养料中，每处产卵可达 40~219 粒，一生产卵量约 300 多粒。成虫喜在食用菌废旧料、畜粪、垃圾、腐殖质和潮湿的菜园土及花盆土上繁殖。成虫寿命 3~4d，有时长达 7~9d。在温度为14~17℃、相对湿度为 70％~85％时，卵期为 5~6d，幼虫期 16~18d。幼虫共 4 龄，有群居为害和吐丝习性，幼虫老熟爬行至土缝或培养料表面吐丝作薄茧于其中化蛹。预蛹期 1~2d，乳白色，2d 后复眼为浅褐色，3d 后为黑色，触角、翅芽呈浅褐色，4d 后蛹体变黑，在薄茧内不断摇动，离开薄茧到土表羽化。蛹期 5~6d。

四、发生规律

（一）菇场环境

食用菌生产场所环境直接影响闽菇迟眼蕈蚊的发生数量，菇场周围废料和污染菌袋处理不及时，堆积在生产车间或菇棚室周边，成为闽菇迟眼蕈蚊的主要来源。菇场种植年限越长，菇场内闽菇迟眼蕈蚊发生数量越多，为害也越重。

（二）温、湿度

在福建全年种菇的地道菇场，温度较为稳定，最高温度 8 月平均为 24.2℃，1 月平均最低温度为 12~13.7℃。3~5 月温度适中（15~21℃）相对湿度高（100％），有利于该虫发生与为害。9~11 月温度适中，一般相对湿度在 80％左右，对该虫发生与为害不利。可见，菇场的温、湿度是影响其种群季节消长和为害程度的重要因素。

此外，黑条狭胸步甲 [*Stenolophus connotatus*（Bates）] 捕食闽菇迟眼蕈蚊的幼虫，但抑制作用较弱。

五、防治技术

闽菇迟眼蕈蚊的防控，应以地道菇场 3~5 月嗜食菇种双孢菇和平菇等为重点，采取综合防治措施。具体技术参见平菇厉眼蕈蚊。

师迎春　郑建秋（北京市植物保护站）

第 156 节　黑光伪步甲

一、分布与危害

黑光伪步甲 [*Ceropria induta*（Wiedemann）]，异名为 *Ceropria subocellata* Castelnau et Brullé，又称黑光甲、光伪步甲、弱光彩菌甲等，属鞘翅目拟步甲科彩菌甲属，是段木栽培黑木耳、香菇的重要害虫，也为害平菇、灵芝等其他食用菌。在我国，分布于河南、陕西、四川、云南、广西、广东、贵州、浙江、福建、湖北、海南、黑龙江、西藏、台湾等省份。20 世纪 80 年代初，在湖北省随州，春耳、伏耳、秋耳的耳杆被害率分别为 25.9％、42.6％和 30.5％，耳片的被害率分别为 41.6％、63.4％和 40.3％，个别棚耳杆（50 根）的虫口数量高达 7 500 多头。

黑光伪步甲为害表现在 5 个方面：第一，成虫啃食黑木耳耳片子实层的外表，胶质溶解后引致流耳，表面凹凸不平；为害香菇、野生草耳和裂褶菌，咬断菌柄或将菌盖咬成缺刻；排出的粪便污染耳片和菇体。第二，幼虫蛀害段木，使菌丝不能生长和影响子实体的发育，终止出菇或出耳，严重的导致绝收。取食段木接种穴内的菌丝，甚至钻进树皮下面取食菌丝。第三，幼虫为害黑木耳尤重，喜食耳片、耳芽和耳基，被害后的耳基往往不长耳，受害耳片胶质溶解，引起流耳。第四，幼虫取食木耳过程中排泄黑褐色丝状粪便，污染耳片，影响品质。第五，幼虫也能随采收进入仓库继续蛀食干耳片，并随商品调运扩散为害。其成虫和幼虫也为害储藏期的灵芝，被害灵芝中空，菌盖内充满黑褐色碎屑与虫粪（彩图 10 - 156 - 1）。

二、形态特征

成虫：体长 8～10mm，黑色，有光泽，长椭圆形。头上密生小刻点。触角 11 节，锯齿状，第四至十节近似漏斗形，第十一节椭圆形。复眼黑色，前缘凹，呈肾形。前胸背板宽大于长，密布粗大刻点，前缘稍内凹，后缘略凸出。腹板前缘密生长短棕褐色毛 1 排，小盾片近似等腰三角形。鞘翅长卵圆形，每个鞘翅翅面有粗大刻点，形成纵沟 9 列。3 对足几乎相等，腿节均有小刻点，胫节和跗节密被褐色毛，胫节端部有两个棕黑色距，爪 1 对。腹部可见 5 节，第一、二节中部有棕褐色微毛，第五节末端密生 1 排棕褐色毛。

卵：长 0.9～1.1mm，宽 0.4～0.5mm，乳白色，长椭圆形，表面光滑。

幼虫：体长 14～16mm，宽 1.8～2.0mm，体壁坚硬，体背棕褐色，体腹浅褐色。头部棕褐色，上颚黑褐色，触角下方至上唇着生一排 U 形的白毛。腹部可见 9 节，一至八节各着生气门 1 对。每节背板末端节间膜处由微小纵纹形成一条横带，腹面每节末端有闪光的纵纹。

蛹：为离蛹，长 8～10mm，宽 2～4mm，浅黄色。前胸前缘有 6 个深褐色刺状突起，中间 2 个较大。每腹节两侧有突起 1 对，上生爪状刺 1 根，突起两边有许多棕褐色锯齿。腹背正中有 1 条上凸的脊。腹末有 1 对钳状刺，刺上两侧着生 1 对小刺。

三、生活习性

在湖北武汉与大洪山区 1 年发生 1 代，以成虫于 9 月中旬开始陆续进入树洞、石块下、土缝隙、荆棘丛蔸下部、耳杆形成层和木质部之间等处越冬。翌年 2 月中、下旬越冬成虫开始活动，但种群数量少，活动力差；4～6 月大量出现，寻找有耳芽的段木开始为害，有时喜欢在野生革耳上取食。4 月中旬至 7 月中旬为越冬成虫产卵期。第一代幼虫在 4 月下旬至 7 月下旬发生为害，6 月中旬至 8 月上旬化蛹。

成虫多在白天羽化，少数夜间羽化，羽化率为 89.6%。初羽化的成虫体为浅红色，渐变为深红色，经 2～3d 后变黑色且具光泽，8～10h 后开始取食。成虫交尾多在 8：00～18：00，以下午较多，交尾时间一般为 40～70min，有的长达 2h。羽化后的成虫当年很少交尾产卵，翌年 4 月上、中旬平均气温为 17.5℃、相对湿度为 64% 左右时开始交尾，后经 10～12d 产卵。产卵多在夜间进行，尤其下半夜产卵较多。每头雌虫可产卵 30～80 粒。成虫产卵前期为 250～280d，寿命 280～300d，长者达一年半。由于成虫生存时间较长，导致各虫态发生极不整齐，在同一时期可见 3～4 种虫态。成虫爬行较快，不善飞，受惊后有假死现象，白天活动较少，3～20 头群集躲藏在耳杆下面的枯枝落叶处，多在耳杆的翘缝内及耳杆的横杠上交尾。夜间活动频繁，取食黑木耳的上、下表皮，被害后的耳片呈凹凸不平状。卵多群集产在耳片基部及卷曲的耳片内，也有少数产在有耳芽的接种穴内和树缝里，一般不外露。初产卵白色，3～5d 后浅灰白色，孵化前为灰色。幼虫昼夜均能孵化，以 6：00～8：00 和 15：00～18：00 孵化最多。在平均气温为 20.2℃、相对湿度为 75.7% 时，孵化率为 92.7%。孵化时，幼虫从卵顶端慢慢爬出，同一堆卵的孵化时间可相差 6～8h。初孵幼虫多集中在耳片上取食，虫体长大后，逐渐分散。幼虫食量大，排粪便多，粪黑褐色，呈绒毛状堆集在一块，成团的粪便常与耳片混黏在一起，影响木耳品质。幼虫通常栖息在隐蔽处，活动性强，稍受震动立即爬走。同一时间孵化的幼虫进入老熟阶段的时间不同，幼虫历期一般为 57～62d。短的 48d，长的 76d，未达老熟的幼虫可随木耳归仓继续取食，干木耳也可被其蛀食，并随商品调运迁移为害。化蛹前不吃不动，虫体逐渐缩小，预蛹期 2～3d。老熟幼虫在取食部位及粪便内化蛹，初蛹白色，羽化前变浅红色。室内气温为 20.2℃、相对湿度为 75.3% 的条件下，卵期 8d；当温、湿度分别为 25.5℃、79.9% 时，幼虫期为 48～67d；温、湿度分别为 27℃、84.9% 时，蛹期为 16d。

四、发生规律

菇场周边的树洞、砖石块、瓦块、枯枝落叶、烂草和残存的耳杆等是黑光伪步甲的主要越冬场所，也是重要的虫源。

黑光伪步甲幼虫怕光喜阴暗潮湿，不耐高温，在 30℃ 左右的高温下持续 8d 以上，幼虫死亡率高达

75％以上，即使存活，老熟幼虫也不能化蛹，冬季便会死亡。凡耳木处于较阴湿环境的，该虫发生就较重，相反，耳木两端垫有枕木，通风透光则受害较轻。

幼虫能在干木耳、干香菇上取食，随商品调运传播至他处定居为害。

五、防治技术

（一）农业防治

1. 减少虫源 冬、春彻底清除菇场内的残耳、肥料及附近的砖石、瓦块、枯枝落叶、朽木和烂草等，集中妥善处理或烧毁，消灭越冬成虫，减少虫源基数。

2. 栽培环境通风透光 选择地势稍高、向阳、通风透光好的场地栽培木耳、香菇等食用菌。接种的耳杆排放在向阳坡上，耳杆两端垫小枕木，保持通风透光，抑制该虫发生。

3. 人工捕杀 翻调耳杆或采收鲜耳时，黑木耳晒干和储藏过程中，发现有成虫和幼虫要及时捕杀。

（二）药剂防治

在湖北，于 3~4 月越冬成虫活动期间，用 10％氯氰菊酯乳油 1 000 倍液，或 4.5％高效氯氰菊酯乳油 2 000~3 000 倍液喷洒菇场内外场所，杀灭成虫，减少虫源基数。

黑光伪步甲发生盛期，可在采耳后用药液喷洒耳杆及耳场四周，喷药时要使整个耳杆均匀着药，要特别注意耳杆基部与地面接触处和耳杆蔽光面。可选用 2.5％溴氰菊酯乳油、10％氯氰菊酯乳油、4.5％高效氯氰菊酯乳油等稀释为 2 000~3 000 倍液喷雾。长耳或出菇期，发生成虫或幼虫，可用 5％除虫菊素乳油 1 000 倍液喷雾。

师迎春　郑建秋（北京市植物保护站）

第 157 节　食用菌弹尾虫

一、分布与危害

弹尾虫又称跳虫，隶属节肢动物门弹尾纲，简称"蚖"，俗称土跳蚤、烟灰虫、香灰虫等，是一类小型无翅土栖低等动物，行动活泼，善于跳动而得名。弹尾虫种类多，分布广，繁殖力强，数量大。在野生菌和栽培食用菌及培养料上常见，为害相应也重。我国已记载为害食用菌的弹尾虫种类有 3 目 5 科 20 余种，分属于原蚖目中的球角蚖科和棘蚖科，长角蚖目中的等节蚖科和长角蚖科，愈腹蚖目中的圆蚖科等。常见的种类有：紫泡角蚖 [*Ceratophysella communis* (Folsom)] 和卷毛泡角蚖 (*Ceratophysella flectoseta* Lin et Xia)，均属球角蚖科泡角蚖属；黑扁蚖 (*Xenylla longauda* Folsom)，属球角蚖科奇蚖属；粪棘蚖 [*Onychiurus fimetarius* (L.)]（彩图 10-157-1，3），属棘蚖科、棘蚖属；角符蚖 (*Folsomia fimetaria* L.)，属等节蚖科符蚖属；少氏刺齿蚖 [*Homidia sauteri* (Börner)]，属长角蚖科长蚖属；姬圆蚖 (*Sminthurinus aureus bimaculata* Axelson)，属圆蚖科圆蚖属。

在我国为害食用菌的弹尾虫分布于北京、河北、山东、江苏、上海、安徽、浙江、福建、贵州、河南、广东、广西、湖南、湖北、陕西、甘肃、黑龙江等省份。在多种弹尾虫中，以紫泡角蚖发生最严重，是优势种。弹尾虫常群集为害双孢菇、平菇、草菇、香菇、灰树花、猴头菇、灵芝、大球盖菇、竹荪、黑木耳、银耳、鸡腿菇、金针菇、姬松茸等多种食用菌的菌丝和子实体，常在夏、秋季节暴发。除直接为害外，还携带害螨和病原菌，造成菇床上的二次感染。弹尾虫因虫体微小，数量少时不易发现而被忽视，一旦发现菌丝受害、出菇受阻及弹尾虫大量出现时才会引起菇农重视。尤其在夏季条件适宜时，发生尤重，若菇房中缺乏有效监测措施，常给食用菌生产带来重大损失。

二、形态特征

弹尾虫个体微小，体长多小于 5mm，长形或圆球形，表皮光滑或有微毛与突起。眼不发达，触角 4~6 节，咀嚼式口器。足仅 4 节，末端一节为胫节与跗节愈合而成。腹部最多 6 节，有时与胸部愈合，腹部第一节有 1 条腹管，第四、五节有 1 个分叉的跳器，第三节还有很小的握弹器，这是弹尾虫的跳跃器官。重要常见种的形态特征如下：

1. 紫泡角䖴（亦称紫跳虫）

成虫：体长 1.2~1.5mm，虫体扁而宽，背板蓝黑色或紫黑色，有灰白色小点，腹板灰白色，每体节中部各有一横列黑色刚毛。头部较粗大，红紫色和蓝色相间，有灰白小点；复眼在头的背上方；触角 4 节。足粗短棒状，具细毛，端节锥形。前胸细，中胸以后渐宽，呈灰白色。腹部一至三节最粗大，节间灰白色，末端有一对针状尾突（彩图 10 - 157 - 1，1）。

卵：白色圆球形，直径 0.05~0.06mm，表面光滑，半透明状。

若虫：头向上方隆起呈半球形，腹部圆筒形，一龄若虫体半透明状，之后随龄期的增长从灰白色渐呈紫黑色。

2. 卷毛泡角䖴 成虫体长 1.1~1.3mm，棕灰色，触角灰黑色，眼面黑色，腹面淡灰黄色，足及弹器淡灰色。体有稀疏长毛，其中零星分布较短小刚毛，体表有中等大小较密的皮肤粒。

3. 黑扁䖴 成虫体长约为 1.5mm，稍扁，黑色，略有深黑色小点。触角黑色，粗短，约与头等长，上有细毛。爪上无小齿，无褥爪，在各足末端有 2 根端部膨大的黏毛，弹器短而细。

4. 角符䖴 成虫体长约为 1.4mm，圆筒形，白色，体表密被细毛，有少数长毛。触角与头等长。腹部四至六节愈合。爪微弯曲，内缘中央有 1 齿，褥爪为爪的 1/2，基部宽大。弹器与触角约等长，端节小而上曲，具 2 齿（彩图 10 - 157 - 1，2）。

5. 少氏刺齿䖴 成虫体长约 2mm，体有黑斑，斑纹不定。触角 4 节，约为体长的 1/2。第四腹节特长。爪内缘有 1 对小齿，弹器约为体长的 1/2，端节占 1/4，顶端有 1 对小齿。

6. 姬圆䖴 成虫体长约为 1.1mm，胸腹部愈合，呈椭圆球形。胸环节明显，五、六腹节可辨。触角 4 节，较头部长，体多为灰黑色。爪内缘小齿 0~3 个不等，弹器基节与端节长度比约为 5：2，端节上有细微锯齿。

三、生活习性

弹尾虫类在湖北省 1 年发生 6~7 代，世代重叠严重。南方一般 4~11 月是弹尾虫繁殖期。在山东省紫泡角䖴野外以成虫和若虫在土缝、植物根际等潮湿隐蔽处越冬，冬、春季菇房也照常发生，在生长季节各虫态同时存在。常随培养料、覆土侵入菇房繁殖为害。

弹尾虫具有明显的群集性、趋湿性和趋暗性。食性多样化，兼有植食性、菌食性与腐食性。多生活在土壤、枯枝落叶、牲畜粪肥、食用菌废料等富含腐败物质及较阴湿的环境中，晴天多栖息于土壤中及多汁的植物残体上，清晨和傍晚活动，为害食用菌。紫泡角䖴常大量聚集一处为害食用菌，一个菌盖上有数百至数千头，似弹落在菌盖上的烟灰，故名烟灰虫。成、若虫受惊扰后，立即跳离原处，躲进潮湿阴暗处或地面。弹尾虫体表有一层油质，有喜水的习性，菇房或菜田积水时可成群漂浮在水面上，跳跃自如。

食用菌播种后，弹尾虫成、若虫取食菌丝体，致使菌丝萎缩，引起退菌；子实体形成后，钻进菌柄、菌褶和菌盖隐蔽取食，致菌柄和菌盖出现许多小孔洞，菌褶被咬成缺刻。在菌盖表面取食，出现不规则凹坑或孔道。菇蕾受害，易造成成片死亡（彩图 10 - 157 - 2）。

紫泡角䖴除为害食用菌外，还可为害小白菜、黄瓜、菜豆、西葫芦等多种蔬菜的幼芽和贴地面的叶片，造成不规则凹坑，严重者致叶片萎蔫，幼苗生长停滞。成虫行动活泼，善跳。产卵于土缝内、枯叶下等隐蔽处，成虫常多头聚集在一起产卵，卵呈堆状，有十几粒到几百粒左右。单雌产卵量 100~300 粒。平均温度 15.4℃时，卵期为 9.5~10d，20℃时 6~7d。若虫孵化后爬行或跳跃，不久离开原处，钻入暗处，寻找寄主取食。

四、发生规律

（一）虫源基数

菇房或菜地种菇环境属下列情况，弹尾虫一般发生为害严重。第一，培养料和覆土未彻底高温灭虫处理或进行杀虫处理，会将弹尾虫虫卵带入菇房。如未发酵彻底的草料内带有大量的虫卵。第二，菇房在栽培之前未仔细清理废料及残菇和进行杀虫处理。第三，春（秋）季栽培蘑菇，由于菇房密封不严，菇房周围又堆积废旧培养料，弹尾虫容易迁入。第四，以食用菌废料作基肥的菜地后茬栽培食用菌。

（二）气候因素

弹尾虫喜阴湿，故多发生在通风透气差、环境潮湿、卫生条件差的菇房。弹尾虫不耐高温和干燥，温度超过 28℃时，对其生长发育不利，死亡率高。适宜弹尾虫生活的相对湿度为 85％左右、温度为 20～25℃。在此条件下弹尾虫繁殖速度快，为害重。南方高湿环境有利于发生为害，特别是在连续下雨后转晴时数量尤多。如广西南部，露地栽培食用菌，春季雨水多，紫泡角蚍大量聚集在覆土层繁殖，为害大球盖菇严重。在湖北，段木栽培的黑木耳，春季阴雨连绵，弹尾虫为害重，最易大发生。菇房内地面潮湿或积水，常诱发紫泡角蚍等多种弹尾虫发生。平菇菇房内料堆底部由于贴近地面，当地面湿度大或积水时紫泡角蚍等发生重。

（三）栽培品种和环境

在食用菌各菇种中，以草腐菌受害较严重，春播的高温双孢菇和秋播的中温双孢菇、鸡腿菇、大球盖菇、草菇等覆土栽培的种类受害严重。双孢菇播种后，菌丝的气味能吸引弹尾虫在料内产卵。在菌菜间作田，由于菜田湿度大，土壤内有机质丰富，非常适宜弹尾虫的滋生，发生为害也较重。

（四）天敌

在福建发现，热带吸螨（*Bdella tropica* Atye）和分吸螨（*B. distincta* Baker and Balogh）是弹尾虫的有效捕食性天敌，彩纹猎蝽（*Euagoras plagiatus* Burmeister）也捕食弹尾虫。在我国许多食用菌栽培区调查发现，蜘蛛也是弹尾虫的主要天敌。但这些天敌的作用尚待科学评价。

五、防治技术

食用菌弹尾虫的防治要做到预防为主，重在搞好菇场内外的环境卫生，减少虫源，防止栽培环境湿度过大或积水，以减轻其发生为害。必要时采用药剂防治，注意选用高效、低毒、低残留的药剂，应在采收结束后再施药，并严格执行农药安全间隔期。

（一）农业防治

1. 搞好菇场内外的环境卫生　清除菇房和制种场周围的杂草、枯枝落叶、垃圾和废旧培养料。生产过程中，发现为害严重的菇体或菌袋及时清理销毁或深埋。蘑菇采收后，及时清理残菇和下脚料。种植结束后要将废料清除干净。菌菜间作田，地面要严实覆盖地膜，不要裸露。

2. 确保菇房（棚）无虫　种菇前要先将菇房内清扫干净，适当撒石灰粉进行消毒，保持地面干燥。

3. 处理好培养料和覆土　室内栽培双孢菇、草菇等草腐菇的培养料应进行二次发酵处理，使料堆温度达 65～70℃，杀死弹尾虫的成、若虫和卵；培养料充分发酵或充分晒干堆放备用；覆土多是含腐殖质的肥沃土，入菇房前应在阳光下暴晒 2～3 d，防止覆土带有弹尾虫。

4. 调控好菇房湿度　菇房应保持良好的通风，调控好环境湿度，菇房地面不要积水，忌环境过于潮湿阴暗，防止弹尾虫的滋生。

（二）诱杀防治

根据弹尾虫的喜水习性，用浅盆或浅盘盛水（内放少许拟除虫菊酯类杀虫剂）置于菇房袋料行间或覆土上诱杀，并及时更换水。也可采用蜂蜜水，在其中加 0.1％的拟除虫菊酯乳油，混匀后涂在硬纸板或牛皮纸上，置于袋料行间或覆土上诱杀弹尾虫。这两种方法均可兼作监控弹尾虫发生的手段。

（三）药剂防治

出菇后发生弹尾虫可在地面或覆土上喷洒 4.3％氯氟·甲维盐乳油 1 000 倍液；若子实体上有弹尾虫，可选用 5％除虫菊素乳油 1 000 倍液或 1％苦参碱可溶液剂 1 000 倍液喷雾防治。

师迎春　郑建秋（北京市植物保护站）

第 158 节　腐食酪螨

据初步统计，我国食用菌害螨的常见种类有 8 科 45 种，主要有粉螨、蒲螨和跗线螨三大类。其中，发生普遍、为害严重的种类是腐食酪螨、镰孢穗螨和蓝氏布伦螨等。

一、分布与危害

腐食酪螨［*Tyrophagus putrescentiae* (Schrank)］又称卡氏长螨，属蛛形纲蜱螨目粉螨科食酪螨属，是世界性的食用菌重要害螨。在我国发生普遍，福建、江苏、安徽、江西、上海、云南、四川、湖南、湖北、河南、河北、吉林、西藏、台湾等省（自治区、直辖市）都大量发生。

该螨为害双孢菇、凤尾菇、平菇、木耳、银耳、香菇、草菇、灵芝等多种食用菌，整个栽培期均可发生为害。此外，还是仓储物质如稻谷、稻米、小麦、面粉、麸皮、米糠、棉籽、中药材等的重要害螨。受该螨为害的菌床、菌袋轻则退菌推迟出菇，重则大幅减产，甚至造成绝收。腐食酪螨主要为害食用菌的子实体、孢子与菌丝。腐食酪螨的螯肢呈剪刀状，边缘有刺呈锯齿状，这种剪刀形的构造能作垂直运动，在子实体背面菌褶中挖掘，然后取食被破碎的基粒，造成孔洞和不规则隧道。螨量多时使子实体变薄，表面凹凸不平，千疮百孔。子实体生长初期入侵取食，致使其生长过程受力不均引起边缘破裂，影响产量与品质。菇房湿度低时因伤口多，水分过度蒸发使子实体边缘内卷，菇盖呈烟色皱缩，像被烘过，菇柄短，手触干枯，折之易断。菇房湿度大时易受其他杂菌感染和发生烂菇。1983—1987 年笔者曾对福建省 5 个地区 300 多个菇房进行调查，发现腐食酪螨为害是导致食用菌减产甚至绝收的主要原因之一。在福州一菇房中随机抽查一朵直径 4cm 的凤尾菇，检出腐食酪螨 539 头。在连作 2 年凤尾菇的菇房中，在春季该螨繁殖、发生为害高峰期，平均每 100g 培养料中可分离出该螨 4 530～23 340 头，其中怀卵的雌螨占 25%～50%，造成第四、五潮菇绝收。

二、形态特征

卵：长椭圆形，浅白色透明，长 220μm，宽 70μm，表皮上有规则地排列瘤状刻点。

幼螨：长 250μm，白色透明，近圆形，sci 毛比 sce 毛长，d_3 毛比 d_1、d_2 毛长。体躯后缘有 1 对长刚毛。

第 I 若螨：体长 335μm，白色透明，足浅棕色。主要特点是足Ⅳ短，紧挨足Ⅲ为其长度的 1/2。

第 II 若螨：体长 340μm，形态似成螨，足浅棕色，足 I、Ⅱ较长，足Ⅳ短，为足Ⅲ的 3/4。

雄螨：体长 280～350μm，表皮光滑、发亮，附肢的颜色随食物而异。前足体背板常微弱骨化。向后延伸达胛毛处，后缘几乎平直。vi 向前延伸，超出螯肢顶端。ve 位于 vi 稍后的位置，比足的膝节长。胛毛 sc 比前足体长，内胛毛 sci 比外胛毛 sce 长。后半体背面 d_1、la 和 hv 均短，几乎等长，为躯体长的 8%～10%，d_2 的长为 d_1 长的 2～3.5 倍。hi 比 he 长并与体侧成直角。其余刚毛均长。所有的足末端为柄状爪，有较发达的前跗节（图 10-158-1）。

雌螨：体长 400～450μm，怀卵时达 480～550μm，体形丰满肥大，体色半透明。足与颚体浅棕色，几乎位于同一水平上。除尾部外背毛长而直立，大部分超过体长。肛门孔几乎达体躯后端，周围有 5 对肛毛，其中 a_2 比 a_1 长，a_4 显著比 a_2 长，pa_1 毛和 pa_2 毛也很长。

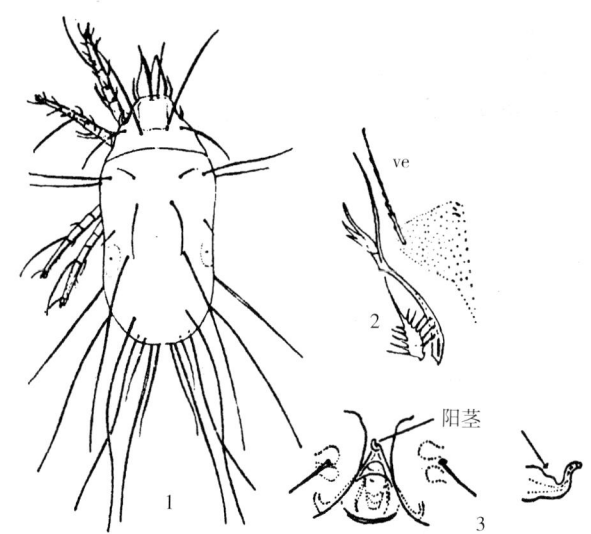

图 10-158-1　腐食酪螨（仿 A. M. Hughes，1976）
Figure 10-158-1　*Tyrophagus putrescentiae*（from A. M. Hughes，1976）
1. 雄螨背面　2. 基节上毛格氏器　3. 生殖区阳茎

三、生活习性

腐食酪螨在福建福州 1 年最少完成 16 代，最多可完成 22 代，通常能完成 18～19 代。大多通过菌种、培养料、覆土等途径传播进入菇房，一生经历卵、幼螨、第 I 若螨、第 II 若螨和成螨 5 个时期。卵孵化前，先在其一端出现浊白色圆斑，孵化时卵壳破裂，幼螨前肢伸出，奋力爬出，整个过程 10～15min。幼螨在温度（17±1）℃条件下发育到第七天后，躯体呈珍珠状，大小为刚孵化时的 3～4 倍，并静伏，再经 5～6d 变成第 I 若螨。幼螨期内培养料中含水量低于 30% 或高于 70%，幼螨易死亡或外逃，最适相对湿度为 85%～95%。雌螨产卵前体大肥硕，体内可见大量卵粒，取食活跃，爬行快，喜将卵产在子实体的菌褶中，产卵后体形明显变小。雌螨产卵可出现 4

次高峰，日产卵量最高时可达14~16粒。在12.5℃、15℃、20℃、25℃、30℃下饲养观察，世代历期分别为65.92d、37.0d、15.4d、14.09d和10.99d，产卵量分别为37粒、128粒、66粒、44粒和24粒，孵化率分别为83.3%、86.7%、86.7%、96.7%和83.3%。在12.5~30℃条件下，温度对第Ⅰ若螨和第Ⅱ若螨存活影响不大，但对幼螨的存活率影响较大。高温不利于螨的存活，一般在55℃下存活5h，60℃时能存活3h。高温（30℃）和低温（12.5℃）对幼螨存活及成螨产卵都不利。产卵期最适相对湿度为90%~95%，温度为17~20℃。卵的发育起点温度为（10.47±2.31）℃，有效积温为41.79℃；幼螨的发育起点温度为（8.09±2.36）℃，有效积温为58.06℃；第Ⅰ若螨的发育起点温度为（9.09±1.16）℃，有效积温为36.27℃；第Ⅱ若螨的发育起点温度为（10.59±1.73）℃，有效积温为39.53℃；全世代发育起点温度为（8.38±1.51）℃，有效积温为221.72℃。

四、发生规律

（一）管理因素

腐食酪螨的传播途径多，连作的菇房、菌种培养和培养料消毒不彻底，是造成其在菇房暴发成灾的重要原因。其中以菌种带螨最为重要，覆土带螨也是重要螨源。据浙江报道，各菌种场的菌种带螨率达13.3%~48.9%，平均带螨率为18.6%。其中，以腐食酪螨为主的粉螨占21%，带螨菌种接种后，一旦环境条件适宜，害螨在短期内可暴发成灾。食用菌培养料在堆制发酵前已带螨类，尤以在牛粪和堆放在室外陈旧稻草或陈旧麦秆中较多，其中粉螨占50%，培养料在堆料场堆制发酵不彻底仍有一定量粉螨存在，也会带入菇房。此外，一些昆虫如眼蕈蚊和瘿蚊成虫，也能携带螨虫经菇房门、通风窗口侵入菇房定居传播。

（二）菇房温、湿度

腐食酪螨产卵最适温度为17~20℃，相对湿度为90%~95%；高温（30℃）和低温（12.5℃）不利于其产卵繁殖和幼螨存活。在福建省，11月中旬至12月下旬，菇房温、湿度条件适宜，为该螨第一次发生高峰期，平均每朵凤尾菇的螨量为150~200头，对一、二潮菇产量及品质影响很大。10月至11月上旬当菇房温度超过25℃，1月下旬低于15℃时，该螨则在培养料中呈静息状态。3月下旬是该螨第二次产卵繁殖、发生为害高峰期，可造成第四、五潮菇绝收。

五、防治技术

腐食酪螨个体小不易被发现，传播途径复杂，防治工作应以农业、物理等预防性措施为主，通过密切监测螨情，必要时采取化学防治措施。

（一）农业防治

菌种场和菇房应远离粮食、饲料和中药材仓库或鸡鸭舍。清除菌种场、堆料场和菇房及周围的各种废弃物、霉变物、稻草、麦秸、棉籽壳、烂麻袋、烂草帘等，彻底清除螨源地。

（二）物理防治

1. 做好堆料和覆土消毒 堆料发酵要彻底，堆料发酵的温度应达到60℃以上并维持10~12h，利用高温杀灭培养料中的害虫和害螨。覆土也要暴晒1d或高温（65℃以上）处理10h，才能保证好的控螨效果。

2. 冷冻处理菌种 将感染害螨的菌种置于冷库中，于-10℃下处理24h，杀螨效果好，栽培后蘑菇生长正常，对产量无影响。

（三）诱杀法

1. 菜籽饼诱杀法 在遭螨害的培养料面或覆土上铺上若干块湿布，把刚炒香的菜籽饼撒在湿布上，待螨虫聚集在菜籽饼上时，将湿布取下置于开水中片刻即可杀死害螨。

2. 糖醋液诱杀 取1份醋液、1份清水和0.1份白糖，混合溶化搅匀后即成糖醋液。用纱布或棉花浸蘸糖醋液后放在培养料上，待害螨聚集其上，取下烫杀。连续诱杀直到无害螨为止。

（四）化学防治

1. 消毒菇房 菇房在栽培前要彻底清扫干净，之后选用10%哒螨灵乳油、20%双甲脒乳油、5%噻螨酮乳油、1.8%阿维菌素乳油1 000~2 000倍液，或4.3%氯氟·甲维盐乳油2 000~2 500倍液等杀螨剂喷菇房、培养架等设施和地面，喷 1～2 次即可收到有效的预防效果。

2. 加强监查，及时防治 菇房播种后 6～7d 就要及时检查是否有螨类为害。检查时在培养料的表面放一块黑色塑料布，用放大镜贴近料面观察，若有螨类发生，5～10 min 后就会爬到塑料布表面，结合调查螨情，及时进行化学防治。双孢菇覆土前发现害螨，可在培养料面用上述杀螨剂进行防治。覆土后发现有螨害，也可对湿润的表土作喷雾防治。

3. 喷施杀螨剂 杀螨剂是防治腐食酪螨的一种最有效的方法。菇房播种后，如果发现腐食酪螨，用 73％炔螨特乳油 1 000～1 500 倍液，对其成螨、若螨均具有触杀和胃毒作用。

（五）生物防治

食用菌害螨的天敌很多，如黄瓜新小绥螨［*Neoseiulus cucumeris*（Oudemans）］、巴氏新小绥螨［*N. barkeri*（Hughes）］、马六甲肉食螨［*Cheyletus malaccensis*（Oudemans）］、普通肉食螨［*C. eruditus*（Schrank）］、尖狭下盾螨［*Hypoaspis aculeifer*（Canestrini）］等，都有很好的自然控制作用。每头马六甲肉食螨成螨一昼夜能捕食腐食酪螨 10 头左右，整个生育期约 19d，可捕食 100 头。利用尖狭下盾螨控制腐食酪螨的试验表明，在（25±1）℃下，按益害比为 1∶5 或 1∶10 释放尖狭下盾螨，在 7～10d 内可把腐食酪螨控制在很低水平，15d 后可有效控制。目前我国尚待建立食用菌害螨生物防治体系。

张艳璇　林坚贞（福建省农业科学院植物保护研究所）

第 159 节　镰孢穗螨

一、分布与危害

镰孢穗螨（*Siteroptes fusarii* Smiley et Moser）属蛛形纲蜱螨目穗螨科穗螨属。分布于福建、江西、广东、广西、山东、湖北、四川、湖南等省（自治区），1976—1987 年在福建、江西、四川、广东、广西等银耳产区暴发成灾。该螨取食银耳菌丝和白毛团，一旦菌丝和白毛团被部分或全部食光，造成耳小或不长耳，取食子实体影响生长和造成烂耳。受害严重的银耳，多种氨基酸含量明显下降，使产量和品质明显降低。此外，对香菇生产威胁也很大。1987—1989 年，笔者等对福建省古田、三明等 8 县的调查结果表明，银耳受害非常严重，甚至导致绝收。其中古田县大桥、凤埔、平湖和松吉四镇银耳主产区，将螨害穴数折算成受害袋为 12.83％，其中，绝收袋数占 50.4％。每千袋银耳受螨害造成的经济损失为 83.6～243.3 元，按中度螨害发生年估算，全县每年因螨害造成的经济损失可达 300 万～400 万元。

二、形态特征

雌螨：正常雌螨体长为 229μm，体宽为 109μm。颚体长，具 2 对背毛，前侧毛长于后侧毛，须肢具 2 根单毛和 1 根小感棒。前足体背板近长方形，长大于宽，具 3 对背毛，前顶毛 v_1 长于后顶毛 v_2，后胛毛 sc_2 最长。假气门器毛 sc_1 端部梨形，无细刺，气门二室，卵圆形。后半体 7 对背毛，除外骶毛 h_2 细小光滑外，其余背毛具有细毛被。外腰毛 e 约是内腰毛 f 的 1/3 长，外骶毛 h_2 是外腰毛 e 的 1/4 长。前中表皮内突 ap pr 分别与表皮内突 ap_1、ap_2、apsj 连接，基节毛 2b 长于 2a、2c，基节板 Ⅰ～Ⅲ 分别具 3 对基节毛，基节板 Ⅳ 具有 1 对基节毛 4a、4c，基节毛 4b 位于腹片 St po 后侧角。尾毛 3 对，尾毛 ps_2 明显长于 ps_1 和 ps_3。足 Ⅰ 5 节，具细长单爪，足 Ⅱ～Ⅳ 具双爪（图 1-159-1）。

异型雌螨躯体背毛和腹毛序同正常雌螨，两者区别在于足 Ⅰ 粗大，胫节和跗节愈合形成胫跗节，爪强大弯曲；足 Ⅱ、Ⅲ 胫节和跗节愈合成胫跗节，爪分叉；后半体外骶毛 h_2 末端钝（图 1-159-2）。

雄螨：体长 179μm，体宽 102μm。颚体小，具 2 对背毛，腹面具 2 对腹毛，前足体 4 对背毛，后顶毛 v_2 长于前胛毛 sc_1，前胛毛 sc_1 长于前顶毛 v_1，后胛毛 sc_2 最长。后半体背片 CD 具 3 对背毛，外肩毛 c_2 最长，背中毛 d 明显长于内肩毛 c_1，背片 EF 具 2 对毛，外腰毛 e 接近内腰毛 f 的 1/2 长，背片 H 具 2 对微小光滑单毛 h_1 和 h_2。足 Ⅰ 单爪，足 Ⅱ、Ⅲ 具双爪，足 Ⅳ 跗节上具刺突和距是该螨的重要特征。

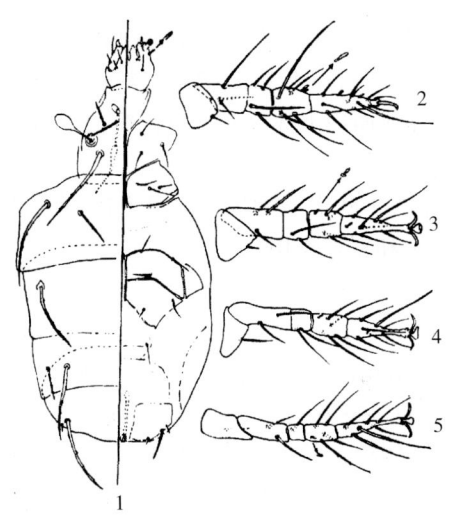

图 10 - 159 - 1　镰孢穗螨正常雌螨（仿 Smiley 等，1976）

Figure 10 - 159 - 1　Normal female of *Siteroptes fusarii*
(from Smiley et al.，1976)

1. 左背面观，右腹面观　2~5. 足Ⅰ~Ⅳ

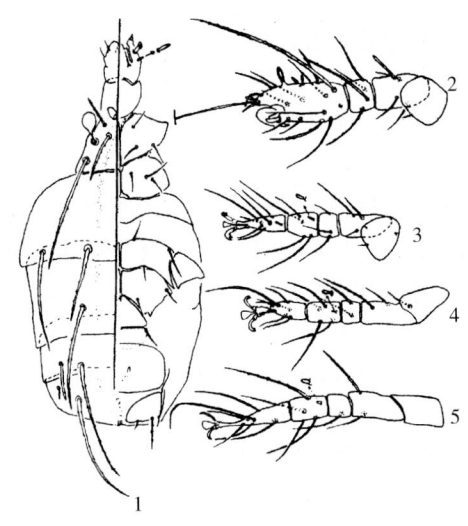

图 10 - 159 - 2　镰孢穗螨异型雌螨（仿 Smiley 等，1976）

Figure 10 - 159 - 2　Heterotype female of *Siteroptes fusarii*
(from Smiley et al.，1976)

1. 左背面观，右腹面观　2~5. 足Ⅰ~Ⅳ

三、生活习性

镰孢穗螨在福建省 1 年发生 10 代，成螨在收割后的银耳栽培袋中越冬。2 月成螨以各种途径（如菌种等）进入菇房，1 年中以 4~6 月发生严重，5 月下旬和 6 月中旬菇房内出现两个发生高峰，正是银耳白毛团期，是银耳生长的关键时期，此时受害最重。8~9 月高温季停止栽培，成螨在收割后银耳栽培袋中越夏，10 月又进入菇房。

9：00~10：00 成螨群集在银耳耳瓣上。雌螨平均产卵量 1 210 粒。卵椭圆形，散生于银耳培养料内。初孵幼螨群集在银耳栽培袋内取食菌丝。通常在螨群体中，膨腹体雌螨膨大透明，似珍珠，雌、雄性比为 8~9：1；膨腹体雌螨与未膨腹体雌螨比例为 6：1。在（25±1）℃下，成螨寿命为 10~15d，卵期 5~8d，幼螨期 10~12d。

镰孢穗螨趋气味性强，把银耳袋内培养料、鲜银耳、米糠和水按一定比例混合后置于白色塑料膜上，在银耳房可诱集到大量螨。该螨群集性强，在银耳螨害发生重的栽培房中有时在一朵银耳瓣片上栖居 2 万头。该螨最显著的习性是喜湿怕干，在相对湿度 83% 以上，饥饿状态下能存活 1 周，而在相对湿度 65% 以下，寿命不足 1d。其耐饥力也较强，在饥饿条件下，4℃下存活达 21d，13℃、19℃ 和 29℃ 分别存活 15d、12d 和 5d。

四、发生规律

（一）虫源基数

菌种带镰孢穗螨是造成栽培场菌袋污染率高、菌体生长不良、出耳率低、产品质量差、受害严重的重要因素。收割后的银耳废培养料未及时处理与销毁，存放在袋内或菇房内，则成为继续侵染的重要来源，形成恶性循环。

（二）气候条件

从银耳上架栽培到收割，温度一般控制在 20~25℃、相对湿度在 90% 以上，栽培环境比较稳定，非常适宜镰孢穗螨种群的生长、发育、繁殖和存活，在培养料袋内外呈稳定增长趋势，通常发生为害较重。

（三）天敌

由于菇农长期使用化学农药，在害螨发生严重的季节难以发现捕食性螨类和天敌昆虫，菇房内自然控制作用薄弱，造成害螨猖獗。只有在银耳收割后堆放在室外的栽培袋上能查到捕食螨。

五、防治技术

由于镰孢穗螨主要发生在银耳栽培袋内，与银耳菌丝混生。一旦进入培养料为害，难以防治。因此，落实好预防措施，防止菌种带螨和杜绝该螨进入培养料与菇房是防治的关键。

（一）预防措施

1. 制作无螨的银耳菌种　把银耳母种瓶和原种瓶置于－5℃下冷藏，冻死害螨；清除接菌箱内外杂物，培养箱、培养室每周喷洒 1 次杀螨剂；菌种培养室不要设在银耳栽培室附近；菌种室周围不要堆放棉籽壳及收割过的银耳栽培袋；制种室、培养室、栽培室要远离粮食、饲料仓库和畜禽养殖场。

2. 做好菇房内外清洁工作　及时处理银耳废旧培养料，可用 4.3％氯氟·甲维盐乳油按照使用说明防治害螨。

（二）人工捕杀

镰孢穗螨 9：00～10：00 喜在栽培袋外群集活动，准备一把软毛刷子和一个盛有 45℃以上热水或盛有杀螨剂（如哒螨灵）的面盆，把严重发生螨害的银耳栽培袋在盆上面抖搂数次，然后再用刷子将银耳子实体刷数次，将残余螨刷于盆中烫死或毒死，每天 2～3 次，连续 3d，能显著降低该螨种群数量，减轻为害。

（三）诱杀法

同腐食酪螨。

（四）化学防治

在防治适期即银耳白毛团期，选用对银耳生长无不良影响的杀螨剂，如 73％炔螨特乳油 1 000～1 500倍液喷雾防治。

张艳璇　林坚贞（福建省农业科学院植物保护研究所）

第 160 节　蓝氏布伦螨

一、分布与危害

蓝氏布伦螨 [*Brennandania lambi*（Krczal）] 属蛛形纲蜱螨目微离螨科布伦螨属，是菇业的重要害螨，已知分布于澳大利亚、新西兰和中国，在我国主要分布于上海、江苏、浙江、福建、四川等省（直辖市）。蓝氏布伦螨仅为害双孢菇的菌丝，不为害子实体。菌丝受害严重时，覆土表面聚集覆盖大量螨，如同撒了一层黄色粉末，短期内能毁坏菇床的全部菌丝。此外，该螨还取食银耳、猴头菇、毛木耳和黑木耳等食用菌的菌丝，均能顺利完成生活史。据 Clift 等（1987）报道，该螨能导致澳大利亚蘑菇损失达30％。蓝氏布伦螨也是我国蘑菇生产上毁灭性的害螨，大发生年可造成产量损失达 10％～20％，严重时可达 50％以上，甚至失收。

二、形态特征

雌螨：体长 241μm，体宽 128μm，颚体近长方形，具 2 对背毛和 1 对腹毛，螯肢针状，须肢稍长于颚体长度的一半，具 2 对感棒。咽具有成对腺状结构和 3 个咽泵。气门和气门沟卵形。顶毛 v_2 1.6μm，微小；假气门器毛 sc_1 25.6μm，端部梨形，柄细长，与胛毛 sc_2 位于同一水平；sc_2 29.6μm；外肩毛 c_2 30.4μm；内肩毛 c_1 28μm；被中毛 d 20μm；内腰毛 e 20.8μm；外腰毛 f 20.8μm；内骶毛 h_1 20.8μm；外骶毛 h_2 19.2μm。背毛 EF 后半部 e、f 毛周围具网纹。腹面前中表皮内突 ap pr 与弓形表皮内突 ap_1～ap_2以及横表皮内突 ap sj 连接。后中表皮内突 ap po 与表皮内突 ap_4 连接，形成十字形，表皮内突 ap_3～ap_5 缺乏，后半体侧表皮 La 与后胸板 st po 分开，副生殖板 ag 后缘凸，前缘平直。

足 I 4 节，胫跗节愈合、无爪，足 II、III、IV 5 节，具成对的爪和膜状爪垫。足 I 股节背毛 d 长于腹毛 v_1 和侧毛 l_1，胫跗节具 4 根细长感棒，感棒 ϕ_2 端部扩大呈椭圆形，足 IV 长于足 I、足 II、足 III（图10-160-1）。

雄螨：体长 170μm，宽 85μm，颚体退化成管状结构，前足体背板前缘弧形，具 3 对刚毛，内胛毛 sc_1

长于外胛毛 sc_2，顶毛 v 接近内胛毛的 1/2 长。背片 CD 具 3 对刚毛和 1 对隙孔 ia，外肩毛 c_2 稍长于内肩毛 c_1，背毛 d 位于距背片后缘稍短于毛长的位置。背片 EF 具 2 对刚毛，内腰毛 f 与外腰毛 e 约等长，背片 H 具 1 对骶毛 h_2 和 1 对隙孔 h_1，腹面前中表皮内突前端与很短的表皮内突 ap_1 连接，其后端与横表皮内突连接，横表皮内突分 3 段，后中表皮内突后部分开，形成表皮内突 ap_5。

足 I 5 节，具单爪，足 II、III 具成对双爪和膜状爪垫，足 IV 粗壮，无爪。跗节 I 感棒 ω 粗大内弯，稍短于跗节。跗节 II 感棒 ω 是该节长度的 3/5，位于节基部（图 10 - 160 - 2）。

三、生活习性

蓝氏布伦螨年发生世代数不详，在冬季常温下以各种螨态在菇房中安全越冬。一般春季栽培和栽培早期遭受螨害严重，秋季螨害略轻。在出菇期繁殖 1 代一般需要 2 周多。整个世代经历卵、幼螨（包括休眠体）、成螨 3 个阶段，无若螨期。卵圆形，初产时白色，透明发亮，接近孵化时呈淡黄白色，中间有 1 条乳白色带。卵堆叠于母体末端，在蘑菇的培养料、稻草茎秆及其缝隙中可大量发现成堆的卵。条件适宜时幼螨孵化率达 100%。

幼螨孵化时先伸出第 I 对足，并不断活动，卵壳裂缝变大，随后钻出卵壳。幼螨体白色透明，足 3 对，爬动灵活。幼螨找到菌丝致密处立即取食，开始为害。经历活动期后，分泌黏液将身体黏附在菌丝较多的培养料上，停止取食，进入休眠期。幼螨休眠期体膨大，背面略微隆起呈半球状，快蜕皮时，体色由无色透明变不透明，近羽化时表面有一层乳白色膜。休眠体蜕皮后发育为成螨。成螨足 4 对，体淡黄白色，长椭圆形，腹部末端钝圆。成螨是为害蘑菇最严重的发育阶段。

雄螨一般较雌螨先羽化，常守在雌性休眠体旁，待其羽化后交尾。雄螨不取食，在覆土表面聚集成团的一般都是已交尾过的雌螨。雌螨的最后一对足直立，前 3 对足前伸，

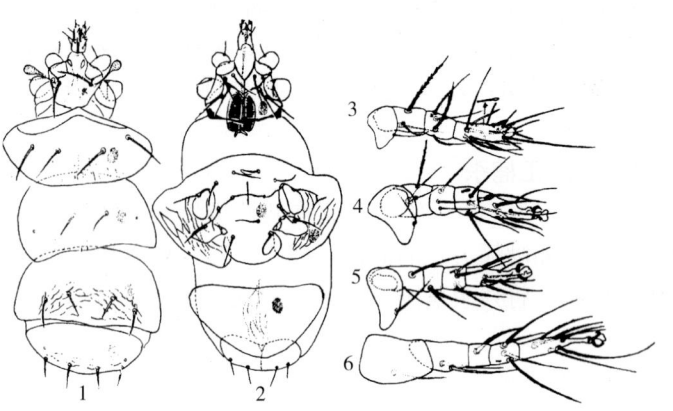

图 10 - 160 - 1　蓝氏布伦螨雌螨（仿 Kroza，1964）
Figure 10 - 160 - 1　Female adult of *Brennandania lambi* (from Kroza，1964)
1. 背面观　2. 腹面观　3～6. 足 I～IV

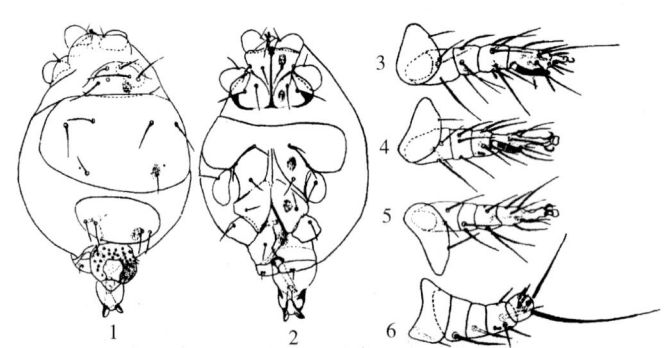

图 10 - 160 - 2　蓝氏布伦螨雄螨（仿 Kroza，1964）
Figure 10 - 160 - 2　Male adult of *Brennandania lambi* (from Kroza，1964)
1. 背面观　2. 腹面观　3～6. 足 I～IV

这种姿势表明要附着于过路的昆虫体上，随之携带传播。雄螨较雌螨小，第 IV 对足粗壮，向内呈弧状弯曲，交尾时起抱握器的作用。雌螨喜钻在蘑菇菌丝稠密、培养料较紧密的缝隙中静伏取食。雌螨取食 1 周左右，体渐渐从后半体中段开始膨大，活动量随之减弱，5～7d 后腹部呈球状，光亮透明。球体背面有一条较宽的带，之后，体色渐变为淡黄色至橘黄色，背面的白带变宽，呈乳白色。雌螨产卵后，不再爬动，数十粒卵堆积在雌成螨的腹部末端。

在 15℃、20℃和 25℃条件下，卵期分别为 12～13d、9～10d 和 4～5d，活动期幼螨分别为 2～3d、2～2.5d 和 0.5～1d，幼螨休眠期分别为 11～12d、9～10d 和 6～7d，雌螨产卵期分别为 13～14d、9～10.5d 和 5～6.5d。产卵的最适温度为 15℃，单雌产卵量为 22～55 粒，平均 37.0 粒；温度 20℃时次之，平均 32.0 粒；当温度为 25℃时，产卵量明显降低，平均 16.2 粒；低温则不利于产卵。蓝氏布伦螨产卵最适温度与蘑菇生长发育的最适温度完全一致。

蓝氏布伦螨在菇房中扩散主要有两种方式。其一是主动传播，即在菇床和菇架上水平和垂直爬行传播。其二为被动传播，即螨附着在人的衣帽上、工具上靠携带传播，以及附着在双翅目蚊蝇类成虫体表靠

飞行和爬行传播。

四、发生规律

（一）螨源基数

双孢蘑菇菌种培养室在冬季栽培过香菇或其他菇种，或堆放棉籽壳等栽培料，第二年春夏蘑菇菌种放入未经消毒或消毒不彻底的培养室内，蓝氏布伦螨经棉塞爬入菌种瓶内繁殖。在粮食或饲料仓库周围或家畜养殖场附近培养菌种也易滋生该螨。母种或原种带螨，会造成栽培种带螨。这些都成为菇房食用菌感染的重要来源。

（二）气候因素

温度对蓝氏布伦螨存活率影响很大。该螨多个螨态不耐高温，卵在20℃条件下孵化率最高，超过35℃胚胎发育停止，卵干瘪死亡；幼螨15℃存活率达90%，35℃时不能生存；成螨以15～20℃为最适生存温度，35℃以上存活率明显下降，在40℃条件下处理1h后即使在20℃下继续饲养，也不能生存。而幼螨休眠体耐高温能力强，40℃对其无显著影响，45℃时存活率为61.5%，直至50℃才全部死亡。在−7℃下持续72 h或在−10℃处理24h，各螨态均不能存活。

五、防治技术

蓝氏布伦螨的传播途径十分复杂，而且仅为害培养料中的菌丝，对食用菌生产危害极大。在食用菌生产的各个环节应防止其传入各个培养场所和生产菇房，特别是杜绝栽培种带螨入菇房，并应采取有效措施促进菌丝快发。

（一）农业防治

1. 环境卫生 保持菌种场和菇场内外环境清洁卫生。

2. 合理布局 合理安排菌种场内的装料间、灭菌室和培养室的位置，防止二次污染。

3. 健康栽培 生产中要严格按照生产工艺操作，采取有效措施，满足菌丝生长所需的适宜条件，促进菌丝迅速生长，缩短生长周期，减少螨害。必要时，可加大接种量。

（二）物理防治

见腐食酪螨。

（三）诱杀技术

见腐食酪螨。

（四）化学防治

1. 喷施药剂 防治蓝氏布伦螨最适时期是在覆土前用73%炔螨特乳油1 000～1 500倍液喷于培养料表面，施药后随即覆土，再结合调节土表水分，喷洒药液均匀吸附于表土。

2. 菇房消毒 菇房消毒应在密闭条件下，用56%磷化铝片剂（每片3.2g）1片/m² 熏杀菇房中的螨，效果明显。

张艳璇　林坚贞（福建省农业科学院植物保护研究所）

主 要 参 考 文 献

安新城，郭强，胡琼波 . 2011.B型烟粉虱对23种寄主植物适应度的评估和聚类分析［J］. 生态学报，31（11）：3150 -3155.

敖冬梅，郭明 . 2010.反季节白菜"夏阳50天"栽培技术［J］. 现代园艺（12）：22.

白庆荣，朱琳，温嘉伟，等 . 2007.葱紫斑病发生及防治若干问题的初步研究Ⅱ. 病斑产孢、孢子飞散传播［J］. 吉林农业大学学报，29（4）：364 - 367.

白义川，谷希树，胡学雄，等 . 2002.蔬菜潜叶蝇的鉴别与防治［J］. 天津农业科学，8（4）：24 - 26.

白义川，谷希树，徐维红 . 2007.蔬菜潜叶蝇的寄生蜂资源及其保护利用［J］. 中国蔬菜（12）：39 - 47.

柏敏战，郑贵彬 . 1997.番茄枯萎抗病性室内鉴定方法研究［J］. 植物病理学报，27（1）：59 - 63.

坂田好辉，陈幼源 . 1996.上海地区甜椒病毒病种类及其为害［J］. 上海农业学报（4）：77 - 80.

包海清，许勇，杜永臣，等 . 2008.海南三亚地区葫芦科作物白粉病菌生理小种分化的鉴定［J］. 长江蔬菜（1）：49 - 51.

包建中，古德祥 . 1998.中国生物防治［M］. 太原：山西科学技术出版社 .

鲍吉红.2008.蔬菜棉铃虫发生成因与预报技术[J].上海蔬菜（1）：91-92.

北京农业大学.1991.农业植物病理学[M].北京：农业出版社.

北京市农科院植保室菜保组.1977.京郊发现一种为害蔬菜的新害虫[J].农业新技术（5）：86.

北京市农科院植保所菜豆病害研究组.1981.菜豆枯萎病调查及防治试验[J].北京农业科技（6）：33-37.

北京市农业科学院植保所,北京市海淀区四季青公社科技站.1980.侧多食跗线螨为害蔬菜的调查及防治[J].昆虫知识,17（5）：203-205.

贝亚维,陈华平,顾秀慧,等.1999.棕榈蓟马在茄子不同叶位的种群数量分布及其动态研究[J].浙江农业学报,11（1）：23-25.

贝亚维,高春先,顾秀慧,等.1999.棕榈蓟马猖獗为害及其防治对策研究[M]//全国农业技术推广服务中心.作物有害生物可持续治理研究进展.北京：中国农业出版社：387-393.

贝亚维,顾秀慧,高春先,等.1996.温度对棕榈蓟马生长发育的影响[J].浙江农业学报,8（5）：312-315.

边海霞,穆常青,郭晓军,等.2011.6种杀虫剂对Q型烟粉虱的田间防治效果及抗性测定[J].植物保护,37（5）：201-205.

别红霞,张杰.1996.番茄筋腐病的诊断与防治[J].植保技术与推广（5）：20.

兵团农二师塔里木良种繁育试验站.1973.铁干里克地区菠菜潜叶蝇春季发生规律及防治[J].新疆农业科技（4）：12-13,21.

布坎南RE,吉本斯NE.1984.伯杰细菌鉴定手册[M].8版.北京：科学出版社.

蔡国梁,吴森贤,周永忠,等.2006.茭白胡麻斑病的发生与防治[J].中国植保导刊（6）：29-30.

蔡健和,秦碧霞,朱桂宁,等.2006.黄化曲叶病毒病在广西暴发的原因和防治策略[J].中国蔬菜（7）：47-48.

蔡明,李明福,江东.2010.日本、韩国黄瓜绿斑驳花叶病毒发生及防控策略[J].植物检疫（4）：65-68.

蔡宁华,魏德忠,管致和,等.1992.京郊菜粉蝶种群数量动态及预测Ⅱ.菜粉蝶第二代自然种群生命表[M]//朱国仁,张芝利,沈崇尧.主要蔬菜病虫害防治技术及研究进展.北京：中国农业科学技术出版社：169-176.

蔡启上.1991.甘蓝茎点霉（Phoma lingam）线粒体DNA的电子显微镜观察[J].惠阳师专学报（3）：22-25.

蔡双虎,程立生.2003.二斑叶螨的研究进展[J].热带农业科学,23（2）：68-74.

蔡武雄.1987.瓜类露菌病室内接种试验[J].中华农业研究（3）：311-316.

蔡岳松,童南奎,曲竹蓉,等.1990.甘蓝品种（系）对芜菁花叶病毒和甘蓝黑腐病的抗性鉴定[J].西南农业大学学报（1）：4.

蔡竹固,陈瑞祥,童伯开.1998.台湾发生之冬瓜萎凋病[J].植物病理学会刊（7）：205-208.

曹坳程,郭美霞,颜冬冬,等.2011.不同熏蒸剂处理防治黄瓜根结线虫效果及经济效益分析[J].中国蔬菜（24）：118-121.

曹春娜,石延霞,李宝聚.2009.枯草芽孢杆菌可湿性粉剂防治黄瓜灰霉病药效试验[J].中国蔬菜（14）：53-56.

曹洪田.1999.巧防大棚番茄筋腐病[J].北京农业（1）：16.

曹继芬,孙道旺,杨明英,等.2006.云南番茄致病疫霉的交配型、甲霜灵敏感性及毒力类型[J].菌物学报（3）：488-495.

曹若彬,林玉松,胡幼梅.1981.黄瓜疫病的研究[J].浙江农业大学学报（3）：59-67.

曹世勤,金社林,段霞瑜,等.2011.甘肃中部蔬菜立枯病菌越夏调查及品种抗性变异监测结果[J].植物保护（3）：133-138.

曹秀芬.2009.大蒜田主要病虫草害与无公害防治技术[J].上海蔬菜（1）：59-61.

曹岩坡,戴素英,代捧.2009.5个引进芦笋品种的比较研究[J].河北农业科学（9）：17-19.

曹雨晴.1980.黄守瓜的发生与防治[J].昆虫知识（3）：127.

查仙芳,杜玉宁,沈瑞清.2009.几种药剂对温室辣椒白粉病的防治研究[J].安徽农业科学,26：12603,12625.

柴敏,于拴仓,丁云花.2005.北京地区番茄叶霉病菌致病性分化新动态[J].华北农学报（2）：97-100.

柴敏,张环.1999.北京地区番茄叶霉病菌生理小种及分化规律的研究[J].华北农学报（3）：113-118.

柴一秋,刘又高,厉晓腊,等.2004.危害食用菌的线虫及防治研究进展[J].浙江亚热带作物通讯（1）：1-4.

柴忠良,谢成君,刘普明,等.2006.芹菜叶斑病药剂防治试验[J].中国蔬菜（7）：22.

常燕.2005.烟粉虱对蔬菜品质的影响及光周期对种群增长的影响[D].扬州：扬州大学.

陈斌,黎万顺,冯国忠,等.2010.葱蝇的实验室饲养、生物学特性及滞育诱导[J].重庆师范大学学报：自然科学版（2）：1-5.

陈传翔,周福才.2004.南京地区豌豆彩潜蝇发生规律及控制技术[J].江苏农业科学（3）：46-47.

陈丹.2011.吐鲁番地区设施栽培蔬菜烟粉虱有机防控技术研究[D].乌鲁木齐：新疆农业大学.

陈道宏,刘仕龙.1959.甜菜潜叶蝇（Pegomya hyoscyami Panz.）的研究[J].昆虫知识,5（5）：152-154.

陈方景，陈斌．2010．浙江景宁县瓜绢螟的发生规律和综合防治技术［J］．中国瓜菜，23（3）：44-45．

陈方景．2004．豇豆豆荚螟发生规律及防治对策［J］．中国植保导刊，24（4）：22-23．

陈方景．2005．茄黄斑螟的发生及综合防治［J］．长江蔬菜（3）：28．

陈福如，郑元梅，贺建波，等．2010．芦笋茎枯病拮抗细菌的筛选及利用研究［M］//陈光宇．中国芦笋研究与产业发展．北京：中国农业科学技术出版社：150-155．

陈根富，李斌，陈淑明，等．1986．蕹菜白锈病侵染来源及发病条件的研究［J］．植物保护学报（2）：97-101．

陈光宇．2010．中国芦笋产业的发展趋势及战略定位［M］//陈光宇．中国芦笋研究与产业发展．北京：中国农业科学技术出版社：3-9．

陈国泽，叶万余，陈勤平，等．2011．丝瓜霜霉病发生规律及药剂防治研究［J］．安徽农业科学，9：132-133．

陈海东，周昌清，杨平均，等．1995．瓜实蝇、橘小实蝇、南瓜实蝇在广州地区的种群动态［J］．植物保护学报，22（4）：348-354．

陈宏，陈波，彭永康．2002．黄守瓜、黄足黑守瓜成虫对瓜类苗期危害的研究［J］．天津师范大学学报：自然科学版，22（2）：65-69．

陈宏灏，张蓉，张怡，等．2011．西瓜田笼罩下多异瓢虫对瓜蚜的控制作用［J］．中国生物防治学报，27（1）：38-42．

陈泓宇，徐新新，段灿星，等．2012．菜豆普通细菌性疫病病菌鉴定［J］．中国农业科学，13：2618-2627．

陈华平，贝亚维，顾秀慧，等．1997．棕榈蓟马（*Thrips palmi*）对不同颜色黏卡的嗜好及其蓝色黏卡诱虫量的研究［J］．应用生态学报，8（3）：335-337．

陈家骅．1980．黄守瓜的生物学及防治研究［J］．福建农学院学报（1）：80-92．

陈坚忠．2007．温室黄瓜细菌性角斑病的发生与防治［J］．北方园艺（9）：223．

陈建仁，金立新，方丽，等．2010．芦笋茎枯病的识别与防治［J］．中国蔬菜（19）：25-26．

陈建忠．2000．大棚番茄如何正确使用2，4-D［J］．安徽农业（12）：18．

陈金安．1994．长绿飞虱生物学特性及防治技术的初步研究［J］．华中农业大学学报，13（1）：40-45．

陈晶，孙炳华，杨玉纯，等．2002．白菜黑斑病的发生与防治［J］．吉林蔬菜（4）：14．

陈井生，刘冰，于吉东，等．2010．黄瓜根结线虫病的识别与生物防治方法［J］．植物保护（3）：47-48．

陈炯，郑红英，程晔，等．2001．豇豆病毒病病原的分子鉴定［J］．病毒学报（4）：368-371．

陈克煜，嵇爱华，李祥，等．2004．豌豆彩潜蝇发生规律与无公害防治技术的研究［J］．安徽农业（12）：27-28．

陈莉，高智谋，杨自保，等．2007．安徽省姜瘟病病原细菌鉴定及有效药剂筛选［J］．安徽农业科学，18：5479，5516．

陈丽，樊民周，卫军锋，等．2007．陕西辣椒病毒病的毒原鉴定及化学防治药剂筛选［J］．西北农林科技大学学报：自然科学版（1）：121-126．

陈丽芳，陈国庆，周福才，等．1999．扬州地区蔬菜潜叶蝇发生规律的研究［J］．江苏农业研究，20（4）：24-28．

陈利锋，徐敬友．2007．农业植物病理学［M］．3版．北京：中国农业出版社．

陈隆岭，曹毅，邝明真，等．1982．广州地区菜粉蝶发生及其防治［J］．广东农业科学（1）：39-41．

陈明杰，汪昭月，谭琦，等．1996．香菇病毒的快速检测［J］．食用菌学报（4）：35-37．

陈明丽，王兰芬，王晓鸣，等．2011．普通菜豆基因组学及抗炭疽病遗传研究进展［J］．植物遗传资源学报，6：941-947．

陈明丽，王兰芬，赵晓彦，等．2011．利用分子标记定位普通菜豆抗炭疽病基因［J］．作物学报，12：2130-2135．

陈明丽．2011．普通菜豆SSR标记开发及抗炭疽病基因的分子标记［D］．北京：中国农业科学院．

陈其津，庞义，李广宏．1998．斜纹夜蛾核型多角体病毒杀虫剂——虫瘟1号［J］．武汉大学学报：自然科学版，44：183-185．

陈俏彪，吴全聪，吴应森．2006．浙江省代料香菇病虫害调查［J］．食用菌学报，13（2）：69-73．

陈青，赵冬香，莫圣书．2006．棉铃虫对阿维菌素的敏感性分析［J］．热带作物学报，27（2）：86-89．

陈庆忠，柯文华，李建霖．1990．黄条叶蚤之生态及防治研究（1）外部形态、饲养方法、生活习性及寄主植物调查［R］．台中：台中区农业改良场研究报告第0218号　台中区农业改良场研究汇报，27：37-48．

陈群航，郑益嫩．1998．福建省豌豆白粉病调查与防治［J］．福建农业科技（5）：11-12．

陈生斗，胡伯海．2003．中国植物保护五十年［M］．北京：中国农业出版社．

陈世骧，龚韵清．1959．中国守瓜属记述［J］．昆虫学报，9（4）：373-385．

陈书乔，韩晓．2010．菠菜霜霉病该如何防治［J］．北京农业（31）：17．

陈双林，杨信东，李玉，等．1995．吉林省茄子白粉病的发现和鉴定［J］．吉林农业大学学报（1）：109-110．

陈松恩，陈一安，魏晓滨．1993．SIMWR-1空心菜白锈病流行模拟模型［J］．福建省农科院学报（4）：25-29．

陈涛．1994．有害生物的微生物防治原理与技术［M］．武汉：湖北科学技术出版社．

陈天友．2001．芹菜病虫防治图文并说［M］．北京：中国农业出版社．

陈庭华，陈彩霞，蒋开杰，等．2001．斜纹夜蛾发生规律和预测预报新方法［J］．昆虫知识，38（1）：36-39．

陈万梅，符悦冠，彭正强，等.2004.海南 3 地区瓜绢螟种群对 3 种药剂的敏感性及其酶系比活性的测定 [J].热带作物学报，25（2）：37-41.

陈文霞.2009.保护地蔬菜生理障碍的预防技术 [J].安徽农学通报，16：206-207.

陈雯，张国龙，王探应.1998.西安市菜区韭菜灰霉病的发生与防治 [J].陕西农业科学（1）：46-47.

陈雯，王探应，梁耀琦.1997.番茄叶霉病的发生与防治研究 [J].西北农业学报（4）：77-80.

陈雯，王探应，张国龙.2000.番茄筋腐病的发生及其防治方法 [J].西北园艺（2）：42.

陈先知，李能芳，朱剑桥，等.2006.苗期夜温对番茄畸形果发生的影响 [J].四川农业大学学报（3）：78-81.

陈香丽.2008.菠菜病虫害防治技术 [J].黑龙江农业科学（3）：164.

陈小琳，汪兴鉴.2001.世界彩潜蝇等 3 属害虫名录及分类鉴定 [J].植物检疫，15（2）：74-78.

陈晓莉，陈峰.2010.大棚番茄果实常见生理性病害防治 [J].安徽农学通报，4：121-122.

陈学新，徐志宏，郎法勇，等.2001.杭州郊区豌豆彩潜蝇的发生危害及寄生性天敌研究 [J].华东昆虫学报，10（1）：30-33.

陈彦，赵彤华，徐蕾，等.2012.氟吡菌酰胺防治瓜类及草莓白粉病田间试验 [J].中国农学通报，13：281-284.

陈艳华.2006.低温对 B 型烟粉虱和温室粉虱生长发育的影响 [D].长沙：湖南农业大学.

陈夜江，罗宏伟，黄建，等.2001.湿度对烟粉虱实验种群的影响 [J].华东昆虫学报，10（2）：76-80.

陈夜江，罗宏伟，黄建，等.2003.光周期对烟粉虱实验种群的影响 [J].华东昆虫学报，12（1）：38-41.

陈义娟，贾福丽，陈佳，等.2011.植物提取物对黄瓜炭疽病的抑制作用及其苗期防治效果 [J].上海交通大学学报：农业科学版（6）：67-71.

陈翼成，刘银发.2009.白菜软腐病的发生及防治 [J].现代农业科技（1）：143-145.

陈银华，蒋健箴.1998.光照强度对辣椒光合特性与生长发育的影响 [J].上海农业学报（3）：46-50.

陈永芳，何礼远，徐进.2003.我国植物青枯菌菌株的遗传多样性和组群划分 [J].植物病理学报（6）：503-508.

陈勇兵，陈功楷，王诚，等.2012.南方蔬菜品种与病虫害防治 [M].北京：中国农业出版社.

陈宇飞.2000.我国番茄叶霉病研究进展 [J].东北农业大学学报（4）：411-414.

陈玉茶.2011.营养物质和挥发性物质与黄瓜抗蚜的关系 [D].泰安：山东农业大学.

陈钰辉，刘富中，连勇.2007.北京部分地区茄子黄化萎蔫植株的病原菌及其生物学特性 [J].中国瓜菜（11）：16-19.

陈运其.2012.早春甘蓝菌核病防治 [J].农药市场信息，7：47.

陈振东，林宗铿，林岳生，等.2008.芦笋品种比较试验初报 [J].江西农业学报（1）：68-69.

陈振洛.2004.甜豌豆白粉病的发生与防治 [J].福建农业（2）：20-21.

陈志杰，李英梅，张锋，等.2010.不同措施对黄瓜根结线虫的控制效果与效益 [J].西北农业学报（8）：166-170.

陈志杰，张淑莲，权清转，等.2005.摘花与套袋防治黄瓜灰霉病效果研究 [J].中国生态农业学报（2）：65-67.

陈治芳，王文桥，韩秀英，等.2011.新杀菌剂对番茄灰霉病菌的室内毒力及田间防效 [J].植物保护（5）：193-195.

陈忠府，熊法亭，尹守恒，等.2005.利用栽培技术控制保护地韭菜灰霉病 [J].中国蔬菜（8）：52-53.

陈宗麒，谌爱东，缪森，等.2001.小菜蛾寄生性天敌研究及引进利用进展 [J].云南农业大学学报，16（4）：308-312.

陈祖佑，周景光.1987.甘蓝菌核病的发生及其危害研究 [J].广东农业科学（5）：39-41.

成家壮.1980.广州地区瓜类蔬菜疫病（死藤）发病条件及防治的初步调查研究 [J].植物保护学报（4）：209-214.

成文华.2010.保护地番茄脐腐病及畸形果的防治 [J].西北园艺（1）：38.

承元河.1993.姜瘟病发生规律调查及防治建议 [J].安徽农业科学，2：182-184.

程爱昀.2010.大棚番茄枯萎病的诊断和防治新技术 [J].中国瓜菜（1）：45-46.

程伯瑛，武永慧，王翠仙，等.2002.惠丰甘蓝对黑腐病的抗性鉴定研究 [J].北方园艺（6）：48-49.

程宏祚，王随保，范舍玲.2000.利用人工卵螟黄赤眼蜂防治菜田棉铃虫 [J].植保技术与推广，20（1）：21-22.

程蕾，程施.2005.大棚豇豆煤霉病的发生与防治技术 [J].植物医生（1）：15.

程宁辉，濮祖芹.1997.宁沪杭地区黄瓜花叶病毒（CMV）株群划分的初步研究 [J].病毒学报（2）：180-184.

程泽新.2006.湘北荸荠枯萎病、白禾螟发生规律及防治措施初探 [J].湖南农业科学（3）：79-80.

程智慧.2003.园艺学概论 [M].北京：中国农业出版社.

褚栋，张友军，丛斌，等.2004.世界性重要害虫 B 型烟粉虱的入侵机制 [J].昆虫学报，47（3）：400-406.

褚栋，张友军，丛斌，等.2005.云南 Q 型烟粉虱种群的鉴定 [J].昆虫知识，42（1）：54-56.

崔成日，贾铁金，崔崇士.2008.黑龙江省葱斑潜蝇为害防治 [J].北方园艺（9）：181-182.

崔国庆，刘朝贵.2006.黄瓜根结线虫的发生及氰胺化钙土壤消毒技术 [J].现代农业科技（3S）：36.

崔庆财，张培勇，闫华，等.2004.温室番茄斑枯病的发生与综合防治 [J].吉林蔬菜（1）：22.

崔荣昌，李晓龙，李学湛，等.1992.大蒜花叶病原的鉴定和茎尖脱毒效果 [J].中国蔬菜（4）：10-14.

崔松华，刘丽萍.2007.2%春雷霉素 WP 防治白菜软腐病药效试验 [J].农药，6：416-417.

崔晓锋.2004.双生病毒DNA β分子 βC1基因的功能研究［D］.杭州：浙江大学.

崔晓宁，张亚玲，沈慧敏，等.2011.巴氏钝绥螨对截形叶螨的捕食作用［J］.植物保护学报，38（6）：575-576.

崔秀荣，张春生，张海平.2005.巧治大白菜黑斑病的关键技术［J］.中国植保导刊（7）：21.

崔旭红，陈艳华，谢明，等.2007.B型烟粉虱和温室白粉虱在温度逆境下的生存特性比较［J］.昆虫学报，50（12）：1232-1238.

崔旭红，谢明，万方浩.2008.短时高温暴露对B型烟粉虱和温室白粉虱的存活以及生殖适应性的影响［J］.中国农业科学，41（2）：424-430.

崔玉楠，孙荆涛，葛成，等.2013.基于形态与RFLP技术相结合的快速叶螨鉴定法［J］.应用昆虫学报，50（2）：329-335.

达存莹.2004.大蒜病害及其综合防治技术［J］.农业科技与信息（6）：13.

代代，李鑫，段爱菊，等.2007.大蒜根蛆发生规律与防治技术研究［J］.河南农业科学（4）：101-103.

代真真.2012.芦笋种质资源的ISSR分析及筛选的抗病芦笋品种再生体系的建立［D］.海口：海南大学，25-28.

戴芳澜.1979.中国真菌总汇［M］.北京：科学出版社.

戴芳澜.1984.真菌的形态与分类［M］.北京：科学出版社.

单成海.2011.西昌市洋葱葱地种蝇的为害特点与防治［J］.长江蔬菜（21）：48-40.

党亚梅，杨柳，胡作栋.2009.葱蒜类锈病的发生和防治［J］.西北园艺（5）：39-40.

党志红，董建臻.2001.不同种植方式下韭菜迟眼蕈蚊发生为害规律的研究［J］.河北农业大学学报，24（4）：65-68.

邓春生，张燕荣，张曼曼，等.2012.球孢白僵菌可湿性粉剂对马铃薯甲虫的防治效果［J］.中国生物防治学报，28（1）：62-66.

邓奇.2011.白菜黑斑病研究进展［J］.园艺与种苗（4）：112-114.

邓晓峰，王峻，屈娟.1997.台湾省斑潜蝇种类及其防治研究进展［J］.植物检疫，11（5）：284-289.

邓召利，杨青，易图永.等.2010.辣椒炭疽病菌拮抗菌对辣椒的化感作用及田间试验［J］.现代农业科技，12：134-135.

丁菲，王前，蒋磊，等.2010.安徽淮北番茄曲叶病的病原鉴定初报［J］.安徽农业大学学报，3：421-424.

丁锦华，苏建亚.2002.农业昆虫学［M］.北京：中国农业出版社.

丁锦华，徐雍皋，李希平.1994.植物保护辞典［M］.南京：江苏科学技术出版社.

丁锦华，杨莲芳，胡春林，等.1982.长绿飞虱的初步观察［J］.南京农学院学报（2）：45-51.

丁万霞，李建斌，严继勇，等.2001.甘蓝类蔬菜栽培与病虫害防治技术［M］.北京：中国农业出版社.

丁欣，熊桂莲，曾钦华，等.2004.永丰早春辣椒烟青虫为害特点及无公害防治措施［J］.当代蔬菜（2）：34.

丁欣.2004.保护地黄瓜菌核病的发生与无公害防治措施［J］.当代蔬菜（4）：34-35.

丁新天，邓曹仁，朱静坚，等.2003.农艺措施对黄花菜病害影响初探［J］.中国农学通报，1：112-1113，155.

丁新天.2004.栽培技术对茭白锈病控病效果的探讨［J］.中国植保导刊（1）：32-33.

丁雄伟.2006.黄花菜锈病的发生与防治［J］.丽水农业科技（2）：49.

丁跃林，单佃雨.2000.大葱3种常发病害的综防技术［J］.植物医生（3）：22.

丁云花，简元才.2005.十字花科蔬菜根肿病菌生理小种及接种方法［J］.中国蔬菜（8）：29-31.

东秀珠.2001.常见细菌系统鉴定手册［M］.北京：科学出版社.

董彩霞，周建民，段增强，等.2001.番茄脐腐病发生机理研究综述［J］.园艺学报（28）：644-648.

董道峰，韩利芳，王秀徽，等.2007.番茄抗性品种与黄瓜轮作对根结线虫的防治作用［J］.植物保护（1）：51-54.

董国菊，贺运春.2004.晋中市茄子黄萎病为害症状及病原与生物学特性研究［J］.山西农业大学学报，3：237-239.

董汉松，王金生，方中达.1993.大白菜根表结构与软腐欧文氏杆菌吸附和侵入的关系［J］.植物病理学报，3：275-279.

董红强，顾晓惠，时慧敏.2004.阿克苏地区辣椒枯萎病的症状观察和病原鉴定［J］.塔里木农垦大学学报，16（2）：21-22.

董杰，郭喜红，岳瑾，等.2011.拟长毛钝绥螨对朱砂叶螨的捕食作用研究［J］.中国植保导刊，31（3）：8-11.

董金皋.2001.农业植物病理学：北方本［M］.北京：中国农业出版社.

董金皋.2007.农业植物病理学［M］.2版.北京：中国农业出版社.

董利霞，芮昌辉，谭晓伟，等.2011.棉铃虫对甲氨基阿维菌素苯甲酸盐的抗性遗传力［J］.棉花学报，23（3）：195-199.

董灵迪，石琳琪，焦永刚，等.2009.日光能土壤高温消毒防治茄子黄萎病研究［J］.河北农业科学（8）：19-21.

董灵迪，石琳琪，焦永刚，等.2010.嫁接防治茄子黄萎病砧木筛选及效果研究［J］.河北农业科学（10）：46-47.

董双林，马丽华.1996.转Bt基因棉对棉铃虫和玉米螟及小地老虎抗性测定［J］.中国棉花，23（12）：15-17.

董祎，徐启江.2005.葱蒜类病毒的分子生物学鉴定研究进展［J］.微生物学免疫学进展（4）：76-78.

董宇奎 . 2007 . 大猿叶虫不同地理种群的生态适应性和山东种群生物学特性的研究 [D] . 泰安：山东农业大学 .

董玉海，胡杏春，徐善良 . 2003 . 江淮地区菱角萤叶甲发生特点及防治方法 [J] . 植保技术与推广，23（5）：21 .

都业娟，许文博，向本春，等 . 2011 . 侵染新疆加工番茄的中国番茄黄化曲叶病毒 DNA - A 的基因组特征 [J] . 植物病理学报，4：393 - 398 .

杜军，向毓意 . 1999 . 拉萨地区油菜白锈病发生发展的农业条件分析 [J] . 中国农业气象（4）：38 - 41 .

杜敏 . 1999 . 葱类霜霉病的无公害防治 [J] . 长江蔬菜（3）：19 .

杜秀菊 . 2003 . 菇房弹尾虫的发生与防治 [J] . 河北农业科技（5）：17 .

杜永刚，李昶 . 2008 . 菜豆枯萎病的发生与综合防治 [J] . 吉林蔬菜（4）：89 .

杜玉宁，张亚峰，吕志涛，等 . 2010 . 干旱风沙区温室番茄白粉病的防治 [J] . 农药，9：695 - 699 .

杜云英 . 2009 . 甜菜立枯病防治研究进展 [J] . 中国糖料（2）：55 - 57 .

鄂利锋 . 2003 . 植物生长调节剂在设施蔬菜中的应用 [J] . 北方园艺（1）：12 - 13 .

樊春燕，黄寿山 . 2003 . 植物挥发性次生物质与昆虫诱导因子研究进展 [J] . 广东农业科学（4）：36 - 39 .

樊护民 . 1989 . 阳谷县大白菜黑腐病发生与防治情况 [J] . 植物保护（4）：45 .

樊建英 . 2011 . 番茄筋腐病的识别与防治 [J] . 现代农村科技（19）：35 .

樊天林 . 1992 . 介绍几种药材害虫防治新方法 [J] . 中国中药杂志，17（4）：210 .

范家国 . 2009 . 萝卜黑腐病的发生与防治 [J] . 现代园艺（12）：77 .

范立军，陈晓东 . 2011 . 蔬菜苗期猝倒病的发生规律与防治技术 [J] . 农技服务，6：815 .

范学臻 . 2008 . 番茄晚疫病菌交配型与基因型鉴定及其分析 [D] . 扬州：扬州大学 .

方贵平 . 1996 . 苏南地区斜纹夜蛾发生特点及防治对策 [J] . 长江蔬菜（1）：13 - 14 .

方中达 . 1996 . 中国农业植物病害 [M] . 北京：中国农业出版社 .

方中达 . 1998 . 植病研究方法 [M] . 3 版 . 北京：中国农业出版社 .

房德纯，刘秋 . 1999 . 蔬菜病害防治 [M] . 北京：春风文艺出版社 .

房德纯，傅俊范 . 1994 . 黄瓜褐斑病病原与发病情况调查研究初报 [J] . 植物保护（3）：23 - 24 .

房德纯，蒋文玉 . 1996 . 蔬菜病虫害防治彩色图说 [M] . 北京：中国农业出版社 .

房德纯，蒋玉文 . 2004 . 新编蔬菜病虫害防治彩色图说 [M] . 北京：中国农业出版社 .

冯朝明，刘伟，常云燕，等 . 2012 . 豌豆褐斑病的发生与防治 [J] . 现代农业科技（6）：33 .

冯春光，秦玉川 . 2003 . 异型眼蕈蚊在西洋参上的发生与危害特性 [J] . 植物保护学报，30（4）：377 - 382 .

冯典兴，郑爱萍，王世全，等 . 2005 . 四川省不同寄主立枯丝核菌的遗传分化致病力研究 [J] . 植物病理学报，6：520 - 525 .

冯东昕，李宝栋 . 1996 . 主要瓜类作物抗白粉病育种研究进展 [J] . 中国蔬菜（1）：55 - 59 .

冯东昕，李宝栋 . 2006 . 番茄病虫害防治新技术 [M] . 北京：金盾出版社 .

冯国军，杨文月，王杰，等 . 2008 . 菜豆种质资源对炭疽病的抗性鉴定研究 [J] . 北方园艺，1：222 - 223 .

冯惠琴，耿军，张洪云，等 . 1991 . 异型眼蕈蚊的发生与防治研究 [J] . 山东农业科学（1）：42 - 43 .

冯惠琴，徐玉恒，季敏 . 1996 . 紫跳虫的生活习性及防治 [J] . 中国农技通报，12（2）：40 .

冯惠琴，翟家仁 . 1994 . 平菇厉眼菌蚊的发生规律及防治研究 [J] . 中国农学通报，10（6）：27 - 28 .

冯惠琴，郑方强 . 1987 . 韭蛆发生规律及防治研究 [J] . 山东农业大学学报，18（1）：71 - 80 .

冯惠琴 . 1988 . 异型眼蕈蚊生物学特性的研究 [J] . 山东农业大学学报，19（4）：52 - 57 .

冯兰香，蔡少华，郑贵彬，等 . 1987 . 我国番茄病毒病的主要毒原种类和番茄上烟草花叶病毒株系的鉴定 [J] . 中国农业科学，3；60 - 66 .

冯兰香，杨又迪 . 1998 . 中国番茄病虫害及其防治技术研究 [M] . 北京：中国农业出版社 .

冯兰香，李世东，夏善隆，等 . 2005 . 多伦县芹菜黑心病大发生 [J] . 中国蔬菜（9）：57 - 58 .

冯兰香，徐玲，刘佳 . 1990 . 北京地区十字花科蔬菜芜菁花叶病毒株系分化研究 [J] . 植物病理学报（3）：185 - 188 .

冯兰香，杨宇红，谢丙炎，等 . 2004 . 中国 18 省市番茄晚疫病菌生理小种的鉴定 [J] . 园艺学报，6：758 - 761 .

冯佩，周芳，张燕，等 . 2009 . 科学防治黄曲条跳甲 [J] . 现代农村科技（9）：20 .

冯守清 . 2008 . 花期摘花套袋法防治大棚黄瓜灰霉病 [J] . 西北园艺（1）：27 .

冯伟明，温华良，刘惠珍，等 . 2007 . 15％乐斯本颗粒剂防治黄曲条跳甲药效试验 [J] . 广东农业科学（3）：55 - 56 .

冯夏，李振宇，吴青君，等 . 2011 . 小菜蛾抗性治理及可持续防控技术研究与示范 [J] . 应用昆虫学报，48（2）：247 - 253 .

冯渊博，赵科刚，郭鹏飞，等 . 2009 . 辣椒烟青虫发生特点与无公害防治 [J] . 西北园艺（5）：42 - 43 .

付乃旭 . 2011 . 甘蓝、花椰菜病虫害防治彩色图说 [M] . 北京：化学工业出版社 .

付乃旭 . 2012 . 菜豆、豇豆病虫害防治彩色图说 [M] . 北京：化学工业出版社 .

傅桂荣，刘玉芬．2002．番茄筋腐病的发生与防治［J］．哈尔滨师范大学自然科学学报（1）：76-77．

傅华龙，何天久，吴巧玉．2008．植物生长调节剂的研究与应用［J］．生物加工过程（4）：7-12．

傅建炜，陈沁，林泽燕，等．2005．黄曲条跳甲田间种群发生的生态干扰［J］．生态学杂志，24（8）：917-920．

傅建炜，林泽燕，李志胜，等．2004．黄板对蔬菜害虫的诱集作用及在黄曲条跳甲种群监测中的应用［J］．福建农林大学学报：自然科学版，33（4）：438-440．

甘芳．2002．洋葱霜霉病和紫斑病的防治［J］．植物医生（6）：11．

高春先，贝亚维，陈庭华，等．2004．斜纹夜蛾成灾因子分析［J］．浙江农业学报，16（5）：332-335．

高建荣，邹萍，姜华芳．1990．为害毛木耳的矮蒲螨一新种记述［J］．上海农业学报，6（3）：68-71．

高锦凤．2010．海门市春季大棚莴苣菌核病发生原因及综防措施［J］．现代农业科技，9：181-182．

高立强，李红兵．2000．辣椒立枯病药剂防治试验初报［J］．陕西农业科学（3）：18-19．

高桥贤司，李士竹．1989．十字花科蔬菜根肿病休眠孢子的简易定量法［J］．农业新技术新方法译丛（3）：36-38，40．

高苇，李宝聚，石延霞，等，2011．多主棒孢菌在黄瓜、番茄和茄子寄主上致病力的分化［J］．园艺学报，3：465-470．

高苇，李宝聚，石延霞，等．2012．茄子棒孢叶斑病病原菌鉴定及致病性研究［J］．植物病理学报（2）：113-119．

高希武，王郑国，曹本钧，等．1990．六种常用杀虫剂对八种蚜虫的选择毒性［J］．昆虫学报，33（3）：274-279．

高希武，郑炳宗．2001．不同体色瓜蚜耐药性差异及其生化机制［J］．植物保护学报，18（2）：181-185．

高希武，郑炳宗，曹本钧，等．1991．北京地区桃蚜抗药性研究初报［J］．农药，30（2）：37-39．

高希武，郑炳宗，曹本钧，等．1993．北京及河北廊坊地区桃蚜对拟除虫菊酯类杀虫剂抗药性研究［J］．农药，32（2）：8-14．

高学文．1974．小菜蛾研究成果概况［J］．科学农业，22（1、2）：45-55．

高雪，刘向东．2008．棉花型和瓜型棉蚜产生有性世代能力的分化［J］．昆虫学报，51（1）：41-45．

高莹，刘大军，赵德庵，等．2007．茄子嫁接栽培技术［J］．中国蔬菜（6）：55-56．

高泽正，吴伟坚，崔志新．2000．关于黄曲条跳甲的寄主范围［J］．生态科学，19（2）：70-72．

高泽正，吴伟坚，崔志新．2004．间种对黄曲条跳甲种群数量的影响［J］．中国农学通报，20（5）：214-216．

高志奎，武占会，李聪晓，等．2001．不同茄子品种异常果发生的比较［J］．中国蔬菜（6）：37-38．

葛绍荣，牛莉娜，李铭．2007．番茄灰霉病害及其微生物防治的研究进展［J］．生物加工过程，3：15-19．

葛晓光，赵庚义，东力华，等．1989．蔬菜育苗技术及理论［M］．西安：陕西科学技术出版社．

耿桂俊，李曼，董文娟，等．2010．河套灌区番茄脐腐病的发生与防治［J］．北方园艺，2：185-187．

耿丽华，迟胜起，焦晓辉，等．2009．北京延庆县甘蓝枯萎病病原菌的分离及其生物学特性的研究［J］．中国蔬菜（2）：34-37．

耿学军，刘兰芳．1994．塑料大棚番茄畸形果发生原因及防治［J］．哲里木畜牧学院学报（2）：84-86．

宫万祥，丁克友．2007．植物生长调节剂在蔬菜上的使用技术及效果［J］．上海蔬菜（4）：89-90．

宫亚军，王泽华，石宝才，等．2011．北京地区不同桃蚜种群的抗药性研究［J］．中国农业科学，44（21）：4385-4394．

龚静，朱玉英，吴晓光．2001．甘蓝黑腐病抗性材料筛选及接种方法的研究［J］．上海农业科技（4）：87．

龚爱君，谢媛．2012．番茄黄化曲叶病毒病防治策略［J］．西北园艺（5）：41-42．

龚殿，王健华，吴育鹏，等．2011．辣椒脉斑驳病毒文昌分离物基因组测序及分析［J］．基因组学与应用生物学，5：583-589．

龚卫良．2004．苏州地区瓜绢螟的发生与防治［J］．长江蔬菜（11）：31-32．

龚佑辉，吴青君，张友军，等．2010．西花蓟马的抗药性及其治理策略［J］．昆虫知识，47（6）：1072-1080．

龚玉秀，刘晓才，王安民．2007．番茄几种常见生理性病害的发生原因及防治对策［J］．陕西农业科学，1：171．

龚珍奇，胡斌华．2005．蔬菜中茶黄螨的生物学及防治［J］．江西科技师范学院学报（4）：20-22．

古崇．2008．规避夏季蔬菜高温热害的关键技术［J］．四川农业科技（6）：41．

古勤生，彭斌，刘珊珊，等．2011．瓜类新病毒病害（一）：瓜类褪绿黄化病［J］．中国瓜菜（3）：32-33．

顾黄辉，顾立生，张玉琴，等．2002．蔬菜潜叶蝇的发生调查与预测预报［J］．植物保护，28（2）：25-27．

顾江涛，丁建成，戚仁德．2002．瓜类疫病的发生原因及其无公害防治措施［J］．安徽农业科学，1：111-112．

顾沛雯，张军翔，徐红敏．2004．番茄叶霉病菌生物学特性研究［J］．宁夏农学院学报（3）：21-23．

顾兴芳，方秀娟．2000．黄瓜根结线虫病的研究概况［J］．中国蔬菜（6）：48-51．

顾兴芳，张圣平，冯兰香．2005．黄瓜抗病毒病材料的鉴定与筛选［J］．中国蔬菜（6）：21-23．

顾秀慧，贝亚维，高春先，等．2000．棕榈蓟马在茄子上的种群增长、分布和抽样研究［J］．应用生态学报，11（6）：866-868．

顾业梁，马建列．2008．生菜常见病害的发生与防治技术［J］．农业科技通讯（4）：140-141．

顾耘，李桂舫，张迎春．2003．豆类蔬菜病虫害诊断与防治原色图谱［M］．北京：金盾出版社．

顾振芳，叶黎红，代光辉，等.2003.芦笋茎枯病菌的生物学特性及其药剂评估 [J].上海交通大学学报 (1)：23-28.

顾智章.2002.大蒜栽培与贮藏 [M].北京：金盾出版社.

关天舒，李凤云，赵奎华，等.1999.茄子褐色圆星病在辽宁抬头 [J].辽宁农业科学 (2)：31.

关钟燕.1990.黄瓜细菌性角斑病苗期抗病性鉴定技术研究 [J].北方园艺 (2)：1-2.

官山英，裘月华.2007.荸荠白禾螟发生特点及综合防治技术 [J].植物医生，20 (6)：21-22.

管炜，李淑菊，王惠哲，等.几种杀菌剂对黄瓜蔓枯病菌的室内毒力测定 [J].天津农业科学 (3)：82-83.

管致和，李文藻.1974.菜蚜迁飞期短期预测的研究 [J].昆虫学报，17 (1)：11-14.

管致和，魏德忠，柳支英.1965.蔬菜害虫及其防治 [M].上海：上海科学技术出版社：91-120，200-210.

管致和.1962.京郊菜蚜发生规律研究初报 [J].植物保护学报，1 (2)：23-32.

管致和.1990.菠菜潜叶蝇 [M] //中国农业百科全书昆虫卷编辑委员会.中国农业百科全书：昆虫卷.北京：农业出版社：13.

广州郊区蔬菜研究所植保组.1977.节瓜亮蓟马的生物学特性及其防治 [J].广东农业科学 (4)：61-63.

桂卫星，喻晚之，罗兆荣.2007.生态防治大白菜霜霉病 [J].现代园艺 (12)：25.

郭爱民.1999.大葱高产栽培技术要点 [J].西南园艺 (2)：36.

郭彩霞.2000.菜豆细菌性疫病的发生与防治 [J].蔬菜 (9)：23-24.

郭凤霞.2010.白菜霜霉病的发生与综合防治 [J].农技服务，11：1421-1422.

郭刚.2010.纳雍县萝卜与胡萝卜常见病虫种类及防治措施 [J].农技服务，8：1007-1008.

郭建国，刘永刚，张海英，等.2010.70%噻虫嗪种子处理可分散粉剂和10%吡虫啉可湿性粉剂拌种对马铃薯甲虫的防效 [J].植物保护，36 (6)：151-154.

郭建华.2010.大连地区保护地菜豆病害综合防治技术 [J].蔬菜 (4)：20.

郭景芬.2002.白菜类白斑病的发生及防治 [J].农村科学实验 (8)：23，26-27.

郭景荣.1984.南京地区豇豆病毒病的研究 [D].南京：南京农业大学.

郭敬华，鹿秀云，石琳琪，等.2011.不同环境条件对茄黄萎菌微菌核存活的影响 [J].华北农业学报 (26)：193-196.

郭巨先，刘玉涛，杨暹.2012.钾营养对菜薹（菜心）炭疽病发生和植株防御酶活性的影响 [J].中国蔬菜 (14)：86-89.

郭丽琼，林俊芳.1999.草菇真革螨捕食食用菌线虫初探 [J].食用菌学报 (2)：41-44.

郭利娜，郭文超，刘曼双，等.2011.拥挤度对马铃薯甲虫飞行能力的影响 [J].新疆农业科学，48 (2)：320-327.

郭利娜，郭文超，吐尔逊，等.2011.温度与取食对越冬后马铃薯甲虫飞行能力的影响 [J].植物保护，37 (5)：56-61.

郭普.2006.植保大典 [M].北京：中国三陕出版社：460，966-967.

郭尚.2007.植物病理学概要 [M].北京：中国农业科学技术出版社.

郭书普.2004a.豆类蔬菜病虫害防治原色图鉴 [M].合肥：安徽科学技术出版社.

郭书普.2004b.叶菜类病虫害防治原色图鉴 [M].合肥：安徽科学技术出版社.

郭书普.2005.蔬菜病虫草害原色图谱 [M].北京：中国农业出版社.

郭书普.2009.新版蔬菜病虫害防治彩色图鉴 [M].北京：中国农业大学出版社.

郭书普.2011.芹菜、香芹、菠菜、苋菜、茼蒿病虫害鉴别与防治技术图解 [M].北京：化学工业出版社.

郭书普.2010.新版蔬菜病虫害防治彩色图鉴 [M].北京：中国农业大学出版社.

郭泗明.2011.农用有机硅喷雾助剂对防治大葱锈病的增效性研究 [J].现代农业科技 (15)：177-181.

郭文超，邓春生，李国清，等.2011.我国马铃薯甲虫生物防治技术研究进展 [J].新疆农业科学，48 (12)：2217-2222.

郭文超，谭万忠，张青文，等.2013.重大外来入侵害虫马铃薯甲虫生物学、生态学与综合防控 [M].科学出版社：86-96.

郭文超，吐尔逊，许建军，等.2010.马铃薯甲虫识别及其在新疆的分布、传播和危害 [J].新疆农业科学，47 (5)：906-909.

郭文超，吐尔逊，许咏梅，等.2011.马铃薯甲虫持续防控技术研究与应用 [J].新疆农业科学，48 (2)：197-203.

郭文超，吐尔逊·阿合买提，周俊，等.2007.转 cry3A 和 vhb 基因马铃薯对蔬菜花斑虫抗性表达研究初报 [C] //成卓敏.植物保护与现代农业——中国植物保护学会2007年学术年会论文集.北京：中国农业科学技术出版社：489-494.

郭向华，肖崇刚，曾艳，等.2001.甘蓝根肿病菌的生物学特性 [J].西南农业大学学报，1：7-9.

郭向华.2001.甘蓝根肿病菌的生物学特性及致病研究 [D].重庆：西南农业大学.

郭岩，田娟，王进涛.1999.茄子黄萎病流行学研究概述 [J].北方园艺 (5)：32-33.

郭泳，李天来.1998.环境因素对番茄单叶净光合速率的影响 [J].沈阳农业大学学报 (2)：127-131.

郭予元，丁红建，王武刚，等.1999.棉铃虫的研究 [M].北京：中国农业出版社.

郭予元.2006.我国农作物病虫害生态调控实例分析 [J].植物保护，32 (2)：1-4.

郭玉蓉，毕阳，曹孜义.2003.硅剂处理对'玉金香'甜瓜红粉病的抑制 [J].园艺学报，5：586-588.

郭章信，钟文全，张清安．1999．菜豆湿腐病的病原菌特性［J］．植病会刊（8）：103-110.

海力力·艾买尔．2010．大白菜霜霉病的防治方法［J］．农村科技（8）：37.

韩宝瑜，陈宗懋．1999．蚜虫化学生态学研究进展及展望［J］．生态学杂志，18（3）：39-45.

韩长志．2007．番茄灰叶斑病病原鉴定及其生物学特性研究［D］．保定：河北农业大学．

韩德元，张妹丽，王启燕，等．1994．2,4-D等化学坐果剂对番茄果实发育及产量的影响［J］．北京农业科学（3）：24-26.

韩国珍，康钧，王英．2006．大蒜锈病的发生和防治［J］．湖北植保（5）：8-9.

韩海建．2001．作物苗期猝倒病和立枯病的识别与防治［J］．四川农业科技（3）：26.

韩俊丽．2009．国家种质库库存大豆、菜豆种质种传病毒检测［D］．乌鲁木齐：新疆农业大学．

韩闽毅，何锦星，郑良．1998．香菇线虫病害及防治的初步研究［J］．福建农业学报（4）：19-22.

韩明，宋汝国．2007．大棚番茄畸形果产生的原因及防控技术［J］．上海蔬菜（5）：121-122.

韩明，宋汝国．2008．大棚黄瓜黑星病突发原因分析与防治建议［J］．上海农业科技（1）：87-88.

韩强，曹辰兴．2010．无毛和有毛黄瓜幼苗抗蚜性鉴定［J］．山东农业科学（7）：74-76.

韩秋萍，王本辉．2009．蔬菜病虫害诊断与防治技术口诀［M］．北京：金盾出版社．

韩生福．2008．青海高原豌豆褐斑病的发生与防治［J］．作物杂志（4）：84.

韩素芹，李宝光，卢育华．等．2002．番茄类筋腐病病因探讨［J］．长江蔬菜（2）：42-43.

韩文华，李宝聚．1999．辽宁省番茄叶霉菌生理小种分化研究［J］．中国蔬菜（6）：6-9.

韩文华，许文奎，刘石磊．2005．番茄叶霉病生理小种分化及抗病育种研究进展［J］．辽宁农业科学（5）：35-37.

韩文华，许文奎，张英杰．1997．番茄叶霉病菌形态特征鉴定及生物学特性研究［J］．辽宁农业科学（5）：16-19.

韩熹莱，张文吉，陈年春，等．1987．菜青虫抗药性研究Ⅱ北京地区菜青虫 Artogeia rapae L. 的抗药性监测［J］．北京农业大学学报，13（2）：193-198.

韩小爽，高苇，傅俊范，等，2011．黄瓜棒孢叶斑病的诊断与防治［J］．中国蔬菜（9）：20-21.

韩小爽，李宝聚，傅俊范．2010．黄瓜霜霉病病原菌的侵染过程、传播途径及防治对策［J］．中国蔬菜（15）：24-26.

韩晓莹，康立功，许向阳，等．2010.2009年东北三省番茄叶霉病菌主流生理小种变化监测［J］．东北农业大学学报（12）：26-29.

韩学俭．2003．节瓜蓟马为害及其防治［J］．四川农业科技（11）：33.

韩学俭．2005．棉铃虫烟青虫对辣椒的危害及其防治［J］．辣椒杂志（3）：34-36.

韩运发．1997．中国经济昆虫志：第五十五册　缨翅目［M］．北京：科学出版社：315-317.

韩召军，杜相革，徐志宏．2007．园艺昆虫学［M］．北京：中国农业大学出版社．

郝永娟，王万立，金凤媚，等．2010．天津市番茄黄化曲叶病毒病的发生与防治［J］．植物保护（2）：48-50.

郝永娟，王万立，刘春艳，等．2005．天津市番茄晚疫病菌生理小种的鉴定［J］．植物病理学报，1：156-158.

合力．2003．番茄菌核病诊断与防治［J］．吉林蔬菜（1）：33.

何春玉．2007．高原黄瓜疫病的发生及防治措施［J］．北方园艺（11）：196.

何海敏，杨慧中，肖亮，等．2011．温度和光周期对甜菜夜蛾发育历期和繁殖的影响［J］．江西植保，34（3）：93-96.

何红，蔡学清，洪永聪，等．2004．内生菌BS-2对蔬菜立枯病的抑制效果［J］．福建农林大学学报：自然科学版（1）：17-20.

何红，伍宏．2001．粤西地区冬季辣椒病毒病发生与防治［J］．植物保护（2）：22-23.

何嘉，张陶，李正跃，等．2005．我国食用菌害虫研究现状［J］．中国食用菌，24（1）：21-24.

何嘉，张陶，李正跃．2005．平菇厉眼蕈蚊的生物学、生态学及其防治［J］．中国食用菌，24（4）：52-53.

何娟，陈文龙．2009．夏秋反季节黄瓜主要虫害的调查及防治［J］．贵州农业科学，37（10）：88-90.

何俊华，刘银泉，施祖华．2003．中国斜纹夜蛾寄生蜂名录［J］．昆虫天敌，24（3）：128-137.

何俊华，施祖华，刘银泉．2002．中国甜菜夜蛾寄生蜂名录［J］．浙江大学学报：农业与生命科学版，28（5）：473-479.

何俊华．1998．中国菜粉蝶寄生蜂名录［D］．杭州：浙江大学．

何礼远，华静月，张长龄．1984．我国植物细菌青枯菌的生化型和其他生理差异［J］．植物保护学报，1：42-50.

何礼远，康卫耀．1995．植物青枯菌的致病机理［M］．北京：中国农业科学技术出版社．

何礼远．1995．植物病虫害生物学研究进展［M］．北京：中国农业科学技术出版社．

何林，赵志模，曹小芳，等．2005．温度对抗性朱砂叶螨发育和繁殖的影响［J］．昆虫学报，48（2）：203-207.

何美仙．2004．番茄灰霉病的生物防治研究进展［J］．中国蔬菜（5）：29-31.

何沁基，钟敏芳．1964．斜纹夜蛾的初步研究［J］．昆虫知识，8（3）：107-111.

何苏琴．2002．引起辣椒茎腐和根腐的立枯丝核菌的生物学特性及致病性研究［J］．甘肃农业科技（9）：44-45.

何铁海，徐佩娟，钱剑锐，等．2008a．采用阻隔带配合放鸭啄食防治果桑园灰巴蜗牛的研究［J］．中国蚕业，29（3）：

29 - 31.

何铁海，徐佩娟，钱剑锐，等.2008b.温湿度对灰巴蜗牛生存的影响 [J].长江蔬菜 (2)：54 - 55.

何燕.2006.八步区番茄棉铃虫发生原因及无害化治理技术 [J].广西植保，19 (1)：23 - 24.

何永梅，杨毅然，吴文斌.2008.葱类蔬菜二三月份谨防霜霉病 [J].农村实用技术 (2)：30.

何永梅.2012.大蒜锈病识别与防治 [J].农药市场信息 (10)：45.

何永喜，许燎原.2001.捕快防治葱斑潜蝇药效试验 [J].长江蔬菜 (5)：35.

何永喜.2001.茄果类蔬菜保护地两种常见非侵染性果实生理病害的发生与防治 [J].蔬菜 (8)：22 - 23.

何玉仙，翁启勇，黄建，等.2007.烟粉虱田间种群的抗药性 [J].应用生态学报，18 (7)：1578 - 1582.

何玉仙，杨秀娟，翁启勇.2003.农田烟粉虱寄主植物调查初报 [J].华东昆虫学报，12 (2)：16 - 20.

何子遗，李群雁.1990.辣椒茶黄螨的发生及防治 [J].长江蔬菜 (1)：14 - 15.

何自福，虞皓，余雪松，等.2003.应用 RT - PCR 检测番茄上的 CMV 和 ToMV [J].华南农业大学学报：自然科学版 (3)：36 - 39.

何自福，虞皓，罗方芳.2005.广东番茄曲叶病毒 G2 分离物基因组 DNA - A 的分子特征 [J].微生物学报 (1)：36 - 40.

何自福，虞皓，罗方芳.2005.广东番茄曲叶病毒 G3 分离物基因组 DNA - A 的分子特征 [J].植物病理学报，3：208 - 213.

何自福，虞皓，毛明杰，等.2007.广东番茄黄化曲叶病是由中国台湾番茄曲叶病毒侵染引起的 [J].农业生物技术学报 (1)：119 - 123.

何自福，虞皓.2001.广东省主要番茄品种对青枯病的抗性研究初报 [J].广东农业科学 (3)：42 - 44.

和雄，石井正义，史跃林.1990.温湿度对番茄叶霉病发生的影响 [J].中国蔬菜 (1)：53 - 54.

贺新刚，张艳梅.2008.温室黄瓜根结线虫病的发生规律及防治对策 [J].上海蔬菜 (3)：68 - 69.

洪波，张云慧，李超，等.2010.马铃薯甲虫空间分布型及序贯抽样 [J].植物保护学报，37 (3)：206 - 210.

洪健，李德葆，周雪平.2001.植物病毒分类图谱 [M].北京：科学出版社.

洪健，薛朝阳，徐颖.等.1999.受番茄花叶病毒侵染后寄主的超微病变研究 [J].植物学报，12：1259 - 1263.

洪文英，房明华，祝小祥，等.2006.杭州地区蔬菜蜗牛的发生成因与防治 [J].浙江农业科学，6：683 - 685.

洪晓月.2012.农业螨类学 [M].北京：中国农业出版社.

洪玉善，郑士金，崔长辉.1994.保护地番茄筋腐病及其防治途径 [J].吉林蔬菜 (2)：12 - 13.

洪玉善，郑士金，郑建超.1999.保护地番茄筋腐病、畸形果和空洞果的发生及其防止途径 [J].中国蔬菜 (4)：51 - 53.

洪玉善.1992a.保护地番茄筋腐病发生原因分析及防治意见 [J].中国蔬菜 (4)：19 - 20.

洪玉善.1992b.番茄畸形果发生原因 [J].北方园艺 (2)：46 - 47.

侯丽霞，郎丰庆，徐文玲.2002.番茄筋腐病的发病机理、原因与防治 [J].北方园艺 (3)：64 - 65.

侯茂林.2008.添加石灰氮和有机物进行太阳能加热对温室土壤根结线虫和黄瓜的影响 [J].中国生态农业学报 (1)：75 - 79.

侯明生，黄俊斌.2006.农业植物病理学 [M].北京：科学出版社.

侯文邦，李定旭.2005.黄瓜根结线虫病的发生规律及药剂防治研究 [J].西南农业大学学报：自然科学版，5：672 - 676.

侯有明，庞雄飞，梁广文，等.2003.印楝素乳油对黄曲条跳甲种群控制作用评价 [J].应用生态学报，14 (6)：959 - 962.

侯有明，庞雄飞，梁广文.2001a.局部施用斯氏线虫对黄曲条跳甲的控制效应 [J].植物保护学报，28 (2)：151 - 156.

侯有明，尤民生，庞雄飞，等.2001b.以斯氏线虫控制黄曲条跳甲幼虫的田间应用技术 [J].福建农业大学学报，30 (1)：67 - 71.

侯玉霞.1999.辣椒病毒病发生与防治 [J].农药学学报 (2)：94 - 96.

胡萃.1983.中国菜粉蝶寄生昆虫调查 [J].昆虫学报，26 (3)：287 - 294.

胡德具.1988a.荸荠白禾螟的发生与防治 [J].中国蔬菜 (3)：27 - 29.

胡德具.1998b.荸荠白禾螟生物学特性及防治初步研究 [J].昆虫知识，25 (5)：280 - 282.

胡定汉，潘熙曙，罗文辉，等.2004.大冶市长腿水叶甲的发生为害情况及防治对策 [J].中国植保导刊 (7)：20.

胡东维，王源超，徐颖.2003.木霉对辣椒疫霉菌抑制作用的超微结构与细胞化学 [J].菌物系统 (1)：95 - 100.

胡敦孝.2000.银叶粉虱 (Bemisia argentifolii Bellows & Perring) 的发生与防治 [J].北京农业科学 (烟粉虱专辑)：31 - 35.

胡汉辉.2002.瓜绢螟田间的消长规律与防治对策 [J].江西园艺 (5)：25 - 26.

胡剑，赵永歧，王岳五.1997.枯草杆菌 BS - 98 分泌的抗真菌蛋白的分离纯化及其部分性质的研究 [J].微生物学通报 (1)：3 - 7.

胡靖锋，吴丽艳，林良斌，等.2010.用菌土接种法鉴定云南省主要十字花科作物对根肿病的抗性 [J].中国蔬菜 (14)：

71-74.

胡俊，塔娜，胡宁宝，等.1998.内蒙古西部地区番茄溃疡病发生特点及防治对策［J］.内蒙古农业科技（增刊）：147-148.

胡玲玲，刘勇，徐洪富，等.2004.桃蚜、萝卜蚜的种内密度和种间竞争效应［J］.华东昆虫学报，13（1）：77-80.

胡美芳，邓建平.2002.茭白锈病的发生情况及防治技术［J］.植保技术与推广（11）：15-16.

胡胜昌.1990.甘蓝夜蛾的生物学特性［J］.昆虫知识，27（3）：144-147.

胡文海，喻景权.2001.低温弱光对番茄叶片光合作用和叶绿素荧光参数的影响［J］.园艺学报（1）：41-46.

胡文华.2002.食用菌制种栽培中菌螨的发生与防治［J］.西南园艺，30（3）：26.

胡学难，李小平，杨臣瑾，等.1995.贵州省菌蕈害虫种类和天敌种类调查［J］.中国食用菌，14（2）：33-35.

胡英梅.2006.葱蓟马的发生与防治［J］.农村科技（3）：22.

胡珍娣，陈焕瑜，李振宇，等.2012.华南小菜蛾田间种群对氯虫苯甲酰胺已产生严重抗性［J］.广东农业科学（1）：79-81.

胡志凤，于洪春，孙文鹏，等.2008.哈尔滨地区大猿叶虫发育历期与生物学特性［J］.昆虫知识，45（6）：909-912.

华南农业大学.1994.农业昆虫学：下册［M］.2版.北京：农业出版社：262.

华琼.1999.番茄生理病害发生的原因与措施［J］.湖北植保（1）：27.

华致甫，袁美丽，张文彬，等.1991.黄瓜菌核病发病规律及其防治方法的研究［J］.中国蔬菜（6）：11-14.

黄阿兴.2005.闽南菜田黄曲条跳甲发生与防治［J］.中国植保导刊（11）：21-22.

黄奔立，朱华，朱凤，等.2004.茄子黄萎病的发生及病菌生长影响因子［J］.植物保护学报，2：157-160.

黄超.2004.大棚番茄筋腐病的发生与防治［J］.江西园艺（4）：27-28.

黄国洋，王荫长，尤子平.1992.五种地老虎幼虫抗寒性的比较研究［J］.南京农业大学学报，15（1）：33-38.

黄海生.2005.初冬番茄晚疫病重发原因及防治措施［J］.西北园艺（蔬菜）（5）：28.

黄海祥.1999.茄苗猝倒病防治试验简报［J］.江西植保（4）：32.

黄河，魏世义，孟晓云.1984.北京番茄晚疫病的发生规律和预测［J］.中国农业科学（4）：85-89.

黄建春，李国贤，金卫群.2010.双孢蘑菇褐腐病防治技术［J］.食用菌（2）：58,67.

黄健坤，戚佩坤.1982.广州地区黄瓜疫病病原菌的鉴定及防治研究［J］.华南农学院学报（2）：36-45.

黄军平.2012.平菇褐斑病品种抗病性鉴定及防治药剂筛选［D］.武汉：华中农业大学.

黄年来，林志彬，陈国良，等.2010.中国食药用菌学［M］.上海：上海科学技术文献出版社.

黄水金，秦厚国，黄荣华.2002.光周期和温度对菜粉蝶滞育的影响［J］.江西农业学报，14（2）：29-32.

黄为泉，钱丽珠，马勉华，等.1991.瓜绢螟发生消长及虫态期研究［J］.上海蔬菜（3）：32-33.

黄为一.1988.凤尾菇病毒性质的研究［J］.南京农业大学学报（4）：53-56.

黄伟明，陈绵才，肖彤斌，等.2011.海南岛葫芦科蔬菜根结线虫种类鉴定［J］.植物保护（1）：70-73.

黄宪珍，姬光华.1982.多异瓢虫生物学特性的初步研究［J］.山东农业科学（2）：17-19.

黄晓磊，乔格侠.2006.蚜虫学研究现状与学科发展趋势［J］.昆虫学报，49（6）：1017-1026.

黄晓梅，梁艳，陈秀玲.2011.番茄晚疫病病原菌的菌落生长和产孢子条件的研究［J］.中国农学通报（10）：199-202.

黄兴学，王斌才，胡侦华，等.2012.几种中草药提取物防治莴苣霜霉病研究［J］.长江蔬菜（22）：83-85.

黄循一，金秀华.1991.上海四种重要农业害虫对几种杀虫剂的抗药性调查［J］.上海农学院学报，9（1）：7-11.

黄颖.2008.紫色芦笋新品种——井冈红［J］.农家参谋（12）：9.

黄媛媛.2008.大白菜软腐病发生原因及其防治方法［J］.河北省科学院学报（4）：48-51.

黄云，马淑青，李小琴，等.2007.油菜根肿病菌的形态和休眠孢子的生物学特性［J］.中国农业科学（7）：25-28.

黄允龙，王断华，张学富，等.1995.葱地种蝇发生规律及防治［J］.长江蔬菜（4）：18-19.

黄载旭，张胜林.2011.浅谈蚕种生产微粒子病防治［J］.四川蚕业（2）：40-41.

黄征.2006.大葱霜霉病诊断与检疫［J］.福建农业科技（4）：43.

黄志农，刘勇，马艳青，等.2008.华中地区春夏季辣椒健身栽培与病虫防控技术［J］.辣椒杂志（1）：21-25.

黄仲生，张芝莉，石宝才，等.2001.豆类蔬菜病虫害识别与防治［M］.北京：中国农业出版社.

黄仲生，杨玉茹，岳彬.1988.菜豆枯萎病病原菌鉴定与防治［J］.华北农学报（2）：70-75.

黄仲生，杨玉茹.1981.菜豆枯萎病及防治研究［J］.中国蔬菜（2）：33-36.

黄仲生，张芝莉，石宝才，等.2001.豆类蔬菜病虫害识别与防治［M］.北京：中国农业出版社.

黄仲生.1996.黄瓜角斑病的发生与防治［J］.蔬菜（1）：26-27.

黄仲生.2000.番茄斑枯病的发生与防治［J］.蔬菜（4）：28.

霍捷，徐学农，王恩东.2011.东亚小花蝽对西花蓟马和/或二斑叶螨危害豆株的定位反应［J］.应用昆虫学报，48（3）：569-572.

霍燃华.2011.黄瓜花打顶的发生规律与综合防治［J］.吉林蔬菜（3）：63.

吉川宏昭，王素译.1989.日本十字花科作物的抗根肿病育种［J］.中国蔬菜（3）：55-56.

戢俊臣，张敏，刘铭，等.2004.四川省姜瘟病菌生物型鉴定初报［J］.四川农业大学学报，4：391-394.

纪军建，张小风，王文桥，等.2010.黄瓜褐斑病化学药剂防治研究进展［J］.河北农业科学（8）：28-31.

纪拥军，杨呈芹，马秀凤.2008.莲藕食根金花虫的发生及防治［J］.现代农业科技（13）：161.

季洁，陈霞，林坚贞，等.2009.两种捕食螨对紫跳虫的捕食功能研究［J］.食用菌学报，16（3）：72-74.

季佐军，葛慧佳，许向阳.2009.番茄芝麻斑病苗期抗性鉴定方法及抗病种质资源筛选［J］.东北农业大学学报（11）：23-27.

冀连红.2005.茄子黄萎病、棉疫病的发病规律和作用机制［J］.北京农业（5）：11-12.

冀炜，顾新全，魏春玲.1996.赤眼蜂防治菜粉蝶研究［J］.西北农业学报，5（3）：65-68.

贾海民，赵聚莹，李术臣.2010.不同芦笋品种抗病性比较试验初报［M］.北京：中国农业科学技术出版社：227-232.

贾菊生，多力坤，赵建民，等.1989.大蒜锈病防治试验［J］.新疆农业科学（1）：27.

贾菊生，方德立，张丽.2002.大蒜锈病冬孢子萌发条件及其生物学特性研究［J］.新疆农业科学（3）：136-138.

贾菊生，马德英，羌松.2001.放线菌 R1 号菌株防治农作物病害的研究初报［J］.新疆农业大学学报（1）：55-59.

贾菊生，方德立.2000.洋葱炭疽病及其防治措施［J］.新疆农业科学（4）：171-172.

贾菊生，梅桂兰.1991.新疆哈密瓜疫病掘氏疫霉及寄主范围的初步研究［J］.八一农学院学报（3）：29-33.

贾菊生.1992.新疆辣椒疫病及防治研究［J］.植物病理学报，3：257-262.

贾利元.2006.莴苣霜霉病的发生与防治［J］.上海蔬菜（4）：66.

贾瑞金，任冲，王传法，等.2003.覆膜大蒜锈病的发生及防治［J］.吉林蔬菜（5）：20.

贾少波，李朝晖，张玉平，等.2010.跳虫新分类系统的目科检索［J］.聊城大学学报：自然科学版，23（1）：38-41.

贾月丽，程晓东，蔡永萍，等.2011.棉铃虫和烟夜蛾在 4 个辣椒品种上的产卵与为害［J］.河南农业大学学报，45（2）：210-214.

简恒.2011.植物寄生线虫学［M］.北京：中国农业大学出版社.

简霖.2010.辣椒枯萎病的综合防治措施［J］.农技服务，27（3）：334，404.

简元才，钉贯靖久.1994.甘蓝黑腐病抗病性材料的鉴定及筛选［J］.北京农业科学（3）：29-30.

简元才.1994.甘蓝类蔬菜的黑腐病及其防治［J］.北京农业科学（6）：19-21.

江昌木，艾洪木，赵士熙.2005.瓜实蝇的风险分析［J］.华东昆虫学报，14（3）：256-259.

江昌木，艾洪木，赵士熙.2006.不同寄主营养条件下的瓜实蝇实验种群生命表［J］.福建农林大学学报，35（1）：24-28.

江昌木.2005.瓜实蝇种群系统与检疫防除综合技术［D］.福州：福建农林大学.

江佳佳.2005.我国食用菌螨类及其防治方法［J］.热带病与寄生虫学，3（4）：250-252.

江启荣，王俊，曹月琴.2005.豇豆荚螟发生规律与防治方法初探［J］.安徽农业科学，33（3）：409，468.

江幸福，罗礼智.2010.我国甜菜夜蛾发生为害特点及治理措施［J］.长江蔬菜：学术版（18）：93-95.

江扬先，严龙.2008.瓜绢螟的发生及综合防治［J］.科学种养（8）：28.

江扬先，严龙.2009.莲藕食根金花虫要严防［J］.科学种养（3）：30.

江扬先，严龙.2010.荸荠白禾螟的发生规律及防治［J］.科学种养（5）：31.

江扬先，严龙.2011.黄瓜疫病的发病情况及综合防治措施［J］.科学种养（2）：30-31.

江扬先.2005.大白菜白斑病的发生与防治［J］.中国蔬菜（9）：55.

姜星.2005.石阡县黄花菜锈病的发生规律和综合防治技术［J］.植物医生（4）：11-12.

姜东明.2012.芋头疫病大发生原因分析及防治对策［J］.福建农业科技（12）：50-51.

姜飞，刘业霞，艾希珍，等.2010.嫁接辣椒根际土壤微生物及酶活性与根腐病抗性的关系［J］.中国农业科学，16：3367-3374.

姜官恒，潘秀美，李洪奎.2000.葱斑潜蝇与美洲斑潜蝇的识别与防治［J］.植物医生，13（5）：12.

姜国勇，杨仁崔.2003.番茄 Tm-2² 基因在烟草中的表达及其对番茄花叶病毒（ToMV）的特异抗性［J］.病毒学报，4：365-370.

姜国勇，翁曼丽，金德敏，等.1998.番茄转 TCS 基因植株的生物学性状研究［J］.园艺学报，4：395-396.

姜好胜，冷德训，孙秀丽，等.2004.茼蒿霜霉病的发生与防治［J］.蔬菜（9）：21.

姜华.2010.大葱锈病的发生规律及防治措施［J］.上海蔬菜（1）：57-58.

姜华芳.1989.闽菇迟眼蕈蚊在地道菇场的活动节律研究［J］.食用菌（1）：32.

姜文涛，刘淑艳，王丽兰，等.2013.吉林省白粉菌新记录种［J］.吉林农业大学（1）：24-26.

姜文涛，刘淑艳，王丽兰.2012.甘肃加工番茄白粉病病原菌的鉴定［J］.植物保护学报，1：93-94.

姜晓艳，李海涛，张子君，等 . 2008. 番茄晚疫病菌生物学特性研究［J］. 河南农业科学（8）：91-94.

蒋杰贤，梁广文，庞雄飞 . 1999. 斜纹夜蛾天敌作用的评价［J］. 应用生态学报，10（4）：461-463.

蒋杰贤，梁广文，庞雄飞 . 2000. 斜纹夜蛾的生物控制研究［J］. 植物保护学报，27（3）：221-226.

蒋杰贤，梁广文 . 1999. 斜纹夜蛾种群空间动态［J］. 湖南农业大学学报：自然科学版，25（5）：382-386.

蒋杰贤 . 1998. 斜纹夜蛾种群系统的生物控制研究［D］. 广州：华南农业大学 .

蒋平 . 2008. 香葱锈病的发生与无公害防治技术［J］. 植物医生，5：33.

蒋启东，王冬 . 2011. 温室辣椒白粉病的药剂防治研究［J］. 长江蔬菜：学术版（2）：69-71.

蒋素蓉，文成敬，徐耀波 . 2005. 温度和杀菌剂对平菇、香菇及其主要污染真菌菌丝生长的影响［J］. 中国食用菌（6）：40-43.

蒋小龙，任丽卿 . 2003. 瓜实蝇在云南生物学习性研究初报［J］. 植物检疫，17（2）：74-76.

蒋小龙 . 2002. 云南边境检疫性实蝇风险分析研究［J］. 西南农业大学学报，24（5）：402-405.

蒋友坤，李录久，王登林 . 2008. 大棚秋延辣椒烟青虫的防治［J］. 现代农业科技（8）：85.

蒋月丽，武予清，段云，等 . 2011. 释放东亚小花蝽对大棚辣椒上几种害虫的防治效果［J］. 中国生物防治学报，27（3）：414-417.

蒋志雄 . 2003. 2003年会同县瓜实蝇发生严重［J］. 植保技术与推广，23（12）：41.

颉芳林 . 2011. 大白菜主要病害及无公害防治［J］. 甘肃农业（54）：85-87.

金丹，李宝聚，石延霞 . 2009. 一种平菇褐斑病病原菌的鉴定［J］. 食用菌学报（1）：89-91.

金辉，王世喜，龙立新 . 2004. 蔬菜潜叶蝇的寄主种类及其发生动态规律初报［J］. 黑龙江农业科学（6）：18-20.

金佳鑫，潘亚飞，王小平，等 . 2008. 豆野螟对寄主的选择性及豇豆品种抗螟性比较［J］. 植物保护，34（4）：81-85.

金潜，孙庆辉，王钦英，等 . 1991. 菜豆细菌性疫病病原细菌的鉴定及药剂敏感性测定［J］. 新疆农垦科技（4）：22-23.

金群力，蔡为明，冯伟林，等 . 2006. 浙江省双孢蘑菇上主要线虫种类［J］. 浙江农业学报，3：195-197.

金宗亭，王惠滨，赵永红，等 . 2005. 温室茄果类蔬菜枯萎病的发生及防治［J］. 农业科技通讯（2）：9.

靳仙菊，左建民 . 2010. 番茄枯萎病与青枯病的区别及防治［J］. 陕西农业科学（6）：57-58.

靳秀丽，贾利元 . 2012. 长叶莴苣霜霉病防治技术［J］. 现代农业（1）：44.

靳秀云，盛金，杨存群，等 . 2004. 大白菜病虫害的无公害防治措施［J］. 上海蔬菜（4）：62.

纠敏，周雪平，刘树生 . 2006. 烟粉虱传播双生病毒研究进展［J］. 昆虫学报，49（3）：513-520.

菊本敏雄 . 1978. 白菜软腐病的品种抗病性［J］. 植物检疫（5）：21-26.

崛裕 . 1960. 中国白菜的缺钙症状以及培养液的组分和盐类浓度对发病的影响［J］. 园艺学会杂志，3：169-180.

康朝发，徐扶南，程文学，等 . 2011. 不同药剂防治番茄白粉病的效果［J］. 农技服务（7）：1001.

康俊根，田仁鹏，耿丽华，等 . 2010. 甘蓝抗枯萎病种质资源的筛选及抗性基因分布频率分析［J］. 中国蔬菜（2）：15-20.

康乐 . 1996. 斑潜蝇的生态学与持续控制［M］. 北京：科学出版社 .

康立功，齐凤坤，许向阳，等 . 2010. 番茄芝麻斑病菌的侵染条件及致病性研究［J］. 中国蔬菜（10）：64-67.

康立功，许向阳，姜景彬，等 . 2008. 番茄晚疫病病原菌生物学特性研究［J］. 东北农业大学学报，5：168-170.

康玉妹，林坚贞，季沽，等 . 2004. 双孢蘑菇主要害虫防治及其无公害栽培［J］. 福建农业科技（6）：29-30.

柯常取，李明远，严红，等 . 1990. 不同杀菌剂对白菜黑斑病菌的毒力研究［J］. 植物保护（S1）：13-15.

柯礼道，方菊莲，李志强 . 1985. 豆野螟的生物学特性及其防治［J］. 昆虫学报，28（1）：51-59.

柯礼道，方菊莲 . 1979. 小菜蛾生物学的研究：生活史、世代数及温度关系［J］. 昆虫学报，22（3）：310-318.

柯礼道，李志强，徐兰仙，等 . 1986. 瓜螟研究简报［J］. 浙江农业科学（3）：139-152.

柯礼道，李志强，徐兰仙，等 . 1988. 瓜螟对寄主植物的选择和季节消长［J］. 昆虫学报，31（4）：379-385.

柯治国，卢令娴，南玉生，等 . 1985. 野生植物苦皮藤种油对黄守瓜成虫防治效果的初步研究［J］. 植物保护学报，12（4）：283-284.

孔垂华，梁文举，杨晓，等 . 2004. 黄守瓜取食行为的机理及黄瓜的化学应答［J］. 科学通报，40（13）：1258-1262.

孔祥义，肖春雷，刘勇，等 . 2012. 三亚地区甜瓜栽培瓜实蝇防控技术初步研究［J］. 广东农业科学（21）：96-98.

赖传雅，梁钧 . 2000. 环境因素对荸荠秆枯病流行动态的影响［J］. 西南农业学报（3）：54-55.

赖传雅，袁高庆 . 2008. 农业植物病理学：华南本［M］. 2版 . 北京：科学出版社 .

赖传雅 . 2003. 农业植物病理学：华南本［M］. 北京：科学出版社 .

赖荣泉，魏辉，侯有明，等 . 2004. 植物提取物对黄曲条跳甲成虫的忌避作用［J］. 福建农林大学学报：自然科学版，33（1）：14-16.

兰清秀，卢政辉，范青海 . 2012. 食用菌螨种类研究进展［J］. 福建农业学报，27（1）：104-108.

雷蕾，杨琦凤，张宗美 . 2000. 菜豆种质资源苗期对锈病的抗性鉴定［J］. 西南园艺（2）：27.

雷朝亮，朱树勋，邹丰.1992.侧多食跗线螨寄主植物的调查 [J].华中农业大学学报，11（4）：401-404.

雷弟周，等.2004.侧多食跗线螨的发生与防治技术 [J].中国蔬菜（6）：28-29.

雷逢进，聂安全，王晓民，等.2008.高产西葫芦新品种长青王4号的选育 [J].中国瓜菜（1）：13-15.

雷逢进，王晓民，聂安全，等.2010.西葫芦新品种长青王5号的选育 [J].中国瓜菜（2）：20-22.

雷福成，刘红敏，杨国兴.2010.黄花菜锈病的发病规律及防治 [J].广东农业科学（5）：102-103.

雷国明.2006.又一有害生物——十字花科枯萎病入侵我国 [J].农药市场信息（12）：38.

雷蕾，林清，吕中华，等.2001.重庆市辣椒病毒病原种类鉴定及株系确认 [J].西南园艺（2）：28-29.

雷思勤，徐增祥，刘雨谦.2011.辣椒菌核病的发生与防治 [J].四川农业科技（11）：40-41.

雷玉明.1992.河西走廊一新病害——茄子白粉病 [J].植物保护（2）：47.

雷仲仁，王音，黄冬如，等.2002.美洲斑潜蝇在不同温度下的飞行能力 [J].昆虫学报，45（3）：413-415.

雷仲仁，王音，刘月英.1999.南美斑潜蝇与美洲斑潜蝇的生物学比较研究 [M] // 中国农学会.植物保护与植物营养研究进展.北京：中国农业出版社：280-284.

雷仲仁，王音，问锦曾.1996.蔬菜上11种潜叶蝇的鉴别 [J].植物保护，22（6）：40-43.

雷仲仁，王音，问锦曾.1999a.我国蔬菜潜叶蝇寄生蜂简介（二）潜蝇姬小蜂、粗脉姬小蜂和栉角姬小蜂 [J].植物保护，25（4）：43-44.

雷仲仁，问锦曾，王音.1997.我国危险性斑潜蝇的研究进展及今后工作的建议 [M] // 中国农学会.中国青年农业科学学术年报B卷.北京：中国农业出版社：495-499.

雷仲仁，问锦曾.1999b.杀虫药剂对斑潜蝇触杀毒性的测定 [J].植保技术与推广，19（5）：27.

雷仲仁，姚君明，朱灿健，等.2007a.三叶斑潜蝇在中国的适生区预测 [J].植物保护，33（5）：100-103.

雷仲仁，朱灿健，张长青.2007b.重大外来入侵虫三叶斑潜蝇在中国的风险性分析 [J].植物保护，33（1）：37-41.

冷鹏，唐洪杰，钟建峰，等.2011.番茄细菌性斑点病的发生与防治 [J].浙江农业科学，4：901-902.

冷鹏.2009.韭蛆在大蒜上的发生规律和防治技术研究 [J].安徽农学通报，15（6）：93.

黎国翰.1991.豆野螟的发生与防治 [J].湖北农业科学（6）：423-431.

黎万顺，冯国忠，陈斌，等.2010.葱蝇冬滞育蛹的全长cDNA文库的构建 [J].昆虫知识，27（1）：53-58.

李钧.2005.黄花菜锈病的综合防治技术 [J].湖南农业科学（4）：65-66.

李艳，邢星，于广文.2007.岫岩地区甘蓝夜蛾发生规律及综合防治措施研究 [J].辽宁农业职业技术学院学报，9（3）：29，38.

李宝栋，林柏青.1993.番茄病虫害防治新技术 [M].北京：金盾出版社.

李宝聚，朱辉，石延霞.2008.番茄细菌性斑点病的识别与防治 [J].长江蔬菜（13）：27-28.

李宝聚，阐琳娜，徐凯，等.2005.食用菌生产中主要竞争性病害的种类及其防控技术 [J].中国蔬菜（12）：61-62.

李宝聚，高苇，石延霞，等.2012.多主棒孢和棒孢叶斑病的研究进展 [J].植物保护学报，4：171-176.

李宝聚，李龙生，顾兴芳，等.2005.瓜类红粉病的病原鉴定、发生与防治 [J].中国蔬菜（6）：55-56.

李宝聚，王文莉，王福建，等.2002.高温高湿对黄瓜黑星病菌孢子萌发及侵染的影响 [J].植物病理学报（3）：257-261.

李宝聚，周艳芳，赵彦杰，等.2010.番茄匍柄霉叶斑病（灰叶斑病）的诊断与防治 [J].中国蔬菜（23）：24-26.

李宝聚.2008.2007年内蒙古巴彦淖尔市加工番茄晚疫病大发生原因分析 [J].中国蔬菜（8）：59-60.

李保聚，陈立芹，孟伟军.2003.湿度调控对番茄灰霉病菌侵染的影响 [J].植物病理学报，2：167-169.

李保聚，赵彦杰.2009.辣椒灰霉病的新症状 [J].中国蔬菜（5）：25.

李保聚，朱国仁，赵奎华，等.2008.番茄灰霉病在果实上的侵染部位及防治新技术 [J].植物病理学报，1：63-67.

李保聚，朱国仁.1998.番茄灰霉病发展症状诊断 [J].植物保护（6）：18-20.

李保聚，朱国仁.1999.植物生长调节剂蘸花与番茄果实灰霉病发生的关系 [J].中国农业科学，1：108-109.

李彬，粟寒，李艳华，等.2010.豇豆花叶病毒和黑眼豇豆花叶病毒RT-Real time PCR及IC-RT-Real time PCR检测方法研究 [J].南京农业大学学报（2）：105-109.

李彬，吴翠萍，粟寒，等.2008.进境日本豇豆中黑眼豇豆花叶病毒的检测与鉴定 [J].植物检疫（1）：17-19.

李灿红，徐舵，李明，等.2003.十字花科蔬菜根肿病的防治技术 [J].中国农技推广（4）：50-51.

李长松，朱汉城.1990.山东菜豆病毒病的发生与病原鉴定 [J].山东农业科学（3）：35-37.

李长松，徐作珽，王绍敏，等.2012.吡唑醚菌酯等对番茄灰叶斑病菌的抑菌活性与防治试验 [J].山东农业科学（5）：103-105，119.

李长松，张眉，李林，等.2009.山东省黄瓜棒孢叶斑病（褐斑病）病原菌鉴定和防治 [J].中国蔬菜（18）：29-33.

李长友，张履鸿，李国勋，等.2000.甘蓝夜蛾核型多角体病毒杀虫剂的制备及田间防治试验 [J].植物保护，26（2）：6-8.

李超，张智，郭文超，等．2011．基于GIS的马铃薯甲虫扩散与河流关系研究——以新疆沙湾县为例 [J]．生态学报，31（21）：6488-6494．

李春，金潜，李国英，等．1995．新疆番茄溃疡病的发生及其病原菌鉴定 [J]．新疆农业科学，5：221-224．

李春，金潜，彭刚．1997．新疆番茄细菌性疮痂病的病原鉴定 [J]．中国蔬菜（4）：4-6．

李春霞，许向阳，康立功，等．2009．2006—2007年东北三省番茄叶霉病菌生理小种变异的监测 [J]．中国蔬菜（2）：42-45．

李春艳，刘希全．2004．大白菜抗白斑病的生理生化相关性状的研究 [J]．辽宁农业科学（3）：8-10．

李大华，王建华，井晨勇，等．2011．范县稻田莲藕枯萎病的发生特点及防治对策 [J]．绿色植保（1）：42．

李德伦．1997．黄守瓜取食与越冬特性及其防治新略 [J]．四川农业科技（4）：17-18．

李德友，李桂莲，王天文，等．2007．高海拔地区反季节辣椒烟青虫无公害防治技术 [J]．贵州农业科学，35（3）：75-76．

李冬霞．2006．黑木耳主要病虫杂菌及其防治 [J]．植物医生，19（1）：13．

李笃肇．1994．四川省植物和食用菌寄生线虫种类名录 [J]．西南农业大学学报，1：1-10．

李发勇，施立聪，刘又高，等．2008．浙南蘑菇线虫调查研究初报 [J]．浙江农业科学，1：94-96．

李芳芳，许方程，刘培．2010．1个台湾番茄曲叶病毒温州分离物的全基因组序列 [J]．浙江大学学报：农业与生命科学版，1：23-27．

李放，贾慧春．2008．日光温室茄子绵疫病的发生及其防治 [J]．现代园艺（6）：31．

李放．2010．朝阳地区茶黄螨的发生特点与防治技术 [J]．中国园艺文摘（5）：139．

李关发．2005．蔬菜立枯病的防治技术 [J]．福建农业（4）：25．

李光，李淑菊，王惠哲．2007．兼抗黄瓜枯萎病、角斑病和黑星病育种材料苗期筛选 [J]．天津农业科学（3）：27-29．

李光华，杨萌，梁永贞．2003．20％腈菌唑·福美双可湿性粉剂防治黄瓜黑星病药效试验 [J]．农药科学与管理（9）：15-16．

李光强，赵静，庞献伟，等．2009．异型眼蕈蚊生物学特性及几种杀虫剂的药效试验 [J]．食用菌（5）：64-66．

李光武，袁灵恩，李爱英．2006．羽衣甘蓝菌核病的发生与防治 [J]．中国农村小康科技（7）：64-65．

李桂英，李景富，李永镐，等．1994．东北三省番茄叶霉病生理小种分化的初步研究 [J]．东北农业大学学报，2：122-125．

李国庆，于明志，洪晓月．2010．基于核糖体28S rRNA对叶螨的鉴定及其系统发育分析 [J]．南京农业大学学报，33（5）：49-54．

李海涛，张子君，杨国栋，等．2006．茄子黄萎病抗病性鉴定 [J]．辽宁农业科学，1：4-6．

李河，国英，君昂．2009．双孢蘑菇疣孢霉病病原菌的分离及分子鉴定 [J]．食用菌学报（2）：74-76．

李红，朱芬，周兴苗，等．2008．危害西瓜幼苗的韭菜迟眼蕈蚊的生物学特性及防治 [J]．昆虫知识，44（6）：834-836．

李红霞，李国英，任毓忠，等．2001．甜菜立枯病药剂拌种防治效果试验 [J]．中国甜菜糖业（2）：36-38．

李红霞，刘照云，王建新，等．2005．辣椒炭疽病菌对嘧菌酯的敏感性测定 [J]．植物病理学报，1：73-77．

李红霞，韩秀英，马志强，等．2006．几种生物农药对黄瓜霜霉病的防治效果 [J]．农药，11：778-779．

李洪奎，李居平，赵国祥．1999．番茄筋腐病及其防治 [J]．植物医生（1）：10．

李洪奎，李明立，孙平，等．2011．出口蔬菜病虫图谱 [M]．北京：中国农业科学技术出版社．

李怀方，刘凤权，黄丽丽．2009．园艺植物病理学 [M]．2版．北京：中国农业大学出版社．

李焕杰．2010．双孢菇疣孢病防治的关键措施 [J]．安徽农学通报，4：125-126．

李会群，赵瑞祥，查剑敏．2005．保护地莴苣菌核病的综合防治技术 [J]．中国植保导刊（2）：21，34．

李惠明，赵康，赵胜荣，等．2012．蔬菜病虫害诊断与防治实用手册 [M]．上海：上海科学技术出版社．

李惠明．2001．蔬菜病虫害防治实用手册 [M]．上海：上海科学技术出版社．

李惠明．2006．蔬菜病虫害预测预报调查规范 [M]．上海：上海科学技术出版社：213，266-269．

李继纲，梁燕，闫见敏，等．2012．TYLCV番茄新品种西农2011的选育 [J]．中国蔬菜（2）：100-103．

李捷，孔维娜，赵飞．2007．我国葱斑潜蝇的发生与防治 [M] //成卓敏．植物保护与现代农业．北京：中国农业科学技术出版社：418-422．

李金萍，白全江，周艳芳，等．2012．李宝聚博士诊病手记（四十四）两种病原菌引起的番茄白粉病的诊断与防治 [J]．中国蔬菜（3）：23-25

李金萍，柴阿丽，孙日飞，等．2012．十字花科蔬菜根肿病研究新进展 [J]．中国蔬菜（8）：1-4．

李金萍，朱玉芹，李宝聚．2010．十字花科蔬菜根肿病的传播途径 [J]．中国蔬菜（5）：21-22．

李金堂，默书霞，杨子亮，等．2013．菠菜霜霉病的识别及防治 [J]．长江蔬菜（9）：46-47．

李金堂，默书霞，傅海滨．2010．黄瓜黑星病的识别及防治 [J]．长江蔬菜（21）：34-35．

李金堂 . 2010. 茄子病虫害防治图谱 [M] . 济南：山东科学技术出版社 .

李金堂 . 2011. 黄瓜靶斑病的新症状及综合防治技术 [J] . 长江蔬菜 (19)：39 - 40.

李景蕻 . 2005. 黄守瓜的发生及防治技术 [J] . 农村实用技术 (3)：19.

李静 . 1997. 几种化学杀菌剂防治甜菜立枯病效果比较 [J] . 中国甜菜糖业 (2)：40.

李菊芬，叶枫 . 2004. 保护地韭菜灰霉病的发生与防治 [J] . 上海农业科技，6：105.

李军，张万全 . 2005. 葱蒜病虫害防治技术 [J] . 宁夏农林科技 (2)：49.

李利平，张建英，杜自海 . 2003. 黄瓜红粉病的发生为害及防治方法 [J] . 植保技术与推广 (11)：21.

李利平，张剑英，杜自海 . 2004. 永年黄瓜红粉病的发生与防治 [J] . 当代蔬菜 (3)：42

李良孔 . 2011. 黄瓜白粉病菌对氟吡菌酰胺敏感基线的建立及其抗药性风险评估 [D] . 长春：吉林大学 .

李林，齐军山，李长松，等 . 2001. 主要辣椒品种对疫病、根腐病的抗性鉴定 [J] . 山东农业科学，2：29 - 30.

李龙生，李宝聚，刘永春，等 . 2005. 黄瓜褐斑病的诊断与防治 [J] . 中国蔬菜 (8)：49 - 50.

李敏 . 2010. 抗番茄花叶病毒病良种筛选试验 [J] . 蔬菜 (10)：36 - 39.

李明立，华尧楠 . 2002. 山东农业有害生物 [M] . 北京：中国农业出版社：612 - 613.

李明远，李固本，裴季燕 . 1989. 北京蔬菜病情志 [M] . 北京：科技出版社：177 - 178.

李明远，刘洁 . 1985. 韭菜灰霉病 [J] . 植物保护 (1)：49 - 50.

李明远，柯常取，严红，等 . 1993. 白菜黑斑病多点药效试验 [J] . 北京农业科学 (3)：18 - 20.

李明远，柯常取，曾丽，等 . 1990. 关于大白菜苗期抗黑斑病鉴定中几个技术性问题的商榷 [J] . 中国蔬菜 (4)：23 - 25.

李明远，柯常取，曾丽 . 1991. 环境因素对芸苔链格孢生长发育的影响 [J] . 植物保护学报，4：317 - 322.

李明远，李固本，裴季燕 . 1987. 蔬菜病情志 [M] . 北京：北京科学技术出版社：12 - 46.

李明远，李兴红，张涛涛，等 . 2001. 辽宁发生茄子棒孢叶斑病 [J] . 植物保护，27 (6)：48 - 49.

李明远，马永军，姚金亮 . 2006. 警惕十字花科蔬菜枯萎病在我国蔓延 [J] . 中国植保导刊 (1)：21 - 22.

李明远，张涛涛，李兴红，等 . 2003. 十字花科蔬菜枯萎病及其病原鉴定 [J] . 植物保护 (6)：44 - 45.

李明远 . 2004. 十字花科枯萎病的识别与防治 [J] . 中国蔬菜 (2)：60.

李明远 . 1988. 十字花科蔬菜黑斑病的病原 [J] . 北京农业科学 (增刊)：1 - 5.

李明远 . 2007. 茄子黄萎病的识别及防治 [J] . 中国蔬菜 (6)：57 - 58.

李明远 . 2010a. 李明远断病手迹——韭菜疫病的诊断 [J] . 农业工程技术 (4)：66 - 68.

李明远 . 2010b. 莴苣霜霉病的发生与防治问答 [J] . 中国蔬菜 (9)：24 - 25.

李明远 . 2010c. 设施蔬菜的冷害及其预防 [J] . 农业工程技术 (2)：41 - 44.

李明远 . 1991a. 白菜黑斑病的发生与防治办法 [J] . 长江蔬菜 (4)：15.

李明远 . 1991b. 芸苔链格孢菌丝生长温度的研究 [J] . 真菌学报 (4)：165 - 170.

李明远 . 1993. 萝卜链格孢形态学的研究 [J] . 华北农学报 (3)：98 - 101.

李明远 . 2004. 十字花科蔬菜黑斑病识别与防治 [J] . 当代蔬菜 (10)：34 - 35.

李宁，许向阳，姜景彬，等 . 2012. 番茄抗叶霉病基因 Cf - 10 和 Cf - 16 的遗传分析及 SSR 标记 [J] . 东北农业大学学报，1：88 - 92.

李平然，杨清华，管金龙，等 . 2010. 菜螟的危害与防治措施 [J] . 中国果菜 (11)：34.

李钦存，李君丽 . 2007. 番茄筋腐病的诊断及防治 [J] . 西北园艺 (9)：30 - 31.

李清铣，王连荣 . 1985. 江苏荸荠秆枯病的发生、危害及病原菌鉴定 [J] . 江苏农学院学报，1：35 - 39.

李庆彬 . 2008. 夏秋番茄筋腐病的发生与防治 [J] . 河北农业科技 (10)：24.

李庆孝 . 1999. 西瓜甜瓜病虫草鼠害防治手册 [M] . 北京：中国农业出版社：114 - 117.

李省印，常杨生，常宗堂 . 2004. 芹菜病毒病症状分析与毒原种类鉴定 [J] . 西北农林科技大学学报：自然科学版 (7)：85 - 88.

李世河，邓顺源 . 1998. "绿乳铜"防治尖叶生菜霜霉病效果好 [J] . 植保技术与推广 (3)：42.

李书华 . 2004. 芦笋标准化栽培技术 [M] . 北京：中国农业出版社：90 - 91.

李书林，蒋林忠，孙国俊，等 . 2007. 棕榈蓟马发生特点及防治技术 [J] . 江苏农业科学 (3)：86 - 87.

李淑菊，王惠哲，霍振荣，等 . 2004. 利用 RT - PCR 对黄瓜病毒病毒原种类进行检测 [J] . 华北农学报 (3)：100 - 102.

李曙轩 . 1979. 蔬菜栽培生理 [M] . 上海：上海科学出版社 .

李曙轩 . 1983. 植物激素在农业生产中的应用 [J] . 生物学通报 (5)：4 - 6.

李树森，钱学聪，许家珠 . 1994. 秦巴山区食用菌害虫种类及防治 [J] . 汉中师院学报：自然科学版 (2)：58 - 63.

李天来，房思强，郭泳，等 . 1997. 植物生长调节剂对番茄畸形果发生的影响 [J] . 沈阳农业大学学报，3：195 - 199.

李天来，王平，郭泳，等 . 1996. 不同番茄品种畸形果发生的比较 [J] . 中国蔬菜 (5)：10 - 14.

李天来，王平，须晖，等 . 1997a. 苗期夜温对番茄畸形果发生的影响 [J] . 中国蔬菜 (2)：3 - 8.

李天来，须晖，郭泳，等.1997b.苗期光照度对番茄畸形果发生的影响［J］.辽宁农业科学（2）：22-25.

李天来，张振武，张昕，等.1999.棚室蔬菜栽培技术图解［M］.沈阳：辽宁科学技术出版社.

李天来.1992.番茄筋腐果的发生原因及防止对策［J］.沈阳农业大学学报，2：153-156.

李天来.1998.不同品种番茄褐变型筋腐果发生的差异比较［M］//园艺学进展：第2辑.南京：东南大学出版社：408-411.

李菀群，廖晨鹭，魏明山.2006.高山地区延晚番茄灰叶斑病综合防治技术［J］.长江蔬菜（5）：33.

李伟.2006.芹菜心腐病的发生及防治［J］.西北园艺（7）：30.

李伟丰，古德就，陈亦根，等.2000.蔬菜品种对小猿叶甲生物学特性影响的研究［J］.华南农业大学学报，21（1）：38-40.

李伟群，曾东强，贤振华.2012.6％乙基多杀菌素悬浮剂防治棕榈蓟马药效试验［M］.安徽农学通报，18（5）：92，149.

李卫东，曹欢欢，杨银娟，等.2011.瓜绢螟和黄杨绢野螟的甄别［J］.长江蔬菜（7）：40-41.

李卫东，陈艳秋，杨丽芳，等.2009.八种药剂防治油菜根肿病的田间药效试验初报［J］.云南农业（8）：21-22.

李卫芬，和江明，李石开.2006.十字花科植物抗根肿病研究进展［J］.西南农业学报，1：560-563.

李文枫，李景富，康力功.2008.番茄抗叶霉病基因Cf-11的AFLP分子标记［J］.东北农业大学学报（9）：25-28.

李戊清，郑经武，郑积荣，等.2012.番茄根结线虫研究进展［J］.浙江农业学报，4：748-752.

李锡香，王素.2006.菜豆种质资源描述规范和数据标准［M］.北京：中国农业出版社.

李侠，王素芳，刘宗泉，等.2012.江苏丰县番茄黄化曲叶病毒病的发生特点及综合防治［J］.中国蔬菜（1）：29-30.

李向永，尹艳琼，赵雪晴，等.2011.云南不同菜区小菜蛾的产卵规律与发育起点温度［J］.应用昆虫学报，48（2）：254-259.

李小靖，叶志彪.2010.我国番茄黄化曲叶病发生规律和研究进展［J］.长江蔬菜（2）：1-5.

李小荣，王连生，刘志龙.2006.影响豇豆根腐病的发病因子及防治对策［J］.浙江农业科学，6：693-695.

李小霞，肖仲久.2011.贵州省辣椒炭疽病病原菌鉴定及室内毒力测定［J］.广东农业科学（17）：55-57.

李新义，杨琰云，吴千红，等.2001.黄瓜钝绥螨对侧多食跗线螨雌成螨和腐食酪螨卵的功能反应［J］.蛛形学报，10（2）：43-47.

李秀芹，姜京宇，张丽.2013.河北省番茄细菌性髓部坏死病的发生与防治［J］.中国蔬菜（7）：25-26.

李秀文，程蔚平，军农.1991.黄瓜黑星病的症状诊断及病原鉴定［J］.天津农林科技（1）：34-36.

李雅珍，毛明华.2007.茄果类蔬菜菌核病防治技术规范［J］.上海蔬菜（3）：66-67.

李妍，谢学文，等.2010.防治白菜根肿病的药剂筛选［J］.农药学学报，1：93-96.

李彦蓉，任璐，韩巨才.2011.温室白粉虱对常用杀虫剂的抗药性监测［J］.山西农业大学学报：自然科学版，31（3）：217-220.

李艳红，戴率善，刘宗泉，等.2009.番茄黄化曲叶病毒病发生程度影响因子分析及防病措施［J］.中国蔬菜（9）：24-25.

李永镐，王人元，刘淑静.1995.菜豆炭疽病菌（*Colletotrichum lindemuthianum*）生物学特性及室内药剂筛选［J］.东北农业大学学报，2：140-144.

李源，赵珮，尹春艳，等.2010.多种植物挥发物及马铃薯甲虫聚集素对马铃薯甲虫的引诱作用［J］.昆虫学报，53（7）：734-740.

李月荣.2010.黄瓜靶斑病的识别与防治［J］.现代农业科技，11：177.

李云瑞.2002.农业昆虫学：南方本［M］.北京：中国农业出版社：144-145，169-170.

李照会.2004.园艺植物昆虫学［M］.北京：中国农业出版社：195.

李正和，李桂新，谢艳，等.2002.云南番茄曲叶病是由烟草曲茎病毒引起的［J］.病毒学报，4：355-361.

李正先.2001.稻食根金花虫的发生及防治［J］.云南农业（8）：17.

李志敏，何成兴，高纯林，等.2008.影响甜菜夜蛾种群数量的非生物因子的灰色系统分析［J］.云南大学学报：自然科学版，30（S1）：151.

李柱刚，崔崇士，张耀伟.2000.大白菜黑斑病芸薹链格孢鉴别寄主筛选的研究［J］.东北农业大学学报，4：358-362.

李宗宝.2008.厦门出口胡萝卜病虫害发生及防治对策［J］.长江蔬菜（7）：29-30.

李祖荫，李兆华，徐汝梅.1980.温室白粉虱*Trialeurodes vaporariorum*（Westwood）的研究：形态、生物学特性及各虫态的历期［J］.北京师范大学学报（3、4）：137-150.

利奥波德A C，克里德曼 P E.1984.植物的生长和发育［M］.颜季琼，等，译.北京：科学出版社.

郦卫弟，贝亚维，张治军，等.2012.杭州非栽培植物上访花蓟马种类调查及发生分析［J］.浙江农业学报，24（2）：252-257.

连梅力，李唐，张筱秀，等.2010.甘蓝夜蛾卵赤眼蜂种类调查及利用研究［J］.中国植保导刊，30（6）：4-7.

连延浩，叶广继，王舰 . 2012. 青海马铃薯晚疫病菌线粒体 DNA 单倍型鉴定及分析［J］. 植物病理学报，2：164-168.

梁碧元，杜一新，龚小林，等 . 2007. 印度黄守瓜的发生特点与防治技术［J］. 中国植保导刊，27（12）：20-21.

梁彩枝 . 2010. 辣椒根腐病逐年严重的原因及其防治对策［J］. 吉林蔬菜（5）：67.

梁晨，赵洪海，李宝笃 . 2006. 寿光及莱阳地区番茄叶霉病菌生理小种鉴定［J］. 莱阳农学院学报：自然科学版，2：103-104.

梁更生 . 2007. 天水市大鹏韭菜灰霉病的发生与综合防治［J］. 甘肃农业科学（2）：35.

梁广勤，梁国真，林明，等 . 1993. 实蝇及其防除［M］. 广州：广东科学技术出版社 .

梁广勤，杨国海，梁帆，等 . 1995. 亚太地区寡毛实蝇［M］. 广州：广东科学技术出版社 .

梁广勤 . 1990. 地中海实蝇与实蝇属间的竞争［J］. 植物检疫，4（5）：378-379.

梁宏卫，贤振华，龙明华 . 2007. 黄曲条跳甲无公害控制技术研究进展［J］. 中国蔬菜（7）：36-39.

梁继农，王连荣，尹长清，等 . 1996. 南通市黄瓜死藤病原鉴定与发病规律［J］. 上海农业学报，1：90-94.

梁建根，郑经武 . 2010. 设施栽培中蔬菜根结线虫生物防治研究进展［J］. 中国农学通报，19：290-293.

梁建根，王建明 . 2002. 辣椒枯萎病病原的初步研究［J］. 山西农业大学学报，22（1）：29-31，45.

梁金兰 . 1996. 蔬菜病虫实用原色图谱［M］. 郑州：河南科学技术出版社：156.

梁晶，杨剑勇，彭超友，等 . 2007. 番茄田棉铃虫的发生规律及防治技术［J］. 农技服务，24（9）：52-53.

梁静，程智慧 . 2010. 大蒜白腐病及其防治方法研究进展［J］. 中国蔬菜（14）：13-18.

梁钧，赖传雅，黄健平，等 . 1995. 荸荠秆枯病菌生物学性状研究［J］. 广西农业大学学报，4：288-294.

梁林琳，刘奇志，谢飞，等 . 2011. 双孢蘑菇基质中的线虫在菌丝上的数量扩增及对菌丝生长的影响［J］. 浙江农业学报，6：1157-1161.

梁平彦，陈开英，刘宏迪 . 1987. 美味侧耳病毒及其生化特性［J］. 病毒学报，4：369-375.

梁小友，米竟九，潘乃隧，等 . 1994. 双抗（抗病毒及抗虫）植物表达载体的构建及番茄的转化鉴定［J］. 植物学报，11：849-854.

梁振普，张晓霞，高鹏，等 . 2005. 从香菇子实体中分离了两种病毒［J］. 中国食用菌（6）：32-33.

辽宁出入境检验检疫局 . 2008. EPPO 发布预警的有害生物——茄黄斑螟［EB/OL］. http：//www. lnciq. gov. cn/20791. htm.

廖富荣，郭木金，林石明，等 . 2011. 进境番茄种子中番茄花叶病毒的检测与鉴定［J］. 植物保护（5）：124-128.

廖华俊，孙树坤，张其安，等 . 2000. 防虫网在西瓜生产上的应用研究［J］. 安徽农学通报，6（1）：55-57.

廖金铃，蒋寒，孙龙华，等 . 2003. 中国南方地区作物根结线虫种和小种的鉴定［J］. 华中农业大学学报，6：544-548.

廖君达，林金树，陈庆忠 . 2002. 台湾茭白笋病虫害种类及发生消长调查［J］. 台中区农业改良场研究汇报（6）：59-72.

廖模祥，刘吉平，张国平，等 . 2011. 野外昆虫来源微孢子虫与家蚕微粒子病发生的相关性研究［J］. 中国蚕业（1）：17-20，23.

廖旺姣，韦继光，赖传雅，等 . 2006. 广西荸荠病害的调查［J］. 中国食用菌：增刊，25：112-115.

林坚贞，曾宪森，黄玉清 . 1989. 银耳栽培房中镰孢穗螨动态研究［J］. 福建省农科院学报，4（2）：61-68.

林抗美，朱育，刘波，等 . 2005. 福州地区植物青枯病菌生理分化的研究［J］. 植物保护科学，12：321-324.

林克剑，吴孔明，魏洪义，等 . 2002. 烟粉虱在不同寄主上的种群动态及化学防治［J］. 昆虫知识，39（4）：284-288.

林克剑，吴孔明，魏洪义，等 . 2003. 寄主作物对 B 型烟粉虱生长发育和种群增殖的影响［J］. 生态学报，23（5）：870-877.

林克剑，吴孔明，魏洪义，等 . 2004. 温度和湿度对 B 型烟粉虱发育、存活和生殖的影响［J］. 植物保护学报，31（2）：166-172.

林玲 . 2007. 贺州市茄子枯萎病综合防治试验［J］. 广西农业科学，38（1）：51-53.

林美琛，陈华平，汪雁峰，等 . 1995. 长豇豆品种对豇豆煤霉病抗性鉴定研究［J］. 作物品种资源（4）：36-37.

林密，张佩芝，关钟燕，等 . 2008. 黑龙江省茄子黄萎病病原菌及其致病力的分化［J］. 中国蔬菜（7）：27-28.

林密 . 1996. 茄子枯萎病综合防治技术［J］. 北方园艺（6）：24.

林清，吕中华，黄任中，等 . 2006. 辣椒炭疽病抗性鉴定方法研究［J］. 西南农业学报，6：1071-1074.

林秋琍 . 2001. 十字花科蔬菜炭疽病之生物特性与防治［D］. 台中：中兴大学植物病理系 .

林荣华，李照会，叶保华，等 . 2000. 豆野螟（*Maruca testulalis* Geyer）研究进展［J］. 山东农业大学学报：自然科学版，31（4）：433-436.

林善祥 . 1985. 食用真菌跳虫研究 II——长角跳虫科三新种记述（弹尾目）［J］. 动物分类学报，10（2）：196-202.

林文彩，章金明，郭世俭，等 . 2005. 温度对小猿叶虫生长发育和存活的影响［J］. 浙江农业学报，17（3）：127-129.

林文彩，郭世俭，宋会鸣 . 1998. 菜粉蝶绒茧蜂田间种群消长动态及农药对其毒性［J］. 昆虫天敌，20（4）：150-155.

林兴祖，冯健敏 . 2008. 海南冬种黄瓜疫病的发生及其防治［J］. 植物医生（6）：13-14.

林燕春，罗明云，林江，等．2009．辣椒病毒病发生规律与防治技术研究［J］．湖北农业科学，9：2142-2144，2183．

林奕峰，陈亚雪，罗燕华，等．2010．农优矮生豌豆病虫害的综合防治［J］．福建热作科技（4）：38-40．

林英．2007．皋兰县大棚韭菜主要病害的发生与无公害防治技术［J］．植物保护（7）：27-28．

刘爱媛，尹仁国．1992．防治大白菜炭疽病药剂试验［J］．蔬菜（3）：19．

刘爱媛．1992．大白菜炭疽病的预测及防治［J］．中国植保导刊（2）：42-43．

刘爱媛．1993．豇豆煤霉病的药剂防治［J］．蔬菜（1）：21．

刘爱媛．2002．豌豆离体叶片鉴定白粉病抗性方法［J］．植物保护学报，2：119-123．

刘爱媛．1992．大白菜炭疽病和霜霉病的发生及其综合防治［J］．中国农学通报（3）：42．

刘爱媛．1997．白菜炭疽病苗期抗病性鉴定方法的研究［J］．中国蔬菜（1）：4-7．

刘爱芝，李素娟，韩松．2003．大蒜根蛆的发生与无公害防治技术［J］．河南农业科学（12）：50-51．

刘安敏，孙家栋，陶秀珍，等．2004．保护地番茄灰叶斑病的发生与综合防治［J］．中国植保刊（4）：22-23．

刘保才．1998．蔬菜病虫害识别与防治大全［M］．北京：中国林业出版社．

刘波，刘茵华．1995．中国白锈属真菌［J］．山西大学学报：自然科学版，3：323-328．

刘畅．2009．辣椒疫病生物防治的研究进展［J］．安徽农学通讯（19）：99-101．

刘春香，何启伟，于占东，等．2003．畸形黄瓜主要芳香物质含量变化试验［J］．山东农业科学，1：20-21．

刘峰．2007．黄瓜灰霉病的发生规律与综合防治［J］．植物医生（6）：16-17．

刘富春，刘爱媛，何玉英．1990a．大白菜炭疽病［J］．长江蔬菜（3）：16-17．

刘富春，刘爱媛，何玉英．1990b．大白菜炭疽病的发生条件与防治［J］．植物保护（4）：30．

刘富春，阳本友，尹仁国，等．1984．大白菜炭疽病流行成灾的初步调查［J］．中国蔬菜（3）：39-41．

刘富春．1994．蔬菜病害诊断与鉴定［M］．北京：中国农业出版社．

刘关君，王丽娟，秦智伟．2009．黄瓜叶片细菌性角斑病侵染初期cDNA文库分析［J］．遗传，10：1042-1048．

刘桂华，杨家鸾，严位中，等．2001．云南蔬菜病害诊断、害虫识别及防治［M］．昆明：云南科技出版社．

刘国革．2011．生菜霜霉病的发生与防治［J］．吉林蔬菜（2）：52．

刘海林，季克震，唐小兰．2001．甘蓝夜蛾发生特点及药剂防治试验［J］．青海农林科技（3）：8-9．

刘宏迪，梁平彦．1986．感染病毒的侧耳的超微结构［J］．微生物学报，3：221-225．

刘洪江，曲喜云，郭雷．2009．黄瓜灰霉病的发生与综合防治［J］．吉林蔬菜（2）：47．

刘焕然，柯桂兰．1992．十字花科蔬菜黑斑病原种群组成及季节变化［J］．西北农业学报（4）：6-10．

刘焕然，柯桂兰．1998．大白菜对黑斑病抗性遗传规律及抗性与体内营养物质相关性研究［J］．西北农业学报（2）：45-50．

刘晖，郑是琳，黄艳萍．1991．番茄枯萎病菌生理小种及其生物学特性研究初报［J］．山东农业大学学报，22（4）：356-360．

刘会欣．2006．食用菌周年化生产中污染调查及综合防治研究［D］．保定：河北大学．

刘慧，许再福，黄寿山．2007．黄足黄守瓜取食和机械损伤对南瓜子叶中葫芦素B的诱导作用［J］．生态学报，27（12）：5411-5416．

刘慧，许再福，黄寿山．2009．黄足黄守瓜取食南瓜葫芦素B含量变化规律的研究［J］．昆虫知识，46（4）：538-542．

刘佳，冯兰香．1990．大白菜上花椰菜花叶病毒的初步鉴定［J］．植物保护，5：18-19．

刘佳，冯兰香．1994．北京地区甘蓝病毒病种群鉴定及变化分析［J］．中国蔬菜（2）：23-25．

刘佳东，韩泳，孙丹．2008．大棚莴苣早春高产栽培技术［J］．内蒙古农业科技（20）：113．

刘建军．1992．蔬菜田棉铃虫的发生特点与防治措施［J］．山西农业科学（9）：22-23．

刘建萍，孙学增．2010．大棚茄子发生畸形果的原因及防止对策［J］．河北农业（1）：27．

刘建荣，杜相革，李元章，等．2004．云南白菜根肿病有机防治技术的研究［J］．中国农学通报（3）：38-39．

刘建毅．2000．番茄畸形果发生原因初探［J］．西北园艺（6）：11．

刘杰贤．1995．美国甜菜立枯病和根腐病发生及防治对策［J］．中国甜菜（4）：56-59．

刘金福．2010．荸荠秆枯病防治技术［J］．现代农业科技，20：207-208．

刘君．2010．番茄畸形果发生与防治［J］．北方园艺（128）：69．

刘克均，陆性健，陈永萱，等．1994．芦笋茎枯病菌的生物学特性［J］．植物病理学报，4：299-304．

刘奎，符悦冠，金启安，等．2007．瓜螟绒茧蜂田间发生动态及其对瓜螟的寄生作用［J］．热带作物学报，28（4）：108-111．

刘奎，吴君君，符悦冠．2006．大叶桃花心木抽提物对黄守瓜的拒食作用［J］．西南农业大学学报：自然科学版，28（3）：460-462．

刘奎．2004．瓜绢螟发育起点温度和有效积温［J］．中国蔬菜（1）：38-39．

刘奎成，王英超，邱金华.2002.洋葱霜霉病发生规律与防治技术 [J].植保技术与推广（12）：25.

刘丽云，刘晓林，刘志恒，等.2007.辣椒根腐病菌生物学特性研究 [J].沈阳农业大学学报，1：54-58.

刘丽云.2008.不同杀菌剂防治辣椒根腐病的效果研究 [J].辽宁农业科学（1）：5-7.

刘丽云.2008.辣椒根腐病侵染规律初步研究 [J].中国植保导刊（5）：25-26.

刘鸣韬，马桂珍.2001.蔬菜保护学 [M].北京：中国农业科学技术出版社.

刘鸣韬，徐瑞富，蒋学杰.2003a.黄瓜靶斑病研究初报 [J].河南农业科学（8）：33-35.

刘鸣韬，张定法，孙化川.2003b.黄瓜靶斑病药剂防治研究 [J].中国农学通报，5：126-128.

刘鸣韬.2002.蔬菜病虫草害综合治理 [M].北京：中国农业出版社.

刘铭，张敏，戚俊臣，等.2005.中国姜瘟病的研究进展 [J].中国农学通报，6：337-340.

刘铭，张敏，尹福强.2007.姜瘟病拮抗细菌的筛选与鉴定 [J].现代农业科技（20）：72，74.

刘宁，任立，张润志，等.2005.西花蓟马的鉴别及其与近缘种的区别 [J].昆虫知识，42（3）：345-347.

刘萍，姜卫华，卢伟平，等.2011.新疆北疆马铃薯甲虫成虫对新烟碱类杀虫剂的敏感性变化 [J].农药学报，13（3）：271-275.

刘萍，毕绍喜.2003.昆明地区蔬菜十字花科根肿病综合防治 [J].云南农业科技（2）：41.

刘奇志，罗子华，边勇，等.2011.三唇线虫（Trilabiatus spp.）对食用菌菌丝的危害性研究 [J].浙江农业学报，2：335-339.

刘秋，田秀铃，孟祥林，等.2002.番茄细菌性斑点病病原鉴定的初步研究 [J].辽宁农业科学（1）：42-43.

刘蕊.2008.番茄和马铃薯晚疫病菌的遗传分化研究 [D].保定：河北农业大学.

刘沙沙.2008.六种非作物寄主及寄主转换对斜纹夜蛾的影响 [D].扬州：扬州大学.

刘绍友，侯有明，周靖华，等.1999.桃蚜不同体色生物型的寄主适应性 [J].西北农业学报，8（4）：1-4.

刘绍友.1990.农业昆虫学 [M].杨陵：天则出版社.

刘淑芹，王连刚，张永志.2010.保护地番茄主要病害及其防治技术 [J].黄河蔬菜（4）：51-53.

刘淑艳，王丽兰，姜文涛，等.2011.中国长春瓜类白粉菌 Podosphaera xanthii 形态学和分子系统学研究 [J].菌物学报，5：702-712.

刘淑艳，高松.2006.白粉菌属级分类系统的讨论 [J].菌物学报，1：152-159.

刘淑艳，刘微，姜文涛.2012.新番茄粉孢菌 Oidium neolycopersici 生物学特性的研究 [J].菌物学报，1：68-73.

刘树生，曹若彬，朱国念.1995.蔬菜病虫害防治手册 [M].北京：中国农业出版社：219-221，254-257.

刘树生，李志强，徐兰仙，等.1989.瓜螟的生物学和化学防治研究 [J].中国蔬菜（5）：14-17.

刘树生，徐兰仙，李志强，等.1988.瓜螟主要天敌——拟澳洲赤眼蜂的生物学、生态学特性研究 [J].植物保护学报，15（4）：265-271.

刘树生，徐志宏.1988.瓜螟天敌菲岛扁股小蜂的形态和生物学特性研究 [J].浙江农业大学学报，14（3）：320-322.

刘树生，曹若彬，朱国念.1995.蔬菜病虫草害防治手册 [M].北京：中国科学技术出版社.

刘树生，汪信庚，吴晓晶，等.1997.杭州郊区菜蚜种群的数量消长规律 [J].应用昆虫学报，8（5）：510-514.

刘树生.1990.桃蚜、萝卜蚜发育速率与温度的关系 [J].植物保护学报，17（2）：169-175.

刘树生.1991.温度对桃蚜和萝卜蚜种群增长的影响 [J].昆虫学报，37（2）：189-197.

刘铁志，段永平，杨俊平.2009.新番茄粉孢——我国番茄白粉病菌一新记录 [J].菌物学报，3：463-465.

刘廷明，黄厚英.1989.葱蝇发生规律及防治技术的研究 [J].山东农业科学（4）：15-19.

刘霆，刘伟成，裘季燕，等.2008.2% Agri-Terra 颗粒剂防治番茄根结线虫 [J].农药，12：915-916.

刘微，刘淑艳，李玉，等.2009.番茄白粉病的病原菌鉴定 [J].植物病理学报，1：11-15.

刘维志，王彩霞，冯桂芳，等.2003.莱阳地区番茄叶霉病菌生理小种鉴定 [J].莱阳农学院学报，3：178-179.

刘维志.2000.植物病原线虫学 [M].北京：中国农业出版社.

刘伟成，吕国忠，周永力，等.2001.球壳孢目真菌同工酶电泳研究 I.分类学意义 [J].沈阳农业大学学报，2：102-106.

刘伟成，吕国忠，周永力，等.2002.球壳孢目真菌同工酶电泳研究 II.Ascochyta 等八属代表种的分析 [J].吉林农业大学学报，1：47-52.

刘翔，李志文.2009.茄子黄萎病的发生与综合防治技术 [J].安徽农学通报，11：193-194.

刘向东，翟保平，张孝羲，等.2004.棉花型和黄瓜型棉蚜对寄主植物的适合度 [J].生态学报，24（6）：1119-1204.

刘向东，张立建，张孝羲，等.2002.棉蚜对寄主的选择及寄主专化型研究 [J].生态学报，22（8）：1281-1285.

刘小明，邓耀华，司升云.2006.黄足守瓜与黄足黑守瓜的识别与防治 [J].长江蔬菜（4）：33-34.

刘孝峰，邢国文，徐奇功.1999.番茄早疫病菌分生孢子萌发与环境条件关系的研究 [J].河南职技师院学报，2：15-16.

刘新民，刘安民.2002.祁东黄花菜锈病发生规律及防治技术 [J].植保技术与推广（4）：19-20.

刘杏忠，张克勤，李天飞．2004．植物寄生线虫生物防治［M］．北京：中国农业出版社．

刘学敏，任锡仑，李润霞，等．1998．茄子对褐纹病的抗性遗传研究［J］．吉林农业大学学报（4）：1-7．

刘学敏，张汉卿，白容霖．1998．茄子褐纹病菌侵染规律及化学防治研究［J］．吉林农业大学学报（1）：1-5．

刘洋，段玉玺．2011．4种杀线虫剂对黄瓜根结线虫病的防治效果［J］．河南农业科学，1：94-96．

刘宜生，黄巧华，郭振华，等．1985．关于水肥因子对大白菜干烧心病影响的研究［J］．园艺学报，1：35-40．

刘宜生，周艺敏，赵振达，等．1986．关于土壤化学性状和施肥措施对大白菜干烧心病影响的调查研究［J］．中国农业科学，6：49-53．

刘宜生．1998a．中国大白菜［M］．北京：中国农业出版社．

刘宜生．1998b．利用综合措施防治大白菜干烧病［J］．蔬菜（4）：18．

刘影，马海霞，杨信东．2008．白菜黑斑病空间分布型研究及杀菌剂筛选［J］．北方园艺（10）：171-174．

刘永春，姜忠伟．1999．温室黄瓜褐斑病的发生及其防治［J］．植保技术与推广（2）：23．

刘永刚，吕和平，谢丙炎，等．2004．辣椒疫病发病因子和化学防治技术研究［J］．西北农业学报（3）：56-59．

刘永齐．2008．茄子黄萎病的发生与综合防治［J］．北方园艺，1：207-208．

刘勇，黄小琴．2006．十字花科作物根肿病研究进展［C］//科技创新与绿色植保——中国植物保护学会2006学术年会论文集：154-159．

刘又高，柴一秋，李发勇，等．2008．蘑菇线虫种类及其防治技术［J］．中国食用菌（4）：45-47．

刘又高，施立聪，柴一秋，等．2002．蘑菇线虫的调查与防治［J］．食用菌，1：35-36．

刘玉乐，蔡健和，李冬玲，等．1998．中国番茄黄化曲叶病毒——一个双生病毒新种［J］．中国科学，2：148-153．

刘玉章，陈升宽．1995a．瓜实蝇引诱剂之开发［J］．植物保护学会会刊，37：189-199．

刘玉章，张佳燕．1995b．瓜实蝇食物引诱剂之筛选及黄色黏纸之附加效应［J］．中华昆虫（15）：35-46．

刘媛，王琦，李欣．2009．叶菜类病虫害识别与防治［M］．银川：宁夏人民出版社．

刘月英，雷仲仁．2005．南美斑潜蝇蛹的耐寒性研究［J］．甘肃农业科技（3）：52-53．

刘芸，尤民生．2007．黄曲条跳甲对十字花科蔬菜的选择性［J］．福建农林大学学报：自然科学版，36（4）：365-368．

刘志恒，孙俊，杨红，等．2008．芦笋茎枯病菌生物学特性的研究［J］．沈阳农业大学学报（3）：301-304．

刘忠强．2009．2，4-D在大棚番茄上的使用［J］．农药市场信息（3）：39．

柳斌，郭文超，吐尔逊，等．2009．新疆温室白粉虱自然寄生蜂研究初报［J］．新疆农业科学，46（2）：317-320．

柳凤，潘朝勃，何红．2008．海洋细菌对辣椒疫霉和辣椒疫病的抑制作用［J］．中国生物防治，4：379-381．

龙玲，刘红梅，夏忠敏，等．2009．辣椒疮痂病发生规律及防治技术［J］．贵州农业科学（2）：75-76．

龙新云．2008．温室辣椒病毒病的发生规律及防治技术［J］．新疆农业科技（2）：43．

楼兵干，张炳欣．2002．黄瓜苗期猝倒病生物防治［J］．植物保护学报，2：109-113．

卢金华．1999．茄果类蔬菜枯萎病的发生与防治［J］．福建农业科技（5）：16．

卢清会．2002．瓜类苗期黄守瓜的发生规律及防治［J］．安徽农业（2）：23．

卢圣栋．1993．现代分子生物学技术［M］．北京：高等教育出版社．

卢盛林，张桂娟，石克强，等．1999．50%乙膦铝·锰锌可湿性粉剂防治大白菜霜霉病的药效试验［J］．植保技术与推广，4：42．

卢松茂，罗金水，李丽容．2010．芦笋茎枯病菌鉴定及寄主范围研究［J］．福建热作科技，3：4-6．

卢同．1998．我国作物细菌性青枯病的研究进展［J］．福建农业学报，2：33-40．

卢伟平．2011．几种新型杀虫剂对马铃薯甲虫的毒力及两类靶标的分子克隆［D］．南京：南京农业大学．

卢文坚．2005．食荚豌豆主要病虫害安全防治技术［J］．福建农业科技（5）：24-25．

芦昕婷，沈娟，付群梅，等．2011．苯菌酮对黄瓜白粉病的室内生物活性［J］．农药，9：688-689．

鲁红学，牟本忠，阮华芳，等．1998．柑橘产区3种实蝇成虫形态比较［J］．植物保护，24（2）：26-28．

鲁运江．2001．莲藕食根金花虫的发生与防治［J］．长江蔬菜（9）：18-19．

陆发德，蒋亚军．2008．番茄芝麻斑病的发病原因与防治对策［J］．农家之友（8）：32-33．

陆和平，李振岐，商鸿生．1994．大蒜锈病的发生规律与药剂防治研究［J］．陕西农业科学（6）：20-21．

陆家云，龚龙英．1982．南京地区黄瓜疫病菌的鉴定及生物学特性研究［J］．南京农业大学学报（3）：27-38．

陆家云，余长夫，鞠理红，等．1983．江苏省棉花黄萎病（Verticillium dahliae）致病力的分化［J］．南京农学院学报（1）：36-43．

陆家云．1997．植物病害诊断［M］．2版．北京：中国农业出版社．

陆家云．2001．植物病原真菌学［M］．北京：中国农业出版社：110．

陆建英，杨晓明，王昶，等．2011．不同杀虫剂防治豌豆彩潜蝇田间效果比较试验［J］．北方园艺（12）：132-134．

陆金鹏．2006．豇豆常见病害的诊断与综合防治［J］．植物医生（6）：17-18．

陆宁海，吴利民，田雪亮，等.2006.黄瓜褐斑病菌侵染条件及致病性研究［J］.安徽农业科学，10：2186-2187.

陆宁海，吴利民.2007.黄瓜褐斑病菌毒素对抗、感黄瓜品种的作用［J］.微生物学杂志，4：101-103.

陆宁海，徐瑞富，吴利民，等.2005.番茄褐斑病菌侵染条件及致病性研究［J］.西北农林科技大学学报：自然科学版，8：91-94.

陆佩，顾振芳，代光辉，等.2003.黄瓜蔓枯病生物学特性及室内药剂筛选［J］.上海交通大学学报：农业科学版，3：226-231.

陆仕凤，刘绸.2011.大白菜霜霉病药剂防治试验［J］.长江蔬菜：学术版（12）：68-69.

陆小军，董易之，郑常格，等.2004.甜菜夜蛾天敌的研究进展［J］.仲恺农业技术学院学报，17（2）：68-73.

陆云华.2002.江西食用菌主要线虫及其防治［J］.广西植保（2）：14-15.

陆云华.2002.食用菌大害螨——腐食酪螨的生物学特性及防治对策［J］.安徽农业科学，30（1）：100-101.

陆振裕，陈勤平，陈国泽.2011.丝瓜霜霉病发生原因及综合防治措施［J］.现代农业科技，9：162-163.

陆铮铮，肖仲久，蒋选利.2010.几种杀菌剂对辣椒胶孢炭疽菌的室内毒力测定［J］.植物医生（4）：38-40.

陆自强，陈丽芳，祝树德，等.1984.慈姑钻心虫生物学特性及防治［J］.江苏农业科学（10）：37-38.

陆自强，朱建，胡进生，等.1984.长绿飞虱发生规律及防治方法的研究［J］.江苏农学院学报，5（2）：35-38.

陆自强，朱建，闻森，等.1991.莲缢管蚜生物学与种群消长规律的研究［J］.植物保护学报，18（4）：357-361.

陆自强，朱建，祝树德，等.1998.菱角、莼菜害虫——菱角萤叶甲的研究［J］.中国农业科学（5）：73-76.

陆自强，祝树德.1992.蔬菜害虫测报与防治新技术［M］.南京：江苏科学技术出版社：230-236，283-353，337-342.

逯凤伟.2011.黄瓜黑星病发病症状、规律及防治技术［J］.中国园艺文摘，7：134-135.

路虹，张芝利.1995.豌豆潜叶蝇［M］//中国农业科学院植物保护研究所.中国农作物病虫害：上册.北京：中国农业出版社：1280-1282.

吕东.2011.马铃薯甲虫脯氨酸脱氢酶基因的克隆、表达分析及其 dsRNA 的发酵生产［D］.南京：南京农业大学.

吕海忠，陶新彦，葛鹏飞，等.2004.菜螟在秋播白萝卜、大白菜及油菜苗期的发生规律及防治措施［J］.河南农业（12）：26.

吕和平，刘永刚，杜蕙，等.2001.辣椒疫病综合治理技术及应用［J］.植物保护（1）：21-23.

吕红豪，方智远，杨丽梅，等.2011.甘蓝枯萎病抗源材料筛选及抗性遗传研究［J］.园艺学报，5：875-885.

吕理炎.2002.十字花科蔬菜根肿病［J］.云南农业大学学报，2：134-136.

吕佩珂，李明远，吴钜文，等.1992.中国蔬菜病虫原色图谱［M］.北京：农业出版社：261.

吕佩珂，李明远，吴钜文.2004.中国蔬菜病虫原色图谱［M］.北京：学苑出版社.

吕佩珂，刘文珍，段平锁，等.1996.中国蔬菜病虫原色图谱续集［M］.呼和浩特：远方出版社.

吕佩珂，苏慧兰，高振江，等.2008.中国现代蔬菜病虫原色图鉴［M］.呼和浩特：远方出版社.

吕佩珂，苏慧兰，李明远.2006.中国蔬菜病虫原色图鉴［M］.北京：学苑出版社.

吕晓梅，许向阳，李景富.2002.番茄叶霉菌及其抗病育种的研究进展［J］.东北农业大学学报，4：396-406.

吕要斌，张治军，吴青君，等.2011.外来入侵害虫西花蓟马防控技术研究与示范［J］.应用昆虫学报，48（3）：488-496.

吕志强，王汉荣，周勤，等.2007.浙江省桑树青枯病菌生理小种及生化型的测定［J］.浙江农业学报，4：306-309.

栾非时，郭亚芬，崔喜波.1999.不同施肥对保护地番茄土壤性状及番茄筋腐病发生的影响［J］.东北农业大学学报，3：240-244.

栾非时，郭亚芬，潘凯，等.1997.大棚番茄不同品种与整枝方式对筋腐病发生的研究［J］.东北农业大学学报，4：345-351.

罗晨，张君民，石宝才，等.2000.北京地区烟粉虱 Bemisia tabaci（Gennadius）调查初报［J］.北京农业科学：增刊，18：42-47.

罗华东，王利军，谭万忠，等.2011.马铃薯甲虫虫生真菌分离及强致病菌株筛选［J］.南京农业大学学报，34（1）：61-67.

罗华元，濮祖芹.1991.蚜虫与蔬菜病毒流行的关系及阻断蚜虫传毒的途径［J］.云南农业大学学报，4：235-240.

罗佳，庄秋林.2006.食用菌有害生物及天敌调查研究［J］.江西农业大学学报，28（6）：885-889.

罗佳，庄秋林.2007.福建食用菌双翅目害虫的种类、为害及防治［J］.福建农林大学学报：自然科学版，36（3）：237-240.

罗嘉惠，赵明亮.1996.大菌蚊发生规律的研究［J］.食用菌（6）：33-34.

罗剑文.2005.莴苣霜霉病的防治方法［J］.四川农业科技，7：35.

罗进仓，刘长仲，周昭旭，等.2012.不同寄主植物上马铃薯甲虫种群生长发育的比较研究［J］.昆虫学报，55（1）：84-90.

罗宽.1983.国外十字花科霜霉病与白锈病研究［J］.湖北农业科学（9）：38-39.

罗来鑫,赵廷昌,李健强,等.2004.番茄细菌性溃疡病研究进展［J］.中国农业科学,8：1144-1150.

罗礼智,曹雅忠,江幸福.2000.甜菜夜蛾发生危害特点及其趋势分析［J］.植物保护,26（3）：37-39.

罗铭莲.2010.青海省高寒地区反季节菠菜栽培技术［J］.北方园艺（4）：71.

罗绍春,占丰溪,陈光宇,等.2010a.芦笋无性系杂交F1代新品种"井冈701"选育报告及栽培要点［M］//陈光宇.中国芦笋研究与产业发展.北京：中国农业科学技术出版社：212-215.

罗绍春,占丰溪,陈光宇,等.2010b.芦笋紫色新品种"井冈红"选育报告［M］//陈光宇.中国芦笋研究与产业发展.北京：中国农业科学技术出版社：220-221.

罗绍春,周劲松,汤泳萍,等.2007.芦笋种植前景与开发价值分析［J］.中国农学通报,23：98-101.

罗小波,帅正彬,郭江洪,等.2007.成都市番茄晚疫病菌生理小种的初步研究［J］.西南农业学报,5：1142-1143.

罗晓丽,杨欣,郭文超,等.2010.转 cry3A 基因马铃薯外源蛋白表达和对马铃薯甲虫抗性分析［J］.山西农业科学,38（11）：3-5.

罗信昌,陈士瑜.2010.中国菇业大典［M］.北京：清华大学出版社.

罗信昌,王家清,王汝才.1994.食用菌病虫杂菌及防治［M］.北京：中国农业出版社.

罗益镇,王永栋.1965.菜蚜越冬研究初报［J］.山东农业科学（3）：39-42.

马爱国,孙俊铭,韦刚,等.2011.几种杀虫剂及其复配防治荸荠白禾螟效果研究［J］.安徽农学通报,17（14）：200-225.

马成云,马淑梅,张学哲.2003.白菜三大主要病害发生危害及防治对策［J］.北方园艺（4）：64-65.

马春森,陈瑞鹿.1993.温度对小菜蛾（Plutella xylostella L.）发育和繁殖影响的研究［J］.吉林农业科学（3）：44-49.

马光恕,廉华.2001.瓜类作物病毒病的研究进展［J］.黑龙江农业科学,1：44-47.

马桂芝,张道明.2002.大棚番茄红粉病的防治与建议［J］.北方园艺（2）：17.

马国瑞,石伟勇.2001.蔬菜营养失调症原色图谱［M］.北京：中国农业出版社.

马宏玮.1999.几种叶面肥对番茄生长发育的影响［J］.宁夏农学院学报,2：92-94.

马鸿艳,魏尊苗,祖元刚,等.2011.2009—2010年黑龙江省主要瓜类作物白粉病菌生理小种鉴定［J］.植物保护学报,3：227-228.

马华升,张富仙,阮松林,等.2010.绿色木霉诱变菌株 HZ0501 对大白菜霜霉病的防治效果［J］.浙江农业科学,3：587-589.

马继盛,罗梅浩,郭线茹,等.2007.中国烟草昆虫［M］.北京：科学出版社.

马利平,郝变青,秦曙,等.2008.芽孢杆菌 B96-Ⅱ对芦笋茎枯病的防治及机制研究［J］.华北农学报,2：180-184.

马利平,郝变青,秦曙,等.2009.芦笋茎枯病的生物防治及机理研究［J］.中国生态农业学报,6：1229-1233.

马利松.2003.马铃薯晚疫病菌卵孢子生物学特性的研究［D］.保定：河北农业大学.

马青.2001.豇豆煤霉病的发生与防治［J］.西北园艺（3）：42.

马荣群,李梅,宋正旭,等.2007.不同碳、氮营养及 pH 值对辣椒炭疽病菌生长的影响［J］.山东农业科学（6）：1-73.

马友信,潘亚勤.1991.大蒜锈病的初步观察［J］.陕西农业科学（6）：23-24.

马玉花.2007.日光温室蔬菜幼苗猝倒病诊断与防治技术［J］.北方园艺（9）：81.

马原松,裴冬丽,张灵君.2011.不同番茄品种对早疫病的抗病性研究［J］.江苏农业科学,1：137-139.

马振泉,单德安,高晓华.1989.大豆害虫天敌［M］.济南：山东科学技术出版社.

马重富,马元清,张迎彩,等.2003.青椒日烧病的发生原因与防治措施［J］.河南农业（5）：19.

马宗斌,严根土,刘桂珍,等.2012.棉花黄萎病防治技术研究进展［J］.河南农业科学（2）：12-17.

买买提·买合布孜,吐妮沙克孜·吾斯曼.2001.甜椒日烧病的发生与防治［J］.农村科技（8）：12.

满昌伟,刘运荣.2000.辣椒生理性畸形果的产生及防治技术［J］.西南园艺（1）：23.

毛爱军,胡洽,耿三省.2004a.辣椒炭疽病抗病性鉴定技术及利用［J］.华北农学报,2：87-91.

毛爱军,王永健,冯兰香.2004b.水杨酸等4种诱导剂诱导辣椒抗疫病作用的研究［J］.中国农业科学,10：1481-1486.

毛爱军,张峰,张海英,等.2005.两个黄瓜品种对白粉病的抗性遗传分析［J］.中国农学通报,6：302-304.

毛建辉,何忠全,蒋国荣,等.2004.物理防治在控制豇豆虫害中的作用［J］.石河子大学学报：自然科学版,22：200-202.

梅全志.2008.浙南山区花椰菜主要病害与防治技术［J］.长江蔬菜（3）：27-28.

梅文泉,方琦.1993.昆明郊区菜豆花叶病毒的电子显微镜观察［J］.电子显微学报,1：39.

梅增霞,吴青君,张友军,等.2003.韭菜迟眼蕈蚊的生物学、生态学及其防治［J］.昆虫知识,40（5）：396-398.

梅增霞,吴青君,张友军,等.2004.韭菜迟眼蕈蚊在不同温度下的实验种群生命表［J］.昆虫学报,47（2）：219-222.

蒙华贞.2005.茭白胡麻斑病的发生与防治［J］.栽培与植保,2：33.

孟凡娟，许向阳，李景富，等.2008.番茄抗叶霉病基因Cf6的RAPD及SCAR标记［J］.中国农业科学，7：2191-2196.

孟凡娟，许向阳，李景富.2006.东北三省新的番茄叶霉病菌生理小种分化初报［J］.中国蔬菜（1）：21-23.

孟凡亮.1995.刘金凤菜豆根腐病发生规律与防治技术［J］.山东农业科学，1：35-36.

孟令新.2008.钾、钙、镁肥对保护地番茄生理性病害与产量的影响［J］.安徽农学通报，10：60-61.

孟庆国，王振福，邓春海，等.1998.平菇线虫的初步观察及其防治［J］.食用菌，6：44.

孟庆涛，杜冰，杨茂省.2007.无公害大葱栽培技术［J］.中国果菜（6）：25.

苗秉义，刘晓光.2010.嫁接栽培防治茄子黄萎病管理技术［J］.植保技术（15）：33-35.

苗华民，侯绪友，孟凡明，等.1991.芦笋茎枯病病原菌及其生物学研究［J］.植物保护学报，1：87-90.

缪凯，李焕秀.2007.番茄青枯病研究进展［J］.广西农业科学，5：533-535.

缪美华，陈沁滨，薛萍，等.2003.优质高产抗病芦笋新品系"96-1"选育［J］.上海农业科技（1）：58.

缪南生，方荣.1997.辣椒疫病调查及防治技术探讨［J］.江西农业科技（5）：41-43.

缪颖，曹家树.1998.大白菜干烧心病发生过程中Ca^{2+}-ATPase活性的变化［J］.园艺学报，1：51-55.

缪颖，蒋有条.1997.大白菜干烧心病发生过程中心叶组织Ca^{2+}及超微结构变化［J］.园艺学报，2：145-149.

莫贱友，王益奎，胡凤云，等.2011a.茄子菌核病的诊断与防治技术［J］.中国蔬菜（17）：27-28.

莫贱友，王益奎，胡凤云，等.2011b.广西茄子主要病害诊断及防治技术（一）［J］.长江蔬菜（18）：67-70.

莫贱友，王益奎，胡凤云，等.2011c.广西茄子主要病害诊断及防治技术（二）［J］.长江蔬菜：学术版（20）：69-71.

莫贱友.2004.番茄枯萎病和青枯病的诊断与防治技术［J］.长江蔬菜（5）：28-29.

莫俊杰，胡汉桥，梁钾贤，等.2012.芋疫病抗病性鉴定及不同品系遗传多样性分析［J］.广东海洋大学学报，4：67-72.

莫熙礼，蒋选利，彭赫，等.2007.10%世高水分散粒剂防治辣椒白粉病的药效试验［J］.山地农业生物学报，1：39-42.

莫熙礼，蒋选利.2008.K_2HPO_4对辣椒抗白粉病的诱导效应［J］.山地农业生物学报，1：29-32.

莫秀文，李小忠，李世茂.2011.黄瓜疫病发生规律及综合防治技术［J］.现代农业科技，18：207.

牟吉元，李照会，徐洪富.1995.农业昆虫学［M］.北京：中国农业科学技术出版社.

牟咏花，黄建中.1994.钙和钙调素与番茄果实脐腐病的关系［C］.中国园艺学会.中国园艺学会首届青年学术讨论会论文集.

慕立义，王开运，罗万春，等.1984.菜青虫抗药性的调查与研究［J］.植物保护学报，11（4）：267-273.

南玉生，柯治国，卢令娴.1994.植源昆虫拒食剂苦皮藤种油化学成分的拒食效果［J］.武汉植物学研究，12（1）：95-96.

聂爱湘，许满红，李红，等.2011.保护地温室黄瓜生产常见畸形瓜发生原因与防止对策［J］.现代农业科技，2：159-160.

聂克艳，郅军锐.2009.侧多食跗线螨在蔬菜上的发生及防治研究进展［J］.贵州农业科学，37（11）：98-100.

牛木森，崔文清，金红云，等.2010.春季保护地生菜霜霉病综合防治技术研究［J］.北京农业（33）：15-18.

牛艳芳，陈露萍.2011.菠菜霜霉病的发生及防治［J］.云南农业（1）：18.

农山渔村文化协会.2001.新版蔬菜病虫害诊断原色图谱［M］.李国花，姚方杰，译.长春：吉林科学技术出版社.

农业部植物保护局.1959.中国农作物主要病虫害及其防治［M］.北京：农业出版社：419-420.

欧承刚，庄飞云，赵志伟，等.2009.胡萝卜主要病害及抗病育种研究进展［J］.中国蔬菜（4）：1-6.

潘光辉，尹贤贵，杨琦凤，等.2005.番茄畸形果发生原因及防治［J］.西南园艺（2）：16-17.

潘慧鹏.2012.烟粉虱Q型替代B型的生态学机制研究［D］.北京：中国农业科学院研究生院.

潘丽，朱志贤，吕茹婧，等.2011.荸荠秆枯病菌生物学特性研究［J］.长江蔬菜（16）：75-79.

潘铭均，陈小春.2006.43%好力克悬浮剂对蕹菜白锈病的药效试验［J］.中国蔬菜（12）：27.

潘诗怡.2004.蕹菜遗传多样性及对白锈病的抗感病性之探讨［D］.台北：台湾大学.

潘秀美，姜官恒.2001.葱斑潜蝇的生物学特性研究［J］.昆虫知识，38（5）：366-371.

潘秀美，姜官恒.2002.葱斑潜蝇防治指标及防治适期研究［J］.昆虫知识，39（1）：34-36.

潘秀美，夏玉堂.1993.韭菜迟眼蕈蚊发生动态及其防治研究［J］.植物保护，19（2）：9-11.

潘秀萍，臧晟鸿，陈宝宽.2008.春大棚茄子菌核病的发生及综合防治［J］.蔬菜，8：170-171.

潘雅文.2004.黄花菜的锈病防治［J］.特种经济动植物，2：44.

潘迎捷，陈明杰，汪昭月，等.1992.香菇病毒的分离、诊断、侵染途径和生物学特性［J］.上海农业学报，4：7-1.

潘永成，乔立平.2004.冬季日光温室番茄常见生理障碍和落花落果的防治经验［J］.蔬菜，1：42.

潘有祥.1997.建瓯市发现水稻食根金花虫［J］.植保技术与推广，17（5）：41.

潘玉林，刘德坡.2007.驻马店市温棚韭菜灰霉病的发生特点及控制对策［J］.河南农业（18）：25.

庞保平，关明卓，郝树广，等.1999.保护地瓜蚜种群生长特性的研究［J］.内蒙古农牧学院学报，20（3）：68-71.

庞保平，周晓榕，史丽，等.2004.不同寄主植物对截形叶螨生长发育及繁殖的影响［J］.昆虫学报，47（1）：55-58.

裴昌莹，张艳萍，郑长英．2010．西花蓟马成虫在日光温室内的分布和日活动规律［J］．中国生态农业学报，18（2）：384-387．

裴鹤，宋春辉，刘丰举．2003．番茄筋腐病无公害防治技术［J］．河北农业（9）：18．

裴晖，雷仲仁．2004．黄卡诱捕美洲斑潜蝇效果研究［J］．江西农业学报，16（3）：27-30．

裴利娜，李崇，鲁召军．2010．辣椒根腐病的发生规律及防治方法［J］．西北园艺（11）：33-34．

彭好翌，高必达．2010．常用杀菌剂及其组合剂对辣椒炭疽病菌的抑制效果［J］．湖南农业科学（9）：83-85．

彭锐，雷建军．1998．甘蓝抗黑腐病研究现状［J］．西南园艺（3）：29-32．

彭生斌，杨新美．1988．化学农药对段木栽培中黑木耳主要害虫黑光甲和食丝谷蛾的毒力测定和药效试验［J］．植物保护学报，15（3）：201-207．

彭震，罗金燕．2011．上海菜区十字花科蔬菜黄曲条跳甲发生与防控［J］．长江蔬菜（9）：43-44．

蒲蛰龙，朱金亮，陈熙雯，等．1961．昆虫抗寒性研究（一）：黏虫 Pseudaletia separata（Wlk.）和斜纹夜蛾 Prodenia litura 的过冷却点和冻结点温度测定［J］．中山大学学报：自然科学版（1）：30-36．

蒲蛰龙，包金才．1959．黄曲条跳甲的化学防治初步报告［J］．中山大学学报（2）：9-18．

蒲蛰龙．1984．害虫生物防治的原理和方法［M］．2版．北京：科学出版社：266-268．

濮祖芹，周益军．1985．南京郊区菜豆普通花叶病毒株系的研究［J］．南京农业大学学报（3）：41-46．

齐红岩，须晖，李天来．2000．土壤水分对番茄褐变型筋腐病发生的影响［J］．中国蔬菜（3）：8-10．

齐孟文，崔秀兰．1986．甘蓝夜蛾成虫期生物学特性的研究［J］．山东农业大学学报，17（3）：67-73．

齐明芳，须晖，李天来．2005．番茄褐变型筋腐果与正常果实生理生化分析［J］．中国蔬菜（9）：4-7．

齐藤隆，片冈节男．1981．番茄生理基础［M］．王海廷等，译．上海：上海科学技术出版社．

齐秀梅．2008．茄子绵疫病的识别与防治［J］．河北农业科技（2）：28．

钱景秦，古秀芷．1996．非洲菊斑潜蝇之形态、生活史及繁殖力［J］．中华农业研究，45（1）：69-88．

钱景秦，古秀芷．1998．非洲菊斑潜蝇（双翅目：潜蝇科）与其寄生蜂在非洲菊园之发生消长［J］．中华昆虫（18）：187-197．

钱开胜．2004．番茄果实异常生长的症状与防治技术［J］．广西热带农业（5）：38-39．

钱秀芳，郑培松．2011．入夏后注意预防设施蔬菜高温障碍［J］．上海蔬菜（3）：59．

钱玉夫．1990．光伪步甲的防治［J］．中国食用菌，9（4）：26-27．

钱芝龙，丁犁平，曹寿椿，等．1995．辣椒苗期耐寒性鉴定及相关性状的研究［J］．江苏农业学报（4）：55-58．

乔德禄，朱国仁，剧正理，等．1992．应用丽蚜小蜂和选择性农药综合防治温室白粉虱［M］//朱国仁，张芝利，沈崇尧．主要蔬菜病虫害防治技术及研究进展．北京：中国农业科学技术出版社：114-118．

乔广行，严红，幺奕清．2011．北京地区番茄灰霉病菌的多重抗药性检测［J］．植物保护（5）：176-180．

谯显明．2003．日光温室黄瓜花打顶的原因及防治方法［J］．甘肃农业科技（2）：34-35．

秦大宗．1999．南方大棚蔬菜的一道生死关猝倒病及其防治［J］．四川农业科技（6）：27．

秦厚国，汪笃栋，丁建，等．2006．斜纹夜蛾寄主植物名录［J］．江西农业学报，18（5）：51-58．

秦晓萍．2012．西瓜炭疽病在锡林郭勒盟南部农区发生原因分析及综合防治方法［J］．内蒙古农业科技（2）：78-79．

秦玉川，李周，崔哲，等．2001．声波对蚜虫危害及大白菜生长影响的初步研究［J］．中国农业大学学报，6（3）：89．

秦玉洁，梁广文，吴伟坚．2001．节瓜蓟马的防治技术［J］．植保技术与推广，21（10）：18-19．

秦玉洁，吴伟坚，梁广文．2002．中华微刺盲蝽对节瓜蓟马的捕食效应［J］．华南农业大学学报，24（2）：27-29．

卿贵华，高元媛，高杨．2007．石榴新害虫——黄蓟马研究初报［J］．中国植保导刊，27（9）：20-21．

邱宝利，任顺祥，林莉，等．2003．不同寄主植物对烟粉虱发育和繁殖的影响［J］．生态学报，23（6）：1206-1211．

邱宝利，任顺祥，林莉，等．2004．放蜂密度对桨角蚜小蜂 Eretmocerus sp. 控制烟粉虱效果的影响［J］．华东昆虫学报，13（2）：27-30．

邱宝利，任顺祥，孙同兴，等．2001．广州地区烟粉虱寄主植物调查初报［J］．华南农业大学学报，22（4）：43-47．

邱敬萍，韩国安，陈永萱，等．1994．豇豆品种（系）对黑眼豇豆花叶病毒的抗性［J］．长江蔬菜（1）：31-32．

邱敬萍，薛宝娣，韩国安，等．1995．豇豆病毒病的防治［J］．江苏农业科学，1：51-53．

邱君志，2004．粉虱座壳孢（Aschersonia aleyrodis）生理特性、致病机理和分子生物学研究［D］．福州：福建农林科技大学．

裘维蕃，狄原渤，阮继生．1958．白菜软腐细菌在不同土壤条件下的存活时期［J］．植物病理学报，4：16-24．

裘维蕃，阮继生，吕全安．1958．白菜软腐细菌的越冬与传播［J］．植物病理学报，4：8-15．

裘维蕃，张纪增，陶国华．1955．中国大白菜品种对于软腐细菌（Erwinia aroideae）抗病力的差异［J］．植物病理学报，1：61-70．

裘维蕃．1985．植物病毒学［M］．北京：科学出版社．

裘维蕃.1998.菌物学大全［M］.北京：科学出版社.

曲丽，秦智伟.2007.黄瓜白粉病病原菌及抗病性研究进展［J］.东北农业大学学报，6：835-841.

曲绍轩，宋金俤，马林，等.2010.灭蝇胺、除虫脲拌料处理防治古田山多菌蚊［J］.食用菌学报，17（3）：60-63.

曲云燕.2003.番茄筋腐病的发生原因及防治措施［J］.农业知识（6）：33.

屈天祥.1963.黄曲条跳甲 Phyllotreta vittata 对 DDT 的抗性测定［J］.昆虫学报，7（2）：51-55.

全国农业技术推广服务中心病虫防治处.2002.黄蓟马［EB/OL］.中国植保资讯网.http：//www.natesc.gov.cn/Html.

冉瑞碧.2008.番茄筋腐病的识别与防治［J］.南方农业（5）：46.

饶贵珍.2006.黄守瓜的阶段性防治技术［J］.长江蔬菜（10）：19-20.

饶雪琴，蓝翠钰.2003.广州市郊及其邻近地区辣椒 CMV 和 TMV 的鉴定［J］.江西农业大学学报，4：558-561.

任红敏，王树桐，胡同乐，等.2008.大黄酚对黄瓜白粉病菌的抑制作用研究［J］.植物病理学报，5：526-531.

任建国，王俊丽，岳美云.2011.杀菌剂对番茄细菌性斑疹病菌的毒力测定［J］.北方园艺（1）：171-173.

任生兰，石建业.2005.西芹生理性病害及生长异常的原因与对策［J］.农业科技与信息，1：7.

任顺祥，邱宝利，戈峰，等.2011.粉虱类害虫的监测预警与可持续治理技术透视［J］.应用昆虫学报，48（1）：7-15.

任顺祥，邱宝利.2008.中国粉虱及其可持续控制［M］.广州：广东科学技术出版社.

任锡仑，张汉卿.1994.茄子褐纹病抗源83-02的抗病机制研究—组织解剖学研究［J］.种子（6）：8-12.

任欣正，方仲达.1981.姜瘟病病原细菌的鉴定［J］.植物病理学报，1：51-56.

任欣正.1994.植物病原细菌的分类和鉴定［M］.北京：中国农业出版社.

茹水江，陈笑芸，戴丹丽，等.2002.浙江省番茄叶霉病病原生物学特性研究［J］.浙江农业学报，1：38-41.

阮华芳，姜广正.1984.镰孢霉属（Fusarium）真菌鉴定方法［J］.内蒙古农牧学院学报（1）：59-68.

桑芝萍，孙建东.2003.防治瓜绢螟高效低毒无公害农药的筛选［J］.上海蔬菜（2）：36-37.

森俊人，久保雄之介，黄子明.1984.番茄筋腐病的发病机制和防治方法［J］.中国蔬菜（3）：5-60.

森俊人.1983.番茄筋腐果的发病机制和防治方法［J］.中国蔬菜（3）：57-60.

山东农学院.1979.蔬菜栽培学各论：北方本［M］.北京：农业出版社.

山东农业大学.1999.蔬菜栽培学各论：北方本［M］.3版.北京：中国农业出版社.

商鸿生，等.2006.新编棚室蔬菜病虫害防治［M］.北京：金盾出版社.

商鸿生，王凤葵.2004.新编辣椒病虫害防治［M］.北京：金盾出版社.

商鸿生，王凤葵，马青.2006.新编棚室蔬菜病虫害防治［M］.北京：金盾出版社.

商鸿生，王凤葵.2009.蔬菜植保员手册［M］.北京：金盾出版社.

商鸿生，王树权.1998.关中大蒜病害调查和病原鉴定［J］.西北农业大学学报，6：101-104.

商桑，黄绵佳，田丽波.2009.十字花科蔬菜根肿病生物学特性及分子生物学研究进展［J］.吉林农业科学（2）：48-52.

商显坤，曾涛，曾宪儒.2009.植物源农药对蚜虫控制作用的研究概述［J］.广西植保，22（4）：21-24.

上海市农业科学研究所，上海市植物检疫站.1960.上海蔬菜病虫图说［M］.上海：上海科学技术出版社.

尚海庆，刘希财，王广耀.2001.6种杀菌剂对大白菜霜霉病的防效比较［J］.中国蔬菜（6）：38-39.

尚慧，杨佩文，董丽英，等.2009.大白菜根肿病化学防治技术［J］.植物保护，6：157-159.

尚晓英，刘兰兰，薛桂莉，等.2006.菜豆细菌性疫病的发生与防治［J］.现代化农业（7）：10.

邵耕耘，陈金宏.2004.莲藕食根金花虫的发生及控制技术［J］.植物医生，17（3）：17-18.

邵玉琴，吕佩珂.1993.番茄早疫病发生、流行与生态因子关系的研究［J］.内蒙古大学学报：自然科学版，2：208-211.

邵振润，易国强，郭线茹，等.2003.番茄田棉铃虫的研究［M］.北京：中国农业出版社.

佘才鼎，施仁胜.2010.大蒜常见病害的田间诊断与防治（二）［J］.农村百事通（17）：33-34.

申承环.2011.高寒地区日光节能温室黄瓜疫病药剂防治试验［J］.北方园艺（15）：184-185.

申玉香，李洪山，乔华.2007.芹菜叶斑病的发生特点及其化学主治［J］.安徽农业科学，33：10760-10761.

沈登荣，张宏瑞，李正跃，等.2012.不同食物对西花蓟马生长发育的影响［J］.植物保护，38（1）：55-59.

沈登荣，张宏瑞，张陶.2008.我国食用菌眼蕈蚊的研究现状［J］.中国食用菌，27（1）：48-50.

沈汉庭，吉桂山，顾茂才，等.2001.鱼藕共生生态工程增益减耗效果研究［J］.农村生态环境，17（3）：17-20.

沈金发.2007.黄曲条跳甲的发生与综合防治技术［J］.福建农业科技（2）：58-59.

沈莉.2008.生菜霜霉病的发生与防治［J］.农药市场信息（23）：36.

沈素文，王裕中，史建荣，等.1997.菌龄与温度对小麦纹枯病菌致病力的影响［J］.江苏农业科学（6）：35-37.

沈向群，聂凯，吴琼，等.2009.大白菜根肿病主要生理小种种群分化鉴定初报［J］.中国蔬菜（8）：59-62.

沈学仁，陈明杰.1992.一种含有单链 RNA 的香菇球状病毒［J］.中国病毒，1：99-105.

沈阳农学院.1980.蔬菜昆虫学［M］.北京：农业出版社.

沈永杰，程智慧，张志强.2007.大蒜紫斑病产毒培养条件的筛选［J］.西北农林科技大学学报，9：157-160，166.

沈玉权，陈正群，李伟，等 . 2010. 江苏省番茄黄化曲叶病毒病的发生及防治 [J]. 长江蔬菜 (9)：38-39.
沈中霞，孙红，谭琦，等 . 1991. 蓝氏布伦螨（*Brennandania lambi* Krczal）的主要侵染途径 [J]. 上海农业学报，7 (3)：71-74.
盛红梅，贾迎春，陈秀蓉 . 2003. 大蒜病害调查病原鉴定及其防治 [J]. 甘肃农业大学学报，2：194-199.
师迎春，陈笑瑜，张芸，等 . 2003. 北京地区食用菌有害生物调查及主要有害生物防治技术研究与应用 [C] //中国植物病理学会 . 中国植物病理学会第六届青年学术研讨会论文集——植物病理学研究进展 ：第五卷 .
施立聪，李发勇，刘又高，等 . 2005. 线克对滑刃线虫防治初步试验 [J]. 食用菌 (5)：44.
石宝才，宫亚军，朱亮，等 . 2012. 农药使用指南（六）——叶螨的防治 [J]. 中国蔬菜 (11)：27.
石宝才，宫亚军，路虹 . 2005. 甘蓝夜蛾的识别与防治 [J]. 中国蔬菜 (9)：56-57.
石宝才，宫亚军，魏书军 . 2011. 豌豆彩潜蝇的识别与防治 [J]. 中国蔬菜 (13)：24-25.
石宝才，路虹，牛玉志，等 . 1992. 京郊菜蚜发生规律研究 [M] //朱国仁，张芝利，沈崇尧 . 主要蔬菜病虫害防治技术及研究进展 . 北京：中国农业科学技术出版社：233-249.
石鸿文，罗自祥 . 2000. 大棚番茄畸形果形成原因及防治 [J]. 植物医生 (6)：46.
石琳琪，董灵迪，郭敬华，等 . 2010. 土壤湿度及填充物对高温闷棚地温及茄子黄萎病防治效果的影响 [J]. 河北农业科学，1：44-45，57.
石明旺 . 2011. 西瓜病虫害防治技术 [M]. 北京：化学工业出版社：116.
石尚，文礼章 . 2010. 不同地理区域甜菜夜蛾生存发育和繁殖力的对比分析 [J]. 长江蔬菜：学术版 (18)：47-54.
石延霞，李宝聚，刘学敏 . 2005. 黄瓜霜霉病侵染若干因子的研究 [J]. 应用生态学报，2：257-261.
石延霞，张楠，李宝聚 . 2008. 细菌性角斑病病菌诱导黄瓜产生系统抗病性机理的研究 [J]. 园艺学报，2：221-226.
石振亚，侯保林，朱之墉，等 . 1964. 保定地区西葫芦病毒病流行规律的研究初报 [J]. 河北农业大学学报，1：43-53.
时涛，赵廷昌，李国庆，等 . 2003. 番茄对细菌性斑点病的抗性遗传规律研究 [J]. 植物遗传资源学报，1：51-54.
时涛 . 2002. 番茄抗细菌性斑点病的遗传特性和抗性基因的分离及鉴定 [D]. 武汉：华中农业大学 .
时玉娟，刘美昌，尹相甫，等 . 2011. 日照市番茄黄化曲叶病毒病发生及防治 [J]. 山东农业科学 (6)：92-94.
是栋梁，张贵林，王风英，等 . 2000. 保护地番茄灰霉病生态防治配套技术 [J]. 南京农业大学学报，1：39-42.
舒敏，克尤木·维勒木，罗庆怀，等 . 2012. 蓝蝽对马铃薯甲虫低龄幼虫的捕食潜能初探 [J]. 环境昆虫学报，34 (1)：41-47.
舒敏，刘伟伟，冯丽凯，等 . 2011. 中华草蛉幼虫捕食马铃薯甲虫卵的功能反应研究 [J]. 新疆农业科学，48 (2)：328-333.
帅正彬，肖纪蓉，张辉萍，等 . 1997. 成都地区番茄病毒病种群鉴定及 TMV 株系分化 [J]. 长江蔬菜 (6)：13-14.
帅正彬，苏家烈，罗小波 . 1997. 成都番茄青枯菌生理分化和品种抗性鉴定 [J]. 中国蔬菜 (3)：16-18.
司凤举，司越 . 2006a. 豇豆煤霉病的发生与防治 [J]. 长江蔬菜 (7)：35.
司凤举，司越 . 2006b. 茄科蔬菜菌核病的发生与防治 [J]. 长江蔬菜 (3)：8.
司凤举，司越 . 2009a. 茄子绵疫病的发生与防治 [J]. 长江蔬菜 (15)：34-35.
司凤举，司越 . 2009b. 莴笋、生菜霜霉病的发生与防治 [J]. 长江蔬菜 (11)：30-58.
司军，李成琼，任雪松，等 . 2002. 十字花科植物根肿病及抗根肿病育种研究进展 [J]. 西南农业学报，2：69-72.
司军，李成琼，宋红远，等 . 2009. 结球甘蓝对根肿病的抗性鉴定与评价 [J]. 西南大学学报 (6)：26-30.
司军，李成琼，肖崇刚，等 . 2003. 甘蓝根肿病接种方法研究 [J]. 西南农业大学学报，3：216-219.
司力珊 . 2003. 白菜类甘蓝类蔬菜无公害生产技术 [M]. 北京：中国农业出版社 .
司乃国，沈忠佑 . 1991. 多菌灵混剂防治白菜白斑病试验 [J]. 长江蔬菜 (1)：8-20.
司升云，王贻莲，周利琳 . 2005. 蜗牛和蛞蝓的识别与防治 [J]. 长江蔬菜 (10)：30-31.
司升云，熊艺 . 2010. 斜纹夜蛾的识别与防控技术口诀 [J]. 长江蔬菜 (5)：38-39.
司升云，周利琳，刘小明，等，2007. 菜螟的识别与防治 [J]. 长江蔬菜 (12)：20-66.
司升云，刘小明，望勇，等 . 2005. 武汉地区甜菜夜蛾的发生与综合治理 [J]. 长江蔬菜 (8)：38-39.
司升云，刘小明，周利琳，等 . 2009. 莲缢管蚜的识别与防治 [J]. 长江蔬菜 (13)：34-35.
司升云，望勇，司越，等 . 2009. 慈姑钻心虫的识别与防治 [J]. 长江蔬菜 (9)：38.
宋继学，霍绍棠，杨英 . 1992. 陕西省菜粉蝶寄生昆虫调查及其利用 [J]. 西北农业学报，1 (3)：18-22.
宋建军，刘红宵，仇燕，等 . 2010. 番茄黄化曲叶病毒病的发生分布及防治对策 [J]. 北方园艺 (7)：147-150.
宋金俤，等 . 2011. 食用菌病虫图谱及防治 [M]. 南京：江苏科学技术出版社 .
宋金俤，马林，曲绍轩 . 2012. 食用菌双翅目害虫特性与控制途径 [J]. 食用菌 (4)：52-53.
宋金俤 . 2011. 食用菌病虫图谱及防治 [M]. 南京：江苏科学技术出版社 .
宋茉莉 . 2012. 茄子白粉病防治措施 [J]. 现代农业 (7)：25.

宋增明，薛明，卢传兵 . 2004. 6 种药剂对葱蝇的毒力及控制效果 [J] . 农药，10：474 - 476.

宋增明，薛明，王洪涛 . 2007. 六种昆虫生长调节剂对葱蝇生长发育和繁殖力的影响 [J] . 昆虫学报，50 (8)：775 - 781.

苏琛 . 2006. 平菇厉眼蕈蚊生物学特性观察 [J] . 上海农业科技 (1)：25 - 26.

苏翻身，王若菁，赵君 . 1999. 茄子黄萎病菌致病力分化初探 [J] . 山东农业大学学报，30：130 - 133.

苏慧兰，任丽民，吕佩珂 . 2000. 白菜白斑病的发生与防治 [J] . 长江蔬菜 (1)：19.

苏建亚，陆悦建 . 2000. 蔬菜病虫害防治 [M] . 南京：南京大学出版社 .

苏建亚 . 1997. 甜菜夜蛾的天敌和生物防治问题 [J] . 昆虫天敌，19 (4)：180 - 187.

孙保亚，沈向群，郭海峰，等 . 2005. 十字花科植物根肿病及抗病育种研究进展 [J] . 中国蔬菜 (4)：34 - 37.

孙斌 . 1999. 大蒜病害及其综合防治技术 [J] . 蔬菜 (10)：22 - 24.

孙彩玉 . 2011. 十字花科蔬菜炭疽病菌的病原性与存活 [D] . 台中：中兴大学 .

孙春英，毛胜利，张正海，等 . 2013. 辣椒抗炭疽病遗传与育种研究进展 [J] . 园艺学报，3：579 - 590.

孙道旺，杨家鸾，杨明英，等 . 2004. 75% 达科宁防治白菜根肿病产量损失测定及残留分析 [J] . 西南农业大学学报，2：189 - 191.

孙德旭，陆明贤 . 1989. 菜粉蝶滞育期的糖类代谢 [J] . 沈阳农业大学学报，3：300 - 306.

孙福在，杜志强，焦志亮，等 . 1999a. 辣椒细菌性疮痂病及生理小种鉴定 [J] . 植物病理学报，3：265 - 269.

孙福在，杜志强，焦志亮，1999b. 番茄细菌性斑点病原菌及生理小种鉴定 [J] . 植物保护学报，3：265 - 269.

孙福在，赵廷昌，杜志强，等 . 1998. 辣椒番茄细菌性斑点病国内外研究与进展 [J] . 植保技术与推广 (2)：40 - 42.

孙福在，何礼远 . 1988. 黄瓜细菌性角斑病菌与寄主范围鉴定 [J] . 植物病理学报，1：23 - 28.

孙红梅 . 2001. 不同生育期钾营养亏缺对番茄褐变型筋腐果发生的影响 [J] . 中国蔬菜 (2)：13 - 15.

孙婕，肖扬，边银丙 . 2011. 平菇褐斑病和软腐病发生规律初步调查 [J] . 中国食用菌 (4)：66，68.

孙颉 . 1998. 黑籽南瓜嫁接黄瓜疫霉病调查及致病性测定结果初报 [J] . 甘肃农业科技 (4)：45 - 46.

孙晋，檀志全，贤振华，等 . 2009. 南宁市黄曲条跳甲发生为害情况及防治对策 [J] . 现代农业科学，16 (1)：104 - 105.

孙军，段玉玺，吕国忠 . 2006. 辽宁木霉属 (Trichoderma) 真菌的形态分类研究 [J] . 菌物研究 (2)：38 - 44.

孙俊，刘志恒，黄欣阳，等 . 2009. 辣椒褐斑病菌生物学特性研究 [J] . 植物保护 (5)：109 - 113.

孙俊，刘志恒，黄欣阳，等 . 2010. 辣椒褐斑病菌分生孢子产生条件初探 [J] . 植物病理学报，3：322 - 324.

孙俊，刘志恒，杨红，等 . 2009. 辣椒褐斑病菌对 9 种杀菌剂的敏感性测定 [J] . 农药，12：921，923.

孙俊，刘志恒，杨红，等 . 2010. 辣椒褐斑病菌产毒培养条件的研究 [J] . 江苏农业科学，4：149 - 151.

孙俊铭 . 2001. 荸荠白禾螟发生规律及药控技术 [J] . 安徽农业科学 (7)：19.

孙立娟，李怡萍，胡煜，等 . 2008. 杨凌及其周边地区食用菌害虫初步调查研究 [J] . 西北农业学报，17 (1)：110 - 112.

孙平凡 . 2006. 浅谈黄曲条跳甲的发生规律及防治方法 [J] . 青海农林科技 (3)：74 - 75.

孙启迪，吕庆芳，丘秋成，等 . 2011. 辣椒新品种 '茂青 5 号' [J] . 园艺学报，7：1415 - 1416.

孙茜 . 2006. 茄子疑难杂症图片对照诊断与处方 [M] . 北京：中国农业出版社 .

孙庆田，孟昭军 . 2001. 为害蔬菜的朱砂叶螨生物学特性研究 [J] . 吉林农业大学学报，23 (2)：24 - 25，30.

孙士卿，邓裕亮，李惠，等 . 2010. 棕榈蓟马研究综述 [J] . 安徽农业科学，38 (23)：12538 - 12541，12587.

孙伟，杜予洲，沈媛，等 . 2005. 江苏扬州地区蔬菜烟粉虱寄主调查及种群动态 [J] . 华东昆虫学报，14 (1)：38 - 43.

孙霞，王峰祥，王冬梅，等 . 2010. 异型眼蕈蚊简易饲养技术 [J] . 植物保护，36 (4)：167 - 169.

孙秀峰，陈振德，李德全 . 2008. 大白菜干烧心病性状的 QTL 定位和分析 [J] . 分子植物育种，4：702 - 708.

孙亚萍，2008. 烟粉虱危害对番茄品质及生理生化影响 [D] . 扬州：扬州大学 .

孙延忠，曾洪梅，石义萍，等 . 2004. 武夷菌素对番茄灰霉病菌的抑制作用及对番茄抗病性相关酶活性的影响 [J] . 植物保护，6：45 - 47.

孙燕芳 . 2013. 海南芦笋茎枯病病原生物学及抗病品种和药剂筛选研究 [D] . 武汉：华中农业大学：30 - 35.

孙炀 . 2010. 印楝素杀虫剂防治甜菜甘蓝夜蛾效果初探 [J] . 中国糖料 (1)：48 - 49.

孙毅民 . 2006. 番茄叶霉病防治研究进展 [J] . 北方园艺 (2)：126 - 127.

孙作文，杨进绪，张美珍，等 . 2009. 山东省番茄黄化曲叶病毒病的发生及其防治 [J] . 中国蔬菜 (21)：5 - 6.

塔西普拉提·亚克亚，杨莉 . 2009. 辣椒立枯病无公害防治技术 [J] . 农村科技 (1)：21.

覃春华，陈冲，李建洪 . 2009. 莲藕食根金花虫的生物学特性研究 [J] . 中国蔬菜 (24)：57 - 61.

覃春华，姚亮，陈冲，等 . 2010. 武汉地区水生蔬菜昆虫群落结构及动态分析 [J] . 昆虫知识，47 (1)：76 - 81.

谭根堂，史联联，尚惠兰，等 . 2003. 陕西线辣椒病毒病病原检测简报 [J] . 辣椒杂志 (3)：32 - 33.

谭光新 . 2003. 贺州市 2002 年荸荠秆枯病大发生原因分析及防治对策 [J] . 植保技术与推广 (5)：17 - 18.

谭琦，王镭，王菊明 . 1994. 有害疣孢霉的生物学特性 [J] . 上海农业学报 (4)：23 - 26.

谭晓丽，瞿云明，王雪武，等 . 2011. 几种药剂混用对豇豆根腐病的防治效果 [J] . 中国蔬菜 (15)：26 - 27.

汤继和，谭思彦. 2009. 豌豆褐斑病的发生因素分析及防治对策 [J]. 吉林农业 (3)：78-79.

汤继和. 2009. 番茄3种细菌性维管束病害的识别及防治 [J]. 云南农业科技 (2)：48.

唐景美，陈振毅，廖咏梅，等. 2012. 辣椒胶孢炭疽菌生物学特性初步研究 [J]. 广西植保 (2)：12-16.

唐鹏，李中朝，彭大勇，等. 2008. 25%嘧菌酯悬浮剂对黄瓜褐斑病的防效 [J]. 辽宁农业科学 (3)：69-70.

唐文华. 1990. 北京十字花科蔬菜根肿病的发生和鉴定 [J]. 植物保护 (1)：17-18.

唐永，何爱军，朱新伟. 2009. 黄曲条跳甲的发生与防治 [J]. 现代农业科技 (4)：116.

唐志. 1994. 蒸汽热处理侵染荔枝的昆士兰实蝇卵和幼虫的初步研究 [J]. 植物检疫，8 (5)：267-270.

陶佳喜，王宝林，邱世锋，等. 2007. 食用菌常见病虫害发生特点及防治对策 [J]. 湖北农业科学，2：244-245.

陶佳喜. 2005. 大菌蚊的生物学特性及其防治对策 [J]. 湖北农业科学 (3)：67-69.

陶小荣. 2004. 番茄黄化曲叶病毒（TYLCCNV）致病分子机理及其卫星DNA诱导的基因沉默研究 [D]. 杭州：浙江大学.

滕学强，何振昌. 1989. 葱蝇生物学特性的观察研究 [J]. 沈阳农业大学学报，20 (2)：89-94.

天津市园艺学会，天津市科学技术学会. 1991. 大白菜干心病诊断与防治 [J]. 天津：天津科学技术出版社.

田东蓉，胡小朋. 2008. 黄瓜疫病的发生与综合防治 [J]. 北方园艺 (8)：204.

田黎，日孜旺古丽，陈舒云，等. 1993. 新疆菠菜霜霉病的侵染及防治 [J]. 新疆农业科学，1：24-26.

田仁鹏，康俊根，耿丽华，等. 2009. 甘蓝枯萎病抗性鉴定方法研究 [J]. 中国农学通报 (4)：39-42.

田淑慧. 2011. 黄瓜立枯病的发生与防治进展 [J]. 中国蔬菜 (2)：29-30.

田雪亮，刘鸣韬，徐瑞富，等. 2006. 多主棒孢霉分生孢子萌发因素的研究 [J]. 吉林农业科学 (5)：39-41.

田兆迎，崔文清. 陈健，等. 2009. 2008年夏季北京市通州区保护地番茄白粉病的发生与防治技术 [J]. 中国农技推广 (2)：43.

童蕴慧，纪兆林，徐敬友，等. 2003. 灰霉病生物防治研究进展 [J]. 中国生物防治，3：131-135.

涂彩虹. 2011. 黄曲霉拮抗菌分离鉴定、培养条件优化及其发酵上清液部分特性初步研究 [D]. 雅安：四川农业大学.

涂改临. 1990. 蘑菇疣孢霉病的综合防治 [J]. 中国食用菌 (6)：25-26.

吐尔逊·阿合买提，许建军，郭文超，等. 2010. 马铃薯甲虫主要生物学特性及发生规律研究 [J]. 新疆农业科学，47 (6)：1147-1151.

万方浩，郭建英，张峰，2009. 中国生物入侵研究 [M]. 北京：科学出版社.

万继兴. 1996. 第二代菜粉蝶自然种群生命表的研究 [J]. 山东农业大学学报，27 (1)：93-98.

万年峰，蒋杰贤，季香云，等. 2008. 设施菜田频振式杀虫灯诱杀效果及害虫扑灯节律初报 [J]. 上海农业学报，24 (4)：65-68.

万年峰，蒋杰贤，季香云. 2012. 设施条件下青菜间作大豆或芋芳控制斜纹夜蛾效果及对捕食性天敌多样性的影响 [J]. 中国生态农业学报，20 (2)：236-241.

汪国平，袁四清，熊正葵，等. 2003. 广东省番茄青枯病相关研究概况 [J]. 广东农业科学 (3)：32-34.

汪来发，杨宝君，李传道. 2001. 华东地区根结线虫的调查 [J]. 林业科学研究，5：484-489.

汪兴鉴. 1995. 重要果蔬类有害实蝇概论（双翅目：实蝇科）[J]. 植物检疫，9 (1)：20-30.

汪钟信，彭传华. 1994a. 瓜绢野螟的生活史及习性观察 [J]. 华中农业大学学报，13 (5)：527-530.

汪钟信，郑三平. 1994b. 瓜绢螟天敌种类及其发生情况 [J]. 长江蔬菜 (6)：34-35.

汪自卿. 1987. 豆野螟的初步研究 [J]. 昆虫知识，24 (3)：153-155.

王爱群. 1999. 江西白锈菌属（Albugo）真菌 [J]. 江西植保，1：12，22.

王本成，张志勇，马东艳，等. 2004. 菇房环境对平菇眼蕈蚊生长发育的影响 [J]. 中国食用菌，23 (2)：52-53.

王昌家，王玉阳，于文来. 2002. 豌豆彩潜蝇的发生与防治 [J]. 现代化农业 (7)：5-6.

王长春，蔡新忠，徐幼平. 2006. 番茄与叶霉菌互作的分子机理 [J]. 植物病理学报，5：385-391.

王朝江，池惠荣. 1999. 金针菇虫害致畸规律与防治 [J]. 中国食用菌，18 (14)：22-23.

王穿才. 2009. 瓜实蝇生物学性、发生规律及防治技术 [J]. 中国蔬菜 (1)：40-41.

王春明，郑果，洪流. 2010. 6种杀菌剂对温室番茄早疫病的防效 [J]. 甘肃农业科技 (7)：20-22.

王春明，洪流，郑果，等. 2009. 5种杀菌剂对温室辣椒白粉病的防治效果 [J]. 甘肃农业科技 (2)：33-34.

王德田，刘锦妮，李妙荣，等. 2010. 棉铃虫在晚茬番茄上的发生规律与防控措施 [J]. 西北园艺：蔬菜 (6)：42-43.

王迪轩，孔志强. 2004. 黄瓜生长期病虫害全程监控（六）[J]. 蔬菜 (10)：20-21.

王迪轩. 2006. 十字花科蔬菜白斑病的防治 [J]. 农家科技 (9)：18.

王冬生，匡开源，张穗，等. 2006. 上海温室番茄黄化曲叶病毒病的发生与防治 [J]. 长江蔬菜 (10)：25-26.

王芳，何永栋，何小莉. 2010. 发酵沼液对黄瓜灰霉病抑制机理研究 [J]. 长江蔬菜 (12)：66-69.

王凤敏，张鲁刚，刘静，等. 2007. 春夏大白菜黑斑病病原鉴定和抗性鉴定方法比较 [J]. 植物保护学报，6：614-618.

王凤葵，巨江里．1998．关中大蒜根蛆生活史及为害规律［J］．西北农业大学学报，26（1）：55-59．

王凤英，臧守杰，常传玉．2008．番茄细菌性斑疹病的发生与防治［J］．西北园艺（1）：34．

王福建，李保聚．1999．芹菜叶斑病的发生与防治技术［J］．蔬菜（12）：27-28．

王辅成，张杭仪．1984．大面积菜园释放赤眼蜂控制毗邻棉田小地老虎为害的应用效果［J］．昆虫天敌，6（4）：207-210．

王富，徐向阳．1994．日光温室和塑料大棚番茄栽培［M］．北京：中国农业出版社．

王富．2000．番茄耐低温研究［D］．哈尔滨：东北农业大学．

王富等．1994．日光温室和塑料大棚番茄栽培［M］．北京：中国农业出版社．

王刚，李志强，彭娟，等．2009．利用植物根际细菌生物防治黄瓜立枯病研究［J］．北方园艺（3）：52-54．

王光杰．2006．大豆抗豆荚螟品种种质资源抗性鉴定及遗传研究［J］．安徽农业科学，34（24）：6474-6477．

王广生．2008．辣椒日烧病和烂果病的防治［J］．云南农业（11）：13．

王贵斌，施文武，龚化雪，等．1999．农业防治技术对蚕豆上南美斑潜蝇的控虫效果［J］．西南农业学报：增刊 斑潜蝇专辑，12：120-123．

王国良．2008．北方保护地番茄筋腐病的发生与防治［J］．种子世界（6）：53．

王果红，韩日畴．2008．黄曲条跳甲的生物防治［J］．中国生物防治，24（1）：91-93．

王海丽，张丽，张艳同，等．2011．大蒜主要病虫无公害综合防治技术［J］．西北园艺：蔬菜（2）：43-44．

王海平，李锡香，沈镝，等．2010．大蒜种质资源对蒜蛆的抗性评价［J］．植物遗传资源学报，11（5）：578-582．

王海强，田家顺，严清平，等．2008．番茄早疫病菌对 7 种杀菌剂的敏感性比较及其对苯醚甲环唑的敏感性基线建立［J］．农药，7：294-296．

王汉荣，王连平，方丽，等．2009．新版蔬菜病虫害防治彩色图鉴［M］．北京：中国农业大学出版社：430-431．

王汉荣，方丽，任海英．2011．番茄筋腐病的识别与防治［J］．中国蔬菜（15）：24-25．

王汉荣，茹水江，王连平，等．2004．黄瓜嫁接防治枯萎病和疫病技术的研究［J］．浙江农业学报，5：336-339．

王汉荣，茹水江，张渭章，等．2000．豇豆品种（系）对豇豆锈病的抗性鉴定与评价研究［J］．中国农学通报，2：60-61．

王红，王冬生，杨益众，等．2007．寄主植物对烟粉虱后代种群抗性相关酶活性的影响［J］．植物保护，33（3）：36-39．

王红静．2003．保护地番茄几种生理性病害的发生与防治［J］．河北农业科技，1：19．

王洪久，曲存英．2002．蔬菜病虫害原色图谱［M］．济南：山东科学技术出版社：138-139．

王洪敏．2006．棚室黄瓜疫病的发生及综合防治［J］．农业工程技术（6）：43．

王洪岩，宋丽颖．2009．保护地番茄筋腐病的防治技术［J］．现代农业（2）：19．

王洪彦，刘维维．2009．白菜三种病害的发生规律与防治措施［J］．吉林蔬菜（4）：56-57．

王会福，周贤兴．2002．大棚茭白胡麻斑病发生特点与综防措施［J］．农业科技通讯（3）：32-32．

王惠娟．1999．番茄筋腐病的发生与防治［J］．长江蔬菜（4）：22．

王惠哲，李淑菊，管炜．2010．黄瓜褐斑病抗源鉴定与抗性遗传分析［J］．中国瓜菜（1）：24-25．

王慧君，石延霞，钏锦霞，等．2013．李宝聚博士诊病手记（五十九）莴苣霜霉病的发生规律及防治技术［J］．中国蔬菜（9）：26-28．

王慧敏，狄原渤，王建辉．1988．北京地区蔬菜软腐细菌病原的研究［J］．植物病理学报，18：19-21．

王吉华．1990．菜粉蝶集群东南飞［J］．植物保护，16（2）：28．

王继红，罗晨，刘同先，等．2011．烟粉虱生物型对浅黄恩蚜小蜂寄主选择及个体发育的影响［J］．昆虫学报，54（6）：687-693．

王家清，王汝财．1984．黑光甲的初步研究［J］．华中农学院学报，3（3）：24-29．

王嘉满．1990．大理早大白菜黑斑病规范防治示范［J］．中国蔬菜（3）：42-43．

王建，朱世东，袁凌云，等．2007．茭白胡麻斑病菌生物学特性研究［J］．中国农学通报，11：297-300．

王建成，张威，王育锋，等．2003．朝天椒日灼病的成因及防治［J］．山西农业（6）：40-41．

王建红，程敏娟，马俊杰，等．2008．菜豆、豇豆根腐病防治技术概述［J］．北京农业（3）：21-23．

王建平，胡伟文，周桂乐，等．2011．茄子黄萎病的发病规律及综合防治技术［J］．中国果菜（1）：29．

王建营，侯喜林，张玉明，等．2001．不结球白菜品种（株系）对炭疽病抗性的鉴定与筛选［J］．南京农业大学学报，1：35-39．

王健立，李洪刚，郑长英．2011a．西花蓟马与烟蓟马在紫甘蓝上的种间竞争［J］．中国农业科学，44（24）：5006-5012．

王健立，王俊平，郑长英．2011b．西花蓟马与烟蓟马生物学特性的比较研究［J］．应用昆虫学报，48（3）：513-517．

王健立，郑长英．2010．8 种杀虫剂对烟蓟马的室内毒力测定［J］．青岛农业大学学报：自然科学版，27（4）：300-302．

王江柱．2011．菜园优质农药 200 种［M］．北京：中国农业出版社．

王杰，王晓鸣．2006．菜豆种子中菜豆普通花叶病毒的 RT-PCR 检测［J］．植物保护学报，4：345-350．

王金福，徐强，李真峰．1988．瓜螟 Diaphania indica（Saunders）的生物学和生态学特性的研究［J］．浙江农业大学学报，14（2）：221-226.

王金福，郑琦.1990. 瓜螟幼虫种群的空间格局和抽样技术及其在防治上的应用 [J]. 植物保护学报，17（1）：47-53.

王金良.2010. 辣椒褐斑病的防治 [J]. 北京农业（34）：13.

王金陵，李勤.1995. 姜青枯病发生规律与药剂防治试验 [J]. 福建农业科技（2）：18-19.

王金生，董汉松，方中达.1985. 大白菜软腐细菌潜伏侵染的研究 [J]. 植物病理学报，3：171-176.

王金生.2000. 植物病原细菌学 [M]. 北京：中国农业出版社.

王进明，屈星，陈秀蓉，等.2009. 番茄白粉病田间扩展流行规律与药剂防治试验 [J]. 植物保护（3）：106-110.

王靖，黄云，李小兰，等.2011. 十字花科根肿病研究进展 [J]. 植物保护（6）：153-158.

王久兴，郝永平，贺贵欣，等.2004. 蔬菜病虫害诊治原色图谱：绿叶菜类分册 [M]. 北京：科学技术文献出版社.

王久兴，贺桂欣，杨树宗，等.2004. 蔬菜病虫害诊治原色图谱：黄瓜分册 [M]. 北京：科学技术文献出版社.

王久兴，孙成印，李清云，等.2005. 蔬菜病虫害诊治原色图谱：豆类分册 [M]. 北京：科学技术文献出版社.

王久兴，张慎好.2006. 瓜类蔬菜病虫害诊断与防治 [M]. 北京：金盾出版社：251，281，292.

王久兴.2010. 黄瓜生理病害图文详解 [M]. 北京：金盾出版社.

王就光，李明远，吴钜文，等.2003. 辣椒病虫草害识别与防治 [M]. 北京：中国农业出版社.

王菊明，谭琦，张洁中.1994a. 蘑菇菇床瘿蚊防治适期 [J]. 食用菌（4）：32-33.

王菊明，谭琦.1994b. 平菇厉眼菌蚊（Lycoriella pleuroti）的发育起点温度和有效积温 [J]. 上海农业学报，10（4）：27-31.

王菊明，谭琦.1994c. 平菇厉眼菌蚊发生规律及防治策略 [J]. 食用菌学报，1（2）：41-45.

王菊明，王江豪，顾言真.1985. 上海地区长绿飞虱发生规律及防治策略 [J]. 上海农业学报，1（4）：17-24.

王军，张宗勋，叶仕伦.2006. 抗病番茄新品种川科2号和川科3号的选育 [J]. 西南农业学报，2：342-343.

王开运，姜兴印，仪美芹，等.2000. 山东省主要菜区瓜（棉）蚜抗药性及机理研究 [J]. 农药学学报，2（3）：19-24.

王宽仓，陈朝英.1988. 宁夏蔬菜病害发生现状调查报告 [J]. 宁夏农林科技（4）：32-38.

王坤，王晓鸣，朱振东，等.2008. 菜豆炭疽菌生理小种鉴定及普通菜豆种质的抗性评价 [J]. 植物遗传资源学报，9（2）：168-172.

王坤，王晓鸣，朱振东，等.2009. 以SSR标记对普通菜豆抗炭疽病基因定位 [J]. 作物学报，3：432-437.

王坤.2008. 普通菜豆抗炭疽病基因的分子标记与定位研究 [D]. 北京：中国农业科学院.

王莉萍，杜予州，何娅婷，等.2006. 扬州地区豌豆彩潜蝇在蔬菜上的发生及防治 [J]. 扬州大学学报：农业与生命科学版，27（1）：77-80.

王莉萍，杜予州，嵇怡，等.2005. 豌豆彩潜蝇的发生危害及对寄主的选择性 [J]. 植物保护学报，32（4）：397-401.

王立霞，张永军，蒋玉文.2000. 葱斑潜蝇的生物学特性 [J]. 昆虫知识，37（4）：214-217.

王丽军，颜刚.2010. 萝卜软腐病多发原因及防治对策 [J]. 吉林蔬菜（3）：47.

王丽兰，姜文涛，刘淑艳，等.2011. 吉林省白粉菌属叉丝壳组新记录变种与新寄主 [J]. 菌物研究，2：65-68.

王丽兰.2011. 白粉菌属和叉丝单囊壳属形态学及分子系统学研究 [D]. 长春：吉林农业大学.

王丽霞，杜公福，范晓溪，等.2012. 大白菜霜霉病的发生规律与防治技术 [J]. 中国蔬菜（1）：26-28.

王丽艳，孙强，林志伟，等.1997. 春油菜跳甲发生规律与防治研究 [J]. 黑龙江八一农垦大学学报，9（3）：16-19.

王连平，王汉荣，茹水江，等.2007. 塑料大棚番茄早疫病发生规律初步研究 [J]. 上海农业学报，1：62-64.

王琳，沈叔平，陆永跃，等.2003. 广东豆野螟发生危害动态研究 [J]. 广东农业科学（4）：44-47.

王琳，曾玲，陆永跃.2003. 豆野螟发生危害及综合防治研究进展 [J]. 昆虫天敌，25（2）：83-88.

王隆都.2006. 夏播花椰菜软腐病的发生与无公害防治技术 [J]. 现代园艺（9）：33-34.

王璐.2004. 西芹叶斑病综合防治技术 [J]. 辽宁农业科学：增刊：83.

王履浙，仲伦，肖宁年，等.1999. 云南斑潜蝇的发生种类及影响因子调查初报 [J]. 西南农业学报：增刊 斑潜蝇专辑，12：1-8.

王茂涛，张孝羲.1991. 桃蚜体色生物型的研究 [J]. 植物保护学报，18（4）：351-355.

王明华.2001. 食用菌瘿蚊的发生及防治 [J]. 农业科技通讯（4）：30.

王明秀.2008. 保护地灰霉病的识别与防治 [J]. 农技服务（3）：43-44.

王攀，郑霞林，雷朝亮，等.2011. 豆野螟种群变动影响因子及防治技术研究进展 [J]. 植物保护，37（3）：33-38.

王培双，董勤成.2010. 瓜类蔓枯病重发原因及综合防治措施 [J]. 安徽农学通报，14：140-142.

王佩圣，程星，朱金钰，等.2007.60%吡唑醚菌酯·代森联水分散粒剂（百泰）防治黄瓜疫病田间药效试验 [J]. 农药科学与管理，9：37-39.

王平，樊金娟，刘长远.2012. 黄瓜细菌性角斑病的分子检测 [J]. 中国农学通报，25：150-153.

王平，张韶岩.1989. 日本芦笋多倍体育种的进展 [J]. 山东农业科学（4）：50-51.

王平远 . 1980. 中国经济昆虫志：第二十一册 鳞翅目 螟蛾科 [M] . 北京：科学出版社：154 - 155.

王启虞，金孟肖 . 1934. 杭州两种菜金花虫之初步记载及其防治法 [J] . 浙江省昆虫局年刊 (4)：141 - 152.

王庆成，高秀娟 . 2008. 黄瓜菌核病的发生与防治 [J] . 现代化农业 (6)：5.

王秋，王洪斌，王成云 . 2003. 洋葱霜霉病的发病原因及防治 [J] . 北方园艺 (5)：66 - 67.

王秋梅，史东生，韩金伟 . 2004. 黄瓜花腐病的识别及防治 [J] . 辽宁农业科学 (2)：53.

王秋霜，李景富，许向阳 . 2006. 番茄斑枯病研究概述 [J] . 东北农业大学学报，2：254 - 257.

王全华，李永镐，王富 . 1997. 番茄枯萎病抗性鉴定方法及种质资源抗性鉴定研究 [J] . 北方园艺 (2)：21 - 23.

王荣富 . 1987. 植物抗寒指标的种类及其应用 [J] . 植物生理学通讯 (3)：49 - 55.

王润初，易国强，陈俊炜 . 1995. 豇豆锈病发生与菌源距离的关系 [J] . 长江蔬菜 (1)：21 - 22.

王少春 . 2010. 番茄筋腐病的识别与防治 [J] . 河北农业 (7)：19 - 20.

王少丽，戴宇婷，张友军，等 . 2011. 北京地区蔬菜害螨的发生为害与综合防治 [J] . 中国蔬菜 (9)：22 - 24.

王少丽，戴宇婷，张友军，等 . 2013. 截形叶螨分子鉴定技术的建立及其应用 [J] . 应用昆虫学报，50 (2)：388 - 394.

王少丽，张友军，徐宝云，等 . 2010. 茄子叶螨的种群消长动态及阿维菌素的防治研究 [J] . 植物保护，36 (5)：141 -
    144.

王少丽，张友军，徐宝云，等 . 2011. 朱砂叶螨对不同蔬菜寄主的取食选择性 [J] . 环境昆虫学报，33 (3)：139 - 146.

王少丽，张友军，李如美，等 . 2011. 北京和湖南烟粉虱生物型及其抗药性监测 [J] . 应用昆虫学报，48 (1)：27 - 31.

王少伟，李红双，魏小春，等 . 2012. 萝卜种质资源对黑腐病的抗性鉴定与筛选 [J] . 植物遗传资源学报，3：418 - 423.

王生荣，杨升炯 . 1999. 黄瓜黑星病菌生物学特性及流行规律研究 [J] . 甘肃科学学报 (3)：83 - 86.

王淑芬，张仪，等 . 1996. 大白菜干烧心病的形态结构及生理生化变化 [J] . 园艺学报，1：37 - 44.

王述彬，濮祖芹 . 1991. 侵染西洋芹菜的黄瓜花叶病毒及品种抗病性测定 [J] . 南京农业大学学报，3：63 - 67.

王述杉，濮祖芹 . 1993. 南京芹菜病毒病毒源鉴定 [J] . 上海农业学报 (3)：76 - 82.

王述民，张亚芝，魏淑红，等 . 2006. 普通菜豆种质资源描述规范和数据标准 [M] . 北京：中国农业出版社 .

王帅宇，雷仲仁，董保信，等 . 2011. 分子标记技术在斑潜蝇中的应用进展 [J] . 植物保护，37 (2)：1 - 4.

王顺党 . 2009. 茄子黄萎病综合防治技术探讨 [J] . 植物医院 (7)：20 - 21.

王素 . 1994. 菜豆资源根腐病和病毒病的抗性鉴定简报 [J] . 作物品种资源 (3)：40 - 40.

王腾飞 . 2008. 大蒜根部病害的发生及综合防治 [J] . 长江蔬菜 (8)：17 - 18.

王团结，刘丽 . 2005. 番茄筋腐病的发生原因及综合防治措施 [J] . 吉林蔬菜 (5)：23.

王万立，刘春艳，郝永娟，等 . 2005. 保护地莴苣菌核病关键防治技术 [J] . 中国蔬菜 (7)：54 - 55.

王维俊 . 2004. 茼蒿霜霉病的发生与综合防治方法 [J] . 西北园艺 (5)：46 - 47.

王伟，张道明，马桂芝 . 2003. 75％灭蝇胺可湿性粉剂防治大葱斑潜蝇药效试验 [J] . 中国蔬菜 (1)：37 - 38.

王文静，裴冬丽，马原松，等 . 2009. 商丘地区番茄白粉菌的鉴定 [J] . 河南大学学报：自然科学版 (5)：505 - 508.

王文静，赵廷云，范慧霞 . 2011. 黄瓜褐斑病的发生症状及防治方法 [J] . 上海蔬菜 (3)：45 - 46.

王文桥，马志强，张小风，等 . 2002. 致病疫霉抗药性、交配型和适合度 [J] . 植物病理学报，3：278 - 283.

王文相，张爱芳，徐瑞琳，等 . 1999. 荸荠秆枯病的发生与防治 [J] . 安徽农业科学，1：378 - 379.

王文相，徐瑞琳，张爱芳 . 2000. 荸荠白禾螟发生规律及防治 [J] . 安徽农业科学，28 (4)：467 - 469.

王香萍，赵毓潮，向祖焕，等 . 2010. 高山地区甘蓝田节肢动物群落结构及相关性分析 [J] . 长江蔬菜：学术版 (10)：
    63 - 65.

王小平，周兴苗，雷朝亮 . 2009. 小猿叶甲对寄主植物衰老和缺乏的适应 [J] . 昆虫知识，46 (3)：403 - 407.

王小平，周兴苗，朱芬，等 . 2007. 小猿叶甲成虫越冬和越夏：滞育和休眠同时存在 [J] . 昆虫知识，44 (5)：652 - 655.

王小坛，王瑞平，贺超凡，等 . 2009. 茄子瓜绢螟的发生与防治 [J] . 甘肃农业 (11)：109.

王小艺，黄炳球 . 1999. 几种药剂对广州郊区菜地瓜绢螟的室内毒力测定 [J] . 中国蔬菜 (4)：34 - 35.

王晓鸣，李怡琳，李淑英 . 1989. 菜豆种质资源对菜豆炭疽病抗性鉴定研究 [J] . 作物品种资源 (2)：18 - 19.

王晓鸣，李怡琳，武小菲，等 . 1999. 中国菜豆炭疽病菌的致病性变异 [J] . 山东农业大学学报：增刊，30：125 - 129.

王晓鸣，李怡琳 . 1990. 籽粒菜豆资源炭疽病抗性鉴定 [J] . 作物品种资源，3：21 - 23.

王晓鸣，朱振东，Joop van Leur，等 . 2006. 青海省蚕豆和豌豆病害鉴定 [C] . 中国植物病理学会 2006 年学术年会论文
    集：363 - 368.

王晓鸣，朱振东，段灿星，等 . 2007. 蚕豆豌豆病虫害鉴别与控制技术 [M] . 北京：中国农业科学技术出版社 .

王晓鸣 . 1985. 炭疽菌属 (Colletotrichum Cda) 的现代分类学和陕西省炭疽菌属地种 [D] . 杨陵：西北农学院 .

王晓鸣 . 1993. 菜豆炭疽菌有性态研究 [J] . 真菌学报，1：41 - 47.

王晓萍，潘孝玉，戴文超，等 . 2011. 小拱棚无公害韭菜病虫害综合防治技术 [J] . 吉林农业 (7)：100.

王晓青，张令军，郭喜红，等 . 2007. 正交试验法研究黄板对 3 种温室西葫芦害虫的诱杀作用 [J] . 植物保护，33 (4)：

112-115.

王晓艳，汪炳良，郑积荣.2009.番茄叶霉病抗性鉴定与遗传分析 [J].浙江农业科学，1：173-175.

王新生，王贵斌，卢惠芝，等.2011.氰霜唑10%悬浮剂防治大白菜根肿病田间药效试验 [J].农药科学与管理（2）：54-56.

王新生，王贵斌.2006.大白菜根肿病发生规律与防治 [J].农药科学与管理（5）：19-21.

王兴久.2002.图解蔬菜病虫害防治（一）[M].天津：天津科学技术出版社.

王兴敏.2009.葱蒜类主要病害的防治 [J].农民致富之友（2）：28-29.

王杏.2011.番茄青枯病和枯萎病的鉴别及防治方法 [J].农技服务，28（2）：204，206.

王秀.1991.台湾绿芦笋的品种及栽培经验 [J].台湾农业情况（2）：21-22.

王旭祎，高明泉，彭洪江，等.2003.茎瘤芥（榨菜）根肿病控害技术研究 [J].长江蔬菜（5）：38-39.

王旭祎，彭洪江，高明泉，等.2002.瘤芥（榨菜）根肿病病原初步鉴定及发病影响因素 [J].西南农业学报（4）：75-78.

王萱，李宝聚，王立浩，等.2007.辣椒白粉病及其抗病遗传与育种研究进展 [J].中国蔬菜（11）：37-41.

王萱，王立浩，石延霞，等.2009.辣椒抗白粉病人工接种鉴定方法研究 [J].中国蔬菜（12）：24-27.

王学海，史秀娟，张平.2004.马铃薯侧多食附线螨的发生危害及防治技术 [J].山东农业科学（4）：43-44.

王学平，杨玉洁，丁旭，等.2008.豇豆田豇豆荚螟幼虫发生为害特点与防治对策 [J].中国植保导刊，28（4）：22-24.

王艳芳.2009.高温条件下空气湿度对番茄幼苗生长及开花坐果的影响 [J].山西农业科学（1）：11-13.

王艳敏，仵均祥，万方浩.2010.昆虫对极端高低温胁迫的响应研究 [J].环境昆虫学报，32（2）：250-255.

王燕华，扬顺宝.1980.上海地区黄瓜疫病菌的分离鉴定 [J].植物保护（5）：2-4.

王一红，崔秀侠.2005.高温多雨留心茄子绵疫病和豇豆煤霉病 [J].北京农业（7）：8-9.

王宜昌，乔存金，孔维起，等.2006.葱蒜类蔬菜虫害的综合防治 [J].西北园艺：蔬菜（3）：31-32.

王益奎，吴秋玲，陈家翔.2008.侧多食附线螨对茄子的危害及其防治 [J].现代农业科技（21）：139.

王因霞，徐宝梁，马妍妍，等.2006.转基因棉籽培养料对平菇厉眼蕈蚊的影响及相关因子分析 [J].植物保护，32（4）：49-52.

王荫长，陈长琨，尤子平.1987.小地老虎抗寒能力的研究 [J].植物保护学报，14（1）：9-14.

王音，雷仲仁，问锦曾.1998b.南美斑潜蝇的形态特征及危害特点 [J].植物保护，24（5）：30-32.

王音，雷仲仁，问锦曾.1999.我国蔬菜潜叶蝇寄生蜂简介（三）圆形赘须金小蜂、底诺金小蜂、斯夫金小蜂和克氏金小蜂 [J].植物保护，25（5）：38-40.

王音，雷仲仁，问锦曾，等.2000a.美洲斑潜蝇的越冬与耐寒性研究 [J].植物保护学报，27（1）：32-36.

王音，雷仲仁，问锦曾，等.2000b.温度对美洲斑潜蝇发育、取食、产卵和寿命的影响 [J].植物保护学报，27（3）：210-214.

王音，雷仲仁，赵光文.1998a.京郊蔬菜上潜叶蝇种群动态调查 [J].植物保护，24（4）：10-13.

王音，雷仲仁，赵光文，等.1998c.京郊蔬菜上潜叶蝇种群动态调查 [J].植物保护，24（4）：10-14.

王永强，陈亚辉，于洪军.2010.芹菜病虫害防治技术 [J].西北园艺：蔬菜（2L）：39-40.

王永山，王凤良，金中时，等.2006.大丰市甜菜夜蛾发生现状及综合防治对策 [J].广西植保，19（1）：3，13.

王永卫，刘秀华，李清西，等.1992.葱斑潜叶蝇研究初报 [J].新疆农垦科技（1）：22-23.

王永卫，徐继明，刘秀华.1990.葱蝇的发生及其防治 [J].新疆农垦科技（3）：15-17.

王永珍，张剑国.2011.番茄新品种瑞丰的选育 [J].中国蔬菜（14）：84-86.

王勇，王万立，刘春艳，等.2007.保护地番茄红粉病的发生与防治 [J].中国蔬菜（12）：57.

王勇，王万立，刘春艳，等.2008.番茄红粉病致病病原的鉴定及其培养特性研究 [J].华北农学报，6：97-100.

王勇.1996.番茄耐低温鉴定方法的研究及其种质资源的筛选鉴定 [D].哈尔滨：东北农业大学.

王玉，丁铭，杨莉，等.2010.侵染番茄的中国番木瓜曲叶病毒基因组结构特征 [J].西南农业学报，6：1917-1922.

王玉民.2004.茼蒿霜霉病的发生与防治 [J].农村科技开发（12）：28.

王玉堂.1994.大棚番茄筋腐病的防治 [J].湖北植保（5）：16.

王玉堂.2005.高温热害对蔬菜生长发育的影响与对策 [J].山东农机化（6）：27.

王玉堂.2010.茄果类蔬菜发生日灼病该咋办 [J].乡村科技（6）：21.

王育水，王玉，许会才.2008.黄瓜黑星病菌的生物学特性研究 [J].湖北农业科学，1：62-64.

王毓，覃程辉，杨桂芬，等.2006.姜瘟病药剂防治试验初报 [J].长江蔬菜（9）：39-40.

王泽华，侯文杰，郝晨彦，等.2011.北京地区西花蓟马田间种群的抗药性监测 [J].应用昆虫学报，48（3）：542-547.

王哲，陈青，田茜，等.2011.应用PCR方法快速检测黄瓜细菌性角斑病菌 [J].植物检疫（6）：29-32.

王振跃，曹丽华，李洪连，等.2004.不同砧木嫁接对茄子黄萎病防治效果的初步研究 [J].河南农业大学学报，4：441-

443.

王振中，任顺祥.1997.蔬菜病虫害实用防治技术［M］.广州：广东科学技术出版社：139-140.

王志田，姜卫华，李国清，等.2010.新疆北疆马铃薯甲虫成虫抗药性水平监测［J］.农药，49（3）：206-208.

王治海，张希红.2012.葱蒜类实行轮作倒茬好处多［J］.河南农业（5）：40.

王治林，朱剑花，岳菊，等.2010.茄果类蔬菜枯萎病及其综合防治［J］.江苏农业科学（6）：168-171.

王治明.2009.侧多食附线螨的发生为害及综合防治［J］.植物医生，22（6）：25-26.

王转军，钟诚，周献昱.2004.大蒜白腐病无公害防治技术［J］.西北园艺（7）：44.

韦刚.1994a.芹菜软腐病的发生与防治［J］.广西科技（3）：43.

韦刚.1994b.芹菜叶斑病的调查和防治方法［J］.广西植保（3）：42.

韦淑丹，黄树生，王玉群，等.2011.温度对瓜实蝇实验种群生长发育及生殖的影响研究［J］.南方农业学报，42（7）：744-747.

韦文添.2002.跳虫对大球盖菇的危害与防治［J］.广西热带农业（2）：17.

韦文添.2003.葱蓟马的为害和防治［J］.植物医生（6）：12-13.

卫思贤，张健.2009.越冬茬番茄筋腐病的发生及防治［J］.北京农业（1）：15-16.

魏潮生，梁伟坤.1983.菜田黄蓟马生物学特性及其防治［J］.植物保护，9（4）：28.

魏德忠，沈佐锐，蔡宁华，等.1992.京郊菜粉蝶种群数量动态及预测Ⅰ.菜粉蝶第一代自然种群生命表［M］//朱国仁，张芝利，沈崇尧.主要蔬菜病虫害防治技术及研究进展.北京：中国农业科学技术出版社：161-168.

魏国先，王忠武，李文羽.2001.葱斑潜蝇发生危害与防治［J］.植物保护，27（5）：53.

魏洪义.1992.黄曲条跳甲幼虫龄数的划分［J］.昆虫知识（2）：87.

魏鸿钧，张治良，王荫长.1989.中国地下害虫［M］.上海：上海科学技术出版社：275.

魏金如.2006.浅析皋兰县葱蒜类蔬菜生产存在的问题与对策［J］.甘肃农业，5：112.

魏景超.1982.真菌鉴定手册［M］.上海：上海科学技术出版社.

魏梅生，朱汉城，王清和.1993.侵染菠菜的芜菁花叶病毒鉴定［J］.微生物学杂志（2）：37-40.

魏明山，彭玉祥，吴崇文，等.2011.不同药剂防治黄瓜炭疽病药效试验［J］.上海蔬菜（6）：63-64.

魏宁生，吴云峰.1992.大蒜病毒病原的鉴定及组培脱毒研究［J］.西北农业大学学报，1：76-81.

魏学慧.2009.豌豆6种常见病害的发生与综合防治措施［J］.吉林蔬菜（6）：34-35.

温嘉伟，朱琳，朱喜涛，等.2007.葱紫斑病发生及防治若干问题的初步研究Ⅰ.分生孢子萌发侵染、潜育显症及杀菌剂筛选［J］.吉林农业大学学报，1：33-36.

温庆放，李大忠.2009a.豆类蔬菜病虫害诊治［M］.福州：福建科学技术出版社.

温庆放，李大忠.2009b.叶菜类蔬菜病虫害诊治［M］.福州：福建科学技术出版社.

温志强，王玉霞，边广，等.2008.杀菌剂对菌盖疣孢霉及双孢蘑菇的毒力测定［J］.福建农林大学：自然科学版，4：399-403.

文朝慧，刘志杰，张丽萍，等.2010.甘肃省河西地区辣（甜）椒病毒病原鉴定［J］.中国蔬菜（1）：74-78.

文礼章，肖新平，邓培云.2000.豇豆荚螟的生物学特性与防治技术研究［J］.昆虫知识，37（5）：274-278.

文礼章，张友军.2010.我国甜菜夜蛾大尺度暴发频度与广域温度和广域降雨量关系的预测模型［J］.昆虫学报，53（12）：1367-1381.

文义泽，曾慧.2004.几种药剂防治豇豆煤霉病药效试验［J］.植物医生（2）：35.

闻凤英，孙德岭，鞠佩华，等.1991.萘乙酸对大白菜钙素吸收运转及防治干烧心病的研究［J］.园艺学报，2：148-152.

问锦曾，王音，雷仲仁.1996.美洲斑潜蝇中国新记录［J］.昆虫分类学报，18（4）：311-312.

问锦曾，王音，雷仲仁.2000.我国蔬菜潜叶蝇寄生蜂简介（五）宽脉姬小蜂、厚脉姬小蜂等七种［J］.植物保护，26（6）：33-35.

问锦曾，雷仲仁，王音.1998.云南贵州两省南美斑潜蝇的考察［J］.植物保护，24（3）：18-20.

问锦曾，雷仲仁，王音.1999.我国蔬菜潜叶蝇寄生蜂简介（一）攀金姬小蜂和芙新姬小蜂［J］.植物保护，25（3）：39-40.

问锦曾，雷仲仁，王音.2000.我国蔬菜潜叶蝇寄生蜂简介（四）普金姬小蜂、冈崎姬小蜂等六种［J］.植物保护，26（2）：40-42.

翁志铿，张艳璇，叶树珠，等.1995.利用捕食螨控制饲料中害螨研究［J］.福建省农科院学报，10（2）：44-47.

翁祖信，蒋兴祥.1981.黄瓜疫病抗病性测定方法［J］.中国蔬菜（1）：47-48.

吴松.2007.豇豆锈病发生规律与防治技术研究［J］.上海蔬菜（5）：99-100.

吴柄芝，段文学，张景春，等.2001.保护地黄瓜细菌性角斑病、霜霉病化学防治配套技术研究［J］.北方园艺（4）：31-33.

吴才君，范淑英，蒋育华，等 .2004. 芋对斜纹夜蛾的诱集作用 [J] . 生态学杂志，23 (4)：172 - 174.

吴德广，任清盛，王教义 .2003. 不同肥料对生姜姜瘟病发生的影响 [J] . 山东农业科学，2：237 - 238.

吴定安 .2000. 黄花菜锈病防治技术 [J] . 北京农业 (4)：33.

吴光荣，虞轶俊 .1996. 蘑菇菌种害螨侵染途径的调查研究 [J] . 植物保护学报，23 (1)：17 - 19.

吴佳教，罗余平 .1996a. 药剂对节瓜蓟马的防治效果及其使用策略 [J] . 农药，35 (5)：35 - 37.

吴鸿，吴浙东，赵品龙 .1995. 浙江省菌蚊初步目录 [J] . 浙江林业科技，15 (3)：50 - 53.

吴鸿，杨集昆 .1993a. 中国的菌蚊类昆虫及一新种记述（双翅目：长角亚目）[J] . 浙江林学院学报，10 (4)：433 - 441.

吴鸿，杨集昆 .1993b. 中国新菌蚊属四新种（双翅目：菌蚊科）[J] . 动物分类学报，18 (3)：373 - 378.

吴佳教，梁广勤，梁帆，等 .2004. 木瓜实蝇成虫形态特征遗传稳定性研究 [J] . 江西农业大学学报，26 (3)：356 - 359.

吴佳教，梁广文 .1996a. 寄主对节瓜蓟马繁殖力的影响 [J] . 昆虫天敌，18 (3)：112 - 115.

吴佳教，张维球 .1995a. 节瓜蓟马两性生殖与孤雌生殖研究 [J] . 昆虫天敌，17 (2)：51 - 54.

吴佳教，张维球，梁广文 .1995b. 温度对节瓜蓟马发育及产卵力的影响 [J] . 华南农业大学学报，16 (4)：14 - 19.

吴佳教，张维球，梁广文 .1996b. 节瓜蓟马生物学特性的研究 [J] . 植物保护学报，23 (1)：13 - 16.

吴家全，王杏涛 .2007. 辣椒日烧病的生成及防治效果 [J] . 农家科技 (7)：12.

吴家全，王杏涛 .2007. 大葱霜霉病的发生及其防治 [J] . 蔬菜 (8)：24.

吴家全，杨英，李军民，等 .2008. 甘蓝蔬菜菌核病应急防治措施 [J] . 蔬菜 (6)：23.

吴解安 .2009. 茄子黄萎病的发病规律及综合防治技术 [J] . 中国园艺文摘，12：138，103.

吴婧莲 .2010. 河北省番茄晚疫病原菌表现型和基因型结构研究 [D] . 保定：河北农业大学 .

吴菊芳，陈德明，王菊明，等 .2001. 食用菌病虫螨害及防治 [M] . 北京：中国农业出版社 .

吴菊芳，刘林德，李服宇 .1992. 冷冻法防治蘑菇害螨初步探讨 [J] . 上海农业学报，8 (2)：82 - 85.

吴菊芳，马恩沛 .1988. 上海蘑菇主要害螨——蓝氏布伦螨（Brennandania Lambi Krczal）的生物学特性 [J] . 上海农业学报，4 (3)：41 - 46.

吴菊芳，支月娥，郁建强，等 .1995. 甲醛熏闷覆土防治蘑菇褐腐病 [J] . 上海农业学报，2：47 - 50.

吴钜文，汪锦瑞，王军，等 .1987. 北京蔬菜害虫天敌名录 [J] . 华北农学报，2 (1)：75 - 96.

吴孔明，郭予元 .1995. 棉铃虫滞育的诱导因素研究 [J] . 植物保护学报，22 (4)：331 - 336.

吴伦海 .2003. 保护地番茄生理障碍产生的原因及防治对策 [J] . 广西农学报 (3)：33 - 34.

吴青君，徐宝云，张友军，等 .2007. 西花蓟马对不同颜色的趋性及蓝色黏板的田间效果评价 [J] . 植物保护，33 (4)：103 - 105.

吴青君，张文吉，朱国仁 .2001. 小菜蛾的发生危害特点及抗药性现状 [J] . 中国蔬菜 (5)：49 - 51.

吴青君，张友军，徐宝云，等 .2005. 入侵害虫西花蓟马的生物学、危害及防治技术 [J] . 昆虫知识，42 (1)：11 - 14.

吴青君，朱国仁，徐宝云，等 .2011. 小菜蛾在春茬甘蓝上的分布及其防治研究 [J] . 植物保护，37 (2)：162 - 166.

吴全安 .1991. 粮食作物种质资源抗病虫鉴定方法 [M] . 北京：农业出版社 .

吴仁锋，汪志红 .2009. 番茄早疫病研究概述 [J] . 中国植保导刊 (3)：16 - 18.

吴仁锋，杨绍丽，万鹏，等 .2011. 豇豆根腐病病原分离鉴定及其核糖体 rDNA - ITS 序列分析 [J] . 湖北农业科学，24：5017 - 5020.

吴仁锋，杜凤珍，罗惠玲 .2011. 豇豆枯萎病的识别与防治 [J] . 长江蔬菜 (15)：45 - 46.

吴仁锋，司越，杨德枝 .2008. 茄子白粉病的发生与防治 [J] . 中国蔬菜 (增刊)：120 - 121.

吴仁锋，杨绍丽，万鹏 .2011. 豇豆枯萎病病原分离鉴定 [J] . 湖北大学学报：自然科学版，1：100 - 104.

吴圣勇，徐学农，王恩东 .2009. 栗真绥螨和黄瓜新小绥螨对西方花蓟马初孵若虫功能反应的比较 [J] . 中国生物防治，25 (4)：295 - 298.

吴石平 .2008. 贵州马铃薯晚疫病菌生物学特性研究 [D] . 贵阳：贵州大学 .

吴世昌，郑惠忠，沈忠良，等 .1992. 上海地区瓜蚜的抗药性和治理对策 [J] . 上海农业学报，8 (4)：53 - 57.

吴顺章 .2008. 蘑菇瘿蚊在漳州地区发生和为害初探 [J] . 食用菌 (4)：59 - 60.

吴嗣勋，李大勇 .1989. 豇豆煤霉病药剂防治试验 [J] . 长江蔬菜 (4)：31.

吴伟坚 .2002. 黄曲条跳甲食性的研究 [J] . 生态学杂志，21 (1)：32 - 34.

吴伟坚 .2000. 菜粉蝶食性的研究 [M] // 张广学，李典谟 . 走向 21 世纪的中国昆虫学 . 北京：中国科学技术出版社：595 - 599.

吴小平，彭建升，刘盛荣 .2008. 食用菌污染袋白色链孢霉分离鉴定及特性初探 [J] . 中国食用菌 (3)：58 - 60.

吴小平，吴晓金，胡方平，等 .2008. 食用菌栽培中相关木霉的遗传多样性及生物学特性 [J] . 福建农林大学学报，5：527 - 531.

吴晓金，詹友学，吴小平 .2007. 木霉对食用菌侵染能力的分析 [J] . 福建农业学报，4：354 - 359.

吴晓晶，刘树生 .1993. 菜蚜数量增长与蔬菜种类及温度的关系 [J]. 植物保护学报，20 (2)：169 - 174.

吴研然，杨瑞云 .1991a. 上海市豇豆病毒病研究（一）[J]. 上海蔬菜 (1)：35.

吴研然，杨瑞云 .1991b. 上海市豇豆病毒病研究（二）[J]. 上海蔬菜 (2)：34 - 35.

吴郁魂 .2005. 胡萝卜常见病害的发生与防治 [J]. 植物医生 (5)：10 - 11.

仵均祥，刘绍友，周靖华，等 .1999. 寄主植物对桃蚜不同寄生生物型的影响 [J]. 西北农业大学学报，27 (6)：59 - 63.

仵均祥 .2009. 农业昆虫学 [M]. 北京：中国农业出版社 .

伍祥兴，胡正祥，彭淑媛 .2006.40% 氟硅唑 EC 对黄瓜黑星病的防治效果 [J]. 湖南农业科学 (3)：89 - 90.

武春生 .2010. 中国动物志：昆虫纲 第 52 卷 鳞翅目粉蝶科 [M]. 北京：科学出版社：282 - 286.

武华国 .2000. 辣椒疫病病原的特征特性、病害循环及其防治措施 [J]. 湖南农业科学 (5)：36 - 40.

武清彪，李卫伟，景云飞，等 .2006. 番茄田棉铃虫发生特点及治理对策 [J]. 山西农业大学学报，5 (6)：18 - 19.

西南农业大学，四川农业科学院植物保护所 .1984. 四川农业昆虫图册 [M]. 成都：四川科学技术出版社 .

奚秀珍 .1996. 番茄几种生理病害的发生与防治 [J]. 蔬菜 (4)：27 - 28.

席敦芹 .2010. 韭菜主要病虫害诊断及无公害综合防治技术 [J]. 植物医生 (5)：11 - 12.

席贤举，于洪春，胡志凤，等 .2009. 光周期、温度和食料对大猿叶甲哈尔滨地理种群存活率的影响 [J]. 东北农业大学学报，40 (7)：19 - 23.

夏花，朱宏建，周倩，等 .2012. 湖南芷江辣椒上一种新炭疽病的病原鉴定 [J]. 植物病理学报，2：120 - 125.

夏惠娟，李志勇，郭京，等 .2006. 保定地区一种新辣椒病毒病的鉴定 [J]. 河北农业大学学报，6：65 - 67，86.

夏建平，夏建美，张丽芬 .2006. 浙西南山区豇豆荚螟发生严重 [J]. 中国蔬菜 (12)：48.

夏声广 .2005. 蔬菜病虫害防治原色生态图谱 [M]. 北京：中国农业出版社：70 - 71.

夏英兰 .1998. 地老虎生物学及防治措施 [J]. 植物医生，11 (6)：6 - 8.

夏忠敏，刘红梅，龙玲，等 .2010. 辣椒烟青虫的监测与无害化治理技术研究 [J]. 植物医生，23 (1)：15 - 16.

贤振华，齐秀玲，龙明华 .2009. 黄板对菜地黄曲条跳甲的诱杀试验 [J]. 中国植保导刊，29 (1)：22 - 23.

相君成，雷仲仁，王海鸿，等 .2012a. 三种外来入侵斑潜蝇种间竞争研究进展 [J]. 生态学报，32 (5)：1616 - 1622.

相君成，雷仲仁，王海鸿，等 .2012b. 温度对美洲斑潜蝇和南美斑潜蝇竞争的影响 [J]. 植物保护，38 (3)：50 - 53.

向本春，谢浩，崔星明，等 .1994. 新疆辣椒轻微斑驳病毒的分离鉴定 [J]. 病毒学报，3：240 - 245.

向红琼，冯志新 .2002. 食线虫担子菌的研究现状与展望 [J]. 植物病理学报，1：8 - 15.

向红琼，冯志新 .2001. 平菇（Pleurotus ostreatus）子实体对线虫的毒力测定 [J]. 沈阳农业大学学报，3：173 - 175.

向玉勇，杨康林，廖启荣，等 .2009. 温度对小地老虎发育和繁殖的影响 [J]. 安徽农业大学学报，36 (3)：365 - 368.

晓凡 .2004. 芹菜软腐病 [J]. 河南科技，4：17.

肖长坤，李勇，李健强，等 .2003. 十字花科蔬菜种传黑斑病研究进展 [J]. 中国农业大学学报，5：61 - 68.

肖长坤，吴学宏，李健强 .2004. 白菜黑斑病菌三个种菌株基本培养条件比较 [J]. 菌物学报，4：573 - 579.

肖崇刚，郭向华 .2002. 甘蓝根肿病菌的生物学特性研究 [J]. 菌物系统，4：597 - 603.

肖敏，吉训聪，陈绵才 .2003.3% 克菌康可湿性粉剂防治菜豆细菌性疫病田间药效试验 [J]. 海南农业科技 (3)：10 - 11.

肖枢，蒋小龙，张朝良，等 .2001a. 瑞丽桔小实蝇、瓜实蝇生物学特性的观察 [J]. 植物检疫，15 (6)：332 - 336.

肖枢，蒋小龙，张朝良，等 .2001b. 瑞丽口岸检疫性实蝇疫情监测研究初报 [J]. 植物检疫，15 (2)：83 - 84.

肖婷，郭建，朱桂梅，等 .2009. 江苏句容地区发现三叶草斑潜蝇初报 [J]. 江苏农业科学 (1)：126 - 127.

肖夏林，徐玉宝，董涛海，等 .1985. 菱叶甲发生规律观察及药剂防治试验 [J]. 浙江农业科学 (4)：175 - 177.

肖烨，洪艳云，易图永，等 .2007. 番茄青枯病生物防治研究进展 [J]. 植物保护 (2)：15 - 20.

肖英方，毛润乾，沈国清，等 .2012. 害虫生物防治新技术——载体植物系统 [J]. 中国生物防治学报，28 (1)：1 - 8.

肖悦岩 .2011. 怎样预防菠菜霜霉病？[J]. 农药市场信息 (26)：42.

肖仲久，蒋选利，李小霞，等 .2009. 壳寡糖诱导辣椒抗白粉病的初步研究 [J]. 湖北农业科学，3：617 - 619.

谢爱民，张旭东 .2007. 保护地蔬菜谨防猝倒病和立枯病 [N]. 江苏农业科技报，12：26.

谢丙炎，李惠霞，冯兰香 .2002.β-氨基丁酸诱导甜（辣）椒抗疫病作用的研究 [J]. 园艺学报，2：137 - 140.

谢大森，何晓明，彭庆务 .2009. 瓜类疫病病原物研究进展 [J]. 农业科技通讯 (3)：73 - 75.

谢大森，赵芹，何晓明，等 .2010. 瓜类疫病研究进展 [J]. 热带作物学报，3：503 - 506.

谢德龄，倪楚芳，朱昌雄 .1990. 中生菌素（农抗 751）防治白菜软腐病的效果试验初报 [J]. 生物防治通报，2：74 - 77.

谢荣贵 .2000. 白菜黑斑病及其综合防治 [J]. 长江蔬菜 (9)：21 - 22.

谢双大，朱天圣，陈桂珍，等 .1997. 黄瓜抗炭疽病的苗期人工接种鉴定方法研究初报 [J]. 中国蔬菜 (4)：28 - 30.

谢文，吴青君，徐宝云，等 .2011. 螺虫乙酯对烟粉虱的防治效果评价 [J]. 中国蔬菜 (14)：69 - 73.

谢贤元 .1992. 十字花科植物上桃蚜的两个生物型 [J]. 植物保护，18 (1)：32 - 33.

谢雪梅 .2002. 黄守瓜的发生与防治 [J]. 福建农业 (9)：14 - 15.

谢彦洁.1999.南宁市郊局部菜地葱蒜上锈病大发生[J].广西植保(2)：40.

谢贻格.1991a.苏州地区白菜白斑病的发生和防治[J].长江蔬菜(5)：18-19.

谢贻格.1991b.苏州地区大白菜白斑病的发病条件和药剂防治研究[J].中国蔬菜(5)：21-23.

谢永辉,李正跃,张宏瑞.2011.烟蓟马研究进展[J].安徽农业科学,39(5)：2683-2685.

谢真铭,谭晓丽,瞿云明.2011.不同土壤修复剂对连作田豇豆根腐病的影响[J].中国园艺文摘(12)：37-38.

辛苗,杜相革,朱晓清.2010.不同氮水平对黄瓜蚜虫生长发育的影响[J].植物保护学报,37(5)：408-412.

辛宁,王玉梅,金希婕.2006.香葱霜霉病的发生及无公害防治技术[J].吉林蔬菜(2)：46.

辛元凤.2011.豌豆品种和分析评价[J].种子(6)：96-97.

邢剑飞,刘艳,颜冬云.2010.昆虫对拟除虫菊酯农药的抗性研究进展[J].环境科学与技术,33(10)：68-74.

邢娟,李志邈,杨悦俭,等.2009.番茄青枯病病菌生化型测定及其3种抗病性鉴定方法的比较[J].浙江农业科学,1：141-143.

邢来君,李明春.1999.普通真菌学[M].北京：高等教育出版社.

熊成香.2008.夏眠期间灰尖巴蜗牛能量利用对策及抗氧化水平初探[D].西安：陕西师范大学.

熊飞.2009.芹菜"烂心"要补"钙"[J].蔬菜(11)：23.

熊立钢,吴青君,王少丽,等.2010.小菜蛾越冬生物学特性研究[J].植物保护,36(2)：90-93.

熊满辉,姜卫华,李国清,等.2010.诊断剂量法监测新疆维吾尔自治区马铃薯甲虫的抗药性[J].昆虫知识,47(4)：763-766.

熊勇斌,吕晨晖,黄小云,等.2009.谈谈畸形果的起因与防治对策[J].现代园艺(3)：33.

须晖,李天来,郭泳,等.1997.苗期营养水平对番茄畸形果发生的影响[J].中国蔬菜(5)：10-12.

徐秉良,李敏权,郁继华.2002.甘肃省辣椒病毒病的发生与症状类型[J].甘肃农业科技(2)：42-44.

徐秉良,郁继华.1994.番茄叶霉病初侵染再侵染及发病条件的研究[J].甘肃农业大学学报,4：386-391.

徐秉良,李永镐.1993.番茄叶霉病菌生物学性状的初步研究[J].甘肃农业大学学报,3：283-286.

徐春明.1996.巨野县瓜螟严重发生[J].植保技术与推广,16(2)：37.

徐德进,季华英,顾中言,等.2011.10种杀虫剂对南京地区Q型烟粉虱的室内毒力测定[J].江西农业学报,23(12)：79-82.

徐东,宋志业,赵永超,等.2008.番茄芝麻斑病的发生规律与综合防治[J].吉林蔬菜(1)：42-43.

徐公天,杨志华.2007.中国园林害虫[M].北京：中国林业出版社.

徐建国,范惠,杨恩华,等.2002.烟粉虱的危害及防治对策[J].蔬菜(9)：24-25.

徐洁莲,杨广球.1983.斜纹夜蛾侧沟茧蜂生物学特性观察[J].昆虫天敌,5(1)：12-13.

徐洁莲,韩诗畴,欧剑峰,等.2004.不同诱捕器与诱芯对桔小实蝇的诱杀效果[J].中国南方果树,33(4)：13-14.

徐敬友,张华东,张红,等.2004.立枯丝核菌毒素的产生及与致病力的关系[J].扬州大学学报：农业与生命科学版,2：61-64.

徐开未,陈学远,郭辉权,等.2005.双孢蘑菇疣孢霉病的化学防治研究[J].中国食用菌(6)：53-55.

徐蕾.2007.小猿叶虫发生规律及抗逆性研究[D].扬州：扬州大学.

徐玲,冯兰香,钮心恪.1990.中国大白菜对芜菁花叶病毒基因型株系的抗性鉴定[J].中国蔬菜(4)：15-16,45.

徐培文,刘宪华,高主太,等.1999.中国大蒜种质资源研究——主要大蒜品种和品系的病毒检测[C]//中国园艺学会成立70周年纪念优秀论文选编,3：59-362.

徐培文,孙慧生,孙瑞杰,等.1998.大蒜脱毒技术及应用研究[J].中国农业科学,2：91-92.

徐培文,杨又迪,杨崇良.1997.大蒜病毒病的研究进展[J].世界农业(4)：32-34.

徐守东.2008.冷冻和干燥处理法防治平菇菇瘿蚊幼虫试验[J].中国植保导刊,28(3)：23-24.

徐淑敏.2003.黄瓜炭疽病的诊断与防治[J].吉林蔬菜(3)：51.

徐顺成,王泽湘.1985.黄花锈病防治试验初报[J].中国蔬菜(3)：46-48.

徐维红,朱国仁,张友军,等.2003.烟粉虱在七种寄主植物上的生命表参数分析[J].昆虫知识,40(5)：453-455.

徐文华,王瑞明,吴春,等.2002.江苏沿海地区农田蜗牛的发生特点与防治对策[J].华东昆虫学报,11(2)：63-69.

徐文华,周加春,张蓉,等.2002.温湿度对同型巴蜗牛的影响效应[J].江苏农业学报,18(2)：99-102.

徐孝华,Curt.H,Williams P H.1987.甘蓝黑胫病菌有致病力与无致病力菌株的区分[J].植物病理学报,1：9-12.

徐学梅.2005.菠菜霜霉病发生特点及综合防治技术[J].农业科技与信息(1)：29.

徐学农,王恩东.2010.基于生物防治的西花蓟马治理及思考[J].环境昆虫学报,32(1)：96-105.

徐亚玲.2008.姜瘟病的发生危害及防治措施[J].北京农业(7)：31-33.

徐艳辉,李烨,许向阳.2008.番茄枯萎病的研究进展[J].东北农业大学学报,11：128-134.

徐耀波.2003.平菇和香菇代料栽培过程中的污染真菌研究[D].雅安：四川农业大学.

徐玉芳，薛云东，赵京岚 . 2003. 葱紫斑病的发生与防治技术［J］. 农业科技通讯（5）：30 - 31.

徐源 . 2005. 茼蒿霜霉病的发生与防治［J］. 农药市场信息（3）：28.

徐云菲，江冬青 . 2001. 小猿叶虫大发生原因及其防治［J］. 长江蔬菜（6）：19.

徐允元，华雄超 . 1991. 茭白胡麻斑病及其防治技术研究［J］. 上海农业科技（1）：23 - 24.

徐允元，王连荣 . 1990. 茭白胡麻斑病田间消长与防治［J］. 长江蔬菜（3）：15 - 16.

徐志宏，陈学新，荣路琪，等 . 2001. 蔬菜地潜叶蝇寄生蜂种类研究（I）——羽角姬小蜂亚科 Eulophinae 和狭面姬小蜂亚科 Elachetinae［J］. 华东昆虫学报，10（2）：5 - 10.

许方程，郑永利，李芳芳，等 . 2010. 番茄黄化曲叶病毒的识别与综合防治［J］. 中国蔬菜（1）：26 - 27.

许建军，郭文超，李鹏发，等 . 2007. 不同生物农药防治棉田烟蓟马研究初报［J］. 新疆农业科学，44（4）：450 - 452.

许瑞秋，魏茂兴，朱锦斌 . 等 . 1998. 早熟茭白锈病的发生和防治［J］. 中国蔬菜（2）：31 - 32.

许少山 . 2007. 菜螟、豆荚螟、瓜绢螟、茄黄斑螟的识别与防治［J］. 农技服务（2）：52 - 54.

许卫东 . 2006. 花椰菜黑腐病和菌核病的发生与防治［J］. 长江蔬菜（8）：9 - 10.

许修宏，郭亚芬，刘亚光 . 1999. 番茄叶霉病菌分生孢子生物学特性研究［J］. 植物保护（2）：12 - 15.

许咏梅，郭文超，谢香文，等 . 2011. 新疆马铃薯甲虫对不同施肥及品种的响应［J］. 西北农业报，20（4）：179 - 185.

许再福，高泽正，陈新芳 . 1999. 广东美洲斑潜蝇寄生蜂常见种类鉴别［J］. 昆虫天敌，21（3）：126 - 132.

许再福 . 2009. 普通昆虫学［M］. 北京：科学出版社：233.

薛白耘 . 1995. 番茄发生畸形果的机理及其防治对策［J］. 上海蔬菜（1）：30.

薛朝阳，周雪平，青玲，等 . 1998. 番茄花叶病毒中国分离物的生物学特性及其基因结构分析［J］. 浙江农业大学学报，6：602，618.

薛朝阳，周雪平，青玲，等 . 1999. 利用 DAS - ELISA 进行番茄花叶病毒的田间检测［J］. 植物病理学报，2：157 - 172.

薛德乾 . 2001. 闽西茭白锈病的发生与防治［J］. 长江蔬菜（4）：25.

薛德乾 . 2004. 春种番茄晚疫病大发生原因及防治技术［J］. 中国植保导刊（1）：34 - 35.

薛德乾 . 2005. 茄子绵疫病大发生原因及防治对策［J］. 长江蔬菜（10）：27 - 28.

薛德乾 . 2006. 早茬茄子绵疫病大发生原因和防治对策［J］. 当代蔬菜（4）：40.

薛芳森，李爱青，朱杏芬，等 . 2002. 大猿叶虫生活史的研究［J］. 昆虫学报，45（4）：494 - 498.

薛明，庞云红，王承香，等 . 2006a. 百合科寄主植物对韭菜迟眼蕈蚊的生物效应［J］. 昆虫学报，48（6）：914 - 921.

薛明，王承香，庞云红，等 . 2006b. 取食不同寄主植物对韭菜迟眼蕈蚊幼虫药剂敏感性的影响及其生化机制［J］. 植物保护学报，32（4）：416 - 420.

薛明，王永显 . 2002a. 韭菜迟眼蕈蚊无公害治理药剂的研究［J］. 农药，41（5）：29 - 31.

薛明，袁林 . 2002b. 韭菜迟眼蕈蚊成虫对挥发性物质的嗅觉反应及不同杀虫剂的毒力比较［J］. 农药学学报，4（2）：50 - 56.

薛勇 . 2005. 朝天椒幼椒日灼病的成因及防治［J］. 致富之友（5）：52.

薛勇 . 1997. 萝卜黑腐病的发生及防治［J］. 农业科技与信息（11）：19.

闫广艳 . 2011. 樱桃番茄嫁接育苗栽培防控枯萎病研究初报［J］. 园艺与种苗（1）：27 - 28.

闫志民，杜云良 . 2001. 蜗牛——药用动植物种养加工技术［M］. 北京：化学工业出版社 .

严乃胜，罗佑珍，邱光鹏，等 . 2000. 斜纹夜蛾的发育起点温度和有效积温研究［J］. 云南农业大学学报，15（1）：21 - 23.

严绍国 . 1999. 蘑菇瘿蚊和线虫的发生及防治［J］. 食用菌（1）：36 - 37.

严位中，杨家鸾，道旺，等 . 2004. 云南十字花科蔬菜根肿病发生规律及防治技术研究［J］. 石河子大学学报：自然科学版，8：18 - 122.

严小良，赵尊练，史联联，等 . 2007. 无公害线辣椒生物防虫技术试验初报［J］. 陕西农业科学（2）：32 - 34.

严勇敢，张荣，刘俊生，等 . 2011. 蔬菜病害图鉴［M］. 西安：陕西科学技术出版社 .

阎淑娟，董金皋，樊慕贞 . 1998. 白菜黑斑病菌营养生长和毒素产生关系的初步研究［J］. 河北农业大学学报，1：23 - 25.

颜惠霞 . 2009. 南瓜白粉病品种抗病性及抗病机理研究［D］. 兰州：甘肃农业大学 .

颜梅新，袁高庆，赖传雅，等 . 2006. 荸荠秆枯病的发生及其防治研究［J］. 广西农业科学，3：273 - 276.

颜一红 . 2011. 食用菌木霉种类鉴定及木霉、疣孢霉防治研究［D］. 福州：福建农林大学 .

颜振敏，侯有明，罗万春 . 2005. 马缨丹提取物对黄曲条跳甲成虫的生物活性［J］. 昆虫知识，42（6）：664 - 668.

羊小琴 . 2006. 菠菜霜霉病的发生与防治［J］. 北方园艺（1）：82.

阳新平 . 1997. 几种植物生化营养素在番茄和蕹菜上的应用效果［J］. 湖南农业大学学报，3：229 - 232.

杨莲，赵艳梅，代玉华，等 . 2002. 十字花科作物根肿病药效试验初报［J］. 云南农业科技，增刊：201 - 203.

杨爱国，张俊平，郭瑛，等 .2008. 防落素浓度及温湿度变化对番茄畸形的影响 [J]. 安徽农学通报 (14)：77-79.

杨彬洪，周莉英，蔡宇 .2007. 茂县番茄晚疫病发生与综合防治技术 [J]. 阿坝科技 (1)：61-62.

杨朝阳 .2011. 番茄细菌斑点病的发生与防治 [J]. 现代农业 (5)：75.

杨春清，张学敏 .1994. 平菇厉眼蕈蚊为害药用真菌初报 [J]. 植物保护，20 (2)：19-20.

杨春泉，陈宜修，林玉，等 .2008. 福建省番茄细菌性斑点病的病原鉴定 [J]. 福建农林大学学报：自然科学版，6：570-
574.

杨发荣，陈海贵，张惠芳，等 .1997. 几种杀菌剂防治洋葱霜霉病田间试验结果 [J]. 甘肃农业科技 (5)：39-40.

杨飞，曹婧曼，杜予州 .2010. 江苏省三叶斑潜蝇发生调查及分子检测 [J]. 植物保护，36 (6)：108-111.

杨刚，向静秋 .2009. 水城县大蒜主要病虫害的无公害防控技术 [J]. 植物医生 (2)：11-12.

杨光安 .1998. 瓜螟的发生与防治 [J]. 吉林蔬菜 (1)：20.

杨广东，熊桂莲，张文辉，等 .2011. 大白菜软腐病的发生特点及综合防治 [J]. 现代园艺，1：38.

杨海珍 .2000. 大白菜霜霉病田间分布型和采样方法 [J]. 植保技术与推广 (4)：10.

杨怀文，杨秀芬，张金霞 .2010. 栽培食用菌害虫生物防治技术研究与应用 [J]. 中国生物防治，26 (1)：1-6.

杨集昆，张学敏 .1987. 为害蘑菇的厉眼蕈蚊六新种 双翅目：眼蕈蚊科 [J]. 昆虫分类学报，9 (4)：253-263.

杨集昆，张学敏 .1985. 韭菜蛆的鉴定迟眼蕈蚊属二新种 双翅目：眼蕈蚊科 [J]. 北京农业大学学报，11 (2)：153-
157.

杨家鸾，严卫中，郭志祥 .1995. 云南反季蔬菜病害诊断与防治 [M]. 昆明：云南科学技术出版社 .

杨家鸾，等 .2009. 云南十字花科蔬菜根肿病 [M]. 昆明：云南科学技术出版社 .

杨家鸾，杨明英，严位中，等 .2002. 昆明菜区大白菜根肿病防治技术研究初探 [J]. 云南农业大学学报，4：342-344.

杨家荣，商鸿生，高立强 .2004. 土壤环境因素对棉花黄萎病菌微菌核存活的影响 [J]. 植物病理学报，2：180-183.

杨金明，姜飞，马秀玲，等 .2009. 番茄黄化曲叶病毒病的发生流行规律及其综防措施 [J]. 中国植保导刊 (5)：28-29.

杨景杰 .2009. 设施番茄栽培常见的生理性病害及其防治 [J]. 内蒙古农业科技，4：101-102.

杨丽梅，方智远，刘玉梅，等 .2011. 抗枯萎病耐裂球秋甘蓝新品种"中甘 96". 园艺学报，2：397-398.

杨猛，顾茂才，沈学庆，等 .2001. 藕田套养泥鳅、黄鳝对莲藕食根金花虫的防效试验 [J]. 长江蔬菜 (1)：22.

杨猛 .2001. 莲藕食根金花虫无公害防治技术 [J]. 上海蔬菜 (6)：32-33.

杨敏娜，彭岳林，王忠红 .2009. 保护地莴苣霜霉病的为害及综合防治 [J]. 西北园艺：蔬菜专刊 (4)：39-40.

杨明英，李向东，孙道旺，等 .2011. 白菜根肿病菌致病性因素研究 [J]. 西南农业学报，2：612-615.

杨明英，杨家鸾，孙道旺，等 .2004. 土壤含水量对白菜根肿病发生的影响研究 [J]. 西南农业学报，4：482-483.

杨明英，杨家鸾，张雷，等 .1999. 应用农业技术措施控制斑潜蝇危害蔬菜的试验 [J]. 西南农业学报：增刊 斑潜蝇专
辑，12：115-119.

杨佩文，李家瑞，杨勤忠，等 .2002a. 十字花科蔬菜根肿病菌休眠孢子的分离与检测 [J]. 云南农业大学学报，3：301-
306.

杨佩文，李家瑞，杨勤忠，等 .2002b. 十字花科蔬菜根肿病研究进展 [J]. 植物保护 (5)：43-45.

杨佩文，杨勤忠，王群，等 .2002c. 十字花科蔬菜根肿病菌的 PCR 检测 [J]. 云南农业大学学报，2：137-139.

杨品贵 .2010. 榨菜病毒病的综合防治 [J]. 福建农业 (9)：24.

杨平澜 .1981. 从温室粉虱谈植物检疫 [J]. 昆虫知识，18 (2)：69-71.

杨勤民 .2004. 大蒜病害的发生特点与防治 [J]. 农技服务 (5)：27-28.

杨青，易图永 .2009. 辣椒炭疽病及其防治研究进展 [J]. 江西农业学报，7：107-109.

杨双娟，顾兴芳，张圣平，等 .2012. 黄瓜棒孢叶斑病 (Corynespora cassiicola) 的研究概况 [J]. 中国蔬菜 (2)：1-9.

杨田堂，刘琳 .2003. 保护地辣椒主要病害症状识别及综合防治 [J]. 北方园艺 (2)：64-65.

杨田堂 .2005. 西芹常见生理性病害及防治措施 [J]. 上海蔬菜 (2)：53-54.

杨文成，杨红 .1999. 菱角萤叶甲的发生与防治 [J]. 湖北农业科学 (1)：37.

杨文成，杨红 .2001a. 莲缢管蚜的发生情况及防治方法 [J]. 植保技术与推广，21 (7)：15-16.

杨文成，杨红 .2001b. 莲缢管蚜及其综合治理 [J]. 植物医生，14 (4)：22-23.

杨文成，杨红 .2002. 莲缢管蚜及其综合治理 [J]. 植物保护：农资科技 (1)：23-24.

杨文成 .1988. 菱白锈病的发生及其防治 [J]. 湖北农业科学 (5)：24-25.

杨文成 .1997. 荸荠秆枯病的发生与防治 [J]. 四川农业科技 (4)：21-22.

杨文成 .2003. 黄花菜锈病的发生与防治 [J]. 江西农业科技 (6)：36-37.

杨文建 .2012. 大蒜病虫害发生规律及其综合防治技术 [J]. 中国果菜 (6)：51-53.

杨先法 .2007. 侧多食附线螨的有效防控措施 [J]. 长江蔬菜 (6)：23-24.

杨暹，陈晓燕，冯红贤 .2004. 氮营养对菜心炭疽病抗性生理的影响（I. 氮营养对菜心炭疽病及细胞保护酶的影响）[J].

华南农业大学学报，2：26-30.

杨暹，冯红贤，杨跃生.2008.硅对菜心炭疽病发生、菜薹形成及硅吸收沉积的影响［J］.应用生态学报，5：1006-1012.

杨晓，孔垂华，梁文举.2005.守瓜属甲虫的取食行为与寄主植物葫芦素种类的关系［J］.应用生态学报，16（7）：1326-1329.

杨晓慧.2007.黄曲条跳甲大发生原因与综合防治技术［J］.福建农业（9）：24-25.

杨欣，梁爱华，吴家和，等.2010.抗虫转基因马铃薯研究进展［J］.生物学杂志，27（3）：66-69.

杨秀芬，杨怀文，师迎春，等.2010.利用昆虫病原线虫防治双孢蘑菇眼蕈蚊［J］.食用菌学报，17（2）：93-96.

杨秀娟，陈体强.2000.利用真菌防治食用菌线虫［J］.福建农业科技（2）：17.

杨秀梅，陈保冬，朱永官，等.2008.丛枝菌根真菌（Glomus intraradices）对铜污染土壤上玉米生长的影响［J］.生态学报，3：1052-1058.

杨秀荣，杨依军，王勇，等.2001.利用拮抗木霉菌防治立枯病的研究［J］.天津农学院学报，1：9-12.

杨秀荣.2006.0.11%对氯苯氧乙酸钠AS在番茄上田间应用效果评价［J］.天津农业科学（2）：32-34.

杨迎青，李湘民，孟凡，等.2012.芦笋茎枯病抗性鉴定方法的建立及芦笋抗病种质资源的筛选［J］.植物病理学报，6：649-654.

杨永林，闫淑珍，田茹燕，等.1995.中国六省、市辣（甜）椒病毒种群及其分布的研究［J］.中国病毒学，4：332-339.

杨永茂，叶向勇，李玉亮.2010.斑潜蝇属害虫在我国的地理分布与分类鉴定［J］.山东农业科学（6）：82-85.

杨有权，李佳宁，张胜利，等.1995.大蒜病害的识别与防治综述［J］.吉林农业科学（4）：73-76.

杨宇红，吕红豪，杨翠荣，等.2011.甘蓝枯萎病苗期抗性鉴定技术及抗源筛选［J］.植物保护学报，5：425-431.

杨宇红，谢丙炎，冯兰香，等.2004.中国番茄晚疫病菌交配型及其分布研究［J］.菌物学报，3：351-355.

杨玉洁，王学平，蔡爱琴.2006.豇豆根腐病的药剂防治试验［J］.上海蔬菜（6）：65.

杨玉洁，王学平，董伯群，等.2009a.不同栽培方法与豇豆根腐病发病关系试验［J］.中国园艺文摘（11）：33-34.

杨玉洁，王学平.2009b.如皋豇豆栽培因素与根腐病发生关系的研究［J］.中国园艺文摘（9）：90-91

杨悦俭，周国治，王荣青，等.2011.抗番茄黄化曲叶病毒病品种种植中的问题与对策［J］.中国蔬菜（21）：1-4.

杨曾实，肖宁年，李志敏，等.1999.昆明地区南美斑潜蝇寄主植物（花卉）及防治对策［J］.西南农业学报：增刊 斑潜蝇专辑，12：14-19.

杨正锋，王本辉，范学钧，等.2005.黄花菜锈病转主寄生及其发生、流行与防治研究［J］.蔬菜（8）：24-25.

杨中侠，马春森，王小奇，等.2004.烟粉虱对四种蔬菜寄主的选择性［J］.昆虫学报，47（5）：612-617.

杨子琦.1982.茄螟的初步研究［J］.昆虫知识，19（2）：20-22.

姚国富，袁良灯.2001.不同杀菌剂防治芹菜叶斑病药效试验［J］.上海蔬菜（2）：32.

姚继贵.2006.生姜姜瘟病药剂防治试验［J］.现代农业科技（11）：40.

姚建民，傅淑云.1985.白菜霜霉病侵染规律的研究［J］.沈阳农学院学报，1：17-24.

姚建明，马忠翼.1995.番茄畸形果与品种性状的相关及其遗传表现［J］.浙江农业学报，3：222-225.

姚立，陈春乐，张忠信，等.2010.一种新香菇病毒基因组部分cDNA序列及病毒RT-PCR检测［J］.微生物学通报，1：61-70.

姚士桐，姚德宏，郑永利，等.2005.瓜绢螟在丝瓜上种群分布型及抽样技术的研究［J］.浙江农业科学（5）：402-403.

姚士桐，郑永利，程勤海，等.2008.斜纹夜蛾成虫田间种群消长动态及预测模型［J］.中国农学通报，24（3）：304-307.

姚永臣.2009.番茄筋腐病发生的原因及防治［J］.吉林蔬菜（1）：35.

姚玉昆，金刚，陶景光，等.2001.黄瓜褐斑病发生规律及寄主范围研究［J］.辽宁农业科学（5）：42-43.

叶建文.1996.菇房中嗜菌线虫的调查报告［J］.食用菌（3）：36-39.

叶劲松，尹俊玉，赵卫星，等.2010.京绿芦1号芦笋新品种选育［M］//陈光宇.中国芦笋研究与产业发展.北京：中国农业科学技术出版社：216-219.

叶劲松.2008.优质芦笋防病技术200问［M］.北京：科学技术文献出版社：99-102.

叶劲松.2011.芦笋优质高产栽培技术图文精解［M］.北京：科学技术文献出版社：100-104.

叶明珍，张绍升.2004.食用菌线虫种类鉴定［J］.莱阳农学院学报，2：104-105.

叶琪明，顾国平，李建荣，等.2003.茭白锈病和胡麻斑病发生为害规律及其无害化防治［J］.浙江农业学报，3：144-148.

叶青静，杨悦俭，王荣青，等.2004.番茄抗叶霉病基因及分子育种的研究进展［J］.分子植物育种，3：313-320.

叶文伟，王雪武，瞿云明，等.2012.施用土壤消毒剂防治连作长豇豆根腐病的效果［J］.浙江农业科学，4：495-496.

叶忠川.1983.菜豆抗锈病筛选及锈菌之生理小种［J］.中华农业研究，3：259-269.

易图永，吴力游，朱晓湘.1998.防治黄瓜疫病的药剂筛选［J］.湖南农业大学学报，1：47-51.

易图永，谢丙炎，张宝玺，等．2002．辣椒疫病防治研究进展［J］．中国蔬菜（5）：52-55．

阴华海，王飚，陈玉婵．2003．铜仁地区豆野螟发生及防治技术［J］．植物医生，16（4）：19-20．

殷学云．2004．温室番茄生理性病害的发生原因与防治［J］．农业科技与信息（9）：15-17．

尹飞，冯夏，张德雍，等．2011．8种杀虫剂对烟粉虱成虫的毒力比较［J］．广东农业科学（18）：59-61．

尹敬耿，刘银发，陈子明，等．2010．大蒜田病虫危害特点及防治措施［J］．现代农业科技，3：193．

尹仁国．1987．南方夏前菜粉蝶发生规律研究［J］．昆虫知识，24（3）：155-157．

尹仁国．1991．菜粉蝶越冬新情况的调查初报［J］．病虫测报（3）：56-57．

尹仁国．1992．豌豆褐斑病发生与防治研究初报［J］．湖南农学院学报，18：196-199．

尹仁国．1993．茄白翅野螟的生物学特性及其防治［J］．昆虫知识，30（2）：91-92．

尹贤贵，王小佳，张赟，等．2005．我国番茄青枯病及抗病育种研究进展［J］．云南农业大学学报（2）：3-167．

雍红波，姜公武．2011．保护地蔬菜苗期病害及其防治技术［J］．农业工程技术：温室园艺，6：55．

尤民生，魏辉．2007．小菜蛾的研究［M］．北京：中国农业出版社．

于春雷，李素霞，张斌，等．2012．四氟醚唑对黄瓜的安全性及其对黄瓜白粉病的防治效果［J］．植物保护学报，3：265-270．

于翠，吴建祥，周雪平．2002．番茄花叶病毒单克隆抗体的制备及检测应用［J］．微生物学报，4：453-457．

于翠，胡东维，董家红，等．2004．烟草花叶病毒和番茄花叶病毒在含N基因烟草上的症状差异是由运动蛋白基因决定的［J］．中国科学：C辑，3：210-215．

于德水．2012．黄足黄守瓜和黄足黑守瓜的发生与综合防治［J］．吉林蔬菜（2）：33．

于国进，姜常松，孙明松．2005．防治番茄筋腐病［J］．农业知识（6）：10．

于海萍，魏生龙，李建军，等．2005．河西走廊食用菌主要害虫及控制措施［J］．中国植保导刊，25（11）：19-20．

于洪春，王蕾，邓佳佳，等．2011．食料对大猿叶虫不同地理种群滞育诱导的影响［J］．植物保护，37（4）：63-67．

于洪春，邓佳佳，王雨薇，等．2013．温度与光周期对甘蓝夜蛾哈尔滨种群滞育诱导的影响［J］．东北农业大学学报，44（1）：133-136．

于静元，付大明，付猛，等．2012．大白菜褐腐病、黑腐病、软腐病的识别与防治［J］．吉林农业（9）：96．

于凌春，张乃琴．2007．茄子黄萎病研究进展［J］．农业与科技（5）：83-87．

于守荣，田恒台，张来振．1991．芦笋茎枯病菌寄主范围研究简报［J］．植物保护学报，18：273．

于晓，范青海．2002．腐食酪螨的发生与防治［J］．福建农业科技（6）：49-50．

于晓霞．2009．白菜白斑病的发生与防治［J］．吉林蔬菜（3）：71．

于新美，杨福仓，王爱华．2009．番茄脐腐病和畸形果的防治技术［J］．安徽农学通报，16：159．

于新胜．2008．菜青虫抗药性监测及对氯氟氰菊酯抗性机理研究［D］．长沙：湖南农业大学．

于洋，李宝聚，陈雪，等．2006．瓜类及茄果类炭疽病的识别与防治［J］．中国蔬菜（12）：49-50．

余长夫．1995．乌鲁木齐地区新发生的大白菜白粉病和黑斑病［J］．新疆农业科学，5：220-221．

余舰斌，金登迪．1997．豇豆品种资源对黑眼豇豆花叶病毒病抗性鉴定初探［J］．浙江农业科学，3：133-134．

余露．2010．秋季茼蒿霜霉病的防治［J］．农药市场信息（20）：46．

余仁政．1987．大白菜黑斑病的发生与防治［J］．农业科技通讯（9）：30-31．

余文贵，赵统敏，范学臻，等．2009．番茄晚疫病菌线粒体DNA单倍型鉴定及其分析［J］．江苏农业学报，5：1095-1099．

余文贵，邹茶英，赵统敏，等．2007．江苏省番茄晚疫病菌小种鉴定及品种抗性筛选［J］．江苏农业学报，6：618-621．

余文英，张绍升，杜雪茹，等．2009．福建温室黄瓜病害鉴定及其发病规律［J］．福建农林大学学报：自然科学版，2：119-123．

余阳俊，耿欣，赵岫云，等．2001．大白菜品种苗期抗干烧心（缺钙）鉴定［J］．北京农业科学（2）：14-16．

余永年．1998．中国真菌志：第六卷　霜霉目［M］．北京：科学出版社．

余周苹，王玲．2006．荆州市瓜绢螟偏重发生原因及防治对策［J］．中国植保导刊，26（9）：22-23．

俞晓平，郑许松，陈建明，等．1991．茭白害虫长绿飞虱与稻田缨小蜂关系的研究［J］．昆虫学报，42（4）：387-393．

虞皓，何自福，方羽生，等．2004a．湿度对黄瓜霜霉病菌产孢及孢子囊萌发的影响研究［J］．广东农业科学（5）：57-58．

虞皓，何自福，方羽生．2004b．温度对瓜疫霉菌生长速率的影响研究［J］．广东农业科学（6）：66-67．

虞佩玉，王书永，杨星科．1996．中国经济昆虫志：第五十四册　鞘翅目叶甲总科（二）［M］．北京：科学出版社：122．

宇文燕，雷仲仁，廉振民，等．2012．海南三叶斑潜蝇对阿维菌素、阿维·杀虫单和灭蝇胺的敏感性［J］．植物保护，38（5）：194-196．

郁樊敏．1990．春番茄畸形果与品种的相关性［J］．上海蔬菜（2）：18．

俞国泉，吴伟坚，吴建雄，等．1998．植物中硫代葡萄糖苷对小菜蛾产卵的影响［J］．华南农业大学学报，19（2）：13-

19.

喻盛甫，杨宝君，王秋丽 . 1990. 云南植物根结线虫种类调查与鉴定 [J]. 云南农业大学学报，4：212 - 217.

喻璋 . 1988. 河南省白锈菌分类的研究 [J]. 河南农业大学学报，2：189 - 196.

喻子牛 . 1990. 苏云金杆菌 [M]. 北京：科学出版社 .

袁成明，郅军锐，曹宇，等 . 2011. 西花蓟马对蔬菜寄主的选择性 [J]. 生态学报，31 (6)：1720 - 1726.

袁柳萍 . 2012. 番茄早疫病的发生与防治 [J]. 植物保护 (7)：29.

袁美丽，杨玉范，陈秀艳，等 . 1991. 黄瓜黑星病侵染和发病规律及其生态防治的研究 [J]. 植物保护学报，3：273 - 278.

袁永达，洪晓月，王冬生，等 . 2006. 上海地区韭菜迟眼蕈蚊的发生与防治 [J]. 上海农业学报，22 (3)：43 - 46.

袁忠林，沈长朋，傅建祥，等 . 1999. 春季十字花科菜田桃蚜数量动态的模糊聚类 [J]. 莱阳农学院学报，16 (2)：127 -
 130.

袁子鸣 . 2005. 杀虫双防治黄守瓜有特效 [J]. 当代蔬菜 (9)：35.

苑战利，付丽 . 2009. 菜豆细菌性疫病的发生规律与综合防治 [J]. 北方园艺 (3)：159.

岳彬，李亚萍 . 1989. 菜豆锈病菌生理小种研究初报 [J]. 华北农学报，3：99 - 104.

臧威，张耀伟，孙剑秋，等 . 2006. 大白菜软腐菌种群组成及优势菌致病型的研究 [J]. 植物资源与环境学报，1：26 - 29.

曾庆华，肖仲久，向金玉，等 . 2010. 3 种杀菌剂对黑点型辣椒炭疽病菌的室内毒力测定 [J]. 贵州农业科学 (5)：93 - 94.

曾蓉，陆金萍，戴富明 . 2011. 上海地区黄瓜靶斑病病原鉴定及 ITS 的分析 [J]. 上海交通大学学报：农业科学版，4：
 13 - 17.

曾伟，王书安，邓霞，等 . 2003. 达县分葱田甜菜夜蛾发生规律初步研究 [J]. 植保技术与推广，23 (8)：7 - 11.

曾宪铭，董春 . 1995. 广东农作物青枯病菌的生化型 [J]. 华南农业大学学报，1：50 - 53.

曾宪森，黄玉清，李平，等 . 1989. 福建省蘑菇螨类的种类及螨源的初步研究 [J]. 福建省农科院学报，4 (2)：84 - 86.

曾宪森，李开本，林兴生 . 2001. 蘑菇疣孢霉发生及综合防治研究 [J]. 福建农业学报 (4)：13 - 17.

曾宪森，林坚贞，黄玉清，等 . 1993. 福建银耳螨种类和综合防治研究 [J]. 福建省农科院学报，9 (4)：60 - 64.

曾宪森，林坚贞，黄玉清 . 1989. 无螨银耳菌种的制作 [J]. 食用菌 (3)：16.

曾永三，王振中，赵深 . 1999a. 豇豆抗锈病性苗期鉴定技术研究 [J]. 华南农业大学学报，2：23 - 27.

曾永三，王振中，赵深 . 1999b. 豇豆锈菌夏孢子接种条件的研究 [J]. 中国蔬菜 (3)：10 - 13.

曾永三 . 2000. 豇豆与锈菌互作中的生化反应及其与抗性的关系 [D]. 广州：华南农业大学：1 - 169.

翟文慧 . 2010. 我国十字花科蔬菜黑腐病菌生理小种的鉴定及优势种群分析 [D]. 呼和浩特：内蒙古农业大学 .

翟永键 . 1966. 小地老虎越冬调查 [J]. 昆虫知识 (3)：170.

詹俊良 . 1991. 硫磺胶悬剂防治侧多食附线螨效果好 [J]. 中国蔬菜 (2)：45 - 46.

张爱芳，徐瑞琳，李彪，等 . 2002. 荸荠主要病虫害生物学特性、发生规律和防治对策 [J]. 安徽农业科学，30 (5)：
 755 -756.

张爱文，吕文清 . 1990. 感染菜豆普通花叶病毒植株的形态、生理代谢及产量性状与病毒浓度的关系 [J]. 病毒学杂志，
 3：322 - 329.

张安盛，于毅，门兴元，等 . 2008. 东亚小花蝽若虫对西花蓟马若虫的捕食作用 [J]. 植物保护学报，35 (1)：7 - 11.

张柏松，曹德宾 . 2005. 食用菌病害的识别与防治 [M]. 北京：化学工业出版社 .

张保贤 . 1994. 保护地番茄筋腐病的发生与防治 [J]. 蔬菜 (5)：23 - 24.

张斌，付桂玲 . 2005. 保护地番茄常见异形果预防措施 [J]. 中国农业信息 (1)：33.

张博，高新昊，李长松，等 . 2012. 山东省寿光日光温室蔬菜病害及农药使用状况 [J]. 中国蔬菜 (8)：7 - 10.

张昌茂，彭俊赣，刘开泉，等 . 2010. 早秋芹菜育苗须重防病毒病 [J]. 长江蔬菜 (17)：44 - 44.

张长青，徐志 . 2005. 湖北省发现茄子白粉病 [J]. 中国植保导刊 (8)：20 - 21.

张春奇，李爱芳，马丰粟 . 2002. 温室番茄筋腐病发生原因及防治 [J]. 长江蔬菜 (5)：27.

张春巧，张月敏 . 2004. 芹菜软腐病的发生特点及防治方法 [J]. 河北农业科技，11：15.

张纯胄，胡丽秋，林定鹏，等 . 2004. 摘除残留花瓣及柱头预防茄子果实灰霉病的研究 [J]. 植物保护 (1)：65 - 67.

张从宇，高智谋，岳永德 . 2002. 番茄灰霉病菌生物学性状研究 [J]. 安徽技术师范学院学报，3：10 - 14.

张存松，霍治邦，刘宏，等 . 2004. 瓜类炭疽病的发生规律与防治方法 [J]. 西北园艺 (5)：43.

张东霞，吴旭洲 . 2008. 2008 年山西省小地老虎暴发原因分析及防治技术探讨 [J]. 山西农业科学，36 (11)：106 - 108.

张帆，罗晨，张君明，等 . 2011. 保护地菜田粉虱的生物防治 [J]. 中国蔬菜 (5)：25 - 27.

张峰，阚炜，张钟宁 . 2001. 寄主植物-蚜虫-天敌三重营养关系的化学生态学研究进展 [J]. 生态学报，21 (6)：1025 -
 1033.

张凤兰，徐家炳，飞弹键一 . 1994. 大白菜对干烧心病（缺钙）抗性室内鉴定方法的研究 [J]. 华北学报，3：127 - 128.

张凤兰，徐家炳，严红，等 . 1997. 大白菜苗期对黑斑病抗性遗传规律的研究 [J]. 华北农学报，3：115 - 119.

张付平，杨仁义，殷晓燕，等.2010.地膜洋葱关键栽培技术对洋葱蓟马发生为害的影响 [J].陕西农业科学 (3)：238 - 240.

张光明，王玉振.2006.大棚茄果类蔬菜菌核病的发生与防治 [J].西北园艺 (11)：30.

张光星，王靖华，杨锦忠，等.1998.低温胁迫和氮素营养对番茄畸形果发生的影响 [J].中国农业科学，1：21 - 26.

张广学，钟铁森.1983.中国经济昆虫志：蚜虫类 [M].北京：科学出版社.

张桂芬，朱伟旗，刘春辉.1998.寄主植物对美洲斑潜蝇各虫态发育历期的影响 [J].植物保护学报，25 (1)：11 - 14.

张国辉，陶敏，张文华.2011.毕节市白菜黑斑病的病害研究及病原鉴定 [J].安徽农业科学，19：11477 - 11479.

张国丽，任毓忠，赵文，等.2011.新疆加工番茄溃疡病的发生及其病原菌研究 [J].新疆农业科学，5：848 - 852.

张海林，杨叶，孙西会，等.2010.大棚番茄果实生理性病害巧防治 [J].西北园艺 (7)：42 - 43.

张浩，潘洪玉，丁利，等.1998.黄瓜黑星病菌对几种杀菌剂敏感性的测定 [J].吉林农业大学学报，20 (1)：13 - 15.

张红霞，张春生，袁洋.2005.保护地蔬菜侧多食附线螨的发生规律与防治技术 [J].山东农业科学 (4)：40 - 41.

张宏斌，陈莉，逄芳.2012.优质迷你南瓜青绿贝1号 [J].中国蔬菜 (9)：41 - 42.

张洪，刘慧平，韩巨才，等.2006.番茄早疫病菌对杀菌剂的敏感性研究 [J].山西农业大学学报，1：36 - 37，40.

张洪才.1994.葱蝇在大蒜上的发生危害及防治措施 [J].植保技术与推广 (5)：4 - 5.

张环，柴敏，吴宝顺.1985.北京市主要番茄叶病霉菌寄生性分化的初步研究 [J].中国蔬菜 (5)：6.

张环，柴敏.1992.北京番茄叶霉病菌小种再分化的研究 [J].中国蔬菜 (2)：1 - 3.

张慧，柳景兰，关钟燕，等.1999.兼抗黄瓜枯萎病黑星病和角斑病抗源材料筛选试验 [J].北方园艺 (1)：45 - 46.

张吉光，陈璐，张管曲，等.2010.黄瓜细菌性角斑病菌的分离与鉴定 [J].西北农业学报，12：183 - 187.

张杰.2000.对鞘翅目高毒力的 Bt cry 基因分离克隆和工程菌的构建 [D].北京：中国农业科学院.

张京社，周运宁，李唐，等.2002.广赤眼蜂防治甘蓝田菜粉蝶 [M]//李典谟，康乐，吴钜文，等.昆虫学创新与发展. 北京：中国科学技术出版社：220 - 223.

张敬泽，张天宇，吴竟爽.1997.链格孢属种间培养性状的分类研究 [J].浙江农业大学学报，5：511 - 514.

张军，李桂莲，文林宏，等.2009.不同药剂防治夏秋辣椒炭疽病药效试验 [J].长江蔬菜 (20)：67 - 69.

张靠稳，李刚，王素玲.1999.甜菜坏死黄脉病毒危害菠菜的研究初报 [J].中国甜菜糖业，1：9 - 10.

张黎黎，刘玉梅，田自华，等.2012.十字花科蔬菜抗黑腐病育种研究进展 [J].园艺学报，9：1727 - 1738.

张立宁.2009.水蛆虽小危害却大 [J].农业知识 (14)：28.

张立莹，管致和，徐汝梅.1987.温室白粉虱的种群动态及其对黄瓜生理生化特性影响的研究 [J].生态学报，7 (4)：339 - 348.

张丽萍，张文吉，张贵云，等.2005.山西烟粉虱寄主植物及其被害程度调查 [J].植物保护，31 (1)：24 - 27.

张丽茹.2011.温室大棚蔬菜茶黄螨防治技术 [J].现代农村科技 (4)：26.

张俐清，张世文，柳红晰，等.1991.天水市辣椒田烟夜蛾发生及防治 [J].甘肃农业科技 (11)：3.

张林青，程智慧.2008.环境因子对大蒜白腐病病原菌生长的影响 [J].中国农学通报，6：342 - 345.

张令杰，白鑫.2009.8种复配剂拌种对大蒜白腐病的田间防效 [J].甘肃农业科技 (10)：15 - 17.

张路生，刘俊展，刘庆年，等.2009.保护地西葫芦灰霉病病株空间分布格局及其抽样技术 [J].石河子大学学报：自然 科学版，27：202 - 205.

张满良，魏宁生.1993.侵染辣椒的烟草蚀纹病毒的鉴定 [J].中国病毒学，1：89 - 94.

张茂新，凌冰，孔垂华.2003.薇甘菊挥发油的化学成分及其对昆虫的生物活性 [J].应用生态学报，14 (1)：93 - 96.

张茂新，凌冰，梁广文.2000a.十字花科蔬菜上黄曲条跳甲种群动态调查与分析 [J].植物保护，26 (4)：1 - 3.

张茂新，凌冰.2000b.黄曲条跳甲防治技术研究新进展 [J].植物保护，26 (6)：31 - 33.

张民照，蔡雪，宗雨，等.2012.几种因子对灰尖巴蜗牛翻身习性的影响 [J].生态学杂志，31 (6)：1487 - 1491.

张敏，汤志良，舒凯，等.2010.姜瘟病菌生防芽孢杆菌蛋白的分离及生物活性 [J].四川农业大学学报，2：196 - 199.

张敏，吕福堂.2003.番茄果实的生理病害及防治 [J].农业科技通讯 (9)：29.

张琦，尹元栓，张治家，等.2006.杀病毒制剂对番茄花叶病毒病的防治效果 [J].山西农业科学 (3)：66 - 68.

张强潘，杜一新.2008.黄条跳甲综合防治技术 [J].农技服务，25 (5)：55 - 56.

张庆臣，胡海燕，王钲，等.2010.地膜蒜田葱蝇的发生特点和主要影响因素 [M]//吴孔明.公共植保与绿色防控.北 京：中国农业科学技术出版社：836.

张庆兰.2012.植物生长调节剂药害的原因及补救 [J].吉林农业，6：103 - 106.

张庆萍，白全江，席先梅.2011.内蒙古地区由鞑靼内丝白粉菌引起的番茄白粉病发生症状 [J].内蒙古农业科技 (6)：72.

张全胜.2002.瓜实蝇生物特性及其防治 [J].中国蔬菜 (3)：37 - 38.

张瑞颖，胡丹丹，左雪梅.2007.平菇和双孢蘑菇细菌性褐斑病研究进展 [J].植物保护学报，5：549 - 554.

张瑞颖，胡清秀，左雪梅，等 . 2010. 白灵菇栽培经验及问题分析 ［J］. 中国食用菌，29（2）：63 - 65.

张绍升 . 1999. 植物线虫病害诊断与治理 ［M］. 福州：福建科学技术出版社 .

张胜菊，柯治国，南玉生 . 2003. 博落回抽提物对黄守瓜、菜青虫的田间药效评价 ［J］. 华中农业大学学报，22（5）：
　　450 - 451.

张时兴 . 1998. 秋番茄枯萎病的发生规律与综合防治措施 ［J］. 植保技术与推广，18（4）：19 - 20.

张世泽，万方浩，花保帧，等 . 2004. 烟粉虱的生物防治 ［J］. 中国生物防治，20（1）：57 - 60.

张仕云，李晋海，陈静梅，等 . 2009. 昆虫性诱剂防治辣椒蛀果害虫示范 ［J］. 云南农业（7）：37 - 38.

张守凤 . 2009. 大白菜黑斑病和炭疽病的发生与综合防治 ［J］. 吉林蔬菜（5）：52.

张淑霞，崔崇士 . 1998. 大白菜黑斑病苗期抗性鉴定方法研究 ［J］. 北方园艺（1）：8 - 9.

张淑霞 . 1997. 大白菜黑斑病致病型分化及抗源材料筛选的研究 ［D］. 哈尔滨：东北农业大学 .

张帅 . 2012. 2011 年全国农业有害生物抗药性监测结果 ［J］. 山东农药信息（3）：41 - 43.

张涛涛，刘霆，刘伟成，等 . 2009. 石灰氮颗粒剂防治番茄根结线虫 ［J］. 长江蔬菜（17）：45 - 46.

张威，白艳菊，申宇，等 . 2010. 黑龙江省大蒜病毒病原鉴定及病毒病发生情况调查 ［J］. 东北农业大学学报，7：21 - 26.

张威，张匀华，白艳菊，等 . 2008. 应用 RT - PCR 分子检测技术快速检测大蒜普通潜隐病毒 ［J］. 植物保护，1：133 -
　　137.

张维球，韩诗畴，符立乾 . 1985. 棕榈蓟马生物学特性初步观察 ［J］. 昆虫知识（3）：110 - 111.

张卫民，王振中 . 2002. 番茄花叶病病株及传毒介体空间分布型研究 ［J］. 华南农业大学学报：自然科学版，4：23 - 26.

张文吉，韩熹莱，李学峰，等 . 1990. 北京不同地区菜青虫对拟除虫菊酯和有机磷杀虫剂抗药性发展动态监测 ［J］. 北京
　　农业大学学报，16（8）：313 - 318.

张文庆 . 2008. 60% 炭疽福美可湿性粉剂防治辣椒褐斑病药效试验 ［J］. 遵义科技（4）：26 - 27.

张武军，李宁，罗娜，等 . 2006. 茄子黄萎病菌不同致病力菌株生物学特性的比较 ［J］. 四川农业大学学报，3：281 - 287.

张西银，刘发明，董勤成 . 2009. 保护地菜豆主要病害发生特点及综合防治技术 ［J］. 安徽农学通报，15：108，179.

张晓，张艳军，陈雨，等 . 2008. 嘧菌酯对番茄早疫病菌的抑制作用 ［J］. 农药学学报，1：41 - 46.

张晓雪 . 2009. 白菜类蔬菜黑斑病的发生与综合防治 ［J］. 西北园艺（11）：36.

张筱秀，连梅力，李唐，等 . 2007. 甘蓝夜蛾生物学特性观察 ［J］. 山西农业科学，35（6）：96 - 97.

张筱秀，连梅力，李唐，等 . 2008. 甘蓝夜蛾发生特点及赤眼蜂利用研究 ［J］. 山西农业科学，36（4）：25 - 26.

张孝羲，张跃进 . 2006. 农作物有害生物预测学 ［M］. 北京：中国农业出版社：74 - 84.

张新强，桑维钧，倪云跃，等 . 2012. 中草药提取物对辣椒炭疽病菌和番茄灰霉病原菌的抑制效果 ［J］. 贵州农业科学，
　　4：100 - 101.

张学敏，杨集昆，谭琦 . 1994. 食用菌病虫害防治 ［M］. 北京：金盾出版社：17 - 19，40 - 41.

张学敏，杨集昆 . 1999. 食用菌害虫的常见类群及防治 ［J］. 生物学通报，34（4）：19 - 21.

张学敏，杨集昆 . 1987. 中国新记录的异型眼蕈蚊 ［J］. 植物保护，13（3）：38.

张学敏，周宗俊 . 1984. 大菌蚊生活习性观察 ［J］. 食用菌（4）：26.

张学祖 . 1994. 马铃薯叶甲在世界的发生、分布及研究现状 ［J］. 新疆农业科学（5）：214 - 216.

张雪元，徐兰，王兴兵，等 . 2005. 黄瓜花打顶的预防与解救 ［J］. 上海蔬菜（2）：52.

张雪元，徐兰，王兴兵，等 . 2006. 赤霉素对黄瓜生理性病害 "花打顶" 的解救效果 ［J］. 上海农业学报，1：121 - 122.

张延礼，孙仲炳 . 1998. 莲藕病虫害的发生与防治 ［J］. 云南农业科技（3）：38 - 39.

张衍荣 . 1995. 长虹豆锈病抗源筛选及抗性遗传研究 ［D］. 广州：华南农业大学：1 - 28.

张艳菊，张宏宇，秦智伟，等 . 2010. 黄瓜霜霉病毒性及分子多态性分析 ［J］. 东北农业大学学报，2：25 - 30.

张艳秋，刘伟，凤舞剑，等 . 2003. 大棚番茄立枯病和茎基腐病的发生与防治 ［J］. 蔬菜（8）：25 - 26.

张艳秋，刘伟 . 2005. 菜豆细菌性疫病的发生规律与综合防治 ［J］. 植物医生（1）：13 - 14.

张艳璇，林坚贞，侯爱平 . 1997. 马六甲肉食螨与害嗜鳞螨相互关系的研究 ［J］. 福建省农科院学报，12（1）：44 - 47.

张艳璇，林坚贞，黄敬浩，等 . 1992. 食用菌上重要害螨——腐食酪螨的研究 ［J］. 福建省农科院学报，7（2）：91 - 94.

张艳璇，林坚贞，季洁，等 . 2009. 胡瓜钝绥螨控制蔬菜害螨的研究与应用 ［J］. 现代农业科技（9）：122 - 124.

张艳璇，林坚贞，林抗美 . 1989. 腐食酪螨危害食用菌及其生物学初步观察 ［J］. 植物保护学报，15（4）：244.

张艳璇，林坚贞，张公前，等 . 2011. 胡瓜钝绥螨控制大棚甜椒烟粉虱的研究 ［J］. 福建农业学报，26（1）：91 - 97.

张艳璇，林坚贞 . 1986. 蘑菇上的螨类及防治 ［J］. 农家科技顾问（2）：20 - 21.

张艳璇，林坚贞 . 1987. 福建农业螨类名录 I ［J］. 福建省农科院学报，5（1）：51 - 59.

张艳璇，林抗美，林坚贞 . 1986. 凤尾菇、平菇的螨类及防治 ［J］. 福建农业科技（6）：34.

张燕 . 2012. 西昌地区茄子白粉病病原菌的初步鉴定及分生孢子的萌发特性 ［J］. 中国蔬菜（2）：87 - 92.

张扬，郑建秋，吴学宏，等 . 2007. 京延庆甘蓝枯萎病发生和危害调查 ［J］. 中国农学学报，5：315 - 320.

张扬，郑建秋，谢丙炎，等.2008.甘蓝枯萎病病原菌的鉴定［J］.植物病理学报，4：337-345.

张毅，徐进，李婷，等.2010.十字花科蔬菜黑斑病的识别与防治［J］.西北园艺（3）：43.

张英杰.2010.日光温室黄瓜畸形果实产生原因及防治方法［J］.吉林蔬菜（6）：56-57.

张颖.2004.番茄果实生理病害的诊断及防治［J］.北方园艺（2）：69-70.

张勇，辛海军，王开运，等.2005.不同寄主植物对棉铃虫生物学特性和抗药性的影响［J］.中国棉花，32（7）：10-12.

张友富.2001.菜豆病虫害防治［J］.农村实用技术（4）：18-21.

张友军，吴青君，徐宝云，等.2003.危险外来入侵生物——西花蓟马在北京发生危害［J］.植物保护，29（4）：58-59.

张友军，朱国仁，褚栋.等.2011.我国蔬菜作物重大入侵害虫发生、为害与控制［J］.植物保护，37（4）：1-6.

张有为，包士忠，孙晶兰，等.2003.生物农药霜霉散防治大棚黄瓜霜霉病的试验［J］.上海农业科技（2）：77.

张宇杰，文礼章.2010.我国甜菜夜蛾为害寄主作物及发生季节与世代的地域性变动规律［J］.长江蔬菜：学术版（18）：79-82.

张玉聚，张振臣，刘红彦，等.2009.中国农业病虫草害新技术原色图解［M］.北京：中国农业科学技术出版社.

张玉聚，任应党.2011.豆类、葱蒜类蔬菜病虫防治原色图谱［M］.郑州：河南科学技术出版社.

张玉琴.2006.陇东日光温室番茄病害无公害综合防治［J］.甘肃农业，8：237-238.

张玉勋，曲士松，黄宝勇，等.2000.萝卜种质资源抗黑腐病鉴定［J］.山东农业科学（6）：33-34.

张元国，余继庆，陈桂英.1997.三倍体芦笋新品系J2-2选育报告［J］.吉林蔬菜（4）：1-2.

张月娟，朱秀秀，陈新，等.2008.番茄细菌性斑点病菌无毒基因研究进展［J］.植物保护（4）：17-23.

张云，曹金娟，许波.1997.京郊大白菜霜霉病、黑斑病流行原因分析及防治对策［J］.植保技术与推广（5）：21-22.

张云慧，张智，何江，等.2012.马铃薯甲虫自然种群抗寒能力测定［J］.植物保护，38（5）：64-67.

张云霞，王钲，苏茂文，等.2012.葱蝇对寄主植物的选择性研究［J］.中国蔬菜（4）：83-86.

张云霞，薛明，宋增明.2003.葱蝇 Delia antiqua（Meigen）的研究进展［J］.山东农业大学学报：自然科学版，34（3）：455-458.

张贞材.1982.蘑菇瘿蚊研究初报［J］.昆虫知识（5）：34-36.

张振粉，杨成德，陈秀蓉，等.2010.甘肃省番茄早疫病菌致病力测定及品种田间抗病性鉴定［J］.甘肃农业大学学报，6：114-117.

张振家，郁继华，王喜林.1989.黄瓜细菌性角斑病防治试验初报［J］.甘肃农业大学学报，4：63-66.

张镇璞，李宝聚，王喜娥，等.2005.7种生物农药防治黄瓜霜霉病药效试验［J］.河南农业科学（7）：32-33.

张志铭，王军.1996.中国发生马铃薯晚疫病菌（Phytopthora infestans）A2交配型［J］.河北农业大学学报，4：62-65.

张志武.2012.秋冬茬生菜 茼蒿 油菜定植后病害防治技术［J］.天津农林科技（5）：44-45.

张治家.2011.8%对氯苯氧乙酸钠对番茄安全性、产量及品质的影响［J］.山西农业科学，7：708-711.

张智，李君明，宋燕，等.2005.番茄灰霉病及其防治研究进展［J］.内蒙古农业大学学报，2：125-128.

张中义，冷怀琼，张志铭，等.1988.植物病原真菌学［M］.成都：四川科学技术出版社.

张钟宁.1989.蚜虫报警信息素与类似物的合成及其对桃蚜定居行为的影响［J］.昆虫学报，32（3）：376-379.

张子君，李海涛，邹庆道，等.2007a.不同培养基对番茄早疫病菌菌丝生长的影响［J］.辽宁农业科学（4）：17-18.

张子君，邹庆道，关天舒，等.2007b.辽宁部分地区番茄晚疫病菌生理小种及抗病性鉴定［J］.中国蔬菜（8）：24-26.

张宗炳，曹骥.1990.害虫防治：策略与方法［M］.北京：科学出版社：396-426.

章钢明，张明忠.2006.芦笋（F1）评比实验报告［J］.长江农业（11）：47-48.

章士美，汪广.1962.斜纹夜蛾 Prodenia litura Fab. 的初步观察［J］.昆虫知识，6（3）：83-84.

章士美，赵泳祥.1996.中国农林昆虫地理分布［M］.北京：中国农业出版社.

章四平，王建新，陈长军，等.2008.油菜菌核病生物防治研究进展［J］.中国植物病害化学防治研究，6：142-149.

赵爱玲，马国春，禹华蓉，等.2004.黄瓜细菌性角斑病发生特点的影响因子分析［J］.湖北植保（6）：24-25.

赵昶灵，和钧秋，武绍波，等.2002.为害滇中砀山酥梨花的蓟马种类初报［J］.落叶果树，34（6）：6-7.

赵鼎新，王忠文.1987.温度对黑襟毛瓢虫发育的影响［J］.昆虫学报，30（1）：48-53.

赵福艳.2003.遮阳网帮助茄果类蔬菜安全度夏［J］.河北农业科技（5）：15.

赵钢.2003.蔬菜棕榈蓟马灾变规律及监控技术研究［D］.扬州：扬州大学.

赵红珠.2008.黄瓜炭疽病的识别与防治［J］.河北农业科技（1）：24.

赵洪海，袁辉，武侠，等.2003.山东省根结线虫的种类与分布［J］.莱阳农学院学报，4：243-247.

赵惠燕，汪世泽，袁锋，等.1995.不同温度与寄主条件下桃蚜生命表的研究［J］.应用生态学报（S1）：83-87.

赵惠燕，汪世泽，张文军，等.1990.温度对萝卜蚜生物学特征的影响［J］.植物保护学报，17（3）：224-227.

赵惠燕，汪世泽.1990.温度对萝卜蚜生长发育的影响［J］.昆虫知识，27（2）：93-95.

赵建锋，秦进华，孙玉东，等.2007.番茄畸形果研究进展［J］.安徽农业科学，31：9880-9881.

赵建平，周钗美，陈集双，等.2004.芜菁花叶病毒（TuMV）特性的研究进展［J］.微生物通报，6：100-104.

赵建设，张兰英，李敏霞，等.2011.芹菜叶斑病、斑枯病及假黑斑病的区别与防治［J］.北方园艺（3）：33-34.

赵建祥.2011.莴苣霜霉病不同药剂防治效果［J］.现代园艺（13）：56.

赵杰，周超英，顾振芳.2008.腐霉利和多菌灵及其复配剂对黄瓜菌核病菌的毒力测定［J］.上海交通大学学报：农业科学版，4：323-325.

赵聚勇，宋铁峰，刘永丽.2010.温室黄瓜黑星病的发病原因及防治措施［J］.上海蔬菜（3）：48.

赵军，黄斌，贺彩霞.2009.辣椒病毒病发生规律及综合防治技术［J］.新疆农垦科技（2）：37-38.

赵克明，陈雪.2011.辣椒疫病生物防治的研究进展［J］.现代农业（7）：29-30.

赵奎华，白金铠，王克.1998.芹菜斑枯病病原学、发生规律及防治技术研究［D］.沈阳：沈阳农业大学.

赵奎华.2009.芹菜斑枯病菌生物学特性研究［J］.菌物研究，7：161-179.

赵奎军，张丽坤，宋捷.1997.应用斯氏线虫防治8种鳞翅目、鞘翅目昆虫的研究［J］.植物保护学报，3（1）：20-44.

赵胜荣，杨娴，孙兴全，2009.上海地区豆野螟发生规律及生物学特性的初步研究［J］.上海交通大学学报，27（2）：162-166.

赵胜荣，高宇，罗金燕，等.2012a.菠菜潜叶蝇的识别与防治［J］.中国蔬菜（19）：28-29.

赵胜荣，王继英，俞雪美，等.2012b.菠菜潜叶蝇的栽培防控技术研究初报［J］.中国蔬菜（22）：85-87.

赵素娥，邢金铭，李得众.1982.大白菜干心病的发生与缺钙的关系［J］.园艺学报，1：33-39.

赵廷昌，王克，白金铠，等.1993.东北地区番茄细菌性溃疡病的发生和病原菌鉴定研究［J］.植物病理学报，1：29-34.

赵廷昌，于莉，孙福在，等.1999.番茄细菌性斑点病及其防治［J］.植物保护（4）：56.

赵廷昌，孙福在，冯凌云，等.2000.番茄品种对番茄细菌性斑点病的抗性鉴定［J］.植物保护（4）：49-50.

赵廷昌，孙福在，李明远，等.2004.番茄细菌性斑点病的发生与防治［J］.中国蔬菜（4）：64.

赵廷昌，孙福在，宋文生.2001.番茄细菌性斑点病病原菌鉴定［J］.植物病理学报，1：37-42.

赵廷昌.2001.番茄细菌性斑点病（Bacterial speck of tomato）研究进展［J］.植物病理学研究进展，271-275.

赵统敏，余文贵，杨玛丽，等.2008.番茄黄化曲叶病毒病在江苏的暴发与综合防治［J］.江苏农业科学，6：114-115.

赵先丽，孙军德，程海涛.2005.黄瓜细菌性角斑病的拮抗细菌筛选初报［J］.沈阳农业大学学报，3：349-351.

赵祥树，向本春，刘升学，等.2010.新疆天山北部地区加工番茄上ToMV和CMV的动态分析［J］.石河子大学学报：自然科学版，5：561-564.

赵晓军，周建波，封云涛，等.2012.不同类型药剂对胡萝卜黑腐病的田间防治效果及增产作用［J］.中国蔬菜（16）：93-95.

赵晓彦.2006.普通菜豆抗炭疽病基因分子标记鉴定及抗病种质遗传多样性分析［D］.北京：中国农业科学院.

赵心爱，薛庆中.2002.检测大蒜病毒和产生脱毒蒜的方法［J］.植物生理学通讯，6：603-606.

赵秀娟，张衍荣.2009.对羟基苯甲酸对豇豆枯萎病菌的抑制作用［J］.中国蔬菜（18）：38-40.

赵秀榆.2000.宁南霉素防治菜豌豆白粉病［J］.农药（4）：41.

赵英，郭旭新.2005.露地越夏番茄筋腐病的发生与防治［J］.西北园艺（1）：30-33.

赵永超，宋志业，刘永，等.2008.43%好力克防治菜豆根腐病田间试验［J］.吉林蔬菜（2）：67-68.

赵永根，卞觉时，蔡良华，等.2007.保护地小白菜小地老虎发生特点与防治技术［J］.中国蔬菜（9）：52.

赵友德，田梅.2010.清镇市延晚番茄疫霉根腐病重发原因分析与防治［J］.长江蔬菜（7）：34-35.

赵友福，张乐.1992.植物病原细菌简明手册［M］.北京：农业部植物检疫实验所.

赵志坚，曹继芬，李灿辉，等.2007.云南致病疫霉交配型、甲霜灵敏感性、mtDNA单倍型及其群体演替研究［J］.中国农业科学，1：727-734.

赵尊练，史联联，谭根堂，等.2004.陕西省辣椒主产区辣椒病毒病病原种类鉴定及其分布研究［J］.中国农业科学，1：1738-1742.

浙江农业大学.1980.农业植物病理学：下册［M］.上海：上海科学技术出版社：133-134.

郑榜高，杨洪.2011.几种杀菌剂对番茄晚疫病的防治效果［J］.植物医生（5）：35-36.

郑炳宗，高希武，王政国，等.1988.北京及河北北部地区瓜-棉蚜对拟除虫菊酯抗性的初步研究［J］.植物保护学报，15（1）：55-61.

郑炳宗，高希武，王政国，等.1989.瓜-棉蚜对有机磷及氨基甲酸酯杀虫剂抗性机制研究［J］.植物保护学报，16（2）：131-137.

郑炳宗，芮昌辉.1992.北京地区温室白粉虱的抗药性及其机制的初步探讨［M］//朱国仁，张芝利，沈崇尧.主要蔬菜病虫害防治技术及研究进展.北京：中国农业科学技术出版社：66-73.

郑福山，杜予州，建清.2007.菱角萤叶甲不同地理种群及近缘种rDNA-ITS1基因序列初步分析［J］.动物分类学报，32（2）：350-354.

郑福山，杜予州，卢艳阳，等.2006.菱角萤叶甲种群空间格局研究［J］.中国生态农业学报，14（4）：171-175.

郑贵彬，徐鹤林，熊助功.1988.我国为害番茄的病毒种群与烟草花叶病毒（TMV）株系分化的初步研究［J］.病毒学杂志，1：64-70.

郑红英，陈剑平，侯明生，等.2002.菜豆普通花叶病毒研究进展［J］.浙江农业学报，1：55-60.

郑积荣，王慧俐，王世恒.2012.抗番茄黄化曲叶病毒番茄新品种'航杂3号'［J］.园艺学报，3：601-602.

郑继法，沈东玲，朱汉城.1989.菜豆细菌性疫病病原细菌的鉴定［J］.山东农业科学（2）：12-14.

郑建秋，胡荣娟，王艳梅，等.1994.秋白菜黑斑病产量损失关键期分析［J］.北京农业科学（2）：39-40.

郑建秋.2004.现代蔬菜病虫鉴别与防治手册［M］.北京：中国农业出版社.

郑金龙，高建明，易克贤，等.2010.芦笋茎枯病及抗病育种研究进展［M］.北京：中国农业科学技术出版社：139-145.

郑克明，邵娜.2004.莲藕枯萎病的发生与防治［J］.西北园艺（7）：39.

郑露，李国敬，关银池，等.2008.大蒜根蛆的发生规律及防治技术［J］.湖北农业科学，47（8）：917-919.

郑庆文，黄东贤，黄春锋，等.2008.大白菜斜纹夜蛾发生危害特点及测报防治［J］.广东农业科学（11）：61-64.

郑儒永，余永年.1987.中国真菌志：第一卷 白粉菌目［M］.北京：科学出版社：1-552.

郑是琳，刘晖，孟凡亮.1992.利用非致病性尖镰孢霉诱导番茄抗枯萎病研究［J］.山东农业大学学报，23（4）：411-414.

郑淑宜，柯冲.1996.福州地区番茄病毒病发生分布及其病原病毒鉴定［J］.福建省农科院学报（3）：29-34.

郑太波，谢加花，李惠文，等.2006.瓜蚜的发生及其综合防治［J］.陕西农业科学（1）：139.

郑滔，陈炯，陈剑平.2002.杭州郊区菜豆花叶病病原的分子鉴定［J］.浙江农业学报，3：178-181.

郑霞林，王攀，丛晓平，等.2011.土壤含水量及蛹室对甜菜夜蛾蛹越冬的影响［J］.应用昆虫学报，48（1）：126-131.

郑小波.1997.疫霉菌及其研究方法［M］.北京：中国农业出版社.

郑晓莲，孙汝川.1990.河北省保护地韭菜的防治研究［J］.河北农业大学学报，2：114-117.

郑许松，陈建明，陈列忠，等.2006.茭白种质资源对胡麻斑病和锈病的抗性鉴定和分析［J］.浙江农业学报，5：337-339.

郑许松，吕仲贤，陈建明，等.2006.茭白害虫长绿飞虱的发生规律［J］.浙江农业学报，18（1）：12-15.

郑永利，谢以泽，朱金星.2005.豆类蔬菜病虫原色图谱［M］.杭州：浙江科学技术出版社.

郑州振农科技有限公司.2011.甜椒褐斑病［EB/OL］.中国农药第一网，http：//www.nongyao001.com/insects/show-40.

《植保大典》编委会.2006.植保大典［M］.北京：中国三峡出版社.

植物检疫委员会.2010.限定有害生物诊断规程 ISPM 27，第27号国际植物检疫措施标准附件1：棕榈蓟马［S］.罗马：联合国粮食与农业组织：1-23.

郏军锐，李景柱，宋琼章.2007.利用胡瓜钝绥螨防治西花蓟马研究进展［J］.中国生物防治：增刊，23：60-63.

中国科学院动物研究所，等.1978.天敌昆虫图册［M］.北京：科学出版社.

中国科学院微生物所细菌分类组.1978.一般细菌常用鉴定方法［M］.北京：科学出版社.

中国农业百科全书蔬菜卷编辑委员会.1990.中国农业百科全书：蔬菜卷［M］.北京：农业出版社.

中国农业百科全书昆虫卷编辑委员会.1990.中国农业百科全书：昆虫卷［M］.北京：农业出版社.

中国农业百科全书植物病理学卷编辑委员会.1996.中国农业百科全书：植物病理学卷［M］.北京：农业出版社.

中国农业科学院植物保护研究所.1995.中国农作物病虫害：上册［M］.2版.北京：中国农业出版社.

中华人民共和国北京动植物检疫局.1999.中国植物检疫性害虫图册［M］.北京：中国农业出版社：184-185.

中华人民共和国农业部.2010.黄瓜主要病害抗病性鉴定技术规程 第4部分：黄瓜抗疫病鉴定技术规程 NY/T 1857.4—2010［S］.北京：中国农业出版社.

中华人民共和国农业部.2010.番茄主要病害抗病性鉴定技术规程 第3部分：番茄抗青枯病鉴定技术规程 NY/T 1858.3—2010［S］.北京：中国农业出版社.

中华人民共和国农业部.2010.番茄主要病害抗病性鉴定技术规程 第8部分：番茄抗南方根结线虫病鉴定技术规程 NY/T 1858.8—2010［S］.北京：中国农业出版社.

中华人民共和国农业部.2010.黄瓜主要病害抗病性鉴定技术规程 第2部分：黄瓜抗白粉病鉴定技术规程 NY/T 1857.2—2010［S］.北京：中国农业出版社.

中华人民共和国农业部.2010.黄瓜主要病害抗病性鉴定技术规程 第6部分：黄瓜抗细菌性角斑病鉴定技术规程 NY/T 1857.6—2010［S］.北京：中国农业出版社.

中华人民共和国农业部.2010.黄瓜主要病害抗病性鉴定技术规程 第7部分：黄瓜抗黄瓜花叶病毒病鉴定技术规程 NY/T 1857.7—2010［S］.北京：中国农业出版社.

中华人民共和国农业部.2010.黄瓜主要病害抗病性鉴定技术规程 第1部分：黄瓜抗霜霉病鉴定技术规程 NY/T 1857.1—

2010 [S].北京：中国农业出版社.

中华人民共和国农业部.2011.黄瓜主要病害抗病性鉴定技术规程，第8部分：黄瓜抗根结线虫病鉴定技术规程 NY/T
    1857.8—2010 [S].北京：中国农业出版社.

中华人民共和国农业部.2011.辣椒抗病性鉴定技术规程 第1部分：辣椒抗青枯病鉴定技术规程 NY/T 2060.2—2011
    [S].北京：中国农业出版社.

中华人民共和国农业部.2011.辣椒抗病性鉴定技术规程 第1部分：辣椒抗疫病鉴定技术规程 NY/T 2060.1—2011 [S].
    北京：中国农业出版社.

中华人民共和国农业部.2011.辣椒抗病性鉴定技术规程 第5部分：辣椒抗南方根结线虫病鉴定技术规程 NY/T 2060.5—
    2011 [S].北京：中国农业出版社.

中华人民共和国农业部.2010.番茄主要病害抗病性鉴定技术规程 第3部分：番茄抗枯萎病鉴定技术规程 NY/T 1858.3—
    2010 [S].北京：中国农业出版社.

钟贵华.1987.斜纹夜蛾的发生与综合防治 [M]//范怀忠，江佳培.广州蔬菜病虫害综合防治.广州：广东科学技术出版
    社：433-444.

钟慧敏，陆关全，姚全甫.1995.荸荠白禾螟的生物学特性及防治 [J].植物保护，21（4）：28-29.

周昌清，梅桂柱.1999.瓜实蝇和南瓜实蝇的种内竞争 [J].中山大学学报：自然科学版，38（2）：60-64.

周长安.2008.菠菜霜霉病的防治 [J].农业知识，25：24.

周成萍，曾会才.2008.1株对辣椒疫霉具高抑菌活性放线菌 WZ60 田间防治试验 [J].热带作物学报，1：106-108.

周丹，孙永升.2009.北方日光温室韭菜灰霉病药剂防效试验 [J].上海蔬菜（2）：70，80.

周而勋，杨媚，张华.等.2002.菜心炭疽病菌菌丝生长、产孢和孢子萌发的影响因素 [J].南京农业大学学报，2：47-
    51.

周方园，薛明，王钲，等.2012.黏虫板对葱地种蝇成虫的诱杀效果 [J].植物保护，38（3）：172-175.

周奋启，陆艳艳，姚远，等.2011.不同寄主植物对 B 型烟粉虱种群保护酶和解毒酶的影响 [J].江苏农业学报，27（1）：
    57-61.

周凤琴，汪红.2006.烯肟菌酯对白菜霜霉病的防治效果 [J].农药，6：422-424.

周福才，杜予州，孙伟，等.2003.江苏省烟粉虱寄主植物调查及其危害评价 [J].扬州大学学报：农业与生命科学版，
    24（1）：71-78.

周福才，李传明，周桂生，等.2010.烟粉虱体内几种抗性酶对寄主转换的响应 [J].生态学报，30（7）：1806-1811.

周福才，任顺祥，杜予州，等.2006.寄主转换对 B 型烟粉虱生长发育和繁殖的影响 [J].昆虫知识，43（4）：524-526.

周贵发.1960.敌百虫防治菠菜潜叶蝇试验简报 [J].吉林农业科学（6）：19.

周桂珍，曹鸣庆，裘季燕，等.1989.京郊大蒜病毒病的研究及其鳞茎中病毒的脱除 [J].植物病理学报，3：145-149.

周桂珍，王兰芳.2006.芹菜叶斑病的发生与综合防治 [J].福建农业科技（3）：50-51.

周红姿，李宝聚，刘开启，等.2003.绿色木霉对黄瓜灰霉病的防治作用 [J].北方园艺（5）：64-65.

周建国，姚志平.2005.豇豆煤霉病的发生与防治 [J].上海蔬菜（1）：57-58.

周建生，默瑞宏，陈增军.2004.2003年番茄晚疫病大发生的原因及防治 [J].河北农业科技（1）：18.

周金利.2013.生菜霜霉病的综合防治技术 [J].中国瓜菜（2）：54.

周利琳，司升云，望勇，等.2008.甜菜夜蛾对昆虫生长调节剂的抗药性研究进展 [J].世界农药，30（5）：16-22，37.

周明祥，林郁.1943.猿叶虫 Phaedon brassicae Baly 生活史之研究 [J].新农季刊（1-2）：50-61.

周倩.2009.芦笋高效栽培关键技术 [M].北京：金盾出版社：30-47.

周庆友，周歆，周庆红，等.2011.黄瓜畸形果种类及其发生规律研究 [J].中国瓜菜（2）：14-17.

周琼，梁广文，岑伊静.2002.温度和寄主植物对瓜蚜实验种群增长的影响 [J].华南农业大学学报，23（1）：31-37.

周群英，何国达，谢耀坚，等.2005.桉树幼苗重要害虫小地老虎的防治 [J].林业科技开发，19（1）：70-71.

周双林，郑明，黄冬生.2003.保护地莴苣霜霉病的发生与防治 [J].湖北农业科学，2：82-87.

周卫川，吴宇芬，陈宏.1995.香葱锈病的识别与防治 [J].福建农业（9）：12.

周霞，刘俊展，刘京涛，等.2006.大棚番茄2，4-D 药害的防治 [J].北方园艺（5）：120-121.

周晓燕.2002a.菜豌豆褐斑病的发生及综合防治 [J].云南农业（4）：15.

周晓燕.2002b.葱类霜霉病发生规律及防治 [J].云南农业科技（5）：34.

周欣，孙路，潘文石，等.2001.秦岭南坡蝶类区系研究 [J].北京大学学报，37（4）：454-469.

周兴梅.2002.绿亭一号对青花菜苗期立枯病的防治试验 [J].宁夏农林科技（4）：5.

周雪平，濮祖芹.1994.豆科植物上分离的黄瓜花叶病毒（CMV）五个分离物的比较研究 [J].中国病毒学，3：232-238.

周雪平，钱秀红，刘勇，等.1996.侵染番茄的番茄花叶病毒的研究 [J].中国病毒学，3：268-275.

周雪平，薛朝阳，刘勇，等.1997.番茄花叶病毒番茄分离物与烟草花叶病毒蚕豆分离物生物学、血清学比较及 PCR 特异

性检测［J］．植物病理学报，1：53‐58．

周尧．1949．中国粉虱名录［J］．中国昆虫学，3（4）：1‐18．

周尧．2001．周尧昆虫图集［M］．郑州：河南科学技术出版社．

周益军．1984．南京及京沪沿线菜豆病毒的鉴定［D］．南京：南京农业大学．

周永红，孙保亚，沈向群，等．2007．大白菜根肿病抗病接种浓度的研究［J］．辽宁农业科学（3）：34‐35．

周永力，吕国忠，刘伟成，等．1998．球壳孢目真菌个体发育研究Ⅰ：壳二胞等四属［J］．菌物系统，3：199‐205．

周月英，陈永兵，陈文英．2006．姜瘟病发病因子及规律研究［J］．上海蔬菜（4）：60，66．

周泽荣，韩先旭．2010．昌吉市主要农作物病虫草害名录及图谱［M］．乌鲁木齐：新疆科学技术出版社．

周昭旭，罗进仓，吕和平，等．2010．温度对马铃薯甲虫生长发育的影响［J］．昆虫学报，53（8）：926‐931．

周钟信，李明，李晓莹．1999．天津地区辣椒病毒种群鉴定与分析［J］．天津农学院学报，2：1‐4，18．

周壮志，周永刚，何朝族，等．2004．cry3A 和 vhb 基因在转基因马铃薯中的表达［J］．生物化学与生物物理进展，31
（8）：741‐751．

周宗俊，张学敏．1984．平菇眼蕈蚊 Lycoriella sp.［J］．西南农学院学报（1）：75‐81．

朱爽．1999．黄花菜锈病的发生及防治［J］．长江蔬菜（12）：19．

朱彬年，彭炳光，黄华林，等．1988．棕榈蓟马生物学特性及防治简报［J］．广西农业科学（2）：44‐46．

朱铖培，周福才，陈学好，等．2011．不同品种黄瓜对蚜虫抗性的研究初报［J］．扬州大学学报，32（3）：65‐69．

朱琼意，王本辉．2002．庆阳地区黄花菜锈病的发生与防治研究［J］．甘肃农业科技（10）：41‐42．

朱德进，杨俊开．2008．茄科蔬菜菌核病发生原因及防治措施［J］．农业科技通讯（10）：17．

朱桂宁，黄福新，冯兰香，等．2007．广西番茄晚疫病菌交配型鉴定及生理小种的初步检测（英文）［J］．广西农业科学，
3：266‐270．

朱桂宁，黄福新，冯兰香，等．2008．番茄晚疫病菌对甲霜灵、霜脲氰和烯酰吗啉的敏感性检测［J］．中国农业科学，5：
1355‐1365．

朱国念，曹若彬，刘树生．1995．蔬菜病虫草害防治手册［M］．北京：中国农业出版社．

朱国仁，剧正理，乔德禄，等．1992．温室白粉虱的种群动态和综合治理［M］//朱国仁，张芝利，沈崇尧．主要蔬菜病虫
害防治技术及研究进展．北京：中国农业科学技术出版社：74‐79，114‐118．

朱国仁，李宝栋，赵建周，等．1997．新编蔬菜病虫害防治手册［M］．2 版．北京：金盾出版社．

朱国仁，吴青君，张友军，等．2006．蔬菜上两种粉虱的识别与防治［J］．中国蔬菜（6）：49‐51．

朱国仁，张芝利，康总江．1981．京郊温室白粉虱［Trialeurodes vaporariorum（Westwood）］发生规律和综合防治的探讨
［J］．北京农业科技（2）：12‐18．

朱国仁，张芝利，康总江．1983．利用丽蚜小蜂和黄板诱杀综合防治温室白粉虱的研究初报［J］．中国蔬菜（3）：15‐17，
38．

朱国仁，张芝利，张璞荣，等．1988．京郊温室白粉虱的寄主植物调查［J］．北京农业科学（1）：32‐36．

朱国仁．2000．中国蔬菜昆虫学研究的主要成就与展望［J］．昆虫知识，37（1）：59‐64．

朱建，戴志一，陆自强．1994．莲缢管蚜生理年龄生命表及其参数分析［J］．应用生态学报，5（2）：217‐220．

朱建兰，常永义．2004．兰州地区茄子黄萎病病原鉴定［J］．甘肃农业大学学报，5：554‐558．

朱建兰，常永义．2005．茄子黄萎病发病程度与根际土壤线虫种群数量的关系研究［J］．中国生态农业学报，2：71‐73．

朱建兰，陈秀蓉．1999．黄瓜苗期对菌核病抗性筛选研究［J］．植物保护（6）：10‐12．

朱军，叶华智．2006．四川西部山区茄子黄萎病菌种类鉴定及致病性分化研究［J］．西南农业学报，5：896‐899．

朱亮，文礼章，毕冰峰，等．2010．甜菜夜蛾暴发成灾的重要因子分析［J］．长江蔬菜：学术版（18）：64‐68．

朱明超，王礼门，黄建成，等．1999．日光温室黄瓜放鸭除蜗试验［J］．中国蔬菜（5）：32．

朱佩瑾，沈红然，李惠明，等．2010．小地老虎性诱剂的筛选及适用诱捕器的评价［J］．长江蔬菜（24）：69‐70．

朱佩瑾，李惠明，程仲谋，等．2005．有关菜螟的发生与测报防治技术的建议［J］．上海蔬菜（3）：57‐58．

朱绍光，李照会，万方浩．2010．短时高温暴露对 Q 型烟粉虱存活和生殖适应性的影响［J］．47（6）：1141‐1144．

朱树勋．1980．茄黄斑螟研究初报［J］．昆虫知识，17（6）：262，271．

朱树勋．1995．茄黄斑螟［M］//中国农业科学院植物保护研究所．中国农作物病虫害．2 版．北京：中国农业出版社：
1272‐1274．

朱文杰．2004．保护地莴苣菌核病的综合防治［J］．河南农业，9：34．

朱小琼，车兴壁，国立耘，等．2004．六省市致病疫霉交配型及其对几种杀菌剂的敏感性［J］．植物保护，4：20‐23．

朱小琼，王英华，国立耘，等．2006．中国不同地区致病疫霉遗传多样性的 RAPD 分析［J］．植物病理学报，3：249‐258．

朱英东，赵俊峰．2008．白菜根肿病生态综合防控技术［J］．蔬菜，4：22‐23．

朱有嘉．2002．贵阳地区大白菜霜霉病的发生及防治［J］．植物医生，6：13．

朱玉流，赵有文．2003．如何识别与防治大蒜锈病［J］．植保技术与推广，7：42．

朱元弟，马付元．2007．怎样预防蘑菇栽培中线虫的发生［J］．食用菌，4：54-55．

朱志方．1993．塑料棚温室种菜新技术［M］．北京：金盾出版社．

祝树德，陆自强，陈丽芳，等．2000．温度和食料对斜纹夜蛾种群的影响［J］．应用生态学报，11（1）：112-115．

祝元甲．2004．番茄枯萎病和青枯病的识别与防治［J］．青海农林科技（3）：73-74．

庄勇，王述彬．2006．茄子黄萎病的发生和流行及综合防治技术［J］．上海蔬菜，4：61-63．

庄占兴，韩书霞，王德红．2006．菇类蛋白多糖对烟草、番茄和黄瓜病毒病防治效果研究［J］．农药科学与管理，11：38-41．

卓侃，胡茂秀，廖金铃，等．2008．广东省和海南省象耳豆根结线虫的鉴定［J］．华中农业大学学报，2：193-197．

邹茶英．2007．番茄晚疫病菌生理小种鉴定、品种抗性生理反应及抗性遗传研究［D］．扬州：扬州大学．

邹萍，高建荣，马恩沛．1990．食用菌拟矮螨属二新种 蜱螨目：矮蒲螨科．昆虫学报，33（3）：373-379．

邹萍，高建荣，王菊明．1994．蘑菇毁灭性害螨——兰氏布伦螨［J］．食用菌，15（2）：37-38．

邹庆道，张子君，李海涛，等．2005．不同温度及光照对番茄早疫病菌菌丝生长的影响［J］．辽宁农业科学，1：36-37．

邹庆道，傅俊范，朱勇．2002．黄瓜褐斑病病原菌鉴定及生物学特性研究［J］．沈阳农业大学学报，4：258-261．

邹学校．1989．大白菜炭疽病与气象因子相关性的研究［J］．中国蔬菜，6：25-26．

邹雁鸣，王璠，林岩，等．2009．茄子绵疫病的发生与综合防治［J］．吉林蔬菜，1：37．

邹一桥，郑炳宗．1988．一些农药对温室白粉虱的毒力及其抗药性测定［J］．植物保护学报，15（4）：277-281．

邹志荣．1995．辣椒抗冷性鉴定指标及其调控机理的研究［D］．杨陵：西北农业大学．

Ryu KY，罗文富，杨艳丽．2003．云南省马铃薯晚疫病菌的交配型，抗药性及生理小种分布的研究［J］．植物病理学报，2：126-131．

柳泽興一郎．1977．オンシツコナジラミの分布拡大の経緯［J］．植物防疫，31（12）：417-419．

农文协．2005．原色野菜病虫害百科：［1］-トマト・ナス・ピーマソ他［M］．2版．農山漁村文化協会：347-351．

梶原敏宏，梅谷献二，浅川勝，等．1986．作物病虫害ハンドブック［M］．東京：日本東京株式会社養賢堂發行：984-985．

中泽启一，林英明．1975．オンシツコナジラミた関する研究の現状と問題点［J］．植物防疫，29（6）：1-8．

Agrion G N．1995．植物病理学［M］．3版．陈永萱，陆家云，许志刚，译．北京：中国农业出版社．

Abawi G S，Grogan R G．1979．Epidemiology of diseases caused by *Sclerotinia* species［J］．Phytopathology，69：899-904．

Abbasi P A，Soltani N，Cuppels D A，et al．2002．Reduction of bacterial spot disease severity on tomato and pepper plants with foliar applications of ammonium lignosulfonate and potassium phosphate［J］．Plant Disease，86：1232-1236．

Abd-Alla M H，Bashandy S R，Schnell S．2010．Occurrence of *Xanthomonas axonopodis* pv．*phaseoli*，the causal agent of common bacterial blight disease，on seeds of common bean（*Phaseolus vulgaris* L.）in Upper Egypt［J］．Folia Microbiologica，1：47-52．

Abe M，Matsuda K，Tamaki Y．2000．Differences in feeding response among three cucurbitaceous feeding leaf beetles to cucurbitacins［J］．Applied Entomology and Zoology，35：137-142．

Abe M，Matsuda K．2005．Chemical factors influencing the feeding preference of three *Aulacophora* leaf beetle species（Coleoptera：Chrysomelidae）［J］．Applied Entomology and Zoology，40（1）：161-168．

Abe Y，Takeuchi T，Tokumaru S，et al．2005．Comparison of the suitability of three pest leafminers（Diptera：Agromyzidae）as hosts for the parasitoid *Dacnusa sibirica*（Hymenoptera：Braconidae）［J］．European Journal of Entomology，102（4）：805-807．

Abe Y，Tokumaru S．2008．Displacement in two invasive species of leafminer fly in different localities［J］．Biological Invasions，10（7）：951-953．

Abo-Elyousr K A M．2006．Induction of systemic acquired resistance against common blight of bean（*Phaseolus vulgaris*）caused by *Xanthomonas campestris* pv．*Phaseoli*．［J］．Egypt Journal of Phytopathology，1：41-50．

Abood J K，Lösel D M．2003．Changes in carbohydrate composition of cucumber leaves during the development of powdery mildew infection［J］．Plant Pathology，2：256-265．

Abubakar L，Shehu G A．2008．Heterosis of purple blotch（*Alternaria porri*（Ellis）Cif.）resistance，yield and earliness in tropical onions（*Allium cepa* L.）［J］．Euphytica，164：63-74．

Achouak W，Thiery J M，Roubaud P，et al．2000．Impact of crop management on intraspecific diversity of *Pseudomonas corrugata* in bulk soil［J］．FEMS Microbiology Ecology，31：11-19．

Adams M J，Antoniw J F，Kreuze J．2009．Virgaviridae：A new family of rod-shaped plant viruses［J］．Archives of Virology，154：1967-1972．

Adams P, Ho L C. 1992. The susceptibility of modern tomato cultivars to blossom - end rot in relation to salinity [J]. Journal of Horticultural Science, 67: 827 - 839.

Adegoke S A, Peter A J, Marvin A T. 1989. Textural characteristics of tomato fruits (*Lycopersicon esculentum*) affected by suns [J]. Journal of the Science of Food and Agriculture, 1: 95 - 102.

Agarwal M L, Sharma D D, Rahman O. 1987. Melon fruit - fly and its control [J]. Indian Horticulture, 32 (3): 10 - 11.

Agdache M, Volksch B, Fritsche W. 1990. The production of different phytotoxins by strains of *Pseudomonas syringae* pv. *tomato* [J]. Zentralblatt für Mikrobiologie, 2: 111 - 119.

Agrios G N. 1997. Plant Pathology [M]. New York: Academic Press.

Ahn S J, Badenes - Pérez F R, Heckel D G. 2011. A host - plant specialist, *Helicoverpa assulta*, is more tolerant to capsaicin from *Capsicum annuum* than other noctuid species [J]. Journal of Insect Physiology, 57: 1212 - 1219.

Akrami M, Sabzi M, Mehmandar F B, et al. 2012. Effect of seed treatment with *Trichoderma harzianum* and *Trichoderma asperellum* species for controlling Fusarium rot of common bean [J]. Annals of Biological Research, 5: 2187 - 2189.

Alam M M, Sadat M A, Hoque M Z, et al. 2007. Management of powdery mildew and rust diseases of garden pea using fungicides [J]. International Journal of Sustainable Crop Production, 3: 56 - 60.

Alam M, Rudolph K. 1988. Recent occurrence and characterization of the race of bean anthracnose (*Colletotrichum lindemuthianum*) in west Germany [J]. Zeitschrift fur Pflanzenkrankheiten und Pflanzenschutz, 95: 406 - 413.

Al - Askar A A, Rashad Y M. 2010. Arbuscular mycorrhizal fungi: a biocontrol agent against common bean Fusarium root rot disease [J]. Plant Pathology Journal, 1: 31 - 38.

Ales L, Yigal C. 2011. Cucurbit downy mildew (*Pseudoperonaspora cubensis*) - biology, ecology, epidemiology, host - pathogen interaction and control [J]. European Journal of Plant Pathology, 129: 157 - 192.

Alexopoulos C J, Milms C W, Blackwell M. 1996. Introducory mycology [M]. 4th ed. New York: Wiley.

Alexopoulos C J, Milms C W. 1979. Introducory mycology [M]. 3rd ed. New York: Wiley.

Alippi A M, Ronco L, Alippi H E. 1993. Tomato pith necrosis caused by *Pseudomonas corrugata* in Argentina [J]. Plant Disease, 77: 428.

Allwood A J, Chinajariyawong A, Kritsaneepaiboon S, et al. 1999. Host plant records for fruit flies (Diptera: Tephritidae) in Southeast Asia [J]. The Raffles Bulletin of Zoology, 7: 92.

Altinok H H. 2005. First report of Fusarium wilt of eggplant caused by *Fusarium oxysporum* f. sp. *melongenae* in Turkey [J]. Plant Pathology, 4: 577.

Alves - Santos F M, Ramos B, Garcia - Sanchez M A, et al. 2002. A DNA based procedure for in planta detection of *Fusarium oxysporum* f. sp. *phaseoli* [J]. Phytopathology, 92: 237 - 244.

Alyokhin A, Baker M, Mota - Sanchez D, et al. 2008. Colorado potato beetle resistance to insecticides [J]. American Journal of Potato Research, 85: 395 - 413.

Alzate - Marin A L, Baia G S, de Paula Junior T J, et al. 1997. Inheritance of anthracnosc resistance in common bean differential cultivar AB 136 [J]. Plant Disease, 81: 996 - 998.

Alzate - Marin A L, de Almeida K S, de Barros E G, et al. 2001. Identification of a recessive gene conferring resistance to anthracnose in common bean lines derived from the difierential cultivar AB136 [J]. Annual Report of the Bean Improvement Cooperative, 44: 117 - 118.

Alzate - Marin A L, de Morais Silva M A, de Oliveira E J, et al. 2003. Identincation of the second anthracnose resistance gene present in the common bean cultivar PI207262 [J]. Annual Report of the Bean Improvement Cooperative, 46: 177 - 178.

Alzate - Marin A L, Henrique M, Chagas M J, et al. 2000. Identification of a RAPD marker linked to the Co - 6 anthracnose resistant gene in common bean cultivar AB136 [J]. Genetics and Molecular Biology, 23: 633 - 637.

Alzate - Marin A L, Menarim H, Baia G S. et al. 2001. Inheritance of anthracnose resistance in the common bean differential cultivar G2333 and identification of a new molecular marker linked to the Co - 42 gene [J]. Journal of Phytopathology, 149: 259 - 264.

Amadioha A C. 1998. Control of powdery mildew in pepper (*Capsicum annum* L.) by leaf extracts of papaya (*Carica papaya* L.) [J]. Journal of Herbs, Spices & Medicinal Plants, 2: 1992.

Amano K (Hirata). 1986. Host Range and Geographical Distribution of the Powdery Mildew Fungi [M]. Japan Scientific Societies. Press, Tokyo, 1 - 741.

An Y, Kang SC, Kim K D, et al. 2010. Enhanced defense responses of tomato plants against late blight pathogen Phytophthora infestans by pre - inoculation with rhizobacteria [J]. Crop Protection, 12: 1406 - 1412.

Andreas K, Kerry P, Graham C. 2001. Postharvest handling of fresh vegetables, Chinese cabbage management before and after harvest [J] . ACIAR Proceedings, 105: 92 - 99.

Anfoka G, Buchenauer H. 1997. Systemic acquired resistance in tomato against *Phytophthora infestans* by pre - inoculation with tobacco necrosis virus [J] . Physiological and Molecular Plant Pathology, 2: 85 - 101.

Anikster Y, Szabo L J, Eilam T, et al. 2004. Morphology, life cycle biology, and DNA sequence analysis of rust fungi on garlic and chives from California [J] . Phytopathology, 6: 569 - 577.

Ankersmit G W. 1953. DDT resistance in *Plutella maculipennis* (Curt.) (Lepidoptera) in Java [J] . Bulletin of Entomological Research, 44: 421 - 425.

Arai N. 2004. Plant preference in the common cutworm larvae, *Spodoptera litura* Fabricius [J] . Bulletin of the National Institute of Agrobiological Resources (9): 221 - 250.

Arimoto M, Satoh M, Uesugi R, et al. 2013. PCR - RFLP analysis for identification of *Tetranychus spider* mite species (Acari: Tetranychidae) [J] . Journal of Economic Entomology, 106 (2): 661 - 668.

Arrold N P, Blake C D. 1966. Some effects of Ditylenchus myceliophagus and Aphelenchoides composticola on the growth on agar plates of the cultivated mushroom, *Agaricus bisporus* [J] . Nematologica, 4: 501 - 510.

Arrold N P, Blake C D. 1968. Some effects of the nematodes *Ditylenchus myceliophagus* and *Aphelenchoides composticola* on the yield of the cultivated mushroom [J] . Annals of Applied Biology, 1: 161 - 166.

Atan S, Hamid N H. 2003. Differentiating races of *Corynespora cassiicola* using RAPD and internal transcribed spacer markers [J] . Journal of Rubber Research, 1: 58 - 64.

Atlas A. 2012. *Phoma lingam* (Tode) Desm. - black leg of cabbage, *Phomosis* [EB/OL] . http: //www. agroatlas. ru/en/content/diseases/Brassicae/Brassicae _ Phoma _ lingam/.

Attanayake R N, Glawe D A, McPhee K E, et al. 2010. *Erysiphe trifolii* - a newly recognized powdery mildew pathogen of pea [J] . Plant Pathology, 59: 712 - 720.

Avilla C, Collar J L, Duque M, et al. 1997. Yield of bell pepper (*Capsicum annuum*) inoculated with CMV and/or PVY at different time intervals [J] . Journal Plant Disease Protection, 104: 1 - 8.

AVRDC. 2004. Choanephora Blight [M] //The World Vegetable Center Fact Sheet. Tainan: AVRDC Publication: 576.

Awale H E, Kelly J D. 2001. Development of SCAR markers linked to Co - 42 gene in common bean [J] . Annual Report of the Bean Improvement Cooperative, 44: 119 - 120.

Ayabe M, Sumi S. 2001. A novel and efficient tissue culture method "stem - disc dome culture" for producing virus free garlic (Alliumsativum) [J] . Plant Cell Report, 20: 503 - 507.

Babadoost M. 1990. White Rusts of Vegetables [D] . University of Illinois Extension: College of Agricultural, Consumer and Environmental Sciences. RPD No. 960.

Bacaicoa E, Zamarreño Á M, Leménager D, et al. 2009. Relationship between the hormonal balance and the regulation of iron deficiency stress responses in cucumber [J] . Journal of the American Society for Horticultural Science, 6: 589 - 601.

Bach H J, Jessen I, Schloter M. et al. 2003. A TaqMan - PCR protocol for quantification and differentiation of the phytopathogenic *Clavibacter michiganensis* subspecies [J] . Journal of Microbiological Methods, 52: 85 - 91.

Badham E R. 1991. Growth and competition between Lentinus edodes and *Trichoderma harzianum* on sawdust substrates [J] . Myeologia, 4: 455 - 463.

Baghalian K, Kim O K, et al. 2010. Molecular variability and genetic structure of the population of onion yellow dwarf virus infecting garlic in Iran [J] . Virus Genes, 2: 282 - 291.

Bagmare A, Sharma D, Gupta A. 1995. Effect of weather parameters of the population build - up of various leaf miner species infesting different host plants [J] . Crop Research, 10 (3): 344 - 352.

Baik S Y, Kim J C, Jang K S, et al. 2010. Efficient method and evaluation of radish cultivars for resistant to *Fusarium oxysporum* f. sp. *raphani* [J] . Research Plant Disease, 16: 148 - 152.

Balardin R S, Jarosz A, Kelly J D. 1997. Virulence and molecular diversity in *Colletotrichum lindemuthianum* from South, Central and North America [J] . Phytopathology, 87: 1184 - 1191.

Balogh B, Jones J B, Momol M T, et al. 2003. Improved efficacy of newly formulated bacteriophages for management of bacterial spot on tomato [J] . Plant Disease, 87: 949 - 954.

Bangerth F. 1979. Calcium - related physiological disorders of plants [J] . Annual Review of Phytopathology, 17: 97 - 122.

Banniza S, Sy A A, Bridge P D, et al. 1999. Characterization of population of *Rhizoctonia solani* in paddy rice field in Coted, 1 Voire [J] . Phytopathology, 89 (5): 414 - 420.

Banuelos G S, Bangerth F, Marschner H. 1987. Relationship between polar basipetal auxin transport and acropetal Ca transport into tomato fruit [J] . Physiologia Plantarum, 37: 191 - 194.

Bao W X, Sonoda S. 2012. Resistance to cypermethrin in melon thrips, *Thrips palmi* (Thysanoptera: Thripidae), is conferred by reduced sensitivity of the sodium channel and CYP450 - mediated detoxification [J]. Applied Entomology and Zoology, 47: 443 - 448.

Barber H N, Sharpe P J H. 1971. Genetics and physiology of sunscald of fruits [J]. Agricultural Meteorology, 8: 175 -191.

Bardin S D, Huang H C. 2001. Research on biology and control of Sclerotinaia diseases in Canada [J]. Canadian Journal of Plant Pathology, 23: 88 - 98.

Barker A V, Ready K M. 1994. Ethylene evolution by tomatoes stressed by ammonium nutririon [J]. Journal of American Society for Horticultural Science, 4: 706 - 710.

Barsdale T H. 1982. Resistance in tomato to *Septoria lycopersici* [J]. Plant Disease, 66: 239 - 240.

Basay S, Seniz V, Tezcan H. 2011. Reactions of selected eggplant cultivars and lines to verticillium wilt caused by *Verticillium dahliae* Kleb [J]. African Journal of Biotechnology, 10: 3571 - 3573.

Bashan Y, Okon Y, Henis Y. 1980. Ammonia causes necrosis in tomato leaves infected with *Pseudomonas syringae* pv. *tomato* (Okabe) ALstatt [J]. Physiological Plant Pathology, 1: 111 - 119.

Bashan Y, Okon Y, Henis Y. 1985. Morphology of leaf surfaces of tomato cultivars in relation to possible invasion into the leaf by *Pseudomonas syringae* pv. *tomato* [J]. Annals of Botany, 6: 803 - 809.

Bashi E, Aylor D E. 1985. Survival of detached sporangia of *Peronospora destructor* and *Peronospora tabacina* [J]. Phytopathology, 8: 1135 - 1139.

Battilani P, Rossi V, Racca P, et al. 1996. ONIMIL, a forecaster for primary infection of downy mildew of onion [J]. Bulletin OEPP/EPPO, 26: 567 - 576.

Baulcombe D C. 2004. RNA silencing in plants [J]. Nature, 431: 356 - 363.

Bayraktar H, Türkkan M, Dolar F S. 2010. Characterization of *Fusarium oxysporum* f. sp. *cepae* from onion in Turkey based on vegetative compatibility and rDNA RFLP analysis [J]. Journal of Phytopathology, 158: 691 - 697.

Bayraktar H. 2010. Genetic diversity and population structure of *Fusarium oxysporum* f. sp. *cepae*, the causal agent of Fusarium basal plate rot on onion, using RAPD markers [J]. Journal of Agricultural Sciences, 16 (140): 139 - 149.

Belen A, Elena G B, Maria M L. 2010. On the life of *Ralstonia solanacearum*, a destructive bacterial plant pathogen [J]. Applied Microbiology and Microbial Biotechnology: 267 - 279.

Ben - Yephet Y, Genizi A, Siti E. 1993. Sclerotial survival and apothecial production by *Sclerotinia sclerotiorum* following outbreaks of lettuce drop [J]. Phytopathology, 83: 509 - 513.

Berg R H, Taylor C G. 2009. Cell Biology of Plant Nematode Parasitism [M]. Berlin: Springer.

Berger R D. 1970. Epiphytology of celery late blight [J]. Proceedings of the 83rd Annual Meeting of the Florida State Horticultural Society. Miami Beach, USA, 83: 212.

Bess H A, van den Bosch R, Haramoto F H. 1961. Fruit fly parasites and their activities in Hawaii [J]. Proceeding of Hawaiian Entomol. Soc, 27 (3): 367 - 378.

Bethke J A, Paine T D, Nuessly G S. 1991. Comparative biology, morphometrics, and development of two populations of *Bemisia tabaci* (Homoptera: Aleyrodidae) on cotton and poinsettia [J]. Annals of the Entomological Society of America, 84 (4): 407 - 411.

Bethke J A, Parrella M P, Trumble J T, et al. 1987. Effect of tomato cultivar and fertilizer regime on the survival of *Liriomyza trifolii* (Diptera: Agromyzidae) [J]. Journal of Economical Entomology, 80: 200 - 203.

Bethke J A, Parrella M P. 1985. Leaf puncturing, feeding and ovipositionbehavior of *Liriomyza trifolii* [J]. Entomologia Experimentalis et Applicata, 39: 149 - 154.

Bewley W F, White H L. 1926. Some nutritional disorders of the tomato [J]. Annals of Applied Biology, 13: 323 - 338.

Bhat R G, Subbarao K V. 2001. Reaction of broccoli to isolates of *Verticillium dahliae* from various hosts [J]. Plant Disease, 85: 141 - 146.

Bhatti J S. 1980. Species of the genus *Thrips* from India (Thysanoptera) [J]. Systematic Entomology, 5: 109 - 166.

Bi J L, Toscano N C. 2007. Current status of the greenhouse whitefly, *Trialeurodes vaporariorum*, susceptibility to neonicotinoid and conventional insecticides on strawberries in southern California [J]. Pest Management Science, 63 (8): 747 -752.

Bilgi V N, Bradley C A, Khot S D. et al. 2008. Response of dry bean genotypes to Fusarium root rot, caused by *Fusarium solani* f. sp. *phaseoli*, under field and controlled conditions [J]. Plant Disease, 92: 1197 - 1200.

Biljana T, Svetlana M, Ivana P. et al. 2012. In vitro activity of antimicrobial agents against *Pseudomonas tolaasii*, pathogen of cultivated button mushroom [J]. Journal of Ournal of Environmental Science and Health Part B - Pesticides Food Contaminants and Agricultural Wastes, 3: 175 - 179.

Bisht I S，Agrawal R C. 1994. Modelling the relationship between purple blotch and yield loss in garlic and effect of leaf damage on bulb yield [J]. Annals of Applied Biology，125，293 - 300.

Biswas S K，Khair A S，Arker P K. 2010. Yield of onion and leaf purple blotch incidence as influenced by different levels of irrigation [J]. Agricultura Tropicaet Subtropica，2：85 - 91.

Blackman R L，Eastop V F. 2000. Aphids on the world's crops：an identification guide [M]. 2nd ed. Chichester：John Wiley &. Sons，LTD.

Blandon - Diaz J U，Widmark A K，Hannukkala A. et al. 2012. Phenotypic variation within a clonal lineage of phytophthora infestans infecting both tomato and potato in Nicaragua [J]. Phytopathology，3：323 - 330.

Blazquez C H. 1972. Target spot of tomato [J]. Plant Disease Reporter，56：243 - 245.

Bletsos F，Thanassoulopoulos C，Roupakias D. 2003. Effect of grafting on growth，yield，and Verticillium wilt of eggplant [J]. Hortscience，38：183 - 186.

Bliss F A，Onesirosan P T，Arny D C. 1973. Inheritance of resistance in tomato to target leaf spot [J]. Phytopathology，63：837 - 840.

Bochanan R E，Gibbons N E. 1974. Bergey's manual of determinative bacteriology [M]. 8th ed. Baltimore：Williams &.Wilkins：217 - 224.

Bock K R. 1964. Purple blotch（ *Alternaria porri* ）of onion in Kenya [J]. Annals of Applied Biology，54：303 - 311.

Bolkan H，Waters C M，Fatmi M. 1996. ISTA handbook on seed health testing. Working sheet No. 67 [M]. Zurich，Switzerland：International Seed Testing Association.

Bolland G，Hall R. 1994. Index of plant hosts to *Sclerotinia sclerotiorum* [J]. Canadian Journal of Plant Pathology，16：93 - 108.

Bonato Q，Lurette A，Vidal C，et al. 2007. Modelling temperature - dependent bionomics of *Bemisia tabaci*（Q - biotype） [J]. Physiological Entomology，32：50 - 55.

Booker H M，Umaharan P. 2007. Identification of resistance to Cercospora leaf spot of cowpea [J]. European Journal of Plant Phytopathology，118：401 - 410.

Bordat D，Coly E V，Olivera C R. 1995. Morphometric，biological and behavioural differences between *Hemiptarsenus varicornis*（Hym. Eulophidae）and *Opius dissitus*（Hym. Braconidae）parasitoids of *Liriomyza trifolii*（Dipt. Agromyzidae） [J]. Journal of Applied Entomology，119：423 - 427.

Borhan M H，Gunn N，Cooper A. et al. 2008. WRR4 encodes a TIR - NB - LRR protein that confers broad - spectrum white rust resistance in Arabidopsis thaliana to four physiological races of *Albugo candida* [J]. Molecular Plant - Microbe Interactions，6：757 - 768.

Bosland P W，Williams P H，Morrison R H. 1988. Influence of soil temperature on the expression of yellows and wilt of crucifers by *Fusarium oxysporum* [J]. Plant Disease，72：777 - 780.

Bosland P W，Williams P H. 1987a. Sources of resistance to *Fusarium oxysporum* f. sp. *conglutinans* race 2 [J]. HortScience，4：669 - 670.

Bosland P W，Williams P H. 1987b. An evaluation of *Fusarium oxysporum* from crucifers based on pathogenicity，isozyme polymorphism，vegetative compatibility，and geographic origin [J]. Canadian Journal of Botany，65：2067 - 2073.

Boucher C A，Van Gijsegem F，Barberis P A. et al. 1987. *Pseudomonas solanacearum* genes controlling both pathogencity on tomato and hypersensitivity on tobacco are clustered [J]. Journal of Bacteriology，169：5626 - 5632.

Boulton M I. 2003. Geminiviruses：major threats to world agriculture [J]. Annals of Applied Biology，2：142 - 143.

Bouma E. 2004. Decision support systems used in the Netherlands for reduction in the input of active substances in agriculture [J]. EPPO Bulletin，3：461 - 466.

Bounds R S，Hausbeck M K. 2008. Evaluation of disease thresholds and predictors for managing late blight in celery [J]. Plant Disease，3：438 - 444 .

Bournier J D. 1983. A polyphagous insect - *Thrips palmi*（Karny）. important cotton pest in Philipp ines [J]. Cotton Fibres Trop，38：286 - 288.

Bouzar H，Jones J B，Minsavage G V，et al. 1994. Proteins unique to phenotypically distinct groups of *Xanthomonas campestris* pv. *vesicatoria* revealed by silver staining [J]. Phytopathology，84：39 - 44.

Bouzar H，Jones J B，Somodi G C，et al. 1996. Diversity of *Xanthomonas campestris* pv. *vesicatoria* in tomato and pepper fields of Mexico [J]. Canadian Journal of Plant Pathology，18：75 - 77.

Bouzar H，Jones J B，Stall R E，et al. 1994. Physiological，chemical，serological and pathogenic analyses of a worldwide collection of *Xanthomonas campestris* pv. *vesicatoria* strains [J]. Phytopathology，84：663 - 671.

Bouzar H, Jones J B, Stall R E, et al. 1999. Multiphase analysis of *Xanthomonads* causing bacterial spot disease on tomato and pepper in the Caribbean and Central America: evidence for common lineages within and between countries [J]. Phytopathology, 89: 328 - 335.

Bouzo C A, Pilatti R A, Favaro J C. 2007. Control of blackheart in the celery (*Apium graveolens* L.) Crop [J]. Journal of Agriculture & Social Sciences, 2: 73 - 74.

Bradbent L. 1965. The epidemiology of tomato mosaic IX. transmission of TMV by birds [J]. Annals of Applied Biology, 55: 67 - 69.

Bradfield E G, Guttridge C G. 1984. Effects of might - time humidity and nutrient solution concentration on the calcium content of tomato fruit [J]. Scientia Horticulturae, 22: 207 - 217.

Braun U, Cook R T A. 2012. Taxonomy manual of the *Erysiphales* (Powdery Mildews) [M]. Utrecht: CBS Biodiversity Series: 1 -703.

Braun U. 1987. A monograph of the *Erysiphales* (powdery mildews) [J]. Beihefte zur Nova Hedwigia, 89: 1 - 700.

Brick M A, Byrne P F, Schwartz H F, et al. 2006. Reaction to three races of Fusarium wilt in the *Phaseolus vulgaris* core collection [J]. Crop Science, 46: 1245 - 1252.

Briddon R W, Stanley J. 2009. Geminiviridae [M] //Encyclopedia of Life Sciences (ELS). Chichester: John Wiley & Sons, Ltd.

Brilggenann W. 1995. Longterm chilling of young tomato plant sunder low light. VI. differential chilling sensitivity of Ribulose - 1, 5 - Bisphosphate Carboxylase/ Oxygenase is linked to the oxidation of Cysteine residues [J]. Plant Cell Physiology, 4: 733 - 736.

Broadbent L. 1963. The epidemiology of tomato mosaic Ⅲ. cleaning virus from hands and tools [J]. Annals of Applied Biology, 52: 225 - 232.

Broadbent L. 1965. The epidemiology of tomato mosaic [J]. Annals of Applied Biology, 56: 177 - 205.

Broadbent L. 1976. Epidemiology and control of tomato mosaic virus [J]. Annual Review of Phytopathology, 14: 75 - 96.

Brodbent L, Read W H, Last F T. 1965. The epidemiology of tomato mosaic X. persistence of TMV - infected debris in soil, and the effects of soil partial sterilization [J]. Annals of Applied Biology, 55: 471 - 483.

Brooks F E. 2008. Detached - leaf bioassay for evaluating taro resistance to *Phytophthora colocasiae* [J]. Plant Disease, 1: 126 - 131.

Brown J E, Gudauskas R T, Yates R P, et al. 1992. Reflective plastic mulch boosts yield, reduces aphid populations and mosaic diseases in squash [J]. Highlights of Agricultural Research - Alabama Agricultural Experiment Station, 39 (1): 6.

Brown J K. 2000. Molecular markers for the identification and global tracking of whitefly vector - begomovirus complexes [J]. Virus Research, 71: 233 - 260.

Brown M M, Ho L C. 1993. Factors affecting calcium transport and basipetal IAA movement in tomato fruit in relation to blossom - end rot [J]. Journal of Experimental Botany, 44: 1111 - 1117.

Buck J W, Williams - Woodward J L. 2002. Efficacy of fungicide treatments for control of daylily rust [J]. The Daylily Journal, 57: 53 - 59.

Buczacki S T, Ockendon J G, Freeman G H. 1978. An analysis of some effects of light and soil temperature on clubroot disease [J]. Annals of Applied Biology, 88: 229 - 238.

Buczacki S T, Toxopeus H, Mattusch P, et al. 1975. Study of physiologic specialization in Plasmodiophora brassicae: proposals for attempted rationalization through an international approach [J]. Transactions of the British Mycological Society, 65: 295 - 303.

Buddenhgen I, Sequeira L, Kelman A. 1962. Designation of races in *Pseudomonas solanacearum* [J]. Phytopathology, 52: 726.

Buloviene V, Surviliene E. 2006. Effect of environmental conditions and inoculum concentration on sporulation of *Peronospora destructor* [J]. Agronomy Research, 4: 147 - 150.

Burgess L W, Knight T E, Tesoriero L, et al. 2008. Diagnostic manual for plant diseases in Vietnam [M]. Canberra: Australian Centre for International Agricultural Research.

Burke D W, Holmes L D, Barker A W. 1972. Distribution of *Fusarium solani* f. sp. *phaseoli* and bean roots in relation to tillage and soil compaction [J]. Phytopathology, 62: 550 - 554.

Burke M J, Gusta L V, Quamme H A, et al. 1976. Cold accelimation and freezing stress tolerance: role of protein metabolism [J]. Annual Review of Plant Physiology, 27: 507 - 528.

Burnett T. 1949. The effect of temperature on an insect host - parasite population [J]. Ecology, 30 (2): 113 - 134.

Buruchara R A，Camacho L. 2000. Common bean reaction to *Fusarium oxysporum* f. sp. *phaseoli*，the cause of severe vascular wilt in Central Africa［J］. Journal of Phytopathology，148：39 - 45.

Buruchara R，Mukankusi C，Ampofo K. 2010. Bean disease and pest identification and management［M］. Cali：Centro Internacional de Agricultura Tropical（CIAT）.

Caesar A J，Lartey R T，Caesar - TonThat T. 2010. First report of anthracnose stem canker of the invasive perennial weed Lepidium draba caused by Colletotrichum higginsianum in Europe［J］. Plant Disease，94：1166 - 1167.

Caltagirone L E. 1981. Landmark examples in classsific biological control［J］. Annual Review of Entomology，26：213 - 232.

Cao L H，Xu S C，Lin R M，et al. 2008. Early molecular diagnosis and detection of *Puccinia striiformis* f. sp. *Tritici* in China［J］. Letters in Applied Microbiology，46：501 - 506.

Capinera J L. 2004. Vegetable pests and their management［M］//Capinera J L. Encyclopedia of Entomology. Dordrecht：Kluwer Academic Press：2434 - 2448.

Carolina H J C，Johnson M W. 1992. Host plant preference of *Liriomyza sativae*（Diptera：Agromyzidae）populations infesting green onion in Hawaii［J］. Environmental Entomology，21（5）：1097 - 1102.

Cartea M E，Francisco M，Lema M，et al. 2010. Resistance of cabbage（*Brassica oleracea capitata* group）crops to *Mamestra brassicae*［J］. Journal of Economical Entomology，103（5）：1866 - 1874.

Casagrande R A. 1985. The "Iowa" potato beetle，its discovery and spread to potatoes［J］. Bulletin of the Entomological of Society of America，31（2）：27 - 29.

Castellano M M，Sanz - Burgos A P，Gutierrez C. 1999. Initiation of DNA replication in a eukaryotic rolling circle replicon：identification of multiple DNA - protein complexes at the geminivirus origin［J］. Journal of Molecular Biology，290：639 - 652.

Castello J D，Lakshman D K，Tavantzis S M，et al. 1995. Detection of Tomato mosaic tobamovirus in fog and clouds［J］. Phytopathology，85：1409 - 1412.

Castineiras A，Baranowski R M，Glenn H. 1997. Distribution of *Neoseiulus cucumeris*（Acarina：Phytoseiidae）and its prey，*Thrips palmi*（Thysanoptera：Thripidae）within eggplants in south Florida［J］. Florida Entomologist，80：211 - 217.

Castro N R，Menezes G C，Coelho R S B. 2003. Inheritance of cowpea resistance to Cercospora leaf spot［J］. Fitopatologia Brasileira，5：552 - 554.

Catara V，Arnold D，Cirvilleri G. et al. 2000. Specific oligonucleotide primers for the rapid identification and detection of the agent of tomato pith necrosis，*Pseudomonas corrugata*，by PCR amplification：evidence for two distinct genomic groups［J］. European Journal of Plant Pathology，106：753 - 762.

Catara V，Gardan L，Lopez M M. 1997. Phenotypic heterogeneity of *Pseudomonas corrugata* strains from southern Italy［J］. Journal of Applied Microbiology，83：576 - 586.

Catara V. 2007. Pseudomonas corrugata：plant pathogen and/or biological resource［J］. Molecular Plant Pathology，8：233 - 244.

Cerda A，Bingham F T，Labanauskas C K. 1979. Blossom - end rot of tomato fruit as influenced by osmotic potential and phosphorus concentrations of nutrient solution media［J］. Journal of American Society of Horticultural Science，2：236 - 239.

Cerkauskas R F，Koike S T，Azad H R，et al. 2006. Diseases，pests，and abiotic disorders of greenhouse - grown water spinach（*Ipomoea aquatica*）in Ontario and California［J］. Canadian Journal of Plant Pathology，1：63 - 70.

Cerkauskas R F. 1990. First report of septoria blight of parasley in Ontario［J］. Plant Disease，12：1037.

Cermeli M，Montagne A，Castroy R，et al. 2002. Chemical control of *Thrips palmi* Karny（Thysanop - tera，Thripidae）on field beans（*Phaseolus vulgaris* L.）［J］. Revista de la Facultad de Agronomia de la Universidaddel Zulia，19：1 - 8.

Chambliss O L，Jones C M. 1966. Cucurbitacins：specific insect attractants in Cucurbitaceae［J］. Science，153：1392 - 1393.

Chandler L D，Gilstrap F E，Browning H W. 1988. Evaluation of the within - field mortality of *Liriomyza trifolii*（Diptera：Agromyzidae）on bell pepper［J］. Journal of Economical Entomology，81（4）：1089 - 1096.

Chandler L D，Gilstrap F E. 1986. Within - plant larva distribution of *Liriomyza trifolii*（Burgess）（Diptera：Agromyzidae）on ell peppers［J］. Enviromental Entomology，15：96 - 99.

Chandler L D. 1984. Seasonal population fluctuations of *Liriomyza sativae* Blanchard in bell pepper［J］. The Southwestern Entomologist，9（3）：334 - 340.

Chandler L D. 1991. Effect of leaf miner feeding activity on the incidence of *Alternaria* leaf blight lesions on muskmelon leaves［J］. Plant Disease，75（9）：938 - 940.

Chandra A，Madramootoo M R. 1991. Effects of trickle irrigation on the growth and sunscald of bell peppers（*Capsicum annuum* L.）in southern Quebec original research article［J］. Agricultural Water Management，2：181 - 189.

Chang R J, Ries S M, Pataky J K. 1991. Dissemination of *Clavibacter michiganensis* subsp. *michiganensis* by practices used to produce tomato plants [J]. Phytopathology, 81: 1276 - 1281.

Chang S W, Kim S K. 2003. First report of Sclerotinia rot caused by *Sclerotinia sclerotiorum* on some vegetable crops in Korea [J]. Plant Pathology Journal, 19: 79 - 84.

Cheema S S, Munshi G D, Sharma B D. 1981. Laboratory evaluation of fungicides for the control of *Trichothecium roseum* Link. A new fruit rot pathogen of sweet orange [J]. Hindustan Antibiot Bull. , 23: 27.

Chen C C, Ko W F. 1994. Studies on the physical control methods of the striped flea beetle [J]. Plant Protection Bulletin, 36 (3): 167 - 176.

Chen C H, Shen Z M, Wang T C. 2008. Host specificity and tomato - related race composition of *Phytophthora infestans* isolates in Taiwan during 2004 and 2005 [J]. Plant Disease, 5: 751 - 755.

Chen C H, Wang T C, Black L. 2009. Phenotypic and genotypic changes in the *Phytophthora infestans* population in Taiwan 1991 to 2006 [J]. Journal of Phytopathology, 4: 248 - 255.

Chen G Y, et al. 2005. Production technology of free - pollution asparagus [M]. Beijing: China Agricultural Press: 1 - 3.

Chen J, Adams M J, Zheng H Y, et al. 2003. Sequence analysis demonstrates that Onion yellow dwarf virus isolates from China contain a P3 region much larger than other potyviruses [J]. Archives of Virology, 148: 1165 - 1173.

Chen J, Zheng H Y, Antoniw J F, et al. 2004. Detection and classification of allexiviruses from garlic in China [J]. Archives of Virology, 3: 435 - 445.

Chen K, Liang P, Yu M. et al. 1998. A new double stranded RNA virus from *Volvariella volvacea* [J]. Mycologia, 6: 849 - 853.

Chen S L, Zhou B L, Lin S S, et al. 2011. Accumulation of cinnamic acid and vanillin in eggplant root exudates and the relationship with continuous cropping obstacle [J]. African Journal of Biotechnology, 10: 2659 - 2665.

Cherrab M, Bennani A, Charest P M. et al. 2002. Pathogenicity and vegetative compatibility of *Verticillium dahliae* Kleb. isolates from olive in Morocco [J]. Journal of Phytopathology, 150: 703 - 709.

Chet I, Henis Y. 1975. Sclerotial morphogenesis in fungi [J]. Annual Review of Phytopathology, 13: 169 - 192.

Chilvers M I, Horton T L, Peever T L, et al. 2007. First report of Ascochyta blight of *Pisum elatius* (Wild Pea) in the Republic of Georgia caused by *Ascochyta pisi* [J]. Plant Disease, 3: 326.

Chirag S, Sharma S P. 2001. Management of *Mycogone pernicious*, incitant of wet bubble disease in white button mushroom [J]. Indian Journal of Mushroom, 2: 225 - 229.

Cho J J, Ullman D E, Wheatley E, et al. 1992. Commercialization of ZYMV cross protection for zucchini production in Hawaii [J]. Phytopathology, 82: 1073.

Choi D C, Noh J J, Lee K K, et al. 2003. Hibernation and seasonal occurrence of the cotton caterpillar, *Palpita indica* (Lepidoptera: Pyralidae), in watermelon [J]. Korean Journal of Applied Entomology, 42 (2): 111 - 118.

Choi K S, Lee J M, Park J H, et al. 2009. Sex pheromone composition of the cotton caterpillar, *Palpita indica* (Lepidoptera: Pyralidae), in Korea [J]. Journal of Asia - Pacific Entomology, 12 (4): 269 - 275.

Choudhary B, Gaur K. 2009. The development and regulation of Bt brinjal in India (Eggplant/Aubergine) [J]. ISAAA, 38: 38 - 58.

Christie G D, Parrella M P. 1987. Biological studies with *Chrysocharis parksi* (Hym. Eulophidae) a parasite of *Liriomyza* spp. (Dipt. Agromyzidae) [J]. Entomophaga, 32: 115 - 126.

Christopher S C. 2000. Breeding and genetics of Fusarium basal rot resistance in onion [J]. Euphytica, 115: 159 - 166.

Chttenden F J. 1911. Celery leaf spot [J]. Jounal of the Royal Horticutural Society, 37: 115.

Chu D, Wan F H, Zhang Y J, et al. 2010a. Change in the biotype composition of *Bemisia tabaci* in Shandong Province of China from 2005 to 2008 [J]. Environmental Entomology, 39: 1028 - 1036.

Chu D, Zhang Y J, Brown J K, et al. 2006. The introduction of the exotic Q biotype of *Bemisia tabaci* (Gennadius) from the Mediterranean region into China on ornamental crops [J]. Florida Entomologist, 89 (2): 168 - 174.

Chu D, Zhang Y J, Wan F H, 2010b. Cryptic invasion of the exotic *Bemisia tabaci* biotype Q occurred widespread in Shandong Province of China [J]. Florida Entomologist, 93: 203 - 207.

Chupp C D, Doidge E M. 1948. Cercospora species recorded from Southern Africa [J]. Bothalia, 4: 881 - 893.

Clark R G, Watson D R. 1986. New plant disease record in New Zealand: tomato pith necrosis caused by *Pseudomonas corrugata* [J]. New Zealand Journal of Agricultural Research, 29: 105 - 109.

Closs R L. 1958. Cloud or blotchy ripening in tomatoes [J]. Fruit and Production, 4: 3.

Cochran L C. 1932. A study of two septoria leaf spot of celry [J]. Phytopathology, 22: 791 - 812.

Coelho P S, Monteiro A A. 2003. Inheritance of downy mildew resistance in mature broccoli plants [J] . Euphytica, 131: 65 - 69.

Collin G H. 1966. The interaction effects of potassium and environment on tomato ripening disorders [J] . Canadian Journal of Plant Science, 46 : 379 - 387.

Cook A A. 1969. Stall R E. Differentiation of pat hotypes among isolates of XV [J] . Plant Disease, 53: 617 - 619.

Cook D, Barlow E, Sequeira L. 1989. Genetic diversity of Pseudomonas solanacearum : detection of restriction fragment polymorphisms with DNA probes that specify virulence and hypersensitive response [J] . Molecular Plant Microbe Interactions, 2: 113 - 121.

Cook D, Sequeira L. 1994. Strain differentiation of Pseudomonas solanacearum by molecular genetic methods [M] // Hayward A C, Hartman G L. Bacterial wilt: the disease and its causative agent, Pseudomonas solanacearum. United Kingdom: CAB International: 77 - 93.

Correll J C, Irish B M, Koike S T, et al. 2003. Update on downy mildew and white rust on spinach in the United States [J] . Eucarpia Leafy Vegetables, 49 - 54.

Correll J C, Morelock T E, Black M C, et al. 1994. Economically important diseases of spinach [J] . Plant Disease, 7: 653 - 660.

Coskuntuna A, Özer N. 2008. Biological control of onion basal rot disease using Trichoderma harzianum and induction of antifungal compounds in onion set following seed treatment [J] . Crop Protection, 27: 330 - 336.

Coventry E, Noble R, Mead A. et al. 2005. Suppression of Allium white rot (Sclerotium cepivorum) in different soils using vegetable wastes [J] . European Journal of Plant Pathology, 111: 101 - 112.

Craig S, Eckel A, Kijong C. 1996. Variation in thrips species composition in field crops and implications for tomato spotted wilt epidemiology in North Carolina [J] . Entomologia Experimentalis et Applicata, 78: 19 - 29.

Crucefix D N, Mansfield J W. 1984. Evidence that determinants of race specificity in lettuce downy mildew disease are highly localized [J] . Physiological Plant Pathology, 1: 93 - 105.

Cttoer D J. 1961. The influence of nitrogen, potassium, boron and tabacco mosaic virs on the incidence of internal browning and other fruit quality factors of tomatos [J] . Pro. Am. Soc. Hort. Sci. , 78: 474 - 479.

Cui X F, Tao X R, Xie Y, et al. 2004. A DNA β associated with Tomato yellow leaf curl China virus is required for symptom induction [J] . Journal of Virology, 24: 13966 - 13974.

Cutting J G M, Bower J P. 1989. The relationship between basipetal auxin transport and calcium allocation in vegetative and reproductive flushes in Avocado [J] . Scintia Horticulturae, 41: 27 - 34.

Czosnek H, Ber R, Antignus Y, et al. 1988. Isolation of Tomato yellow leaf curl virus, a geminivirus [J] . Phytopathology, 5: 508 - 512.

Czosnek H, Ghanim M, Ghanim M. 2002. The circulative pathway of begomoviruses in the whitefly vector Bemisia tabaci—insightfrom studies with Tomato yellow leaf curl virus [J] . Annals of Appllied Biology, 140: 215 - 231.

Czosnek H, Laterrot H. 1997. A worldwide survey of Tomato yellow leaf curl virus [J] . Archives of Virology, 142: 1391 - 1406.

Dai F M, Zeng R, Chen W J. et al. 2011. First report of Tomato yellow leaf curl virus infecting cowpea in China [J] . Plant Disease, 3: 362.

Daniel F A. 2007. Water spinach (Ipomoea aquatica, Convolvulaceae): a food gone wild [J] . Ethnobotany Research and Applications, 5: 123 - 146.

Daniel S. Egel Vegetable diseases • Anthracnose of cucumber, muskmelon, and watermelon. BP - 180 - W.

Darby P, Lewis B G, Matthews P. 1986. Diversity of virulence within Ascochyta pisi and resistance in the genus Pisum [J] . Plant Pathology, 35: 214 - 223.

Das B H. 1998. Studies on Phomopsis fruit rot of brinjal [D] . Department of Plant Pathology. Bangladesh Agricultural University, Mymensingh: 33 - 44.

Date H, Kataoka E, Tanina K. et al. 2004. Sensitivity of Corynespora cassiicola , causal agent of Corynespora leaf spot of cucumber, to thiophanate - methyl, diethofencarb and azoxystrobin [J] . Japaness Journal of Phytopathology, 70: 10 - 13.

Davidson J A, Krysinska - Kaczmarek M, Wilmshurst C J. et al. 2011. Distribution and survival of Ascochyta blight pathogens in field - pea - cropping soils of Australia [J] . Plant Disease, 10: 1217 - 1223.

Davis R M, Hao J J, Romberg M K, et al. 2007. Efficacy of germination stimulants of sclerotia of Sclerotium cepivorum for the management of white rot of garlic [J] . Plant Disease, 2: 204 - 208.

de Barro P J, Driver F, Naumann I D, et al. 2000. Descriptions of three species of Eretmocerus Haldeman (Hymenoptera:

Aphelinidae) parasitizing *Bemisia tabaci* (Gennadius) (Hemiptera: Aleyrodidae) and *Trialeurodes vaporariorum* (Westwood) (Hemiptera: Aleyrodidae) in Australia based on morphological and molecular data [J]. Australian Journal of Entomology, 39 (4): 259 - 269.

de Barro P J, Driver F, Trueman J W H, et al. 2000. Phylogenetic relationships of world populations of *Bemisia tabaci* (Gennadius) using ribosomal ITS1 [J]. Molecular Phylogenetics and Evolution, 16 (1): 29 - 36.

de Barro P J, Liebregts W, Carver M, et al. 1998. The distribution and identity of biotypes of *Bemisia tabaci* (Gennadius) (Hemiptera: Aleyrodidae) in member countries of the Secretariat of the Pacific Community [J]. Australian Journal of Entomology, 37: 214 - 218.

de Barro P J, Scott K D, Graham G C, et al. 2003. Isolation and characterization of microsatellite loci in *Bemisia tabaci* [J]. Molecular Ecology Notes (3): 40 - 43.

de K C, Janse J, Van Goor B J, et al. 1992. The incidence of calcium oxalate crystals in fruit walls of tomato (*Lycopersion esculentum* Mill) as affected by humidity, phosphate and calcium supply [J]. Journal of Horti Science, 67: 45 - 50.

de K C. 1996. Interactive effects of air humidity, calcium and phosphate on blossom - end rot, leaf deformation, production and nutrient contents of tomato [J]. Journal of Plant Nutrition, 2: 361 - 377.

de Mendonça R S, Navia D, Diniz I R, et al. 2011. A critical review on some closely related species of *Tetranychus sensu stricto* (Acari: Tetranychidae) in the public DNA sequences databases [J]. Experimental & Applied Acarology, 55 (1): 1 - 23.

Deahl K L, Perez F, Baker C J, et al. 2010. Natural occurrence of Phytophthora infestans causing late blight on woody nightshade (*Solanum dulcamara*) in New York [J]. Plant Disease, 8: 1063.

Degenhardt K J, Petrie G A, Morrall R A A. 1982. Effects of temperature on spore germination and infection of rapeseed by *Alternaria brassicae* , *A. brassicicola* and *A. raphani* [J]. Canadian Journal of Plant Pathology, 4: 115 - 118.

Dela Fuente R K. 1984. Role of calcium in the polar secretion of indoleacetic acid [J]. Plant Physiology, 76: 342 - 346.

Delahaut K, Stevenson W. 2012. Vine crops disorder: Anthracnose. [EB/OL]. Madison, Wisconsin: The Board of Regents of the University of Wisconsin System. 2012-9-12. http: //learningstore. uwex. edu/assets/pdfs/A3279. pdf.

Department of crop sciences university of Illinois. 2000. Anthracnose of cucumber, muskmelon, watermelon, and other cucurbits [R]. Report on Plant Disease: RPD No. 920.

Desbiez C, Lecoq H. 1997. *Zucchini yellow mosaic virus* [J]. Plant Pathology, 6: 809 - 829.

Develash R K, Sugha S K. 1997. Management of downy mildew (*Peronospora destructor*) of onion (*Allium cepa*) [J]. Crop Protection, 1: 63 - 67.

Dezfooli N A, Hasanzadeh N, Rezaee M B. 2011. Antimicrobial activity of essential oils of various plants against blown blotch disease on *Agaricus bisporus* [J]. Phytopathology, 6: S7 - S8.

Dhanvantari B N. 1987. Comparison of selective media for isolation of *Clavibacter michiganense* pv. *michiganense* [J]. Phytopathology, 77: 1694.

Dhawan A K, Matharu K S. 2011. Biology and morphometry of cabbage head borer, *Hellula undalis* Fabricius (Lepidoptera: Pyralidae) [J]. Journal of Entomological Research, 35 (3): 267 - 270.

Di P A, Madrid M P, Caracuel Z, et al. 2003. *Fusarium oxysporum* : exproloring the molecular arsenal of avascular wilt fungus [J]. Molecular Plant Pathology, 5: 315 - 325.

Dicke M, Minkenberg P J M. 1991. Role of volatile infochemicals in foraging behavior of the leafminer parasitoid *Dacnusa sibirica* (Diptera: Agromyzidae) [J]. Journal of insect Behavior, 4 (4): 489 - 500.

Dieleman - van Zaayen A, Temmink J H M. 1968. A virus disease of cultivated mushrooms in the Netherlands [J]. Netherlands Journal of Plant Pathology, 2: 48 - 51.

Dieleman - van Zaayen A. 1972. Intracellular appearance of mushroom virus in fruiting bodies and basidiospores of Agaricus bisporus [J]. Virology, 1: 94 - 104.

Dinsdale A, Cook L, Riginos C. 2010. Refined global analysis of *Bemisia tabaci* (Hemiptera: Sternorrhyncha: Aleyrodoidea: Aleyrodidae) mitochondrial cytochrome oxidase I to identify species level genetic boundaries [J]. Annals of the Entomological Society of America, 103 (13): 196 - 208.

Dissanayake M L, Kashima R, Tanaka S, et al. 2009. Pathogenic variation and molecular characterization of *Fusarium* species isolated from wilted Welsh onion in Japan [J]. Journal of General Plant Pathology, 75: 37 - 45.

Dixon L J, Schlub R L, Pernezny K, et al. 2009. Host specialization and phylogenetic diversity of *Corynespora cassiicola* [J]. Phytopathology, 9: 1015 - 1027.

Doidge E M. 1921. A tomato canker [J]. Annuals of Applied Biology, 7: 407 - 430.

Donovan A，et al. 1990. Ultrastructure of infaction of excised leaves of celery by *sepetoria apiicola*，causal agent of leaf spot disease [J] . Mycological Research，4：548 - 552.

Doris H B. 2008. Determinants of compatibility between Arabidopsis and the hemibiotroph *Colletotrichum higginsianum* [D] . Cologne：University of Cologne.

Dowson W J. 1939. On the systematic position and genetic names of the gram negative bacterial plant pathogens [J] . Zentralblatt fur Bakteriologie Parasitenkunde Infektionskrankhelten und Hygiene Abteilung Ⅱ，100：177 - 193.

Dreier J，Bermpohl A，Eichenlaub R. 1995. Southern hybridization and PCR for specific detection of phytopathogenic *Clavibacter michiganensis* subsp. *michiganensis* [J] . Phytopathology，85：462 - 468.

Drew R A I. 1989. The tropical fruit flies (Diptera：Tephritidae：Dacinae) of the Australasian and Oceanian regions [J] . Memoirs of the Queensland Museum，26：521.

Dry I B，Krake L R，Rigden J E，et al. 1997. A novel subviral agent associated with a geminivirus：the first report of a DNA satellite [J] . Proceedings of the National Academy of Sciences of the United States of America，13：7088 - 7093.

Dry I B，Rigden J E，Krake L R，et al. 1993. Nucleotide - sequence and genome organization of tomato leaf curl geminivirus [J] . Journal of General Virology，1：147 - 151.

Dryden P，Van Alfen N K. 1984. Soil moisture，root system density，and infection of roots of pinto beans by *Fusarium solani* f. sp. *phaseoli* under dryland conditions [J] . Phytopathology，74：132 - 135.

Duffy S，Holmes E C. 2007. Multiple introductions of the old world begomovirus *Tomato yellow leaf curl virus* into the new world [J] . Applied and Environmental Microbiology，73：7114 - 7117.

Dugan F M，Hellier B C，Lupien S L，et al. 2003. First report of *Fusarium proliferatum* causing rot of garlic bulbs in North America [J] . Plant Pathology，52：426.

Dugan F M，Hellier B C，Lupien S L. 2007. Pathogenic fungi in garlic seed cloves from the United States and China，and efficiency of fungicides against pathogens in garlic germplasm in Washington State [J] . Journal of Phytopathology，155：437 - 445.

Duncan R W，Singh S P，Gilbertson R L. 2011. Interaction of common bacterial blight bacteria with disease resistance quantitative trait loci in common bean [J] . Phytopathology，4：425 - 435.

Duraimurugan P，Regupathy A，Shanmugam P S. 2009. Effect of Nucleopolyhedrovirus and *Bacillus thuringiensis* infection on the activity of insecticide detoxification enzymes in cotton bollworm，*Helicoverpa armigera* Hbn [J] . Acta Phytopathologica et Entomologica Hungarica，44 (2)：345 - 352.

Dye D W，Starr M P，Stolp H. 1964. Taxonomic clarification of *Xanthomonas vesicatoria* based upon host specificity，bacterio-phage sensitivity and cultural characteristics [J] . Journal of Phytopathology，51 (4)：394 - 407.

Dye D W. 1966. Cultural and biochemical reaction of additional *Xanthomonas* species [J] . New Zealand Journal of Sciences，9：913 - 919.

Dye D W. 1978. Genus Ⅸ. Xanthomonas. Dowson (1939) [J] . New Zealand Journal Agricultural Research，21：153 - 177.

Ebert T A，Cartwright B. 1997. Biology and ecology of *Aphis gossypii* Glover (Homoptera：aphididae) [J] . Southwestern Entomologist，22：116 - 153.

Edie H H，Ho B W C. 1970. Factors affecting sporangial germination in Albugo ipomoeae - aquaticae [J] . Transactions of British Mycological Society，2：205 - 216.

Edwards S J，Collin H A，Isaac S. 1997. The respnse of diffeerent celery genotypes to infection by *Septoria apiicola* [J] . Mycological Research，2：264 - 270.

Ehara S. 1999. Revision of the spider mite family Tetranychidae of Japan (Acari，Prostigmata) [J] . Species Diversity，4：63 -141.

Elad Y，Messika Y，Brand M，et al. 2007. Effect of microclimate on Leveillula taurica powdery mildew of sweet pepper [J] . Phytopathology，7：813 - 824.

Elena K. 2006. First report of *Phomopsis asparagi* causing stem blight of asparagus in Greece [J] . Plant Pathology，55：300.

Elgersma D M，Beckman C H，MacHardy W E. 1972. Growth and distribution of *Fusarium oxysporum* f. sp. *lycopersici* in near - isogenic lines of tomato resistant or susceptible to wilt [J] . Phytopathology，62：1232 - 1237.

El - Gizawy A M，Adams P. 1986. Effect of temporary calcium stress on the calcium status of tomato fruit and leaves [J] . Acta Horticulturae，178：37 - 43.

El - Hendawy H H，Osman M E，Sorour N M. 2005. Biological control of bacterial spot of tomato caused by *Xanthomonas campestris* pv. *vesicatoria* by *Rahnella aquatilis* [J] . Microbiological Research，160：343 - 352.

Elizabeth A，Savory L，Granke L. et al. 2011. The cucurbit downy mildew pathogen *Pseudoperonospora cubensis* ［J］. Molecular Plant Pathology，12（3）：217-226.

Ellis M B，Holliday P. 1971. *Corynespora cassiicola* ［J］. CMI Descriptions of Pathogenic Fungi and Bacteria，No. 303. Commenwealth Mycological Institute，Kew，UK.

Elmer H S，Brawner O L. 1975. Control of brown soft scale in central valley ［J］. Citrograph，60（11）：402-403.

El-Mougly S N，Abd-El-kareem F，El-Gamal N，et al. 2004. Application of fungicides alternatives for controlling cowpea root rot disease under greenhouse and field conditions ［J］. Egyptian Journal of Phytopathology，32：23-35.

English J E，Maynard D N. 1981. Calcium efficiency among tomato strains ［J］. Journal of the American Society for Horticultural Science，106：552-557.

Eta C R. 1985. Eradication of the melon fly from Shortland Islands（special report）［R］. Honiara：Solomon Islands Agricultural Quarantine Service.

European Union. 1995. Commission directive 95/4/EC amendment of 21 Feb 1995 to the European Community Plant Health Directive（77/93/EEC）［J］. Official Journal of the European Communities，L44：56-60.

Evans A A F，Fisher J M. 1969. Development and structure of populations of *Ditylenchus myceliophagus* as affected by temperature ［J］. Nematologica，3：395-402.

Everts K. 2012. Posts Tagged 'cucurbit phytophthora blight' ［M］. Pumpkin Spray Program.

Fabian R，Thines M. 2009. A potential perennial host for *Pseudoperonospora cubensis* in temperate regions ［J］. European Journal of Plant Pathology，123：483-486.

Fagbola O，Abang MM. 2004. *Colletotrichum circinans* and *Colletotrichum coccodes* can be distinguished by DGGE analysis of PCR amplified 18S rDNA fragment ［J］. African Journal of Biotechnology，3：195-198.

Fahleson J，Ulf L，Qiong H，2003. Estimation of genetic variation among *Verticillium* isolates using AFLP analysis ［J］. European Journal of Plant Pathology（109）：361-371.

Fan Y Q，Petitt F L. 1998. Dispersal of the broad mite，*Polyphagotarsonemus latus*（Acari：Tarsonemidae）on Bemisiaargentifolii（Homoptera：Aleyrodidae）［J］. Experimental & Applied Acarology，44（1）：5-9.

Farnham M W，Keinath A P，Smith J P. 2001. Characterization of Fusarium yellows resistance in collard ［J］. Plant Disease，8：890-894.

Fathi S A A. 2010. Host preference and life cycle parameters of *Chromatomya horticola* Goureau（Diptera：Agromyzidae）on canola cultivars ［J］. Munis Entomology & Zoology，5（1）：247-252.

Fathi S A A. 2011. Tritrophic interactions of nineteen canola cultivars-*Chromatomyia horticola*-parasitoids in Ardabil region ［J］. Munis Entomology & Zoology，6（1）：449-454.

Fatmi M，Schaad N W. 1988. Semiselective agar medium for isolation of *Clavibacter michiganensis* subsp. *michiganensis* from tomato seed ［J］. Phytopathology，78：121-126.

Fatmi M，Schaad N W. 2002. Survival of *Clavibacter michiganensis* subsp. *michiganensis* in infected tomato stems under natural field conditions in California，Ohio and Morocco ［J］. Plant Pathology，51：149-154.

Fauquet C M，Briddon R W，Brown J K，et al. 2008. Geminivirus strain demarcation and nomenclature ［J］. Archives of Virology，4：783-821.

Fauquet C M，Mayo M A，Maniloff J，et al. 2005. Virus taxonomy-VIIIth report of the International Committee on Taxonomy of Viruses ［M］. San Diego：Elsevier Academic Press.

Fegan M，Prior P. 2005. How complex is the "Ralstonia solanacearum species complex" ［M］// Allen C，Prior P，Hayward A C. Bacterial wilt disease and the Ralstonia solanacearum species complex. St. Paul：American Phytopathological Society：449-462.

Fegan M，Taghavi M，Sly L I. et al. 1998. Phylogeny，diversity and molecular diagnostics of Ralstonia solanacearum ［M］// Prior P，Allen C. Elphinstone journal of bacterial wilt disease：molecular and ecological aspects. New York：Springer，19-33.

Feng C，James C C，Katherine E K，et al. 2014. Identification of new races and deviating strains of the spinach downy mildew pathogen *Peronospora farinosa* f. sp. *Spinaciae* ［J］. Plant Disease，98：145-152.

Fernandes F R，Albuquerque L C，Leonardo B G. 2008. Diversity and prevalence of Brazilian bipartite begomovirus species associated to tomatoes ［J］. Virus Genes，36：251-258.

Fernanndez M T，Fernadez M，Casares A. 2000. Bean germplasm evaluation for anthracnose resistance and characterization of agronomic traits：a new physiological strain of *Colletotrichum lindemuthianum* infecting *Phaseolus* L. in Spain ［J］. Euphytica，114：143-149.

Ferreira P, Soares G, D′Avila S, et al. 2011. The influence of thymol plus DMSO on survival, growth and reproduction of *Bradybaena similaris* (Mollusca: Bradybaenidae) [J]. Zoologia, 28 (2): 145 - 150.

Fery R L, Sr. Dukes P D, Thies J A. 1998. Carolina wonder and Charleston Belle: southern root - knot nematode resistant bell peppers [J]. Hort Science, 5: 900 - 902.

FfIancis J F, Elmer W H. 1996. Septoria leaf spot lesion density on trap plants exposed at varying distances from infected tomatoes [J]. Plant Disease, 80: 1059 - 1062.

Filion M, St - Arnaud M, Jabaji - Hare S H. 2003. Quantification of *Fusarium solani* f. sp. *phaseoli* in mycorrhizal bean plants and surrounding mycorrhizosphere soil using real - time polymerase chain reaction and direct isolations on selective media [J]. Phytopathology, 93: 229 - 235.

Fillhart R C, Bachand G D, Castello J D. 1998. Detection of infectious tobamoviruses in forest soils [J]. Applied Environmental Microbiology, 64: 1430 - 1435.

Fininsa C, Yuen J. 2002. Temporal progression of bean common bacterial blight (*Xanthomonas campestris* pv. *phaseoli*) in sole and intercropping systems [J]. European Journal of Plant Pathology, 6: 285 - 495.

Fisher H H. 1952. New physiologic raees of bean rust (*Uromyces phaseoli* typica) [J]. Plant Disease Reporter, 36: 103 -105.

Flechtmannn C H W, Kreiter S, Etienne J, et al. 1999. Plant mites (Acari) of the French Antilles [J]. Tarsonemidaeand Tydeidae (Prostigmata) Acarologia, 40 (2): 145 - 146.

Fletcher J T, Belinda J. 1988. Tomato powdery mildew [J]. Plant Pathology, 4: 594 - 598.

Fletcher J T, Jaffe B, Muthumeenakshi S, et al. 1995. Variations in isolates of *Macogone pernciosa* and in disease symptoms in *Agaricus bisporus* [J]. Plant Pathology, 1: 130 - 140.

Fletcher J T. 1969. Studies on the overwintering of tomato mosaic in root debris [J]. Plant Pathology, 18: 97 - 108.

Flor H H. 1971. Current status of the gene - for - gene concept [J]. Annual Review of Phytopathology, 9: 275 - 296.

Fogliano V, Gallo M, Vinale F, et al. 1999. Immunological detection of syringopeptins produced by *Pseudomonas syringae* pv. *lachrymans* [J]. Physiological and Molecular Plant Pathology, 5: 255 - 261.

Fontes E P, Eagle P A, Sipe P S, et al. 1994. Interaction between a geminivirus replication protein and origin DNA is essential for viral replication [J]. The Journal of Biological Chemistry, 269: 8459 - 8465.

Foster A C. 1934. Black heart disease of celery [J]. Plant Disease Reporter, 18: 177 - 185.

Foster R E, Sanchez C A. 1988. Effect of *Liriomyza trifolii* (Diptera: Agromyzaidae) larval damage of growth, yield , and cosmetic quality of celery in Florida [J]. Journal of Economic Entomology, 81 (6): 1721 - 1725.

Foster R E. 1986. Monitoring populations of *Liriomyza trifolii* (Diptera: Agromyzidae) in celery with pupal counts [J]. Florida Entomologist, 96 (2): 292 - 297.

Fotopoulos V, Dovas C I, Katis N I. 2011. Incidence of viruses infecting spinach in Greece, ighlighting the importance of weeds as reservoir hosts [J]. Journal of Plant Pathology, 2: 389 - 395.

Francis J F, Wade H. 1992. Reduction in tomato yield due to septoria leaf spot [J]. Plant Disease, 76: 208 - 211.

Francki R I B. 1985. Plant virus satellites [J]. Annual Reviews in Microbiology, 39: 151 - 174.

Franklin M T. 1957. Aphelenchoides composticola n. sp. and a. saprophilus n. sp. from mushroom compost and rotting plant tissues 1 [J]. Nematologica, 4: 306 - 313.

Friedrich S, Leinhos G M E, Lopmeier F J. 2003. Development of ZWIREPO, a model forecasting sporulation and infection periods of onion downy mildew based on meteorological data [J]. European Journal of Plant Pathology, 109: 35 - 45.

Frohlich D R, Torres - Jerez I, Bedford I D, et al. 1999. A phylogeographical analysis of the *Bemisia tabaci* species complex based on mitochondrial DNA markers [J]. Molecular Ecology, 8 (10): 1683 - 1691.

Furukawa T, Ushiyama K, Kishi K. 2008. Corynespora leaf spot of scarletsage caused by *Corynespora cassiicola* [J]. Journal of General Plant Pathology, 74: 117 - 119.

Furunishi S, Masaki S, Hashimoto Y, et al. 1982, Diapause response to photoperiod and night interruption in *Mamestra brassicae* (Lepidoptera: Noctuidae) [J]. Applied Entomology and Zoology, 17: 398 - 409.

Gaba V, Zelcer A, Gal - On A. 2004. Invited Review: *Cucurbit biotechnology* - the *importance of virus resistance* [J]. In vitro Cellular & Dvelopmental Biology - Plant, 40: 346 - 358.

Gabe H L. 1975. Standardization of nomendature for pathogenic races of *Fusarium oxysporum* f. sp. *lycopersici* [J]. Transactions of the British Mycological Society, 64: 156 - 159.

Gabel D W, Kingsley M T, Hunter J E, et al. 1989. Reinstatement of *Xanthomonas citri* (ex Hasse) and X. *phaseoli* (ex Smith) to species and reclassification of all X. *campestris* pv. *citristrains* [J]. International Journal of Systematic Bacteriology，39（1）：14-22.

Gabrielson R L，et al. 1964. The celery late blight organism *Septoria apiicola* [J] . Phytopathology，54：1251-1257.

Gaetan S A. 2005. Occurrence of Fusarium wilt on canola caused by *Fusarium oxysporum* f. sp. *conglutinans* in Argentina [J] . Plant Disease，89：432.

Gao Y L，Jurat-Fuentes J L，Oppert B，et al. 2011. Increased toxicity of *Bacillus thuringiensis* Cry3Aa against *Crioceris quatuordecimpunctata* ，*Phaedon brassicae* and *Colaphellus bowringi* by a *Tenebrio molitor* cadherin fragment [J] . Pest Management Science，67（9）：1076-1081.

Gao Y L，Lei Z R，Abe Y，et al. 2011. Species displacement are common to two invasive species of leafminer fly in China，Japan and the United States [J] . Journal of Economic Entomology，104：1771-1773.

Gao Y L，Reitz S R，Lei Z R，et al. 2012. Insecticide-mediated apparent displacement between two invasive species of leafminer fly [J] . PLoS One，7（5）：36622.

Gao Y，Luo L Z，Hammond A. 2007. Antennal morphology，structure and sensilla distribution in *Microplitis pallidipes* （Hymenoptera：Braconidae）[J] . Micron，38：684-693.

Gardner M W，Kendrick J B. 1921. Bacterial spot of tomato [J] . Journal of Agricultural Research，21：123-156.

Gardner M W，Kendrick J B. 1923. Bacterial spot of tomato and pepper [J] . Phytopathology，13：307-315.

Gargi，Roy A N. 1988. Prevention and control of some post harvest fungal diseases of garlic bulbs [J] . Pesticides，22：11-15.

Gartemann K H，Abt B，Bekel T，et al. 2008. The genome sequence of the tomato-pathogenic actinomycete *Clavibacter michiganensis* subsp. *michiganensis* NCPPB382 reveals a large island involved in pathogenicity [J] . Journal of Bacteriology，190：2138-2149.

Gayoso C，de llôrduya O M，Pomar F，et al. 2007. Assessment of real-time PCR as a method for determining the presence of *Verticillium dahliae* in different solanaceae cultivars [J] . European Journal of Plant Pathology，118：199-209.

Gaze R H. 1999. Virus in disguise [J] . Mushroom Journal，1：17-19.

Gaze R H. 2000. Virus X revisited [J] . Mushroom Journal，1：12-15.

Ge L，Zhang J，Zhou X. et al. 2007. Genetic structure and population variability of tomato yellow leaf curl China virus [J] . Journal of Virology，81：5902-5907.

Geels F P. 1995. *Pseudomonas tolaasii* control by kasugamycin in cultivated mushrooms（*Agaricus bisporus*）[J] . Journal of Applied Bacteriology，1：38-42.

Geffroy V，Delphine S，de Liveira J C F. et al. 1999. Identification of an ancestral resistance gene cluster involved in the coevolution process between *Phaseolus vulgaris* and its fungal pathogen *Colletotrichum lindemuthianum* [J] . Molecular Plant-Microbe Interactions，12：774-784.

Genin S，Boucher C. 2002. *Ralstonia solanacearum* ：secrets of a major pathogen unveiled by analysis of its genome [J] . Molecular Plant Pathology，3：111-118.

George M G，Timothy G L，James R C，et al. 2007. Taxonomic outline of the bacteria and archaea [M] . Release，7：157-158.

Geraldson C M. 1952. Studies on control of blackheart of celery [J] . Proc. Fla. State Hortic. Soc. ，171-173.

Ghabrial S A. 1994. New developments in fungal virology [J] . Advance Virus Research，43：303-388.

Ghanim M，Morin S，Czosnek H. 2001. Rate of tomato yellow leaf curl virus translocation in the circulative transmission pathway of its vector，the whitefly *Bemisia tabaci* [J] . Virology，2：188-196.

Gilles T，Kennedy R. 2003. Effects of an interaction between inoculum density and temperature on germination of *Puccinia allii* urediniospores and leek rust progress [J] . Phytopathology，93：413-420.

Gilles T，Phelps K，Clarkson J P，et al. 2004. Development of Milioncast，an improved model for predicting downy mildew sporulation on onions. [J] Plant disease，7：695-702.

Gitaitis R D，Beaver R W，Voloudakis A E. 1991. Detection of *Clavibacter michiganensis* subsp. *michiganensis* in symptomless tomato transplants [J] . Plant Disease，75：834-838.

Gitaitis R D，McCarter S，Jones J. 1992. Disease control in tomato transplants produced in Georgia and Florida [J] . Plant Disease，76：651-656.

Gizi D，Stringlis I A，Tjamos S E，et al. 2011. Seedling vaccination by stem injecting a conidial suspension of F2，a non-pathogenic *Fusarium oxysporum* strain，suppresses Verticillium wilt of eggplant [J] . Biological Control，58：387-392.

Gleason M L，Gitaitis R D，Ricker M D. 1993. Recent progress in understanding and controlling bacterial canker of tomato in Eastern North America [J] . Plant Disease，77：1069-1076.

Gomez K A, Gomez A A. 1984. Statistical procedures for agricultural research [M] . 2nd ed. Singapore: John Wiley & Sons. Inc.

Goncalves - Vidigal M C, Cruz A S, Garcia A, et al. 2011. Linkage mapping of the Phg - 1 and Co - 14 genes for resistance to angular leaf spot and anthracnose in the common bean cultivar AND 277 [J] . Theoretical and Applied Genetics , 122: 893 -903.

Goncalves - Vidigal M C, Filho V P S, Medeiros A F, et al. 2009. Common bean landrace Jalo Listras Pretas is the source of a new andean anthracnose resistance gene [J] . Crop Science, 49: 133 - 138.

Gonzalez A J, Gonzalez - Varela G, Gea F J. 2009. Blown blotch caused by *Pseudomonas tolaasii* on cultivated *Pleurotus eryngii* in Spain [J] . Plant Disease, 6: 667.

Goodey J B. 1960. Observations on the effects of the parasitic nematodes *Ditylenchus myceliophagus* , *Aphelenchoides composticola* and *Paraphelenchus myceliophthorus* on the growth and cropping of mushrooms [J] . Annals of Applied Biology, 3: 655 - 664.

Goodin M M, Schlagnhaufe B, Romaine C P. 1992. Encapsidation of the La France disease - specific double - stranded RNAs in 36 - nm isometric virus - like particles [J] . Phytopathology, 2: 285 - 290.

Gottlieb Y, Fein E Z, Daube N M, et al. 2010. The transmission efficiency of *Tomato Yellow Leaf Curl Virus* by the whitefly *Bemisia tabaci* is correlated with the presence of a specific symbiotic bacterium species [J] . Journal of Virology, 84 (18): 9310 - 9317.

Gourley C O. 1966. The pathogenicity of *Colletotrichtum dematiam* totable beets and other hosts [J] . Canadian Journal of Plant Science, 46: 531 - 536.

Grbic M, van Leeuwen T, Clark R M, et al. 2011. The genome of *Techanychus urticae* reveals herbivorous pest adaptations [J] . Nature, 479 (7374): 487 - 492.

Grewal P S. 1989. Effects of leaf - matter incorporation on *Aphelenchoides composticola* (Nematoda), mycofloral composition, mushroom compost quality and yield of *Agaricus bisporus* [J] . Annals of Applied Biology, 2: 299 - 312.

Grewal P S. 1989. Nematicidal effects of some plant - extracts to Aphelenchoides composticola (Nematoda) infesting mushroom, *Agaricus bisporus* [J] . Revue de Nématologie, 3: 317 - 322.

Groenewald M, Groenewald J Z, Braun U. et al. 2006. Host range of *Cercospora apii* and *C. beticola* and description of *C. apiicola* , a novel species from celery [J] . Mycologia, 2: 275 - 285.

Groenewald M, Groenewald J Z, Crous P W. 2005. Distinct species exist within the *Cercospora apii* Morphotype [J] . Phytopathology, 8: 951 - 959.

Grogan H M, Adie B A T, Gaze R H, et al. 2003. Double - stranded RNA elements associated with the MVX disease of *Agaricus bisporus* [J] . Mycology Research, 2: 147 - 154.

Grondonai H O. 1997. Physiological and biochemical characterization of *Trichoderma harzianum* , a biological control agent against soibome fungal plant pathogens [J] . Applied and Environmental Microbiology, 8: 3189 - 3198.

Grute I R, Katrhleen P, Barnes A, et al. 1983. The relationship between genotypes of three *Brassica* species and collections of *Plasmodiophoa brassicae* [J] . Plant Pathology, 32: 405 - 420.

Gu Q S, Liu Y H, Wang Y H, et al. 2011. First report of Cucurbit chlorotic yellows virus in cucumber, melon, and watermelon in China [J] . Plant Disease, 1: 73.

Gui H L. 1933. The potato scab gnat *Pnyxia scabiei* (Hopkins) [J] . Ohio Agriculture Experiment Station Bulletin, 525: 9 - 11.

Guillermo A G, Carole F S K, Wim J M K, et al. 2008. Genetic variation among *Fusarium* isolates from onion, and resistance to *Fusarium* basal rot in related *Allium* species [J] . European Journal of Plant Pathology, 121: 499 - 512.

Guirao P, Beitia F, Cenis J L. 1997. Biotype determination of Spanish populations of *Bemisia tabaci* (Hemiptera: Aleyrodidae) [J] . Bulletin of Entomological Research, 87: 587 - 593.

Guo L, Zhu X Q, Hu C H, et al. 2010. Genetic structure of *Phytophthora infestans* populations in China indicates multiple migration events [J] . Phytopathology, 10: 997 - 1006.

Guo Y. 2007. Characterization of *Pseudomonas corrugata* strain P94 isolated from soil in Beijing as a potential biocontrol agent [J] . Current Microbiology, 55: 247 - 253.

Gustine D L, Sherwood R T, Moyer B G. 1995. Evidence for a new class of peptide elicitor of the hypersensitive reaction from the tomato pathogen *Pseudomonas corrugata* [J] . Phytopathology, 85: 848 - 853.

Gutierrez C, Ramirez - Parra E, Mar C M, et al. 2004. Geminivirus DNA replication and cell cycle interactions [J] . Veterinary Microbiology, 98: 111 - 119.

Gutierrez C. 2000. DNA replication and cell cycle in plants: learning from geminiviruses [J]. The EMBO Journal, 19: 792-799.

Guzman P, Donado M R, Galvez G E. 1979. Pérdidas económicas causadas porla antracnosis del frijol (Phaseolus vulgaris L.) en Colombia [J]. Turrialba, 29: 65-67.

Gyoutoku Y, Kashio T, Yokoyama T. 2004. Physical control of the cotton caterpillar, Diaphania indica, and the corn earworm, Helicoverpa armigera, by insect-proof nets on greenhouse melon [J]. Kyushu Plant Protection Research, 50: 66-71.

Ha C, Coombs S, Revill P, et al. 2008. Molecular characterization of Begomoviruses and DNA satellites from Vietnam: additional evidence that the new world geminiviruses were present in the old world prior to continental separation [J]. Journal of General Virology, 89: 312-326.

Hall R A. 1993. A system of caging Thrips palmi for laboratory bioassay of apthogens [J]. Florida Entomologist, 76: 171.

Hall R, Phillips L G. 1992. Effects of crop sequence and rainfall on population dynamics of Fusarium solani f. sp. phaseoli in soil [J]. Canadian Journal of Botany, 10: 2005-2008.

Hall T J. 1980. Resistance at the TM-2 locus in the tomato to tomato mosaic virus [J]. Euphytica, 29: 189-197.

Hamamoto H, Shishido Y, Furuya S, et al. 1998. Growth and development of tomato fruit as affected by 2, 3, 5-triiodobenzoic acid (TIBA) applied to the peduncle [J]. Journal of the Japanese Society for Horticultural Science, 2: 210-212.

Hamilton J G C, Hall D R, Kirk W D J. 2005. Identification of a male produced aggregation pheromone in the western flower thrips Frankliniella occidentalis [J]. Journal of Chemical Ecology, 31: 1369-1379.

Hanger B C. 1979. The movement of calcium in plants [J]. Communications in Soil Science & Plant Analysis, 10: 171-93.

Hanley-Bowdoin L, Settlage S B, Orozco B M. et al. 2000. Geminiviruses: models for plant DNA replication, transcription, and cell cycle regulation [J]. Critical Reviews in Biochemistry and Molecular Biology, 2: 105-140.

Hanna H Y, Story R N, Adams A J. 1987. Influence of cultivar, nitrogen, and frequeney of insecticide application of vegetable leafminer (Diptera: Agromyzidae) population density and dispersion of snap beans [J]. Journal of Economic Entomology, 80: 107-110.

Hansama M K. 1991. Control of Corynespora target leaf spot of cucumber by use of negatively correlated cross resistance between benzimidazole fungicides and diethofencarb [J]. Annals of the Phytopathological Society of Japan, 3: 319-325.

Harbaugh B K, Price J F, Stanley C D. 1983. Influence of leaf nitrogen on leafminer damage and yield of spray Chrysanthemum [J]. Hortscience, 18 (6): 880-881.

Hare J D. 1990. Ecology and management of the colorado potato beetle [J]. Annual Review of Entomology, 35: 81-100.

Harllen S A, Reginaldo S R, Dirceu M, et al. 2004. Rhizobacterial induction of systemic resistance in tomato plants: non-specific protection and increase in enzyme activities [J]. Biological Control, 29: 288-295.

Harmsen M C, Van griensven L J L D, Wessels J G H. 1989. Molecular analysis of Agaricus bisporus double-stranded RNA [J]. Journal of General Virology, 6: 1613-1616.

Harrison B D, Finch J T, Gibbs A J, et al. 1971. Sixteen groups of plant viruses [J]. Virology, 45: 356-363.

Harrison B D, Robinson D J. 1999. Natural genomic and antigenic variation in whitefly-transmitted geminiviruses (Begomoviruses) [J]. Annual Review of Phytopathology, 37: 369-398.

Harrison B D, Swanson M M, Fargette D. 2002. Begomovirus coat protein: serology, variation and functions [J]. Physiological and Molecular Plant Pathology, 60: 257-271.

Hart R O. 1977. Etiology of Cercospora cruenta Sacc. on Vigna unguiculata (L.) [M]. Turkeyen, E. C. D. Guyana: The University of Guyana.

Harter L L, Zaumeyer W J. 1941. Differentiation of physiologic races of Uromyces phaseoli typica on bean [J]. Journal of Agricultural Research, 62: 717-731.

Hartman G L, Wang T C. 1992. Anthracnose of pepper: a review and report of a training course [M] //Asian Vegetable Research and Development Center. Working Paper 5: 31.

Hasama W, Morita S, Kato T. 1993. Seed transmission of Corynespoa melonis, causal fungus of target leaf spot, on cucumber [J]. Annals of the Phytopathological Society of Japan, 2: 175-179.

Hayashi T. 1989. Xyloglucans in the primary cell wall [J]. Annual Review of Plant Physiology and Plant Molecular Biology, 40: 139-168.

Hayward A C. 1964. Characteristics of Pseudomonas solanacearum [J]. Journal of Applied Bacteriology, 27: 265-277.

Hayward A C. 1991. Biology and epidemiology of bacterial wilt caused by Pseudomonas solanacearum [J]. Annual Review of Phytopathology, 29: 67-87.

Hayward A C. 1994，Systematics and phylogeny of *Pseudomonas solanacearum* and related bacteria ［M］// Hayward A C，Hartman G L. Bacterial wilt: the disease and its causative agent，Pseudomonas solanacearum. United Kingdom: CAB International: 123 - 135.

He L Y，Sequeira L，Kelman A. 1983. Characteristics of strains of *Pseudomonas solanacearum* ［J］. Plant Disease，12: 1357 -1361.

He L Y. 1985，Bacterial wilt in the People's Republic of China ［M］// Perley G J. Bacterial wilt disease in Asia and the south Pacific: proceedings of an international workshop held at PCARRD，Los Banos，Philippine: Australian Centre for International Agricultural Research: 40 - 48.

He Y R，Li L H，Kuang Z B，et al. 2005. Effect of temperature and humidity on the virulence of beetle-derived *Beauveria bassiana* (Balsamo) Vuillemin (Deuteromycetes: Moniliales) against the daikon leaf beetle，*Phaedon brassicae* Baly (Coleoptera: Chrysomelidae) ［J］. Acta Entomologica Sinica，48 (5): 679 - 686.

Hedesh R M，Shams-Bakhsh M，Mozafari J. 2011. Evaluation of common bean lines for their reaction to *Tomato yellow leaf curl virus*-Ir2 ［J］. Crop Prot, ection，2: 163 - 167.

Hehnle S，Wege C，Jeske H. 2004. Interaction of DNA with the movement proteins of geminiviruses revisited ［J］. Journal of Virology，78: 7698 - 7706.

Heinz K M，Parrella M P. 1989. Attack behavior and host size selection by *Diglyphus begini* of *Liriomyza trifolii* on Chrysanthemum ［J］. Entomologia Experimentalis et Applicata，53: 147 - 156.

Heinz K M，Parrella M P. 1990. Holarctic distribution of the leafminer parasitoid *Diglyphus begini* (Hymenoptera: Eulophidae) and notes on its life history attacking *Liriomyza trifolii* (Diptera: Agromyzidae) in chrysanthemum ［J］. Annals of the Entomological Society of America，83 (5): 916 - 924.

Heinz K M，Parrella M P. 1990. The influence of host size on sex ratios in the parasitoid *Diglyphus begini* (Hymenoptera: Eulophidae) ［J］. Ecological Entomology，15: 391 - 399.

Heinz K M. 1991. Sex-specific reproductive consequences of body size in the solitary ectoparasitoid，*Diglyphus Begini* ［J］. Evolution，45 (6): 1511 - 1515.

Helena O W，Malgorzata S，Wieslaw M，et al. 2008. Evaluation of cucumber (*Cucumis sativus*) cultivars grown in Eastern Europe and progress in breeding for resistance to angular leaf spot (*Pseudomonas syringae* pv. *lachrymans*). European Journal of Plant Pathology，122: 385 - 393.

Hendrikse A. 1980. A method for mass rearing two braconid parasites (*Dacnusa sibirica* and *Opius pallipes*) of the tomato leafminer (*Liriomyza bryoniae*) ［J］. Med Fac Landbouww Rijksuniv Gent，45: 563 - 571.

Hepperly P，Zee F，Kai R，et al. 2004. Producing bacterial wilt-free ginger in greenhouse culture ［J］. Soil and Crop Management，8: 1 - 6.

Heppner J B. 1989. Larvae of fruit flies *Dacus cucurbitae* (Melon Fly) (Diptera: Tephritidae) ［J］. Fla Dept Agric & Consumer Services Division of Plant Industry，315: 2.

Hernandez-Bello M A，Chilvers M I，Akamatsu H，et al. 2006. Host specificity of *Ascochyta* spp. infecting legumes of the viciae and cicerae tribes and pathogenicity of an interspecific hybrid ［J］. Phytopathology，10: 1148 - 1156.

Hibberd A M，Persley D M，Nahrund G C，et al. 1988. Breeding disease resistant Capsicum for wide adaptation ［C］//Research and Development Conference on Vegetables，the Market and the Producer，247: 171 - 174.

Hiemstra J A，Rataj-G M. 2003. Vegetative compatibility groups in *Verticillium dahliae* isolates from the Netherlands as compared to VCG diversity in Europe and the USA ［J］. European Journal of Plant Pathology，109 (8): 827 - 839.

Higgins B B. 1917. A Colletotrichum leafspot of turnips ［J］. Journal of Agricultural Research，10: 157 - 161.

Higgins B B. 1922. The bacterial spot of pepper ［J］. Phytopathology，12: 501 - 516.

Hildebrand P D，Sutton J C. 1982. Weather variables in relation to and epidemic of onion downy mildew ［J］. Phytopathology，2: 219 - 224.

Hill D S. 1983. Agricultural insect pests of the tropics and their control ［M］. 2nd ed. Cambridge: Cambridge University Press: 746.

Hinomoto N，Osakabe M，Gotoh T，et al. 2001. Phylogenetic analysis of green and red forms of the two-spotted spider mite，*Tetranychus urticae* Koch (Acari: Tetranychidae)，in Japan，based on mitochondrial cytochrome oxidase subunit I sequences ［J］. Applied Entomology and Zoology，36 (4): 459 - 464.

Hitoshik. 1998. Influence of temperature and relative humidity on disease occurrence of sweet pepper caused by *Cercospora capsici* in a plastic house ［J］. Annals of the Phytopathological Society of Japan，2: 137 - 138.

Ho B W C，Edie H H. 1969. White rust (*Albugo ipomoeae-aquaticae*) of *Ipomoea aquatica* in Hong Kong ［J］. Plant Disease Reporter，12：959 - 962.

Ho L C，Adams P，Li X Z，et al. 1995. Responses of Ca-efficient and Ca-inefficient tomato cultivars to salinity in plant growth，calcium accumulation and blossom-end rot [J] . Journal of Horticultural Science，6：909 - 918.

Ho L C，Adams P. 1994. The physiological basis for high fruit yield and susceptibility to calcium deficiency in tomato and cucumber [J] . Journal of Horticultural Science，69：367 - 376.

Ho L C，Belda R，Brown M，et al. 1993. Uptake and transport of calcium and the possible causes of blossom-end rot in tomato [J] . Journal of Experimental Botany，44：509 - 518.

Hochmuth G J，Hochmuth R C. 2012. Blossom-end rot in bell pepper：causes and prevention [EB/OL] . University of Florida IFAS Extension，2012-8-23. http：//edis. ifas. ufl. edu/ss497.

Holland D M，Cooke R C. 1990. Activation of dormant conidia of the wet bubble pathogen mycogone perniciosa by Basidiomycotina [J] . Mycolgical Research，6：789 - 192.

Hollings M，Huttinga H. 1976. Tomato mosaic virus [OL] //Description Plant Viruses. CMI/ABB，No. 156.

Hollings M. 1962. Viruses associated with dieback disease of cultivated mushrooms [J] . Nature，196：962 - 965.

Hollingsworth R，Vagalo M，Tsatsia F. 1997. Biology of melon fly，with special reference to Solomon Islands [J] //Allwood A J，Drew R A I. Management of Fruit Flies in the Pacific. ACIAR Proceedings，76：267.

Hopkins A D. 1895. Notes on the habits of certain Mycetophilids，with descriptions of *Epidapus scabiei* sp. nov [J] . Proceedings of the Entomological Society of Washington，3 (3)：149 - 159.

Horowitz A R，Denholm I，Gorman K，et al. 2003. Biotype Q of *Bemisia tabaci* identified in Israel [J] . Phytoparasitica，31：94 - 98.

Horowitz A R，Gorman K，Ross G，et al. 2003. Inheritance of pyriproxyfen in the whitefly，*Bemisia tabaci* (Q biotype) [J] . Archives of Insect Biochemistry and Physiology，54 (4)：177 - 186.

Horowitz A R，Kontsedalov S，Khasdan V，et al. 2005. Biotypes B and Q of *Bemisia tabaci* and their relevance to neonicotinoid and pyriproxyfen resistance [J] . Archives of Insect Biochemistry and Physiology，58：216 - 225.

Hosoki T，et al. 1985. Relationship between endogenous hormone and nutrient levels in shoot apices of tomato and occurrence of fruit malformation ，and its control by auxin spray and nutritional restrictions. [J] . Journal of the Japan Society for Horticultural Science，3：351 - 356.

Hosoki T. 1990. Cultivar differences in fruit malformation in tomato and its relationship with nutrient and hormone levels in shoot apices [J] . Journal of the Japan Society for Horticultural Science，4：971 - 976.

Hossain M T，Hossain S M M，Bakr M A. 2010. Survey on major diseases of vegetable and fruit crops in Chittagong Region [J] . Bangladesh Journal of Research，3：423 - 429.

Hovius M H Y McDonald M R. 2002. Management of Allium white rot (*Sclerotium cepivorum*) in onions on organic soil with soil-applied diallyl disulfide and di-N-propyl disulfide [J] . Canadian Journal of Plant Pathology，24：281 - 286 .

Howarth F G. 1991. Environmental impacts of classical biological control [J] . Annual Review of Entomology，36：485 -509.

Hu J，de Barro P J，Zhao H，et al. 2011. An extensive field survey combined with a phylogenetic analysis reveals rapid and widespread invasion of two alien whiteflies in China [J] . PLoS ONE，6 (1)：e16061.

Huang J W，Chung W C. 1993. Characteristics of cruciferous black spot pathogens，*Alternaria brassicicola* and *A. brassicae* [J] . Plant Pathology Bulletin，3：141 - 148.

Huang L H，Tseng H H，Li J T，et al. 2010. First Report of Cucurbit chlorotic yellows virus infecting cucurbits in Taiwan [J] . Plant Disease，94：1168.

Huijberts B L，Huttinga N. et al. 1978. Descriptions of plant viruses [J] . Neth. J. Pl. Path. ，84：185.

Humpherson-Jones F M. 1989. Survival of *Alternaria brassicae* and *Alternaria brassicicola* on crop debris of oilseed rape and cabbage [J] . Annals of Applied Biology，115：45 - 50.

Humpherson-Jones F M，Phelps. K 1989. Climatic factors influencing spore production in *Alternaria brassicae* and *Alternaria brassicicola* [J] . Annals of Applied Biology，114：449 - 458.

Hussain M，Mansoor S，Iram S，et al. 2005. The nuclear shuttle protein of tomato leaf curl New Delhi virus is a pathogenicity determinant [J] . Journal of Virology，79 (7)：4434 - 4439.

Hussey N W，Bravenboer L. 1971. Control of whitefly [M] // Huffaker C B. In Biological Control. New York：Plenum：200 -202.

Hyde K D，Cai L，Cannon P F，et al. 2009. Colletotrichum- names in current use [J] . Fungal Diversity，Online Advance：147 -182.

Idris A M，Hiebert E，Bird J，et al. 2003. Two newly described Begomoviruses of *Macroptilium lathyroides* and Common bean [J] . Phytopathology, 7: 774 - 783.

Ikeda K. 2010. Role of perithecia as an inoculum source for stem rot type of pepper root rot caused by *Fusarium solani* f. sp. *piperis* (teleomorph: *Nectria haematococca* f. sp. *piperis*) [J] . Journal of General Plant Pathology, 4: 241 - 246.

Ingham D J, Pascal E, Lazarowitz S G. 1995. Both bipartite geminivirus movement proteins define viral host-range, but only BL1 determines viral pathogenicity [J] . Virology, 1: 191 - 204.

Intana W, Suwanno C, Chamswarng C, et al. 2009. Bioactive compound of antifungal metabolite from *Trichoderma harzianum* mutant strain for the control of Anthracnose of chili (*Capsicum annuum* L.) [J] . Philippagric Scientist, 4: 392 - 397.

Iriarte F B, Balogh B, Momol M T, et al. 2007. Factors affecting survival of bacteriophage on tomato leaf surfaces [J] . Applied and Environmental Microbiology, 6: 1704 - 1711.

Irish B M, Correll J C. 2003. Identification and cultivar reaction to three new races of the spinach downy mildew pathogen from the United States and Europel [J] . Plant Disease, 5: 566 - 572.

Ishaaya I, Horowitz A R. 2005. Biorational insecticides-mechanism and cross-resistance [J] . Archives Insect Biochemistry and Physiology, 58 (4): 192 - 199.

Ishikawa Y, Tsukada S, Matsumoto Y. 1987. Effect of temperature and photoperiod on the larval development and diapause induction in the onion fly, *Hylemya antiqua* Meigen: Diptera: Anthomyiidae [J] . Applied Entomology and Zoology, 22 (4): 610 - 616.

Ishikawa Y, Yamashita T, Nomura M. 2000. Characteristics of summer diapause in the onion maggot, *Delia antiqua* (Diptera: Anthomyiidae) [J] . Journal of Insect Physiology, 46 (2): 161 - 167.

Islam S K, Sintansu P, Pan S. 1990. Effect of humidity and temperature on Phomopsis fruit rot of brinjal [J] . Environment and Ecology, 4: 1309 - 1310.

Ismail H, Jeyanayagi I. 1999. Occurrence and identification of physiological races of *Corynespora cassiicola* of Hevea [C] // Chen Q B, Zhou J N. Proceeding of IRRDB Symposium. Haikou: Hainan Publishing House: 263 - 272.

Jacobi V, Castello J D. 1991. Isolation of tomato mosaic virus from waters draining forest stands in New York State [J] . Phytopathology, 81: 1112 - 1117.

Jahr H, Bahro R, Burger A, et al. 1999. Interactions between *Clavibacter michiganensis* and its host plants [J] . Environmental Microbiology, 1: 113 - 118.

James M. 1990. Dangler External and internal blotchy ripening and fruit elemental content of trickle-irrigated tomatoes as affected by N and K application time [J] . Journal of the American Society for Horticultural Science, 4: 547 - 549.

Jeon H Y, Kim H H, Yang C Y. 2006. Control threshold of the cotton caterpillar (*Palpita indica* S.) on cucumber in greenhouse [J] . Korean Journal of Horticultural Science & Technology, 24 (4): 465 - 470.

Jeske H, Lqtgemeier M, Preiss W. 2001. Distinct DNA forms indicate rolling circle and recombination-dependent replication of Abutilon mosaic geminivirus [J] . The EMBO Journal, 20: 6158 - 6167.

Jess S, Schweizer H. 2009. Biological control of *Lycoriella ingenue* (Diptera: Sciaridae) in commercial mushroom (*Agaricus bisporus*) cultivation: a comparison between *Hypoaspis miles* and *Steinernema feltiae* [J] . Pest Management Science, 65: 1195 - 1200.

Jhala R C, Patel Y C, Dabhi M V, et al. 2005. Pumpkin caterpillar, *Margaronia indica* (Saunders) in cucurbits in Gujarat [J] . Insect Environment, 11 (1): 18 - 19.

Ji P, Campbell H L, Kloepper J W, et al. 2006. Integration biological control of bacterial speck and spot of tomato under field conditions using foliar biological control agents and plant growth-promoting rhizobacteria [J] . Biological Control, 36: 358 - 367.

Ji Y H, Cai Z D, Zhou X W, et al. 2012. First report of *Tomato yellow leaf curl virus* infecting common bean in China [J] . Plant Disease, 8: 1229.

Jia Y, Loh Y T, Zhou J, et al. 1997. Alleles of Pto and Fen occur in bacterial speck-susceptible and fenthion-insensitive tomato cultivars and encode active protein kinases [J] . Plant Cell, 9: 61 - 73.

Jiang J X, Zeng A P, Ji X Y, et al. 2011. Combined effect of nucleopolyhedrovirus and *Microplitis pallidipes* for the control of the beet armyworm, *Spodoptera exigua* [J] . Pest Management Science, 67 (6): 705 - 713.

Jiang W H, Wang Z T, Xiong M H, et al. 2010. Insecticide resistance status of colorado potato beetle adults in Northern Xinjiang Uygur Autonomous Region [J] . Journal of Economic Entomology, 103 (4): 1365 - 1371.

Jiang W H, Xiong M H, Wang Z T, et al. 2010. Incidence and synergism of resistance to conventional insecticides in 4th instar larvae of colorado potato beetle, *Leptinotarsa decemlineata* (Say), in northern Xinjiang Uygur autonomous region [J] .

Acta Entomologica Sinica, 53 (12): 1352 - 1359.

Jiang X F, Luo L Z, Sappington T W. 2010. Relationship of flight and reproduction in beet armyworm, *Spodoptera exigua* (Lepidoptera: Noctuidae), a migrant lacking the oogenesis-flight syndrome [J]. Journal of Insect Physiology, 56: 1631 -1637.

Jiang X F, Zhai H F, Wang L, et al. 2012. Cloning of the heat shock protein 90 and 70 genes from the beet armyworm, *Spodoptera exigua* and expression characteristics in relation to thermal stress and development [J]. Cell Stress and Chaperones, 17: 67 - 80.

Jin J D. 1984. Undescribed fungal leaf spot disease of pepper caused by *Cercospora capsici* in Korea [J]. Collections of the Fungi Studies of Korea, 2: 75 - 77.

Johannseno A. 1912. The fungus gnats of North America [J]. Maine Agriculture Experiment Station Bulletin, 200: 57 - 146.

Johnson M W. 1983. Reduction of tomato leaflet photosynthesis rates by mining activity of *Liriomyza sativae* (Diptera: Agrormyzidae) [J]. Journal of Economic Entomology, 76 (5): 1061 - 1063.

Johnson M W. 1993. Biological control of *Liriomyza* leafminers in the Pacific Basin [J]. Micronesica Supplement, 4: 81 -92.

Jones H E, Whipps J M, Thomas B J, et al. 2000. Initial events in the colonization of tomatoes by *Oidium lycopersici*, A distinct powdery mildew fungus of *Lycopersicon* species [J]. Canadian Journal of Botany, 10: 1361 - 1366.

Jones J B, Bouzar H, Stall R E, et al. 2000. Systematic analysis of *Xanthomonads* associated with pepper tomato lesions [J]. International Journal of Systematic Bacteriology, 50: 1211 - 1219.

Jones J B, Jones J P, Stall R E, et al. 1983. Occurrence of stem necrosis on field-grown tomatoes incited by *Pseudomonas corrugata* in Florida [J]. Plant Disease, 67: 425 - 426.

Jones J B, Lacy G H, Bouzar H, et al. 2004. Reclassification of the *Xanthomonas* associated with bacterial spot disease of tomato and pepper [J]. Systematic and Applied Microbiology, 27: 755 - 762.

Jones J B, Stall R E, Somodi G C, et al. 1996. A third tomato race of *Xanthomonas campestris* pv. *Vesicatoria* [J]. Plant Disease, 79: 395 - 398.

Jones J B, Stall R E. 1998. Diversity among *Xanthomonads* pathogenic on pepper and tomato [J]. Annual Review of Phytopathology, 36: 41 - 58.

Jones J P. 1955. Environmental and genetic studies on the blotch ripening disease of tomato [D]. Ohio, USA: Ohio State University.

Jones R W, Stommel J R, Wanner L A. 2009. First report of *Leveillula taurica* causing powdery mildew on pepper in Maryland [J]. Plant Disease, 11: 1222.

Jones V P, Parrella M P. 1986. The movement and dispersal of *Liriomyza trifolii* (Diptera: Agromyzidae) in a chrysanthemum greenhouse [J]. Annals of Applied Biology, 109: 33 - 39.

Joselito E V, Kenichi T, Mitsuo H, et al. 2005. Phylogenetic relationships of *Ralstonia solanacearum* species complex strains from Asia and other continents based on 16S rDNA, endoglucanase, and hrpB gene sequences [J]. Journal of General Plant Pathology, 71: 39 - 46.

Joseph C D, James E O, Benedict H, et al. 2002. Male-produced aggregation pheromone for the Colorado potato beetle [J]. Journal of Experimental Biology, 205: 1925 - 1933.

Joseph C D. 2000. Orientation of colorado potato beetle to natural synthetic blends of volatiles emitted by potato plants [J]. Agricultural and Forest Entomology (2): 167 - 172.

Joseph C. 1916. Gilman Cabbage yellows and the relation of temperature to its occurrence [J]. Annals of the Missouri Botanical Garden, 1: 25 - 84.

Julia R, Elisabeth H. 2009. Behaviour-modifying activity of eugenol on *Thrips tabaci* Lindeman [J]. Pest Science, 82: 115 - 121.

Justin E R L, Eslie R P A, Li M R, et al. 1994. ORF C4 of tomato leaf curl geminivirus is a determinant of symptom severity [J]. Virology, 204: 847 - 850.

Kaiser W J, Viruega J R, Peever T L, et al. 2008. First report of ascochyta blight outbreak of pea caused by *Ascochyta pisi* in Spain [J]. Plant Disease, 9: 1365.

Kaiwai A. 1986. Studies on population ecology of *Thrips palmi* Karny. XII. analysis of damage to eggplant and sweet pepper [J]. Japanese Journal of Applied. Entomology and Zoology, 30 (3): 179 - 187.

Kajita H, Hirose Y, Takagim, et al. 1996. Host plants and abundance of *Thrips palmi* Karny (Thysanoptera: Thripidae): an important pest of vegetables in southeast Asia [J]. Applied Entomology and Zoology, 31 (1): 87 - 94.

Kamenova I, Adkins S, Achor D. 2006. Identification of tomato mosaic virus infection in jasmine [J]. Acta horticulturae,

722：277 - 283.

Kaneshiro L N, Johnson M W. 1996. Tritrophic effects of leaf nitrogen on *Liriomyza trifolii* (Burgess) and an associated parasitoid *Chrysocharis oscinidis* (Ashmead) on bean [J]. Biological Control, 6：186 - 192.

Kang I S, Chahal S S. 2000. Prevalence and incidence of white rot of rapeseed and mustard incited by *Sclerotinia sclerotiorum* in Punjab. [J]. Plant Disease Research, 15：232 - 233.

Kang L, Chen B, Wei J N, et al. 2009. Roles of thermal adaptation and chemical ecology in *Liriomyza* distribution and control [J]. Annual Review of Entomology, 54：127 - 145.

Kao C C, Barlow E. 1992. Sequeira L. Extracellular polysaccharide is required for wild-type virulence of *Pseudomonas solanacearum* [J]. Journal of Bacteriology, 174：1068 - 1071.

Karabetsos J H, Pappelis A J, Russo V M. 1987. Visualization of halos in the epidermal cell wall of *Allium cepa* caused by Colletotrichum dematium f. *circinans* and *Botrytis allii* using fluorochromes [J]. Mycopathologia, 97：137 - 141.

Karkanis A, Bilalis D, Efthimiadou A. 2012. Effects of field bindweed (*Convolvulus arvensis* L.) and powdery mildew [*Leveillula taurica* (Lev.) Arn.] on pepper growth and yield-Short communication [J]. Horticultural Science, 3：135 - 138.

Kato Y N K, Takeuchi S. 1976. Studies on the method of early selection of the resistance of cabbage to the yellows disease [J]. Journal of the Central Agricultural Experiment Station, 24：141 - 182.

Katoch V, Susheel S, Pathania S, et al. 2010. Molecular mapping of pea powdery mildew resistance gene er2 to pea linkage group Ⅲ [J]. Molecular Breeding, 2：229 - 237.

Kato K, Hanada K, Kameya-Iwaki M. 2000. *Melon yellow spot virus*：a distinct species of the genus Tospovirus isolated from melon [J]. Phytopathology, 90：422 - 426.

Kawai A. 1986. Studies on population ecology of *Thrips palmi* Karny. Ⅺ. analysis of damage to cucumber [J]. Japanese Journal of Applied Entomology and Zoology, 30：12 - 16.

Kawai A. 1988. Studies on population ecology of *Thrips palmi* Karny. ⅩⅥ. distribution among leaf, flower and fruit on eggplant and sweet pepper [J]. Japanese Journal of Applied Entomology and Zoology, 32：291 - 296.

Kawai A. 1983. Studies on population ecology of *Thrips palmi* Karny. III. relationship between the density of adults on plant and the number of individualst rapped by sticky traps [J]. Proceedings of the Association of Plant Protection of kyushu, 29：87 -89.

Kaya M, Atak M, Khawar K M, et al. 2005. Effect of presowing seed treatment with zinc and foliar spray of humic acid on yield of common bean (*Phaseolus vulgaris* L.), International Journal of Agricultural Biology, 7：875 - 878.

Kůdela V, Krejzar V, Pánková I. 2010. *Pseudomonas corrugata* and *Pseudomonas marginalis* associated with the collapse of tomato plants in rockwool slab hydroponic culture [J]. Plant Protection Science, 46：1 - 11.

Kedar N, Rabinowitch H D, Budowski P. 1975. Conditioning of tomato fruit against sunscald [J]. Scientia Horticulturae, 1：83 - 87.

Keinath A, Farnham M, Smith P. 1998. Reaction of 26 cultivars of *Brassica oleracea* to yellows in naturally infested soil [J]. Biological and Cultural Tests, 13：155 - 156.

Kendall D M, Bjostad L B. 1987. Susceptibility of onion growth stages to onion thrips (Thysanoptera：thripidae) damage and mechanical defoliation [J]. Environmental Entomology, 16：859 - 863.

Kendrick J B, Snyder W C. 1942. Fusarium yellows of beans [J]. Phytopathology, 32：1010 - 1014.

Kennedy G G, Bohn G W, Stoner A K, et al. 1978. Leafminer resistance in muskmelon [J]. Journal of the American Society for Horticultural Science, 103 (5)：571 - 574.

Kennedy G G, McLean D L, Kinsey M G. 1978. Probing behavior of Aphis gossypii on resistant and susceptible muskmelon [J]. Journal of Economic Entomology, 71：13 - 16.

Keri M, Van den Berg C G J, Mc Vetty P B E, et al. 1997. Inheritance of resistance to leptosphaeria maculans in brassica juncea [J]. Phytopathology, 87 (6)：594 - 598.

Kerry F P, Gregory B M, 2003. Molecular basis of Pto-mediated resistance to bacterial speck disease in tomato [J]. Annual Review of Phytopathology, 41：215 - 243.

Keularts J L W, Lindqwist R K. 1989. Increase in mortality of prepupae and pupae of *Liriomyza trifolii* (Diptera：Agromyzidae) by manipulation of relative humidity and substrate [J]. Environmental. Entomology, 18 (3)：499 - 503.

Khan M A. 1985. *Eulophid parasites* (Hymenoptera：Eulophidae) of Agromyzidae in India [J]. Journal of the Bombay Natural History Society, 82 (1)：149 - 159.

Khan M M H, Kundu Z, Alam M Z. 2000. Impact of trichome density on the infestation of *Aphis gossypii* Glover and incidence of disease in ashgourd [J]. International Journal of Pest Management, 46：201 - 204.

Khan N U. 1999. Studies on epidemiology, seed-borne nature and management of Phomopsis fruit rot of brinjal [D]. Mymensingh: Department of Plant Pathology. Bangladesh Agricultural University: 25 - 40.

Khattab E A H. 2006. Biological, Serological and molecular detection of Pepper mottle virus infecting pepper plants in Egypt [J]. Journal of Phytopathology, 2: 121 - 138.

Khatun F, Hossain M A, Hossain M M, et al. 1996. Effect of culture media, temperature, pH and nitrogen sources on growth and sporulation of *Alternaria brassicicola* [J]. Bangladesh Journal of Plant Pathology, 12 (1 - 2): 29 - 32.

Khlaif H. 1995. Varietal reaction and control of angular leaf spot disease on cucumber [J]. Pure and Applied Science, 5: 1201 - 1208.

Khuntl J P, Khandar R R, Bhoraniya M F. 2004. Effect of media and temperature on germination of sporangia of Albugo Cruciferarum causing white rust of mustard [J]. Advances in Plant Sciences, 1: 93 - 96.

Khuntt J P, Khandar R R, Bhoraniya M F. 2004. Role of weather factors in the development of white rust of mustard [J]. Advances in Plant Sciences, 1: 81 - 84.

Kiers E, de Kogel W J, Balkema-Boomstra A, et al. 2000. Flower visitation and oviposition behaviour of *Frankliniella occidentalis* (Thysan, Thripidae) on cucumber plants [J]. Journal of Applied Entomology, 124: 27 - 32.

Kim B S, Cho H J, Hwang H S, et al. 1999. Gray leaf spot of tomato caused by *Stemphylium solani* [J]. Plant Pathol., 15: 348 - 350.

Kim B S, Cho K W, Yu S H. 1995. Gray leaf spot caused by *Stephylium lycopersici* on tomato plants [J]. Korean Journal of. Plant Pathology, 11: 282 - 284.

Kim B S, Yu S H, Cho H J, et al. 2004. Gray leaf spot inpeppers caused by *Stemphylium solani* and S. *lycopersici* [J]. Plant Pathology, 2: 85 - 91.

Kim D H, Lee J M. 2000. Seed treatment for cucumber green mottle mosaic virus (CGMMV) in gourd (*Lagenaria siceraria*) seeds and its detection [J]. Journal of the Korean Society for Horticultural Science, 1: 1 - 6.

Kim H H, Choo H Y, Park C G, et al. 2001. Biological control of cotton caterpillar, *Palpita indica* Saunder (Lepidoptera: Pyralidae) with entomopathogenic nematodes [J]. Korean Journal of Applied Entomology, 40 (3): 245 - 252.

Kim H K, Oh S J, Kim H K, et al. 2000. Effect of sodium hypochlorite for controlling bacterial blotch on *Pleurotus ostreatus* [J]. Mycobiology, 3: 123 - 126.

Kim H S, Cho J R, Lee M, et al. 2001. Optimal radiation dose of Cobalt60 to improve the sterile insect technique for *Delia antiqua* and *Delia platura* [J]. Journal of Asia-Pacific Entomology, 4 (1): 11 - 16.

Kim K D, Oh B J, Yang J. 1999. Differential interactions of a *Colletotrichum gloeosporioides* isolate with green and red pepper fruits [J]. Phytoparasitica, 27: 97 - 106.

Kim M S, Cho S M, Kang E Y, et el. 2008. Galactinol is a signaling component of the induced systemic resistance caused by *Pseudomonas chlororaphis* of root colonization [J]. Molecular Plant-Microbe Interactions, 12: 1643 - 1653.

Kim S H, Yoon J B, Do J W, et al. 2008. A major recessive gene associated with anthracnose resistance to *Colletotrichum capsici* in chili pepper (*Capsicum annuum* L.) [J]. Breeding Science, 2: 137 - 141.

Kim S W, Kim M G, Jung H A, et al. 2008. An application of protein microarray in the screening of monoclonal antibodies against the oyster mushroom spherical virus [J]. Analytical Biochemistry, 2: 313 - 317.

Kim S W, Kim M G, Kim J, et al. 2008. Detection of the mycovirus OMSV in the edible mushroom, Pleurotus ostreatus, using an SPR biosensor chip [J]. Journal of Virological Methods, 1: 120 - 124.

Kim W G, Hong S K, Kim J H, 2008. Occurrence of Anthracnose on Welsh onion caused by *Colletotrichum circinans* [J]. Mycobiology, 4: 274 - 276.

Kim Y J, Kim J Y, Kim J H. et al. 2008. The identification of a novel *Pleurotus ostreatus* dsRNA virus and determination of distribution of viruses in mushroom spores [J]. The Journal of Microbiology, 1: 95 - 99.

Kim Y J, Park S, Yie S W, et al. 2005. RT-PCR detection of dsRNA mycoviruses infecting *Pleurotus ostreatus* and *Agaricus blazei* Murrill [J]. Plant Pathology Journal, 4: 343 - 348.

Kimbeng C A. 1999. Fungicidal control of leaf spot (*Septoria apiicola*) of celery [J]. Australian Journal of Experimental Agriculture, 3: 361 - 378.

Kimoto S, Chu Y I. 1996. Systematic catalog of Chrysomelidae of Taiwan (Insect: Coleoptera) [J]. Bulletin of the Institute of Comparative Studies of International Cultures and Societies, 16: 1 - 152.

Kinney L F. 1891. Celery culture in Rhode Island [J]. Rhode Island. Agricultural Experiment Station, 44: 17 - 63.

Kirk W D J, Terry L I. 2003. The spread of the western flower thrips *Frankliniella occidentalis* (Pergande) [J]. Agriculture Forest Entomology, 5: 301 - 310.

Kiss L, Cook R T A, Saenz G S, et al. 2001. Identification of two powdery mildew fungi, *Oidium neolycopersici* sp. nov. and *O. lycopersici*, infecting tomato in different parts of the world [J]. Mycological Research, 6: 684 - 697.

Kiss L, Takamatsu S, Cunnington J H. 2005. Molecular identification of *Oidium neolycopersici* as the causal agent of the recent tomato powdery mildew epidemics in North America [J]. Plant Disease, 5: 491 - 496.

Klarfeld S, Rubin A, Cohen Y. 2009. Pathogenic fitness of oosporic progeny isolates of phytophthora infestans on late-blight-resistant tomato lines [J]. Plant Disease, 9: 947 - 953.

Ko S J, Lee Y H, Cha K H, et al. 2006. Incidence and distribution of virus diseases on cucumber in Jeonnam Province During 1999-2002 [J]. Plant Pathology Journal, 2: 147 - 151.

Ko Y, Sun S K. 1993. Ecological studies on the Chinese leek rust in Taiwan [J]. Plant protection Bulletin (Taipei), 35: 1 - 13.

Koch E, Schmitt A, Stephan D, et al. 2010. Evaluation of non-chemical seed treatment methods for the control of *Alternaria dauci* and *A. radicina* on carrot seeds [J]. European Journal of Plant Pathology, 127: 99 - 112.

Koch M E, Taanami Z. 1995. Occurrence of Fusarium rot of stored garlic in Israel [J]. Plant Disease, 79: 426.

Koch S, Dunker S, Kleinhenz B. et al. 2007. A suitable German winter rape sclerotinia disease chemical control of crop losses related to forecast model [J]. Phytopathology, 97: 1186 - 1194.

Koenig R. 1986. Plant viruses in rivers and lakes [J]. Advances in Virus Research, 31, 321 - 333.

Koike S T, Henderson D H. 1998. Purple blotch, caused by *Alternaria porri*, on leek transplants in California [J]. Plant Disease, 6: 710.

Komai T, Emura S. 1955. A study of population genetics on the polymorphic land snail *Bradybaena similaris* [J]. Evolution, 9 (4): 400 - 418.

Kontaxis D S. 1979. Cleistothecia of cucurbit powdery mildew in California — a new record [J]. Plant Disease Report, 63: 278.

Kosaka Y, Fukunishi T. 1997. Multiple inoculation with three attenuated viruses for the control of cucumber virus disease [J]. Plant Disease, 81: 733 - 738.

Kouki H. 1996. Effects of leaf age, nitrogen nutrition and photon flux density on the organization of the photosynthetic apparatus in leaves of a vine (*Ipomoea tricolor* Cav) grown horizontally to avoid mutual shading of leaves [J]. Planta, 1: 144 -150.

Kousik C S, Ritchie D F. 1999. Development of bacterial spot on Near-Isogenic lines of bell pepper carrying gene pyramids composed of defeated major resistance genes [J]. Phytopathology, 11: 1066 - 1072.

Krishna V S. 1998. Progress toward integrated management of lettuce drop [J]. Plant Disease, 10: 1068 - 1078.

Kudela V, Lebeda A. 1997. Response of wild Cucumis species to inoculation with *Pseudomonas syringae* pv. *lachrymans* [J]. Genetic Resources and Crop Evolution, 44: 271 - 275.

Kumar A, Aulakh K S, Grewal R K, et al. 1986. Incidence of fungal fruit rots of brinjal in Punjab [J]. Indian Phytopath, 39: 482 - 485.

Kumm S, Moritz G. 2010. Fe-cycle variation, including female production by virgin females in *Frankliniella occidentalis* (Thysanoptera: Thripidae) [J]. Journal of Applied Entomology, 134 (6): 491 - 497.

Kundu S, Patra M, Samaddar K R, 1991. Factors affecting growth and sporulation of *Alternaria brassicicola* [J]. Journal of Mycopathological Research, 1: 17 - 22.

Kurze S, Bahl H, Dahl R, et al. 2002. Biological control of fungal strawberry diseases by *Serratia plymuthica* HRO-C48 [J]. Plant Disease, 85: 529 - 534.

Kwon J, Shen S, Park C. 2001. Pod rot of cowpea (*Vigna sinensis*) caused by *Choanephora cucurbitarum* [J]. The Plant Pathology Journal, 17: 354 - 356.

Kwon M K, Kang B R, Cho B H, et al. 2003. Occurrence of target leaf spot disease caused by *Corynespora cassiicola* on cucumber in Korea [J]. Plant Pathology, 52: 424.

Lacy M L. 1994. Influence of wetness periods on infection of celery by *Septoria apiicola* and use in timing sprays for control [J]. Plant Disease, 10: 975 - 979.

Lagopodi L, Tziros G T. 2010. Formation of chlamydospores and microsclerotia in *Alternaria dauci* [J]. European Journal of Plant Pathology, 128: 311 - 316.

Lai M, Opgenorth D C, White J B. 1983. Occurrence of *Pseudomonas corrugata* on tomato in California [J]. Plant Disease, 67: 110 - 112.

Lakshmesha K K, Lakshmidevi N, Aradhya S M. 2005. Inhibition of cell wall degrading cellulase enzyme-the incitant of an thracnose disease caused by *Colletotrichum capsici* on capsicum fruit [J]. Archives of Phytopathology and Plant Protection, 4: 295 - 302.

Lall B S. 1975. Studies on the biology and control of fruit fly, *Dacus cucurbitae* COQ [J]. Pesticides, 9 (10): 31 - 36.

Lamb R J. 1983. Phenology of flea beetle (Coleoptera: Chrysomelidae) flight in relation to their invasion of canola fields in Manitoba [J]. The Canadian Entomologist, 115 (11): 1493 - 1502.

Lamb R J. 1988. Susceptibility of low and hish glueosinolate oilseed rapes to damage by flea beetles, *Phyllotreta* spp. (Coleoptera: Chrysomelidae) [J]. The Canadian Entomologist, 120 (2): 195 - 196.

Lana A F, Lohuis H, Bos L, et al. 1988. Relationships among strains of bean common mosaic virus and blackeye cowpea mosaic virus-members of the potyvirus group [J]. Annals of Applied Biology, 113: 493 - 505.

Lanfermeijer F C, Warmink J, Hille J. 2005. The products of the broken Tm-2 and the durable Tm-22 resistance genes from tomato differ in four amino acids [J]. Journal of Experimental Botany, 421: 2925 - 2933.

Lanter J M, McGuire J M, Goode M J. 1982. Persistence of *Tomato mosaic virus* in tomato debris and soil under field conditions [J]. Plant Disease, 7: 552 - 555.

Lapidot M. 2002. Screening common bean (*Phaseolus vulgaris*) for resistance to *Tomato yellow leaf curl virus* [J]. Plant Disease, 4: 429 - 432.

Larter N H, Martyn E B. 1943. A preliminary list of plant diseases in Jamaica [J]. Mycology, 8: 1 - 16.

LaSalle J, Parrella P. 1991. The chalcidoid parasites (Hymenoptera, Chalcidoidea) of economically important *Liriomyza* species (Diptera, Agromyzidae) in North America [J]. Proceedings of the Entomological Society of Washington, 93 (3): 571 - 591.

Lateef S S, Reed W. 1990. Insect pests on pigeon pea [M] //Singh S R. Insect pests of tropical legumes. Chichester: John Wiley and Sons: 193 - 242.

Laterrot H R. 1985. A new race of *Cladosporium fulvum* on tomato [J]. Netherlands Joural of Pathology, 1: 86 - 88.

Laterrot H R. 1986. A new race of *Cladosporium fulvum* (*Fulvia fulva*) and sources of resistance on tomato [J]. Netherlands Joural of Pathology, 92: 305 - 307.

Latham L, Jones R. 2003. Virus diseases of vegetable brassica crops [R]. Department of Agriculture, Government of western Australia, Farmnote, No. 28.

Laufs J, Traut W, Heyraud F, et al. 1995. In vitro cleavage and joining at the viral origin of replication by the replication initiator protein of *Tomato yellow leaf curl virus* [J]. Proceedings of the National Academy of Sciences of the United States of America, 9: 3879 - 3883.

Laugé R, Joosten M H A J, Van den Ackerveken G F J M, et al. 1997. The in planta-produced extracellular proteins ECP1 and ECP2 of Cladosporium fulvum are virulence factors [J]. Molecular and Plant-Microbe Interaction, 10: 735 - 744.

Lebeda A, Pavelkova J, Sedlakova B, et al. 2012. Structure and temporal shifts in virulence of *Pseudoperonospora cubensis* populations in the Czech Republic [J]. Plant Pathology, 5: 1 - 10.

Lecoq H, Bourdin D, Wipf-Scheibel C, et al. 1992. A new yellowing disease of cucurbits caused by luteovirus, cucurbit aphidborne yellows virus [J]. Plant Pathology, 41: 749 - 761.

Ledieu M S, Helyer N L. 1985. Observations on the economic importance of tomato leaf miner (*Liriomyza bryoniae*) (Agromyzidae) [J]. Agriculture Ecosystems and Environment, 13: 103 - 109.

Lee H B, Magan N. 2010. The influence of environmental factors on growth and interactions between *Embellisia allii* and *Fusarium oxysporum* f. sp. *cepae* isolated from garlic [J]. International Journal of Food Microbiology, 138: 238 - 242.

Lee H L, Jeong K S, Cha J S. 2002. PCR assys for specific and sensitive detection of *Pseudomonas tolaasii*, the cause of Blown blotch disease of mushrooms [J]. Letters in Applied Microbiology, 4: 276 - 280.

Lee J E, Hee W C, Jin Y P. 2005. Laval descriptions of five *Galerucine* species (Coleoptera: Chrysomelidae) in Korea and Japan, Part I. non-glanduliferous group [J]. Entomological Research, 35 (3): 141 - 147.

Lee J Y, Kim B S, Won-Lim S, et al. 1999. Field control of Phytophthora blight of pepper plants with Antagonistic Rhizobacteria and DL-b-Amino-n-Butyric acid [J]. Plant Pathology Journal, 4: 217 - 222.

Lee S H, Lee J Y. 1998. Induction of resistance by TMV infection in capsicum annuum against Phytophthora blight [J]. Korean Journal of Plant Pathology, 4: 319 - 324.

Lee Y, Woo Y, Lee S. 2009. Identification of compounds exhibiting inhibitory activity toward the *Pseudomonas tolaasii* toxin tolaasin I using in silico docking calculations, NMR binding assays, and in vitro hemolytic activity assays [J]. Bioorganic & Medicinal Chemistry Letters, 15: 4321 - 4324.

Lei Z R, Liu T X, Greenberg S M. 2009. Feeding, oviposition, development and survival of *Liriomyza trifolii* on Bt-cotton and conventional cotton [J] . Bulletin of Entomological Research, 99: 253 - 261.

Leibee G L. 1985. Effects of storage at 1.1℃ on the mortality of *Liriomyza trifolii* (Burgess) (Diptera: Agromyzidae) life stages in celery [J] . Journal of Economic Entomology, 78: 407 - 411.

Lentz P L. 1962. Fungi on Chinese waterchestnut [J] . The American Midland Naturalist, 1: 181 - 193.

Letham D B, Huett D O, Trimpoli D S. 1976. Biology and control of *Sclerotinia sclerotiorum* in cauliflower and tomato crops in coastal New South Wales [J] . Plant Disease Report, 60: 286 - 289.

Letourneau D K, Msuku W A B. 1992. Enhanced *Fusarium solani* f. sp. *phaseoli* infection by bean fly in Malawi [J] . Plant Disease, 12: 1253 - 1255.

Levitt J. 1980. Responses of plants to environmental stress vol, I, chilling, freezing and high temperature, stress [M] . Academic Press, Inc.

Lewis J A, Papavizas G C. 1977. Effect of plant residues on chlamydospore germination of *Fusarium solani* f. sp. *phaseoli* and on Fusarium root rot of bean [J] . Phytopathology, 67: 925 - 929.

Li B J, Zhao Y J, Gao W, et al. 2010. First report of target leaf spot caused by *Corynespora cassiicola* on balsam pear in China [J] . Plant Disease, 1: 127.

Li B, Chen Q, Lv X. et al. 2009. Phenotypic and genotypic characterization of *Phytophthora infestans* isolates from China [J] . Journal of Phytopathology, 9: 558 - 567.

Li G Q, Huang H C, Achaya S N, et al. 2005. Effectiveness of *Coniothyrium minitans* and *Trichoderma atroviride* in suppression of sclerotinia blossom blight of alfalfa [J] . Plant Pathology, 54: 204 - 211.

Li G Q, Huang H C, Kokko E G, et al. 2002. Ultrastructural study of mycoparasitism of *Gliocladium roseum* on *Botrytis cinerea* [J] . Botanical Bulletin of Academia Sinica, 43: 211 - 218.

Li Z H, Zhou X P, Zhang X, et al. 2004. Molecular characterization of tomato-infecting begomoviruses in Yunnan, China [J] . Archives of Virology, 149: 1721 - 1732.

Li Z, Pan L, Yu H, et al. 2006. Characterization of Spodoptera litura multicapsid nucleopolyhedrovirus 38.7k protein, which contains a conserved BRO domain [J] . Virus Reseach, 115: 185 - 191.

Liang P Y, Liu H D, Chen K Y, et al. 1990. Intracellular appearance, morphological features and properties of oyster mushroom virus [J] . Mycological research, 4: 529 - 537.

Lim W S, Jeong J H, Jeong R D, et al. 2005. Complete nucleotide sequence and genome organization of a dsRNA partitivirus infecting *Pleurotus ostriatus* [J] . Virus Research, 1: 111 - 119.

Lin M C, Chen H P, Wang Y F, et al. 1995. Evaluation of cowpea varieties resistant to cowpea leaf mould (*Cercospora cruenta* Sacc.)[J] . Crop Genetic Rosources, 4: 36 - 37.

Linden A, Achterberg C. 1989. Recognition of eggs and larvae of the parasitoids of *Liriomyza* spp. (Diptera: Agromyzidae: Hymenoptera: Braconidae and Eulophiodae) [J] . Entomol Berichten, 4: 138 - 140.

Linden A. 1986. Addition of the exotic leaf miner parasites *Chrysocharis parksi* and *Opius dimidiatus* to the native Dutch parasite complex on tomato [J] . Mededelingen van de Faculteit Landbouw etenschappen. Rijksuniversiteit Gent, 51 (3a): 1009 - 1016.

Linden A. 1990. Survival of the leafminer parasitoids *Chrysocharis oscinidis* Ashmead and *Opius pallipes* Wesmael after cold storage of host pupae [J] . Mededelingen van de Faculteit Landbouwn etenschappen. Rijksuniversiteit Gent, 55 (2a): 355 - 360.

Ling L. 1948. Host index of the parasitic fungi of szechwan, China [J] . Plant Disease Reporter, 173 (Suppl.): 1 - 38.

Liquido N J, Cunningham R T, Couey H M. 1989. Infestation rate of papaya by fruit flies (Diptera: Tephritidae) in Relation to the Degree of Fruit Ripeness [J] . Journal of Economic Entomology, 82 (10): 213 - 219.

Lisa V, Boccardo G, D' Agostino G, et al. 1981. Characterization of a potyvirus that causes zucchini yellow mosaic [J] . Phytopathology, 71: 667 - 672.

Lisa V, Lecoq H. 1984. Zucchini yellow mosaic virus [M] // CMI/AAB. Descriptions of Plant Vruses, No. 282.

Little E L, Koike S T, Gilbertson R L. 1997. Bacterial leaf spot of celery in California: etiology, epidemiology, and role of contaminated seed [J] . Plant Disease, 8: 892 - 896.

Liu N, Zhou B L, Li Y X, et al. 2009. Effects of diisobutyladipate on verticillium wilt (*Verticillium dahliae*) and seedling growth of eggplant [J] . Allelopathy Journal, 24: 291 - 299.

Liu S S, de Barro P J, Xu J, et al. 2007. Asymmetric mating interactions drive widespread invasion and displacement in a whitefly [J] . Science, 318: 1769 - 1772.

Liu S S, Shi Z H, Guo S J, et al. 2004. Improvement of crucifer IPM in the Changjiang River Valley, China: from research to practice [C] //Endersby N M, Ridland P M. Proceedings of the 4th International Workshop on the Management of the Diamondback Moth and other Crucifer Pests. Australia: The Regional Institute Ltd: 61 - 66.

Liu T X, Kang L, Lei Z R, et al. 2010. Hymenopteran parasitoids and their role in biological control of vegetable *Liriomyza* Leafminers [M] //Liu T X, Kang L. Recent Advances in Entomological Research. Beijing Higher Education Press: 228 - 243.

Liu Y, Wang Y A, Wang X F, et al. 2009. Molecular characterization and distribution of cucumber green mottle mosaic virus in China [J] . Journal of Phytopathology, 157 (7/8): 393 - 399.

Lobo J M, Lopes C A, Silva W L C. 2000. Sclerotinia rot losses in processing tomatoes grown under centre pivot irrigation in central Brazil [J] . Plant Pathology, 49: 51 - 56.

Lodha S. 1995. Soil solarization, summer irrigation and amendments for the control of *Fusarium oxysporum* f. sp. *cumini* and *Macrophomina phaseolina* in arid soils [J] . Crop Protection, 14 (3): 215 - 219.

Lopez M M, Siverio F, Albiach M R, et al. 1994. Characterization of Spanish isolates of *Pseudomonas corrugata* from tomato and pepper [J] . Plant Pathology, 43: 80 - 90.

Lourenco V, Maffia L A, Romeiro R D, et al. 2006. Biocontrol of tomato late blight with the combination of epiphytic antagonists and rhizobacteria [J] . Biological Control, 3: 331 - 340.

Louws F J, Bell J, Medina-Mora C M, et al. 1998. Rep-PCR-mediated genomic fingerprinting: A rapid and effective method to identify *Clavibacter michiganensis* [J] . Phytopathology, 88: 862 - 868.

Louws F J, Wilson M, Campbell H L, et al. 2001. Field control of bacterial spot and bacterial speck of tomato using a plant activator [J] . Plant Disease, 85: 481 - 488.

Lu J T, Ho H Y. 2007. Life cycles of *Cazira verrucosa* (Westwood) and *Eocanthecona concinna* (Walker) (Heteroptera: Pentatomidae) [J] . Formosan Entomologist, 27 (3): 267 - 275.

Lukezic F L. 1979. *Pseudomonas corrugata* , a pathogen of tomato, isolated from symptomless alfalfa roots [J] . Phytopathology, 69: 27 - 31.

Lunello P, Mansilla C, Conci V, et al. 2004. Ultra-sensitive detection of two garlic potyviruses using a real-time fluorescent (Taqman) RT-PCR assay [J] . Journal of Virology Methods, 1: 15 - 21.

Luo C, Jones C M, Devine G, et al. 2010. Insecticide resistance in *Bemisia tabaci* biotype Q (Hemiptera: Aleyrodidae) from China [J] . Crop Protection, 29: 429 - 434.

Luo L X, Waters C, Bolkan H, et al. 2008. Quantification of viable cells of *Clavibacter michiganensis* subsp. *michiganensis* using a DNA binding dye and a real-time PCR assay [J] . Plant Pathology, 57: 332 - 337.

Lurie S, Pesis E, Ben-Arie R. 1991. Darkening of sunscald on apples in storage is a non-enzymatic and non-oxidative process [J] . Postharvest Biology and Technology, 2: 119 - 125.

Löhr B. 2001. Diamondback moth on peas, really [J] . Biocontrol News and Information, 19: 38 - 39.

López R, Asensio C, Gilbertson R L. 2006. Phenotypic and genetic diversity in strains of common blight bacteria (*Xanthomonas campestris* pv. *phaseoli* and *X. campestris* pv. *phaseoli* var. fuscans) in a secondary center of diversity of the common bean host suggests multiple introduction events [J] . Phytopathology, 11: 1204 - 1213.

Ma J, Zhang X G. 2007. Three new species of *Corynespora* from hina [J] . Mycotaxon, 99: 353 - 358.

Macintosh S C, Stone T B, Sims S R. 1990. Specificity and efficacy of purified *Bacillus thuringiensis* proteins against agronomically ilimport insects [J] . Journal of Invertebrute Pathology, 56 (2): 259 - 266.

Magae Y, Hayashi N. 1999. Double-stranded RNA and virus-like particles in the edible basidiomycete *Flammulina velutipes* (Enokitake) [J] . FEMS Microbiology Letters, 2: 331 - 335.

Magae Y, Sunagawa M. 2010. Characterization of a mycovirus associated with the brown discoloration of edible mushroom, *Flammulina velutipes* [J] . Virology Journal, 7: 342 - 380.

Magae Y. 2012. Molecular characterization of a novel mycovirus in the cultivated mushroom, *Lentinula edodes* [J] . Virology Journal, 9: 60 - 66.

Mahasuk P, Kaumpeng N, Wase S, et al. 2009. Inheritance of resistance to anthracnose (*Colletotrichum capsici*) at seedling and fruiting stages in chili pepper (*Capsicum* spp.) [J] . Plant Breeding, 128: 701 - 706.

Mahuku G S, Riascos J J. 2004. Virulence and molecular diversity within *Colletotrichum lindemuthianum* isolates from Andean and Mesoamerican bean varieties and regions [J] . European Journal of Plant Pathology, 110: 253 - 263.

Mansour A, Al-Musa A. 1992. *Tomato yellow leaf curl virus*: host range and virus-vector relationships [J] . Plant Pathology, 2: 122 - 125.

Markakis E A, Tjamos S E, Chatzipavlidis I, et al. 2008. Evaluation of compost amendments for control of vascular wilt diseases [J]. Journal of Phytopathology, 156: 622 - 627.

Marko D, Matej V, Stanislav T. 2010. Cabbage moth [Mamestra brassicae (L.)] and bright-line brown-eyes moth [Mamestra oleracea (L.)] -presentation of the species, their monitoring and control measures [J]. Acta agriculturae Slovenica, 95 (2): 149 - 156.

Martin G B, Brommonschenkel S H, Chuhnwongse J, et al. 1993. Map-based cloning of a protein kinase gene conferring disease resistance in tomato [J]. Science, 262: 1432 - 1436.

Martin G B, de Vicente M C, Tanksley S D. 1993. High resolution linkage analysis and physical characterization of the Pto bacterial locus in tomato [J]. Molecular Plant-Microbe Interactions, 6: 26 - 34.

Martin G B. 1999. Functional analysis of plant disease resistance genes and their downstream effectors [J]. Current Opinion in Plant Biology, 2: 273 - 279.

Marullo R. 2001. Impact of an introduced pest thrips on the indigenous natural history and agricultural system of southern Italy [M] //Thrips and tospoviruses. Proceedings of the 7th International Symposium on Thysanoptera. Italy: Reggio Calabria: 285 - 288.

Mary K B. 1933. Bacterial's peck of tomatoes [J]. Phytopathology, 23: 897 - 904.

Mason G A, Johnson M W, Tabashnik B E. 1987. Susceptibility of Liriomyza sativae and L. trifolii (Diptera: Agromyzidae) to permethrin and fenvalerate [J]. Journal of Economic Entomology, 80 (6): 1262 - 1266.

Mathew F M, Goswami R S, Markell S G, et al. 2010. First report of Ascochyta blight of field pea caused by Ascochyta pisi in South Dakota [J]. Plant Disease, 6: 789.

Mathieu D, et al. 1993. Effect of temperature and leaf wetness duration the infection of celery by Septoria apiicola [J]. Phytopathology, 10: 1036 - 1040.

Matsuda K. 1978. Feeding stimulation of flavonoids for various leaf beetle (Coleoptera: Chrysomelidae) [J]. Applied Entomology and Zoology, 13 (3): 228 - 230.

Matthews R E F. 1991. Plant virology [M]. San Diego: Academic.

Maude R B, Humpherson-Jones F M, Shuring C G. 1984. Treatments to control Phoma and Alternaria infections of brassica seeds [J]. Plant Pathology, 33: 525 - 535.

Maude R B. 1963. Teating the viability of Septoria on celery seed [J]. Plant Pathology, 12: 15 - 17.

Maziero J, Maffia L A, Mizubuti E. 2009. Effects of temperature on events in the infection cycle of two clonal lineages of Phytophthora infestans causing late blight on tomato and potato in brazil [J]. Plant Disease, 5: 459 - 466.

McAvoy G. 2011. Early blight of celery Florida grower, 5: 46.

McAvoy G. 2012. Pest of the month: Fusarium yellows of cabbage [J]. ProQuest Agriculture Journals, 105 (5): 40.

McGrath T M. 2001. Fungicide resistance in cucurbit powdery mildew: experiences and challenges [J]. Plant Disease, 3: 45 -236.

Mclean K L, Stewarta A. 2000. Infection sites of Sclerotium cepivorum on onion root [J]. New Zealand Plant Protection, 53: 118 - 121.

McLeod R W, Khair G T. 1978. Control of Aphelenchoides composticola in mushroom compost with nematicides [J]. Annals of Applied Biology, 1: 81 - 88.

McLeod R W. 1973. Suppression of Aphelenchoides composticola and Ditylenchus myceliophagus on Agaricus bisporus by thiabendazole and benomyl [J]. Nematologica, 2: 236 - 241.

Mehmet E İ, Uygun A, Bülent O, et al. 2008. Effect of calcium based fertilization on dried fig (Ficus carica L. cv. Sarllop) yield and quality [J]. Scientia Horticulturae, 4: 308 - 313.

Mehta P, Wyman J A, Nakhla M K, et al. 1994. Transmission of tomato yellow leaf curl geminivirus by Bemisia tabaci (Homoptera: Aleyrodidae) [J]. Journal of Economic Entomology, 5: 1291 - 1297.

Meisner J, Mitchell B K. 1982. Phagodeterrency effects of neem extracts and azadirachtin on flea beetles, Phyllotreta striolata (F.) [J]. Journal of Plant Diseases and Protection, 89 (8/9): 463 - 467.

Melania C R, Mercado-B J, Olivares-G C, et al. 2006. Molecular variability within and among Verticillium dahliae vegetative compatibility groups determined by fluorescent amplified fragment length polymorphism and polymerase chain reaction markers [J]. The American Phytopathological Society, 5: 485 - 495.

Melotto M, Kelly J D. 2001. Fine mapping of the Co-4 locus of common bean reveals a resistance gene candidate, COK-4 that encodes for a protein kinase [J]. Theoretical and Applied Genetics, 103: 508 - 517.

Menezes J R, Dianese J C. 1988. Race characterization of Brazilian isolates of Colletotrichum lindemuthianum and detection of resistance to anthracnose in Phaseolus vulgaris [J]. Phytopathology, 78: 650 - 655.

Merzlyak M N, Solovchenko A E, Chivkunova O B. 2002. Patterns of pigment changes in apple fruits during adaptation to high sunlight and sunscald development [J]. Plant Physiology and Biochemistry, 6: 679 - 684.

Metcalf D A. http: //www. plantwise. org/Uploads/Compendia Images.

Mewis I, Kleespies R G, Ulrichs C, et al. 2003. First detection of a microsporidium in the crucifer pest *Hellula undalis* (Lepidoptera: Pyralidae) -a possible control agent? [J]. Biological Control, 26 (2): 202 - 208.

Meyer U, Dewey F M. 2000. Efficacy of different immunogens for raising monoclonal antibodies to *Botrytis cinerea* [J]. Mycological Research, 104: 979 - 987.

Michel L, Richard A S, John B. 2005. Plant parasitic nematodes in subtropical and tropical agriculture [M]. 2nd ed. Wallingford: CABI Publishing.

Miller D E, Burke D W. 1985. Effects of low soil oxygen on Fusarium root rot of beans with respect to seedling age and soil temperature [J]. Plant Disease, 69: 328 - 330.

Miller S A, Rowe R C, Riedel R M. Blossom-end rot of tomato, pepper, and eggplant [EB/OL]. http: //ohioline. osu. edu/hyg-fact/3000/3117. html.

Minchinton E. White blister [EB/OL]. http: //www. vgavic. org. au/ pdf/r&d Albugo workshop notes. pdf.

Minkenberg O P J M, Fredrix M J J. 1989. Preference and performance of an herbivorous fly, *Liriomyza trifolii* (Diptera: Agromyzidae), on tomato plants differing in leaf nitrogen [J]. Annals of the Entomological Society of America, 82 (3): 350 - 353.

Minkenberg O P J M, Helderman C A J. 1990. Effects of temperature on the life history of *Liriomyza bryoniae* (Diptera: Agromyzidae) on tomato [J]. Journal of Economic Entomology. , 83 (1): 117 - 125.

Minkenberg O P J M. 1986. The leafminers *Lirimyza bryoniae* and *L. trifolii* (Diptera: Agromyzidae), their parasites and host plants: a review [J]. Agricultural University Wageningen Papers , 86 (2): 1 - 50.

Minkenberg O P J M. 1988. Dispersal of *Liriomyza trifolii* [J]. Bulletin OEPP/EPPO Bulletin, 18: 173 - 182.

Minkenberg O P J M. 1989. Temperature effects on the life history of the eulophid wasp *Diglyphus isaea*, an ectoparasitoid of leafminers (*Liriomyza* spp.), on tomatoes [J]. Annals of Applied Biology, 115: 381 - 397.

Minkenberg O P J M. 1990. Reproduction of *Dacnusa sibirica* (Hymenoptera: Braconidae), an Endoparasitoid of leafminer *Liriomyza bryoniae* (Diptera: Agromyzidae) on tomatoes, at constant temperatures [J]. Environmental Entomology, 19 (3): 625 - 629.

Mishra A K, Sharma K, Misra R S. 2010. Cloning and characterization of cdna encoding an elicitor of *Phytophthora colocasiae* [J]. Microbiological Research, 2: 97 - 107.

Misra R S, Sharma K, Mishra A K. 2008. Phytophthora leaf blight of Taro (*Colocasia esculenta*) —a review [J]. The Asian and Australas Journal Plant Science Biotechnology, 2: 55 - 63.

Miyamoto T. 2009. Occurrence of *Corynespora cassiicola* isolates resistant to boscalid on cucumber in Ibaraki prefecture, Japan [J]. Plant Pathology, 58: 1144 - 1151.

Mkandawire A B C, Mabagala R B, Guzmán P, et al. 2004. Genetic diversity and pathogenic variation of common blight bacteria (*Xanthomonas campestris* pv. *phaseoli* and *X. campestris* pv. *phaseoli* var. *fuscans*) suggests pathogen coevolution with the common bean [J]. Phytopathology, 6: 593 - 603.

Mohammed A E, Smit I, Pawelzik E, et al. 2012. Organically grown tomato (*Lycopersicon esculentum* Mill.): bioactive compounds in the fruit and infection with *Phytophthora infestans* [J]. Journal of the Science of Food and Agriculture, 7: 1424 - 1431.

Mohanty N N, Mohanty N W. 1955. Target leaf spot of tomatoes [J]. Science and Culture Calcutta, 21: 330 - 332.

Mondai S N, Kageyama K, Hyakumachi M. 1995. Germinability, viability, and virulence of chlamydospores of *Fusarium solani* f. sp. *phaseoli* as affected by the loss of endogenous carbon [J]. Phytopathology, 85: 1238 - 1244.

Monkhung S, Toanun C, Takamatsu S. 2011 Molecular approach to clarify taxonomy of powdery mildew on Chilli plants caused by *Oidiopsis sicula* in Thailand [J]. Journal of Agricultural Technology, 6: 1801 - 1808.

Montri P, Taylor P W J, Mongkolporn O. 2009. Pathotypes of *Colletotrichum capsici* the causal agent of chili anthracnose in Thailand [J]. Plant Disease, 93: 17 - 20.

Morgan D J W, Reitz S R, Atkinson P W, et al. 2000. The resolution of Californian populations of *Liriomyza huidobrensis* and *Liriomyza trifolii* (Diptera: Agromyzidae) using PCR [J]. Heredity, 85 (1): 53 - 61.

Morrison R H, Mengistu A, Williams P H. 1994. First report of race 2 of cabbage yellows caused by *Fusarium oxysporum* f. sp. *conglutinans* in Texas [J]. Plant Disease, 78: 641.

Morten K J, Hicks R T G. 1992. Changes in dsRNA profiles in *Agaricus bisporus* during subculture [J]. FEMS Microbiology Letters，2：159 - 163.

Moss N A，Crute I R，Lucas J A，et al. 1988. Requirements for analysis of host- species specificity in *Peronospora parasitica* (downy mildew) [J] . Cruciferae Newsletter，13：114 - 116.

Moss W P，Byrne J M，Campbell H L，et al. 2007. Biological control of bacterial spot of tomato using hrp mutants of *Xanthomonas campestris* pv. *vesicatoria* [J] . Biological Control，41：199 - 206.

Mound L A，Malsey S H. 1978. Whitefly of the world [M] . London：British Museum and John Wiley & Sons：210 - 224.

Moya A，Guirao P，Cifuentes D，et al. 2001. Genetic diversity of Iberian populations of *Bemisia tabaci* (Hemiptera：Aleyrodidae) based on random amplified polymorphic DNA-polymerase chain reaction [J] . Molecular Ecology，10：891 - 897.

Mudita L M，et al. 1991. Effect of media and temperature on sporulation of *Septoria apiicola* and of inoculum density on Septoria blight security in celery [J] . Phytoprotection，3：97 - 103.

Mueller D S，Buck J W. 2003. Effects of light，temperature，and leaf wetness duration on daylily rust [J] . Plant Disease，87：442 - 445.

Mugiira R B，Liu S S，Zhou X. 2008. *Tomato yellow leaf curl virus* and *Tomato leaf curl Taiwan virus* invade Southeast coast of China [J] . Journal of Phytopathology，156：217 - 221.

Mukerji K G. 2004. Fruit and vegetable diseases [M] . Netherlands：Kluwer Academic Publishers.

Mukunya D M，Keya S O. 1979. Effects of seeds borne innoculum on disease development and yields of Canadian Wonder bean variety in Kenya [J] . Journal of Tropical Microbiology and Biotechnology，2：36 - 43.

Munsch P，Alatossava T，Marttinen N. 2002. *Pseudomonas costantinii* sp. nov.，another causal agent of Blown blotch disease，isolated from cultivated mushroom sporophores in Finland [J] . International Journal of Systematic and Evolutionary Microbiology，52：1973 - 1983.

Munsch P，Alatossava T. 2002. The white-line-in-agar test is not specific for the two cultivated mushroom associated *Pseudomonads* , *Pseudomonas tolaasii* and *Pseudomonas* "reactans" [J] . Microbiological Research，1：7 - 11.

Munsch P，Geoffroy V A，Alatossava T，et al. 2000. Application of siderotyping for characterization of *Pseudomonas tolaasii* and 'Pseudomonas reactans' isolates associated with Blown blotch disease of cultivated mushrooms [J] . Applied and Environmental Microbiology，11：4834 - 4861.

Murata H，Chatterjee A，Liu Y，et al. 1994. Regulation of the production of extracellular pectinase，cellulase，and protease in the soft rot bacterium *Erwinia carotovora* subsp. *carotovora* [J] . Applied Environmental. Microbiology，9：3150 -3159.

Murata H. 1999. Characteristics of stress response in a mushroom pathogenic bacterium，*Pseudomonas tolaasii* , during the interaction with *Pleurotus ostreatus* and carbon/nitrogen starvation in vitro [J] . Mycoscience，1：81 - 85.

Murugesan K，Swaran D. 1995. Variability in resistance pattern of varius groups of insecticides evaluated against *Spodoptera litura* (Fab.) during a period spanning over three decades [J] . Journal of Entomological Research，19 (4)：313 - 319.

Mwang' ombe A W，Kipsumbai P K，Kiprop E K，et al. 2008. Analysis of Kenyan isolates of *Fusarium solani* f. sp. *phaseoli* from common bean using colony characteristics，pathogenicity and microsatellite DNA [J] . African Journal of Biotechnology，11：1662 - 1671.

Nagarajan K，Rajan K，Ambrose D P. 2010. Functional response of assassin bug，*Rhynocoris fuscipes* (Fabricius) (Hemiptera：Reduviidae) to cucumber leaf folder，*Diaphania indicus* Saunders (Lepidoptera：Pyraustidae) [J] . Entomonlogy，35 (1)：1 - 7.

Nakashima Y，Hirose Y. 1999. Effects of prey availability on longevity，prey consumption，and egg production of the insect predators *Orius sauteri* and *O. tantillus* (Hemiptera：Anhocoridae) [J] . Annals of the Entomological Society of America，92 (4)：537 - 541.

Napier D R，Combrink N J J. 2006. Aspects of calcium nutrition to limit plant physiological disorders [J] . Acta Horticulturae，702：107 - 16.

Narayanan K，Veenakumari K. 2003. Report on the occurrence of nuclear polyhedrosis virus on gherkin caterpillar，*Diaphania indica* (Saunders) (Lepidoptera：Pyralidae) [C] . Bangalore：Proceedings of the Symposium of Biological Control of Lepidopteran Pests：169 - 170.

Narusaka M，Shiraishi T，Iwabuchi M，et al. 2010. Monitoring fungal viability and development in plants infected with *Colletotrichum higginsianum* by quantitative reverse transcription-polymerase chain reaction [J] . Journal of General Plant Pathology，76：1 - 6.

Narusaka Y，Narusaka M，Park P，et al. 2004. RCH1，a locus in Arabidopsis that confers resistance to the hemibiotrophic fungal pathogen *Colletotrichum higginsianum* [J] . Molecular Plant-Microbe Interactions，7：749 - 762.

Naseri B，Marefat A. 2011. Large-scale assessment of agricultural practices affecting Fusarium root rot and common bean yield

［J］. European Journal of Plant Pathology, 2: 179 - 195.

Nath M D, Sharma S L, Kant U. 2000. Growth of *Albugo candida* infected mustard callus in culture ［J］. Mycopathologia, 152: 147 - 153.

Natti J J, Dickson M H, Atkin J D. 1967. Resistance of *Brassica oleracea* varieties to downy mildew ［J］. Phytopathology, 57: 144 - 147.

Navas-Castillo J, Sanchez-Campos S, Diaz J A, et al. 1999. Tomato *yellow leaf curl virus*-Is causes a novel disease of common bean and severe epidemics in tomato in Spain ［J］. Plant Disease, 1: 29 - 32.

Navas-Castillo J, Fiallo-Olivé E, Sánchez-Campos S. 2011. Emerging virus diseases transmitted by whiteflies ［J］. Annual Review of Phytopathology, 49: 219 - 248.

Neha T, Padmalatha K V, Singh V B, et al. 2010. Tomato leaf curl Bangalore virus (ToLCBV): infectivity and enhanced pathogenicity with diverse betasatellites ［J］. Archives of Virology, 155: 1343 - 1347.

Newson L D, Roussel J S, Smith C E. 1953. The tobacco thrips: its seasonal history and status as a cotton pest ［J］. Louisiana State University and Agricultural and Mechanical College, Agricultural Experiment Station, 474: 35.

Nichols J R, Tauber M J. 1977. Age-specific interaction between the greenhouse whitefly and *Encarsia fomosa*: influence of the parasite on houst development ［J］. Environmental Entomology, 6 (2): 207 - 210.

Nidhi S, Sanjay S. 2003. An appraisal of morphotaxonomic species diversity in orynespora mazei Gussow in Indian sub-continent ［J］. Frontiers of Fungal Diversity in India, 607 - 638.

Nikitas K, Fotios B, Nikolaos S. et al. 2002. Effect of Verticillium wilt (*Verticillium dahliae* Kleb.) on root colonization, growth and nutrient uptake in tomato and eggplant seedlings ［J］. Science Horticulturae, 94: 145 - 156.

Nischwitz C, Olsen M. 2011. Beet curly top disease (Curtoviruses) in spinach and table beets in Arizona ［M］. Tucson: The University of Arizona Cooperative Extension: 1 - 4.

Nishida T, Bess H A. 1957. Studies on the ecology and control of the melon Fly *Dacus* (Strumeta) *cucurbitae* Coquillett (Diptera: Tephritidae) ［J］. Hawaii Agric Exp Station Tech Bull, 34: 42 - 44.

Nishida T, Haramoto F. 1953. Immunity of Dacus cucurbitae to Attack by Certain Parasites of *Dacus dorsalis* ［J］. Journal of Economic Entomology, 46 (1): 61 - 64.

Noel R K. 1984. Bergey's manual of systematic bacteriology ［M］. Baltimore: Williams & Wilkins: 170 - 171.

Nolla J A B. 1929. The egg plant blight and fruit rot in Puerto Rico ［J］. J. Dept Agric Puerto Rico, 13: 35 - 37.

Nomura Y, Kato K, Takeuchi S. 1976. Studies on the method of early selection of the resistance of cabbage to the yellows disease (Japanese) ［J］. Journal of Central Agricultural Experiment Station, 24: 141 - 182.

Nonami H, Fukuyama T, Yamamoto M, et al. 1995. Blossom-end rot of tomato plants may not be directly caused by calcium deficiency ［J］. Acta Horticulturae, 396: 107 - 114.

Nowicki M, Fooled M R, Nowakowska M, et al. 2012. Potato and tomato late blight caused by *Phytophthora infestans*: an overview of pathology and resistance breeding ［J］. Plant Disease, 1: 4 - 17.

Nsabiyera V M, Ochwo-Ssemakula, Sseruwagi P. 2012. Hot pepper reaction to field diseases ［J］. African Crop Science Journal, 20 (s1): 77 - 97.

Nutkins J C, Mortishire-Smith R J, Packman LC, et al. 1991. Structure determination of tolaasin, an extracellular lipodepsipeptide produced by the mushroom pathogen *Pseudomonas tolaasii* Paine ［J］. Journal of the American Chemical Society, 113: 2621 - 2627.

O'Connell R J, Thon M R, Hacquard S, et al. 2012. Lifestyle transitions in plant pathogenic *Colletotrichum* fungi deciphered by genome and transcriptome analyses ［J］. Nature Genetics, 44: 1060 - 1065.

Oatman E R, Michelbacher A E. 1958. The melon leafminer, *Liriomyza pictella* Thomson (Diptera: Agromyzidce) ［J］. Annals of the Entomological Society of America, 51: 557 - 566.

Oatman E R. 1960. Intraspecific competition studies of the melon leafminer, *Liriomyza pictella* (Thompson) (Diptera: Agromyzidae) ［J］. Annals of the Entomological Society of America, 53: 130 - 131.

Obongoya B O, Wagai S O, Odhiambo G. 2010. Phytotoxic effect of selected crude plant extracts on soil-borne fungi of common bean ［J］. African Crop Science Journal, 1: 15 - 22.

Obradovic A, Jones J B, Momol M T, et al. 2004a. Management of tomato bacterial spot in the field by foliar applications of bacteriophages and SAR inducers ［J］. Plant Disease, 88: 736 - 740.

Obradovic A, Jones J B, Momol M T, et al. 2005. Integration of biological control agents and systemic acquired resistance inducers against bacterial spot on tomato ［J］. Plant Disease, 89: 712 - 716.

Obradovic A, Mavridis A, Rudolph K, et al. 2004. Characterization and PCR2based typing of *Xanthomonas campestris* pv.

vesicatoria from pepper s and tomatoes in Serbia [J]. European Journal of Plant Pathology, 110: 285 - 292.

O'Connell R, Herbert C, Sreenivasaprasad S, et al. 2004. A novel Arabidopsis- *Colletotrichum pathosystem* for the molecular dissection of plant-fungal interactions [J]. Molecular Plant-Microbe Interactions, 3: 272 - 282.

O'Connell R J, Bailey J A, Richmond D V. 1985. Cytology and physiology of infection of *Phaseolus vulgaris* by *Colletotrichum lindemuthianum* [J]. Physiological Plant Pathology, 1: 75 - 98.

Okeyo-Owuor J B. 1991. Natural enemies of the legume pod borer, *Maruca testulalis* (Lepidoptera: Pyralidae) in small scale farming systems of western Kenya [J]. Insect Science and Its Application, 12 (1/3): 35 - 42.

Okuda M, Okazaki S, Yamasaki S, et al. 2010. Host range and complete genome sequence of *Cucurbit chlorotic yellows virus*, a new member of the genus Crinivirus [J]. Phytopathology, 100: 560 - 566.

Olczak W H, Masny A, Bartoszewski G. 2007. Genetic diversity of *Pseudomonas syringae* pv. *lachrymans* strains isolated from cucumber leaves collected in Poland [J]. Plant Pathology, 3: 373 - 382.

Oliveira C S, Vasconcellos M C, Pinheiro J. 2008. The population density effects on the reproductive biology of the snail *Bradybaena similaris* (Ferussac, 1821) (Mollusca, Gastropoda) [J]. Brazilian Journal of Biology, 68 (2): 367 - 371.

Oliveira M R V, Henneberry T J, Anderson P. 2001. History, current status, and collaborative research projects for *Bemisia tabaci* [J]. Crop Protection, 20 (9): 709 - 723.

Oliveran C R, Bordat D. 1996. Influence of *Liriomyza* species (Diptera: Agromyzidae) and their host plants, on oviposition by *Opius dissitus* females (Hymenoptera: Braconidae) [J]. Annals of Applied Biology, 128: 399 - 404.

Opio A F, Teri J M, Allen D J. 1993. Studies on seed transmission of *Xanthomonas carnpestris* pv. *Phaseoli* in common beans in Uganda [J]. African Crop Science Journal, 1: 59 - 67.

Özer N, Köycü N D, Chilosi G, et al. 2004. Resistance to Fusarium basal rot of onion in greenhouse and field and associated expression of antifungal compounds [J]. Phytoparasitica, 32: 388 - 394.

Padder B A, Sharma P N. 2010. Assessment of yield loss in common bean due to anthracnose (*Colletotrichum lindemuthianum*) under glass house conditions [J]. Research Journal of Agricultural Sciences, 3: 184 - 188.

Paiva E A S, Smpaio R A, Martinez H E P. 1998. Composition and quality of tomato fruit cultivated in nutrient solutions containing different calcium concentrations [J]. Journal of Plant Nutrition, 12: 2653 - 2661.

Pakdeevaraporn P, Wasee S, Taylor P W J, et al. 2005. Inheritance of resistance to anthracnose caused by *Colletotrichum capsici* in Capsicum [J]. Plant Breeding, 124: 206 - 208.

Palevsky E, Soroker V, Weintraub P, et al. 2001. How species- specific is the phoretic relationship between the broad mite, Polyphagorarsonemus latus (Acari: Tarsonemidae), and its insect hosts [J]. Experimental and Applied Acarology, 25 (3): 217 - 224.

Palti J. 1989. Epidemiology, prediction and control of onion downy mildew caused by peronospora destructor [J]. Phytoparasitica, 1: 31 - 48.

Palumbo J C, Mullis C H J, Reyes F J. 1994. Composition, seasonal abundance, and parasitism of *Liriomyza* (Diptera: Agromyzidae) species on lettuce in Arizona [J]. Journal of Economic Entomology, 87 (4): 1070 - 1077.

Palumbo J C. 1995. Developmental rate of *Liriomyza sativae* on lettuce as a function of temperature [J]. Southwestern Entomologist, 20 (4): 461 - 465.

Pan H P, Chu D, Ge D Q, et al. 2011. Further spread of and domination by *Bemisia tabaci* biotype Q on field crops in China [J]. Journal of Economic Entomology, 104: 978 - 985.

Pan H P, Chu D, Yan W Q, et al. 2012. Rapid spread of *Tomato yellow leaf curl virus* in China is aided differentially by two invasive whiteflies [J]. PLoS ONE, 7 (4): 34817.

Pan H P, Li X C, Ge D Y, et al. 2012. Factors affecting population dynamics of maternally transmitted endosymbionts in *Bemisia tabaci* [J]. PLoS ONE, 7 (2): 30760.

Pandey P N. 1977. Host preference and selection of *Diaphania indica* Saunders (Lep, Pyralidae) [J]. Deutsche Entomologische Zeitschrift, 24 (3): 159 - 173.

Pang S, You W Y, Duan L S, et al. 2012. Resistance selection and mechanisms of oriental tobacco budworm (*Helicoverpa assulta* Guenee) to indoxacarb [J]. Pesticide Biochemistry and Physiology, 103: 219 - 223.

Panmanee W, Vattanaviboon P, Eiamphungporn W. et. al. 2002. OhrR, a transcription repressor that senses and responds to changes in organic peroxide levels in *Xanthomonas campestris* pv. *Phaseoli* [J]. Molecular Microbiology, 6: 1647 - 1654.

Panwar N S, Chand J N, Singh H, et al. 1970. Phomopsis fruit rot of brinjal (*S. melongena* L.) in the Punjab. 1. Viability of the fungus and role of seeds in the disease development [J]. Journal of Research of P. A. U. Ludhiana, 7: 641 - 643.

Papayiannis L C, Paraskevopoulos A, Katis N I. 2007. First report of *tomato yellow leaf curl virus* infecting common bean

(*Phaseolus vulgaris*) in Greece [J] . Plant Disease, 4: 465.

Pappu H R, Jones R A, Jain R K. 2009. Global status of tospovirus epidemics in diverse cropping systems: Successes achieved and challenges ahead [J] . Virus Research, 2: 219 - 236.

Pardossi A, Bagnoli G, Malorgio F, et al. 1999. NaCl effects on celery (*Apium graveolens* L.) grown in NFT. [J] . Scientia Horticulturae, 81: 229 - 42.

Pares R D, Gunn L V, Keskula E N. 1996. The role of infective plant debris, and its concentration in soil, in the ecology of Tomato mosaic tobamovirus—a non-vectored plant virus [J] . Journal of Phytopathology, 144: 147 - 150.

Park J Y, Okada G, Takahashi M, et al. 2002. Screening of fungal antagonists against yellows of cabbage caused by *Fusarium oxysporum* f. sp. *Conglutinans* [J] . Mycoscience, 6: 447 - 451.

Parkman P, Dusky J A, Waddill V H. 1989. Biological studies of *Liriomyza sativae* (Diptera: Agromyzidae) on castor bean [J] . Environmental Entomology, 18 (5): 768 - 772.

Parkms B Y. 2004. Molecular and morphological analysis of *Trichoderma* isolates associated with green mold epidemic of oyster mushroom in Korea [J] . Journal of Huazhong Agricultural University, 1: 157 - 164.

Parrella M P, Bethke J A. 1984. Biological studies of *Liriomyza huidobrensis* (Diptera: Agromyzidae) on chrysanthemum, aster, and pea [J] . Journal of Economic Entomology, 77: 342 - 345.

Parrella M P, Jones V P, Youngman R R. 1985. Effect of leaf mining and leaf stippling of *Liriomyza* spp. on photosynthetic rates of chrysanthemum [J] . Annals of the Entomological Society of America, 78: 90 - 93.

Parrella M P, Keil C B, Morse J G. 1984. Insecticide resistance in *Liriomyza trifolii* [J] . California Agriculture, 38 (1): 22 -23.

Parrella M P, Robb K L, Bethke J. 1983. Influence of selected host plants on the biology of *Liriomyza trifolii* (Diptera: Agromyzidae) [J] . Annals of the Entomological Society of America, 76: 112 - 115.

Parrella M P, Yost J T, Heinz K M, et al. 1989. Mass rearing of *Diglyphus begini* (Hymenoptera: Eulophidae) for biological control of *Liriomyza trifolii* (Diptera: Agromyzidae) [J] . Journal of Economic Entomology, 82 (2): 420 - 425.

Parrella M P. 1987. Biology of *Liriomyza* [J] . Annual Review of Entomology, 32: 201 - 224.

Parrella M P. 1983. Intraspecific competition among larvae of *Liriomyza trifolii* (Diptera: Agromyzidae): effects on colony production [J] . Environmental Entomology, 12: 1412 - 1414.

Patel K J, Schuster D J. 1983. Influence of temperature on the rate of development of *Diglyphus intermedius* (Hymenoptera: Eulophidae) Girault, a parasite of *Liriomyza* spp. (Diptera: Agromyzidae) [J] . Environmental Entomology, 12: 885 - 887.

Patel K J, Schuster D J. 1991. Temperature-dependent fecundity, longevity, and host-killing activity of *Diglyphus intermedius* (Hymenoptera: Eulophidae) on third instars of *Liriomyza trifolii* (Burgess) (Diptera: Agromyzidae) [J] . Environmental Entomology, 20 (4): 1195 - 1199.

Patel R C, Kulkarny H L. 1956. Bionomics of the pumpkin caterpillar- *Margaronia indica* Saund. (Pyralidae: Lepidoptera) [J] . Journal of the Bombay Natural History Society, 54: 118 - 127.

Patni C S, Anita S, Awasthi R P. 2005. Variability in *Albugo candida* causing white rust disease of rapeseed-mustard [J] . Journal of Research, SKUAST-J. 2: 184 - 191.

Patrice G C, Timur M M. 2008. Bacterial Wilt of Tomato [J] . Florida, 9: 12.

Pearce B D, Grange R I, Hardwick K. 1993. The growth of young tomato fruit. 1. Effects of temperature and irradiance on fruit growth in controlled environments [J] . J Hort Sci, 68: 1 - 11.

Pegg G F, Brady B L. 2002. Verticillium Wilts [M] . New York: CABI Publishing.

Peiwen X, Ruijie S, Yuan J, et al. 1994. Strategy for the virus-free seed garlic in field production [J] . Acta Horticulture, 358: 307 - 314.

Peres N A, Souza N L, Peever T L, et al. 2004. Benomyl sensitivity of isolates of *Colletotrichum acutatum* and *C. gloeosporioides* from citrus [J] . Plant Disease, 2: 125 - 130.

Peres N A, Timmer L W, Adaskaveg J E, et al. 2005. Lifestyles of *Colletotrichum acutatum* [J] . Plant Disease, 8: 784 - 796.

Perfect S E, Hughes H B, O'Connell R J, et al. 1999. Colletotrichum: A model genus for studies on pathology and fungal-plant interactions [J] . Fungal Genetics and Biology (2 - 3): 186 - 198.

Perring M T. 1993. Identification of a whitefly species by genomic and behavioral studies [J] . Science, 259: 74 - 77.

Perring T M, Cooper A D, Kazmer D J, et al. 1991. New strain of sweetpotato whitefly invades California vegetables [J] . California Agriculture, 45: 10 - 12.

Perring T M, Farrar C A, Blua M J, et al. 1995. Cross protection of cantaloupe with a mild strain of *Zucchini yellow mosaic virus*: effectiveness and application [J]. Crop Protection, 7: 601 - 606.

Persley D. 2012. Integrated viral disease management in vegetable crops [R]. Sydney: Horticulture Australia Ltd.

Petcharat J, Johnson M W. 1988. Biology of the leafminer parasitoid *Ganaspidium utilis* Beardsley (Hymenoptera: Eucoilidae) [J]. Annals of Entomological Society of America, 81 (3): 477 - 480.

Peter C, David B V. 1991. Natural enemies of the pumpkin caterpillar *Diaphania indica* (Lepidoptera: Pyralidae) in Tamil Nadu [J]. Entomophaga, 36 (3): 391 - 394.

Peter C, David B V. 1991. Head capsule width measurement for instar determination in *Diaphania indica* (Saunders) (Lepidoptera: Pyralidae) [J]. Journal of Insect Science, 4 (2): 153 - 154.

Petitt F L, Allen J C, Barfield C S. 1991. Degree-day model for vegetable leafminer phenology [J]. Environmental Entomology, 20 (4): 1134 - 1140.

Petitt F L, Turlings T C J, Wolf S P. 1992. Adult experience modifies attraction of the leafminer parasitoid *Opius disitus* (Hymenoptera: Braconidae) to volatile semiochemicals [J]. Journal of Insect Behavior, 5 (5): 623 - 634.

Petitt F L, Wietlisbach D O. 1992. Intraspecific competition among same-aged larvae of *Liriomyza sativae* (Diptera: Agromyzidae) in Lima bean primary leaves [J]. Environmental Entomology, 21 (1): 136 - 140.

Petitt F L, Wietlisbach D O. 1993. Effects of host instar and size on parasitization efficiency and life history parameters of *Opius dissitus* [J]. Entomologia Experimentalis et Applicata, 66: 227 - 236.

Petitt F L, Wietlisbach D O. 1994. Laboratory rearing and life history of *Liriomyza sativae* (Diptera: Agromyzidae) on Lima bean [J]. Environmental Entomology, 23 (6): 1416 - 1421.

Petitt F L. 1990. Distinguishing larval instars of the vegetable leafminer, *Liriomyza sativae* (Diptera: Agromyzidae) [J]. Florida Entomologist, 73 (2): 280 - 286.

Petitt F L. 1991. effect of photoperiod on larval emergence and adult eclosion rhythms in *Liriomyza sativae* (Diptera: Agromyzidae) [J]. Florida Entomologist, 74 (4): 581 - 584.

Petkowski J E, Minchinton E, Thomson F, et al. 2010. Races of *Albugo candida* causing white blister rust on Brassica vegetables in Australia [J]. Acta Horticulturae, 867: 133 - 142.

Petrie G A. 1988. Races of *Albugo* Candida (white rust and staghead) on cultivated Cruciferae in Saskatchewan [J]. Canadian Journal of Plant Pathology, 2: 142 - 150.

Pfitzner A J P. 2006. Resistance to Tobacco mosaic virus and *Tomato mosaic virus* in tomato [M] // Carr J, Loebenstein G. Natural resistance to plant viruses. Berlin Springer: 399 - 413.

Phillips P S, Jeger M. 2006. Advances in downy mildew research: Vol. 2 [M] // Meekes E T M, Jeger M J, Raaijmakers J M. host specialisation of the oomycete Albugo candida. dordrecht: Kluwer Academic Publishers: 119 - 139.

Pidskalny R S, Rimmer S R. 1985. Virulence of *Albugo* Candida from turnip rape (*Brassica campestris*) and mustard (*Brassica juncea*) on various crucifers [J]. Canadian Journal of Plant Pathology, 3: 283 - 286.

Pohrnezny K, Moss M A, Dankers W, et al. 1990. Disperal and management of *Xanthomonas campestris* pv. *vesicatoria* during thinning of direct-seeded tomato [J]. Plant Disease, 74: 800 - 805.

Pohronezny K, Larson PO, Leben C. 1977. Observations on cucumber fruit invasion by *Pseudomonas lachrymans* [J]. Plant Disease Reporter, 62: 306 - 309.

Polyphagous Agromyzid Leafminers. 2008. Indentifying polyphagous agromyzid leafminers (Diptera: Malipatil M, Ridland P. Agromyzidae) threatening Australian primary industry [J/OL]. *Chromatomyia horticola*. Australia: The Department of Agriculture, Fisheries and Forestry. 2013-7-13. http: //keys. lucidcentral. org/keys/v3/leafminers/key/Polyphagous% 20Agromyzid%20Leafminers/Media/Html/Chromatomyia _ horticola. htm.

Poprawski T J, Robert P H, Maniania N K. 1985. Susceptibility of the onion maggot, *Delia antiqua* (Diptera: Anthomyiidae), to the *Mycotoxin destruxin* E [J]. The Canadian Entomologist, 117 (6): 801 - 802.

Poussier S, Prior P, Luisetti J, et al. 2000a. Partial sequencing of the hrpB and endoglucanase genes confirms and expands the known diversity within the *Ralstonia solanacearum* species complex [J]. Systematic and Applied Microbiology, 23, 479 -486.

Pryor B M, Strandberg J O, Davis R M, et al. 2002. Survival and persistence of *Alternaria dauciin* carrot cropping systems [J]. Plant Disease, 10: 1115 - 1122.

Puche H, Funderburk J. 1992. Intrinsic rate of increase of *Frankliniella jusca* (Thysanoptera: Thripidae) on peanuts [J]. Florida Entomologist, 75: 186 - 189.

Pung H, Cross S, Florissen P, et al. 2007. Investigating and developing fungicide options for onion white rot control in Australia [EB/OL] . http：//www. vgavic. org. au/research and development/Researchers PDFs/vn 05010.

Purcifull D E, Hiebert H. 2013. Tobacco etch virus [OL] . Descriptions of plant viruses. Association of Applied Biologists and the Zhejiang Academy of Agricultural Sciences [EB/OL] . 2013-6-18. http：//www. dpvweb. net/dpv/showdpv. php? dpvno＝258.

Purdy L H. 1979. *Sclerotinia sclerotionrum* ：History disease, and symptomatoloty, host range, geographic distribution, and impact. [J] . Phytopathology, 69：875 - 880.

Purwantara A, Barrins J M, Conzijnsen A J, et al. 2000. Genetic diversity of isolates of the *Leptosphaeria maculans* species complex from Australia, Europe and North America using amplified fragment length polymorphism analysis [J] . Mycological Research, 7 ：772 - 781.

Qin S, Ward B M, Lazarowitz S G. 1998. The bipartite geminivirus coat protein aids BR1 function in viral movement by affecting the accumulation of viral single - stranded DNA [J] . Journal of Virology, 72：9247 - 9256.

Qiu B L, Liu L, Li X X, et al. 2009. Genetic mutations associated with chemical resistance in the cytochrome P450 genes of invasive and native *Bemisia tabaci* (Hemiptera：Aleyrodidae) populations in China [J] . Insect Science, 16：237 - 245.

Qiu L, Li Y P, Liu Y M, et al. 2010. Particle and naked RNA mycoviruses in industrially cultivated mushroom *Pleurotus ostreatus* in China [J] . Fungal Biology, 114：507 - 513.

Queen A N, Darkazly A L, Ali T A. 1988. Influence of the bacteria insecticide (Bactospeine) on surval and development of three lepidopterous insects [J] . Journal of Agriculture and Water Resource Research, Plant Protection, 7 (2)：309 - 328.

Rabinowitch H D, Sklan D. 1980. Superoxide dismutase：A possible protective agent against sunscald in tomatoes (*Lycopersicon esculentum* Mill.) [J] . Planta, 2：162 - 167.

Rabinowitch H D, Ben-David B, Friedmann M. 1986. Light is essential for sunscald induction in cucumber and pepper fruits, whereas heat conditioning provides protection [J] . Scientia Horticulturae, 1：21 - 29.

Rabinowitch H D, Friedmann M, Ben-David B. 1983. Sunscald damage in attached and detached pepper and cucumber fruits at various stages of maturity [J] . Scientia Horticulturae, 1：9 - 18.

Rabinowitch H D, Kedar N, Budowski P. 1974. Induction of sunscald damage in tomatoes under natural and controlled conditions [J] . Scientia Horticulturae, 2 (1) ：265 - 272.

Raffaele C, Francesco R, Alfonso P. et al. 2012. *Fusarium proliferatum* and *Fusarium tricinctum* as causal agents of pink rot of onion bulbs and the effect of soil solarization combined with compost amendment in controlling their infections in field [J] . Crop protection, 43 (2013)：31 - 37.

Raghu S, Ravikumar M R, Santoshreddy M, et al. 2013. Integrated management of rhizome wilt of ginger with special reference to *Ralstonia solanacearum* (E F Smith) Yabuuchi et al [J] . Journal of Mycopathological Research, 2：285 - 288.

Ramirez-Villapudua J, Munnecke D M. 1986. Solar heating and amendments control cabbage yellows. California Agriculture, 40 (5 - 6)：3.

Ramirez-Villapudua J, Munnecke D E. 1988. Effect of solar heating and soil amendments of cruciferous residues on *Fusarium oxysporum* f. sp. *conglutinans* and other organisms [J] . Phytopathology, 3：289 - 295.

Ramirez-Villapudua J, Munnecke D E. 1987. Control of cabbage yellows (*Fusarium oxysporum* f. sp. *conglulinans*) by solar heating of field soils amended with dry cabbage residues [J] . Plant Disease, 3：217 - 221.

Ramirez-Villpadua J, Endo R M, Bosland P, et al. 1985. A new race of *Fusarium oxysporum* f. sp. *conglutinans* that attacks cabbage with type A resistance [J] . Plant Disease, 69：612 - 613.

Rane K. 2012. Anthracnose of cucumber [EB/OL] . West Lafayette, Indiana：Plant and Pest Digital Library and Digitally Assisted Diagnosis. 2012-9-12. http：//www. ppdl. org/dd/id/anthracnose-cucumber. html.

Rao J R, Nelson D W, Mcclean S. 2007. The enigma of double-stranded RNA (dsRNA) associated with mushroom virusX (MVX) [J] . Current Issues in Molecular Biology, 2：103 - 121.

Raspudi T E, Ivezi T M. 1999. Host plants and distribution of *Thrips tabaci* Lindeman (Thysanoptera, Thripidae) in Croatia [J] . Entomology Croatia, 4：57 - 62.

Rast A T B, Stijger C C M M. 1987. Disinfection of pepper seed infected with different strains of capsicum mosaic virus by trisodium phosphate and heat treatment [J] . Plant Pathology, 36：583 - 588.

Rauch N, Nauen R. 2003. Identification of biochemical markers linked to neonicotinoid cross resistance in *Bemisia tabaci* (Hemiptera：Aleyrodidae) [J] . Archives Insect Biochemistry and Physiology, 54：165 - 176.

Raut J G, Peshey N L. 1984. A leaf spot disease of chilli new to Vidarbha [J] . PKV Research Journal, 2：71 - 72.

Raziq R F, Alam A I, Naz I, et al. 2008. Evaluation of fungicides for controlling downy mildew of onion under field conditions [J] . Sarhad Journal Agriculture, 1：85 - 91.

Reis A，Nascimento W M. 2011. New apiaceous hosts of *Sclerotinia sclerotiorum* in the Cerrado region of Brazil ［J］．Horticultura Brasileira，29：122-124.

Reitz S R，Trumble J T. 2002. Competitive displacement among insects and arachnids ［J］．Annual Review of Entomology，47：435-465.

Rejane L，Guimaraes R T，et al. 2004. Resistance to *Botrytis cinerea* in *Solanum lycopersicoides* is dominant in hybrids with tomato and involves induced hyphal death ［J］．European Journal of Plant Pathology，110：13-23.

Resmi P，Shylaja M R. 2013. *Screening somaclones of ginger（Zingiber officinale* Rosc.）derived through in vitro mutagenesis to soft rot and bacterial and wilt diseases ［J］．Journal of Mycopathological Research，1：151-155.

Retig N，Aharoni N，Kedar N. 1974. Acquired tolerance of tomato fruits to sunscald ［J］．Scientia Horticulturae，1：29-33.

Revill P A，Davidson A D，Wright P J. 1994. The nucleotide sequence and genome organization of mushroom bacilliform virus：A single stranded RNA virus of *Agaricus bisporus*（Lange）Imbach ［J］．Virology，6：904-911.

Revill P A，Davidson A D，Wright P J. 1998. Mushroom bacilliform virus RNA：The initiation of translation at the 5' end of the genome and identification of the VPg ［J］．Virology，2：231-237.

Revill P A，Davidson A D，Wright P J. 1999. Identification of a subgenomic mRNA encoding the capsid protein of mushroom bacilliform virus，a single-stranded RNA mycovirus ［J］．Virology，2：273-276.

Revill P A，Wright P J. 1997. RT-PCR detection of dsRNAs associated withLa France disease of the cultivated mushroom *Agricus bisporus*（Lange）Imbach ［J］．Journal of Virological Methods，1：17-26.

Richard N R，Ken P，Nikol H，et al. 2008. Weather-based forecasting systems reduce fungicide use for early blight of celery ［J］．Crop Protection，27（3-5）：396-402.

Rimmer S R，Mathur S，Wu C R. 2000. Virulence of isolates of *Albugo* Candida from western Canada to Brassica species ［J］．Canadian Journal of Plant Pathology，3：229-235.

Ritchie D F，Kousik C S，Paxton T C. 1998. Response of bacterial spot pathogen st rains to four major resistance genes in pepper ［C］．National Pepper Conference.

Ritzman A，Lampel M，Raccah B，et al. 2001. Distribution and transmission of Iris yellow spot virus ［J］．Plant Disease，85：838-842.

Rojas C，Wyatt T D，Birch M C. 2000. Flight and oviposition behavior toward different host plant species by the cabbage moth，*Mamestra brassicae*（L.）（Lepidoptera：Noctuidae）［J］．Journal of Insect Behavior，13（2）：247-254.

Ro H S，Kang E J，Yu J S，et al. 2007. Isolation and characterization of a novel mycovirus，PeSV，in *Pleurotus eryngii* and the development of a diagnostic system for it ［J］．Biotechnology Letters，1：129-135.

Ro H S，Lee N J，Lee C W，et al. 2006. Isolation of a novel mycovirus OMIV in *Pleurotus ostreatus* and its detection using a triple antibody sandwich-ELISA ［J］．Journal of Virology Methods，1：24-29.

Roberts P D，Urs R R，Kucharek T A，et al. 2003. Outbreak of choanephora blight caused by *Choanephora cucurbitarum* on green bean and pepper in Florida ［J］．Plant Disease，9：1149.

Rojas M R，Jiang H，Salati R，et al. 2001. Functional analysis of proteins involved in movement of the monopartite begomovirus，*Tomato yellow leaf curl virus* ［J］．Virology，1：110-125.

Roland N P，Maurice M，James L S. 2009. Root-knot nematodes ［M］．Wallingford：CABI Publishing.

Romaine C P，Schlagnhaufe B. 1989. Prevalence of double-stranded RNAs in healthy andLa France disease-affected basidiocarps of *Agaricus bisporus* ［J］．Mycologia，5：822-825.

Rosales M A，Ruiz J M，Joaquín H，et al. 2006. Antioxidant content and ascorbate metabolism in cherry tomato exocarp in relation to temperature and solar radiation ［J］．Journal of the Science of Food and Agriculture，10：1545-1551.

Rossbach A，Löhr B，Vidal S. 2006. Host shift to peas in the diamondback moth *Plutella xylostella*（Lepidoptera：Plutellidae）and response of its parasitoid *Diadegma mollipla*（Hymenoptera：Ichneumonidae）［J］．Bulletin of Entomological Research，96：413-419.

Russo V，Anderson C，Pappelis A. 1979. Effect on germination and post-germination development of *Colletotrichum dematium* f. *circinans* due to light and dark induction and coverslip placement ［J］．Mycopathologia，3：165-168.

Sacristan M D. 1982. Resistance responses to phoma lingam of plants regenerated from selected cell and embryogenic cultures of haploid brassica napus ［J］．Theoretical and Applied Genetics，61：193-200.

Sadik S，Minges P A. 1965. Symptoms and histology of tomato fruits affected by blotchy ripening ［J］．American Society for Horticultural Science，88：532-543.

Saeed M，Mansoor S，Rezaian A，et al. 2008. Satellite DNA β override the pathogenicity phenotype of the C4 gene of *Tomato leaf curl virus* but does not compensate for loss of function of the coat protein and V2 gene ［J］．Archives of Virology，

153：1367 - 1372.

Sahar F，Ren S X. 2004. Interaction of *Serangium japonicum* (Coleoptera：Coccinellidae)，an obligate predator of whitefly with immature stages of *Eretmocerus* sp. (Hymenoptera：Aphelinidae) within whitefly host (Homoptera：Aleyrodidae) [J]. Asian Journal of Plant Sciences，3：243 - 246.

Saharan G S，Verma P R. 1992. White rusts：a review of economically important species [M]. Ottawa，Ontario，Canada：International Development Research Centre.

Sahin F，Miller S A. 1996. Characterization of Ohio strains of *Xanthomonas campestris* pv. *vesicatoria*，causal agent of bacterial spot of pepper [J]. Plant Disease，80：773 - 778.

Sahin F，Miller S A. 1998. Resistance in *Capsicum pubescens* to *Xanthomonas campestris* pv. *vesicatoria* pepper race 6 [J]. Plant Disease，82：794 - 799.

Sakamaki Y，Miura K，Chi Y C. 2005. Interspecific hybridization between *Liriomyza trifolii and Liriomyza sativae* [J]. Annals of the Entomological Society of America，98 (4)：470 - 474.

Sakunsak K，Wichai R. 1986. Factors affecting sporangial germination and host infection in *Albugo ipomoeae-aquaticae* [J]. Journal of Thai Phytopathological Society，6 (1 - 2)：31 - 44.

Salama H S，Foda M S. 1984. Studies on the susceptibility of some cotton pests to various strains of *Bacillus thuringiensis* [J]. Zeitichrift fur Pflanzenkrankheiten and Ptlanzen Schutz，91 (1)：65 - 70.

Salama H S，Salenm S，Zaki F N. 1990. Control of *Agrotis ypsilon* (Hufn) on some vegetable crop in Egypt using the microbial agent *Bacillus thuringiensis* [J]. Anzeiger fur Schadlingskunde Pflanzenschlltz Unweltschtz，63 (8)：147 - 151.

Salem K N. 2010. APSnet featured image - Grey mold disease on cucumber [EB/OL]. 2010 - 04 - 05. http：//www. apsnet. org/online/archive/2007/iw000077. asp.

Sami J M，Ricardo B M，Marissonida A N，et al. 2011. Sample size for quantification of Cercospora leaf spot in sweet pepper [J]. Journal of Plant Pathology，93：183 - 186.

Sammour R H，Mahmoud Y A G，Mustafa A A，et al. 2011. Effective and cheap methods to control *Sclerotium cepivorum* through using clorox or sulfur powder and/or calcium oxide [J]. Research Journal of Microbiology，2：904 - 911.

Sangeetha C G，Siddaramaiah A L. 2007. Epidemiological studies of white rust，downy mildew and Alternaria blight of Indian mustard (*Brassica juncea* (Linn.) Czern. and Coss.) [J]. African Journal of Agricultural Research，7：305 - 308.

Santos G R，Café-Filho A C，Saboya L M F. 2005. Chemical control of watermelon gummy stem blight [J]. Fitopatologia Brasileira，30 (2)：155 - 163.

Sarfraz M，Keddie A，Dosdal L M. 2005. Biological control of the diamondback moth，*Plutella xylostella*：a review [J]. Biocontrol Science and Technology，15 (8)：763 - 789.

Sariah M. 1990. Infection of chilli by *Cercospora capsici* [J]. Pertanika，3：321 - 325.

Saroj A，Kumar A，Qamar N，et al. 2012. First report of wet rot of Withania somnifera caused by *Choanephora cucurbitarum* in India，2：293.

Saunders W W. 1851. XVIII：on insects injurious to the cotton plant [M]. New Series：Transactions of the Entomological Society of London，163 - 166.

Scaloni A，Serra M D，Amodeo P. 2004. Structure，conformation and biological activity of a novel lipodepsipeptide from *Pseudomonas corrugata*：cormycin A1 [J]. Biochemical Society，384：25 - 36.

Scarlett C M，Fletcher J T，Roberts P，et al. 1978. Tomato pith necrosis by *Pseudomonas corrugata* [J]. Annals of Applied Biology，88：105 - 114.

Schaad N W，Cheong S S，Tamaki S，et al. 1995. A combined biological amplification (Bio-PCR) technique to detect *Pseudomonas syringae* pv. *phaseolicola* in bean seed extracts [J]. Phytopathology，85：243 - 248.

Scheffer R P. 1950. Anthracnose leafspot of crucifers [J]. North Carolina Agricultural Experiment Station Technical Bulletin，92：1 - 26.

Schisler L C，Siden J W，Sigel E M. 1967. Etiology，symptomatology，and epidemiology of a virus disease of cultivated mushrooms [J]. Phytopathology，4：519 - 526.

Schneider K A，Grafton K F，Kelly J D. 2001. QTL analysis of resistance to Fusarium root rot in bean [J]. Crop Science，41：535 - 542.

Schneider R W，Williams R J，Sinclair J B. 1976. Cercospora leaf spot of cowpea：models for estimating yield loss [J]. Phytopathology，66：384 - 388.

Schrameyer K，Heilbronn A，Merz F. 2005. *Cercospora apii*. damagyes erly celery [J]. Gemuse，3：28 - 29.

Schuster D J，Patel K J. 1985. Development of *Liriomyza trifolii* (Diptera：Agromyzidae) larvae on tomato at constant temperatures [J]. Florida Entomologist, 68 (1): 158-161.

Schuster D J, Waddill H V, Augustine J J, et al. 1979. Field comparisons of *Lycopersicon* accessions for resistance to the tomato pinworm and vegetable leafminer [J]. Journal of the American Society for Horticultural Society, 104 (2): 170-172.

Schuster D J, Wharton R A. 1993. Hymenopterous parasitoids of leafmining *Liriomyza* spp. (Diptera: Agromyzidae) on tomato in Florida [J]. Environmental Entomology, 22 (5): 1188-1191.

Schwartz H F, Pastor-Corrales M A. 1989. Bean production problems in the tropics [M]. Cali: International Center for Tropical Agriculture (CIAT).

Seal D R. 1994. Field studies in controlling melon thrips, *Thrips palmi* Karny (Thysanoptera: Thripidae) on vegetable crops using insecticides [J]. Proceedings of the Florida State Horticultural Society, 107: 159-162.

Seaton H L, Gray G F. 1936. Histological study of tissue from greenhouse tomatoes affected by blotchy ripening [J]. Journal of Agricultural Research, 52: 217-224.

Seljasen R, Meadow R. 2006. Effects of neem on oviposition and egg and larval development of *Mamestra brassicae* L: dose response, residual activity, repellent effect and systemic activity in cabbage plants [J]. Crop Protection, 25: 338-345.

Senal A, Sehgal V K. 1993. Resistance in peas, *Pisum Sativum* L., against pea leaf miner, *Chromatomyia horticola* (Goureau) (Diptera: Agromyzidae): biology, feeding and ovipositional preferences [J]. International Journal of Tropical Insect Science, 14: 185-191.

Seo Y S, Gepts P, Gilbertson R L. 2004. Genetics of resistance to the geminivirus, bean dwarf mosaic virus, and the role of the hypersensitive response in common bean [J]. Theoretical and Applied Genetics, 5: 786-793.

Serfontein J J. 1990. Characterization of *Pseudomonas syringae* pv. *tomato* by numerical analysis of phenotypic features and total soluble proteins [J]. Journal of Phytopathology, 3: 220-234.

Serrano R. 1989. Structure and function of plasma membrane ATPase [J]. Annual Review of Plant Physiology and Plant Molecular Biology, 40: 61-94.

Shafer J, Sayre C. 1946. Internal break-down of cabbage as related to nitrogen fertilization and yield [J]. Proceedings of the American Society for Horticultural Science, 47: 340-342.

Shang Q X, Xiang H Y, Han C G, et al. 2009. Distribution and molecular diversity of three cucurbit-infecting poleroviruses in China [J]. Virus Research, 145: 341-346.

Shao F, Teri J M. 1985. Yield losses in Phaseolus beans induced by anthracnose in Tanzania [J]. Tropical Pest Management, 31: 60-62.

Sharma N, Srivastava S. 2003. An appraisal of morphotaxonomic species diversity in *Corynespora* Gussow in Indian sub-continent [C]. Frontiers of Fungal Diversityin India. Lucknow: Prof. Kamal Festschrift: 607-638.

Sharma P N, Sharma O P, Padder B A, et al. 2008. Yield loss assessment in common bean due to anthracnose (*Colletotrichum lindemuthianum*) under sub temperate conditions of North-Western Himalayas [J]. Indian Phytopathology, 3: 323-330.

Sharma V P, Chirag S. 2003. Biologiy and control of *Mycogone perniciosa* Magn. causing wet bubble disease of white button mushroom [J]. Journal of Mycology and Plant Pathology, 2: 257-264.

Shaw F R. 1953. Some new diptera with remarks on the affinities of the genus *Pnyxia* Joh [J]. Psyche, 60: 62-68.

Shehu K, Aliero A A. 2010. Effects of purple blotch infection on the proximate and mineral contents of onion leaf [J]. International Journal of Pharma Science and Research, 2: 131-133.

Shen H T, Ji G S, Gu M C, et al. 2001. Benefit of fish lotus symbiosis ecological project [J]. Rural Eco-environment, 17 (3): 17-20.

Sherbakoff C D. 1918. Report of the associate plant pat hologist [J]. Florida Agricultural Experiment Station Rept., 1916-1917: 66R-86R.

Sherf A F, MacNab A A. 1986. Vegetable diseases and their control [M]. USA: John Wiley & Sons Incorporated.

Sheridan J E. 1963. Infection of celery seedlings by viable spores of *Septoria* spp. [J]. Nature, 199 (4892): 508-509.

Sheridan J E. 1968. Conditions for infection of celery by *Septoria apiicola* [J]. Plant Disease Report, 52: 142-145.

Shimada C, Lipka V, O'Connell R, et al. 2006. Nonhost resistance in *Arabidopsis-Colletotrichum* interactions acts at the cell periphery and requires actin filament function [J]. Molecular Plant-Microbe Interactions, 3: 270-279.

Shimada-Beltran H, Rivera-Bustamante R F. 2007. Early and late gene expression in *Pepper huasteco yellow vein virus* [J]. Journal of General Virology, 88: 3145-3153.

Shimomotoab Y, Satoc T, Hojod H, et al. 2011. Pathogenic and genetic variation among isolates of *Corynespora cassiicola* in Japan [J]. Plant Pathology, 2: 253-260.

Shin W K, Kim G H, Song C, et al. 2000. Effect of temperature on development and reproduction of the cotton caterpillar, *Palpita indica* (Lepidoptera: Pyralidae) [J]. Korean Journal of Applied Entomology, 39 (3): 135 - 140.

Shin W K, Kim G H, Park N J, et al. 2002. Effect of host plants on the development and reproduction of cotton caterpillar, *Palpita indica* (Saunder) [J]. Korean Journal of Applied Entomology, 41 (3): 211 - 216.

Shinoda T, Nagao T, Nakayama M, et al. 2002. Identification of a triterpenoid saponin from a crucifer, *Barbarea vulgaris*, as a feeding deterrent to the diamondback moth, *Plutella xylostella* [J]. Journal of Chemical Ecology, 28 (3): 587 - 595.

Shipp J L, Binns M R, Hao X, et al. 1998. Onomic injury levels for western flower thrips (Thysanoptera: Thripidae) on greenhouse sweet pepper [J]. Journal of Economic Entomology, 91 (3): 671 - 677.

Shishkoff N, McGrath M T. 2002. AQ10 biofungicide combined with chemical fungicides or AddQ spray adjuvant for control of cucurbit powdery mildew in detached leaf culture [J]. Plant Disease, 8: 915 - 918.

Shishkoff N. 2000. The name of the cucurbit powdery mildew: Podosphaera (sect. Sphaerotheca) xanthii (Castag.) U. Braun & N. Shish. comb. nov. (Abstr.) [J]. Phytopathology, 90: S133.

Shrestha S K, Mathur S B, Munk L. 2000. Alternaria brassicae in seeds of rapeseed and mustard, its location in seeds, transmission from seeds to seedlings and control [J]. Seed Science and Technology, 28: 75 - 84.

Silber A, Bruner M, Kenig E, et al. 2005. High fertigation frequency and phosphorus level: effects on summer-grown bell pepper growth and blossom-end rot incidence [J]. Plant and Soil, 270: 135 - 146.

Silbernagel M J, Mills L J. 1990. Genetic and cultural control of Fusarium root rot in bush snap beans [J]. Plant Disease, 74: 61 - 66.

Silva W K, Derverall B J, Lyon B R. 1998. Molecular, physiological and pathological characterization of Corynespora leaf spot fungi from rubber plantations in Sri Lanka [J]. Plant Pathology, 3: 267 - 277.

Sinden J W, Hauser E. 1950. Report on two new mushroom diseases [J]. Mushroom Science, 1: 96 - 100.

Singh S R, Emden H F, Taylor T A. 1978. Pests of grain legumes: ecology and control [M]. London: Academic Press: 193 - 202.

Singh U P, Maurya S, Singh D P. 2003. Antifungal activity and induced resistance in pea by aqueous extract of vermicompost and for control of powdery mildew of pea and balsam [J]. Journal of Plant Diseases and Protection, 6: 544 - 553.

Sinha S. 1940. On the characters of *Ciloanephora cucurbitarum* Haxter on Chillies (*Capsicun* spp.) [J]. Proceedings: Plant Sciences, 4: 162 - 166.

Sintayehua A, Sakhuja P K, Fininsa C, et al. 2011. Management of Fusarium basal rot (*Fusarium oxysporum* f. sp. *cepae*) on shallot through fungicidal bulb treatment [J]. Crop Protection, 30 (5): 560 - 565.

Sivapragasam A, Chua T H. 1997. Natural enemies for the cabbage webworm, *Hellula undalis* (Fabricius) (Lepidoptera: Pyralidae) in Malaysia [J]. Population Ecology, 39 (1): 3 - 10.

Sjodin C, Glimelius K. 1989. Brassica naponigra, a somatic hybrid resistant to phoma lingam [J]. Theoretical and Applied Genetics, 77: 651 - 656.

Sjodin C, Glimelius K. 1989. Differences in response to the toxin sirodesmin PL produced by phoma lingam (Tode ex Fr.) Desm. on protoplasts, cell aggregates and intact plants of resistant and susceptible brassica accessions [J]. Theoretical and Applied Genetics, 77: 76 - 80.

Skoglund L G, Harveson R M, Chen W, et al. 2011. Ascochyta blight of peas [J/OL]. http: //www. plant management network. org/pub/php/diagnosticguide/2011/pea/

Slusarenko A J, Fraser R S S, Van Loon L C. 2000. Mechanisms of resistance to plant diseases [M]. Berlin: Springer.

Smith B M, Crowther T C, Clarkson J P, et al. 2000. Partial resistance to rust (*Puccinia allii*) in cultivated leek (*Allium ampeloprasum* ssp. *porrum*): Estimation and improvement [J]. Annals of Applied Biology, 137: 43 - 51.

Smith J E, Korsten L, Aveling T A S. 1999. Infection process of *Colletotrichum dematium* on cowpea stems [J]. Mycological Research, 2: 230 - 234.

Smith P A, Price T V. 1997. Preliminary study of seed transmission of downy mildew in some vegetable brassica cultivars in Australia [J]. Australasian Plant Pathology, 26: 54 - 59.

Soares D J, Parreira D F, Barreto R W. 2005. Plasmopara australis newly recorded from Brazil on the new host *Luffa cylindrical* [J]. New Disease Reports, 12: 6.

Soledade M, Pedras C, Claudia C, et al. 1999. Phomalairdenone: a new host-selective phytotoxin from a virulent type of the blackleg fungus phoma lingam [J]. Bioorganic & Medicinal Chemistry Letters, 9: 3291 - 3294.

Soledade M, Pedras C, Kevin C, et al. 1998. Production of 2, 5- dioxopiperazine by a new isolate type of the blackleg fungus phoma lingam [J]. Phytochemistry, 6: 1575 - 1577.

Someya N，Tsuchiva K，Yoshida T，et al. 2007. Combined application of *Pseudomonas fluorescens* strain LRB3W1 with a low dosage of benomyl for control of cabbage yellows caused by *Fusarium oxysporum* f. sp. *conglutinans* [J]．Biocontrol Science and Technology，1：21 - 31.

Song J T，Choi J N，Song S I，et al. 1995. Identification of a potexvirus in *Korean garlic* plants [J]．Agricultural Chemistry and Biotechnology，1：55 - 62.

Soohee C，Hyesuk K，Jeffrey S，et al. 2008．Isolation and partial characterization of Bacillus subtilis ME488 for suppression of soilborne pathogens of cucumber and pepper [J]．Applied Microbiology and Biotechnology，80：115 - 123.

Srivastava P S，Narula A，Srivastava S. 2004．Plant biotechnology and molecular markers [M] // Gupta K，Prem D，Agnihotri A．role of biotechnology for incorporating white rust resistance in brassica species. Dordrecht：Kluwer Academic Publichers：156 -158.

Stall R E，Beaulieu C，Egel D，et al. 1994．Two genetically diverse groups of strains are included in *Xanthomonas campestris* pv. *Vesicatoria* [J]．International Journal of Systematic Bacteriology，44：47 - 53.

Stall R E，Jones J B，Minsavage G V. 2009．Durability of Rresistance in tomato and pepper to *Xanthomonads* causing bacterial spot [J]．Annual Review of Phytopathology，47：265 - 284.

Stanislav T，Nevenka V，Dragan Z. 2007．Field efficacy of deltamethrin in reducing damage caused by *Thrips tabaci* Lindeman (Thysanoptera：Thripidae) on early white cabbage [J]．Journal of Pest Science，80：217 - 223.

Stavely J R. 1984．Pathogenic specialization in *Uromyces phaseoli* in the United States and rust resistance in beans [J]．Plant Disease，68：95 - 99.

Steadman J R. 1979．Control of plant diseases caused by *Sclerotinia* species [J]．Phytopathology，69：904 - 907.

Stevanovi ċ M，Stankovi ċ I，Vučurovi ċ A，et al. 2012．First report of *Oidium neolycopersici* on greenhouse tomatoes in Serbia [J]．Plant Disease，6：912.

Steven T K，Richard S. 2012．Calcium deficiency disorders hit vegetable crops in central coast [J]．Salinas Valley Agriculture.

Stevens F A. 1911．A serious lettuce disease. (Lettuce sclerotiniose.) [M]．Raleigh：Edwards and Broughton：7 - 21.

Stevens M，Allen，Rick C M. 1986．Leaf mould in the tomato crop [M]．New York，USA：Chapam and Hall Ltd：67 - 68.

Stielow B，Menzel W. 2010．Complete nucleotide sequence of TaV1，a novel totivirus isolated from a black trufle ascocarp (*Tuber aestivum* Vittad.) [J]．Archieves of Virology，155：2075 - 2078.

Sturhan D，Brzeski M W. 1991．Stem and bulb nematodes，*Ditylenchus* spp. [M] // Nickle W R．Munual of Agricultural nematology. New York：Marcel Dekker：423 - 465.

St. Amand C P. 1993．Gummy stem blight in cucumber：testing methods，pathogenicity of isolates，and inheritance of resistance [D]．Raleigh：North Carolina State University.

Subamanian C V. 1998．*Fusarium oxysporum* f. sp. *conglutinans* [J]．IMI Description of Fungi and Bacteria，22：213 - 222.

Sugasawa J，Kitashima Y，Gotoh T. 2002．Hybrid affinities between the green and the red forms of the two-spotted spider mite *Tetranychus urticae* (Acari：Tetranychidae) under laboratory and seminatural conditions [J]．Applied Entomology and Zoology，37 (1)：127 - 139.

Sugie H，Yase J，Futai K，et al. 2003．A sex attractant of the cabbage webworm，*Hellula undalis* Fabricius (Lepidoptera：Pyralidae) [J]．Applied Entomology and Zoology，38 (1)：45 - 48.

Sugimoto T，Yasuda I，Ono M，et al. 1982．Occurrence of a ranunculus leaf-mining fly，*Phytomyza ranunculi* and its eulophid parasitoids from fall to summer in the low land [J]．Applied Entomology and Zoology，17 (1)：139 - 143.

Suheri H，Price T V. 2000．Infection of onion leaves by *Alternaria porri* and *Stemphylium vesicarium* and disease development in controlled environments [J]．Plant Pathology，3：375 - 382.

Suheri H，Price T V. 2001．The epidemiology of purple blotch on leeks in Victoria Australia [J]．European Journal of Plant Pathology，107：503 - 510.

Sumi S，Tsuneyoshi T，Suzuki A，et al. 2001．Development and establishment of practical tissue methods for production of virus-free garlic seed bulbs，a novel field cultivation system and convenient methods for detecting garlic infecting virus [J]．Plant Biotechnology，3：179 - 190.

Sutra L，Siverio F，Lopez M M，et al. 1997．Taxonomy of pseudomonas strains isolated from tomato pith necrosis：emended description of *Pseudomonas corrugata* and proposal of three unnamed fluorescent pseudomonas genomospecies [J]．International Journal of Systematic Bacteriology，47：1020 - 1033.

Sutton B C. 1964．*Phona* and related genera [J]．Transactions of the British mycological Society，47：497 - 509.

Sutton B C. 1980．The Coelomycetes：fungi imperfecti with pycnidia，acervuli and stromata [M]．Kew：Basic books.

Sutton B C. 1992. The genus *Glomerella* and its anamorph *Colletotrichum* [M] //Bailey J A, Jeger M J. Colletotrichum: Biology, pathology and control Wallingford: CAB International: 1-26.

Swift C E, Wickliffe E R, Schwartz H F. 2002. Vegetative compatibility groups of *Fusarium oxysporum* f. sp. *cepae* from onion in Colorado [J]. Plant Disease, 6: 606-610.

Swings J, Mooter M V D, Vauterin L, et al. 1990. Reclassification of the casual agents of bacterial blight (*Xanthomonas cmpestris* pv. *oryzae*) and bacterial leaf streak (*Xanthomoan campestris* pv. *oryzicola*) of rice as pathovars of *Xanthomonas oryzae* (ex Ishiyama1922) sp. nov. nom. rev. [J]. Internationa Journal of Systematic Bacteriology, 3: 309-311.

Sydow H. 1935. Beschreibungen neuer südafrikanischer Pilze-VI [J]. Annales Mycologici (3-4): 230-237.

Takada H, Kamijo K. 1979. Parasite complex of the garden pea leaf-miner, *Phytomyza horticola* Gourea, in Japan [J]. Kontyu, 47 (1): 18-37.

Takaki F, Sano T. Yamashita K. et al. 2005. Complete nucleotide sequences of attenuated and severe isolates of *leek yellow stripe virus* from garlic in northern Japan: identification of three distinct virus types in garlic and leek world-wide [J]. Archives of Virology, 6: 1135-1149.

Takeuchi J, Horie H, Shimada R. 2007. First report of anthracnose of rocket salad by *Colletotrichum higginsianum* occurring in Japan [J]. Annual Report of Kanto-Tosan Plant Protection Society, 54: 31-34.

Takeuchi J, Kagiwada S, Namba S, et al. 2008. The first report of anthracnose on wasabi (Eutrema Japonica) caused by *Colletotrichum higginsianum* Sacc [J]. Annals of the Phytopathological Society of Japan, 74: 33.

Talekar N S, Shelton A M. 1993. Biology, ecology and management of diamondback moth [J]. Annual Review of Entomology, 38, 275-301.

Tamietti G, Valentino D. 2001. Soil solarization: A useful tool for control of Verticillium wilt and weeds in eggplant crops under plastic in the Po Valley [J]. Journal of Plant Pathology, 83: 173-180.

Tang X, Xie M, Kim Y J, et al. 1999. Overexpression of Pto activates defense responses and confers broad resistance [J]. Plant Cell, 11: 15-29.

Tansey J A, Dosdall L M, Keddie B A. 2008. *Phyllotreta cruciferae* and *Phyllotreta striolata* responses to insecticidal seed treatments with different modes of action [J]. Journal Compilation, 25: 2-9.

Tantowijoyo W, Hoffmann A A. 2010. Identifying factors determining the altitudinal distribution of the invasive pest leafminers *Liriomyza huidobrensis* and *Liriomyza sativae* [J]. Entomologia Experimentalis et Applicata, 135 (2): 141-153.

Tao X, Zhou X P. 2008. Pathogenicity of a naturally occurring recombinant DNA satellite associated with *Tomato yellow leaf curl China virus* [J]. Journal of General Virology, 89: 306-311.

Tauber M J, Tauber C A, Obrycki J J, et al. 1988. Voltinism and the induction of aestival diapause in the Colorado potato beetle, *Leptinotarsa decemlineata* (Coleoptera: Chrysomelidae) [J]. Annals of Entomology Society of America, 81 (5): 764-773.

Taylora A, Vaganya V, Barbara D, et al. 2013. Identification of differential resistance to six *Fusarium oxysporum* f. sp. *cepae* isolates in commercial onion cultivars through the development of a rapid seedling assay [J]. Plant Pathology, 62 (1): 103-111.

Tbhomas C M, Zones D A, Pamiske M, et al. 1997. Characterization of the tomato Cf-4 gene for resistance to *Cladosporium fulvum* identifies sequences that detemine recognitional specificity in Cf-4 and Cf-9 [J]. The Plant Cell, 9: 2209-2224.

Teng S C. 1932. Fungi of control [J]. Biol Sci. Joc. China Bot Sci., 1: 5-48.

Teng X, Wan F H, Chu D. 2010. *Bemisia tabaci* biotype Q dominates other biotypes across China [J]. Florida Entomologist, 93: 363-368.

Tezuka, et al. 1983. Effect of relative humidity on the development of gray mould of tomato in greenhouse cultivation [J]. Bulletin of the Vegetable and Dramental Crops Research Slatiou, 11: 105-112.

Thakur R P, Patel P N, Verma J P. 2002. Genetical relationships between reactions to bacterial leaf spot, yellow mosaic and Cercospora leaf spot in mungbean (*Vigna radiata*) [J]. Euphytica, 26: 765-774.

Than P P, Prihastuti H, Phoulivong S, et al. 2008a. Chilli anthracnose disease caused by *Colletotrichum* species [J]. Journal of Zhejiang University Science B, 10: 764-778.

Thanassouloupoulos C C, Kitsos G T, Bonatsos D C. 1978. Cabbage yellows and new hosts of the pathogen in Greece [J]. Plant Disease Reporter, 12: 1051-1053.

Theresa A S A, Heidi G S, Rijkenberg F H J. 1994. Morphology of infection of onion leaves by *Alternaria porri* [J]. Canadian Journal of Botany, 8: 1164-1170.

Thind T S, Jhooty J S. 1985. Relative prevalence of fungal disease of chilli fruit in Punjab [J]. Indian Journal of Mycology and Plant Pathology, 15: 305 - 307.

Thomas C E, Inaba T, Cohen Y. 1987. Physiological specialization of *Pseudoperonospora cubensis* [J]. Phytopathology, 77: 1621 - 1624.

Thompson E, Leary J V, Chun W W C. 1989. Specific detection of *Clavibacter michiganensis* subsp. *michiganensis* by a homologous DNA probe [J]. Phytopathology, 79: 311 - 314.

Tian J, Wang L P, Yang Y J, et al. 2012. Exogenous spermidine alleviates the oxidative damage in cucumber seedlings subjected to high temperatures [J]. Journal of the American Society for Horticultural Science, 1: 11 - 19.

Tokumaru S, Abe Y. 2005. Interspecific hybridization between *Liriomyza sativae* Blanchard and *L. trifolii* (Burgess) (Diptera: Agromyzidae) [J]. Applied Entomology and Zoology, 40 (4): 551 - 555.

Tokumaru S, Ando Y, Kurita H, et al. 2007. Seasonal prevalence and species compositon of *Liriomyza sativae* Blanchard, *L. trifolii* (Burgess), and *L. bryoniae* (Kaltenbach) (Diptera: Agromyzidae) in Lyoto Prefecture [J]. Applied Entomology and Zoology, 42 (2): 317 - 327.

Tokumaru S, Kurita H, Fukui M, et al. 2005. Insecticide susceptibility of *Liriomyza sativae*, *L. trifolii*, and *L. bryoniae* (Diptera: Agromyzidae) [J]. Japanese Journal of Applied Entomology and Zoology, 49 (1): 1 - 10.

Tokumaru S. 2006. Hymenopterous parasitoids of *Liriomyza chinensis* Kato (Diptera: Agromyzidae) in Kyoto prefecture [J]. Japanese Journal of Applied Entomology and Zoology, 50 (1): 63 - 65.

Tomlinson J A. 1987. Epidemiology and control of virus diseases of vegetables [J]. Annals of Applied Biology, 110: 661 - 681.

Toshihiro I, Mchihide M, Murai T. 2001. Attractiveness of methyl anthranilate and its related compounds to the flower thrips, *Thrips hawaiiensis* (M organ), *T. coloratus* Schmutz, *T. flavus* Schrank and *Megalurothrips distalis* (Karny) (Thysanoptera: Thripidae) [J]. Applied Entomology and Zoology, 36 (4): 475 - 478.

Tourneau D L. 1979. Morphology, cytology, and physiology of *Sclerotinia* species in culture [J]. Phytopathology, 69: 887 - 890.

Toyozo S, Jun O, Yosuke D, et al. 2009. White rust of ipomoea caused by *Albugo ipomoeae-panduratae* and *A. ipomoeae-hardwickii* and their host specificity [J]. Journal of General Plant Pathology, 1: 46 - 51.

Tran D H, Ridland P M, Takagi M. 2007. Effects of temperature on the immature development of the stone leek leafminer *Liriomyza chinensis* (Diptera: Agromyzidae) [J]. Environmental Entomology, 36 (1): 40 - 45.

Tran D H, Takagi M. 2005. Developmental biology of *Liriomyza chinensis* (Diptera: Agromyzidae) on onion [J]. J Fac Agric Kyushu Univ, 50 (2): 375 - 382.

Tran D H, Takagi M. 2005. Susceptibility of the stone leek leafminer *Liriomyza chinensis* (Diptera: Agromyzidae) to insecticides [J]. J Fac Agric Kyushu Univ, 50 (2): 383 - 390.

Tran D H, Takagi M. 2007. Effects of low temperatures on pupal survival of the stone leek leafminer *Liriomyza chinensis* (Diptera: Agromyzidae) [J]. International Journal of Pest Management, 53 (3): 253 - 257.

Trebaol G, Gardan C, Manceau J, et al. 2000. Genomic and phenotypic characterization of *Xanthomonas cynarae*: a new species causing bacterial bract spot of artichoke (*Cynara scolymus* L.) [J]. International Journal of Systematic and Evolutinary Microbiology, 50: 1471 - 1478.

Trichilo P J, Leigh T F. 1986. Predation on spider mite eggs by the western flower thrips, *Frankliniella occidentals* (Thysanoptera: Thripidae), an opportunity in a cotton agroecosystem [J]. Environmental Entomology, 15 (4): 821 - 825.

Trumble J T, Ting I P, Bates L. 1985. Analysis of physiological, growth, and yield responses of celery to *Liriomyza Trifolii* [J]. Entomologia Experimentalis et Applicata, 38: 15 - 21.

Trumble J T. 1985. Planning ahead for leafminer control [J]. California Agriculture, 39 (7/8): 8 - 9.

Tryon E H, Poe S L. 1981. Developmental rates and emergence of vegetable leaf miner pupae and their parasites reared from celery foliage [J]. Florida Entomologist, 64 (4): 477 - 483.

Tsai J H, Yue B, Webb S E, et al. 1995. Effects of host plant and temperature on growth and reproduction of *Thrips palmi* (Thysanoptera: Thripidae) [J]. Environmental Entomology, 24: 1598 - 1603.

Tsatsia F, Hollingsworth R. 1997. Rearing techniques for *Dacus solomonensis* and *Bactrocera cucurbitae* in Solomon Islands [J] //Allwood A J, Drew R A I. Management of fruit flies in the Pacific. ACIAR Proceedings, 76: 267.

Tsuneyoshi T, Matsumi T, Natsuaki T N, et al. 1998. Nucleotide sequence analysis of virus isolates indicates the presence of three potyvirus species in Allium plants [J]. Archives of Virology, 143: 97 - 113.

Tu J C. 1992. *Colletotrichum lindemuthianum* on bean: population dynamcs of the pathogen and breeding for resistance [M] //Bailey J A, Jeger M J. Colletotrichum: biology, pathology and control: 203 - 224.

Tu J C. 1997. An integrated control of white mold （Sclerotinia sclerotiorum） of beans, with emphasis on recent advances in biological control [J]. Botanic Bulletin of Academic Sinia, 38: 73 - 76.

Uddin W, Soika M D, Soika E L, et al. 2004. Evaluation of fungicides for control of gray leaf spot on perennial ryegrass [EB/OL]. http: //turf. cas. psu. edu/

Ullasa B A, Rawal R D, Sohi H S, et al. 1981. Reaction of sweet pepper genotypes to Anthracnose, Cercospora leaf spot, and Powdery mildew [J]. Plant Disease, 7: 600 - 601.

Umar M H, Geels F P, Van Griensven L J L D. 2000. Pathology and pathogenesis of mycogone perniciosa infection of Agaricus biosporus [J]. Mushroom Science, 15: 561 - 567.

Urban J, Lebeda A. 2006. Fungicide resitance in cucurbit downy mildew-methodological, biological and population aspects [J]. Annals of Applied Biology, 49: 63 - 75.

Urban J, Lebeda A. 2007. Variation of fungicide resistance in Czech populations of Pseudoperonospora cubensis [J]. Journal of Phytopathology, 155: 143 - 151.

Ushiyama R. 1977. Evidence for double-stranded RNA from Polyhedral virus-like particles in Lentinus edodes （Berk.） Sing [J]. Virology, 2: 880 - 883.

Utsuno H, Asami T. 2010. Maternal inheritance of racemism in the terrestrial snail Bradybaena similaris [J]. Journal of Heredity, 101 (1): 11 - 19.

Vail P V. 1981. Cabbage looper nuclear polyhedrosis virus-parasitoid interactions [J]. Environmental Entomology, 10: 517 - 520.

van der lende T R, Duitman E H, Gunnewijk M G W, et al. 1996. Functional analysis of dsRNAs （L1, L3, L5, and M2) associated with isometric 34 - nm virions of Agaricus bisporus （White Button Mushroom） [J]. Virology, 1: 88 - 96.

van der lende T R, Harmsen M C, Wessels J G H. 1994. Double-stranded RNAs and proteins associated with the 34 - nm virus particles of the cultivated mushroom Agaricus bisporus [J]. Journal of General Virology, 9: 2533 - 2536.

van de Dijk S J. 1986. Differences between genotypes of tomato infoliar contents of total phosphorus, total nitrogen and nitrate nitrogen under low light intencity and low night temperatures [J]. Netherland Journal of Agricultural Science, 34: 49 - 55.

van Dijk P. 1993. Survey and characterization of potyviruses and their strain of Allium species [J]. Netherlands Journal of Plant Pathology, 99: 233 - 257.

van Lenteren J C, Woets J. 1988. Biological and integrated pest control in greenhouses [J]. Annual Review of Entomology, 33: 239 - 269.

Vander Biezen E A, Jones J D G. 1998. Plant disease-resistance proteins and the gene-for-gene concept [J]. Trends in Biochemical Sciences, 23: 454 - 456.

Vargas R I, Carey J R. 1990. Comparative survival and demographic statistics for wild oriental fruit fly, mediterranean fruit fly, and melon fly (Diptera: Tephritidae) on papaya [J]. Journal of Economic Entomology, 83 (4): 1344 - 1349.

Vattanaviboon P, Seeanukun C, Whangsuk W. 2005. Important role for methionine sulfoxide reductase in the oxidative stress response of Xanthomonas campestris pv. phaseoli [J]. Journal of Bacteriology, 16: 5831 - 5836.

Vauterin L, Hoste B, Kersters K, et al. 1995. Reclassification of Xanthomonas [J]. International Journal of Systematic Bacteriology, 45 (3): 472 - 489.

Vauterin L, Swings J, Kersters K, et al. 1990. Towards an improved taxonomy of Xanthomonas [J]. International Journal of Systematic Bacteriology, 40 (3): 312 - 316.

Veer V. 1985. Observations on the host preferences and biology of Thrips flavus Schrank (Thysanoptera: Thripidae) from Dehradun, India [J]. Annals of Entomology, 3 (1): 39 - 41.

Veneault-Fourrey C, Laugé R, Langin T. 2005. Nonpathogenic strains of Colletotrichum lindemuthianum trigger progressive bean defense responses during appressorium-mediated penetration [J]. Applied and Environmental Microbiology, 8: 4761 - 4770.

Verma P R, 2012. White rust of crucifers: an overview of research progress [J]. Journal of Oilseed Brassica, 2: 78 - 87.

Viera M R, Chiavegato L G. 1998. Biology of Polyphagotarsonemus latus (Banks, 1904) (Acari: Tarsonemidae) on cotton [J]. Pesquisa Agropecuaria Brasileira, 33 (9): 1437 - 1442.

Villacarlos L T, Mejia B S, Patindol R A. 2004. Philippine entomopathogenic fungi - II. pathogenicity of common species to selected insect pests [J]. Philippine Agricultral Scientist, 87 (3): 266 - 275.

Visalakshy P N G. 2005. Natural enemies of Diaphania indica （Saunders） (Pyralidae: Lepidoptera) in Karnataka [J]. Entomon, 30 (3): 261 - 262.

Vishunavat K, Kolte S J. 1993. Brassica seed infection with Peronospora parasitica （Pers. ex Fr.） Fr. and its transmission through seed [J] . Indian Journal of Mycology and Plant Pathology, 23: 247 - 249.

Vloutoglou, Kalogerakis S N. 2000. Effects of inoculum concentration, wetness duration and plant age on development of early blight (*Alternaria solani*) and on shedding of leaves in tomato plants [J] . Plant Pathology, 49: 339 - 345.

Wade H E, Ferrandino F J. 1995. Influence of spore density leaf age temperature and dew periods on septoria leaf spot of tomato [J] . Plant Disease, 79: 287 - 290.

Wahid A, Hameed M, Rasul E. 2004. Salt-induced injury symptom, changes in nutrient and pigment composition and yield characteristics of mungbean [J] . International Journal of Agricultural Biology, 6: 1143 - 1152.

Walker J C, Hooker W J. 1945. Plant nutrition in relation to disease development. I. cabbage yellows [J] . American Journal of Botany, 32: 314 - 320.

Walker J C. 1925. Two undescribed species of botrytis associated with the neck rot diseases of onion bulbs [J] . Phytopathology, 15: 708 - 713.

Wang C L, Lin F C. 1988. A newly invaded insect pest *Liriomyza trifolii* (Diptera: Agromyzidae) in Taiwan [J] .Journal of Agricultural Research of China, 37 (4): 453 - 457.

Wang F C, Zhang S Y, Hou S R. 1988. Inoculation release of *Trichogramma dendrolimi* in vegetable garden to regulate population of cotton pests [J] . Colloques de INR A, 43: 613 - 619.

Wang K Y, Zhang Y, Wang H Y, et al. 2010. Influence of three diets on susceptibility of selected insecticides and activities of detoxification esterases of *Helicoverpa assulta* (Lepidoptera: Noctuidae) [J] . Pesticide Biochemistry and Physiology, 96: 51 - 55.

Wang S Y, Lei Z R, Wang H H, et al. 2011. The complete mitochondrial genome of the leafminer *Liriomyza trifolii* (Diptera: Agromyzidae) [J] .Molecular Biology Reports, 38: 687 - 692.

Wang W, Ben-Daniel B H, Cohen Y. 2004. Control of plant diseases by extracts of *Inula viscosa* [J] . Phytopathology, 10: 1042 - 1047.

Wang X P, Ge F, Xue F S. 2006. Host plant mediation of diapause induction in the cabbage beetle, *Colaphellus bowringi* Baly (Coleoptera: Chrysomelidae) [J] . Insect Science, 13 (3): 189 - 193.

Wang X P, Xue F S, Tan Y Q, et al. 2007. The role of temperature and photoperiod in diapause induction in the brassica leaf beetle, *Phaedon brassicae* (Coleoptera: Chrysomelidae) [J] . European Journal of Entomology, 104 (4): 693 - 697.

Wang Z Y, Yan H F, Yang Y H, et al. 2010. Biotype and insecticide resistance status of the whitefly *Bemisia tabaci* from China [J] .Pest Management Science, 66 (12): 1360 - 1366.

Wang Z, Guo J L, Zhang F, et al. 2010. Differential expression analysis by cDNA _ AFLP of *Solanum torvum* upon *Verticillium dahliae* infection [J] . Russian Journal of Plant Physiology, 57: 676 - 684.

Wasilewska L, et al. 1987. Investigations on the method of celery infection with *Septoria apiicola* Speg. fungus [J] . Biuletyn Warzywniczy, 30: 57 - 70.

Waterhouse D F, Norris K R. 1989. Biological control: Pacific prospects-Supplement 1 [M] . ACIAR Monograph, 12: 77 - 86.

Waters C M, Bolkan H A. 1992. An improved semi-selective medium and method of extraction for detecting *Clavibacter michiganensis* subsp. *michiganensis* in tomato seeds (Abstr.) [J] . Phytopathology, 82: 1072.

Watt B. 2013. University of Maine's Images [EB/OL] . Invasive. org: center for invasive species and ecosystem health. 2013-07-10. http: //www. invasive. org/browse/subinfo. cfm ? sub=17872.

Wayne L G, Brenner D J, Cowell R R, et al. 1987. International committee on systematic bacteriology. Report of the Ad Hoc committee on reconciliation of approaches to bacterial systematics [J] . International Journal of Systematic Bacteriology, 37: 463 - 464.

We C T. 1950. Notes on Corynespora [J] . Mycological Papers, 34: 1 - 10.

Weber H, Schultze S, Pfitzner A J. 1993. Two amino acid substitutions in the tomato mosaic virus 30-kilodalton movement protein confer the ability to overcome the Tm-22 resistance gene in the tomato [J] . Journal of Virology, 11: 6432 - 6438.

Weintraub P G, Horowitz A R, 1996. Spatial and diel activity of the pea leafminer (Diptera: Agromyzidae) in potatoes, *Solanum tuberosum* [J] .Environmental Entomology, 25 (4): 722 - 726.

Westerman P R, Minkenberg O P J M. 1986. Evaluation of the effectiveness of the parasitic wasps *Diglyphus isaea* and *Chrysocharis parksi* in experimental greenhouses for the biological control of the leafminer *Liriomyza bryoniae*, on tomatoes [J] . Med Fac Landbouww Rijksuniv Gent, 51 (3a): 999 - 1008.

West B, Drost D. 2010. Celery in the garden [D] . Logan: Utah State University.

Wezel R, Liu H T, Tien P, et al. 2001. Gene C2 of the monopartite geminivirus *Tomato yellow leaf curl virus*-China encodes a pathogenicity determinant that is localized in the nucleus [J]. Molecular Plant-Microbe Interactions, 9: 1125-1128.

White H L. 1938. Further observations of the incidence of blotchy ripening of the tomato [J]. Annals of Appllied Biology, 25: 544-557.

White P J, Broadley M R. 2003. Calcium in plant [J]. Annals of Botany, 92: 487-511.

Wicks T J. 1990. Glasshouse and field evaluation of fungicides for the control of *Septoria apiicola* on celery [J]. Crop Protection, 6: 433-438.

Wild H. 1947. Downy mildew disease of the cultivated lettuce [J]. Transactions of the British Mycological Society (1-2): 112-125.

Willetts H J, Bullock S. 1992. Developmental biology of sclerotia [J]. Mycological Research, 96: 801-816.

Williams P H. 1980. Black rot: a continuing threat to world crucifers [J]. Plant Disease, 64: 736-742.

Williams P H. 1966. A system for the determination of races of plasmodiophorae brassicaethat infect cabbage and rutabga [J]. Phytopathology, 56: 624-626.

Williams T H, Liu P S W. 1976. A host list of plant diseases in sabah [J]. Malaysia Phytopathology, 19: 1-67.

Williams-Woodward J L, Hennen J F, Parda K W, et al. 2001. First report of daylily rust in the United States [J]. Plant Disease, 85: 1101.

Wimalajeewa D L S. 1976. Studies on bacteria soft of celery in Victoria [J]. Australian Journal of Experimental Agriculture and Animal Husbandry, 83: 915-920.

Winsor G W, Massey D M. 1958. The composition of tomato fruit I. The expressed sap of normal and blotchy tomatoes [J]. Journal of the Science of Food and Agriculture, 9: 493-498.

Wolcan S. 1987. Secondary conidia of *Septoria apiicola* Speg. I. comparison with pycnidiospores. Culture media that stimulate production of both types of spores [J]. Turrialba, 3: 239-244.

Wolf F A. 1917. A squash disease caused by *Choanephora cucurbitarum* [J]. Journal of Agricultural Research, 9: 319-333.

Wong W C, Preece T F. 1985. *Pseudomonas tolaasii* in cultivated mushroom (*Agaricus bisporus*) crops: effects of sodium hypochlorite on the bacterium and on blotch disease severity [J]. Journal of Applied Bacteriology, 3: 259-267.

Woo S L, Zoina A, Gel S G, et al. 1996. Characterization of *Fusarium oxysporum* f. sp. *phaseoli* by pathogenic races, VCGs, RFLPs, and RAPD [J]. Phytopathology, 86: 966-973.

Wu M L, Chien C Y. 1980. Compatability studies of four species of Choanephora isolated in Taiwan [D]. Taipei: National Taiwan Normal University.

Wu W S, Lu J H. 1984. Seed treatment with antagonists and chemicals to control *Alternaria brassicicola* [J]. Seed Science & Technology, 12: 851-862.

Xia H, Wang X L, Zhu H J. 2011. First report of anthracnose caused by *Glomerella acutata* on chili pepper in China [J]. Plant Disease, 2: 219.

Xia X M, Wang K Y, Wang H Y. 2009. Resistance of *Helicoverpa assulta* (Guenée) (Lepidoptera: Noctuidae) to fenvalerate, phoxim and methomyl in China [J]. Crop Protection, 28: 162-167.

Xu J, Pan Z C, Prior P, et al. 2009. Genetic diversity of *Ralstonia solanacearum* strains from China [J]. European Journal of Plant Pathology, 125: 641-653.

Xu J, de Barro P J, Liu S S. 2010. Reproductive incompatibility among genetic groups of *Bemisia tabaci* supports the proposition that the whitefly is a cryptic species complex [J]. Bulletin of Entomological Research, 24: 1-8.

Xu R M, Zhu G R, Zhang Z L. 1984. A system approach togreenhouse whitefly population dynamics and strategy for greenhouse whitefly in China [J]. Sonderdruck aus Bd, 97 (3): 305-313.

Xu Y P, Cai X Z, Zhou X P. 2007. *Tomato leaf curl Guangxi virus* is a distinct monopartite begomovirus species [J]. European Journal of Plant Pathology, 3: 287-294.

Xu Z B, Dai L M, Chen G, et al. 2000. Quantitative dynamics on stimulating regeneration and sowing seedlings of *Larix gmelinii* in Daxing' an Mountains [J]. Journal of Forestry Research, 4: 231-236.

Xue F S, Spieth H R, Li A Q, et al. 2002. The role of photoperiod and temperature indetermination of summer and winter diapause in the cabbage beetle, *Colaphellus bowringi* (Coleoptera: Chrysomelidae) [J]. Journal of Insect Physiology, 48 (3): 279-286.

Xue Q Y, Yan N Y, Wei Y, et al. 2011. Genetic diversity of *Ralstonia solanacearum* strains from China assessed by PCR-based fingerprints to unravel host plant-and site-dependent distribution patterns [J]. Microbiology Ecology, 75: 507-519.

Yang H, Jie Y. 2005. Uptake and transport of calcium in plant [J]. Journal of Plant Physiology and Molecular Biology, 31 (3): 227-234.

Yang X L, Guo W, Ma X Y, et al. 2011. Molecular characterization of *Tomato leaf curl China virus*, infecting tomato plants in China, and functional analyses of its associated betasatellite [J]. Applied and Environmental Microbiology, 9: 3092 - 3101.

Yang X W, Zhang X X, Zhang S F. 1998. Morphological studies on *Myzus persicae* in China [J]. Entomologia Sinica, 5 (4): 362 - 369.

Yigal C, Avia E. 2012. Rubin. mating type and sexual reproduction of *Pseudoperonospora cubensis*, the downy mildew agent of cucurbits [J]. European Journal of Plant Pathology, 132: 577 - 592.

Yin Q Y, Yang H Y, Gong Q H, et al. 2001. *Tomato yellow leaf curl China virus*: monopartite genome organization and agroinfection of plants [J]. Virus Research, 81: 69 - 76.

Yokoo T. 1940. Morphology and distribution of three Anthomyiid flies injurious to vegetables in Korea [J]. Journal of Applied Zoology, 12 (5 - 6): 187 - 208.

Yoon J B, Yang D C, Do J W, et al. 2006. Overcoming two post-fertilization genetic barriers in interspecific hybridization between *Capsicum annuum* and *C. baccatum* for introgression of anthracnose resistance [J]. Breed Science, 56: 31 - 38.

Yoon J Y, Ahn H I, Minjea K, et al. 2006. Pepper mild mottle virus pathogenicity determinants and cross protection effect of attenuated mutants in pepper [J]. Virus Research, 118: 23 - 30.

Yoon J Y, Green S K, Opera R T. 1993. Inheritance of resistance to turnip mosaic virus in Chinese cabbage [J]. Euphytica, 69: 103 - 108.

Yoon J Y, Green S K, Tschanz A T, et al. 1989. Pepper improvement for the tropics, problems and the AVRDC approach [M] // Green S K, Griggs T D, Mclean B T. Tomato and pepper production in the tropics. Tainan: AVRDC: 86 - 98.

Young J M, Dye D W, Bradbury J F, et al. 1978. A proposed nomenclature and classification for plant pathogenic bacteria [J]. New Zealand Journal Agricultural Research, 21: 153 - 177.

Yu H J, Lim d, Lee H S. 2003. Characterization of a novel single stranded RNA mycovirus in *Pleurotus ostreatus* [J]. Virology, 1: 9 - 15.

Yu S C, Zhang F L, Yu R B, et al. 2009. Genetic mapping and localization of a major QTL for seedling resistance to downy mildew in Chinese cabbage (*Brassica rapa* ssp. *pekinensis*) [J]. Molecular Breeding, 23: 573 - 576.

Yuan L, Wang S, Zhou J, et al. 2012. Status of insecticide resistance and associated mutations in Q-biotype of whitefly, *Bemisia tabaci*, from eastern China [J]. Crop Protection, 31: 67 - 71.

Yunis H, Bashan Y, Okon Y, et al. 1980. Chemical control of bacterialspeck of tomato and its effect on tomato yield [J]. Hassadeh, 5: 1004 - 1007.

Zabka M, Drastichová K, Jegorov A, et al. 2006. Direct evidence of plant-pathogenic activity of fungal metabolites of *Trichothecium roseum* on apple [J]. Mycopathologia. 1: 65 - 68.

Zaki F N, El-Shaarawy M F, Farag N. 1999. A Release of two predators and two parasitoids to control aphids and whiteflies [J]. Journal of Pest Science, 72: 19 - 20.

Zaumayer W J, Tomas H R. 1957. A monographic study of bean diseases and methods for their control [J]. US Department of Agriculture Technical Bulletin, 868: 255.

Zehnder G W, Trumble J T. 1984. Host selection of *Liriomyza* species (Diptera: Agromyzidae) and associated parasites in adjacent plantings of tomato and celery (*Liriomyza sativae*, *Liriomyza trifolii*) [J]. Environmental Entomology, 13: 492 - 496.

Zeng C X, Wang J J. 2010. Influence of exposure to imidacloprid on survivorship, reproduction and vitellin content of the carmine spider mite, *Tetranychus cinnabarinus* [J]. Journal of Insect Science, 10: 20.

Zhang Z J, Wu Q J, Li X F, et al. 2007. Life history of western flower thrips, *Frankliniella occidentalis* (Thysan., Thripae), on five different vegetable leaves [J]. Journal of Applied Entomology, 131 (5): 347 - 354.

Zhao K H. 2004. Variance and infecting mechanism of *Septoria apiicolla* Speg. [C]. Beijing: Proceedings of the 15th International Plant Protection Congress: 537.

Zheng X L, Cheng W J, Wang X P, et al. 2011a. Enhancement of supercooling capacity and survival by cold acclimation, rapid cold and heat hardening in *Spodoptera exigua* [J]. Cryobiology, 63 (3): 164 - 169.

Zheng X L, Cong X P, Wang X P, et al. 2011b. A review of geographic distribution, overwintering andmigration in *Spodoptera exigua* Hübner (Lepidoptera: Noctuidae) [J]. Entomological Research Society, 13 (3): 39 - 48.

Zheng X L, Cong X P, Wang X P, et al. 2011c. Pupation behaviour, depth, and site of *Spodoptera exigua* [J]. Bulletin of Insectology, 64 (2): 209 - 214.

Zhou B L, Chen Z X, Du L, et al. 2011. Allelopathy of root exudates from different resistant eggplants to *Verticillium dahliae* and the identification of allelochemicals [J] . African Journal of Biotechnology, 10: 8284 - 8290.

Zhou X P, Xie Y, Tao X R, et al. 2003. Characterization of DNA β associated with begomoviruses in China and evidence for co-evolution with their cognate viral DNA-A [J] . Journal of General Virology, 1: 237 - 247.

Zhu S S, Liu X L, Wang Y X, et al. 2007. Resistance of *Pseudoperonospora cubensis* to flumorph on cucumber in plastic houses [J] . Plant pathology, 56: 967 - 975.

Zitter T A. 1984. Virus diseases of crucifers [M] //Vegetable Crops. New York: Cornell University, 730. 20.

Zoebisch T G, Stimag J L, Schuster D J. 1993. Methods for estimating adult densities of *Liriomyza trifolii* (Diptera: Agromyzidae） in staked tomato fields [J] . Journal of Economic Entomology, 86 (2): 523 - 528.

第 10 单元 蔬菜病虫害

彩图 10-1-1 蔬菜苗期猝倒病症状（1. 齐军山提供；2. 引自夏声广等，2005；3. 郑建秋提供）
Colour Figure 10-1-1 Symptoms of damping-off of vegetable seedlings
(1. by Qi Junshan; 2. from Xia Shengguang et al., 2005; 3. by Zheng Jianqiu)
1. 番茄猝倒病 2. 黄瓜猝倒病 3. 甜椒猝倒病

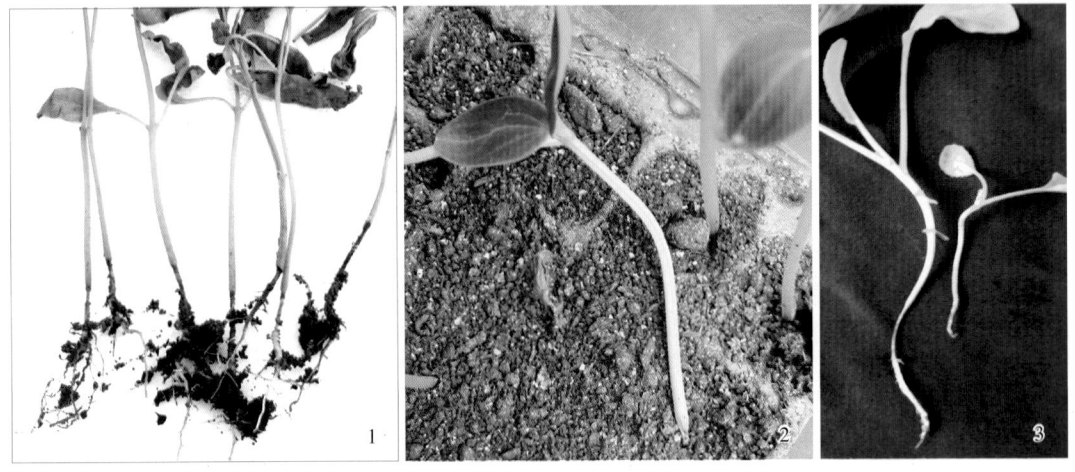

彩图 10-2-1 蔬菜苗期立枯病田间症状（1 和 3. 李向东提供；2. 李宝聚提供）
Colour Figure 10-2-1 Symptoms of damping-off of vegetable seedlings caused by *Rhizoctonia solani* in the field
(1 and 3. by Li Xiangdong; 2. by Li Baojü)
1. 辣椒立枯病 2. 黄瓜立枯病 3. 小白菜立枯病

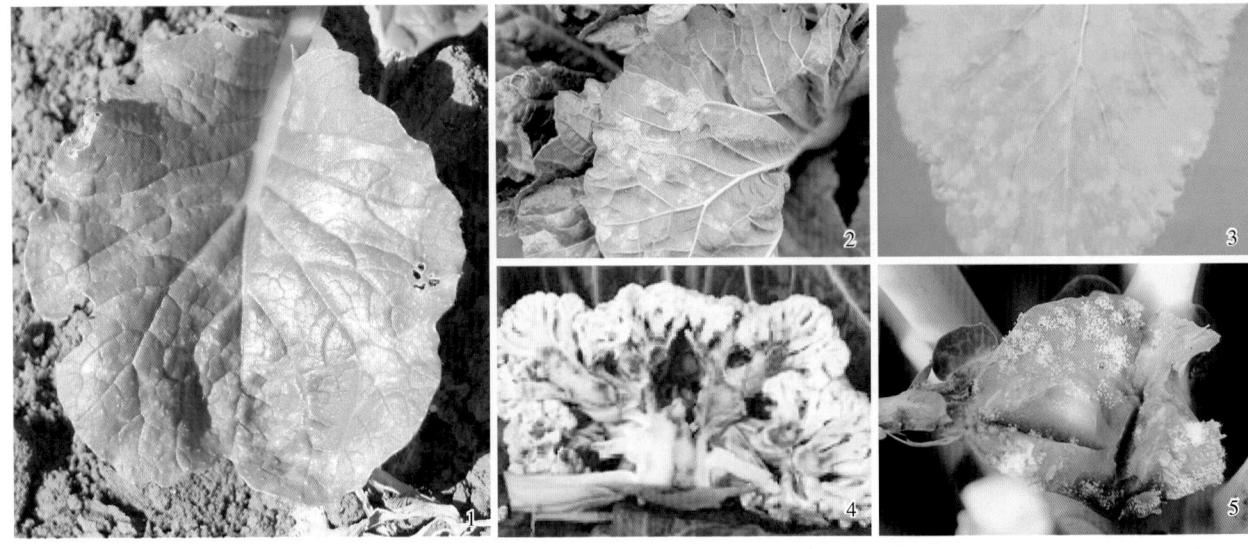

彩图 10-3-1 十字花科蔬菜霜霉病症状（1. 刘长远提供；2、3 和 5. 郑建秋提供；4. 引自 Sherrie Smith，2007）
Colour Figure 10-3-1 Symptoms of downy mildew of cruciferous vegetables
(1. by Liu Changyuan; 2, 3 and 5. by Zheng Jianqiu; 4. from Sherrie Smith, 2007)
1. 大白菜叶面病斑 2. 大白菜叶背病斑霉层 3. 萝卜叶部病斑 4. 花椰菜发病花球 5. 青花菜发病花球

彩图10-4-1　十字花科蔬菜白锈病症状（1.覃丽萍提供；2和3.郑建秋提供）
Colour Figure 10-4-1　Symptoms of white rust of cruciferous vegetables (1. by Qin Liping; 2 and 3. by Zheng Jianqiu)
1.大白菜病叶正面黄色病斑　2.菜心病叶背面孢子囊堆　3.菜心病叶后期症状

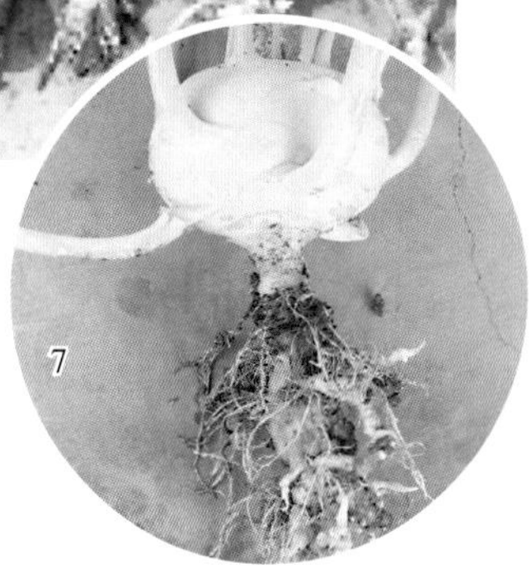

彩图10-5-1　十字花科蔬菜根肿病田间症状（杨明英提供）
Colour Figure 10-5-1　The symptoms of clubroot of cruciferous vegetable in the field
(by Yang Mingying)
1.大白菜病株萎蔫　2.大白菜肿瘤状病根　3.小白菜肿瘤状病根
4.甘蓝肿瘤状病根　5.芥菜肿瘤状病根　6.萝卜肿瘤状病根　7.苤蓝肿瘤状病根

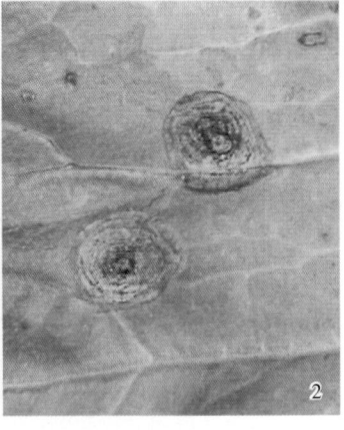

彩图 10-6-1　大白菜和甘蓝黑斑病田间症状
（1. 张鲁刚提供；2. 郑建秋提供）
Colour Figure 10-6-1　Symptoms of Alternaria black spot on
Chinese cabbage and cabbage
（1. by Zhang Lugang; 2. by Zheng Jianqiu ）
1. 大白菜黑斑病病叶　2. 甘蓝黑斑病病叶

彩图 10-7-1　大白菜白斑病田间症状（郑建秋提供）
Colour Figure 10-7-1　Symptoms of white
spot caused by *Pseudocercosporella capsella* on
Chinese cabbage (by Zheng Jianqiu)

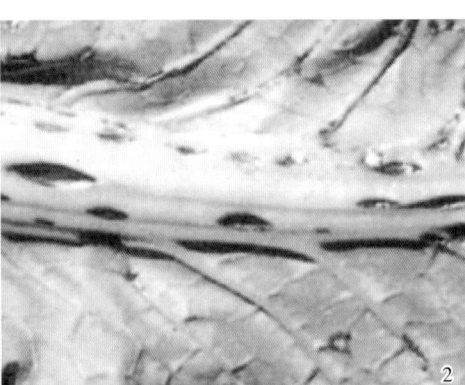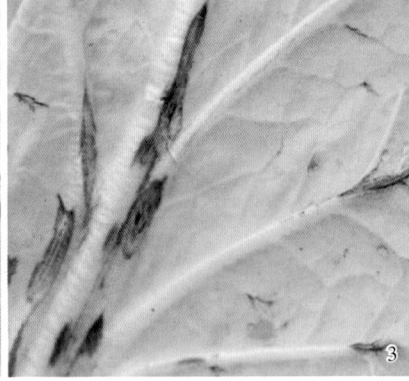

彩图 10-8-1　大白菜炭疽病症状（引自吕佩珂等，1992）
Colour Figure 10-8-1　Symptoms of Chinese cabbage anthracnose (from Lü Peike et al., 1992)
1. 叶片初期症状　2. 叶柄受害症状　3. 叶脉受害症状

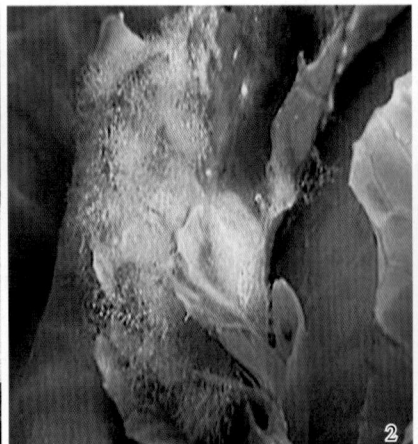

彩图 10-9-1　甘蓝菌核病症状（1和2. 匡成兵提供；3. 引自 Wiki Gardener，2008）
Colour Figure 10-9-1　Symptoms of cabbage Sclerotinia rot
（1 and 2. by Kuang Chengbing; 3. from Wiki Gardener，2008 ）
1. 叶球受害状　2. 病叶上的白色絮状菌丝　3. 鼠粪状的菌核

彩图10-10-1　甘蓝枯萎病症状
（杨宇红提供）
Colour Figure 10-10-1　Symptoms of
Fusarium wilt of cabbage
(by Yang Yuhong)
1.病苗　2.田间病株
3.病株短缩茎横切面
4.病株短缩茎纵切面

 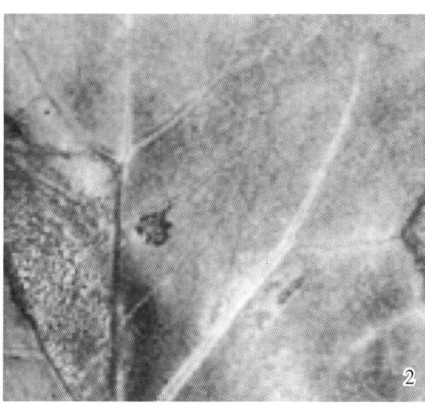

彩图10-11-1　甘蓝黑胫病田间症状
（1.郑建秋提供；2.引自吕佩珂等，1992）
Colour Figure 10-11-1　Symptoms of
black leg of cabbage in field
(1. by Zheng Jianqiu;
2. from Lü Peike et al., 1992)
1.病根　2.叶片病斑

 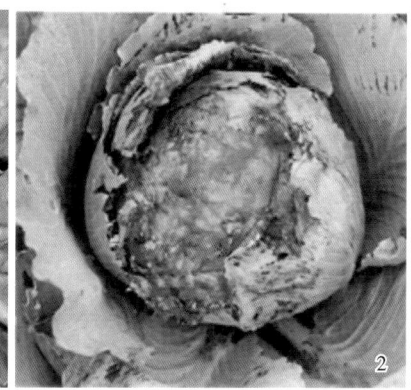

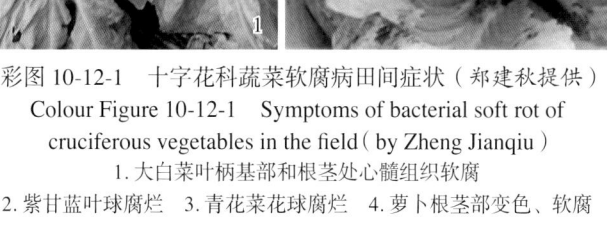 

彩图 10-12-1　十字花科蔬菜软腐病田间症状（郑建秋提供）
Colour Figure 10-12-1　Symptoms of bacterial soft rot of
cruciferous vegetables in the field（by Zheng Jianqiu）
1.大白菜叶柄基部和根茎处心髓组织软腐
2.紫甘蓝叶球腐烂　3.青花菜花球腐烂　4.萝卜根茎部变色、软腐

  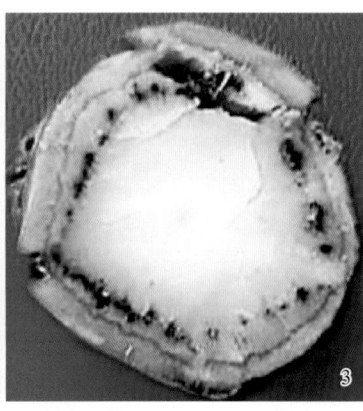

彩图10-13-1　十字花科蔬菜黑腐病田间症状（1. 引自 Lurocky，2006；2. M. T. McGroth 提供；3. A. M. Varela 提供）

Colour Figure 10-13-1　Symptoms of crucifers vegetables black rot in the field

（1. from Lurocky, 2006; 2. by M. T. McGroth; 3. by A. M. Varela）

1. 黑腐病沿大白菜维管束向上蔓延　2. 甘蓝病叶黄褐色"V"字形病斑　3. 甘蓝病株根茎部维管束变黑

彩图10-14-1　十字花科蔬菜病毒病症状

（1和3. 冯兰香提供；

2. Zitter T.A.提供；4. 郑建秋提供）

Colour Figure 10-14-1　Symptoms of

cruciferous vegetables virus

diseases in the field

（1 and 3. by Feng Lanxiang;

2. by Zitter T. A.; 4. by Zheng Jianqiu）

1. 大白菜病苗呈孤丁状

2. 甘蓝储藏期叶球的黑色坏死环斑

3. 榨菜叶片严重花叶、皱缩和畸形

4. 萝卜病株

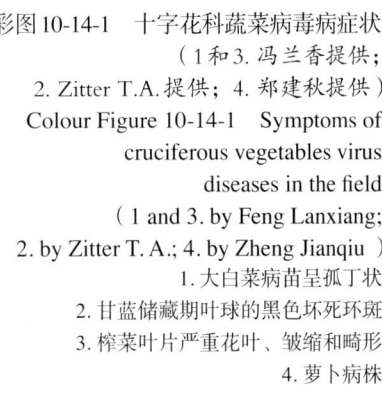 

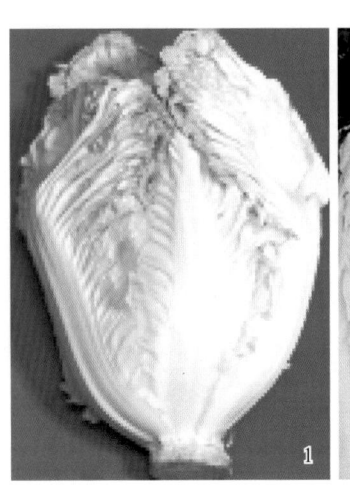 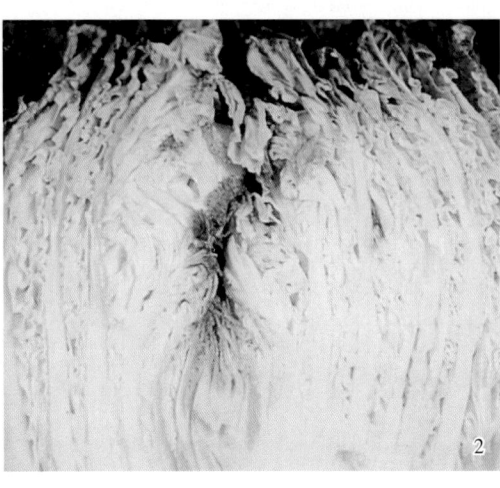

彩图 10-15-1　大白菜干烧心病症状

（1.刘宜生提供；2. 郑建秋提供）

Colour Figure 10-15-1　Symptoms

Chinese cabbage tipburn

（1. by Liu Yisheng; 2. by Zheng Jianqiu）

1. 大白菜干烧心病株外形

2. 大白菜干烧心病株纵切面

彩图10-16-1 茄科蔬菜白粉病田间症状（刘淑艳提供）
Colour Figure 10-16-1 Symptoms of powdery mildew on solanaceous vegetables in the field (by Liu Shuyan)
1.番茄病株 2.辣椒病叶 3.茄子病株

彩图10-17-1 番茄、辣（甜）椒和茄子灰霉病田间症状
（1、7和8.崔元玙提供；2和6.何伟提供；3和5.张升提供；4.孙晓军提供）

Colour Figure 10-17-1 Symptoms of gray mold of tomato, pepper and eggplant
(1, 7 and 8. by Cui Yuanyu; 2 and 6. by He Wei; 3 and 5. by Zhang Sheng; 4. by Sun Xiaojun)

1.番茄叶片边缘开始发病 2.番茄茎部病斑
3.番茄病果上的灰色霉层 4.未成熟番茄果实上的"花脸斑" 5.辣椒整个花器变为褐色
6.甜椒重病果为灰白色软腐状 7.茄子病茎软腐、折倒，上生灰霉 8.茄子病果上密生灰霉

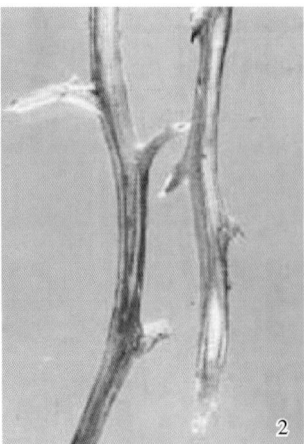

彩图 10-18-1 番茄枯萎病田间症状（1和2. 引自S. A.Miller et al., 2002；3. 胡繁荣提供）
Colour Figure 10-18-1 Symptoms of Fusarium wilt of tomato (1 and 2. from S. A.Miller et al., 2002；3. by Hu Fanrong)
1.半边叶片发黄 2.病茎维管束变色 3.左边健株生长正常，右边病株枯萎

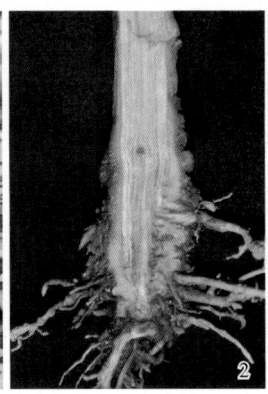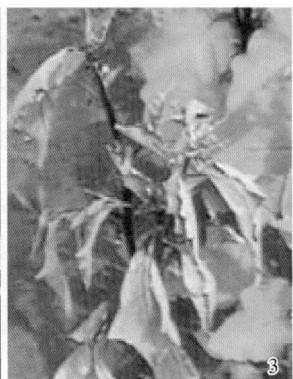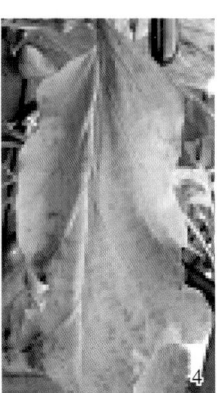

彩图 10-18-2 辣椒和茄子枯萎病症状
（1和3. 引自吕佩珂等, 1992；2. 胡繁荣提供；
4.引自H. N. Yildiz等, 2012）
Colour Figure 10-18-2 Symptoms of Fusarium
wilt of pepper and eggplant
(1 and 3. from Lü Peike et al., 1992; 2. by Hu Fanrong;
4. from H. N. Yildiz et al., 2012)
1.辣椒病株萎蔫 2.辣椒病株茎基部维管束变色
3.茄子病株萎蔫 4.茄子半边叶片发黄

彩图 10-19-1 茄子菌核病田间症状（刘志恒提供）
Colour Figure 10-19-1 Symptoms of Sclerotinia stem rot
of eggplant in the field (by Liu Zhiheng)
1.发病茎秆 2.病秆中的菌核

彩图10-20-1 番茄晚疫病田间症状（朱小琼提供）
Colour Figure 10-20-1 Symptoms of tomato late blight in the field (by Zhu Xiaoqiong)
1.叶片正面症状 2.叶片背面症状及产生的白色霉层 3.茎秆症状及产生的白色霉层 4.青果症状及产生的白色霉层

彩图 10-21-1　番茄叶霉病田间症状（刘志恒和赵秀香提供）
Colour Figure 10-21-1　Symptoms of tomato leaf mold in the field (by Liu Zhiheng and Zhao Xiuxiang)
1. 叶片正面病斑　2. 叶片背面霉层

彩图 10-22-1　番茄早疫病症状（刘志恒和赵秀香提供）
Colour Figure 10-22-1　Symptoms of tomato early blight in the field (by Liu Zhiheng and Zhao Xiuxiang)
1. 病叶　2. 病茎　3. 病果

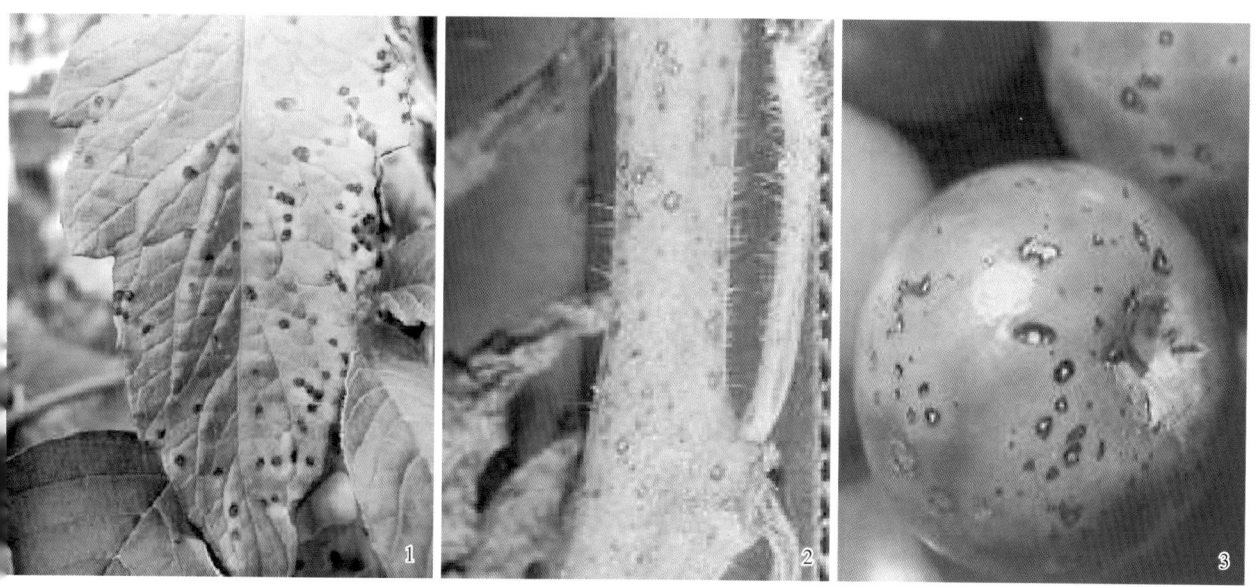

彩图 10-23-1　番茄斑枯病症状（1. 赵秀香和刘志恒提供；2. 引自 Paul Bachi，1979；3. 引自 Lurocky，2010）
Colour Figure 10-23-1　Symptoms of tomato Septoria leaf spot in the field
（1. by Zhao Xiuxiang and Liu Zhiheng；2. from Paul Bachi, 1979；3. from Lurocky, 2010）
1. 病叶　2. 病茎　3. 病果

彩图 10-24-1 番茄灰叶斑病田间症状（卢悦提供）
Colour Figure 10-24-1 Symptoms of tomato gray leaf spot in the fields (by Lu Yue)
1.大型斑 2.小型斑

彩图 10-25-1 番茄褐斑病田间症状（郑建秋提供）
Colour Figure 10-25-1 Symptoms of tomato brown spot by *Helminthosporium carposaprum* in the field (by Zheng Jianqiu)
1.叶片正面的芝麻点状病斑 2.叶片背面症状

彩图 10-26-1 番茄细菌性斑点病田间症状（赵廷昌提供）
Colour Figure 10-26-1 Symptoms of tomato bacterial speck caused by *Pseudomonas syringae* pv. *tomato* in the field (by Zhao Tingchang)
1.病叶 2.病花蕾 3.病叶柄与病枝 4.病幼果 5.病成熟果

彩图10-27-1　番茄溃疡病田间症状（罗来鑫提供）

Colour Figure 10-27-1　Symptoms of tomato bacterial canker in the fields (by Luo Laixin)

1.叶片单侧萎蔫　2.叶片边缘坏死　3.果实上的鸟眼状病斑

4.茎秆维管束变色，病株萎蔫　5.重病株整株萎蔫　6.重病株整株枯死

彩图10-28-1　番茄、辣（甜）椒细菌性疮痂病田间症状（郑建秋提供）

Colour Figure 10-28-1　Symptoms of bacterial spot on tomato and pepper caused by *Xanthomonas campestris* pv. *vesicatoria* (by Zheng Jianqiu)

1.番茄病叶　2.甜椒病叶　3.番茄病果　4.甜椒病果

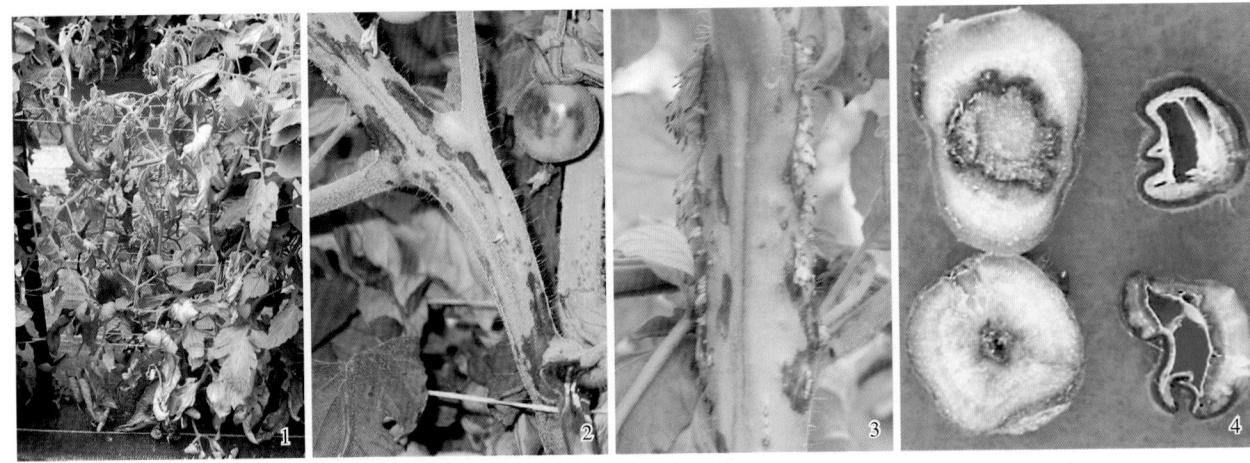

彩图 10-29-1 番茄细菌性髓部坏死病田间症状（引自 Meg McGrath，2008）
Colour Figure 10-29-1 Symptoms of bacterial pith necrosis on tomato plants in the field（from Meg McGrath，2008）
1. 病株上、中部叶片失水萎蔫，叶片边缘褪绿 2. 病茎部的褐色斑块 3. 病髓部长出许多不定根 4. 病茎髓部坏死、干缩中空

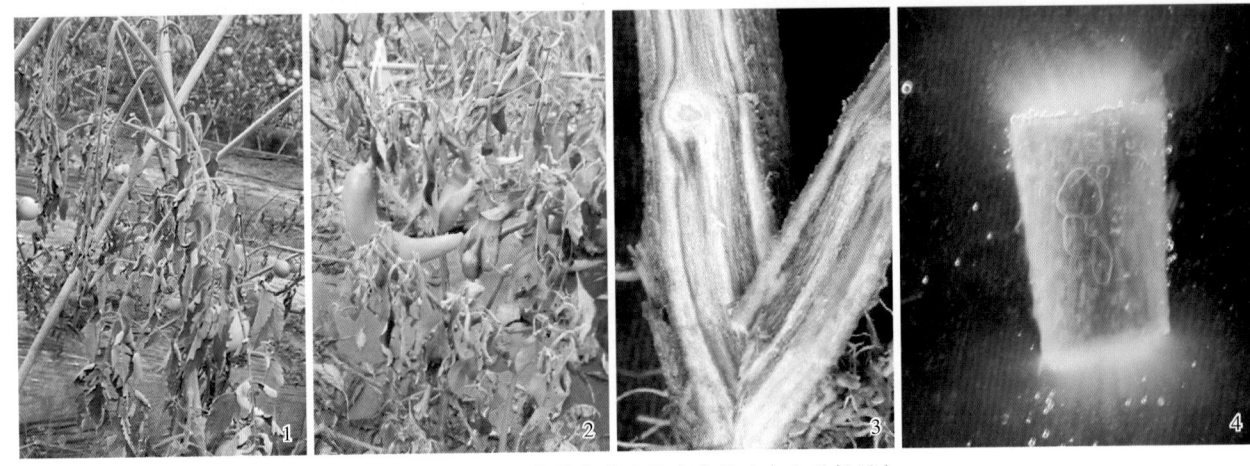

彩图 10-30-1 茄科蔬菜青枯病症状（佘小漫提供）
Colour Figure 10-30-1 Symptoms of bacterial wilt disease on solanaceae vegetables (by She Xiaoman)
1. 番茄病株 2. 辣椒病株 3. 茄子维管束变色 4. 番茄病茎菌喷现象

彩图 10-31-1 番茄花叶病毒病症状
（1和2.何自福提供；3.引自吕佩珂等，1992；
4. 冯兰香提供）
Colour Figure 10-31-1 Symptoms of tomato
mosaic caused by *Tomato mosaic virus*
(1 and 2. by He Zifu; 3. from Lü Peike et al., 1992;
4. by Feng Lanxiang)
1. 花叶 2. 花叶和畸形
3. 茎部坏死条斑 4. 果实坏死

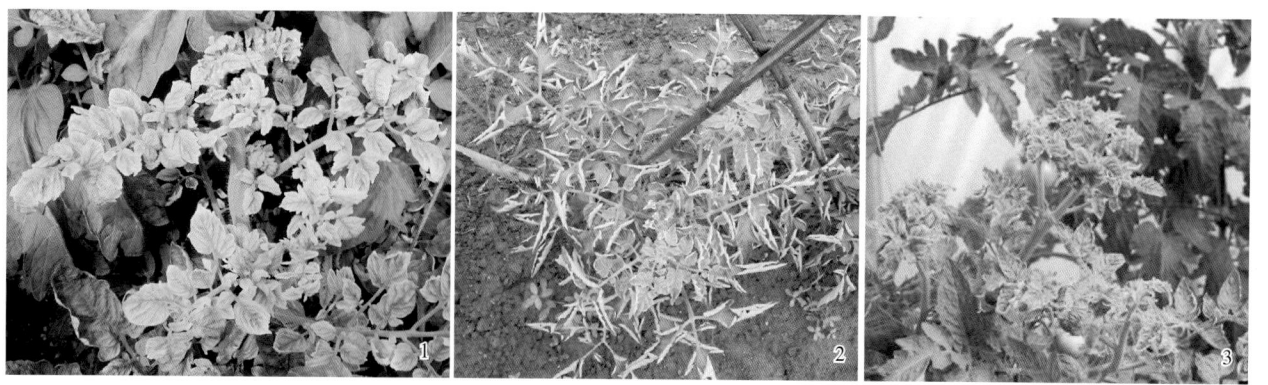

彩图10-32-1　番茄黄化曲叶病毒病田间症状（1和2.何自福提供；3.引自Don Ferrin，2007）
Colour Figure 10-32-1　Symptoms of tomato yellow leaf curl in the fields（1 and 2. by He Zifu; 3. by Don Ferrin, 2007）
1.病叶叶缘褪绿黄化　2.病叶向上卷曲　3.病叶黄化皱缩，顶端似菜花状，整株严重矮化

彩图10-33-1　茄科蔬菜根结线虫病症状（引自Roland等，2013）
Colour Figure 10-33-1　Symptoms of root-knot nematodes on solanaceous vegetable（from by Roland et al., 2013）
1.番茄病根　2.马铃薯病薯块　3.田间成片的辣椒病株

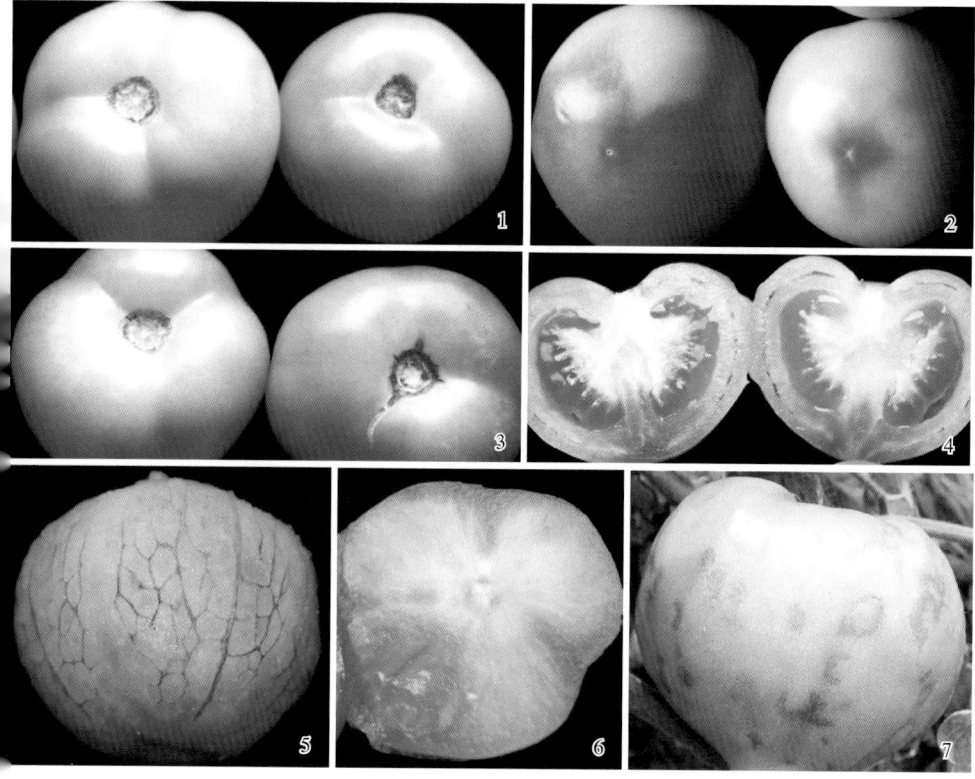

彩图10-34-1　番茄筋腐病
症状（王汉荣提供）
Colour Figure 10-34-1
Symptoms of tomato blotchy
ripening in the field
(by Wang Hanrong)
1.白变型　2.果实表面呈红黄
或红白黄绿相间等症状
3.果面呈半透明状，维管束变褐
4.发病部位具蜡样光泽
5.剥离病果表皮后维管束呈褐
色或黑褐色网状
6.不转色的部位对应的维管束
呈褐色或黑褐色症状
7.褐变型

彩图 10-35-1　番茄 2,4-滴药害田间症状（侯丽霞提供）
Colour Figure 10-35-1　Symptoms of injury from 2, 4-D in tomato（by Hou Lixia）
1.受害果实乳突状　2.受害叶片蕨叶状

彩图 10-36-1　番茄、辣（甜）椒脐腐病症状（1 和 3.王丽英提供；2.冯兰香提供）
Colour Figure 10-36-1　Symptoms of blossom end rot on tomato and pepper(1 and 3. by Wang Liying; 2. by Feng Lanxiang)
1.番茄脐腐病初期症状　2.甜椒脐腐病　3.辣椒脐腐病病斑上的腐生菌

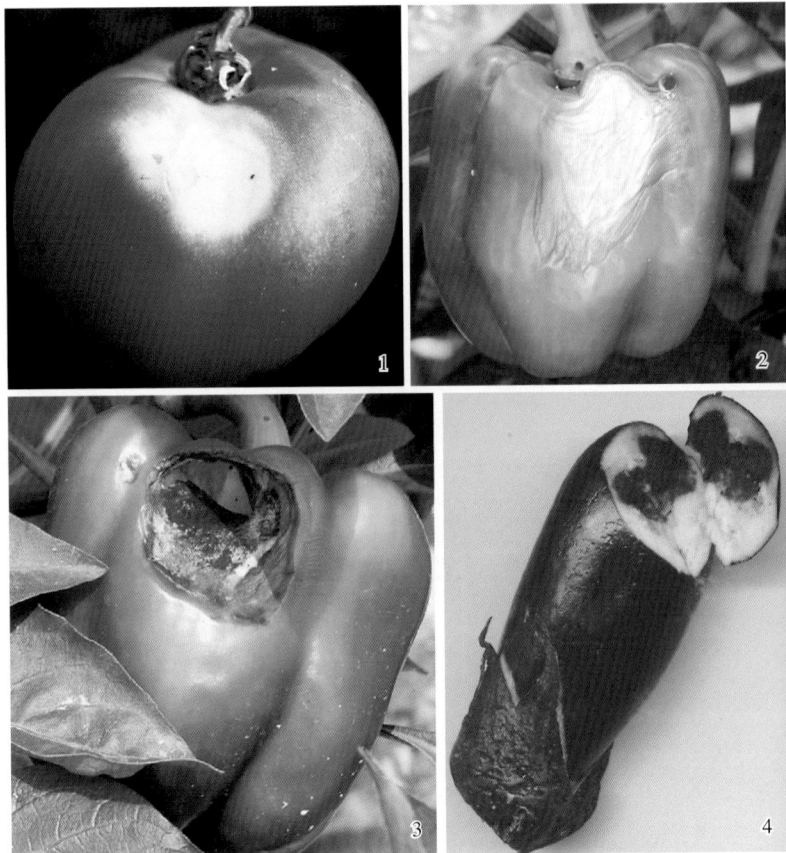

彩图 10-37-1　茄科蔬菜日灼病症状
（王汉荣提供）
Colour Figure 10-37-1　Symptoms of sun scald
injury on tomato, pepper and eggplant
（by Wang Hanrong）
1.番茄病果　2.甜椒病果　3.甜椒病果上生灰黑
色腐生菌　4.茄子病果

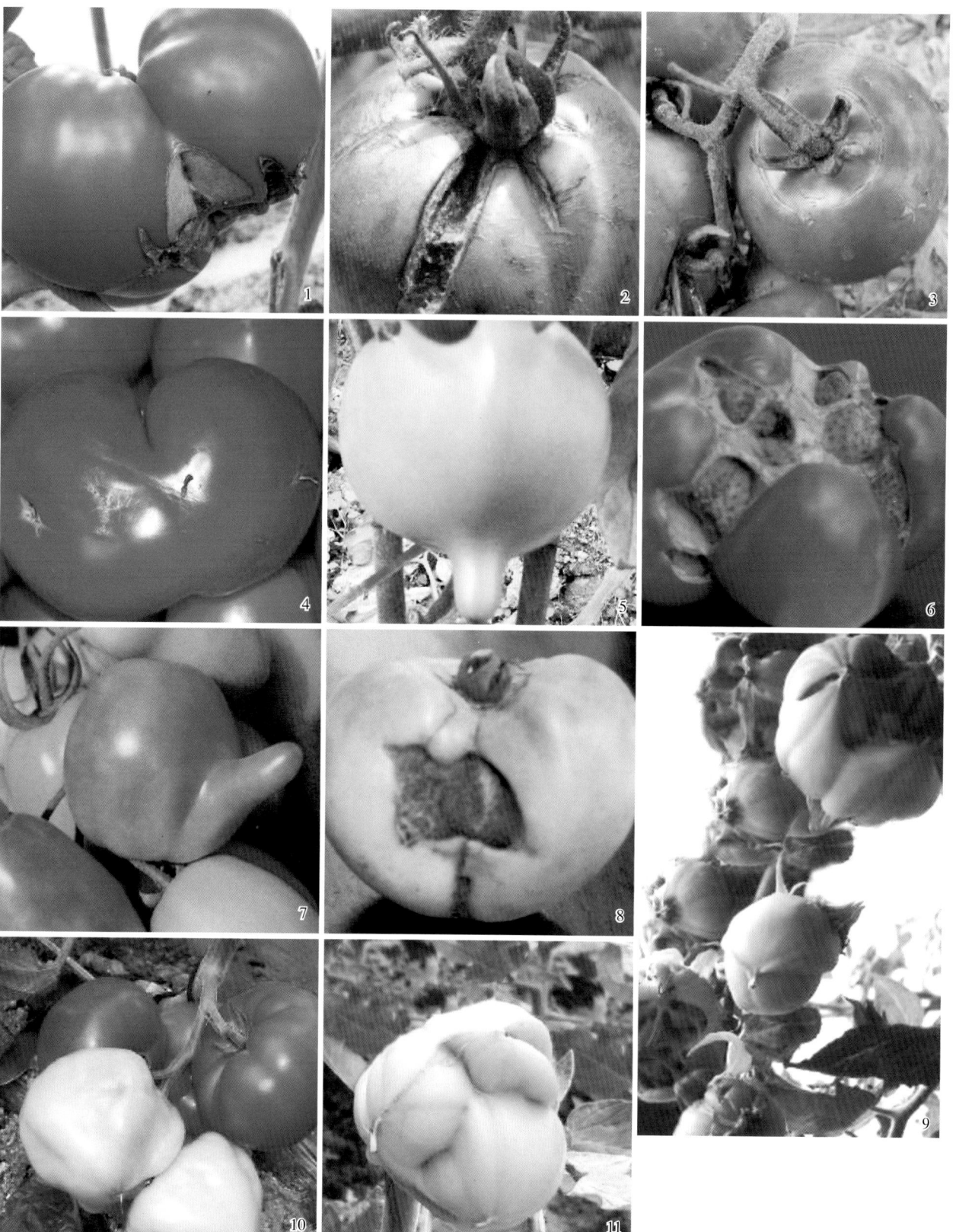

彩图10-38-1　番茄畸形果田间症状
（1、6、7、8、10和11. 王荣青提供；2和9. 何圣米提供；3~5. 王汉荣提供）
Colour Figure 10-38-1　Symptoms of tomato deformed fruit in the fields
（1,6,7,8,10 and 11. by Wang Rongqing; 2 and 9. by He Shengmi; 3-5. by Wang Hanrong）
1.纵裂果　2.放射状裂果　3.环状裂果和条纹状裂果　4.双子果
5.乳突果　6.脐裂果　7.指突果　8.穿孔果　9.多蕊果　10.空洞果　11.菊形果

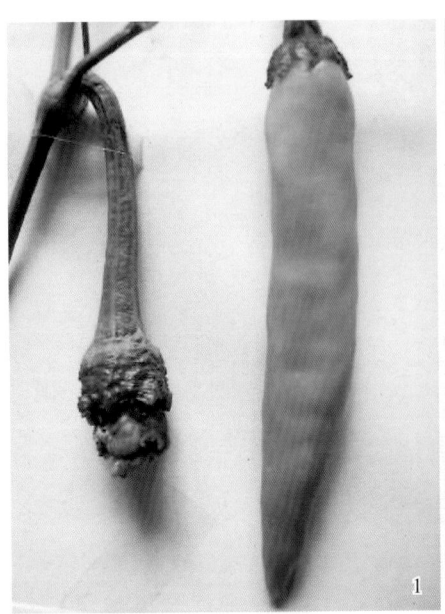
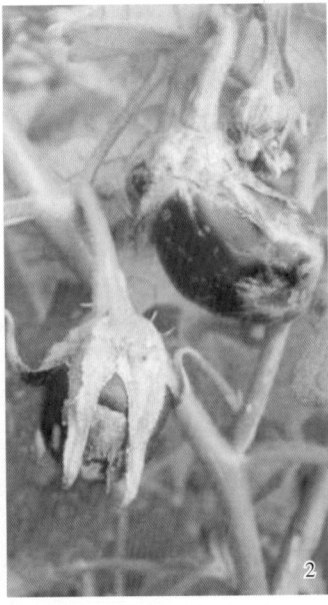

彩图 10-38-2　辣椒和茄子畸形果田间症状（1 和 3. 何圣米提供；2. 包崇来提供）
Colour Figure 10-38-2　Symptoms of deformed fruits of pepper and eggplant in the field
（1 and 3. by He Shengmi; 2. by Bao Chonglai）
1. 辣椒僵果和正常果　2. 茄子僵果　3. 茄子扭曲果

彩图 10-39-1　番茄遭受低温冷害的症状(1. 杨延杰提供；2. 王富提供；3. 郑建秋提供)
Colour Figure 10-39-1　Symptoms of cold damage to tomato plant and fruits in the fields
（1. by Yang Yanjie; 2. by Wang Fu; 3. by Zheng Jianqiu）
1. 叶片黄化　2. 背面叶脉变紫　3. 受冻果实不易着色

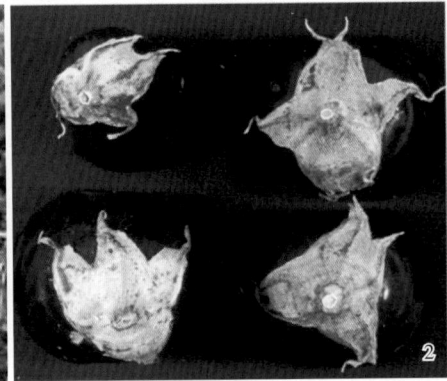
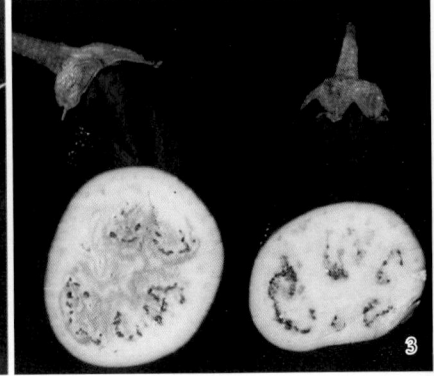

彩图 10-39-2　茄子低温障碍症状
（1. 引自 S. Marcotte，2003；2 和 3. 引自 Marita Cantwell，2012）
Color Figure 10-39-2　Symptoms of cold damage to eggplant in the fields
（1. from S. Marcotte, 2003; 2 and 3. from Marita Cantwell, 2012）
1. 受冻叶片变为褐色、枯死　2. 受冻萼片萎缩、褪色　3. 果实受冻果肉发软、变褐

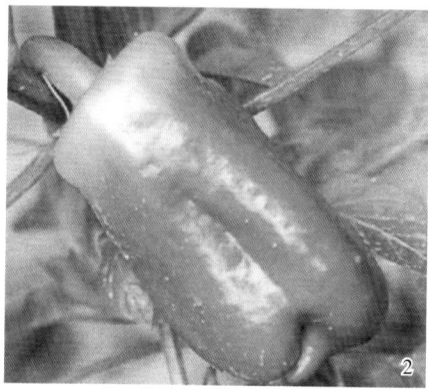

彩图10-39-3　辣椒低温冷害症状
（郑建秋提供）
Colour Figure 10-39-3　Symptoms of cold damage to pepper plants and fruit in the fields (by Zheng Jianqiu)
1.冻害辣椒幼苗　2.冻害辣椒果实

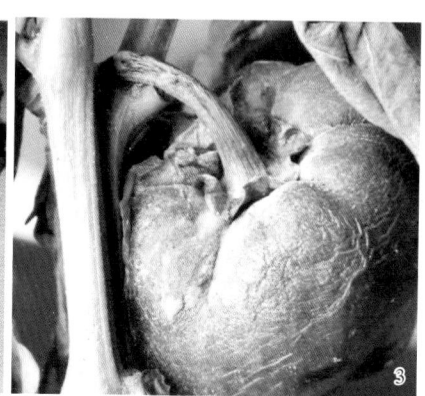

彩图10-40-1　辣椒、甜椒疫病田间症状（1和2.郑建秋提供；3.冯兰香提供）
Colour Figure 10-40-1　Symptoms of pepper Phytophthora blight（1 and 2. by Zheng Jianqiu; 3. by Feng Lanxiang）
1.辣椒疫病病株　2.甜椒疫病病茎　3.甜椒疫病病果

彩图10-41-1　辣椒根腐病田间症状（刘长远提供）
Colour Figure 10-41-1　Symptoms of pepper Fusarium root rot (by Liu Changyuan)

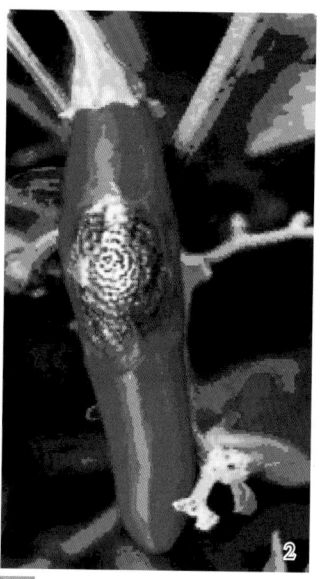

彩图10-42-1　辣（甜）椒炭疽病田间症状
（1.肖仲久提供；2.引自 Nayaka S. Chandra et al., 2012；
3.引自 David B. Langston，2011；
4.引自 Penz. & Sacc.，2014）
Colour Figure 10-42-1　Symptoms of pepper anthracnose in the field
（1. by Xiao Zhongjiu; 2. from Nayaka S. Chandra et al., 2012;
3. from David B. Langston, 2011;
4. from Penz. & Sacc., 2014）
1.叶片上的褐色病斑　2.辣椒炭疽菌引起的病果
3.蜡虫炭疽菌引起的病果　4.胶孢炭疽菌引起的病果

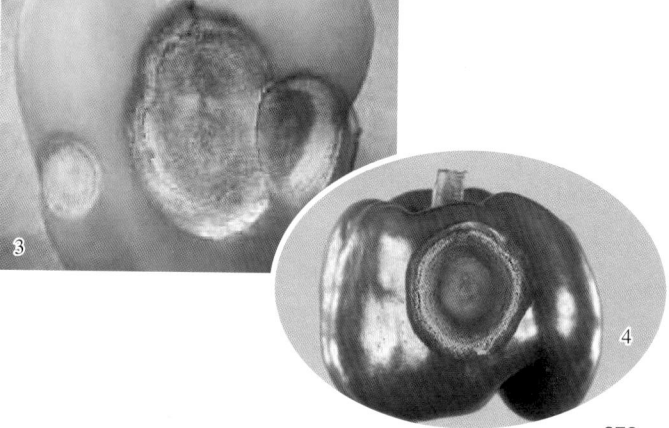

彩图10-43-1 辣椒湿腐病田间症状
（1. 引自AVRDC，2004；
2. 引自Keisotyo，2005；
3和4. 王添成和冯兰香提供）
Colour Figure 10-43-1 Symptoms of
pepper wet rot in the field
（1. from AVRDC, 2004;
2. from Keisotyo, 2005;
3 and 4. by Wang Tiancheng and Feng
Lanxiang）
1. 嫩枝病部密生银白色茸毛状菌丝
2. 菌丝顶生孢囊梗和孢子囊
3. 病叶枝果萎蔫褐腐干枯
4. 幼果湿腐状

彩图10-44-1 辣椒褐斑病症状（刘志恒提供）
Colour Figure 10-44-1 Symptoms of pepper Cercospora leaf
spot in the field (by Liu Zhiheng)
1. 发病早期叶片上近圆形、黄褐色的病斑 2. 发病后期病叶枯黄

彩图10-45-1 辣椒病毒病田间症状
（1、3和4. 何自福提供；2. 引自Pappu等，2004）
Colour Figure 10-45-1 Symptoms of pepper viral diseases
（1, 3 and 4. by He Zifu; 2. from Pappu et al., 2004）
1. 花叶 2. 坏死 3. 黄化 4. 畸形

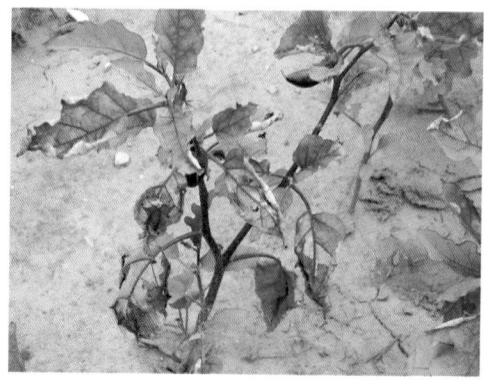

彩图 10-46-1　茄子黄萎病（黄斑型）田间植株症状（周洪友提供）

Colour Figure 10-46-1　Symptoms of eggplant Verticillium wilt in the field (by Zhou Hongyou)

彩图 10-46-2　茄子黄萎病病茎维管束症状（周洪友提供）

Colour Figure 10-46-2　Stem symptoms of Verticillium wilt on eggplant in the field (by Zhou Hongyou)

1. 病株维管束变褐　2. 健株维管束正常

彩图 10-47-1　茄子和番茄绵疫病田间症状（冯兰香提供）

Colour Figure 10-47-1　Symptoms of eggplant Phytophthora blight caused by *Phytophthora capsici* (by Feng Lanxiang)

1. 茄子绵疫病病果　2. 番茄绵疫病病果

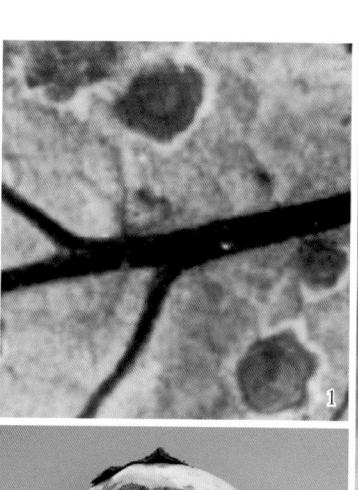

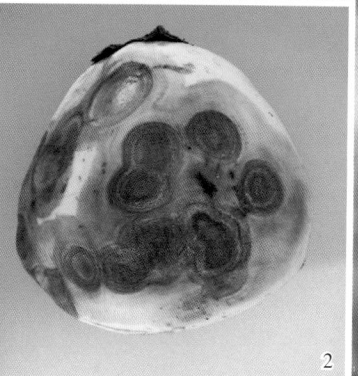

彩图 10-48-1　茄子褐纹病症状

（1和3. 冯兰香提供；2. 于舒怡提供；4. 刘长远提供）

Colour Figure 10-48-1　Symptoms of eggplant Phomopsis blight

(1 and 3. by Feng Lanxiang;

2. by Yu Shuyi;

4. by Liu Changyuan)

1. 叶片病斑上轮纹状小黑点

2. 果实病斑初期浅褐色、稍凹陷

3. 果实病斑后期黑褐色，有明显斑纹和许多小黑点　4. 茎部病斑生黑色小点

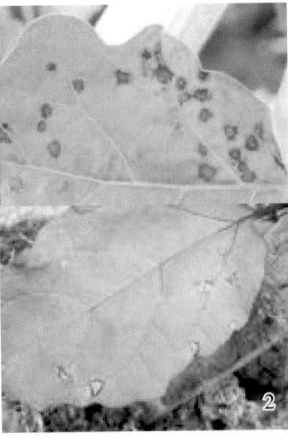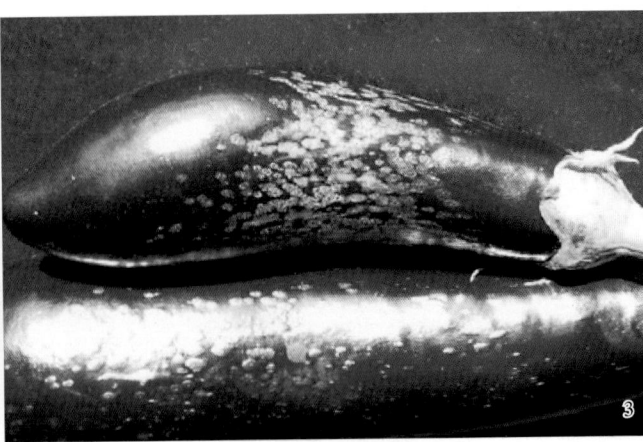

彩图10-49-1 茄子黑枯病田间症状（卢悦提供）
Colour Figure 10-49-1 Symptoms of eggplant Corynespora blight (by Lu Yue)
1.大型病斑叶片 2.小型病斑叶片 3.病果表面生有水泡状的小隆起

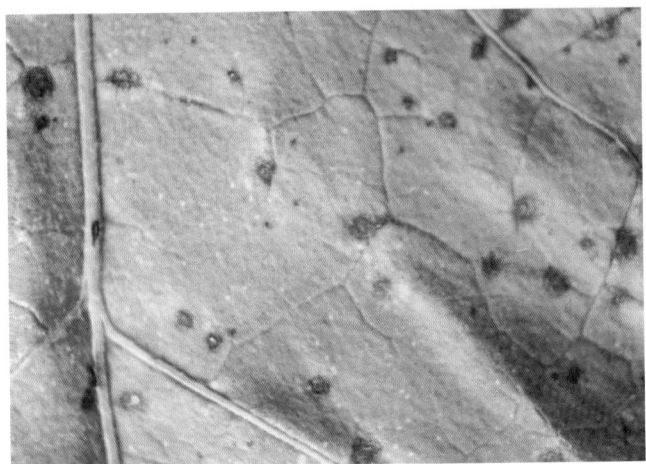

彩图10-50-1 茄子褐色圆星病症状（刘长远提供）
Colour Figure 10-50-1 Symptoms of eggplant Pseudocercospora
leaf spot caused by *Pseudocercospora solani-melongenicola*
(by Liu Changyuan)

彩图10-51-1 黄瓜黑星病症状（刘志恒提供）
Colour Figure 10-51-1 Symptoms of cucumber scab caused by
Cladosporium cucumerinum in the field (by Liu Zhiheng)
1.病幼茎 2.病叶片 3.病瓜条

彩图10-52-1 黄瓜褐斑病田间症状
（刘志恒提供）
Colour Figure 10-52-1 Symptoms of cucumber
target spot in the field (by Liu Zhiheng)
1.病叶背面 2.病叶正面
3.小斑型病斑 4.大斑型病斑

彩图10-53-1　黄瓜霜霉病田间症状
（1和3.王文桥提供；
2和4.兰成忠提供）
Colour Figure 10-53-1　Symptoms of
cucumber downy mildew caused by
Pseudoperonospora cubensis
(1 and 3. by Wang Wenqiao;
2 and 4. by Lan Chengzhong)
1.叶背水渍状病斑
2.叶面多角形黄褐色病斑
3.病斑背面黑褐色霉层
4."跑马干"病株，全田枯死

彩图10-53-2　丝瓜霜霉病田间症状（1.兰成忠提供；2和3.引自D. J. Soares等，2000）
Colour Figure 10-53-2　Symptoms of luffa downy mildew caused by *Plasmopara australis*
(1. by Lan Chengzhong; 2 and 3. from D. J. Soares et al., 2000)
1.叶片初期病斑　2.叶背面初期白色霉层　3.叶片后期病斑

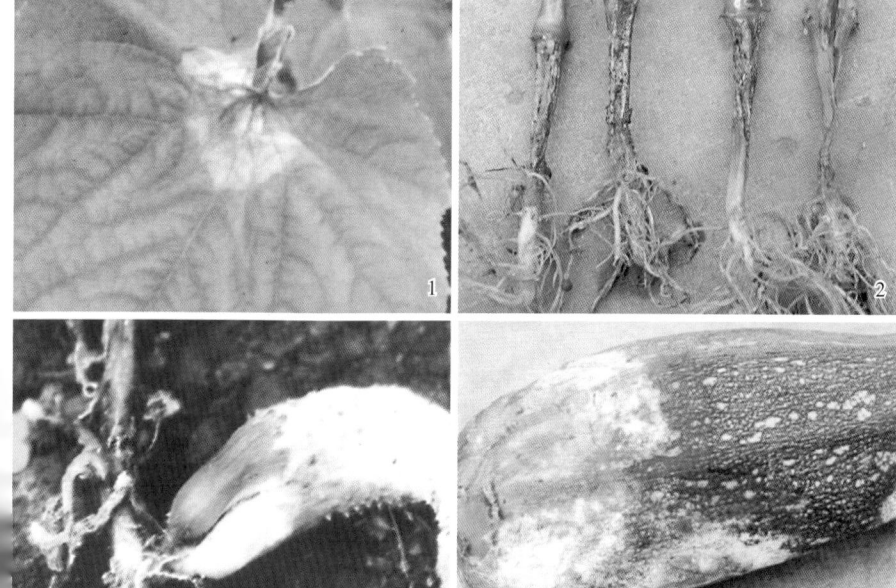

彩图10-54-1　葫芦科蔬菜疫病田间症状
（1和3.引自吕佩珂等，1992；
2和4.郑建秋提供）
Colour Figure 10-54-1
The symptom of Phytophthora blight
on cucurbitaceous vegetables in field
（1 and 3. from　Lü Peike, 1992;
2 and 4. by Zheng Jianqiu）
1.黄瓜叶片初期病斑
2.黄瓜病株茎基部
3.黄瓜病株茎节部及病瓜
4.西葫芦病瓜

彩图 10-55-1　葫芦科蔬菜白粉病症状（刘淑艳提供）
Colour Figure 10-55-1　Symptoms of powdery mildew on cucurbitaceous vegetables
(by Liu Shuyan)
1. 西葫芦病株　2. 黄瓜病叶

彩图 10-56-1　黄瓜枯萎病田间症状（1～3. 郭荣君提供；4 和 5. 梁志怀提供）
Colour Figure 10-56-1　Symptoms of Fusarium wilt on cucumber plants
(1-3. by Guo Rongjun; 4 and 5. by Liang Zhihuai)
1. 病茎基部纵向开裂并溢出胶状物　2. 后期病茎基部干枯　3. 病茎维管束变褐色　4. 育苗盘病苗死亡　5. 田间病株萎蔫

彩图 10-57-1　黄瓜蔓枯病症状
（1和3. 余文英提供；
2. 引自 Clemson University-USDA Cooperative
Extension Slide Series, 2002）
Colour Figure 10-57-1　The Symptoms of
cucumber gummy stem blight
(1 and 3. by Yu Wenying;
2. from Clemson University-USDA
Cooperative Extension Slide Series, 2002)
1. 病叶　2. 病茎　3. 病果蒂腐烂并产生小黑点

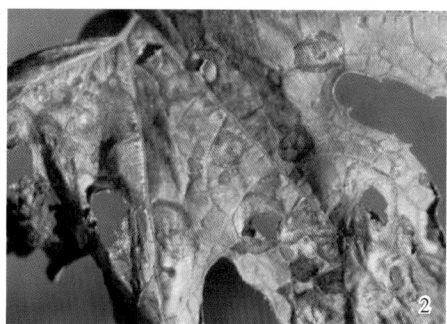

彩图 10-58-1　葫芦科蔬菜炭疽病症状
（1和2. 引自 Gerald Holmes，2010；
3. 引自 Charles Averre，2009；
4. 郑建秋提供）
Colour Figure 10-58-1　Symptoms of
anthracnose of cucurbitaceous vegeta-
ble plants caused by *Colletotrichum
orbiculare*
（1 and 2. from Gerald Holmes, 2010；
3. from Charles Averre, 2009；
4. by Zheng Jianqiu）
1. 黄瓜病叶　2. 南瓜病叶
3. 黄瓜病果　4. 苦瓜病果

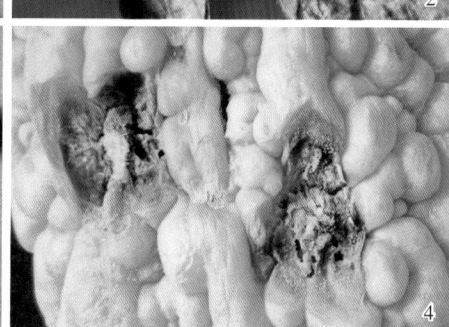

彩图 10-59-1　黄瓜灰霉病症状
（韩永超提供）
Colour Figure 10-59-1　Symptoms of
gray mold on cucumber
(by Han Yongchao)
1. 病雌花引发幼瓜发病
2. 病瓜密生灰褐色粉状霉层
3. 病茎密生灰白色霉层

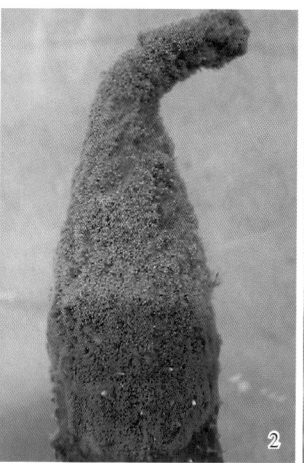
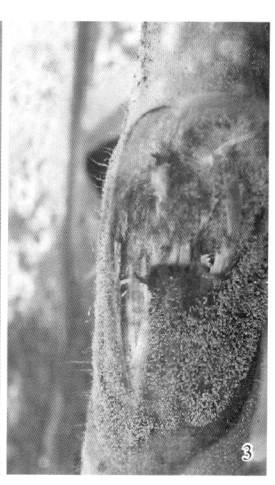

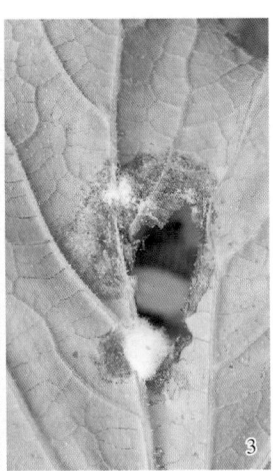

彩图 10-60-1　黄瓜菌核病症状
（李宝聚提供）
Colour Figure 10-60-1　Symptoms of
sclerotinia stem rot on cucumber plant
caused by *Sclerotinia sclerotiorum*
(by Li Baoju)
1. 病瓜　2. 病茎　3. 病叶

彩图 10-61-1　黄瓜和番茄红粉病田
间症状
（1. 王勇提供；2. 冯兰香提供）
Colour Figure 10-61-1　Symptoms of
pink mold rot of cucumber and
tomato fruits
(1. by Wang Yong;
2. by Feng Lanxiang)
1. 黄瓜病叶和病果
2. 番茄病果

彩图 10-62-1　葫芦科蔬菜细菌性角斑病症状
（1~6. 胡小平提供；7. 引自 K.G. Beth, 2014；8. 郑建秋提供）
Colour Figure 10-62-1　Symptoms of bacterial angular leaf spot on cucurbitaceous vegetables in the fields
（1-6. by Hu Xiaoping; 7. from K.G. Beth, 2014; 8. by Zheng Jianqiu）
1. 黄瓜叶片背面水渍状病斑　2. 黄瓜叶片正面黄色褪绿斑点　3. 黄瓜叶片背面乳白色菌脓　4. 黄瓜后期角斑形病斑穿孔
5. 黄瓜叶脉受害致叶片皱缩畸形　6. 病茎上条斑纵向开裂　7. 南瓜果实上圆形或不规则形、灰白色至灰褐色病斑
8. 苦瓜叶面黄褐色病斑并穿孔

彩图 10-63-1　葫芦科蔬菜病毒病的主要症状
(1~5. 古勤生提供；6. 引自 Paul Bachi，2008；7. 引自 Mike Matheron，2006)
Colour Figure 10-63-1　Symptoms of cucurbits virus diseases
(1-5. by Gu Qinsheng; 6. from Paul Bachi, 2008; 7. from Mike Matheron, 2006)
1 ~ 4. 花叶、蕨叶、皱缩、畸形叶、植株矮化、畸形瓜
5. 绿色斑驳花叶　6. 叶片黄化　7. 整株叶片褪绿黄化

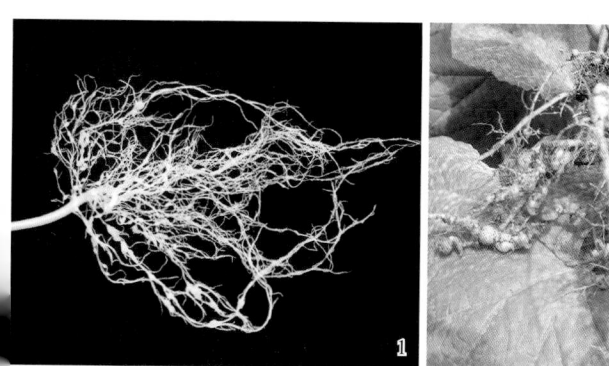

彩图 10-64-1　葫芦科蔬菜根结线虫病植株根部症状
（茆振川提供）

Colour Figure 10-64-1　Symptom of cucurbits root-
knot nematode (by Mao Zhenchuan)
1. 黄瓜根部受害初期　2. 黄瓜根部受害中后期
3. 苦瓜根部受害后期

彩图 10-65-1　黄瓜花打顶症状
（1. 张守才提供；2. 蔡纪新提供）
Colour Figure 10-65-1　Symptoms of cucumber
blossom end rot
(1. by Zhang Shoucai; 2. by Cai Jixin)
1. 黄瓜花打顶　2. 黄瓜小老苗

彩图10-65-2 黄瓜畸形瓜症状（梁晨提供）

Colour Figure 10-65-2 Symptoms of malformed cucumber fruit（by Liang Chen）

1.尖嘴瓜 2.蜂腰瓜 3.大肚瓜 4.弯曲瓜

彩图10-66-1 菜豆炭疽病田间症状（朱振东和王晓鸣提供）

Colour Figure 10-66-1 Symptoms of common bean anthracnose in the field (by Zhu Zhendong and Wang Xiaoming)

1.豆荚初期病斑 2.豆荚典型病斑 3.发病叶片 4.幼苗病茎

彩图10-67-1 菜豆枯萎病田间症状（引自H. F. Schwartz, 2008）

Colour Figure 10-67-1 Symptoms of bean Fusarium wilt in the field (from H. F. Schwartz)

1.发病初期下部叶片的叶尖枯黄 2.病株维管束变成褐色 3.田间病株枯黄

彩图 10-68-1　菜豆、豇豆镰孢菌根腐病田间症状（朱振东和吴仁峰提供）

Colour Figure 10-68-1　Fusarium root rot of common bean and cowpea in the field (by Zhu Zhendong and Wu Renfeng)

1、2.菜豆镰孢菌根腐病　3.豇豆镰孢菌根腐病

彩图 10-69-1　豇豆锈病田间症状（曾永三提供）

Colour Figure 10-69-1　Symptoms of cowpea rust in the field (by Zeng Yongsan)

1、3.豇豆叶片正面病斑　2.豇豆叶片背面病斑

彩图 10-70-1　菜豆、豇豆病毒病田间症状（1.引自吕佩珂等，1992；2和3.周益军提供）

Colour Figure 10-70-1　Mosaic symptoms on common bean and cowpea in the field

（1. from Lü Peike et al., 1992; 2 and 3. by Zhou Yijun）

1.菜豆蚜传花叶病毒病症状　2.豇豆蚜传花叶病毒病症状　3.菜豆粉虱传病毒病症状

彩图10-71-1 豇豆煤霉病田间症状
（刘志恒提供）
Colour Figure 10-71-1 Symptoms of cowpea Cercospora leaf spot in the field (by Liu Zhiheng)
1. 豇豆病叶两面的病斑
2. 豇豆病叶后期变黄

彩图10-72-1 豌豆白粉病田间症状（1. 刘淑艳提供；2和3. 引自 Gerald Holmes，1997）
Colour Figure 10-72-1 Symptoms of pea powdery mildew in the field
(1. by Liu Shuyan; 2 and 3. from Gerald Holmes, 1997)
1. 叶、茎发病初期 2. 叶片白粉连接成片 3. 豆荚表面布满白粉

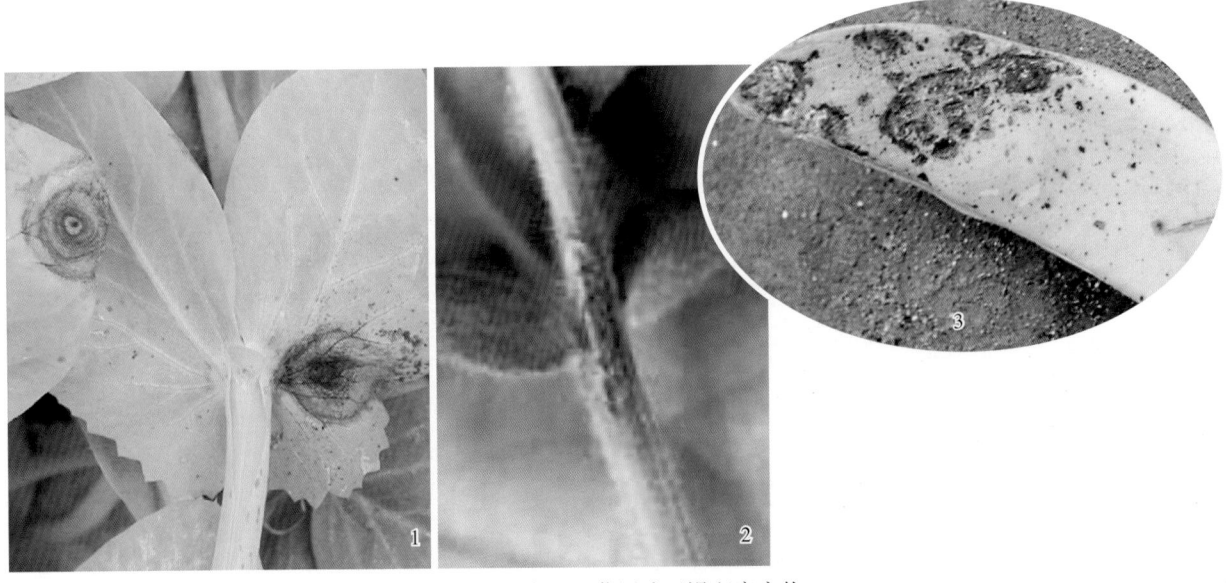

彩图10-73-1 菜用豌豆褐斑病症状
（1. 陈庆河提供；2. 引自 Sam Markell，2008；3. 郑建秋提供）
Colour Figure 10-73-1 Symptoms of Ascochyta leaf and pod spot of pea
(1. by Chen Qinghe; 2. from Sam Markell, 2008; 3. by Zheng Jianqiu)
1. 病叶 2. 病茎 3. 病荚

彩图 10-74-1　菜豆细菌性疫病田间症状（1.陈庆河提供；2和3.引自陈泓宇等，2012）
Colour Figure 10-74-1　Symptoms of common bean bacterial blight in the field
(1. by Chen Qinghe; 2 and 3. from Chen Hongyu et al., 2012)
1.病叶　2.病茎　3.病豆荚

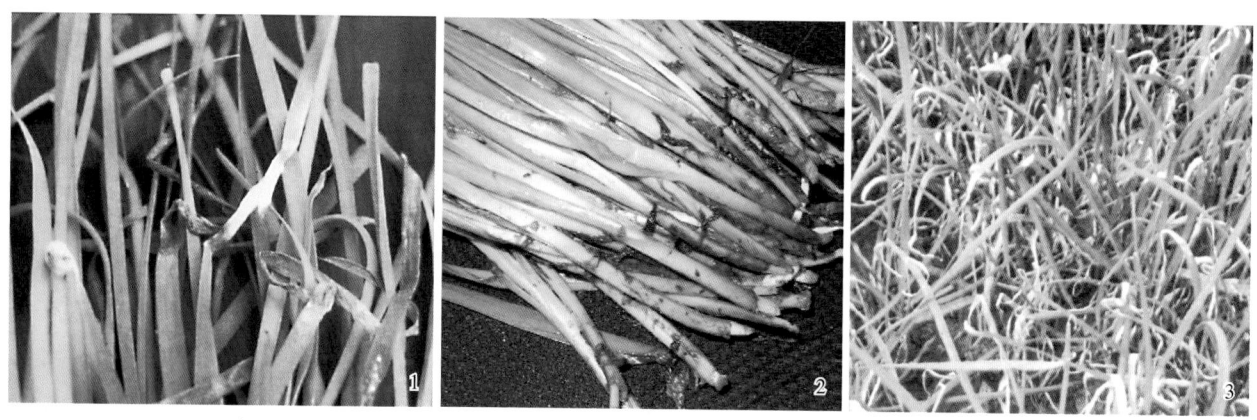

彩图 10-75-1　韭菜疫病田间症状（1和3.引自吕佩珂等，1992；2.李明远提供）
Colour Figure 10-75-1　Symptoms of Phytophthora blight on Chinese chives
(1 and 3. from Lü Peike et al., 1992; 2. by Li Mingyuan)
1.发病叶片　2.发病假茎　3.田间病株成片

彩图 10-76-1　韭菜灰霉病田间症状（李明远提供）
Colour Figure 10-76-1　Symptoms of Chinese chive gray mold (by Li Mingyuan)
1.白点型　2.白点型晚期　3.干尖型　4.湿腐型

彩图 10-77-1　洋葱霜霉病田间症状（1.引自 Gerald Holmes，1995；2和3.引自 F. S. Howard，2008）

Colour Figure 10-77-1　Symptoms of onion downy mildew

（1. from Gerald Holmes, 1995; 2 and 3. from F. S. Howard, 2008）

1.叶片发病初期褪绿斑　2.病斑上生白色至紫色绒霉　3.中、下部病叶干枯死亡

彩图 10-78-1　大葱和洋葱紫斑
病症状
（1和2.于金凤提供；
3和4.引自 F. S. Howard，2008）
Colour Figure 10-78-1
Symptoms of purple blotch on
welsh onion and onion
（1 and 2. by Yu Jinfeng;
3 and 4. by F. S. Howard, 2008）
1.大葱叶片病斑
2.大葱枯死病叶
3.洋葱头病斑
4.洋葱枯死植株

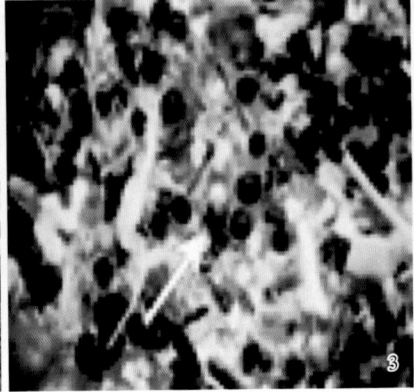

彩图 10-79-1　洋葱菌核病症状（1和2.引自 D. A. Metcalf，2001；3.引自 K. Cherry，2008）

Colour Figure 10-79-1　Symptoms of onion white rot in the field（1 and 2. from D. A. Metcalf, 2001; 3. from K. Cherry, 2008）

1.病叶枯死　2.病鳞茎水渍状腐烂　3.病鳞茎产生大量油菜籽状菌核

彩图10-80-1 洋葱炭疽病症状
（1. 引自 M. Hausbeck，2011；
2. 引自 A. L. Snowdon，1999）
Colour Figure 10-80-1
Symptoms of onion anthracnose
（1. from M. Hausbeck, 2011;
2. from A. L. Snowdon, 1999）
1. 发病的叶片和叶鞘　2. 受害鳞茎

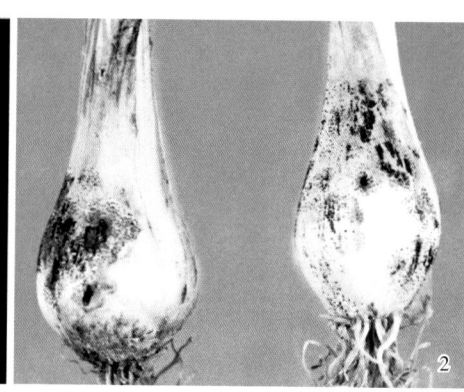

彩图 10-81-1　大蒜干腐病症状
（引自 Melodie Putnam，2007）
Colour Figure 10-81-1　Symptoms
of Fusarium basal rot of garlic
(from Melodie Putnam, 2007)
1. 受害蒜头　2. 受害蒜瓣

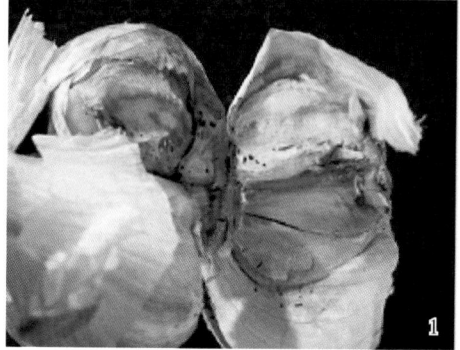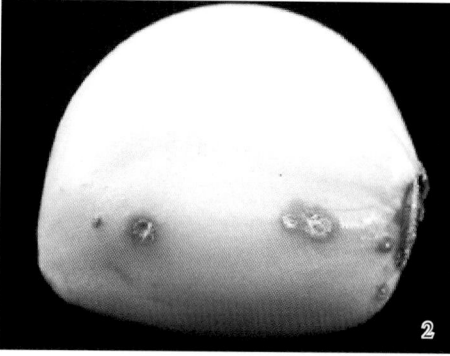

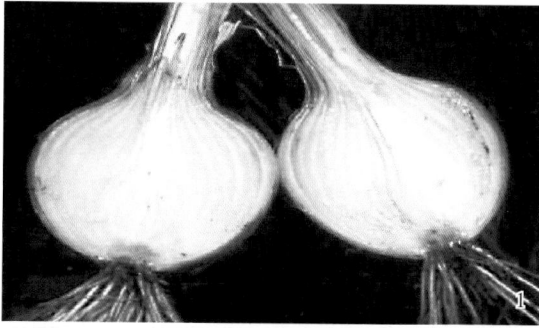

彩图 10-81-2　洋葱干腐病田间症状
（1. 引自 L. J. Du Toit，2008；2. 引自 René Crête，2012）
Colour Figure 10-81-2　Symptoms of Fusarium basal rot
of onion in the field
（1. from L. J. Du Toit, 2008; 2. from René Crête, 2012）
1. 发病的洋葱鳞茎基盘　2. 发病的洋葱头

彩图 10-82-1　葱蒜类蔬菜锈病田间症状
（1. 郑建秋提供；2. 引自 Garden Betty，2011；3和4. 时呈奎提供；5. 引自 F. S. Howard，2008）
Colour Figure 10-82-1　Symptoms of onion and garlic rust in the field
（1. by Zheng Jianqiu; 2. from Garden Betty, 2011; 3 and 4. by Shi Chengkui; 5. from F. S. Howard, 2008）
1. 韭菜锈病病叶　2. 大蒜锈病病叶　3. 大葱锈病冬孢子堆　4. 大葱锈病夏孢子堆　5. 洋葱锈病病叶

彩图 10-83-1　大蒜病毒病田间症状（引自 R. Hanu 等，2009）
Colour Figure 10-83-1　Symptoms of garlic virus diseases in the field（from R. Hanu et al., 2009）
1. 韭葱黄条病毒侵染的大蒜病叶　2. 洋葱黄矮病毒侵染的大蒜病株　3. 洋葱黄矮病毒侵染的大蒜病叶

彩图 10-84-1　芹菜斑枯病田间症状
（赵奎华提供）

Colour Figure 10-84-1　Symptom of celery
Septoria late blight on leaf and stem
（by Zhao Kuihua）

1. 病叶片　2. 叶片病斑上的分生孢子器
3. 病叶柄　4. 叶柄病斑上的分生孢子器

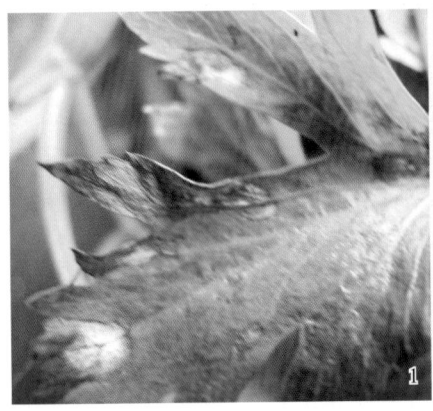

彩图 10-85-1　芹菜叶斑病田间症状（赵奎华提供）
Colour Figure 10-85-1　Symptom of celery Cercospora celery early blight in field (by Zhao Kuihua)
1. 病叶上大型病斑　2. 病叶或病株枯死　3. 叶柄上褐色梭形病斑

彩图10-86-1 芹菜软腐病为害
状（赵奎华提供）
Colour Figure 10-86-1 Symptom
of celery bacterial soft rot on plants
(by Zhao Kuihua)
1. 根颈受害状 2. 根受害状

彩图10-87-1 芹菜病毒病症状（1. 引自郭书普，2005；2和3. 郑建秋提供）
Colour Figure 10-87-1 Symptoms of celery virus diseases in the field (1. from Guo Shupu, 2005; 2 and 3. by Zheng Jianqiu)
1. 病叶花叶、皱缩 2. 病叶斑驳、黄化 3. 病叶蕨叶，病株矮化

彩图10-88-1 芹菜黑心病症状（1、2、4和5. 冯兰香和李世东提供；3引自 S. T. Koike，1979）
olour Figure 10-88-1 Symptoms of celery blackheart in the field（1、2、4 and 5. by Feng Lanxiang and Li Shidong; 3. from S. T. Koike, 1979）
1. 黑心初期 2. 黑心向外围扩展 3. 有的病株症状似干烧心 4. 根颈部的黑心 5. 田间枯死植株

彩图 10-89-1 菠菜、结球莴苣、莴笋、茼蒿霜霉病田间症状（郑建秋提供）
Colour Figure 10-89-1 Symptoms of downy mildew on the spinach, lettuce and crown daisy chrysanthemum（by Zheng Jianqiu）
1. 菠菜霜霉病叶面病斑 2. 菠菜霜霉病叶背病斑及霉层 3. 茼蒿霜霉病叶面病斑
4. 茼蒿霜霉病叶背病斑及霉层 5. 莴笋霜霉病叶面病斑 6. 生菜霜霉病叶背病斑及霉层

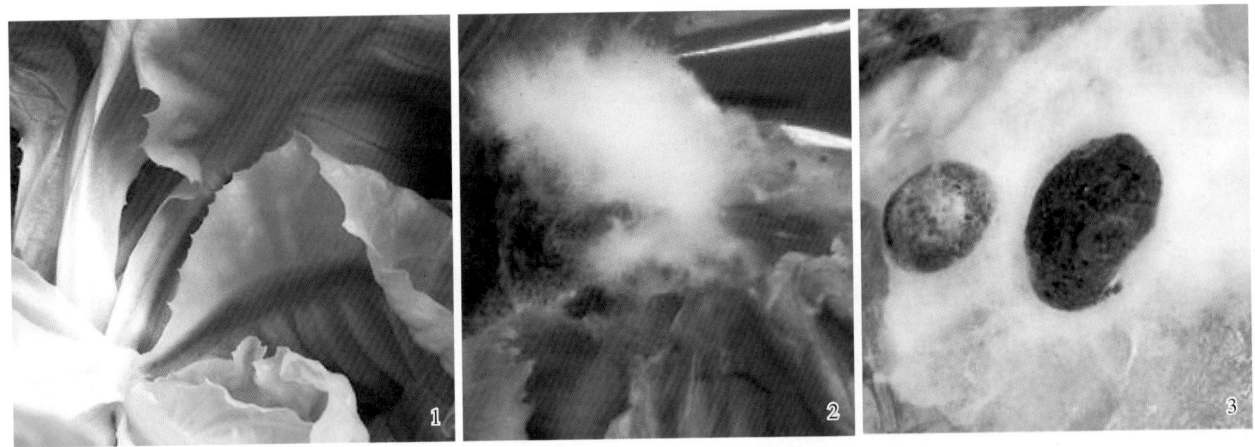

彩图 10-90-1 莴苣菌核病症状和菌核
（1. 引自 Nicole Sanchez，2013；2. 引自 Kevin Ong，2009；
3. 引自 Gerald Holmes，2009）
Colour Figure 10-90-1 Symptoms of lettuce Sclerotinia rot in the field
(1. from Nicole Sanchez, 2013; 2. from Kevin Ong, 2009;
3. from Gerald Holmes, 2009)
1. 叶片症状 2. 根茎腐烂产生白色菌丝 3. 寄主表面的菌丝形成菌核

彩图 10-91-1 菠菜炭疽病田间症状（郑建秋提供）
Colour Figure 10-91-1 Symptoms of spinach anthracnose in the field
（by Zheng Jianqiu）

彩图10-92-1　菠菜病毒病田间症状（1和2.引自Lindsey du Toit 等，2007；3.引自T. A. Zitter，1991）
Colour Figure 10-92-1　Symptoms of spinach virus diseases in the field（1 and 2. from Lindsey du Toit et al., 2007; 3. by T. A. Zitter，1991）
1. 病叶花叶、变黄　2. 病叶严重皱缩、畸形　3. 病株心叶坏死

彩图10-93-1　蕹菜白锈病田间症状
（覃丽萍提供）
Colour Figure 10-93-1　Symptoms of white rust of water spinach (by Qin Liping)
1.病叶正面褪绿斑，上生少量近白色孢子囊堆
2.病叶背面病斑上的大量近白色孢子囊堆
3.受害叶柄肥大　4.病茎肥大、扭曲

彩图10-94-1　芦笋茎枯病症状
（1.引自孙燕芳，2013；2.引自陈建仁等，2012；
3. 易克贤提供；4. 引自孙茜，2009）
Colour Figure 10-94-1　The symptom of
asparagus Phomopsis blight
（1. from Sun Yanfang, 2013;
2. from Chen Jianren et al., 2012;
3. by Yi Kexian; 4. from Sun Qian, 2009）
1. 急性型病斑　2. 慢性型病斑
3.病斑上密生黑色小粒点　4. 发病植株

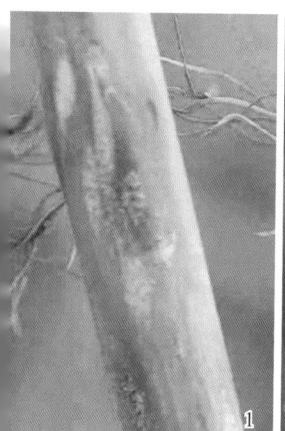

彩图10-95-1　芋疫病症状
（1. 引自吕佩珂等，1992；
2. 郑建秋提供）
Colour Figure 10-95-1　Symptoms
of dasheen Phytophthora blight
（1. from Lü Peike, 1992;
2. by Zheng Jianqiu）
1. 叶片病斑初期　2. 叶片病斑后期

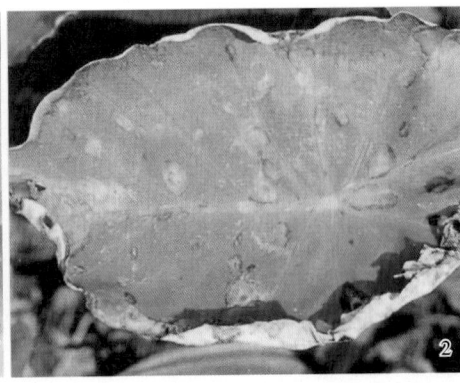

彩图10-96-1　莲藕枯萎病症状（郑建秋提供）
Colour Figure 10-96-1　Leaf symptoms of Fusarium wilt on lotus rhizome（by Zheng Jianqiu）
1. 病株萎蔫　2. 病株枯死

彩图10-97-1　荸荠秆枯病症状（1. 郑建秋提供；2. 韦继光提供）
Colour Figure 10-97-1　Symptoms of stem blight of Chinese water chestnut
in the field (1. by Zheng Jianqiu; 2. by Wei Jiguang)
1. 叶鞘和茎秆上的病斑　2. 田间病株枯死

彩图10-98-1　茭白胡麻斑病田间症状
（韦继光提供）
Colour Figure 10-98-1　Symptoms of
cultivated wildrice brown leaf spot in the field
(by Wei Jiguang)

彩图10-99-1 茭白锈病症状（郑建秋提供）
Colour Figure 10-99-1 Symptoms of cultivated wildrice rust in the field
（by Zheng Jianqiu）
1.叶面中期病斑 2.叶面后期病斑

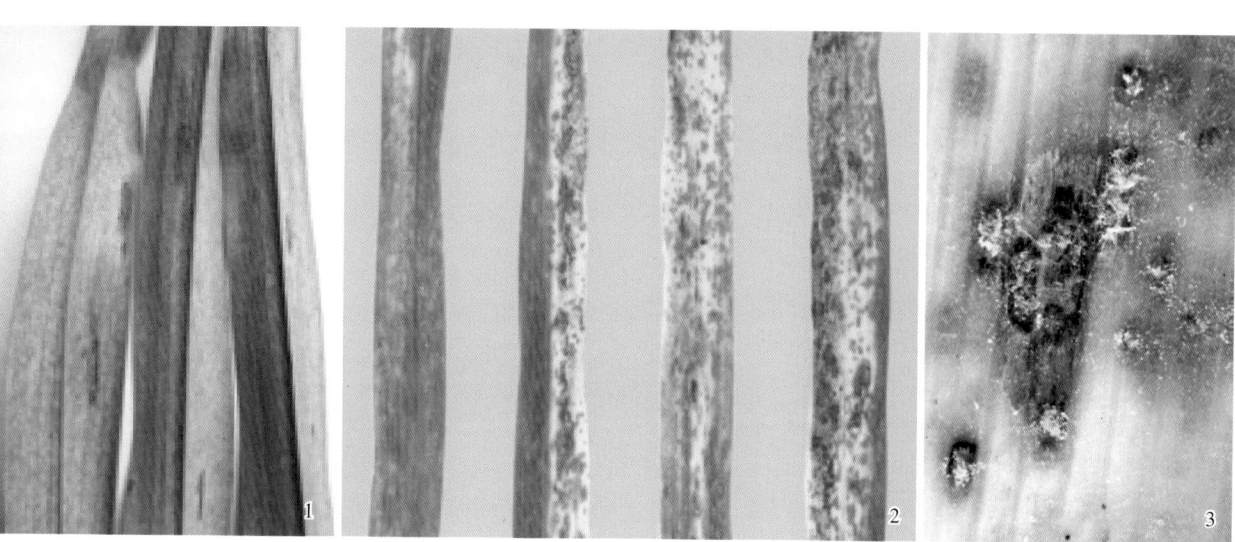

彩图10-100-1 黄花菜锈病症状（1.曾永三提供；2和3.引自 Florida Dvision of Plant Industry Arhive，2007）
Colour Figure 10-100-1 Symptoms of daylily rust in the field
（1. by ZengYongsan; 2 and 3. from Florida Dvision of Plant Industry Arhive, 2007）
1.夏孢子堆 2.夏孢子堆连接成片 3.夏孢子堆破裂

彩图10-101-1 胡萝卜黑斑病症状
（1.引自 Gerald Holmes，2014；2.郑建秋提供；3.引自 D. B. Langston，2006）
Colour Figure 10-101-1 Symptom of carrot Alternaria leaf blight
（1. from Gerald Holmes, 2014; 2. by Zheng Jianqiu; 3. from D. B. Langston, 2006）
1.叶片病斑密生黑色霉层 2.病茎生赤褐色条斑 3.重病叶叶缘上卷并枯黄

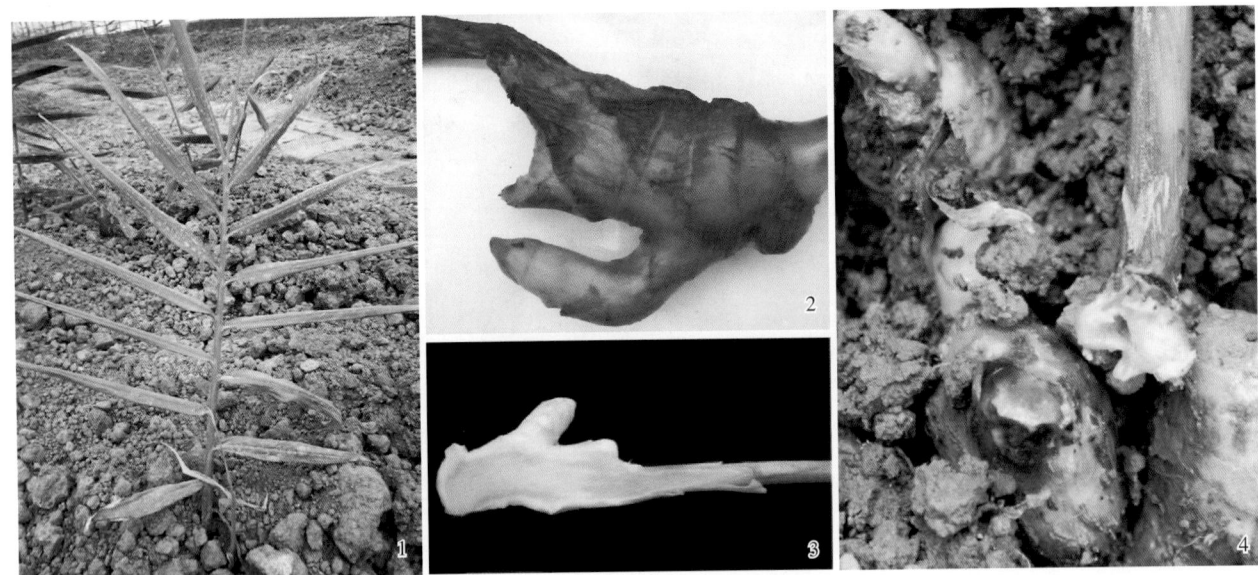

彩图 10-102-1　姜腐烂病田间症状 (1和2. 帅正彬提供；3. 引自 Yuan-Min Shen，2013；4. 龚国淑提供)
Colour Figure 1-102-1　Symptoms of ginger bacterial wilt in field
(1 and 2. by Shuai Zhengbin; 3. from Yuan-Min Shen, 2013; 4. by Gong Guoshu)
1. 病叶发黄、卷曲　2. 病姜水渍状、黄褐色　3. 病姜内部组织变色　4. 病姜软化腐烂

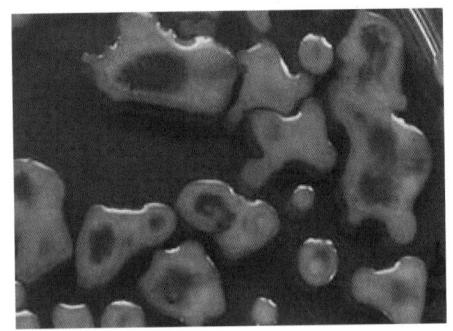

彩图 10-102-2　茄劳尔氏菌毒性菌株在TZC培
养基上的菌落形态 (引自 Heather A. Olson，2005)
Colour Figure 10-102-2　Culture of virulent of
Ralstonia solanacearum on TZC agar
(from Heather A. Olson, 2005)

彩图 10-103-1　食用菌竞争性病害症状
（1和2. 引自宋金俤，2013；3. 引自潍坊职业
学院精品课程；4和5. 边银丙提供）
Colour Figure 10-103-1　Symptoms of edible
mushrooms diseases caused by competitor moulds
(1 and 2. by Song Jindi; 3. from Weifang
vocational college curriculums;
4 and 5. by Bian Yinbing)
1. 覆土层上的木霉　2. 金针菇菌袋感染绿霉
3. 平菇菌袋内感染链孢霉
4. 平菇袋口感染链孢霉　5. 褐色石膏霉病

彩图10-104-1　　毛木耳油疤病症状（边银丙提供）

Colour Figure 10-104-1　　Symptoms of *Auricularia polytricha* slippery scar (by Bian Yinbing)

1.毛木耳油疤病病斑　　2.被病菌侵蚀的毛木耳菌丝　　3.菌袋刺孔处被感染

彩图10-105-1　　双孢蘑菇疣孢霉病症状（边银丙提供）

Colour Figure 10-105-1　　Symptoms of *Agaricus bisporus* wet bubble caused
by *Mycogone perniciosa* (by Bian Yinbing)

1.菌索和原基感染　　2.幼蕾期感染　　3.子实体感染

彩图10-106-1　　平菇黄斑病症状（边银丙提供）

Colour Figure 10-106-1　　Symptoms of oyster mushroom brown blotch by *Pseudomonas tolaasii*
（by Bian Yinbing）

1.平菇黄斑病初期症状　　2.平菇黄斑病后期症状

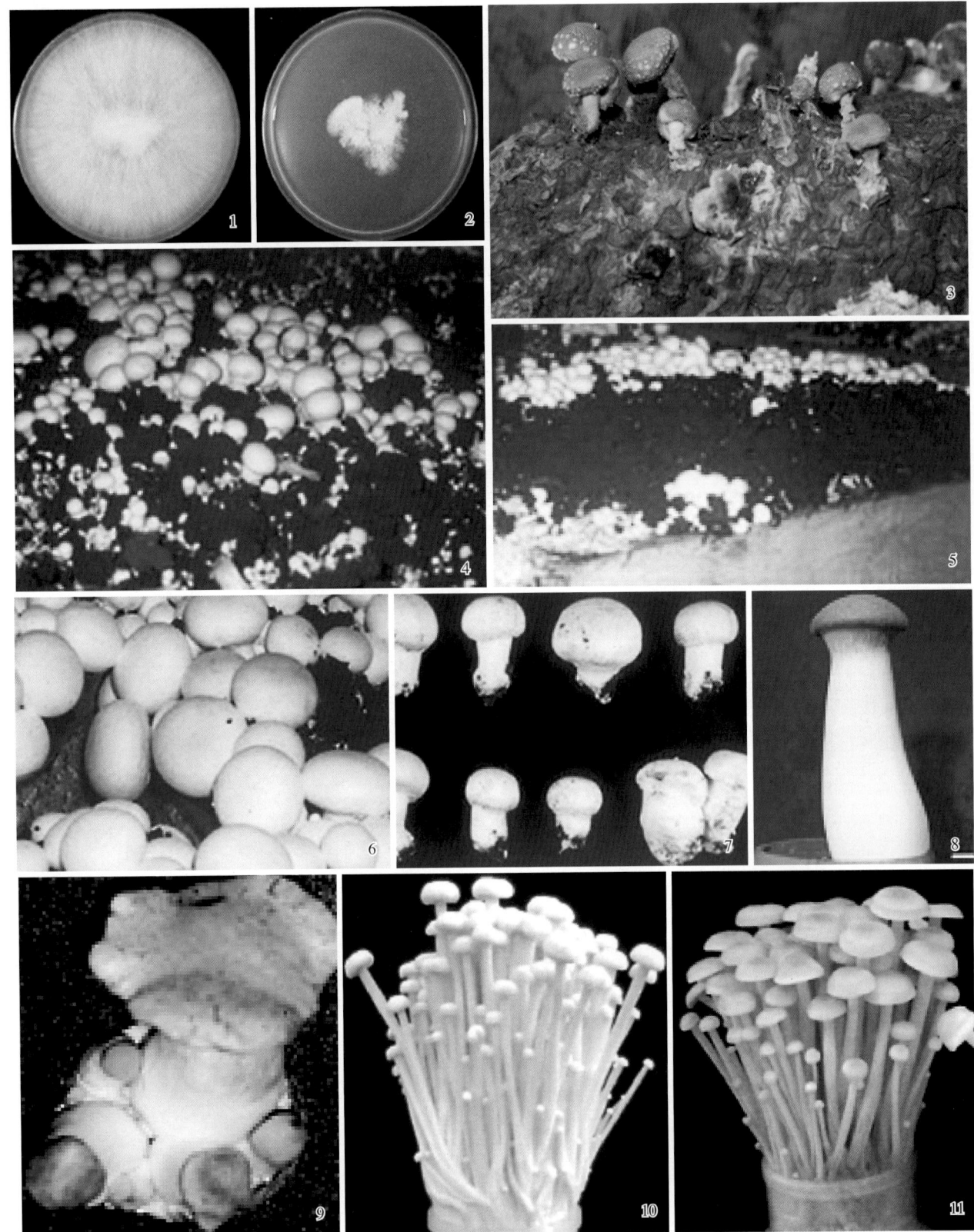

彩图10-107-1 食用菌病毒病症状
（1、2、8和9.引自H. S. Ro等，2006，2007；3.徐章逸提供；
4~7.引自H. M. Grogan等，2003；10和11.引自Y. Magae等，2010）
Colour Figure 10-107-1 Symptoms of edible mushroom virus diseases
（1, 2, 8 and 9. from H. S. Ro et al., 2006, 2007；3. by Xu Zhangyi；
4-7. from H. M. Grogan et al., 2003；10 and 11. from Y. Magae et al.，2010）
1.健康平菇菌丝体 2.染病平菇菌丝体 3.染病香菇子实体萎蔫 4.染病双孢蘑菇子实体停留在原基阶段
5.大片染病区无菇生长 6.染病双孢蘑菇子实体褐化 7.染病双孢蘑菇子实体畸形 8.健康杏鲍菇子实体
9.染病杏鲍菇子实体畸形 10.健康金针菇子实体 11.染病金针菇子实体变褐

彩图 10-108-1 香菇线虫病症状（边银丙提供）
Colour Figure 10-108-1 Symptoms of *Lentinula edodes* nematode caused by *Aphelenchoides composticola*
(by Bian Yinbing)
1. 线虫为害香菇菌丝体 2. 香菇菌棒因线虫为害而腐烂

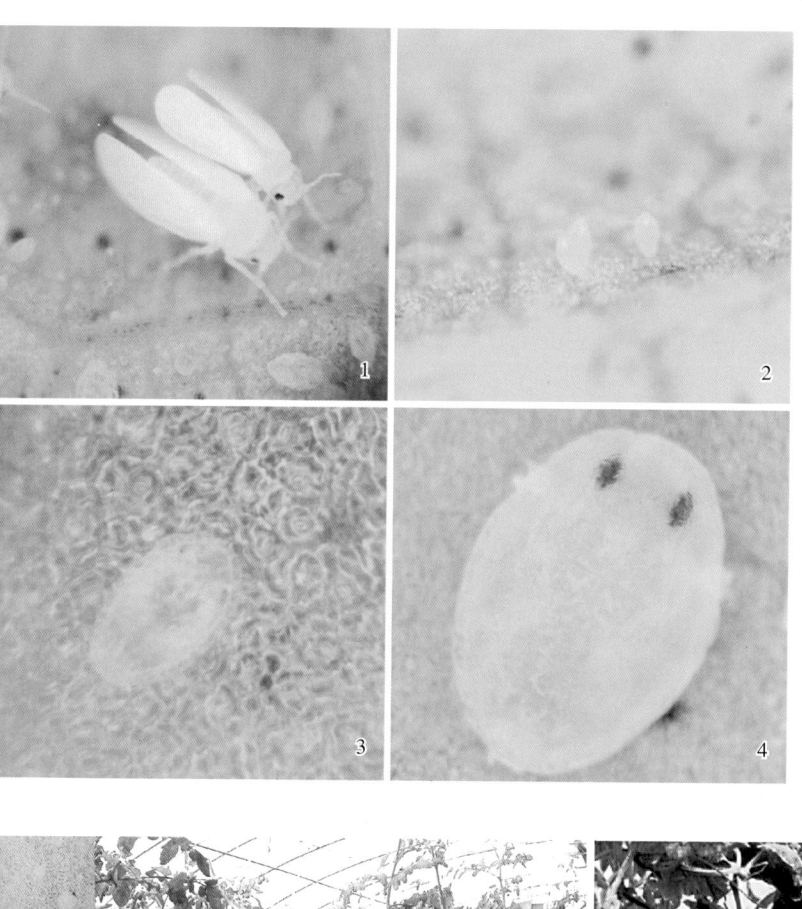

彩图 10-109-1 烟粉虱
（褚栋提供）
Colour Figure 10-109-1 Morphological characteristics of different developmental stages of *Bemisia tabaci*
(by Chu Dong)
1. 成虫 2. 卵 3. 若虫 4. 四龄若虫

彩图 10-110-1 温室白粉虱为害状
（朱国仁和石宝才提供）
Colour Figure 10-110-1 Damage symptoms of *Trialeurodes vaporariorum* on tomato and cucumbers
(by Zhu Guoren and Shi Baocai)
1. 温室白粉虱诱发番茄煤污病
2. 温室白粉虱诱发黄瓜煤污病
3. 温室白粉虱为害黄瓜苗

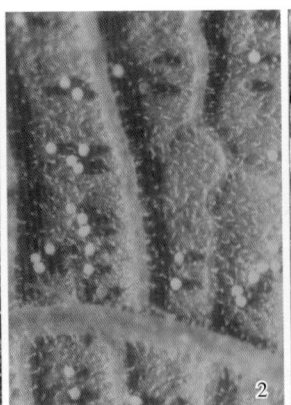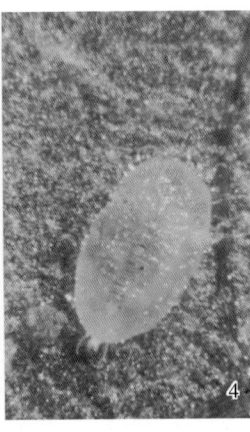

彩图10-110-2 温室白粉虱的各虫态（朱国仁和石宝才提供）
Colour Figure 10-110-2 Different developmental stages of *Trialeurodes vaporariorum* (by Zhu Guoren and Shi Baocai)
1. 成虫 2. 卵 3. 若虫 4. 伪蛹

彩图10-111-1 美洲斑潜蝇成虫
（雷仲仁提供）
Colour Figure 10-111-1 Adult of *Liriomyza sativae* (by Lei Zhongren)

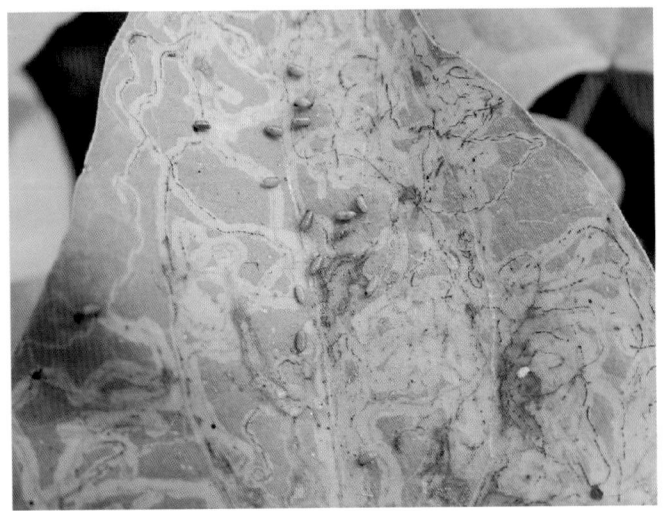

彩图10-111-2 美洲斑潜蝇为害状和蛹（雷仲仁提供）
Colour Figure 10-111-2 Pupa and damage symptoms of *Liriomyza sativae* (by Lei Zhongren)

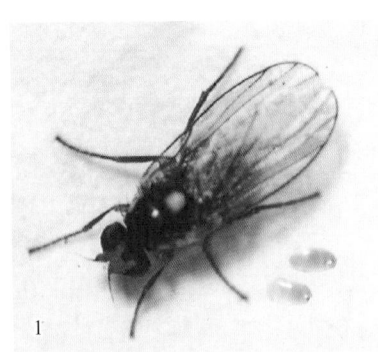

彩图10-112-1 南美斑潜蝇形态特征（雷仲仁提供）
Colour Figure 10-112-1 Different developmental stages of *Liriomyza huidobrensis* (by Lei Zhongren)
1. 成虫和卵 2. 幼虫 3. 蛹

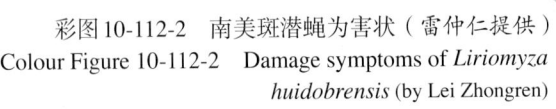

彩图10-112-2 南美斑潜蝇为害状（雷仲仁提供）
Colour Figure 10-112-2 Damage symptoms of *Liriomyza huidobrensis* (by Lei Zhongren)

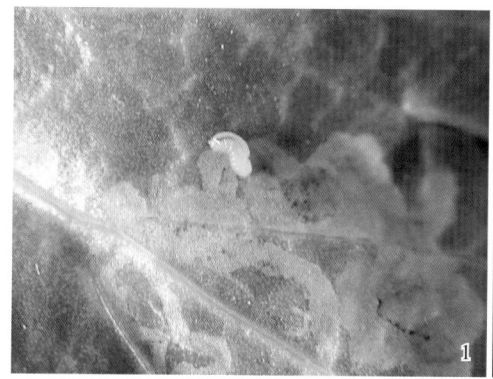 

彩图 10-113-1 三叶草斑潜蝇（雷仲仁提供）

Colour Figure 10-113-1 *Liriomyza trifolii* (by Lei Zhongren)

1. 幼虫 2. 蛹

彩图 10-113-2 三叶草斑潜蝇为害状
（雷仲仁提供）

Colour Figure 10-113-2 Damage symptoms of *Liriomyza trifolii* (by Lei Zhongren)

彩图 10-114-1 棉铃虫成虫和卵（郭线茹提供）

Colour Figure 10-114-1 Adult and eggs of *Helicoverpa armigera* (by Guo Xianru)

1. 成虫 2. 卵

彩图 10-114-2 棉铃虫为害状
（郭线茹提供）

Colour Figure 10-114-2 Damage symptoms of *Helicoverpa armigera* (by Guo Xianru)

1. 为害辣椒果实状 2. 为害甘蓝状
3. 为害番茄果实状 4. 为害番茄叶片状

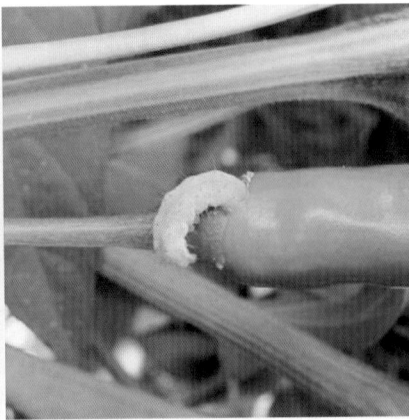

彩图 10-115-1　烟青虫幼虫及其为害辣椒状（郭线茹提供）

Colour Figure 10-115-1　Larva and damage symptoms of *Helicoverpa assulta* on hot pepper (by Guo Xianru)

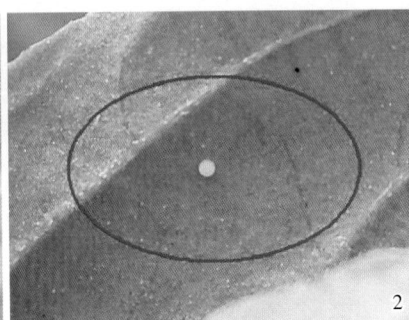

彩图 10-115-2　烟青虫成虫、卵和蛹（郭线茹提供）

Colour Figure 10-115-2　Adult, egg and pupa of *Helicoverpa assulta* (by Guo Xianru)

1. 成虫　2. 卵　3. 蛹

彩图 10-116-1　茄黄斑螟成虫、幼虫和蛹（李惠明提供）

Colour Figure 10-116-1　Adult, larva and pupa of *Leucinodes orbonalis* (by Li Huiming)

1. 成虫　2. 幼虫　3. 蛹

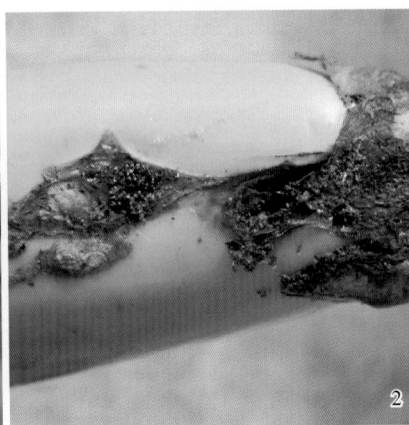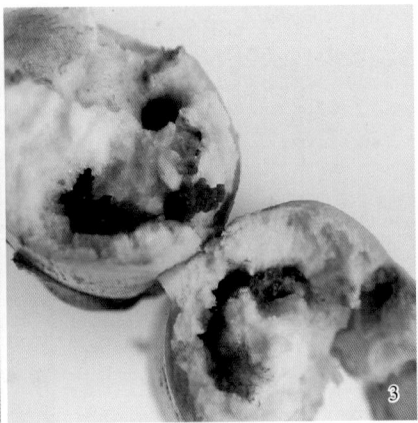

彩图 10-116-2　茄黄斑螟为害状（李惠明提供）

Colour Figure 10-116-2　Damage symptoms of *Leucinodes orbonalis* on eggplant steam and fruits (by Li Huiming)

1. 为害茄茎状　2、3. 为害茄果状

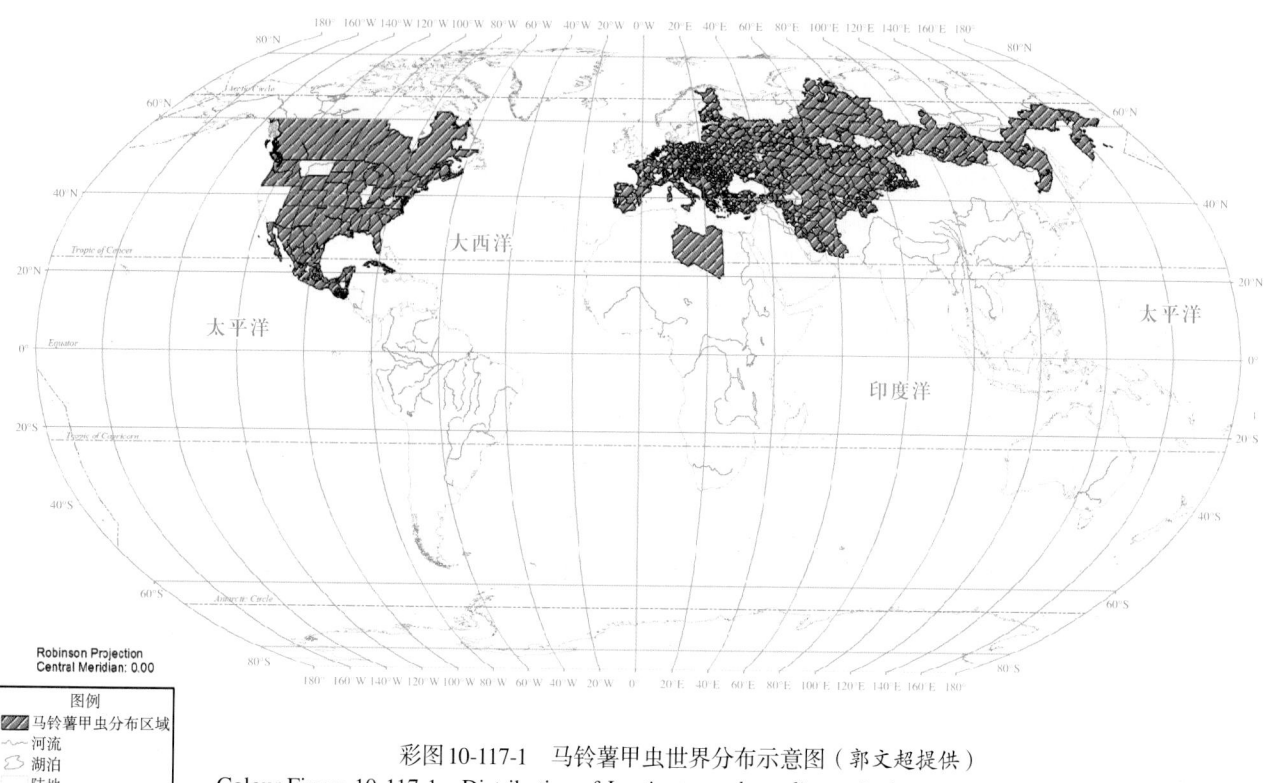

彩图 10-117-1　马铃薯甲虫世界分布示意图（郭文超提供）
Colour Figure 10-117-1　Distribution of *Leptinotarsa decemlineata* in the world (by Guo Wenchao)

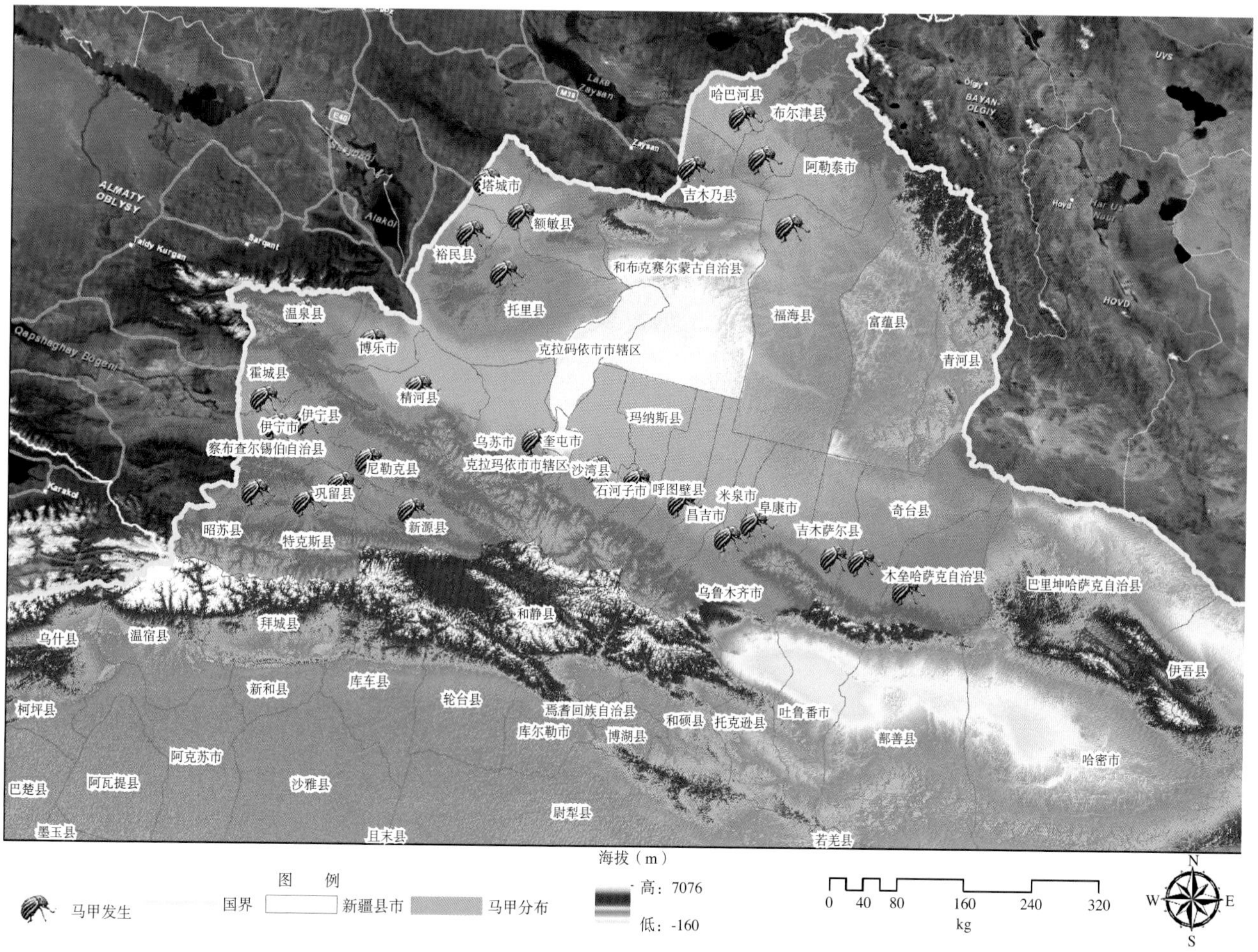

彩图 10-117-2　马铃薯甲虫新疆分布示意图（郭文超提供）
Colour Figure 10-117-2　Distribution of *Leptinotarsa decemlineata* in Xinjiang (by Guo Wenchao)

彩图 10-117-3 马铃薯甲虫为害状（郭文超提供）

Colour Figure 10-117-3 Damage symptoms of *Lepti-notarsa decemlineata* on potato and eggplant (by Guo Wenchao)

1. 马铃薯植株和果实被害状
2. 茄子植株和果实被害状

彩图 10-117-4 马铃薯甲虫各虫态（郭文超提供）

Colour Figure 10-117-4 Different developmentel stages of *Leptinotarsa decemlineata* (by Guo Wenchao)

1. 成虫 2. 卵 3. 幼虫 4. 蛹

彩图 10-118-1 棕榈蓟马形态特征（贝亚维提供）

Colour Figure 10-118-1 Morphological characteristics of different developmental stages of *Thrips palmi* (by Bei Yawei)

1、2. 雌成虫 3. 雄成虫 4. 雌成虫体内的卵 5. 产在茄子叶片上的卵 6. 一龄若虫 7. 二龄若虫 8. 预蛹 9. 蛹

彩图10-118-2　棕榈蓟马为害状
（贝亚维提供）
Colour Figure 10-118-2　Damage
symptoms of *Thrips palmi* on
eggplangt, cucumber, gourd and
wax gourd (by Bei Yawei)
1.茄子被害状　2.黄瓜被害状
3.瓠瓜被害状　4.冬瓜被害状

彩图 10-119-1　西花蓟马为害
黄瓜状（吴青君提供）
Colour Figure 10-119-1　Adult, nymph
and damage symptoms of *Frankliniella*
occidentalis on cucumbers
(by Wu Qingjun)
1.黄瓜叶片和花被害状
2.黄瓜果实被害状

彩图10-119-2　西花蓟马成虫和若虫（吴青君提供）
Colour Figure 10-119-2　Adult, nymph of *Frankliniella*
occidentalis (by Wu Qingjun)
1.成虫　2.若虫

彩图 10-120-1　侧多食跗线螨及其为害状（石宝才提供）

Colour Figure 10-120-1　Morphological characteristics of *Polyphagotarsonemus latus* (by Shi Baocai)

1.卵　2.卵和若螨　3.雌若螨　4.雌成螨和雄成螨　5.雄成螨携带雌若螨　6.茄子果实被害状　7.茄子幼果被害状
8.辣椒生长点和嫩叶被害状　9.黄瓜生长点被害状　10.黄瓜生长点被害萎缩　11.黄瓜生长点被害坏死

彩图 10-121-1　瓜实蝇成虫
（江昌木提供）
Colour Figure 10-121-1　Adult of
Bactrocera cucurbitae
（by Jiang Changmu）
1.侧面观　2.背面观

彩图 10-122-1　瓜蚜及其为害状（石宝才提供)
Colour Figure 10-122-1　Field population and damage symptoms of *Aphis gossypii* on cucumbers flower and fruit (by Shi Baocai)
1.瓜蚜田间种群　2.瓜蚜为害花状　3.瓜蚜为害果实状

彩图 10-122-2　瓜蚜及其口针（梁彦提供）
Colour Figure 10-122-2　Apterous adult of
Aphis gossypii and its stylet (by Liang Yan)
1.瓜蚜　2.瓜蚜口针

彩图 10-123-1　瓜绢螟为害黄瓜状
（王冬生和司升云提供）
Colour Figure 10-123-1　Damage symptoms of
Diaphania indica on cucumbers
（by Wang Dongsheng and Si Shengyun）
1.为害茎　2.为害叶片
3.为害果实　4.瓜绢螟为害黄瓜苗期

彩图 10-123-2 瓜绢螟各虫态
（王冬生和戴富明提供）
Colour Figure 10-123-2
Morphological characteristics of
different developmental stages of
Diaphania indica
（by Wang Dongsheng and
Dai Fuming）
1. 成虫 2. 卵 3. 幼虫 4. 蛹

彩图 10-124-1 黄足黄守
瓜为害状
（刘慧提供）
Colour Figure 10-124-1
Symptoms of *Aulacophora
indica* on pumpkin
(by Liu Hui)
1. 黄足黄守瓜取食南瓜叶片
2. 被害南瓜子叶

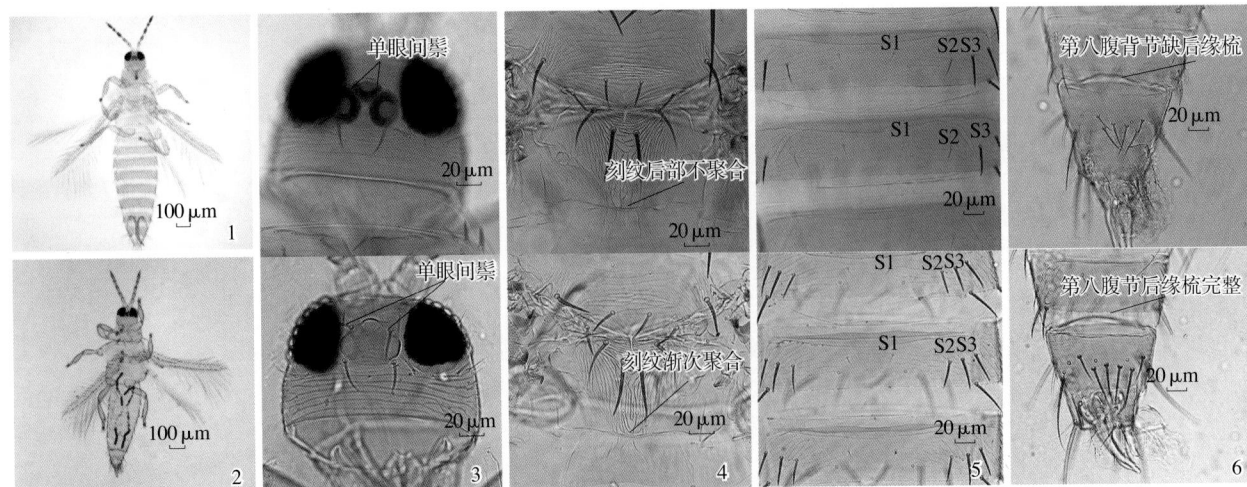

彩图 10-125-1 黄蓟马成虫形态特征及其与棕榈蓟马的比较（贝亚维提供）
Colour Figure 10-125-1 Morphological characteristics of adults of *Thrips flavus* and the comparisons with *T. palmi*
(by Bei Yawei)
1. 黄蓟马雌成虫 2. 黄蓟马雄成虫 3. 单眼间鬃比较 4. 后胸背板比较 5. 腹部第三、四节背板比较 6. 雄成虫第八腹背节比较

彩图 10-126-1　叶螨为害状
（王少丽提供）
Colour Figure 10-126-1
Damage symptoms of spider mite
on eggplant and bean
(by Wang Shaoli)
1. 茄子被害状　2. 菜豆被害状

彩图 10-126-2　三种叶螨成螨
（王少丽提供）
Colour Figure 10-126-2　Adult
of *Tetranychus cinnabarinus*, *T.
urticae*, and *T. truncatus*
（by Wang Shaoli）
1. 二斑叶螨雌成螨
2. 朱砂叶螨雌成螨
3. 截形叶螨雌成螨
4. 截形叶螨雄成螨

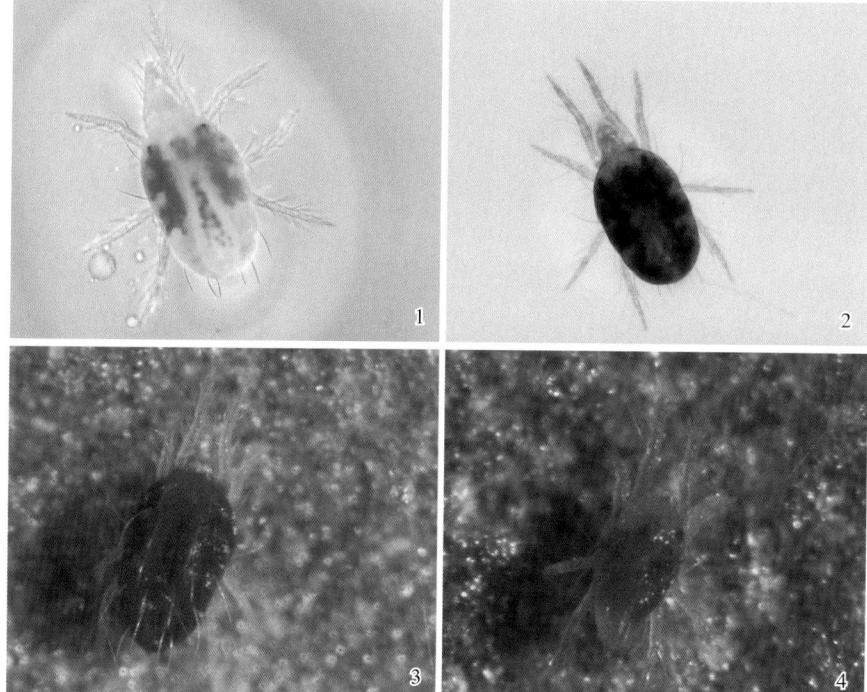

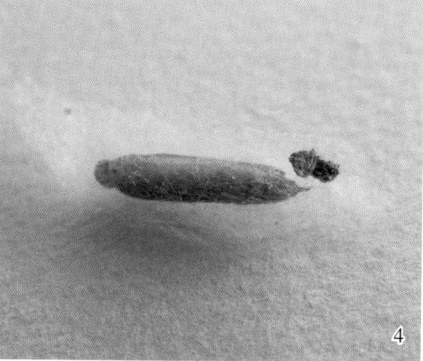

彩图 10-127-1　豇豆荚螟各虫态形态
特征（雷朝亮提供）
Colour Figure 10-127-1　Morphological
characteristics of different developmental
stages in *Maruca vitrata*
（by Lei Chaoliang）
1. 成虫　2. 卵　3. 幼虫　4. 蛹

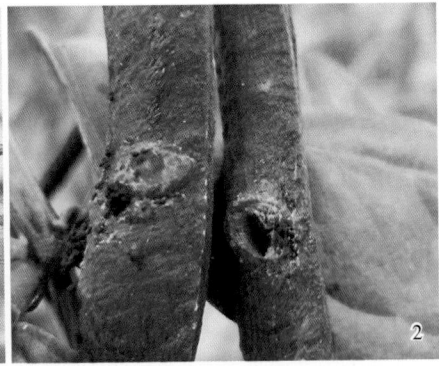

彩图10-127-2　豇豆荚螟为害状
（雷朝亮提供）
Colour Figure 10-127-2　Damage symptoms of *Maruca vitrata* on flowers and pods of *Vigna unguiculata*
(by Lei Chaoliang)
1.为害花　2.为害豆荚

彩图10-128-1　豌豆彩潜蝇形态特征（王音提供）
Colour Figure 10-128-1 Morphological characteristics of *Chromatomyia horticola*
(by Wang Yin)
1.成虫　2.幼虫　3、4.蛹

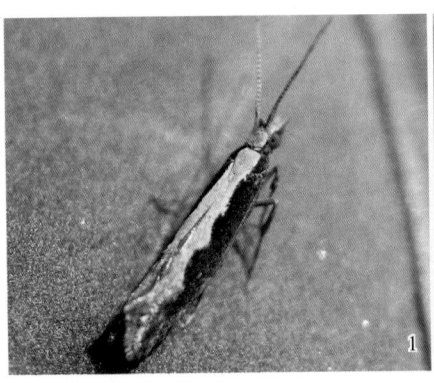

彩图10-129-1　小菜蛾成虫和幼虫形态特征（吴青君提供）
Colour Figure 10-129-1 Morphological characteristics of adult and larva of *Plutella xylostella*
(by Wu Qingjun)
1.成虫　2.幼虫

彩图10-129-2　小菜蛾为害花椰菜和甘蓝（吴青君提供）
Colour Figure 10-129-2　Damage symptoms of *Plutella xylostella* on brocolli and cabbage (by Wu Qingjun)
1.花椰菜被害状　2.甘蓝被害状

彩图10-130-1　甜菜夜蛾的形态特征和为害状（司升云提供）
Colour Figure 10-130-1　Morphological characteristics of different developmental stages and
damage symptom of *Spodoptera exigua*（by Si Shengyun）
1.成虫　2.卵块和初孵幼虫　3.绿色型幼虫　4.褐色型幼虫　5.蛹　6.为害状

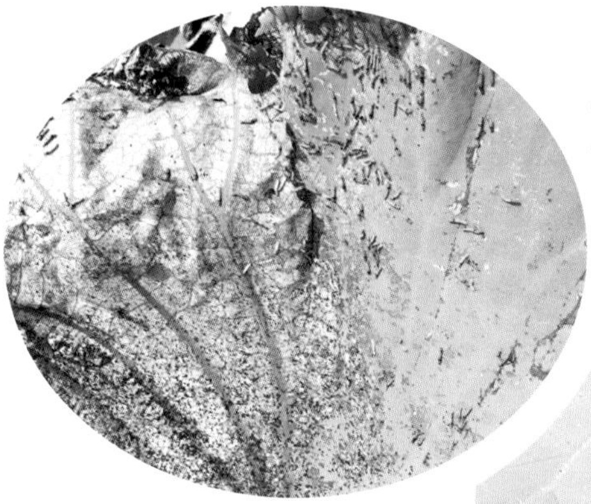

彩图 10-131-1　斜纹夜蛾为害状（李惠明和季香云提供）
Colour Figure 10-131-1　Damage symptoms of *Spodoptera litura*
（by Li Huiming and Ji Xiangyun）

彩图10-131-2　斜纹夜蛾形态特征
（李惠明和季香云提供）
Colour Figure 10-131-2
Morphological characteristics of
Spodoptera litura
（by Li Huiming and Ji Xiangyun）
1.成虫　2.卵块　3.幼虫　4.蛹

彩图10-132-1 甘蓝夜蛾为害（甘蓝）状（樊东提供）
Colour Figure 10-132-1 Damage symptoms of *Mamestra brassicae* on cabbage (by Fan Dong)

彩图10-132-2 甘蓝夜蛾形态特征（樊东提供）
Colour Figure 10-132-2 Morphological characteristics of *Mamestra brassicae* (by Fan Dong)
1、2.成虫 3.三龄幼虫（绿色型） 4.五龄幼虫（褐色型） 5.蛹

彩图 10-133-1 菜螟的成虫和幼虫
（雷朝亮提供）
Colour Figure 10-133-1 Adult and larva of *Hellula undalis* (by Lei Chaoliang)
1.成虫 2.幼虫

彩图 10-134-1 菜粉蝶为害状
（朱国仁提供）
Colour Figure 10-134-1
Damage symptoms of *Pieris rapae*
on cabbage seedling
and heading stages (by Zhu Guoren)
1.甘蓝苗期被害状 2.甘蓝包心期被害状

彩图 10-134-2　菜粉蝶成虫和幼虫
（朱国仁提供）
Colour Figure 10-134-2　Adult and
larva of *Pieris rapae* (by Zhu Guoren)
1. 成虫　2. 幼虫

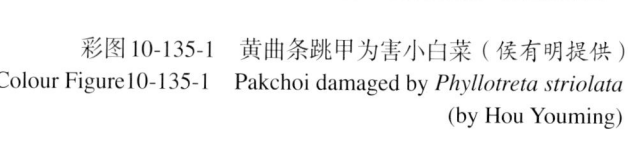

彩图 10-135-1　黄曲条跳甲为害小白菜（侯有明提供）
Colour Figure 10-135-1　Pakchoi damaged by *Phyllotreta striolata*
(by Hou Youming)

彩图 10-135-2　黄曲条跳
甲各虫态（侯有明提供）
Colour Figure 10-135-2
Different developmental
stages of *Phyllotreta
striolata* on pakchoi
(by Hou Youming)
1. 成虫　2. 卵　3. 初孵幼
虫　4. 老熟幼虫　5. 蛹

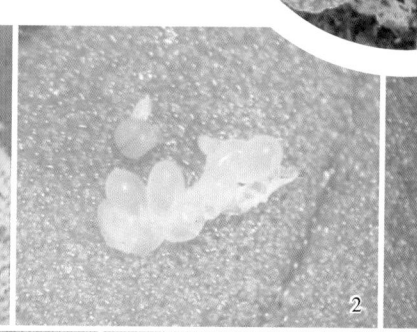
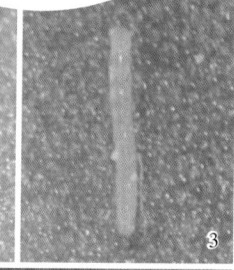
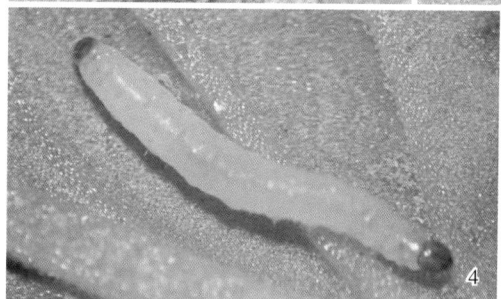
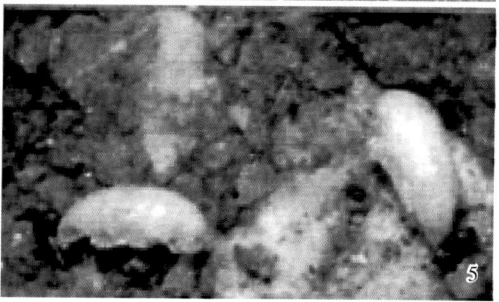

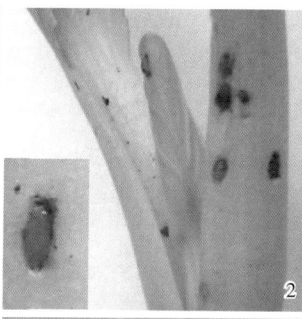

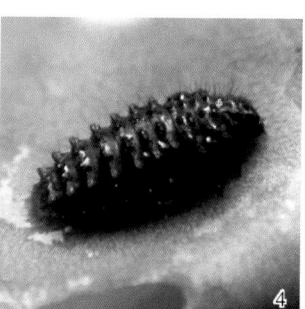
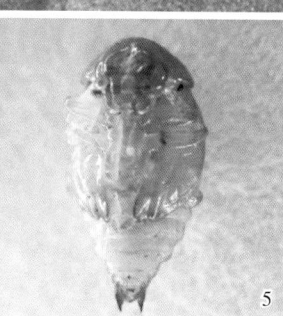
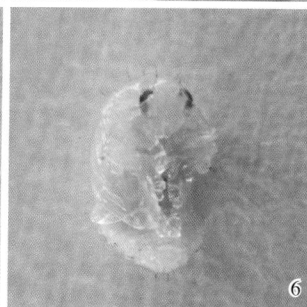

彩图 10-136-1　大猿叶虫和小猿叶虫各虫态的比较（王小平提供）
Colour Figure 10-136-1　Comparison of different developmental stages between
Colaphellus bowringi and *Phaedon brassicae* (by Wang Xiaoping)
1. 大猿叶虫卵　2. 小猿叶虫卵　3. 大猿叶虫幼虫　4. 小猿叶虫幼虫　5. 大猿叶虫蛹
6. 小猿叶虫蛹　7. 大猿叶虫成虫　8. 小猿叶虫成虫

彩图10-136-2　大猿叶虫为害小白菜
状（1）和小猿叶虫为害萝卜状（2）
（王小平提供）
Colour Figure 10-136-2　Damage
symptoms of *Colaphellus bowringi* on
pakchoi (1) and *Phaedon brassicae* on
radish (2) (by Wang Xiaoping)

彩图 10-137-1　菜蚜为害状
（石宝才提供）
Colour Figure 10-137-1　Damage
symptoms of *Lipaphis erysimi* and
Brevicoryne brassicae (by Shi Baocai)
1. 萝卜蚜为害采种株
2. 甘蓝蚜为害甘蓝

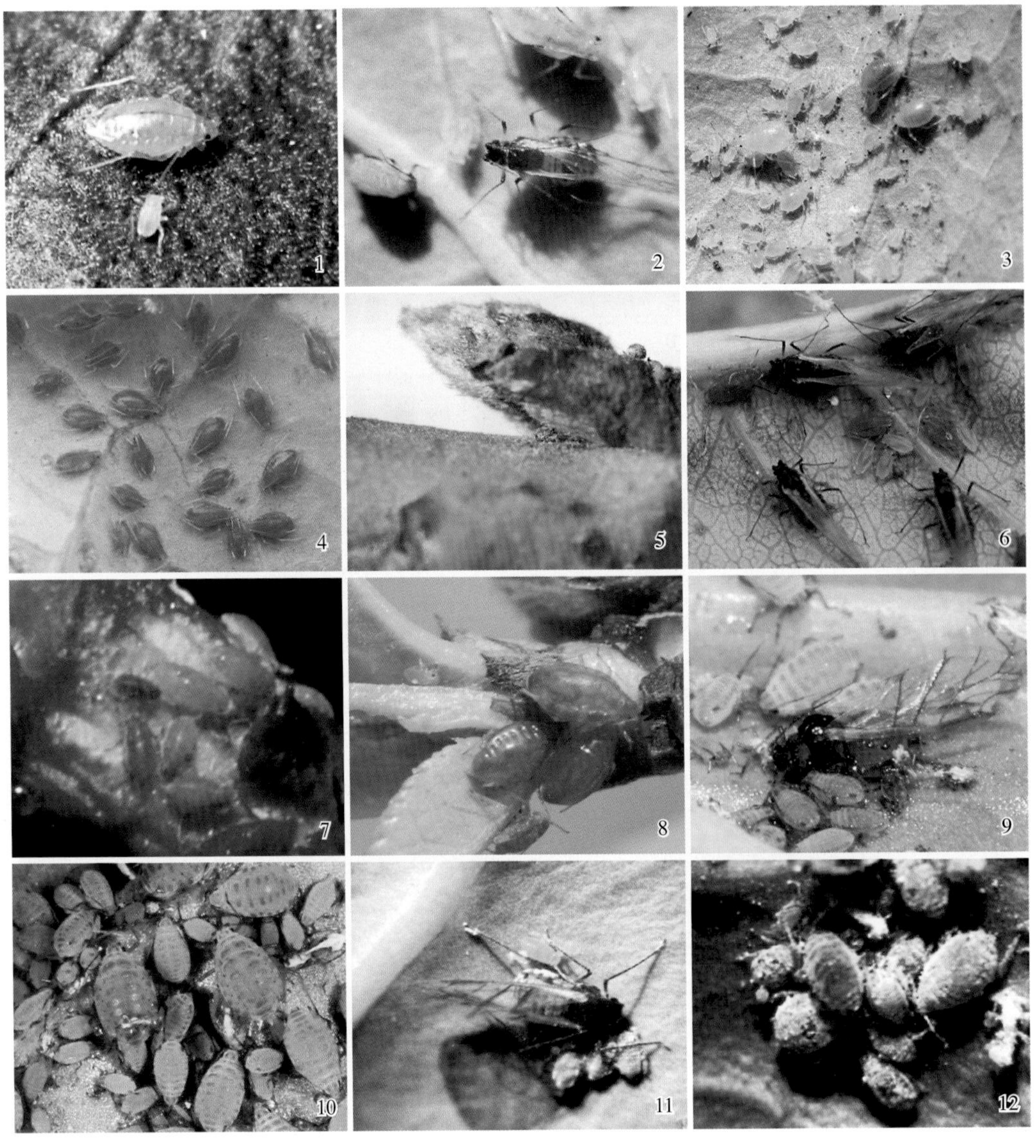

彩图 10-137-2　三种
蚜形态特征
（石宝才提供）
Colour Figure 10-137-
Morphological cha
cteristics of *Myzus per*
cae, *Lipaphis erysimi* a
Brevicoryne brassicae
(by Shi Baocai)
1. 桃蚜无翅成虫
2. 桃蚜有翅成虫
3. 桃蚜绿色型无翅蚜
4. 桃蚜红色型无翅蚜
5. 桃蚜卵
6. 桃蚜有翅雄成虫
7. 桃蚜干母
8. 桃蚜干雌
9. 萝卜蚜有翅成虫
10. 萝卜蚜无翅成虫
11. 甘蓝蚜有翅成虫
12. 甘蓝蚜无翅成虫

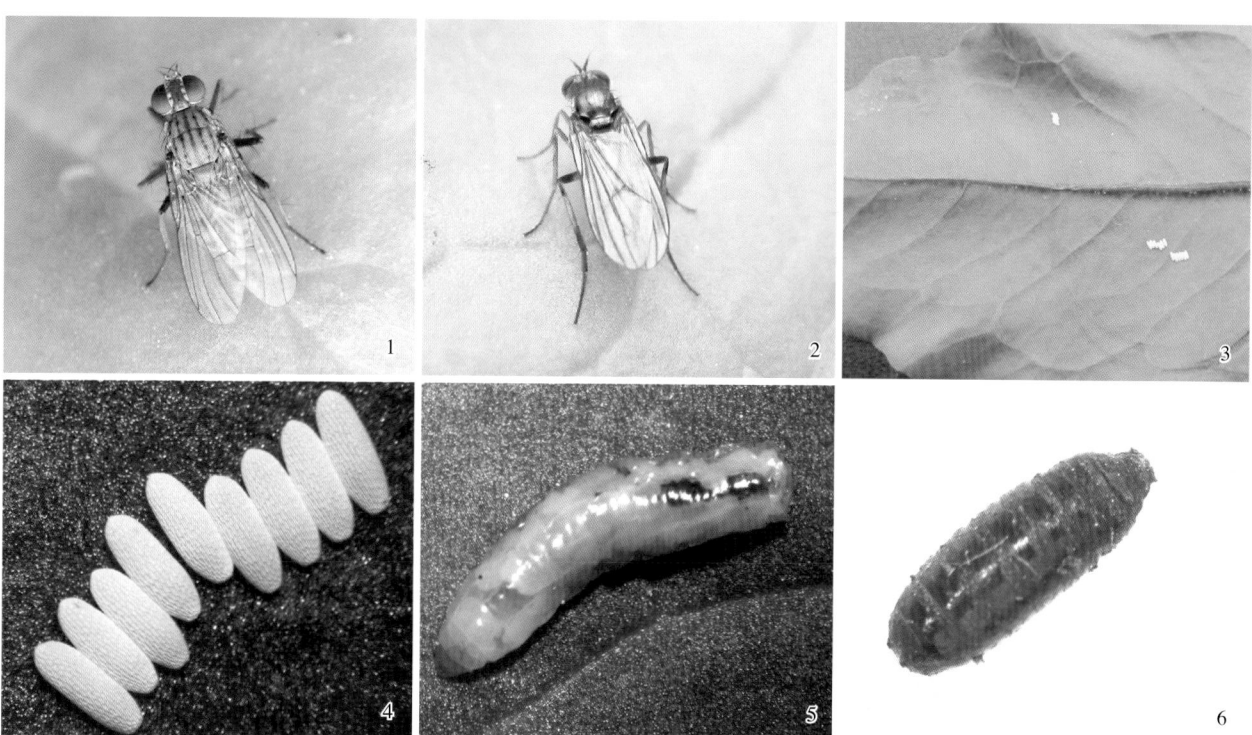

彩图10-138-1 菠菜潜叶蝇形态特征（李惠明提供）
Colour Figure 10-138-1 Morphological characteristics of different developmental stages in *Pegomya exilis*（by Li Huiming）
1. 雌成虫 2. 雄成虫 3、4. 卵块 5. 幼虫 6. 蛹

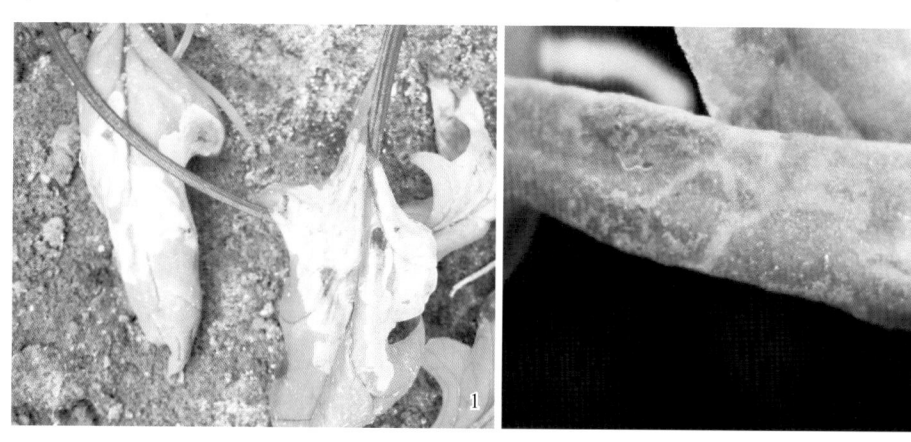

彩图10-138-2 菠菜潜叶蝇的为害状（李惠明提供）
Colour Figure 10-138-2 Damage symptoms of *Pegomya exilis* on *Spinacia oleracea*（by Li Huiming）
1. 菠菜宽叶品种被害状
2. 菠菜窄叶品种被害状

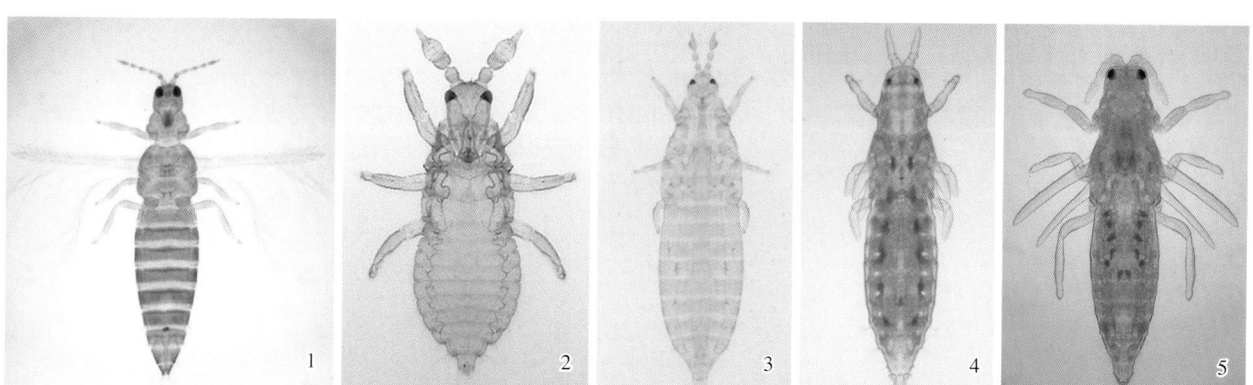

彩图10-139-1 葱蓟马不同虫态（郑长英提供）
Colour Figure 10-139-1 Morphological characteristics of different developmental stages of *Thrips tabaci*（by Zheng Changying）
1. 成虫 2. 一龄若虫 3. 二龄若虫 4. 预蛹 5. 蛹

彩图 10-139-2 葱蓟马在大葱、甘蓝和芹菜上的为害状（郑长英提供）

Colour Figure 10-139-2 Damage symptoms of *Thrips tabaci* on Chinese green onion, cabbage and celery leaves (by Zheng Changying)

1. 为害大葱 2. 为害甘蓝叶片 3. 为害芹菜叶片

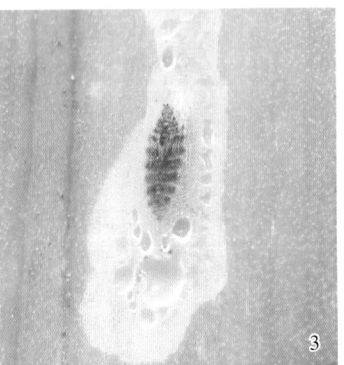

彩图 10-140-1 葱斑潜蝇成虫和蛹（石宝才提供）

Colour Figure 10-140-1 Adults and pupa of *Liriomyza chinensis* (by Shi Baocai)

1. 成虫 2. 成虫交尾 3. 大蒜叶内的葱斑潜蝇蛹

彩图 10-140-2 葱斑潜蝇为害大葱叶片状（石宝才提供）

Colour Figure 10-140-2 Damage symptoms of *Liriomyza chinensis* on Chinese green onion leaves (by Shi Baocai)

彩图 10-141-1 韭菜迟眼蕈蚊为害韭菜根部状（薛明提供）

Colour Figure 10-141-1 Symptoms of leek damaged by *Bradysia odoriphaga*（by Xue Ming）

彩图 10-141-2 韭菜迟眼蕈蚊为害韭菜地上部被害状（薛明提供）

Colour Figure 10-141-2 Symptoms on above-ground parts of leek plants damaged by *Bradysia odoriphaga*（by Xue Ming）

彩图 10-141-3　韭菜迟眼蕈蚊（薛明提供）
Colour Figure 10-141-3　*Bradysia odoriphaga*（by Xue Ming）
1.卵　2.幼虫

彩图 10-143-1　小地老虎形态特征（杨茂发和向玉勇提供）
Colour Figure 10-143-1　Morphological characteristics of different developmental stages of *Agrotis ipsilon*
（by Yang Maofa and Xiang Yuyong）
1.成虫　2.初产的卵　3.产下后1d的卵　4.将孵化的卵　5.幼虫　6.蛹

彩图 10-144-1　蜗牛为害状（司升云提供）
Colour Figure 10-144-1　The damage symptom of snail (by Si Shengyun)

彩图10-144-2 两种蜗牛成贝形态比较及卵（司升云提供）
Colour Figure 10-144-2 Comparison of two kinds of snail adults，eggs of snail (by Si Shengyun)
1.灰巴蜗牛 2.同型巴蜗牛 3.灰巴蜗牛螺壳腹面 4.同型巴蜗牛螺壳腹面 5.蜗牛卵

彩图10-145-1 莲缢管蚜形态特征（祝树德提供）
Colour Figure 10-145-1 Morphological characteristics of *Rhopalosiphum nymphaeae* and its damage symptoms on *Nelumbo nucifera* (by Zhu Shude)
1.无翅成虫 2.有翅成虫 3.成虫及若虫

彩图10-145-2 莲缢管蚜为害状（祝树德提供）
Colour Figure 10-145-2 Damage symptoms of *Rhopalosiphum nymphaeae* on lotus (by Zhu Shude)

彩图10-146-1 莲藕食根金花虫为害状（刘义满等提供）
Colour Figure 10-146-1
Damage symptoms of *Donacia provosti* on *Nelumbo nucifera* (Fairmaire)
(by LiuYiman et al.)

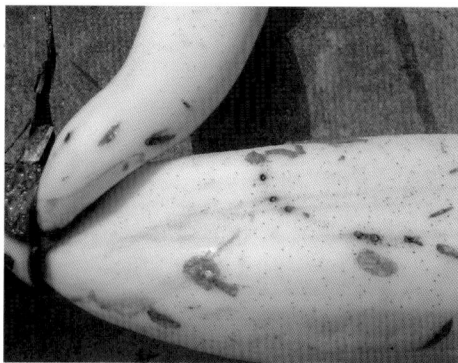

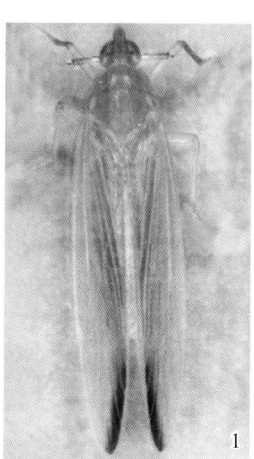
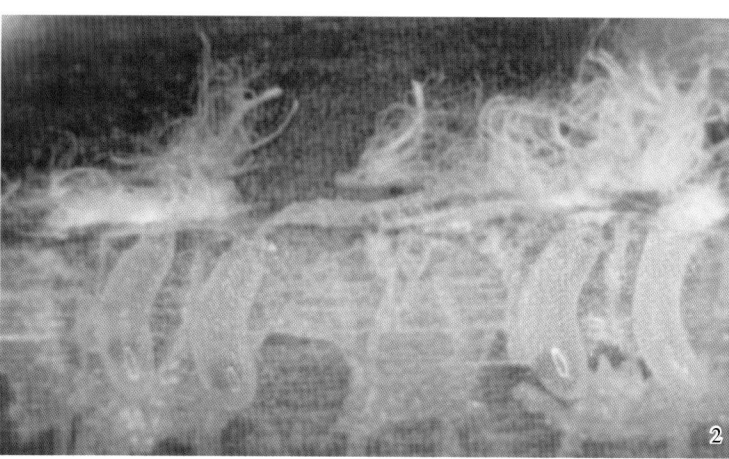
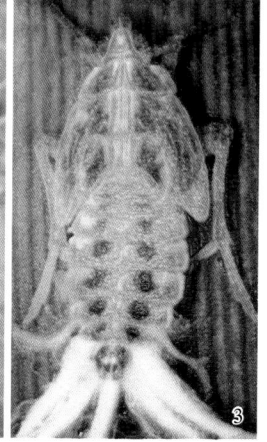

彩图10-147-1 长绿飞虱各虫态（祝树德提供）
Colour Figure 10-147-1 Different developmental stages of *Saccharosydne procerus* (by Zhu Shude)
1.成虫 2.卵 3.若虫

彩图10-147-2 长绿飞虱为害茭白（祝树德提供）
Colour Figure 10-147-2 Damage symptoms of *Saccharosydne procerus* on *Zizania caduciflora* (by Zhu Shude)

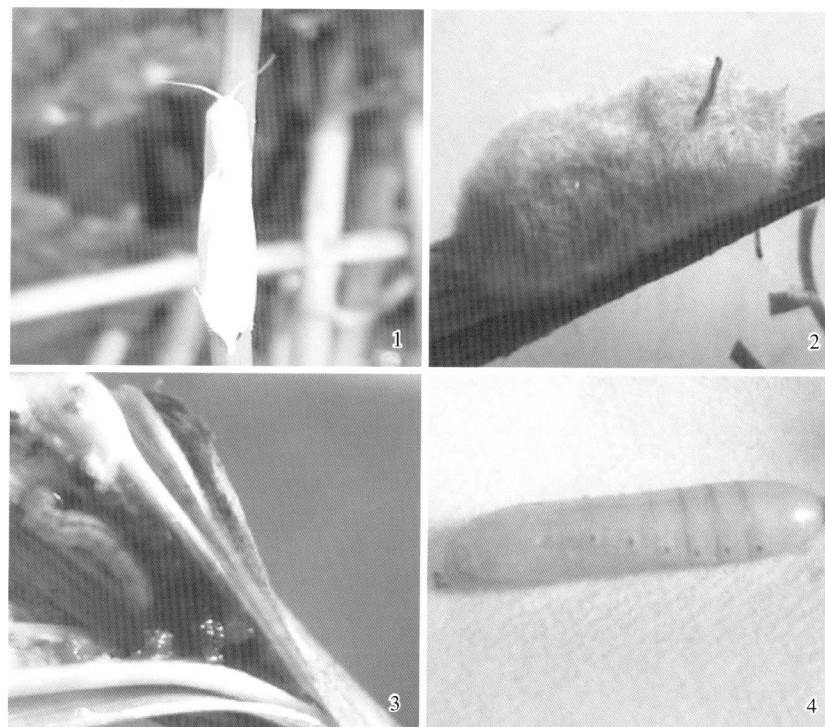

彩图10-148-1 荸荠白禾螟各虫态（朱芬等供图）
Colour Figure 10-148-1 Morphological characteristics of *Scirpophaga praelata* (Scopoli) (by Zhu Fen et al.,)
1.成虫 2.卵块 3.幼虫 4.蛹

 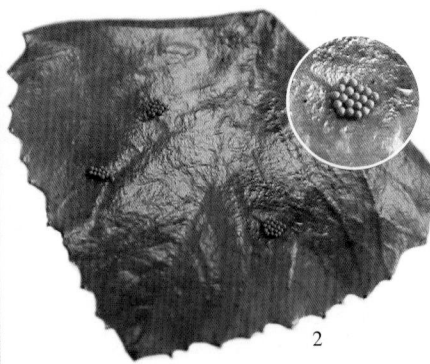 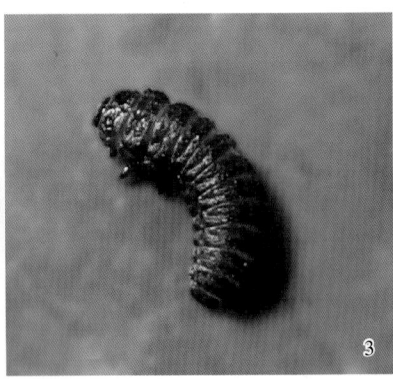

彩图 10-149-1 菱角萤叶甲成虫、卵和幼虫（祝树德提供）
Colour Figure 10-149-1 Adult, eggs and larva of *Galerucella birmanica* (by Zhu Shude)
1.成虫 2.卵 3.幼虫

彩图10-150-1 慈姑钻心虫
各虫态
（司升云提供）
Colour Figure 10-150-1
Different developmental
stages of *Phalonidia* sp.
(by Si Shengyun)
1.成虫 2.卵 3.幼虫 4.蛹

 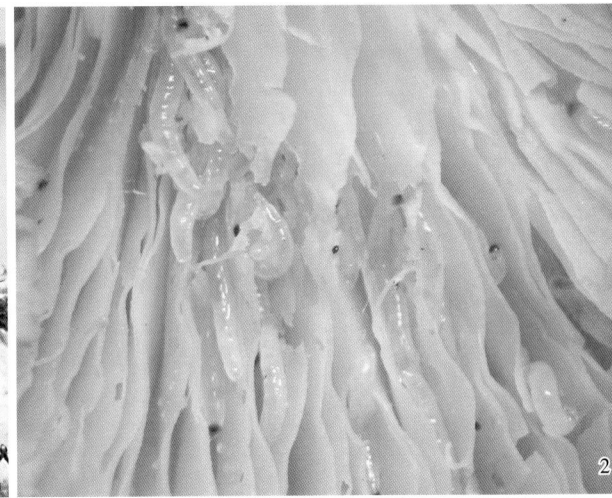

彩图 10-151-1 平菇厉眼蕈蚊为害状（郑方强提供）
Colour Figure 10-151-1 Damage symptoms of *Lycoriella pleuroti* on *Pleurotus ostreatus* (by Zheng Fangqiang)
1.为害平菇菌褶和菌柄 2.在平菇菌褶内为害

彩图10-152-1　异型眼蕈蚊在双孢蘑菇上的为害状（郑方强提供）
Colour Figure 10-152-1　Damage symptom of *Pnyxia scabiei* on *Agaricus bisporus* (by Zheng Fangqiang)

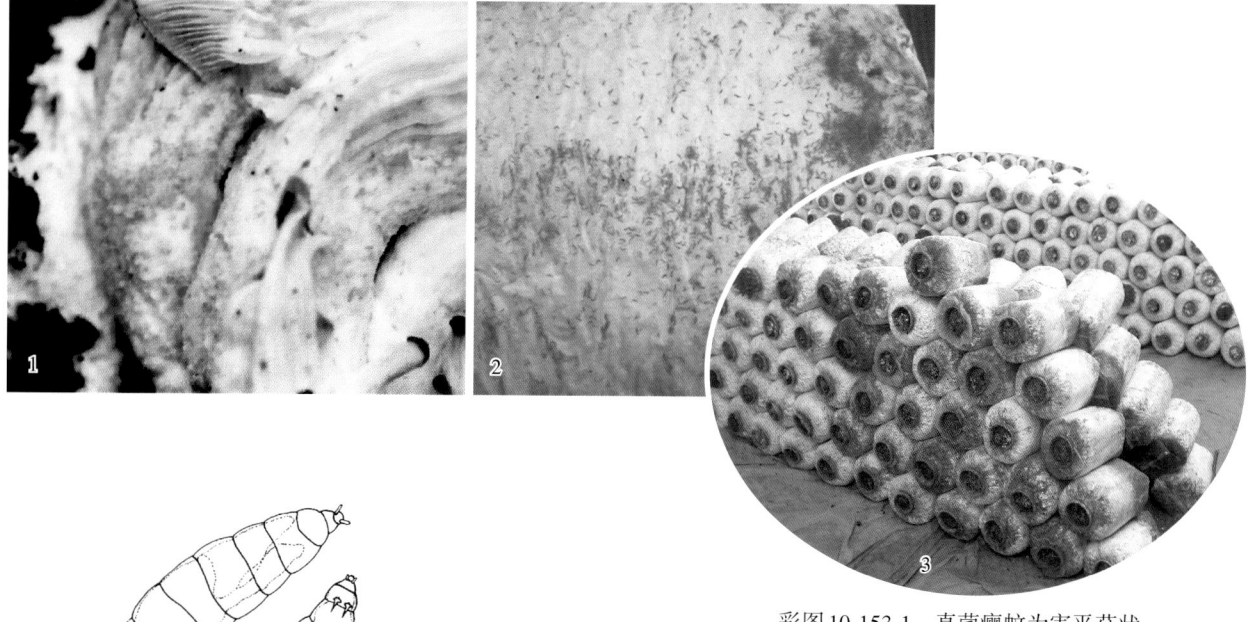

彩图10-152-2　异型眼蕈蚊的形态特征和为害状（郑方强提供）
Colour Figure 10-152-2　Morphological characteristics and damage symptom of *Pnyxia scabiei* on *Agaricus bisporus* (by Zheng Fangqiang)
1. 雄成虫　2. 雌成虫　3. 卵　4. 幼虫为害双孢蘑菇　5. 蛹（腹面观）

彩图10-153-1　真菌瘿蚊为害平菇状
（郑建秋和师迎春提供）
Colour Figure 10-153-1　Larvae and damage symptoms of *Mycophila fungicola* on *Pleurotus ostreatus* (by Zheng Jianqiu and Shi Yingchun)
1. 为害平菇　2. 为害平菇菌棒　3. 为害平菇菌垛

彩图10-153-2　真菌瘿蚊幼体及外生殖器放大（郑建秋和师迎春提供）
Colour Figure 10-153-2　Larvae of *Mycophila fungicola* and its external genitalia (by Zheng Jianqiu and Shi Yingchun)

彩图 10-154-1 中华新蕈蚊为害双孢蘑菇（郑建秋提供）
Colour Figure 10-154-1 Damage symptoms of *Neoempheria sinica* on *Agaricus bisporus* (by Zheng Jianqiu)

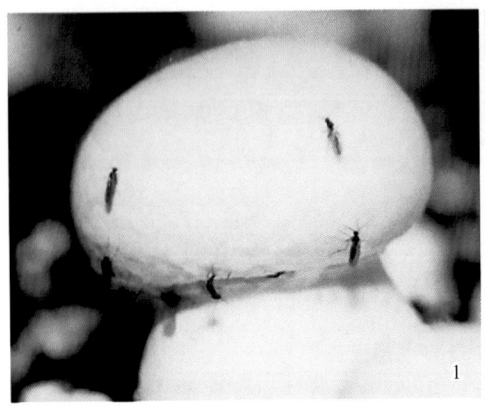
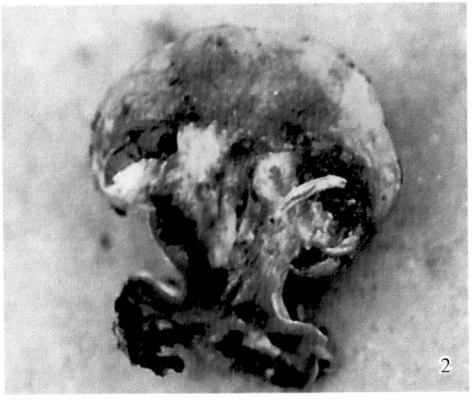

彩图 10-154-2 中华新蕈蚊
成虫和幼虫（郑建秋提供）
Colour Figure 10-154-2
Adults and larvae of
Neoempheria sinica
(by Zheng Jianqiu)
1. 成虫 2. 幼虫

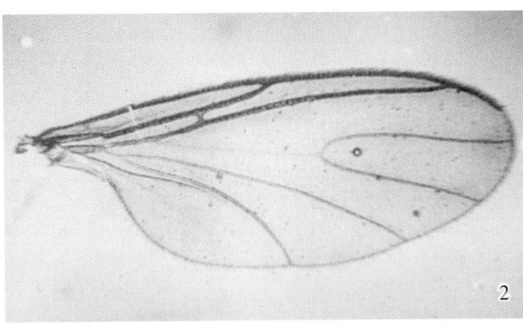
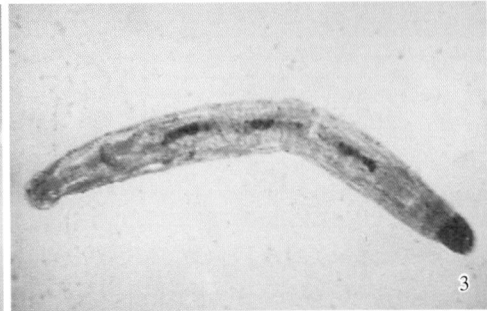

彩图 10-155-1 闽菇迟眼蕈蚊的成虫和幼虫（郑建秋提供）
Colour Figure 10-155-1 Adult and larva of *Bradysia minpleuroti* (by Zheng Jianqiu)
1. 成虫 2. 翅 3. 幼虫

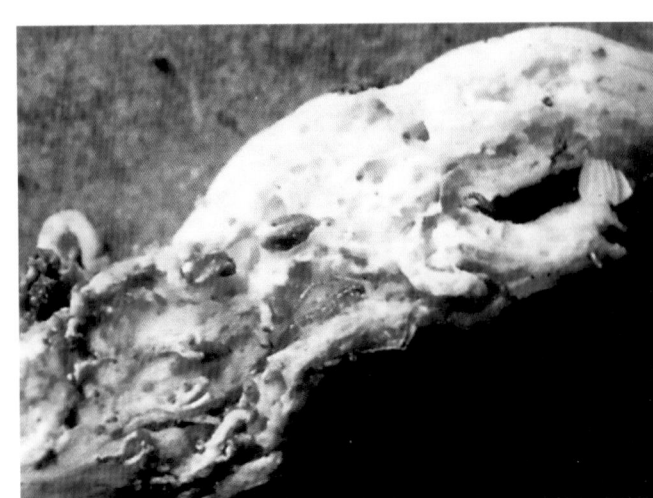

彩图 10-156-1 黑光伪步甲幼虫及其为害状
（郑建秋提供）
Colour Figure 10-156-1 Larvae and damage
symptoms of *Ceropria induta* (by Zheng Jianqiu)

彩图10-157-1 重要的食用菌弹尾虫（郑建秋提供）
Colour Figure 10-157-1 Important mushroom collembolas (by Zheng Jianqiu)
1.紫泡角蚖成虫 2.角符蚖成虫 3.粪棘蚖成虫 4.弹尾虫群体

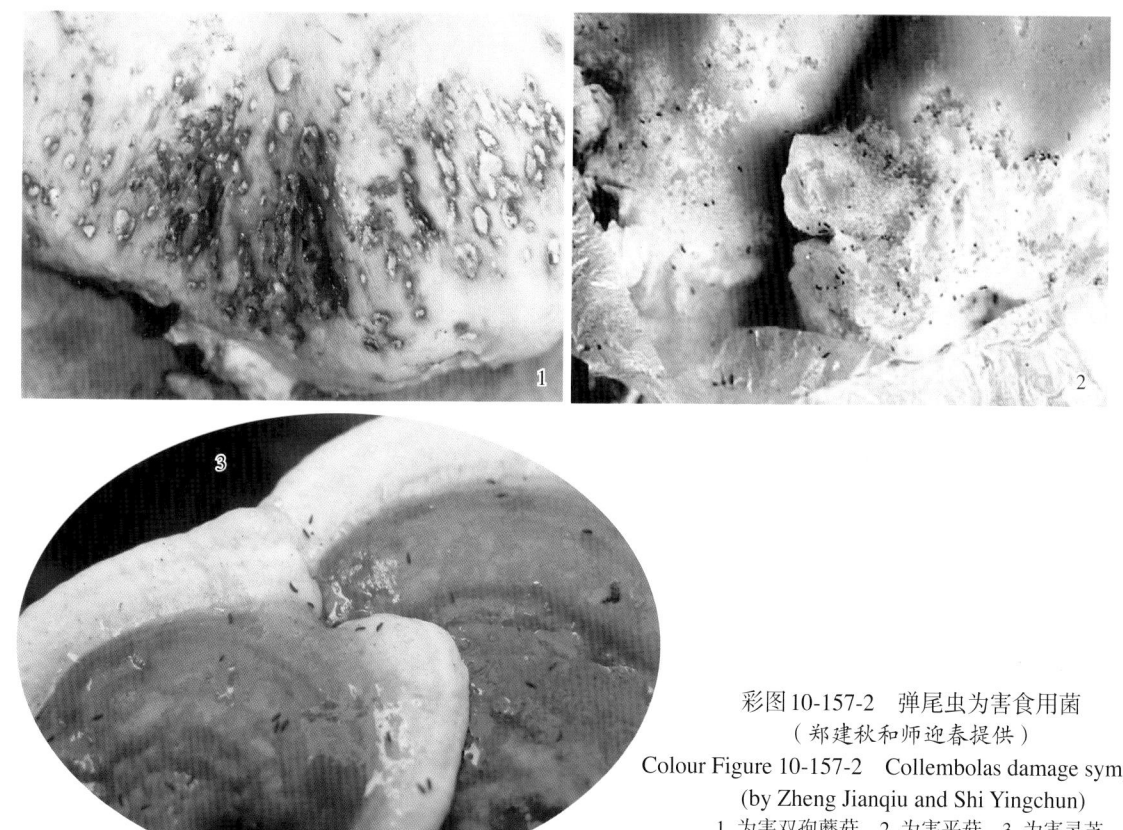

彩图10-157-2 弹尾虫为害食用菌
（郑建秋和师迎春提供）
Colour Figure 10-157-2 Collembolas damage symptoms
(by Zheng Jianqiu and Shi Yingchun)
1.为害双孢蘑菇 2.为害平菇 3.为害灵芝

第 11 单元　果树病虫害

第 1 节　苹果树腐烂病

一、分布与危害

苹果树腐烂病是我国北方苹果树上的重要病害。主要侵害六年生以上的结果树，造成树势衰弱、枝干枯死、死树，甚至毁园。我国华北、东北、西北以及西南地区发生普遍，随着苹果种植面积的扩展，几乎所有苹果种植地区，如华东、华中也都有发病。目前苹果树腐烂病是我国北方苹果产区为害最为严重的病害之一，也是对苹果生产威胁最大的毁灭性病害。目前陕西和甘肃是我国苹果种植面积最大的两个省，腐烂病的发生非常普遍，已经成为制约苹果产业发展的瓶颈。该病在日本和韩国发生也比较严重。

二、症状

苹果树腐烂病主要为害枝干，一般进入结果盛期的树容易发病。主要形成溃疡型和枝枯型两类症状，有时也可侵害果实。

（一）溃疡型

多发生在主干、主枝上，春季一般首先在向阳面出现新病斑。发病初期病部表面红褐色、水渍状、略隆起，随后皮层腐烂，常溢出黄褐色汁液。病组织松软，湿腐状，有酒糟味。表面产生许多小黑点。根据观察，只要遇有降雨、浓雾或降雪的天气，病斑上的小黑点一年四季都可溢出橘黄色卷须状孢子角（彩图11-1-1，1）。

（二）枝枯型

枝枯型症状多发生在二至四年生苹果树的小枝及剪口、果台、干枯桩和果柄等部位。病斑红褐色或暗褐色，形状不规则，边缘不明显，病部扩展迅速，全枝很快失水干枯死亡。后期病部表面也产生许多小黑点，遇湿溢出橘黄色孢子角。枝枯型症状往往是由于枝的基部被病斑环绕，枝干因养分和水分的疏导受到影响，病斑迅速扩展，导致整个枝干发病（彩图11-1-1，2）。

（三）果实症状

人工制造伤口侵害果实后，在果实上产生近圆形或不规则形、黄褐色与红褐色相间的轮纹状病斑。病斑边缘清晰，病组织软腐状，有酒糟味。后期病斑表面产生略呈轮纹状排列的小黑点，遇湿溢出橘黄色孢子角。在自然情况下，很少见果实发病。

苹果树腐烂病的症状特点可概括为皮层烂，酒糟味，小黑点，冒黄丝。

三、病原

苹果树腐烂病菌为黑腐皮壳 [*Valsa ceratosperma* （Tode：Fr.） Maire，异名：苹果黑腐皮壳 (*V. mali* Miyabe et G. Yamada)]，属子囊菌门黑腐皮壳属真菌，其无性型为小壳囊孢 [*Cytospora sacculus* (Schwein.) Gvrit.，异名：苹果壳囊孢 (*C. mandshurica* Miura)]。子座瘤形或球状，位于寄主韧皮部内，子座着生位置较浅，菌丝则可以蔓延至木质部并沿木质部导管上下蔓延一定距离。分生孢子器生于子座内，呈花瓣状，分成几个腔室，有一个共同的出口。孢子梗排列紧密，呈栅栏状。分生孢子单胞、无色、腊肠状，大小为（3.6～6.0）μm×（0.8～1.7）μm。子囊孢子排列成两行或不规则排列，无色、单胞、香蕉形，比分生孢子稍大，大小为 (7.5～10.0) μm× (1.0～1.8) μm（图 11-1-1）。

病原菌菌丝生长温度范围为 5～38℃，最适为 28～29℃，分生孢子萌发最适温度为 23℃左右，然而，研究表明，在 5℃条件下，处理 6d，孢子萌发率可达 90％以上，在 0℃条件下处理 18d 也有 67％的孢子能够萌发，因此，在冬季变温条件下，分生孢子具备萌发和侵染能力。分生孢子和子囊孢子在蒸馏水或雨水中不易萌发，当给予一定的补充营养（苹果汁、苹果树皮煎汁、麦芽糖或蔗糖等）后，萌发良好。

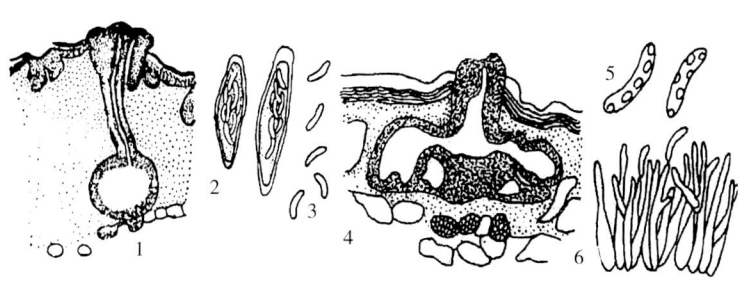

图 11-1-1　苹果树腐烂病菌（引自董金皋，2007）

Figure 11-1-1　The pathogen of Valsa canker on apple（from Dong Jingao，2007）

1. 着生在子座组织内的子囊壳　2. 子囊　3. 子囊孢子
4. 分生孢子器　5. 分生孢子　6. 分生孢子梗

四、病害循环

苹果树腐烂病菌为弱寄生菌，可长期潜伏在植株体内。菌丝可以在树体内长期生存而不致病。病菌侵入后，首先在侵入点潜伏生存，如果树势健壮，抗病力强，病原菌就不能进一步扩展致病，而是长期潜伏。当树体或局部组织衰弱，抗病力降低时，潜伏菌丝才得以进一步扩展致病。病菌在扩展时，首先产生有毒物质，杀死侵入点周围的活细胞，而后才能向四周扩展，致使树皮坏死腐烂。

调查发现，在陕西、甘肃黄土高原苹果产区以及山东、河北渤海湾苹果产区，80％以上的苹果树腐烂病均发生在剪锯口部位，因此，剪锯口是最重要的侵入部位。由于苹果树的修剪主要在冬季进行，冬季的伤口最不容易愈合，而冬季空气湿度大时，病原菌依然可以产生分生孢子，这就造成病原菌通过修剪工具进行人为传播。此外，病原菌还容易在冻伤、机械伤口处已死亡的组织中生存扩展。落皮层也是病原菌侵入的途径，所谓"落皮层"是指树体表面翘起的、鳞片状的、容易脱落的褐色坏死皮层组织。落皮层一般在 6 月上、中旬开始形成，7 月上旬逐渐变色死亡。由于落皮层组织处于死亡状态，并含有较多、较丰富的水分和养分，为苹果树腐烂病菌生存扩展提供了良好的基质。落皮层是苹果树腐烂病菌潜伏生存的重要场所，也是枝干腐烂病发生的主要菌源地。

病原菌一旦引起发病，病斑可以周年进行扩展，直到环绕树体一周导致枝干或树体死亡。在病斑发展过程中，可以持续不断地形成分生孢子器及子囊壳，分生孢子随孢子角释放出来以后，可以对伤口处造成再侵染。子囊孢子在病害侵染过程中所发挥的作用至今还不是很清楚（图 11-1-2）。

五、流行规律

苹果树腐烂病菌以菌丝体、分生孢子器和子囊壳在田间病株、病残体上越冬。分生孢子通过雨水冲溅飞散而后随风雨进行传播扩散。另外，孢子也可黏附在昆虫体表，随昆虫活动迁飞而传播。病原菌主要从伤口侵入，但也能从叶痕、果柄痕和皮孔侵入。侵入伤口包括冻伤、修剪伤、机械伤和日灼伤等，其中以剪锯口导致的发病最多。

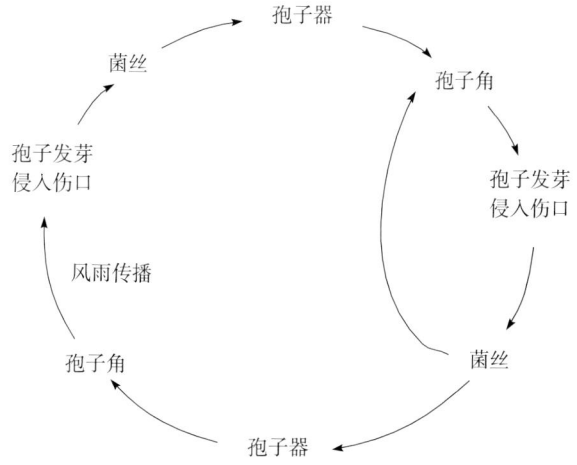

图 11-1-2　苹果树腐烂病菌周年生活史（引自陈利锋等，2007）

Figure 11-1-2　Life cycle of *Valsa ceratosperma*（from Chen Lifeng et al.，2007）

该病一般一年有大小两次高峰，即春季发病大高峰和秋季发病小高峰。春季发病高峰一般出现在 3～4 月。此时树体经过越冬消耗，树干营养水平降低；再加上萌芽、展叶、开花，枝干营养大量向芽转移，营养状况更加恶化，导致树体抗病能力急剧降低。由于冬季造成很多剪锯口和病原菌的侵染，随气温上升，病斑扩展加快，新病斑出现数量增多，外观症状明显，病组织软腐状，酒糟味浓烈，对树体为害加重。据调查，3~4月出现的新病斑数量和同一病斑的扩展量均可占全年总量的70%左右，表现出明显的发病高峰。秋季发病高峰一般出现在7~9月。此时由于花芽分化，果实加速生长，枝干营养水平及抗病能力又一次降低，夏季修剪和扭梢等也容易造成一些新伤口，所以，到秋季新病斑又开始少量出现，旧病斑又有一次扩展，形成秋季发病高峰。但与春季发病高峰相比，新病斑出现数量及旧病斑扩展量仅占全年总量的20%左右。

该病发生轻重与多项因素有关，其中，最重要的是修剪后不注意伤口的保护。与树势强弱、果园的病原菌数量以及当年的气候等也有密切关系。

（一）伤口

苹果树腐烂病菌主要通过伤口侵入，尤其是新造成的伤口最容易被侵入。愈合的老伤口不易被侵入。一年四季中春、夏、秋3个季节造成的伤口相对容易愈合，一般经过半个月以后即不容易再被侵染，而冬季造成的伤口则长期不能愈合，研究发现，冬季造成的伤口经过1个月后再接种，仍有50%以上的发病率。加上冬季的伤口容易发生冻害，因此剪锯口往往会成为发病中心。

（二）病原菌数量

果园中病原菌基数高，传播蔓延快，病害发生加重。有病斑时不及时治疗，病斑上会产生大量孢子，孢子分散传播，同时增加树体的潜伏菌量，只要出现适宜条件，就会导致严重发病；不及时刨除死株及去除病死枝，或将病树、病枝在果园中堆积存放，有些果园用苹果枝做支架用于支撑结果枝或开角的支架，都会明显增加果园中的病原菌基数。

（三）气候条件

冻害与该病的关系最为密切。冻害使树体抗病性降低，树体发生冻害之年及以后2~3年，往往是该病大发生之年。我国东北和新疆苹果产区，由冻害导致的苹果树腐烂病要高于其他苹果产区。

（四）树势

苹果树腐烂病是一种典型的潜伏侵染病害。树势强壮时，抗侵入及抗扩展能力强，病原菌处于潜伏状态，虽然树体带菌但很少发病；树势衰弱时，抗扩展能力急剧降低，潜伏的病原菌迅速扩展蔓延，导致该病严重发生。幼龄树营养充分，树势壮，发病轻；老龄树营养缺乏，树势衰弱，发病重。施肥合理，尤其是增施钾肥，能够提高抗病力，发病较轻；施肥不合理，尤其是缺肥或偏施氮肥，会降低抗病能力，发病较重。

六、防治技术

苹果树腐烂病的防治必须以加强栽培管理，壮树防病为中心；以保护剪锯口为关键，以清除病菌、降低果园菌量为基础；以及时治疗病斑、防止死枝死树为辅助，同时结合保护树体、防止日灼和冻害等措施，预防和防治相结合，进行综合治理。

（一）壮树防病

1. 合理施肥 合理施肥的关键是施肥量要足，提倡增施有机肥，肥料种类要全，提倡秋施肥。做到氮、磷、钾肥配合施用，防止偏施氮肥。

2. 合理灌水 秋季控制灌水，有利于枝条成熟，可以减轻冻害；早春适当提早浇水，可增加树皮的含水量，降低病斑的扩展速度。雨季注意防涝。

3. 合理负载 及时疏花疏果，控制结果量，不但能增强树势，减轻腐烂病，也能提高果品品质，增加经济效益。

4. 保叶促根 加强果园土壤管理，为根系发育创造良好条件，使"根深叶茂"，培育壮树；及时防治叶部病虫害，避免早期落叶削弱树势。

（二）加强剪锯口保护

建议在不误农时的前提下，尽可能推迟冬季修剪的时间，或将冬剪改为早春修剪，这样有利于伤口的愈合。还要注意避免在大雾或降雪天气进行修剪，防止病菌产生的孢子角随修剪工具进行人为传播。对于剪锯口，尤其是锯口，一定要涂药保护，可以选用甲硫·萘乙酸、腐殖酸铜等药剂。做好这项措施，可以预防大部分腐烂病的发生。

（三）清除病菌

1. 注意果园卫生 及时清除病死枝，刨除病树、残桩等。修剪下来的枝干要运出果园，以降低果园菌量，控制病害蔓延。

2. 休眠期喷药 苹果树落叶后和发芽前喷施铲除性药剂可直接杀灭枝干表面及树皮浅层的病菌，对控制病情有明显效果。效果较好的药剂有代森铵、噻霉酮等。

（四）病斑治疗

及时治疗病斑是防止死枝死树的关键。用刮刀将病组织彻底刮除并涂药保护的病斑治疗方法称为刮治法。刮治法成功与否的技术关键有三点，一是彻底将变色组织刮干净，往外再刮1～2cm。二是刮口不要拐急弯，要圆滑；不留毛茬；上端和侧面留立茬，尽量缩小伤口，下端留斜茬，避免积水，以利于愈合。三是涂药，保护伤口的药剂要具有铲除作用、无药害和促进愈合。3～4月为春季发病高峰期，也是刮治病斑最为关键的时期。其他季节，只要发现病斑就要及时刮治，由于苹果树腐烂病菌有在木质部深层扩展的特点，刮治越晚，越不容易治愈，病斑复发率也会越高。

曹克强（河北农业大学）

第 2 节　苹果轮纹病

一、分布与危害

苹果轮纹病又名粗皮病、轮纹烂果病，以往普遍认为这一病害仅发生于日本、中国和韩国。但是，近年的研究结果表明，苹果轮纹病与苹果干腐病以及欧美等国发生的苹果白腐病是同一病害。因此，该病害不仅是我国苹果生产上的重要病害，也是一个世界性分布的病害，在我国、日本、韩国、美国、巴西、阿根廷、澳大利亚和南非都有发生。苹果轮纹病通常在夏季高温多雨的地区发生严重，在我国，位于黄河故道地区和环渤海湾地区的苹果产区由于夏季高温且多雨，该病害发生普遍且严重。在这些地区，苹果轮纹病是影响苹果产量与质量的主要病害。苹果轮纹病不仅可以侵害果实引起果腐，而且可以侵害枝干，导致树势衰弱。随着果实套袋措施在各地的推广使用，果实轮纹病得到了很好的控制，枝干轮纹病发生普遍严重。

2008年进行的对我国山东、河北、河南、辽宁、北京、山西、陕西等苹果主产省份苹果枝干轮纹病发生情况的调查显示，苹果枝干轮纹病是当前生产中的主要病害之一，平均发病率为77.6%；在山东、河北、河南等东部产区较西部产区（山西和陕西）发生更为严重；老果园较新果园发病重。在调查的88个果园中，四至十年生果树发病率为56.7%，病情指数为37.0；十一至十七年生果树发病率为78.7%，病情指数为53.8；十八至二十四年生果树发病率为91.5%，病情指数为70.8；二十五年生以上果树发病率为100.0%，病情指数为95.3。有调查显示，轮纹病引起的果腐随枝干轮纹病的加重而加重，个别果园可达40%～50%。现代苹果产业技术体系各试验站对苹果病害的调查也显示，苹果轮纹病是当前我国苹果生产中的三大主要病害之一。

二、症状

苹果轮纹病主要侵害苹果树的枝干和果实。室内接种可导致叶片发病，但田间极少见。被侵染的枝干表现的症状形式多样，包括瘤状突起、粗皮、溃疡斑、干腐型病斑和枯枝几种类型，在果实上的症状是褐色轮纹状病斑和果腐。

（一）瘤状突起和粗皮

瘤状突起常见于新发病的幼树主干或大树的侧生枝条。通常是以皮孔为中心形成一个中心隆起的小瘤，质地坚硬。随着病害的发展，小瘤开裂，病斑四周隆起，病健交界处形成裂缝，病斑边缘翘起，如马鞍状。病害发生初期，小瘤稀少、散生，枝干发病严重时，病瘤密集、连片，后期，由于病瘤连片发生、病瘤开裂和边缘翘起，使枝干的表皮粗糙，呈粗皮状（彩图11-2-1）。

（二）溃疡斑与干腐型病斑

初期以皮孔为中心形成暗褐色水渍状病斑，圆形或扁圆形，5～6月病部可见褐色的汁液流出，这一阶段通常称为溃疡斑。后期病斑略凹陷并可扩大连片，造成枝条失水枯死。枝条的病健交界处往往裂开，有时病皮翘起乃至剥离，这一阶段通常称为干腐型病斑。病部表面密生隆起的细小点粒，成熟后突破表皮，即病菌的分生孢子器或子囊壳。病变一般局限于树皮表层，发病严重时数个病斑相连，深度可达木质部。

（三）枯枝

枯枝常见于一年生枝条，常发生于春季干旱时期，整个枝条失水枯死。上面遍布细小点粒，即病原菌的分生孢子器或子囊壳。

（四）果实及枝干症状

果实上的褐色轮纹状病斑和果腐，通常在采收前4～6周至储藏期发生。初期是以皮孔为中心形成的棕褐色水渍状病斑，后逐渐扩大，病部果肉部分迅速腐解，典型的病斑表面可见清晰的同心轮纹。病斑快速扩展，整个果实可在几天内腐解。田间发病的果实，后期病斑中心部位通常可见黑色颗粒状物，即病原菌的分生孢子器。通常，在温度较高（25～30℃）时发病的病果病部为浅棕褐色，质地较软且水分多。温度较低时，病斑颜色为深棕褐色，质地也较硬（彩图11-2-2）。

苹果轮纹病在枝干上的症状表型在不同地区也有差异，瘤状在我国发生比较普遍，以前在日本也常见。但在美国和澳大利亚等地极少见到，在亚洲以外地区，苹果轮纹病在枝干上的症状主要以溃疡型病斑为主。

三、病原

苹果轮纹病的病原为葡萄座腔菌［*Botryosphaeria dothidea* （Moug. ；Fr.）Ces. et De Not. ］，属子囊菌门葡萄座腔菌属真菌，无性型为伯氏小穴壳菌［*Dothiorella berengeriana* Sacc. ，异名：茶藨子小穴壳菌（*D. ribis* Grossenb. et Duggar）］。病原菌的分生孢子器球形（直径153～197μm），聚生，在果实病斑中央、开裂的小瘤、干裂的溃疡斑和枯枝上都可见到。分生孢子单胞，无色，纺锤形，大小为（18.0～35.0）μm×（5.0～8.5）μm。病原菌的有性阶段产生假囊壳，通常产生于一年生或多年生干枯枝条上的表皮下，呈褐色，球形或扁球形（直径175～250μm），具孔口。子囊长棍棒状，无色，壁厚透明，双重膜，顶端膨大，基部较窄，内含8个子囊孢子。子囊孢子单胞，无色，椭圆形，大小为（24.5～26）μm×（9.5～10.5）μm。病原菌的菌落初为白色，菌丝无色透明，后期菌落颜色逐渐加深，呈橄榄绿色。葡萄座腔菌的寄主范围很广，除侵染苹果外，还能侵害梨、桃、李、橄榄、开心果、核桃、槐树等多种果树和林木。

在相当长的一段时间内，苹果轮纹病与苹果干腐病和苹果白腐病被认为是不同的病害。在我国以往的文献中，苹果轮纹病的病原菌名称也有多个，直到近年，通过对来自美国的苹果白腐病病菌、日本的苹果轮纹病菌及分离自我国的苹果轮纹病菌和苹果干腐病菌的形态、ITS 等基因序列及致病性的系统观察与测定，才最终确认这3个曾经认为是不同病害的病原都是葡萄座腔菌（*Botryosphaeria dothidea*），其无性型为伯氏小穴壳菌（*Dothiorella berengeriana*）。苹果干腐病与苹果轮纹病是同一病原引起的同一病害的不同症状表型，应该视为同一病害；苹果白腐病与苹果轮纹病是同一病害在不同地区的不同名称。

四、病害循环

（一）初侵染

病菌以菌丝体、分生孢子器及子囊壳在病枝上越冬，菌丝在枝干病斑中能存活4～5年。当气温达到10℃时，病菌遇雨后大量释放分生孢子，成为初侵染源。此外，杨、柳、刺槐、山楂和桃等树上的枝枯病菌，也是重要侵染源。

（二）传播

分生孢子器或子囊壳只有遇到降雨吸水鼓胀后，才能从孔口中挤出黏液状的孢子团，孢子团随雨水分散传播。因此，该病是典型的风雨传播病害，传播距离为10～30m。

（三）侵入和发病

病菌在花前仅侵染枝干，花后侵染枝干和果实。从落花后 10d 左右至采收，只要遇雨，果实皆可被侵染。分生孢子在适宜温度和高湿度下萌发很快，病菌可经皮孔和伤口侵入果实，一般 24h 便可完成侵染。病菌先在皮孔表面形成菌丝体，然后从皮孔外围侵入果实。

（四）潜伏侵染

病菌具有潜伏侵染的特点，即病菌侵入后可在果实皮孔内的死细胞层中长期潜伏，待条件适宜时扩展发病。在自然条件下，果实近成熟时才开始发病，采收期达发病高峰，果实储藏 1 个月左右，可出现第二次发病高峰。

（五）再侵染

枝干上当年侵染形成的病斑不能产生分生孢子，病果也不能成为再侵染源。侵染果实和枝干的分生孢子，均由越冬部位的病菌产生，属越冬菌源。因此，苹果生长季节发生的多次侵染均属于初侵染，苹果的果实轮纹病没有再侵染。

五、发生规律

（一）病原菌的越冬、越夏与初侵染源

病原菌通常以菌丝、分生孢子和子囊孢子的形式在树体的病组织、病残体及病果中越冬。发病枯死的枝条和干腐型病斑上常见的细小点粒，通常是病原菌形成的分生孢子器，也有内含子囊孢子的假囊壳。越冬的菌丝、分生孢子和子囊孢子都可以成为第二年的初侵染来源。

（二）病原菌的传播和侵入

病原菌的分生孢子器成熟后，遇雨水或在空气潮湿时可涌出大量分生孢子，形成灰白色孢子角，分生孢子随水和雨水飞溅传播。成熟的假囊壳内的子囊孢子遇到雨水或在空气潮湿可弹射出。发病枝条中的病原菌可随苗木的运输传播到新的地区。因此，果园中苹果轮纹病菌的近距离传播主要依靠雨水飞溅和气流传播。长距离传播主要通过带菌的苗木。

对苹果轮纹病菌分生孢子释放规律的研究结果表明，降雨是病原菌分生孢子释放的必要前提，降雨持续时间的长短是孢子能否大量释放的决定因素。当降雨持续进行 4h 后，分生孢子就开始释放，4～12h 达到高峰，以后逐渐下降。孢子通常经伤口和皮孔侵入。在山东、河北，果园空气中 3～4 月开始有分生孢子飞散，5～6 月渐增，7～8 月达到最高峰，9 月渐少。每逢雨后，分生孢子释放量激增。枝条中的病菌可以存活多年，分生孢子器可多次释放分生孢子。

（三）田间发病规律与症状表现

病原菌可通过皮孔和伤口侵入树皮。4 月，新病斑开始产生，5～6 月病斑扩展快，发病严重的枝条或主干上，病斑处常可见褐色的汁液流出。7 月以后，病斑扩展停顿，病健交界处出现裂纹，病斑干枯翘起。新形成的病瘤在当年很少形成分生孢子器，直到第二至三年分生孢子器才大量形成并产生分生孢子。而新形成的干腐型病斑和枯枝上，当年就可以形成分生孢子器并在条件适合时释放大量分生孢子。

病原菌可通过皮孔和伤口侵入果实，5 月初的幼果至采收前的成熟果均可被侵染。但田间侵染多发生在 6～8 月的雨季，而果实发病多在采收前后。病菌在幼果中的潜伏期长，可达 80～150d，成熟果中的潜伏期短，约 20d。储藏期发病的果实都是田间侵染造成的。

苹果轮纹病的症状表型、发病程度和流行与气候因素、寄主生长状况和品种等都有密切关系。温暖、多雨地区和降雨早、降水量大的年份发病严重。枝条的侵染和发病与寄主的生长状况和环境条件相关，通常，衰老的树发病严重。尽管伤口不是侵染发生的必要条件，但是会影响症状的表型。无伤接种通常形成小瘤，而有伤接种通常引起溃疡症状。小瘤的形成与树体的生长状况也密切相关。5～7 月侵染，通常当年发病形成小瘤，7 月之后侵染，通常第二年才形成小瘤。症状的表型除与伤口有关外，还与寄主的生长条件相关。枯枝型症状通常出现于干旱少雨的季节。

葡萄座腔菌具有潜伏特性，当树皮充水度降低到一定水平以下时，潜伏病菌即扩展致病。春季定植的树苗，易在缓苗期发病，展叶之后，病势减缓，扩展停顿。苹果轮纹病的发生程度和病害流行与气候因素和寄主生长状况密切相关。

（四）病原菌的致病性与寄主的抗病性

对苹果轮纹病菌致病力的研究发现，来自同一地区的苹果轮纹病菌的不同菌株致病力有差异，即菌株间存在致病力的差异，在同一地区，既有强致病力的菌株也有弱致病力的菌株。然而，来自不同地区的菌群间致病力没有明显的差异。

对寄主抗轮纹病的研究发现，不同品种的抗性有差异。但是，现有主栽品种中的富士、金冠、国光、元帅等品种都表现为感病。田间观察发现，国光品种发病较轻。但是，进一步研究则发现苹果种质资源与苹果轮纹病菌间的抗感关系复杂。不同的种质资源在果实的发病率、潜伏期和病斑大小上均存在极显著差异；同一种质资源接种不同的菌株后在发病率、潜伏期和病斑大小上也存在显著差异。目前发现的高抗果实轮纹的苹果资源有珍宝、金沙依拉姆和红玉；对枝干轮纹的抗性研究发现，野生苹果资源及中国苹果栽培种普遍较西洋苹果栽培种抗性高。同一品种的果实抗病性与枝干抗病性不相关，这给抗病品种的应用带来了挑战。

六、防治技术

加强栽培管理，清除田间侵染源，喷药保护和采后低温储藏是防治苹果轮纹病的主要措施。

（一）加强栽培管理

苗圃应该设在远离病区的地方，培育无病壮苗；在早期剪砧时，不留干桩，使剪口在出圃前达到完全愈合；起苗和运输过程中应注意包装和保湿，避免造成机械伤，防止苗木失水。

建园时，选用无病苗木；加强肥水管理，增强树势。如果幼树上发现病斑，发病严重的应该及时剔除，发病轻的，可将病斑刮除，然后涂药保护。

通过生草和增施有机肥等措施，提高果园土壤保水能力；旱季进行灌溉，提高树体抗病能力；合理疏果，控制负载量。

（二）清除田间侵染源

春季结合清园，剪除病枝，刮除枝干上的老翘皮。将修剪下的病枝条集中烧毁或深埋。树干上喷施或涂布杀菌剂进行防治。如果用枝干作支撑，应该将表面的皮层去除。

（三）生长期喷洒药剂保护果实和枝干

从幼果期开始，在 5～7 月，根据降雨及田间发病情况，每间隔 15～20d 喷药 1 次，或每次雨后喷药，预防侵染的效果更好。目前常用杀菌剂中对苹果轮纹病有效的药剂有克菌丹、多菌灵、代森联、戊唑醇、已唑醇、醚菌酯、代森锰锌、甲基硫菌灵、苯醚甲环唑。以这些药剂为主的复配剂对苹果轮纹病也有较好的效果，而且可以兼治其他叶部和果实病害。如戊唑·多菌灵、丙唑·多菌灵、唑醚·代森联、克菌·戊唑醇、多·锰锌。每次施药都应该使药液遍布果实、叶片和枝干。

（四）套袋防治果实轮纹

套袋是 20 世纪 80 年代开始在我国各地推广和应用的防治果实轮纹病的有效措施。套袋不仅能预防苹果轮纹病等果实病害，而且套袋后果面的光洁度好，商品价值高。在北京和河北地区，套袋通常应在 5 月底进行，6 月初完成。套袋前应施用一遍杀菌剂，待药液干燥后即可套袋。果实套袋后不能放松对叶片、枝干病害的防治。一般在果实着色期，通常是采收 30d 前摘袋。摘袋后如遇降雨，应该喷施一次杀菌剂保护果实。

（五）储藏期防治

对于准备储藏和运输的果实，应严格进行挑选，剔除病果和有损伤的果实，可以通过药剂浸洗或熏蒸对果实表面的病菌进行消毒，然后放置在 0～5℃下储存，对预防储藏期发病效果显著。

国立耘（中国农业大学）

第 3 节　苹果斑点落叶病

一、分布与危害

苹果斑点落叶病又称苹果轮斑病，1956 年在日本岩手县南部首次发现，20 世纪 70～80 年代成为日本苹果上的一种重要病害。我国 20 世纪 70 年代后期开始有苹果斑点落叶病的报道，80 年代，该病在各苹果产区都有发生，尤其是环渤海湾和黄河故道苹果产区受害严重。美国、澳大利亚、前苏联、德国、土耳其等地也有苹果斑点落叶病的报道。

苹果斑点落叶病主要侵染苹果叶片，幼嫩叶片受害最重，发病严重的果园病叶率达 90%，落叶率达 80%，严重影响苹果的产量、品质、树势和花芽分化。苹果斑点落叶病菌还能侵染果实和枝条，导致果实品质下降和枝条枯死。

二、症状

苹果斑点落叶病菌主要侵染叶片。叶片受侵染后，首先产生极小的褐色坏死斑，后逐渐扩大为直径 3~6mm 的褐色病斑，病斑边缘紫红色，病斑上有深浅相间的同心轮纹，部分病斑中央有黑色小点。发病严重时，多个病斑连在一起，形成不规则的大斑，病斑破裂穿孔，叶片焦枯脱落。天气潮湿时病斑反面长出黑色或墨绿色的霉层，即病菌的分生孢子梗和分生孢子。在高温、多雨季节病斑扩展迅速，常使叶片焦枯脱落。发病后期，病斑因雨淋日晒变成灰白色，病组织被杂菌腐生，产生小黑点。秋梢嫩叶染病后，一个叶片上常形成几十个甚至上百个大小不等的病斑，许多病斑连缀在一起，形成云朵状花纹，叶尖干枯，叶片扭曲畸形（彩图 11-3-1）。

内膛一年生的弱小枝条和徒长枝条容易感病。感病的枝条皮孔突起，以皮孔为中心产生褐色至灰褐色凹陷病斑，病斑多为椭圆形，边缘常开裂。果实受侵染，以皮孔为中心形成圆形褐色病斑，直径 2~5mm，周围有红色晕圈。病斑下果肉细胞变褐，呈干腐状。病果常受二次寄生菌侵染而腐烂。

三、病原

苹果斑点落叶病的病原为链格孢苹果专化型 [*Alternaria alternata*（Fr.：Fr.）Keissler f. sp. *mali*，异名：*A. tenuis* Ness f. sp. *mali*]，属子囊菌无性型链格孢属真菌。病菌表现出很强的致病能力。

病菌的分生孢子梗从叶片背面气孔伸出，束状，弯曲多胞，淡褐色，具分隔，大小为（16.85~65）$\mu m \times$（4.8~5.2）μm。分生孢子自分生孢子梗顶端单生或 5~13 个串生，倒棍棒状、纺锤形或椭圆形，暗褐色，先端有喙或无，表面光滑或有小突起，具 1~7 个横隔，0~5 个纵隔，大小为（12.5~52.5）$\mu m \times$（6.3~15）μm。

苹果斑点落叶病菌存在生理分化现象，而且随着苹果栽培品种的变化，可能会出现致病力不同的生理分化型。链格孢苹果致病型能产生多种真菌毒素，其中，主要的是寄主专化性毒素 AM-Ⅰ、AM-Ⅱ和 AM-Ⅲ，作用位点主要是质膜，毒素引起质膜内陷和细胞壁降解，导致细胞电解质渗漏增强。病原菌产生的酶类有多聚半乳糖醛酸酶、果胶甲基半乳糖醛酸酶、多聚半乳糖醛酸反式消除酶和果胶甲基反式消除酶等 4 种果胶酶，其中多聚半乳糖醛酸酶的活性最高。链格孢苹果致病型主要通过毒素和酶致病。

四、病害循环

病原菌主要以菌丝在落叶、叶芽、花芽和枝条病斑处越冬。翌年产生的分生孢子随风雨和气流传播，侵染苹果叶片和果实。病原菌侵染时，孢子萌发，在寄主表面形成芽管，并产生毒素杀死寄主细胞，然后再侵入寄主组织。苹果斑点落叶病菌接种后最快 24h 出现坏死症状，一般情况下病害的潜育期为 3~5d，一年有多次再侵染。

五、流行规律

苹果斑点落叶病的发生与流行主要与苹果品种的抗性、叶片的龄期和气象条件有关。

苹果不同品种对斑点落叶病的抗性存在明显的差异。红星、印度、青香蕉、元帅系品种高度感病；国光、金冠、富士、嘎拉感病次之；鸡冠、祝光、乔纳金等品种发病较轻。苹果斑点落叶病菌主要侵染角质层薄、未发育成熟的幼嫩叶片和生长发育不良的枝条和叶片。徒长枝、细弱枝、内膛枝上的叶片发病较重。红富士以 30 日龄内的新叶易发病，红星以 25 日龄内的新叶易发病，秦冠则以 15~20 日龄的新叶易发病。

苹果斑点落叶病一年有两个发病高峰，第一高峰出现在5月上旬至6月中旬的春梢生长期。在春梢速长期，若遇阴雨天气，可导致病原菌的大量侵染，阴雨持续时间越长，病原菌侵染量越大，发病越重。第二高峰出现在8～9月的秋梢速长期，由于8～9月雨水多，秋梢发病比春梢严重。

当日均温度达15℃以上，遇2mm以上的降雨或叶面结露时，苹果斑点落叶病菌的孢子就能萌发。当叶面结露持续5h以上，或超过95％的相对湿度维持6h以上时，萌发最快的孢子就能完成全部侵染过程，导致叶片发病。阴雨持续时间越长，孢子的侵染量越大。

果园郁闭，地下水位高，通风透光差发病重；山地果园通风透光条件良好，发病较轻。

六、防治技术

栽培抗病品种是控制苹果斑点落叶病的根本措施，对于感病品种则以化学防治为主，辅以农业防治等措施。

（一）种植抗病品种

不同的苹果品种对苹果斑点落叶病的抗性有显著的差异，在发病重的地区，尽可能种植抗病品种；减少易感品种的种植面积，防止病害大发生。

（二）化学防治

春梢和秋梢旺长期是化学防治的两个关键时期。对于发病较重的果园或感病品种，于5月中、下旬，根据气象预报，在阴雨过程来临前，喷施1～2次保护性药剂。8月秋梢生长期，喷施1～2次保护性杀菌剂。常用杀菌剂有多抗霉素、异菌脲、噁唑菌酮·锰锌、代森锰锌、代森锌、波尔多液等。8月，由于雨水多，建议喷施耐雨水冲刷、持效期较长的波尔多液。

（三）农业防治

合理施肥，增施磷肥和钾肥，增强树势，提高抗病力；合理修剪，特别是于7月及时剪除徒长枝和病梢，改善通风透光条件；合理灌溉，低洼地、水位高的果园要注意排水，降低果园湿度。

李保华（青岛农业大学）

第4节　苹果褐斑病

一、分布与危害

苹果褐斑病又称苹果绿缘褐斑病，主要侵害叶片，导致苹果树早期大量落叶，进而影响果实生长，减少果实内糖分和有机物质的含量，降低果实的产量和品质。落叶严重时，苹果产量可降低30％～50％，而且严重削弱树势，影响花芽形成，导致苹果二次开花，影响来年挂果量。

在我国，苹果褐斑病广泛分布于陕西、山东、甘肃、山西、河北、辽宁、河南、新疆、云南、四川、宁夏等各苹果产区，其中陕西、山东、河北、辽宁等地的苹果受害严重。日本、韩国、印度、印度尼西亚、美国、巴西、意大利等国也有苹果褐斑病的报道。苹果褐斑病除侵害苹果外，还能侵害海棠、沙果、山丁子等。

苹果褐斑病一直是我国苹果树上的一种重要病害，其为害程度主要与苹果园的管理水平和降雨有关。20世纪50年代，烟台苹果因褐斑病侵害早期落叶严重，采用以波尔多液为主的防治措施后，得到有效控制。近年来，随套袋技术的发展，果农放松了对苹果叶部病害的防治，导致苹果褐斑病再度回升。据国家苹果产业技术体系调查，2009年陕西苹果因褐斑病平均落叶35％左右，重病果园落叶率达80％。

二、症状

苹果褐斑病主要侵害叶片，也侵染果实、叶柄等部位。在叶片上，典型病斑为褐色，边缘绿色，不整齐，因此有"绿缘褐斑病"之称。苹果褐斑病的诊断特征为新鲜病斑中央有直径0.2mm左右、表面发亮、褐色、半球状的小点。褐色小点为病原菌的分生孢子盘，镜检时内有双胞、葫芦状的分生孢子，保湿后可产生白色的分生孢子角。

叶片发病初期，叶片正面出现褐色圆形病斑，直径为1~2mm，或仅形成圆形分生孢子器。受品种抗性、气候条件等因素的影响，病斑扩展后症状变化很大，常见的病斑有以下几种类型（彩图11-4-1）。①绿缘坏死型：病斑较大，为褐色枯死斑，病斑上有大量黑色小点，为病原菌的分生孢子器。病斑边缘绿色，不整齐，可见放射状扩展的菌索。周围健康组织因受病原菌影响失绿变黄。当叶片上的病原菌数量少，天气较为干旱，病斑扩展时间较长时，易形成绿缘坏死型病斑。绿缘坏死型病斑多出现5~7月苹果褐斑病发病高峰的前期。②针芒型：病斑小，数量多，病斑上菌索明显，暗褐色或深褐色，呈放射状扩展，菌索上散生分生孢子盘。因菌索向不同方向的扩展速度不同，病斑无固定形状和边缘。菌索下的寄主组织不坏死。8~9月发病高峰期，叶片上病原菌侵染量大，病斑多，在病斑扩展长大和病组织坏死之前，病叶就已脱落，落叶上的病斑为典型的针芒状病斑。③同心轮纹型：病斑较大，圆形，暗褐色，病斑上有大量呈同心轮纹状排列的小黑点，即病原菌的分生孢子盘。病斑上有坏死组织，菌索不明显。10~11月天气转凉后，在病斑导致落叶前，病菌能在叶组织内生长扩展较长时间，在某些品种的叶片上会形成典型的同心轮纹型病斑，在另外一些品种上会形成较大的针芒状病斑，而在多数品种的叶片上仅形成较大的枯死斑。枯死斑褐色，形状不规则，边缘不整齐。在脱落的病叶上病斑仍能继续扩展。

果实发病，在果面出现暗褐色病斑，逐渐扩大成圆形或椭圆形褐色病斑，表面下陷，有隆起的小黑点，为病原菌的分生孢子盘。病组织干腐，呈海绵状。叶柄发病，产生黑褐色长圆形病斑，常导致叶片枯死。

三、病原

苹果褐斑病病原为苹果双壳（*Diplocarpon mali* Y. Harada et Sawamura），属子囊菌门双壳属真菌；无性型为苹果盘二孢 [*Marssonina mali*（P. Henn.）Ito，异名：*M. coronaria*（Ell. et J. J. Davis）J. J. Davis]。

1903年，Davis在美国威斯康星首次发现苹果褐斑病菌，定名为 *Ascochyta coronaria* Ellis et Davis；1914年，根据植物命名法规更名为 *Marssonina coronaria*（Ellis et Davis）Davis；1974年，日本报道苹果褐斑病菌的有性型，并根据有性型定名为 *Diplocarpon mali* Y. Harada et Sawamura；1979年，山东莱阳也发现苹果褐斑病菌的有性型。

苹果褐斑病菌的有性型在落地的病叶上产生子囊盘。子囊盘肉质，杯状，大小为（100~230）μm×（70~125）μm。子囊阔棍棒状或纺锤形，顶端渐尖，具囊盖，大小为（40~78）μm×（12~18）μm，内含8个子囊孢子，平行排列。子囊孢子香蕉形或短棒状，略弯或不弯，两端圆钝，通常有1个隔膜，大小为（21~33）μm×（4~6）μm。子囊孢子萌发时产生1个芽管，芽管位置不定。侧丝平行排列，略长于子囊，无色，具1~3个分隔，端部膨大，大小为（48~70）μm×（2~4）μm（图11-4-1）。

苹果褐斑病菌的无性型在病斑上产生分生孢子盘。分生孢子盘半球形，位于角质层之下，成熟后突破表皮外露，大小为（100~200）μm×（35~50）μm。分生孢子梗无色，单生，圆柱形，栅状排列，顶生分生孢子，大小为（15~20）μm×（3~4）μm。分生孢子无色，双胞，中间缢缩，上胞大且圆，下胞小而尖，呈葫芦状，大小为（20~24）μm×（6~9）μm，内含2~4个油球。病原菌可在叶片表皮

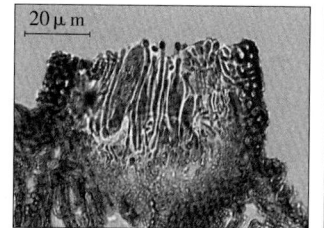
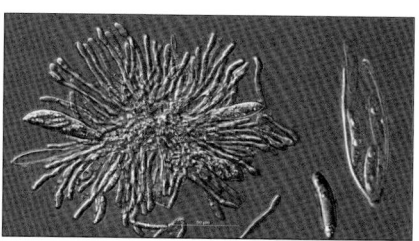

图11-4-1　苹果双壳的子囊盘（左）、子囊与侧丝（中）及子囊孢子（右）（李保华提供）

Figure 11-4-1　The apothecium（left），asci and paraphysoid hyphae（middle）and ascospores（right）of *Diplocarpon mali*（by Li Baohua）

下形成菌索，粗度为20~40μm，菌索内菌丝平行排列，菌丝细胞深褐色。

春季，越冬病叶上的病原菌也产生分生孢子盘和分生孢子。分生孢子盘生于表皮层下，大而厚，后期突破表皮而外露，大小为（220~350）μm×（110~140）μm。分生孢子梗具分枝，粗而长，大小为

（18～32）μm×（4～7）μm。分生孢子由产囊体形成，较大，两胞差异大，中间缢缩不明显，分生孢子内没有明显的油滴，与发病季节病叶上产生的分生孢子有明显的差异，大小为（18～27）μm×（4～7）μm。为了与生长季节所形成的分生孢子盘和分生孢子相区别，由越冬病原菌形成的分生孢子盘称为拟分生孢子盘，分生孢子称为拟分生孢子。

自9月开始，分生孢子盘上形成一种小型的孢子，前期与分生孢子混生，后期单生。小型孢子杆状至椭圆形，无分隔，透明，大小为（4～6）μm×（1～2）μm。小型孢子不能萌发，可能与病原菌的有性生殖有关。

苹果褐斑病菌的分生孢子在5～30℃范围内都能萌发，25℃下萌发率最高，20℃时孢子萌发的芽管最长。分生孢子的萌发需要自由水，相对湿度为100％时仅有个别孢子萌发。由此可以推断，在自然条件下，苹果褐斑病菌的分生孢子只有在叶面结露的情况下才能萌发侵染。在最适温度条件下，分生孢子遇水后3h即可萌发，经5h孢子萌发率超过50％。菌丝生长的适温为20～25℃。

越冬病叶在0～30℃范围内被湿润或置于高湿环境中，即可产生拟分生孢子，最适宜的产孢温度为15.5℃。越冬后病原菌产孢速度快，病叶湿润6h，拟分生孢子盘上便能产生大量拟分生孢子。

四、病害循环

苹果褐斑病菌以菌丝、菌索、拟分生孢子盘和子囊盘在落地的病叶上越冬，翌年4～6月产生拟分生孢子和子囊孢子进行初侵染。拟分生孢子3月初开始产生，子囊孢子于苹果开花后逐渐形成，产孢期可持续至6月底。拟分生孢子主要随雨水飞溅传播，向上传播不超过50cm，以侵染树体下部叶片为主，对病害后期流行的作用不大。子囊孢子主要随气流传播，能侵染树体上部的叶片，是导致苹果生长后期褐斑病流行的主要初侵染源。

病原菌孢子主要从叶片正面直接侵入，目前还没有发现从气孔侵入的孢子。苹果褐斑病菌的潜育期因寄主的抗性和环境条件不同变化很大，最短为6d，长达60d，一般13d，平均30d。8月侵染的叶片潜育期稍短，平均潜育期为20d。病原菌接种后，梢部幼嫩

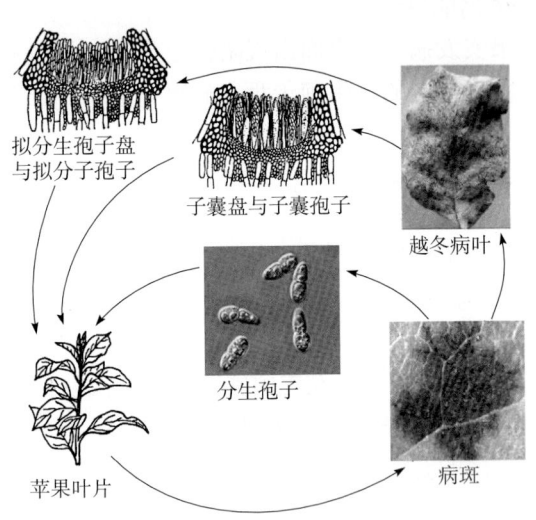

拟分生孢子盘与拟分生孢子

子囊盘与子囊孢子

越冬病叶

分生孢子

病斑

苹果叶片

图11-4-2　苹果褐斑病病害循环（李保华提供）

Figure 11-4-2　Disease cycle of apple Marssonina blotch (by Li Baohua)

叶片和基部老叶片先发病，中部生长旺盛的叶片后发病。分生孢子主要靠雨水淋洗和风雨传播，传播距离一般不超过10m，该病有多次再侵染（图11-4-2）。

五、流行规律

周年流行动态：苹果褐斑病的周年流行动态可划分为四个阶段：①4～6月为病原菌的初侵染期。拟分生孢子自苹果展叶期开始侵染，受侵染叶片最早于4月下旬发病。子囊孢子于5月中、下旬开始侵染，病叶于6月中、下旬始见。②7月是病原菌的累积期，也是病害的指数增长期。由子囊孢子侵染的叶片，于7月大量产孢并再侵染，为后期的病害流行积累菌源。③8～9月是苹果褐斑病的盛发期，也是病害的逻辑斯蒂增长期。当病原菌累积到一定量后，如病叶率超过3％，遇适宜的气象条件，病原菌便大量繁殖、传播、侵染，并造成落叶。④10～11月为病原菌的越冬准备期。进入10月，随气温下降，在病叶脱落前，病原菌能在叶组织内扩展，形成较大病斑，有利于病原菌越冬，且分生孢子盘上产生一种小型性孢子。10月和11月果园内病叶的数量直接决定了翌年初侵染菌源量。

病害流行条件：降雨是决定苹果褐斑病菌能否释放、传播和侵染的必要条件。子囊孢子释放，分生孢子和拟分生孢子的传播都需要雨水。超过2mm的降雨就能刺激子囊孢子的释放和分生孢子的传播。子囊孢子、分生孢子和拟分生孢子的萌发和侵染都离不开自由水。在自然条件下，只有在叶面结露的情况下，苹果褐斑病菌的孢子才能萌发。叶面结露时间持续6h以上时，病原菌孢子才能完成全部的侵染过程，与寄主建立寄生关系，导致叶片发病。因此，降水量超过2mm，使叶面持续结露超过6h的降雨，就能使病

原菌完成传播和侵染过程，导致叶片发病。降雨持续时间越长，病原菌的侵染量就越大。在实际生产中可以依据这一标准预测苹果褐斑病菌有无侵染及侵染量大小。

连续阴雨与病害流行：连续阴雨期以及 8 月中、下旬叶面长期结露和高湿条件能促进显症和病原菌大量产孢。因此，连续阴雨，尤其是超过 7d 的连续阴雨，常导致苹果褐斑病大流行，连续阴雨过后苹果树大量落叶。8 月病原菌的潜育期明显短于其他时期。

连续阴雨期间，由于光照不足，树体水分代谢失衡，叶片的抗病能力下降。阴雨过后，受高温、直射阳光和根部生理变化的影响，叶片的生理代谢发生强烈变化，发病稍重的叶片因无法忍受雨后剧烈的生理变化，树体为了自我保护，促使病叶养分迅速回流和脱落。因此，连续阴雨前后光照、水分、温度的变化促进了病害的发展，加速了树体的落叶。

越冬病原菌孢子发育条件：春季，当日均气温达到或超过 5℃，遇 5mm 以上的降雨时，越冬病叶上可形成大量拟分生孢子。子囊孢子发育需要的温度稍高。当日均气温接近或超过 15℃ 时，遇使地面湿润超过 36h 以上的阴雨过程，病原菌的越冬原子囊盘就能发育形成子囊孢子。自然条件下，拟分生孢子于 3 月初开始产生，子囊孢子于 5 月中、下旬逐渐发育成熟。子囊孢子形成的数量取决于苹果落叶 1 个月内的温度与地面的湿度。

寄主抗性：不同的苹果品种对苹果褐斑病的抗性存在一定差异，但目前还未发现高抗品种。生产上的主栽品种，如富士、嘎拉、金冠、红星等都属于感病品种。同一苹果品种不同龄期的叶片对病原菌的抗扩展能力存在明显的差异。同一枝条，梢部的幼嫩叶片和基部的老叶片抗性较差，接种病原菌后很快发病。中部生长旺盛的叶片抗病性较强，接种病原菌后潜育期较长。

栽培条件：初侵染菌源量与果园内残存的病叶呈正相关。果园内病叶清理不彻底，能增加果园内病原菌的侵染量，从而加重病害的发生。栽培密度过大，光照不足，排水不良，通风条件差，一方面降低了叶片的抗病性，另一方面增加了果园内的相对湿度，延长了叶片结露时间，增加病原菌的侵染量，促进病斑产孢，从而加重病害的发生。

六、防治技术

苹果褐斑病的防治以化学防治为主，结合清除病叶、落地叶和生长季节修剪等措施。

（一）彻底清除初侵染菌源

冬、春季结合果树修剪，彻底清除果园内及果园周边 20m 内的苹果树落叶，清除落叶可就地掩埋，或带出果园销毁。

（二）修剪措施

5 月，剪除离地面 50cm 以内的苹果枝条，以切断地面菌源与树上的联系。5～6 月夏剪时，疏除背上枝和内膛过密枝条，保持树体良好的通风透光状态。9～10 月秋剪时，剪除内膛徒长枝条、细弱黄叶枝条，以疏通光路，增加树体的通风透光度。

（三）化学防治

化学防治以控制子囊孢子的初侵染和病原菌的积累为主，防治的关键时期为 5 月中旬至 7 月底。

1. 喷药保护 结合苹果轮纹病、苹果腐烂病等病害的防治，分别于 6～7 月和 8 月连续阴雨季到来之前，各喷 1 次耐雨水冲刷、持效期长的保护性杀菌剂。

2. 喷施治疗 5 月中、下旬若出现降水量超过 20mm，持续时间超过 48h 的降雨，且雨前 5d 内没喷药，则雨后 7d 内喷内吸性杀菌剂。6 月若果园内病叶率超过 0.2%，或初侵染期有降水量超过 10mm，持续时间超过 24h 的降雨，且雨前、雨后的 5d 内没有使用杀菌剂，则于 6 月底或 7 月初喷施 1 次内吸性杀菌剂。7 月若病叶率仍超过 1%，且出现降水量超过 10mm，使叶面结露时间长于 24h 的降雨，且雨前、雨后的 5d 内没有使用杀菌剂，则 7 月底或 8 月初喷施 1 次内吸性杀菌剂。

目前，对苹果褐斑病治疗效果比较好的内吸性杀菌剂为戊唑醇、丙环唑、氟硅唑、苯醚甲环唑等三唑类杀菌剂。常用的保护性杀菌剂有波尔多液、代森锰锌、甲基硫菌灵等。其中波尔多液具有黏着力强、耐雨水冲刷、持效期长的特点，是雨季防治苹果褐斑病的首选药剂。

李保华（青岛农业大学）

第 5 节　苹果白粉病

一、分布与危害

苹果白粉病主要侵害苹果树的绿色幼嫩组织，如叶片、新梢、幼果、花序、嫩芽等，部分早熟的感病品种受害严重。叶片发病后，严重影响光合作用，受害严重的果树，叶片提前脱落，新梢干枯死亡，影响苹果的产量、品质、树势和花芽分化。

苹果白粉病是苹果上的一种常见病害，在我国各苹果产区都有发生。吉林、辽宁、河北、河南、山东、山西、陕西、甘肃、新疆、青海、四川、云南、安徽、江苏等省份均有发生，尤以环渤海地区、西北各省份发病严重。苹果白粉病在世界各苹果产区均有分布，凡有苹果栽培的地区就有苹果白粉病的发生。苹果白粉病在半干旱地区发病相对较重。

苹果白粉病菌除了侵害苹果，还侵染海棠、沙果、槟子和山荆子等。

二、症状

苹果白粉病的典型特征是病部表面覆盖一层白色粉状物。

新梢受害，枝条瘦弱，节间缩短，叶片细长，变硬，变脆，叶缘上卷。发病初期表面布满白色粉状物，后期粉状物逐渐变为褐色，并在叶背的主脉、支脉、叶柄及新梢上产生成堆的小黑点，即病原菌的闭囊壳，受害严重时整个新梢枯死（彩图 11-5-1，1）。

新叶受侵染呈紫色，皱缩畸形；随病害的发展，叶片正反面布满白粉，即病原菌的菌丝、分生孢子梗和分生孢子，叶色浓淡不均，叶面凹凸不平，外形狭长，边缘呈波状皱缩；受害严重时，病叶自叶尖或叶缘逐渐变褐枯死，最后全叶干枯脱落（彩图 11-5-1，2）。

新芽受害呈灰褐色或暗褐色，瘦长、尖细，鳞片松散，上部张开不能合拢，病芽茸毛少，受害严重的芽干枯死亡。花器受害，花萼洼或梗洼处产生白色粉斑，萼片和花梗畸形，花瓣狭长，色淡绿。受害花的雌、雄蕊失去作用，不能授粉坐果，最后干枯死亡。幼果受害，多在萼片或梗洼处产生白色粉斑，病部变硬，果实长大后白粉脱落，形成网状锈斑，变硬的组织后期形成裂口或裂纹。

三、病原

苹果白粉病病原为白叉丝单囊壳 [*Podosphaera leucotricha* (Ellis et Everh) E. S. Salmon]，属子囊菌叉丝单囊壳属真菌。闭囊壳多聚生，球形或梨形，暗褐色或黑褐色，直径 $70\sim100\mu m$。顶部附属丝 $3\sim10$ 枝，长而坚硬，端部不分枝或仅 $1\sim2$ 次二叉状分枝。基部附属丝短而粗，呈丛状。闭囊壳中仅有 1 个子囊，子囊椭圆形或球形，大小为 $(50.4\sim55.0)\ \mu m\times(45.5\sim51.5)\ \mu m$，内含 8 个子囊孢子。子囊孢子单胞，无色，椭圆形，大小为 $(16.8\sim22.8)\ \mu m\times(12.0\sim13.2)\ \mu m$。

苹果白粉病病原无性型为苹果粉孢（*Oidium farinosum* Cook）。分生孢子梗棍棒形，顶端串生分生孢子。分生孢子无色，单胞，椭圆形，大小为 $(16.4\sim26.4)\ \mu m\times(14.4\sim19.2)\ \mu m$。

苹果白粉病菌菌丝生长最适宜温度为 20℃，分生孢子萌发最适温度为 21℃，当温度超过 33℃时，分生孢子失去活力。分生孢子在 1℃ 下干燥保存，最多只能存活 2 周，分生孢子不能越夏、越冬。适合苹果白粉病菌菌丝生长和孢子萌发的最适相对湿度是 100%。自由水不利于分生孢子的萌发，在水滴中分生孢子常吸水涨裂。

四、病害循环

苹果白粉病菌以菌丝在芽鳞片间或芽内幼嫩组织上越冬。顶芽带菌率高于侧芽，顶芽下侧芽的带菌率依次降低，第四侧芽以下基本不带菌。翌年春季，随着苹果萌芽，病原菌开始活动。新叶展开，病原菌产生分生孢子。分生孢子随气流传播，侵染苹果幼嫩组织。生长季节，病原菌陆续产生分生孢子，传播侵染叶片和新梢。6 月底，病斑的菌丝密集处产生闭囊壳。苹果白粉病菌为专性寄生菌，以吸器侵入寄主表皮细胞获取营养。病原菌孢子侵染后，最快经 $3\sim6d$ 便开始产孢，进行再侵染，一年有多次再侵染。

五、流行规律

苹果白粉病在春季和秋季各出现一次发病高峰，其中以春季发病严重。苹果白粉病自 4 月中旬苹果萌芽期开始发病，5 月随气温升高和大量新叶形成，病害迅速发展，5 月底形成全年的第一个发病高峰。6 月随叶片的抗性增加和气温的升高，病害的发展趋于减缓。7～8 月受降雨的影响，苹果白粉病的发展趋于停滞状态。9 月随秋梢生长和气温下降，病害又开始回升，10 月形成全年的第二个发病高峰。

苹果白粉病菌生长繁殖适宜温度为 20～25℃，适宜相对湿度为高于 70％。空气中孢子数量与气温及降水量有密切关系。春季随气温升高，孢子的传播数量逐渐增加，而降雨，尤其是暴雨过后空中孢子数量骤然减少。

苹果白粉病的发生与气候条件和栽培条件关系密切。春季 4～5 月气候温暖、少雨、空气潮湿，有利于病害的前期流行。夏季凉爽、秋季晴朗，则有利于后期发病。果园管理粗放，修剪不当，带菌芽的数量大，会加重苹果白粉病的发生。通风透光不良、偏施氮肥、果树生长过旺的果园，也会加重苹果白粉病的发生。

不同苹果品种抗病性差异显著。金冠、元帅、秦冠、青香蕉、富士、早嘎拉、美国 8 号、伏花皮等品种较抗病，倭锦、红玉、红星、国光、嘎拉、印度等品种感病。苹果的幼嫩组织感病，叶片发育成熟后抗病。

六、防治技术

栽培抗病品种是控制苹果白粉病的根本方法。在感病品种上，苹果白粉病的防治以化学防治为主，结合剪除病芽、摘除病梢等农业防治措施。

（一）冬、春季剪除病芽

结合冬、春修剪，剪除病梢、病芽，以减少越冬菌源。苹果萌芽期摘除漏剪的病梢、病芽、病叶，放入塑料袋内带出果园销毁，防止病原菌传播、扩散。

（二）化学防治

苹果白粉病发生较重的果园，根据发病严重程度，分别于花前、花后和 5 月下旬喷施 3 遍杀菌剂。苹果花露红至花序分离期，即苹果白粉病初发时喷施第一遍杀菌剂；苹果落花后 10d 内喷施第二遍杀菌剂；5 月下旬苹果新梢旺长期，苹果白粉病仍有严重发生的趋势，需喷施第三遍杀菌剂。

甲基硫菌灵，三唑类杀菌剂如氟硅唑、苯醚甲环唑、三唑酮、戊唑醇等既有内吸治疗效果，也有保护效果，是防治苹果白粉病的常用杀菌剂，但三唑类杀菌剂使用不当会影响幼果、新梢生长，苹果生长早期应慎用。代森锰锌和代森锌只有保护效果，没有治疗作用，在苹果生长早期也可以考虑使用。

苗圃发病时，还可连续喷布硫悬浮剂或 0.2～0.3 波美度石硫合剂，或 40％氟硅唑乳油 8 000～10 000 倍液、10％苯醚甲环唑水分散粒剂 600 倍液。43％戊唑醇悬浮剂 3 000～4 000 倍液，每隔 7d 喷 1 次，连喷 2～3 次。

李保华（青岛农业大学）

第 6 节　苹果炭疽病

一、分布与危害

苹果炭疽病又名苹果苦腐病、苹果晚腐病，主要侵害苹果果实，引起烂果和黑斑，是苹果果实上的重要病害，除侵害苹果，还侵害梨和葡萄等多种果树。

苹果炭疽病广泛分布于我国各苹果产区，吉林、辽宁、河北、河南、山东、山西、陕西、甘肃、新疆、青海、四川、云南、安徽、江苏等省均有发生，其中沿海多雨省份，如山东、河北、辽宁和夏季高温多雨地区，如河南、江苏、安徽等省发病较重。苹果炭疽病广泛分布于亚热带和温带苹果产区，美国、意大利、法国、德国、俄罗斯、智利、阿根廷、日本、巴西等地都有苹果炭疽病的发生。

苹果炭疽病发生严重的果园病果率超过 30％，该病具有潜伏侵染特性，能导致储藏期烂果，是苹果储藏期的重要病害。

二、症状

苹果炭疽病主要侵害果实，也侵害枝条和果台等。果实发病初期，果面上出现淡褐色小圆斑，病斑迅速扩大，呈褐色或深褐色，表面下陷，果肉呈漏斗状腐烂，深达果心，具苦味，与健部的界限明显。随病斑的发展，表面产生黑色小粒点，呈同心轮纹状排列，即病菌的分生孢子盘，天气潮湿则产生绯红色分生孢子团。病果上的病斑数目不等，少则几个，多则几十个，甚至上百个，但多数病斑不扩展，仅少数病斑扩展至全果的 1/3～1/2。数个病斑连在一起，使全果腐烂、脱落（彩图 11 - 6 - 1）。

苹果炭疽病菌分生孢子盘的大小和形状都不规则，且表皮开裂，并非典型的圆球形，依据这一特征可与果实上的轮纹病病斑相区别。

苹果炭疽病菌可侵染一年生枝条。受侵染的枝条发病后形成溃疡斑，形状不规则。病斑表皮龟裂，木质部外露，表面产生分生孢子盘。果台枝受害呈深褐色，自上而下蔓延，果台抽不出副梢，最后干枯死亡。受侵染的枝条当年不发病，而于翌年 6～7 月发病，成为翌年的初侵染源。

三、病原

苹果炭疽病病原为围小丛壳 [*Glomerella cingulata* (Stoneman) Spauld. et H. Schrenk]，属子囊菌门小丛壳属。子囊壳生于黑色子座内，暗褐色，烧瓶状，外部附有毛状菌丝，子囊壳直径 85～300μm。子囊长棍棒状，平行排列，大小为 (55～70) μm×9μm。子囊孢子单胞，无色，椭圆形或长椭圆形，稍弯曲，大小为 (12～22) μm× (3.5～5) μm。自然条件下，该菌的有性阶段很少发生。

苹果炭疽病菌无性型为胶孢炭疽菌 [*Colletotrichum gloeosporioides* (Penz.) Penz. et Sacc.]。分生孢子盘埋生于寄主表皮下，后突破表皮。分生孢子梗单胞，无色，栅状排列，大小为 (15～20) μm× (1.5～2.0) μm。分生孢子无色，单胞，长圆柱形或长椭圆形，两端各含 1 个油球或中间含有 1 个油球，大小为 (10～35) μm× (3.7～7.0) μm。分生孢子集合成团时呈绯红色。

四、病害循环

苹果炭疽病菌主要以菌丝体、分生孢子盘在受侵染的苹果枝条和僵果上越冬，也能在梨、葡萄、枣、核桃、刺槐等树木上越冬，翌年 5～6 月遇雨后产生分生孢子。分生孢子主要借风雨或昆虫传播，侵染苹果果实和当年生枝条。孢子主要通过产生附着胞和侵染钉，穿透角质层直接侵入寄主组织，也能通过气孔、皮孔、伤口侵入。在适宜的条件下，侵入果实的苹果炭疽病菌最短经 3～5d 的潜育期即可发病产孢。果实发病后，产生大量分生孢子进行再侵染。苹果炭疽病一年有多次再侵染。

五、流行规律

周年发病动态：苹果炭疽病最早于 5 月开始发病，5～6 月，病原菌以初侵染为主。7～8 月高温多雨季节，前期侵染产生的病斑大量产孢，并进行再侵染，病害迅速发展，形成全年的发病高峰。在某些感病品种上，7 月底病果率可达 80% 以上。进入 9 月，随气温下降，病害的发展趋于减缓。果实进入成熟期后，非常有利于苹果炭疽病菌的生长扩展，早期侵染的病原菌逐渐扩展致病。苹果采收期若遇高温高湿天气，大量潜伏的病原菌迅速扩展致病，形成一个采收前的发病高峰。在果实储藏期，潜伏的病原菌仍继续扩展致病，导致大量烂果。

侵染发病条件：苹果炭疽病菌分生孢子萌发的温度范围为 0～40℃，最适萌发温度为 28～32℃。分生孢子在自由水中或在相对湿度大于 95% 的环境中都可萌发侵染，因此，雨后的高湿条件也能使病原菌孢子完成全部的侵染过程。在最适宜的温度、湿度条件下，接种到果实上的分生孢子经 5h 即可完成侵染过程，导致果实发病。苹果炭疽病菌的孢子主要随雨水传播，降雨能使病原菌的分生孢子大量传播和侵染。高温多雨的天气可导致苹果炭疽病在短期内流行。

苹果炭疽病菌的最短潜育期为 3d，一般为 10～13d。病原菌具有潜伏侵染特性，幼果期侵染的病原菌，常以菌丝形态潜伏在果皮中，待果实发育成熟后或储运期陆续发病。条件不适宜时，病原菌能在果实内长期潜伏而不发病。

不同的苹果品种对苹果炭疽病的抗性差异较大。目前生产上栽培的品种中，嘎拉、红玉、鸡冠、倭锦、印度、国光、秦冠等品种较易感病，发病早且重；元帅、富士、金冠、白龙、红魁、红星等属中抗品种，发病较轻且晚，在果实接近成熟时才发病。

六、防治技术

以农业防治为基础，结合化学防治，清除初侵染菌源，降低初侵染菌量，以达到防治苹果炭疽病的目的。

（一）清除初侵染菌源

苹果炭疽病菌主要在果台枝、一年生枝条和僵果上越冬。随冬、春修剪，剪除发病的果台枝和弱小枝条，摘除僵果。

对于历年发病较重的果树，于苹果萌芽前喷布一次高浓度的铲除剂，如 3~5 波美度石硫合剂，高浓度的波尔多液（1：2：100）或咪鲜胺，以清除部分在枝条上越冬的病原菌。落花后，剪除树体上所有未萌芽的枯死枝，以清除在枯死枝条中越冬的病原菌。

（二）套袋保护

对发病严重的品种和苹果树，于 5 月底或 6 月初将全部果实套袋，以保护果实在雨季不受侵染。果袋可选用质量稍好的纸袋，也可选用价格便宜的塑膜袋。

（三）生长季节喷药保护

目前，对于苹果炭疽病还没有高效的内吸治疗剂。即使有高效的内吸治疗剂，由于病原菌的潜育期很短，也难以达到理想的效果。因此，生产上对苹果炭疽病的防治主要以侵染前期的化学保护为主。

自 6 月雨季来临前开始，每隔 10~15 d 喷施 1 次杀菌剂，连续喷施 3~4 次，保护性杀菌剂可与内吸性杀菌剂交替使用。常用的保护性杀菌剂有倍量式波尔多液、代森联、代森锰锌等，对病原菌防治效果比较好的杀菌剂有咪鲜胺、咪鲜胺锰盐、吡唑醚菌酯等。

李保华（青岛农业大学）

第 7 节　苹果锈病

一、分布与危害

苹果锈病又称苹果赤星病、苹桧锈病、羊胡子，是苹果上的重要病害，主要侵害叶片和幼果，导致早期落叶和果实畸形，影响树势和产量。病重年份，可导致绝产和死树。随着城市中道路绿化和桧柏类绿化树的大量栽植，苹果锈病逐年加重，发病面积不断扩大，已严重影响苹果的生产。2009 年和 2010 年山东烟台苹果产区就出现了因苹果锈病而绝产的果园。

苹果锈病主要发生在我国、日本、韩国、朝鲜等东亚地区，在欧洲被列为检疫对象。2009 年美国东部地区的缅因等 7 个州发现苹果锈病。苹果锈病在我国主要分布于陕西、山东、甘肃、山西、河北、辽宁、河南、新疆、云南、四川、宁夏等各苹果产区。

苹果锈病属于转主寄生病害，其发生程度主要取决于果园周围有无桧柏类绿化树及病原菌数量的多少，以及 4~5 月的降雨次数和每次降雨持续的时间。除侵害苹果，苹果锈病菌还侵染海棠等果树。

二、症状

苹果锈病主要侵害苹果树的绿色幼嫩部分，如幼叶、幼果、叶柄、新梢等，各部位症状相似。

幼叶被害，先在叶片正面产生橘黄色小斑点，后逐渐扩大为近圆形橙黄色病斑，周围有黄色晕圈。随着病斑的扩大，病斑中央产生蜜黄色至红色微突的小粒点，即病原菌的性孢子器，潮湿时溢出淡黄色黏液，即性孢子。黏液干燥后黄色小粒点变为黑色。随后，病组织肥厚变硬，并长出几根至几十根灰白色或淡黄色的细管状物，即病原菌的锈孢子器，内有大量褐色锈孢子，成熟后从顶端开裂处散出。发病严重时，病叶干枯，早期脱落（彩图 11-7-1）。

幼果被害，初期症状与叶片相似，后期病部长出锈孢子器，病斑组织坚硬，生长停滞，发病严重时果实畸形并早期脱落。叶柄、果柄受害，病部橙黄色，并膨大隆起成纺锤形，病斑上也产生性子器和锈子器。新梢受害后的症状与叶柄、果柄相似，但后期病部凹陷并易折断。

苹果锈病的诊断要点可概括为"病部橙黄、肥厚肿胀、初生红点渐变黑、后长黄毛细又长"。

苹果锈病菌为转主寄生菌，转主寄主为桧柏、龙柏、欧洲刺柏等。苹果锈病菌侵染转主寄主后，在针叶、叶腋或小枝上产生淡黄色斑点，病部于秋季黄化隆起，翌春形成球形或近球形瘤状菌瘿，菌瘿继续发育，破裂后长出红褐色的冬孢子角。冬孢子角遇雨吸水后，呈黄褐色，舌状，细长，末端尖细（彩图 11 - 7 - 2）。

三、病原

苹果锈病病原为山田胶锈菌（*Gymnosporangium yamadae* Miyabe ex G. Yamada），属担子菌门胶锈菌属真菌。该菌为转主寄生菌，在整个生活史中产生 4 种类型的孢子。冬孢子及担孢子阶段发生在桧柏等转主寄主上，性孢子及锈孢子阶段发生在苹果树上，没有夏孢子阶段。

性孢子器扁球状，埋生于病组织的表皮下，直径 110～280μm，内生性孢子；性孢子圆形至纺锤形，无色，单胞，大小为 （3～8） μm×（1.8～3.2） μm。锈孢子器丛生，淡黄色，大小为 （5～12） mm×（0.2～0.5） mm，器壁细胞菱形，大小为 （55～115） μm×（15～17） μm，有瘤。锈孢子近球形或多角形，单胞，栗褐色，表面有疣状突起，直径 15～25μm。冬孢子角舌状或瓣状，深褐色，遇水膨胀变为鲜黄褐色花瓣形胶状物。冬孢子长圆形或纺锤形，双胞，黄褐色，大小为 （32～53） μm×（16～22） μm，在隔膜附近每个细胞有 1～2 个发芽孔，柄细长，无色，胶质。冬孢子萌发产生担子和担孢子。担孢子卵圆形，无色，单胞，大小为 （12～16） μm×（7～11） μm。

苹果锈病菌的冬孢子角和担孢子萌发温度范围为 5～30℃，最适温度为 15～20℃。冬孢子角在水中浸泡 30s 就能吸足水分，最快在 3h 之内就能萌发产生担孢子。担孢子遇水后，最快在 1h 内即可萌发，3h 内就完成全部的侵染过程，导致叶片发病。

四、病害循环

苹果锈病菌菌丝体在桧柏、龙柏、欧洲刺柏等转主寄主的病组织内越冬，菌丝能在病组织内存活多年。翌年春季，苹果萌芽前形成冬孢子角，冬孢子成熟后遇雨吸水膨胀，萌发产生担孢子。担孢子随气流传播，侵染苹果叶片。担孢子的传播距离为 2.5～5km，最远不超过 10km。

担孢子从表皮细胞或气孔侵入。病原菌侵入后经 6～12d 的潜育期，即可发病，产生性孢子器和性孢子。苹果锈病菌的潜育期长短与温度关系密切，当平均温度为 20℃时，潜育期最短，为 6～7d。性孢子成熟后，由孔口随蜜汁溢出，经昆虫或雨水传带至异性性孢子器的受精丝上。性孢子与受精丝交配 3～4 周后，叶片病斑背面或果实、嫩梢病斑正面逐渐长出细小的管状锈孢子器，锈子器内产生锈孢子。锈孢子不再侵染苹果，而是经气流传播侵染桧柏的嫩枝，并在桧柏上越冬，翌年春天产生冬孢子角，开始下一个侵染循环。苹果锈病没有再侵染，但初侵染可发生 1～3 次（图 11 - 7 - 1）。

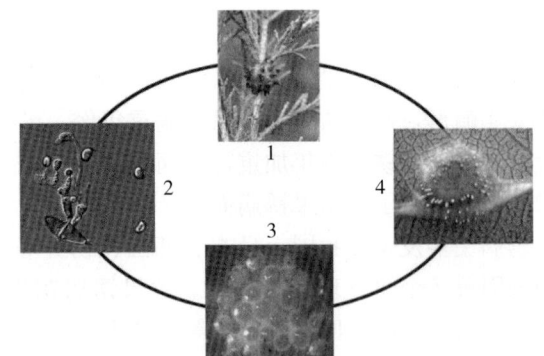

图 11 - 7 - 1　山田胶锈菌的侵染循环（李保华提供）

Figure 11 - 7 - 1　Life cycle of *Gymnosporangium yamadae*
（by Li Baohua）

1. 桧柏上的冬孢子角　2. 冬孢子角萌发产生的担子和担孢子
3. 苹果锈病菌在叶片正面形成的性孢子器　4. 叶片背面的隆起与锈孢子器

五、流行规律

周年发病动态：苹果锈病菌的冬孢子角 3 月开始形成，苹果树萌芽前发育成熟。成熟的冬孢子角遇雨吸水后，萌发产生担孢子，侵染 25 日龄内的苹果叶片和幼嫩组织。4～5 月是苹果锈病菌的主要侵染期。早期侵染的病原菌于 5 月中、下旬开始发病，锈孢子器最早于 6 月底形成，7～8 月锈子器产生大量锈孢子，随气流传播侵染柏树。

发病与流行条件：发育成熟的冬孢子角遇 2mm 以上的降雨，便能吸足水分。当平均气温接近 15～20℃，相对湿度大于 90％时，吸足水分的冬孢子角 3h 内便萌发产生担孢子。担孢子随气流传播侵染苹果组织。担孢子的萌发与侵染离不开自由水。自然条件下只有当叶面持续结露 3h 以上时，担孢子才能完成全部的萌发和侵染过程，导致寄主组织发病。根据冬孢子角和担孢子萌发侵染所需的温度、湿度条件可以推测，4～5 月，若遇降水量超过 2mm、使叶面持续结露超过 6h 的降雨，便能导致冬孢子角萌发和担孢子侵染，受侵染的叶片 7～10d 后显症。降雨持续时间越长，病原菌侵染量越大。在实际生产中可根据这一标准预测有无苹果锈病菌侵染及侵染量的大小。

寄主抗病性：苹果不同品种的抗病性存在差异，但差异不显著。目前生产上的栽培品种都属感病品种。不同龄期的苹果叶片和果实抗病性差异显著。叶片自完全展开开始，20 日龄内的嫩叶感病；25 日龄后，叶片的抗病性明显增强，用担孢子接种不再发病。自落花开始，20 日龄内的幼果感病，落花 25d 后，果实抗病性明显增强。

病原菌：苹果锈病菌是转主寄生菌，转主寄主主要有桧柏、龙柏、欧洲刺柏等。若苹果园周围 10km 范围内的桧柏、龙柏上有苹果锈病菌，苹果就会发生锈病。菌源地距苹果园越近，菌源量越大，苹果锈病发病就越重。

六、防治技术

清除初侵染菌源，保护苹果树幼嫩组织不受侵染，结合病原菌侵染后及时用药治疗是防治苹果锈病的主要措施。

（一）清除初侵染菌源

砍除果园周围 3km 之内的柏树或于苹果树萌芽期剪除柏树上病原菌的菌瘿。

（二）化学防治

4～5 月，随其他病虫害的防治，分别于花露红期、落花后 7～10d、落花后 20～25d 喷施 2～3 次保护性杀菌剂，以保护苹果叶片不受苹果锈病菌担孢子的侵染。若没有及时喷药，可根据如下方案喷药治疗。

苹果树和梨树开花后 50～60d，若遇降水量大于 20mm、持续时间超过 24h 的降雨，若降雨前 5d 内没有喷施保护性杀菌剂，降雨后 5d 内需喷施 1 次内吸性杀菌剂。

若遇降水量大于 10mm、持续时间超过 12h 的降雨，若降雨前 7d 内没有喷施杀菌剂，需于降雨后 5d 内喷施 1 次内吸性杀菌剂。

若遇降雨，但降水量和持续时间达不到上述标准，或虽达上述标准，但没有及时喷药，需在降雨后 6～12d，每天检查苹果树或梨树叶片正面上有无病斑（红色小点）出现，如果出现病斑，且病叶率超过 5％，应在症状出现的当天喷施稍高浓度的内吸性杀菌剂。

保护性杀菌剂首选高质量的代森锰锌，其次是吡唑醚菌酯、百菌清等，内吸性杀菌剂可选氟硅唑、戊唑醇、苯醚甲环唑等。

（三）生物防治

利用重寄生菌防治植物病害是生物防治的重要方法之一，锈生座孢属（*Tuberculina*）是苹果锈病菌上的重要重寄生真菌。有试验证明重寄生菌对苹果锈病菌的寄生率高，可阻碍、延缓苹果锈病菌的扩展，减轻为害。

李保华（青岛农业大学）

第 8 节　苹果霉心病

一、分布与危害

苹果霉心病又称苹果霉腐病，主要侵害元帅系苹果，随着套袋技术的普及，富士苹果霉心病发生也在上升，一些栽培面积较小的品种，如北斗、斗南、红冠等发病也很严重。我国山东、山西、陕西、辽宁、河北、河南、甘肃、新疆等苹果主产区都有苹果霉心病发生的报道，一般年份红星苹果发病率 20％～30％，严重年份可达 50％以上；富士苹果不套袋时一般发病很轻，但套袋后发病率常常高达 30％以上。

病果在没有冷藏的条件下储运会加速发病进程，造成巨大损失。

二、症状

苹果霉心病病果外观无明显症状，病害先从果实心室发生，再由心室逐渐向果肉扩展，其症状可分为霉心和心腐两个类型。霉心型表现为在心室内生有黑色、白色、灰色等霉状物，几乎不向果肉扩展，病组织无苦味（彩图 11-8-1）。心腐型表现为心室褐变腐烂，并向果肉扩展，在腐烂果的空腔中常有粉红色霉状物，病组织味极苦。

三、病原

苹果霉心病是由多种真菌侵染果实心室而引发的病害。病原有链格孢 [*Alternaria alternata*（Fr.：Fr.）Keissler]、粉红单端孢 [*Trichothecium roseum*（Pers.：Fr.）Link]、棒盘孢（*Coryneum* sp.）、镰孢菌（*Fusarium* sp.）、狭截盘多毛孢（*Truncatella angustata* Hughers）、茎点霉（*Phoma* sp.）、拟茎点霉（*Phomopsis* sp.）、头孢霉（*Cephalosporium* sp.）、盾壳霉（*Coniothyrium* sp.）、芽枝霉（*Cladosporium* sp.）、葡萄孢（*Botrytis* sp.）、青霉（*Penicillium* sp.）等十多种子囊菌无性型真菌，其中，最主要的是链格孢和粉红单端孢。

链格孢菌丝无色透明，有分隔，直径 3~6μm；分生孢子梗聚集成堆，大小为（5~12.5）μm×（3~6）μm；分生孢子倒棍棒形，暗褐色，有纵、横分隔，纵隔 1~3 个，横隔 3~7 个，喙孢长短不等，大小为（0~24）μm×（3~5）μm，颜色较浅；分生孢子在孢子梗上串生，靠近孢子梗的孢子最大，孢子链末端的孢子最小，分生孢子的大小因菌龄和产孢时间不同有很大差异，一般大小为（7~70）μm×（6~22）μm。病原菌在果心呈黑霉状，不向果肉扩展，表现为霉心型症状（图 11-8-1）。

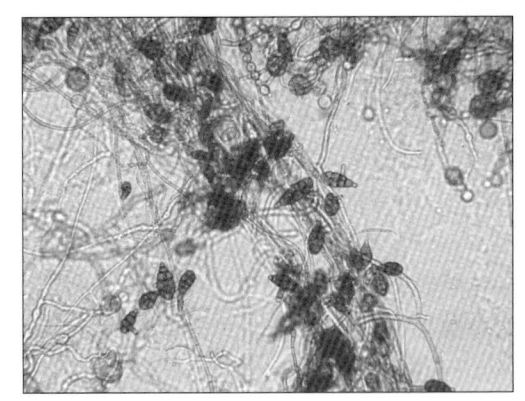

图 11-8-1　链格孢菌丝和分生孢子（李夏鸣提供）
Figure 11-8-1　The mycelia and conidiospores of *Alternaria alternata*（by Li Xiaming）

粉红单端孢分生孢子梗直立，有少数横隔或无隔，不分枝，梗端稍膨大；分生孢子自梗端单个、以向基式连续产生一串孢子，靠着生痕彼此连接而聚集在梗端，分生孢子倒卵形，双胞，上胞大，下胞小，无色或浅粉色，大小为（14~24）μm×（7~14）μm。病原菌侵染果心，致使果心腐烂，并向果肉扩展，表现为心腐型症状。

四、病害循环

苹果霉心病菌多为腐生菌，在果园中分布很广，在树体上、土壤中及其周围植被上普遍存在，病原菌借气流传播，通过萼筒至心室间的开口进入果心。苹果开花后，雌蕊、雄蕊、花瓣等花器组织首先感染病原菌，至落花时雌蕊已被病原菌全部定殖。病原菌逐渐通过枯死的萼心间组织侵入果心，经过一段时间的潜育期后，造成心室生霉、果实腐烂。

五、发病规律

（一）品种差异

元帅、红星、新红星等品种易感病；国光、金冠不易感病。品种间感病性差异主要因果实形态结构特点不同而异。感病品种萼片与心室间组织结构呈开放型，病原菌可以沿枯死的柱头侵入心室；抗病品种萼心间组织呈封闭状，阻断了病原菌侵入果心的通道。

（二）储运条件

苹果采收后，霉心病发生的轻重与储藏条件关系极为密切。在没有冷藏条件的土窑洞或地窖中，由于温度较高，发病常常很严重，这是因为高温满足了病原菌的快速繁殖，同时促进了果实衰老的进程。在长途运输和货架期，如果不能有效地控制环境温度在 0℃ 左右，随着温度的升高，病情逐渐加重。

（三）栽培条件

果园管理粗放，清洁工作不细致，结果过量，有机肥不足，矿质营养不均衡，果园郁闭，地势低洼，通风透光不良，树势衰弱等因素都有利于发病。随着套袋技术的普及，套袋果实霉心病发病比不套袋严重，这是因为袋内湿度较高，光照较弱，更有利于病原菌的侵染。

（四）气候条件

苹果花期遇雨和开花之后 1 个月内多雨，当年发病严重。例如，1995 年山西太谷县从苹果开花到之后 1 个月（4 月 20 日至 5 月 27 日）降雨 2 次，红星苹果当年心腐果发病率为 2.52％；1996 年从苹果开花到之后 1 个月（4 月 28 日至 6 月 4 日）降雨 5 次，当年心腐果发病率 22.6％；1997 年从苹果开花到之后 1 个月（4 月 20 日至 5 月 20 日）降雨 6 次，当年心腐果发病率 30.1％。苹果花期遇雨有利于病原菌对花器的侵染，花后 1 个月内遇雨，暴露在外的残腐花器获水回软，病原菌可以继续向内侵染。随着幼果发育，暴露在外的花器部分越来越少，花后 1 个月以后的降雨不易浸湿花器，病原菌向果心的扩展暂时停止。采收后储藏温湿度高时，残腐花器回软，病原菌可继续侵染果心。

此外，果型指数、果实硬度、果实大小等因素与发病也有一定的关系。果型指数和果实硬度与病情呈负相关，果实大小与病情呈正相关，中心果较边果发病重。

六、防治技术

苹果霉心病的防治应贯彻生长期药剂防治为主，储藏期控制温度为辅的防治策略，才能取得良好防效。

（一）清洁果园

果园树下的残枝枯叶、树上的僵花僵果、枯死果台是各种腐生病原菌的越冬场所，应当在果树萌芽前认真清理，深埋，以降低田间菌源数量。

（二）萌芽前树体消毒

萌芽前向树上喷 5 波美度石硫合剂，也可喷 70％甲基硫菌灵粉剂 800～1 000 倍液或 45％代森铵水剂 700～800 倍液，清除树体上的越冬菌源。

（三）花期喷药

苹果开花 30％和 90％时各喷 1 次杀菌剂，可起到很好的防控效果。北方干旱地区花期如果未遇雨，可于落花初期喷药 1 次。50％多菌灵可湿性粉剂 800 倍液、70％甲基硫菌灵可湿性粉剂 800～1 000 倍液对引起心腐型症状的病原菌效果较好；50％异菌脲可湿性粉剂 1 200 倍液、3％多抗霉素水剂 1 200 倍液对引起霉心型症状的病原菌效果较好；80％代森锰锌可湿性粉剂 600～800 倍液、70％百菌清可湿性粉剂 300～500 倍液、43％戊唑醇悬浮剂 3 000 倍液、10％苯醚甲环唑水分散粒剂 4 000 倍液等药剂对各种致病菌都有较好的防效。

利用枯草芽孢杆菌、酵母菌等生物制剂花期喷雾，抢占侵染位点，抑制病原菌萌发，达到防病效果，该项技术已经有了试验报道，有望能在生产上推广应用。

（四）提倡无袋栽培

富士苹果不套袋，霉心病的自然发病率较低，一般不超过 10％，稍加防治即可。但是，套袋后由于袋内湿度较高，特别是使用透气性差的塑膜袋和内袋为塑膜袋的双层袋，发病概率大增。所以，对于感病品种红星不要采用套袋法，对富士苹果也应提倡无袋栽培，或者选用透气性良好的纸袋。

（五）合理修剪

通过隔株间伐、抬高主干高度、落头开心、疏除过密枝等修剪方法，改善果园通风透光条件，营造不利于病原菌滋生的果园环境，可以在一定程度上减缓霉心病的发生。

（六）改善储运条件

储藏环境的温度是影响果实发病及病原菌扩展的关键条件，果实采收后储藏在冷库或气调库中，对控制采后发病有显著效果。短期储藏在土窑洞中的苹果要在夜间放风降温，尽快销售。切忌用塑膜袋扎口储运，否则，霉心病发生会很严重。

（七）人工摘除花丝花柱

试验表明，落花期人工摘除花丝花柱，可以有效地防止苹果霉心病的发生，原因是去除了病原菌赖以生存的基础物质。此方法可以结合定果工作一道进行，只需将定果工作提前到落花期。该项工作时效性很强，必须掌握在花柱完全枯萎之前完成。在有机果品生产技术中，此方法在防治苹果霉心病和套袋果实黑点病上发挥了重要作用。

李夏鸣（山西省农业科学院果树研究所）

第 9 节　苹果青霉病

一、分布与危害

苹果青霉病是苹果储藏期最常见的一种侵染性病害，我国各苹果产区都有苹果青霉病的发生，常造成不同程度的损失。特别是在一些偏远山区，没有冷藏条件，苹果储藏在土窑洞或地窖里，由于储藏温湿度较高，苹果青霉病发生常造成大量烂果，损失很大。苹果青霉病菌除侵害苹果，还可侵害梨、柑橘等多种水果。

二、症状

果实发病初期，在果面出现圆形淡褐色病斑；随着病斑的扩大，病斑呈软腐状，圆锥状深入果肉；潮湿环境下，病斑表面出现一些白色霉点，随着霉点扩大连片，颜色变为青绿色，上面被覆粉状物，易随气流飞散，此即病原菌的分生孢子梗和分生孢子。腐烂果有特殊的霉味（彩图 11-9-1）。

三、病原

苹果青霉病病原为扩展青霉（*Penicillium expansum* Link.），属子囊菌无性型青霉属真菌。菌丝有隔膜，多分枝；分生孢子梗直立，有分隔，顶端分枝 1～2 次，呈帚状，小梗细长瓶状；分生孢子单胞，无色，圆形，大小为（3.0～3.5）μm×（3.5～4.2）μm，呈念珠状串生，孢子成团时呈青绿色。

四、发病规律

苹果青霉病侵害成熟果实，主要发生于储藏期。病原菌经伤口侵入，分解中胶层，解离细胞，使果肉软腐，果皮失去品种本色。病原菌耐低温，在接近 0℃时孢子不易萌发，但已侵入的菌丝仍能缓慢生长，果腐继续扩展。靠近烂果的果实，在有伤口时，会直接受病果中菌丝侵入而腐烂，但健康果不受影响。土窑储藏前期和后期，窖温较高时发病传染快，冬季低温下病果很少增多。

五、防治技术

（一）防止伤口产生
在苹果采收、搬运过程中，尽量防止碰伤、挤伤、压伤、刺伤，有伤口的果实要挑出来及时处理，勿长期储藏，以减少损失。

（二）提倡低温储藏
研究表明，低温可有效抑制病原菌的侵染和延缓病斑的扩展，所以，提倡冷库低温储藏，特别是准备长期储藏的苹果，尽量不要采用土窑洞储藏。

（三）果库消毒
果实入库前，应对果库及库中架面进行药物消毒，以减少库中菌源数量。常用消毒药物及方法有硫黄熏蒸和 50％福尔马林喷雾。

（四）果实消毒
采收后对果实表面进行消毒是防治苹果青霉病的有效方法，果实消毒可选用高锰酸钾、腐霉利、钼酸铵浸果；应用生防菌处理果实防治苹果青霉病的研究取得很大进展，从苹果上分离到的酵母菌 3SJ、2SP 和 3SD 通过营养和空间竞争的方式可有效抑制病原菌孢子萌发，从番茄上分离到的丝孢酵母、罗伦隐球酵母和黏红酵母可有效抑制苹果青霉病发生。

李夏鸣（山西省农业科学院果树研究所）

第 10 节　套袋苹果黑点病

一、分布与危害

套袋苹果黑点病是伴随果实套袋而产生的一种新病害，我国各苹果主产区都有发生，陕西、山东、山西、辽宁、河北、河南、甘肃等省都有该病发生的报道。一般年份发病率在 10%左右，严重发生时病果率可高达50%以上，发生套袋苹果黑点病的果实失去商品价值，只能用来加工其他产品，果农的经济收入大大降低。

二、症状

套袋苹果黑点病侵害果实，发病初期，以皮孔为中心出现褐色斑点，很快病斑变为黑褐色；伤口发病时，病斑较大；发病后期，有些黑点从伤口或皮孔渗出病组织液，风干后成为白色粉点。斑点扩展缓慢，到果实采收期，多近圆形，直径 1～2mm，有的达 3～5mm，边缘暗褐色至咖啡色，微隆起，周围有黄绿色至黄色晕。中央稍凹陷，颜色稍浅，棕色或红褐色。病皮以下组织为褐色、干腐、倒圆锥状，深 1～2mm（彩图 11-10-1）。

三、病原

套袋苹果黑点病主要病原菌为粉红单端孢 [*Trichothecium roseum*（Pers.：Fr.）Link]。此外，也有链格孢（*Alternaria* sp.）、点枝顶孢（*Acremonium strictum* W. Gams）等致病菌的报道。

粉红单端孢的分生孢子梗细长，直立，不分枝，有横隔，大小为（95～240）μm×（2.8～3.7）μm，于顶端连续产生分生孢子。分生孢子单生，倒卵形，无色或浅粉色，双胞，上胞大，下胞小，下端基细胞歪向一侧呈喙状，大小为（14～24）μm×（7～14）μm。

四、侵染与流行规律

（一）病原菌越冬场所

粉红单端孢是多种植物残体上最为常见的腐生菌之一，其腐生基物范围很广，苹果树上的僵花、僵果、枯死果台及树下的落果、枯枝都是其越冬场所。

（二）病原菌传播途径

1. 花器感染　病原菌借风雨传播，苹果花期开始侵染花器残体，包括干枯的花萼和花柱、花丝、花药等。花期遇雨和从花期到套袋前降雨次数多的年份，花器残体带菌率高，发病严重。在不套袋的情况下，花器残体上的病原菌很难获得适宜的繁殖湿度，所以，不套袋果实基本上不发生黑点病。

2. 果实感染　果实套袋以后，尤其是内黑双层袋，袋内形成暗光、高湿环境，满足了病原菌繁殖条件，因而花器残体上的菌源数量大大增加，成为侵染果实的主要侵染源。随着果袋随风摆动，病原菌孢子在袋内扩散到果实表面，一旦遇到雨水，就会发生侵染。所以，果袋的透气状况对花器残体上病原菌滋生和果实发病有重要影响。

（三）发病时期

我国北方套袋苹果黑点病始发于 7 月上旬，盛发于降水量最大的 8 月，个别年份 9 月降水量很大时，盛发期延后。采收后储运期间，病果率基本不再增加。

（四）相关因素

1. 发病部位　由于苹果果柄较短，袋口不能收聚在果柄上，所以，实际生产上的套袋方法属折叠扣压法，这种方法严格意义上是不能阻止雨水顺果柄进入袋内果实上的。当进入袋内的雨水很少时，果实梗洼处黑点病发生较多；当进入袋内的雨水较多时，果实胴部发病较多。套袋时没有将纸袋撑鼓，或没有将纸袋下角通气孔撑开的，发病较重；袋口朝上的发病较重，袋口朝下的发病较轻。

2. 纸袋质量　不同质量的果袋，透气性差异较大，使用透气性好的纸袋，发病率低。如 1998 年在陕西调查，使用国内 3 个厂家生产的纸袋，病果率分别为 15.4%、42%和 56%；使用日本 4 个厂家生产的纸袋，病果率分别为 1.7%、3.15%、4.5%和 24%。

3. 虫害影响　乱跗线螨、康氏粉蚧、绿盲蝽等害虫时常会为害果面，增加了伤口，为病原菌侵染创造有利的条件，若防治不当，常会诱使套袋苹果黑点病严重发生。

五、防治技术

（一）清洁果园

果园地面的落果、果园周围堆放的枯枝、树上的僵花僵果、枯死果台是病原菌的主要越冬场所，休眠期要对它们集中清理、深埋，降低越冬菌源基数。

（二）树体消毒

苹果树萌芽前喷 5 波美度石硫合剂、70％甲基硫菌灵粉剂、45％代森铵水剂、5％菌毒清水剂等药剂，清除树体上的菌源。

（三）花期防治

苹果树花期如果遇雨，雨后尽快喷药；花期如果无雨，落花期喷一次药，重点喷好花器，防止花器感染。可选药剂有 70％甲基硫菌灵可湿性粉剂 800～1 000 倍液、80％代森锰锌可湿性粉剂 600～800 倍液、40％氟硅唑乳油 8 000～10 000 倍液、50％多菌灵可湿性粉剂 800 倍液、10％苯醚甲环唑水分散粒剂 4 000 倍液、43％戊唑醇悬浮剂 3 000 倍液。由于落花期也是多种害虫防治的关键时期，所以，此次用药可与阿维菌素、螨死净、吡虫啉、哒螨灵、啶虫脒等杀虫杀螨剂一道使用。

（四）套袋前防治

苹果树落花后至套袋前，每次降雨之后都应喷药，以上述药剂混合氨基酸钙等钙制剂为主；套袋前对果实进行最后一次喷药，以杀菌剂混合杀虫剂为主。常用药剂有 80％代森锰锌可湿性粉剂＋10％吡虫啉可湿性粉剂、70％甲基硫菌灵可湿性粉剂＋3％啶虫脒微乳剂；10％苯醚甲环唑水分散粒剂＋1.8％阿维菌素乳油、50％多菌灵可湿性粉剂＋15％哒螨灵乳油、40％氟硅唑乳油＋5％高效氯氰菊酯乳油。

（五）选用优质果袋

果袋质量的好坏不仅直接关系着套袋效果，而且与病害发生轻重关系很大。因此，外纸袋一定要选用针叶树木原料造的木浆纸，且纸质厚薄要适中，柔软细韧，透气性好，遮光性强，不渗水，经得起风吹日晒雨淋，边口胶合严；内袋要不褪色，蜡质好而涂蜡均匀，抗水，在高温日晒下不溶化。

（六）提早套袋

据各地试验，提早套袋可使幼果早适应袋内环境，果面也更细腻。套膜袋的以谢花后 15～20d 为宜；套纸袋的以谢花后 25～35d 为宜；套膜袋加纸袋的，在套膜袋后 15～25d 再套纸袋。套袋时，果袋要鼓胀起来，上封严，下通透，不皱折，不贴果，果实悬于袋的中央。

（七）加强田间管理

生产上常常看到套袋苹果黑点病与苹果苦痘病、苹果痘斑病混合发生的情况，以至于很难确切诊断主要发病原因。为此，要加强田间综合管理，尤其要做好夏季的疏枝、拉枝工作，使叶幕层厚薄适宜，通风透光，降低果园空气湿度，营造不利于病原菌滋生的果园环境；果实生长中后期，控施氮肥，避免氮、磷、钾等矿质元素失调，提高果实自身抗病能力；秋季多雨时，注意排水，以降低土壤含水量和空气湿度。秋季施足有机肥，平衡有机营养与无机营养，为来年生产打好基础。

（八）人工摘除花器残体

试验表明，苹果树落花期人工摘除花丝花柱，可以有效防止套袋苹果黑点病的发生，其原因是去除了病原菌赖以生存的基础物质。此方法可以结合定果工作一道进行，只需将定果工作提前到落花期。该项工作时效性很强，必须掌握在花柱彻底枯萎之前完成。

李夏鸣（山西省农业科学院果树研究所）

第 11 节　苹果花腐病

一、分布与危害

苹果花腐病是苹果花期的一种病害，苹果开花期遇低温多雨发病严重。苹果花腐病在我国北方春季阴冷潮湿地区发生较重，吉林、辽宁、黑龙江、河北、山东、云南、陕西、四川、新疆等地均有发生。苹果花腐病主要侵害苹果花器，导致苹果不能坐果。一旦发病可减产 20％～30％，严重时达 50％以上，甚至绝产。

二、症状

苹果花腐病主要侵染花器、幼果、叶片和嫩枝，分别引起花腐、果腐、叶腐和枝腐。

苹果花现蕾后即可被病原菌侵染。初期病斑褐色、水渍状，随病斑扩展整个花器变褐萎垂。病原菌能沿花柄继续向下蔓延至枝条。天气潮湿时，病部产生大量的灰白色霉状物，即病原菌的分生孢子梗和分生孢子（彩图 11 - 11 - 1）。

苹果开花后，病原菌孢子可从花柱侵入，沿花柱到达子房壁，再扩展到幼果表面。幼果发病，果实表面先形成褐色水渍状圆形病斑，并溢出褐色黏液，有特殊的发酵气味。病斑迅速扩大，使全果腐烂。

病原菌主要侵染幼嫩叶片，新叶展开 2～3d 后，在叶尖、叶缘或叶脉两侧形成圆形、水渍状褐色小病斑，逐渐扩大为不规则形红褐色病斑，病斑沿叶脉向叶柄扩展，直达病叶基部，病叶凋萎下垂，潮湿时在病部产生大量的灰白色分生孢子梗和分生孢子。

病原菌可沿叶柄、花柄和果柄向下蔓延至新梢，在嫩茎上产生褐色的溃疡状病斑，发病部位下陷、龟裂。若病斑环切枝条，上部枝梢会枯死。

三、病原

苹果花腐病病原为苹果链核盘菌 [*Monilinia mali* (Takah.) Whetzel，异名：苹果核盘菌 (*Sclerotinia mali* Takah.)]，属子囊菌门链核盘菌属真菌，产生子囊盘，无性型为日本丛梗孢 (*Monilia japonica* L. R. Bartra)，产生分生孢子。

子囊盘产生于黑色长圆形菌核上，褐色或浅褐色，盘状，直径 1～8mm，最大 18mm。子囊呈长棒状，整齐排列在子囊盘上，顶部钝圆，基部稍细，大小为 (130～187) μm×(7.5～10.6) μm；子囊内有 8 个子囊孢子，单行排列。子囊孢子呈长椭圆形，无色，单胞，大小为 (7.5～14.5) μm×(4.5～7.5) μm。子囊盘的发育过程可划分为 4 个阶段：火柴头形→烟嘴形→漏斗形→蘑菇形，其发育速度与温湿度有直接关系，温湿度高则发育速度快，相反则发育慢。

分生孢子单胞，无色，近圆形或柠檬形，链状串生，两端连接处有小的突起，大小为 (12.1～16.2) μm×(8.1～13.5) μm，分生孢子成熟之后即随空气传播飞散，侵染柱头。分生孢子量非常大。

四、病害循环

苹果花腐病菌主要在落地的病果、病叶或病枝上形成菌核越冬，翌年春季产生分生孢子或子囊孢子，随气流和风雨飞散传播，侵染花器和叶片。苹果花腐病菌在花器和叶片上的潜育期为 6～7d。病叶、病花上产生分生孢子，借助风雨传播，引起果腐，潜育期为 9～10d。再由叶腐、花腐、果腐引起枝腐。

五、流行规律

苹果花腐病主要发生在苹果萌芽期至幼果期，叶腐最早出现于苹果展叶 2～3d，果腐在 5 月下旬仍能发病。由于年份、品种的不同，发病时期也有一定的变化。

苹果花腐病的发生与温度、湿度、降水量关系密切。春季在苹果树萌芽到展叶期间的低温多雨，是诱发叶腐、花腐的必要条件，其中雨水是主要因素，低温会延长花期，增加花器受侵染的机会。4 月下旬平均相对湿度在 75％以上时，菌丝体即可旺盛生长，并产生大量的分生孢子。

若早春出现以下天气情况，就应及时注意预防苹果花腐病发生，以免影响当年的产量。①早春低温回寒的天气较多，气温变化比较剧烈；②降水量比历年同时期多一倍以上，且延续时间较长；③空气相对湿度较大，阴冷潮湿的天气较多，偶尔还有雾天出现。

六、防治技术

对于苹果花腐病必须坚持以预防为主的综合防治措施，即在消灭病原菌，加强栽培管理，提高树体抗病性的基础上，抓住关键时期及时进行药剂防治。

（一）消灭菌源

在果实采收之后，彻底清除树上和地表的僵果、病叶、病枝，集中烧毁或深埋，并结合春、秋深翻或施基肥，将地面病残组织埋压至 15cm 以下的土中，防止其产生分生孢子和子囊盘。

（二）药剂防治

结合苹果白粉病、苹果锈病等病害的防治，在苹果花露红期喷布一遍稍高浓度的杀菌剂。常用的杀菌剂有 3～5 波美度石硫合剂、70％甲基硫菌灵可湿性粉剂和三唑类杀菌剂等。

发病初期摘除病叶、病花、病果，同时喷施 80％代森锰锌可湿性粉剂 600～800 倍液、70％甲基硫菌灵可湿性粉剂 800～1 000 倍液、64％杀毒矾可湿性粉剂 400～500 倍液、75％百菌清可湿性粉剂 300～500 倍液等杀菌剂。

李保华（青岛农业大学）

第 12 节　苹果褐腐病

一、分布与危害

苹果褐腐病是苹果生产中的一种常见病害，在我国苹果产区分布较广，在山东、河北、陕西、甘肃、云南等省及东北均有发生。该病害不仅侵害苹果，也侵害梨和核果类果树。总体上讲，与核果上的褐腐病相比，苹果褐腐病在世界各地发生都不严重，被认为是次要病害。在我国各地的苹果园中，收获后期常可见到发生苹果褐腐病的烂果，但是到目前为止，还没有见到因苹果褐腐病的发生造成严重损失的报道，也没有该病害造成经济损失的具体数据。

二、症状

苹果褐腐病主要侵害果实，也侵害花和果枝。果实发病通常在果实成熟期和储藏期。发病初期，果实表面形成圆形的浅褐色水渍状病斑，通常始于各种伤口，病斑快速扩展，导致整个果肉部分腐烂。发病后期，病部常可见呈同心轮纹状排列的灰白色至灰褐色小绒球状突起的霉丛。发病果实组织松软，呈海绵状，略具弹性。病果通常脱落，也有少数未脱落的果实失水干缩，形成黑色僵果，残留在树上。病部后期颜色由褐变黑。病原菌在花期侵染可引起花腐。花期侵染一般发生在春季果园湿度比较大的地方。病原菌还能侵染幼枝（梢）引起溃疡，扩展后可引起枝枯（彩图 11 - 12 - 1）。

三、病原

目前报道的苹果褐腐病的病原主要是属于子囊菌门链核盘菌属的果生链核盘菌（美澳型核果褐腐菌）[*Monilinia fructicola* (G. Winter) Honey]、核果链核盘菌 [*M. laxa* (Aderh. et Ruhland) Honey]、果产链核盘菌 [*M. fructigena* (Aderh. et Ruhland) Honey] 和属于丛梗孢属的多子座丛梗孢（*Monilia polystroma* G. C. M. van Leeuwen）。由于这些病原菌在世界各地的分布不同，各地苹果褐腐病的病原也不同。在欧洲，苹果褐腐病的病原有果产链核盘菌和核果链核盘菌。前者在欧洲大陆分布广泛，而且主要侵染果实，引起果腐，后者通常引起花腐和梢枯。在我国，果产链核盘菌和多子座丛梗孢是苹果褐腐病的主要病原，主要引起果腐。前者主要分布在中西部地区，后者主要分布在东部。果生链核盘菌虽然在这些产区存在，但是主要侵害核果，在苹果上极少见到。在美洲和澳大利亚，果生链核盘菌的分布非常广泛，但是也是主要侵染核果，只是偶尔侵染受伤的成熟苹果。多子座丛梗孢最初是在日本发现的，近年来在我国和匈牙利也有报道。到目前为止，关于该病原菌各方面的相关信息都很少。

病原菌分生孢子椭圆形或柠檬形、单细胞、无色、串生。分生孢子的大小为（1～31）μm×（8.5～17）μm，虽然几个种间有差异，但是由于不同文献中记载分生孢子产生的条件不一致，难以比较。果生链核盘菌、核果链核盘菌及果产链核盘菌属于子囊菌，有性阶段产生漏斗形或杯形、淡紫褐色的子囊盘。但是，这些病原菌在自然界也主要以无性世代存在。目前在我国还没有这些病原菌的有性生殖阶段的记载。多子座丛梗孢与其他 3 种病原菌在形态上的主要区别是该菌能在马铃薯葡萄糖培养基中产生大量的黑色子座。该菌的有性阶段目前还没有发现（图 11-12-1）。

四、流行规律

苹果褐腐病菌主要以菌丝体在病果（僵果）、果柄和幼枝上的溃疡斑内越冬。僵果上的分生孢子也能越冬，但是分生孢子的越冬存活率很低。在适合的条件下，越冬的僵果和病斑在第二年春天可形成大量具有活性的分生孢子。分生孢子经雨水和风传播，条件适合时，可在花期侵染花。菌丝可从花上扩展到木质组织。被侵染的花和幼枝上产生的孢子可侵染成熟的受伤果实。

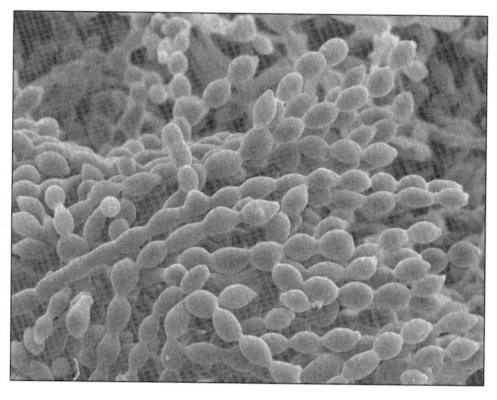

图 11-12-1　果产链核盘菌的分生孢子形态
（朱小琼提供）
Figure 11-12-1　Conidia of *Monilia fructigena*
(by Zhu Xiaoqiong)

针对果产链核盘菌引起苹果褐腐病的研究表明，伤口是苹果褐腐病菌发生侵染的必要条件。果实的成熟度与伤口的年龄也是影响发病率的主要因素。成熟果实上的伤口较幼果上的伤口易被侵染，而新伤口较老伤口易被侵染。

苹果褐腐病在田间的发生通常与病原菌在田间落果上和周围核果类果园中的大量累积有关。果园管理差，病虫害严重，裂果或伤口多，有利于苹果褐腐病的发生。气象条件也对苹果褐腐病的发生有影响。高温和高湿都有利于病害的发生，秋雨较多的年份苹果褐腐病易发生。

五、防治技术

（一）栽培措施

合理整形修剪，以利于树体的通风透光、药液的穿透和水分的蒸发。及时清除树下的落果和病果；秋末进行果园深翻，以掩埋落地病果；春季剪掉溃疡病枝和树上的僵果并烧毁；建设好果园的排灌系统，防止水分供应失调而造成严重裂果。加强果园害虫和鸟类的管理，减少果实上伤口的形成。

（二）化学防治

许多杀菌剂，如甲基硫菌灵、克菌丹、戊唑醇、啶酰菌胺等对苹果褐腐病都有防治效果。可结合苹果轮纹病和苹果炭疽病等果实病害进行防治。苹果花前和花后喷施杀菌剂可有效防治花腐。果实采收前 2～3 周喷施杀菌剂可降低果实的发病率。

（三）加强采收期和储藏期的管理

采收、包装、运输过程中避免果实因挤压和碰撞而遭受机械损伤。储运前严格剔除病、虫、伤果。可用杀菌液或表面消毒液浸果处理，然后在 0.5～5℃下低温保存。一旦发现病果，及时清除。

国立耘　周涛（中国农业大学）

第 13 节　苹果银叶病

一、分布与危害

苹果银叶病在我国河南、山东、安徽、山西、河北、江苏、上海、甘肃、云南、贵州、黑龙江等地均有发生，黄河故道发生较重，可造成树势衰弱，果实变小，降低产量和品质。除侵害苹果，还可侵害梨、桃、杏、李、樱桃、枣等。

二、症状

苹果银叶病外部症状主要表现在叶片上，受害叶片呈银灰色，有光泽。内部症状主要表现在木质部，木质部往往变为褐色，较干燥，有腥味，发病越重，木质部变色越重。在有病原菌生长的木质部，未见到明显的组织腐烂现象。苹果银叶病菌侵染苹果树枝干后，菌丝在枝干内生长蔓延。向下扩展到根部，向上可蔓延到一、二年生枝条上，在枝条木质部生长的病原菌产生一种毒素，随着导管系统输送到叶片，使叶片表皮与叶肉分离，气孔也失去了控制机能，空隙中充满了空气。由于光线反射，致使叶片呈现灰色，略带银白色光泽，因此称为银叶病，病树往往先在一枝条上出现症状，以后逐渐增多，直至全株叶片均呈银灰色。病树长叶后，病叶颜色较正常略淡，逐渐变为银灰色。秋季，苹果银叶病症状较显著。银灰色病叶上，有褐色、不规则的锈斑发生。重病树生长前期也出现锈斑。用手指搓病叶时，表皮易碎裂、卷曲。根蘗苗仍可出现银叶症状。病树经2～3年死亡。

三、病原

苹果银叶病病原为银叶菌（*Chondrostereum purpureum*（Pers.：Fr.）Pouzar，异名：紫韧革菌 [*Stereum purpureum*（Pers.：Fr.）Fr.]），属担子菌门银叶菌属真菌。菌丝无色，有分枝和分隔，菌丝体雪白色，厚绒毯菌团，子实体单生或成群发生在枝干的阴面，子实体有浓烈的腥味，初期为圆形，逐渐扩大成鳞片状，着生在病枝的外表呈软革质状平伏，上缘反卷。子实体平滑，黄色或紫褐色，边缘有白色绒毛，背面有黑色线状横纹。担孢子单胞，无色，近椭圆形，薄壁，一端尖，一端扁平；大小为（5～7）μm×（3～4）μm。

四、病害循环

苹果银叶病菌主要以菌丝体在有病枝干的木质部内越冬，或以子实体在病部外表越冬；以担孢子通过风雨传播，从伤口侵入，以后菌丝体在寄主木质部内生长。当年被侵染的树，要到第二年才表现出症状。后期在病部产生子实体，再以担孢子传播侵染。

五、流行规律

（一）树体伤口

据观察，80%以上的病枝均有伤口，距伤口近的辅养枝或小枝以及在大伤口附近的主、侧枝上的叶片，一般先表现银叶症状，特别是领导干转主换头和枝干折裂的树，极易发生银叶病。

（二）地势

不同地势下的苹果树银叶病发病率存在差异，以洼地最重，平地次之，坡地最轻。土壤排水和通气性良好，根系分布层内不淤积地下水，一般不利于苹果银叶病发生；反之，土壤积水造成根系的窒息状态，苹果银叶病发生较重。

（三）品种抗病性

苹果品种中以小国光、红魁、黄魁发病最重，其次为元帅、国光、红玉，再次为祝光、青香蕉、金帅、红奎等，而红玉、鸡冠发病甚轻。不同地区品种抗病性的表现，不完全一致。

（四）气候条件

阴雨多湿有利于病原菌子实体的产生。7～8月雨水多，湿度大，有利于病原菌的繁殖和传播。

六、防治技术

防治苹果银叶病的策略在于增强树势，清洁果园，减少病原菌污染。

（一）加强果园管理

地势平坦、低洼果园，加强排水设施，防止园内积水；增施有机肥料，改良土壤；防治其他枝干病虫害，以增强树势；减少伤口，减轻苹果银叶病的发生。

（二）清洁果园

果园内应铲除重病树和病死树，刨净病树根，除掉根蘗苗，锯去初发病的枝干；清除病原菌的子实体，病树刮除子实体后伤口要涂抹石硫合剂或硫酸-八羟基喹啉溶液消毒；清除果园周围的杨柳等病残株。所有病组织都要集中烧毁或搬离果园作其他处理，以减少病原菌来源。

（三）保护树体，防止受伤

轻修剪，锯除大枝最好安排在树体抗侵染力最强的夏季（7～8月）进行。伤口要及时消毒保护，先削平伤口，然后用较浓的杀菌剂进行表面消毒，并外涂波尔多液等保护剂。

（四）药剂防治

对早期发现的轻病树，在加强栽培管理的基础上，采取药剂治疗。用硫酸-八羟基喹啉丸剂对病树进行埋藏治疗有一定效果。如果在小枝上表现银叶症状，应把药剂埋藏在小枝的基部或与其相连的大枝中；大枝的叶片发病时，则应把药剂埋藏在该大枝的树干内。在树体果实膨大期，任何时候埋藏均可，但以早期进行为好。药剂埋藏的具体方法为用直径1.5cm的钻孔器钻成深3cm左右的孔，再用软木塞或接蜡封好孔口。埋藏药量按枝条直径而定，直径10cm左右埋藏1丸较为适宜。如果枝条较粗，钻孔数目多时，每隔10cm左右螺旋状错开孔埋藏，每穴埋藏1g硫酸-八羟基喹啉丸剂。

曹克强（河北农业大学）

第 14 节　苹果根部病害

一、分布与危害

苹果根部病害是多种侵害苹果树根部的病害总称，主要有苹果根朽病、苹果紫纹羽病、苹果白纹羽病、苹果白绢病、苹果圆斑根腐病、苹果根癌病和苹果毛病病。这些病害除了侵害苹果，还可以侵害多种果树和树木，发病后，往往造成树势衰弱，严重的引起植株死亡。

二、症状

（一）苹果根朽病

苹果根朽病主要侵害苹果树根颈部和主根，扩展很快，可沿主根、主干上下扩展，造成环腐而致使病树枯死。病部表面为紫褐色水渍状，有时溢出褐色液体。皮层内、皮层与木质部之间充满白色至淡黄色的扇状菌丝层。新鲜的菌丝层或病组织在黑暗处可发出蓝绿色的荧光。病组织有浓厚的蘑菇气味。高温多雨季节，在潮湿的病树根颈部或露出土面的病根处常有丛生的蜜黄色蘑菇状子实体。发病初期仅皮层腐烂，后期木质部也腐朽。地上部表现为局部枝条或全株叶片小，黄化脱落。枝条抽梢很多，新梢变短，开花多，结果多，但果实小且味劣。该病主要侵害成年树，尤其老树受害重。

（二）苹果白绢病

苹果白绢病主要发生在果树及苗木根颈部，发病初期，根颈皮层出现水渍状暗褐色病斑，逐渐凹陷并向周围扩展，上生白色绢丝状的菌丝层。在潮湿条件下，菌丝层可蔓延到病部周围的地面上。后期，皮层腐烂，有酒糟味，在病部长出许多油菜籽状的棕褐色菌核。最终，病株茎基部皮层完全腐烂，全株萎蔫死亡。地上部发病后，叶片逐渐变小发黄，枝条节间缩短，结果多而小。苗木及成年树均可发病，幼树发病后很快死亡（彩图11-14-1）。

（三）苹果圆斑根腐病

苹果圆斑根腐病多先从须根（吸收根）发病，病根变褐枯死，后肉质根受害。从吸收根开始，支根、侧根、主根依次发病。发病初绕须根形成红褐色圆斑，病斑扩大，并深达木质部，使整段根变黑坏死。地上部表现为萎蔫、青干、叶缘枯焦、枝枯等症状（彩图11-14-2）。

（四）苹果紫纹羽病

苹果紫纹羽病多从细支根开始发生，逐渐扩展到侧根、主根、根颈甚至地面以上。发病初期，根部表面出黄褐色不规则形斑块，皮层组织褐色。病根的表面生有暗紫色绒毛状菌丝膜、根状菌索和半球状暗褐色的菌核。后期病根皮层腐烂，但表皮仍完好地套在外面，最后木质部也腐烂。病根及周围土壤有浓烈的蘑菇味。地上部表现为植株生长衰弱，节间缩短，叶片变小且发黄，病情发展比较缓慢，病树往往经过数年后才衰弱死亡（彩图11-14-3）。

（五）苹果白纹羽病

苹果白纹羽病先从细根开始发生，以后扩展到侧根和主根。病根表面绕有白色或灰白色的丝网状物，即根状菌索。后期变为灰褐色，有时其上形成小黑点（子囊壳）。病根无特殊气味。有的病株当年死亡，有的则发病2~3年后死亡。地下部发病后，地上部表现为树势衰弱，生长缓慢，果实停长，萎缩，叶片黄化早落等症状（彩图11-14-4）。

（六）苹果根癌病

苹果根癌病又称苹果根肿病。主要发生在根颈部，也发生于侧根和支根上。发病初期在病部形成幼嫩的灰白色瘤状物，内部组织松软，表面粗糙不平。随着瘤状物体积不断增大，颜色逐渐变深为褐色，表皮细胞枯死，组织木质化。在瘤状物周围或表面常发生一些细根。病株根系发育不良，地上部衰弱矮小（彩图 11-14-5）。

三、病原

苹果根朽病病原为阻碍蜜环菌（*Armillaria tabescens* (Scop.) Emel，异名：阻碍假蜜环菌 [*Armillariella tabescens* (Scop.) Singer]），属担子菌门蜜环菌属真菌。苹果白绢病病原为罗耳阿太菌 [*Athelia rolfsii* (Curzi) C. C. Tuet Kimbr.]，属担子菌门阿太菌属真菌；无性型为齐整小核菌（*Sclerotium rolfsii* Sacc.）。苹果圆斑根腐病病原主要有尖镰孢（*Fusarium oxysporum* Schltdl. ex Snyder et Hansen）和腐皮镰孢 [*F. solani* (Martius) Appelet Wollenw. ex Snyder et Hansen]。苹果紫纹羽病病原为桑卷担菌（*Helicobasidium mompa* N. Tanaka），属担子菌门卷担菌属真菌。苹果白纹羽病病原为褐座坚壳（*Rosellinia necatrix* Prill.），属子囊菌门座坚壳属真菌，无性型为白纹羽束丝菌 [*Dematophora necatrix* (Hart.) Berl.]。苹果根癌病病原为根癌土壤杆菌 [*Agrobacterium tumefaciens* (Smith et Townsend) Conn]，属薄壁菌门土壤杆菌属。

四、病害循环

（一）苹果根朽病

苹果根朽病菌以菌丝及菌索在带有病组织的土壤中长期营腐生生活，在病树桩内的病原菌可存活 30 年之久。病害在果园扩展主要依靠病根与健根的接触和病残组织的转移，也可以通过菌索蔓延，直接或从伤口侵入根内。病原菌子实体产生的大量担孢子随气流传播，飞落在树木或残桩上，在适宜环境条件下萌发、侵入，在残桩上蔓延至根部并产生菌索，然后可直接侵入健康根部。

（二）苹果白绢病

苹果白绢病菌以菌丝体和菌核在病组织和土壤中越冬。主要靠雨水、灌溉水、土壤和菌丝的蔓延等进行近距离传播，通过带病苗木的调运进行远距离传播。在适宜的温度下，菌核萌发产生菌丝，从根部或近地面的茎基部直接侵入或从伤口侵入。

（三）苹果圆斑根腐病

苹果圆斑根腐病菌为土壤习居菌，能在土壤中长期营腐生生活，当果树根系衰弱时侵染致病，随流水和土壤传播，主要通过伤口侵入。

（四）苹果紫纹羽病

苹果紫纹羽病菌以菌丝体、根状菌索或菌核在病根上或遗留在土壤中越冬，病原菌在土壤中能存活多年。当接触到寄主健康根系时，便直接侵入。病、健根接触也可传病。担孢子寿命较短，在侵染中作用不大。

（五）苹果白纹羽病

苹果白纹羽病菌以菌丝体、根状菌索或菌核随病根在土壤中越冬。条件适宜时菌核和根状菌索长出营养菌丝，从根表皮孔侵入，侵染新根的柔软组织。病、健根相互接触可以传病，并可通过带病苗木调运进行远距离传播。

（六）苹果根癌病

苹果根癌病菌可在土壤和病组织皮层内越冬，主要借雨水、灌溉水和土壤进行近距离传播，远距离传播靠种苗的调运，通过伤口侵入。

五、流行规律

苹果根部病害的发生与树龄、树势、气候条件、土壤条件关系密切。树势衰弱的果园、老果园根部病害发生重，树势增强后，根部病害减轻。一般多雨、潮湿的气候条件利于苹果根部病害的发生。地势低洼、土壤瘠薄、缺肥少水、土壤板结、通透性差利于病害的发生。地下害虫、线虫多，容易使根受伤，利于病原菌的侵入，增加发病的概率。由旧林地或苗圃地改建的果园根朽病、紫纹羽病和白绢病发病重。

六、防治技术

（一）选地建园，选用无病苗木和苗木消毒

不要在旧林地和苗圃地建果园，不要在老果园育苗。苗木要经过严格检查，剔除病苗和弱苗或进行消毒处理。发生真菌性根部病害的用多菌灵、甲基硫菌灵处理，发生细菌性根部病害的用链霉素、硫酸铜处理。

（二）加强果园的栽培管理，培育壮树

地下水位高的果园，要做好排水工作，雨后及时排除积水。合理施肥，避免偏施氮肥，氮、磷、钾肥要配合使用，增施有机肥。合理修剪，合理负载，及时防治其他病虫害，保证果树的健壮生长。

（三）病树治疗

经常检查果园，发现病树，立即处理，防止病害扩展蔓延。寻找发病部位，彻底清除所有病根，对伤口进行消毒，再涂以波尔多液等保护剂，用无病土或药土〔由五氯硝基苯以 1：（50～100）的比例与换入的新土混合而配制〕覆盖。常用消毒剂有硫酸铜、石硫合剂、多菌灵等。

（四）隔离病原菌和土壤消毒

在病株周围挖 1m 以上的深沟，加以封锁，防止病害传播蔓延。每年在早春和夏末分两次进行药剂灌根。灌根时，以树干为中心，开挖 3～5 条放射状沟（沟长以树冠外围为准，宽 30～50 cm，深 40 cm 左右）。有效药剂主要有五氯硝基苯、五氯酚钠、噁霉灵、松脂酸酮、甲基硫菌灵、代森铵等。用放射土壤杆菌菌液在栽前、发病前灌根和穴施或处理苗木可有效预防苹果根癌病的发生。

（五）清除病株

对严重发病的果树，尽早清除。病残根要全部清除、烧毁，并用甲醛或五氯酚钠消毒病穴土壤。如病死树较多，病土面积大，可用石灰氮消毒。

曹克强（河北农业大学）

第 15 节　苹果病毒病

一、分布与危害

苹果树是多年生植物，在自然界的长期繁殖和连续营养繁殖过程中，会感染并积累多种病毒。苹果病毒病是世界各苹果产区的重要病害，目前，几乎所有栽培苹果的国家和地区都有苹果病毒病的发生。根据侵害特点苹果病毒病可分为由非潜隐性病毒引起的苹果病毒病和由潜隐性病毒引起的苹果病毒病两大类。目前，世界上报道的引起苹果病毒病的病毒有 39 种，其中非潜隐性病毒 25 种，潜隐性病毒 14 种。已明确能给苹果生产造成危害的有 16 种，这些病毒不但破坏树体的正常生理机能，使树体生长势减弱、树叶病变（产生花叶等症状），还造成果实产量和品质下降，甚至引起果树死亡。

到目前为止，我国已报道的侵染苹果的病毒有 4 种，分别是苹果花叶病毒、苹果褪绿叶斑病毒、苹果茎沟病毒、苹果茎痘病毒。其中，苹果褪绿叶斑病毒、苹果茎沟病毒和苹果茎痘病毒为潜隐性病毒。本节主要介绍前四种病毒。

（一）苹果花叶病

苹果花叶病在全世界苹果产区均有分布。苹果花叶病不仅可造成苹果树叶片呈花叶症状，而且可使感病品种的树体生长量减少 50%，树干直径减少 20%，苹果产量减少 30%；ApMV 侵染金冠（Golden delicious）、蛇果（Red delicious）、麦金托什苹果（McIntosh）分别造成 46%、42% 和 9% 的产量损失。ApMV 毒性株系侵染 M9、M15、MM104、MM105 等砧木系也可引起非常严重的症状。

苹果花叶病毒在我国苹果产区分布非常普遍，而且近年来，大量栽植感病品种秦冠、金冠等，通过带毒苗木的传播扩散，一些果园的病株率高达 30% 以上，更有甚者，由于苗木管理混乱，个别新建果园的发病率高达 70%。

（二）苹果潜隐性病毒病

苹果潜隐性病毒病主要由 3 种苹果潜隐性病毒［苹果褪绿叶斑病毒（ACLSV）、苹果茎沟病毒（AS-GV）、苹果茎痘病毒（ASPV）］侵染引起，通常单独或混合侵染苹果树，而且混合侵染率高。潜隐性病毒一般不引起明显的症状，但影响嫁接亲和性以及苹果树的发育和产量，其严重度取决于侵染苹果树的潜隐性病毒的种类、数目、病毒株系、砧木类型和树龄。其中，ACLSV 世界性分布，能侵染所有的仁果和核果类果树以及一些野生植物，是为害最大的一类潜隐性病毒，据报道，在我国、前南斯拉夫、德国、意大利和法国，ACLSV 的感染率分别为 41.3%～100%、47%、44.7%、58.6%和 79%。

苹果树受到潜隐性病毒侵染后，2～3 年内生长不受影响，但通常到第四年严重影响树体生长。金冠受 ACLSV、ASGV、ASPV 侵染后产量减少 30%，而且果面光滑度降低，与无病毒植株的果面相比非常显著。嫁接在 M26 砧木上的金冠受潜隐性病毒侵染后树干围长减少 16%，产量减少 12%。

潜隐性病毒在我国苹果主产区广泛发生，侵染率在栽培苹果中达 50%～80%，混合侵染率达60%～100%。潜隐性病毒对在圆叶海棠或三叶海棠砧木嫁接的果树为害十分严重，甚至造成毁灭性损失。目前我国大部分苹果栽培品种和矮化系砧木携带潜隐性病毒，缺乏抗病性。

二、症状

（一）苹果花叶病

苹果花叶病是侵害苹果的一种症状明显的病毒病，主要症状是苹果叶片上出现褪绿花叶病斑，最易识别。苹果花叶病的症状主要有 5 种类型。①花叶：苹果叶片上出现深绿、浅绿相间的病斑，形状不规则，边缘不清晰；②斑驳：叶片上出现黄色病斑，形状不同，大小不等，边缘比较清晰；③网纹：叶脉褪绿黄化，形成网纹状；④环斑：叶上出现黄色、近圆形斑纹或环斑；⑤边缘黄化：叶片边缘黄化，形成褪绿锯齿状镶边。这 5 种类型通常混合出现，在不同的品种和病毒株系间有差异（彩图 11-15-1）。

每年的 6～7 月是苹果花叶病最佳显症期，携带苹果花叶病毒的高龄苹果树和幼树，甚至一年生幼苗均表现花叶症状，而到了 8 月由于高温，有些植株上症状会减轻甚至消退。

（二）苹果潜隐性病毒病

由 ACLSV、ASGV 和 ASPV 侵染引起的苹果潜隐性病毒病一般为隐性侵染，在苹果树上不表现明显的症状，但造成慢性危害。病树树势衰弱，一般叶小且硬，生长不齐，果实成熟晚，个头小，品质劣，产量降低。

ACLSV 侵染一些敏感苹果品种表现为叶变小、畸形、褪绿环纹等症状。在苋色藜接种叶上，产生针尖状坏死斑点，顶部叶片表现为轻斑驳（彩图 11-15-2）。

ASGV 的侵染症状为顶端生长减缓，嫁接部位树皮下的木质部有凹沟，大部分吸收根死亡，树势严重衰退。在相应的指示植物上皮下木质部产生条沟，在昆诺藜上表现为接种叶产生针尖大小的灰白色坏死斑，顶部新叶皱缩反卷、褪绿斑驳（彩图 11-15-3 至彩图 11-15-5）。

感染 ASPV 的病树症状多不明显，呈慢性为害。被侵染的植株叶脉变黄、叶片反卷、果实畸形，并在叶片上产生坏死斑，严重时可导致树体死亡。在相应的指示植物上，树皮内层及白色木质部产生褐色斑块。

三、病原

苹果病毒病的病原主要有 4 种，分别是苹果花叶病毒（*Apple mosaic virus*，ApMV）、苹果褪绿叶斑病毒（*Apple chlorotic leaf spot virus*，ACLSV）、苹果茎沟病毒（*Apple stem grooving virus*，ASGV）、苹果茎痘病毒（*Apple stem pitting virus*，ASPV）。其中，苹果茎沟病毒被列为我国进境植物检疫对象。

苹果花叶病由苹果花叶病毒侵染引起，ApMV 为雀麦花叶病毒科（*Bromoviridae*）等轴不稳环斑病毒属（*Ilarvirus*）成员，病毒粒体球形，有两种直径大小的粒体，分别为 25nm 和 29nm。热钝化温度为 54℃（10min），体外存活期很短，几分钟到几小时，稀释限点为 2×10^{-3}。基因组为 4 条正单链 RNA，分别为 RNA1、RNA2、RNA3 和 RNA4，其中，RNA4 为 RNA3 表达的亚基因组长度分别约为 3 476nt、2 979nt、2 056nt、891nt，RNA1 和 RNA2 各编码 1 个开放阅读框（ORF），均翻译为复制酶蛋白，大小分别约为 118ku 和 100ku，RNA3 编码 ORF3，翻译为移动蛋白，大小约为 32ku，RNA4 编码 ORF4，翻译为大小约 24ku 的外壳蛋白；基因组 5′端有帽子结构，3′端有 poly（A）尾巴。寄主范围非常广，可以侵染 19 科 65 种植物，鉴别寄主有黄瓜、长春花、豇豆。

三种苹果潜隐性病毒（ACLSV、ASGV、ASPV）均为 β 弯曲病毒科（*Beta flexiviridae*）成员，病毒粒体均为弯曲线状，直径为 12～13nm，长度不等，600～1 000nm，基因组均为正单链 RNA，编码蛋白数目不同。

苹果褪绿叶斑病毒（ALSV）为纤毛病毒属（*Trichovirus*）的代表成员。病毒粒体为弯曲线状，大小为（640～890）nm×（10～12）nm，热钝化温度为 55～60℃，体外存活期 20℃ 以下为 1d，4℃ 以下为 10d，稀释限点为 10^{-4}。基因组为正单链 RNA，全长 7 555nt，编码 3 个互相重叠的 ORF，分别编码分子质量为 216.5ku 的复制相关蛋白（ORF1）、50.4ku 的运动蛋白（ORF2）及 21.4ku 的外壳蛋白（ORF3），基因组 5′端有帽子结构，3′端有 poly（A）尾巴。1959 年英国学者 Lackwi 和 Campbe 首次报道 ACLSV 为苹果潜隐性病毒，我国于 1989 年初次报道了苹果树上的 ACLSV。其寄主范围广泛，除侵染苹果，还可侵染梨、桃、李、杏等多种落叶果树以及 8 科 15 种草本植物。鉴别寄主有苏俄苹果、昆诺藜、苋色藜。

苹果茎沟病毒（ASGV）属发形病毒属（*Capillovirus*），病毒粒体为弯曲线状，大小为（640～700）nm×12nm。热钝化温度为 60～63℃，体外存活期为 2 d，稀释限点为 10^{-4}。基因组为正单链 RNA，全长 6 496 nt，编码 2 个重叠的 ORF，ORF1 编码一个分子质量 241ku 的多聚蛋白，ORF2 在 ORF1 内部，编码一个分子质量为 36ku 的移动蛋白。基因组 5′端有帽子结构，3′端有 poly（A）尾巴。美国学者 Waterworth 在 1965 年首次报道了苹果树上的 ASGV，我国于 1989 年首次报道了苹果树上的 ASGV。除侵染苹果，ASGV 还能侵染昆诺藜、苋色藜、豇豆、笋瓜等 5 科 13 种草本植物。鉴别寄主有弗吉尼亚小苹果、昆诺藜、心叶烟、菜豆。

苹果茎痘病毒（ASPV）为凹陷病毒属（*Foveavirus*）的代表种，病毒粒体为弯曲线状，大小为（800～1 000）nm×（12～15）nm。热钝化温度为 55～62℃，体外存活期为 0.3～1.0d（25℃），稀释限点为 $10^{-3}～10^{-2}$。基因组为正单链 RNA，全长约 9 306nt，编码 5 个 ORF，其中，ORF1 编码复制酶蛋白（247ku）；ORF2～ORF4 编码与移动相关的三联体蛋白，大小分别为 25ku、13ku、7ku；ORF5 编码病毒外壳蛋白，大小为 44ku。基因组 5′端有帽子结构，3′端有 poly（A）尾巴。可以侵染苹果、梨、樱桃、樱花和海棠，还可人工接种多种木本和草本植物。鉴别寄主有西方烟、弗吉尼亚小苹果等。

苹果花叶病毒、苹果褪绿叶斑病毒、苹果茎沟病毒和苹果茎痘病毒的病毒粒体形态电子显微镜观察图见图 11 - 15 - 1 至图 11 - 15 - 4。

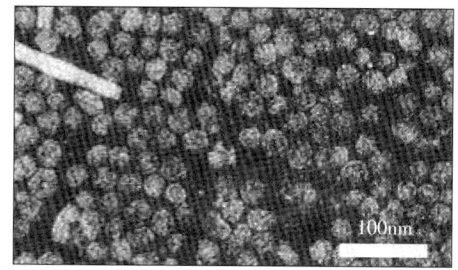

图 11 - 15 - 1　苹果花叶病毒（国立耘提供）
Figure 11 - 15 - 1　*Apple mosaic virus*
（by Guo Liyun）

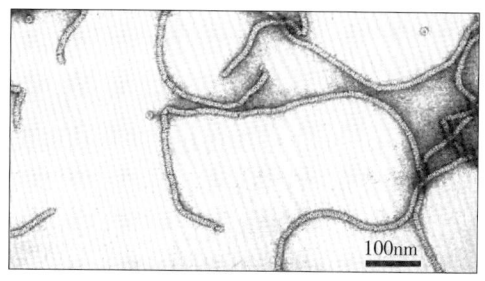

图 11 - 15 - 2　苹果褪绿叶斑病毒（国立耘提供）
Figure 11 - 15 - 2　*Apple chlorotic leaf spot virus*
（by Guo Liyun）

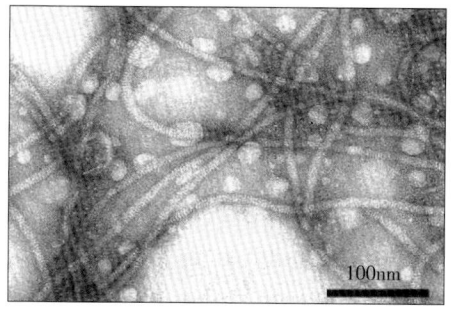

图 11 - 15 - 3　苹果茎沟病毒（国立耘提供）
Figure 11 - 15 - 3　*Apple stem grooving virus*
（by Guo Liyun）

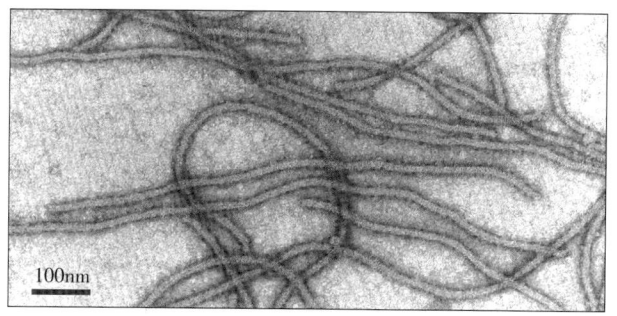

图 11 - 15 - 4　苹果茎痘病毒（国立耘提供）
Figure 11 - 15 - 4　*Apple stem pitting virus*
（by Guo Liyun）

四、病害循环

苹果病毒病主要通过无性繁殖材料的嫁接和被病毒污染的工具侵染和传播，苹果树一旦被病毒侵染，终生带毒，没有明显的侵染循环。苹果花叶病毒潜伏期较短，一般为 3～24 个月，二年生幼苗即表现明显的花叶病症状，嫁接后有的当年即表现花叶病症状，症状表现与品种、病毒株系和气候条件有关系。苹果花叶病在春季苹果树萌芽后即表现症状，显症高峰一般在每年的 6～7 月，到了 8 月，由于高温，有些植株上症状会减轻甚至消退。苹果潜隐性病毒的潜伏期较长，一般感染 2～3 年内果树生长不受影响，从第四年开始影响树体生长，逐渐造成树势衰弱，盛果期缩短。

五、流行规律

苹果病毒病主要通过受病毒侵染的砧木、芽和接穗等繁殖材料在嫁接过程中传播扩散，嫁接、修剪等管理过程中用到的刀、剪、锯等工具也可以传播病毒，此外，病毒还可以通过病株和健康植株的自然根接传播。目前尚未证实有特定的传毒昆虫。曾有报道蚜虫和木虱可以传播苹果花叶病毒，但尚未得到证实。另有报道线虫可以传播苹果褪绿叶斑病毒，也未得到证实。目前尚未排除种子带毒的可能性，即使带毒，带毒率在 1/1 000 以下。目前我国栽培的大多数品种和矮化砧木带毒，随意嫁接是造成苹果病毒病快速传播扩散流行的主要因素。

六、防治技术

苹果病毒病作为一种系统性侵染、传播性强、主要经苗木和嫁接传播扩散的病害，与真菌等局部发病的病害存在明显区别，一是多数为潜隐性发病，难以直接观察到症状；二是一旦被侵染，果树将全树终生代毒；三是目前没有有效的药剂能够防治病毒病；四是果树的生长期长，如果苗木带毒，将给果品生产带来长期且持续的危害。因此，针对果树病毒病，国际上主要采用的防控措施是利用无毒苗木和实行无毒化栽培管理措施。

世界上的主要果树生产先进国家和地区，如美国、加拿大、英国、瑞士、日本、澳大利亚等，通过对果树病毒病进行的长期系统研究，建立了完善的病毒病研究和防控体系，建立了利用无毒苗木和无毒化栽培管理的防控措施，确保了苹果高产和优质，保证了经济和社会效益。苹果无病毒栽培已经成为现代苹果生产中一项重要的先进技术。

我国在 20 世纪 50 年代中期至 60 年代初对苹果花叶病等病毒病的症状、传播途径和防治方法开展了一些研究工作。20 世纪 80 年代初，果树病毒病研究被列为国家重点科技攻关项目，开始对果树病毒病进行系统研究，研究水平不断提高，并制定了苹果无病毒苗木行业标准、苹果无病毒母本树和苗木检疫规程，在一些省份推广无病毒苗木。但遗憾的是这一防控措施未能持续下来。2000 年以来，果树病毒病没有受到重视，苗木管理混乱，苗圃病毒病发病率高，虽然新建果园发展迅速，但没有注意病毒病的防范，致使目前病毒病成为制约我国苹果健康高效发展的隐性病害之一。

目前还没有有效的药剂治疗苹果病毒病，所以不要盲目用药，主要防治措施是防止病毒扩散。

（一）把好苗木关

由于苹果病毒病主要通过嫁接传播，无毒苗木是防控的关键。应从无毒化苗木生产基地购买无病毒苗木。在树苗长出新叶后，若发现有花叶症状和叶片畸形，及时挖除病树，补栽新树。

（二）果园管理中严防交叉感染

对树势衰弱树和锈果病病树，发现后尽量刨除，更换新树。

发现带有病毒的植株后应做上标记，修剪、疏花疏果时应尽量使用专门的工具，避免和健康植株共用修剪工具，或者对修剪工具进行肥皂水消毒处理。因目前多数苹果树均被病毒侵染，在修剪时可准备两套工具，将修剪完一棵树后的工具浸在肥皂水中处理，再使用第二套工具修剪另外一棵树。

在做嫁接和高接换头时，务必从健康树上取枝条或购买有质量保证的枝条，否则病毒病会很快传播为害。要防止在带毒树上高接无病毒接穗或在感病砧木上嫁接带毒接穗。

（三）追施有机肥，增强树势

对处于结果盛期的带毒病株追施有机肥，增强树势，尽量延迟病毒病导致的树势衰弱。针对潜隐性病毒普遍发生，不易识别，且对树势为害大的特点，在果园管理中应加大有机肥的施用量，尽量不单独施用化肥，同时控制好大小年，延长植株的盛果期。建议在每年采收后立即补施有机肥，按每棵树 30～50kg 施用，能有效延缓树势衰弱。

国立耘（中国农业大学）

第 16 节　苹果类病毒病

一、分布与危害

苹果类病毒病是侵害苹果果实的重要病害，苹果树一旦被类病毒侵染，将终生带毒。常见的苹果类病毒病有苹果锈果病和苹果凹果病，造成果实表面形成果锈、花脸、斑痕、凹陷等畸形症状，果实硬度增加，风味变劣，不耐储藏，致使果实经济价值极低或完全失去经济价值。苹果类病毒病在果园中传播速度快，且具有隐蔽性特点，仅在果实上表现症状，严重危害苹果产业的发展和果农的增收，其中又以苹果锈果病为害最为广泛和严重。苹果锈果病在世界苹果产区均有分布，在我国各苹果产区均有发生且传播较快，个别果园病株率已达 20％。苹果锈果病在国光上形成严重的锈果，近几年在富士上蔓延侵害严重，造成花脸果。苹果凹果病是最近发现的新病害，侵害富士等主栽品种，在我国新疆、山东等苹果产区有零星发生。

二、症状

目前发现的苹果类病毒病仅在果实上表现症状，叶片和枝干上没有明显的症状，幼树不表现症状。苹果果实在最初膨大期即在果实表面表现小块水渍状，随着果实膨大，病斑面积扩大，病斑处生出果锈或不着色。套袋苹果在摘袋后开始表现明显的症状，果实表面凹凸不平，着色不均匀。苹果锈果病造成果实表面花脸、果锈、凹凸不平；苹果凹果病造成果实表面凹凸不平，着色不均匀（彩图 11-16-1 至彩图 11-16-3）。

三、病原

苹果类病毒病的病原主要有苹果锈果类病毒（*Apple scar skin viroid*，ASSVd）、苹果凹果类病毒（*Apple dimple fruit viroid*，ADFVd）。这两种类病毒在分类上均属马铃薯纺锤块茎类病毒科（*Pospiviroidae*）苹果锈果类病毒属（*Apscaviroid*），分子形状为杆状。类病毒（viroid）是一类基因组为单链环状 RNA 的分子寄生物，能够完成复制增殖，但不编码蛋白质，目前仅在植物中发现。

苹果锈果类病毒（ASSVd）基因组通常含 330 个核苷酸，存在于细胞核内，基因组为 1 条环状的单链 RNA，具有 5 个功能区，形成稳定的杆状和拟杆状二级结构，1 个中央保守区和 1 个末端保守区。1983 年，日本首次报道在苹果锈果病果实中检出类病毒 RNA。随后我国也从苹果锈果病枝条上检出类病毒（图 11-16-1）。

苹果凹果类病毒（ADFVd）基因组 RNA297～300 nt，包含苹果锈果类病毒组的整个保守区域。该病毒首先在意大利发现，因在苹果品种 Starking Delicious 上表现出明显的凹果病症而得名。

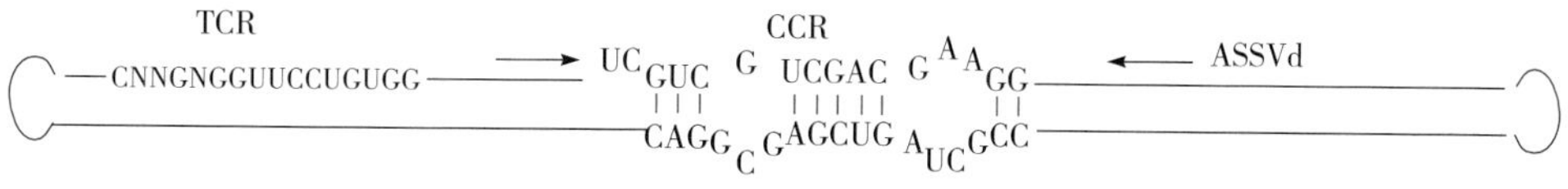

图 11-16-1　苹果锈果类病毒分子杆状结构模型（国立耘提供）
Figure 11-16-1　Molecullar structure of *Apple scar skin viroid*（by Guo Liyun）
注：TCR 为末端保守区域（terminal conserved region），CCR 为中央保守区域（central conserved region）。

四、病害循环

苹果类病毒病主要通过无性繁殖材料的嫁接、被类病毒污染的工具侵染和传播。在苹果实生苗中检测到苹果凹果类病毒,但尚不能完全确认通过种子传播。有报道称介体昆虫和花粉能够传播类病毒。苹果树一旦被类病毒侵染,终生带毒,未结果的幼树观察不到任何症状,结果后即表现症状。该病害没有明显的侵染循环。

五、流行规律

苹果类病毒病在果园中传播速度快,且通常具有成片、成行发生的特点,一种可能是使用了带有类病毒的接穗进行嫁接,另一种可能是通过修剪、花粉飘移、根接等方式造成传播。目前尚未证实有特定的传毒昆虫可以传播苹果类病毒。目前的研究表明,实生苗带有类病毒,推测种子带毒的可能性很大。目前尚未发现对苹果类病毒病有抗性的品种,栽培品种多数感病,幼果即表现症状。

在一个果园的跟踪调查中发现有些多雨的年份苹果锈果病发生轻,花脸果比例小,表明这种病为害程度与气候条件有一定的关系。

六、防治技术

防治苹果类病毒病与防治苹果病毒病类似,首先要从根本上使用无毒苗木,其次是杜绝随意嫁接、乱用刀具等造成病害传播的管理方式,控制病害传播。苹果类病毒病具有为害大,传播速度快,造成的经济损失严重等特点,生产中必须重视,及早发现病果和病株,发现后应立即刨除,降低病害传播风险。目前没有有效的药剂能够防治类病毒病,发现病果后不要用药,否则损失更大。

国立耘(中国农业大学)

第 17 节　苹果苦痘病

一、分布与危害

苹果苦痘病在我国各苹果产区都有分布,以山东、辽宁、河北环渤海湾地区发生较严重,如 2007 年山东烟台地区大发病,受害严重的病果率达 50% 以上,一些在采收时看似完好的果实,经过一段时间的储运后还会发病,给生产造成巨大损失。

二、症状

苹果苦痘病症状表现在果实上,从果实开始着色时显症。发病初期,在红色品种果面上呈现暗红色斑,在绿色和黄绿色品种果面上呈现深绿色斑,病斑以皮孔为中心,周围有暗红色或黄绿色晕圈;随后病部凹陷,呈现褐色病斑,直径 2～10mm;病皮下果肉组织坏死,呈海绵状,半圆形,深入果肉 2～3mm,有苦味;储藏环境湿度大时,病组织被腐生菌寄生,表面呈污白色、粉红色或黑色,易腐烂(彩图 11-17-1)。

三、病因和发病规律

苹果苦痘病通常被认为是缺钙症,确切地说,应为钙营养失调症。美国果树营养学家福斯特提出,苹果果肉的正常含钙水平是干物重的 0.01%～0.03%,果皮和果心含钙比果肉高 2～4 倍。果肉含钙量达 0.025%,即可防止发生钙营养失调症,但钙营养失调症的发生并非完全起因于含钙水平低。据英国调查分析,从随机大量果样的分析结果看,果实钙失调症与果实含钙浓度相关,但从单果分析结果看,并不一定表现出这种关系。另从喷钙试验结果看,喷钙可使苹果苦痘病减轻,但不能完全防止其发生。由此看来,果实含钙水平低,是发生苹果苦痘病的一个因素,但不是唯一因素,还有其他因素。在诸多因素中,苹果果实中的含氮量对发生钙营养失调症有比其他因素的作用都要大的影响。苹果果肉中的氮/钙为 10 时,果实一般不发生钙失调症;当氮/钙达 30 时,多数情况下将发生钙失调症。Saure MC 认为,诱发苹果苦痘病的首要因素是果实生长后期过高的根活力引起的高赤霉素水平。赤霉素水平提高会增加靠近维管束果实的细胞膜透性,增加果实细胞对采后水分胁迫的敏感性,从而诱发苹果苦痘病。钙作为次级因素,会增加苹果苦痘病发生的潜在危险。钙的作用是稳定细胞膜,减少膜透性。然而高赤霉素水平阻碍了钙向果实运输。

　　苹果苦痘病在果实生长前期干旱，后期多雨年份发病重；修剪过重树、营养生长过旺树发病重；栽培品种中，国光、白龙、金冠、红玉、澳洲青苹、红星、新红星易发病，富士苹果套袋栽培后，发病也比较严重；在砧木中，M7 比 M9 对钙吸收能力弱，发病重；增施氮肥可迅速改变果实中的氮含量，而果实中钙含量不会发生改变，从而导致氮/钙升高，发病加重。

四、防治技术

　　合理控制氮肥施用量，往往比一味补钙更见实效。

　　增施有机肥，提高土壤均衡供肥能力，农家肥施入量要达到"斤果斤肥"。

　　增施钙肥，过磷酸钙、硅钙镁等含钙肥料在秋施基肥时混合施入土中；氨基酸钙、硝酸钙等液肥以在套袋前喷施比较好；采后用 3％氯化钙浸果可减轻储藏期发病。

李夏鸣（山西省农业科学院果树研究所）

第 18 节　苹果水心病

一、分布与危害

　　苹果水心病在我国发生范围很广，发病呈逐年上升趋势，严重影响苹果的品质，常给果农造成较大的损失。特别是在我国西部的陕西、甘肃发病较为严重，一般年份病果率 30％左右，严重年份高达 80％以上。在山东、辽宁、河北、山西、河南等省也有不同程度的发病，受害较重的品种有红星、新红星、元帅、长富、寒富、秦冠、红玉、王林、美八、红露等，金冠、国光、嘎拉等品种发病很轻。

二、症状

　　苹果水心病症状仅表现在果实上，其特征是果肉细胞间隙充满细胞液，局部果肉组织呈水渍状，半透明。根据不同品种和受害程度的轻重，病变组织的分布有：①发生于果心；②发生于果实维管束四周；③以上两种情况同时出现；④出现于果肉中任何部位，有的发生于果皮下的组织中，从外表就可看出果肉呈半透明状，甚至果面溢出黏液。病果相对密度较大，含酸量较低，稍甜，有醇味。随着储藏期的延长，病组织败坏，变褐色，甚至发展为内部腐烂。

三、病因

　　苹果水心病是一种生理病害，其发病原因尚不是很清楚。对果实有机和矿质组成的研究结果表明，病组织细胞间隙的液体中有山梨糖醇积累，病果含钙量反常地低，高氮低钙会使病害加重。一般认为苹果水心病是由于山梨糖醇、钙、氮不平衡而发生的病害。

　　Fidler（1973）认为，幼果发育的前 6 周内，要吸收果实所需钙素的 90％，如果此期氮多，新梢生长过旺，会争夺果实中的钙，使果实氮高钙低，发生苹果水心病。但我国仝月澳等（1980）指出，甘肃天水红星苹果虽然水心病严重，但未见新梢生长过旺，也未见氮/钙与发病的关系，怀疑幼果期叶、果钙的争夺为水心病发生的主因。周厚基等（1988）研究证实，从果实发育过程中钙的吸收曲线看出，全过程增长是均匀的，在幼果生长的前 6 周所吸收的果实钙不足最高量的 20％，这明显地降低了幼果期叶、果钙的争夺在水心病发生机制中的重要性。

　　仝月澳等（1978）研究认为，苹果水心病病果中，不但钙的浓度显著降低，而且钾钙比（K/Ca）、钾＋镁与钙比（K＋Mg/Ca），以及钾与钙＋镁比（K/Ca＋Mg）等都随病情加重而升高。在有缺钙生理病害的苹果产区，施用钾肥水心病较重，苹果变绵速度也较快。于忠范等（1995）发现，胶东苹果水心病与病果中钙浓度关系不大，而与钾钙比关系明显，患苹果水心病的果实，钾钙比明显高于正常果实。

四、发病规律

　　延迟采收的果实、初结果树上的果实、树冠外围直接暴晒在日光下出现日灼症状的果实以及在近成熟期昼夜温差较大的地区，果实易发病。在肥料试验中，偏施氮肥的病果率最高；在氮肥基础上，增施磷肥可减轻发病；在氮肥的基础上，再施钾肥，没有进一步减轻病害的发生；施用复合肥的病情比单施某种化肥者轻；喷施 B9（N-二甲氨基琥珀酰胺酸）可降低发病率；有机肥充足的果树很少发生苹果水心病；果实发育过程中多次喷施钙素液肥可以减轻苹果水心病发生；果实和土壤中硼含量越高，苹果水心病发病率就越高，原因是硼对钙的吸收有明显的抑制作用；大果发病重于小果。

五、防治技术

（一）栽培防治

增施有机肥，改善土壤的平衡供肥能力，这是提高果品质量、减少苹果水心病发生的根本措施。根据品种特性，适时分期分批采收，避免因采收过迟而加重发病。避免偏施氮素化肥，控制硼素化肥用量，减轻对钙元素的吸收抑制。

（二）药剂防治

落花后至套袋前喷施氨基酸钙、硝酸钙等含钙液肥 2~3 次；脱袋后至采收前喷 1~2 次含钙液肥，可以减轻或降低发病。落花后 2 个月时喷丁酰肼 1 次。

李夏鸣（山西省农业科学院果树研究所）

第 19 节 苹果黄叶病

一、分布与危害

苹果黄叶病又称苹果白叶病、苹果褪绿病，在我国各苹果产区均有发生，在盐碱土或钙质土果区更为常见。苹果黄叶病发生范围大、为害严重，轻则造成苹果生长迟缓，产量低下，重则造成苹果枝条焦梢，甚至死亡。

二、症状

苹果黄叶病多从新梢嫩叶开始显症，发病初期叶肉变黄，而叶脉仍保持绿色，使叶片呈绿色网纹状失绿。随着病势的发展，叶片全部变成黄白色，严重时叶片边缘枯焦，甚至新梢顶端枯死，造成落叶，影响果树正常生长。

三、病因

苹果黄叶病属于生理性病害，由缺铁引起。

四、流行规律

土壤偏碱，土壤黏重，土壤水分过多或速效氮肥施用过多均可减少苹果对铁的吸收，从而使黄叶病加重。同时，病害轻重也因砧木而异：不同的砧木种类，抗碱能力和对铁元素缺乏的敏感性差异很大，如用海棠作砧木的苹果树黄叶病发生较轻，而用山丁子作砧木的苹果树黄叶病发生较重。

五、防治技术

（一）建园时注意园地和苗木的选择

建园应选择疏松的沙壤土，避免在地下水位高的地块或盐碱地栽植。选购或培育苗木时，不仅要选择品种，而且要选择砧木，即选择不容易发生黄化的砧木如海棠、油茶、楸子等。

（二）土壤改良和土壤管理

春季干旱时，注意灌水压碱，以减少土壤含盐量。低洼地要及时排除盐水，用含盐量低的水浇灌，灌后及时松土。增施有机肥料，树下间作绿肥，以增加土壤中的腐殖质含量，改良土壤结构及理化性质，解放土壤中的铁元素。

（三）增施铁肥

目前，生产上常用的铁肥是硫酸亚铁，一般用量为五年生以前的树，株施铁溶液或硫酸铜、硫酸亚铁和石灰混合液（硫酸铜 1 份、硫酸亚铁 1 份、生石灰 2.5 份、水 320 份）。果树生长季节，可叶面喷施 $0.1\%\sim0.2\%$ 硫酸亚铁溶液或 $0.2\%\sim0.3\%$ 植物营养素，间隔 20 d 喷 1 次，每年喷施 $3\sim4$ 次；或在短枝顶部 $1\sim3$ 片叶开始失绿时，喷施 0.5% 尿素 $+0.3\%$ 硫酸亚铁混合液，效果显著，也可在树上果实 5 mm大小时，喷施 0.25% 硫酸亚铁 $+0.05\%$ 柠檬酸 $+0.1\%$ 尿素混合液，隔 10 d 再喷 1 次，病叶可基本复绿。

（四）强力树干注射法

此法适用于五年生以上的大树，其方法是首先在树上打孔，孔的直径 7 mm，深度 $5\sim6$ cm，一般围树干一周 $120°$ 一个孔，每株树打 3 个孔，用铁丝钩将木屑掏干净，将喷雾器的出水接口用锤子钉进打好的孔中，然后将踏板式喷雾器中充满稀释好的药液（果树复绿剂用蒸馏水或软水稀释成 20 倍液，或 $0.05\%\sim0.08\%$ 硫酸亚铁水溶液）与出水接口连通，即可进行注射。每株成龄树注射 1 L，初果期树酌减。

（五）埋瓶法

由于强力注射法对五年生以下的小树不宜采用，因此可采用埋瓶法。具体方法是将 0.1% 硫酸亚铁水溶液灌入聚酯瓶中，每瓶容量约 500 mL，于距树干 1 m 以外的周围刨出黄化树的根系，将其插入瓶中，用塑料薄膜封口后埋土，每株树周围埋瓶 $3\sim4$ 个，隔 5 d 左右取出空瓶。实践证明，于 5 月中、下旬采用此法防治，$7\sim10$ d 后，黄叶可基本复绿。

曹克强（河北农业大学）

第 20 节　苹果小叶病

一、分布与危害

苹果小叶病是我国北方苹果产区普遍发生的一种营养缺乏症，由缺锌引起，在某些果园新梢发病率高达 $50\%\sim60\%$，影响树体发育和树冠形成，从而造成产量损失。

二、症状

苹果小叶病症状主要表现在苹果的枝条、新梢和叶片上。病枝春季不能抽发新梢，俗称"光腿"现象，或抽生出的新梢节间极短，梢端细叶丛生，呈簇状，叶片狭小细长。叶缘向上卷，质厚而脆，叶色浓淡不均且呈黄绿色，甚至表现为黄化、焦枯。有时病枝下部的新枝也表现出相同的症状。病枝上不易形成花芽，花小而色淡。不易坐果，所结果实小而畸形。

三、病因

苹果小叶病属于生理性病害，由缺锌引起。

四、流行规律

沙地，土壤瘠薄，土壤含锌量少、可溶性锌盐易流失，苹果小叶病发病重；氮肥施用过多、土壤黏也会加重苹果小叶病的发生。

五、防治技术

缺锌引起的苹果小叶病，要通过改良土壤和补充锌肥进行防治。主要措施有：①增施有机肥，改良土壤，保证花期和幼果期适当施用水肥，增强树势。②结合秋季施肥，补充锌肥。适当控制氮肥使用量。③树体喷肥。早春树体未发芽前，在主干、主枝上喷施 0.3% 硫酸锌 $+0.3\%$ 尿素溶液。④叶片喷肥。苹果树萌芽后对出现小叶病症状的叶片及时喷施 $0.3\%\sim1\%$ 硫酸锌。

对不合理修剪导致的苹果小叶病，主要采取如下措施进行防治：①正确选留剪锯口，避免出现对口伤、连口伤和一次性疏除粗度过大的枝。②对已经出现因修剪不当而造成苹果小叶病的树体，修剪时，要以轻剪为主。采用四季结合的修剪方法，缓放有苹果小叶病的枝条，不能短截，加强综合管理，待二至三年生枝条恢复正常后，再按常规修剪；也可用后部萌发的强旺枝进行更新。③对环剥过重、剥口愈合不好的树，要在剥口上下进行桥接，并将愈合不好的剥口用塑料膜包严。④严格控制树体的负载量，保持树势健壮。

曹克强（河北农业大学）

第 21 节　苹果虎皮病

一、分布与危害

苹果虎皮病是发生在储藏后期的一种生理病害，在有储藏苹果的地方，都有该病害发生，特别是土窑洞和地窖储藏的苹果，常因此病造成较大损失。

二、症状

苹果虎皮病发病初期，果皮淡黄褐色，形成不规则斑块，边缘不明显，似水烫状；发病后期，病皮变褐色至深褐色，稍下陷，严重时病皮可撕下，皮下数层细胞变褐坏死；患病果肉变绵松软，略带酒味，易腐烂。

三、病因

苹果虎皮病发生原因较复杂，较为常见的解释有两种：一种观点认为，储藏果实无氧呼吸中产生的乙醛抑制了脱氢酶的活性，使果皮细胞中的酚类物质氧化变色；另一种较为普遍的观点认为，苹果虎皮病的发生与果皮中产生的一种挥发性物质 α-法尼烯有关，它能自动氧化产生三烯类化合物杀伤果皮细胞，引起虎皮病的发生。研究证实，对苹果虎皮病敏感的品种或过早采收的果实中 α-法尼烯含量高。

四、发病规律

不同苹果品种对虎皮病的敏感性存在差异，国光、红星、澳洲青苹、富士等品种对虎皮病敏感，嘎拉、乔纳金等品种不敏感。

树冠郁闭，果实着色差的发病重，在同一个果实上未着色部位发病重。

过早采收的果实发病明显重于晚采果。

果实生长期氮肥施用过量苹果虎皮病发生重，氮肥施用过多会抑制钙元素的吸收，钙含量低的苹果比钙含量高的更易发生虎皮病。

储藏后期温度不稳或过高发病重。

储藏箱透气性差发病重，用纸箱储藏苹果，码箱未留通风道，易发病；纸箱透气差（箱外贴膜）或箱内包有保鲜纸（特别是透气性差的）易发病。

五、防治技术

（一）适时采收
适时采收，保证果实成熟度和色泽，是减轻苹果虎皮病发生的最关键措施。

（二）改善储藏条件
采用冷藏或气调储藏方法，降低储藏温度和氧气浓度，可以避免储藏期发病。土窑洞储藏要注意夜间通风、降温，避免长期储藏，降低发病风险。

（三）药剂浸果
1. 用 2g/kg 二苯胺或乙氧基喹啉浸果，防治效果可达 97% 以上。但由于使用二苯胺后，废液很难处理，造成严重污染和对人体的潜在危害，许多国家如英国、德国已不允许使用。
2. 用 2% 壳聚糖浸渍或喷雾处理可以降低苹果虎皮病的发病程度。
3. 用 3% 氯化钙浸果，可以减轻苹果虎皮病发生。

（四）热处理果实

澳洲青苹在 42℃下处理 24h，苹果虎皮病比对照发生轻许多。

（五）加强田间管理

虽然苹果虎皮病发生于储藏期，但果实内在品质是决定发病程度的内因。所以，应加强田间管理，增施有机肥，避免偏施氮肥，注意增补钙肥。套袋果实脱袋后要暴露 20d 以上再采收。

李夏鸣（山西省农业科学院果树研究所）

第 22 节　梨树腐烂病

一、分布与危害

梨树腐烂病俗称"烂皮病"，侵害梨树枝干，造成树皮腐烂，削弱树势，是一种毁灭性病害。在我国各梨主产区均有发生，以新疆、西北、华北、东北等地发生较重。据目前调查，新疆库尔勒香梨病株率已达 50%～80%，西北地区酥梨病株率达 30%～50%，华北地区鸭梨、雪花梨发病也很普遍，病株率达 30%以上。梨树腐烂病具有发病率高、发生区域广、难以控制的特点，发病严重的梨园，树体病疤累累、枝干残缺不全，甚至造成大量死树或毁园。

梨树腐烂病除侵害梨树，还侵害苹果、桃、核桃、杨树、柳、桑、国槐等多种植物。

二、症状

梨树腐烂病侵害梨树主干、主枝、侧枝及小枝的树皮，使树皮腐烂。症状有溃疡型和枝枯型两种。

（一）溃疡型

开始发病时，多发生在主干、大枝及侧枝分杈处的落皮层部位，但与树皮的落皮层有明显区别。病皮外观初期红褐色，水渍状，稍隆起，用手按压有松软感，多呈椭圆形或不规则形，常渗出红褐色汁液，有酒糟气味。用刀削掉病皮表层，可见病皮内呈黄褐色，湿润、松软、糟烂（彩图 11-22-1，1）。在抗病品种上能使落皮层下或边缘的局部白色树皮腐烂、变褐，呈水渍状，但很少烂到木质部，而在感病品种上常斑斑点点或大面积烂到木质部。没有梨树腐烂病的正常落皮层仅限于黄褐色油纸状周皮以上，表层树皮呈黑褐色，质地较硬、较脆，不糟烂，黄色油纸状周皮以下的白色树皮生长正常，上无褐色病斑。溃疡型病斑发病后期，表面密生小粒点，为病原菌的子座（彩图 11-22-1，2）。与苹果树腐烂病相比，梨树腐烂病的小粒点较小，较稀疏。雨后或空气湿度大时，从中涌出病原菌的淡黄色分生孢子角（彩图 11-22-1，3）。在生长季节，病部扩展一段时间后，周围逐渐长出愈伤组织，病皮失水、干缩凹陷、色泽变暗、变黑，病健树皮交界处出现裂缝。抗病品种或抗病力强的树，病皮逐渐自然翘起、脱落，下面又长出新树皮，病部自然愈合。

（二）枝枯型

衰弱大枝或小枝上发病，常表现枝枯型症状（彩图 11-22-1，4）。病部边缘界线不明显，蔓延迅速，无明显水渍状，很快枝条树皮腐烂一圈，造成上部枝条死亡，树叶变黄。病皮表面密生黑色小粒点（病原菌子座），天气潮湿时，从中涌出淡黄色分生孢子角或灰白色分生孢子堆。

三、病原

（一）种类归属

目前国际上梨树腐烂病病原菌种类及其归属尚未十分明确。起初国内学者根据病原菌的形态学特征将病原菌鉴定为梨黑腐皮壳 [*Valsa ambiens* (Pers.：Fr.) Fr.]（魏景超，1979；戴芳澜，1979），后来通过比较其和苹果树腐烂病病原菌在形态学性状以及酯酶同工酶谱和致病性方面的异同，认为梨树腐烂病病原菌为苹果黑腐皮壳梨变种（*V. mali* Miyabe et G. Yamada var. *pyri*）（陆燕君，1992）。而日本学者 Kobayashi（1970）则认为梨树腐烂病病原菌与苹果树腐烂病病原菌为同一种菌，将其定名为苹果腐烂病菌 [*V. ceratosperma* (Tode：Fr.) Maire]。在很长一段时间内，苹果黑腐皮壳（*V. mali*）和黑腐皮壳（*V. ceratosperma*）均被作为梨树腐烂病病原菌与苹果树腐烂病病原菌的名称使用。意大利学者（2003）

认为梨树腐烂病的病原为苹果腐烂病菌 (*V. ceratosperma*)。Adams 等 (2005) 指出蔷薇科植物腐烂病病原菌使用苹果黑腐皮壳 (*V. mali*) 这一名称更合适。王金友 (2008) 在研究苹果树腐烂病病原菌与梨树腐烂病病原菌的交互关系时发现，两者在形态和致病性上具有明显的差别。王旭丽 (2011) 认为，梨树腐烂病病原菌与苹果树腐烂病病原菌为同一个种的两个亚种，即苹果树腐烂病病原菌为苹果黑腐皮壳苹果变种 (*V. mali* var. *mali*)，梨树腐烂病病原菌为苹果黑腐皮壳梨变种 (*V. mali* var. *pyri*)。

华中农业大学 (2013) 对我国梨树腐烂病病原菌进行初步鉴定和序列分析。从我国 15 个省 (自治区、直辖市) 梨产区采集腐烂病样品并观察其田间症状，通过组织分离法分离获得 168 份梨树腐烂病菌分离株，从中选取 72 份进行单孢纯化，共获得 79 份梨树腐烂病菌纯化分离株；观察在 PDA、25℃黑暗条件下病原菌菌落形态以及产孢体形态，并对其在梨枝条上产生的分生孢子器徒手切片，置显微镜下观察其结构特征和分生孢子形态；采用菌丝块接种法测定梨树腐烂病菌在翠冠梨离体枝条上的致病力。对部分菌株 rDNA - ITS 进行 PCR 扩增、测序，利用 BLAST 软件与 GenBank 数据库进行序列相似性分析，并用 MEGA 4.1 和邻接法构建系统发育树。根据梨树腐烂病菌各分离株在 PDA 上的菌落形态特征可分为 Ⅰ 型和 Ⅱ 型两种菌落类型，不同梨树腐烂病菌分离株在 PDA 上产生多种类型的产孢体，不同梨树腐烂病菌菌株在离体梨树枝条上的致病力存在差异。我国梨树腐烂病病原菌存在不同的菌落类型，其 rDNA-ITS 核苷酸序列分析显示均为 *V. mali* var. *pyri*。

将来源于我国 12 个省 (自治区、直辖市) (黑龙江、云南、安徽、河北、辽宁、新疆、甘肃、北京、山西、山东、河南、福建) 梨产区的 38 份梨树腐烂病菌菌株以及来源于山西、山东的 7 份苹果树腐烂病菌菌株，并选取有代表性的在 GenBank 上登录的来源于不同国家地区、不同寄主的腐烂病菌菌株基因核苷酸序列进行系统进化树分析，结果表明，来自我国的 38 份梨树腐烂病菌菌株其 rDNA-ITS 核苷酸序列一致率为 99.98%～100%，与来源于意大利的梨树腐烂病菌 (GenBank，Acc. No.，DQ241769) 聚为同一分支，为 *V. mali* var. *pyri*；来自山东烟台、山西运城苹果树上的 7 份苹果树腐烂病菌的 rDNA-ITS 核苷酸序列一致率为 100%，并与来源于日本的苹果树腐烂病菌菌株 (GenBank，Acc. No.，AF192326) 聚为另一分支，为 *V. mali* var. *mali*。这两个分组之间的菌株有 7 个碱基的差异，但它们同属于 *V. mali* 组。来自不同国家和地区 (日本、乌干达、美国、南非) 以及不同寄主 (桉树、橡树、桃树) 来源的腐烂病菌菌株与来自我国梨树和苹果树上的腐烂病菌分别聚为不同的亚组，其中来自不同地区的桉树上的腐烂病菌聚为同一亚组，来自不同地区桃树上的腐烂病菌聚为同一分支，来自橡树上的腐烂病菌自成一个独立分支，而我国的梨树和苹果树上的腐烂病菌聚为同一个亚组，表明腐烂病菌菌株与地域、寄主种类间存在一定的相关性。

来源于不同地区的梨树腐烂病菌菌株以及作为参照菌株的苹果树腐烂病菌菌株分别在翠冠离体梨树枝条上接种测定致病性的结果表明，梨树腐烂病菌菌株产生的病斑与苹果树腐烂病菌菌株明显不同，其致病力存在差异，梨树腐烂病菌的致病力强于苹果树腐烂病菌。对这两种病原菌在苹果枝条上接种测定致病力，结果显示，苹果树腐烂病菌的致病力强于梨树腐烂病菌株。

(二) 形态特征

病原菌无性阶段的子座暗褐色，锥形，先埋生，后突破表皮。子座内有 1 个分生孢子器。分生孢子器多腔室，形状不规则，有一共同孔口，器壁暗褐色，孔口处黑色，通到表皮外。分生孢子器内壁光滑，密生分生孢子梗。分生孢子梗无色，分枝或不分枝，具隔膜。内壁芽生瓶体式产孢。分生孢子无色，单胞，香蕉形，两端钝圆，微弯曲，大小为 (4.5～5.5) μm×(1～1.2) μm。

病原菌的有性阶段在自然条件下不容易产生。子座直径为 0.25～3mm，内生子囊壳 3～14 个。子囊壳烧瓶状，直径为 270～400μm，壁厚 19～25μm，颈长 350～625μm，底部长满子囊。子囊棍棒状，顶端圆或平截，大小为 (36～53) μm×(7.6～10.5) μm，内含 8 个子囊孢子。子囊孢子单胞，无色，腊肠状，大小为 (6.9～11.6) μm×(1.5～2.4) μm。

(三) 生物学特性

病原菌的生长温度 5～40℃，最适温度 25～30℃。病原菌生长需要营养，在清水中不能发芽，在没有营养的水琼脂培养基上不能生长，在 PDA、PMA 培养基上生长最好。病原菌生长的 pH 为 1.5～6，以 4 最适宜，与分生孢子萌发需要的 pH 范围基本一致。病原菌能利用多种氮源，其中蛋白胨最好，其次是酵母液、牛肉膏、硝酸钠、谷氨酸、天门冬酰胺、硫酸铵、硝酸铵、尿素，对有机氮的利用比无机氮好。病原菌能利用多种碳源，其中对葡萄糖、蔗糖、淀粉、麦芽糖的利用较好，对果糖、水解乳糖、甘露糖、阿拉伯糖的利用水平较低，对乳糖、木糖的利用最差。光照对病原菌的菌丝生长影响不大（刘振宇，2002）。

四、病害循环

梨树腐烂病病原菌以菌丝体和分生孢子器在病树皮内越冬，也能以潜伏状态的菌丝体在枝条的叶痕、果柄痕等潜伏侵染点中越冬。在病皮内越冬的菌丝翌年春天气温较温暖、树液回流后开始扩展，向周围活树皮上蔓延发病。在病皮上过冬的成熟的分生孢子器于翌年早春气温超过 5℃，空气湿度较大，树皮上有结露或降雨时，孢子器内的分生孢子随着孢子器内融化的胶类物质膨胀，挤出分生孢子器口，形成鲜黄色的分生孢子角，并在水滴中逐渐融化，随风雨传播。传播距离多为 10~20m，着落在树皮上后，在水中发芽，从带有伤口的死组织部位（叶柄痕、果柄痕、冻伤、机械伤等）侵入。如果伤口死组织范围较大，且有一定水分和营养物质，温度适宜时，病原菌继续扩展、发病。如果条件不合适，侵入的病原菌则以潜伏菌丝的状态潜伏下来。在枝条的部分叶痕、果柄痕等处潜伏的病原菌在枝条冬季低温受冻伤或营养、水分不良，枝条饥渴半死时活化、扩展，出现梨树小枝大量发病枯死，并向大枝上蔓延。梨树腐烂病普遍存在潜伏侵染的现象，只有在侵染点周围的树皮长势衰弱和死亡时，才能扩展发病。因此，保持树势和枝条生长健壮是防病的基础。

夏季，梨树进入旺盛生长期，树皮的愈伤能力增强。随着树皮的加厚，树皮表层上的一些部位出现衰老，下面长出周皮，原来的活树皮变成死树皮，并自行翘离、脱落，变成落皮层，即树体上后来普遍存在的老翘皮。在树体比较健壮的条件下，梨树的周皮形成得较完好，能使外面的落皮层自然翘离。在有些品种上，有时因肥水管理不善、土壤瘠薄、气候异常等导致树体衰弱，周皮形成得慢，形成得不完整，致使脱下的树皮半死不活地长期连在树体上，诱使原来潜伏在该部位树皮上的病原菌活化、扩展，繁殖出大量的菌丝团，病原菌分泌毒素和酶的能力增大，形成表层溃疡。晚秋在老翘皮底部油纸状起保护作用的周皮上，出现许多黑褐色的坏死斑点，进而蔓延到下面的白色活树皮上，形成早期的腐烂病斑。在冬季寒冷的北方梨区，小病斑暂时停止活动，在冬季较温暖的梨产区，小病斑仍缓慢扩展，至翌年春天气温上升、树液回流后，病斑面积迅速扩大，成为全年的发病高峰。在梨树的弱枝弱树上，秋季出现的表层溃疡能继续向深处或边缘的白色活树皮上发展，当年秋天就能出现许多腐烂病块，形成秋季发病高峰。这些是梨树腐烂病一年形成春、秋两次发病高峰期的主要原因。

五、流行规律

（一）梨品种

不同梨树品种对腐烂病的抗性存在显著差异。根据中国农业科学院果树研究所（1984）调查，秋子梨系基本不发生腐烂病，白梨、砂梨系统发病较轻，西洋梨系统发病最重，如锦丰属白梨系统，发病较轻，五九香为西洋梨系统，发病最重，基本符合上述结果；而属于白梨系统的秦酥、金花发病也较重。

（二）环境因子

冬季低温，造成梨树冻伤，皮层组织受损，树势明显衰弱，为梨树腐烂病的发生蔓延创造了条件，也是造成发病的主要原因（李学春等，2007）。冬季气温持续下降，梨树主干、主枝受冻造成组织坏死，潜伏病原菌容易蔓延扩展，引起梨树腐烂病大流行。根据张士勇等（2004）调查，金花、秦酥、五九香发生冻害严重，导致病原菌侵入和发病严重。

土壤滞水或多次的大水浇灌，离地面较近部位经常与水分接触，造成了韧皮部及木质部组织细胞的不断软化、腐烂、坏死，有利于病原菌的侵入。

（三）栽培措施

麦麦提亚生（2008）对库尔勒香梨栽培条件的研究结果表明，20世纪90年代以后，一方面，由于片面追求种植效益，生产中以施用化肥为主，而有机肥施用减少，果树生长速度过快，树体木质化程度大大降低，为蛀食性害虫的钻蛀创造了条件，发病程度不断加重；另一方面，果农将未充分腐熟的农家肥埋施在果树根部，未腐熟农家肥所形成的毒气对根系造成较大伤害，树势严重减弱，造成腐烂病的大面积发生。

（四）过量负载

梨园产量过高，树体负载过重，部分果园采收期延长至10月底，造成树体越冬营养积累少，树势衰弱，树体抗逆性下降，从而引起梨树腐烂病大发生。据调查，新疆库尔勒产量在每667m²3000 kg以上的梨园第二年梨树腐烂病发生都比较严重。

六、防治技术

长期以来，防控梨树和苹果树腐烂病主要使用有机砷杀菌剂，其中福美胂是最成功的药剂，但福美胂的长期使用，也是目前造成苹果和梨果实砷含量超标的重要因素。据研究报道，果树喷施或主干涂抹福美胂，均不同程度提高了果实、叶片、枝干皮部和根系中砷的含量。尽管农业部早在2002年就明令禁止在无公害水果生产中使用福美胂，但生产上仍在泛用。2009年对全国299个梨果样品检测分析，有222个样品检出无机砷，检出率74.2%，有19个样品无机砷超标，超标率6.35%。据国家苹果产业技术体系2008年的调查，产区防治苹果树腐烂病的药剂有26种，但用量排在第一位的仍是福美胂。尽快研究并筛选出防控苹果树和梨树腐烂病的高效、低毒、低残留药剂，取代有机砷杀菌剂，是实现苹果和梨品种更新与结构调整、保证食品安全生产的当务之急。

针对目前梨树腐烂病防治上存在的重治疗轻预防、重药剂轻树势、重春季刮治轻周年预防与治疗的问题，提出以培养树势为中心，以及时保护伤口、减少树体带菌为主要预防措施，以病斑刮除药剂涂抹为辅助手段的综合防控思路。

（一）病斑刮治

对库尔勒香梨的研究表明（王杰君和孙红艳，2004；李学春等，2007），应及时刮治，涂药保护，刮治做到"刮早、刮小、刮了"，"冬春突击、常年坚持、经常检查"。刮治的最好时期是春季。刮治方法是用快刀将病变组织及带菌组织彻底刮除，深约2 cm。不但要刮净变色组织，而且要刮去0.5 cm健康组织。刮成梭形，表面光滑，不留毛茬。刮后涂药保护。实践表明，涂抹9281植物增产强壮素3～5倍液，效果十分显著。

张学芬（2008）利用刮斑治疗法治疗梨树腐烂病，取得了较好的效果。并涂抹腐殖酸铜剂、甲基硫菌灵、腐必清、甲霜铜等治疗效果较好，治愈率高。

（二）提高树体营养水平

可通过合理修剪，提高光合效率；合理负载，避免大小年现象；加强土、肥、水管理，增加土壤的通气性和有机质含量；合理间作，避免间作后期需肥水多的晚熟作物，以保证树体正常进入休眠期，安全越冬；积极防控各种病虫害，提高树体营养水平，增强树体抗病性。

（三）药剂防控

王秀琴（2008）用不同药剂防控库尔勒香梨的效果表明，25%丙环唑乳油、50%甲硫·百菌清悬浮剂和高效螯合态微肥斯德考普三种药剂，可防控库尔勒香梨腐烂病。李学春等（2007）的研究结果表明，可用9281植物增产强壮素500倍液，均匀喷洒于树干、枝条或全树喷洒。每年春天3～4月和秋季8～10月是梨树腐烂病高发期，也是药剂防控的最佳时期。库尔勒香梨收获后用300倍药液，喷洒1次果园。春季3～4月，开花之前再喷1次，可使花芽饱满，坐果率高，同时起到枝条消毒的作用。

张润菊（2010）对砀山酥梨的研究结果表明，在晚秋、初冬和萌芽前对全树连续喷两次4～5波美度石硫合剂，4～6月，每隔10d喷1次杀菌药，6月下旬至11月上旬用药剂涂树干两次。涂药前先刮除病斑。石硫合剂、腐殖酸铜、腐必清等可有效防控梨树腐烂病。

王国平（华中农业大学）

王金友（中国农业科学院果树研究所）

第23节　梨黑星病

一、分布与危害

梨黑星病又称梨疮痂病、梨雾病、梨黑霉病，是梨树上的重要病害之一，在世界各梨果产地均有发生，尤在种植鸭梨、白梨等高度感病品种的梨区，病害流行频繁，造成重大损失。

梨黑星病主要侵害梨树叶片和果实，常造成大量叶片提早脱落，严重削弱树势，不仅影响当年产量，而且影响翌年产量。感病果面布满黑色病斑，幼果脱落或畸形，影响果品质量。

20 世纪 50~60 年代，因为我国许多梨区缺乏药剂防治技术，辽宁、河北等省的鸭白梨产区常常梨黑星病成灾，一些梨区甚至绝收。目前梨黑星病仍然是河北、辽宁、山东、陕西等北方梨区的重点防治对象。在长江流域及云南、贵州、四川等多雨、潮湿地区，感病品种发病严重，需重点防治。南方砂梨系统品种栽植区和近些年北方局部地区发展的日韩梨品种（砂梨系统），一般梨黑星病发生不重，但也要注意防治，以免造成较大经济损失。

二、症状

梨黑星病能侵害梨树的各种绿色幼嫩组织。从落花后到果实成熟前均可侵害。

叶片发病：多在叶背主脉和支脉之间产生圆形或不规则形淡黄色小斑点，界线不明显。不久，病斑上长出黑色至黑褐色霉状物，即病原菌的分生孢子梗和分生孢子。不久在霉状物相对应的叶片正面出现黄褐色病斑。侵害严重时，多个病斑蔓延，相互融合成片，使叶背布满黑色霉层（彩图 11-23-1，1），造成提早落叶。

叶柄、叶脉受害：叶柄上形成黑色椭圆形凹陷病斑，上面很快产生黑色霉层，影响叶片水分、养分运输，造成叶片早落（彩图 11-23-1，2）。叶脉受害，症状与叶柄相似。

果实发病：生长前期和中期发病的果面，产生淡黄褐色圆形小病斑，扩大到 5~10mm 后，条件合适时，病斑上长满黑色霉层（彩图 11-23-1，3），为病原菌的分生孢子梗和分生孢子，条件不适宜时，病斑上不长霉层，病斑绿色，称为"青疔"，病部停止生长（彩图 11-23-1，4）。随着果实增大，病部渐凹陷，木栓化，龟裂，上面有粉红聚端孢等真菌腐生。严重时，果实畸形，果面凹凸不平，病部果肉变硬，具苦味，果实易提早脱落。病果生长到中后期，果面病斑上的黑色霉层往往被雨水冲洗掉，并常被其他杂菌腐生，长出粉红色或灰白色霉状物，储藏时易腐烂。生长后期发病，果面出现大小不等的圆形或近圆形淡黄绿色或淡褐色病斑，边缘不整齐，多呈芒状，稍凹陷，上面不生或略生稀疏黑色霉层，采收后若经短期高温高湿，则病斑发展很快，并长出大量黑色霉层。

梨芽被害：芽的鳞片茸毛较多，后期表面产生霉层（彩图 11-23-1，5）。严重时，芽鳞开裂，芽枯死。

新梢受害：翌年春天病芽长出的新梢，基部出现淡黄色不规则形病斑，不久表面布满黑色霉层，称之为"雾梢"或"雾芽梢"，后期病部凹陷，开裂，变成溃疡斑。生长期新梢受害，多在徒长枝或秋梢幼嫩组织上形成淡黄色椭圆形或近圆形病斑，微隆起，表面有黑色霉层，后期凹陷，龟裂，呈疮痂状（彩图 11-23-1，6）。

花序发病：在我国中南部冬季温暖潮湿梨区，花序也常有发病。在花序基部或花梗上形成病斑，上面产生黑色霉层，常引起花序枯萎和脱落。

三、病原

（一）病原菌形态

我国梨黑星病病原为纳氏生黑星菌（*Venturia nashicola* S. Tanaka et S. Yamamoto），又称东方梨黑星病菌，属子囊菌门黑星菌属真菌，在北方梨区尚未发现，以往仅在陕西关中地区和江苏徐淮地区有形成的报道。冬季温暖多雪，早春温暖潮湿时，在树盘浅层的病落叶上能形成子囊壳。病落叶的正面、背面均有，以背面居多，常聚生成堆。子囊壳扁球形或近球形，黑色，颈部较肥短，有孔口，周围无刚毛，壳壁黑色，革质，由 2~3 层细胞组成。大小为（52.5~138.7）$\mu m \times$（50.5~150）μm，平均为 111.2$\mu m \times$91μm。子囊棍棒状，无色透明，聚生在子囊壳底部，长 35~60μm，内含 8 个子囊孢子。子囊孢子鞋底形，淡黄褐色，双胞，上胞较大，下胞较小，大小为（10~15）$\mu m \times$（3.8~6.3）μm。

我国梨黑星病病原的无性型为纳氏生黑星孢（*Fusicladium nashicola* K. Shub. et U. Braun），分生孢子梗暗褐色，单生或丛生，从寄主表皮的角质层下伸出，呈倒棍棒状，直立或弯曲，多不分枝，孢痕多而明显。分生孢子单胞，淡褐色，卵形或纺锤形，两端略尖，大小为（7.5~22.5）$\mu m \times$（5~7.5）μm，发芽前少数生有一横隔。

(二) 病原菌种类

东方梨和西方梨黑星病病原菌是 2 个不同的种。对梨黑星病的早期研究源于欧洲的西洋梨上，最初以分生孢子阶段命名为 *Fusicladium pirina* Aderh.，1896 年培养出子囊孢子阶段，命名为 *Venturia pirina* Aderh.。这种发生在西洋梨上的黑星病病原菌，后来也在中国梨和日本梨系统的品种上长期存在。

日本学者田中彰一和山本省二 (1964) 对侵染日本梨和部分中国梨的黑星病病原菌与侵染西洋梨的黑星病 (彩图 11 - 23 - 1, 7) 病原菌，在形态特征、致病性和症状方面进行了系统的比较研究，表明两者有明显差别：①东方梨黑星病在枝条上的越冬病斑与周围好皮组织的交界处产生龟裂，表面光滑，而西洋梨黑星病在病斑表皮下生有子座，故隆起。②东方梨黑星病病原菌的分生孢子梗多丛生，所以病斑色浓。分子孢子比西洋梨上的略短。③西洋梨黑星病病原菌的子囊壳正球形，而东方梨黑星病病原菌的子囊壳圆锥形或宝珠形，高度较低。④子囊孢子的大小，西洋梨上的大，东方梨上的小，特别是短胞更短。⑤接种试验结果表明，东方梨上的黑星病病原菌只对东方梨品种有致病性，而对西洋梨品种不致病，西洋梨黑星病病原菌则对东方梨品种没有致病性 (表 11 - 23 - 1)。上述差别远远超过 *V. pirina* 种的变异范围，因此认为东方梨上的黑星病病原菌是一个独立的种 (*V. nashicola* S. Tanaka et S. Yamamoto)。

我国的罗文华 (1988) 经研究，也认为我国发生的梨黑星病病原菌为 *V. nashicola*。明确东方梨和西方梨黑星病病原菌是不同的种，对于制定检疫措施、抗病育种和防治方法，提供了理论上的依据。

表 11 - 23 - 1　两种梨黑星病菌的比较
Table 11 - 23 - 1　Comparison of two pear scabs

东方梨黑星病菌 (*Venturia nashicola*)	西洋梨黑星病菌 (*V. pirina*)
在枝条上的越冬病斑与周围好皮组织的交界处产生龟裂，表面光滑	在病斑表皮下生有子座，故隆起
病原菌的分生孢子梗多丛生，病斑色浓，分子孢子略短	病斑色淡，分生孢子略长
子囊壳圆锥形或宝珠形，高度较低	子囊壳正球形
子囊孢子小，特别是短胞更短	子囊孢子大
对西洋梨品种不致病	对东方品种不致病

(三) 病原菌生理分化

据张海娥等 (2007) 报道，我国梨黑星病菌致病性分化类型与地理分布有关。汤浩茹等 (1993) 将我国梨黑星病菌划分为 5～6 个分化类型：上海菊水梨黑星菌分化类型、河北鸭梨黑星菌分化类型、四川乐山幸水梨黑星菌分化类型等。沈言章等 (1993) 将梨黑星病菌划分为 5 个分化类型：致病 I 型 (上海菊水、上海八云、杭州菊水、八云 A、八云 B)、致病 II 型 (河北鸭梨)、致病 III 型 (台湾水梨)、致病 IV 型 (四川丰水梨、幸水梨、鸭梨、苍梨)、致病 V 型 (雅安鸭梨)。范燕萍等 (1989) 利用菌体酯酶同工酶测定方法对梨黑星病菌生理分化类型进行测定，将其分为 4 个类型：类型 I (浙江八云梨、万县苍溪梨)、类型 II (雅安鸭梨、辽宁兴城鸭梨)、类型 III (安徽早酥梨)、类型 IV (河北鸭梨)。张海娥等 (2007) 认为前两种类型的地理分布表现出一定的规律性，各生理小种按地域分布，一般长江以北的梨黑星病菌为 1 个生理小种；长江以南，东部、西部各分布有 1 个生理小种；台湾自有 1 个生理小种。认为同工酶分类方法得到的各生理小种基本上是按地域分布的，其中雅安鸭梨和辽宁兴城鸭梨属于同一生理小种可能是由于引种等原因造成的。根据这些研究，将金川梨放在河北和台湾、苍溪梨和八云梨放在台湾、菊水梨放在河北等抗黑星病，而将这些品种置于其他地方时则不抗，由此认为，这种抗性是属于垂直抗性，栽植 2～3 代或更多代之后会出现抗病性丧失的现象，原因可能是梨黑星病菌分化类型发生了变化。日本 Ishii 等 (2002) 采集 *V. nashicola* 的分离物接种测验，将梨黑星病菌分为 3 个生理小种，试验证明，生理小种专化性抗性确实存在于一些梨品种中。Chevalier 等 (2004) 证明 *V. pirina* 中有生理小种的存在。

张海娥等 (2007) 从鸭梨×京白梨 699 株杂交后代中得到了 2 株对梨黑星病免疫的株系，从京白梨×鸭梨 6 902 株杂交后代中得到了 1 株对梨黑星病免疫的株系，因为鸭梨和京白梨都是梨黑星病高感品种，而在它们的杂交后代当中出现了对梨黑星病免疫的类型，因此这种性状可能属于特殊的性状，这种性状不完全等同于数量性状或质量性状，表型呈非连续性变异，与质量性状类似，但是又不服从孟德尔遗传规律。一般这类性状具有一个潜在的连续型变量分布，其遗传基础是多基因控制的，与数量性状类似。与单胎动物的产仔数量表现为单胎、双胎和稀有的多胎等类似，梨黑星病高感品种杂交后代表现为高感和稀有的免疫类型。这与 Abe（1998）的理论是一致的，根据他的理论，易感（鸭梨）和易感（京白梨）品种的杂交后代如果出现高抗型后代，则这种高抗材料含控制非抗性的多基因含量低。相较于单基因控制的抗性，多基因控制的抗性不容易被新的生理小种克服，因此，理论上张海娥等（2007）获得的 3 株免疫材料应属于水平抗性。

董星光等（2010）将荧光扩增片段长度多态性技术（AFLP）与分离群体混合分析法（BSA）相结合，通过筛选 64 对 AFLP 引物，获取了一个与抗梨黑星病基因位点相连锁的 AFLP 分子标记，进一步采用选择性基因型分析法进行标记与抗黑星病基因的连锁分析。张树军等（2010）以‘鸭梨’（*Pyrus bretschneideri*）×‘雪青’梨（*P. pyrifolia*）F₁ 代群体（97 株）为试材，采用 AFLP 技术和 BSA 法筛选与梨抗黑星病基因连锁的分子标记。通过 64 对 AFLP 标记引物在亲本和分离群体中的筛选和验证，获得与梨抗黑星病基因紧密连锁标记两个，即 ACA/CAA-179 和 AAC/CAG-198。它们与抗黑星病基因的遗传距离分别为 5.2cM 和 8.3 cM。对 AFLP 标记片段的克隆和测序结果显示，其长度分别为 179bp 和 198 bp。根据序列信息设计特异引物，在杂交后代群体上的 PCR 分析表明，AFLPACA/CAA-179 标记被成功转换成 SCAR 标记，命名为 SCAR-117。

（四）病原菌培养性状及生理特点

病原菌生长的最适培养基为 PDA（马铃薯琼脂麦芽糖）和麦芽汁培养基，在其上菌丝生长较快且致密而均匀，菌落生长规则。一般可作为杀菌剂室内毒力测定之用。在燕麦培养基上虽然生长速度较快，但菌丝疏松，菌落生得不规则。在 PDA 培养基上，菌落的颜色呈黑紫色至青黑色，边缘整齐，发育较缓慢。病原菌在液体培养基上较固体培养基上生长得快，特别是在麦芽浸汁上发育更好。在组合培养基中，氮源以铵态氮，特别是（NH₄）₂HPO₄、NH₄NO₃ 能促进菌丝发育，磷、钾源以 K₂HPO₄ 为适。病原菌发育适温为 20℃，最高 30℃，最低 7℃。培养基 pH6～7 时病原菌发育良好，pH3 以下，不能发育。病原菌产孢的培养基以改良查彼（CZAPEK）培养液为好，在 12～20℃ 都能产孢，其中以 16℃ 最适。如果先在 20℃ 下培养，以后移到 16℃ 条件下产孢效果更好。与西洋梨黑星病病原菌相比，东方梨黑星病病原菌的菌落发育和产孢较差，发育适温和要求的 pH 稍高。

病原菌的分生孢子在水滴中萌发良好，萌发的温度范围为 2～30℃，以 15～20℃ 为最适温度，高于 25℃ 萌发率急剧下降。冬季落叶上形成子囊孢子，需要有一定降水和地面湿度，同时需要较高的温度。

四、病害循环

（一）病原菌的越冬及初侵染源

我国梨黑星病菌的越冬形态和初侵染源比较复杂，主要有以下 3 种情况：

1. 以菌丝形态在芽鳞中越冬　头年秋天发病形成大量分生孢子，附着于芽的外面，8 月至 10 月中旬平均温度降至 22℃ 以下时，芽鳞外面的分生孢子发芽，侵入到芽鳞内部，形成病斑。其中鳞片基部病斑上的菌丝向芽的基部扩展，翌年落花后鳞片脱落期，侵染长出的新梢基部，并在新梢基部形成一圈黑色霉层，称为“雾梢”或“雾芽梢”，为病原菌的分生孢子和分生孢子梗，是病原菌的主要初侵染来源。我国华北、山东、辽宁等多数梨产区，梨雾芽梢上的菌丝是病原菌初侵染主要来源。枝条上越冬的病斑，翌年基本不形成分生孢子，不能成为第二年的初侵染源。附着在枝条外表的分生孢子，翌年春天发芽率很低，也不能成为真正的初侵染源。

2. 以落叶上的分生孢子越冬　病落叶上越冬的分生孢子，在干燥的状态下保存到翌年春天还有发芽能力，这种越冬方式在冬季干燥寒冷的西北地区较常见。

3. 子囊孢子为初侵染源　在云南、贵州、四川等冬季温暖潮湿的地区及陕西关中、江苏徐淮地区，有些年份病原菌除在病芽上越冬，翌年春天产生分生孢子外，还能在保湿很好的病落叶内形成子囊壳，翌年春天释放出子囊孢子。子囊内的子囊孢子第一次向上方空中可放射 6mm 左右高，成为初侵染源。

综上所述，我国各地梨黑星病菌主要在芽鳞或芽基部的病斑上以菌丝形态越冬，越冬后，一种情况是芽基部病斑上直接产生分生孢子，侵染新长出的幼嫩绿色组织，另一种情况是芽鳞病斑中的菌丝侵染长出的新梢基部幼嫩组织，在新梢基部白色部位长出黑色霉层，形成雾芽梢，产生分生孢子，再侵染新长出的叶片和果实。至于部分地区越冬后形成的子囊壳所产生的子囊孢子从地面飞散的距离非常近，产孢量也少，所以在病害的发生中不起主要作用。

（二）病原菌的传播与再侵染

梨黑星病是梨树生长期再侵染次数较多的流行性病害。病原菌的分生孢子在有5mm以上的降雨时，即能传播、侵染。落到叶、果等幼嫩组织上的分生孢子在水膜中发芽，从气孔或表皮直接侵入。侵入温度最低为8℃，最适为20℃，最高为25℃。在适宜的温度、湿度条件下，病菌在48h之内可完成侵入过程，潜伏期多为15～16d。叶龄短，潜伏期也短；叶龄长，潜伏期也长，其中以展叶后5～6d的叶片中病原菌的潜伏期最短，为10d左右，展叶后1个月的老叶片不再发病。病原菌由表皮或气孔侵入后，侵入的菌丝在表皮下发育成匍匐丝状，叶片外表皮形成淡黄色多角形小病斑。匍匐菌丝在叶片气孔附近形成岛状，成为发达的子座，由此伸出分生孢子梗，其顶端着生分生孢子，由叶背面气孔伸出。因此，病斑外表呈黑色煤烟状。其他部位的病变过程与叶片基本相同。病部形成的分生孢子在生长期不断形成，不断发病。以往在夏季高温干旱期间病害停止蔓延，但近些年在安徽砀山梨产区酥梨品种上，发病不停止，其原因有待查明。

（三）发病时期

由于我国地域广阔，各地气候条件不同，梨黑星病发生时期也有很大差异。在辽宁大部分梨区，从5月中旬左右开始出现病芽梢，5月下旬至6月上旬为大量出现期。叶、果多在6月上旬开始发病，7月中旬至8月为发病盛期。另据邓贵义、李美华等（2003）报道（表11-23-2），在辽宁丹东冬季潮湿多雪地区，经多年观察，尖把梨上没发现病芽梢，初侵染源可能是落地越冬的病叶。翌年5月中旬开始发病，5月下旬至6月上旬为发病盛期，7月上旬受害叶片开始脱落。

表11-23-2 不同时期新长出的叶片梨黑星病病叶率（%）
Table 11-23-2 The infected leaf rates of pear scab during different time point（%）

现叶时期（月.日）	调查时期（月.日）								
	5.21	5.29	6.5	6.12	6.19	6.26	7.3	7.10	7.24
5.15	0	1.95	55.8	72.4	82.7	86.9	88.9	89.8	
5.21		0	0	45.5	81.8	95.5	100.0		
5.29			0	20.0	40.0	68.3	68.8	68.8	73.3
6.5				8.3	16.7	25.0	25.0	25.0	25.0
6.12（封顶）				0	0	0	0	0	0

在河北石家庄梨产区，4月中旬开始出现病芽梢，27～52d后出现病叶，37～97d后出现病果。7～8月雨季为发病盛期。6～8月为病原菌侵染梨芽的时期，以8月侵染最多。在陕西关中梨产区，4月中、下旬首先在花序、新梢、叶簇上开始发病，6～7月为病害流行盛期。在江苏、浙江梨产区，一般4月上、中旬开始发病，5～6月梅雨期进入发病盛期。在云南、贵州一些梨产区，3月下旬至4月上旬开始发病，6～7月为发病盛期，8月中旬以后病势逐渐减弱。

五、流行规律

梨黑星病的发病轻重取决于越冬病原菌的多少，当年降雨的早晚、雨日的多少、果园内的空气湿度，以及品种的抗性。

（一）梨园病原菌越冬基数

梨园内病原菌越冬基数大，冬季气候适宜病原菌越冬，芽内的越冬菌丝或芽基病斑上菌丝存活率高，翌年落花后则能出现较多雾芽梢，雨水适宜能产生大量分生孢子侵染幼嫩组织；病原菌在病叶上越冬的梨产区，头年病叶量大，冬季温湿度适宜，翌年春天形成子囊孢子量大，春季气候适宜，将会有较多花器、嫩叶发病，形成较多次初侵染。而越冬病原菌的多少，在北方梨区又与头年秋季梨芽被感染的多少有关。春天梨园内病原菌基数大，当年的夏、秋季降雨较频繁，园内湿度较大，气温偏低，则往往成为病害的流行年。如果头年病原菌量少，越冬基数低，或者 4～5 月较干旱，当年春季发病很轻，夏、秋季相对湿度较低或气温较高，则成为梨黑星病轻发生年。

（二）降水和湿度

在北方梨产区梨黑星病流行的各环节中，通常 5 月的降水和湿度尤为重要，降水多，降雨频，园内湿度高，当年春季发病就重，当年前期会形成较多病源。

（三）树势、地形、树体部位

病害发生轻重还与树势、果园地形及果园栽植密度、留枝量多少有关（表 11 - 23 - 3）。树势弱，梨园地势低洼、窝风或栽植密度过大，留枝量多，通风透光差，造成树冠内湿度大，叶、果表面形成水膜时间长，有利于病原菌的形成、侵染与发病。

表 11 - 23 - 3　不同树势、地形、树体部位梨黑星病发病情况（引自邓义贵和李美华，2003）

Table 11 - 23 - 3　The incidence of pear scab by different growth, topography and parts of trees

(from Deng Yigui and Li Meihua, 2003)

项目		病叶		病果	
		病叶率（%）	病情指数	病果率（%）	病情指数
树势	壮树	3.6	0.9	0	0
	弱树	95.5	68.8	86.2	26.2
地形	岗地	76.3	45.2	56.3	23.4
	洼地	93.7	81.6	95.8	23.9
树体部位	树冠上部	87.2	62.0	—	—
	树冠下部	91.8	87.8	90.0	32.5
	外围	97.7	89.2	61.5	21.2
	内膛	97.7	91.9	83.3	45.8

（四）梨品种抗病性

品种的抗病性也是发病的重要因素，在我国的梨品系中，西洋梨最抗病，日本梨（砂梨系统）次之，中国梨的白梨系统易感病。这是由病原菌种的不同和存在生理类型所决定的。在梨的常见品种中，发病重的品种有鸭梨、京白梨、秋白梨、南果梨、苹果梨、尖把梨、黄梨、平梨、花盖梨、一生梨、光皮梨、宝珠梨、古安梨、大青梨、软把梨、五香梨、八里香、满园香、谢花梨、甜大梨、刺鸟梨，其次为砀山酥梨、早酥、莱阳茌梨、明月、丰水、幸水、八幸、君塚早生、石井早生、长十郎、晚三吉、早生赤等；抗病品种有香水梨、蜜梨、锦丰梨、雪花梨、胎黄梨、玻梨、玉溪黄梨、丽江刺满梨、富元黄、皮雪梨、金花 4 号、库尔勒香梨、黄县长把、锦香、今春秋、菊水、八云、黄金等。

（五）施肥

梨黑星病的发生与施肥技术也有一定关系，试验结果表明，随着氮肥（硫酸铵）施用量的增加，可导致叶片中的钙含量相对减少，诱使梨树更易感染黑星病，病叶率、发病程度和分生孢子量增加。

在上述几项流行因素中，品种和果园地形比较固定，所以菌源的多少和气候条件的变动是梨黑星病流行的主要影响因素。

六、防治技术

（一）加强栽培管理

加强梨园栽培管理的目的就是人为创造一个适于梨树正常生长发育的环境条件，增强梨树的抗病能力，同时将不利的气候条件对梨树的影响降到最低水平。

1. 增施有机肥　梨果采收后或春季梨树发芽前，在梨树树冠外围投影处挖 60cm 左右深、40cm 宽的环状沟，或以树干为中心挖里浅外深的 6～8 条放射状沟，施入腐熟的有机肥，按每产 0.5kg 果施肥 0.5～

1kg，施后覆土，有灌溉条件的施后尽可能灌透水。

2. 科学使用化肥　春天梨树开花前或落花后至少追施 1 次化肥，生理落果后再追施 1 次，均以氮肥为主或追施复合肥，梨果生长后期再追施 1 次磷、钾肥或以磷、钾肥为主的多元复合肥。追肥采用浅沟施覆土方法，不要将化肥直接撒于地表，不覆土，以免失效或流失。追肥最好选在雨后进行，以便化肥很快溶化，发挥肥效。施肥量应视树冠大小和挂果多少决定。一般情况下，每结 100kg 果，追施纯氮 1kg、纯磷 0.5kg、纯钾 1kg。

3. 积极种草和覆草　梨园行间较宽，有空地时，尽可能种草，品种可选多年生毛苕子、三叶草、紫花苜蓿等。各地雨季不同，可选在雨后撒播或条播，草幼苗期注意拔除杂草，适当撒施氮肥和灌水，草长高后，进行刈割放在树盘下，上面适当压层土。管理好的草，每年可割 3～5 次，果园可不再施用有机肥。梨树多栽植在地势较差的山区，往山上运有机肥很困难，但山区相对土地较多，草源丰富，果园种草和覆草较容易做到。

4. 改善土壤通透性　在南方红壤或北方丘陵山地果园，多数果园土壤板结、黏重或土层很浅，应有计划地逐年活化根系附近土层，改善根系附近土壤的通透性，增加保水保肥和熟化土壤矿质营养的能力。

5. 保持树冠内通风透光良好　对栽植过密的梨园，在延长枝生长互相交叉后应适当间伐。树冠内留枝量多的应逐年改形去大枝。对中小枝条和结果枝组过密的应适当疏除。对树冠内层间距过低或树头过高的应有计划地逐年改造和及时落头。

此外要适当留果，不要超产过多。

（二）清除病源

1. 清除越冬病源　梨树落叶后，认真清扫，落叶、落果集中烧毁；冬季修剪时注意剪除带有病芽的枝梢；在北方以病芽梢为初侵染源的梨产区，在梨树落花后 20～45d，多次认真检查抽生的新梢基部，发现病芽梢时及时从基部剪除，带到果园外销毁；在以芽鳞上病斑或子囊孢子越冬的梨区，开花前后发现病花丛、叶丛时应及时剪除销毁。

2. 摘除病果、病梢　梨树生长期及时检查，摘除病果及发病的秋梢。

3. 药剂杀灭树上的越冬病原菌　在花期开始发病地区，应在梨树发芽前对树上喷洒 1～3 波美度石硫合剂、45％石硫合剂结晶 80～100 倍液、50％代森铵水剂 1 000 倍液，或在梨树发芽后开花前，向树上喷洒 12.5％烯唑醇可湿性粉剂 2 000～3 000 倍液，以杀灭病部越冬后产生的分生孢子。

（三）生长期药剂防治

1. 喷药时间　在北方以病芽梢为初次侵染源的广大梨产区，应在梨树落花后反复检查清除病芽梢的基础上，进行树上喷药，每隔 10～15d 喷 1 次，连续喷洒 3～4 次。夏天气温高，病势暂时停止时可暂不喷药，秋季天气渐凉后再喷 3～4 次。在以芽鳞上病斑和分生孢子越冬或以落叶上子囊孢子越冬的梨产区，应重点在开花前和落花后喷药，连喷 3～4 次，秋季再喷 3～4 次。在南方和西南冬季比较温暖的云南、贵州、四川梨产区，可在幼叶、幼果开始发病时进行第一次喷药，连喷 3～4 次，秋季多雨年份再喷 2～3 次。各地喷药次数的多少应视病情而定，发病重的年份应适当多喷，发病轻的年份少喷。

2. 喷药种类　防治梨黑星病的药剂品种较多，经常使用的保护性杀菌剂有 80％代森锰锌可湿性粉剂 800 倍液，50％克菌丹可湿性粉剂 400～600 倍液，1∶（2～2.5）∶240 波尔多液。常用的内吸性杀菌剂有 50％多菌灵可湿性粉剂 600～700 倍液，70％甲基硫菌灵可湿性粉剂 800～1 000 倍液，12.5％烯唑醇可湿性粉剂 2 000～2 500 倍液，25％腈菌唑乳油 4 000～5 000 倍液，40％氟硅唑乳油 8 000 倍液，10％噁醚唑水分散颗粒剂 6 000～7 000 倍液，6％氯苯嘧啶醇可湿性粉剂 1 000～1 500 倍液。常用的预防性治疗剂有 62.25％腈菌唑·锰锌 600 倍液等。在使用中应注意内吸性杀菌剂与保护性杀菌剂交替使用。波尔多液在梨的幼果期和多雨、阴湿梨园慎用，以防产生药害。

3. 注意喷药质量　喷药需均匀、周到，叶片的正反面、新梢及果面都应均匀着药，才能充分发挥每次喷药的防治效果。

王金友（中国农业科学院果树研究所）

王国平（华中农业大学）

第 24 节　梨黑斑病

一、分布与危害

梨黑斑病在亚洲的韩国、日本及我国发生十分严重，近年来法国也发现梨黑斑病的发生。该病主要侵染果实、叶片和新梢。幼叶最早发病，严重时病叶上病斑连片，叶片皱缩畸形并枯焦脱落。果实受害，病斑处产生龟裂，易引起早期落果。感病果实无商品价值。新梢上病斑椭圆形，稍凹陷，边缘产生细小裂缝。梨芽受害后，多变黑枯死，造成严重的经济损失。导致梨树秋季提前落叶，容易使梨树形成二次花，严重影响翌年梨果产量，一般梨黑斑病造成果农的损失可达 20%～30%，严重时达到 50%～60%。在我国南方梨产区，防治病害成功的关键主要是看梨园中梨黑斑病防治的效果，梨农一年中一半以上的梨树农药防治成本用于防治梨黑斑病。

我国栽培的秋子梨、白梨、砂梨、新疆梨、西洋梨五大分类系统中，梨黑斑病主要侵害砂梨系统中的品种群和少数西洋梨品种。以往我国砂梨系统梨树品种主要栽培在长江流域及其以南地区和吉林延吉苹果梨产地，近些年山东、河北、北京周围日韩梨品种（砂梨系统）种植面积较大，随着砂梨栽培面积的扩大，梨黑斑病逐渐发展成为我国梨园中主要的病害，特别是在南方砂梨产区发病更为严重。梨黑斑病主要侵害叶、果实和新梢，导致树体衰弱，缩短结果年限，造成严重的经济损失，而且还造成储藏期病果，并在梨的进出口贸易中受到进口国的严密关注。

二、症状

叶片被害：叶片发病，最先在嫩叶上产生圆形、针尖大小的黑色斑点，以后斑点逐渐扩大成近圆形或不规则形，病斑中间灰白色，周缘黑褐色，病斑上有时稍显轮纹。潮湿时病斑表面密生黑色霉层（彩图 11-24-1，1），为病原菌的分生孢子梗和分生孢子。叶片上病斑较多时，常互相融合成不规则形大病斑，叶片畸形，容易早落（彩图 11-24-1，2）。

果实被害：幼果发病，在果面上产生一至数个圆形、针尖大小的黑色斑点，逐渐扩大后呈近圆形或椭圆形，病斑略凹陷，表面密生黑色霉层（彩图 11-24-1，3）。由于病健部位发育不均，果实长大后出现畸形，果面发生龟裂，严重时裂缝可深达果心，在缝隙内也会产生很多黑霉，病果往往早落。长成的果实感病时，前期症状与幼果相似，病斑较大，黑褐色，后期果实软化、腐败而落果，重病果常数个病斑融合成大斑，使大部分果面呈深黑色，表面密生黑色至黑绿色霉状物（彩图 11-24-1，4）。西洋梨多在果实基部发病。

果梗、嫩枝被害：果梗染病后产生黑色不规则形斑点，易落果。绿色嫩枝发病，形成圆形黑色病斑，病斑扩大后，表面粗糙，疮痂化，与健部交界处产生裂缝。

三、病原

（一）病原菌形态特征

梨黑斑病病原为链格孢 [*Alternaria alternata* (Fr. : Fr.) Keissler]。病原菌的分生孢子梗为褐色或黄褐色，数根至 10 余根成束丛生，少数有分枝。分生孢子梗基部较粗，先端略细，有隔膜 3～10 个，大小为（40～70）$\mu m \times$（4.2～5.6）μm，其上端有孢痕。分生孢子形状不一，多数近纺锤形，基部膨大，顶端细小，往往有较长的孢嘴，有横隔膜 4～11 个，纵隔膜 0～9 个，隔膜处微缢缩，大小为（10～70）$\mu m \times$（6～22）μm。老熟的分生孢子壁较厚，暗褐色，幼嫩的分生孢子壁较薄，呈黄褐色至暗黄色。

（二）病原菌培养性状

病原菌在 PDA 培养基上生长良好，菌丝生长茂盛，开始时乳白色，不久呈灰绿色，有黑色色素沉积。生长最适温度为 25～30℃，最高 36℃，最低 10℃。最适 pH5.9。在 5℃左右病原菌也能缓慢生长，所以，梨果在储藏期病斑也能缓慢发展。病原菌孢子形成的最适温度与菌丝发育最适温度基本相同，荧光灯照射可促进产孢。病原菌发芽最适温度为 28～32℃。5℃下经 5～10min 病原菌失去发芽能力。

王宏等（2006）对梨黑斑病病原菌生物学特性的研究结果表明，不同菌株在 PSA 平板上培养，平均日生长速率、产孢量、菌落颜色以及菌落厚度有显著不同。病原菌生长适宜温度为 20～30℃，最适温度为 28℃，孢子萌发的最适温度为 28℃；病原菌生长适宜相对湿度为 50%～100%，最适相对湿度为 98%～100%，孢子萌发必须具备相对湿度 98% 以上的高湿条件，在水滴中萌发率最高；病原菌菌丝生长的适宜 pH 为 4～12，最适生长 pH 为 7～8，孢子萌发最适 pH 为 7～8，病原菌培养一段时间后培养基的 pH 会发生改变。该病原菌对多种单糖、双糖和多糖等碳源及有机氮、无机氮均可利用，最适碳源为蔗糖，最适氮源为蛋白胨，硫酸铵和氯化铵会抑制病原菌菌丝生长。

（三）病原菌致病机制

病原菌在致病过程中能产生寄主特异性毒素 AK 和寄主非特异性毒素。其中前者仅对感病品种起作用，后者对各种品种均起作用。毒素 AK 在孢子发芽的芽管内形成。其中又分为 AK 特异性毒素 I 和 II。寄主特异性毒素对寄主细胞起作用，可使细胞膜透性增加，原生质膜凹陷、崩溃，电解质消失，原生质流动停止，使寄主细胞失去对病原菌侵入的抵抗能力。不同的菌株其病原性、产生毒素能力及生理特性略有不同，但寄主特异性毒素的作用和病原性基本一致。

四、病害循环

（一）病原菌越冬、侵染和传播

病原菌以分生孢子及菌丝体在病枝梢、病芽及芽鳞、病叶、病果上越冬。翌年春天产生分生孢子，借风雨传播。分生孢子在水膜中或空气湿度大时萌发，以芽管穿破寄主表皮，或经过气孔、皮孔侵入寄主组织内，造成初次侵染，以后新老病斑上不断产生分生孢子，而造成多次再侵染。

（二）发病时期

一般年份在 4 月下旬至 5 月初，平均温度 13～15℃时，田间叶片开始出现病斑，5 月中旬开始增加，6 月多雨季节病斑急剧增加。5 月上旬果实上开始出现病斑，6 月上旬病斑渐多，6 月中旬后果实开始龟裂，6 月下旬病果开始脱落，7 月下旬至 8 月上旬病果脱落最多。

五、流行规律

（一）温度和降水量

温度和降水量与病害的发生、发展关系极为密切。一般情况下，气温 24～28℃，同时连续阴雨，有利于梨黑斑病的发生与蔓延；气温 30℃ 以上，并连续晴天，病害则停止蔓延。

（二）树势、树龄和叶龄

树势强弱、树龄和叶龄大小与发病的关系也很密切。树势弱、树龄大发病重。叶龄小，易感病，叶龄大，病原菌潜伏期长，叶龄超过 1 个月，基本不再感病。叶片背面比正面易发病。病原菌孢子在叶面的水滴中比在蒸馏水中芽管伸展展长，发芽快，这与叶片上的渗出物，特别是糖分高有密切关系。5 月下旬至 6 月上旬疏果后，在田间 20℃ 条件下，往果实上接种 4h 后，即可出现小黑点症状，经 48h 后即可形成分生孢子。果实套袋前如果果面上有很小的病斑，套袋后病斑扩大缓慢，到 6 月中旬之后，病斑逐渐开裂，形成裂果和畸形果。此外，果园地势低洼、通风不良、缺肥及偏施氮肥发病重。

（三）品种

不同梨品种梨黑斑病发病程度有明显差别。在日本梨系统的品种中，以二十世纪发病最重，博多青、明月次之，八云、太白、菊水、黄金、黄密发病较轻，晚三吉、今春秋抗病性较强。不同品种的感病性是由一对异质性显性基因所控制的。在杂交组合的第一代实生苗中，抗病品种×抗病品种，其杂交后代抗病与感病苗之比为 3∶1；抗病品种×感病品种，杂交后代抗病与感病苗之比为 1∶1；感病品种×感病品种，杂交后代 100% 为感病苗。

据刘仁道（2008）研究，引进的 17 个梨品种中对梨黑斑病抗性较强的早熟品种是早蜜和翠冠，中熟品种是新竹水，晚熟品种是爱宕；对梨黑斑病抗性中等的早熟品种是脆绿、早美酥、爱甘水和华酥，中熟品种是圆黄、西子绿和黄金梨，晚熟品种是红香酥和金水晶。长期以来，砂梨品种是我国的主要栽培品种，其不同生长周期的各种品种在全国适宜地区广泛栽培。从初步的田间抗性比较结果看，砂梨系统中早熟品种多为抗或中抗品种，对梨黑斑病的抗性相对强于中熟和晚熟品种。与砂梨品种相比，白梨品种的抗性与熟期的关系相反，即早熟白梨品种抗性弱，而晚熟白梨品种抗性相对较强。说明梨树的生长周期（熟期）与对梨黑斑病的抗性有一定的相关性，因此，在进行梨黑斑病品种选育时，可以将梨树的生育期作为一个初步的选择指标，果农在选择优良梨品种时，也应该将果实熟期作为参考指标之一，以便更好地选择和利用高产、优质、抗病的优良品种。

六、防治技术

目前防治梨黑斑病的主要杀菌剂是羊毛甾醇 14α-脱甲基反应抑制剂（14α-demethylation inhibitors，DMIs），如苯醚甲环唑和烯唑醇等，由于 DMIs 类药物兼备保护和治疗效果、杀菌谱广、施药量低和药效期长等优点而迅速发展并被广泛应用于防治梨黑斑病，目前成为梨黑斑病化学控制的主导药剂之一。但是近年来在梨园连续多年使用这类杀菌剂，苯醚甲环唑和烯唑醇的使用浓度持续上升，梨黑斑病防治效果连年下降，梨黑斑病对苯醚甲环唑和烯唑醇的抗药性已经产生。

梨黑斑病的防治应采取综合防治措施，在加强栽培管理，提高树体抗病能力的基础上，结合清园消灭越冬菌源，生长期结合病情及时喷药，防止病害蔓延成灾。

（一）农业防治

1. 做好清园工作 在梨树萌芽前，剪除树上有病枝梢，清除果园内落叶、落果，集中深埋或烧毁，消灭越冬菌源。

2. 加强栽培管理 各地根据具体情况，在果园内间作绿肥，或进行树盘内覆草。增施有机肥，促进根系和树体健壮，增强树体抗病能力。合理使用化肥，果树生长前期以追施氮素和复合肥为主，中后期控制氮肥施入量，以磷、钾肥和全元复合肥为主。对于地势低洼的果园，应做好开沟排水工作。对历年梨黑斑病发生严重果园，冬季修剪时应适当疏枝，增强树冠内通风透光能力，结合夏季修剪做好清除病枝、病叶、病果工作。

3. 果实套袋 套袋可以保护果实免受病菌的侵害，减少梨黑斑病的病果率。但梨黑斑病菌的芽管能穿透一般纸袋，所用纸袋应该混药或用石蜡、桐油浸渍后晾干再用。

4. 栽培抗病品种 在发病重的地区，应避免栽培二十世纪等感病品种，可栽培丰水、菊水、幸水、黄冠、黄金、黄密、晚三吉、今春秋、铁头等较抗病品种。

（二）药剂防治

1. 铲除越冬病菌 春季梨树发芽前，枝干上喷洒 10%甲硫酮（果优宝）100～150 倍液，或 3～5 波美度石硫合剂，杀灭树上的越冬病菌。

2. 喷药时期 在长江流域发病较重果园，在梨树落花后至梅雨季节结束前，每隔 10～15d 喷药 1 次，共喷 7～8 次。在河北、山东、北京日韩梨栽培较多的地区，结合防治其他叶果病害，在梨树落花后和梨果套袋前喷洒杀菌剂 2～3 次。之后，在 6 月中、下旬及 7～9 月降雨较多时，再喷药 3～4 次，防治叶部病害。

3. 常用药剂 10%多抗霉素可湿性粉剂、50%异菌脲可湿性粉剂 1 000～1 500 倍液，80%代森锰锌可湿性粉剂 800～1 000 倍液，65%代森锌可湿性粉剂 500 倍液，3%多抗霉素水剂 400～500 倍液，50%腐霉利可湿性粉剂 1 000～1 200 倍液。

王国平（华中农业大学）

第 25 节　梨轮纹病

一、分布与危害

梨轮纹病主要侵害梨树枝干和果实。侵害枝干的也叫梨树粗皮病、瘤皮病，侵害果实的也叫梨果实轮纹病或梨轮纹烂果病。

梨轮纹病是我国梨树上的重要病害，在各梨产区均有发生，其中以山东、江苏、浙江、上海、安徽、江西、云南、四川、河北、辽宁等地发生较重，近年来各地发病有加重的趋势，日本梨品种发病尤为严重。20 世纪 70 年代以来，随着鸭梨和雪花梨等优质感病品种的推广，梨轮纹病造成的大量烂果已成为生产上的突出问题。梨轮纹病在河北鸭梨及雪花梨产区，曾几度严重发生，损失惨重。此病除侵害梨树，还可侵害苹果、桃、杏、花红、山楂、枣、核桃等多种果树。

枝干发病后，造成树皮皮孔增生，形成病瘤，病瘤和周围树皮坏死，极为粗糙，有的深达木质部，影响树体的养分、水分运输和储藏功能，明显削弱树势，重者造成死枝死树。侵害果实时，造成梨果腐烂，不能食用。感病品种在病害发生严重年份，枝干发病率达 100%，采收时病果率可达 30%～50%，储藏 1 个月后基本没有好果，几乎全部烂掉。

二、症状

梨轮纹病主要侵害枝干和果实，有时也可侵害叶片。

(一)枝干被害

梨树枝干发病，开始时多在一至二年生枝条的皮孔上出现症状，皮孔表现为微膨大，隆起。翌春，皮孔继续增大，形成小瘤状，同时周围树皮变成红褐色坏死，微有水渍状，并稍深入到表皮下的白色树皮（彩图 11-25-1，1）。夏季高温期，病皮失水，凹陷，颜色变深，质地变硬，病害停止扩展。秋季后病斑继续向周围和深层活树皮上扩展、蔓延，并在春季发病坏死的树皮上出现稀疏的小黑点（病原菌的分生孢子器）。第三年春天，气温回升后，坏死树皮上的病原菌又继续扩展，病斑范围进一步扩大加深，病瘤进一步变大、增厚，一些病斑互相融合，形成粗皮，降雨或空气湿度大时，病瘤周围病皮上的小黑点出现裂缝，从中涌出白色的分生孢子团。病皮底层出现黄褐色木栓化愈伤组织，病健树皮交界处出现裂缝，边缘开始翘起。之后，病皮周围愈伤组织形成不好的部位，继续扩展，发病范围继续扩大，并继续相互融合，树皮更为粗糙，明显削弱树势（彩图 11-25-1，2）。病皮上的小黑点不断增多。发病 7～8 年后，树体生长明显受阻，严重时枝条枯死。

(二)果实被害

果实上发病，多在果实近成熟时或储藏期表现出症状。果实皮孔稍增大，皮孔周围形成黄褐色或褐色小斑点，有的周围有红色晕圈，微凹陷。病斑扩大后，表皮外观形成颜色深浅相间的同心轮纹，并渗出红褐色黏稠状汁液，皮下果肉腐烂成褐色果酱状。在室内常温下，腐烂非常快，几天内果实全部烂掉，流出茶褐色黏液，发出酸腐气味，最后干缩成僵果，表面密生黑色小粒点（彩图 11-25-1，3），为病原菌的分生孢子器。

(三)叶片被害

梨轮纹病也侵害梨树叶片，在叶片上形成近圆形或不规则形褐色病斑，微具同心轮纹，后逐渐变为灰白色，并长出黑色小粒点（病原菌分生孢子器），一片叶上产生许多病斑时，常使叶片焦枯、脱落（彩图 11-25-1，4）。

三、病原

(一)病原菌形态特征

梨轮纹病菌在自然条件下多以无性阶段进行繁殖。以前命名该病原菌无性型为大茎点菌（*Macrophoma kawatsukai*），但 *Macrophoma* 属名已被废除。有学者认为梨轮纹病菌为伯氏小穴壳菌（*Dothiorella berengeriana* Sacc.），属子囊菌无性型小穴壳属。病原菌的分生孢子器暗黑色，球形或扁球形，直径为 283～425μm，器壁黑色、炭质，有乳突状孔口，内壁色浅，上面密生分生孢子梗。分生孢子梗无色，单胞，丝状，顶生分生孢子。分生孢子无色，单胞，纺锤形至长椭圆形，大小为 (24～30) μm×(6～8) μm。

梨轮纹病病原有性型为伯氏葡萄座腔菌梨生专化型 [*Botryosphaeria berengeriana* de Not. f. sp. *piricola* (Nose) Koganez. et Sakuma]，属子囊菌门座腔菌属真菌，在田间不多见。有学者将该菌定名为葡萄座腔菌 [*B. dothidea* (Moug. : Fr.) Ces. et De Dot.]。子囊壳在病皮组织中与分生孢子器混生，包藏在不发达的子座中，呈黑褐色，球形或扁球形，有孔口，大小为 (180～325) μm×(250～338) μm。子囊着生在子囊壳底部，长棍棒状，侧壁薄，顶部肥厚，大小为 (122～150) μm×(18.9～24) μm，内含 8 个子囊孢子，偶有 4 个，呈 2 列排列。子囊孢子椭圆形，单胞，无色或淡黄色，大小为 (24～28) μm×(12～14) μm。子囊间有侧丝，侧丝无色，由多个细胞组成。

（二）病原菌培养特性

病原菌在马铃薯、蔗糖、琼脂（PSA）培养基上生长良好，生长温度为 15～32℃，最适温度 27℃左右。菌丝白色至青灰色，后变成黑灰色，菌丝茂盛。在培养基上形成分生孢子器的最适温度 27～28℃，用 360～400nm 短光波的荧光灯连续照射 15d 左右，可大量产生孢子器和分生孢子，而在无光照条件下，很难形成分生孢子器。

（三）分生孢子的发芽条件

病原菌的分生孢子在清水中可发芽。发芽率与温度有关，25～30℃时，2h 后发芽率为 17%～20%，28℃时发芽最快，其次为 30℃和 25℃，25℃以下时，发芽率逐渐降低，15～20℃时，2h 后不发芽。分生孢子在 1%葡萄糖液中可促进发芽。分生孢子液一旦干燥，发芽率则明显降低，6h 后可降低 1/2，经 1h 日光照射后约降低 1/3。分生孢子发芽时，一般在孢子的一端或两端各长出 1 支芽管，有时在孢子的腹部还能长出 1 支芽管。

（四）与梨干腐病的关系

梨轮纹病和梨干腐病是梨树上发生普遍的两种病害，主要侵害梨树枝干和果实，对梨树生长势和产量造成严重影响。两种病害在枝干上的症状表现存在明显差异，前者产生轮纹状病斑，后者在枝干上产生溃疡病斑，但二者引起的果实腐烂症状相似。已有研究表明，引起这两种病害的病原菌在形态学和生物学上相似，因此，有关这两种病害的病原菌的分类特点仍存在争议。

梨干腐病菌和梨轮纹病菌，国内和日本学者长期认为二者形态相似，应为同一个种，但致病性有差异，分别命名为 *B. berengeriana* de Not. 和 *B. berengeriana* f. sp. *piricola*（张丽丽等，2009）。近年来的研究结果表明，引起我国梨轮纹病的是 *B. dothidea*（彭斌等，2011），部分学者认为梨干腐病和梨轮纹病是同一种病原菌在不同环境条件下引起两种症状，当枝条正常生长时引起轮纹症状，当枝条受水分胁迫时引起干腐症状（余仲东等，2004；Slippers B，et al.，2004）。

四、病害循环

（一）病原菌越冬及孢子的释放

病原菌以菌丝体和分生孢子器在病部越冬，为翌年的初侵染源。在上海梨产区，一般在 3 月下旬左右，田间开始散发分生孢子，4 月中、下旬散发量增多，5～7 月散发量最多。在山东莱阳梨产区，4 月下旬至 5 月上旬降雨后，就开始散发分生孢子，6 月中旬至 8 月中旬为散发盛期。

1. 分生孢子在田间的散发时间与降雨有密切关系　病原菌一般在树皮上形成菌丝团，当树皮表层充分湿润后，即可放出分生孢子。天气干旱时，田间很少能收集到分生孢子。在田间，枝干上的新病皮和旧病皮上的分生孢子器开始散发分生孢子的时间也不同，旧病皮上的分生孢子器开始散发分生孢子时间早，新病皮上的分生孢子器开始散发分生孢子时间晚。

2. 分生孢子散发数量与枝条的感病年龄有关　发病 2～3 年的病枝孢子器产孢量最多，发病 5 年枝的产孢量其次，九年生病枝还能产孢，发病 13 年以上旧病枝上的分生孢子器不再能产生分生孢子。

3. 分生孢子的释放量与降水量的关系　降水量在 2～3mm 时，孢子释放量与降雨时间无关，分生孢子很少，而一次性降雨 7mm 以上时，降雨时间越长，散发的分生孢子越多。降大雨时，雨水中的孢子数量反而减少，当一次性降雨达 100mm 以上时，雨水中反而没有分生孢子。因此，每次的降水量和降雨日数是影响孢子释放量的两个决定性因素。小雨、连阴雨的天气分生孢子多，病原菌的释放总量也多。

（二）病原菌的传播与侵入

田间散发的分生孢子随风雨传播，传播距离多为 5～10m，10m 以上明显减少，在风雨较大时，也可传播到 20m 以上。因此，在病重梨园下风向新建梨园，离病株越近的树发病越重。

随风雨传播的分生孢子，着落在有水膜的幼嫩枝条和果实上，在合适的温度下经过一定时间后发芽，从枝条或果实的气孔及未木栓化的皮孔侵入。

果实套袋分期暴露方法试验结果表明，梨轮纹病菌侵入果实的时间多从落花后 2 周左右开始，7 月中旬为侵染率较高时期，7 月下旬至 8 月中旬渐少，8 月中旬后很少再有侵染。病原菌侵入后在皮孔的周皮中以菌丝形态潜伏下来，待果实近成熟时才开始扩展发病。

新梢的侵染时间从 5 月开始，至 8 月结束，以腋芽附近为多。侵入后经 90～120d 的潜伏期，9 月上旬左右侵入部位开始出现膨大，10 月下旬膨大停止。膨大部分树皮组织细胞增生，细胞间充满菌丝，以后增生组织死亡。

叶片多从 5 月开始发病，以 7~9 月为多。以往叶片发病很少，受害较轻，近些年叶片发病有明显增多趋势。

五、流行规律

（一）品种

西洋梨最感病，砂梨系统品种居中，中国梨较抗病。在中国梨系统中，白梨、京白梨、鸭梨、酥梨、南果梨等品种发病较重，严州雪梨、莱阳梨、苹果梨、三花梨等发病较轻，秋子梨、花盖梨及库尔勒香梨、金花 4 号等很少发病。在日本梨系统中果实发病重的品种有八云、幸水、云井、君塚早生、石井早生、新世纪、早生赤、长十郎、二十世纪、晚三吉、博多青发病较轻，今春秋较抗病。西洋梨系统的许多品种及杂交后代发病相当严重。

（二）树势

树势强发病轻，树势弱发病重。果园土壤瘠薄、黏重、板结、有机质少，根系发育不良，负载量过多，偏施氮肥等，均可导致枝干上的梨轮纹病严重发生。

六、防治技术

对于梨轮纹病的防治，应采取综合配套防治措施，才能取得明显的防治效果。

（一）清除病源

1. 清园　春季梨树萌芽前结合清园扫除落叶、落果，剪除病梢、枯梢，集中烧毁。

2. 刮除病瘤　梨树萌芽前后至春梢旺盛生长期，刮除大枝干上的病瘤及周围干死病皮，如刮得较干净可以不用涂药，以防发生药害。如未刮除病皮，可直接对病皮涂抹 2.2% 腐殖酸铜水剂原液，使病部消毒和促进长出新的愈伤组织。

3. 剔除带病苗木　病原菌孢子自然传播距离有限，应在远离病株的地方育苗，减少苗木带菌概率。在栽树前，应对苗木严格检查，剔除带病苗木。

（二）加强管理和果实套袋

梨轮纹病菌是一种弱寄生菌，在树体生活力旺盛时，枝干上发病很轻，因此要加强梨园的土、肥、水管理，科学使用化肥，适当结果，保持树体健壮，提高抗病能力。

在生长高档果的梨园，梨树生理落果后，可对果实进行套袋，对减少梨果轮纹烂果病效果明显，同时能减少梨果上的农药残留。

（三）药剂防治

春季果树发芽前，全树喷洒 61% 乙铝·锰锌可湿性粉剂或 3~5 波美度石硫合剂，铲除枝条上小病斑中的梨轮纹病菌，可减少树体长大后大病斑发生的数量。同时兼治枝干上的梨黑斑病菌、梨黑星病菌、梨树腐烂病菌等。

防治果实上的梨轮纹病，对感病品种应结合降雨情况，在落花后 10~15d 喷洒 1 次杀菌剂。在病原菌大量传播、侵染梨果的 5~8 月，结合防治其他梨果病害，根据降雨情况每隔 15d 左右喷洒 1 次杀菌剂。常用杀菌剂有 50% 多菌灵可湿性粉剂 600~800 倍液、70% 甲基硫菌灵可湿粉性粉剂 800~1 000 倍液、80% 代森锰锌可湿性粉剂 800 倍液、70% 代森锰锌可湿性粉剂 500~600 倍液（某些品种幼果期使用有药害，使用前应做药害试验）、10% 苯醚甲环唑水分散粒剂 2 000~2 500 倍液及 7.2% 甲硫·铜悬浮剂 300~400 倍液。在果实生长中后期，还可使用 1:（2.5~3）:240 波尔多液。

王国平（华中农业大学）

第 26 节　梨白粉病

一、分布与危害

梨白粉病多侵害梨树秋天的老叶，在我国辽宁、河北、陕西、甘肃、山西、山东、河南和南方各梨产区均有发生，近年来有加重趋势，已成为梨上的主要病害。

二、症状

秋季，在梨树的基部叶片背面产生大小不一、数目不等的近圆形褐色病斑，常扩展到全叶，病斑上形成灰白色粉层（为病原菌的分生孢子梗和分生孢子）（彩图 11 - 26 - 1，1）。后期在病斑上产生小粒点（为病原菌的闭囊壳）。闭囊壳起初黄色（彩图 11 - 26 - 1，2），后变为褐色至黑褐色（彩图 11 - 26 - 1，3）。病害发生严重时可造成早期落叶。发病严重时也能侵害嫩梢，病梢表面覆盖白粉。

三、病原

梨白粉病病原为拟小卵孢菌（*Ovulariopsis* sp.），属子囊菌无性型拟小卵孢菌属真菌。其有性型为苹果球针壳（*Phyllactinia mali* (Duby) U. Braun，异名：梨球针壳 [*P. pyri* (Castagne) Homma]）。病原菌的外生菌丝多为永久性存在，很少消失。菌丝有隔膜，并形成瘤状附着器。内生菌丝通过叶片气孔侵入叶肉的细胞间隙。近先端有数个疣状突起，突起生有吸器，穿入叶肉的海绵细胞摄取营养。分生孢子梗由外生菌丝垂直向上生出，稍弯曲，单条，无色，内有 0～3 个隔膜，顶端着生分生孢子。分生孢子瓜子形或棍棒形，单胞，无色，表面粗糙，中部稍缢缩，大小为 63～104μm。分生孢子在 25～30℃时发芽良好，潜伏期为 12～14d。

梨白粉病病原菌的有性阶段产生闭囊壳，闭囊壳呈扁圆球形，直径为 224～273μm，黑褐色，无孔口，具针状附属丝。附属丝基部膨大，内有长椭圆形子囊 15～21 个，每个子囊内有子囊孢子 2 个。子囊孢子长椭圆形，单胞，无色或淡黄色，大小为（34～38）μm×（17～22）μm。

四、病害循环

病原菌以闭囊壳在病叶上越冬。翌年条件适宜时，闭囊壳破裂，散发出子囊孢子。子囊孢子随风雨传播，落到梨树叶片上进行初侵染。当年老熟的菌丝体产生分生孢子，进行再侵染。病原菌的芽管从气孔侵入到叶肉细胞内，形成吸器，吸收营养，发育繁殖。匍匐在叶面的菌丝，形成分生孢子，使病害不断蔓延，秋季再形成闭囊壳越冬。

五、流行规律

在黄河故道地区，越冬子囊壳 6～7 月成熟，7 月开始发病，秋季为发病盛期。密植和树冠郁闭的梨园易发病，排水不良和偏施氮肥的梨园发病重。茌梨、秋白梨、康德梨、雪梨、花盖梨等发病较重，其他品种受害较轻。

六、防治技术

1. 清洁果园　秋季彻底清扫落叶，消灭初侵染源。

2. 栽培措施　多施有机肥，少施氮素化肥。合理修剪，改善树冠内通风透光条件。

3. 药剂防治　夏、秋季结合防治其他病害，始见发病后喷洒 25％三唑酮可湿性粉剂 1 500 倍液或 70％甲基硫菌灵可湿性粉剂 800～1 000 倍液。

王国平（华中农业大学）

第 27 节　梨炭疽病

一、分布与危害

梨炭疽病主要是侵害果实，造成梨果腐烂。在我国吉林、辽宁、河北、河南、山东、山西、陕西、江西、安徽、江苏、浙江等省梨产区均有发生。除梨之外，还侵害苹果、葡萄等许多种果树。

近年来，在黄河故道地区砀山酥梨、黄冠梨、马蹄黄等品种上，梨炭疽病发生严重，具体表现在梨成熟前先是果实表面出现一至多个黑点，3～5d 后病果出现圆形或不规则形的轮纹状或凹陷状病斑，蔓延很快，难以控制，当地俗称"黑点病"，不仅造成采前果实腐烂，还引起树体大量落叶。2008年，安徽砀山县梨园梨炭疽病暴发，部分发病严重的梨园，采前病果率为100%，烂果率高达70%以上，全县直接经济损失7亿～8亿元，当地梨产业经济损失惨重。

植物的炭疽病（anthracnose）是由炭疽菌引起的斑点性植物病害。在我国已报道过的植物炭疽病的病原菌有胶孢炭疽菌（*Colletotrichum gloeosporioides*）、平头炭疽菌（*C. truncatum*）、豆炭疽菌（*C. lindemuthianum*）、尖孢炭疽菌（*C. acutatum*）和厚顶炭疽菌（*C. crassipies*）。其中，胶孢炭疽菌是许多重要植物炭疽病的病原。

二、症状

（一）果实发病

多在果实生长后期发病。发病初期，果面上出现淡褐色水渍状小圆点，后逐渐扩大，色泽加深，软腐凹陷。病斑表面颜色深浅相同，具明显同心轮纹。病皮下形成无数小粒点，略隆起，初为褐色，后变黑色，排成同心轮纹状，为病原菌的分生孢子盘（彩图11-27-1，1）。在温暖潮湿条件下，分生孢子盘突破表皮，涌出粉红色黏质物，为病原菌的分生孢子。病斑不断扩大，从果肉烂到果心，烂果肉呈圆锥形腐烂。烂果肉褐色，有苦味。烂果常落果，或大半个果烂掉，在树上干缩成病僵果。一个病果上病斑数量不等，少则一两个，多则十来个，但只有少数病斑能使果肉烂到果心。

（二）枝干发病

病原菌在梨树枝条上营腐生生活。多发生在枯枝、病虫枝或长势衰弱的枝条上，形成深褐色、圆形小斑，后发展成椭圆形或长条形，病斑中间干缩凹陷，病部皮层与木质部易分离，变黑枯死。

（三）叶片发病

梨炭疽病也侵害叶片，在叶片正面产生褐色圆形病斑，后变成黑色，常具同心轮纹，严重时互相融合，成为不规则形褐色斑块，上生黑色小粒点，天气潮湿时，产生红色黏液（彩图11-27-1，2）。

三、病原

（一）病原菌形态特征

梨炭疽病病原菌的无性型为胶孢炭疽菌 [*Colletotrichum gloeosporioides* （Penz.） Penz. et Sacc.]。病原菌分生孢子梗密集，结成直径约$80\mu m$的分生孢子盘。分生孢子盘上有刚毛，褐色，直立，具1～2个横隔膜，大小为135～160μm。分生孢子梗无色，单胞，纺锤形，略弯曲，大小为（9～24）μm×（3～4.5）μm。

梨炭疽病病原菌的有性型为围小丛壳 [*Glomerella cingulata* （Stoneman） Spauld. et H. Schrenk]，在我国尚未发现，病原菌的生长温度为9～33℃，最适温度25～28℃。

（二）病原菌培养特性

据安徽农业大学朱立武（2008）观察，病原菌在PDA培养基上培养3～4 d后菌落四周呈灰白色，中央逐渐转为灰褐色。100×10倍的显微镜下观察，菌丝粗度为2.4～9.8 μm，无色，具有隔膜和分枝。培养5～6 d后可见菌落中开始出现粉红色的分生孢子。40×10倍显微镜下观察分生孢子的形态为长圆形，单胞，无色，大小均匀；100×10倍显微镜下测得分生孢子长15～21 μm，宽5～7 μm。

分生孢子在2%的葡萄糖培养液中，经25℃恒温培养8 h即开始萌发，分生孢子萌发时中间形成一隔膜，一般一端先长出芽管并形成附着胞后，另一端再长出芽管形成附着胞，附着胞上形成侵染丝；有的芽管可以形成分枝并着生附着胞；部分分生孢子一端能够同时长出两个芽管。

（三）药剂对菌丝生长、分生孢子萌发的影响

初步研究结果表明，与清水对照相比，430g/L戊唑醇悬浮剂4 000倍液、250g/L丙环唑乳油1 000倍液、33.5%喹啉铜悬浮剂2 000倍液、25%溴菌腈乳油3 000倍液、10%苯醚甲环唑水分散粒剂7 000倍液、50%咪鲜胺锰盐粉剂1 200倍液、70%代森锰锌粉剂1 200倍液等抑菌效果较强；二氰蒽醌、1.5%噻霉酮水乳剂、络合态硫酸铜钙、多菌灵等抑菌效果较差。

四、病害循环

病原菌以菌丝体和分生孢子器在病僵果、枯枝或病叶上越冬。翌年温度适宜时，产生大量分生孢子，

借风雨或昆虫传播。从果、叶表皮直接侵入，引起初侵染，再以病果为中心，呈伞状向下和周围蔓延，以后发病的果实都能形成新的侵染中心，不断蔓延，直至采收。

五、流行规律

梨炭疽病的发生和流行与降雨有密切关系，4～5 月多阴雨，发病早，6～7 月阴雨连绵，则发病重。地势低洼、果园积水、树冠郁闭、通风透光不良及树势弱、病虫防治不力造成落叶等，则梨园发病重。

六、防治技术

（一）加强栽培管理
改良土壤，增施有机肥，合理修剪，及时防治病虫，注意果园积水及时排除，防止果园草荒。

（二）清除病源
冬季结合修剪，剪除干枯枝、病虫为害的破伤枝，清扫病僵果、病落叶，集中烧毁。梨树发芽前结合防治其他病害喷布 3～5 波美度石硫合剂。

（三）果实套袋
果实套袋是防治梨果炭疽病最有效的方法，套袋前应注意对果面喷洒 1～2 次内吸性杀菌剂。

（四）药剂防治
从 5 月下旬或 6 月上旬开始，结合防治梨果实轮纹病、黑星病，进行药剂兼治。往年果实炭疽病重的梨园，采用侧重防治梨炭疽病的专用药剂 25％溴菌腈可湿性粉剂 300～500 倍液。

（五）低温储藏
采收后在 0～15℃下低温储藏可抑制病害发生。入库前剔除病果，注意控制库内温度，特别是储藏后期温度升高时，应加强检查，及时剔除病果。

洪霓（华中农业大学）

第 28 节　梨疫腐病

一、分布与危害

梨疫腐病又叫梨疫病、梨树黑胫病、梨干基湿腐病。梨疫腐病会造成梨树树干基部树皮腐烂，有的年份还大量烂果。梨疫腐病主要发生在我国甘肃、内蒙古、青海、宁夏等灌区梨树及云南呈贡区、会泽县梨区。在甘肃发生较重，一些梨园发病率达 10％～30％，重病园病株率高达 70％以上。

二、症状

梨疫腐病主要侵害树干基部和果实。

（一）树干症状
在幼树和大树的地表树干基部，树皮出现黑褐色、水渍状、形状不规则病斑，病斑边缘不太明显。病皮内部也呈暗褐色，前期较湿润，病组织较硬，有些能烂到木质部。病组织后期失水，质硬，干缩凹陷，病健交界处龟裂。新栽苗木和三至四年生的幼树发病，主要在嫁接口附近发病，长势弱，叶片小，呈紫红色，花期延迟，结果小，易提早落叶、落果，病斑绕树干一周后，造成死树。大树发病，削弱树势，叶片发黄，果小，树易受冻。

（二）果实症状
多在果实膨大期至近成熟期发病。果面出现暗褐色病斑，表层扩展快，边缘界限不明显，病斑形状不规则。深层果肉烂得较慢，微有酒味。后期果实呈黑褐色湿腐状。在地面潮湿时，落地病果果面常长出白色菌丝丛（彩图 11-28-1）。

三、病原

梨疫腐病病原为恶疫霉［*Phytophthora cactorum*（Lebert et Chon）J. Schröt.］。病原菌菌丝粗细均

匀，无色，无隔膜，直径为 5.1~7.2μm。孢囊梗为简单合轴分枝。孢子囊顶生，近球形或洋梨形，色淡，乳突明显，大小为（28.9~36.7）μm×（22.7~29.9）μm，长宽比为 1.25∶1。孢子囊在水中能释放大量游动孢子。将病果或病树皮表面消毒，在 PDA 培养基上分离培养，菌丝上产生大量膨大体，但厚垣孢子极少。单株培养能产生大量卵孢子。藏卵器球形，平均大小为 34.8μm×33.8μm，壁光滑，基部柱形，雄器侧生，平均大小为 9.9μm×9.2μm，同宗配合。卵孢子球形，壁光滑，浅黄色至深褐色，直径 27~30μm。淀粉水解指数大于 0.9，在孔雀石浓度为 1mg/L 条件下能生长。

病原菌在番茄汁培养基、PDA 培养基上生长快，菌丝较厚，结构紧密。菌丝生长对温度要求较严格，最适温度为 20~25℃，最低温度 10℃。pH3~10 时菌丝都能生长，其中以 pH5~6 最适。不同碳源、氮源对病原菌影响较大，在碳源中以果糖、麦芽糖和蔗糖最好，氮源中以酵母膏、天门冬酰胺和牛肉膏为好。

四、病害循环

病原菌以卵孢子、厚垣孢子和菌丝体在病组织或土壤中越冬，靠雨水或灌溉水传播，从伤口侵入。在甘肃兰州梨产区，梨树生长季节均可发病，6~9 月平均温度 20.5~33.4℃，田间灌水较多，地面潮湿，发病较多，为害较重。病害发生和田间土壤湿度关系密切。如 5~20cm 深土层水分饱和 24h 以上，地表下 5cm 湿度再持续饱和 7h 以上，则 3d 后在嫁接口处可见到初发的病斑。地势低洼、土质黏重、灌水后易积水的园片发病重。

五、流行规律

（一）栽植深度和灌水方式

梨树嫁接口埋入土中的发病重，接口在地表以上的发病轻，接口距地面越高，发病越轻。田间灌水时，大水漫灌、泡灌、树之间串灌，发病重。

（二）间作和伤口

树干周围杂草丛生，或间作作物离树干太近，易发病。四年生以上的大树，树皮较健壮，发病很少。树干基部冻伤、机械伤、日烧伤，易引起发病。草莓疫腐病病原菌可侵害梨树，所以梨园内栽草莓往往造成疫腐病大发生。

（三）砧木抗病性

杜梨、木梨砧木远比香水梨、红肖梨砧木的砧段抗病。

（四）品种抗病性

在梨的不同系统中，枝干上的疫腐病发病轻重差别明显，其抗病性由强到弱依次为西洋梨、秋子梨、砂梨、新疆梨、白梨。在梨的优良品种中，苹果梨、锦丰梨、早酥梨、砀山酥梨易感病。

六、防治技术

（一）农业防治

一是选用杜梨、木梨、酸梨作砧木。采用高位嫁接，接口高出地面 20cm 以上。低位苗浅栽，使砧木露出地面，防止病原菌从接口侵入，已深栽的梨树应扒土，晒接口，提高抗病力。灌水时树干基部用土围一小圈，防止灌水直接浸泡根颈部。

二是梨园内及其附近不种草莓，减少病原菌来源。

三是灌水要均匀，勿积水，改漫灌为从水渠分别引水灌溉。苗圃最好高畦栽培，防止灌水或雨水直接浸泡苗木根颈部。

四是及时除草，果园内不种高秆作物，防止遮阴。

（二）药剂防治

树干基部发病时，用剪枝刀在病斑处上下划道，间隔 5mm 左右，深达木质部，边缘超过病斑范围，充分涂抹腐殖酸铜原液。果实膨大期至近成熟期发病，见到病果后，立即喷 80% 三乙膦酸铝可湿性粉剂 800 倍液或 25% 甲霜灵可湿性粉剂 700~1 000 倍液。

洪霓（华中农业大学）

第 29 节　梨　锈　病

一、分布与危害

梨锈病又名梨赤星病、羊胡子，是梨树和桧柏上的重要病害，在我国各梨产区均有发生。特别是 2000 年以来，随着城市、公路绿化和梨园面积的发展，桧柏及梨树栽植范围和数量逐年扩大，梨锈病的为害范围和程度明显加重。1987 年和 1989 年北京地区梨锈病大发生，十三陵地区梨园全部受害，病果率高达 40％以上，病叶早落，损失严重。2003 年湖北武汉东西湖区持续阴雨，降水与历年同比偏多 3～7 成，导致部分梨园锈病大发生，引起梨树叶片早枯，幼果畸形，早落，对产量影响很大。

梨锈病除侵害梨树，还能侵害山楂、棠梨、贴梗海棠、木瓜等，但不能侵害苹果。梨锈病病原菌的转主寄主有欧洲刺柏（*Juniperus communis*）、南欧柏（*J. axycedrus*）、高塔柏（*J. excelsa*）、圆柏（*Sabina chinensis*）、龙柏（*S. chinensis* cv. Kaizuca）、柱柏（*S. chinensis*）、翠柏（*S. chinensis* f. *variegata*）、金羽柏（*S. chinensis* f. *aureo-plume*）、球柏（*S. chinensis* cv. Globosa）等。其中以圆柏、欧洲刺柏、龙柏最感病。

二、症状

梨锈病主要侵害梨树叶片和新梢，严重时也侵害果实。

（一）叶片症状

开始在叶正面产生橙黄色、有光泽的小斑点，以后逐渐扩大为圆形病斑，病斑中部橙黄色，边缘淡黄色，最外层有一圈黄绿色晕圈，病斑直径为 4～5mm，大的可达 7～8mm（彩图 11 - 29 - 1）。1 片叶上病斑数量不等，从一两个到十几个。病斑出现后 1 个月左右，表面密生针尖大小橙黄色小粒点，即病原菌的性孢子器，天气潮湿时，其上溢出淡黄色黏液，内含病原菌的无数性孢子。黏液干燥后，小粒点变为黑色。之后叶片上病组织逐渐肥厚，叶背面隆起，正面略凹陷，并在隆起部位长出黄褐色毛状物，为病原菌的锈孢子器（彩图 11 - 29 - 1）。1 个病斑上可产生 10 余条毛状物。锈孢子器成熟后，先端破裂，散发出黄色粉末，为病原菌的锈孢子。以后病斑逐渐变黑。叶片上病斑较多时，叶片往往提早脱落（彩图 11 - 29 - 2）。

（二）果实症状

早期病斑与叶片上的相似，病部稍凹陷，病斑上密生橙黄色小粒点，后变成黑色。发病后期，表面出现黄褐色毛状锈孢子器（彩图 11 - 29 - 3）。病果生长停滞，往往畸形早落。

（三）新梢、果梗和叶柄症状

症状与果实上的大体相同。病部稍肿起，初期病斑上密生性孢子器，以后长出毛状锈孢子器，最后龟裂。叶柄、果梗发病，常造成落叶落果。新梢发病，常造成病部以上枝条枯死，易被风折断。

（四）转主寄主桧柏症状

起初在针叶、叶腋和嫩枝上形成淡黄色斑点，以后稍隆起。翌年春季的 3～4 月病部表皮逐渐破裂，长出咖啡色或红褐色圆锥形的角状物，单生或数个聚生，为病原菌的冬孢子角（彩图 11 - 29 - 4）。小枝上出现的冬孢子角较多，老枝上有时也出现冬孢子角。春天降雨后，冬孢子角吸水膨胀，变为橙黄色舌状的胶状物，内含大量冬孢子，此现象称为冬孢子角胶化。胶化的冬孢子角干燥后，缩成表面有皱纹的污胶物。感病桧柏的针叶、小枝逐渐变黄、枯死、脱落。

三、病原

梨锈病病原为亚洲胶锈菌［*Gymnosporangium asiaticum* Miyabe et G. Yamada，异名：梨胶锈菌（*Gymnosporangium haraeanum* Syd. et P. Syd.）］，属担子菌门胶锈菌属真菌。

（一）病原菌形态特征

病原菌的性孢子器为葫芦形或扁烧瓶形，大小为（120～170）μm×（90～120）μm，埋生于病叶正面表皮下的栅栏组织中，孔口外露，内有许多性孢子。性孢子无色，单胞，纺锤形或椭圆形，大小为（8～12）μm×（3～3.5）μm。

病原菌的锈孢子器丛生于梨叶病斑背面，或幼果、果梗、叶柄、嫩梢表面，呈细长筒形，长 5～6mm，直径为 0.2～0.5mm。锈孢子器器壁的护膜细胞长圆形或梭形，外壁有长刺状突起，大小为（42～87）μm×（32～42）μm。锈孢子器内有很多链生的锈孢子，锈孢子球形至近球形，单胞，大小为（18～20）μm×（19～24）μm，膜厚 2～3μm，橙黄色，表面有疣状细点。锈孢子器早期顶端封闭，成熟后开裂，散出锈孢子。

病原菌的冬孢子角初为扁圆形，后渐伸长呈楔形或圆锥形，一般长 2～5mm，顶部宽 0.5～2mm，基部宽 1～3mm，干燥时栗褐色，吸水后湿润，变成带柄的橙黄色胶冻状。冬孢子纺锤形或长椭圆形，具长柄，双胞，偶有单胞或 3 胞，黄褐色，大小为（33～62）μm×（14～28）μm，外表具胶质。在每个细胞的分隔处有 2 个发芽孔，冬孢子柄无色。冬孢子萌发时从发芽孔长出由 4 个细胞组成的担子（先菌丝）。担子上的每个细胞生有一小梗，各顶生 1 个担孢子。担孢子卵形，淡黄褐色，单胞，大小为（10～15）μm×（8～9）μm。病原菌的菌丝在寄主病组织的细胞间隙中蔓延，无色，多分枝，以吸器插入寄主细胞内吸收水分、养分。

（二）病原菌生物学特性

病原菌的冬孢子角胶化需要有水膜湿润 12～30h，最适胶化温度为 12.5～20℃。冬孢子发芽温度为 8～28℃，最适温度 20℃，冬孢子在最适温度下 1h 后开始发芽，3～4h 后形成担孢子。担孢子在干燥条件下，36℃经 6h 后有的还有发芽能力；在湿热条件下，36℃经 6h 或 40℃经 4h，则全部失去发芽能力。从桧柏上采集的冬孢子角在室内存放 81～83d，或从冬孢子堆上采集的冬孢子在室内存放 60～70d 后仍保持发芽能力。

病原菌的担孢子发芽温度为 15～22℃，担孢子在此温度下 1h 后开始发芽，5h 发芽 80%，6h 后形成附着器，24h 完成侵入。担孢子抗干旱能力很差，生存能力很弱。

成熟的锈孢子发芽良好，发芽温度为 10～27℃，芽管伸长的适温为 27℃左右。

梨锈病菌为专性寄生菌，不能在人工培养基上培养。可用梨树病叶上的菌丝丛向梨叶片上接种，形成性孢子器及锈孢子。

四、病害循环

病原菌只有性孢子、锈孢子、冬孢子、担孢子阶段，而缺少夏孢子阶段，所以梨锈病无再侵染，1 年只能发病 1 次。而且需要在两类寄主上侵害才能完成全部生活史。

病原菌以多年生菌丝体在常见的桧柏等树上的病组织中越冬。春天 3～4 月气温适宜时开始形成冬孢子角，降雨时冬孢子角吸水膨胀，成为舌状胶质块。冬孢子萌发后产生有隔膜的担子，上面产生担孢子。担孢子随风雨传播，在梨树展叶、开花至幼果期，担孢子落在嫩叶、新梢、幼果上，在适宜温度和湿度条件下，发芽产生侵入丝，直接侵入表皮组织。经过 6～10d，叶正面出现黄色病斑，潜育期为 7d 左右。此后形成性孢子器，内生性孢子。性孢子随性孢子器内分泌的蜜汁由孔口溢出，经昆虫传带到相对交配型的性孢子器的受精丝上进行受精。然后在病斑背面或附近形成锈孢子器，内生锈孢子。锈孢子不能继续侵害梨树，而是随风传播，侵害一定距离的转主寄主桧柏等松柏科的林木，侵害其嫩梢和新梢，并在桧柏等林木上以菌丝形态越冬。翌年春天，越冬菌丝上又形成冬孢子角，在桧柏上形成冬孢子和担孢子，开始新一轮的侵害。

五、流行规律

（一）温、湿度

春天当温度上升到 17～20℃，桧柏上出现的冬孢子角吸水后膨胀胶化，产生冬孢子，冬孢子发芽产生担孢子，担孢子落到有水膜的梨树幼嫩组织上，发芽、侵入，而且此期必须是梨树长出幼嫩组织时期才能侵入。所以，在梨树发芽展叶期，温度适宜、多雨或高湿多雾使梨树幼嫩组织表面结水膜时，发病严重。

据马淑娥（1998）观察，在北京昌平区，当 3 月上旬平均温度上升到 5℃以上，桧柏新梢开始生长时，菌瘿开始破裂，露出棕色的冬孢子角，4 月中、下旬平均气温上升到 15℃以上时，遇到连阴雨天，降水量 5mm 左右、相对湿度 80% 以上时，冬孢子角吸水形成杏黄色胶状物（冬孢子角开花）。此时大量产生担孢子（小孢子），如遇 2d 以上的连阴雨天，雨量达到 21mm 以上时，担孢子可一次全部产生。所以，连阴雨是担孢子产生的先决条件。6 月下旬开始形成锈孢子器，7 月下旬开始散发锈孢子，12 月中、下旬桧柏叶腋及小枝上出现淡黄色病斑。翌年 3 月中、下旬形成小米粒大小的棕色瘤，并逐渐膨大，破裂，露出冬孢子角。在南京，感病时期主要在 3 月中旬至 4 月下旬，大量发病在 4 月中旬至 5 月上旬，春季温暖多雨，有利于病害流行。

（二）叶龄

对不同叶龄和果龄的叶、果接种病原菌，结果表明，叶龄 3～12d 的叶片发病率最高，叶龄超过 17d 不再侵染；坐果 11d 以内的幼果可被病原菌侵染，果龄 12d 以上不再被侵染。

（三）梨树品种

梨的不同种和品种对梨锈病的抗性有明显差异，总体来讲，西洋梨系统的品种最抗病，新疆梨品种次之，秋子梨和砂梨系统的品种再次之，白梨系统品种最不抗病。

（四）桧柏

病原菌在梨树上侵害，完成其生活史中的性孢子和锈孢子阶段，在桧柏上完成其冬孢子和担孢子阶段。因此，转主寄主桧柏的存在是造成梨锈病的决定性因素。此外，锈孢子从梨树上飞散到桧柏上，或担孢子从桧柏上飞散到梨树上，只能通过风力传播。梨树、桧柏距离越近，发病机会越大，距离越远，发病机会越小。田间发病调查结果表明，其传播距离一般可达 2.5km，最远可达 5km。所以，桧柏距离梨园的远近也是梨树发病轻重的重要因素。

六、防治技术

（一）杀灭桧柏上的病原菌

在桧柏距梨园较近时（2.5km 之内），早春降雨前后，注意检查和剪除桧柏上的冬孢子角和胶化成棕黄色鸡冠状的冬孢子堆，以防形成担孢子，向梨树上传播。在梨树开始展叶时，如有降雨特别是连阴雨天前后，应对桧柏喷 2～3 波美度石硫合剂或 20％三唑酮乳油 1 500 倍液，铲除胶化的冬孢子角及产生的担孢子，10d 左右喷 1 次，连喷 2 次。在喷洒石硫合剂时，使用浓度不宜过高，否则对桧柏嫩叶有药害。

（二）梨树生长期药剂防治

春天在梨树开始展叶至梨树落花后 20d，阴雨天时，应对梨树喷药防治。常用药剂有 20％三唑酮乳油 1 500～2 000 倍液、12.5％烯唑醇可湿性粉剂 2 000～3 000 倍液、40％腈菌唑可湿性粉剂 4 000～5 000 倍液、65％代森锌可湿性粉剂 500 倍液、80％代森锰锌可湿性粉剂 800～1 000 倍液，15d 喷 1 次，共喷 2～3 次。波尔多液也有一定防效，但对梨幼果易产生药害，造成果面粗糙。

（三）砍除桧柏

在梨锈病的转主寄主中，桧柏最容易感染，是病原菌的主要转主寄主。所以，在重要的梨产区仅有零星桧柏栽种时，应砍掉桧柏。在重要风景区桧柏栽种较多时，发展梨园应注意选用抗病品种和较抗病品种。

王国平（华中农业大学）

第 30 节　梨褐腐病

一、分布与危害

梨褐腐病又称梨菌核病，在梨果近成熟期和储藏期造成腐烂，是一种常见病害，在我国西北、西南和东北、华北梨区均有发生。秋雨多的年份，烂果率可达 10％以上。

二、症状

梨褐腐病在梨果近成熟期发病，果面上产生褐色圆形水渍状小斑点，扩大后中央长出灰白色至灰褐色绒球状霉层，排列成同心轮纹状，下部果肉疏松，微具弹性，条件适宜时 7d 左右可使全果腐烂，表面布满灰褐色绒球（彩图 11 - 30 - 1），后变成黑色僵果。果实在储藏期互相接触可传染发病。

三、病原

梨褐腐病病原的无性型为仁果丛梗孢 [*Monilia fructigena* (Pers.：Fr.) Pers.]。分生孢子梗直立、分枝。分生孢子椭圆形，单胞，无色，大小为 (12~34) μm× (9~15) μm。

梨褐腐病病原的有性型为果产链核盘菌 [*Monilinia fructigena* (Aderh. et Ruhland) Honey]。落地的病僵果在潮湿条件下形成菌核，长出子囊盘。菌核黑色，形状不规整。子囊盘漏斗形，外部平滑，灰褐色，具盘梗，直径为 3~5mm。子囊盘梗长 5~30mm，色较浅。子囊圆筒形，无色，内含 8 个子囊孢子，子囊间有侧丝。子囊孢子无色，卵圆形，大小为 (10~15) μm× (5~8) μm。

四、病害循环

梨褐腐病病原菌主要以菌丝团在病果上越冬。翌年产生分生孢子，由风雨传播，经伤口或果实皮孔侵入，潜伏期 5~10d。在果实储藏期病原菌通过接触传播，由碰压伤口侵入，迅速蔓延。发病温度为 0~25℃，高温高湿有利于病原菌繁殖和发育。

五、流行规律

果园管理粗放，果实近成熟时多雨、湿度大，采摘后果面碰压伤多，有利于发病。不同品种发病有所差别，黄皮梨、麻梨、秋子梨较抗病，锦丰、明月梨、金川雪梨、白梨等较感病。

六、防治技术

（一）加强栽培管理

采收后清除地面病果和树上病僵果，集中深埋或烧毁。秋后耕翻土壤。果实近成熟期随时摘除病果。

（二）加强储运管理

采收时和运输中减少果实碰撞和挤压，防止出现大量伤口，果实入库前挑出病、伤果。储藏时控制库温，保持在 1~2℃。

（三）药剂防治

落花后和果实近成熟期喷药防治，常用药剂有 50％多菌灵可湿性粉剂 600 倍液、50％甲基硫菌灵胶悬剂 800~1 000 倍液、80％代森锰锌可湿性粉剂 800 倍液。

王国平（华中农业大学）

第 31 节　梨褐斑病

一、分布与危害

梨褐斑病又称梨斑枯病、梨白星病，侵害梨树叶片，发生严重时可造成大量落叶。是梨树上的常见病害，主要分布在我国辽宁、河北、山东、河南、四川、安徽、江苏、浙江、湖南等省。浙江义乌的早三花梨曾发病严重，大量落叶，影响当年和翌年产量。

二、症状

梨褐斑病侵害后在叶片上产生圆形或近圆形褐色小斑点，以后逐渐扩大，边缘明显，病斑中间变成灰白色，周围褐色，外围为黑色（彩图 11-31-1，1），病斑上密生小黑点，为病原菌的分生孢子器（彩图 11-31-1，2）。一片叶上的病斑少则几个，多者达一二十个，后期常扩大互相融合，成为不规则形褐色干枯大斑（彩图 11-31-1，3），易穿孔并引起早期落叶。

三、病原

梨褐斑病病原的无性型为梨生壳针孢 [*Septoria pyricola* (Desm.) Desm.]。分生孢子器埋生，球形或扁球形，直径为 80~150μm，暗褐色，有孔口，无分生孢子梗，产孢细胞无色，全壁芽生式产孢。分生孢子线形，弯曲，无色，多胞，大小为（50~83）μm×（4~5）μm，有 3~5 个隔膜。

梨褐斑病病原的有性型为梨球腔菌 [*Mycosphaerella pyri*（Auersw.）Boerema]。春季在落叶背面形成子囊壳，球形或扁球形，黑色，有孔口，直径为 50~100μm。子囊棍棒状，无色透明，大小为（45~60）μm×（15~17）μm，内含 8 个子囊孢子。子囊孢子纺锤形或圆筒形，稍弯曲，无色，大小为（27~34）μm×（4~6）μm，有一隔膜，分隔成为 2 个大小相等的细胞，分隔处略缢缩。

Alberoni 等（2010）研究了梨褐斑病菌对意大利梨园常用的几种甲氧基丙烯酸酯杀菌剂（醚菌酯、肟菌酯和唑菌胺酯）的抗药性，采用体外测验和分子分析首次证实了梨球腔菌对所检测的几种甲氧基丙烯酸酯杀菌剂产生了抗性。

四、病害循环

病原菌以分生孢子器及子囊壳在落叶的病斑上越冬。翌春分生孢子和子囊孢子经风雨传播，附在新叶上，环境适宜时发芽侵入，引起初侵染。在梨树生长期，病斑上形成分生孢子器，产生分生孢子，通过风雨传播再次侵染叶片。在整个生长季节，病原菌进行多次再侵染，造成叶片不断发病。

梨褐斑病菌也可在梨残叶以及果园草本植物上越冬，子囊就在这些残体上形成，并产生子囊孢子。Llorente 等（2010）在西班牙和意大利的 9 个试验田里利用 4 年时间评估环境卫生对控制梨褐斑病的效果，即在 12 月至翌年 2 月清理果园落叶，2~5 月在果园地面施用生物防治药剂（商业化的木霉菌）。在试验中不同的方法被单独或者联合使用，有效减少了果实病害的发生率，清理落叶能减少 30%~60%的发病，而综合应用清理落叶与生物防治则能减少超过 60%的发病。

五、流行规律

5~7 月多雨、潮湿，梨褐斑病发病重。树势衰弱、排水不良的果园发病重。浙江梨区，一般在 4 月中旬开始发病，5 月中、下旬进入发病盛期，重病园 5 月下旬开始落叶，7 月中、下旬落叶最多。

六、防治技术

（一）清除病源
冬季清扫病落叶，集中烧毁或就地深埋，消灭病源。

（二）加强栽培管理
梨树进入丰产期后，增施有机肥，使树势继续保持健壮，提高抗病能力。果园积水时注意排水，降低园内湿度，控制病害发展蔓延。

（三）药剂防治
早春梨树发芽前，结合梨锈病防治，喷布 150 倍石灰倍量式波尔多液（硫酸铜 1 份，生石灰 2 份，水 150 份）。落花后，病害初发期，在雨水多、有利于病害发生时，再喷药 1 次，喷布硫酸锌∶硫酸铜∶生石灰∶水为 0.5∶0.5∶2∶200 的锌铜波尔多液，也可喷 70%甲基硫菌灵可湿性粉剂 800~1 000 倍液、50%多菌灵可湿性粉剂 600~800 倍液或 65%代森锌可湿性粉剂 600 倍液。其中重点为落花后的一次喷药，以后结合防治其他病害进行兼治。

洪霓（华中农业大学）

第 32 节　梨干腐病

一、分布与危害

梨干腐病是梨树上的常见枝干病害，在我国各梨产区均有发生，尤其在北方旱区及土质瘠薄、山坡沙石地发生严重。

二、症状

在苗木、幼树、土层薄的沙石山地等根系发育不良梨园，枝干树皮上出现黑褐色、长条形病斑（彩图

11-32-1，1）。初期病斑表面略湿润，病皮质地较硬，暗褐色，扩展很快，多烂到木质部（彩图11-32-1，2）。后期病部失水凹陷，周围龟裂（彩图11-32-1，3），病皮表面密生小黑点（为病原菌子座）（彩图11-32-1，4）。当病斑超过枝干茎粗一半时，上面的枝叶萎蔫、枯死。梨干腐病也侵害果实，造成果实腐烂，症状同果实轮纹病。

三、病原

梨干腐病病原的无性型为伯氏小穴壳菌（*Dothiorella berengeriana* Sacc.），分生孢子形状与子囊孢子相似，大小为（12～30）μm×（4～8）μm。以前曾定名为大茎点霉属（*Macrophoma* sp.），该属名现已废弃。

梨干腐病病原的有性型为葡萄座腔菌［*Botryosphaeria dothidea*（Moug.：Fr.）Ces. et De Not.，异名：伯氏葡萄座腔菌（*B. berengeriana* de Not.）］。子囊壳埋生于树皮内的子座中，子囊孢子单胞，无色，椭圆形，大小为（15～28）μm×（6～12）μm。

梨干腐病病原菌发育适温为25～30℃，最低温度8℃，最高温度37℃。

四、病害循环

梨干腐病病原菌以菌丝体、子囊壳、分生孢子器在病部越冬，子囊孢子和分生孢子借风雨传播，由伤口和树皮的自然孔口、皮孔等部位侵入。具有明显的潜伏侵染特点，在田间生长正常的梨树上，很少见到树皮发病，但在根系生长不良加之严重干旱时，半死不活的枝干上，诱使潜伏的病原菌大量发生，形成分生孢子器，且多与腐烂病混合发生，造成枝、干大量枯死。

五、流行规律

在北方梨产区春季和秋季干旱时，常大量发病，降透雨后发病停止。苗木和幼树新根没发育好时干旱，常造成大量死苗。土壤黏重和土壤瘠薄果园发病重。

六、防治技术

（一）梨园干旱时浇水
没有浇水条件的果园，应加强土壤保水保肥能力，深翻树盘，活化根系层土壤，增加有机质含量，多施有机肥，翻压绿肥。

（二）病皮部位涂抹药液
由于梨树抗病能力较强，干腐病多限于树皮表层，可不刮皮，直接对病皮部位涂抹10%福美胂膜悬浮剂20倍液，使病皮自然脱落、翘离，里层自动长出好皮。

（三）喷药保护果实
8月上、中旬坐果后喷药保护果实。幼果期喷施80%代森锰锌可湿性粉剂800倍液、75%百菌清可湿性粉剂800倍液或50%多菌灵可湿性粉剂1 000倍液，10～15d喷施1次。

（四）清除病源
及时清除病枯枝，不用杨树、苹果、梨的枝干作撑枝支棍。彻底清除附近的杨树和其他树种的溃疡病株。

王国平（华中农业大学）

第33节　梨干枯病

一、分布与危害

梨干枯病又名梨胴枯病，是梨树上的常见病害。在我国梨产区发生的梨干枯病有东方梨干枯病和西洋梨干枯病两种。前者主要侵害中国梨和日本梨，分布于我国东北、西北、华北、西南及浙江等地。后者主要侵害西洋梨品种，分布于我国吉林、辽宁、河北、山东、河南、山西、陕西、甘肃、江苏等梨区。梨干枯病造成梨树树皮坏死、枝干死亡。

二、症状

(一)东方梨干枯病

侵害中国梨和日本梨品种的幼树和大树枝干树皮。幼树发病，在茎干树皮表面出现污褐色圆形斑点，微具水渍状，后扩大为椭圆形或不规则形，外观暗褐色，多深达木质部。病皮内部略湿润，质地较硬，暗褐色。失水后，逐渐干缩，凹陷，病健交界处龟裂，表面长出许多黑色细小粒点，为病原菌的分生孢子器。当凹陷的病斑超过茎干粗度 1/2 以上时，病部以上逐渐死亡。病原菌也侵害病斑下面的木质部，木质部呈灰褐色至暗褐色，木质发朽，大风易从病斑部将茎干折断。

大树发病时，大枝树皮上产生凹陷的褐色小病斑，后逐渐扩大为红褐色，椭圆形或不规则形，稍凹陷，病健交界处形成裂缝（彩图 11-33-1，1）。病皮下形成黑色子座，顶部露出表皮，降雨时从中涌出白色丝状分生孢子角（彩图 11-33-1，2）。

梨干枯病与梨干腐病在发病的早、中期不易区分，最好进行病原菌分离培养，加以鉴定区别。两病症状上的区别是：干枯病的病斑扩展得较慢，病斑多呈椭圆形或方形；干腐病向上、下方向扩展较快，病斑多呈梭形或长条形，色泽也较深，略带黑色。如果用刀片削去病皮表层，用放大镜观察，干枯病菌的 1 个子座内仅有 1 个黄白色小点，而干腐病常有 2 个以上的白点。

(二)西洋梨干枯病

大树结果枝组受害，在结果枝组基部树皮上出现红褐色病斑，向上扩展，往往造成短果枝的花簇、叶簇变黑、枯死，故称黑病。常使果枝组基部树皮烂死一圈，造成上部枝叶枯死。二至三年生病枝，产生溃疡型病斑，呈条状变黑、枯死。发病严重时，一棵树有许多黑色枯死枝条。一年生新梢发病，秋季枝条表皮出现黑色或紫黑色小斑，大小 1mm 左右，稍隆起，翌年春季继续扩大，使枝条枯死。四年生以上枝条则很少发病，旧病斑一般也不再扩展，病斑底层木栓化，表面多开裂，翘离脱落。病皮表面产生稀疏小黑点，雨后从中涌出白色或乳白色分生孢子角。

三、病原

(一)东方梨干枯病病原菌

东方梨干枯病病原无性型为椭圆拟茎点霉 [*Phomopsis oblonga* (Desm.) Traverso，异名：福士拟茎点霉（*Phomopsis fukushii* S. Endoet S. Takana）]。病原菌的分生孢子器埋生在暗褐色子座内，呈扁球形，单生，器壁黑色，有孔口，高约 190μm，直径 330～370μm。内有 2 种分生孢子，一种为纺锤形，单胞，无色，两端各有 1 个油球，大小为（8.7～10）μm×（2～3）μm；另一种为丝状，一端弯曲，单胞，无色，大小为（17～35）μm×（1.25～2.5）μm。在田间自然条件下，前者居多，后者较少。病原菌的发育温度为 9～33℃，最适温度 27℃。

(二)西洋梨干枯病病原菌

西洋梨干枯病病原无性型为拟茎点霉（*Phomopsis* sp.）。分生孢子器扁球形，棕色至淡褐色，直径为 640～1 700μm。分生孢子器内有 2 种孢子，一种为纺锤形或卵形，单胞，无色，内有 2 个油球，大小为（7.2～12.5）μm×（2～3.5）μm；另一种为丝状，一端弯曲，单胞，无色，两端尖细，大小为（12～21.6）μm×（1～1.5）μm。

西洋梨干枯病病原有性型为子囊菌门田中坚座壳 [*Diaporthe tanakae* Tak. Kobay. et Sakuma，异名：含糊坚座壳菌（*Diaporthe ambigua* I. Tanaka）]。子囊壳埋生在子座内，单生或群生，褐色或黑褐色，烧瓶状。子囊圆筒形或棍棒状，大小为（60～90）μm×（7.2～14.4）μm，内有 8 个子囊孢子，呈单列或双列排列。子囊孢子椭圆形或纺锤形，双胞，分隔处稍缢缩，大小为（14.4～21.6）μm×（3.4～3.5）μm。子囊孢子发芽温度为 10～33℃，最适温度 26℃。分生孢子发芽温度为 20～30℃，最适温度 26℃。

四、病害循环

东方梨干枯病菌以菌丝体和分生孢子器在病皮内越冬。春天气温适合时，在病皮中越冬的菌丝体恢复活动，继续扩展发病。病皮上分生孢子器内的病原菌在降雨时涌出，借风雨传播，进行侵染，条件适宜时扩展发病。病斑春、秋两季扩展较快，发病明显，夏季温度高时，树体伤口愈合能力较强，发病较慢。

西洋梨干枯病菌以菌丝在枝条溃疡病斑及芽鳞内越冬，也能以分生孢子器和子囊壳在病部越冬。越冬后的旧病斑于翌年4～5月气温上升到15～20℃时开始活动，盛夏季节扩展暂停，秋季又继续扩展。在黄河故道地区，分生孢子器和子囊壳内的孢子多在7～8月成熟，借风雨传播，经伤口和芽基伤口侵入，当年形成小病斑。在山东烟台地区，4月下旬至6月上旬和8月中旬前后有两次发病高峰。

五、流行规律

东方梨和西洋梨干枯病菌均有潜伏侵染现象，病害发生与树势强弱有密切关系，树势强，发病轻，树势弱，发病重。土质瘠薄、肥水不足、结果过多，发病重。地势低洼，排水不良，梨树修剪过重，伤口过多及遭受冻害后，发病也重。

梨树品种与发病也有一定关系。在日本梨系统中，幸水易感病，丰水、新水次之，长十郎、二十世纪等较抗病。在西洋梨系统中，巴梨受害最重，茄梨次之，莱康梨较抗病。中国梨系统较抗病。

六、防治技术

一是在新建梨园时，要严格挑选无病苗木栽植，谨防病害通过苗木传播。

二是对长势弱的树应加强肥水管理，增强树势，提高抗病能力。

三是结合冬剪，剪除病枯枝，集中烧毁。

四是对病斑采取划道处理，然后对患处涂抹3.315%甲硫·萘乙酸涂抹剂或2.12%腐殖酸铜水剂原液。

五是对发病重的小树茎干部位或大树短枝结果枝组部位，春天发芽前喷洒45%代森胺水剂300倍液或3～5波美度石硫合剂。

王金友（中国农业科学院果树研究所）
王国平（华中农业大学）

第34节 梨白纹羽病

一、分布与危害

梨白纹羽病在老梨树上和立地条件差、管理粗放的梨园较常见。一般影响树体生长发育，发生严重时造成死树。

梨白纹羽病曾是北方梨产区的重要根病之一。近年来由于以豆梨为砧木的南方梨品种的大量开发，在南方新开垦的原生长有油茶、枫香等植物的荒坡建立起来的梨园和梨树苗圃，该病发生严重。据调查，该病每年引起成年树死亡率约为4%，苗圃发病严重时可达60%～70%，一般为10%（易艳梅，2000）。2001年福建大田县梨白纹羽病大量发生，病死株率达18.5%；大田县桃源镇下井果场和东风农场的发病株死亡率分别达22.8%和17.5%；幼树发病严重时病株死亡率达90%以上，已成为规模发展金水2号梨的重要障碍（黄志金，2005）。

二、症状

（一）根系症状

病原菌从梨树地上部与地下部结合处侵入，在根颈表面形成白色网纹状菌丝。侵入皮层组织后向主根和侧根蔓延。侵染初期侧根，须根完好，菌丝体呈白色。随病害加重，侧根和须根表面布满密集交织的白色菌丝体，后转为灰色，菌丝体中有白色菌索（彩图11-34-1，1），呈纤细的羽状分布。病根皮层极易剥落（彩图11-34-1，2）。皮层内有时可见黑色细小的菌核。当土壤潮湿时，菌丝体可蔓延到地表，呈白色蛛网状。有时根部死亡后，在根的表皮出现暗色粗糙斑块，斑块上长出刚毛状分生孢子梗束，在分生孢子梗上产生分生孢子。

（二）地上部症状

发病初期病树生长较弱，但外观与健树无异。待根系大部分受害后表现为树势衰弱、叶片萎凋变黄。该病在苗木上最常见，苗木发病后几周内即枯死。大树受害后，数年内也会死亡。

三、病原

梨白纹羽病病原的无性型为白纹羽束丝菌［*Dematophora necatrix*（Hart.）Berl.］。分生孢子单胞，无色，卵圆形，大小为 $2\sim3\mu m$。菌核在腐朽木质部上形成，黑色，近球形，直径为 1mm 左右，最大者可达 5mm。老熟菌丝在分节的一端膨大，后分离，形成圆形的厚垣孢子。

梨白纹羽病病原的有性型为褐座坚壳（*Rosellinia necatrix* Prill.），在自然界不常见。

四、病害循环

梨白纹羽病病原菌以菌丝层和菌核在病根上和土壤中越冬。条件适宜时，菌核上长出营养菌丝，侵入健根，病根接触到健根后，健根易发病。梨白纹羽病远距离传播主要靠苗木调运。

五、流行规律

管理粗放、杂草丛生、高温多雨和长势衰弱的梨树白纹羽病发病重，土壤板结、排水不良、湿度过大、土壤瘠薄、酸性过大等都会导致或加重病害的发生。该病在雨水较多、温度较适宜的季节扩展迅猛，易造成苗木成片死亡。

发病最严重的品种是金水 2 号，其次是黄花梨和杭青梨等。生长健壮、根系发达、侧根和须根多的苗木不易感病；主根粗短、侧根和须根少的苗木极易感病。苗木患病后有较长的潜伏期，在定植 $2\sim3$ 年后、主干直径 $4\sim6cm$ 时仍可发病死亡。

六、防治技术

一是秋、冬季经常检查全园植株，观察地上部的生长情况，如发现生长变弱、叶片变小或叶色变黄等症状时，应扒开根部周围的土壤进行细致检查。

二是做好果园排水工作，抑制病原菌蔓延，增施有机肥，增强树势，提高抗病力。施用 5406 抗生菌（放线菌）肥料，促进土壤中抗生菌的繁殖，抑制病原菌生长。

三是保护健树。秋、冬季将根颈处土壤扒开，用石硫合剂渣加 $25\%\sim30\%$ 的石灰水刷白根颈处，然后用新土覆盖，可有效防止病原菌侵入。$2\sim5$ 月用五氯酚钠 $150\sim300$ 倍液进行全园树盘灌注，可大幅降低植株的感染率。幼树每年 1 次，每株灌注 $5\sim10kg$，连续 $3\sim5$ 年；大树每株灌注 $15\sim20kg$。

四是病树治疗。秋、冬季发现病株应及时切除烂根，挖净病根，集中烧毁，然后用 1% 硫酸铜液消毒，外涂伤口保护剂，再用五氯酚钠 $150\sim300$ 倍液、50% 代森铵水剂 150 倍液、70% 甲基硫菌灵可湿性粉剂 1 000 倍液或 2 波美度石硫合剂浇灌。$4\sim5$ 月进行病树处理及施药，9 月再进行，也可在果树休眠期进行。在福建，夏季高温干燥，应避免扒土施药。病树处理后，应及时施肥，如尿素或腐熟人粪尿等，以促使新根发生，迅速恢复树势。

五是苗木出圃时要进行严格检查，发现病苗应淘汰烧毁。对疑似感病的苗木，可用 2% 石灰水、70% 甲基硫菌灵可湿性粉剂、50% 多菌灵可湿性粉剂 $800\sim1\ 000$ 倍液、0.5% 硫酸铜、50% 代森铵水剂 1 000 倍液等浸根 $10\sim15min$，水洗后再行栽植。此外，果园不要间作感病植物，如甘薯、马铃薯和大豆等，以防相互传染。

洪霓（华中农业大学）

第 35 节　梨煤污病

一、分布与危害

梨煤污病污染果实、枝条和叶片，主要侵害梨果实。在果皮表面形成一层水痕状黑灰色霉状物，菌丝着生于果实表面，少数菌丝侵入到果皮下层，严重影响梨的外观和品质。该病在梨近成熟时，我国东部和中部湿度大的梨区较常见。1998 年来在云南昆明地区砀山酥梨上发生，为害严重，未防治果园病果率达 100%。

二、症状

果实发病，在近成熟时开始发病。果面上覆盖一层灰黑色霉层，似煤烟状，用湿布蘸小苏打可以轻轻擦掉（彩图 11-35-1，1）。霉层上散生黑色圆形小亮点，为病原菌的分生孢子器。新梢上和叶片上也产生黑灰色煤状物（彩图 11-35-1，2）。

三、病原

梨煤污病病原为仁果黏壳孢 ［*Gloeodes pomigena*（Schwein.）Colby］，属子囊菌无性型黏壳孢属真菌。病原菌的分生孢子器半球形，黑色，大小为 66～175μm。分生孢子无色，圆筒形至椭圆形，双胞，两端尖，壁厚，大小为（3～9.2）μm×（1.2～1.4）μm。病原菌发芽和菌丝生长温度 15～30℃，最适温度 20～25℃。

四、病害循环

病原菌以分生孢子器在梨树和其他多种阔叶树上越冬，翌年气温上升时，分生孢子传播到有养分的果面、枝、叶面、芽，产生霉层，形成煤污病。

五、流行规律

（一）雨日数、日照时数及湿度

云南昆明地区 5 月下旬至 6 月始见病斑（各年份雨日数不同有波动），之后随着雨季的持续，病情迅速发展，7 月下旬至 8 月为发病盛期，9 月病情增长减慢。梨煤污病始发期与 5 月雨日数、日照时数及空气相对湿度关系密切。云南昆明 2000 年 5 月的雨日数为 15d，日照时数为 156.7h，空气相对湿度 70%，6 月下旬始见梨煤污病病斑。2001 年 5 月的雨日数为 21d，日照时数 106.3h，空气相对湿度为 75%，5 月下旬出现梨煤污病病斑，其发病始期比 2000 年提前近 30d。主要原因是结果期后，连续阴雨，降水日数多，日照时数少，空气湿度大，叶片露时较长，有利于煤污病菌分生孢子的萌发和侵染，使发病始期相应提前。雨日数、日照时数及湿度也是影响梨煤污病增长速率和发病程度的主要因素。2000 年 6～8 月的雨日数为 61d，日照时数 329.1h，空气相对湿度 78%，7 月中旬至 8 月中旬，煤污病病情指数增长了 43.2，8 月中旬达到 91.2。而 2001 年 6～8 月的雨日数为 53d，日照时数 416.8h，空气相对湿度 76%，病情指数增长较缓慢，7 月中旬至 8 月中旬为 26.2，8 月中旬病情指数为 65.4，发病程度较 2000 年轻。

（二）梨树品种和管理水平

云南昆明地区主栽品种砀山酥梨发病最重，不防治果园病果率达 100%，病情指数达 91.5，而本地品种宝珠梨未进行药剂防治果园病情指数仅为 3.5，为零星发病，基本不造成损失。富源黄梨则几乎不感病。同一品种，梨园管理粗放，树冠郁闭，果园地势低洼、通风透光差的发病较重。

六、防治技术

（一）农业防治

科学施肥，增施磷、钾肥，多施有机肥及饼肥，少施氮肥，以便增强树势，提高抗病能力。冬季剪掉病枝带出园外，集中烧毁，减少越冬菌源；生长期间修剪，尽量使树膛开张，疏掉徒长枝，改善膛内通风透光条件。加强果园排水，降低果园湿度。

（二）药剂防治

发病初期，喷施 1∶3∶240 波尔多液、100 倍石灰乳、50% 甲基硫菌灵可湿性粉剂 600～800 倍液、7% 氢氧化铜可湿性粉剂 50 倍液或 50% 多菌灵可湿性粉剂 600 倍液，以上药剂 7～10d 喷 1 次，交替使用，共喷 2～3 次。果园湿度大时，可用弥雾机或喷雾机喷药，尽量不用压板机或药泵，以减少用水量，效果更好。

王国平（华中农业大学）

第 36 节　梨根朽病

一、分布与危害

梨根朽病在老梨树上和立地条件差、管理粗放的梨园较常见。一般影响树体生长发育，发生严重时造成死树。

二、症状

局部枝条上叶片变小、发黄，果实个体小，果味变劣。小根、大根及根颈部发病，树皮紫褐色，水渍状，有时渗出褐色汁液。病皮分层，呈薄片状，之间充满白色菌丝（彩图 11-36-1，1），皮层和木质部之间也易分离，中间充满淡黄色扇状菌丝层（彩图 11-36-1，2），夜间能发出淡绿色荧光。病组织有浓重蘑菇气味。在高温多雨季节，根颈部常丛生蘑菇状子实体。

三、病原

梨根朽病病原为阻碍蜜环菌（*Armillaria tabescens*（Scop.）Emel，异名：阻碍假蜜环菌 [*Armillariella tabescens*（Scop.）Singer]），属担子菌门蜜环菌属真菌。子实体由病皮菌丝层直接形成，丛生，一般 6～7 个 1 丛，多者达 20 个以上。菌盖浅蜜黄色至黄褐色，直径为 2.6～8cm，初为扁球形，逐渐展开，后期中部凹陷，覆有密集小鳞片。菌肉白色，菌褶串生，浅蜜黄色。菌柄浅杏黄色，长 4～9cm，表面有毛状鳞片，无菌环。担孢子椭圆形，无色，单胞，大小为（7.3～11.8）μm×（3.6～5.8）μm。

四、病害循环

病原菌的菌丝和菌索在土壤中可长期腐生，靠菌索蔓延侵染。当菌索与健树根接触后，菌索分泌胶质黏液，黏附在树根上，侵入根皮内，使根皮死亡、剥离，并可侵入木质部，在木质部中形成许多菌线（抗毒素保卫反应）。

五、流行规律

梨根朽病在旧林地上栽的果树或果园内补栽的果树上发病重。果园土壤长期干旱，病原菌易死亡。富含树根和腐朽木质的土壤有利于病原菌蔓延。沙土地比黏土地发病重。

六、防治技术

一是不在砍伐的林地和新毁的果树地育苗和栽植，如要用作果树用地，应深翻，晒土，种 3～4 年其他农作物后再栽梨树。

二是发现树上枝叶生长不正常后，应扒开根颈部和大根土壤检查病部，并剪除病根，用 100 倍波尔多液或 5 波美度石硫合剂进行消毒。如病部分散，可用 0.5%～1% 硫酸铜水溶液灌根消毒。

三是加强栽培管理，疏松土壤，增施有机肥，及时排除积水，促进根系发育，提高抗病能力。

四是采用抗病砧木育苗。

王国平（华中农业大学）

第 37 节　梨病毒病

一、分布与危害

世界各国报道的梨病毒病及类似病害达 20 余种，但其中一些是同物异名，一些仅在局部地区发生，为害较小。发生普遍且对梨生长和结果有严重影响的梨病毒有 3 种，即苹果茎痘病毒（*Apple stem pitting virus*，ASPV）、苹果褪绿叶斑病毒（*Apple chlorotic leaf spot virus*，ACLSV）和苹果茎沟病毒

（*Apple stem grooving virus*，ASGV）。

苹果褪绿叶斑病毒、苹果茎痘病毒和苹果茎沟病毒在梨上发生十分普遍、分布极为广泛，许多国家均有报道，几乎所有栽培梨的地区都有这3种病毒的发生。

苹果褪绿叶斑病毒除侵害梨导致梨环纹花叶病外，还可侵染苹果、榅桲、桃、李、杏、甜樱桃、酸樱桃等多种落叶果树，造成一系列病害，主要包括苏俄苹果褪绿叶斑病、桃暗绿斑驳病、榅桲和杏矮缩病、李果实坏死痘斑病、樱桃裂皮病。

苹果茎痘病毒引起的梨病害有梨石痘病、梨栓痘病、梨坏死斑点病、梨红色斑驳病、梨茎痘病、梨脉黄病、梨黄化病等。早期推测以上几种病害由不同的病毒种引起，后经研究认为它们都是由同一种苹果茎痘病毒引起的。

在果园中，苹果茎沟病毒常与苹果褪绿叶斑病毒、苹果茎痘病毒同时混合侵染，加重对果树生长和结果的影响。据日本研究，苹果茎沟病毒单独侵染，病树生长量减少10%～15%，产量降低5%～10%；当与苹果褪绿叶斑病毒混合侵染时，病树生长量减少20%～30%，产量降低10%～15%。

据美国（1973）调查，华盛顿86%的安久梨和66%的巴梨受苹果茎痘病毒侵染，病树生长量减少50%。日本（1987）报道，二十世纪梨受苹果茎痘病毒和苹果茎沟病毒的混合侵染率高达75%以上。病树生长衰弱，新梢生长量减少50%。西班牙（1990）试验指出，艾格梨感染苹果茎痘病毒后，产量减少21%，干周生产效率降低18%。

我国梨普遍潜带有苹果褪绿叶斑病毒、苹果茎痘病毒和苹果茎沟病毒，通常这些病毒呈潜伏侵染，不显症状，需用木本指示植物进行鉴定。但在一些感病的梨品种上可产生明显症状。

二、症状

（一）苹果褪绿叶斑病毒

苹果褪绿叶斑病毒在高度感病梨品种上最明显的症状是叶片上产生淡绿色或浅黄色环斑或线纹斑（彩图 11 - 37 - 1，1）。有时病斑只发生在主脉或侧脉周围。病叶常变形或卷缩。果实上偶有病斑（彩图 11 - 37 - 1，2），但果实形状、果肉组织无明显异常，有些品种仅有浅绿色或黄绿色组成的轻微斑纹。8 月感病品种叶片上常出现坏死区。雨季或阳光充足时叶片上症状减轻或不显症状。

洋梨 A_{20} 和榅桲 C7/1 是鉴定梨上苹果褪绿叶斑病毒的较好木本指示植物。在 A_{20} 上典型症状为黄色环纹、黄色斑纹及黄色线纹斑（彩图 11 - 37 - 1，3）。在榅桲 C7/1 上典型症状为褪绿叶斑、线纹斑及植株矮缩。一般接种后 1 年显症。

苹果褪绿叶斑病毒在草本指示植物昆诺藜、苋色藜和西方烟上均产生系统侵染症状。在昆诺藜的接种叶上产生水渍状凹陷病斑，后变为灰白色坏死斑，新生叶出现系统褪绿斑、不规则形褪绿斑驳或条纹斑及环斑。在苋色藜接种叶上产生褪绿斑点，后变为灰白色坏死斑点，新生叶出现褪绿斑、明脉和斑驳，并伴有叶脉突起和叶片轻微畸形。在西方烟上引起新生叶的系统褪绿斑点。昆诺藜和西方烟常用来增殖病毒。

（二）苹果茎痘病毒

（1）石痘症状。主要是果实和树皮症状。在落花后10～20d 的幼果果皮下，产生暗绿色区域，造成发育受阻，导致果实凹陷、畸形（彩图 11 - 37 - 2，1）。凹陷区周围的果肉内有石细胞积累。果实成熟后，石细胞变为褐色，丧失食用价值。有些病果不变形，仅果面轻微凸凹，果肉中仍有褐色石细胞。同一株树不同年份病果率不同，一般在18%～94%。病树新梢和枝干树皮开裂，组织坏死，老树死皮上木栓化。不同品种树皮坏死程度有区别。病树抗寒能力下降。叶片上症状不明显，有的春天长出的叶有浅绿色褪绿斑。

（2）脉黄症状。5月末至6月初，沿叶脉产生褪绿带状条斑；夏季，细叶脉两侧出现红色条带，有些品种出现红色斑驳。在梨幼树上典型的脉黄症状是：叶上沿叶脉产生浅黄色条带（彩图 11 - 37 - 2，2）。大多数成龄树不表现症状。在多数梨品种症状较轻，有些品种沿网脉两侧产生红色斑驳或坏死斑，红色斑驳的出现往往受气候条件的影响。

梨上的苹果茎痘病毒在木本指示植物杂种榅桲上于5月上旬叶片产生褪绿斑驳，叶片向背面卷曲，植物长势减弱（彩图 11 - 37 - 2，3），6月中、下旬苗干中下部皮层上产生红褐色坏死斑，8月下旬或9月上旬，剥开树皮可见木质部有凹陷茎痘斑。

梨上的苹果茎痘病毒在木本指示植物弗吉尼小苹果上的表现：从 6 月中、下旬开始，在嫁接口以上干茎部的木质部表面产生凹陷斑。随着病苗生长，凹陷斑逐渐向上扩展。病株外观无异常变化。有些病株上的果实产生 1 条深陷沟。严重时产生数条凹陷沟，病果小而畸形。

（三）苹果茎沟病毒

在田间，梨上的苹果茎沟病毒在木本指示植物弗吉尼小苹果上，病株较健株矮小并衰弱，叶片色淡。有的病株嫁接口周围肿大，形成 1 个"小脚"，接合部内有深褐色坏死环纹。木质部表面产生深褐色凹裂沟，严重时从外部即可辨认（彩图 11-37-3，1）。病株遇强风往往从嫁接口处折断。

在温室，苹果茎沟病毒在弗吉尼小苹果叶片上产生黄斑或黄色环纹，黄斑常分布在叶片一侧，且多数在叶边缘。有病斑的一侧叶片变小，形成舟形叶，这一症状与苹果褪绿叶斑病毒在苏俄苹果上的症状相似。病叶多在黄斑处发生皱缩，病株木质部表面产生褐色凹陷条沟（彩图 11-37-3，2）。

苹果茎沟病毒在草本指示植物昆诺藜上表现为接种叶产生针尖大小的灰白色坏死斑，顶部新叶皱缩反卷、褪绿斑驳。在心叶烟上产生系统轻斑驳，偶见坏死，2～3 周后症状消失。在四季豆接种叶上产生小量紫色斑或环斑，顶部花叶及坏死。另外，在草本指示植物苋色藜、灰藜、菊叶香藜、西方烟、克利夫兰烟、笋瓜、菜豆上也表现症状。来源于柑橘的 ASGV 分离物在指示植物昆诺藜和苋色藜上接种 3～5d 后开始表现症状，在接种叶上表现为黄斑，在非接种叶上表现为系统黄斑和坏死。在克利夫兰烟上接种 3～5d 后开始表现症状，出现系统轻斑驳和花叶症状。在豇豆和鸡冠花上接种 3～7d 后开始表现症状，出现局部枯斑症状。在韩国，来源于梨的分离物在昆诺藜上表现褪绿斑驳、反卷等症状。

三、病原

（一）苹果褪绿叶斑病毒

1. 病毒粒体形态及生物学特性　苹果褪绿叶斑病毒是纤毛病毒属（*Trichovirus*）的代表成员，病毒粒体为螺旋对称结构的柔软长线状，大小为（640～760）nm×12nm，螺距约为 3.8nm，每转约有 10 个蛋白亚基。在接种的昆诺藜叶片上，病毒粒体聚集分布在叶肉细胞和维管束薄壁细胞的细胞质中，无内含体。

2. 株系分化　苹果褪绿叶斑病毒因寄主和地理分布不同有株系分化现象，病毒分离物间的生物学表现和血清学表现存在差异，具有多种血清型。

（1）生物学差异。不同的 ACLSV 分离物之间在指示植物上的症状表现存在差异。ACLSV 苹果分离物 ACLSV-LL 和李分离物 ACLSV-SC 在指示植物上的症状表现差异很大，ACLSV-LL 在苏俄苹果上产生褪绿斑点、叶片畸形、植株矮化，而 ACLSV-SC 不引起症状；ACLSV-LL 在毛樱桃上产生环纹斑，而 ACLSV-SC 引起植株矮化和叶片枯死等比较严重的症状；两个分离物在昆诺藜上均能引起严重的系统症状，但 ACLSV-SC 能引起褪绿斑中心部位坏死和环纹斑等更严重的症状。从我国栽培的苹果和意大利栽培的扁桃上获得了 ACLSV 分离物 ACLSV-C 和 ACLSV-B，比较两者的主要生物学特性，发现两者均能侵染昆诺藜、苋色藜和西方烟，产生局部侵染斑和系统褪绿斑，但症状反应存在差异，ACLSV-B 在昆诺藜和苋色藜上还可引起叶片沿主脉反卷、皱缩，在西方烟上导致叶脉褐色坏死、叶片反卷、植株生长停滞，还可潜伏侵染笋瓜，而 ACLSV-C 无此潜伏侵染。

（2）血清学差异。来源不同的 ACLSV 分离物的血清学特性具有差异，外壳蛋白（CP）在 SDS-PAGE 中的电泳迁移率也存在差异。苹果分离物 ACLSV-M 的抗体不与来源于杏的分离物反应但与李分离物 ACLSV-C8 强烈反应，而李分离物 ACLSV-C8 的抗体均与分离物 ACLSV-M 和杏分离物强烈反应，用这 2 个抗体均不能检测到梨树上的 ACLSV。对生物学表现不同的 2 个分离物 ACLSV-LL（来源于苹果）和 ACLSV-SC（来源于李）进行研究，发现来源于苹果的 ACLSV 分离物与 ACLSV-LL 的抗体反应较强，而与 ACLSV-SC 的抗体反应较弱；2 个分离物的提纯病毒粒体的 A260/A280 比值也存在差异，即外壳蛋白中芳香族氨基酸的含量存在差异；ACLSV-SC CP 在 SDS-PAGE 上的电泳迁移率比 ACLSC-LL 快，由此推测这两个分离物生物学表现的差异与它们的物理特性有关，在一定程度上也与其血清学特性有关。来源于波兰的 ACLSV 李分离物 SX/2 与苹果和樱桃分离物的抗体反应较弱，其 CP 的电泳迁移率比来源于苹果、樱桃和梨的分离物迁移率快。Malinowski 等（1998）克隆了分离物 SX/2 的外壳蛋白基因（*cp* 基因），将 CP 氨基酸序列与分离物 P863、Bal1 和 P-205 进行比对，发现 SX/2 有 3 个氨基酸位点（V32、I80 和 M83）与其他 3 个分离物不同（A32、V80 和 L83），推测这 3 个氨基酸位点可能决定了 SX/2 分离物的血清学特性。对来源于意大利的桃、李、樱桃和苹果的 ACLSV 进行 Western blot 分析，发现 CP 有 3 种类型的电泳迁移率：22.7ku（Cis 型）、21.5ku（Bit 型）和 19.7ku（Cen 型），这 3 种类型的分离物在昆诺藜上症状也有差异，Cis 型和 Bit 型的分离物表现为轻微的系统症状，Cen 型则表现为局部坏死斑、褪绿、顶芽坏死、衰退等系统症状，而且所有表现为粗皮病的李分离物的电泳迁移率大小均为 22.7ku。来源于苹果和扁桃的分离物 ACLSV - C 和 ACLSV - B 的电泳迁移率也存在差异，ACLSV - C 比 ACLSV - B 迁移率慢，CP 的分子质量分别为 22ku 和 21ku。对来源于匈牙利苹果、桃和樱桃的 ACLSV 分离物进行研究，发现所有的分离物在指示植物苏俄苹果和大果海棠上的症状相同，但 CP 却有不同的电泳迁移率。对来源于不同寄主和地区的 ACLSV 分离物进行 Western blot 分析，发现 CP 有 3 种类型的电泳迁移率。用来源于苹果的 ACLSV 分离物制备的抗体，采用 PAS - ELISA 检不出砂梨上的 ACLSV，而试管免疫捕捉 RT - PCR 和试管捕捉 RT - PCR 能获得 358bp 的特异片段。

（3）分子生物学特性。目前，已报道了 8 个 ACLSV 分离物的基因组全长序列，分别为来源于李的 P863 和 PBM1，苹果的 P - 205、A4、B6 和 MO - 5，樱桃的 Ba1l 和桃的 TaTao5（GenBank 登录号分别为 NC ＿ 001409、AJ243438、D14996、AB326223、AB326224、AB326225、X99752 和 EU223295）。ACLSV 基因组是一条单链的正义 RNA，大小为 7 474～7 561nt，3′端有 polyA 尾巴，5′端有帽子结构，含有 3 个部分重叠的开放阅读框，5′端和 3′端均有非翻译区，大小分别为 148～159nt 和 143～216nt。在 ACLSV 侵染的昆诺藜组织中均含有 6 种病毒双链 RNA，大小分别约为 7.5kb、6.4kb、5.4kb、2.2kb、1.1kb 和 1.0kb。7.5kb 的 dsRNA 为基因组的双链形式，直接表达 216ku 蛋白，与两种较丰富、大小为 6.5kb 和 5.4kb 的 dsRNA 共 5′末端。2.2kb 和 1.1kb 的 dsRNA 为亚基因组的双链形式，分别表达 50ku 的移动蛋白（MP）和 22ku 的 CP。

对已报道的 8 个分离物的基因组全长进行比较，发现基因组全长有一定的差异，大小从 7 474nt 到 7 561nt，同源性为 67.0%～81.5%，其中分离物 TaTao5 与其他 7 个分离物之间的同源性最低，为 67.0%～68.7%，其他 7 个分离物之间的同源性相对较高，为 73.9%～81.5%。ORF1、ORF2、ORF3 的大小也有差异，大小分别为 5 634～5 664nt、1 341～1 383nt、750～765nt（分离物 P - 205 除外）。7 个分离物（分离物 TaTao5 除外）的 ORF1 的核苷酸同源性为 72.9%～80.7%，编码的 216ku 蛋白的同源性为 81.6%～89.8%；ORF2 的核苷酸序列和编码的 MP 变异较大，同源性分别为 78.0%～84.1% 和 77.2%～88.4%；CP 相对较保守，其核苷酸序列和氨基酸序列同源性分别为 80.9%～88.8% 和 87.0%～95.9%。5′- UTR 和 3′- UTR 核苷酸序列变化比较大，分别为 60.5%～94.7% 和 68.2%～91.8%。对分离物 Ba1l、P - 205、P863 和 PBM1 3 个 ORF 的核苷酸序列进行多重比对，发现 ACLSV 基因组有 3 个高度变异区，即甲基转移酶下游（同源性低于 20%）、MP 的 C 端和 CP 的 N 端。

CP 是 ACLSV 唯一的结构蛋白，它的变异能够反映该病毒的生物学特性，因此，*cp* 基因常用来研究分子变异。对来源于法国和波兰的 ACLSV 分离物，采用 IC - RT - PCR 方法用引物 A52/A53 扩增了移动蛋白基因与 *cp* 基因重叠的大小为 358bp 的片段，核苷酸同源性为 80%～90%，变异率达到了 10%～20%，编码的 MP 部分多肽高度变异，而编码的 CP 部分多肽相对保守。用引物 A52/A53 从分离物 SX/2 上扩增不到 358bp 片段，克隆了分离物 SX/2 的 *cp* 基因，发现与引物 A52 和 A53 有几个碱基发生错配，*cp* 基因与分离物 P863 和 P - 205 进行比对，其核苷酸同源性均为 84%，编码的氨基酸同源性分别为 93% 和 91%。对来源于意大利和匈牙利的 ACLSV 分离物进行分子变异研究发现，358bp 片段的核苷酸同源性为 81%～94%。对来源于不同寄主和地区的 35 个 ACLSV 分离物的 *cp* 基因 3′端（500nt，占 *cp* 基因的 85%）进行了遗传多样性分析，发现在氨基酸水平上 CP 的 N 端是高度变异区，而 C 端相对较保守，在系统进化树上这 35 个分离物分为 A 和 B 两个大组群，A 组包括大部分分离物（来源于仁果类和核果类），B 组包括 4 个来源于不同国家和寄主的核果类分离物，两组之间的变异率高达 30%。

（二）苹果茎痘病毒

苹果茎痘病毒最先被归为长线形病毒组 A 亚组，后经植物病毒分类系统的修订，建立了长线形病毒属，原来的 A 亚组也分为纤毛病毒属（*Trichovirus*）、葡萄病毒属（*Vitivirus*）两个属，苹果茎痘病毒被分离出来，1998 年在美国加利福尼亚召开的国际病毒分类委员会会议上，苹果茎痘病毒被确立为新建的凹陷病毒属（*Foveavirus*）的代表种。

1. 病毒粒体形态、体外生物学活性及细胞病理学　苹果茎痘病毒粒体为弯曲线状，没有明显的交叉带，长 700～800nm，直径为 12～15nm。具有末端聚集现象，因此测量其长度时有 800nm、1 600nm、2 400nm、3 200nm 等多个峰。在汁液中的失活温度为 50～55℃，体外保毒期在 25℃下为 19～24h，稀释限点 1×10^{-2}～1×10^{-3}。苹果茎痘病毒可引起感病细胞机能严重紊乱，但没有特殊的细胞病变结构和内含体，线状病毒粒体积累在细胞质中，有的成束分布，叶绿体被破坏而瓦解。

2. 基因组结构和组成　苹果茎痘病毒为单链正义 RNA，核酸分子质量约 3.6×10^{6}u，衣壳蛋白分子质量约 44ku。该病毒基因组由 9 306 个核苷酸组成，有 5 个 ORF，5′端有一段 33 个核苷酸的非编码序列，最大的 ORF1（34～6 582nt）编码 247ku 的复制相关蛋白（如解旋酶、甲酰基转移酶、复制酶）；ORF2（6 685～7 353nt）、ORF3（7 358～7 717nt）、ORF4（7 629～7 838nt）分别编码 25ku、13ku 和 17ku 的蛋白，组成一个三基因盒，可能参与细胞间的运动；ORF5（7 930～9 171nt）编码 44ku 的外壳蛋白，紧接着是一段 135 个核苷酸的非编码序列，3′末端具有 polyA 尾巴。

（三）苹果茎沟病毒

1. 病毒特性与细胞病理学　苹果茎沟病毒是发形病毒属（*Capillovirus*）的代表种。病毒粒体为弯曲线状，长 600～700nm，直径 12nm，螺旋对称结构，螺距 3.4nm，每转有 9～10 个蛋白亚基。用醋酸铀负染色后粒体表面具明显的交错横纹。体外钝化温度为 60～63℃，体外存活期 25℃以下 3d 左右，4℃以下超过 27d，−20℃以下达 180d 以上，稀释限点为 1×10^{-4}，沉降系数约 112S，具中等抗原性。病毒侵染对寄主细胞没有明显的危害，病毒粒体成束分布于叶肉细胞和维管束薄壁细胞内，但不在表皮细胞和筛管中。人工接种苹果茎沟病毒的昆诺藜叶片细胞中，线状病毒粒体散布在细胞质中。

ASGV 为单链正义 RNA，5′端具帽子结构，有 36nt 的非翻译区，3′端 polyA 尾巴的上游是一个 142nt 的非翻译区，含 ORF1（6.3kb）和 ORF2（1.0kb）2 个开放阅读框，同一病毒不同寄主分离物 ORF1 编码蛋白中聚合酶与外壳蛋白间 284 个氨基酸区域变异极大。ORF1 编码一个分子质量为 241ku 的多聚蛋白。241ku 多肽包含几个非结构蛋白功能域，如甲基转移酶（Mt）、NTP -结合解旋酶（Hel）、类木瓜蛋白酶（P -Pro）、聚合酶（Pol）和外壳蛋白（CP）等功能蛋白。CP 位于其 C 端，大小为 27ku，ORF2 位于 ORF1 之内，靠近基因组 RNA 的 3′端，编码 36ku 的运动蛋白。

2. 血清学特性及株系　根据生物学特性和血清学关系苹果茎沟病毒可分为 3 个株系，即苹果潜隐病毒Ⅱ株系（C -431）、E -36 株系和深绿反卷株系（GE）。在琼脂双扩散水平上，对柑橘碎叶病毒（CTLV）敏感的寄主植物的汁液与苹果茎沟病毒抗血清反应均呈阳性，说明这两个病毒之间有血清学关系。经过苹果茎沟病毒免疫吸附和修饰能够捕获到典型的 CTLV 病毒粒体并表现强的修饰，用免疫电镜检测感染 CTLV 的柑橘、枳橙、克利夫兰烟、昆诺藜、苋色藜、豇豆和鸡冠花，均能观察到 CTLV 病毒粒体，因此借助苹果茎沟病毒的抗血清来检测植物材料中的 CTLV 是可能的。此外，研究发现柑橘碎叶病毒 2 个百合分离物（L 和 Li -23）的全长 cDNA 序列与苹果茎沟病毒（P -209）序列非常相似，其基因组大小和结构与苹果茎沟病毒（P -209）完全相同，因此，认为 CTLV 为苹果茎沟病毒的分离物之一。

苹果茎沟病毒（P -209）和 CTLV（Li -23）的 ORF1 和 ORF2 的编码蛋白氨基酸序列同源性分别为 88.2% 和 94.7%，且 ORF1 编码蛋白中聚合酶与 CP 的含 284 个氨基酸区域为高度可变区（V -区），序列同源性仅为 58.5%。

3. 分子生物学特性　目前已分别测定了来自苹果的 P -209、百合的 L 和 Li -23、梨的 South Korea 4 个 ASGV 分离物的完整基因组核苷酸序列。P -209、L、Li -23 和 South Korea 全基因组大小分别为 6 496nt、6 496nt、6 495nt 和 6 497nt（polyA 除外）。

对上述 4 个分离物的完整基因组核苷酸序列分析比较发现，4 个分离物中除来源于百合的 L 和 Li -23 2 个分离物间的同源性高达 98.4% 外，其他分离物间的同源性为 79.2%～83.4%；CP 和 ORF2 编码的 MP 氨基酸序列高度保守，同源性分别为 95.3%～100.0% 和 92.8%～98.8%；ORF1 编码的 241ku 蛋白在 4 个分离物之中除来源于百合的 L 和 Li -23 2 个分离物间的同源性高达 98.1% 外，其他分离物间的同源性相对较低，为 84.1%～88.5%；5′非翻译区序列变化很大，P -209、L 和 Li -23 3 个分离物间的同源性为 80.0%～97.1%，而 South Korea 与这 3 个分离物间的同源性很低，仅为 34.3%～51.4%；3′非翻译区序列变化也较大，P -209、L 和 Li -23 3 个分离物间的同源性很高，为 97.2%～100.0%，而 South Korea 与这 3 个分离物间的同源性相对较低，为 80.4%～81.0%。

对 6 个来源于苹果、日本梨和欧洲梨的 ASGV 分离物以及 2 个来源于柑橘的 CTLV 分离物的 V-区、CP 和 ORF2 编码的蛋白氨基酸序列进行研究，结果表明不同来源的 ASGV 分离物包含 2～4 个分子变种，ASGV（P-209）和 CTLV（L 和 Li-23）分离物或分子变种的 ORF1 和 ORF2 编码蛋白的氨基酸序列比较分析表明，ORF2 和 *cp* 基因编码氨基酸序列高度保守。ORF2 编码蛋白氨基酸序列在上述 3 个分离物和 12 个分子变种间的同源性为 92.8%～100%；3 个分离物和 18 个分子变种间的 CP 氨基酸序列同源性为 92.4%～100%。然而，由 ORF1 编码的变异区（V-区）氨基酸序列变异很大，同源性为 53.2%～99.3%，其中，在有些分离物或分子变种间的同源性却很低，只有 20.4%。在变异区、CP 和 ORF2 编码蛋白的氨基酸序列构建的系统发育树中，这些分离物和分子变种可分为几个组群，分组与寄主来源（苹果、日本梨、欧洲梨、柑橘和百合）无关。

四、病害循环

梨上苹果褪绿叶斑病毒、苹果茎痘病毒和苹果茎沟病毒自然扩展的现象很少见，但在果园中，病毒可通过病、健树根系接触传播。病毒经嫁接传染，随带毒无性繁殖材料传播。用染病树花瓣、嫩叶、芽、嫩枝皮层组织和幼果作毒源，可机械传染该病毒到草本植物。昆诺藜和大果海棠的种子可以传播苹果茎沟病毒。试验用菟丝子和蚜虫（桃蚜）在昆诺藜之间传播苹果茎沟病毒，但没有获得成功。到目前为止，还没有发现苹果褪绿叶斑病毒、苹果茎痘病毒和苹果茎沟病毒有任何传毒虫媒。

五、流行规律

（一）梨病毒病的发生特点

由于梨树是多年生植物，以营养繁殖为主，由病毒引起的病毒病与其他一年生植物的病毒病相比，有很多不同之处。充分认识梨病毒病的特点，对于加强科学研究，制定防治对策，都是十分重要的。

1. 全身侵染 梨树被病毒侵染后全身都带有病毒，称为全身侵染或系统侵染。全身侵染现象是病毒病特有的现象，这与真菌病害或细菌病害是完全不同的。例如由真菌引起的梨黑星病或由细菌引起的桃穿孔病，病原菌传播飞散之后，只在病原菌侵入的果实或叶片上产生病斑，造成危害，未被病原菌侵染的果实或叶片依然是无病无菌的，病原菌不可能布满全树。病毒则不同，即使开始时病毒只侵染树体的某一部分，但迟早会扩展到全身，致使果树全身终生带毒。若从带毒树上剪取接穗或插条繁殖苗木，会使所有苗木被病毒污染，为害范围不断扩大。

2. 嫁接传染 所有梨病毒都能通过嫁接传染。如果在繁育苗木时，接穗、插条或砧木带有病毒，嫁接或扦插成活的苗木，也全部带有病毒。这和一年生植物完全不同，例如大白菜孤丁病，其病原为芜菁花叶病毒，主要由蚜虫传染。菜园中有一株大白菜发病，在适宜条件下，病毒就会逐渐向四周传播扩散，甚至可导致全园毁灭。但是如能改变插种期，避开有翅蚜活动高峰期，或者采取防蚜措施，就有可能防治好大白菜孤丁病，从病株上采收的种子，播种之后仍可长出正常无病的白菜，因为种子不传播此病毒。一年生植物的病毒病，其危害性只限于当年，而多年生果树则与此不同，如果一株苗木感染了病毒，不仅定植后会成为永久性病树，而且从病树上采集接穗，再繁殖苗木依然是带毒的。由此可见，嫁接传染是果树病毒病传播的主要途径。

3. 混合侵染 混合侵染又称复合侵染，并非果树病毒病所特有，其他植物往往也有两种及几种病毒的混合侵染。但是，果树与其他植物相比，病毒的混合侵染率更高。这是因为果树是多年生植物，以营养繁殖为主，受病毒侵染的机会较多，只要接穗或砧木一方带毒，繁殖出来的苗木就都是带毒的。这样，果树在长期的营养繁殖过程中，病毒种类会逐年增多，混合侵染现象也日益严重，病毒在接穗砧木之间多年不断地扩散传播。所幸，从病树上采集的种子和用种子繁殖的实生苗大都是无病毒的，用实生苗作砧木可以减少病毒侵染。

4. 潜伏侵染 梨树感染病毒后，病毒在树体内增殖并扩散到全身。但在很多情况下，树体带有病毒但不表现明显症状。这种病原物已侵入寄主并与寄主建立起寄生关系之后，不表现症状的现象，在植物病理学上称为潜伏侵染。潜伏侵染现象不仅限于病毒，真菌、细菌等都有，但果树病毒的潜伏侵染现象极为普遍，故把这类病毒称为潜隐病毒。由于很多果树病毒具有潜伏侵染特性，不容易引起人们的广泛重视，致使潜隐病毒传播速度加快，对果树生产的危害性日趋严重。由于栽培品种频繁地更换或引进，人们对果树病毒病的发生特点又缺乏认识，有关果树病毒的检疫手段及种苗管理制度尚不完善，造成果树病毒病的发病率迅速增加，病毒种类不断增多。

（二）梨病毒病的为害特点

第一，当砧木和接穗都耐病毒时，病树无明显症状，但能引起生长衰退，产量下降，品质变劣，需肥量增多，寿命缩短等慢性危害。

第二，当砧木接穗组合发生变化，特别是改换不耐病的砧木时，嫁接不成活或成活率很低，即使嫁接成活的树也生长不良，根系逐渐腐烂枯死，导致急性危害。

潜隐病毒造成的损失差异程度很大，轻的影响很小，重的使果实失去商品价值，甚至导致果树死亡。常常是，某种病毒在特定的栽培品系上是潜隐的，它所造成的损失只有用复杂的技术方法才能测定出来。有些病毒会使果实畸形或出现污斑，而在生长期不呈现其他可以看出来的症状。在果树培育期间耗费掉大量费用和人工，把果树培育到结果，才能看出这些树没有生产价值，必须根除，因此，经济损失严重。另外，还有一些病毒，可能使果树耐寒力降低，或者因过敏反应而使得果树彻底死亡。

六、防治技术

（一）栽培无病毒苗木

确认为无病毒树后，用作母本树，繁殖接穗。用种子实生苗作砧木，进行繁殖、育苗。

（二）田间生产上禁止在大树上高接或繁殖无病毒新品种

一般从国外引进的新品种，多数是无病毒的。禁止把无病毒接穗在未经检毒的梨树上进行高接或保存，以防受原来带病毒大树的病毒感染。

（三）加强梨苗检疫

防止病毒蔓延扩散，应建立健全无病毒母本树的检验和管理制度，把好检疫关，杜绝病毒的侵入和扩散。

洪霓　王国平（华中农业大学）

第 38 节　梨根癌病

一、分布与危害

梨根癌病主要侵害梨树根颈和侧根，在病部长出肿疣，消耗营养。主要发生在我国河北、山西、陕西、辽宁、江苏、安徽、浙江等梨区。

二、症状

梨根癌病多在苗木和幼树上发生，偶见大树发病。在梨树的根颈部或侧根、支根上，形成灰白色疣状物，表面粗糙，内部松软，后不断增大，变成大小不一的褐色肿疣。外部黑褐色，粗糙，内部木质化，呈褐色，小者如豆粒，大者直径为 5～6cm，多年生大树的最大肿疣直径可达 60cm 左右（彩图 11 - 38 - 1）。病树生长势弱，叶片小，色淡，枝条生长量小，果小味劣。

三、病原

梨根癌病病原为根癌土壤杆菌 [*Agrobacterium tumefaciens* (Smith & Townsend) Conn]，属薄壁菌门土壤杆菌属。病原菌革兰氏反应阴性，杆状，单生或链生，大小为 $(1.2～5)\ \mu m \times (0.62～1)\ \mu m$，具 1～3 根极生鞭毛，有荚膜，无芽孢。在琼脂培养基上略呈云状浑浊，表面有层薄膜。病原菌生长温度为 10～34℃，最适温度 22℃，致死温度 51℃/10min。

四、病害循环

病原菌在根疣组织皮层内和土壤中越冬，借雨水和灌溉水传播，土壤耕翻和地下害虫、线虫也能传播，由各种伤口侵入，从侵入到表现出症状，一般需 2～3 个月。病原菌侵入后，不断刺激根部细胞增生、膨大，形成肿疣。远距离传播主要靠带菌的苗木和土壤。

五、流行规律

土壤偏碱和疏松有利于梨根癌病发生，黏重和略带碱性的土壤发病重。梨根癌病寄主范围广泛，能侵染桃、李、杏、樱桃、梨、苹果、葡萄、枣、木瓜、板栗、核桃等。

六、防治技术

1. 严格实行检疫 可疑苗木栽植前用0.1%高锰酸钾或1%硫酸铜浸根10min后用清水冲洗，或用0.000 1%～0.000 2%链霉素浸根20～30min。

2. 选择适当的苗圃场地 应选择未发现过根癌病的土地作为苗圃；老果园、老苗圃，特别是曾经严重发生过根癌病的老果园和老苗圃，不能作为育苗场地。

3. 新建果园严格选地 ①未感病的地块；②避免碱地；③上壤疏松、透水透气；④应与非寄主植物轮作2年，但定植前仍应进行土壤消毒。

4. 治疗病树 初期割除未破裂的病瘤，伤口用"抗菌剂401（乙蒜素）"50倍液或"抗菌剂402（乙蒜素）"100倍液消毒，再涂波尔多液保护。

5. 生物防治 用放射土壤杆菌（*Agrobacterium radiobacter*）即K84灌根、浸种、浸根、浸条和伤口保护，均有效。

王金友（中国农业科学院果树研究所）

第39节 梨锈水病

一、分布与危害

梨锈水病是我国梨树上的一种新的细菌性病害，最早在江苏徐淮地区发现，在浙江、山东德州、安徽砀山地区也有发生。该病发展迅速，危害性大。梨锈水病主要侵害梨树的主干和骨干枝，造成梨树枝干枯死。该病发生在七至十二年生初结果的幼梨树上危害性更大，防治不及时可造成全株死亡。

二、症状

（一）枝干症状

发病初期症状隐蔽，外表无病斑，树皮不变色，后期在病树上可看到从皮孔、叶痕或伤口渗出铁锈色小水珠，或呈水渍状，但枝干外表仍无病斑出现。此时如削掉表皮检查，可见病皮已呈淡红色，并有红褐色小斑或血丝状条纹，病皮松软充水，有酒糟气味，内含大量细菌。此时病皮内积水增多，大量从皮孔、叶痕或伤口部位渗出（彩图11-39-1）。汁液初为白色透明，2～3h后转为乳白色、红褐色，最后变成铁锈色（彩图11-39-2）。锈水具黏性，风干后凝成角状物，内含大量细菌。部分病皮深达形成层，造成大枝枯死。病枝上叶片提前变红，脱落，病皮干缩纵裂。

（二）果实症状

果实早期症状不明显，后出现水渍状病斑，发展迅速，果皮呈青褐色至褐色。果肉腐烂，呈浆糊状，有酒糟气味，病果汁液经太阳晒后很快变成铁锈色。

（三）叶片症状

叶片被侵染后，出现青褐色水渍状病斑，后变褐色或黑褐色，形状和大小不一，病叶组织内含有细菌。

三、病原

梨锈水病病原是欧文氏菌属（*Erwinia* sp.）细菌，但病原菌种类至今尚未明确。据江苏农学院报道，经对病部多次分离培养，均获得一种白色、黏稠的细菌菌落，细菌杆状，较大，将其接种到果实、叶片和离体枝条上，均能产生锈水病症状。

四、病害循环

病原菌在梨树枝干的形成层与木质部间的病组织内越冬，翌年 4～5 月气温适宜时开始繁殖，从病部流出含有细菌的锈水，经雨水和蝇类等昆虫传播，通过伤口侵入果实和枝干。叶片感病主要由枝干和病果滴下的锈水及昆虫、雨滴传播，经气孔、水孔和伤口侵入。

五、流行规律

高温、高湿是发病的主要条件。在江苏淮阴梨区，病害在 8 月中旬至 10 月中旬大发生。树势弱和初结果树发病重。不同品种发病差别明显，黄梨、鸭梨、砀山酥梨及京白梨、雪花梨、莱阳茌梨易感病，日本梨、西洋梨较抗病。

六、防治技术

一是冬季、早春和生长季节刮除树皮，刮治后涂抹 100 倍波尔多液或石硫合剂沉渣。

二是及时摘除病果，消灭侵染源。

三是加强管理。增施有机肥，合理修剪，梨园积水及时排除，加强病虫害防治，特别要注意防治梨小食心虫，以免造成伤口。

王国平（华中农业大学）

第 40 节　葡萄霜霉病

一、分布与危害

葡萄霜霉病是一种世界性的古老病害，也是我国和世界葡萄上最为严重的病害之一。葡萄霜霉病最早发现于 1834 年北美洲东部的野生葡萄，1848 年其病原菌首次被描述，该病于 1876 年前后随着从美洲引进抗葡萄根瘤蚜砧木传入欧洲，1878 年在法国西南部发现，1882 年传遍法国及整个欧洲大陆，进一步随苗木调运传遍全世界，使葡萄和葡萄酒业遭受沉重打击。

目前，世界上几乎所有葡萄产区都有葡萄霜霉病发生。该病在温暖潮湿的葡萄种植区域，比如欧洲、南非、阿根廷、巴西、美洲东北部、澳大利亚东部、新西兰、日本及我国大部分葡萄种植区经常发生；生长季节缺少雨水的葡萄种植区域，比如阿富汗、美国的加利福尼亚州等地，限制了葡萄霜霉病的发生。

葡萄霜霉病是何时、以何种方式传入我国的尚不清楚，但 1899 年我国在新疆有了关于葡萄霜霉病的最早记载，之后葡萄霜霉病在各产区相继发生。目前，在我国各个重要葡萄产区都有霜霉病发生，但只在降雨频繁的区域发生。我国重要的葡萄产区大多旱季、雨季明显。雨水多、雨季持续时间长的区域，霜霉病发生为害严重；在生长季节多雨地区种植感霜霉病的葡萄品种，只能依靠避雨栽培才能避免霜霉病严重为害。在干旱区域种植的葡萄，比如吐哈盆地葡萄产区的吐鲁番地区，基本见不到霜霉病，只是在极端年份（连续降雨）偶尔见到。

葡萄霜霉病主要侵害叶片，导致与叶片光合作用有关的所有生理过程受阻；霜霉病侵染造成叶片病斑，致使叶片早衰、脱落，影响树势和营养储藏（包括果实、枝条、根系等部位），从而成为产量下降、果实品质降低、冬季发生冻害（包括冬芽、枝条、根系）、春季缺素症、花序发育不良等的重要原因。如果霜霉病发生早（春季多雨地区），侵害嫩梢，嫩梢扭曲、死亡。早春和初夏发生，侵害花序和小幼果，严重时造成整个或部分花序（果穗）干枯、死亡；花序或小幼果得病后，即使发病较轻或使用杀菌剂控制后，也会加重中期的气灼病和转色期的果梗干枯。

葡萄霜霉病发病速度快，有"跑马干"之说。葡萄霜霉病一般为害损失率 5％左右，流行年份损失在 20％～80％。比如，我国长江流域及南方其他区域露地栽培葡萄几乎年年发病，只要杀菌剂使用不当（使用时期不当或药剂选择失误），为害就十分严重，一般年份损失 20％～30％，严重的可达70％～80％。

二、症状

葡萄霜霉病可以侵染葡萄的任何绿色组织。病原菌孢子囊借助风雨传播；游动孢子萌发后借助气体交换从表皮气孔进入到寄主组织内进行侵染。首先侵染嫩叶，发病初期叶片上出现淡绿色或浅黄色的不规则斑点，随后病斑快速发展，在病原菌侵入3~5d后叶片上出现明显近的似圆形或多角形黄色病斑，病斑边缘不明显；在侵染7~12d后，被侵染的部位逐渐变褐、枯死；严重时，数个病斑连在一起；在病斑部位的叶背面覆有白色霉层（彩图11-40-1），即葡萄霜霉病菌的孢子囊及孢囊梗；被严重侵染的叶片，表现向背面卷曲并且有时造成脱落；在夏末或秋初葡萄霜霉菌侵染老叶，产生的发病症状不同，但多数在叶正面产生呈黄色至红褐色细小的角形病斑，在受损的叶片背面沿着叶脉会产生病菌的孢囊梗及孢子囊。

葡萄花序、嫩枝、叶柄、卷须及果梗被侵染后，最初会出现颜色深浅不一的淡黄色水渍状斑点，后期变褐并且扭曲、畸形、卷曲；在潮湿或有水分的条件下病斑表面覆盖大量白色霉层，即病原菌的孢子囊及孢囊梗；被侵染严重的部位逐渐变褐，枯萎，最后死亡。

葡萄霜霉病菌从幼果的果皮或果梗的皮孔侵入，感病初期，病斑颜色浅，之后逐渐加深，由浅褐色变为紫色，被侵染的幼果皱缩干枯，容易脱落，天气潮湿时，病果上会出现白色霉层（彩图11-40-2）；随着果粒变大，病原菌侵染概率降低，且侵染后发育缓慢，可导致果粒表面凹陷，逐渐变紫，僵硬，皱缩，极易脱落。

三、病原

葡萄霜霉病病原为葡萄生单轴霉 [*Plasmopara viticola* (Berk. et M. A. Curtis) Berl. et de Toni]，隶属于卵菌门单轴霉属，是一种专性寄生真菌。病原菌的菌丝管状、多核，产生瘤状吸器，侵染葡萄后，在组织的细胞间蔓延。无性阶段产生孢囊梗，顶生孢子囊，内生游动孢子。孢囊梗簇生，无色，从葡萄叶片、果粒等表皮的气孔伸出，长140~250μm，呈单轴直角分枝2~6次，一般为2~3次，在分枝的末端有2~3个小梗，圆锥形，末端钝，顶端生1个孢子囊。孢子囊卵形或椭圆形，单胞，无色，顶端呈乳头状突起，大小为（12.6~25.2）μm×（11.2~16.8）μm，孢子囊萌发产生6~8个侧生双鞭毛的游动孢子。游动孢子肾脏形，多为单核，在扁平的一侧生2根鞭毛，能在水中游动，大小为（7.5~9.0）μm×（6.0~7.0）μm。病原菌有性生殖产生卵孢子，于秋末在病部细胞间隙处产生，褐色、球形、壁厚，表面平滑，略具波纹状起伏，大小为30~35μm，卵孢子在水滴中萌发形成芽管，芽管顶端形成梨形孢子囊，内生并释放30~50个游动孢子（图11-40-1）。

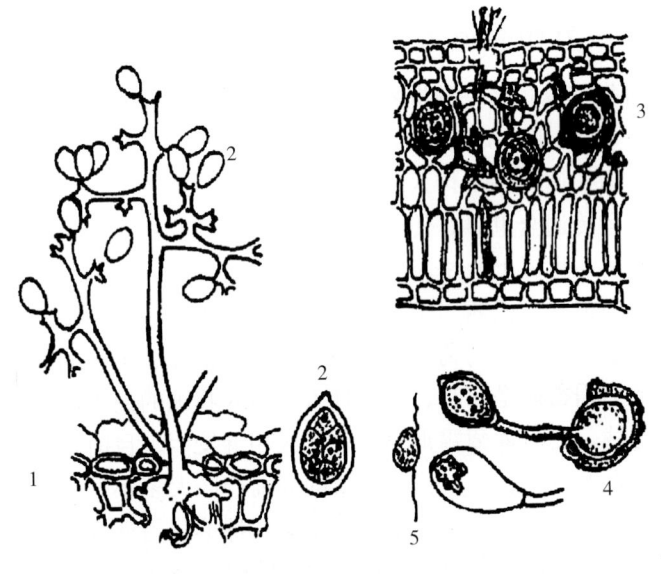

图11-40-1　葡萄生单轴霉（引自董金皋，2001）

Figure 11-40-1　*Plasmopara viticola* (from Dong Jingao, 2001)

1. 孢囊梗　2. 孢子囊　3. 病组织中的卵孢子　4. 卵孢子萌发　5. 游动孢子

菌丝体在寄主细胞内蔓延，以瘤状头伸入寄主细胞内吸取营养。病部的霉状物为病原菌的孢囊梗和孢子囊。病原菌以卵孢子在病组织中或随病残体在土壤中越冬，可存活1~2年。翌年萌发前产生孢子囊，借风雨传播到寄主叶片上，孢子囊产生游动孢子，通过气孔侵入，菌丝在细胞间隙蔓延，并长出圆锥形吸器，伸入寄主细胞内吸取营养，然后从气孔伸出孢囊梗，产生孢子囊，借风雨进行再侵染。感病品种上病原菌的潜育期为4~13d，抗病品种上潜育期较长，甚至需20d；秋末病原菌在病组织中经藏卵器和雄器配合，形成卵孢子越冬。

四、病害循环

病原菌主要以卵孢子在病组织中或随病残体于土壤中越冬。在气候温暖的地区，也可以菌丝形态在芽鳞或未脱落的叶片内越冬，卵孢子在潮湿的土壤表层存活率高、存活时间长。翌年春季，当达到适宜条件时，卵孢子在水中或潮湿土壤中萌发，形成孢子囊。孢子囊借助雨水和风传播到健康的葡萄幼嫩组织上，孢子囊在水滴中萌发，释放出游动孢子，并通过气孔和皮孔进入寄主组织，引起初次侵染。在气候条件适宜的情况下，病原菌的菌丝体在寄主细胞间扩散蔓延，进入寄主细胞内吸收营养，一般经过 4~12d 的潜育期后开始发病，在病部产生孢囊梗及孢子囊；孢子囊在合适的气象条件下萌发产生游动孢子，进行再次侵染。在一个生长季可进行多次重复侵染。在葡萄生长后期，大量的卵孢子存在于葡萄病残体中。卵孢子可随病叶等病组织落入土壤中越冬，作为翌年的初侵染源（图 11 - 40 - 2）。

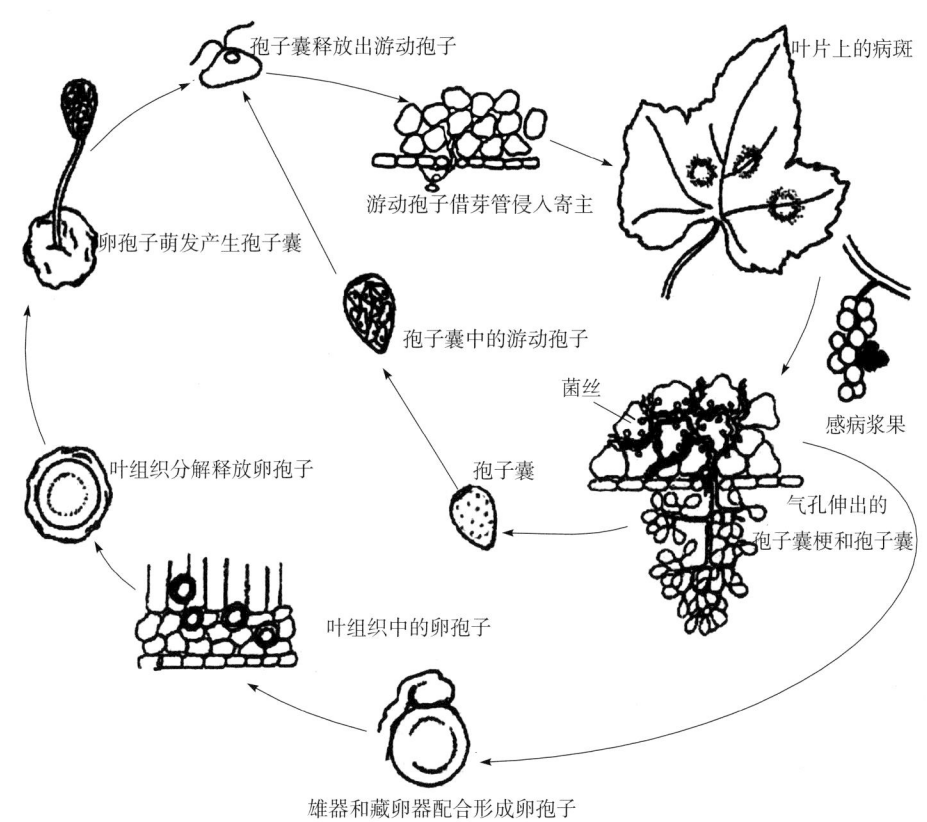

图 11 - 40 - 2　葡萄霜霉病病害循环（引自 Emmet，1992）
Figure 11 - 40 - 2　Disease cycle of grape downy mildew（from Emmet，1992）

五、流行规律

（一）气候条件

温度、湿度和降水量与葡萄霜霉病的发生、为害、流行等有关；由于孢囊梗和孢子囊的产生、孢子囊和游动孢子的萌发和侵入，都需要水（雨、露珠），因此，水分的存在（降雨、浓雾和结露）是该病害发生和流行的关键。低温高湿是霜霉病流行的气候条件，在低温、少风、多雨、多雾或多露的情况下最适发病。夜间低温有利于孢子囊萌发和侵入。孢子囊一般在夜间形成，侵染多在早晨进行，孢子囊寿命较短，在阳光下暴露数小时即失去活力，在高温干燥的情况下，只能存活 4~6d，低温下可存活 14~16d。孢子囊形成的温度范围为 5~27℃，最适温度为 15℃。孢子囊萌发的温度范围为 12~30℃，最适温度为 18~24℃。孢子囊形成和萌发必须在水滴中进行。阴雨连绵除了有利于病原菌孢子囊的形成、萌发和游动孢子的侵入外，还能刺激寄主产生易感病的嫩叶和新梢。病害的发生与流行不但与绝对降水量有关，并且与季节降水量的分布有关，如在 5~9 月雨量充沛，且次数多而均匀时，病害发生严重。夏季气温在 22~27℃，连续 10d 阴雨，或每隔 8~15d 降 1 次大雨，空气湿度达 95% 以上时，便出现 1 次发病高峰。

（二）葡萄园环境

果园地势低洼、土质黏重、植株过密、架式低矮、郁闭遮阴、管理粗放等均有利于病害的发生与流行。葡萄栽培密度，棚架行列朝向以及整枝、修剪等管理工作与霜霉病的发生也有密切关系。凡是促使果园通风透光、减小小气候湿度的因素都不利于霜霉病的发生。施肥不当刺激葡萄抽生新梢，造成秋后枝叶茂密，组织延迟成熟等也会使发病加重。

（三）葡萄品种

葡萄品种间抗病性有明显差异，美洲种葡萄较抗病，而欧亚种葡萄则较感病。高感霜霉病的品种有红地球、金手指、无核白鸡心等；中感品种有白香蕉、玫瑰香、甲斐路等；中抗品种有巨峰、先锋、希来特、玫瑰露、高尾、梅鹿辄、黑比诺、红富士、黑奥林等；高抗品种有北醇、康拜尔等。一般抗病品种的铵态氮含量比感病品种高；游离氨基酸和蔗糖含量则比感病品种低；一般抗病品种多酚类物质的含量及多酚氧化酶活性高于感病品种；葡萄细胞液中钙钾比是决定抗病力的重要因素之一，含钙多的葡萄抗霜霉病的能力较强。当钙钾比大于 1 时，葡萄表现抗病，而小于 1 时则表现较感病。一般老叶的钙钾比大于 1，故老叶抗病，而幼叶的钙钾比小于 1，因此幼叶较感病。研究证明，感病类型叶片气孔密而大，抗病类型叶片气孔稀而小，并且气孔周围有白色堆积物。

六、防治技术

在 1878 年之前，人类对葡萄霜霉病知之甚少。在霜霉病传入欧洲后的 1882 年，法国人 P. M. A. Millardet 在波尔多地区发现波尔多液，不但成为控制霜霉病的有效措施，而且成为农药发展历史上的重要事件，具有划时代的意义。之后，抗病品种选育和利用、生物防治、化学防治等防控方法不断发展、进步、完善，但葡萄霜霉病快速流行的特征决定着化学防治始终是最为重要的防控方法。

（一）选育和利用抗病品种

建园时，根据区域气候特征选用抗病品种。不同品种对霜霉病的感病程度不同，一般欧美杂交种较抗病，欧亚种品种群较感病。例如，巨峰、先锋、白香蕉、世峰、玫瑰露、红富士、金星无核、森田尼无核、信农乐等品种较抗病，而牛奶、红地球、美人指、里扎马特、绯红、无核白鸡心、新玫瑰、玫瑰香等品种较感病。生长季节雨水多的地区，必须选择抗病品种；如果需要种植感病品种，则必须避雨栽培。气候干燥，生长季节少雨的地区，如新疆吐鲁番、环塔里木盆地周边区域、干旱河谷区域等，可以种植感病品种。

（二）农业防治

通过调整和改善葡萄的生长环境，增强抗病力，避免或减轻为害。

1. 清除菌源 发病初期发现有病花序、叶、果等及时清除深埋，秋、冬季和初春及时清理果园中病僵果、枯枝落叶等，集中烧毁或深埋，并结合秋施基肥，刮除葡萄架下的表土，铺填沟中挖出的新土，再覆盖地膜，可有效减少病原菌的侵染来源。

2. 加强果园管理

（1）加强栽培管理。避免在地势低洼、土质黏重、通透性差的地方建园。建园时要规范建设田间排灌系统，合理水肥，增强树势，提高葡萄的抗病力。适时排灌，开沟深施充分腐熟的农家肥作底肥，根据生长期植株的长势，适量定量追肥，避免偏施氮肥，萌芽期前后增施磷、钾肥，对酸性土壤施石灰，可提高植株的抗病能力。

（2）合理修剪。科学修剪，夏季及时摘心、抹梢、绑蔓，疏除近地面枝条，清除病残叶，改善架面通风透光条件。

（3）合理负载。根据葡萄品种的树龄、树势、施肥水平等条件，采取疏花疏果等措施来控制结果数量，做到合理负载。一般每 667m² 产量控制在 2 000kg 左右。

3. 间作套种技术 与矮秆作物间作套种，例如，葡萄与叶菜类蔬菜、马铃薯等块根块茎作物、饲草等的复合种植模式，可增加葡萄园生态系统多样性，减轻病害的发生。

4. 避雨栽培技术 2000 年前后逐渐得到推广的各种避雨栽培措施，能切断病原菌的传播链，从而有效地预防和减少葡萄霜霉病的发生。

5. 其他栽培防病技术 目前，南方推广的根域限制栽培技术能很好地利用水肥，提高树体的抗病性，从而减少霜霉病的发生。

（三）化学防治

葡萄霜霉病的防治，必须认真贯彻"预防为主，综合防治"的植保方针，尽量把病害消灭在发生前或初发阶段，一旦发生就要采取合理必要的化学防治手段，以经济、安全、有效地控制病害，达到稳产的目的。

1. 化学防治策略 一是冬季多雨雪、春季雨水多时，要注意花前、花后的防治；一般情况下，应注意雨季、立秋前后的防治。二是要注意使用技术，喷药要周到均匀，应以幼果和叶背为主（霜霉病菌主要通过气孔侵入），并注意药剂的轮换与交替使用，保护性与治疗性杀菌剂相结合，以延缓病原菌抗性的产生或减轻产生抗药性的风险。

2. 化学防治措施

（1）越冬期防治。落叶期、早春萌芽期，全园喷布 5 波美度石硫合剂，降低越冬菌源基数。

（2）发病前。发病前喷施一些保护性杀菌剂，尤其是越冬病原菌进行初侵染时，药剂防治可大大降低果园中的菌源基数，延迟整个生长季节的病情进展，能很好地减少后期霜霉病的发生；对于往年霜霉病发生比较严重的园区，花前花后要各喷 1 次内吸性杀菌剂，而一般葡萄园，最重要的是雨季来临的时期，需要使用 1 次药剂。

（3）发病期。发病初期或在北方葡萄产区的立秋前后，喷施内吸性杀菌剂，每隔 7～10d 喷 1 次，连喷 2～3 次；雨季应连续使用杀菌剂，每隔 7～10d 喷 1 次，且注意保护性与内吸性杀菌剂配合或交替使用。当霜霉病暴发概率较大时（田间霜霉病普遍发生或发现花序、果穗受侵染后，且雨水较多），则要及时调整防治方法，将喷药间隔期由原来的 7d 左右调整为 3～4d，连喷 3 次：第一次药为保护性药剂＋内吸性药剂，第二次为内吸性药剂，第三次为保护性药剂＋内吸性药剂。之后进行正常管理，即天气正常，施用保护性杀菌剂；天气潮湿多雨，施用保护性杀菌剂＋内吸性杀菌剂。

3. 优秀药剂

（1）保护性杀菌剂。

①铜制剂：波尔多液 ［1∶（0.5～1）∶200 及商品波尔多液制剂］、氢氧化铜、氧氯化铜等。

②代森锰锌：80％可湿性粉剂 800 倍液，30％悬浮剂 600 倍液，75％水分散粒剂 800 倍液等。

③其他代森类杀菌剂：代森锌、代森铁、丙森锌等。

④福美双：80％福美双可湿性粉剂 1 000 倍液（及福美双的复配制剂，如 50％福美双·嘧菌酯可湿性粉剂 1 500 倍液）。

⑤其他：25％嘧菌酯悬浮剂 1 500～2 000 倍液；25％吡唑醚菌酯乳油 1 000 倍液；68.75％噁唑菌酮·代森锰锌水分散粒剂 800～1 000 倍液等。

各种保护性杀菌剂的特点及田间使用方法：25％嘧菌酯悬浮剂持效期比较长，安全性较好，特别适于花前、花后施用，1 年可以施用 2～3 次；50％福美双·嘧菌酯可湿性粉剂，可在花前、花后等关键时期使用，有效防控霜霉病的同时兼治白粉病和灰霉病等病害；80％福美双 800 倍液在发芽前后及采收后使用；80％波尔多液可湿性粉剂 400～800 倍液可用于发病前的预防，也可以在发病后与某些治疗剂配合使用；30％代森锰锌悬浮剂 600～800 倍液安全性好，花前、花后及小幼果期均可使用，耐雨性极好，特别适宜在雨水较多的地区或雨前使用，混配性好，在霜霉病发生期或霜霉病救灾措施中与内吸性杀菌剂一起使用。

（2）内吸性杀菌剂。防控霜霉病的内吸性杀菌剂比较多，比较常见的有 80％三乙膦酸铝可湿性粉剂、25％精甲霜灵可湿性粉剂、80％霜脲氰水分散粒剂、50％烯酰吗啉水分散粒剂、60％氟吗啉·锰锌可湿性粉剂、58％甲霜灵·锰锌可湿性粉剂、66.8％缬霉威·丙森锌可湿性粉剂、687.5g/L 氟吡菌胺·霜霉威悬浮剂、40％金乙霜可湿性粉剂等应注意交替使用。

① 50％烯酰吗啉可湿性粉剂 2 000～3 000 倍液或 4 000 倍液与保护性杀菌剂混合使用；发病严重时，2 000 倍液与保护性杀菌剂混合使用；连续下雨天气的雨水间歇期，1 000～1 500 倍液喷雾（带雨水或露水喷雾），可作为特殊天气条件下的紧急防治措施。② 80％霜脲氰水分散粒剂：具渗透性，使用 2 000～4 000倍液。目前常见的是与代森锰锌治疗效果不明显，建议按照保护性杀菌剂使用；2 500 倍液与保护性杀菌剂混合或配合使用，可以作为霜霉病的跟进治疗措施。③ 25％精甲霜灵可湿性粉剂：2 500 倍液（严重时用 2 000 倍液）与保护性杀菌剂混合使用，减缓抗性产生，增加药效。④常用的内吸性杀菌剂：90％、80％、85％三乙膦酸铝可湿性粉剂 600～800 倍液，三乙膦酸铝能上下传导，是防治葡萄霜霉病的有效药剂，但在有些地区抗药性较重，建议与其他药剂交替使用，在产生抗性的地区节制使用；40％金乙霜可湿性粉剂 1 500 倍液。⑤其他（包括混合制剂）：58％甲霜灵·锰锌可湿性粉剂 400～600 倍液；72.2％霜霉威水剂 600 倍液左右；60％氟吗啉·锰锌可湿性粉剂 600 倍液；69％烯酰吗啉·锰锌可湿性粉剂 600 倍液；52.5％噁唑菌酮·霜脲氰水分散粒剂 2 000 倍液；66.8％缬霉威·丙森锌可湿性粉剂 700～800 倍液等。

孔繁芳　黄晓庆　王忠跃（中国农业科学院植物保护研究所）

第 41 节　葡萄灰霉病

一、分布与危害

葡萄灰霉病是世界性病害，分布较广，也是我国葡萄产区的重要病害之一，发生普遍，为害严重，尤其是在降水量大、气温低的地区和年份发病严重，引起果穗腐烂。该病不仅在葡萄生长季节发生，影响葡萄的产量和品质，而且在葡萄收获后可继续侵害，造成果实的腐烂，影响葡萄的储藏、运输、销售和加工。目前，虽然有高效杀菌剂和先进的储藏技术，但每年因灰霉病造成的葡萄产后损失依然高达 20%～30%。对于酿酒葡萄，除了影响产量，主要是影响品质，由于灰霉病菌的侵染，造成葡萄中营养成分的变化，用混杂或含有灰霉病病果的葡萄酿造的葡萄酒，有怪味或味道欠佳，并容易被氧化和被细菌感染，不易存放，严重影响葡萄酒的品质。

二、症状

葡萄灰霉病主要侵害花穗和果实，有时也侵害叶片、新梢、穗轴和果梗。花穗受害，多在开花前和花期发病，受害初期，花序似被热水烫状，呈暗褐色，组织软腐，湿度较大的条件下，受害花序及幼果表面密生灰色霉层，即病原菌的菌丝和子实体，干燥条件下，被害花序萎蔫干枯，幼果极易脱落。果梗和穗轴受害，初期病斑小，褐色，逐渐扩展，后变为黑褐色，环绕一周时，引起果穗和果粒干枯脱落，有时病斑上产生黑色的块状菌核。果实受害，多从转色期开始发病，初形成直径 2～3mm 的圆形稍凹陷病斑，很快扩展至全果，造成果粒腐烂，并迅速蔓延，引起全穗腐烂，上布满鼠灰色霉层，并可形成黑色菌核。叶片受害，多从叶片边缘和受伤的部位开始发病，湿度大时，病斑迅速扩展，形成轮纹状不规则大斑，其上生有鼠灰色霉层，天气干燥时，病组织干枯，易破裂。发病部位产生鼠灰色霉层是灰霉病的主要诊断特点（彩图 11 - 41 - 1）。

三、病原

葡萄灰霉病病原为富克葡萄孢盘菌 [*Botryotinia fuckeliana* (de Bary) Whetzel.]，属子囊菌门葡萄孢盘菌属真菌。其无性型为灰葡萄孢（*Botrytis cinerea* Pers.：Fr.）。

葡萄灰霉病菌的营养体为菌丝体，菌丝褐色、有隔膜。无性世代产生分生孢子梗和分生孢子，分生孢子梗数根丛生，直立或稍弯曲，细长，大小为（960～1 200）μm×（16～20）μm，不规则分枝，顶端有 1～2 次分枝，分枝后顶端细胞膨大，呈棒头状，上密生小梗，小梗上着生许多分生孢子，整体看似葡萄穗状。分生孢子椭圆形或圆形，表面光滑，单胞，无色，大小为（9～16）μm×（6～10）μm（彩图 11 - 41 - 2）。

在不利的环境条件下，菌丝可以形成黑色、坚硬的菌核，大小为（2～4）mm×（1～3）mm，牢固着生于基质上，菌核由黑色、致密的表皮和髓部细胞组成。菌核在 3～27℃ 条件下均可萌发，产生分生孢子梗和分生孢子。

病原菌的有性世代在菌核上产生 2～3 个子囊盘，子囊盘直径 1～5mm，柄长 2～10mm，淡褐色。子囊圆筒形或棍棒形，大小为（100～130）μm×（9～13）μm，子囊孢子卵形或椭圆形，无色，大小为（8.5～11）μm×（3.5～6）μm。有性世代不常见。

四、病害循环

病原菌以菌丝体、菌核和分生孢子在病残体上越冬，其中菌核越冬尤为重要。病原菌腐生性强，寄主范围广，已报道的寄主就有 235 种，侵染幼苗、果实及储藏器官引起灰霉病，故葡萄灰霉病菌的初侵染来源十分广泛。春季越冬的菌丝体和菌核产生分生孢子，借助气流和雨水传播，对花序和幼叶进行初侵染。初侵染后的病组织很快形成新的分生孢子，不断再侵染。该病害一年中有两次发病期，第一次在葡萄开花前后，如果此时温度低，空气湿度大，造成花序大量被害；第二次在果实着色至成熟期，这段时期如果遇连雨天，引起裂果，病原菌从伤口侵入，导致果粒大量腐烂。

五、发病条件

（一）气候条件

气温偏低和高湿的气候条件有利于葡萄灰霉病的发生和流行。该病的发病温度为 5～31℃，最适发病温度为 20～23℃，最适空气相对湿度在 85％以上。在春季多雨，气温 20℃左右，空气相对湿度超过 95％达 3d 以上的年份均易流行。葡萄开花期和坐果期如果遇到气温偏低、多雨、潮湿的条件，病害发生严重。

（二）伤口

伤口有利于病原菌的侵入。一些密穗型葡萄品种果实着色后可迅速膨大，相互挤压破裂，造成伤口，易导致该病害的发生和流行。暴风雨、害虫、白粉病、冰雹、鸟害等造成的伤口有利于病害发生，可诱发病害流行。葡萄园久旱遇雨或灌溉不当，引起裂果，病害发生较重。

（三）栽培管理

果园的栽培管理措施不当易造成病害流行。如枝蔓过多，引起通风不良，湿度大，发病重；氮肥过多，引起枝叶徒长，通风透光条件差，病害发生重；园内排水不良，引起高湿，病害发生重；土壤黏重、偏碱时，病害发生重。

六、防治技术

（一）搞好果园卫生

生长期：及时剪除病果穗及其他病组织，注意剪除的果穗和其他病组织要集中处理或销毁，不能留在田间，防止病原菌在田间传播。

收获期：应彻底清除病果，避免储运期病害扩展蔓延。

收获后：及时清除田间病果、落叶、枝条等，集中销毁。

（二）加强果园管理

加强肥水管理，增加树体的营养，增强植株抗病力。

采用合理架式，及时绑蔓、摘心、清除副梢、摘除果穗周围的叶片，加强田间通风透光。

（三）药剂防治

药剂防治应抓住防治适期和用药种类，灰霉病的防治适期是花期前后、封穗期、转色后 3 个时期；药剂可选用 40％嘧霉胺悬浮剂 800～1 000 倍液、50％腐霉利可湿性粉剂 600 倍液、50％异菌脲可湿性粉剂 500～600 倍液或 25％异菌脲悬浮剂 300 倍液。果实采收前，可喷洒 60％噻菌灵可湿性粉剂 100 倍液、10％多抗霉素可湿性粉剂 600 倍液或 3％多抗霉素可湿性粉剂 200 倍液。

李兴红（北京市农林科学院植物保护环境保护研究所）

第 42 节　葡萄白粉病

一、分布与危害

葡萄白粉病起源于北美洲，1834 年 Schweintiz 对其进行了描述，在北美洲的葡萄上虽有发生但为害很小。葡萄白粉病 19 世纪随植物标本收集和美洲葡萄种质资源引进传入欧洲大陆，1845 年首先在英国发现，1847 年在法国发现并且在这一年造成严重损失，1854 年法国葡萄遭受葡萄白粉病的为害损失率为 80％。目前，葡萄白粉病已成为一种世界性真菌病害，遍布于世界各葡萄主要栽培区，如欧洲、美国、澳大利亚和新西兰、中国、南非等地。关于葡萄白粉病何时传入我国，并没有详细的记载，1935 年，戴芳澜曾报道葡萄白粉病在吉林、江苏出现，这是最早关于葡萄白粉病在我国出现的报道。迄今为止，葡萄白粉病在我国大部分地区，如吉林、辽宁、河北、河南、山东、山西、新疆、甘肃、四川、云南、贵州、江苏、安徽、台湾等地都有发生。但总体上，雨水比较多的地区发生程度比较轻、为害损失比较小，新疆、甘肃、宁夏、河北北部等干旱区发生普遍、发生程度比较重、为害损失比较大。值得注意的是，我国避雨栽培技术在多雨地区的采用，减轻了葡萄霜霉病、葡萄炭疽病、葡萄黑痘病等病害，但因为避雨棚湿度大、植株表面（叶片、枝条、果实、果梗等）没有水珠或水膜，适合葡萄白粉病发生和流行，葡萄白粉病可能会成为这种栽培模式下的主要病害，并且在一些区域已经造成严重危害。

葡萄白粉病可造成葡萄果粒酸度高、不能成熟，造成果实品质的下降，丧失食用价值和加工价值；枝条不能成熟、运输和传导机能下降、生长量和生物量减少，花芽分化、营养储藏、枝条越冬等受到影响；果实受害后容易造成裂果，从而引发灰霉病、酸腐病及腐生性霉菌等的二次侵染，发生果实腐烂等，成为进一步受害的直接诱因；叶片被侵染，影响光合作用等。葡萄遭受葡萄白粉病侵害，流行年份可造成减产 60% 左右，发病严重的果园减产 80% 以上。据报道，美国葡萄主产区加利福尼亚州每年用于防治葡萄白粉病的费用高达葡萄价值的 10%。

二、症状

葡萄白粉病可以侵染叶片、果实、枝蔓等绿色部位，但幼嫩组织较易感病，通常春季的幼芽和幼叶是最先受害的组织。病原菌穿越表皮，在表皮细胞形成吸器，吸收营养，造成寄主组织细胞坏死。其主要鉴别特征是在受害组织上覆盖有白色的粉状物。

叶片：发病初期在叶片表面形成不明显的病斑，随着时间的推移，病斑变为灰白色，上面覆盖有灰白色的粉状物；有时，在病斑出现白色粉状物之前，会形成褪绿、有光泽的油状病斑。如果发病严重，病斑多，粉斑逐渐扩大并与临近粉斑会合，叶背面的病组织处褪绿，呈暗黄色，严重时整个叶片都覆盖有灰白色的粉状物，包括叶片的背面（一般正面多、背面少），致使叶片卷缩、枯萎，而后脱落；有时能在叶片上形成小黑点（为病原菌的闭囊壳）。幼叶被侵染，因受侵染部位生长受阻，其他健康区域基本生长正常，会导致叶片扭曲变形（彩图 11-42-1）。

穗轴、果梗和枝条：发病部位出现不规则的褐色或黑褐色病斑，羽纹状向外延伸，表面覆盖白色粉状物。有时，病斑变为暗褐色（因形成很多黑色闭囊壳）。受害后，穗轴、果梗变脆，枝条不能成熟。

花序：通常花不受侵害，但在受精前受害可导致坐果失败。花穗在花前和花后感染白粉病，开始颜色变黄，而后花序梗发脆，容易折断，除引起坐果不良外，还会影响果实的品质。

果粒：在葡萄果粒含糖量低于 8% 时，容易感病，在发病初期，果实表面会分布一层稀薄的灰白色粉状霉层，擦去白色粉状物，在果实的皮层上有褐色或紫褐色的网状花纹。果粒尚未充分长大前就被感染，则表皮细胞死亡，表皮组织生长停止，表面生有白色粉状物，随着果肉扩大，果粒受到内部压力而裂开，最后变干或受杂菌感染而腐烂。若果粒的含糖量超过 8%，一般就不会被侵染。但是，之前被侵染的果实在含糖量 8%~15% 时能产生分生孢子；若果实的含糖量超过 15%，已经被侵染的果实也不会再产生分生孢子。

三、病原

1834 年，Schweinitz 首次对葡萄白粉病菌进行了描述。众多学者多年研究发现，葡萄白粉病菌的有性型是葡萄钩丝壳 [*Uncinula necator* (Schw.) Burr.；异名：*Erysiphe necator* Schw.，*E. tuckeri* Berk.，*U. americana* Howe，*U. spiralis* Berk. et Curt.，*U. subfusca* Berk. et Curt.]，属子囊菌门钩丝壳属。该菌闭囊壳散生，黑褐色，大小为 80~100μm，有 10~30 条附属丝；附属丝基部褐色，有分隔，不分枝，顶部卷曲，长度为闭囊壳的 2~3 倍；闭囊壳内有 4~8 个子囊；子囊椭圆形，一端稍突起，无色，大小为 (50~60) μm×(25~36) μm，内含 4~6 个子囊孢子；子囊孢子椭圆形，单胞，无色，大小为 (20~25) μm×(0~12) μm。闭囊壳一般在生长后期产生。

葡萄白粉病菌的无性型为葡萄粉孢 (*Oidium tuckeri* Berk.)。发病部位的白粉层为病原菌的菌丝体、分生孢子梗、分生孢子。菌丝直径 4~5μm，生长的温度范围为 5~40℃，最适温度为 25~30℃。菌丝上生多隔膜、与菌丝垂直的分生孢子梗（长 10~400μm），分生孢子串生于分生孢子梗顶端，念珠状；分生孢子无色，单胞，圆形至卵圆形，内含颗粒体 (16.3~20.9) μm×(30.3~34.9) μm。分生孢子形成的最适温度为 28~30℃。

四、病害循环

葡萄白粉病菌为表面寄生菌，其菌丝体在寄主绿色组织表面生长，依靠吸器侵入寄主组织吸取营养。病原菌以菌丝在葡萄休眠芽内或以闭囊壳在植株残体上越冬，第二年春天芽开始萌动，以白色菌丝体覆盖新梢，菌丝体产生分生孢子、闭囊壳产生子囊孢子；分生孢子、子囊孢子借助风、气流或昆虫传播到刚发芽的幼嫩组织上；在适宜的条件下，孢子萌发，侵入寄主表皮，产生吸器，吸收寄主营养，导致第一批病新梢（病叶、病枝条）出现。对于芽鳞间有菌丝体越冬的，芽开始活动或生长时，病原菌也活动、生长，发芽后即成为病芽、病梢，然后产生分生孢子再传播、侵害（图 11-42-1）。

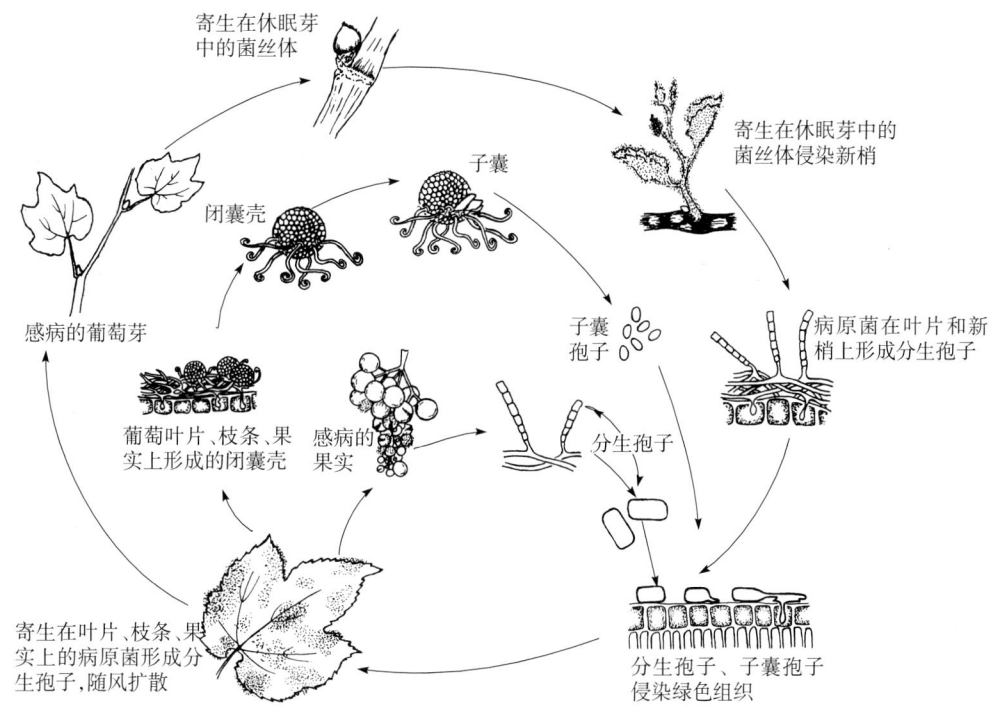

图 11-42-1　葡萄白粉病病害循环（引自 Michael A. Ellis，1972）
Figure 11-42-1　Disease cycle of grape powery mildew（from Michael A. Ellis，1972）

　　葡萄白粉病菌的越冬方式可能有无性方式（寄生在芽中的菌丝体）和有性方式（闭囊壳）两种。在美国加利福尼亚部分地区、意大利、澳大利亚、中国新疆均报道闭囊壳是葡萄白粉病菌的主要越冬方式和侵染方式，但也有部分学者认为寄生在葡萄休眠芽体中的菌丝体是葡萄白粉病菌越冬的主要形式和翌年春季的初侵染源。

五、流行规律

　　葡萄白粉病的发生和流行受多种因素的影响，如菌源基数、葡萄品种、地势、环境因素等，其中环境因素与葡萄白粉病菌萌发生长及病害流行密切相关。

（一）菌源基数

　　菌源基数是病害发生和流行的基础条件，冬季清园是否彻底直接影响春季初侵染的菌源数量，而菌源数量是中、后期病害发生流行的基础。因此，果实采收后应根据田间的发病情况，确定是否采取措施；越冬前的防治措施将大大降低翌年春天的菌源基数，有利于翌年葡萄白粉病的防治。

（二）环境因素

　　1. 温度　葡萄白粉病菌的生长和发育要求较高的温度，菌丝生长的最适温度为 25~30℃，分生孢子形成的最适温度为 28~30℃。孢子萌发的最适温度为 25~28℃，温度为 23~30℃的条件下，病原菌从侵入到产生分生孢子需要 5~6d，而在 7℃条件下需要 32d。因此，一般干旱的夏季或闷热多云的天气，气温在 25~35℃时，病害发展最快。据报道，36℃条件下，10h 可以杀死分生孢子，39℃条件下，6h 可以杀死分生孢子；所以，超过 35℃的高温抑制葡萄白粉病的发生和流行。

　　2. 降雨和湿度　葡萄白粉病菌分生孢子的萌发需要一定的空气湿度，但同时也是一种较为耐干旱的病原真菌。水是葡萄白粉病的限制因子，而湿度虽然对其有影响，但不是其流行的最重要的决定因子。

　　水的存在对葡萄白粉病发生不利，因为水滴或水的存在会造成分生孢子吸水破裂，不能萌发；多雨的条件不利于分生孢子的萌发和菌丝生长，因为降雨会冲刷叶片上的分生孢子，并且孢子也会因吸水膨胀而破裂，从而抑制或减弱病害。

相对湿度比较低时（20%）病原菌也可以萌发；白粉病菌分生孢子的萌发和侵入适宜相对湿度为40%～100%；相对湿度对葡萄白粉病菌分生孢子数量有一定的影响，据报道，24h 内，相对湿度 30%～40%、60%～70%、90%～100%时产生分生孢子的数量分别是 2 个、3 个、4～5 个。所以，虽然相对湿度大有利于白粉病的发生和流行，但相对湿度大不是流行的决定因素，而是流行的促进因素。

3. 光照　寡光照、散光，对白粉病发生有利；强光照对白粉病发生不利。有研究表明，在散光条件下（其他条件相同），47%的分生孢子萌发，而强光条件下萌发率只有 16%。

另外，土壤的理化性质、肥力及土壤微生物，各种栽培管理措施对白粉病发生有影响。葡萄园地势低洼、葡萄主干过低、短枝修剪、过量施氮肥、叶幕层过厚、通风透光差以及栽培密度过低等因素均有利于白粉病的发生和流行。Héctor Valdés-Gómez 等（2011）研究表明，营养活力高的葡萄植株比营养活力低的葡萄植株更易感染白粉病且病害更严重。杜飞等（2011）研究表明，避雨栽培不仅创造了适宜白粉病发生的环境条件：空气相对湿度 60%～90%，葡萄叶面不结露，同时还减弱了葡萄植株冠层的光照强度（6.4%），削弱了光照对白粉病菌的抑制效果，有利于白粉病的侵染和流行。

（三）地域性、季节性因素

干旱条件下葡萄白粉病发生严重；自然条件下，北方地区比长江流域发生重。由于白粉病怕高温，而我国一般葡萄种植区域夏季高温，所以，葡萄白粉病一般在秋季流行，或春季及入夏流行、秋季流行，每年流行两次。

（四）品种抗病性

不同葡萄品种抗病性差异较大，一般美洲葡萄品种较抗病，欧亚葡萄品种比较感病；在特定的地区大面积种植单一感病品种，特别有利于病害的传播和病原菌的增殖，常导致病害大流行。在生产栽培的品种中，北醇、圆叶葡萄、河岸葡萄、夏葡萄、冬葡萄、山葡萄、黑比诺、法国兰等比较抗病，而品丽珠、赤霞珠、霞多丽、佳丽酿、莫尼耶品乐、白比诺、雷司令、威代尔、华东葡萄、刺葡萄、复叶葡萄等比较感病，因此，品种的抗病性也是决定葡萄白粉病发生严重程度的条件之一。

（五）流行条件

越冬菌源是白粉病流行的基础条件。病原菌数量决定白粉病是否能够流行。水和湿度是白粉病流行的限制因素。无水条件下白粉病才能流行。所以，设施栽培的葡萄（避雨栽培、温室和大棚葡萄），最有利于白粉病的发生和流行；生长季节干旱的葡萄种植区，有利于白粉病的发生和流行；对于雨水中等的葡萄种植区，遇到干旱年份，白粉病的发生和流行概率就大；葡萄生长季节雨水多的地区，白粉病不易发生和流行。

六、防治技术

（一）抗病品种的选育和利用

20 世纪 70 年代，美国植病专家纳尔逊研究认为，全世界因抗病品种的利用所得的收益达几十亿美元，在农作物病害中有 80%以上是靠抗病育种或抗病品种来防治的，因此，培育并种植抗病品种是防治葡萄白粉病最经济、有效的措施，也是最根本的方法。

据报道，关于葡萄对白粉病的抗性遗传规律有两种说法，一种认为葡萄对白粉病的抗性是由单基因控制的质量遗传，而另一种则认为葡萄对白粉病的抗性是由多基因控制的数量遗传。对葡萄白粉病抗性遗传的研究始终贯穿着抗白粉病育种的过程。目前，葡萄白粉病抗病品种的选育主要通过人工接种淘汰感病品种和杂交育种两个途径来实现。

从生产实际来看，欧洲葡萄的绝大多数品种不抗白粉病，而美洲葡萄虽较抗病，但由于美洲葡萄品质较低劣，栽培面积在不断减少。因此，从事葡萄育种的专家利用葡萄其他近缘野生种，将其抗病基因引入栽培品种，以达到抗病的目的。如 Kozma 和 Korbuly 等（2000）以山葡萄为抗性亲本，成功地选育出优良的抗白粉病葡萄品种，但这种途径常使中间杂种的品质远不如欧亚种。日本学者山本等利用基因工程技术将水稻的几丁酶基因（*RCC2*）导入葡萄，育成了抗白粉病的葡萄。圆叶葡萄几乎对所有的主要葡萄病害都具有高度的抗性或免疫能力，是理想的抗病亲本。1974 年以来，Bouquet 开始利用圆叶葡萄进行抗病育种的研究。此外，他还获得了抗病性较强的回交三代。德国的研究人员用第三代杂种与欧亚种杂交，已获得一些品质优良的抗病新品种。而我国的相关研究多集中于品种抗性鉴定、抗病机理和抗性遗传方面。中国是世界葡萄起源的中心之一，存在大量的抗病资源，合理利用这些资源对于葡萄白粉病的防治具有重要意义。

（二）农业防治

搞好田间卫生，清除病组织（枝条、叶片、病果粒、卷须、果梗和穗轴）并带出田间，集中处理（如高温发酵堆肥、高温处理等），以减少越冬病原菌的数量，这是防治葡萄白粉病的基础。同时，防治葡萄白粉病应十分注意栽培条件的管理，如合理控制和调节负载量、平衡施肥、科学灌水，对植株生长旺盛、通风透光差、小气候和土壤湿度大的地块要加大防治力度，在喷药防治的同时，对重病地块要控制浇水，以降低葡萄园内的湿度，对控制病情发展可起到良好的辅助作用。

（三）生物防治

据报道，生防菌对白粉病菌在自然系统中的存活具有重要影响，目前报道的生防菌有 AQ10、芽孢杆菌、食线虫真菌（*Orthotydeus lambi*）、嘧啶核苷类抗菌素（120A 和 120BF）、武夷菌素等，可有效防治葡萄白粉病。

（四）化学防治

使用化学农药防控葡萄白粉病发生和流行，是不可缺少的措施，尤其是在易发病地区或种植易感病品种的葡萄园。

化学防治应特别抓好以下两个关键时期：发芽前后和落叶期前后。其他时期：开花前、落花后至套袋前，果实生长的中后期（特别是幼果转色期前后），也是葡萄白粉病的防治关键时期；开花前和落花后至套袋前一般结合其他病虫害进行白粉病的防控，需要使用药剂；果实生长的中后期，一般是严格监测白粉病的发生情况，一旦发现病害，适时采取措施。

目前防治葡萄白粉病的优秀药剂包括以下几种：

石硫合剂是防治葡萄白粉病的基础药剂，但是硫的杀菌效果与其状态、类型和环境因素有关。其中温度是主要因素，硫黄作用的适宜温度是 25～30℃，低于 18℃不起杀菌作用，而超过 30℃则易产生药害或药害发生概率增大，在干燥的空气中比在潮湿的空气中作用好。

甲氧基丙烯酸酯类（β-methoxyacrylates）杀菌剂是 21 世纪的一类新型杀菌剂，具有铲除、保护和系统治疗的作用，能够抑制白粉病菌分生孢子的萌发及附着胞、分生孢子梗的形成和孢子产生，同时还对闭囊壳的形成和子囊孢子的产生有抑制作用，它的作用方式不同于现有的有机杀菌剂，与其他杀菌剂无交互抗性。25%嘧菌酯悬浮剂、50%醚菌酯水分散粒剂及唑菌胺酯就是其中的代表，它们通过抑制细胞色素间的电子传递，进而抑制线粒体的呼吸，致使白粉病菌孢子萌发和菌丝生长受阻，最终导致细胞死亡。

随着对葡萄白粉病化学防治研究的不断深入，预防和防治该病的药剂日趋多样化。陆续发现脱甲基化（demethylation）杀菌剂比硫黄对白粉病的控制更有效，但多次使用同样会导致白粉病菌产生耐药性，使用时应注意防治适期，通常在开花前和开花期使用最有效。另据报道，硅源制剂对白粉病也有一定的防治作用，徐红霞等（2006）研究表明，硅酸钠、正硅酸乙酯和纳米硅等硅源制剂对葡萄白粉病有明显的抑制作用，其中，硅酸钠防效最好。

葡萄园常用防控白粉病的药剂及用量：石硫合剂（萌芽前 3～5 波美度，生长期在低于 30℃时 0.3 波美度）、50%福美双·嘧菌酯可湿性粉剂 1 500 倍液、70%百菌清可湿性粉剂 800～1 000 倍液、2%嘧啶核苷类抗菌素水剂 150 倍液、1%武夷菌素水剂 200～300 倍液、1.8%辛菌胺醋酸盐水剂 600 倍液、37%苯醚甲环唑水分散粒剂 3 000～5 000 倍液、12.5%腈菌唑乳油 2 000 倍液、70%甲基硫菌灵可湿性粉剂 800 倍液、25%嘧菌酯悬浮剂 1 500 倍液、12.5%烯唑醇乳油 3 000 倍液、80%戊唑醇乳油 6 000～10 000 倍液等。其他有效药剂还有硫黄胶悬剂和水分散粒剂、氟硅唑、芽孢杆菌制剂、大黄素甲醚、乙嘧酚磺酸酯、丁香菌酯、四氟醚唑等。使用时需注意剂量，不同药剂之间需轮换使用，并且使用效果在品种间有差异。

秦文韬　孔繁芳　王忠跃（中国农业科学院植物保护研究所）

第 43 节　葡萄炭疽病

一、分布与危害

葡萄炭疽病又名葡萄晚腐病、葡萄苦腐病，是葡萄上的重要真菌病害之一，在世界范围内分布广泛，对葡萄的产量和品质造成严重的威胁。1891年Southworth首次对葡萄炭疽病进行了报道，20世纪80年代后，葡萄炭疽病在美国的北卡罗来纳州地区的圆叶葡萄（Muscadine）上造成损失，危害损失率为10%。该病随着葡萄种植范围的扩大不断蔓延，在英国、法国、德国、新西兰、菲律宾、印度尼西亚、韩国、日本等国均有此病的报道，给这些国家的葡萄产业造成了影响。

葡萄炭疽病在我国发生范围也较为广泛，在云南、安徽、四川、江苏、浙江、台湾、福建、山东、吉林、辽宁等地均已见相关报道，尤其是在黄河故道及沿海地区为害更为严重。河南葡萄炭疽病造成的减产一般年份达10%~20%，严重年份甚至可达30%以上；2004年，仅陕西兴平发病葡萄园区的面积就达208.1km²。炭疽病在葡萄进入着色期时可以形成流行，病穗率可达50%。

葡萄炭疽病菌的寄主比较广，不但侵染葡萄，还侵害咖啡、葫芦、胡椒、番茄、鳄梨、苹果、草莓、杏、桃、芒果、油橄榄、黄麻、剑麻、茶、柑橘、梨、山楂、枣、柿、板栗、无花果、木薯、番木瓜、腰果、可可、油菜、油桐、枸杞、橡胶、杉木、罂粟等多种作物，主要造成果实腐烂、叶斑等症状，对寄主作物的品质和产量造成严重的影响。

二、症状

葡萄炭疽病主要侵害果实，在葡萄果实的着色期或近成熟期侵害，造成果粒腐烂；幼果期也可以造成侵染，但一般在着色期或稍晚发病，表现症状；也可侵染叶片、叶柄、果梗、穗轴、新梢和卷须等，但一般不表现症状。发病初期，葡萄果实表面上首先形成针尖大小的圆形褐色斑点，随着病原菌在葡萄果实内部的扩展，病斑逐渐增大，病斑在后期表面呈凹陷状，浅褐色，有的病斑甚至可以发展扩大到半个果面。发病后期，在病斑的表面出现同心轮纹状排列的暗黑色小颗粒点，即病原菌的分生孢子盘。当环境湿度充足时，病斑表面出现大量的粉红色黏液状物质，即为病原菌的分生孢子团（彩图11-43-1）。随着病情的不断发展，腐烂的果实逐渐脱水干枯，最后成为僵果，但不易从果梗上脱落。葡萄炭疽病侵染叶片，一般不发病，属潜伏侵染；潮湿条件下，被侵染叶片有时发病，一般从叶缘开始，逐渐向叶中央扩展形成椭圆形、圆形大小不等的同心轮纹褐色斑，后期在病斑上产生粉红色、黏稠的分生孢子团。侵染果枝、穗轴、叶柄，一般也不发病，也属于潜伏侵染；潮湿条件下，有时发病，产生深褐色至黑色的椭圆形或不规则短条状凹陷病斑，之后在病斑上可长出粉红色团状物。

三、病原

（一）炭疽菌属的确立

炭疽病菌地理分布广泛，寄主繁多，可侵害多种植物，尤其是对用材林、特用经济林、苗木及果树造成严重危害。根据文献记载，炭疽菌属（Colletotrichum）由Tode于1790年以丛刺盘孢属（Vermicularia）名称首次描述。但长期以来在炭疽菌属、种上的划分较为混乱，其中使用最广泛的属名有：丛刺盘孢属（Vermicularia）、刺（毛）盘孢属（Colletotrichum Corda）和盘长孢属（Gloeosporium Desm. et Mont.）。以上3属是根据分生孢子盘上刚毛的有无、多少和着生状态等划分的。经深入研究，1957年Von Arx报道，刚毛的有无、多少不是稳定性状，不能作为分类依据，以分生孢子和附着胞形态为分类依据，建立了以自然基物上繁殖体形态学为基础的炭疽病菌分类系统，Duke（1928）、Von Arx（1957）和Sutton（1980）等确认Colletotrichum是其唯一正确的属名，Sutton等（1992）系统地描述了炭疽病菌属名变化历史。我国王晓鸣提议将此属的中文名刺（毛）盘孢属改为"炭疽菌属"。

（二）葡萄炭疽病的病原菌

葡萄炭疽病的病原有胶孢炭疽菌［Colletotrichum gloeosporioides（Penz.）Penz. et Sacc.］和尖孢炭疽菌（Colletotrichum acutatum J. H. Simmonds）。胶孢炭疽菌发现于19世纪80年代末，分布广泛、寄主繁多，是炭疽菌属中存在最普遍的种；1988年、1996年及2007年分别在美国、日本、澳大利亚的热带地区报道了尖孢炭疽菌也可以引起葡萄炭疽病，但在我国还未出现报道。

1. 胶孢炭疽菌 胶孢炭疽菌属子囊菌无性型炭疽菌属真菌，分生孢子盘生于寄主植物角皮层下、表皮或表皮下，分散或聚合，不规则形开裂，并释放黏状、肉红色分生孢子，分生孢子圆柱形或圆筒状，单胞，无色，两头钝圆，中间凹陷，两端不对称，一端稍小，内含数个油球。附着胞褐色，形状为菱形、扁球形和不规则形。分生孢子梗为无色、单胞，圆筒形或棍棒形，大小为（12.6～24）$\mu m \times$（3.2～4.2）μm。胶孢炭疽菌置于 28～30℃ 下，在 PDA 培养基上生长快，菌落初期为白色，后期转为淡粉色至褐色，气生菌丝体稀疏至茂密，绒毛状，灰白色至灰褐色或黑色，菌核有或无；孢子团橙色或奶油色；刚毛有或无（彩图 11-43-2）。

有性型为围小丛壳 [Glomerella cingulata（Stoneman）Spauld. et H. Schrenk]，属子囊菌门小丛壳属真菌。围小丛壳的子囊壳聚生，在病斑上排列为轮纹状，瓶形，深褐色，直径 125～320μm，子囊棍棒状，无柄，大小为（55～70）$\mu m \times$（9～16）μm，壁可消解。子囊孢子椭圆形，略弯，无色，单胞，大小为（12～28）$\mu m \times$（3.5～7）μm。

2. 尖孢炭疽菌 尖孢炭疽菌分生孢子无分隔，两端渐细，纺锤形，分生孢子大小为（2.5～4）$\mu m \times$（8～13）μm，培养时间长的菌落中心产生浅粉色的分生孢子团。菌落粉红色，不产生菌核。

四、病害循环

葡萄炭疽病菌主要以菌丝体潜伏在一年生枝条、叶柄、叶痕、果柄、穗梗及卷须的皮层等处越冬，也能以分生孢子盘随病残体在葡萄架或植株上越冬，成为第二年的初侵染来源。在翌年春天，当环境温度达到 15℃ 时，遇到降雨天气，携带有病原菌的枝条被水浸润后，会产生大量的分生孢子盘和分生孢子，借助气流、雨水及昆虫传播，在葡萄的幼嫩组织上引起初侵染。病原菌可以从伤口、气孔或皮孔侵入（或直接侵染）到组织的表皮内进行侵染，葡萄炭疽病菌具有潜伏侵染的特征，其在侵入绿色组织后即行潜伏，不再扩展，或成为第二年的侵染源，或条件适宜时发病，进行再侵染。幼果期果实感病，一般不发病，果实着色或成熟期表现症状；在果实着色或成熟期被侵染，侵入后经过 6～8d 开始表现症状，在果面上病斑逐渐扩大后呈现褐色或玫瑰色、水渍状圆形病斑，病斑部凹陷、腐烂，随后病斑出现黑色、轮纹状排列的小黑点，此为病原菌的分生孢子盘；天气潮湿时，病斑上出现粉红色黏质状的分生孢子团，借雨水飞溅、流出的果汁、昆虫等传播到健康果粒或枝条上进行再侵染。受侵染的枝条、卷须、叶柄、穗轴等成为第二年的侵染源；再侵染的果实，还可以表现症状，完成再侵染或形成僵果成为第二年的侵染源。

五、发病规律

葡萄炭疽病的发生和流行与温度、降水量、菌源量有密切的关系，其中降水量是影响该病发生的重要因素之一。除此之外，发病与果实的含糖量、葡萄品种和管理水平有一定的关系。

（一）初侵染源

葡萄炭疽病的初侵染源主要是第一年被侵染的一年生结果母枝、叶柄、卷须及果梗，在第二年温度 15～28℃，相对湿度 80% 以上时，便产生大量的分生孢子团，分生孢子团借助雨水和昆虫分散传播，并萌发再侵染当年生新梢、卷须、穗轴、叶片和幼果。并且结果母枝和卷须含菌量越多，第二年葡萄炭疽病发生越严重。

（二）环境条件

葡萄炭疽病在整个生长期都会侵染葡萄各组织，在生长前期一般不发病，多从果实转色期开始发病，在果实转色期至成熟期（一般为 7～9 月），如降水量多，果实发病会产生大量分生孢子，造成果实成熟期炭疽病再侵染，导致严重发生；尤其是葡萄生长前期雨水少、成熟期雨水多，上年的越冬菌源形成大量分生孢子，使大量成熟果实被侵染，造成炭疽病流行。花后至成熟期雨水少，发病率也随之降低。

（三）栽培措施

栽培密度大，留枝量多，通风透光性差，管理粗放，清扫果园不彻底，架面上病残体多，田间湿度大的果园发病重；管理粗放的果园发病重。

（四）品种

不同的葡萄栽培品种上炭疽病发生的差异很大。一般果皮薄的品种发病较重；生长期越长，遇到雨水的机会越多，被侵染和发病风险越大，所以，一般早熟品种发病轻，晚熟品种常发病较重。目前生产上栽培的品种中，刺葡萄比较抗炭疽病；意大利、巨峰、红富士、黑奥林等品种抗性中等；贵人香、长相思、白牛奶、无核白鸡心、金手指、玫瑰香、龙眼等品种比较感病。

六、防治技术

(一) 选育和利用抗病品种

选择园艺性状较好的抗病或耐病品种栽培，如先锋、康拜尔、玫瑰露、小白玫瑰等品种。尤其是雨水多的地区，只能选择抗病品种，才能保证成功种植。

(二) 农业防治

1. 清除菌源　秋末至第二年早春，结合修剪，剪除留在植株上的副梢、穗梗、僵果、卷须等，清除地面上的病残体，集中处理，比如沤肥或深埋等。这些措施，都可以有效减少越冬菌源。

生长季节葡萄炭疽病发生后，摘除病果穗或病果粒，也是减少田间菌量、防止病原菌传播和再侵染无病果粒的有效措施。

2. 加强田间管理　生长期及时绑蔓和摘除副梢，精心整理棚架，使架式保持良好的通风透光；雨后及时排水，降低田间相对湿度；合理施肥，秋、冬季施足有机肥，生长季节多施磷、钾肥，保持植株平衡生长，增强抵抗力。避免密植和重复修剪，适当疏花疏果，合理负载。挂果量过多不仅会降低葡萄的品质，而且会推迟果实的成熟期。提高葡萄的结果部位，采用棚架整形及"高宽垂"整形，篱架栽培时要适当升高最低层铁丝的位置，以距地面 60cm 以上为宜，可以减轻病害的发生。

3. 果实套袋　对感病品种或发病严重的地区，可通过谢花后严格的药剂防治结合果穗套袋，防控炭疽病。果实套袋，可以避免分生孢子通过雨水飞溅侵染果实，从而有效地防止葡萄果实炭疽病的发生。

4. 避雨栽培　在严重发病的地区可采用避雨栽培，防控炭疽病。避雨栽培，雨水不能到达结果母枝等带菌部位，从而避免或减少了分生孢子盘和分生孢子的产生；缺少了雨水，也就阻止了病原菌通过雨水飞溅侵染果实。

(三) 化学防治

使用化学药剂，可以杀灭病原菌，减少菌源，抑制或减少分生孢子盘和分生孢子的产生，保护果实免受侵染。药剂处理越冬部位，可以杀灭越冬菌源、减少越冬菌量；发芽后至开花前使用化学药剂，可以减少病原菌、阻止或减少分生孢子盘和分生孢子的产生；花后至果实生长期使用药剂，可以阻止病原菌的侵染、杀灭病原菌、保护果实免受侵染。这些时期或生长阶段，是化学防治适期。

1. 有效药剂

(1) 保护性杀菌剂。代森类杀菌剂：代森锰锌、代森锌、丙森锌等；福美类杀菌剂：福美双、福美锌、福美铁等；铜制剂：波尔多液、氢氧化铜、氧氯化铜等；其他：嘧菌酯、吡唑醚菌酯等。

(2) 内吸性杀菌剂。一般甾醇抑制剂包括三唑类杀菌剂，都对葡萄炭疽病有效，比如苯醚甲环唑、氟硅唑、戊唑醇等。如果没有抗药性问题，多菌灵和甲基硫菌灵也是有效药剂。

2. 春季萌芽前药剂防治　春季葡萄萌芽前喷 3~5 波美度石硫合剂于枝干及植株周围，以清除越冬菌源。

3. 生长期药剂防治　葡萄炭疽病的化学防治，包括重点做好花前花后的防治及套袋前的处理；不套袋葡萄，做好花前花后的防治，果实生长期（尤其是果实转色期和成熟期）根据天气（雨水）情况合理使用药剂。

(1) 发芽后到开花前，主要是减少分生孢子盘和分生孢子的产生，可以结合花前必须防控的灰霉病、穗轴褐枯病、早期霜霉病等，在花序分离期和开花前使用药剂。可用 30% 代森锰锌悬浮剂 600 倍液、50% 福美双·嘧菌酯可湿性粉剂 1 500 倍液、80% 福美双可湿性粉剂 800 倍液、80% 波尔多液可湿性粉剂 400~800 倍液等。

(2) 套袋栽培的花后和套袋前，一般保护性杀菌剂和内吸性杀菌剂配合使用，使用 2~3 次，其中一次是保护性杀菌剂和内吸性杀菌剂混合使用。可以使用的保护性杀菌剂包括代森锰锌或其他代森类杀菌剂（如 30% 代森锰锌悬浮剂 600 倍液）、福美类杀菌剂（如 50% 福美双·嘧菌酯可湿性粉剂 1 500 倍液）及其他（如 80% 波尔多液可湿性粉剂等）；内吸性杀菌剂主要是甾醇抑制剂，如 37% 苯醚甲环唑水分散粒剂 3 000~5 000 倍液、40% 氟硅唑乳油 8 000 倍液、22% 抑霉唑水乳剂 1 500 倍液等。

（3）果实套袋处理。一般使用内吸性杀菌剂；中国农业科学院植物保护研究所葡萄病虫害研究中心提出嘧菌酯与抑霉唑混合使用（25％嘧菌酯悬浮剂 1 500 倍液＋22％抑霉唑水乳剂 1 500 倍液处理果穗），能很好防控套袋果实炭疽病发生（减少套袋果实套袋前的侵染率）。

（4）葡萄转色期和成熟期使用保护性杀菌剂。包括 50％福美双·嘧菌酯可湿性粉剂 1 500 倍液、30％代森锰锌悬浮剂 600 倍液、80％代森锰锌可湿性粉剂 800 倍液、80％波尔多液可湿性粉剂 600 倍液、25％嘧菌酯悬浮剂 1 500 倍液、1.8％辛菌胺醋酸盐水剂 400～800 倍液，波尔多液（1∶0.5～1∶200）等，可有效防控葡萄炭疽病。

黄晓庆　孔繁芳　王忠跃（中国农业科学院植物保护研究所）

第 44 节　葡萄白腐病

一、分布与危害

葡萄白腐病是世界各葡萄产区常见的一种真菌病害，尤其在潮湿多雨的年份，葡萄白腐病很容易发生。该病发生严重程度与冰雹有直接的关系，也被称为"冰雹病害"。

葡萄白腐病起源于美国，1878 年首次在意大利报道。目前，葡萄白腐病的地理分布区域和葡萄种植分布区域几乎一样，有种植葡萄的地区就会发生葡萄白腐病。在我国，早在 1919 年辽宁就曾有关于葡萄白腐病发生情况的记载，虽然当时发生普遍，但一直未引起栽培者的高度重视。1960—1988 年，我国陆续对葡萄白腐病进行报道，目前，该病在我国黑龙江、吉林、辽宁、内蒙古、北京、河北、山东、河南、山西、陕西、安徽、江苏、浙江等多个省份均有不同程度的发生，被称为我国葡萄上的四大真菌病害之一。

二、症状

葡萄白腐病一般在葡萄生长后期发生，可以侵害枝条、果穗及叶片，但主要侵害果穗和当年枝条，在不同的部位表现的症状也有所差异。

（一）果穗及果粒症状

在发病初期，葡萄果穗的穗轴、果梗上均产生浅灰褐色、水渍状的不规则病斑，病斑慢慢扩大，开始腐烂，并逐渐向果粒蔓延。病原菌从果蒂部位开始侵染果粒，病斑初期为淡褐色，迅速扩展整个果粒，呈灰白色、软化、腐烂，果粒凹陷皱缩，用手轻轻一擦，病组织即可破裂。发病后期果面上布满灰白色小颗粒，即病原菌的分生孢子器和溢出的分生孢子团（彩图 11-44-1，1）。发生严重时，会全穗腐烂，果梗、穗轴干枯皱缩，轻轻摇晃树体，病穗极易脱落，但有时因失水干缩成有棱角的僵果而长久不落。

白腐病一般通过伤口、皮孔或水孔侵染葡萄，所以一般只有在发生冰雹等造成伤口时，才能直接侵染果粒，其他情况下不会直接侵染果粒，而是在果梗被侵染后扩展到果粒上。

（二）枝条症状

葡萄白腐病一般侵害葡萄当年新生的枝蔓；病原菌多从当年枝条的剪口、节间、新梢摘心处等有伤口的地方侵入，在发病初期，发病部位呈污绿色或淡褐色、水渍状的病斑，被侵染部位的木质部容易破损，随着发病时间的延长而发展，病斑慢慢向枝条的两端扩展，凹陷，表面变暗并且密生灰白色的小颗粒，随后表皮变褐、翘起，病部皮层与木质部容易分离干裂，纵裂成麻丝状（彩图 11-44-1，2）。后期，在病斑的周围有愈伤组织形成，可看到病斑周边有"肿胀"的现象；在生长期的中后期，病枝条上的叶片变色呈红色，类似于葡萄卷叶病毒病症状，最后枝条枯死；这种枝条易折断，病斑还可以形成分生孢子器。

（三）叶片症状

在秋季，出现露水时或叶片出现伤口时白腐病也可以侵染叶片，病原菌多从叶尖或叶缘开始发病，病原菌的分生孢子通过伤口或水孔进入到叶片内进行侵染。在发病初期，叶缘或叶尖出现淡黄色、水渍状病斑，并不断沿着叶缘或叶尖向内扩展，逐渐形成颜色深浅不一的同心轮纹病斑（彩图 11-44-1，3），最后叶片干枯，病斑极易破碎。如遇到潮湿的天气，病斑上形成的分生孢子器多分布在叶脉的两侧。

三、病原

（一）病原菌的分类地位

葡萄白腐病的病原是白腐垫壳孢 [*Coniella diplodiella* (Speg.) Petr. et Syd.]，属子囊菌无性型垫壳孢属真菌。曾经有资料介绍（Roger C. Pearson，1994）葡萄白腐病菌的有性型为白腐卡尼囊壳（*Charrinia diplodiella* Viala et Ravaz），属子囊菌门，但没有找到在病害循环中与白腐垫壳孢（*Coniella diplodiella*）有关的直接证据。

（二）病原菌的命名

早在我国尚未发现葡萄白腐病菌之前，国际上的一些学者对其命名存在较大的分歧：美国学者称为白腐垫壳孢 [*Coniella diplodiella* (Speg.) Petr. et Syd.]，日本学者曾称为白腐盾壳霉 [*Coniothyrium diplodiella* (Speg.) Sacc.]，1878年意大利的 Spegazzini 将葡萄白腐病菌定名为 *Phoma diplodiella* Speg.。1880年 Saccardo 将其转属定名为 [*Coniothyrium diplodiella* (Speg.) Sacc.]。1927年 Petrak&Sydow 又将 *P. diplodiella* 转属定名为 *Coniella diplodiella* (Speg.) Petr. et Syd.，1980年英国学者经对 *Coniothyium* 和 *Coniella* 两个属的深入研究，发现这两个属分生孢子的结构和产孢方式是存在差异的。*Coniothyium* 的分生孢子器内无垫状结构，产孢方式为全壁芽生环痕式，分生孢子具瘤突，而后者分生孢子内具垫状结构，产孢方式为内壁芽生瓶梗式，分生孢子平滑，无瘤突，两者不属于同名病菌。1998年我国学者刘长远等经对白腐病菌光学与超微结构观察，明确了我国葡萄白腐病菌为白腐垫壳孢 [*Coniella diplodiella* (Speg.) Petr. et Syd.]。目前，世界上发生的葡萄白腐病都是由白腐垫壳孢造成的。

（三）病原菌分生孢子器及分生孢子的形态特征

白腐病菌的营养菌丝为白色，宽 $12\sim16\mu m$，有分枝且分枝多。营养菌丝形成附着胞和吸器。菌丝经常出现交叉，并形成厚垣孢子，分生孢子梗单胞，不分枝。

在病组织内的菌丝体密集形成子座，子座上产生分生孢子器，成熟的分生孢子器一般由 $2\sim3$ 层细胞组成，壁较厚，球形或扁球形，灰褐色至暗褐色，底部壳壁呈丘状，直径为 $100\sim150\mu m$，顶端稍突起，暗褐色，具孔口。在分生孢子器的黏质物质内含有大量的分生孢子，通过挤压分生孢子器从其孔口溢出，分生孢子初期无色，成熟的分生孢子单胞，淡褐色至暗褐色，椭圆形或卵形，一端稍尖或钝圆，另一端稍平截，内含1至多个油球，表面光滑，大小为 $(7.8\sim13.3)\mu m\times(4.3\sim6.0)\mu m$（彩图 11-44-2）。分生孢子梗顶端着生单胞、卵圆形至梨形、一端稍尖的分生孢子，大小为 $(8.9\sim13)\mu m\times(6.0\sim6.8)\mu m$。有性阶段的白腐病菌子囊壳球形，有孔口，直径 $140\sim160\mu m$，子囊圆筒形，无色，有侧丝，介于子囊之间。子囊孢子长圆形，具有 $2\sim4$ 个细胞，无色或稍带黄色。

四、病害循环

葡萄白腐病菌有两个截然不同的侵染循环，主要包括短期的寄生阶段和在土壤中长期的休眠阶段。

葡萄白腐病菌主要是以菌丝体、分生孢子器及分生孢子随病残体在土壤中或地表越冬，主要集中在地面及土壤表层20cm处，占总菌量的 $70\%\sim80\%$ 或以上，土层越深含菌量越少，病原菌也可以在悬挂于树体的病僵果上越冬，是翌年的主要初侵染源。越冬后的病原菌在第二年夏季遇到降雨后，可产生大量的分生孢子，分生孢子或带菌的土粒借助雨水或冰雹造成的泥水飞溅进行传播，通过葡萄植株的伤口或皮孔进入到葡萄枝条、果穗等部位，引起初次侵染，风、昆虫及农事操作也可以传播。植株发病后，在病斑上产生分生孢子，这些分生孢子在破损的葡萄粒汁液中或果穗表面的水滴中，在温度 $24\sim27$℃时，迅速萌发造成再次侵染。病原菌主要从伤口侵入，冰雹造成的伤口最容易引起侵染，一般不侵染健康的果粒，但能直接侵入果梗和穗轴。被病原菌感染的枝条、果梗、叶片等病组织散落在园内，成为园内的传染菌源，同时病原菌开始进入长期的休眠期，葡萄白腐病菌分生孢子器的基部有柱状或枕状突起的菌丝垫，对不良的外界环境有非常强的抵抗力，越冬能力较强，在遇到干燥的外界条件下，这些分生孢子器在土壤中存活15年以上还能释放出具有侵染能力的分生孢子，分生孢子生活能力也很强，在土壤中可以存活 $2\sim3$ 年，在合适的条件下，继续侵染葡萄造成白腐病。

五、流行规律

（一）葡萄白腐病菌的传播和扩散

越冬后的分生孢子主要借助雨水飞溅或在农事操作过程中通过葡萄植株伤口进入到果穗上、枝蔓上进行传播扩散。

（二）发病条件

葡萄白腐病的发生和流行受多种因素的影响，其中最主要的是温度、湿度及伤口。葡萄白腐病菌的分生孢子萌发的温度范围为 15～30℃，但在 24～27℃条件下，当相对湿度为 100％时，白腐病菌的分生孢子迅速萌发生长，相对湿度低于 92％时分生孢子不萌发；在温度低于 15℃或高于 34℃时，病原菌的分生孢子不萌发或萌发生长速度非常缓慢。一般情况下，白腐病的发生早晚和持续时间长短决定于葡萄产区雨季来临的早晚、降水量多少及持续时间的长短。雨水来临早、降水量多的年份葡萄白腐病发生早且严重；雨水来临晚，降水量少，发病较轻。经常在急降大暴雨或连续降雨之后就会出现一次白腐病的大流行，一般出现在雨后的一周。冰雹与发病关系密切，雹灾后极易引起白腐病的大发生。但如果冰雹过后 34～48h 温度低于 15℃或高于 34℃，基本上不会造成白腐病的发生，如果温度在 24～27℃，会造成白腐病的大发生。病原菌的侵入，基本上在 3～8d 完成，时间长短与侵入位置（果粒最快、果梗和穗轴次之、枝蔓最慢）、侵入方式（通过伤口快、直接侵入慢）、温度、湿度等因素有关。在我国，葡萄白腐病发生的一般趋势为中部 6 月中旬、华北地区 6 月中下旬、东北地区 7 月开始发生。

葡萄白腐病发生的严重程度与营养物质也有一定的关系，病原菌的分生孢子在萌发过程中需要补充营养物质，尤其是对糖分的要求。白腐病菌的分生孢子在清水中或青葡萄汁中不萌发，因为葡萄组织越幼嫩，所含的糖类物质越少，并且还具有较强的愈伤能力，所以不易被侵染；葡萄组织越接近成熟，糖类物质含量越多，愈伤能力较弱，易受侵染。刘绍基等（1992）在室内的试验也表明，分生孢子在 0.2％葡萄糖液中的萌发率不高，在 1％葡萄糖液中的萌发率为 98.1％，在 5％葡萄叶片浸出液中的萌发率高达 99.5％。在田间，一般葡萄幼果期不发生白腐病，着色期开始发生，越近成熟期白腐病越严重。葡萄伤口外流的汁液及果穗上的水滴中，都会有丰富的葡萄分泌物，所以伤口是白腐病发生和流行的基础条件。

除此之外，葡萄白腐病的发生还与栽培管理、架式等因素有关，肥水管理不当，偏施氮肥；排水不良，土壤潮湿泥泞；留蔓量过多，通风透光差；留果量过多，树体衰弱，植株抗病能力下降，白腐病发病重。白腐病初次侵染源来自土壤，主要靠雨滴飞溅传播，采用单臂篱架式栽培的葡萄品种，尤其是酿酒葡萄，结果部位较低，容易感病。因此，架式与白腐病的发生具有一定的相关性。

六、防治技术

（一）选用抗病品种

不同葡萄品种对白腐病的抗性存在明显差异，利用抗病品种是防治白腐病最经济、有效的措施。目前，在我国栽培的酿酒品种中赤霞珠、白玉霓、西拉等比较抗白腐病；霞多丽、品丽珠、佳利酿次之；黑比诺、雷司令、长相思、梅鹿辄等容易感病；在田间自然条件下，我国野生种的葡萄果实均不感白腐病。

（二）农业防治

1. 清除菌源 由于病原菌以分生孢子在病组织中越冬，在土壤中存活，因此应彻底清除病组织（病果、病枝条等），不能让病组织留在田间；生长季节，发现病果或病枝条后及时剪除，并集中处理，可减少果园中的病菌来源。

2. 加强果园栽培管理 合理修剪，尽量剪去近地面的多余枝蔓，及时摘心，控制副梢的生长，绑缚新梢，使枝蔓均匀分布于架面上，保持良好的通风透光条件，能有效减轻病害的发生。增施有机肥和适当增施磷、钾肥，增强树势，提高植株抗病力。

3. 阻止分生孢子的传播 阻止分生孢子的传播是防治白腐病的关键。首先，不让白腐病菌的分生孢子传播到葡萄树上，尤其是果穗上，包括出土上架后或发芽前使用药剂杀灭枝蔓上的病原菌；高架栽培（如棚架）；阻止尘土飞溅、飞扬（例如葡萄园种草、覆草栽培、覆膜等）。

（三）化学防治

虽然采用上述方法可以减轻葡萄白腐病的发生，但从生产实际情况看，化学药剂防治是目前利用最普遍的防治措施。

1. 防控药剂 葡萄园常用的药剂中，对白腐病有效的包括：

硫制剂：石硫合剂、硫黄粉、硫黄胶悬剂、硫黄水分散粒剂等。50％福美双·嘧菌酯可湿性粉剂1 500倍液：在发芽后、开花前、谢花后使用，也可以与内吸性药剂配合使用。30％代森锰锌悬浮剂600倍液，安全性好、混配性好、抗雨水冲刷，在花前花后、小幼果期都可以使用；80％代森锰锌可湿性粉剂800倍液以及代森锌、丙森锌等。50％福美双粉剂或可湿性粉剂：1∶50毒土，地面或土壤处理；80％福美双可湿性粉剂800～1 000倍液；福美锌、福美铁等。37％苯醚甲环唑水分散粒剂3 000～5 000倍液：花后、幼果期使用。40％氟硅唑乳油8 000～10 000倍液（不能低于8 000倍液）：在花后葡萄封穗前与保护性杀菌剂如50％福美双·嘧菌酯可湿性粉剂、30％代森锰锌悬浮剂等混合使用；剪除病果梗、病果粒后或果穗整形后，氟硅唑与苯醚甲环唑或抑霉唑联合使用，处理果穗。22％抑霉唑微乳剂1 500倍液或50％抑霉唑乳油3 000倍液：套袋前处理果穗或特殊情况下使用。80％戊唑醇可湿性粉剂6 000～8 000倍液。12.5％烯唑醇可湿性粉剂3 000～4 000倍液。70％甲基硫菌灵可湿性粉剂800～1 000倍液：花前、花后使用1～2次，可以与50％福美双·嘧菌酯可湿性粉剂或30％代森锰锌悬浮剂等保护性杀菌剂混合使用。78％代森锰锌·波尔多液可湿性粉剂600～800倍液；30％苯醚甲环唑·丙环唑乳油2 000～3 000倍液。

2. 药剂使用方法 化学防治白腐病应特别抓好以下几个关键时期：①发芽前和发芽后；②开花前；③落花后至套袋前；④暴风雨或出现冰雹后的紧急处理。严格监测白腐病在这4个时期的发生情况，一旦发现侵害，及时采取措施，能有效控制白腐病的发生。

（1）发芽前后的防治。北方地区葡萄出土上架后（南方地区发芽前），用3～5波美度石硫合剂喷布土面；也可用50％福美双可湿性粉剂或硫黄粉与细土按照1∶50混合成药土，地面撒施15～30kg/hm²。也可以使用碳酸钙等药剂。

发芽前后（萌芽期展叶前），雨水多的地区或年份施用3～5波美度石硫合剂、50％福美双可湿性粉剂500倍液或50％福美双·嘧菌酯可湿性粉剂1 500倍液；也可使用三唑类杀菌剂，如40％氟硅唑乳油8 000倍液或80％戊唑醇水分散粒剂6 000～8 000倍液等。

（2）开花前后的防治。在开花前，结合葡萄灰霉病、穗轴褐枯病、白粉病、黑痘病等病害的防控，使用药剂。

（3）落花后至封穗前的防治。落花后至封穗前是防治白腐病的关键时期，一般情况下应重视预防为主，以保护性杀菌剂为基础，根据情况配合使用内吸性杀菌剂。谢花后至套袋前（不套袋的葡萄在谢花后至封穗前）一般用药2～3次。这个时期的药剂使用，应该兼顾多种病害，但其中至少有2次用药应该能够兼治白腐病。

套袋鲜食葡萄：根据套袋时间、气候等因子确定用药次数，一般施用1～3次杀菌剂，进行1次果穗处理。

不套袋葡萄，包括酿酒葡萄、鲜食葡萄（包含避雨栽培的葡萄）：这些葡萄在落花后至封穗前的用药情况和套袋葡萄谢花后至套袋前基本一致，根据葡萄产地特点、品种、栽培方式确定用药次数。

（4）暴风雨或冰雹后的药剂紧急处理。如遇到暴雨等强降雨或冰雹，12h内使用药剂，重点处理果穗，兼顾枝蔓。

（四）其他防治技术

研究发现，采用多功能可降解黑色液态地膜对葡萄白腐病有良好防控效果。据报道，这种地膜可有效提高葡萄品质与产量。

孔繁芳　王忠跃（中国农业科学院植物保护研究所）

第45节 葡萄黑痘病

一、分布与危害

葡萄黑痘病又名葡萄疮痂病，俗称"鸟眼病"，是葡萄上的一种重要真菌病害。葡萄黑痘病起源于欧洲，1839 年在法国北部首次描述，随后借助苗木和扦插条的调运，1886 年传入美国的伊利诺伊州、印第安纳州等地。在葡萄霜霉病、白粉病从美洲传播到欧洲之前，黑痘病是欧洲葡萄上最主要的病害。目前，世界上有葡萄种植的地区，均有葡萄黑痘病的报道。

我国最早在 1899 年出现有关葡萄黑痘病的记录。目前，除新疆少数区域，主要葡萄产区均发生或发生过葡萄黑痘病。在西部，包括新疆、宁夏、甘肃、内蒙古西部等省份或地区，很少发生或很难见到；陕西、山西、山东及东北、华北等黄河以北产区，虽然能见到，基本不造成实质性危害，但随着红地球等感病品种种植面积的扩大，该病有加重的趋势，并且在部分黄河流域产区有成灾的记录；南方地区，尤其是春雨多的地区，如黄河以南、长江流域、浙江、上海等地，发生比较严重。但是，南方地区 2000 年开始，发展了大面积的避雨栽培葡萄园，这些葡萄园因有避雨设施，黑痘病基本被控制。

葡萄黑痘病侵害幼果、新梢、幼嫩枝条、新叶片等幼嫩组织；果粒受害，使葡萄失去食用价值；枝蔓、穗轴、叶片、新梢等受害，会造成这些部位枯死，给葡萄造成比较大的损失。葡萄黑痘病在春、夏多雨潮湿地区，特别是长江流域普遍发生严重，一般流行年份可导致减产 10%～30%，严重时可造成果实损失 70%～80%，甚至颗粒无收。有些地区甚至因为黑痘病的发生严重，导致该地区不能种植葡萄。

二、症状

葡萄黑痘病侵害葡萄的幼嫩组织，主要侵害新梢、卷须、叶片、叶柄、果实、果梗等幼嫩绿色组织。

新梢感病，初期病斑呈长椭圆形，稍隆起，边缘呈紫褐色，后期中央呈灰白色，凹陷，有时可深入木质部或髓部，龟裂。严重时从新梢顶端开始发病，逐渐向下扩展，直到整个新梢变黑枯死。

幼叶发病初期，叶部出现针眼大小的红褐色至黑褐色小斑点，周围出现淡黄色晕圈，随后逐渐蔓延扩大，叶脉受害而停止生长，使叶片皱缩畸形，直至叶片形成中央灰白色、边缘暗褐色或紫色病斑，最后导致叶片干燥，中间呈星芒状破裂（彩图 11-45-1，1）。

幼果感病，初期产生褐色至黑褐色针尖大小的圆点，随着果实的增大，病斑也逐渐扩大成圆形，直径可达 2～5mm，中央凹陷，呈灰白色，外有褐色或暗褐色晕圈，似"鸟眼"状；后期病斑硬化或开裂。天气潮湿时，其上常出现乳白色的黏质物，是病原菌的分生孢子团。病果小，味酸，且病斑的硬化和龟裂严重影响了果实的品质，使其失去食用或利用价值，并容易引发其他病害（彩图 11-45-1，2）。

三、病原

葡萄黑痘病病原为葡萄痂圆孢（*Sphaceloma ampelinum* de Bary），属子囊菌无性型痂圆孢属真菌，病原菌的分生孢子盘瘤状，基部埋生于寄主组织内，外部突出角质层。分生孢子梗短小，无色，单胞。分生孢子椭圆形或卵形，无色，单胞，稍弯曲，两端各有 1 个油球，在水中分生孢子产生芽管，迅速固定在基物上，入秋后不再形成分生孢子盘（图 11-45-1）。

病原菌有性型为藤蔓痂囊腔菌［*Elsinoë ampelina* Shear］，属子囊菌门痂囊腔菌属真菌，极少见，在我国尚未发现。病原菌子囊果为子囊座，其内有多个排列不整齐的腔穴。每个腔穴内着生 1 个子囊，子囊无色，近球形，内藏有 4～8 个无色、香蕉形、具有 3 个隔膜的子囊孢子（图 11-45-2）。

病原菌生长温度范围为 10～40℃，最适温度为 30℃。分生孢子在 25℃ 左右且高湿时最易形成，分生孢子萌发的温度范围为 10～40℃，以 24～25℃ 最适。

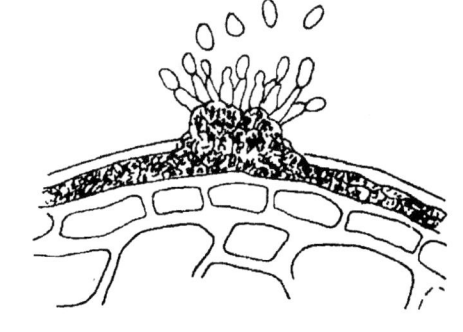

图 11-45-1 痂圆孢属分生孢子盘（引自许志刚，2002）
Figure 11-45-1 Acervulus of *Sphaceloma* spp.
(from Xu Zhigang，2002)

四、病害循环

葡萄黑痘病菌主要以菌丝、分生孢子或分生孢子盘在病叶、烂蔓、病果以及植株上得病的副梢、叶痕等部位越冬，其中病叶、烂蔓是最早、最主要的越冬场所，其上产生的分生孢子最多。翌年环境条件适宜时产生分生孢子，分生孢子经风雨冲溅或人为传播到新梢和嫩叶上，其萌发后产生芽管，并从气孔、皮孔等自然孔口侵入寄主组织内引起初侵染。侵入后，菌丝在寄主细胞间扩展蔓延，有的也能侵入细胞内，数日后，在寄主表皮下形成分生孢子盘，突破表皮，条件适宜时，不断产生新的分生孢子，进行多次再侵染，导致病害流行。病原菌的生活力很强，在病组织中可存活3～5年。

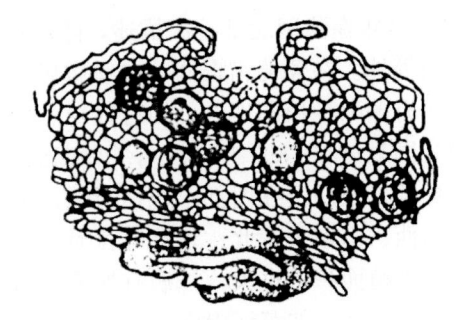

图11-45-2 痂囊腔菌属子囊腔和子囊（引自许志刚，2002）

Figure 11-45-2 Locule and ascus of *Elsinoë* spp. (from Xu Zhigang, 2002)

五、流行规律

葡萄黑痘病主要侵害葡萄的幼嫩组织，从发芽到生长中后期，葡萄均有幼嫩组织，所以黑痘病都可以发生；但主要在春季和夏季存在流行风险，因为这时具备病害流行的基础（幼嫩组织多）；如果这些时期雨量充沛，发生流行和严重为害的可能性就大。

葡萄黑痘病菌主要依靠带菌苗木和接穗的调运进行传播和扩散。

葡萄黑痘病的发生和流行与温度、降雨、空气湿度等有密切关系。潜育期一般为6～12d。但在20～28℃时，潜育期仅为4～6d；当温度低于4℃或高于36℃时，菌丝不能生长。葡萄黑痘病在多雨高湿的气候条件下发病早，一般5～6月开始发病，6～8月为发病盛期，夏季干燥时发病缓慢，9月以后，如果多雨，病原菌可继续侵害，但气温降低，天气干旱时，病害停止。因此，多雨高湿是黑痘病发生流行的重要因素。

此外，在地势低洼、氮肥过多、排水不良、枝叶过密、树势衰弱的葡萄园内黑痘病易发生。

六、防治技术

（一）选育和利用抗病品种

不同葡萄品种对黑痘病的抗性差异比较明显，因此，应根据当地生产条件、技术水平，选用既抗病又具有优良园艺性状的品种，例如巨峰、康拜尔早生、北醇等品种对黑痘病都表现显著的抗病性。

（二）农业防治

1. 培育无病苗木和苗木消毒 对引进的苗木和扦插条进行严格检验，带病的应予以淘汰和销毁，苗木应进行消毒处理，可用10％硫酸亚铁溶液＋1％粗硫酸混合溶液浸泡3～5min。

2. 保持田园卫生，清除菌源 夏季及时修剪，摘除病梢、病叶、病果，以减少再次侵染源。冬季葡萄落叶后及时清除枯枝、落叶、病果穗，剪除病枝梢和残存病果，刮除病枝老皮，并集中销毁，再用铲除剂喷布树体及其周围的地面，以减少翌年的初侵染源。

3. 加强栽培管理 合理施肥，增施钾肥，控制氮肥，以增强树势，防止枝叶徒长，合理修剪，改善通风透光条件。搞好果园开沟排水等工作，降低田间湿度。土质黏重的葡萄园，需要多施农家肥进行土壤改良，增强土壤的通透性，并适当疏花疏果，控制果实的负载量。

（三）化学防治

化学防治是防控葡萄黑痘病最为重要的措施，也是最有效、快速的手段。有效药剂包括：

保护性杀菌剂：铜制剂［比如80％波尔多液可湿性粉剂400～800倍液，注意现配现用；30％王铜（氧氯化铜）可湿性粉剂600～800倍液等］，25％嘧菌酯悬浮剂1 500倍液，50％福美双·嘧菌酯可湿性粉剂1 500倍液，30％代森锰锌悬浮剂600～800倍液等。应特别注意，铜制剂是控制黑痘病最基础和最关键的药剂。

内吸性杀菌剂：37％苯醚甲环唑水分散粒剂3 000～5 000倍液、40％氟硅唑乳油8 000倍液、80％戊唑醇可湿性粉剂6 000倍液、70％甲基硫菌灵可湿性粉剂1 000倍液等。

黑痘病的化学防治要点包括种条种苗处理和田间消毒措施；萌芽期、开花前后、小幼果期等防治关键期农药的使用。

1. 苗木消毒　由于黑痘病的远距离传播主要借助带菌苗木或插条，因此，应选择无病苗木或进行苗木消毒处理。常用的苗木消毒剂有①10％～15％硫酸铵溶液；②3％～5％硫酸铜溶液；③硫酸亚铁及硫酸液（10％硫酸亚铁＋1％粗硫酸）；④3～5 波美度石硫合剂等。方法是将苗木或插条在上述任一种药液中浸泡 3～5min，取出即可定植或育苗。

2. 田间卫生和消毒　在清除病残体、减少越冬菌源的基础上，喷洒药剂。常用的药剂有 3～5 波美度石硫合剂、45％石硫合剂晶体 30 倍液、10％硫酸亚铁＋1％粗硫酸。喷药时期以葡萄芽鳞膨大，尚未出现绿色组织时为好（过晚喷洒易发生药害，过早效果较差）。

3. 葡萄生长期田间用药

（1）一般在葡萄萌芽期或稍后（2～3 叶期）使用药剂，一般喷施保护性杀菌剂，例如波尔多液、50％福美双·嘧菌酯可湿性粉剂、30％王铜悬浮剂等。

（2）花前和花后、小幼果期，结合其他病害的防治进行防控。花前花后是防治黑痘病的关键时期，特别是谢花后幼嫩裸露的子房极易感病。一般用 37％苯醚甲环唑水分散粒剂、80％戊唑醇可湿性粉剂、40％氟硅唑乳油、70％甲基硫菌灵可湿性粉剂等内吸性杀菌剂与保护性杀菌剂联合或交替使用，以保护性杀菌剂为主。

（3）采收后，结合防治其他病害使用波尔多液或石硫合剂，是减少黑痘病菌源的有效措施。

黄晓庆　孔繁芳（中国农业科学院植物保护研究所）

第 46 节　葡萄溃疡病

一、分布与危害

自 20 世纪 70 年代，大量研究和报道表明，座腔菌科病原菌引起的葡萄溃疡病日益加重，在美国、匈牙利、法国、埃及、意大利、葡萄牙、西班牙、南非、智利、黎巴嫩、澳大利亚、中国、新西兰、巴西、墨西哥、玻利维亚、加拿大 17 个国家都有相关报道；我国于 2010 年首次发现并报道了这种病害。

葡萄溃疡病既导致葡萄减产，又增加生产开支，进而导致严重损失，以美国为例，每年由侧弯孢壳属和座腔菌属真菌给葡萄产业造成的损失达到 2.6 亿美元。

葡萄溃疡病在我国多个省份均有发现，且造成的危害严重。

二、症状

葡萄溃疡病可侵害果实、枝条、叶片，引起树势衰弱甚至死亡。侵害果实表现为果实腐烂与落粒，转色期果实开始出现症状，穗轴出现黑褐色病斑，向下发展引起果梗干枯致使果实腐烂脱落，有时果实不脱落，逐渐干缩；在田间还观察到大量当年生枝条出现灰白色梭形病斑，病斑上着生许多黑色小点，横切病枝条维管束变褐；有时叶片上也表现症状，叶肉变黄，呈虎皮斑纹状；也有的枝条病部表现红褐色，尤其是分枝处比较普遍（彩图 11 - 46 - 1）。

三、病原

葡萄溃疡病是由葡萄座腔菌属（*Botryosphaeria* sp.）真菌侵染引起的，该属真菌的无性型主要特征为在 PDA 培养基上菌落为圆形，菌丝体埋生或表生，致密，颜色为深褐色或灰棕色。培养数天产生分生孢子器，聚生或单生，单腔。分生孢子长圆形或纺锤形，初始时无色无隔，有的种会随着菌龄增长而颜色加深，变为深棕色，并且具有不规则横向纹饰的单隔（彩图 11 - 46 - 2）。

四、发病规律

葡萄溃疡病菌可以在病枝条、病果等病组织上越冬、越夏，主要通过雨水传播，树势弱容易感病。

座腔菌科真菌是通过修剪枝条产生的伤口进行侵染的病原菌，其侵染的伤口主要是新鲜的伤口，形成时间不超过 12 周。大量葡萄溃疡病菌孢子从子实体（分生孢子器）中溢出，这些分生孢子器主要产生在一些年久患病果园的枝干等处。还有一种侵染源是果园中的一些病残体，病原菌还可以侵染果园周围的不同寄主，形成的大量子实体可以为进一步侵染提供大量的分生孢子。分生孢子可以通过气流传播到果园的任一部位，或通过水流和雨滴飞溅及灌溉水进行传播。

为了研究葡萄溃疡病病原菌分生孢子的释放时期，研究者在美国加利福尼亚州选取了不同的地点进行调查，发现座腔菌科真菌分生孢子的释放时期是从春季的第一场雨到最后一场雨。分生孢子产生的最大量是在 12 月、翌年 1 月和 2 月，这段时间正好是葡萄修剪的时节。葡萄溃疡病病原菌分生孢子的释放量在早春或秋季有所减少，在晚春和夏季基本不释放。

五、防治技术

及时清除田间病组织并集中销毁对该病的控制尤为重要。

要加强栽培管理，严格控制产量，合理肥水，提高树势，增强植株抗病力；棚室栽培的要及时覆盖薄膜，避免葡萄植株淋雨；拔除死树销毁，对树体周围的土壤进行消毒；禁用病枝条留作种条。

剪除病枝条及剪口涂药：剪除病枝条统一销毁，对剪口进行涂药，可用 70％甲基硫菌灵可湿性粉剂、50％多菌灵可湿性粉剂或 80％代森锰锌可湿性粉剂等杀菌剂加入黏着剂等涂在伤口处，防止病原菌侵入。

李兴红（北京市农林科学院植物环境保护研究所）

第 47 节　葡萄褐斑病

一、分布与危害

葡萄褐斑病又称葡萄斑点病、葡萄褐点病、葡萄叶斑病及葡萄角斑病等，在我国最常见、最常用的名称还是葡萄褐斑病；在国外，葡萄褐斑病也称作葡萄小叶斑病、葡萄叶枯病、葡萄枝孢菌叶斑病、葡萄尾孢菌叶斑病（角斑病）等。该病在美国、欧洲、巴基斯坦至亚洲西部半岛、北非等地，都有发生的记录或相关报道。

葡萄褐斑病在我国也是一种常见病害，在雨水较多的地区几乎都有发生。1952 年以前，东北地区、西北地区、山西北部、察哈尔省（历史上的省份，原省会为现张家口）、绥远省（历史上的省份，原省会是今呼和浩特）等都有发生。之后，我国新疆、河北、山东、河南、辽宁等葡萄主栽区域都有较为严重的发生记载，比如柴兆祥 1998—2000 年在甘肃兰州地区调查的病叶率是 8％～36％，病情指数为 3～17.8；赵建方等 1989—1991 年在鲁西南调查的病叶率在 50％以上；王永志等 2005 年在豫西调查的病叶率为 58％～93％，病情指数为 22～67。东部沿海地区和南方多雨地区，该病也比较普遍，孙蕴晖 1987—2000 年在云南的调查表明，该病属于为害严重病害。福建、浙江、江苏、广西、湖南、湖北、贵州等地也有为害比较严重的记录。

葡萄褐斑病主要侵害葡萄中、下部叶片，引起叶片早期脱落；由于早期落叶，从而导致一系列与营养储存或发育相关的危害：影响枝条发育和成熟、影响葡萄的产量和品质、影响树势、影响花芽的分化和发育从而影响翌年的产量和质量、影响枝条和植株的越冬抗寒性与越冬能力等。

二、症状

葡萄褐斑病菌只侵害葡萄的叶片，但由于致病病原菌不同、葡萄品种不同而表现出不同的症状。在我国，长期以来按照病斑直径的大小把葡萄褐斑病分为大褐斑病和小褐斑病两种。二者均能在叶片上形成大小、形态差异非常明显的病斑，导致葡萄早期落叶，果实成熟不良，果实品质不佳，树势衰弱，抗寒性差。

葡萄大褐斑病发病初期，在叶片上呈现淡褐色、近圆形、多角形或不规则的斑点，病斑逐渐扩展，扩展后病斑直径可达 3～10mm，颜色由淡褐变褐，病健交界明显，有时病斑外围具黄绿色晕圈。叶背面病斑周缘模糊，淡褐色，症状因品种不同而异。在感病品种上，病斑中部具黑褐色同心环纹，空气潮湿时在叶片正、反面的病斑处生有灰褐色至黑褐色霉状物，似小颗粒状，即病原菌的分生孢子梗和分生孢子。发病严重时，数个病斑可连在一起，融合成不规则大病斑，后期病组织开裂、破碎，导致叶片部分或全部变黄，提前枯死脱落。

葡萄小褐斑病发病初期，在叶片上出现黄绿色小圆斑点并逐渐扩展为 2～3mm 的圆形病斑。病斑多角形或不规则形，大小一致，边缘深褐色，中央颜色稍浅，病斑部逐渐枯死变褐进而变茶褐，后期叶背面的病斑处产生灰黑色霉层。发病严重时，许多小病斑融合成不规则大斑，叶片焦枯，呈火烧状。有时大褐斑病、小褐斑病同时发生在一片叶上，加速病叶枯黄脱落。

三、病原

（一）葡萄大褐斑病和小褐斑病病原

世界上，文献记载造成葡萄褐斑症状的病原有许多种，但在我国被普遍认可的是大褐斑病病原和小褐斑病病原。

1. 大褐斑病病原 大褐斑病病原为葡萄假尾孢（*Pseudocercospora vitis*（Lév.）Speg.；异名：葡萄褐柱丝霉［*Phaeoisariopsis vitis*（Lév.）Sawada］、*Cercospora viticala*（Ces.）Sacc.），属子囊菌假尾孢属真菌。子座小，球形，直径为 15.0～40.0μm。分生孢子梗常 10～30 梗集结成束状，孢梗束暗褐色，直立，下部紧密，上部散开，高达 400μm。单个分生孢子梗大小为（92～225）μm×（2.8～4）μm，有 1～6 个隔膜。老熟的分生孢子梗先端常有 1～2 个孢痕。分生孢子倒棍棒形或圆筒形，单生，顶侧生，一般有 3 个或 3 个以上的分隔，表面光滑或具微刺，褐色至暗褐色，大小为（12～64）μm×（3.2～6.8）μm（图 11 - 47 - 1）。

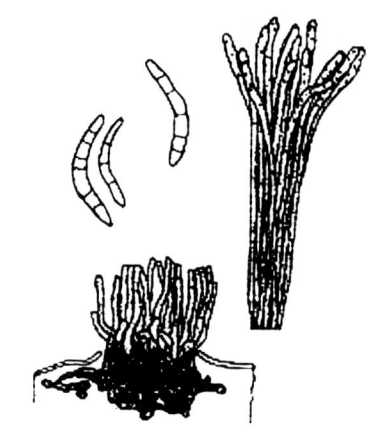

图 11 - 47 - 1 假尾孢属分生孢子梗束及分生孢子（引自陆家云，2001）

Figure 11 - 47 - 1 Conidiophores and conidia of *Pseudocercospora* spp. (from Lu Jiayun, 2001)

病原菌生长和产孢温度范围为 20～30℃，最适温度为 25℃，低于 5℃或高于 40℃病原菌停止生长。分生孢子萌发的温度范围为 10～37℃，最适温度为 25～33℃，在相对湿度 100%和水滴中萌发率最高。

2. 小褐斑病病原 小褐斑病病原为座束梗尾孢［*Cercospora roesleri*（Catt.）Sacc.］，属子囊菌无性型尾孢属真菌。子座无色，半球形，直径 35～50μm。分生孢子梗由子座中伸出，较短松散，不集结成束，淡褐色，直或稍弯曲，隔膜多，近顶端膝曲状，孢痕明显，大小为（46～92）μm×（3.5～4.5）μm。分生孢子长柱形或椭圆形，直或稍弯，暗褐色，有 3～5 个分隔，大小为（18.5～58.0）μm×（4.0～7.0）μm（图 11 - 47 - 2）。

（二）葡萄褐斑病其他病原

对于葡萄褐斑病的病原，国内外有不同的报道，包括：

1. 葡萄大褐斑病 魏文娜等（1995）发现湖南地区的葡萄大褐斑病由拟棒束孢菌［*Isariopsis clavispora*（Berk. et M. A. Curt.）Sacc.］引起。

2. 葡萄小褐斑病 孙蕴晖等（1990）记录葡萄小褐斑是由病原菌 *Anaphysmene* sp. 引起，为子囊菌后星月霉属的一种；柴兆祥等（2001）报道葡萄小褐斑病由截形尾孢（*Cercospora truncata* Ellis et Ev.）引起。

3. 国外相关报道 美国东南部的圆叶葡萄（*Vitis rotundi-folia*）被 *Mycosphaerella angulata* W. A. Jenkins（无性型：*Cercospora brachypus* Elliset Everh.）侵染形成褐色、穿孔型病斑的症状，也被称为角斑病；病原菌 *Isariopsis clavispora*（Berk. et M. A. Curt.）Sacc. 引起葡萄叶片褐色斑点，被称为叶枯病，在美国马萨诸塞州、康涅狄格州、堪萨斯州、伊利诺伊州和加

图 11 - 47 - 2 尾孢属分生孢子梗和分生孢子（引自许志刚，2006）

Figure 11 - 47 - 2 Conidiophore and conidia of *Cercospora* spp. (from Xu Zhigang, 2006)

利福尼亚州有报道侵害葡萄，但只在美国东南部造成危害，并认为该病原菌是 *Peudocercospora vitis* (Lév.) Speg. 的异名；葡萄枝孢菌（*Cladosporium viticola* Cesati）在美国东部栽培葡萄和野生葡萄上侵害葡萄老叶片，造成危害；病原菌 *Phaeoramularia dissiliens* (Duby) Deighton 在美国、欧洲、北非等地造成尾孢类叶斑病。

四、病害循环

葡萄褐斑病菌的侵染循环主要针对大褐斑病病原菌和小褐斑病病原菌。

两种病原菌均以菌丝体或分生孢子在病叶组织内越冬，分生孢子有一定越冬能力，孢梗束抗逆性强，也可附着在结果母枝的粗皮缝中越冬。翌年春天，如气温升高，遇降雨或潮湿条件，越冬的菌丝体或孢梗束产生新的分生孢子，借气流或风雨传播到叶片上，在有水或高温条件下，分生孢子萌发，产生芽管从叶背气孔侵入，引起初侵染。一般经过 10～20d 的潜育期（湿度越高潜育期越短）后开始发病，在病斑上不断产生新的分生孢子进行再侵染，造成陆续发病。直至秋末，病原菌又在落叶病组织内越冬。

五、流行规律

葡萄褐斑病的发生和气候有密切的关系。温度和湿度是该病发生和流行的主导因素，褐斑病菌的分生孢子需要在高温、高湿的条件下才能萌发。一般从植株的下部叶片开始发病，以后不断向上部叶片发展。一般在葡萄生长的中后期雨水较多时，褐斑病易发生和流行。此外，褐斑病的发生严重程度还与叶片的部位、葡萄的品种、果园的栽培管理等有关。一般，接近地面的下部叶片发病重；美洲种葡萄品种易感病，而欧洲葡萄品种发病轻；葡萄园管理不善，果实负载量大，肥水不足等使树势衰弱，抗性降低，易发病；植株过密，园内排水不良有利于病害的发生；另外，施用氮肥过多，除了造成果园郁闭外，旺长的植株叶片气孔长期处于开放状态，且在早晚易结露，有利于病原菌的附着和侵入。

两种褐斑病一般都于 6 月开始发生，7～8 月进入发病盛期。由于高温、高湿是该病发生和流行的主导因素，因此，多雨的夏季发病较重；若夏季干旱，雨季向后推迟至 9～10 月，此时气温较低，不利于病害的发生。我国地域辽阔，因不同地区的气候差异，病害的初发及盛发时间不同。一般南方地区发病早，北方地区发病晚。例如，辽宁地区一般 7 月上旬才开始发病，经过多次再侵染，8～9 月为发病盛期，且辽宁南部一般比辽宁北部早发病一周左右；而在江苏、浙江、上海等沿海地区有两个发病高峰，第 1 次发生在 6 月，第 2 次发生在 8 月。多雨年份发病较重。发病严重时可使叶片提早 1～2 个月脱落，严重影响树势和第二年的结果。

六、防治技术

（一）选育和利用抗病品种

在多雨地区，应选择抗病品种，保证葡萄的正常生产；在葡萄褐斑病的防治上，也是经济有效的防治措施。目前在生产上选用的美洲种葡萄品种中和田红、玛瑙是高感品种；玫瑰香、小红玫瑰、美洲圆叶葡萄等是中感品种；抗病品种有水晶、无核白等；马奶为免疫品种。

（二）农业防治

1. 及时清园，降低果园病菌基数 葡萄生长中后期及时摘除下部黄叶、病叶，以利通风透光，降低湿度。秋后彻底清扫果园落叶，高温发酵或集中处理，减少越冬菌源。另外，刮除老蔓上的粗皮也有利于减少病害的发生。

2. 加强栽培管理，创造果园适生环境 枝蔓过密、通风透光不良、果园郁闭、园内排水不良或温室栽培造成湿度过大，有利于褐斑病侵入和流行。

所以，合理的枝蔓密度、科学施肥和配方施肥、合理的果实负载量、提高架势（高架栽培）等栽培措施，能有效避免果园郁闭、植株旺长，提高植株抗病力，增加果园通风透光，会减少褐斑病侵入和降低流行风险。

（三）化学防治

种植感病品种，或在病害的适宜气候条件下，使用化学农药是防控褐斑病的必要措施。农药使用时期为开始出现老叶的时期。由于病害一般从植株下部叶片开始发生，以后逐渐向上蔓延，喷药要着重喷施植株下部的叶片。

1. 有效药剂

(1) 保护性杀菌剂。25％嘧菌酯悬浮剂 1 500～2 000 倍液；50％福美双·嘧菌酯可湿性粉剂 1 500 倍液。铜制剂：波尔多液（现配，1∶0.5～1∶200）；80％波尔多液可湿性粉剂 400～800 倍液；30％氧氯化铜（王铜）可湿性粉剂 800 倍液等。代森类杀菌剂：30％代森锰锌悬浮剂 600～800 倍液；80％代森锰锌可湿性粉剂 800 倍液；50％代森锌可湿性粉剂 600 倍液等。其他：78％波尔多液·代森锰锌可湿性粉剂 600 倍液；70％百菌清可湿性粉剂 800～1 000 倍液等。

(2) 内吸性杀菌剂。37％苯醚甲环唑水分散粒剂 3 000～5 000 倍液，花后到封穗前后结合其他病害的防治，与保护剂配合施用 1～2 次，降低前期菌源基数；发病后，可以与其他三唑类治疗剂配合或交替使用，也可以单独使用作为救灾措施。80％戊唑醇可湿性粉剂 6 000～10 000 倍液：用于褐斑病救灾。40％氟硅唑乳油 8 000～10 000 倍液（不能低于 8 000 倍液）：葡萄封穗前与保护性杀菌剂如福美双·嘧菌酯、代森锰锌等混合使用，均匀周到喷药；发病后可以与其他治疗剂配合或交替使用。其他有效药剂有 30％苯醚甲环唑·丙环唑乳油 2 000～3 000 倍液等。

2. 药剂使用方法

(1) 封穗期前后的防治措施。封穗期前后是防治褐斑病的关键时期，会阻止褐斑病前期侵染，同时降低菌势、减少菌量，有效阻止后期的发生和流行。同时，这一时期是多种病害发生和防治的关键期，可以结合葡萄霜霉病、黑痘病以及白腐病等病害进行药剂防治，常用的保护性杀菌剂有 25％嘧菌酯悬浮剂，50％福美双·嘧菌酯可湿性粉剂，80％波尔多液可湿性粉剂、30％代森锰锌悬浮剂等；内吸性杀菌剂有：37％苯醚甲环唑水分散粒剂及 40％氟硅唑乳油等。

一般发病前多采用保护性杀菌剂，发病后保护性杀菌剂与内吸性杀菌剂混合或交替使用，以延缓病原菌的抗药性。生产上，37％苯醚甲环唑水分散粒剂或 40％氟硅唑乳油与 30％代森锰锌悬浮剂混合施用，对葡萄褐斑病防治效果较好。

(2) 果实采收后的防治。葡萄生长的后期和采收后，有大量的老叶，如果遇到雨水充足就会造成褐斑病流行、为害严重，所以采收后必须施用药剂防治。一般施用 80％波尔多液可湿性粉剂、30％王铜乳油等铜制剂，或石硫合剂等硫制剂；也可以使用代森锰锌或代森锰锌与内吸性杀菌剂混合使用。

(3) 葡萄褐斑病的救灾措施。褐斑病发生普遍或具有流行风险，需要采取救灾性措施时，可以立即施用 80％戊唑醇可湿性粉剂 6 000 倍液，隔 5d 左右，再施用 37％苯醚甲环唑水分散粒剂 3 000 倍液或 40％氟硅唑乳油 8 000 倍液（最好与代森锰锌混合使用），之后正常管理。

黄晓庆　孔繁芳　王忠跃（中国农业科学院植物保护研究所）

第 48 节　葡萄枝枯病

一、分布与危害

葡萄枝枯病最早于 1978 年在日本报道，为害严重，同年，在我国台湾的酿酒及鲜食葡萄上均发现葡萄枝枯病，但未做详细报道。1990 年我国首次报道在云南发现此病，但资料中仅是对其病原菌的形态进行了描述，对其造成的症状及严重程度未见到详细报道。随着我国葡萄种植面积的不断扩大，2009 年春季在云南文山县丘北某葡萄园发现葡萄植株衰退的现象，并且发芽晚，整园发生严重，经病样采集，室内鉴定，确定是由葡萄枝枯病菌造成的；之后相继在广西等地发现该病，发病率在 10％～30％。中国农业科学院植物保护研究所葡萄病虫害研究中心对全国的病害样本监测显示，2009—2014 年，该病在辽宁、江苏、浙江、四川、山东青岛、湖北武汉、安徽、山西等地的葡萄园中均有发生，病样检出枝枯病的概率为 5％～20％，并且显示该病的发生呈逐年上升的趋势。

葡萄枝枯病病原菌寄主较为广泛，除了侵害葡萄，还侵害棕榈、银杏、茶树、加拿利海枣、松针、水杉、椰子、散尾葵等多种经济作物。

二、症状

葡萄枝枯病可侵害枝干、穗轴、果粒、叶片及根系。主要侵害枝干，发病初期枝干表面为褐色水渍状的不规则病斑，后期扩展成长椭圆形或纺锤形条斑，病斑黑褐色，在褐色病斑上有小黑点，即病原菌的分生孢子；枝干病组织表面纵裂，剥开韧皮部，可见木质部出现暗褐色坏死，维管束变褐；幼枝染病尖端先枯死，而后整枝枯死；穗轴发病，最初为褐色斑点，随后扩展成长椭圆形大斑，严重时可造成全穗干枯；叶部病斑近圆形，严重时整个叶片干枯；小叶最容易受害，果实上病斑圆形或不规则形；根系感病后，造成根系腐烂；早春葡萄树不能正常生长发芽，即使发芽，嫩芽也极易干枯（彩图 11-48-1）。

三、病原

引起葡萄枝枯病的病原菌在分类地位上一直存在争议，1949 年 Steyaert 及 Guba 等根据产孢结构、分生孢子细胞数目与隔膜特性将枝枯病菌划分为两个属，均属于子囊菌无性型真菌，其中一种属于盘多毛孢属（*Pestalotia*），另一种属于拟盘多毛孢属（*Pestalotiopsis*）。目前，在我国检测到并已分离鉴定的葡萄枝枯病菌属于拟盘多毛孢属。

葡萄枝枯病病原菌主要是从葡萄枝干中分离培养得到，20～30℃下病原菌均能正常生长，但在 28℃时生长最好，在此温度下，病原菌菌丝生长旺盛，在 PDA 培养基上菌落初期白色，菌丝呈轮纹状生长，随着时间的延长，菌落呈淡粉色，出现小黑点，即病原菌的分生孢子盘（彩图 11-48-2，1）。

分生孢子盘表生或近表生，散生或聚生，盘壁由褐色、薄壁角状细胞组成，呈不规则状开裂。分生孢子梗无色，分枝，圆柱形或葫芦形。全壁芽生环痕式产孢。分生孢子呈纺锤形，直或弯曲，具有 5 个细胞，基部细胞无色，平截，有 1 根长为 2.2～7.1μm 的附属丝；顶端细胞圆锥形，无色，顶端具有 2～3 根长为 10.9～34.1μm 的附属丝；中间的 3 个细胞呈不同的颜色，紧挨着顶端细胞的两个细胞呈褐色，下面一个呈橄榄绿色，分生孢子大小为 （18.6～25.4） $\mu m\times$ （6.2～9.9） μm（彩图 11-48-2，2）。

四、病害循环

葡萄枝枯病的病原菌主要以菌丝体在病枝、叶、果穗轴等病残体中越冬，也能以分生孢子在枝蔓、芽和卷须上越冬。第二年春季，当温度和湿度适宜时，病残体上的病原菌形成分生孢子盘，继而产生分生孢子。分生孢子借助气流、风雨等途径通过寄主的伤口侵入，潜育 2～5d 后开始发病，引起初次侵染，以后在新的病斑上又形成分生孢子，进行再次侵染。

五、发病规律

葡萄枝枯病的发生与降水量、伤口有很大的关系，在多雨、潮湿的天气下，病原菌容易从各种伤口侵入。雹灾后或接触葡萄架铁丝部分的枝蔓易发病，另外，氮肥施用过多、枝蔓幼嫩、架面郁闭易发病。

六、防治技术

（一）农业防治

1. 清除菌源 秋季结合修剪，将病枝蔓、病叶、病果穗等病残体彻底剪除，清扫干净，集中烧毁或深埋。休眠期可在枝蔓和地面上喷 5 波美度石硫合剂。

2. 果园管理 及时去除多余的副梢、卷须和叶片，修剪时尽量少造成伤口，保持架面通风透光，防止郁闭。严格控制氮肥施用量，适当增施农家肥和钾肥。

3. 疏花疏果，控制产量

（二）化学防治

在葡萄萌发前喷施 70%甲基硫菌灵可湿性粉剂 800 倍液、37%苯醚甲环唑水分散粒剂 3 000～5 000 倍液或 40%氟硅唑乳油 8 000 倍液，间隔 10d 后再喷 1 次（共喷施 2 次，使用不同药剂）。

处于封穗期的枝条容易感病，转色后穗轴易感病；结合防控葡萄溃疡病、灰霉病、白腐病、炭疽病等使用 3%井冈霉素水剂 5 000 倍液＋22%抑霉唑水乳剂 1 500 倍液，能很好地控制该病害在封穗后的发生。

在开花前后、采收后等时期，结合防治葡萄白腐病、炭疽病、白粉病、霜霉病等病害，使用 50%福美双·嘧菌酯可湿性粉剂 1 500 倍液、1.8%辛菌胺水剂 600～800 倍液、铜制剂、硫制剂等，都能同时兼治葡萄枝枯病，不需要单独使用药剂防控。

孔繁芳 王忠跃（中国农业科学院植物保护研究所）

第 49 节 葡萄蔓割病

一、分布与危害

葡萄蔓割病又称葡萄蔓枯病，是世界上很多葡萄产区的一种常见枝蔓病害，也是我国近年来葡萄上发病率逐渐上升的一种枝蔓病害。1909 年，Reddlck 首次在美国纽约州发现了此病；1921 年，该病在加拿大安大略省蔓延成灾；1922 年该病在美国密歇根州、堪萨斯州以及 2 年后在南卡罗来纳州、俄亥俄州相继发生；1924 年日本也报道了此病，随后的几十年，该病在荷兰、意大利、澳大利亚都有发生，造成了巨大的经济损失。

在我国，葡萄蔓割病在许多葡萄园都有不同程度的发生。曾在河北涿鹿县龙眼葡萄上发现该病，该园的发病率达 61.5%，枝蔓死亡率达 8%，造成严重的经济损失；西北地区也有相关记录和报道。近几年，国家葡萄产业技术体系在全国的监测表明，该病属于零星发生，但监测到的发病样品逐年增加，在我国辽宁、新疆、云南、安徽、山东、浙江、广西、北京等地均发现该病。

葡萄蔓割病一般在老葡萄园中发生严重，新建园很少发生，在湿度大的年份发病严重。葡萄发病后，树势衰弱，枝条枯死，不能正常发芽和生长，坐果率降低；在成熟期穗轴、果梗被侵染后变褐，造成果实腐烂，影响果实品质。

二、症状

葡萄蔓割病主要侵害葡萄的枝条，一般为害两年生以上的枝蔓基部，严重时也可侵害叶片、新梢和果穗。

发病初期在受侵染的枝条上形成红褐色病斑，稍凹陷，发病后期病斑扩大，呈梭形或椭圆形，深褐色。在病斑上产生黑色小粒点，即病原菌的分生孢子。天气潮湿时，从小粒点上滋生出白色至黄色黏胶状物，即病原菌的分生孢子角（彩图 11 - 49 - 1，1）。在秋季，被侵染的病枝蔓表皮常纵裂成丝状，病斑周围有瘤肿，有的木质部已腐朽。葡萄的主蔓被侵害后，翌年春天老病蔓出现干裂，树势较弱，枝条不能正常萌芽生长，即使能萌芽，嫩芽也很快枯死，叶片较小，果粒和果穗均发育不良，病株的果实着色期会提前，果实的品质变得较差。严重时，其越冬后将沿病斑处纵向干裂，呈现出较大的裂口，整个枝蔓抽不出新梢而枯死。

受侵染后的叶片不能正常生长，叶片较细小，叶面出现褪绿的圆形或不规则病斑，随后变黄，最后变为具有黑色中心的褐色斑，沿叶脉边缘的叶肉皱褶或边缘下垂。沿主脉和第二道叶脉的叶肉出现深褐色或黑色坏死斑点，叶柄也出现同样症状。坏死斑点最后脱落，引起穿孔，感病的叶组织变黄，以后变褐色。

新梢在感病初期，在新梢基部 3～6 个节间部位呈现褪绿的斑点，随着病斑扩展，病组织表面变为黑褐色，呈条纹状，发病严重时，多个病斑连在一起，形成黑色污斑。新梢迅速生长时，这些黑色坏死污斑常龟裂，皮层组织出现裂缝。新梢组织成熟后，病组织变得粗糙。

果穗感病后，穗轴萎蔫并变脆，遇风时果穗破裂；果粒感病后在表面出现暗褐色不规则斑点，病斑扩大后引起果实腐烂，后期病果表面密生黑色小颗粒，小粒点中溢出奶白色卷须状的物质，即病原菌的分生孢子角，病果逐渐皱缩，甚至整个果穗都干缩脱落。

三、病原

葡萄蔓割病病原为葡萄拟茎点霉［Phomopsis viticola（Sacc.）Sacc.］，属于子囊菌无性型拟茎点霉属真菌。分生孢子器黑色，埋生于病组织内，常有数个分生孢子器着生在轮廓模糊的子座内，分生孢子器在发育前期呈圆盘状，在成熟时能产生两种形态不同的分生孢子。类型 I：分生孢子椭圆形或梭形，单胞、无色、透明，一端或两端稍尖，每端各含有一个油球，大小为 $(7～10)\ \mu m \times (2～4)\ \mu m$；类型 II：分生孢子较长、弯曲、线状或蠕虫状，单胞，无色，一端有弯钩，大小为 $(22～30)\ \mu m \times 1.5 \mu m$（彩图 11 - 49 - 1，2、3）。

病原菌的有性型为葡萄生小隐孢壳［Cryptosporella viticola（Reddick）Shear］，属子囊菌门小隐孢壳属，子囊壳球形，直径约 $400 \mu m$，呈黑褐色分散或成组分布于枝蔓上，同时在枝蔓上形成弯曲或分枝的长条突起。突起部分存在小孔，直径 $90～110 \mu m$，长约 3mm。子囊孢子大小为 $(9.5～15)\ \mu m \times (2.5$

～4）μm，无色透明，呈椭圆形或纺锤形，单隔膜。

四、病害循环及发病规律

葡萄蔓割病菌以分生孢子器或菌丝体在土壤、病组织、老树皮及冬眠芽上越冬，成为初侵染来源。翌年春天，温度达到 16～20℃ 时，分生孢子器在潮湿的环境中释放出分生孢子，借助雨水和风通过伤口、气孔或皮孔侵入。

Ⅰ型分生孢子萌发温度为 1～37℃。最适温度为 23℃，如果有水存在或湿度为 100%，几个小时内就可以完成侵染。只侵染比较幼嫩的组织，侵染后 21～30d 出现症状。从总体上说，蔓割病是凉爽高湿性病害，夏天温暖和干燥的气候下，病原菌活性受到抑制，春季和秋季气温凉爽时病原菌活跃，如果遇上高湿或雨水，就会造成侵染和发病；一般在气候凉爽的地区，该病一直处于活跃期。春季葡萄发芽后（新梢 3～7cm）遇到低温（5～10℃）多雨，是感病敏感期，极易被该病侵染，持续低温雨水天气是该病害流行的最重要条件；在夏季如遇到干燥天气，温度在 30℃ 以上，病原菌侵染能力下降，如温度为 23℃，相对湿度为 100% 时，可引起多次重复侵染；在秋季，温度降低，果园内空气湿度增加，病原菌生长开始活跃并侵染果实，造成果实腐烂，越接近果实成熟期病害越严重。

一般情况下，低温、高湿和伤口是葡萄蔓割病大发生的主要原因，另外，地势低洼、架面郁闭、树势衰弱也有利于蔓割病的发生。

自然条件下，病原菌通过雨水或人为操作进行传播，在植株内扩散多于植株间传播，且传播距离有限，所以在葡萄园为局部或片状发生；远距离传播仅通过苗木、砧木等繁殖材料进行。

五、防治技术

（一）农业防治

1. 繁殖材料消毒 对引进的苗木、砧木、接穗等繁殖材料进行检验和药剂处理。比如用 3 波美度石硫合剂进行消毒，减少菌源。

2. 减少田间菌源 及时清理和剪除园内的病枝蔓，如有较粗的病蔓，利用小刀将病斑刮除干净，直至可看见健康组织为止，并将刮下的病组织和田间的病枝蔓集中深埋或烧毁，然后用药剂处理伤口，保护伤口不被病原菌感染，推荐药剂为石硫合剂和苯醚甲环唑。

3. 做好埋土防寒工作 冬季埋土时，防止枝蔓扭伤，减少伤口，可减少病原菌侵入。

4. 加强果园管理 改良土壤，增施有机肥及磷、钾肥，增强树势，提高树体的抗病能力和愈伤能力。

（二）化学防治

1. 葡萄萌芽期的防治 喷施 1 次石硫合剂，同时兼治其他病害。

2. 葡萄萌芽后的防治 在病原菌的分生孢子角未扩散前，喷施 1～2 次铜制剂，如 80% 波尔多液可湿性粉剂，重点喷施老枝蔓的茎部。生长期可喷施 37% 苯醚甲环唑水分散粒剂 3 000～5 000 倍液。

3. 落叶休眠后至埋土防寒前的防治 喷施铜制剂（波尔多液等）、福美类杀菌剂（50% 福美双·嘧菌酯可湿性粉剂）、代森类杀菌剂（30% 代森锰锌悬浮剂）等药剂，可减少田间的菌源量。

孔繁芳　王忠跃（中国农业科学院植物保护研究所）

第 50 节　葡萄黑腐病

一、分布与危害

1804 年葡萄黑腐病在美国肯塔基州被发现，1886 年 Viala 和 Ravaz 首次对其进行了描述。该病给美国东北部、加拿大、欧洲以及南美洲部分地区都造成了重大的经济损失，是密西西比河东部最具毁灭性的病害。该病通过带病的植物材料逐渐传播到其他国家，在我国许多葡萄产区都有发生，在东北、华北等地发生较多，在北方属于一种常发性病害，一般情况下为害不重，但在长江以南地区，如遇连续高温高湿天气，则发病较重，如 1991 年遇到特大洪涝灾害后，不少果园均发生了严重程度不一的葡萄黑腐病。

根据气象条件、品种的敏感性和病原菌数量不同，该病每年造成的产量损失为 5%～80%。在比较炎热和潮湿的地区发病尤为严重，所有欧亚种和部分美洲种的葡萄品种均易感黑腐病。

二、症状

葡萄黑腐病主要侵害果实和叶片，也可侵害穗轴、果柄和新梢等部位，其中果实受害最重。果实受害，发病初期产生紫褐色小斑点，随后逐渐扩展至整个果粒，病部渐变为黑色，凹陷，发病果粒软腐，后期表皮皱缩，并逐渐干缩成黑色僵果，挂在枝条上不易脱落，干缩的僵果表皮上布满黑色小点，即病原菌的分生孢子器或子囊壳。叶片受害，初期产生红褐色小斑点，逐渐扩大成近圆形病斑，病斑中央灰白色，外缘褐色，边缘黑褐色，直径可达 2～10mm，后期病斑上生出许多不密集、呈环状排列的小黑点，即病原菌的分生孢子器。穗轴和果梗受害，病斑较小，初期灰白色，后期变为黑色，稍凹陷，最终病斑可蔓延至果粒，病穗轴和果梗干枯死亡，残留在结果母枝上。新梢受害，形成褐色椭圆形病斑，中央凹陷，其上生有黑色颗粒状小突起（彩图 11 - 50 - 1）。

三、病原

葡萄黑腐病病原的有性型为葡萄球座菌 [*Guignardia bidwellii* (Ellis) Viala et Ravaz]，属子囊菌门球座菌属真菌，其无性型为蛇葡萄黑叶点霉 [*Phyllosticta ampelicide* (Engleman) Vander Aa]。

病原菌的有性阶段产生子囊壳，形成在越冬僵果的子座里。子囊壳黑色，球形或近球形，散生，大小为 61～199μm，顶端具扁平或乳突状开口，中心有拟薄壁组织，无侧丝。子囊棍棒形或圆筒状，大小为 (62～80) μm×(9～12) μm，子囊壁厚，双层，内含 8 个子囊孢子。子囊孢子无色，单胞，卵形或椭圆形，直或稍向一侧弯曲，大小为 (12～17) μm×(5～7) μm。

病原菌的无性阶段产生分生孢子器。分生孢子器埋生在寄主表皮下，黑褐色，球形或扁球形，单生，器壁较薄，顶部具有孔口，突出于寄主表皮外，直径 80～180μm。分生孢子内壁着生无色、单胞、细长的分生孢子梗。分生孢子梗顶端着生分生孢子，分生孢子单胞、无色、椭圆形或卵圆形，大小为 (8～11) μm×(6～8) μm（图 11 - 50 - 1）。

四、病害循环

病原菌主要以子囊壳在僵果上越冬，僵果可在树上或落入土壤中，病原菌也可以分生孢子器在病组织内越冬。翌年气温升高，病原菌的子囊壳完全成熟，在雨后或在空气湿度较大的条件下，释放出子囊孢子。子囊孢子借风雨传播到葡萄的果实、叶片和新梢等部位，引起初侵染。子囊孢子萌发需要在水中进行，27℃条件下湿润持续 6h 即可萌发，这也是病原菌侵入的最佳条件。病害潜育期的长短因病原菌侵入寄主的部位不同而有差异，在叶片上潜育期为 20～21d，在果实上为 8～10d，随后在发病部位产生分生孢子器，成熟的分生孢子器遇到雨水或潮湿的条件，即可释放大量分生孢子，当有适宜的水分和湿度时，分生孢子即可萌发侵入，进行多次再侵染。病原菌分生孢子的生活力很强，孢子萌发的适宜温度为 22～24℃，适宜温度下分生孢子萌发需要 10～12h。病原菌对果实的侵染从葡萄开花中期开始，一直持续到果实成熟期为止（图 11 - 50 - 2）。

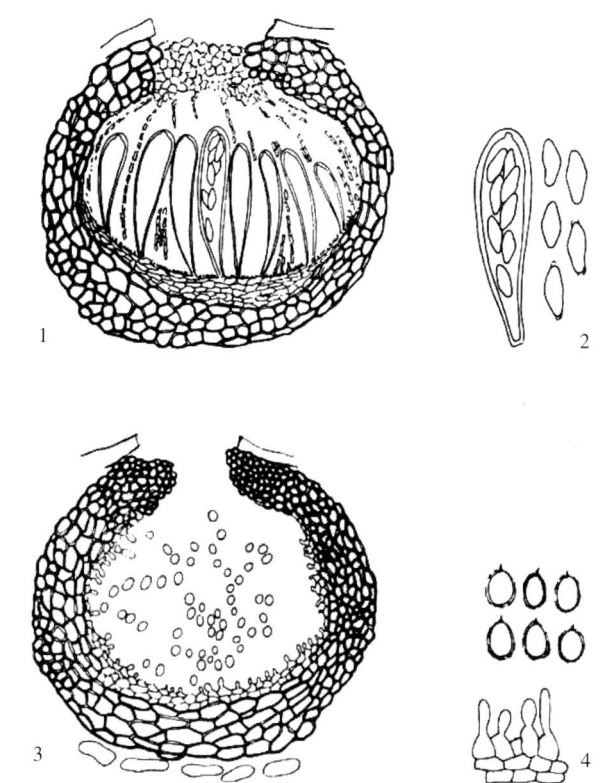

图 11 - 50 - 1 葡萄球座菌形态（引自 Roger C. Pearson，1994）
Figure 11 - 50 - 1 Morphology of *Guignardia bidwellii* (from Roger C. Pearson，1994)

1. 子囊壳横切面 2. 子囊和子囊孢子
3. 分生孢子器横切面 4. 分生孢子梗和分生孢子

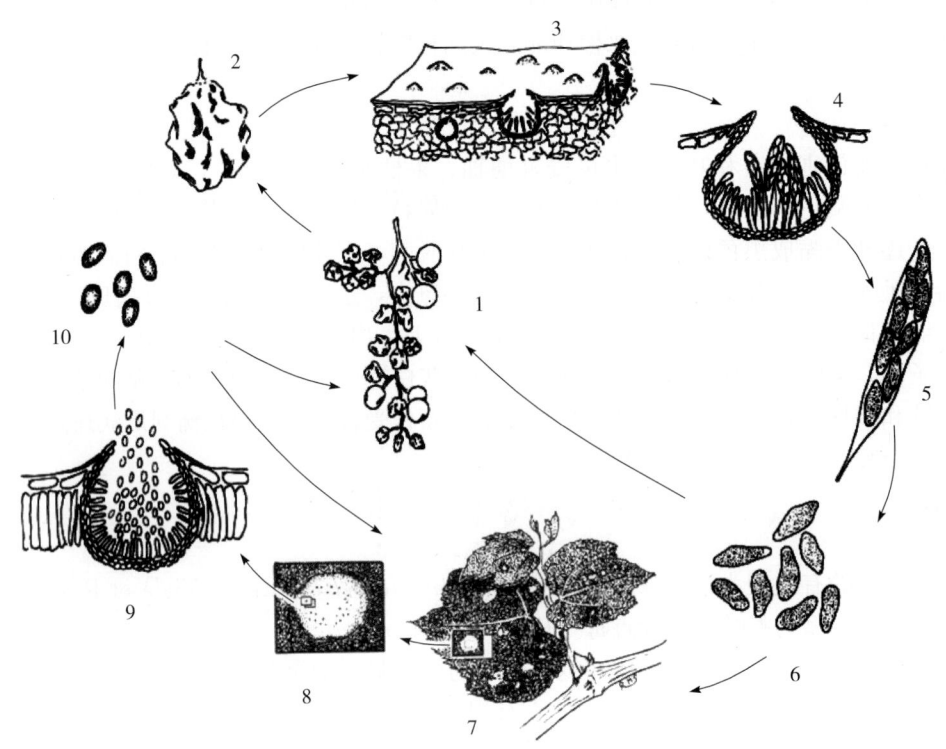

图 11-50-2 葡萄黑腐病病害循环（R. Sticht 绘）

Figure 11-50-2 Disease cycle of grape black rot（by R. Sticht）

1. 病穗 2. 在土壤和枝蔓上越冬的带有子实体的僵果 3. 带子囊壳的僵果果皮横切面 4. 含有子囊孢子的子囊壳

5. 子囊（春雨时子囊孢子喷到空气中） 6. 子囊孢子 7. 枝条和叶片上的病斑 8. 病斑上的黑色子实体

9. 分生孢子器 10. 分生孢子（侵染其他幼嫩的组织）

五、发病条件

（一）气象条件

高温、多雨、潮湿是病害流行的主要条件，华北地区 8～9 月是高温多雨的季节，适合该病害的流行。一般情况下，病害从 6 月下旬至采收期均可发病，雨季和果实近成熟期发病重。

（二）栽培管理条件

管理粗放、肥水不足、虫害发生多的葡萄园易发病；地势低洼、土壤黏重、通风排水不良的果园发病重；在南方果粒成熟期气温 26.5℃，湿润持续 6h 以上时，该病易发生或流行；在南方，其消长规律与葡萄白腐病近似。

（三）品种

不同葡萄品种对黑腐病的抗性有明显差异，欧洲种葡萄较感病，美洲种葡萄较抗病。康拜尔、新美露、北醇、卡白等表现高抗；金皇后、黑汉、吉丰 13 表现中抗；大宝、奈加拉、金玫瑰等感病；乐选 7 号、白香蕉、巨峰等高度感病。

六、防治技术

（一）清除病残体，减少越冬菌源

秋后结合修剪，将田间的病果、病叶和病枝等病残体全部清除，并集中深埋或烧毁。对于冬季不埋土的地区，藤架上的病枝、病果以及地面上的病果均是春季病原菌的主要来源，必须彻底清除，这对于减少病害的发生非常有效。

春季翻耕，可以提高土壤温度，还可以把地面上的病果及其他病残体埋入地下，减少其侵染的机会。

（二）加强栽培管理

1. 提高树体抗病性 在控制好果园产量的同时，应增施有机肥，多施磷、钾肥，少施速效性氮肥，防止徒长，以增强树势。

2. 降低果园湿度 在葡萄生长季节及时修剪，防止郁闭，改善葡萄园的通风透光条件。雨季及时排水，降低地面湿度，可减少病害的发生。

3. 清除田间病菌 夏剪时，及时摘除病残组织与果实，剪除病梢，减少田间病原菌的数量，可减少病害的再侵染，从而降低病害的发生程度。

（三）喷药保护

萌芽前喷施 3～5 波美度石硫合剂或 45％石硫合剂晶体 21～30 倍液。

在开花前、开花后和果实生长期及时喷药预防。可喷 200 倍半量式波尔多液、70％甲基硫菌灵可湿性粉剂 1 000 倍液、50％福美双可湿性粉剂 600～800 倍液、50％硫菌灵可湿性粉剂 500 倍液及 50％多菌灵可湿性粉剂 1 000 倍液。每隔 10～15d 喷 1 次，共喷 4～5 次，采收葡萄前半个月停止喷药。在南方，喷药防治要抓住花前、花后和果实生长期 3 个关键时期，药剂以波尔多液为主。

李兴红（北京市农林科学院植物环境保护研究所）

第 51 节　葡萄根癌病

一、分布与危害

根癌病是果树上发生很普遍的一种根部病害，葡萄根癌病除侵害葡萄，还能侵害桃、李、杏、苹果、梨、山楂等果树。葡萄根癌病发生极其普遍，在世界葡萄主产区均有发生。我国于 20 世纪 60 年代在山东发现葡萄根癌病，目前在东北、华北、西北、黄河及长江流域的许多省份都有葡萄根癌病发生，其中辽宁、吉林、内蒙古、北京、河北、山西、山东、新疆等地病害发生较为严重。发病严重的葡萄园发病率高达 80％～90％，产量损失 30％～70％，重茬苗圃发病率为 20％～100％。随着葡萄种植规模扩大和区域增加，根癌病随葡萄苗木的调运而蔓延扩展，发病区域不断扩大；因冻害是根癌病最重要的诱因，在埋土防寒区域及长江以北区域，尤其是新疆、河北北部等区域发病率较高，已成为这些地区葡萄生产上的必须谨慎对待和积极防控的病害之一。

葡萄根癌病一般发生在根颈部和靠近地面的老蔓上，根部受损伤导致地上部树势衰弱，发病严重时，苗木及幼树当年即死，成龄树树势衰弱，萌芽受阻，以后大多都枯死，同时，受害植株叶小而黄，果穗小而散，果粒不整齐，成熟也不一致，严重影响果实的产量和品质。

二、症状

葡萄根癌病是一种细菌性病害，发生在葡萄的根、根颈和老蔓上。发病初期，发病部位形成稍带绿色和乳白色的粗皮状癌瘤，质地柔软，表面光滑。随着瘤体的长大，逐渐变为深褐色，质地变硬，表面粗糙，大小不一，有的数十个瘤簇生成大瘤，严重时整个主根变成一个大瘤状。老熟病瘤表面龟裂，在阴雨潮湿天气易腐烂脱落，并有腥臭味。一般情况下，常见的其他果树根癌病是在根颈部形成癌肿，而葡萄苗木和幼树根癌病是在嫁接部位周围形成癌肿，随着树龄的增加，在主枝、侧枝、结果母枝、新梢处也形成，但根部极少形成。受害植株由于皮层及输导组织被破坏，树势衰弱、植株生长不良，严重时植株干枯死亡。

葡萄根癌病菌是系统侵染，不但在靠近土壤的根部、靠近地面的枝蔓出现症状，还能在枝蔓和主根的任何位置发现症状，但是主要发生在根颈部或二年生以上的枝蔓上以及嫁接苗的接口处。

三、病原

葡萄根癌病病原是土壤杆菌属（*Agrobacterium* spp.）细菌。

1990 年之前，根据生理生化性状将根癌土壤杆菌（*Agrobacterium tumefaciens*）分为 3 个生物型：Ⅰ型、Ⅱ型、Ⅲ型。生物型不同，其寄主也不同，引起葡萄根癌病的主要是生物Ⅲ型。

1990 年之后，Ophel 和 Kerr、Sawada、Bouzar 等把生物型上升为种，由细菌细胞内所带的质粒作为定种的依据：把生物Ⅰ型的根癌土壤杆菌定名为根癌土壤杆菌（*A. tumefaciens*）、生物Ⅱ型的根癌土壤杆菌定名为发根土壤杆菌（*A. rhizogenes*）、生物Ⅲ型的根癌土壤杆菌定名为葡萄土壤杆菌（*A. vitis*）。细菌细胞中带 Ti 质粒（tumor-inducing plasmid）导致根癌；带 Ri 质粒（root-inducing plasmid）引起发根；

不带致病质粒即无致病性。

葡萄土壤杆菌（*A. vitis*）菌体短杆状，单生或成对生长，具 1～4 根周生鞭毛；革兰氏染色反应阴性，能形成荚膜，无芽孢；在肉汁冻琼脂培养基上生长迅速，菌落白色、圆形，边缘整齐、光亮、半透明；在液体培养基上呈微云状浑浊，表面有一层薄膜。该菌生长的温度范围为 0～37℃，最适温度为 25～30℃，在 51℃ 下 10min 后失去活性，生长 pH 为 5.7～9.2，最适 pH 为 7.3。

四、病害循环

葡萄土壤杆菌主要在癌瘤组织的皮层内越冬，或当癌瘤组织腐烂破裂时，混入土中越冬，土壤中的细菌能存活 1 年以上。因此，土壤带菌是该病的主要来源。雨水和灌溉水是该病的主要传播媒介，此外，地下害虫如蛴螬、蝼蛄和土壤线虫等在该病传播过程中也起一定的作用。该病原菌主要通过剪口、机械伤口、虫伤、雹伤以及冻伤等各种伤口侵入植株，条件适宜时，在皮层组织内进行繁殖，不断刺激周围细胞加速分裂，形成肿瘤，详见图 11-51-1。

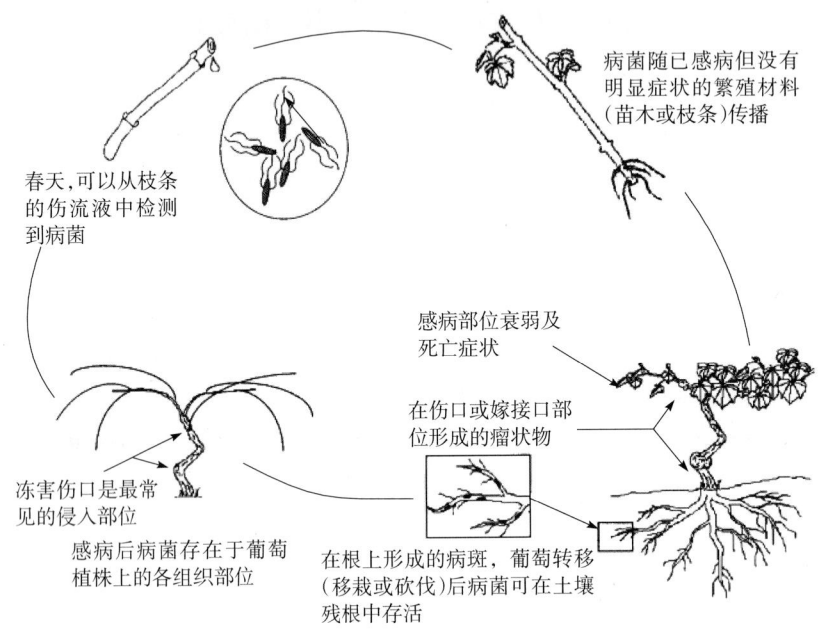

图 11-51-1 葡萄根癌病病害循环（引自 Thomas J. Burr，1999）
Figure 11-51-1 Disease cycle of grape crown gall（from Thomas J. Burr，1999）

五、流行规律

葡萄根癌病作为一种土传病害，其发生与土壤微生态环境，如土壤含水量、pH、有机质含量、微生物之间的相互作用及不同果树品种之间可能有某种联系。

病原菌的潜育期从几周至 1 年以上，一般 5 月下旬开始发病，6 月下旬至 8 月为发病高峰期，9 月以后很少形成新瘤，该病在不同地区发生时间有差异。辽宁每年 6～10 月都有发生，8 月发生最多。河北、山东、河南等省 5 月上旬开始发病，6～8 月发病最快。

温度适宜，降雨多，湿度大，癌瘤的发病率高；土质黏重、地势低洼、排水不良地块及碱性土壤或沙土发病重。起苗定植时伤根、田间作业伤根以及冻害等都能助长病原菌侵入，尤其冻害往往是葡萄感染根癌病的重要诱因。

葡萄品种间抗病性有很大差异。将病原菌进行人工接种，比较形成癌肿的大小，发现品种差异非常显著。玫瑰露、龙眼等抗性强；玫瑰香、红地球、巨峰、先锋、高尾、甲裴路等抗性弱，奥山红宝石、红瑞宝等抗性中等。嫁接砧木品种间抗根癌病能力差异很大，SO4、河岸 2 号、河岸 3 号等对根癌病抗性强，是优良的抗性砧木。

六、防治技术

根据葡萄根癌病的侵染特点和致病机制，当发现根癌症状时，使用杀细菌剂已无法使肿瘤症状消失；

葡萄一旦得病，细菌细胞中的 Ti 质粒就成功转移给葡萄，这时即使杀灭细菌也没有治疗效果，葡萄照样可以产生肿瘤。因此根癌病的防治策略必须要以预防为主。具体防治方法如下：

（一）抗性品种的应用

利用抗性品种和抗性砧木是防治根癌病的主要途径。我国绝大多数野生葡萄对根癌病的抗性较好；河岸 3 号和 SO4 是抗根癌病的宝贵材料。

（二）农业防治

1. 清除菌源　发现病株时，应扒开根周围土壤，将肿瘤彻底切除，直至露出无病的木质部。刮除的病残组织应集中烧毁并于病部涂以石硫合剂、50％福美双可湿性粉剂等药液，也可用硫酸铜 100 倍液消毒后再涂波尔多液。对感病植株应种植更新植株，待更新株能结果时挖除病株（或发现病株及早挖除）并彻底剔除残根，集中烧毁；更新株定植前，可挖除带菌的土壤（把定植穴的土壤挖走或处理），换上无病、肥沃的新土后再定植，并且定植前使用 E26 或 E76 处理苗木。

2. 加强肥水管理增强树势，提高抗（耐）病力　葡萄根癌病在中性或微碱性土壤中容易发生，因此，应增施有机质肥，适当多施微酸性肥料，提高土壤酸度，改善土壤结构，增强抗性，使环境不利于病原菌生长，以减少田间发病；田间灌溉时应合理安排病区和无病区的排灌水流向，以防病原菌传播；同时，平时应勤松土，注意雨后排水，以降低土壤湿度。

3. 减少伤口　葡萄根癌病菌只能通过伤口侵入，进而导致植株发病，因此，减少伤口是最好的防治方法。对于葡萄来讲，减少冻害最为重要。防止早期落叶、保障枝条的充分成熟、营养的充分储藏和做好冬季的防寒措施是减少冻害的基础；此外，田间农事操作时应尽可能避免伤根或损伤茎蔓基部；注意防治地下害虫和土壤线虫，减少虫伤，避免给病害发生创造条件。

4. 枝干更新　美国东北部地区常用的防治根癌病的方法是更新树干，在该地区每个葡萄藤有 3～5 个枝干，每年需要更新上一年冻伤或者根癌病侵染致死的枝干。虽然这种方法不能彻底消除园内的病原菌，但是能够在保证收获的同时将根癌病发生率控制在较低的水平。

此外，有资料介绍两年生以上"老头苗"移栽时易受到病原菌侵染，所以切忌引进两年生以上"老头苗"，也可减少病害发生。

（三）严格检疫

葡萄根癌病主要通过带菌苗木远距离传播，对于没有根癌病的地区和田块，苗木引进要经过严格检验检疫和苗木消毒。有效的检疫手段是防止葡萄根癌病传播蔓延的第一道防线。随着科学技术的进步，根癌病菌的检测技术也在发展，由原始的血清学法、单克隆抗体检测法，逐步建立了成熟的分子检测体系，现已组装成快速检测试剂盒，为检疫提供了快捷、准确的方法和手段。

（四）物理防治

1. 苗木消毒　这是预防葡萄根癌病发生的主要途径。一定要选择未发生过根癌病的地块做育苗苗圃，杜绝在患病园中选用插条或接穗。在苗圃或初定植园中，如果苗木中发现病株应立即拔除并挖净残根，集中烧毁，同时用 1％硫酸铜溶液、热蒸汽或土壤消毒剂（比如溴甲烷）对土壤进行消毒。在苗木或砧木起苗后或定植前要将嫁接口以下部分严格进行消毒：将 1％硫酸铜水溶液加热到 52～54℃，浸泡苗木 5min 或 52～54℃的清水浸泡苗木 5min，然后用 80％波尔多液 200 倍液或现配的波尔多液涮苗木，使苗木的根、枝蔓均匀着药。

2. 土壤消毒　使用溴甲烷等土壤熏蒸剂或水蒸气热力消毒等措施进行土壤消毒，是解决土壤带菌非常有效的方法，但成本较高。

（五）生物防治

20 世纪 70 年代，澳大利亚 A. Kerr 发现一株放射土壤杆菌（*A. radiobacter* 84）对桃树根癌病有抑制作用，从此为根癌病的防治提供了一条有效的途径，该菌在澳大利亚已制成商品制剂。为了对葡萄根癌病进行有效的生物防治，国内外研究者做了大量工作，目前，可以用于葡萄根癌病防治的放射土壤杆菌有：

HLB-2：1986 年陈晓英等从山东啤酒花根癌中分离获得，无致病性，原名是 *A. radiobacter*，生物 Ⅰ型，新名称为 *A. tumefaciens*，能产生农杆菌素。Pu 等（1993）研究表明 HLB-2 菌株可能是通过竞争性地封闭病原菌侵染的部位，阻止病原菌结合到葡萄细胞来抑制葡萄植株上肿瘤的形成。

E26：1990 年梁亚杰等从葡萄根癌病组织中分离获得，原名是 *A. radiobacter*，生物 Ⅲ型，新名称为

A. vitis，不含 Ti 质粒，无致病性。李金云等利用绿色荧光蛋白基因标记示踪、扫描电镜显微观察证实 E26 菌株在葡萄植株内的结合定殖阻碍了病原菌在侵染位点的结合定殖，因此能够抑制葡萄植株上肿瘤的形成，目前，其相关基因的定位有待进一步研究确定。该菌对来自葡萄的 12 株生物 III 型根癌病菌（*A. vitis*）全部具有抑制作用，而且对生物 I 型和生物 II 型的部分根癌病菌也有很好的抑制作用，是一个很有潜力的生防菌，目前，该生防菌已被制作成抗根癌菌剂 II 号可湿性粉剂用于葡萄根癌病的防治。处理时间：栽种或移栽前，浸蘸根部，使菌剂附在植株体表即可。使用方法：将菌剂稀释 1～2 倍后蘸根。注意事项：防止日晒；蘸根后立即覆土，防止干燥；避免与强酸或强碱等接触。

MI15 农杆菌素：内蒙古自治区农业科学院园艺研究所分离纯化出放射土壤杆菌 MI15，该生防菌株的菌液及该菌产生的农杆菌素对葡萄根癌病菌有生物活性。MI15 农杆菌菌液和产生的菌素能有效保护葡萄伤口不受致病菌的侵染。使用方法：将葡萄插条或幼苗浸入 MI15 农杆菌素或稀释液中 30min；使用菌素（或菌液）在苗木栽植前喷雾，把苗木喷湿即可。

此外，已报道的可以用于葡萄根癌病防治的放射土壤杆菌还有 F2/5、J73、MI15、CG1077、CG523、CG49 等。在生防菌的筛选过程中，生防效果评价具有至关重要的作用。目前主要通过接种指示植物和原寄主活体植株来检测根癌生防菌株的生防效果，王靖等（2007）建立的离体茎段接种法检测 E26 的生防效果也比较理想。

秦文韬　孔繁芳　王忠跃（中国农业科学院植物保护研究所）

第 52 节　葡萄酸腐病

一、分布与危害

葡萄酸腐病是造成葡萄果穗腐烂的一种病害，在美国与葡萄灰霉病、葡萄炭疽病等果实成熟期造成果实腐烂的病害一起被称为穗腐病；葡萄酸腐病是一种既能影响果实产量又能影响酿酒品质的病害。该病是葡萄果实成熟期病害，导致果实腐烂、汁液流失，造成无病果粒的含糖量降低。鲜食葡萄受害到一定程度，即使是无病果粒，也不能食用，极大地降低了产量和品质；酿酒葡萄受害后，汁液外流造成霉菌滋生，干物质含量升高，进而失去酿酒价值。

1898 年，葡萄酸腐病首次报道于法国；1984 年美国的资料中，把酸腐病归类为果穗腐烂病。20 世纪 80 年代以来，该病在法国、意大利、美国等为害明显，成为必须防治的病害。1999 年，葡萄酸腐病首次在我国山东烟台被发现，2000—2002 年相继在河北、新疆、河南、北京、天津、江苏等地发现；之后，中国农业科学院植物保护研究所葡萄病虫害研究中心通过调查发现，葡萄酸腐病在我国普遍发生，在容易裂果的品种上造成严重损失，酿酒葡萄黑比诺、雷司令、品丽珠、霞多丽等多个品种受害也比较严重。近十年来该病在我国已成为葡萄上的重要病害之一，为害严重的果园损失达 10%～50%，甚至绝收。

二、症状

葡萄酸腐病最早侵害的时期是在葡萄转色期前后，但主要在转色至成熟期侵害果实。发病初期果粒表面出现褐色水渍状斑点或条纹，在放大镜下观看有明显的微伤口，随着褐色斑点的不断扩大，果粒开始变软，果肉变酸并腐烂，且有大量汁液从伤口流出；如果是套袋葡萄，在果袋的下方有一片深色湿润（俗称为"尿袋"）。震动有病果的果穗，会有类似于浅粉红色的小蝇（醋蝇，体长 4mm 左右）从烂果穗周围飞出；果穗有醋酸味，发病严重时整个果园都有醋酸味弥漫；烂果内可以见到灰白色小蛆；果粒腐烂后，腐烂的汁液流出，会造成汁液流过的地方（果实、果梗、穗轴等）腐烂，最后整穗葡萄腐烂，只剩葡萄的果皮和种子（无核品种只剩下果皮）（彩图 11 - 52 - 1）。

三、病原

葡萄酸腐病为一种复合侵染性病害。其发生与环境、物理因素（裂果）、微生物因素等紧密相关。通常认为病原为醋酸菌、酵母菌及果蝇（为害葡萄果实造成酸腐病的被称为醋蝇）。实际上，该病是一种二次侵染造成的病害，即先由各种原因造成果面伤口（冰雹、裂果、鸟害等），然后由醋蝇取食、产卵，并把醋酸菌和酵母菌（主要是醋酸菌）带到伤口周围，联合作用形成果粒腐烂。

有一种观点认为葡萄酸腐病是葡萄灰霉病的最后阶段；但是 Bisiach 等（1981）认为这两种病的病原不同，尽管从弗吉尼亚州的酸腐病病果中可以分离到葡萄灰霉病菌（*Botrytis cinerea*），但其并不是致病菌，只是为后期酸腐病的发生创造了条件。

引起酸腐病的真菌是酵母菌。空气中酵母菌普遍存在，并且它的存在对环境起重要作用。酵母菌为醋蝇提供蛋白质、维生素等营养物质，同时，醋蝇促进了酵母菌群落的形成，以酵母菌为食物，并传播酵母菌，二者是互利共生的关系。

葡萄酸腐病病原菌中的细菌是醋酸菌。酵母菌把糖转化为乙醇，醋酸菌把乙醇氧化为乙酸，乙酸的气味引诱醋蝇。醋蝇、蛆在取食过程中接触醋酸菌，从而成为携带者和传播者。

醋蝇是酸腐病的传病介体。醋蝇属于果蝇科昆虫，传播途径包括外部传播和内部传播，其中外部（表皮）传播即病原菌通过醋蝇的爬行、产卵过程传播；内部传播即病原菌通过醋蝇的肠道，由于其仍能成活，因此，醋蝇具有很强的传菌能力。据报道，世界上有 1 000 种醋蝇，其中法国有 30 种是酸腐病的传病介体。1 头雌蝇 1d 产 20 粒卵（每头可以产卵 400～900 粒）；1 粒卵在 24h 内就能孵化；蛆经 3d 可以变成新一代成虫。每隔 10～12d，新一代的果蝇便产生，呈指数增长，在适当的条件下这可以导致病害爆炸性暴发。由于繁殖速度快，醋蝇易对杀虫剂产生抗性：一般 1 种农药连续使用 1～2 个月就会产生很强的抗药性。国外研究报道较多的传病媒介有斑翅果蝇（*Drosophila suzukii*）、黑腹果蝇（*Drosophila melanogaster*）等，在我国，作为酸腐病介体的醋蝇种类及生活史还不明确。

另外，据报道，2008 年，加利福尼亚州发生了葡萄酸腐病，专家结合分子诊断技术进行病原鉴定，结果病原为炭黑曲霉（*Aspergillus carbonarius*）；这也是加利福尼亚州首次报道该菌引起酸腐病。

四、病害循环

葡萄酸腐病是真菌、细菌和醋蝇联合为害的结果。葡萄酸腐病属于二次侵染病害。经常和其他病害如葡萄灰霉病、葡萄白腐病等混合发生。酸腐病菌从机械损伤（如冰雹、风、蜂、鸟等）造成的伤口进入浆果，伤口的存在成为真菌和细菌存活、繁殖的初始因素，同时可以引诱醋蝇产卵。醋蝇在爬行、产卵过程中传播虫体上携带的细菌，并通过幼虫取食、酵母及醋酸菌的繁殖等造成果粒腐烂，从而导致葡萄酸腐病的大发生。

五、流行规律

葡萄酸腐病是葡萄果实成熟期的病害。一般在果实转色期之后就可以发生。所以，酸腐病在一般区域的发病时间从 7 月中旬开始直至采收结束（即 9 月下旬）。

葡萄酸腐病的发生首先要有伤口，如机械伤（如冰雹、风、蜂、鸟等造成的伤口）或病害（如白粉病侵入时的伤口和被感染后造成的裂果、品种自身的裂果等）造成的伤口；其次，要有果穗周围和果穗内的高湿度；再次，需要醋蝇的存在。此外，葡萄品种、葡萄自身特性、树势等因素均会影响酸腐病的发生。

（一）温、湿度

雨水和灌溉等造成空气湿度、果穗周围和果穗内湿度过大，都会加重酸腐病的发生。过度干旱后大水漫灌，会使果肉细胞的液泡吸水膨胀过快，引起果皮破裂；7～8 月降水偏多，高温、高湿且空气不流动，果穗内部个别果粒积水时间过长，先腐烂；葡萄白粉病、葡萄灰霉病、葡萄炭疽病等病害造成的果实伤口等，都是酸腐病发生的起点。葡萄酸腐病发生后，烂果粒的果汁流滴到其他果粒上，迅速引起果粒果皮开裂，诱发病害。炎热、干燥的天气能够使感染和损坏的浆果干燥，进而减少病害的传播；凉爽的天气也会减慢果蝇的增长，从而减少病害的传播。

（二）葡萄品种

葡萄品种间抗性差异明显，美人指、黄意大利受害最为严重，其次为里扎马特、酿酒葡萄（如赤霞珠）、红宝石无核、无核白鸡心、白牛奶等，红地球、龙眼、粉红亚都蜜等较抗病。

品种的混合栽植，尤其是不同成熟期的品种混合种植，能增加酸腐病的发生。据观测和分析，酸腐病是成熟期病害，早熟品种的成熟和发病为晚熟品种醋蝇数量的积累和两种病原菌的菌势增加创造了条件，从而导致晚熟品种酸腐病的大发生，因此，生产上应尽量避免在同一果园内种植不同成熟期的品种。

(三) 赤霉素等植物生长调节剂的使用

生产中，为提高葡萄坐果率，提高产量，在花期前后常使用赤霉素等植物生长调节剂，但若植物生长调节剂的使用浓度过大或使用次数过多，便会导致果穗过度紧密。随着果实的膨大，果粒相互挤压，即使只是个别果粒产生轻微伤口，也会诱发病害，造成果粒大面积腐烂。

(四) 杀菌剂的影响

美国加利福尼亚州的研究者提出，防治葡萄灰霉病药剂的使用可以促进酸腐病的发展，并且加重对葡萄的损伤。推测杀菌剂能够破坏葡萄表面的微生物群落，其中有些生物体能够防止造成葡萄酸腐病的真菌和细菌的侵入。

(五) 树势

果园若管理粗放，通风不良，夏季修剪不及时，会使架面叶幕层过厚，果穗通风透光较差，湿度增高，树势变弱，最终给酸腐病的发生创造条件。

六、防治技术

(一) 选育和利用抗病品种

在雨水多的区域种植不易裂果的品种；新建葡萄园时，合理使用覆盖作物、合理施用氮肥和灌溉，并尽量避免在同一果园种植不同成熟期的品种。

(二) 农业防治

1. 加强葡萄园综合管理措施 加强夏季修剪，以去除过多、过密枝条，特别是要清除主蔓80cm以下的枝条，改善架面通风透光条件，增加果园的通透性；合理疏花疏果，避免果穗紧密，使负载量适中。及时进行中耕除草，保持架面下干燥，降低因雨水、喷灌和浇灌等造成的空气湿度过大及叶片过密造成的高湿等。科学、合理施肥，氮、磷、钾肥配合施用，增强树势，增强葡萄植株对各种病虫害的抵抗能力。

2. 避免果实上出现伤口 合理使用或少使用激素类药物，同时，在幼果期使用安全性好的农药，避免果皮伤害和裂果。严格控制赤霉素的使用浓度，与品种和区域性对应，避免盲目使用。防止鸟类为害，减少伤口。积极防治葡萄白粉病、日灼病、气灼病等病害，适时套袋，以减少果面伤口。

3. 避免高湿 避雨栽培可避免雨水对叶、果的直接冲刷，降低田间湿度，有利于减轻病虫为害。要经常通风，防止水分无法散失，积聚在浆果内，导致病害发生。

(三) 化学防治

以防病为主，病虫兼治。药剂的筛选原则：①能同时防治真菌、细菌；②能与杀虫剂混合使用；③选择低毒、低残留的药剂。因为酸腐病是葡萄生长后期病害，必须选择能保证食品安全的药剂。具体防治措施如下：

药剂防治仍是防治酸腐病最为重要的途径。根据国外的资料和我国近几年的农药筛选，目前将波尔多液和杀虫剂配合使用，是酸腐病化学防治的推荐办法。转色期前后使用1～3次80%波尔多液可湿性粉剂，10～15d 1次。使用量一般为400～600g/hm^2。可以使用的杀虫剂有10%高效氯氰菊酯乳油、10%联苯菊酯微乳剂等。对于套袋葡萄，处理果穗后重新套新袋，而后果园整体使用（立即喷）1次触杀性杀虫剂。

也可以在土壤表面使用80%敌敌畏乳油100～200倍液（喷洒地面，不能喷到葡萄树上），正午无风天气时对葡萄进行熏蒸，不但可以避免对葡萄果实的污染，且对酸腐病的控制起到良好效果。

中国农业科学院植物保护研究所葡萄病虫害研究中心于2012—2013年研发了诱杀果蝇和果穗处理技术，可以有效防控葡萄酸腐病。使用专利技术对腐烂果实进行处理，并悬挂于成熟期的葡萄园，防控酸腐病；为害严重的葡萄园或多品种种植的观光采摘葡萄园，可以采用转色期果穗处理和悬挂处理相结合的方法防控酸腐病。

秦文韬 孔繁芳 王忠跃（中国农业科学院植物保护研究所）

第53节 葡萄卷叶病

一、分布与危害

葡萄卷叶病是葡萄上分布最广泛、为害最严重的病毒病之一，世界各葡萄产区均有发生。18世纪中叶欧洲已有关于葡萄卷叶病的记载，但直到 1936 年才由德国人 Scheu 首次确认为一种可以嫁接传染的病毒病。在我国葡萄主栽区，卷叶病发生也很普遍，且有逐年加重的趋势，部分葡萄园某些品种发病株率高达 90% 以上。刘崇怀等（1998）对 808 份葡萄种质资源的调查结果显示，26% 的品种表现卷叶病症状，其中，欧亚种（尤其是酿酒品种）发病率高、为害重。何水涛等（2001）采用酶联免疫吸附法检测了 39 个品种 78 株葡萄，其中 60 株带有卷叶病毒，带毒株率达 76.9%。潘志勇等（2002）采用双抗体夹心酶联免疫吸附法对山东葡萄主产区 14 个葡萄园 57 个葡萄品种随机取样检测，苗木和成龄树感染卷叶病毒病株率分别为 55.1% 和 70%。全世界已报道的葡萄卷叶病的病毒有 11 种，我国共报道了 6 种。近年来，我国葡萄生产发展迅速，苗木繁育量急剧增加，但因苗木繁育和调运秩序混乱，导致包括葡萄卷叶病在内的葡萄病毒病广泛传播和蔓延。葡萄卷叶病的发生严重影响葡萄产量和品质，继而影响葡萄酒质量，造成巨大经济损失。感染卷叶病毒的葡萄抗逆性减弱，生长不良，树势衰退，重者植株死亡；坐果率降低，果穗变小，果实着色不良，酸度增加，含糖量降低，浆果成熟期推迟 2~3 周；插条生根力差，枝蔓和根系生长发育不良，嫁接成活率降低；造成产量损失约 20%，严重果园高达 85%。

二、症状

葡萄卷叶病在欧亚种葡萄品种上症状明显，在欧洲葡萄品种上症状不明显，在美洲葡萄品种上无症状。葡萄卷叶病具有半潜隐特性，生长季前期无症状，果实成熟到落叶前症状明显。葡萄卷叶病症状因病毒种类、寄主品种、病毒复合侵染和环境条件不同而有所差异。病株叶片增厚变脆，叶缘向下反卷；这些症状会从病株基部叶片向顶部叶片扩展，严重时整株叶片表现症状，树势非常衰弱；红色品种感病后，夏末或秋季病株基部成熟叶片脉间会出现红色斑点；随着时间的推移，斑点逐渐扩大，连接成片，秋季整个叶片变为暗红色，但叶脉仍然保持绿色；黄色品种与红色品种症状相似，但叶片颜色变黄而非变红；病株葡萄果粒小，数量少，果穗着色不良，尤其是一些红色品种，染病后果实苍白，基本失去商品价值（彩图 11-53-1）。

三、病原

1958 年，Goheen 等首次鉴定并报道了葡萄卷叶病毒病。1979 年 Namba 发现葡萄卷叶病病株韧皮部细胞和叶片粗汁液中有一种类似长线形病毒属（Clazterovirus）病毒的粒体，初次提出了葡萄卷叶病毒为长线形病毒属病毒。1979 年以来，美国、德国、瑞士、日本等国科学家相继从卷叶病病株中观察到病毒粒体，并致力于分离提纯。1984 年，Gugerll 等从葡萄组织中提纯到 1 800nm 的线形病毒粒体，此后，长线形病毒被确定为葡萄卷叶病的病原。葡萄卷叶病的病原十分复杂，随着分子检测技术的飞速发展以及各国科学家的深入研究，迄今，全世界相继报道了 11 种可引起葡萄卷叶病的病毒 [葡萄卷叶伴随病毒（Grapevine leaf roll-associated virus，GLRaV）]，这 11 种病毒在血清学上不相关，单独或复合侵染均可造成葡萄卷叶病的发生。11 种葡萄卷叶病相关病毒分别为 GLRaV-1、GLRaV-2、GLRaV-3、GLRaV-4、GLRaV-5、GLRaV-6、GLRaV-7、GLRaV-8、GLRaV-9、GLRaV-Pr 和 GLRaV-De，均属长线形病毒科（Closteroviridae）。2002 年国际病毒分类学委员会（ICTV）采纳了 Karasev 的建议，在长线形病毒科中增加了葡萄卷叶病毒属（Ampelovirus），根据葡萄卷叶伴随病毒的 HEL、CP 和 HSP70 基因序列保守程度和基因组结构的不同，将 GLRaV-1、GLRaV-3、GLRaV-4、GLRaV-5、GLRaV-6、GLRaV-8、GLRaV-9、GLRaV-Pr、GLRaV-De 归于葡萄卷叶病毒属（Ampelovirus），将 GLRaV-2 归于长线形病毒属（Closterovirus），GLRav-7 由于基因组结构还不是很清楚，尚未明确其归属（表 11-53-1）。目前，GLRaV-1、GLRaV-2、GLRaV-3 和 GLRaV-Pr 均已报道基因组全长序列。裴光前等（2010）为探明我国葡萄卷叶病病原种类，利用 ELISA 和 RT-PCR 方法检测了表现典型葡萄卷叶病症状的 58 株葡萄样品，共检测到 GLRaV-1、GLRaV-2、GLRaV-3、GLRaV-4、GLRaV-5、GLRaV-7 6 种葡萄卷叶伴随病毒，GLRaVs 总检出率为 81%，其中 GLRaV-3 检出率最高，达到 62.1%，GLRaV-1、GLRaV-2 和 GLRaV-7 检出率分别为 20.7%、17.2% 和 15.5%；GLRaV-4 和 GLRaV-5 检出率仅分别为 3.4% 和 5.2%；2 种或 3 种葡萄卷叶病毒复合侵染现象比较普遍，占所检样品的 39.6%。

表 11 - 53 - 1　葡萄卷叶病相关病毒的分类地位、初次报道文献和时间（引自裴光前等，2010）

Table 11 - 53 - 1　Classification and references of first report for GLRaVs（from Pei Guangqian et al.，2010）

GLRaVs	分类地位	初次报道文献和时间
GLRaV-2	长线形病毒属（*Closterovirus*）	Gugerli et al.，1984
GLRaV-1	葡萄卷叶病毒属（*Ampelovirus*）	Gugerli et al.，1984
GLRaV-3		Resciglione et al.，1986
GLRaV-4		Hu et al.，1990
GLRaV-5		Limmermann et al.，1990
GLRaV-6		Boscia et al.，1995
GLRaV-8		Judit et al.，2000
GLRaV-9		Habili et al.，2002
GLRaV-Pr		Dovas and Katis，2003
GLRaV-De		Dovas et al.，2006
GLRaV-7	未确定属	Chouciri et al.，1996

　　葡萄卷叶病毒粒体呈弯曲的长线状，长 1 400～2 200nm，螺旋对称，直径约 12 nm，粒体表面有明显的横带，螺距约 3.5 nm。通过聚丙烯酰胺凝胶电泳估算，GLRaV-2 外壳蛋白分子质量为 24 ku，而其他卷叶伴随病毒的外壳蛋白分子质量为 35～44 ku。葡萄卷叶病毒为单分体基因组病毒，正单链 RNA 分子。GLRaV-2 基因组大小为 15 528nt，包含 9 个开放阅读框（ORF），分子结构与同属的甜菜黄化病毒（*Beet yellow virus*，BYV）相同。GLRaV-3 是葡萄卷叶病毒属的典型种，基因组大小为 17 919nt，包含 13 个 ORF。GLRaV-1 基因组大小为 17 647nt，包含 10 个主要 ORF。GLRaV-4 和 GLRaV-9 的基因组尚未完全测序，但其结构与本属其他成员相似。葡萄卷叶病毒与已知的长线形病毒科的大多数病毒在许多方面（分子水平、生物学方面、亚显微结构和流行病学）不同，且无血清学关系。长线形病毒科成员的基因组中有一个自主编码 HSP70 蛋白同系物（heat-shock protein homolog，HSP70h）基因，这是目前发现的唯一具有编码 HSP70 的病毒科。HSP70 是一种类似分子伴侣的蛋白质，具有非常保守的 N-末端和 ATP 酶结构域。利用 HSP70h 片段序列的邻接法（neighbour joining，NJ）遗传分析进行长线形病毒科以及葡萄卷叶病毒属成员之间进化关系的研究报道较多。Tian 等（1999）通过对一些长线形病毒的基因组功能鉴定揭示，HSP70h 不是基因组扩增所必需的，但却在病毒胞间运输、病毒粒体组装和病毒传播等过程中起重要作用。

四、侵染机制

　　葡萄卷叶病毒的复制发生在细胞质中，可能与膜状小囊泡及囊泡化线粒体有关。病毒粒体存在于染病植株韧皮部的筛管和薄壁细胞内，形成密集的病毒聚集体，成束或者聚集成纤维状团块，一些韧皮部细胞几乎被病毒聚集体充满。在光学显微镜下可观察到无定形的细胞质内含体或带状内含体。电子显微镜下观察到的内含体主要由病毒聚集体混合单个或成群的小囊泡及正常细胞组分组成，这些小囊泡内含网状纤维物质，可能来源于内质网或囊泡化的线粒体周边小泡。病毒粒体有时也在细胞核中及叶绿体中看到。Castellano 等（2000）发现，GLRaVs 侵染葡萄后，会在枝条、果蒂、穗梗和叶柄的韧皮部聚集，在植株体内不均匀分布。采用超薄切片在透射电镜下观察，可见感病植株维管束退化，筛管发生消解，韧皮部细胞常产生不同程度的坏死，叶片薄壁细胞和伴胞的筛管发生堵塞和坏死，线粒体、叶绿体退化，形成泡状内含体。调查显示，欧亚种群对葡萄卷叶病毒敏感，卷叶病症状明显，发病率高，发病症状也最为严重；欧美杂交种较耐病，表现葡萄卷叶病症状的品种发病率和严重度均比欧亚种群低；美洲种群的葡萄品种较抗病，一般不表现卷叶病症状。

五、传播途径

　　葡萄卷叶病毒主要通过嫁接传染，并随繁殖材料（接穗、砧木、苗木）远距离传播扩散。在葡萄种植园和苗圃中，葡萄卷叶伴随病毒可由多种粉蚧近距离传播，目前共报道了 11 种传毒粉蚧，其中，GLRaV-1 可由葡萄星粉蚧（*Heliococcus bohemicus*）、槭树绵粉蚧（*Phenacoccus aceris*）和桦树绵蚧（*Pulv-*

inaria betulae）传播；GLRaV-3 可由无花果臀纹粉蚧（*Planococcus ficus*）、橘臀纹粉蚧（*Planococcus citri*）、长尾粉蚧（*Pseudococcus longispinus*）、柑橘栖粉蚧（*Pseudococcus calceolariae*）、葡萄粉蚧（*Pseudococcus maritimus*）、拟葡萄粉蚧（*Pseudococcus affinis*）、暗色粉蚧（*Pseudococcus viburni*）、康氏粉蚧（*Pseudococcus comstocki*）和桦树绵蚧传播；GLRaV-2、GLRaV-5 和 GLRaV-9 均可通过长尾粉蚧（*Pseudococcus longispinus*）传播。迄今为止，还没有发现可以种传的葡萄卷叶病毒。据武德里姆等（1983）报道，菟丝子（*Cuscuta chinensis*）也可传播葡萄卷叶病毒，但这种传播方式对卷叶病的流行作用不大。自然界中，葡萄卷叶伴随病毒的寄主范围很窄，主要是葡萄。GLRaV-2 可通过机械摩擦接种于烟草（本氏烟、西方烟和克利夫兰烟）上，其他葡萄卷叶病毒不能摩擦接种到草本寄主上。

六、防治技术

（一）培育和栽植葡萄无病毒苗木

葡萄卷叶病毒主要通过无性繁殖材料传播，并遗传给后代，至今没有有效的防治药剂。培育和栽培无病毒苗木是防治葡萄卷叶病最有效的方法。葡萄无病毒原种母株可通过脱毒处理获得，然后建立无病毒葡萄母本园，用于采集插条和接穗，繁育无病毒苗木。同时，应建立健全葡萄无病毒苗木繁育体系，制定行之有效的苗木生产法规，遏制葡萄卷叶病传播和大面积暴发。病毒脱除是培育葡萄无病毒苗木的基础，采用热处理、茎尖培养、茎尖培养结合热处理等技术，能成功脱除葡萄卷叶病相关病毒，但以茎尖培养结合热处理方法效果较好，应用最多。由于上述方法的脱毒率都不是 100%，因此，无论采用何种方法获得脱毒材料，都必须经过病毒检测，确认无毒后，方可作为无病毒原种母本树，用于繁殖无病毒苗木。目前，主要采用 3 种方法检测葡萄卷叶病毒。第一，指示植物鉴定：该方法应用最早，利用对病毒敏感的指示植物感染病毒后表现出的典型症状来判断待检样品是否带有葡萄卷叶病毒。赤霞珠、品丽珠、黑比诺等红色酿酒品种对卷叶病毒敏感，症状明显，可用作指示植物。然而，此方法无法区分葡萄卷叶病毒的种类，检测周期长，易受环境和生长季节的影响。第二，血清学检测：血清学检测方法具有灵敏度高、特异性强、简单快速、易于自动化操作等特点，在检测大批量样品时有明显优势，应用较为广泛。国际上已研制出 GLRaV-1、GLRaV-2、GLRaV-3、GLRaV-5、GLRaV-6、GLRaV-7 和 GLRaV-8 的抗体，并形成商品化试剂盒。但血清学检测也受到一定的制约，例如，由于病毒在植株体内分布不均，易造成假阴性反应；有些病毒株系免疫性弱，难于纯化和制备特异性抗血清。第三，分子生物学检测：随着病毒基因组的研究和核酸序列分析技术的发展，分子生物学检测技术表现出越来越大的优势，克服了以上检测方法的诸多不足，适用范围更广。所有葡萄卷叶病毒均可根据其核苷酸序列设计和合成特异性引物，进行 RT-PCR 检测。随着 RT-PCR 技术的不断发展，又衍生出许多新的 PCR 技术，如：多重 PCR、原位 PCR、免疫 PCR 等。Gambino（2006）报道了同时检测 9 种葡萄病毒的多重 RT-PCR 方法，裴光前等（2012）则报道了可同时检测 4 种葡萄卷叶病毒的多重 RT-PCR 检测技术。RT-PCR 技术在常规检测中也存在一些不足之处，例如，提取的植物 RNA 易受到 RNA 酶的污染而降解；操作步骤较多，灵敏度高，有时导致假阳性的出现。

（二）田间防治

在栽培葡萄无病毒苗木的同时，还必须加强病毒病的田间防控。建无病毒葡萄园时应选择 3 年以上未栽植葡萄的地块，以防止残留在土壤中的线虫成为侵染源；园址需距离普通葡萄园 30m 以上，以防止粉蚧等介体从普通园中传带卷叶病毒。对于已有的葡萄园，发现病株，应及时拔除。如发现传染卷叶病毒的粉蚧等媒介昆虫，需进行防治，冬季或早春刮除老翘皮，或用硬毛刷子刷除越冬卵，集中烧毁或深埋；果树萌动前，结合其他病虫害的防治，全树喷布 5 波美度石硫合剂或 5% 柴油乳剂；在各代若虫孵化盛期，喷 50% 敌敌畏乳油 1 000 倍液或 25% 溴氰菊酯乳油 3 000 倍液；可利用瓢虫类、草蛉类等天敌防治康氏粉蚧，对其也有重要的抑制作用。

（三）基因工程技术防治

随着分子生物学技术的迅猛发展，利用基因工程手段将病毒基因转入砧木和欧洲葡萄品种中培育抗病品种取得了一定的进展。1997 年，Ling 等成功将 GLRaV-3 的外壳蛋白基因通过农杆菌介导转入烟草并在转基因烟草中检测到了表达的外壳蛋白；Krastanova 等（2000）将 GLRaV-2 和 GLRaV-3 的外壳蛋白基因转入葡萄中，获得了抗性植株。但利用基因工程来控制葡萄卷叶病的有效性和生物安全性还有待深入研究。

董雅凤（中国农业科学院果树研究所）

第 54 节　葡萄扇叶病

一、分布与危害

葡萄扇叶病又名葡萄侵染性衰退病（infectious degeneration），由葡萄扇叶病毒侵染所致，是世界各葡萄栽培地区普遍发生的一种病毒病。早在 19 世纪初，法国、德国和意大利就有关于葡萄扇叶病的症状描述。1883 年，Rathay 发现该病通过土壤传播，将其确定为一种土传病害。1902 年，Baccarini 证明该病为病毒病，可通过嫁接传染。1939 年，Hewitt 首次鉴定并明确其病原为扇叶病毒（*Grapevine fan leaf virus*，GFLV）。葡萄扇叶病是葡萄的重要病害之一，分布广，为害重。1980 年，我国新疆首次发现葡萄扇叶病，此后各地陆续开展了葡萄扇叶病发生情况调查。我国葡萄园一般发病率为 10% 以上，严重者可达 50% 以上，甚至全园发病。病株不仅生长受阻、枝蔓和叶片变形、果穗变小、果粒大小不一、结果寿命缩短、产量降低（重者减产 50%～95%），而且影响生根率和嫁接亲和性。

二、症状

葡萄扇叶病症状因葡萄品种、病毒株系、气候条件、肥水管理等不同而存在差异，主要有畸形、黄化和镶脉 3 种类型（彩图 11-54-1）。畸形症状表现为：植株矮化或生长衰弱，叶片变形皱缩，左右不对称，叶缘锯齿尖锐；叶脉伸展不正常，明显向中间聚集，呈扇形，有时伴随有褪绿斑驳；新梢分枝不正常，双芽，节间缩短，枝条变扁或弯曲，节部有时膨大；果穗少，穗小，坐果不良，成熟期不整齐。黄化症状表现为：在春季，病株叶片上先出现黄色散生的斑点、环斑或条斑，之后形成黄绿相间的花叶；严重时病株的叶、蔓、穗均黄化；叶片和枝梢变形不明显，果穗和果粒多较正常的小；后期老叶整叶黄化、枯萎、脱落。镶脉症状表现为：春末夏初，成熟叶片沿主脉产生褪绿黄斑，渐向脉间扩展，形成铬黄色带纹。上述症状通常仅出现一种，有的病株症状潜伏，但感病后树势弱，生命力逐渐衰退，严重时整株枯死。葡萄扇叶病症状春季最明显，夏季高温时，病毒受到抑制，症状逐渐潜隐。巨峰、藤稔、沙地葡萄、贝达等葡萄品种和砧木对扇叶病毒敏感，症状明显；赤霞珠、品丽珠、梅鹿辄等欧亚种葡萄对扇叶病毒不敏感，通常不表现扇叶病症状。

三、病原

葡萄扇叶病的病原为葡萄扇叶病毒（*Grapevine fan leaf virus*，GFLV），属豇豆花叶病毒科（*Comoviridae*）线虫传多面体病毒属（*Nepovirus*）。病毒粒体为等轴对称二十面体，直径 30nm，致死温度为 60～65℃，10min，体外存活期一般为 15～30d（20℃）。超速离心分析，可分成上（T）、中（M）、下（B）3 种沉降组分，沉降系数分别为 50S、86S 和 120S，核酸含量分别为 0、30% 和 42%。1991 年，Ritzenthaler 等和 Serghini 等测定了葡萄扇叶病毒全基因组序列，葡萄扇叶病毒基因组包括两条单链 RNA（RNA1 和 RNA2），其中，RNA 1 为 7 342nt，编码 253 ku 的蛋白，与病毒复制有关；RNA2 为 3 774nt，编码外壳蛋白和胞间运动蛋白。病毒 5′端为病毒末端结合蛋白（VPg），3′端为 Poly A 结构。葡萄扇叶病毒 RNA1 和 RNA2 采用多聚蛋白切割加工（polyprotein processing）的翻译方式，即每条基因组 RNA 分子仅包含一个阅读框，在功能上是单顺反子，而其最初的翻译产物（多聚蛋白）可进一步切割加工成几个成熟蛋白。管汉成等（1996）通过 RT-PCR 方法获得了 1 512bp 的完整外壳蛋白基因，并在大肠杆菌中得到了表达，其与国外株系 GFLV-F13 相比，核苷酸同源性为 88.4%，氨基酸同源性为 95.8%。李红叶等（2002）研究表明，GFLV 能在感病的细胞中形成包含病毒粒体的管状体结构。葡萄扇叶病毒存在不同株系，在不同葡萄品种上的症状存在明显差异，但不同扇叶病毒分离株间无血清学差异。自然界中，尚未发现葡萄以外的其他寄主，但该病毒可通过人工汁液摩擦接种到昆诺藜、千日红、黄瓜等草本寄主上。

四、侵染机制

研究表明，包含葡萄扇叶病毒粒体的小管状体常常分散在细胞质中，在小管状体内包含着类似病毒粒体的颗粒，这些小管状体有时也存在于胞间连丝中，病毒粒体通过这些小管在胞间连丝中穿行。在感染葡萄扇叶病毒的组织中也常常发现病毒粒体在液泡中积累。在葡萄扇叶病毒感染初期的植物细胞质中形成分散的内含体，内含体通常靠近核。最近，通过荧光共聚焦和免疫标记，发现与复制相关的葡萄扇叶病毒 RNA1 编码的蛋白主要分布在核周围。在葡萄扇叶病毒感染的昆诺藜组织切片上，可以发现管状结构存在于细胞内或跨越细胞壁的现象，同时还发现，这些管状结构也可以在缺少细胞壁和胞间连丝的昆诺藜原生质体中形成。通过免疫荧光和免疫胶体金染色将普通葡萄扇叶病毒移动蛋白定位在这些管状结构中，发现这些管状结构是重新形成的，很可能是病毒的移动蛋白和寄主某组分共同参与其形成，而不是对胞间连丝修饰的结果。李红叶等（2002）不仅在感染 GFLV 的昆诺藜组织中观察到管状结构的形成和跨越细胞壁的现象，移动蛋白也在跨越细胞壁的这些管状结构中得到定位。相对于病毒的胞间移动，对病毒如何进出韧皮部知之甚少。但已知病毒的长距离运输并不完全是被动运输的过程，需要病毒编码的蛋白参与。影响病毒粒体长距离运输的因子因病毒的类群不同而有差异。一些研究表明，接种叶在接种 20h 后即有 RNA 积累，8～10d 后达到高峰，然后逐渐下降。接种 3d 后，病毒就到达茎的维管束系统中，再向根和上方叶片移动，在叶片上病毒首先在叶基出现，然后通过维管束向叶尖移动。

五、传播途径

1. 繁殖材料传播　葡萄扇叶病可通过无性繁殖材料（插条、砧木和接穗）传播。用于嫁接的接穗或砧木，只要任何一方带毒，接口愈合后，整株均可感染病毒。苗木和接穗的调运是葡萄扇叶病远距离扩散的主要途径。从接种发病的昆诺藜和苋色藜花粉、种子以及种苗中均能检测到 GFLV，表明 GFLV 在草本寄主中可通过种子传播。受葡萄扇叶病毒感染的葡萄花粉以及病株的种皮和胚乳中也发现 GFLV，但胚乳所生长的幼苗中却未能检测到 GFLV，所以，对 GFLV 是否可以通过葡萄种子传播尚未定论。

2. 线虫传播　除繁殖材料传播外，葡萄扇叶病毒还能经线虫传播，线虫在葡萄扇叶病的田间扩散蔓延中起重要作用。同时，线虫还可遗留在苗木的根系或土壤颗粒中作远距离扩散。早在 1882 年即有记载，在发生过侵染性衰退病的老葡萄园重新种植葡萄时，新种植的葡萄很快发病。Petri（1918）正式报道侵染性衰退病的土传特性，此后，有近 20 篇论文报道该病害能经土壤传播。1937 年，曾有人认为葡萄根瘤蚜可能与扇叶病毒的扩散有关，但一直未找到试验证据，后来发现扇叶病在当地没有葡萄根瘤蚜的葡萄上也能扩散。Hewitt 经反复试验排除葡萄根瘤蚜是传毒介体，并最终证明标准剑线虫（*Xiphinema inde*）是葡萄扇叶病的传毒介体。对更多的线虫进行的传毒试验发现，意大利剑线虫（*Xiphinema italiae*）也能传播葡萄扇叶病。剑线虫传播 GFLV 的效率很高，其成虫、幼虫均能传毒，单头线虫即可成功传毒，传毒时间只有几分钟。该线虫的持毒能力也很强，即便在对病毒免疫的寄主根围，标准剑线虫也能保持传毒能力 8 个月，但幼虫蜕皮后将失去传毒能力，而且病毒也不能经其卵传播。标准剑线虫虽然在土壤中活动缓慢，每年活动距离不足 1m，但它在土壤中存留时间很长，即使病株铲除，线虫仍可依附在葡萄根系上生活 6～10 年之久。因此，果园一旦被扇叶病毒和标准剑线虫侵染，10 年内重栽葡萄均有被再感染的危险。我国尚未发现上述线虫。

六、防治技术

（一）培育和栽植葡萄无病毒苗木

葡萄为多年生植物，扇叶病毒主要随砧木和接穗广泛传播，一旦侵染，即终生带毒，持久为害，无法通过化学药剂进行有效控制。培育和栽植无病毒苗木是防控葡萄扇叶病的根本措施。葡萄无病毒苗木根系发达，定植成活率高；树体长势旺盛，主干茎粗壮，节约肥水；产量高，品质好；抗逆性强，病虫害少，可减少农药和肥料使用数量和次数，降低生产成本，减轻环境污染。20 世纪 60 年代以来，欧美发达国家普遍栽培无病毒葡萄苗木，并实施严格的苗木认证生产制度，有效地控制了扇叶病的侵害。病毒脱除是培育葡萄无病毒苗木的基础，采用热处理、茎尖培养、茎尖培养结合热处理等技术，能成功地脱除葡萄扇叶病毒，其中，茎尖培养结合热处理方法脱毒效果最好。据报道，葡萄扇叶病毒对高温敏感，38℃下培养 1 个月，即可脱除。在确保热处理苗木成活的情况下，适当延长处理时间可提高病毒脱除效果。需要说明的是，采用任何方法获得的脱毒材料，都必须进行病毒检测，检测无毒后，才可作为无病毒原种母本树，用来繁殖葡萄无病毒苗木。

（二）田间防治

在栽培葡萄无病毒苗木的同时，还必须加强病毒病的田间防治。建立无病毒葡萄园时应选择 3 年以上未栽植过葡萄的地块，以防止残留在土中的线虫成为侵染源；对有线虫发生的地区，种植前可使用 1，3-二氯丙烷、溴甲烷、棉隆等杀线虫剂杀灭土壤线虫，以减少媒介线虫的虫口量，降低发病率。无病毒葡萄园址距离普通葡萄园 30m 以上，以防止介体从普通园中传带病毒；对于已有的葡萄园，如发现病株，应立即拔除，感染线虫传多面体病毒的病株，拔除后用杀线虫剂对根系周围的土壤进行消毒处理。

（三）选择抗性砧木

Bouquet（1981）发现美国的圆叶葡萄高抗葡萄扇叶病，Walker Lider 等（1985）从圆叶葡萄中及欧亚种与圆叶葡萄杂交后代中筛选出一批兼抗线虫和扇叶病毒的砧木，Harris（1983）测试了 33 个葡萄杂交种的根砧木对剑线虫的抗性，发现 23 个加利福尼亚州杂交种根砧木中有 19 个是抗病的，从美国引进的山河系选优 1 号和 2 号砧木对葡萄扇叶病有较好的抗性。

（四）基因工程技术防治

葡萄基因转导和植株再生体系的建立为控制葡萄病毒病开拓了一条新的途径。将葡萄扇叶病毒的某段基因片段转入到健康葡萄砧木的基因组中，可提高葡萄对扇叶病的抗性。目前已成功地把葡萄扇叶病毒的外壳蛋白基因转导到葡萄中，并建立了抗线虫转基因葡萄株系，但利用基因工程来控制葡萄扇叶病毒的有效性和生物安全性还需要深入的研究。

董雅凤（中国农业科学院果树研究所）

第 55 节　桃流胶病

一、分布与危害

桃流胶病是一种世界性病害，几乎所有桃产区均有发生，其发生范围广，为害严重，难于防治，是桃树上最为严重的病害之一。桃流胶病在美国东南部、日本以及我国山东、河北、河南、湖北、湖南、四川、重庆、江西、安徽、江苏、上海、浙江、福建、广东、广西、云南、贵州等地均有发生，尤其以长江流域及其以南高温多雨地区发病最为严重，常造成树体养分丢失、树势衰弱，甚至枯枝死树，严重影响桃树树体生长和果实产量品质，缩短桃树经济栽培寿命。随着全球气候变暖，桃流胶病的发生有逐年加重的趋势，已成为限制桃产业持续发展的主要因子之一。如 2008 年广东桃树种植区连平县桃流胶病的发病率达到 100%，全县桃果实产量损失 2 710t，经济损失达 338.75 万元；2009 年调查湖北孝感、仙桃等地部分品种（如中油 4 号）桃流胶病的发病率高达 100%（陈彦等，2011）。

二、症状

桃流胶病主要发生在桃树主干上，其次是主枝、侧枝上，发病严重时，一至二年生枝上也流胶。桃流胶病有皮孔流胶和伤口流胶两种类型。发病初期，皮孔附近出现水渍状的疱斑，树皮凹陷，呈暗红褐色，随后微隆起，发病严重时疱斑破裂，溢出无色透明柔软的胶体，在空气中氧化并凝结干燥后变成红褐色，皮层和木质部变褐坏死，皮层下充满黏稠胶液。雨季发病重，随着流胶点和胶体数量的增加，树势逐渐衰弱，严重时造成树体死亡。伤口流胶最明显的部位是修剪后的剪锯口，无色透明胶体从韧皮部下溢出，后与空气接触变为红褐色，发病严重时剪锯口附近组织坏死（彩图 11 - 55 - 1）。

三、病因

桃流胶病分为侵染性流胶病和非侵染性流胶病。

过去很长时间人们都认为桃流胶病是一种生理性病害，致病原因很多，如土壤黏重、渍水、日灼、冻害等不良环境条件，机械损伤、修剪、虫害等造成的伤口，修剪过重、结果过多、树冠郁闭、偏施氮肥、除草剂施用过多等管理不当，都可能引起桃树流胶。

1974 年，Weaver 首次报道桃流胶病是由葡萄座腔菌属（*Botryosphaeria*）真菌引起的侵染性病害。后来，进一步研究证实桃流胶病是由葡萄座腔菌属真菌引起的侵染性病害，并分离得到病原菌中的 3 个种，分别是葡萄座腔菌 [*Botryosphaeria dothidea*（Moug.：Fr.）Ces. et De Not.]，其无性型为伯氏小穴壳菌（*Dothiorella berengeriana* Sacc.）；玫瑰葡萄座腔菌 [*B. rhodina*（Cooke）Arx，其无性型为可可毛壳色单隔孢［*Lasiodiplodia theobromae*（Pat.）Griff et Maubl.］；钝葡萄座腔菌［*B. obtusa*（Schwein.）Shoemaker］，其无性型为*Diplodia seriata*，这3种真菌均能引发桃流胶病。在来自我国16个省份的桃流胶病枝条样品中，除北京和甘肃外，其余14个省份都有葡萄座腔菌属真菌的分布（图11-55-1）。

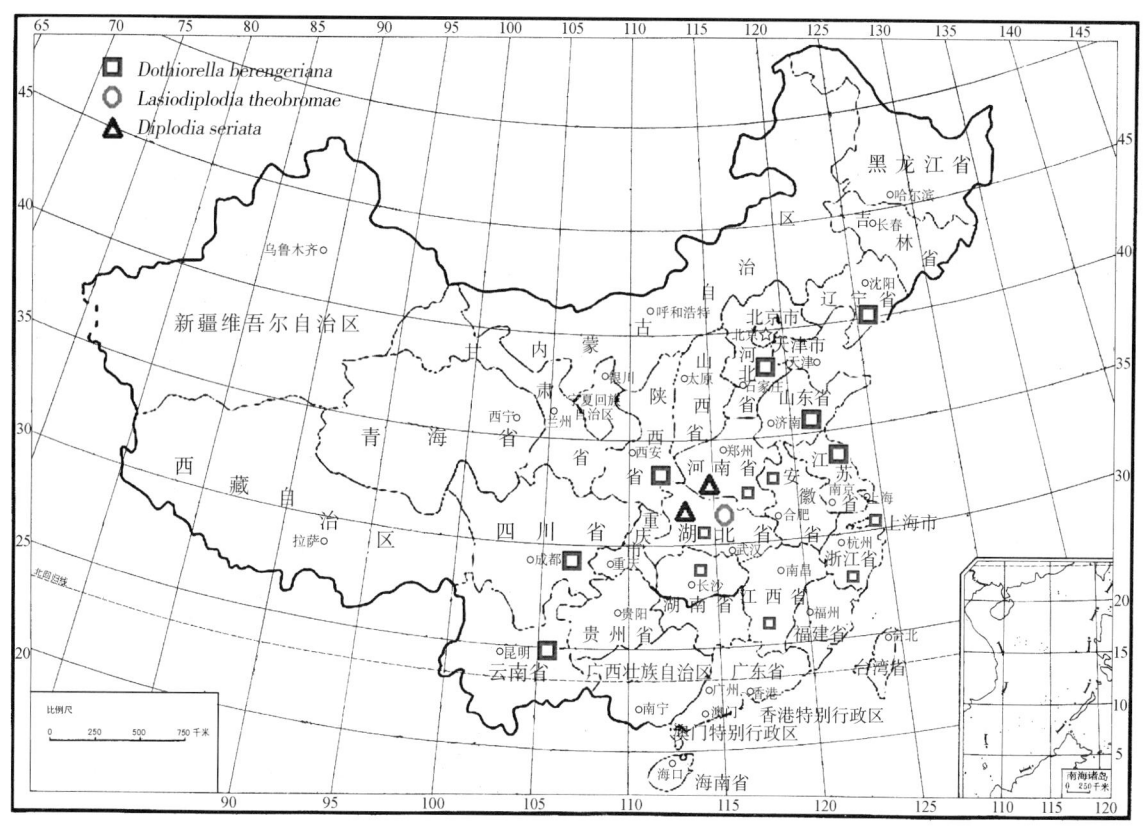

图 11-55-1　我国桃流胶病菌分布（李国怀和王璠提供）

Figure 11-55-1　Geographical distribution of *Botryosphaeria* spp. on peach trees in China（by Li Guohuai and Wang Fan）

　　伯氏小穴壳菌是分布最广泛的桃流胶病病原菌。根据分生孢子在形态学上的差异，可将小穴壳菌属分离株的分生孢子分为2个类型：类型一分生孢子纺锤形、梭形至椭圆形，透明，无隔，属于典型的壳梭孢属分生孢子形态（彩图11-55-2，1～5）；类型二分生孢子梭形或纺锤形，孢子中间部位有1个隔膜（彩图11-55-2，6）。不同大小的分生孢子在分生孢子梗上的着生方式相似，分生孢子梗多为透明、平滑的薄壁细胞，圆柱形（彩图11-55-3）。

四、病害循环

　　葡萄座腔菌属真菌是一类广泛分布的病原菌，这些病原菌以菌丝体潜伏在被害枝条中，并能产生分生孢子器，从而为病害发生提供侵源。分生孢子器在生长季和休眠季都能产生，春季随着气温和湿度的上升在桃树萌芽生长后，分生孢子通过风雨传播，特别是雨天从病部溢出大量病原菌，顺枝干流下或溅附在新梢或枝干上，从皮孔、伤口和侧芽侵染。桃流胶病病原菌具有潜伏侵染性，可潜伏于被害枝条的皮层组织和木质部内，产生分生孢子器和分生孢子。潜伏病原菌的活动与温度有关，当气温在15℃左右时，病部即可流出胶体，随气温上升病情逐渐加重。在病原菌适宜的生长条件下，当年的降水量及当时的雨日长短与同期出现的孢子量呈正相关。新梢感病期与枝条皮层组织老化程度有关，也受到温度条件的影响，病原菌侵入的最有利时机是枝条皮层细胞逐渐木质化过程中和皮孔形成后。

五、流行规律

（一）病原菌菌丝生长和孢子萌发的条件

　　葡萄座腔菌属真菌是引起桃流胶病的主要病原，目前已分离得到的3个种的菌丝生长条件及孢子萌发温度有所不同。葡萄座腔菌菌丝生长的温度在 10~35℃，最适生长温度在 20~32℃，在 0℃时和 40℃时不能生长；钝葡萄座腔菌菌丝的生长温度在 8~36℃，最适生长温度在 20~26℃，在 4℃时不能生长；玫瑰葡萄座腔菌菌丝的生长温度在 15~35℃，最适生长温度在 25~35℃，在 10℃时和 40℃时不能生长。葡萄座腔菌和钝葡萄座腔菌孢子形成的最适温度分别是 18℃和 24℃，而玫瑰葡萄座腔菌在 12℃、24℃和 30℃时都能形成孢子（Copes and Hendrix，2004）。

（二）气候条件

桃流胶病的 3 个种病原菌具有季节性流行规律，这种现象与温度和树体休眠或生长与否有关。葡萄座腔菌在夏季是优势种，冬季分离不到；钝葡萄座腔菌在冬季和春季是优势种，占葡萄座腔菌属的 50%；而玫瑰葡萄座腔菌主要在夏季和秋季较活跃，但分离水平较低，不超过总量的 20%。一年中，桃流胶病有两次发病高峰，分别在 5 月下旬至 6 月下旬和 8 月上旬至 9 月中旬，入冬后流胶停止。一般情况下雨季发病重，多年生桃树发病重，幼龄树发病轻。适宜的水分和温度是病害流行的主要环境因素，一般温暖的地区比凉爽的山区更有利于发病，多雨、湿度大有利于分生孢子的释放和传播，因此这类气候的地区发病更为严重。

六、防治技术

（一）选育抗病良种

桃流胶病作为一种主要侵害枝干等木质化组织的木本植物病害，其防治十分复杂和困难。桃品种间对流胶病存在抗性差异，目前还没有特别理想的抗病品种，大部分品种表现为高感或中感，少数品种表现为耐病，如 Crimson Gold、Flavor Gold、Reskin、晴朗、白花、朝晖、白凤、早凤王、早露蟠和春花等。在进行抗性育种选材时，应注意选择具有抗病性的品种，以抗性强的品种作亲本，其杂交后代的抗病能力明显强于感病品种的杂交后代。桃流胶病受基因和环境的共同作用，杂交种定植于重茬桃园有利于选育出不受环境影响的抗病单株。

（二）农业防治

1. 加强栽培管理，增强树势 主要包括起垄栽植，排水防渍，多施有机肥，增施磷、钾肥，及时防治桃园各种病虫害等。

2. 冬季清园 剪除发病严重的枝梢，清除修剪下来的枝条，刮除流胶硬块及其下部的腐烂皮层，集中烧毁，消灭菌源。病斑刮除后涂抹保护剂、防水漆，如腐殖酸铜、伤口涂布剂等。

3. 落叶后主干、大枝涂白 既能杀菌消毒，又能预防冻害和日灼。涂白剂可用大豆汁：食盐：生石灰：水=1：5：25：70。先将优质生石灰用水化开，再加入大豆汁和食盐，搅拌成糊状即可。

4. 防治害虫，减少机械伤口 及时防治桃树枝干害虫如天牛等，减少伤口，同时降低因田间操作产生的机械伤口。修剪后较大的剪锯口涂抹保护剂。

（三）化学防治

化学防治要注意施药时间，而且不同药剂要交替使用，尽量减少喷药次数，以防病原菌产生抗药性。

（1）萌芽前喷 5 波美度石硫合剂，杀灭越冬后的病原菌。

（2）5~6 月喷 0.3 波美度石硫合剂或 70%代森锰锌可湿性粉剂 500 倍液，间隔 15d 喷 1 次。在侵染性流胶病的发病高峰期，可在每次高峰期前喷施 70%代森锰锌可湿性粉剂等，每隔 7~10d 喷 1 次，连喷 3~4 次。也可以使用克菌丹或多菌灵等，每 2 周使用 1 次也可有效防治该病。

由于桃流胶病的致病因子复杂，防治非常困难。目前生产上主要采用农业防治为主，化学防治为辅，从增强树势和减少病原菌侵染两方面着手控制流胶病。

李国怀（华中农业大学园艺林学学院）

第 56 节 桃褐腐病

一、分布与危害

桃褐腐病是桃上的主要病害，在生产中经常发生。2001 年，美国南部的佐治亚州桃褐腐病大发生，给桃产业带来直接经济损失达 430 万美元，购买杀菌剂带来的间接经济损失为 150 万美元。我国桃褐腐病发生普遍，一些地区发病率为 20%，严重时发病率达 100%，严重影响果实的食用价值和果农的经济收入。调查发现，在北京地区，桃褐腐病的发生是造成桃和油桃产后严重损失的主要原因，库存期平均腐烂率为 15%，出库后 5d 平均腐烂率为 60%，出口新加坡的到岸腐烂率最高达 70%。

二、症状

桃褐腐病可侵染核果、仁果植物，引起多种症状，包括花腐、枝干溃疡、果实腐烂。最严重的是造成产中和产后的果实腐烂（彩图 11-56-1）。桃花的任何部位，无论是花柱、雄蕊、花瓣还是萼片都可能受侵染。花受害，受侵染组织变成黑褐色并逐渐扩展至整个花朵，形成花腐。果实在整个生育期均可受害，以近成熟期和储藏期受害严重。果实受侵染时，在果实表面形成小圆形褐色病斑，之后逐渐向外扩展。当分生孢子梗突破病斑表层后，形成成丛的分生孢子梗并产生分生孢子。果实病斑表面产生的分生孢子梗通常排列成同心轮环状。在潮湿的环境条件下，变软的成熟果实表面往往都会覆盖分生孢子堆或菌丝丛。然后，整个果实逐渐失水、干缩，形成僵果。病果往往会侵染邻近的健康果实。嫩叶受害，多从叶缘开始，产生褐色水渍状病斑，以后扩展至叶柄，导致全叶枯萎。侵染花和叶的病原菌通过花柱和叶柄蔓延侵入枝条，形成长圆形溃疡斑，当枝梢被病斑环绕一周时，枝条很快枯死。

三、病原

桃褐腐病的病原属于子囊菌门链核盘菌属（*Monilinia*），无性型属于丛梗孢属（*Monilia*），分生孢子为柠檬形或卵圆形，无色，单胞，呈长链状，分生孢子直接相连，形成分生孢子链，分生孢子之间没有孢间连丝。引起桃褐腐病的病原菌主要包括 6 个种，即果生链核盘菌（美澳型核果褐腐菌）[*Monilinia fructicola* (G. Winter) Honey]、果产链核盘菌 [*M. fructigena* (Aderh. et Ruhland) Honey]、核果链核盘菌 [*M. laxa* (Aderh. et Ruhland) Honey]、多子座丛梗孢（*Monilia polystroma* G. C. M. van Leeuwen)、梅生丛梗孢（*M. mumecola* Y. Harada, Yumi Sasaki et T. Sano）以及云南丛梗孢（*M. yunnanensis* M. J. Hu et C. X. Luo)，它们在世界各地的分布不同。

我国 1998 年以前的文献记载桃褐腐病病原菌有 2 个种，即灰丛梗孢（*Molinia cinerea* Bon.），有性型为核果链核盘菌（*Monilinia laxa*）和果产链核盘菌（*Monilinia fructigena*）。2003 年以来，我国对桃褐腐病菌的种类、遗传多样性进行了系统的研究，结果显示来自我国桃上的褐腐病菌有 4 种，即果生链核盘菌、核果链核盘菌、梅生丛梗孢以及云南丛梗孢。

几种褐腐病菌的形态特征非常相似，它们在马铃薯葡萄糖琼脂培养基（PDA）上的生长特征一般有一些差异，可以用来初步区分不同的种类：果生链核盘菌、果产链核盘菌和多子座丛梗孢的菌落边缘整齐，生长速度较快，核果链核盘菌生长速度慢，菌落边缘开裂、不整齐，呈玫瑰花瓣状，多子座丛梗孢产生大量的子座。在 PDA 培养基上培养时，果生链核盘菌产孢丰富，核果链核盘菌产孢较少，果产链核盘菌和多子座丛梗孢很少产孢。梅生丛梗孢的分生孢子萌发时往往会产生两个以上的芽管，多数达到 4 个，其他几种一般产生 1~2 根芽管。不同种类菌株的分生孢子大小往往很相似，很难用于种类鉴定：果生链核盘菌的分生孢子大小为 (8~28) μm× (6~19) μm；核果链核盘菌的分生孢子大小为 (8~23) μm× (7~16) μm；果产链核盘菌的分生孢子大小为 (12~34) μm× (9~15) μm；多子座丛梗孢的分生孢子大小为 (12~21) μm× (8~12) μm；云南丛梗孢的分生孢子大小为 (10~21) μm× (7~12) μm；梅生丛梗孢的分生孢子大小为 (14~31) μm× (11~17) μm。

四、病害循环

桃褐腐病菌主要以假菌核（僵果）或菌丝体在病枝上越冬并成为翌年初侵染源。褐腐病菌通常以无性世代存在，以分生孢子进行反复侵染。褐腐病菌的有性世代不常见，仅在欧洲、澳大利亚、美国、新西兰、俄罗斯以及日本发现。我国北京地区的调查及试验未发现有性态，其他地区未见相关报道。褐腐病菌的分生孢子传播到桃花上并侵染形成花腐，就是春季发生的初侵染。如果花朵受到侵染但未形成花腐，褐腐病菌也会扩展到花托，进入幼果，甚至果柄，形成潜伏侵染。病原菌经皮孔或各种伤口侵入果实引起果腐。在田间，褐腐病往往在桃果实生长后期表现症状。田间发生褐腐病后产生大量的分生孢子，造成多次再侵染。病果干缩失水后形成僵果，有的落到地上，有的挂在树上经年不落，都可成为翌年的初侵染源（图 11-56-1）。

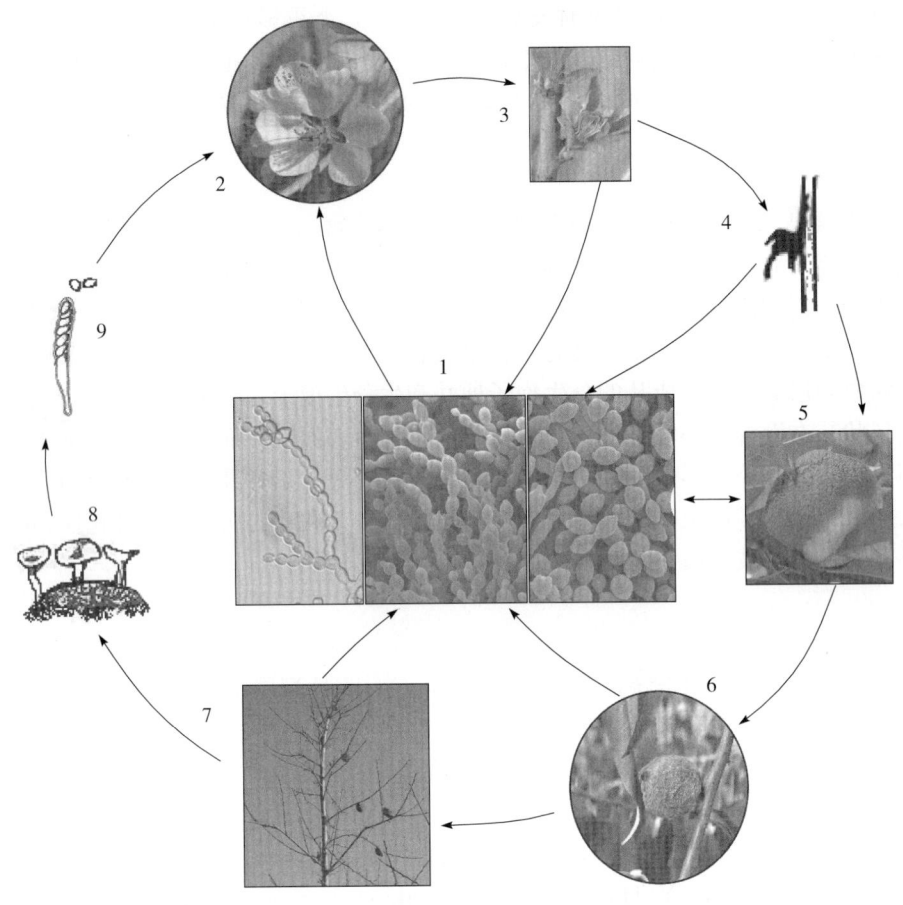

图 11 - 56 - 1　桃褐腐病病害循环（朱小琼提供）

Figure 11 - 56 - 1　Disease cycle of peach brown rot（by Zhu Xiaoqiong）

1. 褐腐病菌的分生孢子链及分生孢子（左图为显微镜观察，中图和右图均为电子显微镜观察）

2. 桃花　3. 花腐　4. 枝干溃疡　5. 褐腐病菌侵染健康果实引起果实褐腐病

6. 病果干缩失水形成的僵果（重要的初侵染来源）　7. 僵果挂在枝头或掉到地上（重要的初侵染来源）

8. 僵果上形成有性子囊盘　9. 子囊释放出子囊孢子

五、流行规律

（一）田间发病规律

在 22~24℃ 条件下，病原菌接触果实后，在高湿的条件下，24h 即可发病，30h 产孢，3d 就可造成整个果实腐烂。果园管理不善、通风透光差、虫害严重是引起病害严重发生的主要原因。地势低洼积水、树势衰弱等都有利于病害发生。品种间的抗病性有差异，一般成熟后果实柔嫩、多汁、味甜、皮薄的品种比较感病；晚熟品种（如中华寿桃）比早中熟品种更感病。

（二）桃褐腐病菌的抗药性

生产上防治桃褐腐病的杀菌剂主要包括 β 微管抑制剂（BZIs）苯并咪唑类、甾醇脱甲基化酶抑制剂（DMIs）三唑类和呼吸抑制剂（QoIs）甲氧基丙烯酸酯类，在澳大利亚还大量使用二甲酰亚胺类杀菌剂（DCFs）。美国从 20 世纪 70 年代初开始使用 BZIs 类杀菌剂，经过十多年的使用，大部分地区的桃褐腐病菌对 BZIs 类杀菌剂产生了抗性，严重威胁美国桃产业的发展。新西兰于 20 世纪 90 年代在果园中检测到了对多菌灵具有较强抗性的菌株。美国佐治亚州在使用了 20 多年的 DMIs 后出现了抗性菌株，结果导致一些果园出现了防治失败的情况。从美国的南卡罗来纳、纽约及俄亥俄州也检测到了 DMIs 抗性菌株，从新西兰检测到了对 DCFs 具有较强抗性的褐腐病菌株。

在我国，2002—2004 年采自北京地区的果生链核盘菌菌株对甲基硫菌灵、异菌脲、戊唑醇都表现敏感；来自北京、山东等北方地区的 74 个果生链核盘菌中大多数菌株都对甲基硫菌灵表现敏感，仅有 5 株表现高抗，2 株表现低抗。另外一个检测显示，果生链核盘菌对醚菌酯也表现敏感。

六、防治技术

(一) 农业防治

1. 清除菌源　冬季清除树上和地面的僵果，结合修剪剪除病枝、着生褐腐病僵果的果柄，在生产中及时清理发病的果实，集中烧毁或深埋。

2. 加强田间栽培管理，提高树体抗病能力　改善桃园的通风透光条件，雨后及时排出积水，降低田间湿度。配方施肥，尤其增施磷、钾肥，提高植株的抗病性。及时防治桃小食心虫、桃蛀螟、桃椿象等害虫，减少伤口和害虫传播病原菌的机会，减轻病害的发生。在 5 月上、中旬进行果实套袋，有利于保护果实。

(二) 化学防治

化学防治是防治桃褐腐病的主要方法。

1. 用药频次　桃树发芽前 1 周喷 5 波美度石硫合剂。在花腐严重的地区，在初花期喷 1 次杀菌剂，在落花后 10d 左右喷 1 次药，以后每隔 15d 左右喷 1 次，采收前 3 周停止喷药。

2. 药剂种类　药效测试显示，苯菌灵、甲基硫菌灵、多菌灵、戊唑醇、丙环唑、醚菌酯等药剂对褐腐病菌都有良好的抑制作用。生产中常用的药剂包括 70% 甲基硫菌灵可湿性粉剂 800～1 000 倍液、50% 多菌灵可湿性粉剂 1 000 倍液或 43% 戊唑醇可湿性粉剂 5 000 倍液等。有的药剂容易产生抗药性，因此在生产中，应当将不同作用机制的药剂轮换使用，以延缓抗药性的产生。

朱小琼（中国农业大学）

第 57 节　桃腐烂病

一、分布与危害

桃腐烂病分布于我国各桃产区，是桃树枝干上的一种重要病害，桃腐烂病发生后轻则削弱树势，重则使枝干干枯或整株死亡。该病除侵害桃树，还侵害杏、李、樱桃等核果类果树。

二、症状

桃腐烂病主要侵害树干。树体从早春到晚秋均可发病，以早春发病最快。枝干被害后，病斑稍凹陷，外表有米粒大小的流胶。以后随着流胶点的增多和流胶量的增加，流胶处组织腐烂，稍柔软，红褐色，闻之有酒糟味。后期病斑失水干缩凹陷，其上密布许多灰白色小点，即病原菌的子座。天气潮湿时，可从子座内排出红褐色的丝状孢子堆。小枝受害常常出现凹陷溃疡斑，严重时枝条枯死。

三、病原

桃腐烂病病原为帕松白孔壳（*Leucostoma persoonii*（Nitschke）Höhn.，异名：核果黑腐皮壳 [*Valsa leucotoma*（Pers.；Fr.）Fr.]），属子囊菌门白孔壳属真菌；无性型为白孔白壳囊孢 [*Leucocytospora leucostoma*（Sacc.）Höhn.，异名：核果壳囊孢（*Cytospora leucostoma* Sacc.）]，属白壳囊孢属真菌。分生孢子器埋生于子座内，扁圆形或不规则形，器内具多个腔室，呈迷宫式，有一共同的长孔口伸出寄主表皮外。大小为（536～637）μm×（101～168）μm。内壁密生分生孢子梗。分生孢子梗单胞，无色，顶端着生分生孢子。分生孢子单胞，无色，香蕉形，略弯，两端钝圆，大小为（3.3～6.6）μm×（0.6～0.7）μm。孢子大小和其形成的季节有关。子囊壳埋生在子座内，球形或扁球形，大小为（300～360）μm×（250～356）μm，有长颈，长 450～550μm。子囊棍棒形或纺锤形，无色透明，基部细，侧壁薄，顶壁较厚，大小为（35～45）μm×（7～8）μm，内含 8 个子囊孢子，排列成两行。子囊孢子单胞，无色，微弯，腊肠形，大小为（9～12）μm×（2.0～2.5）μm。菌丝生长温度为 5～37℃，适温为 28～32℃。分生孢子萌发适温为 23℃，子囊孢子萌发适温为 18℃。

四、病害循环

病原菌以菌丝体、分生孢子器及子囊壳在枝干病部越冬。翌年春季菌丝活动，在病部扩展侵害。病斑从早春至夏初不断扩展，到炎热的夏天暂时停止，秋天又重新扩展。病斑发展到一定程度，出现分生孢子器和子囊壳，一般感染1年后，出现分生孢子器，2~3年后形成子囊壳。孢子借风雨、昆虫等传播。桃腐烂病菌为弱寄生菌，主要通过伤口侵入寄主，其次是皮孔，冻伤形成的裂口是病原菌侵入的重要途径。感病最盛时期为夏末至秋天。病原菌具有潜伏侵染的特性。

桃腐烂病在北方如北京地区，一般于4月上旬开始发病，4~5月为发病盛期，为害最严重。6月上旬以后，病势减缓。7~8月寄主的愈伤能力强，但遇高温，病原菌的发展受到限制或扩展停顿。8月下旬病原菌重新活动，继续扩展侵害，但不如春季严重。

五、流行规律

冻害、树势衰弱及管理粗放是该病流行的主要诱因。冻害严重的年份发病重，反之发病轻；结果过多、虫害严重、树势衰弱容易染病；土壤瘠薄、地势低洼、排水不良、管理不善的果园发病多，果园表土深、肥水管理好则发病少；秋季多雨、偏施氮肥或灌水不当引起植株徒长，抗寒力降低，发病重。据报道，桃品种细菌性穿孔病轻者，本病的发生也较轻，两种病的发生有一定的相关性。

六、防治技术

（一）加强栽培管理

合理施肥，及时排水，防治害虫，改善栽培条件，以增强树势，提高桃树抗病能力。冬季修剪后保护剪口，防止病原菌侵染。彻底清除枯枝落叶，集中处理，减少侵染来源。

（二）喷药保护

萌芽前，对于已发生桃腐烂病的果园，一定要注意做好药剂清园工作，通过喷施杀菌剂，减少果园病原菌的基数。药剂可选用代森铵或噻霉酮。

（三）刮治病斑

2~3月起应经常检查桃树枝干，如发现病斑，应及时刮治。细心并彻底地刮除变色病皮，然后涂抹消毒剂和保护剂。彻底刮除病皮是防治成功的关键措施。具体方法参见苹果树腐烂病。

曹克强（河北农业大学）

第58节 桃疮痂病

一、分布与危害

桃疮痂病又名桃黑星病、桃黑点病、桃黑痣病，世界各核果栽培区都有分布。最初被误认为是一种生理性病害，至1877年才确定为真菌病害。我国于1921年首次报道，目前我国各桃产区均有发生，尤以北方桃产区受害较重。除桃外，该病还侵害梅、杏、李、扁杏等核果类果树。以桃和青梅发病重，杏、李等次之。桃树中，以中晚熟品种发病重。

二、症状

桃疮痂病主要侵害果实，也侵害叶片和枝梢。果实受害，症状多发生在果肩部。最初出现暗绿色的圆形小斑点，后扩大成2~3 mm的黑褐色痣状病斑，且病斑周围始终保持绿色。严重时病斑聚合连片，呈疮痂状。病斑只限于果皮，不深入果肉。表皮组织染病坏死后，果肉继续生长，致使果实表面发生龟裂，但裂口浅而小，果实一般不腐烂。病斑多出现于果实的阳面，尤以果肩部为多。果梗受害后变褐干缩，常引起落果。叶片受害，叶背出现不规则形或多角形灰绿色至紫红色的病斑，大小为0.5~1mm，以后病斑干枯脱落，形成穿孔。枝梢受害，出现稍隆起、长圆形、浅褐色至黑褐色的病斑，大小为3~6mm，并伴有流胶。病健交界明显，病原菌仅在表层侵害。病斑表面可密生黑色小粒点，即分生孢子丛。

三、病原

桃疮痂病病原为嗜果黑星菌（*Venturia carpophila* E. E. Fisher），属子囊菌门黑星菌属真菌，我国尚未发现；无性型为嗜果枝孢菌（*Cladosporium carpophilum* Thüm.），属枝孢属真菌。

四、病害循环

病原菌以菌丝体在枝梢病组织中越冬。翌年春季，气温上升，病原菌产生分生孢子，通过风雨传播，进行初侵染。分生孢子萌发后直接突破表皮或从叶背气孔侵入，不深入下层组织及细胞内，只在角质层与表皮细胞间扩展、定殖，形成束状或垫状菌丝体。此病的特点是病原菌侵入后潜育期长，果实上潜育期为 40～70d，新梢或叶片上潜育期为 25～45d，然后再产生分生孢子梗及分生孢子，进行再侵染。在我国南方桃区，5～6 月发病最盛；北方桃园，果实一般在 6 月开始发病，7～8 月发病率最高，病害潜育期 20～36 d。病斑上形成的分生孢子是果实的重复侵染源，由于潜育期长，再侵染对早熟品种影响不大，而对晚熟和中熟品种为害较重。枝条多在夏末发病，秋季产生分生孢子，对当年再侵染作用不大，但对于病原菌越冬和翌年春季初侵染有重要作用。枝梢的感染几乎和果实同时发生，经过约 30d 的潜育期出现病斑。枝条在染病后 1 年内病斑还可形成分生孢子进行侵染，到第三年老病斑上的菌丝失去活力。

五、流行规律

多雨潮湿天气有利于病害的流行，春季和初夏降雨多少是决定此病能否大发生的主要条件。果园低湿，排水不良，枝条郁密，修剪粗糙等均能加重病害的发生。品种间的发病轻重明显不同，由于本病潜育期较长，早熟品种可在症状出现前采收，所以病害发生轻；中晚熟品种在采收时症状已充分暴露，故发病重。油桃因其果实表面无茸毛，病原菌孢子易于密集附着表皮，故病情重。

六、防治技术

（一）清除病残体
冬天修剪时，应彻底剪除树上的枯枝病梢，清除树上的菌源，以减少病原菌在生长期间的侵染机会。

（二）加强栽培管理
合理施肥，提高树体抗病力，改善果园微生态条件。选择适当的树形和密度，防止树冠相互交接，改善树冠内的通风透光条件。雨后要及时排水，降低湿度，造成不利于病原菌侵染的环境。

（三）药剂防治
桃树萌芽前，喷布铲除剂 3～5 波美度石硫合剂，可以减轻初侵染程度或使之延迟发病。落花后半月至 7 月，约每隔 15d 喷布下列杀菌剂：40％氟硅唑乳油、25％苯醚甲环唑乳油、80％代森锰锌可湿性粉剂、70％代森联水分散粒剂、25％多菌灵可湿性粉剂、70％甲基硫菌灵可湿性粉剂和 12.5％烯唑醇可湿性粉剂，防效良好。

曹克强（河北农业大学）

第 59 节　桃根癌病

一、分布与危害

桃根癌病又名桃冠瘿病、桃根头癌肿病，是一种世界性病害，在北美洲、南美洲、大洋洲、亚洲、非洲和欧洲均有发生，为害严重。我国是世界上的桃树栽培种植大国，桃根癌病在各栽培地区都有不同程度的发生，在山东、山西、河北、河南、陕西、辽宁、湖北、江苏、安徽、浙江、四川、重庆、北京、天津和上海等地为害严重，造成了较大的经济损失。随着农业产业结构调整，我国桃树栽培面积不断扩大，根癌病在桃产区迅速蔓延。在设施栽培的桃园中，根癌病也普遍发生，已经对桃树生产造成严重威胁。桃根癌病菌能侵染多种栽培树种和砧木。目前生产上常用的砧木品种，如毛桃、山桃、筑波 4 号和筑波 5 号等，都是桃根癌病菌的敏感寄主。桃根癌病既可侵害苗木，又可侵害定植后的成株果树。在生产中，苗圃感染根癌病后，大多数苗木成为病苗而被淘汰，造成严重的经济损失。植株感病后，根系受损，养分和水分的吸收、输送功能遭到干扰和破坏，致使整株的生理机能不能维持正常状态，造成树势下降，长势衰弱，早期落果，产量降低，甚至死亡。调查表明，一般苗圃和桃园桃根癌病的发病率在 30％左右，严重的达到 50％以上，甚至超过 90％。该病寄主广泛，能侵染桃、梨、苹果、葡萄、李、杏、樱桃、樱花、菊花等 93 科 331 属 643 种植物。

二、症状

桃根癌病的典型症状是在地下根、茎部形成癌瘤，常见于主根和侧根（彩图 11-59-1）。癌瘤为球形、扁球形或不定形，大小不一。癌瘤小的如豆粒，大的如核桃、鸡蛋、拳头或更大，或若干个瘤簇形成一个大瘤。各病株所形成癌瘤的数目不定，少则 1～2 个，多则 10 余个不等。癌瘤形成初期表面光滑，为乳白色或略带微红色，后渐变成褐色至深褐色，外表粗糙，凹凸不平。后期癌瘤外表组织破裂、腐烂，易脱落。病株由于根部发生癌变，水分、养分流通阻滞，地上部表现为植株矮小，树势衰弱，分枝少，叶小、瘦弱，色泽枯黄，结果少，果型小，严重时全株萎蔫、死亡。

三、病原

桃根癌病的病原是细菌，属于原核生物界薄壁菌门土壤杆菌属（*Agrobacterium* spp.），其分类地位和命名随着研究和认识的深入而不断变化。土壤杆菌属细菌最初根据致病性和引发的症状进行种的区分，如引起根癌病的为根癌土壤杆菌（*Agrobacterium tumefaciens*），引起发根的为发根土壤杆菌（*A. rhizogenes*），无致病性的则为放射土壤杆菌（*A. radiobacter*）。同时，根据细菌生理学和生物化学性状，土壤杆菌属细菌可以区分为 3 种不同的生物型或生化型（biotype）。同一生物型菌株的生理生化性状相同。因此，根癌土壤杆菌有 3 种生物型：生物Ⅰ型、生物Ⅱ型和生物Ⅲ型；生物Ⅲ型的根癌土壤杆菌只在葡萄上发现；而发根土壤杆菌和放射土壤杆菌均只有生物Ⅰ型和生物Ⅱ。由于土壤杆菌的致病性为质粒所控制，而质粒可以在同一种细菌的不同菌株之间，甚至不同种的细菌之间接合转移，所决定的表型性状可能不稳定，作为分类鉴定的依据，其科学性有欠缺。因此，研究者后来依据细菌染色体基因所决定的稳定的生理生化性状重新对土壤杆菌属细菌进行了种的划分，将原来的生物型上升为种；即生物Ⅰ型的根癌土壤杆菌定名为根癌土壤杆菌（*A. tumefaciens*），生物Ⅱ型的根癌土壤杆菌定名为发根土壤杆菌（*A. rhizogenes*），生物Ⅲ型的根癌土壤杆菌定名为葡萄土壤杆菌（*A. vitis*）；并且，土壤杆菌属细菌的分类、命名不再与其致病性相关联，原来的放射土壤杆菌（*A. radiobacter*）被取消，不再单独列为一个种。各种土壤杆菌的致病性是由其所携带的质粒决定的：如果带致瘤质粒（Ti 质粒），就会导致根癌；如果带致发根质粒（Ri 质粒），就会引起发根；如果不带致病质粒，就没有致病性。同一个种内的菌株，存在有致病性和无致病性的两个类群。目前，如果严格按照细菌分类学定义，桃树根癌病病原菌学名应为发根土壤杆菌带有 Ti 质粒的类群；而在实际应用中更为普遍接受的学名是生物Ⅰ型的根癌土壤杆菌（*A. tumefaciens*）。

桃根癌病菌菌体呈短杆状，细胞大小为（0.4～0.8）μm×（1.0～3.0）μm，单生或链生，具 1～4 根周生鞭毛（彩图 10-59-2），革兰氏染色反应阴性，有荚膜，无芽孢，严格好气；在肉汁冻琼脂平面培养基上菌落圆形，乳白色，边缘整齐，表面光滑，有光泽。根癌病菌的最适生长温度为 25～30℃，在 51℃下经 10～15min 致死；生长适宜 pH 为 5.5～8.2，最适 pH 为 7.2 左右。根癌病菌细胞内带有染色体外的遗传物质——质粒（plasmid），其中一个为诱发癌瘤所必需的，称为 Ti 质粒（Ti-plasmid）。Ti 质粒是环状的双链 DNA，大小为 200～300 kb，包含了 T-DNA 区、毒力区（*Vir*）、促使 Ti 质粒在细菌之间接合转移的功能区（*tra*）、复制起始区（*Ori*）和质粒不相容功能区（*Inc*）。根癌土壤杆菌 C58 菌株的全基因组 DNA 序列信息已经于 2001 年公开发表。其完整基因组含有一条线形染色体、一条环形染色体和两个质粒，其中一个即 Ti 质粒；基因组 DNA 中 G+C 比例约为 58％，含有 5 482 个预测编码蛋白质的基因。

四、致病机理

桃根癌病菌致病的决定性因素是其 Ti 质粒的 T-DNA 片段转移到植物细胞中并整合进染色体基因组，T-DNA 中的致瘤基因随之表达而表达，导致植物细胞内激素水平失衡，细胞生长和分裂异常，组织增生失控而形成癌瘤。T-DNA 的转移是个非常复杂的天然基因工程，由病原菌和寄主植物双方一系列基因编码的蛋白产物相互作用、协调配合完成。研究表明，这一过程要求病原细菌必须具备三方面的遗传因素：

① 与病原细菌吸附到寄主植物伤口部位细胞并且牢固黏附相关的基因；② 可以被转移的 T-DNA；③ 与可以被转移的 T-DNA 形成相关的系列基因，这些基因大多在 Ti 质粒上，少数在病原菌的染色体上。寄主植物中的相关基因主要有：① 细胞壁组分合成和代谢相关的基因，如 *AGLP*、*Actin* 和 *cslA-09*，这些基因与病菌对植物细胞的附着及 T-DNA 进入植物细胞质密切相关；② 核定位相关基因，如 *AtKAP*、*VIP1*、*VIP2*、*PP2C*、*RocA*、*Roc4*、*CypA* 和 *ask1*，这些基因与 T-DNA 在植物细胞核的定位及整合进染色体基因组相关。

桃根癌病菌的致病过程可以人为分为以下几步：① 病原菌识别并附着于植物伤口细胞。与吸附相关的病原菌基因包括 *chvA*、*chvB*、*pscA* 和 *att* 等；其编码的产物为细菌多糖等黏附因子。病原菌能识别植物细胞伤口所分泌的酚类化合物，如乙酰丁香酮以及单糖（葡萄糖和半乳糖），并且趋化性地向伤口运动、聚集，形成生物膜（biofilm），牢固地附着于植物伤口细胞。乙酰丁香酮等可作为信号分子，诱导病原菌毒性基因表达，产生毒性蛋白。② 通过磷酸化的 VirG 蛋白与 VirB 以及其他 Vir 蛋白的作用，将 T-DNA 从 Ti 质粒上切下，形成单链线状 T-DNA 链（T-strand）；T-DNA 链与一些 Vir 蛋白的作用形成 T-DNA 复合物（T-complex），对 T-DNA 加以保护；同时，一些 Vir 蛋白相互作用形成一个特殊的运输系统——type Ⅳ 分泌系统，在病原菌细胞与植物细胞间形成一个通道。③ T-DNA 复合物通过 type Ⅳ 系统转运到植物细胞质，在寄主植物蛋白的协调作用下进入植物细胞核，并整合入染色体基因组。④ T-DNA 上的冠瘿碱（opine）合成相关基因和致瘤基因随植物基因组表达而表达。致瘤基因包括 *iaaM*、*iaaH* 和 *ipt*；*iaaM* 和 *iaaH* 编码的蛋白产物催化合成植物生长素 IAA；*ipt* 编码的蛋白产物催化合成细胞分裂素。这些基因的表达能扰乱寄主植物细胞内正常的激素合成与分解代谢，导致寄主细胞内激素水平失衡，细胞生长和分裂异常，组织无控地增生，形成癌瘤。冠瘿碱合成相关基因的表达促使冠瘿碱合成，从而为病原菌在植物细胞间隙的存活、繁殖提供足够的碳、氮营养和能量。

五、病害循环

桃根癌病菌是一种土壤习居菌，可以在土壤中腐生性地存活数年。根癌病菌在土壤中残留的癌瘤组织内，或在癌瘤破裂、脱落后，进入土壤中越冬。当环境条件适宜，并且有敏感寄主植物生长时，病原菌可由新近出现的、嫁接等农事操作或地下害虫为害造成的植物伤口侵入靠近地面的根、茎。病原菌进入植物组织后，主要在侵染部位附近的植物细胞间隙存活、增殖，也可以被转运到一定距离内的其他部位细胞间隙存活、增殖，通过 Ti 质粒上的致病基因表达刺激寄主伤口周围细胞快速分裂。这些新生细胞不能分化和发育成正常细胞，而是发育成癌瘤。病原菌在幼嫩癌瘤组织皮层细胞间隙增殖，促使幼嫩癌瘤数目

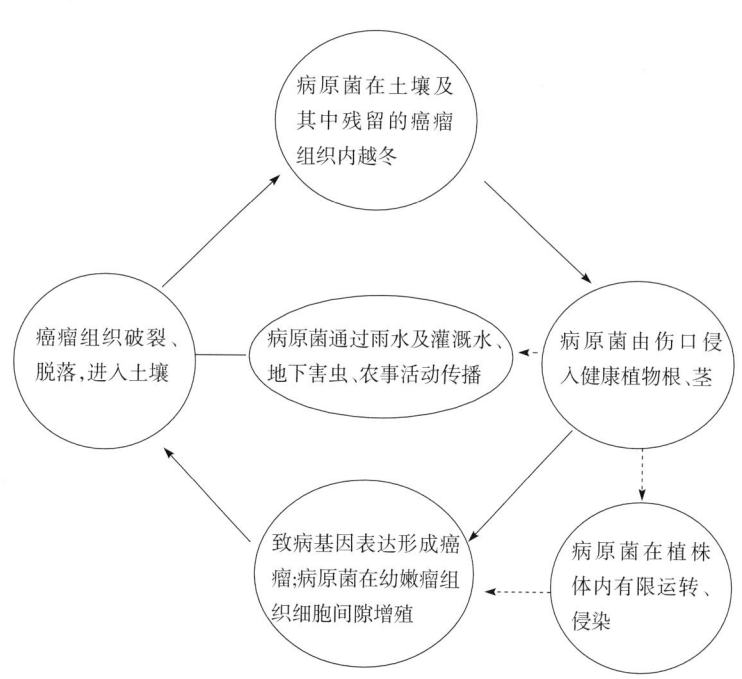

图 11-59-1 桃根癌病病害循环（李金云提供）
Figure 11-59-1 Disease cycle of peach crown gall (by Li Jinyun)

不断增多、体积增大。一些癌瘤会伸展至维管束系统的木质部导管和韧皮部筛管，但不能建立正常的管路联络，从而影响水分和养分的输送。癌瘤压迫周边组织，使其渐变成褐色至深褐色，外表粗糙，凹凸不平。后期癌瘤皮层组织破裂，腐烂，脱落，病原菌进入土壤越冬，或者随雨水及灌溉水、地下害虫、农事活动、嫁接工具、机具等传播，成为新的侵染源，侵染敏感寄主植物（图 11-59-1）。

六、发生规律

桃根癌病和其他植物病害一样，其发生也遵循"病原菌、寄主植物和环境因素"之间相互作用的"病

害三角"原理，只有"病害三要素"都具备时，才会导致病害的发生和流行。气候条件、土壤理化性质和栽培管理方式等对病原菌侵入和病害发生有重要影响。根癌病菌主要依靠灌溉水和雨水传播。地下害虫蛴螬、蝼蛄和线虫等在该病原菌的近距离传播中也起了一定的作用。苗木带菌是远距离传播扩散的重要途径。病原菌通过嫁接等农事操作或地下害虫为害造成的伤口侵入寄主。从病原菌侵入到病瘤显现，一般需要几周至一年以上的时间。

适宜的温、湿度是根癌病菌进行侵染和病害发生的重要条件。病原菌侵染与环境温度和湿度密切相关。人工接种试验结果表明，22～25℃最适合病原菌侵染，温度低于20℃或高于30℃，病原菌难以侵染，发病率几乎为零。土壤湿润有利于病原菌侵染，在一定范围内，土壤湿度越大，发病率越高。

土壤质地和 pH 对根癌病菌的存活和致病力也有明显影响。质地黏重、排水不良的土壤发病率较高；质地疏松、排水良好的沙质壤土发病率相对较低。中性至偏碱性土壤有利于根癌病的发生。根癌病菌在土壤 pH 为 6.0～8.0 时均能保持致病力，当土壤 pH 达到 5.0 或更低时，其存活和致病力明显下降。

栽培管理方式对桃根癌病的发生也有明显影响。连作、重茬有利于根癌病的发生。林、果苗木与蔬菜重茬，或果苗与林苗重茬一般发病较重，特别是核果类果树苗与杨树苗（林）重茬，根癌病的发生明显增多、加重。嫁接方式、嫁接口的部位、接口大小以及愈合的快慢均能影响发病程度。在苗圃中，一般切接、枝接比芽接发病重。切接苗木伤口大，愈合较慢，加之接后要培土，伤口与土壤接触时间长，染病机会多，因此发病率较高；而芽接苗接口在地表以上，伤口小、愈合较快，嫁接口染病机会明显减少。此外，耕作不慎或地下害虫为害，使根部受伤，也有利于病原菌侵入，增加发病率。

七、防治技术

桃根癌病菌与其他病原细菌的不同之处主要在其特殊的致病机理。从遗传学角度讲，植物根癌病的发生是一个天然的植物基因工程。一旦有根癌症状出现，就表明病原菌的 T-DNA 及其携带的致病基因已经转移并整合到植物的染色体基因组中，再用杀菌剂杀灭细菌已无法抑制植物细胞的增生，更无法使癌瘤症状消失。因此，根癌病的防治必须以预防为主。预防要从侵染途径入手，以阻断病原菌与寄主植物的联系为主要策略。在根癌病的防治方法上，植物检疫、生物防治、化学防治、物理防治、栽培措施、抗病品种等多种措施都有应用。目前，以生物防治方法为主的综合防治是最经济有效的防治手段。

（一）严格植物检疫

严格苗木检疫、保证使用无病苗木是预防、控制根癌病蔓延扩展的有效办法。根癌病菌在土壤和病组织中越冬，耐受低温能力较强，可通过种苗和土壤携带进行远距离传播。应根据各地根癌病的发生情况，划定疫区和非疫区，对苗木进行严格检疫，防止根癌病由疫区向非疫区传播、疫区内由发病地向未发病地蔓延。在根癌病防治中应用的检疫方法有单克隆抗体法、酶联免疫吸附测定（ELISA）、利用 T-DNA 和冠瘿碱合成相关基因序列设计探针和引物进行 DNA 分子杂交和 PCR 检测，以及 PCR 与免疫技术、选择性培养基等相结合进行根癌病菌的检测。

（二）选育抗病砧木

目前，国内外在生产中应用的桃砧木品种众多。国外应用的桃砧木主要是 GF677、筑波 4 号（*Amygdalus persica* 'tsukuba-4'）和筑波 5 号（*A. persica* 'tsukuba-5'）、Peda、Pema、Avimg、Sharpe、Nemaguard 和 Lovell。在我国应用的桃砧木主要是桃［*A. persica*（L.）Batsch］、山桃（*A. davidiana*）、新疆桃（*A. ferganensis*）、毛樱桃（*Cerasus tomentosa* Thunb.）、郁李（*Cerasus japonica* Thunb.）和欧李（*Cerasus humilis*）等。此外，筑波 4 号和筑波 5 号也已经被引进国内，在生产中应用。国内外的研究发现，不同桃树砧木品种对根癌病的抗性有明显差异，可划分为近免疫、高度抗病、中度抗病、中度敏感和高度敏感等不同等级；但是，总体上的抗性表型不稳定。同一品种资源，采用不同的抗性评估研究方法所获得的研究结果不一致；甚至，采用相同的研究方法在不同地方进行试验，抗性表型也会有明显差异。其中的原因主要是接种用的根癌病菌致病力可能有差异。另外，还与试验地的土壤、气候因素有关。国内外的学者通过研究发现了一批可用于抗根癌病品种选育的桃砧木种质资源，为培育可在生产中应用、推广的抗根癌病品种奠定了基础。

随着分子生物学研究技术的发展，通过转基因技术进行抗病育种是防治根癌病的一种新探索。现在研究中主要通过两种方式实现转基因抗病育种。一种是将抗根癌病基因或抗菌素基因转入寄主植物进行抗病育种。由于目前发掘的抗性资源有限，此方法尚处于起步、探索阶段。另一种是把反义致癌基因的 RNA 转入寄主植物中，通过 RNA 干扰（RNAi）技术使侵入的根癌病菌的致瘤基因沉默，不能正常表达，从而实现抗病育种。例如，Escobar 等将人工构建的、自身互补的植物生长素合成基因 $iaaM$ 和细胞分裂素合成基因 ipt 的 RNA 成功转入拟南芥和番茄植株中，通过 RNA 干扰技术使拟南芥和番茄获得了对根癌土壤杆菌生物 Ⅰ 型、生物 Ⅱ 型和生物 Ⅲ 型不同菌株的高度抗性。这是通过转基因技术进行抗病育种来防治根癌病非常有价值的探索。

（三）农业防治

1. 选用无病繁殖材料 使用无病苗木是预防、控制根癌病扩展蔓延的有效方法。无病苗木可以通过以下途径获得：①选择无病土壤作苗圃，避免重茬。老果园，特别是曾经发生过根癌病的果园和老苗圃不能作为育苗基地。根癌病菌是土壤习居菌，可以在土壤中长时间存活，难以通过土壤消毒杀灭。②选用健康的种子育苗；药剂拌种或种子包衣，以预防地下害虫为害造成伤口，降低病原菌侵染概率。③通过组织培养技术获得无病繁殖材料。获得了无病繁殖材料，也必须对其进行预防保护处理，以防止土壤中已经存在的根癌病菌侵染。④苗木检疫；出圃苗木要进行检查，发现病苗应予以淘汰。病原菌侵入后，经过一定潜伏期后，才会导致明显症状。因此，要严格检疫，淘汰不表现症状的可疑苗木。

2. 清洁田园卫生 根癌病菌可以在病组织内长时间存活并通过病组织进入土壤中，所以在田间管理中必须注意清洁残留组织，及时烧毁。育苗或定植之前，对苗圃或果园土壤进行消毒处理，对预防、减轻病害的发生有积极意义。在定植后的果树上发现病瘤，应及时切除或刮除，并将刮切下的病皮带出果园集中烧毁，以防止病原菌的扩散。

3. 其他防病技术 减少农事操作中的机械损伤、冬季防冻处理和控制地下害虫对减轻根癌病发生有良好效果。注意农事操作工具的消毒处理，防止交互感染。嫁接苗木从良种母树的较高部位取接穗，避免伤口接触土壤，减少染病机会。最好改枝接为芽接，以加快愈合，减小伤口。碱性土壤应适当施用酸性肥料或增施有机肥料如绿肥等，以改变土壤 pH，使之不利于病原菌生长。雨季要及时排水，在土壤湿度大的地区，注意开沟排水，降低田间湿度，使之不利于病原菌生长。中耕时应尽量避免损伤根部，以减少病原菌侵入概率。地下害虫为害造成根部受伤，会增加病原菌侵入概率。因此及时防治地下害虫，可以减轻发病。此外，避免连作、重茬，适当轮作，合理施用氮、磷、钾肥，培育壮苗，增强树势，都对病害防治有积极作用。

（四）化学防治

由于根癌病菌的特殊致病机理，目前还没有可以在病害发生之后应用而有效的化学治疗方法。抗生素类和铜制剂虽然可以杀死植株表面的致病菌，但不能完全根除。此外，现有的化学药剂并不能作用到已经转移、整合到寄主细胞染色体基因组的致瘤基因，不能使其降解或抑制其表达，从而达不到理想的治疗效果。但是，在生产中应用合适的化学药剂处理培育苗木的种子，进行药剂拌种或种子包衣，可有效控制地下害虫为害，降低病原菌的侵染概率，对预防或减轻根癌病的发生、获取健康安全的种苗有积极意义。

（五）诱导抗病性

研究发现水杨酸（salicylic acid，SA）及其诱导的系统获得抗性（systemic acquired resistance，SAR）能限制根癌病菌侵染，减轻根癌病的发生（Anand et al.，2008）。在实验条件下，水杨酸能抑制根癌病菌在培养基中的生长，降低其致病力及在植物（烟草）细胞上的附着能力。同时，水杨酸能抑制根癌病菌中毒性基因的表达。水杨酸处理能增强烟草植株对根癌病菌侵染的抗性。通过病毒诱导的基因沉默技术（virus-induced gene silencing，VIGS），进一步证实植物中与水杨酸生物合成及信号传递相关的关键基因在根癌病菌侵染致病过程中发挥了重要作用。这些基因被沉默了的植株对根癌病菌的侵染更为敏感，病情加重。预先使用系统获得抗性诱导剂 BTH 能减轻根癌病的发生。

（六）生物防治

1972 年澳大利亚的 Kerr 等首次报道了应用无致病性的放射（发根）土壤杆菌 K84 菌株处理种子可以成功预防桃树根癌病，防治效果达到 90% 以上。目前，澳大利亚、新西兰、美国等广泛应用 K84 或其遗传改良后的衍生菌株 K1026 生防制剂防治桃等核果类和蔷薇根癌病，并获得良好的防治效果。K84 或 K1026 对核果类、苹果、梨等果树上分离到的生物 I 型和生物 II 型根癌土壤杆菌具有防效，对生物 III 型葡萄土壤杆菌引起的葡萄根癌病则无效。K84 或 K1026 的作用机理主要是产生两种对根癌病菌有强烈抑制作用的细菌素：土壤杆菌素 84（Agrocin 84）和土壤杆菌素 434（Agrocin 434）。此外，K84 或 K1026 能够在植物根部定殖，占据伤口部位的侵染位点，减少病原菌的侵染。王慧敏等从澳大利亚引进了 K84，并且研制出适用于我国生产实际的防治桃树等根癌病的生物制剂。该制剂为可湿性粉剂，使用时以水稀释，在育苗时用于浸根、浸种或插条。处理后的苗木再种植，可以有效的防治根癌病，有效期可以达到两年以上。另外，该制剂还可以用作嫁接伤口的保护。但是，K84 或 K1026 只有预防作用，必须并且只有在发病前，即病原菌侵入前使用才能获得良好的防治效果。此外，王慧敏还分离获得了比 K84 抑菌谱更广泛的 E26 菌株（葡萄土壤杆菌 E26），并研制成具有完全自主知识产权的抗根癌菌剂。该菌剂可以用于桃树等其他果树根癌病的预防，对葡萄根癌病的预防效果最好。

李金云（中国农业大学）

第 60 节 核桃黑斑病

一、分布与危害

核桃黑斑病又名核桃黑腐病或"核桃黑"，是世界性核桃病害，在欧美一些国家有发生，广泛分布于我国河北、山东、山西、辽宁、河南、江苏、浙江、四川、云南、山西、甘肃等省份核桃产区，且为害程度有加重趋势，部分产区发病严重。据对河南安阳等地调查，一般植株受害率达 70%～90%，果实受害率 10%～40%，严重时达 65% 以上，造成果实变黑早落，出仁率和含油量均降低，严重影响核桃的产量和品质。在甘肃兰州、天水、临夏等地，病果率可达 80% 以上。核桃黑斑病除侵害核桃，还能侵染多种核桃属植物。

二、症状

核桃黑斑病主要侵害叶片、嫩枝、幼果及花器。在嫩叶上出现多角形小褐斑，病斑外围有水渍状晕圈；在较老叶片上病斑呈圆形，中央灰褐色，边缘褐色，外围有黄色晕圈，中央灰褐色部分有时可形成穿孔。严重时，病斑连片扩大，叶片皱缩，枯焦，病部中央变成灰白色，有时呈穿孔状，致使叶片残缺不全，提早脱落。有时叶柄也可出现边缘绿褐色、中央灰色的病斑，病斑外缘有黄色晕圈。枝梢上病斑细长，黑褐色，稍凹陷，严重时因病斑扩展包围枝条而使上部枯死。花序受害后，产生黑褐色水渍状病斑。果实是主要受害部位，初期果面出现稍隆起的油渍状褐色小病斑，病斑稍软，后病斑迅速扩大，渐凹陷变黑，外围果面产生黑色小斑点，斑点外围有水渍状晕圈，果实由外向内腐烂至核壳，常被称为"核桃黑"。幼果发病时，因其内果皮尚未硬化，病原菌向果内扩展可达核仁，导致全果变黑，引起早期落果。如在果核尚未硬化前病原菌已侵入核内并侵害果仁，则会导致全果变黑而脱落。果实长到中等大小，内果皮硬化，此时病原菌只能侵染外果皮，但核仁生长也会受到影响，成熟后核仁呈现不同程度的干瘪，常称为"蒿米粒"。嫩梢受害，在嫩梢上出现细长、褐色并略有凹陷的病斑，当病斑扩展并绕枝干 1 周时，病斑以上的枝条枯死（彩图 11 - 60 - 1）。

三、病原

核桃黑斑病病原为树生黄单胞菌胡桃变种 [*Xanthomonas arboricola* pv. *juglandis*（Pierce）Vauterin et al.；异名：*Xanthomonas campestris* pv. *juglandis*，*Xanthomonas juglandis*]，属于黄单胞菌属。该菌呈短杆状，两端圆，大小为（1.5～3.0）μm×（0.3～0.5）μm。极生鞭毛，有荚膜。革兰氏反应呈阴性。好气性，在 PDA 培养基上菌落透明，初呈白色，渐呈草黄色；在牛肉汁琼脂培养基上菌落生长旺盛，突起，有光泽，光滑，不透明，浅柠檬黄色，有黏性。形成黄色圆形菌落，能使明胶渐渐液化，并使牛乳浑浊冻化。在葡萄糖、蔗糖及乳糖中不产酸也不产气。病原菌生长发育最适温度为 26.7～32.2℃，最高临界温度为 37.2℃，最低临界温度为 1.1℃，致死温度为 51～52℃下 10min。生长适宜 pH 为 5.2～

10.5，以 pH 6～8 最为适宜。病原菌暴露在阳光下经 30～45min 即失去生活力，在干燥条件下可存活 10～13d，在枝梢溃疡组织内可存活 1 年以上。落于地面病组织内的病原菌约经 6 个月死亡。

四、病害循环

病原菌在染病枝条、芽苞或茎的老病斑上越冬。翌年春天借雨水、风、昆虫等进行传播，首先使叶片感病，再由叶传播到果实及枝条上。病原菌能侵染花粉，所以花粉也可成为传播媒介。每年 4～8 月发病，生长季有多次再侵染。蚜虫、蜜蜂、壁虱、蚂蚁和举肢蛾能传播病害。气温在 4～30℃ 时叶片、5～27℃ 时果实均能感病，潜育期 10～15 d，侵入的病原菌主要破坏柔膜组织。发病轻重与雨水有关。温度高、湿度大的雨季发病高峰期一般在核桃展叶期至开花期。

五、发病条件

（一）伤口

伤口为核桃细菌性黑斑病侵染创造了有利条件。调查同龄（二十年生）、同树势、同立地条件核桃树 60 株，其中无伤口的健壮树、冻伤、日灼伤、机械伤、修剪口、嫁接口树各 10 株，病害侵染率分别为 0、60%、40%、70%、80% 和 60%。结果表明各种伤口（包括冻伤、日灼伤、机械伤、修剪口、嫁接口等）均有利于核桃细菌性黑斑病菌侵染繁殖，以修剪伤口、机械伤口侵染率最高。另外，核桃举肢蛾、核桃长足象、核桃横沟象等在果实、叶片及嫩枝上取食或产卵造成的伤口，以及灼伤、雹伤都是病原菌侵入的途径。

（二）温湿度及种植密度

核桃黑斑病的发病程度与温湿度关系密切，高温高湿是该病发生的先决条件，在多雨年份发病早而严重。核桃最易感病的时期是展叶至花期，在组织幼嫩、气孔充分开放或伤口多、表面潮湿的情况下有利于病原菌侵入，一般雨后病害迅速蔓延，病原菌的潜育期一般为 10～15 d。当核桃园密度较大，树冠郁闭，通风透光不良时，有利于病原菌侵染，发病较重，核桃园密度小，则发病较轻。

（三）品种、立地条件及树势

不同品种、类型、树龄、树势的植株发病程度不同。一般薄壳核桃发病重于本地核桃，弱树发病重于健壮树，老树发病重于中幼龄树。核桃树生长的立地条件及树势强弱也是影响核桃细菌性黑斑病发生发展的重要因素，包括土、肥、水、经营管理水平等因素。调查结果表明，立地条件好，经营管理细致，营养水平高，核桃树势好，抗病性强，不易发病；相反，立地条件差，经营粗放，营养水平差，核桃树生长衰弱，抗病性弱，易发病。因此，在土壤瘠薄、排水不畅、地下水位高、肥力不足及不合理整形修剪造成树势衰弱时，易发此病。

六、防治技术

（一）选育抗病品种

不同的核桃品种对核桃黑斑病抗性不同，晋龙 1 号、辽核 4 号、礼品 2 号、香玲、丰辉、陕核 1 号、强特勒（Chandler）抗病性较强；核桃楸较抗黑斑病，以此作砧木嫁接的核桃抗病性较好。任丽华等（2004）对部分核桃品种进行了抗黑斑病测试。结果表明，黑核桃抗病性最好，寒丰和拥金 26 也有较强的抗病性。核桃树不宜与李、杏、樱桃等易感病的果树混栽，以避免互相传染。李树对细菌性黑斑病的感病性很强，往往成为果园内的发病中心，传染到核桃树上。因此，在以核桃树为主的果园，应将李、杏、樱桃等果树栽植到距离较远的地方。

（二）农业防治

1. 加强苗期管理 尽量减少病原菌，幼苗定植前进行仔细检查，剔除病苗。

2. 加强肥水管理 基肥施用时间应在秋季采收后到落叶前，结合深翻施入腐熟的有机肥，施肥量一般是初果期树每株 30 kg，盛果期树每株 100～150 kg。施用方法可采用放射状沟施或条状沟施，也可撒施后深翻。追肥一般每年 3 次，第一次在萌芽前，以速效氮肥为主，促进梢叶生长和开花坐果；第二次在果实迅速膨大期；第三次在果仁充实期（6 月下旬至 7 月上旬），以增施磷、钾肥为主。在施肥的同时对核桃周围进行松土和除草。同时还要注意合理间作，及时灌水与排水，合理修剪，综合防治病虫害，提高树体营养水平，增强树势，以增加核桃抗寒、抗冻、抗病虫能力。山区果园还需注意刨树盘，蓄水保墒，增强树势，保持树体健壮生长，提高抗病能力。

3. 减少伤口　采收时尽量避免棍棒敲击，以减少树体伤流。在害虫严重发生的地区，特别是核桃举肢蛾发生严重的地区，应及时防治害虫，从而减少伤口和病菌传播介体；采收后，及时处理脱下的果皮。

4. 清洁园内卫生，清理并烧毁病枝　修剪病枝、枯枝，同时搞好核桃园内卫生，及时铲除园内病枝、枯枝，在园外集中烧毁，以减少病菌来源。

5. 树干涂白　对核桃树干进行涂白，特别是新定植的幼树，更应注意冬、夏进行树干涂白，防止冻害和日灼发生，减少病菌侵入通道。涂白剂配方为生石灰 12kg、食盐 1.5kg、植物油 250g、硫黄粉 500g、水 50kg。

（三）化学防治

核桃生长期以化学防治为主，林业防治为辅，保护剂和治疗剂相结合，适期防治与周期用药相配合。

1. 喷药保护　在核桃树发芽前可喷 3～5 波美度石硫合剂或 0.8％波尔多液。张恩华等（2000）用硫酸铜：硫酸锌：石灰：水＝ 0.4：0.6：4：200 的铜锌石灰液防治黑斑病，防效可达 90％以上，是一种经济实用、防效高的药剂，目前已在生产上大面积推广使用。

2. 展叶期防治　展叶后全树喷施 50％溴氰菊酯乳油＋50％甲基硫菌灵可湿性粉剂 1 000～1 500 倍液，兼治核桃举肢蛾等害虫。7 d 后，喷波尔多液。

3. 幼果期防治　落花后 7～10 d 为该病侵染果实的关键期，应尽早喷施内吸杀菌剂及保护剂。治疗剂可选用 70％甲基硫菌灵可湿性粉剂 1 000 倍液＋72％硫酸链霉素可湿性粉剂 50 mg/L，或 50％氯溴异氰尿酸可湿性粉剂 1 000 倍液；保护剂可用 80％代森锌 800 倍液或 80％代森锰锌 800～1 000 倍液。因幼果期果小，不可用铜制剂或锰制剂。同时注意调整负载量，增强树势，提高抗病力。

4. 果实膨大后防治　此期进入雨季，降雨增多，高温高湿，病原菌侵染加剧，需加强防治。雨少延长用药间隔，反之增加用药次数，力争做到 10～15 d 用药 1 次，治疗剂与保护剂交替配合使用，雨后补喷。治疗剂可选用 50％多霉清可湿性粉剂（25％多菌灵＋25％乙霉威）1 200～1 500 倍液＋72％硫酸链霉素可湿性粉剂 50 mg/L 或 70％甲基硫菌灵可湿性粉剂 1 000 倍液＋72％硫酸链霉素可湿性粉剂 50mg/L；保护剂可选用 1：2：200 波尔多液或 80％代森锰锌可湿性粉剂 800～1 000 倍液。一般应在配药时加入叶面肥，如磷酸二氢钾等，及时补充营养，增强树体抗病力。

王树桐（河北农业大学）

第 61 节　核桃枝枯病

一、分布与危害

核桃枝枯病是核桃的主要病害之一。在我国核桃主要产区辽宁、河南、河北、山东、陕西、山西、甘肃、浙江、云南等省均有发生，主要侵害枝干，造成枝干干枯死亡。植株感病率一般为 20％左右，重的达 70％，严重影响核桃产量，且导致树冠逐年缩小。

二、症状

核桃枝枯病主要侵害枝干，造成枝干枯死以至全株死亡。病原菌多从一至二年生的枝梢或侧枝上侵染树体，侵染发病后，再从顶端逐渐向下蔓延到主干。受害枝的叶片变黄脱落。感病初期病部皮层失绿，呈灰褐色，后变为浅红褐色或深灰色，病部稍下陷，干燥时开裂，露出木质部，当病斑扩展绕枝干一周时，出现枯枝以致全株死亡。在病死的枝干上，产生密集的黑色小粒点，即病原菌的分生孢子盘。湿度大时，从分生孢子盘上涌出大量的黑色短柱状分生孢子，如遇湿度增高则形成长圆形黑色孢子团块，内含大量孢子。大量分生孢子和黏液从盘中涌出，在盘口形成黑色小瘤状突起。

三、病原

核桃枝枯病病原为矩圆黑盘孢（*Melanconium oblongum* Berk.），属子囊菌无性型黑盘孢属真菌。其有性型为核桃黑盘壳［*Melanconis juglandis*（Ellis et Everh.）A. H. Graves］。病枯枝上的小黑点为病原菌的分生孢子盘，初埋生于皮层内，后突破皮层外露。分生孢子梗紧密排列于分生孢子盘中，梗端生分生孢子，分生孢子初无色，后变暗色，椭圆形，单细胞，两端钝圆，有时一端稍弯，大小为（10.6～16.5）μm×3.3μm。在山核桃病枯枝以及培养物上未发现病原菌的有性世代。

病原菌在 PDA＋10％核桃枝皮水提液（PDAB）上生长较好。在 25℃ 下培养时，最初菌落为近白色，渐呈黄白色，后变为暗灰色。10d 左右菌落上出现集结的菌丝团，逐渐由松变紧，由软变硬。15d 左右菌丝团上出现露珠状物，并逐渐变成黑色角状物，即病原菌的分生孢子角。分生孢子在蒸馏水中不能萌发，在核桃枝皮液中极易萌发。在 20～25℃ 时萌发最适，25℃ 下经 12～14h 达到萌发高峰。菌丝在最初两天生长缓慢，以后则转为直线生长期。菌丝在 25～30℃ 时生长最适，15℃ 时生长极慢，35℃ 时生长缓慢，45℃ 时不能生长。在 25℃ 时接种潜育期为 18d 左右。

四、病害循环

（一）侵染特点

病原菌在枝干的病斑内以菌丝体和分生孢子等形态越冬。老的病枯枝也于秋天向下蔓延，引起大枝条枯死。翌年分生孢子借风、雨、昆虫传播，孢子萌发后从各种伤口或枯枝处侵入皮层，逐渐蔓延。

（二）侵染条件

空气湿度大或雨水多时，遭受冻害、春旱长势弱或伤害重的树易发病；栽植密度过大，通风透光不良时，发病较重。

（三）侵染时间

孢子捕捉试验表明，4～5 月已有较多分生孢子传播，核桃枝枯病始发于 8 月中、下旬，盛发于秋季采收后的 10～11 月，冬季仍有少数新的病枯枝出现，这可能是先染病后遭冻害所致，而 3 月至 8 月上旬核桃旺盛生长的 5 个多月里，则不见有新的病害发生，也不见老的病枯枝向下蔓延引起枝条枯死的现象，在这段时间里见到的都是上年遗留下来的老病枯枝。

五、发病条件

（一）伤口和病原菌数量

伤口为核桃枝枯病侵染创造了有利条件。各种伤口包括冻伤、虫伤和机械伤口都有利于病原菌的侵染。有天牛和咖啡木蠹蛾为害的核桃树，枝枯病往往多且重。冬季未清理园中的枯死枝，残留大量病原菌，春季在适宜的天气条件下病原菌大量扩散，传播为害。

（二）湿度及种植密度

空气湿度大，有利于病害发生，雨水多，病害迅速蔓延，发病严重；干旱少雨不利于病害发生，发病轻。当核桃园密度大，树冠郁闭，通风透光不良时，有利于病菌侵染，发病重；种植密度小，则发病较轻。

（三）立地条件及树势

核桃树生长的立地条件及树势也是影响核桃枝枯病发生发展的重要因素，包括土、肥、水等经营管理水平等因素。调查发现，立地条件好，经营管理细致，肥水充足，核桃树长势好，抗病性强，不易发病。相反，立地条件差，经营粗放，肥水不足，核桃树生长衰弱，抗病性弱，易发病。

六、防治技术

核桃枝枯病的防治应以预防为主，以加强栽培措施为基础，结合清除菌源和药剂防治，进行综合治理。

（一）农业防治

1. 选用丰产优质抗病品种　选用抗病性高的优良品种是防治核桃枝枯病的重要技术措施。以核桃楸作砧木嫁接的核桃抗病性较好。

2. 适地适时，合理密植　新建核桃园要选择适合当地生态条件的良种，合理密植，减少感病率。

3. 加强树体管理，增强树势　深翻改土，中耕除草。每年全园耕翻 1 次，树盘中耕除草 1～2 次。增施有机肥，秋季或早春每株成年大树根施腐熟有机肥 50 kg ＋复合肥 2.5 kg。萌芽和开花期每株追施碳铵 2 kg，提高树体营养水平，增强树势，提高核桃抗病能力。及时灌水及排水，保持好水土。

4. 树干涂白　对核桃树干涂白，以防冻、防虫和防病。涂白剂配方为：生石灰 12.5 kg、食盐 1.5 kg、植物油 0.25 kg、硫黄粉 0.5 kg、水 50 kg。

5. 清洁园内卫生，烧毁病枯枝　可结合修剪及时剪除病枝、枯枝，搞好园内卫生，并将其带出园外及时烧毁，减少病菌初次侵染。

6. 不在休眠期修剪　避免伤流和伤口感染，死枝死树剪锯口涂抹波尔多液保护伤口，以免病菌侵染。

（二）药剂防治

1. 病部涂药　发病初在病部用 2％五氯酚蒽油胶泥涂抹，每 7 d 涂抹 1 次，连续抹 2～3 次，防治效果明显。

2. 树冠喷药　采用 50％多菌灵可湿性粉剂 600 倍液、70％甲基硫菌灵可湿性粉剂 500 倍液、80％代森锰锌可湿性粉剂 300 倍液，任选一种，在发病初或发病前进行树冠喷洒，7 d 喷 1 次，连喷 3 次。杀菌效果明显，能起到控制病害的作用。

王树桐（河北农业大学）

第 62 节　核桃溃疡病

一、分布与危害

核桃溃疡病是核桃树干上的一种常见病害，早在 1915 年美国加利福尼亚州即已发现此病，国内如陕西、山西、河北、河南、山东、江苏、湖北、安徽等省均有分布。20 世纪 70 年代初期，曾在安徽亳县核桃林场几度猖獗发生，病株率一般为 20％～40％，重病区可达 70％以上，不仅影响当年的产量，而且削弱树势，导致植株过早衰亡。本病除侵害核桃，还侵害垂柳、刺槐、枫杨、中槐、苹果及多种杨树。

二、症状

核桃溃疡病多发生于树干基部 0.5～1.0 m 的高度。初为褐色或黑色近圆形病斑，直径为 0.1～2 cm，多发生在树干及主、侧枝基部。有的扩展成菱形或长条形病斑。在幼嫩及光滑的树皮上，病斑呈水渍状或为明显的水泡，破裂后流出褐色黏液，遇空气变黑褐色，并将其周围染成黑褐色。后期病部干瘪下陷，其上散生很多小黑点，为病原菌的分生孢子器。罹病树皮的韧皮部和内皮层腐烂坏死，呈褐色或黑褐色，腐烂部位有时可深达木质部。当病部环绕枝、干一周时，出现枯梢、枯枝或整株死亡。秋季病部表皮破裂。在较老的树皮上，病斑多呈水渍状，中心为黑褐色，病部腐烂深达木质部。果实受害后呈大小不等的褐色圆斑，早落、干缩或变黑腐烂（彩图 11-62-1）。

三、病原

2000 年 Chen 等在南非一果园中发现一种幼嫩枝条上伴随溃疡病斑，出现形成层组织变色的核桃枝枯病。随后在溃疡病斑边缘的色变组织上分离到病菌，其中，腐皮镰孢 [*Fusarium solani* (Martius) Appel et Wollew. ex Snyder et Hansen] 占 74.5％，细极链格孢 [*Alternaria tenuissima* (Fr.) Wiltshire] 占 17.3％，茎点霉 (*Phoma* sp.) 占 6.25％。致病性测定表明，腐皮镰孢为核桃溃疡病的致病菌。1985 年 Cummmings 等还在黑核桃上发现了由拟枝孢镰孢 (*Fusarium sporotrichioides* Sherb.) 引起的核桃溃疡病。1986 年刘世骐对核桃溃疡病病原进行培养鉴定，分离得到的病菌中，有聚生小穴壳菌 (*Dothiorella gregaria* Sacc.) 及腐皮镰孢，另外还有部分细菌。致病性测定结果表明，聚生小穴壳菌是引起我国核桃溃疡病的主要病原。在山东，核桃溃疡病上分离获得了腐皮镰孢 (*F. solani*) 和葡萄座腔菌 [*Botryosphaeria dothidea* (Moug. ex Fr.) Ces. et de Not.]。

一般认为，我国核桃溃疡病病原为聚生小穴壳菌 (*D. gregaria*)。分生孢子器球形，暗色，通常数个聚生于子座内，大小为 (79～165) μm×(89～132) μm。子座在寄主表皮下，成熟时突破表皮而外露。分生孢子梗短，不分枝。分生孢子多数为梭形，表面有云纹，单胞，大小为 (13.1～21.8) μm×(3.3～

6.3) μm。病原菌的有性阶段为葡萄座腔菌 [*B.dothidea* (Moug. ex Fr.) Ces. et de Not.]，多见于枯死的枝干上。子座黑色，近圆形，其中埋生一至数个子囊腔，子囊腔黑褐色，扁圆形或洋梨形，具乳头状孔口，直径 $120\sim289\mu m$。子囊束生腔内，无色，棍棒状，有短柄，双层壁，顶壁厚，易消解，大小为 (50～72) μm×(16～20) μm。子囊孢子椭圆形或倒卵形，一端略呈梭形，无色，单胞，大小为 (13.0～23.2) μm×(5.0～9.0) μm。病原菌在 PDA 培养基上生长良好，菌丝在 10～40℃下都能生长，最适温度为 25～30℃。分生孢子在 13～40℃下均可萌发，萌发适温为 25～35℃，最适温度为 30℃。孢子萌发要求相对湿度在 80％以上。萌发适宜 pH 为 5.6～7.2，以 pH6.3 萌发率最高。

四、病害循环

病原菌主要以菌丝状态在当年罹病的树皮内越冬，翌年 4 月上旬当气温为 11.4～15.3℃时，菌丝开始生长，病害随即发生，并以老病斑复发最多。5 月下旬以后，气温升至 28℃左右，病害发展达最高峰。6 月下旬以后，气温升高到 30℃以上时，病害基本停止蔓延，入秋后，当外界温、湿度条件适宜于孢子萌发和菌丝生长时，病害又有新的发展，但不如春季严重，至 10 月病害停止发展。

春季病害发生的早晚与冬季温度高低有关，冬季温度高，发病期提早，反之则推迟。病原菌的分生孢子一般在 6 月大量形成，借风雨传播、萌发，并多从伤口侵染寄主。病害潜育期的长短与外界温度的高低有关，如在 15～28℃范围内，从侵入到症状出现需时 1～2 个月；而在 25～27℃范围内，病害潜育期只有 29d。发病后约需 2 个月产生分生孢子器。

五、发病条件

病害发生与土壤条件和栽培管理措施有密切的关系。凡土壤营养贫乏、土质黏重、排水不良、地下水位高等条件下，核桃树生长发育不良，病害发生普遍而严重。栽培管理粗放，有的核桃园在实施林农间作后，不单独对核桃树进行管理，甚至长期不施肥，不修剪，导致树体衰弱，则常引起病害。此外，冻害和害虫造成的伤口也为病原菌侵染提供了有利条件。

核桃的不同品种对溃疡病的感病程度有明显差异。安徽亳县核桃林场栽培的品种，分为华北及新疆两大品种群。从历年的发病情况来看，前者如绵核桃感病重，而新疆核桃感病轻，根据在该场对核桃溃疡病的定点调查，绵核桃每株平均病斑数和病斑平均直径均大于新疆核桃，由此显示出二者感病性的差异。在辽核系列品种中，"辽 1" 比较抗病；其他树干或干基向阳面发病较多。

六、防治技术

核桃溃疡病的防治应以预防为主，以加强栽培措施为基础，结合清除菌源和药剂防治，进行综合治理。

（一）农业防治

1. 选用抗病品种，增强抗病能力 各地应因地制宜选育抗病品种。

2. 改善立地条件，实行科学施肥 增施肥料，增加树体营养。核桃以生产坚果为主，需消耗大量营养物质，营养不足，树势衰弱或未老先衰，易引发病害。种植绿肥，增加土壤有机质含量，并及时适量施用矿质肥料。树势衰弱是引发该病的根本原因，最好在秋季采果后施入腐熟的农家肥，结果树按每株 50～75kg 施在树盘内，可有效增强树势，控制溃疡病的发生。防止氮肥过多，磷、钾肥适当配合。

3. 合理灌水 核桃园应建立良好的灌水及排水系统，实行"春灌秋控"。应根据不同地区土壤的特性加以改良，做到能灌能排。特别是平原地区，应注重排涝，开沟沥水，降低地下水位，使之适合核桃的生长发育，提高抗病能力。

4. 合理修剪，调整负载量 整枝修剪，既能恢复树势，增强抗病能力，又可改善树冠结构，提高光能利用率，增加花芽形成量，为丰产奠定基础。结果树应根据树龄、树势、肥水等条件，疏花疏果，做到合理负载，克服大小年现象。

5. 搞好果树防寒，减少冻伤 幼树防寒以培土为主，结果树防寒进行树干涂白。涂白剂的配方是：生石灰 5kg、食盐 2kg、油 0.1kg、豆面 0.1kg、水 20L。

6. 清除菌源 修剪时注意清除病枝、残桩、病果台，剪下的病枝条、病死树及时清除烧毁；剪锯口及其他伤口用煤焦油或油漆封闭，隔断病菌侵染途径。

（二）药剂防治

1. 早春树体萌动前喷杀菌剂，可用 3～5 波美度石硫合剂、5％菌毒清水剂 50 倍液等。

2. 刮除病斑 发现病株后，马上刮除病斑，刮除时树下铺报纸或塑料薄膜，将刮下的病树皮及时清除，集中烧毁，或将病斑纵横深划几道口子，然后涂刷 3～5 波美度石硫合剂或 3.315％甲硫·萘乙酸、硫酸铜液或 10％碱水等。

3. 5～6 月发病期，全园喷施 50％多菌灵可湿性粉剂 600 倍液或 70％甲基硫菌灵可湿性粉剂 800 倍液，间隔 15 d 喷 1 次，连喷 2 次。

王树桐（河北农业大学）

第 63 节　核桃腐烂病

一、分布与危害

核桃腐烂病是核桃上的主要病害之一。在我国核桃主要产区新疆、辽宁、河南、河北、山东、陕西、山西、甘肃、浙江、云南等省份均有发生，主要侵害枝干，造成枝干干枯死亡。植株感病率一般为 20％左右，重的达 70％，严重影响核桃产量，且导致树冠逐年缩小。

二、症状

核桃腐烂病主要侵害幼树，主要发生在主干、骨干枝上。病斑初期近梭形，暗灰色，水渍状，微肿起，用手按压，流出带泡沫的液体，树皮变黑褐色，有酒糟味。中期病皮失水干陷，病斑上散生许多小黑点，即病原菌的分生孢子器。天气潮湿时，分生孢子器内涌出橘红色胶质丝状物（病原菌的孢子角）。病斑沿树干的纵向方向发展。后期病部皮层纵裂，流出大量黑水，当病斑环绕枝干一周时，即可造成枝干或全树死亡。

核桃腐烂病侵害大树时，主要在大树主干上发病，病斑初期隐藏在韧皮部，有时许多病斑呈小岛状互相串联，周围集结大量的白色菌丝层，一般外表看不出明显症状，当皮层溢出黑水时，皮下已扩展为较大的病斑。后期病斑处沿树皮裂缝流出黑水，干后发亮，就像刷了一层黑漆。枝条受害后枯枝或失绿，皮层上产生小黑点，与木质部剥离。核桃腐烂病在同一株树上的发病部位以枝干的阳面、树干分杈处、剪锯口和其他伤口处较多。同一园中，挂果树比不挂果树发病多，老龄树比幼龄树发病多，弱树比旺树发病多（彩图 11 - 63 - 1）。

三、病原

核桃腐烂病病原为核桃生壳囊孢 ［*Cytospora juglandicola* (DC.) Sacc.］。在病枝接近枯死时产生黑色小点，即病原菌的分生孢子器。分生孢子器埋生于表皮下，多室，形状不规则，黑褐色，有明显的长颈，成熟时孔口突破表皮外露，放射橘红色的分生孢子角。分生孢子单胞，无色，腊肠状，大小为 $(1.94～2.9)~\mu m \times (0.39～0.58)~\mu m$。

四、病害循环

核桃腐烂病菌为弱寄生菌，并有潜伏侵染特性。病原菌一般从伤口侵入，死亡的皮层组织分泌有毒物质，杀死周围的活细胞，或从死亡的皮层组织以及主干上的干桩枯橛、主枝上的干枯梢、冻害部位获得繁衍，并产生繁殖体，继续传播，进行再侵染，引起发病。病原菌以菌丝体及分生孢子器在病枝上越冬。一般早春核桃树液流动时，病原菌开始活动，病斑逐渐扩展蔓延，病原菌活动及病斑扩展以 4 月下旬至 5 月最盛，直至越冬时才停止。春季产生分生孢子，借风、雨、昆虫等传播。核桃生长期间，病原菌可进行多次再侵染。一年中春、秋两季为发病高峰期，尤以春季为重。病原菌在生长健壮，在局部坏死组织的树上侵染，呈潜伏状态，当树体衰弱或局部组织衰弱，寄主抗病力降低时，潜伏病菌便会转为致病状态。

五、发病条件

核桃腐烂病菌是一种弱寄生菌，极易从伤口侵入。凡是影响树势的因素都有利于病害的发生发展，尤其以冻害、寒害、盐碱害、不合理的修枝整形以及修剪、嫁接、机械创伤等在枝干上造成伤口，有利于病害的发展蔓延。

（一）栽培条件

一般生长在瘠薄、排水不良、地下水位高、含盐碱多的土壤中的核桃腐烂病发生严重。凡核桃树出现丛生现象，形成大量营养枝及徒长枝，普遍发生冻梢，腐烂病发病率就高。而排水良好、土壤肥力好时，核桃树生长发育正常，腐烂病发生也轻。主干过低，耕作时容易造成创伤，促进了腐烂病的发生。主枝与分枝角度过小时，分枝处也易发病。

（二）品种抗病性

目前还缺乏对于核桃不同品种抗腐烂病的系统研究资料，但从生产上的观察发现，核桃不同品种对于腐烂病的抗病性程度不同。如新疆农业科学院林业科学研究所在 20 世纪 70 年代就曾在 500 个单株中筛选出 16 株结实早、抗寒、抗腐烂病的单株。不同生长阶段，核桃树抗病性有差异。幼龄期虽然在节疤、树皮伤疤、芽疤及分枝等处有病斑，但因其长势旺盛，病害发展受到抑制。进入结实期后，由于消耗养分多，树势衰弱，有利于病害发展，因而许多丰产类型的核桃树，因连年大量开花结果，常常造成树势急剧衰退，腐烂病迅速发展，引起全树死亡。

（三）伤口

整形修剪及嫁接的核桃树，大部分都会因伤口感染腐烂病而降低核桃幼树成活率和保存率。一般伤口越大，感染越严重。移栽成年树，截干后如果不采取伤口保护及消毒措施，就会造成严重的感染而引起全株死亡。嫁接时对工具及伤口进行消毒，可以显著减轻病害。

六、防治技术

对核桃腐烂病的预防要从选用无菌母树入手，尽量采用无菌繁殖，在高接过程中要注意刀具消毒，嫁接不同植株时都要进行一次刀具消毒，严防相互传染。嫁接后要及时涂白，消毒防病。

（一）农业防治

1. 选择良好的园址，改善土壤条件 在平均温度 9℃ 左右的丘陵沟壑区，园址要选择海拔 1 200m 以下的阳坡、半阳坡地，避免在沟底、阴坡、山顶、风口等处建园，同时要注意核桃是散生树种，不宜集中连片栽植。山前台田采用小坑定植的早实核桃园，要及时进行深翻改土，为根系生长创造良好的生长环境，深翻时配合施有机肥。

2. 保证肥水供应，改善核桃园的生态条件 每年采果后，要施入足量的迟效性有机肥，初果期每树 30～50 kg，盛果期每树 50～100 kg；3 月中、下旬施 1 次速效性氮肥，每株约 1.5 kg，施肥后及时灌水；6 月中、下旬施 1 次氮、磷复合肥。秋季深埋柴草和施有机肥，以肥调水，秋水春用。有灌溉条件的核桃园可在春季萌芽前浇 1 次透水，土壤封冻前浇 1 次封冻水。无灌溉条件的，要进行地膜覆盖或秸秆覆盖，减少土壤水分蒸发。及时清理锯下的病枯枝，雨天、刮风天停止刮治腐烂病斑。

3. 适当修剪，控制负载量 秋季落叶前对树冠郁闭的树疏去部分大枝，打开天窗，生长期间疏除下垂枝、老弱枝，恢复树势，并对剪锯口用 1% 硫酸铜消毒。适期采收，尽量避免用棍棒击伤树皮。疏花疏果，保持树体生长健壮。一是疏除雄花，在花芽膨大期人工掰除，疏除量以总芽数的 90%～95% 为宜；二是疏除幼果，疏果时间在花后 20 d，留果量以树冠投影面积每平方米约 80 个果实为宜。

4. 树干保护 入冬前树干涂白（涂白剂的配方为水∶生石灰∶食盐∶硫黄粉∶动物油＝100∶30∶2∶1∶1），降低树皮温差，减少冻害和日灼。开春发芽前，6～7 月和 9 月，在主干和主枝的中下部喷2～3 波美度石硫合剂，铲除核桃腐烂病菌。

5. 伤口保护 生长季经常巡视果园，对枝干上出现的各种伤口包括剪锯口、机械伤、虫伤、冻伤、日灼伤等及时发现并涂药保护。可以选用菌毒清、甲硫·萘乙酸等涂抹伤口。

（二）病斑治疗

病斑要及时刮治，然后涂药保护。

1. 刮治 刮治的范围可控制在比变色组织大出 1 cm，略刮去一点好皮即可。早春发病盛期要突击刮治，并坚持常年治疗。树皮没有烂透的部位，只需要将上层病皮刮除。病变达到木质部的要将腐烂的木质部一并刮去。刮治后，再涂药剂保护。刮时要求刀口平整光滑，茬口向外略倾，病疤要刮成菱形。刮后用

5％菌毒清水剂 40～50 倍液涂抹。

2. 划道防治 划道防治是用锋利的刀在病斑外围 1.5cm 左右处划一隔离圈，深达木质部，然后在圈内相距 0.5～1.0 cm 划交叉平行线，再涂药保护。

3. 涂药保护 常用药剂有 3.315％甲硫·萘乙酸膏剂、5％菌毒清水剂等，也可直接在病斑上敷 3～4cm 厚的稀泥，超出病斑边缘 3～4 cm，敷后用塑料纸裹紧即可。

王树桐（河北农业大学）

第 64 节 核桃炭疽病

一、分布与危害

核桃炭疽病是核桃上的主要病害之一。在我国新疆、山西、云南、四川、河南、山东等地均有不同程度的发生，主要侵害果实，在叶、嫩梢和芽上亦有发生，引起核桃仁干瘪，使产量、品质大大降低。

二、症状

果实受害后，果皮上出现褐色至黑褐色、圆形或近圆形的病斑，中央凹陷，病部有黑色小点产生，有时呈轮状排列。湿度大时，病斑上的小黑点处呈粉红色突起，即病原菌的分生孢子盘及分生孢子。一个病果常有多个病斑，病斑扩大连片后导致全果变黑、腐烂达内果皮，核仁无食用价值。发病轻时，核壳或核仁的外皮部分变黑，降低出油率和核仁产量，或果实成熟时病斑局限在外果皮，对核桃影响不大。叶片感病后，病斑不规则，有的沿边缘 1cm 处枯黄，或在主脉两侧呈长条形枯黄，严重时全叶枯黄脱落。苗木和幼树的芽、嫩枝感病后，常从顶端向下枯萎，叶片呈烧焦状脱落。潮湿时在黑褐色的病斑上产生许多粉红色的分生孢子堆（彩图 11-64-1）。

三、病原

核桃炭疽病病原为围小丛壳 [*Glomerella cingulata* Stoneman Spauld. et H. Schrenk]，属子囊菌门小丛壳属真菌。其无性型为胶孢炭疽菌 [*Colletotrichum gloeosporioides* (Penz.) Penz. et Sacc.]。有性阶段子囊壳褐色，球形或梨形，具喙。子囊平行排列于壳内，无色，棍棒状。内含 8 个子囊孢子，无色，圆筒形，稍弯曲，单胞。核桃炭疽病病原菌无性阶段的分生孢子盘生于果实表皮下，褐色，平坦，无刚毛。分生孢子无色，圆柱形，单胞。核桃炭疽病病原菌在 PDA 培养基上培养 24h 开始出现白色圆形菌落，菌落边缘整齐，菌丝不发达，绒毛状，培养 7d 后菌落变成灰白色，产生淡黄色分生孢子盘。分生孢子圆柱形或椭圆形，两端钝圆，单胞，无色，内有油球 2～3 个，大小为（12～15）μm×（3～5）μm。核桃炭疽病病原菌菌丝生长最适温度为 25.0℃，菌丝在 10～35℃时均能生长，低于 5℃和高于 40℃时不能生长；分生孢子萌发与菌丝生长所需温度条件基本一致，25℃时萌发率最高，在 10～35℃时均能萌发。病原菌菌丝生长和分生孢子萌发最适 pH 均为 6.5～7，pH 低于 3 和高于 11 菌丝不能生长，分生孢子萌发受抑制。病原菌分生孢子在相对湿度 75％时开始萌发，相对湿度 100％时萌发率最高，相对湿度低于 70％时停止萌发。

四、病害循环

病原菌以菌丝体在病枝、病芽上越冬，成为翌年初侵染源。分生孢子借风雨、昆虫传播，孢子在 27～28℃、有水滴的条件下，6～7h 即可萌发侵染。自伤口或自然孔口侵入，在 25～28℃条件下，潜育期 3～7d。一般幼果期易受侵染，7～8 月发病重，并可多次再侵染。早实核桃感病重。

五、发病条件

（一）品种

王勇等（2005）在对山西祁县核桃良种繁育园十年生早实核桃进行病害调查时发现，不同核桃品种抗炭疽病的能力不同，辽核 4 号的抗病力最强，其次是香玲、辽核 1 号、中林 5 号，而中林 1 号的抗病力最差。

（二）气象因子

核桃炭疽病一般 7 月至 9 月初均能发病，其病原胶孢炭疽菌 7 月出现于林间，8 月上旬开始产生孢子，8 月底为发病和分生孢子流行高峰期，9 月初采果前果实迅速变黑，品质大大下降。发病早晚及程度与当地降雨早晚、温度、湿度等密切相关，如降雨早、25～28℃、湿度大时，发病严重。降雨、高温、高湿等气象因素是核桃炭疽病发生的主导因子。

六、防治技术

（一）农业防治

加强树体管理，改善通风透光条件；果树休眠期结合修剪，清除病枝，收拾干净枯枝病果，集中烧毁或深埋，以减少病源。

（二）化学防治

核桃发芽前，喷 1 次 5 波美度石硫合剂，兼治其他病（虫）害，如核桃枝枯病、核桃霉烂病等。核桃展叶前喷 1∶0.5∶200（硫酸铜∶生石灰∶水）波尔多液，既保护树体，又经济实用。在核桃开花前、开花后、幼果期、果实速长期各喷 1 次 1∶1∶200（硫酸铜∶生石灰∶水）波尔多液、代森锌，可兼治多种病虫。5 月中旬左右，核桃炭疽病菌分生孢子飞散、侵染期，用 5%腈菌唑乳油或 10%苯醚甲环唑水分散粒剂 1 500 倍液进行喷雾防治，每隔 15d 防治 1 次，每年防治 2～3 次。也可用 20%亚胺硫磷乳油+65%代森锌可湿性粉剂+尿素+水（2∶2∶5∶1 000）等混合液喷雾，可达到病虫兼治，还可起到根外追肥的作用，防治效果良好。

王树桐（河北农业大学）

第 65 节　枣 锈 病

一、分布与危害

枣锈病是枣属植物上的重要叶部病害之一，在我国河北、河南、山东、山西、陕西等枣产区普遍发生，在印度、我国台湾等毛叶枣栽培区也时有发生。病菌侵染枣叶后，致使叶片的生理机能下降，并加快了其衰老进程，可导致叶片提早脱落。叶片脱落后，枣果营养不能得到正常供应，果实个头小、含糖量低。一般枣园因枣锈病侵害减产 20%～60%，严重者甚至绝收。另外，由于叶片过早脱落，还导致树体生长受阻、营养积累较少，树体长势亦变弱。

二、症状

枣锈病仅侵害叶片。叶片受害后起初在背面散生淡绿色小点，渐变为灰褐色，以后突起呈黄褐色，此即夏孢子堆，夏孢子堆形状不规则，其直径约为 0.5mm，起初埋生在表皮下，后期突破表皮散生黄粉状的夏孢子。夏孢子堆多发生在中脉两侧，叶片的尖端和基部，叶片边缘和侧脉易凝集水滴的部位也容易发病。有时夏孢子堆在叶脉两侧密集连成条状，在夏孢子堆发展的后期，在叶片正面，与夏孢子堆相对的部位，发生绿色小点，其边缘不甚规则，致使叶面略呈花叶状，以后渐变为灰色，最后失去光泽，成为褐色角斑，病叶易干枯脱落。

发病严重时，树上只残留不健全的枣果。落叶常先由树冠的下部开始，逐渐向上发展，落叶期一般在枣果近成熟期，以致枣果在没有完全长成时皱缩，甜味大减，并发生落果现象，对产量和品质影响很大，冬孢子堆在树叶脱落前形成，较少。一般在病叶落地后产生。冬孢子堆较夏孢子堆小，近圆形或不规则形，其直径为 0.2～0.5mm，稍突起，但不突破表皮（彩图 11 - 65 - 1）。

三、病原

枣锈病病原是枣层锈菌 [*Phakopsora ziziphi-vulgaris* Dietel]，属担子菌门层锈菌属真菌。目前只发现了冬孢子和夏孢子阶段。

夏孢子堆寄生于寄主叶背面，以后发生不规则开裂，黄褐色，侧丝少，夏孢子是双核菌丝体产生的成堆的双核孢子，革质，椭圆形或卵圆形，黄色，表面密生短刺，大小为（17～25）μm×（12～17）μm；冬孢子堆散生于寄主叶片背面，黑色，冬孢子 2～4 层，长椭圆形或多角形，黄褐色，表面光滑，壁薄，顶稍厚，大小为（10～21）μm×（6～10）μm（图 11 - 65 - 1）。

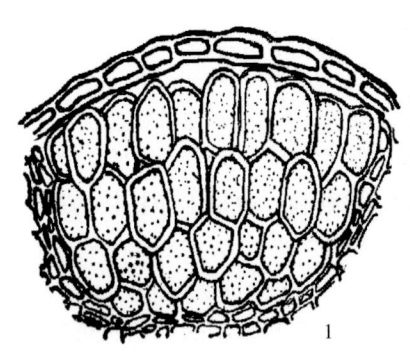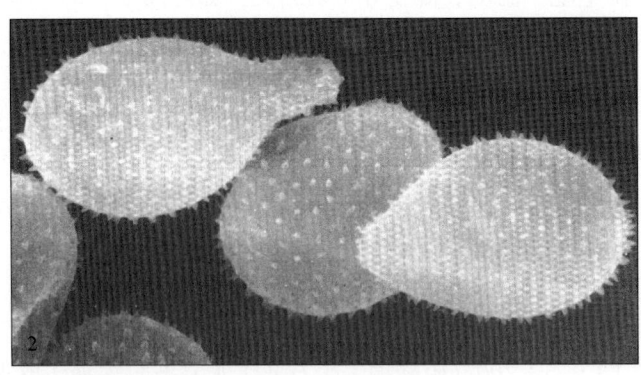

图 11 - 65 - 1　枣层锈菌的夏孢子堆和夏孢子（引自康振生，1997）

Figure 11 - 65 - 1　Uredia and urediospores of *Phakopsora ziziphi-vulgaris*（from Kang Zhensheng，1997）

1. 夏孢子堆　2. 夏孢子

四、病害循环

枣锈病菌的夏孢子可在病叶表面越冬，翌年萌发侵染寄主，成为主要的初侵染来源；冬孢子在初侵染中的作用不明确。

夏孢子萌发后，一般从气孔侵入寄主；冬孢子在寄主表面萌发，产生一个生长的短芽管，继续萌发产生双核菌丝体，形成夏孢子，夏孢子可反复侵染寄主植物。

五、流行规律

枣锈病一般从 7 月中旬开始出现症状，8 月下旬至 9 月初夏孢子堆大量出现，通过风雨传播不断引起再侵染，使病害加重。病害的潜育期为 7～15d，如果条件合适，从显症到开始落叶只隔 18d 左右，从开始落叶到大量落叶只隔 7～10d。

7 月上旬是决定病害能否流行的关键时期，此时正是落叶上的夏孢子传播和侵入的阶段，如果温度、湿度和雨水条件满足，则能形成大量的潜育病斑，为以后的流行奠定基础。

六、防治技术

枣锈病的再侵染次数多，只要条件适宜，短期内即可暴发成灾，所以应采取以药剂防治为主，加强栽培管理及利用抗病品种为辅的综合治理措施。

（一）抗病种质的利用

不同的枣品种对枣锈病的抗性不同，灰枣、冬枣等表现感病，九月青、灵宝大枣等表现抗病。

叶片角质层厚度、下表皮厚度、栅海比、叶片结构疏松程度、气孔密度等指标与叶片对锈病的敏感程度有关，是抗锈病优良单株筛选的重要依据。

（二）农业防治

合理密植，并通过整形修剪调整树体结构以利通风透光，增强树势。避免在枣园行间种植高秆作物。

在落叶至发芽前，彻底清扫枣园内落叶，集中烧毁或深翻掩埋于土中，消灭翌年的初侵染来源。

（三）化学防治

病叶率达 1.0% 左右时开始喷药保护，此后根据降雨情况决定喷药次数，一般是 10～15d 喷 1 次，连喷 3～4 次。所用药剂有 1：2：200 波尔多液、20% 三唑酮乳油 1 500 倍液、80% 代森锰锌可湿性粉剂 400～600 倍液等。

胡同乐（河北农业大学）

第 66 节　枣 疯 病

一、分布与危害

枣疯病是枣树及毛叶枣上的毁灭性病害，分布于我国、韩国、日本及印度等所有枣树、酸枣及毛叶枣分布区，尤以我国河北、河南、山东、北京等省份发生最为普遍和严重。1951 年季良在我国首次正式报道了枣疯病，此后枣疯病在我国呈日益猖獗的趋势，20 世纪 80 年代在河北太行山区、辽宁葫芦岛南票枣区枣疯病的年发病株率达 5％～10％，一些重病的累积发病株率甚至高达 60％～80％；1995 年韩国曾暴发枣疯病，许多枣园的年发病株率高达 20％～30％；2008 年印度亦发现了患枣疯病的植株。枣树一旦感病，通常幼树 1～2 年，成龄树 3～6 年即可逐渐枯死，致死率近 100％，而且枣疯病作为一种维管束系统病害，具有强传染性、难治愈、高致死性的特点。

二、症状

枣疯病可侵害枣树的根系、花、枝条、叶片及果实，主要症状是花器返祖和芽不正常萌发与生长所引起的枝叶丛生以及嫩叶的黄化和卷成匙形等特异现象。其中以花、枝条、叶和根最为常见。

病株根部表现为根瘤，须根呈扫帚状，同一条根上多处出现丛生根蘖，枯死后呈刷状，后期病株根的皮层逐渐变褐色腐朽，易与木质部剥离。

病株上花器的着生部位没有变化，但花梗、雌蕊、子房等明显变长，萼片、花瓣、雄蕊及雌蕊多变成小叶，萼片变成小叶的腋芽又萌发生出小枝条，雄蕊和雌蕊可变成小枝条，其腋芽往往萌发，生成短而细的小枝，这种现象即花器返祖。此后，除了雌蕊变成的小枝和萼片腋芽萌发生成的枝条外，其他各部分大都脱落，而果实被小枝叶所取代，从而形成了枣吊上的枝叶丛生症状。

枝条受害后，当年生枣头副芽萌发，其主芽也萌发成新枣头，新枣头上的芽眼除副芽照常发育成二次枝外，其主芽又萌发成新枣头，如此不断萌发形成丛枝症状。枣疯病病树枣股的顶芽多抽出枣头，但不能结枣，而逐渐死亡，其上副芽和主芽又不断萌发，呈丛枝状。

病枝上的嫩叶往往叶脉褪绿，向内卷成匙形，黄化或叶片凹凸不平，呈不规则的块状，黄绿不均，叶色较淡。丛生枝叶除着生于脱落性枝的以外，在冬季大多不脱落。丛枝上的小叶易焦枯，其他老叶有时也自叶尖焦枯脱落。

病株上的果实表现为生长停滞，果面发生疣状突起，呈淡绿与红色镶嵌状，着色不均匀（彩图 11 -66 -1）。

三、病原

枣疯病病原为枣植原体（*Candidatus* Phytoplasma ziziphi Jung et al.），属软壁菌门柔膜菌纲植原体暂定属。目前植原体尚不能人工分离培养，其分类系统主要是根据 16SrDNA 和核糖体蛋白质基因（*rp*）构建的，据此枣疯病植原体归为榆树黄化组（16SrV 组）。枣疯病与酸枣丛枝病的植原体 16S rDNA 仅有 5 个碱基的差异，可能是同一个种的不同寄主生物学型。

电镜下观察感染枣疯病材料中植原体的形态时，可看到堆积成团或联结成串的不规则球状物质，直径为 90～260nm，外膜厚度为 8.2～9.2nm。

四、病害循环

枣疯病在自然条件下通过根蘖、昆虫以及菟丝子 3 种途径进行传播；人为条件下通过嫁接进行传播。其中以叶蝉传播为主，但叶蝉不能将植原体传递给子代，所以，其主要以成虫或若虫传病。

枣疯病植原体在感病植株体内运转情况较为复杂。首先，植原体通过韧皮部筛管在枣树体内被动地随营养流向运行；其次，植原体在患病枣树体内分布具有不均匀性，表现为在相同器官的不同发育阶段（在病根中病原浓度以 5 月中旬最高，而地上部 7、8 月处于发病高峰期病原浓度最高，随物候期的变化有所下降，但冬季疯枝中仍然会检测到大量植原体的存在），同一时期的不同器官之间（较幼嫩的部位病原浓度高于较老的部位）及同一发病枝条的不同部位（对应树冠有疯枝一侧的树干韧皮部能观察到植原体，而对应树冠健枝一侧的树干则通常观察不到植原体）等病原浓度存在明显差异，并且这种不均匀情况在发病初期尤为明显；最后，枣疯病植原体于冬季到来临之前从地上部运转到根部越冬，翌年春天又回流到地上部分繁殖和为害，但亦能在地上部越冬。

五、流行规律

传播枣疯病的叶蝉主要有凹缘菱纹叶蝉（*Hishmonus sellatus* Uhler.）、红闪小叶蝉（*Typlilocyba* sp.）和橙带拟菱纹叶蝉（*Hishimonoides aurifaciales* Kuoh.）等。这些叶蝉普遍存在于北方枣区，是枣疯病在北方枣区自然传播的主要媒介。如凹缘菱纹叶蝉在华北地区1年发生3代，以成虫越冬，间或以卵越冬，成虫入冬常蛰藏于枣园附近的常青松柏针叶丛中的基部，9～10月迁离枣树，翌春4～5月陆续返回枣树，植原体则藏于虫体中，使越冬成虫的带菌率很高（16.0%～62.5%）。

另外，最近研究表明，根蘖苗繁殖方式是目前多数枣产区病园内苗期和幼树发病以及病害从病区传入无病区的主要原因。

六、防治技术

（一）抗病种质的利用

不同枣品种对枣疯病的抗性存在明显差异，选用抗枣疯病的种质是防治枣疯病最经济、有效的措施。在枣疯病的抗性鉴定中，多采用在被鉴定种质上嫁接病树皮或在重病树上高接被鉴定种质的方法。

目前发现抗枣疯病的品种或种质有南京木枣、壶瓶枣、秤砣枣、骏枣、屯屯枣、清徐圆枣和火石沟铃枣，其中骏枣单系、秤砣枣单系、清徐圆枣单系和南京木枣单系高抗枣疯病，而骏枣单系的品质最佳，已正式命名为星光。星光已在全国推广种植。另外，调查发现，大多数酸枣都易感染枣疯病。

除了推广抗病种质外，对患枣疯病严重的树亦可以通过高接换头的方法进行嫁接抗病品种来改造。

（二）农业防治

1. 消除侵染源 一方面，加强检疫，防止植原体进入未见植原体病害的区域；另一方面，彻底清除带菌植株（枝），强化传病叶蝉的防控。

2. 手术治疗 枣疯病的手术治疗研究开始最早，并且对感病轻的树治疗效果较好。手术治疗的方法主要有去除病枝、主干环锯（剥）、根部环锯及断根等方法，目前这些方法仍在应用，但此种方法主要是针对感病初期及发病轻的树体。

（三）化学防治

通过应用化学药剂来防治病害是最为常见和有效的措施之一。最初的研究是喷施硫酸铜、硫酸亚铁、硼砂等，但均未发现有恢复作用。当枣疯病的病原定为植原体时，因植原体对四环素族抗生素敏感，防治药物的筛选也就围绕四环素族开展起来。

目前治疗效果较好的药物为祛疯1号（3g/L盐酸土霉素＋1%硫酸镁＋2%柠檬酸）或祛疯2号（3g/L盐酸四环素＋1%硫酸镁），于4月底至5月初（枣树萌芽展叶期）采用树干滴注的方法，以株为单位对病株进行药物治疗，具体用量根据树体大小及病级而定（0级：无病枝；1级：仅有1～2个小病枝，其他枝条外观正常；2级：病枝占总枝量的1/3以下，其他枝条外观正常；3级：病枝占总枝量的1/3～2/3，其他枝条外观正常；4级：病枝占总枝量的2/3以上，但尚有枝条外观正常；5级：病枝遍布全树，基本无正常枝条），详见表11-66-1。

表11-66-1 枣疯病树干滴注用药量参考表（引自刘孟军等，2005）

Table 11-66-1 Recommended injection amount on controlling of jujube witches' broom（from Liu Mengjun et al.，2005）

干径（cm）	干周（cm）	不同病级病树的参考用药量（×500mL）				
		1	2	3	4	5
5	15.7	0.5	0.5	0.5	0.5	0.5
6	18.84	0.5	0.5	0.5	0.5	1

（续）

干径（cm）	干周（cm）	不同病级病树的参考用药量（×500mL）				
		1	2	3	4	5
7	21.98	0.5	0.5	1	1	1
8	25.12	1	1	1	1	1
9	28.26	1	1	1	1	1
10	31.4	1	1	1	1.5	1.5
11	34.54	1	1.5	1.5	1.5	1.5
12	37.68	1.5	1.5	1.5	1.5	2
13	40.82	1.5	1.5	2	2	2
14	43.96	2	2	2	2	2.5
15	47.1	2	2	2.5	2.5	2.5
16	50.24	2.5	2.5	2.5	2.5	3
17	53.38	2.5	2.5	3	3	3
18	56.52	3	3	3	3	3.5
19	59.66	3	3	3.5	3.5	3.5
20	62.8	3.5	3.5	3.5	4	4
21	65.94	3.5	4	4	4	4.5
22	69.08	4	4	4.5	4.5	5
23	72.22	4.5	4.5	5	5	5
24	75.36	5	5	5	5.5	5.5
25	78.5	5	5.5	5.5	6	6
26	81.64	5.5	6	6	6	6.5
27	84.78	6	6	6.5	6.5	7
28	87.92	6.5	6.5	7	7.5	8
29	91.06	7	7.5	8	8	8.5
30	94.2	8	8	8.5	8.5	9

胡同乐（河北农业大学）

第67节　冬枣溃疡病

一、分布与危害

冬枣溃疡病是我国冬枣产区病害之一，以山东、河北等地最为严重。枣吊感病后形成溃疡状裂斑，造成大量落蕾、落花、落叶。病吊率一般在10%左右，严重者可达30%，严重影响冬枣的正常生长发育。

二、症状

冬枣溃疡病主要侵害冬枣枣吊，以枣吊3～6叶位最易受害，少数发生在枣头、叶片和幼果上。受害枣吊或枣头形成梭形灰白色至浅褐色溃疡状裂斑，在侵染初期呈白色疱状突起点，长到约1mm后开裂流胶，纵向扩展，长度一般为3～10mm，最长达20mm，深达髓部1/3～1/2，宽度绕枣吊或枣头。放大观察，病斑常有细小的横裂纹，表面有菌膜。发病枣吊上的蕾、花易脱落。叶片受害，在叶片中间或边缘出现圆形、椭圆形或不规则形病斑，中部灰褐色，边缘褐色，病健交界清楚，病斑直径2～4mm。初侵染为半透明水渍状小点，后期病斑常"十"字开裂或不规则开裂穿孔。幼果受害，初为白色疱状突起，后开裂流胶，病斑浅褐色至褐色，坑状凹陷，深度约1mm，直径一般为3mm以下（彩图11-67-1）。

三、病原

冬枣溃疡病病原为油菜黄单胞菌 [*Xanthomons campestris* (Pamme) Dowson]，属薄壁菌门黄单胞菌属。病原菌单生，呈短杆状，两端钝圆，大小为 (0.4～0.5) μm×(0.9～1.5) μm，鞭毛单极生1根，不形成芽孢和夹膜。生长 pH 为 4.0～9.0，最适 pH 为 7.0 左右，耐盐性为 2.0%～5.0%，严格好氧。革兰氏染色反应及 3% 氢氧化钾简易法试验呈阴性，过氧化酶和脂酶反应阳性，氧化酶、精氨酸双水解酶和尿酶反应均呈阴性，甲基红和 V.P. 试验均呈阴性，不能还原硝酸盐，能液化明胶，可产生硫化氢和氨，不能产生吲哚，能水解淀粉和七叶灵，能利用葡萄糖、蔗糖、麦芽糖等，但不能利用乳糖、棉籽糖、鼠李糖、甜醇等。

四、流行规律

冬枣溃疡病在冬枣新梢速长期至盛花期发生。5月上旬末至中旬始见发病，5月下旬至6月上旬达到盛期，6月中旬后在枣吊上看不到新的发病，只是在幼果和叶片上偶见。

田间自然发病观察，该病与害虫密切相关。盲椿象等刺吸类害虫为害重的枣园发病重。另外，与大风、降雨也有密切关系，雨后病情迅速加重。

五、防治技术

因冬枣溃疡病的病害循环尚不清楚，病害防治仍主要处于抑菌药剂的筛选方面。其中室内抑菌效果比较好的是 72% 农用链霉素和 88% 水合霉素，大田防治效果最好的是 72% 农用链霉素。

胡同乐（河北农业大学）

张朝红（河北省农林科学院昌黎果树研究所）

第68节 枣皱胴病

一、分布与危害

枣皱胴病主要发生在我国山西中部地区广泛栽培的壶瓶枣和骏枣两个品种上，20世纪90年代以来发病逐年严重，例如2007年山西晋中十年生左右枣树发病病果率达90%以上，严重影响了农民的经济收入，更由于连年发病，没有行之有效的防治方法，使当地红枣产业面临严重危机。21世纪初，我国新疆南疆地区大面积引种壶瓶枣和骏枣，面积已达10万 hm²，随着树龄进入结果盛期，枣皱胴病发生逐年严重，2010年新疆和田、阿拉尔、阿克苏等地病果率达60%以上，给生产造成了巨大的经济损失。

二、症状

枣皱胴病仅侵害枣果实，表现为枣果实胴部皱缩（彩图11-68-1）。患病轻的枣果皱缩1/4以下，患病重的枣果皱缩1/2。患病部位经水浸泡和蒸煮后，果皮与果肉不能剥离；病果肉含糖量明显低于健康果肉。枣果成熟期遇雨后，皱胴病病果极易感染由链格孢菌、聚生小穴壳菌、茎点霉菌侵染引起的黑斑病、褐斑病、黑腐病，果实失去食用价值。

三、病因

枣皱胴病属生理性病害，是"灌浆"不足的表现。枣果进入红圈期后，受光周期的影响，自然生长速率逐渐下降，这时的降雨会促进生长素（IAA）合成或使束缚型水解为游离型，使果实生长速率反弹，而后很快生长速率又下降。负增长显示枣果进入成熟期，成熟期是伴随枣果逐渐失水的时期，反弹增长的果实由于细胞内有机物尚未充实便进入失水期，所以果实胴部出现皱缩。

壶瓶枣和骏枣属自然坐果率较低的品种，为了提高产量，人们在花期喷赤霉素（GA）20～100mg/L。GA促进了生长素（IAA）的合成，因此，在提高坐果率的同时也促进了果个增大。然而，叶面积并没有因喷GA增加，叶果比却大大降低了，由此而导致成熟果实有机物含量不足，大量出现枣果胴部皱缩现象。不喷GA的树产量低、果个小、叶果比高，成熟果实有机物含量高，发病很轻。

四、发病规律

（一）树龄

在不喷GA的情况下，调查不同树龄的枣皱胴病发生规律发现，树龄大，发病轻，树龄小，发病重。即使喷GA，当树龄很大时，发病也较轻，这一些现象说明大树抗干扰能力较强。

（二）栽培管理

1. 修剪过重发病重 枣树集约化栽培中，为了便于管理，将枣树强行落头，枣树被控制在2～3m，相比同龄未落头的枣树，枣皱胴病发病更重；对枣头进行极重剪，促生木质化枣吊，其上所结果发病重，原因为木质化枣吊上结果过于集中，叶果比严重失调。

2. 偏施化肥发病重 枣皱胴病在偏施化肥的果园比不施化肥的果园发病重。随着红枣产业的迅速发展，特别是在新疆南疆地区，有机肥源严重不足，栽培中以施化肥为主，树体营养比例失调，所以发病呈逐年上升趋势。在新疆，有的枣农每公顷施农家肥60m³，2010年枣皱胴病很少发生，而施化肥的果园枣皱胴病发病率在60%以上。

（三）降雨

壶瓶枣皱胴病在晋中8月下旬（红圈期）开始发病，8、9月降水量与发病密切相关，8月下旬多雨，9月上旬无雨年份发病重，少雨年份发病较重；8月下旬少雨，9月上旬无雨和少雨年份发病轻。

五、防治技术

尊重枣树自然生长特性，控制树高在5m左右，增加枝叶量，提高叶果比。

尊重品种自然生长特性，对自然坐果率低的品种提高坐果率要适度，严格控制GA的使用浓度和次数，不要对枣头重剪，促生木质化枣吊。

增施农家肥或有机肥，平衡树体营养，避免偏施化肥。

枣果进入红圈期后不要人为灌溉，因为这会促使根系合成生长素，使枣果生长速率反弹，加重皱胴病。

避雨栽培，搭建防雨棚架，枣果红圈期开始防雨，效果明显。

人工疏果，调节枣吊上的留果量，一个枣吊留一个果，保证叶果比合理。

李夏鸣（山西省农业科学院果树研究所）

第69节　板栗疫病

一、分布与危害

板栗疫病又称干枯病、溃疡病、腐烂病、胴枯病，是一种世界性病害。主要侵染欧洲板栗（*Castanea dentata*）、美洲板栗（*Castanea sativa*）、板栗（*Castanea mollissima*）、日本栗（*Castanea crenata*）、青可品栗（*Castanea pumila*）、锥栗（*Castanea henryi*）、栎树（*Quercus acutissima*）、栓皮栎（*Quercus variabillis*）、欧洲栎（*Quercus robur*）、无梗花栎（*Quercus pelroea*）、漆树（*Rhus vernici flua*）、山核桃（*Carya cathayensis*）、常绿锥栗（*Castanopsis sempervirens*）、欧洲山毛榉（*Fagus sylvatica*）等植物。

1904年首先在美国纽约动物园的美洲板栗上发现板栗疫病，在北美流行了近30年，几乎摧毁了北美的所有栗树；1938年在欧洲流行，给欧洲板栗带来灭顶之灾，使其成为濒危物种。1913年美国人Meyer在我国一些地区发现有板栗疫病存在，此后陆续在多地发现，目前已在国内栗产区普遍发生，主要有北京、河北、山西、辽宁、江苏、浙江、安徽、福建、江西、山东、河南、湖北、湖南、广东、广西、重庆、四川、贵州、陕西等省份；国外的分布主要是美国、加拿大、意大利、法国、瑞士、比利时、西班牙、葡萄牙、希腊、匈牙利、前南斯拉夫、俄罗斯、土耳其、印度、日本、朝鲜、韩国等。我国板栗和日本栗属于抗病种类，虽然有板栗疫病发生但没有美洲板栗和欧洲板栗严重。我国将板栗疫病列为国内外检疫对象。

板栗疫病可侵害板栗幼苗和结果树。长期以来认为我国的板栗对板栗疫病是有抗性的，但统计数据显示该病在我国的发生也是十分严重的，山东、辽宁、四川板栗上的发病率达到30％以上，老树几乎达到90％，每年都有因感染该病而导致死树的情况发生。

二、症状

苗木和结果树都可受到板栗疫病侵染。感病后，病斑迅速包围枝、干，病斑环绕树干或主枝后，引起树皮腐烂，使上部整树枝梢枯萎，使栗实产量和质量明显下降，严重时造成全株枯死。

发病初期病部表皮出现边缘不规则的水渍状病斑，淡褐色到赤褐色，继而产生许多橘黄色至暗红色的疣状突起，即病原菌的子座。此后子座顶端破皮而出，在雨后或潮湿条件下，子座内涌出橙黄色卷须状的分生孢子角。秋、冬季节子座变为深褐色，并可见黑色刺毛状的子囊壳颈部伸出子座外。撕开病树皮，有时可见韧皮部有淡黄色的扇形菌丝层，在光滑的树皮上，常可见到一种肿胀型网状开裂的病斑；在老树上，由于树皮粗糙、较厚，病斑通常不明显；在嫁接树上，病斑通常发生在嫁接口处；在有虫害的树干上也常常会发现该病的病斑。病原菌主要在皮层和形成层中蔓延。当病害发生严重时，木质部表层亦可受害，树势严重衰退，病部树皮纵裂，部分脱落，露出木质部，病斑边缘形成愈合组织，第二年旧病复发，继续扩展，形成新的愈合圈，这样年复一年形成同心密集的中心低边缘高的多层愈合圈，为开放或放射型溃疡，当病斑环绕枝干后，病部以上部分萎黄枯死，即使冬季也不落叶。病树一般发芽较晚，发芽后叶小而黄、焦枯，不抽新梢或抽梢很短，进入盛果期的栗树发病快，感病树树势衰弱，最终枯死，但常常从靠近地面处抽出新梢。

三、病原

板栗疫病病原为隐丛赤壳 ［*Cryphonectria parasitica* （Murrill） M. E. Barr，异名：*Endothia parasitica* （Murr.） P. J. Anderson & H. W. Anderson］，属子囊菌门隐丛赤壳属，其无性型为寄生小内座壳孢 （*Endothiella parasitica* Roane），为兼性寄生菌。

病原菌子座疣状，直径 0.3～2.0mm，春季为橘黄色，内生分生孢子器。分生孢子器球形或不规则形，多室，由假薄壁组织构成，单生。分生孢子梗密生于内腔壁上，无色，单生，很少有分枝，其上着生分生孢子。分生孢子单胞、无色，长方形至圆筒形，大小为 （2.4～3.0） $\mu m \times$ （1.2～1.3） μm。秋季，子座变为橘红色至酱红色，内生子囊壳。子囊壳黑色，球形至扁球形，直径150～350μm，数个子囊壳深浅不一的埋在一个子座内，并有长颈伸出子座顶部，长达600μm。子囊无色，棒状，含8个子囊孢子。子囊孢子无色，单行或不规则排列，椭圆至卵圆形，双细胞，隔膜稍缢缩，大小为 （5.5～11.0） $\mu m \times$ （3.0～5.0） μm。在韧皮部形成淡黄色的扇形菌丝层。

四、病害循环与流行规律

病原菌主要以菌丝、子座、成熟或未成熟的子囊壳和少量分生孢子器及分生孢子在病株枝干、枝梢或以菌丝在栗实内越冬。分生孢子是翌年初侵染的主要来源。春季在病斑上产生橘红色疣状子座，5月以后在子座上溢出一条条淡黄色至橘红色胶质卷须状的分生孢子角，遇水后即溶化，分生孢子借雨水或昆虫、鸟类传播，孢子萌发长出菌丝体通过树枝、干上的伤口（嫁接、虫害、日灼、冻伤等）侵入树的韧皮部，不能直接侵入，有时可达到外层边材。遇潮湿天气产生分生孢子，进行再侵染。秋季，产生有性子实体，子囊孢子从子囊壳中可有力射出，借风力传播，亦通过伤口侵入树体。

病原菌一年四季均可形成分生孢子器及分生孢子，但以春、夏季为多，分生孢子在干燥条件下可存活60～90d，甚至可长达1年之久；子囊孢子的成熟期以秋季为多，但子囊孢子的释放是长期的，可达数月，且耐干旱，经1年（有报道2年半）干燥后遇水仍可萌发。

病原菌的分生孢子借助于任何与之接触的动物传播；水溅能近距离传播孢子，借助风雨可作较长距离的传播；远距离主要是通过调运带病苗木、接穗、插条、原木和栗实等途径进行传播。

当平均温度超过 7℃时，病斑开始扩大，气温 20～28℃时，最适于病原菌的生长和繁殖，病斑发展迅速。一般侵入 5～8d 后出现病斑，10～18d 产生子座，随后产生分生孢子器。平均温度下降到 10℃ 以下时，病斑发展迟缓；高于 30℃ 病菌生长缓慢。

病原菌为兼性寄生菌，引起潜伏侵染性病害，病害的发生与立地条件、气候、林分状况及经营管理水平有着密切关系。一般阳坡、地势平缓、土层深厚、土壤肥沃、排水良好、经营管理水平高的林分，栗树生长旺盛，抗病力强，发病少或不发病；反之，则发病率高。幼龄树当年发病和枯死率高，老龄树当年发病和枯死率低。随林龄增长，累积发病率也增高。不同栗树品种之间的抗病力存在差异。

五、防治技术

（一）加强检疫
对前述各国中进口的板栗、栎类等感病树种的苗木、接穗、带皮的原木、枝条进行严格检疫。

（二）选用抗病品种
我国板栗品种多，普遍较抗板栗疫病，我国板栗被认为是最好的抗源，北方地区最抗病的品种是红光栗，东南地区最抗病的品种是皖薄壳，其他还有红栗、石丰、乌板栗、油板栗、黄板栗、灰普板栗、桂林油栗、油毛栗、明栗、长安栗和九家种等；中抗品种有腰子栗、宣化红、江山一号、马齿栗、米饭栗、宅栗、隆林板栗、龙潭门、铁粒头、早熟板栗、迟熟板栗、湖北板栗等；高度感病的品种有半花栗、薄皮栗、大果乌皮、柳州板栗、玉林板栗等，有人认为木栓层较厚的品种抗性强，相反则抗性差。

（三）适地建园，加强管理，强壮树势，减少和保护伤口

1. 要在适宜板栗生长的区域建园，有利于保持树体健壮，抵御病菌的侵染

（1）土壤。板栗对土壤要求以 pH 4.6～7.5 为宜，最适 pH 5.5～6.5 的微酸土壤，在 pH 7.5 以上的钙质土壤和盐碱性土壤（含盐量大于 0.2%）中生长不良和不能生长。以土层深厚、湿润而排水良好，含有机质多的砂岩、花岗岩风化的沙质和砾质壤土，对板栗树的生长发育最有利。

（2）气候条件。在年平均气温 8～22℃，绝对最高气温 35～39.1℃，绝对最低气温 -25℃，年降水量 500～1 500mm 的气候条件下都能生长。

（3）光照。板栗是一种喜光树种。在日光照不足 6h 的沟谷中，树冠生长直立，叶薄枝细，产量低，易感染枝叶病害。在开花结果期间，光照不足，易引起生理落果。日照充足的阳坡或开阔的谷沟地最适宜板栗生长。

2. 加强管理，减少和保护伤口

（1）枝干涂白。用石灰浆给枝干涂白，以防日灼和冻害。

（2）加强害虫特别是蛀干害虫的防治。害虫的为害不仅造成伤口，而且使树势衰弱，抗病力减弱，促使栗疫病发生。

（3）加强修剪，疏密除弱，保持树势强壮；禁止采用共砧嫁接其他品种接穗（共砧的苗木，疫病发生严重）。

（4）对剪锯口和嫁接口，要涂抹石灰水或石硫合剂进行保护。

（5）冬季清园，刮除粗皮，刮皮后涂白进行保护。

（6）出现涝灾要及时排水，防止林地积水。

3. 均衡施肥，多施有机肥，改良土壤，增强树势　板栗疫病菌是一种弱寄生性病菌，合理的施肥并时常翻松土壤，提高板栗生长的土壤立地条件，可以极有效地预防板栗疫病的发生。

土壤中有机质、速氮、速钾、全氮、全磷、全钾的含量对板栗疫病有极显著影响，土壤内养分含量高，板栗生长旺盛，树势增强，板栗抗病能力也随之增强，板栗疫病的发病率和感病指数就随之下降。

土壤的容重和土壤质地（土壤内颗粒直径<0.05mm 粉粒所占的百分比）对板栗疫病有显著影响，随着土壤容重和质地的增加，板栗疫病的发病率和感病指数也随之增加，这主要是因为土壤过分黏重，影响了板栗根系的吸收，板栗树势衰退，抗病能力降低所致。因此多施有机肥，增加有机质，可以增强树势，

提高树体的抵抗力。

(四) 生物防治

1. 喷涂生物拮抗剂　用生物拮抗剂 S511、S308 喷涂干部，病斑愈合率为 100%，病斑不再扩大，疗效显著。树干整体喷涂成本太高，可以仅在病斑、剪口处喷涂。

2. 板栗疫病菌弱毒株的利用　低毒病毒是一类能够降低板栗疫病菌致病能力的无衣壳双链 RNA 病毒系。1965 年法国真菌学家 Grente 为了解意大利板栗疫病缓和及栗树恢复生长的原因，对复苏的栗树林做了调查，仔细检查了愈合的溃疡斑并带回树皮，从中分离到了两种不同的病菌：正常菌株和异常菌株。异常菌株菌落白色而非橙色，生长缓慢，不产或少量产孢。Grente 称之为低毒力 (HyPovirulence) 菌种。将此低毒力菌种和正常毒力菌种混合接种，或将此菌种接种到溃疡斑外围都可以阻止溃疡发展，从接过低毒力菌种而停止扩展的病斑上只分离到低毒力菌种。Grente 等认为低毒力是一种细胞质因子所造成而非宿主抗性所致。毒力降低或丧失和传染性胞质因子的存在一致，此因子是 dsRNA，或称与低毒力相结合的 dsRNA。低毒力菌株除了毒力降低外，还表现出包括菌落形态改变，抑制孢子形成，减少草酸积累，减少漆酶产生和降低色素产生等症状。值得注意的是这些过程也受到环境因素的影响。例如，在缺少光照条件下生长，毒力菌株的色素、孢子形成和草酸积累都受到抑制。天然含有 dsRNA 的弱毒力菌株使意大利、法国的栗树林得以恢复，并控制了板栗疫病的蔓延。1976 年在美国密歇根州分离到北美的第一株天然弱毒力菌株。1990 年我国也发现了弱毒力菌株。板栗疫病菌弱毒株的发现为板栗疫病菌的有效防治带来了希望。

(五) 化学防治

1. 病斑部位涂 23% 络氨铜水剂 30 倍液，可使子座萎缩，病斑不再扩大。

2. 刮除病斑后涂 1～3 波美度石硫合剂，用塑料薄膜包裹，防止树体丧失水分。

3. 50% 多菌灵可湿性粉剂 600 倍液加 0.8mg/kg 井冈霉素喷雾防治，喷淋树冠和枝干。

4. 栗苗栽植前使用 1∶1∶100 波尔多液浸泡 30min。

于丽辰（河北省农林科学院昌黎果树研究所）

第 70 节　栗仁斑点病

一、分布与危害

栗仁斑点病在我国栗产区发生普遍，生长季节的发病率一般在 3% 以下，常温储藏发病较重，一般可达 10%，随着储藏时间的增加会逐渐加重，25℃ 下，发病率可达到 60% 以上，几乎完全丧失其商品性。

二、症状

栗仁斑点病也称为黑斑粒和沉腐粒，主要有 3 种类型，即黑斑型、褐斑型和腐烂型。除炭疽病可在极少数栗实的尖端出现种皮变黑症状外，绝大部分栗斑点类病害的症状都表现在种仁上，即外观种皮无异常的栗实内部出现各种坏死斑点。斑点病粒在清水中不易浮起，无法采用水选法除去病粒，所以被称为沉腐粒。

三、病原

栗仁斑点病由多种侵染性真菌侵染导致，黑斑型主要由炭疽病菌和链格孢 [*Alternaria alternata* (Fr.：Fr.) Keissler] 引起；褐斑型主要由镰孢菌和青霉菌引起，腐烂型为其后期症状。炭疽病菌主要是胶孢炭疽菌 [*Colletotrichum gloeosporioides* (Penz.) Penz. et Sacc.]，该菌也可以侵染苹果、西瓜、柑橘等。镰孢菌主要有 3 种，即腐皮镰孢 [*Fusarium solani* (Martius) Appel et Wollenw. ex Snyder et Hansen]、三线镰孢 [*F. tricinctum* (Carda) Sacc.] 和所谓的串珠镰孢 (*F. moniliforme* J. Sheld.)。青霉菌主要是扩展青霉 (*Penicillium expansum* Link)。

四、病害循环

除由青霉菌引起的斑点病为典型的储藏期病害外，其他几种病原菌都有可能在板栗成熟前侵染。病菌的侵染和发生规律尚不清楚。

五、流行规律

一般在板栗将近成熟时的 8 月底 9 月初，从树上采集的样品中可发现少量的斑点病粒，发病率平均在 0.5％；采收期病粒可达到 3％；采收后经过沙藏预储至交到收购站时病粒可增加到 8％左右；到加工期即挑选成品栗时达到发病高峰，一般在 10％左右。采收至加工要经历 15～25d，这段时间气温较高，适合病害发生，此后，气温逐渐降低，病情发展缓慢。

影响该病消长的主要因素主要是采收至加工期的温度、栗仁失水程度、当年栗瘿蜂发生程度，其他如栗实成熟度、机械伤等也有一定的作用。

炭疽病菌最适温度 20～26℃，两种镰孢菌的适温较高，为 22～32℃，链格孢在较低的温度下仍能生长，但低温下（6℃以下）均生长缓慢（表 11-70-1）。在不同温度下进行沙藏试验显示，5℃下沙藏 50d，栗仁斑点几乎没有增加；10℃下沙藏，病粒在 50d 内增加了 1 倍；15℃下则增加了 3 倍以上；20℃下增加了 6 倍，病粒数量达到了 42％以上。因此，沙藏温度应控制在 10℃以下，而适宜的沙藏温度则在 5℃左右。早熟板栗沙藏时温度较高，病情增长迅速，晚熟板栗沙藏时气温降低，病情增长缓慢。

表 11-70-1　主要病原菌生长及最适温度范围（引自侯保林等，1988）

Table 11-70-1　Suitable temperatures for growth of some important pathogens

(from Hou Baolin et al.，1988)

菌名	生长温度范围（℃）	最适温度范围（℃）	备注
胶孢炭疽菌（*Colletotrichum gloeosporioides*）	4～36	20～26	4～6℃及 34～36℃生长极慢
链格孢（*Alternaria alternata*）	2～36	22～28	2～4℃生长极慢
串珠镰孢（*Fusarium maniliforme*）	4～38	22～32	4～6℃及 36～38℃生长极慢
三线镰孢（*F. tricinctum*）	8～36	24～28	8～10℃生长极慢

板栗采摘后，栗仁呈现失水趋势，在一定范围内失水使斑点病加重，失水量达到 15％后病情不再增加；栗瘿蜂发生严重时，斑点病发生亦呈现加重的趋势，可能与栗瘿蜂为害后栗树出现较多的枯死枝有关，目前尚无系统的相关研究。此外树龄、树势、机械损伤、采摘成熟度都对该病的发生有一定的影响，表现为幼树病害轻，老弱树病害重；树势强，病害轻，树势弱，病害重；采收及储运中受到机械伤害，易被病菌侵染，病害加重；成熟度差的栗果，易失水，易发病腐烂。

六、防治技术

（一）冷藏

采后 10～25d 是控制病情的关键时期，其间减少在常温（20～25℃）下保存的时间，尽快进入冷库（5℃），是控制病害，减少损失的重要措施。

（二）生长期管理

加强肥水管理，增强树势；注意病虫害防治，特别是栗瘿蜂的防治，是减少病害的有效措施。

（三）采收

适时采收，防止青蓬期采收，避免未成熟果实进入储运环节，也可减轻病害的发生。

（四）药剂防治

采收后，在自然温度下，用 50％甲基硫菌灵可湿性粉剂 1 000 倍液＋5mg/kg 2,4-滴浸果 3min，然后沙藏，60d 后防效可达 89％以上。

于丽辰（河北省农林科学院昌黎果树研究所）

第 71 节　柿炭疽病

一、分布与危害

柿炭疽病在我国各柿产区发生普遍，在华北、西北、华中、华东各省份都有发生。主要侵害果实，也可侵害枝干、新梢和叶片。引起落叶，树势衰弱，果实变软脱落，影响产量。

二、症状

果实发病初期，在果面上先出现针头大小、深褐色或黑色小斑点，后病斑扩大，呈近圆形、凹陷病斑（彩图 11-71-1，1）。凹陷病斑直径 5～10mm，病斑中部密生灰色至黑色小粒点（分生孢子盘）。空气潮湿时病部涌出粉红色黏稠物（分生孢子团）。1 个病果上一般有一至多个病斑，受害果易软化脱落。新梢发病初期，产生黑色小圆斑，后扩大，呈椭圆形、褐色，中部凹陷纵裂，并产生黑色小粒点，病斑长 10～20mm，宽 7～12mm（彩图 11-71-1，2）。新梢易从病部折断，严重时病斑以上部位枯死。病斑中部密生轮纹状排列的灰色至黑色小粒点（分生孢子盘）。空气潮湿时病部涌出粉红色黏稠物（分生孢子团）。叶片受害时，先在叶尖或叶缘开始出现黄褐色斑，逐渐向叶柄扩展。病叶常从叶尖焦枯，叶片易脱落（彩图 11-71-1，3）。

叶面染病后出现不规则黄绿色斑块，边缘模糊，病斑内叶脉变黑，以后渐深，约半月余病斑中部褪成浅褐色，可见黑色小粒点。病斑扩展时因受叶脉所限呈多角形，严重时病斑相互融合，布满叶片，甚至使其枯焦脱落。柿蒂首先在四角出现病斑，由尖端向内扩展，表里两面均可见黑色小粒点。病原菌以菌丝在病叶和病蒂内越冬，翌年产生大量分生孢子，借雨水传播，自叶背侵入。5～8 月降雨多的年份发生较重。

三、病原

柿炭疽病病原是堀炭疽菌（*Colletotrichum horii* B. Weir et P. R. Johnst.），属于子囊菌无性型炭疽菌属真菌。分生孢子盘盘状或垫状，蜡质，位于表皮下，成熟后突破表皮；分生孢子梗单枝，长短不齐，聚生于菌核状分生孢子盘组织上，直立、无色，具一至数个隔膜，大小为（15～30）μm×（3～4）μm，顶端着生分生孢子；分生孢子圆筒形或长椭圆形，有时稍弯曲，单胞，无色，萌发时可形成一隔膜，大小为（15～28）μm×（315～610）μm。

四、发病规律

病菌主要以菌丝体在新梢病斑内越冬，也可以分生孢子在病果、叶痕和冬芽中越冬，翌年初春即可产生分生孢子进行侵染，但不是主要的侵染来源。每年 5 月上旬产生新的分生孢子进行侵染，风、雨、昆虫都是分生孢子的传播途径。病枝梢是主要的初次侵染孢子的来源，病菌从伤口侵入时潜育期为 3～6d，由表皮直接侵入时潜育期为 6～10d。一般年份，枝梢在 5 月中、下旬开始发病，7～8 月为盛发期，枝条及果实到 9 月下旬还可继续染病；叶片一般在雨季为感病盛期。柿炭疽病感病程度及初次侵染的时间与降水量及阴雨天气有密切关系，春末夏初，阴雨天较多时，柿树感病重，干旱年份发病轻。

病菌发育最适温度为 25℃左右，低于 9℃或高于 35℃，不利于此病发生蔓延。管理粗放、树势衰弱易发病。土质黏重，排水不良，偏施氮肥，树势生长不良，病虫为害严重的柿园发病严重。

五、防治技术

对于柿树炭疽病要做到以防为主，综合防治，要针对其病源特点，重视"防"，加强栽培管理，配合药剂防治，增强树势，从根本上防治。

杜绝病害的传播蔓延是防控炭疽病的先决条件；做好柿园的清园、加强田间管理及合理施肥、增强树势、提高树体抗病能力是防治病害的基础；适时适当进行药物防治是防治病害的关键。

（一）物理防治

①及时刮除柿树病疤上的坏死组织并将坏死组织集中深埋，病皮刮除后涂抹多霉素 20 倍液消毒灭菌。②随时剪除园内的病枝、病果及病叶。在整个生长季节对发病严重的柿园，每 10d 左右剪除 1 次病枝、病

果及病叶，带出柿园集中烧毁或深埋。修剪时造成的伤口用"愈伤防腐膜"保护，防止干裂和病害侵染。③清除病梢、病枝、病叶，集中深埋并烧毁。对已枯死或染病严重难以挽救的病树，从地面处锯掉或连根铲除，带出柿园集中烧毁。④4月底前刮除病疤上的坏死组织，然后涂抹 25% 丙环唑乳油 5～10 倍液。

（二）农业防治

①加强柿园土、肥、水管理，提高树势，增强树体抗病能力。改善柿园环境，阻止病原菌的滋生蔓延。②及时中耕除草，减少土壤蒸发，降低柿园空气湿度；严禁柿园套种，创造良好的通风透光条件，杜绝病菌的滋生蔓延。③柿树对有机肥比较敏感，有机肥充足的柿园，树势健壮且发病率低，比不施有机肥的柿园炭疽病发病率低 40% 左右，因此，必须重视柿园增施有机肥；同时对幼龄柿园要注意适量控制氮肥用量，注重磷、钾肥及硫、钙等微量元素的使用。在开花前、幼果期、果实膨大期喷施 500mg/kg 赤霉素＋0.3%～0.5% 尿素＋0.3% 磷酸二氢钾液，株施尿素 0.1～0.2kg，增强树体抗病力，保花保果。④冬季结合修剪，彻底清园，剪除病枝梢，摘除病僵果。⑤生长季及时剪除病梢、摘除病果，减少再侵染菌源。

（三）化学防治

在柿树发芽前，喷 1 次 0.5～1 波美度石硫合剂，以减少初次侵染源。结果后根据降水情况每月喷2～3 次 1∶3∶500 波尔多液。

生长季 6 月中旬至 7 月中旬喷药防治，可用药剂有：70% 甲基硫菌灵可湿性粉剂 800～1 000 倍液＋80% 代森锰锌可湿性粉剂 600～800 倍液；50% 多菌灵可湿性粉剂 500～800 倍液＋80% 福美锌·福美双可湿性粉剂 500～800 倍液；60% 噻菌灵可湿性粉剂 1 500～2 000 倍液＋65% 代森锌可湿性粉剂 600～800 倍液；10% 苯醚甲环唑水分散粒剂 1 500～2 000 倍液；40% 氟硅唑乳油 8 000～10 000 倍液；5% 己唑醇悬浮剂 800～1 500 倍液；40% 腈菌唑水分散粒剂 6 000～7 000 倍液；25% 咪鲜胺乳油 1 000～1 500 倍液；50% 咪鲜胺锰络合物可湿性粉剂 1 000～1 500 倍液；6% 氯苯嘧啶醇可湿性粉剂 1 000～1 500 倍液；2% 嘧啶核苷类抗生素水剂 200～300 倍液。

丁向阳（河南省林业科学研究院）

第 72 节　柿角斑病

一、分布与危害

柿角斑病主要侵害柿树和君迁子的果蒂和叶片，在我国发生很普遍，华北、西北、华中、华东各省以及云南、四川、台湾等省份都有发生。

二、症状

叶片受害后，初期在叶正面出现黄绿色病斑，形状不规则，边缘较模糊，斑内叶脉变黑色。随病斑扩展，颜色逐渐加深，呈浅黑色，10d 后中部颜色褪为浅褐色（彩图 11-72-1）。由于病斑扩展受到叶脉的限制，形状变为多角形，其上密生黑色绒状小粒点，有明显的黑色边缘，病斑背面开始时呈浅黄色，后颜色逐渐加深，最后成为褐色或黑褐色，亦有黑色边缘，但不及正面明显，黑色小粒点也较正面稀少。柿蒂染病，四角先发病，呈浅黄色至深褐色病斑，多角形，然后向内扩展，边缘黑色或不明显，蒂两面均可产生绒状黑色小粒点，落叶后柿子变软，相继脱落，而病蒂大多残留在枝上。黑色绒状小粒点叶背面多于叶正面（彩图 11-72-2）。

三、病原

柿角斑病病原为柿尾孢（*Cercospora kaki* Ellis et Everh.），属子囊菌无性型尾孢属真菌。病菌分生孢子梗短杆状，不分枝，稍弯曲，尖端较细，不分隔，淡褐色。分生孢子棍棒状，直或稍弯曲，上端稍细，基部宽，无色或淡黄色。主要以分生孢子借风雨从气孔侵入进行传播。残留在树上的病蒂是主要的侵染源和传播部位。一般病蒂在树上能残存 2～3 年，病菌在病蒂内可存活 3 年以上。

四、发病规律

柿角斑病菌以菌丝体在病蒂及病叶中越冬，以残留在树上的病柿蒂为主要初侵染源和传播中心。翌年

6~7月，在树上越冬的病蒂上即可产生大量分生孢子，分生孢子借助风雨从气孔侵入，潜育期25~38d，一般于7月中旬至8月初开始发病，8月为发病盛期，病菌发育最适温度为30℃左右。阴雨较多的年份，发病严重。9月发病严重时可造成大量落叶、落果。当年病斑上形成的分生孢子，在条件适宜时可进行再侵染。有研究表明，此病害发生早晚及为害程度与当年雨季早晚、降水量大小有密切关系，如5~8月降雨早、雨日多、降水量大，有利于分生孢子的产生和侵染，发病早且严重；而降雨晚、雨日少和降水量小的年份，发病晚而轻，落叶期延迟。因此，南方地区的梅雨季节常导致该病的大流行。土壤贫瘠、树势衰弱、抗病性差，发病严重。树冠内膛叶，特别是老叶发病重。靠近君迁子的柿树发病重。雾气大、雾气弥漫时间长时发病也较重。

残留在树上的病蒂为翌年的初侵染源，病蒂的数量越多，翌年发病越早、越重。

五、防治技术

（1）增施有机肥料，改良土壤，促使树势生长健壮，以提高抗病力。注意开沟排水，以降低果园湿度，减少发病。

（2）清除挂在柿树上的病蒂，这是减少病菌来源的主要措施。彻底清除柿蒂，剪去枯枝并烧毁，消灭侵染源，可有效控制或减轻该病的发生。

（3）避免柿树与君迁子混栽，君迁子的蒂特别多，感染病菌多，为避免其带菌侵染柿树，应尽量避免柿树与君迁子混栽。

（4）可在柿芽刚萌发、苞叶未展开前喷等量式波尔多液、30%碱式硫酸铜胶悬剂400倍液；苞叶展开时喷施80%代森锰锌可湿性粉剂350倍液。

（5）喷药保护。抓住关键时间，一般为6月下旬至7月下旬，即落花后20~30d。可用70%甲基硫菌灵可湿性粉剂1 500倍液、75%百菌清可湿性粉剂800倍液、53.8%氢氧化铜悬浮剂900倍液、25%多菌灵可湿性粉剂600倍液、70%代森锰锌可湿性粉剂800倍液、50%异菌脲可湿性粉剂1 000倍液、40%多·硫悬浮剂400倍液、50%敌菌灵可湿性粉剂500倍液等药剂，间隔8~10d再喷1次。

（6）尽量在通风良好、向阳处栽植柿树，低洼潮湿地不宜栽植。栽植形式以南北行长方形栽植为好。

丁向阳（河南省林业科学研究院）

第73节　柿圆斑病

一、分布与危害

柿圆斑病是柿树的重要病害之一。该病分布于我国河北、河南、山东、山西、陕西、四川、江苏、浙江、北京等省份。

二、症状

柿圆斑病主要侵害叶片，也能侵害柿蒂。叶片染病时，初期产生淡褐色小斑点，边缘不明显，随着病情发展，斑点逐渐扩大成圆形，颜色转为深褐色。病斑直径一般为2~3mm。病叶渐变红之后，在病斑周围发生黄绿色晕环，外围往往会出现黄色晕环，1片叶上一般可达100~200个。染病叶片从出现病斑到变红脱落最快只需1周左右，病叶即变红脱落，留下柿果，后柿果亦逐渐转红、变软，大量脱落。柿蒂染病，病斑圆形，褐色，病斑小（彩图11-73-1），发病时间较叶片晚。

生长势衰弱的树病叶变红脱落较快，生长势较强的树病叶脱落时常不变红。落叶后果实随即变软，风味变淡，并大量脱落。

三、病原

柿圆斑病病原为柿叶球腔菌（*Mycosphaerella nawae* Hiura et Ikata），属子囊菌门球腔菌属真菌。病菌以未成熟的子囊果在病叶、落叶上越冬，第二年夏天借风雨传播到叶片上，从叶片背面的气孔侵入，经2~3个月的潜伏期，7月下旬表现症状，8月底至9月初病斑数量渐增。圆斑病菌不产生无性孢子，每年只有 1 次侵染。一般情况下，6～8 月降雨影响子囊果的成熟和孢子的传播及发病程度。病斑背面长出的小黑点即病菌的子囊果，初埋生在叶表皮下，后顶端突破表皮。子囊果洋梨形或球形，黑褐色，顶端具孔口，大小为 53～100μm。子囊生于子囊果底部，圆筒状或香蕉形，无色，大小为（24～45）μm×（4～8）μm。子囊内含有 8 个子囊孢子，排成两列，子囊孢子无色，双胞，纺锤形，具 1 个隔膜，分隔处稍缢缩，大小为（6～12）μm×（2.4～3.6）μm。在自然条件下一般不产生分生孢子，但在培养基上易形成。分生孢子无色，圆筒形至长纺锤形，具隔膜 1～3 个。菌丝发育适温为 20～25℃，最高 35℃，最低 10℃。

四、发病规律

病菌以未成熟的子囊壳在病叶上越冬，翌年 6 月中旬至 7 月上旬子囊壳成熟，并喷发出子囊孢子，通过风雨传播，萌发后从气孔侵入。一般于 8 月下旬至 9 月上旬开始出现症状，9 月下旬病斑数量大增，10月上、中旬病叶大量脱落。

弱树和弱枝上的叶片易感病，而且病叶变红快，脱落早；树势强，病叶不易变红脱落。地力差或施肥不足，有效土层薄，均可导致树势衰弱，根系生长不良，树体易发病且发病往往比较严重。上年病叶多，发病重。雨水多，有利于病菌传播，发病相应较重。

五、防治技术

（一）加强管理，增强树势

柿园要深翻整地并增施有机肥改良土壤；要整修排灌沟渠，做到旱能浇，涝能排；水浇条件差或无水浇条件的柿园要进行树盘地膜覆盖；要合理修剪，调整树体和柿园群体结构，改善通风透光条件；要及时疏花疏果，合理负载等，以增强树势，提高抗病能力。

（二）彻底清除越冬菌源，清除病原菌

休眠期彻底清除园内枯枝落叶及杂草，摘除树上的病蒂，集中深埋或烧毁，减少初侵染源。此措施防治效果非常理想。

（三）合理用药，及时防治

控制初侵染是防治柿角斑病和圆斑病的关键，因此，春季柿树发芽前要全树喷布 1 次 5 波美度石硫合剂，以铲除越冬病菌。越冬病菌一般 6～7 月在越冬病蒂上产生新孢子，借风雨传播侵染，8～9 月为发病盛期。为控制初侵染，均需在病菌新生孢子大量飞散传播前喷药。波尔多液对柿圆斑病有显著的防治效果，可于 6 月上旬（柿落花后 20～30d）喷布 1∶5∶500 波尔多液、30％碱式硫酸铜胶悬剂 400～500 倍液、35％碱式硫酸铜胶悬剂 600～800 倍液或 80％代森锰锌可湿性粉剂 800 倍液；6 月下旬，树上喷 1∶4∶400 波尔多液、70％代森锰锌可湿性粉剂 600 倍液或 70％甲基硫菌灵可湿性粉剂 1 000 倍液。如降雨频繁，半个月后再喷 1 次 65％代森锌可湿性粉剂 500 倍液。

（四）严格掌握稀释浓度，提高喷药质量

粉剂的对水量及配制方法要严格按规定要求进行。喷药时要按从上到下、从里到外的顺序周密喷布，达到枝条、叶片正反面和果实全面均匀着药，不要漏喷。树冠下层和枝条中下部老叶及柿蒂是柿角斑病发病的起始部位，更要严密喷布。雨季喷药时应加入黏着剂，以增加耐雨水冲刷力。

丁向阳（河南省林业科学研究院）

第 74 节　柿白粉病

一、分布与危害

柿白粉病在我国华北和华南部分柿产区发生较普遍，严重时引起秋季早期落叶，削弱树势。

二、症状

柿白粉病侵害叶片，出现圆形黑斑，直径 1～2cm，秋季老叶背面出现白粉病斑，有时整个叶背部均见白粉（分生孢子及菌丝）。后期白粉层散出黄色至暗红色小颗粒（彩图 11-74-1），以后变黑色（子囊

壳）（彩图 11 - 74 - 2）。以子囊壳在落叶上越冬，翌年展叶后子囊孢子从叶片气孔侵入。

新梢被害后在老化前出现白色菌丝。果实被害，5～6 月出现白色圆形或不规则形的菌丝丛，粉状，接着表皮附近组织枯死，形成浅褐色病斑，后病斑稍凹陷，硬化。

三、病原

柿白粉病病原为三指叉丝单囊壳 ［*Podosphaera tridactyta*（Wallr.）de Bary］ 和蔷薇叉丝单囊壳（*P. pannosa*（Wallr.；Fr.）de Bary，异名：蔷薇单囊壳 ［*Sphaerotheca pannosa*（Wallr.；Fr.）Lév.］），属子囊菌门叉丝单囊壳属真菌。三指叉丝单囊壳菌丝外生。叶上菌丛很薄，发病后期近于消失。分生孢子稍球形或椭圆形，无色，单胞，在分生孢子梗上连生，含空泡和纤维蛋白体。大小为（16.8～32.4）$\mu m \times$（10.8～18）μm。分生孢子梗着生的基部细胞肥大。子囊壳球形或稍球形，小型，直径 84～98μm，黑色。子囊壳顶部有 2～3 条附属丝，直而稍弯曲。顶端有 4～6 次分枝，长 154～175μm，中间以下为浓褐色。子囊壳内有 1 个子囊。子囊长椭圆形，有短柄，大小为（60～70.8）$\mu m \times$（53.6～57.6）μm。子囊孢子有 8 个，椭圆形至长椭圆形，无色，单胞，大小为（19.2～26.4）$\mu m \times$（12～14.4）μm。蔷薇叉丝单囊壳分生孢子椭圆形至长椭圆形，无色，单胞，在分生孢子梗上连生，含空泡和纤维蛋白体。大小为（20.8～24）$\mu m \times$（13.2～16）μm。

两种病原菌分生孢子萌发温度为 4～35℃，适温为 21～27℃，在直射阳光下经 3～4h 或在散射光下经 24h，即丧失萌发力，但抗霜冻能力较强，遇晚霜仍可萌发。

四、发病规律

病原菌以子囊壳或菌丝越冬，第二年春天放出子囊壳作为初侵染源。

在南方，病原菌分生孢子作为初侵染和再侵染的接种体，借气流传播，完成病害周年循环，越冬期不明显。长江流域和长江以北地区，病原在最里面的芽鳞片表面越冬，春天产生分生孢子进行初侵染和再侵染。

五、防治技术

（一）农业防治

冬季修剪、清扫落叶，减少菌源。

（二）药剂保护

春季发芽前后喷 0.3 波美度石硫合剂，可杀死发芽的孢子；6～7 月喷 1∶5∶400 波尔多液。发病期喷 70% 甲基硫菌灵可湿性粉剂 1 500 倍液、50% 三唑酮·硫悬浮剂 1 000～1 500 倍液或 40% 多·硫悬浮剂 600 倍液。每隔 10～15d 喷 1 次，连续 2～3 次。

丁向阳（河南省林业科学研究院）

第 75 节　柿黑星病

一、分布与危害

柿黑星病在我国各柿产区均有发生，其中河北、山东、河南、山西、江苏及广西发病较为严重，湖南、湖北略有发生。主要为害柿的叶片、新梢和果实。对叶片为害最为严重，引起落叶，树势衰弱。

二、症状

柿黑星病主要侵害叶、果和枝梢。在叶片上，主要在开叶后幼嫩时侵入，叶片染病，初在叶脉上产生黑色小点，后沿叶脉蔓延，扩大为多角形或 2～5mm 的圆形或近圆形斑点（彩图 11 - 75 - 1）。病斑漆黑色，周围色暗，中部灰色，湿度大时背面现出黑色霉层，大病斑的中部变成褐色，而黑边外有黄色晕纹，病斑中的叶脉都呈黑色，老病斑的内部常发生在主脉上，使叶片呈皱缩现象，病斑多时，造成大量落叶，在叶柄上的病斑常呈黑色、圆形、椭圆形或纺锤形的陷斑。枝梢染病，初生淡褐色斑，后扩大成纺锤形或椭圆形，略凹陷，严重的自此开裂，呈溃疡状或折断。一年生的嫩枝受害，起初时在树皮上产生黑色小斑点，扩大后中心部稍凹陷，以后病斑呈椭圆形或纺锤形，黑色，其中新梢上的病斑较大，大小可达（5～10）mm×5mm。最后中部发生龟裂，形成溃疡，溃疡周围组织常有木质化的隆起。果实染病，病斑圆形或不规则形，稍硬化，呈疮痂状，稍凹陷，病斑直径一般为2～3mm，大时可达7mm（彩图11-75-2）。也可在病斑处裂开，病果易脱落。萼片被害时产生椭圆形或不规则形的黑褐色斑，大小为3mm左右。

三、病原

柿黑星病病原为雷氏黑星孢 [*Fusicladium levieri* Magnus，异名：柿黑星孢（*Fusicladium kaki* Hori et Yoshino)]，属子囊菌门黑星孢属真菌。分生孢子梗线形，10多根丛生，暗色，具1～2个隔膜，大小为（18～63）μm×（4～6）μm；分生孢子梗分生1～2个孢子，长椭圆形或纺锤形，褐色，具1～2个细胞，大小为（12～32）μm×（4～6）μm。

四、发病规律

病菌以菌丝或分生孢子在新梢的病斑上或在病叶、病果等病残体上越冬。翌年，孢子萌发，直接侵入，在5月，病菌形成菌丝后产生分生孢子，借风雨传播，潜育期7～10d，进行多次再侵染，扩大蔓延，6月中旬以后可以引起落叶。夏季高温时停止发展，至秋季又侵害秋梢和新叶。君迁子较易感病。

五、防治技术

（一）清洁柿园
除对病菌感染的树体进行防治以外，要对树体加强保护。秋末冬初结合清园彻底清除病菌枝梢，及时清除柿园的大量落叶，集中深埋或烧毁，以减少初侵染源。全园果树涂刷护树材料，以减少侵染源。整个园地要灭菌消毒，并喷施新高脂膜巩固防治效果，隔绝外来病菌。

（二）增施基肥
干旱柿园及时灌水，增强树势，防止病菌侵入。

（三）药剂防治
在萌芽前喷布5波美度石硫合剂、1:5:400波尔多液1～2次，以后每隔15～20d喷200倍波尔多液。

生长季节，一般在6月上、中旬，柿树落花后，喷洒下列药剂：50%多菌灵可湿性粉剂600～800倍液+70%代森锰锌可湿性粉剂500～600倍液；50%苯菌灵可湿性粉剂1 000～1 500倍液+50%克菌丹可湿性粉剂400～500倍液；50%嘧菌酯水分散粒剂5 000～7 000倍液；25%吡唑醚菌酯乳油1 000～3 000倍液；10%苯醚甲环唑水分散粒剂1 500～2 000倍液；40%氟硅唑乳油8 000～10 000倍液；40%腈菌唑水分散粒剂6 000～7 000倍液；6%氯苯嘧啶醇可湿性粉剂1 000～1 500倍液；22.7%二氰蒽醌悬浮剂1 000～1 200倍液；20%邻烯丙基苯酚可湿性粉剂600～1 000倍液。在重病区第1次药后半个月再喷1次，则效果更好。

丁向阳（河南省林业科学研究院）

第76节　柿　疯　病

一、分布与危害

柿疯病是严重为害柿树生长的传染病。它主要通过侵染维管束输导组织，造成输导组织障碍，最终使柿树染病。据观察，柿疯树的病枝发芽迟，比正常树要晚15d以上，枝条粗壮、不光滑且直立丛生，木质部、叶脉、叶片均为黑褐色；患病枝条呈徒长性生长，隐芽大量萌发，形成许多鸡爪枝，严重时萎蔫死亡。该病造成新梢停止生长早，萌芽展叶迟，现蕾晚，开花少，坐果率低。同时木质部有纵短条纹状坏死斑，叶脉变黑，叶面凹凸不平，大而薄，叶质脆。病果畸形，果面不光滑，病斑处变硬，最后软化脱落，柿蒂残留于枝上（彩图11-76-1，彩图11-76-2）。柿树感染柿疯病轻者减产，重者死亡。

河北、山西、河南的太行山区是柿疯病的重灾区，幼树发病稍轻。染病后的枝梢直立徒长，发育不充实，冬季越冬能力差，结果少，果实畸形并提前变软脱落，损失极为严重。

易感柿疯病的柿品种主要有绵柿、方柿、黑柿、满堂红，磨盘柿、牛心柿次之，水柿（水面柿）及君迁子较抗病。

二、病原

柿疯病病原是一种寄生在输导组织内的类立克次体（RLO）。中国科学院微生物研究所王祈楷等和河北省农林科学院昌黎果树研究所的俎显诗等（1989—1992）研究证实，在病株制备的负染样品中，电镜下观察到形态似类立克次体的微生物，个体较一般细菌小，核区看到丝状的细菌染色体 DNA，表明这种微生物是一种寄生于植物输导组织内的难养细菌，即类立克次体；从健株制备的负染样品和切片中，未检查到任何微生物，可以认为这种难养细菌是柿疯病的病原物。类立克次体是介于细菌和病毒之间的微生物，可通过嫁接或汁液接触及介体昆虫斑衣蜡蝉、血斑叶蝉等传染。

三、发生规律

柿疯病主要通过嫁接传播。无论是用健树作砧木嫁接病芽或疯枝，还是用病树作砧木嫁接健芽、健枝，均能传病。日本龟蜡蚧、康氏粉蚧等介壳虫和斑衣蜡蝉、叶蝉类等刺吸式口器昆虫均能传播此病。不同品种抗病性不同，衰弱老树、老枝易感病。介壳虫、叶蝉为害重者发病重。

四、防治技术

1. 加强综合管理　改善土壤结构，增施有机肥，注意控制柿圆斑病及角斑病的发生和蔓延，增强树势。

2. 严格检疫　严禁从疫区引进穗和苗木，控制病区，杜绝蔓延。

3. 合理负载和修剪　大龄树及时疏花疏果，合理负载，加强树体综合管理，特别是修剪，冬季修剪时对过多骨干枝进行疏除，主侧枝回缩复壮，去除干枯的弱枝、下垂枝，保留健壮的结果母枝。搞好夏季修剪，促使弱树变壮，培养健壮的结果母枝。

4. 早春发芽前喷洒 4～5 波美度石硫合剂或 45％晶体石硫合剂 30 倍液、1∶1∶100 波尔多液、30％碱式硫酸铜胶悬剂 400～500 倍液。

5. 药剂防治　树干打孔灌注青霉素及四环素，每株注含 80 万 U 的青霉素溶液或 25 万 U 的四环素溶液。另外，注入多种微量元素及稀土微肥。

丁向阳（河南省林业科学研究院）

第 77 节　山楂腐烂病

一、分布与危害

山楂腐烂病是山楂树的一种常见病害，在我国河南、河北、山东、山西、辽宁、北京、天津以及吉林、黑龙江等省份山楂栽培地区均有发生，在一些管理粗放、树势衰弱的山楂园中发病严重，重病园发病株率可高达 50％以上，造成枯枝死树，甚至毁园，对山楂生产影响甚大。

二、症状

山楂腐烂病主要侵害山楂树的枝干，使皮层坏死腐烂。症状有溃疡和枝枯两种类型，溃疡型病斑多发生于主干、中央领导干及主枝上，或在权桠分枝处。在河北、辽宁，3 月下旬出现病斑，病斑为不规则形，红褐色，湿腐状，稍隆起，病部组织变红褐色，易剥离（彩图 11 - 77 - 1，1）。后期病部失水下陷，周缘开裂，变褐色至暗褐色，其上散生许多小黑点，此即病菌的分生孢子器（彩图 11 - 77 - 1，2）。天气潮湿时，从分生孢子器中涌出橙黄色、卷曲、丝状的分生孢子角（彩图 11 - 77 - 1，3）。枝枯型病斑多发生于三至五年生树枝上，病斑形状不规则，面积较大，灰褐色或暗褐色，病部表皮亦产生黑色点粒状的分生孢子器，当病斑环绕树枝一周时，使上部树枝枯死，造成树体残缺不全。

三、病原

山楂腐烂病菌常见的为小孢壳囊孢 [*Cytospora microspora* (Corda) Rabenh.]，属子囊菌无性型壳囊孢属真菌。分生孢子器生于黑色子座内，内含 1 个分生孢子器，扁圆锥形，多腔室，大小为（408～1 326）μm×（204～918）μm。产孢细胞内壁芽生瓶体式产孢。分生孢子无色，单胞，香蕉形或腊肠形，大小为（3.75～5.75）μm×（0.75～1.25）μm。

病菌有性型为黑腐皮壳属（*Valsa* sp.），属子囊菌门真菌。子囊壳秋季形成，一个子座内埋生 4～20 个子囊壳。子囊壳烧瓶形或近球形，颈长，黑褐色，直径 160～416μm，内生无数子囊。子囊无色，棍棒状或近梭形，微弯，顶端较圆，基部较狭，大小为（25～40）μm×（7～12）μm，内含 8 个子囊孢子。子囊孢子腊肠形，微弯，无色，单胞，两端较圆，大小为（7.5～11）μm×（1.5～2）μm。

四、病害循环

病菌以菌丝体、分生孢子器及子囊壳等在枝干病皮组织中越冬，翌春分生孢子及子囊孢子随风雨传播进行初次侵染，3～4 月发病较多，病斑扩展迅速，5～6 月发病减缓，9 月后发病又渐增多，但发病数量明显比春季少，11 月后发病停止。

山楂腐烂病菌具有潜伏侵染特性，外观无症状表现的枝干树皮内普遍潜伏有腐烂病菌，当树势健壮抗病力强时，侵入的病菌呈潜伏状态，一旦树势衰弱或局部组织衰弱，抗病力下降时，潜伏病菌则向侵染点四周及深层组织扩展致病，引起树皮组织腐烂。

五、流行规律

树势衰弱和冻害是山楂腐烂病发生的主导因素。果园土质瘠薄，有机质含量低，肥水不足，树势衰弱，发病严重。地势低洼，地下水位高，或秋雨过多，枝条徒长，生长期结束晚，抗寒锻炼差，容易遭受冻害和日灼伤，发病尤其严重。剪锯口过多过大，蛀干害虫为害严重，为病菌创造了侵入途径，病害发生较重。我国目前绝大多数栽培品种都不抗病，品种间感病程度主要与抗寒性有关，抗寒力强的品种发病轻，反之则发病严重。

六、防治技术

根据山楂腐烂病的病害循环和流行特点，对此病的防治应以加强栽培管理，增强树势，提高果树自身的抗病抗寒能力为基础，结合采取消灭菌源，及时治疗病斑等综合防治措施，才能取得良好的防治效果。

（一）加强栽培管理

深翻扩穴，改良土壤，增施有机肥和绿肥，丰富土壤有机质含量，测土配方施肥，实行节水灌溉，防止结果超量，增强树势，提高树体抗病、抗寒能力，是防治腐烂病的根本措施。

（二）枝干涂白

上冻前，在刮去粗翘皮的基础上进行果树枝干涂白，避免因太阳辐射而引致树皮表面昼夜温差过大，可减少枝干冻害和日灼伤，有显著的防病效果。据河北省昌黎果树研究所研究（1981），涂白保护部位的防病效果为 96.8%～100%，如按全树发病计，涂白防病效果可达 67.6%。

（三）及时桥接病斑

对较大、不能愈合的刮治病斑，于 4 月下旬至 5 月上旬进行桥接，加强营养输送，促进恢复树势，提高树体抗病能力，可减轻腐烂病的发生与为害程度。

（四）清除菌源

及时清除果园内病死树、病枯枝和冬、夏季修剪散落在地面上的树枝以及刮下的病残组织，一并移出园外集中烧毁，减少果园内菌源数量。

（五）喷布铲除剂

在果树发芽前，细致刮除枝干粗翘皮，整修陈旧病斑之后，全树淋洗式喷布 3～5 波美度石硫合剂混加 65%五氯酚钠可溶性粉剂 300 倍液，或 45%代森铵水剂 400 倍液、40%氟硅唑乳油 6 000 倍液、1.8%辛菌胺醋酸盐水剂 400～600 倍液。在上述药液中加入高效农用有机硅助剂 3 000～5 000 倍液或高金氮酮 1 500～3 000 倍液，可提高药液的渗透杀菌作用。

（六）治疗病斑

治疗病斑要采取秋、春两季突击治疗，常年坚持巡回治疗，治早治小，防止树皮腐烂到木质部，减少木质部带菌，降低病斑重犯率。

对病皮已烂到木质部的病斑，采取刮治的方法，彻底刮除变褐的病组织，并应刮除病斑周围 5mm 宽的好皮，刀口立茬圆滑，不留死角，以利于伤口愈合。对表层溃疡病斑可采取割道涂药的方法。对处理后的病斑要立即涂抹伤口消毒剂，之后在夏、秋两季再次涂抹消毒剂。对近 2～3 年的旧病斑和较大的锯口也要涂抹消毒剂。消毒剂主要有：2.12% 腐殖酸铜水剂原液、5% 菌毒清水剂 30～50 倍液、1.8% 辛菌胺醋酸盐水剂 10～20 倍液、40% 氟硅唑乳油 300～500 倍液等。在上述药液中加入高效农用有机硅助剂 3 000～5 000 倍液或高金氮酮 1 500～3 000 倍液，可提高药液的渗透杀菌力。对消毒后的病斑立即涂抹伤口保护剂，如复方煤焦油原液或辛菌胺涂抹膏剂、3% 甲基硫菌灵糊剂、1.6% 噻霉酮涂抹剂等。

王克（沈阳农业大学）

第 78 节　山楂干腐病

一、分布与危害

山楂干腐病在国内分布较广，各山楂产区均有发生。在栽培管理水平较低、树势衰弱的果园发病较多，幼树被害可致整株枯死，成树被害后严重削弱树势。

二、症状

幼树多在主干中下部的向阳面发病，产生不规则形或长条形病斑，紫红色或红褐色（彩图 11 - 78 - 1，1），病部失水后干缩凹陷，周缘干裂（彩图 11 - 78 - 1，2），表面密生小黑点，即病菌的分生孢子器（彩图 11 - 78 - 1，3），湿度大时，从中涌出灰白色的分生孢子角。若幼树长势衰弱或遭受冻害及日灼伤，病斑可沿主干上下左右迅速扩展，很快绕主干一周，引起幼树整株死亡。

成树多在主干中上部、主侧枝或权桠处发病，病斑形状不规则，暗褐色，表皮坚硬，皮层变褐，病组织干腐，不易剥离。后期病部干缩凹陷，周缘或表面干裂，其上密生小黑点，即病菌的分生孢子器。病树极度衰弱时，病斑沿枝干纵向扩展，呈长条带状。干腐病症状与腐烂病症状的主要区别是：腐烂病病组织湿腐，易剥离，而干腐病病组织为干腐，不易剥离；腐烂病病部表面的小黑点大而稀，干腐病的小黑点则小而密。

三、病原

山楂干腐病病原为茶藨子小穴壳（*Dothiorella ribis* Grossenb. et Duggar. ），属子囊菌无性型小穴壳属真菌。分生孢子器球形，黑褐色，直径 224.58～267μm（图 11 - 78 - 1）。产孢细胞全壁芽生单生式产孢（hb-sol）（图 11 - 78 - 2）。分生孢子长椭圆形，单胞，无色，大小为（18.4～22.4）μm×（5.78～6.69）μm。有性型为伯氏葡萄座腔菌（*Botryosphaeria berengeriana* De Not. ），属于子囊菌门座腔菌属真菌。

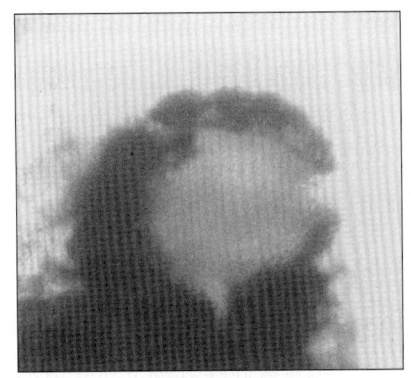

图 11 - 78 - 1　茶藨子小穴壳分生孢子器
（王克提供）

Figure 11 - 78 - 1　Pycnidium of *Dothiorella ribis*（by Wang Ke）

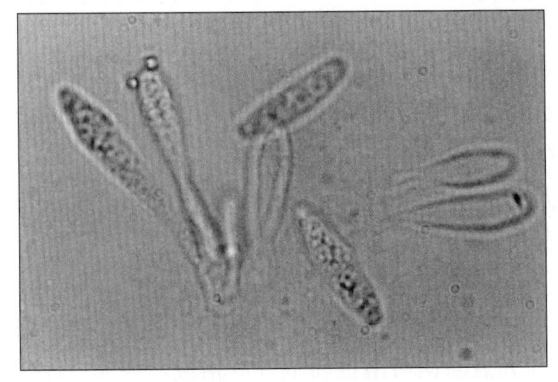

图 11 - 78 - 2　茶藨子小穴壳分生孢子器产孢细胞
（王克提供）

Figure 11 - 78 - 2　Sporulation of *Dothiorella ribis*（by Wang Ke）

座腔菌属多侵害苹果、梨、桃、柑橘、杨、柳等 10 余种木本植物的枝干，引起枝干溃疡和果实腐烂。

四、病害循环及流行规律

山楂干腐病菌以菌丝体、分生孢子器或子囊壳在枝干病部组织内越冬，翌春产生孢子，随风雨传播，从伤口、皮孔及死伤组织侵入。在山东省 4 月开始发病，6 月上、中旬为发病高峰期，雨季后病害发生较少，10 月又有回升，但较 6 月发病少。

山楂干腐病菌为弱寄生菌，具有潜伏侵染特性。栽培管理粗放、树势衰弱、根系腐烂、冻害及日灼伤等是发病的主要因素。无灌溉条件的沙质土壤，有机质含量少，或春、夏季长期干旱无雨，树皮含水量低，病菌扩展迅速，病害发生严重。

五、防治技术

山楂干腐病与山楂腐烂病的发生规律特点极为相似，其防治技术参阅山楂腐烂病。

王克（沈阳农业大学）

第 79 节　山楂枯梢病

一、分布与危害

山楂枯梢病是山楂结果树的重要病害之一，在我国的山东、河北、辽宁等省均有分布。该病主要引致当年生果枝花期枯萎，大多发生在结果树上，一般病梢率为 15%～30%，重者可达 48%，直接影响果实产量。

二、症状

山楂为果枝顶端束状结果，果实采收后，结果枝顶端宿存的花序总轴称为果桩，长 1.5～5cm，果桩下的侧芽，翌年抽生为当年生果枝。由于山楂具有连续抽梢结果能力，所以每年采收后就必然宿留下不同年龄的果桩，可残存 4～5 年之久，这些残存的果桩便是山楂枯梢病菌侵入的部位。病菌多在 6、7 月从二年生果桩侵入，自上而下发病，病部变黑干枯，与健部有明显的缢缩界线。7、8 月，病桩表皮出现黑色粒状突起，初埋生于寄主表皮下，后期突破寄主表皮，纵向开裂，即病菌的分生孢子座及分生孢子器，在潮湿气候条件下，从孢子器涌出乳白色丝状的分生孢子角。翌年春季，在山楂抽梢开花期，病斑迅速向下扩展蔓延到新梢基部，当病斑环切新梢基部时，引致新梢枯萎死亡。枯梢不易脱落，残存树上达 1 年之久（彩图 11-79-1）。

三、病原

山楂枯梢病病原为葡萄生壳梭孢（*Fusicoccum viticola* Reddick），属子囊菌无性型壳梭孢属真菌。其有性型为葡萄生小隐孢壳（*Cryptosporella viticola* Shear），属子囊菌门小隐孢壳属真菌，在自然情况下很少发生。分生孢子器单个着生于子座中，初埋生于寄主表皮下，后突破寄主表皮外露。分生孢子器矮烧瓶状，器内底部较平，中间微隆起，呈丘状，内径为 246.2～370μm，外径为 354.7～476.8μm。分生孢子梗单枝，无色，大小为 15.89μm×2.3μm。分生孢子单胞，无色，纺锤形或梭形，大小为 9.99μm×3.41μm。在 V-8 汁和山楂枝段组织培养液培养下，产生单胞、无色的线状孢子，大小为（14.94～23.24）μm×（0.83～1.16）μm。

该菌在 PDA 培养基上，于 28℃恒温下培养生长良好，菌落白色绒状，呈同心轮带状扩展，但不产生任何孢子，经光照和冷冻处理仍不见产生孢子。但在山楂枝段组织培养基上能产生梭形和线形两种分生孢子。梭形分生孢子在山楂枝段组织浸出液中萌发良好，在 5% 蔗糖液中萌发率较低，在清水中不能萌发。线形分生孢子在上述培养液和清水中都不萌发。

据室内外交互接种试验证明，山楂枯梢病菌和葡萄蔓枯病菌可相互侵染，在山楂和葡萄上均可产生子实体。

四、病害循环

山楂枯梢病菌主要以分生孢子器和菌丝体在二至三年生的果桩中越冬，其中三年生果桩带菌率最高，为 82.4%，而二、四年生果桩带菌率分别为 11.9% 和 5.72%。采收后的一年生果桩基本不带菌不发病。翌春变为二年生果桩，在落花后逐渐由顶端向基部变褐衰弱，6、7 月，病菌孢子随风雨传播，侵入 2 年生果桩，由于此时树体生活力旺盛，抗病力强，病菌不能立即扩展致病，而呈潜伏状态越冬，成为翌年主要病菌来源。在翌年山楂抽梢开花期，三年生果桩中潜伏病菌迅速扩展致病，当病斑向下延及当年生新梢基部时，造成新梢大量枯萎死亡。

五、流行规律

山楂枯梢病菌的寄生性较弱，具有潜伏侵染现象，只有当树势衰弱、抗病能力下降时，在果桩内潜伏的病菌才能扩展致病。因此，枯梢病的发生与树势强弱有密切关系。未结果的幼树生长旺盛，基本不发病，进入结果期的大树，随着树龄的增长，发病也逐渐加重。树势健壮，病梢率低，一般在 13.55% 左右，衰弱树病梢率高达 46%。同一株树，树冠外围枝生长势强，内膛枝生长势弱，后者病梢率往往高于前者。

山楂抽梢开花期，是树体营养物质集中消耗阶段，约占全年总消耗量的 30%，此期果树生长发育所需要的营养物质，几乎全部是上一年储存下来的，若果园肥水管理不善，越冬期营养物质储存较少，当抽梢开花期大量需要营养时，因不能满足需要而造成结果母枝衰弱，抗病能力大为降低，因此，常在开花期出现病梢暴发现象。据田间病情调查，花期发生枯梢占 91.17%，幼果期枯梢占 8.68%，开花前几乎不出现病枯梢。

病害发生与果园土壤条件和栽培管理水平也有直接关系。一般山坡地，土质瘠薄，树势较弱，发病较重。管理粗放的果园，树体营养不良，发病较重。而土层深厚、管理水平高的果园发病率低。在北方果区，果树冻害也是导致枯梢病发生的主要因素之一。

六、防治技术

(一)加强栽培管理

增强树势，提高树体抗病能力，是预防此病的根本措施。深翻扩穴，改良土壤，促进根系健壮生长。实行早秋施肥，每株施入腐熟有机肥（畜禽厩肥）100kg。萌芽前每株追施尿素 1.5~2kg。在落花后和果实膨大期各施 1 次三元复合肥 1~1.5kg 或生物菌肥 1.5kg，每次施肥后及时浇水。在新梢速长期，每隔 10d 左右喷 1 次尿素 300 倍液，共喷 2 次。8 月后每隔 10d 喷 1 次磷酸二氢钾 300 倍液，共喷 2 次。通过上述肥水管理，保证果树抽梢开花及坐果需要的大量营养元素，能使当年病梢率显著下降，若连续 3 年如此肥水管理，可基本控制此病发生侵害。

(二)加强果树修剪

彻底剪除宿存果桩，及时回缩衰弱果枝更新复壮，改善树冠通风透光条件，防止结果部位外移，保证合理负担，控制结果大小年，实现持续稳定增产。

(三)药剂防治

在发芽前喷布 3~5 波美度石硫合剂，混加 65% 五氯酚钠可溶性粉剂 200~300 倍液。或选用 40% 氟硅唑乳油 6 000 倍液、50% 多菌灵可湿性粉剂 100 倍液，混加有机硅助剂 3 000~5 000 倍液。

7 月，在病菌传播侵染期，喷布 50% 多菌灵可湿性粉剂 800~1 000 倍液、10% 苯醚甲环唑水分散粒剂 3 000~5 000 倍液、24% 腈菌唑乳油 4 000~5 000 倍液、43% 戊唑醇悬浮剂 3 000~4 000 倍液。

王克（沈阳农业大学）

第 80 节　山楂早期落叶病

一、分布与危害

据文献记载，山楂叶部病害有 10 余种，但发生普遍、为害严重、可引起大面积早期落叶的主要有山楂斑点病和山楂斑枯病。山楂斑点病在各山楂产区均有发生，主要分布于辽宁、山东、河北、陕西、吉林等省，山楂斑枯病仅见辽宁、山东两省有报道。这两种病害往往混合发生，在多雨年份，发病十分严重，病叶率可高达70％以上，造成早期落叶，对树势、产量、果品质量及花芽形成均有严重影响。

二、症状

（一）山楂斑点病

初于叶面产生近圆形褐色小斑点，逐渐扩大为红褐色近圆形病斑，直径2～3mm，有的可达5mm。病斑边缘清晰整齐，病健交界处有红褐色至暗褐色线纹。后期病斑逐渐变为灰褐色至灰白色，其上散生黑色小粒点，即病菌的分生孢子器。1片叶上有病斑几个乃至数十个，发病严重时多个病斑可连合成大型不规则形病斑，易使叶片变黄，可引起叶片早落（彩图11-80-1）。

（二）山楂斑枯病

病斑多发生于叶缘或叶脉间，不规则形，直径5～10mm，初呈褐色，后变灰褐色乃至灰色，其上散生较大的小黑点，即病菌的分生孢子盘。发病严重时，病斑扩展迅速，互相连合成大型斑块，最后病叶枯焦，极易造成早期落叶（彩图11-80-2）。

三、病原

山楂斑点病病原为山楂生叶点霉（*Phyllosticta crataegicola* Sacc.），属子囊菌无性型叶点霉属真菌。分生孢子器球形、扁球形，直径60～90μm，暗褐色，埋生于叶表皮层下，孔口突破表皮外露。产孢细胞全壁芽生单生式产孢。分生孢子梗短，分生孢子椭圆形、卵形，无色，单胞，具油球，大小为（2.5～3）μm×（1～1.5）μm。

山楂斑枯病原为拟盘多毛孢属（*Pestalotiopsis* sp.），属子囊菌无性型拟盘多毛孢属真菌。分生孢子盘散生于叶片表皮层下，褐色、暗褐色，顶端不规则开裂（图11-80-1）。产孢细胞全壁芽生环痕式产孢。分生孢子纺锤形，5胞，两端细胞无色，中部3胞暗褐色，大小为（18.4～26.3）μm×（5.3～10.5）μm。顶端附属丝2～4根，多数3根，长17.5～49.5μm。基部附属丝1根，长2.8～20μm（图11-80-2）。

图11-80-1　拟盘多毛孢属分生孢子盘（王克提供）
Figure 11-80-1　Acervuli of *Pestalotiopsis* sp.（by Wang Ke）

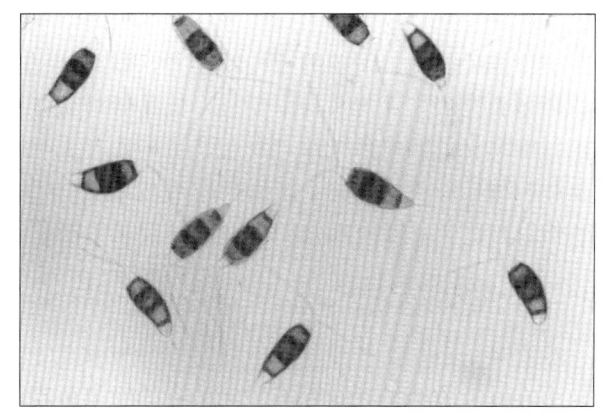

图11-80-2　拟盘多毛孢属分生孢子（王克提供）
Figure 11-80-2　Conidiospores of *Pestalotiopsis* sp.（by Wang Ke）

四、病害循环

山楂斑点病和山楂斑枯病均以菌丝体、分生孢子器或分生孢子盘在落叶上越冬。翌春，当气候条件适宜时产生分生孢子，随风雨传播进行初侵染，在生长季可进行多次再侵染。在渤海湾果区，山楂斑点病以5月下旬至6月上旬为发病初期，8月上、中旬进入发病高峰，秋雨较多年份可持续到9月上旬，10月中旬病害停止发生。山楂斑枯病发病较晚，6月上、中旬开始发生，7～8月逐渐增多，9月中、下旬达发病高峰，同时大量落叶。

五、流行规律

多雨高湿，阴雨连绵是山楂早期落叶病流行的主导因素，温度对病害影响不大。春雨早、降水次数多、降水量大的年份发病严重，尤其是 7～8 月的降水对病害影响最大，少雨干旱年份发病较轻。

果园立地条件和栽培管理水平对病害发生也有较大影响。地势低洼，土质黏重，排水不良，栽植密度过大，有利于病害发生。枝量过多，树冠郁闭，肥水不足，结果超量，树势衰弱等，均会加重病害。

品种间感病有一定差异，西丰红、丹峰、磨盘、大棉球、山里红、大金星、小金星等易感病，辽红、小红子、歪把红、大五棱等发病较轻。

六、防治技术

（一）加强栽培管理

深翻扩穴，改良土壤，增施有机肥，平衡施用化肥，改善树冠通风透光，合理负担结果量，增强树势，提高树体抗病能力。

（二）清除菌源

及时收集树下落叶，集中深埋或烧毁，减少越冬病菌来源。

（三）药剂防治

山楂落花后 1 周左右（正值新梢旺盛生长期）开始喷药，每隔 10～15d 喷 1 次药，连喷 3～4 次。发病前喷布保护性杀菌剂 80％代森锰锌可湿性粉剂 600～800 倍液或 68.75％唑菌酮·锰锌水分散粒剂 1 000～1 500 倍液。初见病斑立即喷布内吸性杀菌剂，如 70％甲基硫菌灵可湿性粉剂 800～1 000 倍液、43％戊唑醇悬浮剂 5 000～7 000 倍液、10％苯醚甲环唑水分散粒剂 2 500～3 000 倍液或 20.67％唑菌酮·硅唑乳油 2 000～3 000 倍液。

王克（沈阳农业大学）

第 81 节　山楂黑星病

一、分布与危害

山楂黑星病是山楂树的一种新病害，1987 年在沈阳农业大学山楂苗圃首次发现，此后相继在辽宁抚顺、凤城、宽甸、盖州及河南登封、长葛等市县调查到此病，目前仅在局部地区发生，应严防扩大蔓延。

目前只见此病侵害叶片，发病严重的山楂苗圃病株率高达 100％，病叶率 80％左右，8 月开始落叶，严重影响植株的生长发育。结果树发病较轻，病叶率 1％～5％。目前此病虽然仅在局部地区发生，但个别年份发生严重，若不加强防控，一旦蔓延开来，将对山楂生产造成严重威胁。

二、症状

据文献记载，山楂黑星病可侵害叶片和果实，引起叶斑和果实疮痂，但目前仅见叶片发病。发病初期，多在叶片背面沿叶脉附近产生稀疏的榄褐色霉状物，此为病菌的分生孢子梗及分生孢子，逐渐扩展为不规则形、大小不等的榄褐色霉斑。叶正面对应霉斑部位，产生不规则形褪绿斑，病重时霉斑连合成片，甚至布满全叶，易引起叶片早落。幼叶早期受害，可使幼叶皱缩破裂（彩图 11-81-1）。

三、病原

山楂黑星病病原为山楂黑星孢（*Fusicladium crataegi* Aderh.），属子囊菌无性型黑星孢属真菌。菌丝生于角质层下，呈放射状生长，暗褐色。分生孢子梗散生或丛生，暗褐色，细长圆筒形，直立或稍弯曲，或端部呈屈膝状，作合轴式延伸。孢子梗有 0～3 个隔膜，1～2 个居多，孢子痕明显。分生孢子梗大小为 (12.5～77.5) μm×(3.9～8.9) μm（图 11-81-1）。分生孢子呈细长洋梨形，初生时无色，渐变黄绿色或淡青色，成熟时有 1 个隔膜，少有 2 个隔膜。上胞较窄，顶端稍尖，下胞较宽，近基部收缩，底部平截，大小为 (17.5～38.8) μm×(5～8.8) μm。

山楂黑星病菌的有性型为山楂黑星菌（*Venturia crataegi* Aderh.），属子囊菌门黑星菌属真菌。子囊座在枯落病叶上形成，暗褐色，近球形，孔口周围有少数刚毛。子囊长圆筒形，大小为 (60～70) μm×(9～11) μm，内含 8 个子囊孢子。子囊孢子圆筒形，壁褐色，偏向一端处有一隔膜，分隔处缢缩，大小为（13～15）μm×（4～5.6）μm。

四、病害循环及流行规律

关于山楂黑星病的病害循环目前尚未见报道。经初步观察，在辽宁，发病初期为6月上、中旬，发病盛期为7月中、下旬，8月以后发病减少，10月发病停止。多雨高湿与此病发生关系密切，多雨年份发病重，干旱年份发病轻。平地果园发病重，山地果园发病轻。山楂幼苗比成龄树发病重。在品种苗圃中，对80个山楂品种的自然发病调查结果表明，我国绝大多数栽培品种均表现感病，品种间抗病性有明显差异。据初步观察，高度感病品种有山里红、辽红、甜水、磨盘、大金星、紫玉、山东红面楂、益都红口等；中等感病品种有伏里红、西丰红、白口、吉

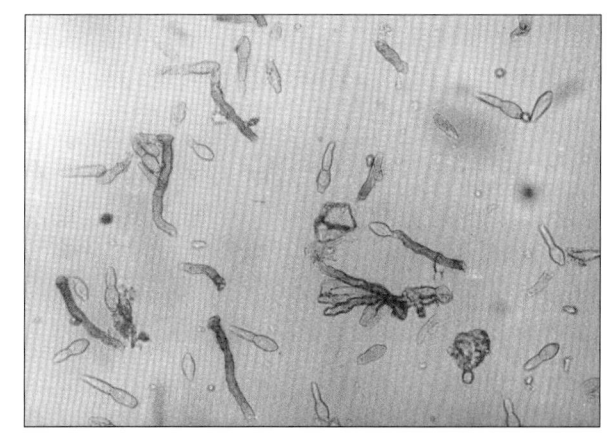

图11-81-1　山楂黑星孢分生孢子梗及分生孢子（王克提供）
Figure 11-81-1　Conidiophores and conidiospores of *Fuscicladium crataegi*（by Wang Ke）

林大旺、福山725、栖霞金星、山东722、山东733等；感病较轻品种有辉县山楂、百泉7802、百泉7803、百泉7807、山西小黄山楂、山西大黄山楂等；未发现免疫品种。

五、防治技术

（一）清除菌源
及时清除树下落叶，带出园外集中烧毁，减少越冬菌源。于发芽前，喷布40%氟硅唑乳油6 000倍液，混加有机硅助剂3 000～5 000倍液，铲除越冬病菌。

（二）喷药保护
发病前，喷布80%代森锰锌可湿性粉剂600～800倍液或68.75%唑菌酮·锰锌水分散粒剂1 200～1 500倍液。初见病斑时，喷40%氟硅唑乳油8 000～10 000倍液，或10%苯醚甲环唑水分散粒剂3 000～5 000倍液、12.5%腈菌唑乳油2 000～3 000倍液。根据降水及发病情况，每隔10～15d喷药1次，连喷3～4次。

王克（沈阳农业大学）

第82节　山楂花腐病

一、分布与危害

山楂花腐病是我国新发生的一种山楂病害，目前已知辽宁、吉林、黑龙江、甘肃及新疆等省份有此病发生。由于山楂花腐病只侵害叶片、幼果及嫩梢，花朵不显现任何症状，因此国内有研究者将山楂花腐病称为山楂僵果病，在国外有研究者将此病称为山楂叶疫病或山楂叶疫果腐病。

山楂花腐病是山楂树的重要病害之一，一般流行年份病叶率10%左右，病果率30%左右，严重流行年份病叶率高达57.1%，病果率高达93.4%，几乎绝产，对山楂生产威胁极大。

二、症状

山楂花腐病主要侵害叶片和幼果，也能侵害嫩梢，花朵上未见症状。叶片发病，展叶4～5d的幼叶即能出现症状，初为褐色点状或短线条状，很快扩展为红褐色或棕褐色病斑，经6～7d，病斑即可扩展到叶片的1/2～2/3（彩图11-82-1，1）。发病严重时，病斑可扩展到叶柄基部，最后病叶枯萎脱落，天气潮湿时在病斑上产生灰色霉层，即病菌的分生孢子。

新梢发病，多见于树根部萌蘖枝上，是由叶片病斑沿叶柄扩展所致。病斑初为褐色，后变红褐色，病斑绕枝一周后引起病斑以上新梢枯萎。大树新梢发病只见于丰收红品种，未见其他品种发生。

果实发病，一般在落花后 10d 左右的小幼果上即可出现症状。最初在果面上产生直径 1～2mm 的褐色小斑点，病斑迅速扩大，经 2～3d 即可扩展到整个果实，使幼果变褐腐烂（彩图 11-82-1，2）。病部表面有时溢出黏液，烂果有酒糟气味，最后病果失水干缩变为僵果，落于地面，成为下一年的侵染来源。

三、病原

山楂花腐病病原为山楂链核盘菌 [*Monilinia johnsonii* (Ellis et Everh.) Honey]，属子囊菌门链核盘菌属真菌。子囊盘蘑菇状，肉质，初为淡褐色，后变灰褐色。成熟的子囊盘直径 3～12mm，平均 5.4mm，柄长 1～18mm，平均 9.7mm。柄的长短与越冬病僵果上覆盖物的厚度有关，无覆盖物的柄短，有覆盖物的柄长。子囊棍棒状，有的稍弯曲，无色，大小为 （84～150.7）μm × （7.4～12.4）μm，内含 8 个子囊孢子，子囊间有侧丝（图 11-82-1）。子囊孢子单胞，无色，椭圆形或卵圆形，单列，大小为 （7.4～16.1）μm × （4.9～7.4）μm。病菌无性型为山楂丛梗孢（*Monilia crataegi* Died.），属子囊菌无性型丛梗孢属真菌。分生孢子单胞，无色，柠檬形，串生，孢子串有分枝，孢子间有梭形的连接体，孢子大小为 （12.4～21.7）μm × （12.4～17.3）μm（图 11-82-2）。

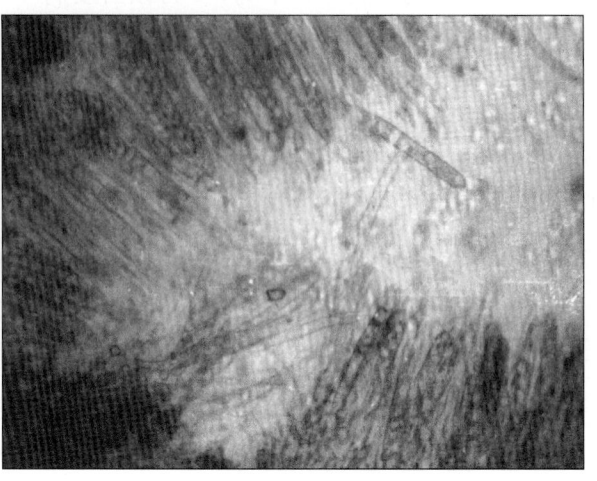

图 11-82-1 山楂链核盘菌子囊及子囊孢子
（景学富提供）

Figure 11-82-1 Ascus and ascospores of *Monilinia johnsonii* (by Jing Xuefu)

菌丝生长的适宜温度为 20～25℃，超过 30℃ 几乎不生长，低于 10℃ 生长缓慢。菌丝在 PDA 培养基上生长最好，其次是 Waksman 琼脂培养基和山楂叶片煎汁琼脂培养基，在 Henneberg 琼脂培养基上不生长。

分生孢子除在 0.5% 蔗糖中不能萌发外，在粗制麦芽糖和葡萄糖中萌发率最高，在果糖中萌发率较低，在蒸馏水中不萌发。分生孢子在 5% 山楂叶片汁液和 1% 山楂花朵柱头汁液中萌发良好，在清水中不能萌发。子囊孢子在山楂叶片浸汁、葡萄糖、蔗糖、麦芽糖及清水中均不萌发，只在含有微量生物素和硫胺素的培养基中有少数发芽，因而子囊孢子的萌发条件尚不明确。

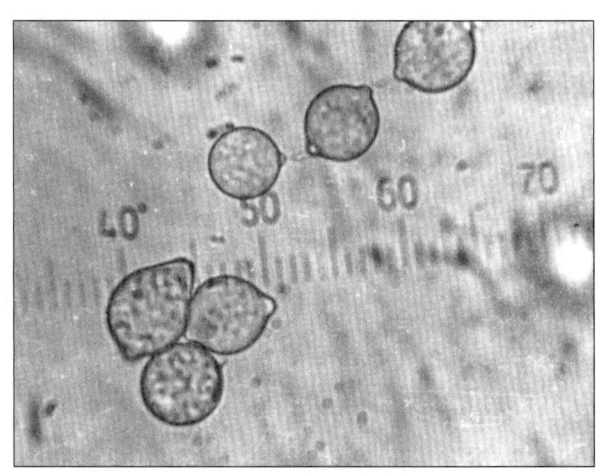

图 11-82-2 山楂丛梗孢分生孢子（景学富提供）
Figure 11-82-2 Conidiospores of *Monilia crataegi* (by Jing Xuefu)

四、病害循环

山楂花腐病菌以菌丝体在落地病僵果内以假菌核形式越冬。翌年春季，在地面潮湿的条件下病僵果上产生子囊盘，一般在沟边较厚落叶层下或杂草、碎石块下的病僵果上易于产生子囊盘。子囊盘多产生在越冬病僵果的胴部，较少产生在僵果的顶部和果梗基部。据在辽宁鞍山地区调查，4 月下旬开始形成子囊盘，5 月上、中旬出现较多，且多发育成熟，此时正值山楂展叶期，5 月下旬以后停止发生。子囊盘发育适宜温度 8～14℃，土壤湿度 30%～40%。成熟的子囊孢子呈烟雾状从子囊盘中射出，随风传播到嫩叶上，引起叶片及嫩枝发病，潜育期 3～5d。在病叶上产生的分生孢子，在山楂开花期由柱头侵入花器，引致幼果发病，潜育期 13～17d。接种试验证明，接种当天开花的柱头幼果发病率最高（96.0%），第 2 天开的花次之（70.9%），第 3 天开的花又次之（35%），随着花龄的增加，感病性逐渐降低。用分生孢子在花梗、花蕾、花萼、花瓣及柱头上接种，均未引起花部发病。病果腐烂萎蔫落地后，在病僵果中形成假菌核越夏、越冬，成为下一年的侵染源。

五、流行规律

山楂花腐病的发生情况，每年都有很大差别，与当地气候条件有密切关系，其中以雨水影响最大。病僵果上的越冬病菌于春季山楂展叶期，土壤含水量达 20%～35%，地温 5℃ 以上时，即可大量产生子囊盘，土壤湿度过低或暴露于地表面的病僵果上不易产生子囊盘。

山楂展叶期和开花期降水量大，降水次数多，为子囊盘、子囊孢子及分生孢子的产生、传播、侵染创造了有利条件，叶片和幼果发病严重。例如，在辽宁鞍山地区发病极轻的 1980 年，展叶期降水量 24.6mm，降水 1 次。开花期降水量 8.3mm，降水 1 次，病叶率为 1%，幼果发病极少。而发病严重的 1982 年，展叶期降水量为 48.5mm，降水 5 次，在开花期降水量为 32.5mm，降水 4 次，病叶率高达 57.1%，病果率高达 93.4%，几乎绝产。

温度对发病也有一定的影响，主要左右物候期和发病期的早晚。早春气温高，山楂展叶早，发病就早，反之则晚。而春季气温低，展叶迟缓和花期延长，增加了病菌的侵染机会，加重叶片及幼果的发病。

一般山地果园比平原果园发病重，沟谷地比坡上地发病重。晚熟品种比早熟品种发病重，如大金星、小金星、丰收红等早熟品种发病轻，四方头、辽红为中感品种，而二猴头为高感品种。

六、防治技术

山楂花腐病是一种流行性较强的病害，侵染期和发病期较短，如果及时防控，会取得显著防治效果，一旦错过防治适期，则会造成严重损失。

（一）清除菌源
落地病僵果是翌春发病的唯一初侵染来源。在山楂落花后，经常巡视发病情况，及时摘除树上病果，彻底清除落地病僵果，带出园外深埋，可显著减轻发病。

（二）埋压病僵果
在山楂发芽展叶前子囊盘尚未形成时，将地面病僵果翻埋入土深 15cm 以下，阻止病僵果产生子囊盘。

（三）地面施药
在展叶前，用 65% 五氯酚钠可溶性粉剂 800～1 000 倍液喷布果园地面，尤其注意喷布树冠下及附近 3m 内的地面。或每公顷撒施石灰粉 375～450kg，铲除子囊盘，效果良好。

（四）树上喷药
防治此病要首先预防叶片发病，才能减少幼果发病，可于山楂半展叶和叶片全展开时，各喷布 1 次 70% 甲基硫菌灵可湿性粉剂 700～800 倍液、25% 戊唑醇乳油 2 000～2 500 倍液、10% 多抗霉素可湿性粉剂 1 000～1 500 倍液。防治幼果发病，可于山楂开花盛期喷布 1 次 50% 多菌灵可湿性粉剂 800～1 000 倍液、70% 甲基硫菌灵可湿性粉剂 800～1 000 倍液、10% 多抗霉素可湿性粉剂 1 200～1 500 倍液。喷药后 24h 内遇雨，应在雨后立即补喷。若山楂叶芽开绽至展叶期久旱无雨，防治叶片发病的药剂，可只在展叶期喷施 1 次。

王克（沈阳农业大学）

第 83 节　山楂锈病

一、分布与危害

山楂锈病是山楂树的重要病害之一，在我国辽宁、吉林、山东、河北、河南、陕西、四川、湖北、云南、江苏、新疆等省份均有分布，在病害流行年份，为害十分严重，可造成早期落叶、落果和新梢枯死，不仅当年减产减值，也影响下一年产量。

二、症状

山楂锈病可侵害叶片、叶柄、果实、果柄及新梢等幼嫩组织。叶片被害，先于叶面产生橙黄色小斑点，有光泽，逐渐扩大为橙黄色近圆形病斑，直径 4～5mm，大的可达 7～10mm，不久在病斑中部产生橘红色小粒点，从中溢出黄色黏液，干燥后小粒点变为黑色，此即病菌的性孢子器。发病 30d 左右，病斑背面隆起，组织增生肥厚，在隆起的部位上丛生许多灰黄色毛状物，即病菌的锈孢子器（彩图 11-83-1，1）。

幼果染病，多在萼洼附近的果面上产生近圆形橘黄色至黄褐色病斑，组织增生肥厚，在其表面产生性孢子器和锈孢子器。

新梢被害，病斑长椭圆形或长梭形，橘黄色，稍隆起，其表面产生性孢子器和锈孢子器。后期病部龟裂，呈溃疡状，常引致病斑以上枝梢枯死，极易被风折断。叶柄、果柄被害症状与新梢相似，常引起落叶、落果（彩图 11-83-1，2）。

山楂锈病菌侵染转主寄主桧柏后，在针叶、叶腋及嫩枝上产生淡黄色小斑点，略为肿胀。翌春病斑表皮破裂，显露出褐色短舌状、扁楔状或圆筒形的冬孢子角（彩图 11-83-2，1），吸水后膨胀胶化，呈黄色胶质状（彩图 11-83-2，2）。

三、病原

据文献记载，山楂锈病病原有 3 种，即亚洲胶锈菌 ［*Gymnosporangium asiaticum* Miyabe ex G. Yamada，异名：梨胶锈菌（*G. haraeanum* Syd. et P. Syd.）］、亚洲胶锈菌山楂专化型 ［*G. asiaticum* Miyabe ex G. Yamada f. sp. *crataegicola* Bai et Wang，异名：梨胶锈菌山楂专化型（*G. haraeanum* Syd. et P. Syd. f. sp. *crataegicola* Bai et Wang）］ 及珊瑚形胶锈菌 ［*G. clavariiforme*（Wulfen in Jacq.；Pers.）DC.］，均属担子菌门胶锈菌属真菌。转主寄生，春孢阶段寄生于山楂，冬孢阶段寄生于桧柏类树木上，无夏孢阶段。

（一）亚洲胶锈菌

寄生于梨、木瓜、山楂、榅桲等植物上，不能侵染苹果。其转主寄主为桧柏、塔柏、圆柏、龙柏及翠柏等。

性孢子器群生于山楂叶面病斑组织的表皮下，扁瓶形，大小为（120～170）μm×（90～120）μm。性孢子椭圆形至纺锤形，无色，单胞，大小为（5～12）μm×（2.5～3.5）μm。锈孢子器生于山楂叶面病斑的背面，叶柄、果实、果柄及嫩枝的病斑上，丝状，灰黄色，大小为（3～8）mm×（0.25～0.5）mm。护膜细胞长方形或披针形，大小为（42～87）μm×（23～42）μm。锈孢子近球形，橙黄色，表面有细瘤，大小为（19～24）μm×（18～20）μm。冬孢子角生于转主寄主桧柏等的针叶或叶腋间，红褐色或咖啡色，圆锥形、扁楔形或鸡冠状，一般高 2～5mm，顶部宽 0.5～2mm，基部宽 1～3mm，冬孢子角遇水膨胀胶化，胶质状，橙黄色。冬孢子生于冬孢子角的表层，双胞，长椭圆形、纺锤形或倒卵形，橙黄色至黄褐色，分隔处不缢缩或稍缢缩。生于针叶上的冬孢子大小为（33～62）μm×（14～28）μm，生于绿枝上的冬孢子大小为（35～75）μm×（15～24）μm，生于木茎上的冬孢子大小为（37～60）μm×（16～25）μm。每个细胞有发芽孔 2 个。冬孢子柄细长丝状，无色，大小为（33～62）μm×（14～28）μm。担孢子卵形，单胞，淡黄褐色，大小为（10～16）μm×（7～10）μm。

冬孢子萌发的温度为 5～30℃，最适温度为 17～20℃。担孢子萌发的适宜温度为 15～23℃。锈孢子萌发的最适温度为 27℃。

（二）亚洲胶锈菌山楂专化型

亚洲胶锈菌山楂专化型采自辽宁丹东的山楂树上，经致病性测定，与亚洲胶锈菌不能交互侵染，形态上无显著差异，是锈病菌寄生专化性的一种最强表现。目前仅知侵害山楂，不侵染梨、苹果。其转主寄主有桧柏、龙柏、杜松等桧柏类树木。

性孢子器生于山楂叶面病斑上，初为橘黄色，后变黑色，烧瓶形，大小为（102.6～184.7）μm×（71.8～164.2）μm。性孢子无色，单胞，纺锤形或椭圆形，大小为（4.5～10）μm×（2.5～5.5）μm。

锈孢子器生于叶片病斑背面或叶柄、幼果、果柄及新梢的病斑上，灰黄色，丝状，长 2.2～3.7μm，直径 0.12~0.27μm。锈孢子橙黄色，近球形，表面有刺状突起，大小为（17.5~35）μm×（16~30）μm，壁厚 0.5~1μm。护膜细胞梭形或长椭圆形，密生刺状突起，大小为（42.5~100）μm×（15~30）μm。

冬孢子角多产生于桧柏针叶上，短舌状或楔状，褐色至红褐色，高 1~2.1mm，顶端钝圆，宽 0.5~2.5mm，基部宽 0.8~3mm。冬孢子角遇水胶化膨胀，呈胶质状，橙黄色，冬孢子产生于其表层。冬孢子双胞，分隔处稍缢缩，每个细胞近隔膜处有 2 个发芽孔。柄很长，丝状，无色。冬孢子有厚壁和薄壁两种类型，厚壁孢子长椭圆形或纺锤形，褐色至深褐色，大小为（30~45）μm×（15~25）μm。薄壁孢子长椭圆形或纺锤形，橙黄色至淡褐色，大小为（42.5~75）μm×（15~22.5）μm，薄壁孢子占冬孢子总数的 56.2%。冬孢子萌发产生担子，4 胞，每胞生 1 小梗，于小梗顶端着生 1 个担孢子。担孢子单胞，卵形或桃形，淡黄褐色，大小为（11.3~24.5）μm×（7.5~14.5）μm。

冬孢子角吸水胶化后 1h，冬孢子和担孢子即可萌发，24h 后达到最高萌发率。冬孢子萌发的温度为5~35℃，适宜温度 10~25℃。担孢子萌发温度为 5~25℃，适宜温度 15~25℃。上述两种孢子萌发时均需有水膜存在，对营养要求不严格，在清水中萌发率仍较高。冬孢子角存活期很长，室温下保存 60d 和5℃恒温冰箱中保存 120d 后，冬孢子萌发率仍可达到 30%~40%。单个的冬孢子及担孢子在干燥条件下存活力很低，1~2d 即全部干缩死亡。

（三）珊瑚形胶锈菌

目前仅知侵害山楂属果树，如云南山楂、毛山楂、山林果等，其转主寄主为桧柏类树木。

性孢子器生于山楂叶面病斑表皮下，扁球形，初为橘黄色，后变暗褐色，大小为（65~100）μm×（120~150）μm。性孢子单胞，无色，纺锤形，大小为（5~11）μm×（2.5~6.5）μm。锈孢子器灰黄色，丝状，大小为（0.7~1.5）mm×（0.3~0.5）mm。护膜细胞狭长，内壁有刺状突起，大小为（80~135）μm×（18~30）μm。锈孢子褐色，近球形，表面有疣状突起，大小为（24~30）μm×（20~27）μm，壁厚 2~4μm。冬孢子角多生于桧柏、杜松等的枝干上，散生或密集，黄褐色，圆筒形或扁楔形，顶端圆或有缺刻，大小为（4~10）mm×（0.7~3）mm。厚壁冬孢子褐色，双胞，长椭圆形或纺锤形，大小为（50~81）μm×（13~20）μm，壁厚 1.2~2.2μm，每细胞有 2 个发芽孔。薄壁冬孢子淡黄色或近乎无色，长椭圆形或披针形，大小为（54~90）μm×（12~18）μm，壁厚在 1μm 以下。柄细长，无色。担孢子近椭圆形或卵形，淡黄色至淡黄褐色，单胞，大小为（15~18）μm×（9~12）μm。

四、病害循环

山楂锈病菌以多年生菌丝体在桧柏类树木的针叶或枝干等病部组织内越冬，翌年春季产生冬孢子角。在山楂展叶期及幼果期，若连续数日降水，冬孢子角吸水膨胀胶化，在其表面产生冬孢子，冬孢子萌发产生担孢子，担孢子随风雨飞散传播，侵染山楂幼叶、幼果、果柄及嫩梢等，引起各部位发病。担孢子传播距离为 2~5km。

据在辽宁丹东市区观察，1989 年冬孢子角出现始于 3 月 22 日，4 月中旬为发生盛期，4 月 20 日后冬孢子角数量不再增加。冬孢子自 4 月 12 日开始成熟，4 月 28 日萌发率达 100%。当田间气温达到 15℃ 左右时，在枝叶表面有水膜存在的条件下，担孢子萌发侵入发病部位组织内。病菌的潜育期为 6~13d，平均 9.8d。人工接种试验表明，叶龄 5~15d 的叶片接种发病率为 100%，叶龄 20d 的发病率为 90%，叶龄30d 以上的接种未发病。

田间发病初期一般在 5 月中、下旬，发病盛期为 5 月下旬至 6 月上、中旬，6 月下旬后发病不再增加。6 月上旬开始出现锈孢子，6 月中、下旬发生数量最多，7 月 15 日以后发生很少，其飞散传播期约40d。锈孢子不再侵染山楂树，只能侵染转主寄主桧柏类树木。山楂胶锈菌只有初侵染，没有多次再侵染过程，所以发病期比较集中，这有利于对该病的防治。

五、流行规律

（一）品种抗病性

山楂锈病能否流行，首先要看果树的抗病状态如何，如果栽植的山楂品种是感病的，就有发病流行的可能。1989 年在沈阳农业大学山楂品种资源圃进行人工接种抗病性鉴定，同年在丹东市农业科学研究所山楂品种园调查品种的自然感病情况。结果表明，绝大多数栽培品种均是感病的，只有山东的平邑红子及河南的 7803、7903 等 3 个品种是高度抗病的。

（二）转主寄主

由于山楂锈病菌为转主寄生菌，如果在果园附近没有桧柏类树木，锈病就不会发生，因此在果园附近有无大量栽植转主寄主桧柏类树木，便是锈病流行的决定性因素。近年来，由于重视环境绿化，在机关、学校、公寓、别墅、公路、墓园及风景区等处大量栽植桧柏类树木，时常造成附近果树锈病严重发生，果树距离桧柏越近发病越严重，尤其是果树在桧柏的下风处发病更为严重。

（三）气候条件

如果在果园周围栽植桧柏不可避免，绝大多数山楂栽培品种又都不抗病，那么春季降水情况便是决定锈病发生程度轻重的主导因素，主要与 5 月的降水早晚、降水量大小及降水持续时间长短等有密切关系。丹东市农业科学研究所通过 1986—1990 年的系统观察，1986 年 5 月平均气温及降水量分别为 14.9℃ 和 21.9mm，发病较轻。1987 年 5 月平均气温及降水量分别为 15.3℃ 和 28.7mm，发病较重，病叶率为 89.7%。1990 年 5 月平均气温和降水量分别为 14.0℃ 和 131.7mm，发病十分严重，病叶率高达 100%。一般年份气温变化差异不大，均能满足病菌侵染的需要，而降水情况各年差异较大，是影响锈病流行的主导因素。据观察，一般需要 3d 以上的连续降水，每次降水量在 5mm 以上，才能满足冬孢子角彻底胶化的湿度要求。另外，病害发生早晚也与降水早晚有关，春雨早发病早，春雨晚发病亦晚。由于锈病菌较易侵染幼嫩组织，故侵染期越早，侵染率越高，发病也越严重。

六、防治技术

（一）清除转主寄主

砍除果园周围 2.5～5km 以内锈病菌的转主寄主桧柏类树木，中断病害循环，彻底铲除初侵染的病菌来源，是防治锈病最有效的措施。新建果园时，应彻底砍除果园周围零星的桧柏类树木，以免留有后患。若果园周围桧柏类树木不能砍除时，则不宜在其附近建园。

（二）桧柏树喷药

果园已临近名胜古迹、风景区或大型墓园，不能砍除桧柏时，可在桧柏上冬孢子角已全部显露但尚未胶化前，向桧柏树细致喷药，杀灭冬孢子。药剂有 5 波美度石硫合剂、25% 三唑酮可湿性粉剂 600～800 倍液、12.5% 烯唑醇可湿性粉剂 1 500～2 000 倍液及 45% 代森铵水剂 400 倍液。在上述药液中加入高效农用有机硅助剂 3 000 倍液，可增强药液的展着及渗透。

（三）果树喷药保护

在山楂展叶期，冬孢子角胶化前，喷布保护性杀菌剂 80% 代森锰锌可湿性粉剂 600～800 倍液或 20% 丙森锌可湿性粉剂 600～700 倍液。然后在开花后至幼果期连续喷药 2～3 次，每隔 10d 左右喷药 1 次，在此期间降雨后要立即喷药，防止病菌侵入。药剂有 20% 三唑酮可湿性粉剂 1 000～2 000 倍液、12.5% 烯唑醇可湿性粉剂 1 500～2 000 倍液、40% 三唑酮·多菌灵可湿性粉剂 600～800 倍液、40% 腈菌唑可湿性粉剂 8 000 倍液及 25% 戊唑醇乳油 2 000～3 000 倍液。

王克（沈阳农业大学）

第 84 节　山楂白粉病

一、分布与危害

山楂白粉病是山楂树的主要病害之一，在我国山楂产区均有分布，以辽宁、吉林、黑龙江、河北、河南、山东、山西、陕西、甘肃、江西、云南、贵州、新疆等省份发生较为普遍。严重发病年份，可造成幼果大量脱落，果实畸形，品质变劣，对山楂产量及质量均有很大影响。此病在苗圃中发生尤其严重，野生山楂山里红最易感病，轻者苗木衰弱，枝条纤细，重者苗木枯死，此病是山楂苗期的重要病害。

二、症状

叶片、新梢、花朵及果实均可发病。幼叶被害时，初生不规则形褪绿斑，不久在其表面产生无色的菌丝体、分生孢子梗及分生孢子，外观呈白粉状，严重时叶片正面及背面均产生白色粉状物（彩图11-84-1，1），故称白粉病。发病后期（7月中、下旬）于白粉层间聚生黑色小粒点，即病菌的闭囊壳（彩图11-84-1，2）。

新梢被害时，病部布满白粉，叶片狭长，扭曲纵卷，节间短缩，生长细弱，甚至枯死。

花蕾被害多发生在近蕾梗处，病部布满白粉，稍肿大，花蕾向一侧弯曲，极易脱落。花瓣被害后，狭长扭曲，干枯萎缩，不能坐果。

幼果在落花后不久即可发病，先在近果柄处产生白色粉斑，稍肿胀，幼果向一侧弯曲，俗称歪脖子，很快粉斑蔓延至果面，病果极易脱落。膨大期果实被害，着色不均，后期粉斑硬化龟裂，果形不正。成熟期果实被害，于果面产生红褐色粗糙病斑，果形仍正常，对果实生长影响不大（彩图11-84-1，3）。

三、病原

山楂白粉病病原为蔷薇叉丝单囊壳 [*Podosphaera oxyacanthae* （DC.） de Bary]，属子囊菌门叉丝单囊壳属真菌。闭囊壳暗褐色，近球形，直径 $74\sim102\mu m$。顶部附属丝 $6\sim16$ 根，顶部叉状分枝 $2\sim5$ 次，底部附属丝菌丝状，短而扭曲。闭囊壳内子囊单个，无色，短椭圆形至拟球形，大小为 $(47\sim63)\mu m\times(32\sim60)\mu m$。子囊孢子8个，无色，单胞，椭圆形至肾脏形，大小为 $(18\sim20)\mu m\times(12\sim14)\mu m$。病菌无性型为山楂粉孢（*Oidium crataegi* Grognot），属子囊菌门无性型粉孢属真菌。分生孢子梗直立，短粗，不分枝。分生孢子念珠状，串生，无色，单胞，大小为 $(20\sim30)\mu m\times(12.8\sim16)\mu m$（彩图11-84-2）。

子囊孢子萌发温度为 $11\sim14℃$，分生孢子侵染适宜温度为 $17\sim21℃$，适宜相对湿度70%以上，气温超过 $30℃$ 不利于病害发生。

四、病害循环及流行规律

山楂白粉病菌主要以闭囊壳在落地病叶和病果上越冬，翌春当旬平均气温达 $11℃$ 以上时，降雨后释放子囊孢子，侵染各发病部位幼嫩组织。发病后产生大量的分生孢子，随气流传播，进行多次再侵染。病害发生时期各地区不尽相同，一般在抽梢展叶后即可发病，小幼果期及新梢迅速生长期为发病盛期，7月后发病逐渐滞缓，但苗圃中山里红苗木发病仍很严重，10月以后病害停止发生。

$5\sim6$ 月发病初期降水有利于子囊孢子释放、传播和侵染。一般春季干旱，夏季多雨的年份发病较重。果园管理不善，肥水不足，树冠郁闭，树势衰弱等均会加重病害。苗圃中实生苗、嫁接苗及成树的根蘖苗发病早且严重。结果树幼果比叶片发病重。

五、防治技术

（一）加强栽培管理

合理施肥，改良土壤，细致修剪，及时更新回缩细弱枝条，疏除直立徒长枝，改善树冠通风透光条件，增强树势，提高抗病能力。

（二）清除菌源

及时清除树下落叶、落果，剪除被害花序及病梢，一并集中园外烧毁。彻底刨除树下根蘖苗和果园附近的野生山楂山里红等，减少病菌来源。

（三）药剂防治

在病害发生严重的年份，在展叶期、花蕾期、落花70%和幼果期，各喷1次杀菌剂。在开花期可喷布70%甲基硫菌灵可湿性粉剂 $800\sim1\,000$ 倍液或50%多菌灵可湿性粉剂 $800\sim1\,000$ 倍液，可兼治山楂花腐病。其余各次喷布25%三唑酮可湿性粉剂 $1\,000\sim1\,500$ 倍液、12.5%烯唑醇可湿性粉剂 $2\,000\sim2\,500$ 倍液、40%腈菌唑可湿性粉剂 $8\,000$ 倍液、12.5%氟环唑悬浮剂 $4\,000\sim5\,000$ 倍液、75%百菌清可湿性粉剂 700 倍液。以后可视病情再喷药 $1\sim2$ 次。

应特别注意山楂苗圃中白粉病的防治，在实生苗长出4片真叶时开始喷药，以后每隔半个月左右喷药1次，7月以后可根据发病轻重酌情喷药。

王克（沈阳农业大学）

第85节 草莓白粉病

一、分布与危害

草莓白粉病菌属于专性寄生菌，像锈菌和霉菌一样，在全世界各地都有分布，主要分布在北美、欧洲、东亚等草莓产区。白粉病是冷凉地区草莓的主要病害，也是保护地草莓栽培中的重要病害，我国北方特别是东北和华北的草莓产区发病严重。我国于1959年首次在沈阳农学院温室草莓上发现白粉病。20世纪90年代以来，特别是丰香等感病品种大面积推广以来，白粉病发生渐趋严重，特别是保护地草莓白粉病，在一些地区已成为草莓上最严重的一种病害。发病重的年份白粉病的一般发病株率为8%～30%，高的达40%～80%；病果率为3%～11%，高的达10%～30%；产量损失为10%～25%，高的达30%～50%，严重影响草莓的产量、品质和经济效益。

二、症状

草莓白粉病主要侵害叶、叶柄、花、花梗和果实，匍匐茎上很少发生。叶片染病，发病初期在叶片背面长出薄薄的白色菌丝层，随着病情加重，叶片向上卷曲，呈汤匙状，并产生大小不等的暗色污斑，以后病斑逐步扩大，并在叶片背面产生一层薄霜似的白色粉状物（即为病菌的分生孢子梗和分生孢子），发生严重时多个病斑连接成片，可布满整张叶片；后期病斑呈红褐色，叶缘开始萎缩，最终整个叶片焦枯死亡。花和花蕾受侵害后，花瓣呈粉红色，花蕾不能开放。花萼萎蔫，授粉不良，幼果被菌丝包裹，不能正常膨大而干枯。果实后期受害时，果实失去光泽并硬化，着色变差，果面常覆有一层白粉，随着病情加重，整个果实形同一个白粉球，严重影响浆果质量，失去食用价值（彩图11-85-1）。

三、病原

草莓白粉病病原为滇赤才叉丝单囊壳（*Podosphaera aphanis*（Wallr.）U. Braun et S. Takami，异名：羽衣草单囊壳［*Sphaerotheca aphanis*（Wallr.）U. Braun］），属子囊菌门叉丝单囊壳属真菌。菌丝体生于叶的两面、叶柄、嫩枝和果实上，分生孢子圆筒形、腰鼓形，成串，无色，大小为（18～30）μm×（12～18）μm；子囊果生于叶上者散生或稍聚生，生在叶柄和茎上者稀聚生，球形或近球形，褐色或暗褐色，直径为60～93μm，壁细胞呈不规则多角形，大小差异很大，直径为4.5～24μm；附属丝3～13根，丝状，弯曲，屈膝状，长度为子囊果直径的0.5～5倍，基部稍粗，表面平滑，有0～5个隔膜，全长褐色或下部一半褐色，有的仅顶部无色；子囊1个，宽椭圆形、椭圆形，无色，大小为（60～90）μm×（45～75）μm；子囊孢子8个，少数为6个，椭圆形、长椭圆形，有油点1～3个，多数2个，此外，还有颗粒状内含物，无色，大小为（15～24）μm×（10.5～15）μm。无性型为粉孢属（*Oidium* sp.）真菌。

四、病害循环

白粉病病原菌是专性寄生菌，在寒冷地区，病菌以闭囊壳、菌丝体等随病残体留在地上或草莓老叶上越冬；在温暖地区或保护地内，多以菌丝或分生孢子在寄主上越冬或越夏，成为翌年初侵染源，主要通过带菌的草莓苗等繁殖体进行中远距离传播。环境适宜时，产生分生孢子或子囊孢子，借助气流或雨水扩散蔓延，分生孢子先端产生芽管和吸器，从叶片表皮侵入，菌丝附生在叶面上，从萌发到侵入一般需20 h，每天可长出3～5根菌丝，4 d后侵染处形成白色菌丝状病斑。7 d后成熟，形成分生孢子，飞散传播，进行再侵染，加重为害。

五、发病条件

（一）栽培管理

连作、未及时摘除老叶和病叶、偏施氮肥、栽植密度过大、管理粗放、通风透光条件差、植株长势弱等，易导致白粉病的加重发生。

（二）气候条件

草莓生长期间高温干旱与高温高湿交替出现时，发病加重。白粉病菌侵染的适宜温度为 15～25℃，最适温度为 20℃，低于 5℃和高于 35℃均不利于发病。相对湿度 50%以上均可发病，但分生孢子在水滴中不能萌发，雨水对白粉病菌分生孢子飞散也有抑制作用；强光照明显抑制孢子萌发和菌丝的生长。

保护地草莓白粉病能否流行和流行程度主要取决于大棚内的湿度和草莓的长势。草莓白粉病发生要求的最低湿度为 50%，湿度越大，越利于发病。当相对湿度在 80%以上，草莓长势又弱时，白粉病极易严重流行。3～4 月遇连续降雨再转晴天，不利于大棚通风透光，温度适宜、湿度过大，加快了病菌繁殖和蔓延速度。草莓发病敏感生育期为坐果期至采收后期，发病潜育期为 5～10 d。保护地栽培比露地栽培的草莓发病早，侵害时间长，受害重。

（三）叶龄和叶位

分生孢子在新叶上的萌发率明显高于老叶，因此，新生叶片比老叶片更易感染白粉病。叶背面较易发病，因为叶背面气孔多，且叶背面角质层较薄，病菌易侵入。越冬或越夏病菌的存活力和致病力取决于无性孢子的产生情况。

六、防治技术

（一）抗病育种与抗性鉴定

草莓白粉病的发生与品种的抗病性有直接的关系，因此，草莓白粉病等真菌病害的抗病育种与抗性鉴定就成为草莓育种中的重要任务。国内外学者针对草莓白粉病的抗病育种与抗性鉴定进行了较为深入的研究。

草莓品种间对白粉病的抗性有很大差异，综合来看，欧美系品种对白粉病的抗性较强，而日系品种抗性相对较差。杜克拉、图得拉、卡尔特一号、甜查理、宝交早生、全明星、戈雷拉、达赛莱克特、哈尼等品种抗性较好；丰香、幸香、春香和红珍珠等品种较感病；章姬、鬼怒甘、枥乙女等品种属中抗白粉病品种。值得注意的是，不同品种在不同地区的测试中对白粉病的抗病性也会有所差异。李文金等于 2000 年在山东调查了赛娃、美德莱特、丰香和弗吉尼亚 4 个草莓品种对白粉病的抗性，结果表明，4 个草莓品种对白粉病的抗性从强到弱顺序为赛娃＞美德莱特＞丰香＞弗吉尼亚。而张志宏等（2004）在沈阳研究表明，弗吉尼亚对白粉病的抗性最强，全明星 抗病性中等，丰香和幸香抗病性最差。

（二）加强栽培管理，搞好轮作倒茬

1. 选用无病种苗或脱毒种苗　草莓白粉病菌是专性寄生菌，白粉病主要依靠带病的草莓苗等繁殖材料进行传播，种植时应选用无病或商品脱毒种苗。从外地调苗或引进良种，要认真做好检疫工作，防止外来带菌种苗进入棚内。

2. 田园卫生　草莓生长期间应及时摘除老叶、病叶和病果，及时拔除病株，并清除田边腐枝烂叶，避免病菌随雨水和气流进行再侵染。

3. 轮作倒茬　在种植时尽量避免重茬，每年进行轮换倒茬。设施草莓与玉米等高秆大根系作物或豆科作物轮作，效果较好。

4. 肥水管理　避免过量施用氮肥和栽植密度过大。搞好通风透光，雨后注意排水，降低田间湿度，减少病原菌侵染。保护地栽培要适当控制浇水量，晴天尽量开棚通风换气，阴天也应适当短时间开棚换气降湿。

5. 高温闷棚技术　在保护地草莓白粉病发生较重时，可以采用高温闷棚技术对白粉病进行防治。具体做法是：选择晴天上午进行，日出后闭棚升温，待温度达到 35℃时通过控制通风口大小，保持棚温 35℃左右 2h，之后缓慢加大风口，使棚温缓慢下降。需要注意的是，闷棚前一天浇小水，当棚温达到 32℃时不能离人，温度计置于草莓生长点的位置。

（三）化学防治

1. 熏蒸或高温土壤消毒　保护地栽培草莓在定植前要对土壤和棚室进行熏蒸。土壤熏蒸可以采用氯化苦、棉隆等熏蒸剂进行。硫黄熏蒸对抑制白粉病的发生十分有效，是日本、以色列等国家防治草莓白粉病的重要方法之一，但是火烧硫黄产生的气体对人和草莓有害。正确的使用方法为每 667 m² 日光温室用 99%硫黄 150 g 加热熏蒸，隔日 1 次，每次 6 h。14：00～20：00 熏蒸，熏蒸后立即排气通风。熏蒸时应

注意人、畜不得进入。连作大棚可在三伏天进行高温土壤消毒。具体方法是每 $667m^2$ 用稻草或麦秆 800 kg，切成 3～5 cm 的小段，与生石灰 80 kg，同时撒在土表，然后进行深翻，并做成 30 cm 以上的高畦，灌水至饱和，盖地膜密封。强光条件下，土温升至 50～60℃，持续 15～20 d，可有效杀死土壤中的大量病菌，对地下害虫亦有杀伤作用。

2. 生长季喷药　喷施化学杀菌剂一直是防治草莓白粉病的主要方法，国内外均有很多相关报道。防治草莓白粉病的化学药剂主要包括有机硫类、苯并咪唑类、三唑类和仿生物植物源类。目前，生产上用于防治草莓白粉病常用的化学杀菌剂有 10％苯醚甲环唑水分散粒剂，15％苯醚甲环唑＋15％丙环唑乳油，20％氟硅唑乳油，25％己唑醇悬浮剂，5％、6％、10％、12％、12.5％、25％腈菌唑乳油或可湿性粉剂，50％醚菌酯干悬浮剂，30％醚菌酯可湿性粉剂等。化学防治关键是预防为主，要掌握好 3 点：一是适时防治，开花前要喷药预防 2 次，开花后在发病初期立即喷药防治，严重发病田块要连续用药防治 2～3 次。二是合理选择药剂。由于草莓经济价值较高，同时大棚草莓生长的环境相对封闭，主要依靠蜜蜂来进行授粉。因此，选择药剂首先要考虑安全性，草莓在扣棚后对药剂非常敏感，特别是在开花结果期，更应考虑安全性，应按低限浓度喷施各种药剂，不得与其他药剂、微肥混用，避免产生药害。三唑酮、腈菌唑、苯醚甲环唑等三唑类药剂也有较好的效果，但易产生药害，影响草莓生长，形成僵苗和僵果，同时对蜜蜂的存活也有不利的影响，因此，三唑类杀菌剂在大棚草莓上要科学使用。醚菌酯、嘧菌酯等甲氧基丙烯酸酯类新型杀菌剂，如果连续不合理使用，草莓白粉病菌易对该类药剂产生较明显的抗药性，因此，要严格控制使用次数。三是科学交替用药。如蛇床子素、硫黄粉剂等可与三唑类药剂中安全性很好的戊菌唑轮换使用，以延缓抗药性的产生，施药间隔以 7～10 d 为宜。对已发生僵苗和僵果的草莓园，可叶面喷洒植物基因活化剂 2～3 次，使草莓迅速恢复正常生长。在施药方法上，应做到喷透，使下部叶片和叶片背面均匀着药。喷药后及时通风降湿。开花期尽量避免喷药，防止产生畸形果。果实膨大期喷洒 4％嘧啶核苷类抗菌素（农抗 120）水剂 800 倍液，以增强果实抗病性，隔 10 d 左右喷 1 次，连喷 3～4 次。

（四）生物防治

近年来，生物防治草莓白粉病也已经获得了较大的进展。迮福惠等（2005）和严清平等（2005）分别研究了天然化合物蛇床子素对草莓白粉病的防治效果，发现防效可达 79.5％，能有效地控制草莓白粉病的发生，在实际生产中，为降低用药成本，延缓抗药性，蛇床子素可与其他化学药剂交替使用。Wang 等（1998）研究发现，蛋氨酸和核黄素混合能减轻草莓白粉病的发生，混入铜、铁和表面活性剂后抑菌效果更好。叶琪明、黄顺敏（2001）利用一种由不吸水链霉菌杭州变种（*Streptomyces ahygroscopuus* var. Hang Zhouensis）产生的抗生素多抗灵对草莓白粉病进行了防治试验。结果表明，1％多抗灵水剂 100 倍液对白粉病的防效达到 82.6％，明显高于三唑酮和多菌灵等传统化学药剂，且药效稳定，没有药害现象发生。Takeshi 等（2004，2006）发现，适宜浓度的二氧化硅对在土壤中和水培条件下栽培的草莓上的白粉病均有很好的防治效果。随着草莓生产无公害化的推行，生物农药越来越受到人们的关注。胡洪涛（2002）研究发现，枯草芽孢杆菌菌株对草莓白粉病的田间防效可以达到 54.6％。陈冲等（2007）测试了蜡状芽孢杆菌 TS-02 菌株对草莓白粉病的田间防治效果，发现活菌数大于 $3×10^7$ cfu/mL 时，防效可以达到 45％以上。陈雯舒等（2010）用放线菌 C-2 菌株的发酵产物防治草莓白粉病，取得了 70％的防治效果。曹春霞等（2011）使用枯草芽孢杆菌制剂防治保护地草莓白粉病取得了显著的田间防治效果。100 亿个活芽孢/g 枯草芽孢杆菌可湿性粉剂 2 250g/hm² 处理防治效果达到 77.12％，与对照药剂 25％三唑酮可湿性粉剂 675g/hm² 处理的防治效果相当。

王树桐（河北农业大学）

第 86 节　草莓灰霉病

一、分布与危害

草莓灰霉病是目前草莓生产中的主要病害之一，在世界各草莓产区均有分布。我国各草莓栽培地区都有发生，20 世纪 70 年代后发病逐渐加重，特别在南方采果期正值春雨时节，发病更为严重。草莓灰霉病的发生常造成花及果实腐烂，感病品种的病果率在 30％左右，严重的可达 60％以上。保护地草莓是在一个特定的环境条件下生长发育的，诸如空气流动性差、棚内湿度大、二氧化碳含量低、光照不足等，使草莓在生长发育过程中常常遭到有害生物的侵袭而发生病变，草莓灰霉病就是其中一种重要病害，特别是花器和果实，一旦染病，就会很快腐烂，并迅速传播，轻者减产 10%～20%，重者减产 40%～50%。对草莓产量、品质影响很大。

二、症状

草莓灰霉病主要侵害草莓的叶、花、果柄、花蕾及果实。叶片及叶柄受害后，病部产生褐色或暗褐色水渍状病斑，有时病部微具轮纹。叶多从基部老黄叶边缘侵入，形成 V 形黄褐色斑，或沿花瓣掉落的部位侵染，形成近圆形坏死斑，其上有不甚明显的轮纹，上生较稀疏灰霉。干燥时褐色干腐，湿润时叶背出现灰白色绒毛状菌丝团。叶柄发病，呈浅褐色坏死、干缩，其上产生稀疏灰霉。灰霉病发生多从花期开始，病菌最初从将开败的花或较衰弱的部位侵染，花蕾及花柄发病变暗褐色，病斑迅速扩大至全瓣并扩及萼片，使花呈浅褐色坏死腐烂，产生灰色霉层，后扩展蔓延直至病部枯死，由花萼延及子房及幼果。果实染病多从残留的花瓣或靠近或接触地面的部位开始，也可从早期与病残组织接触的部位侵入，初呈水渍状灰褐色坏死，随后颜色变深，果实软化腐烂。青果受害后，若天气干燥，病果失水干腐，呈暗褐色僵果。果实着色前发病，病部很少形成分生孢子。着色果受害后，果面上最初出现油渍状淡褐色小斑点，进而斑点扩大，全果变软，病果上产生浓密的灰色霉层，为病菌的分生孢子梗与分生孢子。病菌寄主范围广泛，除草莓外，还侵害小麦、棉花、红麻、甘薯、向日葵、烟草、辣椒、莴苣、茄子、瓜类、桃、杏等多种植物的幼苗、果实及储藏器官，引起幼苗猝倒，成株落叶、花腐及烂果。

三、病原

草莓灰霉病病原为灰葡萄孢（*Botrytis cinerea* Pers. ex Fr.），属子囊菌无性型葡萄孢属真菌。分生孢子梗丛生，直立，淡色至褐色，大小为（280～675）μm×（9～25）μm，顶部树状分枝，分枝顶端略膨大，产孢细胞多点芽殖。分生孢子簇生于孢子梗的顶端，单胞，近圆形或椭圆形，单生，顶生，无色至淡褐色，单胞，大小为（8～10.5）μm×（5～10）μm。病菌的分生孢子萌发温度为 4～32℃，萌发适温为 13.7～29.5℃，较低温度更有利于草莓灰霉病菌繁殖。病原菌有性型为富克葡萄孢盘菌［*Botryotinia fuckeliana*（de Bary）Whetzel，异名：*Sclerotinia fuckeliana*（de Bary）Fuckel］，一般很少产生，扁平或不规则形黑色菌核生于腐烂果中。

四、发病规律

病菌主要以菌丝，其次以菌核在病残体和病株上越冬。翌年菌丝体产生分生孢子，或菌核萌发产生子囊盘和子囊孢子，通过气流、雨水或农事活动传播，完成初侵染。病菌以花器侵染为主，可直接侵入，也可从伤口侵入。在适温条件下，伤口侵入发病速度快且严重。发病植株上的分生孢子借气流和雨水传播，也可通过相互接触进行再侵染，引起田间病害的扩展和蔓延。草莓灰霉病在果实采收后还可继续侵害，引起严重烂果。

病菌发育的最适温度为 18～25℃，最低 4℃，最高 32℃；分生孢子在 13.7～29.5℃时均能萌发，但以较低温度对其萌发有利。产生分生孢子及孢子萌发的适宜温度为 21～23℃。分生孢子抗旱力强，在自然条件下经过 138 d 仍具有生活力；但萌发时对湿度要求很高，在水中最宜萌发，相对湿度低于 95% 则不萌发。因此，草莓灰霉病的发生与环境条件有密切关系。低温、高湿是病害流行的主导因素；栽植过密、偏施、重施氮肥，枝叶繁茂，行间郁闭，通风透光不良，湿度过大，发病重；合理密植，氮、磷、钾三要素合理搭配施用，及时摘除枯老病叶、排除积水，加强田间通风透光，则发病轻。地势低洼积水，灌溉后或雨后排水不畅，土壤湿度大，病害发生重；地势较高，起高垄，地膜覆盖栽培的，发病轻。

不同草莓品种间抗病性存在差异。一般欧美系统品种属硬果型，抗病性较强，而软果型品种较为感病。曹娴等（2011）以草莓灰霉病高感亲本达赛莱克特（89）与高抗亲本甜查理（103）杂交得到 34 株 F_1 个体，经 F_1 代自交得到的 248 株 F_2 代群体为试验材料，进行草莓灰霉病抗性鉴定和遗传分析，探讨草莓灰霉病抗性的遗传规律，结合集群分离分析法（BSA）和 SSR 分子标记技术，获得了与草莓灰霉病抗性基因连锁的 SSR 分子标记。结果表明，供试亲本间灰霉病抗性受一对显性单基因控制。通过 F_2 代遗传分析，鉴定出 1 个与抗性基因连锁的分子标记 UFFxa01H05，该标记与抗性基因间的遗传距离为 15.6cM。

除品种的抗病性之外，温湿度是影响草莓灰霉病发生程度的关键条件。河北农业大学的研究表明，草莓在促成、半促成栽培环境中生长，持续 12~13 h 低温有利于病原菌侵入和繁殖，不利于草莓的生长，烂果尤为严重。相对湿度为 64%，病果率低于 10%；相对湿度在 80% 以上连续 7d，烂果率可高达 30% 以上。所以温度适宜时，湿度是导致草莓灰霉病发生的主导因素。另外，偏施氮肥发病也重。

五、防治技术

草莓花期长，分期结果不明显，果实采摘的间隔期短。所以草莓灰霉病的防治，应以农业措施为基础，花期药剂防治为保证。

（一）种植抗病品种

目前生产上缺乏高抗和免疫品种，Titan、戈雷拉和春香等品种相对较抗病。

（二）清除越冬或越夏菌源

露地栽培草莓在冬、春季认真清园，把枯枝、病叶和杂草集中烧毁。在北方结合地膜覆盖，不仅可减少越冬菌源，又可减少死秧，增强植株抗性和生长势，缓苗快，病害轻。保护地草莓在定植前需要对设施进行消毒。在收获后或定植前清除病残体。未翻地前用高浓度药液喷洒地面、墙壁、架材、立柱和棚膜等物，进行表面灭菌。

（三）加强栽培管理

露地草莓需要注意合理密植，调整叶果比，增强通透性，降低小气候湿度。在多雨的地区应采用高畦栽培，注意排水。对易感病的品种，需要控制氮肥的施用量，注意增施磷、钾肥。保护地栽培的草莓，可以通过浇水控制的方法减轻灰霉病的发生。浇水时间应选择在晴天的上午进行，发病初期控制浇水，尽量避免棚室内结露。有条件的地方可以使用膜下滴灌。

（四）处置病果

发现病果后应先喷施有效药剂，然后及时摘除病果、病叶和侧枝，放在塑料袋中集中烧毁或深埋。严格避免随意在田间或棚室外丢弃病果。

（五）生物防治

木霉菌是在草莓灰霉病的防治上应用比较广泛的生防菌。屈海泳等（2004）研究发现，木霉菌 T90-1 菌株能够通过侵染、缠绕等多种重寄生方式，并分泌降解病原真菌细胞壁的物质，使病原菌原生质外渗，改变细胞内有序的代谢状况，从而抑制或杀死病原菌。田连生等（2000）报道了木霉菌株 T5 对保护地草莓灰霉病的显著防治效果。陈伯清等（2011）也在田间试验中证实了木霉菌株 HT-03 对草莓灰霉病的防治效果。Donmez 等（2011）测试了 36 个生防菌株对草莓灰霉病的室内外防治效果，发现部分菌株表现出了防治草莓灰霉病的潜力。Boff 等（2002）报道了黑细基格孢菌（*Ulocladium atrum*）对草莓灰霉病的生防效果。陈莉等（2004）报道了枯草芽孢杆菌对灰霉病菌的室内抑菌效果，而胡洪涛等（2002）则报道了几株芽孢杆菌对草莓灰霉病的田间防治效果。

（六）化学防治

草莓在露地、促成或半促成栽培条件下药剂防治的最佳时期是草莓第一级花序有 20%~30% 开花，第二级花序刚开花时。有效药剂有 50% 啶酰菌胺可分散粒剂、50% 嘧霉胺可湿性粉剂、50% 腐霉利、50% 异菌脲、65% 乙霉威·硫菌灵等，7~10d 喷 1 次，连续喷 3~4 次。药剂防治时，要注意药剂的交替使用，减缓抗药性的出现。

王树桐（河北农业大学）

第 87 节　草莓再植病害

一、分布与危害

再植病害是指同一种作物连续在同一地块种植，在第二个生长季以后，作物便发生的生长发育不良、病害加重，导致产量和品质严重下降的现象。早在我国古代著名的农书《齐民要术》中就有关于一些作物连作之后病害加重的记载，在日本称这类问题为忌地现象或连作障碍，欧美国家称之为再植病害（Replant disease）或再植问题（Replant problem）。一般认为，再植病害是由于作物连续在同一地块种植后，其根系生长的土壤理化环境及土壤生物环境恶化，同时根部病原菌不断累积，引起各种类型的根腐病或黄萎病。近年来大棚栽培草莓在逐渐兴起，种植面积逐渐扩大，但却存在着轮作换地与设施固定的矛盾，连作障碍日益明显，草莓连作病害是目前制约草莓生产的主要因素。世界各国草莓产区普遍流行此病，轻者导致减产减收，重者绝收，严重制约了草莓的可持续发展。我国江苏、河北、山东、吉林、黑龙江等省均有草莓再植病害严重发生的报道。江苏徐州草莓地一般田块死株率达 $20\%\sim30\%$，发病重的可达 50% 以上；据河北满城县草莓基地调查报告，第二年连茬栽种草莓地发病率达 82.9%，第三年发病率可达 100%；在哈尔滨草莓种植区的调查发现，重茬中棚草莓异常植株占到 77.5%，露地草莓病株率为 36.2%。

二、症状

连作草莓生长发育不良，主要表现在株高下降，叶片数减少，生物量下降，现蕾、开花等主要生育期均明显落后于正茬草莓，而且在开花结果期，随着气温的升高及植株内营养物质消耗的增大，连作草莓生长发育状况急剧恶化，地上部分出现黄化、萎蔫及枯萎等症状。常见急性萎凋型和慢性萎缩型两种。急性萎凋型：多在春、夏两季发生，生长前期地上部不表现症状，到 3 月中旬至 5 月中旬地下部病情急剧发展，特别是雨后初晴叶尖突然凋萎，不久呈青枯状，引起全株迅速枯死。慢性萎缩型：在定植后至冬初 9 月中、下旬至 11 月上旬，植株呈矮化萎缩状，下部老叶叶缘变紫红色或紫褐色，逐渐向上扩展，全株萎蔫枯死。地下部表现根腐症状。根据草莓根部被害症状，草莓再植病害可分为：草莓根腐病，症状为全根腐烂；草莓冠根腐，症状为根腐烂，呈白色，因此又称草莓白根腐；草莓鞋带冠根腐，病菌由根冠侵染，被害根似鞋带状；草莓红中柱根腐或草莓红心根腐，被害根中柱变成红褐色，由内至外腐烂；草莓黑根腐，被害根呈黑色或棕褐色，由外至内腐烂（彩图 11 - 87 - 1）。

三、病原及发生机理

（一）土壤生物学环境恶化

重茬种植导致土壤有害微生物增加，土传病害加重，由于栽培作物种类单一，形成了特殊的环境，使硝化细菌、氨化细菌等有益微生物受到抑制，而有害微生物大量发生，使土壤微生物和无机成分的自然平衡受到破坏，导致了肥料分解过程障碍，土壤中病菌蔓延。殷永娴研究表明，温室大棚土壤中，亚硝酸细菌和硝酸细菌数量高于露地土壤，表现为积累的硝态氮含量高，且随温度的上升呈逐渐增多的趋势。随保护地种植年限的增加，土壤有害真菌的种类和数量明显增加。病害在所有连作障碍原因中占 85% 左右，特别是土壤病害，是连作障碍的主要因子，而且有些从未发现的具有危害性的菌类也会对作物根系产生不良影响。室内分离病根可得到多种病原物，常见的病原菌有：引起草莓黑根腐病的立枯丝核菌（*Rhizoctonia solani* Kühn）、镰孢（*Fusarium* spp.）、腐霉（*Pythium* spp.）、拟盘多毛孢（*Pestalotiopsis* spp.）；引起草莓红心（中柱）根腐病的草莓疫霉（*Phytophthora fragariae* Hickman）、*Idriella lunata* P. E. Nelson et S. Wilhelm；引起草莓白根腐病的褐座坚壳（*Rosellinia necatrix* Prill.）、菜豆壳球孢 [*Macrophomina phaseolina* （Tassi）Goid.]；引起草莓鞋带冠根腐病的蜜环菌 [*Armillaria mellea* （Vahl：Fr.）Kumm.] 等。其中，草莓黑根腐在草莓根病中为害最重，影响最大，其病原物涉及十几个属，其中还包括病原线虫类，如穿刺短体线虫 [*Pratylenchus penetrans* （Cobb）Filip. et Shur. Stek]；红心（中柱）根腐为害次之。

（二）土壤次生盐渍化和土壤酸化

土壤中可溶性盐类随水向表层移动而积累，含量超过 0.1% 或 0.2% 的过程称为土壤次生盐渍化。一方面是由于农民在生产过程中为了追求高产，大量施用化学肥料，使土壤中硝态氮和速效磷含量严重超标；另一方面是由于棚室长年覆盖或季节性覆盖，土壤得不到雨水的充分淋洗，加重了土壤盐渍化。黄锦法等（1997）对嘉兴市保护地的 70 个土壤样品测定的结果表明，pH 平均为 5.27，比 1981 年菜地土壤 pH 6.3 下降约一个 pH 单位，其中 pH 小于 5.50 的占 67.1%，小于 4.50 的占 14.3%。导致土壤酸化的原因，一是施酸性和生理酸性肥料；二是大量施用氯肥，在作物不能充分利用而发生积累时，大量氮素转化为硝态氮，硝酸根离子（NO_3^-）与等当量的钙离子（Ca^{2+}）结合而随水流失，使 H^+ 相对过剩而导致了土壤酸化。

（三）土壤物理性质不良

土壤的孔隙度和结构性、土壤水分和通透性等对植物根系的生长及养分吸收有重要影响。设施土壤与露地土壤相比，随着种植年限的增加，土壤结构性得到明显改善，水稳性团粒结构随着种植年限的增加而增加，土壤毛管孔隙发达，持水性好。这主要是因为多年培肥所致，但非活性孔隙比例相对降低，耕作层浅，土壤通气透水性差，导致物理性状不良，连作引起的盐类积累会使土壤板结，通透性变差，需氧微生物的活性下降，土壤熟化慢，同时由于翻耕深度不够，使土壤耕层变浅，影响根系的伸展，造成植株生长发生障碍。

（四）植物自毒作用

某些植物可通过地上部淋溶，根系分泌和植株残茬腐解等途径释放一些物质，对同茬或下茬同种或同科植物生长产生抑制作用，这种现象被称为自毒作用。甄文超等（2004）应用组织培养技术提取草莓根系分泌物，并对其自毒作用进行了测定。结果表明，在含有根系分泌物的生根培养基中定植的草莓组培苗，其生根、根系生长均受到不同程度的抑制，生物量显著下降，而且根系分泌物对草莓幼苗根系生理活性具有抑制作用。主要表现为根系 TTC 还原活性下降、相对电导率增大、SOD 酶活性降低及 MDA 生成量增多等方面，并导致草莓幼苗生长发育不良、病害加重。说明草莓根系分泌物具有自毒作用，连作条件下田间根系分泌物逐年积累后产生的自毒作用，是草莓再植病害发生的重要原因。

四、发病规律

病菌主要以卵孢子、厚垣孢子或菌丝体在地表病残体或土壤中越夏。病原菌的厚垣孢子或卵孢子在没有寄主时还能在土壤中存活很长时间，仍具侵染性。河北满城调查显示，即使在倒茬后第五年再植，草莓发病率为 34.2%，第八年仍为 13.2%，给草莓再植病害的防治工作带来了困难。卵孢子和厚垣孢子在条件适宜时即萌发，侵入植物的根系或幼根。在田间可通过病株土壤、水、种苗和农具带菌传播。病害发生，流行程度与当年的初侵染菌量及下列因素有关。重茬连作年限长，土壤中的病菌积累多，已成为病害流行的一个主要因素。所以草莓再植病害的发生与草莓的连作年限正相关，老产区比新产区发病重。土壤瘠薄，缺乏有机肥及偏施氮肥，施用未腐熟的基肥，发病重。在适宜的温、湿条件下，灌水方式、灌水量、灌水时间是诱发草莓再植病害的主要因素。大水漫灌易造成病害流行，小水浅灌或滴灌发病轻。在带菌田块育苗，将重茬田块作为匍匐茎繁殖基地，田间积累了大量病原菌，幼苗易感染，发病早且重。过度密植，栽培垄过低，植株基部老叶多，垄土积水，扣棚后通气不良都会导致发病严重。草莓再植病害的发生与品种、种质、种苗有关。易感病品种，种质、种苗质量差，发病重。

五、防治技术

防治草莓再植病害是现代草莓生产的一大难题，目前尚未找到根治的办法。土传病害的防治应以农业防治、生物防治和化学防治、物理防治等综合防治为主，任何一项措施应考虑的核心问题是保持土壤中病原菌和有益微生物的平衡。防治策略是以抗病或耐病品种为基础，以栽培管理防治为重点，结合合理使用生物制剂或高效低毒杀菌剂的综合调控。

（一）选育抗病新品种

抗病品种的多样性可控制多种土传病虫害，而且是一种有效的轮作方案。针对连作草莓的土传病害，美国农业部和一些大学合作进行了长期的抗病育种工作。1943—1994 年共推广了 17 个抗红心（中柱）根腐病的品种，其中全明星、胡德、本领等成为美国西北部和加拿大西部以及世界上许多地区的主要栽培品种。霍华德、田纳西佳人、布莱尔摩尔等抗黄萎病的品种在美国也被广泛种植，20 世纪 80 年代初还培育出了晚光这一显著抗黄萎病和红心（中柱）根腐的品种，然而抗病品种的一个主要缺点是许多抗性基因只对一个病原菌甚至是某种病原菌的一个小种具有抗性，而且植物对一种病虫害的抗性不会一直有效。因此，生产上需要及时对种植品种进行轮换，以减轻再植病害的发生。

（二）农业防治

改连作制为轮作制、合理间作。提倡后茬种植禾本科植物或十字花科蔬菜作物。5 月下旬，有条件地区草莓收获后种水稻，短期栽培后割青翻入土壤，或者高密度种植高粱、玉米，7 月上旬，植株 70～80cm 高时，割青翻入土壤。草莓与其他农作物的合理轮换倒茬栽植，是解决连作病害的方法之一。美国加利福尼亚州的草莓生产与花椰菜或甘蓝轮作可以有效降低病原菌数量，在中度病害压力下，草莓与花椰菜轮作可以有效控制草莓病害。另外合理的间作套种也是降低连作障碍的有效途径。近年来，有农民在草莓田间作或套种了辣椒、大蒜后，发现能大大降低草莓黄萎病的发病率。草莓采收完毕后，用几丁质粉末、植物残体、蚓粪、绿肥、饼肥、稻草、堆肥和粪肥等有机改良剂处理土壤后，能改良土壤结构，改善土壤微生物的营养条件，提高土壤微生物多样性，降解产生的挥发性物质，从而抑制病原菌的生长。错位开厢，改善草莓根际的土壤环境。此方法就是在平整土地后，不在原来的厢面位置开厢，错开一定的位置，使原来的厢面变成厢沟，原来的厢沟变成厢面，此方法有换土的功效，对改善草莓根际的微环境有一定的作用，此方法可与高温杀菌消毒结合使用，消毒效果更好。采用无土栽培可有效解决草莓连作障碍。无土栽培即不利用天然土壤，而用无土基质或水进行草莓栽培，在植株生长的各个时期以滴灌、喷淋或水循环的方式供应植株生长发育所需要的养分和水分的一种栽培方式。一方面，利用未栽植过草莓的土种植能大大提高草莓的产量和品质。另一方面，盆栽的观赏型草莓是现在市场上深受关注的产品，经济价值也比地栽草莓高数倍。该法同样简单易行，而且经济效益比轮作高，是草莓种植很有前途的发展方向。

（三）物理防治

利用太阳能防治草莓再植病害是有效、省钱、环保的好方法。可有效地防治草莓黄萎病、立枯病、线虫及杂草。清理前茬作物及杂草等物，施入生长季所需的有机肥，每 667m² 施入秸秆 1 000 kg，土壤净化剂 50 kg。耕翻土壤，做成宽 50cm、高 25cm 左右的高畦。浇大水漫过畦面，使土壤水分呈饱和状态，2～3 d 后，覆盖塑料薄膜。在夏日高温下暴晒 1 个月，即可揭膜。在强光照射下，膜下的温度很快升高到 40℃以上。有机肥在高温环境下已充分熟化，秸秆也充分腐熟成为有机肥，增加土壤有机质和团粒结构，土壤内残存的有害病菌被杀灭，有益的放线菌得到培养。

（四）化学防治

化学防治是重要的防治手段，它具有使用简便、效果明显的特点，农民很容易掌握。目前生产上主要应用氯化苦进行土壤消毒。

氯化苦为无色或透明液体，易挥发，在土壤及作物中无残留，同样可以有效控制土壤中的真菌，但其在土壤中的汽化和蒸发速度很慢，因此，为避免有毒残留伤害植物，从使用到栽植需要等待很长的时间。施用方法：挖深度为 2 cm 的穴，穴与穴之间距离为 2.5 cm，每穴灌药 2～3mL，灌药后立即封土，并用塑料薄膜覆盖以封闭地面，1 周后揭去地膜，并翻地，半个月后再种植草莓，消毒效果良好。

（五）生物防治

1. 应用新型生物农药　Murphy 等（2000）将甲壳类生物的分泌物添加到生长基质中，可明显减轻由一种疫霉（*Phytophthora fragariae*）引起的草莓根腐病的发生。杨兰等（2009）筛选出了多种对连作草莓重茬病菌轮枝菌、镰刀菌和丝核菌有显著抑制作用的植物提取物并进行了田间防治试验，取得了良好的防治效果。甄文超（2005）利用药用植物防治由镰刀菌等真菌引起的草莓再植病害也获得了显著效果，增产达到 32.6%～33.8%。

2. 甲壳素系列海洋生物农药的应用　甲壳素广泛存在于虾、蟹外壳、昆虫外皮以及真菌的细胞壁中，对它的开发研究已成为当前国际的热点。甲壳素系列海洋生物农药被植物根系吸收后，可以诱导草莓根系分泌出溶解壳素酶，分解病菌的外体壁，使之难以存活和增殖；有效活化作物根系，防止早衰，已经老化的根系可促使焕发形成新的根系；改善土壤团粒结构的生态环境，助长有益菌群落的增殖和扩大空间范围；有效降解肥料中分解的各种有害物质，保护作物根系。促使根壮、株旺。秧苗蘸根：在地下挖 15cm 深的槽，内铺塑料，将甲壳素生物药剂稀释 500 倍倒入槽内，把草莓秧苗根靠沿放入，浸没根际，浸泡 2h；浇稳苗水：用甲壳素生物药剂 800 倍液作为稳苗水在定植时浇根。

王树桐（河北农业大学）

第88节　柑橘黄龙病

一、分布与危害

柑橘黄龙病（Citrus Huanglongbing，简称 HLB）是柑橘生产上的毁灭性病害，最早在我国广东潮汕地区发现。按潮州话，果树的新梢称为"龙"，"黄龙"的意思是新梢叶片变黄，实际上黄龙病的本意是"yellow shoot disease"。在 1995 年以前，该病害在不同的国家和地区有不同的名称，我国称为黄龙病或黄梢病（yellow shoot disease）、印度称为顶梢枯死病（dieback）、南非称为青果病（greening）、菲律宾称为叶片斑驳病（leaf mottle）、印度尼西亚称为叶脉韧皮部恶化病（vein phloem degeneration），而国际上一般称之为柑橘青果病（Citrus greening）。直到 1995 年，在第 13 届国际柑橘病毒学家组织（International Organization of Citrus Virologists，IOCV）会议上，为纪念我国林孔湘教授在世界上首次证明该病害是一种传染性病害的原创性工作，由法国 Bové 教授提议以柑橘黄龙病为该病害的正式学名，并确认我国科学家在这种世界性重要病害的研究方面所做出的卓越贡献，得到了参会学者的一致同意。目前，HLB 这个名字已被世界各地的研究者广泛接受并使用。

柑橘黄龙病具有暴发性强，发展迅猛，为害大等特点，被列为我国对内对外的重点检疫病害。在 20 世纪 80 年代以前，该病害在我国只分布于广东、广西、福建、台湾。随着柑橘生产规模的不断扩大，在 1983—1984 年全国柑橘黄龙病普查中，发现云南、浙江、江西、湖南、四川的部分地区也有柑橘黄龙病的发生，但均属于零星分布，90 年代中期柑橘黄龙病又在贵州、海南等地发现。迄今为止，柑橘黄龙病在我国长江流域以南的 11 个省份 254 个县（市）有不同程度的发生，对我国柑橘产业可持续发展构成了巨大威胁。近年来，由于全球气温持续变暖，柑橘木虱活动范围逐渐扩大，加上柑橘苗木和接穗的调运非常混乱，导致柑橘黄龙病的发生面积逐年扩大。20 世纪 90 年代以前，柑橘黄龙病仅在亚洲、非洲发生，主要分布在亚洲的中国、印度尼西亚、日本、泰国、菲律宾、孟加拉国、马来西亚、尼泊尔、巴基斯坦、斯里兰卡、沙特阿拉伯、不丹、也门等国家，非洲的南非、布隆迪、喀麦隆、肯尼亚、马达加斯加、毛里求斯、留尼汪岛、卢旺达、索马里、斯威士兰、坦桑尼亚、津巴布韦等国家和地区。2004 年 7 月和 2005 年 9 月分别在巴西圣保罗州和美国佛罗里达州这两个全球重要的柑橘产区也发现了柑橘黄龙病，目前柑橘黄龙病的为害引起了全球柑橘生产者的高度重视。

该病流行时，新栽区柑橘园往往在开始发病后的 3～4 年内严重发病，与重病果园邻近的新果园则往往未及投产即遭毁灭。植株发病后，树势衰退，产量剧降或绝产。柑橘黄龙病在我国发生已有近百年历史，该病曾多次对广东、福建、广西等地的柑橘产业造成严重破坏，累积有近亿株病树因感染黄龙病被砍除。

二、症状

柑橘黄龙病的特征性症状是初期病树的黄梢和叶片的斑驳型黄化（彩图 11-88-1，2）。开始发病时，往往首先在树冠顶部出现一到几枝黄梢，在夏、秋季，黄梢通常出现在树冠顶部，即为典型的黄梢症状（彩图 11-88-1，1）。随后，树冠其他部位陆续发病。症状有 4 种类型：①斑驳型黄化：当叶片生长转绿后，从叶片主、侧脉附近和叶片基部开始黄化，扩散成黄绿相间的不对称斑驳，最后可以整叶变黄；②均匀黄化型：一般多出现在初发病树的夏、秋梢上，在叶片转绿前，开始在叶脉附近出现黄化，迅速扩散至整张叶片呈均匀黄化；③暗绿型：当叶片老化后，不表现明显黄化，但叶片无光泽、革质化且叶脉肿突；④缺素状黄化：一般出现在植株感病后期，从病枝上抽出的新叶表现叶脉青绿、脉间组织黄化的花叶症状，与缺锌相似。其中，叶片的斑驳型黄化是黄龙病最具特征的症状。

病叶较健叶厚，有革质感，有的叶脉肿突，局部木栓化开裂。从病枝抽生的新梢梢短、叶小。病叶容易脱落，在不良的栽培条件下，落叶枝容易干枯。

柑橘感染黄龙病并表现症状后，一般在第二年开花早且多，常形成无叶花穗，花畸形并多早落，有的病树不定时开花。发病初期果实一般不表现典型症状，当病害发展到一定程度后，病树的果实多早落或变小，有的畸形，着色不均匀，种子多败育。在温州蜜柑、福橘等宽皮柑橘成熟期常表现为蒂部深红色，其余部分青绿色，俗称"红鼻果"（彩图11-88-2，1）。而橙类则表现为果皮坚硬、粗糙，一直保持绿色，俗称"青果"（彩图11-88-2，2）。通常，叶片黄化与果实症状在同一年呈现。有时，果实症状先出现，叶片症状在第二年出现。

柑橘黄龙病发病初期，根系多不腐烂，至叶片黄化脱落较严重时，绝大多数病树的细根腐烂。发病后期，大根亦腐烂。腐根的皮部碎裂，并与木质部分离。

柑橘黄龙病的田间诊断可依据黄梢症状和叶片的斑驳型黄化症状。其中，叶片的斑驳型黄化症状出现的时间长，可用作诊断的主要依据。在疫区福橘和温州蜜柑果园，红鼻果亦可以用作识别病树的依据。如根据症状在田间无法诊断，可采集叶片样本送实验室进行检测。

三、病原

对柑橘黄龙病病原的认识过程是一个在科学探索中开拓、继承、修正和发展的过程，充满耐人寻味的曲折。最初 Reinking（1919）根据一般性观察认为是水害。Tu（1932）认为我国台湾的柑橘黄龙病病原是一种线虫（*Tylenchulus semipenetrans* Cobs）。何畏冷（1937）从病树的腐根上分离到一种镰孢菌（*Fusarium* sp.），认为是镰孢菌所致。陈其僆（1943）通过大量的调查，认为该病由毒素因子引起的可能性最大，但没能提供足够的证据。林孔湘教授通过嫁接柑橘黄龙病病树的单芽和枝条到健康的柑橘植株上，结果健康的植株也发病，首次证明了柑橘黄龙病是一种传染性病害，推断认为该病原为病毒。随着电镜技术的发展，Lafleche 等（1970）首次通过电镜观察到来自南非和印度的柑橘黄龙病病叶的韧皮部筛管细胞中的病原体，当时认为是类菌原体（mycoplasma-like organisms，简称 MLO）。但 Garnier 等（1976）通过电镜观察发现黄龙病菌的胞膜厚度有 25nm 左右，比 MLO 特有的胞膜厚度（7～10nm）要厚得多，认为黄龙病菌不属于类菌原体，而是类细菌（bacterium-like organisms，简称 BLO）。柯冲等（1979）通过电镜观察，看到黄龙病菌的膜壁较厚，外膜层厚薄不均匀，认为该病原应属于类立克次氏体（rickettsia-like organisms，简称 RLO）。Bové（1984）利用细胞生物化学和电镜相结合，证实了黄龙病菌的外层壁和内层膜之间存在肽聚糖层，这与革兰氏阴性细菌的细胞壁结构一致，因此推断黄龙病菌可能属于革兰氏阴性细菌。用电子显微镜观察，寄主体内病原体呈圆形、卵圆形或近杆形，大小为（50～600）nm×（170～1 600）nm。细胞壁厚 13～33nm，一般为 20nm 左右。通过对感病植株注射抗生素（四环素或青霉素），黄龙病的症状在短时间内得到了减轻，证明它确实是一种细菌。

20世纪90年代，随着分子生物学的迅速发展，利用分子生物学和生物信息学等手段来研究柑橘黄龙病菌越来越广泛。Villechanoux 等（1993）利用分子生物学手段克隆了一个来自印度 Poona 的黄龙病菌基因组的 2.6kb 的 DNA 片段并测定其序列，发现该片段属于细菌的核糖体蛋白操纵子基因 *rrplKAJL-rpoBC*，编码 4 种核糖体蛋白（L1，L10，L11，L12），比较该操纵子和来自基因库（GenBank）的其他细菌序列，发现其结构与真细菌的高度一致，因此，推断柑橘黄龙病菌应属于真细菌。Jagoueix 等（1994）通过免疫捕捉 PCR 技术，克隆和测定了来自印度浦那（Poona）和非洲内尔斯布鲁特（Nelspriut）的黄龙病菌 16S rDNA 基因序列，与来自基因库其他细菌的 16S rDNA 基因序列进行比较，发现黄龙病菌与 α-变形菌纲中的第 2 亚组相似性为 87.5%。

α-变形菌纲细菌的种类比较复杂，包括许多植物细菌、共生细菌和人体细菌，这些细菌的共同点是都寄生于真核细胞的寄主中，并可以通过节肢动物为介体进行传播。黄龙病菌也符合这些特征，它也寄生在真核细胞的植物韧皮部筛管细胞中，并通过木虱进行传播，因此，可把黄龙病菌归属于 α-变型菌纲中的一个新成员。由于黄龙病菌仅寄生于寄主韧皮部的筛管中，且成杆状，因此把黄龙病菌命名为韧皮部杆菌属（Liberobacter）（Jagoueix et al.，1994）。后来，Garnier 等（2000）按照拉丁学名命名法的原则，bacter（细菌）在拉丁文中属于阳性，Liber 拉丁文的意思是"韧皮"，与 bacter（细菌）连接的元音应该是"i"，而不是"o"，因此，将韧皮部杆菌的名字从 Liberobacter 改为 Liberibacter。

由于植物病原细菌的分类建立在病原人工培养的基础上，而黄龙病菌目前尚不能进行人工培养，分类地位不能正式确定。Murray 等（1994）向国际细菌学委员会提议在原核生物（Prokaryotes）内增设一个 *Candidatus* 类，主要是针对国际细菌命名所要求的特征描述不足，但又可以根据已有的资料将其初步归类的微生物进行暂时性分类，特别是对那些不能进行人工培养的原核生物的分类进行了讨论，认为对于已经较为清楚其关系地位，并能够通过 DNA 分子序列测定，证明其真实性，同时有必要提供通过特定的引物扩增到相应的片段信息，可以把其归属于 *Candidatus* 类。由 Murray 等提议设立 *Candidatus* 类得到国际细菌命名委员会的通过，柑橘黄龙病菌是第一个以这种分类系统来命名的植物病原细菌。按照国际细菌命名委员会对黄龙病菌亚洲种的描述：柑橘黄龙病菌亚洲种属于原核生物薄壁菌门 α-变形菌纲韧皮部杆菌属，命名为 "*Candidatus* Liberibacter asiaticus"；柑橘黄龙病菌非洲种命名为 "*Candidatus* Liberibacter africanus"；柑橘黄龙病菌美洲种命名为 "*Candidatus* Liberibacter americanus"。

该病菌至今仍不能人工培养，柯赫氏定律（Koch's postulates）未完成。亚洲种主要分布在亚洲国家和美国的佛罗里达州及巴西圣保罗州，毛里求斯、留尼汪岛也发现少部分黄龙病菌属于亚洲种；非洲种主要分布在非洲国家；美洲种主要分布在巴西圣保罗地区。

四、病害循环

自林孔湘（1956）首次证实柑橘黄龙病可以通过嫁接传染，并发现在田间有明显的自然蔓延现象以来，国内外学者对田间柑橘黄龙病的传播介体进行了深入的探讨和研究。在南非，Mc Clean 等（1965）把感染了柑橘青果病植株上的非洲木虱（*Trioza erytreae*）转移到健康的柑橘苗上，结果发现健康的柑橘植株也发生了青果病，证明非洲木虱能够传播青果病，并且青果的发病率与木虱种群数量呈正相关。在菲律宾，Salibe 等（1968）证明柑橘黄龙病在田间传播蔓延是基于一种昆虫介体，并鉴别出这种昆虫介体是柑橘木虱（*Diaphorina citri*）。在我国，华南农学院植病教研组（1977）对柑橘木虱与柑橘黄龙病的流行关系进行了研究，结果表明，柑橘木虱能传播黄龙病。赵学源等（1979）调查发现，黄龙病的流行区域与柑橘木虱的分布大体一致，柑橘木虱多的果园，植株发病率高达 40%～100%，在高海拔（1 300m 以上）地区未见柑橘木虱的果园，发病率只有 3% 左右，充分说明黄龙病的发生程度与柑橘木虱的分布密切相关。柑橘木虱主要在亚洲和美洲地区存在，可以传播黄龙病菌亚洲种和美洲种（Garnier et al.，1993；Teixeira et al.，2005）；而非洲木虱主要在非洲地区存在，传播非洲种（Aubert et al.，1987；Garnier et al.，1993；Mcfarland et al.，2000）。

国内外学者对柑橘木虱的传病规律及寄主范围进行了系统研究。Halbert 等（2004）研究结果表明，柑橘木虱可以在多种芸香科植物上取食，九里香（*Murraya exotica*）是柑橘木虱最喜欢的寄主植物，其次是酒饼簕（*Atalantia buxifolia*）、来檬（*Citrus aurantifolia*）和黄皮（*Clausena lansium*），并指出这些植物应该作为监控柑橘木虱的首要目标。柑橘木虱喜欢在幼嫩的枝叶上取食，在美国佛罗里达柑橘木虱的高峰期是 5 月、8 月和 11 月，这与九里香的新芽生长时期一致。柑橘木虱的卵大多产在嫩叶的边缘，若虫喜欢在叶片边缘的背侧或叶茎和叶柄部生活。非洲木虱的若虫会植入叶片背部形成凹巢，从叶片正面看则是个突起。当长成成虫后，巢就会空出，但是突起仍在。柑橘木虱成长的过程没有类似的突起产生，但严重时会使叶片变得非常扭曲，柑橘木虱在取食时总是和植物叶片呈 45°角。

柑橘黄龙病菌的远距离传播主要靠带病苗木和接穗的调运，田间近距离传播主要靠木虱。田间黄龙病树、村前屋后的野生或零星栽培的柑橘类或芸香科寄主植物，以及外来迁入的带病柑橘木虱都可成为侵染来源，其中田间病树是最主要的侵染源。病原菌寄生在寄主的韧皮部，经柑橘木虱吸获并在寄主体内繁殖后传到其他植株，依此辗转传播。柑橘木虱吸获病原菌后，终生带菌，不通过卵传递到下一代。此外，黄龙病还通过带病繁殖材料的嫁接传播。

五、发生与流行规律

柑橘黄龙病的发生是黄龙病菌与寄主柑橘在环境因素的影响下相互作用的结果。病原菌成功侵入寄主并建立寄生关系后，便进行大量繁殖和侵染，过一段时间植株才出现初发症状。黄龙病潜育期长短与侵染的菌量多少有关，也与被侵染的柑橘植株树龄、栽培环境、温度和光照有关。用带 1～2 个芽的病枝段，于 2 月中、下旬嫁接于一至二年生甜橙实生苗上，在防虫网室内栽培，潜育期最短为 2～3 个月，最长可超过 18 个月。在一般的栽培条件下，绝大多数受侵染的植株在 4～12 个月内发病，其中又以 6～8 个月内发病最多。

在大面积连片栽种感病柑橘品种的情况下，田间黄龙病树（侵染源）和传病虫媒（柑橘木虱）同时存在，是黄龙病流行的先决条件，二者缺一都不能引致病害的流行。在田间具备一定数量病树（侵染源）的情况下，虫媒（柑橘木虱）发生量越大，病害流行越快。同样，在田间存在一定数量虫媒的情况下，病株越多、分布越均匀，病害流行也越快。若田间病树密度与木虱的虫口密度同时处于高位，则病害蔓延更快，在短期内可使较大面积范围内植株感染，造成暴发性的流行，使这些果园在2～3年内失去经济栽培价值而成为病残园。如果能及时挖除病株，控制好柑橘木虱，加强管理，病害就可得到控制。老龄树比幼龄树抗病力强，病害传染和发展也较慢，所以幼龄树往往比老龄树先死，原因是幼树新梢多，媒介昆虫染病机会多。栽培管理好坏对发病轻重有影响，栽培管理好的果园，黄龙病发生较少，发展较慢。挂果多的柑橘树一经发病很快就会全株发黄，原因是挂果多的树养分运输频繁，病原在体内扩展速度快。生态条件好的果园有利于阻碍病害蔓延。林木茂盛，湿度较大的果园或有良好防护林的果园，不利于柑橘木虱的生长、繁殖和传播，所以黄龙病发生较少、发展也较慢。

六、防治技术

柑橘黄龙病是一种毁灭性病害，传播蔓延的速度非常快，目前还没有发现抗病品种和治疗的特效药剂。对付该病唯一可行的办法是：通过及时挖除病树减少侵染源和最大限度杀灭柑橘木虱，减少田间再侵染，防止或降低病害暴发性流行的危险，从而延长果园寿命，减少经济损失。具体防治技术如下：

（一）实施检疫措施

对于植检部门和农业行政管理部门，坚决执行检疫制度，不论是病区、无病区还是新发展区，都必须实施检疫，杜绝人为远程传播，防止带病苗木、接穗传入或输出。

（二）繁育和栽培无病苗木并尽量实行有效的隔离种植

以栽种无病苗木为基础，配合运用其他防控措施，是当前防控黄龙病切实可行的有效办法。在强化执行检疫制度的同时，切实整治本地区的柑橘苗木市场，杜绝带病苗木泛滥的同时，帮助个体种植户从可靠的、有国家检疫部门认证的无病苗木繁育中心引进无病苗木。新建果园除必须栽种无病苗外，尽量做到远离病园、病树。新果园与病园、病树相距越远越安全，不易被病害侵染。建议新建果园尽量远离旧病果园。若条件许可，与病园相距1 000m以外建新园，再结合执行其他防控措施，就可减少黄龙病的外来侵染，从而延长新果园的经济寿命。

（三）全力控制田间再侵染

在黄龙病流行区域内，能否控制好田间再侵染，降低再侵染频率，是防控黄龙病成败的关键。减少田间再侵染，实际上就是减少田间发病率。要达到此目的，必须抓好及时挖除病株和严格防除柑橘木虱两个环节，并把这两项工作贯穿于整个栽培管理过程中。

1. 抓好冬季清园 冬季清园要求及时挖除病树，减少翌年的田间侵染源；严格防除越冬代的柑橘木虱，减少翌年田间的传病媒介；防除果园中其他危害性较大的病虫，如炭疽病、疮痂病、黄斑病、红蜘蛛、锈蜘蛛、介壳虫类和粉虱类等主要病虫。

2. 春梢期的防控措施 越冬代残留的柑橘木虱，可借春梢期繁殖回升，成为当年黄龙病的传病媒介，直接影响当年的田间再侵染和病树增长率。所以，从春梢萌发开始，注意观察嫩芽、嫩叶上有无木虱若虫为害。发现木虱应立即喷药防除，具体药剂种类和浓度参见柑橘木虱。

3. 夏梢期的防控措施 夏梢期是柑橘木虱的发生高峰期。此时气温适宜，世代历期短，加上夏梢抽发次数多而乱，田间随时都有嫩梢，给柑橘木虱提供充足的营养和良好的繁殖条件，使其种群数量迅速增加。控制好夏梢，恶化柑橘木虱的生存条件，成为这个时期防控黄龙病的重要环节。

4. 秋梢期的防控措施 秋梢期是黄龙病的高发病期，也是一年中田间虫口密度较高的时期，侵染源和传病虫媒的数量同时处于高位，必将造成再侵染倍增。所以，秋梢期对木虱的防治，比之前两个梢期的防治更为重要，不仅关系到木虱当年越冬的虫口密度，也关系到处于潜育期病树上的越冬数量（即翌年侵染源的数量），处理不当，势必增加翌年的防控压力。秋梢期的防控重点，仍然是以防除柑橘木虱为主，尽量降低田间虫口密度，从而减少再侵染。与此同时，还须注意防除潜叶蛾，保证秋梢安全抽发，才能为翌年的增产打好基础。

邓晓玲（华南农业大学资源环境学院）
王雪峰（中国农业科学院柑桔研究所）

第89节　柑橘溃疡病

一、分布与危害

柑橘溃疡病是柑橘的重要病害之一，为国内外检疫对象。柑橘溃疡病在亚洲国家发生较为普遍，在非洲、美洲及大洋洲亦有发生。目前，在我国广东、广西、福建、浙江、江西、湖南、贵州、云南等柑橘产区发生普遍，四川、重庆、湖北仅极少数县偶有柑橘溃疡病发生，其中，重庆通过柑橘非疫区建设，柑橘溃疡病已得到很好控制。

柑橘溃疡病可为害多种芸香科植物，对柑橘生产的影响最为严重。柑橘溃疡病为害柑橘叶片、枝梢与果实，引起溃疡斑，造成落叶、枯梢，削弱树势；果实受害，重的引起落果，轻的带有病斑，导致柑橘果实产量和品质下降，降低经济价值，并且严重影响外销。

二、症状

柑橘溃疡病侵害枝梢、叶片、果实及萼片，形成木栓化隆起的病斑。病斑的大小、形状因寄主不同而异，在感病寄主上病斑一般较大而隆起，在比较抗病的寄主上病斑一般较小且略扁平。

叶片症状：叶片受害，初期在叶背出现淡黄色针头大小的油渍状斑点，后逐渐扩大，颜色转为米黄色至暗黄色，并穿透叶的正反两面同时隆起，一般背面隆起比正面更为明显，成为近圆形、米黄色的病斑。不久，病部表皮破裂，呈海绵状，隆起更显著，木栓化，表面粗糙，灰白色或灰褐色，后病部中心凹陷，并现微细轮纹，周围有黄色或黄绿色的晕环，在紧靠晕环处常有褐色的釉光边缘。病斑大小依品种而异，一般直径为3～5mm。在潜叶蛾幼虫为害的隧道和机械创伤处，常出现多个病斑互相连接，形成不规则的大病斑。后期病斑中央凹陷成火山口状开裂（彩图11-89-1）。

枝梢症状：枝梢受害以夏梢最为严重，其症状与叶片上类似，开始出现油渍状小圆点，暗绿色或蜡黄色，扩大后成为灰褐色，木栓化，但病斑比叶片上的更为突起，其直径为5～6mm，病斑中心如火山口状开裂，但无黄色晕环，严重时引起叶片脱落，枝梢枯死。

果实症状：果实上的病斑也与叶片上类似，但病斑较大，一般直径为4～5mm，最大的可达12mm，表面木栓化程度比叶部更为坚实，病斑中央火山口开裂亦更为显著。未成熟的青果病斑周围有黄色晕环，果实成熟后则消失。有些品种在病健部分界处有深褐色釉光边缘。由于品种的不同，釉光边缘的宽狭及隐显有差异，如釉光边缘在巨橘上宽而显著；在朱红和甜橙上较狭小，不显著；乳橘、樱橘、本地早和早橘则无明显的釉光边缘。病斑限于果皮上，发生严重时引起早期落果。

柑橘溃疡病侵害果实的症状，在发展过程中的某一时期，与疮痂病症状容易混淆。其区别在于：溃疡病初期病斑油胞状突起，半透明，稍带深黄色，顶端略皱缩；如用切片检查，可见中果皮细胞膨大，外果皮破裂，病部与健全组织之间一般无离层，病组织内可发现细菌。疮痂病初期病斑油胞状突起，半透明，清晰，顶端无皱纹，切片检查可见中果皮细胞增生，外果皮不破裂，病部与健全组织间有明显离层，病组织中可发现菌丝体，有时能检查到分生孢子梗和分生孢子。另外，溃疡病病斑与健部分界处一般有深褐色狭细的釉光边缘，而疮痂病则无。

三、病原

柑橘溃疡病病原为柑橘黄单胞菌柑橘亚种（*Xanthomonas citri* subsp. *citri* Gabriel et al.），亦称为地毯草黄单胞菌柑橘致病变种［*X. axonopodis* pv. *citri*（Hasse）Vauterin et al.］。该菌为革兰氏阴性、好气性细菌。病菌极生单鞭毛，能运动，有荚膜，无芽孢，短杆状，两端圆，菌体长1.5～2.0 μm，宽0.5～0.8 μm。在马铃薯琼脂培养基上，菌落初呈鲜黄色，后转蜡黄色，圆形，表面光滑，周围有狭窄的白色带。在牛肉汁蛋白胨琼脂培养基上，菌落圆形，蜡黄色，有光泽，全缘，微隆起，黏稠。

根据地理分布和对寄主植物致病性的不同，病原菌有5个菌系：①A菌系起源于亚洲，致病性最强；②B菌系于1928年在阿根廷发现，能在柠檬和墨西哥来檬上引发病斑，而在葡萄柚与甜橙上几乎不发病，主要在南美洲流行，正不断被A菌系所代替；③C菌系于1972年在巴西发现，在墨西哥来檬与酸橙上发病，在葡萄柚与甜橙上不发病；④D 菌系于 1981 年在墨西哥科利马（Colima）地区发现，主要为害墨西哥来檬，也可为害波斯来檬及生长在墨西哥来檬病树周围的柚树；⑤美国佛罗里达州苗圃菌系于 1984 年被发现，有人称之为 E 菌系，其引起的病害也称为细菌性斑点病或苗圃型溃疡，由地毯草黄单胞菌枳柚致病变种（*X. axonopodis* pv. *citrumelo*）引起。Vauterir 根据病菌致病性和寄主专化性不同，将病原菌分成 3 个致病型，分别为致病型 I 地毯草黄单胞菌柑橘致病变种（*X. axonopodis* pv. *citri*），即为 A 菌系；致病型 II 地毯草黄单胞菌来檬致病变种（*X. axonopodis* pv. *aurantifolia*），即为 B/C/D 菌系；致病型 III 地毯草黄单胞菌枳柚致病变种（*X. axonopodis* pv. *citrumelo*），即 E 菌系。近期在佛罗里达州发现另一新菌系，被暂定为 A^w 菌系。在我国发生的是 A 菌系，即地毯草黄单胞菌柑橘致病变种。

柑橘溃疡病菌主要侵染芸香科柑橘属和枳属，金柑属亦可侵染。此外，根据巴西报道，酸草（*Trichachne insularis*）也是此病菌的寄主。

四、病害循环

柑橘溃疡病菌生长适宜温度为 20～30℃，最低 5～10℃，最高 35～38℃，致死温度 55～60℃，10min。病组织中病菌在一般实验室条件下能存活 120～130d，但逸出病斑的病菌在日光下暴晒 2h 即死亡；病原菌耐低温，冰冻 24h，生活力不受影响。适于病菌发育的 pH 为 6.1～8.8，最适 pH 为 6.6。

柑橘溃疡病菌在病组织（病叶、病梢、病果）内越冬。翌年春季在适宜的条件下，病部溢出菌脓，借风雨、昆虫和枝叶接触传播至嫩梢、嫩叶和幼果上，幼嫩组织上需保持 20min 的水膜层，病菌才能从自然孔口（气孔、皮孔）或伤口（机械致伤口、虫致伤口）侵入。病菌侵入后，在寄主体内繁殖并充满细胞间隙，刺激细胞增生，使组织肿胀。潜育期的长短取决于柑橘品种、组织老化程度和温度，一般为 3～10d。病菌还有潜伏侵染现象，从外观健康的温州蜜柑枝条上可分离到病菌；有的秋梢受侵染，当年不显现症状，而至翌年春季才显现症状。远距离传播主要通过带病苗木、接穗和果实，种子一般不带病。病地苗木上的土壤也有带菌传病可能。

昆虫亦可传播该病菌。高温和多雨是发病的有利条件，风雨交加的天气使寄主产生大量伤口并加剧植株间相互接触摩擦，从而加剧病菌近距离传播；另外，果园管理中嫁接、修剪和喷灌等农事操作中使用带病原菌的工具也能传播柑橘溃疡病。

五、流行规律

病菌的传播流行受到寄主品种抗病性、寄主生长阶段、影响寄主生长的农业措施、气候条件以及潜叶蛾为害和大风刮伤等造成伤口的因素的影响。

（一）气候因素

在气温 25～30℃时，降水量与病害的发生呈正相关。高温多雨季节有利于病菌的繁殖和传播，发病常严重。感病的幼嫩组织，只有在高温多雨的气候条件下易受侵染，雨水是病菌传播的主要媒介。病菌侵入需要组织表面有 20min 以上的水膜，故降水量多的年份或季节，病害发生亦多。降水量的多少还与病斑的大小有关，春梢期气温低，降水量少，病斑较小；夏、秋梢期高温多雨，则病斑较大。干旱季节，柑橘虽处于抽梢期，温度亦适宜，若无雨水，则病害不发生或很少发生。据广州、福州等地观察，3 月下旬至 12 月病害均可发生，春梢发病高峰期在 5 月上、中旬，夏梢发病高峰期在 6 月下旬，秋梢发病高峰期在 9 月下旬。总之，每次新梢都有一个发病高峰，尤以夏梢最为严重。秋雨多的年份，秋梢发病也重。

病菌从伤口侵入比从自然孔口侵入容易，沿海地区如浙江、福建、广东等省 8～10 月常多台风和暴风雨，不仅造成寄主较多的伤口，而且有利于病菌侵入，同时又有利于病菌的传播，因此，每年台风和暴风雨后，常有一个发病高峰期。

（二）栽培管理

1. 施肥 柑橘的营养生长状况是体内营养状况的外部表现，不合理的施肥，扰乱了其营养生长，在柑橘上表现为抽梢时期、次数、数量及老熟速度等的不一致，这与病菌的侵染、病害的发生有直接关系。一般在增施氮肥的情况下会促进病害的发生，如在夏至前后施用大量速效性氮肥容易促进夏梢抽生，发病就加重。而增施钾肥，可以减轻发病。

2. 控制夏梢　根据广东等地经验，凡摘除夏梢，控制秋梢生长的果园，溃疡病显著减少。留夏梢的果园，因在夏梢抽出期间正值高温多雨，加上潜叶蛾为害严重，所以溃疡病发生严重。

3. 防治害虫　凡潜叶蛾为害严重的果园，且造成大量伤口，有利于病菌侵染，发病常严重。潜叶蛾幼虫的隧道常伴随溃疡病的发生。及时防治害虫，特别是潜叶蛾发生少的果园，溃疡病发生也较轻。

4. 品种混栽　品种混种的果园，由于不同品种抽梢期不一致，有利于病菌的传染，往往降低防治效果。并且原来抗病的品种也由于果园中菌源多，抗病性会逐渐减弱，而成为感病的品种。

（三）寄主生育期

柑橘溃疡病菌一般只侵染一定发育阶段的幼嫩组织，对刚抽出的嫩梢、嫩叶、刚谢花的幼果以及老熟的组织都不侵染或很少侵染。因为很幼嫩的组织或器官各种自然孔口尚未形成，病菌无法侵入。据在甜橙上观察，当新梢的幼叶达成叶的 2/3 长时（萌芽后 30～45d）开始发病，后随新梢增长，发病率逐渐增高，至新梢停止伸长，而叶片尚嫩绿时（萌芽后 50～60d）气孔形成最多，呈开放型，中隙大，染病率最高。其后发病率逐渐下降。当梢已老熟、叶片已革质化时（萌芽后 90～120d），气孔不再形成，原有气孔多数处于老熟型，中隙极小或闭合，病菌侵入困难，则发病基本停止。幼果在横径 9～58mm 时（落花后 35～210d），均可发病，而以幼果横径 28～32mm 时（落花后 60～80d）发病率高。果实着色后，即不发病，其原因也与气孔发育过程有关。

（四）寄主抗病性

柑橘溃疡病主要侵染芸香科柑橘属与枳属，金柑属也略能受害。柑橘不同种类和品种对溃疡病感病性的差异很大，一般是甜橙类最感病，柑类次之，橘类较抗病，金柑最抗病。我国最感病的品种有脐橙、柳橙、雪橙、香水橙、印子橙、沙田柚、文旦、葡萄柚、柠檬、枳和枳橙等；蕉柑、椪柑、瓯柑、温州蜜柑、茶枝柑、福橘、年橘、早橘、樠橘、乳橘、本地早、朱红、江西九月黄、四会十月橘和香橼等，感病较轻；金柑、漳州红橘、南丰蜜橘、川橘等抗病性强。

柑橘不同品种对溃疡病感病性的差异与表皮组织结构有关。在自然情况下，气孔是病菌侵入的门户，不同品种气孔分布的密度及其中隙的幅度与感病性呈正相关。甜橙叶片气孔最多，中隙最大，最为感病；橘和温州蜜柑气孔少而小，比较抗病；柚的气孔数量、大小介于两者之间，为中度感病；而金柑的气孔分布最稀，中隙最小，抗病性最强。此外，柑橘器官上油胞多的品种，气孔数量相对较少，从而减少了病菌侵入的机会。如橘类和温州蜜柑单位面积上的油胞数比甜橙及柠檬多 1 倍以上，故前者抗病性比后者强。金柑和川橘等抗病性极强，与其表层角质层丰富的特性有关。枳的叶片及枝梢发病严重，但果实则发病较轻，原因是果皮表面密布短小茸毛，起到保护作用。上述形态学上的性状，是寄主抗病性的基础。此外，寄主的抗病性还与其生理与生物化学的特性有关，故在抗病育种时应注意加以应用。

六、防治技术

以预防为主，在无病区严格实行检疫，在病区采用以栽培防病和药剂防治相结合的综合措施。

（一）实施植物检疫

国内检疫主要是保护无病区及新区，疫区的果实、苗木和接穗不能随意运销，无病区和新发展区必须严格遵照国务院颁布的《植物检疫条例》对外来的苗木和接穗等繁殖材料实施检疫，对外来有感病性的芸香科植物，都要经过检疫、消毒和试种。凡查出带溃疡病的苗木和接穗，一律烧毁。由于科研或发展优良品种的需要，必须从病区引进苗木和接穗时，应经过严格的检查和消毒处理，外表检查无病斑的苗木应先隔离试种，经过 1～2 年试种，证实无病后方可定植；如发现病株，应就地烧毁。

在苗木生产中，按《柑橘苗木产地检疫操作规程》实施产地检疫。禁止疫区带病苗木、接穗和果实进入保护区。保护区内发生溃疡病，立即采取挖除措施，给予消灭。

病害诊断：根据场所和仪器设施等条件，综合运用田间检查、专家诊断、实验室 PCR 诊断等方式进行溃疡病的确认。

消毒方法：种子消毒时，先将种子装入纱布袋或铁丝笼内，放在 50～52℃热水中预热 5min，后转入55～56℃恒温热水中浸 50min，或在 5%高锰酸钾液内浸 15min，或在 1%福尔马林液内浸 10min，药液浸后的种子均需用清水洗净，晾干后播种。未抽梢的苗木或接穗可用 0.1%升汞液浸 3min 后洗净，或用49℃湿热空气处理接穗 50min、处理苗木 60min，立即用冷水降温。已抽芽的苗木可用 700IU/mL 链霉素加 1％酒精作辅助剂，浸苗 30～60min，或用 0.3％硫酸亚铁浸 10min。

对病苗的治疗，可用浓度更高的链霉素，即用 2 000IU/mL 链霉素＋1∶100 酒精的混合液浸苗 3h，能消灭病组织内的病原菌。这样的浓度对柑橘嫩叶有轻微的药害，但对生长没有影响。

（二）建立无病苗圃、培育无病苗木

苗圃应设在无病区或远离柑橘园 2～3km 及以上且隔离条件较好的地方。砧木种子应采自无病果实，接穗采自无病区或无病母本园。种子和接穗要按以上方法消毒。育苗期间发现有病株应及时烧毁，并喷药保护附近的健苗。出圃的苗木要经过严格的全面检查，确认无病后，方能出圃。

（三）病果园防治

1. 剪除病枝 剪除病枝叶，连同枯枝、落叶、落果烧毁，并结合其他病虫一起防治。

2. 控制新梢生长 施肥和抹芽等措施控制夏、秋梢生长，防止徒长，保持梢期一致，特别要防止潜叶蛾为害新梢。

3. 喷药保护 药物保护应按苗木、幼树和成年树等不同特性区别对待。苗木及幼树以保梢为主，各次新梢萌芽后 20～30d（梢长 1.5～3mm，叶片刚转绿期）各喷药 1 次。成年树以保果为主，保梢为辅，重点是夏、秋梢抽发期和幼果期，10d 喷 1 次，连喷 3～4 次。台风过境后还应及时喷药保护幼果及嫩梢。较好的药剂有 15％络氨铜水剂 600～800 倍液、25％噻枯唑可湿性粉剂 500～1 000 倍液、77％氢氧化铜可湿性粉剂 500 倍液、农用链霉素 600～800IU/mL＋1％酒精作辅助剂、2％春雷霉素水剂 400 倍液及 30％琥胶肥酸铜可湿性粉剂 600 倍液等。

杨方云　姚廷山（中国农业科学院柑桔研究所）

第 90 节　柑橘衰退病

一、分布与危害

柑橘衰退病毒（*Citrus tristeza virus*，CTV）引起的柑橘衰退病是世界范围内最具经济重要性的一种病毒病，广泛分布于亚洲、北美洲、南美洲和欧洲各主要柑橘产区，澳大利亚、新西兰和南非等地该病的发生区域也较广。柑橘衰退病主要造成以酸橙为砧木的柑橘植株的死亡。20 世纪 30 年代，阿根廷、巴西因柑橘衰退病毁树 3 000 余万株，导致其柑橘产业濒临崩溃；60 年代西班牙因柑橘衰退病毁树 1 000 余万株；70 年代，以色列、美国加利福尼亚和佛罗里达因柑橘衰退病暴发而损失严重；80 年代，委内瑞拉也因此病流行而毁树 660 万株。此外，柑橘衰退病毒还会导致葡萄柚、柚类和某些甜橙品种发生茎陷点型衰退病，致使植株矮化、树势减弱、产量剧减。

CTV 在我国各柑橘产区均有分布。20 世纪 70 年代末期，通过指示植物鉴定发现，广西、广东、湖南、江西、四川、浙江等 6 省份普遍分布着柑橘衰退病的苗黄型株系。由于我国常用枳、酸橘、红橘、枸头橙等抗病或耐病品种作为柑橘砧木，因此，生产上未表现出严重的危害。但云南宾川、建水等少数地区曾因使用香橼砧木导致大量死树。近年来随着柑橘产业结构调整，柚类、甜橙和杂柑栽培面积扩大，茎陷点型衰退病在柚类和某些甜橙上发生严重，成为生产中急需解决的问题。

二、症状

（一）苗黄症状

主要发生在酸橙、尤力克柠檬、葡萄柚或柚的幼龄实生苗上。酸橙和尤力克柠檬表现为新叶黄化，新梢短，植株矮化。葡萄柚表现为新叶缺锰状黄化，呈匙形，新梢短，植株矮化。苗黄型症状只有在温室条件下才容易被观察到。

（二）速衰型症状

能够产生类似病毒诱导的接穗下方韧皮部细胞的坏死，使得淀粉等营养物质无法运输到根部，从而引起以酸橙作砧木的甜橙、宽皮柑橘和葡萄柚植株的死亡。根据发病的状况分为速衰型和一般衰退型。前者在美国加利福尼亚州常发生在树龄不足 6 年的幼树上，表现为植株突然凋萎，叶片干枯，逐渐脱落，果实不脱落而干缩，有时能局部恢复。后者常发生在大树上，表现为新梢停止生长，结果多，果形小，植株逐

渐衰退，在不良环境下可以迅速凋萎。速衰型衰退病是以前柑橘衰退病发生的主要形式，目前在美国、塞浦路斯、中美洲等地仍有该症状发生的报道。

（三）茎陷点型症状

与使用的砧木品种无关，在来檬、葡萄柚、八朔柑、大部分柚类品种和某些甜橙品种上发生，病株的木质部表面出现梭形、黄褐色、大小不等的陷点、叶片扭曲畸形、小枝条极易在分枝处折断、植株矮化、树势减弱、果实变小（彩图 11 - 90 - 1，彩图 11 - 90 - 2）。目前茎陷点型衰退病是各国柑橘衰退病防控研究的重点。

三、病原

柑橘衰退病病原为柑橘衰退病毒（*Gitrus tristeza virus*，CTV），是长线形病毒属（*Closterovirus*）成员。病毒粒体细长弯曲，粒体大小约为 11 nm × 2 000 nm，基因组为 19 296 个核苷酸的单链 RNA，在 5′端和 3′端各有 107 nt 和 275nt 的非翻译区（图 11 - 90 - 1）。CTV 基因组含有 12 个开放阅读框（ORF），至少能够编码 17 种分子质量 6～401ku 的蛋白质产物，其中，编码的两种外壳蛋白 CP 和 CPm 分别包裹病毒粒体 95％和 5％的区域。CTV 存在着复杂的株系分化现象，根据不同株系在寄主上症状表现的差异把 CTV 分成了强毒株和弱毒株。

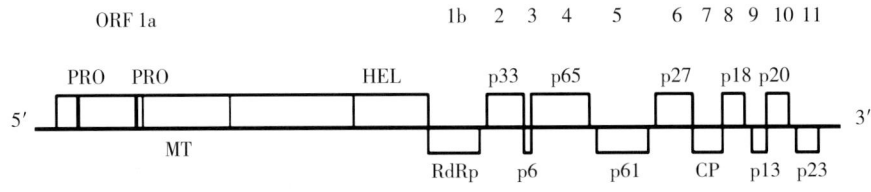

图 11 - 90 - 1　柑橘衰退病毒基因组（引自 Karasev，1995）

Figure 11 - 90 - 1　Genome of *Citrus tristeza virus*（from Karasev，1995）

四、病害循环

CTV 主要通过嫁接和蚜虫进行传播，多种蚜虫以非循环型半持久方式传播 CTV，其中，褐色橘蚜〔*Toxoptera citricida*（Kirkaldy）〕是最有效的媒介昆虫。CTV 不能进行种传，也极难通过汁液摩擦接种。CTV 可以通过两种菟丝子（*Cuscuta subinclusa*，*C. americana*）进行传播，但不是 CTV 传播的重要途径。

五、流行规律

（一）人为因素

在过去的几十年间，全球范围内柑橘繁殖材料的频繁交流，不可避免地导致衰退病和媒介昆虫进入新的柑橘产区，从而加快柑橘衰退病的传播。

（二）影响蚜传效率的因素

除褐色橘蚜是 CTV 最有效的传播媒介外，棉蚜（*Aphis gossypii* Glover）也是 CTV 的重要传播媒介。在墨西哥来檬间褐色橘蚜的单蚜传毒率为 16％～20％，棉蚜为 0.5％～14％。虽然单头褐色橘蚜的传毒能力高于棉蚜，但是在群蚜传毒时，两者的传毒能力差异并不明显。此外，虽然绣线菊蚜（*A. spiraecola* Patch）和橘二叉蚜（*T. aurantii* Boyer de Fonscolombe）对 CTV 的传毒能力很弱，但是在绣线菊蚜种群数量远高于棉蚜和褐色橘蚜的柑橘园中，绣线菊蚜对 CTV 的传播也起着重要的作用。另外，在印度等少数地区有报道称桃蚜（*Myzus persicae* Sulzer）、豆蚜（*A. craccivora* Kock）和棕鳞矢车菊指管蚜（*Uroleucon jaceae* Linnaeus）也能够传播 CTV。

通常蚜虫在 CTV 病株上取食 30 min 后就可以获毒，并具有传毒能力。随着取食时间的延长，其传毒能力也随之增加，取食 24 h 时具有最大传毒能力。一般蚜虫获毒后 48h 丧失传毒能力，并且无翅成蚜和幼蚜的传毒率高于有翅成蚜。

柑橘衰退病的传播速度与蚜虫的种群密度有关。田间褐色橘蚜发生的高峰期与植株的嫩梢期相吻合，因而传播能力强。棉蚜是一种杂食性昆虫，其发生规律不同于褐色橘蚜，因此，在以棉蚜为主要传播媒介的地区，造成衰退病流行速度慢的原因，可能不仅是由于棉蚜的传毒率相对较低，而更可能是由于在柑橘植株上棉蚜的种群数量少所造成的。

（三）株系的影响

虽然棉蚜在加利福尼亚对速衰型CTV的传播能力较弱，但是对某些茎陷点型CTV具有较强的传播能力。进一步的虫传试验显示，在选用的20个CTV株系中，褐色橘蚜能有效地传播其中的12个株系，传毒率为1%～25%；棉蚜和绣线菊蚜仅能分别传播其中的5个和3个株系。相比其他蚜虫，褐色橘蚜能够传播CTV的多种株系，尤其能传播其他蚜虫不容易传播的或具有潜在危害的CTV强毒株，并且褐色橘蚜对强毒株的传播效率高于弱毒株，这也是导致外来CTV强毒株入侵并迅速流行的重要原因之一。

（四）寄主的影响

CTV能够侵害大多数柑橘属和一些柑橘属的近缘植物如西非木橘（*Aeglopsis chevalier* Swing），目前唯一已知的非芸香科寄主是藤本植物西番莲属（*Passiflora*）的某些种。不同柑橘类型对CTV的敏感程度存在差异，其中枳及其与甜橙、柚类和葡萄柚的杂交种，以及金柑和粗柠檬对CTV具有很强的抗性，通常很难在这些类型的柑橘植株中检测到CTV。此外，大多数柠檬比较耐病；脐橙、伊予柑、夏橙、三宝柑和伏令夏橙等品种对衰退病比较敏感；而部分柚（如琯溪蜜柚）、葡萄柚、部分杂柑（如八朔柑）、某些甜橙（如佩拉甜橙、北碚-447甜橙）和某些酸来檬（如墨西哥来檬）则对衰退病高度敏感。通常，宽皮柑橘对CTV具有高度忍耐力，但道县野橘对苗黄型衰退病非常敏感。

蚜虫传播CTV的能力受寄主种类的影响很大。蚜虫在感染CTV的甜橙和墨西哥来檬病株上取食后，其传毒能力远高于在葡萄柚和柠檬实生苗病株上取食后的传毒能力。此外，在对西班牙瓦伦西亚地区柑橘园的调查中发现，绣线菊蚜和棉蚜是主要的传毒蚜虫类型，并且克列迈丁橘上蚜虫的数量最多，其次分别是柠檬、甜橙、葡萄柚和温州蜜柑。

（五）温度的影响

当温度高于30℃时，田间柑橘衰退病的症状会受到抑制。在炎热荒凉的地区，自然界的持续高温可能对限制衰退病的传播和流行起着重要的作用。在同等条件下，22℃和31℃时蚜虫在麦达姆维纳斯甜橙间的蚜传率分别为60.8%和12.2%，而且当蚜虫从22℃转移到31℃后，还至少可以保持12d的高传毒能力；将蚜虫从31℃转移到22℃环境下5d后就具备高传毒能力。

（六）空间传播

当棉蚜是主要的传播媒介时，田间CTV的发生率呈阶梯式增长，在8～15年内，CTV发生率从5%上升到95%，并且由于新发病树并不紧邻原有病树，而是相距其若干株的距离，因此，很少出现病树聚集在一起的现象。相反，在以褐色橘蚜为主要媒介昆虫的地区，只需2～4年的时间，田间CTV发生率就能迅速、持续地从5%上升到95%，并且由于新发病树紧靠原有病树，因此，病树聚集在一起的现象十分普遍。

六、防治技术

（一）实施苗木检疫制度

有效的苗木繁育认证和检疫制度可有效防止更强的CTV株系传入我国。

（二）使用抗病砧木

使用枳、卡里佐枳橙、特洛伊枳橙、斯文格枳柚、红黎檬、香橙、红橘、酸橘等抗病或耐病砧木，是防治速衰型柑橘衰退病最有效的途径。

（三）弱毒株交叉保护（MSCP）技术

在柑橘衰退病茎陷点型强毒株流行的地区，MSCP技术是目前保护对CTV敏感的栽培品种唯一有效的防治方法。即先通过热处理—茎尖嫁接脱除CTV，然后在栽入田间之前预先接种有保护作用的弱毒株加以保护。目前巴西的佩拉甜橙，美国、澳大利亚和南非的葡萄柚，日本的八朔柑等都是通过MSCP技术来维持生产的。

（四）抗病育种

抗病育种是防治柑橘衰退病最为经济有效的手段，但是由于柑橘遗传背景复杂，抗性基因常与其他野生性状连锁，可进行无融合生殖，且存在自交或异交不亲和、不育性、童期长（至少5年才能开花结果）

等问题，因此，目前还未获得抗病植株。

周彦　周常勇（中国农业科学院柑桔研究所）

第91节　柑橘碎叶病

一、分布与危害

柑橘碎叶病因其在厚皮来檬、枳橙上表现叶片扭曲、叶缘缺损似破碎状而得名，主要侵害以枳及其杂种（枳橙、枳檬及枳柚等）作砧木的柑橘树，受害植株黄化衰弱，产量锐减，严重时整株枯死。目前，已报道发现柑橘碎叶病的国家有美国、日本、中国、韩国、巴西、泰国、菲律宾、澳大利亚和南非等。在我国，浙江、台湾、广东、广西、福建、湖南、四川、湖北和重庆等省份柑橘产区均有柑橘碎叶病发生，在局部地区还曾造成比较严重的危害。例如，2000年，湖南安化县唐溪园艺场因柑橘碎叶病造成大面积早津温州蜜柑死亡，直接经济损失达40多万元。

二、症状

柑橘碎叶病在许多寄主上不显症，枳砧及枳橙砧的柑橘植株受侵染后，嫁接接合处环缢和接口附近的接穗部肿大，叶脉黄化，类似环状剥皮引起的黄化。剥开接合部树皮，可见接穗与砧木间有一圈缢缩线。植株矮化，受强风等外力推动，病树砧穗接合处易断裂，裂面光滑。

腊斯克枳橙（*Citrus sinensis* × *Poncirus trifoliata* cv. Rusk）实生苗受侵染后，新叶上出现黄斑，叶缘缺损，枝条呈"之"字形扭曲，植株矮化，常用作柑橘碎叶病鉴定的指示植物（彩图11-91-1）。

三、病原

柑橘碎叶病的病原是柑橘碎叶病毒（*Citrus tatter leaf virus*，CTLV）。CTLV是β线形病毒科（*Betaflexiviridae*）发状病毒属（*Capillovirus*）的正义单链RNA病毒。CTLV在形态学、血清学以及分子生物学特性上与苹果茎沟病毒（*Apple stem grooving virus*，ASGV）密切相关，二者被认为是同一种病毒的不同株系。CTLV病毒粒体呈弯曲线状，大小为（600～700）nm×15 nm，基因组全长6 496 nt，5′端具帽子结构，3′端具Poly（A）尾巴，包含两个重叠的开放阅读框：ORF1（6.3 kb）和ORF2（1.0 kb），其中ORF1编码一个分子质量为241 ku的多聚蛋白，外壳蛋白位于其C端，大小约为27 ku，ORF2编码一个36 ku的运动蛋白。该病毒性质不稳定，钝化温度为40～45℃，稀释终点为1/100～1/300，体外存活期为2～4 h。

四、发病规律

柑橘碎叶病主要通过带毒的接穗和苗木传播，还可以通过污染的刀剪等工具机械传播，目前尚未发现存在媒介昆虫。另外，柑橘碎叶病毒能够通过菟丝子（*Cuscuta chinensis*）传播。最近，研究发现CTLV能够通过柑橘种子传播，不过传毒率非常低。另据报道，该病可以通过百合、昆诺藜、豇豆种子传播。

柑橘碎叶病的发生与砧木种类直接相关。以枳及其杂种枳橙等为砧木的植株受侵染后会表现症状，导致树势衰弱，减产严重。而以枸头橙、酸橘、红橘等为砧木，植株受侵染后不表现症状，对树势和产量无显著影响。

五、防治技术

（一）选择和培育无病毒母株
定植无病毒苗木是防止柑橘碎叶病发生的有效途径。

1. 汰除带毒母株　用腊斯克枳橙作指示植物，结合RT-PCR等分子检测技术鉴定汰除带毒母株，选择无病母本用于苗木繁殖。

2. 热处理和茎尖嫁接相结合进行脱毒，获得无病毒母株　将带病植株置于热处理室变温处理（白天40℃ 16h，晚上30℃ 8h），30 d后取约0.2 mm长的茎尖进行茎尖嫁接，可获得无病毒苗，用作母本苗。

（二）工具消毒，防止田间传播

修枝剪和嫁接刀等工具用 1‰次氯酸钠溶液浸渍消毒，几秒钟后清水冲洗，擦干后使用。在苗圃，为避免人为造成汁液传播，尤其应注意工具消毒和避免用手指抹萌蘖。

（三）采用耐病砧木预防

避免枳及其杂种作砧木，采用耐病砧木如酸橘、红橘和枸头橙等可以预防碎叶病。对于已受碎叶病侵染且表现嫁接部障碍的枳砧柑橘树，采用靠接耐病砧木（如红橘）的办法可在一定程度上恢复树势，但保留病树将增加病害蔓延的机会，故这种方法不宜推广。

宋震（中国农业科学院柑桔研究所）

第 92 节　柑橘裂皮病

一、分布与危害

柑橘裂皮病广泛分布在世界各柑橘产区。20 世纪 80 年代应用指示植物鉴定表明，我国在 20 世纪 50～60 年代以前从国外引进的罗伯生脐橙、华盛顿脐橙、伏令夏橙、脐血橙和尤力克柠檬的几乎全部植株或部分植株已受裂皮病感染；我国原有的甜橙品种，包括新会橙、暗柳橙和改良橙受感染亦相当普遍，雪柑、四川锦橙和湖南冰糖橙有部分植株受感染，宽皮柑橘和柚则一般不受感染。

此病严重侵害以枳、枳橙和红黎檬作砧木的嫁接树。感病柑橘树树势衰弱、着果明显减少。

二、症状

柑橘裂皮病可侵染几乎所有柑橘类植物，症状有很大差异。其中，大多数砧木品种如酸橘、红橘、甜橙、酸橙、粗柠檬等均无可见症状。以枳、枳橙和红黎檬等作砧木的柑橘植株则症状明显，受害严重。受害植株砧木部树皮纵向开裂，部分树皮剥落，植株矮化，新梢少，开花多，着果少（彩图 11-92-1）。带病苗木在苗期无症状表现，田间植株出现树皮纵向开裂症状所需时间一般是在定植后 2～8 年。

红黎檬和枳的芽嫁接于病树、病苗或病芽嫁接接种红黎檬的实生苗，4～6 个月后，其新梢上会出现长形黄斑，病斑部树皮纵向开裂。Etrog 香橼的亚利桑那 861 选系和亚利桑那 86-S-1 选系感染裂皮病后嫩叶严重后仰卷曲，老叶叶脉局部呈黑褐色，在 35℃ 左右的温室中嫁接接种 4 周即表现上述症状，因而 Etrog 香橼的上述选系常作鉴定该病的指示植物（彩图 11-92-2）。

值得注意的是，田间感裂皮病柑橘植株大多是裂皮病类病毒与其他几种类病毒复合侵染，所以，在田间症状观察和指示植物鉴定时，应当考虑复合侵染对症状的影响，结合分子生物学检测明确具体病原。

三、病原

柑橘裂皮病病原是柑橘裂皮类病毒（*Citrus excortis viroid*，CEVd）。CEVd 是由大约 371 个核苷酸组成的环状单链 RNA 分子，属于马铃薯纺锤块茎类病毒属（*Pospiviroid*）。CEVd 寄主范围较为广泛，除侵染柑橘外，还能侵染葡萄、番茄、茄子、芜菁、胡萝卜、蚕豆和无花果等多种经济作物，以及凤兰花、马鞭草和素馨叶白英等观赏植物。虽然不少寄主被侵染后不表现症状，却是 CEVd 通过农事操作传染给柑橘和番茄等敏感寄主的潜在毒源。

类病毒耐热力强。病接穗在 50℃ 热水中浸泡 10h，甚至用 140℃ 高温处理的病原，还不失去致病力。

四、发病规律

病株和隐症带毒株是病害的主要侵染源，嫁接传播是该病的主要传播方式。柑橘裂皮病除了通过苗木和接穗传播外，受病原污染的工具和手与健株韧皮部组织接触也可以传病。

寄主的感病性是决定病害发生与否的主要因素。以枳、枳橙、红黎檬和其他一些黎檬作砧木的柑橘品种以及某些香橼选系感病后，表现明显症状；而用酸橘、红橘、枸头橙和香橙等作砧木的柑橘植株感病后，不显症状，成为隐症带毒植株。

五、防治技术

（一）选择和培育无病毒母株，定植无病毒苗木

1. 汰除带毒母株 用 Etrog 香橼相关选系作指示植物，或用 RT - PCR 等分子检测技术鉴定汰除带毒母株，选择无病母本用于苗木繁殖。

2. 通过茎尖嫁接脱毒培育无毒母株，用无毒接穗繁殖苗木。

（二）工具消毒，防止田间传播

柑橘植株进行嫁接、修剪、采穗时，对修枝剪和嫁接刀等工具用 20% 家用漂白粉溶液（含 1.05% 次氯酸钠）或 1% 次氯酸钠溶液浸渍消毒，消毒后用清水冲洗后使用。

王雪峰（中国农业科学院柑桔研究所）

第 93 节 温州蜜柑萎缩病

一、分布与危害

温州蜜柑萎缩病又称为温州蜜柑矮缩病或温州蜜柑矮化病，是日本温州蜜柑生产上的重要病害，20 世纪 70 年代末以前在日本的柑橘产区发生较普遍。20 世纪 70 年代在土耳其、80 年代在韩国均有该病发生的报道。我国在 20 世纪 80 年代引种时无意中将该病引入，并相继传播到浙江黄岩、重庆奉节和江苏吴县。它能侵染柑橘属、枳属等多种植物，但出现持久性症状的只限于温州蜜柑、日本夏橙、三宝柑等少数品种。

该病在温州蜜柑上引起春梢叶片中脉弯曲，叶片向下卷曲成船形或匙形，树势矮化，节间缩短，枝叶丛生（彩图 11 - 93 - 1）。感病初期果实变小，随后产量锐减，仅及健树的 40%～50%。病果果皮增厚，果形不端正，果质变劣，无商品价值，严重发病的几乎无收成。

SDV 的寄主范围相当广，几乎所有的柑橘属植物和枳属、金柑属、西非枳属、印度枳属等近缘属都感病，但多数寄主植物处于潜症带毒状态。经过汁液接种发现有 8 科草本植物可受感染，包括豆科的黑眼豇豆、猪屎豆、美丽菜豆、大阪绿豆、明绿豆、文豆、刀豆、芸豆、花生、豌豆、蚕豆、大豆、紫云英；茄科的洋酸浆、心叶烟、克利夫兰烟、烟草"KY57"、珊烟、矮牵牛、番茄；藜科的苋色藜、昆诺藜、头状藜、菠菜、甜菜；芝麻科的白芝麻、褐芝麻、黑芝麻等 22 个品种；番杏科的番杏；苋科的千日红；菊科的百日菊、翠菊；葫芦科的黄瓜等。

二、症状

温州蜜柑萎缩病叶片典型症状有 2 种，一种是在春梢上引起的新芽黄化，新叶变小，叶片两侧明显反卷，叶片呈船形，称船形叶；另一种是在较迟展开的叶片上，引起叶尖生长受阻，成为匙形，即所谓的匙形叶。在同一枝上，船形或匙形叶一般单独出现，但也有同时存在的，其症状的出现与温度有关，匙形叶出现在昼夜温差大时。

新梢发育受到影响后，导致全树矮化，枝、叶丛生；罹病树单位容积的叶数较多，但是，单叶面积较小，光合作用能力明显降低。受害树着花较多；植株发病初期，果实变小，但风味没有明显变化，发病后期，果皮增厚变粗，果梗部位隆起成高腰果，品质降低；重病的树节间缩短，果实严重畸形；中晚熟柑橘类与温州蜜柑同样会产量减少，且小形果与畸形果的发生率较高。果实扭歪，脐橙等果梗上还可发现很深的放射状条沟等症状，果实的商品率很低。

三、病原

温州蜜柑萎缩病由温州蜜柑萎缩病毒（*Satsuma dwarf virus*，SDV）引起。SDV 为温州蜜柑萎缩病毒属（*Sadwavirus*）代表种，是单链 RNA 病毒，其基因组包含两个组分，RNA1 和 RNA2。全长分别为 6 795bp 和 5 345bp。SDV 病毒粒体呈球状，粒体直径约 26nm。病毒粒体存在于细胞质、液泡内，在枯斑寄主叶片内主要存在于胞间连丝的鞘内，呈"一"字形排列。

另外，目前已明确柑橘衰退病毒（*Citrus tristeza virus*，CTV）和柑橘鳞皮病毒（*Citrus psorosis virus*，CPV）也可在温州蜜柑上引起船形叶或植株矮化。柑橘花叶病毒（*Citrus mosaic virus*，CiMV）、夏柑萎缩病毒（*Natsudaidai dwarf virus*，NDV）和脐橙侵染性斑驳病毒（*Navel orange infectious mottling virus*，NIMV）嫁接接种到柑橘上同样出现船形叶和匙形叶。因此，要准确确定温州蜜柑萎缩病的病原必须利用指示植物鉴定〔白芝麻（*Sesamum indicum*）、黑眼豇豆（*Vigna sinensis*）、洋酸浆（*Physalis floridana*）和菜豆（*Phaseolus vulgaris* L.）等〕、血清学或分子生物学相结合的方法进行检测鉴定。

四、发病规律

SDV 主要通过嫁接和汁液传播。该病毒可以通过美丽菜豆种子传播，不能通过芝麻和柑橘种子传播，亦不能通过菟丝子从感染的草本植物传到柑橘。至今尚未发现其昆虫传毒介体。另外，无该病毒的中国珊瑚树（*Viburnum odoratissimum* Ker. var. *awabuke* K. Koch.）有助于 SDV 的快速传播，表明中国珊瑚树是 SDV 的潜症寄主，可以加速温州蜜柑萎缩病的传播。

该病最初大多是散点性地发病，以后以发病树为中心，轮状向外扩大。病毒在柑橘树体内增殖和分布主要集中在嫩叶和嫩枝皮中，并且在 20～25℃时树上能表现出明显的症状，用 DAS-ELISA 方法在 3 月、4 月、5 月、6 月、9 月、10 月均可在嫩叶中检测到高浓度的病毒存在，30℃以上的高温下，病毒增殖受到抑制，7～8 月在感病嫩叶中检测不到病毒。

五、防治技术

（一）培育无病毒母本，推广无病毒苗木

将热处理和茎尖嫁接相结合，采用白天 40℃光照，夜间 30℃黑暗（各 12h）热处理 7～43d，结合茎尖嫁接可获得无病毒的茎尖嫁接苗。

（二）加强果园管理，培育健壮树势

加强果园水肥管理，培育健壮树势，提高植株本身抵抗力，可减轻病害发生程度。及时剪除重病枝条，清除果园中重症中心病株，在周围树间开深沟可以防止蔓延。

孙现超（西南大学植物保护学院）
周常勇（中国农业科学院柑桔研究所）

第 94 节　柑橘疮痂病

一、分布与危害

柑橘疮痂病是柑橘的重要真菌病害之一，在我国各柑橘种植区均有发生。柑橘成年树及幼苗的叶片和枝梢受害后，往往引起落叶，嫩梢生长不良。果实受害后容易落果，不落的病果小而畸形，品质低劣，损失严重。华南地区在春梢抽出期间，温度较低，春雨较多，一般发病较重。一些地处较高海拔的果园，由于荫蔽、雾大、温度较低，此病发生严重。

二、症状

柑橘疮痂病可侵害叶片、新梢、花器及果实等。发病初期叶片出现黄色油渍状小点，病斑逐渐变为蜡黄色，后期病斑木栓化，向叶背突出，叶面呈弯曲状，突起不明显。病斑直径 0.3～2.0mm，病斑散生或连片，病害发生严重时叶片扭曲、畸形。新梢发病，病斑周围突起现象不明显，病梢较短小、扭曲状。花器受害后，花瓣很快脱落，谢花后果皮上会出现褐色小点，病斑逐渐变为黄褐色木栓化突起。幼果发病的症状与叶片相似，豌豆粒大的果实染病，呈茶褐色腐败而落果。幼果稍大时染病，果面密生茶褐色疮痂，常早期脱落。残留果发育不良，果小、皮厚、味酸、汁少，果面凹凸不平（彩图 11-94-1，1）。快成熟的果实染病，病斑小、不明显。有的病果病部组织坏死，呈癣皮状脱落，下面组织木栓化，皮层变薄且易开裂。空气湿度大时，病斑表面能长出粉红色的分生孢子盘（彩图 11-94-1，2）。

三、病原

目前国内外发现柑橘疮痂病病原有 3 种：第一种病原为柑橘痂囊腔菌（*Elsinoë fawcettii* Bitanc. et Jenkins），属子囊菌门痂囊腔菌属真菌，其无性型为柑橘痂圆孢〔*Sphaceloma citri*（Massee）Cif.，异名：*S. fawcettii* Jenkins〕。无性阶段的孢盘呈盘状或垫状，分生孢子梗紧密，不分枝，分生孢子盘散生或多数聚生，近圆形，孢子梗短，不分枝，圆筒形，具 0～2 个隔膜，自子座密集长出，大小为（2～22）μm×（3～4）μm，无色或灰色。分生孢子着生于分生孢子梗顶端，单胞，无色，长椭圆形、卵形或略呈肾形，两端常有 2 个油球，大小为（6～8.5）μm×（2.5～3.5）μm。在人工培养基上菌丝开始生长时为圆筒状与念珠状，结成的子座初为扁球形，淡黄色，以后增大成为圆锥形，质地坚硬，边缘缺刻深，橙色，中部呈灰褐色，长有气生菌丝。此菌在人工培养基上生长很慢，生长最适温度为 15～23℃，最高温度约为 28℃。有性阶段在我国尚未发现。该病菌能侵害大多数柑橘品种，且有多个致病型。因最早发现能引起酸橙发病而被称为酸橙疮痂病，该病菌是目前分布最广、为害最为严重的一类，在我国广泛分布，以浙江、江西等地发病最为严重。第二种病原为 *E. australis* Bitancourt et Jenkins，无性型为 *S. australis* Bitanc. et Jenkins，主要侵害甜橙，引起的病害称为甜橙疮痂病，分布在南美洲南部。美国、阿根廷均有该病发生的报道，是我国的进出口检验检疫对象。第三种病原为 *S. fawcettii* var. *scabiosa* Jenkins，但尚未发现其有性阶段，分布于澳大利亚，主要侵害甜橙。

四、病害循环

病原菌主要以菌丝体在病枝、病叶和病果等部位越冬。翌年春季，当气温达 15℃ 以上和多雨高湿时，老病斑产生分生孢子。分生孢子借风雨或昆虫传播，芽管萌发后从春梢嫩叶、花和幼果的表皮侵入，潜育期约 10d。新病斑上产生的分生孢子又借风雨传播，进行再侵染。这样辗转为害夏梢、秋梢和早冬梢，然后又以菌丝体在病部越冬。

五、流行规律

柑橘疮痂病的发生需要有较高的湿度和适宜的温度，其中湿度更为重要。柑橘疮痂病发病的温度为 15～30℃，适宜温度为 20～24℃，在适温范围内，湿度直接影响柑橘疮痂病菌的萌发和侵染。凡春雨连绵的年份或地区，春梢发病重。反之，发生轻。在温带橘区发生严重，而在亚热带和热带产区发生较轻。在温带产区，3 月上旬至 12 月上旬均可发生，但以春梢和幼果期发生最严重。在亚热带和热带产区，则只在早春和晚秋略有发生。新梢抽发期及幼果期在适温范围内，平均旬雨日 6d 以上，雾重，结雾时间长，上年秋梢病叶率在 15% 以上，均有严重发病的可能。

水环境和风是柑橘疮痂病菌传播的重要途径。Whiteside 等（1975）证实柑橘疮痂病菌可产生有色和透明两种分生孢子，不同分生孢子的散布和侵染对环境有着不同的要求，其中分生孢子需要流动水才能够进行繁殖散布，2.5～3.5h 才能够完成侵染过程；分生孢子需要大于 2m/s 的风速和流动水同时存在，才能从分生孢子梗上脱离。

柑橘疮痂病只侵染感病品种的幼嫩组织，初抽出来的新梢幼叶尚未展开前最感病。在落花后幼果豆粒大小时也最易感染。随着组织老熟，感病性逐渐降低，至组织将近老熟时则不感病。苗木及幼树常较壮年树发病重，是由于抽梢多、抽梢期长的缘故。

在我国，主要发生的是酸橙疮痂病，温州蜜柑、早橘、本地早、乳橘、南丰蜜橘、柠檬、酸橙等最感病；椪柑、蕉柑、枸头橙和小红橙等次之；柚类、朱红橘、榠橘、香橼、金柑、枳及大多数杂柑类品种相对抗病；甜橙类品种表现高度抗病。

六、防治技术

（一）农业防治

合理修剪，增强通透性，降低湿度；控制肥水，促使新梢抽发整齐，加快成熟，减少侵染机会。结合修剪和清园，剪除树上病枝叶，并清除园内落叶，集中烧毁。

（二）药剂防治

苗木和幼龄树以保梢为主，成年树以保幼果为主。第一次施药在春芽萌动期，芽长不超过 1cm 时对新梢进行保护，第二次在花谢 2/3 时对幼果进行保护，发病较重时可半个月后再喷 1 次。

有效药剂有：波尔多液，其 3 种成分的比例第一次为（0.5～0.8）：（0.5～0.8）：100，第二次为（0.3～0.5）：（0.3～0.5）：100。波尔多液喷洒后易引起锈壁虱的大发生，特别是第二次使用时更加敏感，故第二次要使用较低浓度的波尔多液或改用其他药剂，如 38％多菌灵胶悬剂 500～1 000 倍液、50％多菌灵可湿性粉剂 600～1 000 倍液、50％硫菌灵可湿性粉剂 500～800 倍液、70％甲基硫菌灵可湿性粉剂 600～1 000 倍液、75％百菌清可湿性粉剂 500～800 倍液、30％氢氧化铜悬浮剂 700 倍液、14％胶氨铜水剂 300 倍液、70％络氨铜锌 600 倍液、50％多菌清可湿性粉剂 800～1 000 倍液、二元酸铜可湿性粉剂 400～500 倍液。

李中安（中国农业科学院柑桔研究所）

第 95 节　柑橘脚腐病

一、分布与危害

柑橘脚腐病是柑橘生产中发生面广、危害性大的病害之一，几乎遍及世界柑橘产区。植株感病后，引起根和根颈腐烂，使营养和水分运输受阻。轻者叶片黄化脱落，树势衰弱，产量下降；重者成株枯死，造成严重经济损失。

二、症状

柑橘脚腐病是一种侵害柑橘根颈及根部的病害，发病部位主要在地面上、下 10cm 左右的根颈部。初期病部树皮呈不规则的水渍状，黄褐色至黑褐色，腐烂后，病部散发出酒糟臭味。高温高湿条件下，特别是大雨后，病斑迅速扩展，往往有一些胶液渗出，干燥后胶液浓稠，凝成褐色透明胶块。病害可扩展到木质部，使木质部变色腐朽。旧病斑树皮干缩，病健交界明显，最后树皮干裂脱落，木质部外露（彩图 11-95-1）。少数病斑向上可扩展到主枝上，在主枝分权部位低的树上尤为突出。病斑横向扩展可使根颈皮层全部变色腐烂，导致环割，阻碍和中断了有机营养的输送，致使整株死亡。根颈皮层部分腐烂或部分主根腐烂时，与其相应方位的树冠上叶片变黄，易脱落，形成黄叶秃枝，花量大，春梢少，夏梢多而纤细。临近死亡的病树，往往当年或头年大量开花结果，但果小味酸，早期会大量落果。少量残留果实着色早，果皮厚且粗，味酸。

三、病原

柑橘脚腐病的病原为多种疫霉。据 Erwin 和 Ribeiro（1996）统计，世界范围内从柑橘上分离出的疫霉有 10 余种，其中最主要的是烟草疫霉和柑橘褐腐疫霉。在我国，四川发生的主要是烟草疫霉 [*Phytophthora nicotianae* Breda de Haan，异名：寄生疫霉（*Phytophthora parasitica* Dastur）]，湖南发生的主要是柑橘褐腐疫霉 [*P. citrophthora*（R. E. Sm. et E. H. Sm.）Leonian]，属卵菌门疫霉属。

烟草疫霉在固体培养基上气生菌丝旺盛，菌丝粗细不均匀，宽约 8.5μm。菌丝膨大体或有或无，其上有若干条放射状菌丝。孢囊梗简单合轴分枝或不规则分枝。孢子囊卵圆形至近圆形，少数椭圆形，平均长 47μm，宽 35μm，长宽比为 1.2～1.5。孢子囊具乳突，通常 1 个，少数 2 个，乳突大多明显，半球形，平均厚 5.8μm，少数孢子囊乳突不明显，部分孢子囊上有丝状附属物。孢子囊顶生，常不对称。具脱落性，包囊柄短，平均 2.8μm。排孢孔宽 5.8μm。厚垣孢子或有或无，顶生或间生，平均直径 32μm。异宗配合，配对培养容易产生大量卵孢子。藏卵器小，球形，壁光滑，基部棍棒状，直径 26μm。雄器围生，近圆形或卵形，高 10μm，宽 13μm。卵孢子满器或不满器，直径 22μm。最适生长温度 25～30℃，最高生长温度 36℃。

柑橘褐腐疫霉在固体培养基上菌落均匀，放射状，气生菌丝较少。菌丝粗细均匀，在分枝处略有缢缩。未见菌丝膨大体和厚垣孢子。孢囊梗不规则分枝，粗 2.4μm。孢子囊形态变异极大，近圆形、卵形、椭圆形、倒梨形、长椭圆形和不规则形。部分孢子囊不对称，平均长度 $60\mu m$，宽 $33\mu m$，长宽比 1.9。孢子囊具乳突，多为 1 个，其次为 2 个，平均厚度 $4.0\mu m$。孢子囊脱落具短柄，长 $4.4\mu m$。排孢孔宽度 $5.4\mu m$。异宗配合，配对培养一般不产生藏卵器。藏卵器球形，雄器围生。最适生长温度 $24\sim26℃$，最高生长温度 $28\sim33℃$。

四、病害循环

病原菌以菌丝和厚垣孢子在病株和土壤里的病残体中越冬。翌年，气温升高，降水量增多时，旧病斑中的菌丝继续侵害健康组织，同时不断形成孢子囊，释放游动孢子，随水流或土壤传播。疫霉菌靠游动孢子致病，没有水的情况下游动孢子不能游动，因此水是侵染的主要条件，也是传播疫霉菌的主要媒介。游动孢子从植株根颈部伤口和自然孔口侵入，在 $15\sim35℃$ 温度下潜伏期为 $2\sim6d$，也可随雨滴溅到近地面的果实上，使果实发病。

五、流行规律

柑橘脚腐病主要在高温多雨季节发生。4 月中旬开始在田间发生，$6\sim9$ 月是发病高峰期，一般降雨高峰后 $10\sim15d$ 出现发病高峰。病害发生随树龄增长而加重，特别是十年生以上结果过多的成年树、衰弱树及老树发病重，三十至四十年生树发病最多。吉丁虫、天牛等害虫及其他原因引起的伤口会增加病菌侵染机会，加剧本病的发生。果园低洼、土质黏重、排水不良、树皮受伤、土壤含水量过高以及根颈部覆土过深，特别是嫁接口过低或栽植过深均有利于发病。果实下挂，接近地面等均有利于此病的发生，也会在储运时发病。

柑橘类植物对本病的抗病性差异显著。高抗或抗病的品种或种类有枳、枳橙、枳柚、大叶金豆、枸头橙、酸橙和柚；中抗或中感的品种或种类有香橙、大建柑、宜昌橙、红皮山橘、年橘、酸橘、土柑、红柠檬和粗柠檬；感病或高感的品种或种类有甜橙、椪柑、金橘、尤力克柠檬、越南橘、四会柑和甜橙，其中实生甜橙树及以甜橙为砧木嫁接的甜橙树最易感病。

六、防治技术

防治柑橘脚腐病应采用以抗病砧木为主，对病树靠接换砧，加强药剂防治的综合治理措施。

(一) 利用抗病砧木

利用抗病砧木是新栽培果园预防该病发生最有效的措施。枳、枳橙、枳柚和枸头橙等砧木品种抗病力强。采用抗病砧木育苗，还需适当提高嫁接口的位置，使容易发病的接穗部分与地面保持一定的距离，以减少发病的机会。

(二) 加强栽培管理

地势低洼、土壤黏重、管理不良的果园，应做好开沟排水工作，要求做到雨季无积水，雨后园地不板结；果园不要间作高秆作物，密度要合理；增施有机肥，化肥不干施，以免烧伤树根和树皮；及时防治天牛和吉丁虫等树干害虫；在中耕除草时，避免损伤树干基部树皮，防止病菌通过伤口侵入。

(三) 靠接换砧

在感病砧木的植株主干上靠接 3 株抗病砧木，借以起到增根或取代原病根的作用，使吸收和输送养分正常。对靠接砧木，以往只注重在病树上进行，而且多半是重病树，应提倡凡是用了感病砧木的果园应分批靠接，而且先靠接健康树、轻病树，以预防该病的扩大。

(四) 药剂治疗

在发病季节经常检查橘园发病情况，检查时必须挖去主干基部的泥土，直至暴露根颈部位，发现病斑，用刀刮去外表泥土及粗皮，使病斑清晰现出，再用刀纵刻病部深达木质部，刻条间隔约 1cm，然后涂药，未发病的植株也可涂药保护。90％三乙膦酸铝粉剂 100 倍液、25％甲霜灵可湿性粉剂 $200\sim400$ 倍液、64％噁霜·锰锌可湿性粉剂 $400\sim600$ 倍液、10％混合氨基酸铜水剂 3 倍液、2％～3％腐殖酸钠、抗枯灵原液 50 倍液均有很好的治疗效果。

李中安（中国农业科学院柑桔研究所）

第 96 节　柑橘树脂病

一、分布与危害

柑橘树脂病因受害部位和发病时期不同，又称为流胶病、褐色蒂腐病、砂皮病或黑点病等。我国在20 世纪 30 年代发现病果，40 年代报道田间为害。目前，国内各柑橘产区均有分布。树脂病为害柑橘的枝干、叶片和果实。在枝干上发生的称树脂病或流胶病，在叶片上和幼果期发生的称砂皮病或黑点病，接近成熟和成熟果实上发生的称褐色蒂腐病。该病侵害柑橘枝干，影响树势，降低产量，严重时引起整株枯死；为害枝、叶片和幼果，则抑制枝梢、叶片和幼果的生长，降低果实的品质；在储运期发病，则引起果实腐烂，造成很大损失。在橘园遭受冻害后，常严重发生，造成局部毁园和大量减产，引起更大损失。

二、症状

流胶和干枯：枝干受害一般表现这两种症状。在温度不过高而湿度较大时，干枯型可转化为流胶型。病害大多发生在主干上、主干分权处及经常暴露在阳光下的西南向或受过冻伤的枝干上。病部皮层呈灰褐色，稍下陷，并渗出黄褐色黏液，有恶臭。在高温干燥的情况下，树胶变干，病部树皮松裂、脱落，在皮层下产生大量的小黑粒。干枯型症状病部流胶现象不明显，皮层红褐色，干枯，略下陷，微有裂缝，但皮层不立即脱落，在病健交界处有一条明显隆起的界限。流胶和干枯两种类型的病部均可扩展到木质部，使其呈灰褐色，在病健交界处，有一条黄褐色或黑褐色的痕带。病部栓皮层上和外露的木质部上，可见到许多小黑点，即病原菌的分生孢子器。在潮湿情况下，有淡黄色胶质孢子团或卷须状孢子角涌出。在显微镜下观察病组织切片，可见木质部导管内有大量褐色胶体和菌丝体。病部环绕枝干一周并深入木质部时，输导组织被破坏，枝干枯死，这是导致病树死亡的主要原因。

黑点：受害新叶初期出现水渍状小点，中央微凹陷，周围有透明的黄色晕圈。随后病斑表皮破裂，流出胶状物，色泽逐渐变成红褐色至深褐色或黑色。随后病斑的黄色晕圈消失，胶状物逐渐硬化，突起，摸之似砂纸的感觉，也称砂皮病（彩图 11-96-1，1）。依据侵染前携带孢子的水滴中孢子数量和流向，叶片上的黑点可散生，聚集呈片或呈条带状。严重发病时，叶片变灰绿色，甚至发黄，扭曲畸形。新梢发病症状和叶片类似，发病严重时，枝梢扭曲畸形。

果实发病也呈现红褐色至黑色针头状突起的小点，小点大小、在果面的分布与侵染时期和病原真菌的孢子浓度高低有关。感染越早，黑点越粗，突起越明显；后期（9 月后）感染发病的黑点一般较小，不突出在果皮外（彩图 11-96-1，2）。当孢子浓度较低时，果面上的小黑点散生；当孢子浓度高、发病严重时，黑点成片分布，甚至呈条带状（也称泪痕形）或泥块状（携带分生孢子的水滴顺着果实流下或在着落点扩散后密集侵染所致），果皮粗糙，僵硬，凹凸不平，甚至开裂、畸形。黑点病有时与高温干燥天气使用铜制剂所带来的药害很难区别，与锈壁虱为害的区别是锈壁虱为害的果实表面光滑，而黑点病为害的果实表面粗糙。

蒂腐：具体见储藏期病害柑橘褐色蒂腐病。

三、病原

柑橘树脂病病原为柑橘间座壳（*Diaporthe citri* F. A. Wolf），属子囊菌间座壳属真菌，其无性型为柑橘拟茎点霉 [*Phomopsis citri* (Sacc.) Traverso，异名：*P. citri* H. S. Fawc.]。病菌子囊壳球形，单生或聚生，埋生在树皮下的子座中，直径 420~700μm，平均 576.8μm。喙细长，200~800μm，基部稍粗，上端渐细，突出子座外，呈毛发状。子囊无色，无柄，长棍棒状，大小为（42.3~58.5）μm×（6.5~12.4）μm，顶部壁特厚，中有狭缝通向顶端，子囊内有 8 个子囊孢子。子囊孢子无色，梭形，双胞，隔膜处缢缩明显，内含 4 个油球，大小为（9.8~16.3）μm×（3.3~5.9）μm。分生孢子器在表皮下形成，球形、椭圆形或不规则形，具瘤状孔口，直径为 259~432μm。分生孢子有 α 型和 β 型两种类型，均为单胞无色。α 型分生孢子卵形或纺锤形，内含 1~4 个油球，大小为（7.2~10.8）μm×（2.9~3.6）μm，易萌发；β 型分生孢子丝状或钩丝状，大小为（18.9~39.0）μm×（1.0~2.3）μm（彩图 11-96-2），一般不萌发。β型分生孢子主要产生在老熟的分生孢子器内。

在 PDA 培养基上，菌落初为白色，绒毛状，后变乳黄色，有轮纹，边缘稍有缺刻。25℃下培养大约20d后，菌落上可陆续产生黑色突起的小颗粒，即病菌的子座。分生孢子成熟后即溢出黄褐色的胶质孢子堆或淡黄色的带状孢子角。

病菌菌丝生长温度为 10～35℃，最适生长温度为 20℃左右。α型分生孢子萌发温度范围为 5～35℃，最适温度为 15～25℃。

四、病害循环

（一）发病因素

寒潮是诱发树脂病的主要因素。栽培管理措施与发病也有密切的关系，如对丰收后的橘树不及时施肥，或施肥量不足，以致树势不能尽早恢复，可加剧发病。不同品种柑橘对树脂病的抗病性有差异，以温州蜜柑、甜橙和金柑发病较严重，其次为椪橘、朱红橘、乳橘和早橘，本地早较抗病。

（二）病害循环

病菌主要以菌丝体和分生孢子器在树干病部及枯枝上越冬。虽然子囊壳也可越冬，并引起初次侵染，但由于数量少，危害性不大。越冬后的分生孢子器，在多雨潮湿时能产生大量分生孢子，通过风雨特别是暴风雨和昆虫等媒介进行传播，散落至枝干、叶片和果实上，于适宜的湿度条件下发芽，侵入柑橘组织。当环境条件适宜时（特别是下雨后），潜伏的菌丝体恢复生长发育，形成大量分生孢子器。分生孢子器溢出大量分生孢子，凝集成黄色纽带状的孢子角。分生孢子借风雨、昆虫等媒介传播，萌发芽管从伤口（冻伤、灼伤、剪口伤、虫伤等）侵入，芽管发展成菌丝。菌丝向韧皮部、木质部蔓延，患部形成流胶型或干枯型病斑。潜育期在平均气温 21.0～25.3℃时为 5～10d，在平均气温 17.9～23.0℃时为 6～13d。病部上产生大量分生孢子器和分生孢子，成为再侵染接种体。分生孢子常大量从枝干病部随雨水流下或借雨水溅射到附近的新梢、嫩叶和青果上，萌发后进行侵染。由于柑橘新生组织活力较强，能够产生保护反应，以阻止病菌的继续扩展入侵，同时由于柑橘油胞内的油质及某些酶，也对病菌有抑制或杀伤作用，因而在病部长成许多硬胶质小黑点，呈现砂皮或黑点的症状，如果病菌从果蒂侵入，则果实在橘园和储运期间就会发生蒂腐病。因此，凡树脂病为害严重的柑橘园，砂皮、蒂腐、枝枯同样较为严重。

五、流行规律

病害发生流行程度主要取决于植株伤口、降雨和温度条件，这 3 个发病条件均适宜，才会发生。

（一）伤口

病菌为弱寄生菌，只能从寄主伤口侵入为害。气象因素及因管理不当所造成的各种伤口（冻伤、虫伤、机械伤等）是病菌侵入的主要途径，严寒冰冻引发冻伤是诱发本病的主导因素。寄主产生愈伤组织的能力也与本病发生流行有密切关系。

（二）降雨

病菌分生孢子主要借风雨传播，在有水湿的情况下才能萌发和进行侵染，所以该病只在雨季才会发生流行，而在旱季则基本上不会发生。

（三）温度

病菌发育最适温为 20℃，分生孢子萌发适温为 15～25℃。在 20℃左右条件下，如果雨水充足，同时植株伤口较多，发病就严重。例如，湖南长沙地区每年 5～6 月和 9～10 月，平均气温分别为 21.0～25.3℃和 23℃，降水量分别为 187.9～374.1mm 和 96.1mm，往往发病较严重。

在不低于 10℃时，病菌仍可生长发育，在不低于 5℃时，分生孢子仍可萌发。这样低温情况下，特别是冰冻情况下，容易发生冻伤。柑橘植株生长势衰弱，伤口发生后不易愈合，有利于病菌侵入。翌年春季温度回升后，如遇多雨气候，本病往往严重发生流行。

六、防治技术

防治柑橘树脂病应实行以栽培防病为主、药剂防治为辅的综合防治措施。

（一）加强栽培管理

在柑橘采收后及时施有机肥、树干刷白、培土，以尽快恢复树势，提高树体的防冻能力。对修剪和高接换种留下的伤口要用接蜡或保鲜膜包扎，保护伤口。

（二）剪除病枯枝

冬季和早春生长季剪除病枯枝，以减少侵染来源，减轻发病。切记要将剪下的病枯枝带出园外，集中烧毁。

（三）药剂防治黑点

对于生产鲜果，特别是以生产优质果为主的果园，为保证果实外观品质，幼果期喷药保护通常不可或缺。在落花坐果后立即进行药剂防治（浙江一般在 5 月下旬）喷第一次药，然后根据天气情况，每隔20～30d 再喷 1 次，直至梅雨期结束，一般需要喷 4 次。第一次喷药后，确定下一次喷药时间的主要根据包括果实发育速率、药剂的残效期以及前一次使用后的降雨情况。果实上的黑点是病菌感染后寄主自身分泌的胶质，而侵入后的病菌，大多因寄主产生胶质的限制而死亡。因此，防治策略是保证果实表面拥有足够的有效药剂，以阻止着落孢子的萌发侵入。药剂残效期短，不耐雨水冲刷，用药后经历多次降雨，果实发育速率快，喷药间隔期需缩短；反之，可适当延长喷药间隔。

最佳药剂为保护性杀菌剂，最常用的有：①铜制剂类，如氢氧化铜等；②二硫代氨基甲酸盐类，如代森锰锌、代森锌等；③甲氧基丙烯酸酯类杀菌剂，如嘧菌酯、醚菌酯、吡唑醚菌酯等。病菌易对甲氧基丙烯酸酯类杀菌剂产生抗性，为避免或延迟抗性菌系的产生，1 年内使用不能超过 2 次。据浙江台州、衢州和江西南丰、新余的经验，代森锰锌的效果优于其他杀菌剂。但不同厂家不同剂型的代森锰锌的防效差异很大，一般颗粒细小、悬浮性佳的剂型防效好。

（四）防治果实蒂腐

参见柑橘褐色蒂腐病。

唐科志（中国农业科学院柑桔研究所）

第 97 节　柑橘黑斑病

一、分布与危害

柑橘黑斑病又称柑橘黑星病，是一种严重的柑橘真菌性病害，主要分布在夏季湿热多雨的地区。非洲的肯尼亚、莫桑比克、南非、利比亚、津巴布韦，大洋洲的澳大利亚，西南太平洋岛国，亚洲的不丹、印度尼西亚、菲律宾，我国福建、广东、广西、四川、云南、重庆、浙江、香港等柑橘产区都有该病的发生。2005 年，Paul 等用 CLIMEX 软件，通过物种已知地理分布区域的气候参数来预测该病潜在分布区，描绘了柑橘黑斑病在全球的潜在分布图，发现冷应力（冬天持续低温的天数）是决定柑橘黑斑病发生分布的一个重要因素。

柑橘黑斑病是世界性重要真菌病害，已被欧洲和地中海区域植物保护委员会（EPPO）和加勒比海区域植物保护委员会（CPPC）列入禁止入境的 A1 类有害生物名单；被亚洲及太平洋区域植物保护委员会（APPPC）和国际植物保护公约（IA PSC）列入 A2 类有害生物名单。柑橘黑斑病给我国柑橘产业造成了极其严重的损失。2010 年以来，福建平和县琯溪蜜柚种植区柑橘黑斑病发病率在 10％～15％，严重的达到 30％以上，严重影响柚果出口。

二、症状

柑橘黑斑病以侵害果实为主，亦侵害叶片和嫩梢，严重发病时，多个病斑相互连片，覆盖大部乃至整个果面（彩图 11 - 97 - 1）。储藏期果肉变黑腐烂，僵缩如炭状，此类病斑常被称为恶心斑。侵染幼果表皮后长期不显症，直至果实成熟期才表现出症状。

柑橘黑斑病在我国主要产生黑星型和黑斑型两种症状。其中，黑斑型通常在果实完全成熟或者温度上升时产生，初生黄色小斑，在温暖的环境下扩展成直径 1～3cm 的不规则黑色大病斑，病斑中央凹陷，产生分生孢子，周围呈棕色或砖红色，扩展迅速，后期逐渐转为褐色至黑褐色，多个病斑连成黑色的大病斑，在 6℃下储藏 2 个月后病斑可扩大蔓延至全果，深入果肉使全果腐烂，瓤瓣变黑，干缩脱水后如炭状，亦称毒斑型、黑斑型、恶性斑；黑星型常出现于果实由绿变黄时，产生直径 1～6mm 的圆形或不规则灰褐色至灰白色病斑，病斑有明显的凹陷，四周稍隆起，中央凹陷，散生黑色小粒点，病斑散生，不连成片，只侵害果皮，不侵入果肉。

三、病原

柑橘黑斑病的病原存在无性和有性两个形态阶段。1973 年 van der Aa 将无性阶段归类为柑橘叶点霉 [*Phyllosticta citricarpa* (McAlpine) van der Aa]。1948 年 Kiely 发现了有性阶段，为橘果球座菌 (*Guignardia citricarpa* Kiely)，属子囊菌门球座菌属真菌。分生孢子单胞，梨形，大小为 (7～11) μm×(6～8) μm，外层包裹胶质鞘。假囊壳球形或近球形，黑色，有孔口，大小为 139.4μm×128.1μm。子囊圆柱形或棍棒状，束生于假囊壳基部，拟侧丝早期消失。子囊孢子单列或双列排于子囊内，纺锤形或近菱形，无色，初为单胞，成熟后成为大小不等的双胞，大小为 15.3μm×6.7μm，孢子两端有透明的黏胶状附属物（彩图 11-97-2）。

分生孢子器球形至近球形，黑色，有孔口，大小为 (120～350) μm×(85～190) μm。分生孢子梗较明显，着生于分生孢子器内壁上。分生孢子单胞，无色，有两种状况，一种为椭圆形或卵形，尾端有 1 条无色胶质物形成的纤丝，大小为 (7～12) μm×(5.3～7) μm；另一种为短杆状，两端略膨大，大小为 (6～8) μm×8.5μm×(1.8～2.5) μm。两种孢子着生在不同的分生孢子器内。

病菌发育温度为 15～38℃，适温 25℃。侵害柑橘、甜橙、柚、柠檬、香橙等柑橘类果树。

四、病害循环

病菌以子囊果、分生孢子器及菌丝体在病组织上越冬，翌年 4～5 月子囊果散出子囊孢子，分生孢子器内散出分生孢子，借风雨及昆虫传播。病菌侵入后先受抑制而潜伏，在果实着色即将成熟时，菌丝体迅速扩展，并表现症状。橘类较感病，树龄对发病也有一定影响，四至五年生植株一般发病较少，7 年以上的大树，特别是老树发病较重。

柑橘黑斑病菌的无性态分生孢子寄生性较弱，有性态子囊孢子是主要的传染源。子囊孢子产生于接近腐烂的落叶上，在寒冷干燥的冬季生长较慢，于病残体上越冬，翌年春释放子囊孢子侵染果实与叶片，发生初侵染。柑橘属植株一年四季均会落叶，如此长时间的落叶增加了病菌传播侵染的机会，因而病菌在寄主的生长季可产生多次再侵染。子囊孢子不仅是初侵染源，也是树与树之间传染的重要介体，两棵树之间的距离如果在 25m 内就能通过子囊孢子传染该病。子囊孢子主要通过弹射机制进行传播，也可依靠风雨和昆虫传播。病菌侵染的关键期为 10 月至翌年 1 月，由降水量和平均温度所决定。侵染植株后，病菌以一小团菌丝的形式存在于果实或叶片的表皮与外皮之间，潜伏期可长达 36 个月。柑橘黑斑病很少发生在青果上，7 月底至 8 月，当果实接近成熟时抗病力会降低，此时开始出现症状。枝梢、叶片和花瓣也会受害，症状与果实上的症状相似，只是出现时间稍早，受害较轻，病斑较小。

五、流行规律

病原菌有性阶段的子囊孢子是主要的传播和侵染源，无性阶段的分生孢子也有侵染能力，有性阶段橘果球座菌通常产生于老叶和落叶上，病叶是柑橘黑斑病菌的主要越冬场所。叶片也可以长期携带病原菌而不显症。幼果及嫩叶期是病菌侵染的主要阶段，在潮湿的条件下，病菌子囊孢子易萌发产生侵染钉，侵染钉直接侵入角质层进行初侵染，侵入菌丝仅在角质层与表皮层间形成"结状"菌丝块，数月内不表现症状，为潜伏侵染期，并随着果实成熟慢慢显症。

病原菌子囊孢子释放量与叶面湿度有显著相关性，病害严重度与降水量高度相关，而病原菌子囊孢子释放量和病害严重度与果园温度不相关。

树势越弱、树龄越小，越易发病；当果实接近成熟，果皮由绿色变为黄色时，发病程度加重；光照下病斑比在黑暗状态下发展要快；气温的上升会刺激症状的产生，采收时无症状的柑果在储运期间，若温度、湿度适宜也会出现病斑；叶片湿润和干燥的交替，温度的波动最适宜子囊壳的成熟；果实采收后，储存温度超过 20℃会促使病斑上产生分生孢子；干旱影响发病，干枯的橘树比不干枯的橘树发病重；管理粗放，果树密度大，不通风的果园发病较重。

感病植株的分散程度越高，柑橘黑斑病的发病率越高。柑橘黑斑病菌具有较长的潜伏期，其潜伏期是多变的，果实较小则潜伏期较长，果实较大则潜伏期较短。

六、防治技术

（一）选用抗（耐）病品种

在柑橘类植物中，粗皮柠檬表现耐病，酸橙及其杂交系表现抗病，雪柑相对比较抗病。该病的主要寄主有柠檬、脐橙、葡萄柚、早橘、乳橘、南丰蜜柑、茶枝柑、椪柑、蕉柑、雪柑、红橘、沙田柚等。其中，柠檬、夏橙、脐橙和葡萄柚最易感病。在重庆以柠檬受害最重，甜橙、夏橙次之。2010 年以来，国内局部地区有报道一些品种如沙田柚、琯溪蜜柚等发病较为严重。柑橘黑斑病菌也可寄生于杏仁、鳄梨、桉树以及金凤花、红千层、山茶、石斛兰等植物。

（二）农业防治

加强橘园栽培管理，低洼积水地注意排水，去除过密枝叶，增强树体通透性，提高抗病力。秋末冬初结合修剪，剪除病枝、病叶，并清除地上落叶、落果，集中销毁，可减少病害传播的机会。干旱时橘树发病重，因此，适当的浇灌可防止病害加重。在柑橘果实储藏过程中，黑暗、低温可以抑制病害的发生，储藏温度控制在 5～7℃。Baldassari 等（2007）发现乙烯能促使病斑的提前表现，因此在储存期，保持适当的通风有助于减少病害的发生。

（三）化学防治

控制柑橘黑斑病的关键在于喷药预防。4 月下旬至 5 月底着果至幼果期是喷药关键期，隔 10～15d 喷 1 次，连喷 2～3 次，对往年发病重的果园要喷 3 次。药剂可用 70％代森锰锌可湿性粉剂 600 倍液、50％多菌灵可湿性粉剂 600 倍液、70％甲基硫菌灵可湿性粉剂 1 000 倍液、10％苯醚甲环唑水分散粒剂 1 500 倍液、25％嘧菌酯悬浮剂 1 000 倍液等。7 月下旬至 8 月下旬，对有发病的果园，如遇高温干旱要及时喷药 2 次。注意轮换用药，以防产生抗药性。

胡军华（中国农业科学院柑桔研究所）

第 98 节　柑橘褐斑病

一、分布与危害

柑橘褐斑病也称链格孢褐斑病，最早于 1903 年在澳大利亚的皇帝柑（*Emperor mandarin*）上发现和记载，其病原到 1959 年才得到确定。该病害在澳大利亚、美国、南非、以色列、土耳其、西班牙、意大利、巴西和阿根廷等很多国家都有分布，是某些橘类、橘橙或橘柚杂交柑橘种上的重要病害之一，一些高度感病品种因此病被淘汰。在我国，2010 年才有该病害发生的正式报道，近年来在重庆的红橘、湖南和云南局部地区的椪柑、浙江的瓯柑、广西和广东的贡柑上暴发成灾，导致新梢枯死，幼果脱落，严重时绝产，成为这些地区柑橘生产上最重要的问题。橘类及一些橘柚和橘橙杂交种对褐斑病尤为敏感，该病也轻微感染葡萄柚，但不侵害脐橙。

二、症状

尚未完全展开的嫩叶发病，病斑褐色，细小，中央少数细胞崩解，变透明或脱落，周围褐色，外围黄色晕圈不明显，病斑密集时，嫩叶很快脱落。展叶后的叶片发病，病斑褐色，不规则形，大小不等，周围有明显的黄色晕圈，褐色坏死常沿叶脉上下扩展，因此病斑常呈拖尾状，病叶也极易脱落。嫩梢发病，很快变黑褐色萎蔫枯死，木质化后的新梢发病形成深褐色下陷的坏死病斑。

刚落花的幼果和转色后的果实均可发病。幼果发病形成凹陷的黑褐色斑点，病果很快脱落。膨大期或转色后的果实发病产生褐色凹陷病斑，中间渐变灰白色，周围有明显的黄色晕圈，病果大多脱落或失去商品性。此外，病菌侵害果实时还可产生木栓化愈合，微隆起，灰白色的痘疮状病斑，突起部用指甲擦之即可脱落。

三、病原

柑橘褐斑病的病原为链格孢 [*Alternaria alternata* (Fr.：Fr.) Keissler]，属子囊菌无性型链格孢属真菌。依据寄主专化性和产生专化性毒素的不同，侵害柑橘的链隔孢可分为链格孢橘致病型 (*A. alternata* pv. *citri*) 和链格孢粗柠檬致病型 (*A. alternata* pv. *jambhiri*)。前者侵害橘 (*Citrus reticulata* Blanco)、橘柚杂交种 (*C. reticulata*×*C. paradisi* Macfad.) 和橘橙杂交种 [*C. reticulata*×*C. sinensis* (L.) Osbeck]，引起褐斑；后者侵害粗柠檬 (*C. jambhiri* Lush) 和来檬 (*C. limonia* Osbeck)，引起叶斑。橘致病型产生橘专化性毒素 (ACT)，粗柠檬致病型产生粗柠檬专化性毒素 (ACRL)。

病菌分生孢子梗单生或成簇，淡褐色至褐色，具隔膜 (彩图 11-98-1)。顶端产生倒棍棒形或椭圆形的分生孢子，链生或单生，分生孢子褐色，横隔 3~8 个，纵、斜隔膜 1~4 个，分隔处略缢缩，大小为 (22.5~40.0) μm×(8.0~13.5) μm。分生孢子喙细胞短柱状或锥形，淡褐色，隔膜 0~1 个，大小为 (8.0~25.0) μm×(2.5~4.5) μm，可转为产孢细胞，其上形成次生孢子。病菌的分生孢子多细胞，个体大，胞壁厚，具色素，抗逆性能强。

四、病害循环

病菌以菌丝和分生孢子在病组织 (叶片、枝梢和果实) 上越冬。翌春，条件适宜时菌丝产生分生孢子，通过气流传播，当遇到合适的寄主组织，组织上有自由水时萌发侵染。当条件适宜时，接种 24h 内即可产生症状，并很快在病斑上产生分生孢子，经风雨传播，发生再侵染 (图 11-98-1)。分生孢子多在成熟叶片的老病斑上产生，侵染后 50d 内均可产生，而在果实和枝梢，以及枯枝落叶上的产孢量较小。

五、流行规律

(一) 种和品种抗性

不同柑橘种类或品种对褐斑病菌的抗性差异很大。针对橘致病型，国外报道一些橘类如 Dancy 和 Sunburst，橘柚杂交种如 Minneola、Orlando、Nova 和 Lee，橘橙杂交种 Murcotts 均非常感病。葡萄柚也轻微感病，但橙类抗病。据调查，我国栽培的橘类中红橘、瓯柑、贡柑、椪柑和八月橘对褐斑病较为感病，而温州蜜柑和砂糖橘则抗病。

(二) 气象因素

柑橘褐斑病的发生与气候条件密切相关。据研究，在病果园全年均有孢子的释放，限制病害的关键因素是寄主感病组织的数量和叶片表面相对湿度。高于 85% 的相对湿度有利于病菌分生孢子的产生，成熟病叶，维持 24h 接近 100% 的相对湿度时产生的分生孢子数量最大，但浸没水中或中等潮湿时很少产孢。降雨后湿度的急剧下降有利于病菌孢子

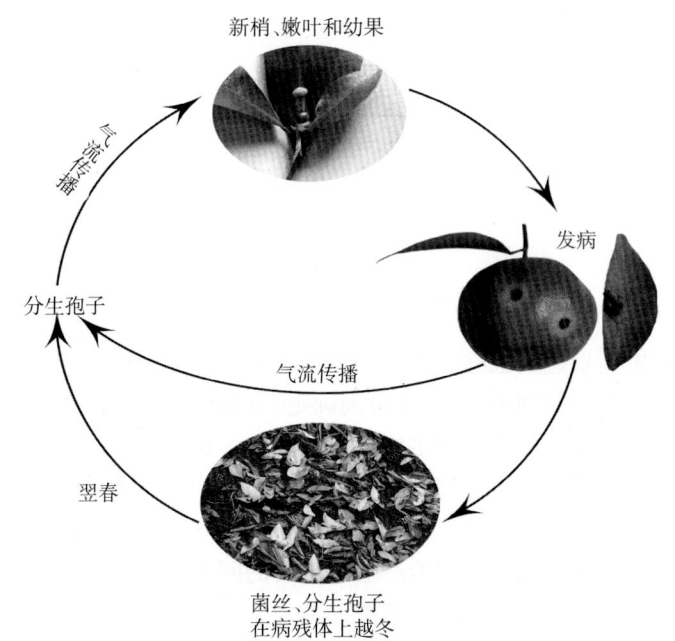

图 11-98-1 柑橘褐斑病病害循环 (李红叶绘)
Figure 11-98-1 Disease cycle of citrus Alternaria brown spot (by Li Hongye)

的释放和扩散。大多数侵染发生在雨后，但叶片表面结露也足以满足病菌孢子的萌发和侵染。2011 年温州瓯柑褐斑病的暴发就发生在 5 月中旬连续 2d 的大雾后。温度影响病害的发展速度，在温度为 20~29℃ 时，一般只需表面保持 8~10h 的高湿 (高感品种只需 6h)，病菌即可完成侵染，当温度降低到 17℃ 或上升到 32℃ 时，需要 24h 以上才能完成侵染。

尽管褐斑病全年均可发生，但为害最重的是春梢及幼果期。此时幼嫩的感病组织多，温度适宜，如遇到阴雨天或有雾天数多，加上防治不及时，极有可能导致病害的暴发流行。

（三）栽培管理

果园过度密植，修剪不当，果园和树冠内郁闭有利于病害的发生。不合理施肥，氮肥过多，新梢不易老熟，也增加感病的机会。

六、防治技术

（一）选用抗病品种

对病害发生严重的地区，在新发展柑橘时应避免种植高感品种，或考虑通过高接换种改为抗病品种。

（二）培育和种植无病苗木

对尚未发生褐斑病的地区，切忌从病区调苗。在病区，如果种植感病品种，需要使用无病苗木。虽然病菌可以通过气流传播，但其传播距离有限，使用无病苗木可以保持新建果园较长时间无病或低水平发病。如果新果园一建成就发病，果园病菌数量在幼树营养生长阶段就可以积累到很高的水平，进入结果期就较难控制。据国外报道，苗圃不使用喷灌可以减轻苗木受褐斑病菌的污染程度。

（三）加强栽培管理

种植感病品种时，新建果园应选择在通风良好的向阳坡地。适当稀植，合理修剪，保证果园和树冠内的通风透光，以利叶面雨水或露水的及时排放，减轻发病。合理施肥，避免施用过多的氮肥，可以避免过量新梢抽发，不仅可以避免树冠郁闭，还可以减少感病组织，减轻病害。结合冬季或早春修剪，彻底剪除病虫枝，并全面喷施石硫合剂等铲除剂，杀死在老叶病斑上越冬的病菌。

（四）及时喷药保护

对病区的感病品种，药剂防治是有效控制病害必不可少的措施，药剂使用次数依果园柑橘品种的感病性和发病的严重性而定。一般第一次用药（最为关键）时间掌握在春梢长约 3.0cm 时，以避免来自越冬菌源的感染，同时尽可能铲除老叶病斑上的病菌，减少果园内的侵染源数量。第二次用药掌握在落花 2/3 左右时。此后，每隔 10d 左右喷药 1 次，直到春梢老熟。病害防治的重点是新梢和幼果期，一般品种当果实停止增大时，抗性增加，可停止用药，但对于特别感病的品种，如红橘，果实接近成熟时仍然感病，9月后仍然需要喷药保护。

防治褐斑病的药剂主要有铜制剂类，包括氢氧化铜、氧化亚铜和氧氯化铜等；代森锰锌、福美锌或福美铁；二甲酰亚胺类杀菌剂，如异菌脲、腐霉利等；甲氧基丙烯酸酯类杀菌剂，如嘧菌酯、醚菌酯、吡唑醚菌酯等，以及与这类杀菌剂混配的混配剂。甲氧基丙烯酸酯类杀菌剂每年使用最多不超过 2 次，以避免或延缓抗药病菌的产生和种群数量的迅速上升。

李红叶（浙江大学农业与生物技术学院）

第 99 节　柑橘炭疽病

一、分布与危害

柑橘炭疽病是一种弱寄生性真菌病害。在全国柑橘产区普遍分布，在全年各个时期均可发生，侵害柑橘的叶片、枝梢、花和果实，引起落叶、枝枯、落花、落果、树皮爆裂和储藏期果实腐烂。

二、症状

柑橘炭疽病主要发生于叶片、枝梢和果实上，亦可侵害大枝、主干、花和果梗（彩图 11-99-1）。

叶片症状表现为急性型（叶枯型）和慢性型（叶斑型）两种，急性型常在叶片停止生长而老熟前发生，多从叶缘和叶尖沿叶主脉产生淡青色或暗褐色小斑，似开水烫伤。后迅速扩展成水渍状波纹大斑，边缘不清晰，病斑呈近圆形或不规则形，甚至达叶片大半，自内向外颜色逐渐加深，外围常有黄色晕圈，有的有 0.5～1mm 的暗褐色细边，与健部区别明显。在高温多雨天气易暴发，发病急，病叶很快脱落。慢性型多发生于老熟叶片和潜叶蛾等造成的伤口处，干旱季节发生较多，病叶脱落较慢。病斑多在边缘或叶尖，近圆形或不规则形，浅灰褐色，边缘褐色，与健部界限明显。后期或天气干燥时病斑中部干枯，褪为灰白色，表面密生稍突起、排成同心轮纹状的小黑粒点，小黑粒点为分生孢子盘。

枝梢发病也可分为慢性型和急性型：慢性症状多在一年生以上枝梢顶叶基部腋芽处发生，病斑初为淡褐色，椭圆形，后渐扩大成长梭形，稍陷，当病部扩大绕枝梢一圈时，病梢从上而下枯死，呈灰白色，其上散生小黑斑点状分生孢子盘。二年生以上的枝梢，因皮色比较深，病部不易觉察，将皮剥开才可见枯死和病部扩展范围。病枝上的叶片往往卷缩干枯，经久不落。病斑较小或树势较壮时，则可随枝条的生长，在其周围产生愈伤组织，在病皮干枯脱落后，形成大小不一的梭形条形斑疤。急性型症状常发生在阴雨连续的天气，在刚抽生的嫩梢顶端3～10cm处突然发病，如开水烫伤，3～5d后嫩梢嫩叶凋萎，发病处生出朱红色小粒点。大枝和主干遭冻害后，在受冻部位长满炭疽病菌子实体，由于病部周围产生愈伤组织，病皮干枯爆裂脱落，俗称"爆皮病"。

幼果受害，初为暗绿色油渍状不规则形病斑，后扩展至全果，可引起大量落果，或呈僵果挂在树上。长大后的果实受害，其症状有干疤、泪痕和腐烂3种类型，干疤型在果腰部较多，病斑近圆形，褐色，微下陷，呈革质状硬化，病组织不深入皮下，病斑上可见大量黑色或红色小点；泪痕型症状表现为果皮表面有泪痕状病斑，由许多红褐色小突点组成；腐烂型一般从果蒂开始，形成圆形、褐色、凹陷的病斑，病部散生黑色小粒点，可引起果实腐烂。果实在储藏中后期从蒂部开始腐烂，或从上述两种干疤发展成腐烂，深入到果实内部，并逐步扩展至全果；腐烂组织呈本色水渍状软腐，表面长出炭疽病菌子实体。

苗木多在离地表7～10cm或嫁接口处开始发病，病斑深褐色，向上、下及四周扩展，病部以上枯死。有时从顶部未成熟新梢开始发病，向下蔓延，形成回枯现象，病部产生淡红褐色至黑色小粒点（彩图11-99-1）。

三、病原

柑橘炭疽病由炭疽菌属（*Colletotrichum* spp.）真菌引起，病原属子囊菌无性型真菌。病原菌有3种类型：胶孢炭疽菌［*C. gloeosporioides*（Penz.）Penz. et Sacc.］为灰色快生型（fast growing gray，FGG），对花器和来檬叶片均不侵染，是发生较普遍的致病菌，能引起橘类各种组织、器官发病。尖孢炭疽菌（*C. acutatum* J. H. Simmonds；J. H. Simmonds）包括橘红色慢生型（slow growing orange，SGO）和来檬炭疽型（key lime anthracnose，KLA），SGO只侵染花器，造成甜橙的花后落果（postbloom fruit drop，PFD）；KLA可侵染来檬叶片、花器、果实等，引起来檬炭疽病，也可造成甜橙的花后落果。采后柑橘果实炭疽病由胶孢炭疽菌引起。

胶孢炭疽菌菌落颜色白色至深青色，变化多样，产生鲜红色孢子堆，孢子呈棍棒状，两端钝圆（彩图11-99-2）。尖孢炭疽菌菌落灰白色，产生淡红色孢子堆，分生孢子梭形，两端尖（彩图11-99-3）。

病菌生长最适温度为21～28℃，最高35～37℃，致死温度为65～66℃，10min。分生孢子萌发适温为22～27℃，最低为6～9℃，在适温下分生孢子4h萌发率为87%～99%。分生孢子寿命短，但它萌发的芽管顶端或菌丝及其侧枝顶端可形成附着胞，附着胞紧贴于寄主组织表面，有的还半埋生于角质层中，可以长期存活。在第二年，当温度、湿度适宜时，越冬的菌丝产生分生孢子，借风雨和昆虫传播。从伤口、气孔或直接穿透表皮侵入寄主组织，引起发病。

四、病害循环

胶孢炭疽菌的分生孢子常由病残体上的分生孢子盘产生，经风雨或昆虫传播，由伤口、气孔或直接穿透表皮侵入寄主组织并引起发病。储藏期一般储藏1～2个月后开始出现发病症状，橘园带入的孢子发芽，形成附着胞，附着胞形成芽管，刺入健康的果实表皮2～4层细胞时便停止，不显症，只有当果实受伤、抵抗力降低时，病原菌才变得活跃。

春季气温适宜时，病组织上新产生的分生孢子或越冬后的分生孢子由风雨或昆虫传播到果实组织表面，在水层中萌发芽管，从伤口、气孔或直接穿透角质层侵入表皮内，当树体抗病力弱和环境适宜时，经过6～18d的潜育期，出现症状，完成初侵染。病菌具有潜伏侵染的特性，其潜育期长，多数为一个季节，长的可达半年至1年。

五、流行规律

柑橘炭疽病菌是一种弱寄生菌，健康组织一般不会发病。柑橘为喜温植物，幼嫩枝叶对低温特别敏感。因此，由于栽培管理不当，特别是偏施氮肥，促使植株大量抽发新梢和徒长枝，低温来临来不及成熟时，容易遭受低温伤害，而导致炭疽病发生。成年植株遭受严重冻害时，除枝叶枯死滋长炭疽病菌外，枝干及主干亦常受冻，在衰弱死亡的树皮上滋长炭疽病菌，气候转暖时，病部周围形成愈伤组织，限制病斑扩展，老病斑随即爆裂干枯脱落。

柑橘根系遭受各种不良因素的作用而衰弱或腐败时，水分的吸收和供应严重失调，常导致枝梢回枯，叶尖发黄枯死，冬、春引起大量落叶，在垂死的枝叶上和落于地面的叶片上大量滋生炭疽病菌的子实体。

果园管理不善，例如，长期缺肥、干旱、介壳虫发生严重、农药药害、空气污染等，致使树体衰弱者，炭疽病往往发病普遍。

六、防治技术

（一）农业防治

在春、夏梢嫩梢抽发期（杂柑幼树是重点）和果实成熟前期进行观察。加强栽培管理，增强树势，是本病的防治关键。荫蔽果园要改善通风透光条件，注意氮、磷、钾肥搭配，增施有机肥，及时补充硼肥，提高柑橘抗病能力。做好排灌工作，注意合理修剪，及时砍伐密植树，做好对其他病虫的防治及冬季防冻与防洪涝等工作。

改良土壤，创造根系良好生长环境，同时注意避免不适当的环割促花、促果和连年过量挂果伤害根系，使树体衰弱。

搞好冬季清园，减少病原传播。剪除病枝、病叶，扫除地面落叶、落果，集中烧毁，减少病源；树干涂白，地面撒薄生石灰粉并浅翻松土；全园用 0.8 波美度石硫合剂喷洒。

（二）化学防治

柑橘炭疽病菌的附着胞对杀菌剂有较强的抗药性，但各种杀菌剂对该病菌的分生孢子杀伤力很强，能有效阻止孢子萌发、侵入和形成附着胞。可在发病初期喷施波尔多液、代森锰锌、多菌灵、王铜、氢氧化铜、络氨铜、甲基硫菌灵、嘧菌酯、苯醚甲环唑、吡唑醚菌酯、代森联等药剂。每隔 15d 喷药 1 次，连喷 2~3 次，防止分生孢子萌发。

胡军华（中国农业科学院柑桔研究所）

第 100 节　柑橘黄斑病

一、分布与危害

柑橘黄斑病也称脂斑病、脂点黄斑病，世界各柑橘产区均有不同程度的发生，在国内各柑橘产区、各类柑橘上均有发生，以柚类产区受害最重。病原菌主要侵害叶片和果实，导致叶片提早脱落，树势衰弱，严重影响产量。受害果皮形成脂斑或黄斑，致使果实外观品质下降，严重影响鲜果的商品性。

二、症状

柑橘黄斑病主要侵害叶片，也侵害果实和枝梢。叶片症状有黄斑型、褐色小圆星型和混合型。果实症状分为黄斑型和脂斑型两类。

（一）叶片症状

1. 黄斑型　也称脂点黄斑型，主要发生在春梢叶片上。受害叶片初期在叶背面产生针头大小的黄绿色小点，对光透视呈半透明状，后扩大成圆形或不规则形黄色斑块。随着菌丝在叶片组织中的生长，细胞膨胀，向叶背突起成疱疹状淡黄色小粒点，几个乃至数十个群生在一起。随着病斑的扩展和老化，小粒点颜色加深，形成坚硬而粗糙的脂点或脂斑。与脂斑相对应的叶片正面病斑起初蜡黄色，不规则形，边缘不明显，随着病情的发展，病斑中央渐变为淡褐色至黑褐色的疱疹状小粒点。通常每片叶上有多个病斑，致使叶片呈斑驳状。病斑在病叶上的分布不规则，常集中在病叶的一侧，有时甚至只发生在叶片某一侧的边缘。症状因寄主感病性不同而存在差异，在柠檬和粗柠檬等高感柑橘上，症状出现早，病斑呈扩散状，保持黄色，在形成黑褐色颗粒状突起前叶片就脱落。葡萄柚、常山胡柚、琯溪蜜柚、沙田柚和文旦柚等感病品种上病斑较为限制，后期形成黑褐色颗粒状突起。较抗病的脐橙和宽皮柑橘，病斑较小，色泽更深，突起更明显。

2. 褐色小圆星型 通常发生在秋梢叶片上，受害叶片初产生芝麻大小的斑点，后扩大成圆形或椭圆形病斑，直径 0.1～0.5cm，病斑边缘黑褐色，稍隆起，中间渐变灰白，散生黑色小茸点。

3. 混合型 黄斑型和褐色小圆星型发生在同一片叶上。

（二）果实症状

病菌通过皮孔侵入果实，引起少量细胞死亡，症状可分为黄斑型和脂斑型。

1. 黄斑型 果实在 7～8 月出现大小不等、形状不规则的黄色斑块，随着果实的发育，黄色斑块越加明显，严重时多个病斑连成一个大斑。采收储藏后，黄斑逐渐变成肉桂色，最后变褐，塌陷。

2. 脂斑型 最初在果实表皮的油腺之间出现针头状黑色小点，逐渐扩大，多个小点连合，形成大小不等的脂斑。通常脂斑周围的细胞维持绿色的时间较其他细胞长，使用乙烯处理往往也无法使之脱绿。

三、病原

柑橘黄斑病病原为柑橘球腔菌（*Mycosphaerella citri* Whiteside），属子囊菌门球腔菌属真菌。无性型为橘疣丝孢［*Stenella citri-grisea* (F. E. Fisher) Sivan.，异名：橘尾孢（*Cercospora citri-grisea* Fisher）］。假囊壳产生于开始腐烂的落叶上，丛生，近球形，黑褐色，具孔口，直径为 65～86μm，高 80～96μm。子囊倒棍棒状或长卵形，成束着生在假囊壳基部，大小为（31.2～33.8）μm×（4.7～6.0）μm。子囊孢子呈两行排列于子囊内，双胞，无色，长卵形，一端钝圆，一段略尖，大小为（10.4～15.6）μm×（2.6～3.4）μm（图 11-100-1）。

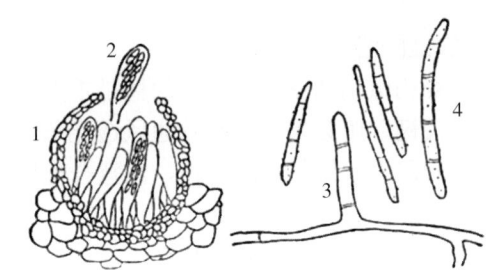

图 11-100-1 柑橘球腔菌形态（引自曹若彬，1986）
Figure 11-100-1 Morphology of *Mycosphaerella citri* (from Cao Ruobin, 1986)
1. 假囊壳 2. 子囊和子囊孢子 3. 分生孢子梗 4. 分生孢子

分生孢子梗直立，近圆柱形，0～4 个分隔，初无色，后变为黄褐色，顶部色浅或无色，顶端及亚顶端有孢子着生疤痕 2～6 个，梗长 13.0～20.8μm。分生孢子多数圆柱形，少数倒棍棒形，直或弯曲，无色至淡黄褐色，表面有瘤状突起，0～9 个分隔，多数单生，少数为2～3 个链生，孢子基部有明显的脐，大小为（13～52）μm×（2.3～2.9）μm。

四、病害循环

病菌的假囊壳产生于果园地面上开始腐烂的叶片上，干湿交替的自然条件有利于假囊壳的成熟，一旦叶片受潮，埋生其中的假囊壳吸水膨胀，弹射出子囊孢子。子囊孢子经气流传播至叶背面时，遇水后，首先萌发形成腐生菌丝，在叶片背面营一段时间的腐生生长。菌

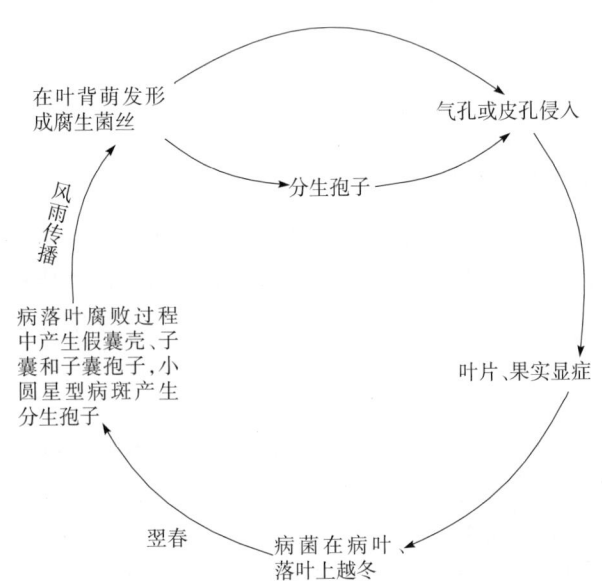

图 11-100-2 柑橘黄斑病病害循环（李红叶绘）
Figure 11-100-2 Disease cycle of citrus greasy spot (by Li Hongye)

丝腐生生长需要较高的温度和较长时间的高湿，当腐生菌丝接触气孔时，便形成附着胞，通过气孔进入叶肉细胞。由于柑橘叶片只有下表皮有气孔，所以，几乎所有的侵染都是发生在叶背面。该病害潜伏期长短与柑橘品种有关，但即便在高感品种和适宜的环境条件下，也需要 45～60d 才能发病（图 11-100-2）。

侵染多发生在夏季，叶片黄斑型症状多在入秋后出现，褐色小圆星型则在冬季和翌年春季大量出现。落叶多发生在晚冬或早春。在黄斑型病斑上，分生孢子只在腐生型菌丝上发现，很少。因此，推测黄斑型病斑上产生的分生孢子在病害的循环中作用不大。据观察，在常山胡柚等具有褐色小圆星型症状的柑橘上，分生孢子可在褐色小圆星型病斑上大量产生，接种试验也表明这些分生孢子具有侵染性。因此，推测这些分生孢子在病害循环中起着重要作用。

五、流行规律

（一）柑橘种类或品种

所有柑橘种类或品种均对黄斑病感病，但不同种类或品种间对黄斑病的抗性差异较大。在美国佛罗里达，宽皮柑橘和橙类较抗病，葡萄柚次之，而柠檬和粗柠檬最感病。国内初步调查，常山胡柚最感病，沙田柚、琯溪蜜柚、文旦柚较感病，椪柑和温州蜜柑次之，橙类很少发病。在常山胡柚上，8～9 月出现的病斑多为黄斑型，而 10 月至翌年 4 月出现的病斑多为褐色小圆星型。

（二）树龄

幼龄树发病轻，10 年以下的幼龄树很少发病，树龄越大发病越重。虽然叶片的整个生命过程均可染病，但以幼嫩的叶片更易感病，但症状都在叶片成熟后表现。

（三）气象因素

腐败叶片上子囊孢子的释放需要有雨水、灌溉水或露水的湿润，孢子萌发的菌丝在叶背腐生生长需要高湿条件。雨季是子囊孢子释放的有利时期，病害发生的程度与降水量无关，但与降雨频率、灌溉（特别是喷灌）有关。干湿交替的条件有利于假囊壳的形成和成熟，但长时间连续阴雨，却会加速病落叶的腐烂而减少假囊壳产生量。当春天气温回升到 20℃ 以上时，病叶经雨水湿润，即可产生大量子囊孢子，引起初侵染，每年 6～7 月是病菌侵染的主要季节，但其他季节，只要雨水充足，假囊壳也可释放子囊孢子侵害植株。

（四）栽培管理

管理良好，施肥灌溉适当，树势健壮的柑橘园发病轻，很少提早落叶。相反，管理粗放，树势衰弱的老柑橘园常发病严重，冬季或早春萌芽前即大量落叶。

（五）虫害

锈螨、蚜虫和粉虱发生严重的果园往往黄斑病发生较重，使用杀螨剂控制锈螨的为害，可减轻黄斑病的发生。黄斑病菌和这些害虫的相互作用机理尚不清楚。

六、防治技术

（一）果园清洁

秋季发病、落叶严重的橘园，于采果后，结合翻耕施肥，将病叶埋入土下；冬、春季发病落叶严重的橘园，应及时清除病落叶，集中深埋或烧毁，以减少侵染源，减轻发病。

（二）加强栽培管理

合理施肥，多施有机肥，避免偏施氮肥，以增强树势，提高抗病性。有条件时，结合施肥，在冬季或早春翻耕土壤，以促进新根生长。合理密植，合理修剪，注意开沟排水，以改善果园通风透光条件，促使雨后能及时排出湿气，降低树冠内的湿度。加强对锈螨、蚜虫和粉虱等害虫的防治，对减轻本病具有重要作用。

（三）及时喷药保护

病菌孢子萌发后并不立即侵入寄主组织，这一特性为药剂防治提供了极为有利的条件。在美国佛罗里达，一般使用 1～3 次常规药剂即可达到良好的防治效果。发病轻的果园，选择 5 月下旬至 6 月中旬，喷药 1 次，以保护春梢，即可有效控制病害；一般发病果园，再于 7 月中旬加喷 1 次；重病果园或生产鲜销果实的果园，可在 8 月中旬再加喷 1 次。喷洒药剂时，应尽量喷到叶背面。有效药剂有：①铜制剂类，如波尔多液、氢氧化铜、氧化亚铜等。波尔多液残效期长，保护效果好，但在高温干燥时容易产生药害，在果实表面形成腻斑，高温季节应避免使用。②麦角甾醇合成抑制剂类杀菌剂，如咪鲜胺、咪鲜胺锰盐、苯醚甲环唑和腈菌唑等。③甲氧基丙烯酸酯类杀菌剂，如嘧菌酯、醚菌酯和吡唑醚菌酯等。甲氧基丙烯酸酯类杀菌剂宜在5月下旬和6月上旬施用，可以兼治黑点病，但是病菌极易对这类药剂产生抗性，建议1年施用次数不宜超过2次。另外，配药时添加0.3%～0.5%矿物油对防治病害具有增效作用。

李红叶（浙江大学农业与生物技术学院）

第101节　柑橘灰霉病

一、分布与危害

柑橘灰霉病在我国柑橘产区均有发生，可感染幼苗、嫩叶和幼梢，引起坏死和腐烂，但影响较大的是病菌感染花瓣引起腐烂，腐烂的花瓣黏附在幼果表面，病菌感染果皮，形成疤痕。这个问题在开花期多阴雨的年份特别突出。尽管带疤痕果实的内在品质几乎不受影响，但外观品质受到影响，以致影响鲜销价格。

二、症状

花瓣发病最初产生褐色水渍状小斑，病斑迅速扩大并软腐，呈黄褐色，长出灰褐色霉层。腐烂花瓣一般不易干枯脱落，有些黏附在萼片上，有的紧贴着幼果，其上滋生大量菌丝，纠结形成菌丝垫而压塌幼嫩果皮。揭开霉烂的花瓣，可见幼果表面产生黑褐色、大小不等、略凹陷的斑点或斑块。发病幼果易脱落，不脱落果实随着幼果膨大，原来塌陷的组织表皮细胞木栓化，呈颗粒状、脊状或块状等形状、大小不一的突起。突起组织表面几层细胞木栓化坏死，呈灰白色、褐色至红褐色，或褐色和灰白色相间的斑块（疤痕）。随着果实的进一步膨大，突起疤痕组织的膨大因表皮细胞木栓化受阻，致使果实成熟时，疤痕呈微微的凹陷，疤痕处表面粗糙，常伴有细微裂纹。

病菌也可从花瓣蔓延至萼片和果柄，致使幼果脱落。落在幼叶、嫩梢上的花瓣也可受灰霉病菌的侵染而腐烂，并进一步引起幼叶和嫩梢的水渍状褐色腐烂。幼苗发病症状与幼叶嫩梢相似。

三、病原

柑橘灰霉病病原为灰葡萄孢（*Botrytis cinerea* Pers.：Fr.），属子囊菌无性型葡萄孢属真菌。有性型为富克葡萄孢盘菌［*Botryotinia fuckeliana* (de Bary) Whetzel］。病部产生的灰褐色霉层即为病菌的分生孢子梗和分生孢子。分生孢子梗数根丛生，自菌核或菌丝体上长出，直立或微弯曲，大小为（100～300）μm×（11～14）μm，淡褐色，有隔膜，顶端1～2次分枝，分枝末端膨大成球状，其上密布小梗，聚生大量分生孢子，呈葡萄穗状。分生孢子单胞，无色，卵圆形，大小为（9～16）μm×（6～10）μm（图11-101-1）。

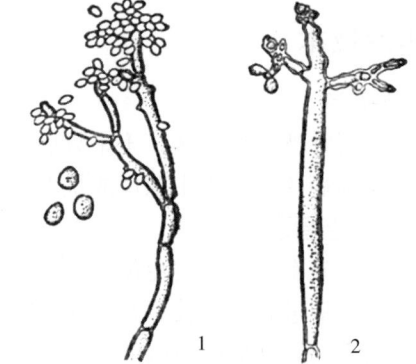

图11-101-1　灰葡萄孢形态（引自浙江农业大学，1977）

Figure 11-101-1　Morphology of *Botrytis cinerea* (from Zhejiang Agriculture University，1977)

1. 分生孢子梗和分生孢子　2. 分生孢子梗的顶端结构

四、病害循环

柑橘灰霉病菌以菌核或分生孢子在土壤或病残体上越冬、越夏。遇温湿度适宜时菌丝体或菌核即可产生大量的分生孢子，通过气流传播，降落在花瓣上，条件适宜时，分生孢子萌发侵入。发病花瓣上产生大量分生孢子，再通过气流传播，引发再侵染（图11-101-2）。

病菌耐低温，在7～20℃时均可大量产生分生孢子，15～23℃，相对湿度在90%以上或花瓣表面有水膜时易发病。

五、流行规律

（一）气象因素

花期的低温阴雨是诱发花瓣灰霉病和果面疤痕的最主要因素。每当花期遇寒流，阴雨绵绵，花期延长时，花瓣灰霉病通常发生严重，病害从花瓣蔓延及果实，造成幼果脱落增多，受感染而未脱落果实则留有难看的疤痕。

（二）栽培管理

果园过度密植，修剪不当，造成果园和树冠内郁闭，通风不良，湿气排放不畅，也有利于病害的发生。

六、防治技术

（一）加强栽培管理

合理密植，合理修剪，做好果园开沟排水工作，保证果园通风透光良好，以便雨后的湿气或露水能及时排放。谢花期，可摇动树枝，促使花瓣脱落。柚子花少而大，可及时摘除病花瓣，并带出果园集中处理。疏果时疏去有疤痕幼果。

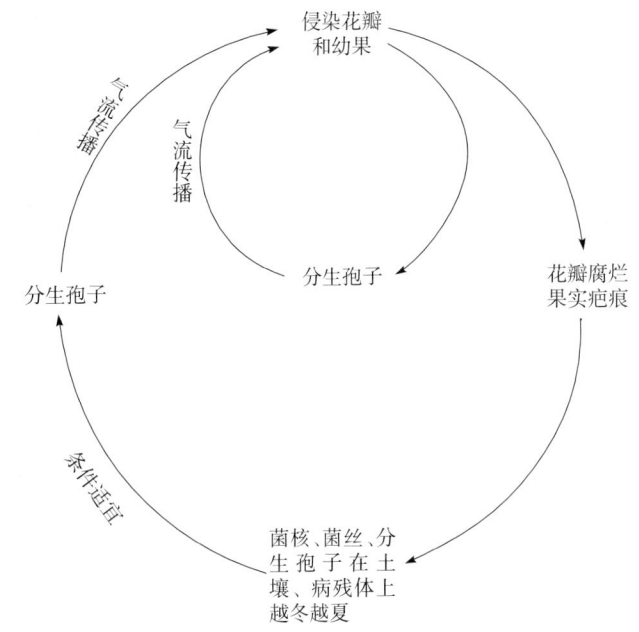

图 11 - 101 - 2　柑橘灰霉病病害循环（李红叶绘）
Figure 11 - 101 - 2　Disease cycle of citrus gray mold caused by *Botrytis cinerea*（by Li Hongye）

（二）花期喷药保护

开花前结合其他病害防治喷洒药剂，花期遇阴雨或多露天气，应及时抢晴天喷药保护。有效药剂有：二甲酰亚胺类杀菌剂，如异菌脲、腐霉利等；苯胺基嘧啶类杀菌剂，如嘧霉胺、嘧菌环胺等。

李红叶（浙江大学农业与生物技术学院）

第 102 节　柑橘煤烟病

一、分布与危害

柑橘煤烟病在全国柑橘产区普遍发生。侵害柑橘的叶片、枝梢和果实，在其表面形成黑色或暗褐色霉层，阻碍叶片的正常光合作用，使植株生长受到影响，导致树势衰退。严重受害时，开花少，果实小，品质下降。除侵害柑橘类植物外，亦侵害龙眼、荔枝、黄皮、番石榴和其他常绿果树。

二、症状

柑橘煤烟病因病原种类不同，霉状物的附生情况也不相同。在叶、果实和枝梢的表面，形成一薄层暗褐色或稍带灰色的霉层（彩图 11 - 102 - 1）。有的霉层为黑色薄纸状、易撕下；有的霉层似黑灰，多发生于叶面，用手擦之即成片脱落（彩图 11 - 102 - 2）；有的呈辐射状小霉斑，散生于叶两面。后期于霉层上散生黑色小粒点（分生孢子器、闭囊壳）或刚毛状突起物（长型分生孢子器）。不同病原菌所产生的症状不同，由煤炱属（*Capnodium*）引起的霉层为黑色薄纸状，易撕下或自然脱落；由刺盾炱属（*Chaetothyium*）引起的霉层状似锅底灰，以手擦之即成片脱落，多发生于叶面，霉层下面的组织一般颜色正常；由小煤炱属（*Meliola*）引起的霉层分布不均而呈辐射状小霉斑，分散于叶面及叶背，严重时一叶常达数十乃至上百个小霉斑，该属菌丝产生吸胞，能紧紧附着于受害器官表面，不易剥离。受害严重时，叶片卷缩、褪绿或脱落，幼果腐败。

三、病原

柑橘煤烟病病原种类多达 10 余种，形态各异。菌丝体均为暗褐色。有一个或多个分隔，具横隔膜或纵横隔膜，闭囊壳有柄或无柄，闭囊壳壁外有附属丝或无附属丝，具刚毛。

我国常见的柑橘煤烟病病原有：巴特勒小煤炱（*Meliola butleri* Syd. et P. Syd.）、刺三叉孢炱（*Triposporiopsis spinigera*（Höhn.）W. Yamam.，异名：刺盾炱 [*Chaetothyrium spinigerum*（Höhn.）Yamam.]）、柑橘煤炱（*Capnodium citri* Mont.）、烟色刺壳炱 [*Capnophaeum fuliginodes*（Rehm）W. Yamam.]、田中新煤炱 [*Neocapnodium tanakae*（Shirai et Hara）W. Yamam.]、山茶小煤炱 [*Meliola camelliae*（Catt.）Sacc.] 和爪哇光壳炱（*Limacinula javanica*（Ztmm.）Höhn.，异名：爪哇黑壳炱 [*Phaeosaccardinula javanica*（Zimm.）W. Yamam.]），以前 3 种为主要致病菌。

巴特勒小煤炱的菌丝体呈褐色，厚壁，有规则的分枝。有隔菌丝具附着枝，附着枝一般由 2 个细胞组成，顶端细胞膨大，紧贴于寄主上，并产生侵入丝侵入寄主细胞，产生吸器。闭囊壳在菌丝体上表生，球形，直径 130~160μm。孢被呈暗色，由两层或多层厚壁细胞组成，无孔口，上部有黑色刚毛数根，下部有菌丝体相连。子囊椭圆形或卵形，蒂端略弯，壁易消解，大小为（50~66）μm×（30~50）μm。子囊孢子 2~3 个，长圆形至圆筒形，有 4 个横隔，大小为（35~42）μm×（14~18）μm。

柑橘煤炱菌丝体为丝状，暗褐色，有分枝，以蚧类、粉虱和蚜虫分泌物为生。先由菌丝缢缩成念珠状，后彼此分割形成分生孢子，褐色，表面光滑，大小为（10~20）μm×（7~9）μm。分生孢子器筒形或棍棒形，群生于菌丝丛中，顶端圆形，膨大，暗褐色，大小为（300~355）μm×（20~30）μm；膨大部内生分生孢子，成熟后自裂口处逸出。分生孢子椭圆形或卵圆形，单胞，无色，大小为（3.0~6.0）μm×（1.5~2.0）μm。子囊壳球形或扁球形，直径 110~150μm，壳壁膜质，暗褐色，顶端有孔口，表面生刚毛。子囊长卵形或棍棒形，大小为（60~80）μm×（12~20）μm，内生 8 个子囊孢子，双列。子囊孢子呈褐色，长椭圆形，砖格状，具纵横隔膜，大小为（20~25）μm×（6.0~8.0）μm。

刺三叉孢炱菌丝体为念珠状，外生，有分枝，暗褐色，孢子多型。分生孢子器为筒形或棍棒形，群生于菌丝丛中，顶端圆形，膨大，暗褐色，大小为（136.9~335.0）μm×（25.9~45.5）μm，膨大部内生分生孢子，成熟后自裂口处逸出。分生孢子椭圆形或卵圆形，单胞，无色。子囊壳球形或扁球形，直径 143.0~214.5μm，壳壁膜质，暗褐色，表面生刚毛。子囊长卵形或棍棒形，大小为（42.9~85.8）μm×（14.3~22.2）μm，内生 8 个子囊孢子，双行排列。子囊孢子无色，长椭圆形，两端略细，具 3 个横隔，大小为（7.4~18.5）μm×（3.7~6.0）μm。

四、病害循环

柑橘煤烟病菌除小煤炱属为纯寄生菌外，其他均属表面附生菌。以菌丝体及闭囊壳或分生孢子器在病部越冬。翌年春季由霉层飞散孢子，借风雨散落于介壳虫类、蚜虫、黑刺粉虱、烟粉虱等害虫的分泌物上，以此为营养生长繁殖，辗转侵害。

五、流行规律

柑橘煤烟病全年都可发生，以 5~9 月发病最烈。多发生于栽培管理不良、植株高大、荫蔽、湿度大的果园。蚜虫、介壳虫和粉虱等害虫发生严重的果园病害严重。

六、防治技术

防治蚧类、粉虱和蚜虫等刺吸式口器害虫，可减轻或避免诱发柑橘煤烟病。春季芽萌动时和开花前重点防治蚜虫，喷施 10% 吡虫啉可湿性粉剂 1 500 倍液和 50% 多菌灵可湿性粉剂 800 倍液各 1 次；5 月中旬重点防治介壳虫、黑刺粉虱等害虫，用 25% 噻嗪酮可湿性粉剂 1 500 倍液或 48% 毒死蜱乳油 1 000 倍液或 95% 机油乳剂 200 倍液加 50% 多菌灵可湿性粉剂 800 倍液全树冠喷雾，连用 2~3 次，每次间隔 7~10d；7~9 月交替使用阿维菌素、氟虫腈、吡虫啉、噻嗪酮防治白粉虱。冬季清园时喷 8~10 倍液松脂合剂或 200 倍机油乳剂灭虫，减轻翌年虫口基数。

及时防治病害。在早春发病初期，可用代森锌、0.5% 波尔多液或灭菌丹 400 倍液喷雾，或用 70% 甲基硫菌灵可湿性粉剂 600～1 000 倍液喷雾，在 6～7 月改喷 1：4：400 的铜皂液，于 6 月中、下旬和 7 月上旬各喷 1 次。

加强果园管理，适当修剪，以利通风透光，增强树势。做好冬季清园，清除染病枝叶及病果，将其带出橘园集中烧毁，减少翌年病菌来源。

李中安（中国农业科学院柑桔研究所）

第 103 节　柑橘膏药病

一、分布与危害

柑橘膏药病主要是白色膏药病和褐色膏药病，在我国柑橘产区均有发生。一般情况下此病为害不大，仅影响植株局部枝干的生长发育，严重发生时，受害枝变得纤细乃至枯死。主要侵害大枝和树干，也可侵害小枝、叶片及果实，严重时引起枯梢。除侵害柑橘外，还可侵染梨、茶、桑、桃、李等及多种林木。此病分布于我国福建、台湾、湖南、广东、广西、四川、贵州、浙江、江苏等地。

二、症状

柑橘膏药病主要发生在老枝干上，湿度大时叶片也受害。被害处如贴着一张膏药，故得名。由于病原菌不同，症状各异。

枝干症状：在受害枝干上产生圆形或不规则形的病菌子实体。白色膏药病菌的子实体表面较平滑，初呈白色，后期视气温和湿度不同而转呈灰白色或保持白色（彩图 11 - 103 - 1）。褐色膏药病菌的子实体较前者隆起而厚，表面呈薄绢状，初呈灰白色，后转呈栗褐色，周缘有狭窄的白色带，丝绒状，略翘起（彩图 11 - 103 - 2）。这两种病菌的子实体衰老时易发生龟裂，易剥离。

叶片症状：常自叶柄或叶基处开始产生白色菌毡，渐扩展到叶面大部分。褐色膏药病极少侵害叶片。白色膏药病病斑在叶上的形态、色泽与枝干上相同。

三、病原

白色膏药病病原为柑橘生隔担耳（*Septobasidium citricolum* Sawada），属担子菌门隔担耳属真菌。子实体乳白色，表面光滑。在菌丝柱与子实体层间，有一层疏散而带浅褐色的菌丝层。子实层厚 100～390μm，原担子球形、亚球形或洋梨形，大小为（16.5～25）μm×（13～14）μm。上担子 4 个细胞，大小为（50～65）μm×（8.2～9.7）μm。担孢子弯椭圆形，无色，单胞，大小为（17.6～25）μm×（4.8～6.3）μm。

褐色膏药病病原为卷担菌（*Helicobasidium* sp.），属担子菌门卷担菌属真菌。担子直接从菌丝长出，棒状或弯曲成钩状，由 3～5 个细胞组成。每个细胞长出 1 条小梗，每小梗着生 1 个担孢子。担孢子无色，单胞，近镰刀形。

四、病害循环及流行规律

病菌以菌丝体在患病枝干上越冬。翌年春末夏初温湿度适宜时，菌丝生长形成子实层，产生担孢子，借气流或介壳虫活动而传播，在寄主枝干表面萌发为菌丝，发展为菌膜。病菌既可从寄主表皮摄取养料，也可以介壳虫排泄的"蜜露"为养料而繁殖。通常介壳虫严重为害的果园发病较重。高温多雨的气候有利于发病。潮湿荫蔽和管理粗放的老果园发病较多。在我国华南地区 4～12 月均可发病，其中以 5～6 月和 9～10 月高温多雨季节发病严重。

五、防治技术

（一）农业防治

加强橘园管理，合理修剪密闭枝梢以增加通风透光性，剪除的病枝集中烧毁。

（二）化学防治

1. 及时防治蚧类害虫。方法参见本书的有关部分。

2. 用竹片或小刀刮除菌膜，再用 2~3 波美度石硫合剂、5% 石灰乳或 1∶1∶15 波尔多液涂抹患处。也可用（0.5~1）∶（0.5~1）∶100 波尔多液加 0.6% 食盐或 4% 石灰加 0.8% 食盐过滤液喷洒枝干。于 4~5 月和 9~10 月雨前或雨后用 10% 波尔多液、70% 甲基硫菌灵＋75% 百菌清（1∶1）50~100 倍液、1% 波尔多液与 0.6% 食盐混合剂、4% 石灰与 0.8% 食盐过滤液喷施。

胡军华（中国农业科学院柑桔研究所）

第 104 节　柑橘苗木立枯病

一、分布与危害

柑橘苗木立枯病是柑橘幼苗期的重要病害，几乎遍及全世界柑橘产区，在我国柑橘产区普遍发生。可引起种子在播种、出苗过程中因感病而死亡。

二、症状

柑橘苗木立枯病在田间常见 3 种症状：第一种是青枯，为典型症状，病苗靠近土表的基部缢缩、变褐色腐烂，叶片凋萎不落，形成青枯病株，该症状的发生率最高（彩图 11 - 104 - 1）；第二种是枯顶，幼苗顶部叶片染病，产生圆形或不定形淡褐色病斑，并迅速蔓延，至叶片枯死，形成枯顶病株；第三种是芽腐，感染刚出土或尚未出土的幼苗，使病芽在土中变褐腐烂，形成芽腐。

三、病原

柑橘苗木立枯病由立枯丝核菌（*Rhizoctonia solani* Kühn）为主的多种真菌引起，如瓜果腐霉 [*Pythium aphanidermatum* (Edson) Fitzp.]、疫霉（*Phytophthora* spp.）、柑橘褐腐疫霉 [*Phytophthora citrophthora* (R. E. Sm. et E. H. Sm.) Leonian]。国内已证实的病原菌有立枯丝核菌和柑橘褐腐疫霉。

立枯丝核菌在 PDA 培养基上菌丝初期无色，后变褐色，直径 12~14μm。菌丝有横隔，往往呈直角分枝，分枝基部略缢缩。老菌丝常呈一连串的桶形细胞，桶形细胞的菌丝最后交织成菌核。菌核不定形，大小不一，直径为 0.5~10mm，浅褐色、棕褐色至黑褐色。菌丝能抵抗不良的环境条件。

疫霉菌丝无色，不分隔，分枝不规则。孢囊梗与菌丝无明显差异，无分枝。孢子囊顶生，易脱落，卵形，有乳头状突起，卵孢子球形，壁厚。

病菌对环境条件适应性广，pH 3.4~9.2 都能生长，最适 pH 为 6.8；生长温度为 7~40℃，以 17~28℃ 为适宜温度。

四、发病规律

立枯丝核菌主要以菌核及菌丝体在土壤中或病残体上越冬。当环境条件适宜时，菌丝体侵染寄主幼苗，形成发病中心，不断蔓延。

高温多湿是本病发生的基本条件。一般在 5~6 月大雨或绵雨之后突然晴天，容易造成本病大发生。

土质黏重，排水不良，也有利于本病的发生。

不同种类的柑橘幼苗，在自然条件下对本病的抗病性有差异。柚、枳、枸头橙的抗病性较强，而酸橘、红橘、摩洛哥酸橙、粗柠檬、香橙、土柑、金柑、甜橙、柠檬均感病。此外，病情有随苗龄增长而减弱的趋势，一般苗木出现 1~2 片真叶时开始发病，待苗龄 60d 以上时，就不易感病。但在人工接种条件下参试柑橘品种材料对立枯病不存在抗病性差异。

五、防治技术

柑橘苗木立枯病是一种土传病害，因此，防治的重点是苗圃地的选择、土壤消毒、轮作和药剂防治。

（一）苗圃地的选择

选择地势高、排灌方便、土质疏松的肥沃沙壤土育苗。土质黏重的苗圃地应事先掺沙改土。苗圃增施腐殖土，在苗床打垄整床时，用筛过的腐殖土均匀地混拌在苗床 15cm 深的表土层里。

（二）土壤消毒

播种前 20d 整地后用 95％棉隆粉剂，用药量每平方米 30～50g，混合适量细土，均匀撒于土面，与土壤翻拌均匀后泼水、踏实，封闭 20d 后再松土，以备播种。也可用 15％噁霉灵水剂 800 倍液、70％丙森锌可湿性粉剂 600 倍液、25％咪鲜胺乳油 500 倍液、80％代森锰锌可湿性粉剂 500 倍液等药剂，稀释喷淋土壤，都能有效预防播种期间的立枯病。

（三）轮作

可以采取旱—旱轮作或水—旱轮作，也可采用不同种类作物轮作。精细整地，雨后及时松土。

（四）药剂防治

当苗木长出 3 片叶时，可用 70％敌磺钠可溶性粉剂 500 倍液或 50％多菌灵可湿性粉剂 500 倍液进行预防性防治，每周 1 次，连续 3 次。发病期间，减少喷药间隔时间，每隔 5d 喷 1 次，连喷 3 次，注意药物的交替使用。当发生立枯病时，将病株拔掉，并把病株周围 50cm 的土壤清理出去，用药对周围其余苗木进行灌根，灌根深度达 10cm，以杀灭根部立枯病菌，灌药浓度要适当提高，以防立枯病蔓延。由于敌磺钠在日光下易分解，喷药时间最好选在阴天或傍晚。

（五）其他防治方法

实行秋播，避开发病高峰季节；改密植为合理种植，以培育粗壮的柑橘苗木；推广无菌土营养袋、营养钵育苗等技术。

李太盛　卢志红（中国农业科学院柑桔研究所）

第 105 节　柑橘油斑病

一、分布与危害

柑橘油斑病又称脂斑病、虎斑病、油胞病、绿斑病，是一种影响柑橘鲜果商品性的重要生理性病害，在世界各地都有发生。在我国重庆、四川、湖北、湖南、江西、浙江等柑橘主产区都有发生的报道，据 2010 年对重庆奉节、忠县、江津等产区调查，病株率达 10％～90％，单株病果率为 15％～90％。

二、症状

柑橘油斑病主要发生在采摘前期和采收期以及采后和储藏运输期间，亦可以发生在果实膨大期。症状均为果皮出现形状不规则的浅绿色、淡黄色或紫褐色病斑，病、健交界处明显。病斑内油胞显著突出，油胞间的组织稍凹陷，后变为黄褐色，油胞萎缩。因发生时期不同，症状有明显差异。果实生长发育期因果实成熟度较低，油胞破裂而产生的油斑一般为浅绿色，大小一般小于 0.8cm；而采摘前、采收期和采后储藏运输期间果实已接近成熟，油胞受损伤较轻的果皮上出现淡黄色斑，而损伤较重的则出现深褐色的下陷病斑，其大小一般大于 1.0cm，且随时间延长病斑扩大，严重时可扩大到整个果面，后期油胞塌陷萎缩，病斑颜色加深为褐色。病斑易受青霉、绿霉菌侵染而导致果实腐烂（彩图 11 - 105 - 1）。

三、病因

由于昆虫为害、机械损伤或其他生理因素致使柑橘果实油胞破裂渗出的芳香油，被破损油胞周围组织的抗坏血酸氧化产生毒性，导致油胞细胞壁生理损伤，引发油斑病。病斑变褐可能还有多酚氧化酶和过氧化物酶等酶的参与。绿色病斑是由于渗到橘皮下表层组织里的橘油阻碍了叶绿素的分化，进而形成巨型叶绿体所造成。此外，已有研究表明，在湿润的环境条件下，果皮油胞层细胞易发生涨破；在严重干旱、昼夜温差太大等逆境条件下，可能引起表皮失水过多而发生收缩，油胞可能因挤压破裂，渗出芳香油毒害周围细胞，从而产生病斑。

四、发生规律

本病主要在果实膨大期和采收期及采后处理期中发生。

（一）果实膨大期

1. 伤口 在果实膨大期由于农作或枝叶摩擦而受伤都会导致本病发生。

2. 虫害 柑橘蓟马、椿象和叶蝉为害果实后，能引起发病。

3. 气候 据重庆调查，果实膨大期遭遇高温干旱气候，本病往往大量发生。

4. 药剂 在果实膨大期或果实发育后期，过多地施用碱性药剂，加上夜间高湿，亦可使本病大量发生。

5. 叶面肥 果实膨大期（夏季高温干旱期）冠层连续喷施 2～3 次 0.25％硝酸钙，可显著减少该病发生。

6. 品种 柑橘不同种类、品种果实均可感病，但发生情况差异较大。从种类上看，脐橙、葡萄柚、宽皮柑橘、柠檬、来檬等都易发病。现有资料表明，蕉柑发病早且严重；椪柑发病稍晚且轻；早熟温州蜜柑发病轻，晚熟温州蜜柑发病重；重庆地区早熟脐橙果实油斑病发生较重，晚熟脐橙发病较轻。

（二）采收期和采后处理期

1. 伤口 采果和采后处理期储运、洗果、包装等过程中的机械损伤易导致该病发生。

2. 采收期 采收时期对柑橘果实油斑病敏感度有显著影响，适当早采或采后储藏前于室内放置 3～5d 进行失水处理可以显著降低柑橘果实油斑病敏感度（彩图 11 - 105 - 2）。

3. 气候 采收前连续降雨的柑橘园土壤水分充足、空气湿度大、植株和果实含水量较高，采收时油斑病发生情况较重；同时，早上采摘果实亦容易感染此病，而且在采后加工处理和储藏期发病程度较高。

五、防治技术

（一）果实生长发育期防治

果实生长发育期连续伏旱可能是诱导发病的主要因素，因而该时期的防治应以改善供水条件为主。

1. 伏旱前中耕表土，并用杂草或稻草覆盖树盘。

2. 9～12 月干旱时及时灌溉。

3. 夏季高温期连续喷施 0.25％硝酸钙 2～3 次可显著减少发病。

4. 果实生长后期，加强对蓟马、椿象和叶蝉的防治。

（二）果实采收和采后处理期防治

在此期间，采果、储运、洗果、包装等过程中的机械损伤是诱发病害的主要因素。因而该时期的防治以避免机械损伤为主。

1. 掌握采收时期，适当早采。

2. 避免在果面有露水、大雾、雨天以及灌溉后立即采果。

3. 在采收、包装、储运过程中，小心操作，避免果面损伤。

4. 采摘后经过预储处理。

郑永强（中国农业科学院柑桔研究所）

第 106 节 柑橘青霉病

一、分布与危害

柑橘青霉病主要侵害储藏期的果实，也可以侵害田间的成熟果实。如采果期间为多雨闷湿的天气，果园多有发生。又如夏橙采果前阴雨连绵，近地面的果实常受该病侵害。

二、症状

柑橘青霉病多发生在储藏前期，初期果面上产生水渍状淡褐色圆形病斑，病部果皮变软腐烂，易破裂，其上先长出白色菌丝，后变为青色，从果实开始发病到整个腐烂历时 1～2 周（彩图 11‐106‐1）。青霉病菌的孢子丛青色，发展快并可发展到果心，白色的菌丝带较狭窄，1～2mm，果皮软腐的边缘整齐，水渍状，有发霉气味，对包果纸及其他接触物无黏附力，果实腐烂速度较慢，21～27℃时全果腐烂需14～15d。

三、病原

柑橘青霉病病原为意大利青霉（*Penicillium italicum* Wehmer），属子囊菌无性型青霉属真菌。病菌的有性型为子囊菌，不常发生，常见无性世代。菌落产孢处淡灰绿色，分生孢子梗集结成束，无色，具隔膜，先端数回分枝，呈帚状，大小为（0.6～349.6）μm×（3.5～5.6）μm（彩图 11‐106‐2）；分生孢子初圆筒形，后变椭圆形或近球形，大小为（4～5）μm×（2.5～3.5）μm。病原菌的发病适温为18～28℃。

四、病害循环

柑橘青霉病主要侵害柑橘果实；青霉病菌可以在各种有机物质上营腐生生长，并产生大量分生孢子扩散到空气中，靠气流传播，病菌萌发后必须通过果皮上的伤口才能侵入，引起果腐。以后在病部又能产生大量分生孢子进行再侵染。在储藏库中，青霉病菌侵入果皮后，能分泌一种挥发性物质，损伤健果果皮，引起接触传染。

五、流行规律

柑橘青霉病发生所需的温度为 3～32℃，最适温度为 18～26℃，相对湿度达 95％～98％时，有利于发病。在雨后或露水未干时采果易引起发病。橘园发病一般始于果实蒂部，储藏期发病部位没有一定规律，果面伤口是引起本病大量发生的关键因素。

六、防治技术

结合防治柑橘炭疽病、矢尖蚧等，采果后全园喷 1 次 0.5 波美度石硫合剂。如果气温较低，浓度可加到 1 波美度。

冬季施肥时，翻耕园土，将地表的病菌埋于土中。合理修剪，去除隐蔽枝梢，改善通风透光环境。

入库储藏的果实成熟度达八成时采收为宜。

采收不要在雨后或晨露未干时进行，从采收到搬运、分级、打蜡包装和储藏的整个过程，均应避免机械损伤，特别不能离果剪蒂、果柄留得过长和剪伤果皮。

采收和储运用具及储藏库消毒。储藏库可用硫黄（10g/m³）密闭熏蒸消毒 24h。有条件的储藏室将温湿度控制在适当的范围内，甜橙的适宜温度为 1～3℃，温州蜜柑和椪柑为 7～11℃，适宜的相对湿度均为80％～85％，并注意换气。果篮、果箱、运输车厢可用 50％甲基硫菌灵可湿性粉剂 200～400 倍液或 50％多菌灵可湿性粉剂 200～400 倍液消毒。

药剂防治采用采前喷树冠和采后药剂处理两种方法，9 月中旬，喷 1～2 次杀菌剂保护，特别注意要尽量喷到果实上。采果前 1～2 个月对树冠喷 1～2 次杀菌剂，用 50％多菌灵可湿性粉剂 500～2 000mg/kg、45％噻菌灵悬浮剂 1 000～1 500mg/kg、50％抑霉唑乳油 250～500mg/kg、25％咪鲜胺乳油250～500mg/kg 等药剂。储藏期选用 50％抑霉唑乳油 250～500mg/kg、5％噻菌灵悬浮剂 1 000～1 500mg/kg、25％咪鲜胺乳油 250～500mg/kg、50％异菌脲可湿性粉剂 500～1 000mg/kg、40％双胍三辛烷基苯磺酸盐可湿性粉剂 200～400mg/kg 等药剂进行浸渍处理。

胡军华（中国农业科学院柑桔研究所）

第 107 节　柑橘绿霉病

一、分布与危害

柑橘绿霉病是一种发病率极高的病害，在我国柑橘产区普遍发生，柑橘绿霉病发生后造成柑橘果实腐烂。我国柑橘腐烂损耗率可达 25%～30%，柑橘绿霉病和柑橘青霉病引起的果实腐烂约占果实总腐烂数的 80%，柑橘绿霉病和柑橘青霉病的发生比例约为 1∶1，柑橘绿霉病每年造成的柑橘腐烂损耗占总重量的 10%～12%。

二、症状

发病初期果皮软腐，水渍状，略凹陷，色泽比健果略淡，组织柔软，以手指轻压极易破裂，以后在病斑表面中央开始长出白色霉状物，菌丝体迅速扩展成为白色圆形霉斑，接着又从霉斑的中部长出绿色的粉状霉层（分生孢子和分生孢子梗）（彩图 11‐107‐1）。病斑扩展快，几天就可蔓延到整个果实，引起全果腐烂，果面被绿色的粉状物所覆盖，边缘不明显，不整齐，有香味。整个病斑可见明显的霉层，内层为绿色，外层为白色，最外层白霉与健康部交界处变色部分为水渍状，腐烂部分为圆锥形，深入果实内部，潮湿时全果很快腐烂，在果心及果皮的疏松部分亦有霉状物产生，在干燥条件下果实则干缩成僵果。

三、病原

柑橘绿霉病病原为指状青霉 [*Penicillium digitatum* (Pers.：Fr.) Sacc.]，属子囊菌无性型青霉属真菌。病菌分生孢子丛为绿色，分生孢子梗无色，具隔膜，顶端 1～2 次分枝，呈帚状，分生孢子梗大小为（70～150）μm×（5～7）μm（图 11‐107‐1）；瓶梗单胞，无色，小梗中部较宽，上、下部稍狭长，呈细长纺锤形。瓶梗上分生孢子 3～6 个串生；分生孢子单胞，无色，卵形至圆柱形，大小为（6～15）μm×（2.5～6）μm。

图 11‐107‐1　柑橘绿霉病菌菌丝和分生孢子（朱从一摄）
Figure 11‐107‐1　Mycelia and conidiophores of *Penicillium digitatum*（by Zhu Congyi）

四、病害循环

柑橘绿霉病菌分布很广，一般腐生在各种有机物上，并能产生大量的分生孢子，通过气流传播，经各种伤口及果蒂剪口侵入柑橘果实。在储藏期间，也可通过病果和健果接触传染。病菌侵入果皮后，分泌果胶酶，破坏细胞的中胶层，后导致果皮细胞组织崩溃腐烂，产生软腐症状。

五、流行规律

柑橘绿霉病发生所需的温度最低为 3℃，最高为 32℃，以 25～27℃时发病最重。在温度较高的储藏库中果实发病更为严重；湿度与柑橘绿霉病的发生也关系密切，相对湿度达 96%～98% 时，有利于发病。在雨后、重雾或露水未干时采收的果实，果面湿度大，果皮含水分多，易擦伤引起发病。

分生孢子随气流传播，经各种伤口及果蒂剪口侵入，也可通过病果与健果接触传染。故在果实采收、分级、装运及储藏过程中，如措施不当，使果实受伤，即增加感病机会。伤口愈深愈大，则愈易染病。

在柑橘储藏过程中，浅黄色未完全成熟的果实对病菌的抵抗力较黄色充分成熟的果实强，储藏后期的柑橘果实生理机能衰弱，极易受侵害。

六、防治技术

（一）采前综合防治

1. 加强栽培管理，增强树势，提高树体的抗病力。

2. 冬季清洁果园，除去杂草，剪去病枝，清理地面枯枝落叶，发现病果随时摘除，集中深埋或烧毁，减少病菌。

3. 冬季用 1~2 波美度石硫合剂或硫黄胶悬剂 300 倍液喷洒 2~3 次，抑制或杀死树上存活的病菌。

4. 采收前 15d 用 50％甲基硫菌灵可湿性粉剂 1 000 倍液或 50％代森铵水剂 500 倍液交替防治，能有效控制病害的发生和蔓延。

（二）采后化学防治

使用化学防腐剂浸果可以防治柑橘绿霉病，减少烂果。目前，常用的化学防腐剂有苯并咪唑类的多菌灵（1 000mg/L）、苯菌灵（500mg/L）、噻菌灵（1 000mg/L）等，咪唑类的抑霉唑（500mg/L）、咪鲜胺（500mg/L）等，双胍盐类的双胍辛烷苯基磺酸盐（1 000mg/L）等，以及仲丁胺（0.1％浸洗，0.1ml/L 熏蒸）。柑橘采收后，及时使用以上药物浸果进行防腐保鲜，最好采收当天进行防腐保鲜处理，最迟不能超过 3d。

（三）改善储藏条件

1. 控制温度、湿度　在储藏环境中，绿霉病菌等的生长繁殖速度随温度的升高而加快，温度愈高，果实腐烂愈多。但是，柑橘的储藏温度又不能太低，否则柑橘果实会受冷害而发生水肿等，柑橘库内储藏适宜的温度条件：甜橙类和宽皮柑橘类为 5~8℃，柚类为 5~10℃，柠檬为 12~15℃。

果实刚采下时，果皮的相对湿度处于饱和状态，如果空气湿度低于果皮湿度，果皮里的水分必然蒸腾散失，果实失水过多后出现萎蔫，影响果实的新陈代谢，原果胶分解加快，削弱果实的抗病性和耐储性。但是，空气湿度过高，会使绿霉病菌等旺盛繁殖生长，引起果实腐烂。柑橘储藏适宜的湿度条件：甜橙、柠檬为相对湿度 90％~95％，宽皮柑橘、柚类为相对湿度 85％~90％。

2. 包装　进行薄膜单果包装，可防止绿霉病病果与健康果的接触感染，减少病害的发生。

王日葵（中国农业科学院柑桔研究所）

第 108 节　柑橘褐色蒂腐病

一、分布与危害

柑橘褐色蒂腐病是由柑橘树脂病病原菌侵害，从果蒂部开始发病的一种成熟果实病害，多发生在储运阶段，而且以储藏后期发病为多。柑橘褐色蒂腐病在世界和我国各柑橘产区均有发生，尤以冬季易遭冻害的地区，管理粗放的果园发病严重。

二、症状

柑橘褐色蒂腐病多从果蒂部开始发生。发病果实果蒂干枯，一碰即脱落，果蒂周围呈水渍状，黄褐色腐烂，并逐渐向果心、果肩和果腰部扩展，变褐色至深褐色，病斑边缘呈波纹状，与黑色蒂腐病相似。但褐色蒂腐病的病果皮革质，有韧性，手指按压不易破裂，通常无黏液流出。在病斑自果蒂向果脐扩展过程中，果心腐烂较快，当果皮变色扩大至果面 1/2~2/3 时，果心已全部腐烂，故也称"穿心烂"。最后全果腐烂，果味酸苦。在病部表面有时可发现白色菌丝体，甚至可见散生的黑色小粒点（分生孢子器）。

三、病原

柑橘褐色蒂腐病与柑橘树脂病的病原相同。为柑橘间座壳（*Diaporthe citri* F. A. Wolf），无性型为柑橘拟茎点霉［*Phomopsis citri*（Sacc.）Traverso，异名：*P. citri* H. S. Fawc.］。病原菌的形态特征参见柑橘树脂病。

四、病害循环

病菌以菌丝、分生孢子器和分生孢子在病枯枝和病树干的树皮上越冬，条件适宜时产生分生孢子（偶尔也有子囊孢子），借助风雨、昆虫等媒介传播。着落在果蒂部的孢子可能就在果皮上存活，当果蒂形成离层、表面有水或湿度足够高时，孢子萌发，从果蒂中部的维管束侵入果心。着落果面的孢子也可能萌发，在果蒂组织表面腐生，当离层形成时其菌丝再侵入果心；或者着落果面的孢子很快萌发侵入果皮，在果皮细胞内潜伏，当果实成熟时再扩展。蒂腐也可能是病菌感染果柄，由发病的果柄蔓延至果实所致。

五、流行规律

参见柑橘树脂病。

六、防治技术

田间防治参考柑橘树脂病，采后处理参考柑橘绿霉病和柑橘青霉病。

李红叶（浙江大学农学与生物技术学院）

第109节 柑橘酸腐病

一、分布与危害

柑橘酸腐病是一种发生在柑橘果实上的重要病害，是柑橘储运中最常见、最难防治的病害之一。在我国的柑橘产区普遍发生，特别是冬季气温较高的地区。柑橘酸腐病发生后造成柑橘果实腐烂，一般果实发病率为1%～5%，有时可达10%。

二、症状

柑橘酸腐病一般发生于成熟的果实，特别是储藏较久的果实上。病菌从伤口或果蒂部侵入，病部首先发软，变为水渍状，极柔软（彩图11-109-1）。轻按病部易压破，酸腐的外表皮更易脱离，病斑扩展至2cm左右时稍下陷，病部长出白色、致密的薄霉层，略皱褶，为病菌的气生菌丝及分生孢子，后表面白霉状，果实腐败，流水，在温度适宜时，患部迅速扩大，侵及全果。果实发病腐败后，产生酸臭味，烂果最后成为一堆溃不成形的胶黏物。

三、病原

柑橘酸腐病病原为酸橙乳霉（*Galactomyces citri-aurantii* E. E. Butler），属子囊菌门乳霉属真菌，无性型为酸橙地霉（*Geotrichum citri-aurantii* (Ferraris) E. E. Butler，异名：酸橙节卵孢菌 [*Oospora citri-aurantii* (Ferraris) Sacc. et P. Syd.]）。该菌广泛分布于土壤内，甚至空气中也可采集到。菌落展生，乳白色，柔软，呈酵母状，营养菌丝体无色，分枝，多隔膜，老熟的菌丝分枝，隔膜很多，最后在隔膜处逐渐发展为串生的节孢子，断裂后节孢子分散（在较粗的营养菌丝上，有时节孢子可间生）。节孢子初矩圆形，两端平截，迅速成熟，成为桶状或近椭圆形。菌丝大小为（8.2～25.1）μm×（3.1～8.5）μm，分生孢子梗大小为（5.2～80.1）μm×（2.1～3.2）μm，分生孢子大小为（3.4～11.8）μm×（2.3～4.8）μm（图11-109-

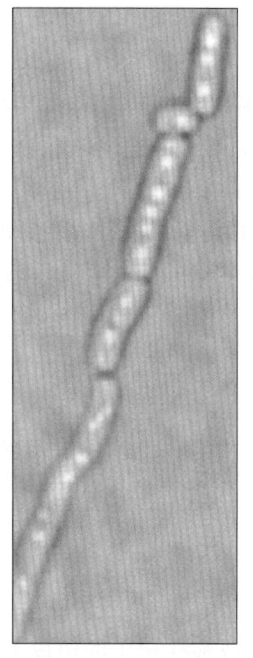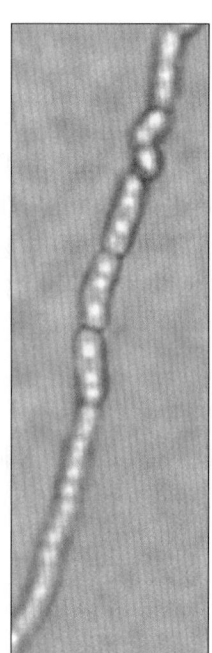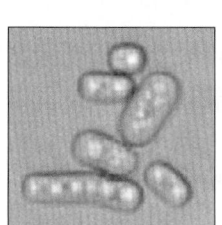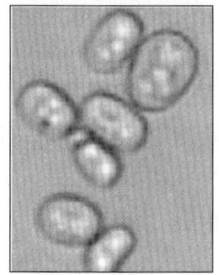

图11-109-1 柑橘酸腐病菌分生孢子（朱从一摄）

Figure 11-109-1 Conidiophore and conidosphores of *Geotrichum citri-aurantii* (by Zhu Congyi)

1）。

四、病害循环

病菌随着腐烂果或通过雨水传到土壤，下一年度柑橘成长期特别是成熟期，分生孢子通过空气或雨水传播到果实表面，通过伤口侵染成熟的柑橘果实。病果上产生的分生孢子通过空气或雨水传播，进行二次侵染；果蝇也可以传播病菌；在储藏期，主要通过与病果残留物的接触传播。

五、流行规律

病菌主要侵染成熟的柑橘果实，果实表面高湿度和果皮含水量高促进发病。成熟度、伤口和带菌量是柑橘采后致病的关键因子。病菌分生孢子借风雨传播，主要通过 3 种方式侵入果实。一是通过机械损伤或害虫造成的伤口；二是通过自然开放的气孔、皮孔；三是通过分泌寄主细胞壁水解酶等直接破坏果实表皮的防御机制，病原菌孢子一旦接触伤口组织，侵染就开始。在没有伤口，果实皮孔、气孔张开等便利条件下，孢子潜伏在果实表面，对因缺素引起的发育不正常果皮或衰老后的果实发起攻击。

病菌在 26.5℃时生长最快，15℃以上才引起果实腐烂，10℃以下腐烂发展很慢，在 24～30℃和较高的湿度下，5d 内病果全腐烂，并且邻近果实也会因接触而感染。

六、防治技术

（一）采前综合防治

1. 加强害虫防治，做好病虫害预测预报，防治要及时；在栽培管理过程中防止果实机械伤，避免果面产生伤口。

2. 采收前 15d 用双胍辛烷苯基磺酸盐（1 000mg/L）等药剂喷树冠，控制病害的发生和蔓延。

3. 发现病果及时摘除，集中深埋或烧毁，减少病菌。

（二）采后防治

规范采收，果实在储运过程中轻拿轻放、防止碰撞和挤压，避免果实受伤。柑橘采收后，用醋酸双胍盐（500mg/L）或双胍辛烷苯基磺酸盐（1 000mg/L）或 1%～2%邻苯酚钠溶液浸洗果实，处理要及时，最好采收当天进行防腐保鲜处理，最迟不能超过 3d。

（三）改善储藏条件

1. 控制温度、湿度　甜橙类和宽皮柑橘类储藏库内适宜温度为 5～8℃，柚类为 5～10℃，柠檬为 12～15℃。甜橙、柠檬适宜相对湿度为 90%～95%，宽皮柑橘、柚类为 85%～90%。

2. 包装　用薄膜单果包装，可防止病果及烂果流出的液体与健康果接触，减少病害的发生。

王日葵（中国农业科学院柑桔研究所）

第 110 节　柑橘黑腐病

一、分布与危害

柑橘黑腐病又名黑心病，多侵害成熟果实，储藏期发病更重。柑橘黑腐病在世界和我国各柑橘产区均有分布，以干旱产区发生重。

二、症状

成熟果实发病，常见两种症状类型。

黑心型：病菌从柱头、未脱落的花蒂和果脐以及果蒂侵入，在果实发育期陆续进入心室潜伏，到果实生长中后期以及储藏期发病。这种类型的病果早期外部无明显症状，后期在果蒂部或果底（脐）部可见灰褐色病斑。剖开果实可见从心室开始逐渐向外扩展的腐烂，中心柱空隙处长有大量深墨绿色的绒毛状霉，即病菌的菌丝、分生孢子梗和分生孢子。

黑腐型：病菌从伤口或蒂部侵入，开始时出现水渍状淡褐色病斑，圆形，扩大后病斑中央稍凹陷，黑褐色，边缘不规则。湿度低时，病部果皮革质，柔韧，手指压不易破，很少产生霉状物；但当高湿时，病部长出初为白色，后变为墨绿色的霉层，病菌很快进入囊瓣，引起腐烂，有恶臭。

三、病原

历史上，曾经将引起柑橘果实黑腐病、橘褐斑病和柠檬叶斑病的链格孢都称之为柑橘链格孢（*Alternaria citri* Ellis et N. Pierce）。Peever 等（2005）研究表明引起柑橘黑腐病的链格孢在系统进化上并不属于有别于柑橘褐斑病菌和一些柑橘相关的腐生链格孢的独立的自然进化组群，认为使用柑橘链格孢（*A. citri*）作为黑腐病的病原并不合适，建议也使用链格孢 ［*A. alternata*（Fr.；Fr.）Keissl.］ 作为黑腐病的病原。黑腐病菌和褐斑病菌在形态学上极为相似，很难区别，但引起褐斑病的链格孢能产生寄主专化性毒素，而引起黑腐病的链格孢不产生毒素。

柑橘黑腐病的病原形态特征参见柑橘褐斑病。

四、病害循环

病菌以菌丝体和分生孢子在果实、枝梢和叶片上腐生并越冬，当温湿度适宜时产生分生孢子，通过气流传播，在果实的整个生长期均可从柱头痕、果蒂和果面的伤口侵入，侵入后引起发病；或以菌丝潜伏在组织内，到果实成熟和储藏期菌丝生长，引起发病腐烂。腐烂果实上产生的分生孢子可通过气流传播，进行再侵染。

五、流行规律

柑橘黑腐病的发生与品种关系密切，橙类发病轻，宽皮柑橘，如温州蜜柑、椪柑、南丰蜜橘、福橘和红橘等发病重。据美国几个柑橘真菌病害研究专家观察，黑腐病在干旱的加利福尼亚州和亚利桑那州比潮湿的佛罗里达州发生重，认为干旱有利于病菌在柑橘果面的定殖，有利于发病。栽培管理粗放，树势衰弱，或遭日灼、虫伤、机械伤等的果实，易被病菌侵染，储藏期温度较高，易引发该病害。

六、防治技术

一般生长期的防治参考柑橘疮痂病、黑点病，采后防治参考柑橘绿霉病和青霉病。

李红叶（浙江大学农学与生物技术学院）

第 111 节　柑橘褐腐病

一、分布与危害

柑橘褐腐病是一种发生在柑橘果实上的重要病害，柑橘生长期、成熟期、储运期均可发生。在我国的柑橘产区普遍发生，引起果实腐烂，一般年份果实发病率 2%～5%，在雨水过多的年份或管理差、树势弱的果园，果实发病率可达 20%～30%。此病在储藏期传染迅速，严重时可以使全窖腐烂、全箱腐烂。

二、症状

果实感病后，表皮发生污褐色至褐灰色的圆形斑，后迅速扩展并呈圆形黑褐色水渍状湿腐，很快蔓延至全果，病斑凹陷，病健部分界明显，只侵染白皮层，不烂及果肉（彩图 11-111-1）。病果有强烈的皂臭味，在干燥条件下病果皮质地坚韧，在潮湿时病斑则呈水渍状软腐，长出白色柔软的绒毛状菌丝。

三、病原

柑橘褐腐病由疫霉属（*Phytophthora*）病原侵染引起，故也叫柑橘疫霉褐腐病。引起柑橘褐腐病的病原主要是柑橘褐腐疫霉 ［*P. citrophthora*（R. E. sm. et E. H. Sm.）Leonian］、柑橘生疫霉（*P. citricola*

Sawada）和烟草疫霉 [*P. nicotianae* Bread de Haan，异名：寄生疫霉（*P. parasitica* Dastur）]。

柑橘褐腐疫霉：在胡萝卜琼脂培养基上菌落呈棉絮状，较均匀；气生菌丝稍粗，一般为 $7\mu m$；未见厚垣孢子；孢囊梗不规则分枝；孢子囊形态变化很大，卵形、椭圆形或不规则形，大小为 $(28.4\sim 69.3)$ $\mu m\times (26.8\sim 38.1)$ μm，长宽比为 $1.28\sim 2.10$，顶部具明显乳突，一般 1 个，少数 2 个；孢子囊不脱落。菌丝生长最高温度为 $32℃$。

柑橘生疫霉：在胡萝卜琼脂培养基上，菌落略呈棉絮状；菌丝较均匀，分枝处稍缢缩；未见厚垣孢子；孢囊梗简单分枝或合轴分枝，孢子囊卵形、长梨形或椭圆形，大小为 $(31.4\sim 62.8)$ $\mu m\times (22.1\sim 44.7)$ μm，长宽比为 $1.2\sim 1.8$，顶部具半乳突，基部钝圆；孢子囊多不脱落，少数脱落，具短柄；同宗配合，藏卵器球形，直径 $22.1\sim 33.1\mu m$，壁光滑；卵孢子球形，直径 $18.9\sim 29.9\mu m$，多满器；雄器侧生，卵形或近球形，大小为 $(7.9\sim 12.6)$ $\mu m\times (6.3\sim 10.9)$ μm。菌丝生长最高温度为 $32℃$。

烟草疫霉：在胡萝卜琼脂培养基上菌落呈棉絮状，气生菌丝较茂盛；菌丝扭曲，且粗细不均匀，未见菌丝膨大体；见少量厚垣孢子，球形，顶生或间生，平均直径 $28.0\mu m$；孢囊梗简单合轴分枝或不规则分枝；孢子囊卵形、近球形，基部钝圆，大小为 $(31.5\sim 63.0)$ $\mu m\times (25.2\sim 41.0)$ μm，长宽比为 $1.23\sim 1.78$，乳突明显；孢子囊不脱落；与标准菌配对培养形成大量有性器官，藏卵器球形，平均直径 $26.8\mu m$，壁光滑；卵孢子球形，平均 $22.5\mu m$，满器；雄器围生，近球形，平均大小为 $12.5\mu m\times 11.0\mu m$。菌丝生长最高温度为 $26℃$。

四、病害循环

柑橘褐腐病菌的侵染源主要来自土壤或残留园中的病果，病菌产生的孢子囊或从孢子囊中释放出来的游动孢子靠雨水的飞溅附着到树冠下层果实上，游动孢子萌发后侵入果实，引起发病。从病果产生的孢子囊和游动孢子通过雨水和风传播到健康的果实上引起二次侵染。褐腐病菌可随储藏果进入库房，继续侵害果实，引起果实腐烂。在储藏库中，褐腐病菌主要通过与病果的接触传播。

五、流行规律

发生柑橘褐腐病的果园中，有明显的发病中心，通常在低洼渍水处首先发病，多数集中在距离地面 1m 左右的树冠上，然后向四周扩展。越接近地面的果实，越容易染病。病害的发生与流行程度与气候条件、果园荫蔽度、地势及品种等关系密切。通常在幼果期遇高温多雨和果实成熟前出现两次发病高峰，病菌生长适宜温度为 $10\sim 36℃$，最适宜生长温度 $22\sim 28℃$，最适相对湿度 85% 以上。

荫蔽、通风透光差的果园易发病。一般水田果园、低洼果园、沙坝地果园及平地果园比山地果园容易发病，偏施氮肥果园也易发病。荫蔽果园通风透光差，病菌繁殖和传播特别快。一般水田种植的果实发病率为 $3\%\sim 4\%$，山坡地种植的为 $1\%\sim 2\%$。

柑橘储藏期褐腐病发生主要受果实带菌率的影响，如果实采前褐腐病带菌率高，则储藏期发病率也高。

六、防治技术

（一）采前综合治理

选择地下水位较低或山坡地进行合理密植，避免在低洼积水的地方建园，并建好果园的排灌系统，及时排除积水。

果树合理修剪。疏去过多、过长、过壮的春梢，采取必要的开天窗、疏梢等措施。冬季修剪要从上到下、从外到内，使整株树势平衡，保持果园通风透光。对下层无果的隐蔽枝、下垂枝适度修剪，在果实膨大期对接近地面下层的果实采取撑、吊果技术。

果园消毒。在 $5\sim 6$ 月、$8\sim 9$ 月发病高峰前地面撒施生石灰，每 $667m^2$ 用 $30\sim 50kg$，杀死地表病菌，减少病原。采果后，及时清除病虫枝，烧毁或深埋。

（二）采后化学防治

1. 在 $5\sim 6$ 月和 $8\sim 9$ 月发生高峰期，特别是连续几天降雨时，应在雨停后第二天立即喷药，做到树冠与地面同时喷，隔 7d 再喷 1 次。药剂可选用 80% 代森锰锌可湿性粉剂 $500\sim 600$ 倍液、58% 甲霜·锰锌可湿性粉剂 700～800 倍液、30％氢氧化铜 600～700 倍液、80％三乙膦酸铝可湿性粉剂 700～800 倍液、12％松脂酸铜乳油 600～700 倍液。

2. 储藏期间，首先做好库房消毒，可每立方米库房体积用 10g 硫黄粉和 1g 氯酸钾，点燃后敞库 24h 熏蒸杀菌。果实采收后当天，用咪唑类的抑霉唑（500mg/L）或咪鲜胺（500mg/L）溶液等浸洗。

（三）改善储藏条件

1. 控制温度、湿度　柑橘储藏的适宜温度条件：甜橙类和宽皮柑橘类库内适宜温度为 5～8℃，柚类为 5～10℃，柠檬为 12～15℃。柑橘储藏库的湿度条件应控制在 75％～85％。

2. 包装　对果实进行薄膜单果包装，可防止病果与健康果接触，减少病害的发生。

王日葵（中国农业科学院柑桔研究所）

第 112 节　柑橘黑色蒂腐病

一、分布与危害

柑橘黑色蒂腐病又称焦腐病，病菌也侵害枝梢，但以侵害果实引起储藏期果实腐烂带来的损失较大。病害在各柑橘产区均有分布，甜橙、宽皮柑橘、柚和柠檬均可受害。

二、症状

青果不发病，多在果实采收后储运期发病。发病初期果蒂周围的果皮出现水渍状、淡褐色、无光泽的软腐状病斑，病斑迅速向外扩展，呈暗紫褐色，边缘波纹状，油胞破裂处常溢出棕褐色黏液。病部果皮极软，按压时易破碎（柑橘褐色蒂腐病病果皮较柔韧，按压不易破碎）。在腐烂自果蒂向果脐扩展的过程中，囊瓣和果心腐烂较快，当果皮变色、病斑尚未扩展至果脐时，果心腐烂已抵达果脐，故也有"穿心烂"之称。纵剖病果，可见腐烂的中心柱和果肉变成黑色，果肉和中心柱脱离，种子黏附在中心柱上，味苦。潮湿时，病果表面出现污白色，后呈橄榄色绒毛状物（菌丝），并进一步在菌丝丛中形成许多小黑点（分生孢子器）。最后，病果失水干缩成僵果。

病菌也感染枝梢，发病大多从小枝梢末端开始，迅速向下蔓延，病部红褐色，树皮开裂，木质部变黑，流胶。最后病枝梢枯死，其上密生小黑点，即病菌的分生孢子器。

三、病原

柑橘黑色蒂腐病病原为玫瑰葡萄座腔菌 [*Botryosphaeria rhodina* (Cooke) Arx]，属子囊菌葡萄座腔菌属真菌，无性型为可可毛壳色单隔孢 [*Lasiodiplodia theobromae* (Pat.) Griff. et Maubl.，异名：*Diplodia natalensis* Pole‐Evans]。常见的是其无性型。分生孢子器单生或聚生，梨形或扁圆形，黑色，光滑，革质，有孔口。分生孢子器内壁密生圆柱形、无色、单胞的分

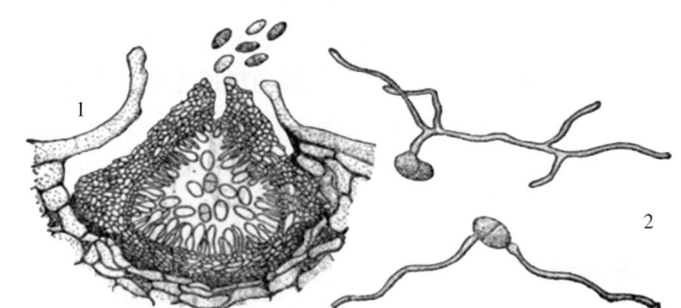

图 11‐112‐1　玫瑰葡萄座腔菌的分生孢子器和分生孢子（引自曹若彬，1986）
Figure 11‐112‐1　Pycnidium and conidia of *Botryosphaeria rhodina* (from Cao Ruobin, 1986)
1. 分生孢子器　2. 分生孢子萌发

生孢子梗。未成熟的分生孢子单胞，近圆形，无色；成熟后的分生孢子长椭圆形，暗褐色，壁平滑，有线纹，有 1 个隔膜，隔膜处稍缢缩，大小为（21.0～29.4）μm×（11.9～15.4）μm（图 11‐112‐1）。

四、病害循环

病菌以菌丝体在病梢或以分生孢子器在枯梢上越冬，遇降雨时，分生孢子器内释放出分生孢子，通过水流和雨水飞溅传播到果实。着落在果实上的分生孢子可潜伏在萼洼与果皮之间，抵抗较长时间的干燥，

在条件适宜时萌发，通过伤口、果蒂剪口以及果蒂和果实之间产生离层后的缝隙侵入果实。对储藏期果实来说，病害再侵染的概率很小。

五、流行规律

老果园，管理粗放的果园，树势衰弱，枯枝多，侵染源多，则采收的果实发病重。果实生长期降雨频繁也有利于病菌的传播而发病严重。采后果实褪绿处理时的温湿度有利于黏附果实表面的孢子萌发和潜伏病菌的生长，因此经褪绿处理的果实黑色蒂腐病常发生严重。

六、防治技术

1. 加强栽培管理，促使树势健壮，减少枯枝形成。结合冬季修剪，及时剪除枯枝和弱枝，携出果园烧毁。

2. 田间药剂防治结合柑橘疮痂病、黑点病等病害进行，而储藏期药剂防治结合柑橘青霉病和绿霉病进行。对需要进行褪绿的果实，需要时可在褪绿前进行杀菌剂浸果或喷淋等处理。可用的杀菌剂有 $500 \sim$ 1 000mg/L 抑霉唑或噻菌灵。

李红叶（浙江大学农业与生物技术学院）

第 113 节　柑橘根结线虫病

一、分布与危害

柑橘根结线虫病在我国长江流域、华东、华南等柑橘产区均有发生，在四川、重庆、贵州、广东、广西、湖南、湖北、江西、浙江、福建等省份均有报道，植株受害轻则表现为生长势衰退，重则凋萎枯死，甚至大面积减产。在树龄较高的柑橘园，该病容易严重发生。

二、症状

受柑橘根结线虫病为害的病株地上部分在发病轻微的情况下无明显症状；当根系受害加重时，柑橘树冠部分表现为枝梢短弱，叶片变小，生长势衰退；受害严重时，叶片发黄，无光泽，叶缘卷曲，呈缺水状，最后叶片干枯脱落，枝条枯萎，甚至全株枯死。此外，重病树还常表现为开花多，着果率低，果实小，叶片呈缺素状花叶。

幼嫩根系被害后，刺激幼嫩根组织过度生长，形成大小不等的瘤状根结。新生根结一般呈乳白色，以后逐渐老熟，转变为黄褐色至黑褐色，根结大多数发生在细根上，严重时产生次生根结，并与大量细小根系交互盘结，形成须根团，其后老熟根结腐烂，病根坏死。

三、病原

柑橘根结线虫病主要由花生根结线虫 [*Meloidogyne arenaria* （Neal）] 侵染引起（彩图 11 - 113 - 1）。

雌虫：乳白色，成熟雌虫为梨形，大小为 $905\mu m \times 630\mu m$，在后尾端有微小突起。雌成虫唇瓣呈 X 形并且上隆，会阴花纹圆形，背弓低且平，腹外侧内线纹呈脸颊状，内角质层突起。

雄虫：体形呈线状，头端圆锥形，尾端钝圆，呈指状，大小为（1 837~1 995）$\mu m \times$（32~35）μm，头部有环纹，唇瓣圆形且略高。口针长度 $25\mu m$，口针基部球横向，卵形，骨针长度 $38.6\mu m$。

卵：卵粒略呈蚕茧状，较透明，外壳坚韧。

幼虫：分为 4 个龄期。一龄幼虫线状，蜷曲在卵粒内。二龄幼虫有侵染性，呈线状，无色透明，从卵粒中初孵化时一般长 $280\mu m$、宽 $45\mu m$ 左右，之后继续生长，其平均体长 $465\mu m$、口针长 $11.5\mu m$、尾长 $46.5\mu m$，尾部透明，末端长度 $16.1\mu m$。二龄幼虫侵入寄主植物后，其虫体逐渐变大，由线状变成豆荚状。到三龄时，雌、雄性别开始分化，到四龄阶段，可较明显地从线虫体形及生殖器官上区别出雌、雄。

四、病害循环

病原线虫以卵和雌虫在土壤和病根中越冬。当外界条件适宜时，卵粒在卵囊内发育，孵化成一龄幼虫，留在卵内，蜕皮后，破卵壳而出，成为二龄侵染性幼虫，活动于土中。二龄侵染性幼虫侵入柑橘幼嫩根系，在根皮与中柱之间为害，刺激幼根组织过度生长，并固定形成永久性的取食位点，使幼嫩根系形成不规则的瘤状根结。幼虫在根结内生长发育，再经历 3 次蜕皮，发育为成虫，雌、雄虫成熟后交尾产卵。卵聚集在雌虫尾部后端的胶质卵囊中，卵囊一端露在根瘤之外，卵囊初时无色透明，后呈淡红色、红色以至紫红色。在广东，5～6 月，柑橘根结线虫完成上述生活史循环共需约 50d，因此，一年中该病原线虫能繁殖多代，可进行多次再侵染。

柑橘根结线虫病的主要侵染来源，在无病区是带病苗，在病区则是带病土壤、肥料和病树的树根。病苗携带是柑橘根结线虫病传播的主要途径，水流是该病近距离传播的重要媒介。此外，带有病原线虫的肥料、农机具以及人畜等也可以传播此病。

五、发病条件

柑橘根结线虫病在丘陵和平原的各类土壤中均可发生，但一般在通气性良好的沙质土中发生较重，而在通气不良的黏质土中发生较轻。柑橘品种间的感病性有一定差异，但常见栽培品种皆可感病。

六、防治技术

在无病区和新栽区，必须严格选用无病苗木。在病区，则实行培育无病苗、土壤消毒和病树处理等相结合的综合防治措施。

(一)培育无病苗木

1. 苗圃地的选择与消毒 在轻病地区，苗圃地可选用前作为禾本科作物的田块。在重病地区，则应选用前作为水稻的田块。如必须用发病地做苗圃，则应进行如下土壤处理：

(1) 反复犁耙翻晒土壤，以减少土壤中病原线虫的数量。

(2) 耕作前半个月，施用 40％威百亩水剂，开沟施药，沟深 15cm，沟距 25～30cm，均匀施入。然后覆土踏实，进行表土化学熏蒸消毒。

2. 病苗消毒 发病柑橘苗木，可用 48℃热水浸根 15min，或用 40％克线磷乳剂 100 倍液浸根，可杀死柑橘植株根系内部和根结表层内的病原线虫，并有刺激苗木生长的作用。

(二)果园根结线虫防治

1. 柑橘园的选择和消毒 柑橘植株定植地必须严格检查，确保土壤不带有病原线虫。如使用带有病原线虫的土地，则在定植前半个月进行土壤消毒。消毒方法与苗圃地相同。

2. 农业防治

(1) 剪除病根。在病株树盘下深挖根系附近土壤，挖出受害的根系，将有瘤状根结的须根团剪除，中耕时以树冠滴水线下深耕、靠近树干处渐浅耕为原则，覆土最好不要用原来的土壤，应覆以客土，并撒施石灰，石灰施用量以所需客土重量的 1％～2％为宜。剪除的病根应及时清除出果园，并集中烧毁。

(2) 加强栽培管理。加强果园土、肥、水管理，培育强壮树势，促进根系生长。在夏季深松土锄断部分线虫病根，翻土将线虫晒死，在冬季结合抑制土壤水分，促进花芽分化措施进行松土晒根。在雨季前整修排灌水沟，加速排水，降低地下水位，使橘园内土壤呈干旱状，抑制根结线虫生长。对病树增施有机肥，每株 15～25kg，并将有机肥和客土按 1∶1 比例进行培土，在冬季中耕剪除病根时进行为宜，最好在"大寒"时进行。同时，每年 6～7 月扩穴改土时，再深施有机肥 1 次。在春、秋季及采果前后，应注重施肥，将化肥与有机肥相结合施用，对柑橘地上部分应做好修剪工作，强壮树冠。在夏季短截树冠外围中上部的无果衰退枝、枯枝、无叶枝及病虫为害枝。采后即时剪除落果枝，并对树冠内膛过于密集枝、郁闭枝、交叉重叠枝及下垂枝及时疏剪。

3. 化学防治 挖土剪除病根时，将药剂均匀混合在客土中覆土；或在树冠滴水线下挖深 15cm、宽 30cm 的环形沟，灌水后施药（最好与肥料混合施入）并覆土；或在树盘内每隔 20～30cm 开长、宽、深为 20cm×20cm×20cm 的施药穴，施药后及时覆土并灌水。防治柑橘根结线虫的药剂安全间隔期为 3 个月，为安全起见，施药时间宜在冬季或早春的 2～3 月进行。可选用如下药剂：3％氯唑磷颗粒剂 200g/株或 2％甲氨基阿维菌素乳油 4 000 倍液加甲壳素灌根。

对已发病的成年树，也可采用以下方法加以防治：每年冬季 1～2 月挖取剪除表土 5～15cm 深处的病根，然后每株柑橘树施用石灰 1.5～2.5kg，以减少病原线虫数量，同时增施有机肥，帮助老树恢复生长势；再于当年 3～4 月，每株柑橘施用 3％氯唑磷颗粒剂 7.5g（有效成分）或 20％丙线磷每株 8g（有效成分），有较好的防治效果。

陈国康（西南大学植物保护学院）

第 114 节　柑橘裂果病

一、分布与危害

柑橘裂果病是柑橘在壮果期间的重要生理病害之一，在全国各地普遍发生，常造成大量减产。

二、症状

通常先在近果顶端处开裂，然后沿子房缝线纵裂开口，瓤瓣破裂，露出汁胞。有的果实横裂或不规则开裂，形似开裂的石榴（彩图 11 - 114 - 1）。裂果最后脱落或变色腐烂。

三、病因

裂果的发生是由于果实内部生长应力增加，而果皮不能抵抗这种应力增加的结果。该病一般在 8～10 月壮果期伏旱骤雨之后发生，由于大量的水突然进入果实组织，使细胞膨压增加，内部生长应力增大，导致裂果。

四、发病条件

（一）气候条件

裂果的高峰期为果实膨大期和开始成熟期，如遇久旱骤雨或大雨后即晴会加重裂果；反之，雨量适中且分布均匀，可明显减少裂果。

（二）柑橘品种

紧皮的甜橙果实较松皮的宽皮柑橘裂果发生多，果皮薄的果实较果皮厚的果实发生多。如甜橙中的脐橙、锦橙、哈姆林甜橙都会发生裂果；皮薄的宽皮柑橘中的早熟温州蜜柑、南丰蜜橘和柚类中的玉环柚也易发生裂果。

（三）果园土壤条件

柑橘果园土壤疏松、深厚、肥沃，保肥保水性稳定，裂果发生少；反之，土壤瘠薄、黏重和板结，保肥保水性差，裂果发生多。

（四）栽培管理

不松土、不深翻、树盘不覆盖，土壤含水量变化大；施肥不合理（磷肥过多，钾肥不足）；秋旱严重，灌溉条件差，甚至无灌溉的条件下裂果发生多。

五、防治技术

柑橘裂果病的防治主要是改善果园栽培管理，具体有以下措施。

1. 深耕改土　加强土壤管理，增强土壤有机质，改良土壤结构，提高土壤保水性能，以减少裂果。裂果多的果园，宜少施磷肥，适施氮肥，增施钾肥。7 月壮果肥增施硫酸钾，同时在裂果发生前叶面喷布 0.3％磷酸二氢钾或 0.5％硫酸钾，以增强果皮抗裂性，减少裂果发生。

2. 推广果园生草覆盖　下半年保留园中的杂草，但要清除树盘内的杂草；待草长高时再锄下来覆盖树盘，保持土壤水分平衡，减少夏、秋季的裂果。

3. 做好水分管理　伏旱期间，干旱初期在树盘内浅耕 8～12cm，行间深耕 15～25cm；如需灌水抗旱，应先用喷雾器喷湿树冠，然后再灌水。降雨后要及时排除积水，避免果实吸收水分太多使内径膨胀而产生裂果。

邓晓玲（华南农业大学资源环境学院）

第 115 节　柑橘日灼病

一、分布与危害

柑橘日灼病是高温季节的一种常见生理性病害，主要侵害果实，亦侵害枝干和叶片。受害果实的果皮变黄硬化、坏死，降低果品的商品价值。枝干灼伤，严重影响树势。

二、症状

受害部位的果皮初呈暗青色，后为黄褐色（彩图 11 - 115 - 1）。果皮生长停滞，粗糙变厚，质硬。有时发生裂纹，病部扁平，致使果形不正。受害轻微的灼伤部限于果皮，受害较重的造成瓣囊汁胞干缩枯水，味极淡。

三、病因

柑橘日灼病是果实受高温烈日暴晒而引起的灼伤。枝干往往由于更新过重、缺少辅养枝、强阳光直接照射而造成灼伤。

四、发病规律

柑橘日灼病一般于 7 月开始发生，8～9 月发生最多。特别是西向的果园和着生在树冠西南部分的果实，受日照时间长，容易受害。土壤水肥不足，可加剧该病发生。在高温烈日气候下，对树冠喷施高浓度的石硫合剂，硫黄悬浮剂（胶体硫），也可使该病加剧。此外，修剪不当，大枝或主干暴露在强烈的日光下，亦会灼伤树皮，以致严重影响树势。

五、防治技术

果实贴面或套袋：对树冠顶部和外围西南部的果实，用 5cm×7cm 左右的报纸小片贴于果实日晒面，能有效防止果实表面灼伤。为防止果面温度上升，还可进行果实套袋。

7～9 月尽量不要在橘园使用石硫合剂防治害虫。必须使用时，要降低使用浓度和减少次数，浓度以 0.8～1 波美度为宜，仅喷 1～2 次，并做到均匀喷药，勿使药液在果面上过多凝聚。

树干涂白：以生石灰和水重量比 1：（5～6）调制石灰乳，将受阳光直射的主枝涂白。

柑橘园提倡生草栽培，以调节小气候。

邓晓玲（华南农业大学资源环境学院）

第 116 节　柑橘缺素病

柑橘缺素病是柑橘生理性病害，在我国各柑橘产区广泛发生，主要有柑橘缺镁病、柑橘缺硼病、柑橘缺锌病、柑橘缺铁病、柑橘缺铜病、柑橘缺锰病等。

一、柑橘缺镁病

（一）症状

柑橘缺镁症状在任何季节都可能表现在叶片上，但通常在夏末和秋季发生，结果多的树以及靠近果实的叶片缺镁症状更明显。缺镁的主要特征，典型的是发生在老叶上，先是沿主脉出现不规则的黄斑，黄斑继续扩大，在主脉两侧连接成带状黄斑，最后只剩下叶尖和叶基仍保持绿色。叶基部的绿色区通常呈∧

形,绿色的∧形尖在主脉上。在很老的叶片上,主脉和主侧脉也会出现像缺硼一样的肿大和木栓化或叶脉破裂,整个叶片可能变成古铜色(彩图11-116-1)。缺镁叶片提早脱落,小枝枯死,缺镁树易受冻害。缺镁有时加剧缺锌和缺锰。

缺镁甜橙树的果实变小,产量降低,隔年结果过多,但对果实的内质没有明显影响。

(二)病因

1. 土壤缺镁 土壤中镁缺乏是柑橘缺镁的主要原因,一些沙质土因镁易流失,柑橘更容易缺镁。

2. 土壤中钾和钙含量太高 钾和钙对镁有拮抗作用,有时施用钾肥和钙肥会引发缺镁或加重缺镁症状。

3. 品种与砧木 通常柚类品种最容易缺镁、甜橙品种次之、宽皮甜橙类较少发生缺镁。相同的品种,丰产树较容易缺镁。不同的甜橙砧木,对镁的吸收能力有差异,通常,酸橙砧对镁的吸收能力强于枳砧。

(三)防治技术

1. 土壤施肥 矫治缺镁的主要方法是土壤改良,增施有机肥料。酸性土壤施用钙镁磷、白云石粉、含镁石灰、氢氧化镁、氧化镁等,成年树每 667m² 施用量 15~30kg。紫色土等碱性土壤可施用硫酸镁,成年树每 667m² 施用量 10~20kg。

2. 叶面施肥 在每次新叶展开后喷布 1~2 次 0.5%~1%硝酸镁或硫酸镁,可以减轻或矫治缺镁症状,如果在喷布的溶液中同时加入硫酸锰、硫酸锌和柠檬酸铁等微量元素,可以增加对镁的吸收。易缺镁的果园,对结果多的柑橘树要增加 1~2 次叶面镁肥。如果果园缺镁严重,则难于通过叶面喷肥来矫治缺镁症,这是由于柑橘对镁的需求量大(与磷的需求量相近),仅靠叶面吸收的镁量很有限。

二、柑橘缺硼病

(一)症状

幼叶出现透明状、水渍状斑驳或斑点,并有不同程度的畸形。成熟叶片和老叶的主脉和侧脉变黄,严重时叶片主脉、侧脉肿大、破裂、木栓化。老叶往往变厚、革质、无光泽、卷曲和皱缩(彩图11-116-2)。

缺硼柑橘树的新梢发育不全和枯死,小枝顶枯,侧枝提早枯死,枝条节间和树干开裂,裂缝流胶。果实畸形、皮厚而硬,海绵层产生胶囊,胶囊为灰色或褐色,有时中心柱和果肉也产生胶囊。幼果果皮有时表现干枯、变黑,海绵层破裂流胶。果实大量脱落,产量低。果实枯水,果汁少,含糖量低、风味差。

(二)病因

1. 土壤因素 红壤等酸性土壤中的硼容易被雨水淋失,土壤含硼低,柑橘易表现缺硼症。沙质土的含硼量也很少,柑橘容易缺硼。紫色土等碱性土壤中的硼含量较丰富,但因土壤 pH 高,也会影响柑橘对硼的吸收而缺硼。

柑橘开花期对硼的需求量大,如果春季土壤长期干旱,会影响硼的吸收,容易缺硼。

2. 砧木 酸橙砧的柑橘比其他砧木的柑橘更容易缺硼。

3. 其他因素 施用磷肥过多,或酸性土壤施用过多石灰会导致缺硼。

(三)防治技术

对红壤等酸性土壤,春季在每株树的树冠滴水线附近撒施 5~15g 硼砂即可,也可在初花时叶面喷布 1 次 0.1%~0.2%的硼酸或硼砂。注意硼酸或硼砂的喷布次数不能太多,否则容易产生硼过量,反而产生副作用。

三、柑橘缺锌病

(一)症状

缺锌柑橘树的典型症状是叶片具有不规则的失绿斑点(称为斑驳叶),先是叶脉间的叶肉褪绿,叶片的主脉、主侧脉及其附近的叶肉仍为正常的绿色,严重缺锌时仅叶片的主脉和主侧脉为绿色,其他部分变成黄色或奶油色(彩图11-116-3)。有些叶片褪绿区可出现绿色的小点,叶片斑驳现象在树冠的向阳面更严重。缺锌叶片变小、叶狭长,在枝条上的着生更直立,节间缩短,叶丛生状。一般秋梢叶片的褪绿更明显。

缺锌柑橘树枝梢细弱，小枝枯死。轻度缺锌，产量略微下降。严重缺锌时，大幅度减产，果实变小，果皮色淡，果肉木质化，枯水，淡而无味，含酸量和维生素 C 含量减少。

(二) 病因

1. 土壤因素 土壤中有效锌含量低是缺锌的主要原因。紫色土等碱性土壤中锌含量较高，但被固定，难于被吸收利用。红壤等酸性土壤中的锌含量低。

2. 其他营养元素的影响 土壤中磷、氮、钙、铜等营养元素过量，会影响柑橘对锌的吸收，导致缺锌。

(三) 防治技术

1. 土壤施肥 施用猪牛栏粪肥、饼肥、绿肥、渣肥等有机肥可有效矫治柑橘缺锌病。土壤施用硫酸锌效果较好，但要控制用量，防止发生药害，每 $667m^2$ 施用量不宜超过 2kg。紫色土等碱性土壤连续多年施用尿素、硫酸钾和硫酸铵等化肥后，土壤 pH 降低，土壤中固定的锌被释放出来，柑橘缺锌症状会逐年缓解。

2. 叶面施肥 矫治柑橘缺锌的有效手段是在春梢叶片展开时喷布 1 次 0.1%～0.2% 硫酸锌，一般 1 年喷布 1～2 次，个别严重的树可以在初夏再喷布 1 次。

四、柑橘缺铁病

(一) 症状

缺铁柑橘树较老的叶片一般仍为正常的绿色，缺铁主要表现在新梢。柑橘树缺铁时，幼嫩新梢叶片褪绿，叶肉部分发黄，叶脉保持绿色。典型的症状是浅绿色的叶片上有细而绿色的网状叶脉，随着缺铁加重，叶片变薄变白，叶脉逐渐变黄，严重缺铁时只有叶片的主脉仍保持绿色，其他部分变为黄色或象牙色，叶片上出现褐色斑点和坏死组织（彩图 11-116-4）。随着叶片的成熟，绿色叶脉与浅绿色或淡黄色叶肉之间的界限更加明显。缺铁叶片通常较小、变薄，叶片提早脱落。按干物质计，缺铁叶片的铁含量通常低于 35mg/kg。

严重缺铁导致柑橘树逐级顶枯，树形为扫帚形、开张。缺铁树落花落果多，坐果率低，果实变小，果皮光滑，产量低，含酸量增加，含糖量降低，果实风味变差。

缺铁在嫩梢阶段和缺锰症状难于区别，通常在同一株树上缺铁和缺锰同时发生，但随着叶片成熟，缺铁的网状绿脉与叶脉间较浅色的叶肉的界限更加明显。而缺锰的叶片和缺锌的叶片一样，沿主脉和主侧脉会形成绿色的不规则条带，或形成较多的斑驳。

(二) 病因

1. 土壤酸碱度 土壤酸碱度影响柑橘对铁的吸收，土壤 pH 在 7 以上时，枳和枳的杂种作砧木，柑橘容易出现缺铁症状。土壤 pH 在 7.5 以上时，会严重缺铁。红壤和黄壤的 pH 一般在 6.5 以下，所以在红壤和黄壤中柑橘通常不会缺铁。

2. 土壤湿度 土壤长期过湿、缺氧，会出现缺铁症状或加重缺铁症状。

3. 砧木 栽培在碱性土壤中的枳和枳的杂种作砧木，柑橘容易出现缺铁症状，而枸头橙、红橘、酸橙、柚等作砧木的柑橘，在碱性土壤中一般不表现缺铁症状。

4. 其他营养元素影响 低钾、高磷、高钙、高锌和高铜等影响柑橘对铁的吸收，有时引发缺铁症状。

5. 重金属 土壤或灌溉水中镍、铬、镉等含量过高，会导致柑橘缺铁。

6. 土温 低土温不利于柑橘对铁的吸收和运输，在晚秋或冬季萌发的枝梢上叶片的缺铁程度会加重。

(三) 防治技术

1. 增施有机肥 矫治柑橘缺铁最有效的手段是施用大量的有机肥，如猪牛栏粪肥、绿肥、渣肥等。缺铁褪绿的成年柑橘树，每年每株树施用有机肥 50～100kg，可有效矫治缺铁症状，恢复正常生长结果。

2. 土壤施用螯合铁制剂 土壤施用 EDDHA 螯合铁制剂对矫治柑橘的缺铁黄化有良好效果，施用方法是在春梢生长期在树冠滴水线下挖 10cm 左右的浅施肥沟，先将 EDDHA 螯合铁水溶解，再浇到施肥沟中，盖上土壤。按树龄确定用量，幼年树 5～10g/株，成年盛果树 15～30g/株。

3. 叶面喷布螯合铁制剂　叶面喷布 EDDHA 螯合铁、EDTA 螯合铁或柠檬酸铁，有一定效果。

4. 靠接砧木　对强碱性土壤的缺铁柑橘园来说，一劳永逸的办法是靠接酸橙、红橘、枸头橙等耐碱砧木。不过，这些耐碱砧木对柑橘品质有一定影响，不如枳和枳橙砧木的柑橘品质好。

5. 加强果园管理　地下水位过高的柑橘园，做好开沟排水，防止果园过湿和缺氧。施肥时注意平衡施肥，避免肥料失衡引起缺铁。

五、柑橘缺铜病

(一)症状

柑橘缺铜的初期症状为叶片大、深绿色，有的叶形不规则，主脉弯曲，腋芽容易枯死。在树枝上出现不规则的突起，突起的皮层内充满胶状物，胶状物渗出树皮后在枝条上出现透明胶滴，胶滴起初为淡黄色，在空气中氧化后逐渐变为红色、褐色，最后为黑色。在这种枝条上萌发的新梢纤弱短小，枝条上有更多的含胶突起，节间缩短，叶片小，有时扭曲，嫩叶淡黄色或绿黄色（彩图 11-116-5）。症状严重的新梢叶片在展开过程中枯死脱落，继而枝梢枯死。缺铜会抑制柑橘根系对锌的吸收，在缺铜严重的情况下，也常常缺锌。

缺铜的柑橘树产量显著降低，酸和维生素含量下降。在果实的横切面上，常可见到中心柱周围有胶囊。

在柑橘溃疡病产区，由于广泛使用含铜杀菌剂，缺铜症状很少发生，但有时存在低铜现象。

(二)病因

1. 土壤缺铜　淋溶强烈的沙质土中铜含量贫乏，易引发缺铜。

2. 土壤对铜的吸附固定作用　泥炭土、草炭土等有机质含量高的土壤中，因铜与有机质结合成难溶的化合物，不能被柑橘吸收利用，易引发缺铜。

3. 其他元素的影响　氮、磷过多，影响对铜的吸收，会加重缺铜，这种现象在过量使用化肥的果园可能出现。

(三)防治技术

叶面喷布 0.2%～0.3% 硫酸铜、波尔多液或含铜杀菌剂，对矫治柑橘缺铜有较好效果。在树冠滴水线附近的地面浇施 3 000～5 000 倍硫酸铜液也有效果。

六、柑橘缺锰病

(一)症状

柑橘缺锰时，新叶和老叶都表现症状。新叶的叶色为淡绿色，上面出现细网状的绿色叶脉，但并不像缺铁或缺锌那样明显，叶片也比缺铁或缺锌的更绿些。缺锰程度较轻时，叶片成熟过程中症状自行缓解，主脉和主侧脉附近变为不规则的暗绿色带状，叶脉间为淡绿色的斑块。缺锰严重时，脉间斑块的颜色由淡绿变为浅淡绿至白绿色。缺锰进一步加重时，主脉和主侧脉附近也变为浅绿或黄绿色，并且，主脉和主侧脉附近的浅绿或黄绿色带进一步狭窄。叶片的症状通常在树冠的背阴面更为常见，叶片提早脱落。

柑橘缺锰，部分小枝枯死。果实稍变小，果皮有时变软，严重缺锰时果色变淡。

(二)病因

缺锰的原因主要是土壤中含锰少，或土壤中锰溶解性差，不能被柑橘吸收利用。红壤等酸性土壤中的锰容易被雨水淋失，土壤含锰低。紫色土等碱性土壤中的锰溶解度很低。所以，在酸性和碱性土壤中的柑橘都可能缺锰。

(三)防治技术

矫治柑橘缺锰可以在 5～6 月叶面喷布 1～2 次 0.05%～0.1% 螯合锰或硫酸锰，缺锰区需要每年喷布。在紫色土等碱性土壤中施用锰肥效果不好，可采用增施有机肥或施用硫黄粉等，增加土壤中锰的溶解性，提高柑橘对锰的吸收，矫治缺锰症。

彭良志　淳长品（中国农业科学院柑桔研究所）

第 117 节 山楂叶螨

一、分布与危害

山楂叶螨［*Amphitetranychus viennensis* (Zacher)，异名：*Tetranychus viennensis* Zacher］属蛛形纲蜱螨目叶螨科，又名山楂红蜘蛛。山楂叶螨分布于我国东北、华北、西北、华东各地，一直是黄河故道果区的优势螨类。目前果园发生的叶螨有多种，各地发生的优势种存在差异，过去东北果区、西北浅山丘陵冷凉果区以苹果全爪螨［*Panonychus ulmi* (Koch)］为主，陕西、山西、河南、河北以山楂叶螨为主，山东半岛苹果全爪螨和山楂叶螨混合发生。近年来，苹果全爪螨在各地呈上升趋势，二斑叶螨（*Tetranychus urticae* Koch）在 20 世纪末期迅速在各个果区蔓延，但近年来为害减轻，果苔螨［*Bryobia rubrioculus* (Scheuten)］在 20 世纪 80 年代分布普遍，目前仅在少数地区发生。

山楂叶螨主要为害苹果、梨、桃、李、杏、山楂，其中，以苹果、梨、桃受害最重。山楂叶螨主要在叶背面为害，叶片受害后，从叶正面可见失绿的小斑点，严重时失绿黄点连成片，最终全叶变为焦黄色，可引起大量落叶，造成二次开花，不但影响当年产量，而且对以后两年的树势、产量产生不良影响。

二、形态特征

雌成螨：体长 0.5～0.7mm，宽 0.3mm，长椭圆形，夏季深红色，足浅黄色，越冬雌螨橘红色。背前端隆起，背毛 26 根，横排成 6 行，细长，基部无瘤。雄成螨体长 0.35～0.45mm，纺锤形，第一对足较长，体前黄绿色至浅橙黄色，体背两侧各具 1 个黑绿色斑（彩图 11-117-1）。

卵：圆球形，初产时黄白色，后变为橙红色。

幼螨：足 3 对，体黄白色，体圆形；若螨足 4 对，体淡绿色，体背出现刚毛，两侧有深绿色斑纹，老熟若螨体色发红。

三、发生规律

山楂叶螨一般年份 1 年发生 5～13 代，东北地区发生 5～6 代，黄河故道地区发生 12～13 代。各地均以受精雌成螨越冬，越冬部位多在枝干树皮缝内、距树干基部 3cm 的土块缝隙里。越冬雌螨在春天苹果花芽膨大期开始出蛰，苹果中熟品种盛花期出蛰基本结束，并开始产卵。落花后为第一代卵盛期，第一代卵经 8～10d 孵化，随气温升高，以后卵期逐渐缩短，6 月卵期 4～6d，高温干旱时期 9～15d 可完成 1 代。在实验室控温条件下，卵期在 18.0℃下为 12.3d，21.8℃下为 8d，24.4℃下为 5d，在 10℃以上完成 1 代的有效积温为 185℃。春、秋季世代雌螨产卵量为 70～80 粒，夏季世代为 20～30 粒。受精雌螨后代雌雄比为 4.1:1，未受精的雌螨所产后代均为雄性。山楂叶螨一般在叶片背面群集为害，数量多时吐丝结网，卵产于叶背茸毛或丝网上，山楂叶螨先集中在近大枝附近的叶簇上为害，麦收前气温升高，繁殖加快，麦收期间数量多时大量向上、向外扩散，6 月为害最烈，7～8 月根据树体营养状况进入越夏、越冬早晚不一，当叶片营养差时，7 月可见到橘红色越冬型雌螨，但到 11 月仍可在田间见到夏形个体。

山楂叶螨发生受气候影响非常明显，春季温度回升快，高温干旱时间长，山楂叶螨为害时间长，发生严重，雨水多的年份，发生相对较轻。有些年份在进入 7 月高温季节后，突然降雨会造成螨口数量急剧下降，高温、高湿对叶螨发生不利。

叶螨类天敌种类很多，自然发生的种类包括食螨瓢虫、塔六点蓟马、捕食螨、草蛉、小花蝽等，在管理粗放的果园，食螨瓢虫和捕食螨较多，目前生产上以塔六点蓟马为优势种。果园天敌的种类和数量受管理中喷药的种类和次数影响很大，在果园不使用广谱性的菊酯类、有机磷农药的情况下，叶螨自然消退的时间早，一般可在 6 月下旬逐渐减少，当果园使用诸如菊酯类农药、有机磷农药时，山楂叶螨为害期延长，有些果园一直到 8 月下旬为害仍然十分严重。

四、测报方法

在苹果落花展叶后，以 2hm² 为取样单元，在每个果园 5 点棋盘式取样，每个点选取 4 株树，在每棵树的叶丛枝上取样，每个叶丛枝从基部向上取第三片叶，每株随机取叶 5 片，每点合计取 20 片叶，记录有螨叶数和总螨数。5 个点共取样 100 片叶，统计活动螨数。前期每周调查 1 次，叶螨暴发期每 3d 调查 1 次。在落花后，当平均每叶成螨达到 1 头时，考虑喷药，在麦收前调查，当平均每叶成螨达到 2 头时，开始喷药，麦收后可在树上随机取叶调查，防治指标为平均每叶有成螨 5 头。

五、防治技术

（一）保护利用天敌

在果园行间种植绿肥，通过绿肥上发生的害虫培育果树叶螨的天敌，以种植毛叶苕子为好，在不适合种植绿肥的果园，提倡果园自然生草，剔除生长茂盛的恶性杂草，保留低矮的杂草，有利于增加果园生物多样性，为天敌提供庇护所。果园尽量不喷广谱性杀虫剂，另外，可以引进释放有抗药性的捕食螨，如西方钝绥螨、伪钝绥螨、智利小植绥螨等，人工大量释放捕食螨、塔六点蓟马进行防控。

（二）铲除越冬虫源

发芽前刮除枝干上的粗皮，在发芽前喷 5 波美度石硫合剂，结合喷其他杀菌铲除剂，加入 98.8％机油乳剂也可防治。

（三）化学防治

当越冬基数大时，在苹果落花后，可使用 5％噻螨酮乳油 1 200～1 500 倍液或 20％四螨嗪可湿性粉剂 1 500～2 000 倍液喷雾，这两种药剂对成螨没有直接杀伤作用，可杀卵和初孵幼螨，且使成螨产的卵不能孵化，生长季每周调查 1 次树上发生量，当达到防治指标时可用 20％哒螨灵可湿性粉剂 3 000～4 000 倍液、15％哒螨灵乳油 1 500～2 000 倍液、73％炔螨特乳油 2 000～2 500 倍液、25％三唑锡可湿性粉剂 1 500～2 000 倍液、50％丁醚脲悬浮剂 1 000～3 000 倍液、1.8％阿维菌素乳油 2 500～3 000 倍液、240g/L螺螨酯悬浮剂 4 000～5 000 倍液喷雾。注意不同类型杀螨剂要交替使用，以延缓叶螨抗药性的产生，并且在喷药防治叶螨时，一定要注意喷药均匀周到，特别是树冠上部和内膛，往往由于喷药不均匀，使叶螨在局部繁殖暴发起来。

陈汉杰（中国农业科学院郑州果树研究所）

第 118 节　苹果全爪螨

一、分布与危害

苹果全爪螨（*Panonychus ulmi* Koch）属蛛形纲蜱螨目叶螨科，又名苹果红蜘蛛。苹果全爪螨是世界性害虫，广泛分布于世界各地，国内过去主要在东北和胶东半岛为害较重，在河北、河南、陕西为局部发生，但为害一般不是很严重。近年来，苹果全爪螨种群在各个果区数量上升较快，2012 年调查，在山东、河北、辽宁、陕西、山西、河南部分果区已经成为优势种群。苹果全爪螨主要为害苹果，也可为害梨、沙果、桃、杏、樱桃、山楂、枣、葡萄等果树。

苹果全爪螨常和山楂叶螨混合发生。苹果全爪螨为害叶片不易识别，叶片受害后颜色变灰绿色，正面出现许多失绿小斑点，整体叶貌类似苹果银叶病症，一般不提早落叶。

二、形态特征

雌成螨：体长 446μm，宽 292μm，卵圆形，整个背隆起，体色深红，背毛 26 根，毛粗长，毛基有黄白色瘤，气门沟末端膨大，呈球形；雄成螨体长约 300μm，体后端尖削，形似草莓状（彩图 11 - 118 - 1）。

卵：扁圆形，葱头状，越冬态深红色较大，夏卵橘红色，卵顶端有刚毛状柄。

幼螨：足 3 对，体淡红色；若螨足 4 对，体暗红色。

三、发生规律

苹果全爪螨在辽宁 1 年可发生 6~7 代，山东、河南 1 年发生 7~9 代。以卵在短果枝、二年生以上枝条上越冬，在苹果花序分离期开始孵化，越冬卵孵化高峰期在红星品种花蕾变色期。个体发育经过卵期、幼螨期、第一静止期、前若螨期、第二静止期、后若螨期、第三静止期和成螨期，各个螨态历期随温度变化差异较大，在平均温度 15℃条件下，完成整个世代需要 33d 左右，在 30℃条件下，完成整个世代约需要 9.17d。越冬代雌成螨平均寿命为 18.8d，平均产卵量为 67.4 粒，第一代成螨寿命 14.4d，每头雌螨平均产卵量为 46.0 粒。第五代成螨平均寿命 8.0d，每头雌螨平均产卵 11.2 粒。

苹果全爪螨的幼螨、若螨和雄成螨多在叶片背面活动，而雌成虫多在叶片正面活动。一般麦收前后是全年为害高峰期，夏季叶面上的数量较少，秋季数量回升，又出现小高峰。苹果全爪螨为害高峰期早于山楂叶螨，但在一些农药使用不当的果园，苹果全爪螨为害期延长，有些果园可以持续为害到 8 月中、下旬。苹果全爪螨的天敌和山楂叶螨相同，田间发现的主要种类包括捕食螨、塔六点蓟马等，对其种群具有显著的控制作用。

四、测报方法

采用 5 点取样方法，每个果园棋盘式选 5 个点，每点调查 4 株树，共调查 20 株树，调查品种以富士为主，也可增加当地主栽品种，单独记载。

越冬卵调查：每株取 2 个叶丛枝，调查其上所有卵数，4 株树合并记载，5 点合计，计算平均每个短枝上的卵量。

生长季调查：同山楂叶螨。

五、防治技术

铲除越冬螨、卵。

在发芽前可喷洒 95% 机油乳剂 50 倍液，消灭越冬卵，并可兼治蚜虫、白粉病等。

其他防治措施同山楂叶螨。

陈汉杰（中国农业科学院郑州果树研究所）

第 119 节　苹小食心虫

一、分布与危害

苹小食心虫（*Grapholitha inopinata* Heinrich）属鳞翅目小卷叶蛾科，又名苹果小食心虫。主要分布于我国东北、华北地区，寄主主要有苹果、梨、山楂、沙果、海棠等果树，近年来发生数量较少。

幼虫蛀食果实，初孵幼虫在果皮下蛀食，蛀果孔周围呈现红色小圈，随着幼虫长大，被害处形成褐色虫疤，虫疤上有数个小虫孔，并有少许虫粪堆积在虫疤上。幼虫为害一般不深入果心。

二、形态特征

成虫：体长 4.5~4.8mm，翅展 10~11mm，全体暗褐色，带紫色光泽。前翅前缘具有 7~9 组大小不等的白色斜纹。翅上散生许多白色斑点，近外缘处白点排列整齐。后翅灰褐色。

卵：淡黄白色，半透明，有光泽，扁椭圆形。

幼虫：老熟幼虫体长 6.5~9mm，淡黄色或粉红色，头部黄褐色，前胸盾片淡黄色，腹节背面有横沟将背面划为两条红色横带，前带宽而长，后带短而窄。臀板浅褐色，腹部末端具深褐色臀栉，臀栉具 4~6 刺。

蛹：体长 4.5~5.6mm，黄褐色，第一腹节背面无刺，第二至七节前、后缘均有小刺，第八至十节背面只有 1 列较大的刺，腹部末端有 8 根钩状毛。

三、发生规律

苹小食心虫每年发生 2 代，以老熟幼虫在树枝、树干粗皮下越冬。在辽宁和河北产区，越冬幼虫于 5 月中旬开始化蛹，蛹期十多天，越冬成虫发生期在 5 月下旬至 7 月上旬，6 月中旬为高峰期。成虫白天静伏于叶或枝上，傍晚时交尾和产卵。田间第一代卵高峰期在 6 月中、下旬，卵散产于果实胴部，萼洼和梗洼较少。成虫在气温 25～29℃、相对湿度 95% 时产卵最多，成虫对糖醋液有一定趋性。第一代卵期 6d 左右，幼虫孵化后在果面爬行不久即蛀入果内，在果实表皮下蛀食，一般不深入果心，形成的虫疤变褐，疤上出现几个排粪孔。幼虫期 20d 左右。老熟幼虫脱果后沿枝干爬行到粗皮缝处结茧化蛹。第一代蛹期 10d 左右，第一代成虫发生在 7 月下旬至 8 月中旬，第二代卵盛期在 8 月上旬，卵期 5d 左右，幼虫孵化后继续蛀果为害，第二代幼虫为害果实 20d 左右，脱果爬行到越冬部位结茧越冬。由于高温干旱对苹小食心虫繁殖不利，因此在中部果区很少发生。

四、测报方法

从成虫发生初盛期开始，每隔 3d 调查 1 次卵果率，利用棋盘式调查方法，在果园四周和中部调查 10 株树，每株调查 100 个果，当卵果率达到 1% 以上时，开始喷药防治。

五、防治技术

（一）消灭越冬幼虫
早春刮除枝干粗裂翘皮，集中烧毁。

（二）清除虫果
及时摘除树上的虫果，拾净树下的落果，阻止其继续繁殖为害。

（三）诱杀成虫
利用成虫的趋化性，在越冬代成虫发生期果园挂糖醋液诱捕器，诱杀成虫。

（四）药剂防治
根据查卵测报，在成虫产卵期及时喷药，可以使用 20% 氰戊菊酯乳油 1 500～2 000 倍液、2.5% 溴氰菊酯乳油 2 000～3 000 倍液或 4.5% 高效氯氰菊酯乳油 1 500～2 000 倍液喷雾，当同时需要防治叶螨时，可使用 20% 甲氰菊酯乳油 2 000～2 500 倍液或 2.5% 高效氯氟氰菊酯乳油 4 000～5 000 倍液喷雾，发生严重的果园，间隔 10～15d 再喷 1 次。

陈汉杰（中国农业科学院郑州果树研究所）

第 120 节　苹果蠹蛾

一、分布与危害

苹果蠹蛾［*Cydia pomonella*（L.），异名：*Laspeyresia pomonella*（L.）］属鳞翅目小卷蛾科。1953 年在我国新疆发现苹果蠹蛾，并于 1957 年在国内做了首次报道，1989 年扩散到甘肃敦煌地区，到 2010 年已经扩散到甘肃兰州以西、宁夏西部中卫、内蒙古西部阿拉善左旗、黑龙江北部东宁县及宁安县果区，国内其他地区未见报道。除东亚地区（包括中国大部、日本、朝鲜半岛）外，苹果蠹蛾在世界各苹果产区是最主要的蛀果害虫之一。苹果蠹蛾可为害苹果、梨、杏、桃、樱桃、山楂、板栗等果树。1992 年苹果蠹蛾被列入《中华人民共和国进境植物检疫危险性病、虫、杂草名录》一类名单，1995 年被农业部列入《全国植物检疫对象和应施检疫的植物、植物产品名单》，1996 年被国家林业局列入《全国森林植物检疫对象名单》。苹果蠹蛾幼虫蛀食果实，不仅降低果品质量，而且引起大量落果。1 头幼虫可以蛀食多个果实，在新疆防治差的果园，蛀果率常达 50% 以上。

二、形态特征

成虫：体长 8mm，翅展 19～20mm，全体灰褐色并带紫色光泽，雄虫色深，雌虫色浅。复眼深棕褐色，单眼周围黑色，中间发黄色亮光。前翅臀角处有一深褐色、椭圆形纹，有 3 条青铜色条纹，其间显出 4～5 条褐色横纹，翅基部颜色为浅灰色，中部颜色最浅，杂有波状纹。后翅黄褐色，前缘呈弧形突出。触角为简单丝状，不到前翅前缘之半。雄蛾前翅反面中区有 1 个大黑斑，后翅正面中部有 2 个深褐色的长毛刺，仅有 1 根翅缰。雌蛾前翅反面无黑斑，后翅正面无长毛刺，有 4 根翅缰（彩图 11-120-1，1）。

卵：扁平椭圆形，长 1.1～1.2mm，宽 0.9～1.0mm，中部略隆起，表面无明显花纹。初产时半透明，随后发育成黄色和红色。

幼虫：初龄幼虫黄白色，老熟幼虫体长 14～18mm，头黄褐色，体多为淡红色，前胸气门瘤上有 3 根毛，前胸气门最大，椭圆形，其次为第八节气门，其余大致相等，近乎圆形。腹足 4 对，趾钩为单序缺环。臀板色浅，无臀栉（彩图 11-120-1，2）。

蛹：黄褐色，体长 7～10mm，复眼黑色，后足及翅均超过第三腹节而达第四腹节前端，第二至七腹节背面均有两排刺，前排粗大，后排细小，第八至十腹节背面仅有 1 排刺。气门缘片突起。

三、发生规律

苹果蠹蛾在新疆 1 年发生 2～3 代，在正常气候条件下，3 个世代成虫发生高峰分别出现在 5 月上旬、7 月中、下旬和 8 月中、下旬，第一代为害期在 5 月下旬至 7 月下旬，第二代为害期在 7 月中旬至 9 月上旬。在伊犁完成 1 代需要 50d 左右。在甘肃张掖地区、敦煌地区 1 年可发生 3 代，世代重叠现象明显。各地发生代数的差异和当地温湿度关系密切，在 15～31℃条件下，苹果蠹蛾各阶段发育历期随温度的升高而缩短，但是当温度达 34℃时，苹果蠹蛾发育速率变慢，各阶段发育历期出现较为明显的延长现象，各虫态的死亡率大幅增加，已接近苹果蠹蛾存活的上限；苹果蠹蛾卵、幼虫、蛹和整个未成熟期的发育起点温度分别为 10.64℃、10.68℃、9.33℃和 10.41℃，有效积温分别为 75.46℃、293.57℃、147.63℃和 508.86℃，说明温度对苹果蠹蛾生长发育有显著的影响，高温对苹果蠹蛾的生长发育具有明显的抑制作用。

苹果蠹蛾常以老熟幼虫在老树皮下、粗枝裂缝中、空心树干中和根际树皮下做茧越冬。当春季日均气温高于 10℃时，苹果蠹蛾越冬幼虫开始化蛹，但持续时期较长。当日均气温为 16～17℃时，越冬代成虫羽化进入高峰期。

成虫有趋光性，雌蛾羽化后 2～3d 即可交尾，白天潜伏于叶片背面和树干背光面，黄昏至清晨交尾，交尾时间不等，有的 2h，最长达 4.5h，交尾后 2～4d 为雌虫产卵期；卵散产，每雌产卵 40 粒左右，最多可达 140 粒。产卵具有明显的选择性，从树种上看，苹果、沙果树产卵多于梨树，果树品种不同其产卵量也不同，梨树中以酥梨最多，苹果梨、锦丰梨、乌酒香次之，鸭梨上产卵很少，对梨树叶片和果实的产卵选择性表现为第一代成虫在幼果上的产卵量显著高于叶片上的产卵量，第二代成虫则在叶片上的产卵量极显著高于果实上的产卵量，叶片上的卵主要分布于叶背面。

初孵幼虫先在果面上四处爬行，寻找适合的蛀入处蛀入果内，蛀入时不吞食咬下的果皮碎屑，而将其排出蛀孔外。幼虫多从沙果的腹部、香梨的萼洼处、杏果的梗洼处蛀入。幼虫蛀果为害并偏食种子，有转果为害的习性，从三龄开始脱果转果为害，同时一个果实也有几头幼虫为害的现象。苹果蠹蛾幼虫属兼性滞育昆虫，即使在最有利的温度、光周期条件下，总有部分幼虫进入滞育，第一代部分幼虫即有滞育现象，滞育虫各地 1 年仅完成 1 代。前期果实较硬时，初孵幼虫多从萼洼或梗洼蛀入，后期果实肉质松软时，从果面蛀入，并向外排出虫粪，老熟幼虫脱果后由枝干爬向树皮下做茧化蛹。

苹果蠹蛾喜干厌湿，生长发育的最适相对湿度为 70%～80%，但田间相对湿度对成虫的交配和产卵影响较大，在田间，大气湿度降至 35%～49%时对成虫产卵仍无影响，成虫只有在相对湿度低于 74%的条件下才产卵。

降水与苹果蠹蛾幼虫和蛹的存活、幼虫化蛹和蛹的羽化以及成虫的存活有密切关系。降雨能明显降低田间卵量、幼虫存活率和蛀果率。浸水时间越长，降雨强度越高，降雨次数越多，老熟幼虫和蛹的死亡率越高，而越冬代老熟幼虫的化蛹率和蛹的羽化率越低。

苹果蠹蛾是短日照昆虫，光周期是直接引起成熟幼虫滞育的主要因素。长日照或长日照加高温可以阻止滞育的发生，打破滞育必须经过低温处理。

有关专家综合分析认为，苹果蠹蛾在新疆、甘肃、内蒙古、宁夏、陕西、山西、河北、北京、天津、山东、辽宁具有广泛的适生分布区，其中，西北的甘肃陇东苹果主产区，陕西关中地区及黄土高原苹果主产区，宁夏，山西中部，河南西部与陕西山西交界地区，河北北部，山东丘陵晚熟苹果优势产区，辽宁西部及内蒙古中部为最佳适生区。

四、防治技术

（一）加强检疫

苹果蠹蛾是世界性蛀果害虫，为了防止幼虫或蛹随蛀果运出疫区传播，应加强产地检疫，杜绝有虫果外运。苹果蠹蛾的整个世代几乎都在同一株寄主植物的周边完成，交配行为常常在寄主植物上发生，成虫也很少活动至距寄主 50m 之外的区域，因此，苹果蠹蛾被认为是一种活动能力很弱的昆虫，除少数个体能飞行数千米以外，大部分个体并不具备很强的飞行能力，一般认为该虫主要通过果品及其包装物随运输工具远距离传播，除鲜果外，杏干也是传带苹果蠹蛾的重要载体，加强对此类产品的管理与检疫，是防止苹果蠹蛾蔓延的主要途径和有效措施。

熏蒸：使用溴甲烷熏蒸虫果的处理效果比较理想，带虫苹果 2.2℃ 以下低温储藏 55d 后，在 10℃ 条件下用溴甲烷（56g/m³）熏蒸 2h，没有苹果蠹蛾的卵和幼虫存活。

辐射：通过使用 ⁶⁰Co 辐照处理发现，10 万 rad 以下辐照 100% 为活虫，29 万～30 万 rad 辐照后 100% 死亡。

其他方法还有低氧空气或混合气体处理、高温低氧或低温冷藏处理等运用的比较多，取得了比较好的效果。

（二）生物防治

昆虫性信息素是昆虫分泌的雌雄间联系的信息物质，苹果蠹蛾性信息素主要成分为 E，E - 8，10 -十二碳二烯-1-醇，目前可以使用人工合成的性诱剂防治苹果蠹蛾，主要采用监测、诱杀和干扰交配 3 种方式。

使用性诱剂诱捕器测报：常用三角形板式胶黏诱捕器或水盆式诱捕器，一般用于测报可以每个果园挂 4 个诱捕器，间隔 100m 挂 1 个，挂在树冠 1.8m 的高度背阴处，在害虫发生期每周检查 1 次诱蛾量，观察到成虫羽化高峰期即可喷药防治，使用水盆诱捕器，水中要加 1/1 000 的洗衣粉，降低表面张力。试验发现，含 1.25mg 信息素的诱芯诱蛾量最高，当诱芯信息素含量高于 5mg 或低于 0.5mg 时诱蛾量均明显下降。通过信息素监测可了解苹果蠹蛾发生盛期，把握防治适期。

使用迷向剂防治：迷向法防治苹果蠹蛾在国外已经有了大量成功应用的实例，但是当越冬代虫口密度达到每公顷 1 000 头以上时，单一应用迷向法很难将苹果蠹蛾控制在经济阈值以下，必须辅助以其他防治措施才能起到较好的防治效果。通过试验，使用含有苹果蠹蛾性诱剂 120mg/根的胶条迷向剂，每公顷悬挂 1 000 根左右，在苹果开花初期挂在树冠上部，能够有效控制苹果蠹蛾整个生长季为害，在处理时可以在果园周围加大迷向剂密度，果园中心区减少使用剂量，可以获得良好的防治效果。通过对苹果和梨挥发物的研究发现，其中，法尼烯与梨酯对苹果蠹蛾雌、雄虫均有很强的引诱作用，开发双性引诱剂前景广阔。

也可在成虫产卵初期开始释放赤眼蜂，每 667m² 释放 2 万～3 万头松毛虫赤眼蜂，间隔几天再释放 1 次，共释放 12 万头左右，对苹果蠹蛾有一定的控制作用。

（三）化学防治

加强虫情测报，在成虫产卵期喷药，可喷施 2.5% 溴氰菊酯乳油 2 000～3 000 倍液、2.5% 高效氯氟氰菊酯乳油 4 000～5 000 倍液、3% 高渗苯氧威乳油 3 000 倍液、40% 毒死蜱乳油 2 000～2 500 倍液。发生严重的果园，在每代成虫发生高峰期需要对果品外运的基地，更应加强防治，科学用药。

（四）其他防治方法

套袋：苹果、梨套袋可提高果品的质量，也是防治苹果蠹蛾的有效方法，套袋时期一般在苹果、梨生理落果后 1 个月。

清洁田园：果树休眠期及早春发芽之前，刮下老树皮或使用药剂涂抹树干；及时检查并摘除所有虫果，清理落果和田间枯枝落叶等一切可能为苹果蠹蛾提供越冬场所的设施；在落果树下撒施毒土等均可有效消灭准备越冬的幼虫。

设立诱捕带：诱捕带于每年 5 月中旬至 8 月上旬设立，用宽 15～20cm 的瓦楞纸、长麦草或粗麻布在距地面 40cm 以上主干部分及主要分枝绑缚果树，当年 6 月中、下旬及 10 月果实采收之后取下绑缚材料，集中销毁。

物理诱杀：利用苹果蠹蛾趋性，可使用黑光灯、频振式杀虫灯或糖醋液对苹果蠹蛾进行诱杀。

释放不育昆虫：试用 ^{60}Co-γ 射线照射处理雄蛾，获得不育雄蛾，释放到果园与正常雌蛾交尾后，造成不育后代，达到铲除苹果蠹蛾的目的。

陈汉杰（中国农业科学院郑州果树研究所）

第 121 节 绣线菊蚜

一、分布与危害

绣线菊蚜（*Aphis citricola* van der Goot）属半翅目蚜科，别名苹果黄蚜，俗称腻虫、蜜虫。以前将此虫的学名误定为苹果蚜（*Aphis pomi* de Geer）。此虫分布极其普遍，在我国北起黑龙江、内蒙古，南至台湾、广东、广西。国外日本、朝鲜、印度、巴基斯坦、澳大利亚、新西兰、非洲、北美、中美均有分布。其寄主有苹果、沙果、桃、李、杏、海棠、梨、木瓜、山楂、山荆子、枇杷、石榴、柑橘、绣线菊、榆叶梅等多种植物。绣线菊蚜以成虫和若虫刺吸新梢和叶片汁液，常以大量的成蚜、若蚜群集在新梢上和叶片背面为害（彩图 11-121-1，1、2），使新梢生长受阻，新梢叶片全部卷缩，严重时也可布满幼果表面为害果实（彩图 11-121-1，3），影响幼果正常生长发育，同时由于蜜露污染而诱发煤污病，影响果实的外观和品质。由于化学农药的使用量不断加大，果园生态平衡被破坏，害虫抗药性增强，致使绣线菊蚜为害日趋猖獗，并逐渐成为各地苹果园的顽固性害虫。

二、形态特征

无翅孤雌胎生蚜：体长 1.6～1.7mm，宽约 0.95mm。体近纺锤形，黄色、黄绿色或绿色。头部、复眼、口器、腹管和尾片均为黑色，口器伸达中足基节窝，触角显著比体短，基部浅黑色，无次生感觉圈。腹管圆柱形，向末端渐细，尾片圆锥形，生有 10 根左右弯曲的毛，体两侧有明显的乳头状突起，尾板末端圆，有毛 12～13 根（彩图 11-121-1，4）。

有翅胎生雌蚜：体长 1.5～1.7mm，翅展约 4.5mm，体近纺锤形，头、胸、口器、腹管、尾片均为黑色，腹部绿色、浅绿色、黄绿色，复眼暗红色，口器黑色，伸达后足基节窝，触角丝状，6 节，较体短，第三节有圆形次生感觉圈 6～10 个，第四节有 2～4 个，体两侧有黑斑，并具明显的乳头状突起。尾片圆锥形，末端稍圆，有毛 9～13 根（彩图 11-121-1，4）。

卵：椭圆形，长径约 0.5mm，初产浅黄色，渐变黄褐、暗绿，孵化前漆黑色，有光泽（彩图 11-121-1，5）。

若蚜：鲜黄色，无翅若蚜腹部较肥大、腹管短，有翅若蚜胸部发达，具翅芽，腹部正常。

三、发生规律

（一）生活史及生活习性

绣线菊蚜属于留守式害虫，全年留守在一种或几种近缘寄主上完成其生活周期，无固定转换寄主现象。1 年发生 10 多代，以卵在枝杈、芽旁及皮缝处越冬。翌春寄主萌动后越冬卵孵化为干母，4 月下旬于芽、嫩梢顶端、新生叶的背面为害 10d 即发育成熟，开始进行孤雌生殖直到秋末，只有最后 1 代进行两性生殖，以无翅产卵雌蚜和有翅雄蚜交配产卵越冬。为害前期因气温低，繁殖慢，多产生无翅孤雌胎生蚜；5 月下旬快速繁殖，虫口密度明显提高，开始出现有翅孤雌胎生蚜，并迁飞扩散；6 月繁殖最快，麦收前后达到高峰，大量蚜虫群集于嫩梢、嫩芽以及叶背，致使叶片向叶背横卷，嫩梢是蚜虫繁殖发育的有利条件。麦收后，果园周围麦田天敌大量迁移到果园内，使得果园内天敌数量突增，对绣线菊蚜的控制能力也大大增强。此外，6 月下旬以后，随着气温的升高、雨季的到来，同时春梢也停止生长并逐渐老化，田间蚜量急剧下降，7～9 月田间蚜量尽管有所波动，但此期蚜量明显不及春季，且各果园差异较大，一般不需要防治。9 月下旬至 10 月上旬，田间蚜量有所增加，但以有翅成蚜为主。10 月下旬至 11 月上旬陆续产生雌、雄性蚜，并交尾、产卵、越冬。

（二）温、湿度对绣线菊蚜的影响

据国外有关资料报道，绣线菊蚜的发育起点温度为 5℃，当温度在 35℃以上持续时间较长时，绣线菊蚜不能存活。25℃左右为其最适温度。干旱对绣线菊蚜的发育与繁殖均有利，如果夏至前后降雨充足、雨势较猛，会使虫口密度大大下降。

（三）食料对绣线菊蚜的影响

绣线菊蚜具有趋嫩性。取食多汁的新芽、嫩梢和新叶，发育与繁殖速度均快。当群体拥挤、营养条件太差时，则发生数量下降或开始向其他新的嫩梢转移分散。因此，苗圃和幼龄果树发生常比成龄树严重。绣线菊蚜对品种也具有选择性，国光、红玉受害较重，而花红等果树品种则受害较轻。

在同一品种（金冠）不同树龄（三至五年生、八至十年生、十五至十六年生）上的系统调查结果表明，该蚜种群数量消长动态有较大差异。在三至五年生幼龄树上，春季为害高峰期持续时间长，蚜梢率达 91.2%～97.5%，单梢蚜量 316～772 头，6 月其种群数量虽有明显下降，但下降幅度为 63.6%～81.7%；秋季为害高峰出现早，持续时间长，蚜量大。在八至十年生盛果初期树上，春季为害高峰与幼树上相近，6 月种群数量下降幅度为 83.6%～92.7%，秋季为害高峰出现晚，持续时间也稍短。在十五至十六年生盛果期树上，绣线菊蚜只有显著的春季为害高峰，但高峰期蚜量及持续时间均不及幼树和初果期树。初步分析认为，这种差异与不同树龄的新梢生长动态密切相关，幼树新梢生长旺盛，春、秋梢分化不明显，盛果初期苹果树春梢分化显著，6 月新梢停止生长；而盛果期苹果树春梢生长明显而秋梢不明显甚至不抽发，而蚜虫本身仅喜为害生长旺盛的幼嫩组织，这必然造成在不同树龄上的种群动态出现明显差异。

（四）天敌对绣线菊蚜的影响

自然界中存在不少蚜虫的天敌，如龟纹瓢虫（*Propylea japonica*）、异色瓢虫（*Harmonia axyridis*）、东亚小花蝽（*Orius sauteri*）、卵形异绒螨（*Allothrombium ovatum*）、叶色草蛉（*Chrysopa phyllochroma*）、大草蛉（*Chrysopa pallens*）、日本通草蛉 [*Chrysoperla nipponensis*（Okamoto），旧称中华草蛉（*Chrysopa sinica*）] 以及一些寄生蜂和食蚜蝇，这些天敌对抑制蚜虫的发生具有重要的作用，应加以保护利用。

严毓骅和段建军（1988）、王大平（2001）以及魏永平等（2011）研究表明，在苹果园保留夏至草或间作苜蓿、三叶草、白花草木樨、百脉根等可提高天敌昆虫的多样性，有助于发挥天敌昆虫的作用。他们认为果园地面有益植被增加了生物多样性，形成了有利于天敌而不利于害虫的生态环境，地面有益植被上寄生有大量非经济昆虫的植食性类群，为果园天敌类群的形成和大量增殖提供了丰富的替代食物。有益植被自身又是天敌最佳交配产卵场所及适宜的栖息环境和躲避场所，大量增殖的天敌，可由地面植被向树冠上迁移，发挥天敌对果树害虫的自然控制作用，地面有益植被可谓具有很大容量的天敌源库，调节着树上节肢动物种群密度，降低了害虫种群密度的平衡位点，使其不易造成危害。

在我国中南部地区，麦收后麦田的瓢虫大多转移到果园，成为抑制蚜虫发生的主要因素，可以很快压低果园内绣线菊蚜的种群数量。此时应减少果园喷药，以保护这些天敌。

四、预测预报

（一）蚜梢率调查

春季从 5 月初开始，随机 5 点取样调查果园内主栽苹果品种树 5 棵，每棵树按东、西、南、北抽取 20 个枝条，检查枝梢上的蚜虫，计算蚜梢率。如果蚜梢率超过 45%，需要评价捕食性天敌的数量和作用再做防治决策；当蚜梢率达到或者超过 60% 时，应尽快采取措施进行防治，特别是受害严重的幼树应加强春季防治。

（二）天敌调查

结合果园内蚜虫消长调查，分别记载嫩梢上天敌的种类和数量，掌握天敌发生情况。

五、防治技术

（一）化学防治

1. 在果树休眠期，结合防治苹果全爪螨、介壳虫等害虫，喷洒 97％矿物油乳剂 100～150 倍液，对越冬卵有较好效果。

2. 喷药防治　在果树生长期，当虫口密度较大而天敌较少时，可喷施 10％吡虫啉可湿性粉剂 20～25mg/kg、20％啶虫脒可湿性粉剂 12～15mg/kg、200g/L 丁硫克百威乳油 50～66.67mg/kg，或 2.5％溴氰菊酯乳油 10～16.7mg/kg 等药剂进行防治。

3. 输液或药剂涂干　对水源较远，取水喷药困难的果园，可用注干法或输液法注入吡虫啉或噻虫嗪等内吸性杀虫剂，依树株大小斟酌注入剂量。用药量不宜过大，以免造成落叶或药害。

（二）生物防治

应充分利用天敌的自然控制作用。在正常气候下，没有药剂干扰，蚜虫不致成灾。果园周围有麦田时，小麦蜡熟期至收获时，麦田大量的瓢虫、草蛉等蚜虫天敌向果园转移，也可在短期内控制其为害，因此，尽量避免在麦田天敌向果园大量迁移时用药。

王勤英（河北农业大学）

第 122 节　苹果瘤蚜

一、分布与危害

苹果瘤蚜（*Ovatus malisuctus* Matsumura，异名：*Myzus malisuctus* Matsumura）属半翅目蚜科，又名卷叶蚜虫。在我国大部分地区、日本、朝鲜有分布。除为害苹果外，还为害海棠、沙果、梨等。成蚜、若蚜群集叶片、嫩芽吸食汁液，受害叶边缘向背面纵卷成条筒状，叶面凸凹不平。被害重的新梢叶片全部卷缩，渐渐枯死。树上被害梢一般是局部发生，只有受害重的树才全树新梢卷缩（彩图 11-122-1）。

二、形态特征

无翅胎生雌蚜：体长 1.5mm 左右，纺锤形，体暗绿色。头黑色，额瘤明显，复眼红褐色，触角 6 节，比体短，除第三、四节的基半部淡绿色或淡褐色外，其余全为黑色。胸、腹部背面各节均有黑色横带。尾片圆锥形，黑褐色，有细刚毛 3 对。腹管黑褐色，长圆筒形，末端稍细。有翅胎生雌蚜体长 1.6mm 左右，头部额瘤明显，口器、复眼、触角均为黑色；触角第三节有圆形感觉孔约 22 个，第四节有 8 个。头、胸部黑色，腹部暗绿色，翅透明，背面腹管以前各节有黑色横纹。腹管和尾片黑褐色。

卵：长椭圆形，长约 0.5mm，黑绿色，具光泽。

无翅若蚜：体淡绿色，似无翅胎生蚜；有翅若蚜胸部发达，有暗色翅芽，体淡绿色。

三、发生规律

苹果瘤蚜 1 年发生 10 余代。以卵在一年生新梢、芽腋或剪锯口等部位越冬。翌年 4 月苹果发芽至展叶期为越冬卵的孵化期，约半个月。初孵若虫先集中在芽露绿部位取食为害。苹果展叶后即爬到小叶上为害。蚜虫逐渐发育成熟，开始进行孤雌生殖，虫口密度增大。受苹果瘤蚜为害的树，于 5 月中旬出现被害梢，受害重的叶片向下弯曲、纵卷，严重的皱缩枯死。此后，在被害叶内出现有翅蚜，到 6 月下旬有翅蚜开始向其他植物上迁飞。7 月以后，苹果园即无苹果瘤蚜为害，蚜虫在其他植物上繁殖越夏。到 10 月又产生有翅蚜飞向果园，在果树上交尾产卵，以卵越冬。苹果瘤蚜对果树的种类和品种有比较强的选择性，元帅、青香蕉、柳玉、晚沙布、醇露、鸡冠、新红玉等苹果品种及海棠、花红和山荆子受害重，国光、红玉受害轻。天敌有多种瓢虫、草蛉、食蚜蝇、寄生蜂及蜘类。

四、防治技术

药剂防治苹果瘤蚜的关键期是越冬卵孵化盛期，喷药时期在苹果萌芽至展叶期。如果喷药质量好，喷

1 次就能控制苹果瘤蚜的为害。施药种类及方法参考绣线菊蚜。

王勤英（河北农业大学）

第 123 节　苹果绵蚜

一、分布与危害

苹果绵蚜［*Eriosoma lanigerum*（Hausmann）］属半翅目绵蚜科，又名血色蚜虫、赤蚜、绵蚜等，在我国属于重要的入侵生物，也是国内、外重要的检疫对象之一。苹果绵蚜原产北美洲东部，随苗木传播至世界各地，目前分布于世界 70 多个国家和地区。在我国，1914 年该虫首先传入山东威海，1936 年吴逊三《果树害虫之初步调查》报告称，此虫在青岛农林事务所发生颇重，1951 年前后，在烟台苹果产区发生普遍。整个胶东半岛以龙口为界，往东各苹果主要产区均有此虫为害。1930 年前后在大连首次发生，1946 年以后在旅大苹果产区有逐渐扩展蔓延的趋势。进入 20 世纪 90 年代，随着全国苹果种植面积的迅速扩增，该虫在全国苹果产区迅速蔓延，到目前为止，已经分布于山东、天津、河北、山西、陕西、河南、辽宁、江苏、云南、甘肃、安徽、贵州、新疆及西藏等省（自治区、直辖市），为国内检疫对象。

苹果绵蚜在我国的主要寄主为苹果，此外，也在海棠、山荆子、花红、沙果等寄主上为害，在原产地还为害洋梨、山楂、美国榆等。苹果绵蚜以成虫和若虫集聚于剪锯口、病虫伤疤周围、主干主枝裂皮缝里、枝条叶柄基部和根部为害（彩图 11 - 123 - 1）。被害部位大都形成肿瘤，肿瘤易破裂，各虫态体表均覆盖白色绵毛状物，因此，树体有虫之处犹如覆盖一层白色棉絮，剥开后内为红褐色虫体，易于识别。根部被害，须根停止生长，吸收能力丧失，逐渐腐烂。轻则影响产量，延迟结果，重则造成全株枯死，对我国的果树生产构成严重威胁。一般果园虫株率在 10%～20%，发生严重的果园可达 70%以上。

二、形态特征

无翅胎生雌蚜：卵圆形，体长 2mm 左右，体红褐色。头部无额瘤，复眼暗红色。触角 6 节，第三节最长，为第二节的 3 倍，稍短或等于末三节之和，第六节基部有一小圆初生感觉孔。腹背有 4 条纵列的泌蜡孔，分泌白色的蜡质和丝质物，群聚在苹果树枝干上如挂棉絮。腹管环状，退化，仅留痕迹，呈半圆形裂口。尾片呈圆锥形，黑色。有翅胎生雌蚜体长较无翅胎生雌蚜稍短。头、胸部黑色，触角 6 节，第三节最长，有环形感觉器 24～28 个，第四节有环形感觉器 3～4 个，第五节有环形感觉器 1～5 个，第六节基部有环形感觉器 2 个。翅透明，翅脉和翅痣黑色。前翅中脉 1 分支。腹部白色绵状物较无翅雌虫少。腹管退化为黑色环状孔。腹部暗褐色，覆盖绵毛物少（彩图 11 - 123 - 2）。

有性雌蚜：体长 0.6～1mm，淡黄褐色。触角 5 节，口器退化。头部、触角及足为淡黄绿色，腹部赤褐色。有性雄蚜体长 0.7mm 左右，体淡绿色。触角 5 节，末端透明，无喙。腹部各节中央隆起，有明显沟痕。

卵：长径约 0.5mm，椭圆形，中间稍细，由橙黄色渐变褐色。

若蚜：分有翅与无翅两型。幼龄若虫略呈圆筒状，绵毛很少，触角 5 节，喙长超过腹部。四龄若虫体形似成虫。

三、发生规律

（一）生活史及生活习性

苹果绵蚜的生活周期复杂，在不同地区生活周期型存在差异。在北美，营异寄主全周期生活，原生寄主为美国榆（*Ulmus americana* L.），次生寄主以苹果属（*Malus* Mill.）植物为主，以卵在榆树的粗皮裂缝中越冬，翌年早春越冬卵孵化为干母，在榆树上繁殖 2～3 代以后，产生有翅蚜，迁移至苹果树上为害，行孤雌胎生繁殖，至秋末再产生有翅蚜，迁回榆树，产生有性雌蚜和雄蚜，交尾后产卵越冬。在亚洲和欧洲等地区，因缺乏美洲榆树，苹果绵蚜营不全周期生活，全年生活在苹果树上，以一至二龄若蚜在苹果树上越冬。

苹果绵蚜在我国 1 年发生 13～21 代。山东青岛地区调查结果显示，苹果绵蚜一般以一至二龄若虫越冬为主，占越冬虫态的80％以上，其他虫态很少见。因为一、二龄若虫身体小，易于隐蔽在树皮裂缝或其他绵蚜尸体下，故可躲避冬季寒风的袭击，死亡率较低。越冬部位多在枝干的粗皮裂缝内、瘤状虫瘿下，特别是腐烂病刮口边缘以及透翅蛾和天牛等为害的伤口处较多，其次在剪锯口及根部的不定芽上。翌年4月气温达9℃左右时，越冬若虫开始活动，5月上旬气温达11℃以上时开始扩散至一至二年生枝条的叶腋、嫩芽基部为害，以孤雌胎生的方式大量繁殖无翅雌蚜。5月下旬至7月上旬为全年繁殖高峰期。此时枝干的伤疤边缘和新梢叶腋等处都有蚜群，被害部肿胀成瘤。7～8月气温较高，不利于绵蚜繁殖，同时寄生性天敌日光蜂的数量剧增，种群数量下降。9月下旬以后气温降至适宜温度，日光蜂和其他天敌数量减少，苹果绵蚜数量又回升，出现第二次为害高峰。在全年生长季节内，还出现两次有翅胎生雌蚜，第一次在5月下旬至6月下旬，数量不多，第二次在8月底至10月底，数量较多，这些有翅雌蚜起到近距离传播的作用。秋季有翅蚜只产生雌、雄性蚜，但是在田间并未发现过越冬卵，仅在室内饲养的情况下得到过有性蚜的卵。究竟秋季有翅蚜是否向其他地方转移，产越冬卵，至今尚未明确。进入11月，气温降至7℃以下时，若蚜陆续越冬。

苹果绵蚜还为害根部，浅层根上蚜量大，深层根上数量较少。根部受害形成根瘤，使根坏死，影响根的吸收功能。一般沙土地果园，苹果绵蚜为害根部严重。

苹果绵蚜田间近距离传播靠自身爬行、有翅蚜迁飞，或借风力传播，或附着在农事工具上或靠剪枝、疏花疏果等农事操作而人为扩散。远距离传播主要通过苗木、接穗、果实及其包装物、果箱、果筐等的异地运输，这是苹果绵蚜的主要传播方式，特别是带虫的苗木和接穗，因虫体小而又无明显的绵毛，不易被发现，再加上缺乏严密的检查和处理，成为远距离传播的主要途径。

（二）气象因素对苹果绵蚜的影响

苹果绵蚜的发生与气象关系密切，其发生与温、湿度关系最为密切。据调查，多雨年份要比少雨年份绵蚜发生严重。在同一个时期，多雨年份苹果绵蚜的发生量为少雨年份的29.5倍。另一方面，温度对苹果绵蚜发育的影响主要表现为：在15～28℃条件下，苹果绵蚜发育历期随着温度的上升逐渐缩短，发育速度加快。在15℃下，完成1代需29.03d，而在28℃下，完成1代仅需10.72d。在25℃条件下，苹果绵蚜的产仔量最高，1头无翅孤雌蚜平均可产仔30.23头（5～95头），之后随温度上升，产仔量反而下降。

（三）天敌对苹果绵蚜的影响

天敌也是影响苹果绵蚜发生的一个重要因素。7～8月，苹果绵蚜数量减少，除与气温的因素相关外，其天敌苹果绵蚜蚜小蜂（日光蜂）[Aphelinus mali (Haldeman)]对它的控制也是一个主要原因，寄生率在50％～90％，但4～5月是苹果绵蚜蚜小蜂对苹果绵蚜的控制空缺时期。广谱性杀虫剂对日光蜂的影响较大，在某些地区日光蜂的控制作用较低，与田间广谱性化学农药的使用有关。研究表明，毒死蜱对日光蜂的毒性最高，除虫菊酯和乙酰甲胺磷次之，啶虫脒较低，印楝素对蛹羽化的有害程度中等，但对成虫的毒害较轻微。

另外，瓢虫、草蛉等也是苹果绵蚜的天敌，同样对苹果绵蚜的发生具有一定的控制作用。

（四）果树品种对苹果绵蚜的影响

已知苹果绵蚜寄主有苹果、沙果、海棠、山荆子、山楂、梨、李和花红等，其中，以苹果受害最为严重。苹果品种间受害程度的差异，因栽培管理不同及其他病虫害的影响而有所不同。据日本早年报道，苹果品种中美夏、红玉等抗虫性较弱，红魁、柳玉等抗性较强。我国青岛观察的结果与此大致相同，以红富士、祝光、花皮、黄魁、红玉、大国光和红香蕉等品种受害较重，虫株率高，而金帅、小国光、乔纳金、新红星和青香蕉等品种受害较轻，虫株率较低。调查中发现，寄主植物树龄越大，苹果绵蚜发生为害越重，树龄在21年以上的虫株率达到87.36％。

四、防治技术

由于苹果绵蚜繁殖力强，且潜伏在粗皮裂缝等处，药剂不易接触虫体。因此，应加强果园田间管理，抓住关键防治时期，采取"剪除虫枝，枝干为害处涂抹药泥，刮除越冬场所的老翘皮，生长期喷药防治，根部灌药控制"配套技术。重点抓好冬季、花前和花后的防治，彻底压低虫源基数。

（一）加强检疫

建立苹果苗木、接穗繁育基地，提供健康的苗木和接穗；对苗木、接穗和果实实施产地检疫和调运检疫，严禁从苹果绵蚜疫区调运苗木、接穗。发现苗木和接穗有虫时，用80％敌敌畏乳油1 500倍液浸泡苗木、接穗2～3min，或用溴甲烷熏蒸处理苗木、接穗及包装材料。

（二）农业防治

加强果园管理。果树休眠期刮除粗翘皮和伤疤，并用药泥涂抹。同时剪下受害枝条，用预先准备好的塑料布或袋子及时收集，集中烧毁。

（三）化学防治

1. 树干和主侧枝上的伤疤涂药泥　春季群聚蚜扩散以前（4月中旬以前），使用40％毒死蜱乳油200倍药泥涂抹苹果绵蚜群集越冬处。

2. 树上喷药　少量发生时最好挑治，蚜株率30％以上时需全园防治。可在越冬若虫出蛰盛期（4月中旬）和第一、二代绵蚜迁移期（5月下旬至6月初）各防治1次。可选用40％毒死蜱乳油200～250mg/kg、22.4％螺虫乙酯悬浮剂60～80mg/kg、5％啶虫脒可湿性粉剂16.7～25mg/kg等药剂。在施药中喷雾必须均匀周到，尤其要喷透枝干的伤疤、缝隙处。

3. 根部施药　苹果绵蚜发生较重的果园，于4～5月若虫变成蚜时，在果树发芽前将树干周围1m以内的土壤扒开，露出根部，每株树撒施5％辛硫磷颗粒剂2～2.5kg土覆盖，撒药后再覆盖原土或用钉耙搂一遍，杀灭根部苹果绵蚜。也可结合雨后或灌溉后，选用40％毒死蜱乳油600～800倍液地表细致喷雾，再中耕浅锄1次，药效可达一个多月。在5～6月和9～10月绵蚜发生高峰期用10％吡虫啉可湿性粉剂800～1 000倍液灌根也有一定的效果。

（四）注意保护利用自然天敌

苹果绵蚜的天敌有日光蜂、七星瓢虫、龟纹瓢虫、异色瓢虫、各类草蛉和食蚜蝇等，为保护利用天敌，喷药时要尽量选择毒性小的药剂如啶虫脒等。还可以通过在苹果园种植黑麦草、三叶草和紫花苜蓿，使果园植被多样化，改善生态环境，增加天敌数量。田间调查表明，果园生草是控制苹果绵蚜发生为害的一项关键技术措施。

王勤英（河北农业大学）

第 124 节　黑绒鳃金龟

一、分布与危害

黑绒鳃金龟（*Serica orientalis* Motschulsky，异名：*Maladera orientalis* Motschulsky）属鞘翅目绢金龟科，又称东方绢金龟、黑绒金龟子、天鹅绒金龟子、东方金龟子。

黑绒鳃金龟在我国分布于黑龙江、吉林、辽宁、内蒙古、北京、河北、山西、河南、陕西、宁夏、青海、山东、江苏、浙江、安徽、江西、福建、台湾、贵州等省（自治区、直辖市），国外朝鲜、日本、俄罗斯、蒙古有分布。黑绒鳃金龟食性杂，可食149种植物。成虫最喜食杨、柳、榆、刺槐、苹果、梨、桑、杏、枣、梅、向日葵、甜菜等的叶片。

黑绒鳃金龟幼虫一般危害性不强，仅在土内取食一些植物根。成虫主要食害寄主的嫩芽、新叶及花朵，尤其嗜食幼嫩的芽叶，且常群集暴食，所以，幼树受害更为严重，严重时常将叶、芽食光，尤其对刚定植的树苗、幼树威胁很大。谢成君等（1990）对宁夏新垦区黑绒鳃金龟的调查发现，黑绒鳃金龟通常和其他金龟种类混合发生，一般种群数量达15～30头/m²，对幼苗为害率达20％～30％；严重田块种群数量达70～110头/m²，对幼苗为害率达70％以上。2010—2012年，国家苹果产业技术体系保定综合试验站在河北省顺平县南神南村推广种植的66.7hm²矮砧密植苹果，遭受黑绒鳃金龟的发生猖獗为害。调查中发现1棵树上种群数量少则15头左右，多则上百头，幼树的嫩芽、叶片可被啃成光秆，严重影响苹果幼树的正常生长发育。

二、形态特征

成虫：为小型甲虫，体长7～10mm，宽4～5mm，卵圆形，前狭后宽；黑褐色，体表具丝绒般光泽。

触角 10 节，赤褐色。鞘翅上各有 9 条浅纵沟纹，刻点细小而密，侧缘列生刺毛（彩图 11 - 124 - 1）。

卵：椭圆形，长 1.1～1.2mm，乳白色，光滑。

幼虫：老熟幼虫乳白色，体长 14～16mm，头宽 2.5mm。头部前顶毛每侧 1 根，额中毛每侧 1 根。触角基膜上方每侧有 1 个棕褐色伪单眼，由色斑构成。腹毛区中间的裸露区呈楔形，腹毛区的后缘由 20～26 根锥状刺组成弧形横带，横带的中央有明显中断（彩图 11 - 124 - 2）。

蛹：体长 8mm，黄褐色，头部黑褐色，复眼朱红色。

三、发生规律

黑绒鳃金龟 1 年发生 1 代，以成虫在土中越冬，翌年 4 月中旬出蛰，4 月末至 6 月上旬为发生盛期。5 月中旬产卵，6 月中旬出现初孵幼虫，8 月初三龄幼虫入土化蛹，9 月上旬成虫羽化后在原处越冬。

成虫有假死性和趋光性，多在傍晚或晚间出土活动，白天在土缝中潜伏。根据在幼龄果林中的观察，黑绒鳃金龟在 16：30 左右开始起飞，17：00 左右开始爬树，17：30 开始取食幼芽和嫩叶，24：00 左右开始下树，钻进地面树叶里，然后进入土壤约 10cm 的深度。18：00～20：00 数量最多，最多可达 48 头/株，平均 30～40 头/株，雌雄交尾呈直角形，交尾盛期在 5 月中旬。雌虫产卵于 15～20cm 深的土壤中，卵散产或 5～10 粒集于一处，每头雌虫产卵 30～100 粒。

5 月中旬至 6 月上旬为卵期，卵历期为 20～22d。

6 月中旬出现孵化幼虫，幼虫完成 3 龄共需 80d 左右。幼虫在土中取食腐殖质及植物嫩根。老熟幼虫在 30～45cm 深的土层中化蛹。

8 月中旬开始化蛹，8 月下旬为化蛹盛期，蛹存在于较深的土层中，蛹期为 10～12d。蛹羽化的成虫原地越冬。

黑绒鳃金龟卵、幼虫和成虫的存活率与土壤含水量呈二次曲线关系，当土壤含水量为 18％ 左右时，存活率最高，土壤含水量过高或过低对黑绒鳃金龟不利，会使存活率下降，因此，不同地势、地形的田块该虫的发生量不同。

黑绒鳃金龟的发生与土壤理化性状呈显著性相关，土壤松散、沙粒较多、黏粒较少、有机质含量较少的沙壤土环境适宜该虫的大发生。

春季，当土层解冻到 20～30cm 以下时，越冬成虫即逐渐上升。在气温高于 10℃ 时，开始出土活动。出土高峰前多有降雨，故有雨后集中出土的习性。

黑绒鳃金龟天敌较多，有多种益鸟、青蛙、刺猬、步行虫等捕食性天敌；大斑土蜂、臀钩土蜂、金龟长喙寄蝇、线虫和白僵菌、绿僵菌等多种寄生生物。

四、防治技术

（一）震树捕杀法

根据黑绒鳃金龟的假死性和群居为害特性，在成虫为害期间，选择温暖无风的傍晚 18：00～20：00，在成虫为害明显的树下铺上塑料薄膜，采取人工震落捕杀的方法，捕杀成虫。

（二）糖醋液诱杀

根据成虫飞翔能力强的特性，采用糖醋液诱杀，在成虫发生期间，将配好的糖醋液装入罐头瓶内，悬挂在树上（每 667m² 挂 10～15 只糖醋液瓶），引诱成虫飞入瓶中，集中杀灭。糖醋液配方为红糖 5 份、醋 20 份、白酒 2 份、水 80 份。

（三）土壤药剂防治

利用成虫的入土习性，地面喷洒农药，浅锄土中，效果很好。可用 50％ 辛硫磷乳油 500 倍液喷洒树盘；或每 667m² 撒施 5％ 辛硫磷颗粒剂 5kg，农药与干细土或河沙按 1：1 比例拌匀后撒施。

（四）树上喷药防治

成虫发生量大时，树上及时喷药防治。喷施 50％ 马拉硫磷乳油 800～1 000 倍液、50％ 辛硫磷乳油 1 000～1 200 倍液或 48％ 毒死蜱乳油 1 500～2 000 倍液，均有良好的效果。

陈汉杰（中国农业科学院郑州果树研究所）

第 125 节　铜绿丽金龟

一、分布与危害

铜绿丽金龟（*Anomala corpulenta* Motschulsky）属鞘翅目丽金龟科，又名铜绿金龟子、铜绿异丽金龟、青金龟子、淡绿金龟子。在我国东北、华北、华中、华东、西北等地均有发生。寄主有苹果、沙果、花红、海棠、杜梨、梨、桃、杏、樱桃、核桃、板栗、栎、杨、柳、榆、槐、柏、桐、茶、松、杉等多种植物，以苹果属的果树受害最重。幼虫主要取食地下的树根，发生严重时可以使整个植株死亡。成虫取食叶片，常造成大片幼龄果树叶片残缺不全，甚至全树叶片被吃光。

二、形态特征

成虫：体长 15～22mm，椭圆形。前胸背板发达，密生刻点，铜绿色，小盾片色较深，有光泽，两侧边缘淡黄色。鞘翅铜绿色，色较浅，上有不明显的 3～4 条隆起线。胸部腹板及足黄褐色，上着生有细毛。复眼深红色，触角 9 节。鳃浅黄褐色，叶状。足腿节和胫节黄色，其余均为深褐色，前足胫节外缘具两个较钝的齿，前足、中足大爪分叉，后足大爪不分叉（彩图 11-125-1）。

卵：椭圆形至圆形，长 1.5～2.0mm，表面光滑，初为乳白色，后为淡黄色。

幼虫：老熟幼虫体长 30～40mm，头宽 5mm 左右，C 形。头部黄褐色，体乳白色。臀节肛腹板两排刺毛列相交错，每列由 10～20 根刺毛组成。

蛹：为长椭圆形，体长 18～20mm，宽 9～10mm，为裸蛹。初期为浅白色，后渐变为淡褐色，羽化前为黄褐色。

三、发生规律

（一）生活史及生活习性

铜绿丽金龟每年发生 1 代，多数以三龄幼虫在地下越冬，少数以二龄幼虫开始地下越冬。第二年春季随着气温回升，土壤解冻后，越冬幼虫开始向上移动，5 月中旬前后继续为害一段时间，取食农作物和杂草的根部，然后老熟幼虫做土室化蛹，预蛹期约 12d。6 月初成虫开始出土，为害严重的时间集中在 6 月至 7 月上旬。7 月以后，虫量逐渐减少，为害期约 40d。成虫多在 18：00～19：00 飞出进行交配，20：00 以后开始为害，直至凌晨 3：00～4：00 飞离果树重新到土中潜伏。成虫喜欢栖息在疏松、潮湿的土壤中，潜入深度一般为 7cm 左右。成虫有较强的趋光性，以 20：00～22：00 灯诱数量最多。成虫也有较强的假死性。成虫活动最适温度 25℃，相对湿度 70%～80%，夜晚闷热无雨时活动最盛。成虫于 6 月中旬产卵于果树下的土壤内或大豆、花生、甘薯、苜蓿等地里，雌虫每次产卵 20～30 粒，7 月出现新一代幼虫，取食寄主植物的根部，10 月上、中旬幼虫在土中开始下潜越冬。铜绿丽金龟在各地生活习性略有不同，但具体差异并不大。

（二）虫源基数对铜绿丽金龟种群的影响

铜绿丽金龟是国内外公认的较难防治的土栖性害虫，在我国也是地下害虫的优势种之一，例如，幼虫可造成花生果空壳，严重减产，一般地块减产 20% 左右，重发地块减产达 50%，甚至 80% 以上。但对苹果的威胁主要表现在成虫对幼龄果树叶片的啃食上。因此，对幼龄果园来讲，周围农田及果园间作作物如果是铜绿丽金龟幼虫的适宜寄主（如豆类、花生、甘薯等），并且疏于防治，将极大地提高成虫发生数量，增大对果树的防治压力。

（三）气候条件对铜绿丽金龟种群的影响

铜绿丽金龟卵、一龄幼虫、二龄幼虫、三龄幼虫、整个幼虫期、蛹、成虫以及全世代的发育起点温度分别为 (11.9 ± 0.6)℃、(10.0 ± 0.6)℃、(10.1 ± 0.6)℃、(4.1 ± 0.5)℃、(4.5 ± 0.5)℃、(10.4 ± 0.2)℃、(9.1 ± 0.7)℃、(6.9 ± 0.5)℃。相应的有效积温分别为 (128.4 ± 5.1)℃、(353.4 ± 14.7)℃、(374.0 ± 15.4)℃、$(3\ 139.8 \pm 91.3)$℃、$(4\ 132.5 \pm 112.8)$℃、(168.6 ± 2.3)℃、(526.2 ± 24.6)℃、$(4\ 587.0 \pm 146.8)$℃。铜绿丽金龟幼虫生活在土壤中，对土壤湿度要求适中，土壤含

水量（绝对含水量）18％～20％是幼虫的最适生长土壤条件。当土壤含水量低于 10％时，幼虫的食量减少，体重减轻，随着含水量的减少，持续 5d 以上时，幼虫死亡。当土壤含水量高于 25％时，土壤形成泥泞状态，造成土壤中氧气缺乏，不利于幼虫的生长，从而造成死亡。

（四）寄主植物对铜绿丽金龟种群的影响

营养条件对铜绿丽金龟幼虫的生长发育有很大影响，因此，充足适口的食料是保证铜绿丽金龟幼虫种群生长繁殖的基本条件。多次试验表明，玉米嫩根是幼虫的最适食料，其次为马铃薯块茎等。苹果园地面植被的管理制度及周围农田的种植模式对铜绿丽金龟的发生有着重要影响。

（五）天敌对铜绿丽金龟种群的影响

铜绿丽金龟幼虫的致病微生物有苏云金芽孢杆菌（*Bacillus thuringiensis*，简称 Bt）、白僵菌（*Beauveria* spp.）、绿僵菌（*Metarhizium* sp.）、黏质沙雷氏杆菌（*Serratia marcescens*）以及昆虫病原线虫异小杆科线虫。

四、防治技术

利用成虫的假死性，于傍晚成虫开始活动时震动树枝，捕杀成虫；利用成虫的趋光性，在 20：00～23：00，用黑光灯诱杀成虫。成虫发生量大时，树上及时喷药，喷施 50％辛硫磷乳油 1 000～1 200 倍液或 48％毒死蜱乳油 1 500～2 000 倍液。

陈汉杰（中国农业科学院郑州果树研究所）

第 126 节　苹毛丽金龟

一、分布与危害

苹毛丽金龟［*Proagopertha lucidula* (Faldermann)］属鞘翅目丽金龟科，又名苹毛金龟子、长毛金龟子等。在我国河南、河北、山东、北京、辽宁、吉林等省份均有分布。早春以成虫取食苹果、山楂、梨、桃、杏等果树的嫩芽、幼叶和花朵，也为害杨、柳等林木。

二、形态特征

成虫：体长 9～10mm，宽 5～6mm，卵圆形，虫体除鞘翅和小盾片光滑无毛外，皆密被黄白色细绒毛。雄虫绒毛长而密。头、胸背面紫铜色。鞘翅茶褐色，半透明，有光泽，由鞘翅上可以透视出后翅折叠成 V 形。鞘翅上有纵列成行的细小点刻。腹部两侧有明显的黄白色毛丛，腹部末端露在鞘翅外（彩图11-126-1）。

卵：乳白色，长 1mm 左右，椭圆形，表面光滑。

幼虫：老熟幼虫体长 15～20mm。头部黄褐色，前顶有刚毛 7～8 根，后顶有刚毛 10～11 根，各排成 1 纵列。唇基片呈梯形，中部有 1 条横隆起线。胸、腹部乳白色，胸部及腹部各节皆有横皱纹。胸足细长，5 节，无腹足，无臀板。

蛹：体长 10mm 左右，为裸蛹，初期白色，后渐变为淡褐色，羽化前变为深红褐色。

三、发生规律

苹毛丽金龟 1 年发生 1 代，以成虫在土壤中越冬。在辽宁和山东果树产区，越冬成虫于 4 月上、中旬出土，4 月下旬至 5 月中旬为出土盛期，5 月下旬出土基本结束。出土早的成虫先集中于发芽早、开花早的林木如柳树、杨树等树上为害，果树发芽、开花时，则转移至杏、桃、梨和苹果上为害。成虫喜欢取食花、嫩叶，常成群集中为害，发生多时，1 个花丛上有 10 余头虫，将花蕾、花和嫩叶食光。成虫于 4 月中、下旬开始入土产卵，每头雌虫平均产卵 20 余粒，卵期 20～30d。幼虫为害植物根，经 60～70d 陆续老熟，于 7 月下旬开始做蛹室化蛹，8 月中、下旬为化蛹盛期，蛹经 15～20d，羽化为成虫，在蛹室里越冬。

成虫的出土和取食活动受湿度和风的影响较大，一般平均气温在 10℃左右时，成虫开始出土，白天上树为害，夜间下树入土潜伏；随着气温升高，15～18℃时，白天和夜间都停留在树上，一般不下树入土潜伏。早晚气温较低时，成虫不活动；中午温度升高后，成虫活动频繁，并大量取食。成虫无趋光性，有假死习性。

四、防治技术

（一）人工捕杀

在成虫发生期，利用其假死性，在清晨或傍晚摇树震落捕杀。

（二）套袋防啃食

对新栽果树，定干后套袋。所用的袋以直径 5～10cm、长 50～60cm 的塑料袋为宜。塑料袋的顶端封严后套于整形带处，下部扎严，袋上扎 5～10 个直径为 2～3mm 的小孔。待成虫盛发期过后及时取下塑料袋。试验证明，此方法能很好地防治苹毛丽金龟对新栽果树的为害。

（三）地下防治

果树萌芽前，树冠下撒施 5% 辛硫磷颗粒剂，每 $667m^2$ 3kg，或喷洒 40% 毒死蜱乳油 600～800 倍液，然后耙松表土，与药剂混合。在成虫发生期，成虫落地潜入毒土中，中毒死亡。

（四）地上防治

在果树现蕾至花含苞未放时的成虫发生盛期，树上喷布 2.5% 溴氰菊酯乳油 2 500～5 000 倍液、10% 氯氰菊酯乳油 1 000～1 500 倍液或 50% 辛硫磷乳油 1 000～1 200 倍液，均能取得很好的防治效果。

陈汉杰（中国农业科学院郑州果树研究所）

第 127 节　麻　皮　蝽

一、分布与危害

麻皮蝽［*Erthesina fullo* (Thunberg)］属半翅目蝽科，又名黄斑椿象，俗称臭大姐。麻皮蝽在我国大部分省份均有分布。食性很杂，主要寄主有苹果、梨、桃、柿子、杏、樱桃、枣等果树和泡桐、杨树、桑、丁香等树木，以梨、桃、柿子受害较重。以成虫、若虫吸食叶、嫩梢及果实汁液，梨果被害，常形成凹凸不平的畸形果，俗称疙瘩梨，受害部位变硬下陷，不堪食用；近成熟果实被害后，果肉变松，木栓化。桃、李受害，被刺伤处流胶，果肉下陷成僵斑硬化。幼果受害严重时常脱落。新梢受害，中午出现萎蔫，对产量与品质影响很大。

二、形态特征

成虫：体长 18～24.5mm，宽 8～11mm，体较茶翅蝽大，略呈棕黑色。头较长，先端渐细，单眼与复眼之间有黄白色小点，复眼黑色。触角丝状，5 节。前胸背板前侧缘前半部略呈锯齿状。前翅上有黄白色小斑点（彩图 11 - 127 - 1，1）。

卵：初产时绿白色，后变灰白色，鼓形，高 2mm，顶部有盖，周缘有刺，通常排成块状。

若虫：共 5 龄。初孵若虫近圆形，有红、白、黑三色相间的花纹，腹部背面有 3 条较粗的黑纹。老熟若虫红褐色或黑褐色，头端至小盾片具 1 条黄色或黄红色纵线，触角 4 节，黑色，前胸背板中部具 4 个横排的淡红色斑点，内侧 2 个较大，腹部背面中央具纵列暗色大斑 3 个，每个斑上有横排淡红色臭腺孔 2 个（彩图 11 - 127 - 1，2）。

三、发生规律

麻皮蝽在河北、山东、吉林等地区 1 年发生 1 代，在安徽、江西 1 年发生 2 代，以成虫在屋檐下、墙缝、石壁缝、草丛和落叶等处越冬。离村庄较近的果园受害重。在北方果区，翌年 4 月下旬越冬成虫开始出蛰活动，出蛰时间很长，可达 2 个多月。在山西太谷成虫 5 月中、下旬开始交尾产卵，6 月上旬为产卵盛期，此时可见到若虫，7～8 月羽化为成虫。至 9 月下旬以后，成虫陆续飞向越冬场所。

成虫飞翔力强，喜于树体上部栖息为害，交配多在上午，交配时间长达 3h。具假死性，受惊扰时分泌臭液，但早、晚低温时常假死坠地，正午高温时则逃飞。有弱趋光性和群集性，初龄若虫常群集叶背，二、三龄才分散活动，卵多成块产于叶背，每块约 12 粒。

四、防治技术

参考茶翅蝽。

王勤英（河北农业大学）

第 128 节　金纹细蛾

一、分布与危害

金纹细蛾 [*Phyllonorycter ringoniella* (Matsumura)，异名：*Lithocolletis ringoniella* Matsumura] 属鳞翅目细蛾科，又名苹果细蛾。分布于我国辽宁、河北、山东、山西、陕西、甘肃、安徽等省苹果产区。寄主有苹果、海棠、梨、李等果树。金纹细蛾幼虫从叶背潜食叶肉，形成椭圆形的虫斑，表皮皱缩，呈筛网状，叶面拱起。虫斑内有黑色虫粪。虫斑常发生在叶片边缘，严重时，布满整个叶片，导致落叶。20 世纪 70 年代以来，金纹细蛾在我国为害逐渐增强，20 世纪 80 年代初局部果园严重受害，80 年代末至 90 年代初已成为苹果园的主要害虫之一，1993 年大暴发。有报道指出，当田间第四代金纹细蛾叶均虫斑数达到 7～8 个时，能引起苹果落叶，此时用药防治，虽能控制住其继续为害，但受害树第二年结果量比对照减少 77.16%，减产率达 60.10%。一般认为，该虫为害严重时苹果树受害率高达 100%，叶片受害率可达 30%～93%，虫害指数在 80～90，每叶虫斑可高达 20 个以上，导致叶片提早脱落，严重影响果品的产量和质量，导致单果重下降，一般产量损失达 33.16%（彩图 11-128-1）。

二、形态特征

成虫：体长 2.5～3mm，翅展 6.5～7mm，全身金黄色，其上有银白色细纹，头部银白色，顶端有两丛金黄色鳞毛，复眼黑色。前翅金黄色，自基部至中部中央有 1 条银白色剑状纹，翅端前缘有 4 条、后缘有 3 条银白色纹，呈放射状排列。后翅披针形，缘毛很长（彩图 11-128-2，1）。

卵：扁椭圆形，乳白色，半透明，有光泽（彩图 11-128-2，2）。

幼虫：老熟时体长约 6mm，呈纺锤形，稍扁。幼龄时淡黄绿色，老熟后变黄色（彩图 11-128-2，3）。

蛹：体长约 4mm，梭形，黄褐色（彩图 11-128-2，3）。

三、发生规律

金纹细蛾 1 年发生 4～5 代，以蛹在被害的落叶内越冬。翌年 3～4 月苹果发芽开绽期为越冬代成虫羽化期。成虫喜欢在早晨或傍晚围绕树干飞舞，进行交配、产卵活动。其产卵部位多集中在发芽早的苹果品种或根蘖苗上。卵多产在幼嫩叶片背面茸毛下，卵单粒散产，卵期 7～10d，长则 11～13d。幼虫孵化后从卵底直接钻入叶片中，潜食叶肉，致使叶背被害部位仅剩下表皮，叶背面表皮鼓起皱缩，外观呈泡囊状，幼虫潜伏其中，被害部内有黑色粪便。老熟后，就在虫斑内化蛹。成虫羽化时，蛹壳一半露在表皮之外，极易识别。8 月是全年中为害最严重的时期，如果一片叶有 10～12 个斑，此叶不久必落。各代成虫发生盛期如下：越冬代 4 月中、下旬；第一代 6 月上、中旬；第二代 7 月中旬；第三代 8 月中旬；第四代 9 月下旬。

在室内自然变温条件下，金纹细蛾成虫产卵前期、卵、幼虫、蛹及全世代的发育起点温度分别为 7.5℃、5.2℃、10.4℃、11.3℃ 和 7.1℃，有效积温分别为 40.6℃、59.7℃、102.2℃、15.4℃ 和 203.1℃。

在我国，已记载的金纹细蛾寄生蜂有 8 种，其中，金纹细蛾跳小蜂（*Ageniaspis testaceipes* Raz.）、金纹细蛾羽角姬小蜂（*Sympiesis soriceicornis* Nees）和茶细蛾雕绒茧蜂（*Glyptapanteles theivorae*

Shenefelt）为优势种。它们的发生代数和发生期与金纹细蛾几乎同步，寄生蜂的自然寄生率高达20％～93％。另外，还有瓢虫、草蛉等，都是金纹细蛾的天敌，它们对金纹细蛾的发生也具有一定的控制作用。

在栽培较普遍的8个品种中，有4个品种对金纹细蛾表现出高抗，它们是短枝金冠、红星、青香蕉和金冠，而新红星、富士和国光表现为高感，秦冠居高感和高抗之间。在空间分布上，内膛明显高于外围，树冠北高于树冠南。

四、测报技术

用金纹细蛾性诱剂诱捕器监测成虫发生动态，预测防治时期。做法是将金纹细蛾性诱剂诱芯用细铁丝挂在三角形黏着式诱捕器或水盆式诱捕器上，挂于树上，高度1.3～1.5m。相互间隔50m悬挂5个，诱芯1个月更新1次。三角形黏着式诱捕器上的黏虫板诱捕蛾太多时要及时清除或更换，5～7d检查1次。水盆式诱捕器内装清水，加少量洗衣粉，液面距诱芯1cm左右，每隔1d定时查诱到的成蛾数量，记录后捞出死蛾。遇雨及时倒出多余水分，干燥时补足液面，及时更换清水，蛾高峰后7d左右喷药防治。

间隔一定距离随机选取10棵树，每棵树上至少随机选取5片叶，检查叶片上虫斑数。孙瑞红等调查推算认为，金纹细蛾在田间第一代的经济阈值是每百叶1～2头幼虫，第二代的经济阈值是每百叶4～5头幼虫；而常聚普等（2005）笼罩试验结果表明，当平均百叶虫斑数达到43个以上时，已造成5％的落叶，而百叶虫斑数21.4个尚不致落叶，因此，金矮生的经济允许受害密度应在每百叶21.4～43个虫斑，经济阈值暂定为每百叶30个虫斑。美国加利福尼亚州大学记载金纹细蛾的经济阈值为每片叶5个虫斑，如果第一代幼虫被寄生率低于10％，经济阈值定为每片叶2个虫斑。

五、防治技术

（一）果树休眠期彻底清除园内落叶

冬、春扫净落叶，焚烧或深埋，是防治关键措施。凡彻底扫净的，翌年发生轻。

（二）化学防治

发生严重的果园应重点抓第一、二代幼虫防治。根据性诱捕器诱蛾结果，蛾高峰后7d喷药防治。药剂可选喷施25％灭幼脲悬浮剂100～167mg/kg、25％除虫脲可湿性粉剂125～250mg/kg、35％氯虫苯甲酰胺水分散粒剂14～20mg/kg、240g/L虫螨腈悬浮剂40～60mg/kg或25g/L高效氟氯氰菊酯乳油14～20mg/kg。

王勤英（河北农业大学）

第 129 节　旋纹潜蛾

一、分布与危害

旋纹潜蛾（*Leucoptera scitella* Zeller）属鳞翅目潜蛾科，又名苹果潜叶蛾。在国内分布于东北、华北、华东、西北等地，国外分布于欧洲。寄主有苹果、梨、沙果、海棠、山楂等多种果树。以幼虫在叶内作螺旋状潜食叶肉，残留表皮，粪便排于隧道中，被害处由叶正面看多呈圆形旋纹状褐色虫斑，严重时一片叶上有虫斑数十处，常引起早期落叶，非越冬幼虫老熟后主要于叶上吐丝做 Z 形丝幕，两端系于叶面上，于其中化蛹。

二、形态特征

成虫：体长约2.3mm，翅展约6mm。体、前翅及足银白色，头顶具竖立的银白色毛，触角银白带有褐色，几乎与身体等长，无下唇须。前翅近端部2/5大部橘黄色，其前缘及翅端共有7条褐色纹，顶端第三至四条呈放射状，一至二条之间为银白色，三至四条和四至五条间为白色或橘黄色，在第二条和第三条短褐纹下具一银白色小斑点，翅端下方有2个大而深的紫色斑。前翅前半部具长的浅灰黄或灰白色绒毛，后翅披针形，浅褐色，具很长的白色缘毛。

卵：扁椭圆形，长 0.27 mm，宽 0.22mm，上有网状脊纹。初产卵乳白色，渐变成青白色，有光泽。

幼虫：老龄幼虫体长 5mm 左右，体扁，纺锤形，污白色。头部黄褐色，前胸盾棕褐色，中央被黄白部分纵向隔开。胴部节间稍缢缩，后胸及第一、二腹节侧面各有 1 个管状突起，上生 1 根刚毛。

蛹：长 4～5mm，体稍扁，纺锤形，为黄褐色。茧白色，梭形，上覆 Z 形丝幕。

三、发生规律

旋纹潜蛾在河北 1 年发生 3～4 代，在河南、山东 1 年发生 4～5 代，以蛹、茧在枝干缝隙处和落叶、土块等处的茧中越冬，翌年 4 月底至 5 月上旬苹果展叶期越冬代羽化成虫。成虫白天活动，喜在中午气温高时飞舞活动，夜间静伏枝、叶上不动。成虫寿命 3～12d，卵散产在较老叶片的背面。初孵幼虫从卵下方直接蛀入叶内，潜叶为害，形成虫斑。幼虫发生量大的果园，叶上虫斑累累，1 片叶上虫斑多达十几个。老熟幼虫爬出虫斑，吐丝下垂飘移，在叶背面做茧化蛹，羽化出成虫繁殖后代。最后 1 代老熟幼虫大多在枝干粗皮裂缝中和落叶内做茧化蛹越冬。各代成虫期为第一代 6 月中、下旬，第二代 7 月中、下旬，第三代 9 月上旬。6～8 月为幼虫为害盛期。

四、防治技术

（一）清洁果园

冬前或早春结合修剪，刮树皮，清理果园，集中处理园中残枝落叶及修剪下的枝条与刮的树皮，集中烧毁，可消灭部分越冬蛹。

（二）化学防治

在各代成虫盛发期可喷洒灭幼脲、氯虫苯甲酰胺、三氟氯氰菊酯等药剂，具体参见金纹细蛾。

王勤英（河北农业大学）

第 130 节 苹果小卷叶蛾

一、分布与危害

苹果小卷叶蛾［*Adoxophyes orana* (Fischer von Röslerstamm)］属鳞翅目卷蛾科，又名棉褐带卷蛾、茶小卷蛾、苹小卷叶蛾、黄小卷叶蛾、溜皮虫。苹果小卷叶蛾分布较广，辽宁、河北、山东、河南、陕西和山西等地均普遍发生，为害叶片和果实。苹小卷叶蛾幼虫吐丝缀连叶片，潜居缀叶中食害，新叶受害严重。果实稍大时常将叶片缀连在果实上，幼虫啃食果皮及果肉，形成残次果（彩图 11 - 130 - 1）。幼虫有转果为害习性，一头幼虫可转果为害桃果 6～8 个。在桃、苹果、梨、山楂各种水果混栽的情况下，桃受害最重，在桃系列品种中，油桃受害重于毛桃。目前，苹果小卷叶蛾已上升为许多果区的一大主要害虫，不仅发生面积大，而且个别果园受害严重。

二、形态特征

成虫：体长 6～8mm，翅展 13～23mm，淡棕色或黄褐色。体黄褐色，前翅长方形，有 2 条深褐色斜纹，形似 h，外侧比内侧的细。雄成虫体较小，体色稍淡，前翅有前缘褶（前翅肩区向上折叠）（彩图11-130-2，1）。

卵：扁平，椭圆形，淡黄色，数十粒至上百粒排成鱼鳞状（彩图 11 - 130 - 2，2）。

幼虫：老熟幼虫体长 13～15mm。头黄褐色或黑褐色，在侧单眼区上方偏后具一黑斑。前胸背板淡黄色，体翠绿色或黄绿色。头明显窄于前胸，整个虫体两头尖。幼虫性情活泼，一遇震动常吐丝下垂。第一对胸足黑褐色，腹末有臀栉 6～8 根。雄虫在胴部第七、八节背面具 1 对黄色肾形的性腺（彩图 11 - 130 - 2，3）。

蛹：体长 9～11mm，黄褐色，腹部二至七节背面各有两排小刺（彩图 11 - 130 - 2，3）。

三、发生规律

苹果小卷叶蛾在河北1年发生3代，以二龄和三龄幼虫在果树老翘皮、剪锯口、芽鳞片内以及贴在枝条上的枯叶内等部位做一薄茧越冬。翌年春季于苹果的花芽膨大期（候平均温度达7℃以上）开始出蛰，苹果盛花期（候平均温度12～13℃）为小幼虫出蛰盛期，此时小幼虫常为害幼芽、花蕾及嫩叶，稍后卷叶为害。幼虫为害时有转叶现象，许多虫苞内无虫。5月下旬，幼虫老熟后在最后转叶中化蛹，化蛹叶常为单叶，呈饺子形。蛹期10d左右。在麦收前（6月上、中旬）越冬代成虫羽化。羽化后的成虫主要在夜晚活动，但白天也可活动。成虫产卵于叶片背面，个别也可产在果面上。卵期9～10d，于麦收后孵化。成虫产卵常与大气湿度密切相关，一般需要70%以上的相对湿度，在空气湿度低于50%时常出现遗腹卵。幼虫孵化后马上吐丝扩散，该代幼虫既可卷叶为害，又可啃食果皮。幼虫取食18～26d后

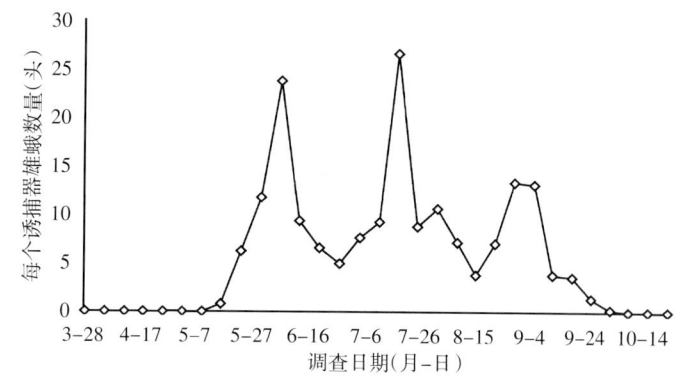

图 11-130-1　2011年河北保定苹果园内苹果小卷叶蛾雄蛾发生动态
（引自王勤英，2011）

Figure 11-130-1　The male adult dynamic of *Adoxophyes orana* in Baoding，Hebei apple orchard in 2011（from Wang Qinying，2011）

化蛹，蛹期7～8d，7月下旬至8月上旬发生第一代成虫。第二代成虫于8月下旬至9月上旬发生。第三代小幼虫于9月上旬以后发生，取食一段时间后越冬（图11-130-1）。

成虫白天很少活动，常静伏在树冠内膛阴处的叶片上或叶背上，夜间活动。成虫有较强的趋化性和微弱的趋光性，对糖醋液或果醋趋性甚烈，有取食糖蜜的习性。卵产于叶面或果面较光滑处。幼虫很活泼，触其尾部即迅速爬行，触其头部会迅速倒退。有吐丝下垂的习性，也有转移为害的习性。老熟幼虫在卷叶内化蛹，成虫羽化时，移动身体，头、胸部露在卷叶外。成虫羽化后在卷叶内留下蛹皮。雨水较多的年份发生严重，干旱年份发生量少。

四、测报技术

用苹果小卷叶蛾性诱剂诱蛾测报。做法是将苹果小卷叶蛾性诱剂诱芯用细铁丝挂在三角形黏着式诱捕器或水盆式诱捕器上，挂于树上，高度1.3～1.5m。相互间隔50m悬挂5个，诱芯1个月更新1次。三角形黏着式诱捕器上的黏虫板黏虫太多时要及时更换，5～7d检查1次。水盆式诱捕器内装清水，加少量洗衣粉，液面距诱芯1cm左右，每隔1d定时查诱到的成蛾数量，记录后捞出死蛾。遇雨及时倒出多余水分，干燥时补足液面，及时更换清水，蛾高峰后开始喷药防治。

五、防治技术

（一）生物防治

1. 人工释放松毛虫赤眼蜂　用苹果小卷叶蛾性诱剂诱捕器监测成虫发生期和数量消长。自诱捕器中出现越冬成虫之日起，第四天开始释放赤眼蜂，一般每隔6d放蜂1次，连续放4～5次，每公顷放蜂约150万头，卵块寄生率可达85%左右，基本可以控制其为害。

2. 用生物制剂防治苹果小卷叶蛾　一代幼虫发生初期，选用8000IU/mg苏云金杆菌悬浮剂200倍液喷雾防治。

（二）人工摘除虫苞
苹果落花后，经常检查，发现虫苞及时摘除。

（三）果实套袋
果实套袋技术可起到保护果实不被啃食的作用，减轻果实被害率，提高商品率。

(四) 化学防治

1. 涂干 在冬春刮除翘皮后，可用石硫合剂或石灰液对树体主干、剪锯口、环剥口进行涂刷，进一步杀灭越冬幼虫。

2. 喷药防治 苹果小卷叶蛾药剂防治应抓住 3 个时期：一是越冬代幼虫出蛰期（现蕾前），此期是全年防治苹小卷叶蛾的重点，抓住这次防治，可有效地降低后期的防治压力及成本；二是第一代幼虫孵化期（6 月下旬）；三是第二代幼虫孵化期（7 月下旬至 8 月上旬）。在一至二龄幼虫未卷叶前，选用 20% 虫酰肼悬浮剂 100～133mg/kg、240g/L 甲氧虫酰肼悬浮剂 48～80mg/kg、80% 敌敌畏乳油 400～500mg/kg、50g/L 虱螨脲乳油 20～50mg/kg 等。卷叶后，用 3% 甲氨基阿维菌素苯甲酸盐微乳剂 7.5～10mg/kg 喷雾防治，可有效控制其为害。

王勤英（河北农业大学）

第 131 节 黄斑卷叶蛾

一、分布与危害

黄斑卷叶蛾〔*Acleris fimbriana* (Thunberg)〕属鳞翅目卷蛾科，又名黄斑长翅卷蛾、桃卷叶蛾。在我国各地均有发生，主要为害苹果、桃、杏、李、山楂等果树，在苗圃及苹果与桃、李等果树混栽的幼龄果园发生较多。幼虫吐丝连接数叶，或将叶片沿主脉间正面纵折取食，藏于其间为害，药物防治很难见效，常造成大量落叶，影响当年果实质量和来年花芽的形成（彩图 11-131-1）。

二、形态特征

成虫：体长 7～9 mm。夏型翅展 15～20 mm，体橘黄色；前翅金黄色，散生有银白色鳞片，翅面上有竖立的鳞片数丛；后翅灰白色，复眼灰色。冬型翅展 17～22mm，体色深褐，前翅暗褐色或暗灰色，后翅比前翅颜色略淡，复眼黑色（彩图 11-131-2，1）。

卵：扁椭圆形，长约 0.8mm，淡黄白色，半透明，近孵化时表面有一红圈。

幼虫：老熟时体长 22 mm，初龄幼虫体为乳白色，头部、前胸背板及胸足均为黑褐色。二至三龄幼虫体呈黄绿色，头、前胸背板及胸足仍为黑褐色。四至五龄幼虫头部、前胸背板及胸足变为淡绿褐色。老熟幼虫化蛹前体呈黄绿色（彩图 11-131-2，2）。

蛹：体深褐色，长 9～11mm，头顶端有一角状突起，基部两侧各有 2 个瘤状突起。蛹在卷叶内，羽化后部分蛹壳裸露于卷叶外。

三、发生规律

黄斑卷叶蛾 1 年发生 3～4 代。以冬型成虫在杂草、落叶上越冬。翌年 3 月下旬苹果花芽萌动时越冬成虫即出蛰活动，天气晴朗温暖时，成虫活动交尾，于 4 月上旬在枝条上和芽的两侧产第一代卵。每头雌蛾产卵约 200 粒，卵期 19～20d。5 月上旬幼虫大量出现，初孵化幼虫多为害嫩芽，二、三龄后取食嫩叶。第二至三代卵多产于叶片上，以老叶背面为多。第一代成虫发生期为 6 月上旬，第二代为 7 月下旬至 8 月上旬，第三代为 8 月下旬至 9 月上旬，第四代在 10 月发生，为越冬成虫。在自然情况下，以第一代各虫期发生比较整齐，是防治的好时机，以后各代互相重叠，给防治造成一定困难。成虫分冬型与夏型，两型颜色不同。成虫白天活动，晴暖天气下很活跃。活动适宜温度为 20～30℃，气温过高或过低，成虫均不活动。春、秋两季成虫多在 10：00～18：00 活动，夏季多在 4：00～12：00 及 19：00～24：00 活动。成虫趋光性弱，抗寒能力强。大多在白天羽化，羽化后当日即可交尾。交尾后当日或翌日即可产卵。卵散产，越冬代成虫的卵主要产在枝条上，少数产在芽的两侧和基部。其他各代卵主要产在叶片上，以叶背为主，极少数产在枝条和叶柄上。成虫产卵有选择性，一般都产在老叶上，很少产在枝梢新叶上。越近基部的老叶着卵越多。第一代卵孵化后，幼龄幼虫先为害花芽，果树展叶后即为害枝梢嫩叶，吐丝卷叶，取食叶肉及叶片，有果时啃食果实。幼虫行动较迟缓，有转叶为害习性，每蜕一次皮则转移一次。

四、防治技术

（一）农业防治
冬季清理果园杂草、落叶，集中处理，消灭越冬成虫。

（二）人工防治
为害期定期摘除苗圃和幼树上的虫苞。

（三）化学防治
喷药防治的关键时期为第一、二代卵孵化盛期，即 4 月上、中旬和 6 月中旬。使用药剂参见苹果小卷叶蛾。

王勤英（河北农业大学）

第 132 节　顶梢卷叶蛾

一、分布与危害

顶梢卷叶蛾（*Spilonota lechriaspis* Meyrick）属鳞翅目卷蛾科，又称顶芽卷叶蛾、芽白小卷蛾。分布于我国吉林、辽宁、河北、陕东、山西、陕西、甘肃等地，主要为害苹果、海棠、梨、桃等。顶梢卷叶蛾幼虫专害嫩梢，吐丝将数片嫩叶缠缀成虫苞，并啃下叶背茸毛做成筒巢，潜藏入内，仅在取食时身体露出巢外（彩图 11-132-1）。顶梢卷叶团干枯后，不脱落，易于识别。

二、形态特征

成虫：体长 6～8mm，全体银灰褐色。前翅前缘有数组褐色短纹；基部 1/3 处和中部各有 1 条暗褐色弓形横带，后缘近臀角处有一近似三角形的褐色斑，此斑在两翅合拢时并成一菱形斑纹；近外缘处从前缘至臀角间有 8 条黑褐色平行短纹（彩图 11-132-2，1）。

卵：扁椭圆形，乳白色至淡黄色，半透明，长径 0.7mm，短径 0.5mm。卵粒散产。

幼虫：老熟时体长 8～10mm，体污白色，头部、前胸背板和胸足均黑色。无臀栉（彩图 11-132-2，2）。

蛹：体长 5～8mm，黄褐色，尾端有 8 根细长的钩状毛。茧黄色，白绒毛状，椭圆形。

三、发生规律

顶梢卷叶蛾 1 年发生 2～3 代。以二、三龄幼虫在枝梢顶端卷叶团中越冬。早春苹果花芽展开时，越冬幼虫开始出蛰，早出蛰的主要为害顶芽，晚出蛰的向下为害侧芽。幼虫老熟后在卷叶团中做茧化蛹。在 1 年发生 3 代的地区，各代成虫发生期为：越冬代 5 月中旬至 6 月末，第一代 6 月下旬至 7 月下旬，第二代 7 月下旬至 8 月末。每头雌蛾产卵 6～196 粒。多产在当年生枝条中部的叶片背面多茸毛处。第一代幼虫主要为害春梢，第二、三代幼虫主要为害秋梢，10 月上旬以后幼虫越冬。

四、防治技术

顶梢卷叶蛾防治应以人工防治为主，药剂防治为辅。原因一是顶梢卷叶蛾主要为害幼树，对盛果期苹果树产量和质量均无影响；二是在顶梢卷叶蛾为害时，形成拳头状团，且干枯不落，极易发现；三是卷叶紧密，药剂防治难以奏效。具体方法为芽萌动前彻底剪除虫枝梢，集中烧毁；生长季节随时剪除虫梢或捏死卷叶蛾的幼虫。

王勤英（河北农业大学）

第 133 节　苹掌舟蛾

一、分布与危害

苹掌舟蛾〔*Phalera flavescens*（Bremer et Grey）〕属鳞翅目舟蛾科，又名苹果天社蛾、苹果舟蛾，俗称舟形毛虫。分布比较广泛，在我国北京、黑龙江、吉林、辽宁、河北、河南、山东、山西、陕西、四川、广东、云南、湖南、湖北、安徽、江苏、浙江、福建等地都有发生。主要寄主有苹果、梨、桃、海棠、杏、樱桃、山楂、枇杷、核桃、板栗等果树。苹掌舟蛾是苹果生长后期的食叶性害虫，幼虫四龄以前群集为害，由同一卵块孵出的数十头幼虫头向外整齐地排列在叶面上，由叶缘向内啃食，稍受惊动则纷纷吐丝下垂，四龄以后分散为害。幼虫停息时头、尾翘起，形似小船，故称舟形毛虫。当该虫发生严重而又防治不及时时，整株树的叶片会被吃光，导致树体二次发芽，损失甚为严重。

二、形态特征

成虫：体长22～25mm，体淡黄白色，前翅有不明显的浅褐色波浪纹，近基部有银灰白色和紫褐色各半的椭圆形斑纹，靠翅外缘有6个椭圆形斑，横列成带状（彩图11-133-1，1）。

卵：圆球形，直径约1mm，初产淡绿色，孵化前为灰褐色，数十粒至百余粒密集成排于叶背上（彩图11-133-1，2）。

幼虫：共5个龄期。初孵幼虫体黄褐色，体长3.8mm；二龄幼虫体长9.5mm，体淡红褐色；三龄幼虫体长18mm，体红褐色；四龄幼虫体长28.5mm，体暗红褐色；各龄幼虫头部黑褐色，有光泽。全身生有黄白色长软毛。老熟幼虫体长55mm左右，被灰黄色长毛。头、前胸盾、臀板均黑色。胴部紫黑色，背线和气门线及胸足黑色，亚背线与气门上、下线紫红色。体侧气门线上下生有多个淡黄色的长毛簇（彩图11-133-1，3、4）。

蛹：长20～23mm，暗红褐色至黑紫色。中胸背板后缘具9个缺刻，腹部末节背板光滑，前缘具7个缺刻，腹末有臀棘6根，中间2根较大，外侧2个常消失（彩图11-133-1，5）。

三、发生规律

苹果舟蛾在各地1年发生1代。以蛹在树下根部附近约7cm深的土层中越冬。河南郑州地区7～8月越冬蛹羽化为成虫。成虫夜间活动，趋光性强，产卵于中下部枝条的叶片背面，密集成块，卵期约7d。8月至9月中旬为幼虫为害期。幼虫孵出后，先群集在产卵叶上啃食叶肉，仅剩网状叶脉，后集体转移到同一枝条相邻的叶片上群集为害，头向外整齐排列成半环状，蚕食叶片边缘，仅剩主脉和叶柄，而后再转移至下一张叶片。初龄幼虫受惊后成群吐丝下垂。幼虫的群集、分散、转移常因寄主叶片的大小而异。为害梅叶时转移频繁，在三龄时即开始分散；为害苹果、梨叶时，在四龄或五龄时才开始分散，进入暴食期。幼虫白天停息在叶柄或小枝上，头、尾翘起，形似小舟，早、晚取食。幼虫的食量随龄期的增大而增加，四龄以后，食量剧增。幼虫期平均为31d左右，8月中、下旬为发生为害盛期，9月上、中旬老熟幼虫沿树干下爬，入土化蛹。

四、防治技术

（一）人工防治

低龄幼虫群居叶片正面，啃食叶片边缘，容易发现，可进行人工摘除，就地踏死。于幼虫发生期在果园中加强巡回检查，随时将其消灭在分散暴食期之前。幼虫扩散后，利用其受惊吐丝下垂的习性，震动有虫树枝，收集并消灭落地幼虫。

（二）生物防治

在卵发生期，即7月中、下旬释放松毛虫赤眼蜂灭卵，效果好。卵被寄生率可达95%以上，单卵有蜂5～9头，平均为5.9头。此外，也可在幼虫期喷洒Bt可湿性粉剂。

（三）化学防治

发生量大的果园，在幼虫分散为害之前喷洒25%灭幼脲悬浮剂1 500～2 500倍液或用触杀性强的菊酯类杀虫剂如2.5%高效氯氰菊酯乳油2 000倍液、25g/L高效氯氟氰菊酯水乳剂3 000～4 000倍液、1.8%阿维菌素乳油2 000倍液、25%灭幼脲悬浮剂1 500～2 500倍液或40%毒死蜱水乳剂1 500～2 000倍液，喷洒有虫枝，不需全树喷药。

王勤英（河北农业大学）

第 134 节　舞　毒　蛾

一、分布与危害

　　舞毒蛾（*Lymantria dispar* L.）属鳞翅目毒蛾科，又名秋千毛虫、苹果毒蛾、柿毛虫。根据其地理分布和生活习性被分为亚洲种群、欧洲种群及北美种群。欧洲种群和北美种群同属于一个亚种，即欧洲亚种［*Lymantria dispar dispar*（L.）］，主要分布于欧洲，1869 年由欧洲传入美国。亚洲种群通常被称为亚洲型舞毒蛾，主要包括两个亚种，即亚洲亚种（*Lymantria dispar asiatica* Vnukovskii）和日本亚种［*L. dispar japonica*（Mostschulsky）］，亚洲亚种主要分布于亚洲和欧洲部分地区，日本亚种主要分布于日本本州、四国、九州及北海道的南部和西部地区。我国的舞毒蛾种群为亚洲亚种，据《中国森林昆虫》对我国发生记录的总结，舞毒蛾在我国主要分布于 20°～58°N，主要分布于东北、华北、西北、华东等地，包括黑龙江、吉林、辽宁、内蒙古、陕西、宁夏、甘肃、青海、新疆、河北、山西、山东、河南、湖北、四川、贵州、江苏、台湾。寄主有苹果、柿、梨、桃、杏、樱桃等 500 多种植物。以幼虫为害叶片，该虫食量大，食性杂，严重时可将全树叶片吃光。

　　据记载，历史上我国出现过舞毒蛾局部大发生的情况，例如，1974—1976 年此虫在辽宁南部大发生，将许多蚕场的栎叶食尽，杨、柳、榆、山楂、苹果等也受到严重为害；1981 年 5 月，内蒙古绰尔林业局落叶松、白桦林舞毒蛾大面积发生，面积达 5.7 万 hm²，虫口密度最高达 300 余头/株；1987 年山东枣庄柿树虫株率为 100%，平均虫口密度高达 309 头/株，最大虫口密度竟达 1 634 头/株，造成 1987—1998 年两年柿树大幅减产，经济损失巨大；1995—1997 年 5 月，在内蒙古大兴安岭林区图里河、根河、得耳布尔林业局相继大面积发生，面积达 3 万 hm²；2006 年起东北小兴安岭大量林区受灾，2007 年 7 月中旬再次出现，但数量明显要比 2006 年少。近几年，国家林业部门对全国的舞毒蛾发生情况进行了监测，2008 年共发生 37 万 hm²，主要分布于黑龙江、内蒙古和辽宁等地，吉林、河北、山西、甘肃、四川和贵州等地也有发生。2009 年发生面积减少，共计 12 万 hm²，主要分布于辽宁、黑龙江、内蒙古、吉林和河北等地，山西、陕西、甘肃、四川和新疆等地也有发生。

二、形态特征

　　成虫：雌雄异型，雄成虫体长约 20mm，前翅茶褐色，有 4～5 条波状横带，外缘呈深色带状，中室中央有 1 个黑点。雌成虫体长约 25mm，前翅灰白色，每两条脉纹间有 1 个黑褐色斑点。腹末有黄褐色毛丛（彩图 11 - 134 - 1，1、2）。

　　卵：圆形，稍扁，直径 1.3mm，初产为杏黄色，数百粒至上千粒产在一起，呈卵块，其上覆盖有很厚的黄褐色绒毛（彩图 11 - 134 - 1，3）。

　　幼虫：老熟时体长 50～70mm，头黄褐色，有"八"字形黑色纹，体黑褐色。背线与亚背线黄褐色。前胸至腹部第二节的毛瘤为蓝色，腹部第三至八节的 6 对毛瘤为红色（彩图 11 - 137 - 1，4）。

　　蛹：体长 20～26 mm，纺锤形，红褐色。在原幼虫体表毛瘤处生有黄色短毛。臀棘末端钩状突起（彩图 11 - 134 - 1，5）。

三、生活习性

　　舞毒蛾 1 年发生 1 代，以卵在石块缝隙或树干背面洼裂处越冬，翌年苹果发芽时开始孵化，幼虫孵化后群集在原卵块上，气温转暖时上树取食幼芽。一龄幼虫昼夜生活在树上，群集叶片背面，白天静止不动，夜间取食叶片成孔洞，幼虫受惊动则能吐丝下垂，并借助风力顺风飘移很远，可达 1.6 km。幼虫从二龄开始，白天潜伏在落叶及树上的枯叶、树皮缝隙里或树下石块下，黄昏成群结队上树分散取食，至天亮时又爬回树下隐蔽场所。后期幼虫有较强的爬行及转移为害能力，能吃光树叶。雄虫蜕皮 5 次，雌虫蜕皮 6 次，均在夜间群集于树上蜕皮。幼虫期约 60d，5～6 月为害最重，6 月中、下旬陆续老熟，老熟幼虫大多爬到树下隐蔽处结茧化蛹。蛹期 10～15d，7 月成虫大量羽化，羽化后 2～3d 即可交尾。雄蛾善飞翔，日间常成群作旋转飞舞，故称之为"舞毒蛾"，雌蛾身体肥大笨重，不爱飞舞。雌蛾产卵在树干表面、主枝表面、树洞中、石块下、石崖避风处及石砾上等。每雌平均产卵量为 450 粒，每雌产卵 1～2 块，每个卵块有 300 多粒卵，上覆雌蛾腹末的黄褐色鳞毛。幼虫在卵内大约 1 个月完全形成，然后停止发育，进入滞育期。舞毒蛾雌、雄成虫均有强烈的趋光性，雄成虫有较强的趋化性（雌成虫释放的性引诱剂为顺 7，8-环氧-2-甲基十八烷）。

四、发生规律

（一）气候条件

温度、湿度、光照、风等气候因子对舞毒蛾幼虫、蛹的发育及幼虫的发生影响显著。早春温度回升快、光照好、风速低，幼虫孵化就早、快、齐，幼虫成活率高，为害严重；相反，幼虫成活率低，为害程度轻。大风易将幼虫吹走，一龄幼虫能顺风迁移，可转移 10km 以上，但在一般风力之下，幼虫多在几百米范围内顺风沉降。

（二）寄主植物

舞毒蛾食性杂、寄主广泛，初龄幼虫吐丝下垂、随风迁移，一个地方一旦发现舞毒蛾为害，将很难根除。这也是舞毒蛾成为世界性害虫的一大原因。

（三）天敌

根据国内学者记述，舞毒蛾天敌昆虫共计 6 目 19 科 91 种，其中寄生性昆虫 57 种：膜翅目姬蜂科 12 种，茧蜂科 7 种，小蜂科、姬小蜂科、跳小蜂科、蚁科各 2 种，长尾小蜂科、金小蜂科、旋小蜂科各 1 种，双翅目寄蝇科 24 种，麻蝇科 3 种。捕食性昆虫 34 种：直翅目螽斯科 3 种，网翅目螳螂科 2 种，鞘翅目步甲科 8 种，葬甲、皮蠹科各 1 种，半翅目蝽科 7 种，猎蝽科 11 种，姬蝽科 1 种。

在寄生性昆虫中，以幼虫寄生性天敌最多。在山东的研究结果表明，以舞毒蛾茧蜂为主的 4 种绒茧蜂的自然寄生率为 32.31%。在生态环境好的林区，前期幼虫被绒茧蜂等天敌自然寄生率达 43.8%。

在卵寄生性天敌中，大蛾卵跳小蜂对舞毒蛾卵的任何发育阶段都可寄生，而且能顺利地完成发育，在野外 1 个卵块的卵粒寄生率一般在 50% 以下。舞毒蛾卵平腹小蜂的寄生率平均为 19%。

在捕食性天敌中，绿喙蝽和黄褐喙蝽是两个主要天敌。我国东北地区，绿喙蝽出现期正好与舞毒蛾相吻合，可以捕食毒蛾的幼虫和蛹，对抑制舞毒蛾种群数量有一定作用。我国很多地方，舞毒蛾之所以不易猖獗成灾，与天敌的自然抑制作用有密切关系。

（四）化学农药

化学药剂作为急救手段，在舞毒蛾大发生时，起着不可或缺的作用。由于舞毒蛾属食叶性害虫，幼虫对菊酯类等触杀、胃毒性药剂比较敏感，多年来果农喜欢喷洒化学杀虫剂，因而舞毒蛾在果园的虫口密度一直很低。

五、测报技术

1. 根据舞毒蛾成虫的强趋光性，可以利用黑光灯、频振灯等对舞毒蛾发生期和发生量进行预测预报。将 20～30W 诱虫灯（近紫外），置于选定监测点附近的开阔地，高度 1.5～2.5m，灯间距 200m 以上。成虫羽化盛期前、后各 15d 开灯，每天记录诱虫量。第一，在发生期方面的应用，主要是根据当年黑光灯灯诱成虫出现的始见期加上过去历年成虫从始见期到高峰期的历期，即可预测当年成虫出现的高峰期；第二，在发生量方面的应用，可以根据当年黑光灯诱集到的成虫数量、雌蛾数量与上年同期相同状态下相比，求出种群消长趋势指数，进而判断种群动态；第三，利用长期灯诱历史资料，可以总结出舞毒蛾的长期发生趋势及其种群演变规律。

2. 利用舞毒蛾性诱剂诱捕器监测成虫。舞毒蛾性诱剂可采用桶状诱捕器、船形诱捕器（适合林区或机场、港口等环境）或黏胶板诱捕器（适合风沙小或较封闭环境），自 6 月中旬（成虫羽化前 7～10d）开始悬挂，悬挂高度 1.5～2.5m，诱捕器间距一般在 200m 以上。诱捕器应挂在不被遮挡、靠近寄主的直立支杆或树干上，避免人为干扰或损坏。每天检查诱蛾情况并记录诱捕数量，20d 更换 1 次诱芯。当每个诱捕器一昼夜诱捕量超过 20 头时，则预示着下一年度有大发生的可能。

六、防治技术

（一）人工防治

1. 利用幼虫白天下树潜伏隐蔽的习性，在树下堆石块诱集幼虫，及时消灭。

2. 舞毒蛾大发生的年份，卵一般大量集中在石崖下、树干、草丛等处，卵期长达 9 个月，可人工采集并集中销毁。

（二）物理防治

及时掌握舞毒蛾羽化始期，预测羽化始盛期，并在野外利用黑光灯或高压汞灯进行诱杀，出灯时应以 2 台以上为一组，灯与灯间的距离为 500m，可以取得较好的防治效果。在灯诱的过程中，一定要注意对灯具周围的空地喷洒化学杀虫剂，及时杀死诱到的各种害虫的成虫。

（三）生物防治

在自然条件下舞毒蛾天敌对舞毒蛾的控制力可达 80％左右，这种零成本、零污染、可持续的优秀控制力是人力所不及的，对维持生态平衡和控制舞毒蛾成灾至关重要，必须重点加以保护和利用。保护舞毒蛾天敌必须坚持以下两个基本原则：①任何人为防治措施应以不伤害舞毒蛾天敌为前提。②应坚决杜绝大范围、大空间使用广谱性杀虫剂。

（四）化学防治

大发生年份，在低龄幼虫期喷洒 25％灭幼脲悬浮剂 1 500～2 500 倍液、35％氯虫苯甲酰胺水分散剂 5 000～7 000 倍液、2.5％高效氯氰菊酯乳油 1 500～2 000 倍液、25g/L 高效氯氟氰菊酯水乳剂 3 000～4 000倍液、1.8％阿维菌素乳油 3 000～4 000 倍液、40％毒死蜱水乳剂 1 500～2 000 倍液等药剂。

王勤英（河北农业大学）
张金勇（中国农业科学院郑州果树研究所）

第 135 节　桑　天　牛

一、分布与危害

桑天牛［*Apriona germari*（Hope）］属鞘翅目天牛科沟胫天牛亚科，又名粒肩天牛、桑褐天牛。分布于我国内地除黑龙江、内蒙古、吉林、新疆、宁夏、西藏之外的 25 个省（自治区、直辖市）。桑天牛可为害苹果、柳、榆、杨、构、油桐、桑、梨、柑橘、枇杷、桃等。桑天牛成虫产卵于枝干上，产卵处被咬成 U 形伤口，幼虫在枝干内蛀食木质部，被害枝干上几个或十几个排粪孔排成一排，往外排泄虫粪，严重者致使枝干中空、易折或整枝枯死。

二、形态特征

成虫：体长 36～46mm，黑褐色，密覆黄褐色绒毛，触角 11 节，基部两节黑色，其余各节前半部黑褐色，后半部灰白色，胸部两侧各有一尖刺，鞘翅基部密布黑色光亮的颗粒状突起（彩图 11 - 135 - 1，1）。

卵：长椭圆形，长 6～7mm，淡黄色，稍弯曲。

幼虫：体乳白色，长 40～60mm，前胸特大，近方形，背面密生黄褐色刚毛和赤褐色小颗粒，并有"小"字形凹纹（彩图 11 - 135 - 1，2）。

蛹：体长约 50 mm，黄褐色。

三、生活习性及发生规律

桑天牛在长江流域及其以北地区 2～3 年发生 1 代，在广东 1 年完成 1 代，在苏北黄河故道地区 2 年发生 1 代，以幼虫越冬。老熟幼虫 5 月下旬开始化蛹，盛期、末期在 6 月中旬和 7 月上旬。成虫羽化始期、盛期、末期分别在 6 月中旬、7 月上旬和 7 月下旬。卵出现在 6 月下旬至 8 月初。卵孵始期在 7 月中旬，盛期、末期在 7 月下旬和 8 月中旬。成虫羽化后，必须在桑树、构树上啃食新枝补充营养，10～15d 后飞到不同的寄主上产卵，产卵量为数十粒至 100 余粒。成虫活动多在夜间进行，清晨和傍晚较为活跃，成虫寿命 38～45d。卵多产于二至四年生、幼树直径 1.0～2.5cm 的枝（干）和成龄树的侧枝上。卵产于枝（干）的向阳面。产卵时，成虫先将韧皮部咬一具有 3 条缝隙、长 2.0cm、宽 1.5cm 的伤痕（彩图 11-135-2）。在伤痕下的边材上啃一长圆形的产卵穴，而后将卵产入其中，每穴 1 粒。卵期 9～14d。幼虫孵出后，先沿卵穴一侧由向阳面蛀向背阴面。在韧皮部下的边材上蛀虫道 7～10cm，形成 3～4 个粪孔后，渐入心材。粪孔间距随虫龄的增长由 2.5cm 左右逐渐增加到 15～25cm。幼虫一生蛀粪孔 15 个左右，虫道长达 1.5m 以上。粪孔多在树干或侧枝背阴面排成"一"字形。排粪时幼虫肛门对准粪孔向外排粪。小幼虫粪便呈细绳状，大龄幼虫呈锯屑状。虫道宽为幼虫体宽的 2 倍，道内粪便极少。不同个体的虫道一般不交叉，幼虫在道内行动迅速，进退自如。8～12 月，幼虫由高位向低位蛀食，虫体在新粪孔以下。12 月上旬至翌年 3 月中旬越冬休眠。春季复苏，3 月底至 7 月幼虫多由低位向高位蛀食，虫体常在新粪孔以上。老熟幼虫化蛹前，以屑末堵塞虫道，在虫道中下部一侧做室化蛹，蛹期 14～18d。

桑天牛是苹果树的重要蛀干害虫，成虫羽化后，需在桑科植物（桑树、构树、柘树）上补充营养（啃食嫩枝皮），然后再飞到附近的苹果树（或毛白杨等树种）上产卵为害。若取食不到桑科植物，就不能正常孕卵和产卵，也就不会为害苹果树。

天牛卵长尾啮小蜂（*Aprostocetus fukutai*）1 年发生 2 代，以老熟幼虫在桑天牛卵内越冬。田间卵平均寄生率 24.33%，在不同的地片及不同的寄主树上，寄生率差别很大。昆虫病原线虫是专性嗜虫线虫，对人畜安全。徐洁连经多年的筛选，从山东土壤中诱集到嗜菌异小杆线虫（*Heterorhabditis bacteriophora*）8406，对桑天牛的防治效果达 90% 以上。

四、防治技术

新建苹果园时，应注意与桑科植物隔离，相距不应小于 1 000m，尤其不能以桑科植物作园篱；对成龄果园，应检查其 1 000m 周围有无零星桑科植物，如有，最好铲除，若不宜铲除，可于成虫期（6 月下旬至 8 月）在桑科植物上人工捕捉成虫，同时检查苹果树枝上有无产卵的刻槽，若发现产卵刻槽即用小刀挖除。对于已经蛀入的幼虫，用注射器将 80% 敌敌畏乳油 50 倍液注入新虫粪孔内 10mL，并用黏泥封闭。用药后应及时检查，发现新虫粪排出，应再补治。

陈汉杰（中国农业科学院郑州果树研究所）

第 136 节　枝 天 牛

一、分布与危害

枝天牛（*Linda fraternal* Chevrolat）属鞘翅目天牛科，又名丁斑瘤筒天牛、顶斑筒天牛。国内广泛分布于东北、华北和山东、江苏、安徽、江西、浙江、河南、广东、广西、福建、台湾、四川、贵州、云南等省（自治区、直辖市）。寄主植物有苹果、梨、杏、桃、梅、李、海棠、沙果等。成虫少量取食枝条嫩皮和叶，被害叶呈破碎状；幼虫将枝条蛀空，呈筒状，导致上部叶片枯黄，枝端逐渐枯死。

二、形态特征

成虫：体长 15～18mm，体宽 2～4mm，长圆筒形。头、前胸背板、小盾片和体腹面橙黄色；复眼、触角、鞘翅和足黑色。复眼分上、下两页，上页小、下页较大；头两侧在复眼上页后各有 1 个显著的黑斑，有时彼此接近或相连接。触角 11 节，较体略短，四至六节基部橙黄色，有时七、八节基部也带微黄色。触角基瘤黑斑较显著。前胸背板中区拱突，背面中央有 1 条不明显的纵脊，无侧刺突。后胸腹板两侧部分黑色。额广阔，微突，具细密刻点。鞘翅狭长，前半部刻点粗深，后端刻点细密。足短，后足腿节不超过腹部第二节。

卵：乳白色，长椭圆形，长 2mm 左右。

幼虫：体长 28～30mm，前胸背板宽 4mm，全体橙黄色。头小，褐色，大部缩在前胸内。口器黑褐色，仅唇基与上唇色较淡，额淡黄白色。前胸背板淡褐色，两侧各有 1 个斜向的沟纹，呈倒"八"字形（彩图 11 - 136 - 1）。

蛹：长 11～17mm，头顶有 1 对突起。初期淡黄色，近羽化时复眼、触角、翅芽和足成黑色。

三、发生规律

枝天牛 1 年发生 1 代，以老熟幼虫在被害枝条的蛀道内越冬，翌年 4 月开始化蛹，5 月上、中旬为化蛹盛期，蛹期 15～20d。成虫于 5 月上旬开始羽化，5 月下旬至 6 月上旬为羽化盛期，成虫白天活动取食，交配产卵始期在 5 月底至 6 月初，6 月中旬为产卵盛期。成虫多在当年生枝条上产卵，产卵前先将枝梢咬一环沟，再由环沟向枝梢上方咬一纵沟，卵产于纵沟一侧的皮层内。卵孵化后幼虫先在沟内蛀食，然后沿髓部向下蛀食，隔一定距离咬一圆形排粪孔，排出黄褐色颗粒状粪便。7～8 月，被害枝条大部分已被蛀空，成为筒状，枝条上部叶片枯黄，枝端逐渐枯死。10 月幼虫陆续老熟，在隧道端部越冬。

枝天牛只有成虫时期暴露在外，其他虫态在树皮内或木质部内。药剂不容易接触，天敌和不利的环境因素对其影响也较小，因此自然死亡率低，如不注意防治会造成较重危害。

四、防治技术

防治枝天牛应以农业防治为主。在引进苗木时，严把进苗关，消灭带虫枝条内的幼虫，控制虫源。6～7 月成虫发生期，注意调查田间成虫，发现成虫及时人工捕杀。检查产卵伤口，杀死沟内虫卵。7～8月经常检查被害枝梢，及时剪除或用注射器向蛀孔注入 80％敌敌畏乳油 100 倍液，消灭枝内幼虫，1 周后再检查 1 次，如有新虫粪即是上次漏治的，应进行补治。

陈汉杰（中国农业科学院郑州果树研究所）

第 137 节　苹果小吉丁

一、分布与危害

苹果小吉丁（*Agrilus mali* Mats.）属鞘翅目吉丁虫科，又称苹果窄吉丁、串皮虫。广泛分布于我国辽宁、吉林、黑龙江、河北、山西、宁夏、甘肃、新疆等省份，主要为害苹果、沙果、海棠、秋子核桃等果树。苹果小吉丁以幼虫在树干和枝条皮层内盘旋蛀食为害，造成椭圆形圈，使木质部同韧皮部内外分离，被害部皮层凹陷干裂、枯死。幼虫蛀食于皮层的虫道内，充满褐色虫粪，常有由通气孔溢出的红棕色胶液和胶液干涸形成的黄白色胶滴。随着幼虫长大，其为害也加剧。苹果树受害后，可引起枯枝甚至死树，特别是幼龄苹果园，受害严重时，2～3 年内可使全园幼树毁灭。据调查，若 15～20 个枝条（直径 2cm）上有 3 头幼虫蛀食为害，可引起枝条枯死；直径 15cm 的树干上，若在 20cm 长的距离内有幼虫 20 头绕周均匀蛀食，即可使全株或半数以上的主枝死亡。

二、形态特征

成虫：紫铜色，具金属光泽。雌虫体长 7～9mm，宽约 2mm，雄虫略小，体长 6～8mm。头部短而宽，复眼大，呈肾形，触角锯齿状，11 节；前胸背板横长方形，比头略宽，前胸腹板中央有 1 个突起，伸向后方与中胸愈合；腹部背板 6 节为亮蓝色；翅鞘尖削，在近端部合拢处有 2 个不明显的淡黄色绒毛斑。

卵：长约 1mm，椭圆形，初产时红白色，后渐变成黄褐色。

幼虫：体细长而扁平，长 16～22mm，乳白色，体节明显，头大，褐色，大部缩于前胸内，外面只见口器；前胸特别膨大，中、后胸较小；腹部 11 节，第一节较窄，第七节近末端特别宽，以后各节均逐节缩小，末端有 1 对褐色齿状尾刺（彩图 11 - 137 - 1）。

蛹：体长 6～10mm，纺锤形，初为乳白色，渐变为黄白色，羽化前变为黑褐色。

三、生活习性

苹果小吉丁 1～2 年发生 1 代，主要以老熟幼虫在木质部越冬，少数以幼龄幼虫越冬。翌年 5 月下旬至 6 月上旬老熟幼虫蛀入木质部做蛹室化蛹，蛹期 10～12d。成虫羽化后在蛹室停留 8～10d，并将被害皮层咬 1 个羽化孔后爬出。成虫于 6 月下旬出现，7 月中旬至 8 月上旬为盛发期。成虫寿命较长，一般为 20～30d。成虫在早、晚或阴雨天不活动，多在枝干、叶片上静伏，白天特别是中午暖和时，喜绕树飞舞。成虫有假死性，受惊动立即下坠落地。成虫需取食叶片来补充营养，但食量不大，只食叶缘，咬成许多缺刻。经过一段取食之后（10～24d）开始产卵。卵多产在枝干嫩皮上或枝上芽侧面，每处产卵 1～3 粒，卵期 10～13d。幼虫孵出后立即蛀入树干和枝条表皮为害。幼虫为害的虫道弯曲不规则，随虫龄增大幼虫往皮层深处蛀入，一直为害至 11 月中、下旬才开始越冬。

在同一地区苹果小吉丁的为害常依风向逐年发展，同一果园内成虫因飞迁力弱而呈核心分布。

四、发生规律

不同苹果品种受害程度有异，其中金冠受害最重，元帅、红富士次之。树势越弱，受害越重。受害严重时常整株死亡，甚至造成毁园。

苹果小吉丁幼虫寄生性天敌有刻柄茧蜂（*Atanycolus* sp.）、啮小蜂（*Tetrastichus* sp.）、矛茧蜂（*Doryctes* sp.）、寄生螨等。其中，刻柄茧蜂在新疆野果林林间自然寄生率最高，达到 44.74％，为优势天敌。啄木鸟能啄食苹果小吉丁幼虫和蛹。

五、防治技术

（一）加强检疫
防止苹果小吉丁随带虫苗木、接穗往其他地区传播蔓延。

（二）幼虫期防治
春季果树发芽前至秋季落叶后，在被害处（有黄白色胶滴处）涂抹煤油＋敌敌畏（1kg 煤油＋80％敌敌畏乳油 0.1kg），搅匀后用刷子涂抹，以杀死蛀入树干的幼虫。还可用注射器将药液注入蛀孔内，注后用泥堵死孔口，药剂可选用 48％毒死蜱乳油 30～50 倍液或 20％高氯·马乳油 1 000～1 500 倍液。

（三）成虫期防治
在成虫发生期，7 月中旬至 8 月上旬，向树上喷布 20％高氯·马乳油 1 000～1 500 倍液、48％毒死蜱乳油 1 500～2 000 倍液或 25％辛硫·高氯氟乳油 1 000～2 000 倍液以杀灭成虫，同时可兼杀虫卵以及刚蛀入表皮内的幼虫。

（四）人工防治
利用成虫的假死性，在 6 月下旬以后，人工敲打树干，以震落成虫进行捕杀。冬、春季节，将虫伤处的老皮刮去，用刀将皮层下的幼虫挖出，然后涂 5 波美度石硫合剂，既保护和促进伤口愈合，又可阻止其他成虫前去产卵。

陈汉杰（中国农业科学院郑州果树研究所）

第 138 节　康氏粉蚧

一、分布与危害

康氏粉蚧［*Pseudococcus comstocki*（Kuwana）］属半翅目粉蚧科，别名桑粉蚧、梨粉蚧、李粉蚧。分布于我国黑龙江、吉林、辽宁、内蒙古、宁夏、甘肃、青海、新疆、山西、河北、山东、浙江、云南等省份。寄主有苹果、梨、桃、李、杏、山楂、葡萄、柿、石榴、核桃、栗、金橘、刺槐、樟树、佛手瓜、君子兰等多种植物。以雌成虫和若虫刺吸寄主植物的芽、叶、果实、枝干及根部的汁液，嫩枝和根部受害常肿胀且易纵裂而枯死。多在果实萼洼、梗洼处刺吸果实汁液，受害果实果面常出现黄、白、红、绿不同颜色的花斑，刺吸口清晰可见，孔周围多出现红褐色或黄褐色晕圈，前期果实被害多呈畸形果，在多雨情况下常伴发煤污病，影响光合作用。随着套袋技术的进一步推广应用，苹果园康氏粉蚧的为害呈逐年上升趋势，成为为害套袋果的主要害虫，发生重的果园受害率为 40％～50％（彩图 11-138-1）。

二、形态特征

成虫：雌成虫椭圆形，较扁平，体长 3～5mm，体粉红色，表面被白色蜡粉，体缘具 17 对白色蜡丝，体前端的蜡丝较短，后端最末 1 对较长，几乎与体长相等，蜡丝基部粗，尖端略细。触角多为 8 节，末节最长，柄节上有几个透明小孔。胸足发达，后足基节上也有较多的透明小孔。腹裂 1 个，较大，椭圆形。肛环具 6 根肛环刺。臀瓣发达，其顶端生有 1 根臀瓣刺和几根长毛。雄成虫体紫褐色，体长约 1mm，翅展约 2mm，翅 1 对，透明，后翅退化成平衡棒。具尾毛。

卵：椭圆形，长约 0.3mm，浅橙黄色。数十粒集中成块，外覆薄白色蜡粉层，形成白絮状卵囊。

幼虫：初孵若虫体扁平，椭圆形，淡黄色，外形似雌成虫。

蛹：仅雄虫有蛹期，浅紫色，触角、翅和足等均外露。

三、发生规律

康氏粉蚧在北京、河北和河南等地 1 年发生 3～4 代，以卵囊在枝干皮缝或石缝土块下等隐蔽场所越冬。翌年果树发芽时，越冬卵孵化为若虫，食害幼嫩部位。第一代若虫发生盛期在 5 月中、下旬；第二代为 7 月中、下旬；第三代在 8 月下旬，世代重叠严重。若虫蜕 3 次皮即发育为成虫，雌虫历期为 35～50d，雄虫历期为 25～37d。雄若虫化蛹于白色长形的茧中。雌、雄交尾后，雌成虫即爬到枝干粗皮裂缝内或果实萼洼、梗洼等处产卵，有的将卵产在土壤内。产卵时，雌成虫分泌大量棉絮状蜡质结成卵囊，卵产在囊内，每头雌成虫可产卵 200～400 粒。

康氏粉蚧属活动性蚧类，除产卵期的成虫外，若虫、雌成虫皆能随时变换为害场所。该虫具有趋阴性，在阴暗的场所居留量大，为害较重。苹果套袋后，其成虫、若虫能通过袋口孔隙钻入果袋，而果袋内的小气候环境更有利于该虫的发生，因此套袋果实受害更严重。康氏粉蚧一代若虫多寄生在树皮裂缝及幼嫩组织处为害，在套袋苹果上为害果实的约占 30%，第二、三代若虫以为害果实为主。

四、防治技术

（一）生物防治

注意保护天敌，如瓢虫和草蛉。

（二）物理防治

从 9 月开始，在树干上束草把诱集成虫产卵，入冬后至发芽前取下草把烧毁虫卵。早春刮除老树皮、翘皮、树皮裂缝，用硬毛刷刷杀越冬卵或成虫。

（三）化学防治

在套袋果园，由于康氏粉蚧成虫、若虫均可通过袋口进入果袋为害，果袋成了其天然保护屏障，农药无法与虫体接触，致使康氏粉蚧发生加重，因此，必须在套袋前喷药防治。不论是套袋苹果还是未套袋苹果，均要重点做好 5 月中下旬的基础防治和二代若虫期的重点防治，发生重的果园，据发生情况做好三代若虫的扫残工作。搞好第二代若虫期的重点防治，是控制康氏粉蚧为害的关键。应该抓住若虫分散转移期，即苹果开花前和谢花后进行防治，喷施 20% 氰戊菊酯乳油 2 000～4 000 倍液、25g/L 高效氯氟氰菊酯水乳剂 3 000～4 000 倍液、20% 啶虫脒可湿性粉剂 6 000～8 000 倍液、40% 毒死蜱水乳剂 1 500～2 000 倍液、1.8% 阿维菌素可湿性粉剂 3 000～6 000 倍液等药剂。

陈汉杰（中国农业科学院郑州果树研究所）

第 139 节　　朝鲜球坚蚧

一、分布与危害

朝鲜球坚蚧（*Didesmococcus koreanus* Borchsenius）属半翅目蚧科，又称朝鲜毛球蚧、杏球坚蚧、桃球坚蚧。分布于我国辽宁、黑龙江、河北、河南、山东、山西、浙江、江苏、湖北、江西、陕西、宁夏、四川、云南等省份。寄主有苹果、梨、桃、李、杏、梅等果树。以若虫和雌成虫刺吸为害一、二年生枝条，初孵若虫还可爬到小枝、叶片和果实上为害，二龄以后的若虫群集固定在枝条上为害，并逐渐膨大，分泌介壳，使枝条上密密麻麻一片，枝叶生长不良，树势衰弱。

二、形态特征

成虫：雌成虫无翅，介壳半球形，横径约 4.5mm，高约 3.5mm。初期介壳质软，黄褐色，后期硬化，红褐色至紫褐色，表面无明显皱纹，体背面有纵列凹陷的小刻点 3～4 行或不成行排列。身体腹面与枝条接合处有白色蜡粉，体腹面淡红色，体节隐约可见（彩图 11 - 139 - 1）。

雄成虫介壳长扁圆形，长 1.8mm，宽 1mm，白色，隐约可见分节，两侧有两条纵条纹。介壳末端为钳状，钳形背上方各有黑褐色斑点 1 个，介壳前端也有两个黑褐色小斑点，但不及末端明显。近化蛹时，介壳与虫体分开（彩图 11 - 139 - 1）。

雄成虫体长 2mm，赤褐色，有翅 1 对，后翅退化成平衡棒。翅透明，翅脉简单。头、胸部赤褐色，3 对胸足淡棕色。腹部淡褐色，末端有 1 对白色蜡质尾毛和 1 根性刺。

卵：椭圆形，长约 0.3mm，橙黄色，近孵化时显出红色眼点（彩图 11 - 139 - 2）。

若虫：初孵时长扁圆形，全体淡粉红色，眼红色，极明显。触角 5 节，黄白色。足黄褐色，发达。体表被有白色蜡粉，腹部末端有 1 对白色尾毛。固着后的若虫体色较深，从身体两侧分泌白色丝状蜡质物覆盖于体背，因此，不易发现虫体。口器丝状。越冬后的若虫，雌、雄两性逐渐分化，体形大不相同。雌虫长椭圆形，体表有黑褐色相间的条纹；雄虫体瘦小，身体背面臀板前缘有两个大型黄白色斑纹，左右互相连接，是与雌虫的主要区别。

蛹：仅雄虫有蛹，裸蛹，体长 1.8mm，赤褐色，腹部末端有黄褐色刺突。蛹外被长椭圆形茧。

三、发生规律

朝鲜球坚蚧在辽宁、河北、山东及山西等地 1 年发生 1 代，均以二龄若虫于小枝干上越冬，并常成群在一起，固着在芽腋间及其附近或枝条表面等处，分泌白色蜡质，覆盖身体，直径在 13mm 以上的枝条很少发生。翌春 3 月上、中旬树液流动后，越冬若虫从蜡壳下爬出，固着在一年生枝条上吸食为害，3 月下旬至 4 月上旬蜕皮后若虫雌、雄逐渐分化，此后雌虫再蜕一次皮，体背逐渐膨大成球形介壳。雄虫体外覆盖一层白色蜡壳，在蜡壳内化蛹，成虫羽化盛期在 4 月下旬，羽化后即行交尾。交尾后雄虫很快死亡，雌虫继续取食，身体也迅速膨大。雌成虫于 5 月下旬产卵于体后介壳内，每头雌虫产卵 1 000～2 000 粒，并随产卵结束而干缩成空壳死亡。卵期 7d 左右，5 月下旬至 6 月上旬为孵化盛期。初孵若虫爬行活泼，在枝条上爬行 1～2d，寻找适当地点，以枝条裂缝处和枝条基部叶痕处为多。固定后，口丝插入韧皮部吸取汁液，身体逐渐长大，两侧分泌白色丝状蜡质物，覆盖体背，6 月中旬后蜡丝逐渐融化为白色蜡层，包在虫体四周，此时虫体发育极慢，雌雄难辨，越冬前蜕皮 1 次，至 10 月以二龄若虫在蜕皮下越冬。每年 4 月下旬至 5 月上旬是该虫的为害盛期，大量的若虫和雌成虫吸食树体汁液，排泄蜜露，受害枝条长势衰弱。

朝鲜球坚蚧的卵孵化为若虫，经过短时间爬行，很快就形成介壳，营固定生活。一旦形成介壳，其抗药能力开始增强，一般药剂难以进入体内。加之常规的杀虫剂只对初孵若虫有效，而虫体形成蜡质后，就无能为力，防治难度加大。另外，大多数介壳虫在树冠外围的一至二年生枝条上为害，生产中常因喷药不周到而难以达到理想的防治效果。因此，果园一旦发生朝鲜球坚蚧，就很难清除干净。

四、防治技术

根据朝鲜球坚蚧的发生特点，在防治上主要抓住两个环节，即果树休眠期的防治和生长期越冬幼虫出蛰活动爬行或初孵幼虫分散爬行时的防治。以药剂防治为主，结合人工防治和天敌的利用。

（一）人工防治

4 月中旬虫体介壳膨大期，对枝条上的介壳用手或木棒挤压抹杀。结合冬、春修剪及时剪除有虫枝条，带出田外集中烧毁。

（二）化学防治

朝鲜球坚蚧的防治应抓住两个关键时期：一是苹果树萌芽前，即惊蛰过后至芽萌动时；二是卵孵化盛期，即5月下旬至6月（当地麦收前后）。这两个时期朝鲜球坚蚧的介壳和蜡质层均未形成，虫体对药剂极为敏感，此时进行药剂防治，效果最佳。果树发芽前喷5波美度石硫合剂或3%～5%柴油乳剂防治越冬若虫；若虫孵化盛期，即可看到刚孵化的若虫从介壳的缝隙爬出，此时喷0.2～0.5波美度石硫合剂或2.5%溴氰菊酯乳油2 500～5 000倍液、20% 氰戊菊酯乳油2 000～4 000倍液、2.5%高效氯氰菊酯乳油1 500～2 000倍液等药剂。

（三）保护利用天敌

朝鲜球坚蚧的重要天敌是黑缘红瓢虫（*Chilocorus rubidus* Hope）、日本方头甲（*Cybocephalus nipponicus* Endrody - Younga）等，应尽量不喷或少喷广谱性杀虫剂。

王勤英（河北农业大学）

第 140 节　大青叶蝉

一、分布与危害

大青叶蝉［*Ciadella viridis*（Linnaeus），异名：*Tettigella viridis*（Linnaeus）］属同翅目叶蝉科，又名大绿浮尘子、青叶跳蝉。全国各地都有分布。寄主有苹果、梨、桃、李、杏等多种果树和林木，麦类、高粱、玉米、豆类、花生、薯类及蔬菜等，并取食多种杂草。成虫和若虫均可刺吸寄主植物的枝、梢、茎、叶。在果树上以成虫产卵为害。成虫于秋末以其锯状的产卵器刺破枝条表皮，呈月牙状翘起，将6～12粒卵产在其中，卵粒排列整齐，呈肾形突起。由于成虫在枝干上群集活动，产卵密度大，枝条遍体鳞伤，经冬季低温和春季风，使枝条水分丧失严重，导致抽条，严重时可导致整棵树死亡。与菜地临近的苗木和幼树尤其易于受害。

二、形态特征

成虫：体长7～10mm，体黄绿色，头黄褐色，复眼黑褐色。头部背面有2个黑点，触角刚毛状。前胸背板前缘黄绿色，其余部分深绿色。前翅绿色，革质，尖端透明，后翅黑色，折叠于前翅下。身体腹面和足黄色（彩图11 - 140 - 1）。

卵：长卵形，长约1.6mm，稍弯曲，一端稍尖，乳白色，以10粒左右排列成卵块。

若虫：共5龄，幼龄若虫体灰白色，三龄以后黄绿色，胸、腹部背面具褐色纵条纹，并出现翅芽，老熟若虫似成虫，仅翅未形成，体长约7mm。

三、生活习性

大青叶蝉1年发生3代，以卵在嫩树干和枝条的表皮下越冬。翌年4月孵化，初孵化若虫常喜群聚取食，3d后转移到蔬菜、农作物或杂草上取食，午间至黄昏时非常活跃，受惊即跳跃逃避。各代发生期大体为：第一代4月上旬至7月上旬，第二代6月上旬至8月下旬，第三代7月中旬至11月中旬，此代成虫9月开始出现。各代发生不整齐，世代重叠。成虫有趋光性，夏季很强，晚秋不明显，可能是低温所致。成虫、若虫日夜均可活动取食，产卵于寄主植物的茎秆、叶柄、主脉、枝条等组织内，以锯状产卵器刺破表皮，呈月牙形伤口，于其中产卵6～12粒，排列整齐，产卵处呈月牙形突起。每雌产卵30～70粒。该虫前期主要取食为害农作物、蔬菜及杂草，至9～10月农作物收割、杂草枯萎后，则集中转移至秋菜、冬小麦等绿色植物上为害，10月中旬第三代成虫陆续转移到果树、林木的枝条上产卵，将卵产在林木、果树幼嫩光滑的枝条和主干上越冬，卵块多集中在1～3m粗的主枝或侧枝上，10月下旬为产卵盛期，以卵越冬。

四、发生规律

果园内或周围间作的作物收获期的早晚与大青叶蝉为害幼树轻重有关。在幼树行间间作白菜、萝卜等蔬菜或晚熟的薯类，大青叶蝉虫口密度大大增加，大白菜畦中的幼树枯死率最高。而50m以外的幼树产卵伤口很少，无枯死现象。这说明大青叶蝉有集中为害的特点。

五、防治技术

（一）农业防治

幼树园避免间作大白菜、萝卜、胡萝卜、甘薯等多汁晚熟作物，如果间作这些作物，应在 9 月底以前收获。

（二）人工防治

及时清除果园杂草，最好是在杂草种子成熟前翻于树下做肥料。对越冬卵量较大的幼树，用小木棍将产于树干上的卵块压死，并于早春灌水。

（三）树干涂白

成虫产卵前在幼树主干上刷涂白剂，对阻止成虫产卵有一定作用。涂白剂的配制方法是：生石灰 25%，粗盐 4%，石硫合剂 1%～2%，水 70%，少量植物油，还可加入少量杀虫剂。

（四）灯光诱杀成虫

在夏季第一代和第二代成虫期利用灯光诱杀成虫，可以大量消灭成虫。

（五）化学防治

发生数量大时，10 月上、中旬于成虫产卵前或产卵初期喷药防治。除在树上喷药外，还应在树行间的杂草上喷药。常用药剂有 20%氰戊菊酯乳油 2 000 倍液、40%毒死蜱水乳剂 1 500～2 000 倍液、2.5%高效氯氰菊酯乳油 1 500～2 000 倍液、80%敌敌畏乳油 1 500 倍液等。

王勤英（河北农业大学植物保护学院）

第 141 节　蚱　　蝉

一、分布与危害

蚱蝉 [*Cryptotympana atrata* (Fabricius)，异名：*Cryptotympana pustulata* Fabricius] 属同翅目蝉科，俗名知了、鸣蝉、秋蝉、蜘蟟、蚱蟟、黑蝉等。我国各地都有分布。寄主有苹果、梨、桃、李、杏、樱桃等果树和榆、柳、杨等多种林木。蚱蝉成虫用锯状产卵器刺破一年生枝条的表皮和木质部，锯口处的表皮呈斜锯齿状翘起，剖开翘皮即可见卵，被害枝条干枯死亡。成虫发生量大时，被害枝条达 90%，致使大部分枝条干枯死亡（彩图 11 - 141 - 1），尤其是幼树受害后，影响树冠形成。成虫还可吸嫩枝汁液，使树势衰弱。若虫生活在土中，刺吸根部汁液。

二、形态特征

成虫体长 44～48mm，翅展约 125mm。体黑色，有光泽，被黄褐色绒毛。头小，复眼大，头顶有 3 个黄褐色单眼，排列成三角形。触角刚毛状。中胸发达，背部隆起（彩图 11 - 141 - 2，1）。

卵梭形，稍弯，长约 2.5mm，头端比尾端略尖，乳白色（彩图 11 - 141 - 2，2）。

若虫老熟时体长约 35mm，黄褐色。体壁坚硬。前足发达，适于掘土，为开掘足。

三、发生规律

蚱蝉 4～5 年发生 1 代，以卵在枝条内或以若虫在土中越冬。幼虫一生在土中生活，若虫老熟后在黄昏及夜间钻出土表，上树蜕皮羽化。6 月底老熟若虫开始出土，通常于傍晚和晚上由土内爬出，多在下完雨且柔软湿润的晚上掘开泥土，爬到树干、枝条、叶片等可以固定其身体的物体上停留，以叶片背面居多，不食不动，约经半小时或者更长时间的静止阶段后，其背部直裂一条缝，蜕皮后变为成虫。成虫刺吸树木汁液，寿命长 60～70d，7 月中旬至 8 月中旬为羽化盛期，7 月下旬开始产卵，8 月上、中旬为产卵盛期，产卵多在一至二年生的枝梢上，先用产卵器刺破树皮，插于枝条组织中，造成爪状卵孔，然后产卵于木质部内。卵孔纵斜排列，比较整齐，但少数弯曲或螺旋状排列，每卵孔有卵 6～8 粒，一枝上产卵多者达 90 粒，造成被害枝条枯死，严重发生地区，至秋末常见满树枯枝梢。越冬卵翌年 6 月孵化为若虫，并落入地下，钻入土中为害根部，秋后向深土层移动越冬，翌年随气温回暖，上移刺吸根部为害。若虫在土中生活 4～5 年，需要蜕皮 5 次才能完成发育。若虫在土壤中的垂直分布以 0～20cm 深的土层居多，占若虫数的 60％左右。有些则能达到 30cm 甚至更深。

四、防治技术

1. 人工捕捉　在老熟若虫出土始期，在果园及周围所有树干基部离地 5～10cm 处贴上一条宽 5cm 左右的塑料胶带，防止若虫上树，并于夜间或清晨前在树干下捕捉若虫或刚羽化的成虫。

2. 灯火诱杀　利用成虫较强的趋光性诱杀，夜晚在树旁点火或用强光灯照明，然后震动树枝（可爬到大树树杈上震动）。

3. 剪除枯梢　秋季剪除产卵枯梢，冬季结合修剪，再彻底剪净产卵枝，并集中烧毁。

王勤英（河北农业大学植物保护学院）

第 142 节　梨云翅斑螟

一、分布与危害

梨云翅斑螟（*Nephopteryx pirivorella* Matsumura）属鳞翅目螟蛾科，又叫梨大食心虫，简称"梨大"，是梨树的主要害虫之一。国内分布于黑龙江、吉林、辽宁、河北、河南、山东、山西、湖北、湖南、陕西、宁夏、青海、四川、云南、江西、安徽、江苏、浙江、福建、广西等省（自治区），国外分布于日本、朝鲜和前苏联。寄主有梨、杜梨、苹果和桃。

20 世纪 50 年代，梨云翅斑螟在我国大部分梨区普遍发生，梨树受害严重。1954 年在河北定县调查，梨树芽被害率达 50％，果实被害率达 48.2％；1959 年山西同川梨树花序被害率 25.3％，山东莱阳梨区果实被害率在 50％以上，河南兰考梨果实几乎无收成；1960 年在吉林延吉调查，梨芽被害率达 50％，果实被害率达 70％。此后，中国农业科学院果树研究所等单位在我国主要梨产区对梨云翅斑螟的生物学习性和发生规律进行了深入研究，提出了在幼虫出蛰后为害花芽和幼果期进行药剂防治的建议，并在广大梨产区推广应用，有效控制了梨云翅斑螟。直到 20 世纪 80 年代初期，该虫的为害程度一直处于较低水平，未能造成较大的经济损失。80 年代中期以后，在管理粗放的梨园仍有发生，有时会造成严重损失，而在管理水平较高的梨园已不多见，但仍然是值得重视的害虫之一。

二、形态特征

成虫体长 10～12mm，翅展 24～26mm，全体暗灰褐色。复眼黑色。前翅有紫色光泽，翅面上有 2 条灰白色的弯曲横带，两带中间部分为浅灰白色，边缘黑灰色。翅中央靠近前缘处有 1 个黑色肾形纹，翅外缘有 1 列小黑点。后翅灰褐色（彩图 11 - 142 - 1，1）。

卵椭圆形，稍扁。初产时为白色，近孵化时为紫褐色。

初孵幼虫头部黑褐色，身体稍显红色，稍大后变为紫褐色。老熟幼虫体长 17～19mm，深褐色，稍带绿色。越冬幼虫紫色（彩图 11 - 142 - 1，2）。

蛹体长 10～13mm，初期为碧绿色，后变为黄褐色。腹部末端有钩状臀棘 6 根，排列成行（彩图 11 - 142 - 1，3）。

三、生活习性

梨云翅斑螟以幼虫为害梨芽和果实，以低龄幼虫在被害梨芽（主要是花芽）内结灰白色小茧越冬。被害芽瘦小干缩，芽尖开裂，越冬后大部分枯死。被害芽基部有 1 个很小的蛀孔，蛀孔处堆积有细小的木屑和虫粪，说明被害芽内有幼虫，蛀孔处无虫粪的枯芽内一般无虫。翌春，梨花芽膨大，芽基部鳞片露白时，越冬幼虫从蛀入孔钻出，转移到附近已膨大的健康花芽上，从芽基部蛀入。这个时期叫转芽期。幼虫转入新芽后，在鳞片之间取食，并吐丝缠绕鳞片。花芽开绽后，被害芽的鳞片不脱落。当幼虫从鳞片向芽心蛀入后，被害芽很快枯死。被害芽枯死后，幼虫再一次转芽为害。1 头幼虫可转移为害 1～3 个花芽。幼虫转芽期是其生活史中的暴露期，亦是药剂防治的关键时期。当梨果实生长到食指盖大小时，幼虫蛀入果实为害，将果心食空后又转移到另一果实（彩图 11 - 142 - 2）。幼虫一生能为害幼果 1～4 个。被害幼果变黑，脱落。膨大的果实被害后，蛀果孔周围变黑腐烂。幼虫在果实内生长至老熟后向外咬食一个较大的孔做羽化道，同时在果柄基部用丝将果实缠绕在枝上，在果内做茧化蛹。被害果干缩，变黑，挂在树上不易脱落。蛹期 8～11d。成虫羽化后，从果实顶部的羽化道爬出。成虫白天静伏，傍晚开始活动，有趋光性，日出前交尾。成虫交尾时间可持续 1～2h，交尾后的成虫于当天下午即可产卵，以 22：00 前后产卵最多。每头雌虫产卵 40～80 粒，最多达 200 余粒。卵多产于果实萼洼处和芽腋间，少数产在短果枝上的皱缩沟内。每处产卵 1～2 粒。卵期 1d 左右。幼虫孵化后为害当年形成的花芽。1 年发生 1 代的地区，幼虫孵化后为害 2～3 个芽便开始越冬。1 年发生 2～3 代的地区，幼虫孵化后，有的先为害芽后为害果，有的直接为害果，最后一代幼虫为害芽后就直接越冬。

梨云翅斑螟各虫态发育历期因地区和世代不同而异（表 11 - 142 - 1）。

表 11 - 142 - 1 梨云翅斑螟各虫态发育平均历期（d）（引自中国农业科学院植物保护研究所，1995）

Table 11 - 142 - 1 The average duration of different developmental stages in *Nephopteryx pirivorella*（d）

（from Institute of Plant Protection，Chinese Academy of Agricultural Sciences，1995）

世代区	世代	卵	幼虫	蛹	成 虫	
					雌	雄
1	一	9.0	—	14.9	—	—
1～2	一	8.2	31.2	9.6	7.2	5.5
	二	5.5	—	—	—	—
2～3	一	5.9	24.7	8.3		
	二	5.7	—	9.1		
	三	9.0	—	—		

四、发生规律

梨云翅斑螟年发生世代数因地区不同而异，在吉林延边地区 1 年发生 1 代；在辽宁西部和河北北部 1 年发生 1～2 代；在河北中南部 1 年发生 2 代；在河南郑州 1 年发生 2～3 代。越冬幼虫出蛰时期早晚和持续时间长短因地区和发生代数不同而异。在年发生 1 代的地区，越冬幼虫于 4 月中旬至 5 月中旬出蛰，开始出蛰后 5d 进入盛期，10d 左右基本出蛰完毕；在年发生 1～2 代的地区，幼虫出蛰始期在 4 月下旬，一直延续到 6 月上旬，约 40d；在年发生 2～3 代的地区，幼虫从 4 月上旬开始出蛰，至 6 月上旬停止，其间没有集中出蛰时期。因各地气候条件的差异，可根据梨树物候期来判断越冬幼虫出蛰为害芽时期。在 1 年发生 1 代的地区，幼虫为害芽盛期在花芽萌动至开绽期；在 1 年发生 1～2 代的地区，幼虫为害芽盛期在花芽开绽期至花序分离期；在 1 年发生 2～3 代的地区，越冬幼虫的出蛰期较长，没有明显的转芽期，约有一半幼虫出蛰后直接为害果实。

越冬幼虫为害果实始、盛期因地区不同而异。1 年发生 1 代的地区，幼虫害果期在 6 月上旬至 7 月上旬，盛期在 6 月中旬；1 年发生 1～2 代的地区，幼虫害果期在 5 月上旬至 6 月中旬，盛期在 5 月下旬；1 年发生 2～3 代的地区，幼虫害果期在 4 月中旬至 5 月中旬，盛期在 4 月下旬，从害果始期到盛期只有 5d 左右。越冬幼虫害果时期可以根据幼果生长发育物候期来确定。无论是先为害芽后为害果的幼虫，还是出蛰后直接为害果的幼虫，害果时期都比较集中，均发生在梨幼果脱萼期。此期是药剂防治的又一个有利时机。

幼虫老熟后在被害果内化蛹，当幼虫化蛹率达 50％以上时，成虫开始羽化。成虫羽化从初期到盛期，各代均不超过 10d。各代区蛹和成虫发生期见表 11 - 142 - 2。

当年幼虫开始越冬时间在不同地区也有不同。在年发生 1 代的地区，幼虫开始越冬时间在 8 月中旬至 9 月下旬；在 1～2 代区为 7 月中旬至 9 月下旬；在 2～3 代区为 8 月中旬至 9 月中旬。幼虫开始越冬时间从始期到盛期一般不超过 10d。

表 11‑142‑2　不同世代区梨云翅斑螟蛹和成虫发生期

Table 11‑142‑2　The pupa and adult occurrence period of *Nephopteryx pirivorella*
in different generation regions

世代区	越冬代		第一代		第二代	
	蛹	成虫	蛹	成虫	蛹	成虫
1	7 月上旬至 8 月上旬	7 月中旬至 8 月中旬				
1～2	5 月下旬至 7 月中旬	6 月上旬至 7 月中旬	7 月中旬至 9 月上旬	7 月中旬至 9 月中旬		
2～3	5 月中旬至 6 月下旬	5 月下旬至 6 月下旬	6 月中旬至 8 月中旬	7 月上旬至 8 月中旬	8 月上旬至 9 月中旬	8 月上旬至 9 月下旬

梨云翅斑螟对梨不同品种的为害程度表现出一定差异，以汁多、脆嫩的品种受害重，如茌梨、小白酥、鸭梨等，其次是胎黄梨、面梨、香水等，果皮较厚、果肉质地坚硬的巴梨、茄梨、赤穗梨、早酥梨等则很少受害。

梨云翅斑螟的寄生性天敌昆虫主要有梨大聚瘤姬蜂（*Gregopimpla annulitasis*）、梨大长尾瘤姬蜂（*Gregopimpla* sp.）、黄眶离缘姬蜂（*Trathala flavor‑orbitalis*）、具瘤爱姬蜂〔*Exeristes roborator*（Fabricius）〕、螟黄足盘绒茧蜂（*Cotesia flavipes*）、稻苞虫赛寄蝇（*Pseudoperichata nigrolineata*）、同粉带伊乐寄蝇（*Elodia convexifrons* Zetterstedt）、亮黑伊乐寄蝇（*Elodia morio* Fallén）等。这些天敌在自然界中对梨云翅斑螟的发生有一定的控制作用，应注意保护利用。据董琳珠（2009）报道，黄眶离缘姬蜂、梨大长尾聚瘤姬蜂、具瘤爱姬蜂等 3 种寄生性天敌在宁夏梨区对梨云翅斑螟幼虫寄生率达 14.7%。

五、测报技术

1. 发生量预测　在幼虫出蛰前，在梨园调查 2%～3% 的梨树，在每株树的不同方位随机调查 50 个花芽，统计虫芽数，计算虫芽率。虫芽率达到 10% 时，即有严重发生的趋势，应注意在幼虫转芽期进行药剂防治。

2. 越冬幼虫转芽期预测　在发生量较大的梨园，在梨花芽膨大前，标记 50～100 个虫芽，每天 10：00～11：00 观察并记载幼虫出蛰情况。当幼虫出蛰率达 5% 以上时，在天气晴好的情况下可以喷药防治。

3. 越冬代成虫发生期预报　在幼虫害果期，结合摘除虫果，收集虫果 200 个，置于纱笼内，每天记录羽化成虫数量。当成虫羽化率累计达 50% 时，往后推 6～7d，即可喷药防治卵和初孵化幼虫。

六、防治技术

(一) 人工防治

在果树冬季修剪时，彻底剪掉被害花芽；在梨花序分离期，结合疏花，摘除鳞片不脱落的花序；在幼果期，及时摘除被害幼果。摘除被害果的时间宜早不宜迟，一般在果实膨大前为宜，摘果太晚，成虫已羽化飞走。将摘下的虫芽、花序和幼果集中烧毁或深埋。

(二) 化学防治

化学防治的关键时期是越冬幼虫出蛰害芽期和转果为害期。虫口密度较大的果园，幼虫开始越冬时亦是药剂防治的有利时期。在 1 年发生 1～2 代的地区，于花芽露绿至开绽期，即幼虫转芽期喷药；在 1 年发生 2～3 代的地区，化学防治的重点时期是幼虫转果期，即梨幼果脱萼期。常用药剂有 2.5% 溴氰菊酯乳油 2 000～3 000 倍液、20% 氰戊菊酯乳油 1 500～2 000 倍液、20% 氰戊·马拉硫磷乳油 2 000 倍液、10% 氯氰·敌敌畏乳油 1 500～2 000 倍液、8 000IU/mg 苏云金杆菌 200 倍液、50% 杀螟硫磷乳油 1 500～2 000 倍液。在虫口密度较大的果园，连续喷药 2 次，间隔期 10d。

冯明祥（青岛市农业科学研究院）

第 143 节 梨小食心虫

一、分布与危害

梨小食心虫 [*Grapholitha molesta* (Busck)] 属鳞翅目卷蛾科，又叫东方蛀果蛾、梨小蛀果蛾、桃折梢虫，俗称"梨小"，是世界性的果树重要害虫。梨小食心虫原产于东亚，于 1901 年被发现在日本岗山县为害，1906 年发现于澳大利亚南方，1914 年前后由日本传入美国华盛顿地区，1920 年传入加拿大。在国外的分布除上述地区以外，意大利、法国以及前苏联远东地区都有发生。目前在国内除西藏无为害的报道以外，其他地区都有分布，在梨和桃产区为害严重。寄主有梨、桃、苹果、海棠、李、杏、樱桃、梅、山楂、楂椁、木瓜、欧李、枇杷等。

梨小食心虫是我国梨和桃等果树的主要食心虫，在北美和欧洲一些果区，主要为害桃、樱桃等果树，并不是梨树的主要害虫。在我国，自从发现梨小食心虫为害果树以来，就一直是梨树上的主要果实害虫。1951—1953 年，在青岛、莱阳、砀山等地调查，梨果实受害率在 50%以上；1976—1978 年在苏北地区，梨果被害率为 20%～30%，个别果园 70%～80%；1978—1981 年，安徽砀山果园梨虫果率为 20%～30%，最高达 60%，2009 年在 50%以上；1985 年新疆塔里木垦区梨果被害率为 20%～30%；1987 年在河北廊坊梨区调查，不喷药果园虫果率达 81.6%；2008—2009 年，山西晋中地区梨小食心虫发生严重的果园虫果率 30%～40%；2008 年，赣中地区翠冠梨虫果率为 30%～40%，个别果园达 70%；2009 年在河北清县梨园调查，个别农户虫果率达 80%；2010 年，新疆库尔勒中环乡香梨虫果率为 20%～31%，砀山梨虫果率 60%～72%，受害严重的果园虫果率达 100%。目前，梨小食心虫在各地甚至不同果园之间的发生和为害程度差异很大。有些梨区实行果实套袋栽培，减轻了梨小食心虫的为害，因此，误认为梨小食心虫的为害得到了控制。根据梨小食心虫的生物学和生态学特性分析，这种为害程度的减轻只是暂时的，一旦有合适的寄主条件，梨小食心虫仍然会构成严重威胁。

二、形态特征

成虫：体长 6～7mm，翅展 13～14mm，体灰褐色。触角丝状。前翅翅面上有许多白色鳞片，翅中央偏外缘处有 1 个明显的小白点，近外缘处有 10 个小黑点，前缘有 8～10 条白色斜纹。后翅暗褐色，基部颜色稍浅（彩图 11-143-1，1）。

卵：长约 2.8mm，扁椭圆形，中央稍隆起，初产时乳白色，半透明，后渐变成淡黄色，近孵化时可见幼虫的褐色头壳（彩图 11-143-1，2）。

幼虫：低龄幼虫头和前胸背板黑色，体白色。老熟幼虫体长 10～14mm，头褐色，前胸背板黄白色，半透明，体淡黄白色或粉红色，背线桃红色，臀板上有深褐色斑点。足趾钩细长，单序，环状，腹足趾钩 30～40 个，臀足趾钩 20～30 个。腹部末端的臀栉 4～7 根（彩图 11-143-1，3）。

蛹：体长约 6mm，长纺锤形，黄褐色，腹部第三至七节背面各有 2 行短刺。蛹外包有白色丝质薄茧（彩图 11-143-1，4）。

三、生活习性

梨小食心虫以幼虫为害果树新梢或果实，根据其为害部位可将寄主分为 3 类：①为害新梢的有桃、李、杏、樱桃、杨梅、苹果、梨、海棠等。②为害果实的有梨、桃、李、杏、山楂、苹果、海棠、木瓜、枇杷、楂椁、欧李等。③为害枝干的有枇杷。由于幼虫的为害部位不同，为害症状差异很大。新梢被害后，端部叶片萎蔫，髓部被蛀空，随后干枯，蛀孔处有虫粪。桃、李、杏、樱桃等核果类果树被害新梢顶端常出现流胶。果实被害后，蛀孔不明显，周围稍有凹陷，但不变绿色。幼虫蛀果后，先在果肉浅层为害，逐渐向果心蛀食，并排粪于其中，形成"豆沙馅"。有时果面有虫粪排出。稍大的被害果后期有脱果孔，其周围变黑、腐烂，果实易脱落，不耐储藏（彩图 11-143-2）。

无论幼虫为害新梢还是为害果实，均以老熟幼虫结白色薄茧越冬。受果园立地条件和寄主的影响，幼虫的越冬部位比较复杂，主要在树干粗皮缝、主枝分杈处、吊拉树枝的草绳、根颈部、落叶或草根处、砖石缝以及土中，也有在果筐、储果库等处越冬者。幼虫越冬部位在不同地区或寄主上差异较大。在幼树园，树干光滑，无粗皮，大部分幼虫很少在树干上越冬，在老果园，因树干粗皮较多，为幼虫越冬提供了较多场所。在山西太谷梨区，约有 70％的幼虫在树干周围的土中越冬。在土中越冬的幼虫死亡率较高，干旱年份死亡率为 10％～20％，多雨年份可达 30％～60％。

各地越冬幼虫化蛹时期因地域不同而异，一般在梨树萌芽期，当连续 7d 日平均温度达到 5℃时，幼虫开始化蛹，连续 10d 日平均温度达到 7～8℃时，成虫开始羽化，连续 5d 日平均温度达到 11～12℃时，成虫进入羽化高峰。在室内对梨小食心虫各虫态发育历期的研究表明，卵、幼虫、蛹及全世代的发育起点温度和有效积温分别是 10.39℃ 和 59.84℃、9.95℃ 和 200.43℃、10.97℃ 和 140.82℃、9.80℃ 和 448.08℃。梨小食心虫属于典型的短日照滞育型昆虫，在 20℃ 条件下，诱导滞育的临界光周期为 13.75L：10.25D；在 24℃ 条件下，诱导滞育的临界光周期为 13.68L：10.32D。以 5～8 日龄幼虫接受滞育诱导光周期反应更为敏感。

雌、雄成虫比例在第一代和第二代接近 1：1，越冬代和第三、四代雌虫比例明显增加。雄虫羽化比雌虫稍早。成虫多在傍晚活动，以 17：00～20：00 活动最盛。雌成虫羽化后 1～3d 开始交尾、产卵，对糖醋液有很强的趋性，尤以越冬代最明显。雄虫一生交尾 1～3 次。成虫产卵受气温影响较大。越冬代成虫产卵适宜温度在 13.5℃ 以上，低于此温度不产卵。夏季发生的成虫，其寿命受空气相对湿度的影响较大，相对湿度在 90％时，雌成虫寿命为 6.24d，在 70％时为 5.6d，在 50％时则缩短为 4.37d。人工合成的梨小食心虫性外激素对雄成虫有很强的引诱活性。成虫产卵部位因寄主不同而异，在梨园，越冬代和第一代成虫大多产卵于叶片正面和果实上，尤其喜欢产于虫伤果上，第三代和第四代主要产卵于果面上。在桃园，成虫主要产卵于树冠上部和外围的嫩梢上，以端部 3～5 片叶产卵较多，多产在叶背面。在李树上产卵于果实或叶片上。在苹果树上，多产于叶片正面。成虫在自然界中的产卵量为数十粒至百余粒。在人工饲养条件下，产卵量受营养条件影响较大，在饲养器中加入桃梢和蜂蜜水，雌成虫平均产卵 59.6 粒，只加桃梢的为 26.9 粒，不加桃梢及蜂蜜的仅为 5.38 粒。空气相对湿度对成虫产卵也有一定影响，相对湿度在 90％时，平均产卵量为 24.9 粒，70％时为 9.24 粒，50％时仅为 4.5 粒。另有研究发现，各世代成虫产卵量差异较大，越冬代产卵量最少，夏、秋季产卵量明显增加。据在青岛桃园调查，第一代和第二代卵孵化率为 50.5％～54.9％。成虫具有一定的扩散能力，标记成虫释放和回收试验表明，最高扩散距离达 3km。

在梨园，幼虫以为害果实为主，果实生长后期的受害程度明显高于前期。在幼果期，产在叶片上的卵孵化的幼虫偶尔蛀入嫩梢，有时可蛀入梨芽或叶柄，但很少成活。产于幼果上的卵，因果肉较硬，幼虫孵化后难于蛀入。只有产在有伤果实上的卵，幼虫孵化后从伤口蛀入果实，成活率较高。所以，在果实膨大以前很少有大量果实被害。在果实进入膨大期以后，果肉相对疏松，幼虫容易蛀入，因此虫果率较高。为害梨果的幼虫孵化后在果面上爬行很短一段时间即蛀入果内。幼虫蛀果后，在果肉浅层取食一段时间便蛀入果心，有时从蛀孔处排出少量虫粪。幼虫一生均在果实内生活，老熟后从果中脱出，吐丝下垂，寻找适当场所化蛹。有一部分幼虫在果实采收时尚未脱果，在果实采收后或储藏期脱果。在桃园，幼虫既为害新梢，也为害幼果，并且为害果实造成的损失远远大于桃梢。幼虫孵化后从嫩梢端部的幼嫩部位蛀入，待新梢端部的叶片萎蔫后，幼虫从中爬出，转移到另一新梢为害，1 头幼虫可为害 2～3 个新梢。有的幼虫从第一个或第二个被害梢爬出后蛀入幼果，有的幼虫不蛀梢，直接蛀果。在第二代幼虫发生期，从被害梢爬出的幼虫有的蛀果为害，且蛀果孔较大。幼虫蛀果后不蛀入果心，仅在果肉蛀食或啃食，老熟后寻找适当场所化蛹。有的幼虫可以咬破果袋蛀入果实或啃食果肉，老熟后因不能爬出果袋而在其中化蛹。在晚熟品种的桃园，梨小食心虫可以周年发生。在苹果园，幼虫以为害新梢为主，有时也为害幼果，其危害性不及对梨和桃。

梨小食心虫的寄主虽然较多，但其最佳寄主仍为桃树，尤其是在初夏季节，第一代幼虫如果不能寄生在桃树上，其后代的繁殖力就下降。所以，桃树就成了梨小食心虫的前期嗜好寄主，而梨果实是梨小食心虫的后期适生寄主。在不同寄主上发生的梨小食心虫，各虫态发育历期有一定差异，这可能与寄主的营养水平有关。

四、发生规律

梨小食心虫在辽宁西部和南部、内蒙古、新疆库尔勒地区、华北北部、山东大部地区 1 年发生 3～4

代;在河北中南部和黄河故道地区以及陕西关中等地 1 年发生 4~5 代;在长江流域以南及四川等地 1 年发生 5~6 代;在江西、广西 1 年发生 6~7 代。因各地气候条件不同,越冬代及其他各代成虫发生期也不相同。在新疆库尔勒地区,越冬代成虫 4 月下旬开始羽化,5 月中旬为羽化盛期;第一代成虫发生期在 6 月中旬;第二代在 7 月上旬。在辽宁梨区,越冬代成虫发生期为 4 月下旬至 6 月下旬,盛期为 5 月下旬至 6 月上旬;第一代为 6 月中旬至 8 月上旬;第二代为 7 月中旬至 8 月下旬;第三代为 8 月中旬至 9 月上旬。在河北、山东等地,越冬幼虫于 4 月上旬开始化蛹,越冬代成虫发生期在 4 月中旬至 6 月中旬;第一代成虫发生期为 5 月下旬至 7 月上旬;第二代为 7 月上旬至 8 月中旬;第三代为 8 月上旬至 9 月中旬。在河北中南部梨区,各代成虫发生高峰期为:越冬代 4 月中旬;第一代 5 月底至 6 月上旬;第二代 6 月底至 7 月上旬;第三代 7 月底至 8 月初;第四代 8 月底至 9 月初。在陕西等地,越冬代成虫发生期为 4 月上旬至 5 月上旬;第一代为 5 月下旬至 6 月中旬;第二代为 6 月下旬至 7 月上旬;第三代为 7 月下旬至 8 月上旬;第四代为 8 月下旬至 9 月中旬。在四川梨区,各代成虫发生盛期为:越冬代 3 月下旬;第一代 5 月中旬;第二代 6 月中、下旬;第三代 7 月底至 8 月上旬;第四代 8 月底至 9 月初;第五代不明显。无论一年发生几代,各世代之间都有不同程度的重叠。一般情况下,越冬代发生期比较整齐,其次是第一代,第二代以后世代重叠现象严重。各虫态历期也因气候条件不同差异较大,春季气温较低,各虫态发育历期较长,如第一代卵期 7~10d,幼虫期 15~20d,蛹期 10~15d。夏季气温较高,各世代发育历期明显缩短,如第二代或第三代卵期为 3~4d,幼虫期 10d 左右,蛹期约 7d,成虫寿命短的 5~6d,长的 15d 左右。完成 1 个世代需要 20~40d。

梨小食心虫的发生程度与气候条件关系密切。秋、冬季干旱的年份,越冬幼虫死亡率较低,多雨年份死亡率较高,有时可达 80%。在土中越冬的幼虫死亡率高于在树上越冬者,死亡的主要原因是白僵菌的寄生。春季气温回升快,有利于越冬幼虫化蛹和成虫羽化,如遇低温天气,成虫产卵时间向后推移,导致发生时期后延。在气候湿润地区或雨水较多的年份,梨小食心虫在春季可提早发育。空气相对湿度高,成虫寿命延长,并且有利于成虫交尾和产卵。因此,在多雨年份和气候较湿润的地区,成虫繁殖力强,为害严重。

在单植桃园,梨小食心虫前期不仅为害桃梢,也为害果实,在早熟品种果实采收后,幼虫可全部为害桃梢,以完成其周年生活史。在单植梨园,梨小食心虫前期发生很轻,后期发生严重。在华北梨区,第一代和第二代幼虫主要为害桃梢,第三代和第四代幼虫主要为害梨果。因此,桃、梨混栽或毗邻的果园,为梨小食心虫提供了连续不断的适生寄主,食料丰富,相对于单植果园而言,就有利于积累更多的虫源,是造成梨小食心虫大发生的主要原因。

梨小食心虫成虫产卵对品种有一定的选择性。在梨树上,白梨系统的品种着卵多,尤以皮薄、肉细的品种如茌梨、早酥梨、鸭梨、雪花梨、酥梨、白梨、王冠、苹果梨等受害重,洋梨系统的品种受害轻。在桃树上,以吊枝白品种上产卵较多,上海水蜜和五月红上着卵量少。在苹果上,以倭锦和红玉等品种上产卵量大,其次是国光、金冠和元帅系品种。

梨小食心虫的天敌很多,全世界记载的有 255 种,其中,寄生性 252 种(我国 48 种),捕食性 3 种。我国记载的主要寄生性天敌包括中华齿腿姬蜂(*Pristomerus chinensis* Ashmead)、黄眶离缘姬蜂 [*Trathala flavo-orbitalis* (Cameron)]、舞毒蛾黑瘤姬蜂 [*Coccygominus disparis* (Viereck)]、日本黑瘤姬蜂 [*C. nipponicus* (Uchida)]、东方愈腹茧蜂 [*Phanerotoma orientalis* Szepligeti]、黑胸茧蜂 [*Bracon nigrorufum* (Cushman)]、日本鳞跨茧蜂(*Meteoridea japonensis* Shenefelt et Muesebeck)、缘长体茧蜂 [*Macrocentrus marginator* (Nees von Esenbeck)]、斑痣悬茧蜂(*Meteorus pulchricornis* Wesmael)、食心虫扁股小蜂(*Elasmus* sp.)、食心虫纵条小茧蜂(*Microdus* sp.)、丽闭腔茧蜂 [*Bassus festivus* (Muesebeck)]、松毛虫赤眼蜂(*Trichogramma dendrolimi* Matsumura)、广赤眼蜂(*T. evanescens* Westwood)、螟黄赤眼蜂(*T. chilonis* Ishii)、微小赤眼蜂(*T. minutum* Riley)、黑青金小蜂(*Dibrachys cavus* Walker)、卷蛾长体茧蜂(*Macrocentrus ancylivorus* Rohwer)等。这些寄生蜂在不同地区发生的种类和对梨小食心虫幼虫和卵的寄生率各不相同,其中,赤眼蜂在无农药干扰的情况下对卵的寄生率可达 42%~56%。据调查,在青岛地区不喷药的桃园,丽闭腔茧蜂对各代幼虫的寄生率分别为:第二代 51.3%,第三代 66.0%,第四代 81.4%。另据记载,美国新泽西州和加拿大安大略地区,利用卷蛾长体茧蜂(*Macrocentrus ancylivorus* Rohwer)和棕盾雕背姬蜂(*Glypta rufiscutellaris* Cresson)的相互配合,有效控制了当地梨小食心虫的为害。

五、测报技术

1. 成虫发生期监测

（1）性外激素监测。将梨小食心虫性外激素诱芯制成水碗（或水盆）诱捕器，用细铁丝或尼龙绳悬挂于树冠内。视果园面积大小，每个果园挂 3～5 个诱捕器。诱捕器距地面高度约 1.5m。在桃园，于越冬代成虫发生初期（4 月下旬）将诱捕器挂上，每天观察记录诱蛾量，当诱蛾量达到高峰后，即可喷药防治。在梨园，主要防止梨小食心虫蛀果，一般在 7 月挂诱捕器。当诱蛾量连续增加时，要做好喷药准备，诱蛾量出现高峰后 3～4d，立即喷药防治。

（2）糖醋液监测。用绵白糖（g）、乙酸或食醋（mL）、无水乙醇（mL）、水（mL）按 3∶1∶3∶80 的比例配制成糖醋液，盛于水碗或水盆内制成糖醋液诱捕器。将诱捕器悬挂于树冠内，方法与性外激素诱捕器相同，监测成虫发生期。当诱捕器上出现成虫高峰后 2～3d 即是卵发生高峰期和幼虫孵化始期，是喷药的关键时期。

2. 卵发生期监测 在成虫发生期，选择对梨小食心虫比较敏感的品种，如苹果的国光、倭锦等；梨树的早熟品种如早酥梨、苹果梨等，晚熟品种如鸭梨、雪花梨、白梨等。在果园采取 5 点取样法选择 5～10 株树，随机调查 500～1 000 个果实，记录其上的卵数。每隔 1d 调查 1 次。当卵果率达到 1% 时开始喷药。

六、防治技术

（一）人工防治

1. 诱集脱果幼虫 在果实采收前，在树干上束草把或缠草绳，诱集脱果幼虫在此越冬，到冬季解下烧掉。同时，还可诱集山楂叶螨越冬雌成螨和卷叶虫越冬幼虫等害虫。

2. 清除越冬虫源 结合果树冬剪，刮除树干和主枝上的翘皮，消灭在翘皮下越冬的幼虫，同时，清扫果园中的枯枝落叶，集中烧掉或深埋于树下，可消灭在此越冬的幼虫。另外，早春翻树盘，尤其是树干周围的土壤，可以消灭在土中越冬的幼虫。

3. 及时剪除被害桃梢和虫果 在果树生长前期，及时剪除被害桃梢，尤其是在梨和桃树混栽或 2 种果树毗邻的果园。剪梢时间不宜太晚，只要发现嫩梢端部的叶片萎蔫，就要及时剪掉，如果被害梢叶片已变褐、干枯，说明其中的幼虫已经转移。剪除被害桃梢的同时，也要剪除虫果，并及时拾取落地虫果。将剪下的桃梢和虫果集中深埋，切勿堆积在树下。

4. 果树种类的合理布局 因梨小食心虫的寄主主要有桃、李、樱桃、杏等核果类果树和梨、苹果等树种，在这些果树混栽或毗邻时，梨小食心虫发生尤其严重。因此，在进行果树种植规划时，应充分考虑到避免桃等核果类果树与梨、苹果等果树毗邻栽植，改善梨小食心虫的适生生态环境，将会从根本上减轻梨小食心虫的为害，也有利于实行病虫害的统防统治。

（二）物理防治

梨小食心虫成虫对糖醋液有很强的趋性，尤其是交尾后的雌成虫。利用这一习性可以诱集到大量成虫，以减少产卵。糖醋液的配制为，将绵白糖（g）、乙酸或食醋（mL）、无水乙醇（mL）、水（mL）按 3∶1∶3∶80 的比例混合，搅拌均匀即成。将配制好的糖醋液盛于碗或水盆中，制成诱捕器。用细铁丝或尼龙绳将诱捕器悬挂于树上，诱捕器距地面高约 1.5m。在诱虫期间，要及时清除诱捕器中的虫尸，并加足糖醋液。

（三）生物防治

1. 松毛虫赤眼蜂的应用 在梨小食心虫第一代和第二代卵发生期，可以在田间释放人工饲养的松毛虫赤眼蜂。在田间调查到有卵出现时，开始释放赤眼蜂卵卡。每隔 5d 释放 1 次，连续释放 4 次，每 667m² 总放蜂量 8 万～10 万头。可有效控制梨小食心虫的为害。

2. 性外激素的应用 利用人工合成的性外激素防治梨小食心虫有 2 种方法，一是大量诱捕法，即将梨小食心虫性外激素制成诱捕器，一般用水碗或水盆制成。制作方法是：在水碗（或盆）中盛满水，加少许洗衣粉，以湿润掉入水中的成虫，使之不致逃走。在水面上方约 1cm 处悬挂 1 个用橡皮塞做成的含有梨小食心虫性外激素的诱芯。将诱捕器悬挂于树上，距地面高 1.5m 左右。诱捕器密度根据虫口密度而定，一般每

667m²挂1~2个。在成虫发生期可诱集到大量雄成虫，减少田间交尾机会，起到防治作用。二是迷向法或干扰交配法，即将性外激素诱芯悬挂在树冠中上部。这样就可在田间散发出大量的性外激素，使雄成虫不能找到雌成虫交尾，雌成虫不能产生有效卵，从而达到防治的目的。性外激素诱芯（有效成分含量为500μg/个）的密度一般在750个/hm²或每棵树上挂1个（株行距为3m×4m）。另有试验表明，在桃园用梨小食心虫性信息素胶条（有效成分含量为0.24g/个）进行迷向处理，密度为350~500根/hm²，能获得很好的迷向效果。大量试验表明，用梨小食心虫性外激素防治害虫，无论是采取大量诱捕法，还是迷向法，都是在虫口密度较小的情况下效果才明显，虫口密度大的情况下，一般不能获得理想的效果。

（四）药剂防治

药济防治的关键时期是各代成虫产卵盛期和幼虫孵化期。在桃园，除了重点防治为害桃梢的第一代和第二代幼虫以外，还要注意防治为害果实的幼虫，尤其是晚熟品种上发生的幼虫。早熟品种果实采收后，也要注意防治为害桃梢的幼虫。在北方梨区，药剂防治的重点时期是7月中旬以后，即第三代和第四代幼虫发生期。可选择以下药剂喷雾：2.5%溴氰菊酯乳油2 000~3 000倍液、20%氰戊菊酯乳油1 500~2 000倍液、20%甲氰菊酯乳油2 000~2 500倍液、25g/L高效氯氟氰菊酯乳油2 000倍液、20%氰戊·马拉硫磷乳油2 000倍液、50%杀螟硫磷乳油1 500~2 000倍液、40%辛硫磷乳油2 000倍液、30%乙酰甲胺磷乳油500~1 000倍液、8 000IU/mg苏云金杆菌200倍液、480g/L毒死蜱乳油2 000~2 500倍液等。桃树等核果类果树的某些品种对某些农药比较敏感，初次施用应先做试验。

姜瑞德（青岛市农业科学研究院）

第144节 梨实蝇

一、分布与危害

梨实蝇［*Bactrocera（Bactrocera）pedestris（Bezzi）*］属双翅目实蝇科，在我国云南部分梨区为害严重，当地果农称为梨蛆。在贵州、广西、台湾等地亦有分布，是一种亚热带果树害虫。据文献记载，1940年云南呈贡县梨果被害率达80%；1957年晋宁果林乡农民反映，梨果被害率为50%以上，桃果（特别是大黄桃）几无收成；1980年春光园艺场的砀山梨受害率达90%。梨实蝇以幼虫为害近成熟的果实，除梨以外，桃也是其重要寄主。在桃、梨混栽或桃园和梨园毗邻时为害更重，在梨品种多、成熟期不一的梨园发生亦重。

二、形态特征

成虫：体长7.0~8.5mm。头黄褐色至棕色，触角褐色，复眼深绿色。胸部背面黑褐色，肩胛黄色，中胸两侧各有1条黄色纵带，中胸小盾片黄色。翅1对，透明，前缘和臀室处有褐色斑纹。腹部橘黄色，有3条褐色横带，第三至五节背面中央有1条黑色纵纹。

卵：似香蕉形，乳白色，长约1mm，两端略尖，中部微弯。

幼虫：初孵幼虫乳白色，老熟时变为乳黄色，长圆锥形，前端尖细，后端钝圆，体长7~9mm。

蛹：为围蛹，椭圆形，长约5mm，初期鲜黄色，逐渐变为淡黄色至深褐色。

三、生活习性

梨实蝇以蛹在土中越冬，入土深度为5~15cm。成虫羽化后有补充营养的习性，喜食烂果汁。经过补充营养的成虫，寿命明显延长。成虫活动适温为25~30℃，产卵于近成熟的果实上。成虫产卵时，用产卵管刺破果皮。产卵孔如针头大小，产卵后约半小时即有果汁从孔中流出，随后果皮变为褐色或黑褐色。幼虫孵化后在果内串食，不深入果心，排粪其中，老熟后脱果入土化蛹。老熟幼虫有弹跳力。被害果果面上有许多脱果孔，果肉呈糊状腐烂，不堪食用。

四、发生规律

梨实蝇在云南1年发生3代。越冬代成虫从5月上旬开始出现，发生盛期在6月上旬。第一代幼虫发生期在6月下旬至7月上旬,为害桃(夏至桃和小暑桃)和梨的早熟品种。第二代幼虫发生期在7月下旬至8月上旬,主要为害梨(宝珠梨)和大黄桃等。第三代幼虫发生期在9月,主要为害梨(宝珠梨)和麻梨等品种。各代卵期和幼虫期因气温不同而异,见表11-144-1。

表 11-144-1 梨实蝇各代卵期和幼虫期

Table 11-144-1 Developmental duration of egg and larva in *Bactrocera* (*Bactrocera*) *pedestris* at each generation

世代	卵期 (h)	幼虫期 (d)		
		一龄	二龄	三龄
第一代	31~41	1~2	2~4	6~14
第二代	25~41	1~3	6~13	23~35
第三代	74~90	3~4	6~13	23~35

五、防治技术

(一)人工防治

避免桃、梨混栽或桃园和梨园毗邻。在品种配置上要选择成熟期相对一致的品种,避免因果实成熟期不一致给害虫提供连续不断的食物,造成大发生。在幼虫害果期,及时采摘虫果和拾取落地果,将其深埋,消灭其中的幼虫。

果实套袋是防止梨实蝇害果的有效方法。

(二)药剂防治

药剂防治的关键时期是成虫产卵期。常用药剂有80%敌敌畏乳油1 000倍液、30%乙酰甲胺磷乳油600倍液、5%顺式氰戊菊酯乳油3 000倍液。在幼虫脱果入土期,也可进行地面施药,以杀死脱果幼虫。常用药剂有50%辛硫磷乳油或48%毒死蜱乳油300倍液。

冯明祥(青岛市农业科学研究院)

第 145 节 梨 实 蜂

一、分布与危害

梨实蜂(*Hoplocampa pyricola* Rohwer)属膜翅目叶蜂科,又名梨实叶蜂、梨实锯蜂,俗称"花钻子"。国内分布于辽宁、吉林、内蒙古、北京、河北、河南、山东、山西、安徽、江苏、浙江、湖北、陕西、四川、甘肃、贵州等省(自治区、直辖市),国外分布于日本和朝鲜。在20世纪50年代,梨实蜂在我国梨区普遍发生,尤其在华北梨区为害严重,曾造成很大的经济损失。20世纪60年代到70年代后期,其为害得到了有效控制,80年代中期以后,其发生和为害又有增加。1996年,山东阳谷县翟庄梨园果实被害率达12.7%,其中巴梨达36.4%,其次为鸭梨和酥梨;陕西关中地区的杨陵、武功、扶风、宝鸡等县(区)部分梨园梨实蜂大发生,其中,西北农林科技大学园艺站梨园幼果受害率28.0%~65.6%,平均为43.8%,造成大量幼果脱落。1997年前后,在甘肃兰州地区,一般虫果率为30%~50%,严重的达70%。1998年山东郯城县梨实蜂大发生,全县1 400hm²梨树受到不同程度的为害,发生严重的梨园5月中下旬落果率达36%,轻的也在15%左右。2004年前后,山东威海部分梨园虫果率高达70%左右。

梨实蜂以幼虫蛀食花萼和幼果,数量大时,一个花丛的全部花朵都被蛀食,有时1朵花中有2~3头幼虫。常造成大量落花、落果,损失严重。

二、形态特征

成虫:体长4~6mm,翅展9~12mm,体黑色,有金属光泽。口器淡褐色。触角丝状,9节,除第一、二节为黑色外,其余各节雄虫为黄色,雌虫为褐色。复眼发达,单眼3个,黄褐色,呈三角形排列在头顶。翅黄色,透明,翅脉淡褐色,前翅前缘近2/3处有黄褐色翅痣。足细长,基节、转节近黑色,其余各节淡褐色。雌虫腹部腹面末端中央呈沟状,产卵管鞘亮褐色,产卵管黄褐色。雄虫腹部末端有大型腹板遮盖，交尾器黑褐色。

卵：长椭圆形，长 0.8～0.85mm，宽 0.4～0.45mm，白色，透明，初产时色淡，近孵化时变为灰褐色。

幼虫：老熟幼虫体长约 9mm，头呈半球形，宽约 1.1mm，橙黄色，具黑色单眼 1 对。胸、腹部淡黄白色，臀板上有黄褐色斑纹和小黑点。胸足 3 对，腹足 7 对，在第二至七和第十节上各有 1 对，后 2 对不明显。气门 9 对，位于前胸和第一至八腹节两侧（彩图 11-145-1）。

蛹：为离蛹，长约 4.5mm，初为乳白色，后变为黑褐色。复眼黑色。触角弯于口器上方，足排列在腹面两侧，翅芽呈"八"字形披盖于背面。蛹外被有长椭圆形丝质茧，长 5～6 mm，宽 2.5～3.0 mm，黄褐色或褐色，质地坚硬，表面附有土粒。

三、生活习性

梨实蜂 1 年发生 1 代。越冬幼虫在梨树萌芽期开始化蛹，蛹期约 7d。成虫羽化初期在杏树开花期，盛期在梨树盛花期，羽化期比较集中，一般 10d 左右。梨树盛花初期为成虫产卵盛期。卵期 5～6d。幼虫在梨树盛花后期开始孵化，幼虫期 15～20d。

在辽宁西部梨区，越冬幼虫化蛹期在 4 月中旬，成虫发生期在 4 月下旬至 5 月上旬。在河北北部梨区，成虫发生期在 4 月上、中旬，幼虫从 4 月下旬开始孵化；在中南部梨区，成虫发生期为 3 月末至 4 月初。在山东郓城县，越冬幼虫于 4 月上旬化蛹，4 月中旬成虫羽化。在山东威海地区，成虫发生初期在 4 月上旬，盛期 4 月中、下旬，盛期约 10d。在陕西关中地区，成虫发生初期在 4 月 2 日，盛期在 4 月 8 日，4 月 20 日以后即很少见；幼虫为害盛期在 4 月下旬至 5 月中旬，尤以 4 月底至 5 月初为害最重。在甘肃天水，越冬幼虫于 3 月下旬开始化蛹，4 月上旬化蛹结束，4 月上、中旬为成虫羽化、产卵期；幼虫为害期主要在 4 月下旬至 5 月上旬。在湖北武汉，越冬幼虫于 3 月上旬化蛹，3 月中旬成虫羽化，3 月中、下旬成虫产卵，4 月初孵化幼虫，幼虫孵化盛期在 4 月上旬，4 月下旬为幼虫脱果盛期，脱果末期在 4 月底至 5 月初。

老熟幼虫多在距树干半径 1m 范围内 3～10cm 深的土中结茧越冬。梨树现蕾期或杏树、野生豆梨、杜梨初花期成虫开始羽化，一般在降雨后 1～2d 会出现大量成虫，雄虫先于雌虫出土。成虫白天活动，有假死习性，天气晴朗时喜欢在树冠上空飞舞或在花上爬行，以 10：00～15：00 活动最盛，早晚或阴雨低温天气常静伏在花中或花萼下，此时摇晃树干有成虫落地。在梨树开花前羽化的成虫，大多集中在梨园附近的杏、李等早花果树上栖息，并取食花蜜，但不产卵。梨花开放时，大部分成虫转移到梨树上取食并产卵。成虫产卵期较短，一般仅 7～8d。成虫产卵于花萼组织内（彩图 11-145-2），一般 1 朵花内产卵 1 粒，也有产 2～3 粒的。成虫每次产卵 1 粒，1 头雌虫产卵 30～70 粒。产卵处出现稍微鼓起的小黑点，此时剖开小黑点即见到卵。幼虫孵化后先在萼片基部串食，被害处变黑。幼虫稍大后即蛀入幼果，直至果心。幼果被害初期，被害处亦变黑，有时堆有黑色虫粪。幼果被害后期，被害处凹陷，以后干枯变黑，以致脱落（彩图 11-145-3）。幼虫有转果为害习性，一生可为害果 2～4 个。幼虫共 5 龄，老熟后脱果落地，爬行不远即入土。土壤潮湿时，幼虫入土较浅，干燥时入土较深。幼虫入土后，先做一个土室，然后吐丝做椭圆形茧，在茧内越夏、越冬。

四、发生规律

梨实蜂的发生与梨园附近有无杏树密切相关，凡园内或附近有杏树或豆梨、杜梨的梨园，梨实蜂发生较重，这种现象与早花果树为成虫提供补充营养有关。在早、中、晚花品种混杂的梨园，梨实蜂产卵多集中在早花品种上，如鸭广梨、酸梨、巴梨、丰水、新高、新兴、爱宕、七月酥、早酥、砀山酥、巴酥等，因此，这些品种受害较重。其次是京白梨、鸭梨和雪花梨、红香酥等，这些品种受害较轻。金花梨、水晶梨等晚熟品种基本不受害。

五、防治技术

（一）人工防治

根据幼虫在土中越冬的习性，在冬季或早春深翻树盘，重点是树干周围 2m 范围、15cm 深的表土层，可消灭越冬幼虫。利用成虫的假死习性，在成虫发生期震树捕杀成虫，早、晚捕杀效果较好。结合疏花、疏果，疏除成虫产卵的花和被害幼果。在被害幼果脱落期，及时拾取落地虫果，集中销毁。

（二）药剂防治

1. 地面施药 在成虫出土期，于地面喷洒 50％辛硫磷乳油或 48％毒死蜱乳油 300 倍液，每 667m² 用药液量 150L，施药重点在树干周围 1m 范围内。施药后轻耙表土，使土、药混匀。在雨后立即施药效果较好。

2. 树上喷药 树上喷药要避开盛花期，在梨花含苞待放至初花期或在梨落花达 90％时，往树上喷药，防治初孵幼虫，重点喷于花萼基部。常用药剂有 80％敌敌畏乳油 1 000 倍液、50％甲萘威可湿性粉剂 500～800 倍液、48％毒死蜱乳油 2 000 倍液、2.5％溴氰菊酯乳油 2 000 倍液、20％氰戊菊酯乳油 2 000 倍液、4.5％高效氯氰菊酯乳油 3 000 倍液。

曲振刚（河北省农林科学院植保护研究所）

第 146 节　梨 虎 象

一、分布与危害

梨虎象（*Rhynchites foveipennis* Fairmaire）属鞘翅目卷象科，又名梨象鼻虫、梨果象甲、梨虎，俗称"梨狗子"。国内分布于辽宁、河北、河南、山西、山东、陕西、湖北、江苏、浙江、江西、福建、广东、四川、云南、贵州等省，国外分布于朝鲜。在 20 世纪 50 年代，梨虎象在北方梨区尤其是山地梨园，曾经造成严重危害，如在河北昌黎一带，梨果被害率达 30％～40％，后经防治得到有效控制。20 世纪 90 年代至 21 世纪初，在管理粗放的梨园，梨虎象的为害有所加重，如在辽宁沈阳地区，梨果受害后轻者减产 20％～30％，重者达 70％～80％；在贵州剑河县梨园，因该虫为害造成的落果率在 50％以上。

梨虎象除为害梨以外，还为害苹果、桃、杏、沙果、山楂等果树，是果树上的主要害虫之一。

二、形态特征

成虫：体长 12～14mm，暗紫铜色，有金属光泽。头管较长，雄虫头管先端向下弯曲，雌虫头管较直。触角 11 节，棒状。雌虫触角着生在头管中部，雄虫触角着生在端部 1/3 处。头、胸部及前翅背面密生刻点和短毛。前胸略呈球形，背面有倒"小"字形凹纹。鞘翅上的刻点粗大，纵列成 9 行。足腿节棒状，胫节细长（彩图 11 - 146 - 1，1）。

卵：椭圆形，长约 1.5mm，乳白色或黄白色，表面光滑，有光泽。

幼虫：老熟幼虫体长约 12mm，肥大，略向腹面弯曲。头小，缩入前胸内。体壁多皱纹。胸足退化（彩图 11 - 146 - 1，2）。

蛹：为裸蛹，长约 8mm，体表被细毛。初期为乳白色，渐变为黄褐色，近羽化时呈淡黑褐色（彩图 11 - 146 - 1，3）。

三、生活习性

梨虎象大部分以成虫、少数以幼虫在土中越冬。越冬后的成虫在梨树开花时出土。成虫出土与降雨、气温和土壤状况关系密切。出土期遇干旱或土壤板结，不利于成虫出土，出土期向后延迟；降雨后气温较低，成虫出土也少；如果降雨后气温较高，成虫会顺利出土，并迅速达到出土高峰。气温在 22～25℃时成虫活跃，低于 16℃不太活动。成虫出土后先在地面爬行，然后作短距离飞行，有假死性，在夜间及早晚气温较低时，成虫多停留在新梢枝丫处不动，受惊便坠落假死。成虫多在白天活动，晴朗无风天气比较活跃，中午前后活动最盛，停息时遇惊扰则多数飞走，喜啃食花丛、嫩枝或幼果。被害嫩枝出现大小不等的斑块，被害幼果出现条状斑或坑洼，果面粗糙，果实生长到后期呈"麻脸梨"（彩图 11 - 146 - 2）。1 头成虫可为害上百个果实。成虫取食 1～2 周后开始交尾、产卵，产卵时先咬伤果柄，然后在幼果上咬 1 个产卵孔，将卵产于其中。每个果上产卵 1～2 粒，产卵后以黏液连同碎屑将洞口封住。每头雌虫 1d 产卵 1～6 粒，一生平均产卵 70～80 粒，最多达 150 粒。幼虫孵化后蛀果为害，1d 内即可达果心深处。被害果皱缩成畸形果，易脱落。虫果落地后，幼虫仍在其中取食，老熟后脱果入土，入土深度一般为 5～7cm，土壤疏松时可达 11cm，土壤板结时为 3～4cm。幼虫入土后先做土室，后化蛹其中。幼虫化蛹与土壤含水量有关，土壤含水量在 20％时，幼虫可以正常化蛹，小于 12％不能化蛹，小于 7％幼虫即死亡。

四、发生规律

梨虎象大多 1 年发生 1 代，少数 2 年发生 1 代。1 年发生 1 代时，以成虫潜伏在土中越冬；2 年发生 1 代时，先以幼虫在土中越冬，到第二年 9 月化蛹，10 月羽化为成虫，成虫不出土，继续在土中越冬，到第三年出土为害。在梨树开花期，日平均气温高于 8.5℃时，成虫开始出土，梨幼果拇指大小时为出土盛期。成虫出土时间持续较长，至梨果实采收时还能偶尔见到成虫。在辽宁沈阳地区，成虫出土始期为 4 月 28 日，终期为 6 月 7 日，盛期在 5 月 10～15 日，历期 40d 以上，山坡地和平地基本一致。成虫产卵始期为 6 月 5 日，终期为 7 月 30 日，盛期在 6 月 16 日至 7 月 12 日。老熟幼虫于 6 月 26 日开始脱果，至 8 月 25 日结束，脱果盛期为 7 月 23 至 8 月 5 日，化蛹始期在 8 月 8 日，到 10 月 25 日基本结束，盛期在 9 月上、中旬，化蛹期约 2 个月。当年不化蛹的幼虫越冬后至翌年 8 月才开始化蛹。在辽宁西部及河北北部的平泉梨区，成虫出土期在 5 月上旬至 7 月下旬，盛期在 5 月下旬至 6 月上旬。成虫产卵期持续时间较长，约 2 个月，为 6 月上旬至 8 月上旬，盛期在 6 月下旬至 7 月上旬。卵期约 7d。被害果着卵后 4～20d 脱落。幼虫在果内取食 19～45d，以 19～30d 为多。被害果脱落后 7～8d，幼虫从中脱出，入土化蛹。幼虫脱果期在 7 月上旬至 8 月中旬，8 月中旬开始化蛹。脱果早的幼虫入土后 1 个月左右化蛹。蛹期 33～62d。在贵州梨区，成虫出土期在 3 月底至 5 月上旬，盛期在 4 月中旬。5 月下旬开始产卵，盛期在 6 月下旬，8 月上旬结束，产卵期 14～70d。成虫寿命 60～90d。幼虫于 5 月下旬开始孵化，在果实内为害约 40d，老熟后脱果，入土做土室，经过约 2 个月的预蛹期，至 9 月中旬化蛹，10 月中旬羽化为成虫。在陕西大荔县，成虫出土盛期在 5 月下旬至 6 月中旬，产卵盛期在 6 月中、下旬至 7 月上、中旬，7 月上旬至 8 月中旬是幼虫脱果、入土盛期，8 月中旬至 10 月上旬为化蛹期。

成虫产卵对梨品种有一定的选择性。早熟品种如香水梨受害最重，其次是鸭梨和白梨，安梨和花盖梨受害最轻。

五、防治技术

（一）人工防治

利用成虫的假死习性，在成虫发生期震树捕杀，尤以早晨或阴天效果好。在成虫产卵期，及时拾取落地虫果，消灭其中的幼虫。此项工作不宜做得太晚，幼虫脱果后再拾取落地果则无济于事。

（二）生物防治

在幼虫脱果期，在树冠下地面喷施芜菁夜蛾线虫（*Steinernema feltiae* Filipjev）60 万～80 万条/m²，4 周后幼虫死亡率达 80％。

（三）药剂防治

1. 地面施药　在越冬成虫出土期，于地面喷施 50％辛硫磷乳油或 48％毒死蜱乳油 300～400 倍液，每 667m² 用药液 150L。第一次施药后间隔 15d 再施药 1 次。

2. 树上喷药　在成虫出土高峰期后 3d，有大量成虫啃食幼果时开始喷药。常用药剂有 90％敌百虫可溶粉剂 600～900mg/kg、80％敌敌畏乳油 1 000 倍液、45％杀螟硫磷乳油 900～1 800 倍液、20％氰戊·马拉硫磷乳油 1 000～1 500 倍液。第一次喷药后隔 10d 再喷 1 次，共喷 2～3 次。

窦连登（中国农业科学院果树研究所）

第 147 节　梨黄粉蚜

一、分布与危害

梨黄粉蚜［*Aphanostigma jakusuiensis* (Kishida)］属半翅目根瘤蚜科，又名梨黄粉虫。国内分布于新疆、辽宁、吉林、河北、河南、山西、山东、安徽、江苏、浙江、福建、广西、陕西、四川、甘肃、云南、贵州等省份，国外分布于朝鲜和日本。梨黄粉蚜曾分别于 1921 年和 1928 年在日本和朝鲜大发生。在我国，梨黄粉蚜过去不是梨树上的主要害虫，如辽宁绥中县梨区在 20 世纪 60 年代，虫果率一般不足 1%，发生严重的年份可达 15%。20 世纪 80 年代以来，尤其是实行果实套袋栽培以后，梨黄粉蚜逐渐成为梨树上的主要害虫，防治不及时就会造成很大的经济损失。如 20 世纪 90 年代后期，山西晋中地区主要梨区虫园率达 70%，虫株率 30%，虫果率 15%，发生严重的年份，虫株率在 50% 以上，虫果率 30%～50%。套袋果受害率比不套袋果高 10%。1999—2000 年，山东费县套袋梨果虫果率平均为 21.6%，严重者高达 67.8%。在湖南炎陵县，2000 年首次发现梨黄粉蚜为害，2001 年后为害加剧，成为套袋栽培梨树的主要害虫。2001 年前后，安徽砀山县砀山酥梨套袋虫果率高达 56%。2003—2004 年广西桂林部分梨园因梨黄粉蚜为害造成的烂果率在 21% 左右，严重的高达 51.3%，部分梨树达 100%。在陕省渭南临渭区，2006 年有虫梨园占 70%，平均虫株率 20%，个别梨园 50% 以上。

梨黄粉蚜以成虫和若虫为害果实，致果实品质下降，失去商品价值。其寄主只有梨属植物，是梨树上的主要害虫之一。

二、形态特征

成虫：均为无翅蚜，不产生有翅型。各型成虫形态相似，体形近似倒卵圆形，其中干母、干雌、性母体长 0.7～0.8mm，鲜黄色，有光泽。触角 3 节，足短小，黑色。无腹管，尾片短小，末端圆钝，有 4～6 根短毛。性蚜雌成虫体长约 0.47mm，雄虫体长 0.35mm，长椭圆形，触角和足淡黄黑色，口器退化（彩图 11-147-1）。

卵：椭圆形。越冬卵长约 0.33mm，淡黄色。产生干雌和性母的卵长 0.26～0.30mm，初为淡黄绿色，渐变为黄绿色。产生性蚜的卵为黄绿色，雌卵长 0.41mm，雄卵长 0.36mm。

若虫：体小，淡黄色，体形与成虫相似。

三、生活习性

梨黄粉蚜一生只在梨树上生长发育，无中间寄主，以受精卵在果台上、树皮裂缝间、翘皮下、树上绑缚物以及秋梢的芽鳞等处越冬。其发育过程分为干母、干雌（普通型）、性母、性蚜、越冬卵。在繁殖过程中，干母、干雌和性母均行孤雌生殖。性母产生的卵分大、小 2 种，其中大卵孵化为雌虫，小卵孵化为雄虫，即为性蚜。大、小卵比例约为 2∶1。性蚜成虫交尾后，雌虫产下受精卵。

各虫态历期因各地气温不同而异，在四川金川地区，成虫寿命以干雌的最后 1 代（第五代）最长，平均 49d，最长达 80d；性蚜最短，其中雌蚜 2～3d，雄蚜 4～5d；其余世代平均 23～41d。干雌一生平均产卵 150 粒，日最多产卵 10 粒；性母一生平均产卵 90 粒，日产 3 粒；雌性蚜一生只产卵 1 粒。生育期的卵经 5～14d 出现红色眼点，再经 3～4d 孵化为若虫。越冬卵卵期 170d。在河北中南部梨区，各型成虫平均寿命和产卵量分别为：干母（第一代）18.7d，71.9 粒；干雌（第二至八代）16.8～24.4d，86.8～127.1 粒；性母（第九代）13.2d，雌卵 7.7 粒，雄卵 5.8 粒；性蚜（第十代）若虫孵化后 7～8d 交尾，1 头雌虫只产 1 粒卵，产卵后死亡。在黄河故道地区，生育期内各代卵期 5～6d，若虫期 7～8d，成虫寿命约 30d，干雌可达 100d 以上。在甘肃景泰地区，越冬代卵期 180d 左右，其他各代卵期 6～9d；越冬代若虫期 20d 左右，其他各代 7～13d；成虫期各代均为 7～10d。整个年生活史中，除越冬代平均需 220d 左右完成 1 代外，其余各代为 20～35d。

由越冬卵孵化的若虫大多在越冬部位取食幼嫩组织，发育为干母。干母产生的下代若虫一部分继续在幼嫩组织处为害，一部分向其他部位转移，发育为干雌。若虫共 4 龄，一龄若虫是爬行扩散期，二至四龄以后基本不活动。每繁殖一代，若虫都要向树冠外围扩散 1 次。在果实膨大期，成虫和若虫多集中在果实萼洼处为害繁殖。成虫产卵于身旁，卵似米粒状堆积在一起，连同成虫和若虫，看上去似黄粉状，故称"黄粉虫"。虫口密度大时，除果实萼洼以外，整个果面均布满虫体。果实萼洼处被害后凹陷，以后变褐腐烂，呈褐色的"膏药顶"，后期形成龟裂的大黑疤（彩图 11-147-2）。套袋果主要是果柄周围和果肩部受害，其次是萼洼和果面。成虫活动力较差，喜欢在背阴处为害繁殖。卵、若虫、成虫在强光下照射约 3h 便死亡。故果实套袋时若将虫体套在袋中或若虫钻入果袋内，果袋内的环境正好适合蚜虫的生长繁殖，为害更加严重。到了秋季，干雌的最后一代产生性母，性母产的卵发育为有性蚜。因有性蚜口器退化，故不能取食为害，但很活泼，常在果实萼洼和果台周围寻偶、交尾和产卵。产卵部位多集中在果台上或翘皮缝隙处。

梨黄粉蚜的发生与降水量和降雨持续时间关系密切，降水量大且持续时间长，虫体常处于积水环境中，虫口增长受到限制。反之，高温干旱条件有利于此虫繁殖，为害则重。

四、发生规律

梨黄粉蚜 1 年发生 6～10 代。梨树花序分离期（日平均气温 9℃左右），越冬卵开始孵化为若虫，一年内发生分为 4 个阶段：①早期核心分布阶段。从越冬卵孵化到梨树落花后，蚜虫在越冬部位为害、繁殖，不向外扩散或扩散范围很小。②扩散蔓延至数量大增阶段。从幼果期到果实膨大期，在越冬场所为害繁殖的蚜虫逐渐向外扩散，转移至果实上为害繁殖，7～8 月虫口密度最大，为害明显加重，达到全年繁殖高峰期。③种群下降阶段。8 月下旬以后，大部分梨区进入雨季，空气湿度大，不利于蚜虫繁殖。在果实萼洼处为害的蚜虫因生存环境恶化，部分个体向枝干或果面转移，部分个体因果实被害处腐烂造成营养条件恶化而死亡，生存者亦发育缓慢，产卵量减少，种群数量明显下降。④越冬转移阶段。由最后一代干雌产生的若虫，离开梨果转移到越冬场所，发育为成虫后产两性卵，继而孵化为性蚜，雌、雄成蚜交尾后产卵。一年中除越冬卵孵化期较整齐外，其余各代世代重叠现象严重。在老翘皮下常年有梨黄粉蚜为害和繁殖。

因我国梨区广大，梨黄粉蚜在各地的发生时期略有差别。在辽西梨区，若虫从 7 月中旬开始转向果实，7 月下旬至 8 月上旬基本上全部转移到果实上为害。

在河北中南部、山东胶东和阳信梨区、黄河故道地区、湖南炎陵县等梨区 1 年发生 8～10 代，越冬卵于 3 月中旬至 4 月上旬开始孵化为若虫，梨树开花期为孵化高峰期。干雌成虫于 4 月中旬开始产卵，4 月下旬达到高峰，以后世代重叠。5 月中旬在果台残樾处和树皮缝的成虫转枝为害，爬至未脱落的鳞片处、剪锯口周围、残存的花序基部等隐蔽处为害繁殖。6 月上旬第三代若虫陆续转移到果实上为害。在果实套袋情况下，6 月下旬和 7 月下旬至 8 月中旬分别有一个蚜虫入袋高峰。进入 7 月，被害果开始脱落，8 月中旬到采收期，被害果大量脱落。8 月下旬出现第九代若虫，开始向越冬场所转移，9 月下旬出现越冬卵。在河北中北部梨区，各代发生期晚 10～15d。

在山西晋中和陕西渭南地区，越冬卵于 4 月中旬开始孵化，若虫从 6 月中、下旬开始向果实上转移为害，7 月下旬至 8 月上旬为为害繁殖盛期，8 月中旬出现大、小卵，9 月开始出现有性蚜。

在甘肃张掖和景泰地区 1 年发生 6～8 代，越冬卵于 4 月中、下旬开始孵化，5 月下旬至 6 月上旬结束。5 月中旬开始出现越冬代成虫，一直延续到 7 月上、中旬。成虫产卵前期 10d 左右，产卵历期 10～15d，卵期约 8d。成蚜数量在 7 月下旬至 8 月中旬最多。9 月中旬开始出现性蚜，9 月下旬可见到越冬卵，11 月中旬仍有性蚜产卵。

梨黄粉蚜对品种有一定的选择性，果实萼片较多的品种受害重，无萼片的品种受害轻；脱萼果受害轻，宿萼果受害重。在白梨系统的品种中，砀山酥梨、鸭梨和雪花梨受害重，秋白梨受害轻；果实套袋栽培比无袋栽培受害重。另外，老树受害重，地势高处的树受害轻。

五、防治技术

（一）人工防治

1. 消灭越冬卵　早春结合果树修剪，刮除树干上的翘皮，清除果台残樾和树上的绑缚物，消灭在此越冬的卵。

2. 果实套袋　在疏果后及时套袋，对防治梨黄粉蚜有显著效果。套袋前应喷 1 遍杀虫剂，以防将蚜虫套入袋中。套袋时要扎紧袋口，以防若虫进入。

3. 苗木和接穗处理　为防止接穗和苗木带虫进行远距离传播，在采集接穗和苗木出圃后，用 1 波美度石硫合剂浸泡 1～2min，可消灭其上的卵或若虫。

（二）药剂防治

在梨树萌芽前，全树喷 3～5 波美度石硫合剂或 99% 矿物油乳油 80～100 倍液，重点喷布果台和枝干裂皮部位，可兼治梨二叉蚜。在梨树生长季，应在以下关键时期喷药防治：①梨树花序分离期。②果实套袋前。③蚜虫往果实上转移期（北方在 6 月上、中旬，南方在 5 月中旬）。可选择下列药剂喷雾：10％吡虫啉可湿性粉剂 2 500～3 000 倍液、40％乐果乳油 1 000 倍液、20％氰戊菊酯乳油 3 000 倍液、48％毒死蜱乳油 2 000 倍液。在果实套袋后要经常解袋检查有无蚜虫进入果袋，一旦发现要及时防治，可用 80％敌敌畏乳油 1 000 倍液喷袋口，5 d 后再喷 1 次，连喷 3 次，能有效控制袋内梨黄粉蚜的为害。如果仍不能控制为害，要解袋处理后重新套袋。

窦连登（中国农业科学院果树研究所）

第 148 节　茶　翅　蝽

一、分布与危害

茶翅蝽 [*Halyomopha halys* (Stål)] 属半翅目蝽科，又名臭木椿象，俗称臭板虫。在国内分布范围较广，除新疆、宁夏、青海和西藏未见报道以外，其余各省（自治区、直辖市）均有分布，国外分布于日本、朝鲜、越南、印度、缅甸、印度尼西亚、斯里兰卡、美国、巴拿马等国家。寄主有梨、桃、樱桃、杏、李、苹果、海棠、山楂、石榴、梅、柿、猕猴桃、黑莓等果树以及泡桐、榆、桑等林木和大豆、菜豆等豆科植物。该虫在 20 世纪 70 年代以前并非果树上的主要害虫，80 年代以后，在我国各梨区普遍发生，并逐渐成为梨、桃、樱桃、苹果等果树上的重要害虫。在有些梨园，其危害性远远大于梨小食心虫，如 1980 年山西吕梁离石地区，部分梨园梨果被害率高达 98％。1987—1988 年，河北晋县梨区梨果受害率超过 10％，受害严重的梨园达 50％～80％。1988 年北京地区部分梨园梨果受害率达 80％以上。在山东菏泽地区，1997 年前后梨果受害率一般为 10％～25％，高的达 35％以上。

成虫和若虫均可刺吸果实为害。受害果表面凹凸不平，生长畸形，不堪食用，果品质量明显下降，损失严重。

二、形态特征

成虫：体长 15～18mm，宽 8.0～9.0mm，身体略呈椭圆形，扁平，茶褐色。口器黑色，先端可达第一腹板。触角 5 节，褐色，第四节两端和第五节基部为黄白色。前胸背板两侧略突出，前缘横排有 4 个黄褐色小斑点。中胸小盾片前缘亦横列 5 个小黄斑，以两侧的斑较为明显（彩图 11-148-1，1）。

卵：短圆筒形，顶部平坦，中央稍鼓起，长约 1.2mm，周缘环生短小刺毛 45～46 根，单行排列。初产时乳白色，近孵化时呈黑褐色（彩图 11-148-1，2）。

若虫：初孵若虫近圆形，体长约 1.5mm。头、胸部深褐色，腹部黄白色。二龄若虫体长 3～3.3mm，触角 4 节，头、胸部黑色，第三节末端黄白色，复眼前有 1 个刺状突起，前胸突四叉状，中胸突三叉状，各具 1 个白斑，足胫节均为黑色。三龄若虫足胫节中部具黄白色斑。四龄若虫小盾片及翅芽开始发育。五龄若虫体长达 10～11mm，翅芽可达第一对臭液腺孔（彩图 11-148-1，3）。

三、生活习性

茶翅蝽以成虫在果园及其周围房屋的墙缝、石缝、草堆、树洞、枯枝落叶等场所越冬，在地势较高、背风向阳的地方较多。越冬成虫出蛰后多在阳光充足的门窗、墙壁上爬行，晚间躲在背风温暖的地方避寒，有群集习性。成虫取食、爬行与飞行等行为受气温影响较大，气温在 20℃时可以取食，25℃以上时行动敏捷，低于 23℃初显假死行为，随温度渐降，假死行为更加明显，低于 9℃完全静止。因此，在早晨气温较低时成虫不善活动，震树即可落地。成虫经常在枝梢或果实上静伏并刺吸汁液，遇到干扰可作短距离飞行，其活动范围可达 2km，有一定的趋光性。在桃、杏、梨混栽或毗邻的果园，成虫出蛰后先在杏或桃上为害果实，逐渐转向梨树为害。成虫在中午前后比较活跃，尤其是晴天活动频繁，交尾和产卵。每头雌虫可产卵 140～300 粒。大部分卵产在叶背面，多为 28 粒左右排列成不规则的三角形。在日均气温 25℃条件下，卵期 5～6d。若虫孵化较为集中，一般 1 个卵块在 1～2 h 内孵化完毕。初孵若虫静伏在卵壳周围刺吸叶片汁液，二龄若虫在叶背取食，受到惊扰会很快分散，一旦散开则不再聚集。三龄后的若虫开始大量取食，爬行迅速，多在同一株树上转移为害，有时在 1 个果实上聚集几头若虫。若虫寿命与营养条件关系密切，最短 42d，最长 97d，平均 58d。当年羽化的成虫继续为害果实。在梨果采收时，经常在果园及其周围的房屋上见到群集的成虫。雌、雄成虫比例为 1∶1。

梨果从幼果期到采收期均可受害，以幼果期受害较重。越冬代成虫主要为害幼果，被害处组织停止生长，呈"猴头果"或"僵果"，完全失去食用价值（彩图 11 - 148 - 2）。在果实膨大期，成虫和若虫均为害果实，受害果表面出现深绿色凹陷，食用价值降低。后期被害的果实，表面略有症状，基本上不影响食用。在同一果园内，边行果树果实较果园中部的受害重，树冠上部果实受害较重。

四、发生规律

茶翅蝽在我国 1 年发生 1～2 代，由北向南代数递增。在辽宁西部梨区 1 年发生 1 代，在华北及长江流域 1 年发生 1～2 代，在福建、江西等地 1 年发生 2 代。在辽宁西部梨区，越冬成虫于 5 月上旬出蛰，6 月中、下旬产卵，7 月上旬出现若虫，8 月中旬出现当年成虫，9 月下旬以后，成虫开始寻找越冬场所越冬。

在 1 年发生 1～2 代的地区，越冬成虫于 4 月上、中旬开始出蛰，一直延续到 7 月中旬，出蛰盛期在 5 月上、中旬，5 月下旬开始产卵，产卵盛期在 6 月中旬，8 月上旬仍有卵孵化。当年发生的成虫于 7 月上旬出现，9 月上旬成虫羽化结束。成虫继续为害到 9 月下旬至 10 月上旬才陆续飞向越冬场所。在 1 年发生 2 代的情况下，7 月中旬以前羽化的第一代成虫能够交尾、产卵，发生第二代。7 月中旬以后羽化的成虫，可以产卵，但不能发育到成虫期。6 月下旬至 8 月下旬田间虫口密度最大。10 月中旬以后绝大部分成虫进入越冬状态。

在贵州雷山县梨区 1 年发生 2 代，越冬代成虫 3 月下旬开始出蛰，4 月中上旬产卵。4 月底至 6 月上旬为第一代若虫发生期。第一代成虫发生期在 6 月中旬至 8 月上旬，7 月上旬开始产卵，一直延续到 9 月中旬。第二代若虫于 7 月中旬至 9 月中旬孵化，从 9 月上旬开始出现成虫，至 10 月上旬结束。成虫于 11 月中旬至 12 月中旬陆续飞向越冬场所。

梨树品种之间受害程度存在差异，蜜梨受害最重，其次是麻梨、白梨、红宵梨，酸梨受害较轻。夏、秋季高温干旱，有利于茶翅蝽发生，因此，为害加重。夏、秋季遇多雨低温天气，则为害减轻。

在北京地区已发现茶翅蝽天敌 9 种，其中，寄生性天敌 6 种，捕食性天敌 3 种。主要寄生性天敌有茶翅蝽沟卵蜂（*Trissolcus halyomorphae* Yang）、平腹小蜂（*Anastatus* sp.）和蝽卵金小蜂（*Acroclisoides* sp.）。这 3 种寄生蜂均寄生于茶翅蝽卵，以前两种为主，其中，茶翅蝽沟卵蜂在自然界对茶翅蝽卵的寄生率为 20%～70%，平均 50%。在捕食性天敌中，小花蝽（*Orius* sp.）主要捕食茶翅蝽卵；蝎蝽［*Arma chinensis*（Fallou）］和三突花蛛［*Misumenopus tricuspidatus*（Fabricius）］主要捕食茶翅蝽若虫和成虫。

五、防治技术

（一）人工防治

在春季越冬成虫出蛰时和 9～10 月成虫转移到越冬场所时，在果园及其周围房屋的门窗缝、屋檐下、向阳背风处收集成虫，集中消灭。在成虫发生期，于早晨或晚上震树捕杀。在成虫产卵期，收集卵块和初孵若虫，予以消灭。

（二）农业防治

1. 果实套袋 选择果袋要根据梨品种特性，采用不同型号的果袋，使果与袋之间具有一定空隙，防止成虫隔袋刺吸果实。以双层袋为好。

2. 种植诱虫植物 在果园种植向日葵，可以诱集成虫，定期收集，集中消灭，可有效减轻对果实的为害。

（三）药剂防治

1. 树上喷药 树上喷药应抓住 2 个关键时期，一是成虫向梨园迁飞时，往果园边行及其周围的防护林上喷药，以阻隔成虫向果园迁移。二是在 5 月下旬至 6 月上旬成虫为害和若虫发生期，结合防治其他害虫喷药。常用药剂有 80% 敌敌畏乳油 1 000 倍液、50% 杀螟硫磷乳油 1 000 倍液、48% 毒死蜱乳油 2 000～3 000 倍液、20% 氰戊菊酯乳油 2 000 倍液。

2. 药剂熏杀成虫　利用成虫在果园或周围空房内越冬的习性，在成虫越冬后至翌年出蛰以前，用 1 000g 锯末掺入 80% 敌敌畏乳油 150g，拌匀，置于室内，封闭门窗，点燃熏蒸 48h，可消灭在此越冬的成虫。

曲振刚（河北省农林科学院植物保护研究所）

第 149 节　梨白小卷蛾

一、分布与危害

梨白小卷蛾（*Spilonota pyrusicola* Liu et Liu）属鳞翅目卷蛾科，曾用名为梨食芽蛾（*Spilonota* sp.），1994 年将其定名为新种。国内分布于辽宁、河北、北京、河南、山东、山西、江苏、安徽等省份，发生严重的年份，梨树花芽普遍受害，造成果实减产。在 20 世纪 60 年代初期，该虫曾在辽宁、河北和安徽等梨区严重发生。20 世纪 70 年代以后，由于加强了对食心虫的防治，尤其是对梨云翅斑螟的防治，梨白小卷蛾得到了有效兼治。目前，在正常管理的梨园已很少造成危害。寄主有梨和山楂等果树。

二、形态特征

成虫：体长 6～8mm，灰白色。触角丝状，复眼黑褐色。前翅灰白色，前缘有 7～8 组白色钩状纹，翅基部、中部和外缘有 3 条深灰色斑纹，臀角处有近似三角形的浅褐色斑纹，两翅合拢时形成菱形斑块（彩图 11-149-1，1）。

卵：扁圆形，初产时乳白色，近孵化时变为黄白色。

幼虫：老熟幼虫体长 10mm，红褐色，较粗壮。头部褐色，前胸背板、臀板和胸足均为黑褐色。越冬幼虫暗红色（彩图 11-149-1，2）。

蛹：黄褐色，体长约 8mm。

三、生活习性

以幼龄幼虫在梨树花芽内结茧越冬。越冬虫芽基部有蛀入孔，孔外堆积块状的黄白色绒毛状物。被害花芽不开裂，越冬后常枯死。梨芽萌动后，越冬幼虫从虫芽里爬出，转移到已经膨大的花芽上。被害芽鳞片由虫丝缀连，不脱落。幼虫常在花芽一侧为害，并不蛀入其中，受害花芽仍可继续生长，但常常歪向一方，生长畸形。在梨花序分离期，受害一侧的小花不能正常生长，形成畸形花。梨树开花后，幼虫继续蛀食新芽，老熟后在包被的芽鳞片内结茧化蛹。成虫羽化后产卵于叶背，每处 1 粒。初孵幼虫在叶背面取食叶肉，并有丝和虫粪。幼虫稍大后蛀入芽内为害，有转芽为害习性。1 头幼虫可为害 2～3 个花芽，进入 9 月，在最后为害的芽里结茧越冬。

在山楂树上，以小幼虫在树干及大枝的翘皮缝中越冬。老熟幼虫在被害梢基部、被害花蕾间或卷叶中化蛹。

四、发生规律

梨白小卷蛾在辽宁、河北等梨区 1 年发生 1 代，在我国中部梨区如安徽砀山 1 年发生 2 代。在 1 年发生 1 代的地区，越冬幼虫于 5 月下旬开始化蛹，化蛹期比较整齐，蛹期 12～13d，6 月上旬开始羽化为成虫，6 月中旬为成虫羽化盛期并产卵。6 月下旬至 7 月上旬为幼虫孵化盛期。幼虫于 8～9 月进入休眠期。在 1 年发生 2 代的地区，越冬幼虫出蛰害芽始期在 4 月上旬，越冬代成虫于 5 月中、下旬出现。第一代成虫发生在 8 月中、下旬，继续产卵于叶片上。幼虫孵化后爬至芽基部，在芽腋间取食，虫体稍大后蛀入芽内为害。幼虫在 9～10 月进入越冬状态。

五、防治技术

（一）人工防治

在梨树开花期，被害花序一侧的小花不能正常生长，容易识别。可以人工摘除被害花丛，以消灭幼虫。

（二）药剂防治

在梨花芽膨大时，及时喷药防治。常用药剂参考梨云翅斑螟。也可在防治梨云翅斑螟时兼治。

冯明祥（青岛市农业科学研究院）

第 150 节　梨 瘿 蚊

一、分布与危害

梨瘿蚊 [*Dasyneura pyri* （Bouché）] 属双翅目瘿蚊科，又名梨卷叶瘿蚊，俗称梨芽蛆，国内分布于河北、河南、山东、安徽、湖北、湖南、江苏、浙江、江西、福建、广西、陕西、四川、重庆、贵州等梨产区，国外分布于英国、法国、西班牙、前南斯拉夫、新西兰等地，寄主仅有梨。自 20 世纪 80 年代以来，该虫的发生范围不断扩大，传播速度快，为害日趋严重，在一些梨区成为主要害虫。如 1982 年前后在浙江杭州地区大发生，严重影响果树生长。20 世纪 90 年代初期，湖北省部分梨区梨树被害率几乎达 100%，芽叶被害率达 80% 以上；贵州省黔南地区梨园大树春梢被害率为 7.5%～41.3%，苗圃被害株率达 100%。1991 年山东省临沂地区梨属植物新梢受害率平均为 61.3%，其中豆梨为 100%。1998 年，福建省建宁县黄花梨产区梨树春梢芽被害率达 71.4%～93.6%。2001 年前后，广西桂林市部分梨园虫株率和新梢受害率均为 100%，新梢虫叶率严重者达 86.6%，落叶率达 80.0%。2001 年在江苏徐州首次发现，2002 年部分梨园被害株率达 100%，芽叶被害率达 85% 以上。2003 年，成都地区 113 万 hm² 梨树不同程度地受害，被害株率一般为 50%～80%，重者达 100%。2007 年，浙江省天台县梨树被害梢率达 40%，每叶虫数从几头到上百头。在陕西省杨凌、礼泉、咸阳等梨区，自 2005 年至 2008 年，梨树受害株率为 20%～70%，新梢受害率为 35%～95%。

梨瘿蚊以幼虫为害梨树芽和嫩叶，造成大量叶片卷曲，影响果树的光合作用，甚至造成落叶，形成秃枝，严重影响果树生长。

二、形态特征

成虫：雄成虫体长 1.2～1.4mm，翅展 3.5mm，体暗红色。头小，复眼甚大，黑色，无单眼。下颚须 4 节，触角念珠状，15 节，长约 1.1mm，各鞭节形如球杆，球部散生放射状刚毛。前翅具蓝紫色闪光，翅面生微毛。后翅退化成平衡棒，淡黄色。足细长，淡黄色，跗节 5 节，第二节几乎与胫节等长，足端具黑色爪 2 个。雌成虫体长 1.4～1.8mm，翅展 3.3～4.3mm。触角丝状，长约 0.7mm，各鞭节为圆筒形，两端各轮生一圈短刚毛。雌虫足较雄虫短，腹末有长约 1.2mm 的管状伪产卵器。

卵：长椭圆形，长约 0.28mm，宽 0.07mm。初产时淡橘黄色，孵化前变为橘红色。

幼虫：长纺锤形，体节 13 节。一至二龄幼虫无色透明，三龄幼虫半透明，四龄幼虫乳白色，渐变为橘红色。老熟幼虫体长 1.8～2.4mm。前胸腹面具 Y 形黄色剑骨片（彩图 11-150-1）。

蛹：为裸蛹，橘红色，长 1.6～1.8mm。蛹外包被长椭圆形白色茧。茧长 1.95～2.24mm，表面沾有土粒。

三、生活习性

梨瘿蚊以老熟幼虫在距树干周围 150cm 范围内、2～4cm 深的土壤中或根颈部的树皮缝隙中结茧越冬。其中，树干周围 50cm 范围内占 56.2%，51～150cm 范围内占 24.7%，根颈皮缝中的占 19.1%。在土中越冬者，以 2cm 左右深的表土层居多。越冬幼虫于翌年早春化蛹，当表层土壤温度达 20℃时，成虫大量羽化。气温低于 15℃，成虫不活动。成虫对黄色有趋性，羽化后即可交尾，约

2h后开始产卵，11：00左右为产卵高峰。卵多产在芽腋处，少数产在幼叶上，以数粒至数十粒排列成块状。雌虫最大抱卵量为247粒，平均为160.5粒。幼虫孵化后为害芽和嫩叶。被害芽不能展叶。嫩叶被害后出现黄色斑点，不久，叶面出现凹凸不平的疙瘩，由两边向正面纵卷成双筒状，幼虫在其中取食为害（彩图11-150-2）。被害叶片逐渐变褐，甚至枯死脱落。幼虫共4龄，一生在卷叶内生活，老熟后从卷叶中脱出，弹落地面或随雨水沿枝干下行，入土结茧化蛹。一般每叶片内有虫10头左右，多者达30~80头。

四、发生规律

梨瘿蚊1年发生2~4代，在各地的发生代数和各虫态历期受气候条件影响较大。各虫态历期为：成虫1~2d，卵期4~6d，幼虫期11~13d（越冬幼虫除外），蛹期11~16d，天气干燥时幼虫期和蛹期都会延长。

在1年发生2代的地区，如贵州省黔南地区，越冬代成虫发生期在4月下旬至5月初。第一代成虫发生期在6月中、下旬，第二代幼虫于7月中、下旬入土越夏。在1年发生3~4代的地区，越冬幼虫于3月化蛹，4月羽化成虫。各代发生时期见表11-150-1。

表 11-150-1　梨瘿蚊在中国大部分地区的发生时期
Table 11-150-1　The occurrence period of *Dasyneura pyri* in most parts of China

虫态	越冬代	第一代	第二代	第三代	第四代
成虫	3月下旬至4月上旬	3月下旬至5月下旬	4月底至6月中、下旬	6月至7月	
卵		3月下旬至4月中旬	4月底至5月下旬	6月至7月	7月
幼虫		3月上旬至5月上旬	5月上旬至6月上旬	6月	7月，少数个体至10月

在大部分地区，第一代和第二代发生比较整齐，从第三代以后世代重叠现象严重，故在果树生长季均能见到幼虫。

降雨和土壤湿度是影响梨瘿蚊发生的主要因素。降水量可影响发生代数和发生量；土壤湿度主要影响幼虫化蛹。幼虫化蛹的最适土壤含水量为15%~20%。土壤含水量低于5%时，幼虫不能结茧化蛹，蛹亦不能正常羽化。土壤含水量高于35%时，幼虫化蛹缓慢，羽化率降低。中雨或大雨天气幼虫不脱叶。雨过天晴，常有大量成虫羽化。

梨树受害程度因品种和树龄不同略有差异，砂梨系统的品种如灌阳雪梨、黄金梨、丰水梨等受害重，其次是白梨系统的品种，西洋梨受害较轻。幼树比成年树受害重，管理粗放的梨园比管理精细的受害重。在梨新梢停止生长后，梨树不再受害，但只要有徒长枝或萌蘖枝等新梢，就有梨瘿蚊的为害。

梨瘿蚊幼虫的捕食性天敌主要有七星瓢虫、小花蝽、草间小黑蛛等，成虫期捕食性天敌主要有黄斑圆蛛、丽圆蛛。已发现寄生于蛹的一种瘿蚊啮小蜂，2011年在安徽砀山梨区对蛹的寄生率达10.3%。

五、防治技术

（一）人工防治
冬、春季深翻树盘，可将在土壤表层越冬的幼虫翻到土壤深处，使其不能正常化蛹。梨树展叶后，及时剪除被害新梢，集中烧毁，可明显降低虫口密度。

（二）物理防治
成虫羽化期，在梨园挂黄色黏虫板诱杀成虫。将黏虫板挂在50cm高的树干上，诱虫效果较好。

（三）选用抗虫品种
在梨瘿蚊为害严重的地区，可选用比较抗虫的品种。

（四）化学防治
化学防治的关键时期是第一代（梨花大蕾期）和第二代卵发生期。常用药剂有2.5%氟氯氰菊酯乳油2 000~2 500倍液、48%毒死蜱乳油1 500倍液、10%吡虫啉可湿性粉剂2 000~2 500倍液、2%阿维菌素乳油3 000倍液。在越冬代成虫羽化前1周或第一、二代老熟幼虫脱叶高峰期，在树冠下地面喷洒50%辛硫磷乳油300倍液或40.7%毒死蜱乳油600倍液，每667m²用药液150kg，可消灭出土的成虫和脱叶的幼虫。降雨后处理效果更佳。

冯明祥（青岛市农业科学研究院）

第 151 节　梨二叉蚜

一、分布与危害

梨二叉蚜〔*Schizaphis piricola* (Matsumura)〕属半翅目蚜科，又名梨蚜。国内分布于吉林、辽宁、内蒙古、北京、河北、河南、山东、山西、安徽、湖北、湖南、江苏、浙江、江西、台湾、陕西、宁夏、青海、四川、云南等省份梨区，以华北和黄河及长江流域发生严重，国外分布于日本、朝鲜和印度等国。自 20 世纪 80 年代以来，在我国各梨区有严重发生的趋势，尤其是幼树受害后，影响树冠形成。梨二叉蚜主要为害叶片，成虫和若虫均可刺吸叶片汁液，以新梢顶端的叶片受害较重，严重影响叶片的光合作用和新梢生长。寄主只有梨属植物，包括各栽培种和杜梨等。

二、形态特征

成虫：分有翅和无翅两种类型。无翅胎生雌蚜体长约 2mm，绿色或褐绿色，有时被白色蜡粉，背中线深绿色。头部额瘤不显著。触角 6 节，稍短于体长。复眼暗红色。口器黑色，先端达中足基部。各足腿节和胫节端部以及跗节均为褐色。腹管长大，末端收缩，亦为黑色。尾片圆锥形，其上有小刺突构成瓦纹，顶端钝，有长曲毛 5～8 根。有翅胎生雌蚜体略小，长卵形。头胸部黑色，腹部黄褐色或绿色，背中线翠绿色。头部额瘤微突出，口器先端可达后足基部。触角、腿节、胫节端部、跗节以及腹管均为黑色。前翅中脉分 2 支。

卵：椭圆形，初产时黄绿色，后变为蓝黑色，有光泽。

若虫：绿色，似无翅胎生雌蚜。

三、生活习性

梨二叉蚜以受精卵在芽腋间、树皮缝隙处越冬。翌春梨树萌芽期，越冬卵开始孵化。初孵若虫群集于芽鳞片露出的绿色和白色部位为害，花芽开绽后钻入芽内为害，展叶后群集叶片为害。被害芽不能正常开放，鳞片不脱落，有的花器枯萎，只剩下少数花蕾可正常发育。被害叶片沿中脉向正面卷曲呈饺子状或筒状，蚜虫潜伏其中为害繁殖（彩图 11 - 151 - 1）。以后蚜虫即使离去，卷叶也不能再展开。被害叶表面有虫体分泌的黏液。每头干母成虫平均产仔 50～100 头。虫口密度大时，新梢端部的叶片全部受害，短果枝上的叶片甚至枯死，幼果皱缩而不发育。当气温达到 15.8～18.8℃时，蚜虫进入繁殖和为害盛期。此后，叶片逐渐老化，开始产生有翅蚜，向第二寄主上迁飞，夏季在第二寄主上为害繁殖。到了秋季，在第二寄主上繁殖的蚜虫又产生有翅蚜，回迁到梨树上产卵越冬。

梨二叉蚜的第二寄主尚不明确，有学者认为是狗尾草和茅草，但仍有争论。

四、发生规律

梨二叉蚜在我国 1 年发生 10～20 代，由北向南代数依次增加。各地气候条件不同，越冬卵孵化时期有差异。在辽宁绥中和兴城一带，越冬卵孵化期在 4 月上、中旬，在河北省中北部梨区为 3 月下旬，河北省南部及其以南地区在 3 月中旬，在贵州省台江县，3 月下旬卵孵化率就达 90％以上。由越冬卵孵化的若虫发育为成虫后行孤雌胎生，于 4 月中旬至 5 月中旬大量繁殖，为害最重。从 4 月下旬至 5 月上旬开始产生有翅蚜，5 月中、下旬迁飞至夏寄主（第二寄主）上，5 月底至 6 月初迁飞完毕。到 10 月份，有翅蚜迁回梨树上继续为害，约在 11 月上旬开始产生有性蚜，雌雄成蚜交尾后产卵。

梨二叉蚜的天敌主要有各种捕食性瓢虫、食蚜蝇、小花蝽、蚜茧蜂、草蛉和捕食性蜘蛛等。在寄生性天敌中，卵形异绒螨（*Allothrombium ovatum* Zhang et Xin）是梨二叉蚜的有效天敌，可以寄生在成虫和若虫的胸部和腹部，致其死亡。

五、防治技术

（一）人工防治

蚜虫发生量大的年份，在梨树落花后大量卷叶初期，结合疏果，剪除被害嫩梢，可减少蚜虫在果园的传播。10 月份成虫迁回梨树上后，用竹竿打掉树叶，可消灭未产卵的蚜虫。这一措施适用于幼树园。

（二）药剂防治

喷药关键时期是梨树花芽膨大期。此时大部分若虫已经孵化，多集中在芽上为害，虫体易接触药剂。常用药剂有 10％吡虫啉可湿性粉剂 3 000 倍液、2.5％吡虫啉可湿性粉剂 2 000 倍液、3％啶虫脒乳油 1 500～2 000 倍液、50％抗蚜威可湿性粉剂 2 000 倍液。

曲振刚（河北省农林科学院植物保护研究所）

第 152 节　中国梨木虱

一、分布与危害

中国梨木虱（*Psylla chinensis* Yang et Li）属同翅目木虱科，又名梨木虱。国内分布于黑龙江、吉林、辽宁、河北、北京、内蒙古、新疆、山西、山东、河南、安徽、湖北、江苏、浙江、福建、广西、陕西、宁夏、青海、四川、云南、贵州等省份梨产区。20 世纪 50 年代以来，中国梨木虱一直是我国梨树的重要害虫之一，在部分梨区发生严重，经常造成梨树大量落叶，影响果品产量和质量。如 1958 年河北省昌黎县梨园叶片被害率在 90％以上，落叶率达 50％，果实受污染率达 50％～70％。1988—1989 年，河北晋县和赵县梨区的鸭梨和雪花梨叶片被害率在 95％以上，造成落叶的梨树达 30％。20 世纪 90 年代中期，湖北省梨区普遍发生，有虫株率在 70％以上，到 2000 年，受害梨园面积达 100％。进入 21 世纪以来，这种害虫的为害更加猖獗，不仅发生范围扩大，为害程度也有加重趋势，尤其是实行果实套袋栽培的果园，梨木虱一旦进入果袋，造成的损失更加严重。

梨木虱主要以若虫刺吸叶片汁液，也可为害果实，成虫亦可为害，但不严重。叶片受害严重时可提早脱落。若虫在叶片或果实上的分泌物易诱发黑霉，影响叶片的光合作用，果实品质下降，商品价值降低。梨木虱的寄主只有梨属植物。

二、形态特征

成虫：有冬型和夏型两种类型。冬型雌成虫体长 3.0～3.1mm，雄成虫体长 2.8～3.2mm，体褐色至暗褐色，有黑褐色斑纹，头顶及足色较淡，前翅后缘臀区有明显褐斑（彩图 11 - 152 - 1，1）。夏型雌成虫体长 2.8～2.9mm，雄成虫体长 2.3～2.6mm，体色多变，由绿至黄色。绿色型仅中胸背板大部分为黄色，盾片上有黄褐色带，腹部黄色，其余部分为绿色。黄色型除胸背部斑纹为黄褐色外，其余部位皆为黄色。其他色型或头为黄色，或头胸均为黄色，足黄色，腹部多为绿色。翅上均无斑纹。静止时翅呈屋脊状覆盖于身体上。头与胸等宽。触角长约为头宽的 2 倍，自第三节起端部黑色，末端 2 节全黑色（彩图 11 - 152 - 1，2）。

卵：长椭圆形，一端圆钝，另一端稍尖，并延伸出 1 根长丝。越冬代成虫产的卵暗黄色，夏卵为乳白色至淡黄色。

若虫：初孵若虫扁椭圆形，淡黄色，复眼红色。随龄期增长渐变为绿色，末龄幼虫绿色。三龄以后在胸部两侧出现翅芽。翅芽草绿色或淡黄色，长圆形（彩图 11 - 152 - 1，3）。

三、生活习性

中国梨木虱以成虫在落叶、杂草和树皮缝隙内越冬，其越冬部位因树龄和地区不同而异。在幼树园，主要在落叶及杂草上越冬，在老果园，主要在树皮缝隙内越冬。翌年春季日平均气温稳定在 0℃以上时，越冬成虫开始出蛰。当旬平均气温达 3℃时出现出蛰高峰。成虫出蛰受气温影响较大，风和日丽，气温稳定，出蛰早而整齐，否则出蛰晚且不整齐。在气温低于 0℃时，成虫会潜伏在树皮缝隙等避风处，气温稳定在 0℃以上时，成虫不再隐蔽。成虫出蛰后在小枝上爬行，白天活动，飞翔能力差，但极活泼，善于跳跃，晴朗无风时比较活跃，刺吸花芽汁液并产卵。成虫多在白天产卵，中午前后产卵最盛。在花芽萌动前，卵大多产在叶痕处、短果枝及芽腋间。梨树展叶后，卵大多产在叶缘锯齿间或叶柄沟内，排列成行，似断续的黄线。新梢端部的叶片着卵量较大。1 头雌虫平均可产卵 300 余粒。若虫喜阴暗潮湿的环境，畏光。第一代若虫孵化后常钻入已裂开的芽内为害，不分泌或很少分泌黏液，梨树落花后转移到副梢的缝隙处，叶片长出后转移至未展开的叶卷边内。夏季发生的若虫多栖息在叶片背面，分泌黏液或棉絮状物质将 2 片或几片叶或叶、果黏在一起，在其中为害（彩图 11 - 152 - 2）。受害叶片叶脉扭曲，叶面皱缩，产生黑斑，后期整个叶片变黑，提早脱落。为害果实的若虫分泌黏液，使果实表面出现霉污。若虫经过 4～6 个龄期变为成虫。夏季发生的成虫活泼善跳，产卵在叶片锯齿间或叶柄沟内。若虫孵化后继续为害。深秋或初冬产生越冬代成虫，并越冬。

在实行果实套袋栽培的情况下，若虫可钻入袋内为害繁殖。由于果袋内的环境适于害虫发生，因而加大了对果实的为害程度。

四、发生规律

中国梨木虱在我国各梨区 1 年发生的世代数因气候条件不同而异，由北向南依次增加。在黑龙江省牡丹江地区 1 年发生 2 代，在吉林延边地区 1 年发生 3 代，在辽宁西部梨区 1 年发生 3～4 代，在新疆阿克苏地区 1 年发生约 4 代，在河北北部、山东烟台等地 1 年发生 4～5 代，在河北中南部及黄河故道地区 1 年发生 6～7 代，在浙江宁波地区 1 年发生 7 代。

在牡丹江地区，越冬成虫于 4 月中旬开始出蛰，4 月下旬为出蛰盛期，同时开始产卵，产卵盛期在 5 月上旬，5 月下旬结束。卵期 8～10d，若虫发生期 30～40d，6 月下旬至 7 月下旬为第一代成虫发生期。第一代成虫在 7 月上旬至下旬产卵，卵期 7～8d，到 10 月份出现第二代成虫，逐渐进入越冬状态。

在吉林延边地区，越冬成虫于 3 月初开始出蛰，4 月初产卵，5 月中旬孵化若虫，6 月初为孵化盛期，同时出现成虫，6 月下旬为第一代成虫羽化盛期。第二代卵于 6 月中旬出现，6 月下旬开始孵化，7 月中旬达孵化盛期，7 月末羽化第二代成虫，8 月初达羽化盛期，同时出现第三代卵。第三代卵于 8 月中旬孵化，9 月下旬出现第三代（即越冬代）成虫，10 月中旬成虫开始越冬。

在辽西地区，越冬成虫于 3 月上旬开始出蛰，3 月下旬结束。3 月中旬开始产卵，4 月上旬为产卵盛期。4 月下旬至 5 月初为第一代若虫发生期，5 月上旬至 6 月上旬为第一代成虫发生期。6 月下旬至 7 月上旬为第二代成虫发生期。9 月中、下旬出现越冬型成虫。

在 1 年发生 4～5 代的地区，越冬成虫从 2 月中旬开始出蛰，2 月下旬达到高峰，3 月上旬开始产卵，4 月中、下旬为产卵高峰。5 月上旬出现第一代成虫。第二代成虫发生期在 6 月上旬至 7 月中旬，第三代在 7 月上旬至 8 月下旬，第四代在 8 月中旬，第五代在 9 月中、下旬。第四代成虫有少部分为越冬型，第五代成虫全为越冬型。

在 1 年发生 5～6 代的地区，越冬成虫从 2 月上、中旬开始出蛰，下旬为出蛰盛期，3 月上、中旬开始产卵，盛期在 4 月上、中旬。卵期约 20d。第一代若虫于 4 月上、中旬孵化，孵化高峰期在 4 月中、下旬。5 月上旬发生第一代成虫。第二代若虫发生盛期在 5 月下旬至 6 月初（麦收前），成虫发生盛期为 6 月上、中旬（麦收后），第三代若虫发生盛期在 6 月中、下旬，成虫发生盛期在 7 月上、中旬，第四至六代成虫发生盛期分别为 7 月下旬至 8 月初、8 月下旬至 9 月初和 9 月下旬至 10 月上旬。11 月中旬开始出现越冬型成虫，11 月下旬陆续进入越冬状态。全年以 6 月上旬至 8 月上旬为害最重。

在 1 年发生 6～7 代的地区，2 月底至 3 月初为成虫出蛰盛期，3 月底出蛰结束。3 月中旬成虫开始产卵，4 月上旬为产卵盛期，同时有卵开始孵化。4 月下旬为第一代若虫发生盛期。以后出现世代重叠。在果实套袋情况下，若虫入袋始期、盛期、末期分别在 5 月中旬、6 月上中旬和 8 月中旬至 9 月中旬。从全年种群变动情况来看，6 月上、中旬种群数量最大，此后虫量迅速下降。到 11 月下旬，成虫开始越冬。在 12 月中旬仍有若虫发生，但不能越冬而死亡。

从梨树物候期来看，在鸭梨花芽萌动时成虫开始出蛰，花芽膨大后，鳞片节间露白时为出蛰盛期。鸭梨花蕾期为成虫产卵盛期，花序分离期卵开始孵化，落花终期为孵化盛期。梨盛花后 30～40d 为第一代成虫发生盛期。在冀中南和黄河流域梨区，第二代若虫发生盛期在麦收前，成虫发生盛期为麦收后。以后世代重叠现象严重，在整个生长季均能见到成虫和若虫。

梨不同品种对中国梨木虱的抗性表现出很大差异。在梨的 5 个栽培种中，西洋梨抗性最强，依次为新疆梨、秋子梨、白梨和砂梨。在秋子梨系统中，抗性较强的有大香水梨和南果梨，其次是鸭广梨。在白梨系统中，抗性最强的是黄县长把梨，其次是安徽雪梨、红梨、崇化大梨、雪花梨，抗性中等的有栖霞大香水梨、锦丰梨、黄蜜梨、橘蜜梨和金川雪梨等，抗性弱的有八月酥梨、早酥梨、秦丰梨、库尔勒香梨、茌梨、金花 4 号、苹果梨、鸭梨、秦酥梨、蜜梨、大鸭梨、砀山酥梨等。在砂梨系统中，没有发现抗性极强的品种，抗性较强的品种有惠阳香水梨和惠阳红梨，日本品种如丰水梨、新水梨等抗性极差。在西洋梨系统中，红茄梨、秋茄梨、茄梨、巴梨等表现出很强的抗性。一些种间杂种，如五九香梨、柠檬黄梨、锦香梨等品种，虽然抗性较强，但与纯种的西洋梨相比，其抗性明显降低。新疆梨的品种均表现为较强的抗虫性。由此看出，白梨和砂梨系统的大多数品种对中国梨木虱的抗性较弱。

梨木虱的发生与温度、降雨有密切关系，高温干旱季节或年份发生较重，反之，雨水多的年份或季节发生较轻。

梨木虱的天敌很多，主要有花蝽、瓢虫、草蛉、捕食性蓟马、捕食螨及寄生蜂等。其中，花蝽、瓢虫、草蛉等天敌的发生高峰期一般在 6～7 月，捕食螨一般在 7 月中旬以后大量发生。据有关报道，梨木虱跳小蜂（*Psylladintus insidiosus* Crawgord）和木虱跳小蜂（*Prionomitus mitratus* Dalman）是中国梨木虱若虫的 2 种有效寄生蜂，在自然寄生率很高，应注意保护利用。

五、防治技术

（一）人工防治
在老果园，早春刮除树干上的老粗皮、翘皮，清理果园内的枯枝落叶和杂草，可消灭在此越冬的成虫。

（二）农业防治
在幼树果园，在气温达到 0℃时，进行越冬前灌冻水，能淹死或冻死在落叶、杂草中越冬的成虫。

（三）药剂防治
药剂防治的第一个关键时期是越冬成虫出蛰期。在果树萌芽期，选风和日丽的天气喷药，能消灭大部分成虫。常用药剂有 99％矿物油乳油 80～100 倍液、20％氰戊菊酯乳油 3 000 倍液、2.5％高效氯氰菊酯乳油 2 000 倍液、24％阿维·毒死蜱乳油 1 500～2 000 倍液、3％阿维·高氯乳油 2 000 倍液。药剂防治的第二个有利时期是第一代若虫孵化期，即在梨树落花后喷药。常用药剂有 20％甲氰菊酯乳油 2 000 倍液、4.5％高效氯氰菊酯乳油 3 000 倍液、25％噻嗪酮可湿性粉剂 1 000～1 500 倍液、10％吡虫啉可湿性粉剂 3 000倍液、1.8％阿维菌素乳油 3 000～4 000 倍液、5％阿维·吡虫啉乳油 2 000 倍液。夏季防治一般在若虫发生量大时喷药。

窦连登（中国农业科学院果树研究所）

第 153 节　梨叶斑蛾

一、分布与危害

梨叶斑蛾（*Illiberis pruni* Dyar）属鳞翅目斑蛾科，又名梨星毛虫，国内分布于黑龙江、吉林、辽宁、内蒙古、河北、北京、山西、山东、河南、安徽、湖南、江苏、浙江、江西、广西、陕西、宁夏、甘肃、青海、四川、云南、贵州等省份梨产区，国外分布于日本和朝鲜。寄主有梨、苹果、海棠、山荆子、沙果、花红、桃、李、杏、樱桃、山楂、榅桲、枇杷、槟子等。

梨叶斑蛾以幼虫为害果树的花芽、花蕾和叶片。花芽被害后不能正常开放。受害严重的树，叶片常被吃光，或大量落叶，使树势极度衰弱，造成当年二次开花，严重影响当年和下年梨果产量。早在新中国成立初期，梨叶斑蛾在东北和华北一些老梨区曾一度猖獗为害，后经大力防治才得到控制。到 20 世纪 70 年代以后，该害虫在广大梨区又有严重发生的趋势，如 70 年代中后期，湖北部分梨区受害面积达 70％，有虫株率 30％左右；80 年代初期，河北廊坊梨区梨叶斑蛾大发生，被害梨树叶片枯焦，犹如火烧一般，使大片梨树当年歉收，下年花芽形成受到明显影响，梨果产量锐减，有的果园因此而绝产；1996 年河北衡水地区大善彰梨园叶片被害率高达 90％以上。目前，在管理正常的果园，梨叶斑蛾的为害已经得到控制，但在管理粗放的果园，有时仍能造成危害。

二、形态特征

成虫：体长 9～13mm，翅展 19～30mm，体质柔软，灰褐至灰黑色，雌虫比雄虫体大。复眼黑色。雄虫触角双栉齿状，雌虫锯齿状。头、胸部具黑褐色绒毛。翅黑色，半透明，其上的鳞毛和鳞片短而稀，前翅前缘浓黑色，前缘基部、臀区以及后翅中脉以前部分较密，翅脉清晰可见（彩图 11-153-1，1）。

卵：扁椭圆形，长约 0.7mm，初产时白色，渐变为黄白色，近孵化时变为暗褐色。常数十粒至百余粒排列成块（彩图 11-153-1，2）。

幼虫：初孵幼虫淡紫色，体长约 2mm，二至三龄时为暗灰黄色，体背面有 5 条紫褐色纵线，腹面色淡。以后体色渐变为黄白或白色（彩图 11-153-1，3）。老熟幼虫体长 15～18mm，白色，肥胖，略呈纺锤形。头小，黑色，常缩入前胸内。前胸背板上有褐色斑点或横纹，背线黑褐色，较细。各体节背面有横排毛丛 6 簇，其上生白色细长毛和许多短毛，体两侧各有 10 个圆形黑斑，排成一列。胸足褐色（彩图11-153-1，4）。

蛹：体长 11～14mm，略呈纺锤形，初为黄白色，近羽化时变为黑褐色。腹部第三至九节背面有一排小刺，腹末无刺突。蛹外包被一层白色丝质双层茧（彩图 11-153-1，5）。

三、生活习性

梨叶斑蛾以二至三龄幼虫在主枝和树干粗皮裂缝处、翘皮下或树干周围的土缝里结白色薄茧越冬。在树干光滑的幼树上，通常在根颈部的土缝内越冬。春季梨树花芽膨大时，越冬幼虫开始出蛰，花芽开绽期为出蛰盛期，一直延续到花序分离期。幼虫出蛰后上树为害花芽，有时钻入芽内取食，虫口密度大时，1 个花芽里有多头幼虫为害。被害芽常流出黄褐色汁液，逐渐变黑、枯死。花芽开放后，幼虫为害花蕾或幼叶。梨落花后，幼虫又转移到叶片上为害，叶片稍大时，幼虫吐丝将叶片边缘向中间包缝，把叶片包成"饺子"状，在其中啃食叶肉。被害叶片逐渐枯焦，以致脱落。1 头幼虫可为害 6～8 片叶。幼虫老熟后在包叶内或转移到另一叶上吐丝结薄茧化蛹。成虫飞翔力不强，只在树冠内飞舞，白天多静伏在枝叶上，受震荡易落地，在傍晚或夜间交尾产卵。成虫多产卵于叶背，常几十粒或百余粒排列成不规则块状，有时卵粒重叠。初孵幼虫先在卵块附近啃食叶肉，1～2d 后分散为害。幼虫有 6 个龄期。在 1 年发生 2 代的地区，第二代幼虫将叶片吃成筛网状，并不卷叶，当发育到 2～3 龄时，便寻找隐蔽场所越冬。

四、发生规律

梨叶斑蛾在我国北方大部分地区 1 年发生 1 代，在河南、江苏和陕西部分地区 1 年发生 1～2 代，在贵州雷山县梨区 1 年发生 2 代。因各地气候条件不同，越冬幼虫出蛰和为害时期各异。在辽宁西部和河北北部梨区，越冬幼虫于 4 月初开始出蛰，4 月中旬为出蛰盛期，从开始出蛰到结束约 20d。幼虫于 6 月上旬逐渐老熟，开始化蛹，蛹期约 10d。6 月中旬始见成虫，下旬见卵，卵期 7～8d。幼虫于 7 月上旬开始孵化。新孵化的幼虫为害叶片半月左右，开始爬向越冬场所，结茧越冬。

在陕西关中地区，越冬幼虫于果树萌芽期出蛰，5 月上、中旬为为害盛期，5 月中、下旬幼虫老熟后结茧化蛹。蛹期 10～15d。越冬代成虫发生期在 6 月上、中旬。雄虫寿命 3～5d，雌虫寿命 8～10d。每头雌虫产卵 200～300 粒，卵期 7～10d。7 月上、中旬为第一代幼虫发生期，7 月中、下旬有一部分幼虫开始进入越冬状态，另一部分幼虫继续为害到 7 月下旬，老熟后化蛹。第一代成虫发生期在 8 月上、中旬，同时交尾产卵。第二代幼虫孵化后为害一段时间，于 9～10 月陆续进入越冬场所越冬。

梨叶斑蛾的寄生性天敌很多，已报道的有冠毛长唇寄蝇 [*Siphona cristata* (Fabricius)]，在晋中和晋东南地区的自然寄生率为 6.7%～12%；金黄小寄蝇 [*Bactromyia aurulenta* (Meigen)]、潜蛾柄腹姬小蜂 (*Pediobius purgo* Walker)、凤蝶金小蜂 [*Pteromalus puparum* (L.)]，在山西原雁北地区的自然寄生率达 35%；盘背菱室姬蜂 [*Mesochorus discitergus* (Say)] 是重寄生蜂；绒茧蜂 (*Apanteles* sp.)、金小蜂 (*Pteromalus* sp.)、柄腹姬小蜂 (*Blepharipa* sp.) 和饰腹寄蝇 (*Crossocosmia* sp.)，在河北廊坊梨区的自然寄生率为

18.6%。在甘肃省平凉地区发现 6 种寄生性天敌：斑痣悬茧蜂 *Meteorus pulchricornis*（Wesmael）、折肛短须寄蝇［*Linnaemya scutellaris*（Malloch）］、卷蛾寄蝇（*Blondelia* spp.）、选择盆地寄蝇［*Bessa parallela*（Meigen）］、绒茧蜂和跳小蜂。这些天敌大多在梨叶斑蛾幼虫期寄生，应设法保护和利用。

五、防治技术

（一）人工防治

结合果树冬剪，刮除主枝和树干上的老树皮，消灭越冬幼虫。在虫口密度大的果园，发现卷叶及时摘除，能消灭大量幼虫。

（二）药剂防治

1. 春季防治　在越冬幼虫出蛰后（梨花芽开绽前），往树上喷布 25%灭幼脲悬浮剂 1 500～2 000 倍液、80%敌敌畏乳油 1 000 倍液、90%敌百虫晶体 1 000 倍液、50%辛硫磷乳油 1 000 倍液、20%氰戊菊酯乳油 2 000 倍液或其他菊酯类杀虫剂，可有效消灭已经出蛰的越冬幼虫。

2. 夏季防治　在虫口密度大的情况下，在当年幼虫孵化期喷药防治。在 1 年发生 2 代的地区，分别在第一代和第二代幼虫发生期喷药。使用药剂及其浓度与春季防治相同。

冯明祥（青岛市农业科学研究院）

第 154 节　黄褐天幕毛虫

一、分布与危害

黄褐天幕毛虫（*Malacosoma neustria testacea* Motschulsky）属鳞翅目枯叶蛾科，又名天幕毛虫，俗称春黏虫、顶针虫等，国内分布于黑龙江、吉林、辽宁、河北、北京、内蒙古、新疆、山西、山东、河南、安徽、江苏、浙江、福建、台湾、广西、陕西、宁夏、青海、甘肃、四川等省份，尤其在北方果区发生严重。在辽西地区曾于 20 世纪 60 年代初大发生，间山梨区梨树受害株率达 100%，上万株梨树叶片被吃光，绥中梨区平均每株有越冬卵块 4～6 个。目前仅发生在管理粗放的梨园。寄主有梨、苹果、桃、李、杏、樱桃、梅、树莓等果树及杨、柳等林木。

二、形态特征

成虫：雌、雄成虫差异较大。雌虫体长 18～20mm，翅展约 40mm，全体黄褐色。触角锯齿状。前翅中央有 1 条赤褐色斜宽带，两边各有 1 条米黄色细线（彩图 11-154-1，1）。雄虫体长约 17mm，翅展约 32mm，全体黄白色。触角双栉齿状。前翅有 2 条紫褐色斜线，其间色泽比翅基部和翅端部淡（彩图 11-154-1，2）。

卵：圆柱形，灰白色，高约 1.3mm。200～300 粒紧密黏结在一起，环绕在小枝上，如"顶针"状（彩图 11-154-1，3）。

幼虫：低龄幼虫身体和头部均为黑色，四龄以后头部呈蓝黑色。老熟幼虫体长 50～60mm，背线黄白色，两侧有橙黄色和黑色相间的条纹，各节背面有黑色毛瘤数个，其上生有许多黄白色长毛，腹面暗灰色（彩图 11-154-1，4）。

蛹：较粗大，初期为黄褐色，后期变为黑褐色，体长 17～20mm。化蛹于黄白色丝质茧中（彩图 11-154-1，5）。

三、生活习性

黄褐天幕毛虫以完成胚胎发育的幼虫在卵壳内越冬。翌年梨树发芽后，幼虫从卵壳里爬出，出壳期比较整齐，大部分集中在 3～5d。出壳后的幼虫先在卵块附近的嫩叶上为害（彩图 11-154-2）。幼虫共 6 龄，一至四龄幼虫吐丝结网，白天潜伏网中，夜间出来取食。随着幼虫的长大，网幕逐渐增大，五龄以后的幼虫逐渐离开网幕，分散为害。被害叶最初呈网状，以后呈现缺刻或只剩叶脉或叶柄。离开网幕的幼虫遇震动即吐丝下坠。六龄幼虫进入暴食阶段，食量剧增，常将叶片吃光。幼虫老熟后多在叶背或树干附近的杂草上结茧化蛹，也有在树皮缝隙、墙角、屋檐下吐丝结茧化蛹者。成虫羽化后即可交尾、产卵。每头雌虫产 1~2 个卵块。成虫昼伏夜出，有趋光性。

四、发生规律

黄褐天幕毛虫 1 年发生 1 代。因我国各地气候条件不同，幼虫出蛰期亦有差异。在辽宁西部梨区，幼虫于 5 月上、中旬转移到小枝分杈处吐丝结网，取食叶片。幼虫约于 5 月底老熟，寻找适当场所化蛹，蛹期 12d 左右。成虫发生盛期在 6 月中旬。

在吉林通化地区，当 4 月中、下旬日均气温达到 11℃时，幼虫从卵壳中爬出，为害叶片。幼虫为害期 45d 左右，于 6 月下旬至 7 月上旬老熟后在叶间吐丝结茧化蛹，7 月中、下旬羽化为成虫。

在内蒙古包头地区，当 4 月气温达到 12.5℃时，幼虫从卵壳中爬出，气温达 20℃时为出壳高峰。幼虫为害期 35~46d。蛹期 16~27d。成虫期 2~5d。9 月下旬幼虫在卵壳内孵化。

在安徽歙县，幼虫于 5 月上旬从卵壳中爬出，5 月下旬至 6 月上旬是为害盛期，同期开始陆续老熟，后于叶间或杂草丛中结茧化蛹。6 月末至 7 月为成虫发生盛期。

黄褐天幕毛虫的天敌较多，据有关资料记载，在吉林有 22 种，其中，寄生性天敌昆虫 13 种，捕食性天敌昆虫 5 种，鸟类 4 种。在卵寄生蜂中，大蛾卵跳小蜂 [Ooencyrtus kuwanae（Howard）] 为优势种，寄生率为 8.3%，其次是杨扇舟蛾黑卵蜂（Telenomus closterae Wu et Chen），寄生率为 4%，松毛虫黑卵蜂 [Telenomus dendrolimi（Matsumura）] 寄生率为 3.5%。在辽宁沈阳和吉林延吉两地发现卵寄生蜂 6 种：大蛾卵跳小蜂、天幕毛虫黑卵蜂 [Telenomus terbraus（Ratzeburg）]、毒蛾黑卵蜂（Telcnomus sp.）、斑角跳小蜂、舞毒蛾卵平腹小蜂 [Anastatus japonicus Ashmead]、松毛虫赤眼蜂（Trichogramma dendrolimi Matsumura）等。在山东烟台地区，天幕毛虫黑卵蜂对卵的寄生率可达 90%。在辽宁盖县，天幕毛虫抱寄蝇 [Baumhaueria goniaeformis（Meigen）] 对幼虫的寄生率可达 93.6%。

五、防治技术

（一）人工防治

在果树冬剪时，彻底剪掉小枝上的卵块，集中烧毁。在幼虫为害初期，幼虫在树上结的网幕显而易见，可进行捕杀。对分散以后的幼虫可震树捕杀。

（二）生物防治

主要是保护和利用寄生性天敌和鸟类控制黄褐天幕毛虫。

（三）物理防治

在成虫发生期，设置黑光灯或频振式杀虫灯，可诱杀黄褐天幕毛虫成虫。

（四）药剂防治

防治的关键时期是幼虫出壳后和分散为害以前。使用药剂有 50%辛硫磷乳油 1 000 倍液、50%杀螟硫磷乳油 1 000 倍液、80%敌敌畏乳油 1 000 倍液、20%氰戊菊酯乳油 1 500 倍液、20%杀铃脲悬浮剂 1 500~2 000 倍液、25%灭幼脲悬浮剂 2 000 倍液。

冯明祥（青岛市农业科学研究院）

第 155 节　美国白蛾

一、分布与危害

美国白蛾 [Hyphantria cunea（Drury）] 属鳞翅目灯蛾科，又名美国灯蛾、秋幕毛虫、秋幕蛾、网幕毛虫，原产于北美洲，广泛分布于美国北部、加拿大南部和墨西哥，是重要的国内外检疫对象。20 世纪 40 年代末，美国白蛾通过人类活动和运载工具传播到了欧洲和亚洲，现分布于匈牙利、前南斯拉夫、前捷克斯洛伐克、罗马尼亚、奥地利、前苏联、波兰、保加利亚、法国、意大利、土耳其、日本、朝鲜等地。1979 年传入我国辽宁丹东地区，目前在国内分布于吉林、辽宁、河北、北京、天津、山东、陕西、安徽、上海等省份，在辽宁、河北、北京、天津和山东等地普遍发生，在林区造成严重损失。

美国白蛾寄主范围较广，国外报道寄主植物达 300 种以上，国内初步调查也有 100 余种。在果树中主要有苹果、梨、杏、李、桃、樱桃、山楂、板栗、核桃、葡萄、海棠、草莓、无花果等，树木主要有法国梧桐、榆、柳、糖槭、桑、白蜡、杨等，农作物及蔬菜主要有玉米、大豆、谷子、茄子、白菜、南瓜、灰菜等。

二、形态特征

成虫：体长 12～17mm，翅展 30～40mm，白色。头、胸部白色，胸部常具黑纹。腹部背面白色或黄色，背面和侧面各有 1 列黑点。足基节和腿节橘黄色，胫节和跗节白色，具黑带。后足胫节有端距 2 个。雄虫触角双栉齿状，黑色，前翅上有或多或少的黑色斑点。雌虫触角锯齿状，前翅翅面无斑点（彩图 11-155-1，1）。

卵：近球形，直径约 0.6mm，有光泽，初产时淡黄绿色，近孵化时变为灰绿色或灰褐色。常数百粒成块产于叶片背面，单层排列（彩图 11-155-1，2）。

幼虫：老熟幼虫体长 28～35mm，体色变化较大，有红头型和黑头型之分，我国仅有黑头型。头黑色，具光泽，胸、腹部为黄绿色至灰黑色，背部两侧线之间有 1 条灰褐色至灰黑色宽纵带，背中线、气门上线、气门下线为黄色（彩图 11-155-1，3）。背部毛瘤黑色，体侧毛瘤橙黄色，毛瘤上生有白色长毛（彩图 11-155-1，4）。

蛹：体长 8～15mm，宽约 4mm，暗红褐色，粗短，头、胸部布满不规则皱纹，后胸和腹部各节除节间沟外密布浅凹刻点。臀棘 8～17 根，每根上有许多小刺。

三、生活习性

美国白蛾以蛹在枯枝落叶、树皮缝、树洞、表土层、建筑物缝隙及角落等处越冬，翌年春末夏初，当连续 5 日日均气温达到 12℃，相对湿度超过 68% 时，成虫开始羽化。成虫雌、雄比例为 1∶1.35。成虫羽化后，在无外界干扰时，白天几乎静伏不动，有趋光性，可作短距离飞行，一次飞行距离达 100m。成虫产卵于叶片背面，每个卵块有卵 300～500 粒，每头雌虫最高产卵量可达 2 000 粒。卵块表面覆盖有雌成虫腹部脱落的体毛。越冬代成虫产卵于树冠阳面下层枝叶上，第一、二代成虫产卵于树冠中上层枝叶上。幼虫孵化后不久即吐丝结网，群集网内取食叶肉，残留表皮。网幕随幼虫龄期增长而扩大，长的可达 1.5m 以上。幼虫在 1 个网目内将叶片食尽后，成群转移到另一处重新结网。四龄后的幼虫分散为害，不再结网，常将叶片吃光，仅剩叶脉。因大龄幼虫食量很大，2～3d 就可将整株叶片吃光。幼虫老熟后下树寻找适宜场所结薄茧化蛹。

各虫态发育历期因气温不同而异，在恒温 25℃，相对湿度 75%，光照周期 L∶D＝16∶8 条件下，用杨树叶片饲养的各虫态平均历期为：幼虫期 24.6～25.3d，蛹期 12.3～19.0d，成虫期 3.6～5.8d，卵期 8.0～8.5d。各虫态发育最适温度为 25～28℃，在此温度下，幼虫发育历期为 44～37d。在自然界，雌成虫寿命 4～7d，雄成虫寿命 3～5d，越冬代略长。卵和蛹对高温有一定的耐受性。在 35℃ 条件下，卵孵化率可达 90%，蛹羽化率在 80% 以上。在 37℃ 高温下，仍有 80% 以上的卵可以孵化。

幼虫耐饥力很强，龄期越大，耐饥时间越长。一至二龄幼虫耐饥饿时间为 4d，三至四龄为 8～9d，五至六龄为 9～11d，七龄幼虫最长，可达 15d。

四、发生规律

美国白蛾在我国 1 年发生 2～3 代，由北向南依次增加。在吉林 1 年发生 2 代，在辽宁、河北北部 1 年发生 2～3 代，在山东、安徽等地 1 年发生 3 代。随着气候条件的变化，美国白蛾的发生代数也有所改变，如最初传入辽宁时，大多数 1 年发生 2 代，目前 1 年普遍发生 3 代。

因我国各地气候条件不同，成虫羽化时期也有差异，在吉林双辽，越冬蛹于 5 月中、下旬开始羽化成虫。7 月下旬出现第一代成虫，7 月末至 8 月初是成虫羽化高峰期。第二代幼虫发生期在 8～9 月，从 9 月中旬开始，老熟幼虫陆续化蛹，10 月中旬结束，进入越冬状态。在山东商河县，4 月上旬开始出现成虫，4 月下旬末至 5 月上旬为成虫羽化高峰期。第一代幼虫于 5 月上旬孵化，5 月中旬为孵化高峰，5 月下旬至 6 月上旬出现大量幼虫网幕。老熟幼虫于 6 月中旬开始化蛹。6 月中、下旬出现第一代成虫。第二代幼虫在 6 月下旬至 7 月上旬孵化，7 月中、下旬为幼虫为害盛期，8 月上旬大量幼虫化蛹，同时出现第二代成虫。8 月下旬发生第三代幼虫，9 月上、中旬出现大量网幕，9 月下旬至 10 月上旬是为害最严重时期，从 9 月下旬开始，幼虫陆续化蛹越冬，一直持续到 10 月底或 11 月上旬。在安徽芜湖，4 月中旬至 5 月中旬为越冬代成虫发生期，第一代成虫发生期在 7 月上旬至 8 月下旬。第二代成虫发生期在 8 月下旬至 9 月下旬。

无论 1 年发生 2 代还是 3 代，越冬代成虫一般数量不大，因此，第一代幼虫发生量相对较少，不易引起重视。从第一代成虫发生期开始，由于天气条件适合该虫发生，造成第二代幼虫数量明显增加，经常将树叶吃光。在 1 年发生 3 代的地区，由于对第二代幼虫采取了防治措施，加上自然天敌的控制作用，第三代幼虫发生数量又有减少。

在自然界，美国白蛾有多种天敌，寄生性天敌中以寄生蜂为主，主要种类有白蛾周氏啮小蜂（*Chouioia cunea* Yang）、白蛾黑棒啮小蜂（*Tetrastichus septentrionalis* Yang）、白蛾黑基啮小蜂（*Tetrastichus nigricoxae* Yang）、山东白蛾啮小蜂（*Tetrastichus shandongensis* Yang）、白蛾聚集盘绒茧蜂（*Cotesia gregalis* Yang et Wei）、白蛾孤独长绒茧蜂（*Dolichogenidea ingularis* Yang et You）、白蛾圆腹啮小蜂（*Aprostocetus magniventer* Yang）、舞毒蛾黑瘤姬蜂（*Coccygomimus diparis* Viereck）、稻苞虫黑瘤姬蜂 [*Coccygomimus parnasae*（Viereck）]、白蛾柄腹姬小蜂（*Pediobius elasmi* Ashmead）、居中大腿小蜂（*Brachymeria intermermedia* Nees）等。主要寄生蝇有日本追寄蝇（*Exorista japonica* Townsend）、康刺腹寄蝇 [*Compsilura concinnata*（Meigen）]、蓝黑栉寄蝇 [*Pales pavida*（Meigen）] 和条纹追寄蝇（*Exorista fasciata* Fallén）等。在捕食性天敌中，卵期的主要天敌有各种草蛉和瓢虫，幼虫期的天敌主要是多种蜘蛛。

这些天敌对美国白蛾的自然控制作用在我国各地有所不同，其中，白蛾周氏啮小蜂的寄生率较高，对其应用技术的研究也较多，目前可以进行工厂化生产，用于大范围释放，可有效控制美国白蛾的发生，有望成为我国生物防治美国白蛾的最有效方法。

五、防治技术

（一）加强检疫

该虫自然传播主要靠成虫飞翔和老熟幼虫爬行。远距离传播主要由附着在苗木、木材、水果及包装物上的幼虫或蛹，通过运输工具进行。为防止扩散蔓延，首先要划定疫区，设立防护带。严禁从疫区调出苗木。一旦从疫区调入苗木，要严格进行检疫，发现美国白蛾要彻底销毁。

（二）人工防治

1. 捕杀幼虫　在幼虫发生期，低龄幼虫结网为害，很容易被发现。要经常巡回检查果园和果园周围的林木，发现幼虫网幕要及时剪除，并集中处理。

2. 挖蛹　在虫口密度较大或邻近林木的果园，于越冬代成虫羽化前挖蛹，是防治美国白蛾的有效方法。

3. 树干绑草把诱集幼虫　根据老熟幼虫下树化蛹的习性，在树干上用谷草、稻草或草帘等围成下紧上松的草把，可诱集老熟幼虫在此化蛹，待化蛹结束后解下草把集中销毁，可消灭其中藏匿的幼虫或蛹。

（三）生物防治

目前应用比较成功的生物防治方法是释放人工饲养的白蛾周氏啮小蜂。方法是：在美国白蛾幼虫发育到六至七龄时，将已经接种白蛾周氏啮小蜂的柞蚕蛹挂到树上，按每个柞蚕蛹出蜂 4 000 头，蜂和害虫的比例为 9 : 1 计算悬挂柞蚕蛹的数量。连续释放 2～3 年，即可控制美国白蛾的为害。

（四）药剂防治

在幼虫发生期，用 25％灭幼脲悬浮剂 1 000～1 500 倍液喷雾，杀虫效果很好，且对捕食性和寄生性天敌安全。也可用 50％杀螟硫磷乳油 1 000 倍液、50％辛硫磷乳油 1 500 倍液、80％敌敌畏乳油 1 000 倍液、90％敌百虫可溶粉剂 1 000 倍液、5％溴氰菊酯乳油 2 000～3 000 倍液、20％氰戊菊酯乳油 3 000 倍液等喷雾。喷药防治的有利时期应在幼虫分散为害前，尤其是在幼虫结网初期，既节省农药，对环境污染又少。

姜瑞德（青岛市农业科学研究院）

第 156 节　黄 刺 蛾

一、分布与危害

黄刺蛾［*Cnidocampa flavescens*（Walker）］属鳞翅目刺蛾科，幼虫俗称洋辣子，在我国各果产区几乎都有分布，国外分布于日本和朝鲜等。寄主范围很广，果树中有苹果、梨、桃、李、杏、樱桃、梅、杨梅、枣、山楂、柿、核桃、板栗、石榴、醋栗、柑橘、芒果、榅桲、枇杷等，受害较重的林木有杨、柳、榆、法国梧桐等。黄刺蛾是为害果树的常见害虫，在管理正常的果园一般不会造成危害，但在管理粗放或弃管果园，幼虫能将叶片吃光，造成果树二次开花，严重影响树势。幼虫身体上的枝刺含有毒物质，触及人体皮肤时，会发生红肿，疼痛难忍。

二、形态特征

成虫：雌成虫体长 15～17mm，翅展 35～39mm。雄成虫体长 13～15mm，翅展 30～32mm。体粗壮，鳞毛较厚。头、胸部黄色，复眼黑色。触角丝状，灰褐色。下唇须暗褐色，向上弯曲。前翅自顶角分别向后缘基部 1/3 处和臀角附近分出两条棕褐色细线，内横线以内至翅基部黄色，并有 2 个深褐色斑点；中室以外及外横线黄褐色。后翅淡黄褐色，边缘色较深（彩图 11 - 156 - 1，1）。

卵：扁椭圆形，长约 1.5mm，表面具线纹。初产时黄白色，后变为黑褐色。常数十粒排列成不规则块状。

幼虫：初孵幼虫黄白色，背线青色，背上可见枝刺 2 行；二至三龄幼虫背线青色逐渐明显；四至五龄幼虫背线呈蓝白色至蓝绿色。老熟幼虫体长约 25mm。头小，黄褐色，隐于前胸下。胸部肥大，黄绿色。身体略呈长方形，体背面自前至后有 1 个前后宽、中间窄的大型紫褐色斑块。各体节有 4 个枝刺，以腹部第一节的最大，依次为第七节、胸部第三节、腹部第八节，腹部第二至六节的刺最小。胸足极小，腹足退化，呈吸盘状（彩图 11 - 156 - 1，2）。

蛹：椭圆形，粗而短，两复眼间有 1 个突起，表面有小刺。体长 13～15mm，黄褐色，其上疏有黑色毛刺，包被在坚硬的茧内（彩图 11 - 156 - 1，3）。

茧：灰白色，石灰质，坚硬，表面光滑，有几条长短不等、或宽或窄的褐色纵纹，外形极似鸟蛋（彩图 11 - 156 - 1，4）。

三、生活习性

黄刺蛾以老熟幼虫在树干或枝条上结茧越冬，翌年春末夏初化蛹并羽化为成虫。成虫羽化后不久即可交尾，飞翔力不强，白天多静伏在枝条或叶背面，夜间活动，有趋光性。交尾后的成虫很快产卵，卵多产于叶背，排列成块，偶有单产。每头雌虫产卵几十粒至上百粒，卵期平均 7d。交尾后的雌虫寿命 3～4d，未经交尾的雌虫寿命 5～8 d。初孵幼虫有群集性，多聚集在叶背啃食下表皮和叶肉，留下上表皮，叶片呈网状。幼虫稍大后逐渐分散取食，将叶片吃成孔洞或缺刻。幼虫共 7 龄。一至二龄幼虫发育较慢，三龄后生长速度加快，五龄后的幼虫食量大增，常将叶片吃光，仅剩叶柄和主脉。老熟幼虫喜欢在枝杈或小枝上结茧，先用其上颚啃咬树皮，深达木质部，然后吐丝并排泄草酸钙等物质，形成坚硬的蛋壳状硬质茧。一般情况下一处 1 个茧，虫口密度大时，一处结茧 2 个以上。1 年发生 1 代时，老熟幼虫结茧进入滞育期，滞育时间长达 280～300d。1 年发生 2 代时，老熟幼虫结茧化蛹，继而发生第一代成虫。第二代幼虫继续为害至秋季，老熟后结茧，以预蛹越冬。

四、发生规律

黄刺蛾在东北和华北地区 1 年发生 1 代，在山东、河南 1 年发生 1～2 代，在安徽、江苏、上海、四川等地 1 年发生 2 代。在 1 年发生 2 代的地区，越冬幼虫于 4 月中、下旬化蛹，5 月下旬出现成虫，成虫发生盛期在 6 月上、中旬。成虫从 6 月上旬开始产卵，第一代幼虫发生期在 6 月中旬至 8 月上旬。从 7 月上旬开始，老熟幼虫陆续化蛹，7 月中、下旬始见第一代成虫。成虫于 8 月上旬产卵，卵期平均 4.5d。第二代幼虫在 8 月中、下旬为害最重，9 月下旬陆续老熟，寻找适宜场所结茧越冬。在 1 年发生 1 代的地区，越冬幼虫于 6 月上、中旬开始化蛹，6 月中旬至 7 月中旬为成虫发生期，幼虫发生期在 7 月中旬至 8 月下旬，8 月下旬以后幼虫开始结茧，进入滞育状态，直至越冬。在湖南衡阳地区，越冬幼虫于翌年 4 月中旬开始化蛹，4 月下旬至 5 月上旬为化蛹盛期，5 月中旬开始羽化成虫，5 月下旬至 6 月下旬为幼虫发生期。从 7 月上旬开始，幼虫陆续老熟做茧，至翌年 4 月中旬为幼虫滞育期。幼虫取食为害期仅 1 个月左右，在茧中滞育时间长达 280d 以上。

黄刺蛾的天敌较多，已有报道的寄生性天敌主要有上海青蜂 ［*Praestochrysis shanghaiensis* (Smith)］、刺蛾广肩小蜂 (*Eurytoma monemae* Ruschka)、健壮刺蛾寄蝇 (*Chaetexorista eutachinoides* Baranoff)、朝鲜绿姬蜂 ［*Chlorocryptus coreanus* (Szepligeti)］ 等。其中，上海青蜂发生范围广，寄生率高，能有效控制黄刺蛾为害。

五、防治技术

（一）人工防治

结合果树冬剪，彻底清除越冬虫茧。在发生量大的果园，还应在周围的防护林上清除虫茧。夏季结合果树管理，人工捕杀幼虫。

（二）生物防治

主要是保护和利用自然天敌。在冬季或初春，人工采集越冬虫茧，放在用纱网做成的纱笼内，网眼大小以黄刺蛾成虫不能钻出为宜。将纱笼保存在树荫处，待上海青蜂羽化时，将纱笼挂在果树上，使羽化的上海青蜂顺利飞出，寻找寄主。连续释放几年，可基本控制黄刺蛾的为害。

（三）药剂防治

防治的关键时期是幼虫发生初期。可选择下列药剂喷雾：90％敌百虫可溶粉剂 1 500 倍液、50％辛硫磷乳油 1 500 倍液、80％敌敌畏乳油 1 000 倍液、25％灭幼脲悬浮剂 1 000 倍液、1％阿维菌素乳油 2 000 倍液、2.5％高效氯氟氰菊酯乳油 2 000 倍液、20％氰戊菊酯乳油 2 000 倍液等。幼虫对药液比较敏感，只要及时防治，一般不会造成危害。

姜瑞德（青岛市农业科学研究院）

第 157 节 褐边绿刺蛾

一、分布与危害

褐边绿刺蛾 ［*Parasa consocia* (Walker)，异名：*Latoia consoia* (Walker)］ 属鳞翅目刺蛾科，又名绿刺蛾、青刺蛾等，幼虫俗称洋辣子，国内除内蒙古、宁夏、甘肃、青海、新疆和西藏尚无记录外，其他各地几乎都有分布，国外分布于日本、朝鲜和俄罗斯西伯利亚。寄主范围很广，果树中主要有苹果、梨、桃、李、杏、樱桃、梅、枣、山楂、柿、核桃、板栗、石榴、柑橘等，林木中主要有杨、柳、榆、枫、梧桐、白蜡、刺槐等。该虫是为害果树的常见害虫，在管理粗放的果园，经常造成危害。

二、形态特征

成虫：体长 15～16mm，翅展约 36mm。头和胸部绿色，复眼黑色。触角褐色，雌虫为丝状，雄虫基部 2/3 为短羽毛状。胸部背面中央有 1 条红褐色背线。前翅大部分为绿色，基部红褐色，外缘黄褐色，其上散布暗紫色鳞片，内缘线和翅脉暗紫色，外缘线暗褐色，呈弧状。后翅和腹部灰黄色（彩图 11 - 157 - 1，1）。

卵：椭圆形，扁平，初产时乳白色，渐变为黄绿色至淡黄色。数十粒排列成块状。

幼虫：老熟幼虫体长 22～25mm，略呈长方形，圆筒状。初孵化时黄色，长大后变为绿色。头黄色，很小，常缩在前胸内。前胸盾上有 2 个横列黑斑。腹部背线蓝色，两侧有蓝色浅线。胴部第二至末节各有 4 个毛瘤，其上生 1 丛刚毛。第四节背面的毛瘤上各有 3～6 根红色刺毛，腹部末端的毛瘤上生有蓝黑色刚毛丛。腹面浅绿色。胸足小，无腹足，腹部第一至七节腹面中部各有 1 个扁圆形的吸盘（彩图 11 -157 -

1，2）。

蛹：椭圆形，肥大，长约 15mm，淡黄色至黄褐色，包被在坚硬的茧内。

茧：椭圆形，棕色或暗褐色，长约 16mm，似羊粪状。

三、生活习性

褐边绿刺蛾以幼虫在树干基部周围的浅土层中结茧越冬，多集中在根颈周围 2～5cm 深的土层中，少数茧零星散布于树干下部，且阴面较多。越冬茧的分布型为聚集型的负二项分布。第二年春末夏初，越冬后的幼虫化蛹并羽化为成虫。成虫昼伏夜出，有趋光性，产卵于叶背近主脉处，每头雌虫可产卵 150 粒左右。卵粒排列成鱼鳞状卵块。幼虫 7～8 龄。初孵幼虫先吃掉卵壳，第一次蜕皮后先吃掉蜕下的皮，然后取食下表皮和叶肉，剩下上表皮，叶片呈网状。三龄以前的幼虫有群集性，四龄以后逐渐分散为害，六龄以后食量增大，常将叶片吃光，只剩主脉和叶柄，并能迁移到邻近的树上为害。

四、发生规律

褐边绿刺蛾在东北和华北地区 1 年发生 1 代，在河南和长江下游地区 1 年发生 2 代，在江西 1 年发生 2～3 代。在 1 年发生 1 代的地区，越冬幼虫于 5 月中、下旬开始化蛹，6 月上、中旬羽化为成虫。卵期 7d 左右。幼虫在 6 月中、下旬开始孵化，8 月为害最重，8 月下旬至 9 月下旬幼虫陆续老熟入土结茧越冬。在 1 年发生 2 代的地区，越冬幼虫于 4 月下旬至 5 月上、中旬化蛹，成虫发生期在 5 月下旬至 6 月上、中旬，卵发生期在 6 月至 7 月上旬。第一代幼虫发生期在 6～7 月，老熟幼虫于 7 月中旬以后陆续结茧化蛹。第二代成虫发生期在 8 月上、中旬，幼虫孵化期在 8 月中旬至 9 月上旬，幼虫发生期一直到 10 月上旬，老熟幼虫陆续结茧越冬。

褐边绿刺蛾的主要寄生性天敌是上海青蜂，在自然界中上海青蜂对其种群的控制作用明显，应注意保护和利用。

五、防治技术

（一）人工防治

幼虫发生量大时，可在树干周围的土中挖茧，以消灭越冬幼虫。夏季结合果树管理，在幼虫未分散时进行人工捕杀。

（二）药剂防治

防治的关键时期是幼虫孵化初期到分散为害以前。使用的药剂参考黄刺蛾。幼虫对常用杀虫剂比较敏感，只要及时防治，一般不会造成危害。

曲振刚（河北省农林科学院植物保护研究所）

第 158 节　梨冠网蝽

一、分布与危害

梨冠网蝽（*Stephanitis nashi* Esaki et Takeya）属半翅目网蝽科，又名梨花网蝽，俗称梨军配虫。国内分布于吉林、辽宁、河北、北京、山西、山东、河南、安徽、湖北、湖南、江苏、浙江、江西、福建、台湾、广东、广西、陕西、甘肃、四川、贵州、云南等省（自治区、直辖市），国外分布于日本和朝鲜。寄主植物有梨、苹果、海棠、槟果、沙果、桃、樱桃、李、山楂、楱梓等果树，其中，梨、苹果和樱桃受害较重。20 世纪 50 年代，该虫曾经在北方梨区大发生，受害树叶片被害率达 70%～90%，20 世纪 60～70 年代发生较少，80 年代中期以后又逐渐成为常见害虫，在个别地区发生较重，造成果树提前落叶。1986—1988 年，江苏淮阴果林场苹果树干翘皮内有越冬成虫 5～10 头/cm²，单株树干根际枯草落叶下的虫量可达数千头。果树生长期间，一般每百叶有虫 20～30 头，多者达千头以上。20 世纪 90 年代后期，在湖北部分梨园，梨叶被害率 20%～30%，重者达 40%～60%，为害高峰期每叶若虫虫口密度达 40 头左右。被害梨叶干枯脱落，不仅影响当年梨果产量和品质，而且还影响到下年产量。进入 21 世纪，在南方一些梨区如浙江、江西、广东、贵州等地都有严重发生的报道，如 2002 年，江西金溪县红垦村梨树被害株率达 100%，平均每百叶虫量为 325 头，提早落叶树 20%～30%，产量损失 15%～20%。

二、形态特征

成虫：体长约 3.5mm，宽 1.6～1.8mm，身体扁平，暗褐色。头部红褐色，复眼红色，无单眼。触角浅黄褐色，4 节，为体长的一半。前胸发达，有纵向隆起，向后延伸盖于小盾片之上，两侧向外呈环状突出。前胸背面及前翅均布满网状花纹，以两前翅中间接合处的 X 形纹最明显。后翅膜质，白色透明，翅脉暗褐色（彩图 11-158-1，1）。

卵：长椭圆形，长 0.4～0.6mm，一端弯曲，初产时淡绿色，半透明，后变为淡黄色。

初孵若虫白色，透明，体长约 0.8mm。二龄若虫腹板黑色，三龄时出现翅芽，前胸、中胸和腹部第三至八节两侧有明显的锥状刺突。老熟若虫腹部黄褐色，体宽阔，扁平，体长约 2mm，翅芽长约为体长的 1/3（彩图 11-158-1，2）。

三、生活习性

梨冠网蝽以成虫在杂草、落叶、树皮缝或梯田的石缝内越冬。有研究表明，在杂草中越冬的占 43.2%，落叶中占 25.7%，土石缝中占 17.2%，枯枝、枝干裂缝中占 14.3%。翌年果树萌芽期气温达到 10℃时，成虫开始出蛰，当气温达到 15℃时，开始取食、交尾和产卵。成虫出蛰后先为害花芽，后为害叶片，喜在中午活动，产卵于叶背主脉附近的组织内，每次产卵 1 粒。每头雌虫产卵 8～26 粒，平均 16.3 粒。产卵处留有褐色分泌物。若虫共 5 龄。初孵若虫不甚活动，常群集叶背为害，二龄以后逐渐扩散，三龄后长出翅芽，四龄若虫行动活泼。第一代发生期比较整齐，以后各代出现世代重叠。最后一代的成虫在深秋季节开始越冬。

成虫和若虫均可刺吸叶片汁液并产生褐色排泄物。受害叶片密布黄白色斑点，严重时斑点扩大连片，叶片变褐，呈铁锈色，失去光合作用功能，并很快干枯脱落，严重影响树势（彩图 11-158-2）。

四、发生规律

梨冠网蝽 1 年发生 3～5 代，年发生世代数由北向南依次增加。在北京、山东、山西、陕西 1 年发生 3～4 代，在河南、安徽、江苏、浙江、湖北、贵州、江西等地 1 年发生 4～5 代。在北方大部分地区，越冬成虫于 4 月中旬开始出蛰，4 月下旬至 5 月上旬达到高峰，6 月上旬出蛰基本结束，历时 45～50d。成虫出蛰后于 4 月下旬开始产卵。5 月中旬开始孵化若虫，孵化盛期在 5 月下旬。5 月下旬至 6 月上旬出现第一代成虫，6 月下旬为发生盛期。以后出现世代重叠。7～8 月是全年为害最重的时期。10 月中、下旬成虫寻找适宜场所越冬。

因各地气候条件不同，各世代发生时期及虫态历期差异较大。在山西运城地区，5 月中旬以后世代重叠。第一代卵期 25～29d，第二代 9～14d。第一、四代若虫期 16～17d，第二、三代 9～12d。成虫寿命除越冬代 150d 外，其余各代为 11～17d。在河南安阳地区，第一代成虫发生期在 6 月上旬至 7 月初，第二代在 7 月上旬至 8 月上旬，第三代在 8 月上旬至 9 月上旬，第四代在 8 月底开始出现。在山东枣庄，4 月下旬至 5 月上旬虫量大增。5 月以后，各种虫态同时出现，8 月中、下旬是全年虫量最多的时期。在湖北武汉，越冬成虫于 5 月中旬产卵，卵期 12d 左右。第一代若虫发生期从 6 月初开始，若虫期约 15d，成虫发生期在 6 月中、下旬。第二代若虫发生期在 7 月上旬，成虫发生期在 7 月中、下旬。第三代若虫发生盛期在 8 月上旬，成虫发生期在 8 月中、下旬。第四代若虫期在 9 月上旬，成虫期在 9 月中、下旬。第五代若虫发生期在 10 月上旬，成虫于 10 月底陆续越冬。在安徽全椒县，越冬成虫于 4 月中、下旬开始产卵。各代成虫发生期为：第一代 5 月底，第二代 6 月底至 7 月初，第三代 8 月上旬，第四代 8 月底，第五代 9 月中、下旬至 10 月上旬。在江西金溪县，6 月以后世代重叠，各代若虫发生高峰期分别为：第一代 5 月中旬，第二代 6 月中旬，第三代 7 月上旬，第四代 8 月上旬，第五代 9 月上旬。

梨冠网蝽发生的轻重与天气情况有关，暖冬有利于越冬成虫存活。果树生长季干旱，有利于害虫繁殖，发生严重。

五、防治技术

（一）人工防治

结合果树冬剪，在越冬成虫出蛰前，彻底刮除老翘皮。清除果园杂草、落叶，深翻树盘，可以消灭越冬成虫。

（二）药剂防治

应抓住两个关键时期喷药防治，一是越冬成虫出蛰高峰期，北方梨区在 4 月下旬至 5 月上旬，二是在第一代若虫孵化高峰期，即 5 月下旬至 6 月上旬。常用药剂有 80％敌敌畏乳油 1 000 倍液、48％毒死蜱乳油 2 000～3 000 倍液、20％氰戊菊酯乳油 2 000 倍液或 2％阿维菌素乳油 2 000～4 000 倍液，均有很好的防治效果。在梨树生长季，于各代若虫发生期喷药。

曲振刚（河北省农林科学院植物保护研究所）

第 159 节　梨叶肿瘿螨

一、分布与危害

梨叶肿瘿螨［*Eriophyes pyri*（Pagenstecher）］属蛛形纲真螨目瘿螨科，又名梨瘿螨、梨叶疹螨、梨叶肿壁虱、梨潜叶壁虱，国内分布于黑龙江、吉林、辽宁、河北、北京、山东、山西、河南、江苏、陕西、四川、云南、甘肃、青海、宁夏、新疆等省份，国外分布于北美洲等地。寄主主要有梨、苹果、山楂等果树。

二、形态特征

成螨：体长约 0.25mm，身体前端粗，后部较细，长蠕虫形，白色、灰白色或稍带红色。口器钳状，向前突出。身体具许多环状纹，前端有 2 对足，尾端具 2 根长刚毛。腹部有 70 余环节。

卵：圆形，半透明。

若螨：体较小，形似成螨。

三、生活习性

梨叶肿瘿螨以成螨在芽鳞片下越冬。春季梨芽萌动期，越冬成螨出蛰，梨树展叶后，从叶片气孔侵入组织内为害，并在其中产卵。每头雌螨可产卵 7～21 粒。卵期随温度变化而异，气温在 10～17℃ 时为 18d，18～24℃ 时为 5～8d。5～6 月完成 1 代需 23～26d。被害叶背面出现谷粒大小的淡绿色疱疹，逐渐扩大，变为红色、褐色，终致黑色。疱疹多发生在主脉两侧和叶片中部，有时 1 片叶上可达几十至百余个。受害叶片正面隆起，背面凹陷，严重时早期脱落（彩图 11 - 159 - 1）。发生量大时，也能为害叶柄、幼果、果柄等部位。此螨生存需有较高的空气湿度，在疱疹外最多能存活 4d。

四、发生规律

梨叶肿瘿螨 1 年发生多代，具体代数尚无详细研究报道。在辽宁西部梨区，越冬成螨于 4 月末或 5 月上旬开始向叶片转移，同时出现为害状。5 月中、下旬被害叶片出现最多。6 月以后，随着气温升高和叶片老化，为害逐渐减轻。一般从 9 月开始，成螨陆续从叶片脱出，潜入到芽鳞片下越冬。

五、防治技术

（一）人工防治

在果树生长季，发现被害叶片时要随时摘除，可减少害螨数量。

（二）药剂防治

药剂防治的关键时期是春季越冬成螨出蛰期。在梨树萌芽前，结合防治其他害虫或害螨，喷布 3～5

波美度石硫合剂。在发生严重的梨园，在梨树发芽后再喷 1 次 0.5 波美度石硫合剂。在花芽膨大期用 50％硫黄悬浮剂 200 倍液喷雾或在梨展叶期，用 15％哒螨灵乳油 2 000～3 000 倍液或 5％ 唑螨酯悬浮剂 3 000倍液喷雾。

窦连登（中国农业科学院果树研究所）

第 160 节　梨　茎　蜂

一、分布与危害

梨茎蜂（*Janus piri* Okamoto et Muramatsu）属膜翅目茎蜂科，俗称折梢虫，国内分布于辽宁、河北、北京、新疆、山西、山东、河南、安徽、湖北、湖南、江苏、浙江、福建、江西、陕西、青海、四川等省份，国外分布于朝鲜、前苏联和西欧等地。寄主主要是梨，也可为害苹果、海棠、沙果、杜梨等，但不严重。该虫是梨树上的常见害虫，尤其在管理粗放的梨园发生重。受害严重的梨树，大部分新梢被折断，生长受到影响。幼树受害后，影响树冠的早期形成。

二、形态特征

成虫：体长 6～10mm，翅展 13～16mm，体黑色，有光泽。触角丝状，黑褐色，其长度相当于体长的 1/2。口器、前胸背板后缘、中胸侧板、后胸两侧及后胸背板后缘均为淡黄色。翅透明，翅脉黑褐色。足黄褐色，基节基部、腿节基部和跗节均为褐色。前足胫节有 1 个端距，中、后足胫节各有 2 个端距。跗节 5 节，褐色。雌虫产卵器锯状（彩图 11 - 160 - 1，1）。

卵：长椭圆形，白色，半透明，略弯曲。

幼虫：初孵幼虫乳白色。老熟幼虫白色，体长 8～11mm，身体略扁。头淡褐色，头、胸部略向下弯，尾端上翘。胸足极小，无腹足（彩图 11 - 160 - 1，2）。

蛹：为裸蛹，体长约 10mm，初期为乳白色，渐变为黑色。

三、生活习性

梨茎蜂以老熟幼虫或蛹在二年生枝条髓部结薄茧越冬。翌年梨树开花期羽化为成虫。成虫羽化后在枝内停留 3～6d 再出枝。成虫出枝时，先在幼虫越冬处向外咬一圆形羽化孔，在天气晴朗的中午从中飞出。成虫出现早晚与梨花期密切相关，梨树开花早，新梢生长快，成虫出现早，反之则晚。成虫白天活动，常在树冠下部群飞，中午前后最盛，早晚和夜间气温低时常停息在树冠下部叶片背面。成虫在新梢上产卵，用锯状产卵器将嫩梢锯断，仅剩皮层与枝相连，将产卵器插入断口下方 2～4cm 处的韧皮部和木质部之间，产 1 粒卵（彩图 11 - 160 - 2）。然后将锯口下第一个芽刺破，再切去下方的 3～4 片叶，仅留叶柄。产卵处留下明显的小黑点。数日后，被害新梢凋萎下垂，干枯脱落，形成枝橛。成虫产卵期，是为害最重的时期。每头雌虫产卵 30～50 粒。1 头雌虫可锯断 30～50 个嫩梢，甚至更多，偶有锯断后并不产卵的。雌成虫寿命 6～15d，雄成虫寿命 3～8d，卵期 7～10d。幼虫孵化后沿新梢髓部向下蛀食，直至二年生枝条内，将粪便排泄于蛀道内。幼虫共 8 个龄期，老熟后停止取食并调转身体，头部向上，在蛀道内咬一羽化孔，但并不咬穿，然后结一褐色薄茧进入休眠状态。每个被害梢仅有 1 头幼虫。

四、发生规律

梨茎蜂 1 年发生 1 代，在大部分地区以老熟幼虫越冬，在个别地区以蛹越冬。因我国各地气候条件不同，越冬幼虫化蛹和成虫羽化、出枝、产卵、幼虫进入休眠的时间有很大差异。但是在各地，成虫产卵期与梨树物候期非常吻合，一般当鸭梨新梢生长到 6cm 以上时，成虫开始产卵，鸭梨盛花后 5d 左右为产卵盛期。成虫产卵期比较集中，一般为 4～5d。我国部分梨区梨茎蜂发生时期见表 11 - 160 - 1。

梨茎蜂为害对梨树品种有一定的选择性，以砂梨系统品种受害最重，其次是白梨系统，西洋梨系统受

表 11 - 160 - 1　我国部分梨区梨茎蜂发生时期

Table 11 - 160 - 1　Occurrence period of *Janus piri* in some pear areas in China

地区	成虫出现期	幼虫为害期	幼虫进入休眠期
新疆阿克苏和库尔勒	4月下旬至5月上旬	5月上旬至6月下旬	6月上旬至7月上旬
辽宁西部	4月下旬至5月中旬	5月上旬至7月中旬	7月下旬至8月上旬
河北沧州	4月中旬至5月上旬	5月中旬至7月	7月
山东招远	4月中旬	4月下旬至6月上旬	6月中旬以后
河南商丘	3月下旬至4月中旬	5月上旬至6月中旬	7月
山西运城	3月下旬至4月上旬	5月至7月	7月
湖北孝感	3月下旬至4月中旬	5月上旬至6月中旬	8月上旬
江苏南京	4月上旬至5月上旬	5月上旬至8月下旬	7月中、下旬
江西南昌	3月下旬至4月中旬	4月上旬至7月	7月
陕西乾县	4月上、中旬	4月下旬至6月中旬	6月下旬
青海平安县	4月下旬至5月上旬	—	—
甘肃定西	4月下旬至5月上旬	5月下旬至10月底	11月上旬

害最轻。另外，长梢或新梢多的品种受害重，如中国梨中的苹果梨、锦丰梨和早酥梨，短梢品种如西洋梨受害轻。

梨茎蜂的寄生性天敌主要有梨茎蜂啮小蜂（*Tetrastichus janusi* sp. nov.），在甘肃定西地区，对越冬代梨茎蜂幼虫的寄生率达 44.7%。

五、防治技术

（一）人工防治

在成虫发生期，发现有成虫产卵的新梢，及时剪掉。剪梢部位在折断部位以下 3.5cm 处为宜。在果树冬剪时，应在枝橛的二年生部位剪断被害枝条。

（二）物理防治

在梨茎蜂发生初期，用黄色黏虫板诱杀成虫。将黏虫板悬挂在树冠外围距地面 1.5m 高的树枝上，每 667m² 悬挂 25cm×20cm 的黏虫板 10～50 块。当黏虫板上黏满虫体时，要及时更换。

（三）药剂防治

药剂防治的关键时期是成虫发生期。常用药剂有 80% 敌敌畏乳油 1 500 倍液、48% 毒死蜱乳油 2 000～3 000 倍液、50% 乙酰甲胺磷乳油 1 000 倍液、2.5% 溴氰菊酯乳油 2 000 倍液、20% 甲氰菊酯乳油 2 000 倍液。在成虫产卵期，结合防治梨二叉蚜和梨木虱等害虫，可用 20% 啶虫脒可湿性粉剂 6 000 倍液喷雾，可起到兼治作用。

冯明祥（青岛市农业科学研究院）

第 161 节　梨瘿华蛾

一、分布与危害

梨瘿华蛾（*Sinitinea pyrigalla* Yang）属鳞翅目华蛾科，又名梨瘤蛾、梨枝瘿蛾，国内分布于辽宁、河北、北京、内蒙古、山西、山东、河南、安徽、湖北、湖南、陕西、贵州、江苏、浙江、福建、江西、广西等省份。寄主植物只有梨树。该虫在北方梨区发生普遍，管理粗放的梨园受害较重。如 1979 年，辽宁绥中梨区梨瘿华蛾大发生，平均虫梢率 18%，严重的达 80%，1 个枝条上有虫瘿 5～6 个。严重影响果树新梢生长和树冠形成。

二、形态特征

成虫：体长 5～6mm，翅展约 15mm，灰褐色。下唇须很长，似镰刀状。从前翅近基部引出 2 条黑褐色纵条纹，至中部折向顶角，在外缘中部和臀角处各有 1 丛褐色鳞片突起，似 2 块黑斑。后翅灰褐色，无斑纹。前、后翅缘毛很长，灰色。足灰褐色，跗节端部白色，后足胫节密生灰黄色毛。

卵：圆柱形，高约 0.5mm，宽 0.3mm，表面有皱纹。初产时橙黄色，近孵化时变为棕黑色。

幼虫：初孵幼虫乳白色。老熟幼虫体长 7～8mm。头小，浅红褐色。胸部和腹部肥大，乳白色。前胸盾板、胸足和腹部第七、八节背面后缘以及第九节臀板均为灰黑色。全身有黄白色细毛，以头部、前胸和腹端数节的稍长而多（彩图 11-161-1）。

蛹：黄褐色，体长 5～6mm。触角和翅长达腹部末端。腹部末端下面有 2 个向前弯曲的钩状突起。

三、生活习性

梨瘿华蛾 1 年发生 1 代，以蛹在虫瘿内越冬。翌年梨树花芽膨大期，成虫开始羽化，花芽开绽前为羽化盛期。成虫多在下午活动，晴天无风的傍晚比较活跃，绕树飞舞，交尾产卵。每头雌虫产卵 80～90 粒。卵散产于小枝粗皮、短果枝的叶痕皱褶和旧虫瘿的裂缝以及芽缝隙等处。初孵幼虫活泼，爬到新梢上蛀入木质部，蛀孔处有 1 个褐色小点，附近的一片叶变黄，不久即脱落。以后，被害部位逐渐膨大，形成虫瘿（彩图 11-161-2）。幼虫在虫瘿内取食，形成纵横虫道，并排粪于虫瘿内。老熟幼虫化蛹前由虫瘿内向外咬 1 个羽化孔，然后在其中化蛹越冬。每个虫瘿内有幼虫 1～4 头，多数为 1 头。发生严重时，1 个枝条上有几个虫瘿连成一串，似"糖葫芦"状。

四、发生规律

在辽宁西部及河北北部梨区，梨瘿华蛾成虫发生始期在 4 月上旬，4 月末至 5 月上旬为成虫产卵期，5 月上旬幼虫开始孵化，5 月下旬被害部位开始膨大，6 月下旬迅速膨大并硬化。老熟幼虫于 9 月下旬开始化蛹。在河北中南部梨区，成虫发生始期在 3 月上、中旬，产卵始期在 3 月中旬，盛期在 3 月下旬，末期在 3 月底。在陕西延长县，成虫羽化盛期在 3 月中旬，幼虫在 4 月下旬孵化并蛀入嫩梢为害，7 月被害部位逐渐膨大，形成瘿瘤，9 月中、下旬幼虫老熟。在贵州贵阳梨区，越冬蛹于 2 月下旬开始羽化成虫。成虫羽化当天便可交尾产卵，卵于 3 月中、下旬孵化为幼虫，并蛀入枝条为害。约经 1 个月，被害枝逐渐膨大成瘤瘿，10 月上旬老熟幼虫陆续化蛹越冬。

因各地气候条件不同，各虫态历期略有差异，一般成虫寿命 8～9d，卵期 18～20d，幼虫期 150d。

梨瘿华蛾的重要天敌是幼虫寄生蜂。在辽宁绥中梨区有一种姬蜂，寄生率高达 81.9%。在贵阳地区，广齿腿姬蜂 [*Pristomerus vulnerator*（Panzer）] 的寄生率达 23%。在河北昌黎和滦县发现 2 种寄生蜂，寄生率分别为 45.8% 和 62.2%。

五、防治技术

（一）人工防治

结合果树冬剪，彻底剪除虫瘿枝，将剪下的虫枝收集在一起烧毁。在虫枝量较大时，一次剪除会影响树势，可进行疏剪，连续几年，就能控制其为害。

（二）生物防治

将剪下的虫瘿收集在用铁纱网做成的笼里，使寄生蜂羽化后飞出，梨瘿华蛾成虫留在笼内。

（三）药剂防治

防治的关键时期是成虫发生盛期和幼虫孵化期。常用药剂有 40% 乐果乳油 1 000 倍液、80% 敌敌畏乳油 1 000 倍液、20% 氰戊菊酯乳油或 2.5% 溴氰菊酯乳油 1 500～2 000 倍液、20% 甲氰菊酯乳油 3 000～4 000 倍液。也可在防治梨云翅斑螟、梨叶斑蛾、梨二叉蚜等害虫时兼治。

冯明祥（青岛市农业科学研究院）

第 162 节　梨笠圆盾蚧

一、分布与危害

梨笠圆盾蚧〔*Quadraspidiotus perniciosus*（Comstock），异名：*Diaspidiotus perniciosus*（Comstock）〕属同翅目盾蚧科，又名梨圆蚧、梨枝圆盾蚧，国内分布于黑龙江、吉林、辽宁、河北、北京、内蒙古、新疆、山西、山东、河南、安徽、湖北、湖南、江苏、浙江、福建、台湾、广西、陕西、甘肃、宁夏、四川、云南等省份，国外分布于美国、加拿大、墨西哥、南美、欧洲、日本、印度、巴基斯坦、南非、澳大利亚等地，是国际性检疫对象之一，我国 1954 年正式公布为检疫对象。该虫寄主范围很广，已知寄主达 300 余种，主要有梨、苹果、海棠、桃、李、杏、樱桃、梅、山楂、葡萄、核桃、柿、枣、楹椊和杨、柳等林木。20 世纪 50～60 年代，该虫在我国北部果产区普遍发生，尤其在东北和华北地区部分梨园为害严重，80 年代以后，随着我国果树面积的增加和果树苗木的远距离运输，该虫的分布范围不断扩大，为害严重。如山东临沂地区，在 20 世纪 90 年代初期，有虫株率达 15%～20%；1998—1999 年，山东潍坊梨园受害面积 1400hm²，有虫株率达 60%。目前梨笠圆盾蚧在全国各落叶果树栽培区几乎都有分布，以雌成虫和若虫吸食枝条、果实和叶片的汁液，使树势衰弱。果实受害后，商品价值下降。

二、形态特征

成虫：雌成虫无翅，体扁圆形，黄色，口器丝状，着生于腹面。体被灰色圆形介壳，直径约 1.3mm，中央稍隆起，壳顶黄色或褐色，表面有轮纹（彩图 11-162-1）。雄成虫有翅，体长约 0.6mm，翅展约 1.2mm。头、胸部橘红色，腹部橙黄色，触角 11 节，鞭状。前翅 1 对，乳白色，半透明，脉纹简单。后翅特化为平衡棒。腹部橙黄色，末端有剑状交尾器。介壳长椭圆形，灰色，长约 1.2mm，壳点偏向一边。

卵：长约 0.23mm，长卵形，初为乳白色，渐变为黄至橘黄色，孵化前橘红色。

若虫：初孵若虫体长约 0.2mm，扁椭圆形，淡黄色。触角、口器、足均较发达。口器很长，是体长的 2～3 倍，弯于腹面。腹末有 2 根长毛。二龄若虫眼、触角、足和尾毛均消失，开始分泌介壳，固定不动。三龄雌若虫，介壳形状近于成虫。

蛹：体长约 0.6mm，长锥形，淡黄略带淡紫色。仅雄虫有蛹。

三、生活习性

梨笠圆盾蚧以二龄若虫和少数雌成虫在枝条上越冬。翌年春季树液流动后，越冬若虫继续为害，发育为成虫。成虫行两性生殖，也有孤雌生殖者。若虫为卵胎生，因此叫产仔。每头雌虫产仔量 70～100 头。若虫生于母体介壳下，出壳后爬行迅速，分散到枝叶和果实上为害。以二至五年生的枝条上较多，且喜欢在阳面。枝条被害处呈红色圆斑，严重时皮层爆裂，影响生长，甚至枯死。在果实上为害的若虫，大部分分布在果面上，似许多小斑点（彩图 11-162-2）。虫体周围出现一圈红晕，虫多时则呈一片红色，受害严重者果面龟裂。为害叶片时，虫体多集中在叶脉附近，被害处呈淡褐色，逐渐枯死。若虫固定后 1～2d 开始分泌介壳。雄成虫羽化后即可交尾，之后死亡。雌成虫继续在原处取食一段时间，同时产仔，产仔完毕即死亡。

越冬代雌虫多固定在枝干和枝杈处为害，雄虫多在叶片主脉两侧为害。夏季发生的若虫爬行到叶片上为害，8 月后逐渐为害果实。

四、发生规律

梨笠圆盾蚧在我国各地年发生代数因地而异。在辽宁、河北、山西、甘肃等地 1 年发生 2 代；在新疆库尔勒地区 1 年发生 2～3 代；在山东 1 年发生 3 代；在浙江慈溪 1 年发生 3～4 代；在福建建宁县 1 年发生 4～5 代。

在辽宁兴城地区，越冬若虫到 6 月发育为成虫，并开始产仔，以雌成虫越冬者，在 5 月就开始产仔。由于越冬虫态不一致，产仔期很长，造成世代重叠。第一代若虫发生期在 7～9 月，第二代发生在 9～11 月。

在山西梨区，越冬代雄虫在梨幼果期羽化。雌成虫交尾后 30d 产仔。第一代成虫产仔期在 8 月中旬至 9 月上旬。在甘肃秦安县，第一代若虫发生期在 5～6 月，第二代在 7～9 月。在新疆库尔勒地区，5 月中旬出现成虫，5 月底或 6 月初开始产仔，第一代若虫发生期在 6 月上、中旬至 7 月中旬。第一代成虫产仔始期在 7 月下旬，8 月上旬进入盛期，9 月上旬仍有少量若虫活动。第二代成虫产仔期在 9 月中旬至 10 月中旬。在山东潍坊和临沂地区，越冬代成虫发生期在 5 月中旬至 6 月上旬，第一代成虫期在 7 月中旬至下旬，第二代在 9 月。9 月底以后，第三代若虫发育到三龄时开始越冬。在浙江慈溪，各代一龄若虫出现期分别为第一代 4 月下旬至 5 月上旬，第二代 6 月上旬至 7 月中旬，第三代 8 月中旬至 9 月中旬，第四代 11 月上、中旬。在福建建宁，越冬若虫于 3 月开始活动，越冬雌成虫 4 月上、中旬开始产仔。第一代若虫发生在 5 月中、下旬至 6 月初。第二代在 6 月下旬至 7 月下旬。第三代在 7～8 月。第四代在 9～10 月。第五代（越冬代）一龄若虫发生盛期在 11 月中旬至翌年 1 月中旬，二龄若虫多在 12 月上旬发生，并进入越冬阶段。

梨笠圆盾蚧为害程度与梨树品种和树龄有关，树龄小，树皮光滑，受害重；西洋梨比中国梨受害重。害虫在树干上的分布为阳面多于阴面。高温、高湿不利于梨笠圆盾蚧的发生。

梨笠圆盾蚧远距离传播、扩散主要靠苗木、接穗和果品传带。初孵若虫也可借助风力和鸟类、大型昆虫的活动进行传播。

梨笠圆盾蚧的天敌主要有红点唇瓢虫（*Chilocorus kuwanae* Silvestri）、长恩蚜小蜂 [*Encarsia elongate* (Dozier)]。红点唇瓢虫食量较大，1 头瓢虫从若虫发育到成虫能取食梨笠圆盾蚧 1500 头以上。这种瓢虫以成虫越冬，1 年发生 2 代，5～7 月发生量较大。寄生蜂的发生时期在 6～8 月。在福建建宁县发现 13 种寄生蜂，其中，梨圆蚧恩蚜小蜂 [*Encarsia perniciosi* (Tower)] 和长缨恩蚜小蜂 [*E. citrina* (Craw)] 为优势种，分别占寄生蜂群体的 47.5% 和 32.3%。寄生蜂对梨笠圆盾蚧的二龄若虫有寄生嗜好。全年以 9 月寄生率最高，可达 20%，一般在 10% 左右。在新疆库尔勒地区，梨笠圆盾蚧的主要天敌有李斑唇瓢虫（*Chilocorus geminus* Zaslavskij）和桑盾蚧黄蚜小蜂 [*Aphytis proclia* (Walker)]，其中，李斑唇瓢虫幼虫日均捕食若蚧 220 头，黄蚜小蜂寄生率可达 30%。

五、防治技术

（一）加强检疫
从疫区调运苗木、接穗或果品时，应严格检查，避免梨笠圆盾蚧传播。

（二）农业防治
结合果树冬剪，剪除受害严重的枝条，或用硬毛刷刷除枝干上的越冬虫态，可明显减少越冬虫源。

（三）生物防治
主要是保护和利用自然天敌。在天敌发生量大的季节，尽量少用或不用广谱性杀虫剂，以减少对天敌的伤害。

（四）药剂防治
在果树发芽前，全树喷 5 波美度石硫合剂或 95% 矿物油乳油 100 倍液。在果树生长期，防治的关键时期是第一代若虫发生高峰期。这一代若虫发生期比较整齐，树叶较少，药液易于接触虫体。以后防治适期在各代若虫出壳后至固定前。常用药剂有 25% 噻嗪酮可湿性粉剂 1 000 倍液、80% 敌敌畏乳油 1 000 倍液、50% 辛硫磷乳油 1 000 倍液或 48% 毒死蜱乳油 2 000 倍液。

姜瑞德（青岛市农业科学研究院）

第 163 节　梨金缘吉丁

一、分布与危害

梨金缘吉丁（*Lampra limbata* Gebler）属鞘翅目吉丁虫科，又名梨吉丁虫，国内分布于黑龙江、吉林、辽宁、河北、北京、内蒙古、新疆、山西、河南、湖北、湖南、江苏、浙江、陕西、甘肃、宁夏、青海、江西、云南等省份，寄主有梨、苹果、沙果、花红、樱桃、杏、桃和山楂等。该虫在辽宁西部梨区、长江流域、黄河故道及山西、陕西等地发生普遍，在部分地区发生较重。如 20 世纪 80 年代初期，辽宁绥中梨区平均虫株率 16.7%，受害严重的梨园达 86%，单株虫孔多达 233 个，造成大量死枝、死树。

二、形态特征

成虫：体长 12～18mm，宽约 6mm。身体扁平，翠绿色，前胸背板及鞘翅外缘泛红色，有金属光泽。头部额面有粗刻点，中央呈倒 Y 形隆起。触角 11 节，黑色，锯齿状。前胸背板中间宽，外缘弧形，背面密布细刻点，有 5 条蓝色纵线纹，中间的粗而明显，两侧的较细。小盾片扁梯形。鞘翅上有 10 余条纵沟，中间的较明显。翅端锯齿状。雌虫腹部末端圆钝，雄虫尖削。雄虫胸部腹面生黄褐色绒毛。

卵：椭圆形，长约 1.5mm，宽约 0.8mm，初产时乳白色，以后渐变为黄褐色。

幼虫：初孵幼虫乳白色。老熟幼虫黄白色，体长 30～40mm，头小，赤褐色。身体扁平，无足。前胸宽大，盾板黄褐色，近似圆盘状，背板中部有 1 个"人"字形凹纹。腹部 10 节，末端细小钝圆，腹板中间有 1 个纵凹纹（彩图 11-163-1）。

蛹：为裸蛹，长约 14mm，宽 8mm。化蛹初期乳白色，后渐变为绿色，略具紫红色，有金属光泽。复眼黑色。

三、生活习性

梨金缘吉丁以幼虫在被害处越冬，翌年春季继续取食为害。老熟幼虫化蛹前在蛹室附近咬成椭圆形或半月形羽化孔。成虫羽化后暂不出洞，多在晴天中午气温较高时才出洞，白天活动，高温时活跃，遇低温阴雨天气以及早、晚常静伏叶上，遇震动即飞行或下坠落地，有假死习性。成虫出洞后 3～4d 可取食叶片和嫩枝以补充营养，产卵于直径 2cm 以上的枝条上，以伤口裂缝和主枝分杈处的活组织居多，枯死的树皮裂缝处很少。大多数卵散产，也有 2～4 粒排在一起的。每头雌成虫可产卵 20～100 粒。初孵幼虫先在皮层蛀食，三龄后蛀入到形成层，随龄期增大，蛀食部位逐渐加深，直到木质部。幼虫在枝干内向上或左右蛀食，形成弯曲的隧道，其间塞满虫粪和木屑（彩图 11-163-2）。被害处外表组织变褐，疏导组织受到破坏，树势衰弱，严重时导致枝干枯死。老熟幼虫在木质部的隧道内做虫室化蛹。

四、发生规律

梨金缘吉丁在我国南方 1 年发生 1 代，在北方 2 年完成 1 代。越冬后的老熟幼虫一般在 3 月中、下旬化蛹，蛹期 30～45d。4 月中、下旬羽化为成虫。成虫于 5 月上旬开始出洞，盛期 5 月中、下旬，末期在 6 月下旬。成虫寿命约 30d。成虫出洞后 10d 左右开始产卵，产卵盛期在 6 月中旬。在日平均气温 25℃时，卵期 10～12d。幼虫孵化后先在枝干皮层处为害，经 2～4d，受害部位组织变褐。此后，幼虫逐渐向形成层蛀食，并形成弯曲的蛀道，7 月为害最重，8 月中旬左右，蛀道变成黑疤，9 月以后蛀入木质部并越冬。

梨树品种和生长势不同，受害程度有差异。巴梨和日本梨受害较重；树势衰弱时受害较重。

梨金缘吉丁的天敌主要有啄木鸟和 2 种寄生蜂，其中，啄木鸟的作用更大，2 种寄生蜂对树冠上部枝条为害的幼虫寄生率较高。

五、防治技术

（一）人工防治

加强栽培管理，增强树势，避免造成伤口，能提高树体的抗虫性和耐害力。结合果树冬剪，刮除在树皮浅层越冬的幼虫。利用成虫的假死习性，在成虫发生期于早晨实行人工捕杀。在果树生长期，发现有幼虫为害时，用刀及时挖出其中的幼虫。

（二）药剂防治

1. 虫疤涂药　在果树生长季，在幼虫为害的虫疤部位涂药，可以消灭在此为害的幼虫。常用药剂有 50%敌敌畏乳油与煤油（1∶20）混合液、50%辛硫磷乳油与煤油（1∶30）混合液、20%氰戊菊酯乳油与煤油（1∶50）混合液。

2. 树上喷药　在成虫发生期，用 80%敌敌畏乳油 1 000 倍液或 60%敌百虫·马拉硫磷乳油 1 000 倍液喷雾，可消灭成虫。在虫口密度不大的情况下，可在防治其他害虫时兼治。

窦连登（中国农业科学院果树研究所）

第 164 节　梨眼天牛

一、分布与危害

梨眼天牛［*Bacchisa fortunei*（Thomson），异名：*Chreonoma fortunei* Thomson］属鞘翅目天牛科，又名梨绿天牛、琉璃天牛，国内分布于黑龙江、吉林、辽宁、河北、河南、山西、山东、安徽、湖南、江苏、浙江、江西、福建、台湾、广东、广西、陕西、宁夏、甘肃、青海、四川、云南、贵州等省份，国外分布于日本和朝鲜。寄主有梨、苹果、杏、梅、桃、李、海棠、石榴、山楂等。成虫取食叶片或啃食嫩枝表皮，幼虫蛀食枝条。被害枝条易被风吹断，影响树势和结果。

梨眼天牛过去在华北和四川等地梨区发生普遍，随着梨树面积的增加，发生范围逐渐扩大，如 1984 年，江西宜春西岭果园梨树受害株率达 94.5%，1985 年上升到 100%。1998 年，宁夏彭阳县古城镇苹果园平均受害株率达 45%。21 世纪初期，在甘肃临夏地区的早酥梨园，梨眼天牛成为主要害虫，给生产造成很大损失。

二、形态特征

成虫：体长 8~10mm，宽 3~4mm，略呈圆筒形，橙黄色。头部密布粗细不等的刻点。复眼黑色，每个复眼分成上、下块，上大下小。触角 11 节，基部 5 节棕黄色，端部数节色较深。雄虫触角与体等长或稍长，雌虫稍短。前胸背板宽大于长，后胸腹板两侧各有 1 个紫黑色斑块，有些个体不明显。鞘翅蓝绿色或紫蓝色，有金属光泽。鞘翅上密布粗细刻点，末端圆形。雌虫体粗大，腹部末端膨大，腹板中央有 1 条纵纹。

卵：长圆形，长约 2mm，宽 1mm，略弯曲，尾端稍细。初期为乳白色，逐渐变为黄白色。

幼虫：初孵幼虫乳白色，随龄期增长体色渐深，呈淡黄色或黄色。老熟幼虫体长 18~21mm，长筒形，略扁平。头、前胸背板黄褐色。胸足退化，呈刺疣状，后胸和腹部前 7 节背、腹面均有卵形瘤状突起。

蛹：为裸蛹，体长 8~11mm，初期黄白色，头与附肢较透明，后期颜色逐渐变黄，近羽化时前翅和后胸腹板两侧变成蓝黑色，并有金属光泽。

三、生活习性

梨眼天牛以幼虫在被害枝条的蛀道内越冬，翌春树液流动后，低龄幼虫继续为害，老熟幼虫不再为害，在蛀道顶部做蛹室化蛹。成虫羽化后，在枝内停留 2~5d 才从蛀道顶端一侧咬一直径 2.6~4mm 的羽化孔钻出。成虫有假死性，活动力不强，常栖息于叶背或小枝上，晴天飞行，一次飞行距离不超过 6m，多在 8：00~11：00 和 17：00 至日落前交尾，交尾后 2~5d 产卵。成虫有补充营养的习性，取食叶片时，在叶背主脉近叶柄处咬一个约 2cm 长的伤痕，被害叶由此折断。也可咬食叶柄、叶缘或啃食嫩枝表皮。成虫多在二至三年生枝条上或一至二年生幼树上产卵，先用上颚咬破枝条表皮，造成伤痕，在痕内的木质部和韧皮部之间产 1 粒卵。果树生长势弱者，成虫多在东、南方向的枝条上产卵。果树生长势旺，枝叶茂盛，雌虫多在树冠外围枝上产卵。初孵幼虫取食韧皮部，二龄以后蛀入木质部，在被害处排出很细的木质纤维和粪便。蛀道扁圆形，略弯曲，长度为 3~7cm，多数为 5cm。受害枝条易被风吹断。

四、发生规律

梨眼天牛 2 年发生 1 代。老熟幼虫于 4 月中旬前后开始化蛹，化蛹盛期在 4 月下旬至 5 月中旬，蛹期 15d 左右。成虫最早出现在 5 月上旬，盛期在 5 月中、下旬，末期在 6 月中旬。成虫寿命 10~30d。每头雌虫产卵 10~30 粒。卵期 10d 左右。幼虫孵化后蛀入枝条韧皮部为害，约 1 个月后向木质部蛀入，并朝枝梢的顶端方向蛀食。到 10 月下旬停止取食，用木屑和粪便堵塞洞口，进入越冬状态。

梨眼天牛对梨树品种有一定的选择性，洋梨比中国梨受害重。在江西宜春地区，以太平梨、金水二号、金水一号受害最重，其次是二宫白、博多青、长十郎、新世纪、黄花梨，早黄蜜受害最轻。

五、防治技术

（一）人工防治

1. 剪除虫枝 结合梨树冬剪，剪除有虫枝条，集中烧毁。

2. 捕杀成虫和幼虫 在成虫发生期，于晴天中午前后捕捉成虫。在幼虫发生期，可用细铁丝从新鲜排粪孔插入，将木屑与粪便钩出后，塞入蘸有 80％敌敌畏乳油 10～15 倍液的棉签，也可用注射器向蛀道内注入 80％敌敌畏乳油 1 000 倍液，再用湿泥封堵虫孔，可收到良好的杀虫效果。

（二）药剂防治

在成虫羽化盛期，用 50％杀螟硫磷乳油 1 000 倍液喷雾，毒杀成虫。在 6～7 月，结合防治其他害虫，喷洒 80％敌敌畏乳油 1 000 倍液或其他杀虫剂，杀灭初孵幼虫。在成虫产卵期和幼虫发生初期，用 80％敌敌畏乳油 10～50 倍液涂抹产卵痕，可杀死初孵幼虫。

姜瑞德（青岛市农业科学研究院）

第 165 节　香梨优斑螟

一、分布与危害

香梨优斑螟（*Euzophera pyriella* Yang）属鳞翅目螟蛾科，别名香梨暗斑螟，是 1994 年经杨集昆教授定名的害虫新种，仅见新疆报道。自 20 世纪 80 年代后期首次发现以来，扩散蔓延迅速，为害日趋严重，不仅分布于库尔勒地区，也见于阿克苏红旗坡园艺场，受害株率常高达 100％，是香梨的主要害虫之一。此外，乌鲁木齐、塔城、博乐、伊宁、昌吉、哈密、吐鲁番等地也有分布，主要为害梨、苹果、无花果、枣、杏、巴旦杏、桃、箭杆杨和新疆杨等。

二、形态特征

成虫：雄成蛾体长 7～8mm，翅展 15～20mm，触角丝状、棕褐色，复眼赤褐色。前翅狭长，灰黑色，中室外有 2 个小黑点，斜向上排列，中线和外横线均呈波状，后翅灰白色。

卵：椭圆形，长 0.55～0.60mm，宽 0.30～0.55mm，表面密布网纹，初产时乳白色，孵化前为暗红色。

幼虫：老熟幼虫体长 8～12mm，体色灰黑。腹足趾钩双序，全环式；臀足趾钩双序，中带。

蛹：长约 7mm，臀刺 12 个或 13 个。

三、生活习性

香梨优斑螟在库尔勒地区 1 年发生 3 代，主要以老熟幼虫在树干的翘皮下、裂缝中结灰白色薄茧越冬，也有的在苹果和梨果实内越冬。翌年 3 月下旬开始化蛹，4 月上、中旬可见成虫，发蛾盛期在 4 月下旬。第一、二代成虫羽化高峰分别在 6 月上、中旬和 7 月中、下旬，第三代幼虫 7 月下旬至 8 月上旬发生，10 月老熟幼虫开始进入越冬状态。幼虫蜕皮 4 次，共 5 龄。

卵多产于树干或主干的裂缝、枝杈和剪锯口处，初孵幼虫从树皮的伤口、病斑处侵入，蛀食健康的皮层组织，形成不规则的隧道，破坏养分的输送，在库尔勒地区 90％以上的受害树体伴有腐烂病发生，病虫相互促进，特别是老龄梨树和管理不善、树势较弱的梨树，树皮上裂缝多，腐烂病多，有利于该虫侵入，导致虫口数量大，为害严重。第二、三代幼虫除蛀干外，还蛀食梨、苹果果实。老熟幼虫多在蛀食的孔道内化蛹，也有的在果实内化蛹。成虫对糖醋液趋性较强。

四、发生规律

香梨优斑螟以幼虫为害果树和林木的枝、干，在寄主的韧皮部与木质部之间蛀食为害，形成不规则的隧道，影响寄主的生长，严重时造成死枝。蛀孔外常堆集褐色颗粒状粪便，较易识别。幼虫还为害果实，蛀食果肉、果心和种子，在新疆梨园、苹果园中与其他食心虫混合发生为害，使虫果率上升，该虫为害可以引起梨树腐烂病发生，造成树势衰弱，甚至死亡。

初步查明，香梨优斑螟的天敌有17种，其中捕食性螨1种、蜘蛛7种、捕食性昆虫4种、寄生性昆虫5种，主要种类有小枕异绒螨、普通草蛉、一种姬蜂、麦蛾茧蜂等。小枕异绒螨嗜食卵粒，草蛉幼虫、蜘蛛在蛀孔中捕食幼虫，对越冬代幼虫寄生率可达20%。

五、防治技术

（一）加强检疫

严格检疫，加强对苗木、果品及其包装物的检查，阻止该虫的传播。

（二）人工防治

3月中旬刮除老翘皮，杀灭越冬幼虫。果树生长期逐树检查树干上有新鲜虫粪处，发现后及时挖出其中的幼虫或用80%敌敌畏乳油100倍液涂抹蛀孔，并涂抹843康复剂原液。

（三）诱杀成虫

在发蛾高峰期利用糖醋液监测和诱杀成蛾，每667m²挂糖醋液诱碗4~8个，诱杀成虫，及时清除虫尸并加配好的糖醋液。配制比例为糖：醋：酒：水＝6：3：1：10。

（四）药剂防治

在成虫羽化高峰期可用辛硫磷、乙酰甲胺磷、溴氰菊酯、三氟氯氰菊酯等农药叶面喷雾防治。

李世强（新疆库尔勒市香梨研究中心）

第166节　葡萄根瘤蚜

一、分布与危害

葡萄根瘤蚜〔*Daktulosphaira vitifoliae*（Fitch）〕属同翅目胸喙亚目球蚜总科根瘤蚜科 *Daktulosphaira* 属。

1834年，Boyer de Fonscolombe 以 *Phylloxera quercu* 为模式种建立根瘤蚜属（*Phylloxera*）。1856年，美国昆虫学家 Asa Fitch 将叶瘿型根瘤蚜误认为是新种，命名为 *Pemphigus vitifoliae*。由于葡萄根瘤蚜与根瘤蚜属的其他昆虫不同，1867年，Shimer 建立 Dactulosphaeridae 科和 *Dactulosphaera* 属，他将两个种 *globosum* 和 *vitifoliae* 放入这个属中。1868年 Planchon 将从法国葡萄根部采集的葡萄根瘤蚜命名为 *Rhizaphis vastatrix*，同年 Signoret 将其归入 *Phylloxera* 属，1869年，英国昆虫学家 Westwood 将此虫命名为 *Peritymbia vitisana*。1900年以前，葡萄根瘤蚜名称多采用 *Phylloxera vastatrix*（Planchon）。1900年，意大利科学家 Del Guercio 建立 *Xerampelus* 属，种的学名改为 *Xerampelus vastor*，不过这种命名法并没有得到后人的认可。Grassi 认为，应将 Shimer 提出的 *Viteus* 属作为 *Phylloxera* 属的一个亚属，种的学名改为 *Phylloxera*（*Viteus*）*vastatrix*。德国蚜虫分类专家伯涅尔根据命名法则将葡萄根瘤蚜放在 *Viteus* 属，称为 *Viteus vitifoliae* Fitch；但是，目前学术界通常用 *Daktulosphaira* 替代 *Viteus*（拉丁文中，*Daktulosphaira* 与 *Viteus* 同义），因此，通常被采用的葡萄根瘤蚜学名是 *Daktulosphaira vitifoliae* Fitch。

葡萄根瘤蚜的异名主要有：*Pemphigus vitifoliae*（Fitch）；*Dactulosphaera vitifoliae*（Shimer）；*Viteus vitifoliae*（Fitch）Shimer；*Rhizaphis vastatrix*（Planchon）；*Phylloxera vastatrix*（Planchon）Signoret；*Viteus vastator*（Planchon）Grassi et al.；*Peritymbia vitisana*（Westwood）；*Xerampelus vastor*（Planchon）Del Guercio；*Phylloxera pervastatrix*（Boner）；*Viteus vitifoliae* Fitch。

据历史记载，葡萄根瘤蚜起源于北美，最早报道见于1856年。欧洲最早于19世纪60年代在法国南部罗纳河岸的朗格多克省加德地区 Pujualt 发现，随后向欧洲和全世界传播和蔓延，曾给法国葡萄产业造成毁灭性的打击，至19世纪末葡萄根瘤蚜已毁灭了欧洲大陆2/3的欧亚种葡萄自根葡萄园，成为葡萄上的毁灭性害虫。目前，葡萄根瘤蚜随葡萄苗木的运输已传到了世界大部分葡萄种植地区，世界上葡萄主产国仅智利宣称尚无葡萄根瘤蚜。

我国20世纪90年代在张裕酿酒公司山东烟台东山的葡萄园发现有导致葡萄生长衰弱并大量死亡的

"小虫子"为害，该园曾于 1892 年分别从美国、法国引进不同批次的葡萄种苗，于 1896 年由奥地利引入大量酿酒葡萄品种。1935 年葡萄根瘤蚜在山东烟台的为害被认定。1954 年苏联来华植物保护与检疫考察组在张裕公司发现葡萄根瘤蚜，葡萄根瘤蚜在我国的为害被进一步确定。之后，在辽宁大连、盖县、丹东、辽阳、昌图、兴城和陕西武功及台湾地区均发现了葡萄根瘤蚜。但是，20 世纪 70 年代至 2005 年年底我国葡萄根瘤蚜的文献均为历史资料和情况介绍，未查到试验及监测方面的资料。可能的原因为文革时期通过砍伐葡萄、改种其他作物等措施，控制并减弱了疫情，以至于改革开放以后葡萄根瘤蚜在我国已经基本被消灭，因此在 2005 年年初，国家有关部门建议把葡萄根瘤蚜从国内检疫名单中删除。

2005 年 6 月，上海嘉定区马陆镇发现疑似葡萄根瘤蚜，经鉴定确认为葡萄根瘤蚜。经全面调查，在上海嘉定区 2 处葡萄园发现疫情，发生面积 21.73hm²，涉及农户 23 户，其中重发生 5.9hm²，零星发生 15.8hm²。2006 年，在湖南怀化地区（洪江市）发现葡萄根瘤蚜疫情，随后在会同县以及新晃县发现疫情，在怀化地区葡萄根瘤蚜为害面积达 866.7hm²，部分发生严重的田块已毁园改种水稻。2007—2009 年，对我国山东平度、蓬莱、烟台，河北怀来县、昌黎县，浙江宁波，江苏南京、无锡、苏州，辽宁北宁、熊岳、葫芦岛，陕西西安、渭南地区，甘肃天水，湖北随州，河南长垣县，天津蓟县、汉沽区，湖南怀化，上海马陆镇等地进行了普查，3 年内共调查以上 21 个地区的葡萄园 1 200 个以上，发现陕西西安灞桥区和辽宁葫芦岛 2 个新疫情区域。

孙庆华（2009）和杜远鹏（2010）等报道了我国湖南怀化、上海马陆镇、陕西西安灞桥区和辽宁葫芦岛采集标本的情况，也同时宣布了我国存在的 4 个葡萄根瘤蚜疫情地区。我国发生的葡萄根瘤蚜只有根瘤型、无叶瘿型。虽然在湖南怀化、上海马陆镇分别监测到有翅型根瘤蚜产生，但室内和田间试验均未发现性卵、叶瘿等有翅型传播的虫态。从目前的 4 个疫情区域气象条件和地理位置分析，在我国所有葡萄栽种区域或野生葡萄生长区域，如果疫情传入，葡萄根瘤蚜的定居、适应和扩散基本没有生物学障碍。

葡萄根瘤蚜为单食性害虫，仅为害葡萄属植物。不同葡萄品种对葡萄根瘤蚜的耐性或抗性存在很大的差异：欧亚种对根瘤型葡萄根瘤蚜的为害最敏感，而对叶瘿型葡萄根瘤蚜具有抗性；相反，美洲葡萄对叶瘿型葡萄根瘤蚜敏感，但对根瘤型葡萄根瘤蚜有抗性。

根瘤型葡萄根瘤蚜侵染寄主后，寄主须根肿胀，形成菱角形或鸟头状根，称为根结（nodosity），蚜虫多在凹陷的一侧（不在根瘤内部而在外部）；侧根和大根被害后形成关节形的根瘤或粗隆（tuberoity），蚜虫多在根瘤缝隙处。

葡萄根瘤蚜在田间为害状主要表现为枝条生长量减少，新根活力弱，伴随着叶片变黄，树势减弱，产量降低，果粒生长受阻，并且为害状逐年加重。葡萄根瘤蚜初侵染中心只有几株，很快从侵染中心呈放射状向周围扩散，形成"葡萄根瘤蚜杯"（葡萄园中，一部分植株由于葡萄根瘤蚜为害时间较长而生长不良，其周围受害时间短和没有被害的植株生长较好，因而形成杯状）。葡萄根瘤蚜扩散速率非常快，被感染的葡萄株数以每年 20 倍的速度增加，随葡萄根瘤蚜的扩散，侵染中心常因植株根系的死亡导致种群数量逐渐减少，而"葡萄根瘤蚜杯"的周边植株上种群数量则逐渐增大。

葡萄根瘤蚜侵染形成的粗隆对植株的为害比根结严重，粗隆常造成植株根系腐烂甚至死亡。关于根结的存在是否影响植株生长的疑问，以前缺乏试验数据，近年的试验结果则存在较大分歧。Granett 等研究发现砧木 101-14Mgt 和 5C 被葡萄根瘤蚜侵染后形成根结，枝条生长量和葡萄产量均低于相邻未被侵染地块中的健康植株，因此，认为仅形成根结也能够导致树势衰退；但其后来的研究表明，根结的腐烂并不能导致主根受到侵染，且根结腐烂后主根可以继续产生新根，不会对植株产生直接威胁，因而认为先前结论不够准确，根结的形成不会影响到抗性砧木树势的衰退，树势的衰退可能是其他因素，如灌溉不足等原因造成的。Trethowan 和 Powell 田间研究也表明葡萄根瘤蚜侵染后抗性砧木树势变化不大。杜远鹏等（2009）在试验中发现，盆栽 60d 的条件下，敏感品种的新根已经形成大量根结，少量粗根形成根瘤，但并未腐烂，且生长季结束后敏感品种很少看到健康新根，形成根瘤的粗根大部分腐烂严重。抗性砧木新根上不形成或形成少量根结，粗根上均不形成根瘤，因此，生长季仍然保持健康的根系，其认为抗性砧木主要通过抑制葡萄根瘤蚜侵染主根避免根瘤形成来达到抗性目的。

国外美洲种葡萄或砧木对叶瘿型葡萄根瘤蚜敏感，叶片被害后，在叶背形成虫瘿，虫瘿较小，约为豌豆粒的一半大小，虫瘿开口在叶片正面，虫瘿众多时可覆盖整个叶片（彩图 11-166-1），但虫瘿一般不引起葡萄产量的重大损失，严重侵染后期可引起叶片扭曲和落叶。

葡萄根瘤蚜可对葡萄造成以下 3 方面的危害：①直接为害。葡萄根瘤蚜通过吸食营养，消耗葡萄的光合产物及其他营养物质，对葡萄生长和发育造成危害；②间接为害。即继发性病原菌侵染，导致葡萄根系腐烂坏死、根系数量减少及功能下降、水分和营养胁迫、树势衰弱甚至死亡；③葡萄根瘤蚜取食过程中的分泌物可引起葡萄生理活动紊乱。

二、形态特征

葡萄根瘤蚜的虫态可分为完整生活史的虫态和不完整生活史的虫态。完整生活史的虫态有：越冬卵→干母（若虫、无翅成蚜）→干雌（卵、若虫、无翅成蚜）→叶瘿型蚜虫（卵、若虫、无翅成蚜）→根瘤型无翅成蚜（卵、若虫、无翅成蚜）→有翅蚜（性母）→性蚜（卵、成蚜）→越冬卵；不完整生活史的虫态有：无翅根瘤型蚜虫的卵→若虫→无翅成蚜→卵。我国只存在根瘤型葡萄根瘤蚜，葡萄根瘤蚜各虫态形态见图 11 - 166 - 1、图 11 - 166 - 2 及彩图 11 - 166 - 2。

1. 卵 葡萄根瘤蚜的卵有越冬卵、干母产的卵、干雌产的卵、叶瘿型雌虫产的卵、根瘤型雌虫产的卵、产生有翅型蚜的卵、两性卵等类型，从形态上可分为 3 个类型：越冬卵、孤雌生殖卵、两性卵。

越冬卵：越冬卵为有性蚜交配后产的卵，比孤雌生殖卵小，长约 0.27mm，宽约 0.11mm，呈橄榄绿色。

孤雌生殖卵：包括干母成熟后产的卵（发育为干雌）、干雌产的卵（孵化后可以在叶瘿内，也可以在根系上形成根瘤型蚜）、叶瘿型葡萄根瘤蚜产的卵、根瘤型葡萄根瘤蚜产的卵和产生有翅若虫的卵。孤雌生殖卵基本相似，长椭圆形，长约 0.33mm，宽约 0.15mm，初产时淡黄至黄绿色，后渐变为暗黄绿色。但叶瘿型比根瘤型卵壳薄而且亮。

两性卵：有翅蚜产下的大、小两种卵是有性卵，初产时为黄色，后呈暗黄色，大卵为雌卵，长 0.35～0.5mm，宽 0.15～0.18mm，小卵为雄卵，长约 0.28mm，宽约 0.14mm。

2. 干母 越冬卵春季孵化后称为干母，只能在叶片上形成虫瘿。成熟后无翅，孤雌生殖，产的卵孵化后叫干雌。干母产的卵，孵化后的若虫与叶瘿型若虫相似，成蚜与叶瘿型无翅成蚜一致。

3. 根瘤型葡萄根瘤蚜

若虫：初孵若虫为淡黄色，触角及足无色，半透明。一龄若虫椭圆形，头及胸部大，腹部小，复眼红色，触角 3 节，直达腹末，第三节端部有一感觉圈，各节具细毛，口针 7 节，长达腹部末端。二龄后身体呈卵圆形，经 4 次蜕皮后变为成虫。

无翅成蚜：体呈卵圆形，长为 0.9mm 左右，宽为 0.5mm 左右，淡黄色或黄褐色，头部颜色稍重，触角及足黑褐色。背部具有浓黑色瘤状突起，突起头部 4 个，各胸节 12 个，各腹节 4 个，胸、腹各节背

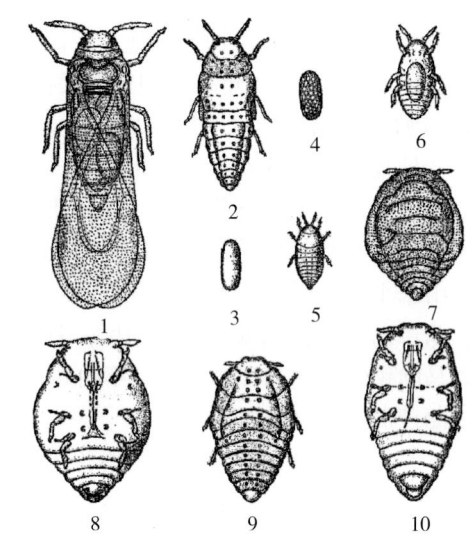

图 11 - 166 - 1 葡萄根瘤蚜各虫态（引自北京农业大学，1990）

Figure 11 - 166 - 1 The different stages of *Daktulosphaira vitifoliae*（from Beijing Agricultural University，1990）

1. 有翅型成虫 2. 有翅型若虫 3. 有性卵
4. 无性卵 5. 有性型雄虫 6. 有性型雌虫
7. 叶瘿型成虫（背面） 8. 叶瘿型成虫（腹面）
9. 根瘤型成虫（背面） 10. 根瘤型成虫（腹面）

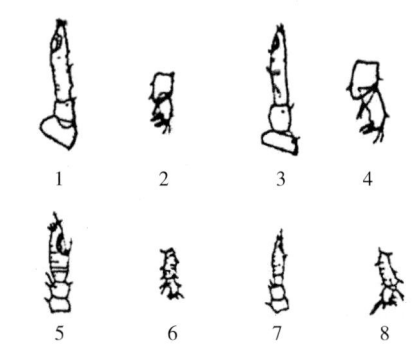

图 11 - 166 - 2 葡萄根瘤蚜局部身体结构（引自杨长举等，2005）

Figure 11 - 166 - 2 The body structure of *Daktulosphaira vitifoliae*（from Yang Changju et al.，2005）

1. 叶瘿型成蚜触角 2. 叶瘿型成蚜第三对足端部
3. 根瘤型成蚜触角 4. 根瘤型成蚜足端部 5. 根瘤型若蚜触角
6. 根瘤型若蚜足端部 7. 干母若蚜触角 8. 干母若蚜足端部

面各具 1 个横形深色大瘤状突起，在黑色瘤状突起上着生 1~2 根刺毛。复眼红色，由 3 个小眼组成。触角 3 节，第一、二节等长，较短，第三节最长，上有鳞片状皱纹，各节上具有细毛，第三节的端部有 1 个圆形或椭圆形感觉器圈，末端有刺毛 3 根（个别的具 4 根），口针 7 节，基节粗大，末节伸达后足基节之间。3 对胸足约等长，上有细毛，第二跗节前端有 2 根长的冠状毛及 1 对爪。

通过扫描电镜观察可以发现（图 11 - 166 - 3），根瘤型无翅蚜个体在发育过程中，卵与一龄若虫大小相似，各龄期体长和体宽均比上一龄期增加近 20%。成虫平均体长为 0.9mm 左右，平均体宽 0.5mm 左右，卵的体长约为成虫的 41%。

葡萄根瘤蚜的生殖孔位于尾部末端的腹面。另外，在生殖孔相对应的背部，尾部呈横向开张状。葡萄根瘤蚜发育到成虫阶段时，尾部变宽，但尾部开张的大小与发育阶段无关，一龄若虫、四龄若虫以及成虫阶段尾部开张度差异不显著（表 11 - 166 - 1），而三龄若虫开张度最小。

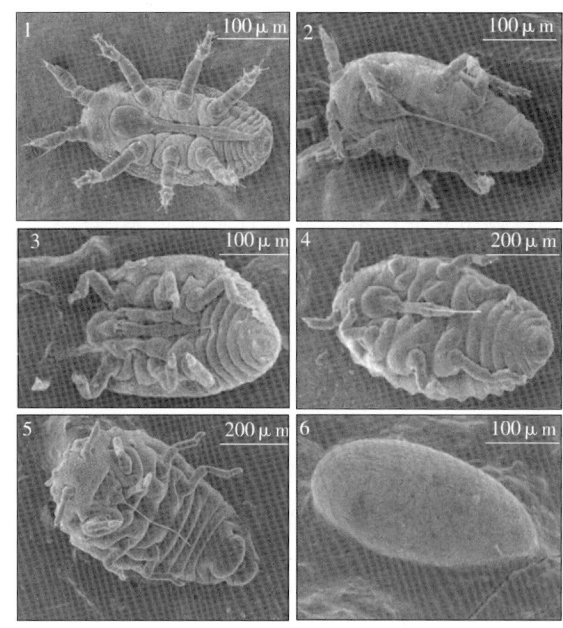

图 11 - 166 - 3　葡萄根瘤蚜各龄期扫描电镜图（引自 Kim Kingston，2004）

Figure 11 - 166 - 3　The scanning electron microscopy picture of different stadium of *Daktulosphaira vitifoliae* (from Kim Kingston，2004)

1. 一龄若虫　2. 二龄若虫　3. 三龄若虫
4. 四龄若虫　5. 成虫　6. 卵

表 11 - 166 - 1　根瘤型无翅蚜各龄期虫体大小（扫描电镜数据）（引自 Kim Kingston，2004）

Table 11 - 166 - 1　The morphology size of different stages of no-wing type-*Daktulosphaira vitifoliae* (from Kim Kingston，2004)

龄期	外表尺寸（μm）		尾部开张的大小（μm）	口器（μm）		触角（μm）	
	长	宽		下唇	喙	右	左
成虫	701±155	426±122	29±5.0	187±54	284±50	124±20	114±4.6
四龄	495±33	300±33	24±1.2	136±16	211±40	95±12	91±9.0
三龄	414±37	342±2.1	15±5.0	133±26	162±28	100±2.9	87±14
二龄	361±33	183±8.6	18±2.5	164±57	149±19	90±2.5	91±6.4
一龄	324±42	154±19	22±2.6	158±27	124±0	84±16	91±4.2
卵	284±21	126±22	—	—	—	—	—

葡萄根瘤蚜触角长度随着发育不断增加，但是触角长度与体长比例逐渐变小。成虫的触角长度显著长于其他龄期。

葡萄根瘤蚜口针长度在发育过程中不断增加，成虫的口针长度大约是一龄若虫的 2 倍，但是口针与体长的比值不变。下唇的宽度在发育过程中变化不大。

4. 叶瘿型葡萄根瘤蚜

若虫：在叶瘿内孵化的卵发育的若虫，与根瘤型类似，但体色较浅。

无翅成蚜：体近于圆形，无翅，无腹管，体长 0.9~1.0mm，与根瘤型无翅成蚜相似，但个体较小，体背面各节无黑色瘤状突起，在各胸节腹面内侧有 1 对小型肉质突起，胸、腹各节两侧气门明显，触角末端有刺毛 5 根。

5. 有翅蚜（有翅产性蚜，性母）

若虫：一龄若虫同根瘤型的一龄若虫相同，二龄若虫身体较根瘤型狭长，体色较深，体背黑色瘤状突起明显，触角和胸足黑褐色，三龄若虫胸部体侧具有黑褐色翅芽，身体中部稍凹入，胸节腹面内侧各有 1

对肉质小突起，腹部膨大。若虫成熟时，胸部呈淡黄色半透明状，复眼红色，头部、胸部及腹部各节上瘤数及分布状况与根瘤型相同，胸节内侧各有小肉质突起 1 对，触角 3 节，口吻 7 节，外形上均与根瘤型无翅蚜相同。

成虫：体呈长椭圆形，前宽后狭，长约 0.90mm，宽约 0.45mm。初羽化时淡黄色，翅乳白色，2～3h 后体色转为橙黄色，中胸及后胸深赤褐色，翅亦变为无色透明。复眼红色，由 3 个小眼组成，触角及足黑褐色。触角 3 节，第三节上有 2 个感觉圈，1 个在基部，近圆形，另 1 个在端部，长椭圆形；翅 2 对，中、后胸各具翅 1 对，上有不明显的半圆形小点，前翅前缘有长形翅痣，有中脉、肘脉和臀脉 3 根斜脉，后翅仅有 1 根脉，前缘具翅钩，用时钩着前翅后缘，静止时四翅平叠于体背（不同于一般有翅蚜的翅呈屋脊状覆于体背），口针 7 节；4 对胸足约等长，跗节 2 节，端部有爪及冠状毛各 1 对。

6. 有性蚜

若虫：在有性蚜发育上存在争议，有报道称雄卵和雌卵孵化为雌、雄若虫，经过 4 次蜕皮变为无翅成虫；另有报道称有性蚜的若虫阶段是在卵内完成的，孵化后就是成虫，不再蜕皮，故无成虫阶段。

成蚜：雌成蚜体长约 0.38mm，宽约 0.16mm，长椭圆形，无口器和翅。复眼由 3 个小眼组成，深红色，触角及足灰黑色，身体带黄褐色。触角 3 节，长约 0.1mm，第一、二节短，第三节比一、二两节之和长约 1 倍，近端部有 1 个圆形感觉圈，跗节 1 节，爪及冠状毛各 1 对。雄成蚜体长约 0.31mm，宽约 0.13mm，无口器和翅，体黄褐色，复眼由 3 个小眼组成，外生殖器孔头状，突出于腹部末端。雌、雄性蚜交配后产越冬卵。

三、生活习性

（一）生活史

葡萄根瘤蚜生活史非常复杂，存在完整生活史和不完整生活史两种，又称全周期和不全周期两种类型。全周期型，其年生活史由孤雌生殖世代和两性生殖世代交替构成，不全周期型，其年生活史中仅有孤雌生殖世代（图 11-166-4）。寄主是决定葡萄根瘤蚜生活史类型的关键，在美洲野生葡

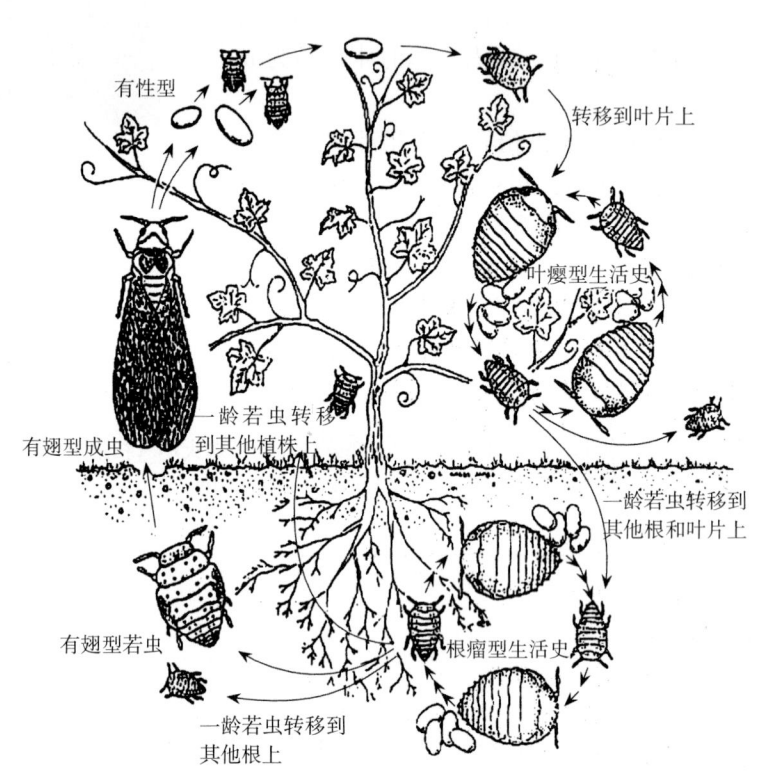

图 11-166-4 葡萄根瘤蚜的生活史（引自 Stephen Jeffrey Krebs，1995）
Figure 11-166-4 The life history of *Daktulosphaira vitifoliae*
(from Stephen Jeffrey Krebs，1995)

萄、美洲系葡萄品种或用美洲系作砧木的欧洲系葡萄品种上具有完整的生活史，而在欧洲系葡萄品种上生活周期不完整，只有根瘤型，无叶瘿型。研究表明，叶瘿型根瘤蚜可以直接转变成根瘤型根瘤蚜，但根瘤型根瘤蚜却不能直接转变成叶瘿型根瘤蚜。

1. 不完整生活史　葡萄根瘤蚜在欧亚种葡萄上一般为不完全生活史，是根瘤型根瘤蚜。冬季，葡萄根瘤蚜以卵或一龄若虫聚集在老根上越冬，也有少数二龄或三龄若虫可以越冬。翌年春天，土温回升，树体汁液开始流动时，越冬虫态开始发育，由于低温等因素，这一时期的发育比夏季虫态发育缓慢，发育到成虫阶段需要 6 周，在适宜的环境条件下，成虫寿命 45～110d。越冬代发育为成虫后开始产卵，为第一代卵，卵孵化出第一代若虫，经过 4 次蜕皮发育为成虫。这样周而复始，在葡萄根系上繁殖多代。10 月底或 11 月初，新孵化出的若虫虫体颜色变深，进入冬眠，11 月中旬，根部的虫态多为越冬一龄若虫。

2. 完整生活史　完整生活史的葡萄根瘤蚜以越冬卵在枝干树皮下越冬，越冬卵翌年孵化为干母，它

图中标注：有性型、转移到叶片上、叶瘿型生活史、有翅型成虫、一龄若虫转移到其他植株上、一龄若虫转移到其他根和叶片上、有翅型若虫、根瘤型生活史、一龄若虫转移到其他根上

可以在幼嫩叶片上为害形成虫瘿，干母产卵孵化出的叫干雌，干雌可寻找新的取食位点，爬行到幼嫩的叶片上形成叶瘿型或钻入地下为害根系形成根瘤型。在夏末或初秋（一般为 7～10 月）产生有翅型葡萄根瘤蚜，有翅型葡萄根瘤蚜若虫由地下根瘤型蚜产的卵孵化而来，有翅型若虫经过 4 个龄期后爬出地面羽化，变为成虫，羽化后的成虫不再取食，迁飞扩散，并进行孤雌生殖。有翅蚜产生雄卵和雌卵，小的为雄卵，大的为雌卵，之后孵化为雌、雄两种若虫，若虫经过 4 次蜕皮变为无翅的有性蚜，性蚜无正常口器，不取食，经过交配，雌虫产生越冬卵。在春季，由越冬卵孵化而来的干母能够在叶片上形成虫瘿。在北美地区叶瘿型蚜 1 年可发生 3～5 代。

3. 另一种生活史　在美国东南部的部分地区发现另一种有性形式，成虫直接在叶瘿里产生雄卵或雌卵，未出现中间的有翅型阶段。

4. 不同品种和不同地区的生活史　葡萄根瘤蚜在美洲野生葡萄、美洲系葡萄品种或用美洲系作砧木的欧洲系葡萄品种上生活史更加复杂，具有完整的生活史循环，其年生活史由孤雌生殖和两性生殖构成。实际上是完整生活史和不完整生活史两种形式同时存在，有完整生活史类型，也有在根系上一直进行孤雌生殖的不完整生活史类型。

我国湖南怀化地区和上海马陆镇，属于不完整生活史，但 5～9 月地下根系上可见有翅蚜若虫，并且有夏初和夏末两个高峰，田间采集到的有翅蚜若虫室内饲养都能形成有翅蚜。田间监测发现夏初和夏末均有有翅蚜，但未发现性卵、越冬卵和叶瘿。

（二）生活习性

葡萄根瘤蚜的年发生代数因地而异，根瘤型 1 年发生 5～9 代，以若虫或卵在葡萄根际越冬。叶瘿型 1 年发生 3～5 代，以卵越冬。全周期型的根瘤蚜仅在秋末才进行两性生殖。两性生殖时，一般 7 月上旬可见有翅若蚜，9 月下旬至 10 月为发生盛期。有翅成蚜在美洲野生葡萄上产大小不同的未受精卵，其中大卵孵化为雌蚜，小卵孵化为雄蚜，雌、雄交配后产越冬卵越冬。翌年春季越冬卵孵出的若蚜在叶片上为害，形成虫瘿，虫瘿内的根瘤蚜可以繁殖多代，在叶瘿中为害或形成新的叶瘿，但第二代以后，叶瘿型蚜可以转入土中为害根系，形成根瘤型蚜，每头雌蚜产卵量 100～150 粒。在山东烟台 7～8 月每头雌蚜产卵 39～86 粒，若虫期 12～18d，成蚜寿命 14～26d。

葡萄根瘤蚜越冬若虫及卵能耐低温，只有在土温低于 −14℃ 时才死亡。越冬若虫在翌春温度 13℃ 时开始活动，活动始期因土壤深度及温度而异，在上部土壤中越冬的若虫活动早于在较深土壤中的若虫。越冬若虫在其越冬处取食，一般到了成蚜时仍在原地产卵，大多数在夏季或秋季才迁移，一龄若虫从土壤中爬出，在土表爬行，迁移到其他植株根部为害。

受温度影响，7 月卵孵化历期为 5d，而 4 月可达 27d。卵孵化后，部分一龄若虫可于新根上觅得合适的取食位点，为害形成根结，另一部分一龄若虫在老根为害，形成根瘤。从二龄开始，若虫取食位点固定，经过 4 次蜕皮进入成虫阶段，从卵发育到成虫的历期为 4～7 周。

根部的葡萄根瘤蚜通过从根细胞中吸取汁液生活，被刺伤的根细胞常使附近细胞发育中断，生长受阻，形成根结或根瘤。为害初期，仅造成侧根死亡，葡萄受害尚不明显，5～10 年后突起部分开始腐烂，粗根也遭到破坏，致使大部分甚至全部根系死亡，导致植株死亡。

葡萄根瘤蚜的发生世代数与生态条件及土层温度有关，在温暖地区常发生 7～9 代，夏季温度达到 30℃ 的地区可 1 月 1 代，而夏季温度 20～25℃ 的冷凉地区可能数月完成 1 代。随土层温度的递降发生世代数逐渐减少。

环境条件适宜时，孤雌生殖的葡萄根瘤蚜，单雌平均产卵 40 粒，最多产 120 粒，在美国俄勒冈州每头雌虫可产卵 400 粒之多，单雌每天常产 2～3 粒卵。

葡萄根瘤蚜卵对水浸泡的耐受性与水温有关，水温低于 42℃ 时，浸泡对其没有伤害，但水温超过 45℃ 时浸泡 5min，卵全部死亡。葡萄园全园淹水并不能完全消灭葡萄根瘤蚜，其仍能保持一定的存活率。

（三）扩散能力和传播方式

1. 扩散能力　葡萄根瘤蚜在自然条件下具有一定的扩散能力，可通过若虫爬行及有翅型迁飞进行扩散，初孵若虫和一龄若虫通过土壤缝隙在根系间迁移，也可通过土壤缝隙首先爬到地表，再从地表爬到新的根系或新的植株。叶瘿型根瘤蚜若虫可以掉落地面，从土壤缝隙中进入葡萄根系为害，进行扩散，同时如果借助风力，其扩散的距离会更远。

King 等（1985）在新西兰和澳大利亚地区利用诱捕器对葡萄根瘤蚜的一龄若虫以及有翅蚜扩散能力进行试验，结果表明，葡萄根瘤蚜在葡萄园内每年的扩散距离为 15～27m，同时推测若虫的扩散能力在 100m 以内。

根瘤型根瘤蚜若虫的扩散受土壤类型的限制，成块的土壤具有裂缝便于其移动，而散粒的沙地则不利于其迁移，有翅型飞行扩散过程中，受到风和气流的影响，飞行距离会大大扩大。

2. 传播方式

（1）远距离传播。①通过苗木、种条远距离传播（随带根葡萄苗木的调运传播；在完整生活史的国家或地区，枝条往往附着越冬卵，可随种条调运传播）；②初孵若虫（一龄若虫）随水流传播；③形成有翅蚜，迁飞和随风传播，叶瘿型蚜随风传播；④携带葡萄根瘤蚜的物体（如土壤等），通过运输车辆、工具及包装传播。

（2）近距离传播。①农事操作时借助农用工具传播；②一龄若虫的爬行和风力的传送；③葡萄根瘤蚜从感染的植株根系爬出地面，再通过土壤缝隙传染给临近植株。

四、发生规律

（一）年消长动态

1. 种群年消长动态　在我国，当春季地温上升到 13.0℃ 左右时，葡萄根瘤蚜结束休眠，体色变亮，若虫开始取食，经过几次蜕皮逐渐转变为成虫，进行孤雌生殖。7 月初葡萄根瘤蚜种群数量达到顶峰。随后受夏季高温多雨天气的影响，土壤湿度增大，根瘤、根结坏死较多，造成根系大量死亡，根瘤蚜种群数量开始下降。在果实采收后，葡萄根系出现二次生长高峰，10 月初葡萄根瘤蚜种群数量再次达到高峰。11 月初，大量成虫躯体变褐，皱缩干瘪，死亡并腐烂，而一龄若虫相对较多。自 11 月初开始，若虫体色变暗，躯体逐步皱缩，转入越冬休眠状态。越冬初期（12 月至翌年 1 月）若虫较多，成虫和卵所占比例很小，越冬中后期（1～2 月）若虫较多，几乎没有成虫和卵。

2. 各虫态年消长动态

（1）若虫年消长动态。田间葡萄根瘤蚜若虫种群数量年变化呈"缓慢下降—增高—下降—增高—下降"的趋势。在越冬休眠期，若虫不断死亡。3～6 月葡萄根瘤蚜生长繁殖加快，各虫态组成复杂，若虫数量波动较大，7 月初达到高峰，之后若虫种群数量开始大幅下降，9 月初，若虫数量又开始逐渐增加，11 月初再次达到高峰。

（2）成蚜年消长动态。成虫数量在年周期中变化较大，出现 3 个高峰，分别是 4 月、6 月和 10 月。11 月至翌年 3 月，成虫数量极少或没有，由此可知成虫不是葡萄根瘤蚜越冬的主要形态。

（3）卵量的周年变化。葡萄根瘤蚜卵量在年生活周期中波动较大，有 7 月和 9 月两次发生高峰。越冬期间卵量极少或没有，在西安和上海两地调查发现，西安仅在 12 月、翌年 1 月发现少量卵，2～4 月未发现卵，上海地区至翌年 4 月才发现少量卵。由此判断，卵也不是葡萄根瘤蚜的主要越冬形态。

（二）寄主

葡萄根瘤蚜为单食性的植食性昆虫，其种群数量、存活率及生殖率与寄主根系生长量、质量有紧密的正相关关系，春季，随着气温的上升，葡萄根系开始活动，萌发大量新根，葡萄根瘤蚜解除休眠后，为害未木质化的新根，形成大量的"鸟头状"根或瘤状突起，种群也迅速增殖，在 7 月初种群数量达到顶峰。在夏季，受地表高温、降水量增大、土壤透气性差等因素影响，部分葡萄根系腐烂，压缩了葡萄根瘤蚜生存空间，种群数量又开始逐渐下降。葡萄采收后，根系出现二次生长高峰，为葡萄根瘤蚜繁殖创造了有利条件，在 10 月初种群数量也再次达到高峰，随后又开始下降。在美国加利福尼亚州，葡萄根瘤蚜种群数量在仲夏达到顶峰，随后开始下降，在果实采收后葡萄根瘤蚜种群数量出现第二个高峰，随后便逐渐下降。在美国中西部地区，葡萄根瘤蚜种群数量在整个秋季都持续增加。

此外，寄主不同部位和营养状况也对葡萄根瘤蚜繁殖能力有一定的影响，若虫刺吸葡萄根系形成根瘤通常需要 2 周，根瘤形成 1 周内若虫便发育为成蚜，开始产卵。由于新根上根瘤的形成速度比在老根上要快得多，所以葡萄根瘤蚜在新生须根上的产卵要比在老根上更容易达到产卵高峰，但新根上的根瘤容易坏死，所以新根上产卵时间的跨度小于老根。

葡萄品种对葡萄根瘤蚜的种群数量有一定影响，美洲种葡萄品种以及砧木根系抗葡萄根瘤蚜，根上葡萄根瘤蚜种群数量较小或很难发现。欧洲和美国加利福尼亚州主栽的欧亚种葡萄对葡萄根瘤蚜非常敏感，但美国原产的葡萄品种对葡萄根瘤蚜具有一定的抗性。

（三）天敌

针对葡萄根瘤蚜天敌的研究较少，有研究指出，在美国密西西比河，蓟马和根瘤蚜粉螨能消除叶瘿型蚜，但在法国和德国等地区，此类昆虫数量少，对葡萄根瘤蚜无明显控制作用。

（四）非生物因子

1. 土壤质地　土壤质地对葡萄根瘤蚜种群发展有很大影响，通常沙土地上生长的葡萄受葡萄根瘤蚜的为害较轻，原因为沙土质地松散，缺乏缝隙，寄主间转移难度较大，不利于葡萄根瘤蚜扩散。黏土地的葡萄根瘤蚜种群数量往往较大。葡萄根瘤蚜种群数量和为害程度随着土壤结构的差异而变化。在含2%黏土的沙地土壤中，葡萄根瘤蚜不能引起危害；当黏土达到3%时，能够轻微为害；黏土达到7%时，能严重为害。在南非的葡萄产区，葡萄根瘤蚜数量随着土壤中细沙和中（粒）沙的增加而减少，在含细沙和中（粒）沙超过65%的土壤中根本就不发生葡萄根瘤蚜，因此，用沙土地栽培葡萄可以减轻葡萄根瘤蚜的为害。

2. 温度　葡萄根瘤蚜与其他昆虫一样，是变温动物，虫体自身无恒定的体温，因此体温变化、新陈代谢的速度与土壤温度有直接关系。温度不仅可以影响其生殖、存活，而且与其行为活动亦有密切的关系。

温度对葡萄根瘤蚜的生长发育和繁殖影响较大（表11-166-2），葡萄根瘤蚜在欧洲种葡萄上生长发育的最适温度为21～28℃，也是根瘤形成的最适温度；当温度低于16℃时，若虫的存活率大大下降；而温度一旦达到32℃，会全部死亡；24℃时，完成整个生命周期平均需要36d。春季，当土壤温度上升到13.0℃左右时，葡萄根瘤蚜开始活动；秋、冬季，蚜虫数量急剧下降，当土壤温度在13.0℃以下时，葡萄根瘤蚜以一龄若虫在根瘤的缝隙处越冬，此时，葡萄根瘤蚜的死亡率相当大。根瘤形成的最低温度为18℃，叶瘿形成的最低温度更低些，根瘤形成的最高温度为28℃，叶瘿形成的最高温度更高，与葡萄品种有关。

不同温度下葡萄根瘤蚜各虫态的发育历期存在差异。由表11-166-2可以看出，在16～28℃时葡萄根瘤蚜卵至成蚜的发育历期随温度升高而缩短，在16℃、20℃、24℃和28℃温度条件下葡萄根瘤蚜卵、一龄若虫、二龄若虫和卵至成蚜等虫态的发育历期差异显著，随着温度的升高各虫态的发育历期呈现出不同的变化，当温度超过32℃时，葡萄根瘤蚜若虫全部死亡。

表11-166-2　不同温度下葡萄根瘤蚜各虫态的发育历期（M±SE，d）（引自吕军，2008）
Table 11-166-2　The developmental duration of different developmental stages of *Daktulosphaira vitifoliae* in different temperatures（M±SE，d）（from Lü Jun，2008）

温度（℃）	卵	一龄若虫	二龄若虫	三龄若虫	四龄若虫	卵至成蚜
16	16.57±0.29a	4.79±0.80a	4.21±0.43a	2.06±0.18a	1.50±0.15a	29.13±0.64a
20	11.11±0.23b	4.14±0.36b	2.50±0.52b	1.88±0.17a	1.17±0.13ab	20.80±0.32b
24	7.86±0.80c	3.21±0.42c	2.14±0.36c	1.41±0.15b	0.92±0.08bc	15.54±0.28c
28	5.94±0.79d	2.29±0.47d	1.14±0.33d	1.12±0.08c	0.83±0.11c	11.42±1.96d
32	5.98±0.40d	—	—	—	—	—

注　同列中数字后所列英文字母不同者，表示在0.05水平上差异显著（DMRT法）。

葡萄根瘤蚜各虫态的发育起点温度、有效积温各不相同，表11-166-3为葡萄根瘤蚜不同虫态的发育起点温度和有效积温，四龄若虫的发育起点温度最低，为0.79℃，二龄若虫的发育起点温度最高，为13.14℃。根据昆虫发育的生物学意义，其世代发育起点温度应是各虫态发育起点温度中的最高值，因而葡萄根瘤蚜卵的发育起点温度8.05℃即为葡萄根瘤蚜的世代起点发育温度，有效积温为117.88℃。

表 11 - 166 - 3 葡萄根瘤蚜各虫态的发育起点温度和有效积温（引自吕军，2008）

Table 11 - 166 - 3 The developmental zero and effective accumulated temperature of different developmental stages of *Daktulosphaira vitifoliae*（from Lü Jun，2008）

种类	卵	一龄若虫	二龄若虫	三龄若虫	四龄若虫	卵至成蚜
发育起点温度（℃）	8.05±2.21	7.22±3.00	13.14±2.48	4.27±1.04	0.79±0.14	8.90±0.41
有效积温（℃）	130.40±17.06	49.37±9.60	117.88±4.49	27.06±3.05	25.27±3.09	223.75±4.74

注 同列中数字后所列英文字母不同者，表示在0.05水平上差异显著（DMRT法）。

温度对葡萄根瘤蚜各虫态的存活率也有显著的影响，从表 11 - 166 - 4 可看出，在葡萄根瘤蚜各虫态中，温度在 16～28℃时，葡萄根瘤蚜卵和一龄若虫的存活率随温度的升高而增加，但 16℃ 与 20℃、24℃与 28℃卵的存活率差异不显著。各温度下，一龄若蚜的存活率差异显著。蚜虫从一龄若虫发育到四龄若虫过程中，随龄期的增加存活率逐渐上升，存活率均高于 79%。四龄若虫存活率高达 90% 以上，且各温度条件下，差异不显著。16～28℃时，葡萄根瘤蚜从卵到成蚜的存活率随着温度的升高而增加，且差异显著。

表 11 - 166 - 4 不同温度下葡萄根瘤蚜各虫态的存活率（%）（引自吕军，2008）

Table 11 - 166 - 4 The survival rate of different developmental stages of *Daktulosphaira vitifoliae* in different temperatures（%）（from Lü Jun，2008）

温度（℃）	卵	一龄若虫	二龄若虫	三龄若虫	四龄若虫	卵至成蚜
16	86.41±5.29b	74.67±2.10a	79.72±3.46c	83.63±3.56a	91.09±2.81a	45.60±2.37a
20	87.63±4.34b	77.43±1.90b	79.56±3.08c	87.45±2.35b	90.67±1.58a	54.00±3.30b
24	93.04±2.12a	84.58±1.51c	86.64±3.22b	90.27±3.34c	90.91±2.84a	64.60±2.07c
28	95.16±1.90a	86.92±2.27d	88.51±4.01a	88.09±2.63d	90.55±4.57a	68.10±5.40d
32	84.29±2.51b	—	—	—	—	—

注 同列中数字后所列英文字母不同者，表示在0.05水平上差异显著（DMRT法）。

温度对葡萄根瘤蚜成虫的寿命和繁殖影响较大。从表 11 - 166 - 5 可看出，在 16～28℃时，葡萄根瘤蚜的产卵前期随着温度的升高而缩短，并且各温度之间产卵前期差异显著。葡萄根瘤蚜成蚜的平均寿命随温度升高而增长，16℃时成蚜个体寿命最短，为 9d，28℃时成蚜个体寿命最长，为 45d。20℃、24℃和 28℃时单个成蚜的产卵量差异不显著，24℃时成蚜的产卵量最高，单个成蚜产卵量可达 137 粒，16℃的产卵量最低，其中单个成蚜产卵量只有 6 粒。

表 11 - 166 - 5 不同温度下葡萄根瘤蚜的产卵前期、寿命及产卵量（引自吕军，2008）

Table 11 - 166 - 5 The pre-oviposition period，longevity and spawning of *Daktulosphaira vitifoliae* in different temperatures（from Lü Jun，2008）

温度（℃）	产卵前期（M±SE，d）	平均寿命（M±SE，d）	寿命范围（d）	单蚜产卵量（M±SE，粒）	产卵量范围（粒）
16	16.24±2.61a	28.31±4.45c	9～33	38.58±15.42a	
20	13.71±2.12b	31.68±4.54b	11～36	68.21±17.63b	17～106
24	11.19±1.60c	33.29±7.05b	12～41	78.68±27.45b	21～137
28	7.24±0.89d	36.27±8.65a	13～45	82.84±30.12b	11～131

注 同列中数字后所列英文字母不同者，表示在0.05水平上差异显著（DMRT法）。

3. 土壤湿度 土壤湿度对葡萄根瘤蚜存活率影响较大，通过给葡萄园灌水增加土壤含水量，可减少葡萄根瘤蚜种群数量，在冬季灌水效果更明显。适当干旱，则有利于葡萄根瘤蚜的发生，尤其在受到干旱胁迫的葡萄上，葡萄根瘤蚜为害更严重，但湿度对葡萄根瘤蚜影响的作用机理还不清楚。在上海嘉定区，多采用冬季灌水的办法来减轻葡萄根瘤蚜的越冬量，效果显著。2008 年 7 月在防控果园取样调查发现，经过秋、冬季两次防控处理，可有效控制葡萄根瘤蚜的种群数量，种群密度每克鲜根仅有 4.5 头（未防控的葡萄园为每克鲜根 26.1 头）。

4. 土壤深度 随葡萄根系的延伸，葡萄根瘤蚜的为害范围也更广、更深。调查发现，60cm 以下的深层土壤中仍能发现葡萄根瘤蚜对根系的为害，这是防治难度大的主要原因。4 月、10 月，葡萄根瘤蚜在各土层的分布相对均匀，7～9 月受地表高温等因素的影响，一龄若虫向下迁移，15cm 以下的土壤中较多，11 月到翌年 3 月，越冬若虫在 0～30cm 深度密度较大，30cm 以下密度较小。在根系二次生长高峰中，葡萄根瘤蚜在表层根系上形成大量根结，因此，表层土壤中葡萄根瘤蚜种群密度较大，秋季随着地温下降葡萄根瘤蚜在表层根系上进入休眠状态，并未向深层土壤转移，因此，尽管冬季深层土温度稍高，但葡萄根瘤蚜并未转入深层土壤。

五、防治技术

葡萄根瘤蚜的防治方法包括植物检疫、农业防治、物理防治、生物防治和化学防治。对于葡萄根瘤蚜的综合防控，分为疫区防控、疑似疫区防控和非疫区防控。对于葡萄园或葡萄产区可综合使用以下五大类防控方法。

（一）植物检疫

植物检疫措施防控病虫害，就是来源于葡萄根瘤蚜防控。或者说，在防治葡萄根瘤蚜的发生和抑制其灾难性为害过程中，开始使用植物检疫措施并且不断完善，成为世界上病虫害防控的一个重要措施。

葡萄根瘤蚜是世界上第一个检疫性害虫，也是世界性检疫害虫，历史上，它是重要的检疫性害虫，现在仍然是重要的检疫性害虫。

葡萄根瘤蚜是欧洲和地中海植物保护组织（European and Mediterranean Plant Protection Organization，EPPO）（简称欧地植保组织）A2 类检疫性有害生物。在 EPPO 地区，仅有塞浦路斯、希腊的部分地区、前捷克斯洛伐克和瑞士的很少地方未见葡萄根瘤蚜报道。在英国（20 世纪 80 年代种植葡萄的地区）少数葡萄园被该虫侵染后，法定根除处理。

该虫定殖后，虽然能够根除，但费用很昂贵。新的生物型葡萄根瘤蚜的传入或出现，会对 EPPO 国家的葡萄种植业构成威胁，使某些抗性砧木抗性丧失的新生物型出现，会导致欧洲和地中海地区葡萄种植园植物检疫状况的极大变化。

在我国，1956 年山东烟台地区葡萄根瘤蚜重新鉴定和认定，明确该虫为危险性检疫害虫，并提出禁止疫区的葡萄种苗外运的措施，以限制该虫扩散蔓延。葡萄根瘤蚜是我国公布的《中华人民共和国进境植物检疫危险性病、虫、杂草名录》中规定的二类危险害虫和全国植物检疫性有害生物；《中华人民共和国进境植物检疫性有害生物名录》中也包括葡萄根瘤蚜，并且是中俄、中匈、中朝、中南、中罗等植检植保双边协定规定的检疫性害虫，应严格施行检疫。2004 年 6 月 1 日，国家质量监督检验检疫总局颁发《葡萄根瘤蚜的检疫鉴定方法》。

我国葡萄根瘤蚜的疫情，目前只发现于上海马陆镇、湖南怀化、陕西西安灞桥区、辽宁葫芦岛和贵州玉屏县。所以，对内、对外加强检疫措施，控制或规范苗木（种苗和种条）的交易和交流，是非常必要、非常重要的葡萄根瘤蚜防治措施，将对保护我国葡萄产业的健康发展发挥重要作用。检疫措施包括：

1. 严格检疫 已经发生疫情的（国家、地区或区域）不允许苗木流通。特别需要的品种，必须在检疫部门的监督下，引进后（在经过消毒等措施后）隔离种植，之后采用原种条繁殖。

葡萄苗木检疫，应包括产地检疫和苗木检疫。对苗木供应单位（包括国内和国外）葡萄园在生长季节进行检疫和考察，注意检查植株是否生长健壮，叶片是否有虫瘿，根部尤其是新根上有无根瘤或腐烂。苗木和种条调运前也应该进行检疫，根系有症状的，禁止调运。通过检疫的苗木和种条，需经过消毒后再调运。

2. 苗木调运前和栽种前进行消毒处理 苗木、种条调运前和栽种前进行消毒处理（两次消毒制度），消毒方法如下：

（1）溴甲烷熏蒸处理。在 20～30℃ 条件下，每立方米的种苗或种条使用剂量为 30g 左右，熏蒸 3～5h，有条件时使用电扇或其他通风设备增加熏蒸时的气体流动。温度低的条件下可以提高使用剂量，相反减少剂量。

（2）温水处理。把苗木上的泥土冲洗干净后放入 40～50℃ 温水中浸泡 10min，然后放入 52～54℃ 温水中浸泡 5min。

（3）烟碱溶液或新烟碱类杀虫剂药液处理。如使用 10% 烟碱乳油 200 倍液浸泡葡萄苗木或枝条 3～5min；使用 5% 吡虫啉乳油、75% 吡虫啉可湿性粉剂、25% 噻虫嗪水分散粒剂等药剂时，使用浓度一般是田间防控蚜虫类害虫浓度的 1.5～3 倍。

（4）辛硫磷处理。使用 50％辛硫磷乳油 800 倍液（20℃）浸泡苗木或枝条 15min。

（5）其他杀虫剂处理。80％敌敌畏乳油、40％乙酰甲胺磷乳油按照正常喷雾浓度浸泡苗木或枝条，捞出晾干后调运或栽种。调运到达目的地后，再次消毒后栽种。

（二）农业防治

在法国、俄罗斯、美国加利福尼亚州等地，研究发现，在沙土地上的葡萄不容易感染葡萄根瘤蚜，并可以栽培自根苗。因此，在适宜的沙土地建园，可以避免葡萄根瘤蚜的为害。另外，在冬季水淹葡萄园 40～50d，能有效控制葡萄根瘤蚜的种群数量。灌水 40d 后，仅有 28％的葡萄根瘤蚜存活下来。具体措施如下：

1. 建立无虫苗圃　选择不适于葡萄根瘤蚜生长的沙荒地开发建立葡萄苗圃，生产无葡萄根瘤蚜的种苗。

2. 改良土壤或沙地栽培　根瘤型蚜适宜于山地黏土、壤土或含有大块砾石的黄黏土，在这一类型的土壤中发生多，为害重，而沙土地中则发生少或根本不发生。可通过改良土壤或土壤类型选择，进行葡萄根瘤蚜的防控。

3. 抗虫品种利用　品种的抗性是由于品种本身有形态或组织学上的特性，生物学或化学特性，使葡萄根瘤蚜表现不选择性，对葡萄根瘤蚜产生抗性以及植株受害后产生保护性反应而表现出耐害性。利用品种抗性防控葡萄根瘤蚜的主要体现是抗性砧木的利用。

4. 复合种植与生态调控　是指利用植物之间的互作关系进行葡萄根瘤蚜防控。目前，中国农业科学院植物保护研究所葡萄病虫害研究中心利用复合种植与生态调控防控葡萄根瘤蚜，收到非常好的效果。

（三）生物防治

生物防治葡萄根瘤蚜的研究与应用是近代生物防治病虫害的先驱。早在 1873 年，Riley 引进捕食螨根瘤蚜粉螨（*Tyroglyphus phylloxerae*）用于葡萄根瘤蚜防治，但这个方法不成功。Pasteur 提出利用昆虫病原真菌防治葡萄根瘤蚜，但没有产生任何实际应用效果。Hagen 建议利用昆虫病原真菌防治葡萄根瘤蚜，Hagen 的提示促使 Elias Metchnikoff 在 1880 年发表他的绿僵菌侵染奥地利塞丽金龟（*Anisoplia austriaca*）幼虫的试验结果，并且第一次描述了生物防治剂的大量生产。之后，虽然生物防治仍在其他农业领域继续研究，但是嫁接抗性砧木防治葡萄根瘤蚜的成功，导致持续 100 年里葡萄根瘤蚜的生物防治研究停滞不前。

20 世纪 70 年代，又有学者开始对葡萄根瘤蚜的生物防治进行研究。前苏联学者 Gorkavenko（1971，1976）描述了捕食葡萄根瘤蚜的昆虫天敌；Goral 等报道室内应用不同昆虫病原真菌（白僵菌、绿僵菌、粉拟青霉）对葡萄根瘤蚜的控制效果试验，但没有进行田间试验。十几年后，北美国家和欧盟学者也开始研究葡萄根瘤蚜的生物防治，English-Loeb 等利用盆栽葡萄开展昆虫病原线虫防控根瘤蚜试验；Granett 等提出白僵菌防治葡萄根瘤蚜；Kirchmair 等证明了绿僵菌对防治葡萄根瘤蚜有效。

有关葡萄根瘤蚜天敌的研究目前还比较少。前苏联 Gorkavenko 对葡萄根瘤蚜的天敌进行了调查，发现葡萄根瘤蚜的天敌有 20 种，但是对其相关的防治效果，由于种种原因未能实施。

（四）物理防治

黄板诱杀技术是利用昆虫的趋黄性诱杀农业害虫的一种物理防治技术，在葡萄根瘤蚜防治中可以用于诱杀有翅型蚜或对有翅型蚜进行监测。

我国湖南怀化和上海马陆镇就是利用黄板诱集进行葡萄根瘤蚜的监测。使用方法：将木板、塑料板或硬纸箱板等材料涂成黄色后裁切成 50cm×50cm 或 50cm×70cm 的小块，再涂一层黄油或机油即可（也可购买成品的诱虫黄板）。使用时，每隔一定空间悬挂一张黄板，重点是衰弱植株和健康植株的交界处，1 周左右检查黄板，更换新的黄板或清理旧黄板的机油或黄油并重新涂抹。

利用极端温度杀灭病虫，也是物理防治措施的重要内容。温水处理苗木（52～54℃，浸泡 5min），可杀灭种条、种苗上潜在的葡萄根瘤蚜。

（五）化学防治

1. 化学农药防治葡萄根瘤蚜的历史和现状　自从 19 世纪末，葡萄根瘤蚜在法国大暴发以来，人们一直在进行化学药剂防治的研究。试验证实，采用化学药剂防治葡萄根瘤蚜效果不理想，大多数情况下都不再使用，只在处理携带葡萄根瘤蚜的茎段嫁接繁殖时使用，即使是目前先进的高渗透、内吸性杀虫剂，也存在许多的制约因素。

（1）土壤中药剂的有效控制范围有限。主要原因是药剂不能有效到达靶标，包括：①在重黏土地，药剂渗透困难，很难达到葡萄根瘤蚜的栖息地或达到葡萄根瘤蚜栖息地的药量很少；②葡萄根瘤蚜在土壤中随根系分布而扩展到土壤深处，在地下几米深的葡萄根上都能生存，使药剂几乎不可能到达；③在滴灌时添加药剂，在滴灌系统范围内的根可通过在灌溉水中的添加药剂来防治，而不在滴灌区内的根系，药剂不能到达靶标。

利用内吸性杀虫剂的向下流动性有可能解决这些问题，最近也有相关田间试验报道，比如噻虫嗪对叶瘿型蚜和根瘤型蚜有较好的杀灭效果；但内吸性传导距离有限，还未见利用药剂的内吸性有效防控根系上葡萄根瘤蚜的相关试验或报道。

（2）葡萄根瘤蚜种群增殖速度快。葡萄根瘤蚜在不到 1 个月的时间就能发生 1 代，在葡萄园中每年能发生 6～9 代，每头雌虫平均产卵量约为 100 粒，杀虫剂处理后残存的葡萄根瘤蚜能使种群迅速增殖，为药剂防治的有效性增加了困难。如果施用残留期长的药剂或者重复施药，会增加残留和其他副作用的风险。

（3）葡萄树体自我修复速度慢（可能需要 1 年多或更长的时间），且在某些情况下可能无法恢复。树势一旦开始衰弱，即使葡萄根瘤蚜种群数量下降，树势恢复依然困难，主要原因是继发性病原菌侵染和残存葡萄根瘤蚜的为害，还有植物生理上的伤害，如在虫口数量下降后，叶片仍然受虫瘿已造成伤害的影响而不能恢复到正常的光合状态。因此，在根瘤蚜造成严重危害之前采取防治措施压低种群数量，是药剂防控的关键。

2. 化学农药防治方法　化学农药防治葡萄根瘤蚜的有效性，目前主要体现在对叶瘿型蚜的防治上。对于叶瘿型葡萄根瘤蚜，研究人员建议，在春季的第一批虫瘿形成前或形成时，对叶片进行药剂处理。

有研究发现，化学药物能刺激提高葡萄抗性，在温室中对叶面喷施茉莉酸能减少根部葡萄根瘤蚜数量，但至今还没有田间试验证实此方法有效。

目前，我国葡萄根瘤蚜疫区的防治措施中，化学农药防治只作为压低种群数量的临时措施。可以考虑在 4～5 月及 9～10 月葡萄根系两个快速生长期之前或前期，每个时期使用 1～2 次药剂；如果使用两次，间隔期 7～15d；每年用药剂 2～4 次。土壤翻耕后泼浇 50％辛硫磷乳油 500 倍液或 10％可湿性粉剂 1 500 倍液、20％啶虫脒可溶性粉剂 1 500 倍液等；或者使用毒土法：每 667m² 用 50％辛硫磷乳油 250g 或 10％可湿性粉剂 100g、20％啶虫脒可湿性粉剂 100g，配毒土 30kg 施用。

王忠跃　刘永强（中国农业科学院植物保护研究所）
刘崇怀（中国农业科学院郑州果树研究所）

第 167 节　葡萄叶蝉

一、分布与危害

叶蝉是葡萄上的重要害虫，国内各个葡萄产区均普遍发生。为害葡萄的叶蝉主要包括葡萄斑叶蝉 [*Erythroneura apicalis* (Nawa)] 和葡萄二黄斑叶蝉（*Erythroneura* sp.），属半翅目叶蝉科。两种叶蝉在葡萄上常混合发生，除为害葡萄外，还可为害桃、梨、苹果、樱桃、山楂等果树。

葡萄斑叶蝉和葡萄二黄斑叶蝉主要分布在我国新疆、甘肃、陕西、辽宁、北京、河北、山东、河南、湖北、安徽、江苏、浙江等省份葡萄产区，尤其在管理粗放的果园中发生严重。

两种叶蝉在葡萄的整个生长季均可造成危害，以成虫、若虫群集于叶片背面刺吸汁液为害。一般喜在郁闭处取食，故为害首先从枝蔓中下部老叶和内膛开始逐渐向上部和外围蔓延。叶片受害后，正面呈现密集的白色失绿斑点，严重时叶片苍白、枯焦，严重影响叶片的光合作用、枝条生长和花芽分化，造成葡萄早期落叶，树势衰退。叶蝉排出的粪便污染叶片和果实，造成黑褐色粪斑，影响当年及翌年果实的质量和产量。据王惠卿等在新疆吐鲁番地区的调查显示，葡萄叶蝉是该地发生最严重的害虫，常年的发生面积约为 1.67 万 hm²。李定旭等在河南洛阳地区调查后发现，该地单株葡萄根际落叶下有越冬成虫 23～47 头，生长季百叶虫量一般为 116～434 头，多者可达 3 000 头以上，导致大量早期落叶。

除了直接刺吸对果树造成危害，葡萄带叶蝉（*Scavescence dore* FD）还可传播金黄病。此病严重影响葡萄的产量和品质，进而影响葡萄酒的品质。病害大流行时，可在几年内导致整个葡萄园的毁灭。因此，葡萄带叶蝉已经被欧洲地中海植物保护组织（EPPO）列为重要的检疫性有害生物。我国和世界上其他许多葡萄种植国家也都对该病和该虫实施严格检疫措施。

二、形态特征

（一）葡萄斑叶蝉

成虫：体长 2.90～3.30mm，淡黄色，头顶上有两个明显的圆形斑点。复眼黑色，前缘有若干个淡褐色小斑点，有时消失，中央有暗色纵纹。小盾片前缘左右各有 1 个三角形黑纹。腹部的腹节背面具黑褐色斑块。足 3 对，其端爪为黑色。翅半透明，翅面斑纹大小变化很大，有的虫体斑纹色深，有的则全无斑纹，翅面颜色以黄色型居多。雄虫色深，尾部有三叉状交配器，黑色稍弯曲。雌虫色淡，尾部有黑色的桑葚状产卵器，其上有突起（彩图 11-167-1）。

卵：长约 0.60mm，长椭圆形，呈弯曲状，乳白色，稍透明。

若虫：初孵若虫体长 0.50mm，呈白色，复眼红色，二、三龄若虫呈黄白色，四龄体呈菱形，体长约 2mm，复眼暗褐色，胸部两侧可见明显翅芽。刚蜕皮时，体嫩，在叶背面不活动，受惊后活动很慢，稍后变快。

（二）葡萄二黄斑叶蝉

成虫：体长约 3mm，头顶前缘有两个黑色小圆点，复眼黑或暗褐色，前胸背板中央具暗色条纹，前缘有 3 个黑褐色小斑点。小盾片淡黄白色，前缘左右各有 1 个较大黑褐色斑点。前翅表面暗褐色，后缘各有近半圆形的淡黄色区两处，两翅合拢后在体背可形成两个近圆形的淡黄色斑纹。成虫颜色有变化，越冬前为红褐色。

卵：和葡萄斑叶蝉的卵相似。

若虫：末龄若虫体长约 1.60mm，紫红色，触角、足体节间、背中线淡黄白色，体较短宽，腹末若干节向上方翘起。

三、生活习性

葡萄斑叶蝉以成虫在葡萄枝条老皮下、枯枝落叶、石块、石缝、杂草丛等隐蔽场所越冬，越冬前体色变为褐色、橘黄色、绿色或土黄色。越冬成虫离开越冬场所后，首先在梨、杏、桑、枣、白杨及榆树等树木上活动，但不产卵，4 月中旬左右进入葡萄园为害。无修剪、不通风、湿度高、靠近树林等地的葡萄园易受害。

葡萄斑叶蝉在新疆哈密、吐鲁番、阿图什等地区 1 年发生 4 代，成虫于 10 月下旬到 11 月上旬进入越冬场所，翌年 2 月下旬开始活动，随着气温上升，于 3 月中旬离开越冬场所，4 月中旬左右越冬代成虫进入葡萄园为害，越冬代成虫的累计存活时间长达 7.5 个月以上。5 月中旬第一代若虫开始孵化，5 月底至 6 月初第一代成虫出现，此时越冬态与夏型成虫混合发生，6 月中、下旬第二代若虫开始孵化，7 月下旬第三代若虫孵化，8 月下旬至 9 月上旬第四代若虫孵化，10 月中、下旬，成虫开始迁入越冬场所进行越冬。

在陕西关中、甘肃天水等地 1 年发生 3 代，翌年 3 月中旬成虫开始出蛰，4 月上旬葡萄展叶后移至葡萄上取食为害。5 月中旬为一代若虫盛发期，其后世代重叠。4 月上旬至 7 月上旬为第一代成虫发生期，6 月上旬至 8 月上旬为第二代成虫发生期，7 月中旬至翌年 4 月中旬为第三代成虫发生期。10 月中旬气温降低后，成虫开始越冬。

成虫多在白天羽化，尤以 8：00～11：00 居多，约占 62.4%。初羽化的成虫前翅柔软，呈灰白色，此时成虫基本不活动，大约 2h 后，翅即可伸展、硬化。成虫趋光性和活动能力较强，活泼，横向爬行迅速，受惊则飞往他处。6 月之前全天均可见其活动，6～8 月间则以 8：00～10：00 和 17：00～19：00 活动多，正午时分多集中栖息于中下部叶背，田间雌、雄性比约为 1：0.81。成虫羽化后 2～5d 开始交配，交配多在清晨进行，多数成虫在交配后第二天开始产卵。越冬代单雌产卵量为 21～34 粒，平均 26 粒，而一、二代单雌产卵量高于越冬代，为 36～64 粒，平均 52 粒。成虫可多次产卵，28℃ 条件下繁殖力最大。成虫产卵历期 4～8d，平均 6d，产卵期较长。

温度和湿度对成虫的活动能力有较大的影响。春、秋两季或气温低时成虫的活动能力弱，反应迟钝，而在凉爽的早晨交配次数多。干旱、温度较高时活动能力强，反应敏捷，不交配。夜晚喜欢在温度较高的地面上休息。

卵散产，常产于植株中下部较老的叶片上，产卵部位多在叶脉两侧，以中脉居多，孵化率为95.26%～100%，卵孵化后，产卵部位留下褐色斑痕。

若虫共 5 龄，温度对各龄的发育历期影响很大，在 19～31℃室内饲养的条件下，一代若虫发育历期为 12.55～21.10d，其中，22～28℃是其比较适合的生长发育温度。葡萄斑叶蝉若虫期发育起点温度为 (5.2±2.1)℃，有效积温为 307.1℃，25℃以下光周期对葡萄斑叶蝉发育历期影响不大。初孵若虫呈乳白色，具有很强的群集性，且活动迟缓。若虫每次蜕皮前从腹末端分泌黏液，使虫体附着叶背，因此蜕下的皮多黏叶背。

若虫活动灵活，喜群集，怕光，喜欢在光线相对较弱叶片背面叶脉处取食，中部叶片受害较重，嫩叶上虫量极少，受害极轻。据调查，隐蔽的中部叶片通风透光条件差，受害率达 90%以上，而光照充足的树体中部叶片受害率为 35%。

葡萄斑叶蝉若虫在葡萄植株上的垂直分布在 1 年之中也有所不同，通过对未防治葡萄园定点定株调查结果显示，在新疆吐鲁番地区，5 月中、下旬为一代若虫发生期，若虫多集中在葡萄上、中部为害，以中部若虫数量最多，下部若虫数量最少；6～8 月为二、三代若虫发生期，葡萄上部若虫数量明显下降，下部若虫数量明显增加，并与中部若虫数量相当；5～8 月葡萄中部若虫数量始终占多数。结合该地区温度情况分析可以得知，5 月期间，吐鲁番平均气温在 20～30℃，葡萄中部和上部若虫数量较多，而 6～8 月，温度持续升高后，若虫的分布向中、低位转移，表现为高位若虫数量急剧减少，而低位若虫数量明显增加。比较而言，处于中间位置的若虫数量始终处于优势，说明中间位置是若虫喜欢聚居的部位，而下部虫数则是 5 月份较少，进入 6 月份后，随着气温的升高若虫数量也逐渐增多，说明该虫喜欢温暖且潮湿的地方。

葡萄二黄斑叶蝉越冬成虫于 4 月中、下旬产卵，5 月中旬开始出现一代若虫，5 月底至 6 月上旬出现第一代成虫，以后世代重叠，第二代成虫以 8 月上、中旬发生最多，以此代为害较盛，第三、四代成虫主要于 9、10 月发生，10 月中、下旬陆续越冬。除此之外，其他生活习性与葡萄斑叶蝉相似。

四、发生规律

(一) 气候条件

温度对葡萄叶蝉的生长发育有较大影响。气温高于发育起点温度 (5.2±2.1)℃时，其发育历期随气温升高而缩短。越冬代成虫迁入葡萄园的早晚与葡萄生长的物候期高度吻合：2 月中、下旬气温回升快，叶片生长早，成虫发生就早，反之则晚。温度变化还与葡萄斑叶蝉的空间分布关系密切，在春季平均气温18～28℃种群分布于藤架中心部位，而夏季气温较高（38～40℃）时，种群向藤架的中、低部转移，极端温度时在隐蔽的树下躲藏或在阴凉湿润的地表停留来避暑降温，在其整个生活周期内随种群密度的变化呈现扩散—聚集—扩散—聚集的规律。

湿度也是影响其种群发生的重要原因之一。冬季少严寒，降雪少，气候干燥利于葡萄斑叶蝉安全越冬，春、夏季降雨少，干旱有利于其大发生。

(二) 寄主

葡萄园内或周围种植杏、桑、杨、榆等树木，为其越冬和早春及时补充养分提供了有利的条件，有利于其发生。

不同的葡萄品种的抗性不同。叶片厚、叶上毛多而长的品种较为抗葡萄斑叶蝉的为害，葡萄成熟期这种现象尤为明显，如马奶子、喀什喀尔、玫瑰香等葡萄品种，斑叶蝉第三代发生数量低于第二代，受害后仅表现为黄白斑。叶薄而小的无核白葡萄叶片，后期被严重为害，叶片发白、发黄，表现老化迹象。

(三) 栽培管理

环境郁闭，通风透光条件差，修剪不好的葡萄园叶蝉为害重。据调查，通风透光好的葡萄园百叶虫量最高为 616 头，通风透光差的葡萄园百叶虫量最高可达 2 390 头。管理粗放，杂草丛生的葡萄园，利于叶蝉越冬和早春补充养分，为害严重。

葡萄园的环境过于干旱，或植株叶片老化，可导致葡萄叶蝉迁飞扩散，种群数量下降。

（四）天敌

据资料表明，中国叶蝉天敌种类丰富，共计 368 种，其中，捕食性天敌 275 种，占天敌总量的 74.73%，寄生性天敌约 60 种，占天敌总量的 16.30%，病原性天敌 33 种，占天敌总量的 8.97%。

捕食能力强的主要为蜘蛛类，其中，农田蜘蛛是葡萄园的主要捕食性天敌。通常葡萄斑叶蝉发生较重的地块，蜘蛛也较多。主要类群有球腹蛛科（Theridiidae）、蟹蛛科（Thomisidae）、圆蛛科（Araneidae）、狼蛛科（Lycosidae）和微蛛科（Erigonidae）蜘蛛。在近地面的叶片上微蛛科的蜘蛛较多，其中微蛛科、八斑球腹蛛和圆蛛科个体小到中型，而蟹蛛科和狼蛛科的个体一般为中到大型。室内捕食量测定试验表明，大型的种类比小型种类捕食量大，特别是狼蛛科的丁纹豹蛛和蟹蛛科的蜘蛛，室内饥饿24h后喂养斑叶蝉的三龄若虫，平均捕食量为 5 头/d，而球腹蛛科和圆蛛科的捕食量较小，一般低于 3 头/d。但在田间观察到只有少数结网蜘蛛能捕食少量的葡萄斑叶蝉成虫，因此农田蜘蛛对葡萄斑叶蝉的田间控制作用仍需进一步研究。

纤赤螨（Leptus sp.）是葡萄斑叶蝉的捕食性兼寄生性天敌之一，幼螨以其螯肢刺入葡萄斑叶蝉若虫身体，紧紧附着在葡萄斑叶蝉若虫体背，从头部至尾部均有，纤赤螨的幼螨对一至二龄的低龄斑叶蝉若虫的寄生致死性较强，对三至五龄的大龄若虫的寄生致死性较弱，24h 观察结果基本未出现过死亡。成螨以捕食为主，但成螨对葡萄叶蝉的控制能力较弱，几乎可以忽略不计。纤赤螨的不同螨态在体色上有着较大的差别，幼螨深红色至鲜红色，而成螨呈淡红色，体卵圆形，体躯背面密布刚毛，须肢均为拇爪复合体。其足发达，较身体为长，行动敏捷，幼螨 3 对足，体长约为一龄叶蝉若虫的 1/2，成螨足 4 对，体型较大，体长可超过 1mm。

在葡萄生长的中后期叶蝉卵常被寄生蜂寄生，田间调查寄生率可达 60% 以上。

近年来，葡萄斑叶蝉在局部的大发生，除了其繁殖力强、气候和栽植条件适宜等因素外，自然天敌数量少、控制能力低也是重要原因之一。

五、防治技术

葡萄叶蝉的防治应抓好 3 个关键时期。首先，抓好早春越冬代防治，可于越冬代成虫产卵前对田边、地头、葡萄架下及葡萄枝蔓用药进行均匀喷雾。第二，狠抓一代若虫防治。第三，于葡萄斑叶蝉迁移到越冬场所前，全面防治以减少越冬虫源基数。

（一）农业防治

加强栽培管理，及时施肥灌水，增施有机肥，提高葡萄自身的抗性。避免果园郁闭，在葡萄生长期，及时抹芽、修剪、去副梢、摘心，使葡萄枝叶分布均匀，通风透光良好，可减少葡萄叶蝉发生为害。春季出蛰前结合整地，均匀翻土，日光照射或覆细土 4~5cm 压实，以减少叶蝉成虫的出蛰。葡萄生长期及时清除杂草，葡萄叶蝉产卵高峰期合理延长浇水间隔期、适当地降低湿度，创造不利于其发生的生态条件。葡萄下架埋土后，清除果园内外落叶、杂草并集中处理，以减少越冬虫源。

建园时应避免与苹果、梨等寄主混栽或邻栽，防止叶蝉迁移为害。果园内部和周围不种玉米、蔬菜以及匍匐类等作物，以减少中间寄主。

（二）生物防治

中国叶蝉天敌种类丰富，共计 300 多种。应积极加强对自然天敌的保护和利用。选择对天敌较安全的选择性农药或生物制剂，并合理减少施用化学农药，保护利用天敌昆虫来控制葡萄叶蝉种群。

（三）物理防治

利用黄板防治葡萄斑叶蝉，是一种事半功倍的防治措施，尤其是针对越冬代葡萄斑叶蝉，因其发生比较分散，早期虫口密度较低，大田喷药效果常不佳。另外农户庭院内葡萄架面较高，不易操作，通过黄板诱杀越冬代成虫，可大大降低虫口基数，减轻后期防治压力。黄板防治在葡萄的整个生长期均可使用，具体的使用方法是：悬挂于架面靠近根部的第一或第二道铁丝上，与铁丝方向平行，黄板上端距离葡萄架面 10cm 为宜，每 667m² 用量 20~30 块。当葡萄叶蝉沾满黏虫板时，需要更换黏虫板或重新涂胶。目前有两种黏虫胶，一种 10d 左右需要重新涂一次，另一种 30d 左右需重新涂一次（适于在风沙较少的地区或温室中使用）。

（四）药剂防治

施药的时机和方法：宜在早晨或黄昏于葡萄斑叶蝉活动性弱时施药，要求喷洒均匀，尤其是叶背面均匀施药。喷雾防治时要先葡萄园周围，后向中心地带聚集喷施，防止葡萄叶蝉向周边扩散为害，喷雾时喷头自下而上喷雾。

在葡萄叶蝉发生期，可采用的防治药剂有：45％高效氯氰菊酯乳油1 500倍液、20％啶虫脒乳油5 000倍液、70％吡虫啉乳油5 000倍液、25％噻虫嗪水分散粒剂10 000倍液或25％吡蚜酮悬浮剂5 000倍液。

除化学合成的农药之外，部分生物源农药对葡萄叶蝉也具有较好的控制作用，如0.3％印楝素乳油、60g/L乙基多杀菌素悬浮剂、5％天然除虫菊乳油和2.5％多杀菌素乳油。生物药剂具有环境对人畜和非靶标生物安全、不易产生抗性、环境兼容性好、利于保护生物多样性、来源广泛等优点，可与化学农药交替使用，作为减缓农药抗性的替代产品。

附：葡萄叶蝉测报技术

1. 调查抽样技术　从春季葡萄展叶开始，至秋季葡萄落叶结束，一般从4月下旬至10月下旬，5d调查1次，每旬逢3日、8日调查。选择当地有代表性、面积在667m² 以上的幼果园、盛果园、老果园各1块，每块园按5点取样固定100片叶，调查时轻轻转动叶片，记载叶片背面的成虫、若虫数和变色叶数。另外，利用诱虫灯对成虫消长动态进行逐日监测。

同时每次大面积防治前，还需要进行发生情况的基本普查。即每代若虫量开始上升时，根据当地葡萄品种、栽培方式、栽培年限等，分类普查面积大于667m²的葡萄园10～15块，调查方法同系统调查。

2. 发生程度分级标准　越冬基数用4月中旬普查苹果、梨、桃树的百叶成虫量表示，各代成虫发生量用高峰日单灯诱虫量表示，葡萄园发生量用葡萄叶蝉发生为害高峰日百叶虫量和平均最高变色叶率表示。发生程度以发生为害高峰日百叶虫量和平均最高变色叶率为指标划分成五级，各项指标见附表11-167-1。

附表 11-167-1　葡萄叶蝉发生程度划分标准
Supplementary Table 11-167-1　Grading standards of occurrence degree for grape leafhopper

发生级别	一级	二级	三级	四级	五级
发生程度	轻发生	中等偏轻	中等发生	中等偏重	大发生
高峰日百叶虫量（头）	≤1 000	1 001～4 000	4 001～7 000	7 001～10 000	>10 000
平均最高变色叶率（％）	≤5	5.1～20	20.1～40	40.1～60	>60

3. 调查测报内容

（1）发生期预测。主要依据灯诱成虫发生期来预测下代发生期。成虫高峰日后10～20d为下代卵孵化及低龄若虫高峰日，即防治适期。

（2）发生程度预测。一般采取逐代预测。根据上代防治后的田间残留虫量及灯诱成虫量，结合历史资料和气象预报，对下代发生程度做出综合预测。

仇贵生（中国农业科学院果树研究所）
刘永强（中国农业科学院植物保护研究所）

第 168 节　葡萄粉蚧

为害葡萄的粉蚧类害虫主要有4种，分别为葡萄粉蚧［*Pseudococcus maritimus*（Ehrhorn）］、康氏粉蚧［*Pseudococcus comstocki*（Kuwana）］、暗色粉蚧（拟葡萄粉蚧）［*Pseudococcus viburni*（Signoret）］和长尾粉蚧［*Pseudococcus longispinus*（Targioni）］。其中，葡萄粉蚧是近年来葡萄上新发生的害虫，康氏粉蚧是为害葡萄和其他果树的重要粉蚧类害虫，此处主要介绍葡萄粉蚧和康氏粉蚧。

一、葡萄粉蚧

(一)分布与危害

葡萄粉蚧〔*Pseudococcus maritimus*（Ehrhorn）〕属半翅目粉蚧科，又名真葡萄粉蚧。主要为害葡萄，还可以为害枣树、槐树、桑树等，是近年来葡萄上新发生的介壳虫种类。

该虫主要在我国的新疆及山东等省份发生。以若虫和雌虫隐藏在老蔓的翘皮下、主蔓、枝蔓的裂区、伤口和近地面的根上等部位，集中刺吸汁液为害，使被害处形成大小不等的丘状突起。随着葡萄新梢的生长，逐渐向新梢上转移，集中在新梢基部刺吸汁液为害。受害严重的新梢失水枯死，受害偏轻的新梢不能成熟和越冬。叶腋和叶梗受害后叶片失绿发黄，干枯，果实的穗轴、果梗、果蒂等部位受害后，造成果粒畸形，果蒂膨大粗糙。葡萄粉蚧刺吸为害的同时，还分泌黏液，易招致霉菌滋生，污染果穗，影响果实品质（彩图 11-168-1）。

(二)形态特征

成虫：雌成虫无翅、体软、椭圆形，体长 4.5～5.0mm，暗红色，腹部扁平，背部隆起，体节明显，体前部节间较宽，特别是 1～3 节较宽，后部节间较窄，向尾部节间逐渐缩小，体被白色蜡粉，体周缘有 17 对锯齿状蜡毛，锯齿状蜡毛从头部到腹末逐渐增长。成熟的雌虫较大，肉眼可以看出虫体。产卵时分泌棉絮状卵囊，产卵于其中。雄成虫体长 1.1mm 左右，翅展 2mm，白色透明，翅有 2 条翅脉，后翅退化成平衡棒。腹末有 1 对较长的白色针状蜡毛，虫体暗红色，触角线状且较长，足发达。

卵：暗红色、椭圆形，卵粒很小，长约 0.30mm，肉眼难以辨清。

若虫：初孵若虫长椭圆形，暗红色，虫体很小，触角和足发达，有 1 对触角，3 对足，触角线状共 6 节。体分节不明显，背部无白色蜡粉，一龄若虫蜕皮后进入二龄若虫期，体上逐渐形成蜡粉和体节，随着虫体膨大、蜡粉加厚，体分节明显，体周缘逐渐形成锯齿状蜡毛，进入雌成虫期。一龄若虫雌雄无差异，蜕皮后雄虫化蛹，紫红色，裸蛹（彩图 11-168-2）。

(三)生活习性

葡萄粉蚧在新疆 1 年发生 3 代，第二代和第三代有世代重叠现象。以若虫在老蔓翘皮下，裂开处和根基部分的土壤内群体越冬。秋季气温迅速下降的年份，出现极少数卵在卵囊内越冬的现象。翌年 3 月中、下旬葡萄树出土萌动时开始活动为害，并继续发育，4 月中旬越冬代雌成虫出现，此时雄虫进入化蛹及羽化始期，5 月上旬为雄成虫羽化、两性交配盛期。4 月底至 5 月初葡萄树长出新梢期葡萄粉蚧开始产卵，5 月中旬为第一代卵盛期，若虫于 5 月中旬孵化，盛期为 5 月底至 6 月初。第一代雌成虫 6 月中旬出现，此时雄虫进入化蛹及羽化始期，6 月下旬为雄虫羽化、两性交配盛期。7 月初即极早熟葡萄果实变红成熟时开始产卵，7 月中旬为第二代卵盛期，若虫于 7 月上旬孵化，7 月下旬为孵化盛期，第二代雌成虫 8 月中旬出现，8 月上旬雄虫羽化，8 月下旬至 9 月上旬为雄虫羽化、两性交配盛期。8 月下旬即中熟葡萄果实成熟期开始产卵，9 月中旬为第三代卵盛期，若虫于 9 月初孵化，9 月下旬为孵化盛期，10 月开始越冬。

雌虫发育为渐变态，卵——一龄若虫—二龄若虫—雌成虫。雄虫发育为过渐变态，卵——一龄若虫—二龄若虫—蛹—雄成虫，雄虫数量少、寿命短，雄虫羽化后即可交配。第一代卵期 15d 左右，若虫期 35d 左右（一龄期 15d 左右，二龄期 20d 左右），雌成虫期 13d 左右，整个种群的产卵期可持续 40d 左右；第二代卵期 8d 左右，若虫期 35d 左右（一龄期 15d 左右，二龄期 20d 左右），雌成虫期 10d 左右，整个种群的产卵期可持续 80d 左右；第三代卵期 12d 左右，若虫期 180d 左右；越冬代若虫期 40d 左右，雌成虫期 11d 左右，整个种群的产卵期可持续 40d 左右。雌成虫产卵时在体外分泌棉絮状卵囊，卵囊包围虫体，卵产于棉絮状卵囊内，产卵后虫体逐渐萎缩，变黑褐色，不久干枯死亡。越冬代雌成虫产卵量最高，平均每头雌虫产卵 272 粒，最少产卵 157 粒，最多产卵 425 粒；第一代雌虫产卵量中等，平均每雌虫产卵 160 粒，最少产卵 122 粒，最多产卵 260 粒；第二代雌虫产卵量较低，平均每头雌虫产卵 109 粒，最少产卵 45 粒，最多产卵 140 粒。

在山东葡萄产区，越冬的若虫一直在近地面的细根和萌蘖枝的地下幼嫩部分为害。被害后的根和嫩茎产生很多小瘤状突起，上面布满白色粉状物，使被害处的表面粗糙不平。从 6 月下旬开始，随着萌蘖和细根的逐渐木质化，粉蚧的食料受到影响，大量的若虫自地下部分逐渐爬到地上部分，开始在叶腋、叶痕伤疤、叶中脉两侧、芽的周围及果穗上为害，被害处变成暗褐色，并有许多白色蜡粉。在果穗上为害时，常分泌无色透明的黏质物，招致黑色霉菌和蚂蚁，这也是寻找粉蚧的重要标志。被害后果粒变畸形，并停止为害。7月下旬，粉蚧又转入老蔓翘皮下和地下根颈附近的细根上，并开始产卵。雌成虫产卵时，先产生少量白色蜡粉，然后将卵产在上面，并且产卵的同时分泌蜡丝和白色蜡粉，最后将卵全部包在棉球状的卵囊中。

（四）发生规律

1. 气候条件 早春温暖少雨，利于越冬代若虫的早发育及取食产卵。冬季气温过低且延长，则会使越冬代若虫大量死亡。夏季气温高，降水量少，有利于一代和二代卵以及若虫的早发育。秋季气温偏高延长，有利于三代卵的完全孵化。反之，秋季气温迅速降低，不利于三代卵的完全孵化，极少数卵不孵化即可越冬。

2. 栽培管理 在6～8月对葡萄各生育期进行夏季修剪，会使寄主枝蔓及叶片上的卵和若虫大量死亡，结合夏季修剪工作刮去老皮效果更好，可大量减少第二代和第三代葡萄粉蚧的发生量。在10月下旬至11月上旬结合葡萄秋季修剪，剪除虫枝，刮去老皮，可大量减少越冬代若虫。

3. 天敌 主要有跳小蜂、黑寄生蜂等，对二代和三代葡萄粉蚧自然寄生率达30％～40％。

（五）防治技术

1. 加强检疫 该害虫主要靠苗木、果实运输传播。因此，运输苗木或果实前要加强检疫，防止扩散蔓延。

2. 农业防治 加强葡萄园的管理，增施有机肥料，增强树势，提高抗虫能力；冬季清园、翻耕、结合修剪剪去虫枝，将葡萄园的杂草、落叶、枯枝、黄叶清除干净，集中烧毁，以减少越冬虫源；在5月中旬、9月中旬各代成虫产卵盛期人工刮除树皮，可消灭老皮下的卵。

3. 生物防治 葡萄粉蚧自然天敌较多，如跳小蜂、黑寄生蜂等，用药应注意避免伤及天敌，以发挥自然控制因素。

4. 药剂防治 葡萄粉蚧在葡萄的全生育期均可发生为害。该害虫的防治关键阶段有4个阶段，第一阶段为3月中、下旬葡萄出土上架后至成虫产卵前期，一般3月中、下旬至4月底，最佳药剂防治适期为4月中旬。第二阶段为一代若虫孵化至成虫产卵前期，一般5月中旬至7月上旬，最佳药剂防治适期为6月下旬，即若虫爬出活动期。第三阶段为二代若虫孵化到成虫产卵前期，一般7月上旬至8月下旬，最佳药剂防治适期为8月中、下旬，即若虫爬出活动期。第四阶段为若虫孵化到葡萄树埋土之前，一般9月中旬至11月中、下旬，最佳药剂防治适期为11月，即葡萄秋季修剪后埋土前。

葡萄粉蚧发生一般的果园防治2次即可取得较好的防治效果。主要的药剂包括25％吡虫啉可湿性粉剂、25％啶虫脒可湿性粉剂、5％阿维菌素乳油、25％吡蚜酮悬浮剂等。

二、康氏粉蚧

（一）分布与危害

康氏粉蚧［*Pseudococcus comstocki* （Kuwana）］属同翅目粉蚧科，是一类杂食性的害虫。除为害葡萄外，还可为害苹果、梨、山楂、桃、李、杏、樱桃、板栗、核桃等多种果树，桑、杨、柳等树木及蔬菜等。国内主要分布于吉林、辽宁、河北、北京、河南、山东、山西、四川等省份，国外则广泛分布于美洲、欧洲、大洋洲和亚洲各地。

康氏粉蚧为刺吸式口器，喜欢在阴暗处活动，套袋后的果实内是其繁殖、为害的最佳场所，树冠郁闭的果园发生较重，尤其树冠中下部及内膛发生更重。主要以雌成虫和若虫刺吸嫩芽、嫩叶、果实和枝干的汁液。嫩枝受害后，被害处肿胀，严重时造成树皮纵裂而枯死。果实被害时，造成组织坏死，出现大小不等的褐色斑点、黑点或黑斑，为害处该虫产生白色棉絮状蜡粉，污染果实（彩图11-168-3）。康氏粉蚧排泄蜜露到果实、叶片、枝条上造成污染，湿度大时蜜露上可导致杂菌污染，发生煤污病的果实彻底失去食用价值。虽然康氏粉蚧对葡萄造成的损失和伤害不是特别严重，但是由于葡萄套袋栽培技术的大面积推广实施，为其创造了更为适宜的生存条件，导致其潜在的危害和损失十分巨大。据仇贵生等2011年于中国农业科学院果树研究所葡萄试验基地调查显示，套袋葡萄果实受害率达16％以上，而不套袋果实没有为害。

（二）形态特征

成虫：雌成虫椭圆形，较扁平，体长3～5mm，粉红色，体被白色蜡粉，体缘具17对白色蜡刺，腹部末端 1 对蜡刺，几乎与体长相等。眼半球形，触角多为 8 节。腹裂 1 个，较大，椭圆形。肛环具 6 根肛环刺。臀瓣发达，其顶端生有 1 根臀瓣刺和若干根长毛。足较发达，疏生刚毛。多孔腺分布在虫体背、腹两面。刺孔群 17 对，体毛数量很多，分布在虫体背腹两面，沿背中线及其附近的体毛稍长。雄成虫体紫褐色，体长约 1mm，翅展约 2mm，翅 1 对，透明，触角和胸背中央色淡，单眼紫褐色，后翅退化为平衡棒。尾毛较长。

卵：椭圆形，长 0.3～0.4mm，浅橙黄色，附有白色蜡粉，产于白色絮状卵囊内。

若虫：雌 3 龄，雄 2 龄，一龄椭圆形，长约 0.5mm，淡黄色，眼近半球形，紫褐色，体表两侧布满纤毛，二龄体长约 1mm，体缘出现蜡刺。三龄长约 1.7mm，与雌成虫相似。

蛹：雄蛹长约 1.2mm，淡紫褐色，裸蛹。茧体长 2.0～2.5mm，长椭圆形，白色絮状。

（三）生活习性

康氏粉蚧在黑龙江东宁县 1 年发生 2 代，以卵在果树翘皮下、树皮裂缝、树干周围、土壤缝隙（彩图 11-168-4）或其他杂物底下越冬。翌年 5 月中旬越冬卵开始孵化，5 月中、下旬为孵化盛期，5 月下旬至 6 月上旬卵孵化结束。刚孵化的若虫主要集中在伤口愈伤组织处和刚发出的叶芽鳞片底下取食为害幼嫩组织，第一代若虫部分为害套袋的果实。到 7 月中、下旬，雌虫在树干上爬行，寻找合适的地方准备产卵，此期有一部分雌虫顺着树干下树，寻找土壤缝隙或其他隐蔽的地方产卵，8 月上旬卵孵化出现第二代若虫，刚孵化的若虫主要为害果实。9 月中、下旬开始出现越冬代卵。

在北京、河北、河南、山西、山东等省份则 1 年发生 3 代，以卵在枝干缝隙和附近土石缝等隐蔽处越冬。葡萄发芽时，越冬卵孵化，孵化后爬到枝叶等幼嫩部位为害。第一代若虫发生盛期为 4 月上、中旬，第二代若虫发生盛期为 7 月下旬，第三代若虫发生盛期为 8 月下旬。雄若虫为害 30d 左右后，经蜕皮 2 次，进入前蛹期准备化蛹，约半月后开始羽化。雌若虫为害 40d 左右，蜕皮 3 次进入成虫期，并同雄虫交配。交配后的雄成虫死亡，雌成虫则爬到合适场所如枝干缝隙、果实梗洼、萼洼等处，有的甚至在土中分泌卵囊，产卵于其中。

刚孵化的若虫橙黄色，活动缓慢，在卵囊内活动 1～2d 后，逐渐扩散到果树的各个部位。通过田间调查卵和刚孵化的若虫数量可知，5 月份平均气温越高，越冬卵孵化越集中，孵化历期越短，卵开始孵化约 3d 后进入卵孵化盛期。室内 15℃时孵化历期短，一般需要 8～11d。田间调查也显示，在卵孵化期只要连续 3d 平均温度达到 15℃以上，康氏粉蚧越冬卵就能正常开始孵化。

相对湿度为 100%，(0±1)℃冰箱保存的条件对卵的存活和发育有较大的影响。卵的死亡率随着处理时间的延长而逐渐增加，冰温处理 21d、28d 时，卵的死亡率分别为 51.6% 和 66.2%，显著高于 14d、7d、3d 和 0d 处理，处理 14d、7d、3d 和 0d 时，相邻处理间致死差异不显著。卵的发育历期随着冰温处理时间的延长而增加，且孵化始期延迟。未经冰温处理的卵平均发育历期 14.72d，均显著短于其他冰温处理后卵的发育历期。同样处理 3d、7d 和 14d 的卵平均发育历期依次递增。当处理达到 21d 以上时，卵的发育历期可长达 50d。

在枣树上，康氏粉蚧的空间分布型为聚集分布，分布的基本成分为致密的个体群，个体的分布是随机的，个体群内个体的分布也是随机的。康氏粉蚧在树冠内的分布也是聚集分布，并以东西方密度较大，聚集度较高，该种群在一切密度下都是聚集型的，聚集强度随种群密度的增大而增加。

（四）发生规律

1. 气候条件　康氏粉蚧喜在阴暗处活动，套袋内是其繁殖为害的最佳场所，因此，果实套袋、树冠郁闭、光照差的果园发生较重，树冠中下部及内膛发生重。

康氏粉蚧虫口密度与空气污染程度和树体含污量多少有密切关系。空气污染愈严重，树体含污量愈高，虫口密度也愈大，在重污染区银杏树和白蜡树上虫口密度为 76.8 头/枝和 43.1 头/枝，中轻度污染区在两种树上，虫口密度分别为 16.4～2.8 头/枝和 13.7～2.5 头/枝，污染物二氧化硫、铅可以促进康氏粉蚧种群密度的增加，加重其对林木的为害。

在污染严重地区，由于热岛效应引起的小气候变化，气温升高，康氏粉蚧发育速率加快，产卵量增加，种群密度随之提高，污染严重区域与中轻度污染区相比，产卵期提早 2～3d，在银杏树上产卵量增加 20.7～29.4 粒/头。

另外，大气的污染还对康氏粉蚧的天敌产生一定的影响。空气污染严重的环境中，经采样和室内观察培养，康氏粉蚧的天敌仅发现 3 种，均为捕食性天敌。虽然康氏粉蚧严重发生，成团分布，但天敌分布率很低。在山西太原市区的调查结果显示，晋草蛉各虫态总分布率仅为 0.35 头/枝，长斑弯叶毛瓢虫各虫态总分布率为 2.0 头/枝，球蚧花翅跳小蜂成虫为 1 头/枝，寄生率为 16.67%。

2. 农药使用　康氏粉蚧若虫虫体被白色蜡质物覆盖，因此，一般的药剂喷洒后不能接触到虫体，不能发挥正常的药效，导致其为害越来越严重。

3. 天敌　在北方地区康氏粉蚧的天敌主要有球蚧花翅跳小蜂、异色瓢虫、长斑弯叶毛瓢虫、粉蚧短角跳小蜂、豹尾花翅蚜小蜂、大草蛉和中华草蛉等。

异色瓢虫是康氏粉蚧的重要捕食性天敌之一，对康氏粉蚧有一定的自然控制能力。室内的捕食功能试验结果表明，异色瓢虫对康氏粉蚧的捕食功能反应，在一定猎物密度范围内，随猎物密度的增加捕食量增大，随异色瓢虫龄期的增大，捕食量也逐渐增大。异色瓢虫对康氏粉蚧的寻找效应随着猎物密度的增加而降低，且在猎物密度相同的情况下其控制能力随着异色瓢虫龄期的增加而增强。其中，成虫的控制能力大于幼虫，四龄幼虫的控制能力大于三龄及其他各龄幼虫。在利用异色瓢虫三至四龄幼虫或成虫防治康氏粉蚧时，益害比为 1∶19。在自然条件下，当益害比大于该值时，异色瓢虫便可控制康氏粉蚧的种群数量，当益害比小于该值时，需进行异色瓢虫的人工助迁或人工饲养释放，来增加益害比，或者结合化学防治来压低康氏粉蚧的种群数量。

（五）防治技术

由于康氏粉蚧世代复杂，不同果园的发生规律存在差别，因此，需要根据果园的实际情况，因地制宜，抓关键时期及时防治。

1. 冬春农业防治　冬季结合清园，细致刮除粗老翘皮，清理杂草、旧纸袋、病虫果、残叶，并及时烧毁，压低越冬基数。在土壤上冻前，灌 1 次冻水，对在土块中越冬的康氏粉蚧可造成伤害，从而消灭一部分越冬卵和若虫。

2. 生物防治　康氏粉蚧的天敌种类较多，如草蛉、瓢虫等，因此应尽量少用广谱性杀虫剂，注意保护天敌。

3. 土壤处理　在卵孵化期，根际施药，包括颗粒剂、片剂或药液土壤泼浇。一般选择 25% 吡虫啉可湿性粉剂等内吸性药剂。

4. 化学防治　采果后至落叶前，全园仔细喷一遍药，防治越冬场所的虫、卵。可用硫悬浮剂 400～500 倍液＋48% 毒死蜱乳油 1 000 倍液。

早春发芽前，刮完树皮后，全园细致喷一遍 5 波美度石硫合剂，可有效降低越冬害虫的基数。

康氏粉蚧孵化盛期至转移前，由于初孵化若虫没有白色蜡质覆盖，对药物敏感，是防治的最佳环节。而大龄若虫抗药能力强且有白色蜡质保护，防治起来较困难。初孵幼虫有聚集习性，5～7d 后逐渐扩散，扩散转移至果袋等更隐蔽处，所以若虫孵化后 5d 内应是防治的最佳时期。

康氏粉蚧的卵外表皮很薄，质地柔软，如果没有絮状物保护，很容易被杀死。在防治时可适当加入农药助杀药剂，帮助突破包裹卵的絮状物，从而杀死虫卵。

防治药剂可选用：25% 氰戊菊酯乳油 1 500 倍液＋农药助剂或 48% 毒死蜱微乳剂 1 500 倍液＋农药助剂等。

仇贵生（中国农业科学院果树研究所）

刘永强（中国农业科学院植物保护研究所）

第 169 节　水木坚蚧

一、分布与危害

水木坚蚧［*Parthenolecanium corni*（Bouche）］属半翅目蚧科。文献中常见的中文名称有扁平球坚蚧、东方盔蚧、糖槭盔蚧等，常见的学名 *Lecanium corni* Bouche，*Parthenolecanium orientalis* Borchsenius 为同种异名。

在我国广泛分布于黑龙江、吉林、北京、河北、山西、河南、山东、江苏、浙江、湖北、湖南、四川、青海、宁夏、陕西、新疆等省份。国外分布于英国、德国、希腊、意大利、法国、荷兰、波兰、捷克、斯洛伐克、前南斯拉夫、丹麦、挪威、瑞典、瑞士、美国、加拿大、墨西哥、阿根廷、澳大利亚、新西兰、阿富汗、伊朗、韩国、日本等。

寄主非常广泛，主要有苹果、梨、李、杏、桃、樱桃、山楂、葡萄、核桃等果树和糖槭、刺槐、五角枫、紫穗槐、水曲柳、杨、柳、榆、黄柏、锦鸡儿、柞树、白蜡、合欢等林木，共50多个科的植物。其中，以葡萄、苹果、梨、山楂、桃、刺槐、糖槭受害较重。

在葡萄上，以雌成虫、若虫为害葡萄枝干、叶片和果实。雌成虫和若虫附着在枝干、叶和果穗上刺吸汁液，并排出大量黏液，招致霉菌寄生，表面呈现烟煤状，严重影响叶片的光合作用，枝条严重受害后枯死，果面被污染，造成树势衰弱，使产量和品质受到严重影响（彩图11-169-1）。

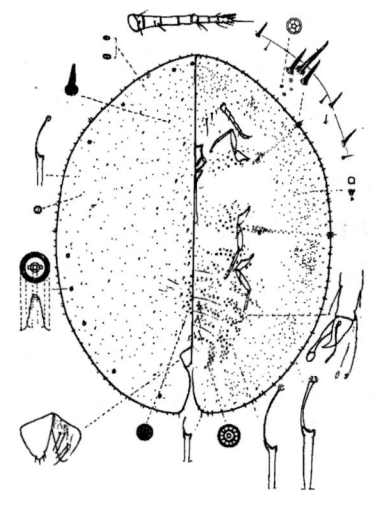

图 11-169-1 水木坚蚧雌成虫特征
（引自汤祊德，1991）

Figure 11-169-1 The female features of *Parthenolecanium corni* (from Tang Fangde，1991)

二、形态特征

成虫：雌成虫体椭圆形，黄褐色或红褐色。体长 3.0～6.5mm，体宽 2.0～4.0mm。虫体背面略微向上隆起，体背中央有4纵排断续的凹陷，中央2排较大，外侧2排较小，在4纵排断续的凹陷间形成5条纵隆脊。体背边缘有排列较规则的横列皱褶，腹部末端具臀裂缝。沿虫体边缘的横皱褶处，有圆形蜡腺孔列，排列不甚整齐。介壳是由若虫期蜕的皮和变态蜕的皮，连同分泌的蜡质物，覆在虫体表面形成。体腹面，具触角1对，多7节。足细长，爪具齿，爪冠毛1粗1细。气门2对，气门路上五格腺30～47个，气门刺3根，中刺端粗钝，略弯，长于侧刺，侧刺较尖（图11-169-1）。

雄成虫头部红黑色，体红褐色，体长 1.2～1.5mm，宽约 0.5mm。具1对发达前翅，呈黄色。

卵：长卵形，初产乳白色，在雌虫体下成堆。将孵化时黄褐至粉红色。表面微覆一层白色蜡粉。卵长径 0.20～0.25mm，短径 0.10～0.15mm。

若虫：一龄若虫体扁椭圆形，体长 0.4～1.0mm，体宽 0.3～0.6mm。淡黄白色，体背中央1条灰白色纵线。气门路上五格腺3个。

二龄若虫体椭圆形，体长约 2mm。灰黄色或浅灰色，气门路上五格腺11～15个。

蛹：雄虫蛹茧长椭圆形，半透明，其蜡壳背面分为若干块，即头端1块，每侧2块，中央2块，气门凹处各有1小蜡突。蛹暗红色，体长 1.2～1.7mm，体宽 0.8～1.0mm，腹末具交尾器。

三、生活习性

水木坚蚧1年发生1～2代，发生代数随地域和寄主而不同。据记载在新疆北疆1年发生1代，在吐鲁番1年发生2代。在葡萄、桃树、洋槐上1年发生2代。均以二龄若虫在枝条上越冬。

在山东蓬莱，水木坚蚧越冬若虫3月下旬开始活动，4月上旬虫体开始膨大并蜕皮变为成虫，4月下旬雌虫体背膨大并开始硬化。该虫通常孤雌生殖。据记载，水木坚蚧在东北、华北地区为孤雌生殖，新疆石河子地区有两性生殖，雄虫只占3.5%，大部分仍营孤雌生殖。5月上旬雌虫开始产卵，5月中旬为产卵盛期，卵期20～30d。5月下旬卵开始孵化，6月上旬进入孵化盛期，从母体下爬出的若虫先在葡萄叶背叶脉两侧为害，后到幼嫩新梢上为害，最后固定在枝干、叶柄、穗轴或果粒上为害。7月中、下旬若虫陆续羽化为成虫并产卵，8月上、中旬第二代若虫孵化，9月下旬随着天气渐凉，转移到枝蔓越冬。

雌虫产卵前，腹面体壁略上缩，使虫体与寄主之间形成空隙。产卵的雌虫腹面体壁不断波状起伏或左右蠕动，卵粒便自性孔慢慢摇动产出，堆积于母体下方。因母体腹面满布蜡粉，产出之卵粒皆有蜡粉一层，每产1粒卵平均需2min。随虫卵陆续产出，腹面体壁逐渐上缩，产卵完毕后即紧贴于介壳内上方，体下空隙皆被卵填充，卵产完后，雌成虫自行死亡。邵景文等观察，雌成虫产卵历期为2.5～5.5d，平均为 4d，每雌虫产卵的多少，因虫体而异，产卵量为 1 077～3 681 粒，平均产卵量 2 450 粒。

同一母体产下之卵，靠近寄主者（先产出之卵）先孵化。孵化时卵自顶端作"十"字形裂开，虫体慢慢脱出，待虫体全部离开卵壳后方开始活动。若虫孵化后即在母体下爬动，有机会便自母体三角板下方之臀裂处爬出。离开母体后的若虫，沿嫩枝条向上方爬动，绝大多数爬至叶片背面的叶脉两旁固定为害。

越冬的二龄若虫，于寄主落叶前，将口器收回体内之口针囊中，并恢复活动能力，迁回寄主枝干部，寻找越冬场所越冬。越冬场所较为复杂，如枝条缝隙中，断口处的裂缝里，疤痕处，枝条的基部及分杈处。越冬后的若虫，在 3 月即迁移到绿色枝条上固定为害。

此虫主要有 3 个活动时期：一是卵孵化后爬向叶片上寄生时期；二是二龄若虫迁回越冬场所时期；三为若虫越冬后迁移为害时期。其他时间一般固定于枝条上、叶片上为害不移动，失去活动能力。但在若虫时期，虫体尚未和寄生处固着之前，若遇不良环境（如寄生枝条干枯等），则将其口器抽回体内并开始爬动，若虫虫体和寄生处固着之后，则完全失去活动能力。

四、发生规律

（一）寄主植物

葡萄品种间受害程度差异显著，一般来说白色品种重于红色品种，在酿酒葡萄中以霞多丽受害最重。此外，虫体发育的大小，同寄生场所、虫口密度有关系，凡寄生于较粗枝条者，发育良好，虫体较大；寄生于细枝条而且密度大者，则发育不良，虫体较小。

（二）气候条件

此虫越冬死亡率很小。但越冬后，第二次蜕皮至虫体硬化以前的阶段，如遇干旱气候则死亡率很大，严重时死亡率在 40%～50%。通常情况下，卵的孵化率极高，但初孵化的若虫体小而又脆弱，若孵化期间遇风雨，会造成大量个体死亡。

（三）天敌

在自然环境下，黑缘红瓢虫、红点唇瓢虫可捕食其成虫及若虫，其中，黑缘红瓢虫对水木坚蚧具有较强的捕食能力，日最大捕食量为 51.57 头。赛黄盾食蚧蚜小蜂是一种重要的寄生蜂，其寄生率随刺槐枝条粗度、枝条发育阶段和若虫虫口密度大小而有变化。在直径 1.5cm 以下的枝条上平均若虫寄生率为 39.3%；在 1.6～2.0cm 的枝条上为 27.5%，赛黄盾食蚧蚜小蜂寄生性强，对抑制水木坚蚧的发生具有相当大的作用。

五、防治技术

（一）杜绝虫源

注意不要采用带虫接穗，苗木和接穗出苗圃要及时采取处理措施。该虫在林木中，以糖槭、刺槐发生最重，因此果园周围不要栽植上述 2 种树木，对现有的上述树种，也要注意重点抓好防治。

（二）冬季清园

在葡萄埋土防寒前，清除枝蔓上的老粗皮，减少越冬虫口基数。春季发芽前喷 3～5 波美度石硫合剂，消灭越冬若虫。

（三）剪除虫枝

生长季节，结合田间管理，人工剪除虫体较多的幼嫩枝条集中处理，减少虫源，减轻为害。

（四）保护和利用天敌

少用或避免使用广谱性农药，以减少对黑缘红瓢虫等天敌的杀伤。

（五）生长季药剂防治

要抓住两个防治关键期：一个是 4 月上、中旬，若虫越冬后迁移为害，虫体硬化以前；第二个是 6 月上旬第一代若虫孵化盛期。这两个时期虫体体壁软而薄，药剂易进入虫体内，防治效果高。可选用 25% 噻虫嗪水分散粒剂、25% 噻嗪酮悬浮剂、48% 毒死蜱乳油、30% 乙酰甲胺磷乳油、24% 螺虫乙酯悬浮剂等药剂防治。发生严重的果园，喷药时加入渗透剂，可提高防治效果。

刘顺　秦秋菊（河北农业大学植物保护学院）

第 170 节 葡萄透翅蛾

一、分布与危害

葡萄透翅蛾（*Sciapteron regale* Butler，异名：*Paranthrene regalis* Butler）属鳞翅目透翅蛾科，又名葡萄透羽蛾、钻心虫。

葡萄透翅蛾分布广泛，在中国各大葡萄产区均有发生，分布于吉林、辽宁、内蒙古、陕西、北京、天津、河北、河南、山东、山西、安徽、江苏、浙江、上海、湖北、四川等省份。国外分布于日本和朝鲜。葡萄透翅蛾的主要寄主为葡萄，其次为苹果、梨、桃、杏、樱桃等，是葡萄生产上的主要害虫之一。

主要以幼虫为害葡萄一至二年生枝蔓，初龄幼虫蛀入嫩梢，蛀食髓部，使嫩梢枯死（彩图 11-170-1）。幼虫长大后，转移到较为粗大的枝蔓为害，被害部分肿大呈瘤状，蛀孔外有褐色粒状虫粪，枝蔓易折断，其上部叶变黄枯萎，果穗枯萎，果实脱落。轻者树势衰弱，产量和品质下降，重者致使大部分枝蔓干枯，甚至全株死亡。据朱乘美等 1992—1994 年调查，在山东泰安地区葡萄的枝条受害率达到 85％以上，给当地的葡萄生产造成严重损失。

二、形态特征

成虫：雌成虫体长 17～22mm，翅展 28～38mm；雄成虫体长 15～19mm，翅展 26～34mm。触角棍棒状，末端弯曲，端部具微小毛束，触角红褐色，基部的柄节和梗节腹面白色。复眼黑褐色，前面有银白色鳞片区。单眼 2 个，红褐色。下唇须第三节腹面橙黄色，其他黑色。身体黑色，略带有金属光泽，颈部的背面、前胸的腹侧、前翅基部肩角处、后胸两侧橙黄色，胸足的基节远端、转节和腿节近端的内侧面淡黄色。腹部有两条橙黄色横带，以第四节后缘背面和腹面橙黄色鳞片形成宽环，第六节后缘次之。前翅红色，前缘、外缘及翅脉黑褐色，外缘具黑褐色缘毛。后翅膜质透明，前缘和翅脉黑褐色，中室外端具较多鳞片形成一宽的横带，后缘及外缘有黑褐色缘毛。雄性外生殖器钩形突发达，端部具毛，抱握器的内侧面具长的细毛。

卵：红褐色，长 1.0～1.2mm，椭圆形，略扁平，中央处稍凹陷，背腹部略扁平，表面有蜡，形成不规则的网状纹。

幼虫：初孵幼虫头壳宽约 0.66mm，体长约 1.5mm，老熟时头壳宽约 4.23mm，体长约 38mm。体呈圆筒形，疏生细毛，初龄时胴部淡黄，老熟时紫红色，前胸背板上有倒"八"字形纹。头部红褐色，口器黑色。幼虫具 3 对胸足，淡褐色，爪黑色，具腹足 5 对，第一至四对腹足趾钩数为 27～35；趾钩是 2 列单序，组成 2 横带。臀足为 1 列单序，趾钩数 8～10 个不等（彩图 11-170-2）。

蛹：长 17～22mm，宽 4.2～5.2mm。蛹红褐色，羽化前黑褐色。唇基具两对刚毛，头顶具 1 对刚毛，下唇须矛状，近基部有明显缢缩。下颌基部的外端略尖。胸部具 3 对刚毛，中胸 2 对，后胸 1 对。雄蛹后足末端伸达第六腹节，雌蛹伸达第四腹节。腹部第二至七节背面各具 2 列横棘，前一列锯齿状，在雌蛹第七腹节背面的后一列横棘不明显，第八腹节背面具 1 列横棘，第九腹节背面两侧各具 1 个棘。腹部末端腹面具 1 列 8 个大小不等、坚硬的臀刺，肛门正前方两个小臀刺尖端具 1 刚毛。

三、生活习性

葡萄透翅蛾在我国各地均 1 年发生 1 代，10 月以后以老熟幼虫在受害枝蔓蛀道内越冬。在我国黄河中下游地区一般是 4～5 月在被害梢内化蛹，5 月上旬至 7 月上旬羽化、产卵。幼虫为害期一般为 5 或 6～10 月，为害盛期一般在 7、8 月或 8、9 月。在我国，由南向北化蛹期、羽化期、产卵期、为害盛期均后延。

在我国上海地区，老熟幼虫一般在每年的 3 月底至 4 月上、中旬化蛹，化蛹率为 91.6％～93.8％，5 月上、中旬羽化，羽化率为 80.9％～83.7％。自然死亡率为 22％～25.4％。郁铿等通过两年对葡萄透翅蛾蛹在自然变温下的发育历期测定，得出蛹的有效积温为（214.39±5.86）℃，发育起点温度为（11.91±

0.17)℃。在室温 20～24℃、相对湿度 75％时，蛹期 24～34d。

葡萄透翅蛾大部分成虫在晴天中午之前羽化，其中 8：00～12：00 占 78.7％，12：00～14：00 占 21.3％。成虫有趋光性。羽化时将蛹壳的头、胸部带出并残留于羽化孔处。成虫从蛹壳爬出 20～30min 后，翅全展开，而后即可振翅飞行。

雌雄两性的羽化高峰略有差异，雄蛾高峰在前，雌蛾高峰居后，两者相距 1～3d，多为 2d。雌蛾羽化后 3～4h 开始求偶，14：00 前后为求偶高峰，交配高峰与雌蛾求偶的时间节律一致，雌蛾一生只交配 1 次。首次交配结束且与雌蛾脱离的雄蛾，常蛰伏不动呈静息状态，当天很少活动，无求偶行为出现。雄蛾大多数一生只交配 1 次，少数可交配 2 次。

阳光和温度可以影响已经交尾的雄蛾的二次求偶行为。放置室内已经交配的雄蛾，第二天常有非求偶的行为活动，在中午前后有阳光照射或求偶雌蛾接近时，才会引发一些低级的求偶反应，但难以见到高级的求偶行为。而在室外阳光下已经交尾的雄蛾，活动频繁，尤其是中午前后阳光强烈、气温较高时，不仅有摆动触角辨向、展翅扑动追踪雌性等低等求偶行为，少数个体还有伸长腹部张开抱握器、伸出阳茎或频频弯腹试图抱握雌性的高等级典型求偶行为。已交配雄蛾求偶行为动态、发生时间节律和未交配雄蛾相同。但对阳光、温度环境条件要求较高，一般只见于羽化当天首次交配结束后的第二天，而且持续时间短，即使高等级求偶雄蛾，如几次交尾不成，求偶等级常很快下降以至消失。

虽然雄蛾可以进行二次交配，但其交配成功率较低。雄蛾第二次交配形成的精包体多呈椭圆形，长径 1～1.5mm、短径 1mm 左右，体积只有首次交配的 1/14～1/4（多数为 1/10～1/8），精液量甚少，而精包颈管壁薄而柔软。而且与二次交配雄蛾的雌蛾产卵量少、卵受精率低，据观察统计，雌蛾产卵量最多 96 粒、最少 16 粒，平均每头产卵 42 粒，卵受精率平均 75％，都低于与首次交配雄蛾的数值。卵期与孵化率、幼虫生活力都与同一雄蛾首次交配产生的后代无异。

雌蛾交配后 10min 即可产卵，产卵仅在白天发生，可持续 3d，其中，90％卵产于第一、二天的下午。每雌产卵量为 79～91 粒。雌蛾可孤雌产下未受精卵，但卵不能孵化，2～3d 后卵壳凹陷，后逐渐干瘪，已产卵处女蛾仍能正常与雄蛾交配，产受精卵。成虫喜在背风、气温偏高的庭院葡萄枝叶层中栖息、交配、产卵。长势旺盛、枝叶茂密的植株上卵量较多。

卵多散产，个别 2～4 粒产在一处。日平均气温 21.48℃时，卵期 10.4d。卵多产于向光一侧，且直径 0.5cm 以上的新梢上，附着于叶腋、叶片、果穗、果粒、卷须、嫩芽等处，以叶腋和叶片最多，分别占总着卵量的 67％和 12％以上。

初孵幼虫体长不到 2mm，孵化后缓慢爬行探食，几小时后可从腋芽、叶柄、穗轴或卷须基部蛀入嫩梢。幼虫蛀入新梢后，一般向端部蛀食，可造成新梢端部、叶片、果穗枯萎。蛀入处的虫孔常堆有虫粪，被害处节间变成紫红色。幼虫在枝蔓内的蛀入速度极快，初孵幼虫经 5d 即可蛀入嫩枝达 25～36mm，待幼虫体长 3.5～5.5mm 时，其为害长度为 5～60mm；体长 6.5～11.0mm 时，为害长度达 28～125mm。随着虫体增大，嫩梢容纳不下或营养条件恶化，幼虫可进行 2～3 次转移为害。越冬前，幼虫侵入直径 1cm 以上一至三年生粗蔓中取食。幼虫老熟后，在虫道末端蛀 3cm 左右无粪便的蛹室，然后，调头在虫道和蛹室交界处向内向外咬一直径 0.5cm 的近圆形羽化孔，其上结一层白色保护膜，进入越冬休眠期。

蒋建贞等根据幼虫头壳大小将幼虫分为 7 龄，第一至七龄的头宽分别为 0.62～0.74mm、0.80～0.94mm、1.00～1.24mm、1.30～1.52mm、1.58～1.80mm、1.94～2.24mm 和 2.39～2.48mm。幼虫历期长达 303～315d。

四、发生规律

（一）气候条件

葡萄透翅蛾蛹的发育起点温度为 (11.91±0.17)℃，有效积温为 (214.39±5.86)℃。在贵州地区，3 月份日平均气温上升到 10～15℃时，经 10d 以上可开始化蛹。以日平均气温在 15℃以上化蛹最多，日平均温下降到 10℃以下停止化蛹。3～6 月，随气温升高蛹期缩短，3 月下旬至 6 月下旬，雌蛹 38～39d，雄蛹一般 36d；5 月下旬至 6 月中旬，雌蛹 26～27.5d，雄蛹 25～27d。成虫羽化时要求 15℃以上的温度，低于 15℃很少羽化。日平均温低于 12℃常造成即将羽化的蛹不能正常羽化而死亡。在气温较低的情况下成虫羽化时刻推迟，反之则提早。如日平均气温为 13～15℃时推迟到 10：00 以后，20℃以上提早到7：00左右。

种植在农户庭院中的葡萄，由于受到庭院小气候的影响，葡萄透翅蛾比田间羽化时间要提前 7～10d。

(二) 品种

一般幼叶和叶背无茸毛，茎干、叶脉有刺突，生长势较强的品种较抗虫。但这类品种往往果实品质较差，在生产中处于次要的地位。

(三) 天敌

葡萄透翅蛾蛹捕食性天敌有螳螂，寄生性天敌有松毛虫黑点瘤姬蜂，幼虫期和蛹期寄生性天敌有白僵菌。

(四) 寄主

随树龄增加株蛀害率加重。因为成虫喜欢在长势旺盛、枝叶茂密的植株上产卵，随树龄增加，主干增粗，枝梢生长旺盛，营养丰富，为害加重。同时，同一品种，不同生育期受害也不同。从萌芽生长期开始为害，以开花期和浆果期受害最重，浆果成熟采收期，为害逐渐减轻。

五、防治技术

(一) 农业防治

树体管理，通过加强肥水管理，经常松土、除草，合理修剪，保持树体良好的通风透光条件，促进葡萄生长发育健壮，大大提高其抗病虫害的能力。

生长季节，5～7 月经常检查幼嫩新梢，发现枝蔓枯萎或虫粪时，剪除枝蔓并集中深埋，防止继续为害。幼虫孵化蛀入期间，发现节间紫红色的先端嫩梢枯死，或叶片凋萎，或先端叶边缘干枯的枝蔓均为被害枝蔓，也要及时剪除。

冬季结合整形修剪，及时将被害枝蔓剪除，并集中烧毁，以消灭越冬幼虫，降低虫口基数。

(二) 生物防治

于成虫羽化前设置性诱捕器大量诱杀雄蛾，降低田间落卵量及卵的受精率。同时可每日傍晚定时检查蛾量，记录透蛾总数，指导化学防治。

诱杀葡萄透翅蛾的诱芯目前普遍使用的是白杨透翅蛾人工合成性信息素反- 3，顺- 13 -十八碳二烯醇 (E3,Z13 - 18：OH)，但使用该性诱剂诱集到诱捕器附近的多，而进入诱捕器内被捕获的较少，飞行行为表现出对诱芯的近距离定向不清，且没有对求偶雌蛾那样的典型性行为反应出现。因此，使用该诱芯制作的诱捕器，应用于虫情的测报能正确反映田间相对蛾量的变化，但是诱捕率不高，仅适用于虫情的监测，而不宜应用到防治中去。

(三) 物理防治

葡萄透翅蛾成虫具有趋光性，生产上可采用频振式杀虫灯进行诱杀。

成虫具有强烈趋化性，可于成虫羽化盛期，用糖、醋、酒混合液诱杀。同时成虫数量代表着下一代幼虫发生程度，可以诱杀成虫的数量作为虫情预测预报的基础。

剖茎灭虫：首先在被害枝蔓上找到幼虫排粪孔，按照幼虫一生基本上只蛀食形成 1 个排粪孔，大部分幼虫具有沿排粪孔上方蛀食，蛀道一般都处在排粪孔上部，一般具有不超过枝蔓节柄的习性，判断幼虫在坑道内的大致部位，然后用解剖刀将排粪孔上方枝蔓一节剖开，深至坑道，发现幼虫后将幼虫夹出处死，最后涂抹药剂保护伤口，并用绳索将伤口扎紧。

(四) 化学防治

一般认为葡萄透翅蛾的防治适期应在成虫羽化产卵期或孵化盛期。在葡萄谢花后，初孵幼虫蛀入嫩梢出现紫红斑时，可兼杀已孵幼虫和未孵卵，此时葡萄已经谢花，因此该技术便于在生产中推广使用。

葡萄透翅蛾的防治指标，一般分析认为每 20 株累计虫数超过 10 头时，可发出预报进行防治；累计虫数少于 1 头时，可不进行防治；累计虫口数量介于 1～10 时，仍继续进行抽样调查监测。

具体选择的药剂和方法：5～10 月用浸有 80% 敌敌畏乳油 100～200 倍液的棉球塞入虫孔，或用注射器将 80％敌敌畏乳油 1 000～1 500 倍液注入虫孔，然后用泥封闭虫孔。

用 6cm 左右的毛刷蘸取 2.5％敌百虫乳油 500 倍液在排粪孔或出屑部位环状涂抹 2～3 次，1 周后药效可达 92％以上。

在成虫期和幼虫孵化期，喷化学药剂杀灭成虫和初孵幼虫。常用药剂有 2.5％高效氯氟氰菊酯乳油 3 000 倍液，或 20％氰戊菊酯乳油 3 000 倍液，或 2.5％溴氰菊酯乳油 3 000 倍液，或 50％辛硫磷乳油 1 500 倍液，或 20％三唑磷乳油 1 000～2 000 倍液。

附：测报技术

1. 成虫发生期监测

性诱剂监测：诱捕剂采用性诱剂＋黏虫板型，在成虫羽化前设置诱捕器，诱捕器高度 1.2～1.5m，每 100m 放 1 个，虫口密度大的可多设几个。成虫每日羽化多集中在 8：00～12：00，由于成虫的交尾多集中在 13：00～15：00，因此，需每日傍晚定时检查蛾量，记录透蛾总数。

灯光的监测：灯光诱杀作为一种高效环保的害虫治理方法应用较为普遍，可以利用这种趋光性来诱集害虫进行测报。通过在成虫羽化期挂黑光灯诱杀成虫，以此掌握成虫发生的初、盛、末期，做到及时预报，指导用药防治。

2. 幼虫发生量的监测　在试验园采取 5 点取样，每个样点根据葡萄园的大小调查 4～8 株葡萄树上的幼虫为害情况。一般分析认为，葡萄透翅蛾每 20 株累计虫数超过 10 头时，可发出预报进行防治；累计虫数少于 1 头时，可不进行防治；累计虫口数量介于 1～10 时，仍继续进行抽样调查监测。

仇贵生（中国农业科学院果树研究所）

刘永强（中国农业科学院植物保护研究所）

第 171 节　　葡萄缺节瘿螨

一、分布与危害

葡萄缺节瘿螨 [*Colomerus vitis* (Pagenstecher)] 属蛛形纲真螨目瘿螨科。文献中常见的中文名称有葡萄瘿螨、葡萄锈壁虱、葡萄毛毡病等，常见的学名 *Phytoptus vitis* Pagenstecher；*Eriophyes vitis* (Pagenstecher) Keifer 为同种异名。

我国主要分布于辽宁、河北、天津、山西、河南、山东、江苏、上海、江西、陕西、新疆等省份葡萄产区。国外分布于法国、西班牙、意大利、葡萄牙、德国、瑞士、智利、巴西、美国、保加利亚、俄罗斯等地。

葡萄缺节瘿螨为单食性害虫，只为害葡萄，是我国葡萄害螨中的主要种类之一。主要为害葡萄的叶片，严重时也为害嫩梢、幼果、卷须及花梗。以成螨和若螨在叶背部位吸食汁液，叶片受害后，初期叶面突起，叶背产生白色斑点。随着虫斑处叶面过度生长形成绿色瘤状突起（在幼嫩叶片上瘤突可为红色）。在叶背处出现较深的凹陷，其内充满着白色绒毛似毛毡状，故称"毛毡病"，毛毡状物为葡萄叶片上的表皮组织受瘿螨刺激后肥大而形成，以后颜色逐渐加深，最后呈铁锈色。严重时，许多斑块连成一片，甚至叶面出现绒毛，造成叶片干枯脱落。据哈密市的田间调查，毛毡病发生严重的葡萄园，葡萄减产 10％～30％，商品率下降 20％～40％（彩图 11 - 171 - 1）。

二、形态特征

成螨：雌成螨体蠕虫形，黄白至灰白色，体长 160～200μm，宽 50μm，厚 40μm。背盾板长 27μm，宽 22μm，背中线不完整，约占盾板长度的 2/3，侧中线完整，断续状，有亚中线数条。近头部生有 2 对足，足 I 长 30μm，足 II 长 26μm，具模式刚毛，羽状爪 5 只，爪不具端球。大体背、腹环数相仿，65～70 环，均具椭圆形微瘤。侧毛 19μm，生于 7 环。腹毛 I 38μm，生于 22 环；II 42μm，生于 40 环；III 15.5μm，生于体末 5 环。雌性外生殖器靠近基节，呈棱状，长 10μm，宽 20μm，生殖器盖片有纵肋 16 条，呈间断状，分成 2 列，生殖毛 14μm（图 11 - 171 - 1）。

雄螨个体略小，体长 140～160μm，宽约 49μm，厚约 35μm。

卵：椭圆形，淡黄色，长约 30μm。

三、生活习性

葡萄缺节瘿螨在我国年发生代数尚不确切，匡海源曾描述 1 年发生 3 代左右。据国外报道，在摩尔多瓦品种上 1 年发生 5～11 代，外高加索地区发生 7～10 代，哈萨克斯坦发生 3～4 代。以雌成螨在芽鳞片下的茸毛中或枝蔓粗皮内越冬，80%～90% 的越冬个体在一年生枝条的芽鳞片下，余者在一年生枝条基部的粗皮内。雌螨有群居越冬的习性，每芽上越冬虫量差异很大，曾发现一个葡萄芽里有 950 头越冬雌螨。

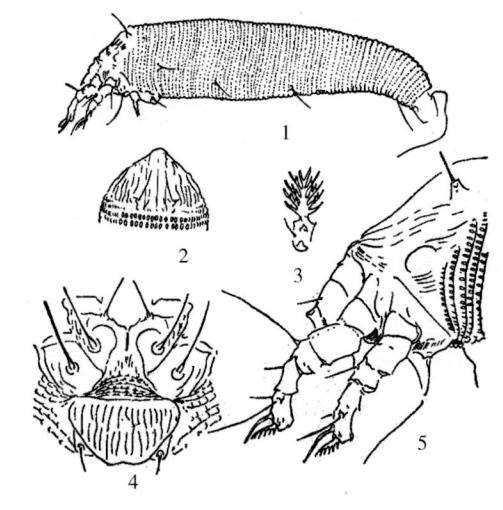

图 11-171-1　葡萄缺节瘿螨（引自匡海源，1995）

Figure 11-171-1　*Colomerus vitis*（from Kuang Haiyuan，1995）

1. 雌侧面观　2. 背盾板　3. 羽状爪

4. 足基节和雌外生殖器　5. 体前部侧面观

翌年葡萄萌芽时开始活动，并从潜伏场所爬出，转移到幼嫩叶片背面茸毛下刺吸汁液。主要繁殖方式为孤雌生殖，雌螨的产卵量约 40 粒，卵产在被害部位的茸毛下，卵期 10～12d。该螨喜欢在新梢顶端幼嫩叶片上为害，严重时甚至能扩展到卷须、花序和幼果。常年从 5 月开始至 9 月底整个生长季节均可发生，以 5～6 月和 9 月受害较重，7～8 月高温其种群受抑制，秋后，成螨陆续潜入芽内越冬。

四、发生规律

（一）葡萄品种

葡萄缺节瘿螨对葡萄品种的敏感性差异很大，一般认为具有茸毛状毛叶片的葡萄品种易感染。在欧洲葡萄、美洲葡萄或杂交葡萄品种中，更喜欢选择在美洲种葡萄和杂交种葡萄植株上为害。在新疆哈密地区对无核品种为害较为严重，对早生高墨、巨峰等为害较轻。2001—2002 年调查了受害较严重的品种的虫害发生率，无核白鸡心为 95.7%，赤霞珠为 83.6%，红地球为 53.1%，里扎马特为 32.4%。

（二）气候条件

温度在所有的气候因素中对葡萄瘿螨的发生程度影响最大。春天，随着气温的上升，5 月上旬葡萄展叶时瘿螨就开始出蛰为害，一直到 9 月以后随气温的下降，为害才慢慢开始减弱，一般在 9 月下旬至 10 月上旬葡萄瘿螨停止为害。适宜的温度为 22～25℃，空气的相对湿度为 40%，7～8 月高温对其种群有抑制作用。刮风和降雨对葡萄瘿螨种群数量的影响不大，但可以加速种群在田间的扩散。

（三）天敌

捕食螨是其主要天敌，在美国已使用西方静走螨 [*Galendromus metaseiulus occidenlalis*（Nesbitt）] 来减少瘿螨虫口。植绥螨（*Phytoseius* sp.）、莱茵河盲走螨（*Typhlodromus rhenanus* Oud.）和苏氏盲走螨 [*T. soleiger*（Ribaga）]、深点食螨瓢虫（*Stethorus punctillum* Weise）、长角六点蓟马（*Scolothrips longicornis* Priesner）、食螨瘿蚊（*Acaroletes tetranychorum* Kieffer）都是瘿螨的捕食天敌。一个捕食螨一天可取食 15 头瘿螨。

五、防治技术

根据葡萄瘿螨的发生特点，在防治方法上应协调使用多种手段，做好冬防和春防，压低虫口基数，把螨害控制在初发阶段。

（一）加强检疫

葡萄缺节瘿螨扩散能力弱，远距离扩散主要依靠葡萄苗木、插条的运输，因此在建园初期，需对所引苗木或种条进行消毒。具体方法是：把可能携带瘿螨的苗木或插条的地上部分，先用 30～40℃温水浸泡 3～5min，然后再移入 50℃温水中浸泡 5～7min，即可杀死潜伏在芽内的成螨。

(二) 冬前防治

冬季修剪后做好彻底清园工作，如刮去主蔓上的粗皮、清除落叶和受害叶，集中烧毁；在历年发生较重的葡萄园，冬季修剪后可喷洒 3～5 波美度石硫合剂，降低越冬虫口基数。

(三) 早春防治

葡萄冬芽膨大至绒球期，喷洒 3～5 波美度石硫合剂，杀死潜伏芽内的瘿螨，这次喷药是防治的第一个关键时期。注意施药时间，过早药效差，过晚易发生药害。

(四) 生长季防治

1. 摘除受害叶片 葡萄瘿螨扩散速度慢，在发生初期，及时摘除受害叶片，集中销毁，可有效降低虫口数量。

2. 适时喷施农药 目前正式登记防治瘿螨的药剂有：99％矿物油乳油、40％炔螨特水乳剂。田间应用防治效果比较好的种类有：10％浏阳霉素乳油、24％螺螨酯悬浮剂、20％哒螨灵可湿性粉剂、1.8％阿维菌素乳油等。在使用时，首选使用生物源杀虫剂和无机杀虫剂，最大限度地减轻对害虫天敌的杀伤，以充分发挥天敌昆虫的自然控制作用。该螨主要在葡萄叶背吸食汁液，并刺激叶片产生毛毡状物，因此喷施各种药剂时必须周密均匀，要使植株的叶面、叶背都均匀附着药液，以保证防治效果。

刘顺 秦秋菊（河北农业大学植物保护学院）

第 172 节 刘氏短须螨

一、分布与危害

刘氏短须螨 [*Brevipalpus lewisi* McGregor] 属蛛形纲真螨目叶螨总科细须螨科，又称葡萄短须螨、橘短须螨。我国主要分布于辽宁、河北、北京、山东、河南、安徽、江苏、上海、四川、云南、台湾等省份。国外，欧洲的法国、希腊、西班牙、葡萄牙、黑山共和国、塞尔维亚、罗马尼亚、保加利亚、匈牙利，亚洲的格鲁吉亚、塔吉克斯坦、土耳其、伊朗、黎巴嫩、日本、印度，非洲的埃及，美洲的美国、墨西哥、古巴等均有分布。

葡萄短须螨是多食性害螨，寄主范围广泛，除为害葡萄外，在我国还可为害柑橘、石榴、柿、海棠、枇杷、连翘、忍冬、地锦、文竹、常春藤、月季、紫藤、红枫、紫丁香、紫玉兰、白兰花、锦带花、白蜡树、雪柳、金银木、香樟等多种植物。

该螨以成螨及幼、若螨刺吸为害，葡萄藤的所有绿色部分均可遭受其害。在葡萄叶片上，主要在叶片背面靠近主脉和支脉处取食，随新梢生长可逐渐上移，叶片被害后失绿变黄，严重时造成枯焦脱落。新梢、叶柄、果梗、穗梗被害后，表皮产生褐色或黑色颗粒状突起，俗称"铁丝蔓"，组织变脆，极易折断。果粒前期被害后，果面呈浅褐色锈斑，果皮粗糙硬化，有时从果蒂向下纵裂；果粒后期受害时影响果实着色，且果实含糖量明显降低，酸度增高，严重影响葡萄的产量和质量。2008 年在河北昌黎县调查，该螨对玫瑰香葡萄为害株率达到 100％，棚架下部果穗受害率达 43.3％。

二、形态特征

成螨：雌螨椭圆形，体背中央呈纵向隆起，后部末端上下扁平，红色或暗红色。体长约 296μm，体宽约 155μm。前足体具 3 对短小的背毛，后半体具 10 对背毛，其中背中毛 3 对，肩毛 1 对，背侧毛 6 对，均呈短小的狭披针形。躯体背面中央具不规则网纹。4 对足短粗多皱，各足胫节末端着生 1 根枝状感毛。

雄螨体形与雌螨相似，个体略小。体长约 269μm，体宽约 137μm。前足体与后半体之间横缝分隔明显，末体较雌螨狭窄。

卵：卵圆形，鲜红色，有光泽，长约 40μm，宽 30μm（彩图 11-172-1）。

幼螨：体鲜红色，足 3 对，白色。体长 130～150μm，宽 60～80μm。体两侧各有 2 根叶状刚毛，腹部末端周缘有 4 对刚毛，其中第三对为针状的长刚毛，其余为叶状刚毛。

若螨：体淡红色或灰白色，4 对足。体长 240～310μm，宽 100～110μm，前足体第一对背毛微小，狭披针形。第二、三对背毛较长，呈宽阔的披针形。后半体第一、二对背侧毛和背中毛细短，肩毛和第三至六对背侧毛宽阔，较长。

三、生活习性

刘氏短须螨在我国山东 1 年发生约 6 代。以雌螨越冬，越冬型雌螨浅褐色，多聚集在多年生枝蔓的裂皮下、芽鳞茸毛内、叶痕处越冬。越冬雌虫在翌年于 4 月中、下旬出蛰，开始大多停留在多茸毛的嫩梢基部为害刚展叶的嫩梢，半个月左右后开始产卵（4 月底至 5 月初）。随着新梢的生长，逐渐向上蔓延，开始为害叶柄和叶片，坐果后，可扩散到穗柄、果梗、果实为害。10 月底开始向越冬部位转移，11 月中旬完全隐蔽越冬。该螨在 7～8 月高温高湿条件下，大量繁殖，为害严重。

在叶片上虫体大多集中在叶片背面的基部和叶脉的两侧。成虫有吐丝习性，但丝量很少。卵散产，单雌产卵量一般在 21～30 粒，一次能产卵 8～11 粒。卵孵化后经历幼螨、若螨和成螨 3 个虫态，每次蜕皮前螨不食不动，处于静伏状态，静止 1～2d 开始蜕皮。雌成螨的衰亡一般出现在产卵后 20d 左右。

四、发生规律

（一）葡萄品种

该螨对葡萄品种的敏感性差异很大，这与葡萄品种叶部茸毛的有无、长短和密度有关。如 2007 年春季，山东省蓬莱市南王葡萄基地叶表茸毛短的酿酒葡萄梅鹿辄 181 和品丽珠 214 的虫叶率和每叶虫量分别为 98%、8.5 头和 74%、6.04 头时，同期茸毛密而长或茸毛少而光滑的泰姆比罗和霞多丽的虫叶率和每叶虫量仅分别为 18%、0.74 头和 6%、0.10 头。鲜食葡萄品种对该螨的敏感性变化与酿酒葡萄的表现一致，如玫瑰香等叶片茸毛密而短的品种受害较重，龙眼等叶片无茸毛而光滑的品种受害较轻。

（二）气候条件

刘氏短须螨的发生与温湿度密切相关，其良好的生长发育不仅需要适宜的温度，也需要有适宜的湿度。气温 29℃左右，相对湿度 80%～85%的环境条件，最适于该螨的生长发育。6 月的平均温度虽达 29.8℃，但相对湿度较低，仅达 61.4%时，卵期为 6～12d，从卵孵化到成虫产卵需 25d 左右；7、8 月的温度在 29℃左右，但相对湿度在 81%～85%时，卵期为 3～8d，从卵孵化到成虫产卵仅需 12～16d。所以，7、8 月繁殖很快，发生数量多，极易造成严重危害。

（三）天敌

捕食螨是其主要天敌，我国许长新等调查发现，在葡萄短须螨为害植株的部位有捕食螨存在。国外 Hessein 等研究表明，蠊螯螨（*Homeopronematus anconai*）、西方静走螨（*Galendromus occidentalis*）的成、若螨对该螨的卵有较强的捕食能力，可作为捕食性天敌对其进行进一步的研究和开发。

五、防治技术

（一）清洁果园

入冬前或春天葡萄出土上架后，由枝条上部向下检查去除枯枝和翘起的裂皮，连同地上的落叶一同烧毁或深埋，以消灭在老皮内越冬的雌成螨。每年春、秋季 2 次清洁果园的效果好于 1 年清洁 1 次的果园。

（二）加强田间管理

高温高湿有利于刘氏短须螨繁殖、为害。生长季节结合田间管理，合理修剪，及时去除中下部老叶，改善葡萄棚架的通风透光条件，降低温湿度，可有效抑制该螨的大量发生。

（三）保护利用天敌

在田间刘氏短须螨为害植株的部位也有多种捕食螨存在。在使用农药时，要尽量从生态系统整体出发，选择对天敌影响小、对人畜安全、污染小的农药，以充分发挥天敌昆虫的自然控制作用。目前，西方盲走螨等捕食螨已经通过人工饲养实现工厂化生产，可通过田间释放控制其种群数量。

（四）化学防治

春季葡萄发芽时，喷洒 3 波美度石硫合剂、99%矿物油乳油杀死越冬雌螨。7～8 月严重为害时喷施高效低毒药剂，常用种类有 1.8% 阿维菌素乳油、20% 哒螨灵可湿性粉剂、40% 炔螨特水乳剂、5% 噻螨酮乳油、24% 螺螨酯悬浮剂、20% 四螨嗪悬浮剂等。

刘顺　秦秋菊（河北农业大学植物保护学院）

第 173 节　桃小食心虫

一、分布与危害

桃小食心虫（*Carposina sasakii* Matsumura），我国过去误定为 *Carposina niponensis* Walsingham，是我国北方果树生产中为害最大、发生最普遍的食心虫类害虫之一，属鳞翅目蛀果蛾科（Lepidoptera：Carposinidae），桃小食心虫的学名，吴维均、黄可训最初用的是 *Carposina sasakii* Matsumura，1957 年根据 Issiki 的著作改为 *C. niponensis*，一直被国内学术界沿用。花保祯根据 Diakonoff（1989）的研究，比较了中国各处的成虫标本，发现它们的雄性外生殖器均与 *C. sasakii* 相符，而与 *C. niponensis* 相差甚远，建议将中国的桃小食心虫学名改为 *C. sasakii*。

桃小食心虫在国内分布广泛，目前仅西藏尚未见记述。国外分布于朝鲜、日本、蒙古、前苏联（远东沿海地区）。其寄主植物目前已记录 10 余种，主要分属于蔷薇科和鼠李科。前者包括苹果、梨、桃、山楂、梅、花红、海棠、杏、李、木瓜、榲桲，后者包括枣和酸枣。蔡平等报道，桃小食心虫在安徽怀远石榴产区，虫果率可达 80% 左右。近些年来，湖北省长阳土家族自治县、五峰县、秭归县、巴东县和鹤峰县等地发现，桃小食心虫严重为害木瓜，引起果实未熟落果，影响产量。桃小食心虫以幼虫蛀食果肉，直至果核，导致果实畸形，并在孔道和果核周围残留大量虫粪，严重影响果品的产量和质量。幼虫仅为害果实，果面上针状大小的蛀果孔呈黑褐色凹点，四周呈浓绿色，外溢出泪珠状果胶，干涸呈白色蜡质膜，此症状为该虫早期为害的识别特征。幼虫蛀入果实内后，在果皮下纵横蛀食果肉，随虫龄增大，有向果心蛀食的趋向，前期蛀果的幼虫在皮下潜食果肉，使果面凹陷不平，形成畸形果，即所谓的"猴头果"。幼虫发育后期，食量增大，在果肉纵横潜食，排粪于其中，造成所谓的"豆沙馅"。为害山楂时，幼虫初入果时，在蛀入孔处有很少量的黄褐色末状物，不久脱落。幼虫入果后，入果孔愈合后与果点很相似，难以辨别；果内充满虫粪，不能食用。

受害果外观有两种类型：蛀果早的幼虫蛀入后，在果内纵横穿行，蛀食果肉，使组织受破坏，生长得不均匀，果面凸凹不平；蛀果晚的幼虫，在果内蛀食，果实外观无异状（彩图 11-173-1 至彩图 11-173-4）。

二、形态特征

成虫：体长 5～8mm，翅展 13～18mm。全体灰白色或浅灰褐色。前翅近前缘中部有一蓝黑色近似三角形的大斑。翅基部及中央部分具有 7 簇黄褐色或蓝褐色的斜立鳞片。雌雄颇有差异，雄虫触角每节腹面两侧具有纤毛，雌虫触角无此纤毛；雄虫下唇须短，稍向上翘，雌虫下唇须长而直，略呈三角形。后翅灰色，纤毛长且呈浅灰色。复眼红褐色（彩图 11-173-5，1）。

卵：深红色，竖椭圆形或桶形，以底部黏附于果实上。卵壳上具有不规则略呈椭圆形刻纹。卵端部环生 2～3 圈 Y 状刺突（彩图 11-173-5，2）。

幼虫：老龄幼虫体长 8～16mm，全体桃红色。头部黄褐色，颅侧区有深色云状斑纹。前胸盾黄褐色至深褐色，颜色比头壳深。前胸气门前方毛片上具毛 2 根。第八腹节气门大而靠近背中线。第九腹节上 2 根 D2 毛位于同一毛片上，D1 毛位于 D2 毛下方。臀板黄褐色，无臀栉。腹足趾钩排成单序环，趾钩数 10～24 个。臀足趾钩数 9～14 个。五龄以前幼虫体色通常为污白色，气管明显，末端伸向背中线（彩图 11-173-5，3）。

蛹：体长 6.5～8.6mm，全体淡黄色至黄褐色。复眼火黄色或红褐色。体壁光滑无刺。翅、足及触角端部不紧贴蛹体而游离。后足至少超过第五腹节后缘，并超出翅端很多（彩图 11-173-5，4）。

冬茧：扁椭圆形，长 5～6mm，宽 2～3mm，由幼虫吐丝缀合土粒而成，质地十分紧密。夏茧为纺锤形的"蛹化茧"，长 8～10mm，宽 3～5mm，质地疏松，一端留有羽化孔（彩图 11-173-5，5、6）。

三、生活习性

桃小食心虫在苹果园、梨园和枣园每年发生 1～2 代，在山楂园 1 年发生 1 代。以老熟幼虫在土内做冬茧越冬。越冬后，幼虫咬破冬茧出土，出土后短时间内（一般 1d 内）做夏茧，于其中化蛹。夏茧一般位于土表，贴附土块或地面上的其他物体。完成蛹期发育后，羽化为成虫。

成虫白天不活动，日落以后开始活动，深夜最为活泼，没有趋光性，也无趋化性。雌虫产卵选择在果上，产在叶芽、枝上的极少，而果上的卵基本上都产于萼洼内，其他部位的极少。

幼虫孵化后，在果面爬行数 10min 至数小时之久，寻找适当部位，开始啃咬果皮，咬下的果皮并不吞食。绝大部分幼虫从果实胴部蛀入果内。

幼虫老熟后，咬一圆孔，脱出果外。在初咬的脱果孔外，常留积有新鲜虫粪。幼虫爬出孔口，直接落地。蛀果早的幼虫发育较慢，蛀果晚的幼虫发育较快，因此，脱果期比蛀果期相对集中。脱果的幼虫落地后入土做"冬茧"滞育继而越冬。

桃小食心虫在不同寄主上生活史存在一定差异，但基本生活史均为末龄幼虫入土结圆茧滞育越冬，翌年幼虫出土后再结长茧化蛹，成虫羽化后很快交配产卵。不同寄主植物上的桃小食心虫幼虫出土始期不同，在苹果上的较早，枣和酸枣上的较晚，而相同寄主上的桃小越冬幼虫出土始期、高峰期却几乎不受上年脱果时间的影响。花蕾等在室内观察了苹果、枣和酸枣园的桃小食心虫出土期，发现苹果桃小食心虫幼虫出土高峰期比枣桃小食心虫至少早 2～3d，比酸枣桃小食心虫甚至早 20d。因此，开春第一次地面防治时机要根据不同的果园幼虫出土规律来确定，避免盲目施药。

桃小食心虫各地发生世代有一定差异，在不同寄主上发生代数也不尽相同。花蕾等对桃小食心虫寄主生物型进行了初步研究，发现桃小食心虫的发生与寄主的物候期形成高度的同步，且与果实形态和质地有关，在生活习性上也表现出明显差异。在室内适宜温湿度条件下，枣和酸枣上的桃小食心虫越冬幼虫出土始期和高峰期分别比苹果桃小食心虫晚 8d 和 20d 以上，田间成虫发生期也晚 20d，恒温条件下前两者的前蛹期＋蛹期都比后者短，因此，在测报和防治上可以结合寄主植物的物候期，根据不同的果树选择相应的控制时机。李定旭经过两年的田间调查，发现桃小食心虫越冬幼虫的出土历期可达 70d 以上，幼虫出土是桃小食心虫防治的关键时期，在防治上要结合药效持续时间选择适当的药剂及时控制。事实上，影响桃小食心虫出土历期的环境因子除了空气温、湿度外，土壤含水量也是重要因素，在测报和防治中，土壤含水量也是重要的指标。

发育历期：在苹果上，辽南卵历期 7～8d，幼虫期 23～25d，前蛹期 2.5～4.3d，蛹期 8.2～12.5d，产卵前期 1d。在枣树上，山东卵历期 6.8～8.4d，虫期 16.8d，蛹期 11d，产卵前期 2.5d。蛀食金冠、国光、鸭梨的幼虫，历期分别为 23～24d、28d、27～31d。李定旭等在室内温度（23±1）℃，相对湿度 80%±7%，光周期 15L∶9D 条件下，测定了桃小食心虫在杏（*Armeniaca vulgaris*）、李（*Prunus salicina*）、桃（*Amygdalus persica*）、枣（*Ziziphus jujube*）、苹果（*Malus pumila*）和梨（*Pyrus sorotina*）上各发育阶段的历期、存活率和/或产卵量，发现桃小食心虫幼虫的发育历期以李为最短（12.48d），梨为最长（19.15d）。

成虫性比及寿命：成虫雌雄比基本为 1∶1。成虫寿命有关文献记载相差较大，日本冈山农事试验场（1925）记录，雌虫平均 8.2d，雄虫 7.4d；黄可训等研究结果为雌虫 5.2～5.8d，雄虫 4.7～5.1d；邱同铎等研究结果为雌虫 9.1～12.2d。桃小食心虫整个幼虫期的存活率以李为最高（50.54%），梨为最低（17.91%）。

雌虫生殖力：黄可训等报道，越冬代成虫平均产卵 44.3 粒，第一代成虫平均产卵 60.1 粒。张领耘等报道，越冬代雌虫平均产卵 116.1 粒，第一代雌虫平均产卵 173.1 粒。邱同铎等报道，越冬代雌虫产卵 49.6～103.5 粒，第一代雌虫产卵 53～132.4 粒。枣上的桃小食心虫生殖力较低，越冬代雌虫平均产卵 27.9 粒，第一代雌虫平均产卵 40.5 粒。李定旭等室内研究表明，桃小食心虫单雌平均产卵量以枣（214.50 粒/雌）和桃（197.94 粒/雌）最高。生命表分析结果表明，净生殖率以枣（117.49）为最大，平均世代周期则以梨（41.31d）和苹果（41.51d）最长，内禀增长率以李（0.1294）为最高，其次为枣（0.1201）和杏（0.1128）。

交配习性：成虫多于羽化的当夜即交配，雄蛾一生可交配 3 次，而雌蛾一生只交配 1 次。当雄蛾量不足，雌虫交配期延迟以后，卵的孵化率随交配日龄的延迟而降低，6 日龄才获得交配的雌虫，所产卵的孵化率只有 20％，未经交配雌蛾虽也能产卵，但不能孵化。

趋光性：成虫对可见光红、绿、黄、蓝、白色，均有趋性，但以对普通白炽灯趋性最强。普通电灯泡 60W 的诱蛾量，显著高于 500μg 性信息素诱芯的诱蛾量。越冬代成虫对黑光灯无趋性。

侯无危在室内用 5 种单色光（350nm，375nm，405nm，383nm，333nm）对桃小食心虫进行测定，结果表明，该蛾不仅对上述的单色光有反应，而且对 350nm 单色光的反应比较明显。室外的试验选择在不施农药又少人为干扰的枣林，设置 4 个诱虫光源（20W 黑绿灯、20W 黑黄灯、20W 黑橙灯和 20W 黑光灯），每个光源彼此间隔 50m，经 2 年的田间诱虫试验表明，上述 4 种光源都能诱到该蛾，其中，20W 黑绿双光灯管诱蛾量最多。经室内外的试验表明，桃小食心虫成蛾有趋光性。高慰曾还研究了桃小食心虫复眼的外部形态及结构特征，结果表明，其复眼和其他夜行昆虫一样具有一套完善的感光、导光及调光机构，这种形态及结构特征表明桃小食心虫具趋光和上灯的可能性。加之桃小食心虫复眼对多种不同波长的光都有反应，证实桃小食心虫复眼的结构特征、感光特性及蛾子的上灯行为是一脉相承的。

滞育的诱发及解除：黄可训等报道，桃小食心虫在辽宁兴城，7 月 25 日以前脱果的幼虫，基本上没有滞育个体出现。在 25℃温度下，当昼夜光照时数为 4～12h 时，幼虫全部进入滞育；将光照时数延至 14h，仍有 77％～81％的个体进入滞育；光照延至 15h 时，滞育率仅为 3.7％～10％；当光照时间继续延长，滞育率又逐渐增高。从桃小食心虫对于光周期的反应表现看出，显然它既不同于长日照型昆虫，又不同于短日照型昆虫，而是一种中间型昆虫。果内取食幼虫对于光照反应的敏感期，是在蛀果后取食的前 10d。温度对临界光周期有明显的影响，当温度为 25℃时，临界光周期为 14.33h；温度下降到 20℃时，临界光周期延长到 14h；当温度提高到 30℃时，临界光周期下降到 13.5h。高温在一定程度上抑制了短光照诱发滞育的作用。食物种类对于滞育的诱发也有一定的影响。第一代幼虫取食苹果金冠、红玉、国光，其滞育率分别为 22.5％、20.5％、25.1％，取食鸭梨的滞育率为 20.2％。以取食国光滞育幼虫出现最早，6 月下旬即能诱发幼虫滞育，而蛀食鸭梨的幼虫，需晚至 7 月下旬蛀果，方发生滞育个体。已经进入滞育的幼虫，须要在 5～10℃的温度下，经历 60d 以上的时间，才能解除滞育。

寄主选择性：曹克诚等研究了桃小对苹果品种的生态选择，发现桃小对苹果品种的选择差异明显，金冠桃小食心虫落卵早而多，蛀果多，为害重，脱果早发生二代的比例高，其次为红星、红富士、鸡冠和青香蕉。吴兴邦等比较了桃小食心虫对不同成熟度苹果的为害差异，发现桃小食心虫在不同成熟期的 3 个品种果实上产卵期差异很大，相差都在 6d 以上。在同一果园里，桃小食心虫对 3 种不同成熟期果实的为害时间也存在差异，推测可能是由于果品成熟度影响的结果。成虫产卵时对果品的成熟度有着极强的选择性，总是选择成熟度适当的果实产卵为害。在同一品种同一棵树上表现更是明显，祝光同一棵树的东南面虫果率比西北面高 15％以上，可能是随着苹果的成熟，果实营养成分发生了变化，相应的挥发性物质影响了桃小食心虫的产卵选择。因此，防治上可以根据果园苹果品种的成熟先后顺序调查桃小食心虫的发生情况，田间早期主要对易感的早熟品种有针对性的进行挑治。

飞行能力：孙立全等采用释放染色标记虫及性诱剂诱捕技术研究了桃小食心虫不育成虫的田间扩散规律。将 Sudan Blue 670 染料（浓度 500mg/kg）加入到人工饲料内染色标记桃小食心虫，不仅使其幼虫、蛹、成虫及 F_1 代均染上蓝色，而且精苞上也染上浅蓝色，对桃小食心虫无不良影响。结果发现，不育虫在果园内的运动方向是随机的，80％集中在释放点 100m 半径的环域内，最远距释放中心 225m，扩散密度与扩散距离有明显的回归关系，符合线性模型 $N = -0.67 + 402.45/x$。可见桃小食心虫田间扩散能力范围并不大，主要是集中为害，因而在生产上可以根据虫情区域化分别防治。

Hukusima 的田间观察结果指出：桃小食心虫成虫在 20℃最活跃，低于 18℃时不活动。Ishiguri 等在黑暗条件下利用飞行磨系统研究了不同温度、不同龄期和交配对桃小食心虫成虫的飞行能力的影响。结果表明，在 14～29℃条件下，雌雄桃小食心虫均只有不到 10％的个体不飞行；而 11℃条件下，则有 67％的雌虫和 83％的雄虫根本不飞行；14～26℃时雌雄虫飞行能力没有显著差异，但 29℃条件下，雌虫飞行持续时间明显短于 17℃和 20℃时，雄虫飞行持续时间也明显短于 17℃、20℃和 26℃时的时间。在低温条件下，雌雄虫飞行速度呈下降的趋势，但雌虫在 20～29℃条件下飞行速度没有明显差异，在 17～29℃时，雄虫也有相同的表现。1～7 日龄的雄虫飞行持续时间均没有显著差异，2 日龄的雌成虫飞行速度明显快于

1 日龄雌成虫，但不同龄期雄成虫飞行速度没有差异。交配对雌雄虫飞行能力无影响。雌虫的飞行能力与雄虫很相似，甚至在交配后依然很高，交配后雌蛾的高飞行能力增加了非防治果园交配后的雌蛾飞入使用性迷向方法进行防治的果园的频率，明显降低了迷向防治的效果。温度过低或过高对桃小食心虫飞行活动能力有明显影响，而田间 6～8 月白天温度普遍较高，所以桃小食心虫一般选择夜间活动，以避开不利环境，产卵繁殖。

种群分化：赵鑫等应用苹果、梨、枣、山楂上的桃蛀果蛾的冬茧作为试材，共组成 15 个组合，在 25～30℃下饲养杂交，观察雌蛾产卵量及孵化率。结果指出，所有的组合雌虫均能产卵，但梨♀×苹♂，梨♀×枣♂ 的卵未能孵化，可能系雌雄蛾之间未进行交配。此试验因 F₁ 未继续饲养，未能完全判明种内分化程度。

徐启茂等用聚丙烯酰胺凝胶电泳法对苹果和山楂上的桃小食心虫血淋巴及混合组织匀浆液进行了酯酶同 2 酶的比较研究，发现它们的蛋白酶带存在着量和质的差异，认为不同寄主的桃小食心虫可能已经形成不同的生态型。韩青梅等用 25 种随机引物对苹果、梨、杏、酸枣、枣和山楂 6 种寄主桃小食心虫基因组 DNA 进行了随机扩增多态（RAPD）分析，结果表明，25 种随机引物中有 22 种出现不同程度的 DNA 多态性标记，多态百分比为 71.9%。徐庆刚等在对 6 种寄主桃小食心虫复合体的 RAPD 研究中发现，不同寄主上的桃小食心虫遗传差异出现了较大的分化，尤其是杏生物型分化最大。但花蕾等研究显示苹果、枣和酸枣 3 种寄主生物型雄蛾外生殖器无明显差异，杂交后雌蛾均可产卵孵化，说明桃小食心虫在 3 种寄主上未出现明显分化。

四、发生规律

1. 气候条件

（1）温、湿度对桃小食心虫的影响。温度和湿度是影响昆虫生长发育和繁殖的重要生态因子。环境温度和相对湿度会显著影响桃小食心虫成虫寿命、交尾和产卵。卵的发育起点温度为 9.99℃，有效积温 106.6℃。发生时气温比较温热，所以田间卵期一般在 7～10d，大多数为 8d。温度超过 30℃时对卵孵化不利。田间卵孵化率高，一般在 85%～99%。幼虫发育起点温度为 8.77℃，有效积温 227.6℃。在 4℃ 低温下不同冷藏时间对蛹历期、成虫寿命和卵历期影响不明显，但冷藏 7d 后羽化率、单雌产卵量及孵化率呈下降趋势，因此，长期低温条件会对桃小食心虫的蛹、成虫、卵造成不利影响。

Kim 等研究表明，桃小食心虫幼虫发育起点温度为 9.4℃。李爱华等在实验室内观察研究了桃小食心虫越冬代成虫在一系列温度和湿度下的生殖能力，发现环境温度和相对湿度可显著影响食心虫成虫寿命、交尾和产卵。19～29℃时，雌成虫寿命随温度升高而缩短，适宜成虫交尾和产卵的温度为 23～26℃，相对湿度为 80%～100%，可见温度和相对湿度是影响桃小食心虫的生长发育和种群繁衍的重要因素。值得一提的是，桃小食心虫越冬幼虫的发育除了与环境温度有关，出土前可能与土壤温、湿度关系更为密切。冷藏时间对蛹历期、成虫寿命和卵历期影响均不明显，但冷藏 7d 后羽化率、单雌产卵量及孵化率均呈下降趋势，在大规模人工饲养标准试虫时可以参考相应的室内培养条件。

（2）光照时间对桃小食心虫的影响。滞育性是桃小食心虫重要的生命参数之一，主要受到光照、温度、湿度、果实种类及果实成熟度等的影响，其中昼夜光照时数对桃小食心虫的滞育起主导作用。随着光照时数的延长，各虫态历期基本呈缩短趋势，光照时间对幼虫滞育率影响最为明显，15h 滞育率最低；且无论是光照延长还是缩短，幼虫滞育率都会明显增加。其他重要生命参数如单雌产卵量、幼虫体质量、孵化率、脱出率和羽化率等最高点多集中在光照 13～17h 时，所以桃小食心虫生长发育和繁殖的最佳光照时间为 15h 左右。

（3）土壤含水量对桃小食心虫的影响。越冬幼虫以及各代的夏茧阶段，均是在土壤中度过的。黄可训等研究证明，越冬幼虫正常出土做蛹化茧，土壤含水量不能低于 10%。当含水量降至 5% 时，出土率下降至 13.6%；含水量下降至 3% 时，出土率仅为 1%。据了解，沙地果园一般无桃小食心虫分布，很可能与春夏季土表极度干旱有关。

2. 寄主植物

（1）食物因子对桃小食心虫蛀果率和存活率的影响。张乃鑫等（1977）研究发现，桃小食心虫在 7 月下旬以前，初孵幼虫取食苹果金冠品种，蛀入率为 62.5%～77.9%，取食国光品种蛀入率为 57.1%～

73.5％，取食鸭梨蛀入率仅为 12.5％～28.1％。蛀入以后，以取食鸭梨的成活率最高，为 60.7％～92.0％；金冠次之，为 31.2～73.8％；国光最低，为 19.3％～25.8％。

（2）不同寄主植物对桃小食心虫发育、发生的影响。桃小食心虫的寄主植物较杂，在不同寄主上为害的成虫发生期、幼虫蛀果期及在果内生活时间，甚至发生世代数都不尽相同，特别是它的越冬幼虫出土习性各异。

枣和酸枣桃小食心虫生物学特性异于苹果桃小食心虫。在适宜温、湿度下，枣和酸枣桃小食心虫越冬幼虫的出土始期和高峰期分别比苹果桃小食心虫晚 8d 和 20d 左右，田间成虫发生期也晚约 20d。恒温条件下，前二者的前蛹期和蛹期也均比后者短。桃小食心虫多产卵于枣果临近的叶背基部和酸枣梗洼处。幼虫在酸枣中需生活 40～50d，1 年发生 1 代。

（3）桃小食心虫对不同寄主品种的选择。曹可诚报道了桃小食心虫对苹果品种的选择，结果表明，桃小食心虫对苹果品种的生态选择差异明显，金冠落卵早而多，蛀果早，发生二代的比例高，属于易感品种。其次为红星、红富士、鸡冠和青香蕉。

（4）摘下与未摘下的苹果对桃小食心虫幼虫存活、发育的影响。桃小食心虫幼虫期是在寄主果实中完成的，且果实质量以不同的方式影响着幼虫的发育，如营养物质、有毒物质、果实的物理性质等。果实从树上摘下与否显著影响着桃小食心虫幼虫存活率。在 7 月初蛀入未摘下的苹果果实的桃小食心虫幼虫，其存活率仅为 6.3％。而当桃小食心虫幼虫蛀入果实后，果实立即被摘下，并且储存在与未摘下果实相同的大田环境下，则桃小食心虫幼虫的存活率高达 72.1％；并且相比较于未摘下的果实，幼虫从摘下的果实中脱果时间更为一致。结果表明，与果实生长相关的因素导致了较低的存活率和幼虫发育的延迟。

（5）苹果和桃对桃小食心虫卵和幼虫存活的影响。Dong-Soon Kim 研究了桃小食心虫卵和幼虫在果实中的存活，并且通过比较苹果园和桃园季节性成虫种群趋势来研究其对成虫种群动态的影响。结果表明，桃小食心虫卵的存活率相当高，但是幼虫在果实中存活率非常低。6 月中旬到下旬，晚熟苹果（富士）果实内无幼虫存活，7 月中旬幼虫的存活率非常低，仅为 2.0％。6 月中、下旬，早熟苹果（津轻）和早熟桃（仓方早生）中幼虫存活率分别是 18.1％和 43.7％。但是，晚熟桃（白桃）中幼虫存活率非常低，仅为 4.5％。在成虫第一个和最后一个飞行高峰期之间，不同果园的有效积温差异极显著。苹果园的有效积温为 1 029.8℃，苹果、桃相邻果园的有效积温为 939.2℃，均明显地高于桃园的 681.0℃。

3. 天敌　目前关于桃小食心虫天敌的研究报道较少，幼虫天敌已发现有中华齿腿姬蜂（*Pristomerus chinensis* Ashmead）、网皱革腹茧蜂（*Ascogaster reticuluta* Watanabe）、甲腹茧蜂（*Chelonus* sp.）。山西及陕西调查，均以中国齿腿姬蜂为优势种。章宗江详细描述了桃小食心虫甲腹茧蜂的形态特征、分布及生物学特性。桃小食心虫甲腹茧蜂除寄生于桃小食心虫外，尚未发现其他寄主，山东、河北、辽宁等省均有分布。该蜂产卵于桃小食心虫卵内，并伴随桃小食心虫发育直至在桃小食心虫茧内做茧，被寄生的桃小食心虫化蛹茧形小，比正常茧短 2～3mm。但在农药多的果园，寄生率极低，常不到 5％。侯绍金详细描述了桃小食心虫的另一种寄生蜂——低缝姬蜂的形态特征及生活习性，桃小食心虫低缝姬蜂在山东一年发生两代，以卵在脱果的老熟桃小食心虫幼虫体内越冬，翌年当越冬桃小食心虫出土后做夏茧时寄生蜂幼虫在桃小食心虫体内迅速发育，在夏茧做成后 4d 寄生蜂幼虫即将寄主食尽只剩虫皮，然后钻出寄主。李素春等在山东泰安苹果园中，从桃小食心虫越冬茧内分离出 1 种病原线虫，定名为泰山 I 号（*Heterorhabditis* sp.），据李素春等试验，田间施用对冬茧中幼虫的致死率可达 92.3％。

对于桃小食心虫天敌的研究，除了明确其种类、调查其自然寄生率外还需研究天敌的行为习性，通过栽培制度的改变等外部条件为其创造良好的寄生环境。

五、防治技术

桃小食心虫年发生代数少，天敌种类很少，越冬茧内幼虫对低温干旱具有很强抗御能力，各期虫态的成活率很高，具有 K 对策害虫的若干典型特点，而在优良环境条件下却可年发生较多世代，并具有较高的生殖能力。桃小食心虫各代幼虫均需在土壤中化蛹，越冬代幼虫还需在土中越冬，可以应用土壤处理来防治，操作简便而且效果稳定。

按照无公害果品生产的宗旨和要求，结合桃小食心虫地下越冬、地面化蛹、果上产卵、果内为害、脱果落地、入土越冬的特点，坚持"以防为主，综合防治"的原则，对该虫进行防治。要做到树上和树下防治相结合、人工和生物防治相结合、化学和物理防治相结合，减少农药用量和次数，降低农药残留。

预测预报是防治桃小的重要前提。在每个果园内设 5 个测报点，利用扣瓦片法和性诱剂法，可以准确掌握桃小越冬幼虫的出土时期、出土量、蛹期和成虫羽化期。扣瓦片法：在桃小上年为害严重的树下，5 月上旬清除杂草，整平地面，沿树干周围 0.5m 处摆放一圈瓦片，每天傍晚观察记录瓦片下刚出土聚集的幼虫数，连续数日越冬幼虫出土数每日剧增时为地面防治适期。性诱剂法：5 月中旬选取 5 株间距 50m 左右的树，距地面 1.5m 高处挂 1 直径 15cm 左右的塑料盆，盛水至距盆沿 1～2cm，水中放少许洗衣粉，水面上 2cm 处系 1 桃小性诱剂诱芯引诱雄虫。每日记录诱集成虫数，并及时补充水分，诱捕器连续 2～3d 平均诱蛾 3 头以上时开始查卵，每次选 10 株树，随机从树冠上部取 30 个果，下部取 70 个果，统计其卵果率，如卵果率达 1% 时开始用药。

（一）农业防治

在第一代幼虫脱果前，对全园进行盘查，及时摘除虫果，并集中带出果园外深埋，该项人工措施可减轻第二代幼虫的为害。

（二）生物防治

性诱器防治不仅可以诱杀成虫，还可以干扰交配、测报虫情。在桃小食心虫成虫发生期，将性诱器固定在塑料碗或塑料盆等容器的上方，下面装上加入少量洗衣粉的水，设置 75～105 个 /hm²，大 5 点式放置，然后将其放置在树体外围距地面高 1m 的地方。

生物防治法主要用于有灌溉条件、土壤湿度大的果园和覆草果园，使用白僵菌和斯氏线虫防治出土和入土期的老熟幼虫。

（三）物理防治

1. 封闭地面物理阻隔防治　5 月初，在浇水后进行松土、除草、整理树盘的基础上，用厚 0.08mm 的黑色地膜铺于树盘上，或者用 40% 乙莠水悬浮剂 3.75L /hm² 对水 1 125kg 均匀喷洒地面后，再用地膜铺于树盘上，可将虫封闭于地下，切断树上与树下的联系，使其不能上树产卵，不仅可以防治桃小食心虫，还可以起到除草保墒的作用。

2. 套袋防治　目前，套袋防治是防治桃小食心虫最有效的方法，可最大程度地降低农药残留，进而生产无公害果品。5 月下旬至 6 月初，选用优质双层苹果纸袋，在桃小食心虫未产卵之前，将全园的果实进行套袋处理，避免果实着卵。

3. 灯诱防治　侯无危等报道，桃小食心虫对 350nm 单色光反应比较明显，其光源的波长已接近紫外波长。在苹果害虫无公害防治中，灯诱可能成为重要的防治手段，必须进一步设计更为合理的光源条件。

（四）化学防治

1. 地面防治　在果园中设置 5 台桃小食心虫性诱剂诱捕器，各台间相距 100m。当连续 3d 均能诱到雄蛾时，即可进行第一次地面施药，在为害严重的果园，在第一次施药后 20d 可再施 1 次药。可用的药剂种类有 50% 二嗪农乳油，每 667m² 用量 0.5kg；25% 辛硫磷微胶囊，每 667m² 用量 0.5kg。将以上药量对水 25～50kg，均匀喷洒在树盘内外。注意在喷药前应将地面杂草清除干净，喷药后用齿耙将药搂入土中，以延长药效。

在大连地区，6 月第一场雨后 2～3d 是桃小食心虫幼虫的出蛰期，可用 50% 敌敌畏 7.5L /hm² 对水 2 250kg，喷洒树盘；或结合浅划锄，用 50% 辛硫磷粉剂 0.5kg 拌 50kg 细沙，撒于树盘内，封闭地表，杀灭出蛰幼虫。

2. 树上防治　经过两次地面药剂处理后，田间发蛾量将会大大降低。王源岷等报道，即使 1d 的单盆平均最高诱蛾量降至 5 头左右，仍然能对中晚熟品种苹果造成 5% 或更高的蛀果率。树上防治仍然是必需的，不可掉以轻心。为了准确了解树上着卵情况，可进行卵果率的调查。自诱捕器诱到雄蛾之日起，每 3d 调查 1 次金冠、国光的卵果率，每种 10 株，每株调查 50 个果。根据产量高低，核定是否已接近经济受害水平（EIL），并按以下防治指标立即组织树上防治。

每 667m² 产量 1 000kg，防治指标为累计卵果率 1.8%。

每 667m² 产量 1 500～2 000kg，防治指标为累计卵果率 0.9%～1.0%。

每 667m² 产量 3 000kg，防治指标为累计卵果率 0.5%～0.7%。

防治桃小食心虫卵的药剂中，拟除虫菊酯类杀虫剂溴氰菊酯、高效氯氟氰菊酯、甲氰菊酯、高效氯氰菊酯、氰戊菊酯及混剂甲维·氯氰对桃小卵活性较高，其 LC_{50} 均小于 $0.3mg/L$；其次为室内甲氨基阿维菌素苯甲酸盐、氟虫腈、灭幼脲、丁烯氟虫腈、毒死蜱、噻虫嗪、虫螨腈；阿维菌素、噻嗪酮、茚虫威较低；氯虫苯甲酰胺毒力最低。在桃小实心虫卵期对植株施药，可优先选用杀卵活性较高的拟除虫菊酯类药剂，与具有杀幼虫活性、持效期长的灭幼脲和氯虫苯甲酰胺混用，可有效防治桃小食心虫。第一次喷药后，严重受害果园应每 $10\sim15d$ 喷 1 次药，连续防治 4 次，将桃小食心虫幼虫杀灭在蛀果之前。

附：

一、山楂上的桃小食心虫预测预报方法

（一）幼虫出土期预测

1. **瓦片法**　根据越冬幼虫出土后在地面寻找附着物做夏茧并于其中化蛹的特点，于 7 月中旬开始，在树冠投影区放置瓦片，瓦片分布可按"米"字形排列，每株树下倒扣放置 16 片瓦，每天定时检查瓦片下夏茧数量。首次出现夏茧时间即为幼虫出土始期。

2. **性诱剂诱捕法**　从 7 月中旬开始，在山楂园悬挂桃小食心虫性诱剂诱捕器，每片果园（$1.33hm^2$ 以内）挂 5 个，按梅花瓣状分布，诱捕器间距 30m 以上，并尽量在园内分布均匀。诱捕器挂在树冠近外围处，距地面 1.5m。

诱捕器采用水盆制作，以红色塑料盆为佳，口径 220mm 左右，取 1 条 250mm 长的细铁丝，穿 1 个桃小食心虫性诱剂诱芯（市场上有售），将该铁丝固定在水盆口上，使诱芯恰好在盆口中央；盆中倒入稀释 1 000 倍的洗衣粉溶液，使液面保持距诱芯 10mm 左右的高度。用细铁丝或强度较高的细线绳将该水盆固定在树上。为了防止风吹动摇，盆要用铁丝等固定在枝上或地面上。

放置诱捕器后，每 3d 调查 1 次，发现成虫后每天调查 1 次，每次调查记载诱到雄蛾的数量，捞出雄蛾，并及时补加洗衣粉水，以保持一定的水位，1 个月左右更换诱芯。连续 3d 都诱到成虫时，即是幼虫出土始盛期。幼虫出土始盛期是地面防治适期。

（二）树上防治期预测

当桃小食心虫性诱捕器连续 3d 诱到雄蛾时，马上开始田间卵量调查。生产上一般采用随机调查法，每百株随机调查 $5\sim10$ 株，每株按东、南、西、北、中 5 个方位各调查 $25\sim50$ 个果，共调查 $500\sim1\,000$ 个果，并计算卵果率：

$$卵果率 = \frac{有卵的果数}{调查总果数} \times 100\%$$

当卵果率达 1%，同时又发现极少数已孵化蛀果，即为树上防治时期。由于桃小食心虫产卵时在田间分布不均匀，株间差异较大，因此调查株数多些则比较准确。

二、苹果上的桃小食心虫预测预报方法

（一）幼虫出土期测报

用埋茧法观察幼虫出土期，可在花盆内埋越冬茧 500 个，深度 $5\sim10cm$，然后把花盆埋在树冠下，用细纱网罩严盆口，出土期每天检查出土量，当出土率达 20% 时，即可地面施药。

（二）以性诱剂诱捕器测报

经鉴定桃小食心虫性信息素有两个组分，顺-7-二十烯酮-11 和顺-7-十九烯酮-11，经田间试验，认为人工合成的性诱剂两个组分的配比为 95∶5；桃小食心虫性诱剂诱芯在一定范围内，随含量提高诱集能力提高。在幼虫出土期，使用诱捕器监测成虫，当诱到成虫后立即地面施药。从 5 月底开始，及时挂桃小食心虫性诱剂诱捕器，监测成虫发生量，每公顷挂一个诱捕器，当平均每天每碗诱到 5 头成蛾以上时，树上开始调查卵果率。

（三）卵果率调查

用棋盘式调查方法，在果园不同方位选 10 株有代表性的苹果树，每株树上部调查 100 个果，当卵果率达 1% 以上时，及时喷药防治。

魏书军（北京市农林科学院植物保护环境保护研究所）

王洪平（沈阳农业大学植物保护学院）

陈汉杰（中国农业科学院郑州果树研究所）

第 174 节　桃　　蚜

一、分布与危害

桃蚜 [*Myzus persicae* (Sulzer)] 属半翅目蚜科，别名腻虫、烟蚜、桃赤蚜、油汉。桃蚜是广食性害虫，寄主植物约有 74 科 285 种。桃蚜营转主寄生生活，其中冬寄主（原生寄主）植物主要有梨、桃、李、梅、樱桃等蔷薇科果树等；夏寄主（次生寄主）作物主要有白菜、甘蓝、萝卜、芥菜、芜菁、辣（甜）椒、菠菜等多种作物。桃蚜还是多种植物病毒的主要传播媒介。

桃粉蚜（桃粉大尾蚜）[*Hyalopterus pruni* (Geoffroy)]，属半翅目蚜科。中国南北果区都有分布。越冬及早春寄主（第一寄主）除桃外，还有李、杏、梨、樱桃、梅等果树及观赏树木。夏、秋寄主（第二寄主）为禾本科杂草。无翅胎生雌蚜和若蚜群集于枝梢背面和嫩叶背面吸汁为害，被害叶向背对合纵卷，叶背常有白色蜡状的分泌物（为蜜露），常引起煤污病，严重时使枝叶呈暗黑色，影响植株生长和观赏价值。

桃瘤头蚜 [*Tuberocephalus momonis* (Matsumura)] 属半翅目蚜科，又称桃瘤蚜、桃纵卷瘤蚜。中国分布较广，南、北方均有发生。

二、形态特征

桃蚜：无翅孤雌蚜体长约 2.6 mm，宽 1.1 mm，体色有黄绿色、洋红色。腹管长筒形，是尾片的 2.37 倍，尾片黑褐色；尾片两侧各有 3 根长毛。有翅孤雌蚜体长 2 mm。腹部有黑褐色斑纹，翅无色透明，翅痣灰黄色或青黄色。有翅雄蚜体长 1.3～1.9 mm，体色深绿、灰黄、暗红或红褐色。头、胸部黑色。卵椭圆形，长 0.5～0.7 mm，初为橙黄色，后变成漆黑色而有光泽。

桃粉蚜：无翅胎生雌蚜体长 2.3 mm，宽 1.1 mm，体长椭圆形，绿色，被覆白粉，腹管细圆筒形，尾片长圆锥形，上有长曲毛 5～6 根。有翅胎生雌蚜体长 2.2 mm，宽 0.89 mm，体长卵形，头、胸部黑色，腹部橙绿色至黄褐色，被覆白粉，腹管短筒形，触角黑色，第三节上有圆形次生感觉圈数十个。卵椭圆形，长 0.5～0.7 mm，初产时黄绿色，后变黑绿色，有光泽。若虫形似无翅胎生雌蚜，但体小、淡绿色，体上有少量白粉。

桃瘤头蚜：有无翅胎生蚜和有翅胎生蚜之分。无翅胎生雌蚜体长 2.0～2.1 mm，长椭圆形，较肥大，体色多变，有深绿、黄绿、黄褐色，头部黑色。额瘤显著，向内倾斜。触角丝状，6 节，基部两节短粗。复眼赤褐色。中胸两侧有瘤状突起，腹背有黑色斑纹，腹管圆柱形，有覆瓦状纹，尾片短小，末端尖。有翅胎生蚜体长 1.8 mm，翅展约 5 mm，淡黄褐色，额瘤显著，向内倾斜，触角丝状，6 节，节上有多个感觉孔。翅透明脉黄色。腹管圆筒形，中部稍膨大，有黑色覆瓦状纹，尾片圆锥形，中部缢缩。若虫与无翅胎生雌蚜相似，体较无翅胎生蚜小，有翅芽，淡黄或浅绿色，头部和腹管深绿色。卵黑色。

三、生活习性

桃蚜：一般营全周期生活。早春，越冬卵孵化为干母，在冬寄主上营孤雌胎生，繁殖数代皆为干雌。当断霜以后，产生有翅胎生雌蚜，迁飞到十字花科、茄科作物等侨居寄主上为害，并不断营孤雌胎生繁殖出无翅胎生雌蚜，继续进行为害。直至晚秋当夏寄主衰老，不利于桃蚜生活时，才产生有翅性母蚜，迁飞到冬寄主上，生出无翅卵生雌蚜和有翅雄蚜，雌雄交配后，在冬寄主植物上产卵越冬。越冬卵抗寒力很强，即使在北方高寒地区也能安全越冬。桃蚜也可以一直营孤雌生殖的不全周期生活，比如在北方地区的冬季，仍可在温室内的茄果类蔬菜上继续繁殖为害。桃蚜的繁殖很快，华北地区 1 年可发生 10 余代，长江流域 1 年发生 20～30 代。春季气温达 6℃ 以上开始活动，在越冬寄主上繁殖 2～3 代，于 4 月底产生有翅蚜迁飞到露地蔬菜上，繁殖为害，直到秋末冬初又产生有翅蚜迁飞到保护地内。早春、晚秋 19～20d 完成 1 代，夏、秋高温时期，4～5 d 繁殖 1 代。1 头无翅胎生蚜可产出 60～70 头若蚜，产卵持续 20 余 d。

桃粉蚜：每年发生 20 代左右，属全周期侨迁式。主要以卵在桃、李、杏、梅等枝条的芽腋和树皮裂缝处越冬。第二年当桃、杏芽苞膨大时，越冬卵开始孵化，以无翅胎生雌蚜不断进行繁殖；5 月中、下旬桃树上虫口激增，为害最重，并开始产生有翅胎生雌虫，迁飞到第二寄主为害；晚秋又产生有翅蚜，迁回第一寄主，继续为害一段时间后，产生两性蚜，性蚜交尾产卵越冬。桃粉蚜扩大为害，主要靠无翅蚜爬行或借风吹扩散。

桃瘤头蚜：1 年发生 10 余代，有世代重叠现象。以卵在桃、樱桃等果树的枝条、芽腋处越冬。翌年寄主发芽后孵化为干母。群集在叶背面取食为害，形成上述为害状，大量成虫和若虫藏在虫瘿里为害，给防治增加了难度。5～7 月是桃瘤蚜的繁殖、为害盛期。此时产生有翅胎生雌蚜迁飞到艾草等菊科植物上为害，晚秋 10 月又迁回到桃、樱桃等果树上，产生有性蚜，交尾产卵越冬。天敌种群数量对桃瘤蚜的发生有较大的影响。自然天敌主要有龟纹瓢虫、七星瓢虫、中华大草蛉、大草蛉、小花蝽、食蚜蝇、蚜茧蜂、蚜小蜂等多种捕食性和寄生性天敌。

四、防治技术

保护异色瓢虫、横斑瓢虫、大草蛉、丽草蛉、大灰食蚜蝇、黑带食蚜蝇等天敌。在用药时要尽量减少喷药次数，尽量有选择性的使用杀虫剂。

张彦周（中国科学院动物研究所）

第 175 节　　日本球坚蚧

一、分布与危害

日本球坚蚧［*Eulecanium kunoense* (Kuwana)］属同翅目蜡蚧科，别名桃球坚蚧、桃球蜡蚧。国内分布于河北、山东、陕西。国外分布于日本、朝鲜。主要寄主有桃、李、杏、苹果、樱桃、梨、海棠、山楂等。

二、形态特征

成虫：雌成蚧体近于球形或馒头形，长 3.3～5.5 mm，宽 3～4 mm。蚧体三角板上方背中央到后半部两侧有纵行较大的凹下刻点，每行 5～6 个，排列较整齐，其他部位有浅的凹刻。体背密布一层薄白蜡粉。介壳初期质软，体色呈暗黄褐色，中后期体硬化，呈棕褐色、黑褐色或枣红色。雄成蚧体扁圆形，体稍小，表面呈毛毡状，体色为淡棕红色，长 2 mm，翅展 3～4 mm，前翅近卵圆形，翅半透明，淡乳白色，前缘微红色，后翅退化，窄而小。触角微紫色，10 节。中胸质片漆黑色，腹部末端着生淡紫色刺，基部两侧各有 1 条白色细长的蜡毛。卵初产为半透明乳白色，近孵化时为淡橘红色或紫红色。

卵：圆形，长约 0.3 mm，被极薄白蜡粉，近孵化时出现 2 个红色眼点。

若虫：①初孵若虫，椭圆形，体长 0.4～0.5 mm，体极扁平，体色淡红色或橘红色，体背中线暗灰或淡白色，足淡白色，行动灵敏。在叶片上固着后体色由橘红色变成淡黄白色或淡褐色，体呈现出椭圆形，背中两侧各有 1 条凹面相对的 C 形纵线相对接，形成气孔状纵纹。②越夏若虫，长椭圆形，体长 0.7～1 mm，体色以淡褐色为主，其次淡黄白色。背中央有 1 凹下纵刻线，体表覆盖透明蜡层，固着叶片为害，一般很少移动。③越冬若虫长椭圆形，体长 1～2 mm，体色淡黑褐色或灰白色，体被少量蜡粉，体背有不明显的 4 道横纹和背中 1 道纵纹。越冬期体背淡灰色蜡质物稍多。④越冬后若虫体长 1.5～2.5 mm，体背灰白色蜡质物明显增多，体渐增大，雌雄分化后，雌性若虫体栗褐色，卵圆形，体背向上高度隆起，表面有一层薄的蜡层；雄性若虫体黑褐色，体背略隆起，表面有一层厚的毛毡状灰白色蜡层。

蛹：长卵形，体长 1.8～2.0 mm，体背显著隆起，淡黑褐色，翅芽、足、触角呈肉芽状，后渐变为裸蛹。

三、生活习性与发生规律

日本球坚蚧在陕西 1 年发生 1 代，大多以二龄若虫在二至三年生枝条背与芽旁、芽腋、皱缝等处成群固着，也有个别单个或数个固着在其他枝的芽腋间等处。翌年萌芽后在原处继续为害。越冬后的若虫由密集部向稀疏部枝段移动，虫体纵向均匀分布于枝背侧。3 月下旬，气温在 7～10℃以上开始发育，3 月底至4月上旬进入雌雄分化。4月中、下旬气温达到13～15℃以上时雄虫羽化出成虫，即交尾，交尾后雄虫死亡。此时雌虫体背膨大成球形，并渐硬化。蚧体从膨大初到产卵前体背不断分泌出白色球状黏液。5月上旬气温在15℃左右时，交尾后的雌虫产卵于腹面的卵室内，每雌产卵1 000～3 500粒，平均2 100粒，卵期10 d左右。通过调查发现，雄体数量很少，雌雄比为（38～80）∶1，平均为56∶1。雌虫有孤雌生殖能力，雄虫再少也不影响雌虫的正常产卵能力。5月中旬气温在20℃左右时卵开始孵化，5月下旬至6月上旬为孵化盛期。初孵化的若虫蜕去白色卵壳外皮，先在母体内群集活动1 d左右，行动灵活，后从母体壳下缝隙爬出沿寄主枝条爬行，最后全部在叶片上固着为害。一般树枝空间大，虫量少时叶背虫量较多，而树枝密、虫量大时叶面虫量较多。固着后体背分泌有极薄的蜡层。若虫大多在大叶脉两侧和细小叶脉间分布。外界条件有干扰，若虫受到刺激可缓慢移动就近处继续固着为害。到10月离开叶片之前蜕变为二龄若虫，落叶前迁回枝条，大多固定在二至三年生枝段和一年生枝的春梢段。该虫具有繁殖系数高、若虫体形小、固着刺吸为害周期长、体被蜡质等特点，防治难度很大。

四、防治技术

日本球坚蚧的发生与品种、苗木、接穗、栽植、修剪、人为活动等因素有关，因此防治方法应与此相结合。综合防治是控制该虫发生与为害的主要手段，可主要通过清除虫源和加强栽培管理措施，抓住萌芽、始花前和6～7月3个关键时期适时喷药，结合保护黑缘红瓢虫等天敌的综合防治措施可控制为害。

黄宁兴（北京市农林科学院植物保护环境保护研究所）

第176节　桃蛀螟

一、分布与危害

桃蛀螟［*Conogethes punctiferalis* (Guenée)，异名：*Dichocrocis punctiferalis* (Guenée)］属鳞翅目草螟科，又称桃多斑野螟、桃蛀野螟、豹纹斑螟、桃蠹螟、桃斑螟、桃实螟蛾、豹纹蛾、桃斑蛀螟，幼虫俗称蛀心虫等。桃蛀螟在我国各地均有分布，发生地区包括辽宁、陕西、山西、河北、北京、天津、河南、山东、安徽、江苏、江西、浙江、福建、台湾、广东、海南、广西、湖南、湖北、四川、云南、西藏等省份。据文献报道，最高垂直分布是在西藏的察隅锡妥，海拔达到2 200 m。此外，在日本、朝鲜、韩国、尼泊尔、越南、缅甸、泰国、马来西亚、菲律宾、印度尼西亚、巴基斯坦、印度、斯里兰卡、巴布亚新几内亚、澳大利亚等国家也有发生。

我国记载的桃蛀螟的寄主植物有100余种，除幼虫蛀食桃、李、杏、梨、枣、苹果、无花果、梅、樱桃、石榴、葡萄、山楂、柿、核桃、板栗、柑橘、荔枝、龙眼、脐橙、柚、甜橙、枇杷、芒果、香蕉、菠萝、银杏、木瓜等果树外，还为害玉米、高粱、向日葵、大豆、棉花、扁豆、甘蔗、蓖麻、姜科植物等作物及松、杉、桧柏和臭椿等林木，是一种食性极杂的害虫，在印度还为害皂荚、木棉树，韩国栎树上也发现了桃蛀螟为害。

桃蛀螟对寄主植物的为害极其严重，甚至是毁灭性的。最早报道桃蛀螟为害是在20世纪20年代，印度报道了桃蛀螟是为害蓖麻的毁灭性害虫。以幼虫从蓖麻的叶腋处蛀入茎，为害花蕾和嫩茎，蛀入成熟的蒴果，蛀食种子。幼虫在蓖麻顶端吐丝结网，取食嫩叶，排出虫粪，植株极易烂掉。同时，桃蛀螟也是重要香料姜科植物的重要害虫，主要为害姜花、黄姜、圆瓣姜花，初孵幼虫蛀入茎和花，排出虫粪，致使受害植物极易感染病害而烂掉；植物受害后，茎易折断，花不能结果，严重时全株枯萎，成片干枯失收。在印度，桃蛀螟严重为害姜科植物时可导致产量损失50%。

在我国，桃蛀螟对板栗为害较为严重，以幼虫蛀入果内，严重时造成"十果九蛀"，造成大量落果。严重影响食用和商品价值，幼虫为害后板栗栗苞变黄而干枯易脱落，栗果受害后被蛀食成孔道，布满虫粪而无法食用，且由于该虫隐蔽为害，给防治带来了极大的困难。有调查数据显示，在板栗生产上由于桃蛀螟为害造成的平均蛀果率达10%～25%，一些产区如河北省灵寿县、江苏东海县和赣榆县板栗产区，蛀果率达到60%～80%。由于桃蛀螟的为害，泰安地区每年因桃蛀螟为害损失板栗达25万kg以上，减产

20%；浙江武义县防治不力的栗园栗蓬受害率高达 30%～50%；浙江富阳板栗每年因此损失 120 t，减少收入 100 多万元。同时，板栗果实在存放过程中还会因其转果为害的特性，遭受更大的损失，甚至完全失去经济价值。河北遵化、青龙、迁西、迁安、兴隆和宽城调查发现，刚采收的栗蓬桃蛀螟虫果率仅 4.11%～7.5%，经过 15 d 的堆积脱粒后，虫果率增加到 39.4%。

此外，桃蛀螟对桃、梨、苹果等其他果树为害也较为严重。北京市平谷区 2003—2008 年调查显示，桃蛀螟在桃园普遍发生，且有逐年加重趋势，在生长季调查发现未套袋桃园蛀果率在 35% 以上，降低了果品的经济效益，给广大果农造成较重损失。初孵幼虫先在果梗周围吐丝蛀食果皮，逐步蛀入果肉，从蛀孔中流出黄褐色透明胶液，蛀孔周围留有大量红褐色虫粪，幼虫老熟后在蛀孔周围结茧化蛹，有的在被害果内化蛹。桃蛀螟主要为害早中熟桃品种，一个被害果内有时有 2～3 头幼虫；最早年份于 5 月上、中旬发现被害果，部分幼虫也转果为害，后期主要为害桃园附近的向日葵、高粱、玉米、板栗等（彩图 11-176-1）。2003—2004 年在豫西地区陕县的山楂园调查，桃蛀螟为害山楂卵果率在 2%～44%。受桃蛀螟幼虫蛀食的山楂果实多不能完全发育成熟，常变色提早脱落，果内充满虫粪，不可食用，对山楂产量和品质影响很大。

近年研究表明，桃蛀螟在我国一些玉米产区为害日趋严重，主要以幼虫为害玉米雌穗，蛀食玉米籽粒，造成烂穗，并引起严重穗腐病，也可蛀茎，造成植株倒折，导致产量损失，降低玉米品质。幼虫在玉米雌穗上多群聚为害，同一穗上可有多头幼虫为害。黄淮海地区三代桃蛀螟对玉米、高粱、向日葵等为害加重。在某些地区或不同年份，桃蛀螟在玉米上的种群数量和为害程度甚至超过亚洲玉米螟，成为玉米生产的主要害虫。在四川宜宾地区，秋玉米桃蛀螟的为害十分严重，一般被害株率达 30%，重者达 80% 以上。受害田块玉米一般减产 20% 左右，重者达 30% 以上，桃蛀螟已成为该区秋玉米面积推广的严重障碍。

桃蛀螟也在松树和杉树等针叶树上为害。有文献报道，在我国主要为害云南松、高山松、马尾松及桧柏等林木，以幼虫吐丝把嫩梢的针叶、虫粪、碎屑缀合成虫苞，其内有 2～8 头幼虫匿居其中取食针叶，使嫩梢枯萎，甚至整枝枯死，也有少量幼虫为害这些针叶树的球果。

二、形态特征

成虫：体长 9～14 mm，翅展 20～26 mm。全体橙黄色，胸部、腹部及翅上有黑色斑点。前翅散生 25～30 个黑斑，后翅 14～15 个黑斑。腹部第一节和第三至六节背面各有 3 个黑点。雄蛾尾端有 1 丛黑毛，雌蛾不明显。下唇须两侧黑色，前胸两侧的被毛上有 1 个小黑点，体背及翅的正面散生大小不等的黑色斑点，腹部背面与侧面有成排的黑斑（彩图 11-176-2，1）。

卵：椭圆形，长 0.6～0.7 mm，宽约 0.3 mm。初产时乳白色，孵化前红褐色。表面具密而细小的圆形刺点。卵面满布网状花纹。

幼虫：老熟幼虫体长 15～20 mm，体背多暗红色，也有淡褐、浅灰、浅灰蓝等色，腹面多为淡绿色，头暗褐色，前胸背板黑褐色（彩图 11-176-2，2）。各体节具明显的黑褐色毛片，背面毛片较大，腹部一至八节各节气门以上具有 6 个，呈两横列，前排 4 个椭圆形，中间两个较大，后排两个长方形。腹足趾钩为三序缺环。三龄后，雄性幼虫第五腹节有 2 个暗褐色性腺。

蛹：长 10～15 mm，纺锤形，初化蛹时淡黄绿色，后变深褐色。腹部末端有细长卷曲钩刺 6 根。淡褐色，尾端有臀刺 6 根，外被灰白色薄茧。

三、生活习性

桃蛀螟在我国各地每年发生代数不一，在我国北方各省份年发生 2～3 代，华北 3～4 代，西北 3～5 代，华中 5 代。

桃蛀螟主要是以老熟幼虫滞育越冬。越冬场所因寄主植物、发生代数的差异有所不同。豫北地区，桃蛀螟老熟幼虫多在果树下的僵果，石榴园四周种植的玉米、高粱、向日葵秸秆、果树翘皮、残枝落叶等处进行越冬。为害向日葵的桃蛀螟以老熟幼虫在油葵花盘内越冬，少量在油葵茎秆里越冬。越冬桃蛀螟老熟幼虫，在玉米茎秆中占 85% 以上，玉米穗轴中约占 10%，高粱茎秆、高粱穗及石榴烂果及其他处约占 5%，果树皮缝中未发现过桃蛀螟的越冬幼虫；桃蛀螟在夏玉米茎秆上、中、下 3 个部分的分布比例分别是 27.8%、25.0% 和 47.2%，尤以玉米茎秆下部分布比例最大。而在雌穗上，47.2% 桃蛀螟分布在雌穗端部，中部和基部的分布比例分别为 13.2% 和 39.6%。江浙地区蛀食性的桃蛀螟临界光周期在 25℃ 以下为 13h 左右，感受期为整个幼虫期；食叶性的是 13.5 h 左右，感受期为从孵化到四龄期。

　　河北迁西地区桃蛀螟以老熟幼虫在板栗堆放场地、仓库、栗蓬、果肉、树皮缝隙、玉米秸秆、向日葵等处越冬，越冬代幼虫于 5 月上旬羽化成虫，1 年发生 2～3 代。黄淮地区一般 1 年发生 4 代，以第四代老熟幼虫或蛹越冬。4 月上旬越冬幼虫化蛹，下旬羽化产卵；5 月中旬发生第一代；7 月上旬发生第二代；8 月上旬发生第三代；9 月上旬为第四代，之后进入越冬休眠期。四川绵阳，越冬幼虫于翌年 4 月中、下旬开始化蛹、羽化，5 月中、下旬第一代卵高峰期。第一代幼虫主要为害早熟桃果实，第二代除为害中晚熟桃外，还为害玉米等作物。以后各代主要为害玉米、高粱、向日葵、板栗等作物。第三代和第四代寄主分散。世代重叠，幼虫为害至 9 月下旬至 10 月陆续老熟并结茧越冬。桃蛀螟在陕西镇安县 1 年发生 3～4 代，以老熟幼虫在树皮裂缝、树洞、堆果场、储藏库以及玉米茎秆、向日葵花盘等处越冬。越冬代成虫 5 月中、下旬开始羽化，并在桃、杏果上产卵为害，不为害板栗。第一代成虫于 7 月上旬开始羽化，在晚熟桃和石榴上产卵为害。第二代幼虫 7 月中旬发生，蛀食栗果，8 月上、中旬成虫羽化。第三至四代幼虫分别于 8、9 月上中旬发生，第三代成虫 9 月上旬羽化，第四代成虫于 9 月中旬出现。

　　幼虫老熟后多在紧贴于果实的枯叶下结茧，也有少数在被害果内、萼筒内或树下结茧。主要以老熟幼虫在果园内树上、树下的僵果，果园周围种植的高粱和玉米茎秆、向日葵盘和秆、坝堰乱石缝隙、树皮裂缝及堆果场和其他残枝败叶中结茧。

　　桃蛀螟各虫态历期随寄主植物和世代不同有所差异。各虫态发育历期，夏季在室温 24～28℃ 条件下饲养，卵历期（3.65±0.11）d；幼虫一龄期（2.45±0.16）d，二龄期（3.39±0.10）d，三龄期（3.33±0.08）d，四龄期（3.49±0.10）d，五龄期（3.36±0.06）d；蛹期（8.90±0.16）d；成虫产卵前期（2.42±0.12）d，成虫寿命（6.71±0.12）d，1 个世代约 31d。桃蛀螟在温度为 16～32℃ 条件下，均能完成发育，发育历期随着温度的升高而逐渐缩短，但成活率不同。卵的发育起点温度为（8.39±1.45）℃，有效积温为（71.24±6.24）℃；幼虫的发育起点温度为（7.34±1.96）℃，有效积温为（383.73±90.71）℃；蛹的发育起点温度为（11.31±2.56）℃，有效积温为（126.57±26.53）℃。桃蛀螟的有效积温主要集中在幼虫期和蛹期。桃蛀螟以老熟的五龄幼虫能够度过寒冷的冬季，主要在干僵果内、果树老皮缝隙、枝杈树洞内、树干基部土缝、板栗总苞、储果场、土块下、向日葵花盘、玉米和高粱秸秆、玉米穗轴、石榴烂果等场所结茧越冬。越冬场所调查表明：在玉米茎秆中越冬的占 70%～75%，在玉米穗轴中越冬的占 10%～15%，在苹果、石榴、桃、李等果树上越冬的占 7%～8%，在其他秋季禾本科作物茎秆中越冬的占 3%～5%。在马尾松上，越冬幼虫不钻蛀到松梢内部，而是以群集的方式将松针缀织成纺锤形，并以虫粪连接成虫苞，幼虫在虫苞内越冬。室内越冬试验发现，桃蛀螟老熟幼虫是以滞育的形式进行越冬，但滞育深度较浅。25℃ 条件下，滞育临界光周期为 12h51min，属于短光照诱导滞育型；无论在何种光周期条件下，20℃ 温度时幼虫全部进入滞育；而温度为 30℃ 时则全部不滞育。桃蛀螟越冬幼虫的过冷却点与寄主关系密切，一般在 -18～-11℃。成虫有趋光性，成虫白天隐伏在叶片背面等处，夜间活动，对白炽灯（100W）和黑光灯（20W）的趋性中等，对镓钴灯（1 000W）的趋性很强。对诱集黏虫、地老虎的糖醋液也有趋性。雌蛾释放性诱激素吸引雄蛾。

　　桃蛀螟成虫羽化主要是在夜间完成。取食针叶的桃蛀螟多在 22：00～8：00，蛀食性桃蛀螟多在 20：00～22：00 羽化。成虫羽化后 1 d 交尾，需补充营养才能产卵，主要取食花蜜、露水和桃、葡萄等成熟果实的汁液。产卵期 2～7 d，卵多产在果实萼筒内、两果紧靠处及枝叶遮盖的果面或梗洼处、高粱及玉米穗上、向日葵筒状花的蜜腺盘和花萼顶端或花丝及花冠内壁上等较隐蔽处。卵单产，一头雌蛾最多能产卵 169 粒，一般 20～30 粒，果树上每果产卵 1～3 粒，多者 5～7 粒，以两果或三果接触的缝隙处最多。卵椭圆形，初产时乳白色或米黄色，之后逐渐变为红褐色，多于清晨孵化。成虫产卵具有选择性，随果树种类、品种成熟期不同而不同，高粱早熟品种上产卵较早，晚熟品种较晚；桃类晚熟品种着卵量大，水蜜桃着卵量比硬肉桃多，毛桃着卵量比油桃多，最喜产卵于盛花的向日葵花盘、抽穗开花期的高粱及玉米穗、枝叶茂密的桃果上。寄主植物的种类、播期及生育期都会对成虫的产卵情况产生影响，随着种类和播期的不同，寄主上的落卵趋势也明显不同。成虫产卵时对不同寄主植物的生育期也具有选择性，桃蛀螟在玉米上产卵主要集中在玉米抽雄、灌浆和乳熟 3 个时期，在高粱上主要集中在吐穗期和扬花期，而在向日葵上除营养生长期外的其他时期均可产卵。

在板栗上，卵散产于栗蓬针刺间，少数有 2~5 粒粘连，尤以相靠的栗蓬间产卵最多，双蓬和多蓬的为害率占虫蓬数的 95% 以上，单蓬占 4.6%。一至二龄幼虫取食栗刺及有伤口的栗果，蛀入栗蓬后，在蓬皮与果实之间窜食，并排有少量、细小的褐色虫粪，三龄后蛀食健果，蛀孔外排有大量虫粪。一个栗蓬内常有 1~3 头幼虫同时为害，多的可达 6 头以上。幼虫种群在板栗园中全部呈聚集分布，符合负二项分布。幼虫有转果为害的习性，在一个栗蓬中幼虫可连续为害 2~3 个栗果，在储栗场则可在栗实间转移为害更多的栗果。被蛀的栗果不仅失去了食用价值，储藏期间极易被病菌侵染霉变，继而感染好果，导致黑斑病大发生，造成更大的损失。

四、发生规律

(一) 虫源基数

桃蛀螟的发生与作物的品种有密切关系。北京地区播种高粱、玉米和向日葵 3 种作物，其收获前百株虫量分别是 (213.3±39.9) 头、(10.7±5.2) 头和 (2 212.0±150.9) 头。同批播种的向日葵的百株虫量最大，与高粱和玉米上的虫量存在显著差异，玉米的百株虫量最小，高粱的百株虫量居中，这可能与桃蛀螟成虫产卵选择性有关。1990 年甘肃省武都县高粱受害调查表明，紧穗高粱受害率为 100%，虫口密度每株达 2~12 头，最高达 32 头；散穗高粱受害率也达 10% 以上。在板栗园，由于桃蛀螟寄主广泛，在间作板栗园，如园内或周围有桃树、玉米等农作物则发生严重，而单纯的板栗园则发生较轻，这是因为间作的植物招引并积累了虫源，成为桃蛀螟的繁殖基地。

我国各地桃蛀螟发生量随作物的播种时期也有所差异。1995 年江苏省如东县，早播杂交油葵受害株率达 62%，晚播受害株率达 90% 以上。每盘幼虫平均密度 415 头，最高达 21 头，产量损失高达 80% 以上，严重影响杂交油葵产量和品质。1989—1993 年四川宜宾地区秋玉米上百株虫量 137~1 173 头，平均730.9 头，单株最大虫量可达 37 头。2003 年 10 月下旬，对山东莱阳玉米秸秆鳞翅目害虫调查发现，桃蛀螟的种群数量占鳞翅目害虫幼虫总虫量的 80.1%。

(二) 气候条件

桃蛀螟属喜湿性害虫。凡多雨高湿年份，发生严重，一般 4~5 月多雨有利于桃蛀螟的发生，少雨干旱年份则发生较轻。

桃蛀螟老熟越冬幼虫是以滞育形式越冬。越冬幼虫在 20℃ 时发育至蛹的平均发育历期是 47.3d；也有研究表明，春天对桃蛀螟幼虫解除滞育后，在 20℃ 下，雌幼虫从滞育解除到化蛹持续时间是 12.5 d。一些研究表明，长光照能让桃蛀螟越冬幼虫恢复正常生长发育。2006 年对玉米和向日葵上的桃蛀螟老熟越冬幼虫的过冷却点测定结果表明，采自玉米上幼虫的过冷却点平均值为 −16.57℃，向日葵上幼虫的过冷却点较低，平均值为 −18.11℃。结冰点与过冷却点的变化趋势基本一致。桃蛀螟的过冷却点和结冰点较高，不耐低温。低温条件下，桃蛀螟越冬代死亡率很高，最高死亡率可达到 91.3%。

(三) 寄主植物

桃蛀螟对寄主不同品种的为害程度不同，即品种间存在一定的抗性差异，如在向日葵、蓖麻、姜科植物、板栗、高粱和玉米等寄主的品种间存在一定的抗性差异。因而，桃蛀螟在同一寄主作物不同品种上发育历期也就不同，如幼虫的发育历期在抗虫的蓖麻品种 EB 16-A 上长达 26.5 d，而在感虫品种上仅为 19 d。不同板栗品种对桃蛀螟的抗性可能与成虫的产卵选择性以及某些品种总苞特定的内含物对卵及幼虫的抑制作用有关。例如，遵化短刺、东陵明珠、遵达栗、北峪 2 号与遵玉相比具有显著的抗性，其抗性可能与品种的刺苞体积、簇生率有关，虫果率与两者表现出正相关性；河源油栗与农大 1 号相比，具有显著的抗性，河源油栗的蛀果率不到 5%，而农大 1 号蛀果率为 16%~25%。农大 1 号的果实、叶片、结果枝可以散发出吸引雌蛾产卵的挥发物质，特别是果实吸引作用显著大于叶片和枝，而抗性品种河源油栗则吸引作用不明显。红光油栗、薄壳大油栗几乎不受桃蛀螟的为害。因此，通过使用和培育抗性品种可以有效控制桃蛀螟的为害。

(四) 天敌

桃蛀螟的天敌昆虫主要有绒茧蜂 (*Apanteles* sp.)、赤眼蜂 (*Trichogramma* sp.)、黄眶离缘姬蜂

（*Trathala flavo-orbitalis*）、广大腿小蜂（*Brachymeria lasus*）、抱缘姬蜂（*Temelucha* sp.）、川硬皮肿腿蜂（*Scleroderma sichuanensis*）等。捕食性天敌有蜘蛛类，如奇氏猫蛛（*Oxyopes chittrae*）。但田间生产应用方面，目前主要是以释放赤眼蜂来控制田间桃蛀螟的发生为害。

（五）化学农药

化学防治在桃蛀螟的综合防治中仍占有重要地位。特别是在大发生情况下，是必不可少的应急措施。但由于长期使用单一化学农药防治手段，所施药剂多为高毒化学制剂，对农产品的安全生产和生态环境造成很大影响。应做好预测预报，利用黑光灯和性诱剂预测发蛾高峰期，在成虫产卵高峰期、卵孵化盛期适时施药。应选择高效、低毒、环境友好型为主的化学药剂对桃蛀螟开展防治。同时，进一步增加综合防治技术措施，减少化学农药的使用量。

五、防治技术

桃蛀螟寄主多、食性杂、世代重叠，并有转主为害的特点。因此，防治上应采取消灭越冬幼虫、做好预测预报、适期开展综合防治，结合果园管理及时除虫，减少和降低桃蛀螟为害。

（一）农业防治

协调管理和综合农田生态系统多因素，创造一个有利于作物生长而不利于桃蛀螟发生的农田生态环境。利用处理越冬寄主、改革耕作制度、种植抗螟品种、种植诱集田等措施控制桃蛀螟的为害。在第二年桃蛀螟老熟幼虫化蛹羽化前，将玉米茎秆、穗轴、高粱茎秆和穗、向日葵茎秆及花盘等桃蛀螟越冬场所进行处理，压低翌年虫源；调整播种期，根据各地、各作物上桃蛀螟的发生规律，使作物的高危生育期与桃蛀螟的发生高峰期错开。果园周围避免大面积种植玉米、向日葵等作物，避免加重和交叉为害；板栗等采收后在栗蓬开裂时，适时脱粒，可减轻储藏期桃蛀螟的为害。另外，氮、磷和钾肥的用量也与虫口数有关，合理施肥可以控制虫口数量；整枝修剪、摘除虫果、疏果套袋等对桃蛀螟也有一定控制效果。

选择抗虫品种连片种植，避免零星散植。高粱品种中，紧穗品种的受害程度重于半紧穗品种，散穗型品种最轻。板栗品种中，以晚熟油栗型品种对桃蛀螟抗性最强，红光油栗、薄壳大油栗几乎不受为害。早熟桃、李很少受害，硬肉桃较水蜜桃受害程度轻，中晚熟桃、李受害最重。柑橘品种中以中熟品种受害最重，早熟和晚熟品种未发现受害，开脐品种比闭脐品种受害严重。

此外，要及时清除虫源，利用桃蛀螟成虫对向日葵花盘产卵有很强选择性的特点，在玉米田和果园周围种植小面积向日葵诱集成虫产卵，集中消灭，减轻农作物的被害率（彩图 11-176-3）。在果园中通过主干绑草把、主枝绑布条诱集越冬老熟幼虫，早春集中烧毁。也可利用桃蛀螟的嗜食性，在果园附近分期分批种植少量向日葵、玉米、高粱等，招引成虫在其上产卵，等幼虫老熟时，进行深埋或烧毁。

在板栗园，根据桃蛀螟在栗蓬上的产卵部位的选择性，喜在 2 个栗蓬间产卵，可进行人工疏蓬，将双蓬和多蓬者疏间为单蓬可有效减少蛀果率。疏蓬时间宜早不宜晚，以幼蓬黄豆粒到玉米粒大小时为宜。板栗采收后，抓紧时间脱粒，可减轻幼虫在堆放期的转主为害。在栗苞脱粒场所周围，散设砸劈的高粱秆或玉米秆引诱幼虫钻蛀越冬，然后集中烧毁。冬季清除栗园周围的玉米、向日葵等越冬寄主，早春刮树皮并及时处理。

（二）生物防治

选用一些已商品化的生物制剂开展桃蛀螟防治，如病原线虫、苏云金杆菌、白僵菌等。用 100 亿孢子/g 的白僵菌 50～200 倍液防治桃蛀螟，对十四年生马尾松喷药 60 d 后，防治区有虫株率由防治前的平均 24.86% 降至 0.85%，主梢受害率由防治前的平均 14.62% 降至 0.47%，侧梢受害率由防治前的平均 10.23% 降至 0.38%，说明白僵菌对桃蛀螟有很好的防治效果。

此外，在桃蛀螟成虫盛发期和产卵高峰期人工释放赤眼蜂可以有效地控制桃蛀螟的为害。实施有效保护田间的耕作栽培措施，保护自然天敌种群和数量，合理减少化学农药的使用，保护利用自然存在的天敌昆虫来控制桃蛀螟种群。

（三）物理防治

利用桃蛀螟成虫趋光性强的特点，在其成虫刚开始羽化时（未产卵前），使用黑光灯或糖醋液诱集成虫杀灭。也可采用镓钴灯进行诱集。

（四）化学防治

根据性诱剂诱蛾结果，在成虫发生高峰过后 3~5 d 内进行喷药防治。选用 25％灭幼脲 600 倍液、5％杀铃脲 1 000 倍液、2％甲氨基阿维菌素苯甲酸盐微乳剂及吡虫啉、虫酰肼等农药，精细喷洒果面，把幼虫消灭在蛀果前。同时，连片农作物应根据监测情况统一时间统一用药，防治效果较好。

板栗采收后，用药剂熏蒸。在密闭的室内用二硫化碳熏蒸 18~24h，可有效防治桃蛀螟幼虫，并可兼治栗食象甲。二硫化碳熏蒸对板栗的品质、风味、外观及发芽力均无影响，操作简单、经济实用。但二硫化碳气体易着火爆炸，应按说明书小心操作。

郭晓军（北京市农林科学院植物保护环境保护研究所）
于丽辰（河北省农林科学院昌黎果树研究所）

第 177 节　桑 白 蚧

一、分布与危害

桑白蚧 [*Pseudaulacaspis pentagona* (Targioni - Tozzetti)] 属同翅目盾蚧科，别名桑盾蚧、桑白盾蚧、黄点介壳虫、树虱、桃白蚧、桑介壳虫、桃介壳虫。

在国外主要分布于欧洲的英国、法国、意大利、德国、俄罗斯（包括亚洲部分）、乌克兰、波兰、瑞典、瑞士、葡萄牙、荷兰、西班牙、匈牙利、罗马尼亚、前南斯拉夫、希腊；南美洲的哥伦比亚、委内瑞拉、秘鲁、巴西、乌拉圭、玻利维亚、阿根廷；北美洲的美国（本土）、墨西哥、巴拿马、关岛、巴巴多斯、古巴、牙买加、海地、波多黎各、多米尼加、百慕大、多巴哥；大洋洲的澳大利亚、新西兰、斐济、美国夏威夷州；非洲的埃及、马达加斯加、坦桑尼亚、南非、塞舌尔、毛里求斯、佛得角、圣多美；亚洲的朝鲜、韩国、日本、缅甸、印度、以色列、土耳其、伊拉克、伊朗、越南、马来西亚、文莱、印度尼西亚、菲律宾、叙利亚、阿塞拜疆、马尔代夫等国家。我国主要分布于北京、河北、天津、浙江、江苏、广东、广西、湖南、河南、福建、安徽、山东、辽宁、吉林、内蒙古呼和浩特、江西、四川、云南、山西、陕西、甘肃、宁夏、新疆、台湾等地。

目前发现桑白蚧为害的寄主植物已达 55 科 120 属。主要为害桑、桃、杏，此外，还为害李、梨、苹果、梅、樱桃、葡萄、柿、核桃、无花果、枇杷、栗、椰子、芒果、海枣、番石榴、番荔枝、柑橘、芭蕉、木瓜、银杏、猕猴桃、橄榄等落叶和常绿果树，以及胡桃、芙蓉、木槿、翠菊、芍药、红叶李、山茶、梅花、樱花、桂花、牡丹、紫叶李、茉莉、臭椿、榆叶梅、碧桃、金叶女贞、月季、白蜡、可可、茶、悬铃木、白杨、秦皮、皂荚、乌梅、玫瑰、景天、羊蹄甲、夹竹桃、黄蝉花、金丝桃、银叶花、紫珠、玄参、紫薇藤、米甘草、鹤望兰、羊齿、天竺葵、七叶树、铁线莲、构树、花椒、泡桐、合欢、苦楝、芙蓉、苏铁、丁香、梧桐、青桐、国槐、棕榈、榆树、朴树、杨柳、枫树、樟树、榕树、橡胶树、槭树等 100 余种庭园花木和多种经济林。

桑白蚧以若虫或成虫刺吸树木汁液，虫量特别大时可完全覆盖住树皮，相互叠压在一起，造成凸凹不平的灰白色蜡质物，以二至三年生树木受害最为严重。以若虫和雌成虫刺吸多年生枝条的汁液，主要为害二至三年生枝条，严重时造成提早落叶，枝条干枯死亡，树势衰弱，被害枝布满雌成虫灰白色介壳和雄虫蜕皮时的白色粉状物。第二代若虫有时也为害果实，使果面上产生分散的小红点，降低桃果品质。

二、形态特征

成虫：雌成虫体长 0.9~1.2 mm，体色淡黄至橙黄；体阔，倒梨形，略呈五角形，前端阔圆，后端三角形，以后胸部最宽，腹部分节明显，每节的侧缘突出成圆形的瓣，橙黄色。雄成虫体长 0.6~0.7 mm，翅展 1.8 mm，体色橙色至橘红；体瘦长，以中胸为最阔，末端尖削；触角 10 节，念珠状且着细长毛。

卵：椭圆形，长 0.25~0.30 mm，初期为粉红色，后变为橙黄色，孵化前为橘红色。

若虫：初孵若虫淡黄色，体长 0.3 mm 左右，眼、触角、足俱全，腹末有 2 根尾毛；两眼间具 2 个腺孔，分泌绵毛状蜡丝覆盖身体。二龄若虫眼、触角、足及尾毛均退化。三龄若虫均为雌虫，介壳圆形或近圆锥形,直径 1.2 mm 左右,灰白色或灰褐色,具有两个壳点,体长 0.7 mm 左右,淡黄色。

蛹:橙黄色,长椭圆形,长 0.6~0.8 mm;仅雄虫有蛹。

三、生活习性与发生规律

桑白蚧在河北昌黎地区 1 年发生 2 代,以第二代受精雌成虫在二年生以上枝条上群集越冬,翌年 3 月中旬前后,树体萌动时开始吸食为害,虫体迅速膨大,5 月上旬开始产卵,5 月中、下旬为产卵盛期,6 月上旬为产卵末期,雌成虫产卵后干缩死亡,卵期 15 d 左右。5 月中旬开始孵化,5 月下旬至 6 月上旬为孵化盛期。若虫孵化后,先在母壳下停留数小时,然后爬出分散活动 1 d 左右,即在枝条上固定取食。若虫在分散转移后,主要分布于二年生以上枝条,并以背阴面和分枝处较多。在若虫分散转移期,如遇大到暴雨,大量的幼蚧被淋洗掉,为害减轻。初孵化的若虫固定取食 7~10 d 后,即分泌出蜡质,形成绵毛状蜡丝,逐渐形成介壳。雌蚧介壳近圆形,雄蚧介壳长椭圆形,6 月中旬雄蚧开始羽化,6 月下旬为羽化盛期。交尾后,雄成虫死亡。雌成虫 7 月中旬开始产第二代卵,卵期 10 d 左右。7 月中旬开始孵化,8 月中上旬为孵化盛期。若虫为害至 8 月底,雄蚧羽化为第二代成虫,9 月上旬为羽化盛期。交尾后受精雌成虫继续为害至秋末越冬。

桑白蚧在北京平谷地区 1 年发生 2 代,以受精雌虫在枝条上越冬。桃树芽萌动后取食为害,4 月下旬开始产卵,4 月底至 5 月初为产卵盛期,第一代卵的孵化盛期在 5 月 11~25 日,孵化后若虫逐渐从母壳下爬出,分散爬到枝条上固定取食为害,5~7 d 虫体分泌白色蜡质,蜕皮 2 次后分化为雄、雌成虫,交尾后雄虫死亡。第一代雌成虫 7 月中旬产卵,7 月下旬为产卵盛期,第二代卵的孵化盛期在 7 月 28 日至 8 月 13 日,孵化后的若虫继续爬到枝条上为害,8 月下旬发现有若虫为害的桃果,造成果面布满红点,9 月经交配后以受精雌成虫在被害枝条上越冬。

桑白蚧在甘肃兰州地区 1 年发生 2 代,以第二代受精雌成虫在二至三年生的枝条上群集越冬,翌年 2 月底树体萌动时开始吸食为害,虫体迅速膨大,4 月下旬开始产卵,5 月上、中旬为产卵盛期,5 月下旬为产卵末期,卵期 15 d 左右。5 月上旬开始孵化,5 月中、下旬为孵化盛期。若虫孵化后,先在母壳下停留数小时,然后爬出,分散活动 1 d 左右,随即固定在枝条上取食。若虫分散转移后,主要分布于二至三年生枝条上,并以背阴面和分枝处较多。在若虫分散转移期,如遇大雨可冲掉大量幼虫,为害减轻。初孵化的若虫固定取食 10 d 左右以后,即分泌出毛状蜡丝形成介壳,雌蚧介壳近圆形,雄蚧介壳长椭圆形。5 月下旬雄蚧开始羽化,6 月上旬为羽化盛期。交尾后,雄成虫死亡。雌成虫 7 月上旬开始产第二代卵,卵期 10 d 左右。7 月上旬开始孵化,7 月中、下旬为孵化盛期。若虫为害到 8 月中旬,雄蚧羽化为第二代成虫,8 月下旬为羽化盛期。交尾后受精雌成虫一直为害到 10 月下旬。

桑白蚧在豫北地区 1 年发生 3 代,以第三代受精雌成虫在二年生以上的枝条上群集越冬,翌年 3 月中旬开始吸食为害,越冬代成虫的产卵盛期和第一代若虫的孵化盛期分别在 4 月中旬和 5 月中旬,5 月下旬为雄成虫羽化盛期。第一代雌成虫产卵盛期和第二代若虫孵化盛期分别为 6 月中旬和 6 月下旬。第二代若虫盛期后,开始出现世代重叠现象。第二代雌成虫产卵盛期和第三代若虫孵化盛期分别为 8 月中旬和 8 月下旬至 9 月上旬。10 月底进入越冬休眠期。各代若虫孵化以后,先在母壳下短时间停留,然后爬出,多分散在二年生以上枝条上为害,1~2 d 后固定在枝干上,以背阴面和分枝处较多。树体有伤口的地方虫口密度大。若虫孵化 5~7 d 后开始分泌蜡质并形成介壳。

桑白蚧在大连地区每年发生 2 代,以受精雌成虫在枝干上越冬。翌年桃树萌动后,越冬雌成虫开始吸食枝条上的汁液;5 月 1 日前后产卵于介壳下,每头雌成虫产卵数百粒;5 月底至 6 月初出现第一代若虫。若虫爬行在母体附近的枝干上吸食汁液,经 1 周后开始分泌绵状白色蜡粉和蜡质,覆盖体表形成介壳。第二代卵出现在 8 月 1 日前后,8 月中旬为孵化盛期,8 月底至 9 月陆续羽化,秋末进入越冬状态。

桑白蚧在福建省宁德市古田县 1 年发生 4 代,以雌成蚧越冬,且产卵期前发育成熟度一致,第一代卵的孵化集中在 10 d 内完成,幼蚧发生整齐,其卵孵化高峰期即幼蚧盛发期,为 4 月中、下旬。据 1993—1995 年调查,越冬雌成虫 4 月上旬开始产卵,腹下卵初见日为 4 月 3 日、6 日、12 日,4 月中旬为产卵盛期,4 月下旬产卵结束。4 月中旬为开始孵化,枝上幼蚧出现日为 4 月 12 日、14 日、10 日,4 月中旬为卵孵化盛期,距腹下卵初见日 15 d,幼蚧初见日为 7 d,4 月下旬卵孵化结束,卵孵化期集中,一般 10 d 内全部完成。幼蚧分散活动 1 d,5~7 d 开始分泌白色蜡粉,6 月上旬开始羽化,7 月上旬开始产卵,卵孵化盛期为 7 月中旬，第三代 9 月上旬，第四代 10 月下旬，二至四代世代重叠严重。

桑白蚧在黔东南每年发生 3 代，以受精雌成虫固定于枝干上越冬。越冬雌成虫于 2 月下旬开始活动，吸食为害，3 月下旬开始产卵，卵产于介壳下。产卵期介壳的一部分常翘起，虫体外露，越冬代产卵量最高，平均产卵量百粒左右，卵历期 10～15 d。孵化后若虫从壳内爬出分散活动 1 d 左右（极少量停留在雌介壳下面），就在适当位置固定，经 5～7 d 开始分泌棉絮状蜡粉覆盖于体上，以后继续分泌蜡粉形成蜡质介壳。第一代若虫盛期在 4 月中、下旬，5 月上旬固定为害，6 月中旬为雌成虫盛期，6 月下旬为产卵盛期。第二代若虫盛期为 7 月上旬，7 月中旬固定为害，8 月中、下旬为雌成虫盛期，9 月上旬为成虫产卵盛期。第三代若虫盛期为 9 月中旬，9 月下旬固定为害，10 月上旬为雌成虫盛期，以后以受精雌成虫固定在枝干上越冬，直至翌年 5 月中旬结束。4 月上旬至 10 月下旬田间可见各种虫态，世代重叠严重。

四、防治技术

（一）生物防治

桑白蚧的天敌主要有软蚧蚜小蜂（幼虫于桑白蚧雌虫体内寄生）、红点唇瓢虫、李斑唇瓢虫和日本方头甲等。至 2009 年，国内外已报道的桑白蚧捕食性天敌包括 5 目 6 科，共 18 种；寄生性天敌包括 1 目（膜翅目）5 科，共 32 种。因此，应尽量做到在介壳虫成虫期不盲目施药，避免杀伤天敌。

（二）物理防治

加强肥水管理，增强树势；结合冬季修剪，剪除介壳虫寄生严重的枝条，集中烧毁或用硬刷将枝条上的介壳虫刷掉，刷除部位主要是二至三年生枝条。在冬天最冷时，用喷雾机往树上喷清水，在树枝上结一层薄冰，下午用木棍敲打或振动树枝，使冰与虫体一起振落。

（三）化学防治

花芽萌动期是防治桑白蚧的最佳时期，可在果树发芽前（3 月中旬），用 0.1％二硝基磷甲苯酚油乳剂（含油 3％）和 5 波美度石硫合剂对休眠的桑白蚧进行防治。当介壳虫出蛰为害时（4 月下旬至 5 月初），用 20％噻嗪·杀扑磷乳油 800 倍液进行防治。若虫孵化盛期（5 月中旬和 7 月末）是药物防治介壳虫的较佳时期，药液能进到壳下杀死壳内的虫体，也能触及爬出的若虫，将其杀死。常用的药剂有 48％毒死蜱乳油 1 000～1 200 倍液、2.5％溴氰菊酯乳油 1 500～2 000 倍液，每隔 7～10 d 喷 1 次，连续 2～3 次。介壳虫的羽化期是又一个防治的较佳时期（6 月中旬开始羽化，6 月下旬为羽化盛期，8 月下旬开始羽化，8 月末为羽化盛期），此时可以用 52％毒死蜱·氯氰菊酯乳油 1 200～1 500 倍液和 10％氯氰菊酯乳油 1 500～2 000 倍液防治。

黄宁兴（北京市农林科学院植物保护环境保护研究所）

第 178 节　二斑叶螨

一、分布与危害

二斑叶螨（*Tetranychus urticae* Koch）属蜱螨亚纲真螨目叶螨科，别名棉红蜘蛛。

20 世纪 80 年代前，在我国（除台湾外）未发现有二斑叶螨的发生。1983 年，董慧芳在北京天坛公园的一串红上首次发现该种，后扩散至郊区果园。随后，1988 年在河北献县发现其为害枣树，1989 年在山东招远苹果树上发生为害，随之栖霞、临沂、烟台等 14 个市、县相继发生且部分果园已泛滥成灾。1990 年，在甘肃天水、兰州，河北昌黎县的苹果园零星发生，至 1994 年天水县已扩展到 30 多个乡村果园，而且还在继续蔓延。1994 年在宁夏银川，河北黄骅等地苹果园也有二斑叶螨为害的报道。

二斑叶螨从 20 世纪 90 年代开始成为为害果树的新害螨种类。在山东、辽宁、陕西等省份成为果树的第一大害螨，严重威胁果树业生产。

二斑叶螨在我国主要分布于北京、河北、辽宁、陕西、甘肃、山东、安徽、江苏、台湾等地。国外主要分布于前苏联、日本、英国、土耳其、地中海沿岸、美国北部、南非、摩洛哥、澳大利亚、新西兰等地。二斑叶螨是世界性的重要害螨，寄主包括果树、蔬菜、棉花、木薯、花卉及杂草等 140 余科 1 100 多种植物。

　　二斑叶螨的寄主范围广、食性杂，果园内所有杂草几乎都可寄生，如宽叶独行菜、田旋花、羊角草、灰藜、苋菜、稗草、狗尾草、苦荬菜、苣荬菜、车前等。园内套种的棉花、玉米、高粱、蚕豆、马铃薯、番茄、菜豆、茄子、辣椒、菊芋等都是二斑叶螨的寄主。另外，苹果、桃、杏、李、枣、山楂、葡萄、核桃、沙枣、野蔷薇等也是二斑叶螨的寄主。

二、形态特征（彩图 11-178-1）

　　成螨：雌成螨呈卵圆形，体长 0.45～0.55 mm，宽 0.30～0.35 mm，呈黄白色或浅绿色，足及颚体白色，越冬代滞育个体为橘红色，体躯两侧各有 1 个褐斑，其外侧 3 裂，呈横"山"字形，背毛 13 对。雄成螨身体略小。体长 0.35～0.40 mm，宽 0.20～0.25 mm，淡黄色或黄绿色，体末端尖削，背毛 13 对，阳茎端锤十分微小，两侧的突起尖锐，长度约等。

　　卵：圆球形，有光泽，直径 0.1 mm，初产时无色，后变淡黄或红黄色，临孵化前出现 2 个红色眼点。

　　幼螨：半球形，淡黄色或黄绿色，足 3 对，眼红色，体背上无斑或斑不明显。

　　若螨：椭圆形，黄绿色或深绿色，足 4 对，眼红色，体背有两个斑点。

三、生活习性与发生规律

　　二斑叶螨在北京昌平区每年发生 10～13 代。1997 年，由于高温干旱有利于该螨的发育，发生 13 代。早春 3 月底至 4 月初开始出蛰，4 月中旬为出蛰盛期，到 5 月中旬还有刚出蛰的雌成螨，整个出蛰期持续 1 个半月。在越冬型雌成螨的体色还未转变颜色时即开始产卵，到产卵盛期，体色渐渐变浅，褐斑渐显。1997 年，4 月初为第一代产卵初期，4 月中旬为盛期。由于越冬螨出蛰期长，因此第一代产卵期、幼螨期、若螨期都很长。从第二代开始，就出现严重的世代重叠现象。随气温的升高和害螨繁殖数量的加大，逐渐从地下杂草向树上、从树冠内向树冠外围扩散，第二代成螨至第三代若螨期是该螨上树为害的始盛期。据 1997 年 9 月底的田间调查，已有近 1/3 的雌成螨呈越冬滞育型体色，进入越冬场所，部分成螨则继续产卵，发生第十三代。到 10 月上旬雌成螨开始越冬。

　　在山东临沂 1 年发生 8～9 代，在果树根颈部、翘皮裂缝处及杂草根部、落叶覆盖等处群集越冬。3 月中、下旬平均气温达到 10℃ 左右时，越冬螨开始出蛰，至 6 月中旬以前二斑叶螨（白螨）主要在苹果树下的阔叶杂草或果树根萌蘖及一些豆科植物上取食活动，当平均气温达到 13℃ 以上时开始产卵，卵一般经 2～18 d 孵化，4 月底至 5 月初为第一代幼螨孵化盛期。6 月以后二斑叶螨（白螨）陆续上树，一般先在树冠内膛和下部的树枝上为害，逐渐向整个树冠蔓延。7 月中、下旬开始虫量急剧上升，发生鼎盛期在 8 月中旬至 9 月中旬，单叶活动螨最多可超过 300 头，9 月下旬（尤其是雨后）虫量逐渐降低，10 月中旬开始出现越冬型雌成螨并相继入蛰。在山东胶州 1 年发生 12～15 代，2 月平均气温达 5～6℃ 时，越冬雌螨开始活动；3 月平均气温达 6～7℃ 时开始产卵，卵期 10 d 以上；成螨开始产卵至孵化盛期需 20～30 d。以后世代重叠，随气温升高繁殖加快，23℃ 时完成 1 代约需 13 d，26℃ 时需 8～9 d，30℃ 以上时需 6～7 d。越冬雌螨出蛰后多集中在宿根性杂草上为害、繁殖，果树发芽后转移到果树上为害、繁殖，7 月至 8 月中旬为猖獗为害期，持续干旱高温使二斑叶螨的发生和为害急速加剧，进入雨季虫口密度迅速下降，为害基本结束。但若再遇高温干旱可再度猖獗为害，至 9 月气温下降陆续向杂草转移。

　　二斑叶螨在甘肃天水主要为害苹果，平均每年发生 7 代，以雌成螨越冬，翌年 3 月 16 日出蛰，至 4 月 13 日结束，历时 1 个月。出蛰盛期为 3 月 25 日至 4 月 5 日，4 月上旬出现淡绿色个体并开始产卵，至 5 月中旬孵化的幼螨约占总活动螨数量的 20%；6 月底至 7 月初为螨量剧增期；7 月中旬至 8 月下旬为猖獗发生为害期，平均单叶螨量 34～190 头，严重受害树每片叶高达 300 头以上；8 月底开始越冬。

　　二斑叶螨的繁殖速度快、抗药性强，在 30℃ 以上 6～7 d 即完成 1 代，平均每雌产卵 100 粒。遇持续高温干旱天气，螨量急剧上升。用 20% 甲氰菊酯乳油、25% 三唑锡可湿性粉剂、73% 克螨特乳油等防治阿拉尔市郊区香梨上的二斑叶螨，均不能达到理想的防治效果。有机磷类药剂和拟除虫菊酯类药剂防效也不理想，防治效果最高不超过 50%，因此为害严重。

　　二斑叶螨的隐蔽性强，成、幼螨多集中在寄主幼嫩部分刺吸汁液，尤其是尚未展开的芽、叶和花器。

被害叶片增厚僵直，变小变窄，叶背呈黄褐色或灰褐色，带油渍状或油质状光泽，叶缘向背面卷曲。幼茎变黄褐色或灰褐色，扭曲、花蕾畸形，受害重的则不能开花。二斑叶螨主要在叶片背面吸取汁液，造成叶背发黑，叶片正面出现大量褪绿小点，严重时整叶发黄，造成落叶。二斑叶螨还群集在如香梨等果实萼洼处群集为害，被害处出现黑斑，影响果实色泽，口感变差，品级降低。

四、防治技术

一是抓好地面防治，把害螨消灭在上树前。根据二斑叶螨越冬后翌春都要爬到地面杂草和果树根蘖上为害然后再上树的规律，应首先抓好地面防治，把害螨消灭在越冬场所和上树之前，这是防治的关键。①秋、冬季落叶后刮除树干粗老翘皮，连同枯枝落叶清理出果园集中烧毁；②秋、冬土壤耕翻和冬灌；③4月底前全面除草1遍，并剪除果树根蘖，铲除地面寄主；药肥涂干，把害螨消灭在上树过程中；5月中旬进行药肥涂干，即在氨基酸复合微肥（或易被树干吸收而又不易干燥的其他复合微肥）中加入哒螨灵或唑螨酯等乳油类药剂涂在树干上。受精雌成螨从9月初开始渐渐下树越冬，在8月下旬进行树干绑草，诱集下树害螨在此越冬。于冬季至春季出蛰前，解除绑草集中烧毁，消灭越冬成螨，减少春季越冬害螨基数。

二是加强土肥水管理，增强树势，合理修剪，改善通风透光条件，合理负载，加强其他病虫害综合治理，这些都是防治二斑叶螨的重要基础。

三是与生物防治结合进行综合防治，适时合理交替使用高效、低毒、低残留、低污染农药进行防治，阿维菌素都能够有效地杀死害螨。

黄宁兴（北京市农林科学院植物保护环境保护研究所）

第 179 节　桃红颈天牛

一、分布与危害

红颈天牛（*Aromia bungii* Faldermann）属鞘翅目天牛科，又名红脖子老牛、钻木虫、铁炮虫，是核果类果树的主要害虫。属东洋、古北区系共有种。1835年Faldermann氏根据内蒙古标本定名，载于 *Mem. Acad. Sc. St. Petersb.* 第二卷中。桃红颈天牛由于为害桃和前胸红色而得名，实际上在我国存在红颈和黑颈两种色型，福建、湖北等省两种色型个体均有，而长江以北如河北、山西等地只有红颈个体。黄颈则为其近似种桃黄颈天牛（*Aromia faldermannii* Saunders），属东洋、古北区系共有种，1850年Saunders氏据华北标本定名，载于《伦敦昆虫学会汇刊》第二卷中。

桃红颈天牛分布广泛。在我国北起辽宁（北镇）、内蒙古（赤峰、呼和浩特、包头），南至福建（华安、厦门）、广东（深圳）、广西（梧州）、云南（文山），东面滨海，西达陕西、宁夏、甘肃，折入四川、云南等均有分布。国外分布于朝鲜、前苏联。

该虫食性较杂，据不完全统计，寄主有桃、杏、李、郁李、梅、樱桃、苹果、梨、石榴、核桃、板栗、海棠、柳、垂柳、榆、栎、栾、苹樱、清水樱、柿、柰、杨、花椒、桑等。主要为害桃、樱桃、李、杏等，随着华北地区核果类果树栽培面积的逐年增大，果园受红颈天牛为害的面积也逐渐增大。该虫主要是以幼虫蛀食树干，用咀嚼式口器取食韧皮部、木质部和形成层，蛀成弯曲的孔道，把虫粪排出孔外。造成皮层脱落，引起流胶，树干中空，削弱树势，叶片变小且枯黄，造成减产，缩短树的寿命，严重者造成枝干枯死，甚至整株枯死。近年来，该虫在我国桃树栽培区均已造成了危害，特别是盛果期以后的成龄果树受害更为严重。

二、形态特征

成虫：体长28～37 mm，宽8～10 mm。体黑色发亮，前胸背面大部分为光亮的棕红色或完全黑色（彩图11-179-1，1）。前胸背板红色，背面有4个光滑瘤突，具角状侧枝刺；鞘翅翅面光滑，基部比前胸宽，端部渐狭；成虫有两种色型：一种是身体黑色发亮和前胸棕红色的红颈型，另一种是全体黑色发亮的黑颈型。头顶部两眼间有深凹。触角蓝紫色，基部两侧各有1叶状突起。前胸两侧各有刺突1个，背面有4个瘤突。鞘翅表面光滑，基部较前胸为宽，后端较狭。雄虫身体比雌虫小，前胸腹面密布刻点，触角比身体长 4～5 节。雌虫前胸腹面不具刻点，但密布横皱，触角超过虫体 2 节。

卵：长圆形，乳白色，长径约 1.5 mm。也有报道卵上端较尖，下端较钝圆，略呈芝麻形。光滑，颜色浅绿，成熟时转为淡黄色。其平均长 1.68 mm，宽 0.78 mm。

幼虫：初龄幼虫乳白色，近老熟时稍带黄色。老熟幼虫体长 42～52 mm，头部黑褐色，较小。前胸扁平，方形，较宽阔。身体前半部各节略呈扁长方形，后半部稍呈圆筒形，体两侧密生黄棕色细毛。前胸背板前半部横列 4 个黄褐色斑块，背面的两个各呈横长方形，前缘中央有凹缺，后半部背面淡色，有纵皱纹；位于两侧的黄褐色斑块略呈三角形。胴部各节的背面和腹面都稍微隆起，并有横皱纹（彩图 11-179-1，2）。

蛹：体 35 mm 左右，初为乳白色，后渐变为黄褐色。前胸两侧各有 1 刺突。前胸背板上有两排刺毛。

三、生活习性

桃红颈天牛一般 2～3 年完成 1 代。第一代当年以幼龄、第二年以老熟幼虫在蛀食的虫道内越冬。4～6 月，老熟幼虫黏结粪便、木屑在木质部做茧化蛹；6～7 月化蛹，成虫 6 月中、下旬发生，6 月下旬至 7 月上旬产卵，10 月下旬幼虫开始越冬。各地成虫出现期自南至北依次推迟。福建和南方各省于 5 月下旬盛发成虫；湖北于 6 月上、中旬成虫出现最多；成虫终见期在 7 月上旬；河北成虫于 7 月上、中旬盛发；山东成虫于 7 月上旬至 8 月中旬出现；北京 7 月中旬至 8 月中旬为成虫出现盛期。

羽化后的成虫先在蛹室中停留 3～5 d，然后钻出，雨后最多。晴天中午成虫多停留在树枝上栖息。成虫遇惊即行飞逃，并放出一股刺鼻臭味，飞行距离为 10～60m。雄虫则爬行躲避或掉落。

羽化 2～3d 后交尾，卵产于枝干树皮缝隙中，以近地面 30cm 左右范围内较多，卵期 7 d 左右。产卵时间集中在 8：00～18：00，每头雌虫产卵 91～734 粒，平均 324.6 粒。该虫除进行两性生殖外，还可孤雌生殖。雌虫寿命 53.3～54.1 d，雄虫寿命 47.5～48.8 d。

幼虫孵化后先在树皮下活动，取食粗皮下的腐烂组织，逐渐蛀食至韧皮部，当年不断蛀食到 10 月后开始越冬。翌年惊蛰后活动为害，直至木质部，逐渐形成不规则的迂回蛀道（彩图 11-179-2）。一般每虫 1 个蛀道，也有多个蛀道，彼此相通，但与另一幼虫蛀道不通。蛀道呈椭圆形，接近老熟幼虫所蛀孔道长 15～36 cm。虫道内除幼虫活动场所外，多积满虫粪及木屑，并咬 1 排粪孔，排出粪便及木屑。蛀屑及排泄物红褐色，常大量排出树体外，老龄幼虫在秋后越第二个冬天，第三年春季继续为害。

幼虫老熟后，在孔道末端调头反转，两端用木屑堵紧，并在一端用分泌物黏结 1 白色蛹室，在内化蛹。成虫羽化后，在蛹室内停留一段时间，而后将蛹室扒开，由蛀入孔爬出。

四、发生规律

桃红颈天牛整个世代大部分时间以幼虫在树干内蛀食为害，往往多头不同龄的幼虫，在同一被害处生存，它们在各自的隧道内活动，因此为害面积很大，极易造成树干枯死。据报道，桃园经颈天牛的发生有以下特点。

（一）分布情况

因成虫有远距离飞翔能力，雌成虫产卵数量多，又是散产，所以该虫在桃园中分布比较普遍。卵主要分布在树干基部或较大侧枝上，主干距地面 17～50 cm 范围内的卵占总卵量的 63.8%，主干上东、南、西、北 4 个方位上的卵量百分比分别为 31.95%、24.9%、19.3% 和 24.9%。主枝上从主干基部开始至 90 cm 内均有分布，但多数在距主干 30 cm 内，背面的占枝上总蛀孔数的 78.7%。桃红颈天牛幼虫在桃园属于聚集分布中的负二项分布，分布的基本成分是个体群。

（二）树龄和树势

桃红颈天牛主要为害十年生以上的桃树，成虫不在十年生以下的树上产卵。十五年生以上的桃树受害更为严重，各个品种都能受害。衰老的桃树受害严重，生长茂盛的桃树受害轻，生长弱的桃树受害重。但在为害严重的地方，生长苗壮的桃树也难免受害。

（三）发生与气候

桃红颈天牛对温度的适应范围广，7～39℃ 都能生长发育。最适适发生的环境温度为 31～36℃，相对湿度为 50%～60%。在成虫发生期，温度越高，成虫活动越频繁。据连续观察，一天中 10：00～16：00

温度达 31℃ 以上时，成虫出现最多，也最活跃。晴空烈日成虫出现最多，阴雨天很少见到成虫。在园中也可见到雨后幼虫排出的粪便比雨前骤增，原因可能是幼虫在干旱时取食较少，雨后取食较多。卵由于是散产，而且有一部分卵露在缝隙处，黏着不牢，很容易被大雨冲刷掉。因此，在产卵期急风暴雨可降低卵的孵化率。

五、防治技术

（一）农业防治

1. 对受害严重或死亡的植株或大枝，要及时刨除（连根挖掉），尽快烧毁或剥皮后长时间浸水处理，杀死其中幼虫。剩余苗木用石硫合剂涂刷树干，减少虫源。

2. 要注意加强管理，尽量保持园内通风透光，提高树势。桃园周围不要栽植樱桃、杏、李、梅、苹果等果树，以免交叉为害。

（二）诱杀成虫

桃红颈天牛成虫对糖醋液有趋性，有报道用糖、醋、酒各 1 份 0.5 份 1.5 份，敌百虫（或其他杀虫剂）0.3 份，水 8～10 份配成诱杀液，装入盆或罐中，挂在园中离地 1m 高处诱杀。

（三）人工捕杀

1. 成虫 利用成虫午间静息在枝条及假死习性，人工振落捕杀。

2. 产卵期 根据红颈天牛多在主干或主枝基部的缝隙处产卵的习性，检查树体，发现产卵痕迹及时刮除。

3. 低龄幼虫 幼虫孵化后尚未进入木质部在皮层为害时，发现新鲜虫粪处，用细钢丝或小刀挖出幼虫，人工杀死。也可在翌年春季检查枝干，一旦发现枝干有红褐色锯末状虫粪，即用锋利的小刀将在木质部中的幼虫挖出杀死。

4. 高龄幼虫 蛀入木质部的幼虫有大量的木屑和粪便排出，可用铁丝或铜丝伸入孔内刺杀。但此方法只适合较直且不弯曲的蛀道。

（四）产卵忌避

1. 包扎树干 利用成虫集中产卵于主干和主枝基部的习性，于成虫产卵前用塑料薄膜包扎树干着卵部位，阻隔其产卵。

2. 涂白树干 利用桃红颈天牛惧怕白色的习性，在成虫发生前对桃树主干与主枝进行涂白，使成虫不敢停留在主干与主枝上产卵。涂白剂可用生石灰、硫黄、食盐、动（植）物油、水按 10：1：0.2：0.2：40 的比例进行配制；也可用当年的石硫合剂的沉淀物涂刷枝干，涂白主干高度一般 1 m 以下。

（五）生物防治

桃红颈天牛有许多捕食和寄生天敌，如啄木鸟、喜鹊等鸟类，肿腿蜂等寄生蜂，壁虎和寄生线虫等，应加以保护利用。

1. 药用植物塞孔 野生芫花植物含芫花素、苯甲酸等毒性物质，可将其枝茎或主干剪截成 3～7 cm，插入天牛新鲜排粪孔 3～6 cm，塞紧塞实后用黄泥涂抹孔口。

2. 释放寄生蜂 人工繁育释放管氏肿腿蜂等防治天牛。

3. 白僵菌 主要有虫孔堵塞法、注射法、滴注法、黏膏涂孔法、菌液喷干法等。

4. 花绒坚甲 现已成为防治天牛最有价值的优势天敌。

5. 病原线虫 果园推广使用量为 3 万～4 万条/mL，最佳施用时间为 7：00～19：30，适宜气温 20～30℃。常用注射法或海绵法施用。

（六）药剂防治

1. 成虫发生期前 华北地区约在 6 月 20 日，用 25％甲萘威可湿性粉剂 200 倍液或高效氯氰菊酯类农药 500 倍液加适量黏泥涂刷主干和大枝基部（距地面 1.2m 内），毒杀卵和初孵幼虫。成虫出洞前，用三合土或水泥封闭羽化孔，将其闷死在蛀道内。

2. 虫孔施药 幼虫蛀入木质部时剔除排出蛀孔外的新鲜虫粪，然后可使用磷化铝片、磷化铝丸、磷化锌毒签、新型熏杀棒、棉球蘸 50％敌敌畏（或 40％乐果）塞虫孔；或用乙酰甲胺磷、杀螟松、敌敌畏等药剂 20～40 倍液用注射器注入蛀孔，并取黏泥团压紧压实虫孔。

3. 包扎熏蒸 清理蛀孔处的新鲜粪渣，并用小刀撬开排粪孔周围皮层，随即塞入磷化铝片剂毒杀幼虫；或用 50％敌敌畏乳油 40 倍液，搅拌后和黏土混合成药泥涂干。再用塑料薄膜粘贴在稀泥表面并环绕缠紧，上下扎紧。

4. 局部点涂　用 80％敌敌畏乳油 40 倍液或加 10％煤油点涂在排粪处，隔 7 d 再涂 1 次。

5. 喷干防治　于 7～8 月成虫发生盛期和幼虫初孵期，在树体上喷洒 77.5％敌敌畏 800 倍液或 40％氧乐果乳油 800～1 000 倍液。

张帆（北京市农林科学院植物保护环境保护研究所）

第 180 节　桃卷叶蛾

一、分布与危害

桃卷叶蛾 [*Acleris fimbriana* (Thunberg et Becklin)，异名：*Acalla albistrigana* Petersen，*Peronea crocopepla* Meyrick 等] 属鳞翅目卷蛾科，别名黄斑卷叶蛾、苹果卷叶蛾、黄斑长翅卷蛾。国内分布于北京、河北、天津、辽宁、山东、山西、陕西，国外分布于韩国、日本、俄罗斯（远东）及欧洲。幼虫为害桃、李、杏、山丁子、海棠、苹果等。

据初步调查，目前桃卷叶蛾在新疆仅在库车县有发生，邻近的轮台县及阿克苏市尚未发现该虫为害。在当地主要为害桃、杏、苹果、梨、酸梅、杜梨，对不同寄主的危害性从大到小的顺序为桃、杏、酸梅、梨、苹果、杜梨。

二、形态特征

成虫：翅展 17～21 mm。成虫从体色可分为夏型和越冬型。夏型成虫的头部、胸部和前翅呈金黄色，翅面上有许多分散的银白色竖起的鳞片丛，后翅灰白色，复眼灰色。越冬型成虫的头部、胸部和前翅呈深褐色或暗灰色，后翅比前翅颜色略淡，复眼黑色。雄性外生殖器：背兜小；尾突狭长而下垂，末端有毛；抱器瓣宽，有明显抱器背；抱器腹基部宽，中部凹陷，末端向上弯曲；抱器端的指突宽大；阳茎强壮而弯曲；阳茎针 5 枚。雌性外生殖器：囊导管近交配孔处强烈几丁质化；囊突圆形，星状。

卵：扁椭圆形。越冬型卵白色，后变淡黄，孵化前为红色。夏型卵淡绿色，翌日变为黄绿色，孵化前深黄色。

幼虫：老熟幼虫体长 22 mm 左右。初孵幼虫乳白色，头部、前胸背板及胸足黑褐色。二至三龄体黄绿色。四至五龄时，头部、前胸背板及足变为淡绿褐色。

蛹：长 9～11 mm。

桃卷叶蛾各虫态形态特征见彩图 11-180-1。

三、生活习性

在华北每年发生 4 代，以越冬型成虫在杂草、落叶内越冬。第二年 3 月下旬开始飞舞交尾，4 月中旬在枝条芽两侧产卵。6 月中下旬、7 月上旬、9 月上中旬及 10 月中下旬是各代成虫主要出现期。

四、发生规律

桃卷叶蛾幼虫发生量从大到小依次为第一代、第二代、第三代。主要原因是第二代幼虫受捕食性、寄生性天敌及高温的影响较大，第三代则是因为果树后期生长势减弱，嫩芽新梢数量减少，可供幼虫产卵、取食的部位减少。而幼虫的历期从长到短依次为第一代、第二代、第三代。

五、防治技术

（一）农业防治

秋季桃树全部落叶后及时清除果园落叶杂草，消灭其中越冬成虫。树干涂白：当地一般用水 18 kg、生石灰 6 kg、食盐 0.5 kg、硫黄 1 kg 和动物油 0.1 kg 熬制成石硫合剂，再以石硫合剂与生石灰按照 3∶1 的比例配比成涂白剂，在 2 月下旬树体萌动前普遍进行涂白，春天在幼虫为害初期人工摘除虫苞杀灭幼虫。

（二）物理防治

1. 灯光诱杀　利用成虫对黑光灯有趋性进行诱杀，实践证明桃卷叶蛾成虫对频振式杀虫灯的趋性不如黑光灯强，故多采用黑光灯。

2. 糖醋液诱杀　糖醋液配制方法：糖 5 份、酒 5 份、醋 20 份、水 80 份。将糖醋液装于瓶中挂在树冠下，5～7 d 更换 1 次糖醋液。

（三）化学防治

在春天桃树发芽前用 3～5 波美度石硫合剂进行树体喷雾。第一代幼虫盛发期一般在 4 月下旬至 5 月上旬，选用菊酯类农药 1 000～2 000 倍液、5％除虫菊素乳油 800～1 000 倍液、48％毒死蜱 1 000 倍液、90％敌百虫 1 000 倍液进行防治，若发生严重用药 1 周后再补喷 1 次，二至三代幼虫用药时间则分别为 6 月中、下旬和 8 月下旬。

朱朝东（中国科学院动物研究所）

第 181 节　　桃潜叶蛾

一、分布与危害

桃潜叶蛾［*Lyonetia clerkella* (Linnaeus)］属鳞翅目潜蛾科，亦称桃线潜蛾、窄翅潜叶蛾。

桃潜叶蛾在我国广泛分布（除广东、广西和海南外），各桃主产区均有分布，尤以北方为多。国外分布于日本、朝鲜、俄罗斯、印度、中亚至欧洲、北非、马达加斯加等地。桃潜叶蛾寄主植物包括桃、山桃、榆叶梅、李、杏，国外记录的寄主植物包括苹果、山楂、梨、樱桃等蔷薇科植物，也可寄生其他植物，如多种桦树（*Betula* spp.）、月桂等。

桃潜叶蛾在欧洲的为害已有超过百年的记录，主要为害苹果和樱桃，Berg 列出了 1897—1945 年在欧洲大发生的时间和地点，其中也包括 1928 年和 1933 年在日本的大发生。

在我国，1951 年报道了桃潜叶蛾（桃线潜蛾）是北京地区常见的两种潜叶蛾之一。直到 20 世纪 70 年代中期，山东烟台、辽宁锦州均发现桃潜叶蛾对桃的为害，随后桃潜叶蛾在不少桃主产区局部或大面积为害，开始成为桃生产的主要害虫之一。7～8 月发生最多，在早、中熟品种的采收季节，由于桃园不能用药，常常出现鲜桃采收完毕，桃叶已落光，甚至桃未收完而叶已落尽的现象，严重影响了桃树的生长。桃潜叶蛾的为害不但造成落叶，影响正常的光合作用，还造成减产。桃树的落叶与每叶上的幼虫数量相关，通常 9 月幼虫数量最高，落叶也最多，估计每叶上有 2 头幼虫可造成落叶。在桃潜叶蛾受害较重的桃园，落叶率为 57.1％；受害较轻的桃园，落叶率为 12.8％；而未受害叶片的光合强度比受害叶片高 20.8％。桃园受桃潜叶蛾为害后，桃减产幅度为 12.9％～22.9％，平均减产 18.3％（彩图 11-181-1）。

随着对桃潜叶蛾生物学特性的深入研究，一些防控措施相当有效，结合当地实际，采取多种措施，可有效地控制桃潜叶蛾的种群数量。

二、形态特征

成虫：体长 2.5～3.0 mm，翅展 6.5～8.0 mm。成虫分为冬型、夏型及过渡型。触角丝状较长，可伸达接近翅端，灰褐色，基部白色（有时触角大半白色而端部灰褐色），触角基部扩大，成为白色眼罩；下唇须尖而下垂，长超过复眼长轴，基部白色，渐向端部变黄棕色；头部被光滑白色鳞片，头顶具一簇白色冠毛；前翅银白色，狭长，翅端尖细，具长缘毛；翅端 1/3 处具 1 椭圆形黄褐色斑，翅端缘毛上具 1 圆形黑斑，其上侧和下侧常具黑褐色缘毛，呈"＜"形；两斑连线的上方具 3 条黄褐色纵纹（有时这些条纹不明显），下方具黄褐色大斑。越冬型成虫前翅的大部黑褐色，有时还有过渡型，翅基具较小的黑褐色纵条纹。雄性外生殖器背兜发达，其尾突特化为 1 对黑色三角形骨化突，背兜内侧中部具 1 对叶状突，围住阳茎；抱器瓣细长，略呈棒状，背面长有鳞状毛片；阳茎棒形，基部稍粗。雌性外生殖器产卵瓣无毛，表面密生短锥体；1 对后表皮突长于前表皮突，端部尖锐，伸出产卵瓣外，成为插入叶表的产卵器；交配囊中后部具 1 短钉形囊突，其前方具长条形（长米粒形）褐色区域，表面颗粒状。

卵：扁椭圆形，柔软，长约 0.30 mm，位于叶背的表皮下，叶面可见一椭圆形稍鼓起的卵包，初产时绿色，后逐渐变黄，一侧具产卵时留下的开口。

幼虫：体稍扁，淡绿色，体两侧稍带黄色，头淡棕色。幼虫 3 龄，老熟幼虫体长 4.6～6.7 mm，头宽约 0.35 mm；胸足 3 对，黑色（也可从叶正面观察到），三角形，腹足短小，端生单序椭圆环形趾钩；雄性幼虫腹部第五节背面可见黄色斑（部分扩至第六节）。一、二龄幼虫体小，一龄头宽约 0.18 mm，体长约 0.5 mm，二龄体长约 2.0 mm，头宽约 0.26 mm，胸、腹足不明显，不具黑色的胸足，易与三龄区分。

蛹：体长 2.9～3.3 mm，细长，淡绿色，触角长，末端超过腹末，呈 2 个圆锥形长突起，羽化前呈灰白色。茧长椭圆形，白色，两端具长丝，黏附在叶片、树干等基质上。

三、生活习性

桃潜叶蛾 1 年发生的代数随着纬度的不同而有差异，在我国桃主产区 1 年发生 5～7 代。日本可发生 5～9 代。北京 1 年发生 6 代，以冬型成虫在小石坝缝、较厚的杂草落叶下越冬，少量在树皮裂缝内越冬，成虫多飞到桃园附近的梨、栗、杨等树皮缝内、翘皮下、杂草、落叶和石块下越冬，原因在于桃树树皮的翘皮较浅而少，不利于成虫越冬，而梨、苹果等树具较深的树皮裂缝。另据报道，在上海，桃潜叶蛾以蛹或老熟幼虫在落叶、枝杈、树皮裂缝或土块缝隙、田边杂草等处茧内越冬，其实是以成虫越冬，由于后期发生不整齐，一部分幼虫或蛹还没有完成发育，桃树开始落叶，这些幼虫及蛹由于冬季到来而死亡，或已化蛹的一部分可羽化为成虫；如果在 12 月或以后观察，则没有越冬的幼虫或蛹。

在北京，通过桃树果枝上罩纱网饲养，通过连续 3 年观察，1 年 6 代发生时间如下：越冬代成虫 3 月上旬至 4 月下旬出蛰活动，第一至五代成虫活动期分别为 5 月中旬至 6 月上旬、6 月中旬至 7 月上旬、7 月中旬至 8 月上旬、8 月上旬至 8 月下旬、8 月下旬至 9 月下旬，第六代（越冬代）成虫 9 月下旬出现，11 月中旬潜伏休眠。第四代开始世代重叠。夏型成虫寿命 6～8 d，越冬代成虫寿命达 200 d，卵历期 2.7～9.4 d，幼虫在叶内为害期为 7.3～13 d，老熟幼虫从结茧至化蛹需 2.6 d，蛹期 6.5～19.2 d。

在北京，越冬代成虫于 11 月中旬，当平均气温达 6.5℃以下时潜伏越冬。翌年 3 月上、中旬当平均气温 5.5℃以上时出蛰活动。混杂园中越冬代成虫出蛰后，以果树种类分，栖息在苹果树干上的最多，其次为梨树，然后是柿树和桃树。中午成虫最为活跃，当气温降低后又潜伏于树皮缝隙中。越冬代成虫多在 7：00 后开始交尾，平均持续时间为 5.2 h；越冬代成虫有二次交尾的现象。夏型成虫羽化后，多在叶背栖息，少量在叶面及枝干上。夏型成虫交尾多在 6：00～9：00，交尾持续时间 11～24 min。桃潜叶蛾具很强的趋光性，黑光灯、白炽灯均可吸引大量的成虫。黑光灯日诱蛾量最多可达 2 600 头/灯，越冬代的活动高峰在 19：00 至翌日 2：00，但诱到的成虫可能是经过交配的雄虫及已完成产卵的雌虫，观察到 4：00 时成虫在灯下交配，说明灯下的成虫仍有繁殖能力。成虫具较强的迁移能力，冬型成虫出蛰后，可迁飞 500 m 以上；夏型成虫有迁移为害的习性，可从受害重、提早落叶的桃园迁移到受害较轻的桃园。

雌蛾用产卵器（表面具有锯齿的产卵瓣）刺破桃叶的表皮，把卵产在叶肉内。卵散产，每处产 1 粒。多数产在叶背，少数产于叶正面。不管是从叶背或叶正面产卵，均在叶表面形成 1 个有产卵孔的椭圆形或圆形卵包，初产时绿色，后黄褐色。卵多产于中脉附近或接近中脉，通常不产于叶缘。雌虫产卵 21～41 粒，平均 30.4 粒；第一代卵初见时，桃树叶芽露绿长约 5 mm。孵化后的幼虫在叶肉里潜食，初串成弯曲似同心圆状的蛀道，由于输导组织被切断，圆内的叶片常枯死脱落成孔洞，随着虫体的生长，潜道通常转向叶缘，可向上或向下沿着叶缘潜食，如果潜到叶的顶部或基部还未完成发育，潜道可折回，与旧潜道平行，或方向不定，甚至可穿越主脉。幼虫取食后排出的粪便位于潜道中央而稍偏的位置，常呈线状，褐色；虫粪并不排出虫道。当一片桃叶有多条幼虫潜食时，由于潜道相互交错，切断了叶片的正常输导，造成部分甚至整片叶子的枯死，并导致落叶。第一代幼虫蛀道长度 4.5～9.7 cm，其他各代的长度与此相近。

第一代幼虫为害新梢的第 1～5 叶，受害严重的是第 2～4 叶，最多时 1 片叶有幼虫 7 条。第二代幼虫多为害中部新成熟叶片，以第 5～10 叶最多。最多 1 片叶可有幼虫 12 条。受害严重叶片，5 月底即可造成落叶。当前二代桃潜叶蛾发生量较小时，第三代幼虫多为害自顶端向下第 1～9 片叶；而当发生量大时，第三代幼虫可为害中部 20 片叶。从第四代幼虫开始可发生世代重叠，发生严重的果园，通过前几代数量的扩增，此时发生量明显增加，幼虫可重复为害未落叶的老叶，因此至第五代幼虫发生时，由于一片叶上的众多潜道，会造成桃园的大量落叶。由于山桃发叶较早，越冬代成虫喜欢在山桃上产卵。

幼虫老熟后，由潜道末端咬破上表皮爬出，在叶表面活动数分钟即吐丝下坠。下坠高峰期为 9：00～13：00，随后多在叶背吐丝搭架，于中部结茧，少量在树干及树下杂草等处结茧。从开始吐丝至整个虫茧结好需 52～152 min，平均 87.8 min。在辽宁大连，越冬代老熟幼虫多在树干上结茧化蛹。

四、发生规律

（一）成虫的滞育

Naruse 研究了成虫型的变化与日照长短（光周期）的关系，短日照产生冬型成虫。冬型成虫不但颜色较暗，而且卵巢没有完全发育，成虫进入滞育状态。在临界点及更短的日照下，仍会产生少数夏型和过渡型的体色，过渡型的卵巢是不成熟的，夏型的除少数外卵巢均发育成熟。感光虫态为幼虫期，一至三龄幼虫对光照的长短均有反应，但必须从一龄起经历短光照，产生的成虫才会是滞育的越冬型。光照临界点与温度有关，在日本富山县，当气温为 20℃时，临界日照为 13 h；而当温度为 25℃时，临界日照为 12.5 h。因此，在 9 月，一部分发育较快的幼虫（即前期幼虫）能发育为非滞育型的成虫，如果其他条件合适（适宜的寄主叶片），可多繁殖一代。夏型幼期的发育历期较短，而越冬型幼期的发育历期较长，主要差异在蛹期，如夏型蛹的历期为 7.2 d，越冬型则需要 9.3 d。

（二）种群分布与动态

桃潜叶蛾成虫的越冬特性，使得成虫具有短距离迁移的习性。桃潜叶蛾的成虫多飞到桃园附近的梨、栗、杨等树皮缝内、翘皮下、杂草、落叶和石块下越冬，部分桃园的石缝、杂草落叶等处越冬，因此，翌年出蛰后有一个从桃园边缘逐渐向内扩散的过程，从树冠外围的上部向下部扩散。

桃潜叶蛾成虫产卵时，对桃叶具有选择性，从而影响幼虫的分布。桃潜叶蛾幼虫在田间呈聚集分布，在桃树内也呈聚集分布。

气候干旱对桃潜叶蛾的生存不利。桃潜叶蛾幼虫自然死亡率高，尤其干旱季节死亡率高。落叶本身是制约桃潜叶蛾种群数量和密度的一个相关因子。桃园桃潜叶蛾数量较大，导致桃树的落叶，而落叶又会造成叶内幼虫的死亡，从而成为一个重要的控制因子。

（三）天敌

潜叶类昆虫常常具有众多的天敌昆虫，寄生蜂尤为突出。如美洲斑潜蝇和三叶草斑潜蝇的寄生蜂种类分别达 50 种和 60 余种，国内已知的美洲斑潜蝇和南美斑潜蝇的寄生蜂分别为 20 种和 23 种。寄生性天敌在潜叶类昆虫的自然控制中起着极其重要的作用。日本对桃潜叶蛾的寄生蜂进行了较为详细的研究，共记录 19 种寄生蜂，其中姬小蜂 17 种，金小蜂 1 种，茧蜂 1 种。底比斯金绿姬小蜂［*Chrysocharis pentheus*（Walker）］和另一种金绿姬小蜂［*C. nitetis*（Walker）］是优势种，约占所有寄生蜂的 50%。在日本的筑波，两种寄生蜂 1 年发生 7 代，以第六代的寄生率最高，1994 年和 1995 年未喷洒化学农药桃园寄生率分别为 60.0% 和 43.7%，明显高于化学防治的桃园（分别为 11.7% 和 5.1%），年平均约高 10%。同时，研究表明，寄生蜂的作用相当明显，在不进行化学防治的情况下，潜叶蛾幼虫的数量不会达到 2 条/叶，即低于落叶的水平。

国内对桃潜叶蛾的天敌还无系统报道。么慧娟在研究桃潜叶蛾的越冬虫态时，详细记录了桃落叶中桃潜叶蛾幼虫和蛹被寄生的数据：11 月 2 日调查茧数 242 只，其中活幼虫 2 头，被寄生幼虫 69 头，被寄生蛹 58 头；11 月 5 日调查茧数 336 只，其中被寄生幼虫 46 头，死幼虫 6 头，被寄生蛹 44 头。即这两次调查的寄生率分别为 52.5% 和 26.8%，可见落叶中桃潜叶蛾幼虫和蛹的寄生率不低。北京 9 月底的一次调查发现，姬小蜂寄生率可达 36.6%。有文献记录秋季蛹的寄生率可达 100%，可能系误用基数，上述的落叶幼虫和蛹的寄生率也存在类似的情况。也有文献报道不少捕食性天敌（如瓢虫、草蛉、多种蜘蛛）。对于桃潜叶蛾来说，多数时间待在潜道内或茧中，只有在出潜道至结茧这一段时间暴露，瓢虫、草蛉等捕食性天敌可以捕食这类体小而软的幼虫；对于茧内的幼虫或蛹，天敌捕食时相对较为困难。我们于 2012 年

8 月在北京培养出 2 种蛹寄生蜂，幽茧蜂（*Pholetesor* sp. ）（茧蜂科）和啮小蜂（*Tetrastichus* sp. ）（姬小蜂科），以前者占优势，但寄生率不高，两者合计不及一成。

桃潜叶蛾的寄生蜂和捕食性天敌的种类、作用仍需要深入研究。

五、防治技术

对于桃潜叶蛾这类生活隐蔽、天敌众多的害虫，在防治策略上特别注意天敌的保护利用，不宜采用或少采用对天敌不利的防治措施（如盲目使用广谱性化学药剂、秋冬清扫落叶等），对为害较重的桃园，注重早春对越冬代成虫的控制，协调各种防治方法，把害虫控制在经济危害水平之下。

（一）保护寄生性天敌

寄生蜂在桃潜叶蛾的自然控制中起着非常重要的作用，保护天敌是桃潜叶蛾防治中最为重要的一环。由于成虫并不在桃叶上越冬，而落叶中仍有不少被寄生的蛹或幼虫，是天敌的越冬场所，因此，清除落叶只对天敌不利，而无损于桃潜叶蛾本身，从而有利于桃潜叶蛾数量的增加。由于落叶中存在天敌昆虫，因此不建议清除落叶（Ferrière，1952）在防治桃潜叶蛾和其他桃树害虫时，尽量避免施用广谱性、触杀性化学农药，以减轻对寄生蜂的伤害。

（二）成虫诱杀

1. 糖醋液诱杀　潜叶蛾以成虫越冬，早春成虫出蛰后，补充水分、能量对于成虫来说至关重要，成虫对糖醋液具有很强的趋性（有时对水盆也具很强的趋性）。由于北方天气干燥，糖醋液诱杀盆常需要补水或糖醋液，成本较高，有机果园宜采用这一措施。在桃树叶芽露绿前，每 667m^2 挂 5 盆，高度约 1.5 m，均匀分布，注意及时补水或糖醋液。数量多时也可在其他成虫高峰期时应用。

2. 灯光诱杀　桃潜叶蛾对各种灯光均具较强的趋性，在成虫发生高峰期可诱杀大量成虫。越冬代成虫日活动高峰在 19：00～2：00。可依据当地发生期的观察，在成虫发生高峰期开灯诱杀，其他时间不必开灯，以减少对天敌昆虫的杀伤作用，保护桃园内的生物多样性。诱虫灯每 3.3hm^2 安装 1 盏。

3. 性诱剂诱杀　在有机果园桃潜叶蛾的种群数量较高时，可用性诱剂诱杀成虫，每 667 m^2 挂 7 盆。

（三）化学防治

对于桃潜叶蛾，只有当幼虫发生量达到有可能造成落叶（2 头/叶）的情况下，实施化学防治，并宜使用对天敌昆虫影响较小的药剂。如在 5 月下旬成虫发生高峰期，向叶面喷施 25％灭幼脲 3 号悬浮剂 1 500～2 000 倍液，或 20％除虫脲悬浮剂 4 000～5 000 倍液，要求喷药细致均匀。为防止产生抗药性，可将 25％灭幼脲、20％除虫脲和 5％氟铃脲 3 种农药轮换使用。桃潜叶蛾成虫有转移为害习性，如果桃园面积较小，宜关注周围桃园潜叶蛾的发生情况。

桃潜叶蛾形态及其天敌见彩图 11 - 181 - 2。

虞国跃（北京市农林科学院植物保护环境保护研究所）

第 182 节　蜗　牛

一、分布与危害

蜗牛属软体动物门腹足纲柄眼目蜗牛科。据报道，果园中主要为同型巴蜗牛［*Bradybaena similaris* (Ferussac)］和灰巴蜗牛［*Bradybaena ravida ravida* (Benson)］两种，北京地区也有报道混合发生条华蜗牛［*Cathaica fasciola* (Draparnaud)］。

蜗牛是陆地上最常见的软体动物之一，几乎分布在全世界各地，在国内分布较广。蜗牛均为杂食性动物，但以取食绿色植物为主。幼小时在杂草上和果树叶片上仅取食叶肉，残留表皮或将叶片啃为小孔洞。稍大后用齿舌刮食杂草和果树的叶面、果面，造成大的孔洞和缺刻，尤其是在果面造成的缺刻，影响果品的商品价值（彩图 11 - 182 - 1）。

二、形态特征

蜗牛是世界上牙齿最多的动物，大约有 25 600 颗牙齿，有 1 条锯齿状的舌头，即齿舌。

灰巴蜗牛：贝壳中等大小，壳质稍厚，坚固，呈圆球形。壳高 19mm、宽 21mm，有 5.5～6 个螺层，顶部几个螺层增长缓慢、略膨胀，体螺层急骤增长、膨大。壳面黄褐色或琥珀色，并具有细致而稠密的生长线和螺纹。壳顶尖。缝合线深。壳口呈椭圆形，口缘完整，略外折，锋利，易碎。轴缘在脐孔处外折，略遮盖脐孔。脐孔狭小，呈缝隙状。个体大小、颜色变异较大。卵圆球形，白色。

同型巴蜗牛：贝壳中等大小，壳质厚，坚实，呈扁球形。壳高 12mm、宽 16mm，有 5～6 个螺层，顶部几个螺层增长缓慢、略膨胀，螺旋部低矮，体螺层增长迅速、膨大。壳顶钝，缝合线深。壳面呈黄褐色或红褐色，有稠密而细致的生长线。体螺层周缘或缝合线处常有 1 条暗褐色带（有些个体无）。壳口呈马蹄形，口缘锋利，轴缘外折，遮盖部分脐孔。脐孔小而深，呈洞穴状。个体之间形态变异较大。卵圆球形，直径 2mm，乳白色有光泽，渐变淡黄色，近孵化时为土黄色。

条华蜗牛：贝壳中等大小，壳质稍厚而坚实呈低圆锥形。壳高 10mm、宽 16mm，有 5～5.5 个螺层，前几个螺层缓慢增长，各螺层膨胀，螺旋底部低矮，略呈圆盘。壳顶尖，缝合线明显。壳面黄褐色或黄色，有明显的生长线和螺纹。体螺层极速膨大，底部平坦，其周缘具有 1 条淡红褐色色带环绕，并在各螺层下部靠近缝合线处延伸形成颜色较浅的色带。壳口呈椭圆形或方形，口缘完整，其内有 1 条白色瓷状的环肋。轴缘外折，略遮盖脐孔，脐孔呈洞穴状（彩图 11‑182‑2）。

三、生活习性

几种蜗牛常混合发生。1 年发生 1～2 代，以成螺蛰伏于植物根部、落叶、土块、土隙或冬种蔬菜等作物地里越冬，秋季产卵孵出的幼螺也可越冬，寿命长达数年。蜗牛为雌雄同体，异体受精，也可自体受精繁殖。一生可产卵多次，据资料记载，每头成贝可产卵 80～235 粒。卵多产于 2～4 cm 深的疏松潮湿的表土中或枯叶下，卵粒圆球形，蜗牛在产卵时常分泌黏液将卵黏结聚集成堆，田间调查每堆有卵 10～30 粒或更多。卵在阳光下暴晒易会破裂死亡。初孵幼螺取食叶肉留下表皮，昼伏夜出，雨后活动性增强，蜗牛爬行后留下黏液痕迹。

蜗牛喜欢在阴暗潮湿、疏松、多腐殖质的环境中生活，如灌木、草丛、田埂、乱石堆、枯枝落叶下，作物根部的土块、土缝、温室四壁等处。昼伏夜出，最怕阳光直射，对环境反应敏感，最适条件为温度16～30℃，相对湿度 60%～90%，土壤湿度 40%左右，pH 为 5～7。蜗牛具有惊人的生存能力，对冷、热、饥饿、干旱有很强的忍耐性。喜在阴暗潮湿的环境中生活。在无雨、地面潮湿的情况下昼伏夜出，雨天昼夜活动，并在树体上到处爬行，留下黏液痕迹。蜗牛的取食、交配、产卵等活动一般都在夜间和阴雨天进行。在干旱时和冬季严寒、夏季炎热等不良环境下，常分泌黏液形成蜡状膜将贝壳口封住，在地面坑洼、裂缝等隐蔽处不食不动，度过不良环境。当外界环境条件适宜时，立即恢复活动。

四、防治技术

根据春、秋两季不同的气候特点和发生为害情况采取不同的防治方法。春季潮湿多雨，宜以农业防治为主，化学防治为辅。秋季干旱少雨，蜗牛上树为害严重，宜结合农业措施，以化学防治为主。

1. 园内放养鸡鸭 春末夏初，在蜗牛孵出未上树为害之前，在果园内放养鸡鸭取食成蜗，此时慎用农药。特别是阴雨天或晴天早晚在果园放养，能将土缝中和树干上的蜗牛吃掉，有较好的防治效果。

2. 人工捕捉 利用部分蜗牛上树后，白天躲在叶背或树干背光处的特点，结合果树修剪进行人工捕捉。

3. 诱捕 在地面堆置新鲜青草、菜叶或树叶等，或在树干上捆扎草把，诱集后清除，将在其中躲避的蜗牛一起取下消灭。

4. 生石灰防治 晴天的傍晚在树盘下撒施生石灰，蜗牛晚上出来活动因接触石灰而死。

5. 生态调控 在蜗牛交配产卵盛期，经常保持土壤干旱，创造不利于蜗牛交配产卵和幼体生活的干旱环境，恶化蜗牛的栖息场所，达到控制蜗牛数量的目的。如产卵盛期进行中耕，使卵暴露后死亡。

6. 药剂防治 在 3 月下旬至 4 月上旬及 8 月底至 9 月上、中旬蜗牛出蛰活动、未上树以前均匀撒施于田间，特别是蜗牛喜欢栖息的沟边、湿地适当重施，以最大限度减轻蜗牛为害。①毒土：每 667m² 用 6%四聚乙醛颗粒剂 0.5~0.6 kg 或 3%四聚乙醛颗粒剂 1.5~3 kg，拌干细土 10~15 kg；②毒饵：在蜗牛群体较大，将进入为害始盛期时，用多聚甲醛 300 g、蔗糖 50 g、5%砷酸钙 300 g 和米糠 400 g（先在锅内炒香），拌和成黄豆大小的颗粒；③喷药：在蜗牛活动期、取食期和产卵高峰期，在雨后阴天或小雨间隙蜗牛爬行的关键时期，于傍晚和翌日清晨连续 2 次喷洒碳酸氢铵 20~50 倍液，喷药部位以地面、草丛、树干、大枝等蜗牛爬行区域为主，蜗牛接触到碳酸氢铵溶液后，失水皱缩而死亡。

7. 保护天敌 蜗牛的主要天敌有萤火虫（幼虫蚕食蜗牛身体，成虫在蜗牛身体内产卵）和步甲（直接取食）等。

张帆（北京市农林科学院植物保护环境保护研究所）

第 183 节　核桃举肢蛾

一、分布与危害

核桃举肢蛾（*Atrijuglans hetauhei* Yang）属鳞翅目举肢蛾科。

在我国河北、山东、北京、山西、陕西、河南、贵州、四川、甘肃等省份均有发生，以陕西商洛地区、北京山区、河北和山西的太行山区为害最严重，是一种专门为害核桃的蛀果性害虫。

在我国，核桃举肢蛾为害核桃的报道始见于 20 世纪 50 年代，当时学名未定。1955 年北京核桃受害株率达 40%以上，河北涉县受害株率达 30%~40%，重则达 90%以上，严重影响了核桃的产量、品质及出油率。北京平谷（1965）因该虫为害核桃减产达 40%以上。河北（灵寿）一般受害植株减产 40%~50%，严重时受害果率达 90%以上，据统计河北省年经济损失达 950 万~2 150 万元。20 世纪 70~80 年代核桃举肢蛾的为害有逐年加重的趋势：如陕西洛南受害果率达 50%左右，1986 年达 70.2%；商洛县因该虫为害，1973 年核桃减产 15.6%，1985 年减产达 17.6%；河北省兴隆 1987 年果实受害率达 85.5%，1988 年达 89.3%；山西省孟县、左权、黎城等 9 个县市调查，1987 年核桃虫果率达 47.7%，严重的达 90%以上。90 年代核桃举肢蛾的为害仍然严重，如四川南江 1996 年因该虫的为害引起落果率达 52%，树上受害果率达 37.4%。

进入 21 世纪，核桃举肢蛾为害呈逐年加重的趋势。2010 年贵州兴仁果实受害率达 70%~80%，严重的达 100%；2008 年陕西丹凤受害果率达 81.8%；2010 年山西灵丘核桃受害果率达 80%~90%，甚至绝收。随着核桃种植面积不断扩大，产量不断增加，核桃举肢蛾的为害也呈逐年加重和扩大的趋势，成为影响我国核桃安全生产的重大问题。

二、形态特征

成虫：雌蛾体长 5~8mm，翅展 12~14mm，雄蛾较瘦小，体长 4~7mm，翅展 12mm。体呈黑褐色，有金属光泽，头部色较深，复眼红色，触角丝状，长约 3.5mm。下唇须发达，内侧银白色，外侧淡褐色，从头部前方两侧向上弯曲。翅狭长，披针形，前翅端部 1/3 处有 1 半月形白斑，后缘基部 1/3 处有 1 近圆形白斑，翅面覆盖黑褐色鳞粉，有光泽，前、后翅的后缘均有较长的缘毛。腹背褐色，第二至六节密生横列的金黄色小刺，体腹面银白色。足白色，有褐斑。后足较长，一般超过体长，胫节中部和端部有黑色毛束，跗节第一至三节也被黑色毛丛，并有发达的距，栖息时向后侧上方举起，故名"举肢蛾"（彩图 11-183-1）。

卵：近圆形，长 0.3~0.4mm，初产时乳白色，渐变为黄白色，黄色或浅红色，孵化前呈红褐色。

幼虫：初孵化幼虫体长约 1.5mm，乳白色，头部黄褐色。老熟幼虫体长 7.5~9mm，头部暗褐色，胴部淡黄白色，各节有白色刚毛。腹足趾钩为单序环状，臀足趾钩为单序横带（彩图 11-183-2）。

蛹：纺锤形，长 4~7mm，宽 2~3mm，黄褐色，被蛹，藏于长椭圆形茧内。

茧：长椭圆形，长 6~9mm，宽 3~5mm，较宽的一端有 1 道红褐色线，成虫羽化时从此线开裂处钻出。茧的外面附有草末及细土粒（彩图 11-183-1）。

三、生活习性

核桃举肢蛾在我国核桃产区1年发生1~2代，以老熟幼虫在1~9cm深的土内或在杂草、石缝中结茧越冬。其中河北，甘肃天水，山西汾阳、左权、平顺、黎城，陕西蓝田，贵州等地1年发生1代；在四川巴州，河南林州、鹤壁1年发生2代；在北京平谷，陕西丹凤、商洛，河南安阳，山西吕梁地区1年发生1~2代。但在陕西丹凤，海拔1 000m以上地区1年发生1代，600m以下地区1年发生1~2代；在商洛，部分个体可发育至第三代成虫期。在四川南江，越冬幼虫4月中旬开始在茧内化蛹，5月中、下旬至6月初为盛期，末期在6月上旬。蛹期10~15d，越冬代成虫最早出现在5月中旬，末期在6月下旬。5月下旬开始产卵，卵期5~10d，5月下旬第一代幼虫孵化，幼虫在果内为害30~40d，6月下旬脱果结茧化蛹，7月中旬羽化出第一代成虫，8月上旬孵化出第二代幼虫，为害至9月中、下旬老熟后钻出果皮到越冬处结茧越冬，见表11-183-1。在陕西商洛地区，5月中旬越冬幼虫开始化蛹，5月下旬始见成虫，盛期在6月下旬至7月上旬，7月中旬幼虫开始脱果，7月20日以前脱果的幼虫能继续结茧化蛹发生第二代。7月20日后脱果幼虫大部分直接入土结茧越冬，不再发生第二代，7月下旬开始出现第一代成虫，8月上旬羽化较多。第二代卵和幼虫发生量很少，为害很轻，其中只有14%的幼虫能够完成发育。在河北平山，越冬幼虫5月中旬始见化蛹，盛期在6月中、下旬，蛹期平均7.6d，成虫在6月中旬开始羽化，盛期在6月下旬至7月上旬，幼虫在6月中旬开始为害，到7月中旬幼虫老熟后开始脱果，盛期在8月上旬，9月末尚有个别幼虫脱果越冬。

表 11 - 183 - 1　核桃举肢蛾生活史（四川南江）

Table 11 - 183 - 1　The life history of *Atrijuglans hetauhei*（Nanjiang, Sichuan）

4月			5月			6月			7月			8月			9月			10月至翌年3月
上	中	下	上	中	下	上	中	下	上	中	下	上	中	下	上	中	下	
(一)	(一)																	
		△	△	△	△	△	△											
				+	+	+	+	+										
					●	●	●	●	●									
								△	△	△	△	△	△	△				
									+	+	+	+	+	+	+			
											●	●	●	●	●	●	●	●
														(一)	(一)	(一)	(一)	(一)

注　●卵；—幼虫；△蛹；+成虫；（一）越冬幼虫。

核桃举肢蛾羽化时间：一日内8：00~9：00羽化率为20.23%，12：00~14：00羽化率为60.69%，18：30~19：00羽化率为19.08%。成虫羽化初期雄蛾多于雌蛾，当成虫羽化高峰时雌雄比例为1：1.59，随后趋于1：1。成虫性行为雌雄有别：雌成虫静伏时，只是腹部末端上下翘动；而雄虫整个腹部和双翅同时在活动，伸出触角举起后肢来回爬行，并伸出抱握器，到处婚飞，婚飞时间短而爬行时间长。核桃举肢蛾成虫婚飞，交配高峰期在18：00~21：00，当天羽化的成虫性行为活动不强烈，第二天傍晚增强，尾动次数为39头次，第三次性行为最为强烈，尾动次数可达51头次，这表明成虫在羽化24h后逐渐性成熟。交配时，雌雄蛾尾部交合在一起，并列在叶背或果面上，呈"11"形，交尾时间一般为30min左右，有的长达2h，当天羽化的成虫，傍晚就出现性活动现象。该虫为多次交配昆虫，雌蛾一生平均交配2.95次，最多可交配6次，占9.5%，交配2次的占23.8%，交配1次的占19%，交配2~3次的占47.7%。在一天中除18：00~21：00成虫交配活动外，其余时间大部分成虫在核桃叶背面，或树冠下的杂草丛中静伏不动，处于静止时，后肢向侧上方伸举。成虫能跳跃，爬行速度快，受惊后立即振翅高飞，一般能飞

7～10m 远，最远可达 15m。卵散产，产在果实萼洼处的占 62.5%，梗洼处的占 26.4%，叶主脉处的占 6.9%，叶柄基部的占 2.8%，果实表面的占 1.4%。多者 3～4 粒，一般 1 果 1～2 粒，每头雌蛾产卵 35～40 粒。核桃举肢蛾成虫从羽化到死亡，雌蛾平均寿命 7.7d，最长 9d，最短 6d；雄蛾平均寿命 2.6d，最长 6d，最短 2d。成虫略具趋光性。卵期 5～8d，一般为 7d。幼虫孵化后在果面爬行 0.5～2.0h，寻找适当部位蛀入果实。第一代幼虫所致果实被害状与越冬代显著不同：第一代幼虫蛀食内外果皮及子叶，可引起 30%～80% 落果，被害果毫无食用价值；越冬代幼虫只蛀食中果皮，蛀入孔处呈现水珠，初透明，后变为琥珀色，蛀道内充满粪便，使果实外表变黑并向内凹陷形成核桃黑（彩图 11 - 183 - 3），被害果出仁率减少 30% 左右，含油量减少 35% 左右。1 个果内平均有幼虫 8.5 头，最多可达 30 余头，最少 3 头。幼虫为 5 个龄期。第一代幼虫在果内为害 25～30d，老熟后自落果中咬孔外出，结茧化蛹，继续繁育第二代；越冬代老熟幼虫则自黑果中咬孔坠落地面结茧越冬。越冬幼虫在树冠下土中越冬，其垂直分布是：1～2cm 深处，越冬虫茧占 93.8%；2～3cm 深处，越冬虫茧占 6.2%，但在松软土中越冬虫茧则较深。核桃举肢蛾越冬幼虫在土中越冬水平分布是：距树干 1m 内占 10%，1～2m 占 50%，2～3m 占 40%，树冠投影外的土中几乎无越冬幼虫。

四、发生规律

(一) 虫源基数

核桃举肢蛾越冬幼虫成活率及化蛹率的多少决定着发生量和为害程度的高低。在山西黎城，越冬虫口密度每平方米有 5.2 个虫茧，秋后果实被害率 78.5%；在平顺越冬虫口密度每平方米有 6.3 个虫茧，秋后被害果率 86.7%；在潞城越冬虫口密度每平方米有虫茧 4.6 个，秋后果实被害率为 39.8%。可以看出，每平方米有越冬虫茧 5 个以上时，预计当年发生严重。在河北灵寿早春筛茧，每公顷越冬幼虫达 87.5 万～100 万头，当年核桃被害果率达 71.8% 和 75.4%。

(二) 气候条件

核桃举肢蛾越冬幼虫化蛹发育起点温度为 9.4℃，有效积温为 276.3℃。成虫羽化起点温度为 10.4℃，有效积温为 196.3℃。不同土壤温度、湿度对幼虫化蛹、羽化的影响见表 11 - 183 - 2。

表 11 - 183 - 2　不同土壤温度、含水量对化蛹、羽化的影响（陕西丹凤，1989）
Table 11 - 183 - 2　The effect of different soil temperature and moisture on pupation and eclosion (Danfeng, Shaanxi, 1989)

温度（℃）	土壤含水量（%）	化蛹历期（d）	化蛹率（%）	羽化历期（d）	羽化率（%）
15	3	54.42	38	31.80	20
15	8	52.40	50	30.11	38
15	15	52.10	62	29.79	48
22	3	24.64	28	20.00	6
22	8	23.55	62	17.41	34
22	15	23.40	64	17.88	48
30	3	15.00	16	12.00	2
30	8	12.32	50	10.11	38
30	15	12.05	40	9.3	48

表 11 - 183 - 2 说明化蛹、羽化历期主要受温度控制，而化蛹率和羽化率主要受土壤含水量的制约。

土壤含水量对化蛹和羽化的影响。在适宜温度 20℃ 条件下，土壤含水量在 15% 以下时，含水量减少会延长化蛹期和羽化历期，降低存活率，含水量在 3% 以下时成虫无法羽化（表 11 - 183 - 3）。

表 11 - 183 - 3　20℃条件下土壤含水量对化蛹和羽化的影响（陕西丹凤，1989）

Table 11 - 183 - 3　The effect of different soil moisture on pupation and
eclosion at 20℃（Danfeng, Shaanxi, 1989）

土壤含水量（%）	化蛹历期（d）	化蛹率（%）	羽化历期（d）	羽化率（%）
1	41.2	20	—	0
2	31.7	35	—	0
3	24.7	40	54.4	23.3
8	24.6	50	43.7	40.0
15	20.7	60	39.2	50.7

核桃举肢蛾越冬幼虫发育需要较高温度，年平均气温在 10℃ 以下的地方，每年主要发生 1 代；年均气温在 11℃ 以上地区 1 年发生 1～2 代，随着温度的增高，发生第二代的比例增大。历年 4～6 月的温度变化相对小，降水量变化大，在降水量多、分布均匀的年份，土壤含水量经常保持在 8%～15%，过冬幼虫化蛹和成虫羽化率高，发生为害就重；相反，在降水少的干旱年份，土壤含水量降到 3% 以下，化蛹和羽化率低，发生为害轻。温湿度对卵的发育有一定的影响，在温度为 19～23℃，相对湿度为 70%～80% 的自然温湿度条件下，卵历期为 5～7d。在陕西洛南经对 20 年气象资料分析表明，历年气温差异不大，对发生轻重无明显影响，降水量多少是主要影响因素。其中，4～6 月降水量与当年发生程度密切相关，5～6 月降水量尤为重要。4～6 月的降水量为 256.0～334.4mm 时，发生十分严重；降水量为 196.4～231.0mm 时，发生程度中等；降水量为 98.2～171.7mm 时，发生偏轻或很轻。降水强度对该虫发生有不同影响。短时间暴雨，也能满足其对湿度的需要，但同时由于暴雨的冲刷或地面雨水的淹渍，对表土层中的幼虫、蛹和初羽化成虫有杀伤作用，造成影响。较长时间的连阴雨，使光照减少，导致高湿度生境条件，但同时又因光照不足生境温度降低，化蛹进度减缓，发生期推迟。湿度对核桃举肢蛾的发生影响十分明显。6 月中旬当空气湿度达到 60% 以上时，成虫即会出现，且发生期相对集中，每年成虫发生期出现的时间早晚随空气湿度的变化提早或推迟。6 月中旬当空气湿度升高时，核桃举肢蛾即开始发生；当空气湿度降低时，则推迟发生。

（三）寄主植物

核桃举肢蛾只为害核桃，但寄主的立地条件及自然生境与该虫的发生和为害有关。

1. 寄主立地条件　寄主生长在海拔 200m 以下的低山丘陵地，无此虫为害；海拔 200～350m 发生较轻；海拔 350～450m 为害较重；海拔 450～800m 为害最重。

2. 寄主生态环境　核桃多在山区，栽培分散，生境复杂，地形多变，不同生境条件下发生程度有明显差异（表 11 - 183 - 4）。造成这种差异的主要原因是生境变量和经营管理影响所致。重发区荫蔽潮湿，管理粗放，杂草丛生，光照时间短，湿度大，温度适宜，对该虫的生存和发生十分有利。中发区条件较适宜，有一定虫源基数，每年造成中度为害。轻发区内阳坡上的树多发育不良，光照强且时间长，树下土壤干燥，生活环境对该虫不利；核桃树下常年进行农事耕作，破坏了其正常的生活环境，大部分幼虫和虫茧被翻入深土层中，不能顺利化蛹，羽化出土，因而发生轻。据报道，山沟虫果率达 45%，平地 21.8%，耕地 18.2%，荒地高达 64.5%。在山西黎城耕地平均虫茧 4 个/m²，荒地虫茧 86 个/m²。抽样 10 m² 调查结果：阴坡有活虫 40～96 头/m²，平均 66 头/m²；阳坡有活虫 8～48 头/m²，平均 29.3 头/m²。阴坡虫茧数 884 个/m²，越冬死亡率 16%～50%，平均 25.3%；阳坡虫茧数 510 个/m²，死亡率 25%～60%，平均 42.6%。山西顺平阴坡核桃果实受害率为 85%～90%，半阴坡为 25%，阳坡为 5%，荒地、荒坡为 29.1%，耕地受害果率为 11.4%。

（四）天敌

有一种姬蜂寄生于核桃举肢蛾幼虫体内，越冬幼虫被寄生率为 3%～6%。其发生规律及利用价值尚需进一步研究。另外，1974 年 5～6 月在陕西洛南发现一种寄生蜂，寄生在核桃举肢蛾越冬幼虫体内，寄生率平均达 18%，最高 26%，其幼虫体长 3～5mm，宽 2mm，白色，无足，成虫比核桃举肢蛾成虫出现得晚，当核桃举肢蛾成虫发生盛期，其幼虫大量蛀果为害时，寄生蜂成虫才逐渐增多，6月下旬至7月上旬进入盛期，其保护与利用尚需进一步研究。另据吴旭东介绍，步甲虫捕食该虫的初孵幼虫和卵。

表 11 - 183 - 4　不同生境条件下核桃举肢蛾的发生为害程度（陕西洛南，1987）

Table 11 - 183 - 4　Damage degree of *Atrijuglans hetauhei* under different environmental conditions（Luonan，Shaanxi，1987）

发生类型	生境类型	调查株数	调查果数（个）	虫果率（%）
重	深山沟	61	17 600	36.86
	阴坡	67	28 700	28.79
中	浅沟、沟口	30	12 300	16.41
	房前场院	58	22 938	13.28
轻	阳坡	32	13 156	5.48
	耕地	76	28 414	4.62

（五）化学农药

20世纪50～60年代，核桃产区对核桃举肢蛾的防治所使用的农药都是广谱、高毒、高残留品种，如六六六、滴滴涕，对该虫具有很好防治作用。随着农药的更新换代，70～80年代，应用有机磷品种，如对硫磷（1605）、内吸磷（1059）等。80～90年代又应用菊酯类农药和生物药剂来替代有机磷农药。21世纪初以来随着我国高毒农药的相继禁用，生物农药如灭幼脲类、阿维菌素等和高效低毒、低残留的农药在核桃产区大量应用，对该虫有较好的防治效果。

五、防治技术

核桃举肢蛾的防治策略为铲除虫源。越冬期及成虫羽化前是核桃举肢蛾生活史中最薄弱的环节，成虫羽化后在树上产卵，增加防治难度。通过毁灭越冬场所和狠抓成虫羽化前的防治是降低发生程度的重要手段。

（一）农业防治

1. 耕翻树盘　在秋末冬初（10～11月）或早春（3～5月），在清除杂草和枯枝落叶的同时，耕翻树盘，深度10～12cm，范围略超出树冠垂直投影，可破坏该虫栖息场所，或将虫茧翻入土壤深处，或将其翻至土表，可消灭越冬幼虫和抑制成虫羽化出土。此项措施可使虫果率降至3.1%～5.2%，而对照虫果率达48.7%～52.0%。

2. 其他措施　在老熟幼虫脱果前（6～8月），摘除树上被害虫果，及时拾净树下落地虫果，深埋50cm，铲除越冬虫源。连续3年防治效果可达90%以上。

（二）生物防治

1. 保护和利用天敌　利用有利于天敌繁育的耕作栽培措施，选择对天敌较安全的选择性农药，丰富核桃园内昆虫种群，利用天敌控制核桃举肢蛾的种群数量，降低虫口密度。

2. 利用微生物防治核桃举肢蛾　在成虫羽化产卵、幼虫孵化盛期，使用32 000IU/g苏云金杆菌可湿性粉剂1 000倍液喷雾2次，可使虫果率降到10.31%，对照达49.33%；或用500亿孢子/g白僵菌原粉喷粉2次，可使虫果率降至17.63%，对照达55%。还可选用20%除虫脲胶悬剂5 000倍液，或Bt乳剂2 250g/hm²，喷雾防治。在幼虫脱果前喷9万～11万条/m²斯氏线虫，防治效果显著。

3. 用核桃举肢蛾性信息素，诱捕雄成虫　采用三棱柱形黏胶诱捕器（界面19cm×19cm×21cm，棱长25cm），底部插入涂有黏虫胶的蜡纸板（21cm×25cm），将诱芯用大头针钉于诱捕器底部，诱捕器挂在核桃枝上，距地面2～3m，间距10～20m，这样可使田间雌雄的交配概率大为降低，从而使虫口密度急剧减少。此法经济有效，不污染环境，保护天敌，使用安全方便。

（三）物理防治

核桃举肢蛾对短光波趋性较强，可用黑光灯对该虫成虫进行引诱。据山东郓城试验，结果一代幼虫发生量较对照减少 52％，二代减少 25％。

（四）化学防治

1. 树下防治　核桃举肢蛾树下防治指标为：调查区内地面虫茧达 5～10 头/m²，或 10 头/m² 以上，在后蛹期必须进行树下地面施药封闭防治。可选用的农药品种有：5％辛硫磷颗粒剂 5g/m²，50％辛硫磷乳油 500 倍液，0.04％氯菊酯粉剂 75kg/hm²，48％毒死蜱乳油 500 倍液，2.5％敌百虫粉剂 100g/株。药液干后，进行浅锄，使药与土壤混合均匀，以延长药效，达到毒杀目的，或浅锄后覆盖秸秆更好。

2. 树上喷药防治　核桃举肢蛾树上喷药适期为：当成虫羽化率达 50％或卵果率达 2％或当性信息诱捕器诱蛾量急剧增加时，预报第一次喷药，每隔 7～10d 1 次，连喷 2～3 次。可选用的农药有：4.5％高效氯氰菊酯乳油 2 000 倍液，2.5％溴氰菊酯乳油 3 000 倍液，20％甲氰菊酯乳油 2 500 倍液，20％菊·马乳油 2 000 倍液，48％毒死蜱乳油 1 500 倍液，25％灭幼脲 3 号悬浮剂 2 000 倍液，1.8％阿维菌素乳油 2 000～3 000 倍液，20％氰戊菊酯乳油 2 000 倍液，25％蛾螨灵可湿性粉剂 1 000 倍液。

核桃举肢蛾喜潮湿，6 月连续降雨预示该虫发生严重。因此，在雨水多的年份，应及时抢晴喷药，以免延误最佳防治时机。

附：测报技术

1. 调查抽样技术

（1）越冬虫口密度调查。在 4 月选有代表性核桃树 10 株，在树盘内进行筛茧调查。用对角线取样法，取 1 m² 内深 3cm 的土，用筛选水浮法，调查计算每平方米越冬活虫茧数。

（2）越冬幼虫化蛹期调查。幼虫化蛹的多少是指导田间适时喷药的依据，用越冬虫口密度调查方法，但需固定地块，每次调查不宜少于 100 个虫茧，计算化蛹率。

（3）田间查卵法。在历年被害较严重的地块用 5 点取样法固定 10 株调查树，从始见成虫始，每 3d 在固定的每株树上按树冠东、西、南、北 4 个方位调查 200 个果实上的卵粒数，共计 2 000 个果，计算卵果率。

2. 核桃举肢蛾预报

（1）发生程度的预报。以核桃树冠下每平方米虫茧密度和被害果率即为害程度分为轻、中、重三级，各级指标如附表 11 - 183 - 1。

附表 11 - 183 - 1　核桃举肢蛾为害程度划分标准

Supplementary Table 11 - 183 - 1　The classification standard of damage degree in *Atrijuglans hetauhei*

为害程度	树冠下每平方米虫茧密度	黑果率（%）
轻	5 头以下	10
中	6～10 头	11～20
重	10 头以上	20 以上

核桃举肢蛾测报的关键时期为幼虫化蛹和成虫羽化期，用于预测当年发生情况，用来指导田间防治的适期。

（2）防治孵化幼虫适期预报。化蛹盛期是喷药适期，此时正是成虫羽化初盛期，也是成虫产卵较多时期，是防治适期。如果化蛹率在 25％以上，5d 后可发出喷药预报。

（3）成虫产卵预报。当田间卵果率达到 2％时即是树上喷药适期，应密切结合前两项预报进行防治。

（4）成虫消长动态预测。性信息素和黑光灯逐日进行成虫消长动态的监测。当诱蛾量急剧增加时发出喷药预报。

褚凤杰　于利国　陈展（河北省农林科学院石家庄果树研究所）

第 184 节 云斑天牛

一、分布与危害

云斑天牛（*Batocera lineolata* Chevrolat）属鞘翅目天牛科。云斑天牛在我国的分布，以长城为其北界，西到陕西、四川（雅安）、云南，南至广东、广西，东达沿海各省份和台湾。国外分布于日本、印度和越南。云斑天牛的寄主种类繁多，在我国已记载的有 17 科 37 种以上，包括核桃、板栗、苹果、山楂、梨、李、枇杷、无花果、油橄榄、桑、杨、柳、泡桐、油桐、法桐、麻栎、栓皮栎、桦漆、榕树、桉树、梓树、山毛榉、火炬树、云南松、乌桕、臭椿、银杏、苦檀、木荷、桤木、山橘、悬铃木、蔷薇、女贞、光皮桦、冬青、水青冈等果树、经济林、天然林和城市园林树木。

20 世纪 30 年代中期先后在我国河北、四川、广东、广西、江苏、浙江和福建有云斑天牛发生为害的报道。50 年代又报道了云斑天牛在云南、湖北、湖南、安徽、江西和台湾普遍发生为害。1960 年河北涉县核桃被害株率达 50%，一株二十五年生被害致死的树体中，有 7 条大幼虫、4 个羽化孔和 22 条隧道，为害隧道总体积为 7 703cm³。60～70 年代，云斑天牛在太行山区核桃、板栗产区发生普遍，为害严重，1975 年在河北灵寿调查，核桃被害株率达 68.4%，死株率达 5.48%。80 年代伴随核桃叶、果害虫的连年暴发成灾，化学农药大量投入使用，云斑天牛发生为害程度有所减轻，核桃被害株率在 20%～30%。而在湖南（汉寿）云斑天牛在林木上发生为害严重，旱杨被害株率达 100%，枫杨达 98%，女贞 18.5%。云斑天牛成虫食树木的叶片和嫩枝皮；幼虫孵化后先蛀入皮层为害，被害部位树皮外胀，然后纵裂，为害 1～5d，向木质部蛀食 2.5～3cm，再向上为害，蛀道长 18～24cm。随着虫体的增长逐渐蛀入木质部乃至髓心，蛀成纵的和斜的隧道。树干被害后易招致其他病虫侵染，并且枝叶稀疏，长势衰弱，果实和木材品质下降，减产甚至绝收，受害严重的，整株树枯死，或被风吹折。90 年代随着农业结构的调整和退耕还林政策的贯彻执行，核桃、板栗发展迅速，林业面积不断扩大，杨树人工速生丰产基地迅猛发展。云斑天牛发生为害林木的面积愈来愈大，为害日趋严重，受其为害，轻则树势衰弱，重则全株枯死。同时造成林木材质损害，降低了材质的等级，造成了极大经济损失。五至十年生桉树被害株率达 3.9%～7.5%，十五至三十年生的达 56.3%～87.5%。21 世纪，在太行山的灵寿、平山、井陉等县核桃产区云斑天牛发生严重。十年生以上的大树被害株率达 30%～50%。云斑天牛的发生为害波及多种经济林木、城市园林树种，成为影响安全生产的重要问题。

二、形态特征

成虫：体长 51～97mm，宽 17～22mm，黑褐色，密布青灰色或黄色绒毛。前胸背板中央具肾状白色毛斑 1 对，横列，小盾片舌状覆白色绒毛。鞘翅基部 1/4 处密布黑色颗粒，翅面上具不规则白色云状毛斑，略呈 2～3 纵行。如是 3 行，以近中缝的最短，由 2～4 个小斑排成，中行到达翅中部以下，最外 1 行到翅端部；如是 2 行，则近中缝的 1 行一般由 2～3 个小斑组成。白斑变异较大，有时翅中部有许多小圆斑；有时斑点扩大呈云状。体腹面两侧从复眼后到腹末具白色纵带 1 条。前胸背平坦，侧刺突向后弯，肩刺上翘，翅鞘基部密生瘤状颗粒，两翅鞘的后缘有 1 对小刺。雌虫触角较身体略长，雄虫触角超出体长 3、4 节。触角从第三节起，每节下沿都有许多细齿，尤以雄虫最为显著。

卵：长椭圆形，略弯曲，长 8.5～9.0mm，宽约 2.7mm，淡土黄色，表面坚硬光滑。

幼虫：体长 74～100mm，体略扁，乳白色至黄白色。头稍扁平，深褐色，长方形，1/2 缩入前胸，外露部分近黑色，唇基黄褐色，上颚发达。前胸楔形，极大。前胸背板为橙黄色，两侧白色，上具橙黄色半月形斑块 1 个，中后部两侧各具纵凹 1 条，前部有细密刻点，中后部具暗褐色颗粒状突起。前胸腹面排列 4 个不规则的橙黄色斑块。前胸及腹面第一至八节的两侧有 9 对明显的气孔。腹面第三至九节两侧均有 1 扁平的棱边。后胸及腹部一至七节的背、腹面均具步泡突。幼虫共 8 龄，以一龄幼虫的发育时间最短，仅有 1～2d。

蛹：长 40～90mm，裸蛹，初为乳白色，后变黄褐色。

三、生活习性

云斑天牛在河北省中南部跨 3 个年度发生 1 代。成虫于 5 月下旬开始出孔，盛期在 6 月上、中旬，末期在 8 月下旬，成虫发生期长，且不集中。6 月中旬开始产卵，盛期在 6 月下旬至 7 月中旬，末期在 8 月下旬，卵期 10~15d。6 月下旬幼虫孵化后开始蛀入皮层，为害 1~2d，即蜕皮进入二龄，随即蛀入木质部，7 月上旬至下旬为蛀入盛期，末期在 8 月下旬至 9 月上旬。幼虫为害到 9 月中旬至 10 月上、中旬，在被害虫穴道内越冬。第二年 4 月上旬越冬幼虫开始活动取食，到 8 月下旬至 9 月上旬，老熟后先做好羽化孔，然后在隧道末端做蛹室，蜕皮静止进行第二次越冬，到第三年 4 月上、中旬化蛹，蛹期 20d 左右。成虫从羽化到出洞平均 16.8d，老熟后，沿虫道经羽化孔出洞（表 11 - 184 - 1）。

表 11 - 184 - 1　云斑天牛生活史（河北灵寿）
Table 11 - 184 - 1　The life history of *Batocera lineolata*（Lingshou, Hebei）

月	1			2			3			4			5			6			7			8			9			10			11			12		
旬	上	中	下	上	中	下	上	中	下	上	中	下	上	中	下	上	中	下	上	中	下	上	中	下	上	中	下	上	中	下	上	中	下	上	中	下
第1年																●	●	●	●	●	●	●														
																	—	—	—	—	—	—	—												
																								△	△	△	△	△	△	△	△	△	△	△	△
第2年	△	△	△	△	△	△	△	△	△	△	△	△	△	△	△	△	△																			
																	—	—	—	—	—	—	—												
																							☆	☆	☆	☆	☆	☆	☆	☆	☆	☆	☆	☆	☆
第3年	☆	☆	☆	☆	☆	☆	☆	☆	☆	☆																										
									○	○	○	○	○	○	○	○																			
														＋	＋	＋	＋	＋	＋	＋	＋	＋	＋												

注　●卵；—幼虫；△越冬幼虫；☆静止期幼虫；○蛹；＋成虫。

成虫羽化出孔后咬食核桃新枝嫩皮、叶片、叶柄和果皮补充营养，昼夜均能飞翔活动，但以傍晚活动较多，进行交尾产卵，交尾时间多在 19：00 至翌日 1：00。成虫产卵时，从树冠上顺枝干向下爬行，到主干寻找适宜的产卵部位，咬一月牙形产卵刻槽，然后调头向上产 1 粒卵于其中，从咬刻槽到产卵完毕需 30~50min。交尾 1 次产 1 次卵，每次产卵 3~5 粒，然后再次补充营养，再产卵 1 次，一生产卵 5~6 次。成虫在核桃园寿命为 78~112d，平均 97d，每雌平均产卵 41 粒。云斑天牛成虫对法国冬青（V. awabuki）和光皮桦（B. lunirufera）有较强的嗜食性，林间最高取食选择率分别为 100% 和 92.4%。4 种寄主植物挥发物对云斑天牛成虫的引诱力由大到小依次为光皮桦＞法国冬青＞核桃＞杨树，光皮桦和法国冬青挥发物对云斑天牛成虫的引诱力显著高于核桃和杨树，该虫的嗅觉在寄主植物选择行为中起主导作用，而植物挥发物为云斑天牛选择寄主提供了线索。在湖北洪湖市及潜江市调查了补充营养寄主对云斑天牛成虫在杨树林带中扩散及产卵为害的影响，表明绿化林带和渠道林中野蔷薇对 100m 范围内的云斑天牛的诱集率最高达 63.6%，诱集距离最短可达 70m。而云斑天牛扩散距离最远可达 200m，其中林木的受害程度与距虫源地的距离呈负相关，距虫源地 20m、50~100m、200m 林带的虫害株率分别为 11.0%、49.3% 和 73.3%。而且成虫的扩散方向与植被丰富度，特别是其补充营养寄主（野蔷薇、枫杨、旱柳等）之多寡呈正相关。云斑天牛成虫有假死性和弱趋光性，不喜飞翔，行动慢，受惊后发出声音。云斑天牛成虫在核桃林中，产卵多在树干基部，干高 50cm 以下占总产卵量的 91.9%，50~100cm 处占 5%，100cm 以上占 3.1%。成虫出孔也在树干基部，干高 50cm 以下占 87.1%，50~100cm 处占 7.2%，100cm 以上占 5.7%。在杨树上成虫昼夜均可出孔，以 19：00~23：00 最多，成虫出孔历期 30~46d。出孔成虫寿命，雄虫 28~82d，雌虫 30~146d。成虫出孔初期，雌雄性比为 1：1.06；盛期为 1.05：1；末期雌虫为多。云斑天牛产卵刻槽在杨树树干上的分布，随树龄的增长，逐渐上移，二至五年生幼树，主要在 1m 以下，占 77.6%，而九年生以上产卵刻槽均在 1m 以上。当核桃胸径达 8cm，杨树胸径达 4cm 时，其干基就有该虫为害。

云斑天牛成虫出孔后经历了 3 个发育阶段：生殖前期、生殖期和生殖后期。生殖前期为成虫出孔到第一次产卵时期，需 3 周左右；生殖期是成虫一生中最主要的时期，频繁交尾产卵，雄虫约 40d，雌虫 45~

75d；生殖后期是成虫衰亡时期，雄虫从末次交尾到死亡经历 7～10d，雌虫从末次产卵到死亡经历 30～35d。

四、发生规律

（一）虫源基数

云斑天牛的为害主要取决于 3 个因素：①虫源地（树）为已受害的核桃、杨、柳、榆等寄主；②补充营养寄主，以核桃、蔷薇等喜食植物为主；③产卵为害树为核桃、杨、柳等。其中补充营养寄主的存在及其数量的多少对云斑天牛成虫的扩散行为及刻槽产卵为害具有重要的影响。按其发生关系可以将已受害的寄主植物作为原始虫源，补充营养寄主则成为临时虫源树，云斑天牛成虫首先从原始虫源树上羽化，随后转移到临时虫源树上补充营养，交配后即可扩散到寄主树上产卵为害，其关系如图 11 - 184 - 1。

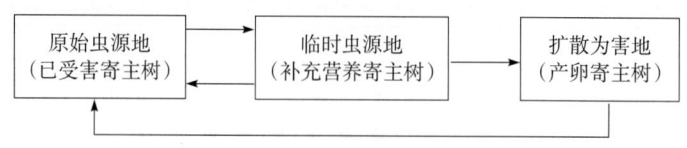

图 11 - 184 - 1　云斑天牛的扩散为害

Figure 11 - 184 - 1　The diffusion damage of *Batocera lineolata*

云斑天牛的卵和初龄幼虫感病死亡率很低。经 5 005 个刻槽解剖调查，初龄幼虫感病死亡率仅为 2.1%，卵的寄生率为 3.99%。天敌寄生率低是种群数量稳定增长的重要原因。

（二）气候条件

昆虫是变温动物，气温的高低对其生长发育起着重要的作用。与海拔的关系实际上与温度的关系相类似，即海拔越高，气温越低，云斑天牛发育速度和繁殖能力也相对下降。云斑天牛的发生与立地条件有关，阳坡上核桃树较阴坡上的受害重，虫口密度大，这是因为阳坡气温高，有利于该虫的发育和繁殖。成虫的产卵速度和数量与温度高低呈正相关，温度高，产卵速度快，产卵量多，温度在 27℃时较为适宜。

由表 11 - 184 - 2 可以看出，云斑天牛发生为害与温度密切相关。在温度较低的海拔 1 000m 以上地区虫害株率显著减少，在温度较高的海拔 1 000m 以下广大地区虫害株率较高。

表 11 - 184 - 2　云斑天牛在秦岭山区垂直分布（1982）

Table 11 - 184 - 2　The vertical distribution of *Batocera lineolata* in Qinling mountainous area（1982）

海拔（m）	杨　树		核桃树	
	调查株数（株）	被害株率（%）	调查株数（株）	被害株率（%）
800 以下	1 170	46.9	284	34.2
800～1 000	452	61.3	223	52.0
1 001～1 200	470	26.6	343	11.7
1 201～1 400	198	6.1	175	0
1 400 以上	75	0	—	—

（三）寄主植物

云斑天牛在不同寄主植物上的种群适合度和为害程度有明显差异。例如在室内用多种树混合和单一树种的嫩枝分别饲养云斑天牛成虫，结果表明：用蔷薇、白蜡饲养的才能产卵，且较用旱杨、枫杨、1 - 69 杨、白榆饲养的取食量大，寿命长。成虫的取食量、寿命及产卵与植物体内含糖量呈正相关。6 种树种混合饲养云斑天牛成虫，其取食量和取食次数结果是：蔷薇＞旱柳＞1 - 69 杨＞枫杨＞白榆＞白蜡。单一树种饲养的云斑天牛，平均每天每头取食面积依次为蔷薇＞旱柳＞白蜡＞白榆＞枫杨＞1 - 69 杨。成虫的寿命，用蔷薇饲养的均在 41d 以上，用其他树种饲养的多数在 10d 左右，最长的也只能存活 17d。雌虫的产卵量，用蔷薇饲养的 2 年平均每头产卵分别为 13.8 粒和 25.7 粒。

云斑天牛成虫对法国冬青和光皮桦有较强的嗜食性，林间最高取食选择率分别达到 100% 和 92.4%，可用这两种寄主植物作为诱饵树，集中对云斑天牛进行生物诱捕，为有效控制天牛的发生提供了可能性。

但同时，核桃也是云斑天牛补充营养的主要嗜食寄主，这可能增加核桃林内设置诱饵树防治成虫的难度。

云斑天牛最嗜食的寄主植物有 12 种，常见的有紫荆、月季、绣球、梨树、葡萄、构树等。

云斑天牛对核桃不同品种、树龄的为害特点是，对嫁接后早熟品种（香玲、鲁光等）的为害株率，五年生树为 43％，十八年生树为 90％左右，明显高于本地实生的晚熟品种（家核桃等）的为害率，较同龄晚熟品种高 20％～40％。同时随着树龄增加，受害株率迅速上升。

（四）天敌

云斑天牛的天敌有川硬皮肿腿蜂、线虫、花绒坚甲、啄木鸟、寄生蜂等。利用川硬皮肿腿蜂（*Sclerodermus sichuanensis* Xiao）对云斑天牛一龄幼虫进行寄生，其室内致死率为 100％，林区有效致死率为 61.11％，室内卵寄生率为 62.5％，子代蜂出蜂率为 20.83％，对云斑天牛有一定的持续防治效果。寄生成功后，其母代蜂寿命会延长至子代蜂幼虫化蛹。

花绒坚甲（*Dastarcus helophoroides*）可寄生云斑天牛幼虫、蛹和刚羽化的成虫。自然寄生率达 2.6％～60.0％，在湖北浪柳树林寄生率达 38％～48％。该天敌可使当代天牛成虫羽化率降低、减少下代虫口数量。目前已可人工饲养。花绒坚甲在北自辽宁、南到广东、西自陕西、东到山东的广大区域内均有分布。

昆虫病原线虫芜菁夜蛾线虫（*Steinernema feltiae* A24）防治云斑天牛幼虫效果显著。线虫浓度 1.0 万头/孔，防治效果达 86％；线虫浓度 1.8 万头/孔，防治效果达 94％。

用芜菁夜蛾线虫（*S. feltiae*）和毛纹斯氏线虫（*S. bibionis*）防治天牛幼虫，用 1 000 头/mL 含线虫液剂注射虫孔或用海绵吸附线虫塞入蛀孔，注射虫孔两种线虫防效均达 90％～100％，而堵虫孔的效果仅为 30％～45％。每虫孔注射 1 000 头/mL 的 2mL 小卷蛾斯氏线虫（*S. carpocapsae* DD-136）防幼虫，田间防治效果达 57.9％。

人工招引大斑啄木鸟防治云斑天牛效果较好，人工成功招引 1 对啄木鸟可控制 33.3hm² 杨树林免受红斑天牛为害。大斑啄木鸟对天牛幼虫的啄食率达 84％，1 对大斑啄木鸟在育雏期可捕食幼虫 2 500 头，被啄株率达 78.86％，被啄孔单株达 100％。1 对啄木鸟可控制农田林网 100～133.3hm²。据此，招引啄木鸟是防治天牛值得重视和提倡的方法。

（五）化学农药

20 世纪初、中期对云斑天牛的化学防治多用高毒、高残留的农药，如六六六可湿性粉剂、DDT、久效磷乳油等，这些农药在减少害虫的发生与为害方面做出了卓越的贡献。20 世纪后期至 21 世纪南京林业大学"八五"期间研究出以倍硫磷和菊酯为主的卵槽用药膏剂——Mz 膏剂。"九五"期间选用有机磷类、菊酯类和氨基甲酸酯类农药对云斑天牛开展了不同虫态、不同施药方法的防治试验。对老幼虫以药剂堵虫洞为主，对小幼虫用点喷法。在存有大量成虫食源的林区喷施农药能大量毒杀成虫。采用磷化锌、草酸、阿拉伯胶、水以 3∶9∶4∶9 的比例充分混合后制成毒签插入虫孔内，对木质部幼虫、蛹和未出孔成虫有很好的防治作用。

在化学农药的使用中，人们认识到化学农药对自然环境有严重的破坏性，随着昆虫行为、化学生态学研究的深入，发展起来的一系列控制害虫为害行为的新技术，如仿生农药的开发利用以及生物防治的大力开展，化学农药的使用量在云斑天牛的防治中将会大大减少甚至被淘汰。

五、防治技术

云斑天牛的防治历来是果树、林木及园林树木害虫的难题，与该虫生活的隐蔽性较强有关。对该虫的防治必须抓住 3 个基本因素：控制对象——天牛（关键是虫态），生存环境，保护对象——寄主植物。出孔后活动的成虫是云斑天牛唯一裸露活动的虫态，也是唯一有行为导向的虫态。因此，狠抓成虫期的防治，化幼虫蛀入后的被动防治为蛀入前的主动防治。

（一）农业防治

1. 严格检疫　云斑天牛主动传播能力不强，主要靠苗木或木材运输携带幼虫进行远距离传播。因此，不要把疫区的苗木和木材运到非疫区。

2. 培育抗性新品种　根据各地不同的气候和环境条件，因地制宜选择适合本地生长的抗天牛乡土新品种。

3. 人工诱杀、捕捉　云斑天牛成虫发生期长，个体大，极易发现。利用其趋光性，不喜飞翔，行动慢，受惊后发出声音等特点，于 6～7 月，傍晚提灯诱杀，或早晨人工捕捉。

4. 严重受害树的处理　对二十年生以上严重受害树（濒死、枯死的树）及早砍伐、烧毁，运出林地，彻底清理以减少成虫出孔数量。

5. 虫卵、幼虫的处理　在成虫产卵时期，检查树干部分，寻找产卵疤痕或流出黑水的地方，用锤子用力击打刻槽上部；或用小刀将树皮切开挖除虫卵和幼虫，效果达 95％以上。

6. 封虫孔　成虫出孔前，用三合土或水泥封闭羽化孔，阻止成虫出孔；或用 1 个比虫孔稍大的木橛堵塞虫洞。

7. 幼虫为害期的处理　在幼虫为害期，将铁丝一头弯成小钩，顺着虫孔直接刺入，刺死或钩出幼虫。

8. 切断成虫食物源　在营造杨林时，切勿与桦木科、蔷薇科有关植物混交种植。在 1 000m 范围内存在上述大片植物的区域内不宜栽杨树。

（二）生物防治

1. 利用天敌昆虫防治天牛

（1）利用川硬皮肿腿蜂防治天牛。防治一龄幼虫，效果达 61.11％，子代蜂的出蜂率为 20.83％，有一定的持续防治作用。

（2）利用花绒坚甲防治天牛。可寄生云斑天牛的幼虫、蛹和刚羽化的成虫。自然寄生率达 2.6％～60.0％。

2. 利用微生物防治天牛　利用病原线虫防治云斑天牛幼虫，在云斑天牛幼虫初龄期，用小卷蛾斯氏线虫 5 000 头/mL 注入虫孔，云斑天牛幼虫死亡率 95％以上。还可选用芜菁夜蛾线虫和毛纹斯氏线虫。

3. 利用益鸟防治天牛　1 对大斑啄木鸟可控制 33.3hm² 杨树片林和农田林网 100～133.3hm² 天牛的为害。应加强宣传，保护益鸟。

4. 利用仿生农药防治天牛　①用 5％灭幼脲 3 号悬浮剂 5 倍液蛀入虫孔，幼虫死亡率 97.0％以上。②在云斑天牛补充营养期间，用高浓度的印楝素喷雾处理其补充营养的植物，使其产生拒食而导致营养缺乏，从而影响其繁殖力，降低下一代虫口密度，达到生态防治云斑天牛的目的。③用 A-1 型引诱剂喷洒饵木，将分散为害天牛吸引过来，集中为害饵木，这样可降低虫源地的虫口密度。用灭幼脲药液处理补充营养植物饲喂初出孔成虫，可抑制卵孵化率达 36％～65％，抑制作用效应期为 10～20d。

（三）物理防治

1. 诱饵树　在成虫产卵为害之前，利用云斑天牛的嗜食植物（野蔷薇科），将分散、远处的成虫引诱集中到中、低矮的诱饵树上进行防治。还可在引诱植物上喷施植物引诱剂，增加雌雄成虫相遇机会和缩短距离，再用高效杀虫剂集中歼灭，经两年试验，有虫株率由原来的 94.4％下降为 17.8％。

2. 引诱剂诱捕成虫　A-1 型天牛引诱剂由萜烯类等特异性植物成分和溶剂配制而成，兼有取食引诱和产卵引诱剂的特性。用其作成诱捕器对天牛雌雄成虫均具有较强的引诱能力。

（四）化学防治

1. 喷施药液　在成虫出孔取食期间用 50％乙酰甲胺磷乳油 1 500 倍液，或 75％辛硫磷乳油 2 000 倍液，喷洒树冠 7～10d 1 次，连喷 2 次。

2. 树干涂白防成虫产卵和杀死低龄幼虫　用生石灰 5kg、食盐 0.25kg、硫黄 0.5kg、水 20kg，混匀后使用。

3. 熏杀或注射防虫　用天牛净或磷化锌毒签，或用 1/12～1/6 磷化铝片剂，放入虫孔内、外用泥封严，熏杀虫道内的幼虫、蛹和未出孔的成虫。也可用 40％氧乐果乳油 2 倍液打孔注射，2～5mL/孔，防木质部幼虫。

附：测报技术

对杨树云斑天牛的调查，采用专业测报与专项调查相结合、样地调查与线路调查相结合的方法，并参照《国家级森林病虫害中心测报点杨树星天牛监测和预报办法（试行）》进行。

（1）调查内容与方法。每年调查 2 次，分别在 9～10 月进行越冬前调查和 4 月上旬进行越冬虫态开始活动后调查。调查方法：以线路调查为主。在云斑天牛发生区，按被害程度划分为轻、中、重 3 个类型。

各类型区内面积 2hm² 以上设置样地，双对角线法选择样树 20 株，调查单株存活虫口。杨树八年生以上，有虫株率 5% 为统计起点（附表 11 - 184 - 1）。

附表 11 - 184 - 1　云斑天牛为害程度划分标准（四川德阳）

Supplementary Table 11 - 184 - 1　The classification standard of *Batocera lineolata*

damage degree（Deyang, Sichuan）

为害程度	轻	中	重	注
虫口密度（头/株）	0.5～1.0	1.1～4.1	4.1 以上	树龄 8 年以上
有虫株率（%）	5～10	11～20	21 以上	

（2）样地设置。根据云斑天牛不同发生情况，选择有代表性的林分，设置固定样地 20 个，用 GPS 进行标识。另外，每次调查设置临时样地 20 个，用 GPS 进行标识，用于辅助性观测。样地均选择代表性样树 20 株，树龄 8 年以上。

（3）越冬情况调查。3 月通过解剖带虫树木，统计越冬虫态及其比例，观察越冬虫态死亡原因。

（4）成虫出孔调查。4 月中旬始在该虫发生的样地内确定 20 株标准树，每天定时统计成虫出孔数量，直至出孔期结束。

（5）物候期预测方法。通过多年严格观察，找出某些动植物某一发育阶段或活动情况和云斑天牛某一虫态的出现及为害特点在时间顺序上的相关性，以此预测云斑天牛发生规律。如"苹果一开花，天牛要外爬，幼虫要防治，毒签洞里插"。

褚凤杰　于利国　陈展（河北省农林科学院石家庄果树研究所）

第 185 节　木檫尺蠖

一、分布与危害

木檫尺蠖［*Culcula panterinaria*（Bremer et Grey）］属鳞翅目尺蛾科，别名核桃尺蠖、核桃步曲、吊死鬼、小大头虫。在我国广泛分布于山东、河北、山西、内蒙古、河南、陕西、四川、云南、浙江、台湾等省。木檫尺蠖是一种多食性害虫，能取食 28 科 115 种植物，除为害核桃外，还为害木檫、山楂、梨、葡萄、柿、茶、杨、柳、槐、榆、桑等 150 多种植物，特别是对木檫和核桃为害更为严重，并且在食光木本植物后，还可侵入农田为害棉花、豆类等农作物，如不及时防治，常造成毁灭性灾害。以幼虫取食叶片初孵幼虫啃食叶肉，稍大蚕食叶片成缺刻或孔洞，是一种暴食性的害虫。在太行山麓的河北、河南和山西 10 余个县，有些年份曾大发生，3～5d 吃光树木和农作物的叶片，仅留叶柄，不仅导致减产绝收，还严重影响树势。1992 年仅河北涉县发生面积就达 30 150hm²，为害树木 760 万株，一般减产 20%～50%，其中，2 500hm² 农作物受害绝收，395.2 万株树叶被吃光。1994 年 8 月上、中旬，木檫尺蠖在河南林州 4 个乡镇 52 个行政村暴发成灾，致使 1.5 万 hm² 山林果木和 0.8 万 hm² 大豆、玉米等农作物惨遭为害，其中，有 4 600hm² 林果和 400hm² 作物被吃成光秆而绝收。根据 8 月 13～16 日调查，受害最重的核桃树，每株有幼虫 3 000～7 000 头，柿树和泡桐树有虫 1 000～3 000 头，百株棉花有虫 532 头，百株玉米有虫 295 头。幼虫多在核桃树上形成虫源中心，再向周围林木扩散。2002 年该虫在陕西黎城县暴发成灾，受灾面积 5.7 万 hm²（包括农用地），其中轻度受害 3.5 万 hm²，中度受害 0.7 万 hm²，重度受害 1.5 万 hm²。

二、形态特征

成虫：体长 17～31 mm，翅展 54～78 mm。雌蛾触角线状，雄蛾触角短羽毛状。胸部背面具有棕黄色鳞毛，中央有 1 浅灰色斑纹。腹部背面近乳白色，腹部末端棕黄色。翅底白色，翅面有灰色和橙色斑点，在前翅基部有 1 近圆形的棕黄色斑纹，前后翅的中央各有 1 个明显的浅灰色斑点。在前后翅外缘线上各有 1 条断续的波状棕黄色斑纹。后翅亚外缘线处也有五六个不明显的圆形斑，后翅中部有 1 较大的淡灰色圆斑。雌蛾腹部末端具有黄棕色毛丛，产卵管褐色，稍伸出体外。雄蛾腹部细长，圆锥形（彩图 11 - 185 - 1，1）。

卵：椭圆形，初为绿色，渐变为灰绿色，近孵化前黑色，数十粒成块，上覆棕黄色鳞毛。

幼虫：共 6 龄，三龄幼虫体长约 18mm，老熟幼虫体长约 70mm。初孵幼虫头部暗褐色，背线及气门上线浅草绿色，以后随着幼虫的发育变为绿色、浅褐绿色或棕黑色。幼虫的体色常随着寄主植物的颜色而变化。体色因取食植物不同而有差异，为害核桃、臭椿、向日葵的多为淡绿色，为害刺槐、栎的为灰褐色或黄褐色，为害杏树的为黑褐或红褐色。头部密布白色、琥珀色、褐色泡沫状突起，头顶两侧呈马鞍状突起。单眼 5 个，圆形，大小相近，其中 4 个呈半圆形排列。前胸背板前端两侧各有 1 个突起，气门椭圆形，两侧各生 1 个白点。背线两侧，每一体节有 3 个灰白色小斑点。胸足 3 对，腹足 1 对，着生在腹部第六节。臀足 1 对。趾钩双序，腹足上有趾钩 40 多个（彩图 11 - 185 - 1，2）。

蛹：长 30～32mm，初化蛹时翠绿色，后变为黑褐色，表面光滑，头顶两侧具明显齿状突起，臀棘和肛门两侧各有 3 块峰状突起。

三、生活习性

该虫在河北、河南、山东以及山西等地区 1 年发生 1 代，在浙江地区 1 年发生 2～3 代，以蛹在树干周围的土缝内或碎石堆中过冬，在土壤深度 3cm 处越冬最多。华北地区 5 月上旬至 8 月底为成虫发生期，盛期为 7 月中、下旬。

成虫昼伏夜出，具有较强的趋光性，喜在夜间活动，白天静止在树上或者石块上，容易发现，特别是在清晨，成虫翅受潮后不易飞行，更容易发现。成虫多在 21：00 至翌日 3：00 羽化，羽化后黎明前即可交尾，交尾时间长达 16h 以上。成虫交尾后 1～2d 内产卵，卵多产在寄主植物的树皮裂缝中或石块上，卵呈块状，不规则，每雌可产卵 1 000～3 000 粒，产卵期可延续 5～10d，卵期 9～10d。

初孵幼虫有群集性，快速爬行寻找喜食植物叶片，并能吐丝下垂，借助风力转移为害。幼虫二龄后行动迟缓，分散为害，臀足攀缘能力很强，静止时臀足直立在树枝上，或者以腹足和胸足分别攀缘在分杈处的两个小枝上，全身直立，像一小枯枝，故群众多称为"棍虫"。幼虫蜕皮前一两天停止取食，头、胸部肿大，静伏在叶片或者枝条上，蜕皮后将皮吃掉。幼虫期一般 45d 左右。为害状随幼虫龄期和食量的不同而不同，初为害时叶片出现斑点状半透明痕迹，一龄幼虫为害的斑点连成片状，少数成空洞，以后即吃成缺刻。一龄和二龄幼虫食量很小，而五龄和六龄期的幼虫食量猛增，核桃叶被吃光后即转害大田作物。7～8 月是幼虫严重为害期。8 月中、下旬老熟幼虫陆续下树入土过冬。在幼虫老熟时坠入地上，少数幼虫顺着树干下爬或吐丝下垂着地，选择松软土壤中、阴暗潮湿的石缝或乱石块下化蛹。大发生年份，往往有几十或几百头幼虫聚在一起化蛹形成蛹巢。化蛹入土深度一般为 3～6cm。

四、发生规律

（一）与土壤的关系

木橑尺蠖的发生与土壤湿度有密切关系，土壤含水量 10％～15％最为适宜，低于 5％或高于 30％蛹即干死或腐烂，不能羽化。因此，冬季少雪，春季干旱，土壤湿度小，蛹死亡率也高。沟谷、背坡由于环境潮湿，食物丰富，常是其大发生的起源地。5 月有适量降雨将有助于越冬蛹的羽化。不同生态环境越冬蛹死亡率不同，阳坡死亡率高于阴坡，深山区死亡率低于浅山区，灌木丛生的荒山死亡率低于植被稀疏的荒山。而且，蛹羽化的早晚与越冬场所的土温关系很大，如阳坡日平均温度高于阴坡，所以阳坡蛹羽化期比阴坡早 15d 左右，并且阳坡的蛹羽化集中，而阴坡的蛹羽化较晚，并且羽化期拖得很长，这也是每年成虫 5～8 月都有出现的原因。

越冬蛹数量与树干的远近及土壤疏松程度关系密切，离树干愈近，土壤愈疏松，越冬蛹数量也愈多。含腐殖质较多的土壤蛹的数量也较多。

（二）与寄主食物的关系

不同食料对幼虫历期长短也有一定影响，以核桃叶为食料，幼虫期为 42.4d，而以大豆叶为食料，幼虫期只有 37.5d。

（三）天敌

2006—2008 年，张改香在三门峡市部分地区对木橑尺蠖不同虫态的天敌进行了调查，其天敌主要包括黑卵蜂、广肩步甲、寄蝇、茧蜂、胡蜂、土蜂、麻雀、大山雀、白僵菌等多种天敌。麻雀、大山雀等益鸟取食木橑尺蠖的量约占幼虫的 12%，蛹期被寄生量为总蛹量的 0.2%，其他天敌的捕食量约占木橑尺蠖的 4%。

五、防治技术

（一）农业防治

根据初孵幼虫群集性的特点，可剪除群集为害的叶片，集中消灭初孵幼虫。

（二）人工防治

虫口密度大的地区，在秋季或春季，在成虫羽化前结合翻地在核桃树干周围 1m 内挖蛹，减少虫源数。

成虫不太活泼，特别是在清晨更不甚活动，可以组织人力捕杀成虫。

（三）物理防治

利用成虫的趋光性，在大发生年份的 5~8 月成虫羽化期，大面积利用黑光灯诱杀成虫，每 2~3hm² 安置 1 台灯。黑光灯在诱杀害虫的同时，也诱杀了一些天敌昆虫，因此，此方法只有在核桃园害虫大面积成灾的情况下，在成虫发生期采用。

（四）化学防治

防治适期为卵孵化期至三龄之前的幼虫期，目前常用的药剂主要有：8 000IU/mg 苏云金杆菌悬浮剂 200 倍液，25% 除虫脲可湿性粉剂 50~62.5mg/kg，25% 灭幼脲悬浮剂 100~167mg/kg，2.5% 高效氯氰菊酯乳油 12.5~25mg/kg，1.8% 阿维菌素乳油 3~6mg/kg，48% 毒死蜱乳油 300~450mg/kg。

（五）生物防治

保护天敌。在幼虫一龄、二龄期，喷洒木橑尺蠖核型多角体病毒液，每 667m² 用量为 1 000 亿~1 500 亿个多角体病毒，防治木橑尺蠖幼虫。

附：预测预报方法

（一）越冬蛹分布及密度调查

在解冻后，根据当地核桃、木橑等寄主植物的数量，选择有代表性的地段（如山沟、平地、坡地、阳坡、阴坡、耕地，上年为害严重、一般、较轻等），每一地段随机调查 5~10 棵树。在每株树的树冠下取 1/2 或 1/3 的面积，挖 10cm 深左右的土壤，用筛子筛土检查越冬蛹，分别记载，算出不同地段平均每棵树蛹数。将蛹保存下来用于观察成虫羽化。

（二）成虫发生期调查和预报

1. 埋蛹观察　将上一项调查所得的蛹，埋在同原地自然条件相同的 10cm 左右深的土中，上罩铁纱笼。蛹数不得少于 200 个，如果蛹多，可分别放在不同的环境下观察（如较干和较湿的土中，不同土温，背阴或向阳等）。自 6 月 1 日起，每隔两天检查 1 次羽化出的成虫数量（近羽化期，应每天观察）。记载后取出放于养虫笼中（放入枝叶），观察产卵情况。

2. 灯光诱集　在成虫发生初期（6 月上旬），用黑光灯诱集成虫（如无黑光灯可用白炽灯），每天统计诱集结果，直至成虫高峰期。发现成虫达到高峰时，发布紧急虫情预报。再过 20~28d，即为喷药防治幼虫的适期。

（三）幼虫防治适期调查和预报

在成虫羽化盛期以后 20~25d 内，分别在核桃、木橑的不同地段各检查 2~3 株。在树冠外部取侧枝 4~6 个，内部取侧枝 1~2 个，每 3~5d 调查 1 次复叶（即当年生 1 个枝上的叶）上的幼虫数，算出每百叶上的幼虫数，并分别统计大、中、小（三龄以前）幼虫，当三龄前小幼虫占多数的时候，则发出喷药情报。

王勤英　宋萍（河北农业大学植物保护学院）

第 186 节 草 履 蚧

一、分布与危害

草履蚧〔*Drosicha corpulenta* (Kuwana)〕属同翅目绵蚧科。

草履蚧在我国的辽宁、河北、北京、山东、山西、陕西、甘肃、宁夏、河南、江西、江苏、浙江、福建、湖南、湖北、广东、广西、贵州、青海、四川、云南、新疆、西藏等省份均有分布。国外分布于日本、朝鲜半岛和俄罗斯（远东地区）。草履蚧的寄主植物种类繁多，我国已记载的有 29 科 46 种以上，包括苹果、梨、核桃、枣、沙果、樱桃、柿、海棠、板栗、杏、李、柑橘、荔枝、无花果、猕猴桃、银杏、香椿、杨、洋槐、榆、泡桐、法桐、栎、松、枫杨、白蜡、构树、碧桃、月季、女贞、悬铃木、乌桕、三角枫、广玉兰、罗汉松、花桃、樱花、紫薇、木瓜、绣球、冬青、菊花脑、珊瑚树、红叶李、海桐等果树、林木、园林植物。

在我国草履蚧为害果树的报道始于 20 世纪 30 年代。50 年代初、中期对该虫的研究报道较多。60、70 年代草履蚧在华北地区，特别是在河北的太行山区暴发成灾，以成、若虫吸食枝条汁液，被害枝条细弱、叶片小，受害严重的枝条不能正常发育，叶丛衰弱枯萎，影响花芽分化和果实发育。1976 年在河北灵寿调查，一至二年生枝条干枯率达 15%～30%，核桃产量损失 42% 以上。80、90 年代随着科技进步和农药的大量使用，草履蚧的为害程度有所减轻，几乎不造成严重的危害，产量损失较轻。草履蚧除了为害果树，同时还为害林木和花卉，当食料不足时，又迁徙到城镇居民的住房和牲畜圈舍，叮咬人畜，引起红肿、痛痒。1997 年江苏徐州余海村，导致 4 户居民搬迁。草履蚧的发生与为害已成为影响我国多种果树、林木、园林植物安全生产及居民平安健康生活的重大问题。

二、形态特征

成虫：雌成虫体长 10～12mm，宽 4～4.5mm，扁平椭圆形，背面隆起呈龟甲状，似草鞋，红褐色至灰紫色，外围淡黄色，外被白色蜡粉和许多微毛。触角黑色，被细毛，丝状，9 节。胸足 3 对，红褐色，被细毛。腹部 8 节，背有横皱和纵沟，肛门有刺毛。雄虫体长 5～6mm，翅展 9～11mm，头、胸部黑色，腹部深紫红色，复眼明显，触角念珠状，10 节，黑色，略短于体长，鞭节各亚节每节有 3 个珠，上环生细长毛。前翅紫黑色至黑色，前缘略红，后翅转化为平衡棒，足黑色，被细毛，腹末具 4 个较长突起，性刺褐色、筒状、较粗，微上弯（彩图 11-186-1，1、2）。

卵：椭圆形，长 1～1.2mm，初产时黄白色，逐渐变为黄褐色，光滑，卵产于卵囊内。卵囊长椭圆形，白色绵状，每囊内有卵数十至百余粒（彩图 11-186-1，3）。

若虫：体形与雌成虫相似，体小、灰色，初龄若虫体长约 1.5mm（彩图 11-186-1，4）。

蛹：雄蛹为离蛹，呈圆筒形，褐色，长 5～6mm，翅芽 1 对，达第二腹节。

三、生活习性

草履蚧 1 年发生 1 代，以卵在寄主树干周围土缝和砖石块下，或 1～12cm 土层中的卵囊内越过夏、秋及冬天。在河北太行山区 12 月底开始孵化。若虫开始活动的临界温度为 1.5～2℃。在阳坡于 1 月下旬开始陆续上树为害，盛期在 2 月下旬至 3 月上旬，末期在 4 月上旬。在阴坡若虫于 2 月下旬开始上树，盛期在 3 月上、中旬，4 月中旬结束。若虫上树时期长达 70 余天。初龄若虫行动迟缓，陆续上树后，多集中在嫩枝、幼芽的芽腋、枝杈背阴处为害，在树皮缝、枝杈隐蔽处群栖。稍大后喜于一至二年生枝条阴面群集吸食汁液。受害树往往推迟发芽，严重削弱树势，重者枯死，影响产量和品质。雌虫蜕皮 4 次，雄虫蜕皮 3 次。据对河北灵寿阳坡核桃树的观察，第一、二次蜕皮均在树上进行，时间分别在 3 月上旬至 3 月中旬末和 4 月中、下旬。蜕皮前先离开为害部位，爬行到树皮缝隙、树洞等隐蔽处进行蜕皮。蜕皮后的三龄若虫开始爬行到新梢、嫩芽、叶柄处为害。4 月底至 5 月上旬，若虫爬行下树到树干周围砖石块下、土缝中、杂草和作物等隐蔽处进行第三次蜕皮。雄虫蜕皮后立即在原处分泌棉絮状蜡质做茧并在内化蛹。蛹期 7～10d。雌虫经 3 次蜕皮后继续爬行上树为害，到 5 月中、下旬再次下树到树干附近杂草及作物隐蔽处进行第四次蜕皮。雌成虫蜕皮后再次继续爬行上树为害。雄虫于 5 月上旬至下旬羽化。雄成虫不取食，多在傍晚活动，飞行或爬至树上寻找雌虫交尾，阴天可整日活动，寿命 3～5d。雌成虫交尾后仍需在枝叶上吸食为害至 6 月上、中旬陆续下树，钻入到树干周围阴凉潮湿的石块下、土缝等处，第二天开始分泌白色棉絮状蜡质卵囊，第四天开始产卵其中。雌虫产卵时，先分泌白色蜡质物附着尾端，形成卵囊外围，产卵 1 次，多为 20～30 粒，陆续分泌一层蜡质棉层，再产一次卵，依此重叠，一般 5～8 层。卵囊初形成时为白色，后转淡黄至土色。卵囊内棉状物亦由疏松到消失，因而夏季土中卵囊明显可见，到冬季则不易找到。雌虫产卵量与取食时间有关，取食时间长，产卵量大，一般产卵 80～120 粒，平均 94 粒，产卵期 6～8d，产卵结束母体干瘪死亡。草履蚧的卵分布规律是：在水平方向上以距树干基部 0～20cm，21～40cm 区段土壤中卵的分布量最多，分别占 48.40% 和 25.02%；在垂直分布上以地面以下 0～5cm 和 6～10cm 的土层中最多，分别占 73.92% 和 22.27%。草履蚧的卵集中分布于距树干基部 60cm 范围内及地面以下 0～10cm 的土层中。

草履蚧一龄若虫抗低温性强，其在 -8.7℃ 时仍能存活，在积雪表面静伏 3～4d 后，当气温回升到 1.5～2℃ 时仍能照常爬行。该若虫颇耐饥饿和抗水淹，在不补充营养的情况下，最长能存活 41d，在冷水中浸泡最长能存活 20d。草履蚧若虫上树后，以树冠上层最多，中层次之，下层最少；一年生枝段最多，二年生次之，三年生以上最少。

表 11 - 186 - 1　草履蚧年生活史（河北灵寿）
Table 11 - 186 - 1　Life history of *Drosicha corpulenta* (Lingshou, Hebei)

月	12			1			2			3			4			5			6			7～11
旬	上	中	下	上	中	下	上	中	下	上	中	下	上	中	下	上	中	下	上	中	下	
		●	●	●	●	●	●															
		—	—																			
															⊙	⊙					
															♂	♂					
															♀	♀	♀	♀			
																		●	●	●	● ● ●

注　●卵，—若虫，⊙雄蛹，♂雄成虫，♀雌成虫。

草履蚧除为害果树外，还为害其他林木和园林植物。在安徽来安调查 80hm² 杨树，受草履蚧为害的有 30hm²，其中受害轻的占 60%，中度占 25%，重度占 15%。该虫刺吸杨树幼芽、嫩枝、叶的汁液，杨树受害后，推迟发芽，枝梢枯萎，树势衰弱，严重者全株枯死。

草履蚧还可为害蔬菜、花卉和药用植物。在江苏苏州调查菊花脑被害株率达 100%，虫口密度 2 500 头/株，严重影响菊花脑的生长分蘖及采收，使商品价值降低。当食料不足时，草履蚧迁徙到城镇居民住房和牲畜圈舍，叮咬人畜，引起红肿，痛痒，使人昼夜不宁。该虫繁殖量大，1 头雌虫产卵 80～120 粒，易引起暴发。

四、发生规律

(一)虫源基数

草履蚧卵越冬基数和卵的孵化率与若虫的发生量有密切关系，并影响到寄主植物的被害程度。在陕西户县调查，越冬卵自然死亡率达 52.2%，未孵化的占 9.6%，其他原因致死的占 3.8%，其存活率为 34.4%；初孵若虫被天敌捕食的占 68.1%，加上未能上树及其他原因致死的合计死亡率为 85.8%，存活率仅为 14.2%；雄蛹存活率为 80.9%，雄成虫存活率为 70.6%；雌成虫被天敌捕食的占 67.8%，存活率为 32.2%。由此可见，卵的死亡原因主要是自然死亡，初孵若虫的死亡原因主要是由于天敌捕食和未能上树，成虫的死亡原因主要是由于天敌的捕食和未能交尾导致种群下降。1975—1976 年在河北灵寿分别调查了干周为 90cm 和 120cm 的两棵核桃树，用阻隔若虫上树法，分别收集了 12 000 头和 20 000 头若虫；1 个 13cm 长的核桃一年生枝条上有若虫 221 头，核桃和柿树受害株率达 100%。

(二)气候条件

草履蚧一龄若虫发育起点温度为 7.9℃，有效积温为 203.8℃。草履蚧卵的孵化期和若虫上树时间与气温有关，当年11月至翌年2月月平均气温高时，卵的孵化期和若虫出土上树的时间提前，反之则延后，如表11-186-2所示。

表11-186-2 气温与卵孵化期和初孵若虫上树时间的关系（陕西户县）

Table 11-186-2 The relationship of temperature and the period of larval ascending tree，the duration of incubation（Hu County，Shaanxi）

年度	月均温（℃）				孵化盛期	出土上树盛期
	11月	12月	1月	2月		
1997—1998	6.5	1.4	0.1	5.8	12月26～30日	2月11～15日
1998—1999	10	4.4	2.7	6.2	12月21～24日	2月7～10日
1999—2000	8.3	2.8	−0.5	5.2	翌年1月2～6日	2月18～22日

草履蚧初孵若虫开始活动的起点温度为1.5～2℃，一龄若虫耐低温，气温在−8.7℃时仍能存活，在积雪中静伏3～4d后，当气温回升后仍能在此爬行。土壤含水量的高低对一龄若虫存活率有很大影响，在土壤含水量达10%～20%时，20d死亡率仅2.2%，在干燥的土壤中15d的死亡率达62.6%。同时，土壤含水量高低与卵的孵化有关，在干燥土壤中，卵的存活率为20%～30%，土壤潮湿时卵的存活率达70%～80%。一龄若虫抗水淹，在凉水中浸泡，最长能活20d。

地势与地形对草履蚧卵的孵化和初孵若虫出土上树有影响，向阳、避风、土层厚且潮湿的地段提前发生且较重，阴坡发生迟。降水量的多少对种群影响较大，在雌虫产卵期，如连降数天大雨，产卵数量减少。温度是影响雌雄虫交配行为的主要环境因素，气温低时，交配主要在10：00～14：00，气温高时交配主要在傍晚和黎明进行。草履蚧在有些大城市中的园林植物上普遍发生为害，这可能与城市的热岛效应和全球气候变暖引起的暖冬效应有关。

（三）寄主植物

草履蚧在不同寄主植物上的适合度有明显差异，在同一地块上的不同树种、虫口密度、被害程度和被害株率不一。据1975—1976年河北平山调查，核桃树被害株率在100%，虫口密度大，被害程度重，枯枝率达51%；柿树被害株率达70%，虫口密度较小，枯枝率达30%左右；林木树如柳树和刺槐树，受害株率仅为20%，虫口密度小，为害轻。草履蚧发生的多少与寄主着生的环境有关，凡是着生在坡度大、阳光充足、气温高且干燥的地段或耕作地块中的寄主植物，草履蚧发生很少，甚至没有。相反，凡是着生在阴凉、潮湿、石块多的地段的寄主植物，虫口密度大，为害严重。

在园林绿化中引进外来的观赏植物和草坪品种多，乡土树种及草种缺乏，导致适应当地气候的原有的动植物群落不能建立，有益的天敌物种逐步退出城市生态系统。同时，园林绿化植物群落单一，种类少，密度大，不适应多种天敌的生存，造成草履蚧失去天敌控制，导致快速传播为害。

（四）天敌

草履蚧的天敌主要有两类：捕食性天敌昆虫和寄生性天敌昆虫。

1. 捕食性天敌 在草履蚧的捕食性天敌中以鞘翅目瓢虫科为主，有红环瓢虫（*Rodolia limbata* Motschulsky）、黑缘红瓢虫（*Chilocorus rubidus* Hope）、大红瓢虫（*Rodolia rufopilosa* Mulsant）、暗红瓢虫 [*Rodolia concolor*（Lewis）]、异色瓢虫 [*Harmonia axyridis*（Pallas）]、大草蛉 [*Chrysopa pallens*（Rambur）]、双齿多刺蚁（*Polyrhachis dives* Smith）、黑腹狼蛛 [*Lycosa coelestis*（L. Koch.）]。其中，红环瓢虫是很重要的捕食性天敌，该瓢虫产卵量大，成虫、幼虫均可捕食草履蚧，对草履蚧有很强的控制能力。

在林木上当发现红环瓢虫与草履蚧的比例为1∶100以上时，加强对红环瓢虫的保护，可不采取任何防治措施；达到1∶2 000以上时，加强对红环瓢虫的保护，当年可不采取防治措施，第二年可采取阻止若虫上树法进行防治。草履蚧为害后的柿树枝叶对红环瓢虫和异色瓢虫有引诱作用。①在草履蚧为害高峰期的4、5月和为害结束一段时间后的9月，受害柿树枝叶对天敌红环瓢虫引诱率分别为50.83%和50.83%，与同期未受害枝叶引诱率39.17%和40.83%相比无显著差异；在为害后期的7月受害枝叶对红环瓢虫引诱率为75.83%，与未受害枝叶引诱率16.67%相比差异显著（P<0.01）。受害植物对天敌的引

诱作用出现在为害后期。②比较单独的受害枝叶、含草履蚧虫体的受害枝叶、未受害枝叶对红环瓢虫的引诱率分别为 50.83％、54.17％和 36.67％，说明草履蚧虫体的存在增强了受害枝叶对红环瓢虫的引诱效应。③异色瓢虫在 5 月、7 月和 9 月对严重受害的柿树枝叶的趋向率分别为 25.00％、48.33％和51.67％，效果不如红环瓢虫。瓢虫趋向柿树是草履蚧的为害诱导了柿树挥发物发生变化的结果，同时说明了红环瓢虫跟踪草履蚧滞后的原因。

2. 寄生性天敌 寄生草履蚧的寄生蜂有长柄麦厄跳小蜂（*Mayrencyrtus longiscapus* Xu）。

（五）化学农药

过去对草履蚧进行化学防治的农药都是广谱、高毒、高残留品种，如 20 世纪 50～70 年代多用六六六、滴滴涕、对硫磷（1605）、内吸磷（1059）等，对该虫有很好的防治效果。到 20 世纪末期，应用最广泛的仍是化学防治。人们在享受了化学农药防治害虫带来的收效的同时，也饱尝了由此而引发的种种后果，如环境污染、农药残留、害虫抗药性增强、杀伤天敌昆虫等，同时还导致了该虫的猖獗发生，并蔓延到大城市中园林植物上为害。21 世纪以来，对草履蚧的防治正在探索其他的防治方法来替代化学农药。

五、防治技术

根据草履蚧危害性大、暴发性强、为害人畜、防治难度大、传播途径广等特点，应采取铲除早春虫源，开展统防统治，保护利用天敌的防治策略。①铲除早春虫源。草履蚧若虫在 12 月底就开始孵化出土上树，如何阻止该虫上树为害，让其集中在树下进行防治，是防治该虫的关键。②开展统防统治。草履蚧寄主种类繁多，在寄主植物间转移性强，局部防治对草履蚧区域性种群控制作用不大，所以要统防统治。③保护利用天敌。草履蚧的天敌种类较多，特别是红环瓢虫对该虫有很强的控制能力，在加强保护的同时进行人工助迁和释放，可达到事半功倍的效果。

（一）农业防治

1. 加强植物检疫 草履蚧传播途径广，可随苗木调运、木材采伐运输、林下行人、放牧及随风、随水流等远距离传播。因此，要严防疫区的苗木、原材料等运入非疫区，如需调运则需严格杀死虫卵。

2. 于 4 月中、下旬和 5 月中、下旬，雄若虫下树蜕皮化蛹前和雌成虫下树产卵前，在树干基部挖宽 30cm，深 20cm 的环形沟，内放杂草树叶等，诱集雄虫化蛹和雌虫产卵，然后集中及时处理，消灭虫卵。

3. 秋天和初冬翻耕树盘，让卵暴露在阳光下，经风吹日晒消灭越冬卵。

4. 选育抗虫树种和品种。

（二）生物防治

草履蚧的天敌主要有捕食性和寄生性两类，在捕食性天敌中尤以鞘翅目瓢虫科为主，其中红环瓢虫对草履蚧有很强的控制能力，一生可食 2 000 余头草履蚧，应保护利用。

1. 明确防治指标 ①对于平均虫口密度在 0.16 头/cm^2 以下的林地，平均萌芽率在 90％以上，枯枝率小于 3.48％的轻微发生区，加强虫情监测可不进行化学防治。②草履蚧中度以上发生区，当红环瓢虫与草履蚧的比例达 1∶100 以上时，严禁使用农药，加强对瓢虫的保护，可不采取任何防治措施；当达到1∶2 000 以上时，加强对瓢虫的保护，当年可不再采取防治措施。未发现红环瓢虫时，采取下面防治指标进行：对平均虫口密度在 0.16～1 头/cm^2，萌芽率在 56％～90％，枯枝率在 3.48％～28％的中等发生区，采用人工转移释放红环瓢虫进行生物防治；对于平均虫口密度在 1～24 头/cm^2，平均萌芽率在 56％以下，枯枝率在 28％～52％的严重发生区，采用阻隔法进行防治，对于防治不彻底的发生区采用生物防治结合人工防治；对于平均虫口密度在 24 头/cm^2 以上，春天果树及林木难以发芽，停止为害后枯枝率大于 52％的濒死树木，进行伐除，集中喷药防治。

2. 红环瓢虫的繁育与采集 选择一块树龄较小，枝繁叶茂，草履蚧虫口密度较大的树林作为瓢源地，将红环瓢虫引入进行保护性自然增殖，在 4 月中、下旬至 5 月上旬，当红环瓢虫与草履蚧的比例达到1∶（3～5）时，将有瓢虫老熟幼虫密集的枝条剪下装入透气袋中及时运至防治区。

3. 释放红环瓢虫幼虫防治草履蚧 在 4 月中旬至 5 月中旬，当放瓢点草履蚧虫口密度大于 0.2 头/cm^2，一般在农田林间和村宅树木上每隔 500～1 000m 设 1 个放瓢点。放瓢点一定要选择草履蚧虫口密度大的"虫窝"，以提高红环瓢虫定居成功率。林间释放是将带有红环瓢虫的幼虫枝条绑在防治树上，让其自行捕食、繁殖，要求每点释放量不少于 100 头。一般在八至十二年生的中龄林内，当虫口密度在 0.3～1 头/cm² 枝条时，每点释放 300～400 头；当虫口密度在 1～24 头/cm² 枝条时，每点释放 400～500 头；当虫口密度在 24 头/cm² 枝条时，每点释放 500～600 头，释放后第二年可基本上控制灾情，第三年可彻底控制草履蚧的发生与为害。

4. 释放红环瓢虫成虫防治草履蚧及对其越夏、越冬期保护　在 5 月中旬至 6 月上旬，将带瓢虫枝剪下，运至防治区，人工饲养，待其化蛹羽化后，在防治区进行释放。同时，在释放点选地势高且向阳处挖深 40cm、宽 1m 的地窖，将底层 3～5cm 深土刨松整平，上放拳头大小不等的土块，将瓢虫放入后 2～3d 使其自行入土，窖上覆盖物料阻挡风雨，窖内温度保持在 7～10℃，相对湿度在 75%～85%。当温度降至 0℃ 以下时，在土块上盖一层干草。12 月底以后，在室内孵化饲养草履蚧，为越冬成虫补充营养。在翌年 2 月中旬至 3 月上旬，在窖边打开几个小孔，任红环瓢虫迁移到有草履蚧为害的植物上。

（三）物理防治

草履蚧若虫孵化出土后要经树干爬行上树取食为害，可采取下列方法阻止若虫上树，最佳时期应在若虫开始孵化至上树前进行。

1. 塑料裙阻隔法　用塑料薄膜裁成宽 20cm 塑料带，做成裙状绑于距树干基部 50cm 处，与树干接触的缝隙用泥堵严，阻止若虫上树。

2. 胶环阻隔法　废机油 5 份用锅加热后加入羊毛脂 1 份，熔化的混合物冷却后在距树干基部 80～100cm 处涂宽 10～15cm 的封闭环阻止若虫上树；或用废润滑脂（黄油）、发动机润滑油各半加热熔化后，在距树干高 80～100cm 处，涂宽 15～20cm 的黏胶带，隔 10～15d 涂 1 次，共涂 2～3 次，并及时处理黏虫带下的若虫。

3. 塑料布兜土法阻隔若虫上树　在距树干基部 1m 处，将塑料布裁成宽 10～15cm 后，围树干 1 周用绳子将上沿绑好，把下沿上翻成兜状内放细土或细沙，将若虫阻隔在兜下，及时处理未上树若虫。

（四）化学防治

1. 树下防治

（1）对阻隔未上树的草履蚧若虫进行化学防治。防治适期应在草履蚧大量上树期。防治草履蚧的药剂种类很多，防治效果好的种类和稀释倍数为：2.5% 溴氰菊酯乳油 2 000 倍液，4.5% 高效氯氰菊酯乳油 1 000 倍液，48% 毒死蜱乳油 1 500～2 000 倍液。

（2）树干基部打孔注药防治已上树若虫。在树干基部环干每 5～7cm 打孔 1 个，然后用 80% 氧乐果乳油与水以 1∶5 混合注入孔内，2～4mL/孔，或 10% 吡虫啉可湿性粉剂与水以 1∶（2～3）混合注入孔内，3～4mL/孔。

（3）药剂涂环防草履蚧若虫上树。用 50% 敌敌畏乳油 1 份、黄油 5 份搅拌均匀后在距树干基部 80～100cm 处涂宽 15～20cm 的封闭药环阻杀若虫上树；或先刷菊酯微胶囊 2～3 倍液，再绑宽 25～30cm 塑料布及 20～25cm 深色无纺布，然后在上面刷机油，阻杀若虫。

2. 树上化学防治　草履蚧的化学防治指标为每 30cm 延长枝上若虫 30 头，防治适期应在一至二龄若虫期为佳，防治效果好且经济有效，高效低毒的药剂有：10% 吡虫啉可湿性粉剂 1 500～2 000 倍液，4.5% 高效氯氰菊酯乳油 800～1 000 倍液，2% 阿维菌素乳油 2 000～2 500 倍液，2.5% 溴氰菊酯乳油或 20% 氯氰氟菊酯乳油 3 000～4 000 倍液，50% 敌敌畏乳油或 40% 氧乐果乳油 800～1 000 倍液，48% 毒死蜱乳油 2 000～2 500 倍液。

附：测报技术

1. 草履蚧若虫虫口密度、枯枝率、出芽率调查　设立标准地 2 块调查 20 株树，从每株树上、中、下层随机抽取样枝，分别调查统计每 20cm² 上的三年生、二年生、一年生枝条上的若虫数量，出芽及枯枝数，统计每平方厘米上的虫量，平均枯枝率和出芽率。

2. 发生程度分级标准　以每平方厘米虫口数量和被害程度分为轻、中、重和濒死 4 个级别，各级指标见附表 11-186-1。

附表 11-186-1　草履蚧发生程度分级标准
Supplementary Table 11-186-1　The standard of outbreak degree of *Drosicha corpulenta*

级　　别	平均虫口密度 （头 /cm²）	枯枝率 （%）	平均出芽率 （%）
轻	<0.16	<3.48	>90
中	0.16~1	3.48~28	56~90
重	1~24	28~52	0~56
濒死	>24	>52	0

3. 调查测报内容　草履蚧调查测报时期为若虫为害期和停止为害期及寄主的被害程度，以及时采取相应的防治措施。

褚凤杰　于利国　陈展（河北省农林科学院石家庄果树研究所）

第 187 节　黄须球小蠹

一、分布与危害

黄须球小蠹（*Sphaerotrypes coimbatorensis* Stebbing）属鞘翅目小蠹科。在我国分布于黑龙江、吉林、辽宁、河北、河南、山西、陕西、四川等省份核桃产区。以成虫和幼虫蛀食核桃枝梢和芽，常与核桃吉丁虫同时发生为害，加速了枝梢和芽的枯死，造成"回梢"，树冠逐年缩小。严重发生为害地区核桃2~3年无收成，影响开花结果，大量减产。此外，也导致枝条枯死，造成严重危害，是核桃的主要害虫之一。

二、形态特征

成虫：体长 2.3~3.3mm，黑褐色，身体短宽，背面隆起呈半球形。初羽化的成虫为黄白色，逐渐变为黑褐色。触角膝状，端部膨大呈锤状。上颚发达，上唇密生黄色绒毛。头胸交界处有 2 块三角形黄色绒毛斑。前胸背板及鞘翅上密生刻点，前胸背板隆起，覆盖头部。每一鞘翅上有 8 条排列均匀的纵沟，并生有短绒毛。

卵：长约 1mm，短椭圆形，初产时白色透明，有光泽，后变为乳黄色。

幼虫：乳白色，老熟幼虫体长约 3.3mm，椭圆形，弯曲，足退化。尾部排泄孔附近有 3 个明显的突起，呈"品"字形。

蛹：略呈椭圆形，裸蛹，初为乳白色，后变为褐色。

三、生活习性

在河北、陕西1年发生1代，以成虫在被害的顶芽或叶芽基部的蛀孔内越冬。成虫越冬部位，以顶芽为多，占48%；第二侧芽占29%，其他芽较少。翌年4月上旬（春夏之交）越冬成虫开始活动为害，多到健芽基部取食补充营养，是第一次严重为害期。4月中、下旬开始产卵，4月下旬至5月上旬为产卵盛期。产卵前，雌虫先在衰弱枝条（特别是核桃小吉丁虫为害枝）的皮层内向上蛀食，形成1条长 16~46mm 的母坑道（蛀道时，雌虫挖掘坑道，雄虫运送木屑），雌虫边蛀坑道边产卵于母坑道的两侧，每头雌虫产卵约 30 粒。卵期约 15d。雄虫在雌虫产卵后不久即行离去，雌虫仍留在坑道内，直到死亡。幼虫孵化后分别在母坑道两侧向外横向蛀食，形成排列整齐的子坑道，呈"非"字形（图 11-187-1），子坑道的宽度，开始蛀孔较

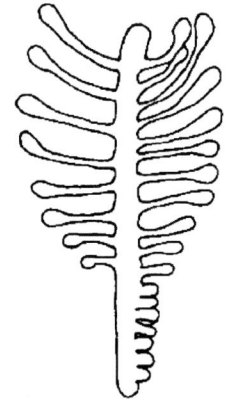

图 11-187-1　黄须球小蠹幼虫为害状
（引自谢文田，2001）

Figure 11-187-1　Damage symptoms by larvae of *Sphaerotrypes coimbatorensis*（from Xie Wentian, 2001）

细，以后逐渐加大，子坑道中堆满木屑及虫粪。待两侧的子坑道相接，则枝条即被环剥而枯死。幼虫期 40~45d。6 月中、下旬到 7 月上、中旬，幼虫先后老熟化蛹，蛹期 15~20d。成虫飞翔力弱，食性单一，现在调查发现只为害核桃，成虫多在白天活动，特别是午后炎热时较活跃，蛀食新芽基部，形成第二个为害高峰，顶芽受害最重，约占 63%；1 头成虫平均为害 3~5 个芽，这些当年羽化的成虫经过这一阶段的取食为害后，潜伏在当年生枝条的顶芽和侧芽基部蛀孔内越冬。严重受害的核桃树连年焦梢，连续几年不得收成，同时，由于被害枝条连续枯死，树冠残缺不全，造成树势极度衰弱，花芽被破坏后第二年不能开花结果，极大影响产量。

四、发生规律

黄须球小蠹幼虫在枝条中发育需要一定的湿度条件，以含水量为 23.1% 为最适。核桃树活枝皮层的含水量为 82.8%，所以成虫不到活枝上产卵，而上年遭核桃小吉丁虫为害或受其他伤害的枝条，于秋季开始干枯，这些枝条的含水量恰与黄须球小蠹幼虫发育的最适含水量相接近，这些枝条便成了该虫产卵繁殖的场所。因此，凡是核桃吉丁虫发生严重的地区，若有黄须球小蠹发生时，黄须球小蠹为害也就严重。

五、防治技术

（一）农业防治

（1）加强综合管理，增强树势，提高抗虫力。

（2）根据该虫为害后枝体多数不再萌发，甚至全枝枯死的特点，在春季核桃树发芽后，彻底将没有萌发的虫枝或虫芽剪除，以消灭越冬成虫。

（3）生长季节剪除虫枝。采取这项措施的时间应在当年新成虫羽化前，即在核桃果实长到酸枣核大时；或花椒盛花期是防治适期的开始，核桃硬核期前 10d 左右为防治适期的末期，此时核桃树已经发芽，被害枝条芽不健壮，易于识别。发现生长不良的有虫枝条，及时剪除，以消灭幼虫或蛹。

（二）物理防治

越冬成虫产卵前，在树上挂饵枝（可利用上年秋季修剪的枝条）引诱成虫产卵后，集中销毁。

（三）化学防治

越冬成虫和当年成虫活动期喷洒化学药剂防治成虫。目前大面积应用的药剂主要有：80% 敌敌畏乳油 400~500mg/kg，2.5% 高效氯氰菊酯乳油 12.5~25mg/kg，2.5% 溴氰菊酯乳油 5~10mg/kg。

王勤英　宋萍（河北农业大学植物保护学院）

第 188 节　核桃吉丁虫

一、分布与危害

核桃吉丁虫（*Agrilus lewisiellus* Kerremans）属于鞘翅目吉丁甲科，别名核桃小吉丁虫、核桃黑小吉丁虫。1971 年首次在陕西商洛核桃产区发现，后来在陕西秦岭山区关中各产区也有发生。目前在国内分布于山西、山东、河北、河南、陕西、甘肃、内蒙古等地，国外分布于韩国、日本。单食性，只为害核桃，是我国核桃产区的灾害性害虫。

核桃吉丁虫在核桃各产区为害较重。以幼虫钻蛀为害枝条，严重发生地区被害株率达 90% 以上。幼虫在二至三年生的枝干皮层中呈螺旋状取食，故又称为"串皮虫"。被害处膨大，表皮黑褐色，在蛀道上每隔一段距离有一新月形通气孔，并有少许黑褐色液体流出，干后呈白色物质附在裂口上。受害枝条多数枝梢枯死，树冠缩小，产量降低。幼树主干受害，树势减弱，往往形成生长缓慢的"小老树"，重者则整株枯死。受害严重地区被害株率达 90% 以上，幼树有 10% 死亡，成年树减产 75%。此外，由于核桃吉丁虫的为害，还引起核桃小蠹虫的大量发生，因小蠹虫多在干枯枝条中产卵繁殖，成虫出现后专吃核桃芽，顶芽受害尤为严重，而核桃顶芽的多少将决定核桃的产量。因此，核桃吉丁虫的发生为害严重影响核桃树势的生长和核桃产量的高低。

二、形态特征

成虫：体长 4~7mm，黑褐色，有铜绿色金属光泽。头部较小，中部纵凹，触角锯齿状，复眼黑色。头、前胸背板及鞘翅上密布刻点；前胸背板中部隆起，两边稍延长。鞘翅基部稍变狭，肩区具一斜脊。

卵：长约 1.1mm，扁椭圆形，产后 1d 变黑色，外被 1 层褐色分泌物。

幼虫：老熟幼虫体长 12~20mm，乳白色，扁平。头黑褐色，明显地缩入前胸内。前胸膨大，淡黄色，中部有"人"字形纵纹，中、后胸较小。腹部 10 节左右，腹部各节宽度与长度大体相同，腹端具 1 对褐色尾刺。

蛹：长 4~7mm，裸蛹，初乳白色，羽化前黑色。

三、生活习性

该虫在河北 1 年发生 1 代，以幼虫在被害枝条木质部内的蛹室越冬。越冬幼虫 5 月中旬开始化蛹，6月为化蛹盛期，蛹期 16~39d，6 月上、中旬开始出现羽化成虫，7 月为成虫高发期。成虫羽化后在蛹室停留 15d 左右，然后从羽化孔钻出，咬半圆形羽化孔而出，取食核桃叶片 10~15d 补充营养，再交尾产卵。成虫喜强光，产卵需要较高的温度（气温达 30℃左右）和强光，卵多散产于树冠外围和生长衰弱的二至三年生枝条向阳面的叶痕上及其附近，每次产 1 粒，卵期约 10d。从田间核桃树受害情况可以看出，生长茂密、枝叶旺盛的树受害轻，生长弱、枝叶少、透射阳光良好的树受害严重。

7 月上、中旬开始出现幼虫。初孵幼虫从卵的下边蛀入枝条表皮，随着虫龄的增长，逐渐深入到皮层和木质部为害，蛀道多由下部围绕枝条螺旋形向上为害，蛀道宽 1~2mm，内有褐色虫粪（彩图 11-188-1），直接破坏输导组织。如果树势强，受害轻，蛀道常能愈合；如果树势弱，蛀道多不能愈合。被害枝条表面有不明显的蛀孔道痕和许多月牙形通气孔，从中流出树液。受害枝上叶片枯黄早落，入冬后枝条逐渐干枯。这些枯枝为第二年黄须球小蠹等蠹虫的幼虫提供了良好的营养条件，从而又加速了枝条干枯。

幼虫在成龄树上多集中在二至三年生枝条上为害，受害率约 72%，当年生枝条和第四、五、六年生枝的受害率较轻，受害率分别是 4%、14%、8% 和 2%。7 月下旬至 8 月下旬被害枝上叶片发黄脱落，来年不发芽而枯死。8 月下旬后，幼虫开始在被害枝条木质部筑虫室越冬，至 10 月底大部分幼虫进入越冬阶段。从调查结果可以看出，幼虫几乎全部在干枯枝条中越冬，未干枯的枝条很少有越冬幼虫。幼虫期长达 8 个月。成虫有假死性。

四、防治技术

（一）植物检疫

加强植物检疫，严格控制带虫苗木进入核桃园区。同时，从疫区调运被害木材时需经剥皮、火烤或熏蒸处理，以防止害虫的传播和蔓延。

（二）农业防治

（1）加强核桃园综合管理，选育抗虫树种，加强水肥管理，增强树势，是防治核桃吉丁虫的根本措施。各地经验证明，在秋末及早春施肥，春旱时适时浇水，都是促进树势的有效措施，从而减轻虫害。

（2）及时清除被害树木，剪除被害枝，伐下的虫害木必须在 4~5 月幼虫化蛹以前剥皮或进行除害处理。因干枯枝与活枝交界处是越冬幼虫的藏匿处，剪干枯枝时要带一段活枝。不能在落叶后至发芽前这段时间剪干枯枝，否则会引起"伤流"，造成树势衰弱。这样连续数年，即可从根本上控制住该虫的为害。

（三）物理机械防治

在成虫产卵期（6 月上旬至 7 月下旬）设置一些饵木，诱集成虫产卵，及时烧毁。

（四）化学防治

（1）6~7 月成虫羽化期，喷洒化学药剂防治成虫，兼治核桃举肢蛾。目前大面积应用的药剂主要有：2.5% 高效氯氰菊酯乳油 12.5~25mg/kg，25g/L 高效氯氟氰菊酯水乳剂 5~6.25mg/kg，1.8% 阿维菌素乳油 3~6mg/kg，40% 毒死蜱水乳剂 300~450mg/kg 等。

（2）7~8 月检查发现枝条上有月牙状通气孔后，随即在虫疤处涂抹煤油敌敌畏液（2:1）或 40% 氧乐果乳油 5~10 倍液，以毒杀幼虫。

（五）生物防治

保护天敌。核桃吉丁虫的寄生性天敌有白蜡吉丁肿腿蜂、天牛肿腿蜂等，幼虫被寄生率最高达 56%，一般寄生率为 16%，应加以保护利用。

王勤英　宋萍（河北农业大学植物保护学院）

第 189 节　芳香木蠹蛾

一、分布与危害

芳香木蠹蛾（*Cossus cossus* L.）属鳞翅目木蠹蛾科，又名木蠹蛾、杨木蠹蛾、红哈虫、蒙古木蠹蛾等。在我国分布于上海、山东、河北、山西、北京、辽宁、青海等省。除为害核桃外，还为害杨、柳、榆、槐、白蜡、苹果、香椿、梨等。以幼虫群集为害核桃树干基部及蛀食根部皮层，被害处可有十几条幼虫，蛀孔堆有虫粪，幼虫受惊后能分泌一种特异香味。被害的根颈部皮层开裂，排出深褐色的虫粪和木屑，并有褐色液体流出，切断树液通路，严重破坏树干基部及根系的输导组织，致树势逐年减弱，产量下降，甚至整枝枯死，给核桃生产造成极大威胁。

二、形态特征

成虫：体长 24～42mm，雄蛾翅展 60～67mm，雌蛾翅展 66～82mm，体灰褐色。触角单栉齿状，中部栉齿宽，末端渐小。翼片及头顶毛丛鲜黄色，翅基片、胸部、背部土褐色，后胸具 1 条黑横带。前翅灰褐色，基半部银灰色，前缘生 8 条短黑纹，中室内 3/4 处及稍向外具 2 条短横线，翅端半部褐色，横条纹多变化，一般在臀角 Cu_2 脉末端有伸达前缘并与其垂直的黑线 1 条，亚外缘线一般较明显。后足胫节有距两个（彩图 11 - 189 - 1，1）。

卵：近卵圆形，长 1.5mm，宽 1mm，表面有纵行隆脊，脊间有横行刻纹，初产时白色，孵化前暗褐色。

幼虫：体长 80～100mm，扁圆筒形，背面紫红色，有光泽，体侧红黄色，腹面淡红至黄色。头紫黑色。前胸背板淡黄色，有 2 块黑褐色大斑横列，中胸背板半骨化，3 对胸足黄褐色，腹足趾钩单序环，趾钩 76 个左右，臀足趾钩单序横带，趾钩 36 个左右，臀板黄褐色（彩图 11 - 189 - 1，2）。

蛹：长 30～50mm，暗褐色。第二至六腹节背面各具 2 横列刺，前列长超过气门，刺较粗，后列短不达气门，刺较细，肛孔外围有齿突 3 对，腹面 1 对较粗大。茧长椭圆形，长 50～70mm，由丝黏结土粒构成，较致密（彩图 11 - 189 - 1，3）。

三、生活习性

芳香木蠹蛾 2～3 年发生 1 代，如在青海西宁 3 年发生 1 代，在山西、北京等地区 2 年发生 1 代。以幼虫在被害树的蛀道内和树干基部附近深约 10cm 的土内做茧越冬。越冬幼虫于第二年 4～5 月化蛹，6～7 月羽化为成虫。

成虫羽化时将蛹壳留在茧口。夜间活动，趋光性弱，黑光灯仅诱集少量成虫，且多为雄虫。成虫寿命平均 5d 左右，羽化后一般于翌日即开始产卵，每雌平均产卵 245 粒，卵多块产于树干基部 1.5cm 以下或根茎结合部的裂缝或伤口处，每块卵有几粒乃至百粒左右，卵粒外无覆盖物。

初孵幼虫群集为害，多从根颈部、伤口、树皮裂缝或旧蛀孔等处蛀入皮层，入孔处有黑褐色粪便及褐色树液。小幼虫在皮层中为害，逐渐食入木质部，根颈部皮层变黑，并与木质部分离，此时常有几十条幼虫聚集于皮下为害，极易剥落，后在木质部的表面蛀成槽状蛀坑，从蛀孔处排出细碎均匀的褐色木屑。随着幼虫龄期增大，分散在树干的同一段内蛀食，并逐渐蛀入髓部，形成粗大而不规则的蛀道。幼虫老熟后从树干爬出，在核桃树附近根际处，或离树干几米处的土埂、土坡等向阳干燥的土壤中结薄茧越冬。老熟幼虫爬行速度较快。当触及虫体时，幼虫能分泌出具有麝香气味的液体，故称芳香木蠹蛾。第三年春在土壤里越冬后的幼虫离开越冬薄茧，重做化蛹茧。幼虫化蛹前体色由紫红渐变为粉红色至乳白色。如茧被破坏，仍能重新做茧化蛹。蛹头部向上，离地表 2～27mm。蛹期 27～33d。4 月上、中旬，野外即可初见成虫。成虫羽化前，蛹体以刺列蠕动至地表。成虫羽化后，蛹壳半露于地面，明显易见。

四、防治技术

（一）农业防治

（1）在成虫产卵前，树干涂白，防止成虫产卵。

（2）及时发现和清理被害枝干，消灭虫源；幼虫为害初期，当发现根颈皮下部有幼虫为害时，可撬起皮层挖除皮下群集幼虫。

（3）老熟幼虫离开树干入土化蛹时（9 月中旬以后），人工捕杀幼虫。

（二）药剂防治

（1）成虫产卵期防治。在树干 2m 以下喷洒 25％辛硫磷胶囊剂 200～300 倍液，或 50％倍硫磷乳油 400～500 倍液，毒杀卵和初孵幼虫。

（2）幼虫为害期防治。在幼虫蛀入木质部为害时，先刨开根颈部土壤，清除孔内虫粪，然后用注射器向虫孔注射 80％敌敌畏或 50％辛硫磷乳油、48％毒死蜱乳油 30～50 倍液，注入虫孔，注至药液外流为止。

（3）8、9 月当年孵化的幼虫多集中在主干基部为害，虫口处有较细的暗褐色虫粪，这时用塑料膜把虫株主干被害部位包住，从上端投入磷化铝片剂 0.5～1 片，以熏杀木质部中的幼虫，12h 后可见杀虫效果。

（三）生物防治

保护天敌益鸟如啄木鸟等。

王勤英　宋萍（河北农业大学植物保护学院）

第 190 节　核桃瘤蛾

一、分布与危害

核桃瘤蛾（*Nola distributa* Walker）属鳞翅目瘤蛾科，又名核桃小毛虫。在我国分布于北京、河北、河南、山东、山西、陕西、甘肃等地。大多数资料报道核桃瘤蛾是单食性的，仅取食为害核桃叶片，但是，据 1992 年赵成金和张景昌报道，发现该虫在山东省枣庄市石榴产区取食石榴叶片和花。该虫属偶发暴食性害虫，以幼虫为害核桃叶片，幼龄幼虫啃食叶肉，留下网状叶脉，幼虫长大后，能将全叶吃光只留叶脉，致使枝条二次发芽，导致树势衰弱，抗寒力降低，翌年大批枝条枯死，严重影响核桃树的寿命。猖獗发生时，一个复叶上有虫数十头，尤其是 7～8 月为害严重，不仅将树叶吃光，甚至啃食核桃果实青皮。1971 年和 1975 年曾在陕西省洛阳核桃产区大发生。

二、形态特征

成虫：体长 10mm，展翅 20～24mm。全身灰褐色，略有光泽，雄蛾触角羽毛状，雌蛾触角丝状。前翅前缘基部及中部有 3 个隆起的深色鳞簇，组成 3 块明显的黑斑；从前缘至后缘有 3 条黑色鳞片组成的波状纹。后缘中部有 1 褐色斑纹（彩图 11 - 190 - 1，1、2）。

卵：馒头形，中央顶部略凹陷，四周有细刻纹。初产时乳白色，后变为浅黄至褐色。

幼虫：多为 7 龄，少数为 6 龄，四龄前体色黄褐色。老熟幼虫体长约 15mm，背面棕黑色，腹面淡黄褐色，体形短粗而扁，气门黑色。胸部和腹部第一至九节背面有毛瘤，每节 8 个，其上着生数根短毛。在胸部背面及腹部第四至七节背面有白条纹，胸足 3 对，腹足 3 对，臀足 1 对。趾钩为单序中带（彩图 11 - 190 - 1，3）。

蛹：长 8～10mm，黄褐色，椭圆形。腹部末端半球形，光滑无臀棘。

茧：长约 13mm，长椭圆形，丝质，土褐色。

三、生活习性及发生规律

核桃瘤蛾 1 年发生 2 代，以蛹在石堰缝中、土缝中、树皮裂缝中及树干周围的杂草和落叶中越冬。越冬蛹在石堰缝中最多，占总蛹数的 97.3%，其他场所较少。如果树周围没有石堰，则在土坡裂缝中越冬，但数量也不多。一般在阳坡、干燥的石堰缝中越冬蛹最多，存活率也高；阴坡、潮湿的石堰缝中数量少，存活的也少，很多被菌类寄生而死亡。

在自然条件下，越冬代成虫在北京门头沟于 5 月下旬至 7 月中旬羽化，羽化盛期在 6 月中旬。第一代成虫羽化期从 7 月中旬至 9 月上旬，盛期在 7 月下旬。

绝大多数成虫在 18：00～20：00 羽化，有趋光性，成虫对黑光灯趋性最强，蓝色灯趋性次之，一般灯光诱不到蛾子。成虫白天不活动，傍晚后至 22：00 前最活跃。成虫羽化后 2～3d 内交尾，多在 4：00～6：00 交尾，交尾后第二天产卵。卵多产在叶背面主侧叶脉交叉处，散产，卵有胶质，粘在叶片背面，表面光滑，无其他覆盖物。第一代卵盛期在 6 月中旬，第二代卵盛期为 8 月上旬末，卵期 5～7d。幼虫孵化后至三龄前在背面啃食叶肉，多不活动，食量很小。幼虫三龄后转移为害，把叶吃成网状或缺刻，严重时仅留主叶脉，夜间取食剧烈，为害严重的在后期也吃果皮，一般树冠外围的叶片受害比内膛的重，上部叶片受害比下部受害重。幼虫期 18～27d，幼虫长大后于清晨离开叶片爬到两果之间、树皮裂缝中或到土中隐蔽不动，夜晚再爬到树上取食为害。幼虫老熟后顺着树干下树，寻找石缝、土缝及石块下等缝隙处做茧化蛹。第一代老熟幼虫下树始期为 7 月中旬，盛期在 7 月下旬，末期为 8 月中旬。第二代老熟幼虫下树始期为 8 月下旬，盛期为 9 月上、中旬，末期为 9 月底。幼虫孵化后继续为害，至 9～10 月老熟幼虫到越冬部位做茧、化蛹过冬。越冬蛹期 9 个月左右。

四、防治技术

（一）农业防治
冬季彻底清除园内枯枝落叶，翻耕园地，消灭越冬蛹。

（二）灯光诱杀
在成虫发生期，利用成虫趋光性，用黑光灯诱杀成虫，需要大面积联防效果才明显，每 2～3hm² 设 1 盏灯。

（三）束草诱杀
利用老熟幼虫顺树干下地化蛹的习性，可以在树干上绑草绳或草把，或在树下堆砖块，诱杀老熟幼虫。

（四）药剂防治
一般年份不用防治，大发生年份在卵孵化期和低龄幼虫期，喷洒 2.5% 溴氰菊酯乳油 5～10mg/kg、25% 灭幼脲悬浮剂 100～167mg/kg、2.5% 高效氯氰菊酯乳油 12.5～25mg/kg 等药剂，防治低龄幼虫。

王勤英　宋萍（河北农业大学植物保护学院）

第 191 节　绿尾大蚕蛾

一、分布与危害

绿尾大蚕蛾（*Actias selene ningpoana* Felder）属鳞翅目大蚕蛾科，又称大青天蛾蚕、中柏蚕、燕尾水青蛾、绿翅天蚕蛾、绿尾天蚕蛾、月神蛾、燕尾蛾、长尾水青蛾、水青蛾等，是一种间歇性发生的害虫。国外分布于日本、印度及东南亚各国，国内分布广泛，在河北、河南、江苏、江西、浙江、湖南、湖北、安徽、广西、四川、台湾等省。寄主有核桃、苹果、梨、杏、沙果、海棠、葡萄、板栗、樱桃、枫杨、樟、木槿、乌桕、樱花、桤木、枫香、白榆、加杨、垂柳等。以幼虫蚕食叶片，低龄幼虫食叶成缺刻或孔洞，稍大时可把全叶吃光，仅残留叶柄或叶脉。虫粪很大，排于地上，黑绿色，很易发现。1994—1995 年，江苏各地连续大发生，对多种果树和园林植物造成很大损失，一般果树减产 20%～30%，局部几乎绝产，有些核桃虽然挂果，但到成熟期果肉空瘪，没有经济价值。

二、形态特征

成虫：体长 32～38mm，翅展 100～150mm。体粗大，绿色披白色絮状鳞片，触角黄褐色，羽状。头部、胸部背面前缘有 1 紫色横纹，翅淡豆绿色，基部有白絮状鳞片。前翅前缘有暗紫色、白色、黑色组成的条纹，与胸部紫色横纹相接，前、后翅中央各具椭圆形眼状斑，斑中部有 1 透明横带，斑纹外侧为黄白色，内侧为暗紫色间红色。翅外侧有 1 条黄褐色横线。后翅臀角延长成燕尾状，长约 40mm。后翅尾角边缘具浅黄色鳞毛，有些个体略带紫色。腹面色浅，近褐色。足紫红色（彩图 11 - 191 - 1，1）。

卵：扁圆形，直径约 2mm，初产时绿色，近孵化时褐色，卵面具胶质，粘连成块。

幼虫：低龄幼虫淡红褐色（彩图 11 - 191 - 1，2），长大后体色变绿，秋季老幼虫体节间变为淡红褐色。老熟幼虫体长 80～100mm，体黄绿色，粗壮，被污白细毛。体节近六角形，着生肉突状毛瘤，前胸 5 个，中、后胸各 8 个，腹部每节 6 个，毛瘤上具白色刚毛和褐色短刺；中、后胸及第八腹节背上毛瘤大，顶黄基黑，其他处毛瘤端部蓝色基部棕黑色。第一至八腹节气门线上边赤褐色，下边黄色。体腹面黑色，臀板中央及臀足后缘具紫褐色斑。胸足褐色，腹足棕褐色，上部具黑横带（彩图 11 - 191 - 1，3）。

蛹：长 40～45mm，椭圆形，紫黑色，额区有 1 浅白色三角形斑。外包被黄褐色丝质茧，茧外黏附寄主的叶片（彩图 11 - 191 - 1，4）。

三、生活习性

绿尾大蚕蛾在河北、山东等地 1 年发生 2 代，湖北、广东等地 1 年发生 3 代，以老熟幼虫在寄主枝干上或附近杂草丛中结茧化蛹越冬。

1 年发生 2 代地区，翌年 4 月中旬至 5 月上旬越冬蛹羽化，第一代幼虫于 5 月中旬至 7 月为害，6 月底到 7 月结茧化蛹，并羽化为第一代成虫；第二代幼虫在 7 月底到 9 月造成危害，9 月底老熟幼虫结茧化蛹越冬。一年发生 3 代地区，各代成虫盛发期分别为：越冬代成虫盛发期为 4 月下旬到 5 月上旬，第一代成虫盛发期在 7 月上、中旬，第二代成虫盛发期为 8 月下旬到 9 月上旬。各代幼虫为害盛期是：5 月中旬到 6 月上旬为第一代幼虫为害盛期，第二代幼虫在 7 月中、下旬为害严重，第三代幼虫在 9 月下旬至 10 月上旬猖獗为害。成虫具有趋光性，昼伏夜出，多在中午前后和傍晚羽化，夜间交尾、产卵。卵多产于寄主叶面边缘及叶背、叶尖处，多个卵粒集合成块状，平均每雌产卵量为 150 粒左右。在 3 个世代中，以第二、三代为害较重，尤其第三代为害最重。

幼虫共 5 龄，一、二龄幼虫群聚为害，三龄开始分散为害。一、二龄幼虫在叶背啃食叶肉，取食量占全幼虫期食量的 5.7%；三龄后幼虫多在树枝上，头朝上，以腹足抱握树枝，用胸足将叶片抓住取食，取食量占全幼虫期食量的 94.3%。低龄幼虫昼夜取食量相差不大，但高龄幼虫夜间取食量明显高于白天。幼虫具避光蜕皮习性，蜕皮多在傍晚和夜间，在阴雨天、白天光线微弱处也有幼虫蜕皮现象。幼虫老熟后先结茧，然后在茧中化蛹，茧外常黏附树叶或草叶，结茧时间多在 20：00 以后。

四、发生规律

该虫的发生程度与海拔高度、树龄以及种植方式等有关。在海拔 100～120m 的低山丘陵区发生量大，为害重。在海拔 800m 以上的高山地区发生量少，为害轻。10～20 年树龄、树高 2～3m 的树上发生量较多，受害较重，10 年树龄以下的小树次之，20 年树龄以上的老树发生量相对较少。凡针、阔叶树种混栽区，受害较轻。多种阔叶树种的纯林或混交林，受害程度较重。

五、防治技术

（一）农业防治

利用成虫白天悬挂枝头等处静止不动的习性，可及时捕杀；低龄期及时摘除幼虫团，老熟幼虫期根据地面新鲜黑色粗大虫粪寻找树上幼虫捕捉杀死；在各代产卵期和化蛹期，人工摘除着卵叶和茧蛹，减少虫口数量。

（二）物理防治

在成虫发生期，设置黑光灯或高压汞灯诱杀。灯光诱杀需要大面积联防效果才明显，一般每 2～3hm² 设 1 盏灯。

（三）生物防治

在各代低龄幼虫期，喷施 8 000IU/μL 苏云金杆菌（Bt）悬浮剂 200 倍液防治幼虫。

(四) 化学防治

一般年份不需单独喷药防治。在发生严重的年份，于各代低龄幼虫期，选用2.5％高效氯氰菊酯乳油12.5～25mg/kg、2.5％溴氰菊酯乳油5～10mg/kg、25％灭幼脲悬浮剂100～167mg/kg、1.8％阿维菌素乳油3～6mg/kg、40％毒死蜱水乳剂300～450mg/kg等药剂喷雾防治。

王勤英　宋萍（河北农业大学植物保护学院）

第192节　核桃缀叶螟

一、分布与危害

核桃缀叶螟［*Locastra muscosalis*（Walker）］属鳞翅目螟蛾科，又名缀叶丛螟、漆树缀叶螟、木橑黏虫、核桃卷叶虫。在我国分布于河北、北京、山东、山西、河南、陕西、江苏、安徽、浙江、广东、广西、湖南、湖北、四川、福建、贵州、云南、辽宁等省份，为害核桃、黄连木、漆树、盐肤木、枫香树、黄栌、南酸枣、火炬树和马桑等多种林木。

核桃缀叶螟以幼虫缀叶取食为害。初孵幼虫群集吐丝结网，缠卷叶片，咬食叶肉，留下表皮。幼龄幼虫只缠卷1片叶，随着虫龄长大，缠卷复叶上的2～3片叶，甚至将3～4片复叶缠卷在一起，呈团状。幼虫近老熟时分散为害，1头幼虫缠卷1片复叶上部的3～4片叶，咬食叶片，严重时全树叶片被吃光。该虫在河北及北京核桃产区为害非常严重，核桃叶常被吃光，严重影响树势和产量。在北京香山、河南部分山区海拔1 000m以下的高山下部及低山阳坡发现该虫严重为害黄栌树，被害株率达90％以上。此虫在贵州大部分地区、湖北西部地区主要为害漆树。近几年，该虫在浙江金华磐安县、江西弋阳县严重为害枫香树，被害株率达30％以上。

二、形态特征

成虫：体长15～20mm，翅展35～45mm。触角线状。全身黄褐色，头部、胸背及前翅稍带红色。前翅外横线及内横线由深浅两色组成2条条纹，外横线中部向外弯曲。翅面满布黑色鳞粉，翅基部深色。后翅灰褐色，由外向内褐色逐渐减淡，中部有1淡色半圆形斑纹。雄蛾前翅前缘内横线处有褐色斑点（彩图11-192-1，1）。

卵：扁椭圆形，密集排列成鱼鳞状卵块，每块有卵200～300粒。

幼虫：老熟幼虫体长约30mm。头部黑色，有光泽，前胸背板黑色，前缘有6个白色斑点。背中线宽、杏红色，亚背线、气门上线黑色，体侧各节有黄白色斑点。腹部腹面黄褐色。全身疏生短毛（彩图11-192-1，2）。

蛹：长15～20mm，黄褐色至暗褐色。

茧：长15～26mm，宽8～16mm。越冬茧扁椭圆形，中部稍隆起，周缘扁平，形似柿核。深红色（彩图11-192-1，3）。

三、生活习性及发生规律

该虫在北京、河北、辽宁、贵州等地1年发生1代，以老熟幼虫在树根附近及距树干1m范围内的土中做茧过冬，入土深度10cm左右。翌年越冬代幼虫于5月中旬开始化蛹，7月下旬结束，6月中、下旬为化蛹盛期，蛹期10～20d。6月下旬至8月上旬为成虫羽化期，盛期在7月中旬。7月为产卵盛期，7月初始见幼虫，7～8月为幼虫为害盛期，8月中、下旬幼虫老熟，开始下树结茧越冬。

成虫昼伏夜出，善飞翔，有趋光性。成虫多于14：00～15：00羽化。成虫寿命1～7d，平均3d。成虫羽化后，24h左右即交尾，1～2d后开始产卵，卵多产在寄主植物顶端和树冠外围的嫩叶上，分布于嫩叶正面中上部的边缘处或中脉两侧，卵块产，卵粒呈鱼鳞状排列，每个卵块有卵200～300粒，卵期10d。7月上旬至8月上、中旬为幼虫孵化期，孵化盛期在7月底至8月初。

初孵幼虫暗绿色，行动活泼，群集于卵壳周围爬行，并在叶片正面吐丝，结成密集的网幕。初孵幼虫常数十头至数百头群居在网内取食叶表皮和叶肉，被害叶呈网格状。幼虫稍大后，在两块叶片间吐丝结网，继续取食表皮和叶肉，当叶肉全被吃光后群体迁移到另一叶上。随着虫体增大，缀叶由少到多，能将多个叶片和小枝缀成 1 个大巢，虫体群集于丝巢内，将叶片食成缺刻，并常咬断叶柄和嫩枝，严重时将叶片全部食光。幼虫三龄后多分成几群为害，常将叶片缠卷成一团，幼虫四龄后分散活动为害，先缀合 1～2 片叶做成丝囊，为害时钻出取食周围的叶片，将破碎叶片缠卷成团状，附在丝囊上，丝网上缀有其排泄的粪便（彩图 11-192-2）。

幼虫有迁移性，植物叶片食光后，便成群地爬到其他植株为害。在迁移过程中，几天不食亦不致饿死。幼虫爬行迅速，受惊后常弹跳，并很快退回丝巢或吐丝下垂，吐丝下垂的虫体后又沿垂丝爬到原处。幼虫一般夜间取食、活动、转移，白天静伏在被害叶囊内，很少食害，但在阴雨天也可在白天取食。6 月下旬幼虫开始出现，7、8 月为为害盛期，严重时 8、9 月核桃叶全被吃光。9 月以后幼虫逐渐老熟，迁移到地面在根际周围的杂草灌木、枯枝落叶下或疏松表土中，结茧蜷曲于其中开始越冬，茧的一端留有羽化孔。

四、防治技术

（一）人工防治

利用越冬虫茧多集中在树根旁边及松软的土里，可在秋季封冻前或春季解冻后挖除虫茧。在幼虫发生期，利用幼虫群集缀叶成巢的习性，剪下巢网，消灭其中幼虫。

（二）物理防治

利用成虫的趋光性，于成虫羽化盛期，即 6 月下旬至 7 月上、中旬，利用黑光灯或高压汞灯诱杀，消灭成虫。灯光诱杀需要大面积联防效果才明显，一般每 2～3hm² 设 1 盏灯。

（三）化学防治

在 7 月中、下旬幼虫卷叶苞前，及时喷洒化学药剂可起到较好的防治效果。目前大面积应用的药剂主要有：240g/L 甲氧虫酰肼悬浮剂 48～80mg/kg、80% 敌敌畏乳油 400～500mg/kg、40% 毒死蜱水乳剂 300～450mg/kg、25% 灭幼脲悬浮剂 100～167mg/kg、2.5% 高效氯氰菊酯乳油 12.5～25mg/kg。核桃缀叶螟幼虫喜群居，在幼虫期用 1% 苦参碱可溶性液剂 1 200 倍液喷雾可防治低龄期幼虫。

王勤英　宋萍（河北农业大学植物保护学院）

第 193 节　核桃长足象甲

一、分布与危害

核桃长足象甲（*Alcidodes juglans* Chao）属鞘翅目象甲科，又称为核桃果象甲、核桃甲象虫，农民还形象地称之为"核桃象鼻虫"。在我国分布于河南、山东、陕西、湖北、四川等核桃产区，是核桃果实的主要害虫。

核桃长足象甲单食性，只为害核桃。成虫啃咬嫩枝、芽苞，使其枯萎脱落；幼虫蛀食果、芽、嫩枝、叶柄等，致使梢枯、芽蔫、叶（果）早落。果实被害后，果形始终不变，果内充满棕黑色粪便，果仁被为害后，造成大量落果，甚至绝收。尤以幼虫为害最严重。因该虫为害，最严重的被害率达 81.5%，减产 92.4%。

二、形态特征

成虫：体长 9～11mm，长椭圆形，黑褐色略有光泽，密布棕色短毛，头部延伸成喙，喙粗长，密布小刻点，雌虫喙平均 5mm 长，触角着生于喙的 1/2 处；雄虫喙平均 4mm 长，触角着生于喙端部的 1/3 处。触角膝状，12 节，第一节的长度与其余的 11 节长度相当，第二至七节为念珠状，前端 5 节呈纺锤状。复眼近圆形。前胸背板密布黑色瘤状突起，鞘翅上有明显的条状凹凸纵带，鞘翅基部明显向前突出。每鞘翅上有 10 条刻点沟。腿节膨大，各有 1 齿状突起。

卵：椭圆形，长 1.2～1.4mm，初产时乳白色或浅黄色，后变黄褐色至褐色（彩图 11-193-1，1）。

幼虫：为蛴形，体弯曲，头棕色，体肥胖，淡黄色，老熟时黄褐色。老熟幼虫体长 14～16mm，头部黄褐色或褐色，胸部弯成镰刀状，其余部分淡黄色，气门明显（彩图 11 - 193 - 1，2）。

蛹：长约 10mm，黄褐色，胸、腹背面散生许多小刺，腹部末端有 1 对褐色臀刺。

三、生活习性

核桃长足象甲 1 年发生 1 代，以成虫在背风温暖的杂草及表土内越冬。4 月下旬，核桃树萌发后越冬成虫开始活动，取食嫩梢、嫩叶，以补充营养，5 月初成虫交配产卵，产卵期长达 30～50d，交配产卵以 10：00～12：00 最盛。产卵时，用头部的喙在果实表面上（多在果脐周围）蛀 1 深约 3mm 的洞，然后掉过头来，产卵于洞口，再掉过头来用喙把卵送入洞内，又用口中的 1 种淡黄色胶状物在洞深 2/3 处将洞密封。雌虫产卵量为 150～180 粒，每果一般只产 1 粒，很少有 2～3 粒。卵期 10d 左右，5 月中、下旬幼虫孵化取食果仁，种仁变黑，虫果开始脱落，幼虫随虫果落地后继续在果内取食种仁，幼虫老熟后在果内化蛹，整个幼虫期约 50d。核桃长足象甲蛹为裸蛹，蛹期 10d 左右。6 月中旬蛹羽化成成虫，将虫果果壳咬开 1 小孔爬出果外，飞到树上觅食叶梢，直到越冬。

成虫喜光，多于阳面取食，因之树冠阳面受害重于阴面，上部重于下部，果实阳面蛀孔比阴面多 3 倍左右，晴天取食大于阴雨天。夜间很少取食。一般果实受害重于芽、嫩枝、叶柄。成虫行动迟缓，飞翔力弱，有假死性。

四、防治技术

（一）农业防治

秋冬季清除果园及附近杂草、枯枝落叶等，消灭越冬成虫。幼果期及时捡拾树下落果并销毁，消灭其中的幼虫。

（二）化学防治

1. 4 月下旬核桃树萌发后，这时核桃长足象甲成虫开始取食嫩梢、嫩叶，可使用化学药剂防治成虫，目前大面积应用的药剂主要有：40％毒死蜱水乳剂 300～450mg/kg、2.5％高效氯氰菊酯乳油 12.5～25mg/kg，40％乐果乳油 800～1 600 倍液等。

2. 5 月中、下旬虫果开始脱落时，每天及时收捡落果，用 80％敌敌畏乳油 500 倍液喷洒处理后深埋。

3. 每年 12 月至翌年 1 月，结合核桃施肥在地面撒施 50％辛硫磷乳油 1 000 倍液，杀死越冬成虫。

王勤英　宋萍（河北农业大学植物保护学院）

第 194 节　枣尺蠖

一、分布与危害

枣尺蠖（*Chihuo zao* Yang，异名：*Sucrea jujuba* Chu）属鳞翅目尺蛾科，别名枣步曲。该种害虫普遍发生于我国枣产区，以北方枣区受害最重。在大发生年份时，除为害枣外，还可为害酸枣、苹果、梨、桃、柳、榆、刺槐和花生等，尤其近几年来在山西、河北、河南、江苏等地为害十分严重。

枣尺蠖以幼虫为害枣芽、花蕾及叶片。当枣芽萌动露绿时，初孵幼虫即开始为害嫩芽，因此，群众称之为"顶门吃"。严重年份可将枣芽吃光，造成大量减产。枣树展叶开花时，幼虫长大，食量明显大增，能将全部树叶及花蕾吃光，不但造成当年绝产，而且影响来年坐果。

二、形态特征

成虫：雄虫体长 12～13mm，翅展约 35mm，触角双栉状、棕色。前翅灰褐色，后翅中部有 1 条明显的黑色波纹状横线；中足和后足只有 1 对端距。雌虫体长约 15mm，灰褐色，触角丝状；腹部背面密被刺毛和毛鳞；喙退化，下唇须被短毛；前、后翅均退化；产卵器细长、管状，可缩入体内。

卵：椭圆形，有光泽，长 0.9～1mm。数十粒或百粒卵产在一起，呈块状。初产时淡绿色，后渐变为淡褐色，近孵化时为暗黑色。

幼虫：共 5 龄。一龄幼虫初孵化时体长 2mm，头大，体黑色，全身有 6 条环状白色横纹，行动活泼。

二龄幼虫初蜕皮体长 5mm，头大，色黄有黑点，体灰色，白色横纹 8 条，环状纹已褪为黄白色。三龄幼虫初蜕皮体长 11mm，全身有黄、黑、灰 3 色断续纵纹若干条，头、胸连接处为黄白色环状纹，气门已明显，行动敏捷，食量增加。四龄幼虫初蜕皮体长 17mm，头部比身体细小，淡黄色，生有黑点和刺毛，气门线为纵行黄色宽条纹，体背及体侧均杂生黄、灰、黑断续条纹，各节生有黑点。五龄幼虫初蜕皮体长 28mm，老熟幼虫体长 46mm，最长 51mm。头部灰黄色，密生黑色斑点，体背及侧面均为灰、黄、黑 3 色间杂的纵条纹。灰色纵条纹较宽，背色深，腹面色浅。气孔呈 1 黑色圆点，周围黄色。胸足 3 对，黄色，密布黑色小点，腹足及臀足各 1 对，灰黄色，密布黑色小点。

蛹：体长 14～18mm，纺锤形，紫褐色。腹末分 2 叉，呈 Y 形，基部两侧各有 1 小突起。

三、生活习性

枣尺蠖在我国各枣区均 1 年发生 1 代，以蛹在树下土内 3～10cm 处越冬。翌年 3 月下旬至 4 月上旬，当柳树发芽、榆树开花时，成虫开始羽化出土。4 月中、下旬，成虫羽化出土进入盛期。田间落卵初期在 4 月上旬，盛期在 4 月中、下旬，末期在 5 月上、中旬。4 月下旬为卵孵化初期，5 月上、中旬为盛期，5 月下旬为末期。幼虫老熟后即入土化蛹越夏、越冬。

成虫羽化后，雄虫爬到树干阴面或地面杂草上静伏。雌蛾无翅，则潜伏于树根杂草处，天黑时爬上树与雄蛾交尾。成虫羽化后不进行营养补充，当日即可交尾。交尾活动一般在傍晚开始，成虫一般交尾 1～2 次，翌日产卵。成虫交配后的第 2～3 天为产卵高峰期，卵成块产于枣树主干、主枝粗皮缝隙内，或产在树干基部石块、土缝下。每头雌蛾产卵量 1 000～1 200 粒。

初孵幼虫孵化后迅速向上、向高处爬行，遇惊扰有吐丝下垂、随风飘荡的习性。这对于初孵幼虫极早觅食和群体扩散是十分有利的。5 月上旬为孵化盛期，此期正是枣树萌芽期，故枣芽长出后即被吃光，为害严重期为 5 月中、下旬。一至三龄幼虫为害轻，四至五龄为暴食阶段，其食量占幼虫期总食量的 90% 以上。老熟幼虫沿树干下爬或吐丝下垂入土做土室，经 6～7d 化蛹，5 月下旬幼虫开始入土化蛹越冬，6 月上旬为入土盛期，并以滞育蛹越夏、越冬。

四、发生规律

枣尺蠖的每个发育阶段对温度和湿度都有一定的要求。通过对陕西省澄城县 1991—2005 年虫害调查资料和气象资料对比分析，发现 3 月下旬至 4 月下旬的降水量和 4 月中、下旬的气温是影响枣尺蠖为害程度的主要因子。当 3 月下旬至 4 月下旬特别干旱的年份，可抑制枣尺蠖成虫羽化出土，当年发生轻；而此期间降雨多的年份，虽然因降雨而推迟成虫羽化出土的时间和高峰期，但由于土壤湿度大，质地疏松，有利于成虫羽化出土，且羽化出土整齐、数量大，当年发生为害特别严重。4 月中、下旬降水量多、气温低，可降低枣尺蠖孵化速度，减缓枣尺蠖孵化的进程；降水量愈大、气温愈低，枣尺蠖孵化推迟的天数愈多，可使一至二龄幼虫处在 5 月上旬温暖的环境中，使其自然死亡率大大降低，导致大发生。

五、防治技术

枣尺蠖的防治关键时期是一至二龄幼虫期，因为一至二龄幼虫表皮角质较薄，抵抗力差，易中毒死亡；随着幼虫长大，食量明显增大，抗药性强，难于防治，为害大。防治枣尺蠖应以树下防治为重点，集中消灭雌蛾或阻止雌蛾和其幼虫上树产卵或为害。

（一）生物防治

枣尺蠖的天敌有赤眼蜂、蜘蛛、捕食螨、猎蝽、灰喜鹊、麻雀、枣尺蠖病毒（CzNPV）、刺猬、苏云金杆菌、杀螟杆菌、青虫菌等。保护好天敌，充分利用天敌的捕食或寄生功能，从而达到自然控制枣尺蠖的目的。

（二）物理防治

1. 阻止雌蛾上树　在枣尺蠖成虫羽化出土前，在树干基部距地面 10cm 处围绑 1 条宽 10cm 的塑料薄膜，薄膜与树干紧贴，接头处黏合或钉牢。塑料薄膜下缘用土压实，并用细土做成圆锥状小土堆，土堆基底开小沟，沟内撒 1∶10 的敌百虫毒土或辛硫磷粉剂，可消灭绝大部分上树雌蛾。一般在成虫开始羽化出土时撒第一次，羽化出土盛期再撒 1 次。

2. 绑草绳诱卵法　在塑料薄膜带下绑 1 圈草绳，可诱集雌蛾在草绳缝隙内产卵，至卵接近孵化期时，将草绳解下烧掉或深埋。

3. 阻止幼虫上树　用蓖麻油 100g，煮沸后放入石蜡 20g，停火后加入松香 1g，融化后制成黏油。在树干距地面 30～60cm 处选光滑的部位刮去粗树皮，抹上宽 10cm 左右的黏油带，以阻止雌蛾以及初孵幼虫上树。安建会（2011）在河北正定县纯枣园进行试验，结果表明在枣树的黏虫胶环上发现大量枣尺蠖幼虫，这些涂黏虫胶环的枣树全年均未发现枣尺蠖为害；粗放管理的枣树为害比较严重，与涂黏虫胶环枣树上的枣尺蠖数量之间差异极显著。

（三）化学防治

在卵孵化高峰期或成虫羽化高峰期后 25d 左右用药，利用 25％灭幼脲 3 号悬浮剂、2.5％多杀霉素悬浮剂、10％虫螨腈悬浮剂和 5％氟啶脲乳油等杀虫剂防治枣尺蠖均有较好的效果，可以在田间推广使用。另外，幼虫期也可使用苏云金芽孢杆菌、杀螟杆菌、青虫菌等，防效也很好。

南宫自艳（河北农业大学植物保护学院）

第 195 节　绿　盲　蝽

一、分布与危害

绿盲蝽（*Apolygus lucorum* Meyer-Dür）属半翅目盲蝽科，又名小臭虫。除海南、西藏以外，绿盲蝽在我国其他省份均有分布，主要在长江流域和黄河流域地区发生为害。绿盲蝽的寄主植物种类繁多，我国已记载的有 38 科 150 余种，包括棉花、绿豆、蚕豆、向日葵、玉米、蓖麻、苜蓿、苕子、胡萝卜、茼蒿、甜叶菊、枣、葡萄、樱桃、苹果、桃、梨等作物。

枣树和棉花是绿盲蝽为害最严重的作物，特别是在枣棉间作地或与棉花毗邻的枣园发生尤重。绿盲蝽以若虫和成虫刺吸枣树的幼芽、嫩叶、花蕾及幼果的汁液。绿盲蝽为害幼芽、嫩叶，幼嫩组织被害先呈现枯死失绿斑点；随着叶片的伸展，小点逐渐变为不规则的孔洞、裂痕，叶片皱缩变黄，俗称"破叶疯"。绿盲蝽大发生时，常使枣树不能正常发芽。绿盲蝽为害花蕾及幼果，花蕾受害后即停止发育而枯死脱落，重者其花蕾几乎全部脱落，整树无花可开。幼果受害后，会出现黑色坏死斑或隆起小疱，果肉组织坏死，大部分受害果脱落，严重影响产量。刘涛（2010）对天津地区枣园调查发现，2008 年部分枣园冬枣枣头受害率高达 88.7％，枣吊受害率达 87.5％，叶片受害率达 77.5％；受害叶片形成不规则的孔洞，枣头呈光秆状，枣吊只有花蕾而无叶片。绿盲蝽严重影响到枣树坐果，造成大面积减产甚至绝收，使枣农蒙受巨大经济损失，已成为当前枣树新发生的毁灭性害虫。

二、形态特征

成虫：体长 5mm，宽 2.2mm，绿色，密被短毛。头部三角形。复眼黑褐色、突出，无单眼。触角 4 节，基节黄绿色，端节黑褐色。喙 4 节，端节黑色，末端达后足基节端部。前胸背板深绿色，密布刻点。小盾片三角形，微突，黄绿色，具浅横皱。前翅革片为绿色，楔片绿色，膜区暗褐色。足黄绿色，腿节膨大，后足腿节末端具褐色环斑，胫节有刺。跗节 3 节（彩图 11-195-1，1）。

卵：长 1mm，黄绿色，香蕉形，卵盖奶黄色，中央凹陷，两端突起，边缘无附属物。

若虫：共 5 龄，体绿色，有黑色细毛。一龄若虫体橘黄色，复眼红色。二龄复眼黄褐色，三龄出现浅绿色翅芽，四龄翅芽一般达第一腹节，二至四龄触角端和足端黑褐色。五龄触角浅黄色，末端渐浓；复眼灰色，向端部逐渐加深；翅芽浅黄色，末端渐浓，长达第四腹节；足淡绿，跗节末端与爪黑褐色。触角淡黄色；臭腺口在第三腹节后缘，为 1 黑色横纹（彩图 11-195-1，2）。

三、生活习性

绿盲蝽虫体绿色，善躲藏，反应敏捷，若虫受到强烈震动后可掉地，并快速逃匿。成虫喜阴湿，怕干燥，喜黄色，飞翔能力强，行动活泼。有趋光性，日夜均可活动，但夜晚较活跃，白天多在叶背、叶柄等隐蔽遮阴处潜藏，稍受惊动立即起飞。绿盲蝽在 32°N 以北的河北、河南、山东、陕西等地区，主要以卵越冬；在 32°N 以南的长江流域地区，则是以卵和成虫并存越冬。第一代绿盲蝽主要在越冬寄主上为害。第二代开始分散为害，末代成虫迁回寄主植物上产卵越冬。

绿盲蝽若虫及成虫以刺吸式口器吸食植物嫩芽、嫩叶、花蕾、幼果。李林懋等（2013）调查发现，嫩叶期最幼嫩的部位顶芽和第一片叶被害率均为 100%，第四、五片叶的被害率均为 0；相同接虫密度下，花的刺点数显著高于蕾和幼果；花蕾并存时花的刺点数显著高于蕾，而被害率无显著差异。研究表明，绿盲蝽对冬枣的为害有明显趋嫩和趋花性，花期受害后对产量的影响最大，应加强对花、幼果期种群的控制。

四、发生规律

绿盲蝽发生世代数因地域不同而异，在北京、天津、河北地区 1 年发生 5 代，北部地区 3~4 代，山西 4 代，河南 5 代，湖北 6 代，江西 6~7 代（黎彦等，2005）。由于雌虫产卵期长达 30~40d，故世代重叠严重，发生不整齐。主要以卵在枣树的树皮缝内、小枝剪口、枯枝顶端、嫁接口处以及苜蓿、茼蒿等杂草枝内越冬，有时也可在枣园及附近的浅层土壤中越冬。翌年 3~4 月平均气温 10℃ 以上、相对湿度达 70% 左右时，越冬卵开始孵化。绿盲蝽的第一个发生高峰期正是冬枣新芽萌发的关键时期，这一时期也是其防治的关键时期；第二个高峰期在 6 月中旬，此为大部分冬枣幼果形成期，此时绿盲蝽会为害冬枣果实，使之产生严重的黑斑，从而失去其商品价值；8 月中旬至 9 月是第三个小高峰期，但由于绿盲蝽转移到其他植物上为害，在冬枣树上虫口密度有所降低，并且此时冬枣树已具很强的抵抗力，故第三个小高峰期不是防治的关键时期，但为了进一步降低来年的虫口基数，应进行适当的防治。

绿盲蝽近年的发生与寄主存在密切联系。绿盲蝽原本主要为害棉花、牧草等，随着农业结构的调整，该种害虫逐渐转移到果树、蔬菜等经济作物上为害，寄主范围进一步扩展。20 世纪 90 年代以来大面积种植转 Bt 基因棉，棉田用药显著减少，有利于绿盲蝽生存，棉田绿盲蝽发生趋重。与此同时，冬枣的大面积连片开发和密植栽培，又为其提供了良好的生存环境。冬枣生长前期有大量的幼嫩组织，后期有大量的裂果、烂果，为绿盲蝽提供了充足优质的食物，解决了春初秋末食源不足的问题。冬枣因修剪存在大量的剪口，成为其安全越冬的理想场所。

除了和寄主密切相关外，绿盲蝽的发生及为害程度也与气候条件相关。气温 20~30℃、相对湿度 80%~90% 时最适合其发生。相关研究表明，近几年山东滨州冬、春气温较常年持续偏高，春末夏初雨水较常年偏多，降雨的时空分布十分有利于绿盲蝽的发生。如滨州 2003—2004 年连续 2 年绿盲蝽暴发成灾，与气候条件关系十分密切：3~4 月温、湿度对越冬卵的孵化非常有利，导致 5 月上、中旬第一代绿盲蝽为害达到高峰；第一代防治差的枣园，花蕾直接被害率高达 40% 以上，重者高达 70% 以上，第二代绿盲蝽又造成大量落果，虽经努力防治，但因绿盲蝽为害仍造成冬枣减产 30% 以上。

五、防治技术

在防治上应抓住防治关键时期，将该虫消灭在孵化期和成虫羽化及转主为害之前。防治关键时期为：第一代若虫孵化期（4 月下旬）、第二代若虫孵化期（5 月下旬）、第二代成虫羽化前（6 月上旬）。

（一）农业防治

绿盲蝽以卵在枯枝、杂草、粗皮裂缝内越冬。绿盲蝽适口性强，秋后或早春将果园周围及园内的杂草清除干净烧毁或积肥，可消灭越冬卵。果园内最好不要间作棉花、豆类等。

（二）生物防治

范广华等（2008）研究表明，不同生境内绿盲蝽天敌的种类基本相同，主要为龟纹瓢虫、七星瓢虫、中华草蛉、大草蛉、小花蝽、T-纹豹蛛、三突花蛛、草间小黑蛛等。天敌对绿盲蝽有较好的抑制作用，因此，在进行化学防治时，要以保护天敌为前提，尽量选用对天敌毒性小的杀虫剂，充分保护天敌，同时也能有效地控制绿盲蝽数量，例如阿维菌素类、灭幼脲 3 号、苏云金杆菌（Bt）等。

（三）物理防治

目前报道在枣树绿盲蝽物理防治中效果较好的有黄板诱杀、黏虫胶涂干、紫外线诱杀。李改棉（2008）试验表明，所选枣树树干涂黏虫胶后，平均每株树黏绿盲蝽 230 头，最多一株树上黏 1 000 余头。也可在枣园悬挂电子频振式杀虫灯，利用绿盲蝽成虫的趋光性进行诱杀。

（四）化学防治

化学防治主要在枣树萌芽前，建议使用较新的药剂如吡虫啉、灭多威等，同时在使用过程中注意药剂的交替和轮换使用，以免产生抗药性。试验表明，防治绿盲蝽 7d 后的防效下降较大，绿盲蝽发生严重时最好隔 5～7d 防治 1 次，以达到最理想的防治效果。由于绿盲蝽有短距离迁移的习性，白天一般在树下杂草及行间作物上潜伏，夜晚上树为害。因此，喷药要着重树干、地上杂草及行间作物，生产上要尽量做到统防统治，以提高防治效果，降低防治成本。

南宫自艳（河北农业大学植物保护学院）

第 196 节　截形叶螨

一、分布与危害

截形叶螨〔*Tetranychus truncatus* (Ehara)〕属蛛形纲真螨目叶螨科。枣树上叶螨种类较多，枣粮间作枣园中的优势种为截形叶螨，另有少量的朱砂叶螨和二斑叶螨。截形叶螨寄主广泛，包括枣树、棉花、玉米、豆类及多种杂草和蔬菜。国内分布于河北、北京、河南、辽宁、江苏、广东、广西等省份。

截形叶螨主要为害枣树叶片，吸食叶片汁液，叶片褪绿，呈灰白色失去光泽。果实受害后表皮粗糙，还会出现龟裂状网纹，严重时引起落叶、落果，降低产量，导致树势衰弱，影响翌年开花结果。

二、形态特征

成螨：雌螨体长 0.51～0.56mm，椭圆形，深红色，足及颚体白色，体侧有黑斑，各足爪间突裂开为 3 对针状毛，无背刺毛。雄螨体长 0.44～0.48mm，体黄色，阳具柄部宽阔，末端弯向背面形成 1 微小的端锤，其背缘呈平截状（彩图 11 - 196 - 1）。

卵：圆球形，光滑，越冬卵红色，非越冬卵淡黄色。

幼螨：近圆形，足 3 对。越冬代幼螨红色，非越冬代幼螨黄色。

若螨：足 4 对，越冬代若螨红色，非越冬代若螨黄色，体两侧有黑斑。

三、生活习性

截形叶螨的个体发育要经历卵、幼螨、若螨、成螨 4 个阶段。雌雄比一般为（4～8）：1，刚蜕皮的雌螨即可交配，一个雄螨可与多个雌螨交配。截形叶螨卵的发育历期为 4d，幼、若螨为 6～7d。雄成螨寿命 12d 左右，雌成螨寿命可达 20d 左右。雌成螨将卵散产于靠近叶脉处，一头雌成螨可产卵 100～200 粒。在枣叶正反面都有该螨为害，以正面为多。在树冠上截形叶螨由下向上、由内膛向外围蔓延为害，其传播方式除自身爬行外，还可借风、人畜、昆虫等传播。

四、发生规律

截形叶螨北京地区 1 年发生 12～15 代。以卵在树干皮缝中、杂草根际及土块下越冬。翌年春季，3～4 月，越冬卵开始孵化。由于此时枣树尚未发芽，截形叶螨先爬行转移到地面的杂草和田间作物上取食繁殖约 1～2 代后，至 4 月中旬枣树发芽时，开始向枣树上转移，同时在枣树和地面杂草或间作物上取食繁殖。6 月中、下旬，随着春季杂草的枯死和小麦的收割，地面上的截形叶螨开始大量向枣树转移为害，7～8 月达到高峰，造成灾害。9 月以后，随气温下降，为害减轻，10 月中、下旬，以成虫转至树皮缝隙、杂草根际及土块下越冬。树下根蘖萌生，间作豆类、花生等作物的枣园越冬虫口基数大，翌年发生也重。

截形叶螨的发生与气候条件关系密切，特别喜欢高温干旱的天气条件。叶螨发育起点温度为 7.7～8.8℃，最适湿度为 29～31℃，最适相对湿度为 35％～55％，相对湿度超过 70％时不利其繁殖。高温低湿则发生严重，以 6～8 月为害最重。刘珩等（2013）对新疆阿克苏地区枣树截形叶螨的研究表明，平均温度、最高温度、最低温度、空气相对湿度和日照时数是影响枣树截形叶螨种群变动的主要气象因子。其中平均温度和日照时数对种群数量变动具有正效应，是直接影响截形叶螨种群变动的重要指标；7～8 月平均温度和平均相对湿度有利于截形叶螨生长发育，故该时期截形叶螨在阿克苏枣树上的发生也最为猖獗。

截形叶螨的发生与种植模式也有密切关系。曹骞等（2010）在2009年对新疆阿克苏市枣树上截形叶螨进行动态监测，结果表明，在调查期间枣树与陆地棉间作模式下截形叶螨种群数量有3个增长高峰，而在枣树与长绒棉间作模式下仅有2个高峰。

化学农药的不合理使用也是导致叶螨优势种群变化和猖獗为害的主要原因。没有杀螨活性的菊酯类杀虫剂，如溴氰菊酯（敌杀死）、氰戊菊酯（速灭杀丁、中西杀灭菊酯）、氯氰菊酯（安绿宝、兴棉宝、灭百可）等在果园施用后常诱发叶螨的发生。喷施农药后可刺激害螨产卵量剧增，加快若螨发育速度，缩短生育周期，加速害螨的繁殖速度。因此，在果园里应尽量少用或不用以上几种菊酯类杀虫剂，即使施用也必须和杀螨剂同时应用。

五、防治技术

（一）农业防治

在截形叶螨越冬卵孵化前刮树皮并集中烧毁，刮皮后在树干涂白（石灰水＋石硫合剂）杀死大部分越冬卵。根据叶螨越冬卵孵化后首先在杂草上取食繁殖的习性，早春进行翻地，清除地面杂草，使叶螨因找不到食物而死亡。秋末早春刮树皮，翻刨树盘，消灭越冬螨。另外，天气干旱时要注意灌溉并合理施肥（减少氮肥、增施磷肥），减轻为害。

（二）生物防治

田间截形叶螨的天敌种类很多，主要有中华草蛉、食螨瓢虫和捕食螨类等，其中尤以中华草蛉种群数量较多，对截形叶螨的捕食量较大。释放捕食螨防治截形叶螨也是一种防效很好的生物防治方法，成本低于化学防治。崔晓宁等（2011）研究表明，另一种捕食螨——巴氏钝绥螨雌成螨对截形叶螨各螨态的捕食能力随温度升高而逐渐增大，同一温度条件下对卵的捕食能力最大，对若螨次之，对雌成螨最小。

（三）物理防治

可在枣树发芽和叶螨即将上树为害前（约4月下旬），采用黏虫胶在树干中上部涂1闭合胶环，宽度为4cm，即可阻止叶螨向树上转移为害，效果可达95％以上。

（四）化学防治

5月底至6月初、6月底至7月初是叶螨上树产卵、活动为害的两个重要时期，抓住这两个关键时期的防治对6～8月为害盛期的病虫防治至关重要。防治要保证树体的内膛枝、外围枝叶及树干枝杈全部着药。此时正值枣树开花坐果时期，对药剂的选择应慎重，可选残效期长、对成虫及卵兼治的四螨嗪、阿维菌素。7～8月气温高，是叶螨发生、为害盛期，且叶螨具有较强的抗药性，选择农药时注意轮换和交替使用。推荐药剂有20％四螨嗪悬浮剂2 000～3 000倍液、20％双甲脒（螨克）乳油1 000～2 000倍液、2％阿维菌素微囊悬浮剂3 000～5 000倍液、20％甲氰菊酯乳油2 000倍液、5％噻螨酮乳油4 000倍液、20％哒螨灵可湿性粉剂2 000倍液或30％乙酰甲胺磷800倍液。虫口密度大的枣树可连喷2～3次，每隔10～15d喷药1次。

南宫自艳（河北农业大学植物保护学院）

第 197 节　栗小爪螨

一、分布与危害

栗小爪螨（*Oligonychus* sp.）是板栗的主要害虫之一，长期以来一直使用针叶小爪螨 [*Oligonychus ununguis*（Jacobi）] 的名称，孙绪艮、尹淑艳等对此做了大量系统研究，认为两者属于不同的种，河北省农林科学院昌黎果树研究所也在研究中证实了这一点。一般的记载认为针叶小爪螨是世界性重要害螨，在我国山东、河北、北京、山西、陕西、江西等地均有分布，寄主有5科70多种植物，包括壳斗科植物和松、柏、杉等针叶树。栗小爪螨为害板栗及壳斗科的其他树种，如麻栎（*Quercus acutissima*）、栓皮栎（*Q. variabilis*）、槲树（*Q. dentata*）等，但不能寄生针叶树。目前尚未见到将其作为独立种的描述性文章，因此，关于为害板栗的小爪螨仍在使用针叶小爪螨的学名。

栗小爪螨在我国栗产区普遍发生，尤以山东、河北为害严重，是板栗的重要害螨。该螨以幼、若、成螨刺吸取食板栗叶片汁液，先在主脉两侧，然后向侧脉和其他部位扩散为害。被害叶呈现灰白小斑点，严重时全叶变白、变褐，硬化甚至焦枯，致使树势衰弱，严重影响栗树生长发育，造成减产，给生产带来重大损失。

二、形态特征

雌成螨：体长 0.38~0.45mm，宽 0.30~0.32mm。椭圆形，深红色或暗红色。背表皮纹前足体部的为纵向；后半体第一、二对背中毛之间的为横向；第三对背中毛之间的基本呈横向，但不甚规则。须肢端感器顶端略呈方形，长为宽的 1.5 倍；背感器小枝状，较细，短于端感器。气门沟末端膨大，第一对足跗节前双毛的对面有刚毛 1 根，背毛共 26 根，末端尖细，不着生在突起上，其长度均超过横列间距，足 4 对。

雄成螨：体长 0.27~0.35mm，宽 0.18~0.24mm，深红色，体两端尖细，似菱形，前、后足显著长于第二、三足，须肢端感器短锥形，长度与基部宽度相等。背感器小枝状，与端感器等长。

卵：有夏卵和冬卵两种，顶部均有 1 条细丝。夏卵较小，直径最小 135μm，最大 150μm，平均 (145±9.5) μm，初产白色，半透明，渐变成水绿色，孵化前变为淡黄色。冬卵为滞育卵，个体较大，直径最小 144μm，最大 174μm，平均 (156.9±3.2) μm，深红色，略扁平，中央部细丝着生处略凹陷（彩图 11-197-1）。

幼螨：体近圆形，初孵时淡黄色，吸汁后渐变浅绿色，足 3 对。

若螨：体浅绿色至暗红色，逐渐变椭圆形，足 4 对，似成螨（彩图 11-197-2）。

三、生活习性

1 年发生 6~12 代，其中 6 代约占 12.75%，7~8 代约占 58.77%，9 代约占 12.64%，10~12 代约占 15.84%。以滞育型卵在一至四年生枝条上越冬，第二年春季栗叶显露时开始孵化。孵化初期大约在 4 月下旬，盛期在 5 月上旬，末期在 5 月中旬。经过卵、幼螨、第一若螨、第二若螨发育成成螨，在由一个活动态转变为下一个活动态前经过一个静止期，一般为 1d 左右，其间不食不动。发育历期随着温度升高缩短，完成 1 个世代，20℃下需要 17.9d，30℃平均需要 9.4d（表 11-197-1）。两性生殖，雌雄比例平均为 1.95：1，受精卵发育为雌螨，未受精卵发育为雄螨。雌雄交尾后经 1d 开始产夏卵，第 6~8 天达到高峰，平均产卵历期 14.67d，单雌总产卵量平均 42.97 粒。成螨寿命在高温下较短，低温下较长。相同温度下，雄性短于雌性。雌成螨寿命 23~25℃下基本相同，约为 16.4d，27℃下为 14.3d，完成 1 个世代的有效积温为 184.7℃，发育起点温度为 11.3℃。

栗小爪螨喜在叶片正面活动、取食，只有当虫口密度过大时才能在叶片背面见到少量活动螨，有吐丝习性。夏卵产在叶片正面的叶脉两侧，在田间呈聚集分布；越冬卵在枝条上存在个体群，个体群的空间分布为聚集分布，树体上、中、下各部位枝条上均属聚集分布，并具有聚集度的密度依赖性，在中部枝条的分布情况与整株树的分布相同，随机调查中部枝条即可代表全株随机抽样调查。

表 11-197-1　栗小爪螨在不同温度下的发育历期（d）（引自孙绪艮等，1994）

Table 11-197-1　The developmental period（d）of *Oligonychus* sp. at different temperatures

(from Sun Xugen et al. , 1994)

温度（℃）	越冬卵	夏卵	幼螨一成螨	全世代
15	29.8			
20	17.0	10.1	7.8	17.9
23	14.9	7.5	7.0	14.5
25	13.6	6.5	6.5	13.0
27	12.5	5.3	5.3	10.6
30	11.5	4.9	4.5	9.4

栗小爪螨属短日照滞育型。滞育的形成与环境因素密切相关，是光周期、温度、寄主营养综合作用的结果。滞育型越冬卵的产出时间持续较长，自始期至末期需要 3 个月左右，最早出现时间为 6 月下旬至 7 月上、中旬，盛期一般在 8 月上、中旬，末期在 9 月下旬至 10 月上旬。

滞育卵的发生时期与虫口密度有相关性，6～7月发生密度高、受害严重的树上产滞育卵的雌成螨比例大，滞育卵的产出时期早，卵量大，反之则迟。

日照 10h、11h、12h，发育为雌成螨后全部产滞育卵，滞育性雌螨比例为 100％；日照 14h、24h者，全部发育为非滞育雌成螨；日照 13h 时，有半数左右的雌成螨产滞育卵，滞育性雌成螨比例为 51.7％，因此，临界光照时间为 13h/d 左右（图 11-197-1）。

在相同光照（13h/d），25℃恒温下，滞育雌成螨的比例为 5.9％；20℃恒温和变温处理为 60％以上，温度与临界光照时间之间有一定的相关性；在 10h/d 光照条件下，滞育性雌成螨的比例，25℃ 为 28.6％，而 20℃处理高达 92.1％，表明高温对滞育性雌成螨的产生具有抑制作用。

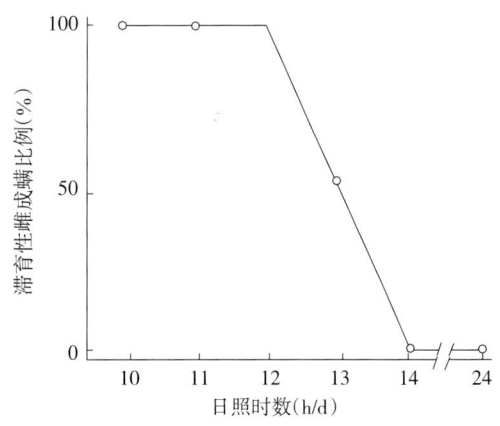

图 11-197-1　光周期反应曲线（引自孙绪艮等，1995）

Figure 11-197-1　Responce to photoperiod (from Sun Xugen et al.，1995)

短日照（13h 以内），23℃以下温度和恶化的叶片营养是该螨形成滞育的环境三要素。其中的任何两个要素同时发生作用，有利于滞育的形成，单独一个因素不能成为滞育形成的主导因素。

光周期感应螨态为幼螨至二龄若螨，单独一个发育阶段对短日照没有感应，卵孵化后至成螨前的连续两个螨态经短日照处理方可产生感应，即幼螨至一龄若螨或一龄若螨至二龄若螨经短日照处理后，产生滞育雌成螨，比例在 50％以上。在相同条件下低温（20℃）促进滞育；长日照下，螨虫虫口密度大、寄主营养恶化，亦能促进滞育的形成。滞育卵在 0℃下放置 120d，5～10℃下放置 100d 后解除滞育。

在北方 7～8 月一般为长日照时期、高温时期，理论上不应该是产滞育卵的盛期，导致滞育卵高峰的原因可能与日出和日落前后的光质相关，对叶螨起生物效应的多为紫外光、蓝光和蓝绿光，而日出、日落前后多为红外光，造成了有效光照时间缩短。

四、发生规律

（一）田间消长

每年 5 月下旬有一个越冬代成螨逐渐死亡而新卵尚未大量孵化、虫口处于暂时下降的时期，从 6 月上旬开始，虫口数量逐步上升，一般在 7 月 10 日前后达到一年中的顶峰时期，7 月中、下旬保持较高的虫口密度，8 月上旬虫口数量陡然下降，至 8 月中旬即降至每叶 1 头以下，甚至查不到虫。一般一年只有 1 个高峰期（图 11-197-2）。

（二）降雨对种群数量的影响

由于栗小爪螨生活在叶片的正面，种群数量容易受到降雨的影响，降雨特别是中到大雨对活动态

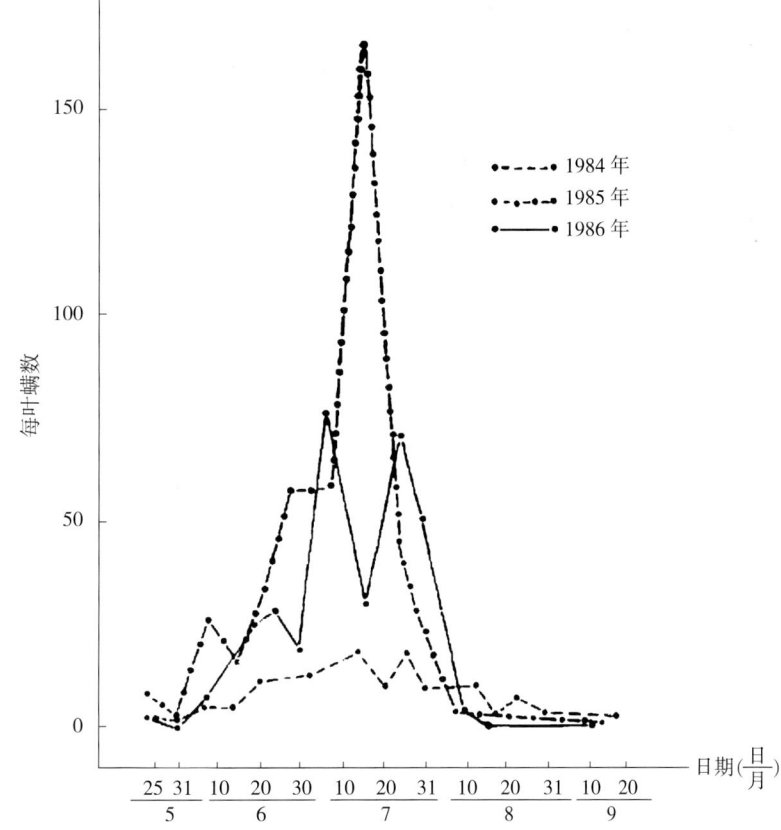

图 11-197-2　栗小爪螨活动态田间消长
（引自王源民等，1989）

Figure 11-197-2　Field dynamics of *Oligonychus* sp.
(from Wang Yuanmin et al.，1989)

蟥具有明显的机械冲刷作用，从而使虫口密度下降，减退率可高达 78.5%，树冠内膛和外围的减退率在大雨时差异不明显；小雨时，可能受到树冠的阻挡作用，外围叶上的虫口减退率高于内膛。春季多雨对冬卵的冲刷作用也很明显，导致冬卵减退率有时可达到 64.2%。

（三）天敌对种群数量的影响

板栗多数生长在山区，处于半野生状态，树体高大，自然状态下天敌种类较多，但自然控制能力较弱，一般情况不能有效控制栗小爪螨的种群数量，特别是在该螨发生严重的地区。根据尹淑艳等对芬兰钝绥螨捕食栗小爪螨，河北省农林科学院昌黎果树研究所对巴氏新小绥螨捕食栗小爪螨的功能反应结果，2种捕食螨均不捕食栗小爪螨的卵，这可能导致捕食螨对栗小爪螨不能实现自然控制。

栗小爪螨主要天敌种类有深点食螨瓢虫（Stethorus punctillum）、二星瓢虫（Adalia bipunctata）、龟纹瓢虫（Propylea japonica）、异色瓢虫（Harmonia axyridis）、微小花蝽（Orius minutus），日本通草蛉 [Chrysoperla nipponensis（Okamoto）]、普通草蛉（Chrysoperla carnea）、大草蛉（Chrysopa pallens）、塔六点蓟马（Scolothrips takahashii）、拟长毛钝绥螨（Amblyseius pseudolongispinosus）、栗钝绥螨（Amblyseius castaneae）、芬兰真绥螨（Amblyseius finlandicus）、巴氏新小绥螨（Neoseiulus barkeri）、普通肉食螨（Cheyletus eruditus）等。

有的年份越冬卵自然死亡率很高，汤建华 2000 年调查数据显示（表11-197-2），平均死亡率为 89.12%，其中，阳坡为 87.17%，阴坡为 91.14%，越冬卵大量死亡的原因可能是由低温、光照、湿度等因子引起的。

表 11 - 197 - 2 越冬卵自然死亡率调查结果（引自汤建华等，2000）

Table 11 - 197 - 2 The natural death of overwintering eggs（from Tang Jianhua et al.，2000）

坡向	总卵数（粒）	活卵数（粒）	死卵数（粒）	死亡率（%）
阳坡	2 160	266	1 894	87.69
阴坡	1 435	124	1 311	91.36

五、防治技术

（一）培育和选用抗性品种

在实生栗林中，已发现存在抗栗小爪螨的资源，已报道的品种中明栗、东陵明珠、遵达栗、北峪 2号、塔丰对栗小爪螨有较强的抗性，培育和应用抗性品种解决该螨的为害是一条高效、安全的途径。

（二）药剂防治

田间喷药防治的关键时期是越冬卵孵化盛期和田间高峰期到来之前（7月上旬）。

第一次用药时间的预测方法：4 月中旬，在田间选定 5 株标准树，在标准树的东南西北 4 个方位，各选择二至三年生枝数条，用油漆标定枝条上的越冬卵，总数 500 粒左右，除去标记范围内的卵壳、死卵和杂物等，每 1～2d 调查 1 次标记卵的孵化状况，直至连续 5d 不再有越冬卵孵化为止。卵孵化率累计达到 50% 时发出预报，做好防治准备，孵化率达到 70%～80%，一般此时新梢刚刚抽出，约在 5 月初，进行第一次化学喷雾防治。药剂可选择常用的杀螨剂，如矿物油乳剂、四螨嗪、噻螨酮、螺螨酯等。

（三）生物防治

在第一次化学防治后大约 1 个月时间，即 6 月上旬，人工释放捕食螨，可选用巴氏新小绥螨，根据树的直径决定释放数量，一般直径在 5～8cm 的树释放 500 头/株。人工释放捕食螨后栗小爪螨可被有效控制，不再出现为害高峰，不需要再进行化学防治（彩图 11 - 197 - 3）。

于丽辰（河北省农林科学院昌黎果树研究所）

第 198 节 栗 瘿 蜂

一、分布与危害

栗瘿蜂（Dryocosmus kuriphilus Yasumatsu）属膜翅目瘿蜂总科瘿蜂科，别名栗瘤蜂，是板栗

（*Castanea mollissima*）的主要害虫，对栗属（*Castanea*）植物专性寄生，原发地为中国。国内已知分布于辽宁、北京、天津、陕西、河北、山东、河南、江苏、湖南、湖北、安徽、浙江、江西、福建、广东、广西、云南等省份。1940 年日本人以接穗的方式从中国引种板栗品种，栗瘿蜂随接穗传入日本；1958 年第一次在韩国发现栗瘿蜂。目前栗瘿蜂在国外主要分布于日本、朝鲜、韩国及北美等。栗瘿蜂主要为害新梢和叶片，受害枝在春季抽生的短枝、叶柄、叶脉上形成瘤状虫瘿，不能抽生新梢和开花结果。发生严重时，枝条同时枯死，甚至全株死亡。受害栗树树势衰弱，产量大幅度下降，若干年后不易恢复，一般可致减产三五成，严重的造成绝收。在日本多次造成板栗绝收（彩图 11 - 198 - 1，彩图 11 - 198 - 2）。

二、形态特征

成虫：体长 2～3mm，体黑色，有光泽。头横阔，与胸、腹等宽。头和腹部黑褐色；胸部膨大，漆黑色，有光泽；触角丝状，14 节，褐色；翅透明，翅脉黑褐色，前翅无翅痣，具少数翅室和退化的翅脉；足黄褐色，末节及爪深褐色，后足较发达，足转节 1 节；前胸背板光滑，伸达翅基部；中胸背板近中央具两条对称的弧形沟，第二节背板最大，小盾片近圆形，向上隆起；腹部黑褐色，腹板硬化无褶，产卵器自腹末前方腹面伸出。

卵：椭圆形，乳白色，表面光滑。长 0.1～0.2mm，尾端有细长丝状管，为卵长的 1～1.5 倍。

幼虫：幼时乳白色，纺锤形，粗壮，无足。老熟时体长约 2.5mm，并变为黑色。全身光滑，两端略尖，口器淡棕色。

蛹：初为白色，渐变黄，羽化时为黑褐色。复眼红色。体长约 3mm。

三、生活习性

栗瘿蜂 1 年发生 1 代。无雄蜂，营孤雌生殖。

栗瘿蜂年生活史中，仅成虫有 2～3d 生活在瘿瘤外，其余时间生活在栗芽或瘿瘤中。其发生与栗树的物候期密切相关：栗芽萌动期——越冬幼虫活动期，展叶期——幼虫营瘿为害期，雄花初期——化蛹期，雄花末期——成虫羽化盛期，雄花末期后 10d——成虫脱瘤和产卵盛期。

幼虫期：310d，其中越冬期 180d，活动期 130d。8 月下旬大部分幼虫孵出，初孵幼虫生长十分缓慢，在芽内进行短时间摄食，形成较虫体稍大的虫室。一般在板栗采收时，9 月下旬幼虫开始进入越冬期，以一龄幼虫在寄主芽内小虫室内越冬。翌年栗树萌芽期，栗瘿蜂越冬幼虫开始取食；栗芽增长期栗瘿蜂幼虫开始营瘿，即被害芽逐渐形成虫瘿，至 4 月下旬展叶期，虫瘿已明显，其颜色初期翠绿后变为赤褐色，略呈圆形，其大小视寄生的幼虫数而定，一般长 1.0～2.5cm，宽 0.9～2.0cm。虫瘿内的虫室，后期室壁木质化、坚硬。一个虫瘿可以包含 10 个或更多的小室，每个小室含有 1 头幼虫。通常大部分虫瘿包含多个小室，但也有虫瘿只含单个小室。5 月上旬幼虫进入老熟，老熟后即在虫室内化蛹。

蛹期：约 15d。板栗雄花初期是栗瘿蜂的前蛹期。在雄花开放期，栗瘿蜂蛹进入白蛹期和黑蛹前期；雌花开花时，栗瘿蜂蛹的发育进入黑蛹期。

成虫期：14～15d，其中瘤内约 11d，瘤外 2～4d。雄花末期（雌花花期），成虫羽化盛期，成虫羽化后在瘿内继续发育 11d 左右；雄花末期后 10d（栗蓬膨大），是成虫脱瘤和产卵盛期，成虫出瘿后存活 2～3d。一般在 6 月中旬以后，成虫咬宽约 1mm 羽化孔飞出。白天出蜂的占 86.18%，以 8：00～12：00 出蜂最多，占出蜂率的 54%。成虫出瘿后爬至叶面，经 3～5min 即可飞翔。成虫飞翔能力不强，大部分时间在树上爬行，成虫在风速 0.115～0.145m/s 能正常活动，在风速 0.15～3.15m/s 以上时，成虫被风吹着飘动，影响成虫产卵。成虫多在 1m 范围内飞行，故在栗林呈聚集分布，内膛枝被害重于外围枝，晚间则停息于栗叶背面。无趋光性及补充营养习性，出瘿后不久即可产卵，一般每头雌虫怀卵量 55～217 粒，群体的产卵量仅是抱卵量的 50% 左右。产卵部位多选在内膛避风郁闭的细弱枝条，由顶芽开始，然后向下能连续在 5～6 个芽上产卵，产卵时雌虫爬到芽的中部，触角频频摆动，翅不断上翘，产卵管随即刺入芽内。一般每次产卵 1～20 粒，以 10 粒左右居多。一天中 6：00～17：00 均可产卵。从产卵部位看，在栗芽上半部侧面插入产卵的占 90%；从解剖栗芽内的卵粒分布看，卵产在栗芽生长点顶端的占 80% 左右，翌年发不出枝，而长出大虫瘤，称为无枝瘤。卵产在生长点边侧的抽出带虫瘤歪弱枝，称为枝瘤；卵产在叶原始体上的即在叶脉上形成虫瘤，称为叶瘤。卵产在栗芽基部侧面的不易形成虫瘤；产在栗芽其他茸毛上的卵在发育后期幼虫自行死亡。

卵期：20～30d，大约在栗蓬停止增长时，7月中旬卵开始孵化，生长十分缓慢，8月下旬大部分幼虫孵出。

四、发生规律

栗瘿蜂具有周期性发生的特点，主要受到天敌的制约，能够起到制约作用的天敌是中华长尾小蜂（*Torymus sinensis* Kamijo），两者表现出此消彼长的相互跟随现象（图11-198-1），一般10年为1个消长周期，即栗瘿蜂大约每隔10年出现1次大发生，大发生后天敌数量开始上升，而栗瘿蜂数量开始下降，大约在第五年天敌数量达到顶峰，同时栗瘿蜂数量达到低谷，处于被抑制状态；之后天敌的数量出现衰退，在天敌数量逐渐减少的过程中，栗瘿蜂的数量又开始逐渐增加，这大约需要5年的时间，栗瘿蜂数量达到顶峰，而天敌数量跌入谷底，出现第二次栗瘿蜂暴发为害期。

1990年在山东临朐县九山林场栗园调查，栗瘿蜂为害梢率为55.01%，中华长尾小蜂的寄生率为6.89%。据1993—1996年调查，中华长尾小蜂寄生率分别上升到62.32%、80.35%、67.76%和66.50%，栗瘿蜂为害梢率则分别下降为23.34%、8.97%、5.01%和1.23%，中华长尾小蜂已把栗瘿蜂的为害控制到最低水平。

消长周期受当地气候因子的影响，例如辽宁东部是辽宁板栗的集中产区，冬季气候冷且温差变幅大，天敌昆虫的越冬死亡率高。因此，发生栗瘿蜂为害高峰的周期短，高峰持续时间长，栗树被害程度重。

中华长尾小蜂是栗瘿蜂的专性寄生蜂，也是1年发生1代，以

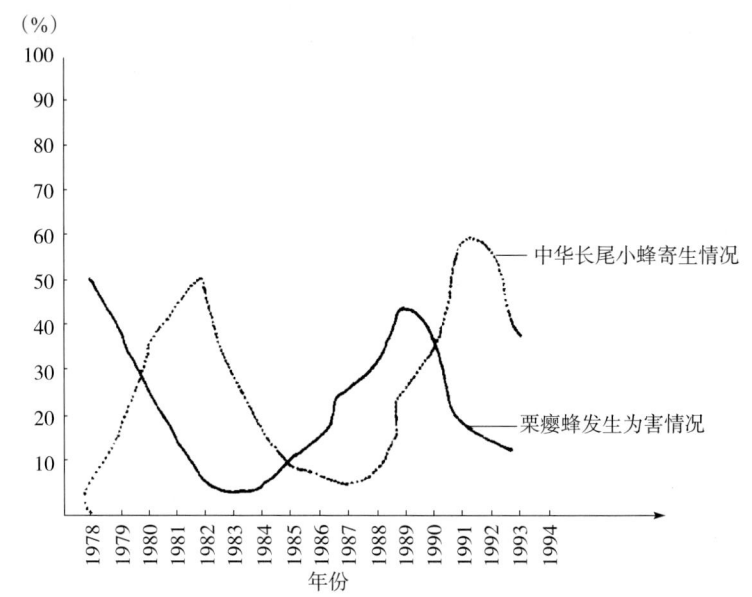

图11-198-1 1978—1994年栗瘿蜂与中华长尾小蜂田间消长情况
（引自敖贤斌等，1998）

Figure 11-198-1 Field dynamics of *Dryocosmus kuriphilus* and *Torymus sinensis* in 1978—1994 (from Ao Xianbin et al. , 1998)

老熟幼虫在当年瘿瘤中寄主的虫室内越冬，第二年4月化蛹，成虫羽化在4月中、下旬至5月上旬，羽化后成虫在瘤内停留2～3d才出蜂。瘤外成虫寿命平均4.6d，出蜂后1～2d即可交配，多在12：00～14：00产卵。产卵前在嫩瘤上爬行数分钟，用触角来回敲打，用足把身体支起，伸直产卵管，慢慢刺进虫瘤，产卵于寄主体表或虫室内壁上。1个寄主体上只产1粒卵，如探测到寄主被其他天敌寄生，即不再产卵，而另寻新寄主。雌蜂平均怀卵量76.4粒，成虫趋光，气温18℃以上即可正常活动。该虫卵期约3d，1头小蜂幼虫取食1头瘿蜂幼虫，最后寄主只剩"衣壳"，小蜂幼虫仅取食10d即进入老熟阶段。老熟幼虫极活泼，一触即收缩扭动。4月下旬至5月上旬，新瘤内常发现一虫室中有2个幼虫，一个是瘿蜂幼虫，另一个是小蜂幼虫，二者同居一室；瘿瘤内栗瘿蜂幼虫即使全被天敌幼虫取代，当年仍形成瘿瘤。中华长尾小蜂成虫性活泼，活动范围可达数十米，寻找寄主准确，益害比低时，寄生率可增长6～8倍，成、幼虫抗逆性强，分布广，虫源易获得；营两性生殖，雌雄性比为1：0.9。在栗瘿蜂大发生前，益害比低，有利于栗瘿蜂繁衍，虫口上升极快，直至栗瘿蜂大暴发。与此同时，寄生性天敌有丰富的食料时也促使天敌猛增，益害比上升到一定程度，就抑制了栗瘿蜂的发生。栗瘿蜂虫口下降，也反过来抑制了天敌的发展，两者相互制约。在虫口密度均低、处于相对动态平衡时期，也是栗瘿蜂大发生的间歇阶段；平衡一旦打破，栗瘿蜂虫口直线上升，也就是周期性大发生阶段。

中华长尾小蜂与栗瘿蜂的主要区别见表11-198-1。

表 11-198-1　中华长尾小蜂与栗瘿蜂的主要区别（仿刘永生，2001）

Table 11-198-1　The main difference between *Torymus sinensis* and *Dryocosmus kuriphilus*（from Liu Yongsheng，2001）

虫种	幼虫	蛹	成虫	越冬部位	越冬虫态	成虫发生期
栗瘿蜂（*Dryocosmus kuriphilus*）	老熟幼虫白浅黄色，体长2.0～2.5mm，体两端较钝圆，口呈淡褐色	初蛹乳白色，羽化前黑色，复眼红	多于1条翅脉，形成翅室	芽内	小幼虫	6～7月
中华长尾小蜂（*Torymus sinensis*）	老熟幼虫淡黄白色，体长1.8～2.4mm，两端尖，稀细毛，性活泼，一触即动	初蛹乳白色，羽化前黑褐色，复眼紫褐色	1条翅脉	枯瘤	老熟幼虫	4～5月

其他天敌主要是一些兼性寄生蜂，1年发生多代，前期寄生栗瘿蜂，后期寄生中华长尾小蜂和其他树木上（如栎树等）形成瘿瘤的瘿蜂，表现出重寄生特性。主要有葛氏长尾小蜂［*T. geranii*（Walker）］、斑翅大痣小蜂（*Megastigmus maculipennis* Yasumatsu et Kamijo）、日本大痣小蜂（*Megastigmus nipponicus* Yasumatsu et Kamijo）、具点刻腹小蜂（*Ormyrus punctiger* Westwood）、栗瘿广肩小蜂（*Eurytoma brunniventris* Ratzeburg）、杂色食瘿广肩小蜂［*Sycophila variegata*（Curtis）］、黄褐宽缘广肩小蜂［*Sycophila concinna*（Boheman）］、玫瑰广肩小蜂（*Eurytoma rosae* Nees）、栗瘿蜂旋小蜂（*Eupelmus urozonus* Dalman）、一种啮小蜂（*Tetrastichus* sp.）、跳小蜂（未定种名）、食敌广肩小蜂（*Eurytoma setigera* Mayr）、黄色食瘿跳小蜂（*Cynipencyrtus flavus* Ishii）。

成虫期降水的多少和持续日数对栗瘿蜂的发生有明显影响。降水时，虫瘿含水量高，成虫自蛹室咬孔外出时，常被水浸透，或被潮湿的碎屑裹身，死于羽化虫道或虫孔，已出瘿成虫也常因翅被雨水浸湿死亡。降水强度大，成虫死亡多，当年新芽有卵率和翌年虫瘿发生数量减少。

栗瘿蜂主要为害野板栗，其次是实生板栗、嫁接板栗。管理粗放，野板栗、锥栗、茅栗等杂灌丛生，营造了栗瘿蜂发生的有利环境。

不同品种间受害差异很大，抗虫品种主要有土13、丹泽、伊吹、中日1号、阳山油栗、紫峰、神锅、国见、叶里藏、森早生、银寄、田尻银寄、筑波、利平栗、大峰、石锤、人丸、西明寺、东早生、岸根、岳王栗、大国早生、金华、玉造、高见甘等，多数是日本品种，日本品种比中国板栗抗栗瘿蜂，这与日本重视培育抗栗瘿蜂品种有关。其抗性机理根据王绍卿等（1997）研究结果认为，一年生枝条中的邻苯二酚和原花色苷含量高，则品种对栗瘿蜂具有较高的抗性；邻苯二酚的抗虫临界值为0.30mg/g（干重），原花色苷的抗虫临界值为3.00mg/g（干重），这两个值可供抗虫育种和检验抗虫性的参考。

我国板栗长期以来处于实生状态，蕴含了丰富的资源，20世纪70年代在河北迁安发现了结果枝上部的芽可以自然脱落的实生栗树，形成有规律的更新枝头，而栗瘿蜂卵产于枝头上部的芽内，芽脱落后害虫也随之干枯死亡，因此枝条被害率很低，如新立庄12号不论是原生实生树还是以此为砧木的嫁接树表现出相同的性状，成为新型抗栗瘿蜂资源。

树体不同部位受害程度不同。同一株树纵向比较，栗瘿蜂在树冠的中、下层为害严重，和上层之间差异极显著；横向比较，栗瘿蜂在树冠的里层和中层为害严重，和外层之间差异极显著。

五、防治技术

（一）选育和使用抗虫品种、无虫接穗

由我国河北顶部芽自然脱落的抗虫资源培育出的新品种替码珍珠、北京燕红在生产上应用较多，该类品种品质优良，具有自然控冠的能力，稳产、丰产。

南方品种长刺板红、长兴5号魁栗属于中等抗性，长刺板红产量高、品质优良，生产上使用较多。

源于日本的抗虫品种品质较差，生产上应用不多，但可作为培育抗虫品种的资源。

栗瘿蜂是以幼虫在芽内越冬，新发展板栗地区应避免在害虫发生区采集板栗接穗。

（二）精细修剪，重剪复壮

根据栗瘿蜂不产卵于休眠芽的习性，对于受害严重的栗树，可采取重修剪，冬季可将一年生枝条休眠芽以上部分剪去，1年后即可恢复结果；中度受害的树，冬季修剪时要适度重剪，集中营养，复壮树势；

相对较轻的要做到精细修剪。剪除无用枝、虫瘿枝和适宜栗瘿蜂产卵的细弱枝，同时促发壮枝壮芽，降低产卵概率。通过修剪改善树冠内通风透光条件，增强树势，也有利于减少栗瘿蜂为害。

（三）加强土肥水管理，恢复树势，增强树体本身的抗虫能力

栗瘿蜂成虫产卵多选择弱枝，因此，增施有机肥，注意补充氮源肥料，可显著提高栗树生长势和单果重，从而显著减轻栗瘿蜂的为害，是增强树体抗虫能力和提高板栗品质的重要措施。一般在 6 月上旬施肥，参考施氮量为每株十五至二十年生栗树可施入纯氮肥 500g。

（四）生物防治

根据中华栗瘿长尾小蜂在枯瘤内越冬的习性，将剪下的虫瘿枝存放于树下，或收集虫瘿存放于阴凉的室内，保护枯瘤内寄生蜂安全越冬，翌年 4 月上旬将枯瘤置于栗园内。枯瘤内的寄生蜂羽化后即可寻找正在芽内取食的栗瘿蜂幼虫，致其死亡，以抑制栗瘿蜂虫口，达到以虫治虫的目的。

（五）适时进行药剂防治

1. 利用内吸药剂，在栗芽萌动期（一般在 4 月上旬）**控制栗瘿蜂的小幼虫** 该方法有利于天敌的保护。可选择的药剂有吡虫啉、螺虫乙酯。施药方法：①涂药法，刮除主干或主枝老皮 20～30cm，刮口要平滑，药液中混入矿物油（50 倍液），有助于药剂渗入树体，涂药后用塑料薄膜包扎，增强药效，7 月（雨季来临前）除掉包扎的薄膜，防止伤口感染病虫害。②小孔注射法，在树干分杈处用手摇钻（3～5mm 钻头）钻 3～5 个小孔，孔深 3～5cm，孔下斜 45°，每孔注入原液 1mL 左右。钻孔数量和施药量根据树干直径计量，干径 5～15cm，注药量为半径×0.18mL；干径 15～25cm，注药量为半径×1.10mL。③药剂灌根法，在距主干 1m 处挖环状沟，沟宽 40cm、深 40cm，达根系集中分布层，每株灌药量 5kg（稀释 150 倍液），等药液渗下后盖土。

2. 防治成虫 成虫羽化期防治成虫，控制产卵量，减轻来年为害。根据北部地区的气候特点，羽化盛期在 6 月下旬至 7 月上旬，宜在此时用 4.5％高效氯氰菊酯、20％氰戊菊酯或高效氯氰菊酯加吡虫啉，杀灭成虫，防治效果较好。4～5 月是寄生蜂羽化寄生盛期，在栗瘿蜂发生严重地块，避免在此期间进行化学喷雾防治，防止伤害天敌。

3. 防治重寄生蜂 在中华长尾小蜂完成羽化和产卵后，可进行 1 次化学喷药防治，减少其他寄生蜂对中华长尾小蜂的寄生，有利于保护专性寄生蜂对栗瘿蜂的控制。

于丽辰（河北省农林科学院昌黎果树研究所）

第 199 节　栗　大　蚜

一、分布与危害

栗大蚜 [*Lachnus tropicalis* (van der Goot)] 隶属于蚜亚目蚜总科大蚜科，也称为栗枝大蚜、栎大蚜、栗大黑蚜虫，是板栗的主要害虫之一。国内已知分布于吉林、辽宁、北京、河北、河南、山东、四川、湖北、广东、江苏、浙江、江西、广西、云南、贵州、福建、台湾等省份。寄主主要以壳斗科（Fagaceae）的栗属（*Castanea*）和栎属（*Quercus*）植物为主，如板栗、锥栗（*C. henryi*）、麻栎（*Quercus acutissima*）、白栎（*Q. fabri*）、柞栎（*Q. dentata*）、槲栎（*Q. aliena*）、枹栎（*Q. glandulifera*）等，以及石栎属（*Lithocarpus* spp.）多种、栲属（*Castanopsis* spp.）多种等；也可寄生杨柳科（Salicaceae）的柳属（*Salix* spp.）多种，在云南还可为害蔷薇科（Rosaceae）的梨树（*Pyrus pyrifolia*）。板栗被害后，枝梢枯萎，栗实不能成熟、早期落果，产量下降二三成（彩图 11 - 199 - 1）。

二、形态特征

成蚜：无翅胎生雌蚜体长卵形，体长 3.1～5.0mm，宽 1.8mm，灰黑色或赭黑色；头、胸较狭小而扁平，长度约占体长的 1/3；触角短，有瓦状纹；足细长，黑色；腹管截形，尾片末端圆形，着生细毛。有翅胎生雌蚜体长 3.9～4.2mm，宽 2.1mm，赭黑色，翅展 11～13mm，触角第三节有 15～21 个、第四节有 4～5 个大圆形次生感觉圈。翅有二型，一种透明，翅脉黑色；另一种翅黑色，有两个透明斑。腹管黑色、圆锥形，有毛。

卵：椭圆形，长径约 1.5mm。黑色，具光泽，上被粉状物（彩图 11‐199‐2）。

若蚜：初孵若蚜近长圆形，体长 1.5～2.0mm，黄褐色，触角、口器、足均为黄色，稍长大时体变黑色，老熟若蚜触角第一、二节基部及第五、六节端部、跗节、爪均为黑色，有翅若蚜胸部两侧有突出的翅芽。

三、生活习性及发生规律

栗大蚜一年发生的世代数，由北向南逐渐增多，一般为 8～14 代，云南的高海拔地区与北方接近。以卵在枝干阴面越冬。第二年 3 月中旬至 4 月初，当平均气温达到 10℃树液开始流动时，越冬卵开始孵化，气温 14～16℃时为孵化盛期，相对湿度为 65%～70.5%时，有利于卵的孵化，倒春寒、寒流等气象因子对越冬卵孵化产生不利的影响。越冬卵孵化出若蚜，聚集在嫩梢上为害，4 月中旬干母胎生有翅和无翅若蚜。4 月下旬至 5 月初，开始出现有翅雌蚜，5 月中、下旬大量发生，迅速扩散至整株和整园，特别是花序上。5 月下旬至 6 月下旬，蚜群数量增长较快，形成了第一个为害高峰期，一部分迁往夏季寄主如栎类植物的嫩枝、叶、花上为害。到 7 月因夏季暴雨冲刷，种群数量逐渐下落。至 8～9 月栗蓬迅速膨大期，板栗树上的栗大蚜数量再次增多，又群集在枝干和栗苞、果梗处为害，形成第二个为害高峰，造成早期落果。10 月集中到主干上为害，产生性母，性母再产生雌、雄蚜，交配后产卵越冬，一般越冬卵出现在 11 月。栗大蚜在旬平均气温约 23℃、相对湿度 70%左右适宜繁殖，一般 7～9d 即可完成 1 代。气温高于 25℃、相对湿度 80%以上虫口密度逐渐下降。遇暴风雨冲刷会造成大量死亡。

栗园套种黄柏（*Phellodendron chinense* Schneid）可明显抑制栗大蚜的发生量，虫口密度可降低 79%～96%，黄柏树冠越大，抑制效果越明显。

栗大蚜天敌有大蚜茧蜂、多异瓢虫、草蛉、食蚜蝇等。小痣蚜茧蜂（*Aclitus nawaii*），单寄生，被寄生的无翅栗大蚜僵硬，粘固在树皮上，虫体缩短，六足伸开。多异瓢虫（*Hippodamia variegata*），成虫捕食一至二龄幼蚜，卵产在蚜群密集的树枝上。

四、防治技术

（一）人工防治

结合冬季修剪，刮除树皮上的越冬卵，然后在树干上涂抹石灰浆或石硫合剂制成的涂白剂或 100 倍矿物油乳剂，可有效杀死残余蚜卵。生长季节，当密度不大时，可人工剪虫枝。因栗大蚜个体很大、体色黑，很易发现，如每株仅有几个枝群集为害，人工剪除即可。

（二）保护天敌

栗大蚜的天敌很多，主要有瓢虫、草蛉和寄生性天敌，田间保留杂草或种植间作物，在地下不使用农药的情况下，可以有效地保护天敌，发挥天敌的作用，降低栗大蚜的虫口密度。

（三）药剂防治

应选择对天敌毒害作用小的杀虫剂如 25%高渗吡虫啉乳油 3 000 倍液，药后 7d 矫正防效可达 99%以上。此外，还可以使用其他蚜虫专用药剂，如啶虫脒和 25%辛•氰乳油等。

于丽辰（河北省农林科学院昌黎果树研究所）

第 200 节　柿举肢蛾

一、分布与危害

柿举肢蛾（*Stathmopoda massinissa* Meyrick）属鳞翅目举肢蛾科，亦称柿蒂虫、柿实蛾。国内分布于河北、河南、山东、山西、陕西、安徽、江苏、台湾、湖北等柿产区。国外分布于日本。寄主植物包括柿属中的柿、君迁子。以华北柿区受害比较严重。陕西富平调查，树龄 30 年以上的老树，品种有帽盔、广柑、火晶、卵柿、磨盘柿、燥柿、尖柿等，由于分布分散、管理粗放，果农对病虫害不作专门防治，连年柿举肢蛾为害虫株率 100%，虫果率 40%，个别柿树近于绝收。

二、形态特征

成虫：雌蛾体长约 7mm，翅展 15～17mm；雄蛾体长 5.5mm，翅展 14～15mm。头部黄褐色，有光

泽，复眼红褐色。胸、腹部及前、后翅均呈紫褐色。前、后翅均狭长，缘毛较长。前翅前缘近顶端处有 1
条由前缘斜向外缘的黄色带状纹。足及腹部末端呈黄褐色。后足胫节较长，密生长毛，静止时向后上方伸
举（彩图 11 - 200 - 1，1）。

卵：初产为乳白色，后变为淡粉红色，长约 0.5mm，椭圆形，表面有细小纵纹，上部环生两圈白色短毛。

幼虫：老熟幼虫体长约 10mm。头部黄褐色，前胸背板及臀板暗褐色，胴部各节背面为淡紫色，中、
后胸背面有×形皱纹（彩图 11 - 200 - 1，2）。

蛹：长约 7mm，褐色。茧为椭圆形，长约 7.5mm，污白色。

三、生活习性

柿举肢蛾 1 年发生 2 代，以老熟幼虫在树皮裂缝和根颈部 1～3cm 深处的土中结茧越冬，也有少数幼
虫在柿蒂中过冬。如树上翘皮少，则多于根颈部越冬。越冬幼虫翌年 4 月下旬开始化蛹，5 月上旬成虫开
始羽化，5 月中、下旬为羽化盛期。第一代幼虫于 5 月下旬开始为害，持续 1 个月，1 头幼虫可为害 5～6
个果实。6 月中、下旬为为害盛期，幼虫老熟后一部分留在果内，另一部分在树皮下结茧化蛹。第一代成
虫盛发期在 7 月中旬前后。第二代幼虫 8 月上旬开始为害，直至采收，8 月下旬和 9 月为害最烈，造成大
量落果（彩图 11 - 200 - 2）。第二代幼虫转果危害性差，9 月中旬开始陆续老熟，脱果结茧越冬。成虫有
趋光性，初始羽化的成虫飞翔能力差，白天停留在叶背面或阴暗的地方，傍晚开始活动，夜间活动主要在
午夜和黎明前。黑光灯下诱蛾多为雌性，成虫产卵前期 3d，1 雌虫可产卵 12～63 粒，最多 81 粒，卵散
产，多产于果梗或果蒂缝隙处，平均卵期 7d。第一代幼虫孵化后，多自果柄蛀入幼果内为害，粪便排于
蛀孔外。一头幼虫能蛀食 4～6 个幼果，被害果由绿变褐最后干枯，由于幼虫吐丝缠绕果柄，故不易脱落。
第二代幼虫一般在柿蒂下为害果肉，使被害果提前变红、变软，成为"烘柿"，而后脱落。在多雨、高温
天气，幼虫转果较多，造成大量落果。

四、发生规律

（一）虫源基数

由于柿举肢蛾成虫飞翔能力较弱，在柿园间扩散为害的能力有限，因此，柿树上年的二代虫果率高低
以及越冬虫口的存活率，直接决定了该柿园下年的虫源基数高低。由于柿树传统的栽培管理较为粗放，果
农对病虫不作专门防治，加之不了解柿举肢蛾发生规律，导致虫口基数呈连年上升趋势，为害一年比一年
加重。管理精细的连片新栽园，加强肥水管理，培植促壮树势，严防一代柿蒂虫，在保果的前提下，尽量
压低二代柿蒂虫虫果率，柿举肢蛾发生趋势得到了有效遏制。

（二）气候条件

柿举肢蛾多雨年份发生重，干旱年份发生轻。春季多雨，越冬幼虫羽化成活率高，当年发生重；夏季
高温、多雨，幼虫转果较多，造成大量落果；成片有灌溉条件的果园比不灌溉果园发生重；阴坡地发生
重，阳坡地发生轻；干旱年份土壤中未见有越冬幼虫，主要在主干老皮下越冬。

（三）寄主植物

君迁子发生重于柿树。越冬幼虫在君迁子树皮缝中的虫数明显多于柿树，君迁子对成虫产卵有强烈吸引
作用。2009 年 10 月上旬在陕西富平县曹村镇马坡村对主干越冬虫口调查发现，混栽于柿园的君迁子枝干单
株越冬虫口在 17.2 头，远高于柿树枝干 2.6 头的均值。不同柿品种感虫性差异较大，据陕西彬县调查，树龄
一致、立地条件相同的当地火罐柿、尖柿、水柿的虫果率分别为 30.5%、10.8% 和 2.0%，差异非常显著。

（四）天敌

据花蕾等报道，在陕西乾县、商南、丹凤等地调查和饲养中发现，柿蒂虫姬蜂（*Lissonota* sp.）对柿
举肢蛾自然寄生率很高，常达 70% 左右，并表现出对以后几年的柿举肢蛾良好的控制作用。白僵菌
（*Beauveria bassiana*）对柿举肢蛾致病性很强。1990 年 3 月使实验室 74 头柿举肢蛾幼虫发病死亡，占试
验幼虫的 32.7%。

（五）化学农药

占市场主导地位的拟除虫菊酯类、有机磷类杀虫剂对柿举肢蛾均有很好的防治效果，但由于这些化学
药剂杀虫谱广，对天敌不安全，在杀死害虫的同时，大量杀死寄生蜂等天敌，削弱了天敌对害虫的自然控

制作用，形成对化学药剂的依赖性，一旦药剂防治不及时，往往造成害虫严重为害的情况发生。

五、防治技术

（一）农业防治

主要是采用刮树皮、清园和摘虫果等处理措施，这种防治方法对蛀果率 30% 以下的柿园比较有效，平均防治率在 85% 以上，基本上可保柿丰收。采取刮树皮与摘虫果相结合，防治效果比较好，即在刮树皮后，当第一代幼虫刚入 1 个果时，摘净虫果（虫果为橘黄色，称为小烘柿），当第二代幼虫为害时再补摘 1 次虫果，可保证丰收。对蛀果率大于 30% 的柿园，采用人工防治措施可大大降低虫口密度，但还必须采取适时的化学防治措施，才能确保柿子丰收。

（二）生物防治

柿举肢蛾较其他种类的食心虫有钻蛀较浅、转果为害的习性，因而比较容易遭受寄生性天敌袭击，这是柿蒂虫姬蜂寄生率高、能有效地控制柿举肢蛾种群数量的原因之一。对于柿举肢蛾成灾的地区，可考虑引进柿蒂虫姬蜂的尝试。该种姬蜂的实验室繁殖以及田间释放技术有待于进一步研究。

（三）物理防治

柿举肢蛾对黑光灯有较强的趋性，在有条件的柿园布置黑光灯诱杀成虫，不仅直接降低虫源基数，而且可以准确监测成虫的发生高峰期，为化学药剂防治指明防治适期。幼虫越冬前刮去树上粗皮，树干上绑草环，诱集脱果幼虫，柿采收后将草环解下烧掉，可大大减少来年虫源基数。

（四）化学防治

4 月下旬通过果园设置黑光灯进行测报，若连续 3d 诱到成蛾，3d 后树上喷药；或选择上年被害较严重柿园做固定调查园，每 3d 调查 1 次幼果，当田间卵果率达 1%～2% 时喷药防治，10d 后复喷 1 次，对一代卵防效理想。药剂可选用 50% 马拉硫磷乳油或 50% 杀螟松乳油 1 000 倍液或 2.5% 溴氰菊酯乳油 3 000 倍液等。在 7 月下旬至 8 月初再喷 1 次药，以防治二代幼虫。据屈邦选等报道，灭幼脲 1 号对防治初孵幼虫效果良好。近年来新一代高效、低毒药剂不断面世，如氯虫苯甲酰胺、虫酰肼等，应加强新药剂对该虫的田间药效试验，以加快药剂更新换代的步伐。

张金勇（中国农业科学院郑州果树研究所）

第 201 节　柿绒粉蚧

一、分布与危害

柿绒粉蚧［*Asiacornococcus kaki* (Kuwana)，异名：*Eriococcus kaki* Kuwana］属同翅目毡蚧科，亦称柿树白毡蚧、柿绵蚧、柿毡蚧。在我国分布于河北、山东、河南、山西、陕西、安徽、广西等地，仅为害柿树。枝条受害后，轻者生长细弱，重者难以发芽或产生畸形叶，最后枝条枯死；叶片受害后，叶正面形成多角形凹陷黑斑，叶柄变黑而畸形早落；果实受害后，果实表面由绿色变黄转黑，并出现凹陷，成熟前提早软化，严重影响产量和品质。果园发生该害虫，一般减产 20%，严重时减产 70%。

二、形态特征

成虫：雌成虫体长 1.56mm，椭圆形，紫红色，老熟时包于 1 白色如大米粒之毡状蜡囊中。喙 2 节，口针圈长达中足基部。触角 4 节，足 3 对，较小，胫节与跗节约等长，爪冠毛与跗冠毛各 1 对，其端膨大，均长过爪端。胸气门口无盘腺，肛环发达，有成列孔及 8 根环毛。尾瓣粗锥状。体背刺略分成 5 纵带，以腹部明显。瓶腺有 3 种：大瓶腺主布体背；中瓶腺在腹面中部零星可见；小瓶腺主布体背，腹面亦有。5 格腺主布于腹面，后 5 节腹板上呈横带，其他腹节不连续横列，胸侧区零星分布。体毛在腹面。雄成虫体长 1.2mm，紫红色，翅 1 对，污白色。足 3 对，腹末有 1 小刺和 1 对长蜡丝（彩图 11 - 201 - 1）。

卵：长 0.3～0.4mm，椭圆形，紫红色，表面附有白色蜡粉和蜡丝。卵成堆产于蜡囊中。

若虫：紫红色，椭圆形，扁平，周围具短的刺状突起。越冬若虫体长 0.5mm。

蛹：雄蛹壳椭圆形，长 1mm，宽 0.5mm，扁平，由白色绵状物构成，体末有横裂缝将介壳分为上下两层。

三、生活习性

在河北、陕西、山东1年发生4代，广西可发生5～6代。以若虫在树皮裂缝中过冬。北方4月中、下旬开始出蛰，爬到嫩枝、叶柄、叶背为害，以后在柿蒂、果面等处固着为害（彩图11-201-2），逐渐形成蜡被，发育为成虫。5月中、下旬雌雄交尾后，雌虫体背形成卵囊，产卵于囊内，虫体缩向前端。每雌可产卵51～167粒。卵期12～21d。各代卵孵化盛期大体为6月中旬、7月中旬、8月中旬、9月中旬。10月中旬开始以第四代若虫越冬。柿绒粉蚧在广西灌阳县1年可发生6代，以若、成虫在树干裂缝、一至二年生枝条轮痕、芽基、芽鳞片及干柿蒂上越冬，翌年柿树萌芽期开始活动，各代若虫高峰期明显，田间虫情消长峰次清楚。卵期最短7d，最长18d，平均15.5d；若虫历期最短23d，最长136d；成虫期最短5d，最长140d。第一代历期平均51d，第二代45d，第三代39d，第四代38d，第五代48d，越冬代145d，历期与气温高低相关。

四、发生规律

（一）虫源基数

由于柿绒粉蚧寄主单一，不具有转主为害的能力，因此，一个孤立柿园从周围环境遭受柿绒粉蚧侵入的可能性不大，柿树上越冬存活的柿绒粉蚧数量就是当年的虫源基数。对于新建柿园，做好苗木的检疫，在未来多年就会省却防治柿绒粉蚧的麻烦。

（二）气候条件

温度对柿绒粉蚧的生长发育历期有显著影响，当地的年积温对其年发生代数起决定作用。湿度的大小与柿绒粉蚧雄虫羽化关系甚为密切，湿度很大，雄成虫很少羽化。一般在45%～60%的湿度范围内，卵能正常孵化。当湿度接近饱和时，要孵化的若虫就不能钻出卵囊，有的甚至死亡。初孵若虫出现时期，往往阴雨连绵，若虫多停留在卵囊内，待雨过天晴，迅速向外扩散活动。风和雨水是传播柿绒粉蚧的主要媒介，风对初孵若虫在柿园间的扩散蔓延起主要作用。

（三）寄主植物

柿绒粉蚧对寄主有明显的选择性。对临泉贡柿为害最重，磨盘柿、莲花柿、镜面柿、黄花柿次之。树龄以中壮年为害较重。在枝繁叶茂、果汁多、皮薄的柿树品种上发生较多。同一柿树上，中层寄生较多，上下层寄生较少。寄生在果实上的产卵平均数明显高于寄生在叶片和枝条上的卵数。

（四）天敌

柿绒粉蚧的天敌有黑缘红瓢虫、小黑瓢虫、草蛉等，对柿绒粉蚧种群的增长有显著的抑制作用，在常年不喷药的柿树上，天敌的作用能够达到有虫不成灾的自然控制状态。

（五）化学农药

随着近年来农业种植结构的调整，柿子在主产区常连片种植，改变了传统的分散种植模式，化学农药在集约管理的柿园使用较多，杀虫剂种类以有机磷和菊酯类为主，在防治害虫的同时将天敌也大大杀伤，破坏了益害平衡，加之有的果农对防治适期掌握不准，柿绒粉蚧的为害有上升趋势。

五、防治技术

（一）农业防治

当柿绒粉蚧发生较轻时，结合冬剪剪除带虫枝条，同时还可人工清除或消灭越冬若虫。

（二）生物防治

以保护自然天敌为主，尽量少喷或不喷广谱性杀虫剂。

（三）物理防治

树干涂白：既防虫又防寒。涂白主要原料为生石灰12份，硫黄2份，食盐2份，水36份，胶水适量。涂白部位要高，树干、主枝一起涂。

（四）化学防治

早春发芽前喷1次5波美度石硫合剂，消灭越冬若虫。如果这次工作做得细致，基本就可控制此虫的发生蔓延。根据害虫发生情况，必要时可在各代初龄若虫期树冠喷 25％噻嗪酮可湿性粉剂 1 500 倍液。

张金勇（中国农业科学院郑州果树研究所）

第 202 节　长绵粉蚧

一、分布与危害

长绵粉蚧（*Phenacoccus pergandei* Cockerell）属同翅目粉蚧科，亦称柿树绵粉蚧、柿长绵蚧。在我国分布于河南、河北、山东、山西、陕西、江苏等地，其寄主有柿、苹果、梨、枇杷、无花果和桑等。该虫以若虫和成虫聚集在柿树嫩枝、幼叶和果实上吸食汁液为害。被害枝、叶枯焦变褐，果实受害部位初呈黄色，后逐渐凹陷变成黑色，受害重的果实，最后软化脱落。受害轻者树体衰弱，落叶落果，重者枝梢枯死，甚至整株死亡，严重影响柿树的产量和果实品质。据调查，受害柿园通常减产 20％，严重时可减产 80％，甚至失收，成为柿树生产中亟待解决的问题。

二、形态特征

成虫：雌成虫体长约 4mm，扁椭圆形，全体浓褐色。触角丝状，9 节。足 3 对无翅。体表被白色蜡粉，体缘具圆锥形蜡突 10 多对，有的多达 18 对。成熟时后端分泌出白色绵状的长卵囊，形如袋，长 20～30mm。雄成虫体长约 2mm，翅展 3.5mm 左右，体色灰黄。触角似念珠状，上生绒毛。足 3 对。前翅白色透明，较发达，翅脉 1 条分两叉。后翅退化为平衡棒。腹部末端两侧各具细长蜡丝 1 对。

卵：近圆形，淡黄色，成堆产于卵囊内，卵粒间有白色蜡粉。

若虫：与雌成虫相似，椭圆形，触角、足均发达。一龄时为淡黄色（彩图 11 - 202 - 1，1），后变为淡褐色（彩图 11 - 202 - 1，2），越冬期虫体青黄色，外被白茧。

蛹：雄蛹为裸蛹，长约 2mm，形似米粒。

三、生活习性

长绵粉蚧在河南郑州 1 年发生 1 代，且世代整齐。每年 10 月下旬柿树落叶后，该虫以三龄若虫在枝条上和树皮缝中结大米粒状的白色茧越冬。翌年 3 月上旬柿树萌芽时，越冬代若虫开始出蛰，逐渐转移到嫩枝、幼叶上吸食汁液为害（彩图 11 - 202 - 2）。已发育至预蛹的雄性个体于 4 月上旬进入蛹期；雌性个体不断取食发育，约在 4 月中旬变为成虫。此时，雄成虫大量羽化，寻找雌成虫交尾，而后死亡。雌成虫则继续取食（彩图 11 - 202 - 3），约在 4 月下旬开始爬到叶背面分泌白色绵状物，形成白色带状卵囊，并将卵产于其中，每雌可产卵 500～1 500 粒。卵期约 20d。5 月上旬卵开始孵化，5 月中旬为孵化盛期。初孵若虫于 6 月下旬第一次蜕皮，8 月中旬第二次蜕皮，10 月下旬陆续转移到枝干的老皮和裂缝处群集结茧越冬。

四、发生规律

（一）虫源基数

由于长绵粉蚧 1 年仅发生 1 代，因而当年树上雌成虫（主要为害虫态）发生的数量取决于树上越冬存活的若虫数量多少。

（二）气候条件

初孵若虫从卵囊中爬出后就近寻找固着点，爬行距离有限，此期如遇较大的风雨，可借助风雨作较远距离的扩散。

（三）寄主植物

5 月上旬调查，雌成虫主要分布在树体中下部的阳面，占 73％。以寄生在叶背面最多，占 95％以上，也有少量寄生在叶正面、幼嫩枝条等处。7 月上旬调查，若虫主要分布在树体中上部叶片上，占 86.64％，下部叶片虫量较少。树冠外围虫量占 89.93％，内膛虫量少。而外围虫量以树体南面分布最多，占 36.51％。

（四）天敌

长绵粉蚧越冬出蛰后，常年暴露在枝条或树叶表面，易于受到多种天敌的攻击。黑缘红瓢虫是长绵粉蚧的重要天敌，对介壳虫有一定的控制作用。该虫 1 年发生 1 代，以成虫越冬。4～5 月，越冬成虫及各龄幼虫均捕食介壳虫的若虫和成虫。此虫 5 月下旬化蛹，6 月上旬羽化为成虫越夏、越冬。黑缘红瓢虫的发生期和长绵粉蚧的主要为害时期极吻合。长绵粉蚧雌成虫体内有 2 种寄生蜂，4 月下旬至 5 月初羽化，羽化孔在虫体背面，寄生率 30％左右。

（五）化学农药

40％杀扑磷乳油 1 000 倍液、3％高渗苯氧威乳油 1 000 倍液和 25％噻嗪酮可湿性粉剂 2 000 倍液对柿长绵粉蚧均具有良好的防治效果，其中杀扑磷是防治介壳虫的高效药剂，但其高毒、高残留，而高渗苯氧威和噻嗪酮与杀扑磷防效相当，且属低毒、低残留的无公害杀虫剂，因此，高渗苯氧威乳油和噻嗪酮可作为防治柿长绵粉蚧的替代药剂。

五、防治技术

（一）农业防治

越冬期人工刮刷老树皮，可消灭越冬虫茧，降低当年的虫源基数。

（二）生物防治

调查中发现黑缘红瓢虫和柿树绵粉蚧长索跳小蜂、粉蚧长索跳小蜂是自然界抑制长绵粉蚧大发生的重要天敌，其保护利用问题需深入研究。

（三）物理防治

树干涂白：既防虫又防寒。涂白主要原料为生石灰 12 份，硫黄 2 份，食盐 2 份，水 36 份，胶水适量。涂白部位要高，树干、主枝一起涂。可使树皮缝中聚集越冬的若虫窒息而死。

（四）化学防治

试验证明应用化学农药在果树开花前防治出蛰若虫，6～7 月防治初孵一龄若虫，是控制该虫的有效措施。开花期至幼果期应以保护利用天敌为主，尽量避免喷洒化学农药。且此时正值此虫的成虫期和卵期，因有白色绵绒状分泌物覆盖，药剂防治效果差。药剂宜选用对天敌比较安全的品种，如 25％噻嗪酮可湿性粉剂 2 000 倍液或 3％苯氧威乳油 1 000 倍液。

张金勇（中国农业科学院郑州果树研究所）

第 203 节　柿星尺蠖

一、分布与危害

柿星尺蠖［*Percnia giraffata* (Guenée)］属鳞翅目尺蛾科，亦称柿星尺蛾、大斑尺蠖、柿豹尺蠖、柿大头虫。在我国分布于河北、山西、河南、安徽、四川、台湾等地。幼虫啃食为害柿、黑枣、苹果、梨、木橑等植物，造成叶片缺刻或孔洞，严重时将叶食光。

二、形态特征

成虫：体长 25mm 左右，翅展 70～75mm，一般雄蛾较雌蛾体形小。头部黄色，复眼及触角黑褐色，触角雌虫丝状，雄虫短羽状。前胸背面黄色，胸背有 4 个黑斑。前、后翅均为白色，上面分布许多大小不等的黑褐色斑点，以外缘部分较密，中室处各有 1 近圆形较大的斑点，前翅顶角处几乎呈黑色。腹部金黄色，背面每节两侧各有 1 个灰褐色斑纹，腹面各节均有不规则的黑色横纹。足基节黑色，余灰白色（彩图 11 - 203 - 1，1）。

卵：椭圆形，直径为 0.8～1mm。初产出时为翠绿色，孵化前变为黑褐色。20～60 粒成块，密集成行。

幼虫：初孵化时体长 2mm 左右，漆黑色，胸部稍膨大。老熟幼虫长达 55mm 左右，头部黄褐色，布有许多白色颗粒状突起，每侧有单眼 5 个，黑色。背线呈暗褐色宽带，两侧为黄色宽带，上有不规则的黑色曲线。气门线下有由小黑点构成的纵带。胴部第三、四节特别膨大，其背面有椭圆形的黑色眼状斑 1 对，斑外各有 1 月牙形黑纹，固有"大头虫"之称。臀板黄色。腹足和臀足各 1 对，黄色，生于第六、十腹节，趾钩双序纵带（彩图 11 - 203 - 1，2）。

蛹：长约 25mm，棕褐至黑褐色。胸背前方两侧各有 1 耳状突起，其间为 1 横隆起线所连接，横隆起线与胸背中央纵隆起线交叉呈"十"字形。尾端有 1 刺状突起，基部较宽，端部较尖（彩图 11 - 203 - 1，3）。

三、生活习性及发生规律

柿星尺蠖 1 年发生 2 代，以蛹在土块下或梯田石缝内越冬。5 月下旬开始羽化，7 月中旬停止。成虫羽化后不久即可交尾，交尾后 1～2d 内开始产卵。第一代幼虫孵化期为 6 月上旬至 8 月上旬，为害盛期为 7 月中、下旬。7 月中旬前后老熟幼虫开始吐丝下垂入土化蛹，蛹期 15d 左右。第一代成虫羽化期为 7 月下旬至 9 月中旬，第二代幼虫孵化期为 8 月上旬至 9 月下旬，为害盛期为 9 月上、中旬。9 月上旬开始幼虫陆续老熟入土化蛹越冬。越冬蛹期长达 7 个多月。成虫昼伏夜出，21：00～23：00 活动较盛，有趋光性。成虫寿命雌虫约 10d，雄虫约 7d。每雌蛾可产卵 200～600 粒，最多 1 000 余粒。卵产于叶背面，排列成块，卵期约 8d。初孵化幼虫在柿叶背面啃食叶肉，但不把叶片吃透。幼虫长大后分散在树冠上部及外部取食，受惊扰吐丝下垂，幼虫期 28d 左右。虫口密度大时，可将树叶全部吃光。幼虫老熟后，吐丝下垂，在寄主附近疏松、潮湿的土壤中或阴暗的岩石下化蛹。

四、防治技术

（1）晚秋或早春结合翻地挖越冬蛹。
（2）幼虫发生期震落捕杀。
（3）幼虫发生初期，喷 25％灭幼脲 3 号悬浮剂 2 000 倍液或苏云金杆菌（Bt）乳剂 500 倍液防治。

张金勇（中国农业科学院郑州果树研究所）

第 204 节　白小食心虫

一、分布与危害

白小食心虫 ［*Spilonota albicana* (Motschulsky)］属鳞翅目卷叶蛾科，又名桃白小卷蛾、苹果白蛀蛾、苹果白蠹蛾、苹果拟白小果蠹蛾、拟白卷叶蛾等，简称"白小"。在我国分布于吉林、辽宁、河南、河北、山东、山西、四川、江西、江苏、浙江等地，其中辽宁发生最严重，有些地区第一代为害可导致山楂减产 50％，第二代为害造成果实被害率高达 70％～80％。

白小食心虫主要寄主有山楂、苹果、梨、桃、李、樱桃、榅桲、海棠等，但以山楂被害最重，其次为小型的仁果类。当取食山楂及其他小型仁果类果实时，有两种被害状：果实发育早期受到为害时，幼虫从果实相碰接处或从果与叶相接触处蛀入，吐丝把虫粪黏缀起来，这样的幼虫可以转果为害，一般可为害 2～4 个幼果，被害果因失水而干枯；果实发育晚期被害时，幼虫从萼洼蛀入，并把虫粪留在蛀孔外，而且只为害 1 个果，留在果实萼洼处的虫粪又被吐丝连缀而不脱落。不论早期还是晚期为害，整个虫道内都很干净，无虫粪（彩图 11 - 204 - 1）。当白小食心虫为害苹果、梨等大型果实时，为害状与山楂等被害状相似，但虫并不深入果内，而仅在果皮下局部为害，而且化蛹时，把蛹壳插在果实萼洼处的虫粪堆上。

二、形态特征

成虫：体长约 6.5mm，翅展约 15mm，体、翅灰白色。头部、胸部灰白色至深灰色，复眼黑色，有单眼；触角丝状，淡黄褐色；下唇须发达，三角形，暗灰色，前伸略下垂。肩片和中胸盾片的中前部有暗灰色斑纹，腹部淡灰黄色至灰褐色。前翅前缘具有 8 组不甚明显的白色短斜纹，前翅基部 1/3 稍外和中部各有 1 条暗灰色外拱形的弧形宽带，基部的带色深而明显，中部的带色淡而断续，有时中后部不甚明显；外缘部分和缘毛灰褐色至暗灰色，其中部有 4 条黑色棒状短纹，横列，黑纹列的内外侧各有 1 块具灰蓝色闪光的斑纹；后缘臀角内侧有 1 暗灰色大半圆形或近三角形的斑纹，斑纹的上半部边缘为黑色，前缘有暗灰色宽窄不等的钩状短纹 10 余条，向后外缘斜伸，以翅基部 1/3 处和翅中部的两条最宽，并同翅面上的暗灰色横带相连接，钩状纹间灰白色，故构成前缘为深浅相间的花纹。足灰白色，胫节外侧近上、下端各有 1 暗色斑纹，跗节暗灰色至灰黑色，各节端部有 1 白环，故跗节呈白暗相间的花纹。

卵：呈扁椭圆形，中部稍隆起，周缘扁平，表面有细微的皱纹。长径约 0.5mm，淡黄白色，孵化前呈黑褐色。

幼虫：幼龄幼虫体污白色，稍带红色。幼虫老熟时体长 10～12mm，体赤褐或淡褐色，头褐色，头部 O_2 毛靠近第一单眼，A_3 毛与第一单眼的距离为 O_2 毛至第一单眼距离的 3～4 倍。前胸盾中央有淡黄色细纵缝，前胸背板、臀板和胸足均为黑褐色。前胸气门前的侧毛群 3 毛，前、后两毛较小，相似，中间的毛粗大，约为前、后毛长的 3 倍。各体节毛片大而明显，淡褐色。第一至七腹节的背毛群呈梯形排列，前背毛片显著大于后背毛片。腹足趾钩双序环，趾钩数 30～40 个。臀足趾钩双序缺环，趾钩数 20～30 个。气门近圆形，围气门片深褐色。臀栉黑褐至黑色，着生偏内，一般不外露，有齿 3～7 根，多为 4～6 齿，各齿相似，基部常略膨大，有的个体各齿的粗细、长短差异较大，一般两侧者短小。

蛹：体长约 7mm，黄褐色，腹部背面第三至七节各有 2 排短刺，前排粗大，排列较稀，后排细小，排列较密。腹部末端具有 8 根钩状臀棘。

茧：长径约 10mm，以丝将叶片边缘对折缀结而呈饺子状（彩图 11 - 204 - 2）。

三、生活习性与发生规律

白小食心虫在辽宁、河北、山东、河南等地 1 年发生 2 代，并以老熟幼虫结茧越冬；在辽宁，老熟幼虫在地面寻找树叶、草叶，在其上吐丝缀边成茧，咬掉多余部分，制成 1 个长 10mm 饺子形的虫茧。越冬幼虫 5 月上旬开始化蛹，蛹期 15～22d。越冬代成虫发生期很集中，开始羽化后 2～3d 即可达始盛期，7～10d 达盛末期。白小食心虫羽化多数在 5：00～7：00，遇雨或气温过低，能延迟到上午或下午。

成虫出现后，多在当天 20：00～22：00 交尾，交尾后成虫不动，每代成虫只交尾 1 次。多数成虫交尾后第 2 天产卵。

第一代卵发生期约在 5 月下旬至 6 月中旬，5 月末至 6 月上旬为产卵高峰，6 月末结束。卵多散产在叶片的背面，少数产在叶正面。初产的卵乳白色，经 3d 后变淡黄色。卵期 10d 左右，孵化前 1d，卵中央凸起 1 小黑点。

第一代幼虫于 5 月末（山楂盛花期）开始出现。6 月上、中旬为卵孵化盛期，6 月末结束。幼虫孵化后爬到两果相接触处及叶和果相接触处吐丝把数果连在一起，然后在第一个果内把头伸出，从两果相连处蛀食第二个果（如遇惊吓立即将头缩回原果内），直到第二个果能容纳其身体后，即转入第二个果为害，随后以同样的方式为害第三个果（6 月中旬）。幼虫把粪排在蛀孔外，堆成以丝缀连的较大粪团，粪团内空心。此代幼虫可以转果为害，共为害 45d 左右，被害果最后都萎蔫、干枯、脱落。第一代幼虫在果内为害 28～31d，6 月末第一代幼虫老熟后，在最后为害的果内做白薄茧化蛹，蛹期 10d 左右，蛹黄褐色，3～4d 后复眼变红褐色，5～6d 变黑色。羽化前蛹体有光泽。羽化时将蛹皮蜕出粪团外一半。

第一代成虫出现在 7 月上、中旬至 8 月下旬，7 月中旬至 8 月上旬为盛期，8 月中、下旬结束。羽化多集中在 5：00～9：00，如遇雨天可延迟到午后。成虫出现后，白天静息在树冠内枝干上和叶背面，19：00 开始活动，20：00～20：30 最活跃，22：00 后不再活动。翌日 5：00 又开始 1 次小活动。第一代成虫寿命最长 6d，最短 3d，平均 4.5d。成虫趋光性不强。成虫交尾后多在第二天产卵，少数在第三天产卵。卵产在叶片背面和果面，卵期 6d 左右。

第二代幼虫于 7 月中旬开始出现，7 月下旬至 8 月上旬为盛期，8 月下旬为末期。幼虫从萼洼蛀入，早期入果者，在果皮下蛀食，形成以果柄端部为中心的放射形孔道；后期入果者，因果肉已经很厚，虫道短而简单。果内蛀道亦有少量虫粪，随虫体增长，果外粪堆加大长期不落，这是白小食心虫为害的突出特征。幼虫在果内蛀食一般不乱串，比较齐整，果实没有充分膨大时，种子相贴较紧密，幼虫多在种子外侧相邻两种子间向果梗方向蛀食，蛀至近果梗处再由相邻两种子间向萼洼处蛀食，亦可蛀入种子间；果实充分膨大后，多先蛀食各种子中间，而后蛀种子外侧的果肉，故白小食心虫的蛀道较宽大，易与其他食心虫区别。幼虫在果内最长达 59d，最短 37d，平均 47.1d。一生只为害 1 个果，9 月上旬至 10 月上旬陆续脱果，10月中旬达脱果盛期。幼虫脱果后，在地面寻找树叶或草叶并其上吐丝做茧，并将树叶或草叶折包起来，其中一部分脱果幼虫将茧外多余的叶片咬掉，另一部分则不咬掉，大部分在地面落叶内越冬，少数在果筐等处越冬，个别幼虫能爬到树干翘皮缝中做茧越冬，有的在采收时尚未脱果（约为五龄幼虫）。

河南辉县市调查结果表明，白小食心虫的主要天敌种类有松毛虫赤眼蜂（*Trichogramma dendrolimi* Matsumura）、食心虫纵条小茧蜂（*Microdus* sp.）、日本棱角肿腿姬蜂（*Goniozas japonicus* Ashmead）、舞毒蛾黑瘤姬蜂［*Coccygomimus disparis*（Viereck）］、中华齿腿姬蜂（*Pristomerus chinensis* Ashmead）、广大腿小蜂［*Brachymeria lasus*（Walker）］、黑青小蜂［*Dibrachys cavus*（Walker）］。此外，草蛉类天敌也能捕食白小食心虫的一部分卵，在树皮下活动的一部分蜘蛛也能捕食白小食心虫越冬幼虫。

在上述天敌中，控制作用最强的是松毛虫赤眼蜂，它对白小食心虫的为害有明显的抑制作用。在豫北山区1年发生15～20代，以7～8月数量最多，一般年份寄生率为30％左右，雨水多、湿度大的年份，寄生率可达到70％～80％。它除了可直接被保护利用外，还可以通过饲养繁殖，释放到田间防治白小食心虫。控制作用较强的还有食心虫纵条小茧蜂和卷叶蛾肿腿姬蜂，前者发生较为普遍，田间发生时间长，寄主种类较少，一般年份寄生率在20％左右；后者为外寄生，发生时间也较长，在施药少或不施药的果园，自然寄生率一般为25％～40％。其他的天敌对白小食心虫仅有一定的控制作用。

四、防治技术

1. 清扫果园　秋季果树落叶后，彻底清扫果园，把落叶、杂草集中烧毁或深埋；春季5月上旬至中旬，成虫羽化前，翻树盘，将表土扣翻到下边，这两种措施，都能抑制和减少部分越冬幼虫的出土，减少虫源。

2. 树上喷药　第一代卵孵化始期在树上喷药防治，消灭卵及初孵化的幼虫，这是防治白小食心虫最关键的时期。所用药剂种类及浓度：50％杀螟松乳油1 000倍液、48％毒死蜱乳油1 000～1 500倍液、2.5％溴氰菊酯乳油2 500倍液、20％氰戊菊酯乳油2 000倍液、20％灭甲氰菊酯乳油3 000～3 500倍液、2.5％三氟氯氰菊酯乳油2 500～3 000倍液、10％氯氰菊酯乳油1 500～2 000倍液。只喷1次即可。

3. 摘除虫果　第一代幼虫为害期，及时摘除被害果，集中销毁。这是一项补充性措施，实施起来有一定困难，且不易彻底，但在一些发生不甚严重、树冠又不太高的果园却很有效，往往只采取这一种措施即可。

附：测报方法

从现蕾期开始调查，随机定树、定枝调查其叶背面有无白小食心虫卵，发现后做好标记，每天观察1次，当发现有的卵即将孵化（即出现黑头卵，也就是卵中央出现黑褐色），或个别卵已开始孵化，即为树上喷药防治适期。此外，也可用物候期来决定喷药日期。一般在辽宁山楂园内，白小食心虫卵孵化始期常与山楂落瓣期相吻合。

王洪平（沈阳农业大学植物保护学院）

第 205 节　山楂小食心虫

一、分布与危害

山楂小食心虫（*Grapholitha prunivorana* Ragonot）属鳞翅目卷叶蛾科。目前发现此虫只为害山楂，不为害其他果树。此虫于1981年首次在山东平邑县辛庄村山楂上发现，当时暂定名为 *Pammene* sp.。后来国内在江苏、北京、吉林、辽宁山楂产区先后发现此虫为害，在鲁南的天宝山山楂产区已普遍发生。幼虫蛀害山楂花器和幼果，初孵幼虫蛀入果中取食果肉，虫粪堆在果面，此处着色不良，被害果生长缓慢，果小畸形。该虫为害引起落花、落果造成减产，是上述地区山楂上的重要害虫（彩图11-205-1）。何振昌、孙雨敏、刘兵等（1997）在《中国北方农业害虫原色图鉴》中确认其现在的正式学名。

二、形态特征

成虫：体长6～7mm，翅展13～14mm，雌成虫略大，全体灰黑色。头部生有灰白色长毛，复眼黑色。触角丝状，长约2.5mm。胸背有黑褐色鳞片。前翅近长方形，前缘有7～8组污白色短钩状斜纹，每组由 2 条组成；内缘中部有 1 半椭圆形黄白色斑，斑内具 2 条灰黑色横纹；两翅合拢后半椭圆形斑并合成椭圆形斑，2 条横纹呈双线，前面的为直线，后面的为波状线。近外缘有与外缘平行排列的 7~8 个棒状黑纹。翅面散生由白色鳞片组成的许多小白斑。后翅外缘有 1 个近 T 形白斑。足灰白至黄白色，中足跗节与胫节交界处有 1 对短距，后足跗节与胫节交界处以及胫节上端近 1/3 处各有 1 对长短不等的距，外侧长约 1.5mm，内侧长约 0.5mm。

卵：呈扁长圆形，长径 0.56mm，短径 0.40mm。中部隆起，周缘扁平，表面有细微网状皱纹，透明，初产土黄色，后变鲜红至深红色，带有紫色光泽。

幼虫：初龄幼虫乳白色，体长 0.8~2mm；二龄幼虫污黄色，体长 3~5mm；三龄幼虫灰黄色，体长 5~6mm；四龄幼虫浅黄白色，体长 9~10mm。头部及前胸背板黄褐色，幼虫体背及体侧的毛瘤分布及数量是：中、后胸各有 10 个，第一至八腹节各有 14 个，第九腹节有 9 个。毛瘤上多着生刚毛 1 条。腹足趾钩环状单序，趾钩数为 34~36 个。臀足趾钩 17~24 个，单序横带。臀栉灰黑色，具 3~4 齿。

蛹：长 6mm，初为米黄色，渐变为褐色，羽化前为黑色。其腹节侧面具刚毛和刺突，末端具刚毛数根。腹部第三至七节各节背面有两排刺突，前排粗大，不整齐，后排小且整齐成行，但第二、八、九节仅 1 排（彩图 11-205-2）。

三、生活习性与发生规律

山楂小食心虫 1 年发生 2 代，以老熟幼虫在枝干翘皮下、主枝杈和剪锯口及树上干枯小枝髓等处做薄茧越夏越冬，幼虫越冬死亡率为 5.91%。4 月中旬至 5 月中旬化蛹，盛期在 4 月下旬，蛹期 20~30d。成虫于 4 月上旬末，即山楂花序伸出时开始羽化，中旬进入羽化盛期，下旬羽化完毕。成虫多于黎明前羽化，白天静伏于枝梢阴面，寿命多为 12~14d，大多在傍晚交尾，产卵前期 3~4d。成虫对煤油灯、白炽灯光和糖醋液无趋性。田间卵发生盛期约在山楂落瓣后，卵产在山楂萼洼里，或散产于近花序的叶背面，1 叶可产 1~5 粒。每头雌虫可产卵 32~86 粒，平均 57 粒，卵期 8~9d。

初孵幼虫十分活泼，顺叶柄爬行至附近的花序上，从花萼和花瓣的缝隙处蛀入，花萼上蛀入孔外溢出褐色果胶滴，1d 后有虫粪排出。受害山楂花瓣被虫丝相缀。幼虫在花托表皮下串食，串食周缘大部分后，直向花托内部蛀入，继而蛀食果实，蛀食 8~10d 将幼果食空后开始转果为害。1 头幼虫可转果为害 2 次。幼虫转果时，吐丝粘连相邻的果实，多从幼果胴部蛀入。果实的被害状常常是一个被害大果粘连着两个已枯萎的小果，果间虫丝上粘满褐色虫粪。被害果多于 6 月中、下旬脱落。6 月下旬至 7 月上旬幼虫老熟脱果爬至树干缝隙或钻入干枯小枝髓部中化蛹，第二代卵发生在 8 月初至 9 月上、中旬。第二代幼虫发育至 9 月末至 10 月中旬陆续老熟脱果越冬。幼虫在果内蛀食范围较小，虫粪全部排到果外（与桃小食心虫有别），堆在蛀孔外呈黄色沫状，无丝缀连，故遇风易脱落（与白小食心虫有别）。

幼虫共 4 龄，一龄幼虫在花托表皮下串食，二龄幼虫由表皮串食转向果心蛀食，三龄幼虫第一次转果，四龄幼虫生活于第三个被害果内。

幼虫转蛀第三个果实老熟后，夜间脱果转移到越夏越冬场所做茧蛰伏。在背阴面蛰伏的虫数占 74%~81%。从脱果蛰伏开始到结束约 10d，一般年份于 5 月底前全部蛰伏结束。

四、防治技术

（一）人工防治

1. 刮除粗翘皮 秋后或早春刮掉树上翘皮，剪掉全部干枯枝和干檫子，集中烧毁，可消灭藏于翘皮下的幼虫，能有效压低越冬虫口密度。山东的一些山楂园采用此法防治，消灭越冬幼虫数为 75%~82%。

2. 摘除虫花虫果 从 5 月初开始彻底摘除第一次被害的花、幼果，消灭幼虫。山东的若干山楂园多年防治验证，此法可使山楂受害果减少 53%~61%。

（二）化学防治

应在卵发生盛期喷药杀卵及初孵化幼虫，重点是第一代。室内外药效试验结果表明，在产卵盛期（4 月 20 日）喷布 20% 氰戊菊酯乳油，或 20% 甲氰菊酯乳油，或 2.5% 溴氰菊酯乳油各 4 000 倍液，杀卵率可达 89.96%~96.95%，杀虫率为 90.22%~97.33%。

王洪平（沈阳农业大学植物保护学院）

第 206 节　山楂花象甲

一、分布与危害

山楂花象甲 (*Anthonomus* sp.) 属鞘翅目象甲科，俗称花苞虫。寄主植物仅发现为山楂 (*Crataegus pinnatifida* var. *major* N. E. Br.) 和山里红 (*Crataegus pinnatifida* Bge.)。已知在我国辽宁、吉林、山西等省份山楂产区发生。

据辽宁的调查结果，此虫在辽宁沈阳、抚顺、鞍山、辽阳、开原、岫岩等地及吉林集安县都有发生，是一种分布较广的害虫，有的地区为害相当严重，有些果园已成为山楂的主要害虫。岫岩县某山楂园 1975 年由于此虫为害，造成 70% 花蕾脱落。1981 年抚顺县某山楂园调查，由于该虫为害导致山楂树花蕾脱落 10%，大山里红脱落 18%，山里红脱落 44%，而 1982 年该园严重被害的山楂树，落蕾竟达 44%，造成严重减产。同年沈阳农学院果园野生山楂花蕾脱落 50%。此外，山楂花象甲尚为害幼果，致使果实凹凸不平，伤疤累累，果实畸形，不仅降低产量，而且严重影响品质。

成虫常 3~5 头群集在一起，取食嫩芽、新叶、花蕾和花，展叶后在叶背面啃食叶肉留上表皮，山楂吐蕾期蛀食花蕾造成脱落，并在花蕾上咬孔产卵，啃食幼果，幼果被害造成伤疤，致使幼果脱落，影响果实产量和品质，造成树势削弱。成虫在花蕾内产卵。幼虫于花蕾内咬食花蕊和子房，被害花不能正常开放。

由于山楂花象甲虫体小、为害期短，其为害造成的落蕾又正值花期，极易被误认为是生理性落花（彩图 11 - 206 - 1）。

二、形态特征

成虫：体长 3~4mm，体后部 1/3 处最宽。雌虫淡赤褐色，雄虫暗赤褐色。体密被特定分布的灰白色和浅棕色鳞毛，致使外观形成了固有的斑纹。头小，头管赤褐色，有光泽，端部色泽略深。复眼黑色，较突出。喙较长，长度约等于前胸和头部之和；上颚位于喙的两侧，无颚尖。触角膝状，11 节，着生于喙管端部 1/3 处，柄节长，索节 7 节，第一节较长，约等于第二、三两节之和；棒节 3 节，第三节又分为两个亚节。触角的索节和棒节各小节端部均轮生较长的绒毛。触角沟起源于喙侧近端部 1/3 处，延至复眼前缘，与喙的侧面相平行。头顶区有白色鳞毛形成的 Y 形斑纹。前胸背板宽大于长，两侧近端部约 1/3 处向前收缩变窄，密布小刻点及灰白色鳞毛；中线附近鳞毛更密，形成 1 纵向白纹，与头部 Y 形纹相连。中胸小盾片较小，其上密被灰白色鳞毛，故小盾片极为明显。鞘翅有 2 条横纹，前横纹位于前端 1/3 处，由浅棕黄色鳞毛形成，此横纹向两侧外缘前方倾斜，直达肩部；后横纹位于鞘翅后部 1/3 处，由灰白色鳞毛形成，此横纹向外逐渐变宽，横纹之中线略和鞘翅纵向相垂直，鞘翅外缘也有较密的灰白色鳞毛。鞘翅的其余部位鳞毛较稀，从而显出鞘翅本色。胸足前足基节彼此接触，各腿节腹面近端部 1/3 处生有 1 大而尖的齿，齿呈三角形，与腿节相垂直，其中前足的齿最大，中足次之，后足的最小。跗节为隐 5 节，第三节分瓣；爪两个，离生。足上鳞毛较少，其颜色浅于体色。

卵：长 0.67~0.95mm，幼期略呈蘑菇形，初乳白色，近孵化时变淡黄色。

幼虫：老熟时体长 5.6~7.0mm，乳白至淡黄色。前胸盾和臀板色略深。腹部较肥大，各节背面具有 2 个横褶，体背疏生淡褐色细毛，胸足退化。

蛹：体长 3.5~4.0mm，裸蛹，初淡黄色，后变黄褐色。羽化前前胸背板、臀板、头部、复眼均转为黑褐色。前胸背板上有 3 对角状突起，其中第一对最大，第二对次之，第三对最小。山楂花象甲各虫态特征见彩图 11 - 206 - 2。

三、生活习性

山楂花象甲 1 年发生 1 代，以成虫在树干翘皮下、落叶、杂草中越冬。常 3~5 头群集一处。在辽宁 4 月中旬开始出蛰，山楂花序伸出期达出蛰盛期。先取食嫩芽，展叶后则取食嫩叶，一般在叶背面啃食叶肉，被害叶残留上表皮，叶面形成密集的透明小斑。此时成虫开始交尾。成虫白天气温高时活动。山里红花序伸出期或有少数花蕾出现，花蕾仅有谷粒大时，成虫开始在山里红上产卵，花蕾分离期为产卵盛期。当山里红花蕾露瓣时，成虫便大量转移到山楂树上产卵，及至山楂树达花蕾露瓣期，产卵即基本结束。该虫产卵时先在花蕾基部咬1小孔，卵产于其中，最后分泌黏液封住孔口，干后变成黑点。每花蕾只产卵1粒。成虫产卵后继续为害花蕾，将花梗和花托基部连接处咬断，导致花蕾脱落。越冬成虫约在6月初陆续死亡。卵期9～13d，于5月上旬先后孵化，幼虫在花蕾中蛀食花蕊、花柱和子房，经10d左右转至花托基部为害，将花梗和花托基部连接处咬断，造成落蕾。从5月中旬开始落蕾，至初花期达落蕾高峰，落蕾期比较集中，5月末结束。被害花蕾脱落时幼虫已近老熟，此时被害花蕾已被蛀食一空，仅剩一层薄壳，不久干枯。幼虫受惊时，在蕾壳中弹动，致使蕾壳在地面抖动。幼虫期为17～22d。5月末至6月上旬幼虫在落地花蕾内化蛹，蛹期7～11d。6月上旬羽化，羽化后在落地被害花蕾内静止2～3d，方咬破花蕾外壳爬出为害。羽化期相当集中，第三天即达高峰，约10d内羽化完毕。当年出现的成虫啃食幼果，将喙插入果内取食果肉，致被害果果皮上留有直径约为0.2mm的小孔，而果皮下则被钻蛀成深达1～1.5mm、直径为1.5～2.0mm的孔，1个果实可有数个被害孔。不久孔中生出突起的愈伤组织，被害果果面发生龟裂伤疤，果实生长缓慢、畸形，毫无食用价值。成虫为害约10d，至6月中、下旬入蛰。

四、发生规律

（一）温度的影响

山楂花象甲出蛰时对温度较敏感。日平均温度高于10℃时，出蛰量较多，低于5℃时几乎不出蛰。出蛰后气温下降则不再继续出蛰，已出蛰的则藏于鳞片或枝杈之间。研究中也观察到，温度低时产卵量明显下降。

（二）湿度的影响

山楂花象甲的卵期和幼虫期的大部分时间是在树上花蕾内渡过的，由于花蕾内一直处于湿润状态，因此，空气湿度对其影响很小。试验结果表明，湿度对落蕾后的幼虫和蛹影响也很小。当落地的花蕾一直处于干燥条件下时，幼虫仍正常化蛹，并能正常羽化。而将落蕾埋在湿度很大的土中时，蕾内幼虫和蛹也正常生存。

但是湿度对成虫羽化后能否咬破花蕾外壳关系极为密切。花蕾一直处在潮湿状态，成虫存活率达65.7%，花蕾保持干燥的成虫存活率仅为4%，说明花蕾过干造成蕾壳坚硬，致使成虫无力咬破蕾壳而死亡。因此，在成虫羽化尚未出蕾前，如果天气长期干旱，可促使山楂花象甲成虫大量死亡。

成虫羽化后在花蕾内可存活10d，即使开始遇到干旱条件，在此期间如遇雨而使花蕾变湿时，成虫即可咬破蕾壳，爬出为害。喷水保湿的被害花蕾，出蕾成虫占总蕾数的78%；开始干燥保存，以后对花蕾喷水，出蕾成虫量占总蕾数的75%。因此，可知短期干旱并不能减少山楂花象甲的发生量，而只能推迟成虫的发生期。

（三）天敌的作用

山楂花象甲幼虫期有一种小蜂寄生，寄生率达30%～34%。此外，幼虫、蛹和越冬成虫可被白僵菌寄生。生产上还发现一种捕食性天敌，于夜间咬破落地蕾壳而捕食壳内幼虫，而且捕食量很大，约占落地花蕾的半数以上。

五、防治技术

（一）化学防治

山楂花象甲成虫将卵产在寄主花蕾中，卵期及幼虫期都在蕾内度过，一经产卵即难于防治，因此，必须将其消灭在成虫产卵之前。根据山楂花象甲先在山里红上产卵以后转移到山楂树上产卵的习性，可以在山里红及山楂树上分别进行药剂防治。成虫产卵期和物候期完全一致（即在花蕾分离期开始产卵，至露瓣时结束），因此，应在花蕾分离期前2～3d（即花序伸出期）喷药防治，可施用部分有机磷杀虫剂如90%敌百虫、50%杀螟松、50%辛硫磷乳剂等1 000倍液，50%乐果乳剂500倍液或50%敌敌畏乳剂2 000倍液，50%马拉硫磷乳油1 000倍液；也可喷布2.5%三氟氯氰菊酯3 000倍液、5%顺式氰戊菊酯乳油2 000倍液及20%氰戊菊酯乳油3 000倍液等菊酯类药剂，也可施用灭幼脲3号胶悬剂1 000倍液等。也可在果树休眠期用5波美度石硫合剂喷枝干，防治在树干翘皮缝隙中越冬的各种害虫的越冬虫态。

（二）人工防治

在被害花蕾落地后，及时捡拾落蕾并集中深埋或焚毁，可以减轻成虫对当年果实的为害，并可减轻来年对花蕾的损害。

（三）物理防治

可用性诱剂诱捕器、糖醋液（糖∶醋∶水＝2∶1∶3）诱捕器、黑光灯、杀虫灯等诱杀成虫。

（四）生物防治

注意保护天敌，发挥天敌对山楂花象甲的控制作用。

（五）农业防治

12月下旬，在大枝和主干上绑草环，可集中消灭在树体越冬的成虫及其他各种害虫。

王洪平（沈阳农业大学植物保护学院）

第 207 节　山楂超小卷叶蛾

一、分布与危害

山楂超小卷叶蛾（*Pammene crataegicola* Liu et Komai）属鳞翅目卷叶蛾科。山楂超小卷叶蛾1978年首先在辽宁开原县新边乡的山里红树上被发现，经1982—1986年普查，此虫在吉林、辽宁、河南均有分布。

小幼虫蛀花为害，蛀孔外可见红褐色颗粒状虫粪，有丝缀连而不脱落。幼虫在花蕾内取食花器，从初花期至盛花期转移为害，可将5～10个花缀连在一起，为害其中的2～3朵，被害花萎蔫，此时开始转果为害，幼虫从果面蛀入，果面可见蛀孔。果被蛀空后，幼虫转蛀邻近果。多数幼虫为害2个果，极少数可为害4个果。被害果也都被丝缀连在一起，并堆积有黑褐色虫粪，被害果最终干枯（彩图11-207-1）。发生严重时可导致大幅度减产。

二、形态特征（彩图11-207-2）

成虫：体长4.2～5.0mm，翅展9.5～10.8mm。体背灰褐色，腹面灰白色。头部灰褐色，复眼黑褐色，下唇须灰白色。前翅灰褐色，前缘有10～12组灰白和黑褐色相间的短斜纹，后缘中部有1灰白色三角形斑，两翅并拢时，对成1个菱形斑，斑中有1暗色横纹。前缘近顶角处及外缘生有黑色鳞片。后翅灰白色，近顶角及外缘前半部颜色较深，后缘生有较长的白色缘毛，无栉毛。雄性外生殖器抱器瓣细长，端部弧圆，抱器腹中部略凹陷，抱器端部2/3密被粗长毛，近腹缘毛更密更粗；颚形突、爪形突均退化；阳茎短粗，细瓶形，端部2/5细，基部3/5粗。阳茎内有阳茎针1枚。雌性外生殖器产卵瓣细长，囊导管粗短，囊突两枚，呈微弯曲的牛角状。

卵：长0.6～0.7mm，宽0.4～0.6mm，扁平，椭圆形，乳白色，半透明，孵化前可透视到黑褐色小点。

幼虫：体长8～10mm，头部褐色，体污白至淡黄色。单眼白色，单眼区内侧有黑褐色长形斑。前胸盾后缘和臀板褐色。腹足趾钩25～38个，双序全环；臀足趾钩16～24个，双序横带。毛片较大，淡褐色，极明显。腹部第一至七节的SD_1和SD_2生于同一毛片上，SD_2毛极小，不易发现。臀栉褐色，1～6齿。

蛹：体长4.9～5.8mm，红褐色，复眼黑色。腹部第二至七节各节背面有两列刺突，前列排列不整齐，后列排成整齐的一排。腹部第八、九、十节各具1列刺突，其中第九节的刺突数极少，仅2～5根。有的个体腹部第二节和第七节仅具1列刺突。腹末端生有10根钩状臀棘。

三、生活习性与发生规律

山楂超小卷叶蛾1年发生1代，以老熟幼虫在枝干翘皮缝下结白色茧越冬，树下落叶及土中均未发现越冬幼虫。在辽宁3月下旬至4月上旬开始在茧内直接化蛹，蛹期25～45d，平均31.6d。蛹期（y）和日平均温度（x）呈直线回归关系，其方程为 $y=-3.24x+67.72$。日平均温度为 13.5℃时，蛹期为 24d，每下降或升高 1℃时，蛹期延长或缩短 3.25d。当日平均温度达 3～5℃时开始化蛹，7～7.5℃达化蛹盛期，化蛹期较为集中。

成虫羽化始期在山楂花序伸出期，最早在 4 月下旬，多数年份在 5 月初，此时正值山楂花序伸出期、山里红花序分离期。发生盛期多在 5 月上旬，5 月中旬结束。此时已到山楂花序分离期、山里红露瓣期。成虫羽化十分集中，开始羽化后第二天即达始盛期，3～4d 即达高峰期，5～6d 即达盛末期。成虫在每天 6：00～9：30 羽化 90％以上，尤以 6：00～7：00 为最多。雌、雄成虫寿命差异较大。雌虫寿命为 4～13d，平均 8.4d；雄虫寿命为 1～7d，平均 3.2d。雌虫产卵前期 2～4d。卵发生盛期迟于成虫发生期 3～4d，在 5 月上旬，正值山楂花序分离期。成虫产卵单产于叶背近缘处，其他部位未见产卵。卵期（y）和日平均温度（x）呈直线回归关系，其方程为 $y=-0.744x+21.13$。卵期 8.5～13.5d，在 15℃时卵期平均 10d，日平均温度升高或下降 1℃，卵期缩短或增加 0.75d。

幼虫多在 5 月中旬至 5 月下旬孵出。孵化集中，约 7d 全部孵化，此时为山里红花瓣开裂至盛花期、山楂花序分离至露瓣期。初孵化幼虫沿叶柄、嫩梢及果柄爬至花蕾上，从花瓣或花托处蛀入，也可从花蕾顶部或侧面蛀入，为害花，蛀入后 1d 左右孔口可见红褐色颗粒状虫粪，有丝缀连而暂不脱落。幼虫在蕾内取食花器。从初花期至盛花期转移为害，常把 5～10 朵花缀连在一起，为害其中的 2～3 朵，被害花干枯后也不脱落。花被害萎蔫后，转果为害，一般幼虫仍在原处附近啃果，多数为害 2 个果，极少数可为害 4 个果。幼虫从果面蛀入，果面可见蛀入孔。果被蛀空后，幼虫转蛀邻近果。被害果也都被丝缀连在一起，并堆积有黑褐色虫粪，被害果最终被蛀成大洞失水枯干，不久脱落。幼虫在果内生活约 20d。被害花及幼果之间堆有黑褐色虫粪，1 头幼虫先为害 2～3 朵花，又为害 2～3 个幼果。5 月末至 6 月中旬老熟幼虫脱果爬至树干翘皮缝中结茧越夏、越冬（表 11‐207‐1）。

表 11‐207‐1　山楂超小卷叶蛾年生活史（王洪平提供）

Table 11‐207‐1　Life cycle of *Pammene crataegicola*（by Wang Hongping）

3月			4月			5月			6月			7月		
上旬	中旬	下旬	上旬	中旬	下旬	上旬	中旬	下旬	上旬	中旬	下旬	上旬	中旬	下旬

（———————————）

—　　—

△△△△△△△△△

＋＋＋＋＋＋＋＋＋＋＋

●●●●●●●●

（——————————）

注　●卵；—幼虫；（—）越夏、越冬幼虫；△蛹；＋成虫。

四、防治技术

（一）刮翘皮

根据山楂超小卷叶蛾的越冬习性，晚秋至早春刮翘皮可消灭于其中越冬的幼虫，减少虫源基数。

（二）药剂防治

鉴于此虫羽化十分集中，卵孵化始期迟于成虫羽化盛末期，因此，在成虫羽化盛末期至卵孵化始期（约在山楂花序分离期）喷洒 48％毒死蜱乳油 1 000 倍液或 2.5％溴氰菊酯乳油 2 000 倍液，1 次即可消灭卵及初孵幼虫，达到控制为害的目的。

（三）人工防治

由于被害状极明显，摘除被害花蕾和幼果可收到良好效果。

（四）消灭其他虫源

由于此虫在野生山里红树上发生严重，为预防其向山楂园转移，应加强周边山里红树的防治。

王洪平（沈阳农业大学植物保护学院）

第 208 节　山楂木蠹蛾

一、分布与危害

山楂木蠹蛾（*Holcocerus insularis* Staudinger，异名：*Holcocerus arenicola* var. *insularis* Staudinger）属鳞翅目木蠹蛾科，也叫小线角木蠹蛾、小木蠹蛾、小褐木蠹蛾。国内大部分地区有分布，以辽宁、吉林、河北、山西等地发生较多，是为害山楂树的重要害虫之一，在辽宁山楂园普遍发生，其中鞍山、辽阳、开原、岫岩、北镇等地的部分地区发生较重，受害严重的果园蛀食率高达 80%～100%。

山楂木蠹蛾可为害山楂、苹果、山定子、旱柳、垂柳、槐、杨、白蜡、丁香、白榆、银杏等果树及多种林木。此虫偏嗜山楂、白蜡、丁香。山楂衰老树、郁闭度小的树被害较重。

幼虫钻蛀枝干。幼龄幼虫在韧皮部和近木质部处蛀食，三龄以后逐渐向木质部深层为害。幼虫钻蛀的隧道不规则，钻蛀时排出虫粪和大量木屑，一部分以丝缀缠在蛀孔处，大部分堆积在蛀孔下面的地面上。被害树势逐年衰弱，经 2～3 年即可导致大枝甚至整株树的死亡。大量发生时导致山楂园整园毁灭。

被害树的枝干木质部被蛀成了上下纵横交错的虫道，树势逐年衰弱，最后导致大枝乃至全树死亡（彩图 11 - 208 - 1）。

二、形态特征（彩图 11 - 208 - 2）

成虫：体长 16～28mm，翅展 35～58mm，暗灰至灰褐色。前翅基部 2/3 色深；前翅密布不很明显的黑色波状横纹；亚缘线黑色，较明显，近前缘分叉呈 Y 形。

卵：呈卵圆形，长约 1.2mm，暗褐色或土黄色，表面具纵脊，脊间有横刻纹。

幼虫：老熟时体长 25～40mm，头红褐色，圆筒形。前胸盾深褐色，中间色浅。胸、腹部背面浅红色，体背每节前半部有 1 条深红色宽横纹，后半部有浅红色窄横纹；腹面黄白色。

蛹：体长 16～34mm，褐色，腹部背面有刺突。雌蛹第一至六节 2 列，第七至九节各 1 列；雄蛹第一至七节 2 列，第八、九节各 1 列。末端向腹面弯曲。

三、生活习性与发生规律

山楂木蠹蛾在北方 2～3 年发生 1 代，以不同龄期的幼虫在枝干蛀道内越冬。老熟幼虫 5 月下旬在蛀道内化蛹。成虫发生在 6 月中旬至 7 月下旬，成虫白天隐伏不动，夜晚活跃飞翔，交尾多在 21：00 左右。成虫产卵在早晨，每天雌蛾产卵 23～80 粒。

产卵在树皮裂缝、树枝分杈及剪锯口伤疤处，每处数粒。每雌平均产卵 89 粒，最多可达 200 多粒。7 月为卵孵化盛期。一至二龄幼虫在韧部和木质部外层为害，三龄后逐渐蛀入木质部深层。山楂木蠹蛾为害山楂的主干及主枝基部，被害处有许多蛀孔，蛀道从上向下，纵横交错，互相连通。4 月初至 9 月末从蛀孔排出大量黄褐色粪便和木屑，大部分落在地面上。木质部被蛀成许多不规则隧道，隧道中幼虫大小很不一致。10 月幼虫越冬。

四、防治技术

（一）人工防治
及时锯掉被害即将枯死的树干或大枝并烧毁，减少虫源。

（二）药剂喷雾防治
成虫发生盛期集中在 7 月上、中旬，昼伏夜出，可于出蛾期喷布 2.5% 溴氰菊酯乳油 2 000 倍液杀卵及成虫，对初孵幼虫也有效。

（三）药剂封闭防治
将磷化铝药片塞入清除虫粪的虫道内，每个蛀孔塞 1/4 片；或用注射器将 80% 敌敌畏乳油直接注入虫道内，每个蛀孔注射 1mL。然后用黄泥将蛀孔封闭，可利用药剂的熏蒸作用将幼虫杀死。

室内生测试验结果认为，56% 磷化铝片剂熏杀效果最好，幼虫死亡率为 100%；80% 敌敌畏乳油次之，死亡率为 93.3％；而 40％氧乐果乳油和 40％乐果乳油效果较差，死亡率分别为 72.45％、62.1％。

生产实践表明，56％磷化铝片剂 0.1g、80％敌敌畏乳油 25 倍液、40％乐果乳油 25 倍液杀虫效果最好，杀虫率分别为 86.5％、94.5％和 91.9％；而 40％乐果乳油 60 倍液及 80％敌敌畏乳油 50 倍液的杀虫效果较差，杀虫率分别为 69.2％和 68.9％。可见，防治该虫应施用浓度较高的熏蒸剂或触杀剂。

因山楂木蠹蛾的新旧虫道互通，进行药剂封闭防治时必须将用药枝干上的全部蛀孔用黄泥密封，才能保证药剂的熏杀效果。使用磷化铝片剂时，分割及塞药的动作必须迅速，带至田间的药片需装入小瓶或塑料袋密封，以防潮解失效。

王洪平（沈阳农业大学植物保护学院）

第 209 节　山楂绢粉蝶

一、分布与危害

山楂绢粉蝶 [*Aporia crataegi* (Linnaeus)，异名：*Pieris crataegi* L.、*Pontia crataegi* L. 和 *Ascia crataegi* L.] 属鳞翅目粉蝶科，又名山楂粉蝶、苹果粉蝶、苹果白蝶、梅白蝶、树粉蝶，俗称白蝴蝶。可为害山楂、苹果、梨、桃、李、杏、樱桃、海棠等蔷薇科果树和毛榛、春榆、山杨、云杉、冷杉、落叶松等多种林木。幼虫出蛰期啃食嫩芽，使得仅剩鳞片，低龄幼虫群集在嫩梢上吐丝结网成巢，取食叶片、花蕾、花瓣，老熟时分散离巢取食，严重时可将叶片吃光，仅留叶柄（彩图 11-209-1），致使树势衰弱，影响产量，不但当年减产严重，还导致翌年部分果树不结果。

二、形态特征（彩图 11-209-2）

成虫：体长 22～25mm，翅展 64～76mm。体黑色，头、胸部及各足腿节被淡黄白至灰白色鳞毛。触角棍棒状，黑色，端部黄白色；翅白色或灰白色，翅脉黑色，前翅除臀脉外末端均有 1 个三角形黑斑，状似翅脉末端加宽。前翅鳞片分布不均，有部分甚稀薄、呈半透明状。后翅的翅脉黑色明显，鳞片分布较前翅稍厚，呈灰白色。雌虫腹部较大，雄虫腹部较细瘦。

卵：竖立似子弹头，鲜黄色，有光泽，高 1.5mm，横径约 0.5mm。表面有脊纹 12～14 条。卵顶周缘具 7 个瓣饰突起，似花瓣开裂状。数十粒紧密排列成卵块。

幼虫：体长 38～45mm。体较粗壮，灰褐色，全体密布小黑点，并疏生黄白色短细毛。头部、前胸背板、胸足和臀板均为黑色，唇基淡黄色。胴部背面有 3 条黑黄相间纵带，其间夹有 2 条黄褐色纵带，体两侧灰色，腹面紫灰色。气门近椭圆形，围气门片黑色；腹足外侧各具 1 黑斑；腹足趾钩单序中带。

蛹：体长约 25mm，以丝将蛹体缚于小枝上，为缢蛹。体黄白色，散生黑色斑点。头、口器、触角、复眼、足、胸部背面隆起的纵脊、翅缘及腹部腹面均为黑色，头顶的瘤状突起黄色；复眼上缘有 1 黄斑；上述为黑型蛹，约占 32％左右。另有黄型蛹，体黄色，体上黑色斑点小且少，约占总蛹量的 68％左右。

三、生活习性与发生规律

山楂绢粉蝶 1 年发生 1 代，以二、三龄幼虫群集在树冠上用丝缀连叶片而成的囊状虫巢内越冬。

果树发芽期即 4 月中旬前后越冬幼虫开始出蛰，初期群集为害芽，而后开始取食嫩叶、花蕾、花瓣等器官，常拉丝结网。白天为害，夜晚或阴雨天等气温较低情况下潜伏于网巢内。幼虫较大后离巢分散为害，食量随龄期增加。四、五龄幼虫不活泼，有假死习性，遇震动立即落地蜷缩成团。5 月上、中旬幼虫老熟，在枝干上或杂草上化蛹，为缢蛹，蛹期约 14d。蛹体颜色一般随化蛹场所而变化，在果树主干上化蛹为黑型蛹，在树枝或叶柄处化蛹为黄型蛹。一般 5 月下旬开始羽化。成虫白天活动，9：00～10：00 开始活跃，常在树冠周围飞舞，取食花蜜。葱花地里较多，夜晚或清晨气温低时常栖息在树上或草丛中。成虫羽化后不久即交尾产卵，多在上午至中午前后产卵，喜欢选择距离地面 3～5m 的枝条上的叶片作为产卵场所，卵成块产在叶片上，叶背面略多。一般每块有卵 80～90 粒，每头雌蝶产卵量 200～500 粒。卵期 10～17d。卵孵化后，初孵幼虫取食卵壳，约食去一半时，即吐丝结网，在网下取食叶肉。以后幼虫群居在叶面啃食上表皮及叶肉，并吐丝缀连被害叶片，往返于被害叶至着生枝处吐丝缠绕成虫巢，后渐蜷曲枯死，被丝牢固缠绕于枝上而长久不落。幼虫食尽 1 叶后，可群体转移到其他叶上为害，但因虫龄较小，而很少将叶片吃光。幼虫为害至 7 月中、下旬陆续停止取食而越夏，接着群集越冬。

山楂绢粉蝶的天敌种类较多，幼虫期寄生性优势天敌有菜粉蝶盘绒茧蜂 [Cotesia glomeratus (L.)]，一至三龄幼虫可被其产卵寄生，以二龄幼虫寄生率高，寄生率可高达 28%～50%，每头幼虫可出蜂 11～38 头。另外，卵期寄生性天敌有凤蝶金小蜂 (Pteromalus puparum L.)、舞毒蛾黑瘤姬蜂 [Coccygomimus disparis (Vierck)] 和追寄蝇 (Exorista sp.)。捕食性天敌主要有白头小食虫虻 (Philodicus albiceps Meigen)、蠋蝽 [Arma custos (Fallou)] 和多种胡蜂、蜘蛛、步甲等种类。值得重视的是幼虫可患一种细菌性病害，感病幼虫萎靡不振，吐黑水，虫体软化变黑，头尾下垂，发病率一般为 10%～21%。控制力较强的还有山楂粉蝶核型多角体病毒。

另据室内饲养观察，蛹期被一种寄生蝇所寄生。被寄生的蛹体呈黑红色，当寄生蝇幼虫将蛹体液食尽时，便破皮而出化蛹，数日后羽化为一种大型寄生蝇，寄生率及种类均待进一步研究。

四、防治技术

(一) 人工防治
结合修剪，除掉虫巢，集中烧毁或埋掉，消灭虫源；人工摘除卵块，消灭虫源，当虫口密度大时效率很高；利用成虫在清晨不飞的特点，人工捕杀未产卵的成虫。

(二) 化学防治
春季出蛰期或夏季孵化期对被害叶片喷药，可用具熏蒸作用的 50% 敌敌畏乳油 1 500 倍液，或用 20% 氰戊菊酯乳油和 2.5% 溴氰菊酯乳油、29% 油酸烟碱·氯氰乳油 2 000 倍液。

(三) 生物防治
山楂绢粉蝶的天敌种类较多。适当对这些天敌进行保护和利用，可以收到较好防效，减少化学杀虫剂的使用。

1. 山楂绢粉蝶核型多角体病毒的利用　山楂绢粉蝶幼虫被核型多角体病毒感染后，初期行动迟缓，体色呈微黄褐色，死亡前以尾足或腹足攀住枝干，头部下垂或稍抬起。病死幼虫尸体薄脆，稍触即流出红褐色液体。感病幼虫 1～3d 食量下降 16%，4～6d 下降 46.8%，7～9d 下降 82.4%，田间自然感病率 37%～42%。每株喷 15L 病毒液，或每株用病毒致死虫尸三至四龄幼虫 12～13 头，将虫尸捣碎加适量水过滤，取滤液加水至 15L 防治。也可在虫尸未液化前加 5% 甘油轻轻振荡，放冰箱保存备用，防治效果达 76%～100%。

2. 黄绒茧蜂的保护作用　黄绒茧蜂于 8 月下旬至 9 月初开始以老龄幼虫在山楂绢粉蝶幼虫体内越冬，翌年 6 月，当山楂绢粉蝶幼虫开始活动取食后，黄绒茧蜂幼虫从寄主体内钻出，山楂绢粉蝶幼虫收缩，停止取食，1～2d 死亡。黄绒茧蜂幼虫钻出寄主 2h 多即结成淡黄色茧，许多聚集在一起，呈块状。生产上可以从菜粉蝶发生地采集黄绒茧蜂的茧，释放到山楂绢粉蝶发生区，每树挂 10～20 个茧。在越冬前山楂绢粉蝶幼虫三龄时释放防效最好。

王洪平 (沈阳农业大学植物保护学院)

第 210 节　山楂喀木虱

一、分布与危害

山楂喀木虱 (Cacopsylla idiocrataegi Li) 属同翅目木虱科，又称山楂木虱。目前在国内辽宁、吉林、河北、山西有分布。主要取食的寄主植物为山楂和山里红。幼龄树受害最重。大龄山楂树一般在树冠下部枝条发生为害较多，在几个品种混栽的情况下，大旺树冠下部枝条发生为害重于其他品种。若虫群及成虫在叶片背面、花梗、花萼、花序梗上刺吸汁液，若虫在叶片和枝条上排出大量黏液，同时在尾端分泌白色蜡丝，使叶片起油变黄，影响树势生长，降低产量。为害严重时蜡丝缠垂在花序或叶片下，呈棉絮状。严重时叶片扭曲变形、枯黄早落，花序萎蔫、干枯脱落，对产量有很大影响 (彩图 11 - 210 - 1)。

二、形态特征（彩图 11 - 210 - 2）

成虫：体长（达翅端）雄 2.6～2.9mm，雌 2.7～3.1mm。初羽化时黄绿色，体色逐渐变深，越冬后变黑褐色。头宽（包括复眼）0.5～0.6mm，头顶土黄色，中缝长约 0.2mm，黑色，两侧略凹陷。颊锥长约 0.2mm，黑色。复眼褐色，单眼 3 个，红色，触角丝状，10 节，前三节黄色，四至五节基部黄色，端部黑色，六至七节黑色，末节具一长一短的刺。胸宽 0.6mm，前胸背板黄绿色，中央具黑斑。中胸背板有 4 条淡色纵斑纹。小盾片两侧色淡。翅透明，翅脉黄色，翅外缘略带暗色斑。足腿节端部、胫节、跗节黄褐色，爪黑色，后足胫节具黑刺 3 个，跗节具黑刺 2 个。腹部每节后缘及节间色淡。雌虫产卵瓣长锥状，背瓣略长于腹瓣；雄虫肛节细长，伸出在阳基侧突之上。

卵：长 0.3～0.4mm，纺锤形，顶端稍尖，下端具短柄。初产时乳白色，渐变橘黄色。

若虫：一龄时为长椭圆形，扁平，淡黄色，体周缘具蜡腺，臀板橘黄色，往上翘，复眼红色，触角、足及喙端部均为黑色，臀板橘黄色。二至三龄若虫橘黄色，臀板淡褐色，具翅芽。四龄若虫黄绿色，翅芽向两侧突起。五龄若虫草绿色，触角、足淡黄色，翅芽伸长，背中线明显，两侧具纵横刻纹，尾节末端有 14 个毛须。

三、生活习性与发生规律

在辽宁 1 年发生 1 代，以成虫在树皮翘缝、杂草中越冬。3 月下旬出蛰活动，进行营养补充 20d，4 月上旬山里红发芽后交尾，从日出至日落前，均可见小枝上交尾的成虫，交尾时间最短 65min，最长 8h，一般 3～5h。山楂花芽开绽时，第一次交配后隔 2d 开始产卵，以后间隔时间逐渐缩短，有的甚至交尾完立即产卵。一生交尾 6～9 次。每次交尾后卵分两次产完，第一次产卵量大，第二次少。产卵期长达 40d，对绽开的芽苞造成很大危害。初期卵产在尚未展开的第一片叶上及开绽的嫩芽上，后期卵产在叶背面及花蕾上。每雌产卵量约 500 粒。每处产卵十几粒至几十粒。卵柄斜插入叶内。卵色里深外浅，仿佛一朵朵小花。

产卵期的雌成虫行动迟缓，对寄主的依赖性大，受触动也不跳开。

卵于产后的第八天出现两个红眼点，卵粒呈透明状，说明已临近孵化期。卵期 10～12d。卵孵化时先晃动一下，然后卵壳顶端纵裂，若虫触角先伸出，接着头、前足蜕出，这时身体向上拱，触角和前足不停地摆动，最后一使劲便直立于卵壳之上，需时 6min 左右。然后身体下行，在卵壳旁停几分钟即开始爬行。1d 内孵化时间不整齐，7：00～15：00 居多，最迟到 21：00。孵化率在 90% 以上。

若虫在嫩叶背面、花梗、花蕾、萼片上取食，尾端分泌白色蜡丝；大龄若虫多在叶裂处活动，许多蜡丝汇集成棉絮状，垂吊于叶背及花序下，十分引人注目。若虫蜕皮前身体鼓胀，行动迟缓。蜕皮时从头中缝开裂至胸背，若虫向前爬出，需时 10min 左右。蜕白色透明，周围有纤毛，各龄蜕多留在叶片背面。若虫不太活泼，可爬动，在 5 月下旬至 6 月上、中旬各期虫态均多。发生严重时，可导致被害叶扭曲变形，枯黄，提前落叶；被害花序萎蔫、干枯脱落，严重影响产量。

5 月下旬成虫羽化，一直生活到 10 月下旬越冬。

新成虫羽化多集中在 12：00 前。初见羽化 4～5d 后达高峰期，总羽化率为 98%。每虫羽化时间需 12min 左右，再经 16～30min 翅才完全展平，收拢于体背呈屋脊状。此时的成虫，红眼绿衣，两翅透明宛如洁白的纱披风。一般爬至叶背面静息一段时间便开始短距离飞行，多在寄主及周围的杂草、灌木上活动，善跳跃，有趋光性和假死性。成虫期很长，几乎常年可见。

该虫活动受温度、光的影响较显著，当日平均气温在 5℃ 左右时，越冬成虫就开始活动；若虫活动也随气温增高而加强，当日均温在 20℃ 以上、天气晴朗、阳光充足时，虫体最活跃，分泌的蜡丝也多。阴雨天不大活动。一般在阳坡、空旷地、林缘发生较重。

山楂喀木虱的天敌主要有花蝽、草蛉、瓢虫等，对山楂喀木虱有一定的抑制作用。

四、防治技术

(一) 化学防治

1. 树体喷药

（1）越冬成虫出蛰期药剂防治。早春 3 月下旬（山楂、山里红花芽膨大期至鳞片露白期）为越冬成虫大量出蛰而尚未产卵期，是药剂防治的关键时期，消灭成虫于产卵之前可以减少大量虫源。此期开始喷第一次药，常用的药剂有 20％氰戊菊酯乳油 2 000 倍液、2.5％氯氰菊酯乳油 2 000 倍液、2.5％顺反式氯氰菊酯乳油 1 000～1 500 倍液、25％高渗克虱灵乳油 1 000 倍液、28％硫氢乳油 1 500 倍液、5％顺式氰戊菊酯乳油。7～10d 后再喷 1 次，防治效果最好。若在施药前先喷 500～1 000 倍的洗衣粉溶液，冲洗掉若虫体表的黏液，杀虫效果会更好。

（2）山楂现蕾期喷药杀若虫。在山楂现蕾期喷药杀灭若虫，可用 10％吡虫啉可湿性粉剂 3 000 倍液、1.8％阿维菌素乳油 5 000 倍液。

（3）5月下旬第一代成虫羽化，此期喷 2.5％溴氰菊酯乳油 3 000 倍液或 20％氰戊菊酯乳油 2 000 倍液或 10％氯氰菊酯乳油 2 000 倍液，以消灭第一代成虫，降低第二年的虫口密度。

2. 药剂涂干　40％乐果或 40％氧乐果乳油 10～20 倍液涂干防治最佳，3d 后防效达 99％，既简便、经济，又有利于保护天敌和环境，还可兼治蚜虫、红蜘蛛等其他刺吸式口器害虫。基本方法是将主干基部树皮刮至露绿，面积为 2.5cm×1.5cm，药剂配比按照乐果∶缓释剂∶水＝1∶0.1∶5 的比例配制，药剂涂抹在刮皮露绿区。涂药后会产生轻微药害，但能通过果树自身的调节自愈，对果树影响不大。

（二）农业防治

根据该虫成虫的越冬习性，秋季清除果园杂草落叶、刮树皮，集中烧掉或深埋，并对果园全面翻耕，可消灭越冬成虫。冬季细致刮树皮、填堵树洞，可有效地消灭越冬成虫。

（三）物理防治

用黄色的黏虫胶板，在成虫出现高峰期悬挂于林间，诱杀成虫效果很好。

（四）生物防治

注意保护和利用天敌，发挥天敌对山楂喀木虱的控制作用。

（五）注意事项

（1）防治山楂喀木虱要全园集中统一喷药，防止成虫来回乱飞，造成防治不彻底。

（2）严把喷药质量关，要了解害虫的为害部位，喷药有的放矢，防治效果才会好。

（3）注意伪劣农药，喷药前先进行药剂试验，避免浪费人力和财力。

王洪平（沈阳农业大学植物保护学院）

第 211 节　草莓根蚜

一、分布与危害

草莓根蚜（*Aphis forbesi* Weed）属同翅目蚜科。在局部草莓种植地区发生，但不普遍。草莓根蚜主要群集在草莓根茎处的心叶及茎部吸收汁液，致使草莓植株生长不良，新叶生长受抑制，严重时整株可枯死。

二、形态特征

成虫：无翅胎生雌蚜体长 1.8～2.2 mm，椭圆形，腹部稍扁，体色青绿，腹管约占体长的 1/6。
卵：长椭圆形，黑色。
若虫：体略带有黄色，形似成蚜。

三、生活习性

草莓根蚜在寒冷地区以产在叶柄毛中的卵越冬，在温暖地区则以无翅胎生雌蚜越冬。越冬卵自翌春孵化后在草莓植株上为害，5～6 月为繁殖为害盛期。若虫聚生于嫩叶和心芽部位吸收养分，长成无翅雌成虫，行孤雌胎生，产下若虫进行为害。

四、发生规律

草莓田有蚜虫寄生的部位，常鼓起小土包，有蚂蚁聚集，因此较容易辨别，应立即清除。特别是在初秋降雨少、干燥的天气条件下，草莓根蚜常有发生。

草莓根蚜的发生还与草莓品种抗性有关。草莓品种对蚜虫的抗性与叶片背面的茸毛密度呈正相关，与气孔密度呈显著负相关；与叶片的木质素含量呈正比；与酚类物质含量无显著关系；与总游离氨基酸、可溶性固形物含量和水分含量无显著相关性，但草莓抗蚜程度与叶片中脯氨酸、缬氨酸和胱氨酸的含量有关，特别是缬氨酸和胱氨酸在感蚜品种中的含量是抗蚜品种的 2～3 倍。

五、防治技术

（一）农业防治
选用抗虫性较好的草莓品种，例如丰香、卡姆罗莎、吐德拉和弗吉尼亚都属于高抗品种。
（二）生物防治
主要天敌有食蚜蝇、异色瓢虫、草蛉及蚜茧蜂等，都能捕食或寄生大量蚜虫，应加以保护和利用。
（三）化学防治
可用 50%抗蚜威可湿性粉剂，或 50%杀螟硫磷乳油，或 2.5%溴氰菊酯乳油，或 10%吡虫啉可湿性粉剂喷雾防治。有研究证明，施用 30%吡蚜·异丙威可湿性粉剂，药后 1～14 d 对草莓蚜虫的防治效果达 79.96%～95.17%，显著高于对照药剂 10%吡虫啉的防治效果，在田间施用 30%吡蚜·异丙威可湿性粉剂，对草莓生长安全，无药害等不良效果。迮福惠等（2010）研究表明，1%蛇床子素水乳剂与对照药剂 3%啶虫脒乳油相比，对草莓根蚜速效性低于对照药剂，但持效期与对照药剂相当，也可作为防治的备选药剂。

南宫自艳（河北农业大学植物保护学院）

第 212 节　蝼　　蛄

一、分布与危害

为害草莓的地下害虫主要有地老虎、蝼蛄和蛴螬等。地下害虫成虫喜欢在厩肥上产卵，而草莓施厩肥多，故发生严重。蝼蛄俗称拉拉蛄、地拉蛄、土狗子，属直翅目蝼蛄科。在我国，蝼蛄迄今记录有 5 种。分别为东方蝼蛄（*Gryllotalpa orientalis* Burmeister）、华北蝼蛄（*G. unispina* Saussure）、台湾蝼蛄（*G. formosana* Shiraki）、金秀蝼蛄（*G. jinxiuensis* You et Lin）及河南蝼蛄（*G. henana* Cai et Niu）。其中，分布最广泛、为害最严重的有华北蝼蛄和东方蝼蛄 2 种。华北蝼蛄是我国北方的重要种类，国内主要分布于长江以北地区，如河南、河北、山东、陕西、内蒙古、新疆、辽宁和吉林等地区。东方蝼蛄是我国分布最为普遍的蝼蛄种类，属全国性害虫，过去仅在南方发生严重，现在在北方亦成为优势种。

蝼蛄食性杂，成、若虫均为害严重。成、若虫夜间爬出土层，取食草莓嫩芽或嫩叶，常咬断草莓幼苗嫩茎，也吃浆果和叶片，造成严重缺苗断垄。除直接取食为害之外，蝼蛄有在土壤表层窜行为害的习性，造成种子架空而不能发芽，幼苗吊根失水而干枯死亡。因此，对于蝼蛄的为害，常用一句话形容："不怕蝼蛄咬，就怕蝼蛄跑。"

二、形态特征

（一）华北蝼蛄
成虫：体长 39～66 mm，黄褐色。前胸背板暗褐色，中央有 1 心形暗红色斑点。腹部近圆筒形。前足开掘足，腿节下缘呈 S 形弯曲，后足胫节背侧内缘有棘 1～2 个或消失（彩图 11-212-1）。
卵：椭圆形，初产时黄白色，长 1.6～1.8 mm，宽 1.3～1.4 mm，渐变为黄褐色，孵化前为深灰色。
若虫：形态与成虫相似，翅不发达，仅有翅芽。初孵若虫体长 3.6～4.0 mm，乳白色，以后颜色逐渐加深；二龄以后体变为黄褐色，五、六龄以后基本与成虫同色。老龄若虫体长约 36～40 mm。
（二）东方蝼蛄
成虫：体长 30～35 mm，灰褐色。前胸背板卵圆形，中间具 1 明显的暗红色长心脏形凹陷斑。前翅灰褐色，较短，仅达腹部中部。后翅扇形，较长，超过腹部末端。腹末具 1 对尾须。腹部纺锤形。前足开掘足，腿节下缘平直，后足胫节背侧内缘有棘 3～4 个（彩图 11 - 212 - 2）。

卵：椭圆形，初产时乳白色，长约 2.8mm，宽约 1.5mm，渐变为黄褐色，孵化前为暗紫色，长约 4 mm，宽约 2.3 mm。

若虫：形态与成虫相似，翅不发达，仅有翅芽。初孵若虫体长约 4mm，头、胸特别细，腹部肥大，乳白色，以后变灰褐色。二、三龄以后若虫体色接近成虫。老龄若虫体长约 25 mm。

三、生活习性

（一）生活史

蝼蛄生活史一般较长，1～3 年才能完成 1 代，均以成、若虫在土壤中越冬。

华北蝼蛄各地约需 3 年左右完成 1 代。在华北地区，越冬成虫于 6 月上、中旬开始产卵，7 月初孵化。到秋季达八至九龄，深入土中越冬。翌春越冬若虫恢复活动继续为害，到秋季达十二至十三龄后又进入越冬。第三年春又活动为害，8 月以后若虫羽化为成虫，为害一段时间后即以成虫越冬。

东方蝼蛄在北方地区 2 年发生 1 代，在南方 1 年发生 1 代，以成虫或若虫在地下越冬。清明后上升到地表活动，在洞口可顶起 1 小虚土堆。5 月上旬至 6 月中旬是东方蝼蛄最活跃的时期，6 月下旬至 8 月下旬，天气炎热，转入地下活动，6～7 月为产卵盛期。9 月气温下降，成虫或若虫再次上升到地表，10 月中旬以后，陆续钻入深层土中越冬。

（二）主要习性

华北蝼蛄和东方蝼蛄初孵若虫有群集性，均是昼伏夜出，以 21：00～23：00 活动最盛，特别在气温高、湿度大、闷热的夜晚，大量出土活动。早春或晚秋因气候凉爽，仅在表土层活动，不到地面上，在炎热的中午常潜至深土层。具趋光性，并对香甜物质如半熟的谷子、炒香的豆饼、麦麸以及马粪等有机物质具有强烈趋性。

蝼蛄成、幼虫均喜欢栖息在河岸、渠旁、菜园地及轻度盐碱潮湿地，20cm 表土层含水量 20％以上最适宜，小于 15％时活动减弱。当气温在 12.5～19.8℃、20cm 土温为 5.2～19.9℃时，最适宜东方蝼蛄活动，温度过高或过低时，则潜入深层土中。

四、发生规律

蝼蛄的发生与为害与气候条件有密切的关系。当春天气温达 8 ℃时开始活动，秋季低于 8 ℃时则停止活动。春季随气温上升为害逐渐加重，地温升至 10～13 ℃时在地表下形成长条隧道为害幼苗；地温升至 20 ℃以上时则活动频繁、进入交尾产卵期；地温降至 25 ℃以下时成、若虫开始大量取食，积累营养准备越冬，秋播作物受害严重。

蝼蛄的发生与为害还与土壤环境有直接的关系。由于蝼蛄对未腐烂的物质有很强的趋性，因此土壤中大量施用未腐熟的厩肥、堆肥，易导致蝼蛄发生，作物受害较重。当深 10～20cm 处土温在 16～20 ℃、含水量为 22％～27％时，有利于蝼蛄活动；含水量小于 15％时，其活动减弱。通常，蝼蛄在春、秋有两个为害高峰，在雨后和灌溉后常使为害加重。

五、防治技术

（一）农业防治

秋后收获末期前后进行大水灌地，使向土层下迁的成虫或若虫被迫向上迁移，并适时进行深耕翻地，把害虫翻上地表冻死。夏收以后进行耕地，可破坏蝼蛄产卵场所。注意不要施用未腐熟的有机肥料，在虫体活动期结合追施一定量的碳酸氢铵，释放出的氨气可驱使蝼蛄向地表迁动，施入石灰也有类似的作用。实行合理轮作，改良盐碱地，有条件的地区实行水旱轮作。保持苗圃内的清洁，育苗前做好土壤消毒工作，草莓种植前土壤用 48％毒死蜱或 50％辛硫磷 800 倍液处理。

（二）生物防治

鸟类是蝼蛄的天敌。可在苗圃周围栽植杨、刺槐等防风林，招引红脚隼、戴胜、喜鹊、黑枕黄鹂和红尾伯劳等食虫鸟以利控制害虫。

（三）物理防治

蝼蛄羽化期间可用灯光诱杀，晴朗无风闷热天气诱集量最多。夏秋之交，黑夜在苗圃中设置灯光诱虫。还可利用潜所诱杀，即利用蝼蛄越冬、越夏和白天隐蔽的习性，人为设置潜所将其杀死。利用蝼蛄喜欢的食物如新鲜的马粪、炒香的谷物等，在食物中加杀虫剂将其诱杀。清晨检查草莓园地，发现有缺叶、死苗现象，立即在附近耙出害虫消灭。

（四）化学防治

1. 土壤处理　在蝼蛄重发区，可结合播种用 10％二嗪磷颗粒剂 $30\sim45kg/hm^2$，或 5％辛硫磷颗粒剂 $30kg/hm^2$ 与 $450\sim750kg$ 干细土混匀后撒于苗床上、播种沟或移栽穴内后覆土。

2. 药剂拌种　用 50％辛硫磷乳油 1 kg 加水 60 kg，拌种子 600 kg；也可用 50％乐果乳油 0.5 kg 加水 20 kg，拌种子 $250\sim300$ kg，可有效防治蝼蛄等地下害虫。

3. 毒饵诱杀　在成虫盛发期，选晴朗无风闷热的夜晚，用 50％杀螟丹可溶性粉剂与麦麸按 1∶50 比例拌成毒饵；也可用 40％乐果乳油或 90％敌百虫可溶粉剂 10 倍液 0.55 kg，拌炒香的谷糠或麦麸或豆饼 5 kg，傍晚撒在苗床上或田间，诱杀蝼蛄，同时可兼治蟋蟀等地下害虫。或者在种植行间每隔 20m 挖 1 个小方坑（30cm×30cm×20cm），将混有适量 90％敌百虫可溶粉剂的马粪或浸湿的鲜杂草放入坑内诱集，翌日清晨取出坑内食饵集中捕杀。

4. 药液灌根　若苗床受害严重，用 80％敌敌畏乳油灌洞灭虫。

南宫自艳（河北农业大学植物保护学院）

第 213 节　橘大实蝇

一、分布与危害

橘大实蝇［*Bactrocera minax* (Enderlein)］属双翅目实蝇科，又名柑橘大实蝇，俗称柑蛆，是柑橘的一种毁灭性害虫。

国内主要分布于四川、重庆、云南、广西、贵州、陕西、湖北、湖南等省份的柑橘主产区；国外主要分布于不丹、印度（西孟加拉邦、锡金邦）等少数亚洲国家。

橘大实蝇仅为害柑橘类果树，以酸橙和甜橙受害严重，柚、红橘次之，也为害柠檬、香橼、佛手、锦橙、先锋橙、焦柑、温州蜜柑、京橘、金橘、枸杞等。成虫产卵于柑橘幼果中，幼虫孵化后以口钩刺破瓤瓣，在果实内蛀食果肉，被害果多腐烂，不能食用，常使果实未熟先黄，导致早期落果，严重影响柑橘产量和品质。幼虫蛀果率一般为 5％～20％，较重的达 50％，局部地区达 90％以上，基本绝收。

二、形态特征

成虫：全体呈淡黄褐色，体长 $10\sim13mm$（不含产卵管），翅透明，翅展 $24\sim26mm$，翅脉斑纹黄褐色，前缘区浅棕黄色，翅痣棕色。后翅退化为平衡棒。复眼亮铜绿色，单眼着生三角区黑色。触角芒状，基部黄，端部黑。中胸盾片黄褐色，中央区有 1 条深茶色至暗褐色的"人"字形斑纹，两侧各有 1 条黄色带状纵纹。胸部背面具有稀疏的绒毛，有黑色鬃 6 对，肩板鬃 1 对，后翅上鬃 2 对，前、后背侧鬃各 1 对，小盾鬃 1 对。腹背中央有 1 条从基部直达腹端的黑色纵纹，与腹部第三节近前缘的 1 条较宽的黑色横纹，相交呈"十"字形。雌虫腹部可见 5 节。雌虫产卵管圆锥形，3 节，末端尖锐，基节呈瓶状，长约 6.5mm，约等于第二至五节长度之和，即与腹部等长。雄虫第三背板两侧后缘具栉毛，第五腹板后缘向内洼陷的深度达此腹板长的 1/3。雄虫腹部第五节有 1 对长且呈 S 形的钩状器（彩图 11-213-1，1）。

卵：乳白色，长 $1.5\sim1.6mm$，长椭圆形，一端稍尖，初孵卵不弯曲，随着时间推移，卵逐步弯曲，一端稍尖，一端钝圆，端部透明，中间乳白色。卵壳表面光滑无花纹。孵化前期的卵粒长度变长，尖端部为 1 黑色小点，卵粒黄褐色，中间乳白色。

幼虫：共 3 龄，初孵幼虫乳白色，长度在 2.0mm 左右，静止不动。老熟幼虫体长 $14\sim16mm$，两端近透明，圆锥形，前端尖细，后端粗壮，共 11 节。体乳白色或淡黄色，头部退化，口钩黑色，常缩入前胸内。前气门扇形，两侧弯曲，有乳突 30 个以上；后气门位于体末端偏上方，新月形，气门板有 3 个长椭圆形裂孔。左右各有3个褐色长椭圆形气孔，周围有扁平毛群4丛（彩图11-213-1，2）。

蛹：围蛹，长8.5～10.2mm，椭圆形，初为黄褐色，羽化前转为黑褐色。

橘大实蝇形态特征见图11-213-1。

根据张小娅等描述，蛹的发育分成0～5级：

0级：蛹壳内为浅淡黄色液体。

1级：头部与胸部相连，颈分化不明显。复眼与躯体颜色一致，均为浅乳黄色。触角基部黑色，端部淡黄色。唇瓣紧贴于前胸腹部，与胸部各足相连，前盾片与头部分开不明显。胸部浅乳黄色，各足紧挨为一整体，贴于胸节腹面。翅分化不明显，仅为1对长约5mm左右的淡黄色米状翅芽。足的端部延伸至腹部末端。小盾片与腹部分开不明显。腹部分节不明显，腹部末端黄褐色。

2级：头部与胸部相连。复眼淡红色，躯体颜色较1级深，为淡黄色。触角明显。胸部各足紧贴但已明显分化。小盾片与腹部分开不明显。

3级：头部复眼深褐色。胸部各盾片分化不明显，小盾片三角形不明显且与腹部相连。胸部鬃毛黄褐色。

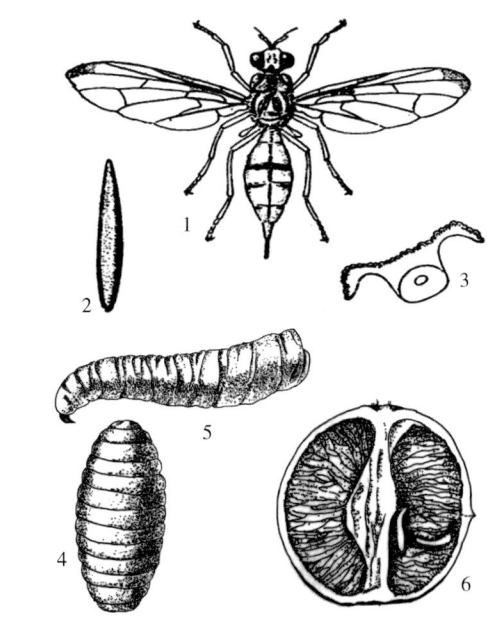

图11-213-1　橘大实蝇（仿云南农业大学，1981）

Figure 11-213-1　*Bactrocera minax*（from Yunnan Agricultural University，1981）

1. 成虫　2. 卵　3. 前气门，有指突33～35个　4. 蛹
5. 幼虫　6. 为害状

4级：头部浅褐色。复眼浅绿色。触角褐色，紧贴于额面。唇瓣与胸部分开。胸部三足红褐色且彼此分化明显。其紧贴于腹面，翅基部浅褐色，端部深褐色，臀前区黑色紧贴于后足下方。中胸背面褐色，前盾片左右各有明显弯月状黄色竖条纹。盾片有3条黄条纹，左右呈弯月状，中间呈"△"形，胸鬃6对，鬃毛黄褐色，小盾片与腹部分离，呈淡黄色。

5级：头部复眼金绿色，单眼三角区黑色明显。触角深褐色，与额面分离，触角白色。胸部小盾片三角形，黄色，与腹部分化明显，胸部鬃毛黑色。翅、胸腹部分离，翅浅黑色未展开。腹部长椭圆形，有3条黑色横条纹，二、三条中间断开，腹部中央1直竖黑条纹。

三、生活习性

橘大实蝇1年发生1代，以蛹在土表下20～60mm处越冬。一般越冬蛹于4月下旬和5月初开始羽化出土，5月中、下旬为成虫羽化盛期，6月中、下旬为交配和产卵期，7月上旬数量减少，活动期可持续到9月底。成虫羽化出土多在9：00～12：00，特别是雨后天晴，气温较高的时候羽化最盛。刚羽化出来的成虫1周内不取食，不能飞翔，多在地面或树干枝叶上爬行，后飞到橘园附近的青树林和竹林内取食蚜和蚧的分泌物、蜜露以及露水等至性成熟。据李杖黎等观察，以柑橘园与杂树林交界50m（特别是5m）以内区域的成虫密度最大。该虫夜伏昼出，在夜间一般静止不动，易向光源处聚集，具较强的趋光性，喜停叶背面，喜栖息在阴凉场所或枝叶茂密的树冠上。羽化后一般20d后才飞至果园交配，一般在晴天下午交配，交配后半月才开始产卵。橘大实蝇交配和产卵行为全天都可见，傍晚时交配行为发生活跃，橘大实蝇交配时间一般在40min至1h，交配初期，雌雄虫一般在柑橘果实上四处爬行。雌成虫产卵时，先寻找适宜的产卵果并确定适宜的产卵位点，雌虫一般在果实上四处爬动，并不断用口器触及果面表皮的各个部位，直至确定合适的产卵部位。据李杖黎等报道，橘大实蝇产卵时对果实的不同部位具有明显的选择偏好性，其中果腰处的产卵痕数量显著多于果蒂和果脐处，而且果实阴面的产卵痕数量显著高于阳面。雌成虫产卵期为6月上旬到7月中旬，卵产于柑橘幼果内，每孔产卵2～14粒，最多可达35粒。每雌产卵50～150粒，产卵量最多207粒。卵于7月中旬开始孵化，9月上旬为孵化盛期。9月中旬至10月中旬为幼虫期，幼虫共3龄，二、三龄幼虫取食量很大，10月中旬至11月下旬幼虫老熟，被害果开始脱落，落果1～3d后，老熟幼虫从落果中钻出，入土化蛹、越冬。极少数的幼虫能随果实运输，在果内进行越冬。

四、发生规律

(一)气候条件

橘大实蝇的发生为害与生态环境关系密切。此虫对处于日照较短、潮湿、利于隐蔽而有蜜露的房前屋后的柑橘树为害最重。温度是影响橘大实蝇蛹发育的主要生态因子,蛹的发育起点温度是 10.6℃,有效积温为 567.9℃。橘大实蝇羽化适宜温度为 20～25℃,最适气温为 22℃。蛹在气温 5～10℃或 30℃以上不能羽化,30～35℃时 5～8d,蛹全部死亡。20℃时蛹历期为 52～58d,羽化率 92.8%;15℃时蛹历期为 95～100d,羽化率为 67.5%;羽化最适含水量为 10%～15%,交尾最适温度为 22.5～30℃。晴天羽化多,阴天少,雨天极少。

(二)土壤结构

蛹完全在土表 3～5cm 内度过,有 180～210d 在土层越冬,与土壤环境的关系非常密切。橘园的向背阳光,土质的疏松坚硬,含水量的多少,都能影响其出土时间,甚至影响其存亡。土壤含水量、土壤深度对橘大实蝇蛹的羽化有明显影响。一般情况下,阳坡果园和沙质土壤有利于蛹的越冬、化蛹和羽化;冬、春雨量适中,土壤含水量在 10%～15%,土温在 5～12℃时,有利于蛹的越冬和羽化,反之过干过湿都会降低越冬蛹的存活率。土壤的结构对蛹的深度有影响。一般来说,沙土比黏土深,已翻土比未翻土深。

(三)寄主植物

橘大实蝇发生轻重与寄主品种关系密切。橘大实蝇对不同寄主植物的为害不同,一般橘大实蝇对早熟品种和脐橙为害最重,蜜橘类次之,柚类等较轻。

(四)天敌

对于橘大实蝇的天敌已经有过一些报道,如蛹期卵孢白僵菌,成虫期的捕食性天敌蜘蛛类、马蜂,10～11 月落果化蛹期也有家禽啄食蛆果内的橘大实蝇幼虫。

五、防治技术

(一)加强虫情监测与管理

加强虫情监测与管理,减低虫源。加强科普教育,发现蛆果时要及时灭虫,不要将蛆果扔到大路旁或溪河里,严禁携带蛆果走亲访友;加强对柑橘交易场所的监督管理,场地要硬化,并建立废果处理池,准备灭虫农药,要求将废果及时入池进行灭虫处理;在柑橘销售时,严禁蛆柑销售,监督蛆柑处理,防止大实蝇蔓延。

(二)农业防治

冬季冰冻前,结合橘园管理,清除枯枝、落叶、落果,带出园外集中烧毁。冬、春季浅翻园土 7～10cm,改变蛹的位置,有利灭蛹,使之暴露地表不适生存而死亡或被鸟等天敌捕食。

也可通过种植早熟、特早熟和晚熟的柑橘品种,使果实的易受害期避开橘大实蝇的产卵高峰期,或在大片的橘园中零星种植橘大实蝇相对较喜好产卵的品种,以降低橘大实蝇对其他柑橘的为害。

果园清洁,虫果无害化处理。在受害果园里,落果期应及时、彻底清除虫果、落果和烂果,目的是杀死幼虫,切忌随意丢弃蛆柑。8 月中、下旬至 11 月下旬,及时摘除树上有虫青果和过熟果实,捡拾落地果进行集中处理。因地制宜地采取下列措施:

(1)袋闷。把蛆柑装进大塑料袋加少量农药(如磷化铝片)后,扎紧袋口闷杀果内幼虫。

(2)深埋(>50cm)。集中在坑内,一层虫果一层石灰闷杀处理。

(3)倒入沤肥水池长期浸泡或用 50%灭蝇胺可湿性粉剂 7 500 倍液浸泡 2d。

(三)成虫诱杀

成虫羽化觅食期(5 月至 6 月上、中旬)在橘园与杂树林交界区域诱杀成虫,采用挂瓶或点喷饵剂诱杀成虫,重点是橘园与杂树林交界区域。

(1)5 月初即开始挂瓶(钵)诱杀和监测橘大实蝇羽化进度:诱杀瓶挂在橘园行间,100 个/hm²。每个瓶中装 200～400 g 毒饵药液,瓶离地面高度 1～1.5m。每 3 d 检查 1 次诱杀效果,及时清除虫尸,对被虫尸污染严重的诱杀瓶,视情况及时更换毒饵,这是保证诱杀效果的关键。

(2)根据实蝇羽化进度,在成虫羽化始盛期(一般在 5 月底至 6 月初)以橘园与杂树林交界区域为重点喷 1 次饵剂。喷后不到 24h 遇降雨的情况要重喷，之后每 7~10d 再喷 1 次。

成虫交配产卵盛期（6 月中、下旬后）橘园内诱杀成虫。在成虫交配产卵盛期，即果实膨大期至果实转色期，橘园内在树冠浓密处均匀点喷新型饵剂，1 500mL/hm²，稀释 6~8 倍，喷 2 次以上。

（四）辐射不育

在果园释放经过 ^{60}Coγ 射线辐射诱变的不育雄蝇可降低为害率、蛆果率，防除效果较好。但是，这项技术的实施必须具备规模化大量饲养、辐照和释放大量不育雄蝇的设备和能力，耗资很大，推广应用还有待进一步完善。

（五）化学防治

对管理不善、受害严重、虫口密度大的抛荒果园，进行橘园施药封杀防治，以减少区域内虫源。橘园喷药防治：在成虫交配产卵盛期，晴天成虫活跃期施药。喷洒树冠浓密处，喷 2 次以上，根据用药种类及农药安全间隔期，至果实采收前停药。可选择高效低毒低残留的有机磷类和菊酯类农药：10% 氯氰菊酯乳油 2 000 倍液，50% 杀螟硫磷、80% 敌敌畏 1 000~2 000 倍液进行全树喷雾、封杀。此外，在成虫羽化高峰期，可在果园地面均匀施用农药防治。药剂可选 45% 马拉硫磷乳油 500~600 倍液，树冠周围地面泼浇或 5% 辛硫磷颗粒剂 7.5 kg/hm² 撒施。

张宏宇（华中农业大学植物科学技术学院）

第 214 节　橘小实蝇

一、分布与危害

橘小实蝇［*Bactrocera dorsalis*（Hendel）］属双翅目实蝇科果实蝇属，又名柑橘小实蝇、橘小寡鬃实蝇、芒果大实蝇、东方果实蝇、黄苍蝇、果蛆。

原产我国台湾等地及日本九州。我国于 1911 年在台湾首次发现，1937 年谢蕴贞报道大陆有该虫记录。现已扩散到北美洲、大洋洲和亚洲许多国家和地区，在 20°S~30°N，冬季气温 20℃ 以上地区为害最重。主要分布于日本、越南、老挝、柬埔寨、缅甸、泰国、马来西亚、新加坡、菲律宾、印度尼西亚、尼泊尔、不丹、孟加拉国、印度、斯里兰卡、巴基斯坦、马里亚纳群岛、美国等。在我国台湾、香港、海南、广东、广西、福建、浙江、湖南、云南、贵州、四川等地都有分布。有研究表明，25°N 以南的地区为橘小实蝇的最适宜分布区，四川盆地和贵州的部分地区是橘小实蝇的适宜分布区，25°N 以北、长江以南的地区是次适生分布区。

该虫寄主范围广，主要为害番石榴、芒果、柑橘、杨桃、番木瓜、香蕉、枇杷、番荔枝、龙眼、荔枝、黄皮、蒲桃、红毛丹、人心果、桃、李、苹果、杏、梨、柿、石榴、无花果与辣椒、番茄、丝瓜、苦瓜等 46 科 300 多种园艺作物。成虫产卵于果实中，幼虫取食果实，使之腐烂坠落，世界许多国家和地区把它列为重要的检疫性害虫。橘小实蝇在我国是一种毁灭性果蔬害虫。近年来给我国果蔬业、花卉业带来严重的经济损失，特别在南方局部地区暴发成灾，部分果蔬几乎绝收。每年造成的直接经济损失已超过20 亿元，同时还影响其分布区果蔬等农产品的出口贸易。

二、形态特征（彩图 11 - 214 - 1）

成虫：体长 6~8mm，翅长 5~7mm。头黄褐色。中颜板下部具 1 对圆形黑色斑点。复眼边缘黄色。触角细长，3 节，第三节为第二节长的 2 倍。头额鬃 3 对，后头鬃每侧 4~8 根成列。胸部黑色，肩胛、背侧胛、中胸侧板、后胸侧板大斑点和小盾片均为黄色。胸鬃有肩板鬃 2 对，背侧鬃 2 对，前翅上鬃 1 对，后翅上鬃 2 对，中侧鬃 1 对，小盾前鬃 1 对，小盾鬃 1 对。翅透明、脉黄色，翅前缘带褐色，伸至翅尖，较狭窄，其宽度不超出 R_{2+3} 脉，臀条褐色，不达后缘。足大部黄色，中足胫节端部有 1 赤褐色的距，后胫节通常为褐色至黑色。腹部卵圆形，棕黄至锈褐色。第一、二节背板愈合，第三腹节背板前缘有 1 条深色横带，第三至五节具 1 狭窄的黑色纵带，第五节上具亮斑 1 对。雌虫产卵管基节棕黄色，其长度略短于第五背板，端部略圆，针突长 1.4~1.6mm，末端尖锐，具亚端刚毛长、短各 2 对。雄虫第三背板具栉毛，雄虫阳茎细长，弧形。

卵：梭形，长约 1mm，宽约 0.1mm，乳白色，表面光亮。精孔一端稍尖，尾端较钝圆。

幼虫：老熟幼虫体长平均 10.0～11.0mm，黄白色，蛆状，前端小而尖，后端宽圆，口钩黑色。前气门呈小环，有 10～13 个指突；后气门板 1 对，新月形，其上有 3 个椭圆形裂孔，末节周缘有乳突 6 对。幼虫期 3 龄，一龄幼虫体长 1.55～3.92mm，二龄体长 2.78～4.30mm，三龄体长 7.12～11.00mm。

蛹：长 4.4～5.5mm，宽 1.8～2.2mm。椭圆形，初化蛹时浅黄色，后逐步变至红褐色。第二节上可见前气门残留的突起暗点，末节后气门稍收缩。

三、生活习性

橘小实蝇每年发生 3～9 代，世代重叠严重，发生不整齐，同一时间同一地区内各种虫态并存，无严格的越冬过程。我国台湾 1 年发生 7～8 代，无明显的冬眠现象，华南地区 3～5 代，以蛹在潮湿疏松表土层或成虫栖于杂草丛中越冬。范京安的研究结果表明，25°N 以南的地区为橘小实蝇的最适宜分布区，四川盆地和贵州的部分地区是橘小实蝇的适宜分布区，25°N 以北、长江以南地区是次适生分布区，其余地区是非适宜分布区。成虫产卵前期最短 2～5d，最长 3～4 个月，成虫寿命较长，在野外能存活 4 个月，在夏威夷海拔较高处可存活 1 年多。卵期平均 1～6d，幼虫期 7～20d，前蛹期 12～18d，蛹期 8～20d，最长的 44d。

橘小实蝇成虫全天均可羽化，但 8：00～10：00 是其羽化盛期。成虫具有较强的飞翔扩散能力，雄虫能飞 6.5～8km，并能横跨两岛之间（相距 14.5km）的海面，应用飞行模拟系统在实验室条件下测试，初步发现其最远可飞行 46.5km。

成虫羽化后，雌虫以产卵管刺伤寄主果实（或自然受伤果实）吸取分泌出的蜜露和一些植物分泌的花蜜，成虫多喜在上午天气较凉爽阶段进行取食。中午或下午通常只是在叶丛中、树干枝条上活动、停息。雌雄成虫羽化后 11～13d 性成熟，才开始交尾。交尾时间一般在 19：00～21：00 或更晚，每次交尾时间 3～4h，有的甚至长达 10h。雌虫可多次交尾，仅交尾 1 次的雌虫可持续产卵达 27d 之久，交尾后 2～3d 便可产卵。雌虫多在 16：00～17：00 产卵。一般产卵于果皮与果肉之间，喜欢寻找新的伤口、裂缝等处产卵，不喜欢在已有幼虫为害的果上产卵。雌虫一般每次产卵 1～10 粒，日产卵 1～40 粒或更多，雌虫整个生活史平均产卵 400～1 800 粒。

橘小实蝇寄主范围广，可为害 300 种以上的瓜果蔬菜，但不同的寄主植物对其引诱率具有明显的差异。据室内饲养观察和田间调查发现，橘小实蝇对 12 种寄主植物的嗜好程度依次为：番石榴＞杨桃＞芒果＞番荔枝＞橄榄＞黄皮＞枇杷＞人心果＞莲雾＞油梨＞橙＞柑橘。橘小实蝇对同一寄主的不同品种也存在明显的选择性，在 Bangalora、Malik、Dashehari、Amrapali 等 4 种芒果品种以及 Lucknow 49 和 Allahabad 两个番石榴品种中，橘小实蝇成虫更偏好在 Bangalora 和 Lucknow 49 两个品种上产卵，生活历期短，存活率高。

果实气味对橘小实蝇的雌虫和雄虫都有一定的引诱作用，但雌虫有明显的趋性。果实的成熟度越高，挥发气味越浓烈，雌虫趋性越强。从各成熟阶段芒果引诱到的成虫数量看，雌虫的数量明显高于同阶段雄虫数量和对照，并且雌虫对芒果气味的选择有趋好性，随着芒果成熟度的增加，引诱到的雌虫数量也显著递增。这可能与雌虫在寻找适宜寄主产卵时，首先通过果实的气味找到寄主，然后再根据果实的形状、软硬程度来选择产卵部位的生殖行为有关。

橘小实蝇产卵于果皮和果肉之间，卵的孵化率受多种因子的调控。第一天所产的卵孵化率最低，为 77.6%，第七天为 90.33%，卵孵化率在第十天前后最高，随后逐渐下降，第十四天为 80.33%，第二十一天为 79.33%。卵的孵化率还受温度和湿度的影响，埋于寄主组织中的卵孵化率高、发育快，裸露或非湿润状态下的卵发育迟缓，孵化率低。

幼虫孵化后便潜入瓜果果肉取食为害，常群集（每果 10 多头，多达百余头），在果实中取食沙瓤汁液，使沙瓤干瘪收缩造成果内空虚，常常未熟先黄而脱落。幼虫分 3 龄，三龄期食量最大，为害最烈。幼虫较活跃，但一般不会从一个寄主果实转移到另一个寄主果实。一至二龄幼虫不会弹跳，三龄老熟幼虫会从果中弹跳到土表，寻找适当地点化蛹，跳跃距离可达 15～25cm，高度可达 10～15cm，并可连续弹跳多次。

幼虫老熟脱离受害果实，弹跳或爬行到潮湿疏松的土表下 2～3 cm，钻入泥土中或土石块、枯枝落叶的缝隙中化蛹，但多化蛹于土层下 1~5 cm 深处，经 1~2 d 预蛹后化蛹。如无法找到合适环境时，也可以直接裸露化蛹。有些来不及脱离或无法脱离受害果的个体，也能在受害果里化蛹。土壤的含水量影响化蛹的深度和蛹的存活率，含水量较高时幼虫入土快，预蛹期短。在干沙土中，97.2% 的幼虫化蛹深度为 0~5.5 mm；在湿沙土中，95.5% 的幼虫化蛹深度为 0~27.5mm。干沙土中的蛹死亡率比湿沙土中的高 50%。

四、发生规律

橘小实蝇在我国南方全年发生，有明显的世代重叠现象。在柑橘主产区，每年可发生 3~5 代，当橘园周围有芒果、番木瓜、番石榴和桃、梨等多种寄主植物存在时，则每年可发生 9~10 代。在广东每年有两个为害高峰，从 5 月开始成虫发生量逐渐增多，到 8 月出现一个较大的发生高峰，11 月出现第二个高峰，直到 12 月成虫发生量下降。

（一）气候条件

温度是影响橘小实蝇种群发生的重要因素。吴佳教等人研究表明，橘小实蝇在不同温度下完成 1 个世代所需的时间以及未成熟阶段的发育起点温度和各虫期所需的有效积温存在以下关系：卵、幼虫和成虫的发育受气温的影响；而蛹在土中的发育，则主要受土壤温度的影响。Vargas 等比较了 16℃、18℃、24℃、29℃ 和 32℃ 5 种温度下橘小实蝇不同虫态的发育和存活率的变化。卵、幼虫和蛹的发育起点温度分别为 12.19℃、5.24℃ 和 10.08℃，有效积温分别为 19.9℃、156.7℃ 和 157.8℃，整个世代的发育起点温度为 12.19℃。在 16℃ 和 32℃ 时，雌虫寿命分别为 133.5d 和 27.5d，雄虫寿命分别为 116.8d 和 23.1d。

湿度对橘小实蝇的发生也产生较大影响。一般在雨量充沛时，雌虫的产卵量较多，种群增长快。干旱会造成蛹体的暂时性发育迟缓甚至休眠，羽化的成虫无法在土壤中挣扎出来，且无法充分展翅，新羽化成虫死亡率显著增加，存活雌虫产卵量降低，从而种群数量降低。此外，不同湿度环境对橘小实蝇卵和幼虫也有明显影响。在湿度饱和、微湿、干燥时，卵的孵化率分别为 83%、50% 和 3%。土壤含水量低于 40% 或高于 80% 时，老熟幼虫入土慢，死亡率高。

光照是影响橘小实蝇生长发育和繁殖的重要生态因子。周昌清等人的研究结果表明，中长期光照对橘小实蝇的种群增殖较为有利，且生殖期长，产卵量大，世代重叠严重。

（二）寄主植物

寄主植物对于昆虫种群发生具有重要影响。橘小实蝇为杂食性害虫，寄主范围广，能取食香蕉、柑橘、杨桃、番石榴、芒果、茄子、辣椒等 46 科 300 多种水果和蔬菜。然而，橘小实蝇存在明显的寄主偏好性，产卵选择性是其偏好性的重要方面。许益镌等（2005）选用香蕉、橙、杨桃、李等 8 种水果对橘小实蝇的产卵选择性进行了观察，结果表明：香蕉上的平均产卵量最多，其次是橙，最低为李；在成熟果实与未成熟果实的对比实验中，香蕉和杨桃的成熟果实上的产卵量明显高于未成熟果实，其他的果实差异不明显；在以成熟果皮与果肉之间的对比实验中，平均产卵量香蕉果肉大于果皮，而橙的果皮则大于果肉。袁盛勇等研究发现，雌虫产卵易受果实伤口引诱，雌虫喜欢在机械损伤造成的伤口上产卵，并且雌虫喜欢选择在成熟果实上产卵，果实成熟度越高产卵数量越多。

另外，不同寄主上橘小实蝇对环境的适应性也有差异。任璐等（2006）研究了寄主营养对橘小实蝇耐寒性的影响，结果表明：15 种不同寄主上发育的橘小实蝇其过冷却点存在显著差异；同一寄主植物上的橘小实蝇不同虫态之间过冷却点也达到极显著差异；同时，橘小实蝇的各发育阶段过冷却点也表现一定的变化，如蛹发育至 3d、5 d 和 7d 后过冷却能力明显增强，可能的原因是橘小实蝇幼虫由于生活寄主的不同使得其下一代蛹的耐寒性产生了差异。

（三）天敌

橘小实蝇寄生性天敌种类有 70 余种。国外利用较多且取得显著成效的有反颚茧蜂、潜蝇茧蜂类，主要是卵寄生蜂阿里山缘脊茧蜂（*Fopius arisanus*）、幼虫寄生蜂长尾开裂茧蜂（*Diachasmimorpha longicaudata*）、范氏缘脊茧蜂（*F. vandenboschi*）、雕刻短背茧蜂（*Psyttalia incisi*）、全沟缘脊茧蜂（*Fopius persulcatus*）和实蝇啮小蜂（*Tetrastichus gif fardianus*）。在夏威夷自 1951 年开始已成功推广和应用了阿里山缘脊茧蜂、长尾开裂茧蜂和雕刻短背茧蜂等橘小实蝇寄生蜂，1951—1954 年夏威夷橘小实蝇种群被这几种寄生蜂寄生的平均寄生率高达 70%，且在番石榴果园的橘小实蝇种群高达 90% 被阿里山缘脊茧蜂所寄生，有效地控制了橘小实蝇的为害。

利用捕食性天敌防治橘小实蝇的研究不多，且防治效果没有寄生性天敌显著。仅有报道蚂蚁能捕食裸露的实蝇老熟幼虫、蛹和刚羽化的成虫，还有报道隐翅虫、环纹小肥螋 [*Euborellia annulipes* (Lucas)]、夏威夷苔螋 (*Sphingolabis hawaiiensis* Bormans) 及螨类能捕食落土果中的实蝇幼虫。

五、防治技术

在我国南方地区果树种类繁多，基本上全年都有不同的水果成熟，这为橘小实蝇的大发生提供了极为有利的条件，导致防治难度增加。目前，橘小实蝇的防治主要是化学防治和性诱剂诱杀。但是化学防治会造成抗药性的产生，也会对环境造成污染，而性诱剂只能引诱到雄虫。因此，寻找更加有效的方法是防治橘小实蝇的当务之急。

(一) 抓好调运检查

橘小实蝇幼虫能随果实的调运而传播，特别是对成熟期早的品种或果实在后期受害的情况下，幼虫在果内尚未老熟脱出就随果运销，其幼虫有可能在新地区脱果落地而存活下来，导致新的分布和为害。因此，从橘小实蝇为害区调运各类水果时，必须严格检查，一旦发现虫果，必须经过有效处理后方可调运，从而控制橘小实蝇蔓延扩展。

(二) 冬季清园，及时清除落果

在当年果实采收后，结合冬季清园，翻耕园土 1 次，以杀死部分在土中越冬的蛹。在受害果园里，落果期应及时清除落果，对树上有虫青果和过熟果实亦应及时摘除。可利用深埋、水浸、焚烧等简易方法杀死虫果内的橘小实蝇幼虫。

(三) 果实套袋

根据不同果实种类，选择相应的果袋进行果实套袋。套袋时间应根据不同果树的生育期和当地果树种植情况，结合橘小实蝇发生实况而定，一般在坐果期或果皮软化前套袋。套袋对防止橘小实蝇的侵入为害效果显著，防治效果可达或接近 100%。然而，该方法也存在其局限性，在幼年果树上操作较为简便，对于老龄或树势高大的则工作量较大。若所用袋子质地过薄，橘小实蝇的产卵管仍能刺破袋子造成果实腐烂。另外，套袋时机掌握不准可能影响果实的风味。

(四) 诱杀

利用橘小实蝇的趋化性诱杀成虫是橘小实蝇防治的重要方法，也是主要的防治方法。Howlett 在 1913 年报道了甲基丁香酚对橘小实蝇雄虫具有引诱力，1952 年 Steiner 等进一步证实了甲基丁香酚对橘小实蝇雄虫有强烈的引诱作用。除甲基丁香酚外，目前已发现引诱酮、甲氧基苯丁酮和 4-对羟基苯基-2-丁酮等多种对橘小实蝇具有引诱作用的化学物质。而在橘小实蝇的防治中应用最为广泛的是甲基丁香酚类和异丁香酚。甲基丁香酚对多种实蝇均有引诱作用，异丁香酚则专一性地对橘小实蝇有引诱力。此外，利用这些化学物质引诱剂与毒剂混合诱杀橘小实蝇效果非常明显。

目前应用的橘小实蝇引诱剂多为诱雄剂，对雌虫无引诱效果。姚忠琴等（2010）研制了两种引诱剂，（引诱剂 II 号和引诱剂 V 号）不仅能引诱雄虫，对雌虫也有一定的引诱效果，这对于控制橘小实蝇种群的发生具有更加重要的意义，将成为橘小实蝇引诱剂研究和应用的重要发展方向。

(五) 化学防治

当橘小实蝇发生较为严重时，化学防治则成为必要且有效的防治方法。目前对橘小实蝇的有效化学药剂主要是有机磷类和拟除虫菊酯类，也有的使用氨基甲酸酯和特异性杀虫剂。白巧和宋福猛采用 80% 敌百虫 1 000 倍液加 150 g 红糖在芒果挂果期喷雾，每周 1 次，连喷 3 次，防治效果达 89.3%。孙国坤等用 1.8% 阿维菌素 3 000 倍液喷雾防治番石榴上的橘小实蝇，每周 1 次，连喷 5 次，防治效果达 88.9%。对发生十分严重的果园，在成虫羽化盛期尚未产卵时（9：00～10：00）施药喷洒树冠浓密处，喷 2 次以上，根据农药安全间隔期，至果实采收前 10～15d 停药。

(六) 生物防治

利用天敌昆虫、病原微生物等是控制橘小实蝇种群发生的重要手段。国外利用天敌防治橘小实蝇较早，其中，以寄生性天敌研究居多，而我国近年来才开展该方面的研究工作。目前，国内外研究发现橘小实蝇的寄生蜂主要是实蝇茧蜂、跳小蜂、黄金小蜂等，研究较多而且较为成功控制橘小实蝇的天敌主要是寄生性天敌中的反颚茧蜂、潜蝇茧蜂类。此外，还有一些捕食性天敌，主要有蚂蚁、螳螂、隐翅虫等，也产生有效的控制作用。目前对一些病原微生物的控制作用也逐渐展开研究，主要有真菌、线虫、共生菌等。

张宏宇（华中农业大学植物科学技术学院）

第 215 节　蜜柑大实蝇

一、分布与危害

蜜柑大实蝇［*Bactrocera tsuneonis*（Miyake）］属双翅目实蝇科寡毛实蝇亚科果实蝇属（*Bactrocera* Macquart），又名日本蜜柑蝇和橘蛆。

蜜柑大实蝇原产于日本九州，现越南亦有分布。我国四川、广西、贵州、云南等地区都有发现，适生区更广泛，并有不断扩大分布区的趋势。该虫被许多国家列为禁止输入的检疫对象，也是我国严禁传入的检疫性有害生物之一。该虫的主要寄主是柑橘类植物，包括酸橙、乳橘、甜橙、大红橘、温州蜜柑、厚叶金橘、金橘、圆金橘等。

蜜柑大实蝇以幼虫为害柑橘果实，蛀食果肉，有时也侵害种子。当幼虫发育至三龄时，被害果实的大部分已遭破坏，严重受害的果通常在收获前出现落果，导致柑橘严重减产。通常在该虫严重发生区虫果率为 20%～30%，严重时高达 100%。

据报道，该虫在日本主要为害温州蜜柑，受害严重的损失达 60% 以上，在我国广西主要为害宁明橘、长安金柑、扁柑等，果实受害率最高可达 86.29%。在四川屏山县主要为害红橘，受害率在 30% 左右，严重的在 80% 以上。

二、形态特征

成虫：体大型，长 10.0～12.0mm，黄褐色。头部黄色或黄褐色，触角淡黄褐色，由 3 节组成，第三节最长，触角芒即着生于该节基部。单眼三角区黑色，颜面斑棱形或长椭圆形，黑色，复眼紫色有光泽。中胸背板红褐色，背面中央有"人"字形的褐色纵纹，肩胛和背侧板胛以及中胸侧板条均为黄色，中胸侧板条宽，几乎伸抵肩胛的后缘；缝后侧色条始于中胸背板缝并终于上后翅内鬃之后，呈内弧形弯曲，具中后缝色条。小盾片黄色。胸部鬃序与柑橘大实蝇有显著区别，共有 8～9 对，包括小盾端鬃 1 对，无小盾前鬃，后翅上鬃 2 对，前翅上鬃 2 对（有时 1 对，或有时 1 侧 1 根，而另 1 侧 2 根，不等），中侧板鬃缺，背侧鬃 2 对（前、后各 1 对），肩板鬃 2 对（内对常较外对弱小）。翅膜质透明，前缘带宽，与 R_{4+5} 脉汇合，并在翅端 R_{4+5} 脉的下方和 M_{1+2} 脉之间略扩展；此外，在 R_{2+3} 脉与 R_{4+5} 脉之间的暗褐色前缘带上有 1 空白透明长形条；无臀条。足近红褐色，胫节色较深。腹部卵圆形，黄褐至红褐色，背

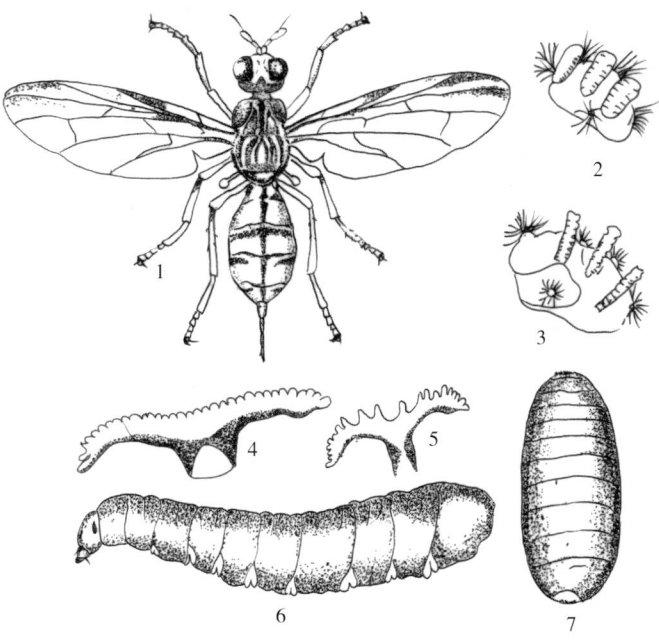

图 11 - 215 - 1　蜜柑大实蝇形态（仿北京农业大学等，1990）

Figure 11 - 215 - 1　*Bactrocera tsuneonis*（from Beijing Agricultural University et al.，1990）

1. 成虫　2. 二龄幼虫后气门　3. 三龄幼虫后气门

4. 三龄幼虫前气门　5. 二龄幼虫前气门　6. 幼虫　7. 蛹

面具 1 暗褐色到黑色中横带，自腹基部延伸到腹部末端或在末端之前终止，第三腹节背板前缘有 1 暗褐色到黑色横带，与上述中纵带相交呈 "十" 字形；第四和第五节背板两侧各有 1 对暗褐色到黑色短带。雌虫第六节背板隐于第五节的下方，第七至九节组成产卵器（第七节为基节，形如瓶状，暗褐色；第八节为中节，具锉区；第九节为产卵管节，端呈 3 叶状，具端前刚毛 4 对）。产卵器的基节长度约为腹部一至五节长之和的 1/2，其后端狭小部分短于第五腹节，受精囊细长，螺旋形。雄虫第三腹板具栉毛，第五腹板后缘略凹，阳茎端暗褐色，其上透明的蘑菇状物端半部密生透明小刺（彩图 11‑215‑1）。

卵：长 1.33~1.6mm，白色，椭圆形，中部略弯曲，一端稍尖，另一端圆钝，上有 2 个小突起。

幼虫：共 3 龄。一龄幼虫体长 1.25~3.5mm，口钩小形，长 0.04~0.07mm。前气门尚未发现，后气门甚小，由 2 片气门板组成，裂孔马蹄形。气门板周围有气门毛 4 丛。二龄幼虫体长 3.4~8.0mm。口钩发达，黑色，长 0.16~0.17mm，气门具气门裂 3 个，气门毛 5 丛。三龄老熟幼虫体长 12.0~15.5mm，乳黄色，蛆形，口钩发达，黑色，一般缩入前胸，前气门位于第一体节侧面，"丁" 字形，外缘呈直线状，略弯曲，有指突 33~35 个。体二至四节前端有小刺带，腹面仅二至三节有刺带。后气门位于体躯末端，气门片新月形，具气门裂 3 个，气门毛 5 丛。

蛹：长 8.0~9.8mm，椭圆形，淡黄色到黄褐色，幼虫前气门上的乳状突起仍清晰可见。

蜜柑大实蝇各期虫态见图 11‑215‑1。蜜柑大实蝇、柑橘大实蝇成虫形态主要区别特征见表 11‑215‑1。

表 11‑215‑1　蜜柑大实蝇、柑橘大实蝇成虫形态主要区别特征

Table 11‑215‑1　The major difference of adult morphological characteristics between *Bactrocera tsuneonis* and *Bactrocer aminax*

蜜柑大实蝇	柑橘大实蝇
具前翅上鬃 1~2 对，肩板鬃 2 对，胸鬃 8 对	无前翅上鬃，肩板鬃 1 对，胸鬃 6 对
产卵器基节长度为腹部（第一至五腹节）长的一半	产卵器基节长度约等于腹部（第一至五腹节）长度
雄虫腹部第五腹板后缘向内凹陷的深度达此腹板长度的 1/5	雄虫腹部第五腹板后缘向内凹陷的深度达此腹板长度的 1/3

三、生活习性

蜜柑大实蝇生活史见表 11‑215‑2。

表 11‑215‑2　蜜柑大实蝇生活史（广西宁明，1960）

Table 11‑215‑2　Life history of *Bactrocera tsuneonis*（Ningming, Guangxi, 1960）

	羽化	产卵	孵化	落果	化蛹
始期	4 月中旬	6 月中旬	7 月下旬	—	10 月下旬
盛期	5 月上旬至 5 月中旬	7 月下旬至 8 月中旬	8 月下旬至 9 月下旬	10 月上旬至 11 月中旬	11 月上旬至 12 月中旬
末期	6 月中旬	9 月中旬	10 月下旬	12 月中旬	翌年 2 月上旬

蜜柑大实蝇 1 年发生 1 代，绝大部分以蛹在土壤 10cm 内越冬，少数幼虫在落果中越冬。

日本九州蜜柑大实蝇 6 月初开始羽化，直到 7 月末，6~8 月均能见成虫，成虫多于 7 月中旬开始交尾产卵，8 月上旬为产卵盛期。在广西等气温较高的地区，成虫在 4 月中旬开始羽化，羽化盛期为 5 月上、中旬；7 月下旬至 8 月中旬为产卵盛期。幼虫孵化盛期为 8 月下旬至 9 月下旬。10 月下旬至 12 月中旬幼虫随落果入土。在四川屏山县室内饲养的蜜柑大实蝇于 11 月中、下旬入土化蛹，6 月上旬开始羽化，6 月中旬羽化完毕。田间诱捕试验于 6 月 18 日始见成虫。7 月上、中旬为诱集高峰，8 月 19 日最后诱到成虫。7 月下旬至 8 月中旬为产卵期，8 月下旬至 10 月中旬为孵化期，10 月中旬幼虫开始脱果入土化蛹，化蛹盛期在 10 月下旬至 12 月中旬。

由于蛹越冬场所处的位置不同，接受阳光而获得的温度高低有异，因此成虫羽化时期有先后。一般以

向阳地的蛹羽化最早，故此虫的羽化期一般认为可达 2 个月。成虫羽化以 10：00～12：00 最多，午后羽化较少。羽化时刻与天气有关，晴天午前多，阴天次之，雨天午后多。成虫羽化后至产卵盛期前长达两个月，成虫多在柑橘树冠的叶背面活动，在叶正面和树干上较少。成虫寿命 40～50d。

成虫喜食蚜虫和介壳虫的分泌物和叶上的露珠，对糖、酒、醋有强趋性。成虫多在晴天交尾产卵，交尾时间长达 11～25min，并有多次交尾习性。雌虫将卵产在果皮或果瓢内，绝大部分都集中于果腰部产卵，脐部和蒂部产卵较少。每处产卵 1～2 粒，1 个蛆果一般有幼虫 1～4 头，多者可达 8 头。单雌产卵 30～40 粒。卵期 20d 以上。产卵孔呈 1 针刺状小孔，产卵孔不封闭，孔口灰白色或黑褐色，有龟裂现象。横剖产卵孔果皮呈黄色水渍状。

幼虫在被害果内蛀食囊瓣，个别也能潜食种子。早期产卵孵化出的幼虫一般数量较多，其对囊瓣辗转纵横蛀食，这种被害果于 10 月上旬逐渐未熟先黄，造成落果，老熟幼虫随果落地，入土化蛹。后期产卵孵化的幼虫一般数量较少，其对囊瓣依次蛀食，被害果实正常着色，也不掉落，被害果也有未熟先黄提前落果的现象，但果实不腐烂，通常引起果瓢变白干缩。三龄老熟幼虫有弹跳习性，幼虫脱果以后，先在地表爬行 5～30min，选择适当场所，钻到 3.3～6.6cm 深的土壤中化蛹，也有极少数幼虫在果内化蛹，化蛹率高达 99.5％～100％，向阳地的化蛹率为 91％，阴坡处为 81％。蛹期约 200d。

四、发生规律

（一）气候条件

蜜柑大实蝇发生为害与环境的关系极为密切。荫蔽度大、日照少、温度低、湿度大的山地橘园发生为害严重（果实被害率可达 49.2％）；反之，荫蔽度小、阳光充足的橘园发生少，为害轻（0.3％～4.7％）。

（二）土壤

土壤中蛹的密度与地势、土质有关，平地橘园蛹集中在树盘以内，树盘以外稀少；坡地橘园则坡下较多。疏松土壤蛹的密度大，板结土壤密度小。

成虫羽化率的高低与土壤质地、含水量多寡、地势高低有关。一般地势平坦、土壤疏松、含水量中等成虫羽化率高。一般向阳地羽化早，雨后天晴羽化出土较多。

（三）寄主植物

蜜柑大实蝇主要为害柑橘类植物。特别是宁明橘（酸橘）（*Citrus sunski*）、扁柑（*C. reticulata*）、温州蜜柑（*C. unshiu*），同时还可为害金橘（*Fortunella xerassifolia*）、红橘（*C. tangerina*）、酸橙（*C. auranlium*）、甜橙（*C. sinensis*）、柑（*C. reticulata*）、乳橘（*C. kinokuni*）等，一般受害率在 30％左右，严重时最高可达 86.29％。

五、防治技术

蜜柑大实蝇是我国主要检疫对象之一，应严格检疫。蜜柑大实蝇为害的蛆果，在采果时容易混入健果，通过人为携带和果品运输，成为向外传播的主要途径。此外，蛆果抛入沟渠随水流走，也将危及下游橘区。围蛹则可随果实的包装物或寄主植物所附土壤传播。对从疫区输入的柑橘果实及其包装箱或其他容器进行严格的检疫，一旦发现要就地焚烧或深埋。其他防治方法参照柑橘大实蝇防治技术。

张宏宇（华中农业大学植物科学技术学院）

第 216 节　柑橘木虱

一、分布与危害

柑橘木虱（*Diaphorina citri* Kuwayama）属半翅目木虱科，为区别于非洲柑橘木虱〔*Trioza erytreae* (del Guercio)〕，现称为亚洲柑橘木虱，为柑橘黄龙病亚洲种、美洲种的媒介昆虫，在实验室条件下，也能传播黄龙病非洲种。

柑橘木虱在我国分布于广东、广西、福建、浙江、江西、湖南、贵州、云南、四川、海南、台湾、澳门和香港等地，北限为浙江缙云县（29°45′N），其中，发生为害最严重的是广东、广西、福建、海南，这

4个省份也是受黄龙病为害最严重的地区。

柑橘木虱的寄主植物仅限于芸香科，在我国已发现的寄主植物包括芸香科的柑橘属（Citrus）、酒饼簕属（Atalantia）、金橘属（Fortunella）、枳属（Poncirus）、九里香属（Murraya）、黄皮属（Clausena）和吴茱萸属（Tetradium）共7个属。所有的柑橘栽培品种都受其为害，但最嗜食的为九里香。

柑橘木虱为害柑橘嫩梢，造成新叶扭曲变形，严重时会导致新梢枯萎（彩图11-216-1，彩图11-216-2），若虫分泌的蜜露和蜡丝黏附于叶上，会诱发煤烟病，严重影响光合作用，然而更严重的是传播黄龙病。我国关于柑橘木虱的最早记载是1934年发现于广州岭南大学自然博物采集所的柑橘和黄皮上。20世纪50年代初期开始在福建发生为害比较严重，70年代在广东、广西、福建发生普遍，并且明确了其与黄龙病的关系。黄龙病为柑橘生产上最危险的传染性病害，柑橘木虱的发生与黄龙病流行密切相关，二至五龄若虫能够携带病原，三至五龄若虫和成虫能够传病，而且若虫携带的病原会传给成虫并使成虫终身带毒。健康成虫在病树上取食最短30min即可获菌，获菌后7~25d可以传病，而且传病的效率很高，单头带菌成虫取食1~7h即可传病。作为黄龙病唯一的媒介昆虫，柑橘木虱对柑橘产业造成了严重的威胁，在有黄龙病发生的地区被作为最主要的害虫。

二、形态特征

成虫：体长2.8~3.0mm，头顶突出如剪刀状，胸部略隆起。复眼暗红色，单眼3个，橘红色。触角10节，端节顶部有2条长短不一的刚毛。刚羽化成虫的足、触角、翅全为白色，约经1h左右，前翅才可见到灰褐色斑纹和斑点。腹部初羽化时为黄绿色，后逐渐变为青蓝色、橙色。前翅初羽化时为白色，后逐渐出现不规则褐色斑纹、斑点，其中自前缘1/2处绕过外缘至后缘1/2处为褐色宽带纹，此带纹在顶角处中断，近外缘边上有5个透明斑。后翅无色透明（彩图11-216-2）。成虫吸食和停息时腹部与寄主植物呈45°翘起。雌虫略大于雄虫，腹部纺锤形，产卵器末端尖细，略向下弯曲（彩图11-216-3）。雄虫腹部长筒形，抱握器向上翘起（彩图11-216-4）。

卵：呈芒果形，长0.3mm，淡黄色，透明，有光泽，有卵柄插入叶肉组织中（彩图11-216-2）。

若虫：扁椭圆形，背面略隆起，复眼红色，体鲜黄色，但从第三龄起各龄后期体色有所变化，腹部周缘分泌有蜡丝。共有5个龄期，各龄期的体长、前翅芽长、宽及中胸背板宽度如表11-216-1所示。一龄黄色无翅芽；二龄黄色，翅芽显露，前、后翅芽不相重叠；三龄初期黄色，后期黄、褐相间，身体和翅芽都显著膨大，前、后翅芽已有部分重叠；第四龄初期黄色，后期黄、褐色相间，翅芽大形，且向两侧圆出，后翅芽后缘只有1/3左右露在腹部边缘之外；五龄初期黄色，后期黄、褐色相间，后翅芽后缘明显露在腹部边缘（彩图11-216-2和彩图11-216-5）。

表11-216-1 柑橘木虱各龄若虫长度、宽度比较（mm）（引自黄邦侃，1953）

Table 11-216-1 Body length and width of different stage nymph of *Diaphorina citri*（mm）（from Huang Bangkan，1953）

龄期	体长	前翅芽长	前翅芽宽	中胸背板宽
一龄	0.35			
二龄	0.45	0.12	0.07	
三龄	0.70	0.28	0.14	
四龄	0.99	0.49	0.27	0.29
五龄	1.59	0.95	0.52	0.35

三、生活习性

（一）年发生世代数

在广东室内不断供给寄主嫩梢时1年可完成11~14代，田间5~6代；福建地区在柑橘上1年发生6~7代，九里香上9~11代；赣南田间1年发生7~8代，其中一至二代为害春梢，三至四代为害夏梢，五至七代为害秋梢，如有冬梢则发生第八代；浙南平阳1年发生6~7代。发生世代数除了与地理位置和气候条件有关外，主要与寄主植物特性、抽梢能力和次数有关。

（二）成虫的生物学特性

成虫行两性生殖，雌雄性比约为 1∶1。羽化成虫经 7～10d 性成熟后才交尾，有多次交尾习性。交尾一般多在 13∶00～15∶00 进行，每次历时 15～35min，有时长达 1h。交尾后 1～3d 内即开始产卵。雌虫只在寄主的嫩梢上产卵，没有嫩梢不会产卵。卵产在芽梢嫩叶缝间、叶柄基部、花蕾等处，成堆、成排或散生。平均每雌产卵量 500～600 粒，最多 1 437 粒，1 头成虫平均 1d 产 51 粒，最多 115 粒。产卵前期一般 8.5～17.6d，越冬代可达 164d。产卵期 6～7 月 25d，冬季 62d。其寿命各世代差异较大，越冬代为半年以上至 260d，其余世代平均 21.3～65d。柑橘木虱的繁殖力和寿命之间有密切的关系，不交尾的成虫寿命比产卵成虫长，羽化后很快产卵的雌虫比羽化后经过更长时间再产卵的雌虫寿命更长。成虫喜在通风透光的地方活动，树冠稀疏树、弱树发生较重。具有明显的趋嫩性，无嫩梢时成虫要么停留在成熟叶片上吸食等待新的嫩梢出现，要么到橘园附近寻找其他有嫩梢的寄主。成虫还具有一定的趋黄、趋红特性。其飞行能力较弱，但可以随风作长距离传播。

（三）各虫态发育起点温度、有效积温、发育历期及世代历期

柑橘木虱的生长发育包括卵、若虫和成虫 3 个阶段，若虫共 5 个龄期。卵和若虫的发育历期因温度而异。在广东橘园的春梢、夏梢、秋梢、冬梢期，卵期分别为 8～9d、2～4d、3～4d、6～7d，若虫期分别为 19d、10～13d、10d、18d，10～11 月若虫期为 33d。在浙江南部世代历期春季 67d，夏季 20～22d，各代平均 22～56d，越冬代可达 195d。卵和一至五龄若虫的发育起点温度分别为 9.41℃、8.30℃、9.72℃、8.92℃、9.61℃ 和 9.07℃，有效积温分别为 60.03℃、39.78℃、26.82℃、33.23℃、39.76℃ 和 74.49℃。

（四）耐寒能力和越冬行为

柑橘木虱一般以成虫密集在叶背越冬，在广东、福建橘园若有冬芽萌发，则可见到卵和若虫。越冬成虫具有较强的耐寒能力，大约能承受 −18℃ 的低温 10min，−4～−12℃ 的低温 4h，其过冷却点为 −17.4℃，结冰点为 −15.75℃，经过极端最低气温 −10℃ 时，也不会全部死亡。5.7℃ 时存活率 24.14%，8.8℃ 时存活率 53.33%。越冬的成虫尤其是雌成虫寿命比其他世代长，可以存活 8～9 个月，聚集在远离主脉的叶片背面也比在其他世代明显，没有完整的滞育或休眠，虽然生长速度和交配率相对较低，雌成虫仍然可以产卵，并在翌年春天寄主开始长出新的嫩叶时继续产卵。

四、发生规律

影响柑橘木虱发生的有 3 个主要因素：寄主新梢的存在、气候、天敌。一般来说，在柑橘园每年有 3 个数量高峰，与春、夏、秋梢期相吻合。由木虱造成的损害通常在秋梢期最严重，夏梢期次之。发生程度因梢的生长情况、寄主类型和树龄、管理策略而不同。在广东东部的博罗县杨村（23°25′N，114°30′E）果园里数量在冬季也能达到高峰期；在湖南南部，高峰期出现在夏梢期和秋梢期；在云南华宁县（24°11′N，102°55′E）为害最重的时期是春季和夏季；在广西大部分地区，整个生命周期内有 5 个数量高峰，发生在每年的 4～12 月；在浙江南部，7～8 月柑橘秋梢期为成虫发生高峰期，产卵高峰期发生在夏梢期和秋梢期。

（一）寄主新梢

柑橘木虱卵的形成和在卵巢内的成熟与嫩芽的存在密切相关，没有嫩芽成虫不能产卵，卵只能在放梢初期芽缝高湿环境下孵化，若虫聚集在嫩芽、嫩叶上为害，离开嫩芽低龄若虫就会死亡。大多数木虱在新芽开始生长的前 12d 产卵。当柑橘新芽长出 5～50mm 长时产卵达到高峰，超过 50mm 时几乎不再产卵。新叶一旦开始展开即不再吸引木虱产卵。卵的密度在第一叶最高，第四、第五和随后的叶片低。寄主植物、寄主物候和营养状况影响柑橘木虱的产卵行为。一般来说，未投产橘园发生比投产橘园严重，抽梢能力越强的柑橘品种发生越严重。一些气候条件比较适宜的地区，如广东广州，唯一限制成虫产卵的因素是寄主的叶芽是否能持续生长。秋季产卵后进入越冬的成虫在来年春天新芽长出时又能继续产卵。

（二）气候

影响柑橘木虱发生的气候因素主要包括温度、湿度和光照。成虫通常在 20℃ 以上的温度条件下产卵，

低于 14～15℃不产卵。光强度和持续时间显著影响雌虫产卵前期和产卵量。当光照强度为 11 000lx 以下、每天光照时间在 18h 以内时，强度越大、时间越长，雌成虫产卵前期越短、产卵量越大、死亡率越低。温度为 15～34℃，相对湿度在 43%～92%时，温、湿度对柑橘木虱卵的孵化率影响较小。若虫在高温（34℃）、高湿（85%～92%）下死亡率高，适温（20～30℃）、低湿（43%～75%）下死亡率低。湿度对卵和若虫发育历期影响不大。在 15～34℃时，温度与卵和若虫的发育历期呈抛物线关系。

尽管耐寒性较强，越冬成虫却无法在一些高纬度地区存活。在浙江，由于低温的影响使越冬成虫的存活率低，在四川地区每月平均最低温度低于 8℃时，成虫无法存活。低温 0～2℃持续一定时间后死亡率逐日增加，第七天达 55.3%，第十天全部死亡。我国柑橘木虱分布北限年最低月平均气温 6.4℃，最适月平均气温 7.5℃以上，但 6.5℃持续 4d 以上若虫死亡。2008 年我国遇到了冰冻灾害天气，广西调查发现越冬成虫在桂南、桂中、桂北的死亡率分别为 34%、54%和 85%，25°N 以北全部越冬木虱被冻死，但没有全部死亡的调查点翌年 3 月虫口数量即得到恢复。

（三）天敌

柑橘园的天敌资源非常丰富，天敌对柑橘木虱的发生具有显著的抑制作用。根据广东省昆虫研究所在广州橘园调查计算的柑橘木虱自然种群生命表，卵从开始发育至成虫其自然存活率在春、夏、秋梢期仅分别为 0.684%、2.718%和 3.274%，其中，寄生所导致的死亡占总死亡数的 0.430%、14.713%和 16.103%，捕食及其他原因所导致的死亡占总死亡数的 88.450%、81.784%和 83.622%。但由于化学农药的频繁施用，天敌对柑橘木虱的控制作用常受到影响。在广东，不施药的橘园柑橘木虱世代存活率仅为 0.43%～0.8%，1 年施 12～18 次化学农药的存活率提高到 2.2%～17.5%。据台湾研究报道，不施药的果园内柑橘木虱被寄生率可达 15.5%～46.7%，使用化学农药防治的果园，被寄生率降至 0～4.2%。因此，少施或不施化学农药，保护和改善果园生态环境，是提高天敌对柑橘木虱控制作用的重要保障。

柑橘木虱的捕食性天敌比较多，主要有瓢虫、草蛉、蓟马、花蝽、螳螂、食蚜蝇等多种昆虫和蜘蛛。捕食性昆虫主要捕食木虱的卵和若虫。我国捕食柑橘木虱的瓢虫有异色瓢虫（*Harmonia axyridis*）、楔斑溜瓢虫（*Olla v-nigrum*）等 20 余种；草蛉类主要是亚非玛草蛉（*Mallada desjardinsi*）、大草蛉（*Chrysopa pallens*）和红通草蛉（*Chrysoperla rufilabris*），一年四季均具捕食效果，以 4～5 月和 10 月发生较多；蓟马有带翅虱管蓟马（*Aleurodothrips fasciapennis*）、长角六点蓟马（*Scolothrips longicornis*）和黑蓟马科（Malanthripidae）的蓟马等；花蝽主要有微小花蝽（*Orius minutus*）。此外，草间钻头蛛（*Hylyphantes graminicola*）、近管蛛科蜘蛛（*Hibana velox*）等蜘蛛种类对木虱也有一定的控制效果。

寄生性天敌主要有木虱啮小蜂属和木虱跳小蜂属，最具有效控制作用的为柑橘木虱啮小蜂（*Tamarixia radiata*）和阿里食虱跳小蜂（*Diaphorencyrtus aligarhensis*）。两个种均为内寄生蜂，其中柑橘木虱啮小蜂是柑橘木虱的专性寄生蜂，主要寄生三至五龄若虫，其寄生率可达 80%，每头雌蜂可以寄生若虫 500 头/代。阿里食虱跳小蜂的寄生能力比前者弱，主要寄生于四龄若虫，每头雌蜂可寄生若虫 280 头/代。

病原微生物主要是以昆虫病原真菌为主。已报道的有玫烟色棒束孢（*Isaria fumosorosea = Paecilomyces fumosoroseus*）、檬形多毛孢（*Hirsutella citriformis*）、蜡蚧头孢菌 [*Cephalosporium lecanii* (*Verticillium lecanii*)]、球孢白僵菌（*Beauveria bassiana*）、柑橘煤炱（*Capnodium citri*）、蚜霉顶孢霉（*Acrostalagmus aphidum*）、爪哇拟青霉（*Paecilomyces javanicus*）、大刀镰孢（*Fusarium culmorum*）、枝孢菌（*Cladosporium* sp.）等。我国浙江已报道柑橘木虱的 7 种寄生菌：宛氏拟青霉（*Paecilomyces varioti*）、日本曲霉（*Aspergillus japonicus*）、蚜霉顶孢霉、球孢白僵菌、腊叶枝孢霉（*Cladosporium herbarum*）、大刀镰孢和匍柄霉（*Stemphylium* sp.）。其中，蚜霉顶孢霉对柑橘木虱和橘蚜有较强的寄生力。蚜霉顶孢霉和球孢白僵菌在福建柑橘木虱上也有报道。

五、防治技术

鉴于柑橘木虱传播黄龙病的高效性，其防治应以预防为主。实践证明，即使是在广东、广西、福建、海南这些柑橘木虱的主要分布省份，合理的控制措施也可以防止木虱在橘园发生。柑橘木虱的防治策略应在严格检疫的前提下，以农业措施和保护利用橘园原有天敌为基础，结合化学防治措施。化学防治应重点在冬季清园时进行，在春梢抽发前彻底清除越冬虫源，并在每次新梢开始萌发时喷药保护新梢。

（一）植物检疫

种植具有苗木经营资质的苗圃出圃的无病虫合格柑橘苗木，严防柑橘木虱随苗木带入新种植区。

（二）农业防治

（1）清除橘园周围的九里香、黄皮等柑橘木虱的寄主植物，防止柑橘木虱从这些寄主转移到柑橘上为害。

（2）橘园周围种植防风林或高于橘树的绿篱，可阻隔木虱迁移传播，同时增加橘园的荫蔽度，减少木虱发生。

（3）橘园应种植同一个柑橘品种、同一树龄的苗木，避免因多个品种混栽和树龄不同造成抽梢时间不一致。

（4）加强栽培管理，增施有机质肥料，增强树势可以减少木虱的发生。

（5）通过修剪、施肥、灌溉促进新梢抽发整齐一致，并摘除零星嫩梢，缩短抽梢时间，促进新梢老熟。投产果园控制夏梢、冬梢的抽发。

（6）橘园间种番石榴等对柑橘木虱有忌避作用的非寄主植物。

（三）生物防治

柑橘木虱的天敌资源非常丰富。因此，应该通过少施化学农药，尽量选用对天敌较安全的选择性农药，在天敌低峰期施药等措施保护橘园原有天敌，提高天敌对柑橘木虱的自然控制作用。

其他生物防治方法主要是寄生蜂的引进、繁殖和应用。目前，柑橘木虱啮小蜂已可在柑橘园生态系统中广泛定殖；阿里食虱跳小蜂虽然一直无法在田间定殖，但通过室内扩繁释放也能有效控制柑橘木虱的为害。在许多新发现柑橘木虱的国家，这两种蜂已成为其主要生物防治措施。

昆虫病原菌的应用也有一些报道。如浙江从柑橘木虱的多种寄生菌中分离出致病性较强的蜡蚧头孢菌（*Cephalosporium lecanii*），经室内试验，在相对湿度 80%～98% 的条件下，对柑橘木虱的致病率可达 98% 以上。室外笼养试验，在阴雨季节、相对湿度 90% 以上时，对木虱成虫、若虫的致病率均在 80%～100%，但在晴天干旱的条件下则不发病。

（四）物理防治

柑橘木虱成虫有明显的趋黄性，生产上可以利用黄色黏虫板进行测报，并诱杀成虫。

（五）药剂防治

叶面喷施化学农药仍是目前国内外防治柑橘木虱最主要的措施。喷药的关键时期是冬季清园和每次新梢抽发期。冬季清园可以消灭越冬成虫，能够显著减少春季虫口基数，是全年防治柑橘木虱最关键的时期。其次为新梢抽发期，应该在新芽长度 0.5～1.0cm 时开始喷药防治，随着新芽的生长，相隔 5～10d 后再次喷药。主要药剂有 10% 吡虫啉可湿性粉剂 2 500～3 000 倍液、50% 辛硫磷乳油 1 200～1 500 倍液、20% 丁硫克百威乳油 1 500～2 000 倍液、2.5% 高效氟氯氰菊酯水乳剂 500mg/L、10% 虫螨腈悬浮剂 500～1 000mg/L 等。此外，一些广谱性农药混配也有好的防治效果。

0.25% 以上浓度的矿物油乳剂对柑橘木虱的卵、若虫也有较好的防治效果，同时对成虫产卵、取食有显著的驱避作用。矿物油乳剂与吡虫啉、阿维菌素等化学农药混配可提高防治效果，同时可兼治蚜虫、粉虱、柑橘潜叶蛾、介壳虫等橘园常见害虫。

岑伊静（华南农业大学资源环境学院）

第 217 节　柑橘全爪螨

一、分布与危害

柑橘全爪螨 [*Panonychus citri* (McGregor)] 属蛛形纲蜱螨亚纲蜱螨目叶螨科全爪螨属（*Panonychus*），又称瘤皮红蜘蛛、柑橘红叶螨、柑橘红蜘蛛。

柑橘全爪螨为我国柑橘产区的重要害螨。在我国分布于云南、四川、重庆、贵州、湖北、湖南、江西、海南、广西、广东、福建、台湾、陕西、浙江、江苏、上海、河南、山东、北京。在国外，新热带区（阿根廷、智利、巴西、巴拿马等）、非洲区（南非、也门、莫桑比克等）、新北区（加拿大、美国）、古北区（法国、伊朗、芬兰、日本、韩国、西班牙、英国等）和澳洲区（澳大利亚、新西兰、巴布亚新几内亚等）的 63 个国家和地区有柑橘全爪螨的发生报道。柑橘全爪螨的寄主范围广，已有的报道显示，柑橘全爪螨可为害 35 科 112 种植物，除柑橘类植物外，还为害梨、苹果、苦楝、桂花、蔷薇、构树、桃、木瓜、樱桃、桂花、月季、玉兰、木菠萝、天竺葵、南天竹、美人蕉、桑、榕树、八角枫、橡胶树、络石、棕叶狗尾草、槐、悬钩子、核桃和枣等多种植物（彩图 11 - 217 - 1）。

在我国，柑橘全爪螨对柑橘产业有严重为害的报道始见于 20 世纪 60 年代。苗木和大树普遍受害，叶片受害后呈现灰白色的失绿斑点，叶片失去光泽，严重时全叶灰白，造成大量落叶和落果，严重影响产量和树势，在生产上造成的损失可达 30%，个别严重地区可造成无收。此后由于有机化学农药的大量使用，又因该螨世代历期短，繁殖力强，用药频繁，因此，抗药性发展极为迅速，目前已发展成为柑橘生产上为害最为严重的害虫（螨）之一，严重威胁着柑橘产业的健康发展。统计结果显示，柑橘全爪螨已经对 27 种化学农药产生了不同程度的抗药性。

二、形态特征（彩图 11 - 217 - 2）

雌成螨：体长 399μm，体宽 266μm。体呈椭圆球形，背面隆起，深红色。背毛白色，着生于红色的毛瘤上。足橘黄色，颚体色稍浅。须肢跗节端感器顶端略呈方形，稍膨大，其长略大于宽；背感器小枝状，稍短于端感器。气门沟末端膨大。背毛 12 对，粗壮，具绒毛，着生于粗大的突起上。

雄成螨：体长 346μm，体宽 166μm。须肢跗节端感器小柱形，其长约为宽度的 1.5 倍；背感器小枝状，长于端感器。

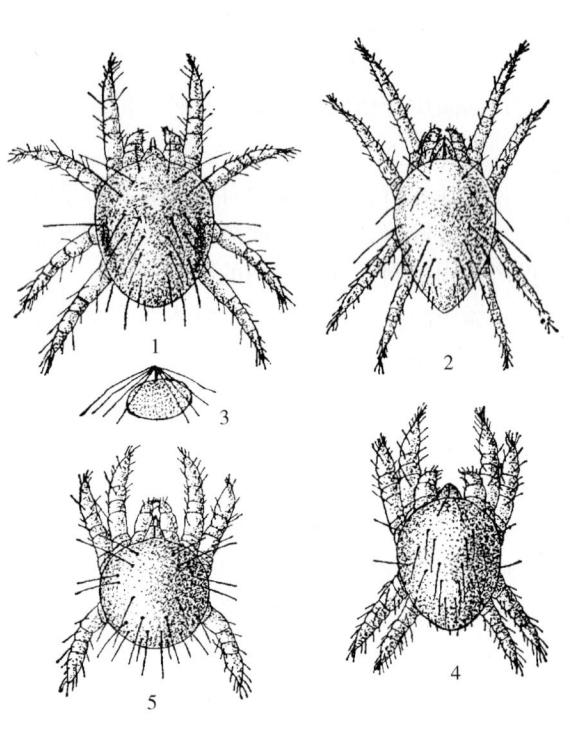

图 11 - 217 - 1 柑橘全爪螨各虫态（引自张格成，1987）
Figure 11 - 217 - 1 Different developmental stages of *Panonychus citri* (from Zhang Gecheng, 1987)
1. 雌成螨 2. 雄成螨 3. 卵 4. 若螨 5. 幼螨

卵：直径 0.13mm，近球形，略扁平，初产时由橘红渐变为鲜红色，近孵化时色泽变淡。中央有 1 直立的卵柄。柄端有附属丝 10～12 条，向四周散射，附着于枝叶表面。

幼螨：体长 0.2mm，近椭圆形，淡红色，体背有 16 根毛，足 3 对。

若螨：形态色泽近似成螨，体形较小，足 4 对，幼螨蜕皮后为前若螨，体长 0.2～0.25mm；第二次蜕皮后为后若螨，体长 0.25～0.3mm，背毛 18 根；第三次蜕皮后为雌成螨。

静止期：幼螨、前若螨、后若螨在蜕皮之前，各有 1 个不食不动的静止期。

三、生活习性

柑橘全爪螨年发生代数因各柑橘产区年平均温度的高低而异。在台湾、海南、云南西双版纳等年均温 22℃以上地区，年发生 30 代左右；广东饶平、广州、湛江，广西南宁、凭祥、钦州、百色，福建漳州、厦门，四川渡口等年均温 20℃左右的地区，年发生 20 代左右；四川东南部、赣南、闽中、浙南、黔南、桂中等年均温 18℃左右的地区，年发生 16～17 代；浙江东部、江苏南部、江西中部、四川西北部、鄂西北、湘中、湘西和陕南等年均温 15～17℃地区，年发生 12～15 代。世代重叠，除冬季外，田间各虫态并存。以成螨和卵在叶背凹陷处和柑橘潜叶蛾为害的僵叶上及枝条裂缝下越冬，1 月均温 12℃以上的地区，各虫态均可过冬。越冬成螨在日均温 5℃时便可产卵。

在室内恒温（15～35℃）条件下，柑橘全爪螨的未成熟阶段（从卵到成螨）的发育历期及雌成螨寿命随着温度的升高而缩短，且雌螨发育历期长于雄螨。如在 25℃ 条件下，雌螨未成熟阶段的发育历期为 12.2d，雄螨为 11.7d，雌成螨寿命为 14.6d。每雌总产卵量最大，达 25.6 粒/雌，净增长率（R_0）和内禀增长率（r_m）均最高。因此，25℃ 为该螨最适生长发育温度。

在自然变温下完成 1 代的历期：日均温 12℃ 时 60d，20℃ 时 41d，25℃ 时 31d，27℃ 时 27d，30℃ 时 20d 左右。在室内恒温条件下完成 1 代的历期：20℃ 时 29.7d，25℃ 时 19.0d，30℃ 时 20.3d，35℃ 时 10.2d。20～30℃ 是该螨发育和繁殖的适宜温度。超过 35℃ 不利于该螨的生长发育，40℃ 多数死亡。0℃ 时 24～96h 幼螨多数能存活；前若螨和雄成螨的存活数亦较多；后若螨和雌成螨的存活数较少；卵在 0℃ 下处理 48h，孵化率仍在 86.3%。

各螨态的发育起点温度和有效积温：卵为 8.2℃ 和 107.9℃，幼螨为 9.3℃ 和 16.6℃，前若螨为 7.4℃ 和 16.7℃，后若螨为 9.1℃ 和 15.9℃，雌成螨为 7.6℃ 和 177.3℃。卵孵化最适宜温度为 25～26℃，湿度 60%～70%，孵化率达 100%。卵期：日均温 12℃ 时 18.5d，16.2℃ 时 15.5d，18.7℃ 时 13.5d，21.6℃ 时 9.6d，23℃ 时 6d，24～29℃ 时 4.5d。越冬卵卵期最长，日均温 10℃ 左右时，田间要经过 56～68d，室内长达 76d。越冬卵卵壳厚，抗药力强。在重庆越冬卵卵期在 12 月中、下旬至翌年 3 月上、中旬。越冬卵的盛孵期在 3 月中旬左右，此时是春季用药剂挑治的重要时期。

雌成螨寿命：在冬季历时 50d，夏季历时仅 10d 左右。日均温 16～19.8℃ 时 20～14d，24.8～29.5℃ 时 17.1～12.1d。自卵发育到雌成螨再产卵，日均温 19.1℃ 时历时 23d，22.8℃ 时 19.2d，24.8～25.3℃ 时 13～14.5d，27～29℃ 时 9～11d，温度高，发育快，周期短，田间种群量大。

交配和产卵：由于雄螨一生蜕皮两次，比雌螨先发育成熟，常静候在最后一次蜕皮的雌螨体侧，一旦雌螨成熟便立即交配，一生交配多次。未经交配的雌螨行产雄孤雌生殖，所产生的卵孵化后均为雄性。雌螨一生产卵 33～63 粒，平均日产 3～5 粒。高温 40℃ 左右的干旱季节产卵量少。春季和夏初由于植株生长旺盛，营养丰富，温湿度适宜，产卵量多。冬季和早春，卵多产在枝条和叶片主脉的两侧，在潜叶蛾为害的僵叶上最多。冬季秋梢上的虫口数常比春、夏梢叶上多 2～4 倍。幼、若螨的密度与成螨产卵量密切相关。每叶有幼若螨 10～20 头，每头雌螨产卵最多可达 24.33～35.57 粒，当每叶达 40～100 头时，平均每头产卵 11.03～15.75 粒。虫口密度越大为害越严重，成虫日产卵量减少，平均 9.6 头/cm² 时日产卵仅 2.3～3.6 粒，6.4 头/cm² 时日产卵 5.7～6.9 粒，3.2 头/cm² 时日产卵 8.5～11.6 粒，1.6 头/cm² 时日产卵 11.6～16.2 粒。

柑橘全爪螨喜欢在幼嫩组织上生活，每当柑橘新梢抽发，该螨便从老的枝梢、叶上迁移到嫩绿的枝叶上为害，且产卵量比在老叶上多得多。树冠顶部、外部的枝叶和叶正面的虫口数常比树冠下部、内部与叶背的多。该螨的成、若螨在阴雨天或雾、露较大时，常迁移至枝梢下部躲藏，当天晴或雾露散退后，重新爬至外围叶片上活动。在树冠和果园的东南方和上中部及外围叶片上虫口数量较多。从 8 月起随着温度逐渐降低，秋梢叶上的虫口数量日渐增多。

柑橘全爪螨喜光，属阳性叶螨，长光照时成螨产卵多，下一代的产卵量亦大，雌螨的量亦多，各螨态的存活率高，发育历期缩短。因此，该螨总是在温度适宜的春夏之交和秋末冬初日照长的季节大发生，在日照长的地区、果园的东南方、树冠顶部发生多，为害严重。

温度和雨量对该螨发生的影响。旬平均相对湿度 65%～87% 时，有利于该螨的发生，高峰期的湿度在 73%～87%。湿度低于 50% 或高于 90% 时，均不利于此螨的发生。降雨强度和降水的多少与该螨发生数量的多寡密切相关。当降水量达 18mm/h 以上时，叶面活动的虫口减少，在初夏的暴风骤雨季节，常常导致田间虫口数量骤然下降。当旬降水量达 3.2～69.3mm/h 时，有利于该螨的发生。据重庆多年观察，9～10 月的总降水量在 100mm 以下，即可出现秋季虫口高峰；12 月至翌年 3 月 4 个月的总降水量在 100mm 以下，春季即可猖獗成灾。因此，在我国冬干春旱严重和水旱两季分明的柑橘产区，常普遍发生为害严重，每年有两个高峰出现。该螨的卵在水中浸泡 100h 以上，就孵化甚少，甚至不孵化。5～6 月，1 周内降水量在 50mm 以上，雨日在 5d 以上，湿度在 80% 以上，即导致该螨的大量死亡，田间自然死亡率由 7.4% 猛增至 89%～96%，因此，高湿和雨季来临，常是该螨种群下降的重要原因之一。

四、发生规律

(一) 种群变动

该螨喜在营养丰富的新梢上生活，且产卵量多。春梢生长期长，营养丰富，温湿度适宜，产卵多，繁殖快；盛夏高温干旱产卵少，为害轻。虫口密度过大，导致营养缺乏，当虫口达30头/叶以上时，死亡率剧增，种群凋落，密度愈大死亡率愈高。当越冬虫口达2头/叶以上时，翌年高峰来得早，虫口量大，为害重；反之，盛发期推迟，虫口量少，为害较轻。

果园内外植被丰富，该螨发生少，丘陵、山地果园天敌种类多，数量大，该螨为害轻；相反，平坝、植被单一果园，发生多，为害较重。

以化学防治为主的柑橘园，每年除7~8月高温时虫口数较少外，其余时间虫口数量均较多，为多峰型。部分产区和年份的成年柑橘园，可在夏季和晚秋出现两个发生为害高峰，属双峰型。以综合防治为主的柑橘园，多在春末夏初有1个高峰，属单峰型。春梢抽发早的脐橙、温州蜜柑等品种，柑橘全爪螨的盛发期要比红橘等春梢抽发晚的品种，盛发期早4~40d，且卵的高峰期比虫的高峰期早出现7~14d。苗圃和幼树每年都有两个盛发期，即春末夏初或秋末冬初，一般春末夏初的高峰期比成年柑橘园晚15~30d，秋季高峰反比成年柑橘园早15~20d。总之，由于环境、气候和天敌的影响以及农药的干扰，引起该螨在同一年度、不同地区或同一地区的不同柑橘园，发生盛期不尽相同。造成柑橘全爪螨大发生的原因主要有：

(1) 该螨年发生代数多，个体微小，种群数量大，容易产生抗药性。一般一种化学农药连续喷布5次以上，螨体接触某一种化学农药连续增殖5代以上，就会出现抗药性，特别是有机磷和拟除虫菊酯类农药，容易产生抗药性。

(2) 大量增施氮、磷肥和喷洒有机磷农药，杀伤了大量天敌。

(3) 大量施用广谱、毒性大的农药，杀伤了大量天敌。

(4) 推行清耕法，果园植被单一，环境恶化，生物相简单。

(二) 气候条件

冬干春旱是春季柑橘全爪螨大发生的重要原因之一。在重庆12月至翌年3月4个月平均最高温度累计在56℃以上，春季容易成灾。早春当旬均温12℃时，冬卵开始孵化；旬均温16~19℃时，虫口增长快，20℃时盛发。2~3月周平均温度达20~25℃，加上干燥的气候，该螨传播快，历期短，高峰期早，为害严重。当旬均温达25℃以上时，虫口迅速下降。常在开花前后盛发，引起叶片、花蕾、幼果大量脱落，造成严重减产。该螨增殖速度的快慢主要受发生期温度高低支配，10d内虫口数量增长数倍，15℃时为1.5倍，20℃时为2.7倍，25℃时为4.5倍。冬季常在5℃以上，若连续出现0℃以下数次，虫口死亡率达65%左右，0℃以下低温是引起过冬虫口减少的主要原因。12月至翌年3月4个月的总降水量在100mm以下，春季该螨大发生。

(三) 越冬基数

柑橘全爪螨春季发生的轻重，与越冬虫口基数有关。当越冬虫口基数大，每叶螨超过1头以上时，当年可能发生猖獗；当越冬虫口基数小，每叶螨少于0.5头时，当年可能不会严重发生。

(四) 天敌

该螨的天敌种类很多，据调查有近百种，其中，尼氏真绥螨［*Euseius nicholsi*＝尼氏钝绥螨（*Amblyseius nicholsi*）］、草栖钝绥螨（*Amblyseius herbicolus*＝*A. deleoni*）、卵形钝绥螨（*A. ovalis*）、纽氏钝绥螨（*A. newsami*）、东方钝绥螨（*A. orientalis*）、具瘤神蕊螨（*Agistemus exsertus*）、圆果大赤螨（*Anystis baccarum*）、草间钻头蛛（*Hylyphantes graminicola*）、八斑鞘腹蛛（*Coleosoma octomaculatum*）、小花蝽（*Orius minutus*）、日本通草蛉（*Chrysoperla nipponensis*）、亚非玛草蛉（*Mallada desjardinsi*）、塔六点蓟马（*Scolothrips takahashii*）、捕虱管蓟马（*Aleurodothrips fasciapennis*）、横纹管蓟马（*A. fascidtus*）、深点食螨瓢虫（*Stethorus punctillum*）、腹管食螨瓢虫（*S. siphonulus*）、宾川食螨瓢虫（*S. binchuanensis*）、红点唇瓢虫（*Chilocorus kuwana*）、异色瓢虫（*Harmonia axyridis*）和芽枝状枝孢菌（*Cladosporium cladosporioides*）、虫霉（*Entomophthora* sp.）与病毒病等，在果园发生多，分布广，控制效果好，应加以保护利用或人工增殖。在柑橘园中该螨一旦失去天敌的控制，便会猖獗成灾。

近年来，在福建、重庆地区的大面积柑橘园内利用捕食螨控制柑橘全爪螨成效卓著，取得显著的经济效益和生态效益，达到"以螨治螨"的效果。

五、防治技术

（一）农业防治

适度修剪，厚留枝叶，增强树势，提高植株的抗（耐）螨性。合理间套作，计划生草栽培或免耕，在不与桑、桃、梨等果树混栽的情况下，果园内外宜种苏麻、紫苏、百花草、辣椒、苣合草、豆类和丝瓜、蓖麻等作物，使园内生物相复杂化和多样化，以利于捕食螨、食螨瓢虫、六点蓟马、小花蝽和蜘蛛等多种天敌的繁衍和栖居。科学施肥，不要过多地施用尿素、磷酸二氢钾等作根外追肥，以免导致该螨的大发生。适时灌溉，采用喷灌和高压水柱冲洗树冠，可减少该螨活动型虫口80%左右，提高了园内湿度，有利于钝绥螨、芽枝霉等多种天敌的生存和繁衍。

（二）生物防治

该螨的有效天敌种类甚多，其中钝绥螨、食螨瓢虫、芽枝霉、虫生藻菌等在柑橘全爪螨发生的中后期，温度较高、湿度较大时，发生数量多，常将其控制在不造成危害的水平。在防治其他病虫害时，尽量少用对天敌杀伤力大的广谱剧毒农药，以利于保护利用天敌。3～6月和9～10月人工引移释放钝绥螨，当每叶平均有柑橘全爪螨2头以下时，每株放200～600头，1个半月可控制其为害；当虫口数量过大时，应使用阿维菌素、哒螨灵等高效低毒低残留的化学农药进行控制，3～4d后再释放捕食螨。

（三）预测预报

选不同类型柑橘园3～5处，每处固定有代表性的树3～5株，于1月中旬开始调查，每10～15d检查1次，在3～4月和9～10月则每7～10d检查1次，每次用10～20倍手持放大镜检查秋梢叶片上的螨、卵及天敌数，每株树冠按东、南、西、北、中央各取叶片4片，共20片，当发现每100叶虫数超过100头，而天敌数不足5头时，就应进一步全面检查。

越冬卵孵化盛期的标准是螨卵比，螨多于卵时防治效果最好。中心虫株的标准是：日均温10℃时1～2头/叶，有螨叶率20%左右，益害比1：70；15℃时3～4头/叶，有螨叶率30%，益害比1：50；20℃时5～7头/叶，有螨叶率50%左右，益害比1：5。此外，结合越冬虫口基数，冬春的温度、降水量、天敌和环境以及上年发生的情况作出中期预测预报。

（四）化学防治

柑橘全爪螨在适宜的气候条件下，繁殖力强，增长迅速，为害严重，若天敌数量不足以控制其为害时，需及时进行化学防治。成年树应抓好早春及晚秋进行防治，苗圃及幼树除春、秋季外，还应加强冬季防治。

柑橘全爪螨防治适期：春芽萌发前为每100叶100～200头，春芽1～2cm或有螨叶达50%；5～6月和9～11月为每100叶500～600头。开花前低温条件下选用15%哒螨酮1 500～2 000倍液、5%噻螨酮2 000～2 500倍液、24%螺螨酯5 000～6 000倍液及20%四螨嗪1 500倍液等药剂；花后和秋季气温较高时选用25%单甲脒1 000～1 500倍液、20%双甲脒1 000～2 000倍液、25%三唑锡1 500～2 000倍液、50%苯丁锡2 500倍液、50%丁醚脲1 500～2 000倍液、73%炔螨特2 500～3 000倍液、5%唑螨酯2 000～2 500倍液、99%矿物油200倍液等，药剂使用应均匀周到。其中，矿物油在发芽至开花前后及9月至采果前不宜使用。同时，注意杀螨剂交替使用，延缓抗药性产生。

重庆地区2005—2011年的田间抗药性监测结果显示：6年时间内，柑橘全爪螨对不同药剂的抗药性有不同程度的增加，同一地区柑橘全爪螨对不同药剂的抗药性水平不同，不同地区柑橘全爪螨对同一药剂的抗药性水平也不相同，不同寄主上的柑橘全爪螨对同一种药剂的抗性水平也不同。这些差异可能是由于不同地区施药历史、施药背景、柑橘全爪螨抗药性水平以及杀螨剂对其的作用方式和选择压力不同造成的。同时，我们还发现，柑橘全爪螨对有机磷（水胺硫磷、马拉硫磷、乐果）、拟除虫菊酯（甲氰菊酯、氰戊菊酯）等老牌农药的抗性倍数要远远高于新型农药，但由于近年来老牌农药的使用越来越少，其抗药性水平亦有下降的迹象。相反，一些新农药虽然在实际治螨中具有高效性，柑橘全爪螨对其抗药性倍数不高，但潜存抗药性飙升的风险或抗药性程度已达严重水平。

化学防治是对付柑橘全爪螨的重要手段。但是，柑橘全爪螨特殊的生物学特性决定了它们极易形成抗药性种群，因此切忌滥用、乱用农药。在使用化学药剂时要合理交替轮换，不能长期连续使用同一种药剂，以防止或延缓柑橘全爪螨产生抗药性。同时尽量采用挑治的方式，使柑橘全爪螨的天敌有回旋的余地。

王进军（西南大学植物保护学院）

第 218 节　柑橘始叶螨

一、分布与危害

柑橘始叶螨（*Eotetranychus kankitus* Ehara）属蛛形纲蜱螨目叶螨科始叶螨属，又称柑橘黄蜘蛛、柑橘四斑黄蜘蛛。寄主植物除柑橘类外，还有桃、葡萄、豇豆、小旋花、蟋蟀草等。该螨在我国广大柑橘产区均有分布，以云南、贵州、四川和湖北西北部、湖南西部、陕西南部和甘肃南部等日照较少的柑橘产区发生为害较为严重。为害柑橘类植物的部位遍及叶片、花蕾、果实及嫩绿枝梢，以春梢嫩叶受害最重。叶片的主脉两侧及主脉与支脉间的被害处，常出现向叶面突起的大块黄斑，受害处常凹陷畸形，凹陷处常有丝网覆盖，螨虫即活动和产卵于网下；春梢嫩芽、嫩叶受害严重时，畸形扭曲，为害远比柑橘红蜘蛛大。果实被害后，常在果萼下或果皮低洼处形成灰白色斑点，并引起落果。4～5 月为发生高峰期，猖獗发生年份可造成大量落叶、落花、落果，以致影响树势和降低产量。

二、形态特征

雌成螨：长 0.35～0.42mm，最宽处 0.18mm，体似梨形，腹部末端圆钝，色淡黄，冬季和早春体橘黄色，越冬成螨颜色较深，足 4 对，体背有明显的黑褐色多角形斑纹 4 个，有 7 横列整齐的细长刚毛，自前足部至后足部排列为 2+4+6+4+4+4+2，共 26 根。在背面的刚毛间，可见体表横纹。腹面有刚毛 24 根，足基部 6 对，足间 3 对，生殖区 1 对，肛门 2 对。须肢短感器柱形，其长约为宽的 2 倍；背感器小柱状，约为端感器长的 2/3。头胸部两侧有橘红色眼点 1 对。口针鞘前端略呈方形，中央无凹陷。气门沟向内侧膨大，呈短钩状。生殖盖上的表皮纹前部为纵向，后部为横向。

雄成螨：体长约为 0.3mm，最宽处 0.15mm。体瘦长，尾部尖削，足 4 对，头、胸部两侧有 1 对橘红色眼点。须肢短感器短锥形，顶端尖，其长度约为基部宽度的 1.5 倍；背感器枝状，约为端感器长的 2 倍。阳具向后方逐渐收窄，呈 45°下弯，其末端稍向后方平伸。

卵：圆球形，略扁，表面光滑，直径 0.12～0.15mm。初产时乳白色，透明，后为橙黄色，近孵化时灰白色，浑浊，卵壳顶端有 1 粗短的附属丝。

幼螨：体近圆形，长约 0.17mm。足 3 对，初孵化时淡黄色，在春、秋季节经 1d 后，雌性背面可见 4 个黑斑。

若螨：体形与成螨相似，稍小，足 4 对。前若螨的体色与幼螨相似；后若螨的颜色较深，两性差别显著。雄性体瘦长，背上只见 2 个黑斑；雌性体肥大，椭圆形，4 个黑斑明显可见。

静止期：幼螨、前若螨、后若螨在蜕皮之前，各有 1 个不食不动的静止期。

三、生活习性

该螨以卵和雌成螨在柑橘树冠内膛、中下部的叶背越冬，在凹凸不平的卷叶，尤其是柑橘潜叶蛾为害的夏、秋梢的僵叶内虫口较多，每叶达 10 余头。年平均气温 18℃左右的柑橘区，1 年发生 18 代左右。世代重叠，除冬季外，田间各螨态并存。雌性多于雄性，未经交配的雌虫能照常产卵，但孵化后全为雄性。过冬成螨在气温 1～2℃时，便停止活动，3℃以上开始取食，5℃以上雌螨照常产卵，但卵多不孵化，为来年大发生的虫源。4 月春梢抽发后，即向春梢叶片转移，秋后向夏、秋梢转移，在被潜叶蛾为害的秋梢叶片上虫口密度最大，也是其越冬的主要场所，可作为翌年春季柑橘花前害虫发生测报的依据之一。1 年中此虫多在柑橘开花前后大量发生，4～5 月在春梢叶片上猖獗为害，6 月以后虫口急剧下降，10 月后再出现虫口小高峰，秋梢叶片受害亦严重，但比春梢稍轻。

雌成螨出现后，即可交配，也有孤雌生殖现象。卵多产于叶背主脉、支脉两侧。雌螨产卵前期 2～3d，产卵期 10～20d，平均产卵 34 粒左右，最多 67 粒，个别可达 158 粒。

卵有滞育现象，从 12 月下旬至翌年 2 月下旬雌成螨所产的卵，卵期长达 50～70d，比春、夏季

（25℃时）田间所产的卵期长 10 倍以上，冬卵的抗药力强。

在恒温下，25℃时完成 1 代历期 42.9d，雌成螨寿命最长达 42.9d，日产卵量最多达 18.9 粒，各虫态的发育历期较短，因此，25℃是该螨发育的最适宜温度；20℃、30℃完成 1 代历期为 37.5d 和 25.4d，雌成螨寿命为 15.8d 和 13.3d，日产卵 5.0 粒和 5.4 粒。在自然变温下完成 1 代历期和卵的发育速度，随温度的降低而延长，15℃时为 65d，30℃时为 30d，越冬代长达 91d。从卵发育到成螨再产卵，15℃时为 28d，28℃时为 10d。在冬季和早春日平均 10℃时，雌成螨寿命为 53.1d，一生产卵 10.4 粒；31℃时，雌成螨平均寿命为 18.3d，一生产卵 45.1 粒。春夏之交日间温度多在 25℃左右，雌成螨寿命多在 20～30d，一生产卵量多在 44～60.4 粒，加上营养丰富，是导致田间大发生的重要原因。该螨从卵发育到雌成螨至再产卵的有效积温为 368.1℃，幼螨到成螨的发育起点温度为 0.81℃。卵的发育起点温度为 5.5℃，有效积温为 91.6℃。卵在 40℃下经 24h 全部不孵化；在 0℃下 48h，孵化率仅为 30%。幼、若螨和成螨在 40℃下只能存活 48h；在 0℃下经 4d 尚有 50%存活，说明该螨耐低温能力强，抵抗高温的能力弱。因此，盛夏高温是该螨虫口减少的重要原因，而冬季低温对虫口数量的减少影响不大。

3 月中旬当日平均温度达 15℃左右时，在秋梢上过冬的冬卵便大量孵化（冬卵盛孵期的标准是虫多于卵），迁移至新梢为害，此时正是药剂防治的关键时期。

3 月柑橘抽梢期叶上卵最多，幼、若螨次之，成螨最少。因卵的个体微小，数量大，一般不为人们所注意，等到春梢新叶伸展，花朵开放温度升高时，卵便大量孵化；幼、若螨发育速度加快，很快变为成螨再产卵，虫口迅速增加。加上气候、营养等多种因素的配合，常造成大量落叶，使生产遭受严重损失。

冬季温暖，柑橘始叶螨过冬存活率高，早春老叶上虫口多，2～5 月就可能大发生。期间由于春梢抽发，部分虫口迁移到新梢为害，老叶上虫口一度有所减少，至 5 月上旬和下旬老叶上的虫口增多，以后很少，10 月以后又转移到老叶上过冬，数量渐增。3 月中、下旬至 4 月上旬当春梢芽长 1～4cm 时，该螨便迁移至新梢为害，在 4 月中旬至 5 月中旬达到高峰。5 月以后由于高温的来临虫口极少。夏、秋梢抽发后逐渐转移其上为害，10 月以后虫口渐增，至 11 月下旬达高峰。以后由于低温的降临，虫口有所减少，但在夏、秋梢被潜叶蛾为害的僵叶上，过冬的虫口数量特多，为害后形成黄斑叶。

3 月以前该螨多在树冠内部生活，4～5 月虫口盛发时，树冠内外部虫口相差不大，这是因为外部的嫩梢多，该螨集中到新梢上为害所致。此后由于温度升高，枝叶老化，有的转移到树冠内部潜藏，虫口急剧下降。

四、发生规律

（一）虫口基数

该螨主要在树冠内膛的叶背和潜叶蛾为害的僵叶内越冬。早春平均每叶 2 头以上，虫、卵数量上升快，高峰期来得早，为害严重，但是由于营养恶化，虫口下降也快；相反，虫口在每叶 1 头以下，上升慢，为害轻，但下降也慢。

（二）气候条件

温度：在年均温 17.5℃左右的柑橘区，1～3 月平均最高温度的总和在 30℃以上，年均温 18.3℃左右的柑橘区，1～3 月平均最高温度在 40℃以上时，就会引起该螨的大发生。2～3 月周均温 15℃以上，加速了冬卵的孵化，繁殖速度加快，也会引起该螨大发生。

降水量：1～3 月的总降水量在 50mm 以下，再加上温度高，晴天多，湿度低，柑橘树体内的浓度高，枝梢生长速度慢，有利于该螨的大发生及为害。温度和湿度相互配合促进该螨的猖獗。

（三）寄主植物

一般生长健壮、枝叶量适中、高产稳产的柑橘园，该螨发生为害轻；若修剪不合理，内膛的纤弱枝太多，枝叶量过度，大小年结果显著，生长势较弱，管理较差的果园，该螨常年发生为害严重。

（四）天敌

捕食该螨的天敌有尼氏真绥螨（*Euseius nicholsi*）、草栖钝绥螨（*Amblyseius herbicolus*）、具瘤神蕊螨（*Agistemus exserutus*）、圆果大赤螨（*Angstis bacerum*）、八斑鞘腹蛛（*Coleosoma octomaculatum*）、草间钻头蛛（*Hylyphantes graminicola*）、食虫沟瘤蛛（*Ummeliata insecticeps*）、云南食螨瓢虫（*Stethorus yunnanensis*）、广东食螨瓢虫（*S. cantonensis*）、深点食螨瓢虫（*S. punctillum*）、黑襟毛瓢虫（*Scymnus hoffmanni*）、刀角瓢虫（*Serangium japonicum*）、日本通草蛉（*Chrysoperla nipponensis*）、大草蛉

（*Chrysopa pallens*）、普通草蛉（*Chrysoperla carnea*）、小花蝽（*Orius similis*）和塔六点蓟马（*Scolo-thrips takahashii*）等 20 余种。其中，尼氏真绥螨、具瘤长须螨、食螨瓢虫、普通草蛉和日本通草蛉等是其主要天敌。

五、防治技术

（一）农业防治

加强预测预报和中心虫株普查。根据越冬的虫口基数，平均每叶 1 头以上，1～3 月平均最高温度 3 个合计在 30～40℃以上，2 月出现周平均温度 15℃以上，3 个月的总降水量在 50mm 以下，每个月的降水量均在 20mm 以下的冬干春旱年份，该螨就可能大发生。根据上年该螨的发生程度，选择不同类型的柑橘园，重点调查黄斑叶（夏秋梢）上的虫卵数和天敌数，从 1 月下旬起每 5d 1 次，调查 50 叶上的虫卵数和冬卵的孵化数，当冬卵孵化数达 50％以上，虫口增长快而天敌又少时，发出防治预报。2～5 月每 7～10d 巡视全园或逐株查看黄斑叶、正常的老叶与新梢叶上的虫口数，以及春梢新叶和老叶的被害率，当叶片被害率达 30％以上，益害比在 1：50 以上应发出防治预报。

中心虫株的标准是：日均温 10℃时 1 头/叶，益害比 1：70，有虫叶率 10％以上；日均温 15℃时 2 头/叶，益害比 1：50，有虫叶率 20％～30％；日均温 20℃时 3 头/叶，益害比 1：50，有虫叶率 30％～50％。

加强肥培管理。增施有机肥，培土增厚土层，冬干春旱的年份要及时灌溉，使树体生长健壮，提高对该螨的抵抗力。合理修剪，不能过多地留枝叶或过于荫蔽，要使柑橘园通风透光良好。冬季和早春人工剪除并烧毁虫口密度大的黄斑叶，以减少该螨的发生和为害。

（二）生物防治

保护利用和引移释放天敌。该螨的天敌种类较多，数量亦大，种群数量的增减常与该螨同步，特别在 4 月以后，天敌的数量多，控制效果好，应加以保护利用。在 3～6 月和 9～11 月人工引移释放钝绥螨，每株放 500～1 000 头。为保护好天敌，应注意以下几点：创造有利于天敌返回树上的良好条件，修剪或采果后，清园的枝叶应集中堆放在园内，几天后再处理；减少用药次数，选准药剂和施药时间，每年用药 1～2 次即可；尽量选用低毒、专一性杀螨剂，少用或不用广谱性的高毒农药，以减少对天敌的伤害；若有条件，对于天敌极少的橘园，又具备天敌引移条件，可以人为释放或引移天敌，以确保天敌基数，如在花期释放捕食螨。甚至引进本地没有的天敌物种，如人工释放钝绥螨，但值得注意的是，天敌的引进和释放必须谨慎行事，严格遵守国家《生防天敌引种与释放公约》，以避免引起其他作物新的生物灾害。

（三）化学防治

其防治措施参见柑橘全爪螨。柑橘始叶螨防治指标开花前为每 100 叶 100 头，开花后每 100 叶 300 头。柑橘始叶螨对有机磷虽然很敏感，但由于对天敌和环境不安全，最好不要使用。单甲脒和双甲脒对柑橘始叶螨防治效果不理想。在防治时期上，4～5 月是柑橘春梢上防治柑橘始叶螨的重点时期，10～11 月的防治，对抑制翌年柑橘始叶螨的为害有重要作用。根据药剂残效期的长短，一般施药 1～2 次。

王进军（西南大学植物保护学院）

第 219 节　柑橘锈螨

一、分布与危害

柑橘锈螨［*Phyllocoptruta oleivora*（Ashmead）］属蛛形纲蜱螨目瘿螨科，又名柑橘皱叶刺瘿螨、柑橘锈瘿螨、柑橘锈壁虱、柑橘刺叶瘿螨、锈螨、锈蜘蛛。

在我国四川、湖南、浙江、广东、福建、湖北、江西、台湾等主要柑橘产区均有分布。国外见于日本、前苏联、澳大利亚、南美洲、北美洲、菲律宾、夏威夷和叙利亚等地。柑橘锈螨是柑橘类果树的主要害虫之一。

柑橘锈螨主要在叶背和果实表面吸食汁液，果实、叶片被害后呈黑褐色或古铜色，果实表面粗糙，失去光泽，故称"黑炭丸""火烧柑"，影响果实外观和品质；严重被害时，叶背和果面布满灰尘状蜕皮壳，引起大量落叶和落果。

二、形态特征

成螨：体甚细小，长约 0.18mm，宽约 0.05mm，圆锥形，体淡黄色至橙黄色，前端、后端及足均无色透明。头、胸部宽而短，前方有下颚须 1 对；背盾板稍弯曲，表面光滑无纹；腹部细长，有环纹 65～70 环，生殖器在腹面前端。体表具有极细刚毛多对，头、胸部的背盾板后缘有刚毛 1 对，腹部第八至十环纹上有侧刚毛 1 对，腹面有腹刚毛 3 对和尾毛 1 对。

卵：扁圆形，直径 0.02mm，表面光滑透明，初产时无色或灰白色，孵化前淡黄色。

若螨：体小，形似成螨。前若螨头、胸部椭圆形，腹部光滑，环纹不明显，尾端尖细，具 2 对足。一龄若螨灰白色，半透明，二龄若螨淡黄色，共蜕皮 2 次。

三、生活习性

柑橘锈螨在不同地区及不同气候条件下，每年发生的世代数也不同。在福建龙溪 1 年约发生 24 代，浙江黄岩每年发生 18 代，四川、湖南、湖北每年发生 18～20 代。有显著的世代重叠现象。冬天以成螨在柑橘腋芽鳞片间隙处和因病虫引起的卷叶内越冬。腋芽中以秋梢芽为主，春、夏梢腋芽次之。该螨的卵一般为单生，虫口密度大时，也有数粒卵产在一起的情况。在叶片上的产卵部位以叶背居多，叶面较少，其余则产在嫩枝上。越冬成螨于翌年 4 月初开始在春梢新叶上出现，5 月中旬以后虫口数量迅速增长，6、7 月达到高峰。5 月上旬开始转移到幼果上为害并繁殖，6 月中旬以后为害逐渐严重，7 月中旬果实为害达到高峰。此螨性喜隐蔽环境，常先从树冠下部和内部的叶片以及果实上开始发生为害。果实上先在果蒂周围发生，再蔓延到背阴部以至全果。9、10 月气温下降，逐渐向树冠上部、外部的果实和秋梢叶片蔓延发展。通常在新叶的叶背和果实的下方及阴面虫口密度较大。7～10 月高温少雨有利于柑橘锈螨的发育繁殖。发生初期叶片上虫口多，果上虫口少，中后期果上多，叶片上少。

柑橘锈螨行孤雌生殖，卵散产于叶背及果面凹陷处，叶面较少。雌螨平均产卵 14 粒左右。若螨初孵时，静伏不动，后渐活动，二龄若螨活动力较强，成螨活跃，如遇惊扰则迅速爬行，且可弹跳，易借风力、昆虫、鸟类、器械等传播蔓延。

该螨为害柑橘叶片和果实，常在叶背（尤以嫩叶为甚）和果实表面吸食养分和水分，破坏了表皮细胞，增加了水分的蒸腾作用，降低了植株抗旱力，干旱时引起落叶落果，并削弱树势，对当年和翌年的产量均有影响。由于其吸食刺破了柑橘叶背和果实表皮油胞，使里面的芳香油溢出，经空气氧化使叶背和果面呈现铁锈色、古铜色或黑褐色的大斑，甚至整个叶背或果面全部变色，故有"铜病""黑炭丸"或"火烧柑"之称。幼果受害后果实变小，呈现灰褐色，果皮较韧，表面粗糙，有网状裂纹；如在果实膨大期受害，其果实大小正常，果面呈现赤褐色或黑褐色，果味较酸并略有发酵味，由于果蒂部受到损伤，果实易于脱落。同时柑橘锈螨为害还诱发一种弱寄生病害——脂斑病，使叶背面和果实表面出现大小不等的赤褐至黑褐色污斑，严重影响果实外观，削弱树势，影响翌年产量，故有"一年铜三年穷"之说。

四、发生规律

（一）虫源基数

柑橘锈螨属高温型螨类。日均温 23～27℃时，虫口日增长 1.07～2.21 倍。四川金堂和江西双金的 6 月中旬，日均温 24.8℃时，平均 0.07 头/叶，至 7 月上旬日均温 27.8℃时，虫口增长到 16.2 头/叶，半个月内增长近 200 倍；当日均温达 26.2～29.2℃时，平均每叶达 21.8～128.8 头，虫口增长很快。10 月下旬至 11 月，日均温 11～16.9℃时，虫口下降至每叶 0.1 头，日均温 4.1～9.7℃时，田间未发现锈螨个体。由此证明，该螨在 10℃以下停止活动，15℃时开始为害取食并产卵，20℃时虫口上升，25℃时虫口猛增，25～31℃时虫口达高峰。

该螨在发生初期多为核心型分布，中期为嵌放型分布。以东南面、东面和东北面的虫口数量较大，西北和西南方的虫口数量较少。但果园与果园间，植株与植株间或同一植株不同部位，不同果实间分布极不均匀。一般是先在少数植株上点片发生，后向四周扩散，最后遍及全园。

（二）气候条件

柑橘锈螨以成螨在柑橘枝梢上的腋芽、卷叶或潜叶蛾为害的僵叶上或越冬果实的果梗处、萼片下越冬。越冬的死亡率很高。日均温度达 15℃时，越冬成螨开始活动、取食和产卵繁殖。

卵期：随温度增加，时间变短。日均温度 16～17℃时 12～13d；20～23℃时 5～7d；26℃时 4d；29℃时 3d；32～38℃时 2.5d；40℃以上不能孵化。

幼螨期：日均温 14℃时 21d，18～19℃时 7～8d，23℃时 2.8d，26～38℃时 1.0～1.5d。

若螨期：日均温 23℃时 2.8d，26℃时 1.7d，29～38℃时 1.3～1.4d。

产卵前期：23℃时 2.9d，26～38℃时 1.3～1.8d。

成螨寿命：日均温 10.4℃时 61.5d，26℃时 20.3d，29℃时 13.1d，32℃时 11.1d，35～38℃时 7～9.7d。

完成 1 代历期：23℃时 13.4d，26℃时 8.7d，29℃时 7.6d，32～38℃时 5.3～6.6d。

柑橘锈螨生长的最适温度在 28℃左右，相对湿度为 70%～80%，卵和若螨的发育起点温度约 10℃。越冬后，当日间温度达 15℃以上时，若螨便可爬出活动取食；长期干旱后降雨、温度增加，引起高峰；暖冬的年份，其越冬存活率高；大风大雨后其虫口密度明显下降。

（三）寄主植物

只为害柑橘类果树，其中，以柑、橘、橙、柠檬受害最为严重，对柚、金橘的为害较轻。

（四）天敌

多毛菌、捕食螨、蓟马、草蛉是柑橘锈螨的有效天敌。其中以多毛菌最为有效。

五、防治技术

根据柑橘锈螨的发生规律，防治实践中应采取压低越冬基数，保护利用天敌，充分发挥天敌的自然控制作用和辅以农业、生物、物理和化学防治的综合防治措施。

（一）农业防治

进行虫情测报，选上年该螨发生为害严重的柑橘园数处，每处定 3～5 株，从 4 月中、下旬开始，检查上年秋梢叶背，以后调查当年生春梢叶片和果实，7～10d 调查 1 次，7～8 月大发生时每 5d 调查 1 次。每次在每株树冠的中、下部和内部调查叶片 10～20 片、果实 8～10 个，用 10 倍放大镜检查叶背主脉两侧各 1 个视野；每个果实的果脐、果蒂各 2 个视野内的虫口数，当平均每视野有虫 2～3 头，活虫多死虫少，或巡视全园有个别黑皮果和锈斑叶发生时，应立即喷药挑治中心虫株。

加强柑橘园中的水肥管理，增强树势，提高植株抵抗能力。果园内种植覆盖植物或实行生草栽培，控制过度施用除草剂，尽可能采取割草覆盖法，使生草留有短桩，旱季适当灌溉，保持园内阴湿生态环境，以改善橘园小气候，有利于天敌的生存和繁殖，可减轻锈螨对柑橘的为害。高温干旱时用高压喷雾器喷水，既可增加园内湿度，同时大水滴对其有很大冲刷作用，又能减少种群数量。在锈螨为害严重而防治失时的柑橘园中，在喷射药剂的时候，还应加放 0.5%的尿素作根外追肥，使叶片迅速转绿，增强光合作用，对恢复树势、减轻为害有较好的效果。对于柚类和脐橙等果实较大的品种可用与成熟果大小相当的无毒塑料袋在为害初期将果实罩住，并将果蒂处的袋口扎紧，不仅可防治锈螨为害果实，还可防治矢尖蚧和卷叶蛾等其他害虫侵害果实。

（二）生物防治

保护和利用天敌是防治柑橘锈螨的有效途径。推广柑橘"以螨治螨"的生物防治技术。一般在 6 月下旬（柚类可适当提早），果园经过病虫防治处理，压低虫口基数后 10～15d，释放捕食螨黄瓜钝绥螨，每株中等柑橘树挂 1 袋，释放后 30d 内禁止施用任何农药，可控制叶螨、锈壁虱发生为害，效果达 85%以上。多毛菌在多雨高温条件下，大量流行，寄生率很高。柑橘锈螨被多毛菌寄生后，体色变为暗黄色，行动迟缓或烦躁不安致死。利用多毛菌是控制柑橘锈螨发生的一个重要措施。铜素药剂可杀死多毛菌。因此，利用铜素药剂防治柑橘病害时，要密切注意，保护锈螨的天敌——多毛菌。柑橘锈螨发生初期喷布青虫菌 6 号液剂 2 000 倍液，7 万菌落/g 多毛菌菌粉 300～400 倍液。

（三）物理防治

在进行苗木调运时，将接穗用温度为 46～47℃的热水浸 8～10min，或用 50～55℃的热水浸 5min，能杀死瘿内外的活螨。

(四) 化学防治

除采果前后 (9～10 月)、开花前后 (3～5 月) 结合红蜘蛛防治加以兼治以减少虫口基数外，防治上要抓住 6～8 月这一关键时期及时喷药，务必将柑橘锈螨控制在大量上果为害之前。通常从 6 月上旬开始，经常巡视全园，发现个别果实表面呈现"铁锈色粉末"(密集的柑橘锈螨虫体) 时，就要立即进行全园防治，喷药时间最迟必须在园中出现第一个黑皮果时进行。用于防治柑橘红蜘蛛的药剂除噻螨酮外，均对柑橘锈螨有效。除此之外，1.8％阿维菌素 3 000～4 000 倍液、80％代森锰锌 600～800 倍液的防治效果也很好。在高温多雨条件多毛菌流行时要避免使用铜制剂防治柑橘病害，同时保护好里氏盲走螨、塔六点蓟马、长须螨、草蛉等捕食性天敌。

王进军（西南大学植物保护学院）

第 220 节　柑橘瘿螨

一、分布与危害

柑橘瘿螨 [*Eriophyes sheldoni* (Ewing)，异名：*Aceria sheldoni* (Ewing)] 属蛛形纲蜱螨目瘿螨科，又称橘芽瘿螨、柑橘瘤壁虱、柑橘瘤瘿螨、柑橘芽壁虱，俗称胡椒子虫。在我国主要分布于四川、云南和贵州，广西、湖南、湖北和陕西等省份部分柑橘种植区也有发生。该螨属单食性，只为害柑橘类果树，其中以红橘受害情况最严重，甜橙次之，对柚、金柑、四季橘和柠檬则很少为害。该螨主要吸食柑橘幼嫩的芽、叶片、花蕾、果柄、果蒂等柔嫩组织的汁液，由于在受害部位产生愈伤组织而形成胡椒颗粒状的虫瘿。虫瘿长 3～5mm，最长可达 10mm 以上。一般情况下，老树及衰老树受害较重。受害严重时，柑橘树春梢上的花、芽等幼嫩组织几乎全部变成虫瘿，直接影响柑橘树夏、秋梢的抽生，使植株完全不能开花结果，导致树势衰弱，产量大减，甚至无收。

二、形态特征

雌成螨：体长约 0.18mm，宽约 0.045mm。口器刺吸式，略向前下方伸出，喙长 0.02mm，呈圆筒形，两侧各有下颚须 1 根，分 3 节。体色呈淡黄至橙黄色，体形似胡萝卜形。头、胸合并，宽而短，头胸背板长约 24μm，宽约 21μm，微拱起，表面光滑。头胸背板上的花纹通常模糊，有 3 条主要的纵线，中线间断，在背板后缘的前部有 1 箭头符号作为末端；侧中线完整；亚中线向后延伸至背瘤，并在背瘤前方与 1 条横向曲线相遇。基节颗粒状，在前节之间有 1 条短的胸线。背毛瘤着生在板后缘上，毛距 17μm，毛长约 16μm，向后指。足 2 对，向前伸，位于下颚须的两侧，各由 5 节组成，足端具 1 根有 5 对羽状分支的毛，在此毛背面还有 1 根比羽爪长且端部呈球形的毛。前足长约 25μm，胫节长约 6μm，羽状爪长 4.5μm。后足稍短，长 22～25μm，胫节长 4.5～4.7μm，爪长 4.5～5.5μm。腹部有环纹 65～70 环，背、腹面的环距相等，每环的后缘上有微瘤，椭圆形，尾端上的几环微瘤颗粒状。侧毛长约 19μm，第一腹毛长 15～30μm，第二腹毛长 14.3～16.5μm，尾毛长 40～45μm，副毛长 3.5～7μm。雌性生殖器在腹部前段，略呈五角形，长 14.3～17.8μm，宽 17.8～21.4μm，其上有盖片，生殖盖上有肋 10～12 条，两侧具有刚毛 1 对。

雄成螨：体形稍小，外生殖器不呈五角形，形态特征与雌成螨相似。

卵：白色透明，略似球形，两端钝圆，长径 48μm，宽 33μm。

幼螨：体色浅，体短粗，初孵幼螨略呈三角形，背面有环纹 50 环。蜕皮时若螨在幼螨蜕皮内隐约可见。

若螨：与成螨相似，但较小，体长 120～130μm，背面环纹约 65 环，腹面约 46 环，外生殖器不显现。

三、生活习性

柑橘瘿螨每年能发生多个世代，但在我国柑橘区年发生代数至今尚无详细报道，1 年发生约 10 余代。该螨在虫瘿内周年繁殖，各虫态并存，冬季以成螨占绝大多数。到翌年春季 (3～4 月) 柑橘萌芽时，成螨自旧虫瘿内爬出，为害当年春梢的新芽、嫩枝、叶柄、花苞、萼片和果柄，形成胡椒状开放型的新虫瘿，潜居于内，繁殖为害。新虫瘿形成初期呈淡绿色，随着时间的延长色泽逐渐变深，成虫即在虫瘿内繁殖。在生长季节，1 个虫瘿内各种虫态并存，1 瘿内常有数穴，虫群居于穴内。每个虫瘿内的虫口数在新、老虫瘿内有所差异，新虫瘿内的虫口密度显著多于旧虫瘿，在繁殖高峰期时每瘿内最多虫数可达 682 头，旧虫瘿内的虫口密度较小，1 瘿内最多虫数为 288 头。

该螨的活动规律与虫瘿的产生和季节有密切关系。该螨主要为害当年生春梢腋芽，发生猖獗时，叶、花蕾、花、萼片等部位均可形成不规则的虫瘿。夏、秋梢抽生时，由于温度高，湿度大，新梢的抽生速度快，加之阳光强烈，虫瘿内的害螨很难出瘿活动和迁移，因此夏、秋梢腋芽很少受害。

四、发生规律

据在四川金堂观察：每年 3~4 月，柑橘瘿螨具有从旧虫瘿向当年生春梢嫩芽迁移为害的习性。当柑橘吐芽放梢时，旧虫瘿内虫口密度急剧下降，至 5 月上旬虫口最少；5 月以后部分旧虫瘿枯死，虫口密度随之减少。因虫瘿的分生组织未遭破坏，旧虫瘿能不断产生新组织，故 1 个虫瘿形成后，体积能逐渐增大至 1cm 左右，可在树上存留 3~5 年。新虫瘿（当年生春梢上形成的）内的虫口密度，自新芽出现时开始繁殖，4~7 月随气温的逐渐升高而增加，5 月中旬至 7 月中旬繁殖最盛，瘿内虫数最多，7 月以后则随气温的下降而渐减。7 月下旬高温高湿的气候条件可能是导致柑橘瘿螨大量死亡的原因之一。

该螨成螨出瘿活动与春梢生长和新虫瘿形成有密切的关系。春梢于 3 月上、中旬开始萌发，成螨于 3 月上、中旬开始出瘿活动，下旬达高峰；随着春梢 4 月下旬停止生长，4 月中、下旬以后出瘿活动的成螨大量减少。新虫瘿于 3 月下旬出现（花蕾期），以后逐渐增加，至 4 月下旬达高峰不再增加。由此认为，柑橘瘿螨的出瘿活动始期与春梢萌发的物候期基本一致。春梢的生长常伴随着新虫瘿数量的增加。当春梢自剪以后，新虫瘿的形成便进入盛期。因此，在同一地区，每年因气候的差异，会导致柑橘瘿螨为害程度不同。春梢抽生季节，气温偏高，雨量适中，春梢生长速度快，则受害较轻；反之，阴雨连绵，气温偏低，或干旱，则为害较重。

五、防治技术

（一）农业防治

根据广大柑橘产区群众多年来的实践，在喷药防治的基础上，结合冬、夏季修剪，重剪虫枝，特别是夏季重剪虫枝，加强肥培管理，促进夏、秋梢的抽生，可在短期内控制和消灭该螨的为害，迅速恢复树势，提高产量。

（二）药剂防治

应在柑橘春梢萌芽到开花之间（3~4 月），越冬成螨脱瘿为害新梢时进行树冠喷药。3 月上、中旬喷第一次药，以后每隔 10d 左右喷 1 次，连续 2~3 次。药剂可选用：20％哒螨酮 3 000 倍液、24％螺螨酯 4 000~5 000 倍液、48％毒死蜱 1 000 倍液、50％马拉硫磷 1 000 倍液、40％乐果 1 000~2 000 倍液等。

豆威（西南大学植物保护学院）

第 221 节　柑橘大绿蝽

一、分布与危害

柑橘大绿蝽［*Rhynchocoris humeralis*（Thunberg）］属半翅目蝽科，又称棱蝽、角肩蝽、长吻蝽。在我国主要集中分布于南方柑橘产地，北至湖北，南至广东、广西，西至四川、云南、贵州，东至浙江、福建和台湾，在中部地区则分布于湖南、江西等地，是柑橘果实上的重要害虫。柑橘大绿蝽寄主植物范围广泛，主要为南方植物，除为害柑橘外，还可为害苹果、梨、栗、龙眼、荔枝、沙果等。成、若虫主要为害果实，以针状口器刺入果皮内吸取汁液，引起落果。受害后，未脱落的果实小而硬，品质低劣。此外，也为害嫩枝，引起叶片枯黄、嫩枝干枯。

二、形态特征

成虫：体鲜绿色，头黄褐色，长盾形。体长：雄 16~22mm，雌 18.5~24mm；体阔：雄 11.5~

16mm，雌 15～17.5mm（彩图 11-221-1，1）。前胸背板前缘两侧呈角状突出，故称角肩蝽。"肩"边缘黑色，上有甚多粗大黑色刻点。头突出，中间线淡黄色，两侧黑色，单眼 1 对，口器甚长，达腹部末端第二节。复眼黑色，半球形突出。触角 5 节，黑色。小盾片长而大，舌形，亦有刻点。前翅绿色，前翅膜质部黑色有光泽。半翅鞘基部有大、小黄色纹各 1 个。腹部 7 节，背面各节后缘两端呈棘状突起，气门 5 对，黑色。足茶褐色，胫节略弯曲，上生细毛，跗足 3 节，末端有爪 1 对。雄虫腹部末端生殖节中央不分裂，雌虫腹部末端生殖节中央分裂。

卵：球形，直径 2.5mm，淡翠绿色。卵的底部有胶质，黏于叶上，常 14 粒，间有 13 粒聚成卵块，排列整齐（彩图 11-221-1，2）。

若虫：与成虫区别明显，即若虫无单眼，足跗节 2 节，前胸背板两侧不突出，菱状部小，无翅。共 5 龄。初孵若虫淡黄色，椭圆形，头小，近长方形，其周围黑色，口器甚长；复眼红色突出；触角 5 节，黑色；胸部各节后缘有黑色纹；腹部淡黄，其背面两侧各有 8 个黑点，中央有长形大黑斑 3 个；腹面黄赤色；体长 2.3～2.4mm。二龄若虫体黄色，腹部背面有 3 个黑斑，以末端最大，触角与体等长，第四节最长，后胸两侧稍突出于外方，体长 5mm。三龄若虫触角第四节端部白色，触角与体等长，后胸两侧不突出于外方，体长 6.5mm。四龄若虫前胸与中胸特别增大，前胸似梯形，中胸似倒笔架形，刻点较多，腹部黑斑亦增多 2 个，体长 12～13mm。五龄若虫体绿色，前胸肩角稍显现，中、后胸翅芽露出，腹部五、六两节黑点转化成刻点，腹部每边有 10 多个黑点，气门明显，体长 16～17mm。

三、生活规律

在华南地区及浙江 1 年发生 1 代。以成虫在建筑物及树木枝叶间等隐蔽场所越冬。越冬成虫于翌年 4 月开始活动，取食交配，5 月上、中旬产卵，7 月间产卵最多。成虫产卵期长，为 5～10 月。若虫于 5 月中旬出现，8 月低龄若虫数量最多，至 11 月上旬几乎都是新羽化成虫和四、五龄若虫。成虫于 12 月上旬开始越冬。7～8 月是低龄若虫发生盛期，也是一年中为害的严重时期。

在福建闽侯越冬成虫于 5 月上旬出现，以后各个虫态重叠，以 8～9 月发生数量最多。

各虫态历期：据广州饲养，卵期 3～9d，一龄 4～6d，二龄 5～10d，三龄 4～6d，四龄 5～8d，五龄 7～9d，整个若虫期 25～39d。成虫寿命颇长，5 月产卵，6～7 月才死亡。福建闽侯和浙江黄岩饲养，若虫期 45～46d。

成虫常栖息于果实上或叶间，遇惊动即飞逸远去。成虫羽化后 30d 开始交尾，多在 15：00～16：00 交尾。交尾时间一般 1～2h，有的长达 15h。交尾时食害如常。如有成虫于晚秋羽化，则当年不交尾，至翌年 5 月上旬开始交尾。雌雄一生可交尾数次，成虫交尾后数日即产卵。卵排列整齐，呈块状，每块 14 粒，间有 12～13 粒。卵多产于树冠外围离地 1.2～1.8m 高处的叶片正面，少数产于果面。雌虫一生约产卵 3 次，产卵期长。在广西隆安，6 月上旬至 7 月上旬和 8 月中旬至 10 月下旬 2 个时期卵量较大。卵的孵化率达 92%～100%。若虫孵化时从三角形孵化孔钻出，初孵若虫多团聚于叶片或果实表面中央处，不取食为害，至二龄时开始分散。二、三龄若虫常 3～5 头群集在果实上吸汁为害，果径在 5cm 左右的果实受害后很容易脱落，故是引起落果的主要虫期。四、五龄若虫和成虫活动力强，分散取食为害。

若虫蜕皮时，先以口器插入果实或嫩枝内，然后蜕皮，这与一般蝽类不同。此虫无论幼果、成熟果或半腐烂果均可取食。吸食时间 10min 至 1h，也有长达 4h 的。被害果外表一般不形成水渍状，刺孔不易发现，这与吸果夜蛾为害状有明显区别。果实自被害至落果所经日数因品种而不同。在甜橙上约经 7d。在广州，7 月底至 8 月初青果开始有甜味时为害最烈。

四、防治技术

（一）农业防治

捕杀成、若虫。根据成、若虫早晚或阴雨天多栖息于树冠外围叶、果实上不大活动的习性，在园内巡视进行捕杀。摘除卵块及初孵若虫，此虫产卵于叶面，极易发现，且初孵若虫未行分散，在 5～6 月可及时发现摘除。若见有卵粒已被寄生（卵盖下有 1 黑环），可将卵块集中装入尼龙网袋挂于园中，让寄生蜂正常羽化。

（二）生物防治

捕食若虫及成虫的天敌有螳螂、黄猄蚁，广东四会很早就运用黄猄蚁来防治柑橘大绿蝽，有一定效果。据广西调查卵寄生蜂有 6 种，以橘棘蝽平腹小蜂和黑卵蜂为优势种，总寄生率可达 63.7%～94.9%。而在台湾记载的寄生蜂主要有 4 种：茶蚕黑卵蜂（*Telenomus* sp.）、沟卵蜂（*Trissolcus* sp.）、木虱啮小蜂（*Tetrastichus* sp.）、平腹小蜂（*Anastatus formosanus*），其中，茶蚕卵寄生蜂和平腹小蜂较重要，卵块被寄生率达 71%，卵粒被寄生率为 57%～100%。此外，还有 1 种蜘蛛捕食初龄若虫。据广西试验，用新鲜蓖麻蚕卵繁殖橘棘蝽平腹小蜂，在 5 月下旬至 7 月自然寄生率低时平均每 667m² 放蜂 125 头对控制柑橘大绿蝽为害有良好效果。

（三）化学防治

在若虫盛发期，若虫三龄以前，喷施 90% 敌百虫可溶粉剂 800～1 000 倍液、2.5% 溴氰菊酯乳油或 20% 氰戊菊酯乳油 2 000～3 000 倍液，对防治成、若虫效果均好。此外，40% 敌敌畏乳油或 40% 乐果乳油 1 000 倍液也有很好的防治效果。

刘怀（西南大学植物保护学院）

第 222 节 白蛾蜡蝉

一、分布与危害

白蛾蜡蝉（*Lawana imitata* Melichar）属同翅目蛾蜡蝉科，又名紫络蛾蜡蝉、白翅蜡蝉、白鸡、青翅羽衣、紫络蛾蜡蝉。在我国主要分布于广东、广西、福建、云南、浙江、湖南、湖北、台湾、重庆等省份。属多食性害虫，寄主广泛，包括柑橘、桃、李、梅、柚、梨、石榴、无花果、荔枝、龙眼、芒果、木菠萝、番石榴、茶、油茶、咖啡、杨桃、番木瓜、胡椒、三角梅、茉莉花、桂花、棉花、花生、玉米等100 多种植物。成虫和若虫都吸食寄主植物枝叶，使嫩梢生长不良，树势衰弱，叶片萎缩弯曲，严重时枝条干枯。受害的树干及枝叶上均有棉絮状白色蜡质。幼果被害后引起脱落或果实品质变劣。同时，白蛾蜡蝉排出的蜜露可以在果实、叶片和枝条上诱发煤污病，严重影响果实的外观和叶片的光合作用。

二、形态特征（彩图 11 - 222 - 1）

成虫：雄成虫体长 16.5～20.1mm，雌成虫体长 19.8～21.3mm。初羽化时呈黄白至绿色，被白色蜡粉。头部前额稍尖，向前突出，复眼圆形，褐色。触角在复眼下方，基部膨大，其他节细如刚毛。胸部被蜡粉覆盖，前胸背板较小，前喙向前突出，后喙向前凹陷；中胸背板发达，上有 3 条纵隆脊。前翅略呈三角形，翅质稍坚实；粉绿或黄白色；翅的外缘平直，前缘角为 90°，后缘角锐而略长，向上突出。翅脉分支多，翅面有 1 较大的白点和几个较小的白点。后翅呈白或黄白色，较前翅大，半透明，翅质薄。成虫静止在枝条上时，双翅脊状竖起。后足发达，善跳。

卵：长 1.5mm，长椭圆形，淡黄白色，表面有细网纹，卵聚产，排列呈长方形。

若虫：末龄若虫体长 8mm 左右，稍扁平。胸部宽大，翅芽发达，腹部末端截断状，有 1 束长白色蜡质物附着其上，后足发达，善跳。全体白色，被白色蜡粉。

三、生活习性

白蛾蜡蝉在广西南宁、福建龙溪、湖北和云南 1 年发生 2 代，少数 1 代。以未性成熟的成虫在橘树枝叶茂密处越冬。翌年 2～3 月天气转暖后越冬成虫开始取食、活动，其生殖器官也开始发育成熟，3 月中旬至 6 月上旬为越冬成虫交尾、产卵活动期。成虫多集中在晚间活动交尾，偶有早上交尾。成虫喜产卵在较结实、光滑和较直的植物嫩枝基部的组织内部，单粒整齐地数列排成线，每块有卵 10～300 粒，产卵处稍隆起，呈枯褐色斑点。成虫一般只产卵 1 块，少有 2～3 块。据观察，单雌产卵量为 42～572 粒，平均产卵量为 171 粒，卵历期 13～40d。

若虫共 5 龄，平均发育历期为 65.2d，冬季历期为 110d 左右。第一代卵于 4 月下旬开始孵化成若虫，5 月为第一代若虫高峰期，7 月下旬为第一代若虫终见期。6 月上旬是第一代成虫始见期，成虫体被白色蜡粉，成群整齐地排列在柚树枝条上。7月上旬至9月下旬为第二代卵期，7月下旬至11月下旬为第二代若虫期，其中9～10月为第二代若虫高峰期，9月下旬羽化为第二代成虫。以第二代成虫越冬。若虫有群集性，随虫龄的增大而略有分散性。若虫有白色絮状蜡丝，随若虫的转移扩散，蜡丝脱落挂在树叶背面或树梢上。若虫为害后，在叶背留下绒毛及蜕皮壳，排泄粪便，能招引煤污病。若虫跳跃时留下棉絮状覆盖物。成、若虫遇惊动时即纷纷跳落、飞离，晴朗温暖天气活跃，早晨或雨天活动少。在阴雨连绵或雨量较大的夏、秋季节，生长茂密和通风透光差的柚园发生较多。

四、发生规律

白蛾蜡蝉属于喜湿昆虫。云南六库地区报道，白蛾蜡蝉的发生量与当地降水量呈正相关。冬季温暖，平均相对湿度在60%以上，有利于成虫安全越冬，翌年大发生的可能性增加。在冬季或早春，气温降到3℃以下连续数天，越冬虫源大量死亡，虫口密度下降，翌年白蛾蜡蝉第一代发生相对降低。同时，白蛾蜡蝉可以借助风力进行扩散蔓延，风速越大，传播速度越快。

五、防治技术

按照"预防为主，综合防治"的植保方针，坚持以"农业防治、生物防治为主，化学防治为辅"的原则，进行统一防治。

（一）农业防治

加强栽培管理技术，结合春季疏花疏果及采果后至春梢萌芽前修剪，剪除过密枝梢、病虫枝、弱枝、枯枝，并结合清除果园附近遮阳杂树木，集中深埋或者烧毁，有利于通风透光，降低湿度，防止成虫产卵，减少虫源。

（二）生物防治

保护利用天敌，合理用药，不使用对天敌杀伤力较大的化学农药。白蛾蜡蝉卵的寄生蜂有狭面姬小蜂（*Dermatopelte* sp.）、黄斑啮小蜂（*Sphenolepis* sp.）、白蛾蜡蝉啮小蜂（*Sphtomophrum* sp.）、长痣赤眼蜂（*Japania* sp.）、黑卵蜂（*Telenomus* sp.）5种。若虫寄生蜂有1种螯蜂，1种举腹姬小蜂，另有4种小蜂。据1985年7月调查，观察151头蜂，螯蜂占53.6%，而举腹姬蜂占46.4%，若虫寄生率达20%～40%。其他常见天敌还有蜘蛛、瓢虫、螳螂、草蛉、胡蜂、绿僵菌等。除此以外，可以利用山地鸡对掉落于地面的白蛾蜡蝉若虫进行啄食。

（三）物理防治

在成虫盛发期，人工网捕，或在若虫发生期的雨后、早晨露水未干时，白蛾蜡蝉受水沾湿不能飞跳，用竹扫帚或人工摇动树枝，使虫落地面踏死。

（四）化学防治

根据白蛾蜡蝉初孵幼虫阶段群集未分散且虫体无蜡粉与分泌物、对农药较为敏感等特点，选择在成虫羽化盛期和初孵幼虫盛期进行施药，5～7d喷药1次，连喷2～3次，着重喷施叶背和新梢，同时注意喷杀掉落在地的白蛾蜡蝉。

在成虫产卵初期用80%敌敌畏乳油1 000倍液喷杀，间隔半个月，连续喷2次防治越冬成虫，防效达90%以上，同时对相邻橘园统一施药，避免成虫迁移。采用20%甲氰菊酯8 000倍液，48%毒死蜱乳油1 000倍液，20%溴氰菊酯乳油、4.5%高效氯氰菊酯微乳油2 000～3 000倍液，25%噻虫嗪3 000倍液喷洒均能收到较好效果。低龄若虫用90%敌百虫可溶粉剂1 000倍液防效甚佳。

刘怀（西南大学植物保护学院）

第 223 节　黑刺粉虱

一、分布与危害

黑刺粉虱［*Aleurocanthus spiniferus*（Quaintance）］属同翅目粉虱科刺粉虱属，别名橘刺粉虱、刺粉虱等。在我国主要分布于山东、江苏、安徽、湖北、浙江、江西、湖南、台湾、广东、广西、四川、云南、贵州、海南等省份。国外主要分布于印度、印度尼西亚、日本、菲律宾、美国、东非、关岛、墨西哥、毛里求斯、南非等柑橘或茶叶主产区。

黑刺粉虱寄主范围比较广，主要为害柑橘和茶树，此外还为害荔枝、芒果、白榄、枇杷、葡萄、苹果、杏、梨、桃、杜梨、柿、山楂、海棠、木瓜、金银木、花椒、棕榈、樟树和玫瑰等。黑刺粉虱栖息较为隐蔽，通常以若虫聚集在寄主的叶片背面吸食汁液，引起叶片因营养不良而发黄、提早脱落；严重发生时，每叶有虫数百头，叶被害处黄化；并能分泌蜜露诱发煤污病，使枝叶发黑，枯死脱落，受害严重的柑橘树抽不出春梢，不开花，丧失结果能力，树势衰弱，严重影响质量和产量以及果实品质。1993年该虫在广东严重为害柑橘面积约1.5万 hm²。1999—2000年，湖北孝感的柑橘遭受黑刺粉虱的为害，被害株率达80%以上。近年来，黑刺粉虱在我国很多地区仍有成灾之势。

二、形态特征

成虫：雌虫体长0.96~1.3mm，橙黄色，体表覆有蜡质白色粉状物，复眼肾形，橘红色。前翅紫褐色，有7条不规则白纹；后翅小，无斑纹，淡紫褐色。雄虫体较小，腹末有抱握器（图11-223-1，1；彩图11-223-1）。

卵：新月形，长0.25~0.3mm，顶端尖，基部钝圆，有1小柄用于直立黏附在叶背面，初产时乳白色，后淡黄色，孵化前灰黑色，孵化后卵壳仍附着在叶片上（图11-223-1，2；彩图11-223-2）。

若虫：体长0.7mm，初孵若虫椭圆形，体扁平，淡黄色，后渐转黑色，有光泽。体周缘呈锯齿状，体背生6根浅色刺毛，并在体躯周缘分泌1圈白色蜡质，随虫体增大蜡圈也增粗。老熟若虫体漆黑色，体背有14对刺毛。共4龄，一龄若虫椭圆形，淡黄色，体背生6根浅色刺毛，体渐变为灰至黑色，有光泽，体周缘分泌1圈白色蜡质物；二龄若虫胸部分节不明显，腹部分节明显，体背具9对刺毛，体周缘白蜡圈明显；三龄雌、雄若虫体长、大小有显著差异，雄虫略小，腹部前半分节不明显，但胸节分节明显，体背具长短刺毛14对。

伪蛹（四龄若虫）：椭圆形，初乳黄渐变黑色，有蜡质光泽。壳边锯齿状，周围附有白色绵状蜡质边缘，背面中央显著隆起，体背盘区胸部有9对长刺，腹部有10对长刺。体两侧边缘有长刺，向上竖立，雌11对，雄10对（图11-223-1，4；彩图11-223-2）。

三、生活习性

黑刺粉虱在我国的年发生世代数由南向北逐渐递减，广东、广西1年发生5~7代，湖北、浙江、福建、云南1年发生4~5代，有世代重叠现象。广东博罗第一代成虫出现在3月，11月中、下旬以若虫或伪蛹开始越冬，在湖南长沙第一代发生期为4月下旬至6月中旬；第二代为6月中旬至8月下旬；第三代为8月中旬至10月上旬，第四代（越冬代）为9月下旬以后发生，至12月大部分发育至二龄若虫越冬，同时存在一、三龄若虫（表11-223-1）。一般以二至三龄若虫在叶背越冬，翌春3月中旬至4

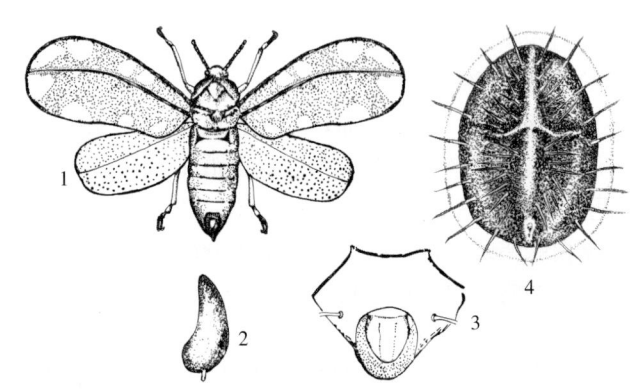

图11-223-1 黑刺粉虱（仿华南农学院，1981）

Figure 11-223-1 *Aleurocanthus spiniferus* (from South China Agricultural College, 1981)

1. 成虫 2. 卵 3. 皿状孔 4. 伪蛹

月上旬越冬若虫化为伪蛹（实为四龄若虫），3月中旬至4月上旬大量羽化为成虫。成虫多在上午羽化，以晴天8：00~9：00和下午日落前后活动最旺盛，雨水或露水未干前基本不活动。成虫白天活动，较怕强光，喜欢荫蔽高湿，飞翔力弱，可借风传播。有趋嫩性，多集中在树冠内、中下部嫩枝叶背面栖息、产卵，在没有嫩叶时，则在原来羽化的叶背上再行产卵为害。成虫多在早晨羽化，羽化2~3h后便能交配产卵，一生可多次交配，未交尾者行孤雌生殖，但后代均为雄虫。田间成虫以雌虫为多，平均寿命5d，最长者达8d以上。卵多产于叶背主脉两侧，散产、密集呈圆弧形，且多数呈有规则的螺纹形排列，每雌产卵数十粒至数百粒，卵期第一代20d左右，其他各代为10~15d。卵孵化后卵壳开裂呈蚕豆花状。黑刺粉虱若虫共 3 龄，若虫群集在寄主的叶片背面吸食汁液，初孵若虫善爬行，但活动范围不大，常在卵壳上停留 1～2min 后即在附近取食，取食时将口针插入叶肉，吸取汁液，二至三龄若虫不再扩散，固定为害。若虫蜕皮后将旧表皮留于体背，与自身分泌出来的蜡质物共同构成保护虫体的外壳。黑刺粉虱残留在叶背的蛹壳可以成为各种害螨的越冬场所。此虫 1～2 代发生较整齐，为害最重。

表 11 - 223 - 1　黑刺粉虱年生活史（广东博罗，1994；湖南长沙，2004—2005）
Table 11 - 223 - 1　Occurrence of each generation of *Aleurocanthus spiniferus*（Boluo，Guangdong，1994；Changsha，Hunan，2004—2005）

地点	虫态	2	3			4			5			6			7			8			9			10			11		
		下	上	中	下	上	中	下	上	中	下	上	中	下	上	中	下	上	中	下	上	中	下	上	中	下	上	中	下
广东博罗	成虫	1	1	1					2	2	2	2			3	3	3	4	4	*	5	5	5						
	卵	1	1	1	1	1	1			2	2	2	2	2	2	*	3	3		4	*	*	5	5					
	若虫				1	1	1			1	2	2	2		3	3	*	4	4	4	5	5	5						
	伪蛹					1	1	1			2	2	2			3	3	*	4	4						5	5	5	
湖南长沙	成虫	—					▲	▲				1	1				2	2				3	3						
	卵	—		1	1	1			1	1				2	2			3	3	4	4	4	4	4					
	若虫	—				1	1	1	1				2	2			3	3	*	4	4	4	4						
	伪蛹				▲	▲	—	—	—	—	1	1				2	2	2				3	3	3					

注　"上""中""下"分别表示"上旬""中旬""下旬"；数字表示相应世代数，▲表示越冬代，* 表示两世代重叠。

四、发生规律

（一）气候条件

黑刺粉虱各世代的发育进度和数量多寡与温湿度的关系密切。伪蛹在平均湿度 90% 以上时常盛发，在湿度 80% 以下时发生少。越冬主要与气温有关，常因当年当地气温条件不同而有较大差异，冬季只要气温合适便能继续发育，据四川的调查研究结果，3 月中旬前气温较高时，成虫羽化较早。在广东多数地区，黑刺粉虱全世代的发育起点温度为 10.1℃。日均温 30℃ 以上，对成虫和卵的孵化均不利，特别是卵产下后 15d 内的温湿度对其孵化率的影响较大。

（二）寄主植物

黑刺粉虱成虫在不同寄主植物上的产卵、孵化及幼虫的存活率等存在明显差异，如湖南橘园的研究结果显示，黑刺粉虱在温州蜜柑、椪柑、冰糖橙、枳壳、葡萄、梨、桃、李、草莓等作物上产卵有明显的选择性，喜在温州蜜柑、椪柑、冰糖橙、葡萄上产卵，其次为梨，而较少在李、草莓上产卵。在不同作物上，黑刺粉虱孵化及若虫的存活率和发育历期存在着明显差异，在各作物上的黑刺粉虱卵孵化后发育至绝大多数伪蛹羽化的存活率，以温州蜜柑上最高，为 41.4%；其次为葡萄和冰糖橙，分别达 25.5% 和 21.1%；以李和梨较低，分别为 8.3% 和 3.7%。柑橘黑刺粉虱在盆栽温州蜜柑上卵期为 11.4～19.5d，若虫一龄为 5.8～8.5d，二龄为 5.6～6.4d，三龄为 6.3～8.1d，伪蛹期为 13.4～19.3d，卵—伪蛹历期为 50.9～53.2d，并以第一代发育历期最长，其次为第三代，以第二代发育历期最短。

（三）天敌

黑刺粉虱的天敌种类较多，其中，寄生性天敌昆虫约有 16 种，捕食性天敌约有 54 种，包括 20 余种蜘蛛及 34 种捕食性天敌昆虫。此外，约有 18 种病原真菌对黑刺粉虱存在不同程度的致病效果。国内黑刺粉虱的寄生性天敌约有 16 种，常见的有黄盾恩蚜小蜂（*Encarsia smithi*）、东方桨角蚜小蜂（*Eretmocerus orientalis*）、单带巨角跳小蜂（*Comperiella unifasciata*）等。捕食性天敌有红点唇瓢虫（*Chilocorus kuwanae*）、方斑瓢虫（*Propylea quatuordecimpunctata*）、刀角瓢虫（*Serangium japonicum*）、黑缘红瓢虫（*Chilocoru rubidus*）、黑背唇瓢虫（*Chilocoru melas*）、整胸寡节瓢虫（*Telsimia emarginata*）、二星瓢虫（*Adalia bipunctata*）和大草蛉（*Chrysopa pallens*）、八斑绢草蛉（*Ankylopteryx octopunctata*）等。在福建沙县的柑橘园内，黑刺粉虱越冬期间被寄生率最高可达 88.9%，对于控制第一代黑刺粉虱的发生至关重要。在 5 月和 7～9 月第一代和第二、三代黑刺粉虱发生期，寄生蜂对黑刺粉虱的寄生率也高达

73.9％和 76.9％，对控制黑刺粉虱的周年发生与消长起重要的作用。黑刺粉虱雌蛹内常有寄生蜂幼虫或蛹 2～3 头，而雄蛹由于虫体较小，一般体内只有 1 头寄生蜂个体。冬季寄生蜂幼虫及蛹在黑刺粉虱体内越冬，并见有寄生蜂成虫在柑橘叶上活动。

五、防治技术

（一）农业防治

冬季清园。剪除带虫（卵、若虫和伪蛹）枝叶和荫蔽衰弱枝，早春疏除过密春梢，清理园内枯枝落叶，统一集中销毁，减少越冬虫口基数。改善树体通风透光性能，改善生态环境，破坏黑刺粉虱活动繁衍场所；加强栽培管理，增强树势，提高抗性，减少为害。

（二）物理防治

黄板诱杀。成虫羽化后，挂黄板，诱杀成虫。为了降低成本，可自制黄板：用旧的橙黄色硬纸裁成 1m×0.2m 长条，再涂上 1 层黏油（可用 10 号机油加少许润滑油调成），每 667m² 设置 35～40 块，7～10d 重涂 1 次。

（三）生物防治

保护和利用天敌。推广果园生草栽培，禁止使用高毒高残留化学农药，创造有利于寄生蜂、红点唇瓢虫和草蛉等天敌繁殖、生息、迁移活动的环境，繁殖利用天敌消灭黑刺粉虱。

（四）化学防治

冬季清园。于 12 月中旬至翌年 1 月中旬对粉虱发生严重的果园喷 1 次松碱合剂 20 倍液和 1 波美度石硫合剂，清除越冬虫源，减少来年发生基数。

防治成虫、低龄若虫。尽管农药也可杀死成虫，但由于成虫羽化后当日即可交尾产卵，因此，卵孵化高峰期（一至二龄若虫高峰期），特别是发生较整齐的第一代若虫盛发期，在粉虱发生重的橘园（有虫叶率 10％以上），采用药剂防治。如局部为害，应采取挑治；较大面积发生时，采用联防群治。喷药时要注意交替轮换用药，以提高药效和防止产生抗药性。药剂有高精度机油乳剂 99.1％矿物油乳油 150～200 倍液等（高温天气机油乳剂宜在早晚使用，花蕾期和果实开始转色后慎用），松脂合剂 18～20 倍液、25％噻嗪酮可湿性粉剂 1 200～1 500 倍液、10％吡虫啉可湿性粉剂 3 000 倍液或 5％啶虫脒乳油 1 000～2 000 倍液等。

郑薇薇　王珊珊（华中农业大学植物科学技术学院）

第 224 节　柑橘粉虱

一、分布与危害

柑橘粉虱〔*Dialeurodes citri*（Ashmead）〕属同翅目粉虱科裸粉虱属，又名橘黄粉虱、橘绿粉虱和通草粉虱，是柑橘上的一种重要害虫。

柑橘粉虱起源于巴基斯坦、中国、日本等东南亚地区的柑橘及相关作物种植区，目前在中国、俄罗斯、以色列、日本、印度、西班牙、美国等地均有发生。过去在我国仅零星分布，少有严重为害，自 20 世纪 90 年代后逐渐在部分橘园普遍发生，2004 年后成为主要害虫。现广泛分布于我国湖北、湖南、广东、广西、江西、陕西、四川、浙江、福建、台湾等近 20 个省份，各地柑橘产区均有发生，长江流域分布密度较大，为害范围广，除为害柑橘外，主要寄主植物还有栀子、桂花、茶、柿、桃、女贞、栗、丁香、常春藤等 30 科 55 属 74 种植物。

在柑橘园中，柑橘粉虱主要以若虫为害柑橘春、夏、秋梢的幼嫩叶片。以成虫和若虫吸食植物汁液，使被害叶片褪绿形成黄斑，使柑橘树体营养生长停滞、落叶、新梢抽发少，抑制植物及果实发育。为害严重时，分泌大量蜜露，诱发煤烟病，污染叶片和果实，引起叶片萎蔫褪绿、黄化甚至枯枝落叶，阻碍橘树的光合作用，影响树势，造成落花落果，严重时尤其在果实近成熟期时使果面蒙上一层黑霉，严重影响果实外观、品质和产量，给柑橘生产造成严重的经济损失。

二、形态特征

成虫：雌成虫体长 1.2～1.5mm，宽 0.3～0.4mm，淡黄色，两对翅半透明，后翅略小于前翅，腹部粗大，尾部钝圆，虫体和翅被有白色蜡粉。复眼红褐色，分上下两部，中有 1 红褐色小眼相连。触角第三节长于四、五两节之和，第三至七节上部有多个膜状感觉器。雄成虫体长 0.96mm，宽 0.25mm，头、胸、腹均为淡黄色，雄虫比雌虫明显瘦小，呈锥状，尾尖。足黄白色，复眼圆形，赤褐色，触角除第一节和第二节外，各节均有带状突起。阳具与性刺长度相似，端部向上弯曲。

卵：椭圆形，淡黄色，长约 0.2mm，宽 0.1mm 左右，卵壳平滑，具 1 短卵柄。初产时为乳白色，后为淡黄色，略透明，孵化前变为褐色，以 1 短卵柄从气孔插入叶片组织，卵柄长约 0.06mm，卵粒间有白粉，附于叶片背面。

若虫：体小，扁平，椭圆形，淡黄色，长约 0.7mm，周缘有小突起 17 对，被有半透明的蜡质物。若虫期分 4 龄。一龄若虫椭圆形，长 0.30mm，宽 0.2mm，扁平，黄白色，周缘有较多小突起和小刺毛；二龄若虫体长 0.50～0.60mm，宽 0.40mm，黄褐色，周缘突起不明显，小刺毛 2～3 对，头部前方、后缘两侧和尾沟两边各 1 对，胸气管道隐约可见；三龄若虫长 0.70～0.90mm，宽 0.5～0.7mm，黄褐色，胸气管道明显发育；四龄若虫体长 1.0～1.50mm，宽 0.7～0.8mm。

伪蛹：壳略近椭圆形，长 1.3～1.6mm，扁平，质软薄而透明，未羽化前黄绿色，羽化后的伪蛹壳呈白色，背面无刺毛，体两侧 2/5 处稍微凹入，壳缘前、后端各有 1 对小刺毛，背上有 3 对疣状的短突，其中 2 对在头部，1 对在腹部的前端，皿状孔近圆形，孔瓣发达，呈锐三角形。近羽化前数天出现红褐色眼点。

柑橘粉虱各期虫态见彩图 11 - 224 - 1、彩图 11 - 224 - 2 及图 11 - 224 - 1。

三、生活习性

柑橘粉虱在我国大部分柑橘产区 1 年发生 3 代，年发生世代数由北向南逐渐增加，也随当年气温有所变化。柑橘粉虱在浙江黄岩 1 年发生 2～3 代；湖北秭归、当

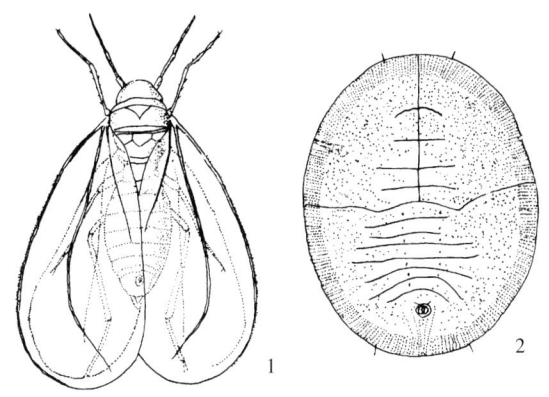

图 11 - 224 - 1　柑橘粉虱（1. 引自张宏宇，2013；
2. 仿周尧，2001）

Figure 11 - 224 - 1　*Dialeurodes citri*（1. from Zhang Hongyu, 2013;
2. from Zhou Yao, 2001）

1. 成虫　2. 蛹

阳（表 11 - 224 - 1）及江西于都等地发生 4 代；在广东、广西、海南、台湾等南部地区可发生 6 代，世代重叠。多以老熟若虫或伪蛹附着在叶背越冬。翌年 2 月下旬、3 月上中旬羽化为成虫，羽化时伪蛹壳从前部翅芽处开裂至中间，再纵向裂向前端，呈倒 T 形裂开，成虫从裂缝中爬出。整个羽化过程大概需要 20min，67% 的羽化均在 8：00～11：00 进行。成虫白天活动，具有趋嫩性，羽化后群集于新梢叶背，成虫会先在叶背面静伏 0.5～2h，待翅充分展开后在叶背面爬行或飞行，飞行能力不强，仅在遇惊动时作短距离短时间飞行，然后随即返回树上。羽化后 1～3d 后开始交配产卵，喜在新梢嫩叶背面栖息和产卵，尤以树冠下部和荫蔽处的嫩叶背面产卵最多。卵散产，常密集于叶背，平均约 142.5 粒/雌。柑橘粉虱成虫一生可多次交尾，也可营孤雌生殖，后代为雄性。卵期一般长 3～30d，发育不整齐，有世代重叠现象。若虫要蜕皮时，虫体伸缩使表皮内充气鼓起、破裂，后将蜕皮壳弹出，蜕皮后虫体可作短距离爬行，后又重新固定取食，排泄蜜露，多时一叶达数十头至数百头。柑橘粉虱寄主多，食性杂，喜荫蔽湿润环境，通风透光不良的橘园为害较严重。

表 11 - 224 - 1　柑橘粉虱各代发生期（湖北当阳，2002—2004）
Table 11 - 224 - 1　Occurrence of each generation of *Dialeurodes citri*（Dangyang, Hubei, 2002—2004）

年份	一代	二代	三代	四代
2002	4 月中旬至 7 月中旬	6 月上旬至 9 月下旬	7 月上旬末至 11 月上旬	9 月上旬至翌年 4 月
2003	4 月中旬至 6 月上旬	5 月下旬至 9 月下旬	7 月中旬至 11 月上旬	9 月中旬末至翌年 4 月
2004	4 月上旬至 6 月中旬	6 月上旬至 8 月中旬	7 月下旬至 11 月上旬	9 月上旬至翌年 4 月

四、发生规律

(一)虫源基数

连续几年暖冬和暖湿气候,冬后柑橘粉虱存活率高,有利于柑橘粉虱越冬代若虫和伪蛹越冬。虫口基数大,虫源丰富,繁殖快,发生量大,来势猛。

(二)气候条件

柑橘粉虱在夏季高温季节有明显的滞育现象,滞育开始的时间每年都有所不同,这与温度明显相关,一般日平均温度连续在27℃以上,四龄幼虫和伪蛹就开始滞育。暖冬年份,翌年发生较重。春季温度高,发生较重。

(三)寄主植物

柑橘粉虱食性较广,橘园内多品种混栽,不同品种的管理措施和生育期并不完全一致,使新梢陆续抽发,嫩叶不断,混栽为柑橘粉虱提供了较好的饲料条件。果园周边的杂草是粉虱的中间寄主,有利于其栖息繁衍。同时,栽培管理不合理,果园栽培过密,成龄树橘园密度过大,使果园通风透光性差,园内湿度大,严重影响喷药质量,有利于于柑橘粉虱发生为害。夏梢多、秋梢不整齐均有利于柑橘粉虱大发生。

(四)天敌

粉虱座壳孢菌(*Aschersonia aleyrodis*)是柑橘粉虱重要的寄生性天敌,是一种真菌寄生菌,又名赤座霉、赤座壳孢、猩红菌和红色真菌等,其寄生率高,控制效果好。此外,常见的寄生性天敌还有扁座壳孢菌(*Aschersonia placenta*)、黄盾恩蚜小蜂(*Encarsia smithi*)、东方桨角蚜小蜂(*Eretmocerus orientalis*)、单带巨角跳小蜂(*Comperiella unifasciata*)、黑刺粉虱细蜂(*Amitus hesperidum*)等。捕食性天敌有红点唇瓢虫(*Chilocorus kuwanae*)、方斑瓢虫(*Propylea quatuordecimpunctata*)、刀角瓢虫(*Serangium japonicum*)、黑缘红瓢虫(*Chilocorus rubidus*)、黑背唇瓢虫(*Chilocorus melas*)、整胸寡节瓢虫(*Telsimia emarginata*)、二星瓢虫(*Adalia bipunctata*)和大草蛉(*Chrysopa pallens*)、八斑绢草蛉(*Ankylopteryx octopunctata*)、具瘤神蕊螨(*Agistemus exsertus*)、橙黄粉虱蚜小蜂、红斑粉虱蚜小蜂等。

五、防治技术

(一)农业防治

早春结合疏除过密春梢,剪除带虫(卵、若虫和伪蛹)枝叶,清除残枝枯叶,集中销毁;合理整形修剪,对过密园实行间伐,对主枝过多的成年植株锯除多余主枝和剪除过密侧枝;夏季修剪首先要剪除过密的旺长枝、直立枝,留中庸枝、斜生枝,以利树冠通风透光,改善生态环境,减轻为害。同时,还要加强栽培管理,增强树势,采用"去零留整,去早留齐,集中放梢"的控梢措施,打断粉虱的食物链。此外,注意搞好果园排水,增施磷、钾肥,减少根外喷施氮肥次数,提高树体抗病虫能力。

(二)物理防治

黄板诱杀。柑橘粉虱对黄色有趋性,可在成虫羽化后,挂黄板诱杀。为了降低成本,可自制黄板:用旧的橙黄色硬纸裁成1m×0.2m长条,再涂上1层黏油(可用10号机油加少许润滑油调成),置于行间,与植株高度相当。每667m² 设置35~40块,7~10d重涂1次。

(三)生物防治

保护利用天敌,橘园粉虱发生不严重时,尽量不用或少用药,特别是粉虱高龄若虫(三至四龄)期是其寄生菌和寄生蜂的主要发生期,应谨慎用药。在生长季节(特别是郁闭度大的果园)发现有粉虱座壳孢菌发生时,尽量不喷或少喷氢氧化铜、波尔多液和多菌灵等广谱性杀菌剂,以免杀伤粉虱座壳孢菌;在夏、秋季干旱时向有粉虱座壳孢菌的柑橘园喷水或灌水以增加园内湿度,利于孢子萌发和侵染;在粉虱座壳孢菌萌发和蔓延季节,也可采集有座壳孢菌树叶,悬挂于粉虱高发区,或将座壳孢菌橘叶捣碎加水稀释过滤后喷雾,促其自然传播和蔓延,尤其在4~5月雨水多时防效显著。

(四)化学防治

冬季清园。于12月中旬至翌年1月中旬对粉虱发生严重的果园喷1次松碱合剂20倍液和1波美度石硫合剂,清除越冬虫源,减少来年发生基数。

由于粉虱成虫羽化后当日即可交尾产卵,世代重叠,给药剂防治带来困难,卵孵化高峰期(一至二龄若虫高峰期）是化学防治适期，特别是发生较整齐的第一代若虫盛发期是化学防治的关键时期。当有虫叶率超过 10％时，应及时采用药剂防治。如局部为害，应采取挑治；较大面积发生时，采用联防群治。药剂有高精度机油乳剂 99.1％矿物油乳油 150～200 倍液等（高温天气机油乳剂宜在早晚使用，花蕾期和果实开始转色后慎用），松脂合剂 18～20 倍液、25％噻嗪酮可湿性粉剂 1 200～1 500 倍液、10％吡虫啉可湿性粉剂 3 000 倍液或 5％啶虫脒乳油 1 000～2 000 倍液，25％噻虫嗪水分散粒剂 7 500 倍液和 2.5％高效氯氟氰菊酯乳油 1 500 倍液混用。

张宏宇（华中农业大学植物科学技术学院）

第 225 节　橘　　蚜

一、分布与危害

橘蚜〔*Toxoptera citricidus*（Kirkaldy），异名：*Aphis citricidus*（Kirkaldy），*Myzus citricidus*（Kirkaldy）〕属同翅目蚜科，又名褐橘声蚜、褐色橘蚜，俗称蜜虫、油虫和腻虫等。

橘蚜在我国长江流域及其以南各柑橘栽培区都有分布，主要分布在浙江、江西、湖南、四川、台湾、福建、广东、云南等地区。国外在日本、印度、澳大利亚、以色列、西班牙、墨西哥、巴西、撒哈拉以南的非洲地区、美国等地均存在橘蚜。它的寄主主要是柑橘类、梨、桃、柿等。

橘蚜在我国分布极广，所有柑橘种植区均有发生，成虫和若虫群集在柑橘嫩梢、嫩叶、花蕾和花叶上吸取汁液，主要为害柑橘的嫩梢。叶片受害后，形成凹凸不平的皱缩，使得叶片卷曲硬化，新梢枯死，幼果和花蕾脱落并分泌大量蜜露诱发煤烟病，使枝叶发黑，影响光合作用，树势减弱，使果实的产量和品质受到影响（彩图 11 - 225 - 1）。橘蚜是柑橘衰退病毒（*Citrus tristeza virus*，CTV）的主要传播介体，CTV 是对世界柑橘生产具有严重危害的一种病毒。

二、形态特征

成虫：橘蚜成虫分无翅和有翅两种。无翅胎生雌蚜体宽椭圆形，体长约 1.3mm，漆黑色，复眼红黑色。触角 6 节，灰褐色，第三节上有感觉圈 1～6 个。足胫节端部及爪黑色，腹部有黑斑和黑带纹，腹管、尾片黑色。腹管呈管状，上生长毛。有翅胎生雌蚜与无翅型相似，但触角第三节上有感觉圈 6～17 个，有两对无色透明的翅，前翅有淡黄褐色翅痣，前翅中脉 3 分叉。无翅雄蚜与无翅胎生雌蚜相似，体深褐色，触角第五节端部只有 1 个感觉圈，后足胫节特别膨大。有翅雄蚜与有翅胎生雌蚜相似，但触角第三节上有感觉圈 45 个，第四节 27 个，第五节 14 个，第六节 5 个。

卵：椭圆形，长 0.6mm，初产时淡黄色，渐变黄褐色，最后变为漆黑色。

若虫：体褐色至黑褐色，复眼黑红色，分为有翅和无翅两种，有翅型的翅芽在三、四龄时已经长出。

三、发生规律

温暖和较干燥的环境有利于蚜虫繁殖、活动，橘蚜繁殖的最适宜温度是 24～27℃，故在春末夏初之交和秋季繁殖最盛。夏季温度过高和干旱对其生存不利，死亡率较高，寿命短，繁殖力弱，发生数量少。久雨或暴雨亦极不利于其繁殖。

橘蚜发生代数因地而异，1 年发生 10～20 余代。橘蚜繁殖 1 代所需时间随温度不同而异，一般为 5.5～41.9d，平均 10.6d。每头无翅胎生雌蚜能胎生幼蚜 5～68 头，最多达 93 头，有翅孤雌蚜较无翅孤雌蚜的繁殖力低。成虫寿命一般为 5.7～28.5d，最长达 49d。有翅雌蚜和有翅雄蚜于秋末或冬初出现，交配后产卵。

橘蚜在长江流域橘区主要以卵在枝上越冬。一般在翌年 3 月下旬至 4 月上旬，柑橘萌芽后越冬卵孵化为无翅若虫，群集在新芽、幼叶、嫩梢上吸食为害，并在其上繁殖产生胎生幼蚜。遇枝叶老化或虫口过密，不适宜生活时，即产生有翅孤雌蚜，迁至其他橘树上继续繁殖为害。5～6 月主要为害新梢和幼果，8～9 月为害秋梢芽、叶，晚秋出现有性雌、雄蚜，交配后产卵越冬。在广东和福建则主要以成虫越冬。以 9～10 月的发生数量最大，为害秋梢严重，其次是 4～5 月。大发生时，若虫和成虫群集在 15cm 以上的新梢或已伸展的叶片背面为害。

四、防治技术

（一）农业防治

农业防治是综合防治的基础。从建园开始到果实采收储运的橘园管理各个环节，都要结合柑橘生长发育需要，有目的地创造有利于柑橘生长而不利于蚜虫发生的生态条件。

1. 合理修剪，降低虫源　果实收获后，及时剪除病虫枝、弱枝、残株败叶、密集枝等，减少病虫来源，同时改善树冠通风透光和降低湿度，增强抗病虫能力，铲除杂草和其他灌木，减少越冬蚜虫的寄主植物，给越冬的蚜虫创造不利的环境。冬、春季结合整治枝、干，涂白之际，刮除树缝、树洞、伤口处的蚜虫，降低虫源。

2. 合理施肥　秋季增施磷、钾肥，少施氮肥，增强翌年果树的抗病虫能力。

3. 培育无病虫苗木　所用接穗、种子等繁殖材料在健树上采集，并进行消毒处理。苗圃与老橘园要有一定距离。

（二）生物防治

生物防治是利用有益生物或生物代谢产物防治病虫，并且对人、畜、植物安全，没有污染，不致害虫的再猖獗和形成抗性，是综合防治的重要措施。

橘蚜的天敌有丽草蛉［*Chrysopa formosa*（Brauer）］、大草蛉［*Chrysopa pallens*（Rambur）］、日本通草蛉［*Chrysoperla nipponensis*（Okamoto）］、黑带食蚜蝇［*Episyrphus balteatus*（De Geer）］、狭带贝食蚜蝇［*Betasyrphus serarius*（Wiedemann）］、七星瓢虫［*Coccinella septempunctata*（Linnaeus）］、六斑月瓢虫［*Menochilus sexmaculata*（Fabricius）］、异色瓢虫［*Harmonia axyridis*（Pallas）］、黄斑盘瓢虫［*Lemnia saucia*（Mulsant）］，寄生蜂主要有蚜小蜂（*Aphelinus* sp.）、柄瘤蚜茧蜂（*Lysiphlebus* sp.）及三叉蚜茧蜂（*Trioxys* sp.），其他天敌有蚜疫霉（*Erynia aphidis*）等。这些天敌在园间对橘蚜有很大的控制作用，特别是在高温季节，天敌繁殖快、数量大，消灭蚜虫快，此时不应喷药或少喷药，以免杀伤天敌。

（三）物理防治

薄膜避蚜。蚜虫对银灰色有负趋性的特点，大量繁殖果树苗的大棚或大田，用铝箔或银色反光塑料薄膜避蚜，能很好地预防蚜虫早期传播的病毒病。

（四）化学防治

在天敌少、蚜虫为害较重、新梢蚜害率达到 25% 时，开始使用下列药剂进行防治，或挑治喷药：10% 吡虫啉 33～50mg/kg（有效成分）、3% 啶虫脒 20mg/kg（有效成分）、10% 烯啶虫胺 20～33mg/kg（有效成分）、1.8% 阿维菌素 6mg/kg（有效成分）、25% 吡蚜酮 63～83mg/kg（有效成分），每 10d 1 次，连喷 2 次。尽量少用菊酯类和有机磷类广谱性杀虫剂，以免杀伤天敌。

刘金香（中国农业科学院柑桔研究所）

第 226 节　吹 绵 蚧

一、分布与危害

吹绵蚧［*Icerya purchasi*（Maskell）］属同翅目蚧总科绵蚧科，又名绵团蚧、白条蚧、吐绵蚧等，是一种世界性的害虫。吹绵蚧原产大洋洲，现广泛分布于热带、亚热带和温带地区。在我国广泛分布于甘肃、陕西、辽宁、河北、山西、山东、福建、湖南、湖北、广东、广西、四川、重庆、贵州、云南、台湾等省份；国外分布于日本、朝鲜、菲律宾、印度尼西亚和斯里兰卡，欧洲、非洲、北美洲也有分布。吹绵蚧是柑橘上的一种重要害虫，食性很杂，除为害柑橘外，还取食刺槐、杏、梨、苹果、葡萄、樱桃、榆、杨、槐、李、桃、玉米、白玉兰、一串红、广玉兰、海桐、山茶、月季、玫瑰、海棠等 250 余种植物。

吹绵蚧以雌成虫或若虫群集在叶芽、嫩芽、新梢及枝干上，吮吸汁液，使叶片发黄，枝条枯萎，引起大量落叶、落果，枝条干枯，树势衰弱，严重时全株枯死（彩图 11 - 226 - 1）。另外，虫体在生活过程中不断地排出蜜露，使寄主植物诱发煤污病，使叶片和枝条变黑，影响光合作用，使花木降低及丧失观赏价值，影响果树开花结果，降低产量。

二、形态特征

雌成虫：体椭圆形，长 5～7mm，宽 3.7～4.2mm，橘红色，腹面平坦，背面隆起，呈龟甲状，边缘着生黑色弯曲短毛，披有白色蜡质丝绵状分泌物，头、胸、腹间无显著分界。无翅，触角黑褐色，11 节，每节都有黑色刚毛；口器小，喙 2 节，末端有许多小毛，口针不长。有 3 对发达的足，形状大小相同，足上有许多褐色刚毛。老熟时包被于白色的毡状蜡囊中。腹末附有白色絮状物构成的卵囊，初时甚小，后随产卵而增大，囊上有脊状隆起线14～16 条。

雄成虫：体瘦小，体长约 3mm，胸部黑色，腹部橘红色。触角黑色，共 10 节，羽毛状，除第一、二两节外，其余各节两端膨大，中间缩细，呈哑铃状，膨大部分有 1 圈刚毛。眼半球形，位于触角后方，复眼之间有 1 对单眼。前翅发达，紫黑色，后翅退化成平衡棒。口器退化。腹端有 2 突起，其上各有长毛 3 根。老熟时和雌成虫一样，包于椭圆毡状蜡质介壳中。

卵：长椭圆形，长 0.65mm，宽 0.29mm，初产时橙黄色，后变橘红色，体扁平，椭圆形，表面附有白色蜡粉及蜡丝，密集成堆于卵囊内。

若虫：初孵椭圆形、橘红色，长 0.66mm、宽 0.32mm，附肢与体多毛，体被淡黄色蜡粉及蜡丝；黑色触角 6 节；足 3 对，细长，黑色；腹部末端有 3 对长毛。

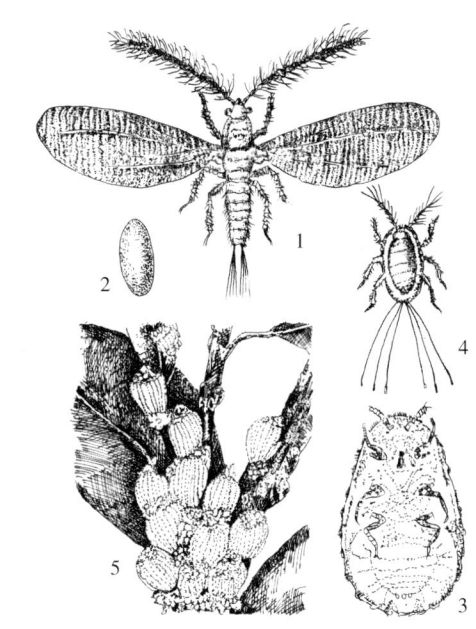

图 11-226-1　吹绵蚧（仿中国农业科学院果树研究所，1994）

Figure 11-226-1　*Icerya purchasi*（from Institute of Pomology of Chinese Academy of Agricultural Sciences, 1994）

1. 雄成虫　2. 卵　3. 雌成虫（腹面观）
4. 一龄若虫　5. 为害状

一龄若虫雌雄无区别。二龄后雌雄异形，雌若虫椭圆形、深橙红色，长 1.8～2.1mm、宽 0.9mm，背面隆起，散生黑色小毛，蜡粉及蜡丝减少。雄若虫体长而狭，颜色较鲜明，体被薄蜡粉。三龄雌若虫长 3～3.5mm、宽 2～2.2mm，体色暗淡，仍被少量黄白色蜡粉及蜡丝，触角 9 节，口器及足均黑色。三龄雄若虫为预蛹，长 3.6mm、宽 1mm，色淡，口器退化，具附肢和翅芽。椭圆形蛹橘红色，长 2.5～4.2mm、宽 1～1.4mm，腹末凹入呈叉状。茧白色，长椭圆形，茧质疏松，自外可窥见蛹体。

吹绵蚧的各期虫态及为害状见图 11-226-1。

三、生活习性

吹绵蚧在我国南部 1 年发生 3～4 代，长江流域发生 2～3 代，华北发生 2 代，在四川东南部 1 年发生3～4 代，西北部发生 2～3 代，哲里木盟 1 年只发生 1 代。吹绵蚧发生时期因地而异。四川第一代卵和若虫盛期在 4 月下旬至 6 月，第二代在 7 月下旬至 9 月初，第三代在 9～11 月，其中，以一、二代即 4～7月发生严重，这时气温适宜，营养条件丰富。浙江第一代卵和若虫盛期为 5～6 月，第二代为 8 月至 9 月中旬。各越冬代发生均不整齐，世代重叠。1 年发生 2～3 代地区主要以若虫及无卵雌成虫越冬，其他虫态亦有。1 年发生 2～4 代地区，以成虫、卵和各龄若虫在主干和枝叶上过冬。吹绵蚧以孤雌生殖方式繁殖。

一龄若虫多向树冠外部迁移，一般多在叶背主脉附近吸食，二龄若虫后逐渐移至枝干阴面或果梗等处群集为害，每蜕皮 1 次换 1 处取食。雄若虫第二次蜕皮后即化蛹，这时口器退化，不再取食为害，即在树干裂缝穴洞或树干附近的松土杂草中结薄茧化蛹。7～10d 后羽化成有翅雄成虫，两天后开始交配。雄成虫飞翔力弱，只能飞 0.33～0.67m。寿命较短。雄虫数量一般较少，越冬代较多，密集在树干缝穴或树皮下。

雌若虫蜕 3 次皮即羽化成无翅成虫，并向树干阴面和枝条移动，雌成虫固定后即不再移动，2～4d 开始从腹面侧面泌蜡孔分泌白色棉絮状蜡质，形成卵囊，开始产卵，卵囊具有黏性，产卵期长达 1 月之久。每 1 雌虫可产卵数百粒，多者达 2 000 粒左右。雌虫寿命约 60d。卵和若虫历期因季节而异。在春季，卵期为 14～26d，若虫期为 48～54d；在夏季，卵期 10d 左右，若虫期则为 49～106d。

四、发生规律

（一）气候条件

吹绵蚧原产于大洋洲，温暖高湿为其适宜的气候条件，尤其以 25～26℃ 最适于生长繁殖，15℃ 以下产卵量显著减少，高温对其不利，高于 39℃ 则引起死亡。此外，霜冻、干热、大雨也不利于它的发生繁殖。果树密生、空气不流通、阴湿、阳光不足有利于其发生为害。

（二）天敌

国内已发现的天敌有澳洲瓢虫（*Rodolia cardinalis* Mulsant）、大红瓢虫（*R. rufopilosa* Mulsant）、小红瓢虫（*R. pumila* Weise）和红环瓢虫（*R. limbatus* Motschulsky.），其中，前两种对吹绵蚧控制作用显著。大红瓢虫在我国许多柑橘产区比较普遍，是最有应用价值的天敌昆虫。澳洲瓢虫在我国台湾早有分布记载，近年来在广东、重庆、四川、江苏和浙江也先后发现和应用。此外，还有两种草蛉及一种寄生菌。

澳洲瓢虫对吹绵蚧的取食具有专一性，且可以取食吹绵蚧的各个虫态。对于气候的可塑性和特别显著的抗寒力是澳洲瓢虫驯化的重要特性，一般情况下，澳洲瓢虫对于气候的要求和柑橘萌芽对于气候的要求是一致的，如果能经过驯化，提高澳洲瓢虫对低温的耐受力，则可全年防治吹绵蚧。

五、防治技术

（一）农业防治

冬季气温较低，柑橘进入休眠，也是蚧类及其他害虫、病菌处于相对静止时期。该时期是防治吹绵蚧的重要时期。于 12 月上、中旬，结合冬季修剪，剪除带虫枝叶，增加通风透光，减少越冬虫口基数；清除橘园内的落叶、霉桩、地衣、苔藓和杂草，并集中烧毁。7 月中、下旬，结合灌溉追施促梢壮果肥，剪除带虫和荫蔽的枝叶并及时烧毁。

（二）生物防治

注意保护田间天敌，应尽量少用或不用广谱性农药。必要时引进和人工繁育天敌昆虫大红瓢虫、澳洲瓢虫、红环瓢虫等。特别是澳洲瓢虫由于食性专一、繁殖快、发生代数多，成虫和幼虫均能捕食，是防治吹绵蚧最有效的天敌昆虫，也是生物防治史上最成功的事例之一。人工释放天敌时，不要使用有机磷和拟除虫菊酯类广谱性杀虫剂，以免杀伤天敌。

（三）化学防治

无澳洲瓢虫的地区或害虫密度太高，超过防治指标时，可在若虫盛期喷药防治，药剂种类和浓度同矢尖蚧。但机油乳剂对其防治效果差。

郑薇薇 王珊珊（华中农业大学植物科学技术学院）

第 227 节 柑橘堆粉蚧

一、分布与危害

柑橘堆粉蚧［*Nipaecoccus vastator*（Maskell）〕属同翅目粉蚧科堆粉蚧属，又称堆蜡粉蚧、橘鳞粉蚧、木槿粉蚧等。在我国主要分布于广东、广西、福建、台湾、云南、贵州、四川以及湖南、湖北、江西、浙江、陕西、山东、河北的局部地区。寄主植物主要有柑橘、葡萄、枣、茶、黄皮、香荔枝、木槿、油梨、番荔枝、夹竹桃、桑、榕树、冬青等多种植物。

柑橘堆粉蚧为害柑橘嫩梢及幼果。为害多发生在柑橘树的隐蔽处，特别是卷曲叶片内或树皮裂缝间，由于大量分泌蜜露于枝叶、幼果上，引起煤烟病，使果实瘦小脱落；同时招引蚂蚁群集取食蜜露，常用细土在果蒂处、枝条分权、凹陷处筑小室，保护粉蚧繁殖为害。此外，新梢受害后，枝叶弯曲、枯死，不但影响当年生长，亦影响翌年结果。幼果受害后，常造成肿状突起，黄化脱落；未脱落果实，外观与内在品质均不佳，影响商品价值（彩图 11 - 227 - 1，彩图 11 - 227 - 2）。

二、形态特征

雌成虫：长 3～4mm，椭圆形，体紫黑色，触角和足草黄色。表皮常为膜质，体分节较明显。无翅。触角 7 节，足短小、爪下无齿。虫体无前背裂，有后背裂，但很小而不明显。腹裂 1 个，较小，位于第三和第四腹节腹板交接处之中央。肛环具孔和 6 根肛环刺。臀瓣不发达，臀瓣刺粗壮。虫体常覆被白色细片状蜡质分泌物，在每一体节的背面都横向分为 4 堆，整个体背则排成明显的 4 列。虫体周缘的蜡丝粗而短，末对蜡丝较粗长。发育成熟的雌成虫常营固着生活，极少移动。

雄成虫：体绛紫色，长约 1mm。头、胸、腹 3 部分分明。前翅 1 对，半透明，腹末有 1 对白色蜡质长尾刺。口器退化、无喙和口针，一生不取食。触角通常 3～10 节。无复眼，具单眼。腹末端有 2 条白色的细长蜡丝。在一般情况下，雄成虫数量极少，寿命极短，只有交配功能。

卵：淡黄色，椭圆形，长约 0.3mm，藏于淡黄白色的绵状蜡质卵囊内。

若虫：形似雌成虫，紫色，初孵时无蜡质，固定取食后，体背及周缘即开始分泌白色粉状蜡质，并逐渐增厚。一龄期爬动很快，活动力强。二龄后的若虫开始出现性分化。此时雄虫即进入前蛹期和蛹期，而后羽化为成虫。雌若虫一般经 3 次蜕皮后才羽化为成虫。雌若虫和成虫在外部形态上很相似。因此，阴门有无是鉴别雌成虫的标志。

蛹：外形似雄成虫，但触角、足和翅均未伸展。口器退化，腹部长出生殖器的雏形。

柑橘堆粉蚧各期虫态见图 11 - 227 - 1。

三、生活习性

柑橘堆粉蚧在广州 1 年发生 5～6 代，世代重叠，多行孤雌生殖。以若虫和雌成虫在枝干皮缝及卷叶内越冬。翌年 2 月初越冬若、成虫开始活动取食，主要为害春梢枝条，3 月下旬出现第一代卵囊，每雌虫产卵 200～500 粒，若虫孵化后逐渐分散转移为害幼果，5 月上旬出现第二代卵囊，主要聚集在果柄、果蒂取食，11 月第六代若虫群集秋梢取食。广州以 4～5 月和 10～11 月虫口密度最大，是若虫盛发期。雌成虫产卵前先将虫体固定，并分泌白色蜡质成棉絮状物，构成卵囊，产卵于其中，直至若虫孵化，初孵若虫无蜡质粉堆，固定取食便开始分泌白色蜡质物，并逐渐加厚，对若虫起保护作用。若虫孵出后经 3 次蜕皮变为雌成虫。雄虫的前蛹和蛹都在二龄若虫分泌的蜡壳内发育，形成翅芽、足芽和触角芽。

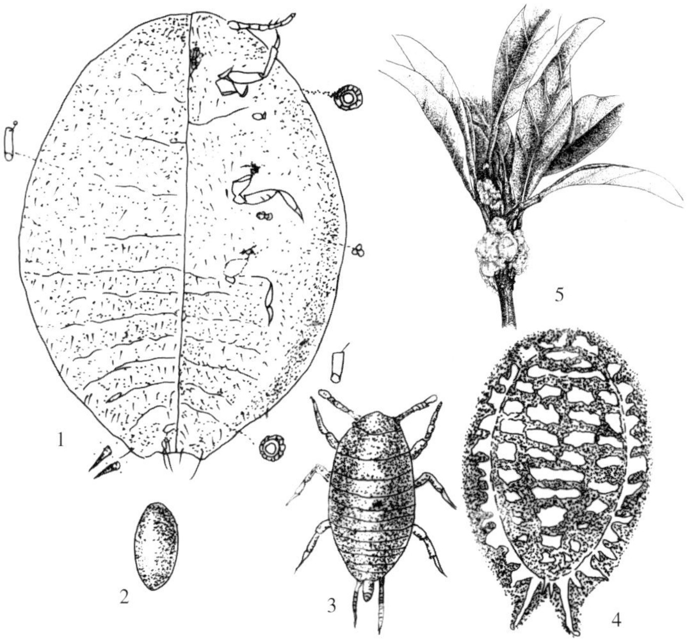

图 11 - 227 - 1　柑橘堆粉蚧（1～4. 仿中国农业科学院果树研究所，1994；5. 引自张宏宇，2013）

Figure 11 - 227 - 1　*Nipaecoccus vastator*（1～4. from Institute of Pomology of Chinese Academy of Agricultural Sciences，1994；5. from Zhang Hongyu，2013）

1. 雌成虫（左边背面观，右边腹面观）　2. 卵　3. 若虫　4. 雌成虫　5. 为害状

四、发生规律

（一）气候条件

荫蔽潮湿、通风透光差的橘园，易发生堆粉蚧。

（二）寄主植物

施氮肥过多，枝嫩叶茂，有利于堆粉蚧发生为害。

（三）天敌

堆粉蚧的天敌主要有：孟氏隐唇瓢虫（*Cryptolaemus montrouzieri* Mulsant）、束小瓢虫［*Scymnus sodalis*（Weise）］、草蛉（*Chrysopa* sp.）、指长索跳小蜂［*Anagyrus dactylopii*（Howard）］。其中，隶属膜翅目跳小蜂科的粉蚧长索跳小蜂是堆粉蚧的重要内寄生天敌。该蜂幼虫在蚧虫体内取食发育。一头蚧虫体内可有几头幼虫发育到成蜂。据室内饲养研究，平均温度为 22.8℃时，全世代 20～22d。该蜂寿命一般 3～4d。成蜂寿命雌蜂比雄蜂长，交配雌蜂比未交配雌蜂寿命长；用水和 25％蜜水饲养都会显著延长雌雄蜂的寿命。指长索跳小蜂可寄生堆蜡粉蚧二龄、三龄若虫和雌成虫，不寄生卵和一龄若虫。

五、防治技术

（一）农业防治

加强果园栽培管理，结合春季的疏花疏果和采果后至春梢萌芽前的修剪，剪除过密枝梢和带虫枝，集中烧毁，增加树冠通风透光，降低湿度，减少虫源，减轻为害。同时，控制冬梢抽生，既可防止树体养分的大量消耗，影响翌年开花结果，又可中断害虫的食料来源，从而降低虫口基数；冬季多施有机肥，氮肥少施或不施，以增强树体抗病虫能力。

（二）生物防治

堆蜡粉蚧发生成灾多数由于化学农药使用过多，杀死田间天敌所致。因此，加强田间天敌保护，必要时人工助迁或人工释放，以控制虫害的发生。此外，在天敌大量繁殖期尽量减少喷洒农药或选择施用对天敌无药害的农药，施药时则采用点片施药或挑治，以保护天敌。

（三）化学防治

根据堆蜡粉蚧在初孵若虫阶段，取食前虫体都无蜡粉及分泌物，对农药较为敏感的特点，应该于初孵若虫盛发期，若虫分散转移期施药防治，特别在第一代若虫发生整齐的春梢期重点防治。常用的农药有：95％机油乳剂 100～200 倍液（花蕾期和果实着色前期慎用）、松脂合剂 18～20 倍液（冬季清园可用 8～10 倍液）、48％毒死蜱乳油 1 000 倍液、25％噻嗪酮可湿性粉剂 1 000 倍液等。

郑薇薇　王珊珊（华中农业大学植物科学技术学院）

第 228 节　红　蜡　蚧

一、分布与危害

红蜡蚧（*Ceroplastes rubens* Maskell）属同翅目蚧科，又称红龟蜡蚧、脐状红蜡蚧，俗称蜡子，由于雌成虫体色呈玫瑰红至紫红色，故也称作胭脂虫，红虱子。该虫是为害果树、园林植物等的重要害虫。

红蜡蚧在我国主要分布于浙江、江苏、福建、台湾、广东、广西、云南、贵州、四川、湖南、湖北、江西、安徽。国外在亚洲、大洋洲、美洲、欧洲等地均有分布。寄主植物全世界记载有 35 科 64 种。在国内主要为害柑橘、茉莉、苏铁、松、杉、木莲、木兰、鹅掌楸、茶、柿、桑、梨、枇杷、蔷薇、冬青、水团花、鸡仔木、粗叶木、山矾等植物，是我国常见害虫之一。雌成虫和若虫吸食植物汁液、排泄蜜露，常诱致煤污病的发生，枝叶表面形成黑色霉层，即使植株受病虫双重为害，又影响植物光合和呼吸作用，造成植株树势衰弱、落叶，严重时使枝梢或整株枯死，影响经济效益和观赏效果（彩图 11 - 228 - 1）。红蜡蚧具有分布广、食性杂、繁殖力高、抗逆力强的特点，尤其是虫体包被厚厚蜡质，化学防治相当困难。近年来，红蜡蚧的发生呈上升趋势。

二、形态特征

成虫：雌成虫体长约 4mm，暗红色或粉红色，近圆形，背面隆起，蜡质厚，中部有 1 脐状凹陷，外形似红小豆；4 个气门处各有 1 条蜡带向上卷起，前两条蜡带向前至头部，蜡壳中央有 1 白色脐点（蜡眼），触角 6 节，第三节最长，口器较小，位于前足基节之间。前胸气门和后胸气门发达，呈喇叭状。气门腺主要由 5 孔腺和 3 孔腺组成，也有少数为 2 孔腺和 4 孔腺，气门刺近半球状，其中 1 刺最大，顶端稍尖，另外还有一些较大的刺和一些较小的刺。中足和后足基节附近常有 1～2 个多孔腺分布，臀裂后端边缘有 4～5 根长刺毛。雄虫蜡壳长椭圆形，暗紫红色，体长 1mm，翅展 2.4mm，白色半透明，单眼黑色，触角 10 节。

卵：椭圆形，淡紫红色，两端稍细，长约 0.3mm。

若虫：初孵若虫扁平，椭圆形，长约 0.40mm，前端略阔，红褐色。腹部末端有 2 根长毛。二龄若虫体呈广椭圆形，微突起，紫红色。三龄老熟若虫体呈长椭圆形，长约 0.9mm，宽约 0.6mm，红褐色至紫红色。

蛹：体长 1mm，淡黄色，头、胸、腹部区分明显。蜡壳紫红色，长形，背面隆起，两端各有 1 对蜡质突起。茧长 1.5mm，椭圆形，暗红色。

红蜡蚧各期虫态见图 11 - 228 - 1。

三、生活习性

红蜡蚧营孤雌生殖和两性生殖两种方式，在我国 1 年发生 1 代，以受精雌成虫在枝条和叶背面越冬，第二年 5 月中旬开始产卵，5 月下旬为产卵盛期，6 月下旬至 7 月上旬为产卵末期。雌虫产卵量很大，每头雌虫一生产卵量在 150～1 137 粒，在柑橘上每雌虫产卵量为 106～544.8 粒，平均每雌虫产卵量为 360 粒。在澳大利亚昆

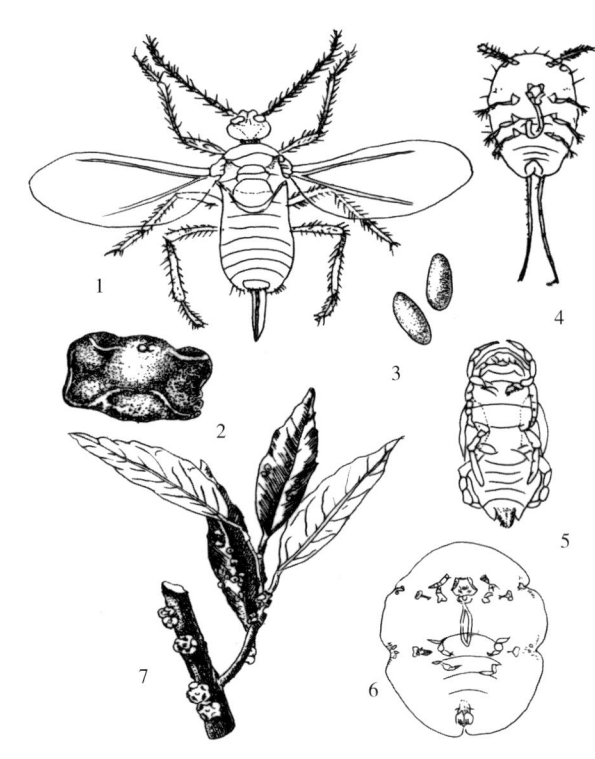

图 11 - 228 - 1　红蜡蚧（仿中国农业科学院果树研究所，1994）

Figure 11 - 228 - 1　*Ceroplastes rubens*（from Institute of Pomology of CAAS，1994）

1. 雄成虫　2. 雌介壳　3. 卵　4. 一龄若虫
5. 蛹　6. 雌成虫　7. 为害状

士兰东南地区的木兰树上，每年发生两代，每雌虫的产卵量为 5～1 178 粒。在日本该虫在柑橘上产卵量最大为 2 543 粒/雌。卵产于成虫体下，卵的发育历期为 40～45d，6 月上、中旬为孵化高峰期，6 月中、下旬为孵化末期。在雌成虫体下从卵发育成一龄若虫，孵化 2～3d 的若蚧开始分散到新梢上为害，称之为"游走子"。该时期虫口密度非常高，新老枝、叶片等都有分布。雌若虫期分为 3 龄，一龄若虫期 20～25d，二龄若虫期 23～25d，三龄若虫期 30～35d，共计 73～85d。初孵化的若蚧似白色粉末，后逐渐呈灰白色、暗红色至紫红色。雌虫于 9 月上旬成熟，受精后开始越冬。雄虫蜕皮 2 次，于 8 月下旬前后羽化，寿命 1～2d。

表 11 - 228 - 1　红蜡蚧的年生活史（贵州陶枚，2003）

Table 11 - 228 - 1　The annual life cycle of *Ceroplastes rubens*（Taomei, Guizhou, 2003）

月份	1			2			3			4			5			6			7			8			9			10			11			12		
旬	上	中	下	上	中	下	上	中	下	上	中	下	上	中	下	上	中	下	上	中	下	上	中	下	上	中	下	上	中	下	上	中	下	上	中	下
		☆	☆	☆	☆	☆	☆	☆	☆			☆	☆																								
											0	0																								
													0	0																						
														1	1	1																				
															2	2	2	2																		
																	3	3	3	3	3	3	3												
																					⊙	⊙	⊙												
																						△	△	△											
																							☆	☆	☆	☆	☆	☆	☆	☆	☆	☆	☆	☆	☆

注　"0"：卵，"1"：一龄若虫，"2"：二龄若虫，"3"：三龄若虫，"☆"：雌成虫，"⊙"：雄蛹，"△"：雄成虫。

红蜡蚧雌成虫于 10 月起至翌年 5 月上旬为害减弱，排泄物也减少。5 月中旬开始产卵，5 月下旬至 6

月上旬为产卵盛期。卵期 1～2d。雌若虫期：一龄 20～25d，二龄 23～25d，三龄 30～35d。雌若虫期 6 月上旬至 8 月下旬共经历 73～90d，达成虫期后即交尾。雄若虫期：一龄历期与雌若虫相同，二龄 40～45d。前蛹期 1～3d，蛹期 2～6d。雄成虫于 8 月中旬羽化，寿命仅 20～48h。

红蜡蚧的年生活史见表 11-228-1。

红蜡蚧若虫孵化脱离母体定居后，刺吸枝条或叶背面汁液，不久便开始分泌蜡质，覆盖体背。随虫龄增大，蜡壳逐渐加厚增大。

四、发生规律

红蜡蚧的发生程度与其生长环境密切相关。一般来说，随着树龄的增大，环境郁闭，有利于红蜡蚧的大量繁殖。

红蜡蚧天敌种类多。据报道，红蜡蚧的寄生蜂有 20 种：软蚧扁角跳小蜂（*Anicetus annulatus* Timberlake）、红蜡蚧扁角跳小蜂（*Anicetus beneficus* Ishii et Yasumatsu）、霍氏扁角跳小蜂（*Anicetus howardi* Hayat，Alam et Agarwal）、红帽蜡蚧扁角跳小蜂（*Anicetus ohgushii* Tachikawa）、寡毛扁角跳小蜂（*Anicetus rarisetus* Xu et He）、食红扁角跳小蜂（*Anicetus rubensi* Xu et He）、柯氏花翅跳小蜂（*Microterys clauseni* Compere）、聂特花翅跳小蜂 [*Microterys nietneri*（Motschulsky）]、红黄花翅跳小蜂（*Microterys rufofulvus* Ishii）、美丽花翅跳小蜂（*Microterys speciosus* Ishii）、匀色花翅跳小蜂（*Microterys unicoloris* Xu）、斑翅食蚧蚜小蜂 [*Coccophagus ceroplastae*（Howard）]、黑色食蚧蚜小蜂（*Coccophagus yoshidae* Nakayama）、夏威夷食蚧蚜小蜂（*Coccophagus hawaiiensis* Timberlake）、赛黄盾食蚧蚜小蜂（*Coccophagus ishiii* Compere）、日本食蚧蚜小蜂（*Coccophagus japaonicus* Compere）、赖食蚧蚜小蜂 [*Coccophagus lycimnia*（Walker）]、蜡蚧斑翅蚜小蜂（*Aneristus ceroplasteae* Howard）、黑盔蚧长盾金小蜂 [*Anysis saissetiae*（Ashmead）]、蜡蚧啮小蜂 [*Tetrastichus ceroplasteae*（Girault）]。

红蜡蚧的捕食性天敌也较多，主要包括草蛉幼虫、皮蓟马的一些种类以及各种瓢虫。皮蓟马主要捕食红蜡蚧的卵和低龄若虫，而草蛉幼虫和瓢虫能够取食红蜡蚧的所有虫态。

五、防治技术

（一）农业防治

红蜡蚧在我国 1 年发生 1 代，以雌成虫在枝条以及叶背面越冬，翌年 6 月上旬红蜡蚧幼虫孵化，爬到新枝条上为害。因此，在冬季剪修时可以人工抹去过冬虫体，将剪修下的带虫枝条集中烧毁，减少虫源。在日常管理中要注意对树木的及时修剪，增加橘园通风透光，及时浇水施肥，防涝抗旱，提高树体抗虫性。

（二）化学防治

从 5 月上旬开始每 2d 观察 1 次幼蚧孵出情况，如发现当年的春梢枝上有个别幼蚧爬出或固定之后 20d 左右喷第一次药剂，20d 后再喷 1 次。药剂种类和浓度同矢尖蚧。

（三）生物防治

该虫体外包被厚厚的蜡质，化学防治相当困难。因此，利用生物防治就成为很重要的途径。注意保护利用和引放天敌。

张宏宇（华中农业大学植物科学技术学院）

第 229 节　黑褐圆盾蚧

一、分布与危害

黑褐圆盾蚧 [*Chrysomphalus aonidum*（Linnaeus）] 属同翅目盾蚧科，又名茶褐圆蚧、褐圆蚧。广泛分布于欧洲、亚洲、美洲、大洋洲、非洲。在我国南方各柑橘产区均有分布。该虫寄主范围较广，除柑橘外，还有香蕉、椰子、茶、银杏、棕榈、杉、松、玫瑰、山茶、无花果等。主要为害植株树干、枝、叶和果实，以雌成虫和若虫群集枝梢、叶片、果实吸汁为害。枝干受害，表现为表皮粗糙，树势减弱；嫩枝受害后生长不良；叶片受害后叶绿素减退，出现淡黄色斑点；果实受害后，表皮有凹凸不平的斑点，品质降低（彩图 11 - 229 - 1）。

二、形态特征

雌成虫：介壳圆形，紫褐色，边缘淡褐色，中央隆起；壳点在中央，呈脐状，颜色黄褐至紫褐色。介壳直径 1～2mm。虫体倒卵形，头、胸部最宽，胸部两侧各有 1 刺状突起，臀板边缘有臀角 3 对。第一、二对大小和形状均相似，内外缘各有 1 凹陷；第三对内缘平滑，外缘呈齿状。缘鬃先端呈锯齿状，在第一、二臀角之间各有 2 根，在第二至三臀角之间 3 根，围阴腺孔 4～5 群。

雄成虫：虫体橙黄色，足、触角、交尾器及胸盾片为褐色，体长约 0.75mm，具透明翅 1 对。

卵：呈椭圆形，淡橙黄色，两端稍细，长约 0.2mm，产于介壳下母体后方（图 11 - 229 - 1）。

若虫：一龄若虫体长 0.25mm 左右，卵形，淡橙黄色，足 3 对，触角、尾毛各 1 对，口针较长。触角相当长，一至三节分节明显。第一节极大，第二节圆柱形，第三节极短，第四节极长，第五

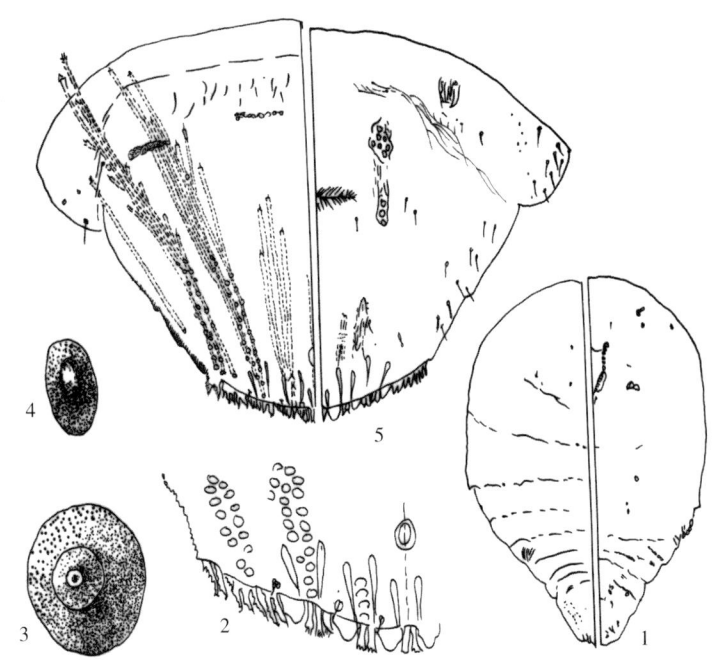

图 11 - 229 - 1　黑褐圆盾蚧（1、3、4、5. 引自张宏宇，2013；
2. 仿华南农学院，1981）

Figure 11 - 229 - 1　*Chrysomphalus aonidum*（1，3，4，5. from Zhang Hongyu，2013；2. from South China Agricultural College，1981）

1. 雌成虫（左背面观，右腹面观）　2. 臀板放大图
3. 雌介壳　4. 雄介壳　5. 雌成虫臀板（左背面观，右腹面观）

节微曲有毛，亦很长，具环状纹。二龄若虫淡橙黄色，除口针外，足、触角尾毛均消失。二龄雄若虫后期出现黑色眼斑。

蛹：前蛹和蛹长 0.8mm，有触角、眼、翅芽和足芽。蛹的附肢芽较长，橙褐色，触角紧贴于胸部两侧，中胸发达，前足环抱头顶，中足紧靠腹侧，腹末有锥形突，两侧各生短刺 1 根。

黑褐圆盾蚧各期虫态见图 11 - 229 - 1。

三、生活习性

黑褐圆盾蚧 1 年发生 3～6 代，后期世代重叠，主要以若虫越冬。在福州 1 年发生 4 代（表 11 - 229 - 1），台湾发生 4～6 代，在陕西汉中地区发生 3 代，在浙江 1 年发生 4 代。各代若虫孵化盛期为：第一代 4 月中旬至 6 月下旬，第二代 6 月下旬至 8 月上旬，第三代 8 月中旬至 9 月下旬，第四代 10 月上旬至 11 月中旬。4 月上旬至 11 月下旬，田间可见各种虫态，世代重叠严重。在广东，每年发生 5～6 代，后期世代重叠。营有性生殖，孤雌不能繁殖。在福州大多以二龄若虫越冬。第一代若虫主要寄生新梢和幼果果梗，第二代若虫是为害果实的重要时期。在武汉地区 1 年发生 3 代，5 月中旬出现第一代若虫，第二代若虫出现于 7 月上旬，第三代出现于 9 月上旬。田间观察表明，各代种群数量依次递减。受害枝叶早落，果实商品价值降低。

成虫交配在晚上进行。各代成虫产卵前期略有差异，第一代约 3 周，第二代 10d 左右，第三代 2～3 周。产卵期长达 2～8 周，卵不规则地堆积于雌介壳下面，褐圆蚧繁殖率高，产卵量大。随着产卵，雌虫体向前端收缩，让出的空隙被先后产出的卵充满。初孵若虫从介壳边缘爬出，活动能力强，可到处爬行（称游荡若虫），转移到新梢、嫩叶、果实上取食，多数若虫选择叶片背面凹陷处、叶片基部、叶脉两侧及果面，经数小时即固定取食，雌虫多固定在叶背及果实表面，在叶背边缘者较多。雄虫多固定在叶面。随即触角和足逐渐消失，并分泌乳白色蜡质覆盖体背，初孵若虫从离开母体至分泌蜡质这一过程需 1～6h，

多数在 4h 完成。经 2 次蜕皮变为雌成虫，雄若虫蜕皮 2 次，经前蛹和蛹期，羽化为雄成虫，但寿命短（约为 4d），雌成虫寿命长达数月。

表 11 - 229 - 1　黑褐圆盾蚧各代发生期（福州，1994）

Table 11 - 229 - 1　Occurrence of each generation of *Chrysomphalus aonidum*（Fuzhou，1994）

代别	一龄若虫盛发期（月/旬）	成虫盛发期（月/旬）	平均 1 世代历期（d）
一	5/上至 5/中	6/中至 7/上	60～70
二	7/中	8/上	50
三	8/中至 9/中	9/下至 10/中	60
越冬代	10/上中至 11/上	4/下至 5/上	180～200

四、发生规律

光照、湿度等环境因素是决定黑褐圆盾蚧发生程度的主要因素。该虫喜荫蔽、潮湿的生活环境，在橘园生态中，一般地势低洼较高坡地严重，老橘园较新橘园严重，树冠内膛较外围严重。

天敌数量也是影响黑褐圆盾蚧发生状况的重要因素。我国已发现的天敌有瘦柄花翅蚜小蜂（*Marietta carnesi*）、金黄蚜小蜂（*Aphytis chrysomphali*）、斑点黄蚜小蜂（*Aphytis maculicornis*）、纯黄蚜小蜂（*Aphytis holoxanthus*）、盾蚧长缨蚜小蜂（*Aspidiphgus citrinus*），以及红点唇瓢虫（*Chilocorus kuwanae*）、细缘唇瓢虫（*Chilocorus circumdatus*）和普通草蛉（*Chrysoperla carnea*），此外还有嗜蚧镰孢（*Fussarium coccophilium*）寄生。黑褐圆盾蚧全年 4 个世代中，存活百分率以第二代最高，发生期时值 7～8 月，月均温达 28.8～29.6℃，寄生蜂寄生率低，气候干燥，菌寄生亦少。

五、防治技术

（一）农业防治

加强栽培管理，促进抽发新梢，恢复和增强树势，以提高植株的抗虫能力。适度修剪，剪除褐圆蚧为害严重、过度郁闭的衰弱枝和干枯枝，减少虫源，同时增加橘园通风透光，改善田间小气候，不仅有利于植株的生长，不利于病虫害发生为害，而且有利于提高药剂的防治效果。抓好春季清园，降低越冬虫口基数，以"狠治一代，普治二代，挑治三代，补治四代"为防治策略。

（二）生物防治

黑褐圆盾蚧天敌多，注意保护和利用天敌。据田间调查，天敌寄生率高，其中双带巨角跳小蜂（*Comperiella bifasciata* Howard）寄生率为 13.8%，金黄蚜小蜂寄生率为 25% 左右；捕食若虫的天敌有细缘唇瓢虫、红点唇瓢虫、黑背唇瓢虫（*C. melas* Weise），在室内观察，红点唇瓢虫一天可食褐圆蚧若虫 3～8 头。田间还有草蛉、蓟马等，这些天敌种群在 5～8 月为活动高峰期。因此，当寄生菌和寄生蜂的寄生率高和捕食性天敌发生量大，能控制害虫大发生为害时，就尽量不用药剂防治；若暂不能抑制，必须用药时，也应选择在天敌抗药性强的安全隐蔽期，或选用选择性农药采取挑治、隔行隔株、点状喷药等方式施药防治，以利于保护天敌。

（三）化学防治

在各代低龄若虫盛期尤其在第一代若虫盛期进行喷药防治，每 15～20d 1 次，连喷 2 次，药剂及用量同矢尖蚧防治。

张宏宇（华中农业大学植物科学技术学院）

第 230 节　糠片盾蚧

一、分布与危害

糠片盾蚧（*Parlatoria pergandii* Comstock）属半翅目盾蚧科，又名片糠蚧、灰点蚧、糠片蚧、圆点蚧、龚糠蚧、广虱蚰。在我国主要分布于辽宁、内蒙古、青海、陕西、山西、河北、河南、山东、安徽、江苏、浙江、江西、福建、台湾、广东、广西、湖北、云南、四川。属多食性害虫，寄主广泛，包括柑橘、樟、月桂、山茶花、朱顶红、女贞、瓜子黄杨、大叶黄杨、胡颓子、茉莉、无花果、苹果、梨、樱桃、葡萄、柿、卫矛、枸杞、桂花、佛手等。若虫和雌成虫刺吸枝干、叶和果实的汁液，重者叶干枯卷缩，削弱树势甚至枯死（彩图 11 - 230 - 1）。

二、形态特征

成虫：雌成虫体为宽卵圆形，长约 0.8mm，紫色，边缘具有圆锥状腺刺。具翅 1 对，透明，翅脉 2 叉，交尾器特长，腹末有 2 瘤状突起，其上各长 1 毛。触角具 1 根长刺毛。前气门附近常有 3～4 个圆盘状腺。口针基部及臀板淡黄色，臀板边缘有臀叶 4 对，前 3 对基部不变狭，其内和外边有钝圆的凹刻，臀叶顶端也较钝圆，在第三对臀叶前臀板边缘常有硬化齿，为退化的第四对臀叶。第四腹节边缘有尖角状突出。臀棘在臀板上的分布：第一对臀叶间 2 根，第一、第二臀叶之间 2 根，第二、第三及第三、第四臀叶之间各 3 根，第四臀叶之前 3 根。第四腹节边缘直至前面几节有短圆锥状腺瘤，在胸部亦有成群腺瘤，每群有 3～4 个。管状腺粗短，属双顶式。围阴腺 4 群，每群 5～9 个。雄成虫淡紫色，有触角和翅各 1 对，足 3 对，腹末有针状交尾器。

卵：淡紫色，椭圆形或长卵形，长约 0.3mm。

若虫：初孵若虫体扁平，椭圆形，长 0.3～0.5mm，宽 0.15mm，有 3 对足，呈淡紫红色，眼黑褐色，触角和足均短，尾毛 1 对。固定后触角和足短缩。雌若虫圆锥形，雄若虫长椭圆形，均为淡紫色。

蛹：雄蛹淡紫色，略呈长方形，长约 0.55mm，宽约 0.25mm，腹末有发达的交尾器，并有尾毛 1 对。

介壳形状和色泽似糠壳，第一蜕皮壳极小，椭圆形，暗绿褐色或暗黄绿色。第二蜕皮壳较大，近圆形，略隆起，深橙黄色、黄褐色或近黑褐色。雌虫介壳长 1.5～2.0mm，为不规则的长圆形，灰白或灰褐色，介壳边缘为黄色或棕色，因其形状和颜色酷似糠壳而得名。边缘极不整齐，在聚集成堆时，更无一定形状，中部稍隆起，边缘略斜，蜡质渐薄，色亦渐淡。壳点（第一蜕皮壳）圆形，位于端部，偏于一方，很小，暗绿褐色或暗黄绿色。雄介壳细长，长约 1.3mm，两侧边较平行，近似灰白色。一龄若虫蜕皮壳黑色或淡黄褐色，位于介壳前端。

三、生活习性

糠片蚧除雄成虫外，其他各虫态均可越冬，主要以受精雌成虫或介壳下的卵在枝、干、叶上越冬。雌成虫有两性生殖和孤雌生殖两种方式，卵陆续产出排在腹末介壳下，产卵期长达 80d，卵期 2～3d。若虫孵化时破卵的端部而出。爬行缓慢，1～2h 后选择适宜的场所即行定居，并分泌白色绵状蜡质覆盖物覆盖虫体。若虫固定于叶背的居多，叶正面的较少，果实、二至三年生枝和主干主枝上也不少。若虫固定后即以口针插入植物组织内吸取汁液，第二天起体表开始分泌白色绵状蜡质覆盖虫体。雌虫蜕皮 2 次变为成虫。雄虫经 2 次蜕皮变为前蛹，再经预蛹期羽化为成虫。雄成虫飞行力弱，寿命短，与雌成虫交尾后即死亡。

第一代若虫上果为害的数量少，第二代起主要为害果实，并在其上繁殖，使果实表面介壳密布，严重影响果品质量和外观，果皮上出现带绿色的斑点。该虫喜欢寄生在荫蔽或光线不足的枝叶上，尤其在光线较暗的树冠内膛、下部有尘土积集的树叶上，虫口密集。果实上多寄生于油胞凹陷处，尤其是在果蒂附近，因受叶片、萼片覆盖，较为阴暗，虫口更多，叶片上则多在中脉两侧。

四、发生规律

在四川、重庆，1 年发生 4 代，部分 3 代。各代发生时期：第一代，4～6 月；第二代，6～7 月；第三代，7～9 月；第四代，10 月至翌年 4 月。自 4 月下旬起第一代若虫在当年春梢上陆续出现，主要为害枝、叶；6 月上旬达高峰。第二代若虫和以后各代向果实上蔓延为害。

在湖南长沙、零陵、衡山，1 年发生 3 代，世代重叠。第一代若虫于 5 月上、中旬开始发生。各龄经历日数：一龄 12～22d，二龄 9～15d。第一代历期 50d（从初孵若虫至下一代初孵若虫出现），雄虫历期

36～46d。第二代若虫于7月上、中旬出现，一龄9～13d，二龄8～11d，第二代历期41～45d，雄虫历期25～36d，少数长达52d。第三代若虫于8月下旬至9月上旬开始发生。8～11月为发生盛期，7月上、中旬起数量显著增加。第一代主要在叶片上，其中正面明显多于叶背，第二代以后大量为害果实。

五、防治技术

按照"预防为主，综合防治"的植保方针，坚持以"农业防治、生物防治为主，化学防治为辅"的原则，进行统一防治。

（一）农业防治

加强栽培管理技术，结合春季疏花疏果及采果后至春梢萌芽前修剪，剪除过密枝梢、病虫枝、弱枝、枯枝，并结合清除果园附近遮阳杂树木，集中深埋或者烧毁，有利于通风透光，降低湿度，防止成虫产卵，减少虫源。

（二）生物防治

保护引放天敌，合理用药，不使用对天敌杀伤力较大的化学农药。糠片盾蚧的寄生蜂在我国已发现有金黄蚜小蜂［*Aphytis chrysomphali*（Mercet）]、杂食黄蚜小蜂［*Aphytis mytilaspidis*（Le‐Baron）]、短缘毛黄蚜小蜂［*Aphytis proclia*（Walker）]、长缘毛黄蚜小蜂（*Aphytis aonicliae* Mercet）、长缨思蚜小蜂［*Encarsia citrna*（Craw）]、中华四节蚜小蜂（*Pteroptrix chinensis* Howard）、缨翅小蜂（*Prospaltella* sp.）、糠片盾蚧黄蚜小蜂［*Aphytis hispanicus*（Mercet）]以及草蛉、瓢虫等10余种。

（三）化学防治

做好虫情测报，抓住各代一、二龄若虫盛发期喷药1～2次进行化学防治。药剂种类和施用浓度同矢尖蚧防治。

豆威（西南大学植物保护学院）

第 231 节　矢 尖 蚧

一、分布与危害

矢尖蚧［*Unaspis yanonensis*（Kuwana）]属同翅目盾蚧科，又名矢尖盾蚧。近年也有学者主张归入半翅目胸喙亚目盾蚧科。

矢尖蚧在四川、贵州、浙江、江西和福建的北部发生较多，湖南、湖北、广西次之，广东发生较少，陕西和甘肃也有发生。矢尖蚧的寄主有柑橘、柚、柠檬、枸橼、酒饼簕、黄皮、茶树、吴茱萸、连翘、白蜡树和番石榴等植物。

矢尖蚧营两性生殖。每年4月下旬当日均温19℃以上时，越冬雌成蚧开始产卵。第一代若虫高峰期为5月中、下旬，多在老叶上寄生为害，成虫于6月下旬至7月上旬出现。第二代若虫高峰期在7月中旬，大部分寄生于新叶上，一部分在果实上，成虫于8月下旬出现。第三代高峰期在9月上、中旬，成虫于10月下旬出现。翌年3月下旬为成虫高峰期。成虫产卵期长达40d。若虫历期因季节而不同。在夏季为30～35d，秋季为50d。雌虫共3龄，雄虫共2龄，经前蛹期、蛹期羽化为成虫。第一、二代历期各为2个月左右，第三代可长达8个月以上。卵产于母体下。卵期很短，只有2～3h。初孵若虫行动活泼，经1～2h后，即定居在树梢、叶片上吸食。逐渐缩短，翌日体上开始分泌棉絮状蜡质。虫体居于蜕皮壳下继续成长，经蜕皮变为雌成虫。雄若虫一龄之后即分泌棉絮状蜡质介壳，常群集成片（彩图11‐231‐1）。

矢尖蚧在一个地区初发阶段，零星发生于树冠的下层和内层荫蔽部分，以后逐渐向上、向外蔓延。

二、形态特征

成虫：雌成虫介壳细长，长2.3～4.0mm，宽1.0～1.2mm，紫褐色，周围有白边。前端尖，后端宽，中央有1纵脊，一、二龄若虫的蜕皮壳依次位于前端，橙黄色，雌虫介壳质地较硬，形似箭头，故名矢尖蚧。形略弯曲，边缘有不太宽的灰白色蜡质膜，腹面底部垫有白色絮状膜。雌成虫体长形，被褐色蜡质介壳，体橙黄色，长1.1～2.0mm，宽0.6～1.0mm。胸部长，腹部短，前胸与中胸分节明显，后胸和

第一、二腹节宽于其他胸、腹各节，边缘膨大突出，四至八节末端稍尖，臀板高度硬化。头端和臀板较狭。臀板末端较圆，有 3 对臀叶。臀叶较大，凹陷在臀板洼内，长形，顶端和内边宽圆，呈明显锯齿状（在高倍显微镜下观察）。第二、三对臀叶均分裂成 2 叶，其顶端钝圆，常无凹刻。臀棘刺状，臀板第一切口无臀棘，第二、三切口各具 1 根刺状臀棘。第三对臀叶较第二对小。在腹部边缘具有许多臀棘。缘腺 6 或 7 对。背腺数目较多，分布杂乱，无围阴腺。触角退化为 1 瘤状突起，其上各长毛 1 根，口喙细长。雄介壳狭长形，由粉白色蜡质絮状物组成。介壳背部有 3 条纵脊，两侧平等，蜕皮壳位于前端，淡黄色，长 1.3～1.6mm。雄成虫长 0.5mm，翅 1 对，无色透明。翅脉具简单分叉的脉纹，翅展 1.7mm，后翅特化为平衡棒。触角 10 节。眼深黑色，腹部末端具针状交尾器，其长度为胸、腹总和的 1/2。

卵：近椭圆形，不规则，长 0.2mm，宽 0.1mm，橙黄色，表面光滑。

若虫：一龄若虫（游动若虫）营自由式生活，体橙黄色，扁平，长 0.25mm，宽 0.15mm。触角浅棕色，7 节。复眼紫色。口器弯曲细长，足 3 对，淡黄色。腹部末端有尾毛 1 对。定居的一龄若虫椭圆形，黄褐色。眼深褐色，触角明显，胸、腹部分节明显，纵脊清晰可见，尾毛消失。雌雄可辨。雄虫腹节比雌虫多一节，且头部长有数根细长的蜡丝，体色较深。

二龄雌若虫淡黄色，半透明。体被柔软的薄膜包围，一龄若虫蜕皮壳在头部，触角及足均消失，明显可见，体长 1mm 左右，宽 0.5mm，臀板特征明显。二龄雄若虫长卵形，浅褐色，眼 2 对，紫褐色，口器细长，为体长的 2 倍。触角及足消失。头、胸部 3 节明显，腹部腹面一至六节有 2 条纵沟相隔，3 对臀叶明显。

蛹：预蛹长为 0.7mm，宽为 0.28mm，长卵圆形，橙黄色。眼黑褐色，口针消失。触角、足等附肢紧贴体躯。蛹橘黄色，长为 0.8mm，宽为 0.3mm，触角分节明显，3 对足渐伸展，尾片突出。

三、生活习性

矢尖蚧的卵多产在母体介壳下，经半小时到 3h 便可孵化为若虫，假"卵胎生"。卵的孵化率高达 87%～100%。矢尖蚧在重庆主要以受精雌成虫越冬，部分二龄若虫也可越冬。4 月下旬，当日平均温度达 19℃以上时，越冬雌成虫开始产卵，10 月以后当日均温下降至 17℃以下时，停止产卵。每头雌虫平均产卵 38.7～165.1 粒，其中以越冬跨年度的第三代产卵最多，第一代次之，第二代最少。雌虫完成 1 代需要 63～323d，平均 108.8～276.3d，其发育历期和雌成虫的寿命远比雄虫长。一龄雄若虫期为 14～23d，平均为 16.8～20.6d，二龄雄若虫期为 10d 左右；预蛹期为 1～2d；蛹期为 3～6d；成虫期 1～3d。完成 1 代最长为 43d，只有雌虫的 1/7 左右。未经交配的雌虫不能产卵和繁殖后代。

发生代数的多少随地区不同而异。在 1 月和 7 月平均温度分别为 3℃以下与 25℃左右的陕西汉中和甘肃武都等橘区，繁殖时间为 5～9 月，每年只能发生 2 代；平均温度分别为 8℃以下与 25℃以上的重庆、浙江黄岩、贵州惠水等大多数橘区，繁殖时间为 4～10 月，每年可发生 2～3 代；平均温度分别为 13～16℃和 25～28℃的广西、广东、福建和云南西双版纳等橘区，产卵繁殖期为 3～11 月，每年可发生 3～4 代。

在华中及湖南，1 年发生 3 代，大多以受精雌虫在叶背及枝条上越冬，少数以若虫越冬。5 月上、中旬产卵。第一代若虫于 5 月中、下旬出现，多在老叶上为害。成虫于 6 月下旬到 7 月上旬出现。第二代若虫在 7 月中旬出现。成虫产卵期长达 40d。若虫历期因季节而不同。在夏季为 30～35d，秋季为 50d。雌若虫蜕皮 2 次，变为成虫，雄若虫蜕皮 2 次，经前蛹期、蛹期，然后羽化为成虫。第一、二代历期各约为 2 个月，第三代可长达 8 个月以上。

第一代雌虫可产卵 100～280 粒，平均为 170 粒；第二代可产卵 70～170 粒，平均 130 余粒；第三代可产卵 110～300 粒。

在橘区除冬季因低温，若虫难以成活，数量较少外，其余时间均以若虫居多，成虫很少。平均每叶达数十头乃至上百头，各代所发生的若虫均占总虫数的 66.5%～71.7%，而雌成虫只占 28.3%～33.5%。雄虫多群居在叶背和果实的背阴面，在叶背上的雄虫数要占总虫数的 97% 以上。雄虫的数量常比雌虫多 2～3 倍，1982 年 6 月在重庆调查 1 954 头虫，其中雄虫有 1 534 头，为雌虫的 3.7 倍。

在福建沙县，矢尖蚧 1 年发生 3～4 代，越冬成虫于翌年 5 月中、下旬开始产卵。第一代若虫在 5 月下旬盛发，多为害老叶。第二代若虫在 7 月中旬出现高峰，为害新梢和幼果。第三代若虫在 9

月上旬出现最多。在湖南橘区，1年发生3代，发生时期与福建相差不大。在重庆橘园中一龄若虫分别在5月上旬、7月中旬和9月下旬出现3次高峰，在12月上旬至翌年4月中旬田园几乎没有活的一龄若虫。各代二龄若虫的盛发期均比一龄若虫要晚20d左右。成虫分别在3月下旬、6月下旬、9月上旬同样出现3个高峰，其中，以越冬代成虫高峰期持续5个月以上。第一代盛发期明显出现双峰型，在第一个高峰期虫数最多，两峰之间约相距半个月左右，主要是由于越冬雌成虫发育阶段不整齐所造成。田间各世代重叠。

矢尖蚧通过被害植物的枝、叶、果及苗木被动地传播到异地和远方，特别是苗木，是该虫传播到新区的主要途径。一龄的游走若虫只能进行近距离传播。人为活动和风吹落的有虫叶片是该虫传播的主要途径。

矢尖蚧除了背上的蜡质介壳外，在腹部还有薄膜状的腹介壳，把虫体与植物表面隔开。腹介壳由臀板腹面的分泌物与腹部蜕皮壳的残余物结合而成。腹介壳的末端常常内褶，形成一个半圆形的"孵卵房"。卵产出后很快就在这"房"内孵化（因为这里温度比较稳定，受外界环境条件影响小），若蚧停留1～2h后，才离开母体，爬到新的梢、叶上为害。

初孵的游动若虫出母体后，开始爬行速度较慢，并不断转变爬行方向，最后则完全停止行动，除前足稍微能运动外，只要地点合适就固定下来，形成介壳。但游动若虫如遇温、湿度不适及降雨，以及不适宜的定居点时，就大量死亡，一般死亡率在90%以上，低于13℃时，一般不活动，高温和低温都会增加幼蚧的死亡。

四、发生规律

(一) 虫源基数

矢尖蚧原产我国，捕食性和寄生性天敌以及寄生菌的种类均较多，因而在一个地区或一个果园，矢尖蚧不是每年都为害严重。重庆北碚区柑橘园1979—1982年的调查结果显示，全园952株十年生甜橙树，1979年时，发生很少；1980年3月普查227株，只有27株遇害，为害指数仅11.9%；1981年4月调查855株，有284株被害，为害指数达33.2%；1982年春调查895株，有510株被害，为害指数达57.0%。2月至6月中旬虫口较少，6月下旬虫口增多，7～10月盛发，到11月时虫口仍多，平均每叶虫口分别由0.07头→5.7头→2.1头→1.5头。凡6～9月降水量偏多，温度偏低和天敌数量减少，有利于该虫的繁殖和发育。

(二) 气候条件

温度、降雨和风对矢尖蚧的种群数量影响较大。

湿度的影响主要表现在低湿条件下介壳虫的存活率降低。过高的湿度往往有利于介壳虫发生，很少引起若虫死亡，而当湿度低于15%时，若虫会大量死亡，因此，干旱的年份不利于矢尖蚧的发生。此外，大雨对正在迁移的若虫有较强的冲刷作用，可将若虫冲刷到地上而不能爬上寄主，小雨则没有影响。

(三) 天敌

矢尖蚧的捕食性天敌有16种，即鞘翅目方头甲科1种，瓢虫科3属10种，脉翅目草蛉科3种，双翅目瘿蚊科1种，革翅目长铗蠼科1种。其中，鞘翅目方头甲属的日本方头甲和瓢虫科盔唇瓢虫属的红点唇瓢虫、湖北红点唇瓢虫以及寡节瓢虫属的整胸寡节瓢虫等4种为优势种。室内捕食功能研究发现，日本方头甲（*Cybocephalus nipponicus* Endrody - Younga）日捕食矢尖蚧雄虫（二龄若虫至蛹）78头，占取食虫数的82.10%；雌虫17头，占17.90%，表明其嗜食矢尖蚧雄虫。

矢尖蚧的寄生蜂主要有3种，其中，矢尖蚧雌蚧寄生蜂2种，雄蚧寄生蜂1种，即寄生未产卵雌成虫的矢尖蚧黄蚜小蜂（*Aphytis yanonensis* DeBach et Rosen），只寄生产卵雌成虫的褐黄异角蚜小蜂 [*Coccobius fulvus* (Compere et Annecke)] 和只寄生二龄雄幼蚧的黄蚜小蜂（*Aphytis*）。重庆柑橘园调查发现，7月矢尖蚧蚜小蜂的最高寄生率高达70%，越冬代对矢尖蚧的寄生率为17%～25.6%。1977年在重庆地区发现褐黄异角蚜小蜂寄生于矢尖蚧产卵雌成虫，是寄生率很高的一种体内寄生蜂。

五、防治技术

由于矢尖蚧成虫体背有蜡质，常规药剂不易防治，因此对矢尖蚧的防治比较困难。措施方面应加强农业防治，注意保护天敌，适当进行药剂防治，药剂防治的重点应为一至二龄若虫。

（一）农业防治

在矢尖蚧新发生时，应采用彻底剪除虫枝烧毁再加喷药的根治措施。常年发生的果园，在冬季或早春修剪，及时剪除严重病虫枝、干枯枝、荫蔽重叠枝、纤弱枝，清除果园内落叶落果，集中烧毁或深埋；同时加强肥水管理，以腐熟基肥为主，适量增施速效肥，促发新梢，增强树势。

（二）生物防治

通过减少用药次数，确保天敌生存的良好环境，选择对天敌较安全的选择性农药。保护利用天敌昆虫来控制矢尖蚧种群。

（三）物理防治

根据雌若虫一经定居后就终身不动而雄虫飞翔力差，羽化后又极易发现雌虫和其交尾的特点，推断未交配雌虫能分泌和散发出一种引诱雄虫的性外激素，以示雄虫飞行目标。由此便可以专门饲养一批未交配雌虫，在雄成虫田间盛发时，将雌虫用纱笼罩住，四周涂胶，诱杀雄虫。

雄虫喜黄色，可用黄色油漆涂在塑料薄膜上诱粘雄虫，或用黄皿诱虫，也可用黄色的塑料薄膜插在田间，下面盛水杀死雄虫。雄虫的飞翔力不强，一般顺风只能飞 200m，因此，诱捕器每 667m² 需设 1～2 个。成虫在黄昏时飞翔活动最盛，安放诱捕器的时间最好在黄昏时。

（四）化学防治

由于第一代发生多而整齐，是化学防治重点，当有越冬雌成虫的上年秋梢叶片达 10％或越冬雌成虫每 100 叶达 15 头或 2 个以上小枝明显有虫或出现少数叶片枯焦时应立即喷药防治。具体施药时间为枳砧锦橙初花后 25d 或第一代二龄雄若虫初见后 5d 或第一代若虫初见后 20d 喷第一次药，15d 后再喷 1 次。如虫口不多也可在二、三代若虫期防治。药剂有 40.7％毒死蜱或 25％噻嗪酮 1 000～2 000 倍液，25％噻虫嗪2 000～3 000 倍液，0.5％苦参烟碱 800～1 000 倍液，99％机油乳剂 100～200 倍液，240g/L 螺虫乙酯4 000～5 000 倍液，95％机油乳剂 50～150 倍液，或前 4 种药剂之一的 2 000～3 000 倍液＋机油乳剂300 倍液混用效果更好，必要时 15d 后再喷 1 次。

附：测报技术

1. **调查抽样技术**　采用对角线 5 点取样，固定有虫株 5 株。每株分东、南、西、北、中 5 个方位，各调查有蚧叶 10 片，共计 50 片叶，将调查结果记入表。

取带有越冬雌蚧的枝梢 5 枝，置于室内并插入广口瓶中保湿，逐日观察，确定第一代若蚧初孵日，当室内初见若蚧后，立即结合田间调查，确定田间若蚧初见日。调查结果记入表。以田间若蚧初见日为准，可推算防治适期，防治时间分别为初见日后 21d、35d、49～56d。

2. **发生程度分级标准**　柑橘矢尖蚧各代的发生程度用各代虫情高峰期的加权平均雌活蚧百叶蚧量或虫叶率来确定。划分为 3 级，各级指标见附表 11 - 231 - 1。

附表 11 - 231 - 1　发生程度分级指标
Supplementary Table 11 - 231 - 1　Classification index of the occurrence degree

级别	1	3	5
程度	轻发生	中等发生	大发生
加权平均雌活蚧百叶蚧量（头）	<15	≥15，<20	≥20
虫叶率（％）	<10	≥10，<12	≥12

注　本标准适用于四川省实施柑橘矢尖蚧的测报调查。

3. **调查测报内容**　根据各地柑橘矢尖蚧一、二、三代成虫高峰期的具体时间，确定普查时间并分别普查 1 次。四川柑橘矢尖蚧一、二、三代成虫高峰期一般为 7 月上中旬、9 月上中旬及 11 月上中旬。

豆威（西南大学植物保护学院）

第 232 节 黑 点 蚧

一、分布与危害

黑点蚧（*Parlatoria zizyphi* Lucas）属同翅目盾蚧科，又称黑片盾蚧、黑星蚧、黑片盾蚧。在各柑橘产区均有发生。寄主除柑橘类外，尚有枣、椰子、月桂、槟榔、油棕、茶树等，是柑橘类植物的一种重要害虫。种群在田间分布为聚集型，其聚集强度在树冠不同部位有差异，聚块性以外层、南向、上段最高，内层、北向、下段最低。若虫和成虫常密集于叶片、枝条和果实上为害，严重时影响光合作用，致使枝叶枯黄、干缩、脱落，果形不正，色味俱变，影响树势和产量，对果实的品质影响甚大（彩图 11-232-1）。

二、形态特征

雌介壳黑色，长 1.6~1.8mm，宽 0.5~0.7mm，长椭圆形，二龄若虫蜕皮壳大，呈长方形，其前端附着一龄若虫的椭圆形蜕皮壳，介壳背面有 2 条纵脊，后缘有灰白色的蜡质物。

雄介壳小而狭，长约 1.0mm，宽约 0.5mm，一龄若虫蜕皮壳黑色，位于介壳前端，后部为灰白色蜡质物。

雌成虫椭圆形，淡紫色，前胸两侧有耳状突起，是本种蚧虫的重要特征。臀板椭圆形，臀叶 4 对，第一、二、三对臀叶长形，大小相仿，两侧有凹刻，第四对臀叶不明显，圆锥状。背腺少，仅限于臀板的亚缘区，围阴腺 4 群。

雄成虫淡紫红色，半透明，翅 1 对，翅脉 2 条，交尾器针状。

三、生活习性

黑点蚧生长发育的最适湿度为 70%~90%。若虫自卵壳孵化，经数小时爬行后，固定于枝叶上，其在叶正、反面的数量相近，正面虫数占总虫数的 55.99%。一年生春梢叶片上以未产卵雌成虫占优势，而二年生枝叶片上以产卵雌成虫居多。雌虫蜕皮 2 次，若虫 2 龄。第二次蜕皮变为成虫。雄若虫 2 龄，经前蛹及蛹期，然后羽化为成虫。若虫孵出后即离开母体，行动活泼，称蠕动期，然后固着吸食，体背分泌白色绵状蜡质，呈白色小点，称绵壳期。该虫借风力和苗木传播，但大风不能刮掉初孵幼蚧。橘树生长衰弱和环境荫蔽，均有利于黑点蚧的滋生。

在 5 月和 8 月（日均温分别为 21℃和 28.7℃）于室内观察发现，5 月卵期 10~17d，平均 11.6d；8 月卵期 5~12d，平均 7.7d。卵的孵化率为 85.8%~99.7%，平均为 95.4%。

根据 2 月和 6 月（日均温分别为 18.9℃和 27.5℃）连续两代观察结果，若虫期随气温上升而缩短。第一代最长 38d，最短 34d，平均为 35.2d；第二代最长 25d，最短 21d，平均为 22.3d。

雌蚧生存期为 3~8 月，对一、二、三代雌蚧（从卵孵化至成虫死亡）进行观察，结果显示：一代雌蚧生存期（3~12 月）112~268d，平均 219.3d；二代雌蚧生存期 82~365d，平均 196d；三代雌蚧生存期（8 月至翌年 8 月）79~353d，平均 309.3d。通过 3 代饲养观察到的结果发现，平均产卵延续期分别为 79.3d、108.2d 和 134.9d，第一代最短，第三代最长。

四、发生规律

（一）虫源基数

根据湖南虫口基数与虫口增长观察情况，2005—2006 年虫口增长率与虫口基数呈正相关。2005 年观察 62 叶，总若虫 7 706 头，平均每叶 124 头；2006 年观察 67 叶，总若虫 75 734 头，平均每叶 1 130 头，2006 年比 2005 年增长 8 倍多。由此可见，虫口基数越多，虫口增长倍数越大。

（二）气候条件

各龄虫态所需历期随气温而定，温度高，历期短，反之则长。日均温在 24℃，相对湿度 82% 左右时，完成 1 个世代需 71d 左右；日均温在 26℃，相对湿度在 75% 左右时，完成 1 个世代需 54d 左右；日均温在 28℃，相对湿度在 80% 左右时，完成 1 个世代需 50d 左右。

（三）消长规律

浙江黄岩、福建福州 1 年发生 3 代，湖南南部地区 1 年发生 4 代，重庆 3～4 代。黑点蚧尤以腹下带卵雌成虫为主，占 56.98%，各龄虫态均可在活枝、叶上越冬。由于雌成虫寿命很长，并能孤雌生殖，陆续产卵孵化，温度适宜时不断有新的若虫出现，以致世代重叠，发生较不整齐。湖南田间第一代初孵若虫 3 月下旬开始发生，以后各月仍有初孵若虫不断出现，发生很不整齐。根据永州台站气象资料分析，当日均温在 20℃ 左右，月均温在 16～17℃ 时，黑点蚧第一代初孵若虫始见发生。田间各年的初孵活动若虫以 7～10 月发生量大，9 月为全年的最高峰，占总虫数的 37.08%，8 月和 10 月分别占总虫数的 21.98% 和 25.02%。5～9 月田间若虫逐月递增，9～12 月逐月下降。总的来看，在田间活动大致出现 3 个高峰期：第一个出现在 5 月中旬至 6 月上旬（即越冬代），第二个出现在 7 月中旬至 8 月中旬，第三个出现在 9 月至 10 月下旬。福州各代一龄若虫盛期依次为 5 月中旬、7 月中旬及 9 月上旬。重庆 1 年中一龄幼蚧于 7 月上旬、9 月中旬和 10 月中旬出现 3 次高峰；第一至三代，世代历期依次平均为 104.25d、59.63d 和 184.94d；雌成虫寿命第一、二代 160～170d，第三代平均长达 250d；产卵量平均为 13～26 粒，最多 42 粒。在浙江黄岩，1～4 月或 10 月下旬至 12 月，若有若虫孵出，因气温较低（一龄若虫适温 15℃ 左右，二龄适温为 20℃）均遭夭折，不能发育成长。4 月下旬孵出的若虫由上年老叶转移至当年春梢上为害，5 月下旬孵出者由叶部转至幼果上，7 月下旬以后果上虫口增加。8 月中旬以后移至秋梢枝叶为害。

（四）天敌

调查发现黑点蚧的天敌很多，既有寄生性的，也有捕食性的。捕食性的有小黑瓢虫、红点唇瓢虫、草蛉、钝绥螨等；寄生性的有体内寄生蜂和体外寄生蜂。我国已发现寄生性天敌有长缨恩蚜小蜂（*Encarsia citrina*）、长恩蚜小蜂（*Encarsia elongata*）、一种黄蚜小蜂（*Aphytis* sp.）。以长缨恩蚜小蜂为优势种，寄生于未成熟雌成虫，最有利用价值。捕食性天敌有红点唇瓢虫（*Chilocorus kuwanae* Silvestri）、寡节瓢虫（*Telsimia* sp.）和日本方头甲（*Cybocephalus nipponicus* Endrödy‐Younga），以红点唇瓢虫最为常见。

越冬调查。在湖南地区，2006 年 1～3 月调查，在当地大气条件下，体外寄生蜂以幼虫和蛹在介壳内越冬，分别占总虫数的 54.5% 和 45.5%，3 月中旬出现成虫，以后每月不断，但以 10 月为全年最高峰。

大田寄生率调查。2006 年 12 月对不同生态环境条件下的黑点蚧大田寄生率进行了调查，取当年的春、夏、秋叶回室内镜检，结果表明：体外寄生蜂在 2 年未打药的观察树夏叶上的自然寄生率高达 46.54%，平均寄生率在 39.11%，化学防治 4 次的平地柑橘夏叶（二十年生）自然寄生率也有 45.38%，平均寄生率 30.99%，而化学防治 4 次的坡地柑橘园（十五年生）自然寄生率平均只有 12.75%，可能与柑橘园的荫蔽程度有关。

五、防治技术

该虫在我国发生广但不重。通过加强栽培管理，增强树势，剪除虫枝，减少虫口数，一般可控制在经济阈值之内，不需进行化学防治。如越冬雌成虫达 2 头/叶，需喷药防治时可在各代若虫高峰期每 15～20d 喷 1 次，连喷 2 次。药剂种类和浓度同矢尖蚧。其天敌有日本方头甲、红点唇瓢虫、整胸寡节瓢虫、小赤星瓢虫、盾蚧长缨蚜小蜂、纯黄蚜小蜂、长缘毛蚜小蜂、短缘毛蚜小蜂和红霉菌等多种，喷药时应注意保护发挥其自然控制效果。

豆威（西南大学植物保护学院）

第 233 节　柑橘卷叶蛾

一、分布与危害

国内为害柑橘的卷叶蛾达十余种，包括拟小黄卷叶蛾（柑橘褐带卷蛾）（*Adoxophyes cyrtosema* Meyrick）、柑橘长卷叶蛾（褐带长卷叶蛾）（*Homona coffearia* Nietner）、小黄卷叶蛾（棉褐带卷蛾）（*Adoxophyes orana* (Fischer von Röslerstamm)）、后黄卷叶蛾（*Archips asiaticus* Walsingham）、拟后黄

卷叶蛾［*Archips micaceanus*（Walker）］、柑橘黄卷蛾（*Archips eucroca* Diakonoff）、白点褐黄卷蛾［*Archips tabescens*（Meyrick）］等。其中，主要以拟小黄卷叶蛾和柑橘长卷叶蛾在我国柑橘产区普遍发生。

（一）拟小黄卷叶蛾

拟小黄卷叶蛾属鳞翅目卷蛾科，又名柑橘褐带卷蛾、柑橘丝虫、青虫等。分布于我国大部分柑橘产区，如广东、广西、福建、浙江、江西、四川、贵州等。可为害的植物达 16 科 27 种，寄主植物除柑橘外还包括荔枝、龙眼、杨桃、苹果、猕猴桃、茶、花生、大豆、桑以及棉花等。以幼虫取食嫩芽、嫩叶、花蕾以及幼果，或者在成熟果实中钻蛀为害。幼虫可吐丝将嫩叶以及幼果等缠缀在一起取食（彩图 11 - 233 - 1，1）。引起幼果大量脱落，成果腐烂，对产量和品质的影响很大。

（二）柑橘长卷叶蛾

柑橘长卷叶蛾属鳞翅目卷蛾科，又名褐带长卷叶蛾。在我国各柑橘产区均有分布。寄主有柑橘、荔枝、龙眼、杨桃、茶、梨、苹果、桃、李、石榴、樱桃、核桃、枇杷、银杏等。幼虫为害新梢嫩叶、花蕾和果实，吐丝将嫩叶或小花蕾黏结成虫苞，躲在苞中取食，其虫苞比其他卷叶蛾的虫苞要大。为害果实时多在两果间的缝隙取食。

二、形态特征

（一）拟小黄卷叶蛾

成虫：体长 7～8mm，翅展 17～18mm，体黄色。头部有黄褐色鳞毛，下唇须发达，向前伸出。雌虫前翅前缘近基角 1/3 处有较粗且浓黑的褐色斜纹横向后缘中后方，在顶角处有浓黑褐色近三角形的斑点。雄虫前翅后缘近基角处有宽阔的近方形黑纹，两翅相合时成为六角形的斑点。后翅淡黄色，基角及外缘附近白色（彩图 11 - 233 - 1，2）。

卵：椭圆形，纵径 0.80～0.85mm，横径 0.55～0.65mm，初产时淡黄色，后渐变为深黄色，孵化前变为黑色，卵聚集成块，呈鱼鳞状排列，卵块椭圆形，上方覆胶质薄膜。

幼虫：初孵体长约为 1.5mm，头部除一龄黑色外，其余各龄皆为黄色。前胸背板淡黄色，3 对胸足淡黄褐色，其余黄绿色。

蛹：黄褐色，纺锤形，雄蛹略小。第十腹节末端具 8 根卷丝状钩刺，中间 4 根较长，两侧 2 根一长一短。

（二）柑橘长卷叶蛾

成虫：体暗褐色，雌虫体长 8～10mm，翅展 25～30mm，雄虫体长 6～8mm，翅展 16～19mm。头小，头顶有浓褐色鳞片，下唇须上翘至复眼前缘。前翅暗褐色，近长方形，基部有黑褐色斑纹，从前缘中央前方斜向后缘中央后方，有 1 深褐色褐带，顶角亦常呈深褐色。后翅为淡黄色。雌虫翅显著长过腹末（彩图 11 - 233 - 2，1）。雄虫则仅能遮盖腹部，且前翅具宽而短的前缘折，静止时常向背面卷折（彩图 11 - 233 - 2，2）。

卵：淡黄色，椭圆形，长径 0.80～0.85mm，横径 0.55～0.65mm。卵常排列成鱼鳞状，上覆胶质薄膜，卵块椭圆形，长约 8mm，宽约 6mm。

幼虫：一龄幼虫体长 1.2～1.6mm，头黑色，前胸背板和前、中、后足深黄色。二龄幼虫体长 2～3mm，头部、前胸背板及 3 对胸足黑色，体黄绿色。三龄幼虫体长 3～6mm，形态色泽同二龄。四龄幼虫体长 7～10mm，头深褐色，后足褐色，其余为黑色。五龄幼虫体长 12～18mm，头部深褐色，前胸背板黑色，体黄绿色。六龄幼虫体长 20～23mm，体黄绿色，头部黑色或褐色，前胸背板黑色，头与前胸相接的地方有 1 较宽的白带（彩图 11 - 233 - 2，3）。

蛹：雌蛹体长 12～13mm，雄蛹体长 8～9mm，均为黄褐色。第十腹节末端狭小，具 8 条卷丝状臀棘。

三、生活习性与发生规律

（一）拟小黄卷叶蛾

拟小黄卷叶蛾在广东、广西、四川等省份每年可发生 8～9 代；在湖南、江西、浙江等省份每年可发生 5～6 代；在福建每年可发生 7 代。多以幼虫在柑橘园内卷叶形成的虫苞内越冬，也有少数以蛹和成虫越冬，无滞育现象。翌年 3 月上旬化蛹，中旬羽化为成虫并产卵，卵多产于叶片正面。卵在 3 月下旬孵化。4~5 月为幼虫为害高峰期，大量取食新梢、新叶以及幼果。特别是对 4 月中、下旬柑橘树上的幼果为害最大。此时常常因幼虫蛀入幼果中取食造成大量落果，而被害的果实即使没有脱落，也会发黄、腐败，不能正常生长。受害果实大小一般为 15mm×17.5mm 至 24mm×26mm。该虫或钻入果内，或藏身果柄萼片下，导致果柄松弛，使幼果容易脱落。有时也会吐丝将幼果暂时挂在枝头上，不使其脱落。被蛀食的幼果变黄将脱落时（有时尚未变黄），幼虫即转至他果为害。1 头幼虫一生可蛀食果实数个至十多个。幼虫除为害果实外，还会钻蛀花蕾，或者吐丝将几个花蕾缀合在一起，躲在其中取食，导致开花不能结果。5 月下旬至 6 月下旬，幼虫转而为害嫩叶，吐丝将 3~5 片叶缀合成包，或将 1 片叶叠折在一起，在其中取食为害。9 月果实将成熟时，幼虫又转移蛀果为害，引起第二次落果，造成极大的损失。

拟小黄卷叶蛾盛发于柑橘幼果期。在广州每年 4~5 月幼虫数量达到最高峰；四川 5~6 月为害幼果最烈，在 9 月初则为害即将成熟的果实；个别年份 1~2 月为害血橙成熟果。对柑橘类水果的为害极大。

拟小黄卷叶蛾幼虫非常活泼，受到惊吓后常急速向后跳动，吐丝下坠。一至三龄幼虫下坠后即可顺着原丝上攀回到原位。四、五龄幼虫受惊后常因向后跳动过急或虫体过重，下坠后不能再回到原位，从而暂时躲在土壤中或转至地面其他寄主和杂草上取食。因此，及时清除橘园内的杂草是防治卷叶蛾的重要措施之一。幼虫蜕皮 3~5 次，其中以蜕皮 4 次最多，即幼虫一般 5 龄。幼虫蜕皮时，身体略缩小，体小变暗，停止取食，头壳从前方蜕出，胸部和腹部皮由尾端蜕出。蜕皮后体色光亮，进食增多。幼虫常常会吃掉蜕下的皮。用柑橘、桑和杂草饲养的幼虫均能完成世代发育，羽化为成虫并正常交尾产卵，但以杂草饲养的蛹体较轻，以桑饲养的蛹体最重。幼虫历期越冬代最长，达 50d（平均温度 13.8℃），其余各代则 14~25d。老熟幼虫有些在原来取食的叶苞内化蛹，亦有转至老叶上，将邻近老叶叠置在一起躲在 2 叶间化蛹的，在田间不易觉察。

蛹历期越冬代 27d，一般 5~7d。雌雄蛹历期相当。成虫多在清晨羽化，日间栖息于柑橘叶上，甚少飞翔。羽化后当晚即行交尾，亦有在 7:00~8:00 交尾的，交尾后，翌日在柑橘叶上产卵。卵块呈鱼鳞状排列。每一卵块一般约有卵 140 粒。卵期 5~6d。雌虫存在多次交配的现象，每头雌虫能产 7 个卵块，大小不等，也有只产 1 块的情况。如果遇到温度过高等不利环境，则可能完全不产卵。成虫寿命最长达 30d，一般 6~7d。成虫趋光性不强，但具有趋化性，喜食糖醋和发酵物。成虫不经补充营养亦能正常交尾产卵。

卵、幼虫、蛹等虫态均发现有天敌。卵期有松毛虫赤眼蜂，寄生率可达 90%。幼虫期的寄生性天敌有绒茧蜂，发生较普遍。幼虫的捕食性天敌有缘边步行虫，其幼虫及成虫均能捕食，但以幼虫食量较大，常钻入卷叶蛾幼虫叶苞内咬食，食后常仅留下头及表皮，每年 5 月发生较多。此外，食蚜蝇也捕食卷叶蛾幼虫，每年 1~2 月在苗圃发生较多。蛹期天敌有广大腿小蜂、姬蜂和寄生蝇。其中，广大腿小蜂是最常见的寄生蜂，整年都有发现，寄生率颇高，寄生后蛹体腹末数节不能左右转动；姬蜂发生数量较少；寄生蝇则在 1~4 月发生较多。

（二）柑橘长卷叶蛾

柑橘长卷叶蛾在福建、广东 1 年约发生 6 代。多以幼虫在柑橘、荔枝树的卷叶中或杂草越冬。每年 4~5 月第一代幼虫为害柑橘幼果及荔枝幼果。9 月柑橘果实将成熟有甜味时，幼虫又为害即将成熟的果实，造成大量落果。该虫在福建是荔枝上一种最严重的蛀果虫。在福州第一代幼虫发生于 5 月中旬至 6 月上旬，主要为害荔枝幼果，亦为害柑橘幼果，第二代幼虫在 6 月下旬至 7 月上旬出现。从第二代开始一般不为害果实，转移为害嫩芽、嫩叶。在浙江第一代幼虫发生在 6 月至 7 月上旬，为害柑橘幼果，7 月中旬以后，虫口显著减少。

第一代一龄幼虫在果实表皮上取食，如果有 2 个果贴近的，幼虫则躲在其间；如有果实与枝梢相靠近的，即吐丝将二者连接，然后躲在其间为害；若没有上述条件，幼虫即吐丝黏附在果皮上，啃食表皮或躲在果萼里。二至三龄后，幼虫钻入果内为害。被害果常脱落，幼虫则转移到旁边的叶片上继续为害，或随幼果一起落地。一般果园四周树受害比园中心要重；同一株树，冠边的果实比冠顶的受害重。

在广州 5 月下旬以后第二代幼虫一般不为害果实，而为害嫩芽嫩叶。幼虫吐丝将 3~5 片叶黏结成虫苞，钻入其中为害。一龄幼虫仅食叶的一面，多为背面，留下薄膜，不久薄膜破而成穿孔。二龄幼虫末期以后多在叶缘取食，被害叶多呈穿孔或缺刻。老熟幼虫食量大，为害更严重，常吐丝将 5~6 片叶黏结成较大的叶苞，躲藏其中为害。幼虫很活跃，受到惊动会向后跳动并吐丝下坠逃跑。若遇敌害，则会吐出暗褐色液体。幼虫一般 6 龄。室内饲养观察发现，幼虫可蜕皮 4～6 次，以蜕皮 5 次者较多。老熟幼虫有的就在被害叶苞中化蛹，有的转到老叶上。化蛹时将邻近老叶叠置在一起，幼虫躲在其间结茧化蛹。

成虫多在清晨羽化，日间于叶、枝上栖息，夜间活动。交尾产卵多在夜间进行。卵多产在叶正面近主脉处，有时产于叶背或枝上。每头雌虫一般可产卵 2 块，约 400 粒。其卵块比拟小黄卷叶蛾的大。幼虫孵化后立即向周围扩散，吐丝下坠随风分散至各处。

各发育阶段及各世代的历期与温度有关。越冬代历期最长，达 80～100d。在 5～6 月，平均温度 27℃时，在室内饲养观察，卵期 7d，幼虫期 12～19d，蛹期 5～7d，成虫期 4～11d。蜕皮 4 次的一代历期，雄虫 35d；蜕皮 5 次则雄虫 38.6d，雌虫 33.5d。一般每多蜕皮 1 次，幼虫历期则延长 3～4d。柑橘长卷叶蛾幼虫与白点褐卷叶蛾幼虫的形态大小、发生时期与为害方式非常相似，两种卷叶蛾在柑橘园内常混合发生，但白点褐卷叶蛾的发生数量较少。

四、防治技术

（一）农业防治

加强栽培管理，剪除结果树多余的夏、秋梢，中断卷叶蛾幼虫的食物链。避免在橘园等卷叶蛾为害的果园内和附近种植其他卷叶蛾的寄主植物，如桑树、紫穗槐、豆类和花生等。及时修剪病虫枝，清理园内、园周围以及地面的落叶和杂草，铲除幼虫和蛹的越冬场所，深翻果园土壤，消灭在杂草中越冬的幼虫和蛹，减少翌年的虫口基数。

（二）组织人力摘除卵块和捕杀幼虫

因雌虫多产卵于叶表面，容易发现，在 4～6 月巡视果园，摘除卵块，捕捉幼虫、蛹。7～10 月摘除虫果，将虫果和落地果集中销毁，避免落果中的幼虫迁移至落叶上化蛹。

（三）套袋保果

在生理落果结束定果后的 7 月初，用纸袋或优质薄膜进行全生育期套袋保果，防止幼虫钻入果内为害。但注意在套袋前需防治 1 次锈壁虱。

（四）诱杀

利用卷叶蛾趋化和趋光的习性，在 4～10 月，按红糖∶黄酒∶醋∶水＝2∶1∶1∶4 的比例配置糖醋液诱杀成虫，同时可用黑光灯诱集成虫。并根据诱集到的卷叶蛾雌蛾推测其产卵盛期，为释放天敌和药剂防治的时期提供参考。

（五）保护、释放天敌

参照广东、浙江经验，在每年第一、二代雌蛾产卵期释放松毛虫赤眼蜂，每代放蜂 3～4 次，每隔5～7d 释放 1 次，每次每 667m² 释放 25 000 头。每次放蜂在蜂羽化前 1～2d，将寄生蜂卵箔撕成小块，用糨糊粘在背风荫蔽的柑橘叶背，每 4 株粘 1 块。由于卷叶蛾产卵在果园边行较多，故每行第一至三株及倒数第一至三株都放卵箔 1 小块。在连续阴雨情况下会影响放蜂效果，可以考虑改用药剂防治。为了使放蜂与药剂防治不产生矛盾，可将放蜂与喷药时间错开。放蜂前 3d 不喷药，基本上不影响蜂的活动。

（六）药剂防治

在谢花后期、幼果期或果实成熟前的幼虫盛孵期，喷药防治幼虫，每隔 5～7d 喷 1 次，防治 1～2 次。药剂可选用苏云金杆菌可湿性粉剂（8 000IU）400～600 倍液、2.5%溴氰菊酯乳油或 10%氯氰菊酯乳油 2 000～3 000 倍液、20%灭幼脲悬浮剂 1 500 倍液、20%氰戊菊酯乳油 1 000～2 000 倍液、90%敌百虫可溶粉剂 500 倍液等。此外，间作有卷叶蛾喜欢为害的绿肥与作物的果园，如间作有紫穗槐、猪屎豆、印度豇豆等的橘园，也要注意防治其上的卷叶蛾。

王进军（西南大学植物保护学院）

第 234 节 柑橘潜叶蛾

一、分布与危害

柑橘潜叶蛾（*Phyllocnistis citrella* Stainton）属鳞翅目叶潜蛾科，又名绘图虫、鬼画符、橘网潜蛾是我国公布的《双边协定中涉及限定性有害生物及其他植物检疫性有害生物》中规定的危险性害虫。国外分布于印度、印度尼西亚、越南、日本、斯里兰卡及大洋洲。国内分布于江苏、浙江、江西、福建、台湾、湖南、湖北、广东、广西、四川、云南、贵州等省份。

主要为害柑橘类果树的嫩梢、嫩叶，尤其对秋梢的抽发、生长影响最大，通常以幼虫潜入嫩梢、嫩叶表皮下取食叶肉，形成白色的虫道，使叶片卷曲硬化，造成叶片卷缩或落叶，使新梢生长停滞而影响树势，也会影响到成年树的树势与开花结果。造成的伤口和形成的叶片卷曲硬化为柑橘溃疡病病菌的侵入以及螨、蚧、卷叶蛾等越冬提供了有利条件，常导致溃疡病大发生，增加了害虫冬季防治的困难。

二、形态特征

成虫：体长约 2mm，翅展 5mm，体和前翅均为银白色。触角丝状。前翅披针形，有较长的缘毛，基部有两条褐色纵纹，约为翅长的一半。翅的中部具有两黑纹，呈 Y 形。翅尖缘毛形成 1 黑色圆斑，在黑斑之前有 1 较小的白色斑点。后翅银白色，针叶形，缘毛极长。足银白色，各足胫节的末端均有大型距 1 个，跗节 5 节，第一节最长。

卵：椭圆形，长 0.3～0.6mm，白色透明。

幼虫：体黄绿色，初孵时长 0.5mm。胸部第一、二节膨大，近方形，尾端尖细。成熟幼虫体扁平，椭圆形，长约 4mm，头部尖。胸、腹部共 13 节，每节背面背中线两侧各有 2 个凹孔，排列整齐。腹部末端尖细，具 1 对细长的尾状物。

蛹：预蛹长筒形，长 3.5mm，宽 0.7mm。胸腹部第二、三节较大，第一和第六至十节两侧均有肉质突起。蛹体长 2.8mm，宽 0.56mm，纺锤形，初化蛹时淡黄色，后渐变黄褐色，外被黄褐色薄茧壳。头顶端有倒 T 形结构。触角与足及体躯部分分离。头部和复眼深红色，即将羽化前变为黑红色。背面明显可见胸部 3 节，腹部可见 7 节，第一至六节两侧各有 1 个瘤状突起，并在其上各生 1 根长刚毛。末节后缘每侧有明显肉质刺 1 个。腹部末 4 节可摆动（彩图 11-234-1）。

三、生活习性

成虫大多在清晨羽化，白天栖息在叶背及杂草中，夜晚活动，趋光性强。交尾后于第二至三天傍晚产卵，卵多产在嫩叶背面中脉附近，每叶可产卵数粒。每头雌虫可产卵 40～90 粒，平均 60 粒左右。幼虫孵化后，即由卵底面潜入叶表皮下，在内取食叶肉，边食边前进，逐渐形成弯曲虫道。成熟时，大多蛀至叶缘处，虫体在其中吐丝结薄茧化蛹，常造成叶片边缘卷起。苗木和幼龄树，由于抽梢多而不整齐，适合成虫产卵和幼虫为害，常比成年树受害严重。

四、发生规律

柑橘潜叶蛾在广东 1 年发生 15 代以上，完成 1 代需要 18d 左右；从北到南发生代数越多、为害时间越久，如海南岛 3 月即可发现为害，而陕西汉中则基本上不会成灾。以蛹和幼虫在被害叶上越冬。每年 4 月下旬至 5 月上旬，幼虫开始为害，7～9 月是发生盛期，为害也严重。10 月以后发生减少。

据多年观察发现潜叶蛾在一年中的不同节气存在着回升、盛发、下降的盛衰变化。回升期（清明至小满）：清明以后，气温稳定上升，适逢柑橘迟春梢和早夏梢抽生，给潜叶蛾提供了食物，虫口回升。此时若没有柑橘新梢，潜叶蛾不能回升。盛发期（小满至小暑）：柑橘夏梢盛发，再加上气温又进一步升高，因而这一时期成为潜叶蛾的盛发期。下降期（小暑至处暑）：此期为全年最高温期，这也是导致潜叶蛾虫口下降的原因。据观测，连续 10d 的日最高气温平均达到 33.2℃以上，潜叶蛾虫口就会下降。

夏、秋季影响柑橘潜叶蛾种群数量动态的气候因子主要包括气温、湿度和降水量等。其产卵量与前 10d、前 15d 的日均气温呈极显著负相关和显著负相关，与前 5d 的日均气温呈负相关，但未达到显著水平。说明夏、秋季成虫的产卵量随着气温的升高而减少，其中又以前 10d 的日均气温对成虫的产卵量影响最大。其产卵量与前 5d、前 10d、前 15d 的日均相对湿度均无显著的相关关系，即夏、秋季的相对湿度对成虫产卵量无显著影响。产卵量与前 5d、前 10d、前 15d 的降水量均无显著的相关关系，但与当天的降水量呈显著抛物线相关。

幼虫密度与前 5d、前 10d、前 15d 的日均气温呈极显著负相关，其中又以前 5d 的日均气温影响最大。

幼虫密度与产卵量一样，日均相对湿度对其无显著影响。幼虫密度与前 10d、前 15d 的降水量呈显著负相关，其中又以前 10d 的降水量影响最大。而寄生率与日均气温、日均相对湿度、降水量呈极显著正相关，其中以前 10d 影响最大，说明夏、秋季高温高湿、多雨的气候条件极有利于天敌种群数量的增加，从而导致柑橘潜叶蛾种群数量的减少。自然死亡率与气温、湿度、降水量均无显著的相关关系。

在冬季，柑橘潜叶蛾产卵量与日均气温、日均相对湿度的线性正相关关系未达显著水平，而幼虫密度与前 10d、前 15d 的日均气温呈显著正相关，幼虫密度与日均相对湿度、降水量相关不显著，说明冬季相对湿度的高低和降水量大小对幼虫密度无显著影响。其寄生率与当天、前 5d、前 10d、前 15d 的日均气温呈极显著正相关；与当天、前 5d、前 10d 的日均相对湿度相关不显著，与前 15d 的日均相对湿度呈极显著负相关，与降水量无显著相关关系。而自然死亡率与当天、前 5d、前 10d、前 15d 的日均气温呈极显著负相关；与日均相对湿度、降水量无显著相关关系。说明导致柑橘潜叶蛾冬季自然死亡的主要气候因子是低温而不是降水量少或相对湿度低。

五、防治技术

根据柑橘潜叶蛾潜食嫩叶嫩梢和世代重叠的特点，应在 7～9 月夏、秋梢抽发期，采用农业措施和化学防治的方法控制其为害。

（一）农业防治

1. 抹芽控梢，统一放梢　放梢的标准：全园有 70%～80% 的植株抽梢，每株树有 70%～80% 的枝条抽梢时，一次性统一抹净，然后进行放梢。放梢时以去零留整、去早留齐、去少留多为原则。从放好柑橘夏梢和秋梢的大局出发，对迟春梢和早夏梢予以抹除，坚持到放梢前停止。冬、春季影响潜叶蛾发生的主导因子是低温，夏、秋季节影响潜叶蛾发生的主导因子是食物，主要是柑橘嫩梢。因此，控制虫源的根本措施是抹芽控梢、统一放梢。放梢的时期要抓住柑橘潜叶蛾的发生低峰期，一般小满至芒种（5 月下旬至 6 月上旬）放夏梢，大暑至立秋（7 月下旬至 8 月上旬）放秋梢。放梢时施好 3 次肥，分别在放梢前 15d 施促梢肥，放梢前 2～3d 施攻梢肥，放梢后 3～4d 施壮梢肥。

在夏、秋梢抽发时控制肥、水的施用，摘除并烧毁田间过早或过晚抽发的不整齐嫩梢，使夏、秋梢抽发整齐、健壮，以减少害虫食料，降低虫口密度，减少喷药次数。其具体做法是嫩芽长不到 2cm 时，全部抹除零星抽发的夏梢或秋梢，每 5d 左右抹 1 次，连抹数次，以刺激更多的芽同时萌发，使其抽发整齐。

2. 不同年龄的柑橘树，放夏梢、秋梢的时间有所不同　未投产的幼树，于 5 月底或 6 月初放夏梢较为适合；投产的青年树，为防止夏季落果，于 6 月下旬初放夏梢较为理想。不论是 5 月底还是 6 月下旬放夏梢，夏梢期均处在潜叶蛾的盛发期，都有招致严重为害的风险。潜叶蛾盛发期的虫源，直接来自于回升期繁殖的虫口。衰落期虫口很少，春梢很安全，没有防治的必要。因此，控制回升期虫口的回升，是安全放好夏梢的关键。

柑橘放秋梢的时间，老年树和盛产后期的衰弱树，于大暑过后放梢较为适合；中年盛产树于立秋放梢较为理想；青年树和幼树于处暑前后放梢较好。立秋前放梢可以利用潜叶蛾下降期虫口下降的机会，减轻为害。立秋后放梢到处暑尾叶还未完全展开，仍有遭受潜叶蛾次盛期为害的危险。另外，冬季结合修剪，剪除被害枝，以减少越冬虫口基数，可减轻翌年为害。

（二）化学防治

多数新梢长 0.5～2cm 时施药，7～10d 施 1 次，连续 2～3 次。使用药剂有 1.8% 阿维菌素乳油 2 000～3 000 倍液，3% 啶虫脒乳油 1 500～2 500 倍液，10% 吡虫啉可湿性粉剂 1 500～2 000 倍液，20% 除虫脲悬浮剂 1 500～2 500 倍液，20% 丁硫克百威乳油 1 000～1 500 倍液，5% 伏虫隆乳油 1 000～2 000 倍液，5% 虱螨脲乳油 1 000～2 000 倍液，20% 甲氰菊酯乳油或 2.5% 溴氰菊酯乳油 1 500～2 000 倍液。

（三）保护利用天敌

柑橘潜叶蛾的天敌资源丰富，近年来，许多橘园已大量采用天敌来防治潜叶蛾，取得了很好的效果。保护和利用天敌一方面要搞好虫情的预测预报，尽可能减少喷药次数；另一方面要合理使用低毒低残留的农药，如菊酯类药剂等。同时还由于寄生蜂等天敌多在上午羽化活动，所以，喷药时间最好选择在下午或傍晚。潜叶蛾的天敌主要有亚非草蛉、白星姬小蜂和一种捕食性蚂蚁等，果园生产上应加以保护利用。其中，柑橘潜叶蛾幼虫的寄生蜂有姬小蜂科的多种，药剂防治时应注意保护。

王进军（西南大学植物保护学院）

第 235 节　柑橘蓟马

一、分布与危害

蓟马属缨翅目昆虫。为害柑橘的蓟马有茶黄硬蓟马 ［Scirtothrips dorsalis（Hood）］、橘硬蓟马 ［Scirtothrips citri（Moulton）］、八节黄蓟马 ［Thrips flavidulus（Bagnall）］、丽花蓟马（Frankliniella intonsa Trybom）、黄胸蓟马 ［T. hawaiiensis（Morgan）］、棕榈蓟马（T. palmi Karny）、褐三鬃蓟马 ［Lefroyothrips lefroyi（Bagnall）］、温室阳蓟马 ［Heliothrips haemorrhoidalis（Bouche）］、华简管蓟马 ［Haplothrips chinensis Priesner）、色蓟马（T. coloratus Schmutz）和稻简管蓟马 ［Haplothrips aculeatus（Fabricius）］ 等十余种，最主要的是橘硬蓟马、茶黄硬蓟马和八节黄蓟马。近年柑橘园蓟马发生日益严重，赣南、湖北等柑橘主产区由次要害虫逐渐上升为主要害虫，有些果园严重时为害率达 30% 以上。据笔者调查，在赣南、湖北等柑橘主产区，造成果面伤痕的主要是八节黄蓟马。蓟马主要以若虫和成虫为害嫩叶和幼果，以谢花至第二次生理落果结束为害最重。蓟马为害柑橘苗木，顶端嫩芽受蓟马为害后不能向上生长，而呈丛状分枝。如嫩叶未展开时受害，受害重的叶向正面纵向卷曲呈筒状，叶硬脆，但不脱落。嫩叶近展开时受害，受害叶从被害处向上卷，叶边缘也略上卷。如受害处在叶片边缘则叶向受害的一侧弯曲，使叶片扭曲。幼果受害，表皮油胞破裂，逐渐失水干缩，疤痕随果实膨大而扩大，呈现不同形状的木栓化银白色斑痕（彩图 11-235-1）。受害果实大小正常，品质基本无影响，也不影响储藏，但影响果实外观，降低商品价值。

二、形态特征

成虫：体长一般为 1mm，体细长而扁，或为圆筒形；颜色为黄褐、苍白或黑色，有的若虫红色。有的种类单眼 2～3 个，无翅种类无单眼。触角 9 节（多因愈合而节数减少），生于眼前方。口器锉吸式，呈圆锥形，上颚口针多不对称，右侧上颚退化，下颚变形为螯针；下颚及下唇均有分节的司感觉的突起（须）。翅狭长，翅脉少，边缘有很多长而整齐的缨状缘毛。足跗节端部有可伸缩的端泡。

卵：淡黄色，肾形，单粒产或成堆产。

若虫：与成虫形态相似，乳白至淡黄色，无翅，分 4 龄，不同龄期若虫形态相似，四龄若虫即为蛹（图 11-235-1）。

（一）橘硬蓟马

成虫：纺锤形，体长约 1.0mm，淡橙黄色，体表有细毛。触角 8 节，头部刚毛较长。前翅有纵脉 1 条，翅上缨毛很细。腹部较圆。

卵：肾脏形，长约 0.18mm。

若虫：一龄若虫体小，颜色略淡；二龄若虫大小与成虫相近，无翅，老熟时琥珀色，椭圆形。

（二）茶黄硬蓟马

成虫：雌虫体长 0.8～1.0mm，雄虫体长 0.8mm，体橙黄色。头、胸部橙黄色，头部前缘至中胸背板前缘灰褐色。触角 8 节，暗黄色，第三第四节上有锥叉状感觉圈，第四和第五节基部具 1 细小环纹。复眼暗红色。前翅橙黄色，近基部有 1 小的淡黄色区；前翅窄，单眼间鬃位于两后单眼内侧的 3 个单眼内线连线之内。

卵：肾形，长约 0.2mm，初期乳白色，半透明，后变淡黄色。

若虫：初孵若虫白色透明，复眼红色，触角粗短，以第三节最大。头、胸约占体长的一半，胸宽于腹

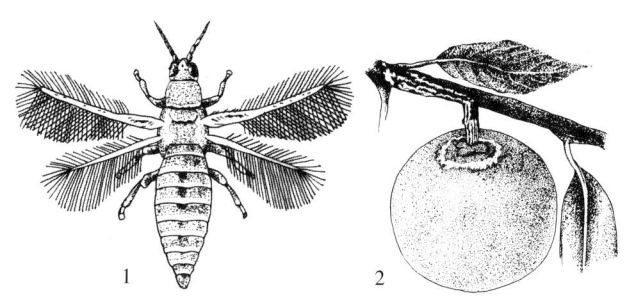

图 11-235-1　蓟马及为害状（引自张宏宇，2013）
Figure 11-235-1　Thrip and its damage symptom
（from Zhang Hongyu, 2013）
1. 成虫　2. 被害果

部。二龄若虫体长0.5～0.8mm，淡黄色。三龄若虫（前蛹）黄色，复眼灰黑色，触角第一、二节大，第三节小，第四至八节渐尖。翅芽白色透明，伸达第三腹节。四龄若虫（蛹）黄色，复眼前半部红色，后半部黑褐色。触角倒贴于头及前胸背面。翅芽伸达第四腹节（前期）至第八腹节（后期）（彩图11-235-2）。

（三）八节黄蓟马

成虫：雌虫体长1.1mm，体、翅和足黄色，触角8节，除节Ⅲ-Ⅴ端半部、节Ⅵ-Ⅷ暗黄棕色，其余黄色；单眼间鬃位于前后单眼内缘或中心连线上；中胸盾片布满横纹，后胸盾片前中部有几条短横纹，其后为网纹，两侧为纵纹；前脉基部鬃7根，端鬃3根，后脉鬃16根；腹部节Ⅷ背片后缘梳完整，梳毛细。雄虫较雌虫细小而色淡，黄白色（彩图11-235-3）。

三、生活习性与发生规律

橘硬蓟马在气温较高的地区1年可发生7～8代，以卵在秋梢新叶组织内越冬，翌年3～4月越冬卵孵化为若虫，在嫩叶和幼果上取食。田间4～10月均可见，但以谢花后至幼果直径4cm期间为害最烈。第一、二代发生较整齐，也是主要的为害世代，以后各世代重叠明显。一龄若虫死亡率较高，二龄若虫是主要的取食虫态。若虫老熟后在地面或树皮缝隙中化蛹。

茶黄硬蓟马1年发生多代，以蛹越冬。第一代成虫于5月达高峰，第二代于6月中、下旬达高峰，以后世代重叠。成虫活泼，善于爬动和做短距离飞行，阴凉天气或早晚在叶面活动。

八节黄蓟马1年发生5～6代，主要以若虫或成虫在土壤里越冬，4～5月谢花后到幼果直径4cm期间是为害高峰期。成虫、若虫均可为害柑橘的花、幼果和叶，吸食其汁液，特别在谢花后到幼果直径小于4cm时期，其若虫在萼片下锉食柑橘幼果。不同温度下，八节黄蓟马的存活率存在显著差异。在25～28℃时，八节黄蓟马若虫存活率达到80%，34℃时存活率最低，只有40%的若虫羽化为成虫。在江西赣南，八节黄蓟马卵、一龄若虫、二龄若虫、预蛹、蛹和成虫的发育起点温度分别为8.45℃、6.78℃、8.67℃、8.70℃、10.34℃和10.50℃。全世代的发育起点温度为9.75℃，全世代的有效积温为（296.06±16.57）℃。

成虫产卵于寄主幼嫩组织表皮中，孵出的若虫即开始锉破寄主表皮并吸取汁液。以初龄若虫、二龄若虫和成虫对苗木造成危害。三龄若虫行动缓慢，不再取食为害，下到地面准备化蛹，所以三龄若虫又叫前蛹。四龄若虫又称蛹，在地表苔藓、地衣及较潮湿的枯枝落叶层中化蛹。蓟马成虫极活泼，喜跳跃，受惊后能从栖息场所迅速跳开或举翅迁飞。成虫有趋向嫩叶取食和产卵的习性。成虫、若虫还有避光趋湿的习性。白天多在荫蔽处为害，夜间、阴天在叶面上为害。

四、防治技术

由于蓟马体形微小，所以在蓟马发生初期往往会被忽略，错过最佳防治时期，造成严重后果。

（一）农业防治

加强栽培管理，橘园附近不种植葡萄等寄主植物，特别是花卉，以减少虫源。也可在蓟马发生期进行地面覆盖，减轻为害。

（二）生物防治

天敌主要有钝绥螨（*Amblyseius* sp.）、蜘蛛、小花蝽（*Orius* sp.）和多种捕食性椿象等，应注意保护和利用。橘园生草可以给天敌昆虫提供庇护所和替代食物，从而保护天敌。

（三）物理防治

利用橘园蓟马对蓝色的趋性进行黏板诱杀。在柑橘开花至幼果期可用蓝色黏板监测并诱杀成虫。

（四）化学防治

在盛花期或谢花后有5%～10%的花或幼果有虫，或幼果直径达1.8cm时20%的果实有虫，即应开始施药防治。药剂可选用10%吡虫啉可湿性粉剂2 500～4 000倍液、2.5%溴氰菊酯乳油3 000～4 000倍液、20%氰戊菊酯乳油3 000～4 000倍液、10%氯氰菊酯乳油3 000～4 000倍液、20%甲氰菊酯乳油3 000倍液、40%乐果乳油1 000～1 500倍液、90%敌百虫可溶粉剂800～1 500倍液等。

张宏宇（华中农业大学植物科学技术学院）

第 236 节　华南油桐尺蠖

一、分布与危害

华南油桐尺蠖（*Buzura suppressaria benescripta* Prout）属鳞翅目尺蛾科，又名大尺蠖，俗称拱背虫、量尺虫，是柑橘、油桐和茶树的重要害虫，也是典型的暴食性害虫。该虫食性复杂，主要分布在海南、福建、广东和广西等省份。

幼虫取食柑橘叶片，常将叶片吃成缺刻，甚至整株叶片吃光，降低植株光合能力，削弱养分供应，影响树势等（彩图 11-236-1）。

二、形态特征

成虫：雌成虫体长 22～25mm，翅展 60～65mm。雄蛾体形略小，体灰白色，体长 19～21mm，翅展 52～55mm。雌成虫触角丝状，雄成虫触角羽毛状，前、后翅灰白色，前、后翅均杂有灰黑色小斑点，有 3 条黄色波状纹，雄成虫中间 1 条不明显。足黄色，腹末有黄褐色毛 1 束。

卵：椭圆形，直径 0.7～0.8mm，青绿色，堆成卵块，上有黄色绒毛覆盖。

幼虫：共 6 龄，初孵时灰褐色，二龄后变成绿色，四龄后有深褐、灰褐和青绿色等，常随环境而变化，老熟时体长 60～75mm，头部密布棕色小点，顶部两侧有角突，前胸背板及第八腹节背面有两个瘤状突起。腹足两对，气门紫红色。

蛹：长 22～26mm，黑褐色。

三、生活习性与发生规律

华南油桐尺蠖在广西北部及福建等地每年发生 3 代，以蛹在土中越冬。3 月底至 4 月初羽化。4 月中旬至 5 月下旬第一代幼虫发生，7 月下旬至 8 月中旬第二代幼虫发生，9 月下旬至 11 月中旬第三代幼虫发生。以第二、第三代为害最严重。成虫在雨后土壤含水量大时出土，昼伏夜出，飞翔力强，有趋光性，卵成块产于叶背，每蛾产卵 1 块，每块有卵 800～1 000 粒。初孵出的幼虫常在树冠顶部的叶尖直立，幼虫吐丝随风飘散为害。较大幼虫常在枝条分杈处搭成桥状，或贴在枝条上，很像树枝。活动性不强，行走时拱成桥形。低龄幼虫较为集中，老熟幼虫在晚间沿树干爬至地面寻找化蛹场所。一般多在主干周围50～60cm 范围内的疏松浅层土壤中化蛹。

四、防治技术

（一）农业防治

在各代蛹期，翻挖主干周围 50～60cm 内，1～3cm 深的表土中的虫蛹；或结合冬季深翻挖蛹，人工捕杀与刮除卵块。成虫、幼虫体形大，目标显著，成虫喜在背风面停息不动，而幼虫常趴在枝条的分杈处长久不动，宜在上、下午用树枝捕打；幼虫受惊动后有垂直下坠的习性，在树下铺塑料薄膜振树枝，使幼虫掉落其上，集中杀灭或让家禽啄食。在老熟幼虫未入土化蛹前，用塑料薄膜铺设在主干周围，并铺湿度适中的松土 6～10cm 厚，诱集幼虫化蛹，集中消灭。

（二）物理防治

每 2hm² 设 1 盏频振式杀虫灯诱杀成虫。

（三）化学防治

抓住第一、二代的一、二龄幼虫进行药剂防治，是全年防治的关键，此期幼虫多在树冠顶部活动，可选用以下农药进行喷杀：一至三龄幼虫可用 90％敌百虫可溶粉剂 600～800 倍液、2.5％溴氰菊酯乳油或 20％氰戊菊酯乳油 2 000～3 000 倍液。

舟春（中国农业科学院柑桔研究所）

第237节 吸果夜蛾

吸果夜蛾是世界性的重要果树害虫之一，分布于亚洲、非洲、美洲、大洋洲等。在我国南方丘陵地区的大部分果产区均有发生。为害桃、李、葡萄、苹果、梨、芒果、柑橘、荔枝、柿、无花果、枇杷和番石榴等果实。其中，以山区和半山区受害更重，已成为一个急需解决的问题。

吸果夜蛾是山区柑橘的主要害虫，我国已知吸果夜蛾50多种，常见的种类有嘴壶夜蛾［*Oraesia emarginata*（Fabricius）］、鸟嘴壶夜蛾［*Oraesia excavata*（Butler）］、枯叶夜蛾［*Adris tyrannus*（Guenée）］、腰果刺果夜蛾［*Othreis fullonia*（Clerck）］、艳叶夜蛾［*Maenas salaminea*（Fabricius）］、暗肖金夜蛾［*Plusiodonta coelonota*（Kollar）］、桥夜蛾［*Anomis mesogona*（Walker）］、青安纽夜蛾［*Ophiusa tirhaca*（Cramer）］、旋目夜蛾［*Speiredonia retorta*（L.）］、蚪目夜蛾［*Metopta rectifasciata*（Ménétriès）］、毛胫夜蛾［*Mocis undata*（Fabricius）］、中带三角夜蛾［*Chalciope geometrica*（Fabricius）］、玫瑰巾夜蛾［*Parallelia arctotaenia*（Guenée）］、肖毛翅夜蛾［*Thyas juno*（Dalman）］等。

吸果夜蛾依成虫口器构造和食性分为两类：①第1性吸果夜蛾。口喙端部坚硬锐利，具有锐齿和倒刺，能穿刺果皮，直接为害健果，或兼害坏果。如嘴壶夜蛾、鸟嘴壶夜蛾、枯叶夜蛾、落叶夜蛾、腰果刺果夜蛾、暗肖金夜蛾、桥夜蛾等。②第2性吸果夜蛾。口喙端部柔软，不具倒刺，只能在果实伤口或腐烂部分刺吸为害。如旋目夜蛾和蚪目夜蛾等。其中，以嘴壶夜蛾和鸟嘴壶夜蛾为害最严重、最为常见。

一、嘴壶夜蛾

（一）分布与危害

嘴壶夜蛾［*Oraesia emarginata*（Fabricius）］属鳞翅目夜蛾科，别名桃黄褐夜蛾。我国南北方均有发生，是南方吸果夜蛾中的优势种。国外日本、朝鲜、印度等也有发生。

嘴壶夜蛾幼虫主要为害木防己（*Cocculus orbiculatus*）和粉防己（汉防己，*Stephania tetrandra*），使叶呈缺刻或残留叶面表皮或最后只剩叶脉的网状纹。成虫以虹吸式口器刺果实吸取汁液，果实被害处有针头大小刺孔，受害1～2d后果肉失水呈海绵状，被害部变色凹陷、腐烂或脱落。成虫在不同时期，吸食不同果树果实的汁液，引起大量烂果和落果（彩图11-237-1）。嘴壶夜蛾成虫一年出现4次为害期，成虫先为害枇杷，再为害水蜜桃，至8月下旬开始为害柑橘。在华南，4～6月先为害枇杷、杨梅、桃、李、三华李，6～7月再为害芒果、黄皮，到8月下旬开始为害柑橘。一般第4次为害期，即8月下旬到10月下旬盛发，是全年的为害高峰期，历时40d，集中为害柑橘。

（二）形态特征

成虫：体长16～21mm，翅展34～40mm。头与颈板红褐色，胸、腹部褐色，体躯肥大多毛，虹吸式口器喙的末端有穿刺结构。前翅茶褐色，外缘中部突出成角，有1三角形红褐色花纹，后缘中部凹陷呈浅圆弧形，顶角至后缘中部有1深色斜纹，肾状纹隐约可见。雌蛾触角丝状，雄蛾触角单栉齿状，前翅色较浅（彩图11-237-1）。

卵：长0.8mm，宽0.5mm。扁圆形，卵顶稍隆起，底部常有固着卵粒而呈不规则碗底状的黏胶。乳黄色，卵孔不甚显著。花冠分4～5层，第一层共7瓣，菊花瓣形；第二层由菊花瓣形与玫瑰花瓣刻纹相互组成，其余各层皆为玫瑰花瓣形。顶部有22～27根纵棱直达底部，中部有纵棱45条，纵棱间有横道相连成横长方形格。

幼虫：老熟幼虫体长30～52mm，全体黑色，头部每侧有4个黄斑；各体节有1大黄斑及数目不

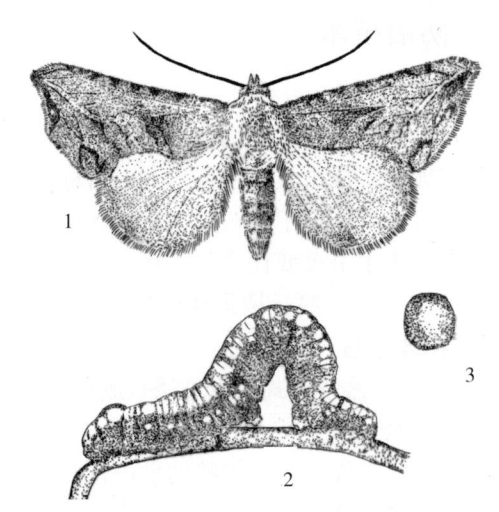

图11-237-1 嘴壶夜蛾（仿华南农学院，1981）

Figure 11-237-1 *Oraesia emarginata*（from South China Agricultural College，1981）

1. 成虫　2. 幼虫　3. 卵

等的小黄斑组成的亚背线，另有不连续的小黄斑及小黄点组成的亚腹线。气门椭圆形。除前胸气门及第一腹节气门全为黑色外，其余腹节气门的气门筛均为红色；围气门片黑色。第八腹节的气门比第七节的稍大。胸足外侧黑色，内侧黄白色，其胫节内侧有较大的泡突；第一对腹足退化，第二对腹足较小，行动呈尺蠖状。腹足基部黑色，末端黄白色（图 11 - 237 - 1）。

幼虫共分 6 龄，各龄形态特征如表 11 - 237 - 1。

表 11 - 237 - 1　嘴壶夜蛾各龄幼虫的形态特征（引自邹曾健，1980）

Table 11 - 237 - 1　Morphological features of each stage of *Oraesia emarginata* larvae（from Zou Cengjian，1980）

龄期	头宽（mm）		体长（mm）		头部		体节	
	平均	范围	平均	范围	头色	头斑	体色	体斑
一	0.39	0.32~0.46	3.7	3.00~4.53	淡黄	无斑纹	浅灰	无斑纹
二	0.58	0.56~0.59	8.33	7.5~9.00	黑	无斑纹	灰黑	腹部第一至四节及第八节背面各有 1 对黄色斑点，腹部一至四节的黄白斑后面伴有黑点
三	0.91	0.88~0.94	12	10~14	黑	头部每侧有 4 个黄斑	黑	前、中胸出现 3 块互相连接的小黄斑，第五、六、七、九腹节背面也出现小黄斑，在体背排成两纵列，组成亚背线
四	1.44	1.38~1.5	16.5	15~18	黑	同四龄	黑	各体节上的黄斑附近均出现小白点
五	2.11	2.03~2.19	21.5	18~25	黑	同四龄	漆黑	腹部第二至五节背面出现橙红斑（或橙黄斑）
六	2.81	2.81~2.81	41	30~52	黑	同四龄	漆黑	同五龄

蛹：体长 18~20mm，体宽 5~6mm，红褐色。腹部第五至七节背面与腹面前缘有 1 横列深刻点，腹部第二节上的气门周围的刻点排列较密，颜色也较深。腹末钝形，其上有极小而不规则的皱褶，每侧各有一对角状突起。

（三）生活习性

嘴壶夜蛾在南方柑橘产区 1 年发生 4~6 代，广州 1 年发生 5 代。除越冬世代历期为 130d 外，其他各世代平均历期 47~88d（表 11 - 237 - 2）。田间世代重叠，尤以 7~9 月发生的第三、四代更为显著，同一时间内可以找到各种虫态。成虫须取食补充营养，取食 10% 蔗糖或葡萄糖液的雌蛾，其寿命明显较取食蒸馏水的长，卵巢能充分发育，并且交配和产卵正常，缺乏补充营养的雌蛾，其寿命短，在交配之前，卵巢来不及发育即已死亡（表 11 - 237 - 3）。成虫昼伏夜出，趋光性弱，略具假死性，趋化性强，嗜食糖液。在闷热、无风的晚上，成虫出现数量最多。成虫羽化后即吸食果汁及花蜜补充营养。5~10d 后开始产卵。卵散产于果园附近木防己等植物叶片的叶背，通常每叶片上只产卵 1 粒，个别的有 3、4 粒，每雌蛾产卵量平均为 227 粒。产卵前期 3~5d，卵期 3~4d。幼虫孵化后取食叶片，第一、二龄幼虫常在寄主叶背上取食，残留表皮。三龄后开始残食叶片。幼虫共 6 龄，幼虫期 19~45.6d，一般以一至三龄历期较短，四至六龄历期较长。老熟幼虫吐丝将枯叶、土粒或虫粪等物造成蛹室化蛹。预蛹期 1~3d，蛹期 10~69d。嘴壶夜蛾的季节消长基本上属于秋季大发生型，其年发生数量以 9~10 月为最高，即第三、四代幼虫的发生量是全年的最高峰，这两个世代是为害柑橘的主要虫源。

表 11 - 237 - 2　嘴壶夜蛾各代各虫态历期（广州，1978）

Table 11 - 237 - 2　Duration of each stage from every generation of *Oraesia emarginata*（Guangzhou, 1978）

世代	生活历期（月/日）	成虫寿命（d）		卵（d）	幼虫（d）	预蛹（d）	蛹（d）	1 世代平均历期（d）	平均温度（℃）
		雌	雄						
一	2/10~5/30	14	—	4	45.6	2	22.3	87.9	18
二	4./26~6/15	13.7	10.6	3	23	1	14	55.3	23
三	6/20~8/18	14	5	3	19	1	10	47.0	30
四	8/5~9/23	12.4	12.6	3	20	1	12.3	48.7	27.5
五	10 月至翌年 2 月	15	—	3	40	3	69	130.0	18.2

表 11 - 237 - 3　不同补充营养对嘴壶夜蛾成虫繁殖力的影响（引自吴荣宗，1978）

Table 11 - 237 - 3　The influence of different nutritional supplements on fecundity of *Oraesia emarginata* adult（from Wu Rongzong，1978）

食物种类	平均产卵前期（d）	成虫平均寿命（d）		平均交配次数	卵巢发育程度（头）			平均产卵数（粒）
		雌	雄		1 级	2 级	3 级	
10％蔗糖液	5	14.7	20.8	1.2	1	0	9	210.2
10％葡萄糖液	3	9.2	9.3	1.0	2	0	8	243.5
蒸馏水（对照）	0	3.9	4.0	0	10	0	0	0

（四）发生规律

1. 气候条件　温度对嘴壶夜蛾各虫态发育有一定的影响，温度越高，发育历期越短（表 11 - 237 - 4）。嘴壶夜蛾成虫入园为害时间与气温有关，落叶果树成熟期由于气温较高，多通宵为害；为害柑橘时，在 20：00 前虫口密度最大，24：00 后气温下降，成蛾陆续飞离橘园；11 月气温降至 10℃左右时，嘴壶夜蛾基本匿迹。晚上温度在 16℃时取食数量最多，13℃以下逐渐减少，10℃左右停止取食。冬季气温与越冬幼虫死亡率呈正相关，低于-6℃持续 72h，越冬幼虫死亡率达 95％以上。

表 11 - 237 - 4　嘴壶夜蛾各虫态在不同温度下的发育历期（湖北武昌）（引自中国农业科学院果树研究所等，1994）

Table 11 - 237 - 4　Developmental duration of each stage of *Oraesia emarginata* at different temperatures（**Wuchang, Hubei**）（from Institute of Pomology of CAAS et al.，1994）

卵		幼虫		蛹	
温度（℃）	历期（d）	温度（℃）	历期（d）	温度（℃）	历期（d）
20.42	7.6	22.30	33.67	20.62	24.84
21.76	5.2	25.14	28.00	20.82	20.44
24.60	4.0	26.13	25.00	26.69	12.75
26.00	3.0	27.41	22.67	27.08	11.50
25.20	2.0	28.27	20.00	27.51	9.75
$r=-0.9295$		$r=-0.9971$		$r=-0.09718$	

2. 寄主植物　嘴壶夜蛾的幼虫寄主主要有木防己和粉防己，在山区普遍同时存在。10 月中旬以前幼虫多在粉防己上取食，10 月下旬粉防己开始枯死，幼虫多转到木防己上取食。木防己多生于丘陵、山坡、路边、灌丛及疏林中，主产华东、中南、西南地区。嘴壶夜蛾发生分布与木防己的分布、密度呈正相关。适宜木防己生长的土壤多系丘陵山地偏酸性土壤，多为田埂、小山坡、溪沟两岸斜坡等阴湿地带。此外，吸果夜蛾成虫的食物也是影响种群数量消长的因素。多种果树混栽地区，为各代成虫提供了丰富的食物来源，食料充足，成虫产卵量多，繁殖系数加大，为害加剧。不同品种间一般早熟温州蜜柑受害重，迟熟椪柑等受害轻。影响吸果夜蛾在橘园取食活动数量的因素，前期主要是柑橘果实成熟度，后期主要是气温高低。

3. 天敌　嘴壶夜蛾寄生性天敌有绒茧蜂（*Apantles* sp.），黑额睫寄蝇（*Blepharella carbonate* Mesnil）和姬蜂等。卵常被赤眼蜂（*Trichogramma* sp.）寄生，且寄生率可高达 80％以上。

二、鸟嘴壶夜蛾

（一）分布与危害

鸟嘴壶夜蛾［*Oraesia excavata*（Butler）］属鳞翅目夜蛾科，别名葡萄紫褐夜蛾、葡萄夜蛾。成虫吸食的果实除柑橘外，尚有梨、苹果、桃、葡萄、番茄、龙眼、荔枝、芒果、无花果、黄皮等。该虫在浙江、江西、湖北、四川、云南、台湾、广东、广西、重庆等省份均有发生和为害。

鸟嘴壶夜蛾成虫在湖北 1 年出现 4 次为害高峰。第一次为 5 月中旬，为害桃、枇杷；第二次为 6 月下旬至 7 月中旬，为害早熟梨；第三次为 8 月下旬，为害中、晚熟梨；第四次多在 9 月，气温 20℃ 以上的年份，从 9 月下旬到 10 月下旬，历时约 40d，集中为害柑橘。一般年份无明显高峰，全年为害期达 180d。鸟嘴壶夜蛾幼虫取食木防己嫩叶，将叶片食成网状、缺刻或全叶吃光。其取食在早晚或夜间进行，白天静伏叶背或杂草丛中，幼虫具假死性。幼虫老熟后在杂草丛中结茧化蛹，由于受成虫补充营养后就近产卵的影响，幼虫绝大多数分布在果园周围 1 000m 范围内。

（二）形态特征

成虫：体长 23～26mm，头部、前胸及足赤橙色，中、后胸淡褐色，腹部腹面灰黄色，背面灰褐色；前翅褐色带紫，后翅淡褐色。前翅翅尖向外缘突出，较嘴壶夜蛾显著；前翅后缘中部有 1 弧形向内凹入，形成较嘴壶夜蛾深的缺刻；前翅前缘中部不成角，顶角尖突，有隐约可见的波形纹，沿中室后方有棕黑色纵纹，在翅尖后有 1 白点，肾纹可辨。下唇须前端尖长，形似鸟嘴。

卵：扁圆形，卵顶稍隆起，底部常有固着卵粒而呈不规则碗底形的黏胶。乳黄色，卵孔不显著。花冠分 5～6 层，第一层共 6 瓣，菊花瓣形，第二层由菊花瓣形与玫瑰花瓣形刻纹相互组成，其余各层皆为玫瑰花瓣形。顶部有纵棱 23～26 根直达底部，中部有纵棱 40～45 根，纵棱间有横道相连成横长方形格，纵棱与横道的条纹都较细。卵高 0.61mm，卵宽 0.76mm。

幼虫：老熟幼虫体长 50～58mm。头部灰褐色，有黄褐色斑点；头顶橘黄色，其前面两侧各有 1 黑斑。体灰褐或暗褐色，夹杂有不明显花纹；有黑色的亚背线、气门线及腹线。前胸盾片及臀板黄褐色。气门椭圆形，气门筛褐色，围气门片黑色。第八腹节气门比第七节的稍大。胸足灰色，中、后胸足外侧具黑斑两块。腹足深灰，外侧有黑褐色斑，趾钩部分黑褐色，左、右腹足之间的腹面有明显黑斑。第一对腹足退化，第二对腹足较小，行动呈尺蠖状。

幼虫共 6 龄，各龄主要特征如表 11-237-5 所示。

蛹：体长约 23mm，体宽约 6.5mm，暗褐色，腹部一至八节背面刻点较密，五至八节腹面刻点较疏。腹末较平截，臀棘为 6 条角状突起，各突起之间有不规则纵纹。

表 11-237-5　鸟嘴壶夜蛾各龄幼虫形态特征（引自邹曾健，1980）

Table 11-237-5　**Morphological features of each stage of *Oraesia excavata* larvae**（from Zou Cengjian，1980）

龄期	头宽 (mm)		体长 (mm)		头部	体节
	平均	范围	平均	范围		
一	0.16		4.25	3～5.5	无斑纹	无斑纹
二	0.44	0.41～0.47	9	8～10	无斑纹	第一至三腹节背面各具黑点 1 对
三	0.64	0.56～0.72	12	11～13	无斑纹	第四腹节背面出现 1 对黑斑，第二腹节黑斑前出现橙黄色斑
四	1.00	0.94～1.06	22.5	20～25	无斑纹	第五腹节背面出现 1 对黑斑，中、后胸节背面各具两个小黑点
五	1.47	1.38～1.56	31	28～34	无斑纹	第六腹节背面出现 1 对黑斑
六	2.19	2.13～2.25	54	50～58	头顶为橘黄色，其前面两侧各有 1 块黑斑	体灰褐或暗褐色，并夹杂有不明显花纹，原来各体节上的黑斑不明显

（三）生活习性

在中亚热带和北亚热带橘区，每年发生 4 代。鸟嘴壶夜蛾以幼虫、成虫在木防己周围的杂草丛和土缝中越冬，4 月上旬木防己发芽后越冬幼虫开始取食。幼虫各代高峰期为 6 月、8 月、9 月和 10 月，10 月后虫口急剧下降。11 月气温不低于 18℃，仍能出现小高峰。完成 1 代历时 53～79d，其中成虫期 16～20d；卵期 2～7d，幼虫期 18～24d，蛹期 13～32d（表 11-237-6）。

表 11 - 237 - 6 　鸟嘴壶夜蛾各代各虫态发育历期（湖北武昌）（引自中国农业科学院果树研究所等，1994）

Table 11 - 237 - 6 　Developmental duration of each stage from every generation of *Oraesia excavata*

(Wuchang, Hubei)（from Institute of Pomology of CAAS et al.，1994）

年份	世代	卵 (d)		幼虫 (d)		蛹 (d)		成虫 (d)		全代 (d)
		平均	范围	平均	范围	平均	范围	平均	范围	历期
1979	一	3.0	2～5.5	21.4	11.5～39.6	13.2	11～18	15.8	13～18	53.4
	二	2.0		18.04	10～39.5	12.6	11～16	23.5	12～40.5	56.7
	三	3.5	3～4	23.2	11.5～39.5	21.5	15～29	19.6	4～38	67.8
	四	6.6	5～9	五龄幼虫进入越冬						
1980	一	3.62	1～5	19.37	8.5～28	14.02	13～16	18.67	8～36	55.68
	二	2.18	1～5	22.07	11.5～41	16.93	12～17	18.25	10～34	59.43
	三	3.36	1～8	24.44	13～41	32.18	23～42	19.15	10～45	79.13

　　初孵幼虫自卵壳侧上部咬 1 小孔，露出头部并摆动，经 40～60s，即脱离卵壳，再经 30min 便咬食卵壳，只剩下少许残片。然后取食木防己。行动敏捷，有吐丝下垂习性。各龄幼虫蜕皮前头部明显变小，体伸直，不食不动，从头部连接处开始向后脱离，表皮脱落后将头壳蜕出。

　　成虫喜食好果实，其口器先端尖锐，角质化，深褐色，端部有角质倒刺 10 余枚，呈梅花形排列，口管居中，与端部相接，内缘具稀疏中长刺，外缘具密的刺毛，状如锯齿。成虫羽化后需要取食补充营养才能完成性成熟，进入正常交尾产卵，繁衍后代。

（四）发生规律

1. 气候条件 温度对鸟嘴壶夜蛾各虫态发育有一定的影响，温度越高，发育历期越短。鸟嘴壶夜蛾幼虫和蛹的死亡率高，冬季低温是造成幼虫大量死亡的重要原因。温度对发育的影响：卵期 21.1℃时为 7.8d，26.44℃时为 1.8d；幼虫期 20.46℃时为 44.17d，28.06℃时为 18.88d；蛹期 27.48℃时为 17.8d，30.31℃时为 8.4d（表 11 - 237 - 7）。

表 11 - 237 - 7 　鸟嘴壶夜蛾在不同温度下各虫态的发育历期（湖北武昌）（引自中国农业科学院
果树研究所等，1994）

Table 11 - 237 - 7 　Developmental duration of each stage of *Oraesia excavata* at different temperatures

(Wuchang, Hubei)（from Institute of Pomology of CAAS et al.，1994）

卵		幼虫		蛹	
温度 (℃)	历期 (d)	温度 (℃)	历期 (d)	温度 (℃)	历期 (d)
21.10	7.8	20.46	44.17	27.48	17.8
22.27	6.0	20.06	37.17	28.69	14.7
23.89	4.6	21.19	32.33	29.31	12.2
25.86	2.9	26.80	23.00	30.04	9.8
26.44	1.8	28.06	18.88	30.31	8.4
$r=-0.9928$		$r=-0.9375$		$r=-0.9947$	

　　2. 寄主植物 鸟嘴壶夜蛾幼虫的寄主植物目前报道仅是木防己，因此，鸟嘴壶夜蛾在果园内发生为害的严重程度，与幼虫寄主木防己的分布和多寡有着密切的关系。不同品种间一般早熟温州蜜柑受害重，迟熟椪柑品种等受害轻。

　　3. 天敌 鸟嘴壶夜蛾的捕食性天敌有多种蜘蛛。寄生菌有白僵菌、细菌等，但自然条件下寄生率较低，一般在 1‰以下。此外，蛹的寄生性天敌有姬蜂、寄生蝇。卵期的寄生蜂有松毛虫赤眼蜂，寄生率有的地区高达 80%以上。

三、防治技术

　　吸果夜蛾是山区果树的重要害虫，由于吸果夜蛾成虫多从果园外迁入，夜间取食活动等，加上果实接近收获期不能直接使用农药，因此除套袋外，单一防治措施效果有限，防治策略上应该以预防为主，综合防治。

(一) 农业防治

1. 合理规划果园　在山区开垦果园时要尽可能连片种植，切忌多种果树或不同熟期的品种混栽，以减轻为害。选育丰产、优质而又能避过夜蛾为害高峰期的果树品种。吸果夜蛾的发生时间和为害程度与柑橘果实品种成熟期有密切的关系，一般以早熟品种最先受害，并且损失严重；迟熟品种受害较轻。在广东种植夏橙，翌年 4 月才成熟，不会受吸果夜蛾为害，因此，在吸果夜蛾严重为害的地区种植柑橘，可考虑选择丰产、优质而又迟熟的品种，尽量少种早熟品种。

2. 清除幼虫寄主植物　结合日常栽培管理，连根铲除或用除草剂对木防己进行涂抹或喷雾，根除果园及其周围（1km 内）木防己等幼虫寄主，以防治幼虫。

3. 诱杀　在果园附近种木防己诱集圃，引诱成虫产卵，集中消灭卵和幼虫。

(二) 生物防治

赤眼蜂是生物防治中广泛用来防治鳞翅目害虫的一类重要天敌昆虫。一般选择在傍晚放蜂，从而减少新羽化的赤眼蜂遭受日晒的可能性。放蜂时，将蜂卡挂在每个放蜂点植株中部的主茎上。赤眼蜂的主动有效扩散范围在 10m 左右，因此放蜂点在田间应分布均匀。赤眼蜂孵化后，可主动寻找害虫卵并寄生。一般隔 3d 释放 1 次，释放 5～6 次。

(三) 物理防治

1. 灯光诱杀　鸟嘴壶夜蛾成虫具有趋光性，可以利用其趋光性，用频振式杀虫灯或黑光灯诱杀吸果夜蛾类成虫，效果明显。

2. 驱避防治　在果实成熟期，每 667m² 橘园直立设置 40W 黄色荧光灯（波长为 593.4nm）1～2 个，山坡地形每 667m² 设置 2 个，挂在橘园边缘，每隔 10～15m 设 1 个，底端距树冠 1.5～2m，驱避成虫。但使用黄光防治吸果夜蛾的效果与光源强度有直接的关系，而光源的强度又受果园地势、株行距、树龄和树势等因素所影响。此外，果园内套挂香茅油纸片也有较好的忌避效果（8～10 张/株，每张大小为 5cm×6cm，每株 10mL 香茅油，晚上挂放，白天收回密封保存，可连续使用多次）。

3. 人工捕杀　在成虫盛发期，可将甜瓜切成小块悬挂园内或将烂果堆放园内诱集成虫，夜间捕捉。

4. 果实套袋　对早熟品种应在 8 月中旬至 9 月上旬用纸袋套袋，套袋前必须做好锈壁虱等病虫害防治工作。

(四) 化学防治

1. 食物诱杀　糖醋液、烂果汁诱杀：按食糖 8%、食醋 1%、敌百虫 0.2% 配成糖醋液，也可用烂果汁加少许白酒代替食糖。注意经常更换糖醋液，特别是在诱杀到较多的成虫时，应在当晚换放新鲜的糖醋液。在不同地区，由于生态条件不同，吸果夜蛾发生种类常会有较大差别。嗜食健果型夜蛾喜择健果为害，很少吸食坏果，使用目前常用的毒饵诱杀防治效果很差，则不适于使用诱杀方法进行防治。至于兼食性和间接取食的类型，应用毒饵诱杀的效果较好。

2. 树冠喷药　对于受害严重的橘园，8 月下旬开始，田间调查为害率达到 1% 时进行喷药防治，可选药剂有 50% 丙溴磷乳油 1 000～1 500 倍液、2.5% 三氟氯氰菊酯乳油 2 000～3 000 倍液、5.7% 氟氯氰菊酯乳油 1 500～2 000 倍液等。

3. 及时防治一代幼虫　一般在 5 月上、中旬第一代幼虫发生时，幼虫基数低，出现较整齐，是喷药防治幼虫关键时期，可压低全年虫口数量。对橘园中以及周边的幼虫寄主植物进行喷雾防治。用常规浓度的敌敌畏、敌百虫、杀螟硫磷、倍硫磷等农药均有良好效果。

郑薇薇　王珊珊（华中农业大学植物科学技术学院）

第 238 节　柑橘凤蝶和玉带凤蝶

柑橘凤蝶类害虫属鳞翅目凤蝶科，是柑橘的重要害虫。已报道柑橘凤蝶类害虫 11 种，其中，以柑橘凤蝶、玉带凤蝶和黄花凤蝶（达摩凤蝶）（*Papilio demoleus* Linnaeus）为害较重、分布较广，本节只介绍柑橘凤蝶和玉带凤蝶。

一、分布与危害

柑橘凤蝶（*Papilio xuthus* Linnaeus）国外分布于日本、朝鲜、马来西亚、菲律宾、印度、澳大利亚，在我国几乎遍布全国。成虫大型美丽，蝶翅色彩鲜艳，已经成为具有重要商业价值的工艺观赏昆虫之一。柑橘凤蝶发生普遍，适应性强。幼虫寄主均为芸香科植物，有柑橘、枸橘、吴茱萸和黄檗等。柑橘凤蝶主要以幼虫为害柑橘的芽、嫩叶和新梢，初龄时咬食叶片成缺刻或孔洞，长大后会将叶片全部吃光，仅留叶柄。

玉带凤蝶（*Papilio polytes* Linnaeus）国外分布于日本、朝鲜、马来西亚、菲律宾、印度、澳大利亚，国内广泛分布于上海、北京、河北、山东、山西、陕西、甘肃、江西、浙江、江苏、湖南、湖北、福建、台湾、海南、广东、广西、重庆、贵州、四川、云南等地。幼虫以柑橘、樟树、金橘、桤木、柚、佛手、柠檬、花椒等植物的叶为食。

二、形态特征

（一）柑橘凤蝶

成虫：翅黄绿色，分春型和夏型。春型体长 21～28mm；前翅黑色，外缘有黄色波状纹，亚外缘有 8 个黄色新月形斑，翅中央从前缘至后缘有 8 个由小渐大的 1 列黄色斑纹，翅基近前缘处有 6 条放射状黄色点线纹，中室上方有 2 个黄色新月斑；后翅黑色，臀角处有 1 橙黄色圆斑，斑内有小黑点。夏型体大，长 27～30mm，黄斑较大，黑色部分较少。

卵：圆球形，初生卵淡黄色，表面无棱无纹，但并不光滑，直径约 1.0mm。1 d 后卵在形态、结构上无明显变化，颜色稍变暗。2d 后卵颜色进一步加深，但壳透明度增加，内隐约有白色丝状物。3d 后卵壳略透明，顶端出现细小黑纹，能观察到卵内有轻微的蠕动。4d 后卵壳完全透明。卵期为 4～5d。

幼虫：一龄幼虫土黄色，体长 2.5mm 左右，足透明，多肉质刺突，似鸟粪；共 13 体节，第一、六、七体节及尾部颜色更淡，前 5 节体节较粗，后面细；背中线较明显，两侧各有 3 排棘毛，排列规律，每节 6 簇，中间 1 根长；足透明，头黑色，额区略泛透明。二龄幼虫体长增加，身上绒毛仍较明显；第六至八体节黄色，第七体节棘为白色；头部出现白区；第五体节中间两棘两侧有黑斑，且越近头部黑斑越小；头尾两侧出现白斑；气孔清晰可见，分布于第一、四至十一体节。前 3 对足黑色，后 5 对银色略透明。三龄幼虫身体明显增大，体壁革质，表面光滑，体视镜下能观察到较多小的微绒毛；体侧有 9 个黑色气孔；头埋于体下，蜷缩状；第六至八体节白色，二至五体节向上隆起，膨大，第五体节中间两棘的两侧出现黑斑；侧线两边圆点棕色；第一体节两侧的 2 根棘毛黄色，较长；尾部末端白色；头部有黄色 Y 形臭腺，遇惊时伸出，食量开始增大。四龄幼虫体墨绿色且略微泛白，体表湿润，极像鸟粪；身体巨大；倒数第五、六两节的棘底部白色；整个身体的棘均缩短，呈刺突状；前 3 对足墨绿，上有黑环，头部白区也变成墨绿色，食量很大。五龄幼虫体色体态发生巨大变化，体青绿色，肉质，体表光滑；体表有白色条纹，足基部面也为白色；后胸背两侧有蛇眼状斑点，中央红黑色，斑点间连有 1 亮绿色条纹，上有白色马蹄状环带；胸后部有橙色小圆点；食量惊人，行动缓慢，受惊伸出 Y 形橙色臭角，散发出难闻的气味以御敌。

蛹：长 30～32mm，表面粗糙，纺锤形，头端分叉成两尖角，中胸背板中央呈尖突起伏。羽化前，体色由灰褐色逐渐加深直至变为紫色（图 11 - 238 - 1，彩图 11 - 238 - 1）。

（二）玉带凤蝶

成虫：体长 25～28mm，雄蝶前、后翅黑色，前翅外缘有 7～9 个黄白色小斑纹，后翅中央有 1 横列不规则斑 8 个，前、后翅斑点相连，形似玉带。雌蝶有两型。黄斑型与雄蝶相似，但后翅斑纹有些为黄色；赤斑型前翅黑色，外缘有小黄斑 8 个，后翅中央有 2～5 个黄白色椭圆形斑，其下面有 4 个赤褐色弯月形斑。

卵：球形，直径 1.2mm，初黄白，后变深黄色，孵化前灰黑至紫黑色。

幼虫：老熟幼虫体长 36～45mm，头黄褐，体绿至深绿色，前胸有紫红色形臭腺。后胸肥大，与第一腹节愈合，后胸前缘有 1 齿形黑色横纹。中间有 4 个灰紫色斑点，两侧有黑色眼斑；第二腹节前缘有 1 黑色横带；第四、第五腹节两侧各有 1 黑褐色斜带，带上有黄、绿、紫、灰色斑点；第六腹节两侧各有 1 斜花纹。幼虫共 5 龄：初龄黄白色；二龄黄褐色；三龄黑褐色；四龄鲜绿色，体上斑纹与老熟幼虫相似；五龄绿色。

蛹：长 32～35mm，呈菱角形，体色多变，有灰褐、灰黄、灰绿等，头顶两侧和胸背部各有 1 突起，胸背突起两侧略突出（图 11 - 238 - 2，彩图 11 - 238 - 2）。

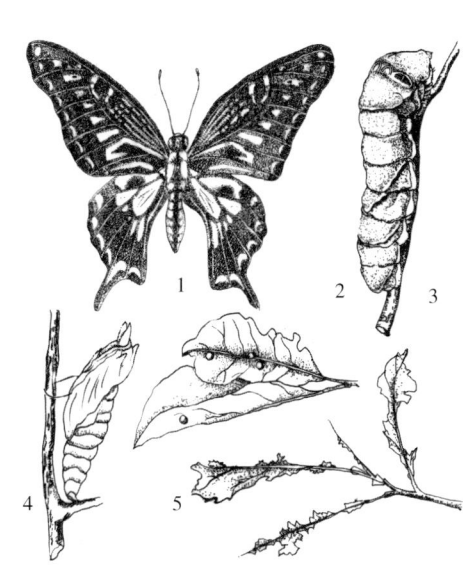

图 11 - 238 - 1　柑橘凤蝶（引自张宏宇，2013）
Figure 11 - 238 - 1　*Papilio xuthus*（from
Zhang Hongyu，2013）
1. 成虫　2. 卵　3. 幼虫　4. 蛹　5. 为害状

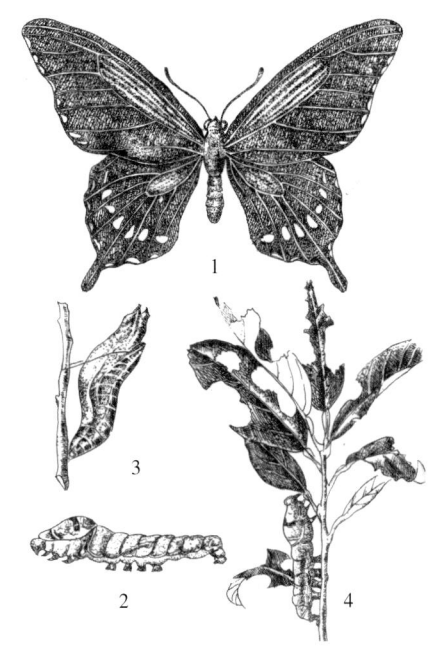

图 11 - 238 - 2　玉带凤蝶（引自张宏宇，2013）
Figure 11 - 238 - 2　*Papilio polytes*（from
Zhang Hongyu，2013）
1. 成虫　2. 幼虫　3. 蛹　4. 为害状

三、生活习性

柑橘凤蝶和玉带凤蝶均属完全变态昆虫，一生要经过卵、幼虫、蛹、成虫 4 个阶段。

（一）柑橘凤蝶

柑橘凤蝶在四川成都、浙江黄岩、湖南、湖北等柑橘产区均 1 年发生 3 代，重庆、江西南昌 1 年发生 4 代或 5 代；广东广州、福建漳州 1 年发生 5～6 代，台湾 1 年发生 7～8 代。各地区均以蛹附在橘树叶背、枝干及其他比较隐蔽的场所越冬。各代成虫发生期：广州第一代 3～4 月，第二代 4 月下旬至 5 月，第三代 5 月下旬至 6 月，第四代 6 月下旬至 7 月，第五代 8～9 月，第六代 10～11 月；浙江黄岩第一代 5～6 月，第二代 7～8 月，第三代 9～10 月。3～6 月羽化的为春型成虫，6～10 月羽化的为夏型成虫。

成虫在日间活动、交尾和产卵。卵散产于嫩叶或嫩芽上，产卵时间多在 9：00～14：00。卵期 4～7d。幼虫共 5 龄，初孵化幼虫食害嫩叶、芽，将叶片咬成小孔，成长后将叶片食成缺刻，五龄幼虫食量甚大，日食柑橘嫩叶 5～6 片。若遇惊动即由前胸前缘伸出黄色或橙黄色肉质叉状臭腺。释放出特异的气味，以忌避敌害。老熟幼虫爬至枝条选好隐蔽场所，然后吐丝做垫，用尾足抓紧丝垫，再吐丝在胸、腹间环绕成带系于枝上，以确保蛹期不致跌落和蜕皮羽化时不致摆动。1d 之后，老熟幼虫开始蜕皮，体色由黄绿色变为褐绿色。初蜕皮蛹呈绿色，随时间推移逐渐呈浅褐色。化蛹后，捆绑线和丝垫均呈白色，捆绑线围绕在后胸背部。羽化时，成虫挤破蛹壳胸部的背中线和腹面的触角线而出，成虫完全展翅需 5～10min。羽化后蛹壳呈灰褐色，并分为两部分，即沿两侧触角线和头顶线为一部分，其余基本保持完整而成为另一部分。

在室内饲养的条件下，卵期为 4～5d，幼虫期为 16～20d，蛹期约为 9d（表 11 - 238 - 1）。

表 11 - 238 - 1　柑橘凤蝶各虫态历期（南京，2007）
Table 11 - 238 - 1　Developmental duration of each stage of *Papilio xuthus*（Nanjing，2007）

虫态	卵（d）	幼虫（d）					蛹（d）
		一龄	二龄	三龄	四龄	五龄	
历期范围	4～5	3～4	3～5	2～4	4～5	4～6	8～10
平均历期	4.5	3.5	4	3	4.5	5	9

（二）玉带凤蝶

玉带凤蝶在浙江黄岩 1 年发生 4 代，四川成都、江西南昌 1 年发生 4 代，部分 5 代，福建福州和广东广州 1 年 6 代，均以蛹附着在橘树枝干或附近其他植物枝干上越冬。越冬蛹历期 103～121d。1 年发生 4 代（黄岩）区，各代成虫发生期分别在 5 月上中旬、6 月中下旬、7 月中下旬及 8 月中下旬。各代幼虫发生期：第一代 4 月中旬至 5 月下旬，第二代 6 月上旬至 7 月中旬，第三代 7 月下旬至 9 月上旬，第四代 9 月下旬至 10 月下旬。江西南昌各代成虫发生期：第一代 3 月中、下旬至 5 月上旬，第二代 4 月下旬至 6 月上旬，第三代 6 月中旬至 7 月中、下旬，以后各世代重叠，不易划分。田间 4～11 月都能见到幼虫。成虫于 10 月底、11 月初终见。成虫羽化后，日间飞舞于田间与庭院中，多于 9：00～12：00 交尾。交尾后当日或隔日产卵。卵散生，多产于柑橘嫩叶及嫩梢顶端。每雌虫一生产卵 5～48 粒。卵期 3～7d。初孵幼虫取食嫩叶，三龄后食量大增，如嫩叶已被食光则移向老叶。幼虫老熟后，在枝干或叶上化蛹，除尾端固着于枝上外，还有 1 根丝条系于体中部，挂于枝间。

四、发生规律

（一）气候

凤蝶的发生受温度变化的影响。玉带凤蝶卵发育起点温度为 10.33℃，一至五龄幼虫分别为 13.42℃、12.74℃、12.65℃、10.56℃ 和 9.85℃，蛹为 12.42℃。各虫期有效积温卵 60.11℃，一至五龄幼虫分别为 35.43℃、32.22℃、34.21℃、53.80℃ 和 111.45℃，蛹为 145.03℃，卵发育至成蝶需要 488.61℃。

（二）寄主植物

幼虫寄主均为芸香科植物，主要有柑橘属、枸杞、吴茱萸和黄檗等，成虫喜欢在花间活动，吸取花蜜，在寄主的嫩叶或嫩芽上产卵。

（三）天敌

柑橘凤蝶和玉带凤蝶天敌资源丰富，主要有蛹寄生蜂凤蝶金小蜂［*Pteromalus puparum*（Linnaeus）］和广大腿小蜂［*Brachymeria lasus*（Walker）］、卵寄生蜂凤蝶赤眼蜂（*Trichogramma sericini* Pang et Chen）、捕食性天敌中黄带犀猎蝽（*Sycanus croceovittatus* Dohrn）等。凤蝶赤眼蜂在重庆 9～10 月对柑橘凤蝶寄生率高达 80% 以上；凤蝶金小蜂及广大腿小蜂在国内各柑橘产区均有分布，其中黄金蚜小蜂寄生率高，特别在夏、秋两季对凤蝶类的控制作用很强。

五、防治技术

（一）人工防治

在早晨湿度大时，成虫不易起飞，人工捕杀成虫效果很好。白天成虫在田间和花圃、菜地飞舞时，网捕成虫。在柑橘各次新梢的抽发期，人工捕杀卵、幼虫和蛹。

（二）生物防治

柑橘凤蝶和玉带凤蝶天敌资源丰富，注意保护利用天敌。特别是在人工捕捉卵、幼虫和蛹时，要注意保护寄生蜂。

（三）化学防治

在幼虫发生量大时，采用化学防治，应掌握在各代幼虫一至二龄高峰期施药防治。药剂有 90% 敌百虫 800～900 倍液、80% 敌敌畏乳油 1 000 倍液、2.5% 溴氰菊酯乳油或 20% 氯氰菊酯乳油 5 000 倍液、24% 甲氧虫酰肼悬浮剂 2 000 倍液、20% 虫酰肼悬浮剂 3 000 倍液、10% 虫螨腈 2 000 倍液、50% 杀螟硫磷乳油 1 000～1 500 倍液、苏云金杆菌可湿性粉剂（8 000IU）400～600 倍液、1.8% 阿维菌素乳油 3 000 倍液。

郑薇薇　王珊珊（华中农业大学植物科学技术学院）

第 239 节　柑橘爆皮虫

一、分布与危害

柑橘爆皮虫（*Agrilus auriventris* Saunders）属鞘翅目吉丁虫科窄吉丁属，又名柑橘窄吉丁、锈皮虫、旋皮虫、柑橘长吉丁虫。

国内遍布各柑橘产区，仅为害柑橘类。主要以幼虫蛀食主干和大枝树皮。其初孵幼虫先蛀入树皮浅处为害，使树皮表面产生分散、点状流胶，以后随着幼虫增大、虫龄增加，幼虫逐渐蛀入韧皮部与木质部之间，在表皮下形成螺旋形不规则的弯曲虫道，排出木屑状的虫粪，堵塞在虫道内，导致韧皮部和木质部分离，树皮干枯裂开，故称爆皮虫（彩图 11 - 239 - 1）。该虫损害树皮，阻断树体内物质的运输，严重时导致树势衰弱，甚至整株枯死。

二、形态特征

成虫：体长 7～9mm，体狭长，紫铜色，有金属光泽（彩图 11 - 239 - 1，1）。头部小，有细小的刻点；头和胸部背板有白色绒毛。口器下口式；触角锯齿状，11 节，基部 3 节细长，其余 8 节扁平，在复眼内侧下方；复眼 1 对，前缘接近口器，后缘接近前胸；无单眼。前胸背板与头部等宽，并密布细小皱纹。前胸发达，上有小刻点，小盾片三角形；中胸最小。鞘翅紫铜色，密布小刻点，有金黄色绒毛组成的花斑，足 3 对，大小相似，跗节 5 节，爪 1 对。腹面青银色，上有小刻点和细绒毛，腹部最后一节背板的末端呈乳突状。雌雄成虫唯一的区别是雄虫身体腹面沿中线一带从下唇至后胸有密而长的银白色绒毛，比其他地方的体毛长，从侧面看尤为清楚。雌虫在这一带的绒毛短而稀，从侧面观察不明显。此外，雄虫额部一般呈青绿色，雌虫额部为紫铜色，也可作为区别雌雄的参考。

卵：扁平，椭圆形，长 0.5～0.7mm，初为乳白色，后为土黄色，孵化前变为浅褐色。

幼虫：成熟幼虫体长 18～23mm，体扁平，乳白色或淡黄色，表面多皱褶。头小、褐色，除口器外均陷入前胸，口器黑褐色。前胸特别膨大，中、后胸甚小。中胸两侧有胸气孔 1 对。腹部 9 节，前 8 节各有气孔 1 对，腹部各节几乎呈正方形或略近圆形，末端具有 1 对黑褐色钳状突，钳状突末端圆锥形，侧缘波浪形，不呈锯齿状构造。体毛韧，在身体的两侧较多（图 11 - 239 - 1；彩图 11 - 239 - 1，2）。幼虫有 4 龄，各龄幼虫的主要区别如下：

一龄幼虫体细小，头部与尾叉略带淡黄色，身体的其余部分为乳白色。体长 1.5～2.0mm。腹末端节形如 2 节。

二龄幼虫体色淡黄，体长 2.5～6.0mm。腹末端节形如 3 节，细长。

三龄幼虫体色淡黄，体长 6～14mm。腹末端节形如 3 节，粗短。

四龄幼虫体长 12～20mm。初期细长扁平，白色，节间隘明显；后期粗短，黄色。腹末端节形如 3 节，较三龄更粗壮，末端较短。

蛹：扁圆锥形，长 8.5～10mm，初为乳白色，柔软多褶，渐变淡黄色，后变蓝黑色，有金属光泽。

三、生活习性

1 年发生 1 代，个别橘区发生 2 代，大多数以老龄幼虫在枝干木质部越冬，少数低龄幼虫在韧皮部越冬。由于成虫发生时期很长，产卵有先后，幼虫发育有快慢，以致幼虫的越冬龄期及侵入部位很不一致，导致翌年发生很不整齐。一般翌年 2 月中、下旬，皮层越冬的幼虫开始活动为害，在木质部越冬的幼虫一般在 3 月中、下旬开始化蛹。如果冬季温度较高，也有 3 月上旬即开始化蛹的。蛹期 32d 左右，4 月下旬化蛹最盛，且成虫开始羽化，5 月上旬

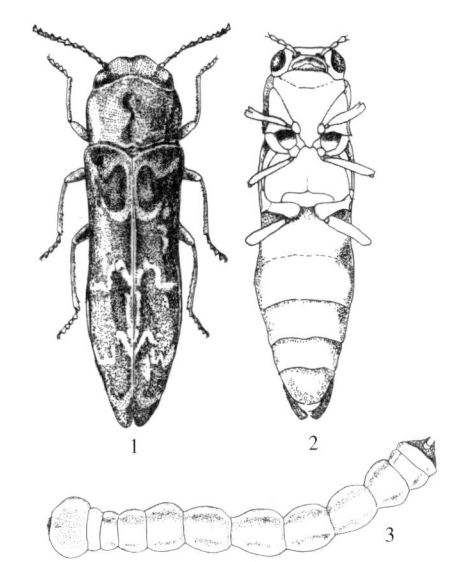

图 11 - 239 - 1　柑橘爆皮虫（1. 引自张宏宇，2013；
2 和 3. 仿周尧，1981）

Figure 11 - 239 - 1　*Agrilus auriventris*（1. from
Zhang Hongyu，2013；2 and
3. from Zhou Yao，1981）

1. 成虫背面观　2. 成虫腹面观
3. 幼虫

羽化最盛，羽化迟的成虫一般发生数量少，虫体也较小。5 月中旬成虫出洞，5 月下旬为出洞盛期。成虫羽化后在蛹室停留 7～10d，然后咬 1D 形羽化孔出洞，咬穿木质部和树皮，露出头部、前胸，前足攀出洞外，身体逐渐外移，中胸出洞后虫体就很快出洞。以晴天闷热无风，特别是雨后新晴天出洞最多，阴雨、

低温、刮风之日少，甚至停止出洞。一天中以中午最多，晴暖天多在树冠取食嫩叶成小缺刻，具假死性。有时成虫虽露出头部而仍不出洞，这些成虫易为蚂蚁侵袭。成虫出洞 7d 左右交尾，一生交尾 2～3 次。交尾时间都在午后，温暖晴朗的天气下，成虫常在树冠橘叶正面或者树干上交尾，历时 5～30min。1～2d 后产卵，一般从 5 月下旬开始产卵，盛期在 6 月中、下旬。卵主要产在近地面主干的裂缝处及高接换种未解薄膜的缝中，卵散产或 2～13 粒排成卵块，卵期 10～20d。雌虫对产卵部位有一定的选择性，而且发生趋向也有显著的规律性。喜在向阳一面的树干上活动，因此，在一天之内常随日照而转移。雌虫产卵时，先在树干上来回爬动，遇树皮有小裂缝或寄生的地衣、苔藓处就插入产卵管产卵。雌虫产卵虽以单粒为多，但在同一处树皮的裂缝里常有重叠产卵的情形发生，因此，侵入的幼虫还是比较集中的。爆皮虫产卵扩散的趋势可分为两种：一种是在已受害的树干上，从下向上扩展，直到树干被害枯死为止，这是最主要的扩展趋势；另一种是横向扩散，即从被害的树干向健干扩散，或从被害株向邻近的健株扩散，这种扩展趋势不及前者为盛。卵常在白天孵化，7 月上、中旬为幼虫孵化盛期，幼虫共 4 龄，孵化后即侵入树皮浅层为害，使树皮出现零散的油滴点，而后出现泡沫或流胶现象。随虫龄的增加，幼虫逐渐向内蛀食，抵达形成层后，即向上下蛀食，形成多条蜿蜒的不规则虫道，常见多个由产卵处向四周辐射的虫道，虫道较细，长约 12cm，最宽处 3～4mm，蛀入孔和羽化孔较小。由于幼虫发生参差不齐，所以，在被害树上终年可以找到幼虫。在皮层内越冬的幼龄幼虫，随着虫龄增长进入木质部，这批幼虫一直延续到 7、8 月，最迟 10 月下旬出洞。幼虫老熟后蛀入木质部 5～7 mm 深处，外留蛀入孔，将木质部咬成肾形蛹室入内化蛹，蛹期 25～30d。蛹室长（11.19±2.14）mm，宽（2.70±0.72）mm，距离木质部表面 4.00～6.00mm，相对于树干生长方向常有所倾斜，蛹室长度方向与树干生长方向之间的锐角为（25.13°±3.64°）。在湖北宜昌，柑橘爆皮虫幼虫初见期在 4 月上旬（表 11-239-1）。

表 11-239-1 柑橘爆皮虫年生活史（湖北宜昌，2002）

Table 11-239-1 Annual life history of *Agrilus aurientris*（Yichang, Hubei, 2002）

时期	4月			5月			6月			7月			8月			9月至翌年3月		
	上	中	下	上	中	下	上	中	下	上	中	下	上	中	下	上	中	下
虫态						○	○	○	○	○	○	○		○				
	—	—	—	—	—	—	—	—	—	—	—	—						
	△	△	△	△	△	△	△	△	△									
	+	+	+	+	+	+	+	+	+									

注 "○"卵，"—"幼虫，"△"蛹，"+"成虫。

四、发生规律

（一）气候条件

成虫出洞与温度的关系十分密切，当成虫羽化之后，等待在木质部时，温度直接影响成虫的出洞数量，温度高出洞数多，反之则出洞数少。成虫出洞时的日平均温度一般在 19℃ 左右，成虫出洞后如天气温暖则行动活跃，飞行迅速。

（二）寄主植物

此虫仅为害柑橘类。在四川巴县，以红橘、衢橘、福橘、温州蜜柑受害最重，甜橙次之，柚子、金柑、枳壳受害较轻。树龄高（二十年生以上）、营养不足、树皮粗糙、裂缝多的树，管理粗放、田间杂草丛生及地势低洼潮湿的果园受害严重。

五、防治技术

柑橘爆皮虫的防治要考虑到以下几个特点：①成虫发生时期长，5～10 月都有发生；②幼虫终年可见，而且潜入深度很不一致；③侵入木质部后的幼虫蛀道属于阻塞型，这些情况在防治上带来不少困难。

（一）农业防治

加强栽培管理，做好果园的抗旱、施肥、除草、防冻害等管理措施，增强树势，提高树体抗虫性。冬、春清除已为害致死或者即将死亡的枝干和树枝，在 4 月成虫出洞前，结合修剪，剪除虫枝、枯枝，挖出死树彻底烧毁，以消灭枯枝和死树中的大量幼虫和蛹，降低虫口基数，是防治此虫的关键措施之一，一般应在成虫出洞前处理完毕。

(二) 物理防治

为害严重的橘园和附近为害较轻的橘树,应在早春成虫出洞前,用稻草绳从树干基部自下而上边搓边捆,紧密捆扎全部主干,外涂稀泥,使不留缝隙,以防树干上的成虫羽化飞出,阻隔其出洞为害和产卵,同时防止外来的爆皮虫产卵于树干,至成虫羽化产卵终止后解除捆扎的草绳。在树干流胶时,用小刀削除流胶被害的树皮,以消灭害虫。对已蛀入木质部的幼虫,可用小尖钻刺杀。

(三) 化学防治

在成虫羽化盛期,成虫即将出洞时,刮除树干被害部分的翘皮,再涂刷 80% 敌敌畏乳油 3 倍液、80% 敌敌畏乳油加 10~20 倍黏土对水调成糊状涂封,毒杀羽化出洞成虫。在成虫出洞高峰期,选用 90% 敌百虫可溶粉剂或 80% 敌敌畏乳油 1 000~1 500 倍液、50% 马拉硫磷乳油 1 500 倍液、50% 杀螟硫磷乳油 800~1 000 倍液等,进行树冠喷药,消灭漏网的成虫。

幼虫盛孵期,在刮去的树皮处涂刷 80% 敌敌畏乳油 3 倍液等,杀死皮层内幼虫。也可用锤子轻锤流胶部位及其周围,造成轻微创伤,然后涂 80% 敌敌畏乳油 3 倍液,再涂 20 倍药泥,厚度 1~2cm,最后用报纸包扎,药后 30d 防效达 95% 以上。

张宏宇 (华中农业大学植物科学技术学院)

第 240 节 柑橘溜皮虫

一、分布与危害

柑橘溜皮虫 [*Agrilus inamoenus* Kerremans] 属鞘翅目吉丁虫科窄吉丁属,别名缠皮窄吉丁、锈皮虫、缠皮虫。在我国分布于贵州、四川、广西、广东、浙江、湖南和福建等地。该虫仅为害柑橘类,其中,以宽皮柑橘类和甜橙类受害最重。成、幼虫均可为害,成虫取食柑橘嫩叶,幼虫为害树干和枝条。幼虫缠绕潜蛀枝条皮层形成螺旋状虫道,被害处表面有泡沫状流胶。幼虫随后在皮层与木质部之间螺旋状蛀食,被害稍久的枝条外表可见树皮沿着虫道愈合的痕迹,形成"溜道",造成树皮剥裂、枝条断枯、上部枯死(彩图 11-240-1)。严重时,每株树上可达数百头幼虫,使养分运输受阻,树冠变形,树势衰弱,产量降低,甚至引起死亡。

二、形态特征

成虫:体长 9.5~10.5mm,宽约 2mm,黑褐色,腹面呈绿色,微带金属光泽,比爆皮虫稍大。雌虫长 10~11mm,颜面古铜色,雄虫长 9~10mm,颜面呈青蓝色。触角 11 节,四至十一节锯齿状,齿突一致。头、胸、翅中部以上区等宽,从鞘翅中后部渐向尾端收拢。头顶向额区深凹陷成宽纵沟。前胸背板的横裂皱纹较粗,中部前后各可见 2 处浅宽凹窝,横行及斜行交错的细脊纹布满整个背板。鞘翅黑色,密布细小刻点,上有由白色细毛形成的不规则花斑,特别是翅末端 1/3 处的银白色密集鳞片组成清晰的白斑明显可见。腹部末端第三节腹面两侧以及雄虫腹部腹面的基部也被有白色绒毛(图 11-240-1,彩图 11-240-1)。

卵:馒头形,长 1.6~1.7mm,初产时乳白色,后渐变黄色,孵化前为黑色。

幼虫:老熟幼虫体长 23~26mm,扁平,白色。前胸背板大,近圆形。中、后胸缩小,腹部各节呈梯形,后缘较前缘宽,各节两侧近后缘处突出呈角状,腹部末

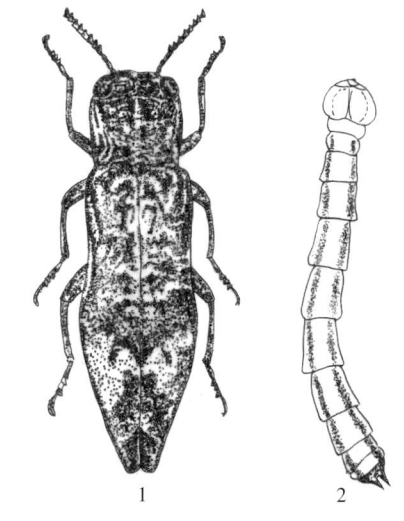

图 11-240-1 柑橘溜皮虫 (1. 引自张宏宇,2013;
2. 仿福建农学院,1981)

Figure 11-240-1 *Agrilus inamoenus* (1. from Zhang
Hongyu, 2013; 2. from Fujian
Agricultural College, 1981)

1. 成虫 2. 幼虫

端具 1 对钳状突，钳状突末端平截，侧缘具 2 对锯齿状构造。

蛹：纺锤形，体长 9～12mm，宽约 3.8mm。初化蛹时乳白色，将羽化时黄褐色。

三、生活习性

柑橘溜皮虫 1 年发生 1 代，以不同龄期的幼虫在枝条木质部中越冬，翌年 4 月上旬开始化蛹，5 月上旬开始羽化、出洞。在江西萍乡，柑橘溜皮虫成虫于 5 月上旬开始出洞（表 11-240-1）；在浙江黄岩，5 月上旬开始羽化，5 月下旬至 7 月出洞，其中 6 月上旬为出洞高峰期。早期出洞成虫于 6 月上旬产卵，6 月下旬开始孵化，6 月下旬至 7 月上旬为孵化高峰期，为害最重、时间长，溜道长而大，形式复杂，常出现二三个螺旋状，俗称夏溜；后期出洞成虫则 7～8 月才产卵，为害较晚、时间短，溜道形式简单，仅呈钩状，俗称秋溜。

出洞后 1～2d 开始交配产卵，交尾一次仅产卵 1 粒，一生产卵 6～7 粒。成虫 10：00～12：00 活跃，阴雨天躲在树冠内的叶丛中。多在傍晚产卵，卵多散产在直径 15～20mm 粗的枝条表皮凹陷处，常有绿褐色物覆盖。枝干上的产卵量与树干高度呈负相关，即靠近地面的主干受害最重，主枝受害较轻。6 月上旬卵开始孵化并可见幼虫为害，初孵幼虫先在枝条皮层啃食为害，被害处出现泡沫流胶，此后潜入外层木质部，螺旋状蛀食，螺旋状虫道（溜道）可达 30cm 长，被害稍久的枝条皮层剥裂，流胶物消失，可见树皮沿着虫道愈合的痕迹，虫道末端呈螺旋状，形成典型的"溜道"，1 个枝条通常只有 1 条虫道，幼虫常潜伏在最后一个螺旋蛀道处，外留蛀入孔，其蛀入孔入口与木质部内幼虫潜伏部位约呈 45°，入口与潜伏部位的间距为 10～12mm。7 月下旬幼虫老熟后钻孔潜入木质部越冬。

表 11-240-1　柑橘溜皮虫年生活史（江西萍乡，1990）

Table 11-240-1　Annual life history of *Agrilus inamoenus*（Pingxiang, Jiangxi, 1990）

时期	1～3月			4月			5月			6月			7月			8～12月		
	上	中	下	上	中	下	上	中	下	上	中	下	上	中	下	上	中	下
虫态	○	○	○	○														
				—	—	—	—											
							△	△	△	△								
							+			+	+	+						
							○	○	○				○	○	○	○	○	○

注　"○"幼虫，"—"蛹，"△"成虫，"+"卵。

四、防治技术

可参照柑橘爆皮虫的防治技术。

（一）农业防治

冬、春结合清园工作，除去柑橘溜皮虫为害的枯死枝条，挖出死树彻底烧毁，以消灭越冬虫蛹，应在 4 月成虫出洞前处理完毕。

（二）物理防治

早春成虫出洞前，用稻草绳紧密捆扎全部主干，外涂稀泥，使不留缝隙，以防树干上的成虫羽化飞出，阻隔其出洞为害和产卵。在幼虫孵化盛期前，发现树干流胶时，用小刀削除流胶被害的树皮，刮杀初孵幼虫。对已蛀入木质部的幼虫，可在虫道的最后 1 个螺旋纹处顺转 45°，距进口 1cm 处，用小刀刺杀幼虫。

（三）化学防治

在成虫羽化盛期，即将出洞时，刮除树干被害部分的翘皮，再涂刷 80% 敌敌畏乳油 3 倍液、80% 敌敌畏乳油加 10～20 倍液黏土对水调成糊状涂封，毒杀羽化出洞成虫。在成虫出洞高峰期，选用 90% 敌百虫可溶粉剂或 80% 敌敌畏乳油 1 000～1 500 倍液、50% 马拉硫磷乳油 1 500 倍液、50% 杀螟硫磷乳油 800～1 000 倍液等，进行树干和树冠喷药，消灭漏网的成虫。夏季如再发生，可于立秋前后再涂 1 次药泥，不仅可以有效地控制溜皮虫蔓延，而且伤口愈合较好，树皮青绿，树势恢复较快，还能兼治天牛等树干害虫。

幼虫盛孵期，在刮去树皮处涂刷 80% 敌敌畏乳油 3 倍液等，触杀皮层内幼虫。也可用锤子轻锤流胶部位及其周围，造成轻微创伤，然后涂 80% 敌敌畏乳油 3 倍液，再涂 20 倍液药泥，厚度 1～2cm，最后用报纸包扎，药后 30d 防效达 95％以上。

张宏宇（华中农业大学植物科学技术学院）

第 241 节　柑橘天牛

一、星天牛

（一）分布与危害

星天牛 ［*Anoplophora chinensis* (Företer)］属鞘翅目天牛科。在我国除各柑橘产区均有分布外，河北、山东也有发生。幼虫除为害柑橘外，还蛀食苹果、梨、无花果、樱桃、枇杷、花红、柳、白杨、桑、苦楝、洋槐等多种果树及林木。初孵幼虫在树干基部及皮层为害，2 个月后向木质部蛀食，阻碍养分输送，轻则树体生长不良，重者植株死亡。

（二）形态特征

成虫：体长 19～39mm，体宽 6～14mm，体色漆黑且有金属光泽。触角三至十一节每节基部有淡蓝色毛环。雄虫触角超过体长 1 倍，雌虫则稍长于体长。复眼黑褐色。前胸背板中瘤明显，两侧另有瘤状突起，侧刺突粗壮。小盾片及足的跗节被淡青色细毛。鞘翅目基部密布大小不一的颗粒，其余翅面则较平滑。鞘翅表面散布由白色细绒毛组成的斑纹，排成不规则的 5 横行。

卵：长椭圆形，长 5～6mm，宽 2.2～2.4mm。初产时白色，以后渐变为浅黄白色。

幼虫：老熟幼虫体长 38～60mm，乳白色至淡黄色。头部褐色，长方形，中部前方较宽，后方缢入；额缝不明显，上颚较狭长，单眼 1 对，棕褐色；触角小，3 节，第二节横宽，第三节近方形。前胸略扁，背板骨化区呈"凸"字形，"凸"字形纹上方有两个飞鸟形纹。气孔 9 对，深褐色。

蛹：纺锤形，长 30～38mm，初化之蛹淡黄色，羽化前各部分逐渐变为黄褐色至黑色。翅芽超过腹部第三节后缘（图 11 - 241 - 1）。

（三）生活习性与发生规律

在浙江南部 1 年发生 1 代，个别地区 3 年 2 代或 2 年 1 代，以幼虫在被害寄主木质部内越冬。越冬幼虫于翌年 3 月以后开始活动，在浙江于清明节前后多数幼虫凿成长 3.5～4.0cm、宽 1.8～2.3 cm 的蛹室和直通表皮的圆形羽化孔，虫体逐渐缩小，不取食，伏于蛹室内，4 月上旬气温稳定到 15 ℃以上时开始化蛹，5 月下旬化蛹基本结束。蛹期长短各地不一，台湾 10～15d，福建 20d 左右，浙江 19～33d。5 月上旬成虫开始羽化，5 月底 6 月上旬为成虫出孔高峰，成虫羽化后在蛹室停留 4～8d，待身体变硬后才从圆形羽化孔外出，啃食寄主幼嫩枝梢树皮补充营养，10～15d 后才交尾，在浙江整天都可进行交尾，但以晴而无风的 8：00～17：00 为多；在福建成虫多在黄昏前活动、交尾、产卵，中午多停息枝端，21：00 后及阴雨天亦多静止。雌、雄虫可多次交尾，交尾后 3～4d，于 6 月上旬，雌成虫在树干下部或主侧枝下部产卵。7 月上旬为产卵高峰，以树干基部向上 10 cm 以内为多，占 76％，10～100cm 为 18％；并与树干胸径粗度有

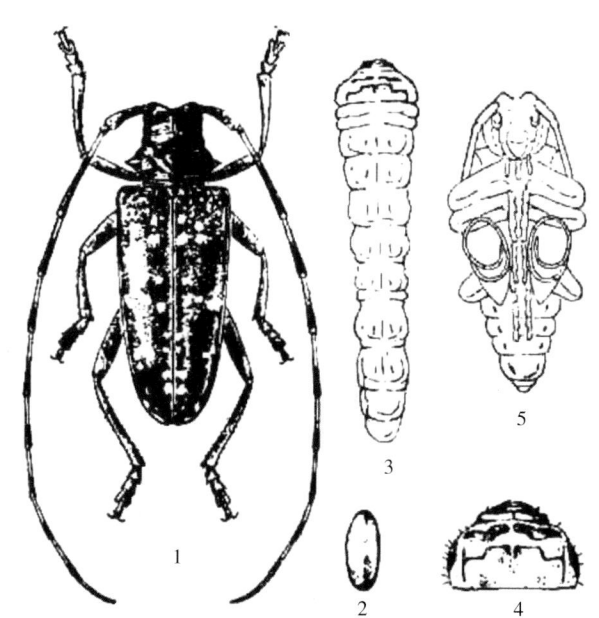

图 11 - 241 - 1　星天牛（仿北京农业大学等，1990）

Figure 11 - 241 - 1　*Anoplophora chinensis*（from Beijing Agricultural University et al.，1990）

1. 成虫　2. 卵　3. 幼虫　4. 幼虫前胸背面观　5. 蛹

关，以胸径 6～15 cm 为多，而 7～9 cm 占 50％。产卵前先在树皮上咬深约 2 mm、长约 8 mm 的 T 形或"人"字形刻槽，再将产卵管插入刻槽一边的树皮夹缝中产卵，一般每一刻槽产 1 粒，产卵后分泌一种胶状物质封口，每头雌虫一生可产卵 23～32 粒，最多可达 71 粒。成虫寿命一般 40～50d，从 5 月下旬至 7 月下

句均有成虫活动。飞行距离可达40~50m。

卵期9~15d，于6月中旬孵化，7月中、下旬为孵化高峰。幼虫孵出后，即从产卵处蛀入，向下蛀食于表皮和木质部之间，形成不规则的扁平虫道，虫道中充满虫粪。1个月后开始向木质部蛀食，蛀至木质部2~3cm深度就转向上蛀，上蛀高度不一，蛀道加宽，从中排出粪便。9月下旬后，绝大部分幼虫转头向下，顺着原虫道向下移动，至蛀入孔后，再开辟新虫道向下部蛀进，并在其中为害和越冬，整个幼虫期长达10个月，虫道长35~57cm。

二、褐天牛

（一）分布与危害

褐天牛 [*Nadezhdiella canlori* (Hope)] 属鞘翅目天牛科，又称橘褐天牛。在我国各柑橘产区均有分布。幼虫孵化后，先在树皮下蛀食，后蛀入木质部，常见有虫粪自树干排出。受害柑橘树因水分和养分疏导受阻，以致树势逐渐衰弱；或因树干内蛀道太多，木质部被蛀空后，树身易被风吹断。

（二）形态特征

成虫：体长26~51mm，体宽10~14mm。初羽化时为褐色，后变为黑褐色，有光泽。上生灰黄色短绒毛。头顶两复眼间有1深纵沟，触角基瘤之前、额中央有2条弧形深沟，呈括弧状；雄虫触角超过体长的1/3~1/2；雌虫触角较体略短或与体等长；触角第一节粗大，上有不规则的横皱纹，第四节较第三节或第五节为短，第五至十节末端外角突出；全触角各节内端角均无小刺。前胸宽大于长，背面呈较密而又不规则的脑状皱褶，侧刺突尖锐。鞘翅肩部隆起，两侧近于平行，末端略为斜切，内端角尖狭，但不尖锐。

卵：长约3mm，椭圆形，卵壳有网纹。初产时乳白色，逐渐变黄色，孵化前呈灰褐色。

幼虫：末龄时体长46~56mm，乳白色，体呈扁圆筒形。头的宽度约等于前胸背板的2/3，口器上除上唇为淡黄色外，余为黑色。前胸背板上有横列分成4段的棕色宽带，位于中央的两段较长，两侧者较短。胸足尚存，未全退化。中胸及腹部第一至七节两面均具移动器，背面的略呈"中"字纹。

蛹：长40mm左右，淡黄色，翅芽叶形，伸达腹部第三节的腹面后端，其余各部分似成虫（图11-241-2）。

（三）生活习性与发生规律

橘褐天牛两年完成1个世代。7月上旬前孵化出的幼虫，翌年8月上旬到10月上旬化蛹，10月上旬到翌年8月上旬羽化为成虫，在蛹室越冬。第三年4月下旬成虫外出活动；1月以后孵出的幼虫，则需经历两个冬天，到第三年5~6月化蛹，8月以后成虫才外出活动。越冬虫态有成虫、二年生幼虫和当年幼虫。四川橘区群众根据当年8~10月和翌年5~6月捕到橘褐天牛的蛹，以及观察到绝大多数成虫在大暑前活动，少数成虫在白露前仍有活动，归结为："夏虫多，早出早产卵；秋虫少，晚出晚产卵。"根据江西观察，成虫从4月中旬到6月上旬自羽化孔钻出活动，4月底到5月初钻出最多，5月上旬开始产卵，产卵期可延至9月下旬。在整个产卵期间，有两个比较集中的阶段，5月上旬到7月上旬为第一阶段，占全期产卵数的20%~30%。越冬成虫，自羽化孔钻出后，一般白天均潜伏于树洞内，经过相当时间才外出，此时间之长短视外界气温而异。日落后，即可见少数出洞，20：00~21：00出洞最盛，特别是下雨前天气闷热，出洞更多，活跃于树干间交尾、产卵。至深夜23：00，气温骤降，成虫又陆续潜入洞内。月夜对其活动无甚影响；黄昏细雨，仍见出洞，但数量少；间歇大雨，晴后即见出洞；大雨连续不断，则未见其外出活动。

成虫多产卵于树干上的裂缝或洞口边缘、树皮凹陷不平处，平滑处产卵较少。每处产卵1粒，个别2粒。卵的附着

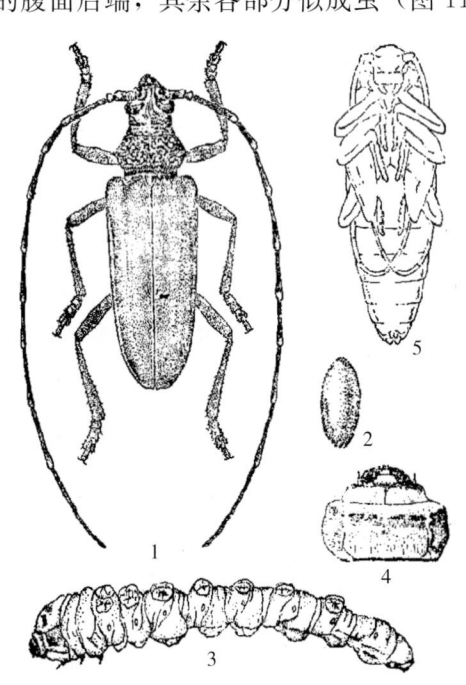

图11-241-2 褐天牛（仿北京农业
大学等，1990）

Figure 11-241-2 *Nadezhdiella canlori*
(from Beijing Agricul-
tural University et
al.，1990)

1.成虫 2.卵 3.幼虫 4.幼虫的头和前胸 5.蛹

部位，从主干距地面 33cm 开始到 3m 均有分布，以近主干分权处卵的密度最大。卵密度的分布范围随着树龄不同而有差别。老龄树由于树干皮层逐渐粗糙，或因伤口的出现，以及侧枝分权处凹陷的逐渐形成均适其产卵，故其产卵部位比较分散。每雌产卵数粒至数十粒甚至百余粒不等，每雌产卵期可达 3 个月左右。成虫在蛹室中历期 6～7 个月，钻出蛹室后寿命 3～4 个月。卵期 5 月为 5～15d，6 月为 7～10d。

幼虫孵化后先在卵壳附近皮层下横向蛀食，外有泡沫状黄色胶质流出。幼虫在树皮下蛀食的时间，依季节和树皮的老嫩不同。在大暑前孵出并取食幼嫩树皮的停留时间较长，约为 20d；在白露以后孵出且取食粗老树皮者则较短，一般只蛀食 7～15d。幼虫长至 10～15 mm，开始蛀入木质部，通常先横向蛀入，然后才转向上蛀食。若遇到坚硬木质或旧虫道时，即改变方向，造成若干岔道，也有少数向下或横向蛀食的。可根据洞外虫粪形状判断幼虫大小：大幼虫的虫粪一般呈白色粉末，并附着于被害孔口外，且散落于地面；中等幼虫的虫粪呈锯木屑状，且散落于地面。当年生幼虫蛀道 10～20mm，二年生幼虫蛀道 23～43mm。幼虫化蛹前在其蛀道上咬 3～5 个气孔与外界相通，表面留有一层树皮未咬穿，外观树皮有蜂窝状小孔，易于识别。当其在蛀道内选定适当地点，吐出白垩质物。封闭两端，再以排泄物填充。筑成长椭圆形的蛹室后，即伏其中化蛹。夏卵孵化的幼虫期为 15～17 个月，由秋卵孵出的要 20 个月。蛹期为 1 个月。

三、光盾绿天牛

（一）分布与危害

光盾绿天牛［*Chelidonium argentatum*（Dalman）］属鞘翅目天牛科，又称橘光绿天牛、绿橘天牛、吹箫虫。分布于广东、广西、福建、浙江、四川、江苏、安徽、海南等省份。为害柑橘类植物。初孵幼虫先为害小枝，随后向下逐渐蛀入大枝。每隔一段距离向外蛀一排粪孔，故名"吹箫虫"，严重时树体到处是孔洞，阻碍水分和养分输送，长势大减，树枝极易被风吹折。

（二）形态特征

成虫：体长 24～27 mm，体宽 6～8 mm。墨绿色，具光泽，腹面绿色，被银灰色绒毛，足和触角深蓝色或黑紫色，跗节黑色，腹面有灰褐色绒毛，头部刻点细密，在唇基和额之间有光滑而微陷区域；额区上有 1 中沟伸向头顶区；触角柄节上密布刻点，五至十节端部有尖刺，雄虫触角略长于体，前胸长和宽约相等；侧刺突端部略钝；前胸的前后缘、小盾片平滑而有光泽。鞘翅上布满细密刻点和皱纹。雄虫腹面可见 6 节，第五节后缘凹陷，雌虫腹面只见 5 节，末节后缘钝圆。

卵：长约 4.7mm，宽约 3.5mm，长扁圆形，黄绿色。

幼虫：末龄幼虫体长 46～51mm，淡黄色，体表具褐色、分布不均的毛。头部较小，宽度约为前胸背板的 1/2。胸部有 3 对细小的胸足，末端尖细无爪。前胸背板后端有 1 长形横置稍呈隆起的皮质硬块，乳白至灰白色；硬块之下尚有 1 隐约可见的褐色横向带纹；前胸背板前方有两块褐色硬皮板，其前缘有 1 个凹入，左右两侧各有 1 小硬板。腹部可见 10 节，肛门开口呈 Y 形。自中胸至腹部第七节背、腹面各具有 1 对移动器。

蛹：长 19～25mm，宽约 6mm，黄色，头部长形，向后贴向腹面，齿芽伸达腹面第三节，体背被褐色刺毛（图 11 - 241 - 3）。

（三）生活习性与发生规律

光盾绿天牛在广东、福建每年发生 1 代，仅少数两年完成 1 代。以幼虫在枝条中越冬。成虫在 4 月至 5 月初开始出洞，盛发于 5 月下旬至 6 月中旬，迟到 8 月初尚可见个别成虫的踪迹。成虫较活跃，行动敏捷，以中午为甚，阴雨天气多静止。无趋光性。飞行能力较强，飞行距离甚远，多栖息在柑橘树枝间。成虫羽化出孔后

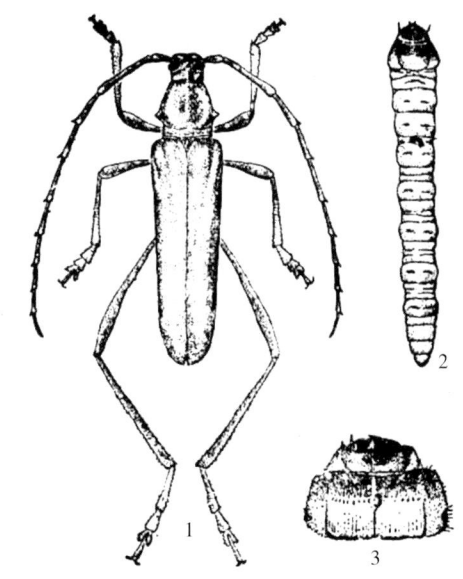

图 11 - 241 - 3 光盾绿天牛（仿北京农业大学等，1990）

Figure 11 - 241 - 3 *Chelidonium argentatum*（from Beijing Agricultural University et al.，1990）

1. 成虫 2. 幼虫 3. 幼虫的头和前胸

即可进行交尾，交尾时间以上、下午为多，中午较少，阴雨天气多不交尾。交尾后不久，迟者翌日即可产卵，产卵时间以中午为主；晴暖天气产卵较多，阴雨天气很少产卵。每雌日产卵最多10粒，一般为3～5粒，产卵历期约为6d。成虫寿命15～30d。卵产于树枝末端嫩绿色的细枝分杈口，或叶柄与嫩枝分杈口上，一处一粒。卵期为18～19d。幼虫初孵期在5月中下旬，盛孵期在6月中旬至7月上旬。幼虫咬破卵壳底层孵化出来，尚保留上层卵壳以掩其体，经过5～6d后始由该处向小枝蛀入。幼虫先向上蛀食枝梢，至枝的横径难容其身时，开始转身向下蛀食，此后即不复向上。初龄幼虫可将嫩枝蛀食一空，故受害的枝梢多枯萎，易被风吹折而掉落。幼虫蛀道为一道一虫，如一枝数虫必为同一母枝上不同分枝产有卵所致。幼虫蛀道内壁上每隔一段距离向外开一个小洞，此种洞孔随其蛀道伸长沿枝而下，有的作排泄物之出口，并借以通气。洞孔的大小距离则随着幼虫的成长而渐增，最下一个洞孔下方不远处的虫道内，即为幼虫的潜藏处，据此可以追踪幼虫。幼虫畏光，行动活泼，进退迅速，稍受惊动即向蛀道上方逃逸。1月幼虫进入越冬休眠。幼虫蛀害时间180～200d。幼虫期290～320d。越冬幼虫在4月进入预蛹期，经3～5d后即蜕皮化蛹，化蛹期在4月下旬至5月下旬，蛹期23～25d。

四、柑橘天牛的防治技术

（一）捕杀成虫

针对天牛成虫活动习性，早期进行人工捕杀。橘褐天牛成虫喜在夜间活动并有在树洞内交尾的习惯，特别是在闷热的晴天夜晚常外出活动；星天牛成虫多在晴天中午于树干根颈部附近交尾活动；光盾绿天牛成虫喜在晴天交尾产卵活动，阴雨天多栖息于枝桠间。根据这些习性，在成虫大量出孔时，发动群众进行捕杀。捕捉成虫于产卵之前对于减轻1年以上完成1个世代而产卵量又较多并且分散的天牛的为害有显著的作用；对于食性杂、寄主多的星天牛，大面积应用此法，则难以收到全歼之效，如能结合消灭虫卵和初孵幼虫等工作，方能有效地消除为害。

（二）加强栽培管理

1. 加强柑橘树的栽培管理　促使植株生长旺盛，保持树干光滑，以减少褐天牛产卵的机会。在成虫产卵期间，应多次洗刷树干，清除卵粒。在清除枯枝残桩时，务必使断面光滑整齐，以期愈合良好。枝干上的孔洞，应用黏土堵塞，以杜绝成虫潜入并在洞孔边缘产卵。对于虫口密度较大的衰老树，已失去结果能力者，则宜及早砍伐处理，减少虫源。

2. 根颈部位定期培以厚土　四川柑橘产区，在清明前后勾杀幼虫后，于树的根颈部培以厚土；在夏至前后扒开泥土，在清除卵粒和初孵幼虫以后，仍培土覆盖；至秋分前后勾杀幼虫时才除去培土，借以提高星天牛的产卵部位，便于清除虫卵。

3. 及早剪除被害枝梢　在光盾绿天牛幼虫盛发阶段的6月中旬至7月，组织人力，逐园认真检查，发现枯萎枝梢立即剪除。此法是防治光盾天牛的关键性措施之一，如果这一环抓得不牢，幼虫蛀入较大的枝条，就会在防治上增加困难，并在生产上造成损失。由于初孵幼虫先是向上蛀食较嫩的枝梢，引起枝梢枯萎，然后才转身向下蛀食。所以，在受害枝梢萎蔫至梢上叶片枯黄而未脱落时，只要勤于检查，极易发现有虫枝梢，及时加以剪除。

（三）削除虫卵及初孵幼虫

可于夏至前后，着重检查天牛易于产卵的部位和初孵幼虫为害状，发现后即用利刀快凿消除虫卵。此法功效快，除虫效果好。对于蛀道不深的幼虫，可以钢丝勾杀。此时易于清除卵和幼虫，保护树体。

（四）勾杀幼虫并用药物堵塞虫孔

在秋分前后以及清明前后，检查树体，凡是有新鲜虫粪的，可用钢丝勾杀幼虫。对于蛀入较深的可用脱脂棉或纸蘸以80%敌敌畏乳油，用钢丝塞入虫孔内毒杀。也可将上述药用针管注入虫孔内毒杀。药塞法的关键在于施药前应将蛀孔内的粪屑清理干净，塞入药物后再以湿泥封堵虫孔，勿使通气，方可收到良好的效果。

（五）生物防治

繁殖释放天牛肿腿蜂防治星天牛幼虫。方法为：以蜜蜂、棉红铃虫或袋蛾幼虫作代用宿主。准备蜂种。接蜂前将蜂室及代用宿主置于紫外光下照射45min消毒，其他器具用酒精消毒。接蜂时将袋蛾幼虫装入试管，每管1头，再用毛笔将2头肿腿蜂装入管内，管口塞脱脂棉，置温度26℃、相对湿度为75%

的室内培养。约经过 1 个月，新蜂羽化，取出置 4℃冰箱内保存备用。当星天牛初孵幼虫盛发时，每隔 10d 左右放蜂 1 次，约放数次，可取得显著的防治效果。

王进军（西南大学植物保护学院）

第 242 节　恶性橘啮跳甲

一、分布与危害

恶性橘啮跳甲（*Clitea metallica* Chen）属鞘翅目叶甲科，又名恶性叶甲、恶性叶虫、黑叶跳虫、黄滑虫等。恶性橘啮跳甲分布广，历史上曾造成严重危害。在我国主要分布于江苏、浙江、江西、福建、湖南、广西、广东、陕西、四川、重庆、云南等地。寄主为柑橘类。

成虫取食嫩叶、嫩茎、花和幼果（彩图 11-242-1）；幼虫食嫩芽、嫩叶和嫩梢，其分泌物和粪便污染致幼嫩芽、叶枯焦脱落，嫩梢枯死（彩图 11-242-2）。成虫取食柑橘幼果，导致果实脱落或产生疤痕。以春梢受害最重。

二、形态特征

成虫：体长 2.8~3.8mm，长椭圆形，蓝黑色，有光泽。触角基部至复眼后缘具 1 倒"八"字形沟纹，触角丝状，黄褐色。前胸背板密布小刻点，鞘翅上有纵刻点 10 行，胸部腹面黑色，腹部腹板黄褐色，足黄褐色，后足腿节膨大，善于跳跃。

卵：长椭圆形，长 0.6mm，乳白至黄白色。外有 1 层黄褐色网状黏膜。

幼虫：体长 6mm，头黑色，体草黄色。前胸盾板半月形，中央具 1 纵线分为左右两块，中、后胸两侧各生 1 黑色突起，胸足黑色。体背面有黏液，粪便黏附背上。

蛹：长 2.7mm，椭圆形，初黄白色后橙黄色，腹末具 2 对叉状突起。

三、生活习性

成虫善跳跃，有假死性，卵产在叶上，以叶尖（正、背面）和背面叶缘较多，产卵前先咬破表皮成 1 小穴，产 2 粒卵并排穴中，分泌胶质涂布卵面。初孵幼虫取食嫩叶叶肉残留表皮，幼虫共 3 龄，老熟后爬到树皮缝中、苔藓下及土中化蛹。

四、发生规律

浙江、湖南、四川和贵州 1 年发生 3 代，福建、广东 1 年发生 7 代，均以成虫在树皮裂缝、地衣、苔藓下及卷叶和松土中越冬。春梢抽发期越冬成虫开始活动，3 代区一般 3 月底开始活动。各代发生期：第一代 3 月上旬到 6 月上旬，第二代 4 月下旬到 7 月下旬，第三代 6 月上旬到 9 月上旬，第四代 7 月下旬至 9 月下旬，第五代 9 月中旬至 10 月中旬，第六代 11 月上旬，部分发生早的可发生第七代。均以末代成虫越冬。全年以第一代幼虫为害春梢最重，以后各代发生甚少，夏、秋梢受害不重。

五、防治技术

（一）农业防治

结合修剪，彻底清除树上的霉桩、苔藓、地衣，堵树洞。消灭苔藓和地衣可用松脂合剂，春季用 10 倍液，秋季用 18 倍液或结合介壳虫一起防治。

根据幼虫有爬到主干及其附近土中化蛹的习性，在主干上捆扎带有大量泥土的稻草，诱集幼虫化蛹，在成虫羽化前集中烧毁。

（二）化学防治

第一代幼虫孵化率达 40% 时，开始喷药，药剂可选用 90% 敌百虫可溶粉剂 1 000 倍液、80% 敌敌畏乳油 1 000 倍液、20% 甲氰菊酯乳油 2 000 倍液、2.5% 鱼藤酮乳油 160~320 倍液、48% 毒死蜱乳油 1 200 倍液。

冉春（中国农业科学院柑桔研究所）

第 243 节 柑橘潜叶跳甲

一、分布与危害

柑橘潜叶跳甲（*Podagricomela nigricollis* Chen）又名橘潜斧、橘潜叶虫和潜叶绿跳甲等。在我国主要分布于浙江、江苏、江西、湖北、湖南、四川、福建、重庆和山东等地，近年在浙江、江苏和江西等局部地区成灾。寄主仅为柑橘类。

成虫于叶背面取食叶肉和嫩芽，仅留叶面表皮，被害叶上多出现透明斑（彩图 11 - 243 - 1）；幼虫蛀入嫩叶中取食，使嫩叶上出现不规则弯曲虫道，虫道中间有 1 条由排泄物形成的黑线。被幼虫为害的叶片不久便萎黄脱落。每年 5、6 月为害较重。

二、形态特征

成虫：体长 3～3.7mm，宽 1.7～2.5mm，椭圆形。头及前胸黑色，鞘翅及腹部均为橘黄色。复眼球形，黑色。触角丝状，11 节。前胸背板遍布小刻点，鞘翅上有纵列刻点 11 行。足黑色，中、后足胫节各具 1 刺，跗节 4 节，后足腿节膨大。

卵：椭圆形，长 0.68～0.86mm，宽 0.29～0.46mm，黄色，表面有六角形或多角形网状纹。

幼虫：蜕皮 2 次，共 3 龄，成熟后体长 4.7～7.0mm，深黄色。触角 3 节，胴部 13 节。前胸背板硬化，胸部各节两侧圆钝，从中胸起宽度渐减。各腹节前狭后宽，几成梯形。胸足 3 对，灰褐色，末端各具深蓝色微呈透明的球形小泡。

蛹：体长 3～3.5mm，宽 1.9～2.0mm，淡黄至深黄色。头部向腹部弯曲，口器达前足基部，复眼肾脏形，触角弯曲。

三、生活习性与发生规律

1 年发生 1 代，以成虫越冬越夏，越冬成虫翌年 4 月上旬开始活动和产卵，4 月下旬幼虫盛发，5 月上、中旬化蛹，5 月下旬至 6 月上旬成虫羽化，约 10d 后即开始蛰伏。成虫群居，喜跳跃，有假死习性，取食嫩芽嫩叶，卵产于嫩叶叶背或叶缘上。每雌虫平均产卵 300 粒左右，卵期 4～11d。幼虫孵化后，即钻入叶内，蜿蜒前行取食。新鲜的虫道中央，有幼虫排泄物所成的黑线 1 条。幼虫共蜕皮 3 次，经 12～24d。幼虫老熟后多随叶片落下，咬孔外出，在树干周围松土中做蛹室化蛹，入土深度一般 3cm 左右。蛹期 7～9d。成虫在 10℃以下时，10：00 以后才爬出土面，12℃以上时则终日在枝叶上，越冬成虫取食嫩叶，使之呈缺刻状，当年羽化成虫先取食叶片背面表皮，再食叶肉，残留叶面表皮呈薄膜状圆孔，活动不久，随即交配，有多次交配习性。柑橘潜叶甲的幼虫在嫩叶内生活。幼虫孵化后爬行 1～2cm，经半小时至 1h 后，即从叶背面钻入叶内，向前取食叶肉，残留表皮，形成隧道，虫体清晰可见。幼虫一生可为害叶片 2～6 片，造成隧道 3～6 个，幼虫蜕皮后，遇气候不适或食料不足，常出孔迁移，为害别的叶片。

四、防治技术

4 月上旬至 5 月中旬成虫活动和幼虫为害盛期各防治 1 次。可使用 20％乐果乳油 1 000 倍液，90％敌百虫可溶粉剂 800 倍液，80％敌敌畏乳油 1 000 倍液和 20％甲氰菊酯乳油 3 000 倍液。此外，作为防治的辅助措施，可摘除被害叶，扫除新鲜落叶，清除地衣和苔藓，中耕松土灭蛹等。

舟春（中国农业科学院柑桔研究所）

第 244 节 柑橘灰象甲

一、分布与危害

柑橘灰象甲（*Sympiezomias citri* Chao）属鞘翅目象甲科，又名泥翅象甲。在我国柑橘栽培区均有分布，在浙江和福建等柑橘产区为害较重。柑橘灰象甲除为害柑橘外，还可为害桃、梨和大豆等多种植物。成虫咬食柑橘叶片、嫩梢、花蕾和幼果，造成叶片孔洞或缺刻，咬断新梢和幼果果梗造成落花落果。

二、形态特征

成虫：体长 8.0～12.5mm，体表覆盖着灰白色鳞片，复眼黑褐色，口吻长大，中央有 1 条沟，前胸背板上有许多不规则的细小瘤状突起，头和前胸背板中有 1 条明显的黑色纵带（彩图 11 - 244 - 1）。鞘翅基部灰白色，翅上有 1 近球状的褐色斑纹。

卵：长筒形，初为乳白色，后为灰黑色，长 1.5mm。

幼虫：长 11～13mm，黄白色，头黄褐色，无足。

蛹：淡黄色，头向前弯曲，腹末有 1 对黑褐色刺突。

三、生活习性与发生规律

柑橘灰象甲每年发生 1 代。以成虫及幼虫在土中越冬。成虫于 3 月开始活动和上树取食。有假死性。3～8 月均可见成虫，4 月为盛发期，前期主要取食春梢嫩叶，5 月开始取食幼果。卵多产在两重叠叶片之间，在近叶片边缘处排成卵块，每个卵块的卵数不等。卵于 4 月下旬开始孵化为幼虫后，从叶片上掉落，入 10～15cm 深的土层取食植物根部和土中腐殖质。

四、防治技术

成虫出土上树为害前用宽塑料薄膜包围树干一圈，以阻止成虫上树，如在薄膜上涂一层黏胶效果较好，并每天检查薄膜下树干上的成虫进行捕杀；冬、春翻土可杀死土中越冬成虫和幼虫；利用成虫假死性，在地面铺塑料薄膜再摇动树干，使虫体掉到地面进行捕杀；在成虫出土期可用 50％辛硫磷乳油 500 倍液、90％敌百虫可溶粉剂或 80％敌敌畏乳油 800 倍液、40％毒死蜱乳油 1 000 倍液、20％甲氰菊酯或 2.5％溴氰菊酯或 20％氰戊菊酯乳油 2 000～3 000 倍液喷洒地面。在成虫取食盛期，如虫口量大也可用上述药剂喷洒树冠，均有较好效果。

冉春（中国农业科学院柑桔研究所）

第 245 节　柑橘花蕾蛆

一、分布与危害

柑橘花蕾蛆（*Contarinia citri* Barnes）属双翅目瘿蚊科，又名橘蕾康瘿蚊、柑橘蕾瘿蝇、花蛆、包花虫，被害花蕾称灯笼花。在我国四川、重庆、贵州、湖南、湖北、浙江、江西、江苏、广东、广西、福建等各柑橘产区均有分布，寄主植物仅限于柑橘类。成虫在花蕾直径 2～3mm 时，将卵从其顶端产于花蕾中，以幼虫在花蕾内蛀食为害，被害花花瓣略带绿色，并有绿色小点，花药、花丝呈褐色，导致被害花蕾不能正常开放和授粉，最后枯萎脱落，严重影响柑橘产量。有虫花蕾外形较正常花蕾短，但横径显著增大，形似灯笼，常称灯笼花。

二、形态特征

成虫：雌成虫体长 1.5～1.8 mm，黄褐色，翅展 4.2mm，虫体密被黑褐色细毛（图 11 - 245 - 1）。复眼黑色，触角念珠状，14 节，柄节和梗节分界不明显，粗短，各鞭节基部膨大，端部缢缩，每节膨大部分有 2 圈放射性的刚毛和许多小毛突。胸部深褐色。翅椭圆形，膜质透明，呈金属光泽，翅上密生黑褐色细毛，经分脉伸达翅缘，终止于翅顶的后方，肘脉中部分叉，平衡棒被细长绒毛。足细长，黄褐色，第一跗节短于第二跗节，腹部可见 8 节，被细毛，每节相接处具 1 圈黑褐色粗毛，第九节延长为针状的伪产卵管，缩入体内。后翅特化为平衡棒。足细长。雄成虫略比雌虫小，体长 1.2～1.4 mm。雄虫触角哑铃状，形似 2 节，球部环生刚毛。胸部背面隆起，颜色比腹部略深暗。翅长圆形，略呈紫红色，其上被有褐色柔软细长毛。足细长，黄褐色，跗节 5 节，第一跗节短于第二跗节。腹部较细小，可见 8 节，腹部末端具 1

对向上弯曲的抱握器，密被绒毛，外生殖器位于第八腹节。

卵：细小，长椭圆形，白色透明，长约 0.16mm，外包 1 层胶质状丝线条状附属物，卵中央密聚点粒状物。

幼虫：共 3 龄。初孵幼虫乳黄色，渐变浅黄色，老熟幼虫为橙黄色。一龄幼虫体长 0.25～0.27 mm，腹部末端圆钝。二龄幼虫腹末端左右各有 3 个很小的刺，排列成三角形，体长约 1.6 mm。三龄老熟幼虫体长约 3 mm，前胸腹面具黄褐色 Y 形剑骨片，前段分叉，凹入很深；气孔 9 对，前胸 1 对，腹部每节 1 对，后气门发达；腹末端有 2 个角化的圆突起，外围有 3 个小刺（彩图 11-245-1）。

蛹：长 1.8～2.0mm，初期为乳白色，后变黄褐色。外被 1 层黄褐色半透明胶质蛹壳（图 11-245-1）。

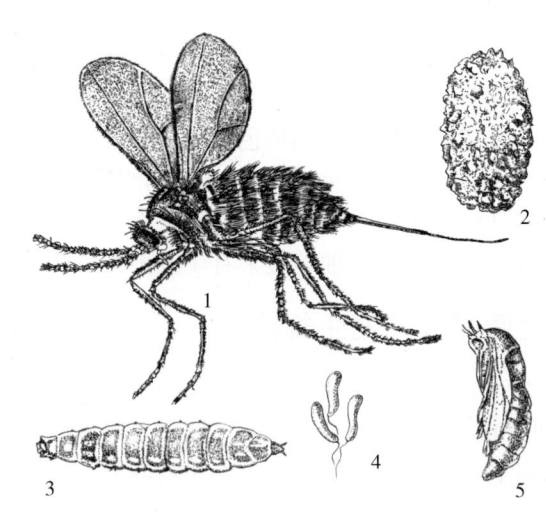

图 11-245-1 柑橘花蕾蛆（仿中国农业科学院果树研究所，1994）

Figure 11-245-1 *Contarinia citri*（from Institute of Pomology of Chinese Academy of Agricultural Sciences，1994）

1. 成虫 2. 茧 3. 幼虫 4. 卵 5. 蛹

三、生活习性

柑橘花蕾蛆一般 1 年发生 1 代，少数地区发生 2 代，如广东潮汕、江西和福建漳州的部分地区。各地均以老熟幼虫在柑橘树盘土中结茧越冬。翌年 2～3 月越冬幼虫化蛹，在柑橘现蕾时，各地成虫陆续羽化，至花蕾现白时，达羽化出土盛期。各地成虫出现盛期的时间不一致，福建漳州，广东广州、潮州和云南西双版纳等地在 2 月下旬和 3 月中旬，重庆江津、四川东部和南部在 3 月下旬至 4 月上旬，浙江黄岩、湖南长沙和江西南昌等地在 4 月上、中旬。

初羽化出土的成虫，在土表爬行一段时间后，潜伏在树冠下面的杂草或间作作物上，多在早、晚活动，尤以傍晚活动最盛。成虫飞翔力强，扩散范围为 3～4 m。羽化后 1～2d 即可交配产卵。成虫寿命一般 2d，最长可达 6～7d。

成虫将产卵器由花蕾顶端插入花蕾中产卵。凡花蕾顶部结构不紧密或有小孔、裂缝的均有利于成虫产卵；结构紧密的花蕾雌虫产卵器不易插入，较少产卵。卵多产在花蕾内花丝、花药和子房周围，常数粒或数十粒排列成堆。成虫产卵有明显的趋光性，向光、向阳面的植株或花蕾受害率明显高于背光或阴暗面。每头雌虫一生可产卵 60～70 粒。卵孵化率较高，达 95.7%～100%，卵期 3～4d。

幼虫孵化后，在花蕾中蛀食，取食花蕊、子房、花器，导致花蕾膨大变短，花瓣松弛，出现分布不均匀的绿色小斑点，花瓣呈浅绿色，花不能开放，不能授粉、坐果。幼虫在花蕾中为害约 10d 后爬出花蕾，将身体蜷缩，弹落地面，钻入土中；或随花蕾落地，再脱蕾入土，在土中结椭圆形薄茧越夏越冬，直到翌年春季。一般在柑橘盛花至谢花期，老熟幼虫开始脱蕾入土，幼虫出蕾入土的时间以清晨和阴雨天的白天最多。幼虫入土位置以树冠周围 30 cm 左右的土中最多，树干周围较少，入土深度多在 6～7 cm 以内，愈深愈少。越冬幼虫在翌年早春开始先脱离老茧，逐渐向土面移动，重结新茧化蛹。幼虫期一龄 3～5 d，二龄 6～7 d，三龄期最长，直到翌年春季；蛹期 10～20 d。

四、发生规律

（一）气候条件

降雨对柑橘花蕾蛆的发生有很大影响。成虫羽化期（柑橘现蕾期）和幼虫入土期（谢花初期）阴雨天利于成虫羽化和幼虫入土，发生数量大，为害严重。特别是成虫羽化期，雨水多少对花蕾蛆的发生量影响最大。干旱之后突然下雨，雨后成虫出土很整齐，一般成虫羽化期总是在降雨后出现。幼虫脱蕾期多雨，则有利于幼虫入土，这与翌年发生量有密切关系。

（二）地势土质

柑橘花蕾蛆的发生受土质影响也较大。保水力差的沙土，湿度变化大，黏土干燥后易板结，不利于幼虫呼吸，严重影响幼虫正常生长发育，死亡率高。保水力好的壤土和沙壤土有利于幼虫生存，特别是在平地、沟地或山阴地区的这种土壤，发生为害严重。一般平原比山地发生多，山阴坡比山阳坡发生多，阴湿低洼地区发生多，原因是阳光少、湿度大的环境既有利于成虫活动产卵，又有利于幼虫脱蕾入土和休眠前在土中的活动。

当年花蕾蛆为害是否严重，可依据以下几点来预测判断：

①上年为害程度和是否防治或防治效果如何；②早春（3月上、中旬）的降水量多或次数多，则可能当年发生重；③土壤条件和土壤湿度，如阴湿、湿度大的土壤有利于雌虫生存；④柑橘花蕾生长发育程度，如花蕾顶结构松梳，或有小孔、裂缝等有利于雌成虫产卵，则发生重。

五、防治技术

防治柑橘花蕾蛆首先以保护当年花蕾为主，把成虫消灭在产卵之前是关键，柑橘树盘周围地面施药是防治柑橘花蕾蛆最有效的措施。具体措施如下：

（一）农业防治

在冬季翻耕园地，杀死越冬幼虫。在成虫出土前，用地膜覆盖园地，不仅能阻止成虫出土，而且能将成虫闷死于地表，还可减少杂草生长。花蕾大量谢落时，在果树下均匀撒布生石灰，以杀死表土中的幼虫。人工摘除被害花蕾，集中深埋处理，减少下一代或第二年虫源。

（二）生物防治

利用有利于天敌繁衍的耕作栽培措施，选择对天敌较安全的选择性农药，并合理减少施用化学农药，保护利用天敌昆虫和鸟类从而控制柑橘花蕾蛆为害。据报道，引迁黄猄蚁后柚子树上花蕾蛆的发生数量明显降低，有虫花也明显减少，柚子园中枝条的健叶率增加了 30% 左右，柑橘花蕾蛆虫花率减少了 70%～80%。

（三）化学防治

1. 树冠下地面喷药　根据各地的经验，采取地面喷药对防治成虫出土上树的效果最好。可根据柑橘园里各地段或每株树不同受害程度，采用分段或选择植株挑治的办法。这样既可以节省人力物力，也减少对土壤的污染。撒药宜抢在成虫上树之前进行，即花蕾始露白期（5% 花蕾开始现白时），严重的成年树园应全园地面喷施，零星树和幼年树只在树冠周围以外约 70cm 范围内喷施，除草松土，然后喷药，或先喷药后松土，即可杀死出土的成虫。药剂可选用 48% 毒死蜱乳油 800 倍液，或 50% 辛硫磷乳油 1 000 倍液，直接喷洒在树盘地面上；或将 48% 毒死蜱乳油 1kg 对细沙土 50kg 拌成毒土，均匀撒施在树盘地面上，每 667m² 撒施毒土 30～40kg；或每 667m² 用 5% 毒死蜱颗粒剂 22.5kg 均匀撒于树盘地面上。撒施毒土后最好用锄头浅锄，能保持药效 1 个月左右。

2. 树冠喷药　如没有开展地面喷药和撒施毒土，或防治不佳，可采取树冠喷药补救。由于在柑橘的现蕾期，成虫出土较多，也是花蕾蛆成虫产卵为害最多的阶段。因此，一般在 3 月下旬柑橘花蕾现白期，特别是雨后 2 d 喷药，即可杀死大量成虫，间隔 5～7 d 再喷一次药，效果显著。药剂选用 5% 氟啶脲乳油、48% 毒死蜱乳油 800～1 000 倍液、50% 辛硫磷乳油 1 000 倍液、90% 敌百虫可溶粉剂 800 倍液、45% 马拉硫磷乳油 1 000～1 200 倍液，还可兼治柑橘潜叶蛾、叶甲、花蓟马等害虫。这段时间对花期的授粉无多大影响，但在养蜂地区切忌蜜蜂中毒。

张宏宇（华中农业大学植物科学技术学院）

主 要 参 考 文 献

阿布都加帕·托合提，孙勇. 2007. 墨玉县真葡萄粉蚧发生规律及防治技术研究［J］. 新疆农业科学，44（4）：476 - 480.

阿历索保罗，明斯，布莱克韦尔. 1996. 菌物学概论［M］. 4 版. 北京：中国农业出版社.

阿衣巴提·托列吾，张以和，潘卫萍，等. 2012. 四种生物源农药对葡萄斑叶蝉的药效评价［J］. 新疆农业科学，49（8）：1461 - 1465.

敖贤斌. 1980. 我国栗瘿蜂及其天敌研究［J］. 果树科技通讯（4）：17 - 29.

巴季成，王小梦，常慧红 . 2006. 冬枣绿盲蝽发生特点与防治方法 [J] . 西北园艺：果树 (6)：24 - 25.

白岗栓 . 2000. 核桃腐烂病的发生与防治 [J] . 河北果树 (1)：36.

白元俊，潘荣光 . 2003. 草莓灰霉病化学药剂防治技术研究 [J] . 辽宁农业科学 (3)：14 - 15.

北岛博，王焕玉 . 1992. 苹果斑点落叶病的研究和防治 [J] . 国外农学：果树 (4)：35 - 37.

北京农业大学，华南农业大学，福建农学院，等 . 1981. 果树昆虫学 [M] . 北京：农业出版社 .

北京农业大学，等 . 1990. 果树昆虫学：下册 [M] . 2 版 . 北京：农业出版社 .

毕树元，张日新，刘德来，等 . 2007. 梨小食心虫的综合防治 [J] . 河北果树 (3)：42 - 43.

蔡明飞，刘彦飞，王艳蓉 . 2010. 光周期对梨小食心虫生长发育和生殖的影响 [J] . 西北农业学报，19 (11)：169 - 172.

蔡宁华，等 . 1981. 山楂叶螨经济受害水平的研究 [J] . 昆虫知识，29 (2)：99 - 100.

蔡平，丁文正 . 1990. 桃小食心虫危害石榴研究简报 [J] . 中国果树，2：35 - 37.

蔡双虎，程立生 . 2003. 二斑叶螨的研究进展 [J] . 热带农业科学，23 (2)：68 - 74.

蔡文启，郭德银，徐韶华，等 . 1990. 葡萄扇叶病毒的分离、鉴定、纯化和血清学 [J] . 植物病理学报，20 (2)：99 - 105.

蔡文启，徐绍华，莽克强，等 . 1997. 葡萄卷叶病毒的纯化、血清学研究及其在脱毒组培苗检测中的应用 [J] . 微生物学
报，37 (5)：385 - 392.

蔡奕平，於文俊，王冬生 . 2004. 桃潜蛾的发生特点及其综防技术 [J] . 上海农业科技 (3)：98.

曹诚一 . 1983. 栗大蚜的寄主、天敌及其防治探讨 [J] . 云南林学院学报 (1)：14 - 17.

曹春霞，龙同，程贤亮，等 . 2011. 枯草芽孢杆菌防治草莓白粉病田间药效试验 [J] . 湖北农业科学，50 (20)：4188 -
4189.

曹骥，林松，朱希孟 . 1962. 葡萄根瘤蚜发生规律初步研究 [J] . 昆虫学报，11 (1)：59 - 70.

曹骥 . 1961. 我国葡萄根瘤蚜的研究和防治 [M] . 北京：科学出版社：905 - 911.

曹克诚，李夏鸣，徐宇兴，等 . 1994. 桃小食心虫对苹果品种的生态选择 [J] . 山西果树，21 (2)：99 - 103.

曹克诚 . 1995. 梨花网蝽 [J] . 山西农业 (11)：49.

曹克强，郑晓莲，贾俊生，等 . 1993. 枣锈病中期预测模型的组建 [J] . 植物保护 (6)：15 - 16.

曹庆昌，曹均，张国珍，等 . 2010. 板栗桃蛀螟有机防治技术研究 [J] . 安徽农业科学，38 (1)：221 - 223.

曹若彬 . 1978. 果树病理学 [M] . 上海：上海科学技术出版社 .

曹若彬 . 1997. 果树病理学 [M] . 3 版 . 北京：中国农业出版社 .

曹娴，高清华，聂京涛，等 . 2011. 草莓灰霉病抗性遗传分析和分子标记初定位 [J] . 上海交通大学学报：农业科学版，
29 (4)：75 - 78.

曹玉芬，谭兴伟 . 1997. 不同种类的梨品种对中国梨木虱抗性调查 [J] . 北方园艺 (1)：32 - 34.

曹子刚 . 1998. 板栗、核桃、枣、柿、山楂主要病虫害及其防治 [M] . 北京：中国林业出版社 .

柴菊华，崔彦志 . 1998. 葡萄根癌病及其防治 (综述) [J] . 河北农业技术师范学院学报，12 (2)：60 - 64.

柴菊华，贺普超，程廉，等 . 1997. 中国葡萄野生种对葡萄根癌病的抗性 [J] . 园艺学报，24 (2)：129 - 132.

柴立英，杜开书，刘国勇，等 . 2010. 桃树桑白蚧发生规律及生物学特性的研究 [J] . 湖北农业科学，49 (2)：342 - 345.

柴立英，谢金良，余昊，等 . 2006. 豫北地区桃蛀螟发生规律及综合治理技术 [J] . 河南农业科学 (1)：92 - 93.

柴希民，何志华 . 1987. 为害马尾松的桃蛀野螟 [J] . 昆虫知识，24 (2)：99 - 100.

柴兆祥，李敏权，李金花 . 2002. 葡萄拟尾孢菌分生孢子萌发特性及病菌致死温度 [J] . 植物保护，3 (28)：21 - 23.

柴兆祥 . 2001. 兰州地区葡萄褐斑病发生为害及菌种鉴定 [J] . 甘肃农业大学学报，3 (1)：61 - 64.

柴兆祥 . 2003. 葡萄拟尾孢菌培养特性的研究 [J] . 植物保护，5 (29)：43 - 46.

常聚普，王长根，张金勇，等 . 2005. 苹果园金纹细蛾幼虫防治指标及测报方法 [J] . 中国果树 (2)：37 - 38.

陈湖，等 . 2001. 梨瘿华蛾生物学特性研究 [J] . 北方果树 (1)：6 - 8.

陈湖，郝宝锋，张洪喜，等 . 2001. 梨瘿华蛾寄生蜂生物学特性研究 [J] . 北方果树 (2)：6 - 7.

陈炳旭，董易之，梁广文，等 . 2009. 广东板栗桃蛀螟的发生与防治 [J] . 植物保护学报，36 (4)：379 - 380.

陈炳旭，董易之，梁广文，等 . 2010. 板栗挥发物对桃蛀螟成虫寄主选择行为的影响 [J] . 应用生态学报，21 (2)：464 -
469.

陈炳旭，董易之，陆恒 . 2008. 桃蛀螟幼虫在板栗上的空间分布型研究 [J] . 环境昆虫学报，30 (4)：301 - 304.

陈伯清，潘国庆，高慧，等 . 2004. 木霉菌 HT - 03 对草莓灰霉病防治的研究 [J] . 江苏农业科学 (4)：47 - 49.

陈策，汪景彦 . 2002. 套袋苹果果面黑点发生和防治调查 [J] . 中国果树 (3)：40 - 43.

陈策 . 1990. 苹果霉心病的防治和研究问题 [J] . 山西果树 (3)：11 - 12.

陈策 . 2006. 苹果苦痘病和其他几种果实钙营养失调症 [J] . 落叶果树 (3)：10 - 13.

陈冲，王程亮，张潞生 . 2007. 蜡状芽孢杆菌 TS - 02 防治草莓白粉病研究 [J] . 安徽农业科学，35 (11)：3298，3300.

陈川，唐周怀，石晓红，等 . 2002. 生草苹果园主要害虫和天敌的生态位研究 [J] . 西北农业学报，11 (3)：78 - 82.

陈传聪，林居宁，阮承莲．2008．翠贝防治梨褐斑病药效试验［J］．福建农业科技（2）：59-60.

陈方洁．1955．康氏粉蚧（Pseudococcus comstocki Kuwana）与柑橘上类似粉蚧的识别［J］．昆虫知识（4）：169-172.

陈贵林，张广华，葛会波．1998．保定地区日光温室草莓生产调查［J］．中国果树（2）：45-46.

陈桂清，于永年，郑儒永，等．1987．中国真菌志：白粉菌目［M］．北京：科学出版社：308-309.

陈汉杰，张金勇，郭小辉，等．2008．阿维菌素对几种果树害虫的毒力测定与安全性评价［J］．现代农药，4：49-52.

陈汉杰，张金勇，涂洪涛，等．2009．草履蚧1龄若虫发育历期与防治［J］．昆虫知识，46（3）：463-465.

陈汉杰，张金勇，周增强，等．1998．郑州地区果园二斑叶螨发生规律的初步调查［J］．河南农业科学，10：27-28.

陈红果．1999．二斑叶螨在山西的发生与防治［J］．植物保护，6：29-30.

陈建学，热杰甫，徐萍．1995．和田核桃腐烂病成因及防治措施［J］．新疆林业（6）：22.

陈江玉，等．2011．梨园梨小食心虫的发生规律及其防治技术研究［J］．河北农业科学，15（5）：44-47.

陈莉，陈琪，丁克坚，等．2007．草莓灰霉病菌对速克灵的抗性研究［J］．中国农学通报，23（5）：334-337.

陈莉，檀根甲，丁克坚．2004．枯草芽孢杆菌对几种灰霉病菌的抑制效果研究［J］．菌物研究，2（4）：44-47.

陈利锋，徐敬友，等．2007．农业植物病理学［M］．北京：中国农业出版社.

陈梅香，骆有庆，赵春江，等．2009．梨小食心虫研究进展［J］．北方园艺（8）：144-147.

陈明，瞿黎明，张钦．1999．板栗疏蓬与桃蛀螟防治［J］．农业知识（13）：10.

陈妮．2011．山东省桑萎缩、枣疯病及其他三种植原体的分子检测与鉴定［D］．济南：山东农业大学.

陈善义，陶万强，王合，等．2011．北京地区核桃黑斑病病原菌的分离、致病性测定和16S rDNA序列分析［J］．果树学报，28（3）：469-473.

陈万发．1990．葡萄根瘤蚜的发生生态［J］．福建果树（4）：49-50.

陈伟祥，胡伯智，吴黎明，等．2000．不同立地条件和施肥对板栗生长的影响［J］．经济林研究，18（3）：17-20.

陈炜，田波，金立平，等．1986．从苹果锈果病组织中分离到类病毒RNA分子的研究［J］．病毒学报，2（4）：79-84.

陈文龙，彭华，柳琼友，等．2006．国内斑潜蝇寄生性天敌研究进展［J］．贵州农业科学，34（6）：132-135.

陈雯舒，曹远银，孙仲桂，等．2010．放线菌C-2发酵产物对草莓和黄瓜白粉病的生防效果［J］．江苏农业科学（3）：137-138.

陈铣，花秀凤．2005．草莓品种白粉病抗性的田间鉴定［J］．福建果树（3）：7-8.

陈祥照．1985．桃树流胶病的研究Ⅰ.病原特性及其发病规律［J］．植物病理学报，15（1）：53-57.

陈晓英，相望年．1986．放射土壤杆菌HLB-2菌株抑制葡萄根癌土壤杆菌生长和根癌形成的研究［J］．微生物学报，26（3）：193-199.

陈笑瑜，国立耘，骆勇等．2003．北京桃褐腐病调查［M］//马占鸿，吴元华，郑建秋，等．植物病理学研究进展：第五卷．北京：中国农业科学技术出版社：167-169.

陈修会，李昌怀，廉宝，等．1992．山楂小食心虫研究初报［J］．中国果树（3）：29-30.

陈学新，何俊华，徐志宏，等．2001．斑潜蝇寄生性天敌研究和应用概况［J］．中国生物防治，17（1）：30-34.

陈彦，王璠，蔡东，等．2011．桃流胶病研究进展［J］．湖北农业科学，50（4）：649-652.

陈彦，刘长远，赵奎华，等．2006．葡萄白腐病菌生物学特性研究［J］．沈阳农业大学学报，37（6）：840-844.

陈义挺，陆修闽．1999．美国红提子葡萄黑痘病的侵染与防治［J］．福建果树（3）：47.

陈宇飞，文景芝，李立军．2006．葡萄灰霉病研究进展［J］．东北农业大学学报，37（5）：693-699.

陈玉琴，李淑艳，吕义盛，等．1997．桃潜叶蛾发生规律及防治［J］．中国果树（1）：43-44.

陈育新，何有乾．1982．盘多毛孢属Pestalotia盘单毛孢属Monochaetia调查研究与分类定种初报［J］．1：29-32.

陈云华，蒋文忠，孙兴全．2010．黄刺蛾在杨树上的发生规律及防治研究［J］．安徽农学通报，16（2）：110.

陈子文，张凤舞，田旭东，等．1984．枣疯病传病途径的研究［J］．植物病理学报，14（3）：141-146.

陈子文，叶于芳，彭福元，等．1980．葡萄白腐病［Coniothyrium diplodiella（Speg.）Sacc.］的研究Ⅱ.葡萄白腐病田间侵染规律的初步探讨［J］．植物保护学报，1（7）：27-34.

陈子文．1976．葡萄炭疽病的流行规律及防治［J］．果树技术（3）：27-29.

陈子文．1985．葡萄炭疽病的潜伏侵染与葡萄杂种实生苗抗炭疽病性状的早期鉴定［J］．中国果树（1）：46-49.

程辉彩，刘丽云，等．2007．绿僵菌防治铜绿丽金龟挤蜡药效试验［J］．现代农药，6（5）：41-48.

迟美芳，郝良英，王淑玲．2008．梨茎蜂的发生特点及防治措施［J］．烟台果树（2）：42-43.

仇恒军．2011．葡萄蔓枯病的发生与防治［J］．现代农业科技，21：28.

仇兰芬，杨忠岐．2010.2种茶翅蝽卵期寄生蜂的竞争关系及种群动态研究［J］．中国农学通报，26（8）：211-225.

仇兰芬．2010．北京地区茶翅蝽天敌种类及其控制作用研究［J］．北方园艺（9）：181-183.

楚雄，李瑛，郭维跃．1996．葡萄蔓割病药剂防治试验初报［J］．葡萄栽培与酿酒，2：33-34.

褚凤杰，周志芳，李瑞平，等．1997．茶翅蝽生物学特性观察及防治研究［J］．河北农业大学学报，20（2）：12-17.

褚凤杰，等 . 2003. 中国梨木虱入袋消长规律与为害特性的研究 [J] . 河北农业大学学报，26 (3)：89 - 92.

崔进国，郑广存 . 2006. 果树根癌病的发生与防治 [J] . 烟台果树 (3)：41 - 42.

崔素兰，韩庆保，朱余清 . 2006. 梨大食心虫防治技术 [J] . 中国果菜 (6)：32.

村上阳三，志村勋 . 1980. 河北果树中栗瘿蜂的寄生蜂 [J] . 植物防疫，34 (1)：17 - 20.

歹富江 . 2004. 果园几种常见介壳虫的发生规律及防治 [J] . 山西果树 (3)：50.

戴芳澜 . 1979. 中国真菌总汇 [M] . 北京：科学出版社 .

戴芳澜 . 1987. 真菌形态和分类 [M] . 北京：科学出版社：122 - 128.

但红侠，张王斌 . 2010. 几种药剂对梨树腐烂病的防治效果 [J] . 新疆农垦科技 (3)：34 - 35.

党亚梅，张春玲，张敏，等 . 2009. 苹小食心虫发生规律及防治技术 [J] . 西北园艺 (1)：22 - 23.

邓根明，罗标，卿澈，等 . 2007. 柿绒粉蚧的发生规律与防治 [J] . 昆虫知识，44 (5)：626 - 629.

邓家棋，苗光绳，关玉田，等 . 1993. 抗苹果绵蚜的苹果砧木免疫系——山荆子 jin67 [J] . 植物保护学报，20 (8)：218 -
　221.

邓明琴，雷家军 . 2005. 中国果树志：草莓卷 [M] . 北京：中国林业出版社：74 - 75.

邓维萍，朱书生，何霞红 . 2009. 云南省葡萄主要产区葡萄炭疽病菌鉴定 [C] //彭友良，朱有勇 . 中国植物病理学会 2009
　年学术年会论文集 . 北京：中国农业科学技术出版社 .

邓晓云，等 . 2004. 检测砂梨潜隐病毒的 IC - RT - PCR 和 TC - RT - PCR 的研究 [J] . 果树学报，21 (6)：569 - 572.

丁芳兵，等 . 2009. 筛选和利用枯草芽孢杆菌防治梨轮纹病 [J] . 江苏农业学报，25 (5)：1002 - 1006.

丁建云，金晓华，罗维德，等 . 2005. 桃潜叶蛾越冬成虫出蛰及昼夜节律观察 [M] //成卓敏 . 农业生物灾害预防与控制研
　究 . 北京：中国农业科学技术出版社：495 - 497.

丁建云，孟昭萍，袁志强，等 . 2003. 北京郊区苹果小卷蛾成虫发生规律研究 [J] . 昆虫知识，40 (5)：461 - 462.

丁强，刘永生 . 2001. 板栗疫病发生规律及综合防治 [J] . 植物检疫，15 (3)：144 - 147.

董建香 . 2010. 核桃病虫害的症状与防治技术 [J] . 河北果树 (4)：32，35.

董建新 . 2012. 涿鹿县葡萄主要病害的发病症状及防治措施 [J] . 现代农业科技 (1)：180 - 181.

董金皋 . 2001. 农业植物病理学：北方本 [M] . 北京：中国农业出版社 .

董君弟 . 2011. 50％凯泽防治番茄灰霉病田间药效试验 [J] . 上海蔬菜 (4)：54 - 55.

董立元，朱志英，李顺高，等 . 2003. 二斑叶螨发生规律及综合防治技术 [J] . 长江果树，3：16 - 17.

董丽梅，李爱海 . 2004. 中国梨木虱的生物学特性及其防治对策 [J] . 农业科技通讯 (5)：18.

董琳珠 . 2009. 宁夏梨大食心虫的发生及其天敌保护 [J] . 内蒙古农业科技 (5)：104.

董荣春 . 2005. 黄柏对栗大蚜的抑制作用初探 [J] . 丹东纺专学报，12 (2)：51 - 52.

董文成 . 2005. 桃树穿孔病和黑星病的综合防治 [J] . 河北果树 (3)：41 - 42.

董向丽，罗丽，王彩霞，等 . 2009. 苹果褐斑病的治疗药剂及有效施药时期研究 [J] . 中国农学通报，25 (6)：190 - 194.

董雅凤，刘凤之，张尊平，等 . 2003. 葡萄病毒病研究进展 [J] . 中国南方果树，32 (6)：42 - 45.

董雅凤，刘凤之，张尊平，等 . 2007. 发展葡萄无毒化栽培控制病毒病危害 [J] . 中外葡萄与葡萄酒 (3)：37 - 41.

董雅凤，张尊平，杨俊玲，等 . 2005. 葡萄卷叶病毒 3 RT - PCR 检测技术研究 [J] . 中国果树 (6)：9 - 11.

董阳辉，等 . 2009. 南方伏旱高温气候对中国梨木虱发生的影响 [J] . 中国南方果树，38 (3)：60 - 61.

董玉芝，朱小虎，陈虹，等 . 2012. 新疆巩留野核桃林调查及其分析 [J] . 植物遗传资源学报，13 (3)：386 - 392.

都贝贝，陈秀孔，杜小丽，等 . 2011. 苹果白粉病的抗性评价 [J] . 中国农学通报，27 (31)：256 - 259.

窦连登，韩基福，于德生 . 1995. 关于辽南苹果区桃小食心虫的年世代数探讨 [J] . 昆虫知识，32 (6)：345 - 349.

窦连登，等 . 1993. 苹果全爪螨越冬卵发育起点和有效积温的测定 [J] . 中国果树，2：15 - 17.

杜飞，朱书生，陈尧，等 . 2011. 避雨栽培对葡萄白粉病发生的影响及其微气象学原理初探 [J] . 经济林研究，29 (3)：
　52 - 60.

杜宏，别定文，赵国珍，等 . 1999. 核桃主要病虫害发生规律及防治方法 [J] . 河南科技 (8)：16.

杜娟，郭建挺，仵均祥，等 . 2009. 温度对梨小食心虫 (*Grapholitha molesta*) 生长发育及繁殖的影响 [J] . 西北农业学报，
　18 (6)：314 - 318.

杜磊，刘伟，柴绍忠，等 . 2012. 苹果蠹蛾的蛀果与脱果特性 [J] . 应用昆虫学报：61 - 69.

杜磊，朱虹昱，鲁天文，等 . 2012. 苹果蠹蛾幼虫爬行特性 [J] . 应用昆虫学报，1：54 - 60.

杜社妮，白岗栓，张树军 . 2010. 柿炭疽病鉴别与防治 [J] . 安徽农业科学，8 (13)：6805 - 6806.

杜维强，武星煜 . 2004. 梨实蜂生物学特性观察及防治 [J] . 甘肃林业科技，29 (3)：54 - 55.

杜兴兰 . 2008. 葡萄霜霉病和白粉病生物防治的研究 [D] . 保定：河北农业大学 .

杜义隆 . 1959. 梨实蝇的为害症状及其在检疫工作上的意义 [J] . 昆虫知识，5 (5)：156 - 157.

杜永部 . 2005. 果树病虫害的生物防治 [J] . 四川林业科技，26 (6)：73 - 77.

杜远鹏，王兆顺，孙庆华，等．2008．部分葡萄品种和砧木抗葡萄根瘤蚜性能鉴定［J］．昆虫学报，51（1）：33-39．

杜竹静，朱振林．2008．核桃主要病害的综合防治［J］．河北农业科技（16）：25．

樊斌琦．2010．刘氏短须螨生物学及危害特性研究［D］．南京：南京农业大学．

樊金娟，王平，刘长远，等．2010．葡萄根癌病的快速检测技术［J］．植物保护（24）：162-165．

樊锦艳，房雅丽，国立耘．2009．美澳型核果褐腐病菌对甲基硫菌灵和啶酰菌胺的敏感性［J］．植物保护学报（3）：251-256．

樊锦艳，朱小琼，国立耘，等．2007．褐腐病菌三种分子鉴定方法的比较［J］．植物保护学报，34（3）：289-295．

樊民周，吴金亮，李长青，等．2004．梨枝圆盾蚧的发生规律和防治技术研究［J］．西北农业学报，13（4）：69-72．

樊俏梅．2009．浅谈阳曲县葡萄白腐病发病规律及危害特点［J］．安徽农学通报，15（13）：92，143．

樊庆彬，徐淑梅，吴艳灵，等．2007．柿炭疽病发病规律及综合防治技术［J］．中国果菜（6）：32-33．

范会雄，李德成．1996．橡胶树炭疽病发生流行规律及防治研究［J］．植物保护（5）：31-32．

方博云，黄根元．1998．腈菌唑防治大棚草莓白粉病药效试验［J］．农药，37（9）：37．

方芳．2011．苹果腐烂病综合防治技术［J］．河北果树（5）：36-37．

房雅丽，刘鹏，国立耘．2010．美澳型核果褐腐病菌（*Monilinia fructicola*）对嘧菌酯的敏感性［J］．果树学报，27（4）：561-565．

费仁雷，李克斌，肖春，等．2011．铜绿丽金龟发生为害特点及防治［C］//吴孔明．植保科技创新与病虫防控专业化——中国植物保护学会2011年学术年会论文集．北京：中国农业科学技术出版社．

冯建国，张勇，陶训，等．1989．利用松毛虫赤眼蜂防治苹果小卷叶蛾的研究［J］．生物防治通报，5（2）：56-59．

冯景科．2007．桃褐腐病防治技术［J］．北方果树（2）：77．

冯明祥，姜瑞德，王佩，等．2002．桃园梨小食心虫发生规律研究［J］．中国果树（4）：30-31．

冯明祥，王国平，等．2003．苹果梨山楂病虫害诊断与防治原色图谱［M］．北京：金盾出版社．

冯明祥，陈合志．1988．梨星毛虫寄生性天敌昆虫的初步观察［J］．落叶果树（4）：23-24．

冯明祥．2010．北方梨区梨树病虫害发生新特点及防治建议［J］．果农之友：专刊：17-20．

冯锁牢，穆娟．2011．富平尖柿介壳虫防治技术［J］．陕西农业科学（1）：268-270．

冯伟利．2010．核桃黑斑病危害症状及防治技术［J］．山西林业（1）：36．

冯小雪，王洪平．2008．辽宁省山楂园桃小食心虫预测预报与防治研究［J］．河南农业科学（6）：103-105．

冯玉增，胡清坡．2010．柿病虫害诊治原色图谱［M］．北京：科学技术文献出版社．

付敬霞，2011．蔬菜田蜗牛的发生与防治［J］．现代农业科技，13：165-167．

付镇芳，等．2012．早酥梨抗黑星病相关基因PbzsREMORIN的克隆及功能分析［J］．园艺学报，39（1）：13-22．

高存劳，王小纪，张军灵，等．2002．草履蚧生物学特性与发生规律研究［J］．西北农林科技大学学报：自然科学版，30（6）：147-150．

高锋，张广忠，韩光荣，等．2008．板栗针叶小爪螨预测预报及防治技术研究［J］．落叶果树（3）：4-5．

高凤娟．1998．世界草莓生产概况［J］．北方果树（5）：4-6．

高凤娟．1999．世界草莓育种进展［J］．果树科学，16（增刊）：42-46．

高凤娟．2000．我国草莓生产的发展与展望［J］．落叶果树（2）：20-23．

高家军．2001．我国草莓生产的现状与展望［J］．中国果树（1）：49-51．

高慰曾，李世文，侯无危．1993a．桃小食心虫复眼的外部形态及结构特征［J］．昆虫学报，36（3）：354-356．

高慰曾，李世文，侯无危．1993b．桃小食心虫复眼对不同光源的反应［J］．昆虫知识，30（1）：20-21．

高兴文，徐加利，代伟成，等．2006．苹果园山楂叶螨发生规律和综合防治技术研究［J］．中国植保导刊，26（8）：24-26．

高秀萍．1993．葡萄砧木抗寒与抗根癌病的研究［J］．园艺学报，20（4）：313-318．

高月娥，李保华，董向丽，等．2011．温度和湿度对越冬后苹果褐斑病菌产孢的影响［J］．中国农业科学，44（7）：1367-1374．

高正辉，等．2010．砀山酥梨炭疽病发生特征与防治技术［J］．安徽农业科学，38（19）：10445-10446．

高中山，毕树俊，郑红．1997．核桃枝枯病及其防治试验［J］．山西林业科技（1）：29-30．

葛敏．2011．葡萄透翅蛾的发生与人工防治［J］．西北园艺（2）：22．

葛泉卿，温孚江．2006．葡萄金黄化病和葡萄带叶蝉在中国的潜在分布区［J］．植物保护学报，33（1）：51-58．

公彩武，王先保，侯优作．2010．洛宁核桃主要病虫害防治技术［J］．河南林业科技（2）：62-64．

巩洁，陈亮，陈立．2010．紫外线、He-Ne激光对葡萄白腐病菌拮抗菌PT2的复合诱变效应［J］．36（5）：105-109．

巩文峰，马青．2007．3株拮抗酵母菌对苹果采后青霉病的防治效果［J］．西北农林科技大学学报（12）：191-194．

谷洪仓，严敦于，刘焕庭，等．1994a．葡萄扇叶病毒的ELISA检测技术［J］．山东农业大学学报，25（1）：82-86．

谷洪仓，严敦于，刘焕庭，等 . 1994a. 生物素标记 GFV cDNA 探针的制备及在检测葡萄扇叶病毒上的应用［J］. 中国病毒学，9（1）：48 - 53.

顾先锋，唐秀俊 . 2011. 雷山县梨树主要病虫害调查及防治研究［J］. 宁夏农林科技，52（4）：55 - 56，78.

顾云龙 . 1981. 浅叙枣层锈菌［J］. 甘肃农业科技（5）：34.

顾耘，张振芳 . 1995. 二斑叶螨在山东省苹果园发生为害的现状及防治对策［J］. 落叶果树，2：14 - 16.

关会元 . 1987. 果树检疫病虫害——葡萄根瘤蚜［J］. 河北林业科技（2）：38 - 40.

关永强，阎红霞，赵秀丽 . 1999. 黄褐天幕毛虫的生物学特性及防治［J］. 园林科技信息（1）：42.

管汉成，蔡文启，莽克强 . 1996. 葡萄扇叶病毒外壳蛋白基因的克隆序列分析及其在大肠杆菌中的表达［J］. 生物工程学报，12（2）：124 - 128.

郭德银，李知行，蔡文启 . 1991. 间接酶联免疫吸附试验检测葡萄扇叶病毒的研究和应用［J］. 果树科学，8（4）：215 - 218.

郭焕敬 . 2001. 利用向日葵巧治桃蛀螟［J］. 河北果树（2）：48.

郭瑞，李世访，等 . 2005. 苹果锈果类病毒辽宁分离物的克隆与序列分析［J］. 植物病理学报，35（5）：472 - 474.

郭润芳，刘晓光，高克祥，等 . 2002. 拮抗木霉菌在生物防治中的应用与研究进展［J］. 中国生物防治，18（4）：180 - 184.

郭树嘉，刘世儒 . 1992. 栗瘿蜂生物学及其防治研究［J］. 昆虫知识，29（5）：275 - 277.

郭树嘉，刘仕儒，宋光彩，等 . 1991. 栗瘿蜂发育与板栗物候期的相关性研究［J］. 果树科学，8（3）：171 - 172.

郭树嘉 . 1991. 栗瘿峰综合防治技术［J］. 林业科技开发（2）：33 - 35.

郭小侠，石晓红 . 2003. 陕西省猕猴桃主要害虫生物学及综合防治［J］. 中国果树（1）：45 - 46.

郭修武，王克，傅望衡 . 1993. 葡萄砧木抗寒性与抗根癌病的研究［J］. 园艺学报，20（4）：313 - 318.

郭云忠，等 . 2005. 套袋苹果黑点病病原菌鉴定及其生物学特性研究［J］. 西北农业学报（3）：18 - 23.

国立耘，李金云，李保华，等 . 2009. 中国苹果枝干轮纹病发生和防治情况调查［J］. 植物保护，35：120 - 123.

国宁，丁可君，王素娟 . 2010. 核桃枝枯病的综合防治对策［J］. 河北林业科技（4）：88.

韩保春 . 2001. 葡萄主要病害及防治［J］. 安徽林业，2：21.

韩春梅 . 2002. 红地球葡萄黑痘病的发生与防治［J］. 落叶果树，9（5）：54.

韩国君，张文忠，韩国辉，等 . 2002. 黑绒鳃金龟生物学特性研究［J］. 吉林林业科技，31（6）：15 - 16.

韩红英 . 2007. 防治核桃溃疡病［J］. 中国林业（6）：45.

韩剑，徐金虹，王同仁，等 . 2012. 枣疯病植原体新疆分离物 16S rDNA 基因克隆与序列分析［J］. 西北农业学报，21（4）：176 - 180，186.

韩金声 . 1979. 北方果树病害及其防治［M］. 天津：天津科学出版社 .

韩丽红 . 2012. 苹果苦痘病的发生与防治［J］. 北方果树（3）：46.

韩青梅，花蕾 . 2001. 6 种寄主桃蛀果蛾遗传变异的 RAPD 分析［J］. 西北农林科技大学学报：自然科学版，29（3）：91 - 94.

韩瑞东，孙绪艮 . 2002. 枣尺蠖的发生规律与防治方法［J］. 植保技术与推广，22（2）：20 - 21.

韩腾，王凯，罗曼，等 . 2006. 葡萄根癌病的发生规律及防治方法［J］. 新疆农垦科技（5）：31 - 32.

韩雪艳，张巍，徐善兵 . 2011. 江苏徐州梨园梨木虱发生规律及药剂防治对策［J］. 果树实用技术与信息（10）：34 - 35.

郝敬喆，范咏梅，张新，等 . 2011. 几种杀虫剂对葡萄斑叶蝉的毒力和田间药效试验［J］. 新疆农业科学，48（1）：75 - 78.

郝兴安，等 . 2004. 陕西套袋苹果黑点病病原鉴定及发生规律研究初报［J］. 西北农业学报（4）：54 - 57.

郝彦俊，王锁牢，王剑，等 . 2004. 几种杀虫剂对葡萄斑叶蝉防效［J］. 新疆农业科学，41（6）：458 - 460.

郝英素 . 2006. 冬枣绿盲蝽防治技术［J］. 河北农业科技（12）：13.

何超，等 . 2011. 光周期对梨小食心虫滞育诱导的影响［J］. 生态学报，31（20）：6180 - 6185.

何钢，等 . 2003. 金秋梨吸果夜蛾发生规律及无公害防治技术［J］. 中南林学院学报，23（4）：46 - 49.

何亮，秦玉川，朱培祥 . 2009. 糖醋酒液对梨小食心虫和苹果小卷叶蛾的诱杀作用［J］. 昆虫知识，46（5）：736 - 739.

何超，秦玉川，周天仓，等 . 2008. 应用性信息素迷向法防治梨小食心虫试验初报［J］. 西北农业学报，17（5）：107 - 109.

何超 . 2008. 梨小食心虫性诱干扰及无害化防治技术研究［D］. 杨凌：西北农林科技大学 .

何建群，王程，张玲 . 2011. 宾川县鲜食葡萄真菌性病害种类及综合防控技术［J］. 植物医生，2（24）：16 - 17.

何平刚 . 2000. 造成葡萄早期落叶的两种病害及防治［J］. 柑桔与亚热带果树信息，7（16）：44 - 45.

何淑英，等 . 2011. 2010 年库尔勒市梨小食心虫大发生的原因及防治措施［J］. 新疆农业科技（2）：57.

何水涛，周厚成，刘崇怀，等 . 2001. A 蛋白酶联免疫吸附法检测葡萄卷叶病毒的研究［J］. 落叶果树（2）：1 - 3.

何兴文，林孝伦，蒲永兰，等.2003.危害重庆市核桃主产区的两种主要病害 [J].植物医生，16（2）：28-29.

何振昌，等.1997.中国北方农业害虫原色图鉴 [M].沈阳：辽宁科学技术出版社.

和春元，蔡灿，李祥康.2008.核桃细菌性黑斑病的发生与防治 [J].云南农业科技（4）：49-50.

和凌云.2011.核桃溃疡病的症状与防治措施 [J].河北果树（6）：49.

和喜田，王家民，王平昌.1987.山楂粉蝶的生物学及防治研究 [J].中国果树（3）：14-16，25.

和喜田，王家民，王学明.1985.山楂木蠹蛾药剂防治试验 [J].北方果树（1）：15-16.

和喜田，王家民，张福珍.1993.山楂桃小食心虫生物学特性研究 [J].中国果树（1）：13-14.

贺普超，罗国光.1994.葡萄学 [M].北京：中国农业出版社.

贺普超，王跃进.1988.中国葡萄属野生种抗白腐病的鉴定研究 [J].中国果树（1）：5-8.

贺普超，王跃进，等.1991.中国葡萄属野生种抗病性的研究 [J].中国农业科学（3）：50-57.

洪波，王应伦，赵惠燕.2012.苹果绵蚜在中国适生区预测及发生影响因子 [J].应用生态学报，23（4）：1123-1127.

洪建，李德葆，周雪平.2001.植物病毒分类图谱 [M].北京：科学出版社：209-212.

洪霓，王国平.1999.苹果褪绿叶斑病毒生物学及生化特性研究 [J].植物病理学报，29（1）：77-81.

洪文英，等.2009.杭州地区梨瘿蚊种群的动态变化 [J].浙江农业科学（2）：389-391.

洪霓.1995.苹果虎皮病 [M]//中国农业科学院植物保护研究所.中国农作物病虫害.2版.北京：中国农业出版社：696-697.

侯宝林，赵建文，韩瑞东，等.2002.枣尺蠖研究新进展 [J].山东林业科技，140（3）：35-38.

侯保林，张志铭，杨兴民，等.1988.河北板栗种仁斑点类病害研究 [J].河北农业大学学报，11（2）：11-22.

侯保荣，张群，等.1998.新疆葡萄褐斑病的研究 [J].新疆农业大学学报，21（1）：65-68.

侯海忠，刘小勇.2005.临夏州早酥梨根癌病的发生规律及防治研究 [J].甘肃农业科技（5）：54-55.

侯启昌，崔改泵.2010.中原地区梨瘿蚊的生物学特性及防治研究 [J].植物保护，36（5）：154-156.

侯绍金.1994.桃小食心虫低缝姬蜂生活习性的观察 [J].落叶果树（2）：30.

侯无危，马幼飞.1994.桃小食心虫蛾的趋光性 [J].昆虫学报，37（2）：165-170.

侯迎春，彭跃龙.2003.温室桃树上桑白蚧的发生规律与防治 [J].北方果树，1：15.

侯宇，惠军涛，张培利，等.2011.核桃黑斑病的发生特点与防治方法 [J].农技服务，28（1）：40.

侯雨萱，等.2005.砂梨上苹果茎痘病毒的调查分析及 RT-PCR 与 TC-RT-PCR 检测研究 [J].果树学报，22（4）：343-346.

胡柏文，车凤斌，潘俨，等.2012.核桃腐烂病发生与防治 [J].农村科技（1）：41-42.

胡宝军，韩树文.2010.冀北地区梨象鼻虫发生规律及防治措施 [J].山西果树（5）：48-49.

胡长效，丁永辉，孙科.2007.国内桃红颈天牛研究进展 [J].农业与技术，27（1）：63-66.

胡长效，苏新林.2002.葡萄透翅蛾发生及防治研究进展 [J].植保技术与推广，22（8）：39-41.

胡长效，孙迎春，杨培.2004.桃潜叶蛾幼虫空间分布及二阶抽样技术研究 [J].江西农业学报，16（1）：29-33.

胡长效，贺峰.2004.梨瘿蚊生物学特性及防治技术研究 [J].安徽农业科学，32（5）：953-954，956.

胡春玲.2006.兰州市国槐桑白蚧发生规律调查 [J].甘肃农业科技，12：14-16.

胡春祥.2002.舞毒蛾生物防治研究进展 [J].东北林业大学学报，30（4）：40-43.

胡桂桃.2007.黑绒金龟子的综合防治技术 [J].河北果树（增刊）：25-26.

胡国良，李文彪，陆惠平.1991.山核桃枝枯病的防治研究 [J].浙江林学院学报，8（1）：93-97.

胡国良，李文彪，马良进.1992.山核桃枝枯病观察与研究 [J].浙江林业科技，12（1）：18-22.

胡洪涛，王开梅，李芒，等.2002.几种枯草芽孢杆菌发酵液防治草莓病害的药效试验 [J].湖北农业科学（2）：52.

胡美绒，崔学飞，杨伟岗，等.2008.果园蜗牛无公害防治技术 [J].西北园艺（果树专刊）（3）：20.

胡锐，邢彩云，李元杰.2010.河南郑州葡萄白腐病的发生及防治对策 [J].中国果树，6：35-37.

胡绍海.1986.葡萄透翅蛾 *Paranthrene regalis* Butler 的初步研究 [J].湖南师范大学自然科学学报，9（4）：62-67.

胡同乐，曹克强，王树桐，等.2005.生长季苹果斑点落叶病流行主导因素的确定 [J].植物病理学报，35（4）：374-377.

胡增丽，海芳.2010.桃园梨小食心虫发生规律研究初报 [J].山西农业科学，38（6）：46-54.

胡展育，郅军锐.2004.二斑叶螨的研究进展 [J].山地农业生物学报，23（5）：442-447.

花保祯，曾晓慧，张皓.1996.不同采果期对桃蛀果蛾幼虫发育及滞育的影响 [J].西北农业大学学报，24（6）：35-38.

花保祯，曾晓慧，张皓.1998.不同寄主上桃蛀果蛾的滞育研究 [J].西北农业大学学报，26（5）：25-29.

花保祯.1992.桃蛀果蛾学名的更正 [J].昆虫分类学报，14（4）：313-314.

花蕾，花保祯，黄卫利.1998.杏桃小食心虫的研究 [J].植物保护学报，6（2）：141-144.

花蕾，花保祯.1995.桃小食心虫寄主生物型的初步研究 [J].植物保护学报，22（2）：165-170.

花蕾，马谷芳 . 1993. 不同寄主桃小食心虫越冬幼虫的出土规律 [J]. 昆虫知识，30 (1)：22 - 25.

花蕾，孙益知，冯文涛 . 1992. 柿蒂虫两种寄生性天敌的研究 [J]. 陕西林业科技 (4)：51 - 56.

花蕾 . 1993. 桃蛀果蛾在不同寄主上有关生物学特性差异的研究 [J]. 西北农业大学学报，21 (2)：99 - 103.

花秀凤，陈铣 . 2004. 50% 翠贝 DF 防治草莓白粉病试验 [J]. 福建农业科技 (4)：26 - 27.

华永刚 . 2001. 柿炭疽菌的室内药效试验 [J]. 中国森林病虫，20 (6)：11 - 13.

怀晓，周颖，张瑞，等 . 2010. 苹果茎沟病毒外壳蛋白基因的克隆、原核表达及抗血清制备 [J]. 植物保护学报，37 (5)：436 - 440.

黄建，等 . 1996. 福建果树新害虫——梨圆蚧及其寄生性天敌 [J]. 福建农业大学学报，25 (3)：334 - 338.

黄邦侃 . 1978. 桃红颈天牛形态记述的订正 [J]. 昆虫知识 (4)：121.

黄传书，唐小平，都勇，等 . 2002. 6% 密达 (META) 防治桑园蜗牛的药效及毒性试验 [J]. 蚕学通讯，22 (3)：18 - 21.

黄大庄，等 . 1996. 桑天牛在我国的地理分布区研究 [J]. 河北林学院学报 (3 - 4)：263 - 269.

黄锋，1998. 云斑天牛 Batocera horsfieldis 生物学及防治研究 [J]. 武夷科学，14：132 - 135.

黄捷华 . 1999. 南宁蔬菜地蜗牛的发生与防治 [J]. 广西农业科学 (3)：147.

黄娟，王向阳，夏凤，等 . 2006. 葡萄叶蝉发生规律及测报方法 [J]. 安徽农学通报，12 (2)：123 - 124.

黄可训，胡敦孝 . 1989. 北方果树害虫及其防治 [M]. 天津：天津人民出版社：105 - 119.

黄可训，吴维均 . 1958. 桃小食心虫 (Carposina niponensis Walsingham) 研究报告 [J]. 应用昆虫学报，1 (1)：31 - 66.

黄可训，宜智，叶正襄，等 . 1976. 光周期和温度对桃小食心虫滞育的影响 [J]. 昆虫学报，19 (2)：149 - 155.

黄可训，胡敦孝 . 1979. 北方果树害虫及防治 [M]. 天津：天津人民出版社 .

黄万学 . 2011. 早酥梨根癌病发生规律及防治 [J]. 农业科技与信息 (7)：41 - 42.

黄妍妍 . 2010. 来源于新疆的苹果褪绿叶斑病毒和苹果茎沟病毒的检测及其分子鉴定 [D]. 武汉：华中农业大学 .

黄艳峰 . 2009. 桃树红颈天牛的发生规律与防治 [J]. 落叶果树 (6)：31 - 32.

黄亦存 . 1986. 苹果褐斑病菌的越冬特性 [J]. 西南林学院学报 (1)：60 - 65.

黄玉清，张晓俊，魏辉，等 . 2000. 桃蛀螟及其天敌的初步研究 [J]. 江西农业大学学报，22 (4)：523 - 525.

黄云 . 2004. 植物锈菌的锈生座胞属 (Tuberculine) 重寄生菌及寄生的研究 [D]. 雅安：四川农业大学 .

霍锐波 . 2012. 渭北山区核桃病虫害防治技术 [J]. 农业科技与信息 (8)：13 - 15.

霍云凤 . 2006. 葡萄黑痘病发生因素分析及综合治理 [J]. 河南科技学院学报，34 (2)：45 - 46.

吉沐祥，吴祥，费志华，等 . 2010. 30% 吡蚜·异丙威 WP 防治草莓蚜虫药效试验 [J]. 江西农业学报，22 (9)：87 - 88.

贾国华，孙宝灵，杨晟楠，等 . 2010. 柿树果实常见病害的防治 [J]. 现代农村科技，17：23 - 24.

贾克锋，陈雁，王利忠 . 1997. 日本甜柿炭疽病发生规律及防治技术 [J]. 浙江林学院学报，14 (1)：45 - 49.

简富明 . 1982. 葡萄透翅蛾研究初报 [J]. 昆虫知识 (5)：37 - 38.

姜丰秋，姜达石 . 2009. 华北蝼蛄的生物学特性及防治技术 [J]. 林业勘查设计，2：86 - 88.

姜好胜 . 2004. 葡萄叶蝉的发生与防治 [J]. 农业科技 (12)：7.

姜林，张翠玲，邵永春，等 . 2011. 桃树砧木的研究进展 [J]. 北方园艺，8：204 - 208.

姜淑苓，贾敬贤，王斐，等 . 2009. 早金香梨抗黑星病鉴定及组织结构与抗病关系研究 [J]. 中国农学通报，25 (4)：215 - 217.

姜双林 . 2001. 山楂绢粉蝶的生物学及防治 [J]. 昆虫知识，38 (2)：198 - 199.

姜元振，等 . 1990. 桃小食心虫对苹果的为害及其防治指标的制订 [J]. 植物保护学报，17 (4)：359 - 364.

蒋桂华，谢鸣，吕仲贤，等 . 2006. 草莓品种对蚜虫的抗性机制 [J]. 果树学报，23 (5)：728 - 731.

蒋建贞，苏铃仙 . 1996. 葡萄透翅蛾的初步观察 [J]. 福建果树 (3)：55 - 57.

蒋军喜，等 . 2010. 5 种杀菌剂对梨轮纹病菌的毒力测定和田间药效试验 [J]. 江西农业大学学报，32 (4)：710 - 713.

蒋平，王远胜 . 1993. 桔园同型巴蜗牛发生规律及防治研究初报 [J]. 中国柑桔，22 (3)：24 - 25.

焦强，杨君芳 . 2010. 梨茎蜂及其天敌生物学特性初步研究 [J]. 现代农业科技 (4)：193 - 194.

解灵军，尹宝重，高峰，等 . 2009. 草莓根系自毒物质降解菌的筛选及降解效果研究 [J]. 河北农业大学学报，32 (4)：76 - 78.

金立萍，孙茜，郝宝峰 . 2010. 葡萄病虫害防治百问百答 [M]. 北京：中国农业出版社 .

金玲莉 . 2011. 梨茎蜂发生与环境条件关系的研究 [J]. 江西农业学报，23 (7)：139 - 140.

景河铭 . 1987. 核桃病虫防治 [M]. 北京：中国林业出版社 .

景学富，杨竹轩，张愈学，等 . 1982. 山楂花腐病的研究 . I. 山楂花腐病的病原菌 [J]. 植物病理学报，12 (1)：33 - 36.

景学富，张愈学，杨竹轩，等 . 1986. 山楂花腐病的研究 . II. 山楂花腐病的流行条件 [J]. 植物病理学报，16 (2)：121 - 124.

康新娟，王乐育 . 2008. 枣尺蠖的发生与气象条件的关系 [J]. 现代农业科技，13：148 - 147.

康芝仙，路红，伊伯仁，等．1996．大青叶蝉生物学特性的研究［J］．吉林农业大学学报，18（3）：19-26．

孔庆敏，等．2009．梨实蜂发生规律与生活习性观察［J］．落叶果树（1）：39-41．

孔庆山．2004．中国葡萄志［M］．北京：中国农业科学技术出版社．

孔雪华，杨洛滨，韩世德，等．2009．高温对美国白蛾生长发育的影响研究［J］．山东林业科技（6）：35-37．

寇路君，王素侠．2006．砀山地区梨锈水病的发生与防治［J］．果农之友（2）：44-45．

匡海源．1995．中国经济昆虫志：第44册 蜱螨亚纲 瘿螨总科（一）［M］．北京：科学出版社．

赖侃宁．2008．中国葡萄白粉病有性世代的生物学特性研究［D］．杨凌：西北农林科技大学．

雷百战．2004．新疆葡萄主要真菌病害的调查与研究［D］．石河子：石河子大学．

雷恒久，苏淑钗，张海成．2009．板栗对板栗红蜘蛛和桃蛀螟的抗性机制初探［J］．河北林果研究，24（1）：73-76．

李鑫，等．2007．茶翅蝽的行为与控制利用［J］．西北农林科技大学学报：自然科学版，35（10）：139-145．

李爱民．1991．山葡萄蔓割病和根癌病及其防治［J］．特产研究，2：33．

李保华，等．2006．莱阳地区梨锈病防治适期研究［J］．植物保护，32（1）：69-73．

李冰，秦书行，何立新，等．2012．梨轮纹病与梨炭疽病的区别与防治［J］．农业科技通讯（5）：234-235．

李秉钧，等．1963．光照及温度对桃小食心虫滞育影响的初步研究［J］．昆虫学报，12（4）：423-431．

李长存．1990．葡萄白腐病在山东临沂市发生严重［J］．植物保护，16（5）：44．

李长存．1994．苹小食心虫在山楂上的发生与防治［J］．植保技术与推广（2）：18，22．

李长恒．2005．梨大食心虫测报及防治［J］．江西园艺（3）：19-20．

李传隆．1957．烟台地区葡萄根瘤蚜（*Phylloxera vitifoliae* Fitch）观察［J］．昆虫学报（7）：489-495．

李大乱，张翠瞳，徐国良．1997．我国山楂叶螨研究进展［J］．河北农业科学，1（1）：29-32．

李德章，李选英，曲国军，等．1989．山楂桃小食心虫发生规律及防治［J］．辽宁农业科学（2）：27-31．

李德章，邓贵义，王克，等．1992．山楂锈病发生规律及其防治研究［J］．中国果树（1）：14-17．

李典谟．1986．快速估计发育起点温度及有效积温的研究［J］．昆虫知识，23（4）：184-187．

李定旭，康照奎，李佳阳，等．2010．桃小食心虫的发育起点温度和有效积温［J］．昆虫知识，454（5）．

李定旭，田娟，陈根强．1997．葡萄斑叶蝉的生物学特性及防治［J］．昆虫知识，34（3）：154-156．

李定旭，田娟，张国海．2002．苹果园桃小食心虫与棉铃虫兼治技术的研究［J］．植物保护学报，28（1）：30-33．

李定旭．2002．桃小食心虫地面防治技术的研究［J］．植物保护学报，28（3）：18-20．

李东霞．2008．核桃树腐烂病危害症状及防治技术［J］．山西林业（2）：38-39．

李冬梅，邵姗姗，宗鹏鹏，等．2012．新疆桃对桃树根癌病的抗性评价［J］．中国果树，4：11-13．

李风婷，马保松，张露明．2003．郑州地区梨黄粉蚜的发生与防治［J］．河南农业科学（7）：48-49．

李广华，李晶，阿不力孜，等．2007．葡萄斑叶蝉在吐鲁番重发原因分析及防治对策［J］．新疆农业科技（1）：38．

李贵玉，韦继光，罗基同，等．2006．板栗疫病在广西区内的危险性分析［J］．广西农业生物科学，25（4）：310-314．

李国平．2008．桃树红颈天牛综合防治技术［J］．现代农业科技（13）：116．

李国元，侯明生，邓青云，等．2005．栗仁褐变腐烂发生原因及防治研究［J］．湖北农业科学，1：57-60．

李国元，秦仲麒．1997．梨瘿蚊的发生规律及其防治技术［J］．中国南方果树，26（6）：44．

李国元．1997．桃蛀螟在板栗树上的发生及防治研究［J］．湖北植保（4）：20-21．

李海菊，郝新科，牛昉卿，等．2004．核桃黑斑病发生与防治［J］．河北果树（5）：44-45．

李海山，谭鑫．2011．苹果病虫害防治技术［J］．河北果树（5）．

李和帮．2010．桃蛀螟生物学特性及综合防治技术研究［J］．陕西林业科技，2：46-47．

李红霞，马志强，孙茜．2003．几种药剂防治草莓白粉病药效试验［J］．农药，42（5）：30-31．

李红叶，洪健，周雪平，等．2002a．葡萄扇叶病毒引起的寄主细胞病变研究［J］．植物病理学报，32（1）：65-70．

李红叶，周雪平，洪健，等．2002b．葡萄扇叶病毒移动蛋白在寄主体内的动态检测和免疫金标记［J］．微生物学报，42（5）：550-555．

李红叶．2001．葡萄扇叶病毒杭州分离物生物学特性和基因组结构研究［D］．杭州：浙江大学．

李华，张振文．1992．欧亚种葡萄白粉病抗性及其稳定性研究［J］．园艺学报，19：23-28．

李华，张振文．1995．欧亚种葡萄白粉病微效抗病基因原取代积累［J］．西北植物学报，15：120-124．

李华．1999．葡萄优质抗病育种［M］．北京：中国农业出版社：32-34．

李怀方，刘凤权，黄丽丽．2009．园艺植物病理学［M］．2版．北京：中国农业大学出版社．

李惠萍，吴品珊，陈乃中，等．2011．冰温对康氏粉蚧卵的存活和发育的影响［J］．植物检疫，25（6）：9-12．

李吉元．1995．梨茎蜂的发生与防治［J］．北方果树（2）：16．

李记明．1997．中国野生葡萄主要酿酒品质性状及遗传研究［D］．杨凌：西北农林科技大学．

李建东．2011．砀山酥梨主要病虫害发生现状及防治技术［J］．落叶果树（1）：24-26．

李建勋，李韬谦．2007．柿树介壳虫综合治理研究［J］．山西农业科学，35（1）：64-66．

李金云，陈凡，王建辉．等．2005．根癌病生防菌——葡萄土壤杆菌 E26 菌株在葡萄植株的定殖研究［J］．植物病理学报，35（1）：78-83．

李金云，王慧敏．2004．土壤杆菌 E26 菌株防治葡萄根癌病的机理研究［D］．北京：中国农业大学．

李娟，2007．不同植物对云斑天牛行为酶活力及生殖的影响［D］．武汉：华中农业大学．

李军．1988．枣不同品种感染锈病后叶片几种生理生化指标变化的初步研究［D］．郑州：河南农业大学．

李军见，曹瑛，刘涛，等．2005．设施草莓白粉病发生规律及综合防治技术［J］．陕西农业科学（1）：120-121．

李磊，罗巨海．2008．葡萄根癌病在 147 团葡萄园区的发生与防治［J］．石河子科技（12）：26．

李连昌．1965．山西山楂粉蝶的研究［J］．昆虫学报，14（6）：545-551．

李琴．2010．冬枣锈病发病规律及病生理研究［D］．长沙：中南林业科技大学．

李仁芳，等．2004．苹果霉心病大发生的原因及防治措施［J］．落叶果树（4）：49-50．

李蕊林，焦瑞莲．2008．核桃几种病虫害的无公害防治技术［J］．河北果树（4）：28-30．

李圣龙，黄剑，高凤英，等．2007．灭幼脲 3 号防治板栗桃蛀螟试验［J］．河北果树（3）：10．

李淑燕，吕义盛，陈玉琴．1995．桃潜叶蛾发生规律与防治研究［J］．农业科技通讯（10）：30．

李树玲，黄礼森，丛佩华．1987．梨树腐烂病发生情况调查［J］．中国果树：36-38．

李双林，万责成，郭光爱，等．2008．新疆博州地区红地球葡萄蔓割病的发生与防治［J］．中外葡萄与葡萄酒，2：40-41．

李双龙，戴应金，吴代坤．2011．鄂西南核桃主要病虫害及防治方法［J］．四川林业科技，32（3）：116-117．

李顺兴，郭香环．1989．桃蛀螟成虫发生规律及防治［J］．果树科学，6（3）：190-191．

李素春，刘加博，贺德菊．1990．泰山 1 号线虫防治桃小食心虫的研究［J］．植物保护学报，17（3）：237-240．

李素春，练健生，杨平，等．1986．昆虫病原线虫泰山Ⅰ号的研究［J］．植物保护学报，13（4）：267-272．

李素春，等．1984．利用新线虫防治桃小食心虫的研究［J］．中国果树，4：31-36．

李愫娟．2011．不同药剂对梨轮纹病室内毒力测定［J］．农技服务，28（2）：207．

李卫东，曹忠莲，师光禄，等．康氏粉蚧空间分布型研究［J］．山西农业大学学报，20（3）：211-214．

李文慧，赵英，牛建新，等．2010．苹果茎痘病毒库尔勒香梨分离物外壳蛋白基因的原核表达［J］．新疆农业科学，47（5）：921-924．

李文慧．2010．库尔勒香梨苹果茎痘病毒外壳蛋白基因的克隆与原核表达［D］．石河子：石河子大学．

李文金，蔚承祥，张连忠，等．2003．4 个草莓品种抗白粉病的调查［J］．中国果树（1）：30-31．

李文亮，李定旭，董钧锋，等．2010．梨小食心虫发育起点温度和有效积温研究［J］．河南农业科学，10：80-82．

李文亮，等．2010．梨小食心虫发育起点温度和有效积温研究［J］．河南农业科学（10）：80-82．

李文强，洪波，贺达汉，等．2001．黑绒鳃金龟种群发生及测报技术的研究［J］．宁夏农学院学报，22（2）：5-10．

李夏鸣．1995．桃红颈天牛生物学特性及其防治［J］．山西农业科学，23（1）：62-63．

李先明．1999．武汉地区梨实蜂发生特点及防治［J］．湖北植保（4）：20-21．

李祥，等．2007．果袋透气性对苹果黑点病、Pb 及总酸含量的影响［J］．农业工程学报（6）：259-261．

李小燕，蔺国菊，葛红霞，等．2002．苹果病毒病发生及防治趋势［J］．北方园艺（3）：66-67．

李晓军．2008．果树病虫害综合防治技术［J］．落叶果树（3）：1-2．

李晓阳，刘亚东．206．辽西地区核桃黑斑病的发生与防治［J］．中国林副特产（1）：18-19．

李兴红，燕继晔．2012．图说葡萄病虫害防治关键技术［M］．北京：中国农业出版社．

李岩涛，张力军．1986．山楂粉蝶发生为害及其防治的研究［J］．内蒙古农牧学院学报，7（2）：143-154．

李洋，刘长远，陈秀蓉．2009．辽宁省葡萄炭疽菌鉴定及对多菌灵敏感性研究［J］．植物保护，35（4）：74-77．

李瑶，承河元．2000．梨锈病病菌生态位研究［J］．应用生态学报，11（4）：612-614．

李怡萍，袁向群，仵均祥，等．2010．梨瘿蚊的危害特点及药剂防治技术研究［J］．西北农林科技大学学报：自然科学版，38（6）：171-175．

李奕震，易叶华，谢治芳．2003．栗树芽内酚类物质含量与抗栗瘿蜂的关系［J］．华南农业大学学报：自然科学版，24（2）：91-92．

李永才，毕阳．2008．钼酸铵和焦亚硫酸钠对采后苹果青霉病和黑斑病的控制［J］．食品科技（12）：238-240．

李宇慧．2006．梨黄粉蚜在套袋梨上的危害与防治［J］．广西园艺，17（6）：34-35．

李振兴，李海力，马才占，等．2003．栗瘿蜂发生规律及其防治［J］．河北林业科技（2）：22-23，33．

李知行，蒯传化，杨明河，等．1986．葡萄卷叶指示研究［J］．林业科技通讯（9）：26-27．

李知行．1992．葡萄病虫害防治［M］．北京：金盾出版社．

李志刚．2007．葡萄黑痘病发生条件的生物学调查［J］．北京农业（9）：34-36．

李志欣，刘进余，孙秀坤．2010．梨茎蜂发生规律与无公害防治技术［J］．西北园艺（12）：31．

李宗侠.1997.防治燕山板栗桃蛀螟方法 [J].山西果树 (3)：45.

廉慧草，姚俊蕊，田晶，等.2007.金纹细蛾与苹小卷叶蛾性诱剂果园应用效果调查 [J].山西农业大学学报：自然科学版，27 (4)：412-413.

梁泊，韩新明，张承胤，等.2009.桃潜叶蛾发生规律及综合防治措施 [J].落叶果树 (5)：28-29.

梁泊，李三东.1997.桃潜叶蛾的生活习性及防治 [J].烟台果树 (4)：31-32.

梁泊，许跃东，唐欣甫.1999.二斑叶螨在平谷发生状况调查及防治试验 [J].河北果树，4：33-34.

梁春浩，刘长远，苗则彦，等.2009.几种杀菌剂及混剂对葡萄褐斑病的生物活性测定 [J].农药，1 (48)：66-68.

梁春浩，赵奎华，刘长远.2010.葡萄褐斑病研究进展 [J].辽宁农业科学 (增刊)：117-119.

梁瑞郑，宋雅琴，阳廷密，等.2010.桂北葡萄枝枯病的调查及其防治初试 [J].南方园艺，21 (6)：30-32.

梁瑞郑，阳爱民.2008.桂林早熟梨果实轮纹病发生规律及其防治 [J].广西园艺，19 (8)：33-36.

梁铁，等.1999.新疆梨树蚧类及优势天敌的生物学和蚧类防治 [J].中国果树 (2)：29-30.

梁亚杰，赵家英，马德钦，等.1990.应用生物3型放射土壤杆菌防治葡萄冠瘿瘤形成的研究 [J].微生物学报，30 (3)：165-171.

梁志宏，王慧敏，王建辉.2001.E26防治植物根癌病的效果及其稳定性初步研究 [J].中国农业大学学报，6：91-95.

林明极.2009.康氏粉蚧生活习性及防治技术 [J].北方园艺 (9)：90-91.

林水兰，张秋平，陈显敬.1995.桑白蚧发生期的预测及防治 [J].福建果树，2：29-30.

林文力，牟海青，赵文军，等.2010.枣疯病植原体 tuf 和 rp 基因的克隆与序列分析 [J].微生物学报，50 (10)：1313-1319.

林云光，张宝军，年志伟，等.2007.油桃梨小食心虫防治 [J].北方果树 (4)：29.

林志雄，彭群，曾杨，等.2010.栗瘿蜂在中国板栗和日本栗上的危害率调查 [J].广东农业科学 (12)：81-82.

林仲桂，雷玉兰.2001.衡阳地区黄刺蛾生活史及滞育习性观察 [J].湖南环境生物职业技术学院学报，7 (1)：49-51.

蔺成武.1999.防治桃疮痂病的特效药剂-40%福星EC [J].烟台果树 (1)：54.

蔺经，等.2004.不同梨树品种对梨锈病的田间抗性调查 [J].江苏农业科学 (1)：73-74.

蔺经，等.2009.嘧霉胺对梨黑斑病菌 (*Alternaria alternata*) 的毒力及其药效评价 [J].植物保护，35 (4)：162-163.

蔺经，等.2011.鲍曼菌素对梨轮纹病病菌的毒力及其药效评价 [J].湖南农业大学学报：自然科学版，37 (1)：52-54.

刘爱华，王登元，张新平，等.2010.新疆苹果小吉丁优势天敌控害效果初探 [J].新疆农业科学，47 (8)：1522-1525.

刘宝生，等.2011.美国白蛾各虫态发育历期试验观察 [J].天津农业科学，17 (5)：124-126.

刘碧荣，沈瑞祥.1984.矩圆黑盘孢的分离及其生物学特性 [J].林业科技 (4)：15-17.

刘彬声.1982.桃红颈天牛生活习性及防治 [J].中国果树 (2)：45-49.

刘斌.2009.桃蛀螟危害脐橙果实的特点及综合防治技术初报 [J].南方园艺，20 (4)：29-30.

刘兵，王洪平，赵文珊，等.1992.山楂新害虫超小卷叶蛾 (*Pammene* sp.) 的研究 [J].沈阳农业大学学报，23 (3)：192-195.

刘兵，王洪平，赵文珊.1994.桃白小卷蛾和梨食芽蛾辨正 [J].昆虫知识，31 (6)：347-350.

刘兵，赵文珊.1981.白小食心虫生活习性及其防治 [J].新农业 (14)：16.

刘长富，薛铎，郭秀兰.1983.山楂绢粉蝶的初步研究 [J].应用昆虫学报 (1)：26-28.

刘长远，傅俊范，赵奎华，等.2005.沈阳地区葡萄白腐病流行动态预测模型分析 [J].沈阳农业大学学报，36 (4)：441-444.

刘长远，傅俊范，赵奎华，等.2007.辽宁省葡萄白腐病的田间发生规律及药剂防治 [J].植物保护，33 (4)：109-112.

刘长远，赵奎华，关天舒，等.1999a.葡萄白腐病毒素研究 [J].沈阳农业大学学报，30 (1)：58-60.

刘长远，赵奎华，王克，等.1999b.我国葡萄白腐病菌分类地位的重新确定研究 [J].植物病理学报，29 (2)：174-176.

刘常红，李辉，叶航，等.2009.长柄扁桃对根癌病的抗性研究 [J].北京农学院学报，24 (3)：14-16.

刘成，等.2009a.梨对黑星病的抗病性及其机理研究进展 [J].果树学报，26 (1)：209-212.

刘成，等.2009b.梨黑星病研究进展 [J].北方园艺，6：119-124.

刘成，等.2009c.梨抗黑星病基因的AFLP分子标记 [J].果树学报，26 (4)：553-558.

刘崇怀，孔庆山.1998.葡萄种质资源卷叶病毒病田间自然法调查 [J].果树科学，15 (3)：28-231.

刘春艳，郝永娟，王勇，等.2004.40%氟硅唑乳油对葡萄病的药效试验 [J].植物保护，30 (5)：77.

刘芳洁，2011.核桃举肢蛾的生物学习性与温湿度的关系 [J].山西农业科学，39 (3)：270-272.

刘凤芝.1995.苹果花腐病发病规律及防御对策 [J].中国林副特产 (1).

刘福昌，王焕玉.1989.苹果潜隐病毒 (Latent Virus) 研究Ⅱ.苹果品种和矮生砧木潜隐病毒鉴定 [J].植物病理学报，19 (4)：193-197.

刘会梅，孙绪艮，王向军，等.2003.山楂叶螨滞育的初步研究 [J].昆虫学报，46 (4)：500-504.

刘会宁，李丛玉，吴广宇，等 . 2002. 欧亚种葡萄对黑痘病的抗性研究 [J] . 湖北农学院学报，22 (3)：210 - 212.

刘会宁，李华 . 2004. 欧亚种葡萄对白粉病与霜霉病的抗性研究 [J] . 东北农业大学学报，35 (3)：302 - 308.

刘会宁，朱建强 . 2001. 葡萄白粉病与霜霉病抗性机理分析与探讨 [J] . 东北农业大学学报，32 (3)：303 - 309.

刘会宁 . 1999. 葡萄白粉病的发生及防治 [J] . 北方果树 (2)：25 - 26.

刘会香 . 2001. 苹果霉心病的研究现状及展望 [J] . 水土保持研究 (3)：30.

刘家成，等 . 2004. 梨二叉蚜测报方法研究 [J] . 安徽农业科学，32 (2)：335 - 336.

刘家成，夏风，王学良 . 2004. 安徽省茶翅蝽测报方法 [J] . 安徽农业科学，32 (1)：72 - 73.

刘建华，王福涛 . 1998. 梨园新害虫——梨叶肿瘿螨 [J] . 北方果树 (1)：36.

刘建军，扬帆，李素芳，等 . 2009. 核桃举肢蛾的测报方法与综合防治 [J] . 绿色植物，7：31 - 32.

刘建生，孙平，李居平，等 . 2000. 二斑叶螨在葡萄上的发生危害与防治 [J] . 植物医生，3：24.

刘杰，陈民生，翟芸香 . 2007. 栗瘿蜂天敌寄生蜂的调查及利用 [J] . 植物检疫 (5)：315 - 316.

刘杰，柳吉春，李克庆 . 2008. 栗瘿蜂的生物学特性观察及综合防治 [J] . 植物检疫 (4)：264 - 265.

刘洁，王梅英，王学良 . 2009. 葡萄炭疽病的测报方法研究 [J] . 安徽农学通报，15 (16)：145.

刘晶华，金伟，侯迎春 . 2006. 对梨小食心虫测报方法及防治适期的研究 [J] . 北方果树 (4)：48 - 49.

刘俊生，张战利 . 2006. 苹果园病虫害系统管理规范刍议 [J] . 中国植保导刊 (10) .

刘开启，牟惠芳，刘晖，等 . 1995. 山东省山楂病害的研究 [J] . 山东农业大学学报，26 (1)：17 - 22.

刘开启，徐洪富 . 1995. 干果病虫害原色图谱 [M] . 济南：山东科学技术出版社 .

刘莉，等 . 2009. 砀山酥梨黑星病综合防治决策支持系统的设计与实现 [J] . 安徽农业大学学报，36 (4)：688 - 692.

刘立新，武志坚 . 2009. 桃树红颈天牛的发生规律与防治方法 [J] . 烟台果树 (3)：33.

刘孟军，赵锦，周俊义 . 2009. 枣疯病 [M] . 北京：中国农业出版社 .

刘孟英，曾考农，阎忠诚 . 1980. 合成桃小食心虫性信息素的活性鉴定 [J] . 昆虫知识，17 (3)：120 - 122.

刘宁，文丽萍，何康来，等 . 2005. 不同地理种群亚洲玉米螟抗寒力研究 [J] . 植物保护学报，32 (2)：163 - 168.

刘苹，郝国青 . 2010. 林州市舞毒蛾的发生规律及防治技术 [J] . 现代农业科技 (20)：201，203.

刘奇志，王玉柱，周杰良 . 1999. 桃红颈天牛蛀道及排烘特性的研究 [J] . 中国农业大学学报，4 (5)：87 - 91.

刘奇志，严毓骅，宋艳丽 . 2003. 几种桃红颈天牛防治方法的比较 [J] . 植物保护，29 (3)：57 - 58.

刘芹轩，王连全 . 1965. 山楂红蜘蛛生物学研究 [J] . 昆虫知识，9 (5)：283 - 286.

刘仁道，邓国涛，刘勇 . 2008. 不同梨品种对梨黑斑病抗性差异研究 [J] . 北方园艺 (3)：6 - 8.

刘三军，张亚冰，郭卫东，等 . 2002. 葡萄卷叶病毒Ⅲ RT - PCR 检测技术研究 [J] . 果树学报，19 (1)：15 - 18.

刘绍基，王培 . 1992. 葡萄白腐病 [*Coniothyrium diplodiella* (Speg) Sacc] 生物学及防治 [J] . 西南农业大学学报 (6)：504 - 506.

刘升基 . 2011. 果树蛀干性害虫防治技术 [J] . 烟台果树，1 (113)：51 - 52.

刘世骐 . 1986. 核桃溃疡病的研究 [J] . 安徽农学院学报 (2)：1 - 6.

刘寿民，等 . 2000. 梨星毛虫在甘肃陇东地区的生活史及寄生性天敌 [J] . 昆虫知识，37 (3)：168 - 169.

刘书晓 . 2002. 葡萄白腐病的发生条件及防治 [J] . 河北果树，2：41.

刘素云，王月霞，郑春彦 . 2010. 太行山区早实核桃园主要病虫害综合防控技术 [J] . 河北林业科技 (2)：72 - 73.

刘先琴，等 . 2007. 湖北省砂梨主要病虫害发生演替与防治对策 [J] . 中国果树 (6)：51 - 53.

刘先琴，秦伸麒，李先明 . 2000. 梨网蝽的发生规律及防治技术 [J] . 湖北植保 (6)：26 - 27.

刘贤谦，阎雄飞，冀卫荣，等 . 2006. 万寿菊根氯仿提取物对枣尺蠖的光化学活性研究 [J] . 林业科学，42 (10)：139 - 143.

刘晓，Bosca D，Raimondi T，等 . 2004. 四川葡萄病毒病田间普查和血清学鉴定 [J] . 西南农业学报，17 (1)：52 - 56.

刘晓光，陈志 . 2008. 冀东地区大樱桃桑白蚧发生规律及防治方法 [J] . 中国果树，6：74.

刘晓菊 . 2010. 葡萄褐斑病的发生与防治方法 [J] . 北方园艺 (1)：190 - 191.

刘晓琳，夏春菊，郝永娟，等 . 2006. 天津地区苹果主要病虫害综合防治技术 [J] . 天津农业科学 (2)：71 - 72.

刘晓云，景耀，杨俊秀 . 1995. 植物炭疽菌研究文献综述 [J] . 西北林学院学报，10 (4)：105 - 111.

刘幸红，牛赡光，刘愍，等 . 2008. 冬枣绿盲蝽越冬卵毒力测定与田间防治试验 [J] . 山东林业科技 (3)：32 - 33.

刘学辉，孟庆英，李中新，等 . 2007. 针叶小爪螨在四种寄主植物上的生物学特性差异 [J] . 中国森林病虫，26 (1)：15 - 17.

刘耀叶 . 2010. 梨瘤蛾的发生与防治 [J] . 西北园艺 (4)：52.

刘英华 . 2009. 苹果茎痘病毒 cp 基因介导病毒抗性研究及其植物表达载体的构建 [D] . 武汉：华中农业大学 .

刘英胜 . 2011a. 苹果根朽病的发生危害与防治措施 [J] . 果农之友，10：107 - 108.

刘英胜 . 2011b. 苹果根朽病的发生与防治 [J] . 山西果树 (6)：30 - 31.

刘永光 . 2009. 山东省桑萎缩、枣疯病、竹丛枝及三种新植原体病害分子检测与鉴定 [D] . 泰安：山东农业大学 .

刘永杰，万新 . 2002. 梨圆蚧在新疆库尔勒地区的发生与防治 [J] . 落叶果树 (4)：53.

刘永生，丁强 . 2001. 栗瘿蜂消长规律及综合防治技术研究 [J] . 湖北农业科学 (2)：45 - 48.

刘永生，匡银近 . 2001. 湖北吸果夜蛾优势种的发生与防治 [J] . 植物保护，27 (1)：31 - 32.

刘永生 . 2001. 梨茎蜂发生规律及防治技术研究 [J] . 浙江林业科技，21 (1)：47 - 48.

刘永生 . 2002. 栗大蚜生物学特性及防治 [J] . 农资科技 (3)：25 - 26.

刘邮洲，等 . 2009a. 不同梨品种对黑斑病抗性鉴定 [J] . 江苏农业科学，3：125 - 127.

刘邮洲，等 . 2009b. 梨轮纹病拮抗细菌的筛选与评价 [J] . 果树学报，26 (3)：344 - 348.

刘邮洲，等 . 2010a. 化学药剂敌力脱与拮抗菌协同作用防治梨轮纹病研究 [J] . 果树学报，27 (1)：82 - 87.

刘邮洲，等 . 2010b. 碳酸氢钠 (NaHCO₃) 对生防菌防治采后梨轮纹病的影响 [J] . 果树学报，27 (5)：757 - 763.

刘友樵，李广武 . 2002. 中国动物志昆虫纲第 27 卷：鳞翅目卷蛾科 [M] . 北京：科学出版社 .

刘玉莲，等 . 2007. 陕西套袋苹果黑点病发生规律研究 [J] . 西北农林学院学报 (2)：116 - 119.

刘玉升，程家安，牟吉元 . 1997. 桃小食心虫的研究概况 [J] . 山东农业大学学报，28 (2)：207 - 214.

刘珍，苗连河 . 1995. 黑缘红瓢虫生物学特性及其对桃球坚蚧的控制能力 [J] . 昆虫知识，32 (3)：159 - 160.

刘珍 . 1996. 桃球坚蚧发生为害及其与黑缘红瓢虫发生消长的关系 [J] . 植物保护，22 (5)：26 - 27.

刘振宇，李士竹 . 1998. 梨树腐烂病病原菌分生孢子萌发特性的研究 [J] . 河北林果研究，13 (4)：367 - 371.

刘振宇，亓玲美 . 2002. 梨树腐烂病病原菌生长特性的研究 [J] . 中国果树，5：7 - 9.

刘峥，张桂兰，黎彦，等 . 1993. 利用昆虫病原线虫防治桃红颈天牛 [J] . 生物防治通报，9 (4)：186.

刘志博，刘志俊，冯文萍，等 . 1999. 溴甲烷的禁用及替代产品的开发 [J] . 农药，38 (1)：38 - 40.

刘仲健，罗焕亮 . 1999. 植原体病理学 [M] . 北京：中国林业出版社 .

柳荣军 . 2010. 核桃细菌性黑斑病的发生及综合防治技术 [J] . 农村实用技术 (8)：49

龙见坤，罗庆怀，曾锡琴，等 . 2008. 贵阳地区黄刺蛾种群发生规律及防治策略 [J] . 昆虫知识，45 (6)：913 - 918.

楼普灿，等 . 1998. 桑天牛卵长尾啮小峰的发生与应用研究 [J] . 中国蚕业 (1)：11 - 12.

卢根良 . 2004. 洛南县核桃病虫害调查与防治对策 [J] . 陕西林业科技 (1)：48 - 49，69.

卢向阳，徐筠，李青元 . 2008. 栗园种植黑麦草和不同刈割方式对针叶小爪螨及其天敌栗钝绥螨种群数量的影响 [J] . 中国生物防治，24 (2)：108 - 111.

陆家云，白金铠，等 . 2001. 植物病原真菌学 [M] . 北京：中国农业出版社 .

陆秀君，刘兵 . 2002. 沈阳地区梨象甲的发生及其生物学特性研究 [J] . 沈阳农业大学学报，33 (2)：100 - 102.

陆燕君 . 1992. 梨树腐烂病病原菌的研究 [J] . 植物病理学报，22 (3)：197 - 203.

逯晋忠，2010. 苏云金芽孢杆菌对云斑天牛的抗性研究 [D] . 武汉：华中农业大学 .

鹿金秋，王振营，何康来，等 . 2009a. 桃蛀螟研究的历史、现状与展望 [J] . 植物保护，36 (2)：31 - 38.

鹿金秋，王振营，何康来，等 . 2009b. 桃蛀螟越冬老熟幼虫过冷却点测定 [J] . 植物保护，35 (2)：44 - 47.

鹿金秋，王振营，何康来，等 . 2010. 桃蛀螟研究的历史、现状与展望 [J] . 植物保护，36 (2)：31 - 38.

鹿金秋 . 2008. 桃蛀螟 *Conogethes puncti feralis* 的发生规律及生物学特性的研究 [D] . 泰安：山东农业大学 .

鹿明芳，贾冬梅 . 2000. 二斑叶螨在胶州的发生与防治 [J] . 北方果树，3：11，22.

鹿世晋，巩振仪，栾同珉 . 1984. 苹果斑点落叶病发生及防治研究初报 [J] . 中国果树 (1)：38 - 43.

吕飞，刘伟，刘顺，等 . 2012. 几种药剂对黑绒鳃金龟成虫的药效评价 [J] . 农药，51 (1)：68 - 70.

吕建坤，等 . 2010. 果园梨星毛虫的发生与防治 [J] . 西北园艺 (12)：26 - 27.

吕军 . 2008. 葡萄根瘤蚜生物学、种群遗传差异及化学防治研究 [D] . 长沙：湖南农业大学 .

吕佩珂，庞震，刘文珍 . 1993. 中国果树病虫原色图谱 [M] . 北京：华夏出版社 .

吕鹏飞，楼杰 . 2005. 高温闷棚防治大棚草莓白粉病技术研究 [J] . 浙江农业科学 (1)：66 - 67.

吕新刚，等 . 2011. 壳聚糖涂膜对苹果虎皮病防治效果与机理研究 [J] . 农业机械学报 (3)：131 - 135.

吕印谱 . 1995. 桃红颈天牛生物学特性及不同虫态防治技术研究 [J] . 河南农业科学 (7)：25 - 27.

吕仲贤，杨樟法，王桂跃，等 . 1995. 玉米螟和桃蛀螟在玉米上的生态位及其种间竞争 [J] . 浙江农业学报，7 (1)：31 - 34.

栾丰刚，郑伟华，李芳，等 . 2006. 吐鲁番葡萄斑叶蝉发生规律及种群空间分布型研究 [J] . 昆虫学报，49 (3)：416 - 420.

罗昌录，曾志平 . 1995. 梨眼天牛的发生与防治 [J] . 江西果树 (4)：36 - 37.

罗江会 . 2006. 桃流胶病的发生及其病原菌研究 [D] . 重庆：西南大学 .

罗军，何美仙 . 2007. 大棚草莓灰霉病的发生及其防治措施 [J] . 安徽农学通报，13 (22)：74 - 75.

罗禄怡，张晓燕，刘春 . 2000. 梨瘿蚊的生物学习性及防治研究 [J] . 中国南方果树，29 (1)：48.

罗世杏 . 2008. 葡萄白粉病侵染过程和葡萄蛋白质双向电泳体系的建立 [D]. 杨凌：西北农林科技大学 .

罗素洁，姚绍运 . 1995. 桃褐腐病的发生特点及防治措施 [J]. 农业科技通讯 (3)：32.

罗维德 . 1980. 栗瘿蜂生物学特性观察与防治方法探讨 [J]. 植物保护学报，7 (4)：227 - 232.

罗维德 . 1983. 栗瘿长尾小蜂生物学特性及寄主效能观察 [J]. 植物保护学报，10 (2)：126.

罗治建，赵升平，曾金，等 . 2000. 板栗桃蛀螟生活史、习性和防治技术研究 [J]. 湖北林业科技 (3)：22 - 23.

麻和水，宋东波，彭志林 . 2008. 葡萄酸腐病综合防治技术 [J]. 果农之友 (8)：49.

马德钦，赵家英，游积峰 . 1994. 广寄主 Ti 质粒 virA 毒力基因对窄寄主根癌农杆菌 M13 -菌寄主范围的扩展作用 [J]. 植物病理学报，24：32 - 37.

马德钦，王慧敏 . 1995. 果树根癌病及其生物防治 [J]. 中国果树，2：42 - 44.

马德英，许克田，王慧卿，等 . 2004. 新疆葡萄斑叶蝉若虫的发育起点温度和有效积温 [J]. 昆虫知识，41 (5)：431 - 433.

马东艳，胡美绒，胡作栋 . 2010. 梨茎蜂的发生规律与综合防治技术 [J]. 西北园艺 (2)：23 - 24.

马改桃，李炳静，阎少琴，等 . 2007. 葡萄白腐病的发生规律及防治 [J]. 研究与讨论 (4)：47 - 48.

马俐，贾炜，洪晓月，等 . 2005. 不同寄主植物对二斑叶螨和朱砂叶螨发育历期和产卵量的影响 [J]. 南京农业大学学报，28 (4)：60 - 64.

马林 . 1986. 山楂白小食心虫发生规律的初步观察 [J]. 辽宁果树 (2)：25 - 27.

马明，等 . 2009. 硼与苹果水心病关系的研究 [J]. 中国果树 (3)：24 - 27.

马起林，姜润丽 . 2012. 苹果苦痘病、痘斑病发生原因及预防 [J]. 西北园艺，2：24 - 25.

马瑞娟，俞明亮，杜平，等 . 2002. 桃流胶病研究进展 [J]. 果树学报，19 (4)：262 - 264.

马瑞燕，荆英，李佐，等 . 2000. 黄斑长翅卷叶蛾行为习性的研究 [J]. 山西农业大学学报：自然科学版，20 (1)：20 - 23.

马淑娥，王家红，徐春荣 . 1998. 二斑叶螨发生规律及防治技术 [J]. 中国果树，2：34 - 36.

马淑娥 . 1998. 梨锈病发病规律及防治技术研究 [J]. 中国果树 (1)：16 - 18.

马天骥 . 2011. 秦安县梨小食心虫加重发生的原因及防治对策 [J]. 甘肃农业，298 (54)：19.

马文会，孙立神，于利国，等 . 2007. 桃红颈天牛发生及生活史的研究 [J]. 华北农学报，22 (增刊)：247 - 249.

马尤光，谢卿楣，蒋捷 . 1993. 福建省板栗疫病的发生 [J]. 福建林业科技，20 (2)：59 - 63.

毛立仁，李春迤，秦德智，等 . 2007. 燕红桃褐腐病的发生与防治 [J]. 北方果树 (5)：32 - 33.

毛振军 . 2010. 桃树根癌病的早期发现与预防 [J]. 山西果树，1：51.

么慧娟 . 1994. 桃潜叶蛾产卵及越冬虫态的观察 [J]. 昆虫知识，34 (1)：10 - 11.

门光耀，任毓忠，吉丽丽，等 . 2011. 几种药剂对葡萄白粉病的防治效果 [J]. 新疆农业科学，48 (4)：677 - 682.

门光耀 . 2010. 石河子地区葡萄白粉病发生规律及药剂防治研究 [D]. 石河子：石河子大学 .

蒙华贞，杨翠芳 . 2004. 梨瘿蚊的发生及防治试验初报 [J]. 中国南方果树，33 (2)：57 - 58.

蒙建儒，张蕴华，于丽辰 . 1985. 桃红颈天牛及其防治研究 [J]. 果树科技通讯 (4)：16 - 22.

孟豪，等 . 2011. 梨小食心虫的天敌资源 [J]. 山西农业科学，39 (8)：858 - 861.

孟保中，张志铭 . 1994. 广义盘多毛孢属 (Pestalotia de Not. s. 1) 分类历史与最新进展 [J]. 河北农业大学学报，17 (4)：87 - 94.

孟和生，王开运，姜兴印，等 . 2001. 二斑叶螨发生危害特点及防治对策 [J]. 昆虫知识，38 (1)：52 - 54.

孟庆杰，王光全 . 2008. 沂蒙山区苹毛金龟子危害特点及防治技术 [J]. 北方园艺 (1)：215 - 216.

孟文 . 1995. 杂食性害虫：桃蛀螟 [M] //中国农作物病虫害：上册 . 北京：中国农业出版社：596 - 598.

孟学文，孟海亮 . 2011. 柿疯树"半疯"现象与柿疯病根治方法 [J]. 山西果树，143 (5)：23 - 24.

苗翠香 . 2009. 葡萄蔓割病的发生与防治 [J]. 北方果树 (4)：46.

明广增，等 . 2001a. 梨实蜂的发生与防治 [J]. 植物保护，27 (4)：49 - 50.

明广增，等 . 2001b. 梨茶翅蝽的发生与防治技术 [J]. 植保技术与推广，21 (6)：20 - 21.

牟慧芳，刘开启，等 . 1985. 山楂枯梢病病原鉴定及防治研究 [J]. 山东农业大学学报 (1 - 2)：55 - 56.

南娟婷，张党部，寇贺文 . 2010. 红提葡萄酸腐病发生原因与防治建议 [J]. 西北园艺 (4)：26 - 27.

聂原 . 1985. 果树病虫害防治学：北方本 [M]. 北京：农业出版社：190 - 191.

宁玉霞，陈建业，王新军 . 2009. 葡萄透翅蛾发生及防治技术 [J]. 湖北植保 (4)：54 - 55.

牛济军 . 2000. 苹果小吉丁虫的发生规律及防治措施 [J]. 甘肃农业科技 (1)：45 - 46.

牛建新，鲁晓燕，陈萍 . 2003. 葡萄扇叶病毒 RT - PCR 检测技术研究 [J]. 西北农业学报，12 (3)：81 - 85.

牛立新 . 1994. 世界葡萄种质资源研究概况 [J]. 葡萄栽培与酿酒 (3)：18 - 20.

牛锐敏，等 . 2005. 苹果虎皮病的研究防治 [J]. 陕西农业科学 (3)：77 - 80.

潘荣光，王春龙，白元俊，等．2004．草莓白粉病化学药剂防治技术研究［J］．辽宁农业科学（1）：12-14.

庞震，曹克诚，等．1991．山楂害虫［M］．太原：山西科学技术出版社．

裴光前，董雅凤，张尊平，等．2010.4种葡萄卷叶病毒多重RT-PCR检测［J］．植物病理学报，40（1）：21-26.

裴光前，董雅凤，张尊平，等．2011．我国葡萄主栽区卷叶病相关病毒种类的检测分析［J］．果树学报，28（3）：93-98.

彭斌，等．2011．苹果轮纹病菌种内遗传多样性研究［J］．中国农业科学，44（6）：1125-1135.

彭福媛，陈子文．1957．昌黎地区葡萄黑痘病的防治研究［J］．植物病理学报，3（2）：193-199.

彭月英，张强潘，陈方景．2010．桃红颈天牛的发生规律及综合防治技术研究［J］．中国园艺文摘，6：140-141.

蒲建霞．2011．甘肃天水苹果园苹果小吉丁虫的防治方法［J］．果树医院（8）：33-34.

朴春树，周玉书，吴元善．1993．二斑叶螨危害果树初报［J］．中国果树，4：24-29.

朴春树，等．1989．苹果园桃小食心虫卵的分布型［J］．中国果树，3：24-27.

浦冠勤，等．2010．中国桑树害虫名录（Ⅺ）［J］．蚕业科学，36（1）：132-137.

栖霞县大庄头公社河西大队果树科研队．1977．烟台地区果树修剪经验讨论会材料——春蜜桃丰产经验［J］．山东果树（4）：20-21.

齐秋锁，郑晓莲，马君玲，等．1995．枣锈病越冬夏孢子萌发生理研究［J］．河北农业大学学报，18（4）：62-66.

齐藤司郎．1988．葡萄炭疽病的综合防治［J］．葡萄栽培与酿酒（2）：42-46.

钱范俊，1996．云斑天牛成虫补充营养源对扩散危害影响的研究［J］．中南林学院学报（2）：62-64.

钱桂芝．1998．草履蚧危害特点及防治方法［J］．林业科技开发（3）：52.

钱天荣．2000．舞毒蛾在美国发生危害及美国农业部采取的措施［J］．植物检疫，14（5）：317-318.

覃国吉．2012．桃褐腐病的发病症状及防治技术［J］．现代农业科技（2）：178.

秦国政，等．2003．三种拮抗酵母菌对苹果采后青霉病的抑制效果［J］．植物学报（4）：417-421.

秦玉川，等．1990．山楂叶螨与苹果全爪螨混合为害对苹果叶片及果实的影响［J］．植物保护学报，17（4）：349-353.

秦玉川．1994．苹果全爪螨种群发生高峰日的模糊测报［J］．植物保护学报，21（2）：177-182.

秦占毅，岳彩霞．2006．无核白葡萄酸腐病防治技术要点［J］．农业科技与信息（10）：21.

卿厚明，张延平．2010．核桃树腐烂病重发原因与防治措施［J］．西北园艺（8）：30-31.

邱明榜，王尊农．1989．苹果绵蚜的发生及检疫与防治［J］．植物检疫，3（1）：21-23.

邱同铎，陈汉杰，毛文付，等．1987．桃小食心虫在黄河故道地区苹果树上的发生规律［J］．果树科学，4（2）：33-35.

邱同铎，李磊，陈汉杰．1985a．甲基异柳磷地面施药防治桃小食心虫试验［J］．果树科学，2（2）：38-41.

邱同铎，李磊，陈汉杰．1985b．桃小食心虫雌蛾延迟交配对寿命及其繁殖力的影响［J］．果树科学，2：23-24.

邱同铎．1966．石灰硫磺合剂对山楂红蜘蛛的药效［J］．昆虫知识，10（1）：41-44.

邱益三，范亦刚．1994．葡萄黑痘病的药剂防治实验［J］．江苏农业科学（5）：39.

裘维蕃．2001．英汉植物病理学词汇［M］．北京：中国农业出版社．

曲文文，杨克强，刘会香，等．2011．山东省核桃主要病害及其综合防治［J］．植物保护，37（2）：136-140.

屈邦选，师维新，王伟平，等．1992．柿蒂虫综合治理技术的研究［J］．西北林学院学报，7（4）：66-71.

屈海泳，罗曼，蒋立科，等．2004.T90-1木霉菌的筛选和对草莓灰霉病菌作用机制的研究［J］．微生物学报，44（2）：244-247.

屈振刚，刘文旭，路子云，等．2010．河北省梨小食心虫田间种群动态调查［J］．河北农业科学，14（8）：141-145.

全国农业技术推广服务中心．2001．植物检疫性有害生物图鉴［M］．北京：中国农业出版社：166-168.

任进兴，朱志斌，李文敏．2003．日本球坚蚧周年综合防治［J］．西北园艺，12：31-32.

任进兴，朱志斌，邵欧洋，等．2003．日本球坚蚧的发生规律与综合防治研究［J］．陕西农业科学，6：93-95.

任丽华，郑国相，李晓阳，等．2004．核桃黑斑病对核桃不同品种危害程度的调查［J］．北方果树（2）：28-29.

任利利，王焱，马风林，等．2007．上海地区果树根癌病发生与土壤环境的关系［J］．生态环境，16（2）：498-502.

任卫红，李跃，赵恒刚．2006．河北省补充检疫病害——菊花叶枯线虫病、板栗疫病［J］．河北林业科技（2）：58-59.

山川隆平．1991a．葡萄根癌病的发生及其生态［J］．房道亮，译．植物防疫，45（8）：327-331.

山川隆平．1991b．葡萄根癌病的发生生态和防治［J］．刘永军，译．农耕园艺（1）：204-206.

山东葡萄试验站．1976．葡萄短须螨（Brevipalpus sp.）发生防治研究（初报）［J］．果树生产简讯（1）：17-21.

陕西果树研究所，王仁梓．1978．柿［M］．北京：中国林业出版社：113-133.

商艳朝．2001．苹果轮纹病防治法［J］．河北农业（6）．

邵嘉鸣，张述义．1994．核桃枝枯病菌生物学特性研究及药剂毒力测定［J］．山西农业科学，22（1）：49-51.

沈德绪．1984．果树育种学［M］.2版．北京：中国农业出版社．

沈莉．2008．山楂粉蝶的生物防治措施［J］．北京农业（13）：33-34.

沈淑琳．1992．葡萄病虫害及其防治［M］．北京：中国林业出版社．

沈幼莲，劳冲．2001．梨园蚧的发生危害及其防治［J］．植物保护，27（3）：30-31.

施慧君．2009．核桃黑斑病防治措施［J］．云南林业，30（5）：41.

施守华，胡长安，韦永保，等．2006．保护地草莓灰霉病发生规律及防治技术［J］．安徽农学通报，12（6）：181-182.

施寿．1998a．梨实蜂在兰州南山生活史调查与防治对策［J］．兰州科技情报（4）：10.

施寿．1998b．山楂白粉病发生规律及其防治的研究［J］．兰州科技情报，27（1）：6-8.

石红霞．1996．山楂叶螨的发生与防治［J］．河南农业，7：13.

史爱霞，支小明，王春绪，等．2010．陇县核桃黑斑病发生原因与综合防治措施［J］．陕西农业科学（3）：118-119.

史桂萍．2004．核桃果实黑斑病的发生规律及防治技术研究［J］．甘肃科技，20（9）：184-185.

司胜利．1995．核桃病虫害防治［M］．北京：金盾出版社．

宋威，邓志刚，薛俊华．2011．黄褐天幕毛虫的生活习性及防治［J］．国土绿化（11）：47.

宋波，迟全鹏，贺长映．2004．草莓白粉病化学防治的现状与展望［J］．中国南方果树，33（2）：63-64.

宋继学，李东鸿．2009．核桃举肢蛾发生规律和防治研究［J］．西北林学院学报，5（1）：40-44.

宋金东，2010．富平县柿蒂虫发生特点与综合防治技术［J］．现代农村科技（11）：24-25.

宋来庆，赵玲玲，赵华渊．2008．葡萄酸腐病发病原因及防治对策分析［J］．烟台果树，103（3）：38-39.

宋梅亭，冯玉增．2010．核桃病虫害诊治原色图谱［M］．北京：科学技术文献出版社．

宋任贤．2009．栗瘿蜂发生与防治的研究进展［J］．北方果树（3）：1-3.

宋萧予．2007．云斑天牛对补充营养寄主的选择性研究［D］．雅安：四川农业大学．

宋艳苏，等．2010．苹果茎沟病毒外壳蛋白基因的原核表达及抗血清的制备［J］．果树学报，27（5）：752-756.

苏宝玲，黄华，刘广纯，等．2011．铜绿丽金龟发育起点温度与有效积温的研究［J］．北方园艺（19）：134-136.

苏佳明，等．2011.2010年西洋梨轮纹病大发生原因浅析［J］．烟台果树，133（1）：30.

苏奎丽．2010．葡萄炭疽病发生规律及防治药剂筛选的研究［D］．北京：中国农业科学院植物保护研究所．

孙翠华．2001．栗瘿蜂的发生与防治［J］．湖北农业科学（1）：39.

孙东明．1979．山楂木蠹蛾调查研究及其防治［J］．北方果树（1）：34-35.

孙海生，樊秀彩，刘崇怀，等．2008．葡萄种质抗葡萄根瘤蚜田间鉴定［J］．中国果树（3）：44-46.

孙建东．2008．桃树几种主要害虫的越冬习性及防治［J］．河北果树（2）：17.

孙力华，李燕杰，五海英．1991．山楂喀木虱的初步研究［J］．植物保护（3）：9-10.

孙立全，张和琴，李元英．1987．采用染色标记法研究不育桃小食心虫（Carposina nipponensis Wals.）扩散规律［J］．核农学报，1（03）：29-37.

孙明荣，李克庆，朱九军，等．2002．三种啄木鸟的繁殖习性及对昆虫的取食研究［J］．中国森林病虫，21（2）：12-14.

孙瑞红，李爱华，谷洪仓，等．1999a．金纹细蛾对苹果树的危害及防治指标研究［J］．中国果树，1（4）：38-39.

孙瑞红，李爱华，李晓军，等．2008．利用昆虫病原线虫TS1防治桃绒金龟子研究初报［J］．落叶果树（3）．

孙瑞红，孙菊新，李爱华，等．1999b．灭幼脲三号对金纹细蛾的防治作用研究［J］．农药学学报，1（1）：51-56.

孙文科．2008．梨树轮纹病的发生与防治［J］．农技服务，25（4）：66-67.

孙文元，翟玉柱，赵凤岩．1999．草莓灰霉病菌的培养及其毒素的生物测定［J］．华北农学报，14（增刊）：112-116.

孙绪艮，苗良．1990．针叶小爪螨研究初报［J］．山东农业大学学报，21（3）：41-46.

孙绪艮，徐常青，周成刚，等．2000．针叶小爪螨不同种群在针叶树和阔叶树上的生长发育和繁殖及其生殖隔离［J］．昆虫学报，43（1）：52-57.

孙绪艮，周成刚，刘玉美，等．1994．生态因子对针叶小爪螨的影响［J］．森林病虫通讯（1）：7-9.

孙绪艮，周成刚，张小娣，等．1992．针叶小爪螨发生规律研究［J］．山东林业科技（林木保护专辑）：20-23.

孙绪艮，周成刚，张小娣，等．1993．针叶小爪螨预测预报方法研究［J］．山东林业科技（1）：49-50.

孙绪艮，周成刚，张小娣，等．1995．针叶小爪螨的滞育研究［J］．昆虫学报，38（3）：305-311.

孙绪艮，周成刚．1996．温度对针叶小爪螨的影响［J］．山东农业大学学报：自然科学版，27（4）：407-412.

孙亚峰，张黎明，李长浩．2011．天幕毛虫的生物特性和天敌种类研究［J］．长春大学学报，21（6）：72-75.

孙亚萍，徐兆波．2011．多功能可降解液态地膜在葡萄白腐病防治上的应用效果研究［J］．现代农业科技（1）：182.

孙艳丽，王慧敏，王建辉．2001．土壤杆菌E26菌剂防治葡萄根癌病机制的初步研究［J］．植物病理学报：增刊，31（3）：122-126.

孙阳．2010．核桃细菌性黑斑病及防治［J］．落叶果树（6）：36-37.

孙阳．2012．不同药剂防治核桃细菌性黑斑病田间药效试验［J］．山东农业科学，44（1）：93-94.

孙益知，张文军，1993．土壤温湿度对核桃举肢蛾发育的影响［J］．西北农业大学学报，21（1）：106-108.

孙永安，高犁牛，王万章．1979．枣锈病研究初报［J］．百泉农专学报，2：70-76.

孙永春．1980．中国森林昆虫［M］．北京：中国林业出版社．

孙元峰，孙斌，衡雪梅，等.2005.温室杏桑白蚧发生规律及防治技术研究［J］.果树学报，22（5）：570-572.

孙元友，李颖，薛俊华.2009.铜绿丽金龟的生活习性及其防治技术［J］.吉林林业科技（38）：54-55.

孙元友，田玉梅，张晓光.1999.黄刺蛾天敌调查方法的研究［J］.吉林林业科技（4）：12-14.

孙蕴晖，张中义.1990.云南葡萄病害研究初报［J］.云南农业大学学报，3（5）：150-156.

孙中朴，王金良.1997.桃蛀螟的发生与气象因子的关系［J］.河北果树，32（1）：45-46.

孙忠朴，孟繁玉，许佃永.1987.敌杀死防治山楂桃小食心虫试验［J］.山西果树（1）：25，36.

太一梅，等.2004.昆明地区梨树蚜虫及天敌数量动态研究［J］.西南农业学报，17（3）：337-339.

太一梅，赵锁，刘新文.2005.昆明地区梨煤污病发生规律与防治［J］.植物保护，31（3）：90-91.

谭昌华，代汉平，雷家军.2003a.世界草莓生产与贸易现状及发展趋势（上）［J］.世界农业（5）：10-12.

谭昌华，代汉平，雷家军.2003b.世界草莓生产与贸易现状及发展趋势（下）［J］.世界农业（6）：16-19.

汤祊德，郝静钧.1995.中国珠蚧科及其他［M］.北京：中国农业科学技术出版社.

汤祊德.1991.中国蚧科［M］.太原：山西高校联合出版社.

汤才，袁荣兰，虞国跃.1992.抗栗瘿蜂优良板栗品种的选择研究［J］.浙江林学院学报（2）：179-184.

汤建华，刘惠英，王小光，等.2000.针叶小爪螨冬卵数量变动及发育规律的初步研究［J］.河北林果研究，15（3）：265-268.

唐成，潘武全，龙万辉，等.2005.德阳市杨树云斑天牛发生情况及防治措施［J］.四川林业科技，26（6）：62-64.

唐冠忠，杨爽，尹万民，等.2011.舞毒蛾科学防控策略［J］.河北林业科技（5）：58-59.

唐明富.2011.楚雄市核桃主要病虫害的防治技术［J］.云南农业科技（6）：49-52.

唐小华，姜礼元，唐陆法.2004.千岛无核柿病害综合防治技术研究［J］.江苏林业科技，31（4）：11-15.

唐旭蔚，杨剑，谢普清.2003.不同板栗品种对桃蛀螟抗性调查初报［J］.经济林研究，21（2）：42-43.

唐燕平，衡学敏.2004.检疫害虫美国白蛾生物学特性的研究［J］.安徽农业科学，32（2）：250-251.

陶万强，邢彦峰，王合，等.2004.桃树根癌病防治技术［J］.中国果树，2：46-47.

田家怡，刘俊展，刘庆年，等.2004.山东外来入侵有害生物与综合防治技术［M］.北京：科学出版社：240-242.

田连生，王伟华，石万龙，等.2000.利用木霉防治大棚草莓灰霉病［J］.植物保护，26（2）：47-48.

田敏爵，刘风利，董军强，2010.商洛地区核桃举肢蛾的生活史及防治［J］.西北林学院学报，25（2）：127-129.

田沛雨.2011.梨木虱跳小蜂及其保护利用［J］.山西果树（4）：56-57.

田淑芬.2009.中国葡萄产业态势分析［J］.中外葡萄与葡萄酒（1）：64-66.

田旭东，张风舞，孙淑梅，等.1988.凹缘菱纹叶蝉的越冬习性与传播枣疯病的关系［J］.植物病理学报，18（2）：41-44.

仝月澳，等.1980.石灰性土壤上"元帅"苹果水心病与果实无机组成和氮素水平的关系［J］.中国农业科学（1）：67-71.

涂洪涛，张金勇，陈汉杰，等.2009.12种杀螨剂对山楂叶螨防效评价及其对天敌塔六点蓟马的影响［J］.农药，3：213-218.

万四新，王凤霞.2004.葡萄透翅蛾的监测预报及防治策略［J］.河南林业科技，24（4）：50-51.

万渊，等.2010.赣中地区梨园梨小食心虫的发生规律与防治［J］.中国果树（1）：38-40.

汪建国，沈水土，柯汉云，等.2002.世高防治草莓白粉病试验［J］.浙江农业科学（3）：141-142.

汪良驹，等.2001.苹果苦痘病的发生与钙、镁离子及抗氧化酶活性的关系［J］.园艺学报，28（3）：200-205.

王衬，刘守柱.2010.聊城市蜗牛发生危害状况及防治措施［J］.北方园艺（21）：191-193.

王成石，邢岩.1988.桃潜叶蛾的发生及防治［J］.新农业（3）：14.

王春艳.1997.草莓灰霉病发生危害及防治研究初报［J］.植物保护，23（3）：32-33.

王冬，梁鹏，刘晓菊.2009.苹果花腐病发病规律及防治措施［J］.河北果树（1）：36.

王飞高，易为，樊建庭.2010.性信息素诱杀山地果园梨小食心虫效果比较［J］.中国森林病虫（2）：41-43.

王菲，张婉爽，李红伟.2012.桃褐腐病的发生与防治［J］.农业科技与信息（5）：58-59.

王峰.2007.葡萄白腐病的发生与防治技术［J］.河北果树，2：23.

王凤，等.2006a.褐边绿刺蛾越冬茧的空间格局与抽样技术研究［J］.浙江农业学报，18（6）：448-452.

王凤，等.2006b.绿化植物五种刺蛾生物学特性比较［J］.中国森林病虫，25（5）：11-15.

王凤，等.2008.褐边绿刺蛾的取食行为和取食量［J］.昆虫知识，45（2）：233-235.

王福利，陈庆.1992.桃红颈天牛幼虫种群空间分布型及应用研究［J］.河北科学院学报，7（3）：214-217.

王桂平，王国祥.2005.桃园桑白蚧的防治技术［J］.山西果树，2：49.

王国平，洪霓，张尊平，等.1994.我国北方梨产区主要品种病毒种类的鉴定研究［J］.中国果树（2）：1-4.

王国平，洪霓，张尊平，等.1996.辽宁、山东葡萄与核果病毒病的田间调查［J］.中国果树（4）：39-41.

王国平，洪霓.1997.我国果树病毒病发生危害现状与防治对策［J］.北方果树（1）：8-10.

王国平.2002.果树无病毒苗木繁育与栽培［M］.北京：金盾出版社.

王国平.2005.果树的脱毒与组织培养［M］.北京：化学工业出版社.

王合，贾建国，刘学文，等.1998.灭幼脲3号防治桃潜叶蛾试验［J］.北京农业科学，16（4）：24-25.

王合，贾建国，于小春，等.1999.桃潜叶蛾发生及防治技术研究［J］.植保技术与推广，19（4）：22-24.

王红旗，范永山，朱世宏，等.2000.山苹果轮纹病分生孢子器开口散播规律及其应用［J］.中国果树（4）：9-12.

王宏，常有宏，陈志谊.2006.梨黑斑病病原菌生物学特性研究［J］.果树学报，23（2）：247-251.

王洪军.2009.桃园梨小食心虫性诱剂应用试验［J］.中国果树（5）：46-48.

王焕玉.1981.苹果斑点落叶病的发生及防治［J］.中国果树（3）：61.

王焕玉.1991.苹果病毒的研究［J］.中国果树（4）：15-17.

王会娟，朱素梅，刘玉祥.2002.核桃主要病虫害的监测与生态防治技术［J］.河北林业科技（3）：14-16.

王惠卿，卫莉，曾继勇.2004.吐鲁番地区水木坚蚧发生规律及防治技术研究初报［J］.中国植保导刊，24（7）：22-23.

王惠卿.2002.吐鲁番地区葡萄根癌病的防治［J］.西北园艺（2）：43.

王慧芙.1981.中国经济昆虫志：第23册螨目　叶螨总科［M］.北京：科学出版社.

王慧敏，梁亚杰，吴印清，等.1990.K84防治桃根癌病田间试验初报［J］.植物病理学报，20（1）：66.

王慧敏，孙艳丽，王建辉.2002.生防菌株E26对部分生态因子影响的初步研究［J］.中国农业科学，35：38-41.

王慧敏.2000.植物根癌病的发生特点与防治对策［J］.世界农业，255：28-30.

王慧卿，王登元，张明智，等.2010.吐鲁番葡萄斑叶蝉生活史及发生消长规律研究［J］.新疆农业科学，47（2）：325-327.

王慧卿，曾继勇，方海龙，等.2004.吐鲁番地区葡萄斑叶蝉发生规律调查初报［J］.中国植保导刊，24（8）：26-27.

王记侠，张新杰，任玉华，等.2007.北方地区部分酿酒葡萄品种短须螨田间调查［J］.植物保护，33（4）：139-140.

王家隆，周义绶.1989.板栗疫病的发病原因与防治［J］.山东林业科技（2）：32-34.

王家民，和喜田.1987.山楂树新害虫——小木蠹蛾［J］.北方果树（1）：34-35.

王建斌，李志勇，尹文强.2003.几种化学药剂对秦星苹果花果疏除的效应［J］.山西果树，94（4）：4-7.

王建义，武三安，唐桦，等.2009.宁夏蚧虫及其天敌［M］.北京：科学出版社.

王金龙，鲁永华.2008.施氮对栗瘿蜂及栗树生长结实的影响［J］.中国种业（2）：54-55.

王金友，朱虹，李美娜，等.1992.苹果斑点落叶病侵染及发生规律研究［J］.中国果树（2）：11-14.

王靖，郭岩彬，王建辉，等.2007.葡萄根癌生防菌株E26生防效果的离体检测方法研究［J］.中国农业科学，40（7）：1395-1402.

王玖荣，吴雪燕，陈亮.2005.梨花网蝽的发生及防治［J］.山西果树（1）：50-51.

王娟.2009.草莓连作障碍综合防治技术研究［J］.中国林副特产（4）：84-88.

王军.2009.生物技术与葡萄遗传育种［J］.中国农业科学，42（8）：2862-2874.

王克，高秀萍，博望衡.1990.葡萄砧木对根癌病的抗性研究［J］.中国果树（3）：12-16.

王克，白金铠，李德章，等.1993.侵染山楂的梨胶锈山楂专化型的鉴定及生物学特性研究［J］.植物病理学报，23（2）：187-192.

王克，王祎，白金铠.1988.山楂黑星病调查初报［J］.中国果树（1）：41-43.

王克.1990.葡萄砧树根癌病抗性的研究［J］.中国果树（3）：12-16.

王兰.2008.香梨树腐烂病病原的生物学性状研究［J］.石河子大学学报：自然科学版，26（3）：299-302.

王立东，等.2011.美国白蛾生物学特性及防治技术［J］.北京农业（36）：68.

王立如，王汉荣，徐永江，等.2009.葡萄白粉病药剂防治及防治技术的改进研究［J］.广东农业科学，12：121-122.

王利平，等.2006.生物素标记cDNA探针杂交检测梨树上3种潜隐病毒研究［J］.植物病理学报，36（6）：488-493.

王连泉，王运兵，王礼山，等.1991.山楂树上白小食心虫的研究［J］.河南职技师院学报，19（3）：31-35，41.

王培松，刘保友，栾炳辉，等.2011.苹果轮纹病菌孢子田间释放规律［J］.湖北农业科学，50：3975-3976.

王鹏，于毅，张思聪，等.2010.桃小食心虫的研究现状［J］.山东农业科学（12）：58-63.

王祈楷，徐绍华，陈子文，等.1981.枣疯病的研究［J］.植物病理学报，11（1）：15-18，69-70.

王强，罗巨海，李磊，等.2008.葡萄根癌病的发生和防治［J］.新疆农垦科技（6）：29-30.

王仁梓.2009.柿炭疽病的田间症状与防治方法［J］.科学种养（3）：26.

王瑞，1994.核桃举肢蛾室内饲养观察［J］.山西农业大学学报，17（1）：91-94.

王绍卿，童本群，时兴春.1997.栗树枝条中酚类化合物含量与抗栗瘿蜂性状的关系［J］.辽宁林业科技（2）：48-51.

王世伟.2002.梨叶肿瘿螨的发生和防治［J］.农村实用技术（2）：24.

王守聪，钟天润.2006.全国植物检疫性有害生物手册［M］.北京：中国农业出版社：34-40.

王维翙，王维中．1998．山楂喀木虱综合防治技术［J］．辽宁林业科技（3）：61．

王玮，李红旭．2011．平凉和天水梨产区梨二叉蚜发生特点及防治对策［J］．北方园艺（15）：193．

王西存，周洪旭，郭建英，等．2011．苹果绵蚜在不同寄主果园中的种群数量动态比较［J］．生物安全学报，20（3）：220-226．

王西平，王跃进，徐炎，等．2000．葡萄品种黑痘病抗性的研究调查［J］．果树科学，17（3）：188-191．

王习廉，陆近仁．1951．桃潜叶蛾 Tischeria sp. 的生活史（鳞翅目：潜叶蛾科）［J］．中国昆虫学报，1（4）：403-409．

王向阳，曹翔翔，胡本进，等．2011．缓释性信息素迷向防治桃园梨小食心虫试验初报［J］．中国植保导刊，31（2）：38-40．

王向阳，刘伟，张长信．2010．桃树梨小食心虫防治药剂筛选试验［J］．现代农业科技，2：175-177．

王小凤，李秋波，王荣，等．1992．苹果褪绿叶斑病毒和苹果茎沟病毒的鉴定提纯和酶联法检测［J］．微生物学报（2）：137-144．

王晓鸣，李建义．1987．陕西省炭疽菌的研究［J］．真菌学报，8（4）：211-218．

王晓平，韩应群，张勇．2004．北方苹果树腐烂病的发生和防治［J］．中国农村小康科技（3）：12．

王兴旺．2007．核桃举肢蛾生物学特性研究［J］．四川林业科技，28（1）：81-83．

王旭丽，康振生，黄丽丽，等．2007．ITS序列结合培养特征鉴定梨树腐烂病菌［J］．菌物学报，26（4）：517-527．

王学利．1997．顶斑筒天牛发生及防治［J］．天津农林科技（3）：38．

王艳红，韦石泉，李大伟．1996．世界主要葡萄病毒病研究现状［J］．沈阳农业大学学报，27（3）：253-256．

王烨，胡同乐，曹克强．生长季苹果枝干轮纹病病菌分生孢子释放的决定因素［J］．安徽农业科学，38：15002-15004．

王一，等．2010．美国白蛾越冬蛹主要寄生性天敌的研究［J］．沈阳农业大学学报，41（6）：686-689．

王英祥，王革，曾千春，等．1998．果实褐腐病的调查与防治研究［J］．云南农业大学学报，13（1）：29-32．

王英姿，刘学卿，王培松．2007．50％翠贝干悬浮剂防治果树病害试验［J］．中国果树（1）：39-42．

王永博，张玉星．2009．水杨酸诱导鸭梨抗黑斑病机理的研究［J］．园艺学报，36（增刊）：1896．

王永志，高九思．2007．豫西地区葡萄褐斑病暴发为害原因及应对策略［J］．现代农业科技（9）：95-96．

王勇，郭永亮．2005a．早实核桃黑斑病的发生与防治［J］．北方果树（5）：34．

王勇，李鲲鹏，郭永亮．2005b．核桃炭疽病的发生及防治［J］．河北果树（5）：46-47．

王源岷，王英男，徐筠．1989．板栗树针叶小爪螨发生规律及其防治研究［J］．华北农学报，4（4）：98-100．

王源岷，王英男，赵京民．1992．栗榛寨苹果园病虫害综合防治研究［J］．北京农业科学，5：26-30．

王源岷，赵魁杰，徐筠，等．1999．中国落叶果树害虫［M］．北京：知识出版社．

王月霞．2011．早实核桃园溃疡病的发生与防治［J］．河北林业科技（3）：81-82．

王跃进，张剑侠，周鹏，等．2001．中国葡萄属野生种抗白粉病基因的RAPD标记［J］．西北农林科技大学学报，29（1）：1-5．

王跃进，贺普超．1997．中国葡萄属野生种叶片抗白粉病遗传研究［J］．中国农业科学，30（1）：19-25．

王跃进．1993．中国葡萄属野生种对白粉病抗性及遗传的研究［D］．杨凌：西北农业大学．

王云章，郭林．1985．中国胶锈属的分类研究［J］．真菌学报，4（1）：24-34．

王运兵，岳金来，王连泉，等．1994．山楂喀木虱生物学研究及药剂试验［J］．中国果树（2）：30-32．

王兆顺，赵青，杜远鹏，等．2009．不同类型葡萄的根系结构物质特征与抗根瘤蚜的关系［J］．中外葡萄与葡萄酒（1）：12-16．

王振营，何康来，石洁，等．2006．桃蛀螟在玉米上为害加重原因与控制对策［J］．植物保护，32（2）：67-69．

王中华，等．2011．鲍曼菌素对梨黑斑病菌的毒力及药效评价［J］．南方农业学报，42（10）：1217-1220．

王中武，臧慧明．2011a．草莓根腐病病原鉴定及生物学特性研究［J］．广东农业科学（8）：63-64．

王中武，臧慧明．2011b．吉林地区草莓根腐病病原及生物学特性研究［J］．吉林农业科技学院学报，20（1）：1-4．

王忠跃，雷志强，王耀东．2007．葡萄根瘤蚜及其防治［J］．果农之友（2）：33-34．

王忠跃，刘崇怀，潘兴．2004．葡萄酸腐病及防治［J］．果农之友（3）：32．

王忠跃．2009．中国葡萄病虫害与综合防控技术［M］．北京：中国农业出版社．

王忠跃．2010．葡萄根瘤蚜［M］．北京：中国农业出版社．

王壮伟．2003．苹果潜隐性病毒的检测与脱毒技术研究［D］．南京：南京农业大学．

王遵．1994．二点叶螨在苹果树上的发生和防治［J］．山西果树，1：28-29．

王作锰，高锐，李志超，等．1995．吐鲁番地区葡萄病毒病调查［J］．葡萄栽培与酿酒（1）：41-42．

韦继光，徐同，黄伟华，等．2008．从分子系统发育探讨内生拟盘多毛孢与病原拟盘多毛孢的关系［J］．浙江大学学报：农业与生命科学版，34（4）：367-373．

韦继光，徐同，潘秀湖，等．2006．拟盘多毛孢的分类研究进展［J］．广西农业生物科学，25（1）：78-85．

韦士成，岳兰菊 . 2003. 砀山酥梨黄粉蚜的发生与防治技术研究［J］. 安徽农业科学，31（4）：660 - 661.

魏彬 . 2011. 不同土壤理化性质对板栗疫病的影响［J］. 安徽农学通报，17（9）：108 - 109，149.

魏传珍 . 1993. 贮藏期苹果霉心病发病与环境关系的研究［J］. 植物保护学报（2）：117 - 122.

魏景超 . 1979. 真菌鉴定手册［M］. 上海：上海科学技术出版社 .

魏梅生，相宁，张作方，等 . 1995. 用生物素标记外壳蛋白基因 cDNA 探针检测葡萄扇叶及马铃薯 Y 病毒［J］. 植物病理学报，25（4）：331 - 334.

魏宁生，罗世全 . 1962. 陕西关中地区苹果白粉病研究［J］. 植物保护学报（3）.

魏永宝，马翠芬 . 1993. 改善生态条件自然控制栗瘿蜂使板栗增产［J］. 河北果树（3）：16 - 17.

魏治钢，赵莉，杨森 . 2010a. 李斑唇瓢虫成虫对桑白蚧的捕食功能［J］. 昆虫知识，47（1）：146 - 150.

魏治钢，赵莉，杨森 . 2010b. 桑白蚧的研究进展［J］. 新疆农业科学，47（2）：334 - 339.

温鹏飞 . 2008. 葡萄的起源与传播［J］. 农产品加工（10）：12 - 14.

温秀云，曲存英 . 1989. 葡萄蔓割病发生规律与防治的研究［J］. 葡萄栽培与酿酒，2：28 - 33.

温秀云 . 1984. 两种葡萄粉蚧发生与防治研究（初报）［J］. 山东果树，2：17 - 20.

温秀云 . 1995. 葡萄黑腐病［J］. 中外葡萄和葡萄酒（2）：34.

温秀云 . 1999. 如何提高葡萄炭疽病的防治效果［J］. 中国农学通报，3（15）：85.

温雪飞，邹继美 . 2007. 山楂粉蝶的发生与防治［J］. 北方园艺（9）：218 - 219.

吴芳，等 . 2012. 梨树腐烂病在香梨树体上的空间分布特点［J］. 中国农学通报，28（10）：277 - 281.

吴芳芳，檀根甲，陈仁虎 . 2002. 苹果果实炭疽病的研究进展［J］. 安徽农业大学学报，29（1）：29 - 33.

吴格娥 . 2007. 黔东西地区桃树桑白蚧的发生及防治研究［J］. 甘肃农业，7：90 - 91.

吴建民，田俊华 . 2003. 枣尺蠖"六字"防治法［J］. 中国果树（5）：55.

吴金亮，樊民周，张富和，等 . 2005. 长绵粉蚧的发生规律和防治技术研究［J］. 西北农业学报，14（6）：145 - 148.

吴立民，陆化森 . 1992. 桃蛀螟为害玉米部位的观察［J］. 昆虫知识，29（1）：13.

吴立民，陆化森 . 1995. 玉米田桃蛀螟发生规律的研究［J］. 昆虫知识，32（4）：207 - 210.

吴良庆，等 . 2010. 砀山梨炭疽病病原鉴定及其抑菌药剂筛选［J］. 中国农业科学，18：3750 - 3758.

吴南荣，石文彬 . 2009. 葡萄褐斑病的防治［J］. 植物保护（2）：43 - 44.

吴文平，张志铭，李玉琴 . 1995a. 炭疽菌属（Colletrichum Cda.）分类学研究：Ⅴ. 产直形孢子的种［J］. 河北农业大学学报，18（3）：63 - 66.

吴文平，张志铭 . 1994. 炭疽菌属（Colletotrichum Cda.）分类学研究：Ⅱ. 种的划分［J］. 河北农业大学学报，17（2）：31 -37.

吴文平，张志铭 . 1995b. 炭疽菌属（Colletorichum Cda.）分类学研究：Ⅳ. 种的划分特征及评价［J］. 河北农业大学学报，18（2）：93 - 99.

吴兴邦，王玮，周碧清 . 1992. 桃小食心虫对不同成熟度苹果危害性研究［J］. 甘肃农业科技（10）：F003.

吴旭东，郝青云，2002. 核桃举肢蛾综合防治技术［J］. 山西林业（1）：23 - 25.

吴雅琴，王文慧，章德明，等 . 2000. 苹果茎痘病毒病原学研究初报［J］. 河北果树（7）：19.

吴浙东，朱永健，朱国良，等 . 1999. 板栗桃蛀螟发生与防治试验［J］. 河北果树（4）：17 - 18.

吴忠发，谢保龄 . 1998. 桃蛀螟为害姜科植物的特性及防治［J］. 广西农业科学（3）：142 - 143.

吾拉力对山别克 . 2009. 新疆乌苏市葡萄根癌病的防治技术［J］. 南方农业（7）：6 - 7.

吾买尔江·阿布拉，阿·吾斯曼 . 2010. 核桃腐烂病的发生与防治［J］. 农村科技（12）：25.

伫均祥，等 . 2002. 农业昆虫学：北方本［M］. 北京：中国农业出版社 .

武强，万方浩，李照会，等 . 2009. 苹果绵蚜在我国的入侵状况调查及防治对策［J］. 植物保护，35（5）：100 - 104.

武三安，贾彩娟，李惠平 . 1996. 中国粉蚧科 Pseudococcidae 名录续补［J］. 山西农业大学学报，16（4）：336 - 338.

武志强 . 2010. 运城梨园梨茎蜂的发生规律与防治措施［J］. 山西果树（3）：27 - 28.

夏永刚，张玉荣，钟武洪，等 . 2009. 云斑天牛防控研究进展［J］. 湖南林业科技，36（5）：54 - 56.

萧刚柔 . 1992. 中国森林昆虫［M］. 修订版 . 北京：中国林业出版社：500 - 501.

肖欢，朱明旗，侯鸿敏，等 . 2010. 陕西杨凌葡萄黑痘病病原菌的分离与鉴定［J］. 西北林学院学报，25（2）：132 - 135.

肖欢 . 2009. 中国野葡萄抗白粉病相关基因克隆与黑痘病病原菌的分离［D］. 杨凌：西北农林科技大学 .

肖育贵，周建华，肖银波 . 2010. 秦巴山核桃炭疽病病原菌生物学特性及防治技术的研究［J］. 四川林业科技，31（1）：54 - 57.

谢联辉 . 2006. 普通植物病理学［M］. 北京：科学出版社 .

谢学梅，游积峰，陈培民，等 . 1993. 放射土壤杆菌 MI15 菌株生物防治葡萄根癌病的研究［J］. 植物病理学报，23（2）：

137 - 141.

谢映平.1998.山西林果蚧虫 [M].北京：中国林业出版社.

辛国奇，毕巧玲，胡耀辉，等.2011.冰雪低温冻害诱发的核桃树腐烂病防治技术 [J].中国果树 (1)：51 - 52.

辛贺明.2004.草莓优良品种及无公害栽培技术 [M].北京：中国农业出版社.

辛玉成，等.1999.几种拮抗菌株对苹果霉心病病原的抑制作用研究 [J].中国果树 (3)：78 - 79.

新疆农业科学院林科所.1977.核桃腐烂病的初步调查及防治试验 [J].新疆林业 (3)：71 - 77.

新疆农业科学院林科所森保室.1977.核桃腐烂病及其防治 [J].新疆农业科学 (3)：27 - 29.

熊国平，刘国运.2010.核桃腐烂病的危害及防治技术 [J].农村实用技术 (7)：41.

熊岳农业专科学校.1986.果树病虫害防治 [M].沈阳：辽宁科学技术出版社.

修德仁，朱秋瑛，李桂珍，等.1992.葡萄卷叶病毒对蛇龙株产量品质的影响 [J].天津农业科学 (1)：6 - 8，28.

徐爱霞，来亚玲，魏钊.2010.梨树的顽固性害虫——梨瘿蚊的防治技术 [J].北方果树 (4)：21.

徐秉良，等.2000.苹果黑点病症状及病原鉴定 [J].植物保护 (5)：6 - 8.

徐秉良，等.2002.苹果黑点病菌寄主范围与生物学特性 [J].植物保护学报 (2)：129 - 132.

徐波勇，许宝华，曹同波，等.2003.30%醚菌酯可湿性粉剂防治草莓白粉病田间药效试验 [J].农药科学与管理，24
　　(4)：17 - 18.

徐长宝，侯志宇.2000.南京地区梨树病虫害调查及防治对策 [J].中国果树 (4)：41.

徐海平.2008.葡萄黑痘病的发生与防治 [J].安徽农学通报，14 (13)：217.

徐红霞，辛中尧，朱建兰.2006.不同硅源制剂对葡萄白粉病的防治效果研究 [J].甘肃农业科技 (9)：3 - 5.

徐建平，吴利平，洪旗，等.2002.苏云金杆菌防治板栗桃蛀螟试验 [J].江苏林业科技，29 (5)：31 - 32.

徐洁连，等.1997.应用异小杆线虫防治桑天牛的研究 [J].蚕业科学 (1)：5 - 9.

徐婧，姜红霞，阿丽亚，等.2012.甘肃、新疆、内蒙古苹果蠹蛾成虫消长规律 [J].应用昆虫学报，1：89 - 95.

徐军，韩方胜，刘强，等.2001.桃蛀螟在板栗上的发生危害规律与防治 [J].江苏农业科学 (1)：42 - 43.

徐克顺，李美，代应喜.2002.黄刺蛾生活史观察及防治 [J].安徽林业 (1)：17.

徐丽荣.2011.桃蛀螟人工饲养和滞育诱导特性及抗寒性研究 [D].北京：中国农业科学院.

徐凌飞，赵玹博，马锋旺.2009.梨黑星病菌产毒条件及毒素毒性检测 [J].安徽农业大学学报，36 (1)：7 - 12.

徐启聪，田国忠，王振亮，等.2009.中国各地不同枣树品种上枣疯病植原体的 PCR 检测及分子变异分析 [J].微生物学
　　报，49 (1)：1510 - 1519.

徐启聪.2009.中国不同地区地不同枣树品种上枣疯植原体的分子鉴定及变异分析 [D].北京：中国林业科学研究院.

徐启茂，刘兵，陆明贤.1991.桃蛀果蛾酯酶同工酶的研究 [J].中国果树 (1)：1.

徐卿，孙兴华，吴德合，等.1999.草履蚧生物学特性和防治方法的研究 [J].江苏林业科技，26 (1)：52 - 54.

徐庆刚，花保祯.2004.桃蛀果蛾寄主生物型分化的 RAPD 研究 [J].昆虫学报，47 (3)：379 - 383.

徐淑华，蒋继志，郝志敏，等.2005.两株拮抗细菌对草莓根腐病的抑制作用 [J].河北农业大学学报，28 (3)：81 - 83.

徐淑华.2005.草莓根腐病生物防治的初步研究 [D].保定：河北大学.

徐炎，王跃进，周鹏，等.2002.中国野生葡萄果实抗白腐病基因 RAPD 标记的克隆及序列分析 [J].西北农林科技大学
　　学报：自然科学版，6 (30)：86 - 88.

徐炎.2000.中国野生葡萄抗白腐病、炭疽病基因 RAPD 标记及其克隆 [D].杨凌：西北农林科技大学.

徐樱，郑晓莲，刘书伦.1994.枣锈病初侵染来源的研究 [J].河北农业大学学报，17 (1)：62 - 66.

徐颖，曲健禄，李晓军，等.2003.核桃炭疽病和细菌性黑斑病的防治试验 [J].落叶果树 (6)：44.

许长新，张金平，郝宝锋，等.2008.新暴发的葡萄短须螨发生规律及防治措施 [J].河北果树 (6)：23 - 24.

许畴，杨正德，贺永乾.2007.梨眼天牛的生物学特性观察及其防治 [J].西北林学院学报，22 (5)：109 - 110.

薛杰，田振龙，刘大勇，等.2003.柿树炭疽病发生规律及防治试验 [J].山西果树，94 (4)：5 - 7.

薛艳丽.2007.桃树设施栽培须防根癌病 [J].河北果树，2：47 - 48.

鄢淑琴，康芝仙，黄耀阁，等.1991.山楂喀木虱生物学的初步研究 [J].吉林农业大学学报，13 (3)：5 - 8.

鄢淑琴，康芝仙.1990.五种具内吸作用的杀虫剂防治山楂喀木虱的药效试验 [J].吉林农业大学学报，12 (2)：18 - 22.

闫红秦，张举荣.2011.核桃树腐烂病重发原因及综合防治 [J].农技服务，28 (12)：1692.

闫家河，等.2011.鲁西北地区美国白蛾主要发生规律的观察研究 [J].山东林业科技 (2)：1 - 8.

闫文涛，仇贵生，周玉书.2010.苹果园 3 种害螨的种间效应研究 [J].果树学报，5：815 - 818.

闫志利，等.2000.美国白蛾越冬代成虫羽化规律及产卵习性的研究 [J].河北职业技术师范学院学报，14 (1)：12 - 15.

严清平，陆信仁，夏礼如，等.2005.天然化合物蛇床子素防治草莓白粉病 [J].农药，44 (3)：136 - 137，23.

严毓华，段建军.1988.苹果园种植覆盖作物对于树上捕食性天敌群落的影响 [J].植物保护学报，15 (1)：23 - 26.

杨保祥，1990.云斑天牛物候预测预报初步研究 [J].经济林研究，8 (1)：58 - 59.

杨彩霞，王国珍，刘志强．2002．宁夏主要葡萄害虫的发生与防治［J］．宁夏农林科技 (5)：7-9．

杨长举，张宏宇．2005．植物害虫检疫学［M］．北京：科学出版社：289-292．

杨承芬．2010．核桃溃疡病的发生及防治［J］．河北果树 (4)：50．

杨奉才，李向英，高一凤，等．2001．世高、敌力脱防治草莓白粉病试验［J］．烟台果树，76 (4)：37．

杨海旭，王洋，赵彦檩，等．2011．赞皇大枣枣疯病植原体分子分类［J］．中国农业科学，44 (21)：4429-4437．

杨海旭．2010．枣疯病抗性的分子机制研究［D］．保定：河北农业大学．

杨华，周步海，邓晔，等．2009．葡萄黑痘病研究进展及防治对策［J］．江西农业学报，21 (11)：61-63．

杨华，等．2012．几种钙肥防治苹果水心病的对比试验［J］．北方果树 (3)：6-7．

杨桦，杨茂发，杨伟，等．2010．杨树天牛幼虫空间分布格局及生息坑道［J］．四川农业大学学报，28 (2)：148-152．

杨敬辉，陈宏州，吴琴燕，等．2010．啶酰菌胺对草莓灰霉病菌的毒力测定及田间防效［J］．江西农业学报，22 (9)：94-95．

杨俊华．2005．白僵菌防治桃蛀螟试验［J］．江西林业科技 (4)：26．

杨俊秀，王明春．1989．梨、苹果锈病转主寄主的研究［J］．西北林学院学报 (1)：44-47．

杨联伟．2005．草莓白粉病的发病规律和防治措施［J］．烟台果树 (3)：15-16．

杨良辰．2009．太行山区薄皮早实核桃腐烂病的防治［J］．现代农村科技 (19)：24．

杨茂发．2000．梨瘿华蛾的发生与防治［J］．山地农业生物学报，19 (3)：182-184．

杨勤民，卢增全，程二东，等．2003．苹果绵蚜越冬调查研究［J］．植物检疫，17 (1)：22-24．

杨群力，徐小军，杜晗鹏．2009．蜗牛对园林植物的危害及综合治理措施［J］．陕西林业科技 (1)：65-70．

杨旺，韩光明，罗晓芳．1979．我国板栗疫病研究初报［J］．北京林业大学学报 (1)：74-77．

杨晓平，胡红菊，王友平，等．2009．梨黑斑病病原菌的生物学特性及其致病性观察［J］．华中农业大学学报，28 (6)：680-684．

杨秀卿，魏建荣，杨忠岐．2001．大连地区美国白蛾寄生性天敌昆虫［J］．中国生物防治，17 (1)：40-42．

杨秀勇，赵维进，杨继明，等．2003．旱薄山地低产核桃园技术改造试验［J］．中国果树 (4)：43-44．

杨秀元．1990．桃蛀螟［M］//中国农业百科全书昆虫卷编辑委员会．中国农业百科全书：昆虫卷．北京：农业出版社：388-389．

杨迎春，苗春会．2010．梨树腐烂病发生规律与防治方法［J］．河北果树 (5)：41．

杨永锋．2005．中国主要酿酒葡萄产区葡萄白粉菌有性世代的调查与研究［D］．杨凌：西北农林科技大学．

杨有乾，胡兴平．1992．草履蚧 Drosicha corpulenta (Kuwana)［M］//萧刚柔．中国森林昆虫．2 版．北京：中国林业出版社：235-236．

杨振亚，宋其星，吕金斌，等．1986．板栗桃蛀螟性信息素迷向防治初探［J］．落叶果树 (2)：45．

杨志彦，潘建强，马惠光，等．2003．哈密地区葡萄毛毡病的发生与防治［J］．中外葡萄与葡萄酒 (1)：38．

杨忠岐，杨珍，姚艳霞．2005．一种寄生梨茎蜂的重要天敌——梨茎蜂啮小蜂（膜翅目，姬小蜂科）新种记述［J］．动物分类学报，30 (3)：613-617．

杨子旺，康文通．1998．栗大蚜 Lachus tropicalis 生物学特性及其防治［J］．武夷科学，14：96-100．

杨宗武，焦浩．1997．梨实蜂发生规律与综合防治技术［J］．陕西农业科学 (2)：44-45．

姚春光，王霞，肖红，等．2010．木瓜害虫桃蛀螟防治技术［J］．湖北林业科技 (3)：69．

姚革，等．2003．成都地区梨树新害虫——梨叶瘿蚊严重发生［J］．植物保护，29 (5)：67．

姚明，孙云飞．2011．葡萄透翅蛾在徐州地区的发生规律及防治措施［J］．山西果树 (4)：55-56．

姚尚明．2007．葡萄黑痘病的识别与防治［J］．安徽林业 (1)：36．

叶军，郑建中，唐国良．2006．上海地区发现葡萄根瘤蚜危害［J］．植物检疫，2：98．

叶琪明，黄顺敏．2001．多抗灵防治草莓白粉病的田间试验［J］．中国生物防治，17 (2)：3．

叶永刚，陈绪堂．1986．葡萄白腐病病原病菌的侵染和防治研究［J］．果树科学 (3)：41-45．

叶永开．2004．梨黄粉蚜的发生与防治［J］．福建农业 (6)：22-23．

伊伯仁，康芝仙，黄跃阁，等．1994．东方胎球蛤的生物学特性及防治［J］．昆虫知识，31 (4)：223-225．

易艳梅．2005．25% 果病克星防治梨白纹羽病效果试验［J］．北方果树 (5)：9-10．

尹淑艳，孙绪艮，李波．2000．芬兰钝绥螨对针叶小爪螨的捕食作用研究［J］．山东林业科技 (2)．

尹淑艳，于新社，郭慧玲，等．2010．针叶小爪螨板栗和杉木种群间的遗传分化和杂交试验［J］．昆虫学报，53 (5)．

尹淑艳．2011．针叶小爪螨种内分化研究［D］．泰安：山东农业大学．

尹晓宁，等．2004．不同配方施肥防治苹果水心病试验研究［J］．北方园艺 (3)：68-69．

尹颖．2008．湖南永州梨轮纹病的调查与防治［J］．中国南方果树，37 (1)：66-67．

由春香，等．1998．虎皮病的防治研究概况［J］．果树科学 (2)：175-179．

于长春.2012.核桃腐烂病防治方法 [J].河北果树 (3)：51-52.

于丽辰,许长新,贺丽敏,等.2000.敌死虫抑制二斑叶螨产卵能力测试 [J].河北果树,3：10-11.

于绍夫,贺春林.1977.苹果小食心虫的发生预测及防治 [J].昆虫知识,14 (1)：14-15.

于伟红,赵延武.2008.桃树根癌病的发生与防治 [J].植物医生,21 (4)：10.

余春林,等.2002.茶翅蝽和斑须蝽对梨树的危害及防治研究 [J].中国果树 (2)：5-7.

余永年.2003.中国真菌志 [M].北京：科学出版社：53-142.

余仲东,曹支敏,张星耀.2004.杨树溃疡病、苹果轮纹病等病原菌的 ITS-rDNA-RFLP 解析 [J].中国森林病虫,23：15-18.

俞明亮,马瑞娟,沈志军,等.2010.中国桃种质资源研究进展 [J].江苏农业学报,26 (6)：1418-1423.

虞国跃.2003.绿化树木害虫暴发原因及治理对策探讨 [M] //王慧敏.环境植物保护及食用农产品安全问题及对策研讨会论文集.北京：中国林业出版社：204-207.

禹明甫,杨留成,吕义坡,等.2007.六种杀虫剂防治桃桑白蚧田间药效试验及评价 [J].安徽农业科学,35 (31)：9969-9970.

郁铿.1991.葡萄透翅蛾生物学特性和预测预报 [J].上海农业科技 (1)：26.

喻璋,任国兰,田尧甫,等.1998.几个炭疽菌株的分类鉴定 [J].吉林农业大学学报,20 (增刊)：224.

员连国.2008.山楂园山楂叶螨发生规律及综合防治技术 [J].河南农业科学,9：92-94.

袁必真,苏柳芸,李林.1998.梨茎蜂在库尔勒地区的防治方法 [J].新疆农业科技 (3)：23.

袁森,许国芳,热依汗.2010.70%吡虫啉对葡萄斑叶蝉的田间药效试验 [J].黑龙江农业科学 (11)：161.

袁媛,王明月,吕军美,等.2011.2%噻虫啉微胶囊粉剂防治板栗桃蛀螟试验 [J].江苏林业科技,38 (4)：21-23.

苑克俊,等.2002.苹果贮藏期间发生虎皮病的生理生化基础及其防治 [J].植物生理学通讯 (5)：505-509.

岳兰菊,等.2011.砀山县梨瘿蚊的发生与防治研究 [J].北方果树 (5)：3-5.

臧超群,赵奎华,刘长远,等.2011.葡萄炭疽病有益微生物筛选及控病效果研究 [J].中国农学通报,27 (9)：387-390.

连福惠,培松,王继秋,等.2005.天然化合物蛇床子素防治草莓白粉病和根蚜的研究 [J].莱阳农学院学报,22 (3)：189-190.

曾士迈.1995.持续农业和植物病理学 [J].植物病理学报 (3)：193-196.

曾现春.2005.冬枣绿盲蝽的发生规律与综合防治 [J].农业科技通讯 (4)：17.

湛有光,王春华,魏慧雪,等.1986.西方盲走螨防治山楂叶螨的研究初报 [J].昆虫知识,6：268-269.

张波,白杨,岛津光明,等.1999.无纺布法防治光肩星天牛成虫的初步研究 [J].西北林学院学报,14 (1)：68-72.

张博.2005.葡萄白腐病菌 (*Coniella diplodiella*) [D].沈阳：沈阳农业大学.

张承胤,梁泊,唐欣甫,等.2010.北京地区桃园桃蛀螟的发生规律与综合防治 [J].中国果树,5：63-64.

张承胤,梁泊,喻永强,等.2011.北京地区桃园桑白蚧和球坚蚧的发生规律与综合防治 [J].北京农业,10：25-26.

张诚,涂前程.2005.频振式杀虫灯诱杀梨吸果夜蛾效果初报 [J].柑橘与亚热带果树信息,21 (5)：56.

张慈仁.1974.苹果红蜘蛛的生物学观察 [J].昆虫学报,17 (4)：397-404.

张锋,陈志杰,张淑莲.2001.葡萄叶蝉的发生规律与综合防治措施 [J].西北园艺 (3)：45.

张凤蓓,高瑞丽.2010.大棚草莓白粉病的科学防治 [J].农业工程技术：温室园艺 (11)：58.

张凤舞,孙淑梅,陈子文,等.1986.枣疯病的发生与传病介体的关系 [J].中国果树 (3)：16-18,61.

张改香.2011.豫西地区核桃病害发生及相关因子分析 [J].山西果树 (6)：6-7.

张国财.2002.舞毒蛾防治技术的研究 [D].哈尔滨：东北林业大学.

张洪磊,张朝红,王跃进.2010.早酥梨抗黑星病相关新基因 *Vnp*1 的克隆及其表达分析 [J].农业生物技术学报,18 (2)：239-245.

张花伟,龙志伟,李崇,等.2008.山楂桃小食心虫种群动态调查及防治药剂筛选 [J].中国农技推广,24 (10)：40-42.

张剑侠,王跃进,杨亚,等.2010.检测葡萄抗黑痘病基因 DNA 探针的合成及应用 [J].农业生物技术学报,18 (5)：985-992.

张金勇,陈汉杰,涂洪涛.2010.杀螨剂对螨类不同螨态四种毒力室内测定标准的建议 [J].昆虫知识,5：1021-1024.

张娟,陶玫,李金秀,等.2007.异色瓢虫对康氏粉蚧的捕食功能 [J].西南农业学报,20 (4)：662-665.

张军灵,王小纪,高存劳,等.2002.红环瓢虫生物学习性及对草履蚧林间控制技术 [J].陕西林业科技 (3)：35-37,66.

张军翔,李玉鼎.2001.葡萄根瘤蚜 [J].中外葡萄与葡萄酒 (4)：27-29.

张君明,王合,赵连祥,等.2007.茶翅蝽在生态苹果园的危害和防治策略 [J].昆虫知识,44 (6)：898-901.

张君明,虞国跃,周卫川.2011.条华蜗牛的识别与防治 [J].植物保护,37 (6)：208-209.

张凯 . 2003. 梨煤污病的发生与防治 [J] . 安徽农业 (4)：28 - 29.

张乐观 . 2011. 核桃主要病害的防治 [J] . 乡村科技 (3)：20.

张磊，等 . 2012. 梨轮纹病和炭疽病病原菌 PCR 检测 [J] . 江苏农业学报，28 (2)：415 - 420.

张莉丽，徐志宏，谢建兴 . 2002. 栗瘿蜂寄生蜂的研究概述 [J] . 林业科学研究，15 (3)：356 - 360.

张立功，周天仓 . 2001. 苹果白粉病的发生与防治 [J] . 西北园艺 (1).

张丽丽，常有宏，陈志谊 . 2009. 梨轮纹病菌培养特性研究 [J] . 果树学报，2 (64)：520 - 524.

张利军，等 . 2010. 利用性诱剂防治梨小食心虫的研究试验 [J] . 山西农业科学，38 (7)：97 - 100.

张亮 . 2011. 焦作地区柿蒂虫防治技术试验 [J] . 果农之友 (2)：6.

张领耘 . 1962. 山楂红蜘蛛的发生与防治 [J] . 中国农业科学 (3)：50 - 51.

张满良 . 1997. 农业植物病理学 [M] . 北京：世界图书出版公司 .

张猛，范理璋，刘仁道 . 2006. 保护地草莓白粉病药剂防治试验 [J] . 中国果树 (6)：37 - 39.

张明智，王惠卿，董胜利，等 . 2006. 葡萄粉蚧发生规律及防治技术研究 [J] . 新疆农业科学，4：28.

张乃鑫，等 . 1977. 桃小食心虫生物学的研究—果实对幼虫蛀果、成活、生长发育及滞育的影响 [J] . 昆虫学报，20 (2)：170 - 176.

张乃鑫，等 . 1990. 兰州苹果园叶螨优势种演变原因及其防治对策初报 [J] . 果树科学，7 (1)：31 - 36.

张强，罗万春 . 2002. 苹果绵蚜发生危害特点及防治对策 [J] . 昆虫知识，39 (5)：340 - 342.

张强 . 2004. 新疆酿酒葡萄瘿螨发生规律及综合治理研究 [D] . 杨凌：西北农林科技大学 .

张仁福，于江南，阿不都·热依木，等 . 2008. 库车县黄斑长翅卷叶蛾的发生与防治 [J] . 北方果树，6：16 - 17.

张润志 . 2012. 苹果蠹蛾 Cydia pomonella (L.) [J] . 应用昆虫学报，1：26.

张尚武，刘勇，朱璇 . 2006. 我省首次发现葡萄根瘤蚜 [N] . 湖南日报，6 (1).

张世权，周锡华，苏满亮 . 1992. 云斑天牛生物学与综合防治研究 [J] . 河北林业科技 (9)：9 - 12.

张素芬，宋立美，吴敬森，等 . 2004. 综合防治苹果绵蚜技术 [J] . 植物检疫，18 (4)：217 - 218.

张文彬 . 1995. 梨茎蜂在信阳地区的危害习性及防治 [J] . 林业科技通讯 (5)：28 - 29.

张文霞，梁醒财 . 1992. 果蝇属拱背果蝇亚属七新种 [J] . 动物分类学报 (10)：473 - 481.

张向欣，王正军 . 2009. 外来入侵种美国白蛾的研究进展 [J] . 安徽农业科学，37 (1)：215 - 219.

张小娣 . 1991. 东方盔蚧的两种天敌及其化学防治试验 [J] . 山东林业科技 (3)：51 - 55.

张效良，王岩，温希荣，等 . 2003. 果树二斑叶螨综合防治技术 [J] . 山西果树，1：25 - 26.

张新平，岳朝阳，刘爱华，等 . 2011. 不同诱捕方法对苹果蠹蛾和梨小食心虫的诱捕效果 [J] . 新疆农业科学，48 (2)：306 - 310.

张新生，等 . 2009. 苹果苦痘病研究进展 [J] . 河北农业科学，13 (3)：30 - 32.

张旭，曾超，张金良 . 2000. 桃红颈天牛生物学特性及防治技术研究 [J] . 森林病虫通讯 (2)：9 - 11.

张选厚，贾社全，李军见 . 2004. 草莓实施无公害栽培技术 [M] . 西安：陕西科学技术出版社：2 - 3.

张彦龙，等 . 2008. 中国美国白蛾生物防治研究进展 [J] . 河北林果研究，23 (1)：70 - 77.

张艳秋，刘伟，胡长效 . 2003. 草莓根腐病的发生规律与综合防治 [J] . 植保技术与推广，1：14 - 15.

张亦冰 . 2007. 新颖甲氧基丙烯酸酯类杀菌剂——唑菌胺酯 [J] . 世界农药，29 (3)：47 - 48.

张永和，于泽源，安凤岐，等 . 1995. 苹果花腐病药剂防治试验 [J] . 北方园艺 (3) 24 - 25.

张永强，朱惠英，冯强，等 . 2004. 核桃黑斑病病原研究与防治试验初报 [J] . 甘肃林业科技，29 (2)：41 - 42.

张勇，李晓军，曲健禄，等 . 2003. 二斑叶螨在苹果树上的发生与防治 [J] . 落叶果树，35 (3)：53 - 54.

张玉花，等 . 2010. 梨黄粉蚜发生规律及防治技术初探 [J] . 山西农业科学，38 (10)：48 - 50.

张玉经，王昆，王忆，等 . 2010. 苹果种质资源果实轮纹病抗性的评价 [J] . 园艺学报，37 (4)：539 - 546.

张月亮，慕卫，赵德，等 . 2006. 光照时间和冷藏对桃小食心虫生长发育和繁殖的影响 [J] . 应用生态学报，17 (7)：1348 -1350.

张云霞，刘云龙 . 2001. 云南葡萄病害研究 [J] . 云南农业大学学报，22 (2)：299 - 302.

张蕴华，蒙建儒，于丽辰 . 1991. 管氏肿腿蜂防治桃红颈天牛试验初报 [J] . 昆虫天敌，13 (3)：155.

张振英，姜中武 . 2008. 苹果锈果病的发生途径与预防措施 [J] . 河北果树 (1)：39 - 40.

张之光，石毓亮 . 1958. 扁平球坚介壳虫 Parthenolecanium corni Borchs 之研究 [J] . 山东农学院学报：1 - 12.

张之光，石毓亮 . 1961. 日本球坚介壳虫 Eulecanium kunoensis (Kuw.) 之研究 [J] . 山东农业大学学院学报：自然科学版：77 - 88.

张志恒，李红叶，吴珉，等 . 2009. 百菌清、腈菌唑和吡唑醚菌酯在草莓中的残留及其风险评估 [J] . 农药学学报，11 (4)：449 - 455.

张志宏，刘艳，高秀岩，等 . 2004. 草莓抗白粉病的离体鉴定及农药的筛选 [J] . 园艺学报，31 (4)：505 - 507.

张志铭，等.2003.河北鸭梨黑斑病病原菌的鉴定［J］.植物检疫，17（4）：212-214.

张仲信，等.1996.苹果园桑天牛成灾原因及防治对策研究［J］.森林病虫通讯（2）：28-30.

张尊平，董雅凤，范旭东，等.2010.葡萄病毒及类似病害指示植物鉴定初报［J］.中外葡萄与葡萄酒，156：22-24.

张作刚.苹果青霉病药剂防治的研究［M］//周明国.中国植物病害化学防治研究：第二卷.北京：中国农业科学技术出版社.

章士美，赵泳祥.1996.中国农林昆虫地理分布［M］.北京：中国林业出版社.

章宗江.1984.桃小食心虫甲腹茧蜂［J］.植物保护，10（1）：41-42.

赵宝安.2001.板栗疫病发生原因调查及对策［J］.浙江林业科技，21（1）：49-50，64.

赵晨辉，丁丽华.2010.国家寒地果树种质资源圃梨品种对黑星病田间抗性调查［J］.农业与技术，30（4）：29-31.

赵飞，王慧.2010.桃小食心虫生物生态学研究进展［J］.山西农业科学，38（5）：36-38.

赵福梅，孙培傅.1984.果园种圆葱和向日葵诱杀桃蛀螟［J］.落叶果树（2）：23-26.

赵光材，李楠拟.1995.盘多毛孢属在云南的34个种［J］.东北林业大学学报，23（4）：21-26.

赵建方，范广华.1994.葡萄褐斑病菌生物学特性的研究［J］.莱阳农学院学报，11（增刊）：105-108.

赵锦，刘中成，刘孟军.2010.抗枣疯病品种'星光'的田间抗病特征［J］.植物保护学报，37（1）：89-90.

赵君瑾，朱建芳，杨小红.2008.性诱剂防治果园桃小食心虫试验初报［J］.陕西农业科学（5）：110-172.

赵奎华.1995.葡萄主要病害防治［M］.沈阳：辽宁科学技术出版社.

赵奎华.2006.葡萄病虫害原色图鉴［M］.北京：中国农业出版社.

赵魁杰，等.1991.桑天牛生活习性及熏杀防治［J］.北京农业科学（2）：25-26.

赵魁杰，周玉梅.1993.葡萄透翅蛾生物学特性及防治研究［J］.昆虫知识，30（2）：92-93.

赵魁杰，王志春，史传善.1991.梨网蝽的发生及防治［J］.昆虫知识，28（3）：143-145.

赵来友.1997.菌毒清防治核桃腐烂病效果显著［J］.山西果树（2）：45.

赵龙.2010.25%辛·氰乳油防治栗大蚜与铜绿金龟子效果研究［J］.现代农业科技（9）：168.

赵密珍，郭洪，周建涛.1996.不同桃树品种抗流胶病的调查［J］.中国果树（3）：45-46.

赵文珊，刘兵，陆明贤.1983.山楂花象甲研究初报［J］.中国果树（2）：27-30，33.

赵文珊，刘兵.1981.山楂上白小食心虫生活史及习性的初步观察［J］.中国果树（4）：33-35.

赵熙宏.2011.东方蝼蛄的防治技术［J］.河北林业科技，5：106.

赵宪争.2002.葡萄白腐病、黑腐病及房枯病的区别与防治［J］.天津农业科学，8（3）：19-20.

赵秀娟，王树桐，张凤巧，等.2006.草莓根腐病研究进展［J］.中国农学通报，22（8）：419-422.

赵彦杰.2005a.0.25%高渗吡虫啉乳油防治栗大蚜田间药效试验［J］.植物保护，31（1）：89-90.

赵彦杰.2005b.板栗栗大蚜的发生规律与综合防治［J］.安徽农业科学，33（6）：1038.

赵英，牛建新.2008.新疆桃树上苹果锈果类病毒（ASSVd）的检测与全序列分析［J］.果树学报，25（2）：274-276.

赵忠仁，郭洪，赵密珍.1994.桃树不同品种对流胶病抗性研究［J］.江苏农业科学，5：52-53.

赵忠仁，尹钝寿，王元洼.1964.板栗桃蛀螟发生规律及防治研究［J］.山东农业科学（1）：29-33.

浙江农业大学，等.1979.果树病理学：果树专业用［M］.上海：上海科学技术出版社.

甄文超，曹克强，代丽，等.2004a.连作草莓根系分泌物自毒作用的模拟研究［J］.植物生态学报，28（6）：828-832.

甄文超，曹克强，代丽，等.2005b.利用药用植物源土壤添加物控制草莓再植病害的研究［J］.中国农业科学，38（4）：730-735.

甄文超，代丽，胡同乐，等.2005.连作草莓土壤微生物区系动态的研究［J］.河北农业大学学报，28（3）：70-73.

甄文超，王晓燕，孔俊英，等.2004.草莓根系分泌物和腐解物中的酚酸类物质及其化感作用［J］.河北农业大学学报，27（4）：74-78.

甄文超.2003.草莓再植病害发生机理及控制措施的研究［D］.保定：河北农业大学.

甄志先，尹家凤，史宝胜，等.2005.大棚草莓重茬栽培土壤根际菌物和线虫数量变化的研究［J］.河北林果研究，20（4）：350-353.

郑福庆，黄文生，王彬，等.1998.植物病害生物防治研究进展［J］.江西植保（3）：29-33.

郑铭西，范丽华，程惠泉.1995.福建省葡萄病毒病的调查和研究［J］.21（3）：10-12.

郑儒永，余永年.1987.中国真菌志［M］.北京：科学出版社：409-410.

郑瑞亭.1981.核桃害虫［M］.西安：陕西科学技术出版社.

郑仕宏，周文化，周其中.2008.晚大新高梨轮纹病病原菌的鉴定及致病性测定［J］.经济林研究，26（4）：68-70.

郑炎甫.1998.核桃主要病虫害及其防治［J］.新疆林业（6）：17-18.

郑银英，等.2006.苹果茎沟病毒梨分离物外壳蛋白基因的克隆和序列分析［J］.植物病理学报，36（1）：62-67.

郑银英，等.2007.来源于桃和苹果的苹果褪绿叶斑病毒的部分分子生物学特性和CP基因的原核表达［J］.植物病理学报，37（4）：356 - 361.

郑银英，王国平，洪霓 . 2005. 苹果茎沟病毒部分分离物的生物学特性与分子鉴定 [J]. 植物保护学报，32（3）：266 - 270.

郑银英 . 2005. 苹果茎沟病毒和褪绿叶斑病毒分子变异研究 [D]. 武汉：华中农业大学 .

植玉蓉，叶晓惠，兰英，等 . 2008. 果树混栽区梨小食心虫的发生规律与防治措施 [J]. 西南农业学报，21（4）：1006 - 1009.

中国农业科学院果树研究所，中国农业科学院柑桔研究所 . 1994. 中国果树病虫志 [M]. 2 版 . 北京：中国农业出版社 .

中国农业科学院果树研究所 . 1960. 中国果树病虫志 [M]. 北京：农业出版社 .

中国农业科学院植物保护研究所 . 1996. 中国农作物病虫害：下册 [M]. 2 版 . 北京：中国农业出版社：933 - 935.

《中国农业年鉴》编辑委员会 . 2008. 中国农业年鉴 [M]. 北京：中国农业出版社：194 - 196.

《中国农作物病虫害》编辑委员会 . 1981. 中国农作物病虫害：下册 [M]. 北京：农业出版社 .

钟伟 . 2006. 同型巴蜗牛田间消长动态及其防治研究 [J]. 林业调查规划，31（增刊）：169 - 171.

周宝琴，武雅娟，赵久伟 . 2005. 40% 吉丁灵防治梨树金缘吉丁虫试验 [J]. 北方果树（2）：15.

周斌，等 . 2012. 梨褐腐病的发生与防治 [J]. 农业科技与信息（9）：56 - 57.

周成刚，孙绪艮，张小娣 . 1993a. 针叶小爪螨活动螨空间分布型及其应用研究 [J]. 山东林业科技（1）：51 - 53.

周成刚，孙绪艮，刘振宇，等 . 1997. 针叶小爪螨密度效应研究 [J]. 生态学报，17（5）：561 - 564.

周成刚，孙绪艮，刘玉美，等 . 1993b. 针叶小爪螨越冬卵空间分布型及抽样技术研究 [J]. 山东农业大学学报，24（4）：456 - 460.

周传良，华美霞，刘建灵 . 2007. 云和雪梨吸果夜蛾及其防治技术 [J]. 落叶果树（6）：38 - 39.

周国英，等 . 2001. 金秋梨主要病虫害的预测预报及无公害防治 [J]. 经济林研究，19（2）：49 - 50.

周洪旭，陈茎，乔晓明，等 . 2004a. 桃蛀螟越冬幼虫重量、死亡和羽化的调查研究 [J]. 莱阳农学院学报，21（4）：275 - 277.

周洪旭，郭建英，万方浩，等 . 2010. 日光蜂对苹果绵蚜的自然控制作用及其保护和利用 [J]. 植物保护学报，37（2）：153 - 158.

周洪旭，乔晓明，孙立宁，等 . 2004b. 玉米田桃蛀螟越冬幼虫空间分布型的研究 [J]. 山东农业大学学报：自然科学版，35（4）：543 - 546.

周厚基，等 . 1981. 秦岭山地果园元帅苹果水心病的防治 [J]. 园艺学报（4）：1 - 7.

周丽，孙洁霖，杨希才 . 2002. 特异切割苹果锈果类病毒的核酶基因的克隆和转录物的体外活性测定 [J]. 生物工程学报，18（1）：25 - 29.

周琳，马俊青，王俊超 . 2008. 柿长绵粉蚧的生物学特性及药剂防效 [J]. 昆虫知识，45（5）：808 - 810.

周录红 . 2011. 宁化县桃褐腐病发生规律及防治技术 [J]. 安徽农学通报，17（6）：91.

周明国，等 . 2000. 中国植物病害化学防治研究 [M]. 北京：中国农业科学技术出版社 .

周丘菊，潘贤丽 . 2004. 应用生物防治技术控制天牛危害 [J]. 植物保护，30（1）：12 - 16.

周涛，朱敏，周颖，等 . 我国部分苹果主产区病毒病检测初报 [C] // 彭友良，朱有勇 . 中国植物病理学会 2009 年学术会议论文集 . 北京：中国农业科学技术出版社 .

周威君，葛春华，沈晋良 . 1994. 扑虱灵大田防治桑白蚧的效果 [J]. 昆虫知识，31（2）：86 - 87.

周仙红，李丽莉，张思聪，等 . 2011. 梨小食心虫发生规律及无公害防治技术 [J]. 山东农业科学，10：76 - 81.

周小军，何锦豪，任明刚 . 2002. 大棚草莓灰霉病及其防治 [J]. 安徽农业科学，30（1）：113 - 114.

周玉书，朴春树，仇贵生，等 . 2006. 不同温度下 3 种害螨实验种群生命表研究 [J]. 沈阳农业大学学报，37（2）：173 - 176.

周宗山，等 . 2012. 辽西地区苹果黑点病发生调查 [J]. 中国果树（1）：69 - 70，74.

周祖琳 . 1991. 葡萄透翅蛾的习性与防治策略探讨 [J]. 植物保护学报，18（1）：45 - 48.

周祖琳 . 1996. 葡萄透翅蛾的蛾峰特点与在测报防治时机上的应用 [J]. 昆虫知识，33（2）：90 - 92.

周祖琳 . 1997. 葡萄透翅蛾雄蛾的第二次交配及其特点 [J]. 昆虫知识，34（5）：279 - 281.

周祖琳 . 1999. 用三唑磷防治葡萄透翅蛾 [J]. 植物保护学报，26（2）：167 - 170.

周作山，等 . 2003. 梨圆蚧的发生与防治试验 [J]. 山西果树（3）：9 - 10.

朱白玉 . 1988. 上虞县栗瘿蜂寄生蜂名录初报 [J]. 浙江森林病虫（1）：25 - 26.

朱虹，汪章勋，樊美珍，等 . 2005. 草莓灰霉病拮抗木霉菌株筛选及温室防效测定 [J]. 中国生物防治，21（1）：52 - 54.

朱克恭 . 1989. 树木炭疽病 [J]. 森林病虫通讯（2）：37 - 40.

朱明英，何汝田 . 2001. 梨小吉丁虫的发生与防治 [J]. 云南农业（5）：15.

朱培良，葛起新，徐同 . 1991. 中国拟盘多毛孢属真菌的七个新组合 [J]. 菌物学报，10（4）：273 - 274.

朱守卫，等.2004.卵形异绒螨对梨二叉蚜的控制作用［J］.昆虫天敌，26（4）：163-168.

朱淑梅.2008.山楂粉蝶的生物防治措施［J］.河北果树（4）：55.

朱晓华，马俊义，帕提古丽，等.2011.葡萄白粉病发病规律研究及防治技术［J］.新疆农业科学，48（2）：282-286.

朱晓华，马俊义，仝莉.2005.利用微机诊断技术预测葡萄白粉病的发生趋势［J］.新疆农业科学，42（5）：366-367.

朱银飞，马荣，张卫星，等.2010.苹果蠹蛾成虫对不同波长黑光灯的趋性研究初探［J］.新疆农业大学学报，6：506-508.

诸葛飘飘.2009.杨树云斑天牛成虫定位中信息化学物质［D］.武汉：华中农业大学.

宗兆锋，康振生.2002.植物病理学原理［M］.北京：中国农业出版社.

俎文芳，刘秀英，茆振川.2004.桃树桑白蚧发生规律及危害特性研究［J］.河北果树，6：9-11.

俎文芳，秦立者.2008.板栗桃蛀螟研究概述［J］.河北农业科学，13（1）：18-20.

CABI，EPPO.1997.欧洲检疫性有害生物［M］.中国-欧洲联盟农业技术中心，译.北京：中国农业出版社.

Pine T S，洪瑞芬.1991.葡萄蔓割病病原学［J］.山东林业科技，3：72-74.

Abarca-Grau A M，Burbank L P，de Paz H D，et al.2012.Role for *Rhizobium rhizogenes* K84 cell envelope polysaccharides in surface interactions［J］.Applied and Environmental Microbiology，78：1644-1651.

Abarca-Grau A M，Penyalver R，López M M，et al.2011.Pathogenic and non-pathogenic *Agrobacterium tumefaciens*，*A. rhizogenes* and *A. vitis* strains form biofilms on abiotic as well as on root surfaces［J］.Plant Pathology，60：416-425.

Abdeldal H R.1980.The source and nature of resistance in Vine fruit stages to grape rot disease［J］.Agriculture Research Review，（2）：173-182.

ABE K，et al.2007.Resistance sources to Valsa canker (*Valsa ceratosperma*) in a germplasm collection of diverse Malus species［J］.Plant Breeding，126：449-453.

Adachi I.1998.Hymenopterous parasitoids of the peach leafminer，*Lyonetia clerkella* (Linnaeus).(Lepidoptera：Lyonetiidae)［J］.Applied Entomology and Zoology，33（2）：299-304.

Adachi I.2002.Evaluation of generational percent parasitism on *Lyonetia clerkella* (Lepidoptera：Lyonetiidae) larvae in peach orchards under different management intensity［J］.Applied Entomology and Zoology，37：347-355.

Adams G C，Surve-iyer R S，Iezzoni A.2002.Ribosomal DNA sequence divergence and group I introns within the *Leucostoma* species *L. cinctum*，*L. persoonii* and *L. parapersoonii* sp. nov.，ascomycetes that cause *Cytospora canker* of fruit trees［J］.Mycologia，94（6）：947.

Adaskaveg J E，Hartin R J.1997.Characterization of *Colletotrichum acutatum* isolates causing anthracnose of almond and peach in California［J］.Phytopathology，87：979-987.

Agrios G H.1997.Plant Pathology［M］.4th ed.New York：Academic Press.

Agrios G N.2005.Plant Pathology［M］.5th ed.New York：Academic Press.

Ai Imazakil，et al.2010.Contribution of Peroxisomes to Secondary Metabolism and Pathogenicity in the Fungal Plant Pathogen *Alternaria alternate*［J］.Eukaryotic Cell，9（5）：682-694.

Akiyoshi D E，Klee H，Amasino R M，et al.1984.T-DNA of *Agrobacterium tumefaciens* encodes an enzyme of cytokinin biosynthesis［J］.Proceedings of the National Academy of Sciences of the United States of America，81：5994-5998.

Al Rwahnih M，et al.2004.Molecular variability of Apple chlorotic leaf spot virus in different hosts and geographical regions［J］.Plant Pathology，86：117-122.

Albert P.1990.Fungal disease of strawberry［J］.Hortscience，25（8）：885-889.

Anand A，Uppalapati S R，Ryu C-M，et al.2008.Salicylic acid and systemic acquired resistance play a role in attenuating crown gall disease caused by *Agrobacterium tumefaciens*［J］.Plant Physiology，146：703-715.

Arx J A，Von.1957.Die arten der gattung *Colletotrichum* Corda［J］.Phytopathology，29：413-468.

Askani A，Beiderbeck R.1991.In vitro propagation of *Dactylosphaera vitifolii* Shimer (Homoptera：Phylloxeridae) on shoot and root culture of a *Vitis* hybrid［J］.Vitis，30：223-232.

Avihai Perl，ofra L，Abu-Abied M，et al.1996.Establishment of an *Agrobacterium*-mediated transformation system for grape (*Vitis vinifera* L.)：The role of antioxidants during grape-*Agrobacterium* inieractions［J］.Nature Biotechnology，14：624-628.

Babovic M V，Delibacic G P.1986.Appearance and distribution chlorotic leaf spot virus on different apple cultivars［J］.Acta Horticulturae，193：81-87.

Bako L，Umeda M，Tiburcio A F，et al.2003.The VirD2 pilot protein of *Agrobacterium*-transferred DNA interacts with the TATA box-binding protein and a nuclear protein kinase in plants［J］.Proceedings of the National Academy of Sciences of the United States of America，100：10108-10113.

Baldion R，Lozano J C，Grof B，et al. 1957. Evaluacion de la resistensia de *Stylosanthes*. spp . *alaantracnosis*（*Colletotrichum gloesporioides*）［J］. Fitopatologia. 10：104 - 108.

Barata A，Gonzalez S，Malfeito-Ferreira M，et al. 2008. Sour rot-damaged grapes are sources of wine spoilage yeasts［J］. FEMS Yeast Reseash，(8)：1008 - 1017.

Barata A，Santos S C，Malfeito-Ferreira M，et al. 2012. New Insights into the Ecological Interaction Between Grape Berry Microorganisms and Drosophila Flies During the Development of Sour Rot［J］. Microbial Ecology，64：416 - 430.

Barata A，Seborro F，Belloch C，et al. 2008. Ascomycetous yeast species recovered from grapes damaged by honeydew and sour rot［J］. Appl Microbiology，104：1182 - 1191.

Barba M，Clark M E. 1986. Detection of strains of apple chlorotic leaf spot virus by F (ab) 2 - based indirect ELISA［J］. Acta Horticulturae，193：297 - 304.

Bardonnet N，Hans F，Serghini M A，et al. 1994. Protection against virus infection in tobacco plants expressing the coat protein of grapevine fanleaf nepovirus［J］. Plant Cell Reports，13：357 - 360.

Batra L R，Harada Y. 1986. A field record of apothecia of *Monilinia fructigena* in Japan and its significance［J］. Mycocogia，78 (6)：913 - 917.

Batra R. 1991. World species of *Monilinia* (fungi)：Their ecology，biosystematics and control［M］. Berlin：Cramer J.

Bauerle T L，Gardner D M，Fossen M A，et al. 2004. Grape phylloxera on roots of phylloxera resistant grape rootstocks［J］. Entomological Society of America Annual.

Bauerle T L，Smart D R，Eissenstat D M. 2004. Seasonal patterns of root physiology and dynamics of *Vitis vinifera* cv. Merlot on two rootstocks under different levels of irrigation［J］. Entomological Society of America Annual，55 (3)：295 - 323.

Beers E H，Cockfield S D，Gontijo L M，et al. 2010. Seasonal phenology of woolly apple aphid (Hemiptera：Aphididae) in Central Washington［J］. Environmental Entomology，39 (2) ：286 - 294.

Berg W. 1960. Zur Kenntnis der Obstbaumminiermotte *Lyonetia clerkella* L. unter besonderer Berücksichtigung des Massenwechsels während der Jahre 1951 bis 1953. Teil Ⅱ［J］. Zeitschrift für Angewandte Entomologie，45：268 - 303.

Bernstein B，Zehr E I，Dean R A，et al. 1995. Characteristics of *Colletotrichum* from peach，apple，pecan，and other hosts［J］. Plant Disease，79：478 - 482.

Binyamini N，Schiffmann-Nadel M. 1972. Latent infection in avocado fruit due to *Colletotrichum gloeosporioides*［J］. Phytopathology，62：592 - 594.

Bioletti F T. 1901. The phylloxera of the vine［J］. Bulletin of California Agricultural Experiment Station and University of California：131.

Bisiach M，Minervini G，Salomone M C. 1981. Ricerche sperimentali sulmarciume acido del grappolo e sui suoirapporti con la muffagrigia［J］Not. Mal. Piante，102：61 - 79.

Bisiach M，Minervini G，Salomone M C. 1982. Rocherches experimentales sur la pourriture acide de la grappe et sur ses rapports avec la pourriture grise［J］. Bull. OEPP，12：15 - 27.

Bisiach M，Minervini G，Zerbetto F. 1986. Possible integrated control of grapevine sour rot［J］. Vitis，25：118 - 128.

Bliss F A，Almehdi A A，Dandekar A M，et al. 1999. Crown gall resistance in accessions of 20 *Prunus* Species［J］. HortScience，34：326 - 330.

Blum U，Shafer R，Lehmen M E. 1999. Evidence for inhibitory allelopathic interactions involving phenolic acids in field soils：Concepts VS. an experimental model［J］. Critical Reviews in Plant Science，18：673 - 693.

Boff P，Köhl J，Jansen M，et al. 2002. Biological control of gray mold with *Ulocladium atrum* in annual strawberry crops［J］. Plant Disease，86：220 - 224.

Bondar A. 2001. Analysis of gene expression at feeding sites of grapevine root pests［D］. Adelaide，Australia：Flinders University.

Bouquet A. 1980. Vitis×Musacadinia hybridization as a method of introducing resistance characters into cultivated vine by introgression，and cytogenetic and taxonomic Problems its Presents［J］. Plant Breeding Abstracts，51 (3)：320.

Britton K O，Hendrix F F. 1982. Three species of *Botryosphaeria* Cause peach tree gummosis in Georgia［J］. Plant Disease，66 (12)：1120 - 1121.

Britton K O，Hendrix F F. 1986. Population dynamics of *Botryosphaeria* spp. in peach gummosis cankers［J］. Plant Disease，70 (2)：134 - 136.

Bronner R. 1975. Simultaneous demonstration of lipids and starch in plant tissues［J］. Stain Technology，50：1 - 4.

Brown E A，Britton K O. 1986. Botryosphaeria diseases of apple and peach in the sounthestern United States［J］. Plant Disease，70：480－484.

Burr T J，Bazzi C et al. 1998. Crown Gall of Grape Biology of *Agrobacterium vitis* and the Development of Disease Control Strategies［J］. Plant Disease，82（12）：1288－1297.

Burr T J，Otten L. 1999. Crown gall of grape：Biology and disease management［J］. Annual. Review of Phytopathology，37：53－80.

Burr T J，Reid C L. 1994. biological control of grape crown gall with Non-tumorigenic *Agrobacterium vitis* strain F2/5［J］. American Journal of Enology and Viticulture，45（2）：213－219.

Byrde R J W，Willettes H J. 1977. The brown rot fungi of fruit：their biology and control［M］. New York：Pergamon Press：171.

Castellano A M. 1983. Virus-like particles and ultranstructural modifications in the phloem of leafroll-affected grapevine［J］. Vitis，22：23－39.

Catalano L，Savino V，Lamberti F. 1992. Presence of grapevine fanleaf nepovirus in populations of longidorid nematodes and their vectoring capacity［J］. Nematologia Mediterranea，20：67.

Cembali T，Folwell R J，Wandschneider P，et al. 2003. Economic implications of a virus prevention program in deciduous tree fruits in the US［J］. Crop Protection，22：1149－1156.

Cesar R，Rodriguez-Saonaa，John A，et al. 2012. Effect of trap color and height on captures of blunt-nos ed and sharp-nosed leafhoppers（Hemiptera：Cicadelli dae）and non-target arthropods in cranberry bogs［J］. Crop Protection，40（2012）：132－144.

Chellemi D，Marois J J. 1991. Development of a demographic growth model for *Uncinula necator* by using a microcomputer spreadsheet program［J］. Phytopathology，81：250－254.

Chen L，Li C M，Nester E W. 2000. Transferred DNA（T-DNA）-associated proteins of *Agrobacterium tumefaciens* are exported independently of virB［J］. Proceedings of the National Academy of Science of the United States of America，97：7545－7550.

Chevalier M，et al. 2004. Variabilityin the reaction of several pear（*Pyrus communis*）cultivars to differcentin oculation of *Venturia pirina*［J］. Acta Horticulturae，663：177－181.

Chilton M D，Que Q. 2003. Targeted integration of T-DNA into the tobacco genome at double stranded breaks：new insights on the mechanism of T-DNA integration［J］. Plant Physiology，133：956－965.

Chitkowski R L，Fisher J R. 2005. Effect of soil type on the establishment of grape phylloxera colonies in the Pacific Northwest［J］. American Journal of Enology and Viticulture，56（3）：207－211.

Cicognani E，et al. 2009. Biological and molecular charcaterization of Itallan isolates of *Valsa ceratosperma* on pear［J］. Journal of Plant Pathology. 92.

Cohn E，Tanner E，Nitzany F E. 1970. *Xiphinema italiae*，a new vector of grapevine fanleaf virus［J］. Phytopathology，60：181－182.

Conner Sorensen W，Edward H，Smith，Janet Smith，et al. 2008. Charles V. Riley，France，and Phylloxera［J］. American Entomologist，54（3）：134－149.

Copes W E，Hendrix F F Jr. 2004. Effect of temperature on sporulation of *Botryosphaeria dothidea*，*B. obtuse* and *B. rhodina*［J］. Plant Disease，88（3）：292－296.

Corrie A M，Buchanan G，Heeswijck R. 1997. DNA typing of populations of phylloxera（*Daktulosphaira vitifoliae*（Fitch））from Australian vineyards［J］. Australian Journal of Grape and Wine Research，3：50－56.

Corrie A M，Hoffmann A A. 2004. Fine－scale genetic structure of grape phylloxera from the roots and leaves of vitis［J］. Heredity，92：118－127.

Cortesi P，Bisiach M，Ricciolini M，et al. 1997. Cleistothecia of *Uncinula necator*—an additional source of inoculums in Italian vineyards［J］. Phytopathology（81）：922－926.

Cote M J，Prud' Homme M M A. 2004. Variations in sequence and occurrence of SSU rDNA group I introns in *Monilinia fructicola* isolates［J］. Mycologia，96：240－248.

Cote M J，Tardif M C，Meldrum A J. 2004. Identification of *Monilinia fructigena*，*M. fructicola*，*M. laxa*，and *Monilia polystroma* on inoculated and naturally infected fruit using multiplex PCR［J］. Plant Disease，88（11）：1219－1225.

Croser L. 2000. Strategies for identifying genes involved in phylloxera gall structure formation on Vitis Vinifera［D］. Adelaide，Australia：Flinders University.

Cubero J，Lastra B，Salcedo C I，et al. 2006. Systemic movement of *Agrobacterium tumefaciens* in several plant species［J］. Journal of Applied Microbiology，101：412－421.

Dalbo M A, Ye G N, Weenden N F, et al. 2001. Markerassisted selection for powdery mildew resistance in grapes [J] . Journal of the American Society for Horticultural Science, 126 (1): 83 - 89.

Danhorn T, Hentzer M, Givskow M, et al. 2004. Phosphorous limitation enhances biofilm formation of the plant pathogen *Agrobacterium tumefaciens* through the PhoR - PhoB regulatory system [J] . Journal of Bacteriology, 186: 4492 - 4501.

Davidis U X, Olmo H P. 1964. The *Vitis vinifera* × *V. rotundifolia* hybrids as phylloxera resistant rootstocks [J] . Vitis, 4: 129 - 143.

Davidson W M, Nougaret R L. 1921. The grape phylloxera of California [M] . Washington: United States Department of Agriculture: 1 - 128.

Daykin M E, Milholland R D. 1982. Ripe rot of muscadine grape and anthracnose fruit rot of highbush blueberry caused by *Colletotrichum gloeosporioides*. (Abstr.) [J] . Phytopathology, 72: 993.

De Benedictis J A, Granett J, Taormino S P. 1996. Differences in host utilization by California strains of grape phylloxera [J] . American Journal of Enology and Viticulture, 47 (4): 373 - 379.

De Benedictis J A, Granett J. 1992. Variability of responses of grape phylloxera (Homoptera: Phylloxeridae) to bioassays that discriminate between California biotypes [J] . Journal of Applied Entomology, 85: 1527 - 1534.

De Benedictis J A, Granett J. 1993. Laboratory evaluation of grape roots as hosts of California grape phylloxera biotypes [J] . American Journal of Enology and Viticulture, 44: 285 - 291.

De Klerk C A. 1979. Chemical control of the vine phylloxera with hexachlorobutadiene [J] . Phytophylactica, 11: 83 - 85.

Desvignes J C, Grasseau N G, Boye R, et al. 1999. Biological properties of apple scar skin viroid: isolates, host range, different sensitivity of apple cultivars, elimination, and natural transmission [J] . Plant Disease, 83: 768 - 772.

Di Serio F, Giunchedi L, Alioto D, et al. 1998. Identification of apple dimple fruit viroid in different commercial varieties of apple grown in Italy [J] . Acta Horticulturae, 472: 595 - 602.

Ditt R F, Nester E W, Comai L. 2001. Plant gene expression response to *Agrobacterium tumefaciens* [J/OL] . PNAS, 98 (19): 10954 - 10959.

Donald T M, Pellerone F, Adam B A F, et al. 2002. Identification of resistance gene analogs linked to a Powdery mildew resistance locus in grapevine [J] . Theoretical and Applied Genetics, 104 (4): 610 - 618.

Donmez M F, Esitken A, Yildiz H, et al. 2011. Biocontrol of *Botrytis cinerea* on strawberry fruit by plant growth promoting bacteria [J] . The Journal of Animal & Plant Sciences, 21 (4): 758 - 763.

Downie D A, Granett J, Fisher J A. 2000. Distribution and abundance of leaf galling and foliar sexual morphs of grape phylloxera (Homoptera: Phylloxeridae) and Vitis species in the Central and Eastern United States [J] . Environmental Entomology, 29 (05): 979 - 986.

Downie D A, Granett J. 1998. A life cycle variation in grape phylloxera *Daktulosphaira vitifoliae* (Fitch) [J] . Southwestern Entomologist, 23: 11 - 16.

Dube H C, Bilgrami K S. 1965. *Pestalotia* or *Pestalotopsis* [D] . India: Department of Botany, Uuiversity of Allahabad, India and Department of Botany, University of Jcdhpur, India.

Edmunds R. 2009. New and unusual host plants of *Lynetia clerkella* [OL] . British Leafminers, 20: 1.

Egusa M, et al. 2009. Identification of putative defense - related genes in Japanese pear against *Alternaria alternata* infection using suppression subtractive hybridization and expression analysis [J] . Journal of General Plant Pathology, 75 (2): 119 - 124.

Eibach R, Bouquet A, Boursiquot J M. 2000. lnvestigations on the inheritance of resistance features to mildew diseases [J] . Acta - Horticulture, 528: 455 - 465.

Elmer W H, Lamondia J A. 1999. Influence of ammonium sulfate and rotation crops on strawberry black root rot [J] . Plant Disease, 83: 119 - 123.

Embaby E M. 2007. Pestalotia fruit rot on strawberry plants in egypt [J] . Phytopathology, 2 (35): 99 - 110 .

Escobar M A, Civerolo E L, Kristin R, et al. 2001. RNAi - mediated oncogene silencing confers resistance to crown gall tumorigenesis [J/OL] . PNAS, 98 (23): 13437 - 13442.

Escobar M A, Dandekar A M. 2003. *Agrobacterium tumefaciens* as an agent of disease [J] . Trends in Plant Science, 8: 380 - 386.

Eshel D, et al. 2000. Resistance of gibberellin - treated persimmon fruit to *Alternaria alternata* arises from the reduced ability of the fungus to produce endo - 1, 4 - 0 - glucanase [J] . Plant Phytopathology, 90: 1256 - 1262.

Evert D R, Bertrand P F. 1993. Survival and growth of peach trees planted in killed Bahiagrass at an old orchard site [J] . HortScience, 28: 26 - 28.

Faize M，Faizel L，Ishii H. 2009. Gene Expression During Acibenzolar‐S‐Methyl‐Induced Priming for Potentiated Respon-
　ses to *Venturia nashicola* in Japanese Pear [J]. Journal of Phytopathology，157 (3)：137‐144.

Farrand S K，van Berkum P B，Oger P. 2003. *Agrobacterium* is a definable genus of the family Rhizobiaceae [J]. International
　Journal of Systematic and Evolution Microbiology，53：1681‐1687.

Ferrière C. 1952. Parasites de *Lyonetia clerckella* en Valaise [J]. Mitteilungen der Schweizerischen Entomologischen Gesell-
　schaft，25：29‐40.

Filippenko I M，Shtin L T. 1978. Breeding disease resistant varieties of grape on genetic Principles [J]. Plant Breeding Ab-
　stracts，48 (2)：148‐149.

Filippenko I M，Shtin L T. 1980. Genetic basis for breeding grape for resistance to *Plasmopara* and *Uncinula* [J]. Plant
　Breeding Abstracts，50 (10)：753.

Fisher J R，Albrecht M A. 2005. Constant temperature life table studies of populations of grape phylloxera from Washington
　and Oregon，USA [J]. Acta Horticulture，51：43‐48.

Fong G，Walker M A，Granett J. 1995. RAPD assessment of California phylloxera diversity [J]. Molecular Ecology，(4)：
　459‐464.

Forneck A，Walker M A，Blalch R. 2001. An in vitro assessment of phylloxera (*Daktulosphaira vitifoliae* Fitch) (Ho-
　moptera：Phylloxeridae) life cycle [J]. Journal of Applied Entomology，125：443‐447.

Forneck A，Walker M A，Merkt N. 1996. Aseptic dual culture of grape (*Vitis* spp.) and grape phylloxera (*Dactylosphaira
　vitifoliae* Fitch.) [J]. Vitis，35：95‐97.

Forneck A，Walker M A，Merkt N. 1999. A review of aseptic dual culture of grape (*Vitis* spp.) and grape phylloxera (*Dak-
　tulosphaira vitifoliae* Fitch；Homoptera：Phylloxeridae) [J]. International Journal of Ecological Environmental Science，
　25：221‐227.

Freeman S，Katan T. Identification of *Colletotrichum* species responsible for anthracnose and root necrosis of strawberry in Is-
　rael [J]. Phytopathology，87：516‐521.

Friebe A，Roth U，Kiiek P，et al. 1997. Effects of DIBOA on the activity of plasma memberane H‐ATPase+ [J]. Phyto-
　chemistry，44：979‐983.

Fuke K，et al. 2011. The presence of double‐stranded RNAs in *Alternaria alternata* Japanese pear pathotype is associated
　with morphological changes [J]. Journal of General Plant Pathology，77 (4)：248‐252.

Fukuslli T. 1926. Studies on the apple rust caused by *Gymnosporangium yamadae* Mivabe [J]. Journal of the College of Agri-
　culture，Hokkaido Imperial University，Sapporo，Japan，15 (5)：269‐307.

Fulton C E，Brown A E. 1997. Use of SSU rDNA group‐I intron to distinguish *Monilinia fructicola* from *M. laxa* and
　M. fructigena [J]. Fems Microbiology Letters，157 (2)：307‐312.

Fulton C E，van Leeuwen G C M，Brown A E. 1999. Genetic variation among and within *Monilinia* species causing brown rot
　of stone and pome fruits [J]. European Journal of Plant Pathology，105：495‐500.

Förster H，Adaskaveg J E. 2000. Early brown rot infections in sweet cherry fruit are detected by *Monilinia*‐specific DNA
　primers. [J]. Phytopathology，90：171‐178.

Gadoury D M，Cadle‐Davidson L，Wilcox W F，et al. 2012. Grapevine powdery mildew (*Erysiphe necator*)：a fascinating
　system for the study of the biology，ecology and epidemiology of an obligate biotroph [J]. Molecular Plant Pathology，13
　(1)：1‐16.

Gadoury D M，Pearson R C，Riegel D G，et al. 1994. Reduction of powdery mildew and other diseases by over‐the‐trellis
　applications of lime sulfur to dormant grapevines [J]. Plant Disease，78：83‐87.

Gadoury D M，Pearson R C. 1988. Initiation，development，dispersal，and survival of cleistothecia of *Uncinula necator* in
　New York vineyards [J]. Phytopathology (78)：1413‐1421.

Gadoury D M，Pearson R C. 1990. Ascocarp dehiscence and ascospore discharge in *Uncinula necator* [J]. Phytopathology，
　80：393‐401.

Gadoury D M，Pearson R C. 1990. Germination of ascospores and infection of Vitis by *Uncinula necator* [J]. Phytopathology，
　80：1198‐1203.

Gadoury D M，Seem R C，Ficke A，et al. 2001. The epidemiology of powdery mildew on *Concord* grapes [J]. Phytopatholo-
　gy，91：948‐955.

Gadoury D M，Seem R C，Pearson R C，et al. 2001. Effects of powdery mildew on vine growth，yield，and quality of *Con-
　cord* grapes [J]. Plant Disease，85：137‐140.

Gaire F，Schmitt C，Stussi‐Garaud C，et al. 1999. Protein 2A of grapevine fanleaf nepovirus is implicated in RNA2 replication and colocalizes to the replication site [J] . Virology, 264 (1): 25 - 36.

Galet P. 1982. Phylloxera [M] //Les maladieset le parasites de la Vigne, Tome II les parasites animaux. montpellier: Paysan du Midi: 1059 - 1313.

Gang - Su Hyon, et al. 2010. Inhibitory effects of antioxidant reagent in reactive oxygen species generation and penetration of appressoria of alternaria alternata Japanese pear pathotype [J] . Phytopathology, 100 (9): 840 - 847.

Gao K, Liu X. 2001. Antagonism of *Trichoderma* spp. to the apple tree canker pathogen, *Valsa mali* [J] . Archives of Phytopathology and Plant Protection, 34: 21 - 31 .

Gell I, Cubero J, Melgarejo P. 2007. Two different PCR approaches for universal diagnosis of brown rot and identification of *Monilinia* spp. in stone fruit trees [J] . Journal of Applied Microbiology, 103 (6): 2629 - 2637.

Gelvin S B. 2000. *Agrobacterium* and plant genes involved in T - DNA transfer and integration [J] . Annual Review of Plant Physiology and Plant Molecular Biology, 51: 223 - 256.

Gelvin S B. 2003. *Agrobacterium* - mediated plant transformation: the biology behind the "gene jockeying" tool [J] . Microbiology and Molecular Biology Reviews, 67: 16 - 37.

German S, et al. 1990. Nucleotide sequence and genomic organization of Apple chlorotic leaf spot closterovirus [J] . Virology, 179: 104 - 112.

German S, et al. 1992. Analysis of the dsRNAs of *Apple chlorotic leaf spot virus* [J] . Journal of General Virology, 73: 767 -773.

German - Retana S, et al. 1997. Complete nucleotide sequence of the genome of a severe cherry isolate of *Apple chlorotic leaf spot tricho virus* (ACLSV) [J] . Archives of Virology, 142: 833 - 841.

Glynn C, Percivala, Novissa K. 2009. Ian Haynes Field evaluation of systemic inducing resistance chemicals at different growth stages for the control of apple (*Venturia inaequalis*) and pear (*Venturia pirina*) scab [J] . Crop Protection, 28 (8): 629 - 633.

Goodner B, Hinkle G, Gattung S, et al. 2001. Genome sequence of the plant pathogen and biotechnology agent *Agrobacterium tumefaciens* C58 [J] . Science, 294: 2323 - 2328.

Gorkavenko E B. 1976. Natural enemies of grapevine phylloxera and their role in reducing the pest populations in the southern Unkraine [J] . Zashchity Rastenii: grapevine phylloxera, 46: 88 - 97.

Granett J, De Benedictis J, Marston J. 1992. Host suitability of vitis californica Bentham to grape phylloxera, *Daktulosphaira vitifoliae* (Fitch) [J] . American Journal of Enology and Viticulture, 43: 249 - 252.

Granett J, Goheen A C, Lider L A, et al. 1987. Evalution of grape rootstocks for resistance to type A and type B grape phylloxera [J] . American Journal of Enology and Viticulture, 38 (4): 298 - 300.

Granett J , Kocsis L , Horvath L, et al. 2004. Grape phylloxera gallicole and radicicole activity on grape rootstock vines [J] . Hort Science, 40 (1): 150 - 153.

Granett J, Kocsis L, Omer A D. et al. 2001. Biology and management of grape phylloxera [J] . Annual Review of Entomology, 46: 387 - 412.

Granett J, Omer A D, Pessereau P, et al. 1998. Fungal infections of grapevine roots in phylloxera - infested vineyards [J] . Vitis, 37 (1): 39 - 42.

Granett J, Timper P, Lider L A, 1985. Grape phylloxera (*Dactulosphaira vitifoliae*) (Homoptera : Phylloxeridae) biotypes in California [J] . Journal of Economic Entomology, 78: 1463 - 1467.

Granett J, Timper P. 1987. Demography of grape phylloxera, *Daktulosphaira vitifoliae* (Homoptera: Phylloxeridae), at different temperatures [J] . Journal of Economic Entomology, 80: 327 - 329.

Granett J, Walker A, De Benedictis J, et al. 1996. California grape phylloxera more variable than expected [J] . California Agricultural , 50: 9 - 13.

Granett J , Walker M A, Fossen M A. 2007. Association between grape phylloxera and strongly resistant rootstocks in California: bioassays [J] . Proceedings of the Third International Phylloxera Symposium. Acta Horticulturae, 733: 125 - 131.

Granett J. 1990. Comparison of swelling caused by indoleacetic acid and tuberosities induced by grape phylloxera (Homoptera: Phylloxeridae) [J] . Journal of Economic Entomology, 83 (2) : 494 - 499.

Grbić M, et al. 2011. The genome of *Tetranychus urticae* reveals herbivorous pest adaptations [J] . Nature, 479: 487 - 492.

Green E E. 1923. On the type of *Monophlebus* (*Drosicha*) *contrahens* (Walk.), with description of a new species from Ceylon [J] . Annals and Magazine of Natural History, 9 (12): 168 - 171.

Grzegorczyk W, Walker M A. 1997. Surface sterilization of grape phylloxera eggs in preparation for in vitro culture with *Vitis* species [J] . American Journal of Enology and Viticulture, 48: 157 - 159.

Guerzoni M E, Marchetti E. 1982. Microflora associata al marciume acido della vite e modificazioni indotte dalla malattia sulla composizione delle uve e dei mosti [J]. Difesa Pianta, 4: 231 - 245.

Guerzoni M E, Marchetti E. 1987. Analysis of yeast flora associated with grape sour rot and of the chemical disease markers [J]. Applied and Environment Microbiology, 53: 571 - 576.

Gunnel P S, Gubler W D. 1992. Taxonomy and morphology of *Colletotrichum* species pathogenic to strawberry [J]. Mycology, 84: 157 - 165.

Guo L, Tang W. 2009. Pathogen of apple ring rot and its relation to the pathogen of Botryospharia canker of apple and pear [J]. Phytopathology, 99 (6S) S: S48 - S48.

Gupta A K, Khosla K, Bhardwaj S S, et al. 2010. Biological control of crown gall on peach and cherry rootstock Colt by native *Agrobacterium radiobacter* isolates [J]. The Open Horticulture Journal, 3: 1 - 10.

Gupta P C, Madaan R L, Yamadagni R. 1984. Three rust fungi on fruit crops from Haryana [J]. Indian Phytopathology, 27: 407.

Guzman G, Latorre B A, Torres R, et al. 2007. Relative susceptibility of peach rootstocks to crown gall and *Phytophthora* root and crown rot in Chile [J]. Cienciae Investigacion Agraria, 34: 31 - 40.

Hadidi A, Hansen A J, Parish C L, et al. 1991. Scar skin and dapple apple viroids are seed - borne and persistent in infected apple trees [J]. Research in Virology, 142: 289 - 296.

Hartill W F. 1992. Post - harvest rots of avocado in New Zealand and their control [C]. Brighton, UK: Brighton Crop Protection. Confence, 1157 - 1162.

Hassan S A. 1989. Selection of suitable trichogramma strains to control the codling moth *Cydia pomonella* and the two summer fruit tortrix moths *Adoxophyes orana*, *Pandemis heparana* [Lep.: Tortricidae] [J]. BioControl, 34 (1): 19 - 27.

Hayne A P. 1986. Resistant vines: their selection, adaptation and grafting [M]. California Experiment Station: Appendix Viticultural Report: 37.

Helm K F, Readshaw J L, Cambourne B. 1991. The effect of drought on populations of phylloxera in Australian vineyards [J]. Wine Industry Journal, 6 (3): 194 - 202.

Henz G P, Boiteux L S, Lopes C A. 1992. Outbreak of strawberry anthracnose caused by *Colletotrichum acutatum* in central Brazil [J]. Plant Disease, 76: 212.

Hessein N A, Perring T M. 1988. *Homeopronematus anconai* (Baker) (Acari: Tydeidae) predation on citrus flat mite, *Brevipalpus lewisi* McGregor (Acari: Tenuipalpidae) [J]. International Journal of Acarology, 14 (2): 89 - 90.

Hewitt W B, Raski D J, Goheen A C. 1958. Nematode vector of soil - borne fanleaf virus of grapevine [J]. Phytopathology, 48: 586 - 595.

Hewitt W B. 1988. Historical significance of diseases in grape production [M]. St. Paul: American phytopathological Society Press: 132 - 147.

Hilgard E W. 1886. Phylloxera-resistant vines [M] //California Experiment Station: Appendix VI to the Report of the Viticultural Work During the Seasons of 1885 and 1886: 139 - 154.

Hirschhäuser S, Fröhlich J. 2007. Multiplex PCR for species discrimination of Sclerotiniaceae by novel laccaseintrons. [J]. International Journal of Food Microbiology, 118 (2): 151 - 157.

Holst - Jensen A, Kohn L M, Jakobsen K S, et al, 1997. Molecular phylogeny and evolution of *Monilinia* (Sclerotiniaceae) based on coding and non - coding rDNA sequence [J]. American Journal of Botany, 84: 686 - 701.

Howard C M, Maas J L, Chandler C K, et al. 1992. Anthracnose of strawberry caused by the *Colletotrichum* complex in Florida [J]. Plant Disease, 76: 976 - 981.

Hu M, Cox K D, Schnabel G, et al. 2011. *Monilinia* species causing brown rot of peach in China [J]. PlosOne, 6 (9): e24990.

Huang S L, Yan B, Wei J G, et al. 2007. First report of plantain zonate leaf spot caused by *Pestalotiopsis menezesiana* in China [J]. Australasian Plant Disease Notes, 2: 61 - 62.

Hughes K J D, Fulton C E, Mcreynolds D, et al. 2000. Development of new PCR primers for identification of *Monilinia* species [J]. Eppo Bulletin, 30 (3 - 4): 507 - 511.

Hwang H H, Gelvin S B. 2004. Plant proteins that interact with VirB2, the *Agrobacterium tumefaciens* pilin protein, mediate plant transformation [J]. Plant Cell, 16: 3148 - 3167.

Ioos R, Frey P. 2000. Genomic variation within *Monilinia laxa*, *M. fructigena* and *M. fructicola*, and application to species identification by PCR [J]. European Journal of Plant Pathology, 106 (4): 373 - 378.

Ishiguri Y, Shirai Y. 2004. Flight activity of the peach fruit moth, *Carposina sasakii* (Lepidoptera: Carposinidae), measured by a flight mill [J] . Applied Entomology and Zoology, 39 (1): 127 - 131.

Ishii H, et al . 2002. Pathoclogical specification on pears and control trial with resistance inducers [J] . Acta Horticulturae, 587: 613 - 621.

Ishii H, Yanase H. 2000. *Venturia nashicola*, the scab fungus of Japanese and Chinese pears: aspecies distinct from *V. pirina* [J] . Mycol Research, 104 (6) : 755 - 759.

Isshiki A, et al. 2000. Purification of polygala acturonases produced by the pear scab pathogens, *Venturia nashicola* and *Venturia pirina* [J] . Physiological and Molecular Plant Pathology, 56: 263 - 271.

Jahn D, Bjorn H. 2005. Genetic variance and breeding values for resistance to a windborne disease [*Sphaerotheca macularis* (Wallr. Ex Fr.)] in strawberry (*Fragaria* × *ananassa* Duch.) estimated by exploring mixed and spatial models and pedigree information [J] . Theoretical and Applied Genetics, 111 (2) : 256 - 264.

James D. 2002. Long term assessment of the effects of in vitro chemotherapy as a tool for Apple stem grooving virus elimination [J] . Acta Horticulturae, 550: 459 - 461.

Jelkmann W. 1996. The nucleotide sequence of a strain of Apple chlorotic leafspot virus (ACLSV) responsible for plum pseudopox and its relation to an apple and plum bark split strain [J] . Phytopathology, 86: 101.

Jhooty J S, Mckeen W E. 1965. Study on powdery mildew of strawberry caused by *Sphaerotheca macularis* [J] . Phytopathology, 55: 281 - 285.

Jindal P C, Shankar B. 2002. Screening of grape germplasm against anthracnose (*Sphaceloma ampelimumde* Bary) [J] . Indian Journal of Agricultural Research, 36 (2): 145 - 148.

Jones A L, Aldwinckle H S. 1990. Compendium of Apple and Pear Disease [M] . Minnesota: APS Press.

Jung H Y, Sawayanagi T, Kakizawa S, et al. 2003. 'Candidatus Phytoplasma ziziphi', a novel phytoplasma taxon associated with jujube witches' - broom disease [J] . International Journal of Systematic and Evolutionary Microbiology, 53 (4): 1037 -1041.

Kajitani Y, Kanematsu S. 2000. *Diaporthe kyushuensis* sp. Nov. , the teleomorph of thecausal fungus of grapevine swelling arm in Japan, and itsanamorph *Phomopsis vitimegapora* [J] . Mycoscience, 41: 111 - 114.

Kellow A V, Sedgley M, Heeswijck R V. 2004. Interaction between vitis vinifera and grape phylloxera in root tissue during nodosity formation [J] . Annals of Botany, 93: 581 - 590.

Kellow. 2000. A study of the interaction between susceptible and resistant grapevines and phylloxera [D] . Adelaide: Department Horticulture Adelaide University.

Kerr A. 1972. Biological control of crown gall: seed inoculation [J] . Journal of Applied Microbiology, 35: 493 - 497.

Khan M S, Raj S K, Snehi S K. 2008. Natural occurrence of 'Candidatus Phytoplasma ziziphi' isolates in two species of jujube trees (*Ziziphus* spp.) in India [J] . Plant Pathology, 57 (6): 1173.

Kim D S, Lee J H, Yiem M S. 2001. Temperature - dependent development of *Carposina sasakii* (Lepidoptera: Carposinidae) and its stage emergence models [J] . Environmental Entomology, 30 (2): 298 - 305.

Kim D S, Lee J H. 2002. Egg and larval survivorship of *Carposina sasakii* (Lepidoptera: Carposinidae) in apple and peach and their effects on adult population dynamics in orchards [J] . Environmental Entomology , 31 (4): 686 - 692.

Kim J G, Park B K, Kim S U, et al. 2006. Bases of biocontrol: Sequence predicts synthesis and mode of action of agrocin 84, the Trojan Horse antibiotic that controls crown gall [J] . Proceedings of the National Academy of Sciences of the United States of America, 103: 8846 - 8851.

Kimberling D N, Scott E R, Price P W. 1990. Testing a new hypothesis: plant and phylloxera distribution on wild grape in Arizona [J] . Oecologia, 84: 1 - 8.

King P D, Rilling G. 1985. Variations in the galling reaction of grapevines: evidence of different phylloxera biotypes and clonal reaction to phylloxera [J] . Vitis, 24: 32 - 42.

Kleifeld O, Chet I. 1992. *Trichoderma harzianum* interaction with plants and effect on growth response [J] . Plant Soil, 144: 267 - 272.

Klerk C A. 1974. Biology of phylloxera vitifoliae (Fitch) (Homoptera: Phylloxeridae) in South Africa [J] . Phylactica, 6: 109 - 118.

Kobayashi T. 1970. Taxonomic studies of Japanese Diaporthaceae with special reference to their life histories [M] . Japan: Government Forest Research Experiment Station 1. Bulletin No. 226.

Kocsis L, Granett J, Walker M A, et al. 1999. Grape phylloxera populations adapted to *Vitis berlandieri* × *V. riparia* rootstocks [J] . American Journal of Enology and Viticulture, 50: 101 - 106.

Kocsis L, Horvath L, Kozma P J, et al. 2000. Grape cultivar and phylloxera isolate as two factors of vine susceptibility

[M] . Melbourne: Agriculture Victoria – Rutherglen, International Symposium Grapevine Phylloxera Manage: 69 – 80.

Koganezawa H. 1997. Apple scar skin and dapple apple [M] //Jones, Aldwinkle. Compendium of apple and pear diseases St Paul, USA: American Phytopathological Society.

Koitabashi R, Suzuki T, Kawazu T, et al. 1997. Cineole inhibits root growth and DNA synthesis in the root apical meristem of *Brassica campestris* L1 [J] . Journal of Plant Researsh, 110 (1097) : 1 – 6.

Koller B, Lehmann A, Modermort J M, et al. 1993. Identification of apple cultivars using RAPD markers [J] . Theoretical and Applied Genetics, 85: 901 – 904.

Kouichi , Suzaki. 2008. Population structure of *Valsa ceratosperma*, causal fungus of *Valsa canker*, in apple and pear orchards [J] . Journal of General Pathology, 74: 128 – 132.

Kozma P J, Bouquet A, Boursiquot J M. 2000. Wine grape breeding for fungus disease resistance [J] . Acta – Horticulture, 528: 505 – 510.

Krastanova S, Ling K S, Zhu H Y, et al. 1998. Development of transgenic grape rootstocks with genes from grapevine fanleaf virus and grapevine leafroll associated closteroviruses 2 and 3 [J] . Phytopathology, 88: 49 – 56.

Krastanova S, Mperrin P, Barbier G, et al. 1995. Transformation of grapevine rootstocks with the coat protein gene of grapevine fanleaf nepovirus [J] . Plant Cell Report, 14: 550 – 554.

Krizbai L, Ember M, Németh M, et al. 2001. Characterization of Hungarian isolates of *Apple chlorotic leaf spot virus* [J] . Acta Horticulturae, (1): 291 – 295.

Kummuang N, Smith B J, Diehl S V, et al. 1996. Muscadine grape berry rot diseases in Mississippi: disease identification and incidence [J] . Plant Disease, 80 (3): 238 – 243.

Kuroko H. 1964. Revisional studies on the family Lyonetiidae of Japan (Lepidoptera) [J] . Esakia, 4: 1 – 61.

Lacroix B, Vaidya M, Tzfira T, et al. 2005. The VirE3 protein of *Agrobacterium* mimics a host cell function required for plant genetic transformation [J] . E Journal, 24: 428 – 437.

Lamondia J A, Martin S B. 1989. The influence of Pratylenchus penetrans and temperature on black root rot of strawberry by binucleate *Rhizoctonia* species [J] . Plant Disease, 73: 107 – 110.

Lane C R. 2002. A synoptic key for differentiation of *Monilinia fructicola*, *M. fructigena and M. laxa*, based on examination of cultural characters [J] . OEPP/EPPO Bulletin, 32: 489 – 493.

Lee H, Humann J L, Pitrak J S, et al. 2003. Translation start sequences affect the efficiency of silencing of *Agrobacterium tumefaciens* T – DNA oncogenes [J] . Plant Physiology, 133: 966 – 977.

Lee Y W, Jin S, Sim W S, et al. 1995. Genetic evidence for direct sensing of phenolic compounds by the VirA protein of *Agrobacterium tumefaciens* [J] . Proceedings of the National Academy of Sciences of the United States of America, 92: 12245 – 12249.

Li H Y, Cao R B, Mu Y T. 1995. In vitro inhibition of *Botryosphaeria dothidea* and *Lasiodiplodia theobromae*, and chemical control of gummosis disease of Japanese apricot and peach trees in Zhejiang Province [J], China Crop Protection, 14 (3): 187 – 191.

Li J, Krichevsky A, Vaidya M, et al. 2005. Uncoupling of the functions of the Arabidopsis VIP1 protein in transient and stable plant genetic transformation by *Agrobacterium* [J] . Proceedings of the National Academy of Sciences of the United States of America, 102: 5733 – 5738.

Liat A, Stanley F, Dalia R D, et al . 2006. Effect of climstc factors on powdery mildew caused by *Sphaerotheca macularis* f. sp *fragariae* on strawberry [J] . European Journal of Plant Pathology, 114 (3) : 283 – 292.

Lider L A . 1958. Phylloxera – resistant grape rootstocks for the coastal valleys of California [J] . Hilgardia, 27: 287 – 318.

Ling K S, Zhu H Y, Drong A R F, et al. 1998. Nueleotide sequence of the 3' – terminal two – thirds of the grapevine leafroll – assoeiated virus – 3 genome reveals a typical monopartite closterovirus [J] . Journal of General Virology, 79: 1299 – 1307.

Llorente I, Vilardell, et al. 2010. Control of brown spot of pear by reducing the overwintering inoculum through sanitation [J] . European Journal of Plant Pathology, 128 (1): 127 – 141.

Lotter D W, Granett J, Omer A D. 1999. Differences in grape phylloxera – related grapevine root damage in organically and conventionally managed vineyards in California [J] . Horticultural Science, 34 (6): 1108 – 1115.

Lotter D W. 2000. Phylloxera (*Daktulosphaira vitifoliae* [Homoptera: Phylloxeridae]) related root damage in organically and conventionally managed vineyards [D] . California: University California, Davis.

Ma Z H, Luo Y, Michailides T. 2003. Nested PCR Assays for Detection of *Monilinia fructicola* in Stone Fruit Orchards and *Botryosphaeria dothidea* from Pistachios in California [J] . Journal of Phytopathology, 151 (6): 312 – 322.

Maharachchikumbura S N, Guo L D, Bahkali A H. 2011. Pestalotiopsis—morphology, phylogeny, biochemistry and diversity

[J] . Fungal Diversity, 50: 167 - 187.

Marchetti R, Guerzoni E, Gentile M. 1984. Research on the etiology of a new disease of grapes sour rot [J] . Vitis, 23: 55 - 65.

Martelli G P. 1993. Graft - transmissible diseases of grapevines - Handbook for detection and diagnosis [M] . Rome: FAO.

Martinez P R. 1999. Effect of different phylloxera (Daktulosphaira vitifoliae Fitch) populations from South France, upon resistance expression of rootstocks 41B and Aramon×Rupestris Ganzin No. 9 [J] . Vitis, 38: 167 - 178.

Martinez - Culebras V, et al. 2003. Phylogenetic relationships among Colletotrichum pathogens of strawberry and design of PCR primers for their identification [J] . Phytopathology, 151 (2): 135 - 143.

Martini A, Federici F, Rosini G. 1980. A new approach to the study of yeast ecology of natural substrates [J] . Canadian Journal of Microbiology, 26: 854 - 860.

Martinson T, Williams L, English - Loeb G. 2001. Compatibility of Chemical disease and insect management practices used in New York vineyards with biology control byAnagrus spp. (Hymenoptera: Mymaridae), parasitoids of Erythroneura leaf-hoppers [J] . Biological Control, 22: 227 - 234.

Matthysse A G, Marry M, Krall L, et al. 2005. The effect of cellulose overproduction on binding and biofilm formation on roots by Agrobacterium tumefaciens [J] . Molecular Plant Microbe Interaction, 18: 1002 - 1010.

Mayo M A, Barker H, Harrison B D. 1982. Specificity and properties of the genome linked proteins of nepoviruses [J] . Journal of General Virology, 59: 149.

Mcleod M J. 1990. Damage assessment and biology of foliar grape phylloxera (Homopera: Phylloxeridae) in Ohio [D] . Dhio: University of Ohio.

Meijnske C A R, van Oosten H J, Peerbooms H. 1975. Growth yield and fruit quality of virus - infected and virus - free golden delicious apple trees [J] . Acta Horticulturae, 44, 209 - 212.

Melksham K J, Melanie A, et al. 2002. An unusual rot of grapes in sub - tropical regions of Australian caused by Colletotrichum acutatum [J] . Australasian Plant Pathology, 31: 193 - 194.

Menze L W, Jelkmarm W, Maiss E. 2002. Detection of four apple viruses by multiplex RT - PCR assays with coamplification of plant mRNA as internal control [J] . Journal of Virological Methods, 99: 81 - 92.

Merrin S J, Nair N G, Tarran J. 1995. Variation in Phomopsis recorded on grapevine in Australia and its taxonomic and biological implications [J] . Australasian Plant Pathology, 24: 44 - 56.

Merrit P M, Danhorn T, Fuqua C. 2007. Motility and chemotaxis in Agrobacterium tumefaciens surface attachment and biofilm formation [J] . Journal of Bacteriology, 189: 8005 - 8014.

Minegish M. 1989. Strawberry production in Japan cultivar, cultivating method, main disease and breeding [J] . Acta Horticulturae, (265): 665 - 670.

Molinari F, Anfora G, Schmidt S, et al. 2010. Olfactory activity of ethyl (E, Z) - 2, 4 - decadienoate on adult oriental fruit moths [J] . Canadian Entomologist, 142: 481 - 488.

Moriwaki J, Tsukiboshi T, Sato T. 2002. Grouping of Colletotrichum Species in Japan Based on DNA Sequences [J] . Journal of General Plant Pathology, 68: 307 - 320.

Morrison H. 1928. A classification of the higher groups and genera of the coccid family Margarodidae [J] . United States Department of Agriculture Technical Bulletin, 52: 1 - 239.

Mostert L, Crous P W, Petrini O. 2007. Endophytic fungi assiociated with shoot and leaves of vitis vinifera, with specific reference to the Phomopsis viticola complex [J] . Sydowia, 52 (1): 46 - 58.

Muhammad Imran Al - Haq, et al. 2002. Disinfection effects of electrolyzed oxidizing water on suppressing fruit rot of pear caused by Botryosphaeria berengeriana [J] . Food Research International, 35: 657 - 664.

Mullis K B, Faloona F A. 1987. Specific synthesis of DNA in vitro via a polymerase catalyzed chain reaction [J] . Methods in Enzymology, 155: 335 - 350.

Mullis K, Faloona F, Scharf S, et al. 1986. Specific enzymatic amplification of DNA in vitro: the polymerase chain reaction [J] . Cold Spring Harbor Symp. Quant. Biol. , 51: 263 - 273.

Murphyj G, Rafferty S M, Cassells A C. 2000. Stimulation of wild strawberry (Fragaria vesca) arbuscularmy corrhizas by addition of shellfish waste to the growth substrate: interaction between mycorrhization, substrate amendment and susceptibility to red core (Phytophthora fragariae) [J] . Applied Soil Ecology, 15 (2): 153 - 158.

Myers C T, Hull L A, Krawczyk G. 2006. Seasonal and cultivar associatedvariation in oviposition preference of oriental fruit moth (Lepidoptera: Tortricidae) adults and feeding behavior of neonatelarvae in apples [J] . Journal of Economic Entomology, 99 (2): 349 - 358.

Nagami H. 1997. Multiresidue analysis of fungicides in strawberry [J]. Bulletin of Environmental Contamination and Toxicology, 58 (1): 53 - 60.

Nakazaw A Y, Uchida K. 1998. First record of cleistothecial stage of powdery mildew fungus on strawberry in Japan [J]. Annals of the Phytopathological Society of Japan, 64 (2): 121 - 124.

Naruse H. 1978. Defoliation of peach tree caused by the injury of the peach leaf - miner, *Lyonetia clerkella* L.: I. Influence of larval density [J]. Japanese Journal of Applied Entomology and Zoology, 22 (1): 1 - 6.

Naruse H. 1981. Ecological studies on the peach leafminer, *Lyonetia clerkella* L.: II. Seasonal polymorphism of adults controlled by photoperiod [J]. Japanese Journal of Applied Entomology and Zoology, 25 (3): 162 - 169.

Nasu Y, Tamashima K, Shibao M, et al. 2010. Rediscovery of *Carposina niponensis* Walsingham and carposinids caught by synthetic sex pheromone trap for *C. sasakii* Matsumura in Japan (Lepidoptera: Carposinidae) [J]. Japanese Journal of Applied Entomology and Zoology, 54: 115 - 126.

Nelson M D, Gubler W D, Shaw D V. 1995. Inheritance o f powdery mildew resistance in greenhouse - grown versus field - grown California strawberry progenies [J]. Phytopathology, 85 (4): 421 - 424.

Nicholas A H, Spooner - Hart R N, Vickers R A. 2005. Abundance and natural control of the woolly aphid *Eriosoma lanigerum* in an Australian apple orchard IPM program [J]. Biological Control, 50, 271 - 291.

Nougaret R L, Lapham M H. 1928. A study of phylloxera infestations in California as related to types of soils [M]. Washington: United States Department of Agriculture: 38 - 41.

Ntahimpera N, et al. 2002. Dynamics and pattern of latent infection caused by *Botryosphaeria dothidea* on pistachio buds [J]. Plant Disease, 86: 282 - 287.

O Brien T P, McCully M E. 1981. The study of plant structure, Principles and selected methods [M]. Melbourne: Termacarphi Pty. Ltd: 21 - 32.

Ohr D. 1999. Methyiodide, an ozone safe alternatives to methyl bromide as a soil fumigant [J]. Plant Disease, 80: 731 - 735.

Okayama K, Nakano T, Matsutani S, et al. 1995. A simple and reliable method fo revaluating the effectiveness of fungicides for control of powdery mildew (*Sphaerotheca macularis*) on strawberry [J]. Annals of the Phytopathological Society of Japan, 61 (6): 536 - 540.

Okie W R, Reilly C C. 1993. Reaction of peach and nectarine cultivars and selections to infection by *Botryosphaeria dothidea* [J]. Journal of The American Society for Horticultural Science, 108 (2): 176 - 179.

Olmo H P. 1985. Evolution of phylloxera resistance in American [J]. Vitis: The 4th International Symposium Grape - vine Breeding: 172 - 175.

Omer A D, Granett J, Downie D A, et al. 1997. Population dynamics of grape phylloxera in California vineyards [J]. Vitis, 36: 199 - 205.

Omer A D, Granett J, Kocsis L, et al. 1999. Preference and performance responses of California grape phylloxera to different Vitis rootstocks [J]. Journal of Applied Entomology, 123: 341 - 346.

Omer A D, Granett J, Shebelut C W. 1999. Effect of attack intensity on host utilization in grape phylloxera [J]. Crop Protection, 18: 341 - 347.

Omer A D, Granett J, Wakeman R J. 1999. Pathogenicity of *Fusarium oxysporum* on different Vitis rootstocks [J]. Journal of Phytopathology, 147: 433 - 436.

Ordish G. 1987. The Great Wine Blight. London [M]. London: Sidgwick & Jackson Press.

Pallas V, Savino, V. 2004. Molecular variability of Apple chlorotic leaf spot virus in different hosts and geographical regions [J]. Journal of Plant Pathology, 86 (2): 117 - 122.

Park P, et al. 2000. Infection behavior of *Venturia nashicola*, thecause of scab on Asian Pears [J]. Plant Pathology, 90: 1209 - 1216.

Patil S G, Honrao B K, Rao V G, et al. 1990. Field evaluation of grape germplasm for resistance against anthracnose [J]. Biovigyanam, 16 (2): 69 - 72.

Paulus A O. 1990. Fungal disease of strawberry [J]. Hortscience, 25 (8): 885 - 889.

Pearson R C, Austin. 1988. Compendium of Grape Diseases [M]. St. Paul, Minnesota: The American Phytopathological Society.

Pearson R C, Foheen A C. 1994. Compendium of Grape Disease [M]. St. Paul: APS Press.

Penyalver R, López M M. 1999. Co - colonization of the rhizosphere by pathogenic *Agrobacterium strains* and nonpathogenic strain K84 and K1026, used for crown gall biocontrol [J]. Applied and Environment Microbiology, 65: 1936 - 1940.

Penyalver R, Vicedo B, López M M. 2000. Use of the genetically engineered *Agrobacterium* strain K1026 for biological control of crown gall [J]. European Journal of Plant Pathology, 106: 801-810.

Peries O S. 1962. Studies on strawberry mildew caused by *Sphaerotheca* [J]. Mycologia, 52: 380-386.

Petersen C L, Charles J G. 1997. Transmission of grapevine leafroll-assoeiated closteroviruses by *pseudococcus longispinus* and *p. calceolariae* [J]. Plant Pathology. 46: 509-515.

Phillips A J L, et al. 2005. Two new species of *Botryosphaeria* with brown, 1-septate ascospores and *Dothiorella anamorphs* [J]. Mycologia, 97 (2): 513-529.

Phillips A J L, Rumbos I C, Alves A, et al. 2005. Morphology and phylogeny of *Botryosphaeria dothidea* causing fruit rot of olives [J]. Mycopathologia, 159: 433-439.

Poltronieri A S, Monteiro L B, Schuber J M, et al. 2008. Connectedness of *Grapholitha molesta* (Busck, 1916) (Lepidoptera: Tortricidae) population between peach and apple orchards [J]. Scientia Agraria, 9: 339-347.

Powell K S, Burns A, Norng S, et al. 2007. Influence of composted green waste on the population dynamics and dispersal of grapevine phylloxera *Daktulosphaira vitifoliae* [J]. Agriculture, Ecosystems and Enviroment, 119: 33-38.

Prusky D, Ben-Arie R, Guelfat-Reich S. 1981. Etiology of black spot disease caused by *Alternaria alternata* in persimmon fruits [J]. Phytopathology, 71: 1124-1128.

Pu X A, Goodman R N. 1993. Attachment of *Agrobacteria* to grape cells [J]. Applied and Environmental Microbiology, 59 (8): 2572-2577.

Pulawska J, Kaluzna M. 2012. Phylogenetic relationship and genetic diversity of *Agrobacterium* spp. isolated in Poland based on *gyrB* gene sequence analysis and RAPD [J]. European Journal of Plant Pathology, 133: 379-390.

Pusey P L, Bertrand P F. 1993. Seasonal infection of nonwounded peach bark by *Botryosphaeria dothidea* [J]. Phytopathology, 83 (8): 825-829.

Pusey P L. 1989. Influence of water stress on susceptibility of nonwounded peach bark to *Botryosphaeria dothidea* [J]. Plant Disease, 73 (12): 1000-1003.

Quacquarelli A, Gallitelli V, SavinoV, et al. 1976. Properties of *grapevine fanleaf virus* [J]. Journal of General Virology, 32: 349-360.

Rawnsley Dr B. 2012. *Phomopsis* cane and leaf spot management [M]. Urrbrae: South Australian Research and Development Institute.

Rawnsley M B, Wicks D T J. 2002. *Phomopsis viticola*: pathogenicity and management [M]. Urrbrae: South Australian Research and Development Institute.

Reid C L, Burr T J. 1994. Wild grape (*Vitis riparia*) as a source of *Agrobacterium vitis*, the pathogen causing grape crown gall [J]. Phytopathology, 84: 547.

Riaz S, Tenscher A C, Ramming D W, et al. 2011. Using a limited mapping strategy to identify major QTLs for resistance to grapevine powdery mildew (*Erysiphe necator*) and their use in marker-assisted breeding [J]. Theoretical and Applied Genetics, 122: 1059-1073.

Ritzenthaler C, Viry M, Pinck M. et al. 1991. Complete nucleotide sequence and genetic organization of grapevine fanleaf nepovirus RNA1 [J]. Journal of General Virology, 72: 2357.

Rooney-Latham S, Janousek C N, Eskalen A. et al. 2008. First Report of *Aspergillus carbonarius* Causing Sour Rot of Table Grapes (*Vitis vinifera*) in California [J]. Plant Disease (92): 4, 651.

Routh G, Zhang Y P, Saldarelli P, et al. 1998. Use of degenerate Primers for partial sequencing and RT-PCR-based assays of grapevine leafroll-assoeiated viruses 4 and 5 [J]. Phytopathology, 88: 1238-1243.

Roy R, Ramming D W. 1990. Varietal resistance of grape to the powdery mildew fungus (*Uncinula necator*) [J]. Fruit Vorieties Journal, 44 (30): 149-155.

Russell L M. 1974. *Daktulosphaira vitifoliae* (Fitch), the correct name of the grape phylloxera (Hemipera: Homoptera: Phylloxeridaey) [J]. Journal of the Washington Acadamy of Sciences, 64: 303-308.

Satoh H, et al. 2000. Intracellular distribution, cell-to-cell trafficking and tubule-inducing activity of the 50 kDa movement protein of Apple chlorotic leaf spot virus fused to green fluorescent protein [J]. Journal of General Virology, 81: 2085-2093.

Schildberger B F, Polesny O, Rupf. 2005. Investigations into the occurrence of oriental fruit moth and peach twig borer in Austrian orchards [J]. Mitteilungen Klosterneuburg, Rebe und Wein, Obstbau und Fruchteverwertung, 55: 244-251.

Schnathorst W C. 1965. Enviormenal Relationship in the Powdery mildews [J]. Annual. Review of Phytopathology, 3: 343-366.

Schrammeijer B, den Dulk-Ras A, Vergunst A C, et al. 2003. Analysis of Vir protein translocation from *Agrobacterium tu-*

mefaciens using *Saccharomyces cerevisiae* as a model: evidence for transport of a novel effector proteinVirE3 [J] . Nucleic Acids Research，31：860 - 868.

Serghini M A，Fuchs M，Pinck M. et al. RNA2 of *grapevine fanleaf virus*：sequence analysis and coat protein cistron location [J] . Journal of General Virology，71：1433 - 1441.

Shabi E，Katan T. 1983. Occurrence and control of anthracnose of almond in Israel [J] . Plant Disease.，67：1364 - 1366.

Sheob S II，et al. 2009. Scab (*Venturia nashicola*) resistant pear，"Wonkyo Na - heukseong 2" [J] . Korean Journal of Breeding Science，41 (3)：354 - 357.

Sima B，Amir S. 2007. Bcl - 2 proteins link programmed cell death with growth and morphogenetic adaptations in the fungal plant pathogen *Colletotrichum gloeosporioides* [J] . Fungal Genetics and Biology，44 (1)：32 - 43.

Simmons Emory G. 1993. *Alternaria* themes and variations [J] . Mycotaxon，48：109 - 140.

Singh R A，Shankar G. 1975. Notes of PhilliP Pine grape andg uava anthracnose [J] . Plant Disease Report，59 (3)：221 - 224.

Slater S C，Goldman B S，Goodner B，et al. 2009. Genome sequences of three *Agrobacterium* biovars help elucidate the evolution of multichromosome genomes in bacteria [J] . Journal of Bacteriology，191：2501 - 2511.

Slippers B，et al. 2004. Combined multiple gene genealogies and phenotypic characters differentiate several species previously identified as *Botryosphaeria dothidea* [J] . Mycologia，96 (1)：83 - 101.

Slippers B，Smit W A，Crous P W，et al. 2007. Taxonomy，phylogeny and identification of Botryosphaeriaceae associated with pome and stone fruit trees in South Africa and other regions of the world [J] . Plant Pathology，56 (1)：128 - 139.

Smith C M. 1989. Plant Resistance to Insects A Fundamental Approach [M] . New York：Wiley Press：286.

Smith D R，Stanosz G R. 2001. Molecular and morphological differentiation of *Botryosphaeria dothidea* (anamorph Fusicoccum aesculi) from some other fungi with *Fusicoccum anamorphs* [J] . Mycologia，93 (3)：505 - 515.

Sonoda R M，Kretsehmer A E，Brolmanu J B. 1974. Colletotriehum leafsPot and stem canker on *Stylosanthes* spp. [J] . Florida Tropical Agriculture Trinida，51：75 - 79.

Staphorst J L，van Zyl F G H，Strijdom B W，et al. 1985. Agrocin producing pathogenic and nonpathogenic biotype - 3 strains of *Agrobacterium tumefaciens* active against biotype - 3 pathogens [J] . Current. Microbiology，12：45 - 52.

Stevenson A B. 1966. Seasonal development of foliage infestations of grape in Ontario by *Phylloxera vitifoliae* (Fitch) (Homoptera：Phylloxeridae) [J] . Canada Division of Entomology，98：1299 - 1305.

Strapazzon A，Girolamir V. 1985. The phylloxera on European vines [J] . Infromatore Agrario，41：73 - 76.

Sutton T B. 1981. Production and dispersal of ascosporeas and conidia by *Physalospora obtuse* and *Botrysphaeria dothidea* in apple orchards [J] . Phytopathology，71：584 - 589.

Suzaki K . 2008. Population structure of *Valsa ceratosperma*，causal fungus of Valsa canker，in apple and pear orchards [J] . Journal of General Plant Pathology，74：128 - 132.

Takeshi K，Akihiro M，Takuya O，et al. 2004. Suppressive effect of potassium silicate on powdery mildew of strawberry in hydroponics [J] . Journal of General Plant Pathology，70 (4) ：207 - 211.

Takeshi K，Akihiro M，Takuya O，et al. 2006. Suppressive effect of liquid potassium silicate on powdery mildew of strawberry in soil [J] . Journal of General Plant Pathology，72 (3)：137 - 142.

Tang W，Ding Z，Zhou Z Q，et al. 2011. Phylogenetic and pathogenic analyses show that the causal agent of apple ring rot is *Botryosphaeria dothidea* [J] . Plant Disease ，96：486 - 496.

Tanigawa M，Nakano T，Hagihara T，et al. 1993. Relationship between the control effect of fungicides on powdery mildew (*Sphaerotheca humuli*) and their deposits on strawberry leaves [J] . Journal of Pesticide Science，18 (2)：135 - 140.

Tao Y，Rao P K，Bhattacharjee S，et al. 2004. Expression of plant protein phosphatase 2C interferes with nuclear import of the *Agrobacterium* T - complex protein VirD2 [J] . Proceedings of the National Academy of the United States of America，101：5164 - 5169.

Teperi E，Keskinen M，Ketoja E，et al. 1998. Screening for fungal antagonists of seed - borne *Fusarium culmorum* on wheat using in vivo tests [J] . Plant Pathology，104：243 - 251.

Tomlinson A D，Ramey - Hartung B，Day T V，et al. 2010. *Agrobacterium tumefaciens* ExoR represses succinoglycan biosynthesis and is required for biofilm formation and motility [J] . Microbiology，156：2670 - 2681.

Trethowan C J，Powell K S. 2007. Rootstock—phylloxera Interactions under Australlian field condition [J] . Acta Horticulturae，733：115 - 121.

Tricita H，Quimio A J，Quimio. 1975. Notes on Philippine grape and guava anthrancnose [J] . Plant Disease Reporter，1975，59 (3)：221 - 224.

Tsai C W，Chau J，Almeida，et al. 2008. Transmission of *Grapevine leafroll-associated virus* 3 by the vine mealybug（*Planococcus ficus*）［J］. The American Phytopathological Society，98（10）：1093-1098.

Turley M，Granett J，Omer A D，et al. 1996. Grape phylloxera（Homoptera：Phylloxeridae）temperature threshold for establishment of feeding sites and degree day calculations［J］. Environmental Entomology，25（4）：842-847.

Tzfira T，Citovsky V. 2003. The *Agrobacterium* - plant cell interaction. Taking biology lessons from a bug［J］. Plant Physiology，133：943-947.

Tzfira T，Li J，Lacroix B，et al. 2004. *Agrobacterium* T - DNA integration：molecules and models［J］. Trends in Genetics，20：375-383.

Tzfira T，Vaidya M，Citovsky V. 2002. Increasing plant susceptibility to *Agrobacterium* by overexpression of the Arabidopsis nuclear protein VIP1［J］. Proceedings of the National Academy of the United states of America，99：10435-10440.

Tzfira T，Vaidya M，Citovsky V. 2004. Involvement of targeted proteolysis in plant genetic transformation by *Agrobacterium*［J］. Nature，431：87-92.

U Tuor，K Winterhalter，A Fiechter. 1995. Enzymes of white - rot fungi involved in lignin degradation and ecological determinants for wood decayJournal of Biotechnology［J］. Journal of Biotechnology，41：1-17.

Valdés - Gómez H，Gary C，Cartolaro P，et al. 2011. Powdery mildew development is positively influenced by grapevine vegetative growth induced by different soil management strategies［J］. Crop Protection，30：1168-1177.

van Leeuwen G C M，Yen R P B，Holb I J，et al. 2002. Distinction of the Asiatic brown rot fungus *Monilia polystroma* sp. nov. from *M. fructigena*［J］. Mycological Research，106：444-451.

van Oosten H J，Meijnske C A R，Peerbooms H. 1982. Growth，yield and fruit quality of virus - infected and virus - free golden delicious apple trees，1968-1982［J］. Acta Horticulturae，130：213-220.

Vanrm H V，Fauquet C M，Bishop D H L. 2000. Virus taxonomy：classification and nomenclature of viruses，seventh report of the international committee on taxonomy of viruses［M］. San Diego，CA，USA：Academic Press：952-956.

Veena J H，Doerge R W，Gelvin S B. 2003. Transfer of T - DNA and Vir proteins to plant cells by *Agrobacterium tumefaciens* induces expression of host genes involved in mediating transformation and suppresses host defense gene expression［J］. Plant Journal，35：219-226.

Velázquez E，Palomo J L，Rivas R，et al. 2010. Analysis of core genes supports the reclassification of strains *Agrobacterium radiobacter* K84 and *Agrobacterium tumefaciens* AKE10 into the species *Rhizobium rhizogenes*［J］. Systematic and Applied Microbiology，33：247-251.

Vergunst A C，van Lier M C M.，den Dulk - Ras A，et al. 2003. Recognition of the *Agrobacterium* VirE2 translocation signal by the VirB/D4 transport system does not require VirE1［J］. Plant Physiology，133：978-988.

Vestberga M，Kukkonena S，Saaria K. 2004. Microbial inoculation for improving the growth and health of micropropagated strawberry［J］. Applied Soil Ecology，27：243-258.

Viss W，Humann J L，Cook M，Driver J，et al. 2003. Crown - gall - resistant transgenic apple trees that silence *Agrobacterium tumefaciens* T - DNA oncogenes［J］. Molecular Breeding，12：283-295.

Vorwerk S，Forneck A. 2006. Reproductive mode of grape phylloxera（*Daktulosphaira vitifoliae*，Homoptera：Phylloxeridae）in Europe：molecular evidence for predominantly asexual populations and a lack of gene flow between them［J］. Genome，49：678-687.

Vos P R，Hogers M，Bleeker M，et al. 1995. AFLP：A new concept for DNA fingerprinting［J］. Nucleic. Acids Res.，23：4407-4414.

Vosatka M，Gryndler M，Jansa J，et al. 2000. Post vitro mycorrhization and bacterization of micropropagated strawberry，potato and azalea［J］. Acta Horticulturae，530：313-324.

Walker A J，Wolpert E，Weber，et al. 1994. Breeding rootstocks for California's current and impending viticultural problems［J］. Grape Grower，6：11-18.

Walter B，Martelli G P. 1997. Sanitary selection of the grapevine - Protocols for detection of viruses and virus - like diseases［M］. Paris：INRA Editions.

Wang F，Zhao L，Li G，et al. 2011. Identification and Characterization of Botryosphaeria spp. Causing Gummosis of Peach Trees in Hubei Province，Central China［J］. Plant Disease，95（11）：1378-1384.

Wang L P，et al. 2006. Effect of thermotherapy on elimination of apple stem grooving virus and apple chlorotic leaf spot virus in tips of in vitro - cultured pear shoots［J］. HortScience，41（3）：729-732.

Wang S Y，Tzeng D D. 1998. Methionine - riboflav in mixtures with surfactants and metalions reduce powdery mildew infection in strawberry plants［J］. Journal of the American Society for Horticultural Science，123（6）：987-991.

Wapshere A J, Helm K F. 1987. Phylloxera and Vitis: An experimentally testable coevolutionary hypothesis [J]. American Journal of Enology and Viticulture, 38 (4): 216 - 222.

Warick R P, Hildebrandt A C. 1966. Free amino acid contents of stem and phylloxera gall tissue cultures of grape [J]. Plant Physiology, 41: 573 - 578.

Weaver D J. 1974. A gummosis disease of peach trees caused by *Botryosphaeria dothidea* [J]. Phytopathology, 64 (11): 1429 - 1432.

Weber E, De Benedictis J A, Smith R, et al. 1996. Enzone does little to improve health of phylloxera - infested vineyards [J]. California Agriculture, 50, 19 - 23.

Webster J, Dos Santos M, Thomson J A. 1986. Agrocin - producing *Agrobacterium tumefaciens* strains active against grapevine isolates [J]. Applied and Environmental. Microbiology, 52: 217 - 219.

Wet J d, et al. 2003. Multiple gene genealogies and microsatellite markers reflect relationships between morphotypes of *Sphaeropsis sapinea* and distinguish a new species of *Diplodia* [J]. Mycologia, 107 (5): 557 - 566.

Wildman W E, Nagaoka R T, Lider L A. 1983. Monitoring spread of grape phylloxera by color infrared aerial photography and ground investigation [J]. American Journal of Enology and Viticulture, 34: 83 - 94.

Williams J T, Azam - Ali S, Bonkoungou E. 2006. Ber and other jujubes [M]. Southampton, UK: International Centre for Underutilised Crops.

Williams R N, Shambaugh G F. 1988. Grape phylloxera (Homoptera: Phylloxeridae) biotypes confirmed by electrophoresis and host susceptibility [J]. Annals of the Entomological Society of America, 81: 1 - 5.

Wing K B, Pritts M P, Wilcox W F. 1994. Strawberry black root rot: A review [J]. Advances in Strawberry Research, 13: 13 - 19.

Grzegorczyk W, Walker M A. 1998. Evaluating resistance to grape phylloxera in vitis species with an invitro dual Culture Assay [J]. American Journal of Enology and Viticulture, 49 (1): 17 - 22.

Wood D W, Setubal J C, Kaul R, et al. 2001. The genome of the natural genetic engineer *Agrobacterium tumefaciens* C58 [J]. Science, 294: 2317 - 2323.

Xie L, et al. 2010. First Report of *Botryosphaeria dothidea* Causing Sweet Osmanthus Leaf Dieback in China [J]. Agricultural Sciences in China, 9 (6): 847 - 853.

Xu X M, Robinson J D. 2000. Epidemiology of brown rot (*Monilinia fructigena*) on apple: infection of fruits by conidia [J]. Plant Pathology, 49: 201 - 206.

Yamamoto S, Tanaka S. 1993. Studies on the pear (*Venturia* spp): Infection on the leaves by conidia [J]. Bull Hort Res Sta Japan Ser., 2: 181 - 192.

Yoichi I, Shingo T. 2006. Larval survival and development of the peach fruit moth, *sasakii* (Lepidoptera: Carposinidae), in picked and unpicked apple fruits [J]. Applied and Entomological Zoology, 41 (4): 685 - 690.

Yoshikawa N, et al. 2000. Transgenic nicotiana occidentalis plants expressing the 50 - kda protein of *Apple chlorotic leaf spot virus* display increased susceptibility to homologous virus, but strong resistance to Grapevine berry inner necrosis virus [J]. Phytopathology, 90: 311 - 316.

Yoshikawa N, Takahashi T. 1988. Properties of RNAs and proteins of apple stem grooving and apple chlorotic leaf spot viruses [J]. Journal of General Virology, 69 (1): 241 - 245.

Yu J Q. 1997. Effects of root exudates of cucumber (*Cucumis satitum*) and allelochemicals onion uptake by cucumber seedlings [J]. Journal of Chemical Ecology, 23: 817 - 827.

Yuen G Y, Schroth M N, Weinhold A R, et al. 1991. Effects of soil fumigation with methyl bromide and chloropicrin on root health and yield of strawberry [J]. Plant Disease, 75: 416 - 420.

Yun H K, Park K S, Rho J H, et al. 2006. Evaluation the resistance of grapevines against anthracnose by pathogen inoculation, vineyard inspection, and bioassay with culture filtrate from *Elsinoe ampelina* [J]. Journal of the American Pomological Society, 60 (2): 97 - 103.

Zabeau M, Vos P, 1993. Selective restriction fragment amplification-a general method for DNA fingerprinting [P]. European Patent Application.

Zhang H E, et al. 2012. Selection and Evaluation of Interspecific Hybrids of Pear Highly Resistant to Venturia nashicola [J]. Journal of Phytopathology, 160 (7 - 8): 346 - 352.

Zhao P, et al. 2012. Multigene phylogenetic analysis of inter - and intraspecific relationships in *Venturia nashicola* and *V. pirina* [J]. European Journal of Plant Pathology, 132 (2): 245 - 258.

Zheng Q L, Ishii H. 2009. Molecular cloning and expression analysis of genes related to phosphatidic acid synthesis in Japanese pear leaves inoculated with *Venturia nashicola* [J] . Journal of General Plant Pathology，75 (6)：413 - 421.

Zhong Y F，Zhang Y W，Chen X Y，et al. 2008. Overwintering of *Monilinia fructicola* in Stone Fruit Orchards in Northern China [J] . Journal of Phytopathology，156 (4)：229 - 235.

Zhu H Y，Ling K S，Goszczynski D E，et al. 1998. Nucleotide sequence and genome organization of grapevine leafroll‐assoeiated virus‐2 are to beet yellows virus，the closterovirus type membe [J] . Journal of General Virology，79：1289 - 1298.

Zhu J，Oger P，Schrammeijer B，et al. 2000. The bases of crown gall tumorigenesis [J] . Journal of Bacteriology，182：3885 -3895.

Zhu J，Park K C，Baker T C. 2003. Identification of odors from overripe mango that attract vinegar flies *Drosophila melanogaster* [J] . Chemical Ecology，29：899 - 909.

Zhu X Q，Chen X Y，Guo L Y，et al. 2005. First report of *Monilinia fructicola* on peach and nectarine in China [J] . Plant Pathology，54 (4)：576.

Zhu X Q，Chen X Y，Guo L Y. 2011. Population structure of brown rot fungi on stone fruits in China [J] . Plant Disease，95 (10)：1284 - 1291.

Zhu X Q，Guo L Y，Chen X Y. 2008. Diseases of peach and nectarine in China [J] . The Asian and Australasian Journal of Plant Science and Biotechnology，2 (2)：42 - 49.

Zhu X Q，Guo L Y. 2010. First report of brown rot on plum caused by *Monilia polystroma* in China [J] . Plant Disease，94 (4)：478.

Zhu Y，Nam J，Carpita N C，et al. 2003. *Agrobacterium*‐mediated root transformation is inhibited by mutation of an Arabidopsis cellulose synthase‐like gene [J] . Plant Physiology，133：1000 - 1010.

Zimand G，Elad Y，Chet I. 1996. Effect of *Trichoderma harzianum* on *Botrytis cinerea* pathogenicity [J] . Phytopathology，86：1255 - 1260.

Zoecklein B W，Williams J M，Duncan S E. 2000. Effect of sour rot on the composition of white riesling (*Vitis vinifera* L.) Grapes [J] . Small Fruits Review：63 - 77.

Zoecklein B W，Wolf T K，Duncan N W，et al. 1992. Effects of fruit zone leaf removal on yield，fruit composition and fruit rot incidence of Chardonnay and White Riesling (*Vitis vinifera* L.) grapes [J] . America Journal Enology and Viticultuare，43：139 - 148.

Zoina A，Raio A. 1999. Susceptibility of some peach rootstocks to crown gall [J] . Journal of Plant Pathology，81：181 - 187.

Zveibil A，Freeman S. 2005. First report of crown and root rot in strawberry caused by *Macrophomina phaseolina* in Israel [J] . Plant Disease，89：10 - 14.

第11单元 果树病虫害

彩图 11-1-1 苹果树
腐烂病症状
（曹克强提供）
Colour Figure 11-1-1
Symptoms of apple
Valsa canker
(by Cao Keqiang)
1.溃疡型 2.枝枯型

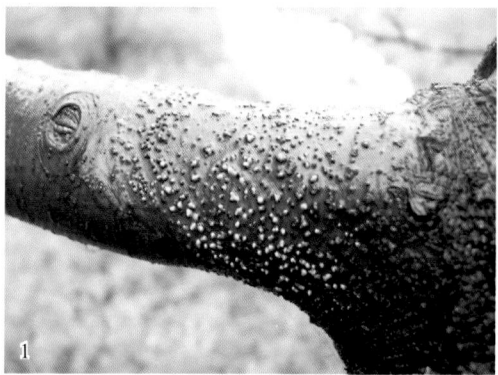
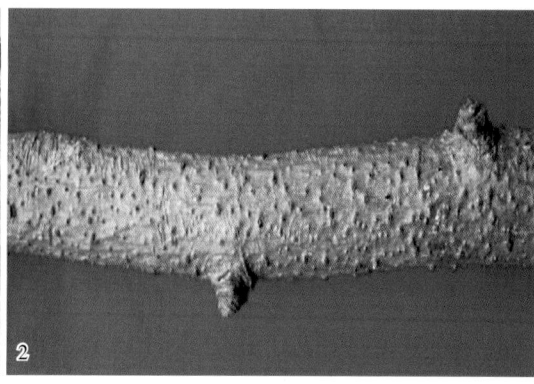

彩图11-2-1 苹果枝条上的轮纹病症状（国立耘提供）
Colour Figure 11-2-1 Symptoms of white rot on apple trunks（by Guo Liyun）
1.枝干被侵染后形成的瘤状突起，可见部分病瘤边缘的病健交界处已开裂
2.枝干被侵染后形成的溃疡斑 3.干腐型溃疡斑上可见表面密生黑色点粒
4.发病严重的树体表面形成的粗皮症状，并可见到局部有褐色汁液流出

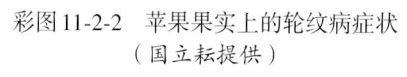

彩图11-2-2 苹果果实上的轮纹病症状
（国立耘提供）
Colour Figure 11-2-2 Symptoms of white
rot on apple fruit（by Guo Liyun）

彩图11-3-1 苹果斑点落叶病症状
（曹克强摄）
Colour Figure 11-3-1 Symptoms of apple
Alternaria rot（by Cao Keqiang）
1.病果实 2.病叶片

  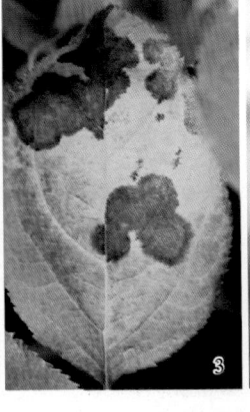 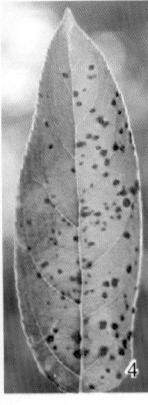

彩图11-4-1 苹果褐斑病的各种症状（李保华提供）
Colour Figure 11-4-1 Different symptoms of apple Marssonina blotch on leaves (by Li Baohua)
1.绿缘坏死型 2.针芒状型
3.同心轮纹型
4.幼嫩叶片上的褐色病斑

彩图11-5-1 苹果白粉病症状（曹克强摄）
Colour Figure 11-5-1 Symptoms of apple powdery mildew（by Cao Keqiang）
1.病嫩梢 2.病叶片

彩图11-6-1 苹果炭疽病症状(曹克强摄)
Colour Figure 11-6-1 Symptoms of apple bitter rot（by Cao Keqiang）

彩图11-7-2 苹果锈病菌在桧柏上产生的冬孢子角（李保华摄）
Colour Figure 11-7-2 Teliospore angle of *Gymnosporangium yamadae* on juniper（by Li Baohua）

彩图11-7-1 苹果锈病叶片症状（背面、正面）（李保华摄）
Colour Figure 11-7-1 Symptoms of apple rust on leaves (upper, lower side)（by Li Baohua）

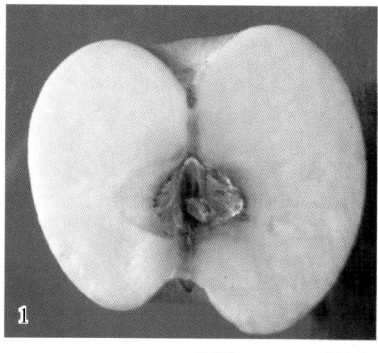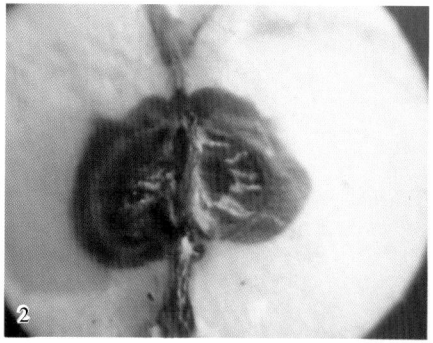

彩图 11-8-1　苹果霉心病症状（李夏鸣提供）
Colour Figure 11-8-1　Symptoms of apple moldy core（by Li Xiaming）
1. 霉心型　2. 心腐型

彩图 11-9-1　苹果青霉病症状
（李夏鸣提供）
Colour Figure 11-9-1　Symptom of apple
blue mold（by Li Xiaming）

彩图 11-11-1　苹果花腐
病症状（李保华提供）
Colour Figure 11-11-1
Symptoms of apple Monilia
leaf blight (by Li Baohua)

彩图 11-10-1　套袋苹果黑点病症状（李夏鸣提供）
Colour Figure 11-10-1　Symptoms of apple pink
mold rot (by Li Xiaming)

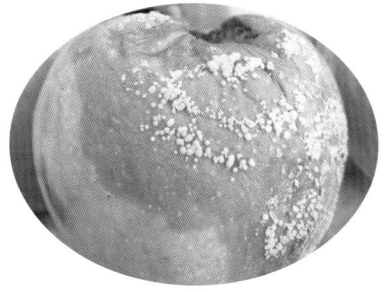

彩图 11-12-1　苹果褐腐病症状（国立耘提供）
Colour Figure 11-12-1　Symptom of apple
brown rot（by Guo Liyun）

彩图 11-14-1　苹果白绢病为害状及病原菌
子实体（曹克强摄）
Colour Figure 11-14-1　Symptom of southern
blight and fruiting body of *Athelia rolfsii* on
apple（by Cao Keqiang）

彩图 11-14-2　苹果圆斑根腐病地上部症状及枝条断面
（王国平提供）
Colour Figure 11-14-2　Symptoms of apple root rot on
shoots and discoloration on stem section (by Wang Guoping)

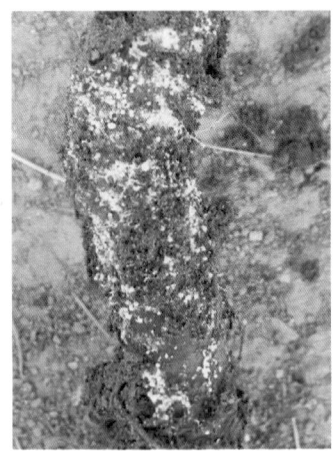

彩图11-14-4 苹果白纹羽病根部症状
（曹克强摄）
Colour Figure 11-14-4 Symptom of
Rosellinia root rot on apple
（by Cao Keqiang）

彩图 11-14-3 苹果紫纹羽病根颈部症状
（曹克强摄）
Colour Figure 11-14-3 Symptoms of
Helicobasidium root rot on apple
（by Cao Keqiang）

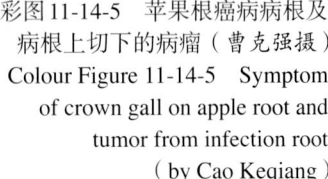

彩图11-14-5 苹果根癌病病根及
病根上切下的病瘤（曹克强摄）
Colour Figure 11-14-5 Symptom
of crown gall on apple root and
tumor from infection root
（by Cao Keqiang）

彩图11-15-1 苹果花叶病症状（国立耘摄）
Colour Figure 11-15-1 Symptoms of apple mosaic（by Guo Liyun）
1.病叶片 2.病幼苗 3.病成龄树

彩图11-15-2　苹果褪绿叶斑病病树（国立耘提供）
Colour Figure 11-15-2　Symptom of apple chlorotic leaf spot（by Guo Liyun）

彩图11-15-3　苹果茎沟病毒在枝条上引起的茎沟症状（国立耘提供）
Colour Figure 11-15-3 Symptom of apple stem grooving（by Guo Liyun）

彩图11-15-5　苹果茎沟病毒和苹果花叶病毒混合侵染症状（国立耘提供）
Colour Figure 11-15-5 Symptom caused by mixture of *Apple stem grooving virus* and *Apple mosaic virus* （by Guo Liyun）

彩图11-15-4　三种潜隐性病毒混合侵染导致树势衰弱（国立耘提供）
Colour Figure 11-15-4　Apple tree suffering from mixture of three viruses（by Guo Liyun）

彩图11-16-1　苹果锈果类病毒引起的锈果和果面凹凸不平（国立耘提供）
Colour Figure 11-16-1 Rust fruits and discolored fruits caused by *Apple scar skin viroid* （by Guo Liyun）

彩图11-16-2　苹果锈果类病毒引起的花脸症状（国立耘提供）
Colour Figure 11-16-2 Symptom on fruits caused by *Apple scar skin viroid* （by Guo Liyun）

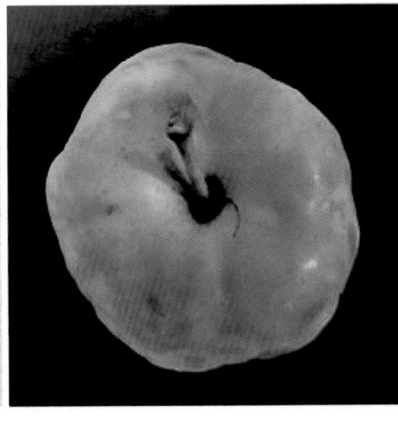

彩图 11-16-3 苹果凹果类病毒引起的果面凹凸不平（国立耘提供）
Colour Figure 11-16-3 Uneven fruit surface caused by *Apple dimple fruit viroid*（by Guo Liyun）

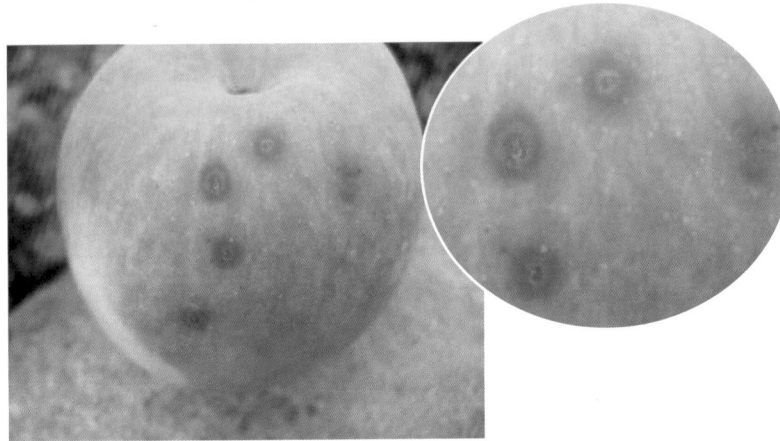

彩图 11-17-1 苹果苦痘病症状（李夏鸣提供）
Colour Figure 11-17-1 Symptom of apple bitter pit（by Li Xiaming）

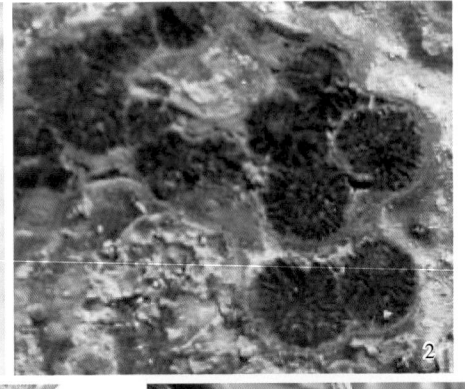

彩图 11-22-1 梨树腐烂病症状
（王国平提供）
Colour Figure 11-22-1
Valsa canker symptom
on pear tree
（by Wang Guoping)
1. 溃疡斑
2. 病斑表面密生小粒点（病原菌子座）
3. 病部涌出淡黄色分生孢子角
4. 枝枯型病枝

彩图 11-23-1 梨黑星病症状
（1～3、6 和 7. 王国平提供；4 和 5. 王金友提供）
Colour Figure 11-23-1 Symptoms of pear scab
(1-3, 6 and 7. by Wang Guoping; 4 and 5. by Wang Jinyou)
1. 病叶背面布满黑色霉层 2. 病叶柄上形成黑色椭圆形凹陷斑
3. 果实病斑上长满黑色霉层
4. 条件不适宜时果实病斑上不长霉层，而呈"青疔"
5. 病梨芽 6. 病新梢 7. 西洋梨病果

彩图 11-24-1 梨黑斑病症状（1 和 3. 王国平提供；2 和 4. 王金友提供）
Colour Figure 11-24-1 Symptoms of pear black spot
(1 and 3. by Wang Guoping; 2 and 4. by Wang Jinyou)
1. 病叶片 2. 叶片上病斑较多时常互相融合成不规则形大病斑
3. 病果实 4. 果面发生龟裂，严重时裂缝可深达果心

彩图11-25-1 梨轮纹病症状（王国平提供）
Colour Figure 11-25-1 Symptoms of pear ring rot
（by Wang Guoping）
1.病枝干 2.枝干上的病斑相互融合，树皮粗糙 3.病果实 4.病叶片

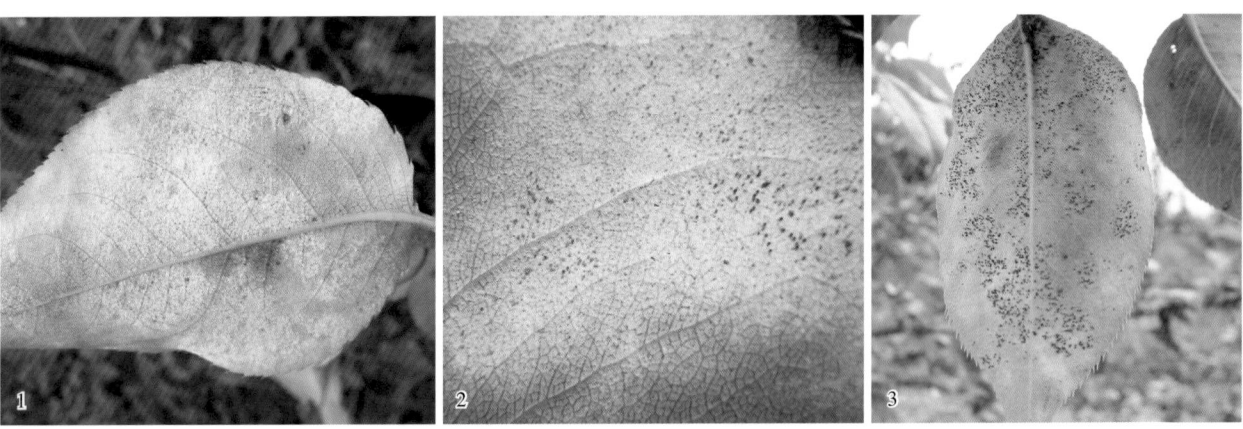

彩图11-26-1 梨白粉病症状（王国平提供）
Colour Figure 11-26-1 Symptoms of pear powdery mildew（by Wang Guoping）
1.病叶背面形成灰白色粉层 2.叶片上病原菌的闭囊壳起初黄色 3.叶片上病原菌的闭囊壳后期为褐色至黑褐色

彩图11-27-1 梨炭疽病症状
（洪霓提供）
Colour Figure 11-27-1
Symptoms of pear anthracnose
（by Hong Ni）
1.病果实 2.病叶片

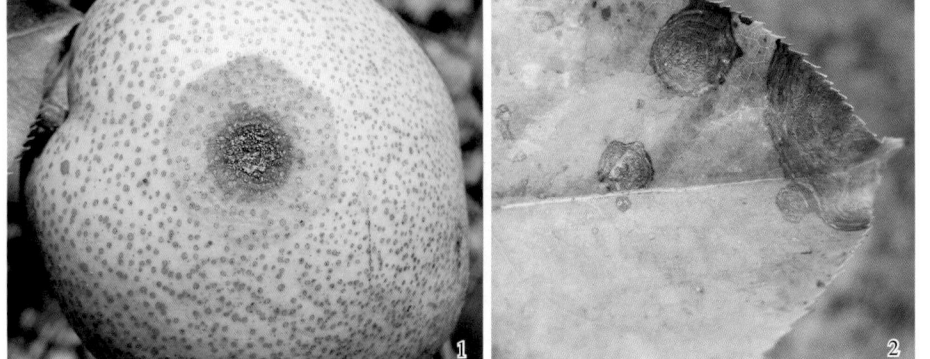

彩图11-28-1　梨疫腐病果实症状及潮湿时果面病部长出白色菌丝丛（洪霓提供）
Colour Figure 11-28-1　Symptoms of pear Phytophthora crown rot on fruit (by Hong Ni)

彩图11-29-1　梨锈病叶片症状及叶
片隆起部位长出黄褐色毛状物
（病原菌的锈孢子器）
（王国平提供）
Colour Figure 11-29-1
Symptoms of pear rust on leaves
(by Wang Guoping)

彩图11-29-2　梨锈病果实症状
（王国平提供）
Colour Figure 11-29-2　Symptoms of pear
rust on fruits (by Wang Guoping)

彩图11-29-3　梨锈病发生严重时所
有叶片被侵染（王国平提供）
Colour Figure 11-29-3　Severe rust
symptoms on pear leaves
(by Wang Guoping)

彩图11-29-4　梨锈病菌侵染转主寄主桧柏
产生冬孢子角及冬孢子角吸水膨胀变为橙
黄色舌状的胶状物（王国平提供）
Colour Figure 11-29-4　Telial horns of pear
rust pathogen on juniper and showing yellow
symptoms after absorbing water
(by Wang Guoping)

彩图11-30-1　梨褐腐病果实症状
（王江柱提供）
Colour Figure 11-30-1　Symptoms of
pear brown rot on fruit
(by Wang Jiangzhu)

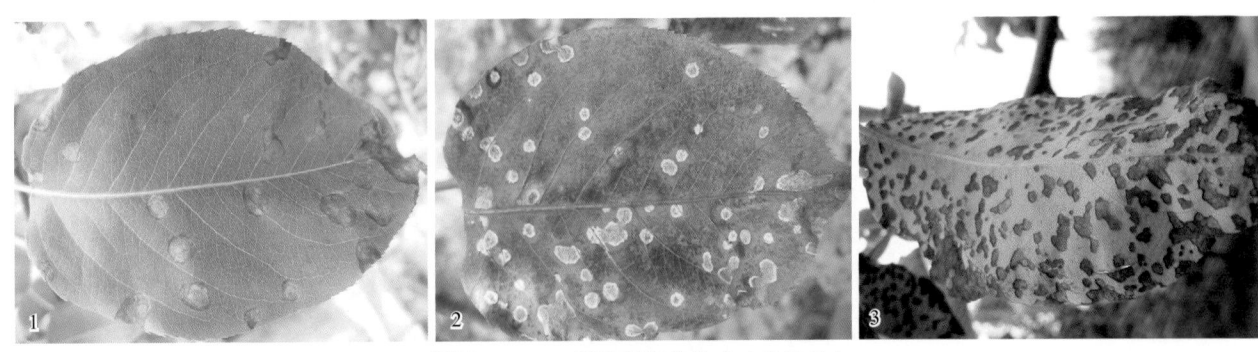

彩图 11-31-1 梨褐斑病症状（洪霓提供）
Colour Figure 11-31-1 Symptoms of pear Mycosphaerella leaf spot (by Hong Ni)
1.病叶片 2.叶片病斑上密生小黑点 3.病斑互相融合成为不规则形褐色干枯大斑

彩图 11-32-1 梨干腐病症状（1 和 4. 王江柱提供；2 和 3. 王国平提供）
Colour Figure 11-32-1 Symptoms of pear stem canker (1 and 4. by Wang Jiangzhu; 2 and 3. by Wang Guoping)
1.黄金梨小枝上的病斑 2.枝干上初期症状 3.枝干上后期症状 4.病斑表面散生小黑点

彩图 11-33-1 梨干枯病症状（王国平提供）
Colour Figure 11-33-1 Symptoms of pear die back on the trunk (by Wang Guoping)
1.病枝 2.病斑上产生白色分生孢子角

彩图11-35-1　梨煤污病症状
（王国平提供）
Colour Figure 11-35-1
Symptoms of pear
sooty blotch
(by Wang Guoping)
1.病果实　2.病叶片

彩图11-34-1　梨树白纹羽病症状（洪霓提供）
Colour Figure 11-34-1　Symptoms of pear
Dematophora root rot (by Hong Ni)
1.病根部　2.病苗根部

彩图11-36-1　梨根朽病症状
（王江柱提供）
Colour Figure 11-36-1　Symptoms of pear
clitocybe root rot (by Wang Jiangzhu)
1.病根表面　2.扇形菌丝层

彩图11-37-1　苹果褪绿叶斑病
毒病症状
（王国平提供）
Colour Figure 11-37-1
Symptoms caused by ACLSV
(by Wang Guoping)
1.感病梨树品种叶片症状
2.感病梨树品种果实症状
3.指示植物A_{20}上的症状

彩图 11-37-2　苹果茎痘病毒病症状（王国平提供）

Colour Figure 11-37-2　Symptoms caused by ASPV (by Wang Guoping)

1. 在感病梨树果实上产生石豆症状　2. 在感病梨树叶片上产生脉黄症状　3. 在指示植物榅桲上的症状

彩图 11-37-3　苹果茎沟病毒病症状（王国平提供）

Colour Figure 11-37-3　Symptoms caused by ASGV (by Wang Guoping)

1. 在田间木本指示植物弗吉尼小苹果上的症状

2. 在温室木本指示植物弗吉尼小苹果上的症状

彩图 11-38-1　梨根癌病症状

（王国平提供）

Colour Figure 11-38-1

Symptoms of pear crown gall

(by Wang Guoping)

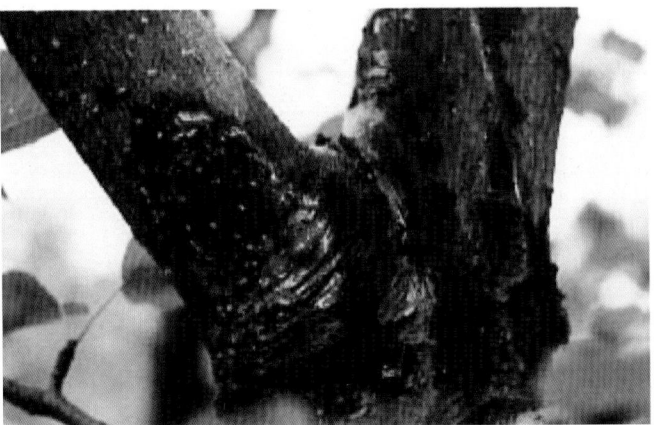

彩图 11-39-1　梨锈水病病部渗出铁锈色水渍状液（许志刚提供）

Colour Figure 11-39-1　Symptom of pear fire blight showing rusty
coloured liquid leaking from lesions (by Xu Zhigang)

彩图 11-39-2　梨锈水病
病部风干后变成铁锈色
（许志刚提供）

Colour Figure 11-39-2

Rusty colored lesions

after air dry

(by Xu Zhigang)

彩图11-40-1　葡萄霜霉病叶片症状
（王忠跃和雷志强提供）
Colour Figure 11-40-1
Typical symptoms of grape downy
mildew on leaves
(by Wang Zhongyue and
Lei Zhiqiang)

彩图11-40-2　葡萄霜霉病果穗症状
（引自王忠跃，2009）
Colour Figure 11-40-2　Typical
symptoms of grape downy mildew on
clusters (from Wang Zhongyue, 2009)

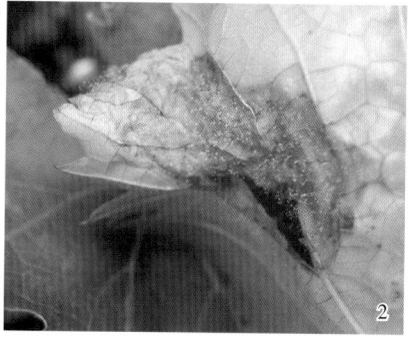

彩图11-41-1　葡萄灰霉病症状
（李兴红提供）
Colour Figure 11-41-1　Symptoms
of grape gray mold (by Li Xinghong)
1. 果实症状　　2. 叶部症状

彩图11-41-2　葡萄灰霉病菌
的分生孢子及分生孢子梗
（李兴红提供）
Colour Figure 11-41-2
Conidia and conidiophores of
Botrytis cinerea
(by Li Xinghong)

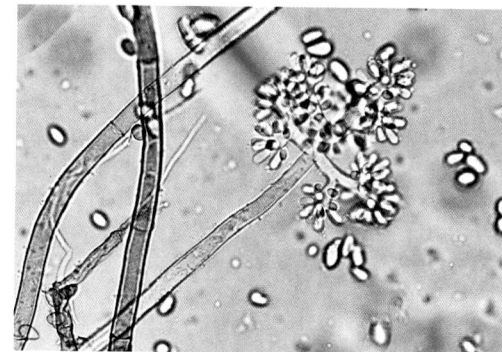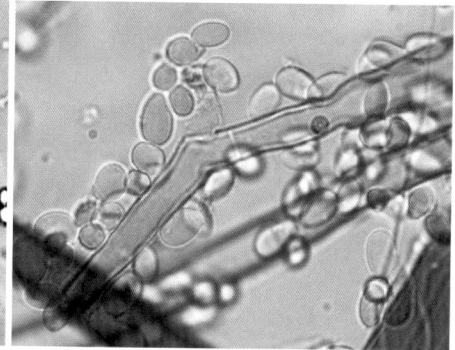

彩图11-42-1　葡萄白粉病症
状（孔繁芳提供）
Colour Figure 11-42-1
Typical symptoms of grape
powery mildew
(by Kong Fanfang)

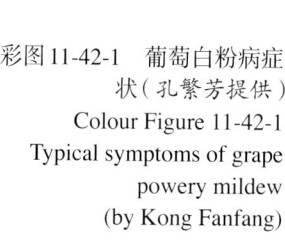

彩图11-43-1 葡萄炭疽病症状
（引自王忠跃，2009）
Colour Figure 11-43-1
Typical symptoms of grape ripe
rot (from Wang Zhongyue, 2009)

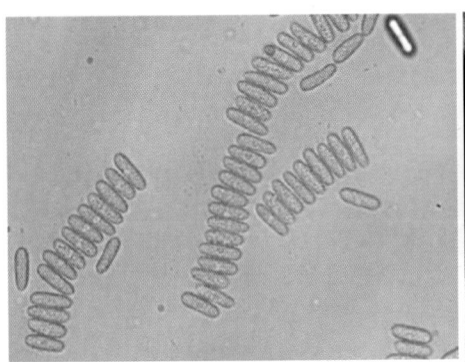
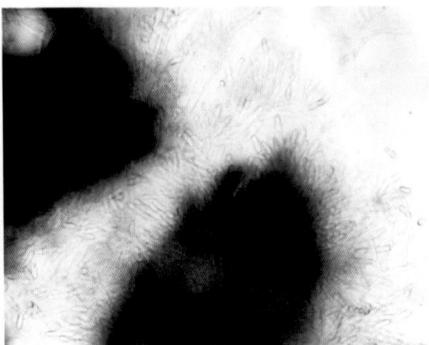

彩图11-43-2 葡萄炭疽病菌
的分生孢子及分生孢子盘
（引自王忠跃，2009）
Colour Figure 11-43-2
The conidia and acervuli of
Colletotrichum gloeosporioides
(from Wang Zhongyue, 2009)

彩图11-44-1 葡萄白腐病症状（1和3. 王忠跃提供；2. 引自王忠跃，2009）
Colour Figure 11-44-1 Symptoms of grape white rot (1 and 3. by Wang Zhongyue; 2. from Wang Zhongyue, 2009)
1.病果粒 2.病枝 3.病叶

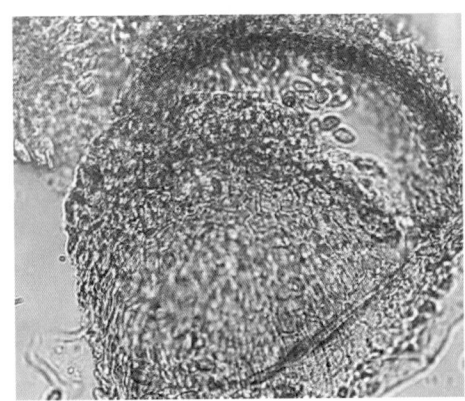
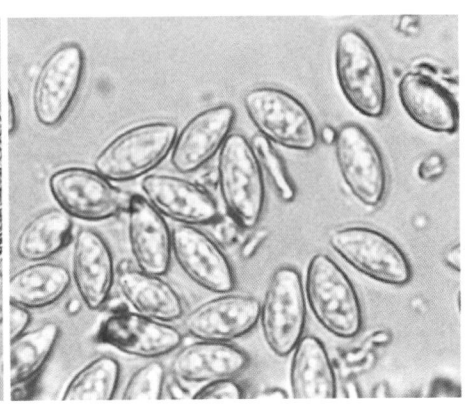

彩图11-44-2 葡萄白腐病菌的
分生孢子器和分生孢子
（引自王忠跃，2009）
Colour Figure 11-44-2 The
pycnidium and conidia of
Coniella diplodiella
(from Wang Zhongyue, 2009)

彩图 11-45-1　葡萄黑痘病症状
（1.引自王忠跃，2009；
2.引自 Michael A. Ellis, 2008）
Colour Figure 11-45-1
Symtoms of grape authracnose (1. from Wang Zhongyue, 2009; 2. from Michael A. Ellis, 2008)
1.病叶及病茎　2.病果实

彩图11-46-1　葡萄溃疡病症状（李兴红提供）
Colour Figure 11-46-1　Symptoms of grape Botryosphaeria rot and necrosis (by Li Xinghong)
1.枝干症状　2.枝干维管束变色　3.烂果及掉粒　4.幼树症状

彩图11-46-2　葡萄溃疡病菌的分生孢子
（李兴红提供）
Colour Figure 11-46-2　Conidia of *Botryosphaeria* sp. (by Li Xinghong)
1. *Botryosphaeria dothidea* [（17 ~ 32）μm×（4 ~ 9）μm] 2. *Botryosphaeria rhodina* [（11.07 ~ 14.48）μm×（22.27 ~ 28.18）μm]

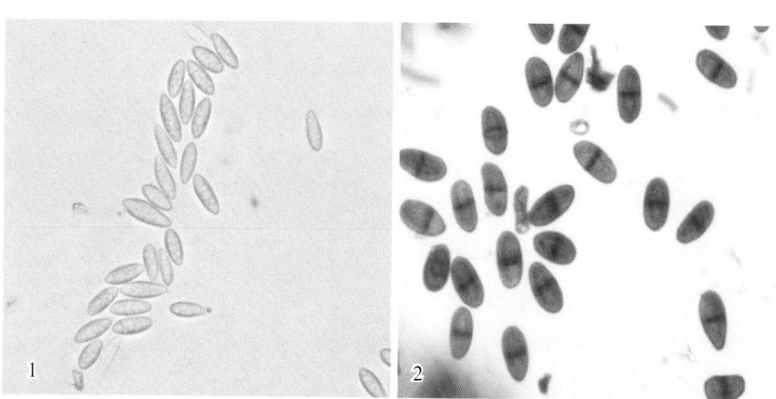

彩图11-48-1　葡萄枝枯病症状（王忠跃提供）
Colour Figure 11-48-1　Typical symptoms of grape vine rot (by Wang Zhongyue)

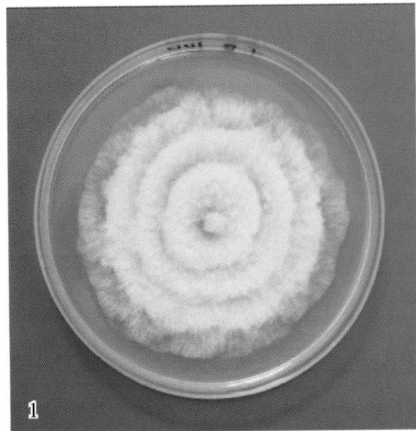
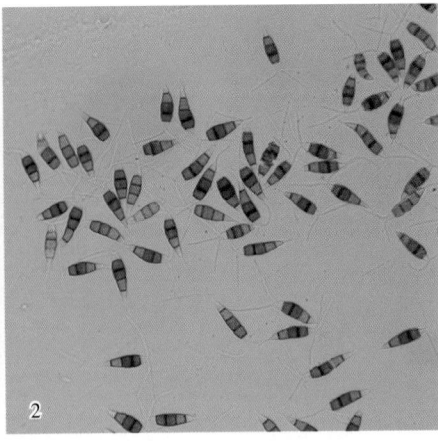

彩图11-48-2　葡萄枝枯病菌
（王忠跃提供）
Colour Figure 11-48-2
Pathogen of grape vine rot
(by Wang Zhongyue)
1.菌落形态　2.分生孢子

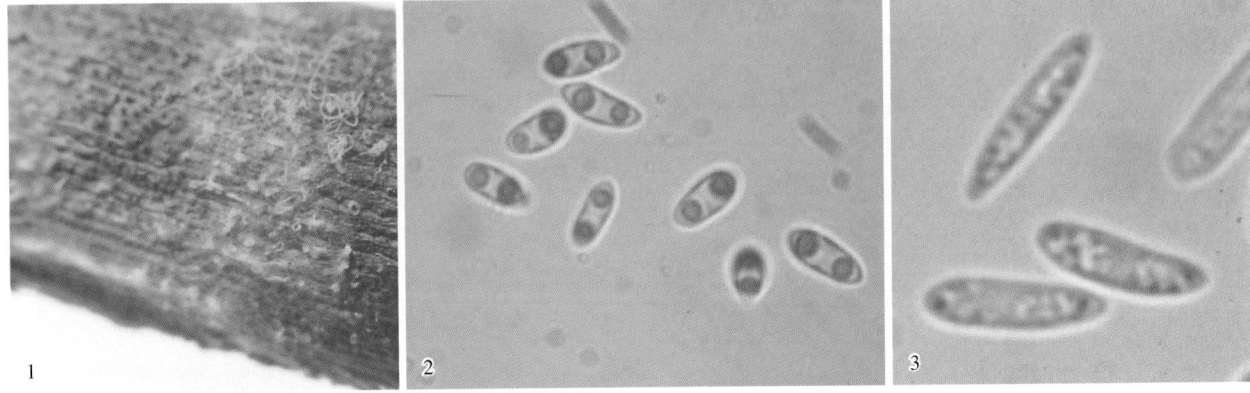

彩图11-49-1　葡萄蔓割病菌（1.引自王忠跃，2009；2和3.引自 Belinda Rawnsley，2002）
Colour Figure 11-49-1　*Phomopsis viticola* (1. from Wang Zhongyue; 2 and 3. from Belinda Rawnsley, 2002)
1.分生孢子角　2. Ⅰ型分生孢子　3. Ⅱ型分生孢子

彩图11-50-1　葡萄黑腐病症状（引自赵奎华，2006）
Colour Figure 11-50-1　Symptoms of grape black rot in the field (from Zhao Kuihua, 2006)
1.果粒腐烂及病部的小黑点（分生孢子器或子囊壳）　2.叶片病斑及病部的小黑点（分生孢子器或子囊壳）　3.穗轴腐烂　4.果穗腐烂

彩图 11-52-1　葡萄酸腐病症状
（引自中国葡萄病虫害发生与监测数据库）
Colour Figure 11-52-1　Typical symptoms of grape sour rot (from Database of CARS)

彩图 11-53-1　葡萄卷叶病症状（董雅凤提供）
Colour Figure 11-53-1　Symptoms of grapevine leafroll (by Dong Yafeng)
1. 红色品种叶片症状　2. 黄色品种叶片症状　3. 整株症状　4. 果实成熟不良

彩图 11-54-1　葡萄扇叶病症状
（董雅凤和张尊平提供）
1. 节间缩短，叶片皱缩
2. 叶脉聚近，叶片呈扇形
3. 叶片上的褪绿环斑
4. 沿叶脉形成褪绿黄斑
Colour Figure 11-54-1
Symptoms of grapevine fan leaf
(by Dong Yafeng and Zhang Zunping)

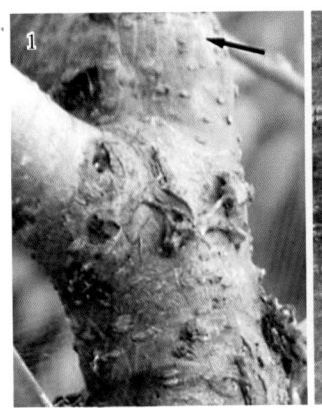 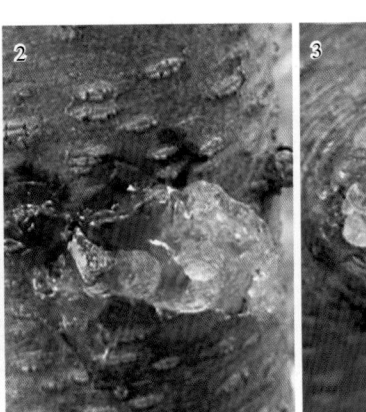 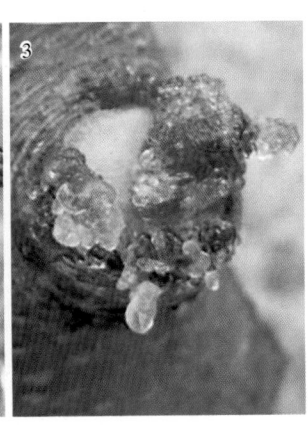

彩图11-55-1　桃流胶病症状
（李国怀和王璠提供）
Colour Figure 11-55-1
Symptoms of peach gummosis
(by Li Guohuai and Wang Fan)
1. 流胶前的隆起部位（黑色箭头所示）
2. 皮孔流胶　3. 伤口流胶

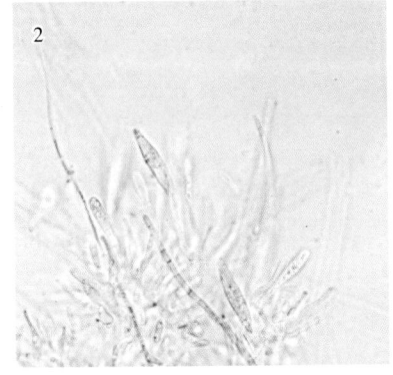

彩图11-55-3　伯氏小穴壳菌分生孢子
梗上的分生孢子（李国怀和王璠提供）
Colour Figure 11-55-3　Conidiogenous
cells and developing hyaline, fusiform
conidia of *Dothiorella berengeriana*
(by Li Guohuai and Wang Fan)
1. 菌株ZZB-7　2. 菌株FY-38

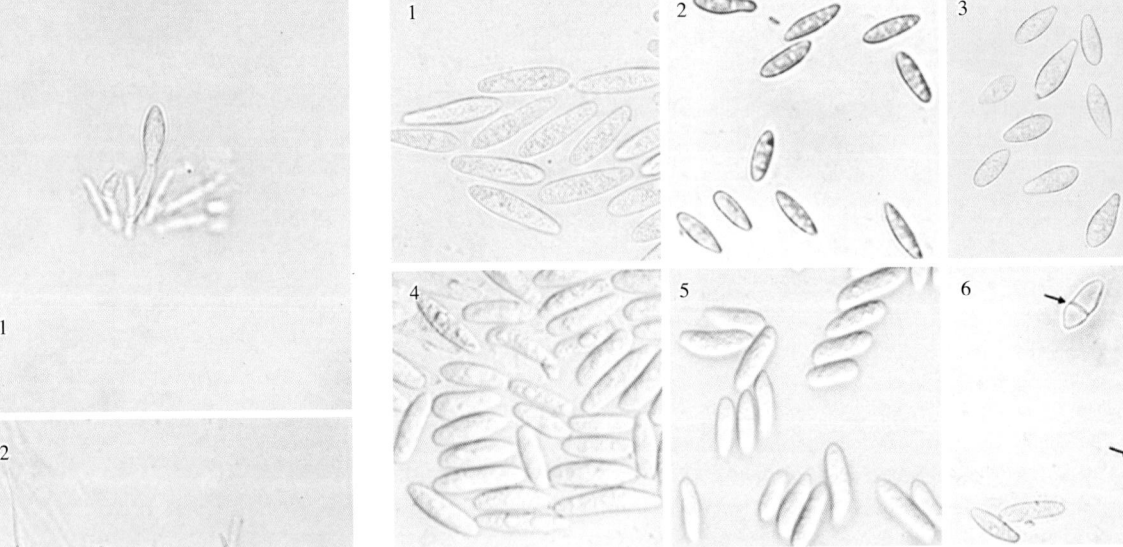

彩图11-55-2　伯氏小穴壳菌不同形态的分生孢子（李国怀和王璠提供）
Colour Figure 11-55-2　Conidial morphology of *Dothiorella berengeriana*
(by Li Guohuai and Wang Fan)
1. 菌株SZ-912　2. 菌株XX-1　3. 菌株YLA-6　4. 菌株ZY-42　5. 菌株JMA-121　6. 菌株MYA-8

彩图11-56-1　桃褐腐病田间症状
（朱小琼提供）

Colour Figure 11-56-1　Symptoms of peach
brown rot in the field (by Zhu Xiaoqiong)
1. 果实初期症状
2. 发病中后期在果实表面形成大量的分生孢子堆
3. 发病后期病果干缩、失水，形成僵果
4. 僵果表面的分生孢子堆

彩图 11-59-1　桃根癌病症状（李金云提供）
Colour Figure 11-59-1　Symptoms of crown gall on peach plants (by Li Jinyun)

彩图 11-59-2　电镜下的桃根癌病菌形态（李金云提供）
Colour Figure 11-59-2 Morphology of *Agrobacterium tumefaciens* under transmission electron microscopy (by Li Jinyun)

彩图 11-60-1　核桃黑斑病症状（王树桐提供）
Colour Figure 11-60-1　Symptoms of walnut bacterial black rot (by Wang Shutong)
1.病枝　2.病叶　3.病果

彩图 11-62-1　核桃溃疡病症状（王树桐提供）
Colour Figure 11-62-1 Symptoms of walnut canker (by Wang Shutong)
1.病瘤　2.病部溃疡斑

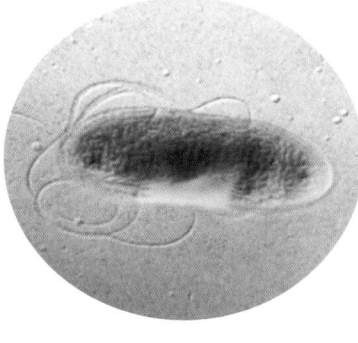

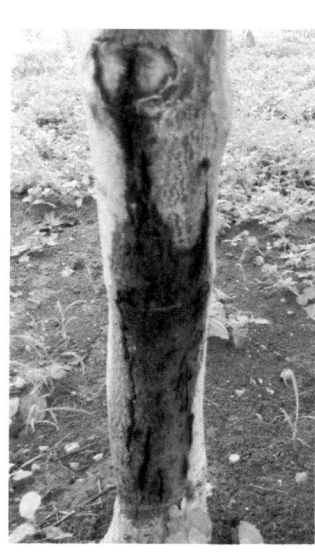

彩图 11-63-1　核桃腐烂病症状（王树桐提供）
Colour Figure 11-63-1 Symptoms of walnut Cytospora rot (by Wang Shutong)

彩图 11-64-1　核桃炭疽病果实症状（王树桐提供）
Colour Figure 11-64-1　Fruits symptom of walnut anthracnose (by Wang Shutong)

彩图11-65-1 枣锈病叶片症状（杨军玉摄）
Colour Figure 11-65-1 Symptoms of rust on jujube leaves（by Yang Junyu）

花梗延长

正常花

花变叶

正常枝叶

短缩丛枝及小叶

病果

健康果

健树

病树

彩图11-67-1 冬枣溃疡病症状
（杨军玉摄）
Colour Figure 11-67-1
Symptoms of jujube fruit canker
（by Yang Junyu）

彩图11-66-1 枣疯病病树不同器官症状（赵锦摄）
Colour Figure 11-66-1 Different symptoms of jujube witche's broom（by Zhao Jin）
1.病树根蘖苗（丛生状态） 2.花变叶及花梗延长，重病树不能正常开花结果
3.叶变小、黄化及枝条短缩丛枝 4.病树冬季不能正常落叶
5.左为病果，呈花脸症状；右为正常果

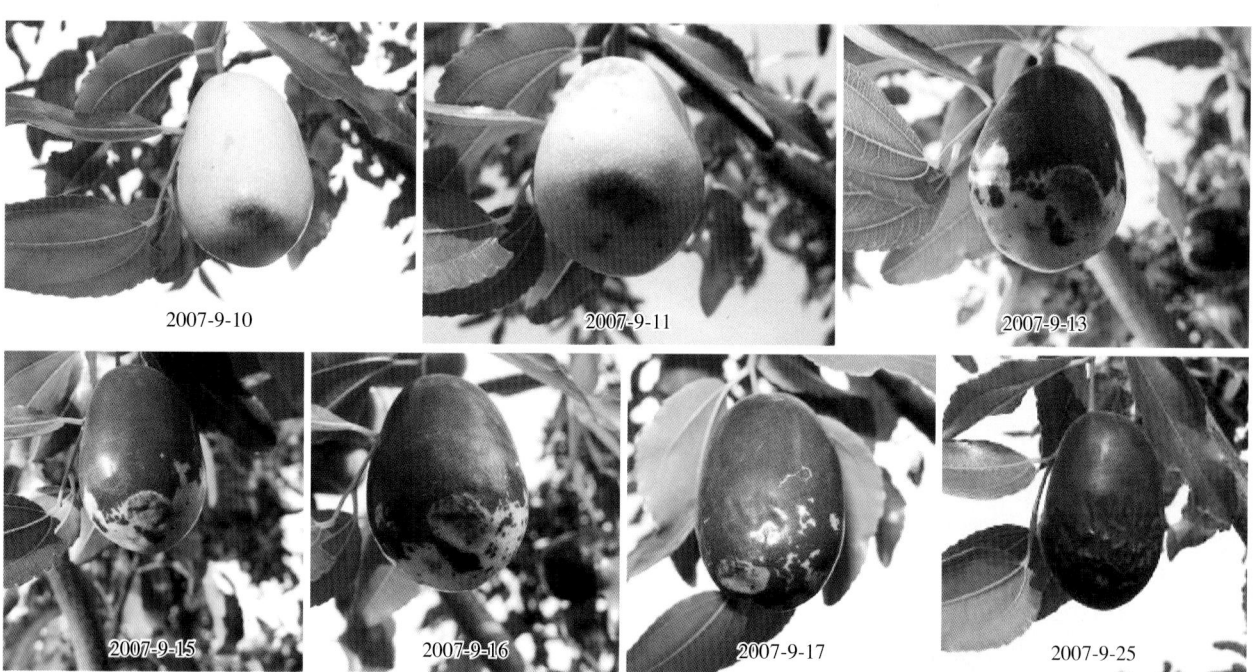

彩图 11-68-1　枣皱胴病病果发生过程（李夏鸣提供）
Colour Figure 11-68-1　Developing process of jujube crinkle fruit (by Li Xiaming)

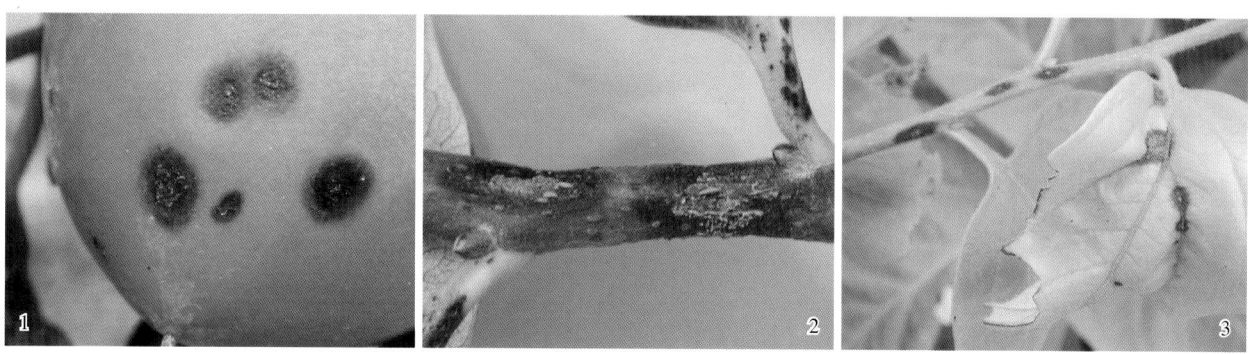

彩图 11-71-1　柿炭疽病症状（丁向阳提供）
Colour Figure 11-71-1　Symptoms of persimmon anthracnose（by Ding Xiangyang）
1.病果实　2.病新梢　3.病叶片

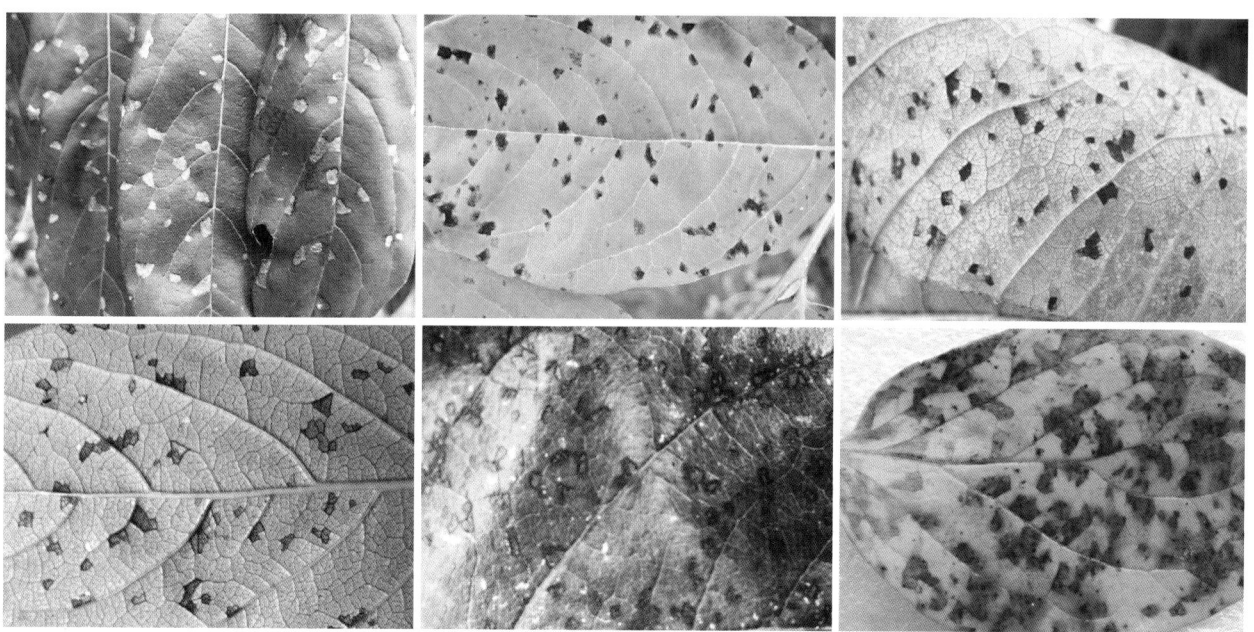

彩图 11-72-1　柿角斑病叶片症状（丁向阳提供）
Colour Figure 11-72-1　Symptoms of persimmon angular leaf spot on leaves（by Ding Xiangyang）

彩图 11-72-2 柿角斑病叶背症状
（丁向阳提供）
Colour Figure 11-72-2 Symptoms of
persimmon angular leaf spot on the back
of leaf（by Ding Xiangyang）

彩图 11-73-1 柿圆斑病叶片症状
（丁向阳提供）
Colour Figure 11-73-1
Symptoms of persimmon leaf spot
（by Ding Xiangyang）

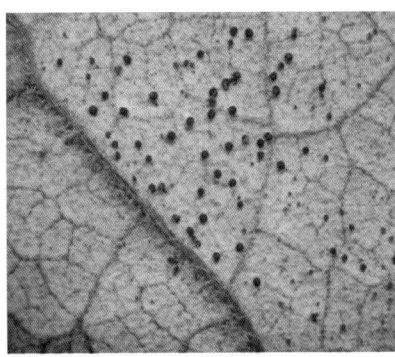

彩图 11-74-1 柿白粉病后期叶片症状
（丁向阳提供）
Colour Figure 11-74-1 Late symptom
of persimmon powdery mildew（by Ding
Xiangyang）

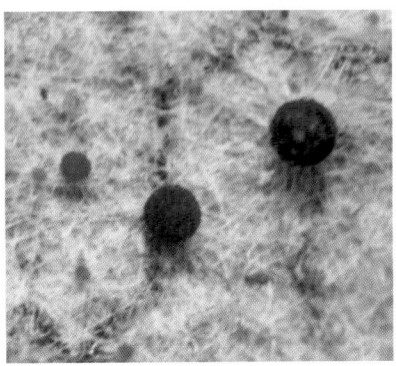

彩图 11-74-2 柿白粉病菌子囊壳
（丁向阳提供）
Colour Figure 11-74-2 Perithecia of
persimmon powdery mildew pathogen
（by Ding Xiangyang）

彩图 11-75-1 柿黑星病叶片症状（丁向阳提供）
Colour Figure 11-75-1 Symptom of persimmon scab on
leaves（by Ding Xiangyang）

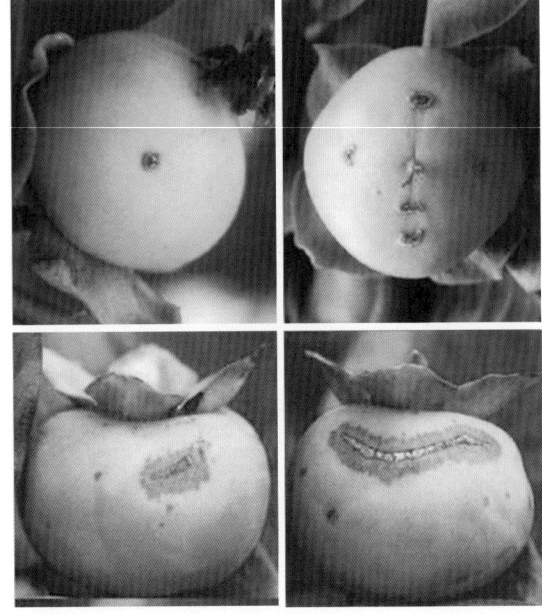

彩图 11-75-2 柿黑星病绿果症状（丁向阳提供）
Colour Figure 11-75-2 Symptoms of persimmon scab on
young fruits（by Ding Xiangyang）

彩图 11-76-1 柿疯病多枯梢症状（丁向阳提供）
Colour Figure 11-76-1 Symptom of persimmon witches broom
showing multiple shoot blight（by Ding Xiangyang）

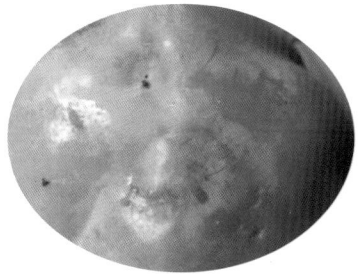

彩图 11-76-2　柿疯病病果表面的
不规则环形纹（丁向阳提供）
Colour Figure 11-76-2　Irregular
ring pattern symptom on fruit of
persimmon witches broom
（by Ding Xiangyang）

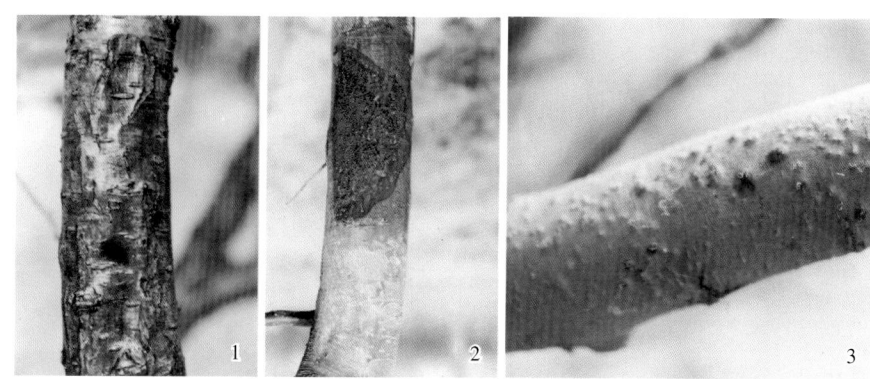

彩图 11-77-1　山楂腐烂病症状（王克提供）
Colour Figure 11-77-1　Symptoms of hawthorn perennial canker（by Wang Ke）
1.溃疡型病斑　2.病斑上散生的许多小黑点　3.病部涌出的分生孢子角

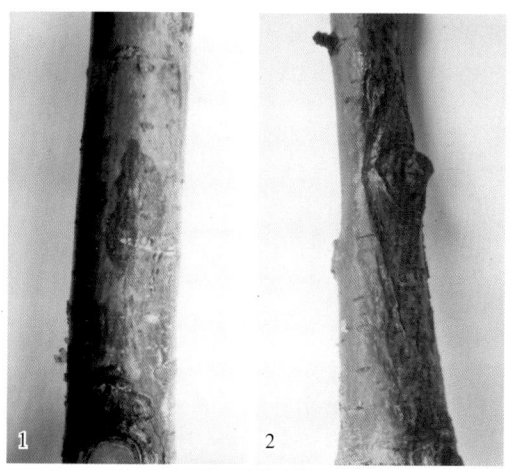

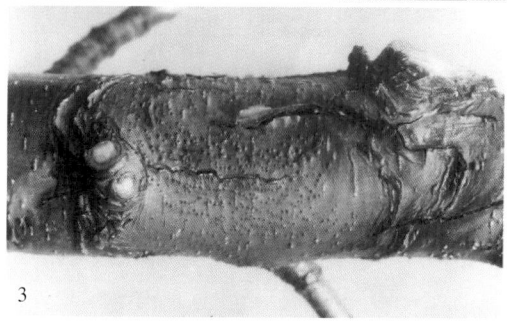

彩图 11-79-1　山楂枯梢病症状（刘开启提供）
Colour Figure 11-79-1　Symptoms on hawthorn tree caused by
Fusicoccum viticola（by Liu Kaiqi）

彩图 11-78-1　山楂干腐病症状（王克提供）
Colour Figure 11-78-1　Symptoms of hawthorn
stem canker（by Wang Ke）
1.病斑　2.病部干缩凹陷，周缘干裂
3.病部表面密生小黑点

彩图 11-80-1　山楂斑点病
症状（王克提供）
Colour Figure 11-80-1
Symptoms on hawthorn
leaf caused by *Phyllosticta
crataegicola*（by Wang Ke）

彩图 11-80-2　山楂斑枯病症状（王克提供）
Colour Figure 11-80-1　Symptoms on hawthorn
leaf caused by *Pestalotiopsis* sp.
（by Wang Ke）

彩图 11-81-1　山楂黑星病症状（王克提供）
Colour Figure 11-81-1　Symptoms on hawthorn leaves caused by *Fusicladium crataegi*（by Wang Ke）

彩图 11-82-1　山楂花腐病症状（景学富提供）
Colour Figure 11-82-1　Symptoms of hawthorn caused by *Monilia crataegi*（by Jing Xuefu）
1.病叶片　2.病果实

彩图 11-83-1　山楂锈病症状（王克提供）
Colour Figure 11-83-1　Symptoms of hawthorn rust（by Wang Ke）
1.病叶片　2.病新梢

彩图 11-83-2　山楂锈病菌侵染转主寄主桧柏（王克提供）
Colour Figure 11-83-2　Telial horns of *Gymnosporangium* spp. on juniper（by Wang Ke）
1.产生冬孢子角
2.冬孢子角吸水后膨胀胶化

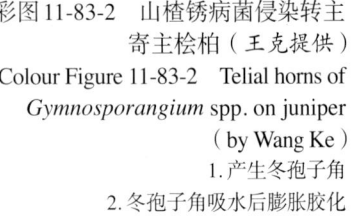

彩图 11-84-1　山楂白粉病症状（王克提供）
Colour Figure 11-84-1　Symptoms of hawthorn powdery mildew（by Wang Ke）
1.病叶片　2.病叶片上聚生闭囊壳　3.病幼果

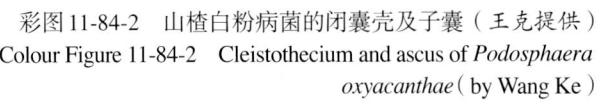

彩图 11-84-2　山楂白粉病菌的闭囊壳及子囊（王克提供）
Colour Figure 11-84-2　Cleistothecium and ascus of *Podosphaera oxyacanthae*（by Wang Ke）

彩图 11-85-1 草莓白粉病果实
症状（曹克强提供）
Colour Figure 11-85-1
Symptoms of powdery mildew
on strawberry fruit
（by Cao Keqiang）

彩图 11-87-1 草莓再植病害症状
（曹克强提供）
Colour Figure 11-87-1 Symptoms of
replant disease on strawberry
（by Cao Keqiang）

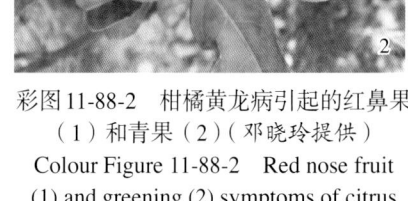

彩图 11-88-1 柑橘黄龙病引起的黄梢（1）和斑驳
型黄化（2）（邓晓玲提供）
Colour Figure 11-88-1 Yellow shoot (1) and leaf
blotchy (2) symptoms of citrus Huanglongbing
（by Deng Xiaoling）

彩图 11-88-2 柑橘黄龙病引起的红鼻果
（1）和青果（2）（邓晓玲提供）
Colour Figure 11-88-2 Red nose fruit
(1) and greening (2) symptoms of citrus
Huanglongbing (by Deng Xiaoling)

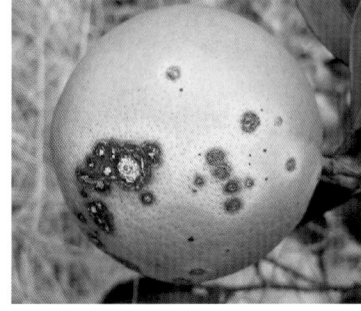

彩图 11-89-1 柑橘溃疡病在甜橙果实、叶片及枝条上的症状（姚廷山提供）
Colour Figure 11-89-1 Symptoms of citrus canker on fruit, leaf and shoot of sweet orange（by Yao Tingshan）

彩图 11-90-1 柑橘衰退病茎陷点症状（赵学源提供）
Colour Figure 11-90-1 Symptom of citrus stem pitting
（by Zhao Xueyuan）

彩图 11-90-2 柑橘衰退病病树树势减弱（赵学源提供）
Colour Figure 11-90-2 Symptom of citrus decline（by Zhao Xueyuan）

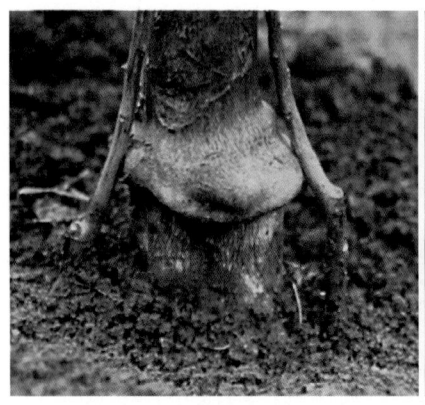

彩图11-91-1　柑橘碎叶病症状（赵学源和宋震提供）
Colour Figure 11-91-1　Symptoms of citrus tatter leaf（by Zhao Xueyuan and Song Zhen）

彩图11-92-1　柑橘裂皮病受害植株砧木
部树皮纵向开裂（周彦提供）
Colour Figure 11-92-1　Bark scaling
symptom on rootstock of citrus plant infected
by *Citrus excortis viroid* (by Zhou Yan)

彩图11-92-2　Etrog 香橼感染裂皮病
症状（杨方云提供）
Colour Figure 11-92-2　Symptom of
Etrog citron excortis infected by *Citrus
excortis viroid* (by Yang Fangyun)

彩图11-93-1　温州蜜柑萎缩病典型症
状（周常勇提供）
Colour Figure 11-93-1　Symptoms of
satsuma dwarf（by Zhou Changyong）
1. 船形叶　2. 匙形叶

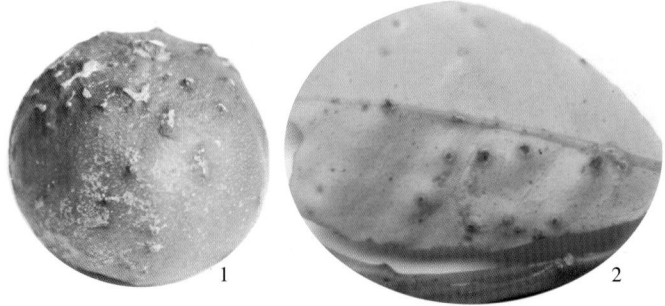

彩图11-94-1　柑橘疮痂病症状（1. 姚廷山提供；2. 阳廷密提供）
Colour Figure 11-94-1　Symptoms of citrus scab（1. by Yao Tingshan; 2. by Yang Tingmi）
1. 病果　2. 病叶

彩图11-95-1　柑橘脚腐病病树
（阳廷密提供）
Colour Figure 11-95-1
Symptoms of citrus
Phytophthora foot rot
（by Yang Tingmi）

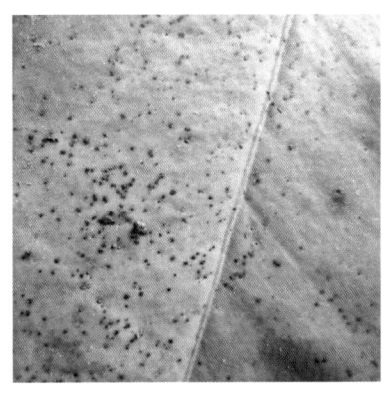

彩图 11-96-1　柑橘树脂病症状（姚廷山提供）
Colour Figure 11-96-1　Symptoms of citrus melanose
（by Yao Tingshan）
1. 叶片黑点　2. 果实黑点

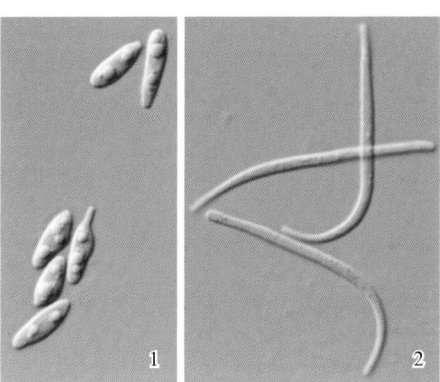

彩图 11-96-2　柑橘间座壳菌的分生孢子
（黄峰提供）
Colour Figure 11-96-2　Conidiospores of
Diaporthe citri（by Huang Feng）
1. α 型分生孢子　2. β 型分生孢子

彩图 11-97-1　柑橘黑斑病症状
（胡军华摄）
Colour Figure 11-97-1　Symptoms of citrus
black spot（by Hu Junhua）

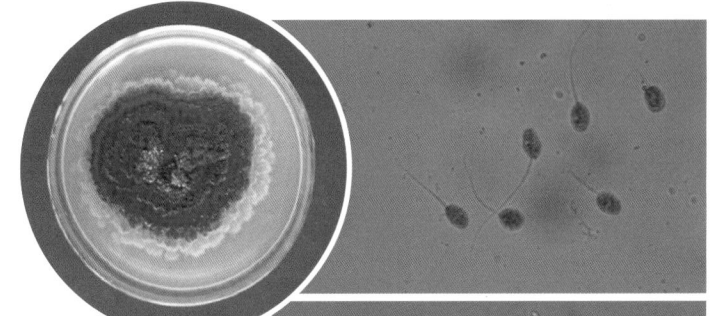

彩图 11-97-2　柑橘黑斑病菌菌
落、孢子和菌丝形态 (7d)
（胡军华摄）
Colour Figure 11-97-2　Colony,
mycelium and conidiophores of
Guignardia citricarpa (7d)
（by Hu Junhua）

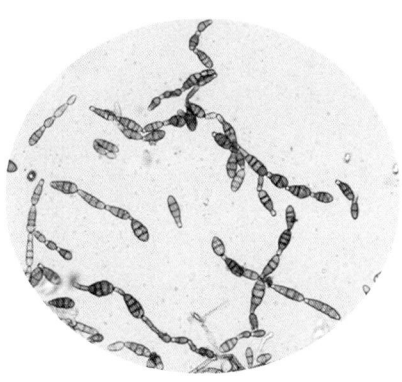

彩图 11-98-1　柑橘褐斑病菌分生孢子
（梅秀凤摄）
Colour Figure 11-98-1　Conidia of
Alternaria alternata（by Mei Xiufeng）

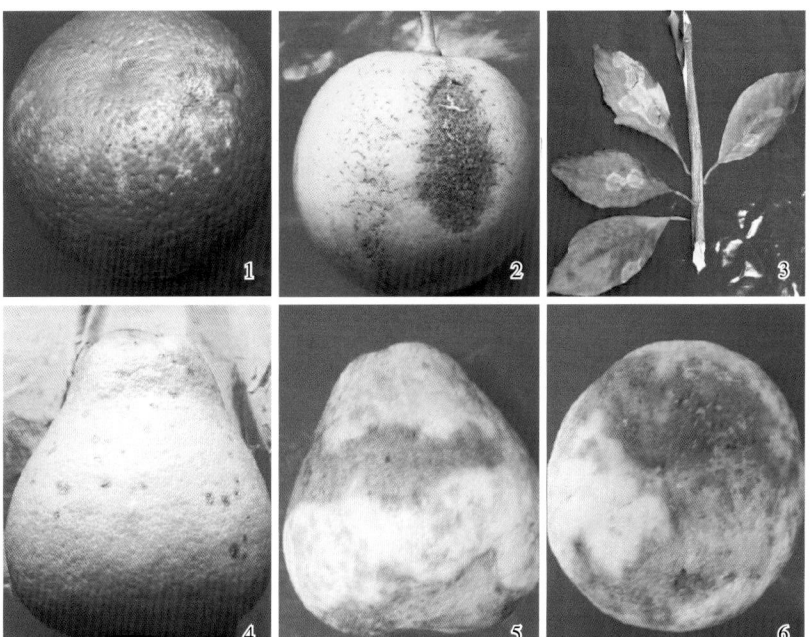

彩图 11-99-1　柑橘炭疽病症状（焦燕翔提供）
Colour Figure 11-99-1　Symptoms of citrus
anthracnose (by Jiao Yanxiang)
1. 梨橙炭疽病泪痕型　2. 甜来檬炭疽病干疤型
3. 脐橙叶片慢枯型　4. 龙安柚炭疽病干疤型
5、6. 龙安柚炭疽病腐烂型（紫红色菌株来源）

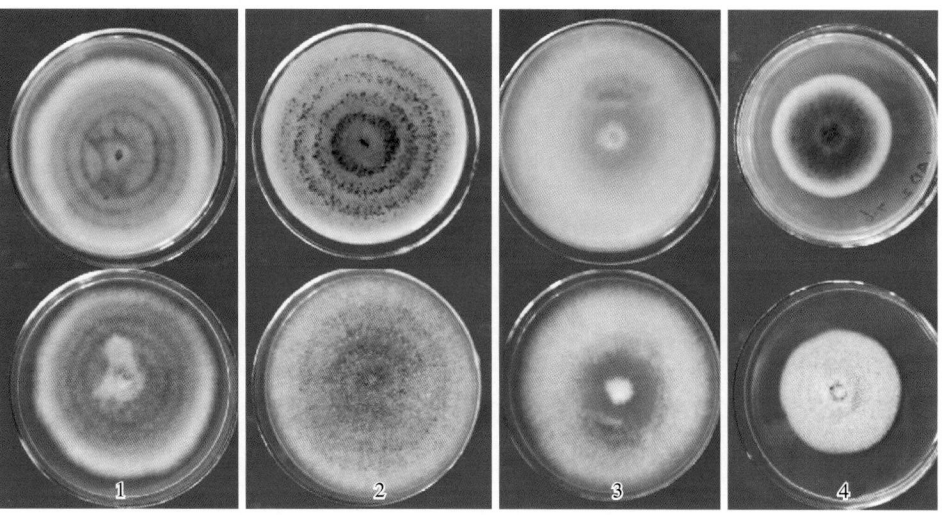

彩图11-99-2 柑橘炭疽病菌
菌落特征（焦燕翔提供）
Colour Figure 11-99-2
Colony of citrus anthracnose
pathogen (by Jiao Yanxiang)
1~3.快生型菌株菌落形态
4.慢生型菌株菌落形态

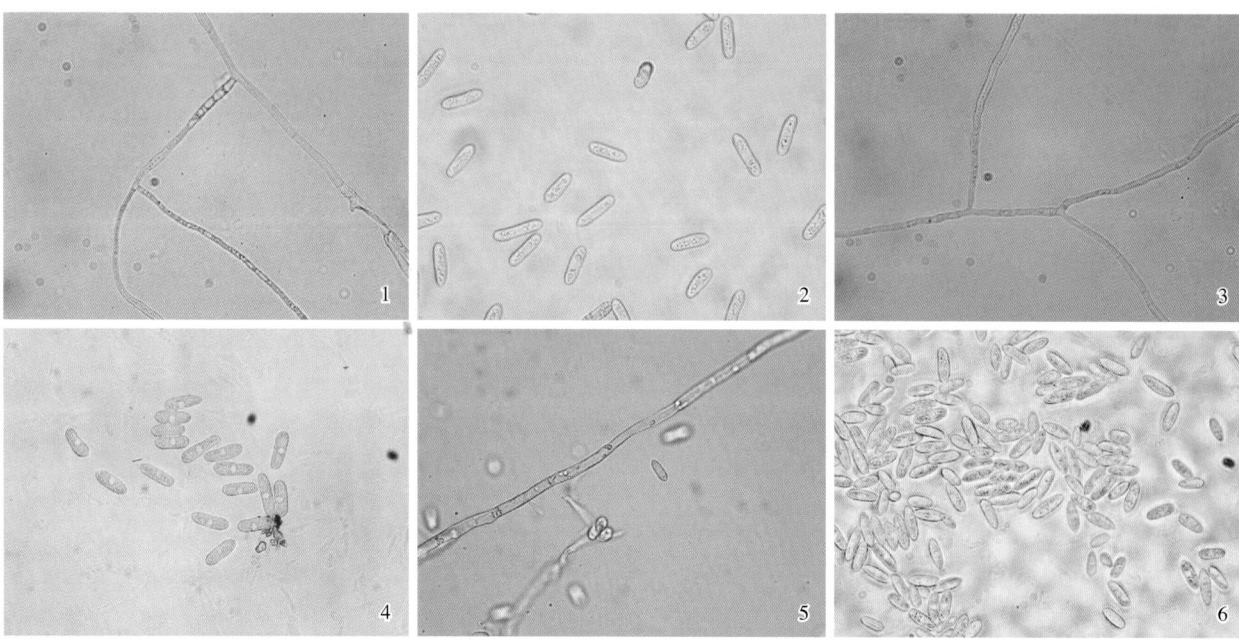

彩图11-99-3 柑橘炭疽病菌菌丝和分生孢子（焦燕翔摄）
Colour Figure 11-99-3 Hypha and conidiospores of citrus anthracnose pathogen (by Jiao Yanxiang)
1~4.快生型菌株菌丝及分生孢子 5、6.慢生型菌株菌丝及分生孢子

彩图11-102-1 柑橘煤烟病病树（陈洪明提供）
Colour Figure 11-102-1 Symptoms of citrus sooty mold
（by Chen Hongming）

彩图11-102-2 柑橘煤烟病病叶
（周彦提供）
Colour Figure 11-102-2 Symptoms of citrus
sooty mold on leaves（by Zhou Yan）

彩图11-103-2 褐色膏药病枝干症状（郭俊摄）
Colour Figure 11-103-2 *Helicobasidium* sp. on citrus trunk (by Guo Jun)

彩图11-103-1 白色膏药病枝干症状（郭俊摄）
Colour Figure 11-103-1 *Septobasidium citricolum* on citrus twig (by Guo Jun)

彩图11-104-1 柑橘苗木立枯病田间症状
（李太盛提供）
Colour Figure 11-104-1 Field symptom of citrus seedling blight（by Li Taisheng）

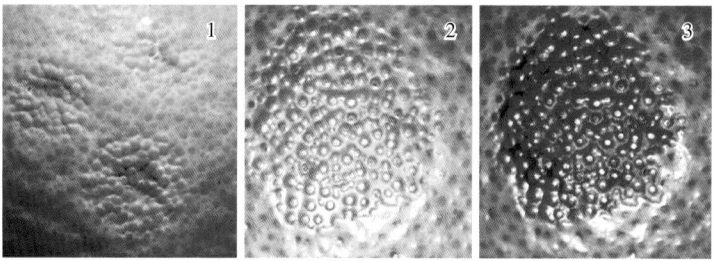

彩图11-105-1 不同时期柑橘果实油斑病症状（郑永强摄）
Colour Figure 11-105-1 Symptoms of oleocellosis of citrus fruits in the field (by Zheng Yongqiang)
1.果实生长发育期症状 2.采后机械损伤果实症状 3.机械损伤较重的病斑褐化

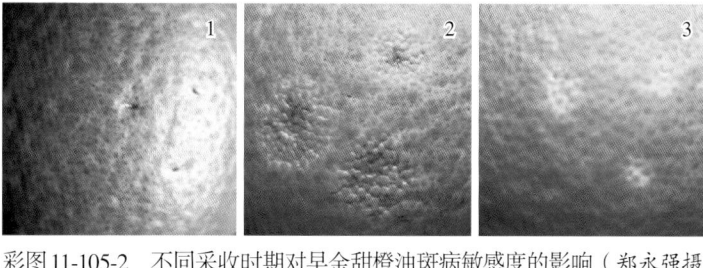

彩图11-105-2 不同采收时期对早金甜橙油斑病敏感度的影响（郑永强摄）
Colour Figure 11-105-2 Sensitivity to oleocellosis at various growth stages of 'EarlyGold' oranges (by Zheng Yongqiang)
1.未脱色果实 2.正常采收果实 3.预储藏失水处理果实

彩图11-106-1 柑橘青霉病病果（姚廷山摄）
Colour Figure 11-106-1 Symptom on citrus fruit infected by *Penicillium italicum* (by Yao Tingshan)

彩图11-106-2 柑橘青霉病菌菌丝（胡军华摄）
Colour Figure 11-106-2 Mycelium of *Penicillium italicum* (by Hu Junhua)

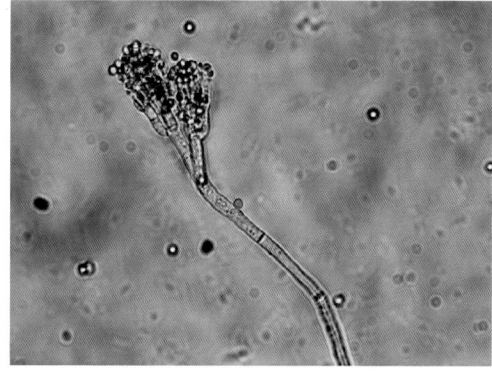

彩图11-107-1 柑橘绿霉病果
（王日葵摄）
Colour Figure 11-107-1 Symptom of citrus fruit infected by *Penicillium digitatum*（by Wang Rikui）

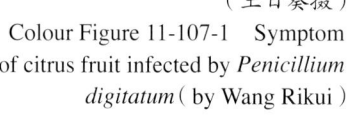

彩图11-109-1　柑橘酸
　　　腐病病果
　（王日葵摄）
Colour Figure 11-109-1
Symptom of citrus
sour rot infected by
Geotrichum citri-aurantii
（by Wang Rikui）

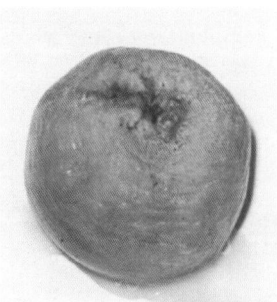

彩图11-111-1　柑橘褐腐病病果（王日葵摄）
Colour Figure 11-111-1　Symptoms of Phytophthora brown rot on fruits
infected by *Phytophthora* spp.（by Wang Rikui）

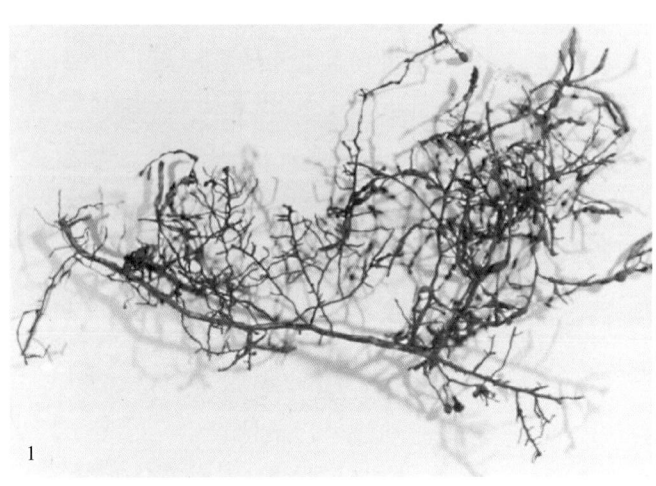

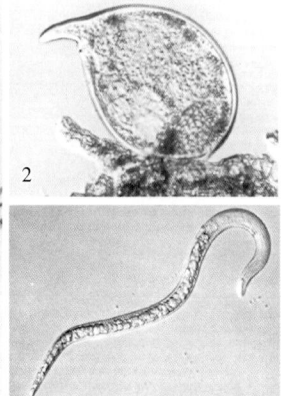

彩图11-113-1　柑橘根结线
虫及其为害状（冉春提供）
Colour Figure 11-113-1
Root-knot nematode on citrus
(by Ran Chun)
1.受害根部形成瘤状根结
2.雌成虫　3.二龄幼虫

彩图11-114-1　砂糖橘裂果病
症状（邓晓玲提供）
Colour Figure 11-114-1　Fruit
cracking symptom of Shatangju
（by Deng Xiaoling）

彩图11-115-1　柑橘日灼病果实症状
（邓晓玲提供）
Colour Figure 11-115-1　Symptom of citrus
fruit sunburn（by Deng Xiaoling）

彩图11-116-1　柑橘缺镁叶片症状
（彭良志摄）
Colour Figure 11-116-1　Leaves symptoms of
magnesium deficiency（by Peng Liangzhi）

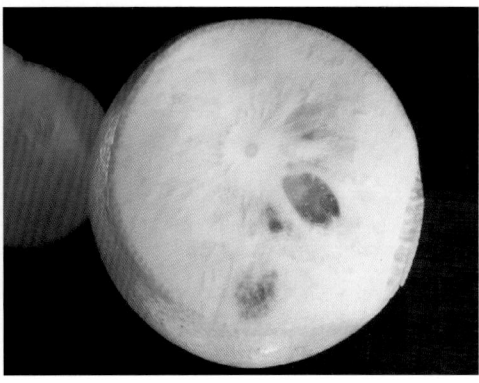

彩图11-116-2　柑橘缺硼叶
片和果实症状（彭良志摄）
Colour Figure 11-116-2
Leaves and fruit symptoms of
boron deficiency
（by Peng Liangzhi）

彩图 11-116-3　柑橘叶片缺
　　锌症状（彭良志摄）
Colour Figure 11-116-3
　Leaves symptoms of zinc
　　deficiency
　（by Peng Liangzhi）

彩图 11-116-4　柑橘叶片
　　缺铁症状（彭良志摄）
Colour Figure 11-116-4
Leaves symptoms of iron
　　deficiency
　（by Peng Liangzhi）

彩图 11-116-5　柑橘叶片
和枝条缺铜流胶症状
（彭良志摄）
Colour Figure 11-116-5
Leaves symptoms and twig
gummosis of copper deficiency
（by Peng Liangzhi）

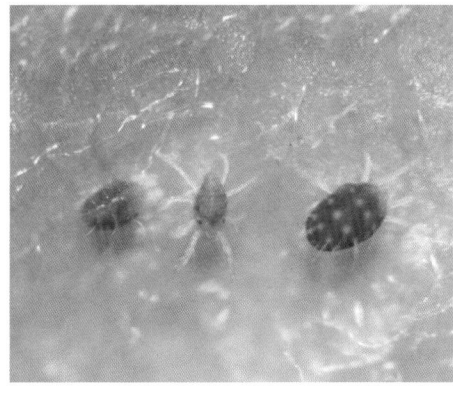

彩图 11-118-1　苹果全
爪螨雄螨（左）和雌螨
（右）（陈汉杰提供）
Colour Figure 11-118-1
Male (left) and female
(right) adults of *Panonychus
ulmi*（by Chen Hanjie）

彩图 11-117-1　山楂叶螨成螨
　　　（陈汉杰提供）
Colour Figure 11-117-1　Adults of
　　Amphitetranychus viennensis
　　　（by Chen Hanjie）

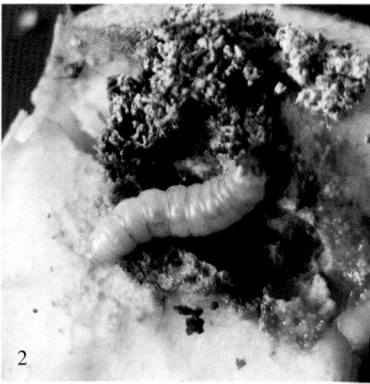

彩图11-120-1 苹果蠹蛾（陈汉杰提供）
Colour Figure 11-120-1 *Cydia pomonella*
（by Chen Hanjie）
1. 成虫 2. 幼虫

彩图11-121-1 绣线菊蚜（1、2、4、5. 王勤英提供；3. 史继东提供）
Colour Figure 11-121-1 *Aphis citricola*
（1, 2, 4, 5. by Wang Qinying; 3. by Shi Jidong）
1. 为害苹果嫩梢 2. 为害苹果枝梢 3. 为害苹果果实 4. 有翅蚜和无翅蚜 5. 越冬卵

彩图11-122-1 苹果瘤蚜为害状（王勤英摄）
Colour Figure 11-122-1 Damage symptom of
Ovatus malisuctus (by Wang Qinying)

彩图11-123-1 苹果绵蚜为害状（1和2. 王勤英摄；3. 曹克强摄）
Colour Figure 11-123-1 *Eriosoma lanigerum* colony on wound sites on trunks (1 and 2. by Wang Qinying; 3. by Cao Keqiang)
1. 在剪锯口处为害 2. 为害一年生枝条 3. 为害根部

彩图11-123-2　去掉蜡丝的苹果绵蚜（王勤英摄）

Colour Figure 11-123-2　Woolly-off *Eriosoma lanigerum*

(by Wang Qinying)

彩图11-124-1　黑绒鳃金龟成虫及为害状（曹克强摄）

Colour Figure 11-124-1　Adult and damage of *Serica orientalis* (by Cao Keqiang)

彩图11-124-2　黑绒鳃金龟幼虫

（曹克强摄）

Colour Figure 11-124-2　Larva of

Serica orientalis

(by Cao Keqiang)

彩图11-125-1　铜绿丽金龟成虫及为

害状（王勤英摄）

Colour Figure 11-125-1　Adult and

damage of *Anomala corpulenta*

(by Wang Qinying)

彩图11-126-1　苹毛丽金龟成虫及为害

状（王勤英摄）

Colour Figure 11-126-1　Adult and

damage of *Proagopertha lucidula*

(by Wang Qinying)

彩图11-127-1　麻皮蝽（董琳杰摄）

Colour Figure 11-127-1　*Erthesina fullo*（by Dong Linjie）

1. 成虫　2. 若虫

彩图11-128-1　金纹细蛾为害状

（王勤英摄）

Colour Figure 11-128-1　Damage

symptom of *Phyllonorycter ringoniella*

(by Wang Qinying)

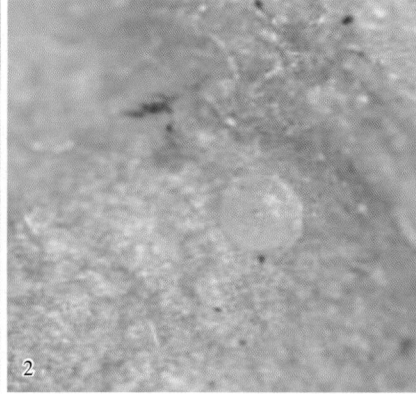
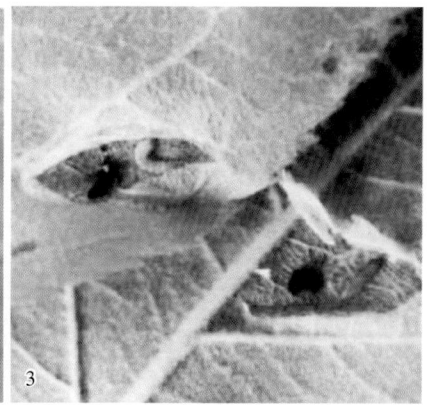

彩图 11-128-2 金纹细蛾（王勤英摄）
Colour Figure 11-128-2 *Phyllonorycter ringoniella* (by Wang Qinying)
1. 成虫 2. 卵 3. 幼虫和蛹

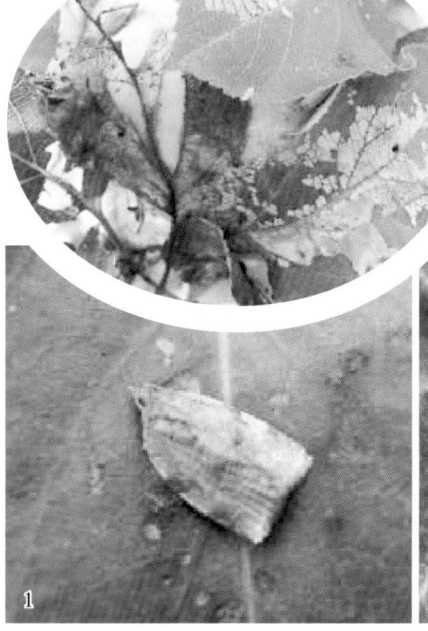

彩图 11-130-1 苹果小卷叶蛾为害状（王勤英摄）
Colour Figure 11-130-1 Damage symptom of *Adoxophyes orana*
(by Wang Qinying)

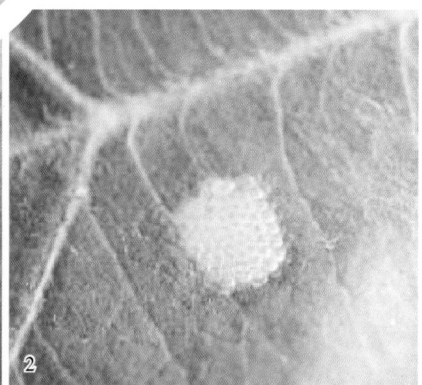
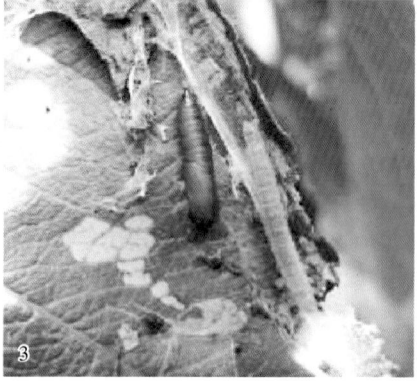

彩图 11-130-2 苹果小卷叶蛾（王勤英摄）
Colour Figure 11-130-2 *Adoxophyes orana* (by Wang Qinying)
1. 成虫 2. 卵 3. 幼虫和蛹

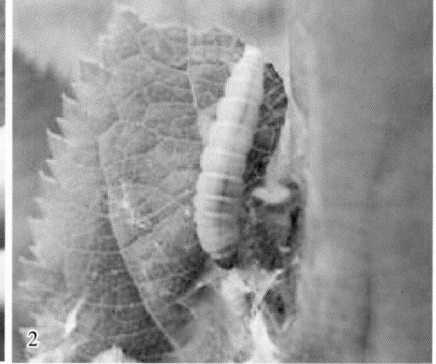

彩图 11-131-1 黄斑卷叶蛾为害状
（王勤英摄）
Colour Figure 11-131-1 Damage
symptom of *Acleris fimbriana*
(by Wang Qinying)

彩图 11-131-2 黄斑卷叶蛾（王勤英摄）
Colour Figure 11-131-2 *Acleris fimbriana* (by Wang Qinying)
1. 成虫 2. 幼虫

彩图11-132-1 顶梢卷叶蛾为害状（王勤英摄）
Colour Figure 11-132-1 Damage symptom of *Spilonota lechriaspis* (by Wang Qinying)

彩图11-132-2 顶梢卷叶蛾（王勤英摄）
Colour Figure 11-132-2 *Spilonota lechriaspis* (by Wang Qinying)
1.成虫 2.幼虫

彩图11-133-1 苹掌舟蛾（董琳杰摄）
Colour Figure 11-133-1 *Phalera flavescens* (by Dong Linjie)
1.成虫 2.卵 3.高龄幼虫 4.低龄幼虫 5.蛹

彩图 11-134-1　舞毒蛾（1、2、4. 桂柄中摄；3 和 5. 张金勇摄）

Colour Figure 11-134-1　*Lymantria dispar*

(1, 2, 4. by Gui Bingzhong; 3 and 5. by Zhang Jinyong)

1. 雄成虫　2. 雌成虫　3. 卵块　4. 雄幼虫　5. 蛹

彩图 11-135-1　桑天牛
（史继东和王勤英摄）
Colour Figure 11-135-1
Apriona germari
(by Shi Jidong and Wang Qinying)
1. 成虫　2. 幼虫

彩图 11-135-2　桑天牛产卵痕（王勤英摄）
Colour Figure 11-135-2　Oviposition mark of *Apriona germari* (by Wang Qinying)

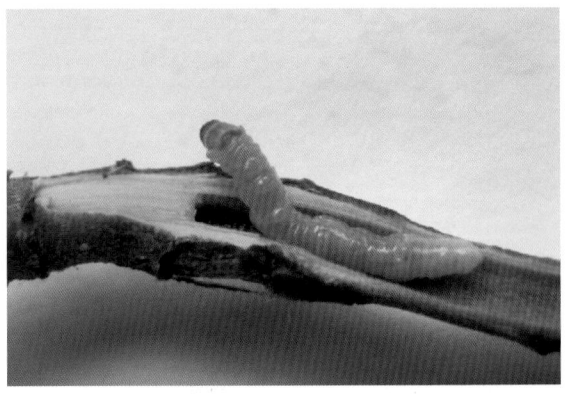

彩图 11-136-1　枝天牛幼虫（王勤英摄）
Colour Figure 11-136-1　Larva of *Linda fraternal* (by Wang Qinying)

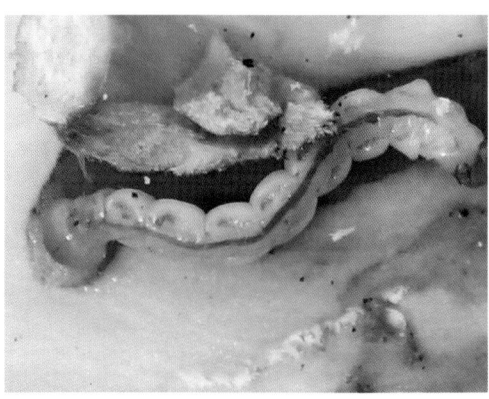

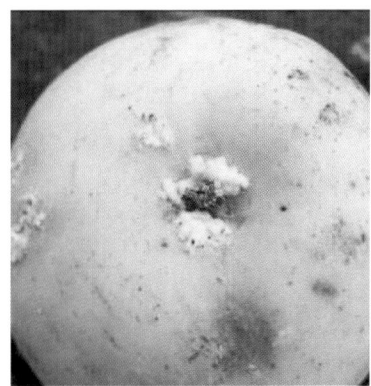

彩图 11-137-1　苹小吉丁虫幼虫
（曹克强摄）
Colour Figure 11-137-1　Larva of
Agrilus mali (by Cao Keqiang)

彩图 11-138-1　康氏粉蚧为害苹果
果实状（王勤英摄）
Colour Figure 11-138-1　Damage
symptom of *Pseudococcus comstocki*
on apple fruit (by Wang Qinying)

彩图 11-139-1　朝鲜球坚蚧为
害苹果树干（王勤英摄）
Colour Figure 11-139-1
Didesmococcus koreanus on
apple branch (by Wang Qinying)

彩图 11-139-2　朝鲜球坚蚧卵
（王勤英摄）
Colour Figure 11-139-2
Eggs of *Didesmococcus koreanus*
(by Wang Qinying)

彩图 11-140-1　大青叶蝉成虫
（董琳杰摄）
Colour Figure 11-140-1　*Adult of
Ciadella viridis* (by Dong Linjie)

彩图 11-141-1　被蚱蝉为害枯死的枝条
（王勤英摄）
Colour Figure 11-141-1　Withered
branches damaged by *Cryptotympana
atrata* (by Wang Qinying)

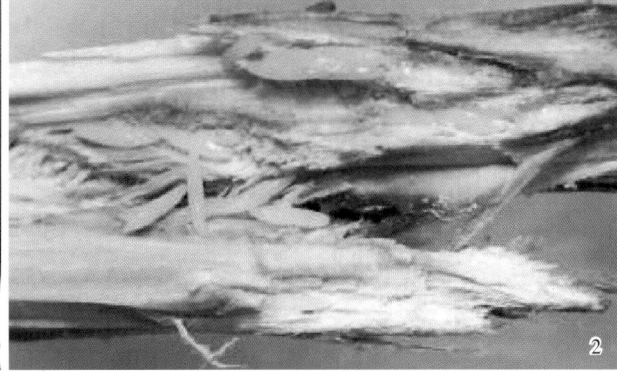

彩图 11-141-2　蚱蝉（董琳杰和王勤英摄）
Colour Figure 11-141-2　*Cryptotympana atrata* (by Dong Linjie and Wang Qinying)
1. 成虫　2. 卵

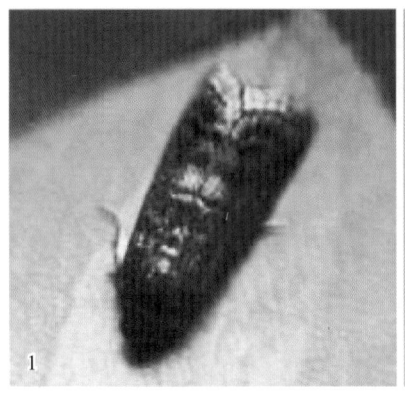
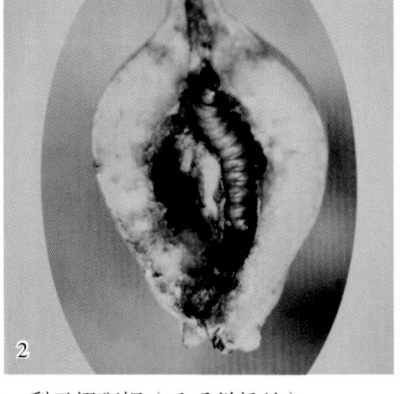
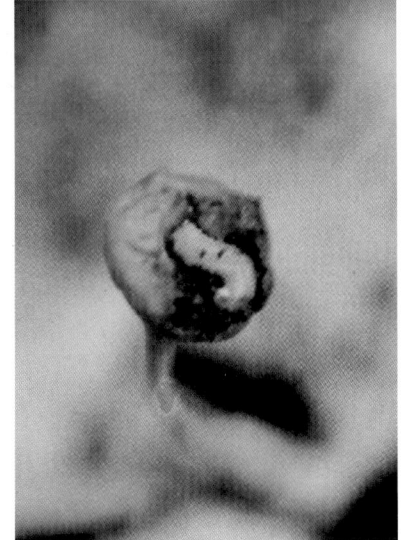

彩图 11-142-1　梨云翅斑螟（冯明祥提供）
Colour Figure 11-142-1　*Nephopteryx pirivorella*
（by Feng Mingxiang）
1. 成虫　2. 幼虫　3. 蛹

彩图 11-142-2　梨云翅斑螟为害状（冯明祥提供）
Colour Figure 11-142-2　Symptom on pear fruit caused by *Nephopteryx pirivorella*（by Feng Mingxiang）

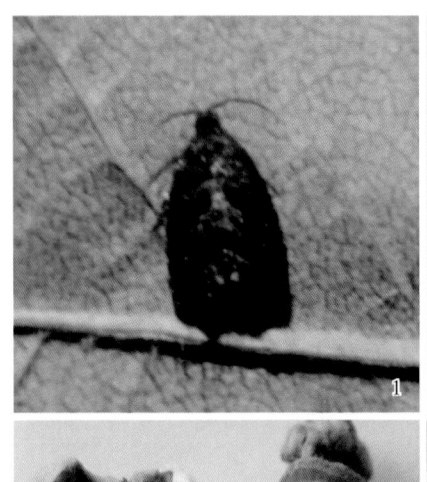

彩图 11-143-2　梨小食心虫为害状
（冯明祥提供）
Colour Figure 11-143-2　Symptom on pear fruit caused by *Grapholitha molesta*（by Feng Mingxiang）

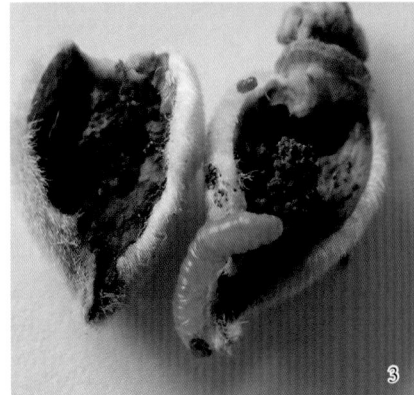

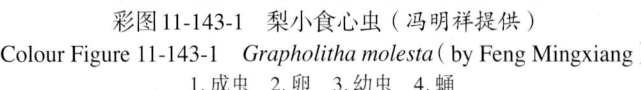

彩图 11-143-1　梨小食心虫（冯明祥提供）
Colour Figure 11-143-1　*Grapholitha molesta*（by Feng Mingxiang）
1. 成虫　2. 卵　3. 幼虫　4. 蛹

彩图 11-145-1　梨实蜂幼虫（冯明祥提供）
Colour Figure 11-145-1　Larva of *Hoplocampa pyricola*（by Feng Mingxiang）

彩图11-145-2　梨实蜂产卵孔
（冯明祥提供）
Colour Figure 11-145-2　Oviporous orifice of
Hoplocampa pyricola（by Feng Mingxiang）

彩图11-145-3　梨实蜂为害状
（冯明祥提供）
Colour Figure 11-145-3　Symptom on
pear fruit caused by *Hoplocampa pyricola*
（by Feng Mingxiang）

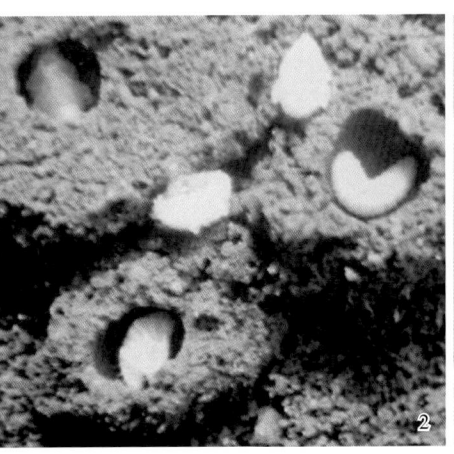

彩图11-146-1　梨虎象（窦连登提供）
Colour Figure 11-146-1　*Rhynchites foveipennis*（by Dou Liandeng）
1. 成虫　2. 幼虫　3. 老熟幼虫和蛹

彩图11-146-2　梨虎象为害状
（窦连登提供）
Colour Figure 11-146-2　Symptom
on pear fruit caused by *Rhynchites
foveipennis*（by Dou Liandeng）

彩图11-147-1　梨黄粉蚜成虫和卵
（窦连登提供）
Colour Figure 11-147-1　Adult and eggs
of *Aphanostigma jakusuiensis*
（by Dou Liandeng）

彩图11-147-2　梨黄粉蚜为害状
（窦连登提供）
Colour Figure 11-147-2　Symptom
on pear fruit caused by *Aphanostigma
jakusuiensis*（by Dou Liandeng）

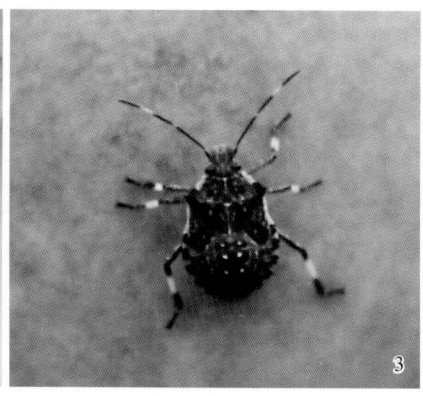

彩图11-148-1 茶翅蝽（冯明祥提供）
Colour Figure 11-148-1 *Halyomopha halys*（by Feng Mingxiang）
1. 成虫 2. 卵和初孵若虫 3. 若虫

彩图11-148-2 茶翅蝽为害状（冯明祥提供）
Colour Figure 11-148-2 Symptom on pear fruit caused
by *Halyomopha halys*（by Feng Mingxiang）

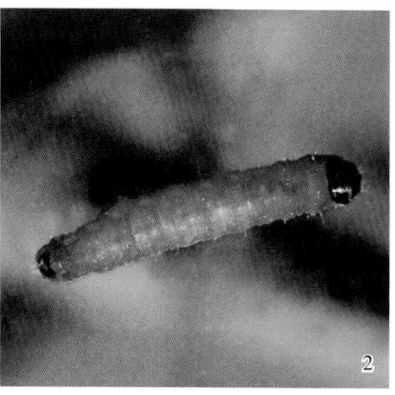

彩图11-149-1 梨白小卷蛾（王洪平提供）
Colour Figure 11-149-1 *Spilonota pyrusicola*（by Wang Hongping）
1. 成虫 2. 幼虫

彩图11-150-1 梨瘿蚊幼虫（王国平提供）
Colour Figure 11-150-1 Larva of
Dasyneura pyri（by Wang Guoping）

彩图11-150-2 梨瘿蚊为害状（王国平提供）
Colour Figure 11-150-2 Symptom in the field caused by
Dasyneura pyri（by Wang Guoping）

彩图11-151-1 梨二叉蚜为害状（冯明祥提供）
Colour Figure 11-151-1 Symptom on pear leaves caused by
Schizaphis piricola（by Feng Mingxiang）

彩图 11-152-1　中国梨木虱（冯明祥提供）
Colour Figure 11-152-1　*Psylla chinensis*（by Feng Mingxiang）
1.冬型成虫　2.夏型成虫　3.夏型若虫

彩图 11-152-2　中国梨木虱为害状（冯明祥提供）
Colour Figure 11-152-2　Symptom on pear leaf
caused by *Psylla chinensis*（by Feng Mingxiang）

彩图 11-153-1　梨叶斑蛾（冯明祥提供）
Colour Figure 11-153-1　*Illiberis pruni*（by Feng Mingxiang）
1.成虫　2.卵　3.低龄幼虫　4.老熟幼虫　5.蛹

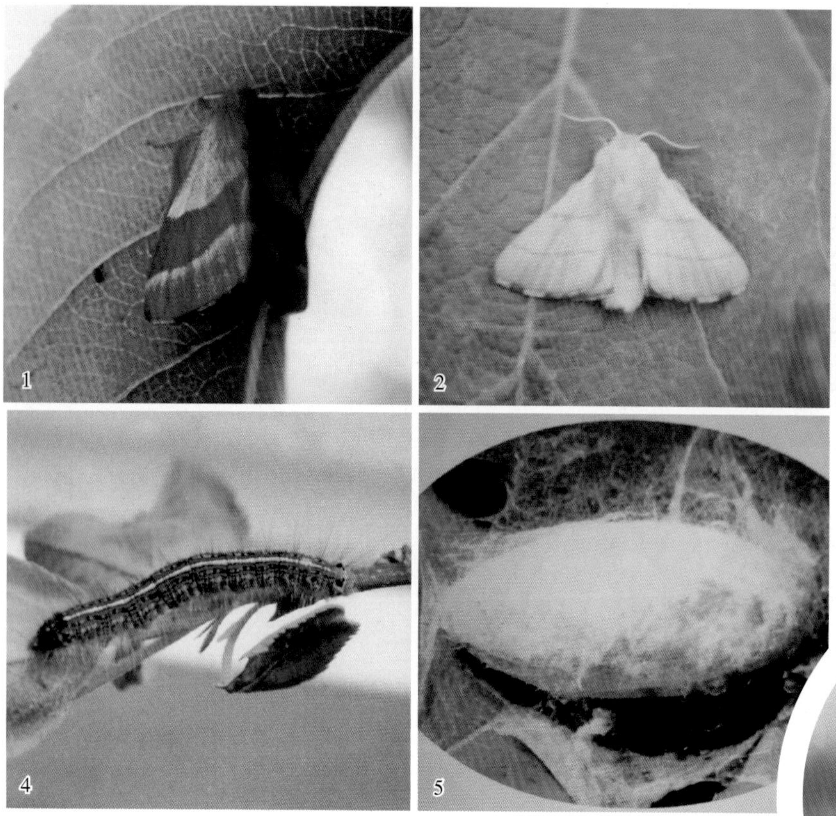

彩图 11-154-1 黄褐天幕毛虫（冯明祥提供）
Colour Figure 11-154-1 *Malacosoma neustria testacea*（by Feng Mingxiang）
1. 雌成虫 2. 雄成虫 3. 卵和初孵幼虫 4. 老熟幼虫 5. 茧

彩图 11-154-2 黄褐天幕毛虫幼虫为害状（冯明祥提供）
Colour Figure 11-154-2 Symptom caused by larvas of *Malacosoma neustria testacea*（by Feng Mingxiang）

彩图 11-155-1 美国白蛾
（冯明祥提供）
Colour Figure 11-155-1
Hyphantria cunea
（by Feng Mingxiang）
1. 成虫 2. 卵 3. 低龄幼虫
4. 老熟幼虫

彩图 11-156-1　黄刺蛾（冯明祥提供）
Colour Figure 11-156-1　*Cnidocampa flavescens*（by Feng Mingxiang）
1. 成虫　2. 幼虫　3. 蛹　4. 茧

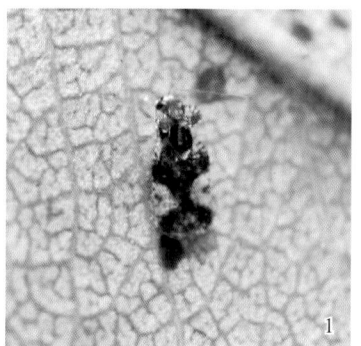

彩图 11-157-1　褐边绿刺蛾
（冯明祥提供）
Colour Figure 11-157-1
Parasa consocia
（by Feng Mingxiang）
1. 成虫　2. 幼虫

彩图 11-158-1　梨冠网蝽（冯明祥提供）
Colour Figure 11-158-1　*Stephanitis nashi*（by Feng Mingxiang）
1. 成虫　2. 若虫

彩图 11-158-2　梨冠网蝽为害状
（冯明祥提供）
Colour Figure 11-158-2　Symptom
caused by *Stephanitis nashi*
（by Feng Mingxiang）

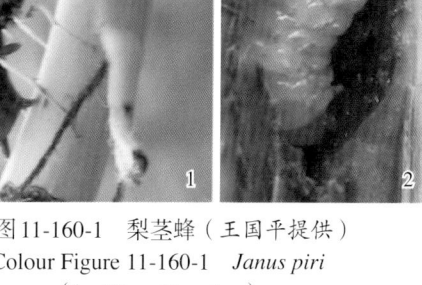

彩图 11-159-1　梨叶肿瘿螨为害状（冯明祥提供）
Colour Figure 11-159-1　Symptom on pear leaves
caused by *Eriophyes pyri*（by Feng Mingxiang）

彩图 11-160-1　梨茎蜂（王国平提供）
Colour Figure 11-160-1　*Janus piri*
（by Wang Guoping）
1. 成虫　2. 幼虫

彩图11-160-2 梨茎蜂为害状
（王国平提供）
Colour Figure 11-160-2
Symptom on leaves caused by
Janus piri（by Wang Guoping）

彩图11-161-1 梨瘿华蛾幼虫
（冯明祥提供）
Colour Figure 11-161-1
Larva of *Sinitinea pyrigalla*
（by Feng Mingxiang）

彩图11-161-2 梨瘿华蛾为害
状（冯明祥提供）
Colour Figure 11-161-2
Symptom caused by *Sinitinea
pyrigalla*（by Feng Mingxiang）

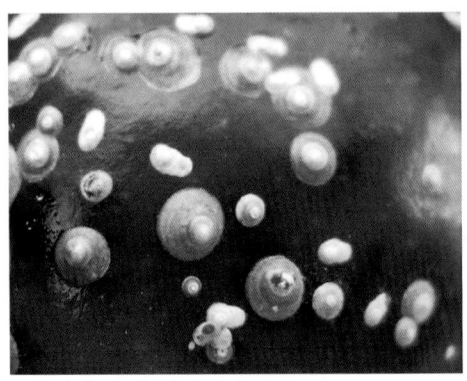

彩图11-162-1 梨笠圆盾蚧雌成虫
（王国平提供）
Colour Figure 11-162-1 Female adult of
Quadraspidiotus perniciosus
（by Wang Guoping）

彩图11-162-2 梨笠圆盾蚧为害状
（王国平提供）
Colour Figure 11-162-2 Symptom on
apple fruit caused by *Quadraspidiotus
perniciosus*（by Wang Guoping）

彩图11-163-1 梨金缘吉丁
幼虫（王国平提供）
Colour Figure 11-163-1
Larva of *Lampra limbata*
（by Wang Guoping）

彩图11-163-2 梨金缘吉丁为
害状（王国平提供）
Colour Figure 11-163-2
Symptom on pear tree caused by
Lampra limbata
（by Wang Guoping）

彩图11-166-1 叶瘿型葡萄根瘤蚜为害状（白先进摄）
Colour Figure 11-166-1 The harm symptoms by leaf-galling forms of
Daktulosphaira vitifoliae (by Bai Xianjin)

彩图 11-166-2　葡萄根瘤蚜成虫、若虫
和卵（王振营提供）

Colour Figure 11-166-2　Adult, nymph and
egg of *Daktulosphaira vitifoliae*
(by Wang Zhenying)

彩图 11-167-1　葡萄斑叶蝉成虫
（仇贵生提供）

Colour Figure 11-167-1　Adult of
Erythroneura apicalis
(by Qiu Guisheng)

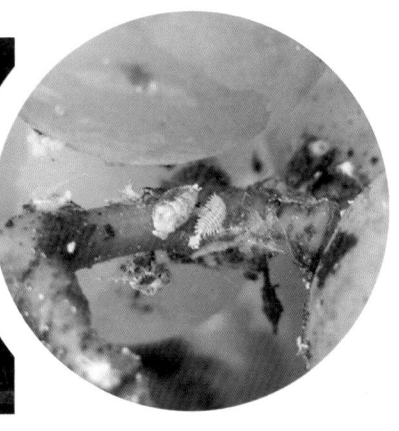

彩图 11-168-1　葡萄粉蚧为害果实状
（刘永强提供）

Colour Figure 11-168-1　The grape
damage symptoms caused by
Pseudococcus maritimus
(by Liu Yongqiang)

彩图 11-168-2　葡萄粉蚧若虫
（刘永强提供）

Colour Figure 11-168-2　Nymph of
Pseudococcus maritimus
(by Liu Yongqiang)

彩图 11-168-3　康氏粉蚧为害葡萄果实
状（仇贵生提供）

Colour Figure 11-168-3　The damage
symptoms grapes caused by *Pseudococcus
comstocki* (by Qiu Guisheng)

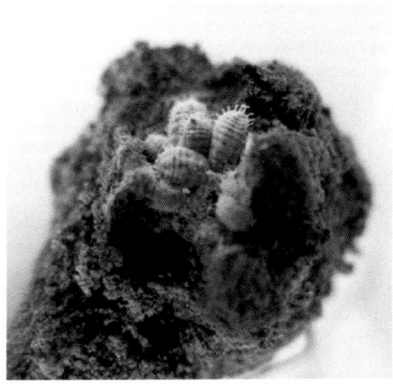

彩图 11-168-4　土壤中的康氏粉蚧
（仇贵生提供）

Colour Figure 11-168-4　*Pseudococcus
comstocki* in soil
(by Qiu Guisheng)

彩图 11-169-1　水木坚蚧为害
葡萄枝条（李兴红提供）

Colour Figure 11-169-1
Damage symptom of
Parthenolecanium corni on
grape branch (by Li Xinghong)

彩图 11-170-1　葡萄透翅蛾为害葡萄枝条状
（仇贵生提供）

Colour Figure 11-170-1　The damage
symptoms caused by *Sciapteron regale*
(by Qiu Guisheng)

彩图 11-170-2　葡萄透翅蛾幼虫
（仇贵生提供）

Colour Figure 11-170-2　Larva of
Sciapteron regale (by Qiu Guisheng)

彩图 11-171-1　葡萄缺节瘿螨在叶片上的为害状
（王国珍提供）
Colour Figure 11-171-1　Damage symptoms of *Colomerus vitis* on grape leaves
（by Wang Guozhen)
1.叶正面为害状
2.叶背面为害状
3.幼叶正面为害状
4.叶背面后期为害状

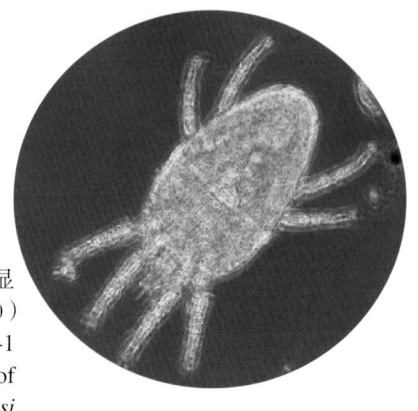

彩图 11-172-1　刘氏短须螨显微图像（引自樊斌琦，2010）
Colour Figure 11-172-1　The microscopic image of *Brevipalpus lewisi* (from Fan Binqi，2010)

彩图 11-173-1　桃小食心虫为害苹果状——猴头果
（魏书军摄）
Colour Figure 11-173-1　Damaged apple fruit by *Carposina sasakii* (by Wei Shujun)

彩图 11-173-2　桃小食心虫为害状——受害苹果内部
（魏书军摄）
Colour Figure 11-173-2　Inner part of the damaged apple fruit by *Carposina sasakii* (by Wei Shujun)

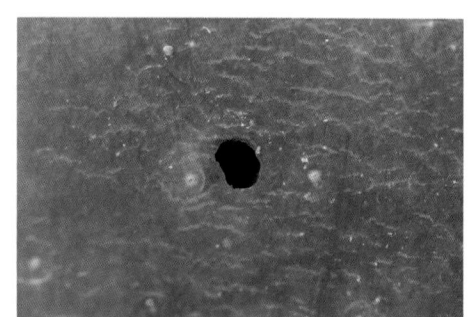

彩图 11-173-3　桃小食心虫为害状——脱果孔（魏书军摄）
Colour Figure 11-173-3　Fall-out hole of the *Carposina sasakii* (by Wei Shujun)

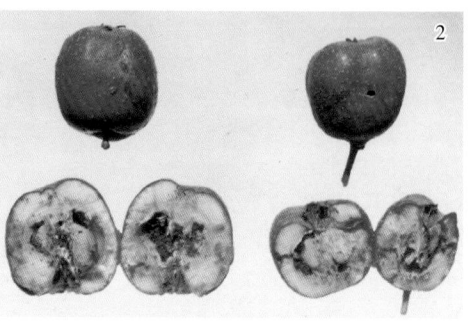

彩图 11-173-4　桃小食心虫为害山楂
（王洪平提供）
Colour Figure 11-173-4　Symptoms on hawthorn fruits caused by *Carposina sasakii*（by Wang Hongping）
1.被害山楂果与健康山楂果比较
2.被害山楂果外观与果实剖面

彩图 11-173-5 桃小食心虫（1～3 和 6. 魏书军摄；4 和 5. 王洪平摄）
Colour Figure 11-173-5 *Carposina sasakii*
(1-3 and 6. by Wei Shujun; 4 and 5. by Wang Hongping)
1. 成虫 2. 卵 3. 老熟幼虫 4. 蛹 5. 冬茧（上）和夏茧（下）

彩图 11-176-1 桃蛀螟为害状
（1. 石宝才提供；2. 王广鹏提供）
Colour Figure 11-176-1 Damage symptom by
Conogethes punctiferalis
(1. by Shi Baocai; 2. by Wang Guangpeng)
1. 为害向日葵 2. 为害板栗

彩图 11-176-2 桃蛀螟
（石宝才提供）
Colour Figure 11-176-2
Conogethes punctiferalis
(by Shi Baocai)
1. 成虫 2. 幼虫

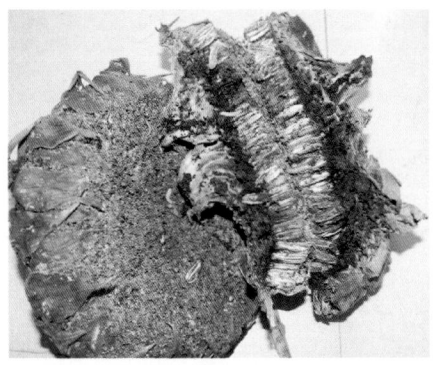

彩图 11-176-3　种植向日葵诱集桃柱螟
效果（王广鹏提供）

Colour Figure 11-176-3　Attractive effect
of planting sunflower on *Conogethes
punctiferalis* (by Wang Guangpeng)

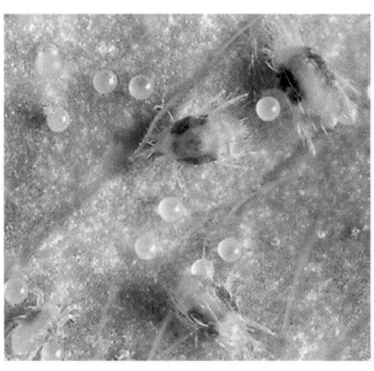

彩图 11-178-1　二斑叶螨成螨和卵
（陈汉杰提供）

Colour Figure 11-178-1　Adults and
eggs of *Tetranychus urticae*
(by Chen Hanjie)

彩图 11-179-1　红颈天牛（蛀洞内）
（1. 郭晓军提供；2. 张帆提供）

Colour Figure 11-179-1　*Aromia bungii*
(1. by Guo Xiaojun; 2. by Zhang Fan)
1. 成虫　2. 幼虫

彩图 11-179-2　红颈天牛蛀孔（纵面）（张帆提供）

Colour Figure 11-179-2　Bore hole made by
Aromia bungii (by Zhang Fan)
1. 纵面　2. 横面

彩图 11-180-1　桃卷叶蛾
（朱朝东提供）

Colour Figure 11-180-1　*Acleris fimbriana*
(by Zhu Chaodong)

1. 夏型成虫　2. 冬型成虫　3. 卵　4. 幼虫　5. 蛹

彩图 11-181-1 桃潜叶蛾为害状（虞国跃摄）

Colour Figure 11-181-1

Symptom caused by *Lyonetia clerkella* (by Yu Guoyue)

1. 被害叶片 2. 潜道

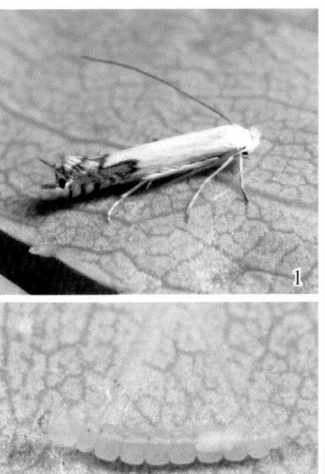

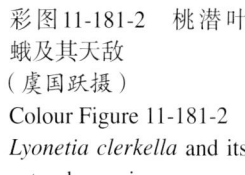
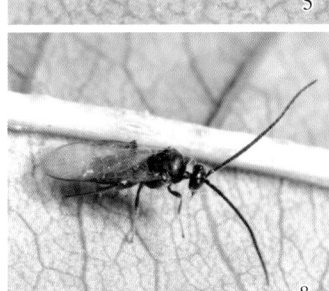
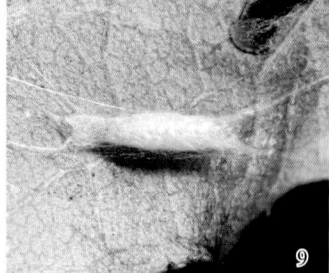

彩图 11-181-2 桃潜叶蛾及其天敌（虞国跃摄）

Colour Figure 11-181-2 *Lyonetia clerkella* and its natural enemies (by Yu Guoyue)

1. 夏型成虫 2. 冬型成虫
3. 雌性产卵器
4. 三龄幼虫腹面
5. 三龄雄幼虫 6. 蛹
7. 叶背的茧
8. 绒茧蜂（*Pholetesor* sp.）成虫
9. 绒茧蜂（*Pholetesor* sp.）茧
10. 啮小蜂（*Tetrastichus* sp.）成虫

彩图 11-182-1 取食桃果的蜗牛（马之胜提供）

Colour Figure 11-182-1 Snail feed on peach (by Ma Zhisheng)

彩图 11-182-2 条华蜗牛（虞国跃提供）

Colour Figure 11-182-2 *Cathaica fasciola* (by Yu Guoyue)

彩图 11-183-1 核桃举肢蛾成虫、幼虫和茧（王勤英摄）

Colour Figure 11-183-1 Adult, larva and cocoon of *Atrijuglans hetauhei* (by Wang Qinying)

彩图11-183-3 被核桃举肢蛾幼虫为害的果实（王勤英摄）
Colour Figure 11-183-3 Walnut damaged by larvae of *Atrijuglans hetauhei* (by Wang Qinying)

彩图11-183-2 被害果内的核桃举肢蛾幼虫（王勤英摄）
Colour Figure 11-183-2 Larva of *Atrijuglans hetauhei* in walnut (by Wang Qinying)

彩图11-185-1 木橑尺蠖
（1. 宋萍摄；2. 王勤英摄）
Colour Figure 11-185-1 *Culcula panterinaria* (1. by Song Ping; 2. by Wang Qinying)
1. 成虫 2. 幼虫

彩图11-186-1 草履蚧（张金勇提供）
Colour Figure 11-186-1 *Drosicha corpulenta*（by Zhang Jinyong）
1. 雌成虫 2. 雄成虫 3. 卵 4. 若虫

彩图11-188-1 核桃吉丁虫为害状
（邱政芳摄）
Colour Figure 11-188-1 Damage by larvae of *Agrilus lewisiellus*（by Qiu Zhengfang）

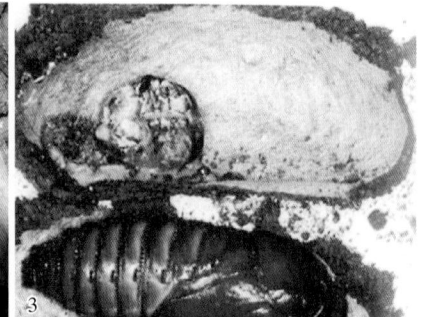

彩图11-189-1 芳香木蠹蛾（1. 王洪平提供；2. 王勤英摄；3. 引自宋梅亭，2010）
Colour Figure 11-189-1 Adult of *Cossus cossus* (1. by Wang Hongping; 2. by Wang Qinying; 3. from Song Meiting, 2010)
1. 成虫 2. 幼虫 3. 蛹和茧

彩图11-190-1 核桃瘤蛾
（1和2.引自宋梅亭，2010；
3.王江柱摄）
Colour Figure 11-190-1
Nola distributa
(1 and 2. from Song
Meiting, 2010;
3. by Wang Jiangzhu)
1. 雌成虫
2. 雄成虫 3. 幼虫

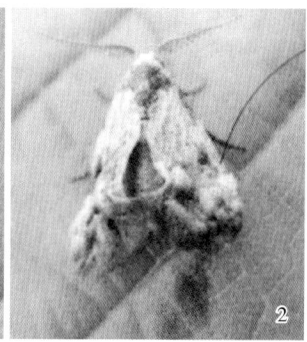

彩图11-191-1 绿尾大蚕蛾
（1和4.桂柄中摄；2和3.王勤英摄）
Colour Figure 11-191-1
Actias selene ningpoana
(1 and 4. by Gui Bingzhong;
2 and 3. by Wang Qinying)
1. 成虫 2. 二龄幼虫 3. 老熟幼虫 4. 茧

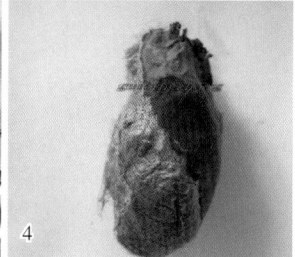

彩图11-192-1 核桃缀叶螟
（1.引自曹子刚，2009；
2.王江柱摄；3.引自宋梅亭，2010）
Colour Figure 11-192-1 *Locastra muscosalis*
(1. from Cao Zigang, 2009;
2. by Wang Jiangzhu; 3. from Song Meiting, 2010)
1. 成虫 2. 幼虫 3. 茧

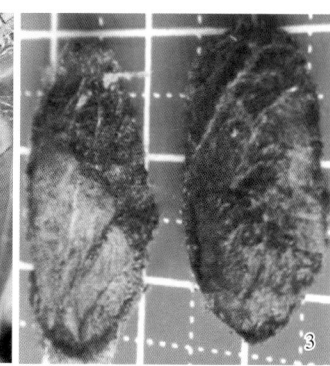

彩图11-192-2 核桃缀叶螟为害状
（王江柱摄）
Colour Figure 11-192-2 Damage by
larvae of *Locastra muscosalis*
(by Wang Jiangzhu)

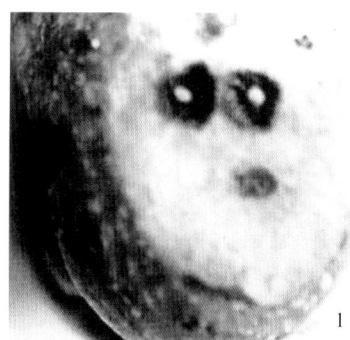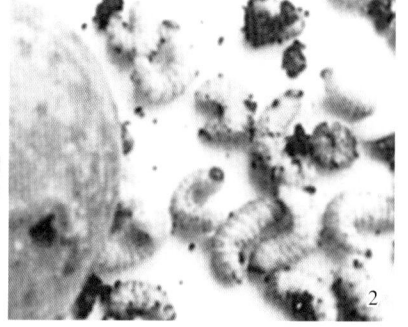

彩图11-193-1 核桃长足象甲（引自孙益知，2011）
Colour Figure 11-193-1 *Alcidodes juglans* (from Sun Yizhi, 2011)
1. 卵 2. 幼虫

彩图 11-195-1 绿盲蝽（吕兴摄）
Colour Figure 11-195-1 *Apolygus lucorum* (by Lü Xing)
1. 成虫 2. 若虫

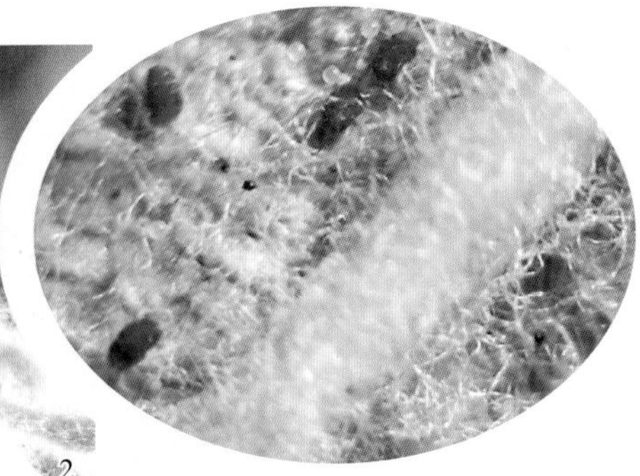

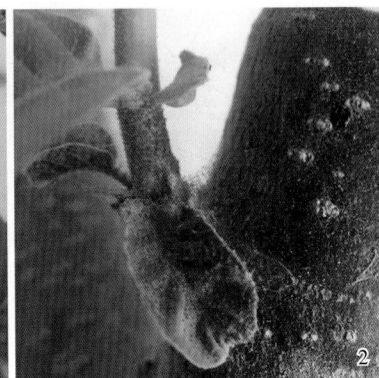

彩图 11-196-1 截型叶螨成虫及卵
（吕兴摄）
Colour Figure 11-196-1 Adults and eggs
of *Tetranychus truncatus* (by Lü Xing)

彩图 11-197-1 栗小爪螨越冬卵和越冬卵孵化
（孔德军提供）
Colour Figure 11-197-1 Overwintering eggs and
hatching of *Oligonychus* sp. (by Kong Dejun)
1. 越冬卵 2. 越冬卵孵化

彩图 11-197-2 越冬代若螨
（孔德军提供）
Colour Figure 11-197-2
Overwintering nymph
(by Kong Dejun)

彩图 11-197-3 释放捕食螨控制栗小爪螨，
种植向日葵控制桃蛀螟（于丽辰提供）
Colour Figure 11-197-3 Controlling
Oligonychus sp. by releasing predatory mite，
controlling *Conogethes punctiferalis* by
planting sunflower (by Yu Lichen)

彩图 11-198-1 栗瘿蜂造成的枝瘤（于丽辰提供）
Colour Figure 11-198-1 Withered *Dryocosmus
kuriphilus* galls on branch (by Yu Lichen)

彩图 11-198-2 栗瘿蜂
造成的枯瘤
（于丽辰提供）
Colour Figure 11-198-2
Withered tumor damage
by *Dryocosmus kuriphilus*
(by Yu Lichen)

彩图11-199-1 栗大蚜为害状（孔德军提供）

Colour Figure 11-199-1 Damage symptom by *Lachnus tropicalis* (by Kong Dejun)

彩图11-199-2 栗大蚜越冬卵（孔德军提供）

Colour Figure 11-199-2 Overwintering eggs of *Lachnus tropicalis* (by Kong Dejun)

彩图11-200-1 柿举肢蛾（张金勇提供）

Colour Figure 11-200-1 *Stathmopoda massinissa*（by Zhang Jinyong）

1. 成虫 2. 幼虫

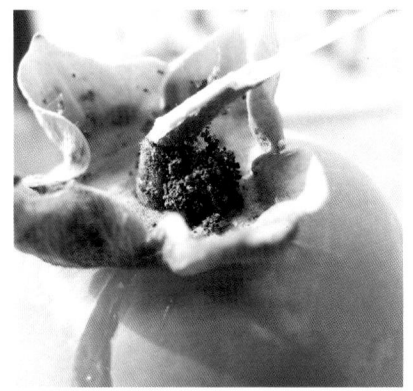

彩图11-200-2 柿举肢蛾为害状（张金勇提供）

Colour Figure 11-200-2 Symptom on persimmon caused by *Stathmopoda massinissa*（by Zhang Jinyong）

彩图11-201-1 柿绒粉蚧成虫（张金勇提供）

Colour Figure 11-201-1 Adults of *Asiacornococcus kaki*（by Zhang Jinyong）

彩图11-201-2 柿绒粉蚧为害状（张金勇提供）

Colour Figure 11-201-2 Symptom on persimmon fruits caused by *Asiacornococcus kaki*（by Zhang Jinyong）

彩图11-202-1 柿长绵蚧（张金勇提供）

Colour Figure 11-202-1 *Phenacoccus pergandei*（by Zhang Jinyong）

1. 一龄若虫 2. 三龄若虫

彩图11-202-2　柿长绵蚧为
害叶片状（张金勇提供）
Colour Figure 11-202-2
Symptom on persimmon
leaves caused by
Phenacoccus pergandei
（by Zhang Jinyong）

彩图11-202-3　柿长绵蚧为害枝条状（张金勇提供）
Colour Figure 11-202-3　Symptom on persimmon
branches caused by *Phenacoccus pergandei*
（by Zhang Jinyong）

彩图11-203-1　柿星尺蠖（张金勇提供）
Colour Figure 11-203-1　*Percnia giraffata*（by Zhang Jinyong）
1.成虫　2.幼虫　3.蛹

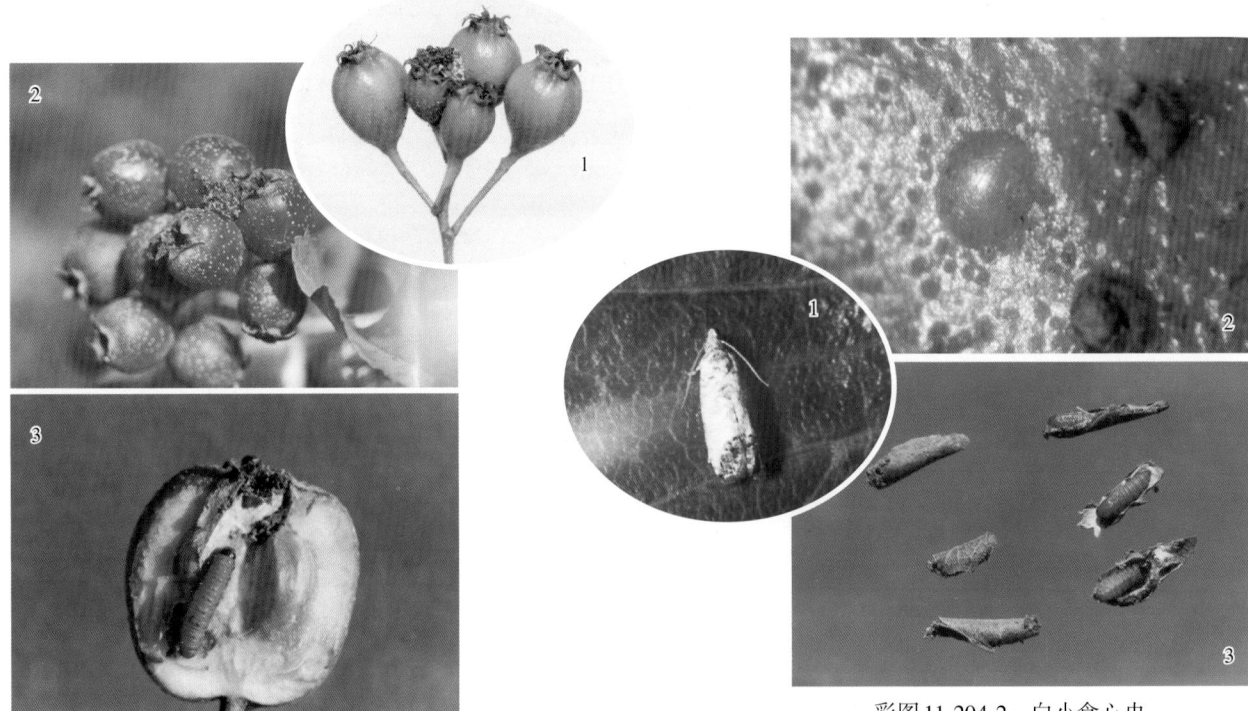

彩图11-204-1　白小食心虫为害山楂果实状
（王洪平提供）
Colour Figure 11-204-1　Symptoms on hawthorn
fruits caused by *Spilonota albicana*
（by Wang Hongping）
1.山楂果实初期被害状　2.山楂果实成熟期被害状
3.被害山楂果实及其中的老熟幼虫

彩图11-204-2　白小食心虫
（王洪平提供）
Colour Figure 11-204-2　*Spilonota albicana*
（by Wang Hongping）
1.成虫　2.卵
3.越冬茧及剖茧后其中的幼虫和蛹

彩图11-205-1 山楂小食心虫
为害山楂果实状
（王洪平提供）
Colour Figure 11-205-1
Symptoms on hawthorn fruits
caused by *Grapholitha prunivorana*
（by Wang Hongping）
1.第一代幼虫在山楂果实上的蛀果孔
2. 第二代幼虫在山楂果实成熟期蛀
果导致果面变形

彩图11-205-2 山楂小食心虫
（王洪平提供）
Colour Figure 11-205-2
Grapholitha prunivorana
（by Wang Hongping）
1.成虫 2.卵
3.山楂果实中的老熟幼虫
4. 翘皮中的蛹

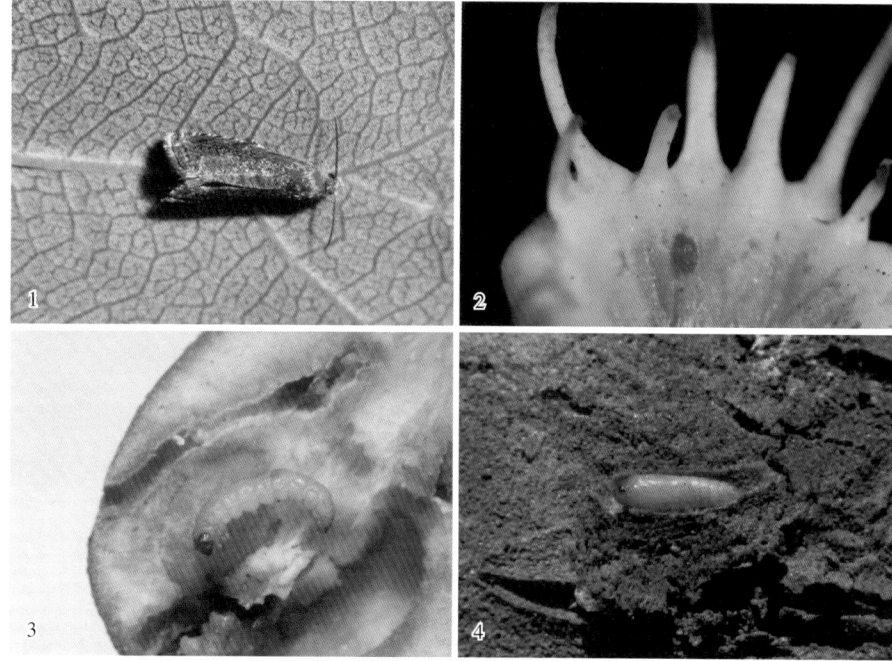

彩图11-206-1 山楂花象甲为害
山楂状（王洪平提供）
Colour Figure 11-206-1
Symptoms on hawthorn caused by
Anthonomus sp.
（by Wang Hongping）
1.花序被害状 2.果实被害状
3.落蕾状 4.花蕾上的产卵孔

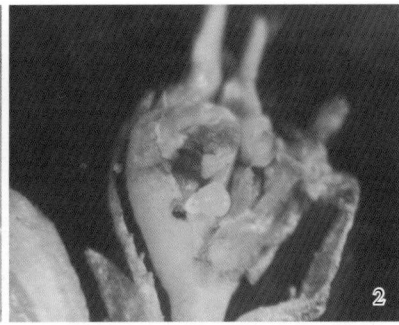

彩图11-206-2 山楂花象甲（王洪平提供）
Colour Figure 11-206-2 *Anthonomus* sp.（by Wang Hongping）
1.成虫 2.卵 3.老熟幼虫

彩图11-207-1 山楂超小卷叶蛾为害山楂状（王洪平提供）
Colour Figure 11-207-1 Symptoms on hawthorn caused by *Pammene crataegicola*（by Wang Hongping）
1.花蕾被害状 2.花序被害状 3.幼果被害状

彩图11-207-2 山楂超小卷叶蛾
（王洪平提供）
Colour Figure 11-207-2
Pammene crataegicola
（by Wang Hongping）
1.成虫 2.卵 3.幼虫 4.蛹

彩图11-208-1 山楂木蠹蛾为害山楂树干状
（王洪平提供）
Colour Figure 11-208-1 Symptoms on hawthorn
trunk caused by *Holcocerus insularis*
（by Wang Hongping）
1.山楂树干被害状外观 2.山楂树干被害状剖茎观

 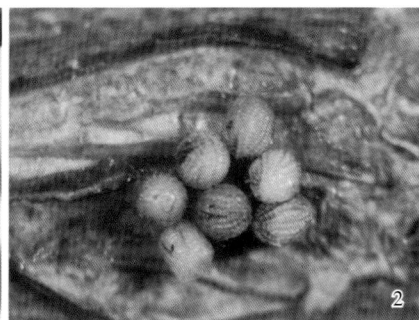 

彩图 11-208-2　山楂木蠹蛾（王洪平提供）
Colour Figure 11-208-2　*Holcocerus insularis*（by Wang Hongping）
1.成虫　2.卵　3.幼虫

 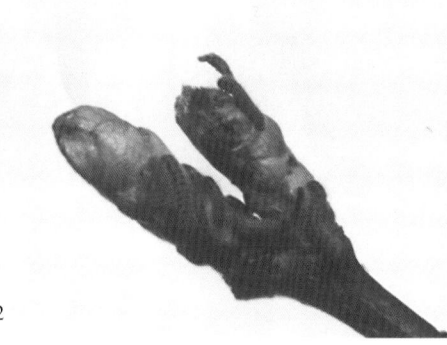

彩图 11-209-1　山楂绢粉蝶为害山楂树状
（王洪平提供）
Colour Figure 11-209-1
Symptoms on hawthorn tree
caused by *Aporia crataegi*
（by Wang Hongping）
1.山楂树枝杈上的幼虫群
2.山楂树花芽上的小幼虫

彩图 11-209-2　山楂绢粉蝶
（王洪平提供）
Colour Figure 11-209-2
Aporia crataegi
（by Wang Hongping）
1.成虫　2.卵　3.幼虫　4.蛹

彩图 11-210-1　山楂喀木虱
为害山楂花状（王洪平提供）
Colour Figure 11-210-1
Symptoms on hawthorn flowers
caused by *Cacopsylla idiocrataegi*
（by Wang Hongping）
1.在山楂花上分泌的蜡丝
2.山楂花序被害状

彩图 11-210-2 山楂喀木虱
（王洪平提供）
Colour Figure 11-210-2
Cacopsylla idiocrataegi
（by Wang Hongping）
1. 冬型成虫 2. 夏型成虫
3. 卵 4. 初孵若虫
5. 老熟若虫

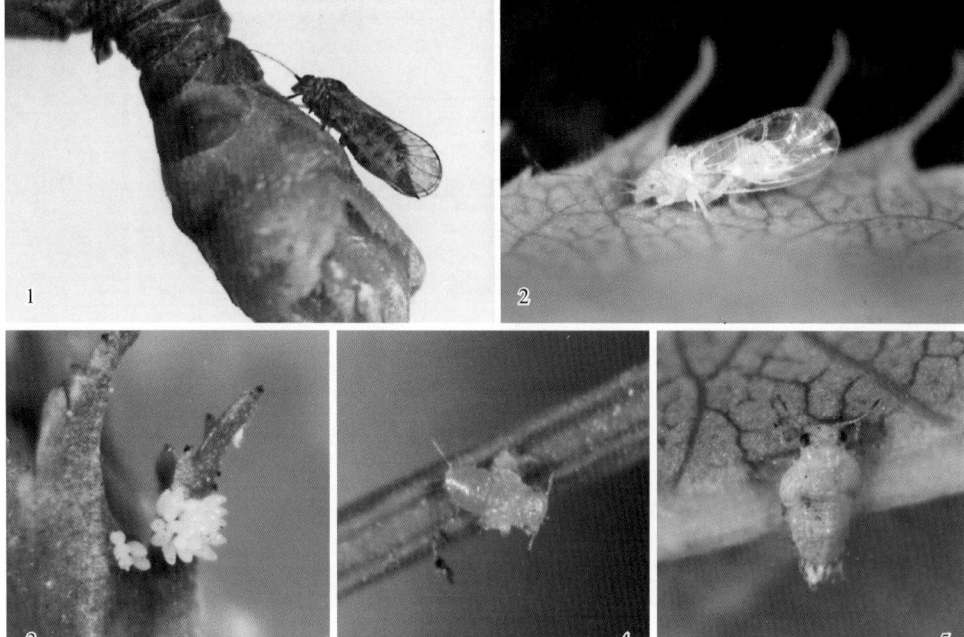

彩图 11-212-1 华北蝼蛄成虫
（南宫自艳摄）
Colour Figure 11-212-1 Adult
of *Gryllotalpa unispina*
（by Nangong Ziyan）

彩图 11-212-2 东方蝼蛄成虫
（南宫自艳摄）
Colour Figure 11-212-2 Adult
of *Gryllotalpa orientalis*
（by Nangong Ziyan）

彩图 11-213-1 橘大实蝇（陈爱娥摄）
Colour Figure 11-213-1 *Bactrocera minax*
（by Chen Aie）
1. 成虫 2. 幼虫

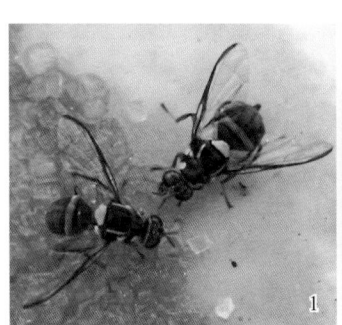
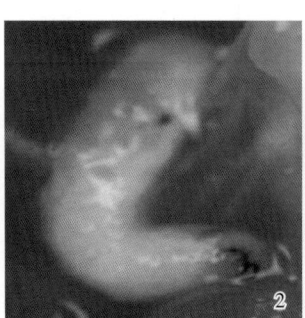
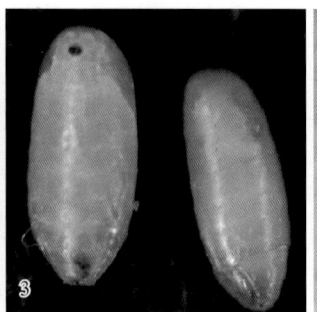
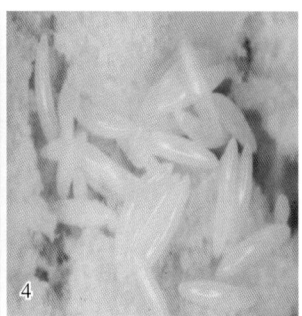

彩图 11-214-1 橘小实蝇（张宏宇摄）
Colour Figure 11-214-1 *Bactrocera dorsalis*（by Zhang Hongyu）
1. 成虫 2. 幼虫 3、4. 卵

彩图11-215-1 蜜柑大实蝇成虫
（荣潞琪摄）

Colour Figure 11-215-1 Adult *of Bactrocera*
tsuneonis (by Rong Luqi)

彩图11-216-1 柑橘木虱成虫和若虫在嫩梢上的为害状（徐长宝提供）
Colour Figure 11-216-1 Adults and nymphs of *Diaphorina citri*
feeding on young citrus shoot (by Xu Changbao)
1. 成虫 2. 若虫

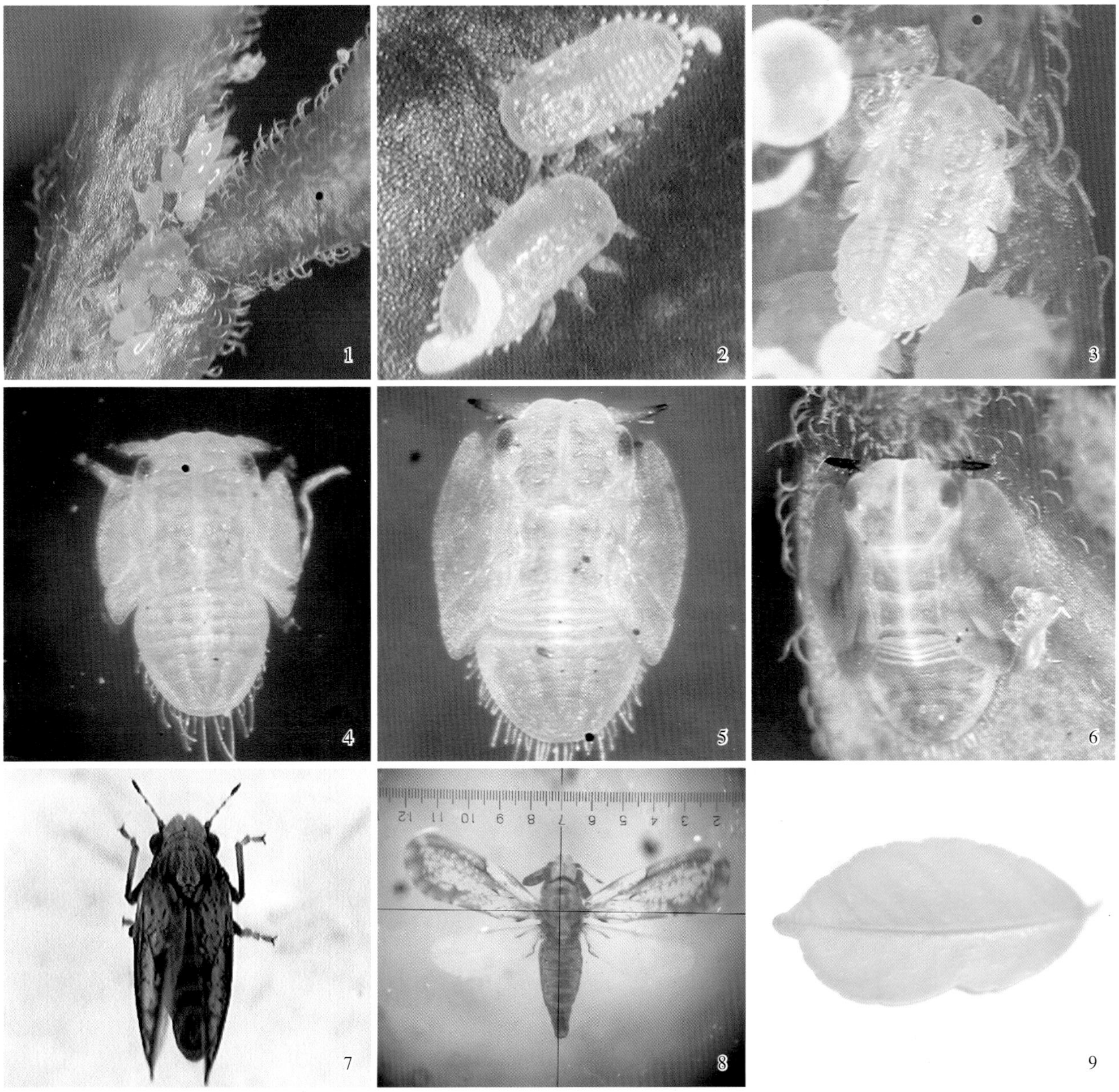

彩图11-216-2 柑橘木虱各虫态及其为害状（乌天宇和岑伊静提供）
Colour Figure 11-216-2 Different stages and damage of *Diaphorina citri* (by Wu Tianyu and Cen Yijing)
1. 卵 2. 一龄若虫 3. 二龄若虫 4. 三龄若虫 5. 四龄若虫 6. 五龄若虫 7. 成虫 8. 成虫翅展 9. 嫩叶受害状

彩图 11-216-3 柑橘木虱雌成虫羽化后体色的变化（吴丰年提供）
Colour Figure 11-216-3 The color change on the female adult of *Diaphorina citri* (by Wu Fengnian)
1. 初羽化（腹部黄绿色，翅白色）
2. 羽化后 3h（腹部灰白色）
3. 交配期（腹部蓝色）
4. 产卵期（腹部橙色）

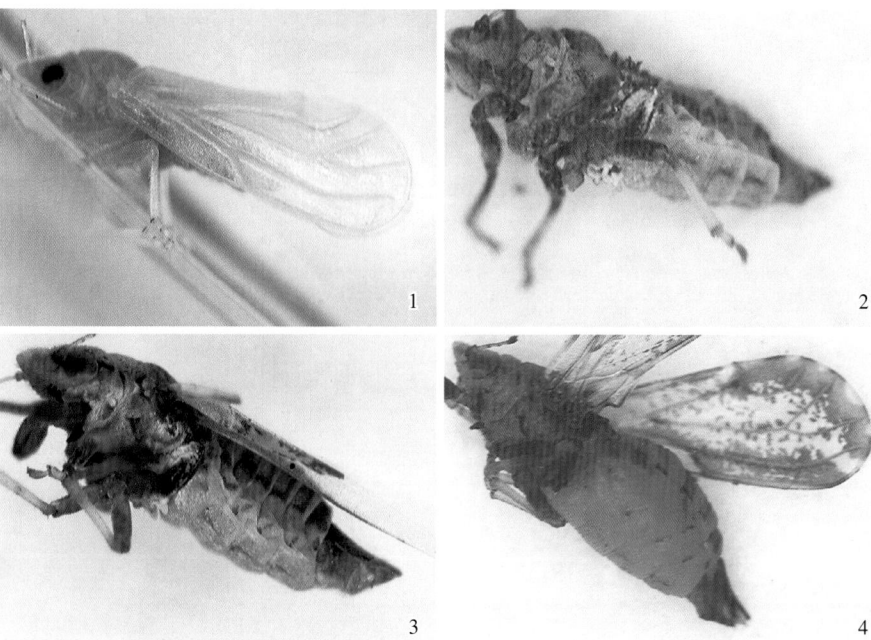

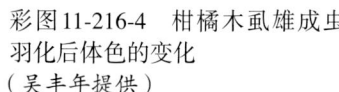

彩图 11-216-4 柑橘木虱雄成虫羽化后体色的变化（吴丰年提供）
Colour Figure 11-216-4 The color change on the male adult of *Diaphorina citri* (by Wu Fengnian)
1. 初羽化（腹部黄绿色，翅白色）
2. 羽化后 3h（腹部黑灰色）
3. 交配期（腹部橙色）
4. 繁殖期（腹部蓝色）

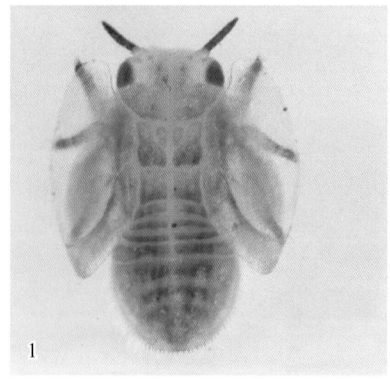

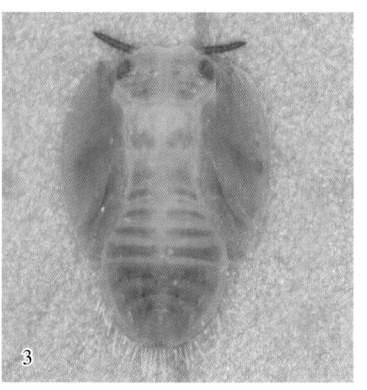

彩图 11-216-5 柑橘木虱五龄若虫体色的变化（吴丰年提供）
Colour Figure 11-216-5 The color change on the 5th instar nymph of *Diaphorina citri* (byWu Fengnian)
1. 前期 2. 中期 3. 后期

彩图11-217-1 柑橘全爪螨为害
状（引自蔡明段，2011）
Colour Figure 11-217-1 Damage
caused by *Panonychus citri*
(from Cai Mingduan, 2011)

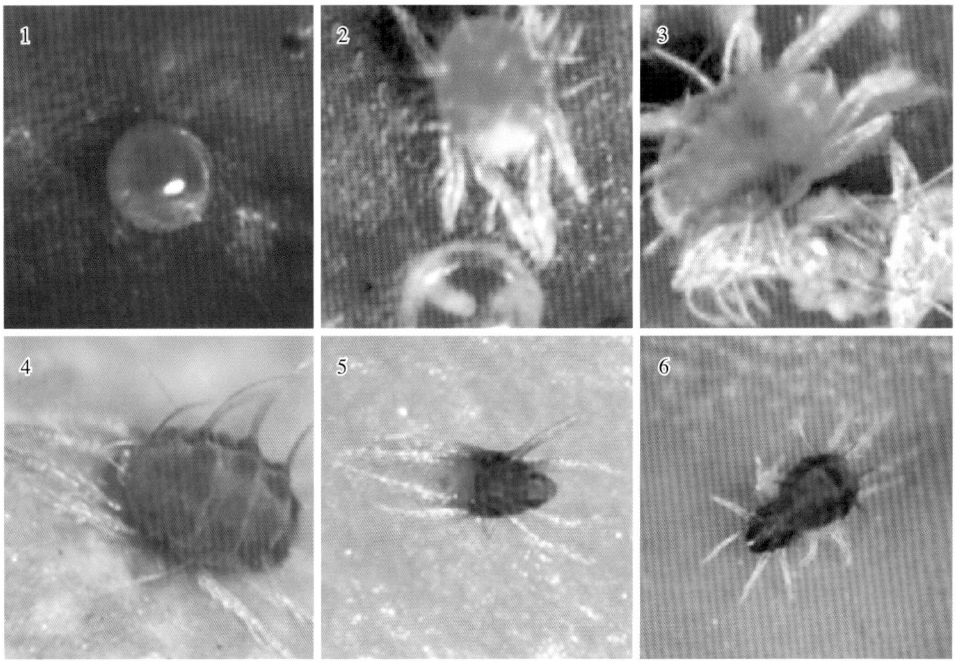

彩图11-217-2 柑橘全爪螨
（丁天波和杨丽红提供）
Colour Figure 11-217-2
Panonychus citri
(by Ding Tianbo and Yang Lihong)
1.卵 2.幼螨 3.若螨
4.雌成螨 5.雄成螨 6.交配

彩图11-221-1 柑橘大绿蝽
（引自罗干成，2003）
Colour Figure 11-221-1
Rhynchocoris humeralis
（from Luo Gancheng, 2003）
1.成虫 2.卵块

彩图 11-222-1 白蛾蜡蝉及为害状（引自蔡明段等，2011）
Colour Figure 11-222-1 *Lawana imitata* and damage symptoms caused by it (from Cai Mingduan et al., 2011)

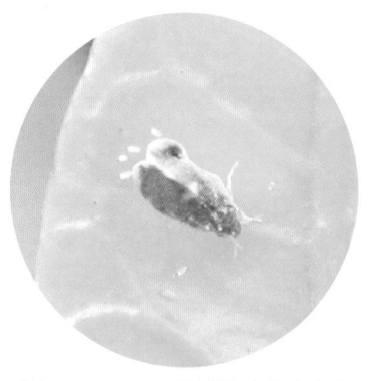

彩图 11-223-1 黑刺粉虱成虫产卵
（张宏宇摄）
Colour Figure 11-223-1 Ovipositing
by adult of *Aleurocanthus spiniferus*
（by Zhang Hongyu）

彩图 11-223-2 黑刺粉虱蛹和卵
（张宏宇摄）
Colour Figure 11-223-2 Pupa and
eggs of *Aleurocanthus spiniferus*
（by Zhang Hongyu）

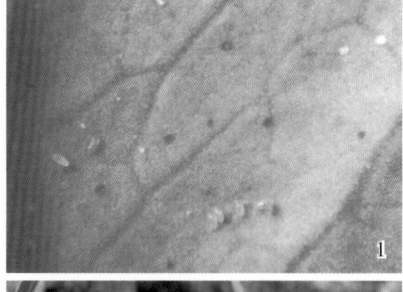

彩图 1-224-1 柑橘粉虱卵和成虫
（张宏宇摄）
Colour Figure 11-224-1 Eggs and adults
of *Dialeurodes citri* (by Zhang Hongyu)
1. 卵 2. 成虫

彩图 11-224-2 柑橘粉虱蛹壳
（张宏宇摄）
Colour Figure 11-224-2 Puparium of
Dialeurodes citri (by Zhang Hongyu)

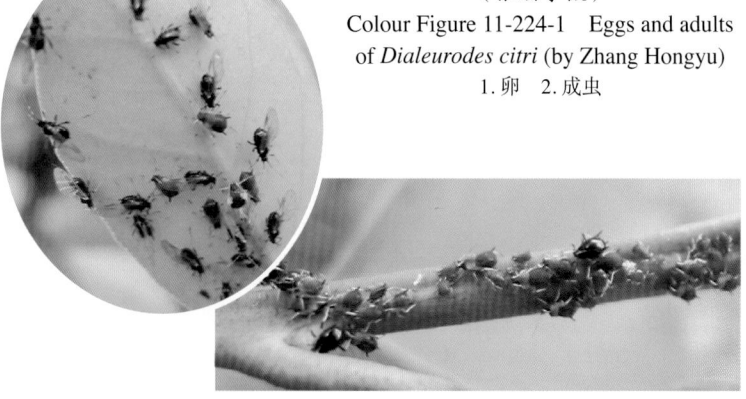

彩图 11-225-1 橘蚜田间取食（周彦提供）
Colour Figure 11-225-1 Feeding of *Toxoptera citricidus*
（by Zhou Yan）

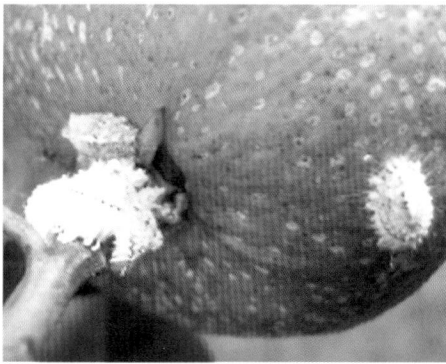

彩图11-226-1　吹绵蚧为害枝
条与果实（张宏宇摄）
Colour Figure 11-226-1　*Icerya
purchasi* damaging branches and
fruits（by Zhang Hongyu）

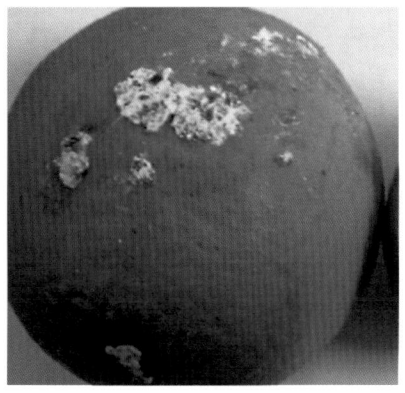

彩图11-227-1　柑橘堆粉蚧为害诱发煤
烟病的果实（张宏宇摄）
Colour Figure 11-227-1　Darkmildew
fruit induced by *Nipaecoccus vastator*
damage (by Zhang Hongyu)

彩图11-227-2　柑橘堆粉蚧及为害状
（蔡明段摄）
Colour Figure 11-227-2　*Nipaecoccus
vastator* and damage symptoms caused
by it (by Cai Mingduan)

彩图11-228-1　红蜡蚧及其为害状
（张宏宇摄）
Colour Figure 11-228-1　*Ceroplastes
rubens* and its damage symptom
(by Zhang Hongyu)

彩图11-229-1　黑褐圆盾蚧为害
柑橘果实及叶片（蔡明段摄）
Colour Figure 11-229-1　Citrus
fruits and leaves damaged by
Chrysomphalus aonidum
(by Cai Mingduan)

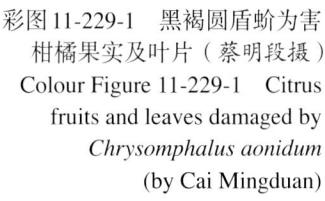
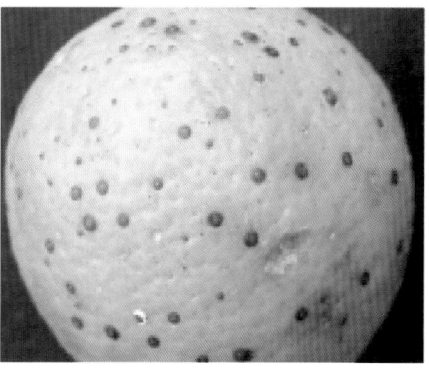

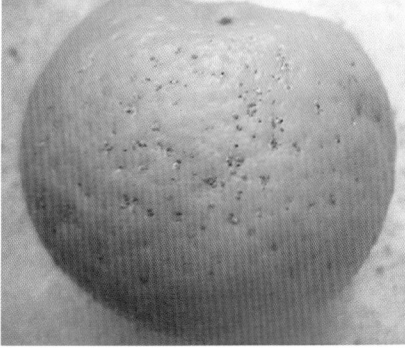

彩图11-230-1　糠片盾蚧在枝干、叶片以及果实上的为害状（引自蔡明段等，2011）
Colour Figure 11-230-1　*Parlatoria pergandii* on branch, leaf and fruits (from Cai Mingduan et al., 2011)

彩图 11-231-1　矢尖蚧成虫及为害状（引自蔡明段等，2011）
Colour Figure 11-231-1　Adults of *Unaspis yanonensis* and the damage on crops (from Cai Mingduan et al., 2011)

彩图 11-232-1　黑点蚧为害
果实、叶面和叶背
（引自蔡明段等，2011）
Colour Figure 11-232-1
Fruit and leaf damaged by
Parlatoria zizyphi
(from Cai Mingduan et al., 2011)

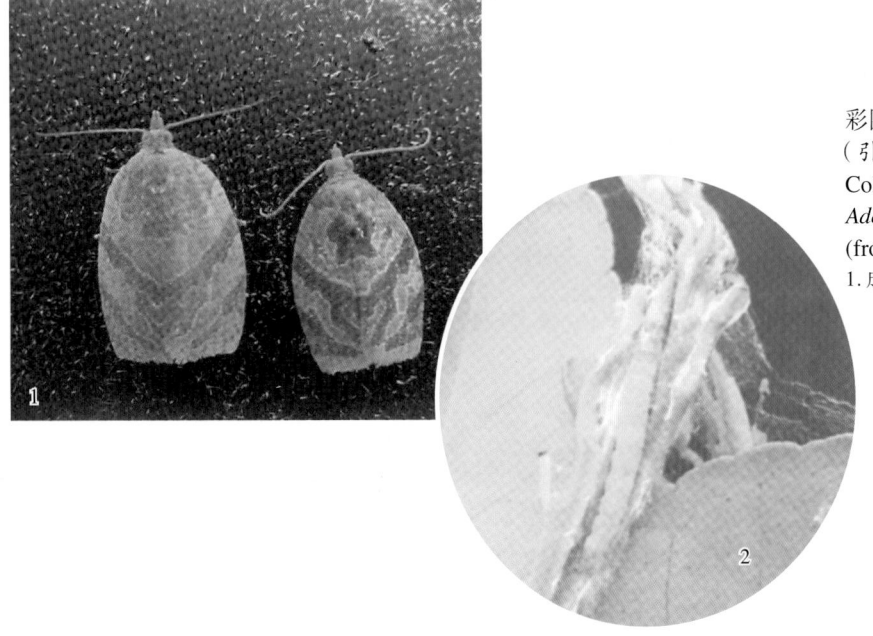

彩图 11-233-1　拟小黄卷叶蛾
（引自蔡明段等，2011）
Colour Figure 11-233-1
Adoxophyes cyrtosema
(from Cai Mingduan et al., 2011)
1. 成虫（左雄右雌）　2. 幼虫

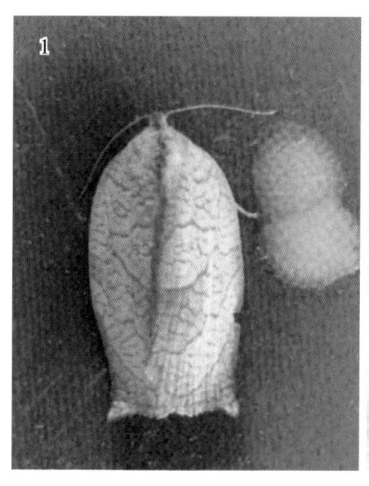
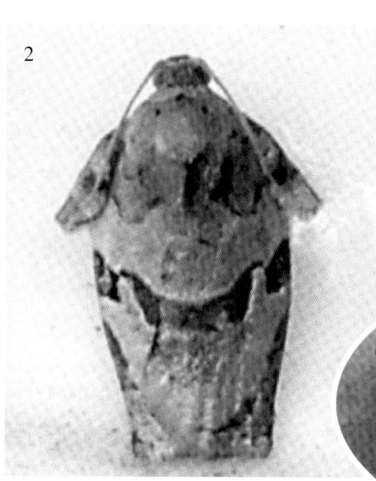
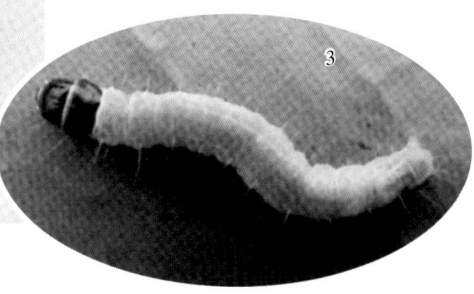

彩图11-233-2　柑橘长卷叶蛾
（引自蔡明段等，2011）
Colour Figure 11-233-2
Homona coffearia
(from Cai Mingduan et al., 2011)
1. 雌成虫　2. 雄成虫　3. 幼虫

彩图11-234-1　不同发育阶段柑橘潜叶蛾形态及为害状
（引自蔡明段等，2011）
Colour Figure 11-234-1
Different developmental stages of *Phyllocnistis citrella*
(from Cai Mingduan et al., 2011)

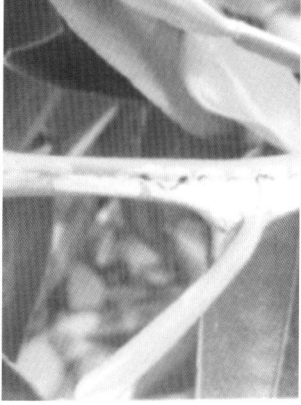
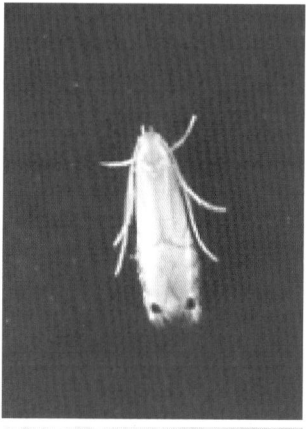
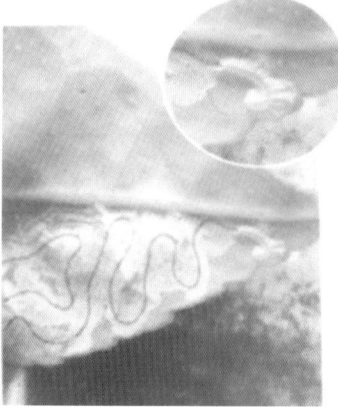

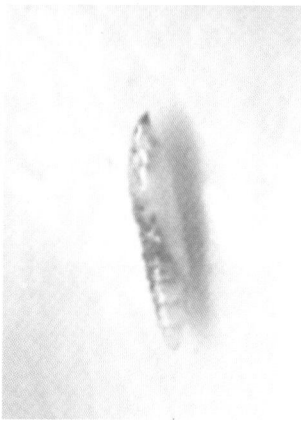

彩图11-235-1　蓟马为害柑橘果实（张宏宇摄）
Colour Figure 11-235-1
Citri fruits damaged by thrips (by Zhang Hongyu)

彩图11-235-2　茶黄硬蓟马成虫（秦元霞摄）
Colour Figure 11-235-2
Adlut of *Scirtothrips dorsalis*
（by Qing Yuanxia）

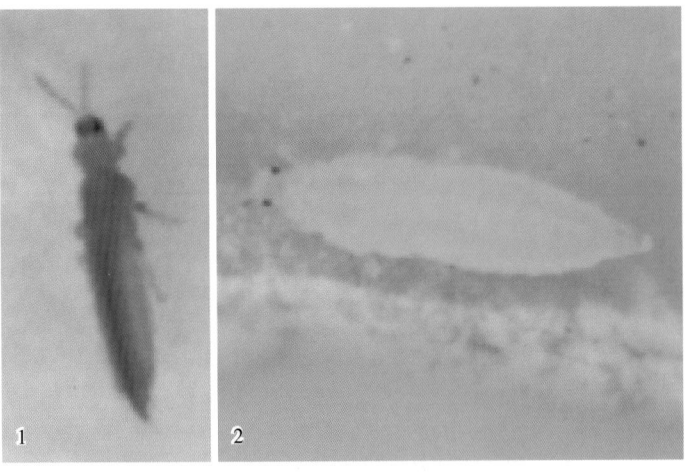

彩图 11-235-3　八节黄蓟马（张宏宇摄）
Colour Figure 11-235-3　*Thrips flavidulus*（by Zhang Hongyu）
1. 成虫　2. 若虫

彩图 11-236-1　华南油桐尺蠖幼虫及其为害状
（冉春提供）
Colour Figure 11-236-1　Larva of *Buzura
suppressaria benescripta* and its damage symptom
（by Ran Chun）

彩图 11-237-1　嘴壶夜蛾成虫
及其刺吸柑橘果实状
（张宏宇摄）
Colour Figure 11-237-1　Adult of *Oraesia
emarginata* and damaged fruits
（by Zhang Hongyu）

彩图 11-238-1　柑橘凤蝶（张宏宇摄）
Colour Figure 11-238-1　*Papilio xuthus*（by Zhang Hongyu）
1. 成虫　2. 卵　3. 幼虫　4. 蛹　5. 茧

彩图11-238-2　玉带凤蝶
（张宏宇摄）
Colour Figure 11-238-2
Papilio polytes
（by Zhang Hongyu）
1. 雄成虫　2. 雌成虫
3. 卵　4. 幼虫　5. 蛹

彩图11-239-1
柑橘爆皮虫成虫和幼虫及其
为害状
（张宏宇摄）
Colour Figure 11-239-1
Adult, larvae and damage of
Agrilus auriventris
（by Zhang Hongyu）
1. 成虫　2. 幼虫　3. 为害状

彩图11-240-1　柑橘溜皮虫
成虫及其为害的枝干
（张宏宇摄）
Colour Figure 11-240-1
Adult of *Agrilus inamoenus* and
damaged branches
（by Zhang Hongyu）
1. 成虫　2. 枝干被害状

彩图 11-242-1 恶性橘啮跳甲成虫取食叶片
（冉春提供）
Colour Figure 11-242-1 Adult of *Clitea metallica*
feed on citrus leaf（by Ran Chun）

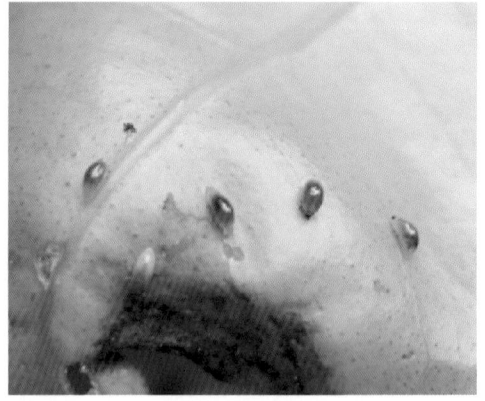

彩图 11-242-2 恶性橘啮跳甲幼虫取食叶片
（冉春提供）
Colour Figure 11-242-2 Larva of *Clitea
metallica* feed on citrus leaf (by Ran Chun)

彩图 11-243-1 柑橘潜叶跳
甲及其为害状（冉春提供）
Colour Figure 11-243-1
Podagricomela nigricollis
feed on citrus leaf
（by Ran Chun）

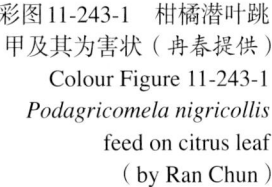

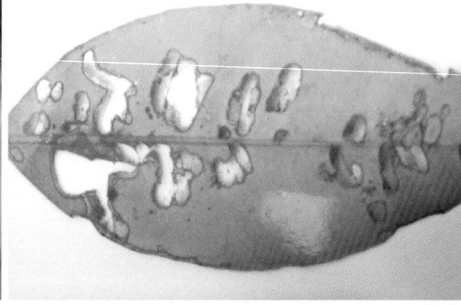
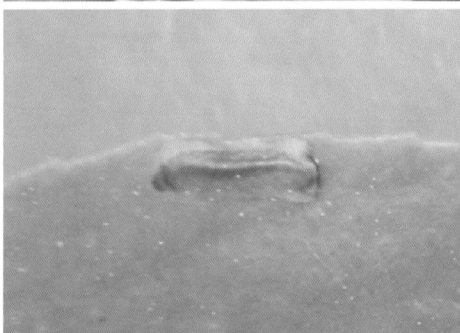

彩图 11-245-1 柑橘花蕾蛆幼虫
（张宏宇摄）
Colour Figure 11-245-1
Larva of *Contarinia citri*
（by Zhang Hongyu）

彩图 11-244-1 柑橘灰象甲成虫
（冉春提供）
Colour Figure 11-244-1 Adult of
Sympiezomias citri（by Ran Chun）

第12单元 西瓜、甜瓜病虫害

第1节 西瓜、甜瓜细菌性果斑病

一、分布与危害

西瓜、甜瓜细菌性果斑病是葫芦科作物上严重的世界性病害，给各国的西瓜、甜瓜种植业造成了极大的威胁。该病最早发生于美国，1965年，虽然已经从西瓜种子上分离到病原菌，但并未引起人们的重视，直到1989年该病在美国一些地方严重暴发，种植西瓜的各州才相继予以报道。到1995年，西瓜、甜瓜细菌性果斑病已在美国多个州蔓延，发病严重地区80%以上的西瓜失去商品价值。目前，果斑病已在美国多个州和澳大利亚、巴西、土耳其、以色列、伊朗、匈牙利、希腊、印度尼西亚、日本和泰国等多个国家发生。此病菌还可侵染南瓜、黄瓜等多种葫芦科作物。

我国作为西瓜、甜瓜种植大国，近年来，细菌性果斑病也呈逐年上升的趋势。该病1998年在我国首次报道，现已遍布海南、新疆、内蒙古、台湾、吉林、福建、山东、河北、甘肃、湖北和广东等多个省份，给当地西瓜、甜瓜生产造成了不同程度的影响。现在，瓜类细菌性果斑病菌已列入我国禁止进境的检疫性有害生物。

二、症状

西瓜、甜瓜在各个生长期间均可被侵染，果实、真叶和子叶均能发病，主要侵染叶片和果实（彩图12-1-1，彩图12-1-2）。

子叶发病初期出现水渍状病斑，随着子叶的张开病斑变为暗棕色，并沿叶脉发展为黑褐色坏死斑。真叶发病时，形成有黄色晕圈的病斑，病斑呈暗棕色，水渍状，圆形或多角形，可侵染叶脉，后期病斑中间变薄穿孔。病菌可在叶片背面溢出，干后变一薄膜、发亮。通常叶片症状不明显，但病叶却是侵染果实的重要菌源。西瓜果实与甜瓜果实的症状不尽一致：西瓜果实感病初期，病斑水渍状，逐步扩大后变褐，后期病斑开裂；而甜瓜果实在感病初期，病斑水渍状、圆形或卵圆形、稍凹陷，比西瓜果实上的病斑小得多，在果面上扩展不明显，颜色逐步呈现深褐色至黑褐色，果皮开裂，严重时内部组织腐烂，病原菌可进入果肉，有时造成孔洞状伤害，有的病斑表皮龟裂，溢出透明、黏稠、琥珀色菌脓，严重时果实很快腐烂，并使种子带菌。

三、病原

西瓜、甜瓜细菌性果斑病由西瓜嗜酸菌 [*Acidovorax citrulli* （Schaad et al. 2008）] 侵染引起，属于薄壁菌门噬酸菌属。异名：*Acidovorax avenae* subsp. *citrulli* （Schaad et al. 1978）Willems et al. 1992、*Pseudomonas pseudoalcaligenes* subsp. *citrulli* Schaad et al. 1978。

该病原菌为革兰氏阴性菌，菌体短杆状，单根极生鞭毛，无芽孢；最适生长温度为24～28℃，极限低温为4℃；在KB培养基上呈现乳白色、圆形、光滑、全缘、隆起、不透明菌落，菌落直径1～2mm；在YDC培养基上呈现黄褐色、突起、边缘扩展为圆形的菌落，菌落直径3～4mm（彩图12-1-3）。严格好氧，烟草过敏反应结果不一致，不能引起马铃薯腐败反应，具氧化酶活性，耐盐性为3%，无冰核活性。利用葡萄糖和蔗糖作碳源结果不一致，但可以利用β-丙氨酸、柠檬酸盐、乙醇、乙醇胺、果糖、L-亮氨酸和D-丝氨酸。不产生精氨酸水解酶，明胶液化力弱，氧化酶和2-酮葡糖酸试验阳性；甲基红测定

为阴性 。

目前，国内外对西瓜、甜瓜细菌性果斑病菌的种内遗传多样性研究结果一致表明：果斑病菌可以分为两个亚群，亚群Ⅰ主要是分离自甜瓜的菌株，亚群Ⅱ主要是分离自西瓜的菌株。致病性测试显示，亚群Ⅱ的菌株对西瓜幼苗的侵染力明显强于亚群Ⅰ的菌株，而对甜瓜和南瓜的侵染力弱于亚群Ⅰ，亚群Ⅰ的菌株对各个寄主的侵染力比较一致。

四、病害循环

瓜类细菌性果斑病是一种种传病害，病菌可以附着于种子表面，也能存活于种子内部胚乳表层，且存活时间长，抗逆性强。存活了 34 年和 40 年的西瓜种子和甜瓜种子发芽后，用 ELISA 检测发病叶片，从结果为阳性的病组织中富集菌体，PCR 进一步鉴定了病原菌为果斑病菌。可见，果斑病菌抗干旱和衰老的能力非常强。

带菌种子是该病的主要初侵染源。病菌在土壤表面的病残体上越冬，也成为翌年的初侵染源。田间的次生瓜苗也是该病菌的寄主和初侵染源。带菌种子萌发后病菌很快侵染子叶及真叶，引起幼苗发病。温室中，人工喷灌和移植条件下，病菌可迅速侵染邻近的幼苗，并导致病害大面积暴发。病叶和病果上的菌脓借雨水、风力、昆虫和农事操作等途径传播，成为再侵染来源。西瓜、甜瓜细菌性果斑病在高温、高湿的环境下易发病，特别是炎热、强光及暴风雨后，病菌的繁殖和传播加速，人为传播也可促使该病流行（图 12-1-1）。

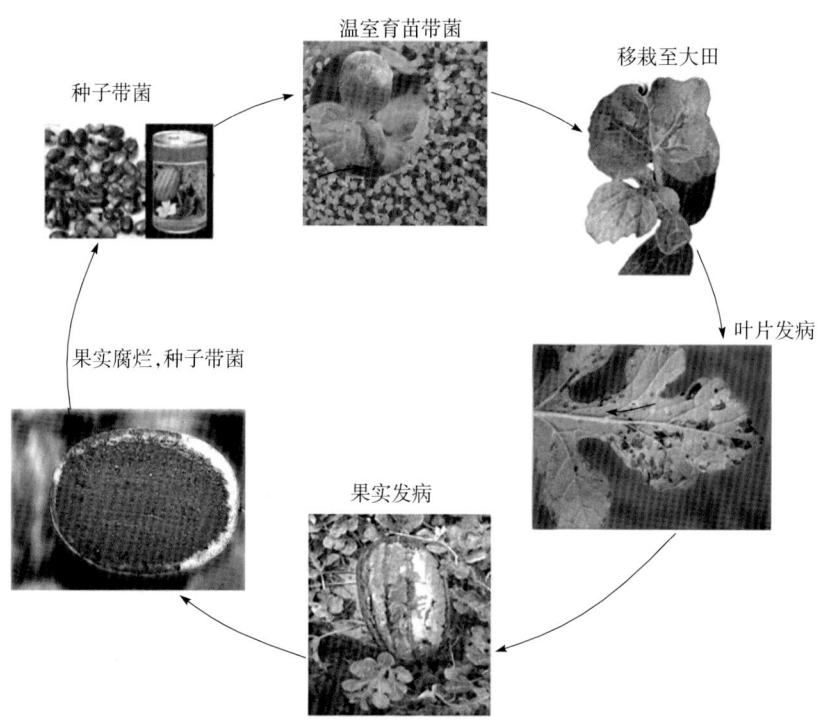

图 12-1-1　西瓜、甜瓜果斑病病害循环（赵廷昌提供）

Figure 12-1-1　Disease cycle of bacterial fruit blotch of watermelon and melon（by Zhao Tingchang）

五、流行规律

西瓜、甜瓜细菌性果斑病在温暖、潮湿的环境中容易暴发流行，湿度愈大，病害愈重，特别是炎热季节伴随暴风雨或大雾结露的条件，十分有利于病原菌的繁殖和传播，病害发生严重；如果遇上气温高又出现雷阵雨的天气，叶片、果实上的病害症状蔓延迅速。地势低洼、排水不良、重茬、平畦栽培、种植过密、氮肥过多、钾肥不足、管理粗放以及虫害严重的地块发病也较重。此外，即使温度不是很高，而湿度却很大，仍可促使保护地病害的蔓延。在环境适宜的条件下，只要田间最初有 10％的植株发病，其菌量就足够引起整块田发病，最终导致收获期 100％的果实都会染病。值得注意的是，通常在凉爽、阴雨的气候条件下，病害症状一般不明显，种植者也难以识别，一旦果实成熟时遇高温多雨，该病 1 周内即可暴发成灾。总之，该病在干旱年份发生轻，高温多雨年份发生重。通常，内蒙古西部地区 5 月上旬播种甜瓜，6 月上旬发病，7 月份进入发病盛期，许多果实成熟时腐烂。西瓜、甜瓜品种间抗病性有差异，据报道，哈密瓜皇后系列和 86 系列发病都比较重。

六、防治技术

（一）植物检疫

西瓜、甜瓜细菌性果斑病是我国的检疫性病害，病原菌除了自然传播途径外，还可以随着人类的生产活动和贸易活动而进行远距离传播。所以，应杜绝带菌种子进境，同时注意从无病区引种，生产用的种子应进行种子带菌率测定。

目前，检测西瓜、甜瓜细菌性果斑病菌的方法主要有两大类：一类是以酶联免疫吸附测定（ELISA）为主的血清学方法，另一类是基于 PCR 的检测方法。ELISA 法应用得很普遍，检测果斑病菌的灵敏度为 1×10^5 cfu/mL，但是容易出现假阳性，不能区分与果斑病菌同属的其他 3 个亚种。PCR 检测方法的最突出优点是快速、准确。比如，利用 ITS 序列设计了特异性引物对果斑病菌进行常规 PCR 检测，检测灵敏度为 $3\times10^4\sim3\times10^5$ cfu/mL；利用免疫富集 PCR 检测的灵敏度也可达到 3×10^4 cfu/mL，而且缩短了检测时间；利用免疫磁性分离 PCR 检测灵敏度更高，可达到 10cfu/mL；实时荧光定量 PCR 检测方法灵敏度则分别为 10cfu/mL 和 1×10^5 个孢子/mL。

（二）生产和使用无病种子

迄今为止，尚未发现对果斑病免疫或高抗的品种。三倍体西瓜较二倍体抗病，果皮坚硬、颜色深的品种比果皮颜色浅的品种抗病。

使用无病菌的种子进行原种和商业种子生产，制种田必须与其他瓜田自然隔离。不能从病田或疑似病田采种，也不能从相邻病田采种。种子消毒可以用 3％盐酸溶液浸种 15min，水洗后，再用 47％春雷·王铜可湿性粉剂 600 倍液浸种过夜后播种。

（三）农业防治

发病田必须进行轮作倒茬，至少 3 年不种植西瓜、甜瓜或其他葫芦科作物；生产田可采用滴灌而不要采用喷灌；一旦田间发病，及时清除病叶、病果并彻底清除田间杂草；避免在叶片露水未干的病田里工作，也不要将在病田中用过的工具拿到无病田中使用；彻底清理温室内苗床的残留瓜苗和杂草；不要将无病种子与未检验种子在同一育苗室内育苗，不同育苗室内的用具不能交换使用。

（四）化学防治

苗期发病，喷洒 47％春·王铜可湿性粉剂（加瑞农）600 倍液或 90％新植霉素可溶粉剂（55％土霉素与 53％硫酸链霉素混剂）3 000～4 000倍液，防治效果均在 80％以上。大田发病，可喷洒 53.8％氢氧化铜干悬浮剂 800 倍液，或 50％氯溴异氰尿酸可溶粉剂（消菌灵）800 倍液、或 47％春·王铜可湿性粉剂 800 倍液、90％新植霉素可溶粉剂 3 000～4 000 倍液等。由于部分果斑病菌株有抗铜性，所以使用含铜杀菌剂时需谨慎。

（五）生物防治

据报道，酵母菌（*Pichia anomala*）、荧光假单胞菌（*Pesudomonas fluorescens*）工程菌株（染色体整合了 2,4 -二乙酰基间苯三酚）、葫芦科作物内生细菌中的部分芽孢杆菌（*Bacillus* spp.）等生防菌对西瓜、甜瓜细菌性果斑病有一定的防治效果。

赵廷昌（中国农业科学院植物保护研究所）

第 2 节　西瓜、甜瓜细菌性角斑病

一、分布与危害

西瓜、甜瓜细菌性角斑病又名斑点病，在我国东北、内蒙古、西北、华北及华东普遍发生，尤其是东北、内蒙古等保护地和华北春大棚发病严重，病叶率有时可达 70％左右，不仅影响产量，而且降低商品价值，已成为保护地瓜类栽培的重要病害之一。除为害西瓜、甜瓜外，该病害还可侵染黄瓜、葫芦、西葫芦、丝瓜等。随着近年来塑料大棚栽培的普及，该病为害有逐年加重的趋势。一些老产区减产 10%～30%，严重田块超过 50%，病叶率高达 100%。

二、症状

西瓜、甜瓜细菌性角斑病主要为害叶片。为害甜瓜时引起的症状与黄瓜角斑病十分相似，起初叶背面出现一些水渍状的小点，以后病斑扩大，由于受叶脉的限制病斑呈多角形，在病斑的周围有黄色的晕圈。而后病部逐渐变为淡褐色至污白色，潮湿的情况下病部往往会出现白色的菌脓。病菌还可以为害茎、叶柄及果实，初为水渍状斑，后扩大并形成一层硬的白色表皮。果实病部沿着维管束向内发展，果肉变色，最后果实腐烂（彩图 12-2-1）。此外，病果还常再次感染一些弱寄生菌，也可导致果实腐烂。

三、病原

西瓜、甜瓜细菌性角斑病的病原为丁香假单胞菌流泪（黄瓜）致病变种 [*Pseudomonas syringae* pv. *lachrymans* (Smith et Bryan) Young. Dye et Wilkie]，属于薄壁菌门假单胞菌属。该菌短杆状，相互呈链状连接，具端生鞭毛 1～5 根，大小为 (0.5～0.9) μm× (1.4～2) μm。有荚膜，无芽孢，革兰氏染色阴性，在金氏 B 平板培养基上，菌落呈灰白色，近圆形或略呈不规则形，扁平，中央突起，不透明，具同心环纹，产生黄绿色荧光。生长最适温度为 25～28℃，致死温度 49～50℃，最适 pH 为 6.8。

四、病害循环

病原菌在病残体、土壤中或在种子内越冬，成为翌年田间病害的初侵染源。初侵染大都从近地面的叶片和幼果开始，病菌由叶片或幼果的伤口、气孔、水孔侵入，然后逐渐扩大蔓延，进入胚乳组织或胚根的外皮层，造成种子内部带菌（图 12-2-1）。病菌在种子内可存活 2 年。土壤中的病菌靠灌水溅到叶片、果实、卷须或茎上侵染发病。新产生的细菌靠风雨、昆虫、农事操作、农具等传播，进行多次重复侵染。棚内病菌初侵染源主要来自于带菌种子和土壤病残体上的越冬菌源。另外，瓜棚附近田间的自生瓜苗、野生南瓜等也是该病菌的寄主及初侵染源。

五、流行规律

病原菌在病残体、土壤中或在种子内越冬。种子带菌，出苗后子叶发病，病菌在细胞间繁殖，保护地黄瓜病部溢出的菌脓，借棚顶大量水珠下落，或结露及叶缘吐水滴落、飞溅传播蔓延，进行多次重复侵染。除病菌数量以外，温度和湿度是角斑病发生流行的重要条件，温暖、多雨或潮湿条件发病较重。发病温度为 10～30℃，适温为 18～26℃，适宜相对湿度为 75% 以上。棚室低温、高湿利于发病。病

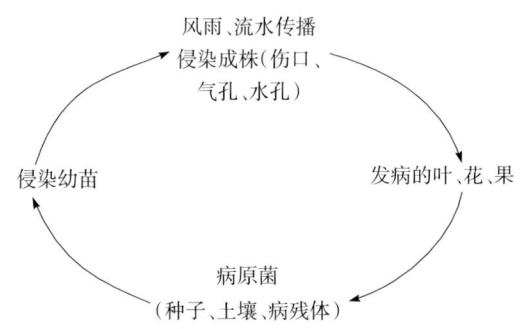

图 12-2-1　西瓜、甜瓜细菌性角斑病病害循环（张昕提供）

Figure 12-2-1　Disease cycle of angular leaf spot of watermelon and melon（by Zhang Xin）

斑大小与湿度有关，夜间饱和湿度持续时间大于 6h，叶片病斑大；湿度低于 85%，或饱和湿度持续时间不足 3h，病斑小；昼夜温差大，叶面结露重且持续时间长，发病重。在田间浇水次日，叶背出现大量水渍状病斑或菌脓。有时，只要有少量菌源即可引起该病发生和流行。露地西瓜、甜瓜在低温多雨年份，病害普遍流行。黄河以北地区露地西瓜、甜瓜，每年 7 月中、下旬为角斑病发生高峰期，棚室西瓜、甜瓜 4～5 月为发病盛期。保护地浇水后放风不及时，露地地势低洼积水，栽培密度过大，管理不严，多年连茬，偏施氮肥，磷肥不足等，均可诱发角斑病。

六、防治技术

（一）选用无病种子和种子消毒

建立无病留种田或从无病植株上采种是防治该病的主要环节，对于带菌种子或可疑种子需进行消毒处理。

1. 温汤浸种　将相当于种子体积 3 倍的 55～60℃的温水，倒入盛种子的容器，边倒边搅动，待水温降至 30℃时，浸种 6～8 h 后捞出催芽。

2. 干热消毒　将干燥的种子放在 70℃的干热条件下处理 72 h，然后浸种、催芽，对侵入种子内部的病菌有特殊的杀灭作用。

3. 药剂消毒　可用次氯酸钙 300 倍液浸种 30～60min，或用 40% 福尔马林 150 倍液浸种 15h，也可用 200mg/kg 的硫酸链霉素溶液浸种 2h，还可用 1% 稀盐酸水或 0.1% 升汞水，在 15～20℃下浸种 5 min，捞出后冲洗干净，催芽播种，防治细菌性角斑病的效果较好。

（二）加强田间管理

重病地块与葫芦科、茄科以外的非易感寄主作物实行 3 年以上的轮作，并要选择地势平坦的壤土或沙壤土种植；苗床周围不种植易感病的寄主作物。采用高垄栽培方式以减少畦面积水，降低棚内湿度，优化操作程序，创造不利于病菌繁殖、侵染的环境条件。合理施肥、合理排灌，促进植株健壮生长，增强抗病力。生长期间及时通风降湿，排除田间积水，及时整枝打杈，摘除病叶，尽量选择晴天进行农事操作，以利于伤口愈合，减少从伤口侵入的机会。收获后立即清除病残体，集中烧毁以减少病菌。

（三）药剂防治

在日均气温达到 20℃左右时，要每天检查发病情况，一旦发现零星病株，应立即喷洒农药。药剂及使用浓度为：72% 农用链霉素可溶粉剂 4 000 倍液，或 2% 春雷霉素水剂 400 倍液，或 20% 二氯异氰尿酸钠可湿性粉剂 750 倍液，或 20% 噻菌铜悬浮剂 600 倍液，或 53.8% 氢氧化铜干悬浮剂 1 000 倍液等，在发病初期每隔 7～10 d 喷药 1 次，连续防治 3～4 次，可有效控制田间病菌扩散。

张昕（浙江农林大学林业与生物技术学院）

第 3 节　西瓜、甜瓜病毒病

一、分布与危害

西瓜、甜瓜病毒病因不同种类的病毒其分布不同。世界上广泛分布的西瓜、甜瓜病毒病病毒种类很多，我国约有 10 多种，如小西葫芦黄花叶病毒（*Zucchini yellow mosaic virus*，ZYMV）、西瓜花叶病毒（*Watermelon mosaic virus*，WMV）、黄瓜花叶病毒（*Cucumber mosaic virus*，CMV）、番木瓜环斑病毒西瓜株系（*Papaya ringspot virus* - watermelon strain，PRSV - W）、南瓜花叶病毒（*Squash mosaic virus*，SqMV）、瓜类蚜传黄化病毒（*Cucurbit aphid-borne yellows virus*，CABYV）、瓜类褪绿黄化病毒（*Cucurbit chlorotic yellows virus*，CCYV）、甜瓜黄化斑点病毒（*Melon yellow spot virus*，MYSV）、甜瓜坏死斑病毒（*Melon necrotic spot virus*，MNSV）、黄瓜绿斑驳花叶病毒（*Cucumber green mottle mosaic virus*，CGMMV）等（表 12 - 3 - 1）。

我国西瓜、甜瓜病毒病普遍发生，尤其是露地种植的西瓜、甜瓜受害更加严重，一些病重的年份会造成严重减产，甚至绝收。通常发病率为 20%～50%。CGMMV 由于砧木种子携带病毒，在辽宁、山东、浙江、河北的一些地区曾经暴发。2009 年，海南曾经大发生了由 MYSV 侵染引起的黄化斑点病。自 2007 年以来，CCYV 引起的褪绿黄化病在山东、上海、浙江宁波大流行，并且分布还在逐渐扩大，南自海南北至北京，东自山东西至河南的广大地域均有分布，已经成为秋季甜瓜棚室生产的最重要的病害之一；MNSV 于 2007 年在江苏省海门市发现，现未见蔓延的报道；2008 年发现了甜瓜蚜传黄化病毒（*Melon aphid - borne yellows virus*，MABYV）侵染西瓜、甜瓜（韩成贵，2008）。

表 12 - 3 - 1　我国西瓜、甜瓜病毒病种类与分布

Table 12 - 3 - 1　The distribution of viruses infecting watermelon and melon in China

病毒种类	分　布	症状特点
ZYMV	全国	
WMV		
CMV		花叶、黄花叶、蕨叶，矮化
PRSV - W		
SqMV	西北	
CGMMV	全国多数地区	绿斑驳花叶，果实倒瓤
CABYV	西北为重	黄化，叶片变厚，硬脆
MYSV	海南、广西	黄化斑点
MNSV	江苏省海门市	坏死斑点
CCYV	海南、河南、北京、山东、浙江、江苏	褪绿黄化
SLCCNV	海南	皱缩卷叶矮化

二、症状

由于西瓜、甜瓜品种繁多，种植环境各异，加之毒原种类很多，所以，病毒病的田间症状十分复杂，主要症状类型如下（彩图 12 - 3 - 1）。

（一）花叶蕨叶

通常，花叶蕨叶多半是由小西葫芦花叶病毒、西瓜花叶病毒、黄瓜花叶病毒、番木瓜环斑病毒和南瓜花叶病毒引起。叶片或果实呈花脸状，有些部位绿色变浅。有的不仅花叶，同时也黄化，成黄花叶。病害严重时，叶片畸形，成鞋带状、鸡爪状，也称蕨叶。有时果实畸形。小西葫芦花叶病毒、西瓜花叶病毒、黄瓜花叶病毒、番木瓜环斑病毒由蚜虫传播，南瓜花叶病毒由甲虫传播。有些病毒也可以通过种子传播，如 WMV、CMV、SqMV。这些病毒中有些早期感染时也会造成植株矮缩，不结瓜，如 CMV。

（二）绿斑驳花叶

绿斑驳花叶的症状主要由黄瓜绿斑驳花叶病毒引起。沿叶片边缘向内绿色变浅，叶片呈不均匀花叶、斑驳，有的出现黄斑点。可引起西瓜果实变成水瓤瓜，瓤色常呈暗红色，不能食用，失去商品价值。

（三）黄化

黄化症状主要由瓜类蚜传黄化病毒和西瓜蚜传黄化病毒引起，经蚜虫持久方式传播。叶片黄化，叶脉仍绿，叶片变脆、硬、厚。自中下部向上发展至全株。

（四）褪绿黄化

褪绿黄化症状主要由瓜类褪绿黄化病毒引起，表现为叶片出现褪绿，开始呈现黄化后，仍能看见保持绿色的组织，直至全叶黄化。叶脉不黄化，仍为绿色，叶片不变脆、不变硬和不变厚。通常中下部叶片感染，向上发展，新叶常无症状。自然感染西瓜、甜瓜、黄瓜等，以甜瓜大面积发病为常见。发病季节通常在秋季，春季也可以发生。症状表现甜瓜明显，西瓜和黄瓜略轻，但发病重时西瓜黄化也极为明显。

（五）坏死斑点

坏死斑点的症状主要由甜瓜坏死斑点病毒引起，病叶上产生许多坏死斑点，随着病害加剧，叶片上的小斑点自中间扩大形成不规则的坏死斑块，蔓上也出现坏死条斑，严重影响果实产量和品质。由种子和土壤中的油壶菌传播。

（六）黄化斑点

黄化斑点症状主要由甜瓜黄化斑点病毒引起，在新生叶片上产生明脉、褪绿斑点，随后出现坏死斑，叶片变黄，邻近斑点融合形成大的坏死斑点，使植株叶片呈现黄色坏死斑，叶片下卷，似萎蔫状。若病毒

在甜瓜生长早期侵染，果实出现颜色不均的花脸样。果实品质下降，风味变差。由蓟马传播。

（七）皱缩卷叶

皱缩卷叶症状主要由中国南瓜曲叶病毒引起。甜瓜顶端叶片往下卷，植株矮化，但不变色。

三、病原

目前，我国（不包括台湾地区）已报道的侵染西瓜、甜瓜的病毒有 12 种，其分类地位和病毒的重要特征见表 12-3-2。

表 12-3-2　侵染我国西瓜和甜瓜的病毒种类及其特征
Table 12-3-2　The characteristics of viruses infecting watermelon and melon in China

病毒种名	分类地位	重要特征
小西葫芦黄花叶病毒（ZYMV）	马铃薯 Y 病毒科马铃薯 Y 病毒属	正单链 RNA 病毒，粒体线条状，长 750nm。侵染多数瓜类作物。钝化温度 60℃，稀释限点 $1×10^{-4}$，体外存活期 3d（室温）。机械传播、蚜虫非持久方式传播
西瓜花叶病毒（WMV）	马铃薯 Y 病毒科马铃薯 Y 病毒属	正单链 RNA 病毒，粒体线条状，长 725~765nm。侵染多数瓜类作物。钝化温度 58~60℃，稀释限点 $1×10^{-2}$~$1×10^{-4}$，体外存活期 20~25d（室温）。种子传播、机械传播、蚜虫非持久方式传播
黄瓜花叶病毒（CMV）	雀麦花叶病毒科黄瓜花叶病毒属	病毒粒体为等轴对称二十面体，直径约 29 nm，含 3 条正链 RNA。侵染多数瓜类作物。钝化温度 55~70℃，稀释限点 $1×10^{-4}$，体外存活期 3~6d（室温）。种子传播、机械传播、蚜虫非持久方式传播
番木瓜环斑病毒西瓜株系（PRSV-W）	马铃薯 Y 病毒科马铃薯 Y 病毒属	正单链 RNA 病毒，粒体线条状，长 760~780nm，直径 12nm。侵染多数瓜类作物。钝化温度 60℃，稀释限点 $5×10^{-4}$，体外存活期 40~60d（室温）。机械传播、蚜虫非持久方式传播
南瓜花叶病毒（SqMV）	豇豆花叶病毒科豇豆花叶病毒属	正单链 RNA 病毒，病毒粒体为等轴对称二十面体，直径 30nm。侵染多数瓜类作物。钝化温度 70~80℃，稀释限点 $1×10^{-4}$~$1×10^{-6}$，体外存活期超过 4 周（室温）。种子和机械传播
黄瓜绿斑驳花叶病毒（CGMMV）	杆状病毒科烟草花叶病毒属	正单链 RNA 病毒，病毒粒体杆状，300nm×18nm。侵染多数瓜类作物。钝化温度 90~100℃，稀释限点 $1×10^{-6}$~$1×10^{-7}$，体外存活期超过数月（室温）。种子传播、机械传播
瓜类蚜传黄化病毒（CABYV）	黄症病毒科马铃薯卷叶病毒属	正单链 RNA 病毒，病毒粒体为等轴对称二十面体，直径 25nm。不能机械传播，蚜虫持久方式传播
甜瓜黄化斑点病毒（MYSV）	布尼亚病毒科番茄斑萎病毒属	具有包膜的球体病毒粒体，直径一般为 80~120nm，在病毒衣壳外有包膜，其蛋白具刺突。包括 3 个单链线性 RNA 片段基因组。节瓜蓟马，又称为棕榈蓟马，以持久增殖方式自然传播
甜瓜坏死斑病毒（MNSV）	番茄丛矮病毒科香石竹斑驳病毒属	病毒粒体为球形，直径约 30nm，基因组为正义单链 RNA，约 4.3 kb。主要通过种子、瓜油壶菌传播，机械传播。钝化温度 60℃，稀释限点 $1×10^{-4}$~$1×10^{-5}$，体外存活期 9~32d
瓜类褪绿黄化病毒（CCYV）	长线病毒科毛形病毒属	病毒颗粒为长线形。基因组含 2 条线性正单链 RNA。烟粉虱半持久性方式传播
中国南瓜曲叶病毒（SLCCNV）	双生病毒科菜豆金色花叶病毒属	双分体病毒，无包膜，由两个不完整的二十面体组成。基因组含 2 条闭环状 DNA 链。烟粉虱持久方式传播

四、病害循环

西瓜、甜瓜的病毒传播方式不同，因此，不同类型传播的病害其侵染循环不同（图 12-3-1）。

（一）机械传播

也可理解为汁液传播。由于西瓜、甜瓜栽培过程中，需要整枝打杈、压蔓、锄草等作业，会造成病株的汁液接触到健株，造成传播。这是引起病害在田间传播的一个有效途径，尤其见于 CGMMV、ZYMV、WMV、CMV、PRSV-W、SqMV 和 MNSV 引起的病害。这种传播方式的前提条件是田间有带病毒的病株，其次是农事操作造成植株微伤或者植株之间互相接触造成病毒感染。

（二）种子传播

种子传播的西瓜、甜瓜病毒有：CGMMV、WMV、CMV、SqMV、MNSV。近几年 CGMMV 在田间暴发的情况常有发生，分析其原因，以嫁接苗的砧木瓠子带毒情况为常见。种子传播的病毒提供了初侵染源，田间暴发又必须有嫁接过程的汁液传播、田间的汁液传播。

（三）真菌传播

MNSV 需要土壤中的油壶菌作为介体提高其种传的效率。

（四）土壤传播

CGMMV 通过土壤传播的概率可以达到 3%。由于 CGMMV 极为耐受高温和不良环境，又特别容易汁液传播，因此，田间病害流行也很大程度上取决于田间的农事操作。

（五）昆虫传播

1. 蚜虫传播 SqMV 能够被甲虫传播。通常桃蚜和瓜蚜以非持久性传毒方式传播 ZYMV、WMV、CMV、PRSV‑W，在我国 ZYMV、WMV 分布极为广泛，发生频度也最高。田间的一些杂草或其他葫芦科作物是这些病毒的寄主，蚜虫可以从这些植株中获毒，在对西瓜、甜瓜刺食过程中进行传毒。而桃蚜和瓜蚜又以持久性方式传播 CABYV、MABYV。

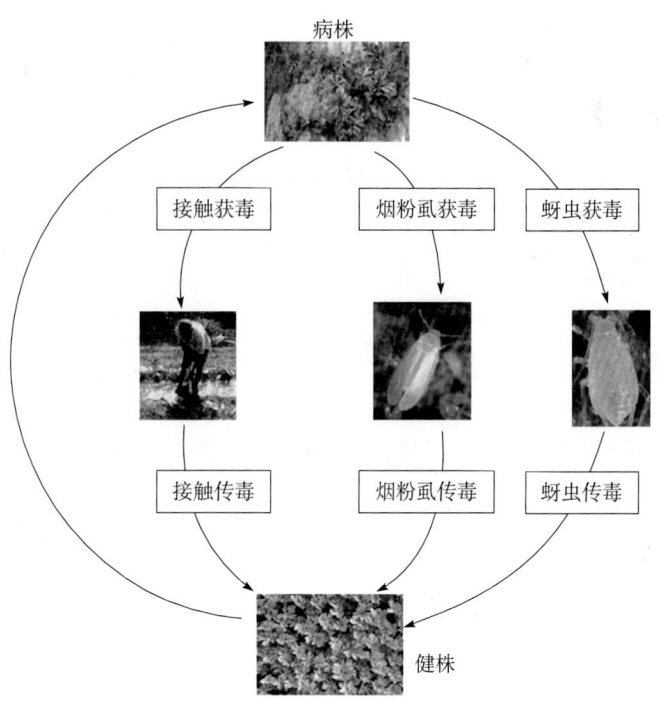

图 12‑3‑1 西瓜、甜瓜病毒病病害循环（古勤生提供）

Figure 12‑3‑1 Disease cycles of viruses infecting watermelon and melon（by Gu Qinsheng）

2. 烟粉虱传播 Q 型和 B 型烟粉虱以半持久性传毒方式传播 CCYV，该病害的暴发与 Q 型烟粉虱的大发生直接相关。目前没有直接的数据说明烟粉虱半持久性传播 CCYV 的特征。烟粉虱可以持久性传播 SLCCNV。

3. 蓟马传播 蓟马以持久且增殖的方式传播 MYSV。一龄幼虫是获毒的阶段，一旦获毒，病毒在蓟马体内增殖。成虫传毒，并可以终生传毒，传毒时间长达 20～40d。

五、流行规律

由黄瓜绿斑驳花叶病毒引起的西瓜、甜瓜病毒病，其发生与流行主要取决于西瓜、甜瓜嫁接采用的砧木尤其瓠子的带毒情况，凡是采用南瓜作为砧木的西瓜，病害发生少。干热处理或健康的砧木种子的采用，可以完全或大量减少病害，虽然有报道称土壤或灌溉水可以传播该病毒，但尚缺乏这两者引起病害暴发的报道。

蚜虫非持久性传播的病毒，其发生为害程度取决于蚜虫早期发生的群体数量，干旱少雨有利于蚜虫的大发生，进而有利于病毒病的发生流行。

烟粉虱传播的 CCYV 黄化最早发生于沿海地区，而后向南、向北扩展，短短 5 年时间已经扩大分布地域，南至海南、北至北京。同样是秋季种植的甜瓜，不同地区表现差别非常大。如在 2011 年，河南农业大学的农业示范园区的甜瓜 CCYV 黄化严重而普遍，发病率达 100%，而同在郑州地区的郑州果树所试验温室的甜瓜 CCYV 黄化却很轻，发病率低于 1%。在浙江省宁波市和台州市的秋季甜瓜上也存在类似的现象，推测甜瓜周围种植的作物对于病害流行起关键作用。

目前，蓟马传播的甜瓜黄化斑点病只发生于海南和广西，在广西虽有发生，但一般不成重灾。而在海南省，2009 年曾严重暴发，这是受到节瓜蓟马发生程度的影响，蓟马愈重病毒病就愈易发生与流行。

六、防治技术

由于西瓜、甜瓜病毒病病原种类、传播方式和流行规律不同，因此，防治方法也需要根据病毒种类来采用。

（一）加强检疫

CGMMV 是我国检疫性病毒，加强检疫是阻隔其大量发生和大地域传播的重要途径。

（二）清除杂草，清洁田园

田间杂草是西瓜、甜瓜病毒的重要寄主，清除杂草，清洁田园是种植西瓜、甜瓜过程中不容忽视的农业措施。

（三）抗病品种的培育与利用

目前，我国尚没有培育出高抗病毒病的西瓜、甜瓜品种，今后需加强抗病品种的选育研究。

（四）选用健康种子与种子消毒

种子于 70℃ 热处理 144h，能有效去除甜瓜种子携带的 MNSV，且不影响种子萌发。用 10％磷酸三钠溶液处理种子 3h，或用 0.1mol/L HCl 处理种子 30min，均能获得很好的防治效果，但种子发芽率下降到 75％。种子干热处理是防治 CGMMV 的关键措施，种子在 72℃ 干热处理 72h，可以有效降低病毒尤其是黄瓜绿斑驳花叶病毒的发生。种子处理对温度控制要求比较严格。根据韩国的经验，种子先经过 35℃/24h，再经过 50℃/24h，72℃/72h，然后逐渐降温至 35℃ 以下，约需 24h。

（五）诱导抗病性

可通过施用 BTH（苯并噻重氮）200 倍液或腐殖酸肥料等措施，提高植株抗病性；还可以接种弱毒苗，以交叉保护的方式减轻病害。

（六）防止介体昆虫传毒

防虫网是防治蚜虫最简单有效的措施，覆盖孔径 0.3～0.36mm 的防虫网能够有效地阻止蚜虫进入温室或大棚，减轻蚜虫传播的病毒病。银灰膜可有效驱避蚜虫，蓝色对节瓜蓟马、黄色对蚜虫和烟粉虱最有吸引力，可在温室或大棚内悬挂蓝色或黄色黏板。此外，种植诱饵植物也是防治害虫的方法。在委内瑞拉种植黄瓜和黑大豆等诱虫作物，被认为是防治蓟马成本较低的好方法。套种玉米、高粱等可以减轻蚜虫传播的病毒病害。秋种西瓜、甜瓜之前，休闲 8～10 周，高温闷棚有利于减轻烟粉虱的发生，从而减轻 CCYV 黄化病。关于蚜虫、蓟马、烟粉虱的防治，请参阅相关章节。

（七）化学防治

可以喷洒下列农药：1.5％植病灵乳剂（0.1％三十烷醇与 0.4％硫酸铜、1％十二烷基硫酸钠混剂）1 000～1 200 倍液，或 3.85％病毒必克（0.1％三氮唑核苷与 1.25％硫酸铜及 2.5％硫酸锌混剂）水乳剂 500 倍液，或 0.5％香菇多糖水剂（抗毒丰）200～300 倍液，或 NS83 增抗剂（10％混合脂肪酸水乳剂）100 倍液，或 0.5％氨基寡糖素水剂（壳寡糖）600～800 倍液，或 8％宁南霉素水剂 750 倍液，或 4％嘧肽霉素水剂 200～300 倍液等。

古勤生（中国农业科学院郑州果树研究所）

第 4 节　西瓜、甜瓜猝倒病

一、分布与危害

西瓜、甜瓜猝倒病俗称"小脚瘟"，是西瓜和甜瓜生产中常见的重要苗期病害，全国各地均有发生。若育苗期间阴雨天气多和管理不到位时易发生猝倒病，尤其是在北方寒冷地区，冬季育苗期猝倒病发生严重，常造成苗床上的瓜苗成片猝倒死亡。该病在老式土法育苗中发生较普遍，一般发病率为 15％～20％，严重时可达 50％ 左右。猝倒病既可为害西瓜和甜瓜等瓜类作物，也可为害茄科和莴苣、芹菜、白菜、甘蓝、萝卜、洋葱等蔬菜及部分草本花卉和果树幼苗，还能引起瓜果类果实的腐烂。

二、症状

幼苗在出土前即可受害，造成胚轴或子叶腐烂。幼苗出土后受害，首先表现为幼茎基部受害，病部水溃状、暗绿色病斑，后很快变为淡褐色或黄褐色，绕茎扩展，病茎干枯缢缩为线状。在子叶尚未凋萎前，幼苗自茎基部猝倒，伏于地面（彩图 12-4-1）。拔出根部，表皮腐烂，根部褐色。湿度大时，病部及病株附近长出白色棉絮状菌丝。苗床往往先形成发病中心，条件适宜时，迅速蔓延，造成成片幼苗猝倒。

三、病原

猝倒病的病原菌主要是瓜果腐霉［*Pythium aphanidermatum*（Edson）Fitzp.］，属于卵菌门霜霉目疫霉属真菌。该菌菌丝无色，无隔膜，菌丝体为白色棉絮状。孢子囊着生于菌丝的先端或中间，不规则圆筒形或手指状分枝，以一隔膜与主枝分隔。孢子囊长 $24\sim625\mu m$ 或更长，宽 $4.9\sim14.8\mu m$。在 PDA 培养基上不易产生孢子囊，在消毒过的寄主组织上并浸于水中几天后即可产生孢子囊。孢子囊成熟后产生一个排孢管，孢管顶生一个大的球形泡囊，泡囊内形成游动孢子。游动孢子初为肾形，休止后鞭毛消失变为球形。卵孢子球形，光滑，直径 $14.0\sim22.0\mu m$，存在于藏卵器内（图 12-4-1）。

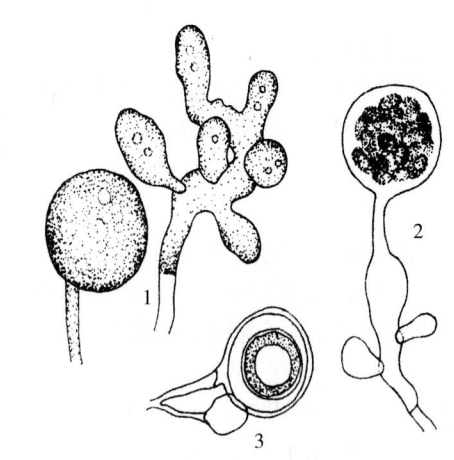

图 12-4-1 瓜果腐霉形态特征（引自许志刚，2006）
Figure 12-4-1 Morphology of *Pythium aphanidermatum*（from Xu Zhigang, 2006）
1. 孢囊梗和孢子囊 2. 孢子囊萌发形成泡囊
3. 雄器、藏卵器和卵孢子

德里腐霉（*Pythium deliense* Meurs）也可引起西瓜、甜瓜猝倒病。该菌在 PDA 和 PCA 培养基上产生旺盛的絮状气生菌丝，孢子囊呈菌丝状膨大，分枝不规则。藏卵器光滑、球形，顶生，大小为 $18.1\sim22.7\mu m$，藏卵器柄弯向雄器，每个藏卵器具 1 个雄器。雄器多为同丝生，偶异丝生，柄直，顶生或间生，亚球形至桶形，大小为 $14.1\mu m\times11.5\mu m$。卵孢子不满器，大小为 $15.5\sim20\mu m$。德里腐霉与瓜果腐霉相似，但瓜果腐霉藏卵器柄不弯向雄器，德里腐霉的藏卵器柄明显弯向雄器。

四、病害循环

病菌的腐生性很强，可在土壤中长期存活，以含有机质的土壤中存活较多。其主要以卵孢子和菌丝体在病残体或土壤中越冬，度过不良环境条件。条件适宜时，卵孢子萌发产生孢子囊或芽管，土壤中的菌丝也可产生孢子囊，孢子囊中产生游动孢子，以游动孢子或卵孢子直接长出的芽管侵染寄主。田间的再侵染主要靠病部产生的孢子囊和游动孢子通过雨水或灌溉水传播，带菌粪肥的使用和农机具的转移也

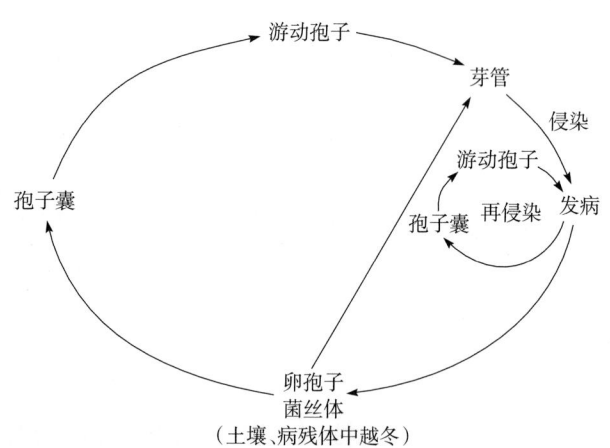

图 12-4-2 西瓜、甜瓜猝倒病病害循环（胡俊提供）
Figure 12-4-2 Disease cycle of melon damping off（by Hu Jun）

可传播病害。病菌侵入寄主后，在皮层薄壁细胞中扩展，菌丝蔓延于寄主的细胞间或细胞内，以细胞内为多。后期在病组织内形成卵孢子（图 12-4-2）。

五、流行规律

（一）苗床管理不当发病重

播种过密，间苗不及时，灌水过多，苗床过于闷湿或温度变化幅度大，都能诱发病害。苗床保温不好，床土冷湿，发病重；土壤黏重，土温不易升高，发病也重。

（二）低温潮湿发病重

苗床长期处于低温高湿的小环境是诱发病害发生的重要因素，而苗床的温、湿度与外界气候和苗床管理等有关。

病菌生长的适宜地温为 15～16℃，30℃ 以上其生长受到抑制。适宜发病的地温为 10℃，低温不利于寄主生长，但病菌还能活动，再加上湿度高，有利于病菌孢子的萌发和侵入，发病则重。如果床土含水量过高，还会影响幼苗根系的生长和发育，降低抗病力，发病也重。

通风换气好，有利于幼苗生长，减轻病害发生，但要处理好通风换气与保温的关系。

（三）光照弱发病重

光照足，幼苗光合作用旺盛，生长健壮，抗病力强。若阴雨天多，光照不足，幼苗生长弱，叶色淡绿，抗病力差，同时也会影响苗床的温、湿度，发病重。

（四）幼苗期易感病

幼苗在子叶养分已耗尽、新根尚未扎实和幼茎尚未木栓化之前，其抗病力最弱，易被病菌侵染。如果此时遇到阴雨天气，光合作用弱，呼吸作用增强，幼苗养分消耗多于积累，植株衰弱，有利病菌侵入，发病严重。

六、防治技术

防治猝倒病应采取以加强苗床管理提高幼苗抗病力为主，药剂防治为辅的综合措施。

（一）种子处理

播种前，要将甜瓜、西瓜的种子每 4kg 用 2.5％咯菌腈悬浮种衣剂 10mL 加 35％甲霜灵拌种剂对水 180mL 进行包衣。既可防猝倒病，也可防立枯病、炭疽病。

（二）苗床选择和苗床土处理

如果仍沿用老式土法育苗，苗床要建在地势较高、排水方便、向阳（冬季用）的地块。苗床土最好选用河泥或大田土。如用旧园土，有带菌可能，必须进行床土消毒。每平方米苗床用 95％噁霉灵原药 1g 对水 3 000 倍喷洒，或将 1g 95％噁霉灵原药对细土 15～20g，拌匀，施药前先把苗床底水打好，且一次浇透，水渗下后取 1/3 药土撒在畦面上，播种后再把其余 2/3 药土覆盖在种子上面，如覆土不够，可在药土上撒些无病新土以达适宜厚度。

（三）提倡采用营养钵或穴盘育苗

育苗使用的营养基质不仅要求营养搭配合理，还必须要进行消毒处理。工厂化生产的营养基质应该进行高温处理。自己配制的基质要在播种前每立方米营养土均匀拌入 95％噁霉灵 30g 或 54.5％噁霉·福可湿性粉剂 10g，能有效预防猝倒病。

（四）加强苗床管理

肥料要充分腐熟，播种要均匀，不宜过密，覆土不宜过厚。要做好苗床的保温、通风换气工作，处理好通风与保温的矛盾。出苗后尽量少浇水，洒水时应根据土壤湿度和天气而定，每次洒水量不宜过多，尽量在晴天进行，避免床内湿度过高。

（五）药剂防治

如苗床已发现少数病苗，在拔除病苗后喷洒药剂进行防治。用药后床土湿度太大，可撒些细干土或草木灰以降低湿度。可喷淋 3％噁霉·甲霜水剂 600 倍液，或 95％噁霉灵原药 3 500 倍液，或 68.75％氟吡菌胺·霜霉威悬浮剂 1 000 倍液，或 53％精甲霜·锰锌水分散粒剂 500 倍液等，每平方米用药液 3L。

（六）几丁聚糖防治

据报道，几丁聚糖拌土对黄瓜苗期猝倒病具有较好的防控效果。施 0.5 g/kg 几丁聚糖，猝倒病防效即可达到 49.44％，施用浓度提高到 1 g/kg，防效显著提高到 80.21％。

胡俊（内蒙古农业大学）

第5节　西瓜、甜瓜立枯病

一、分布与危害

西瓜、甜瓜立枯病是西瓜和甜瓜生产中苗期重要病害之一，常发生于育苗的中后期。该病分布广，各地均有发生。发病严重时，常造成幼苗大量枯死。2010年内蒙古巴彦淖尔市厚皮甜瓜苗期立枯病发病率为13%～29%，造成田间死苗。该病菌寄主范围广，达160多种作物，除为害瓜类作物外，还能为害茄科作物及菜豆、莴苣、洋葱、白菜、甘蓝等蔬菜幼苗。

二、症状

刚出土的幼苗及大苗均能受害，通常多发生在育苗的中后期。受害幼苗茎基部产生椭圆形暗褐色病斑，逐渐凹陷，边缘明显。发病早期病苗白天中午萎蔫，夜晚和清晨能恢复。当病斑扩大绕茎一周后，病部收缩干枯，整株死亡。由于病苗大多直立而枯死，故称为"立枯"（彩图12-5-1）。通常湿度大时，病部产生不太明显的蛛丝状霉，后期形成微小的菌核，可区别于猝倒病菌的白色棉絮状霉。有时在湿度高时，接近地面的茎叶病组织表面形成一层薄的菌膜，初为灰白色，逐渐变为灰褐色，上面着生的是病菌无色担子，即有性时期。

三、病原

西瓜和甜瓜立枯病的病原菌为立枯丝核菌（*Rhizoctonia solani* Kühn），属于担子菌门无性型丝核菌属。*Rhizoctonia* 属真菌有多核和双核两类型，引起西瓜和甜瓜立枯病的 *Rhizoctonia solani* 为多核型。

该菌菌丝体发达，树枝状分枝，菌丝有隔，直径8～12μm，初期无色，老熟时浅褐色至黄褐色，分枝处成直角或近直角，分枝基部略缢缩，分枝附近形成隔膜。老菌丝常成一连串桶形细胞，其交织在一起形成菌核。菌核形状不定，浅褐色、棕褐色或黑褐色，质地疏松，表面粗糙，抗逆性强，病菌偶能形成有性孢子（图12-5-1）。有性型为瓜亡革菌［*Thanatephorus cucumeris* (Frank) Donk.］，担子无色，单胞，圆筒形或长椭圆形，顶生2～4个小梗，每小梗上着生一个担孢子。担孢子椭圆形或圆形，无色，单胞，大小为（6.0～9.0）μm×（5.0～7.0）μm。此菌腐生性强，生长适温为17～28℃，当温度低于12℃或高于30℃时生长受到抑制。生长pH范围为3～9，最适生

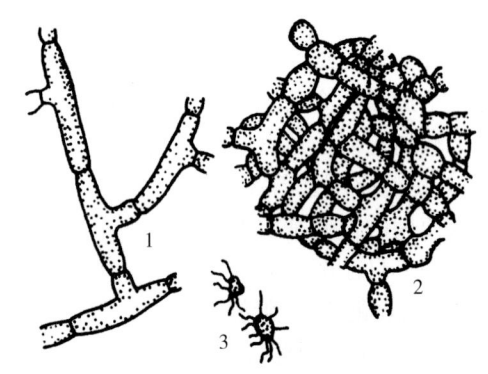

图12-5-1　立枯丝核菌形态（引自许志刚，2006）

Figure12-5-1　Morphology of *Rhizoctonia solani*
（from Xu Zhigang，2006）

1. 直角状分枝菌丝　2. 菌丝纠结的菌组织　3. 菌核

长pH6～7，此时菌核形成的时间最短。光照对菌丝的生长和菌核萌发影响比较大，太阳光能够抑制菌丝的生长而促进菌核的形成，采用荧光灯照射会提高菌核产生的数量，影响菌核的着色程度，但对菌丝的生长没有明显的影响。以葡萄糖、蔗糖、麦芽糖和可溶性淀粉为碳源时，菌丝生长快，菌核形成数量多。在以蛋白胨为氮源时生长最好，硝酸盐、尿氨酸、天冬氨酸为氮源时菌丝生长速度也较快，但菌核的形成数量有所不同。碳氮比大时，菌落扩展速度较慢，但菌丝重叠、密集，产生较多的气生菌丝；碳氮比小时，菌落直径增加快，气生菌丝少，菌丝稀疏，不形成或极少形成菌核。

四、病害循环

病菌以菌丝体或微菌核在土壤中或病残体中越冬，腐生性较强，可在土中存活2～3年。混有病残体未腐熟的堆肥，以及在其他寄主植物上越冬的菌核和菌丝都可以成为该病的初侵染源。在适宜的环境条件下，菌丝从幼苗茎基部或根部伤口侵入，也可穿透寄主表皮直接侵入致寄主发病，发病部位在湿度大时产

生菌丝和微菌核（图 12 - 5 - 2）。病菌可通过流水、雨水、沾有病菌的农具传播，也可随施用带菌粪肥传播蔓延。

五、流行规律

该病在土温 11～30℃、土壤湿度 20％～60％时均可发生。使用带有病菌的未消毒的旧床土育苗，或施用未腐熟的有机肥，或在苗床温度较高和空气不流通、光照弱，幼苗生长衰弱发黄时，易发生立枯病。种子带菌、苗床土或营养基质污染有病菌时，初侵染的菌源量大，病害发生就重。另外，苗床管理不善、温度忽高忽低、通风不良，不利于瓜苗的生长，抗病力弱，发病重；阴雨多湿、土壤过黏、播种过密、间苗不及时和重茬等也易诱发本病。总之，苗期管理不善、湿度大、苗弱时有利于该病的发生。

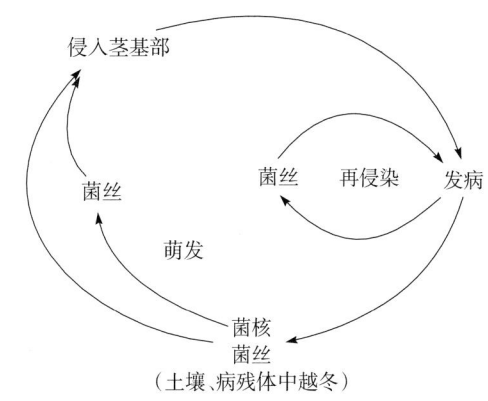

图 12 - 5 - 2　西瓜、甜瓜立枯病病害循环（胡俊提供）

Figure 12 - 5 - 2　Disease cycle of melon Rhizoctonia rot (by Hu Jun)

六、防治技术

防治立枯病应采取以加强栽培管理、提高幼苗抗病力为主，药剂防治为辅的综合措施。

（一）种子处理

播种前，将甜瓜、西瓜种子用 62.5g/L 精甲・咯菌腈悬浮种衣剂按药种比 1 :（250～300）进行包衣，也可用 30％苯噻硫氰乳油 1 000 倍液浸泡种子 6h 后带药催芽或直播。

（二）旧苗床消毒

旧苗床或育苗盘进行药土处理：可单用 30％多・福可湿性粉剂每平方米苗床用药 10～15g，与 15～20kg 细土混匀；也可用 95％噁霉灵原药 1g 拌细土 15～20kg，播前将 1/3 药土撒在苗床上，余下 2/3 播种后盖种。

（三）加强苗床管理

播种不能过密；浇水不能过多；避免肥料烧根；加强苗床通风透光；苗期喷洒植保素 7 500～9 000 倍液，或 0.1％～0.2％磷酸二氢钾，以增强幼苗抗病力。

（四）药剂防治

发病初期喷淋 20％甲基立枯磷乳油 1200 倍液，或 95％噁霉灵原药精品 3 000 倍液，或 54.5％噁霉・福可湿性粉剂 1 000 倍液，每平方米施药液 2～3L。隔 7～10d 1 次，连续防治 2 次。也可将穴盘苗浸在药液中片刻，提出沥去多余药液再定植。

（五）生物防治

喷洒 5％井冈霉素水剂 1 500 倍液，或利用有益微生物或其代谢产物对立枯病进行防治，如康宁木霉（*Trichoderma koningii* Oudem. ）、具钩木霉 [*T. hamatum* (Bonord.) Bainier]、盾壳霉（*Coniothyrium sporulosum*）、粉红单端孢 [*Trichothecium roseum* (Pers. : Fr.) Link]、荧光假单胞菌（*Pseudomonas fluorescens*）等。

胡俊（内蒙古农业大学）

第 6 节　甜瓜霜霉病

一、分布与危害

世界上有 50 多个国家和地区都发生了甜瓜霜霉病，我国除新疆极度干旱的吐鲁番等地区（年降水量小于 30mm）外，各甜瓜种植区也都有发生，并常在新疆、甘肃、内蒙古、海南、黑龙江、辽宁、山东、安徽、福建、云南、天津等地造成严重危害，流行年份造成减产 30％～60％，甚至绝收。1984 年前，新疆很少见到甜瓜霜霉病，但从 20 世纪 80 年代起，新疆瓜类作物保护地栽培发展极快，使得霜霉病开始在新疆经常发生。1991 年、1993 年和 1994 年在新疆五家渠，1992 年在哈密市，1993 年、1996 年和 1998 年在伽师县，2002 年和 2010 年在喀什地区，甜瓜霜霉病都曾多次大流行，一般减产为 50％以上。

该病菌在自然条件下除侵染甜瓜外，还为害黄瓜、西瓜、南瓜、丝瓜、冬瓜、葫芦及蛇瓜等多种瓜类作物。

二、症状

甜瓜霜霉病为害甜瓜叶片，在整个生育期都可以发生，以甜瓜开花结果后流行最盛。子叶发病初期形成不定形褪绿斑，逐渐变成黄褐色枯斑，严重时子叶干枯。真叶发病初期正面形成褪绿淡黄色至鲜黄色斑，边界不明显，后变褐色，受叶脉限制病斑呈多角形角斑。高湿条件下，初生病斑呈水渍状，病斑背面可见灰黑色的霉层，是病菌的孢囊梗和孢子囊。环境干热时病斑很快变褐，背面霉层稀疏，病斑连片后叶片向上卷曲并很快干枯（彩图 12-6-1）。在抗病品种上出现的坏死斑小，形状不规则，褐色，很少见到霉层。

三、病原

甜瓜霜霉病病原菌为古巴假霜霉 [*Pseudoperonospora cubensis* (Berk. et M. A. Curtis) Rostovzev]，属于卵菌门假霜霉属。

（一）病原菌的系统特征

该菌为专性寄生菌，不能进行人工培养基培养。菌丝体无隔膜，在寄主细胞间寄生扩展，以卵形或指状分枝的吸器伸入寄主细胞内吸收养分。无性繁殖由孢囊梗产生孢子囊，孢囊梗由气孔伸出，单生或 2～5 个丛生，大小为 (140～450) μm×(5～6) μm，主干占全长的 3/5～2/3，主干为非典型双分叉式分枝，上部有 3～5 个锐角分枝，分枝顶端产生孢子囊，成熟孢子囊浅灰至深紫色，卵形或椭圆形，顶端有乳突，大小为 (21～39) μm×(14～23) μm（图 12-6-1）。在高感品种上可产生大型孢子囊 (27～58μm)×(14～30) μm，孢子囊在水中萌发，产生 6～8 个游动孢子（大型孢子囊可产生 15～22 个游动孢子）。游动孢子无色，单胞，近似卵圆形，直径 8～12μm，具有双鞭毛。游动孢子游动后静止，变为静孢子。

有性世代为异宗配合，雄器为棍棒状至球形。卵孢子球形，直径 30～51μm，壁光滑，透明至红褐色（图 12-6-1）。曾在黑龙江、新疆等地黄瓜、甜瓜叶肉组织内观察到卵孢子。

（二）病原菌致病性分化

据 1987 年报道，用 7 个属、13 个种或亚种的 26 个葫芦科作物品种，对来自以色列、日本和美国的 8 个瓜类作物霜霉病菌株进行鉴定，划分为 5 个致病型。2003 年有人用类似的鉴别寄主在以色列发现新的葫芦科霜霉菌致病型，命名为 6 号致病型。同年在前人研究的基础上，有人提出了一套新的鉴别寄主。这套系统包含有分属于 6 个属 [黄瓜属 (*Cucumis*)、南瓜属 (*Cucurbita*)、西瓜属 (*Citrullus*)、冬瓜属 (*Benincasa*)、丝瓜属 (*Luffa*) 和葫芦属 (*Lagenaria*)] 的

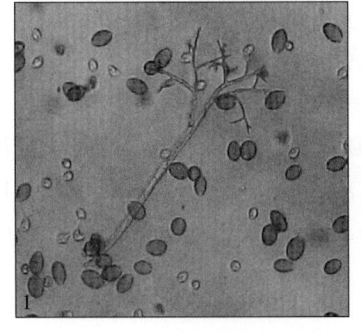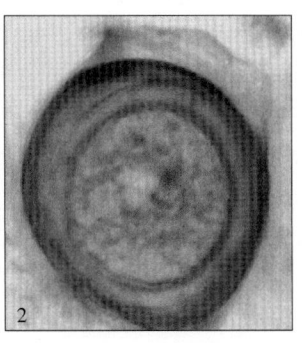

图 12-6-1　甜瓜霜霉病菌的形态特征（1. 杨渡提供；2. 引自 Yigal Cohen，2012）

Figure 12-6-1　Morphology of *Pseudoperonospora cubensis* (1. by Yang Du; 2. from Yigal Cohen, 2012)

1. 孢囊梗、孢子囊、游动孢子　2. 卵孢子

12 个鉴别寄主。我国黄瓜霜霉病菌也存在生理小种的分化。

四、病害循环

甜瓜霜霉病菌的侵染循环与黄瓜霜霉病密切相关，特别是 20 世纪 80 年代以来，随着设施农业的发

展，在全国的大部分产区，黄瓜基本上实现了周年生产，为当地甜瓜生产提供了大量的初侵染病原菌，由温室先传播到拱棚，再传播到露地甜瓜，甜瓜霜霉病的发生从瓜类温室附近开始，由近向远逐步传播开来。

在黄瓜冬季生产中断的地区和年份，瓜类霜霉病的发生在世界许多地区都呈现出由南向北依次逐段发病的状态，表明病菌的孢子囊可随春季的季风作远距离传播，为这些地区提供初侵染病原。

卵孢子是霜霉病菌在离开寄主情况下能够在自然界长期存活的唯一方式。在同时存在 A1 和 A2 交配型的地区，当 A1 和 A2 交配型的孢子囊，同时侵染了同一寄主叶片时，就会在叶肉组织内产生卵孢子。卵孢子可在土壤中的病残体内越冬，也是翌年田间病害的初侵染来源。

五、流行规律

（一）产孢、传播、侵染和发病条件

孢子囊产生的温度范围是 5～30℃，最适温度为 15～20℃。孢子囊的产生需要有光照与黑暗交替的环境条件以及 90％以上的相对湿度。无论有光、无光，孢囊梗都可以形成，但在连续的光照条件下，只能产生白色的孢囊梗，不能产生孢子囊，孢子囊只在黑暗条件下才能形成，孢子囊形成阶段至少要有 6h 的黑暗期。在产孢之前每一个可以促进光合作用的因素都可以提高产孢量，用红光、蓝光处理比绿光处理产孢多，强光处理比弱光处理产孢多。叶片上保持的水膜对孢子囊产生的影响不大。在适宜条件下甜瓜叶片的产孢量可以达到 $1×10^5$ 个/cm²。随着温度和湿度增加，可以加快孢子囊的成熟和释放。

叶片上产生孢子囊后，产孢部位的黄斑逐步开始变成褐色干斑，干旱、高温会加快这一过程，并使干斑中的霜霉菌很快失去活性。孢子囊寿命很短，一般不超过 48h，孢子囊在离开孢囊梗后通常只能存活几小时，在高温、干旱条件下，孢子囊很快就会失去活性，在饱和湿度条件下孢子囊的存活时间会延长。在冰冻的条件下，孢子囊可以存活较长的时间。孢子囊在阴天时的存活性要比在日光辐射、紫外线照射条件下的好。45℃ 以上的高温、高湿（相对湿度 80％）处理感病黄瓜苗超过 1h，病菌基本上失去致病性。

甜瓜霜霉病菌孢子囊可随风、水、甲虫、农器具等进行传播。风是孢子囊传播的最主要的方式，特别是远距离传播，孢子囊可随气流传播数百公里。孢子囊随水传播是植株间近距离的一种传播方式。当孢子囊降落在甜瓜叶片上后，在叶片表面存有水膜的情况下，孢子囊释放出游动孢子，游动孢子游向开放的气孔，形成静孢子，静孢子发芽后形成附着胞，附着胞长出侵入菌丝，菌丝在细胞间扩展，通过形成吸器从植物细胞中获取营养。之后从气孔长出孢子囊梗，在孢子囊梗顶部的小梗上形成孢子囊。游动孢子经气孔入侵是该病侵染的主要机制，但在温度较高或湿度不充足的情况下，孢子囊亦可直接萌发产生芽管并经表皮直接侵入寄主。

影响孢子囊侵染的因子主要有湿度、温度和光照。叶片表面是否存在水膜是影响游动孢子释放、芽管萌发的决定性因素，保证病菌侵染的最短保湿时间为 2h，6h 的水膜就可满足游动孢子的释放和侵染。孢子囊释放游动孢子的温度范围为 5～30℃，最适温度 10～20℃，适温下游动孢子 30～60min 后形成静孢子。在低温下游动孢子游动的时间可达 18h，但在高温下游动孢子很快变成静孢子。静孢子芽管萌发最适温度为 25℃。菌丝在叶肉细胞间扩展时会受到叶脉的限制，大的叶脉会阻止菌丝的扩展。

（二）病害流行结构和流行因素

1. 甜瓜霜霉病的流行结构　甜瓜霜霉病的流行结构由区系（包含若干甜瓜种植区）、种植区（包含若干甜瓜田块）和种植地块三级组成（图 12-6-2）。在若干种植区中只有 1 个种植区内包含有初侵染病源地，温室黄瓜霜霉病附近的甜瓜地块往往最先感染霜霉病，甜瓜发病后就近先在本种植区内传播，当经过数代繁殖达到一定的菌量后，作为次生菌源地，借助气流传播，为相邻的甜瓜种植区提供侵染病菌，相邻的种植区发病后，又成为下一个相邻的种植区的次生菌源地。

有时一个甜瓜产区的甜瓜霜霉病流行系统是由多个甜瓜霜霉病流行系统单元组成，那么，这个流行系统就是多个流行系统单元的复合、叠加，从而形成复杂的"菌源关系"。在有些地方也可能存在卵孢子越冬和温室越冬并存的情况，同时存在 A1 和 A2 交配型霜霉菌的地区，可产生卵孢子。卵孢子侵染后产生

的孢子囊如果在致病力上具有竞争优势，并在当地种群数量上逐步占据一定的份额时，就可能导致一个产区流行系统内霜霉病致病性的变异。

2. 甜瓜霜霉病的主要流行因素 影响甜瓜霜霉病流行的关键因素有多种：①区系。一个甜瓜霜霉病流行区系是由几个在空间上相互隔离的甜瓜种植区组成，其中一个种植区内存在越冬黄瓜温室区。在甜瓜生长阶段，由于温度条件很容易满足，因此，在一个甜瓜霜霉病流行区系范围内，甜瓜霜霉病的发生程度主要决定于该区系内甜瓜生长中后期的降水量和降雨日数。根据多年对新疆甜瓜霜霉病流行规律的研究，甜瓜霜霉病流行与否的关键在于6月1日至8月15日的降水量和降雨日数（包括

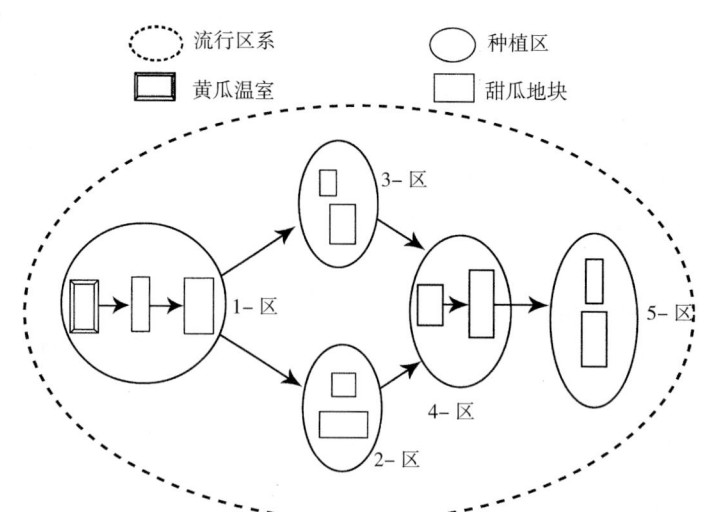

图12-6-2 甜瓜霜霉病流行系统单元结构框架（杨渡提供）

Figure 12-6-2 Framework of separate epidemic system of downy mildew of melon（by Yang Du）

0.0mm降水量），得到一个预测式：$A=0.0862×$降水量$+0.1423×$降雨日数。当$A>7.5875$时，发生大流行（病情指数60以上）；当$6.7765<A<7.5875$时，发生中度流行（病情指数40~60）；当$4.9848<A<6.7765$时，发生轻度流行（病情指数10~40）；当$A<4.9848$时，轻度发生（病情指数10以下）。如果甜瓜种植区降雨非常少，霜霉病就不会发生。初侵染病源区（越冬黄瓜温室区）是影响整个区系内病害流行的一个关键因素，在一个甜瓜产区如果没有初侵染病源区，甜瓜霜霉病也不会发生。冬季温室、大棚内瓜类发生霜霉病后，其发生程度主要决定于湿度和温度，当相对湿度持续在90%以上就会造成严重发生；夜间15~20℃，白天25~30℃，非常有利于发病。高温干燥可以使霜霉病斑组织迅速变干坏死，而使其中的病菌失去活性。持续30℃以上高温，会抑制病害的发生；45℃高温1h，会使病原菌失去活性。甜瓜种植区距离病源地越远，病原菌传入的时间就越晚，传入的概率和菌源量就越小。田间的瓜类霜霉病易在生长中后期发病，这是由于中后期甜瓜瓜秧地面覆盖度比较高，田间湿度比较大；同时，空气中孢子囊的密度有了很大的增加所造成的结果。②种植区。一个甜瓜种植区包含有一定数量在空间上相互隔离的甜瓜地块，整个种植区霜霉病的发生程度，主要决定于病原菌传入的时间、传入菌量及此后种植区范围内的降水量和降雨日数。病原菌传入的时间早，距离甜瓜成熟期时间长，霜霉菌繁殖代数多，造成的危害就大。在适宜条件下甜瓜霜霉病4~5d在田间繁殖一代，当田间零星出现病叶后，8~10d霜霉病就可以迅速发展，病情指数达到40以上。如果首次入侵的菌量很小，病原菌要经过多代繁殖，病害发展历时较长，为害也轻。病原菌传入后如果种植区内的降水量大、降雨日数多，霜霉病就会流行。连续阴雨天气会为霜霉病的入侵和产孢提供十分有利的条件，同时空气中的饱和湿度也会延长孢子囊在传播过程中的存活率和存活时间。在田间已零星存在病叶时，如果有7d左右的连续阴雨天，霜霉病就会发生大流行。③地块。一块甜瓜地霜霉病的发生程度主要决定于瓜地的田间湿度和品种的抗性，除降雨对田间湿度有较大影响外，如果地下水位高、地势低、土壤土质黏重、浇水多、排水不畅、瓜秧稠密，都会造成田间湿度大，为霜霉病的发生提供有利的条件。另外，选用抗病品种也是降低病害发生率、减轻为害的一个重要因素。

六、防治技术

甜瓜霜霉病的防治应本着"系统控制，防重于治"的原则。在一个流行区系层面上应主要考虑清除或减少初侵染病原菌，通过选择距离菌源远、降雨少的种植区种植甜瓜，并选用抗病品种等。在种植区层面上应主要考虑远离和清除次生菌源地，还需适时采取喷药措施。在田块层面上应主要考虑通过各种措施降

低田间湿度，选择高效、低毒的农药，及时防治。

（一）生态防治

甜瓜种植区应该和蔬菜产区分开，避免在甜瓜主产区建设黄瓜温室、大棚，特别是越冬黄瓜温室。甜瓜地块和黄瓜地、拱棚甜瓜和露地甜瓜、早熟甜瓜和晚熟甜瓜都应该分开，避免混种。选择降雨少的地区种植甜瓜，特别是在甜瓜生长的中后期季节降雨少的区域，还需选择干旱、地下水位低的沙壤地。

（二）选用抗病品种

由于缺乏好的抗源材料等，致使生产中尚无高抗品种，今后应加强抗病育种研究。高抗品种的病斑较小并很少产孢；伊丽莎白品种中抗霜霉病，病斑和产孢量都不太大；西域3号等品种低抗霜霉病，主要是推迟发病时间。

（三）农业防治

立架栽培是防治甜瓜霜霉病的一个非常有效的措施，搭架种植可以大大降低田间湿度。提高整地、浇水质量是防治霜霉病的基础，干旱地区的瓜沟应大、深、短，沟深0.5m左右，沟上口宽1m，沟长20～30m，并保持在一个水平线上，瓜地畦面应为"龟背形"，以防止积水。避免密植、适当蹲苗，播种后约40d浇第一水，严禁畦面积水，中后期逐步减少浇水量。避免过度施肥，防止营养生长过旺、瓜秧密闭。及时合理整枝，促进早坐瓜、坐好瓜。

（四）药剂防治

1. 用药时间　首先要定期调查霜霉病发病情况，一旦出现发病中心或病叶，而且又存在降水条件或者田间湿度较大，就应立即对该地块及周围的地块进行喷药防治。

2. 药剂种类　可选用72%霜脲·锰锌可湿性粉剂600倍液，或69%烯酰吗啉·锰锌可湿性粉剂600倍液，或60%锰锌·氟吗啉可湿性粉剂600倍液，或10%苯醚菌酯悬浮剂2 500倍液，或58%甲霜灵·锰锌600倍液等进行喷雾。平播地每667m²每次均匀喷施60kg药液，每间隔5～7d喷药1次，根据病情防治2～5次。

杨渡（新疆维吾尔自治区农业科学院）

第7节　西瓜、甜瓜白粉病

一、分布与危害

西瓜、甜瓜白粉病俗称"白毛病"，是全世界西瓜、甜瓜生产上一种分布广泛、为害严重的病害。该病在我国各地的露地、温室和大棚西瓜、甜瓜上普遍发生，一般是甜瓜受害最重。该病多发生在甜瓜果实膨大期和成熟期，主要为害叶片，严重时整个植株叶片上布满白粉，导致瓜叶变黄干枯，病情指数普遍为20～40，甚至高达60以上，严重影响产量和品质。

虽然西瓜白粉病发生略较甜瓜白粉病轻，但严重时也会造成大面积病株死亡。如在2009—2012年，新疆每年籽用西瓜（打瓜）白粉病都十分严重，从6月中旬开始几乎100%地块发病，7月底到8月田间死秧率一般在20%～60%，重病田块死秧率在80%以上，成为籽用西瓜生产中最严重的病害。

二、症状

（一）甜瓜白粉病

在甜瓜全生育期都可发病，主要为害甜瓜叶片，有时也侵染叶柄、茎蔓，甚至幼果。叶片初发病时，在叶片正面或背面出现很小的白色霉点，霉点扩大变成圆形白色粉状霉斑，霉斑扩大后循环连接，叶片上则形成大片白色粉状霉层，即为菌丝体、分生孢子梗和分生孢子。严重时整个植株叶片被白色粉状霉层所覆盖，叶片变黄萎垂，后白色粉层逐渐变成灰白色或灰褐色，病叶最后干枯。部分地区，发病后期病斑上散生或堆生黑色小粒点，即病菌有性世代的闭囊壳。闭囊壳先期为黄色，后期变黑褐色（彩图12-7-1，1、2）。

（二）西瓜、籽用西瓜白粉病

西瓜白粉病主要为害叶片、叶柄和瓜蔓，严重时也为害果实和果柄。叶片发病初期先形成边缘模糊不清的小黄斑，仔细观察可见小霉点，霉点扩大后形成白色粉状霉斑，通常西瓜叶片上的白色霉层要比甜瓜稀少；后期病叶褐变，霉层变得更加模糊不清。但是籽用西瓜白粉病在叶柄、瓜蔓上形成的白色霉点比甜瓜要明显。另外，籽用西瓜白粉病早期先在瓜秧下层叶片、叶柄上侵染为害，不易发现，其蔓延速度很快，叶柄发病部位极易折断，引致大量叶片枯死。由于籽用西瓜发生白粉病时其症状不易被察觉，常常会造成大面积的死秧现象（彩图 12 - 7 - 1，3～7）。

三、病原

据报道，有 3 个属 6 个种的真菌可以引起西瓜、甜瓜白粉病，即菊科高氏白粉菌［二孢白粉菌，*Golovinomyces cichoracearum*（DC.）V. P. Gelyuta，异名：菊科白粉菌（*Erysiphe cichoracearum* DC.）］、普生白粉菌［*E. communis*（Wallr.）Link］、蓼白粉菌（*E. polygoni* G. Arnaud）、多主白粉菌（*E. polyphaga* Hammarl.）、鞑靼内丝白粉菌［*Leveillula taurica*（Lev.）Arnaud］和苍耳叉丝单囊壳［单囊壳白粉菌，*Podosphaera xanthii*（Castagne）U. Braun et Shishkoff，异名：*Sphaerotheca cucurbitae*（Jacz.）Z. Y. Zhao］，国际上普遍认为甜瓜、西瓜白粉病主要由苍耳叉丝单囊壳和菊科高氏白粉菌引起，而且前者更为常见。

苍耳叉丝单囊壳（*P. xanthii*）是甘肃、浙江杭州、宁夏甜瓜和上海西瓜、甜瓜白粉病的主要病原菌，也是北京、陕西关中、黑龙江、长春、海南瓜类作物白粉病的主要病原菌。新疆籽用西瓜上 *P. xanthii* 和 *G. cichoracearum* 分布都比较普遍，甜瓜上则主要是 *P. xanthii*。从总体上看，*P. xanthii* 在世界范围内分布更为广泛、危害性更大。

苍耳叉丝单囊壳和菊科高氏白粉菌为专性寄生菌，都不能在人工培养基上培养。但寄主范围都很广，除葫芦科外，还可侵染其他科的多种植物，如向日葵、车前草、牛蒡、蒲公英和凤仙花等。其无性阶段形态相似，分生孢子梗圆柱状或短棍状，不分枝，无色，有 2～4 个隔膜，其上着生分生孢子。分生孢子串生于分生孢子梗上，呈念珠状，分生孢子无色，单胞，椭圆形或圆柱形，大小为（24～45）μm ×（12～24）μm。两种白粉菌有性繁殖产生的闭囊壳均为扁球形或球形，暗褐色，无孔口，直径 70～140μm，表面有附属丝。但在其形态特征等方面也存在一些差异（表 12 - 7 - 1，图 12 - 7 - 1 和图 12 - 7 - 2）。

表 12 - 7 - 1　苍耳叉丝单囊壳和菊科高氏白粉菌的形态特征

Table12 - 7 - 1　Morphological characteristics of *Podosphaera xanthii* and *Golovinomyces cichoracearum*

生殖器官	苍耳叉丝单囊壳	菊科高氏白粉菌
闭囊壳	生于灰黄至褐色菌丝表面，较常见，直径 70～120μm	生于白色至灰色菌丝表面，较少见，直径 80～140μm
子囊	1 个子囊，无小柄，卵圆形或椭圆形，大小为（63～980）μm ×（46～74）μm	4～39 个子囊，多为 10～15 个，有一小柄，广卵圆形或近圆球形，大小为（40～58）μm ×（30～50）μm
子囊孢子	每个子囊有 8 个子囊孢子，单胞，无色，椭圆形，大小为（15～26）μm ×（12～17）μm	每个子囊有 2 个子囊孢子，单胞，无色，椭圆形，大小为（20～28）μm ×（12～20）μm
分生孢子类型	分生孢子椭圆形，内有发达的纤维状体	分生孢子呈细长的圆柱形，内无纤维状体
分生孢子萌发方式	分生孢子从侧面萌发，长出杈状、管状或顶端膨胀的萌发管，萌发管的宽度为（4.3±1.16）μm	分生孢子从两端萌发，长出指状萌发管，萌发管的宽度为（6.9±1.16）μm

四、病害循环

在周年种植黄瓜等瓜类作物的南方温暖地区，白粉病的分生孢子可随气流远距离传播，从一块地传到另一块地，从一个种植区传到另一种植区，从前一茬传到后一茬，一季接一季地周年不断发生，因而白粉

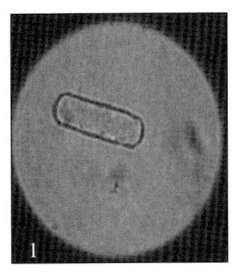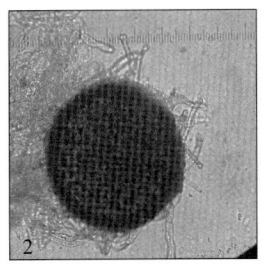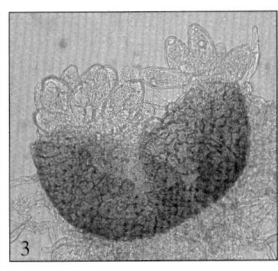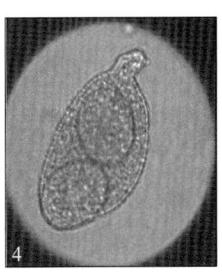

图 12-7-1　菊科高氏白粉菌的分生孢子、闭囊壳、子囊和子囊孢子的形态（杨渡提供）
Figure 12-7-1　Morphology of conidia，cleistothecium，ascus and ascospore
of *Golovinomyces cichoracearum*（by Yang Du）
1. 分生孢子　2. 闭囊壳　3. 闭囊壳和子囊　4. 子囊和子囊孢子

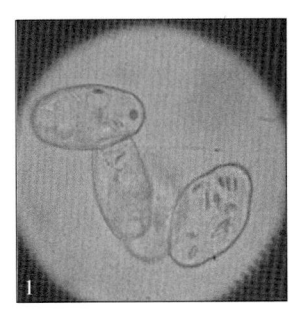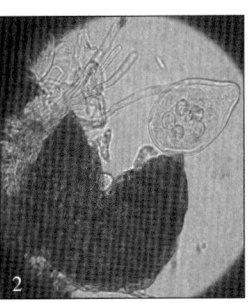

图 12-7-2　苍耳叉丝单囊壳的分生孢子、闭囊壳和子囊的形态（杨渡提供）
Figure 12-7-2　Morphology of conidia，cleistothecium and ascus of *Podosphaera xanthii*
（by Yang Du）
1. 分生孢子　2. 闭囊壳和子囊

菌不存在越冬问题。在这些地区白粉菌很少产生有性世代的闭囊壳，而是以分生孢子辗转传播的形式完成侵染循环（图 12-7-3）。

在北方冬季寒冷、干燥地区，由于白粉病菌分生孢子寿命短，抗逆力差，菌丝不能离开寄主存活。因此，在秋末气温下降、寄主衰老的情况下，病叶的菌丝开始进行有性繁殖，形成闭囊壳。闭囊壳随病残体在土壤中越冬，翌年春季气温回升，当气温在 20～25℃时释放子囊孢子，从寄主表皮直接侵入形成初侵染。

在冬季进行保护地生产的地区，白粉病菌可以在温室内瓜类作物上越冬，分生孢子借风传播到春季大棚、小拱棚和露地种植的瓜类作物上，不断进行再侵染，经过夏、秋季，最后再回到温室越冬。

在新疆的露地甜瓜、籽用西瓜田里，苍耳叉丝单囊壳和菊科高氏白粉菌的闭囊壳都可见到。同时，新疆的许多地区冬季温室中瓜类白粉病普遍发生。因此，白粉病菌无性阶段分生孢子和有性阶段闭囊壳均可在新疆越冬。保护地白粉病发生的时间大大早于露地瓜类因闭囊壳侵染而发病的时间。总之，在冬季存在瓜类温室生产的地区，无性分生孢子周年的传播侵染应该是瓜类白粉病完成侵染循环的主要形式。

五、流行规律

（一）侵染和发病条件

甜瓜白粉病菌萌发时，从分生孢子侧面长出初生芽管，呈管状或杈状。每个分生孢子可产生 2～4 条芽管，多数 3～4 条，生出第一个芽管的顶端逐渐膨大形成椭圆或长圆形附着胞，随后附着胞中部产生侵入钉侵入寄主表皮细胞，第二个芽管相继产生吸器并在叶片表面形成菌丝，原附着胞部位也产生菌丝。若第一次侵染未成功便在附着胞另一侧产生分瓣，进行第二次侵染。其余芽管也不断分化出菌丝并生出吸器，在寄主表面形成初生菌丝并侵入寄主，直到产生串生分生孢子，便完成其全部侵染过程。因此，整个侵染过程可分为 5 个阶段：分生孢子萌发、附着胞形成、吸器产生、菌丝形成与生长及分生孢子形成。

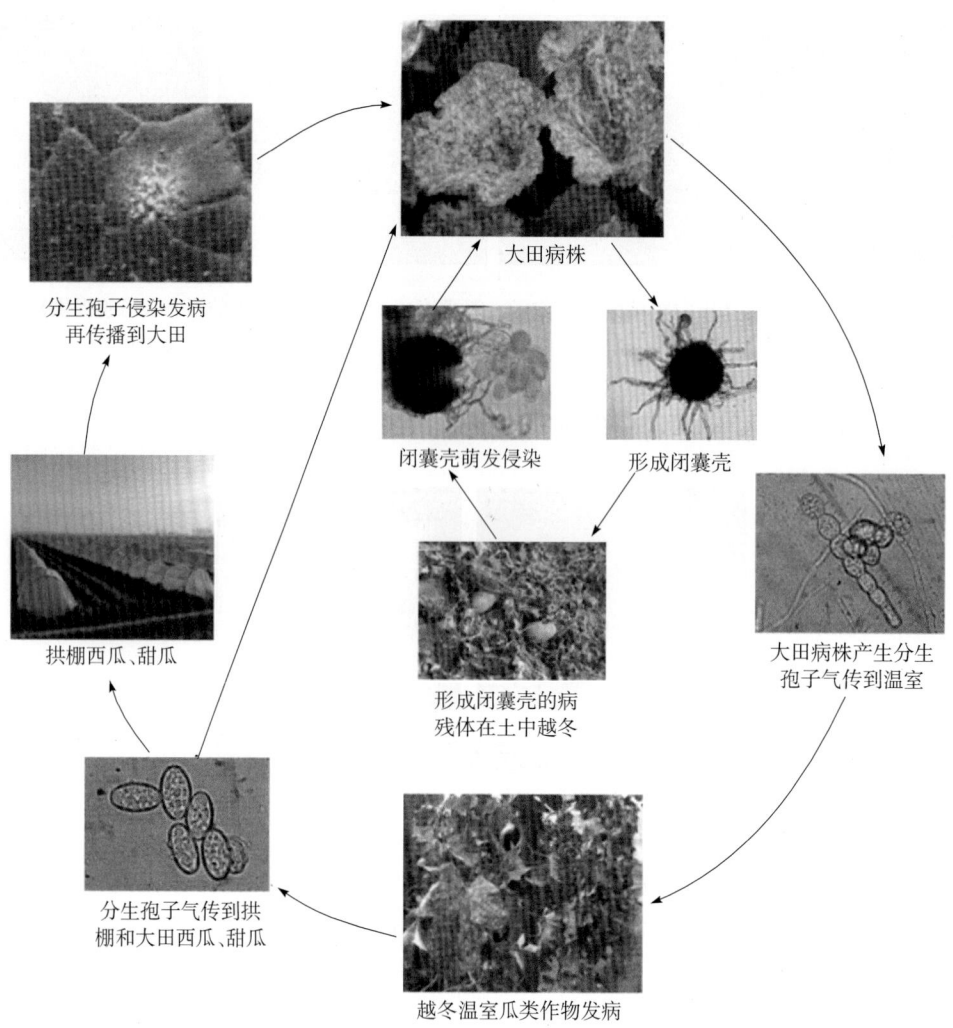

图 12-7-3 西瓜、甜瓜白粉病病害循环（杨渡提供）

Figure 12-7-3 Disease cycle of powdery mildews of watermelon and melon（by Yang Du）

分生孢子在 10～30℃ 的范围内都能萌发，以 20～25℃ 为最适，低于 10℃ 或高于 30℃ 均不能萌发。分生孢子抗逆力较差，寿命短，在 26℃ 只能存活 9h，高于 36℃ 或低于 −1℃，很快失去活性，只有在 4℃ 时可延长一些寿命。不同地区来源的甜瓜白粉病的菌株其生长适宜温度有差异。白粉病菌对湿度的要求不严格，在相对湿度 20%～100% 的条件下分生孢子均可萌发、侵入，以相对湿度 70%～90% 最适。据报道，该菌在 15℃、相对湿度 65% 的条件下，其侵染活力最高。虽然湿度增高有利于分生孢子的萌发和侵入，但即使空气相对湿度降低到 20% 的情况下，分生孢子仍可以萌发并侵入为害，而且往往在寄主受到一定干旱影响的情况下，白粉病发病加重，其原因是干旱降低了寄主表皮细胞的膨压，这对表面寄生并直接从表皮侵入的白粉菌的侵染是有利的。叶片有水滴和水膜时不利于分生孢子萌发，水滴的存在会使分生孢子吸水过多，膨压升高致使分生孢子胞壁破裂，不利于孢子萌发。田间高温干旱时，能抑制病情的发展，而夏季夜间有露水或小雨有利于发病。温室、塑料大棚内湿度大，空气不流通，白粉病较露地的瓜发病早而严重。通常栽培管理粗放，缺水、缺肥或浇水过大，偏施氮肥，植株徒长，枝叶过密，通风不良以及光照不足、生长衰弱的地块发病重。遮阴有利于白粉病的发生，并在一定程度上加重品种的发病程度。

（二）病原菌致病性分化

目前，国际上公认的白粉病生理小种鉴别寄主主要有 Edisto 47、PMR 45、PMR 6、PMR 5、WMR 29、MR 1、PI 124112、PI 124111、PI 414723、Vedrantais、Nantais Oblong、Iran H 和 Topmark。通过这些鉴别寄主的抗、感反应划分出苍耳叉丝单囊壳（*P. xanthii*）的 11 个生理小种、菊科高氏白粉菌（*G. cichoracearum*）的 2 个生理小种（表 12-7-2）。

表 12 - 7 - 2　甜瓜白粉病菌生理小种的鉴定（引自王娟，2006；张莉，2011）

Table 12 - 7 - 2　Physiological race identification of melon powdery mildew（from Wang Juan，2006；Zhang Li，2011）

鉴别寄主	Podosphaera xanthii							Golovinomyces cichoracearum					
	Race 0	Race 1	Race 2		Race 3	Race 4	Race 5	N1	N2	N3	N4	Race 0	Race 1
			Race 2 U S	Race 2 France									
Iran H	S	S	S	S	ND	ND	ND	—	—	—	—	S	S
Topmark	S	S	S	S	S	S	S	—	—	—	—	S	S
Vedrantais	R	S	S	S	S	S	S	—	—	—	—	R	S
PMR 45	R	R	S	S	S	S	S	R	S	S	S	R	S
PMR 5	R	R	R	R	S	R	R	R	R	R	R	R	R
WMR 29	R	R	H	R	ND	S	S	R	R	R	R	R	S
Edisto 47	R	R	S	R	R	R	R	R	R	S	S	R	S
PI 414723	ND	R	S	R	ND	R	R	S	S	S	R	ND	ND
MR 1	ND	R	R	R	R	ND	R	—	—	—	—	R	R
PI 124111	ND	R	R	R	R	ND	ND	—	—	—	—	ND	ND
PI 124112	R	R	R	R	R	R	R	—	—	—	—	R	R
PMR 6	R	R	R	R	S	ND	ND	—	—	—	—	ND	ND
Nantais Oblong	R	S	ND	S	ND	S	S	—	—	—	—	R	R

注　S：感病，R：抗病，H：杂合，ND：无数据，—：没有研究报道。

我国苍耳叉丝单囊壳（P. xanthii）的生理小种至少有 2 个，为生理小种 1 和生理小种 2France，但不同地区的优势小种不同。初步研究表明，杭州地区的甜瓜白粉病菌多为生理小种 2；北京和海南省三亚地区的瓜类白粉病菌有 2 个生理小种，即小种 1 和小种 2France，小种 2France 是优势小种；甘肃省的甜瓜白粉病菌有 4 个生理小种，即小种 1、小种 2US、小种 2France 和生理小种 7，小种 1 为优势生理小种；陕西关中地区的瓜类白粉病菌生理小种为小种 2France；上海地区甜瓜、西瓜白粉病菌有 2 个生理小种，即小种 1 和小种 2France，小种 1 是优势小种；黑龙江省瓜类白粉病菌有 3 个小种，即小种 1、小种 N1 号及一个新小种，小种 1 为优势小种；新疆昌吉市甜瓜白粉病菌为生理小种 1。

（三）甜瓜抗白粉病基因

国际葫芦科遗传协会发布的《甜瓜基因目录》表明甜瓜有 14 个抗白粉病的基因（表 12 - 7 - 3）。

表 12 - 7 - 3　甜瓜抗白粉病基因名录（引自林德佩，2011）

Table 12 - 7 - 3　Resistance gene List of melon powdery mildew（from Lin Depei，2011）

基因	所抗病原菌及生理小种	载体（种质）	发表人
Pm-1	抗 P. xanthii 小种 1	PMR 45	L. C. Jagger，1938
Pm-2	抗 P. xanthii 小种 1，2	PMR 6	G. W. Bohn et al.，1964
Pm-3	抗 P. xanthii 小种 1	PI 124111	R. R. Harwood et al.，1968
Pm-4	抗 P. xanthii 小种 1	PI 124112，Seminole	R. R. Harwood，1968
Pm-5	抗 P. xanthii 小种 1	PI 124112，Seminole	R. R. Harwood，1968
Pm-6	抗 P. xanthii 小种 2	PI 124112	D. Kenigsbuch et al.，1989
Pm-7	抗 P. xanthii 小种 1	PI 414723	M. Pitrat，1991
Pm-E	抗 G. cichoracearum	PMR 5	C. Epinat，1993
Pm-F	抗 G. cichoracearum	PI 124112	C. Epinat，1993
Pm-G	抗 G. cichoracearum	PI 124112	C. Epinat，1993
Pm-H	抗 G. cichoracearum 或 P. xanthii	Nantais Oblong	C. Epinat，1993
Pm-W	抗 P. xanthii 小种 2	WMR-29	M. Pitrat，1991
Pm-X	抗 P. xanthii	PI 124112	M. Pitrat，1991
Pm-y	抗 P. xanthii	VA 435	M. Pitrat，1991

(四) 病害流行

1. 侵染源 瓜地附近是否存在侵染源是影响甜瓜、西瓜白粉病流行的关键因素。黄瓜、西葫芦等瓜类作物的温室、大棚都是甜瓜、西瓜白粉病的重要侵染源，离侵染源越近，孢子降落的密度越大，发病越早，发病越重。大田甜瓜白粉病发生一般在果实膨大期以后，但如果瓜地旁边存在侵染源（瓜类温室），甜瓜苗期就可能发病。

2. 气候条件 田间甜瓜、西瓜白粉病发生的条件一般容易得到满足，气温 10～30℃、相对湿度 20%～100% 都可引起白粉病发生，以 20～25℃、相对湿度 70%～90% 最适宜。连续的阴雨高湿天气不利于白粉病发生，霜霉病大流行的时候白粉病发生会受到抑制。极度干旱高温天气也不利于白粉病发生。如新疆吐鲁番地区露地甜瓜、西瓜基本上不发生白粉病。

3. 种植方式 立架栽培会加重白粉病发生。受高约 2m 瓜架的阻挡，使得白粉病孢子更易着落和传播，造成了有利于白粉病发生的条件。一般露地西瓜白粉病发生较轻，保护地西瓜白粉病发生会加重；籽用西瓜采用的高密度种植（每 667m² 3 000～6 000 株）也会加重白粉病的发生。

4. 田间管理 甜瓜、西瓜密植，营养生长过旺，瓜秧稠密，通风透光不足，氮肥过多，养分不平衡，都会加重白粉病的发生。

5. 人为因素 如果在发生过瓜类白粉病又未进行消毒处理的温室内进行甜瓜、西瓜育苗，并远距离移苗，就人为地将白粉病快速地传播到一个很大的种植区域，很容易引起病害大范围发生和流行。

6. 发病时间 大田的甜瓜、西瓜白粉病一般在生长中后期发生，由于白粉病菌 6～7d 发生一代，因此发病的时间离成熟期越近，白粉病发生的代数就越少，为害自然就轻。如果是苗期发病，即便进行药剂防治也很难控制住白粉病的发展，因为药剂防治不能将白粉病菌完全根除，只能延缓其发展速度。白粉病菌经过十多代的繁殖，后期病害会难以控制。

六、防治技术

(一) 防治原则

甜瓜、西瓜白粉病的防治应本着"系统控制，防重于治"的原则。瓜类白粉病的发生基本呈现出从越冬温室到春季温室、大棚、小拱棚再到露地甜瓜、西瓜的过程，先早熟后晚熟、距离病源地先近后远的次序。在大田甜瓜、西瓜生产中，白粉病发生呈现出从温度高的种植区向温度低的种植区发展的过程，播种早的地区先发病，播种晚的地区后发病，这也是白粉病在调查和防治中应该遵循的基本次序。

(二) 生态防治

清除和减少侵染源是防治甜瓜、西瓜白粉病发生的重要措施。在甜瓜、西瓜主产区应避免建设瓜类温室，特别是越冬温室；尽量避免甜瓜连茬种植；也要尽量避免在瓜类保护地附近再种植露地瓜类作物，而应保持较远的距离；还要避免在有瓜类白粉病发病的作物附近进行甜瓜育苗；早熟瓜常常是晚熟瓜的侵染源，晚熟瓜也应和早熟瓜分开。

(三) 选用抗病品种

近年选育的喀甜抗 1 号、喀甜抗 2 号、喀甜抗 3 号和喀甜抗 4 号高抗白粉病，同时已经选育出一些高抗白粉病的纯系材料，为选育出农艺性状好、抗白粉病的品种奠定了基础。

(四) 农业防治

提高整地质量、平衡施肥和合理浇水是防治白粉病的基础性措施。适当早播可减轻白粉病为害；播种密度要适宜，避免密植；应进行适当的蹲苗，调节好营养生长和生殖生长的平衡，避免前期生长过旺，瓜秧密闭；合理进行整枝，促进及时坐瓜，保持瓜地通风透光。

(五) 药剂防治

1. 防治时间 可依据瓜类白粉病传播的时间和空间顺序进行甜瓜、西瓜白粉病发病时间的调查。首先从越冬瓜类温室开始，其次是早春温室和大棚，第三是小拱棚；第四是露地甜瓜、西瓜。在空间上，由距离温室近到距离温室远，从气温高的种植区到气温低的种植区，从播种期早的种植区到播种期晚的种植区。根据不同种植方式、不同种植区域白粉病最早出现的时间，确定喷药时间。甜瓜、西瓜白粉病在平播瓜地最初发病为聚集分布，应首先查找发病中心，往往中心病株的下部叶片或叶柄、幼茎（籽用西瓜）先表现症状。在露地立架栽培甜瓜地上，白粉病发病主要呈随机分布，可采用多点取样的方法，发现白粉病后应尽早喷药防治。

2. 防治药剂和方法　可喷洒40%腈菌唑可湿性粉剂4 000倍液，或50%醚菌酯干悬浮剂3 000倍液，或40%氟硅唑乳油7 500倍液，或30%氟菌唑可湿性粉剂3 000倍液，或25%嘧菌酯悬浮剂1 500倍液，或25%乙嘧酚悬浮剂1 500倍液，或10%苯醚菌酯悬浮剂2 500倍液，或80%硫黄水分散粒剂400倍液，或4%四氟醚唑水乳剂1 500倍液，或12.5%烯唑醇可湿性粉剂1 200倍液等。平播地每667m²均匀喷施药液60kg，7~10d喷药1次，根据病情用药2~4次。注意不同药剂的交替使用，三唑酮、戊唑醇、氟硅唑等"唑"类杀菌剂易产生药害，应严格按使用说明施药。

杨渡（新疆维吾尔自治区农业科学院）

第8节　西瓜、甜瓜灰霉病

一、分布与危害

西瓜、甜瓜灰霉病是一种真菌病害，在我国各地均有发生，尤以南方潮湿多雨地区（浙江、江苏、上海、安徽、江西、湖南、湖北、广西、广东等地），以及北方（黑龙江、吉林、辽宁、内蒙古、北京、河北、天津、山东等地）保护地为害严重。该病在田间能侵染叶、花、茎和果实，造成死苗、烂瓜，导致减产，严重时甚至可能绝收。此病除可在瓜类的生长期发生外，还会引起果实采后腐烂、变质，从而导致不能储藏和长途运输。

二、症状

灰霉病在西瓜、甜瓜上引起的症状相似，前期引起植物组织腐烂，后期在病部表面产生灰白色至灰褐色粉状霉层，即分生孢子梗和分生孢子（彩图12-8-1）。

苗床上的幼苗极易感病。幼苗染病，初期叶片形成不规则的水渍状病斑，多数情况引起心叶枯死，形成烂头苗，随后全株死亡，病部形成灰色霉层。

叶片染病，从叶尖或叶缘开始发病，病斑呈V形、半圆形或不规则形向内扩展，初期水渍状，浅褐色，具轮纹，后期干枯密生灰色霉层。

茎部染病，烂花和烂瓜附着在茎部，会引起茎秆的腐烂，导致茎秆易折断，植株死亡。

花瓣染病，初呈水渍状，后亦长出灰色霉层，造成花器枯萎脱落。

幼瓜染病，多发生在果实蒂部，初期水渍状软腐，然后变为黄褐色，腐烂、脱落，后期病部出现灰色霉层。

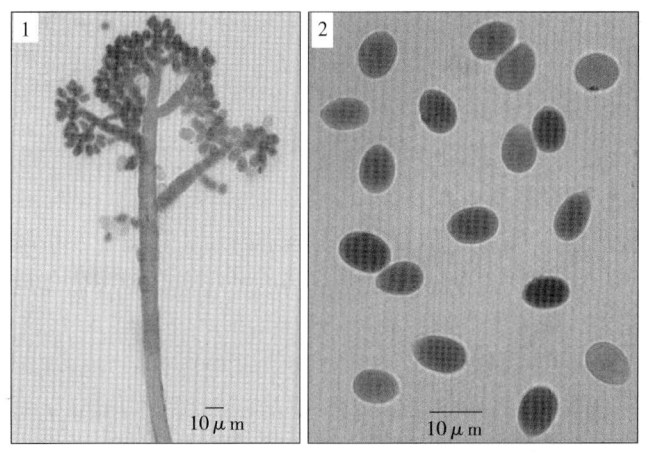

图12-8-1　西瓜、甜瓜灰霉病菌分生孢子梗（1）和分生孢子（2）（张静提供）

Figure 12-8-1　Morphology of a conidiophore (1) and conidia (2) of *Botrytis cinerea* (by Zhang Jing)

三、病原

西瓜、甜瓜灰霉病由灰葡萄孢（*Botrytis cinerea* Pers. ex Fr.）引起，属于子囊菌无性型葡萄孢属真菌；其有性型为富克葡萄孢盘菌（*Botryotinia fuckeliana*），属于子囊菌门葡萄孢盘菌属真菌。在自然条件下很难观察到灰霉病菌的有性阶段。

西瓜、甜瓜灰霉病菌形态见图12-8-1。分生孢子梗单生或丛生，初为灰色，后转褐色，大小为

（712～1745）μm×（10～17）μm，在顶部产生多轮互生分枝，最后一轮分枝顶端膨大，芽生分生孢子。分生孢子呈葡萄状聚生在分生孢子梗顶端，椭圆形、卵形、单胞，大小为（7～14）μm×（6～13）μm。病原菌菌核黑色，形状不规则，大多如小鼠粪状，大小为（4～10）μm×（0.1～5）mm，每个菌核可抽生 2～3 个束生的子囊盘。子囊盘淡褐色，直径 1～5mm，柄长 2～10mm，子囊盘里长有子囊。子囊圆筒形或棍棒形，大小为（100～130）μm×（9～13）μm，子囊中有子囊孢子。子囊孢子无色，椭圆形或卵形，大小为（8.5～11）μm×（3.5～6）μm，侧丝线形，有隔膜。

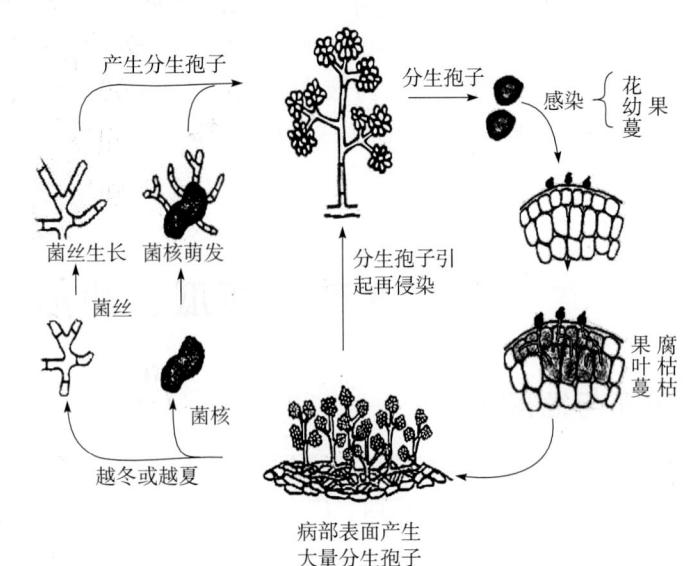

四、病害循环

西瓜、甜瓜灰霉病病害循环见图 12-8-2。灰霉病菌主要以菌丝体、分生孢子及菌核随病残体在土壤中越冬，分生孢子也可附着在种子表面越冬。当环境条件（温度、湿度

图 12-8-2 西瓜、甜瓜灰霉病病害循环（仿 G. N. Agrios，2005）
Figure 12-8-2 Disease cycle of gray mold disease on watermelon and melon（from G. N. Agrios，2005）

和降水量）适宜时，菌丝体产生分生孢子或菌核萌发产生子囊盘，分生孢子和子囊盘释放出的子囊孢子，借助气流、雨水和农事操作进行传播，为害瓜的幼苗、花瓣和幼果，引起初侵染。随着侵染加重，病部会形成灰色霉层（分生孢子梗和分生孢子），产生大量的分生孢子进行再侵染，造成病害扩展蔓延。在发病后期，病组织表面会产生黑色扁平状菌核。

五、流行规律

瓜类灰霉病的流行与病菌数量、温度、湿度、栽培措施、瓜类品种及其生育期等有密切相关。

（一）菌源基数

一般而言，灰葡萄孢分生孢子数量越大，灰霉病发生越严重。灰葡萄孢的寄主范围十分广泛，源于其他寄主植物（如番茄、茄子、辣椒等）病残体上的灰葡萄孢病菌也可以感染瓜类作物。

（二）气候

温度和湿度对病害的发生影响很大，最适宜的发病温度为 18～23℃，空气相对湿度在 90% 以上，湿度越高越利于发病。若田间多雨、高湿则有利于病菌分生孢子的大量形成、萌发和侵染，容易造成灰霉病的流行。

（三）栽培措施

栽培措施对该病的流行有很大影响。保护地地势低洼、潮湿、光照不足，病害则较重；重施或偏施氮肥，常引起植株徒长或生长嫩弱，易遭冻害，抗病性降低，往往可诱导灰霉病的大发生；合理施肥，注意氮、磷、钾的科学配合，可明显减轻发病。施入未腐熟的混有病残体的堆肥或厩肥，也可加重发病。瓜类生长过于旺盛，植株密度过大，漫灌浇水，未及时整枝、打顶、中耕、除草等粗放栽培措施都会加速灰霉病流行。

此外，灰霉病主要以菌丝体和菌核随病残组织于土壤中越夏、越冬，故长期旱地连作有利于灰霉病流行；反之，实行水旱轮作则可减少田间菌源数量，从而降低发病率。通风状况不良的大棚也会加重灰霉病发生。

（四）品种抗病性

目前尚未发现真正抗灰霉病的瓜类品种。可能存在着耐病瓜类资源，有待进一步研究与利用。

六、防治技术

(一) 生态防治

采用高垄地膜覆盖栽培，或滴灌、管灌及膜下灌溉栽培法；生长前期及发病后，适当控制浇水，适时晚放风，降低湿度。大棚、温室采用降低白天温度、提高夜间温度、增加白天通风时间等措施来降低棚内湿度和结露时间，达到控制病害的目的。

(二) 农业防治

1. 采用无菌床土或床土消毒 可采用新垦地的土壤或稻田土作床土，如用旧床或床土有带菌的可能，应进行消毒。具体可用 75%噁霉灵可湿性粉剂 700mg/kg 或用 70%敌磺钠可溶粉剂 1 000 倍液浇灌床土，每平方米床面浇灌 4～5kg 药液消毒。

2. 合理轮作 实行与非寄主作物轮作或水旱轮作，可明显减轻发病。

3. 加强栽培管理 可选择地势高燥、排灌方便的地块种植，可采用地膜覆盖、高垄栽培等方法；加强田间管理，如保持棚室干净，通风透光，合理排灌，及时清除田间病叶、病花、病瓜，集中田外烧掉或深埋，也可通过高温闷棚（38℃左右 2h）的方法抑制病情发展；做好大棚、温室保温工作，防止瓜苗受冻后抗病性降低；晴天宜多通风换气，降低棚室内湿度；生长前期适当控水，合理控制浇水量，不宜一次浇水过多，以防湿度过大。

4. 合理施肥 根据瓜类的不同生育期的吸肥规律进行科学施肥，可增强植株抗病性。勿用带有病残体的未腐熟的堆肥或厩肥作苗床基肥。

(三) 化学防治

1. 喷雾防治 棚室或露地发病初期可选用 50%乙烯菌核利可湿性粉剂 2 000 倍液、50%腐霉利可湿性粉剂 1 000 倍液、40%菌核净可湿性粉剂 800 倍液、50%异菌脲可湿性粉剂 1 000～1 500 倍液、65%抗霉威可湿性粉剂（甲基硫菌灵与乙霉威混剂）1 000～1 500 倍液、50%甲基硫菌灵可湿性粉剂 500 倍液、40%嘧霉胺悬浮剂 800～1000 倍液、50%嘧菌环胺水分散粒剂 1 000 倍液进行喷雾防治，重点喷洒花和幼果，每隔 7～10d 喷药 1 次，连续喷施 2～3 次，均能取得较好的防治效果。为防止产生抗药性，提高防治效果，上述杀菌剂应轮换交替或复配使用。

2. 烟雾法或粉尘法 保护地栽培，在发病初期可采用烟雾法或粉尘法防治。①烟雾法：每 667m² 用 20%百·腐烟剂 200～250g，或 10%百·菌核烟剂 350～400g，烟熏 3～4h。②粉尘：傍晚喷撒 5%福·异菌粉尘剂，或 5%百菌清粉尘剂，或 6.5%甲硫·霉威粉尘剂，每 667m² 用 1kg，每隔 9～11d 重复 1 次，连续或与其他防治法交替使用 2～3 次。

3. 蘸花施药 在进行人工授粉时，可结合用药，抑制花瓣上散落的灰葡萄孢菌分生孢子萌发及定殖。具体操作方法：在配好的 2,4-滴或对氯苯氧乙酸稀释液中加入 0.1%的 50%异菌脲可湿性粉剂或 50%多菌灵可湿性粉剂进行蘸花或涂抹。

(四) 生物农药防治

1. 在病株上喷施 600 倍液的木霉素，防效可达到 90%。

2. 苗期至结果期喷洒 20%武夷菌素合剂 200 倍液，能起到防病和保产效果，降低灰霉病的病果率。

3. 某些枯草芽孢杆菌（*Bacillus subtilis*）菌株通过产生抗真菌物质及竞争作用会产生防治灰葡萄孢的效果。

李国庆（华中农业大学）

第 9 节　西瓜、甜瓜叶枯病

一、分布与危害

西瓜、甜瓜叶枯病是西瓜和甜瓜生产中的一种重要叶部病害，分布于世界各国产区。美国主要集中在东南部和中西部产区，其中，加利福尼亚州、印第安纳州发生较为严重。

20 世纪 70 年代后期，我国新疆就有西瓜、甜瓜叶枯病的报道；90 年代在河南、吉林、浙江、四川等产区也有发现。进入 2000 年以来，该病发生非常普遍，并有逐年加重的趋势。如新疆重病地区发病率一般为 80%～100%，特别是大棚栽培中的叶枯病问题更是十分突出，平均发病株率 30%，严重者高达 70%～90%，往往造成大量叶片枯死，严重影响产量和品质。

二、症状

西瓜、甜瓜叶枯病主要为害瓜类的叶片，也可以为害茎蔓和果实。幼苗子叶发病，在叶缘产生水渍状小点，后变成圆形至椭圆形褐色病斑，湿度大时可以使整片子叶枯萎。叶片发病，发病初期在叶缘和叶脉产生水渍状小点，后变成浅褐色、褐色病斑，病斑边缘稍隆起，病健部界限明显，后期直径 2～3mm 的圆形至近圆形褐斑满布叶面；湿度大时，病部有稀疏霉层产生；严重时病斑汇合成大斑，叶片枯死（彩图12-9-1）。茎蔓发病，蔓上可产生菱形或椭圆形病斑，逐渐扩大并凹陷。果实发病，果面上初出现圆形褐色凹陷病斑，病菌可逐渐侵入果肉内部，引起果实腐烂，湿度较大时在病斑上出现黑色轮纹状霉层。各受害部位的表面，长出黑褐色的霉层，即为病菌的分生孢子梗以及分生孢子。

三、病原

西瓜、甜瓜叶枯病的病原菌是瓜链格孢菌［*Alternaria cucumerina* (Ellis et Everh.) J. A. Elliott］，属子囊菌无性型链格孢属真菌。病菌分生孢子梗单生或 3～5 根成簇状，直或弯曲，淡褐色至褐色，合轴式延伸或不延伸，基部细胞稍大，具隔膜 1～7 个，大小为 (23.5～70) μm×(3.5～6.5) μm。分生孢子倒棍棒形、椭圆形或卵圆形，多单生，少数 2～3 个链生，常分枝，褐色，具横、纵或斜隔膜，横隔膜8～9 个，纵隔膜 0～3 个，隔膜处缢缩，大小为 (16.5～68) μm×(7.5～16.5) μm；孢子顶端有喙或无喙，喙长 10～63 μm，宽 2～5μm，最宽处 9～18μm，色浅，呈短圆锥状或圆筒形，平滑或具多个疣，0～3 个隔膜。叶枯病菌在 PDA 培养基上菌落色泽随培养时间而变化，菌落正面气生菌丝初为白色，后变为灰绿色，背面初黄褐色，后为墨绿色，温度 25℃下 4～5 d 后开始形成分生孢子。菌丝在 5～40℃ 范围内均可生长，最适温度 25℃，菌丝致死温度为 52℃/10 min。瓜链格孢菌对生长条件适应性较强，相对较高和较低的温度只会减缓菌丝生长，而不会抑制其生长繁殖。昼夜变温或环境的酸碱度偏高或偏低时，对菌丝的生长和孢子的萌发有一定程度的影响，其最适 pH 为 7.0。病菌菌丝在有光、无光、交替光照下都能够生长，在光照条件下生长最旺盛。病菌菌丝生长会受到不同碳源和氮源的影响，最适碳源为葡萄糖，氮源为硝酸钠，当培养基中碳、氮源变化时，瓜链格孢菌的菌丝形态和色泽会发生明显的变化。温度对于孢子的萌发影响较大，孢子在 10～37℃均可萌发，最适 28℃；相对湿度高于 73% 均可萌发，相对湿度 85% 时，萌发率高达 94%。孢子萌发对周围环境的酸碱度要求不严格，pH4～11 均能萌发，其中 pH7～11 最为适宜。叶枯病菌寄主范围十分广泛，除为害西瓜和甜瓜外，还可为害黄瓜、冬瓜、南瓜、葫芦、丝瓜等多种葫芦科作物。

四、病害循环

病菌以菌丝体和分生孢子在病残体、土壤、种子上越冬，翌年春季温、湿度适宜时，可形成大量的分生孢子侵染西瓜和甜瓜，引起初侵染（图 12-9-1）。生长期间病部产生的分生孢子借气流、风雨传播，进行多次重复再侵染（图 12-9-1），致使田间病害传播蔓延。种子带菌率高，种子内外都可带菌，种子表面的分生孢子可存活 15 个月以上，种子内部的菌丝体经 21 个月后仍有生命力，且均可引起西瓜幼苗发病。叶枯

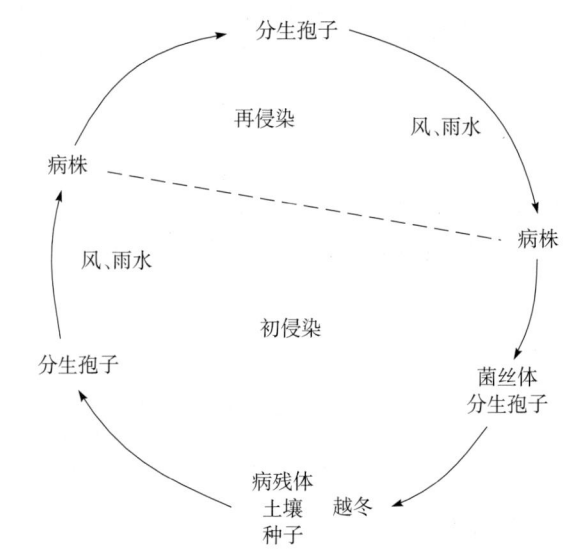

图 12-9-1 西瓜、甜瓜叶枯病病害循环（宋凤鸣提供）

Figure 12-9-1 Disease cycle of Alternaria leaf spot on watermelon and melon (by Song Fengming)

病菌的种子带菌率，可随种子感染程度的增加而提高，健康种子不带菌，但果实表皮可能存在不同程度的带菌。种子带菌是病害远距离传播的主要途径，带菌种子是重要的初侵染源。

五、流行规律

叶枯病的发生和流行强度主要取决于气候条件、栽培条件、菌源数量及品种抗病性等因素。充足的菌源、适宜的气候条件、感病品种，就会造成叶枯病的流行。

（一）气象条件

叶枯病发生与湿度关系密切，雨日多、雨量大，相对湿度高时，发病严重。病原菌在 10～36℃、相对湿度 80％以上时可引起发病，以 28～32℃ 最适宜。如遇到连阴雨天，相对湿度 90％以上、温度 32～36℃时，病害易流行或大发生。连续晴天，日照长，对该病相对有抑制作用。

（二）栽培条件

偏施氮肥或过早播种，会造成植株群体过大，田间郁闭，发病相对较重；瓜田灌水过多，或在生长后期田间漫灌，或地势过低洼，造成排水不良，有利于病害发生；连作地、土壤黏重以及通风透光性差的瓜地，发病较重。

（三）菌源数量

菌源量和孢子萌发时间与田间病害发生程度的关系十分密切。种子带菌率高，播种后幼苗的发病率也相对较重。种子的感病程度和叶枯病发病率以及病情指数呈高度的正相关关系。病残体带菌率、空气中分生孢子浮游量及叶片孢子黏附量是反映菌源数量的标志。田间病残体带菌率高、空气中分生孢子浮游量及叶片孢子黏附量大时，具备了叶枯病害发生和流行的条件，但能否流行还要取决于气候条件。

（四）品种抗病性

据报道，生产上尚缺乏对叶枯病免疫或高抗的品种，且品种间的抗性也存在差异。

六、防治技术

对瓜类叶枯病的防治，应采取农业防治为主、药剂防治为辅的综合防治措施。瓜类苗床期的防治，应以清除菌源、选用无病种子为重点，并加强瓜类苗床的管理，促进幼苗健壮生长，同时结合施药保护。大田期与苗床期病害发生关系较为密切，两者大部分的防治措施是互为协调、互为关联的统一整体，不可分割。瓜类大田期的防治，应采取以清除菌源为基础，加强栽培管理为重点，及时施药保护为辅助的综合防治措施。

（一）选用抗（耐）病品种

选用抗病品种是有效控制病害最为经济安全的重要措施。目前生产上对叶枯病抗性较好的品种有：郑杂 5 号、郑杂 7 号、庆红宝、庆农 5 号、西农 8 号、新红宝等。因此，在可能的情况下尽量选用、种植抗性较好的品种。在引种时，应考虑同一品种在不同地区对叶枯病的抗性表现会存在差异，首先进行试种，并根据其综合性状及抗病性，决定所引品种是否值得推广应用。

（二）农业防治

1. 轮作　叶枯病菌可侵染多种瓜类作物，连作因土壤中含菌量较大，发病重。因此，应避免与其他瓜类作物邻作或连作，最好与禾本科作物实行 2 年以上轮作。水旱轮作可以有效降低叶枯病菌源，减轻发病。另外，轮作还可以调节地力，改善土壤理化性质，有利于瓜类生长发育，并能提高抗病性。

2. 加强栽培管理　收获后及时翻晒土地，清洁田园以减少菌源，集中深埋或烧毁病残组织，不要在田边堆放病残体；合理密植，防治瓜秧生长过于繁茂；加强温室的通气，使空气相对湿度降到 70％以下；采用配方施肥技术，重施基肥，合理施氮、磷、钾复合肥，避免偏施过量氮肥，促进植株健壮生长，提高植株的抗病性；早期发病的叶片，需及时摘除深埋或销毁；采用高垄覆膜栽培技术，严禁大水漫灌，坐瓜期需水量大，可采用小水勤灌，雨后及时开沟排水，防止湿气滞留；科学确定瓜类播种期，适宜在日均温度稳定在 15℃以上，5 cm 土温稳定在 12℃以上时进行，抢早播种时可以通过覆盖地膜的方法，达到适宜温度时再进行播种。另外，坐瓜期可以通过叶面喷施磷酸二氢钾、天丰素（0.01％芸薹素内酯可溶液剂）等微肥，来提高植株抗病性。

（三）化学防治

1. 种子消毒　叶枯病菌可种子带菌，而且带菌种子上的病菌可以引起田间叶枯病的发生。因此，种子消毒可以有效地杀灭病菌，减轻田间叶枯病发生。选留健种，用 75％百菌清可湿性粉剂 600 倍液，或 50％异菌脲可湿性粉剂 1 000 倍液，或 50％多菌灵可湿性粉剂 500 倍液浸种 2h；或用 40％拌种双可湿性粉剂（20％拌种灵与 20％福美双混剂）2 000 倍液浸种 24h，冲净后催芽播种。另外，采用 55℃温水浸种 15～20min，也可以杀灭种子表面所带的病菌。

2. 苗床消毒　采用无菌土育苗的方式培育壮苗。用 50％多菌灵可湿性粉剂或 40％五氯硝基苯可湿性粉剂 8～10g/m² 与适量细干土混合均匀，取 1/3 撒入苗床或播种沟内，余下的 2/3 覆盖种子。但注意苗床表土要保持湿润，以免发生药害。

3. 田间药剂防治　发病前或降雨前可喷施 50％异菌脲可湿性粉剂 1 500 倍液；发病后或湿度大时可喷施 80％代森锰锌可湿性粉剂 600 倍液，或 50％腐霉利可湿性粉剂 1 500 倍液，喷雾预防，每隔 5～7d 喷 1 次，连喷 3～4 次，并注意雨后补喷和田间排水；发病初期可选用 75％百菌清可湿性粉剂 600 倍液，或 50％腐霉利可湿性粉剂 1 500 倍液，或 10％苯醚甲环唑水分散颗粒剂 3 000～6 000 倍液，或 40％拌种双可湿性粉剂 500 倍液等，喷雾防治，每隔 7d 喷 1 次，连喷 2～3 次。

宋凤鸣（浙江大学农业与生物技术学院）

第 10 节　西瓜、甜瓜炭疽病

一、分布与危害

西瓜、甜瓜炭疽病在世界各西瓜、甜瓜产区均有发生，为害程度仅次于枯萎病。

炭疽病在我国西瓜、甜瓜各产区也均有分布，云南、湖北、安徽、江西、浙江、江苏等地的发病田块产量损失一般为 10％～20％，严重的损失在 50％以上。炭疽病在西瓜和甜瓜整个生长期内均可发生，以生长中、后期发生最严重，造成落叶枯死，果实腐烂。此外，炭疽病也是引起西瓜和甜瓜采后腐烂变质的主要原因之一。

二、症状

炭疽病从西瓜、甜瓜苗期到成株期均可发生，以生长中、后期发病普遍，主要为害叶片、叶柄、茎蔓和果实。

（一）西瓜

幼苗发病，子叶上出现圆形或半圆形的淡黄色水渍状小点，渐变褐色，外围具黄褐色晕圈，病斑中央淡褐色，有同心轮纹，表面有小黑粒，湿度大时出现粉红色黏稠物；当病情扩展到幼茎时，近地面茎基部变为黑褐色并缢缩，严重时甚至发生猝倒。成株期发病，在叶片上出现水渍状纺锤形或圆形斑点，后扩大为褐色，外围晕圈黑紫色，有时具同心轮纹，病斑老化后易造成穿孔；发病后期病斑扩大，常互相连接成片，干燥时容易破裂，引起叶片枯死；在高湿条件下病斑上会产生黑色小点或粉红色黏稠物。茎蔓或叶柄发病时，病斑呈长椭圆形、纺锤形或不规则形，病部稍凹陷，初期呈褐色水渍状，后转为黑色；当病斑绕茎一周后，病茎上端的叶片、茎蔓全部枯死（彩图 12-10-1，1、2）。幼瓜发病，病斑呈水渍状淡绿色，圆形，常长成畸形，致果实歪曲、开裂、发黑，早期脱落，严重时病斑连片，果实腐烂。成熟果实发病，果实表面为暗绿色水渍状小点，病斑扩大后呈圆形或椭圆形，暗褐色至黑褐色，病斑凹陷龟裂。病斑多出现在暗绿色条纹上，在具条纹果实的淡色部位几乎不发生。湿度适宜时，病斑中央产生粉红色黏状物。

（二）甜瓜

受害症状基本与西瓜相似，在生长中后期发病较重。幼苗受害，子叶近外缘出现椭圆形或圆形病斑；为害幼苗茎部时，常造成茎部缢缩，呈黑褐色，湿度大时，幼苗易猝倒。与立枯病和猝倒病不同的是此病发病部位较两者高。成株期叶片受害，初为红褐色水渍状近圆形小点，后扩大变为褐色，有同心轮纹，外围晕圈黄色，干燥炎热时病斑易破裂。茎和叶柄受害，病斑呈近圆形或椭圆形，稍凹陷，表面着生小黑点，发病严重时，引起瓜苗枯死（彩图 12-10-1，3）。甜瓜成熟果实极易感病，初期为暗绿色近圆形水溃状小点，后变为褐色，病斑凹陷显著，常开裂，伴有粉红色黏状物。果实口感显著降低。

三、病原

引起西瓜、甜瓜炭疽病的病原为圆孢炭疽菌（*Colletotrichum orbiculare* Administrator），属于子囊菌无性型炭疽菌属真菌。有性型为葫芦小丛壳（*Glomerella lagenaria* F. Stevens），属于子囊菌门小丛壳属，自然条件下少见。

该病菌的菌丝体有隔，丝状分生孢子盘寄生于寄主角质层下、表皮或表皮下，黑褐色，在寄主内不规则开裂，有时排列呈轮纹形。人工培养可产生菌核，在菌核和分生孢子盘上有时生数目不定、大小为 $90~\mu m \times 120~\mu m$、具 2～3 个横隔膜的黑褐色厚壁刚毛。分生孢子梗无色至褐色，单胞，圆筒形，产生内壁芽生式分生孢子。分生孢子单胞，无色，椭圆形至卵圆形，大小为（4～6）$\mu m \times$（3～19）μm，有时含 1～2 个油球（图 12 - 10 - 1），萌发之后芽管顶端产生附着胞，多数聚结成堆后呈粉红色黏团。病菌生长适温为 24℃，10℃以下、30℃以上菌丝停止生长。分生孢子萌发适温为 22～27℃，温度低于 4℃ 则不能萌发。在 14～18℃，分生孢子在水中萌发时，有时会产生深褐色的厚垣孢子，萌发后产生菌丝。人工培养条件下，在紫外光照射下可产生有性态。菌丝生长和孢子萌发的最适 pH 分别为 8 和 7，黑暗条件下生长最好。萌发除需要湿度外，还需要足够的氧气。孢子致死温度为 55℃ 水浴 5min。除西瓜和甜瓜外，还可为害黄瓜等葫芦科作物。

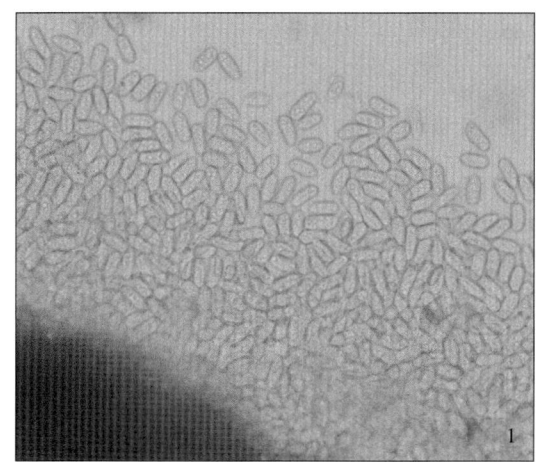 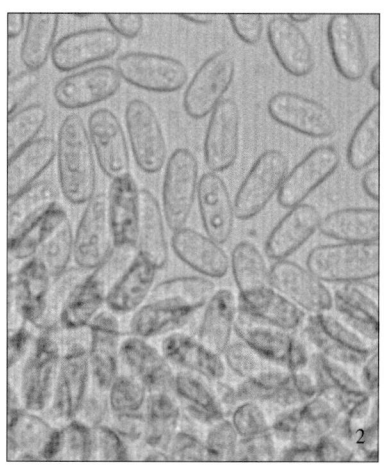

图 12 - 10 - 1　圆孢炭疽菌（宋凤鸣提供）
Figure 12 - 10 - 1　*Colletotrichum orbiculare*（by Song Fengming）
1. 病斑上分生孢子盘释放的分生孢子　2. 分生孢子

四、病害循环

病菌主要以菌丝体、拟菌核（发育未成熟的分生孢子盘）在病残体上或土壤中越冬，附着在种子表面的菌丝体和分生孢子也可越冬，能存活两年。此外，病菌还能在木料、架材及操作工具上营一定时期的腐生生活，保持其活力。翌年遇温、湿度适宜，菌丝体和拟菌核发育成分生孢子盘，产生的分生孢子梗或分生孢子借助风雨及灌溉水传播，引起初侵染（图 12 - 10 - 2）。播种带菌种子，待种子发芽后可直接侵染子叶，使幼苗发病。条件适宜时，分生孢子萌发生出芽管，直接侵入寄主表皮，发育成菌丝体。菌丝体在寄主细胞间隙定殖扩展，后在寄主表皮下形成分生孢子盘和分生孢子。分生孢子主要借气流、风雨或农事作业传播到健株上，导致多次重复再侵染（图 12 - 10 - 2）。在储藏运输中携带病菌或被病菌侵染的果实，在适宜的温、湿度条件下也会发病。

五、流行规律

炭疽病发生主要与品种、气象因素及栽培管理条件等密切相关。

1. 品种　西瓜、甜瓜品种对炭疽病的抗性存在差异，一般薄皮脆瓜类较抗病，发病率低；厚皮甜瓜较感病，尤其是厚皮甜瓜网纹系列、哈密瓜类明显感病，发病重。

2. 气象因素 温、湿度对炭疽病发生为害的影响较为明显。温度 18℃ 左右时，病菌菌丝体或拟菌核开始萌发，温度 20℃ 时萌发生长最快，温度过高则不利于病菌生长。在适宜温度范围内，湿度是诱发炭疽病的关键因素。当相对湿度保持在 87%～95% 时，病害潜育期只有 3 d，湿度越低潜育期越长，湿度降低至 54% 以下，病害不发生；湿度在 97% 以上、温度在 24℃ 左右，发病最重。高温低湿，病菌潜伏期长，发病较慢较轻，干燥炎热天气较少发病。

苗床或温室育苗期，发病率在 5% 左右，嫁接育苗需增加湿度来保持成活率，炭疽病的发病率会上升。因此，嫁接育苗需要预防炭疽病的发生。

3. 栽培措施 不同栽培管理措施和耕

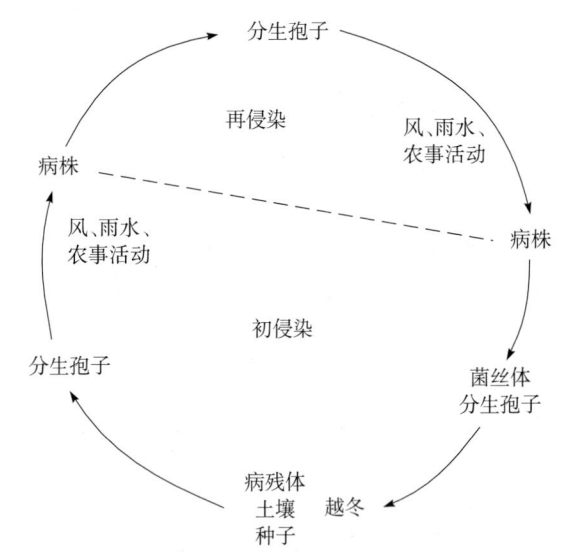

图 12-10-2 西瓜、甜瓜炭疽病病害循环（宋凤鸣提供）
Figure 12-10-2 Disease cycle of anthracnose on watermelon and melon（by Song Fengming）

作制度，在一定程度上也能影响炭疽病的发生。酸性土壤、连作地、过多施氮肥，发病重；灌水或降雨过多，排水不良，通风不好，种植密度过大，透光差，发病重。重病田或雨后收获的西瓜在贮运过程中也会引起发病。偏酸性土壤（pH5～6）有利于病害的发生。

六、防治技术

对炭疽病的防治，应采取合理选用抗病品种、加强栽培管理等农业措施为主要手段，结合化学农药应用的综合防治措施。

（一）选用抗病品种

选择适宜当地栽培的具有较好品质的抗病品种是预防西瓜、甜瓜炭疽病发生最为经济有效的方法。生产上对炭疽病有较好抗性的西瓜品种有新澄 1 号、海农 6 号、郑抗 3 号、京抗 2 号、郑杂 5 号、西农 8 号、卫星 5 号、卫星 2 号、拿比特、花仙子等，应因地制宜选用抗性好的品种。

（二）农业防治

1. 选用无病种子 使用无病种子可有效预防病害发生。建立无病留种田，从长势良好的无病株、无病果中采收种子。播种前应进行种子消毒处理。

2. 培育壮苗 培育健壮的幼苗可以增强对病原菌的抵抗能力。使用营养钵育苗，可以减轻移栽时对根系的损伤，移栽后返苗快生长强壮。育苗时营养土最好选用没有种过西瓜、甜瓜等的土壤，加入足量的腐熟有机肥，并进行消毒。方法是将土铺成 10cm 厚，用 40% 甲醛均匀拌土，用量为 400～500mL/m²，用塑料薄膜覆盖 2～4h 后揭去，通风 3d 后待药物挥发完全后即可使用。采用消毒土育苗，可以培育无病壮苗，有利于控制苗期和后期炭疽病的发生。

3. 合理轮作 连作造成病菌逐年积累，增加发病概率，易造成炭疽病大发生，尤其在幼苗时期，管理不善的瓜田发病更加严重。应有规律地轮作不同类型作物，可与水稻、麦类、玉米、油菜等非葫芦科作物实行 3 年以上轮作；或选择 2～3 年不种瓜类作物的地块种西瓜，可较好地控制炭疽病的发生并兼防西瓜枯萎病。

4. 加强栽培管理 适时播种，合理密植；条件允许情况下，提前或延后播种，使瓜类感病期与病菌大量繁殖侵染期错开；平整土地，防止田间积水，雨后及时排水；采用配方施肥，施充分腐熟的有机肥和饼肥，搞好氮、磷、钾配方施肥，外施微肥，增施生物肥料，生长期进行叶面喷肥；及时清除田间杂草。大棚栽培中，采用小水勤浇或滴灌方法，避免大水漫灌，及时排水通风，使用长寿无滴膜，降低棚内湿度，在发病初期及时摘除病叶、病果，拔出重病株并带到棚外销毁或挖坑深埋，以控制病害蔓延。

（三）化学防治

1. 种子消毒处理　播种前进行种子消毒。采用 55℃ 温水浸种 15～20min 后，置于 2% 高锰酸钾溶液中浸泡 15min，或用 40% 福尔马林 150 倍液浸种 30min，或 50% 多菌灵可湿性粉剂 400 倍液浸泡 5～10min 后用清水冲洗干净，再用清水浸种（福尔马林对个别品种敏感）。

2. 消除越冬菌源，调节土壤酸碱度　土壤是炭疽病菌菌丝体、拟菌核和病残体越冬的主要场所，是翌年重要的初侵染源，播种前对土壤消毒可以有效降低瓜田的初始菌量，从而减少炭疽病的发生。每 667m² 撒生石灰 100kg 后灌水，田间明水 20～30d，翻土后晒白。也可用 70% 敌磺钠可溶粉剂 1 000 倍液灌根，对土壤进行消毒。

3. 田间药剂防治　苗期发病，可用 25% 甲霜灵可湿性粉剂 400～600 倍液或 75% 甲基硫菌灵可湿性粉剂 800～1 000 倍液进行防治。移栽定植前可用 75% 甲基硫菌灵可湿性粉剂 400 倍液先进行苗床消毒。保护地栽培西瓜、甜瓜，可采用烟雾法或粉尘法施药。预防可用 60% 吡唑·代森联水分散粒剂 1 200 倍液，或 70% 代森联干悬浮剂 700 倍液，或 20% 噻菌铜悬浮剂 500 倍液，或 80% 代森锰锌可湿性粉剂 700 倍液，或 75% 百菌清可湿性粉剂 1 000 倍液叶面喷雾。发病初期可选用 10% 苯醚甲环唑水分散粒剂 1 500 倍液，或 80% 炭疽福美可湿性粉剂 800 倍液，或 20% 噻菌铜悬浮剂 500 倍液，或 43% 戊唑醇悬浮剂 5 000 倍液，或 25% 嘧菌酯悬浮剂 1 500 倍液进行防治，隔 7～10d 喷 1 次，连续喷 2～3 次。注意苯醚甲环唑宜在花前、戊唑醇宜在花后使用较安全。合理施用农药，注意交替、轮换用药。

宋凤鸣（浙江大学农业与生物技术学院）

第 11 节　西瓜、甜瓜红粉病

一、分布与危害

西瓜、甜瓜红粉病又称西瓜、甜瓜红腐病，是世界性分布的一种真菌性病害。1800 年，该病首次在德国柏林发现，1902 年美国纽约也发生了红粉病，随后在世界各地都有该病的报道。

1966 年，我国在吉林发现了黄瓜红粉病。红粉病在当时为瓜类非主要病害，为害较轻，影响很小，并不为人们所重视。但是，随着我国设施蔬菜的发展，自 20 世纪末以来，西瓜、甜瓜等瓜类作物红粉病的发生面积、发病频率及危害程度都显著增加，现已成为生产上的重要病害之一。西瓜、甜瓜红粉病为害严重的地块，大量叶片坏死，整片植株枯萎，导致严重减产甚至绝收。

二、症状

西瓜红粉病常在幼苗期发生，生长期亦可造成烂瓜，也发生在储运过程中或储藏前期。幼苗染病，多从子叶边缘开始侵染，亦可从子叶中部积水、受伤处或生长极其衰弱处开始侵染，初呈水渍状浅红褐色至暗绿色坏死小点，以后形成不规则浅红褐色至浅黄褐色坏死斑，后期在病斑上产生白色至粉红色霉层。该病在高湿条件下也可为害叶片。果实受害，多从触地处或受伤处侵染，发病初期果面上产生圆形至不规则形、浅褐色、边缘不明显病变，使病部软化腐烂，在病组织表面产生白色至粉红色霉层（彩图 12-11-1）。

甜瓜红粉病主要为害叶片和果实（彩图 12-11-2）。叶片染病呈现暗绿色圆形至椭圆形或不规则形浅褐色病斑，大小 1～5cm，湿度大时病斑边缘呈水渍状，在长时间高湿的条件下，病斑迅速扩大，上面着生浅橙色霉状物，叶片腐烂或干枯。幼苗染病，多从子叶边缘开始侵染，亦可从子叶中部积水、受伤处或生长极其衰弱处开始侵染，初呈水渍状浅红褐色至暗绿色坏死小点，以后形成不规则浅红褐色至浅黄褐色坏死斑，后期在病斑上产生白色至粉红色霉层。果实染病多从触地处或受伤处侵染，初现褐色水渍状病斑，使病部软化腐烂，湿度大时在病组织表面产生白色、橙红色至粉红色霉层。

三、病原

西瓜、甜瓜红粉病的病原菌是粉红单端孢［*Trichothecium roseum*（Pers.：Fr.）Link］，属子囊菌无性型单端孢属真菌。粉红单端孢分生孢子梗直立不分枝，无色，顶端有时稍大。分生孢子顶生，多可聚集成头状，呈浅橙红色，倒洋梨形，无色或半透明，具 1 隔膜，隔膜处略缢缩，大小为（15～28）μm×（8～15.5）μm（图 12 - 11 - 1）。

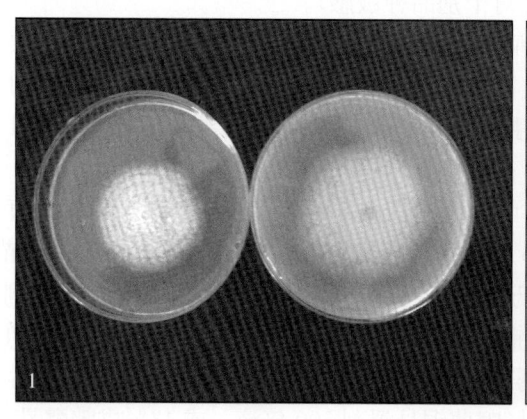
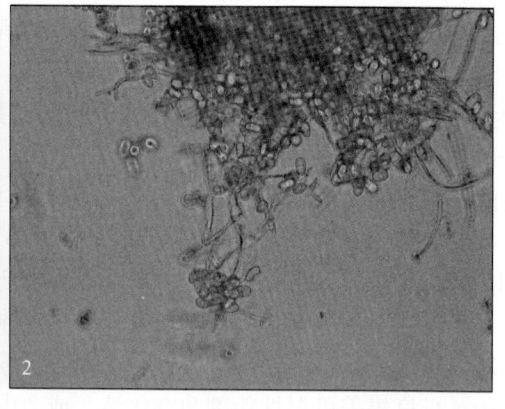

图 12 - 11 - 1　粉红单端孢的形态特征（王勇提供）

Figure 12 - 11 - 1　Morphological characteristics of *Trichothecium roseum*（by Wang Yong）

1. 菌落　2. 分生孢子

粉红单端孢在 5～35℃均能生长，以 15～25℃为最适宜，温度在 15℃以下和 25℃以上，粉红单端孢菌丝伸长的速度明显降低，5℃低温环境，172h 菌丝仅伸长 2.5mm。在不同温度下培养粉红单端孢，10～35℃番茄红粉病菌均能形成分生孢子，20～30℃为产孢适宜温度，20℃以下和 30℃以上产孢量明显下降，低温环境不利于菌体产孢。粉红单端孢喜中等偏酸性条件，也可在碱性条件下生存，菌丝伸长和孢子着生在 pH5～9 条件下均较为适宜。

四、病害循环

西瓜、甜瓜红粉病菌以菌丝体、孢子随病残体在土壤中越冬，翌年春季条件适宜时产生分生孢子，传播到西瓜、甜瓜上，主要从伤口侵入，侵染叶片或果实，有机械损伤和冷害伤口易发病。贮运中主要通过接触传播。发病后，病部产生大量分生孢子，借风雨和灌溉水传播（图 12 - 11 - 2）。

五、流行规律

西瓜、甜瓜红粉病的发生多集中在春、秋两季，病菌发育适温为 25～30℃，相对湿度高于 85％时利于发病。该病易在春季温度高、光照不足、通风不良的大棚或温室里发生。多在幼苗期发生，生长期亦可造成烂瓜，此时由于棚内湿度大，植株长势弱，病情控制不及时易造成流行，一旦流行则较难控制，对西瓜产量及质量构成极大威胁。

影响西瓜、甜瓜红粉病发生流行的因素有多种。生产上灌水过多、湿度过大、放风不及时易发病；栽植过

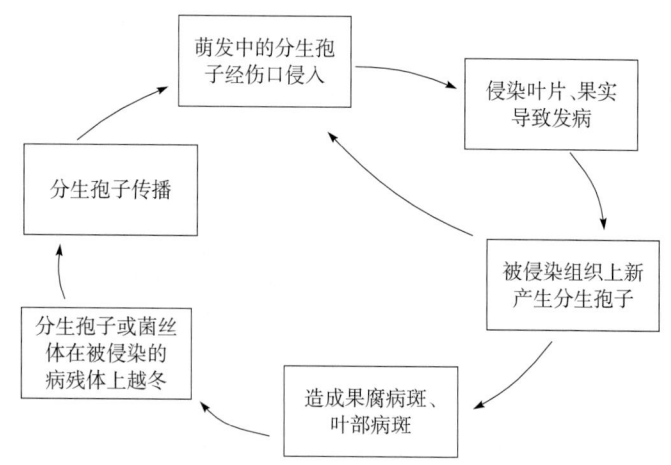

图 12 - 11 - 2　西瓜、甜瓜红粉病病害循环（王勇提供）

Figure 12 - 11 - 2　Disease cycle of pink - mold rot on watermelon and melon（by Wang Yong）

密、偏施氮肥发病重，主要是因该条件下适于病菌发育、侵染，且易造成植株徒长，长势衰弱，从而加重病害流行。发病严重的植株，常造成大量叶片坏死，植株连片枯萎，导致严重减产。此外，在阴雨连绵、光照不足，或忽晴忽雨、天气闷热、多露等天气条件下，植株生长衰弱，风雨有利于红粉病菌传播，造成的伤口有利于病菌侵染，因此，也有利于发病。

六、防治技术

(一) 合理密植

栽培密度不仅影响西瓜、甜瓜的产量和质量，还影响红粉病的发生和蔓延。栽培密度过大，则易形成湿度大、光照不足、通风不良的环境，加重西瓜、甜瓜红粉病的发生。因此，西瓜、甜瓜应合理密植。

(二) 适时整枝打杈、摘除病果

湿度、光照等对西瓜、甜瓜红粉病的发生影响较大，因此，西瓜、甜瓜出苗后到开花前要及时整枝打杈，以提高群体通风透光性，利于植株茎叶生长。开花结果期，结合整枝进行疏花疏果，摘除老叶、病果、病叶，改善植株生长环境，提高植株抗病能力。

(三) 降低棚内湿度

湿度大易诱发西瓜、甜瓜红粉病，因此，在保护地种植时可在保证西瓜、甜瓜生长适温的前提下，及时放风降湿。

(四) 合理浇水

合理浇水，保持土壤湿润而水分含量又不高，可抑制西瓜、甜瓜红粉病的蔓延和为害。滴灌和膜下浇水是两种有效的方法。

(五) 药剂防治

发病后要及时用药防治，控制病情发展和流行。可于发病前或发病初期喷洒 50% 咪鲜胺锰盐可湿性粉剂 1 000～1 500 倍液，或 10% 苯醚甲环唑水分散粒剂 1 000～1 500 倍液，或 72% 霜脲·锰锌可湿性粉剂 800 倍液，或 50% 苯菌灵可湿性粉剂 1 000～1 500 倍液，7～10d 施用 1 次，于西瓜、甜瓜采收前 7d 停止用药。

王勇（天津市农业科学院植物保护研究所）

第 12 节　西瓜、甜瓜蔓枯病

一、分布与危害

西瓜、甜瓜蔓枯病是一种世界性分布的土传病害。1891 年法国最早发现蔓枯病。目前，除墨西哥等少数国家外，世界各地均有报道，广泛分布于美国、加拿大、意大利、荷兰、瑞典、日本、印度、坦桑尼亚等国家以及中国台湾地区。

我国最早于 1930 年报道蔓枯病的危害，现在北京、天津、山东、辽宁、黑龙江、吉林、陕西、甘肃、新疆、江苏、上海、浙江、安徽、湖北、广西及海南等地均有蔓枯病的发生。特别是自 1990 年以来，蔓枯病发生逐年加重，一些老产区尤为突出。随着我国种植业结构的调整，特别是西瓜和甜瓜的集约化设施栽培面积的不断扩大，蔓枯病的发生日益加重。通常，西瓜、甜瓜蔓枯病的发病率在 5%～25%，温室发病率可高达 60%～70%，造成严重减产。一般病田减产 20%～50%，严重的可达 50% 以上，甚至绝收。

二、症状

蔓枯病在西瓜和甜瓜的整个生育期均可发生，植株茎蔓、叶片、果实均可受害，但主要侵染叶片和茎蔓（彩图 12-12-1）。叶片染病，多从叶缘开始发病，出现直径 1～2cm 的 V 形或椭圆形病斑，淡褐色至黄褐色，轮纹不明显，老叶上病斑表面常密生小点（病菌的分生孢子器）；干燥时病斑干枯，往往呈星状破裂；遇连续阴雨天气时，病斑遍及全叶，叶片变黑而枯死。幼苗茎部受害，出现水渍状小斑，并迅速向上、下扩展，甚至环绕幼茎，引起幼苗枯萎死亡。成株茎蔓染病，主要在茎基和茎节的附近，初始产生油渍状小病斑，病斑呈椭圆形或梭形，白色，逐渐扩大后常绕茎蔓半周至一周；后期病斑变成黄褐色，病茎干缩，纵裂成乱麻状，可长达十多厘米，甚至更长，造成病部以上茎叶枯萎，病部密生小黑点。田间湿度大时，病部常流出琥珀色胶质物，干枯后为红褐色。花器也会被病原菌侵染，导致柱头变黑、腐烂，并沿着传导组织到达子房，向内延伸侵染珠心，被害后期花朵萎蔫，不能结果。果实受害后，初为水渍状病斑，以后中央部分为褐色枯死斑，稍有凹陷；最后褐色部分呈星状开裂，内部组织坏死，呈木栓状干腐，病斑上密生小黑点。卷须受害后迅速变褐枯死。

蔓枯病病原菌的分生孢子器和子囊座在茎、叶、果的老病斑上产生小黑点，以此为主要识别特征。茎部发病后表皮易撕裂，引起瓜苗枯死，但维管束不变色，也不为害根部，可与枯萎病相区别。

三、病原

西瓜、甜瓜蔓枯病的病原菌是蔓枯亚隔孢壳［*Didymella bryoniae*（Auersw.）Rehm］，属子囊菌门亚隔孢壳属真菌；无性型为瓜茎点霉［*Phoma cucurbitacearum*（Fr.：Fr.）Sacc.；异名：*Ascochyta cucumis* Fautry et Roum.，*Phyllosticta citrullina* Chester，*Diplodina cirullina*（Chester）Grossenb.］，属于子囊菌无性型茎点霉属真菌。子囊壳球形，黑褐色，子囊孢子无色透明，双胞，梭形至椭圆形，大小约为 13 $\mu m \times 5 \mu m$。分生孢子器表面生，分生孢子长椭圆形，无色透明，两端钝圆，单胞或双胞，个别 3～4 胞，大小约为 8 $\mu m \times 3 \mu m$（图 12-12-1）。病菌菌丝生长温度为 10～34℃，最适生长温度为 25～28℃；在 pH4～10 均可生长，以 pH5～8 生长最佳。

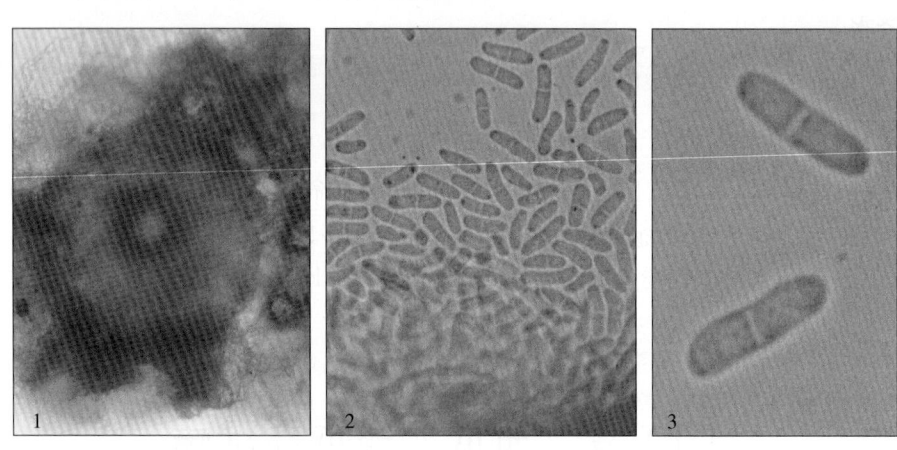

图 12-12-1 瓜茎点霉（宋凤鸣提供）
Figure 12-12-1 *Phoma cucurbitacearum*（by Song Fengming）
1. 叶片病斑上的分生孢子器 2. 病斑上分生孢子器释放的分生孢子 3. 分生孢子

蔓枯病菌在 PDA 培养基上只能产生一种灰白色气生菌丝，无色，有隔，菌丝扩展较快，菌落边缘稀疏、中间稠密，略隆起，正面有同心轮纹，边缘波浪状，背面初为白色，后期变为黑色，基内菌丝灰黑色，呈放射状，打开培养皿时可闻到"灰土味"。在病组织上可观察到 3 种菌丝：普通菌丝、大型薄壁菌丝和索状菌丝。普通菌丝，无色、较细、有隔，直径 1.76～5.94 μm，生长在寄主组织内；大型薄壁菌丝，色淡、薄壁，细胞大型，多生长在寄主组织内；索状菌丝，褐至暗褐色、壁厚，直径 5.72～19.36 μm，菌丝多纵向排列成束，细胞大小不一。常见到分生孢子器周围有多根索状菌丝，可能这种菌丝起着提供营养和固定作用。病株体表的黑色漆状物多为这种菌丝。蔓枯病病原菌为严格的同宗配合。

除了侵染为害西瓜和甜瓜外，蔓枯病菌还可侵染为害黄瓜、葫芦、冬瓜、瓠瓜等葫芦科作物。侵染瓜类作物的蔓枯病菌并没有生理小种分化现象，但不同类型菌株产生子实体和孢子的能力差异很大，可根据培养性状将蔓枯病菌分为 A、As、B-a、B-1a、B-b5 个类型。其中，只有 A 型菌株不能在常规条件下产生孢子器和孢子，其他 4 种类型菌株均可在不同的生长阶段产生孢子。A 型菌株可在暗培养和 4 d 间歇紫外灯处理的光照条件下，在只含有磷酸二氢铵的马铃薯平板培养基上，于 25℃时培养产生分生孢子。

四、病害循环

蔓枯病病原菌以菌丝体、分生孢子器或子囊壳随病残体在土壤中或附着在种子、温室、大棚表面越冬。翌年借助风雨、灌溉水传播，成为田间初侵染源。孢子萌发后从气孔、水孔或整枝、摘心等伤口侵入，经 7～10 d 后发病。初侵染发生后，病部产生大量分生孢子通过雨水、气流或农事操作传播，引起再侵染（图 12-12-2）。蔓枯病菌也可种传，从病株上采收的种子带菌率为 5%～30%，病菌可以附着在种子表面，也可在种子内部存活。播种带菌种子可以成为田间蔓枯病发生的初侵染源。带菌种子发芽后病菌侵染子叶，形成病斑后产生分生孢子进行再侵染，导致田间病害不断扩大蔓延。

五、流行规律

（一）病菌的传播与扩散

越冬菌源在翌年条件适宜时，通过风雨、灌溉水传播，孢子萌发后从寄主幼根、气孔、水孔和伤口等侵入，形成田间初侵染源。生长期病部产生的分生孢子和子囊孢子均可通过风雨等传播，进行再侵染，导致田间病害不断蔓延。侵

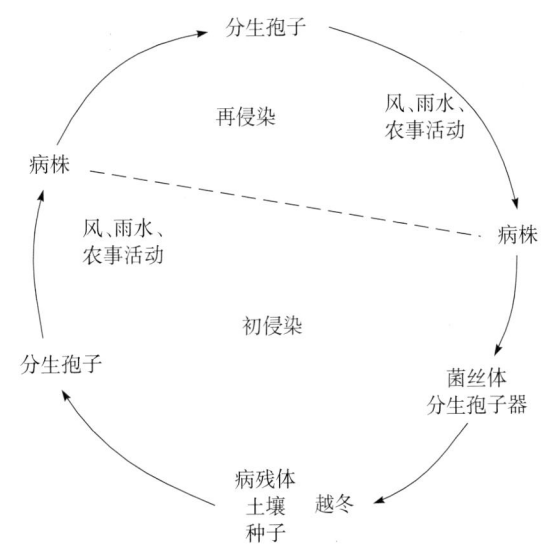

图 12-12-2　西瓜、甜瓜蔓枯病病害循环（宋凤鸣提供）
Figure 12-12-2　Disease cycle of gummy stem blight on watermelon and melon（by Song Fengming）

染后只有当病菌菌丝成熟时才引起罹病植株表现出蔓枯病病症。田间病害传播蔓延主要来自于田间产生的子囊孢子的扩散，通常在形成子囊孢子之后病害发生开始严重，造成西瓜和甜瓜植株的坏败。蔓枯病可由局部的感染源蔓延传播，形成大面积病害发生流行。

（二）病菌孢子寿命及萌发条件

带菌种子及病残体释放的分生孢子和子囊孢子，是蔓枯病主要的初侵染来源。病菌可以菌丝体、分生孢子器和子囊座随植物病残组织在地表、土壤及未充分腐熟的粪肥中，或附在温室、大棚等表面上越冬越夏。病残组织上的病菌存活期随越冬场所不同而异，如室内干存的病叶和病蔓上的病菌可存活 20 个月之久，在土表病残体上可存活 15～24 个月，在掩埋的病残体上至少可存活 8 个月，水中和潮湿土壤中则只能存活 3 个月。病菌也可以感染种子，在种子上可存活 18 个月以上。子囊孢子和分生孢子在 10～32℃ 都可萌发，以 20～28℃ 较适宜。其中，子囊孢子的萌发温度较分生孢子略低。子囊孢子的释放，决定于湿度，需要较高的相对湿度。

（三）病菌侵染过程及侵染条件

病菌可直接侵染或从伤口侵入寄主，侵染老叶需要通过伤口，而新叶可以直接侵染。蔓枯病发生为害程度与温度、湿度的关系密切，病菌喜温暖、高湿的环境，高温、高湿有利于蔓枯病发生。病菌发育温度范围为 5～35℃，最适发病条件为 20～30℃、相对湿度 85% 以上。湿度对病害发生及流行的影响比温度大。病害的潜育期在发病适温范围内，随着温度的升高而缩短，在 15℃ 条件下需 10～11 d，在 28℃ 时只需 3～5 d。在发病适温范围内，雨日多、雨量大，湿度高，叶片湿润，病害易流行。蔓枯病菌在正常情况下不能侵入角质层覆盖完整的成株，但可通过气孔和伤口进行侵染，且侵染程度受叶龄、叶缘吐水、气孔、伤口等的影响。

（四）品种、栽培措施与发病的关系

蔓枯病的发生轻重与西瓜和甜瓜的品种有关，品种之间的抗性差异较大。甜瓜品种台湾青玉、新青玉、日本甜宝等品种抗病性弱，田间发病普遍较重，早春栽培的平均病株率达 47.3%；京欣 4 号、京欣 8 号等西瓜品种较抗病。

蔓枯病的发生为害程度与温度、湿度和栽培管理技术等关系十分密切。大棚栽培中，一年四季均可发病，以夏季最重，其次为春季，再次为冬季。一般 5d 平均温度高于 14℃，棚内相对湿度高于 65%，病害即可发生。早春棚内栽培的瓜类，一般于 3 月开始发病；相对湿度 85% 以上，平均温度 22℃ 时病害流行快。露地栽培，雨日多、雨量大，发病较重，在多雨的年份发病快，流行迅速，发病后 7～10d 即可毁园，造成严重损失。

一般保护地栽培，或重茬、低洼、大水漫灌、雨后积水、排水不良、不洁田园、施带菌有机肥、缺肥

及生长衰弱的田块发病重。在温室及塑料大棚中栽培，种植过密、通风不好、缺肥或偏施氮肥、浇水后长时间闭棚，容易加重发病。露地栽培或采用轮作、高垄或高畦、滴灌、清洁田园、施充分腐熟有机肥等栽培措施，发病率较低。

蔓枯病发生还与不同土壤有关。据调查，黏质土壤含水量高，易板结，透性差，发病重；沙质土壤土质疏松，透气性好，发病相对轻。蔓枯病菌喜偏酸性土壤，在pH5.0～8.5范围内都可生长繁殖，以pH5.8～6.8最适宜。因此，偏酸性土壤发病重，偏碱性土壤发病轻。

六、防治技术

（一）选用抗（耐）病品种

选用抗病品种是防治蔓枯病最常用、最经济有效的方法之一。研究发现，白玉、伊丽莎白、西域1号、西域3号等甜瓜品种或西农8号、新红宝、京欣等西瓜品种对蔓枯病具有较强的抗性。但不同地区蔓枯病菌致病性存在差异，引种抗病品种时应注意在当地进行必要的抗性鉴定及评价。

（二）农业防治

1. 加强轮作　蔓枯病菌在土壤中可以存活很长时间，因此，合理的轮作可以减轻发病。可与瓜类轮作的作物有十字花科、豆科、茄科等多种蔬菜，一般需轮作3～5年，或与小麦、玉米等大田作物轮作2～3年。最好实行水旱轮作，瓜类收获后种植水稻或水生蔬菜，可明显减轻病原基数。轮作时间越长，控病效果越好。

2. 加强肥水管理　深沟高畦，防渍防涝。保护地栽培时要加强通风透光，科学浇水，做到小水勤浇，膜下浇水，切忌大水浇灌，降低棚室内温、湿度，保持畦面半干状态；露地栽培要防止大水漫灌，雨季应加强防涝，降低土壤水分，发病后适当控制浇水。施足基肥，多施腐熟的有机肥，氮、磷、钾肥配合施用，平衡配方施肥，勿偏施氮肥，增强植株生长势。生长期土壤施用或喷施硅肥，可减轻蔓枯病害的发生程度。

3. 强化农事操作　农事操作不当会导致蔓枯病菌的人为扩散与传播，特别应注意整枝和收获后及时清园。晴天整枝，及时整枝、打杈、绑蔓，避免伤口感染；注意农事操作，避免交叉感染；及时清除杂草，摘除病叶、病果，拔除病株，带出田外深埋或烧毁；收获后彻底清洁田园，棚内病残体要集中深埋或焚烧，减少菌源。

（三）药剂防治

1. 种子消毒　蔓枯病菌可种传，而且带菌种子上的病菌可以引起田间蔓枯病的发生。因此，播种前进行必要的种子消毒可以有效地杀灭病菌，减轻田间蔓枯病发生。可用55℃温水浸种20min，或用70%甲基硫菌灵可湿性粉剂400～700倍液或25%嘧菌酯悬浮剂1 000倍液浸种，以杀死或抑制种子表面以及潜伏于种皮内部的病菌，还可用50%福美双可湿性粉剂或50%多·福可湿性粉剂，以种子重量的0.3%拌种。

2. 育苗土和棚室消毒　最好选用3年以上未种过瓜类作物的田土用作育苗土，并进行消毒处理，可用70%甲基硫菌灵可湿性粉剂或50%多菌灵可湿性粉剂1 000倍液喷雾处理。保护地栽培，定植前喷洒30%多菌灵可湿性粉剂500倍液或用40%敌磺钠粉剂30kg/hm²，均匀喷施土表；也可施生石灰1 800kg/hm²，耙细耙匀，起垄后栽种；或在定植前10～15d，用45%百菌清烟剂熏蒸，可消灭棚室内大部分蔓枯病菌。

3. 药剂防治　伸蔓期喷药保护，发病初期及时防治中心病株，控制病害扩散和蔓延。在发病初期及时用药，可选用80%代森锰锌可湿性粉剂600倍液，或用70%代森联悬浮剂600倍液，或75%代森锰锌水分散粒剂600～800倍液，或50%多菌灵可湿性粉剂600倍液，或75%百菌清可湿性粉剂600倍液，或50%多·硫悬浮剂500倍液等喷雾防治，每隔5～7d防治1次，连续防治2～3次。重点喷施瓜苗中下部茎叶和地面。对于茎部病斑，还可在发病初期削除茎部病斑，并用50%多菌灵可湿性粉剂20～30倍液＋20%赤霉酸可溶粉剂稀释成糨糊状进行涂抹，有良好的防治效果。对于发病较重的田块，可用2%春雷霉素水剂500倍液＋80%异菌脲可湿性粉剂600倍液，或47%春雷霉素＋50%异菌脲可湿性粉剂＋80%代森锰锌可湿性粉剂（1∶1∶1）800倍液等，喷雾防治。对于发病较重的植株，可用涂茎法，即先用刀刮去腐烂组织，再用70%甲基硫菌灵可湿性粉剂50倍液，或10%

苯醚甲环唑水分散粒剂 300 倍液、25％咪鲜胺乳油 150 倍液，用毛笔涂抹病斑；也可用 10％苯醚甲环唑水分散粒剂涂抹病斑部分，尤其对流胶处伤口愈合有促进作用。保护地栽培还可用百菌清等粉尘剂或烟剂。

大棚栽培，冬、春季宜于定植后 20～30d 开始施药，每隔 10d 施药 1 次，连施 3～4 次；夏、秋季由于温度高、湿度大，因而发病早且重，宜于定植后 10～20d 开始施药，每 7d 施药 1 次，连施 3～4 次。露地栽培应于发病初期施药，用药过迟，防效明显下降，每 10d 防治 1 次，连施 2～3 次。若遇阴雨天气，必须增加用药次数，才能有效地控制其发生为害。

宋凤鸣（浙江大学农业与生物技术学院）

第 13 节　西瓜、甜瓜菌核病

一、分布与危害

西瓜、甜瓜菌核病是生产上严重发生的世界性病害，在我国各西瓜、甜瓜产区也普遍发生。随着西瓜、甜瓜种植面积的扩大，种植年限的增加，重茬地块增多，菌源不断积累，加之棚内湿度高、气温稳定等特点，各地菌核病呈逐年加重趋势，成为影响生产的重要威胁。尤其一些地区大棚、温室等设施栽培的西瓜、甜瓜受菌核病为害较重，特别是春季连续阴雨天气多的年份发病为害更重。

西瓜、甜瓜菌核病发生后，常造成植株死秧和烂瓜，严重影响瓜果产量，轻者减产 20％～30％，重者毁棚绝收。露地西瓜、甜瓜仅在多雨年份和个别地区发病，一般为害不重。江苏、河南、上海和辽宁等地区，由于西瓜种植面积扩大、重茬种植等原因，春茬大棚西瓜生产中的菌核病为害有加重趋势。

二、症状

西瓜、甜瓜菌核病在西瓜、甜瓜整个生育期均可发病，主要为害茎蔓、叶柄、卷须、花器和果实，引起果实腐烂，植株枯死。

幼苗子叶发病，初呈水渍状，逐渐扩大呈圆形或不规则形病斑，扩展至整个子叶，引起子叶软腐，幼苗猝倒。茎蔓受害，多在近地面的基部或主侧枝分杈处发病，初为水渍状褐色褪绿斑点，后逐渐向上、下扩展，病斑逐渐扩大，呈浅褐色至褐色，病斑环绕全茎，纵向延伸，严重受害病蔓，病部可延至 30cm 以上。湿度大时，病部软腐，表面长出浓密的白色絮状霉层，即病原菌的菌丝体；后期菌丝聚集，在病茎表面和髓部形成黑色鼠粪状菌核。最后受害部位以上茎蔓和叶片失水萎蔫，导致植株枯死（彩图 12-13-1）。

果实发病多自脐部开始，受害部位初呈青褐色、水渍状软腐，其后病斑逐渐向果柄扩展，病部很快产生白色絮状霉层；受害果实易于腐烂，最后菌丝纠集在病部产生黑色颗粒状菌核。叶片发病较少见，受害叶片上产生灰白色至灰褐色圆形或近圆形水渍状斑，逐渐扩大成大型病斑，叶片软腐，并向叶柄和茎蔓部位蔓延。叶柄受害与茎蔓相同。花器受害时呈水渍状腐烂。卷须受害初为水渍状，后干枯死亡。湿度大时，病部均可产生白絮状霉层。

三、病原

西瓜、甜瓜菌核病的病原菌为核盘菌 [*Sclerotinia sclerotiorum* (Lib.) de Bary]，属于子囊菌门核盘菌属真菌。

病原菌的菌丝体发达，在病部密集而生，具有分枝，纯白色。菌丝集聚，相互交织形成菌核。菌核近球形，初为白色，后表面变为黑色鼠粪状，大小为（1.1～6.5）mm×（1.1～3.5）mm，多数单个散生，有时多个聚生在一起。菌核萌发可产生数个子囊盘，少者 1～3 个，多者达 35 个。子囊盘初为肉色杯状，展开后呈浅褐色盘状或扁平状。子囊盘直径 2.0～7.5mm，黄褐色，有柄。子囊盘中产生很多子囊和侧丝，子囊盘成熟后子囊孢子呈烟雾状弹射，高达 90cm。子囊棍棒状，无色，内生 8 个子囊孢子。子囊孢子椭圆形，无色，单胞，大小为（10～15）μm×（5～10）μm。侧丝丝状，无色，有分隔（彩图 12-13-2）。

　　菌核病的病原菌适于冷凉潮湿条件，菌丝生长温度为 0～35℃，菌丝生长及菌核形成的最适温度均为 20℃。子囊孢子 0～35℃均可萌发，以 5～10℃最适宜。菌核萌发适宜土壤含水量为 20％～30％（低于 15％菌核不萌发），子囊孢子及菌丝传染致病的空气相对湿度在 72％以上。菌核致死温度为 50℃/10min。

　　病菌寄主范围极其广泛，除侵染葫芦科作物外，还侵染茄科、十字花科、豆科、菊科、伞形科和葡萄科等 75 科，278 属，408 种植物。

四、病害循环

　　病原菌主要以菌核在土壤中或混杂在种子中越冬或越夏（图 12‐13‐1）。菌核还可以混杂于种子内，随种子调运远距离传播。菌核一般可以存活 1～3 年，越冬后菌核萌发率在 90％以上。翌年春季，遇有适宜的温、湿度条件，菌核萌发产生子囊盘露出土表，弹射释放出大量子囊孢子。子囊孢子借气流、雨水、灌溉水传播蔓延，在适宜条件下即可侵染衰老的残花败叶，引起发病，尤以侵染花瓣为主。菌核也可萌发长出菌丝，直接侵染叶片和茎基部。病株产生的菌丝体在田间可多次重复侵染，后期病菌又形成菌核休眠越冬。

五、流行规律

　　低温高湿是影响病害发生的首要条件，利于菌核病的发生和流行。菌核病的病原菌适于冷凉潮湿条件，对水分和湿度要求较高；适宜发病温度 5～20℃，15℃为最适。在适温下，相对湿度 85％以上或土壤湿度大时，有利于菌核和孢子的萌发、侵染。保护地通风换气少，相对湿度常达 80％以上，所以，保护地全年温湿度条件均利于菌核、子囊孢子萌发及菌丝生长发育，导致菌核病常严重发生。在温暖季节，土壤湿度大、相对湿度高时，利于菌核萌发、子囊盘的产生、菌丝的生长和侵入。总体上，低温、湿度大或多雨的早春和晚秋，尤其是保护地栽培，利于病害的发生和流行。而且此条件下，菌丝繁殖茂盛，菌核形成需时短、数量多，田间再侵染频繁。

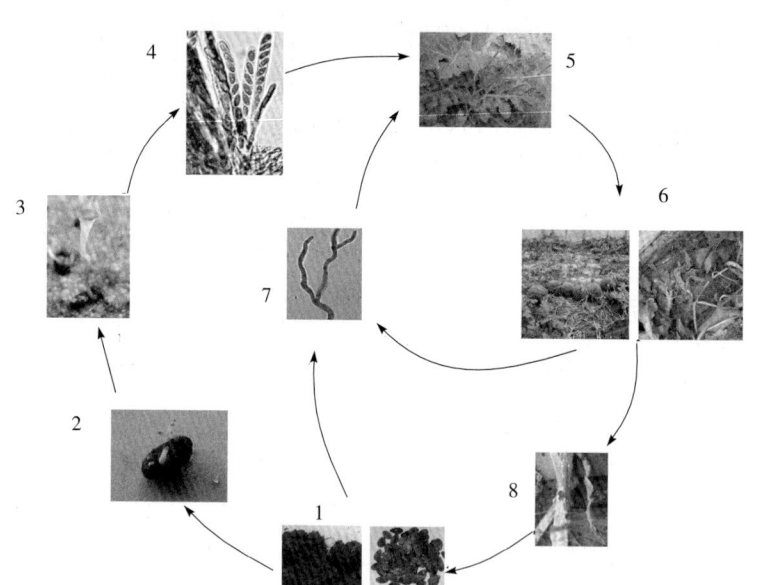

图 12‐13‐1　西瓜、甜瓜菌核病病害循环（刘志恒提供）

Figure 12‐13‐1　Disease cycle of Sclerotinia rot on watermelon and melon（by Liu Zhiheng）

1. 菌核越冬场所（土壤、种子）　2. 菌核萌发　3. 子囊盘
4. 子囊孢子　5. 健株　6. 病株　7. 菌丝　8. 菌核

　　定植期的早、晚对发病也有一定影响。早播或早定植的西瓜、甜瓜，如遇春季寒流频繁、阴雨连绵的年份，往往发病重。

　　连年种植葫芦科、茄科、豆科及十字花科等同类寄主植物的田块，利于菌核积累而加重为害；地势低洼，排水不良，土质黏重，植株过密，通风透光不良，偏施氮肥等，瓜秧长势较弱，或受霜害、冻害后，植株抗病力下降等，均可加重病害发生。

六、防治技术

　　防治西瓜、甜瓜菌核病，应采取加强栽培管理、清除初侵染来源的农业防治为主，结合化学防控的综合措施。

（一）农业防治

　　选择排水良好的沙壤土种植，高垄覆地膜栽培，阻隔子囊孢子释放。重病田与非瓜类作物实行 2～3 年以上轮作，有条件的与水生作物轮作效果更佳。筛选应用耐病品种。施足基肥，配方施肥，适当增加磷、钾肥，提高植株抗性。施用腐熟的有机肥，避免带有病残体和菌核的未腐熟的有机肥进入瓜田。灌水时以浇灌根际周围为主，切忌大水漫灌。及时整枝打杈，改善通风透光条件，降低田间郁闭程度。田间发现少量病株时，及时摘除病枝、病叶和病果。收获后彻底清除有病瓜蔓等病残体，及时深翻，将菌核埋入深层，抑制子囊盘萌发出土。保护地收获后，灌水闷棚 1 个月左右，或抢种一茬小白菜，灌水诱使土壤菌核大量萌发（未见小白菜发病产生菌核），减少后续初侵染菌核。

（二）种子和床土消毒

种子用 55℃温水浸泡 10min，可杀死菌核；菌床可用 70％敌磺钠可溶粉剂 1 000 倍液，或每升含 75％噁霉灵可湿性粉剂 700mg 的药液，按 4～5kg/m² 床面浇灌土壤消毒。

（三）药剂防治

掌握发病初期及时喷药。可喷洒 70％甲基硫菌灵可湿性粉剂 800～1 000 倍液，或 50％多菌灵可湿性粉剂 700～800 倍液，或 50％异菌脲可湿性粉剂 1 000～1 200 倍液，或 40％菌核净可湿性粉剂 1 000～1 500倍液，或 50％腐霉利可湿性粉剂 1 000～1 500 倍液，或 50％乙烯菌核利可湿性粉剂 1 000 倍液，或 50％氯硝胺可湿性粉剂 800～1 000 倍液，间隔 7～10d 喷 1 次，一般连续施用 2～3 次。大棚内在遇到连续阴雨天气时，可采用烟雾法防治。可选用 10％腐霉利烟剂或 45％百菌清烟剂，每 667m² 250g，熏 1 夜，间隔 8～10d 熏 1 次，连熏 2～3 次。发病重时，可将上述杀菌剂 30～50 倍液涂于发病部位，控病效果较好。

刘志恒　魏松红（沈阳农业大学植物保护学院）

第 14 节　西瓜、甜瓜疫病

一、分布与危害

西瓜、甜瓜疫病俗称"死秧"，是一种高温高湿型的土传病害，在全国各西瓜、甜瓜产区均有发生，南方地区病害重于北方。保护地和露地种植均有发生，在高温多雨季节病害发生严重。

西瓜、甜瓜疫病的发生特点是发病周期短，流行速度快，常常给西瓜生产造成严重的经济损失。发病后一般年份减产 20％～30％，若遇雨季多雨高湿持续较长的年份，减产可达 50％以上，甚至绝收，严重威胁着西瓜和甜瓜生产。2003 年美国东海岸各西瓜产区遭受历史上最严重的一次疫病侵袭，北卡罗来纳州受害面积最大，有 0.8 万 hm² 西瓜受害，给当地的西瓜生产造成巨大的经济损失。

二、症状

西瓜、甜瓜疫病在作物整个生育期都能发生。病害一般侵害瓜秧根颈部，严重时也可侵害幼苗、叶片、茎蔓及果实。

苗期感病，子叶初呈水渍状暗绿色圆形斑，中央部分逐渐变成红褐色，湿度大时，病斑迅速扩展，造成全叶腐烂；幼苗茎基部受害，近地面处呈暗绿色水渍状软腐，病部缢缩，直至倒伏枯死。

成株期感病，茎蔓基部的根颈部先易受害。发病初期产生暗绿色水渍状斑点，病斑迅速扩展环绕茎基部，呈软腐状缢缩，全株萎蔫枯死，叶片呈青枯状，维管束不变色。有时在主根中下部发病，产生类似症状，病部软腐，地上部青枯。潮湿时，出现暗褐色腐烂，病部以上的茎蔓及叶片凋萎下垂。叶部发病时，初生暗绿色水渍状斑点，很快扩展为圆形或不规则形的大型黄褐色病斑，边缘不明显，后期病斑中央呈灰白色。湿度大时，迅速扩展，病部变软腐烂，似开水烫伤状；干燥后，病叶呈淡褐色，易于破碎。

果实受害，果面上形成暗绿色近圆形凹陷的水渍状病斑，并迅速扩展到整个果面，病果软腐，病部表面长出浓密的灰白色霉状物，即病菌的孢囊梗和孢子囊，后期果实腐烂（彩图 12 - 14 - 1）。

三、病原

西瓜、甜瓜疫病的病原菌为甜瓜疫霉（*Phytophthora melonis* Katsura），属于卵菌门疫霉属。

病菌菌丝体无色，具有分枝，分枝处缢缩不明显；初生菌丝一般无隔，老熟菌丝上常长出内部充满原生质的不规则球状体。菌丝或球状体上可长出孢囊梗。孢囊梗细长，宽 1.5～3.0μm，长达

$100 \mu m$，中间偶现间轴分枝，个别形成隔膜；孢子囊顶生，卵球形或长椭圆形，无色，顶端有乳状突起，大小为（$36.4 \sim 71.0$）$\mu m \times$（$23.1 \sim 46.1$）μm。孢子囊萌发产生游动孢子，游动孢子无色，近球形或卵圆形，大小为 $7.3 \sim 17.7 \mu m$（图 12 - 14 - 1）。卵孢子淡黄色或黄褐色，大小为 $15.7 \sim 32.0 \mu m$。

病菌生长发育适温 $28 \sim 32 \text{℃}$，最高 37℃，最低 9℃。疫病菌除为害西瓜和甜瓜外，还可侵染冬瓜、南瓜、黄瓜和西葫芦等葫芦科蔬菜。

四、病害循环

病原菌主要以菌丝体或卵孢子随病残体在土壤中和未腐熟的肥料中越冬，成为第二年的主要初侵染来源（图 12 - 14 - 2）。厚垣孢子在土中也可存活数月，种子也可以带菌，但带菌率低。卵孢子和厚垣孢子通过雨水、灌溉水传播到寄主上，形成孢子囊。孢子囊在适宜的条件下产生游动孢子，附着在茎、叶和果实上，从气孔、细胞间隙侵入。植株发病后，在病斑上产生的孢子囊和游动孢子又借风、雨传播，进行再侵染。病菌侵入后，菌丝先在寄主皮层薄壁细胞中延伸、扩展，然后在细胞间或细胞内蔓延，随后形成卵孢子在病组织内越冬。

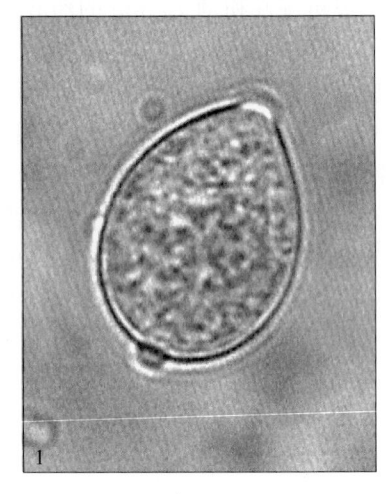

图 12 - 14 - 1　西瓜、甜瓜疫病病原孢子囊（刘志恒提供）

Figure 12 - 14 - 1　Sporangium of *Phytophthora melonis*（by Liu Zhiheng）

五、流行规律

西瓜、甜瓜疫病的发生和流行，受气象条件、田间管理等多种因素的影响。

（一）气象条件

在发病适温范围内，雨季的长短、降水量的多少，成为病害流行的决定因素。通常雨季来得早、雨量大、雨日持续时间长，空气相对湿度高，病害发生早，发展迅速。因此，田间发病高峰往往紧接在雨量高峰之后。在适宜的温湿度条件下，病害的潜育期只需 $2 \sim 3d$，且病菌的再侵染频繁。

（二）田间管理

施用未腐熟的有机肥、重茬连作、浇水过多、地势低洼、排水不良、土质黏重、畦面高低不平、雨后易积水的田块，发病严重。

六、防治技术

防治西瓜、甜瓜疫病，应采取加强栽培管理、注意种子消毒的农业防治为主，辅以化学防控的综合措施。

（一）栽培措施

有条件轮作的地区，可将西瓜、甜

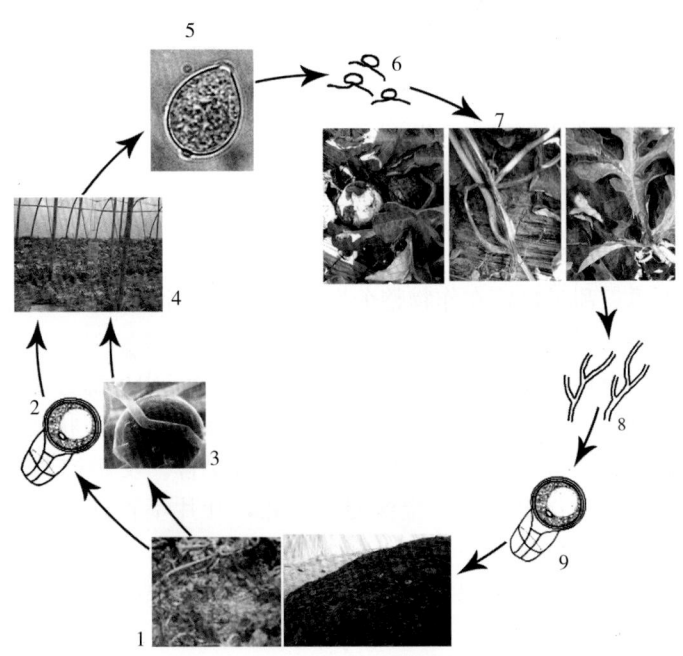

图 12 - 14 - 2　西瓜、甜瓜疫病病害循环（刘志恒提供）

Figure 12 - 14 - 2　Disease cycle of Phytophthora blight on watermelon and melon（by Liu Zhiheng）

1. 病菌越冬场所（土壤、未腐熟肥料）　2. 卵孢子　3. 厚垣孢子　4. 寄主
5. 孢子囊　6. 游动孢子　7. 病株　8. 菌丝　9. 卵孢子

瓜与非瓜类作物实行 $3 \sim 4$ 年轮作，减轻发病。施足底肥，增施腐熟的有机肥，并注意氮、磷、钾肥配合使用，利于瓜根系生长发育，提高植株抗病能力。瓜地要深开沟，作高畦，以利田间排水。注意防涝，控制浇水，雨后注意排水，勿使瓜田积水，经常保持田面半湿半干状态。及时拔除田间中心病株，并用石灰

消毒病穴。从无病健瓜上选留无病种子。

（二）种子处理

为防止种子上携带病原菌，可用 40％甲醛 100 倍液浸种消毒 30min，捞出后用清水冲洗 2～3 次，晾干后播种或催芽；或按种子重量的 0.3％，用 25％甲霜灵可湿性粉剂拌种；或播种前种子在 55℃热水中浸 15min，冷却后捞出进行催芽播种。

（三）药剂防治

注意发病初期喷药，除喷洒叶、茎和果实外，还应喷洒地面或结合灌根以消灭土壤中的病原菌。可选用 72.2％霜霉威水剂 600～800 倍液，或 58％甲霜灵·锰锌可湿性粉剂 500～600 倍液，或 72％霜脲·锰锌可湿性粉剂 600 倍液，或 40％三乙膦酸铝可湿性粉剂 200～300 倍液，或 75％百菌清可湿性粉剂 500 倍液，或 70％丙森锌可湿性粉剂 800 倍液，或 100g/L 氰霜唑悬浮剂 1 500～2 500 倍液，或 23.4％双炔酰菌胺悬浮剂 1 500 倍液喷雾。隔 7～10d 喷药 1 次，一般连续施用 2～3 次。必要时可用上述杀菌剂灌根，每株灌药液 400～500g，有一定的控病效果。

刘志恒　魏松红（沈阳农业大学植物保护学院）

第 15 节　西瓜、甜瓜枯萎病

一、分布与危害

西瓜、甜瓜枯萎病又称蔓割病、萎蔫病或萎凋病，有些地方俗称"死秧子"，是西瓜、甜瓜上的重要土传病害。

西瓜枯萎病自 1894 年在美国首次报道后，现已在世界各地发现。我国各西瓜产区，包括湖南、湖北、广西、河北、河南、山东、宁夏、内蒙古、陕西、新疆、黑龙江、北京、天津和上海等地均有发生。特别是随着连作年限延长，病害逐年加重，一般发病田病株率在 10％～20％，重者达 80％～90％，甚至造成绝产。

甜瓜枯萎病也普遍发生于世界温带和热带地区。在我国主要发生于新疆、甘肃、陕西及河南等地，黑龙江、辽宁、江苏、福建等地也有发生。目前，随着甜瓜保护地生产技术的推广，该病在我国有保护地甜瓜产区都有发生，且有逐年加重的趋势。该病在瓜类整个生育期都能发生，开花结果后发病较重，以结瓜期发生最严重。

二、症状

西瓜、甜瓜植株的各个部位都可发病。种子幼芽出土前受害，造成烂芽而不能出土。幼苗期发病，子叶不能出土，或出土后子叶变黄，顶端呈失水状，茎基部缢缩，变褐，后萎垂，最终呈立枯状死亡。成株期受害，多从距地面或茎基部较近叶片开始变黄，逐渐向上部叶片发展，有时全株叶片萎蔫，有时半边正常半边萎蔫，还有时中上部叶片或侧蔓局部叶片萎蔫，植株生长缓慢。发病初期，植株中午萎蔫，早、晚尚能恢复，反复几次后整株叶片枯萎下垂，不能再恢复，4～5 d 后枯死。病株的茎基部初呈水渍状，软化缢缩，后逐渐干枯，常纵裂，表面产生粉红色的胶状物，剖开病茎可见维管束变色。湿度大时，茎基病部表面常产生白色或粉红色霉层（彩图 12 - 15 - 1）。根系多数发育较差，须根较少，变褐腐烂，容易拔起。

三、病原

引起西瓜、甜瓜枯萎病的病原菌主要有尖镰孢 3 个专化型：一是尖镰孢西瓜专化型 [*Fusarium oxysporum* Schltdl. ex Snyder et Hansen f. sp. *nivenm* (E. F. Smith) Snyder et Hansen]，主要侵染西瓜，也侵染甜瓜，轻度侵染黄瓜；二是尖镰孢甜瓜专化型（*F. oxysporum* f. sp. *melonis* Snyder et Hansen），主要侵染甜瓜；三是尖镰孢黄瓜专化型（*F. oxysporum* f. sp. *cucumerinum* Owen），弱侵染西瓜和甜瓜，均属于子囊菌无性型镰孢属。

病菌在马铃薯葡萄糖琼脂培养基（PDA）上产生白色、棉絮状的气生菌丝，培养基底色呈淡黄色、淡紫色或蓝色；小型分生孢子无色，长椭圆形，单胞或偶为双胞；大型分生孢子无色，镰刀形或纺锤形，具 1~5 个隔膜，多数为 3 个隔膜；厚垣孢子顶生或间生，圆形，淡黄色（图 12 - 15 - 1）。

西瓜、甜瓜和黄瓜 3 种专化型的培养性状有一些差异。虽然都在 PDA 培养基上产生乳白色、短棉絮状的气生菌丝，但西瓜和甜瓜两个专化型的菌落呈淡紫色，黄瓜专化型为浅橙红色。3 种专化型均可产生 3 种孢子，但产生量不同。西瓜专化型产生的大型分生孢子较少，厚垣孢子较多；甜瓜专化型产生的大型分生孢子很少，可产生较多的厚垣孢子；黄瓜专化型可产生较多的大型分生孢子和小型分生孢子，但厚垣孢子极少。3 种专化型所产生的小型分生孢子大小相似，但西瓜专化型的小孢子油球十分清晰，大多位于孢子两端，而黄瓜专化型小孢子的油球不明显；西瓜专化型的厚垣孢子比甜瓜专化型和黄瓜专化型的都小，西瓜专化型的大型孢子比黄瓜专化型的略大（表 12 - 15 - 1）。

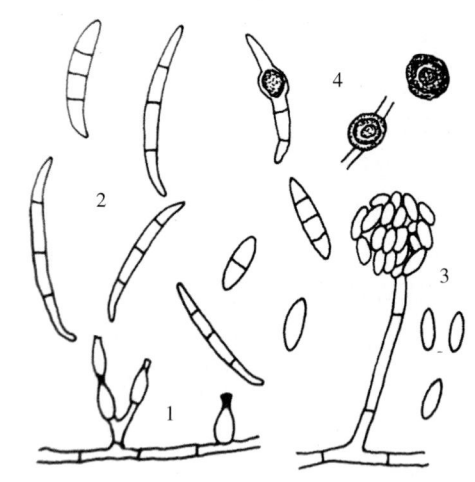

图 12 - 15 - 1　西瓜枯萎病菌（仿郑建秋，2004）

Figure 12 - 15 - 1　*Fusarium oxysporum* f. sp. *nivenm* (from Zheng Jianqiu, 2004)

1. 分生孢子梗　2. 大型分生孢子
3. 小型分生孢子及孢子梗　4. 厚垣孢子

不同专化型下可有多个生理小种。西瓜专化型生理小种有 3 个，即 0 号、1 号和 2 号生理小种；甜瓜枯萎病菌有 0 号、1 号、2 号和 1.2 号 4 个生理小种；黄瓜枯萎病菌有 1 号（美国）、2 号（以色列）、3 号（日本）和 4 号（中国）4 个生理小种。

表 12 - 15 - 1　尖镰孢西瓜、甜瓜和黄瓜 3 种专化型的培养性状比较（引自刘志恒等，2002）

Table 12 - 15 - 1　Cultural characters of 3 forma specialis of *Fusarium oxysporum*（from Liu Zhiheng et al.，2002）

病菌专化型	西瓜专化型	甜瓜专化型	黄瓜专化型
菌落颜色	淡紫色	淡紫色	浅橙红色
气生菌丝颜色	乳白色	乳白色	乳白色
大型分生孢子	镰刀形，多 3 隔，大小为 10.55（8.0~13.1）μm×1.96（1.5~2.5）μm	镰刀形，多 3 隔	镰刀形，多 3 隔，大小为 10.05（8.0~12.1）μm×2.05（1.3~2.8）μm
小型分生孢子	椭圆形，多无隔，大小为 3.81（2.0~6.0）μm×1.57（1.0~2.0）μm	椭圆形，多无隔，大小为 3.52（1.2~7.0）μm×1.48（1.0~2.0）μm	椭圆形，一隔或无隔，大小为 4.2（6.5~2.0）μm×1.15（0.8~1.9）μm
厚垣孢子	较少而小，大小为 2.14（1.4~4.2）μm	较多而大，大小为 4.4（3.0~6.0）μm	极少，大小为 3.3（2.0~4.0）μm

四、病害循环

西瓜、甜瓜枯萎病菌以菌丝体和厚垣孢子随病残体在土壤和未腐熟的有机肥中越冬，也可以种子带菌越冬。越冬菌体成为第二年初侵染源。病菌从根部伤口及根毛顶端细胞间侵入，后进入维管束，在导管内发育，堵塞导管或产生毒素引起植株中毒而萎蔫死亡。病菌随病残体重新进入土壤（图 12 - 15 - 2）。

五、流行规律

（一）病菌的传播、扩散及其侵染条件

1. 病菌的传播与扩散　西瓜、甜瓜枯萎病是一种土传病害，病菌主要借土壤、粪肥、雨水、灌溉水、农具、地下害虫、土壤线虫或种子等传播和扩散。病菌存活能力强，在土壤中能存活 5~6 年；厚垣孢子在通过牲畜的消化道后仍可存活。

2. 病菌的菌丝生长、产孢和孢子萌发条件 西瓜、甜瓜枯萎病菌菌丝生长的温度范围均为 5～35℃，20～30℃ 为生长适宜温度，25℃ 生长最快，小于 5℃ 或大于 35℃ 时菌丝不再生长。

西瓜、甜瓜和黄瓜 3 种瓜类枯萎病菌专化型的产孢与温度的相关性不明显。在不同温度下于 PDA 培养基上，西瓜专化型产生的大型分生孢子较少，厚垣孢子较多；甜瓜专化型很难产生大型孢子，却可产生较多的厚垣孢子；而黄瓜专化型大型孢子的产生量则比西瓜和甜瓜两个专化型要多，但只在 25℃ 时产生厚垣孢子。

在 15～30℃ 下各种孢子均可萌发，在 20～30℃ 范围内孢子萌发率较高，但不同专化型同类孢子间的反应有所差异：西瓜专化型的大型分生孢子和甜瓜专化型的厚垣孢子在 25℃ 时萌发率最高；黄瓜专化型的大型分生孢子则是在 20℃ 时萌发率最高；甜瓜专化型和黄瓜专化型的小型分生孢子在 20℃ 时萌发率最高，而西

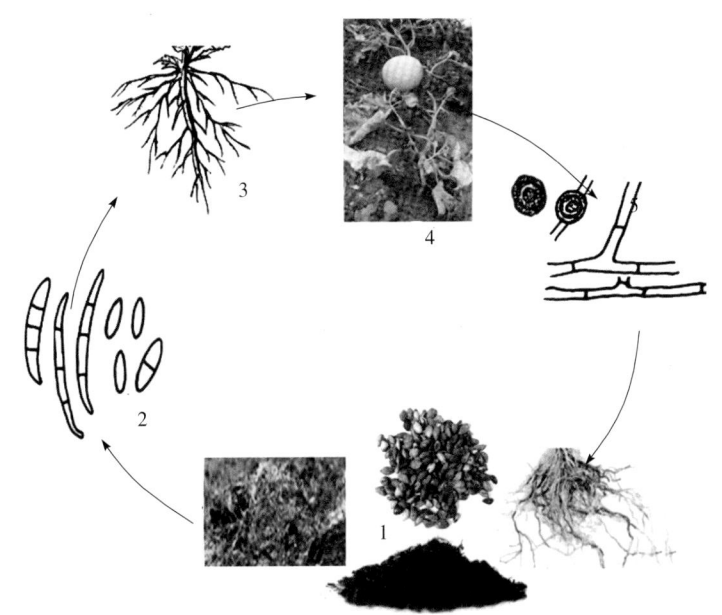

图 12-15-2　西瓜、甜瓜枯萎病病害循环（缪作清提供）
Figure 12-15-2　Disease cycle of *Fusarium* wilt on
watermelon and melon（by Miao Zuoqing）
1. 病菌越冬场所（土壤、粪肥、植物残体和带菌种子）　2. 大型和小型分生孢子
3. 侵入根部　4. 植株发病　5. 厚垣孢子和菌丝

瓜专化型的小型分生孢子却在 30℃ 时萌发率最高。小于 15℃ 或大于 30℃ 时，孢子萌发率呈下降趋势；在 25～30℃ 时，不同类型孢子均会达到最大萌发率。

西瓜专化型、甜瓜专化型和黄瓜专化型的各类孢子均在 pH 为 6 时达到最大萌发率，表明尖镰孢的孢子在偏酸性条件下易于萌发。pH 小于 5 时，西瓜专化型的大型分生孢子萌发率比黄瓜专化型的高；pH 大于 5 时，则是黄瓜专化型大型分生孢子萌发率比西瓜专化型的高；pH 超过 7 时，萌发率显著降低，而 pH 到达 9 时，各专化型的各种孢子均不再萌发。

二氧化碳浓度对枯萎病菌的菌丝生长及孢子萌发也有影响。高浓度二氧化碳对西瓜枯萎病菌菌丝生长和孢子萌发均有抑制作用，浓度越高抑制效果越明显。

3. 病菌的侵染过程 土壤中病菌主要从根部伤口或根毛顶端细胞间侵入。病菌侵入后，先在细胞间或细胞内繁殖，后由中柱深入木质部，在导管中发育，堵塞导管，使水分输送受阻。分泌的毒素也可致组织坏死和叶片枯萎。种子带菌，病原菌也可在种皮中繁殖，从胚栓侵入，然后向导管转移，引起幼苗发病。

4. 病菌的侵染条件 感病品种和植株根茎有裂口均容易被病菌侵染，地下害虫和线虫为害可以增加枯萎病菌侵染的机会。

（二）病害发生条件

1. 土壤温度和湿度 枯萎病的发生、蔓延与土壤温度及空气湿度关系密切。地温 20℃ 左右开始出现症状，上升到 25～28℃ 时出现发病高峰；进入秋季，地温降至 25℃ 左右时，又会出现发病高峰；地温 21℃ 以下或 33℃ 以上病情扩展缓慢或出现暂时隐症。在适宜温度下，雨水成为影响病害发展的重要因素，夏季大雨或暴雨后，地温下降易发病；空气相对湿度为 80% 以上时，容易发病，相对湿度 70% 以下发病减轻。

2. 土壤酸碱度 酸性土壤不利于瓜类作物的生长，却有利于枯萎病菌的活动。故在 pH4.5～6.0 时，枯萎病发生重，在 pH3.5 以下及 pH9.0 以上则不发病。

3. 地势和土质 地势高，排水方便，土壤含水量低，发病相对较轻；地势低洼、土壤黏重、偏碱、容易积水或地下水位高，发病相对较重。沙壤土保水保肥能力弱，植株抗性差，发病相对较重；壤土、红壤土则相反，发病相对较轻。

4. 生育期 通常情况下，枯萎病发病盛期都在营养生长和生殖生长并进的时期。此时，植株需要大量养分，若养分供应不足或者不平衡，均减弱其抗病力。稳果期过后，植株抗病性逐渐增强，轻病株常可恢复生长而症状开始隐蔽。

5. 栽培管理 连作地、移栽或中耕时伤根多，植株生长势弱的发病重。不同品种对枯萎病的抗性不同，一般杂交品种抗病性强，发病轻。新植田或轮作田较连作田发病轻。合理施肥的较偏施肥的田发病轻。

6. 地下害虫和线虫为害 地下害虫和线虫多的地块，根部伤口增加，利于枯萎病菌的侵染。

六、防治技术

（一）选用抗（耐）病良种

西瓜可选用新红宝、郑杂7号、密桂、平红宝、平金优，以及郑抗1号、郑抗2号、早花、郑杂5号、红优2号、京抗2号、京抗3号、早抗京欣、西农8号、丰乐5号、抗病苏蜜、抗病苏红宝等品种。甜瓜可选用龙甜1号、龙甜2号、伊丽莎白、锦丰甜宝等品种。

（二）农业防治

1. 轮作 发病严重地块，可采取与非瓜类作物5年以上轮作，茬口以选择小麦、豆类和休闲地最好，其次是棉花和玉米等。有条件的可实行水旱轮作。北方大棚西瓜采用与大葱轮作方式，秋播大葱，春收获后定植西瓜，可使枯萎病发生率降低21.2%，西瓜产量提高8.5%。

2. 改进育苗方法 可采用营养钵或塑料套（袋）育苗，以培育壮苗，定植时不伤根，缓苗快和提高抗病能力。

3. 嫁接防病 利用西瓜枯萎病不侵染葫芦的特性，用葫芦作砧木嫁接西瓜，也可选用南瓜、瓠瓜和黑籽南瓜作砧木。甜瓜砧木主要是南瓜，也可选用葫芦、冬瓜和丝瓜等作砧木。用葫芦作砧木嫁接西瓜，防病效果可达98%~100%。

4. 加强管理 施足基肥，施用腐熟的有机肥，避免偏施氮肥，及时追施磷肥和钾肥，合理配施锌肥和硼肥等微肥，保证植株生长健壮和提高自身的抗病力。采用深沟高畦栽培，利于排灌，又可以增强土壤的透气性，降低湿度，减少病菌侵染。定植后适当控制灌水，以提高地温，促使发根；坐瓜后，特别是膨瓜期适当增加灌水次数，采取小水浇灌，避免大水漫灌，雨季及时排水，防止植株早衰和茎基部因土壤水分供应不均衡，产生自然裂伤；有条件的可采用全地面地膜覆盖、膜下滴灌或渗灌等技术，既能降低棚内空气相对湿度，又能提高土壤温度；发病时要控水，及时清除病株并带出田外烧毁或深埋，同时用石灰等对病穴进行土壤消毒。及时打杈、整蔓、摘去底部老叶，保持田间通风透光，降低田间湿度；棚室栽培要及时通风降湿。及时防治地老虎、蛴螬、蝼蛄等地下害虫，以免给植株根部造成伤口，给枯萎病菌提供侵染的机会。

（三）物理防治

1. 太阳能高温消毒 夏季晴天收获后深耕土壤，暴晒30~60d可显著减少10cm土层中的枯萎病菌含量，延缓枯萎病发生。深耕后灌水和铺地膜，晴天强光下可使膜内温度高达70℃。消毒5~7d后，病害发生显著减轻。棚室栽培还可以同时密闭大棚进行闷棚，以进一步提高消毒效果。

2. 盖顶棚避雨防病 大棚在春季气温回升后，保留棚膜和裙膜，平时将裙膜卷起、棚门打开，下雨时放下裙膜、关上棚门，以避雨降湿，预防病害发生。

3. 换土防病 对于设施栽培，有条件的可采用换土的办法，用没有种过瓜类的土壤替换病土，以减少土壤中的病原菌，防止病害发生。

（四）化学防治

1. 药剂拌种或浸种 播前可按种子重量0.3%~0.4%的用量，用50%多菌灵可湿性粉剂拌种。或用2.5%咯菌腈悬浮种衣剂进行包衣或拌种，每2~3kg种子用10mL药剂。

也可将种子在2%~3%的漂白粉溶液中浸泡30~60min，或在40%甲醛150倍液中浸泡90min，然后用清水洗净后晾干播种；或用50%多菌灵可湿性粉剂或72.2%霜霉威水剂800倍液，或45%代森铵水剂500倍液浸种60min，然后用清水洗净后催芽播种。

2. 土壤处理 按每平方米用50%多菌灵可湿性粉剂8g，与苗床土拌匀后播种；或者定植前按每

667m²用 50%多菌灵可湿性粉剂 2kg，与细土 30kg 混合均匀，撒于定植穴内。在重病区或重茬地，结合整地，每 667m²可施入熟石灰粉 80～100kg，使土壤 pH 呈中性或微碱性，抑制病菌生长，减少病害发生。

3. 药剂灌根　发病初期防治：可选用 50%多菌灵可湿性粉剂 500 倍液、20%噻菌铜悬浮剂 500～600 倍液、70%甲基硫菌灵可湿性粉剂＋50%多菌灵可湿性粉剂（1∶1）1 000 倍液、30%噁霉灵水剂 500～1 000 倍液等进行灌根，每穴 300～500mL。注意病株周围 2m² 范围内都应该浇灌。

（五）其他防治方法

1. 生物防治　发病初期可用嘧啶核苷类抗菌素水剂 200 倍液灌根，每穴 300～500mL；使用丛枝菌根（arbuscular mycorrhiza，AM）真菌也能减轻西瓜枯萎病的危害。其他生防真菌还有哈茨木霉（*Trichoderma harzianum* Rifai）、绿色木霉（*T. viride* Pers. ex Fr.）及绿黏帚霉（*Gliocladium virens* Mill.）等，主要是通过竞争、抗生及寄生作用等减少病菌为害。

2. 诱导抗病　利用从西瓜维管束中分离到的尖孢镰刀菌非致病菌株 FO - 3 接种西瓜，间隔 15d 后再接种致病菌进行诱导，在接种枯萎病菌 30d 后的平均诱导防效达 96.82%。还可以利用西瓜枯萎病菌和香蕉枯萎病菌的细胞壁来源的水溶性、热稳定激发子对西瓜进行诱导，诱导后的瓜苗对枯萎病菌的抗性明显提高。

3. 利用植物源物质　大蒜鳞茎粗提取物对西瓜枯萎病菌的菌丝及孢子有抑制作用，粗提物浓度达到 20mg/mL 时，对菌丝的抑菌率最大；浓度达到 10mg/mL 时，对孢子萌发抑制率达 100%。粗提物浓度在 500mg/mL 时，对西瓜枯萎病的防治效果最好，对抗病和感病品种的防效分别为 94.4%和 71.4%。但是大蒜鳞茎粗提物对种子萌发和幼苗生长也有一定的影响。

李世东　缪作清（中国农业科学院植物保护研究所）

第 16 节　西瓜、甜瓜根腐病

一、分布与危害

西瓜、甜瓜根腐病是中国也是世界上许多国家西瓜、甜瓜上常见的病害之一，其发生历史久远，分布范围广。主要分布于美国、印度、澳大利亚、新西兰、意大利、俄罗斯、荷兰、以色列、巴西、德国、日本、韩国、瑞典、英国、比利时、墨西哥等国。

我国西瓜和甜瓜各种植区均有根腐病的分布，主要发生于北京、浙江、新疆、山东、安徽、天津、河北、上海、江苏、内蒙古、广西、宁夏、吉林、辽宁、河南、湖南、湖北、江西、福建、广东、海南、云南、贵州和台湾等地。在西瓜、甜瓜的生产中，由于气候及栽培技术等多种原因，无论是保护地种植还是露地种植的西瓜、甜瓜上都会发生不同程度的根腐病，该病具有发生早、蔓延快、危害重、损失大的特点。据报道，轻病田块的发病率为 3%～5%，平均发病率为 20%～30%，发病重的可达 60%以上，严重影响西瓜、甜瓜的产量和品质。

二、症状

西瓜、甜瓜根腐病主要侵害西瓜、甜瓜的茎基部和根部，播种后有的未出土即在土中烂种烂芽；出土后，瓜苗在子叶期出现地上部猝倒死亡，拔出病株可见茎基部和根部呈黄褐色至褐色腐烂。幼苗受害后，茎基与主根上部皮层部呈水渍状、浅褐色，后呈深褐至黑色，幼苗很快猝倒死亡；在 3～4 片真叶时，病株主要表现为茎基与主根上部皮层部呈水渍状、浅褐色，顶部叶片向上翻卷，类似缺水状，后猝倒死亡。

在西瓜、甜瓜定植后 4～5d，缓苗期过后，植株进入生长期，病株的症状表现最为明显。发病初期西瓜、甜瓜植株茎基与主根上部皮层呈水渍状、浅褐色，后逐渐至深褐色腐烂，病部不缢缩，其维管束变褐色，但不向上扩展，最终皮层、组织破碎，仅留下丝状维管束。根部的发病部位一般不向茎部发展，这点与枯萎病不同。通常发现该病时叶片已经出现萎蔫，或大部分叶片向上翻卷，植株生长缓慢。初期叶片中午萎蔫，早、晚可恢复正常，反复几天后，整个植株因根部严重腐烂而萎蔫死亡。扒开病株基部周围的表层土壤，能看到茎基及主根上部有明显的皮层腐烂坏死，且须根较少，感病植株极易从感病部位折断（彩图 12 - 16 - 1）。

有的时候症状出现较晚，进入结瓜期才比较明显，植株地上部的茎叶表现似缺肥水状失绿，较健株矮小，生长不良。拔出病株可见须根较少，且呈淡黄褐色，初期主根未有明显症状，但随着病情加重，植株长势越来越差，底叶开始变黄枯落，矮化更为明显，最后整株叶片萎蔫，植株枯死。枯死病株很容易从土中拔起，须根已完全腐烂不见，主根变黑褐色亦逐渐腐烂，留下丝状维管束，用手挤压，根部皮层很易剥落。发病较晚的植株不坐果，或果实停止膨大，造成收获时果实比正常果实小且品质差。

有时该病还能侵害果实，形成果腐病，在果实表皮或瓜柄处出现褐色病斑，逐渐扩大呈凹陷状。在潮湿条件下，病斑上产生白色霉状物，果肉向内腐烂，病瓜味苦，不堪食用。

三、病原

西瓜、甜瓜根腐病的病原菌为腐皮镰孢瓜类变种 [*Fusarium solani*（Martius）Appel et Wollenw. ex Snyder et Hansen var. *cucurbitae* Snyder et Hansen]，属于子囊菌无性型镰孢属真菌。该菌在无性时期的生活史中能产生 2 种不同类型的分生孢子即大型分生孢子和小型分生孢子。在 PSA 培养基上，菌落呈圆形，气生菌丝薄绒状，初为白色，并逐渐变为浅灰色，间有土黄色分生孢子座，基物表层肉色至淡蓝色，培养基不变色；在 Bilai's 培养基上菌丝稀少，白色，间有土黄色分生孢子座；米饭培养基上菌丝白色至淡咖啡色。小型分生孢子数量多，卵形、肾形、壁较厚，具隔 0~1 个，大小为（9.0~14.2）μm×（3.0~4.5）μm。大型分生孢子较胖，马特型，即孢子最宽处在中线上部，两端较钝，顶胞稍尖，基胞有圆形足跟，壁较厚，具隔 2~8 个，大小为（17.7~58.0）μm×（3.0~6.1）μm。厚垣孢子多，圆形，壁光滑或粗糙，在菌丝或孢子顶端或中间单生、对生，直径 6~10μm。产孢细胞在气生菌丝上长出长筒形单瓶梗，长可达 200μm 以上，少分枝；在分生孢子座上长出的分枝较多，成簇，长短不一，但均有长的梗（表 12 - 16 - 1）。

表 12 - 16 - 1 西瓜、甜瓜根腐病和枯萎病的田间症状区别

Table 12 - 16 - 1 Symptom of Fusarium root rot and Fusarium wilt of watermelon and melon in the field

病 害	根腐病	枯萎病
症状	①在分苗或定植后缓苗前较常见；②维管束变褐，但不向枝蔓扩展；③病部裂口处无胶状物溢出；④环境潮湿时，病部腐烂，表面产生少量白色霉状物；⑤病部无缢缩或略收缩变细	①全生育期均可发病；②维管束变褐，逐步向枝蔓扩展；③茎、蔓裂口处有琥珀色胶状物溢出；④环境潮湿时，病害表面常产生白色或粉红色霉状物（病菌分生孢子）；⑤病根部褐色腐烂，稍缢缩
发生时期	早	较早
侵害部位	茎、根	茎、根、果实
病原	*Fusarium solani* f. *cucurbitae*，由腐皮镰孢侵染所致	*Fusarium oxysporum* f. sp. *niveum*，由尖镰孢侵染所致
大型分生孢子	马特型，较胖，即孢子最宽处在中线上部，两端较钝，顶胞稍尖，基胞有圆形足跟，壁较厚，具隔 2~8 个，大小为（17.7~58.0）μm×（3.0~6.1）μm	美丽型，月牙形，稍弯，向两端比较均匀地逐渐变尖，基胞足跟明显，1~6 隔，多数 3 隔，大小为（10~60）μm×（2.5~6.0）μm
小型分生孢子	数量多，卵形、肾形，壁较厚，具隔 0~1 个，大小为（9.0~14.2）μm×（3.0~4.5）μm	数量多，卵圆形或肾形，假头状着生在产孢细胞上，大小为（5.0~12.6）μm×（2.5~3.6）μm
厚垣孢子	多，圆形，壁光滑或粗糙，在菌丝或孢子顶端或中间单生、对生，直径 6~10μm	很易产生，球形，直径 6~8μm，单生、双生或串生，菌丝中常见
产孢细胞	气生菌丝上长出长筒形单瓶梗，长达 200μm 以上，少分枝	细胞短，大小为（4.4~15）μm×（2.5~4.4）μm，单瓶梗，在菌丝上分散生长，分生孢子座上多分枝成丛

四、病害循环

西瓜、甜瓜根腐病菌以菌丝体、厚垣孢子或菌核等在土壤中及病残体上越冬。含病原菌的土壤、农家肥和带菌种子是根腐病的初侵染源，尤其是厚垣孢子可在土中存活5～6年，甚至长达10年，是主要的初侵染源。病菌从根部伤口侵入，然后在病部产生分生孢子，借雨水、灌溉水和农事操作传播蔓延，进行再侵染。春季育苗期是病原菌侵入植株的主要时期。分苗、定植时造成的伤根，育苗期光线不足，通风不良，土壤水分过多，温度过高，土壤消毒不彻底，种子带菌等因素易导致根腐病发生。大棚等设施栽培西瓜、甜瓜，由于连年重茬种植，病菌大量繁殖、残留，也是导致根腐病发生的重要原因（图12-16-1）。

五、流行规律

（一）西瓜、甜瓜根腐病菌菌丝生长和分生孢子萌发特点

1. 菌丝生长特点 西瓜、甜瓜根腐病菌菌丝在5℃时不能生长；10℃生长缓慢；在10～30℃范围内，随着温度的升高菌丝生长加快，30℃时生长最快，之后随着温度的升高生长下降；40℃时只有微量生长。菌丝在pH4时生长很慢；在pH5～8范围内，该菌丝生长逐渐加快，pH8时生长最快，之后生长速度有所下降。在葡萄糖、麦芽糖、可溶性淀粉、蔗糖和乳糖作为碳源的条件下，病原菌菌落直径分别为8.1cm、8.5cm、7.9cm、7.8cm和8.3cm，差异不显著。因此，不同碳源对菌丝生长的影响没有显著差异。不同氮源对该病原菌生长的影响差异显著，适宜的氮源是硝酸钠和硝酸钙，菌落直径分别为8.6cm和8.1cm；其次是尿素，再次是硝酸钾，而硫酸铵和硝酸铵则不适宜该病原菌的生长。

2. 分生孢子萌发特点 分生孢子在5℃和40℃条件下不萌发，在10℃时孢子萌发率仅为1%，20℃时孢子萌发率为65%，25℃时孢子萌发率为

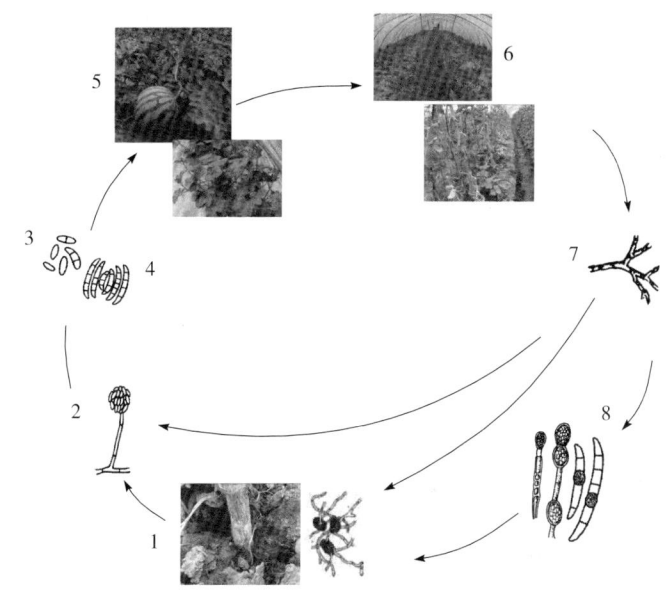

图12-16-1　西瓜、甜瓜根腐病病害循环

（王汉荣和方丽提供）

Figure 12-16-1　Disease cycle of Fusarium wilt on watermelon and melon（by Wang Hanrong and Fang Li）

1. 病菌越冬场所　2. 产孢细胞　3. 小型分生孢子　4. 大型分生孢子
5. 健株　6. 病株　7. 菌丝　8. 厚垣孢子

80%，30℃时孢子萌发率可达90%，35℃条件下孢子萌发率为37%。30℃是孢子萌发的适宜温度。相对湿度为100%时，培养8h，孢子萌发率为10%，培养24h萌发率达80%；湿度为90%时，培养8h，孢子萌发率为2%，培养24h萌发率仅为7%；相对湿度为75%和50%时，分生孢子不萌发。分生孢子萌发对湿度的要求很高，相对湿度100%是最适宜分生孢子萌发的相对湿度。病原菌分生孢子的致死温度为57℃/10min。

（二）西瓜、甜瓜根腐病菌的传播扩散及其侵染条件

西瓜、甜瓜根腐病菌侵染的适宜温度为8～34℃，最适温度为24～32℃。高温、高湿利于病菌孢子的萌发和菌丝生长，缩短病害的潜育期。随气温和湿度的变化，病害发生明显不同。在苗期引起猝倒和苗腐，多发生在16～18℃时；当温度在22～28℃、相对湿度达到80%时，病害开始流行；温度超过34℃，病菌菌丝停止生长。晴天少雨，病害发展慢、为害轻；阴雨天或浇水后，病害发展快、为害重；连作地、土壤黏重、低洼盐碱地以及晚播晚植发病均较重；根结线虫为害重的瓜田，根腐病侵害也较重。因此，大棚等设施栽培西瓜、甜瓜时，西瓜、甜瓜根腐病一般在2月中、下旬开始发生，定植后到开花坐果前发病

严重，3月下旬至4月上、中旬为发病盛期，严重地块全部染病，复种后再度发病，造成绝收。露地栽培中，前期温度低，病菌潜伏，被侵染的植株不表现明显症状。4月下旬至5月上旬为始发期，到5月中、下旬气温升高时，为盛发期，病株症状明显，病叶逐渐黄化；6月中、下旬病叶全部黄化，发病晚的病株病叶后期仍呈叶肉黄化、叶脉绿色的网纹症状。

六、防治技术

（一）选用抗病或耐病西瓜品种和砧木品种

选用抗病或耐病的优良西瓜品种。利用黑籽南瓜或葫芦作砧木，培育抗病的嫁接西瓜苗，进行嫁接防病。抗性砧木品种如葫芦砧1号、强势、八月蒲、爱抗等。

（二）采用无病种子或种子消毒

从无病田中采种，或进行种子消毒。种子消毒方法有温汤浸种法或药剂浸种法。温汤浸种：即用55℃温水恒温浸种15min，浸种时充分搅动。药剂浸种：可用40%福尔马林150倍液，在20～25℃下浸种60min，然后用清水冲洗2～3遍；或用50%多菌灵可湿性粉剂500倍液，或50%甲基硫菌灵可湿性粉剂500倍液，或50%异菌脲可湿性粉剂500倍液浸种1h，后用清水冲洗2遍，即可催芽；或播前用种子重量0.3%～0.4%的50%多菌灵可湿性粉剂拌种。

（三）营养土消毒

育苗时，可用40%福尔马林150倍液，或次氯酸钠1000倍液，或二氧化氯2000倍液对西瓜、甜瓜育苗营养土进行消毒，即用上述药液将营养土浇透，用塑料薄膜盖3～4d，后撤掉塑料薄膜，待药味散尽后即可使用。

（四）土壤消毒

前作采收后，在夏季高温条件下放水漫灌7～15d。或在移栽前将种植地块深翻，灌水至5～10cm深，将二氧化氯或三氯异氰尿酸钠、次氯酸钠、二氯异氰尿酸钠等消毒剂每667m²5～6kg，用适量的水配成母液后均匀施入田中，浸泡3～7d，让其自然落干即可定植。或定植前用50%多菌灵可湿性粉剂每667m²2kg，混入细干土30kg，均匀后撒入定植穴内。

（五）加强田间管理

与其他作物实行2～3年轮作，最好水旱轮作。施足腐熟有机肥，增施磷、钾肥，苗期至开花期喷施液体肥料或施用冲施肥，减少生长期人工土壤施肥次数。认真平整土地，高畦深沟栽培，畦面高25cm以上，四周边沟深至50cm以下。严禁大水漫灌，避免浇后积水；严禁雨前或久旱后猛灌大水；浇水以小水浅灌、勤灌、早晚地温低时灌水为佳，最好采用滴灌。及时摘除病叶、病瓜，发现个别病株则应拔除，并带出田外深埋或烧毁。收获后及时清除田间病株和病残体，集中烧毁或妥善处理，减少病菌积累。

（六）药剂防治

发病初期或发病前进行药剂灌根防治。常用的药剂及使用浓度为：50%异菌脲可湿性粉剂1000～1200倍液、50%甲基硫菌灵可湿性粉剂500～600倍液、50%多菌灵可湿性粉剂600～800倍液、50%多·霉威可湿性粉剂800～1000倍液、10%苯醚甲环唑水分散粒剂3000～4000倍液、50%咪鲜胺可湿性粉剂1000～1500倍液、或15%噁霉灵水剂1000～1500倍液，每株灌药液0.25kg，每隔7～10d灌药1次，交替用药，连续防治2～3次。

王汉荣（浙江省农业科学院植物保护与微生物研究所）

第 17 节 烟 粉 虱

一、分布与危害

烟粉虱 [*Bemisia tabaci* (Gennadius)]，又名棉粉虱、甘薯粉虱、银叶粉虱，属半翅目粉虱科。烟粉虱是一种世界性分布的害虫，除了南极洲外，其他各大洲均有分布，在我国各地均有发生。20世纪90年代初，美国学者基于酶谱及其他生物学性状，将不同的烟粉虱种群命名为生物型（biotype）。迄今为止，已发现烟粉虱的至少 36 种生物型。这些不同生物型的烟粉虱在形态上不可区分，但它们的寄主范围、抗药性、传毒能力等方面存在明显差异。近年来研究发现有些生物型之间存在明显的生殖隔离，因此，有学者提出烟粉虱隐种（cryptic species）概念，认为烟粉虱是由许多隐种组成的物种复合体（species complex）。由于烟粉虱种的概念至今尚未完全统一，这里仍沿用以前的"生物型"概念。在烟粉虱众多生物型中，B 型和 Q 型目前在我国为害最为严重。B 型烟粉虱入侵世界许多国家，被世界自然保护联盟（IUCN）认为是全球危害最为严重的 100 种入侵种之一，于 20 世纪 90 年代末入侵我国。而 Q 型烟粉虱源于地中海地区，最初在伊比利亚半岛等地发现，随后又在其他地中海国家发现。我国 2003 年在昆明首次发现，之后在全国各地逐渐扩散和蔓延。尤其是 2010 年以来，Q 型烟粉虱在我国大部分地区取代了 B 型烟粉虱，成为各地的优势为害种群。

烟粉虱以成虫和若虫取食刺吸植物汁液，导致植株衰弱，成虫和若虫还分泌蜜露，诱发产生煤污病，严重影响植物的光合作用（彩图 12-17-1）；烟粉虱害虫取食还可导致植物的生理异常，果实出现不均匀成熟等；最重大的危害是传播植物病毒，烟粉虱传播的南瓜曲叶病毒几乎可以侵染所有主要的葫芦科作物，并常和甜瓜曲叶病毒（*Melon leaf curl virus*，MLCV）、西瓜卷曲斑驳病毒（*Watermelon curly mottle virus*，WmCMV）复合侵染，引致叶片卷曲、植株矮化和果实败育，损失惨重。尤其是近年来烟粉虱传播的瓜类褪绿黄化病毒（*Cucurbit chlorotic yellows virus*，CCYV），在宁波、上海等地发生为害，严重发生时造成的损失可达七成以上。

二、形态特征

烟粉虱属渐变态昆虫，个体发育分成虫、卵、若虫 3 个阶段。

成虫：体淡黄色，体长 0.85~0.91mm，稍小较纤细。翅被有白色蜡粉，无斑点。触角 7 节。复眼黑红色，分上、下两部分并有一单眼连接。前翅合拢呈屋脊状明显，通常从两翅中间缝隙可见腹部背面，前翅 1 条脉不分叉，后翅纵脉 1 条。雌虫尾部呈尖状，雄虫呈钳状（彩图 12-17-2，1）。

卵：约 0.2 mm，散产，顶部尖，端部有卵柄，卵柄插入叶表裂缝中，有的排列成弧形或半圆形。卵初产时白色，渐变为黄色，孵化前颜色加深至深褐色，不变黑。

若虫：共有 4 龄。一至三龄若虫为淡绿色至黄色，一龄若虫有足和触角，能活动；在二、三龄时，足和触角多数仅退化至只有 1 节，固定不能活动。四龄若虫称为伪蛹，因有两只红眼，因此也称为"红眼期"，长 0.6~0.7mm，淡黄至黄色，蛹壳呈淡黄色，边缘变薄或自然下垂，体呈卵圆形，周缘无蜡丝。背面有 1~7 对粗壮的刚毛或无毛，有 2 根尾刚毛（彩图 12-17-2，2）。

三、生活习性

在我国南方，烟粉虱每年发生 11~15 代。该虫在我国北方露地不能越冬，保护地可常年发生，每年繁殖 10 代以上，呈现明显的世代重叠现象。在温暖地区，过冬在杂草和花卉上；冷凉地区，在温室作物、杂草上过冬。春季和夏季迁移至经济作物，当温度上升时虫口数量迅速增加，一般在夏末暴发成灾。

烟粉虱成虫营两性生殖，也可产雄孤雌生殖。受精卵为二倍体，发育成雌虫；未受精的卵为单倍体，发育成雄虫。成虫喜欢在作物幼嫩部位产卵，但随着作物的生长，若虫在下部叶片发生较多。卵常散产于叶片背面，也见于叶片正面。雌成虫产卵数量差异较大，在适合的寄主上平均产卵可超过 200 粒。刚孵化的烟粉虱若虫在叶背爬行，寻找合适的取食场所，数小时后即可固定在叶片上进行刺吸为害，直至发育为成虫。成虫对黄色敏感，有强烈趋性，还可在氮肥施用量高、水分少的敏感作物上排泄很多蜜露，造成煤污病发生严重。当受害植株萎蔫时，成虫大量迁出。

烟粉虱在不同寄主植物上的发育时间各不相同，在 25℃条件下，从卵发育到成虫需要 18~30d。成虫喜在作物幼嫩部位产卵，产在叶背面，卵期通常为 3~5d。一龄若虫较活跃，二至四龄若虫在叶片上固定不动，若虫期 15d 左右。夏天成虫羽化后 1~8h 内交配；秋季、春季羽化后 3d 内交配。成虫寿命一般为 2 周，长则可达 1~2 个月。

四、发生规律

（一）寄主植物

烟粉虱寄主范围非常广泛，也具有不同的寄主嗜好性。该虫在多种寄主植物上均可成功完成发育历期，世代重叠严重，这也是该虫迅速发展的主要原因之一。北方地区保护地面积的迅猛发展也为烟粉虱提供了良好的越冬场所和食物营养条件，使得该虫的越冬虫口基数大大提高，为害也更加严重。

（二）气候条件

烟粉虱在亚热带和热带地区1年发生11～15代，世代重叠严重。烟粉虱适应高温的环境，25～30℃是种群发育、存活和繁殖最适宜的温度条件，相对湿度30%～70%是烟粉虱发育的适宜范围。在适宜条件下，烟粉虱在合适的寄主植物上单雌平均产卵200粒以上，最高产卵量超过600粒，种群数量增长很快。因此，我国南方瓜类作物种植区和北方地区高温季节棚室内作物受害重。室内条件下，烟粉虱在17℃时从卵到成虫羽化需要48d左右，在29℃时则需要13.9d。烟粉虱生长发育和繁殖的最佳温度是26℃，低于20℃和高于32℃对该虫发育有抑制作用。

（三）天敌昆虫

烟粉虱的天敌种类繁多，有寄生性天敌、捕食性天敌和虫生真菌等。目前已报道的烟粉虱捕食性天敌约有128种，其中，多数种类仅限于实验室研究。世界上已报道的烟粉虱寄生蜂约有55种，包括恩蚜小蜂属、桨角蚜小蜂等。丽蚜小蜂（*Encarsia formosa* Gahan）作为粉虱类害虫的专性寄生性天敌，在欧美一些国家早有商品化生产与销售。自1987年引入我国以来，也实现了丽蚜小蜂的商品化生产，并已在田间防治中有效控制烟粉虱的为害。研究表明，专性强的天敌昆虫单一控制烟粉虱的效果低于多种天敌联合控制烟粉虱的效果。桨角蚜小蜂（*Eretmocerus* sp. nr. *furuhashii*）和日本刀角瓢虫（*Serangium japonicum* Chapin）对一品红上烟粉虱联合控制作用达到98.99%，而桨角蚜小蜂和玫烟色拟青霉（*Paecilomyces fumosoroseus*）对一品红上烟粉虱的联合控制作用为97.70%，效果明显好于两者单独使用时的防效。日本刀角瓢虫和玫烟色拟青霉对一品红上烟粉虱的联合控制作用达到了99.67%，效果显著高于单用时的防效，且玫烟色拟青霉对日本刀角瓢虫的取食和产卵无不利影响。

（四）抗药性

烟粉虱对化学药剂的抗药性发展很快。目前发生为害严重的B型和Q型烟粉虱的抗药性差异很大，Q型烟粉虱的抗药性明显高于B型烟粉虱。经测定，北京、湖南等地区烟粉虱生物型为Q型，对传统的菊酯类杀虫剂（联苯菊酯）的抗性倍数超过1 000倍，同时有机磷杀虫剂对烟粉虱的毒力活性也较差。因此，需要慎重选择拟除虫菊酯类和有机磷类杀虫剂防治烟粉虱。在国外，西班牙Q型烟粉虱对吡虫啉产生了大于100倍的抗性，并对噻嗪酮、硫丹、久效磷等常用杀虫剂有交互抗性，并发现Q型烟粉虱对新烟碱类杀虫剂的抗性更稳定，在未施加杀虫剂选择压力的情况下，两年后Q型烟粉虱仍对这类杀虫剂维持较高抗性水平。国内外研究都已经表明，Q型烟粉虱对一些化学杀虫剂能够产生很强且稳定的抗药性以及交互抗性，较B型烟粉虱的防治成本更高、难度更大，生产上要特别注意对Q型烟粉虱的预防和控制。

五、防治技术

防治烟粉虱应贯彻预防为主、综合防治的方针，切实做好秋、冬、春三季温室虫源基地的防治工作。围绕着断（切断生活史）、洁（培育无虫苗）、诱（黄板诱杀）、寄（释放寄生蜂）和治（施用药剂）5个环节，采取下列具体措施。

（一）农业防治

1. 培育无虫苗　培育无虫苗控制烟粉虱的初始种群数量，是防治烟粉虱的关键措施。只要抓住这一环节，西瓜和甜瓜即可免受烟粉虱为害或受害程度明显减轻。冬春季育苗房要与生产温室隔开，育苗前清除残株和杂草，必要时用烟剂熏杀残余成虫，避免在发生粉虱的温室内育苗；夏秋季育苗房适时覆盖遮阳网和孔径0.3～0.44mm防虫网防止成虫迁入。

2. 加强田园管理　在瓜类作物收获后，棚室内留下的残株、杂草上都会有烟粉虱的卵、若虫或成虫存在，及时清理残株及杂草等，再集中处理，可以有效切断烟粉虱的传播虫源。

3. 改进耕作制度 避免与烟粉虱嗜食的寄主（如甘蓝、番茄、茄子和黄瓜等）进行间作或者混种，建议与烟粉虱非嗜好寄主如芹菜、菠菜、葱、蒜、韭菜等间作并提早种植，可有效控制烟粉虱的数量。

（二）物理防治

温室或大棚的通风口、门窗加设孔径 0.3~0.44mm 的防虫网，防止烟粉虱成虫迁入，从而切断粉虱的生活年史，起到根治的效应。在烟粉虱发生初期悬挂黄色黏板（每 667m² 20~30 片），悬挂高度稍高于植株上部叶片，并根据植株长势随时调整黄板悬挂位置，可诱捕烟粉虱成虫，同时可兼治斑潜蝇、蚜虫、蓟马等其他重要害虫。

（三）生物防治

对温室栽培春、夏、秋西瓜和甜瓜，当粉虱成虫发生密度较低时（平均 0.1 头/株以下），采用商品蜂卡悬挂于植株叶柄上，按照每次每 667m² 释放丽蚜小蜂 1 000~2 000 头指标，隔 7~10d 挂 1 次，共挂蜂卡 5~7 次，使寄生蜂建立种群有效控制烟粉虱的发生为害。也可在释放丽蚜小蜂的棚室西瓜和甜瓜田的生长中、后期，辅助释放大草蛉，隔 7~10d 释放 1 次，共 2~3 次，可提高防治效果。温度对丽蚜小蜂影响显著，设施栽培在 15~35℃ 条件下释放比较适宜。室内自行扩繁的丽蚜小蜂，也可以将带有寄生黑蛹（褐蛹）的底部叶片摘下，直接放置在需要防治的植株上。若植株上虫量稍高，可用安全药剂 25% 噻嗪酮或 10% 吡丙醚乳油 750 倍液喷雾，压低烟粉虱发生基数，配合释放丽蚜小蜂。也可采用放蜂寄生若虫和黄板诱捕成虫相结合的方法。

（四）化学防治

在烟粉虱发生初期及时进行化学防治。

1. 灌根法 定植前可用 25% 噻虫嗪水分散粒剂 4 000~5 000 倍液，每株用 30~50mL 灌根，可预防或者延缓烟粉虱的发生，并可减少蓟马、蚜虫等害虫的发生数量。此方法也可在作物定植前采用穴盘喷淋法进行。

2. 喷雾法 粉虱发生密度较低时（平均成虫密度 2~5 头/株）及时进行化学防治。可选择 1.8% 阿维菌素乳油 2 000~2 500 倍液、10% 烯啶虫胺水剂 1 000~2 000 倍液、50% 噻虫胺水分散粒剂 6 500 倍液、25% 噻嗪酮可湿性粉剂 1 000~1 500 倍液、2.5% 联苯菊酯乳油 1 500~2 500 倍液、25% 噻虫嗪水分散粒剂 5 000~6 000 倍液等。烟粉虱抗药性严重的地区，也可选用 10% 溴氰虫酰胺可分散油悬浮剂 1 000 倍液进行灌根或喷雾处理。一般 10d 左右喷 1 次，连喷 2~3 次，将药液均匀地喷洒在叶片背面，注意轮换用药。另外，西瓜烟粉虱不能用矿物油进行防治，否则会出现阴阳瓜，影响西瓜商品化出售。

3. 熏烟法 室内可选用 22% 敌敌畏烟剂，每 667m² 250g，或 20% 异丙威烟剂，每 667m² 250g，在傍晚收工时将棚室密闭，把烟剂分成几份点燃熏烟杀灭成虫，方便快捷。结合喷施杀卵和若虫的药剂（如 22.4% 螺虫乙酯悬浮剂 2 000~2 500 倍液，或 10% 吡丙醚乳油 750 倍液等），防治效果更佳。

需要注意的是，我国多数地区烟粉虱对多种杀虫剂产生了不同程度的抗性，特别是对传统杀虫剂中的有机磷类和菊酯类杀虫剂的抗性水平高。目前发生为害普遍的 Q 型烟粉虱对烟碱类杀虫剂也出现了中等至高等水平的抗药性，生产上应慎重选择使用。

王少丽　张友军（中国农业科学院蔬菜花卉研究所）

第 18 节　瓜类害螨

一、分布与危害

西瓜、甜瓜上常发的害螨有两类：叶螨（*Tetranychus* spp.）和侧多食跗线螨［*Polyphagotarsonemus latus*（Banks）］。叶螨属蛛形纲蜱螨亚纲真螨目叶螨科，分布广泛，属世界性的农业害螨。叶螨寄主植物广泛，多达 50 余科 800 余种。常见种类有朱砂叶螨（*Tetranychus cinnabarinus* Koch）、二斑叶螨（*T. urticae* Koch）和截形叶螨（*T. truncatus* Ehara）。叶螨以成螨、幼螨、若螨在叶背刺吸叶片汁液并吐丝结网，其为害通常从下部叶片开始向上发展蔓延，寄主叶片被害初期呈现许多细小白点，严重影响植物的光合作用。叶螨种群数量高时易导致整个叶片、茎柄等均被蜘蛛网所覆盖，最后导致失绿枯死或者全株叶片干枯脱落，大大缩短了瓜类作物的结瓜期（彩图 12-18-1）。

　　侧多食跗线螨又称为茶黄螨、茶半跗线螨、茶嫩叶螨，属蛛形纲蜱螨目跗线螨科，寄主范围约有 30 多科 70 多种植物。侧多食跗线螨常集中在作物幼嫩部位刺吸汁液，表现出非常明显的趋嫩习性，为害状与西瓜病毒病症状相似，受害部位呈黄褐色或灰褐色，具油状光泽或呈油渍状，叶片边缘向叶背面卷曲。嫩茎受害后扭曲变形，重者顶部干枯，严重影响植株的生长。花蕾受害后不能正常发育开放。果实被害时，果柄及果皮变为黄褐色，木栓化。果实受害龟裂，味苦而涩，不能食用。该螨常年造成经济损失可达 15%～20%。

二、形态特征

（一）叶螨

1. 朱砂叶螨

　　雌成螨：体长约 0.5mm，体末端圆，呈卵圆形。体呈深红色至锈红色（有些甚至为黑色），在身体两侧有一个长黑斑；背毛 12 对，刚毛状，无臀毛，腹毛 16 对。肛门前方有生殖瓣和生殖孔，生殖孔周围有放射状的生殖皱襞。气门沟呈膝状弯曲。

　　雄成螨：背面看呈菱形，体后部尖削，比雌螨小。背毛 13 对，最后的 1 对是移向背面的肛后毛。阳茎的端锤微小，两侧的突起较尖利，长度几乎相等。

　　卵：为圆形，初产时呈白色，后期呈乳黄色，孵化前呈微红色，产于叶片或丝网上。

　　幼螨：体色透明，眼红色，有足 3 对，取食后体色变暗绿色。

　　若螨：有足 4 对，体型与成螨相似，但个体更小。

2. 截形叶螨

　　雌成螨：体椭圆形，体长约 0.5mm，宽约 0.3mm，锈红色，体背两侧有暗色不规则黑斑。背毛刚毛状，共 12 对，细长而不着生在瘤突上，缺尾毛。腹毛 12 对，肛毛和肛后毛 2 对。气门沟具端膝，端膝由膈分成数室（彩图 12-18-2，1）。

　　雄成螨：体小于雌螨，体长约 0.4mm，宽约 0.2mm，体末略尖，呈菱形，浅黄色。阳茎短粗，端锤微小，端锤背缘平截。距离侧突 1/3 处有一微凹。远侧突较尖利，近侧突钝圆。

　　卵与幼螨特征似朱砂叶螨。

3. 二斑叶螨

　　雌成螨：体呈椭圆形，长 0.4～0.5mm，宽约 0.3mm，体呈黄绿色，但越冬滞育个体呈现橙红色。该螨体侧各有一块黑斑（彩图 12-18-2，2）。

　　雄成螨：身体略小于雌成螨，末端尖削，体色与雌螨相同。

　　卵：形态特征与朱砂叶螨相似。

　　幼、若螨：体色黄绿。幼螨有足 3 对，成螨有足 4 对。

（二）侧多食跗线螨

　　侧多食跗线螨体型更微小。

　　雌成螨：体长约 0.2mm，椭圆形，螨体呈半透明状，有光泽，身体分节不明显，螨体背部有一条纵向白带，有 4 对足，较短。

　　雄成螨：略小雌成螨，身体近似六角形，腹部末端为圆锥形，比较活泼，足较长而粗壮，第三、四对足的基节相连，第四对足胫、跗节细长，向内侧弯曲，远端 1/3 处有 1 根特别长的鞭毛，爪退化为纽扣状。

　　卵：椭圆形，无色透明，表面有纵向排列的 5～6 行白色瘤状突起。

　　幼螨：腹末较尖，足 3 对，行动较迟缓。

　　若螨：长椭圆形，半透明，是一发育中的静止阶段，外面罩着幼螨的表皮。

三、生活习性

　　叶螨的年发生代数随地区和气候差异而不同。北方地区一般发生 12～15 代，华南地区达 20 代以上。北方地区叶螨以雌成螨在寄主的枯枝落叶、杂草根部和土缝中越冬；棚室内苗圃是其重要越冬场所。第二年 2～3 月，越冬雌成螨出蛰活动，气温达到 10℃ 以上时开始繁殖。首先在田边的杂草上取食、生活并繁殖 1～2 代，然后由杂草陆续迁往露地瓜田或棚室瓜田中为害。棚室栽培由于温度较高、环境小气候比较适宜，春季叶螨发生为害比露地更早，主要来源于棚室中越冬的叶螨、由移栽的瓜苗传播进来的叶螨及从棚室外杂草上或其他作物上迁入的叶螨。发生初期呈现点片发生之势，而后迅速向四周迁移扩散为害。5～6 月通常是露地叶螨的扩散期，又是大量繁殖和一年内的猖獗为害期，干旱年份其猖獗期延长至 7 月。7 月下旬至 8 月上旬，由于气温急剧升高、雨水偏多、湿度增高和寄主植物衰老等各种因素影响，种群数量会快速下降，之后维持在一个较低的密度水平，持续到秋季，通常不再造成危害。北方地区个别年份，9 月在保护地瓜类作物上叶螨为害也比较严重，需要注意预防和控制。通常情况下，保护地叶螨发生数量显著高于露地瓜田。海南地区春茬的棚室瓜田，叶螨于 3 月中旬开始发生，以二斑叶螨为主，4 月中旬达到为害高峰期，之后随着寄主的逐渐衰老和温度升高开始下降。而湖南地区春茬大棚内，叶螨于 5 月下旬开始发生，6 月中旬左右达到为害高峰期，为害数量高于海南地区。

叶螨体形微小，活动力有限。成、若螨靠爬行、吐丝下垂在株间蔓延，活动范围很小，也可随着人、工具等携带传播，在高温季节还可借风力被动扩散蔓延，范围较大。因此，田间会发现叶螨一片一片地发生。叶螨以两性生殖为主，也可行孤雌生殖，孤雌生殖后代基本全为雄性。春秋季节完成 1 代需 22～27d，而在夏季炎热季节则需要 10～13d。叶螨卵散产，多产于叶背中脉附近，田间偏雌性，雌雄性比为（4～5）：1。

侧多食跗线螨在北方棚室瓜田于 5 月上、中旬可见到明显的被害状，随着温度升高，该螨繁殖速度加快，28～32℃ 条件下，每 4～5d 即发生 1 代。北京地区通常 7～9 月中旬为该螨的盛发期，10 月以后随着温度快速降低，种群数量减少很快。侧多食跗线螨的自身迁移能力也非常有限，主要靠风力、幼苗、人、工具等扩散蔓延，在田间也有点片发生阶段。侧多食跗线螨发育快，在 18℃、26℃ 和 32℃ 下从卵发育到雌成螨，分别需要 12.1d、6.7d 和 4.7d。该螨具有强烈的趋嫩性，当取食部位组织老化时，雄螨立即携带雌若螨向新的细嫩部位转移，后者在雄螨体上蜕一次皮变为成螨后，即与雄螨交配，并在幼嫩叶上定居下来，产卵繁殖为害。温暖多湿的环境有利于侧多食跗线螨发生为害。

四、发生规律

（一）螨源基数

叶螨种群数量消长的重要影响因子之一是螨源基数，其螨源主要来自于杂草寄主。凡杂草寄主多、分布广的地区，该螨的越冬种群基数和春季的繁殖数量就大。临近螨源的瓜田叶螨发生早，也更严重。棚室内靠近杂草的瓜类作物上叶螨发生也早，种群数量大，也是这个原因。因此，要及时彻底清除田间、地埂渠边杂草，减少叶螨的食料和繁殖场所，降低虫源基数。新定植的瓜苗需要保证其为无螨苗，定植田块也要保证洁净，无杂草、枯枝落叶等，否则即使叶螨种群数量极低，但条件合适时极易暴发引起危害。

（二）气候条件

高温、干旱是害螨大发生的有利生态条件。叶螨发育适宜的温度是 20～30℃，相对湿度 35%～55% 适宜其繁殖为害。因此，高温、干旱的地块发生为害严重，高湿田块为害较轻。早春气温回升早、气温偏高时，害螨发生早且数量多。春季棚室瓜田由于温度较高，害螨发生比露地更早。北方地区进入 6 月，随着气温升高，其种群数量呈指数上升，6～7 月份是全年发生的高峰时期，此时瓜田受害最重。相反，降雨和湿度过大对叶螨发生有不利影响，雨水冲刷和高湿可使叶螨种群快速下降。

（三）种植模式

棚室瓜田由于小环境适宜，受到风雨的影响小，因此，害螨的发生为害通常比露地更严重。害螨的螨源主要来自周边杂草寄主，出蛰活动的叶螨首先在田边杂草上取食、生活并繁殖 1～2 代，然后由杂草陆续迁往露地瓜田或棚室瓜田中为害。因此，周边杂草寄主多、分布广的瓜田，叶螨的虫源基数大，春季受害程度更重。与叶螨嗜食性的寄主植物，如茄子、菜豆等大面积混种或者间作的瓜田，叶螨容易暴发为害。因此，尽量使瓜田与叶螨不喜食的寄主植物（如大蒜、大葱等）邻作或间作。

（四）化学药剂

化学农药是防治害螨的主要方式，但研究证明，烟碱类杀虫剂的施用（如吡虫啉、啶虫脒等）可能诱导和刺激叶螨种群的大暴发，因此生产防治中应慎用。二斑叶螨的解毒基因非常多，其对常用化学药剂的抗药性发展和抗药性程度显著高于朱砂叶螨或截形叶螨，常用杀虫剂按照推荐剂量进行田间喷雾对二斑叶螨防效很低，有的基本无效。因此，生产中应更加重视二斑叶螨的早期预防和控制。另外，很多地区化学农药滥用后，杀伤了天敌，也间接导致了田间叶螨的猖獗成灾，故田间施药应特别注意选择对天敌杀伤低的杀虫剂。

五、防治技术

对害螨的防治应坚持"预防为主，综合防治"的植保原则，采用农业防治、生物防治和化学防治相结合的综合防治措施。

（一）农业防治

1. 培育无螨苗 这是害螨防治的基础性措施。应把苗房和生产田分开，育苗前采取农业措施和物理措施彻底清除病残体、自生苗和杂草，必要时用烟剂熏灭残余螨虫，以培育无螨苗。抓住这一关键防治措施，可极大地降低田间害螨的发生为害。

2. 加强田间管理 早春、秋末结合积肥，清洁田园内及周边杂草。作物收获后，及时清除田间的残株败叶并彻底销毁，可降低田间虫口密度。天气干旱时，适时适量进行灌溉，增加田间湿度，并进行氮、磷、钾肥的配合追施，促进植株健壮，提高作物的自然抗螨害能力。

（二）生物防治

在露地害螨发生密度较低时（平均低于 5 头/叶），按 $10m^2$ 释放 2～3 袋（每袋 300 头）胡瓜新小绥螨，30d 后朱砂叶螨和侧多食跗线螨的虫口减退率可达 90% 以上。拟长毛钝绥螨是叶螨的专性捕食性天敌，室内试验也显示出良好的控制效果，有条件的地方可以按照益害比 1∶3 的比例在棚室内进行释放。智利小植绥螨（*Phytoseiulus persimilis* Athias-Henriot）按照益害比 1∶15 的比例进行田间释放，对叶螨的防效显著。巴氏钝绥螨对叶螨的卵和若螨的捕食能力明显高于对雌成螨的捕食能力，因此，产卵盛期释放对叶螨的控制效果更好。

（三）化学防治

西瓜、甜瓜定植后加强虫情监测，发现害螨点片发生时及时进行挑治。当有螨株率在 5% 以上时，应立即进行普遍防治。可选用 1.8% 阿维菌素乳油 3 000～5 000 倍液、1% 甲氨基阿维菌素苯甲酸盐乳油 3 000～5 000 倍液、73% 炔螨特乳油 1 500～3 000 倍液、5% 噻螨酮乳油 1 500 倍液、15% 哒螨灵乳油 3 000 倍液、10% 虫螨腈悬浮剂 2 000 倍液或 0.6% 氧苦·内酯水剂 1 000 倍液、24% 螺螨酯悬浮剂 1 500～2 000 倍液、2.5% 联苯菊酯乳油 2 000 倍液、20% 哒螨灵可湿性粉剂 3 000 倍液、20% 双甲脒乳油 1 500 倍液等。注意轮换用药，喷雾时对叶片的正反面进行均匀喷施。发生量较大的地方可选择毒杀成螨的药剂（如阿维菌素、联苯肼酯等）与杀卵药剂（如噻螨酮、螺螨酯等）混合或者交替施用，防治效果更好。对于二斑叶螨为优势种类且对常规药剂产生抗药性的地区，可选择 43% 联苯肼酯悬浮剂 2 000～3 000 倍液，防治效果良好。而防治侧多食跗线螨时，喷药应重点集中在植株上部嫩叶背面、嫩茎、花器和幼果等部位，才能达到高效施药的效果。

王少丽（中国农业科学院蔬菜花卉研究所）

第 19 节　瓜　　蚜

一、分布与危害

瓜蚜〔*Aphis gossypii* (Glover)〕，又称棉蚜，俗称腻虫、蜜虫、油汗等，属半翅目蚜科，是一种世界性害虫，我国各地均有发生，以华南地区、黄河流域、长江流域危害最重，辽河流域次之，一般干旱年份发生较重，其余时间较轻。寄主植物广泛，据记载有 116 科 900 多种，瓜类作物是其主要的为害寄主。瓜蚜以成蚜和若蚜群集在叶片背面、嫩头和茎上，以刺吸式口器吸食植物汁液，使瓜叶畸形、卷缩，植株失水，营养不良。老叶受害不卷曲，但提前枯落，造成减产（彩图 12-19-1）。同时还大量排泄蜜露，诱发霉菌滋生，降低光合作用，防治不及时会带来极大损失，当蚜虫种群数量较大时，整个寄主植物有可能被完全覆盖。若果实上出现大量蜜露和霉菌，其市场价值会明显降低（彩图 12-19-2）。此外，蚜虫还传播多种瓜类病毒病，如西瓜花叶病毒（*Watermelon mosaic virus*，WMV）、黄瓜花叶病毒（*Cucumber mosaic virus*，CMV）、瓜类蚜传黄化病毒（*Cucurbit aphid-borne yellows virus*，CABYV）等，由此造成更大的经济损失。

二、形态特征

有翅胎生雌蚜：体长 1.2～1.9mm，体黄色至深绿色，口器刺吸式，触角 6 节，短于身体。前胸背板黑色，翅 2 对，膜质透明。腹部多为黄绿色（夏季）或蓝黑色（春秋季），背面两侧有 3～4 对黑斑，腹部末端有腹管和尾片。腹管圆筒形，黑色，表面具瓦状纹。尾片圆锥形，近中部收缩，具刚毛 4～7 根，一般为 5 根。

无翅胎生雌蚜：体长 1.5～1.9mm，呈卵圆形，夏季多为黄绿色，春、秋季深绿或蓝黑色，体背有斑纹，全身微覆蜡粉。腹部末端有腹管和尾片。腹管长圆筒形，具瓦状纹。尾片同有翅胎生雌蚜（彩图 12-19-3）。

若蚜：形似成蚜，共 4 龄。老熟无翅若蚜体长 1.6mm 左右，夏季体黄色或黄绿色，春、秋季蓝灰黑色，复眼红色。有翅若蚜第三龄后出现翅芽 2 对，翅芽后半部灰黄色。

卵：长椭圆形，长 0.5～0.7mm，初产时黄绿色，后变为深黑色，有光泽。

三、生活习性

瓜蚜在华北地区 1 年发生 10 余代，长江流域 20～30 代。瓜蚜的生活周期可以分为两类：一类是一年内存在孤雌生殖与两性生殖交替发生，称为全周期型；第二类是全年孤雌生殖，不发生性蚜世代，称为不全周期型。其中，根据整个生活史是否在同一寄主植物上进行，全周期型又可分为同寄主全周期型和异寄主全周期型。在我国北部至长江流域，瓜蚜可在冬季加温温室、日光温室和大棚及苗房内的瓜类作物上繁殖为害，周年发生。春季和初夏由瓜苗传带、有翅蚜迁飞扩散到塑料棚和露地瓜菜上。露地条件下，瓜蚜冬季以卵在花椒、石榴、木槿、鼠李的枝条和夏枯草、紫花地丁、刺菜、苦荬菜等杂草茎部越冬，翌年春季气温达 16℃时，越冬卵孵化、繁殖，产生有翅蚜，于 4～5 月迁飞到瓜菜和设施田内寄主作物上繁殖为害，直到秋末冬初天气转冷时，又产生有翅蚜迁回到越冬寄主上，雄蚜和雌蚜交配产卵过冬，部分有翅蚜迁入温室，完成年生活史。瓜蚜发育快，繁殖能力强，在 10～30℃均可发育、繁殖，繁殖适温为 16～22℃。当气温超过 25℃，相对湿度达 75% 以上，以及雨水的冲刷，均不利于蚜虫的繁殖与发育。该虫在春、秋季，10 多天即可完成 1 代，夏季 4～5d 可以完成 1 代，单雌产若蚜 60～70 头，数量增长快。棚室瓜类栽培造成冬、春和秋季温暖的环境，7～8 月覆盖遮阳网和防雨棚，既可降温，又可防雨，利于瓜蚜发生为害。瓜蚜的主要为害期在春末夏初，秋季一般比春季轻。北方露地以 6 月至 7 月中旬密度最大，7 月中旬以后，因高温、高湿和降雨的冲刷，对蚜虫生长发育不利，为害程度减轻。通常在干旱年份，临近棉花和虫源的棚室，管理不善瓜类作物上瓜蚜发生早、为害重。有翅蚜对黄色有趋性，对银灰色有负趋性，可利用黄色进行引诱，而利用银灰色进行忌避。一般追化肥多，氮素含量高，疯长过嫩的植株蚜虫多。在露地种植中，一般离瓜蚜越冬场所和越冬寄主植物近的，以及靠近保护地的瓜田受害重。与油菜套作的田块，4～5 月，黄色油菜花瓣诱蚜，或瓜类的苗圃地靠近油菜地，会导致瓜蚜迁飞早，蚜害重。

四、发生规律

（一）气候条件

气候条件是影响瓜蚜发生为害的重要因子，其中，主要包括温度、湿度以及降水量。瓜蚜 1 年发生 20～30 代，在适宜条件下可周年发生。全年来看，春季气温越高，瓜蚜的卵开始孵化时间越早，为害时间亦越早；夏季 7、8 月，气温超过 25℃有利于田间瓜蚜的大量繁殖，为害也愈加严重。瓜蚜完成 1 代需要 5～12d，成蚜平均寿命为 5.8～17.7d。随着温度的升高，平均产仔期和产仔量有降低的趋势，而日均产仔量以 23℃时为最大。瓜蚜成虫平均产仔期为 4.1～13.4d，平均产仔量 29.2～70.8 头，日均产仔量为 5.3～8.7 头。瓜蚜生长发育和繁殖的最适温度为 23℃，高于 25℃或低于 16℃不利于瓜蚜的生长发育和繁殖。温度超过25℃、相对湿度达75%以上，以及雨水的冲刷，不利于蚜虫的繁殖与发育。通常在干旱或暑热期间，小雨或阴天气温下降，对种群繁殖有利，种群数量迅速增加。瓜蚜发育适宜的相对湿度为40%~60%。平均相对湿度在75%以上，不利于瓜蚜的繁殖，虫口密度会迅速下降。气候干燥有利于瓜蚜的发生，因此，北方蚜害暴发较南方更严重。

由于棚室瓜类栽培面积的逐年扩大，造成冬、春和秋季温暖的环境，7~8月又覆盖遮阳网和防雨棚，环境温度略低于外界气温，还能防雨，从而利于瓜蚜全年发生。

(二) 天敌昆虫

瓜蚜天敌很多，常见的捕食性天敌有瓢虫、草蛉、小花蝽、华姬猎蝽、食蚜蝇等；寄生性天敌有蚜茧蜂、蚜跳小蜂等。由于天敌昆虫种群快速繁殖的时间与害虫暴发时间不一致，导致天敌通常表现出一定的滞后性。在人工释放或助迁天敌时，需准确掌握天敌的释放时机、虫态及数量等。如果平均每株蚜量/平均每株天敌总食蚜量<1.67时，瓜蚜在4~5d内将受到抑制。或天敌总数与瓜蚜比例为1:200时，可以有效控制蚜量。需要注意的是，不同地区释放天敌昆虫要因地制宜，合理选择适合于本地生态特点的天敌昆虫。例如，多异瓢虫产卵量及各虫态的发育历期与湿度呈反比，高湿和降雨的气候条件对多异瓢虫种群的增长有严重的制约作用，而宁夏中部干旱带每年降水量低于200mm，多异瓢虫在此地具有良好的控制效果。

(三) 化学药剂

化学防治是防治瓜蚜的主要措施，由于连续单一使用化学药剂，导致瓜蚜抗药性的产生及其天敌种群数量下降，最终使瓜蚜为害严重。在田间，瓜蚜产生抗药性的现象较为普遍，许多地区的瓜蚜种群对氰戊菊酯、溴氰菊酯、高效氯氰菊酯产生高水平抗性，对乐果、马拉硫磷、乙酰甲胺磷等表现出中等抗性。烟碱类杀虫剂是防治刺吸式口器蚜虫的最有效的杀虫剂之一，但2000年以后首先在山东地区发现瓜蚜种群对吡虫啉的抗药性，并迅速发展。新疆地区瓜蚜也出现了对啶虫脒的抗药性。因此，各地区瓜蚜种群防治中要遵循当地瓜蚜的抗药性发展水平，做到科学选药用药。

五、防治技术

(一) 农业防治

清除瓜田、棚室附近杂草，温室苗房培育无虫苗，做好冬、春季温室瓜蚜防治工作，以减轻黄瓜花叶病毒病的为害。适时中耕除草，切断其营养桥梁，恶化其生存环境；及时拔除虫苗、摘除虫叶；收获后应及时彻底清除残枝落叶，减少瓜蚜的繁殖场所并消灭部分虫卵。

(二) 物理防治

棚室和苗房在做好田园卫生、清除残虫的基础上，采用30目银灰色防虫网覆盖通风口和门窗，以防止有翅蚜迁入棚室和苗房繁殖为害，还可兼防其他害虫。利用蚜虫对银灰色的忌避作用，可在瓜田悬挂银灰色塑料条（或地膜条），可起到避蚜和减轻病毒病效果。在棚室或田间悬挂黄色黏板（每667m²20块），高度与植株顶部持平，可双面诱捕有翅蚜达2个月之久，既可监测虫情又可起到防治作用，还可兼治粉虱类、斑潜蝇等害虫。也可采用黄板及黄色塑料瓶等，在其上涂抹10号机油和凡士林混合物，一般7~10d涂抹1次，挂于田间诱蚜。

(三) 生物防治

注意保护和利用自然天敌，如各种蜘蛛、瓢虫、草蛉、食蚜蝇、蚜茧蜂以及昆虫病原真菌等。田间施药要选择对天敌杀伤力低的药剂。研究表明，按照益害比1:20、1:40和1:60的比例释放异色瓢虫，可以有效控制蚜虫的为害。在研究西瓜田罩笼条件释放多异瓢虫对蚜虫的防治效果时，发现多异瓢虫的最适释放虫态为蛹态，且蛹/蚜比例为30:1 000的防效最好，释放后5d和11d的防效分别达到80.43%和98%，在蚜虫发生初期选择释放是可行的。此外，蚜茧蜂商品化产品已在多个国家广泛应用于园艺作物上。

(四) 化学防治

1. 灌根法 定植前2d进行穴盘喷淋，或者定植后灌根，药剂采用25%噻虫嗪水分散粒剂4 000~5 000倍液，每株用30~50mL，可延缓蚜虫发生时间，并可同时兼治蓟马、粉虱等害虫。

2. 喷雾法 蚜虫点片发生阶段，提倡进行局部针对性喷药（即挑治），既可减少用药又可获得良好防效。选用3%啶虫脒乳油1 500倍液或10%吡虫啉可湿性粉剂2 000倍液、70%吡虫啉水分散粒剂20 000～25 000倍液、25%噻虫嗪水分散粒剂5 000倍液，以上药剂用药间隔期为15～25d。注意：抗蚜威对瓜蚜防治效果较差，不宜采用。也可选用2.5%联苯菊酯乳油、2.5%高效氯氟氰菊酯乳油3 000倍液，或20%氰戊菊酯乳油2 000倍液，或40%菊•马乳油2 000倍液，或21%增效氰•马乳油4 000倍液等。

3. 熏烟法 于棚室瓜蚜发生较普遍时采用。可用22%敌敌畏烟剂或10%异丙威烟剂每667m²300～400g，或2%高效氯氰菊酯烟剂每667m²200～300g，于傍晚时将棚室密闭，然后将烟剂分成等量的5～6份，由内向门的方向依次点燃熏烟。或每667m²棚室用80%敌敌畏乳油300～400g，洒在盛锯末的几个花盆内，点燃熏烟。视虫害发生情况，连熏2～3次。

瓜蚜一般选择在叶片的背部、嫩梢和嫩茎进行为害，喷药时要做到喷头朝上，自下而上，喷匀打透；同时注意轮换用药，延缓瓜蚜抗药性的产生与发展。

王少丽（中国农业科学院蔬菜花卉研究所）

第20节　棕榈蓟马

一、分布与危害

西瓜和甜瓜田间发生的蓟马种类较多，常见的主要是棕榈蓟马（*Thrips palmi* Karny），属缨翅目蓟马科，又称为节瓜蓟马、瓜蓟马、棕黄蓟马等。该虫起源于印度尼西亚苏门答腊岛，是一种世界性害虫。20世纪70年代在我国广州地区首次发现，目前主要分布在华南、华中各省份。该虫寄主广泛，喜食茄科、葫芦科等作物。棕榈蓟马以成虫和若虫锉吸寄主的嫩梢、嫩叶、花和幼果的汁液，留下锉吸状粗糙疤痕，被害组织老化坏死。嫩梢和嫩叶僵硬缩小增厚；叶片在叶脉间留下灰色伤斑，并可连片，叶片上卷，严重时顶叶不能展开，形似猫耳朵状；植株矮小，发育不良或成"无头株"，易与病毒病症状混淆（彩图12-20-1，彩图12-20-2）。幼瓜和幼果表皮硬化变褐或开裂，出现畸形，严重时造成落瓜。成瓜受害后瓜皮粗糙，有黄褐色斑纹或瓜皮长满锈斑，使瓜的外观、品质受损，商品性下降。更严重的是，蓟马为害可以以持久性方式传播植物病毒病，如甜瓜黄斑病毒（*Melon yellow spot virus*，MYSV）、西瓜银灰斑驳病毒（*Watermelon silver mottle virus*，WSMV）等，造成更严重的经济损失。2009年在海南三亚的保护地内新发现的甜瓜黄斑病毒MYSV就是由棕榈蓟马传播的，发病率高达30%～100%。2007年棕榈蓟马与其传播的病毒病在陕西华县、华阴两县（市）的西瓜田发生尤为严重，多数田块的有虫株率在30%以上，部分晚播瓜田甚至毁种绝收。

二、形态特征

成虫：体长1mm，体淡黄至橙黄色。头近方形，触角7节，复眼稍突出，单眼3个，红色，三角形排列，单眼间鬃1对位于单眼三角形连线外缘，即前单眼两侧各1根。后胸盾片网状纹中有1对明显的钟形感觉器，盾片上的刻纹为纵向线条纹，不形成网目状。翅2对，细长透明，周缘有许多细长的缘毛。腹部扁长，第八节背片的后缘有发达的栉齿状突起（或称"梳"）。雄虫腹部第三至第七节腹片上各有1个腹腺域（或称雄性腺域），呈横条斑纹。

卵：长椭圆形，长0.2mm，无色透明或乳白色，散产于嫩叶组织内。

若虫：共有4个龄期，体黄白色。一至二龄若虫无单眼、无翅芽，行动活泼；三龄若虫触角向两侧弯曲，复眼红色，鞘状翅芽伸达第三、第四腹节，行动缓慢，三龄末落入表土进入四龄（伪蛹），不取食，体色金黄；四龄若虫触角往后折于头背上，鞘状翅芽伸达腹部近末端，行动迟钝。

三、生活习性

棕榈蓟马在广东1年发生20多代，5月下旬至9月为发生高峰，秋季发生为害更严重。广西1年发生17～18代，终年繁殖，世代重叠严重，3～10月主要为害棚室和露地的瓜类和茄子。在广西早茬毛节瓜上，4月中旬、5月中旬和6月下旬可出现3次虫口高峰期，以6月中、下旬最烈。杭州等地12月中旬至翌年3月上旬在棚室内冬季茄子、瓜菜上繁殖为害，5月下旬至10月上旬在保护地和露地瓜田盛发。在长江流域，多数以成虫在寄主作物或杂草上，或在土块、砖缝下及枯枝落叶间越冬，少数以若虫越冬。通常5月中、下旬始见，设施栽培田发生期提早到4月下旬，6~7月虫量上升，8月下旬至9月进入发生和为害高峰，以秋瓜受害最重，秋瓜收获后成虫逐渐向越冬寄主转移。

棕榈蓟马成虫活跃、善飞、怕光，最喜蓝色，黄色次之。有趋嫩习性，多在植株未张开的嫩叶、嫩梢或幼瓜的毛丛中活动取食，少数在叶背为害。雌成虫主要行孤雌生殖，偶见两性生殖。卵散产于植株的嫩梢、嫩叶及幼果的叶肉组织内，每雌产卵30~70粒。初孵若虫群居叶片背面叶脉间取食；二龄若虫爬行迅速，扩散为害，锉吸汁液，到三龄末期停止取食，坠落于表土进入四龄期（伪蛹）。成虫寿命20~50d，卵期2~9d，一至三龄若虫期3~11d，伪蛹期3~12d，随温度不同而有所变化。该虫发育适温为15~32℃，2℃条件下仍能生存，但温度骤降易死亡。土壤含水量8%~18%时，化蛹和羽化率均比较高。该虫可随瓜苗及借风力、气流等传播扩散。通常植株长势嫩绿的田块，比其他长势正常或偏老田块为害重；连茬种植田块比轮作田块为害更重。如果在瓜田附近种植黄瓜、茄子以及豆科、十字花科蔬菜等蓟马喜食的作物，最有利于其辗转繁殖为害，从而造成虫源累积，发生逐年加重。

四、发生规律

（一）气候条件

不同温度对棕榈蓟马生长发育具有显著影响。实验室条件下，在15℃、20℃、25℃和30℃时，从卵到成虫的发育历期分别为45.24d、29.99d、15.82d和11.41d。棕榈蓟马的卵、若虫、预蛹和蛹及至成虫的发育起点温度差异不大，分别为10.8℃、12.11℃、12.15℃和11.68℃。该虫产卵的适温区是20~30℃，当温度为25℃时，成虫平均产卵量最大，单雌可达54.90粒。棕榈蓟马较耐高温，在15~32℃范围内可正常生长发育。土壤含水量8%~18%最适于棕榈蓟马生长。夏、秋两季发生较严重。该虫在南方地区可终年繁殖，世代重叠严重。干旱的环境条件会加重棕榈蓟马对植株的为害程度，因此，遇高温、干旱天气，及时抗旱的田块比未抗旱的田块发生轻。暖冬有利于越冬成虫和若虫的存活，来年春季温暖、降水偏少也有利其繁殖为害。尤其是6月如果遇见高温、干旱天气，容易加快棕榈蓟马的繁殖速度，若防治不当，极易暴发成灾。暴雨可减轻该虫为害。

（二）寄主植物

棕榈蓟马寄主范围广，主要为害葫芦科及茄科植物，葫芦科植物包括节瓜、黄瓜、丝瓜、冬瓜、南瓜、甜瓜、西瓜等，茄科植物包括茄子、甜椒、马铃薯、野生颠茄，其中，以节瓜、茄子为其嗜食寄主。比较瓜类作物黄瓜和茄子、辣椒3种作物上的棕榈蓟马种群数量，发现黄瓜上棕榈蓟马发生量最大，嗜好性高，其次是茄子和辣椒。

（三）天敌

棕榈蓟马的天敌主要为捕食性天敌，包括小花蝽、捕食螨类、赤眼蜂、纹蓟马、亚洲草蛉、白脸草蛉、塔六点蓟马（*Scolothrips takahashii* Priesner）、蜘蛛和瓢虫等。广东省的优势天敌种类是中华微刺盲蝽，其田间自然控制作用可达50%以上。研究表明，昆虫病原线虫夜蛾斯氏线虫（*Steinernema feltiae*）或病原真菌蜡蚧轮枝菌（*Verticillium lecanii*）与吡虫啉结合田间施用，防治效果良好。

五、防治技术

（一）农业防治

管理好苗床，培育无虫苗，控制蓟马虫源基数。加强水肥管理，使植株生长健壮，增强耐害力。清除田间残株、杂草，消灭越冬虫源，减少蓟马转移到瓜类上危害。在换茬期间进行土壤消毒或夏季高温闷棚灭虫。

（二）物理防治

露地和设施栽培的瓜田采用薄膜覆盖，可明显减少出土为害的成虫数量。棚室的通风口、门窗增设防虫网。根据蓟马成虫的趋蓝色特性，每667m²悬挂20片蓝色黏板，规格40cm×25cm，双面诱捕成虫效果好；也可悬挂黄色黏板进行诱杀。

（三）生物防治

棕榈蓟马的天敌种类较多，如小花蝽、中华微刺盲蝽及捕食螨等，对蓟马有良好的抑制作用；用 0.5g/m² 的绿僵菌孢子悬浮液喷雾，可有效控制西花蓟马的种群增长。商品化的黄瓜新小绥螨［Neoseiulus cucumeris（Oudemans）］对于蓟马类害虫具有优良的捕食作用，在瓜田整个生长季节中释放 2～3 次黄瓜新小绥螨，苗期每次释放 5～10 头/株，结果期每次释放 20～30 头/株，具有良好的持续控害作用。同时，由于天敌对化学药剂敏感度高，田间施药应尽量选择对天敌杀伤力小的植物源、矿物源杀虫剂和生物制剂等，施药时间要避开天敌种群增殖期，以充分发挥天敌的控制作用来控制和降低棕榈蓟马种群数量。

（四）化学防治

田间密切监测虫情，当每株有蓟马若虫量达到 3～5 头时进行喷雾防治。可选用下列药剂：2.5% 多杀霉素乳油 1 000 倍液，或 10% 虫螨腈悬浮剂 1 000 倍液、0.3% 苦参碱乳油 1 000 倍液、80% 杀螟丹可溶粉剂 1 500 倍液、18% 杀虫双水剂 300 倍液、50% 杀虫单可溶粉剂 300 倍液、1.8% 阿维菌素乳油 2 500 倍液、2.2% 甲氨基阿维菌素苯甲酸盐乳油 2 000 倍液等，隔 5～7d 防治 1 次，连续 2～3 次。另外，苗期灌根法是值得推荐的方法，可在幼苗定植前用内吸杀虫剂 25% 噻虫嗪水分散粒剂 3 000～4 000 倍液，每株用 30～50mL 灌根，对蓟马类害虫具有良好预防和控制作用。棚室内也可用 22% 敌敌畏烟剂每 667m² 300g 熏烟，对成虫和若虫有良好的防效。注意不同杀虫剂的合理轮换使用，延缓蓟马产生抗药性。棕榈蓟马一年发生世代多，目前对常规杀虫剂（如有机磷、菊酯类杀虫剂）产生了不同程度的抗药性，此类药剂的田间防效也越来越差，化学防治中应慎用。蓟马体型小，并且产卵于植株顶梢、叶背或花器中，隐蔽性很强，因此，化学防治要做到周到细致。内吸性杀虫剂如噻虫嗪、吡虫啉等，可被植株（叶、茎、根部）吸收且在植株体内向顶端传导到生长点、嫩芽、嫩叶，因而能达到理想的防治效果。

王少丽　张友军（中国农业科学院蔬菜花卉研究所）

第 21 节　斑 潜 蝇

一、分布与危害

瓜类作物上的斑潜蝇主要包括美洲斑潜蝇（*Liriomyza sativae* Blanchard）和南美斑潜蝇［*L. huidobrensis* (Blanchard)］，属双翅目潜蝇科斑潜蝇属，都属于外来入侵性害虫。美洲斑潜蝇又称美洲甜瓜斑潜蝇，1993 年以来在我国海南、广东等省普遍发生，并迅速向各地蔓延，现已分布 30 个省（自治区、直辖市），其中，华南、西南及福建、湖北中部、浙江和江西南部为最适宜发生区。南美斑潜蝇又称拉美斑潜蝇、豆斑潜叶蝇等，1993 年在云南嵩明县首次发现，现已蔓延到贵州、四川、青海、甘肃、新疆、山西、河北、山东、北京等 20 多个省份。斑潜蝇的成虫和幼虫均可对作物产生危害。雌成虫用产卵器刺破叶片上表皮，形成白色刻点状刺孔，人的肉眼能观察到。雌、雄成虫从刻点取食叶片汁液，雌虫产卵在伤孔中或裂缝内，有时也产于叶柄上。幼虫主要以蛀食叶肉为主，随虫龄的增加取食面积逐渐增大，降低植物叶片的光合速率和营养物质传导。幼虫数量大时常蛀空叶片，使叶片萎缩，严重时叶片干枯死亡。

二、形态特征

（一）美洲斑潜蝇

成虫：体小型，体长 1.3～1.8mm，雌虫比雄虫略大，浅灰黑色。头部额宽为复眼宽的 1.5 倍，外顶鬃着生处黑色，内顶鬃位于黄与黑色交界处。触角 3 节，末节圆形，具浅褐色触角芒。中胸背板亮黑色，小盾片圆形、黄色，背中鬃"3+1"根，中鬃排列不规则 4 行。前翅翅长 1.3～1.7mm，前缘脉加粗，中室小，M_{3+4} 脉末端长为前一段的 3～4 倍，后翅退化为平衡棒，黄色。足基节、腿节黄色，胫节、跗节暗褐色。腹部可见 7 节，背板黑褐色，腹板黄色（彩图 12-21-1）。

卵：长约 0.25mm，扁圆形，乳白色，半透明，渐变浅黄色。卵通常产于叶片正面，反面很少。

幼虫：蛆状，共 3 龄。初孵幼虫半透明，随虫体长大渐变为黄色至橙黄色。老熟时体长约 3mm，橙黄色，腹末端有 1 对后气门，呈圆锥状突起，末端 3 分叉，其中 2 个分叉较长，各具一小孔开口。

蛹：长 1.3~2.3mm，椭圆形，金黄至黄褐色，腹面略扁平。后气门同幼虫。

(二) 南美斑潜蝇

该种与美洲斑潜蝇是近似种，主要特征如下。

成虫：体长 1.7~2.3mm，亮黑色。头中部黄色，触角第一、二节黄色，第三节褐色。额明显突于复眼，橙黄色，上侧额区稍暗，内外顶鬃着生处暗色，上侧额鬃 2 对，下侧额鬃 2 对。中胸背板黑色稍亮，后角具黄斑。背中鬃"2+1"，中鬃散生呈不规则 4 列。中胸侧板下方 1/2~3/4 部分甚至大部分黑色，仅上方黄色。小盾片黄色。前翅膜质透明，中室较大，M_{3+4} 脉前段长度为基段长度的 2~2.5 倍；后翅退化为平衡棒。足的基节黄色具黑纹，腿节基本黄色但具黑色条纹直到几乎全黑色，胫节和跗节棕黑色（彩图 12-21-2）。

卵：圆形，长 0.3mm，乳白色，略透明。

幼虫：共 3 龄，蛆状。初孵化乳白色，取食后渐变黄白色或橘黄色。老熟幼虫体长 2.3~3mm，无足，后气门突呈圆锥状突起，顶端 6~9 分叉，各分叉顶端有小孔。

蛹：长约 1.5~2.5mm，长椭圆形，围蛹，腹面稍扁平，橘黄色至深褐色，后气门突与幼虫相同。

三、生活习性

(一) 美洲斑潜蝇

美洲斑潜蝇在北京地区全年可发生 8~9 代，在华南地区每年可发生 15~20 代，年度之间因气温差异发生的世代数稍有变化。美洲斑潜蝇在北京地区田间自然条件下不能越冬，保护地是其越冬的主要场所。在北京地区，美洲斑潜蝇 6 月初始见，7 月上旬之前虫量很少，主要发生期是 7 月上旬至 10 月上旬，高峰期出现在 8 月中旬。7 月中旬至 9 月底，美洲斑潜蝇占潜蝇总虫量的 50%~100%，是这一时期瓜类作物潜叶蝇中的优势种。在美洲斑潜蝇主要发生期内，田间寄主作物以瓜类作物和豆类作物为主，可见明显被害状。10 月上旬以后，随着嗜食寄主作物的逐渐减少，气候转凉，美洲斑潜蝇虫量逐渐下降，11 月上旬后未见成虫。温室内美洲斑潜蝇一年四季均可发生，但冬季由于温度低，发育十分缓慢，虫口数量极低。春、秋季温室的环境温度高于同期的田间温度，美洲斑潜蝇种群增长快于田间，因而具有春季发生早、虫口上升快，秋季发生持续时间长、虫口密度高的特点。在海南地区，美洲斑潜蝇一年四季种群数量变化较大，当年 11 月至翌年 4 月发生量大，虫口密度高，为害严重，6~9 月种群数量下降。

美洲斑潜蝇雄虫一般较雌虫先出现，成虫羽化后 24h 交尾，一次交尾即可使以后产下所有的卵受精。雌虫刺伤寄主叶片，作为取食、产卵场所。斑潜蝇造成的伤口中约有 15% 含有活卵。雄虫不能刺伤叶片，但可在雌虫刺伤的叶片上取食。雌、雄成虫可取食花蜜。卵产于叶片表皮下，2~5d 孵化。30℃ 左右时，卵期 1~2d。在 24℃ 以上时，幼虫发育期 4~7d。30℃ 以上时，未成熟幼虫死亡率迅速上升。美洲斑潜蝇在叶片外部或土表化蛹，高温干旱对化蛹均不利。化蛹后 7~14d 羽化。美洲斑潜蝇飞行能力有限，自然扩散能力弱，主要靠卵和幼虫随寄主植物或随盆栽土壤、交通工具等远距离传播。美洲斑潜蝇野生寄主多，瓜类作物收获后，野生植物即成为美洲斑潜蝇的中间寄主，为其繁殖、越冬创造了良好的条件。害虫在农作物和野生寄主之间来回迁移，加重了防治难度。

(二) 南美斑潜蝇

南美斑潜蝇在北京地区全年可发生 8 代左右，在西南地区每年可发生 16 代左右。南美斑潜蝇在北京地区田间自然条件下不能越冬。在北京地区，南美斑潜蝇 3 月中旬始见，6 月中旬以前数量很少，随后虫口逐渐上升，7 月上旬达到最高虫量，同时田间作物出现明显的被害状。之后虫量逐渐下降，7 月底至 9 月中旬进入越夏，未见成虫。9 月中旬至 11 月上旬虫口数量维持低水平，11 月上旬以后进入越冬，田间再无成虫活动。温室内一年四季均可见南美斑潜蝇活动，但高峰期出现于 6 月中、下旬至 7 月初，与田间高峰同步。这是由于此时的温室处于开放状态，与田间环境相通，南美斑潜蝇成虫易于在温室与大田间迁移。田间发生盛期为 6 月中、下旬至 7 月中旬。南美斑潜蝇在南方没有休眠和滞育习性，在合适的温度和寄主作物存在下均可发生，世代重叠明显。昆明地区南美斑潜蝇一年四季都有发生，无明显越冬现象。3~5 月和 10~11 月盛发，以春季种群数量高；而在地势较高的坝区和半山区，冬春季棚室盛发，进入夏季高温雨季后，种群数量显著下降。

南美斑潜蝇个体小，有明显的趋光性、趋黄性和趋绿性。雌虫虫体略大于雄虫，成虫体色偏黑，有一定的飞翔能力。雌虫依靠产卵器刺伤叶片取食汁液，取食斑多集中在叶片边缘。卵多产于叶片下表皮旁，产卵孔较取食斑小且圆。卵用肉眼很难观察，卵粒半透明、乳白色，近孵化时颜色转深。与美洲斑潜蝇不同的是，南美斑潜蝇幼虫喜沿叶脉进行取食，用口钩不断刮食叶肉的海绵组织或栅栏组织，尤喜食下层的海绵组织，残留下表皮或上表皮，形成浅绿色或白色潜道，潜道比美洲斑潜蝇略宽，从叶正面看，潜道常不连续或紧沿叶脉形成，易与美洲斑潜蝇形成的潜道相区分（彩图 12 - 21 - 3）。

四、发生规律

（一）气候条件

美洲斑潜蝇完成一个世代的有效积温为 241.07℃，发育起点温度为 10.74℃。不同温度条件下，该种各虫态发育历期明显不同。在 14～31℃范围内，随温度的升高，各虫态的发育历期相应减少。14℃下卵平均历期为 8.46d，完成 1 代需 68d 左右，而 31℃下卵期只有 1.83d，完成 1 代只需 12d 左右。气温 20～30℃有利于美洲斑潜蝇的发育、存活和增殖，超过 30℃或低于 20℃则死亡率高，虫口下降。美洲斑潜蝇耐高温能力强，在 37℃恒温下成虫死亡高峰在 9h 左右，即使在 40℃高温下，经过 6h 后仍有 50%成虫能够存活。43℃恒温下绝大多数成虫在 2h 内死亡。因此，该虫喜温，但抗寒力弱，在 35°N 以北地区不能自然越冬，在低纬度的热带地区或棚室中可周年繁殖；夏季发生为害较重，冬季发生很轻。另外，瓜田附近寄主作物多，食料足，虫源田多，有利于其发生为害；降水量大或降雨天数长，该虫死亡率高，尤其在化蛹盛期，蛹被雨水淹没后极易死亡。

南美斑潜蝇喜温凉，对高温比较敏感，30℃以上即不能完成整个世代，夏季高温可造成其种群数量显著下降。31℃条件下，南美斑潜蝇卵的孵化率只有 57.92%，幼虫不能化蛹；33℃下卵孵化率仅为 1.2%；成虫在 37℃恒温条件下，致死中时在 4.5h 左右；41℃条件下，成虫在 3.5h 内即死亡。南美斑潜蝇耐寒力较强，发育适温 15～25℃，最适温度范围是 20～25℃，适宜在西南地区及其他温凉气候条件下发生。云南省滇中地区处于低纬度、高海拔的区域，终年气候温凉，已成为南美斑潜蝇的重发区。青海、贵州等省份的一些地区也具备类似特点，也已成为南美斑潜蝇的适生区。

斑潜蝇体型微小，对暴风雨抵抗能力也较差，每次暴雨过后，其种群密度就会明显下降。

（二）寄主植物

斑潜蝇是一种多食性害虫，但对不同的寄主植物嗜好程度不同。在美国，美洲斑潜蝇主要为害温室和田间番茄、黄瓜、甜瓜等果菜。以美洲斑潜蝇的取食孔为选择性指标，发现美洲斑潜蝇对不同类寄主植物的嗜好程度为：豆类＞瓜类＞茄科类＞十字花科和叶菜类。但非选择试验结果证明，当缺乏嗜好寄主时，该虫能够很快适应不嗜好的寄主植物。因此，有扩大寄主范围、寄主适应性强的特点。室内 25℃条件下，比较南美斑潜蝇对不同寄主植物的选择性，发现南美斑潜蝇对西葫芦和菜豆的选择性强，发育快且存活率高；而对甘蓝的选择性差，发育慢且存活率低。与豆类作物邻作或者套种的瓜田，该虫极易大发生。

（三）天敌生物

斑潜蝇幼虫至蛹期有多种寄生性天敌，自然界中寄生蜂对斑潜蝇的种群有着重要的调节作用。目前已知北京地区美洲斑潜蝇寄生蜂有 14 种，云南有 5 种，海南有 4 种，均属姬小蜂科。其中，北京地区以美丽新金姬小蜂 [*Neochrysocharis formosa* (Westwood)] 和底比斯金绿姬小蜂 [*Chrysocharis pentheus* (Walker)] 最为普遍，后者也是海南省美洲斑潜蝇寄生蜂优势种类。许再福等报道了广东省美洲斑潜蝇寄生蜂有 7 种，包括茧蜂科 2 种，姬小蜂科 5 种。优势种类为攀金姬小蜂和冈崎新金姬小蜂 [*Neochrysocharis okazakii* (Kamijo)]。在不受化学农药的干扰下，作物生长后期美洲斑潜蝇寄生率可达 47.2%～68.4%。南美斑潜蝇的寄生蜂在我国有 15 种，包括茧蜂科 1 种，姬小蜂科 11 种，金小蜂科 3 种。其中，茧蜂科 *Opius* sp. 是云贵地区的优势寄生蜂。在海南省豆类、瓜类和茄果类作物上，美洲斑潜蝇的寄生蜂至少有 6 种，其中，优势寄生蜂为底比斯金绿姬小蜂，对豆类、瓜类和茄果类上的美洲斑潜蝇的平均寄生率为 27.1%。与种植单一作物相比，在田间混合种植多种作物时，能提高豌豆潜叶蝇姬小蜂 (*Diglyphus isaea*) 的雌性比例，在一定程度上促进了寄生率和寄主的取食率。

除寄生性天敌外，斑潜蝇还有许多捕食性天敌，如蚂蚁、草蛉、蜘蛛和舞虻等。

五、防治技术

斑潜蝇体型微小，繁殖力强，寄主广泛，发生普遍且为害严重。防治策略上要以改进耕作栽培技术等农业防治措施和保护利用寄生蜂等为主，辅之以物理防治和化学防治，并注重抗药性治理，实施可持续的综合防控。

（一）农业防治

棚室和露地栽培要培育无虫苗，有条件温室喷灌浇水，可杀死部分叶面上的蛹。收获后清洁田园，把被害植株残体和杂草集中深埋、堆沤或烧毁。夏季换茬时应高温闷棚 1～2d，深翻土壤和灌水，使掉在土壤表层的蛹不能羽化，可明显降低虫口基数或减少越冬虫源数量。在重发区应调整作物种植布局，将斑潜蝇嗜食的寄主与抗虫或非寄主作物套种或轮作；合理密植，增强田间通透性和植株抗虫性。

（二）物理防治

保护地和苗房应加设 30 目左右的防虫网，防止斑潜蝇及其他体型更大的害虫成虫从外部迁入保护地发生为害；田间也可悬挂黄色黏虫板，悬挂高度与作物顶端齐平，并根据作物的生长及时进行高度调整，同时根据黏性效果进行更换，以提高对成虫的诱杀效果。

（三）化学防治

西瓜、甜瓜叶片被害率达 5% 时，可作为化学防治的参考指标。常用药剂有 10% 灭蝇胺悬浮剂 800 倍液或 40% 灭蝇胺可湿性粉剂 3 000 倍液，持效期 10～15d；还有 20% 阿维·杀单微乳剂 1 000 倍液、10% 虫螨腈悬浮剂 1 000 倍液、1.8% 阿维菌素乳油 2 500～3 000 倍液、40% 阿维·敌畏乳油 1 000 倍液、4.5% 高效氯氰菊酯乳油 1 000～1 500 倍液、2.5% 高效氯氟氰菊酯乳油 2 500 倍液、10% 吡虫啉可湿性粉剂 1 000 倍液等。0.3% 印楝素乳油、0.5% 藜芦碱可溶液剂也是防治斑潜蝇较好的生物农药，可以根据推荐用量选用。防治成虫以 8：00～12：00 施药为好；防治幼虫以一至二龄期施药最佳，隔 6～7d 防治 1 次，连续 3～4 次。棚室还可用 30% 敌敌畏烟剂每 667m² 250g 熏烟，熏烟法和喷雾法结合应用效果好。

王少丽（中国农业科学院蔬菜花卉研究所）
雷仲仁（中国农业科学院植物保护研究所）

第 22 节　瓜 绢 螟

一、分布与危害

瓜绢螟 [*Diaphania indica* (Saunders)]，又称瓜野螟、瓜绢野螟、瓜螟、印度瓜野螟等，属鳞翅目草螟科害虫。主要为害葫芦科的西瓜、苦瓜、黄瓜及番茄、茄子等多种作物。国外分布于日本、澳大利亚、朝鲜、印度尼西亚、印度、委内瑞拉、越南、泰国、萨摩亚群岛、斐济岛、塔希提岛、非洲大陆、法国、毛里求斯等地。该虫在我国各地均有不同程度发生为害，以长江以南密度较大，在华东、华中和华南地区普遍发生且为害频繁。20 世纪 70 年代前，瓜绢螟在我国南方虽有发生，但为害轻。从 70 年代末 80 年代初开始，种植结构的改变、瓜果类作物种植面积的增大，给瓜绢螟提供了更丰富的食料，使该虫在部分地区由次要害虫上升为主要害虫，特别是长江流域各瓜果菜区为害持续加剧，造成严重减产，甚至绝收。瓜绢螟初孵幼虫先取食叶片背面的叶肉，被害叶片出现灰白色斑块。二龄开始吐丝连缀半边叶子进行为害，取食叶肉。幼虫三龄以前取食量较小，一般不造成严重为害，发育到三龄后能吐丝将叶片左右缀合，匿居其中取食，四、五龄幼虫食量大，可吃光全叶仅存叶脉，呈现网状叶。幼虫也咬食嫩茎和果蒂，造成无头蔓或幼瓜脱落。在植株生长后期，幼虫常啃食瓜的表皮或蛀入瓜内为害，使之失去商品价值（彩图 12 - 22 - 1，彩图 12 - 22 - 2）。瓜绢螟常年使瓜类作物生产损失 10%～20%，严重田块减产 30%～40%，有时高达 60% 以上。

二、形态特征

成虫：为小型蛾子，体长约 11mm，翅展约 25mm，触角、头部和胸部黑褐色，最明显的特征为翅面中心呈丝绢般闪光的白色三角。前翅沿前缘及外缘各有一淡黑褐色带，翅面其余部分为白色，缘毛黑褐色；后翅白色半透明有闪光，外缘有一条淡墨褐色带，缘毛黑褐色。雄成虫腹端腹板较尖，不向前凹入，被黑色鳞片。雌成虫腹端腹板向前呈半圆形凹入，被白色或黄色鳞片。

卵：扁平椭圆形，长 0.6～0.8mm，宽 0.4～0.6mm，淡黄色，表面有网状纹。

幼虫：幼虫有 5 龄，初龄幼虫体透明，随发育而呈绿色至黄绿色。二龄开始，头胸部淡褐色，腹部草绿色，头部至腹末出现白色亚背线，随虫龄增长，背线增白加宽。各体节上有瘤状突起，并着生短毛，气门黑色。老熟时体长 26mm，头部、前胸背板淡褐色，胸腹部草绿色，亚背线呈 2 条宽白纵带，气门黑色。

蛹：长约 14mm，深褐色，头部光滑尖瘦，翅芽伸及第六腹节，外被薄茧。

三、生活习性

瓜绢螟通常 1 年发生 4～6 代，在海南岛可周年发生。以老熟幼虫或蛹在枯叶或表土中越冬，次年 4 月底 5 月初羽化。6 月幼虫开始出现，7～9 月发生量大、世代重叠，条件适宜时易暴发成灾。雌蛾将卵产于叶背，散产或者几粒在一起，每只雌虫可产卵 200～400 粒。幼虫三龄后可吐丝卷叶取食，蛹化于卷叶或落叶中。成虫白天不活动，多在叶丛或杂草间隐藏，稍有趋光性。瓜绢螟对温度的适应范围广，15～35℃条件下均可生长发育，发育最适温度为 26.0～30℃，湿度为 70%～80%。随温度的增加，卵、幼虫和蛹的历期下降，发育速率加快。瓜绢螟喜湿润的环境条件，相对湿度低于 70%会影响卵的孵化，不利于幼虫的活动。华中和华南地区雨水多，湿度大，因此，瓜绢螟发生为害更重。

四、发生规律

（一）气候条件

瓜绢螟对温度的适应范围广，发育的适宜温度范围为 25.0～32.5℃。随着温度的升高，发育速率加快，卵、幼虫和蛹的历期下降。17.5℃下产卵前期和成虫寿命分别为 11.5d 和 30.6d，而在 35.0℃下分别为 1.5d 和 9.2d。在 25℃和 27.5℃条件下，卵孵化率、幼虫化蛹率和成虫羽化率高于其他温度。27.5℃下，孵化幼虫到成虫的存活率最高。在 25℃和 27.5℃单雌的平均产卵力也高于其他温度。随温度升高，平均世代时间减少。相对湿度低于 70%会影响该虫卵的孵化，也不利于幼虫的活动，适宜的相对湿度在 85%以上。说明瓜绢螟是一种喜高温、高湿的害虫。冬季温暖、早春不冷、盛夏不热、晚秋不凉的气候条件，有利于瓜绢螟的繁殖和越冬。

（二）寄主植物

瓜绢螟主要取食葫芦科植物。据报道，在海南，瓜绢螟在田间主要为害黄瓜和西瓜，而在苦瓜地、丝瓜地则较少见，但室内用苦瓜和丝瓜的叶片饲喂瓜绢螟也能正常生长发育和繁殖，表明其对葫芦科寄主植物具有一定的选择性及适应性。瓜绢螟的生长与繁殖特性随寄主植物种类而发生变化。在黄瓜和南瓜上取食和产卵选择性高于西瓜和甜瓜。在甜瓜和南瓜上卵的发育历期比西瓜和黄瓜更长，最长的蛹的历期出现在黄瓜上，为 10.5d。瓜绢螟卵在黄瓜寄主上孵化率最高为 87.2%，最低出现在厚皮甜瓜上（72.8%）。西瓜和薄皮甜瓜上的化蛹率分别为 90.0%和 89.1%，高于黄瓜。瓜绢螟在黄瓜和南瓜上的羽化率分别为 93.5%和 92.0%，显著高于甜瓜上的 78.7%。西瓜寄主上，瓜绢螟从孵化到羽化的成活率最高为 76.0%；黄瓜上最低，为 50.0%。甜瓜上的成虫历期为 21d，黄瓜上最短，为 15.5d。黄瓜寄主上的平均单雌产卵量最高，为 281.8 粒；薄皮甜瓜上最低，为 96.6 粒。薄皮甜瓜和厚皮甜瓜上的产卵前期长于西瓜上的，平均世代发育历期以厚皮甜瓜上的最长，为 47.2d。黄瓜上的净增殖率和内禀增长率最高，分别为 191.3 和 0.127。与瓜菜类蔬菜邻作或者套种的地块发生严重，连荏种植的地块虫源基数高，发生为害更重。

（三）天敌昆虫

瓜绢螟的天敌昆虫以寄生性天敌为主，有 20 多种，包括卵寄生蜂 3 种，幼虫寄生蜂 14 种，蛹期寄生蜂 4 种。国内记载的寄生蜂主要包括拟澳洲赤眼蜂（*Trichogramma confusum* Viggiani）和寄生幼虫的广黑点瘤姬蜂［*Xanthopimpla punctata*（Fabricius）］、瓜螟绒茧蜂（*Apanteles taragamae* Viereck）、小室姬蜂（*Scenocharops* sp.）、菲岛扁股小蜂（*Elasmus philippenensis* Ashmead）。拟澳洲赤眼蜂广泛分布于我国长江以南和华北、东北各地，研究报道，拟澳洲赤眼蜂对田间瓜绢螟卵的寄生率较高，在发生期内达到54.3%，9月中旬前后可达到98%以上，对田间瓜绢螟的发生为害有明显的抑制作用，应注意加强保护和利用。值得注意的是温度对该蜂影响较大，适宜的温度范围为日均温17～28℃。在海南地区，瓜螟绒茧蜂全年均可寄生瓜绢螟，其中，以温度较低季节（10月至翌年3月）寄生率较高（14.33%～29.73%），而温度较高的4～9月寄生率降低至2.26%～8.54%。瓜螟绒茧蜂能寄生一至三龄幼虫，更偏好寄生二龄。瓜绢螟幼虫被寄生后的取食量极显著地少于未被寄生幼虫的取食量。瓜绢螟的捕食性天敌包括小花蝽、步甲、胡蜂、三突花蟹蛛等。室内研究表明，黑足历猎蝽（*Rhynocoris fuscipes* Fabricius）对瓜绢螟的功能反应呈 Holling's type Ⅱ 型，其捕食攻击率随瓜绢螟密度的增加而提高，在1∶1的密度下攻击系数最大，为0.99，而在8∶1密度下攻击系数最低为0.52。鸟类也是该虫的天敌之一。

五、防治技术

（一）农业防治

清洁田园，人工摘除卵块、卷叶或者有幼虫群集的叶片，并进行集中处理，减少田间虫口基数。瓜果采完之后，将枯枝落叶收集干净，并清洁出田外深埋或烧毁，消灭藏匿在枯枝、落叶中的幼虫和蛹，以压低虫口基数。及时翻耕土壤，适当灌水，增加土壤湿度，降低羽化率。

（二）物理防治

棚室栽培提倡采用防虫网防治瓜绢螟，同时也可兼治其他害虫。或在瓜绢螟成虫盛发期于田间安装频振式杀虫灯或黑光灯，利用成虫趋光性诱杀成虫，降低田间落卵量。

（三）生物防治

在瓜类作物种植面积较大的地区，可悬挂瓜绢螟性诱剂，诱集成虫进行集中消灭。有条件的地方也可采用螟黄赤眼蜂防治瓜绢螟。田间注意采用对寄生蜂等天敌昆虫毒力低的药剂（如16 000IU/mg的Bt可湿性粉剂800倍液、3%苦参碱水剂800倍液等）进行防治，发挥天敌昆虫（如拟澳洲赤眼蜂、绒茧蜂等）的自然控制作用。当田间的卵寄生率达60%以上时，应避免施用化学杀虫剂，防止杀伤天敌。

（四）化学防治

加强虫情监测，在成虫产卵高峰期后4～5d，即初孵幼虫盛发期是用药最佳时间。喷药时重点喷植株中上部叶片背面。药剂可选择5%氯虫苯甲酰胺悬浮剂1 000倍液、15%茚虫威悬浮剂3 500倍液、24%甲氧虫酰肼悬浮剂1 000倍液、10%虫螨腈悬浮剂1 500倍液、10%氟虫双酰胺悬浮剂2 500倍液、1.8%阿维菌素乳油1 500倍液、2.5%多杀霉素悬浮剂1 500倍液、2.5%氟啶脲乳油1 000倍液、40%辛硫磷乳油1 000倍液、0.36%苦参碱乳油1 000倍液、20%氰戊菊酯乳油2 500倍液。7～10d喷1次，连喷2～3次，重点喷施植物上部叶片和嫩梢。建议不同类型的农药轮换交替使用，严格掌握农药的安全间隔期。

王少丽　张友军（中国农业科学院蔬菜花卉研究所）

第23节　守　瓜

一、分布与危害

守瓜类害虫属鞘翅目叶甲科，在我国南方主要有黄足黄守瓜 [*Aulacophora indica* (Gmelin)] 和黄足黑守瓜（*A. lewisii* Baly），其中以黄足黄守瓜发生更为普遍。黄足黄守瓜俗称黄守瓜、瓜守、黄萤、瓜萤等，国外分布包括朝鲜、越南、印度、日本、俄罗斯、斯里兰卡、缅甸、尼泊尔、不丹、泰国、柬埔寨、老挝、菲律宾、马来西亚等国。在我国各地均有分布，以华东、华中、西南、华南地区发生为害重。寄主植物以葫芦科为主，包括西瓜、甜瓜、黄瓜、南瓜、丝瓜等，也可为害十字花科、茄科、豆科蔬菜。成虫和幼虫均可造成危害，成虫最喜取食嫩叶，常以身体作半径旋转绕圈咬食，在叶片上留下环形或半环形缺刻（彩图12-23-1）。这是黄足黄守瓜为害后的典型症状，田间易于识别。该虫也常给瓜苗的健康生长造成极大的威胁，常咬断瓜苗的嫩茎，引起成片死苗，苗期管理不善可导致毁苗改种。还可为害幼瓜，造成产量损失。初孵幼虫孵化后即潜入土内为害寄主的细根，三龄幼虫蛀食主根或蛀入贴地面的瓜果皮层，导致瓜苗枯死，引起果实腐烂。西瓜的死藤瓜，多是由于黄足黄守瓜幼虫为害主根和茎基后，导致营养不良，地上部分萎蔫致死，有时虽能结瓜但不能成熟，俗称"气死瓜"，严重影响瓜果的品质和质量。黄足黑守瓜比黄足黄守瓜发生稍迟，为害作物更少，个别年份发生严重。

二、形态特征

（一）黄足黄守瓜

成虫：长椭圆形甲虫，体长 8～9mm，宽 3～4mm，体色呈橙黄、橙红或带棕色，有光泽，仅复眼、上唇、后胸腹面和腹节为黑色。触角丝状，11 节，约为体长的一半，触角间隆起似脊。前胸背板长方形，中央有一弯曲深横沟，沟中段略向后弯入，呈浅 V 形；前胸背板的 4 个侧角各有 1 根长毛縢。鞘翅中部以后略膨大，鞘翅上密布细小刻点。雌虫腹部末节向后延伸，背面呈三角形露出鞘翅外，腹部末端有一 V 形或 U 形缺刻。雄虫腹末为圆锥形，末节有一匙形构造（彩图 12-23-2，1）。

卵：长 0.7～1mm，宽 0.6～0.7mm，近椭圆形，初产时为鲜黄色，中期时黄色变淡，到孵化前呈黄褐色，表面密布六角形蜂窝状斑纹。

幼虫：有 3 龄。长圆筒形，体细长。初孵幼虫白色，以后头渐变为褐色。老熟时体长约 12mm，长椭圆形，头部黄褐色，前胸背板黄色，胸腹部黄白色，臀板腹面有肉质突起，上生细毛。

蛹：体长约 9mm，宽 2.5～3.5mm。裸蛹，近纺锤形，乳白至淡黄褐色，羽化前，蛹体为黑褐色。头缩在前胸下，上方两侧各有 3 根褐色刚毛。前翅的翅芽伸达第五腹节，后足伸达第六腹节。各腹节背面疏生褐色刚毛，腹部末端有 1 对巨刺状突（彩图 12-23-2，2）。

（二）黄足黑守瓜

黄足黑守瓜的成虫略小于黄足黄守瓜，全身仅鞘翅、复眼和上颚顶端黑色，其余部分均呈橙黄或橙红色。卵球形，黄色，表面有网状皱纹。幼虫黄褐色，胴部各节均有明显瘤突，上面着生刚毛。蛹灰黄色，头顶、前胸及腹节均有刺毛。

三、生活习性

黄足黄守瓜每年发生代数因地而异。在我国北方地区每年发生 1 代，长江流域以 1 代为主，部分 2 代，华南地区多为 3 代，台湾南部 3～4 代，世代重叠。以成虫在背风向阳的杂草根际、落叶和土缝间群集越冬。翌年 3～4 月，土壤温度达 6℃时成虫开始活动，10℃时全部出蛰取食补充营养，并转移到瓜苗上为害，喜食叶片与花瓣，对于刚出土的瓜类幼苗尤其是西瓜幼苗威胁很大。瓜苗尤以 5～6 片真叶前受害最重。湖北、江苏、江西等地的为害期在 4 月中、下旬至 5 月上旬，主要为害露地瓜类和小拱棚地膜栽培的西瓜、甜瓜，集中为害 3～6 片真叶期的瓜苗；大棚黄瓜已进入采瓜期可免受其害。5 月成虫开始在潮湿的表土中产卵，5 月中旬至 6 月幼虫孵出开始为害根茎，常使瓜秧萎蔫死亡。第一代成虫发生期为 7 月上、中旬至 10 月，秋棚和露地瓜类苗期受害较重。7 月中、下旬第二代幼虫开始食根。

成虫喜阳光，日出活动，晴天 8：00～10：00 和 14：00～17：00 活动最盛，飞翔力强，受惊即飞，有假死性和趋黄性，阴雨天活动迟钝。成虫最喜取食嫩叶，常以身体作半径旋转绕圈咬食，故在叶片上留下环形或半环形缺刻；常咬断瓜苗的嫩茎，引起成片死苗，还可为害幼瓜。成虫寿命长，活动期可长达 5～6 个月。雌虫一生可多次交配，产卵 4～7 次，单雌产卵量最高可达 1 500～2 000 粒，平均每雌产卵 400 粒左右。成虫将卵成堆或散产于寄主根际附近湿润的土面或土缝中，卵孵化及幼虫活动均需要较高湿度。幼虫共 3 龄，卵孵化后，初孵幼虫即潜入土内为害寄主的细根，三龄以后钻入主根或蛀入贴地面瓜果皮层，导致瓜苗枯死，引起果实腐烂，同时可转株为害。幼虫发育历期 19～38d，平均为 30d。老熟幼虫在被害根际附近 3～4cm 处的土室中化蛹，蛹期 16～26d。

四、发生规律

（一）气候条件

黄足黄守瓜成虫在晴天的午间活动最盛，夜晚、雨天和清晨露水未干时都不活动。该虫适宜的生长发育温度为 12～38℃，最适环境温度为 20～32℃。黄足黄守瓜产卵的多少与湿度密切相关，在 20～30℃的适温范围内，湿度愈高产卵愈多。卵的孵化也要求很高的湿度，相对湿度 100％时孵化率 100％。在 25℃适宜温度下，相对湿度低于 75％时，卵不能孵化。若产卵期降雨少，则其产卵会延迟。因此，降雨早、雨量多的年份则有利于黄足黄守瓜的发生。此外，瓜类作物连作区、保温性好的壤土和黏土地，该虫发生较重，而在沙土中发生较轻。成虫耐热喜湿，耐热性强，因此，南方地区发生为害比北方更重。

（二）寄主植物

成虫多食性，寄主植物有葫芦科、豆科、十字花科、茄科、芸香科、蔷薇科及桑科等 19 科 69 种。其中，黄守瓜最喜欢取食葫芦科植物，又以西瓜、黄瓜、甜瓜和南瓜等受害最严重。据研究报道，这种寄主取食嗜好性差异与葫芦科植物体内的次生化合物——葫芦素的含量密切相关。葫芦素是一类四环三萜化合物，目前已鉴定出 20 余种结构不同的葫芦素，其中，葫芦素 B、葫芦素 E、葫芦素 I 和 E-葡萄糖苷 4 种葫芦素对黄足黄守瓜取食有引诱作用，尤其是葫芦素 B 和 E-葡萄糖苷。黄足黄守瓜喜食的甜瓜、佛手瓜、黄瓜和南瓜等均含有一定量的葫芦素 B 或 E-葡萄糖苷。黄足黄守瓜取食瓜类植物后，子叶内的葫芦素含量快速升高，来对害虫的取食作出应答，太高浓度的葫芦素则又反过来抑制黄足黄守瓜的取食。因此，黄足黄守瓜成虫取食这些瓜叶时，常以身体为半径旋转咬食划一个圆圈，留下表皮，然后取食圈内叶组织。这种有趣的取食现象的原因之一是，该虫通过划圈阻断瓜叶圈内叶组织合成葫芦素，同时使得圈外含量升高的葫芦素不能转移到圈内，以保证顺利取食圈内的叶组织。这也是黄足黄守瓜为了生存而形成的一种巧妙的自我保护策略。黄足黄守瓜幼虫的取食具有一定的专食性，只咬食土壤中的瓜根和根茎。幼虫对瓜类的嗜食顺序为甜瓜＞西葫芦＞西瓜＞南瓜。

五、防治技术

（一）农业防治

冬前彻底清除田园杂草，填平土缝，消灭黄足黄守瓜的越冬虫源及场所。利用温床早育苗，早移栽，待成虫活动为害时，已过瓜苗受害严重的敏感期，受害程度相对减轻。与葱蒜、甘蓝、芹菜、莴苣等作物间作或轮作，可大大减轻为害。因黄足黄守瓜成虫喜在湿润的土壤中产卵，因此，田间覆盖地膜或在瓜根周围 30cm 内铺沙，以阻止成虫去产卵；对幼小瓜苗于早上露水未干时，在其四周撒草木灰、糠秕、锯末等，可驱避黄足黄守瓜成虫，也可防止其产卵。用麦秆等物把瓜果垫起，防止土中幼虫蛀入瓜果。

（二）物理防治

棚室等保护地瓜类栽培覆盖防虫网，可减少成虫飞入棚内产卵，减少下一代害虫数量。大田地膜覆盖栽培，可以避免或减少异地成虫迁入产卵。对于露地瓜苗，可在幼苗出土后 1～2d，用防虫纱网将幼苗罩起来，待幼苗蔓长到 30cm 后揭去纱网，该法对保护露地西瓜苗的效果很好。也可于瓜苗较小不宜施药的时期，在清晨成虫不活跃时进行人工捕捉或者捕虫网捕杀。亦可在田间悬挂黄板诱杀成虫。

（三）化学防治

幼幼期受害影响较成株期大，是重点防治时期。而此时瓜类幼苗抗药力弱，易产生药害。因此，化学防治时应慎重选药，严格掌握施用浓度。

1. 喷雾防治成虫法 毒杀成虫药剂可选用 80％敌敌畏乳油 1 000～1 500 倍液、10％高效氯氰菊酯乳油 3 000 倍液、2.5％溴氰菊酯乳油 3 000～4 000 倍液、21％增效氰·马乳油 6 000 倍液、4.5％高效氯氰菊酯微乳剂 2 500 倍液、5.7％氟氯氰菊酯微乳剂 2 000 倍液、20％氰戊菊酯乳油 3 000 倍液、3％啶虫脒乳油 1 000 倍液、75％鱼藤酮乳油 800 倍液等。

2. 灌根防治幼虫法 在幼苗初见萎蔫时，可采用 80％敌百虫可溶粉剂、50％辛硫磷乳油、2.5％鱼藤酮乳油 1 000 倍液等灌根，每株药量 100～200mL；或用烟草水 40 倍浸出液浇瓜根；茶籽饼粉用开水浸泡加入粪水中，每 667m² 用茶籽饼 20～25kg，灌根来杀灭根部幼虫。

王少丽 张友军（中国农业科学院蔬菜花卉研究所）

第 24 节 瓜实蝇

一、分布与危害

瓜实蝇［*Bactrocera cucurbitae* (Coquillett)］，又名黄瓜实蝇、瓜小实蝇、瓜大实蝇、针蜂、瓜蛆，

属双翅目实蝇科，是热带亚热带地区广泛分布的一种重要有害生物。国外分布于非洲、中东、南亚、西太平洋群岛以及美国的夏威夷等 30 多个国家和地区。该虫在我国是一种检疫性害虫，最早于 1985 年在深圳口岸由香港入内地的白瓜中截获，以后在深圳、昆明、上海、江门和海口等口岸陆续发现并截获。目前在我国主要分布于华南、华东及湖南、四川、贵州、云南、海南、台湾等地。采用 CLIMEX 软件和 DIVA - GIS 软件预测，我国 18.1°～34.7°N，97.5°～122.6°E 范围内的 19 个省（自治区、直辖市）是瓜实蝇的潜在地理分布区。其中，广东、广西、海南、福建南部、云南南部、台湾西部以及四川盆地为高度适生区，江西、湖南、贵州、重庆、上海及四川、云南、福建、浙江、江苏、安徽、湖北、陕西、河南、甘肃局部地区为中低度适生区。

瓜实蝇的寄主有苦瓜、甜瓜、西瓜、节瓜、冬瓜、南瓜、黄瓜、丝瓜和笋瓜等瓜类作物。瓜实蝇以成虫产卵为害和幼虫蛀瓜为害。雌虫以产卵管刺入幼瓜表皮内产卵，单雌可产卵几十粒到 1 000 余粒；刺伤处凝结流胶，畸形下陷，果皮变硬，瓜味苦涩，品质下降。幼虫孵化后即钻进瓜内蛀食，将瓜蛀食成蜂窝状，以致瓜条腐烂、脱落。受害轻的，瓜果虽不脱落，但生长不良，摘下数日即变软腐烂，不易储存；受害重的，被害瓜先局部变黄，后全瓜腐烂变臭，造成落瓜，落瓜剖面可见乳白色幼虫。近几年瓜实蝇已成为瓜类生产中的重要害虫之一，严重影响着瓜类的产量与品质（彩图 12 - 24 - 1）。2007 年该虫对桂林地区的夏秋西瓜、甜瓜及瓜类蔬菜生产造成严重危害，受害面积达 10 000hm²，轻者减产 10%～30%，重者减产达 60%～70%，甚至绝收，损失惨重。

二、形态特征

成虫：体形似蜂，黄褐色至红褐色，长 7～9mm，宽 3～4mm，翅长 7mm，前胸左右及中、后胸有黄色的纵带纹。翅膜质透明，杂有暗褐色斑纹。腹背第一、第二节背板全为淡黄色或棕色，无黑斑带，第三节基部有 1 条黑色狭带，第四节起有黑色的纵带纹（彩图 12 - 24 - 2）。

卵：细长形，长约 0.8mm，一端稍尖，乳白色。

幼虫：共有 3 龄。老熟幼虫体长 9～11mm，善弹跳，蛆状，乳黄色，口钩黑色。

蛹：长约 5mm，圆筒形，黄褐色。

三、生活习性

瓜实蝇在长江流域部分地区 1 年发生 4～5 代，福建、广东发生 6～8 代，海南发生 9～11 代，每个世代历期 30～50d。成虫寿命 1～2 个月，世代重叠。以蛹或成虫越冬，南方冬季在温暖晴朗天气可偶见成虫活动。越冬成虫通常于 4～5 月间开始活动，5～6 月数量逐渐增多，7～9 月为发生为害盛期，11 月底左右进入越冬期。以第一、二代为害较重。

成虫白天活动，飞翔迅捷，于 8：00～11：00 和 15：00～18：00 在瓜田活动，夏天中午高温烈日时，静伏于瓜棚或叶背及潮湿阴凉的杂草或花卉丛中等阴凉处，阴雨天和傍晚以后不喜活动。对糖、酒、醋及芳香物质有趋性。成虫寿命 10～25d，羽化后需要补充营养，之后多于清晨和傍晚进行交配。瓜实蝇通常喜欢在寄主幼嫩的瓜果上产卵，在花和营养器官上产卵幼虫也能顺利发育。成虫产卵时将产卵管刺入瓜果内，卵成堆或成排地产在瓜肉中，少数散产在瓜表面上。喜在表皮尚未硬化的幼瓜基部产卵，每次产几粒至 10 余粒，产卵孔常流出透明的胶质物，封闭产卵孔。研究表明，瓜实蝇产卵期平均为 59～73d，雌成虫一生可产卵 300～1 000 粒。幼虫孵化后即在瓜内取食为害，将瓜蛀食成蜂窝状，以致腐烂、脱落。一至二龄幼虫蠕动爬行，无弹跳能力。老熟后从瓜中穿孔而出，弹跳入土化蛹，老熟幼虫的弹跳垂直距离达 5～10cm，水平距离可达 15～25cm。入土化蛹深度为 2～8cm，其中以 4～6cm 居多。经 7～14d 羽化出成虫，成虫出土羽化主要在上午，晴天为 7：00～9：00 时，阴天为 7：00～11：00 时，久晴下雨之后出土羽化最多。一般卵发育历期为 5～8d，幼虫期 4～15d，蛹期 7～10d。瓜实蝇成虫寿命随不同寄主植物和环境条件而存在很大差异，人工气候箱内该虫最多可存活 260d，少则 60d。

四、发生规律

（一）气候条件

瓜实蝇卵、幼虫、蛹、产卵前期和世代的发育起点温度分别为 10.56℃、7.33℃、10.77℃、9.72℃

和 10.77℃，有效积温分别为 12.68℃、117.91℃、107.15℃、36.43℃ 和 602.17℃。在 35℃ 时蛹不能存活；在 25℃ 时单雌的产卵量最大，平均每头雌虫产卵 1 428.30 粒，15℃ 时最低，平均 240.30 粒。在 15～30℃ 时，瓜实蝇实验种群趋势指数均大于 1，在 25℃、30℃ 时，种群趋势指数最大，分别为 447.37 和 301.19。因此，瓜实蝇在 15～30℃ 范围内可正常发育，25～30℃ 为该虫最适生长发育温度。在 22℃、25℃ 和 28℃ 的恒温条件下，蛹的发育历期分别为 12.2d、10.7d 和 7.5d。在温度 25℃ 时，瓜实蝇的产卵量最大。瓜实蝇卵的孵化率与湿度关系密切，湿度越高孵化率越高。在高湿条件下，瓜实蝇卵的孵化率最高，但湿度过饱和情况下卵的孵化率降低，低湿度也不利于卵的发育。暴雨的冲刷对瓜实蝇生存不利。冬季平均温度偏高，寒潮持续时间短，有利于该虫发生。

（二）寄主植物

不同寄主植物上瓜实蝇生长发育特性表现出差异。室内在 30℃ 下，以苦瓜、黄瓜、丝瓜为寄主饲养瓜实蝇时，其发育历期分别为 44.82d、43.12d 和 46.08d，幼虫、蛹、世代历期、雄成虫寿命差异显著；平均每雌产卵量分别为 878.41 个、895.65 个和 806.35 个。瓜实蝇实验种群的种群趋势指数分别为 228.39、268.70 和 201.59，净生殖率分别为 59.25、94.08 和 48.99，差异显著。成虫产卵也具有明显的选择性，除了自身化合物的影响外，与带皮果实的果皮厚度也有很大关系。例如，瓜实蝇在苦瓜和黄瓜上的产卵率较高，分别为 56.18% 和 29.00%，在番木瓜和南瓜上产卵率较低，然而在去掉果皮后，于黄瓜、西葫芦和南瓜上的产卵率较高，分别达 34.64%、30.37% 和 18.05%，在番木瓜上的产卵率仅为 0.60%。另外，产卵时，在新鲜的寄主上产卵量较大，对南瓜、黄瓜偏爱，不喜欢在苦瓜上产卵。田间瓜实蝇为害程度还与周边种植的寄主植物种类有密切关系，若西瓜和甜瓜田附近蜜源植物丰富，则成虫产卵量大，瓜田受害严重。

（三）天敌生物

据国外报道，弗氏潜蝇茧蜂（*Opius fletcheri* Silvestri）是瓜实蝇主要寄生物。近年来，阿里山潜蝇茧蜂（*Fopius arisanus*）在夏威夷被应用于瓜实蝇的综合防治。小卷蛾斯氏线虫（*Steinernema carpocapsae*）对瓜实蝇有抑制作用，在每平方厘米土壤中放入 500 条斯氏线虫侵染期幼虫，瓜实蝇的死亡率平均为 87.1%。土壤中分离的球孢白僵菌对瓜实蝇具有致病性，室内研究表明，球孢白僵菌 MZ041016 菌株对瓜实蝇的幼虫、蛹和成虫的最高死亡率达 80% 以上，幼虫、蛹和成虫的致死中浓度 LC_{50} 值分别为 $2.178×10^5$ 个/mL、$2.884×10^5$ 个/mL 和 $2.269×10^5$ 个/mL，致死中时间 LT_{50} 分别为 4.238d、4.518d 和 3.853d，表明该菌株可用于瓜实蝇各虫态的有效防治。另外，蚂蚁也是其捕食性天敌之一。

五、防治技术

瓜实蝇成虫飞行能力强，一旦遇到惊扰便逃走，药剂喷完后又飞回来为害。幼虫藏于瓜果内蛀食，因此，对该虫的防治非常困难，可采用如下综合防治技术和方法。

（一）农业防治

1. 搞好田园卫生 加强检查，清除被害瓜果，消灭虫源；将局部变黄变软和不正常的幼瓜摘下，集中深埋或沤肥，防止幼虫入土化蛹。

2. 翻耕土壤灭虫 冬、春土壤各翻耕 1 次，以减少和杀死土中过冬的幼虫和蛹。

3. 套袋栽培 对有条件套袋的瓜田，在幼瓜期，成虫未产卵前进行套袋，防止成虫产卵为害。套袋最好是在花完全凋谢后、幼瓜生长到 2～4cm 长时进行。纸袋可采用旧报纸自制，大小规格因种植品种而定。

4. 轮作 旱地种植则需与不受瓜实蝇为害的作物轮作 2 年以上。有条件的实施水旱轮作，瓜实蝇发生显著减少。另外，生产田应与受瓜实蝇为害的菜地或果园保持距离。

5. 选用抗性品种 种植对瓜实蝇有抗性的瓜类品种，以有效控制其自然种群增殖。

（二）物理防治

1. 毒饵诱杀 利用成虫喜食甜质花蜜的习性，用香蕉皮、菠萝皮、南瓜或甘薯等与农药（如 90% 敌百虫晶体）、香精油、糖，按 40：0.5：1：1 的比例调成糊状毒饵，直接涂于瓜棚竹篱上或盛在容器内，诱杀成虫（每 667m² 放 20 个点，每点 25g）。目前已有商品化出售的饵剂供农户选用，进行田间成虫诱杀防治。

2. 悬挂黄板 田间悬挂黄板诱杀成虫也可收到良好防效。可选用规格为 25cm×40cm 的黄色黏板，每 667m² 悬挂 30 块，悬挂于离地 1.0～1.5m 高的阴凉、避雨的地方，根据黏板效果及时更换。也可与引诱剂结合使用，提高诱杀率。

3. 黏蝇纸诱杀 黏蝇纸具有对蝇类成虫引诱力强、持效期长、成本低廉且操作简单、对环境无副作用等特点。把它固定于竹筒（长约 20cm、直径 7cm）上，然后挂在离地面 1.2m 高的瓜架上，15～20m² 挂 1 张，每 10d 换纸 1 次，连续 3 次，效果显著。在瓜实蝇的为害高峰期也可与黄板配合使用，能有效地降低虫口密度，减少为害。

（三）生物防治

可采用瓜实蝇的性诱剂，每 667m² 瓜地悬挂 1～2 个，诱捕器距离地面 100cm，可诱捕田间雄虫，减少成虫交配的概率，在一定程度上降低下一代虫源数量。而雌虫的产卵前期为营养补充期，在此期间利用其对蛋白诱剂的趋性，在诱笼内同时放入性诱剂和蛋白诱剂，并加入少量杀虫剂，每 667m² 放置引诱笼 1～2 个，诱杀成虫。

（四）化学防治

瓜实蝇主要是以幼虫钻蛀为害为主，化学农药接触到幼虫很困难。因此，在成虫盛发期，在瓜棚可喷施 2.5％高效氯氟氰菊酯乳油 2 500 倍液，或 2.5％溴氰菊酯乳油 2 000 倍液、1.8％阿维菌素乳油 2 000 倍液、90％敌百虫原药 1 000 倍液、40％辛硫磷乳油 800 倍液、80％敌敌畏乳油 800 倍液等。3～5d 喷 1 次，连喷 2～3 次。药液中加少许糖，防治效果更佳。对落瓜附近的地面可喷淋 50％辛硫磷乳油 800 倍液，防止蛹羽化。或者选择 0.1％阿维菌素饵剂，每 667m² 用 180～270mL，稀释 2～3 倍后装入诱集罐，每 667m² 放置 10 个诱集罐进行诱杀。

王少丽　张友军（中国农业科学院蔬菜花卉研究所）

主 要 参 考 文 献

包海清，许勇，杜永臣，等 . 2008. 海南三亚地区葫芦科作物白粉病菌生理小种分化的鉴定 ［J］. 长江蔬菜 (1)：49 - 51.

贝亚维，顾秀慧，高春先，等 . 1996. 温度对棕榈蓟马生长发育的影响 ［J］. 浙江农业学报，8 (5)：312 - 315.

蔡笃程，程立生，陈积学，等 . 2005. 海南省美洲斑潜蝇寄生蜂种类及其控制作用评价 ［J］. 热带作物学报，26 (2)：76 - 80.

蔡明，李明福，江东 . 2010. 日本、韩国黄瓜绿斑驳花叶病毒发生及防控策略 ［J］. 植物检疫，24 (4)：65 - 68.

蔡学清，黄月英，杨建珍，等 . 2005. 福建省西瓜细菌性果斑病的病原鉴定 ［J］. 福建农林大学学报：自然科学版，34 (4)：434 - 437.

蔡学清，鄢风娇，林玉，等 . 2009. 西瓜细菌性果斑病拮抗内生细菌的分离和筛选 ［J］. 福建农林大学学报，38 (5)：465 - 470.

陈宝宽，潘秀萍，苏生平 . 2010. 西瓜病害的诊断及防控技术 ［J］. 农家致富，7：38.

陈多永 . 2009. 80％福美双·福美锌 WP 防治西瓜炭疽病田间药效试验 ［J］. 安徽农学通报，15 (3)：178 - 202.

陈红运，陈青，杨英华，等 . 2012. 甜瓜黄斑病毒三亚分离物 SRNA 的分子特征 ［J］. 植物病理学报，42 (5)：536 - 540.

陈宏灏，张蓉，张怡，等 . 2011. 西瓜田笼罩下多异瓢虫对瓜蚜的控制作用 ［J］. 中国生物防治学报，27 (1)：38 - 42.

陈鸿逵，王拱辰 . 1992. 浙江镰刀菌志 ［M］. 杭州：浙江科学技术出版社.

陈万梅，符悦冠，彭正强，等 . 2004. 海南 3 地区瓜绢螟种群对 3 种药剂的敏感性及其酶系比活性的测定 ［J］. 热带作物学报，25 (2)：37 - 41.

陈熙，鲍建荣，钟慧敏，等 . 1991. 西瓜蔓枯病研究 Ⅱ. 病残体上病菌的存活力及其传病作用 ［J］. 浙江农业大学学报，17 (4)：401 - 406.

陈熙，鲍建荣，钟慧敏，等 . 1992. 西瓜蔓枯病研究——病害的消长规律 ［J］. 浙江农业大学学报，18 (5)：55 - 59.

陈熙，过鸿英，水旭东，等 . 1995. 西瓜叶枯病研究 ［J］. 中国西瓜甜瓜 (1)：17 - 19.

陈熙，楼兵干，陈恩茂，等 . 1991. 西瓜蔓枯病研究 ［J］. 中国蔬菜 (1)：1 - 3.

陈熙，楼兵干，郑小军 . 1996. 西瓜叶枯病病残体上病菌的存活力及其传病作用 ［J］. 中国蔬菜 (6)：27 - 30.

陈熙，钟庆前，任恭仁 . 1995. 西瓜叶枯病种子带菌及其传病作用的研究 ［J］. 中国蔬菜 (4)：1 - 3.

陈秀蓉，魏永良，张建文 . 1990. 甜瓜蔓枯病 (*Mycospharella melonis*) 鉴定方法及品种抗病性鉴定 ［J］. 甘肃农业大学学报，25 (4)：389 - 393.

陈秀蓉，魏勇良，张建文．1993．甜瓜蔓枯病菌及其生物学特性的研究［J］．甘肃农业大学学报，28（1）：56-61．

陈延熙，张敦华，段霞渝，等．1985．关于 *Rhizoctonia solani* 菌丝融合分类和有性世代的研究［J］．植物病理学报，15（3）：139-143．

谌江华，陈若霞，李斌．2010．壳聚糖对黄瓜苗期猝倒病的防控效果［J］．浙江农业科学（4）：846-848．

程鸿，孔维萍，苏永全，等．2011．我国甜瓜白粉病研究进展及生理小种的初步鉴定［J］．长江蔬菜：学术版（18）：1-5．

崔晓宁，张亚玲，沈慧敏，等．2011．巴氏钝绥螨对截形叶螨的捕食作用［J］．植物保护学报，38（6）：575-576．

崔召明，陈泉生．2009．西瓜炭疽病苗期不同抗性鉴定方法的研究［J］．安徽农业通报，15（15）：135-136．

戴富明．2004．保护地栽培蔬菜的病害及其防治［J］．上海蔬菜（6）：88．

单国雷，朱世东，朱秀蕾，等．2007．CO_2浓度对西瓜枯萎病菌丝生长和孢子萌发的影响［J］．中国瓜菜（1）：1-3．

邓振山，张宝成，孙志宏，等．2005．立枯丝核菌营养菌丝多型性观察［J］．微生物学杂志，25（6）：56-58．

丁志宽，钱爱林，林双喜，等．2003．西瓜菌核病的流行原因及综合防治技术［J］．植保技术与推广，23（6）：17-18．

董杰，郭喜红，岳瑾，等．2011．拟长毛钝绥螨对朱砂叶螨的捕食作用研究［J］．中国植保导刊，31（3）：8-11．

董金皋．2007．农业植物病理学［M］．北京：中国农业出版社．

董勤成，召成，孙自喜，等．2007．瓜类根腐病的发生及防治［J］．长江蔬菜（11）：29．

方中达．1998．植病研究方法［M］．3版．北京：中国农业出版社．

冯东昕，李宝栋．1996．主要瓜类作物抗白粉病育种研究进展［J］．中国蔬菜（1）：55-59．

冯东昕，李宝栋．1997．主要瓜类作物抗霜霉病育种研究进展［J］．中国蔬菜（2）：45-48．

冯建军，许勇，李健强．2006．免疫凝聚试纸条和 TaqMan 探针实时荧光 PCR 检测西瓜细菌性果斑病菌比较研究［J］．植物病理学报，36（2）：102-108．

傅俊范，傅淑云．1986．黄瓜霜霉病菌生理分化研究［J］．沈阳农业大学学报，17（3）：22-32．

傅淑云，姚健民．1983．黄瓜霜霉病病原生物学特性研究初报［J］．辽宁农业科学（2）：14-18．

高军，高增贵，赵世波，等．2006．瓜类枯萎病及其防治研究进展［J］．长江蔬菜（1）：35-38．

葛同江，王志科，秦清伟，等．2009．甜瓜疫霉病的发生与防治［J］．西北园艺，5：41．

宫亚军，石宝才，王泽华，等．2013．新型杀螨剂——联苯肼酯对二斑叶螨的毒力测定及田间防效［J］．农药，52（3）：225-227．

宫玉艳，庞保平，孟瑞霞，等．2008．不同寄主植物对南美斑潜蝇生长发育的影响［J］．内蒙古农业大学学报，29（1）：36-38．

古勤生，彭斌，刘珊珊，等．2011．瓜类新病毒病害（一）：瓜类褪绿黄化病［J］．中国瓜菜，24（3）：32-33．

古勤生，吴会杰，彭斌，等．2011．瓜类新病毒病害（二）：甜瓜坏死斑点病［J］．中国瓜菜，24（5）：35-36．

古勤生，吴会杰，彭斌，等．2012．瓜类新病毒病害（三）：甜瓜黄化斑点病［J］．中国瓜菜，25（1）：32-33．

顾海峰，张旭，张文芳，等．2010．上海地区西甜瓜白粉病菌生理小种的鉴定［J］．上海农业学报（4）：155-158．

顾卫红，杨红娟，马坤，等．2004．西瓜种质资源的抗蔓枯病性鉴定及其利用［J］．上海农业学报，20（1）：64-67．

郭天凤，马野萍，丁荣荣，等．2012．新疆主要植棉区棉蚜对吡虫啉和啶虫脒的抗性评价［J］．中国棉花，39（12）：4-5．

郭文广，宋淑云，张伟，等．2002．茄果类和瓜类灰霉病的发生及防治［J］．吉林农业科学，27（增刊）：39-40．

郭玉蓉，毕阳，曹孜义．2003．硅剂处理对'玉金香'甜瓜红粉病的抑制［J］．园艺学报，30（5）：586-588．

韩墨．2010．影响甜瓜叶枯病病原菌菌丝生长因素的研究［J］．北方园艺（10）：193-194．

韩盛，杨渡，李承业，等．2012．打瓜白粉病药剂防治技术研究［J］．新疆农业科学，49（1）：101-104．

何小平，杜建平，王利静．2009．甜瓜叶枯病防治技术探讨［J］．陕西农业科学（1）：207-208．

何迎春，高必达．2000．立枯丝核菌的生物防治［J］．中国生物防治，16（1）：31-34．

洪晓月．2012．农业螨类学［M］．北京：中国农业出版社．

侯建雄，方雯霞．1997．西瓜细菌性果腐病及其检疫对策［J］．中国进出境动植检，1：36-37．

胡俊．2010．蔬菜常见病虫害绿色防控技术［M］．呼和浩特：内蒙古教育出版社．

胡育海，陈时健．2003．甜瓜细菌性角斑病药剂筛选研究［J］．上海农业科技（6）：67-68．

黄仲生，杨玉茹，朱晓丹．1994．中国黄瓜枯萎病菌生理小种鉴定及防治［J］．华北农学报，9（4）：81-86．

回文广，赵廷昌，Schaad N W，等．2007．哈密瓜细菌性果斑病菌快速检测方法的建立［J］．中国农业科学，40（11）：2495-2501．

贾云鹤．2010．北方大棚西瓜-大葱轮作模式的增产增效分析［J］．安徽农学通报，16（6）：89．

江昌木，艾洪木，赵士熙．2006．不同寄主营养条件下的瓜实蝇实验种群生命表［J］．福建农业大学学报，35（1）：24-28．

江蛟，陈怀谷，羊杏平，等．2007．甜瓜蔓枯病的防治药剂筛选试验［J］．长江蔬菜（11）：48-49．

姜华，房德纯，韦石泉，等．1996．我国东北地区西瓜花叶病毒原种类鉴定［J］．植物病理学报，26（1）：75-78．

蒋成民．2006．西瓜虫害黄守瓜的防治［J］．现代农业科技（7）：76．

蒋小龙，任丽卿，肖枢．2003．瓜实蝇在云南生物学习性研究初报［J］．植物检疫，17（2）：74-76．

蒋业甚．1986．喀什甜瓜霜霉病发生简报［J］．新疆农业科学（5）：26-27．

金明霞，闫新武．2011．礼品西瓜灰霉病发病规律与防治措施［J］．吉林蔬菜，5：62．

金岩，张俊杰，吴燕华，等．2004．西瓜细菌性果斑病的发生与病原菌鉴定［J］．吉林农业大学学报，26（3）：263-266．

康锋，王贤磊，李冠．2010．新疆甜瓜枯萎病、根腐病病原菌鉴定［J］．新疆农业科学，47（6）：1166-1171．

孔垂华，梁文举，杨晓，等．2004．黄守瓜取食行为的机理及黄瓜的化学应答［J］．科学通报，49（13）：1258-1262．

孔令斌，林伟，李志红，等．2008．基于 CLIMEX 和 DIVA-GIS 的瓜实蝇潜在地理分布预测［J］．植物保护学报，35（2）：148-154．

孔祥义，岳继宏，李肇彬，等．2008．海南甜瓜细菌性角斑病防治药剂筛选试验［J］．广西农业科学，39（5）：610-612．

赖廷锋．2006．2％加收米液剂对西瓜细菌性角斑病的药效试验［J］．广西植保（19）4：13-14．

李宝福，钟列权，占红木．2004．防治大棚西瓜炭疽病药剂筛选研究［J］．江西植保，27（3）：115-116．

李宝聚，李龙生，顾兴芳，等．2005．瓜类红粉病的病原鉴定、发生与防治［J］．中国蔬菜，6：55-56．

李宝聚，彭仁，彭霞薇，等．2001．高温调控对黄瓜霜霉病菌侵染的影响［J］．生态学报，21（11）：1896-1901．

李宝聚，朱国仁．1998．防治棚室茄果类、瓜类灰霉病新方法［J］．植物保护，3：21．

李大仁，赵建春．2008．双膜西瓜枯萎病发病原因及防治措施［J］．农村科技（4）：30．

李国玄，王志民，郑光宇，等．1987．哈密瓜病毒病的大面积防治试验［J］．植物保护学报，14：84-86．

李国玄，赵长生，谢浩，等．1986．新疆哈密瓜病毒类型及分布［J］．植物病理学报，16：135-138．

李国英，任毓忠，张昕，等．2003．甜瓜细菌性病害药剂防治试验［J］．中国西瓜甜瓜（3）：12-14．

李华荣．1999．丝核菌的菌丝融合群及其遗传多样性研究的新进展［J］．菌物系统，18（1）：100-107．

李金堂．2011．西瓜甜瓜病虫害防治图谱［M］．济南：山东科学技术出版社．

李利平，张建英，杜自海．2003．黄瓜红粉病的发生为害及防治方法［J］．植保技术与推广，23（11）：21．

李敏，孟祥霞，姜吉强，等．2000．AM 真菌与西瓜枯萎病关系初探［J］．植物生理学报，30（4）：327-331．

李明远，李兴红，严红，等．2008．主要瓜类蔬菜霜霉病的发生与防治（一）［J］．中国蔬菜（4）：55-57．

李明远，李兴红．1999．保护地甜瓜病害的发生与防治［J］．中国蔬菜（5）：49-51．

李庆孝．1999．西瓜甜瓜病虫草鼠防治手册［M］．北京：中国农业出版社．

李瑞琴，王婧，任惠玲．2004．甜瓜枯萎病的发病规律与防治技术研究［J］．甘肃农业科技（12）：41-42．

李省印，杜军志，常宗堂，等．2009．微生物菌剂防治甜瓜叶枯病的效果［J］．中国瓜类，22（6）：25-26．

李树德，方智远，李明远，等．1995．中国主要蔬菜抗病育种进展［M］．北京：科学出版社：420-421，439-444．

李伟，张爱香，江蛟，等．2008．甜瓜蔓枯病病原鉴定及其生物学特性［J］．江苏农业学报，24（2）：148-152．

李向东，朱汉城，严敦余，等．1995．山东省侵染西瓜的西瓜花叶病毒（WMV-2）和黄瓜花叶病毒（CMV）的研究［J］．山东农业大学学报，26（3）：299-306．

李亚荣，宋明，房超，等．2008．西瓜抗枯萎病育种研究进展［J］．长江蔬菜（3）：33-36．

梁彦，张帅，邵振润，等．2013．棉蚜抗药性及其化学防治［J］．植物保护，39（5）：70-80．

林德佩．2011．甜瓜白粉病的抗病基因、鉴定寄主及种质资源［J］．中国瓜菜，24（4）：43-45．

林新华．2002．春季西瓜甜瓜南美斑潜蝇的发生与防治［J］．中国西瓜甜瓜（4）：26．

林燊．2006．设施西瓜根腐病发生规律及防治技术［J］．现代农业科技（10）：79-80．

凌代芬．2006．10％苯醚甲环唑水分散粒剂对西瓜炭疽病防治效果的研究［J］．安徽农业科学，34（20）：5289．

刘东顺，程鸿，孔维萍，等．2010．甘肃甜瓜主产区白粉病菌生理小种的鉴定［J］．中国蔬菜（6）：28-32．

刘广，羊杏平，徐锦华，等．2009．西瓜甜瓜嫁接栽培技术研究进展［J］．中国瓜菜（1）：28-31．

刘宏谋，杨发泽，李明周，等．1996．西瓜甜瓜病虫草害防治［M］．郑州：河南科学技术出版社．

刘慧，许再福，黄寿山．2007．黄足黄守瓜（*Aulcophora femoralis chinensis*）取食和机械损伤对南瓜子叶中葫芦素 B 的诱导作用［J］．生态学报，27（12）：5421-5426．

刘慧，许再福，黄寿山．2009．黄足黄守瓜取食南瓜诱导葫芦素 B 含量的变化规律［J］．昆虫知识，46（4）：538-542．

刘济宁，刘奎，彭正强．2002．瓜绢螟研究进展［J］．热带农业科学，22（3）：70-73．

刘奎，符悦冠，金启安，等．2007．瓜螟绒茧蜂田间发生动态及其对瓜螟的寄生作用［J］．热带作物学报，28（4）：108-111．

刘箐，蒋玉文．1998．美洲斑潜蝇寄主选择性研究［J］．中国蔬菜（1）：1-4．

刘通．2011．不同地区黄瓜霜霉病菌毒力的差异［J］．北方园艺（14）：141-144．

刘翔，李志文，刘莉．2010．甜瓜枯萎病发病规律分析与防治措施［J］．植物保护（12）：30-31．

刘小明，邓耀华，司升云．2006．黄足黄守瓜与黑足黄守瓜的识别与防治［J］．长江蔬菜（4）：33．

刘晓社 . 2009. 20％苯醚甲环唑微乳剂防治西瓜炭疽病药效试验［J］. 现代农业科技，2：97.

刘秀波，崔琦，崔崇士 .2005. 瓜类白粉病抗性育种研究进展［J］. 东北农业大学学报，36（6）：794 - 798.

刘艳玲，张艳菊，蔡宁，等 .2009. 黄瓜霜霉病病原与抗病性研究进展［J］. 东北农业大学学报，40（4）：127 - 131.

刘志恒，丁颖秀，赵明，等 . 2002. 瓜类枯萎病菌生物学特性与药剂测定研究［J］. 沈阳农业大学学报，33（5）：341 - 344.

刘志恒，吕彬，赵廷昌，等 . 2010. 西瓜叶枯病病原菌生物学特性研究［J］. 沈阳农业大学学报，41（2）：161 - 164.

吕佩珂，刘文珍，段半锁，等 .2008. 中国现代蔬菜病虫原色图鉴［M］. 呼和浩特：远方出版社 .

罗兰媛，单永芬 .1997. 83 增抗剂防治西瓜甜瓜病毒病试验［J］. 长江蔬菜（11）：15 - 16.

罗莉，王欣，刘现报，等 . 2005. 保护地西瓜炭疽病的发生与防治技术［J］. 植物保护，12：45 - 46.

马桂芝，张道明 . 2002. 大棚番茄红粉病的防治与建议［J］. 北方园艺，29（2）：17.

马鸿艳，高鹏，祖元刚，等 .2011. 甜瓜与单囊壳白粉菌亲和互作组织病理学及超微结构研究［J］. 吉林农业大学学报（4）：1 - 5.

马锞，张瑞，陈耀华，等 . 2010. 瓜实蝇的生物学特性及综合防治研究概况［J］. 广东农业科学（8）：131 - 135.

马立新，尚长明，高复兴，等 . 1992. 根结线虫对西瓜枯萎病的影响［J］. 植物病理学报（1）：47.

马文敏，刘亚春 . 2011. 西瓜种植中主要病害及防治措施［J］. 中国园艺文摘，3：147 - 148.

倪秀红，赵杰 .2009. 防治甜瓜灰霉病的药剂筛选试验研究［J］. 上海农业科技，1：105 - 106.

努尔·麦麦提，杨渡，依米尔·艾乃斯，等 .2011. 新疆立架栽培甜瓜白粉病药剂防治研究［J］. 中国瓜菜，24（1）：31 - 34.

欧剑峰，黄鸿，吴华，等 . 2008. 瓜实蝇国内研究概况［J］. 长江蔬菜（13）：33 - 37.

彭帅，郑丽霞，吴伟坚 . 2013. 瓜实蝇对寄主植物的产卵选择性［J］. 环境昆虫学报，35（2）：273 - 276.

蒲金基，刘晓妹，曾会才，等 . 2003. 2 种激发子对西瓜枯萎病的诱抗作用［J］. 热带作物学报，24（3）：47 - 50.

邱强，胡淼，王志田 .2000. 原色西瓜甜瓜草莓病虫与营养诊断图谱［M］. 北京：中国农业科学技术出版社 .

裘维蕃，吴友三，范怀忠，等 .1979. 农业植物病理学［M］. 北京：农业出版社 .

裘维蕃 .1985. 植物病毒学［M］. 北京：科学出版社 .

曲丽，秦智伟 .2007. 黄瓜白粉病病原菌及抗病性研究进展［J］. 东北农业大学学报，38（6）：835 - 841.

屈振淙 .1981. 长春地区黄瓜白粉病菌的鉴定［J］. 吉林农业大学学报（2）：32 - 34.

饶贵珍 . 2006. 黄守瓜的阶段性防治技术［J］. 长江蔬菜（10）：19 - 20.

佘长夫，沈君钰 .1992. 乌鲁木齐地区主要蔬菜霜霉病的发生与防治［J］. 新疆农业科学（3）：117 - 119.

石延霞，李宝聚，刘学敏 .2005. 黄瓜霜霉病菌侵染若干因子的研究［J］. 应用生态学报，16（2）：257 - 261.

司升云，刘小明，望勇，等 . 2013. 瓜绢螟识别与防控技术口诀［J］. 长江蔬菜（19）：48 - 49.

宋莉 . 2006. 大蒜 Allium sativum L. 鳞茎粗提物对西瓜和黄瓜枯萎病的抑制效应及其机理研究［D］. 杨凌：西北农林科技大学 .

宋荣浩，杨红娟，马坤，等 . 2007. 西瓜品种资源的蔓枯病抗性鉴定与评价［J］. 植物遗传资源学报，8（1）：73 - 75.

粟寒，吴翠萍，李彬，等 . 2009. 免疫检测试纸条法检测西瓜子中的瓜类果斑病菌［J］. 植物检疫，23（1）：12 - 13.

唐建辉，王伟，王源超 . 2006. 西瓜炭疽病菌 Colletotrichum orbiculare 的分子检测［J］. 中国农业科学，39（10）：2028 - 2035.

田波，王志田，谢浩，等 . 1986. 哈密瓜花叶病的研究——油与杀虫剂合用防止蚜虫传染花叶病毒的防治效果［J］. 植物保护学报，13：8，38.

田黎，陈向东，孙京城 .1995. 新疆黄瓜、甜瓜霜霉病侵染途径及防治［J］. 新疆农业科学（3）：133 - 134.

田艳丽，胥婧，赵玉强，等 . 2010. 利用 PCR 技术专化性检测瓜类细菌性果斑病菌［J］. 江苏农业学报，26（3）：512 - 516.

田永永，陈立，谢云，等 .2011. 甜瓜枯萎病拮抗细菌的筛选及大田防效试验［J］. 中国农学通报，27（5）：367 - 371.

王恩才，刘国权，夏英成 .2007. 西瓜疫病的发生与防治［J］. 吉林蔬菜，5：40.

王拱辰，郑重，叶琪明，等 .1996. 常见镰刀菌鉴定指南［M］. 北京：中国农业科学技术出版社 .

王红梅，贺申魁 .2008. 桂林地区瓜实蝇大量发生原因与防治对策［J］. 长江蔬菜（4）：35 - 36.

王洪凯，刘开启，吴洵耻 .1997. 丝核菌分类研究进展［J］. 山东农业大学学报（28）：375 - 382.

王金平 .2010. 西瓜根腐病的发生与防治［J］. 内蒙古农业科技（3）：111.

王金生 . 1995. 植物抗病性分子机制［J］. 植物病理学报，25（4）：289 - 295.

王娟，邓建新，宫国义，等 .2006. 甜瓜抗白粉病育种研究进展［J］. 中国瓜菜（1）：33 - 36.

王娟，宫国义，郭绍贵，等 .2006. 北京地区瓜类蔬菜白粉病菌生理小种分化的初步鉴定［J］. 中国蔬菜（8）：7 - 9.

王开运，姜兴印，仪美芹，等 . 2000. 山东省主要菜区瓜（棉）蚜（Aphis gossypii Glover）抗药性及机理研究［J］. 农药学学报，2（3）：19-24.

王培双，董勤成.2010.瓜类蔓枯病重发原因及综合防治措施［J］.安徽农学通报，16（14）：140-142.

王萍，肖艳，曾敬富，等.2010.瓜类枯萎病的识别与诊断及综合防控技术初报［J］.现代园艺（2）：46-47.

王少丽，戴宇婷，张友军，等.2011.北京地区蔬菜害螨的发生为害与综合防治［J］.中国蔬菜（9）：22-24.

王少丽，张友军，李如美，等.2011.北京和湖南烟粉虱生物型及其抗药性监测［J］.应用昆虫学报，48（1）：27-31.

王守正，王海燕，李洪连，等.2001.瓜类植物诱导抗病性研究［J］.河南农业科学，10：28-30.

王晓东，孙玉宏，葛米红，等.2010.武汉地区保护地甜瓜细菌性斑点病病原鉴定［J］.湖北农业科学，49（8）：1883-1886.

王晓东.2009.防治哈密瓜细菌性果斑病拮抗酵母菌的筛选及其生防机理研究［D］.武汉：华中农业大学.

王晓娟.2000.西瓜叶枯病的发生与防治［J］.植物保护学报（3）：23.

王叶筠，黎彦，蒋有条，等.2009.西瓜甜瓜南瓜病虫害防治［M］.北京：金盾出版社.

王晔，曾云林，朱秋兵.2004.西瓜菌核病的发生与防治［J］.上海蔬菜（6）：64-65.

王勇，王万立，刘春艳，等.2007.保护地番茄红粉病的发生与防治［J］.中国蔬菜，12：57.

王勇，王万立，刘春艳，等.2008.番茄红粉病致病病原的鉴定及其培养特性研究［J］.华北农学报，23（6）：97-100.

王政，胡俊.2005.哈密瓜细菌性果斑病种子带菌血清学检测技术的初探［J］.内蒙古农业大学学报，26（1）：20-24.

王中武，吴广成.2009.西瓜细菌性果斑病药剂防治试验［J］.北方园艺（1）：109-110.

韦淑丹，黄树生，王玉群，等.2011.温度对瓜实蝇实验种群生长发育及生殖的影响研究［J］.南方农业学报，42（7）：744-747.

卫月勇.2009.甜瓜细菌性角斑病的发生与防治［J］.上海蔬菜（2）：85-86.

魏宁生，吴云峰.1993.陕西省西瓜甜瓜病毒病的研究［J］.陕西农业科学（2）：11-12.

翁祖信，徐新波，冯东昕.1989.黄瓜枯萎病菌生理小种研究初报［J］.中国蔬菜（1）：19-21.

吴奋，肖彤斌，谢圣华.2004.10%世高水分散粒剂防治西瓜炭疽病田间药效试验［J］.海南农业科技（2）：8-10.

吴会杰，秦碧霞，陈红运，等.2011.黄瓜绿斑驳花叶病毒西瓜、甜瓜种子的带毒率和传毒率［J］.中国农业科学，44（7）：1527-1532.

吴营昌，王守正.1994.瓜类枯萎病病原鉴定及专化型初步研究［J］.植物病理学报，24（1）：95.

吴泽平，周小伟.2007.10%苯醚甲环唑水分散性粒剂防治西瓜炭疽病药效试验［J］.海南农业科技，3：11-12.

夏声广.2009.西瓜病虫害防治原色生态图谱［M］.北京：中国农业出版社.

咸丰，张勇，马建祥，等.2010.陕西关中地区瓜类白粉病菌生理小种的鉴定［J］.西北农林科技大学学报：自然科学版，（10）：115-120，125.

向本春，尹玉琦，崔星明.1987.哈密瓜病毒病流行的研究［J］.植物保护学报，14：231-234.

谢浩，郭志刚，田波.1984.哈密瓜花叶病流行的研究［J］.植物保护学报，11：95-99.

谢圣华，肖彤斌，芮凯，等.2006.嘧菌酯在4种瓜类真菌病害防治中的应用［J］.热带农业科学，26（2）：3-6.

熊亮斌，刘箐，王天昌，等.2010.改良DAS-Dot-ELISA检测西瓜细菌性果斑病菌［J］.微生物学通报，37（10）：1551-1556.

徐志豪，寿伟林，黄凯美，等.1999.白粉病菌的生理小种及其对不同基因型甜瓜的致病性［J］.浙江农业学报：英文版，11（5）：245-248.

许再福，高泽正.1999.广东美洲斑潜蝇寄生蜂常见种类鉴别［J］.昆虫天敌，21（3）：126-132.

薛宝娣，陈永萱，刘风权，等.1987.江苏省西瓜花叶病毒类型的鉴定［J］.南京农业大学学报（4）：53-58.

严凯，张玉涛，黄荣茂，等.2006.10%博邦水分散粒剂防治西瓜炭疽病田间药效试验［J］.山地农业生物学报，25（1）：85-88.

杨渡，白山·哈基塔依，阿地里·亚森，等.2007.干旱区甜瓜霜霉病远距离传播空间结构的初步研究［J］.植物病理学报，37（2）：184-190.

杨渡，李广阔，马俊义，等.2000.伽师县甜瓜主要流行性病害发生与分析［J］.新疆农业科学（2）：73-74.

杨渡，马俊义，范咏梅，等.1999.哈密瓜霜霉病流行预测模型创建及应用［J］.中国农学通报，15（6）：27-30.

杨来新，罗国亮，阿不力米提，等.2004.新疆甜瓜根腐病发生危害及防治［J］.植物保护，30（4）：86-87.

杨来新，罗国亮，阿不力米提.2004.新疆甜瓜根腐病研究初报［J］.新疆农业科学，41（3）：185-189.

杨柳燕，徐永阳，徐志红，等.2011.甜瓜霜霉病研究进展［J］.中国瓜菜，24（3）：38-43.

姚立鹏，白灵军，马建科.2005.保护地西瓜枯萎病的发生及其综合防治技术［J］.甘肃农业，232（11）：211.

于德水.2012.黄足黄守瓜和黄足黑守瓜的发生与综合防治［J］.吉林蔬菜（2）：33.

虞皓，何自福，方羽生，等.2004.温度对黄瓜霜霉病菌产孢及孢子囊萌发的影响研究［J］.广东农业科学（5）：57-58.

袁盛勇，孔琼，田学军，等.2013.球孢白僵菌对瓜实蝇的毒力研究［J］.北方园艺（7）：137-140.

臧君彩，罗维德，孟昭萍．2001．西瓜枯萎病发生危害与综合防治［J］．植物保护，27（5）：48．

张安盛，庄乾营，周仙红，等．2013．日光温室防治棕榈蓟马药剂筛选［J］．植物保护，39（6）：180-183．

张锋，陈志杰，张淑莲．2005．棚室西瓜炭疽病发生规律与综合防治措施［J］．西北园艺，3：35-36．

张管曲，相建业，谢芳芹，等．2007．西瓜、甜瓜病虫害识别与无公害防治［M］．北京：中国农业出版社．

张莉，张慧君，张建农，等．2011．甘肃甜瓜白粉病病原种及生理小种的鉴定［J］．甘肃农业大学学报，46（2）：87-91．

张满良，吴云峰，魏勇良．1991．新疆、甘肃甜瓜病毒病的鉴定及防治别［J］．植物保护学报，18（3）：81-85．

张庆芝．2011．30％苯醚甲环唑悬浮剂防治西瓜炭疽病田间药效试验［J］．蔬菜，8：58-59．

张荣意，谭志琼，文衍堂，等．1998．西瓜细菌性郭斑病症状描述和病原菌鉴定［J］．热带作物学报，19（1）：70-76．

张少敏，徐建国．2008．多位点序列分型及其应用［J］．疾病监测，23（10）：648-650．

张祥林，莫桂花．1996．西瓜上的一种新病害——细菌性果斑病［J］．新疆农业科学，4：183-184．

张昕，李国英，任毓忠，等．2002．新疆哈密瓜上两种病原细菌比较鉴定及其田间消长动态的研究［J］．中国农业科学，35（7）：888-893．

张岩，焦定量，常雪艳，等．2009．西瓜蔓枯病的发生及防治方法［J］．天津农林科技（1）：26-27．

张艳芩，卜崇兴，匡开源．2006．甜瓜蔓枯病病菌的分离培养［J］．中国瓜菜（1）：31-32．

张友军，朱国仁，褚栋，等．2011．我国蔬菜作物重大入侵害虫发生、危害与控制［J］．植物保护，37（4）：1-6．

赵杰，顾贫博．2008．代森锌和代森锰锌对西瓜炭疽病菌的毒力测定和防效［J］．上海农业科技，4：25．

赵琳，李泽宽，陈玉环．2008．西瓜病毒病和瓜蓟马重发原因及防治对策［J］．西北园艺（5）：30-31．

赵廷昌，孙福在，刘双平，等．2001．哈密瓜细菌性果斑病及其防治［J］．植物保护，27（1）：46-47．

赵廷昌，孙福在，王兵万，等．2001．哈密瓜果斑病病原菌鉴定［J］．植物病理学报，31（4）：357-364．

赵廷昌，孙福在，王建荣，等．2003．药剂处理种子防治哈密瓜细菌性果斑病的研究［J］．植物保护，29（4）：50-53．

赵廷昌，王建荣，孙福在，等．2003．哈密瓜细菌性果斑病综合治理指南［J］．植保技术与推广，23（4）：17-18．

赵廷昌，赵洪海，王怀松．2009．山东省西瓜、甜瓜发生瓜类细菌性果斑病［J］．植物保护，35（5）：170-171．

郑光宇，董涛．1991．在新疆发生的小西葫芦黄化花叶病毒的研究初报［J］．植物病理学报，21：72．

郑建秋．2004．现代蔬菜病虫鉴别与防治手册［M］．北京：中国农业出版社．

郑永利，戚红柄，陆剑飞．2005．西瓜与甜瓜病虫原色图谱［M］．杭州：浙江科学技术出版社．

中国科学院中国孢子植物志编辑委员会．1987．中国真菌志：第1卷［M］．北京：科学出版社．

周超英，蒋建忠，赵杰，等．2011．西瓜甜瓜病虫害及其防治［M］．上海：上海科学技术出版社．

周超英．2012．西瓜、甜瓜病虫害及其防治［M］．上海：上海科学技术出版社．

周洪友，杨静，宋娟．2009．荧光假单胞工程菌株对甜瓜细菌性果斑病的生物防治［J］．中国植保导刊，29（1）：9-12．

朱春晖，罗香文，张战泓，等．2004．嘧菌酯与苯醚甲环唑混用防治西瓜炭疽病、枯萎病及对西瓜品质的改善［J］．植物保护学报，33（4）：407-411．

朱春晖，罗源华，张战泓，等．2006．"嘧菌酯＋恶醚唑"对西瓜炭疽病和枯萎病的防治作用的研究［J］．农药研究与应用，10（3）：24-30．

Booth C．1988．镰刀菌属［M］．陈其煐，译．北京：农业出版社：46-65．

Amin K S，Ullasa B A．1981．Effect of thiophanate on epidemic development of anthracnose and yield of watermelon［J］．Phytopathology，71：20-22．

Armstrong G M，Armstrong J K，Netzer D．1978．Pathogenic races of the cucumber-wilt *Fusarium*［J］．Plant Disease Report，（62）：824-828．

Arny C J，Rowe R C．1991．Effect of temperature and duration of surface wetness on spore production and infection of cucumbers by *Didymella bryoniae*［J］．Phytopathology，81：206-209．

Assis S M P，Mariano R L R，Silva-Hanlin D M W，et al．1999．Bacterial fruit blotch caused by *Acidovorax avenae* subsp. *citrulli* in melon，in the state of Rio Grande Do Norte，Brazil［J］．Fitopatologia Brasileira，24：191．

Bahar O，Efrat M，Hadar E，et al．2008．New subspecies-specific polymerase chain reaction-based assay for the detection of *Acidovorax avenae* subsp. *citrulli*［J］．Plant Pathology，57：754-763．

Bardin M，Dogimont C，Nicot P，et al．1997．Genetic analysis of resistance of melon line PI 124112 to *Sphaerotheca fuliginea* and *Erysiphe cichoracearum* studied in recombinant inbred lines［M］．ISHS：163-168．

Blua M J，Perring T M．1992．Effects of zucchini yellow mosaic virus on colonization and feeding behaviour of *Aphis gossypii*（Homoptera：Aphididae）alatae［J］．Environmental Entomology，21：3，578-585．

Boyhan G E，Norton J D，Abrahams B R．1994．A new source of resistance to anthracnose（Race 2）in watermelon［J］．HorScience，29（2）：111-112．

Boyhan G E，Norton J D．1984．Inheritance of reisistance to *Alternaria cucumerina* in muskmelon．Hort Science，19：214．

Café-Filho A C, Santos G R, Laranjeira F F. 2010. Temporal and spatial dynamics of watermelon gummy stem blight epidemics [J]. European Journal of Plant Pathology, 128: 473 - 482.

Castle S J, Perring T M, Farrar C A, et al. 1992. Field and laboratory transmission of *watermelon mosaic virus* 2 and *zucchini yellow mosaic virus* by various aphid species [J]. Phytopathology, 82: 2, 235 - 240.

Cheema S S, Munshi G D, Sharma B D. 1981. Laboratory evaluation of fungicides for the control of Trichothecium roseum Link. A new fruit rot pathogen of sweet orange [J]. Hindustan Antibiot Bulletin, 23: 27 - 29.

Chen H, Zhao W, Gu Q, et al. 2008. Real time TaqMan RT-PCR assay for the detection of *Cucumber green mottle mosaic virus* [J]. Journal of Virological Methods, 149 (2): 326 - 329.

Chen T C, Lu Y Y, Cheng Y H, et al. 2008. Melon yellow spot virus in watermelon: a first record from Taiwan [J]. Plant Pathology, 57 (4): 765.

Cheng A H, Hsu Y L, Huang T C, et al. 2000. Susceptibility of cucurbits to *Acidovorax avenae* subsp. *citrulli* and control of fruit blotch on melon [J]. Plant Pathology Bulletin, 9: 151 - 156.

Cho J J, Ullman D E, Wheatley E, et al. 1992. Commercialization of ZYMV cross protection for zucchini production in Hawaii [J]. Phytopathology, 82: 1073.

Chopra B L, Jhooty J S, Bajaj K L. 1974. Biochemical differences between two varieties of watermelon resistant and susceptible to *Alternaria cucumerina* [J]. Phytopathology, 79: 47 - 52.

Cohen R, Burger Y, Shraiber S. 2002. Physiological races of *Sphaerotheca fuliginea*: factors affecting their identification and the significance of this knowledge [M] //Maynard D N. Proceedings Cucur Bitaceae. Alexandria, VA, USA: American Society for Horticultural Science Press: 181 - 187.

Cohen Y, Rubin A E. 2012. Mating type and sexual reproduction of *Pseudoperonospora cubensis*, the downy mildew agent of cucurbits [J]. European Journal of Plant Pathology, 132: 577 - 592.

Cohen Y, Eyal H. 1977. Growth and differentiation of sporangia and sporangiophores of Pseudoperonospora cubensis on cucumber cotyledons under various combinations of light and temperature [J]. Physiological Plant Pathology, 10: 93 - 103.

Cohen Y, Meron I, Mor N, et al. 2003. A new pathotype of *Pseudoperonospora cubensis* causing downy mildew in cucurbits in Israel [J]. Phytoparasitica, 31: 458 - 466.

Cohen Y, Perl M, Rotem J. 1971. The effect of darkness and moisture on sporulation of *Pseudoperonospora cubensis* in cucumbers [J]. Phytopathology, 61: 594 - 595.

Cohen Y, Rotem J. 1971. Dispersal and viability of sporangia of *Pseudoperonospora cubensis* [J]. Transactions of British Mycological Society, 57: 67 - 74.

Cohen Y, Rubin A E, Galperin M. 2011. Formation and infectivity of oospores of *Pseudoperonospora cubensis*, the causal agent of downy mildew in cucurbits [J]. Plant Disease, 95 (7): 874 - 875.

Cohen Y. 1977. The combined effects of temperature, leaf wetness, and inoculum concentration on infection of cucumbers with *Pseudoperonospora cubensis* [J]. Canadian Journal of Botany, 55: 1478 - 1487.

Cuthbertson A G, North J P, Walters K F. 2005. Effect of temperature and host plant leaf morphology on the efficacy of two entomopathogenic biocontrol agents of *Thrips palmi* (Thysanoptera: Thripidae) [J]. Bulletin of Entomological Research, 95 (4): 321 - 327.

Deng W L, Huang T C, Tsai Y C. 2010. First Report of *Acidovorax avenae* subsp. *citrulli* as the causal agent of bacterial leaf blight of betelvine in Taiwan [J]. Plant Disease, 94: 1065.

Desbiez C, Lecoq H. 1997. *Zucchini yellow mosaic virus* [J]. Plant Pathology, 46 (6): 809 - 829.

Dutta B, Genzlinger L L, Walcott R R. 2008. Localization of *Acidovorax avenae* subsp. *citrulli* (Aac), the bacterial fruit blotch pathogen in naturally infested watermelon seed [J]. Phytopathology, 98 (6): 49.

Egel D S, Harmon P. 2001. Effects of nozzle type and spray pressure on control of Alternaria leaf blight of muskmelon with chlorothalonil [J]. Plant Disease, 85: 1081 - 1084.

Evans K J, Nyquist W E, Latin R X. 1992. A model based on temperature and leaf wetness duration for establishment of Alternaria leaf blight of muskmelon [J]. Phytopathology, 82: 890 - 895.

Everts K L. 1999. First report of benomyl resistance in *Didymella bryoniae* in Delaware and Maryland [J]. Plant Disease, 83: 304.

Gemir G. 1996. A new bacterial disease of watermelon in Turkey: Bacterial fruit blotch of watermelon (*Acidovorax avenae* subsp. *citrulli* (Schaad et al.) Willems et al.) [J]. Journal of Turkey Phytopathology, 25: 43 - 49.

Grant V. 1991. The evolutionary process: A critical study of evolutionary theory [M]. New York: Columbia University Press.

Grbic M, Van Leeuwen T, Clark R M, et al. 2011. The genome of *Techanychus urticae* reveals herbivorous pest adaptations [J]. Nature, 479 (7374): 487 - 492.

Gu Q S, Bao W H, Tian Y P, et al. 2008. Melon necrotic spot virus newly reported in China [J]. Plant Pathology, 57 (4): 765.

Gu Q S, Liu Y H, et al. 2011. First report of *Cucurbit chlorotic yellows virus* in cucumber, melon, and watermelon in China [J]. Plant Disease, 95 (1): 73.

Gu Q S, Liu Y H, Wang Y H, et al. 2011. First report of *Cucurbit chlorotic yellows virus* in cucumber, melon, and watermelon in China [J]. Plant Disease, 95: 73.

Gu Q S, Wu H J, Chen H Y, et al. 2012. *Melon yellow spot virus* identified in China for the first time [J]. *New Disease Reports*, 25: 7.

Gusmini G, Song R H, Wehner T C. 2005. New sources of resistance to gummy stem blight in watermelon [J]. Crop Science, 45: 582 - 588.

Hall C V, Dutta S K, Kalia H R. 1960. Inheritance of resistance to the fungus *Colletotrichum lagenarium*. Ell. and Halst. in watermelons [J]. Proceedings of American Society for Horticultural Science, 75: 638 - 643.

Harighi B. 2007. Bacterial leaf spot of Christ'thorn, a new disease caused by *Acidovorax avenae* subsp. *citrulli* in Iran [J]. Journal of Plant Pathology, 89: 283 - 285.

Herrera-Vasquez J A, Cordoba-Selles M C, et al. 2009. Seed transmission of Melon necrotic spot virus and efficacy of seed-disinfection treatments [J]. Plant Pathology, 58 (3): 436 - 442.

Holeva M C, Karafla C D, Glynos P E, et al. 2010. *Acidovorax avenae* subsp. *citrulli* newly reported to cause bacterial fruit blotch of watermelon in Greece [J]. Plant Pathology, 59: 797.

Hopkins D L, Thompson C M, Elmstrom G W. 1993. Resistance of watermelon seedlings and fruit to the fruit blotch bacterium [J]. HortScience, 28: 122 - 123.

Hopkins D L. 1989. Bacterial fruit blotch of watermelon: a new disease in the eastern USA [J]. Proceedings of Cucurbitaceae, 89: 775.

Hopkins D L. 1991. Control of bacterial fruit blotch of watermelon with cupric hydroxide [J]. Phytopathology, 81: 1228.

Hopkins D L. 1994. Spread of bacterial fruit blotch of watermelon in the greenhouse [J]. Phytopathology, 84: 775.

Hopkins D L. 1995. Copper-containing fungicides reduce the spread of bacterial fruit blotch of watermelon in the greenhouse [J]. Phytopathology, 85: 510.

Hosoya K, Kuzuya M, Murakami T, et al. 2000. Impact of resistant melon cultivars on *Sphaerotheca fuliginea* [J]. Plant Breeding, 119 (3): 286 - 288.

Hosoya K, Narisawa K, Pitrat M, et al. 1999. Race identification in powdery mildew (*Sphaerotheca fuliginea*) on melon (*Cucumis melo*) in Japan [J]. Plant Breeding, 118 (3): 259 - 262.

Huang L H, Tseng H H, Li J T, et al. 2010. First Report of Cucurbit chlorotic yellows virus infecting cucurbits in Taiwan [J]. Plant Disease, 94: 1168.

Ibrahim A N, Fadl F A, Mahrous M M. 1975. *Alternaria cucumerina* (Ell. and Ev.) Elliott, the causal organism of watermelon leaf spot disease in Egypt [J]. Egyptian Phytopathology, 7: 39 - 48.

Jackson C R, Weber G F. 1959. Morphology and taxonomy of *Alternaria cucumerina* [J]. Mycologia, 51: 401 - 408.

Jackson C R. 1958. Taxonomy and host range of *Alternaria cucumerina* [J]. Phytopathology, 48: 343 - 344.

James D M. 2002. Reactions of 20 melon cultigens to powdery mildew race 2 U.S. [M]. Cucurbitaceae: 72 - 77.

Jarvis W R, Gubler W D, Grover G G. 2002. Epidemiology of powdery mildew in agricultural pathosystems [M] //Belanger R R, Bushnell W R, Dik A J, et al. The Powdery Mildews, A Comprehensive Treatise. St. Paul, MN, USA: APS Press: 169 - 199.

Kato K, Hanada K, Kameya-Iwaki M. 2000. Melon yellow spot virus: A distinct species of the genus *Tospovirus* isolated from melon [J]. Phytopathology, 90 (4): 422 - 426.

Keinath A P, Everts K L, Langston D B, et al. 2007. Multi-state evaluation of reduced-risk fungicides and Melcast against Alternaria leaf blight and gummy stem blight on muskmelon [J]. Crop Protection, 26: 1251 - 1258.

Keinath A P, Farnham M W, Zitter T A. 1995. Morphological, pathological, and genetic differentiation of *Didymlla bryoniae* and *Phoma* spp. isolated from cucurbits [J]. Phytopathology, 85: 364 - 369.

Keinath A P, Holmes G J, Everts K L, et al. 2007. Evaluation of combinations of chlorothalonil with azoxystrobin, harpin, and disease forecasting for control of downy mildew and gummy stem blight on melon [J]. Crop Protection, 26: 83 - 88.

Keinath A P. 1995. Fungicide timing for optimum management of gummy stem blight epidemics on watermelon [J]. Plant

Disease，79：354 - 358.

Keinath A P. 2000. Effect of protectant fungicide application schedules on gummy stem blight epidemics and marketable yield of watermelon［J］. Plant Disease，84：254 - 260.

Keinath A P. 2002. Survival of *Didymella bryoniae* in buried watermelon vines in South Carolina［J］. Plant Disease，86：32 - 38.

Keinath A P. 2008. Survival of *Didymella bryoniae* in infested muskmelon crowns in South Carolina［J］. Plant Disease，92：1223 - 1228.

Kim D H，Lee J M. 2000. Seed treatment for *cucumber green mottle mosaic virus* (CGMMV) in gourd (*Lagenaria siceraria*) seeds and its detection［J］. Journal of the Korean Society for Horticultural Science，41 (1)：1 - 6.

Kothera R I，Keinath A P，Dean R A，et al. 2003. AFLP analysis of a worldwide collection of *Didymella bryoniae*［J］. Mycological Research，107：297 - 304.

Kucharek T，Perez Y，Hodge C. 1993. Transmission of watermelon fruit blotch bacterium from infested seed to seedlings［J］. Phytopathology，83：467.

Kuzuya M，Hosoya K，Yashiro K，et al. 2003. Powdery mildew (*Sphaerotheca fuliginea*) resistance in melon is selectable at the haploid level［J］. Journal of Experimental Botany，54 (384)：1069 - 1074.

Kuzuya M，Yashiro K，Tomita K，et al. 2006. Powdery mildew (*Podosphaera xanthii*) resistance in melon is categorized into two types based on inhibition of the infection processes［J］. Journal of Experimental Botany，57 (9)：2093 - 2100.

Latin R X，Hopkins D L. 1995. Bacterial fruit blotch of watermelon：The hypothetical exam question becomes reality［J］. Plant Disease，79：761 - 765.

Latin R，Rane K K，Evans K J. 1994. Effect of alternaria leaf blight on soluble solids content of muskmelon［J］. Plant Disease，78：979 - 982.

Lebeda A，Cohen Y. 2011. Cucurbit downy mildew (*Pseudoperonospora cubensis*) biology，ecology，epidemiology，host-pathogen interaction and control［J］. European Journal of Plant Pathology，129：157 - 192.

Lebeda A，Widrlechner M P. 2003. A set of Cucurbitaceae taxa for differentiation of *P. cubensis* pathotypes［J］. Journal of Plant Diseases and Protection，110：337 - 349.

Lecoq H，Bourdin D，Wipf-Scheibel C，et al. 1992. A new yellowing disease of cucurbits caused by luteovirus，*cucurbit aphid-borne yellows virus*［J］. Plant Pathology，41：749 - 761.

Leibovich G，Cohen R，Paris H S. 1996. Shading of plants facilitates selection for powdery mildew resistance in squash［J］. Euphytica，90：289 - 292.

Lisa V，Boccardo G，D'Agostino G，et al. 1981. Characterization of a potyvirus that causes zucchini yellow mosaic［J］. Phytopathology，71：667 - 672.

Lisa V，Lecoq H. 1984. Zucchini yellow mosaic virus［M］//CMI/AAB. Descriptions of Plant Vruses，no. 282. Kew，Surrey.

Liu Y，Wang Y A，Wang X F，et al. 2009. Molecular characterization and distribution of *Cucumber green mottle mosaic virus* in China［J］. Journal of Phytopathology，157 (7/8)：393 - 399.

Lu W H，Edelson J V，Duthie J A，et al. 2003. A comparison of yield between high-and low-intensity management for three watermelon cultivars［J］. HortScience，38：351 - 356.

Macnab A A. 1982. Effect of rotation and fungicide timing on muskmelon Alternaria leaf blight，fruit yield，and fruit quality［J］. Plant Disease，37：65 - 66.

Martyn R D，Hartz T K. 1986. Use of soil solarization to control *Fusarium* wilt of watermelon［J］. Plant Disease，70 (8)：762 - 766.

Matsuura T，Shirakawa T，Sato M，et al. 2008. Detection and isolation of *Acidovorax avenae* subsp. *citrulli* from watermelon［*Citrullus lanatus*］seeds using membrane filtration immunostaining［J］. Japanese Journal of Phytopathology，74 (3)：153 - 156.

Monroe J S，Santini J B，Latin R. 1997. A model defining the relationship between temperature and leaf wetness duration，and infection of watermelon by *Colletotrichum orbiculare*［J］. Plant Disease，81：739 - 742.

Munnecke D E，Laemmien F F，Bricker J. 1984. Soil fumigatiomcontrols sudden wilt of melon［J］. California Agricultura，38：8 - 9.

Musundire R，Chabi-Olaye A，Salifu D，et al. 2012. Host plant-related parasitism and host feeding activities of *Diglyphus isaea* (Hymenoptera：Eulophidae) on *Liriomyza huidobrensis*，*Liriomyza sativae*，and *Liriomyza trifolii* (Diptera：Agromyzidae)［J］. Journal of Economic Entomology，105 (1)：161 - 168.

Nagarajan K，Rajan K，Ambrose D P. 2010. Functional response of assessing bug *Rhynocoris fuscipes* (Fabricius) (Hemiptera: Reduviidae) to cucumber leaf folder *Diaphania indicus* Saunders (Pyraustidae: Lepidoptera) [J]. Entomon，35 (1): 1-7.

Nagy G S. 1976. Studies on powdery mildews of cucurbits Ⅱ. Life cycle and epidemio-logy of *Erysiphe cichoracearum* and *Sphaerotheca fuliginea* [J]. Acta Phytopathologica Academiae Scientiarum Hungaricae，11: 205-210.

Ogoshi A. 1987. Ecology and pathogenicity of anastomosis and intraspecific groups of Rhizoctonia solani kuhn [J]. Annual Review of Phytopathology，25: 125-143.

Okuda M，Okazaki S，Yamasaki S，et al. 2010. Host range and complete genome sequence of *Cucurbit chlorotic yellows virus*，a new member of the genus *Crinivirus* [J]. Phytopathology，100: 560-566.

Owen J H. 1956. Cucumber wilt caused by *Fusarium oxysporum* f. sp. *cucumerinum* n. f. [J]. Phytopathology (46): 153-157.

Oya H，Nakagawa H，Saito N，et al. 2008. Detection of *Acidovorax avenae* subsp. *citrulli* from seed using LAMP method [J]. Japanese Journal of Phytopathology，74 (4) : 304-310.

O' Brien R G，Martin H L. 1999. Bacterial blotch of melons caused by strains of *Acidovorax avenae* subsp. *citrulli* [J]. Australian Journal of Experimental Agriculture，39: 479-485.

Palkovics L，Petróczy M，Kertész B. 2008. First report of bacterial fruit blotch of watermelon caused by *Acidovorax avenae* subsp. *citrulli* in Hungary [J]. Plant Disease，92: 834.

Pan H P，Chu D，Ge D Q，et al. 2011. Further spread and domination of *Bemisiatabaci* biotype Q in field crops in China and Japan [J]. Journal of Economic Entomology，104 (3): 978-985.

Parmeter J R Jr，Sherwood R T，Platt W D. 1969. *Anastomosis* grouping among isolates of *Thanatephorus cucumeris* [J]. Phytopathology，59: 1270-1277.

Parmeter J R Jr，Whitney H S，Platt W D. 1967. Affinities of *Rhizoctonia* species that resemble mycelium of *Thanatephorus cucumeris* [J]. Phytopathology，57: 218-223.

Peregrine W T H，Binahmad K. 1983. Chemical and cultural control of anthracnose (*Colletotrichum lagenarium*) in watermelon [J]. Tropical Pest Management，29: 42-46.

Perring T M，Farrar C A，Blua M J. et al. 1995. Cross protection of cantaloupe with a mild strain of zucchini yellow mosaic virus: effectiveness and application [J]. Crop Protection，14 (7): 601-606.

Pivonia S. ，Cohen R，Kafkafi U，et al. 1997. Sudden wilt of melonsin southern Israel: Fungal agents and relationship with plant development [J]. Plant Disease，81: 1264-1268.

Qiu B L，Ren S X，Mandour N S，et al. 2003. Effects of temperature on the development and reproduction of *Bemisia tabaci* B biotype (Homoptera: Aleyrodidae) [J]. Entomologia Sinica，10 (1): 43-49.

Rankin H W. 1954. Effectiveness of seed treatment for controlling anthracnose and gummy stem blight of watermelon [J]. Phytopathology，44，675-680.

Risser G，Banihashemi Z，Davis D W. 1976. A proposed nomenclature of *Fusarium oxysporum* f. sp. *melonis* races and resistance genes in *Cucumis melo* [J]. Phytopathology，66: 1105-1106.

Russo V M，Russo B M，Peters M，et al. 1997. Interaction of *Colletotrichum orbiculare* with thrips and aphid feeding on watermelon seedlings [J]. Crop Protection，16: 581-584.

Schaad N W，Postnikova E，Sechler A，et al. 2008. Reclassification of subspecies of *Acidovorax avenae* as *A. Avenae* (Manns 1905) emend. ，*A. cattleyae* (Pavarino，1911) comb. nov. ，*A. citrulli* (Schaad et al. ，1978) comb. nov. ，and proposal of *A. oryzaesp.* nov [J]. Systematic and Applied Microbiology，31: 434-446.

Shang Q X，Xiang H Y，Han C G，et al. 2009. Distribution and molecular diversity of three cucurbit-infecting poleroviruses in China [J]. Virus Research，145: 341-346.

Shi X B，Jiang L L，Wang H Y，et al. 2011. Toxicities and sublethal effects of seven neonicotinoid insecticides on survival，growth and reproduction of imidacloprid-resistant cotton aphid，*Aphis gossypii* [J]. Pest Management Science，67 (12): 1528-1533.

Shin W K，Kim G N，Kim J W，et al. 2002. Effect of host plants on the development and reproduction of cotton caterpillar，*Palpita indica* (Saunder) [J]. Korean Journal of Applied Entomology，41 (3): 211-216.

Singh K P，Kumari P，Bhadauria S. 2010. Alternaria leaf spot of cucurbitaceous hosts and its management [J]. Proceedings of the national academy of sciences of India: Section B Biological Science，80: 266-272.

Sitterly W. 1978. Powdery mildews of cucurbits [M] //Speneer D M. The Powdery Mildews. London: Acdemic Press: 359-379.

Smith E F. 1894. The watermelon disease of the south [J]. Proceedings of American Association Advances Science, 43: 289 - 290.

Snyder W C, Hansen H N. 1940. The species concept in *Fusarium* [J]. American Journal of Botany, 27 (1): 64 - 67.

Somodi G C, Jones J B, Hopkins D L, et al. 1991. Occurrence of a bacterial watermelon fruit blotch in Florida [J]. Plant Disease, 75 (10): 1053 - 1056.

Sowell G Jr, Rhodes B B, Norton J D. 1980. New sources of resistance to watermelon anthracnose [J]. Journal of American Society for Horticultural Science, 105: 197 - 199.

Sudisha J, Niranjana S R, Umesha S, et al. 2006. Transmission of seed - borne infection of muskmelon by *Didymella bryoniae* and effect of seed treatments on disease incidence and fruit yield [J]. Biological Control, 37: 196 - 205.

Suheri H, Latin R X. 1991. Retention of fungicides for control of Alternaria leaf blight of muskmelon under greenhouse conditions [J]. Plant Disease, 75: 1013 - 1015.

Sumner D R. 1976. Etiology and control of root rot of summer squash in Georgia [J]. Plant Disease Report, 60: 923 - 927.

Suvanprakorn K, Norton J D. 1980. Inheritance of resistance of anthracnose race 2 in watermelon [J]. HortScience, 15 (3): 277.

Thomas C E, Caniglia E J. 1997. Evaluation of US honeydew-type melons for resistance against downy mildew and Alternaria leaf blight [J]. HortScience, 32: 1114 - 1115.

Thomas C E, Inaba T, Cohen Y. 1987. Physiological specialization in *Pseudoperonospora cubensis* [J]. Phytopathology, 77: 1621 - 1624.

Thomas C E. 1983. Effect of temperature and duration of leaf wetness periods on infection of cantaloupe by *Alternaria cucumerina* [J]. Phytopathology, 73: 506 - 506.

Uematsu S. 2006. Root rot of melon caused by *Monosporascus cannonballus* [J]. Plant Protection (Japan). 45: 407 - 410.

van Steekelenburg N A M. 1983. Epidemiological aspects of *Didymella bryoniae*, the cause of stem and fruit rot of cucumber [J]. Nethland Journal of Plant Pathology. 89: 75 - 86.

van Steekelenburg N A M. 1985. Influence of humidity on incidence of *Didymella bryoniae* on cucumber leaves and growing tips under controlled environmental conditions [J]. Nethland Journal of Plant Pathology, 91: 277 - 283.

Walcott R R, Gitaitis R D, Castro C. 2003. Role of blossoms in watermelon seed infestation by *Acidovorax avenae* subsp. *citrulli* [J]. Phytopathology, 93 (5): 528 - 534.

Walcott R R, Gitaitis R D. 2000. Detection of *Acidovorax avenae* subsp. *citrulli* in watermelon seed using immunomagnetic separation and the polymerase chain reaction [J]. Plant Disease, 84: 470 - 474.

Wall G C. 1989. Control of watermelon fruit blotch by seed heat-treatments [J]. Phytopathology, 79: 1191.

Wang K Y, Guo Q L, Xia X M, et al. 2007. Resistance of *Aphis gossypii* (Homoptera: Aphididae) to selected insecticides on cotton from five cotton production regions in Shandong, China [J]. Journal of Pesticide Science, 32 (4): 372 - 378.

Webb R E, Goth R W. 1965. A seedborne bacterium isolated from watermelon [J]. Plant Disease Report, 49: 818 - 821.

Yamasaki S, Okazakis, Okuda M. 2012. Temporal and spatial dispersal of Melon yellow spot virus in cucumber greenhouses and evaluation of weeds as infection sources [J]. European Journal of Plant Pathology, 132 (2): 169 - 177.

Zabka M, Drastichová K, Jegorov A, et. al. 2006. Direct evidence of plant-pathogenic activity of fungal metabolites of *Trichothecium roseum* on apple [J]. Mycopathologia, 162 (1): 65 - 68.

Zeng C X, Wang J J. 2010. Influence of exposure to imidacloprid on survivorship, reproduction and vitellin content of the carmine spider mite, *Tetranychus cinnabarinus* [J]. Journal of Insect Science, 10: 20.

Zhang Y P, Kyle M, Anagnostou K, et al. 2004. Screening melon (*Cucumis melo*) for resistance to gummy stem blight in the greenhouse and field [J]. Hort Science, 32: 117 - 121.

Zhou X G, Everts K L. 2012. Anthracnose and gummy stem blight are reduced on watermelon grown on a no - till hairy vetch cover crop [J]. Plant Disease, 96: 431 - 436.

第12单元 西瓜、甜瓜病虫害

彩图 12-1-1 西瓜细菌性果斑病症状（赵廷昌提供）
Colour Figure 12-1-1 Symptoms of bacterial fruit blotch of watermelon（by Zhao Tingchang）
1. 子叶受害前期 2. 真叶发病 3. 果实病斑

彩图 12-1-2 甜瓜细菌性果斑病症状（赵廷昌提供）
Colour Figure 12-1-2 Symptoms of bacterial fruit blotch of melon
（by Zhao Tingchang）
1. 叶片病斑 2. 果面病斑 3. 果肉腐烂

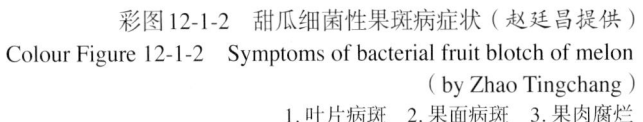

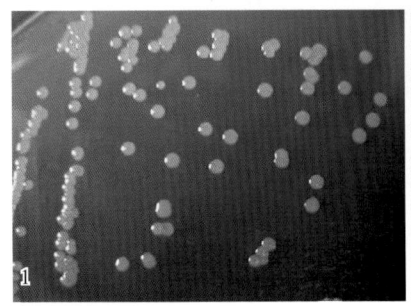

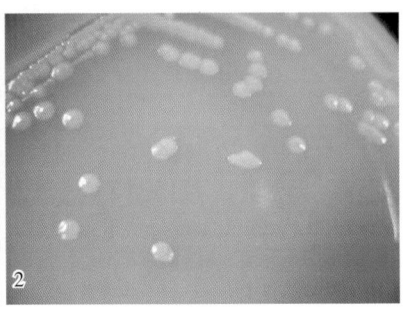

彩图 12-1-3 西瓜、甜瓜细菌性果斑病菌的菌落形态（赵廷昌提供）
Colour Figure 12-1-3 Colonies of *Acidovorax citrulli* on media（by Zhao Tingchang）
1. KB培养基上的菌落 2. YDC培养基上的菌落

彩图12-2-1 西瓜细菌性角斑病症状（张昕提供）
Colour Figure 12-2-1   Symptoms of angular leaf spot of watermelon（by Zhang Xin）
1.叶片正面病斑 2.叶片背面病斑 3.果实病斑

彩图12-3-1 西瓜、甜瓜病毒病症状（古勤生提供）
Colour Figure 12-3-1   Symptoms of watermelon and melon virus diseases（by Gu Qinsheng）
1.西瓜花叶蕨叶 2.甜瓜花叶 3.西瓜幼苗绿斑驳花叶 4.西瓜成株绿斑驳花叶 5.西瓜果实倒瓤 6.甜瓜黄化 7.甜瓜褪绿黄化
8.西瓜褪绿黄化 9.甜瓜叶片坏死斑点 10.甜瓜整株坏死斑点 11.甜瓜叶片黄化斑点 12.甜瓜整株黄化斑点 13.甜瓜皱缩卷叶

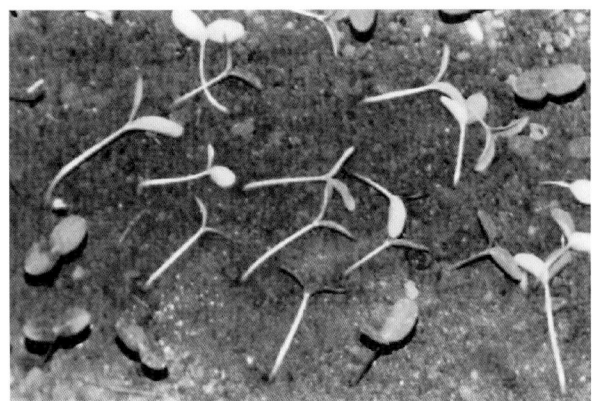

彩图12-4-1　瓜苗猝倒病症状（引自吕佩珂，2008）
Colour Figure 12-4-1　Symptoms of melon damping off
（from Lü Peike，2008）

彩图12-5-1　甜瓜立枯病症状（引自吕佩珂，2008）
Colour Figure 12-5-1　Symptoms of melon Rhizoctonia rot
（from Lü Peike，2008）

彩图12-6-1　甜瓜霜霉病症状（杨渡提供）
Colour Figure 12-6-1　Symptoms of downy mildew of melon（by Yang Du）
1.病叶前期　2.病叶后期　3.叶背病斑上的灰黑色霉层

彩图12-7-1　西瓜、甜瓜白粉病症状（杨渡提供）
Colour Figure 12-7-1　Symptoms of powdery mildew of watermelon and melon（by Yang Du）
1.甜瓜病叶初期白色粉状霉点　2.甜瓜病叶上的白色粉状霉　3.西瓜病叶上边缘不清的小黄斑　4.西瓜病叶后期褐变
5.西瓜病叶和叶柄上的白霉　6.西瓜病蔓上的闭囊壳　7.西瓜病株

彩图12-8-1　西瓜灰霉病田间症状

（1和4. 引自郑永利等，2005；2和3. 葛米红提供）

Colour Figure 12-8-1　Symptoms of gray mold of watermelon（1 and 4. from Zheng Yongli et al.，2005；2 and 3. by Ge Mihong）

1.西瓜病苗（示子叶上的分生孢子梗和分生孢子）　2、3.真叶发病（叶缘枯死，着生分生孢子梗和分生孢子）　4.病花和病幼果

彩图12-9-1　西瓜和甜瓜叶枯病症状

（宋凤鸣提供）

Colour Figure 12-9-1　Symptoms of Alternaria leaf spot on watermelon and melon leaves（by Song Fengming）

1.西瓜病叶　2.甜瓜病叶

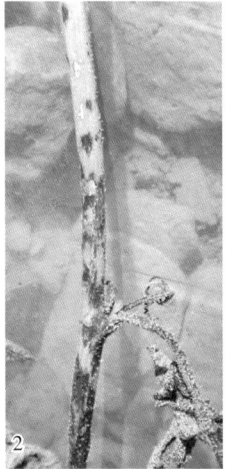

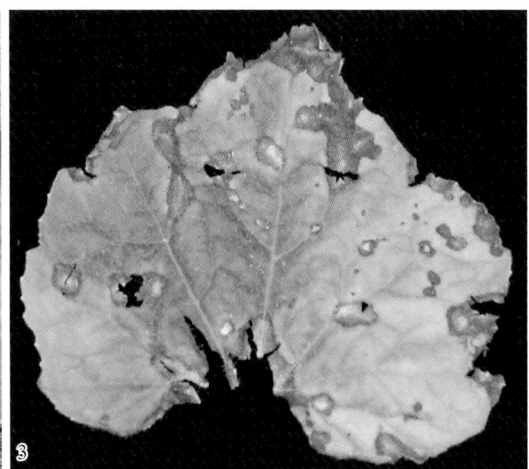

彩图12-10-1　西瓜、甜瓜叶片和茎蔓炭疽病症状（宋凤鸣提供）

Colour Figure 12-10-1　Symptoms of anthracnose on watermelon and melon leaves and stems（by Song Fengming）

1.西瓜病叶　2.西瓜病蔓　3.甜瓜病叶

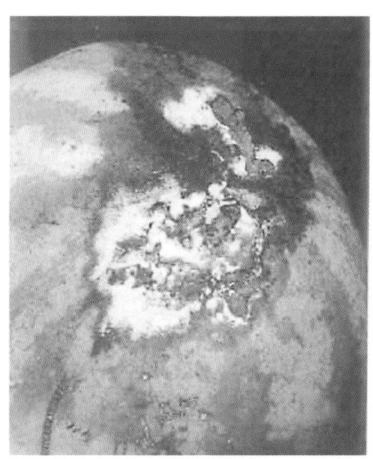

彩图12-11-1 西瓜果实红粉病症状
（引自吕佩珂，2008）
Colour Figure 12-11-1 Symptom of
pink-mold rot on fruit of watermelon
（from Lü Peike，2008）

彩图12-11-2 甜瓜红粉病症状（引自吕佩珂，2008）
Colour Figure 12-11-2 Symptoms of melon pink-mold rot
（from Lü Peike，2008）
1.甜瓜病叶 2.甜瓜病果

彩图12-12-1 西瓜、甜瓜蔓枯病症状（宋凤鸣提供）
Colour Figure 12-12-1 Symptoms of gummy stem blight on watermelon and melon
（by Song Fengming）
1.西瓜病叶 2.西瓜病蔓 3.甜瓜病叶 4.甜瓜病蔓

彩图12-13-1 西瓜菌核病症状（刘志恒提供）
Colour Figure 12-13-1 Symptoms of watermelon Sclerotinia rot in the field（by Liu Zhiheng）
1.病叶 2.病蔓上长有菌丝和菌核 3.田间病株枯死

彩图12-13-2　西瓜、甜瓜菌核病病原形态（刘志恒和邵丹提供）
Colour Figure 12-13-2　Morphology of *Sclerotinia sclerotiorum*（by Liu Zhiheng and Shao Dan）
1、2.菌核萌发　3.子囊盘　4.子囊和子囊孢子

彩图12-14-1　西瓜疫病症状（刘志恒提供）
Colour Figure 12-14-1　Symptoms of watermelon Phytophthora blight in the field（by Liu Zhiheng）
1.病蔓　2.病果　3.病叶

彩图12-15-1　西瓜、甜瓜枯萎病症状（1.缪作清提供；2和4.梁志怀提供；3.胡繁荣提供）
Colour Figure 12-15-1　Symptoms of Fusarium wilt of watermelon and melon
（1. by Miao Zuoqing；2 and 4. by Liang Zhihuai；3. by Hu Fanrong）
1.西瓜病苗　2.甜瓜病株萎蔫　3.甜瓜病株枯死　4.甜瓜病株茎基部症状

彩图 12-16-1　甜瓜根腐病田间症状（王汉荣提供）
Colour Figure 12-16-1　Symptoms of Fusarium root rot of melon in the field（by Wang Hanrong）
1. 田间病株　2. 茎基部症状　3. 根部症状

彩图 12-17-1　烟粉虱为害甜瓜叶片（王少丽提供）
Colour Figure 12-17-1　Damage symptoms of *Bemisia tabaci* on melon leaf（by Wang Shaoli）

彩图 12-17-2　烟粉虱成虫和若虫
（王少丽提供）
Colour Figure 12-17-2　Adult and larva of *Bemisia tabaci*（by Wang Shaoli）
1. 成虫　2. 若虫

彩图 12-18-1　叶螨为害甜瓜（王少丽提供）
Colour Figure 12-18-1　Symptoms of spider mite on melon（by Wang Shaoli）

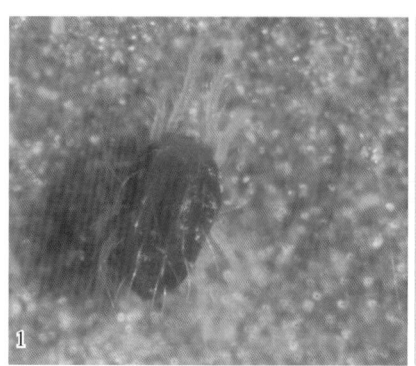
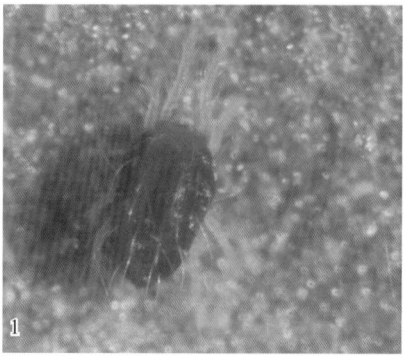

彩图 12-18-2　两种常见叶螨雌成螨（王少丽提供）
Colour Figure 12-18-2　Adult female of two common *Tetranychus* spider mite（by Wang Shaoli）
1. 截形叶螨　2. 二斑叶螨

彩图 12-19-1　瓜蚜聚集在叶背为害（王少丽提供）
Colour Figure 12-19-1　Symptoms of aphids on the melon leaf（by Wang Shaoli）

彩图 12-19-2　瓜蚜为害甜瓜
（王少丽提供）
Colour Figure 12-19-2
Symptoms of aphids on melon
（by Wang Shaoli）

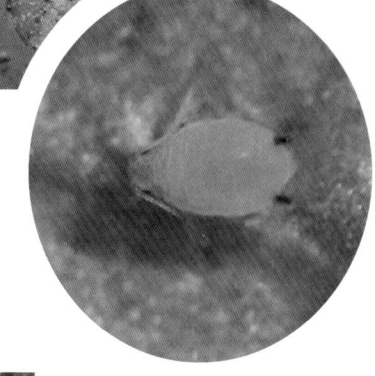

彩图 12-19-3　瓜蚜成虫
（王少丽提供）
Colour Figure 12-19-3
Adult of *Aphis gossypii*
（by Wang Shaoli）

彩图 12-20-1　棕榈蓟马在西瓜叶背为害
（王少丽提供）
Colour Figure 12-20-1　Damage of *Thrips palmi*
on watermelon leaf（by Wang Shaoli）

彩图 12-20-2　棕榈蓟马在甜瓜花上为害
（王少丽提供）
Colour Figure 12-20-2　Damage of *Thrips
palmi* on the melon flower
（by Wang Shaoli）

彩图 12-21-1　美洲斑潜蝇成虫
（雷仲仁提供）
Colour Figure 12-21-1　Adult of
Liriomyza sativae（by Lei Zhongren）

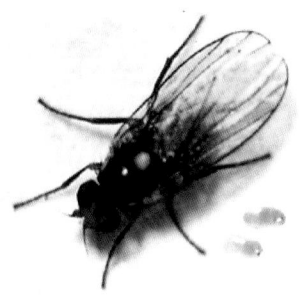

彩图 12-21-2　南美斑潜蝇成虫和卵
（雷仲仁提供）
Colour Figure 12-21-2　Adult and eggs
of *Liriomyza huidobrensis*
（by Lei Zhongren）

彩图 12-21-3　斑潜蝇在甜瓜上的
为害状（王少丽提供）
Colour Figure 12-21-3　Symptoms
of *Liriomyza* on melon leaf
（by Wang Shaoli）

彩图12-22-2 瓜绢螟幼虫及其在西瓜果实上的为害状（王少丽提供）
Colour Figure 12-22-2 Symptom of *Diaphania indica* larvae on watermelon fruit（by Wang Shaoli）

彩图 12-22-1 瓜绢螟幼虫及其在西瓜叶片上的为害状（王少丽提供）
Colour Figure 12-22-1 Larva of *Diaphania indica* and the damage symptom on watermelon leaf（by Wang Shaoli）

彩图12-23-1 黄足黄守瓜在西瓜叶片上的为害状（王少丽提供）
Colour Figure 12-23-1 Symptom of *Aulacophora indica* on watermelon leaf（by Wang Shaoli）

彩图12-23-2 黄足黄守瓜成虫和蛹（王少丽提供）
Colour Figure 12-23-2 Adult and pupa of *Aulacophora indica*（by Wang Shaoli）
1. 成虫 2. 蛹

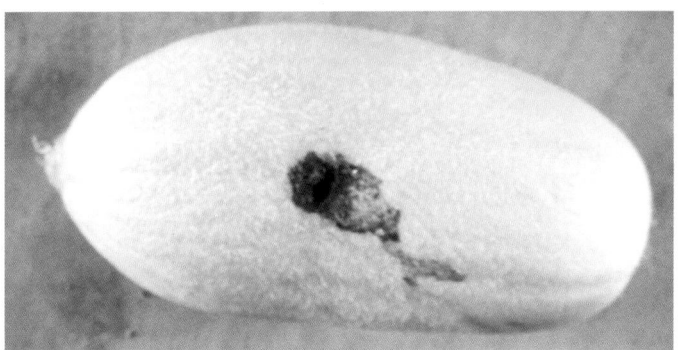

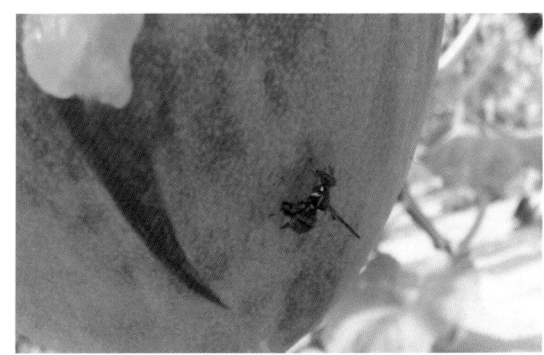

彩图12-24-1 瓜实蝇在哈密瓜上的为害状（孔祥义提供）
Colour Figure 12-24-1 Damage symptom of *Bactrocera cucurbitae* on Hami melon（by Kong Xiangyi）

彩图12-24-2 瓜实蝇成虫（孔祥义提供）
Colour Figure 12-24-2 Adult of *Bactrocera cucurbitae*（by Kong Xiangyi）

第13单元　杂食性害虫

第1节　飞　　蝗

飞蝗（*Locusta migratoria* Linnaeus）在我国有 3 个亚种，即东亚飞蝗［*Locusta migratoria manilensis*（Meyen）］、亚洲飞蝗［*Locusta migratoria migratoria*（Linnaeus）］和西藏飞蝗（*Locusta migratoria tibetensis* Chen），属直翅目蝗总科斑翅蝗科飞蝗亚科飞蝗属。

一、东亚飞蝗

（一）分布与危害

东亚飞蝗分布于我国东部约 42°N 以南的平原地区。在地理位置上，东亚飞蝗在我国大陆的分布区往西可沿渭河河谷延伸至 106°58′E 的宝鸡，往东可达 122°E 的山东胶东半岛，往南可达 18°10′N 的海南岛。目前东亚飞蝗在我国造成危害的区域包括河南、河北、山东、天津、安徽、江苏、陕西、山西、海南岛等地区。在世界范围内，东亚飞蝗主要分布在亚洲东亚及东南亚地区，如中国、日本、朝鲜、新加坡、菲律宾、印度尼西亚、泰国、越南、缅甸、柬埔寨等。

东亚飞蝗趋向于栖息在地势低洼、易涝易旱或水位不稳定的海滩、湖滩、大面积荒滩或耕作粗放的荒地上，主要以禾本科作物或杂草为食，尤其喜食芦苇（彩图 13-1-1）。东亚飞蝗发生地周边一定有水域的存在，因此，前人也将蝗区分为内涝、河泛、沿海、滨湖蝗区，主要就是根据水系划分的。同时芦苇也能作为东亚飞蝗的一种指示作物，因为凡是有东亚飞蝗的区域，一定有芦苇分布。

蝗灾与水灾、旱灾并称为我国三大自然灾害。我国历代蝗灾的发生，多由东亚飞蝗暴发所致，主要是由于飞蝗滋生区广、繁殖力强、发育快、食性杂，并具有成群聚集和远距离迁飞等习性，容易猖獗成灾。新中国成立以后，各级政府和有关部门十分重视蝗灾的治理，并在 20 世纪 50～60 年代投入了大量的人力和物力，致力于东亚飞蝗的生物学、生态学及防治技术的研究，取得了显著进展。同时，在"改治并举，综合治理"方针的指导下，经过长期的防治和蝗区改造治理，使东亚飞蝗滋生区面积由 20 世纪 50 年代初的 521 万 km² 压缩到 70 年代的 122 万 km²，对农作物的为害程度得到有效遏制。

20 世纪 80 年代以来，受全球异常气候变化和某些水利工程失修或兴建不当以及农业生态与环境突变的影响，东亚飞蝗在黄淮海地区和海南岛西南部频繁发生，每年发生面积 100 万～150 万 km²，涉及 9 个省份的 100 多个县，农业生产受到严重威胁。1985—1996 年，东亚飞蝗在黄河滩涂、海南岛、天津等蝗区连年大发生。1985 年秋，天津北大港东亚飞蝗高密度群居型蝗群起飞南迁，蝗群东西宽 30 余 km，降落到河北的沧县、黄骅、海兴、盐山和孟村 5 个县和中捷、大港两个农场，波及面积达 16.7 万 hm²。这是新中国成立以来群居型东亚飞蝗第一次跨省迁飞。2010 年以来，东亚飞蝗夏蝗在山东、河南、河北和天津等地常出现高密度蝗蝻点片，全国夏蝗发生面积均在 80 万 hm² 以上（彩图 13-1-2）。

（二）形态特征

东亚飞蝗一生经历卵、蝗蝻、成虫（彩图 13-1-3，彩图 13-1-4）3 个虫态，蝗蝻在三龄以前活动范围小，而三龄后跳跃能力增强，活动范围增大。雄成虫体长 32.4～48.1mm，雌成虫体长 38.6～52.8mm。头顶圆，颜面平直，口器位于头下方，为典型的咀嚼式口器；复眼较小，呈卵形；触角细长，呈丝状，26 节。成虫有群居型、散居型和中间型三种类型，群居型为黑褐色，散居型带绿色，中间型介于这两者之间，为灰褐色。群居型成虫前胸背板中隆线发达，沿中线两侧有黑色带纹，前翅淡褐色，有暗色斑点，翅长超过后足股节 2 倍以上（群居型）或不到 2 倍（散居型）。群居型成虫胸部腹面有长而密的细绒毛，后足股节内侧基半部在上、下隆线之间呈黑色；胸足的类型为跳跃足，腿节特别发达，胫节细长，适于跳跃。

卵囊圆柱形，略呈弧形弯曲，两端一般钝圆形。卵囊大而长，一般长 45.0～62.9mm，宽 6.0～8.9mm，无卵囊盖。卵囊壁泡沫状，有时外表面粘有一些细小土壤颗粒，但不牢固，易脱落。在卵室之上，常形成较长的泡沫状柱形物质，长度约占卵囊全长的 1/3，通常透明，呈黄白色或黄色；在卵室内，泡沫状物质较少，多呈黄色或黄褐色。一个卵室内有卵 60～90 粒，多者可达 120 粒。卵粒与卵囊纵轴呈倾斜状，侧观为一排，其背腹观为 4 纵行规则排列。卵粒较直而略弯曲，中部较粗，向两端渐细，两端通常呈钝圆形。卵粒长 5.2～7.0mm，宽 1.1～1.8mm，卵粒黄色或黄褐色。随着卵的发育，卵壳表面出现不规则纵裂花纹。卵孔可见，开口于平坦的卵壳表面，卵孔附近的卵壳表面较平滑。

蝗卵孵化后即为蝗蝻，东亚飞蝗蝗蝻分为 5 个龄期，每蜕一次皮即为一个龄期。蝗蝻有群居型和散居型之分，在高密度条件下出现群居型，低密度条件下出现散居型，两者在不同的密度条件下可互相转化。下面以群居型蝗蝻介绍其形态特征。

一龄蝗蝻刚孵化时颜色较浅，经过一段时间后颜色逐渐变深，呈灰褐色。触角 13～14 节，体长 5～10mm。前胸背板背面稍向后拱出，后缘呈直线形。翅芽不明显，很难用肉眼看到。

二龄蝗蝻黑灰色或黑色。触角 18～19 节，体长 8～14mm。前胸背板向后拱，比一龄明显。翅芽小，用肉眼可见，翅尖向后延伸。

三龄蝗蝻黑色，头部红褐色部分扩大。触角 20～21 节，体长 15～21mm。前胸背板明显向后缘延伸，掩盖中胸背面，后缘呈钝角。翅芽明显，黑褐色，前翅芽狭长，后翅芽略呈三角形，翅脉明显，翅尖朝向后下方。

四龄蝗蝻头部除复眼外全部红褐色。触角 22～23 节，体长 16～26mm。前胸背板后缘多向后延伸，掩盖中胸和后胸背部。翅芽黑色，覆盖腹部第二节，前翅芽狭长，后翅呈三角形，翅脉明显。

五龄蝗蝻红褐色。触角 24～25 节，体长 26～40mm。前胸背板后缘明显向后延伸，掩盖中胸和后胸背部部分。翅芽大，覆盖腹部第四、五节。

由于 1963 年西藏飞蝗新亚种的记述是依据散居型成虫，故与东亚飞蝗和亚洲飞蝗的区别以散居型互比为标准，这也是首次以散居型飞蝗鉴定亚种的尝试。东亚飞蝗、亚洲飞蝗、西藏飞蝗三亚种成虫识别如下（彩图 13-1-5）：

西藏飞蝗。后足股节内侧下隆线与下隆线之间在其全长近 1/2 处皆为黑色（彩图 13-1-6，3）。体较小。体长：雄 25.2～32.8mm；雌 38.0～52.0mm。前翅长：雄 28.4～35.6mm；雌 40.0～46.9mm。后足股节长：雄 15.2～19.3mm；雌 21.6～25.5mm。

亚洲飞蝗。后足股节内侧下隆线与下隆线之间在其全长近 1/2 处皆为黑色（彩图 13-1-6，1）。体较大。体长：雄 36.1～46.4mm；雌 43.8～56.5mm。前翅长：雄 39.0～51.6mm；雌 48.5～60.3mm。后足股节长：雄 20.9～26.1mm；雌 24.1～31.7mm。

东亚飞蝗。后足股节内侧下隆线与下隆线之间在其全长近 1/2 处不都为黑色（彩图 13-1-6，2）。体形大小一般介于上述二亚种之间。体长：雄 32.4～48.1mm；雌 38.6～52.8mm。前翅长：雄 34.0～43.8mm；雌 44.7～55.9mm。后足股节长：雄 19.2～28.2mm；雌 22.0～30.0mm。

西藏飞蝗雌雄成虫均显著小于东亚飞蝗和亚洲飞蝗，其前翅以及后足股节的长度均较其他二亚种短。西藏飞蝗的前翅长度与后足股节长度比值（E/F）接近于东亚飞蝗并微小于亚洲飞蝗，其前胸背板长度与头宽比值（P/C）则较东亚飞蝗及亚洲飞蝗大；而前胸背板高度与头宽比值（H/C）亦较大于东亚飞蝗，并微小于亚洲飞蝗；至于前胸背板最狭处宽度与头宽比值（M/C）、后足股节长度与头宽比值（F/C）亦均大于东亚飞蝗和亚洲飞蝗（表 13-1-1）。

比较飞蝗三亚种后翅翅脉差异发现：东亚飞蝗和亚洲飞蝗仅在轭脉 Ju_{10} 上存在数量差异，东亚飞蝗个体中存在轭脉 Ju_{10} 的比例相对较少。但两者都没有轭脉 Ju_9，而西藏飞蝗没有轭脉 Ju_{12}（彩图 13-1-7）。

（三）生活习性

在我国东亚飞蝗的发生世代数因地区不同而有所变化。一般每年可发生 1～4 代。根据马世骏等研究，

表 13-1-1　飞蝗三亚种散居型成虫形态比较（引自陈永林，1963）

Table 13-1-1　Morphological analysis of solitary migratory locust adults in China（from Chen Yonglin，1963）

亚种		西藏飞蝗		东亚飞蝗								亚洲飞蝗	
地点		西藏		江苏泗洪洪泽湖		江苏灌云黄海		河北大名		平均		新疆	
性别		♂	♀	♂	♀	♂	♀	♂	♀	♂	♀	♂	♀
体长 L（mm）	最小	25.2	38.0	32.4	38.6	33.9	42.3	33.2	39.8	32.4	38.6	36.1	43.8
	最大	32.8	52.0	39.5	52.8	48.1	51.1	42.8	51.7	48.1	52.8	46.4	56.5
	平均	30.2	43.3	35.8	44.4	36.8	48.1	33.6	45.2	35.0	45.8	40.0	50.3
前翅长 E（mm）	最小	28.4	40.0	36.3	44.5	34.0	48.6	37.3	46.5	34.0	44.5	39.0	48.5
	最大	35.6	46.9	41.7	53.1	43.8	53.5	43.3	55.9	43.8	55.9	51.6	60.3
	平均	32.7	42.5	38.7	49.0	40.1	50.8	40.6	49.0	39.3	49.5	44.1	54.5
后足股节长 F（mm）	最小	15.2	21.6	19.2	22.0	20.4	24.8	20.3	24.8	19.2	22.0	20.9	24.1
	最大	19.3	25.5	22.3	28.8	28.2	29.0	24.4	30.0	28.2	30.0	26.1	31.8
	平均	17.5	23.3	21.0	25.7	22.5	27.3	21.7	27.1	21.8	26.8	23.6	28.7
前翅长/后足股节长 E/F	最小	1.73	1.59	1.72	1.80	1.41	1.70	1.66	1.73	1.41	1.70	1.64	1.79
	最大	1.93	1.96	1.90	2.09	1.99	2.02	1.97	2.03	1.99	2.09	1.97	2.21
	平均	1.86	1.82	1.83	1.90	1.79	1.85	1.82	1.81	1.81	1.84	1.92	1.89
前胸背板长/头宽 P/C	最小	1.35	1.25	1.14	1.17	1.12	1.15	1.10	1.09	1.10	1.09	1.32	1.34
	最大	1.79	1.84	1.47	1.39	1.51	1.48	1.43	1.34	1.51	1.48	1.61	1.54
	平均	1.55	1.46	1.30	1.36	1.31	1.27	1.27	1.24	1.29	1.27	1.50	1.44
前胸高/头宽 H/C	最小	1.17	1.17	1.13	1.14	1.09	1.16	1.03	1.05	1.03	1.05	1.21	1.25
	最大	1.58	1.50	1.34	1.33	1.40	1.48	1.35	1.31	1.40	1.48	1.61	1.54
	平均	1.36	1.34	1.23	1.22	1.23	1.25	1.17	1.20	1.20	1.21	1.33	1.33
前胸宽/头宽 M/C	最小	0.89	0.84	0.70	0.63	0.70	0.76	0.74	0.72	0.30	0.63	0.82	0.85
	最大	1.04	1.10	0.90	0.96	0.94	1.08	1.05	0.94	1.05	1.08	1.03	1.03
	平均	0.98	0.98	0.83	0.90	0.80	0.81	0.86	0.84	0.84	0.95	0.95	0.94
后足股节长/头宽 F/C	最小	3.16	3.01	3.04	2.84	2.76	2.86	2.80	2.72	2.76	2.72	3.44	2.86
	最大	4.09	4.00	3.48	3.25	4.15	3.83	3.56	3.32	4.15	3.83	3.70	3.68
	平均	3.72	3.45	3.22	3.07	3.21	3.14	3.15	3.01	3.18	3.06	3.67	3.47

在 40°N 以北，东亚飞蝗一般 1 年发生不完全的 2 代；在长江流域以北的地区，东亚飞蝗 1 年发生 2 代；在珠江流域地区，东亚飞蝗常年发生 3 代；在广西南部和海南大部分地区，东亚飞蝗常年发生 4 代。由于东亚飞蝗没有真正的滞育或休眠现象，其发育与当年当地的有效积温有密切关系。当温度、湿度、降水、光照等因素适宜时，东亚飞蝗可持续生长并完成其发育。在某一地区如当年发生时期较常年明显较早，大部分飞蝗就能完成发育甚至多完成 1 代；反之，则有部分飞蝗可能完成不了整个发育过程甚至少发生 1 代。因此，当气候条件发生明显变化时，飞蝗在各地的发生代数可能会有所波动。据近年来观察，早春温度回升快，春、夏季温度偏高，秋季偏暖，对东亚飞蝗的发育有利，部分地区发生的代数就可能较常年偏多，反之，则偏少。

东亚飞蝗是植食性昆虫，为多食性。自然条件下，其食料以禾本科和莎草科植物为主。东亚飞蝗的野生禾本科植物主要有芦苇（Phragmites communis Trin.）、荻 [Triarrhena sacchariflora（Maxim.）Nakai]、稗 [Echinochloa crusgalli（L.）Beauv.]、光头稗 [E. colonum（L.）Link]、假稻 [Leersia hexandra var. japonica]、秕壳草 [Leersia oryzoides var. japonica Hack]、印度白茅 [Imperata cylindrica（L.）Beauv.]、朝阳隐子草（Cleistogenes hackeli Honda）、蟋蟀草 [Eleusine indica（L.）Gaertn.]、狗牙根 [Cynodon dactylon（L.）Pars.]；栽培的禾本科植物则有小麦（Triticum aestivum L.）、玉米

（*Zea mays* Linn.）、粟（谷子）（*Setaria italica* Beauv.）、稻（*Oryza sativa* L.）、高粱（*Sorghum vulgare* Pers.）、稷（*Panicum miliaceum* var. *linneffusum* Adlef.）；取食的野生莎草科植物有莎草（*Cyperus* spp.）、蔍草（*Scirpus triqueter* L.）、荆三棱（*Scirpus maritimus* L. var. *affinis* Clark）等。以鲜重计算，一头东亚飞蝗一生中取食玉米的总量为 85.5g 左右，其中蝻期消耗约 25g；取食芦苇的总量为 60g，蝻期消耗仅 9g 左右。以干重计算则蝻期取食芦苇约 3g，取食玉米约 4.5g，成虫期共食芦苇和玉米为 17.5g 和 8.5g。以玉米为食的成虫每天消耗鲜叶食料最高为 5g 左右，一般为 1～2g；以芦苇为食的成虫每天消耗的最高量为 2.6g，一般为 1g 左右。东亚飞蝗取食不仅为了获得营养，更重要的是为了获得水分，因此，环境条件适宜时，东亚飞蝗会大量取食，以保证体内水分供给。蝗群数量大时，植被被大量取食，呈现暴食为害的特点。在食物缺乏时，具有自残习性。东亚飞蝗一般羽化 10～15d 即可交配，且具有多次交配习性；交配 1～2d 后产卵。中国农业大学利用气相色谱技术研究信息素对东亚飞蝗交配行为的影响，结果表明，东亚飞蝗成虫粪便挥发物中含有 30 多种化合物，其中己醛、2-己烯醛、环己醇、2，5-二甲基吡嗪、苯甲醇、苯甲醛、壬醛、2，6，6-三甲基-2-环己烯基-1，4-二酮以及 β-紫罗兰酮等 9 种化合物能够激起雄成虫触角电位反应。东亚飞蝗一般喜欢选择比较坚硬的向阳地面产卵，土壤含水量、含盐量分别以 7%～30%、0.09%～1.99% 为宜。

飞蝗具有群居型、中间型、散居型等 3 种变型，一般而言，飞蝗只有是群居型且密度很高时才会造成危害。中国科学院动物研究所研究发现，飞蝗群居型和散居型的基因表达在四龄时会出现差异，儿茶酚胺代谢是产生这一差异的重要途径。同时明确了多巴胺生物合成和突触释放过程中主要的靶标基因 *pale*、*henna* 和 *vat1*，调控飞蝗行为的变化。蝗虫的扩散与迁移能力常随蝗蝻龄期的增长及成虫的发育而增强（包括跳跃、爬行、飞翔及迁飞等）。飞蝗初孵化的蝗蝻多在孵化场所附近的植物上或地表活动，进入二龄或三龄后即增加其扩散与迁移的距离。扩散的发生常受食料、气候、天敌种类与数量以及人类活动的影响。飞蝗的扩散与迁移具有两种类型：一种为零星扩散与迁移，另一种为成群结队扩散与迁移。据在蝗区的实际观察，东亚飞蝗的飞翔能力与发育状况有关，羽化后 1～2d 的成虫，其前、后翅较柔软而不能飞翔，羽化 3～4d 者飞翔速度为 0.32～0.71m/s，1 周后飞翔速度可增加到 1.45～2.5m/s。东亚飞蝗种群密度较小时多为散居型，当种群密度上升以后，可逐渐聚集成群居型。群居型飞蝗有远距离迁飞的习性，迁飞多发生在羽化后 5～10d、性器官成熟之前。迁飞时可在空中持续飞行 1～3d。群居型飞蝗体内含脂肪量多、水分少，活动力强，但卵巢管数少，产卵量低，而散居型则相反。飞蝗喜欢栖息在地势低洼、易涝易旱或水位不稳定的海滩、湖滩、大面积荒滩或耕作粗放的夹荒地上以及生有低矮芦苇、茅草或盐蒿、莎草等的滩涂上。遇有洪涝、干旱年份，这种荒地随着大水后积水下退、水面缩小时，利于蝗虫发生，宜蝗面积增加，容易酿成蝗灾。

（四）发生规律

1. 虫源基数 东亚飞蝗以卵在土内越冬。东亚飞蝗次年虫口密度与上一年越冬蝗卵存活率密切相关。春、秋两季气候变化频繁，春季干旱、温度偏高能促进蝗卵提早孵化和加速蝗蝻生长，秋季适时高温则可以保证秋蝗充分产卵，下一年春季蝗卵基数可能明显提高；但如果秋季高温持续时间过长，则不利于越冬蝗卵存活。反之，如春、秋季节阴冷，则第一代蝗蝻孵化迟、生长缓慢，致使第二代蝗蝻孵化迟，当秋末寒流降临时蝗蝻尚不能全部羽化或成虫不能充分产卵而死亡，从而降低来年的基数。以山东省 2006 年东亚飞蝗发生情况为例进行分析：2006 年东亚飞蝗发生面积 46 万 hm²，并出现了 500 头/m² 以上的高密度蝗片，最高点达 2 000 头/m²。由于发生面积大、密度高，虽经大力防治，有效控制了蝗害，但由于虫口基数大，全省秋残蝗面积仍有 14 万多 hm²，一般每 667m² 残蝗密度 6～30 头，高的 100 多头。而且 2006年 9～11 月气温偏高，绝大多数残蝗完全完成个体发育，产卵期延长。同时全省 2006 年遭遇几十年不遇的暖冬天气，对蝗卵安全越冬非常有利。预计 2007 年全省东亚飞蝗虫源基数大，若气候条件适宜，全省将中等发生，局部偏重发生，高密度蝗片范围进一步扩大。实际发生程度与预测一致，山东省 2007 年东亚飞蝗发生面积达 53 万 hm²，其中夏蝗 30 万 hm²，秋蝗 23 万 hm²。

2. 气候条件 东亚飞蝗蝗卵胚胎的发育起点温度为 15℃，孵化最低温度为 16℃。蝗卵胚胎发育初期和发育后期的过冷却点约为 −15℃，而发育中期的过冷却点可降低到 −25℃ 左右。因此在极低温的情况下，蝗卵会自然死亡。而在我国东亚飞蝗发生区，这样的极低温很少出现，一般年份蝗卵都可以正常越冬。

蝗蝻的发育起点温度为 18℃，从蝗蝻出土到成虫发育有效积温为 460℃，在蝗蝻发育至成虫生殖期内至少需要经历日平均温度 25℃以上的天数 30d，才能完成发育与生殖过程。不同的条件下蝗蝻从一龄发育到成虫所经历的时间有所不同。但是，从成虫羽化到产卵盛期所经历的时间则相差不多，均在 14d 左右。

土壤湿度主要影响蝗卵的发育。东亚飞蝗蝗卵需要从土壤中吸收一定量的水分，才能开始正常发育。其吸水量在胚动前期约占体重的 25%，胚胎发育完全接近孵化时，则达到 30%。因此，在干旱年份，蝗卵不能正常孵化，但如果出现适量降雨，则土壤中的蝗卵仍然可以正常孵化。蝗卵在不同含水量土壤内完成发育所需的有效积温也有所不同。有随土壤含水量升高而所需有效积温增多的趋向，即在近似温度下，较干的土壤内蝗卵发育较快。因此，在春季适当降雨可促进蝗卵发育和孵化，且整齐度高，而如果降雨明显偏多，则可能导致蝗卵不能正常发育或发育较慢。

历史上，东亚飞蝗的发生与水、旱灾害具有因果关系。一般来说上一年涝害，而第二年干旱则容易引起蝗灾的发生。在涝灾过后，因为水淹后农田弃耕，伴随着干旱或脱水而形成适宜飞蝗产卵繁殖的有利环境。特别是内涝蝗区及河泛蝗区的低洼农田常常由于涝年而耕作粗放，翌年降雨减少，则导致蝗虫严重发生。

3. 寄主植物 食物条件是影响东亚飞蝗种群发育速度、分布区域及生殖力的重要因子。东亚飞蝗喜食禾本科和莎草科植物，在喜食植物上停留的时间也明显长于非喜食植物。因此，东亚飞蝗在蝗区的空间分布具有明显的趋性。植物生长和栽培情况也会对东亚飞蝗的取食产生影响。蝗蝻明显喜食生长旺盛、含水量较高的植物，这也可能是秋季蝗群扩散为害的原因之一。

不同的农业耕作及植被条件也会影响东亚飞蝗的发生。东亚飞蝗主要滋生于常年不耕作的荒地、夹荒地，精耕细作的农田基本不发生。另外，东亚飞蝗成虫对不同的植被覆盖度具有明显的产卵选择性。一般情况下，成虫主要选择植被覆盖率 50% 以下的场所产卵，植被覆盖率 20%~40% 的场所产卵密度最高，50%~70% 的场所产卵密度低，70% 以上的场所基本不产卵。

4. 天敌 按照天敌对蝗虫的作用方式，可以将天敌分为捕食性天敌和寄生性天敌两大类。捕食性天敌以捕食蝗虫不同发育阶段的不同虫态为主。寄生性天敌能够以蝗虫的不同虫态为寄主。

由于蝗虫的天敌受到其所栖息蝗区生态环境及其他自然因素的影响，也受到其所处生物系统中其他生物的影响，在不同类型的蝗虫分布区，蝗虫天敌的种类、数量不尽相同。卵期天敌昆虫优势种有中国雏蜂虻（*Anastoechus chinensis* Paramonov）（寄生率达 27%~75%）、飞蝗黑卵蜂（*Scelio uvarovi* Ogloblin）（寄生率达 10%~90%）、中华豆芫菁（*Epicauta chinensis* Laporte）（取食率达 33%）等；蝗蝻及成虫期天敌昆虫主要有蜘蛛类、蛙类、蜥蜴、鸟类、蚂蚁类、麻蝇类、螳螂、步甲等。中华大蟾蜍（*Bufo bufo gargarizans* Cantor）日食一、二龄蝗蝻 134.6 头，三龄蝗蝻 28.7 头，四、五龄蝗蝻 4.6 头，日食总量为 167.9 头。黑斑蛙（*Rana nigromaculata* Hallowell）日食一、二龄蝗蝻 101.3 头，三龄蝗蝻 32.2 头，四、五龄蝗蝻 2.3 头，日食总量为 135.8 头。八斑鞘腹蛛［*Coleosoma octomaculatum*（Boes. et Str.）］日食一、二龄蝗蝻 11.4 头，三龄蝗蝻 3.2 头。横纹金蛛［*Argiope bruennichii*（Scopoli）］日食一、二龄蝗蝻 8.7 头，三龄蝗蝻 2.4 头。

5. 化学药剂 化学农药防治是当前东亚飞蝗应急防控的重要手段。目前常用的化学药剂主要包括马拉硫磷、高效氯氰菊酯、苦皮藤素等。20 世纪 50 年代，利用六六六粉剂治蝗获得成功。随着广谱、高效、高残留杀虫剂例如有机磷、氟虫腈等产品问世，在一段时间内防治飞蝗取得了显著效果。但是由于使用剂量加大，使用年限增加，产生了一系列环境污染和害虫抗药性问题。同时随着气温回暖，导致飞蝗种群迅速增长，成为我国农区的重要害虫。

（五）防治技术

20 世纪末以来对东亚飞蝗的治理采取了可持续控制对策，即在有效控制近期蝗虫不起飞和成灾的情况下，适当放宽防治指标，发展生态控制技术，压缩蝗虫滋生基地，降低蝗虫的暴发频率和用药次数，逐步实现蝗患的长治久安。在战略上采取"主攻一类蝗区、削弱二类蝗区、稳定三类蝗区"的分区治理策略；结合预测预报技术，在战术上采取以生态控制为基础，引进生物防治技术，培育和增强自然控制能力，结合应急防治和常规防治为补充的配套技术措施，以达到标本兼治和持续控制蝗害的目的。

1. 预测预报 预测预报是开展防治工作的前提，因此做好东亚飞蝗发生情况调查（调查方法参考《GB/T 15803—2007 东亚飞蝗测报调查技术规范》），有助于制订高效的防治方案。目前我国东亚飞蝗预测预报分为短期预报、中期预报和长期预报三类。预测预报方法包括历期法、有效积温法等，主要针对发生期、发生量、发生面积、发生程度进行预报。

2. 农业防治　东亚飞蝗的农业防治是指通过调控东亚飞蝗滋生区的农业生态环境，如改变蝗区植被结构、调整耕作及栽培方式等措施，利用生物多样性，破坏东亚飞蝗的产卵场所和适生环境，从而达到减轻其发生程度的方法。

针对不同的蝗区需采取适当的农业防治措施，例如，沿海蝗区可以开展滩涂养殖、封育草场、蓄水养苇、垦荒种植等措施；黄河滩蝗区在进一步巩固老滩治理成果的基础上，重点扩大二滩垦种面积，提高复种指数；监测内滩蝗情，有条件的地区应在内滩抢种适宜作物，以逐步压缩东亚飞蝗滋生环境，改大面积药剂防治为主攻特殊环境的重点防治；滨湖蝗区和内涝蝗区可采取排涝行洪—精耕细作—上粮下鱼模式。对一般内涝蝗区，采取开沟排涝和精耕细作，减少农田夹荒地，对重点内涝蝗区，加强蝗区农业综合开发，发展"上粮下鱼"工程，压缩东亚飞蝗滋生地，抑制飞蝗种群的发展。

3. 生物防治　目前蝗虫生物防治常用的方法是利用绿僵菌（浓度为100亿孢子/mL绿僵菌油悬浮剂，每0.07hm² 用100～150mL）及蝗虫微孢子虫（浓度为 1.0×10^{10} 孢子/mL 蝗虫微孢子虫水剂，每0.07hm² 用0.2mL）进行防治。绿僵菌是真菌生物制剂，蝗虫微孢子虫是蝗虫的专性寄生原生动物。生物防治时一般在蝗区通过超低量喷雾喷施生物农药制剂，蝗虫通过体表接触或取食作用感病直至死亡，并且能够在蝗虫种群中传播流行，成为较长期的控制因素。也可以用于挑治、普治、间隔防治或补治扫残。

生物防治一般适用于东亚飞蝗发生程度为3～4级的蝗区，蝗虫密度一般为0.5～10头/m²，防治适期为二至三龄蝗蝻盛期。

另外天敌的保护和利用也是生物防治的重要措施，如对蜘蛛、蚂蚁、中华雏蜂虻等天敌的保护利用。可以创造天敌的适生环境，使天敌增殖；充分保护蜜源，改进施药技术，以提高天敌的控害作用。

4. 化学防治　化学农药防治仍是当前东亚飞蝗应急防控的重要手段。根据施药方式不同，主要分为人工地面防治、大型机械防治和飞机防治等。

人工地面防治主要适用于达到防治指标而不具备飞机防治条件的蝗区，常用农药有有机磷杀虫剂（如90％马拉硫磷乳油 1 500～2 250mL/hm²）、拟除虫菊酯类杀虫剂（如 4.5％高效氯氰菊酯乳油 300～450mL/hm²）以及复配制剂等。

大型机械防治要选择地势平坦、硬度较大、芦苇或其他植被较矮、靠近水源的地域，对达到防治指标的蝗区均可防治，对高密度点片蝗虫发生区以包围式由外及内圈式集中歼灭为宜，对低密度分散蝗虫发生区以条带式顺序防治为宜，选择低毒、高效化学杀虫剂，如90％马拉硫磷乳油 1 500～2 250mL/ hm²、20％高氯·马乳油 1 500～2 250mL/hm²、1％苦皮藤素乳油 300～600mL/hm²等。

飞机施药防治适用于符合飞机作业条件、蝗虫密度较高且大面积集中连片的蝗区，飞机治蝗农药应选择闪点在70℃以上，pH在4以上，不黏稠、高效、低毒、对机体腐蚀性小，对作业区畜、禽、鱼、蚕、蜂及农作物比较安全的合格品种，目前国内常用的飞机治蝗化学农药品种主要有 4.5％高效氯氰菊酯乳油 300～450mL/hm²、25％马拉硫磷乳油 900～1 200mL/hm²。

张泽华　涂雄兵　黄训兵（中国农业科学院植物保护研究所）

二、亚洲飞蝗

（一）分布与危害

亚洲飞蝗［*Locusta migratoria migratoria* （Linnaeus）］属直翅目蝗总科斑翅蝗科飞蝗亚科飞蝗属（*Locusta* Linnaeus），主要分布于亚洲和欧洲部分地区。土耳其、伊朗、阿富汗、俄罗斯、哈萨克斯坦、乌兹别克斯坦、吉尔吉斯斯坦、土库曼斯坦、乌克兰、蒙古、朝鲜、欧洲南部、日本北部及中国北部均有分布。在我国亚洲飞蝗主要分布在新疆的沿湖、河流两岸或沼泽苇草丛生地带，以及内蒙古、青海、甘肃等地，其分布区的海拔高度一般为200～1 000m，最高可达2 500m，最低154m（新疆吐鲁番的艾丁湖湖畔）。在新疆地区亚洲飞蝗的蝗区基本上可分为三个类型，滨湖蝗区、河泛蝗区和内涝蝗区。滨湖蝗区包括乌伦古湖、艾比湖、玛纳斯湖、博斯腾湖等沿湖的滨湖滩地、河湖滩外围地，其优势种植物为芦苇丛混生莎草科植物。河泛蝗区包括额尔齐斯河、乌伦古河、额敏河、玛纳斯河、呼图壁河、伊犁河、塔里木河及其支流等沿河两岸，其优势种植物为芦苇群丛以及禾本科、莎草科植物。内涝蝗区则出现在滨湖或河泛蝗区沿岸地势低洼、排水不佳的内涝地区。

在新疆亚洲飞蝗是重要农业害虫，也是历史性害虫，飞蝗成虫常聚集为害，并迁飞扩散蔓延。1941—1942 年，艾比湖东南部飞蝗暴发成灾；1946—1948 年和 1953—1955 年天山北麓西段呼图壁县到博乐市之间山前冲积扇缘沼泽周围普遍发生飞蝗灾害；1960—1961 年，乌苏、精河、博乐等地飞蝗再次发生；1930—1935 年和 1940—1948 年博斯腾湖芦苇中曾有成群飞蝗。1950—1979 年发生过 4 次（1952—1956 年、1962 年、1968—1971 年、1976—1979 年）大的亚洲飞蝗灾害，灾害累计发生达 15 年（次），防治面积达 9.6 万 hm²。20 世纪 80 年代初至 90 年代，经过防治，新疆地区亚洲飞蝗灾害得到基本遏制。20 世纪末至 21 世纪初，亚洲飞蝗为害呈现上升趋势。1999 年新疆 7 个地（州）的 22 个县（市）农田内亚洲飞蝗大发生，发生面积达 38.27 万 hm²，其中严重发生面积 18.8 万 hm²，造成绝收面积 1.33 万 hm²，直接经济损失达 1.6 亿元；2000 年在伊犁、塔城、阿尔泰、博州、昌吉、乌鲁木齐、吐鲁番、哈密等地的农田与意大利蝗等土蝗混合发生为害，发生面积 182.26 万 hm²，严重发生面积 50.7 万 hm²，造成绝收面积 0.18 万 hm²，直接经济损失 8 910 万元；2003 年 7 月塔城地区农牧交错地带亚洲飞蝗最高密度达 7 500 头/m²；2004 年 5 月，吉木乃县北沙窝地区第二次发生了严重的亚洲飞蝗灾害，受灾面积达 3.13 万 hm² 次。2001 年以来亚洲飞蝗陆续在新疆大面积发生为害，每年发生面积约 10 万 hm²。

除了境内虫源外，亚洲飞蝗还有境外虫源迁飞入境的威胁。新疆的塔城、阿尔泰和博州三地与哈萨克斯坦、俄罗斯两国接壤，双方边缘地区环境条件相似，一旦境外飞蝗暴发，且疏于防范，则导致大量飞蝗迁入为害。1999 年和 2000 年亚洲飞蝗两次从邻国迁飞入境，以塔城、阿尔泰、博州三地数量最多、为害最重、受灾面积最大。据塔城地区边防站观测，1999 年入秋后亚洲飞蝗迁入塔城盆地的有 10 余批，进入我国境内后覆盖面积达 41.8 万 hm²。因迁飞入境的蝗虫存在突发性，难以及时组织防治，致使当年 1.33 万 hm² 农田的秋作物绝收。

（二）形态特征

亚洲飞蝗一生经历卵、蝗蝻、成虫（彩图 13-1-8）3 个虫态。成虫体形较大，雄成虫体长 36.1～46.4mm，雌成虫体长 43.8～56.5mm。颜面垂直，隆起宽平，头顶宽短，与颜面形成圆形。头侧窝消失。触角丝状，细长。前胸背板前端较狭，后端较宽，中隆线发达，侧观呈弧形隆起（散居型）或较平直（群居型）；后横沟几位于背板中部；前缘呈钝角形或弧形。前翅发达，超过后足胫节中部，中闰脉较近前肘脉，后翅等长。后足股节上隆线具细齿。鼓膜片宽大，几乎覆盖鼓膜的一半。雄性下生殖板短锥形。阳基背片具大而分二叶的冠突，阳茎具长的腹瓣。根据形态和习性主要分为 3 种变型：散居型、中间型、群居型。散居型前胸背板后缘直角形或锐角形，中隆线从侧面看呈弧形隆起。前翅较短，超过腹端不多。后足股节较长，其长度大于前翅长度的一半。体多绿色，后足胫节多淡红到红色。群居型前胸背板后缘钝角形，几圆，中隆线从侧面看平直或中部微凹。前翅较长，超过腹端较长，后足股节较短，短于或等于前翅长度的一半。体多黑褐色，后足胫节淡黄或略带红色。中间型形态特征介于两者之间。

卵囊常呈长桶状，略弯曲，长 50～75mm，含卵粒 55～115 粒，一般排成 4 排。卵囊上部及卵粒之间充满褐色或微红色的泡沫状物质。卵囊外壁质软，由褐玫瑰色的泡沫物质组成，并常附有土粒。卵粒黄褐色，长 7～8mm，卵粒外壳有小突起，其间有细线相连。

雌雄蝗蝻皆为 5 龄。

一龄蝗蝻触角 13～14 节。体长 7～10mm。群居型体橙黄或黑褐色，无光泽。前胸背板背面具黑绒色纵纹，背板镶有狭波状的黄边，中胸及后胸背板微突。散居型体色常为绿色、黄绿色或淡褐色。

二龄蝗蝻触角 15～17 节。体长 10～14mm。群居型体色橙黄或黑褐色。前胸背板两条黑丝绒纹明显。散居型多呈绿色、黄绿色或淡褐色，前胸背板无黑绒色纵纹。翅芽较明显，顶端指向下方。

三龄蝗蝻触角 22～23 节。体长 15～21mm。体色同前。翅芽明显指向下方，群居型翅芽呈黑色。散居型呈绿色或淡褐色。

四龄蝗蝻触角 21～25 节。体长 24～26mm。前翅芽较短，后翅芽三角形，皆向上翻折后在外盖住前翅芽。翅芽端部皆指向后方，其长度可达腹部第三节。

五龄蝗蝻触角 23～26 节。雄蝻体长 25～26mm，雌蝻体长 32～40mm。翅芽较前胸背板长或等长。翅芽长度可到达腹部第四、五节。

亚洲飞蝗与东亚飞蝗、西藏飞蝗形态特征区别见表 13-1-1。

（三）生活习性

在新疆博斯腾湖蝗区和北疆准噶尔盆地边缘蝗区亚洲飞蝗 1 年发生 1 代，哈密、吐鲁番盆地 1 年可发生 2 代。以卵在土中越冬。亚洲飞蝗卵的孵化期随年份和地点等环境条件的变化而有较大的差异。如在北疆准噶尔盆地各蝗区卵的孵化期约在 5 月初或 5 月上旬，蝗蝻发育历经 30～35d，6 月中旬羽化，7 月初可见到交配和产卵现象，产卵期可自 7 月中旬延至 9 月中旬，9 月下旬或 10 月初不见成虫。在南疆博斯腾湖蝗区，卵最早孵化出现在 4 月 21～23 日，最迟孵化在 5 月初，最早发现羽化在 6 月上旬，6 月上、中旬进入羽化盛期，6 月下旬至 7 月上旬开始产卵，8 月为产卵盛期，9 月中旬末期成虫开始死亡，10 月末至 11 月初成虫全部死亡。

亚洲飞蝗主要以禾本科和莎草科的作物和杂草为食，喜食芦苇（*Phragmites communis* Trin.）、稗[*Echinochloa crusgalli*（L.）Beauv.]、玉米（*Zea mays* Linn.）、小麦（*Triticum aestivum* L.）等，因而亚洲飞蝗多发生在生长芦苇的沼泽地带。亚洲飞蝗繁殖力强，一头雌性成虫一生可产卵 300～400 粒。种群数量增长很快，特别是在一年发生多代的地区更是这样，因而较易暴发成灾。群居型成虫迁飞多发生在羽化后 5～10d 的性成熟前期，开始时蝗群中有少数个体在空中盘旋试飞，逐渐带动蝗群飞旋，越聚越大，连续试飞 2～3d，即可定向迁飞。微风时常逆向飞，大风时则顺风飞，可持续飞行 1～3d，需要取食饮水时即可降落，也可因下雨迫降。亚洲飞蝗成虫具有远距离迁飞的习性，能跨地区乃至跨国迁飞扩散，导致其扩散区当年或来年飞蝗灾害的暴发。

（四）发生规律

1. 虫源基数 亚洲飞蝗以卵在土内越冬。翌年虫口密度与上一年越冬卵存活率密切相关。春、秋两季气候变化频繁，春季偏早干热能促进蝗卵提早孵化和加速蝗蝻生长，秋季适时高温则可以保证秋蝗充分产卵，下一年春季蝗卵基数可能明显提高；但如果秋季高温持续时间过长，则不利于越冬蝗卵存活。反之，如春、秋季节阴冷，则蝗卵孵化迟、生长缓慢，当秋末寒流降临时蝗蝻尚不能全部羽化或成虫不能充分产卵而死亡，从而降低来年的基数。据 1950 年以来的记载，博斯腾湖区亚洲飞蝗曾经大发生 4 次：第一次发生在 1952—1953 年，第二次发生在 1956—1957 年，第三次发生在 1968—1971 年，第四次发生在 1976—1978 年，都是连年发生，密度最高均达 2000 头/m² 以上，可见高虫源基数能促进蝗灾暴发。

2. 气候条件 亚洲飞蝗越冬卵发育起点温度为 14.7℃，蝗蝻发育起点温度为 17.7℃。在 24～36℃ 的恒温条件下，蝗卵孵化需要 8.4～18.5d；在 24～34.5℃ 的恒温条件下，蝗蝻羽化为成虫需要 22.85～59.79d，且均随温度升高，有发育历期缩短的趋势。

博斯腾湖的入湖水系都是开都河，发源于巴音布鲁克山区。研究认为博斯腾湖地区亚洲飞蝗的发生与前 3 年巴音布鲁克山区的降水量有关。如果前 3 年的降水量总和为 770～820mm，且呈现第一年多、第二年少、第三年多的 V 形波动时，可能导致亚洲飞蝗严重发生。分析其原因，第一年山区降水偏多，使博斯腾湖地区出现飞蝗的适生环境，从而导致虫口基数加大；而第二年山区降水偏少，博斯腾湖水位偏低，出现大量适宜飞蝗产卵的湖滨滩地，加之上一年虫口基数偏高，具备了飞蝗大暴发的条件；当第三年山区降水偏多时，不仅有大量的虫口基数，同时食物条件充足，因此导致蝗灾发生。

研究哈萨克斯坦迁飞至我国新疆吉木乃地区的亚洲飞蝗与气象因子关系表明，迁飞时间多发生于 7～8 月的午后到 20：00。迁飞时的主要风向以西南风为主，风速大于 3.3m/s。另外，1990 年以后与 1971—1990 年相比，吉木乃县冬季、夏季的平均降水量明显增多，历年平均气温冬、春、夏季也呈升高的趋势，这种气候变化特征有利于迁入的亚洲飞蝗蝗卵安全越冬。

3. 环境 亚洲飞蝗的适生环境为土壤含盐量低，pH7.5～8.0 的湖滨滩地。而影响飞蝗发生的气候、水文、土质、地形、植被等因子综合作用的结果，形成了各种蝗区。如新疆博斯腾湖蝗区，飞蝗发生的主要影响因素是：芦苇生长的高度及覆盖度，土壤的含盐量，滩地泛水时间与深度，残蝗虫口基数。这 4 个因素的综合作用，即决定当年发生数量的多少。例如，芦苇是飞蝗的主要食物，也是其主要的栖息与产卵场所，但当芦苇生长高达 2m 以上且覆盖度很高时，则仅能作为飞蝗取食栖息的生境而不能成为其适宜的产卵场所。如果产卵适宜地的湖滨滩地内泛水，成虫不能产卵而被迫产卵于湖滩外围或含盐量高（pH8.0 以上）的滩地，就会致使翌年孵化量很低。

4. 天敌 亚洲飞蝗天敌主要包括蜥蜴、蜘蛛、芜菁、寄生蜂、寄生蝇、鸟类等，目前报道较多的是利用粉红椋鸟（*Sturnus roseus* L.）、牧鸡、牧鸭等捕食亚洲飞蝗。每天每只鸡捕食蝗虫 188 头，灭蝗面积 66.6m²。一般牧鸡、牧鸭的禽群以 1 000～1 500 只为宜，1 人放牧，每天可治蝗 10～13.3hm²。据观察，每只粉红椋鸟每天取食三至四龄蝗蛹 30g，约 90 头蝗虫。

5. 化学药剂 应用化学药剂防治亚洲飞蝗是最有效的方法之一。常用的药剂有：4.5％高效氯氰菊酯乳油等。但是随着使用剂量加大，使用年限增加，产生了一系列环境污染和害虫抗药性问题，应引起重视。

（五）防治技术

亚洲飞蝗防治技术可参见东亚飞蝗防治技术。

负旭疆　洪军（全国畜牧总站）

张泽华　涂雄兵　牙森·沙力　刘朝阳（中国农业科学院植物保护研究所）

三、西藏飞蝗

（一）分布与危害

西藏飞蝗（*Locusta migratoria tibetensis* Chen）属直翅目蝗总科斑翅蝗科飞蝗亚科飞蝗属（*Locusta* Linnaeus），是我国学者陈永林于 1963 年定名的亚种。因形态和生活习性差异分为群居型和散居型两种变型。西藏飞蝗主要分布在我国西藏的雅鲁藏布江沿岸（拉孜、日喀则、江孜、泽当等）、阿里的河谷地区（孔雀河、狮泉河、象泉河等）、日土、班公湖畔、横断山谷（昌都、江达、贡觉、左贡、芒康、盐井等）以及波密、察隅、吉隆、普兰，四川甘孜州和阿坝州、青海囊谦等地区。

在我国古代的汉文、藏文有关飞蝗的历史文献中发现多处蝗灾的真实记载。1828—1952 年共有 45 处发生蝗灾，1849 年、1850 年、1855 年和 1892 年分别有 5 处、4 处、5 处和 9 处同时发生蝗灾。19 世纪 50 年代和 20 世纪 40 年代均有 8 处发生蝗灾。1844—1857 年则连续 12 年发生蝗灾，并波及 18 个地区。重者连年庄稼颗粒无收，青稞、麦子亦荡然无存，草场寸草不收（彩图 13 - 1 - 9）。1970 年、1974 年、1979 年、1988 年和 1991 年西藏飞蝗先后在林芝、米林、白朗、拉萨、林周、达孜等地暴发为害。西藏飞蝗在西藏常年发生面积 6.67 万 hm² 左右，麦类作物及牧草从苗期到收获期均受其害，一般受害率为5％～28％。在暴发年份作物基本上颗粒无收，甚至作物茎秆也被吃光，为西藏农牧业生产上重要的暴发性害虫之一。2003 年西藏阿里地区噶尔河流域噶尔县昆莎乡西藏飞蝗发生严重，1.3 万 hm² 草场受害。2000—2006 年西藏飞蝗连年发生，且分布区域逐年扩大，重发地区为害逐年加重。2006 年发生面积就达 15.33 万 hm² 左右，受害率为 7％～35％，为害区域涉及日喀则地区的江孜、拉孜、萨迦、吉隆、南木林，山南地区的泽当、桑日，拉萨地区的堆龙、达孜、墨竹工卡，林芝地区的米林、波密、察隅、墨脱，昌都地区的江达、左贡、芒康，阿里地区的噶尔、扎达、普兰、日土等 14 个县，26 个乡镇。青藏高原地区蝗灾发生较为频繁。档案文献记载的 120 年中，西藏飞蝗至少有 25 年大发生，平均不足 5 年大发生一次。

（二）形态特征

成虫：雌虫体长 38.0～52.0 mm，雄虫体长 25.2～32.8 mm。头大而短于前胸背板，颜面微倾斜，隆起宽平，在中眼处略凹，侧缘几乎平行，较钝。头顶端钝圆，侧缘隆线明显，前缘无隆线，上方略凹，同颜面的隆起相连，中央的纵隆线较浅，头侧窝消失。复眼卵形，纵径大于横径。触角丝状，24～26 节，长度超过前胸背板后缘。前胸背板中隆线明显而突出，侧观略显弧形，侧隆线在沟前消失，沟后区可略见；沟后区稍长于沟前区，后横沟切断中隆线；前缘中部略向前突出，后缘呈直角形，顶端较圆。前、后翅均发达，超过后足胫节的中部，中脉域的中闰脉上具发音齿。后翅略短于前翅。鼓膜器发达，鼓膜片覆盖鼓膜孔的 1/2 以上。后足股节长 15.2～19.3mm，长是最大宽度的 3.7～5 倍，上基片长于下基片。后足胫节内侧具刺 9～12 个，一般为 11 个，外侧具刺 9～14 个，一般为 10 个，缺外端刺。跗节爪间中垫较短。下生殖板短，顶端较狭（彩图 13 - 1 - 10 至彩图 13 - 1 - 12）。

雌虫体形大而粗壮，颜面垂直。体长 38.0～52.0mm，前翅长 40.0～46.9mm。后足股节长 21.6～25.5mm。产卵瓣粗短，顶端略呈钩状，边缘光滑，无细齿，其余特征与雄虫相似。

雌、雄成虫体色为绿色或黄褐色。复眼后方有 1 条细的黄色纵纹。前胸背板中隆线两侧常有暗色纵条纹，侧片中部常具暗斑。前翅散布明显的暗色斑纹，后翅则无斑纹，本色透明，只翅基部略带浅黄色。后足股节内侧黑色，端部有一完整的淡色斑纹，近中部处在下隆线之上，具一淡色斑，底部侧缘为蓝色。后足胫节橘红色。

根据生活环境可分为群居型和散居型（彩图 13 - 1 - 13）。群居型：成虫体黑褐色，体色较固定。头部较宽，复眼较大。前胸背板略短，沟前区明显收缩变狭，沟后区宽平。前胸背板前缘近圆形，后缘呈钝角形。前翅较长，超过腹末较多。后足腿节较短，胫节淡黄色，略带红色。散居型：成虫体色常为绿色或随环境变化。头部较狭，复眼较小。前胸背板稍长，沟前区不明显缩狭。后足腿节较长，通常长于前翅长度的一半。后足胫节通常呈淡红色。两种类型可以因生活环境的变化而改变体色。

卵：蝗虫一般将卵粒产在一起并分泌胶质将其包裹形成卵囊，呈圆筒状，卵囊内卵粒 4 列，倾斜排列，上端大约有 1/3 长的胶囊盖，每个卵囊含 40～90 粒卵。卵长椭圆形，中部略弯曲，长 5mm 左右，初产卵粒呈浅黄色，后逐渐变为红棕褐色，即将孵化时为褐色（彩图 13 - 1 - 14，彩图 13 - 1 - 15）。

蝗蝻：共有 5 个龄期，初孵出的幼虫体色为浅灰色或米白色，经过 1d 左右变为灰褐色或褐色，少数仍为淡黄色；之后，逐渐变为浅绿黄色或绿色（但其中带有黑色条纹），少数四至五龄跳蝻则为紫黑色或灰褐色。此外，体长、翅芽、前胸背板后缘、触角等随着龄期的增加亦表现出明显的形态特征。借助这些特征，在田间能容易鉴别出蝗蝻的龄期。

体长、翅芽、前胸背板后缘是从形态上鉴别蝗蝻龄期的主要特征。

一龄蝗蝻体长 7.04mm，体色为米白色或乳白色。翅芽很小或不见，前胸背板后缘近似直线。触角 1.7 mm，11～13 节（彩图 13 - 1 - 16，1）。

二龄蝗蝻体长 9.28mm，体色为米白色或乳白色。翅芽很小或不见，前胸背板后缘近似直线。触角 2.3mm，14～15 节（彩图 13 - 1 - 16，2）。

三龄蝗蝻雌虫体长 12.83mm，雄虫体长 12.56mm，体色为黑色或黑褐色。翅芽明显，似三角形，后芽大前芽小，前胸背板后缘后突明显向后延伸并掩盖中胸背面部分。触角 3.8mm，17～20 节（彩图 13 - 1 - 16，3）。

四龄蝗蝻雌虫体长 18.61mm，雄虫体长 17.64mm，体色为浅绿色或黄绿色。翅芽达第一、二腹节，向背部靠拢，前胸背板后缘后突明显向后延伸并掩盖中胸背面部分。触角 5.4mm，21～23 节（彩图 13 - 1 - 16，4）。

五龄蝗蝻雌虫体长 27.69mm，雄虫体长 24.94mm，体色为浅绿色或绿色。翅芽达第四、五腹节，翅脉明显，前胸背板中隆线隆起，背板后缘呈三角形突出。触角 8.2mm，24～26 节（彩图 13 - 1 - 16，5）。

西藏飞蝗与东亚飞蝗、亚洲飞蝗形态特征区别见表 13 - 1 - 1。

（三）生活习性

西藏飞蝗在西藏 1 年发生 1 代。以卵在土壤中越冬。一般幼蝻在 4 月中旬至 4 月底出现，5 月上、中旬进入孵化盛期，6 月上、中旬始见成虫，6 月底至 7 月中旬为羽化盛期，8 月中、下旬进入产卵盛期，成虫一般终见于 9 月底或 10 月初。西藏飞蝗蝗卵孵化因产卵场所的地形等环境条件而异，在向阳、地势平坦和向风处卵孵化早并集中孵化，而在阴坡、光热条件较差、避风处的蝗卵孵化时间晚，且发育不齐而分散孵化。西藏飞蝗夜间将身体贴于植株茎叶上或缓慢移动，白天天气晴朗、温度较高时，活动频繁，取食量较大。中午和傍晚是西藏飞蝗的取食旺盛期。成虫和蝗蝻一般在日出前均静伏于植株茎叶上或草丛中不活动，如受惊扰可作短距离的爬行或飞翔（此时较易捕获）。成虫日出后 1～1.5h 即开始取食，这时，虫体非常活跃，稍受惊扰即飞离植株，一次可飞行 3～19m。蝗蝻一般在日出前后即开始取食。成虫或蝗蝻的取食习性相似，晴朗、气温较高的天气取食早、食量大，而阴雨天或气温骤降的天气则取食晚或不取食，也很少活动。因此，取食活动随气温变化具有强弱之分，气温 12～25℃范围内，温度越高取食活动越盛，低于 8℃或高于 25℃均停止取食。

西藏飞蝗是植食性昆虫，属多食性。主要取食小麦（*Triticum aestivum* L.）、青稞（*Hordeum vulgare* L. var. *nudum* Hook. F.）、玉米（*Zea mays* Linn.）、野燕麦（*Avena fatua* L.）、芒草（*Miscanthus sinensis* Anders）、印度白茅 [*Imperata cylindrica*（L.）Beauv.]、狗尾草 [*Setaria viridis*（L.）Beauv.]、芦苇（*Phragmites communis* Trin.）、稗 [*Echinochloa crusgalli*（L.）Beauv.]、大雀麦（*Bromus magnus* Keng）、野苜蓿（*Medicago falcata* L.）、西藏早熟禾（*Poa tibetica* Munro）、石生早熟禾（*Poa lithophila* Keng）、异颖芨芨草（长芒草）（*Achnatherum inaequiglume* Keng）、画眉草 [*Eragrostis* sp.（L.）Beauv.] 等作物和杂草。在食料植物比较丰富时，一般选择喜食作物，但虫体的不同发

育时期对所喜食植物又有选择性。即一般低龄幼蝻（一至三龄）取食茅草、雀麦等禾本科杂草，高龄蝻及成虫多取食小麦、青稞等。

蜕皮：蝗蝻一生要蜕皮 4 次。由卵孵化到第一次蜕皮是一龄，以后每蜕皮 1 次，增加 1 龄，三龄以后，翅芽显著，五龄以后，变成能飞的成虫，蜕皮前后均停止取食。各龄历期为：一龄 8～13d，二龄10～18d，三龄 12～15d，四龄 15～20d，五龄 15～26d。蜕皮时，头向下足向上倒挂于植株茎叶上，腹部、头部向中间收缩。前胸、中胸薄膜逐渐脱离身体，膜沿背脊中线纵裂。头部先脱离薄膜伸出，前足、中足、腹部及后足先后脱离。蜕皮时间在 1h 以上。

羽化：五龄以后蝗蝻蜕皮变成成虫，这个过程叫做羽化。羽化后柔软的翅垂直挂于身体下方，迅速伸长，为原翅的 4～5 倍，并用足轻轻拨动前、后翅，使其贴于身体，前翅覆盖在后翅上，体壁与翅逐渐硬化，颜色逐渐加深，呈现出成虫的色泽。晴天中午羽化较多，阴天、雨天羽化较少，由于食物短缺等因素的影响，羽化时间会提前，羽化时间一般在 1h 以上。由于雄虫发育较快，同时发育的蝗蝻，雄虫提前一周羽化。

五龄蝗蝻羽化后，一般一周后开始交配，交配持续 7h 左右，有的甚至更长。雌虫要进行多次交配，多次产卵，但雌虫也能进行孤雌生殖。一般交配高峰期在 7～8 月，中午气温较高的 12：00～16：00 为交配高峰。西藏飞蝗的交配方式被称为假上位交配，雌虫在下位背负雄虫，雄虫的生殖器向下伸再往上翘，然后进行交配。交配器常隐藏于体内，交配时才伸出体外。交配器由将精子输入雌性的阳茎及交配时挟持雌体的抱握器组成。交配时，在血液压力的作用下，阳茎端膨胀插入雌虫体内。雌虫的产卵器呈凿状，由3 对产卵瓣和 2 对载瓣片组成，背产卵瓣由第九腹节生出，内瓣着生于第九腹节上，很小，无具体作用。产卵器是由背产卵瓣和腹产卵瓣组成，背瓣和腹瓣因张开与合拢活动而插入土中产卵；产卵孔开口于产卵器内方基部，在腹瓣之间，产卵孔下方还有一个小三角形薄片，称导卵器。雌虫选择好产卵场所后，将背产卵瓣和腹产卵瓣伸入土中，依靠产卵瓣的张合能力，形成产卵孔。产卵管插入 4～7cm 深的土中，通过导卵器缓缓产出卵粒，同时分泌胶液把卵粒黏住，形成蝗卵。蝗卵形成后，收缩腹部，直至腹部完全脱离产卵孔。卵产于土壤中，一般为棒状。产于墙角、石头、养虫笼中，均为不规则形状。西藏飞蝗产卵一般需要 1～2h。雌虫一生产卵 3 次以上。雌虫产卵对土壤有较强的选择性，以沙土至壤土为宜。对湿度要求较高，含水量过高、过低均不产卵。产卵高峰期为 9～10 月，卵多产于 14：00～17：00。成虫对产卵的场地具有较强的选择性。一般坚实、较裸露的沙土至壤土、含水量 15％～30％的地块和向阳的地面比较适宜西藏飞蝗产卵，而疏松及植株生长较密的黏土、含水量低于 10％或高于 35％和背阴的地面，西藏飞蝗不产卵。

西藏飞蝗具有较强的跳跃能力和飞翔能力，完全能够扩散和迁移为害。另一方面，飞翔活动可以促进性器官发育和性成熟，而性成熟又刺激其飞翔。因此，在较大密度时，就会出现群体飞翔（即迁移或迁飞）现象。

（四）发生规律

1. 气候条件　对西藏飞蝗种群消长影响较为明显的气候因素主要是温湿度，主要影响西藏飞蝗的蜕皮、取食和生殖活动（飞翔、交尾等）。西藏飞蝗卵的孵化率比较高，一般为 72％～83％，成活率亦在74％以上，因此，幼蝻期密度比较大，有些地区还出现中间栖居类型。但是，由于高原内域地面（100cm以下）昼夜温差较大（如拉萨近郊 4～6 月，地面昼夜温差都在 50℃以上，即便是气温昼夜变幅较小的7～8 月也有 20～30℃），再加上霜害（有些地区几乎无绝对的无霜期）、降雨、骤然变温等自然作用，导致幼蝻食欲减退；蜕皮前后的滞食期和蜕皮时间延长或在蜕皮过程中蜕不了皮而死亡，到最后羽化的虫数约为跳蝻期的 70％。

西藏飞蝗卵期、蝻期的发育起点温度分别为 14.2℃和 16.1℃，有效积温分别为 179.1℃和 360.0℃。全世代的发育起点温度和有效积温分别为 14.6℃和 787.8℃。蝗蝻的发育起点温度比蝗卵高，但两者较东亚飞蝗 18℃和 15℃低，这可能是西藏飞蝗适应在高海拔地区气候条件下生存繁衍的重要原因之一。西藏飞蝗 1 年发生 1 代，某些地区发生不完整 2 代，尚未发现 1 年 2 代的现象，这可能与西藏飞蝗地处高海拔、昼夜温差大、食料等因子的影响有关，并与蝗卵的滞育相关，有关西藏飞蝗年发生不完整 2 代的原因还有待进一步深入研究。

2. 寄主植物　西藏飞蝗的寄主植物主要为禾本科作物或杂草，包括小麦、青稞、玉米、燕麦、茅草、白茅、狗尾草、芦苇、稗、雀麦、苜蓿、西藏早熟禾、石生早熟禾、长芒草、画眉草等。西藏飞蝗的发生为害与寄主植物的生长相联系，寄主植物生长期长短及繁茂与否，决定着西藏飞蝗种群密度的消长。青藏高原地域辽阔，地貌奇特，海拔递增（减）剧烈，气候复杂。因此，植物生长期一般随着海拔升高而缩短。除部分地区的植物生长随季节变化而出现更替，绝大多数地区的植物生长仅有一季。一般野生植物在3～4月萌发，5～6月进入生长盛期，7～8月进入生长衰老期，9月枯黄；蝗蝻一般是4～5月孵化，6～7月进入跳蝻期（为害期），8月进入生殖期（为害期），9～10月消亡。可见，西藏飞蝗的发生为害与植物季节性的生长相适应。

3. 栖息环境 西藏绝大多数的农业区和部分牧业区都在雅鲁藏布江、拉萨河、年楚河流域。这些地方海拔一般为1 000～4 300m，气候较温和，年平均气温5.0～16.0℃，水源丰富，土质好，植物种类丰盛，植被繁茂，很适宜西藏飞蝗栖息、发生，易造成危害。在雅鲁藏布江中下游的米林县境内，沿江两岸台阶地的西藏飞蝗，每平方米虫量在500头以上；在拉萨市郊每平方米虫量达30～200头。位于年楚河流域的白朗县西藏飞蝗发生面积曾达133hm²，麦地每平方米平均虫量在6头以上。1988年6月，米林县羌纳区发生蝗灾，麦地平均每平方米虫量为20～100头。由此可见，西藏飞蝗的发生为害除气候、植被类型外，栖息环境结构亦起着重要的作用。

（五）防治技术

西藏飞蝗防治技术可参见东亚飞蝗防治技术。

王文峰（西藏自治区农牧科学院）
张泽华 涂雄兵 牙森·沙力（中国农业科学院植物保护研究所）

第2节 黏 虫

一、分布与危害

黏虫［*Mythimna separata*（Walker）］属鳞翅目夜蛾科，也称为粟夜盗虫、剃枝虫、五色虫、麦蚕、行军虫、蟥虫、天马等。黏虫是我国重要的粮食作物害虫。据记载，482—1360年的879年中，就有35次黏虫暴发成灾的记录。前人曾用"食稼殆尽""米斗千钱""伤禾苗、夏无收"的语句来描述黏虫成灾时及成灾后的惨象。新中国成立后，黏虫为害依然十分严重。例如，1958年中央政治局曾把黏虫作为主要消灭的10种害虫之一，排在第二位。1950—1989年，黏虫全国性暴发成灾的年份就有17年，成灾面积7 191万hm²，粮食损失超过1 643万t。据报道，20世纪60年代黏虫大发生时，黏虫不仅会将作物吃光，而且还会在马路、公路和铁路上爬行。70年代苏北地区黏虫大发生，扩散的幼虫抱集成团，堵住出水口。2012年8月，三代黏虫在东北和华北地区大发生，成灾面积近400万hm²，为近20年来发生最重的年份。

黏虫是一种世界性害虫，但主要发生在我国、澳大利亚及亚洲的其他一些国家和地区。在我国，除新疆发生情况不明外，其他各地均有分布。在国外，黏虫主要分布在朝鲜、韩国、俄罗斯、菲律宾、越南、老挝、柬埔寨、泰国、缅甸、印度、阿富汗、孟加拉国、斯里兰卡、巴基斯坦、马来西亚、印度尼西亚、澳大利亚、斐济、巴布亚新几内亚、新西兰等20余个国家和地区。

黏虫是一种多食性害虫，可取食为害16科100多种植物。其中以水稻、小麦、谷子、玉米、高粱、甘蔗等禾本科作物和牧草为主，也可为害豆类、棉花、蔬菜等作物。另外，黏虫对同科异属或同属异种植物的嗜好程度并不一样。例如，豆科植物中喜食苜蓿而不喜食豌豆；十字花科植物中喜食大白菜而不喜食甘蓝。黏虫以取食植物的叶片为主，大发生时可将植株的叶片吃光并造成减产或绝产。另外，幼虫还可以为害玉米、高粱的雄穗、玉米雌穗的花丝和幼嫩籽粒，咬断麦穗和水稻枝穗；在大发生或食物缺乏时，高龄幼虫还会取食植株的茎秆及表皮。

二、形态特征（图13-2-1）

成虫：体长17～20 mm，翅展36～45mm。全体淡黄褐至灰褐色，有的个体稍现红色。另外，也有黑色的个体。雌、雄触角均为线状。前翅前缘和外缘颜色较深，内线不甚明显，常呈现数个小黑点。

环形纹圆形，黄褐色，肾纹及亚肾纹淡黄色，分界不明显。在中室下角处常有 1 个小白点，其两侧各有 1 个小黑点。外线亦为 1 条不很连接的小黑点，亚端线从翅尖向内斜伸，在翅尖后方和外缘附近呈 1 个灰褐色三角形暗影，端线由 1 列黑色小点组成。后翅暗褐色，基区色较浅，缘毛黄白色，反面灰白褐色，前缘及外缘色略深。前缘基部有针刺状翅缰与前翅相连，雌蛾翅缰 3 根，均较细，雄蛾只有 1 根，较粗壮，这是区别雌雄性别的重要特征之一。腹部多为暗灰褐色，臀毛簇及腹部腹面为灰褐色。雌蛾腹部末端较雄蛾稍小，生殖孔边缘暗褐色，腹面

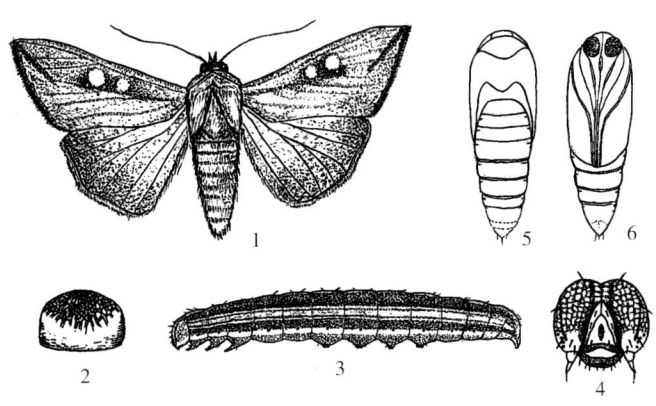

图 13 - 2 - 1 黏虫（罗礼智等提供）
Figure 13 - 2 - 1 *Mythimna separata*（by Luo Lizhi et al.）
1. 成虫 2. 卵 3. 幼虫 4. 幼虫头部（正面观）
5. 蛹（背面观） 6. 蛹（腹面观）

中央有"1"字形裂口。雄蛾腹部末端较钝，其尾端向后压挤，可伸出 1 对鳃盖形的抱握器，抱握器顶端具一长刺，雌蛾腹部末端有一尖形的产卵器。

卵：馒头形，稍带光泽，直径 0.5mm 左右，表面有六角形的网状纹。初产时白色，渐变为黄色至褐色，孵化前变为黑色。成虫产卵时，分泌胶质将卵粒黏结在植物叶上，排列成 2～4 行，有时重叠，形成卵块。每卵块含卵 10 余粒至 100 余粒，大的卵块可超过 300 粒。

幼虫：黏虫幼虫一生蜕皮 5 次，共有 6 龄。但在某些情况下，幼虫会增加蜕皮次数。若有这种现象发生，其体长与头宽均小于同龄幼虫。另外，幼虫的头宽与体长均随龄期的增加而增长。但前一龄末期幼虫的体长通常大于刚蜕皮的下一龄幼虫的体长（图 13 - 2 - 2）。各龄幼虫的主要识别特征如下：

一至三龄幼虫：一、二、三龄幼虫的头宽依次为 0.32mm、0.55mm 和 0.90mm，体长依次为 3.4mm、7.0mm 和 9.4mm。这三龄幼虫的头部均没有花纹。初孵幼虫体色通常呈灰褐色，二至三龄幼虫若取食干叶或花粉，多为黄褐至灰褐色，或带暗红色。若取食嫩叶，其身体前半部或大部呈绿至灰绿色。另外，这三龄幼虫的腹足发育不完全，如一龄幼虫只有后两对腹足，二龄幼虫的前两对腹足仅发育一半，三龄幼虫的前一对腹足仅发育一半等。因此，一至二龄幼虫的爬行姿势呈弓形，而三龄幼虫的爬行姿势稍呈弓形。

四至六龄幼虫：四、五、六龄幼虫的头宽依次为 1.4mm、2.4mm 和 3.5mm，体长依次为 15mm、24mm 和 33mm。进入四龄后，幼虫的体色会随密度变化而产生黑化现象。幼虫密度较高时，多呈黑色或灰黑色；幼虫密度低时，呈淡黄褐色或淡黄绿色。黑化幼虫的头

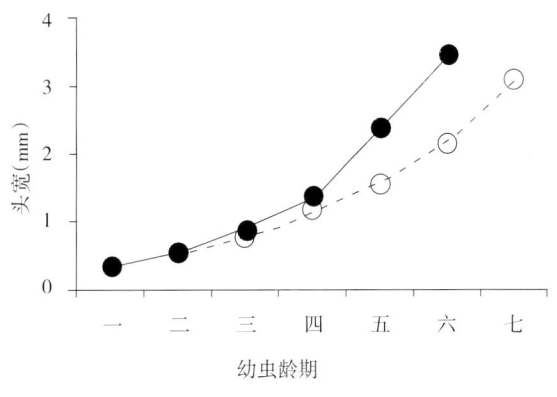

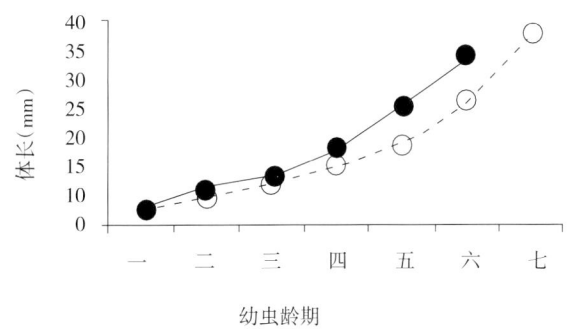

图 13 - 2 - 2 黏虫各龄幼虫头宽和体长比较（引自李光博，1996）
Figure 13 - 2 - 2 The comparison of head width and body length of *Mythimna separata* larvae on different instars（from Li Guangbo, 1996）
——●——：发育历期为 6 龄的幼虫 ···○···：发育历期为 7 龄的幼虫

部为黄褐色至红褐色，头壳有暗褐色网状花纹，沿蜕裂线各有 1 条黑褐色纵纹，略似"八"字形。胴部体背有 5 条纵线，背线白色，较细，两侧各有两条黄褐色至黑色、上下镶有灰白色细线的宽带。腹足基节有阔三角形的黄褐或黑褐色斑。第一至八腹节两侧各有椭圆形气门 1 个，气门盖黑色，位于第三至六腹节的 3 对腹足和第十腹节的 1 对尾足发育完全，蠕动行走。

老熟幼虫：幼虫老熟后依然保留着六龄幼虫的形态和行为特征，只是虫体会比六龄初的幼虫明显增大。幼虫老熟后，便停止取食并排净粪便，然后在寄主根际附近深 1～3cm 的表土中结茧，把虫体围在其中，蜕皮化蛹。

蛹：红褐色，体长 19～23mm，腹部第五、六、七节背面近前缘处有横列的马蹄形刻点，中央刻点大而密，两侧渐稀，尾端具 1 对粗大的刺，刺的两旁各生有短而弯曲的细刺两对。雄蛹和雌蛹生殖孔分别位于腹部第九节和第八节。

三、生活习性

（一）主要行为习性

1. 成虫

补充营养：成虫羽化后需要取食补充营养，才能正常发育和交配、产卵。成虫的取食活动高峰通常出现在日落后一两个小时内。成虫的补充营养来源有三类。第一类是蜜源植物的花蜜，如桃、李、杏、苹果、洋槐、紫穗槐、柑橘、枇杷、大葱、油菜、小蓟、苜蓿等 30 余种植物。第二类是蚜虫、介壳虫等昆虫分泌的蜜露、腐果汁液、酒糟、猪饲料等。第三类是人工配制的糖、酒和醋的混合液。

产卵前期：黏虫产卵前期最短为 3d，但多数在 7d 左右。产卵前期受幼虫期营养、密度，成虫期温湿度及光照等因子影响很大。在极低或极度拥挤的密度、幼虫期营养较好、温度较高的条件下发育而成的成虫通常产卵前期较短，而由中等密度、幼虫期营养较差、较低温度条件下羽化的成虫产卵前期通常较长。但是，在相同条件下羽化的成虫在羽化后 24h 内遇到 5℃低温或饥饿后，再转移到正常温度条件下或给以补充营养，成虫产卵前期会比没有经历过这些刺激的显著缩短。成虫产卵前期的变化与其迁飞能力的变化具有密切关系。

交配和产卵：黏虫成虫交配多在午夜后至黎明，一般交配持续时间为 40～60min。雌、雄成虫一般交配 1～2 次，最多的 4 次。黏虫产卵量通常为 1 000～2 000 粒。日产卵量一般为 200～800 粒，以产卵开始的前 3d、4d 内产卵数量最多。黏虫的产卵量与幼虫、蛹或成虫的虫体大小密切相关，即虫体越大，成虫的产卵量越高。雌蛾产卵对植物种类、部位与条件的选择性很强。在谷子上多产在上部 3～4 片叶的尖端，尤其喜欢产在枯心苗的枯叶及枯叶鞘内。在麦苗上多产在枯心苗或植株中下部的枯叶卷缝中；成株期多产在中上部干叶尖的卷缝中。在玉米和高秆作物上，其产卵部位也常随物候期不同而变化，苗期多产在发干而卷曲的叶尖内，成株期常产在穗部苞叶或玉米雌穗的花丝等部位。在水稻上多产在叶片尖端，尤其在枯黄卷缩的稻叶上产卵最多。成虫选择干枯叶鞘或干叶产卵可以显著增加卵的存活率，减少卵被天敌捕食的机会。

飞行能力：黏虫是一种迁飞昆虫，具有很强的飞行能力。据张志涛和李光博（1985）报道，在 22～24℃条件下，5～7 日龄成虫在 24h 的吊飞过程中可以飞翔 23.7h，190.4km。在 72h 吊飞中，飞行能力较强的个体可连续飞翔 41.2h，431.7km。但是，黏虫的飞行能力受其本身的生理状态以及成虫期所处的环境条件影响很大。其中以幼虫密度、幼虫期营养、寄主植物种类和饥饿程度、幼虫和蛹所经历的温度等对成虫的飞行能力影响较大。黏虫的蛾龄和产卵对飞行能力影响也很大：成虫产卵前的飞行能力随蛾龄的增加而增加，产卵后会随产卵量或产卵天数的增加而下降。黏虫飞翔的最适温度为 17～21℃，高于或低于这个范围，成虫的飞行能力就会下降；在相对湿度为 60%、80% 和 100% 的条件下，黏虫飞行能力没有显著差异，但当湿度为 40% 或以下时，飞行能力显著下降；黏虫逆风飞翔的最大风速平均为 4.4m/s，顺风飞翔时黏虫本身飞翔速度随风速的增大而逐渐下降。获得补充营养的成虫飞行能力显著强于没有获得补充营养的，取食蔗糖的成虫比取食其他单糖的飞行能力强。

2. 幼虫

活动习性：幼虫多在夜晚活动。在阴天和比较凉爽的气候条件下，白天也能活动为害。幼虫的栖居习性常因幼虫龄期、作物种类及其发育阶段、气候等环境因子的不同而异。在谷子上，低龄幼虫常躲在心叶、穗码、裂开的叶鞘内，或在中下部茎叶丛间栖居为害；在小麦上，低龄幼虫则经常躲在无效分蘖的心叶中或中下部的干叶中；在水稻上，低龄幼虫常在心叶中栖居为害，老龄幼虫多潜伏在稻丛基部株间。另外，低龄幼虫也常在田边、田埂杂草上栖居，龄期稍大后再转移为害水稻等禾本科作物，四龄以上的幼虫也可潜伏在寄主植物根际附近 1~5cm 深的松土或土块下，一般多在干湿土交界处。

假死性：幼虫有假死性，一、二龄幼虫被惊动时，立即吐丝下垂，悬于半空不动，稍待片刻便沿丝线上攀回原处或借风扩散到他处。三龄以上幼虫被惊动时，立即从植株上直接跌落到地面上，蜷曲为 C 形呈假死状，待四周安静后再爬上作物继续取食或钻入松土潜伏。

群体迁移：四龄以上幼虫有群体迁移的习性，当幼虫把大部分作物或杂草叶片吃光以后，便成群结队地四处爬行扩散迁移。在扩散中所遇绿色植物几乎可被掠食一空。有时甚至能够爬越堤坝、墙垛或抱成皮球大小的虫团滚渡江河、爬越马路，使行车受阻。幼虫的迁移扩散现象通常是在下午开始出现。幼虫群体扩散虽然与食物的缺乏有关，但其真正的迁移意义目前尚不清楚。

食性与取食量：刚孵化的幼虫多聚集在原处吃光卵壳再行分散。有的爬行去选择适合部位为害，有的吐丝下垂，借风飘移到其他植株上，寻找适合的取食部位。一至二龄幼虫仅能取食叶肉而不能咬穿叶片，因而叶片受害后通常仅留下白色的斑点或斑块。三龄后幼虫可沿叶边缘咬成大小不等的缺口，严重时可把大部叶片吃光，只残留叶中脉或把整株幼苗吃光。幼虫食量随龄期的增加而增长。据观测，幼虫一生能取食谷子或小麦叶面积 128cm²。一、二、三、四、五、六龄幼虫的取食量占全幼虫期总食量的比例依次为 0.2%、0.6%、3.3%、6.5%、14.3% 和 75.1%。由于五龄和六龄幼虫的取食量约占幼虫一生取食量的 90%，因而是黏虫的暴食阶段。必须注意的是，高密度条件下的黑色幼虫可比低密度条件下的淡色幼虫取食量增加 20% 左右（罗礼智等，1995），因而黑色幼虫为害作物更严重。

（二）世代及世代为害区

1. 世代历期　黏虫没有滞育特性，只要环境条件适宜，就可以持续生长、发育和繁殖。黏虫每年发生的世代数以及各世代的发生为害时期会因地区或季节的不同而异。但是，除了南方越冬和冬季为害世代的虫态历期较长外，各地主要为害世代历期的差异较小。例如，在福建闽侯，越冬代、一、二、三、四、五代完成 1 个世代所需的时间依次为 139.8d、52.7d、37.7d、36.3d、44.8d 和 72.1d；而在北京，一、二、三代黏虫完成一个世代所需的时间依次为 50.9d、44.1d 和 46.7d。其中，福建一代和四代以及北京 3 个世代所需的发育时间基本一致。这些结果既反映了温度是影响黏虫发育速度的主导因子，又表明了黏虫对温度选择的主动性。

2. 发生世代区　我国黏虫的发生世代数有从南向北或从低海拔到高海拔而逐渐递减的趋势，而发生为害时期则有从南向北或从低海拔到高海拔而逐步推迟的趋势。我国的东半部地区（110°E 以东）大体上可以划分为 5 类发生区：

（1）2~3 代区。大体位于 39°N 以北，主要包括黑龙江、吉林、辽宁、内蒙古、河北东部及北部、山西中北部、北京和山东东部等地区。黏虫全年发生 2~3 代，以第二代（当地多称第一代）发生数量较多，6 月中旬至 7 月上旬为幼虫盛发期，主要为害小麦、谷子、玉米、高粱等作物。由于气候等因子的影响，7~8 月三代（当地多称二代）黏虫发生也较严重，主要为害谷子和玉米等作物。

（2）3~4 代区。大体位于 36°~39°N，主要包括山东西北部，河北中、南、西部，山西东部，河南北部和天津等地区。黏虫全年发生 3~4 代，常以第三代发生数量最多，7~8 月为害谷子、玉米、高粱、水稻等作物。一般 7 月底至 8 月上、中旬为卵及幼虫的盛发期。

（3）4~5 代区。大体位于 33°~36°N，主要包括江苏、安徽、上海、河南中部及南部、山东南部、湖北北部和西部等地区。黏虫全年发生 4~5 代，以第一代发生数量最多，于 4~5 月发生为害麦类。4 月下旬至 5 月上、中旬是第一代幼虫的盛发期。

（4）5~6 代区。大体位于 27°~33°N，主要包括湖北中南部、湖南、江西、浙江等省份大部分地区。黏虫全年发生 5~6 代，以第四或五代发生数量最多，主要于 9~10 月为害晚稻。有的年份局部地区第一代黏虫于春季为害小麦，有的年份二代黏虫也为害早稻。

（5）6~8 代区。大体位于 27°N 以南，主要包括广东，广西东、南、西部，福建东南部，台湾等地区。黏虫全年发生 6~8 代，主要以越冬代于 1~3 月为害小麦或玉米幼苗；第五代或六、七代于 9~10 月为害晚稻。有的年份其他世代偶发，为害早稻。

在我国西北、西南地区，黏虫发生世代也是随着纬度与海拔高度的增加而递减，反之，递增。在陕西，陕南地区黏虫全年发生 4~5 个世代，关中地区黏虫全年发生 3~4 个世代，而在陕北地区黏虫全年发生 2~3 个世代。在甘肃，陇南地区发生 3~4 个世代，中部及陇东发生 2~3 个世代，河西及甘南高原发生 1~2 个世代。黏虫在我国西南地区的发生为害情况比较复杂。在云南，可将黏虫划分为 6 个发生世代区：

①1 代区：位于 27°~29°N，海拔 3 276.1~3 592.9m。主要包括中甸、德钦等地区，幼虫在 6~7 月为害青稞、冬麦等作物。②2~3 代区：位于 25°~29°N，海拔 1 666.7~2 393.2m。主要包括怒江、丽江、曲靖以北、昭通以南等地，6~7 月以二代幼虫为害小麦、水稻、玉米等作物。③3~4 代区：位于 24°~28°N，海拔 1 102~2 197.2m。主要包括保山、楚雄、大理、曲靖等地以北，6~7 月二代幼虫为害小麦、玉米等作物。④4~5 代区：位于 33°~38°N，海拔 877.3~1 768.3m。主要包括保山、楚雄、大理、曲靖等地以南，红河、文山等地以北、金沙江沿岸，二代幼虫于 6~7 月为害小麦、玉米等作物。⑤5~6 代区：位于 21°~29°N，海拔 413.1~1 606.2m。主要包括德宏、保山、临沧、思茅、西双版纳、红河、文山等地，主要以越冬代（冬季为害代）、第二代和第三代分别于 12 月至翌年 2 月、6~7 月和 8~9 月为害小麦、早玉米、早稻、玉米等作物。⑥6~8 代区：位于 21°~27°N，海拔 136.7~1 254.1m。主要包括西双版纳、元江、怒江、澜沧江、金沙江燥热河谷地带。主要以越冬代于 12 月至翌年 2 月为害小麦、玉米等作物。

（三）越冬规律

1. 抗寒能力 黏虫是一种没有滞育特性的昆虫，因而耐寒力很低。例如，四龄幼虫、成虫和蛹的平均过冷却点依次为 $-9.9℃$、$-4.6℃$ 和 $-24.0℃$，而冰点则为 $-3.60℃$、$-4.60℃$ 和 $-11.7℃$。另外，在 0℃ 条件下，四龄幼虫、六龄幼虫、蛹和成虫死亡 100% 所需的时间依次为 20d、30d、40d 和 20d。在 5℃ 条件下黏虫的死亡率与 0℃ 相比明显降低。例如，在 5℃ 条件下处理 30d 的六龄幼虫死亡率仅为 59.5%，比在 0℃ 条件下经相同处理时间的死亡率低 40.5%。六龄幼虫、蛹和成虫在 5℃ 条件下最长能存活 73d、73d 和 25d，比在 0℃ 条件下的存活时间分别长 43d、33d 和 5d。这些结果说明，蛹是黏虫耐低温能力最强的虫态，其次为六龄幼虫。因此，在平均温度等于或低于 0℃ 且持续 30d 以上的地区，黏虫越冬的可能性极小。这些结论已被越冬调查和越冬饲养观察结果所证实（李光博等，1964）。

2. 越冬区划 结合上述研究结果及各地气象及生境条件分析，我国黏虫的越冬区划可以大体上分为东部越冬区和西部越冬区。

东部越冬区：我国东半部地区的黏虫越冬北界位于 32°~34°N。具体可以 33°N 或 1 月 0℃ 等温线为界，以 1 月 0℃ 等温线为界更为科学。在此界线以北的华北、东北等地区，冬季日平均温度等于或低于 0℃ 的天数多为 30~60d，黏虫不能越冬；在此线以南，冬季气候相对温暖，日平均温度等于或低于 0℃ 的天数少于 30d，甚至为零，黏虫不仅可以越冬，而且可以继续繁殖为害。

西部越冬区：在西北、西南地区，由于各地海拔高度与气候的差异，黏虫的世代发生及越冬规律变化较大。例如，在云南的 6 个世代发生区内，黏虫的越冬规律可分为三种情况：在 6~8 代、5~6 代和纬度偏南的部分 4~5 代区，冬季仍可看到黏虫幼虫取食为害；4~5 代和 3~4 代区的越冬黏虫多呈零星分布，其中 4~5 代区越冬数量较多，但达不到成灾的程度；在 2~3 代区和 1 代区黏虫不能越冬。在四川、贵州等地，黏虫除了在只发生 2~3 个世代的高寒山区不能越冬外，其他地区一般都有少量黏虫越冬。而在甘肃和陕西，黏虫在陕西秦岭至甘肃文县一线以北不能越冬，而在其以南的河谷低洼地区虽能越冬，但虫口密度很低。

随着全球气候变暖的加剧，我国黏虫的越冬规律已经发生了较大的变化，如越冬北界可能已经北移，而越冬区域可能更大。因此，进一步研究全球气候变暖对黏虫越冬以及发生为害规律的影响十分必要。

（四）迁飞规律

1. 迁飞的意义 如前所述，黏虫只能在 33°N 以南地区越冬，而且 32℃ 以上的高温对黏虫生殖的影响也十分不利。而迁飞不仅使黏虫逃避了高、低温对种群繁衍的威胁，也为其后代的繁衍寻找到适宜的生境，而且缩短了迁飞种群的产卵前期，提高了产卵整齐度，从而更易形成大发生种群。因此，了解黏虫的迁飞规律，无论是对于黏虫种群动态规律及大发生机理的了解，还是对于制订更高层次的监控对策和技术都具有十分重要的意义。例如，李光博（1979）根据黏虫的迁飞规律，研究制订出的黏虫异地测报技术，不仅提高了黏虫的测报准确性和防治效果，而且为有效地减少黏虫的灾害损失作出了重要贡献。

2. 黏虫迁飞能力及迁飞习性　黏虫具有远距离迁飞为害特性并具有很强的迁飞能力。根据黏虫标记回收的结果，黏虫迁飞的直线距离最远为 1 480km，大多为 500km 或 1 000km，而实际迁飞距离可能更远。黏虫在羽化后第二晚迁飞。应用雷达对黏虫迁飞行为规律进行观测的结果表明，黏虫在日落前后起飞，迁飞高度一般为 200～900m，有时高达 1 500m 以上。黏虫迁飞的方向和速度与飞行时的风向和风速基本一致，在风速 16m/s（60km/h）达 26m/s（93km/h）情况下，一夜可飞行 480～744km。黏虫的迁飞多持续到天亮，一般历时 7～12h。但有时天亮后 4h 也会继续迁飞，同时还有降落后再起飞的现象。根据李光博（1964）黏虫成虫标记与回收的结果以及黏虫飞翔活动与气温、光照和补充营养等因素的关系，黏虫的迁飞不可能是连续飞行数日一次到达迁入区，而是要经过几个夜晚取食补充营养与迁飞，白天降落休息的昼夜节律，才能完成其远距离迁飞的全过程。另外，由于黏虫在迁飞过程中有顺风运转的特性，因此黏虫的迁飞是多方向的。

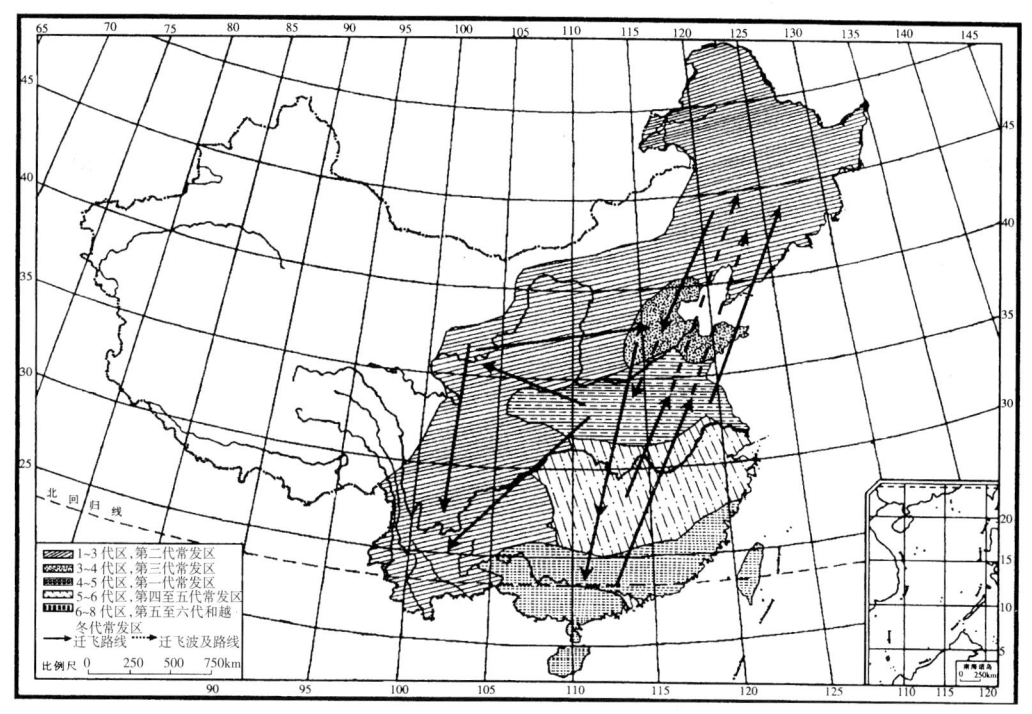

图 13-2-3　我国黏虫迁飞路线（引自李光博，1964）

Figure 13-2-3　The migratory route of *Mythimna separata* in China
(from Li Guangbo，1964)

3. 迁飞为害规律及虫源关系　综合已有的研究结果，我国黏虫每年一般有 4 次大范围迁飞为害活动（图 13-2-3）：

（1）越冬代成虫的迁飞。在 33°N 以南地区，包括 6～8 代及部分 5～6 代区，越冬代成虫于 2～3 月陆续羽化，羽化盛期在 3 月中、下旬至 4 月上旬。成虫羽化后，绝大部分成虫向北迁飞至 4～5 代区，有一部分成虫可能继续北迁至 3～4 代及 2～3 代区，形成这些发生区的第一代虫源。由于 4～5 代区的气候、蜜源植物和作物的生育期与长势比较适宜于黏虫的生长发育，迁入的蛾量又多，所以常引起第一代黏虫大发生。

（2）第一代成虫的迁飞。在 4～5 代及 3～4 代区，第一代黏虫多发生于 3～5 月。成虫在 5 月中旬至 6 月上旬进入羽化盛期后，除有一小部分留在本区继续繁殖外，大部分成虫又向北迁飞到 2～3 代区繁殖为害，形成该区主要为害世代（二代）的虫源。原在 2～3 代区发生的第一代幼虫，因发生时期偏晚，群体发育进度也慢，到 6 月中、下旬才能羽化。因此，本地虫源对二代黏虫的发生不起主要作用。

（3）第二、三代成虫的迁飞。在2~3代区，第二代黏虫多在6月上、中旬至7月上、中旬发生为害。7月上旬至下旬又陆续化蛹羽化，除有少部分成虫留在本区继续繁殖外，大部分成虫向南迁飞到3~4代区繁殖为害，形成该区主要为害世代（三代）的外来虫源。在2~3代区南部如辽南、辽西、冀北、冀东、北京等地区，有的年份三代黏虫发生也比较严重，其虫源可能来自2~3代区的北部地区，但尚待进一步研究证实。

（4）第四代成虫向越冬区的回迁。在3~4代区，第三代黏虫发生于7~9月，幼虫盛发期多在7月下旬至8月上、中旬，8月下旬至9月上、中旬大部分化蛹羽化后，向南迁飞到4~5代区；当第四代成虫羽化后，绝大部分成虫再向南飞到5~6代区及6~8代区繁殖为害，形成该区9~10月主要为害世代（五代或六代）的外来虫源。以后的世代仍继续繁殖为害或越冬。

一年中，黏虫就这样一个世代接着一个世代地由南向北、而后又由北向南迁飞为害，使各个发生区间形成互为虫源基地的关系。

四、发生规律

（一）发生与虫源基数及其质量的关系

通常而言，黏虫虫源基数大，质量高，环境条件又适宜，就有可能引起下代黏虫的大发生。例如，在安徽阜阳地区，越冬代迁入蛾量多少是决定麦田第一代黏虫发生程度的主要因素。如1962年、1967年、1971年和1972年春季每台诱蛾器的诱蛾量都在3 500头以上，甚至多达5 000~6 000头，第一代黏虫发生就比较严重，而1961年、1963年和1965年蛾量均少，第一代黏虫发生则轻。江苏徐州地区根据17年的虫情资料分析结果，第一代黏虫幼虫发生程度与越冬代总诱蛾量和4月初以后的诱蛾量相关性非常显著。因此，在黏虫测报工作中，应在掌握虫源基数的同时，注意成虫的发育情况，如成虫个体大小、脂肪体含量、交配次数、雌蛾卵巢发育情况与抱卵量等。

（二）发生与主要环境因子的关系

1. 温度和湿度的影响 温湿度是影响黏虫发生世代数、为害时期、发育速度、交配产卵、存活以及各种行为习性的主要因素之一。

温湿度对成虫产卵的影响。黏虫发育与产卵的适宜温度范围为16~30℃，并以偏向25℃的一端为适宜。在成虫发育和产卵期间，给予短时间的低温（5℃及8℃）处理，对雌蛾产卵能力有所影响，有时可减少产卵50%以上。总体来看，成虫的产卵适温为16~30℃，最适温度为19~22℃。在相对湿度较高（90%）的条件下，当平均温度低于15℃或高于25℃时，成虫产卵数量都明显减少。当温度为35℃时，任何湿度条件下成虫均不能产卵。湿度对黏虫产卵的影响也很显著，如成虫产卵最适温度（20.9℃）条件下当相对湿度为40.9%时，雌蛾平均产卵量19.5粒，而且均不能孵化；当相对湿度为84.7%时，雌蛾平均产卵量756.1粒，而且孵化率很高。因此，湿度也是导致黏虫产卵量发生变化的主要环境因子，在黏虫测报中高温和低湿的出现及其影响是必须考虑的因素。

温湿度对卵孵化的影响。在温度为25~32℃，相对湿度为22%条件下，卵的平均孵化率均在90%以上，43%以上的湿度对卵的孵化率影响不明显。当温度上升至34℃时，不管湿度条件如何变化，卵的孵化率均不到30%。当温度超过35℃时，虽然其胚胎有不同程度的发育，但卵均不能孵化。湿度也会改变卵对温度的适应能力。如相对湿度在43%以下时，卵的发育适温上限为32~33℃，在60%以上时为33~33.5℃，相对湿度大于60%时，卵的发育最适温度为32℃。

温湿度对幼虫发育和成活的影响。将一龄幼虫分别置于相对湿度为100%、95%、80%、75%、50%和18%，温度为35℃、30℃、25℃和23℃等不同组合条件下饲养的结果表明，在35℃时，幼虫在任何湿度条件下均不能成活；在30℃、25℃和23℃条件下，幼虫成活率随湿度的降低而下降，相对湿度为50%的存活率依次为9.6%、36.7%和20%，而在相对湿度为18%的条件下，这3种温度条件下幼虫均不能存活。六龄老熟幼虫在35℃条件下多呈半麻痹状态，失去钻土能力，随后死亡。在15℃、20℃和25℃三种温度与相对湿度为20%、40%、60%、80%和100%等不同温湿组合条件下，温度越高发育越快。在25℃条件下的幼虫发育速度比在15℃条件下约快1倍。在温度相同而湿度不同的条件下，幼虫在高湿条件下比在低湿条件下发育略快。

温湿度对蛹发育及成活率的影响。在34~35℃条件下，如湿度较高，蛹尚能羽化，但成虫多不能展翅。在 25℃ 条件下，湿度不同，老熟幼虫化蛹及蛹的成活、失重、失水等均有明显的不同。其中蛹的成活率与相对湿度为正相关，即湿度越高，蛹的成活率越高。蛹的成活与体重损失有关，致死失重界线为原体重的 28%。蛹体失重与湿度表现为负相关，即相对湿度越低，蛹体失重越大。说明在不同湿度条件下，蛹体失重的差异是由于水分损失程度不同所造成的，因此湿度引起的死亡是在低湿期间失水过多所致。

温湿度条件对田间黏虫发生消长的影响也十分显著。如对山东临沂地区虫情资料的分析表明，4 月中旬的降水量和温湿系数与黏虫种群数量呈正相关，相关系数依次为 0.779 和 0.620，为显著相关。因此，温湿度与黏虫发生数量的消长关系非常密切，是影响黏虫发生为害的主导因素。

2. 天敌的影响 天敌是影响黏虫发生的重要生态因素之一。黏虫天敌类群有鸟类、两栖类、爬行类和蜘蛛、昆虫、病原微生物等，以后 3 种天敌类群为主。

（1）捕食性天敌。

卵期天敌：目前已知可以捕食黏虫卵的天敌有蚂蚁、隐翅虫、姬猎蝽、瓢虫、花蛛和狼蛛等。其中双齿多刺蚁（*Polyrhachis dives* Smith）、青翅蚁型隐翅虫（*Paederus fuscipes* Curtis）和七星瓢虫（*Coccinella septempunctata* Linnaeus）每天可捕食的黏虫卵平均为 2.4 粒、7 粒和 18 粒（林昌善等，1990）。

幼虫和蛹期天敌：可以捕食黏虫幼虫和蛹的天敌主要有蜘蛛和昆虫等。在蜘蛛中，主要有狼蛛、球腹蛛、蟹蛛和圆蛛类群中的一些种类。而在昆虫中，主要有鞘翅目、半翅目、膜翅目、双翅目和脉翅目中的一些肉食性种类，其中以鞘翅目的种类最多，如步甲、虎甲和瓢虫等。已知的虎甲有曲纹筒虎甲（*Cylindera elisae* Motschulsky）和散纹虎甲 [*Lophyridia striolata* (Illiger)] 等，捕食黏虫的步甲种类最多，全国已知有 38 种。较为常见的步甲种类有中华星步甲 [*Calosoma chinense* (Kirby)]、赤背步甲 [*Dolichus halensis* (Schaller)]、大黄缘步甲 [*Epomis nigricans* (Wiedemann)]、黄缘心步甲（*Nebria livida* Linnaeus）、中华通缘步甲（*Pterostichus chinensis* Jedlicka）和亮通缘步甲（*Pterostichus nitidicollis* Motschulsky）等。

虽然捕食天敌对黏虫种群动态规律的影响作用较难评估，但它们在控制黏虫为害中的作用很大。据林昌善（1990）的资料，一头拟环纹豹蛛（*Pardosa pseudoannulata* Boes. et Str.）每日平均可以捕食二、三龄黏虫幼虫 7～15 头，一头星豹蛛 [*Pardosa astrigera* (L. Koch.)] 每日可捕食一、二龄黏虫幼虫 16 头。华姬蝽（*Nabis sinoferus* Hsiao）、青翅蚁型隐翅虫、七星瓢虫、龟纹瓢虫 [*Propylea japonica* (Thunberg)] 和短鞘步甲 [*Pheropsophus occipitalis* (Macleay)] 等每天平均可取食三龄以下或三、四龄黏虫幼虫 7～16 头。而中华广肩步甲幼虫可取食一、二龄黏虫幼虫 27 头，其成虫可取食四至六龄黏虫幼虫 16～31 头。又据内蒙古凉城县 1979—1980 年的饲养结果，一头中华广肩步甲成虫每天可捕食五、六龄黏虫幼虫 20～31 头，一头三龄幼虫每天可捕食五、六龄老熟黏虫幼虫 37 头。另外，一些步甲种类，如中华广肩步甲等可以潜入土表捕食土中的黏虫幼虫或蛹，在黏虫大发生期间尤为常见。

（2）寄生性天敌。

卵寄生蜂：黏虫卵寄生蜂主要有赤眼蜂和黑卵蜂等共 5 种。赤眼蜂中有拟澳洲赤眼蜂（*Trichogramma confusum* Viggiani）、毒蛾赤眼蜂（*Trichogramma ivelae* Pang et Chen）和黏虫赤眼蜂（*Trichogramma leucaniae* Pang et Chen）。黑卵蜂中仅有黏虫黑卵蜂（*Telenomus cirphivorus* Liu）和广东黑卵蜂（*Telenomus guangdongensis* Chen et Liao）。在这 5 种寄生蜂中，以黏虫黑卵蜂对黏虫卵的寄生率最高，对黏虫的控制作用最大，在东北一般年份的寄生率通常可以达到 10% 以上，而在黄淮海地区的寄生率通常较高。在贵州毕节地区黏虫黑卵蜂对第二、三、四代黏虫卵粒寄生率依次为 73.3%～89%、69.3%～83.3% 和 88.7%。但是，黏虫黑卵蜂似乎仅在 8 月中、下旬才能达到较高的寄生率或对黏虫起到较大的控制作用。

幼虫寄生蜂：黏虫的幼虫寄生蜂主要有姬蜂、茧蜂、绒茧蜂和姬小蜂等。其中以姬蜂的种类最多（23种），茧蜂次之（11 种）。其中较为重要的种类有螟蛉盘绒茧蜂 [*Cotesia ruficrus* (Haliday)]、黏虫盘绒茧蜂 [*Cotesia kariyai* (Watanabe)]、黏虫脊茧蜂（*Aleiodes mythimnae* Heetchen）、螟蛉悬茧姬蜂 [*Charops bicolor* (Szepligeti)]、黏虫悬茧蜂（*Meteorus* sp.）、黏虫白星姬蜂 [*Vulgichneumon leucaniae* (Uchida)]、螟蛉埃姬蜂 [*Itoplectis naranyae* (Ashmead)] 和裹尸姬小蜂（*Euplectrus* sp.）等。在这些

寄生蜂中，以黏虫绒茧蜂、裹尸姬小蜂和螟蛉绒茧蜂的寄生率较高，但会随地区或作物的不同而异。如殷永升等（1987）报道，黏虫绒茧蜂是晋东南和晋中地区四、五龄黏虫幼虫的重要寄生蜂，在田间对黏虫的自然寄生率一般为 15%～25%，高的可达 60% 以上。在陕西商洛地区 1980—1982 年，黏虫绒茧蜂对第一代幼虫的寄生率分别为 15.8%、9.3% 和 32.2%，而对第二代幼虫的寄生率依次为 43.8%、7.4% 和 33.0%，其中以对五、六龄幼虫的寄生率最高（李含毅等，1996）。据杨光安（1980）的报道，裹尸姬小蜂是吉林省辽源市最常见的黏虫幼虫寄生蜂，其可寄生二至五龄幼虫，但对三至四龄幼虫的寄生率可占全部寄生率的 90% 左右。据 1975—1979 年 7 月的调查，裹尸姬小蜂对黏虫的平均寄生率为 50.5%，最高可达 87%。韦修平（1982）报道，1979—1981 年，玉米地和稻田的黏虫幼虫和蛹的被寄生率以螟蛉绒茧蜂的最高，第二、三、四、六、七代的寄生率分别为 31%～58.1%、37.8%～50.0%、10.4%、20.4% 和 14.6%。在山东德州，1978—1979 年 6～9 月螟蛉绒茧蜂对黏虫的寄生率均超过 20%，是当地黏虫寄生天敌的优势种。

寄生蝇：寄生蝇也是影响黏虫发生的天敌类群。主要以黏虫幼虫为寄主，但有的种类要到寄主蛹期才完成自身的发育。寄生蝇种类很多，我国目前已知有 32 种。较重要的种类为：黄毛脉寄蝇 [（Ceromyia silacea（Meigen）]、选择盆地寄蝇 [Bessa parallela（Meigen）]、隔离狭颊寄蝇 [Carcelia excisa（Fallén）]、银颜筒寄蝇 [Halidaya luteicornis（Walker）]、黏虫缺须寄蝇（Cuphocera varia Fabricius）、中华得利寄蝇（Drino discreta sinensis Mesn.）、长芒寄蝇（Dolichocolon paradoxum Brauer et Bergenstamm）、日本追寄蝇（Exorista japonica Townsend）、红尾追寄蝇（Exorista xanthaspis Wiedemann）、伞裙追寄蝇（Exorista civilis Rondani）、灰色等腿寄蝇（Isomera cinerascens Rondani）、饰额短须寄蝇（Linnaemyia comta Fallén）、查氏短须寄蝇（Linnaemyia zachvatkini Zimin）、扁肛黄角寄蝇（Flavicorniculum planiforceps Chao et Shi）、冠毛长喙寄蝇 [Siphona cristata（Fabricius）]、蓝黑栉寄蝇 [Pales pavida（Meigen）] 和中华膝芒寄蝇（Gonia chinensis Wiedemann）等。赵建铭（1962）报道，在湖南长沙第一代黏虫被寄蝇类寄生率一般达 40% 以上。又据报道，1980 年寄生蝇对甘肃临潭、桌民和岩昌麦田二代黏虫的寄生率分别达 58.3%、29.8% 和 38.8%，1981 年对岩昌麦田二代黏虫的寄生率达 49.1%。

（3）病原微生物。

线虫：线虫也是影响黏虫种群发生规律的重要生物因子。目前我国已知对黏虫影响作用较大或研究较多的有中华卵索线虫（Ovomermis sinensis Chen et al.）和新线虫（Neoaplectana feltiae Filipjev）两种，其中以前者对黏虫种群数量的影响作用最大。陈果等（1991）报道，中华卵索线虫对黏虫的自然控制作用主要表现为：①有效压低一代黏虫的种群数量。如 1975—1989 年，中华卵索线虫对河南上蔡县一代黏虫的自然寄生率平均为 46.4%，历年最高寄生率平均为 76.9%。被寄生的黏虫当线虫脱出后死亡。②可有效减轻当代黏虫为害程度。被中华卵索线虫寄生后的黏虫幼虫取食量平均减少 40% 左右，而且多在进入五至六龄幼虫暴食期以前死亡。③可有效压低二代黏虫的虫源基数。寄生率高时可大大压低一代幼虫密度，除减轻当代黏虫为害外，还可适当减少下一个发生区二代黏虫的外地迁入虫源。

其他病原物：导致黏虫感病死亡的其他病原物还有病毒、真菌和细菌等。目前已知的病毒有核型多角体病毒、颗粒体病毒、痘病毒和非包涵体病毒等。其中核型多角体病毒对黏虫的田间感染率可达 77.8%～90%。真菌中主要有白僵菌和绿僵菌。细菌中主要有一种称为"7721"的苏云金芽孢杆菌肯尼亚亚种。

3. 发生与寄主植物及营养的关系

幼虫期营养：食物营养对黏虫的生长、发育和繁殖影响很大，是影响黏虫种群动态规律的重要因子。据李光博（1996）的资料，黏虫在取食小麦、鸡脚草和芦苇等禾本科植物时，幼虫发育速度较快，成活率高，蛹较重，成虫繁殖力强。其中以小麦对黏虫的营养效果更好，幼虫和蛹历期平均只有 17.7d 和 12.5d，比取食刺菜的分别少了 18.1d 和 3.3d。另外，取食小麦的幼虫存活率为 100%，幼虫全部为 6 龄。但取食刺菜和苜蓿的成活率仅有 70% 和 55%，而且部分幼虫有增加龄期的现象。另外，取食小麦的黏虫蛹重均在 0.4g 以上，平均 1 头雌蛾能产卵 1 700 余粒。而取食刺菜、苜蓿的蛹重不到 0.3g，成虫产卵量明显下降甚至不能产卵。而取食鸡脚草和芦苇的幼虫各项指标均比取食小麦的差，且幼虫龄期比取食小麦的多（表 13 - 2 - 1）。

表 13-2-1　不同食物种类对黏虫生长发育、存活与生殖的影响[*]

Table 13-2-1　The influence of different food on development, livability and reproduction in *Mythimna separata*

食物种类	幼虫历期 (d)	龄数	蛹重 (g)	蛹期 (d)	产卵量 (粒/头)	幼虫成活率 (%)
小　麦	19.7	6	0.431 9	12.5	1 728	100
鸡脚草	22.8	6~9	0.395 8	14.3	1 554	85
芦　苇	27.7	6~8	0.362 0	14.8	1 199	90
刺　菜	37.8	6~9	0.261 0	15.8	995	70
苜蓿[**]	30.7	6~7	0.287 6	15.7	—	55

[*]　据李光博（1996）的资料修改。

[**]　成虫羽化率很低。

补充营养：成虫羽化后，必须补充足够的营养才能完成发育、迁飞和产卵繁殖的过程。因此，补充营养对黏虫的发生为害规律同样具有重要的影响。例如，取食蔗糖、葡萄糖、蜂蜜等的成虫产卵较多，发育良好；而取食甘露糖、鼠李糖、清水的成虫发育较差，产卵量明显减少。取食不同花蜜的黏虫产卵前期和产卵量也有显著的差异：以小蓟、苜蓿等植物花蜜饲养的成虫产卵前期分别为 7d 和 9d，相差 2d；平均 1 头雌蛾产卵量分别为 1 747 粒和 645 粒，相差达 1 倍以上。另外，取食不同补充营养的成虫寿命、产卵日数以及最高日产卵量等均有不同（表 13-2-2）。

表 13-2-2　不同植物的花蜜对黏虫成虫繁殖力的影响[*]

Table 13-2-2　The influence of honey from different plant species on reproduction in *Mythimna separata* adults

饲料种类	产卵前期 (d)	雌蛾寿命 (d)	产卵历期 (d)	产卵量 (粒/头)	最高日产卵量 (粒)
刺菜花	7	15	7	1 747	604
苜蓿花	9	15.2	5.4	645	433
3%蜂蜜水	8.4	19.6	8.6	1 415	829
清水	10.4	15.2	5.2	367	158

[*]　据李光博（1996）的资料修改。

补充营养也是影响黏虫田间发生为害程度的重要因子。Wang 等（2006）的研究结果表明，每年春季（3 月至 4 月中旬）从越冬区到江淮流域连续数晚的迁飞是黏虫全年种群数量增长的重要时间段。在主要迁出地福建、广东、广西三省（自治区）以及迁飞中转地湖南、江西、浙江、安徽、湖北、江苏、河南 7 省获取蜜源是黏虫顺利迁至目的地并开始繁殖的先决条件。迁飞中转地的主要蜜源植物有紫云英和甘蓝型油菜。稻田绿肥作物紫云英在长江中下游和华南稻区空前的大规模推广和连年种植是 1966—1977 年黏虫频繁特大暴发的关键因素。这主要是因为蜜源植物对黏虫种群数量影响的敏感性远高于幼虫期的寄主植物，并更易受到气象因素的影响。

五、防治技术

黏虫防治必须从现有防治技术水平和物质条件的实际出发，根据黏虫发生为害规律，合理运用科学防治措施，达到高效、经济、安全地控制黏虫的种群数量，减少其造成经济损失的目的。

（一）农业防治

1. 除草防虫　黏虫的发生数量，常受食源与农田小气候等环境因子的影响。玉米、高粱等农田杂草丛生，不仅给黏虫提供了丰富的食源，而且由于植被覆盖度增加、通风不畅等多种原因，使农田小气候相对湿度增加，温度偏低，适于黏虫的生长发育。因此，凡是杂草多的地块，黏虫数量就多，反之即少。所以锄草灭荒可以消除草害，减少黏虫食源，改变土壤和农田小气候等生态条件，使之有利于农作物生长，而不利于黏虫的发育生长，起到抑制黏虫发生的作用。

2. 降低种植密度　为了追求产量，我国东北地区的玉米种植密度高达每 667m² 3 500~4 000 株。种植密度的增加对于黏虫的发生为害是有利的，这在 20 世纪 60~70 年代就已经被证实。因此，在不影响产量的前提下，可以适当地降低水稻和玉米等作物的种植密度，或加大株行距，可以降低黏虫的为害程度。

3. 中耕培土　结合农事活动，通过中耕培土，可把大量杂草和幼虫翻在土面以下而死亡。如据李光博（1996）的资料，中耕前调查 263hm² 玉米、高粱地，平均有一、二龄幼虫 170～360 头/m²，8 月 6～11 日用七寸步犁中耕培土后调查，虫口密度下降到 3～5 头/m²，使幼虫密度下降了 98% 以上。因此，玉米、高粱田中耕培土、锄草灭荒，对三代黏虫能起到显著的抑制作用。

（二）物理防治

1. 诱杀成虫　诱杀成虫的方法主要有两种，一种是食物诱杀，另一种是隐蔽诱杀。食物诱杀以糖、酒、醋混合液的效果最强。按 1 份糖、1 份酒、4 份醋和 4 份水的比例调匀后，加 1 份 2.5% 敌百虫粉剂。将诱剂放入盆内，每公顷 2～3 盆，盆高出作物 30～35cm，诱液深 3～4cm。白天将盆盖好，傍晚开盖，每天早晨取出死蛾，5～7d 换诱剂 1 次，从成虫数量上升时起连续使用 16～20d。但是，在外界自然蜜源比较丰富的情况下，食物诱杀效果相对降低。隐蔽诱杀是利用黏虫成虫在黎明后有隐蔽在草把和杨树枝把中的习性，进行诱捕。一般每 667m² 可设杨树枝把 5～10 个，每天清晨进行捕捉，亦可将成虫消灭。

2. 诱卵采卵　根据黏虫有在禾本科植物的干叶和叶鞘中产卵的习性，可以使用采卵防治黏虫的方法。具体的做法是：从成虫产卵初期开始到产卵盛期末为止，在田间插设小谷草把和稻草把，每 667m² 20～50 把，每 3～5d 更换 1 次，把带有卵块的谷草把收集起来烧毁，可把卵及幼虫密度压低 50%～80%。

3. 人工捕捉或挖沟喷洒药带防虫　利用黏虫的假死性，轻轻拍打玉米等寄主植株，幼虫就会从植株上掉下来并全身蜷曲装死，然后将它们收集杀死即可。另外，由于大发生时高龄幼虫具有群体爬行扩散为害的习性，沿着没有虫害的田块挖 1 条宽 30cm、深 20cm 的沟，在沟内撒上杀虫剂粉剂可以有效防止幼虫从为害严重的杂草地或田块扩散到未受害的作物田取食为害。

（三）生物防治

1. 保护利用本地天敌　如前所述，我国黏虫天敌资源十分丰富，从卵、幼虫到蛹都有多种捕食和寄生天敌。这些天敌可有效地控制黏虫为害。但是，目前我国保护和利用黏虫本地天敌的研究进展很少。如何针对本地优势种天敌的生物学特性，创造一个有利于天敌生长和发挥功能的环境，减少杀虫剂对天敌的杀伤作用则尤为重要。

2. 人工饲养释放天敌　刘崇乐等（1960）对黑卵蜂饲养繁殖和释放方法曾进行了比较深入的研究，并在山东等地进行了放蜂试验，已取得初步结果。一些单位对步行虫类的生物学特性及其捕食黏虫的能力进行了观察，研究人工饲养方法，亦已取得初步结果。另外，中华卵索线虫的人工繁殖技术已经成熟（陈果等，1991）。湖北省天门县筛选出的苏云金芽孢杆菌"7216"菌种，对黏虫等夜蛾类害虫具有一定的杀虫作用（李光博，1996）。

（四）化学防治　利用化学农药防治黏虫的效果十分显著，只要做好测报和防治准备工作，掌握防治有利时机，在幼虫低龄阶段施药，就可迅速、大面积防治幼虫，达到控制黏虫为害的目标。

1. 掌握防治有利时机，把幼虫消灭在低龄阶段　黏虫幼虫低龄时，抗药力低，食量小，为害轻，而且在发生时期，多集中在黏虫产卵的田块内，又往往聚集在一起，如果这时施药防治，就容易消灭。待幼虫成长到三龄以后其耐药性及扩散能力增强，用药防治的效果就较差，不仅费工费药，同时造成产量损失。因此，防治黏虫必须在一至三龄盛期施药，才能取得较好的防治效果。而要做到这一点，就必须做好预测预报和群众性"两查两定"工作，即查幼虫密度定防治地块，查发育进度定防治有利时机。当田间虫口密度达到防治指标时，立即组织植保专业防治队开展大面积专业化统防统治。

2. 选用高效、安全的杀虫剂　可根据不同作物因地制宜选用以下农药：在清晨有露水时喷粉，可选用 2.5% 敌百虫粉剂 22.5～30kg/hm²；对水喷雾防治可选用：25% 灭幼脲悬浮剂 450～600mL/hm²，25% 氟虫脲乳油 750～1 125mL/hm²，20% 除虫脲悬浮剂 75～150mL/hm²，50% 辛硫磷乳油、40% 毒死蜱乳油 1 125～1 500mL/hm²，2.5% 溴氰菊酯乳油、4.5% 高效氯氰菊酯乳油 750 mL/hm²、5% 顺式氰戊菊酯乳油、5% 甲氰菊酯乳油 1 000～2 000mL/hm²、20% 氰戊菊酯乳油 1 125～1 500mL/hm²、50% 甲萘威可湿性粉剂 3 500～5 000g/hm²。应注意敌百虫、敌敌畏等对高粱易产生药害，不宜使用。

附：黏虫预测预报

黏虫预测预报技术可参照《GB/T 15798—2009 黏虫测报调查规范》。

罗礼智　张蕾（中国农业科学院植物保护研究所）

第3节　草　地　螟

一、分布与危害

草地螟（*Loxostege sticticalis* L.）属鳞翅目螟蛾科野螟亚科锥额野螟属。草地螟的别名很多，在国内又称网追额野螟、甜菜网螟、黄绿条螟、甜菜螟蛾、螺虫、罗网虫、扑灯蛾和打灯蛾等。而在欧美等地则称为甜菜网螟，在俄罗斯称为草地螟。

草地螟是一种温带害虫，主要分布在36°～55°N的广阔地区。在我国，草地螟主要分布于内蒙古、山西、河北、黑龙江、吉林、辽宁、北京、宁夏、青海、甘肃、陕西、新疆和西藏。另外，在河南、江苏等省份也有分布的记录。在国外，草地螟主要分布在日本、朝鲜、俄罗斯、蒙古、哈萨克斯坦、印度、伊朗、罗马尼亚、匈牙利、加拿大、美国、保加利亚、波兰、捷克、斯洛伐克、奥地利、意大利、德国、英国、摩尔多瓦和土耳其等国家。草地螟的分布体现了其对温度的需求特征以及对温带气候的适应特征。

草地螟是一种多食性害虫，可为害50余科300多种植物，包括草本植物和木本植物，单子叶植物和双子叶植物。在所有的植物中，以灰菜的受害程度最重。在作物中，以甜菜、向日葵、亚麻、大麻、马铃薯及豆类和瓜类等受害较重，而大麦、小麦、玉米和高粱等单子叶作物受害相对较轻。草地螟对牧草、饲料以及药用植物的为害也十分严重。在所有的经济作物中，以藜科、豆科和菊科的植物种类受害最重，而其他类群的植物受害相对较轻。但在大发生时，草地螟可以取食和为害几乎所有的植物。草地螟主要以幼虫取食为害植株的叶片，通常把叶肉吃光，仅留叶脉，从而使受害叶片变白或穿孔。大发生时，草地螟不仅可以将植物的叶片吃光，而且可以将受害植株如豆类、蒿类和灰菜等的茎秆表皮吃光，另外，还取食花、果、籽粒及子盘等。在作物的生长早期，一代草地螟幼虫在大发生时可将作物的叶片、茎秆甚至整株植物吃光造成严重损失或毁种绝产。在作物生长的中、晚期，二代草地螟为害可影响粮食或油料作物的灌浆，造成瘪粒，并可能造成颗粒无收。作物受害后一般减产10%～30%，严重的则超过50%，甚至造成绝产。在草地螟大发生的年份或世代，常常有数千至上百万公顷的作物因草地螟为害而减产和绝产。

二、形态特征（图13-3-1）

成虫：体长10～12mm，翅展20～26mm，灰褐色。触角线状。前翅灰褐色，接近翅中央室内有1个较大的长方形黄白色斑，前翅顶角内侧前缘有淡黄色条纹；后翅黑色，靠近翅基部较淡，沿外缘有两条黑色平行的波纹，静止时双翅折合成三角形。雌、雄成虫有明显的性二型：雄虫的个体较小，翅展18～20mm，而雌虫的个体较大，翅展20～26mm；雄虫前胸背板呈铁铲状，扁平宽大；而雄虫的前胸背板细小，呈梭状；雌虫腹部宽而圆，末端生殖孔外露，较易识别。雄虫有两种类型，一种腹部尖削，细长，生殖器外露呈锥状；另一种腹部和雌虫一样宽圆，稍不注意就可误认为雌虫。但这种雄虫腹部末端的外生殖器呈锥状突出，利用这些特点可正确区别雌、雄成虫。

卵：大小为（0.8～1.0）mm×（0.4～0.5）mm。初产时为乳白色，略带光泽。在25℃下约过1d后即可变为黄色，在常温条件下，2d以后变为土黄色，3d即可变黑孵化。

幼虫：草地螟幼虫有5龄，共蜕皮4次。各龄幼虫的主要识别特征如下：

一龄：初孵幼虫为鲜绿色，头部大而黑，胴部明显比头部小。多在心叶和叶背取食，导致叶片上表皮细线、条痕或不规则的小白点痕出现。开始取食后的幼虫可见到体内的绿色物质。到一龄中期体色变绿色或黑绿色，此时的头部和胴部几乎一样大。到了末期，体色开始变黄，头部比胸腹部要小，且前胸背板明显显示出黑斑块，并可见到身上有黑点毛瘤。一龄幼虫头壳为0.15～0.25mm，体长为1.2～2.9mm。

二龄：初蜕皮幼虫头部大，胸腹部小，均为灰白色。随着取食的增多，体色逐渐加深，慢慢变为深绿色，而头部很快变为黑色。二龄中期，头宽和体宽的大小基本一致，但到了末期，头部和尾部比胸部小，整个虫体看起来像梭形。此龄的主要特征为头部和前胸盾片均为黑色，且中间有1条白线将其分作两半。此龄的头壳宽为0.3～0.5mm，长为3～4.4mm。

三龄：初蜕皮的三龄幼虫头较大，灰白色，身体较小，为淡绿色。到了中期，头部变黑，身体和头部几乎一样大小，且身上出现了暗色条纹。末期也和二龄幼虫一样，两端小，中间大，呈梭形，三龄幼虫的

头宽为 0.5~0.75mm，体长为 5.5~9.0mm。到
了三龄以后，幼虫已开始出现明显的二型：一种
为黑色型，另一种为淡黄色型，视幼虫密度
而定。

四龄：初蜕皮的四龄幼虫和三龄幼虫一样，
头部大，灰白色，胸部小，身体也为淡绿色，但
随后头色变黑，体色变黑绿。身上出现了明显的
刚毛，而且虫体较三龄的大，头宽为 0.8~
1.0mm，体长为 9.0~14.0mm；此外，头部和
胸盾的中间被 1 条纵带所分开。

五龄：五龄幼虫是草地螟幼虫的最后一
龄。幼虫期的特征已经固定，头部黑色，有光
泽，胸节有 3 条黄色纵纹，腹部各节有瘤状突
起两对，分列于背线两侧，上面生有刚毛 1
根，基部黑色；气门线上有两条黄色线条；头
宽为 1.1~1.4mm，体长为 15~23mm。幼虫
老熟后即停止取食，进入土内作茧化蛹。

老熟幼虫：幼虫取食期结束以后，即开始寻
找适宜的化蛹场所。做茧时，会排尽体内粪便，

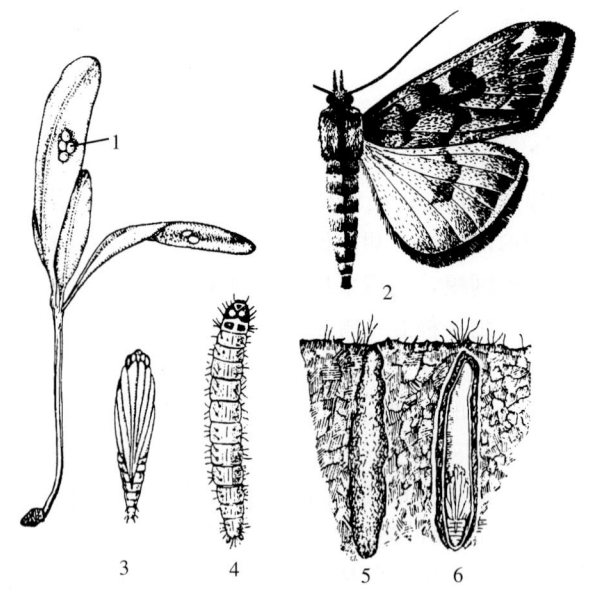

图 13-3-1　草地螟（引自张履鸿，1990）
Figure 13-3-1　*Loxostege sticticalis*（from
Zhang Lühong, 1990）
1. 卵　2. 成虫　3. 蛹　4. 幼虫　5. 茧外观　6. 茧剖面

身体收缩，吐丝做茧把虫体裹在里面。此时的幼虫便进入预蛹期。虫茧通常长 30~40mm，最长的可达
100mm，宽 5~6mm，视虫体的大小而定。茧大多分布在 1~5cm 的表土层内。虫茧垂直排列，开口向
上，茧内虫体头部向上，当成虫羽化时，咬破茧口即可爬出。虫茧对于保护幼虫的化蛹、羽化以及抵御天
敌、防止水分蒸发等均具有重要的作用。

蛹：黄褐色，长 15~20mm，复眼黑色，背部有褐色小点，排列在各节两侧，尾刺 8 根，雌蛹生殖孔
在腹部第八节上，纵裂，第十腹节腹面中央的纵裂缝为排泄孔，雄蛹生殖孔在第九腹节上。刚蜕皮的蛹色
鲜黄，随着时间的延长，颜色逐渐加深，复眼也跟着变褐。将要羽化的蛹体变为灰褐色。

三、生活习性

（一）年生活史

草地螟属全变态昆虫，一生经过卵、幼虫、蛹和成虫四个阶段。在 21℃ 左右的实验条件下，草地螟
完成一个世代约需 52d。卵、幼虫、蛹完成发育以及成虫产卵前期所需的时间依次为 4.6d、23.4d、16.2d
和 7.6d。田间草地螟完成一个虫态或世代所需的时间主要受温度的影响。

在田间，草地螟越冬幼虫在 4 月底至 5 月初开始化蛹，至 5 月中、下旬陆续羽化为越冬成虫。成虫在
5~6 月产卵形成第一代，一代幼虫 7 月下旬羽化为成虫，8 月上旬产生二代幼虫，为害至 9 月上、中旬后
以滞育的老熟幼虫入土越冬。但草地螟的发生为害时期以及发生为害世代数会因地区或年份的不同而产生
一些变异。

（二）发生世代与区划

根据积温法则及我国各地实际发生为害情况的观测，可将我国草地螟的世代发生区划作如下划分：

1. 1~2 代区　指年等温线 0℃ 以北地区。主要包括黑龙江西北部、内蒙古东北部地区（如海拉尔）
和西部海拔 1500m 以上的地区。

2. 2~3 代区　该发生世代区是我国草地螟发生为害最为严重的地区，主要是指年等温线 0~8℃ 的地
区，是我国草地螟的主要发生区。该区主要包括东北大部、华北大部和西北北部。草地螟在该区 1 年发生
2~3 代。发生为害时期为 5~9 月。根据气候特点和草地螟的发生为害规律，该区又可分为 3 个发生为
害区：

常发区：大致位于 40°~45°N，111°~120°E。包括内蒙古大部、山西及河北北部等地区，草地螟在该
区 1 年发生不完整 3 代，少数年份 1 年发生 2 代或 3 代。由于地形复杂，不同环境的小气候变化很大，世

代重叠相对明显。草地螟在该区的发生为害时期为5～9月。主要为害世代是第一代，但有的年份二代为害也相当严重。老熟幼虫于9月入土越冬。越冬范围及密度均较大。越冬场所主要是二代为害严重的田块。该区是我国草地螟的主要越冬区和来年的主要虫源基地。

重发区：指41°～47°N，120°～130°E的东北平原。主要包括内蒙古东部、黑龙江、吉林及辽宁西北部等地区。草地螟在该区1年发生不完整3代，少数年份1年发生2代或3代。该区气候适宜、雨量适中、作物单一且生长良好。草地螟一旦发生便可造成严重危害。该区的主要为害世代也是第一代，为害时期为6～7月。但是，由于7～8月的气温较高，一代成虫通常很少在当地产卵，这是二代为害较轻的主要原因之一。1984年之前，在该区很少或根本查不到草地螟的越冬幼虫。进入2000年以后，草地螟的越冬年份、场所及越冬虫源数量有所增加。

偶发区：指34°～35°N，85°～110°E的地区。主要包括宁夏、甘肃、陕西大部分地区和新疆部分地区。一般年份，草地螟为害不如上述两区严重。此外，由于该区的地形复杂，不同环境的小气候变化较大，草地螟的局部世代也很明显。在宁夏银川、陕西榆林、甘肃兰州和天水等地1年可发生2～3代。在新疆的阿尔泰及和田地区，每年仅发生2代。

3. 3～4代区 指年等温线8～12℃的地区，主要包括北京、天津以及河北、山西、陕西和甘肃等省的南部地区。该区草地螟有分布及为害，但很少需要防治。该区越冬代成虫始见于4月底5月初，末代消失于10月初，尚未见到有越冬幼虫的报道。此外，在3～4代区以南的地区，草地螟也有分布或发生为害，但是由于高温高湿的限制，草地螟没有达到需要防治的水平。

（三）成虫

1. 趋光性 草地螟对黑光灯、白光灯和卤素灯光等都具有较强的趋性。在大发生年份，一盏黑光灯能诱捕到数万头，甚至数十万头蛾子，如1982年在山西右玉县7月12日晚一盏黑光灯诱到的成虫就达435 512头，1997年6月21日张家口康保县一盏黑光灯诱到的成虫也达201 748头。2008年一代成虫大发生期间，黑光灯诱捕到的成虫数量更多。草地螟的趋光性会因环境条件的不同而异。在晴朗无风或微风的晚上成虫上灯的数量较大，上灯的时间主要集中在21：00～23：00，23：00以后较少。另外，温度不同，成虫趋光性也会发生变异。在温度高于20℃时，成虫为正趋光性；而在温度低于20℃时，成虫为负趋光性。但这种结论还需要进一步研究验证。

2. 迁飞 草地螟是一种迁飞性昆虫，成虫具有很强的飞行能力。在室内，成虫可以连续飞行24h，最大飞行距离超过100km。在田间，成虫的迁飞距离为560～1110km。但是，成虫的飞行能力受本身生理状态和环境条件的影响很大。成虫的飞行能力随蛾龄的增加而增加，而产卵后会随产卵量和产卵天数的增加而显著下降。这是田间迁飞种群卵巢发育级别较低的原因。与其他迁飞种类不同的是，草地螟成虫并不是在羽化当天就迁飞，而是到3日龄时才开始迁飞。温度、补充营养及风等对草地螟迁飞能力的影响也很大。成虫每天在日落前后（18：15）、气温达到18℃时起飞。成虫主要随风飞行，虽然会保持一定的方向性。迁飞高度大多距地面80～240m，但会随季节的不同而有所波动。成虫通常在4：00～5：00停止飞行，但若温湿度条件不适宜，成虫还会再次迁飞。通过迁飞，不仅使草地螟种群的繁衍成为可能，而且还加剧了大发生种群的形成，使其为害更严重。

应用扩增片段长度多态性分子标记技术对我国6个省份不同种群的个体基因相似性进行分析的结果表明，草地螟各主要为害种群不存在遗传分化，即各草地螟发生为害区之间的基因交流频繁。结合越冬及地方种群动态规律的分析，我国草地螟的主要迁飞路线有两条：越冬代（5～6月）成虫由华北向东北迁飞，一代（8月）则由东北向华北迁飞。其中，第一条迁飞路线已被标记、释放、回收实验结果所证实，而2008年境外草地螟经由东北向华北的迁飞也间接证明了第二条路径存在的可能性。因此，我国一代与越冬代草地螟之间的关系是互为虫源。

3. 交配 雄虫可以通过雌蛾所分泌的性信息素寻找到雌蛾进行交配。目前已经明确雄蛾通过对雌蛾在交配前分泌的一种称之为E-11-十四碳烯-1-基-乙酸盐的化学物质找到雌蛾而进行交配。交配一般在4：00～9：00，9：00以后很少。交尾时雌雄虫呈"一"字形直线倒挂，雌虫在上端，雄虫在下端，交尾时间从半小时到2h，平均为50min。成虫一生不止交尾1次，往往在雌虫产卵后的3～4d，仍可看到交尾的现象。雌虫交配时的卵巢发育通常在2级以上，其中以3级的为多。交配与否或交配次数可以通过解剖位于雌虫腹部的交配囊来确定。交配后的雌虫交配囊扩大变硬呈淡紫色，至少具有1个精珠。而未交配雌

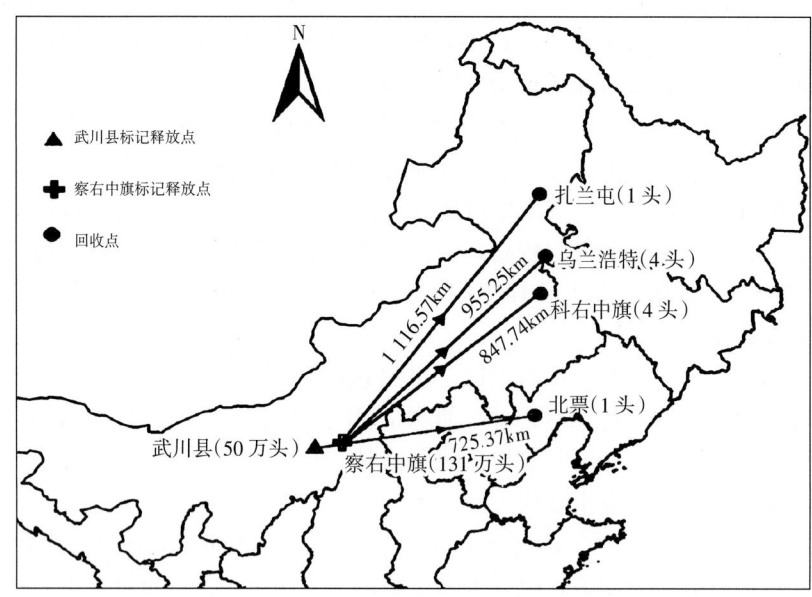

图 13 - 3 - 2   2009 年我国越冬代草地螟迁飞路线及距离（引自陈阳等，2012）

Figure 13 - 3 - 2   The migratory route and distance of the overwinter - generation *Loxostege sticticalis* in China in 2009（from Chen Yang et al.，2012）

虫的交配囊是柔软透明的。成虫交配以后 6～31h（平均 18h）即可产卵。

4. 产卵   草地螟卵为散产或块产，但以散产为主。成虫产卵量为数粒到 400 粒，平均 300 粒左右。产卵历期 4～13d，平均 7d 左右。前 3d 的产卵量约占总产卵量的 50%，第三天后产卵量逐渐下降。成虫的产卵能力或产卵量主要取决于蛹重。一般而言，蛹重越多，成虫的产卵量越多，反之即少。例如，由不到 26mg 的蛹羽化的雌蛾产卵很少甚至不能产卵；由 30mg 的蛹羽化的雌蛾，只有在较适宜的温湿条件下，并取得足够的补充营养才能产卵；而由 35mg 以上的蛹羽化的雌蛾不仅产卵量较多，而且在获得水分而没有补充营养的条件下也可以产卵，但产卵量至少减少一半以上。另外，温度和补充营养等对成虫产卵量的影响也很大。

（四）幼虫

1. 食性及取食量   草地螟是一种多食性害虫，可以取食 53 科 300 余种植物，但以取食藜科、菊科和豆科等双子叶植物为主。另外，幼虫通常都要到三龄后且在大发生时才会取食小麦、玉米、谷子等禾本科作物，以及一些平时不会为害的灌木和乔木。幼虫孵化后通常在卵壳附近的幼嫩叶片背面取食。由于三龄前的幼虫取食量较少，同时幼虫还会吐丝将叶片黏结成虫苞将虫体围在里面，因此三龄前的幼虫隐蔽性很强，较难被发现。三龄后的幼虫可以将叶片咬成穿孔或缺刻等症状，因此较易发现。草地螟幼虫一生约需取食 635mg 鲜重的灰菜。一、二、三、四、五龄幼虫的摄食量分别为 30mg、70mg、94mg、152mg 和 290mg，分别占幼虫期摄食量的 5%、11%、15%、24% 和 46%。前三龄幼虫的摄食总量仅有 193mg，仅占幼虫期摄食总量的 30%，而四龄和五龄幼虫的摄食量达 442mg，为幼虫期取食总量的 70%，是幼虫的暴食期。

2. 黑化或变型   草地螟幼虫有随幼虫密度变化而变型的现象。幼虫进入三龄以后，即呈现多型现象：一种为淡黄色或黄绿色（散居型），一种为灰黑色（中间型），还有一种为黑色（群居型）。幼虫密度大时，以黑色型居多，密度小时，则以黄色型居多。因此，通过幼虫体色的变化，即可知道幼虫为害严重程度。不同型的幼虫在取食量、消化生理等方面均有较大的差异。由不同型幼虫发育而来的成虫的迁飞和生殖行为特征均有较大差异，但在形态特征上差异不明显。

3. 转主为害与扩散   草地螟幼虫在生长发育过程中，大多经过转主为害和扩散这两个阶段，尤其是在幼虫密度较高的情况下更为明显。转主为害是指幼虫在产卵寄主上取食到三龄后，从产卵寄主转移到临近没有受害的寄主植物上，包括向农作物的转移。扩散是指五龄幼虫在大发生或种群密度较高时，从为害场所向田边、田埂或道路群体扩散的现象。草地螟扩散行为的适应意义目前还不是十分清楚，除了与食物匮乏有关以外，可能还与逃避天敌有关。

4. 滞育与越冬

滞育：草地螟是一种兼性滞育昆虫。临界光周期在 13.5h 左右。滞育的五龄幼虫（预蛹）是草地螟的唯一越冬虫态，光周期和温度是诱导幼虫滞育的主要环境因子：短光照和低温诱导滞育，长光照（16h）和高温抑制滞育，过冷却点为 -30～-40℃，为非滞育幼虫的 2 倍。滞育幼虫抗寒能力增加的原因主要是体内含水量下降，蛋白质及糖含量上升，热激蛋白（hsp70，hsp90）表达量增加等。

越冬：一代或二代草地螟均可越冬。根据历年越冬虫源的调查结果，可将我国草地螟的越冬区域分为主要越冬区和次要越冬区。主要越冬区包括河北北部、山西北部、内蒙古中西部及相邻地区，次要越冬区包括黑龙江、吉林、辽宁西部以及内蒙古通辽、兴安、呼伦贝尔三地。主要越冬区每年均可查到越冬虫源，是我国草地螟的主要越冬虫源基地。而次要越冬区在 2000 年以后可以查到越冬虫源，但在 1985 年以前很难查到越冬虫源。

四、发生规律

（一）虫源基数

虫源基数是影响下代草地螟发生的关键因子，即上代虫源基数与下代幼虫的发生为害程度通常呈正比。例如，全国草地螟协作组（1987）曾将我国草地螟的越冬虫源数量作为预测翌年一代幼虫为害程度的关键因子，后来的研究结果也证明了这种预测的可行性。但是，由于虫源基数与下代幼虫发生之间的间隔时间较长，而草地螟又是一种迁飞害虫，因此虫源基数与下代幼虫的发生为害程度并不一定相关。例如，2008—2009 年冬春，我国草地螟越冬幼虫面积近千万公顷，平均虫口密度 30 头/m²，但 2009 年全国一代幼虫发生面积仅为 400 万 hm²，虫源基数与一代幼虫的发生明显不呈正比。相反，草地螟在没有虫源基数的情况下也可以大发生。如 2003 年和 2008 年，我国一代草地螟仅零星发生，面积均在 700 万 hm²，但是由于境外虫源的大量迁入，二代草地螟幼虫的成灾面积分别达到了 130 万 hm² 和 1 000 万 hm²。因此，在草地螟的测报实践中，只有根据全国乃至相邻国家草地螟的虫源基数才能做出较准确的预测，而根据一个地区或省份的虫源基数很难做出可信的预测。另外，精确预测还需要考虑草地螟的迁飞规律、种群结构如个体大小、性比、卵巢发育和交配情况，以及成虫发生时期的温湿度条件等。

（二）温湿度

温湿度是影响草地螟发生为害的关键环境因子。

1. 对生长发育的影响　草地螟卵、幼虫、蛹、成虫及整个世代的发育起点温度依次为 14.3℃、12.7℃、10.8℃、16.7℃ 和 12.5℃，有效积温为 30.4℃、190.7℃、158.3℃、96.7℃ 和 531.2℃。在 16～34℃ 条件下，卵、幼虫、蛹和成虫的发育速率均呈现逻辑斯蒂曲线变化，即随温度的增加而加速，但增加到一定的程度后又随温度的增加而趋缓或下降。草地螟的存活率与温度的关系也十分密切：在 21～30℃ 条件下，卵孵化率均在 95% 以上，但超出这个温度范围，孵化率明显下降。温度对幼虫、蛹的存活与对卵的影响基本一致。成虫寿命随温度的升高而缩短，当温度<25℃ 时，雄蛾寿命比雌蛾长，当温度>25℃ 时，雄蛾的寿命比雌蛾短。湿度对草地螟的生长发育也有明显影响：在 32℃ 和相对湿度为 45% 的条件下，卵孵化率仅为 20%；而在相对湿度为 70%～100% 时，孵化率可达 100%；在相对湿度低于 20% 时，一龄幼虫不能成活；若湿度太高，五龄幼虫化蛹困难，并会大量死亡。

2. 对成虫交配产卵及田间发生为害程度的影响　温湿度对成虫产卵的影响作用也十分显著。在 16～34℃ 条件下，成虫的产卵量以 22℃ 时最高（约 300 粒），超出这个范围，产卵量明显下降。温度对雄蛾交配能力的影响也很大：在 28℃ 和 31.5℃ 条件下，只有 15% 和 60% 的雄蛾不能交配，而在 32.5℃ 时，100% 的雄蛾不能交配。在适温条件下，随着湿度的增大，雌蛾平均产卵量显著增加。温度偏低，相对湿度较大时，成虫产卵受到明显抑制，不孕率增高。另外，湿度还影响成虫对产卵寄主的选择，在正常条件下，成虫会选择灰菜等双子叶杂草产卵，而当环境湿度较高时，成虫会选择大画眉草和狗尾草产卵。

草地螟的发生为害与温湿度的关系十分密切。对我国草地螟大发生种群的成灾机理进行研究分析，结果表明：在成虫数量较大，成虫盛发期间的降水量为 10mm 左右，气温为 20～22℃ 或温湿系数为 4～5 时，幼虫就会暴发成灾；但若此时温度过高或湿度较低，幼虫的发生量会很少或者不发生。因此，把握成虫发生期间的温湿度变化情况是预测草地螟发生危害的关键。

（三）天敌

草地螟的天敌类群很多。这里主要介绍天敌昆虫和病原微生物。

1. 捕食性天敌　草地螟的捕食性天敌种类很多，如步甲、拟步甲、瓢虫、叩头虫、蚂蚁、胡蜂、蜘蛛等。其中以步甲的种类较多，分布较广，捕食能力较强，如赤胸步甲（*Dolichus halensis* Schaller）、吉氏通缘步甲（*Pterostichus gebleri* Dejean）和中华星步甲［*Calosoma chinense*（Kirby）］等。步甲可以捕食地面上的幼虫，也可捕食潜入土中做茧的幼虫或咬穿虫茧取食幼虫和蛹。但我国尚未系统地评价过捕食性天敌对草地螟的控害功能。

2. 寄生性天敌　草地螟在卵、幼虫到蛹的发育过程中有多种寄生性天敌。目前发现的卵寄生蜂有 4 种，均为赤眼蜂。我国发现的仅有一种，即暗黑赤眼蜂（*Trichogramma pintoi* Voegele），但其对草地螟卵的寄生率不到 1%。幼虫和蛹期的寄生天敌有茧蜂、姬蜂和寄生蝇。目前已知的茧蜂约有 12 种，如绿眼赛茧蜂［*Zele chlorophthalmus*（Spinola）］、魏氏小模茧蜂（*Microtypus wesmaelii* Ratzeburg）、伏虎悬茧蜂（*Meteous rubens* Nees）、瘦怒茧蜂（*Orgilus ischnus* Marshall）和螟甲腹茧蜂（*Chelonus munakatae* Munakata）等。这些茧蜂主要以三龄前的幼虫为寄主，在寄主幼虫完成发育前即可羽化，而且寄生率通常较高，是一类很有利用价值的寄生蜂。目前已知寄生于草地螟的姬蜂有 10 种，如松毛虫黑胸姬蜂［*Hyposoter takagii*（Matsumura）］、野蚕黑瘤姬蜂［*Coccygomimus luctuosus*（Smith）］和草地螟阿格姬蜂［*Agrypon flexorium*（Thunberg）］等。姬蜂对草地螟幼虫的寄生率通常在 10% 左右。主要寄生三龄后的幼虫，但要到寄主发育到蛹期才能完成发育，如草地螟阿格姬蜂等。寄生于草地螟的寄生蝇种类目前已知有 22 种（李红等，2007）。优势种为双斑截尾寄蝇［*Nemorilla maculosa*（Meigen）］和伞裙追寄蝇（*Exorista civilis* Rondani）等大卵生型种类。其主要以五龄幼虫为寄主，寄生率通常可达 50% 以上，是控制下代草地螟虫源基数的重要生物因子。这两种寄生蝇的室内繁殖技术已经建立。

3. 病原微生物　控制草地螟的病原微生物有真菌、病毒和微孢子虫等。白僵菌是我国草地螟的主要病原物，主要感染在土中做茧的幼虫和蛹，偶尔也可感染在作物上取食的幼虫，在降水较多的季节，常分布在洼地或湿度较大的地方。白僵菌对草地螟虫茧的感染率通常在 5% 左右。在俄罗斯，已发现一种可以感染成虫的草地螟微孢子虫（*Nosema sticticalis*），其对低密度成虫的感染率最高可超过 55%，但我国尚未开展过该方面的研究。

（四）寄主植物

虽然草地螟取食为害的植物种类很多，但其对寄主植物具有很强的选择性，因此，寄主植物是草地螟发生为害的一个重要影响因子。

1. 对生长发育及种群增长的影响　草地螟幼虫取食灰菜等藜科植物时发育快，死亡率底，蛹重可达 35mg 以上；取食单子叶植物和茄科植物时发育时间长，死亡率高，蛹重只有 15mg；而取食豆科植物时发育历期、死亡率和蛹重均在这两者之间。例如，取食灰菜、大豆、玉米和马铃薯的幼虫发育历期和死亡率有显著的差异，而且取食这 4 种作物发育而来的成虫产卵量、交配率和种群增长指数差异也较大，产卵量依次为 238 粒/头、222 粒/头、93 粒/头和 75 粒/头，交配率依次为 75%、67%、40% 和 40%，种群增长指数分别为 99.7、83.6、11.3 和 2.3。因此，尽管草地螟可以取食为害的植物种类很多，但不同植物对草地螟生长发育及种群增长的影响作用并不一样。

2. 影响田间发生为害规律　由于寄主植物对草地螟的生长发育和种群增长均有显著的影响，因此，草地螟对产卵和取食为害的寄主也有较明显的选择性：成虫主要选择藜科、菊科、伞形花科等数种双子叶杂草产卵，尽管在环境湿度较高时会选择单子叶杂草如稗草、狗尾草和大画眉草产卵，但是，成虫很少在作物，尤其是禾本科作物上产卵。成虫对产卵寄主的选择机制已基本明确。在双子叶植物上孵化后的幼虫即在卵壳附近取食为害，表明成虫与幼虫对寄主的选择是一致的；在单子叶杂草上孵化的幼虫也只会选择灰菜等双子叶杂草取食为害。当三龄后幼虫转主为害时，幼虫依然会选择双子叶植物，而不是单子叶植物。草地螟对寄主植物的选择性形成了先杂草后作物，先双子叶植物后单子叶植物的规律。掌握草地螟田间发生为害规律对于提高其监测和防治效果具有重要的指导作用。

五、防治技术

（一）农业防治

1. 除草防虫 如前所述，草地螟喜欢在杂草上产卵为害。因此，杂草多的农田通常产卵量高、幼虫密度大、受害严重，相反，杂草少的田块受害就轻。在草地螟开始产卵前或卵孵化前铲除田间杂草可以有效减轻草地螟为害。据山西省草地螟科研协作组（1987）报道，1981 年 6 月上旬和中旬对玉米、甜菜和马铃薯三种作物的除草防虫作用进行了研究，除草后又将杂草作收集深埋和不收集深埋两种处理，并于 6 月 24～27 日分别对三种处理的作物地防虫效果进行了检查。结果为：在 6 月上旬除草的玉米、甜菜和马铃薯的虫口密度分别为每百株 0.1 头、2 头和 3 头，而未除草对照田分别为 923 头、1 570 头和 733 头，分别上升了 9 230 倍、785 倍和 244 倍；6 月中旬除草而没有对清除杂草作深埋处理的三种作物的百株虫量分别为对照田的 1.1 倍、1.7 倍和 2.1 倍，但将杂草收集深埋的玉米和甜菜的百株虫量仅为对照的 1.3%、2.6% 和 3.1%。康爱国等（2007）在成虫产卵前期和产卵中期对豌豆、亚麻、大豆和胡萝卜的除草防虫效果研究结果均表明，在成虫产卵前中耕除草的田块卵量明显减少，而在成虫产卵中期除草的卵量明显偏高，早除草田块比晚除草田块的卵减少了 83.9%～89.8%。这些结果表明，除草是防治草地螟行之有效的措施，但是，掌握除草时间是该项技术取得成效的关键。在成虫产卵高峰期来临前除草效果较好。若除草太迟，一定要将铲除的杂草进行科学有效的处理，如深埋或集中销毁等，否则作物受害将会更严重。

2. 耕翻犁耙压低虫源基数 草地螟虫茧常在土表 1～5cm 深处，羽化孔向上。如果虫茧受压或羽化孔受阻，或土层加厚，便不能变为成虫，从而减少下代的虫源。因此，在受害严重的地块，在幼虫入土后，采用中耕、灌水等方法，可以有效地减少下一代的虫源。而对于越冬代幼虫，在秋后春前采用耕、翻、犁、耙、灌水等措施可防止幼虫的化蛹羽化，从而减少越冬代虫源。据山西草地螟科研协作组（1987）的报道，1981 年在山西应县对草地螟的越冬场所进行了上述处理，防治效果均可达 90% 以上。

（二）生物防治

1. 保护利用本地天敌 如前所述，我国的草地螟拥有大量的寄生、捕食天敌昆虫以及病原微生物等天敌（李红和罗礼智，2007），其中寄生蜂及寄生蝇等对草地螟的控制作用十分明显，可以把草地螟控制在经济危害阈值水平之下。因此，保护和利用本地天敌是草地螟防治中的重要措施之一。虽然我国尚未对草地螟本地天敌的保护利用进行专门的研究，但已有的结果表明，使用过杀虫剂的田块天敌寄生率会比没有使用过杀虫剂的显著下降，天敌对农田草地螟的寄生率通常低于未使用过杀虫剂的寄生率。因此，减少化学杀虫剂的使用是保护本地天敌最有效的措施，而在农田生态系中建立有助于提高天敌种群数量和控害功能的环境则是提高草地螟绿色防控的根本。

2. 人工释放天敌 我国尚未开展过人工释放天敌防治草地螟的研究，但 Bant 等（1980）在俄罗斯别尔哥罗德（Belgorod）地区释放赤眼蜂（*Trichogramma euproctidis* Girault）防治 40 000hm² 甜菜和多年生杂草草地螟卵的结果表明，在成虫开始产卵时，按 20 000～40 000 头/hm² 的数量释放，每公顷 100 个点，可获得 45%～72% 的寄生效果，并不需要对草地螟进行化学防治。因此，人工释放天敌也是控制草地螟的一项有效措施。在我国，具有数种对草地螟低龄幼虫寄生率较高的茧蜂，可以对其进行大规模繁殖技术和田间应用技术研究，以提高草地螟生物防治的效果。

（三）物理防治

1. 灯光诱杀成虫 草地螟成虫具有很强的趋光性，可以利用黑光灯和佳多灯等人工光源对成虫进行诱杀。据康爱国（2002）报道，在康保县测报站黑光灯周围 100m 内没有 1 块地需要化学防治，与距黑光灯 400m 以外作物地的虫口密度相比，虫口减退率 80%～90%。一盏黑光灯可控制约 6.7hm² 田块，且虫口减退率为 85%～90%。因此，灯光诱杀也已作为一种重要的防治措施在内蒙古、河北和黑龙江等地使用。

2. 拉网捕捉成虫 草地螟成虫白天不活动，如受惊扰也不会远飞。因此可使用拉网方法捕捉成虫，以减轻草地螟为害。所使用的捕虫网是一个三角形网，其高、口宽和边长分别为 1m、3.3m、5.3m。网口两边各用一根木棍作扶手并将网口张开，网尾是封闭的活口。网由白棉布（网底）和纱布缝制而成，操作由两人同时进行。据报道,在成虫盛发期,该网每天可捕获成虫 2.8kg。若同时用数个网排列成 V 形,网底贴地,迎风兜扑,捕虫效果更好。1953—1960 年该方法在河北、山西、内蒙古经常使用,但尚未对其防虫效果进行过评估。

3. 挖沟围堵 在草地螟大发生时,为了阻止高龄幼虫从为害严重的草地或农田向没有受害的农田群体扩散转移为害,除了使用杀虫剂防治或喷洒药带之外,一些地区还使用挖沟的方法围堵幼虫。具体做法是在受害严重的地带或未受害的农田周围挖出一条沟。沟的深度和宽度均为 33cm,长度视需要而定。如将沟挖成上窄下宽,则防虫作用更大。另外,一些地区的农民还把沟挖成 レ 形,即把虫源地的一方挖成斜坡状,而朝侵入区的一方挖成内倾的直角,使幼虫不能或较难爬出。如果在沟内灌上水或撒上石灰之类的物质,则效果更佳。

(四)化学防治

由于草地螟是一种暴发性害虫,在大发生时使用化学药剂不可避免。另外,由于化学药剂对草地螟卵、幼虫和成虫都具有很好的防治效果,而且使用简便,因而是草地螟防治中普遍使用的方法。但是,为了获得更好的防治效果以及经济和生态效益,在草地螟的化学防治中需要注意如下问题:

1. 选择正确的杀虫剂和剂型 草地螟幼虫对化学杀虫剂较为敏感,各类常规化学杀虫剂均可使用。其中比较有效的为菊酯类,如氰戊菊酯、溴氰菊酯和高效氯氰菊酯等;有机磷类,如敌百虫、杀虫畏、三唑磷等均有较好的防治效果。常用的粉剂有 2.5% 敌百虫、5% 甲萘威和 2.5% 倍硫磷等。需要注意的是,25% 灭幼脲、毒死蜱单独使用对草地螟的防效较差,不宜使用。另外,某些杀虫剂的剂型不同,防治效果也不一样,如阿维菌素粉剂和油剂的防治效果好于乳油和微乳剂,而毒死蜱乳油和微乳剂的防治效果好于油剂。因此,在防治中除了提倡选用低毒、低残留杀虫剂之外,还应注意选用适宜的剂型。

2. 注意在三龄前施药 虽然草地螟对杀虫剂较为敏感,但依然要在三龄前施药。首先,三龄前的幼虫个体小,为害集中,尚未扩散,用较少的杀虫剂就可以获得较好的防治效果。其次,三龄前的幼虫对杀虫剂较敏感,可以获得较好的防治效果。如三唑磷乳油对低龄幼虫防效较高,平均防治效果为 94%～100%,但对高龄幼虫防效仅为 83.1%;1.8% 阿维菌素乳油 1 500～2 000 倍液对低龄幼虫的防效均为 100%,但对高龄幼虫仅有 95%。最后,三龄前的幼虫食量小,取食量仅占幼虫期的 30%,而四至五龄幼虫则占了幼虫期取食量的 70%。因此,在三龄前防治不会造成产量损失,三龄后施药不仅防治效果差,而且也不一定能降低严重减产和绝产的风险。

然而生产上要做到在三龄前施药并不容易。最可靠的方法是结合当地预测预报的结果,在成虫高峰期过后 2 周内施药,此时多数幼虫为二至三龄。另外,在施药前还应该根据杂草以及幼虫发生数量的多少来确定重点施药田块。在施药时应采用专业化防治措施,实行统防统治,争取在幼虫三龄前以最短的时间完成防治工作。

3. 避免杀虫剂对作物的药害及对天敌的杀伤

(1)避免产生药害。有些杀虫剂对作物易产生药害,如甲萘威对苜蓿、三叶草、黄瓜和向日葵,溴硫磷对苜蓿和大麻,敌百虫、林丹以及林丹和甲萘威的混剂对向日葵,乐果、敌敌畏、辛硫磷乳油等对高粱,0.5% 阿维菌素油剂、10% 氟铃脲油剂对大豆,10% 毒死蜱油剂对大豆和禾本科杂草等。因此,在这些作物田防治草地螟时,对杀虫剂品种和剂型的选择必须十分谨慎,以避免药害产生而造成不必要的损失。

(2)减少杀虫剂对天敌的杀伤。在使用杀虫剂防治草地螟的过程中,除了注意防治效果以外,还需注意减少杀虫剂对天敌的杀伤,如降低杀虫剂的使用浓度和使用次数等。另外,避免使用对天敌杀伤作用大的杀虫剂,如阿维菌素对天敌的杀伤作用较大,因而不宜用来防治草地螟。如果作物已被吃光,损害已经造成,或者幼虫已经到五龄末,则不宜再用药防治。因为此时施药,不仅挽回不了产量,而且还会增加额外的开支,更为重要的是,此时的幼虫通常已经被寄生,寄生率甚至高达 60% 以上,施药虽然能杀死幼虫,但对天敌的杀伤作用也很大。

罗礼智 程云霞(中国农业科学院植物保护研究所)

第 4 节　甜菜夜蛾

一、分布与危害

　　甜菜夜蛾〔*Spodoptera exigua*（Hübner）〕属鳞翅目夜蛾科贪夜蛾属，别名贪夜蛾、玉米叶夜蛾、白菜褐夜蛾。早期文献中采用的学名 *Laphygma exigua*（Hübner）是同种异名。

　　甜菜夜蛾是一种具有远距离迁飞习性的世界性农业害虫。64°N 至 45°S 均有分布，在亚洲、美洲、欧洲、澳大利亚及非洲均有严重发生和为害的记录。在美国，自 1876 年在俄勒冈州发现以来，迅速扩展到美国南部各州，成为当地蔬菜、棉花、大豆等经济作物上的重要害虫。我国 1892 年在北京便有了甜菜夜蛾发生的记录。20 世纪 80 年代以前，其主要发生为害区是北京、河北、河南、山东和陕西等地。东北、西北及长江流域各省份虽有分布，但为害较轻。80 年代中后期以来，甜菜夜蛾为害的地区逐渐扩大，为害程度也越来越严重。1997 年开始，甜菜夜蛾不仅连续多年在我国南方地区和长江流域暴发为害，河南、河北、山东、山西和陕西等地也遭受甜菜夜蛾的严重为害。主要为害的作物有蔬菜、棉花、玉米、高粱、大豆、芝麻、花生、甜菜、烟草、花卉、牧草等 170 多种。近年来，甜菜夜蛾已连续多年在我国华北、黄淮地区、长江流域和华南多地暴发成灾，成为蔬菜、棉花、玉米和牧草等作物上的主要害虫之一。初孵化出的甜菜夜蛾幼虫群集于作物叶背，吐丝结网，啃食叶肉，只留表皮，形成透明的小孔。三龄后分散为害，可将叶片吃成孔洞或缺刻，严重时全部叶片被咬食殆尽，只剩叶脉和叶柄，幼苗受害后可导致死亡，严重影响农作物的品质和产量。另外，幼虫还能蛀食青椒、番茄果实、棉花苞叶和蕾铃，造成烂果和落果，给我国农牧业生产造成了巨大的经济损失。目前，甜菜夜蛾已经成为制约我国农牧业生产发展的一种重要害虫。

二、形态特征

　　成虫：中等大小，体长 10～14mm，翅展 20～30mm。前翅灰褐色，后翅灰白色，边缘褐色。成虫较为明显的特征是前翅中央近前缘外方有 1 个肾形斑，内侧有 1 个环形斑，外缘线由一系列黑色三角形斑组成（彩图 13 - 4 - 1，1）。

　　卵：多为块产，平均每块卵有 50～150 粒卵。卵常重叠产于植物叶片背面，且靠近开花或分岔处。卵半球形或球形，基部扁平，白色，近孵化时变为暗褐色，卵块上盖有白色绒毛（彩图 13 - 4 - 1，2）。

　　幼虫：通常为 5 个龄期，但在不利的环境条件下也会有龄期增加和延长发育的现象。一龄幼虫体长 2～3mm，头宽 0.2～0.3mm，体色为浅绿色；二龄幼虫体长 5～6mm，头宽 0.4～0.5mm，体色为浅绿色；三龄幼虫体长 8～10mm，头宽 0.6～0.8mm，体色为浅绿色，但开始有灰白色条纹出现；四龄幼虫体长 12～15mm，头宽 1.0～1.3mm，体色加深，背部变黑，并有黑色背侧线出现；五龄幼虫体长 20～25mm，头宽 1.5～2.0mm，老熟时体长 22mm 左右。幼虫体色变异较大，有灰色、绿色、暗绿色、黄褐色、褐色、赤褐色至黑褐色，幼虫体色的变化与取食的食物种类密切相关。幼虫较明显的特征是每一体节的气门后上方各有一明显的白色斑纹，气门下线为明显的黄白色纵带（有时带粉红色），纵带末端直达腹末（彩图 13 - 4 - 1，3）。

　　蛹：蛹多在浅层土壤中或残枝落叶上形成，幼虫老熟时常在浅层土壤中（距地面小于 1cm）筑一蛹室，蛹室通常由沙土和细土粒经唾液黏合形成。蛹长 10～18mm，初始时为浅黄色，后逐渐加深为黄褐色，到羽化时为黑棕色。中胸气门位于前胸后缘，腹末有 2 根弯曲的臀刺，臀刺上有 2 根刚毛。雌、雄蛹的鉴别特征为雌蛹的生殖孔向下凹陷，且与肛门之间的距离较远，而雄蛹的生殖孔向外突出，且与肛门之间的距离较近（彩图 13 - 4 - 1，4）。

三、生活习性

　　1. 生活史　甜菜夜蛾在我国从南到北年发生世代数依次递减，华南地区如广东、福建和台湾等地可终年发生，世代重叠，年发生世代多达 11 代，而在东北地区如辽宁 1 年发生 2～3 代。发生始盛期从南到北也呈逐渐延迟趋势，华南地区如广东深圳、福建、海南等地始盛期约在 4 月上旬，而北方地区如河北、辽宁等地始盛期大多在 7~9 月。华北主要发生为害区如北京、天津、河北、山东、河南等地大多 1 年发生 5 代左右，长江以南如上海、浙江、江西、湖南等地 1 年发生 6 代左右，华南地区如广东深圳、海南、福建和台湾等地 1 年发生 10 代左右。这基本上反映了我国甜菜夜蛾的发生规律并与积温法则相符。甜菜夜蛾发生为害的时期虽然各地并不一致，但基本上都有如下特点：一是上半年的猖獗为害大多发生在南方，如云南、广东、福建等；二是北方的猖獗为害基本集中在下半年的 8~9 月；三是甜菜夜蛾的猖獗为害大多发生于当地气温较高、湿度较低时。

2. 越冬习性　甜菜夜蛾原产于亚洲南部，是一种热带或亚热带昆虫，对高温有很强的适应能力。已经明确甜菜夜蛾无滞育习性，在热带和亚热带地区能常年发生为害，我国台湾、海南、广东、福建等地可常年发生，无明显越冬现象。在美国佛罗里达州和得克萨斯州的南部地区，甜菜夜蛾也可常年繁殖为害。在我国长江流域以南的温带地区可以蛹越冬。甜菜夜蛾不同发育阶段的过冷却能力和耐低温能力差异显著。三至五龄幼虫的过冷却点较高，分别为 -11.17℃、-11.96℃ 和 -10.50℃（平均 -11.21℃），预蛹期次之，为 -12.47℃，蛹期最低，平均为 -17.16℃。在 5℃、0℃、-10℃ 和 -5℃ 条件下，甜菜夜蛾各种虫态的 LT_{50}、LT_{90} 和 $LT_{99.9}$ 值均随温度的降低而缩短。不同发育阶段的甜菜夜蛾耐低温能力有很大的差别，其由弱至强的排列顺序依次为卵<成虫<幼虫<蛹。表明蛹是甜菜夜蛾的 4 个虫态中耐低温能力最强的，因而是最可能的越冬虫态。但由于蛹在 0℃ 条件下的 $LT_{99.9}$ 为 38.06d，表明甜菜夜蛾在冬季 0℃ 以下的温度超过 38d 的地区不能越冬。根据甜菜夜蛾不同发育阶段的过冷却能力以及耐低温能力，并结合我国地理气候区划，初步将甜菜夜蛾在我国的越冬区划分为不能越冬区（1 月 -4℃ 等温线以北的广大地区）、可能越冬区（1 月 -4~12℃ 等温线之间的广阔地区）和常年活动区（1 月 12℃ 等温线以南地区）三类，其越冬北界为 38°N 左右。在可能越冬区域内，近年来更为细致的越冬调查结果表明，在我国江淮和长江流域地区，甜菜夜蛾在大田中很难越冬，但在一些特殊的场所，如冬天免耕区和大棚设施等场所，冬天仍然调查到有甜菜夜蛾越冬和羽化现象。甜菜夜蛾具备较强的耐低温和高温能力，与其体内的热激蛋白（HSP）的应答效应关系密切。

3. 迁飞习性　甜菜夜蛾不仅是一种远距离迁飞害虫，而且也是至今确认的飞行距离最远的鳞翅目夜蛾科昆虫。野外最远的迁飞距离达 3 500km。在美洲、欧洲、非洲和亚洲均有明显的迁飞现象。我国每年在东北和华北地区发生的甜菜夜蛾即是从南方地区迁飞所致。甜菜夜蛾具有较强的飞行潜力。初羽化（1 日龄）未取食的甜菜夜蛾成虫在 24℃ 下连续吊飞 120h，雌蛾平均可累计飞行 136.2km，飞行时间达 39.2h，其中最远的飞行距离达 179km，飞行超过 50h。而雄蛾的平均累计飞行距离和时间分别为 68.7km 和 28.4h，此条件下飞行能力明显低于雌蛾，其原因与雄蛾体重明显低于雌蛾有关，随着成虫体重增加，其飞行能力增强，体重与成虫飞行能力之间存在显著的正相关。甜菜夜蛾飞行能力明显受到主要生态和生理因素的影响，其中温度、幼虫期食物、成虫期补充营养以及蛾龄、成虫交配与产卵状态的影响较为显著。温度 16~32℃ 时，成虫均能进行正常的飞行活动。24℃ 以下时成虫飞行能力最强，3 日龄雌蛾在 15h 的吊飞飞行中，飞行距离最远（37.14km）、飞行速度最快（0.87m/s）、飞行时间最长（11.37h）。温度低于 20℃ 或高于 28℃ 时，其飞行能力均显著降低。导致不同温度甜菜夜蛾飞行能力差异的主要原因是成虫在不同温度下飞行时对主要能源物质三酰甘油的利用效率不同。在较适宜的温度下，尽管成虫飞行消耗的三酰甘油较多，但单位飞行距离所消耗的三酰甘油却较少，即利用效率较高。幼虫食物也显著影响成虫飞行能力，幼虫取食蛋白质丰富的人工饲料时，成虫在 12h 的吊飞测试中飞行距离最远，飞行时间最长，飞行超过 10km 的个体占 67.9%，超过 5h 的占 60.7%。而幼虫取食玉米苗时成虫飞行超过 10km 或 5h 的个体均仅占 4.2%。幼虫取食甘蓝时成虫飞行能力高于取食玉米苗而低于取食人工饲料的。取食不同食物的幼虫发育的成虫在飞行能力上的差异主要是由于虫体大小的差异所致，在一定范围内成虫飞行能力与体重呈正相关，取食玉米苗的蛹重显著小于取食甘蓝和人工饲料的，是其飞行能力较低的主要原因。值得一提的是，近年来研究发现，甜菜夜蛾幼虫取食含低浓度 Bt 蛋白的饲料时，羽化的成虫飞行能力有增强的趋势。田间甜菜夜蛾成虫期常取食植物花蜜或蚜虫蜜露等，成虫期补充营养对成虫飞行能力有显著的影响，但对成虫生殖的影响不明显。对 3 日龄蛾 24h 的吊飞测试结果表明，成虫期每天饲喂 5% 蜂蜜水的成虫飞行能力最强，而仅在第一天饲喂蜂蜜水，其余每天饲喂清水或成虫期每天饲喂清水的成虫飞行能力均显著下降。如全取食蜂蜜水的成虫飞行超过 70km 的个体占 47.1%，超过 18h 的占 70.6%，而全取食清水的成虫仅占 7.1% 和 14.3%，差异显著。除环境条件外，甜菜夜蛾本身的生理状况也显著影响成虫飞行能力。吊飞 12h 的结果表明，不同日龄成虫飞行能力差异显著。成虫 1 日龄即具备一定的飞行能力，2 日龄飞行能力迅速增强，5 日龄以前均保持较强的飞行能力，2～5 日龄飞行能力参数差异不明显，7 日龄后飞行能力迅速下降。表明甜菜夜蛾 1～2 日龄即具备起飞飞行的能力，7 日龄以前仍然具有迁飞飞行的能力。甜菜夜蛾交配与否对成虫飞行能力无显著影响，2 日龄、3 日龄和 5 日龄成虫无论是已交配的雌蛾还是雄蛾，飞行能力均与未交配的对照无显著差异。但随着蛾龄增加，成虫交配次数增多，交配对成虫飞行的不利影响开始显现，7 日龄已交配雌蛾的飞行距离和飞行时间均显著低于未交配的对照，交配的雄蛾飞行能力与未交配的对照仍无显著差异。交配 3～4 次的雌蛾飞行能力与未交配的对照飞行能力无显著差异，但交配 5～6 次的雌蛾在飞行距离、飞行时间和飞行速度上均显著低于未交配的对照。雄蛾交配次数对飞行能力无明显影响，无论是交配 3～4 次的还是交配 5～6 次的雄蛾飞行能力均与未交配雄蛾无显著差异。这表明甜菜夜蛾交配 3～4 次对雌蛾飞行并无显著的不利影响，但随着交配次数的增多，对飞行的不利影响会逐渐显现，7 日龄飞行对生殖产生负作用。由于甜菜夜蛾羽化后 1～2d 即可交配、产卵，但 7 日龄以前成虫产卵量与飞行能力并无明显的相关性，表明甜菜夜蛾生殖发育与飞行系统发育是相互独立的，这与甜菜夜蛾较短的产卵前期是一致的。但随着成虫产卵天数的延长，产卵量和交配次数的增多，7 日龄蛾产卵与飞行之间开始出现显著的负相关，这也表明 7 日龄可能是限制成虫迁飞的生理条件。

（1）迁飞的生理基础。三酰甘油和糖原是甜菜夜蛾飞行的主要能源物质，雌、雄蛾体内三酰甘油含量随着蛾龄的增长而增加，直到 5 日龄时，雌蛾体内三酰甘油含量急剧下降，但雄蛾到 6 日龄时还保持着较高的含量。羽化后的雄蛾糖原含量升高到 2 日龄后一直维持在较高的水平，尽管在 3 日龄时有所下降，但雌蛾的糖原含量一直攀升到 3 日龄后还维持在较高水平。1 日龄、2 日龄、4 日龄成虫飞行不同时间后，体内三酰甘油和糖原均有较大程度的消耗，糖原主要在起飞时消耗，而三酰甘油则主要在持续飞行中消耗。

（2）迁飞模式。综合甜菜夜蛾飞行对生殖及交配、产卵对飞行两方面的影响，作者提出甜菜夜蛾可能的初次起飞飞行日龄为羽化后 2 日龄，迁飞飞行可持续到 7 日龄。迁飞过程中条件合适时，可停止迁飞进行生殖。生殖过程中（7 日龄前）如有不利的环境条件，仍然具有再次迁飞的可能。因此，甜菜夜蛾的迁飞模式可能与大多数迁飞昆虫不同，并不存在以飞行与生殖相拮抗并交替进行为基础的"卵子发生—飞行拮抗综合征（Oogenesis-flight syndrome）"。因此，以经典的卵巢发育级别来判断甜菜夜蛾迁出和迁入种群的虫源性质存在不妥，为正确评价迁飞在甜菜夜蛾种群动态、生活史中的作用以及异地测报技术提供了理论依据。

4. 生殖习性　甜菜夜蛾成虫在羽化当晚即可进行交配，交配率以羽化后前 3 个晚上较高，但从第四天起则显著下降。成虫的交配时间出现于 23：30～5：30，交配高峰出现在 1：30～2：00 和 3：00～4：00，其中以 1：30～2：00 的发生频率较高。成虫交配持续时间为 22～191min，但以 30～60min 的为多，60～90min 的次之，超过 180min 的较少。另外，交配持续时间与蛾龄紧密相关，蛾龄越大，交配持续时间越长，且差异显著。雄蛾一生的交配次数为 1～11 次，但受性比的影响显著。在雌雄性比为 1：1 的条件下，雄蛾平均交配次数仅为 3.0 次，而在 2：1 至 5：1 时，则增加到 5.1～6.0 次。雌蛾交配比例及次数受性比的影响也很大，没有交配的雌蛾比例从雌雄性比 1：1 时的 8.3% 增加到 5：1 时的 32%，仅交配 1 次的比例从 16.7% 增加到 38.7%，而交配大于 5 次的比例则从 25% 下降到 0。成虫交配后很快即可产卵，因而产卵前期较短，一般为 2d 左右，雌蛾产卵历期为 5～7d，开始产卵的 1～4d 内产卵量较高，之后随产卵天数的延长而急剧下降。在整个产卵期间，部分雌蛾具有间歇产卵的特性。平均每雌可产 400～600 粒卵，最高的超过 1 000 粒。成虫平均寿命 7～10d。甜菜夜蛾产卵量的多少也会受到环境和生理因素的显著影响。温度、幼虫期食物、幼虫密度等是影响成虫产卵和寿命的主要因素。尽管温度对成虫产卵前期的影响不明显，但对产卵量和成虫寿命的影响显著。在较高的温度（27～29℃）下，甜菜夜蛾成虫产卵量较高，但温度过高（33℃以上）或降低（25℃以下）时，成虫产卵量显著下降。在影响成虫生殖的食物中，幼虫食物起主要作用，幼虫取食高蛋白人工饲料时产卵量最高，而取食玉米苗时产卵量较低，取食甘蓝时产卵量显著高于取食玉米苗的。成虫期营养对甜菜夜蛾生殖无显著影响，成虫仅取食清水即可使其卵巢发育成熟，并产下数量相当且可以孵化的卵。尽管幼虫密度对成虫羽化率和产卵前期均无显著影响，但对成虫产卵量和寿命的影响显著。单头（850mL 养虫缸，放入玉米苗，养 1 头幼虫）饲养条件下成虫产卵量最高，其次为 850mL 养虫缸 10 头放入玉米苗的，其余随幼虫密度增加而减少。不同幼虫密度下建立的生命表结果表明，甜菜夜蛾在 850mL 10 头下世代存活率和种群增长指数均最高，幼虫密度过低或过高均不利于种群增长。世代存活率和种群增长指数与幼虫密度之间的关系均呈抛物线关系：$S=-0.208\,7x^2+2.569\,4x+211.52$（$r^2=0.88$），$I=-0.055\,2x^2+0.916\,6x+54.168$（$r^2=0.95$）。在生理因素中，甜菜夜蛾初次交配的蛾龄对生殖有显著的影响。雌蛾延迟交配能够延长其寿命，但会显著减少成虫产卵量和卵孵化率。雄蛾延迟交配也会延长其寿命，但会显著减少其交配次数。雌蛾交配次数的多少对成虫产卵前期、产卵历期以及寿命的影响均不明显，但对产卵量和卵孵化率影响显著，随着交配次数的增多，成虫产卵量逐渐增多，但交配 1～3 次对其产卵量的影响未达到显著水平，交配 4 次以上产卵量明显增多。无论是雄蛾还是雌蛾，最佳的首次交配时间均为羽化后的 1～2d，首次交配延迟会对其生殖能力产生不利作用。

四、发生规律

（一）越冬与迁飞虫源

甜菜夜蛾是一种远距离迁飞害虫，其迁飞现象在许多国家得以证实。甜菜夜蛾暴发成灾除了其本身生活周期较短，产卵量较大外，还与其具有远距离迁飞能力密切相关。如 1964 年 8 月 5～16 日，数百万头的甜菜夜蛾成虫从莫斯科 400km 以南的库尔斯克市迁到芬兰、丹麦和瑞典等国，行程约 3 500km，给这些国家造成严重的危害。另外，昆虫迁飞行为的发生不仅与迁出地虫源及环境条件有关，而且还与迁入地的环境条件有密切关系。因此，我国长江流域每年甜菜夜蛾发生为害程度除了与本地的环境条件有关外，还与华南地区以及东南亚国家上年的越冬虫源密切相关，这也给甜菜夜蛾预测预报工作带来困难，导致防治措施不得力，从而暴发成灾。

（二）环境条件

温度和降雨：甜菜夜蛾对高温有较强的适应能力。在我国，甜菜夜蛾发生为害最严重的时期均出现在当地气温较高的时候。如广东深圳等地可常年发生，以 5～8 月为害最重。福建 4～5 月第一代甜菜夜蛾的虫源基数较低，发生较轻，6～8 月随着气温逐渐升高，甜菜夜蛾为害程度加重。在长江流域，甜菜夜蛾的大发生与上年和当年的气候密切相关，尤其是当年 7～9 月的气温和降水量。冬、春时节长期阴雨低温，夏、秋季节高温干旱且降水量少，有利于甜菜夜蛾暴发为害。如 1988 年、1992 年安徽宿松县和华阳河农场棉田内甜菜夜蛾两次大发生，均与当年 7～8 月天气晴热少雨或连续伏秋旱密切相关。在浙江一些地区，凡是当年 7～8 月干旱少雨的年份，甜菜夜蛾发生为害就重。江苏 1991 年春季阴雨低温，7～8 月干旱少雨，导致其暴发成灾。其原因是春季阴雨低温，棉铃虫等鳞翅目害虫的发生比往年推迟，而甜菜夜蛾的发生却接近往年，寄生于甜菜夜蛾又寄生于其他鳞翅目害虫的天敌数量偏低，导致一至二代虫源基数偏高，而 7～8 月干旱对寄生于甜菜夜蛾的重要天敌繁衍不利，导致幼虫成活率高，为害严重。陆致平等（1995）报道，凡是该年入梅早，夏季炎热少雨，则秋季甜菜夜蛾种群数量大，为害严重。此外，对上海、湖南、湖北等地的甜菜夜蛾发生调查表明，该虫大发生时期也在 7～9 月的高温季节。在华北地区，该虫为害最严重时期也出现在 8～9 月的高温季节。在土库曼，甜菜夜蛾种群数量与冬、春时节的气候密切相关。冷冬和充足的雨量适于甜菜夜蛾种群的发生。低温能够延缓越冬蛹的生长发育和降低其新陈代谢速率，充足的降水量导致杂草及其他野生寄主生长旺盛，为一代幼虫和成虫提供充足的食料。冬、春时节 1～2 月温度低于 1℃，降水量为正常年份的 1.5～2 倍，将是甜菜夜蛾大发生的预兆。

作物种植制度：随着农村经济结构调整和农民市场意识的增强，我国蔬菜种植面积、复种指数逐年提高，间套作种植制度、设施农业和免耕技术逐年推广，给甜菜夜蛾提供了充足的食料，导致幼虫发生量递增，世代重叠。如棉田内间种辣椒，绿豆田内套种棉花，豇豆与蕹菜或生菜套作，甜菜夜蛾幼虫发生量明显增多。随着我国中北部地区冬季大棚蔬菜面积的迅速扩大，使原本在这些地区越冬困难的甜菜夜蛾获得了适宜的越冬场所，导致甜菜夜蛾虫源基数的增长。此外，部分农田实行免耕，管理水平较低，农田生态系中杂草丛生，为甜菜夜蛾提供了适宜的野生寄主，为其转移为害、繁殖及世代延续提供了十分有利的条件。

（三）天敌种群

甜菜夜蛾常见的捕食性天敌有各种蛙类、鸟类、蝽类、蜘蛛类以及螳螂、蟾蜍、蝼蛄、草蛉、步甲、瓢虫等。这些天敌捕食甜菜夜蛾幼虫量很大，同时又是田间其他害虫的天敌。因此，保护利用捕食性天敌不仅对维持生态平衡有重要意义，而且对减少包括甜菜夜蛾在内的多种农业害虫的为害十分重要。甜菜夜蛾寄生性天敌主要有寄生蜂类、寄生蝇类、病原微生物和寄生线虫，据不完全统计，寄生性天敌种类多达80 余种，其中寄生蜂和寄生蝇有 60 余种，病原微生物 10 余种，寄生线虫 10 余种。寄生蜂类主要有赤眼蜂科、茧蜂科（侧沟茧蜂、斑痣悬茧蜂、小腹茧蜂、甲腹茧蜂）、姬蜂科（阿格姬蜂）和姬小蜂科（螟蛉稀网姬小蜂）等。国外对甜菜夜蛾寄生蜂功能的研究表明，寄生率一般为 40%～50%。我国蔬菜上甜菜夜蛾寄生蜂主要有侧沟茧蜂、斑痣悬茧蜂和阿格姬蜂，田间寄生率高达 20%。苏北地区甜菜夜蛾被赤眼蜂寄生，寄生率高达 25%。近年来，南方地区发现多种黑卵蜂对甜菜夜蛾的卵有很好的控制作用。甜菜夜蛾寄生蝇类报道较少，主要有双斑膝芒寄蝇、温寄蝇等。在田间侵染甜菜夜蛾的病原微生物有真菌、细菌、病毒以及微孢子虫等。真菌中主要为白僵菌，在苏北地区田间寄生率约 30%，在湖南寄生率一般为40% 左右，在安徽宿松棉区寄生率达 50% 以上。病毒对甜菜夜蛾的感染能力较强。印度于 1983—1984 年在秋葵、苜蓿和甜菜地里首次分离出一种核型多角体病毒，对甜菜夜蛾的自然感染率分别为 5.0%、4.0% 和 3.3%，室内毒力测定的幼虫死亡率达 100%。我国于 1978 年成功分离出甜菜夜蛾核型多角体病毒。除甜菜夜蛾核型多角体病毒外，其他如苜蓿银纹夜蛾核型多角体病毒、甘蓝夜蛾核型多角体病毒和芹菜夜蛾核型多角体病毒等也能感染甜菜夜蛾。微孢子虫对甜菜夜蛾也具有很高的致病力。陈广义等 1991年在武汉采集的甜菜夜蛾幼虫体内分离得到一种微孢子虫，经鉴定其属于微粒子属。日本 1992 年也从甜菜夜蛾幼虫体内分离出一种微孢子虫。Timper 等（1988）报道一种芜菁夜蛾线虫寄生于甜菜夜蛾成虫，成虫死后线虫从宿主体内脱出转移到土壤中，再次侵染甜菜夜蛾幼虫，同时随着感染的成虫迁移扩散，某种程度上也导致该线虫的广泛传播。钟玉林等（1992）在武汉地区蔬菜地里调查发现甜菜夜蛾幼虫可被地老虎六索线虫（*Hexamermis agrotis*）、白色六索线虫中华亚种（*H. albicans sinensis*）、菜粉蝶六索线虫（*H. preris*）和太湖六索线虫（*H. taihuensis*）所寄生，寄生率高达 34%。这些天敌对甜菜夜蛾种群的发生起着非常重要的自然控制作用。但是由于长期在作物上大量施用化学农药，天敌种群数量急剧下降，很大程度上解除了天敌对甜菜夜蛾的自然控制作用，常常导致其大发生。

（四）化学农药

目前，国内外对甜菜夜蛾的防治仍以药剂防治为主，长期用药导致甜菜夜蛾抗药性大幅度提高，抗性问题已经成为防治中难以解决的问题，也是导致甜菜夜蛾种群严重发生的主要原因之一。20 世纪 80 年代以前甜菜夜蛾在我国发生较轻，很少用药防治。自从 80 年代中后期成为多种作物上的重要害虫以来，开始大面积药剂防治，导致抗药性问题日渐突出。各地对甜菜夜蛾抗药性监测结果表明，甜菜夜蛾对拟除虫菊酯、有机磷和氨基甲酸酯类等农药的抗性发展迅速。20 世纪 90 年代，我国台湾地区甜菜夜蛾对有机磷、氨基甲酸酯和拟除虫菊酯类杀虫剂的抗性倍数分别为 20～40 倍、40～75 倍和 10～20 倍，抗药性的发展是我国台湾地区甜菜夜蛾暴发的重要原因。甜菜夜蛾在 1986 年长江流域使用氯氰菊酯、氰戊菊酯等拟除虫菊酯类杀虫剂防治甜菜夜蛾，3 年后尚有 70%～80% 的防治效果，但到 1993—1994 年已基本无效。上海甜菜夜蛾 1991 年对氯氰菊酯、溴氰菊酯和氰戊菊酯的 LC_{50} 分别比 1981 年高 84.9 倍、166.9 倍和222.6 倍，达高抗水平；1991—1992 年对马拉硫磷、敌敌畏和乙酰甲胺磷的 LC_{50} 分别为 1981—1982 年的25.2 倍、27.9 倍和 38.4 倍，属中抗水平。武汉甜菜夜蛾对氰戊菊酯的抗性为 71.5～167.4 倍，对氟虫脲的抗性为 12.9～38 倍，常规农药均已产生较高的抗性。山东泰安甜菜夜蛾对顺式氯氰菊酯和毒死蜱的抗性 1998 年为 465.9 倍和 74.7 倍，1999 年为 1 535.9 倍和 164.1 倍，抗性发展严重。值得一提的是，甜菜夜蛾对昆虫生长调节剂类农药也产生了不同程度的抗性，武汉地区 1994 年甜菜夜蛾对氟虫脲的抗性已达到 38.8 倍。

化学农药的长期使用除使甜菜夜蛾产生抗药性外，还对甜菜夜蛾的天敌产生破坏性影响，从而导致其大发生。化学农药对天敌的影响表现为直接致死、缩短寿命、降低繁殖力和影响行为等。杀虫剂在防治害虫的同时也大量杀伤天敌，降低田间天敌的种类和数量，破坏害虫与天敌的生态平衡。如在施药棉区的甜菜夜蛾捕食性天敌种类远远少于未施药区。美国南部甜菜夜蛾大发生的主要原因之一就是杀虫剂的大量使用，杀死了对甜菜夜蛾自然控制作用较强的寄生蜂类天敌。除直接杀死天敌之外，农药残留也会明显缩短存活下来的天敌寿命。一些亚致死量杀虫剂会显著降低寄生蜂的交配率，降低其产卵量，并会进一步降低子代的孵化率、初孵幼虫存活率和羽化率。这一系列不利影响最终导致下一代天敌种群数量的大幅度减少，不利于天敌种群的生长。另外，使用杀虫剂时，天敌可主动躲避逃离施药区，扩散到未施药的栖境中，从而降低施药田块天敌数量和种类，削弱天敌对抗性害虫的控制作用。

五、防治技术

甜菜夜蛾是一种远距离迁飞性害虫，做好预测预报是进行有效防治的前提。在华南等常年发生区和长江流域等越冬区，要做好本地虫源的监测与防治工作，压低虫源基数，对于减少黄淮以及东北等迁入地甜菜夜蛾的为害会起到重要作用。既要根据虫源区的虫口基数、发育进度及结合甜菜夜蛾生殖生物学习性做好本地发生期与发生量预测预报，又要根据甜菜夜蛾的迁飞能力、迁入区的气象条件、作物长势等预测迁入区的发生趋势，做出准确、及时的本地及异地预测预报工作，指导甜菜夜蛾的防治。

（一）农业防治

甜菜夜蛾的农业防治主要有两种措施：第一是除草防虫。这主要是由于甜菜夜蛾喜欢将卵产在田间地头旁的杂草上，特别是藜、蓼、苋科杂草。这些杂草上的卵孵化后，幼虫很快即可转移到作物田为害，而此时幼虫大多发育至三龄以后，对药剂敏感度降低，防治难度加大。因此，在成虫产卵期间除草，可以集中消灭虫卵，减轻防治压力。第二是推广播前翻耕、灭茬、清洁田园，破坏土壤或杂草中的甜菜夜蛾蛹。这主要是由于甜菜夜蛾喜欢在地表枯叶杂草或浅土层中化蛹，及时翻耕晒土灭茬，保持田园卫生，可消灭大多数蛹，降低羽化率，对压低下一代种群数量非常有效。特别是近年来随着我国北方地区设施农业的大量推广，原本在这些地区不能越冬的甜菜夜蛾却可以在温室、大棚内安全越冬，因此，这些地区的温室、大棚在播前翻耕、晒土，可有效消灭越冬的甜菜夜蛾，降低虫源基数。

（二）生物防治

甜菜夜蛾的生物防治主要包括保护利用天敌（天敌昆虫、病原物、昆虫寄生线虫等）以及性诱剂的利用。

天敌昆虫：田间调查结果表明，天敌是制约甜菜夜蛾发生为害的重要因子。自然界中甜菜夜蛾的天敌昆虫很多。捕食性天敌主要有星豹蛛、斑腹刺益蝽、叉角厉蝽等。一头叉角厉蝽成虫每天可捕食甜菜夜蛾四至五龄幼虫 4～5 头，三龄幼虫 7～9 头。甜菜夜蛾不同发育阶段均有不同类型的寄生性天敌。在卵期有卵寄生蜂如黑卵蜂、短管赤眼蜂等，在幼虫期主要有侧沟茧蜂、缘腹绒茧蜂等，在蛹期主要有阿格姬蜂等。这些寄生性天敌对控制甜菜夜蛾当代或下代为害有重要作用，因此，研发甜菜夜蛾天敌人工扩繁技术以及保护利用田间自然天敌对于控制其为害具有重要意义。

病原物：对甜菜夜蛾有致病作用的病原物主要有真菌、细菌和病毒等。现已报道的病原真菌有绿僵菌和白僵菌等。绿僵菌和白僵菌均寄生幼虫和蛹，使用前将其配制成含一定孢子量的菌液喷施即可。尽管甜菜夜蛾是一种对 Bt 杀虫剂较不敏感的害虫，目前生产上应用的 Bt 菌株如 HD1，对其杀虫效果并不是很理想，但美国分离出的一种 Bt 株系 NRD212（商品名为 Javelin）对甜菜夜蛾的杀虫活性较高，在美国和墨西哥番茄上的试验结果表明，全年甜菜夜蛾虫口密度可下降 67.6%。因此，目前应进一步筛选对甜菜夜蛾有致死作用且效果好的 Bt 菌株。

昆虫病毒：目前，我国已开发出甜菜夜蛾核型多角体病毒（SeNPY）杀虫剂用于防治甜菜夜蛾等害虫，取得了显著效果。但单一的病毒制剂往往存在杀虫速度慢等缺点，影响其广泛应用。因此，对不同病毒特别是不同属种病毒之间增效作用的研究是当前研究重点。随着人们环境意识的增强，生物防治的作用将越来越突出。

昆虫寄生线虫：昆虫寄生线虫是近年来发展起来的一种有潜能的生物防治因子，具有寄主范围广、主动搜索寄主，对人畜及环境安全等优点，受到国内外生防领域的高度重视。甜菜夜蛾的寄生线虫主要有中华卵索线虫（Ovomermis sinensis）、地老虎六索线虫、白色六索线虫中华亚种、菜粉蝶六索线虫、太湖六索线虫和斯氏线虫 [Steinernema carpocapsae (Weiser)] 等。近年来，中华卵索线虫对甜菜夜蛾幼虫的寄生效率及相关的影响因素得到深入研究。余向阳等（2003）报道，斯氏属线虫一个新品系对甜菜夜蛾等害虫 48h 的感染死亡率达到 83.2%。Kaya 等（1985）研制出一种线虫胶囊，胶囊中装有芜菁夜蛾线虫和异小杆线虫。将胶囊施于田间后，释放出线虫成虫，在适宜的温度下感染甜菜夜蛾幼虫，甜菜夜蛾死亡率可达 100%。

性诱剂：性诱剂具有不伤害天敌、防治害虫专一、对害虫不产生抗性、不破坏生态环境、灵敏度高和用量少且对人畜安全等优点，其在害虫防治中的作用越来越重要，是目前蔬菜上监测和防治甜菜夜蛾较常用的方法。目前，国内甜菜夜蛾性诱剂已经商品化生产，但不同厂家的性诱剂产品在不同地区诱杀效果差异较大。这可能与不同地区甜菜夜蛾对特定比例的性诱剂成分的反应以及使用载体的不同有关。目前美国、日本等国甜菜夜蛾性诱剂诱芯主要是以硅橡胶和少数尼龙管为载体制成的，持效期30d或更长，而我国的硅橡胶诱芯持效期普遍较短，因此，需要对性信息素具有缓释作用的载体材料进行研究，以达到高效、长效的目的。诱捕器也是影响性诱剂诱捕效果的重要因素，诱捕器的研制要根据甜菜夜蛾的飞行行为和趋光性特性，设计出结构简单、使用方便、价格低廉、易于制作与推广的诱捕器。目前，生产上应用较多的有水盆诱捕器、漏斗形诱捕器和翼形诱捕器等。性诱剂不仅对低密度下甜菜夜蛾种群的监测有显著的效果，可以对甜菜夜蛾的早期发生做出预测预报，而且还可以取得显著的防治效果。人工合成的甜菜夜蛾性诱剂诱捕器的设置密度一般为20～75个/hm^2，设置高度与作物种类有关，一般约高于作物20～50cm。Wakamura等（1987）在日本用性诱剂防治葱田里的甜菜夜蛾，与对照区相比，处理区甜菜夜蛾卵和一至二龄幼虫密度分别降低了94％和99％，四至五龄幼虫密度降低了96％。1988年和1999年再次释放性诱剂均取得了较好的防治效果。Hayashi等用性诱剂防治豌豆和大葱甜菜夜蛾也取得了显著的防治效果，与对照相比，1990年和1991年豌豆上甜菜夜蛾幼虫密度分别降低67.1％～96％和23.7％～99.6％，为害率也相应降低76.7％～84.1％和63.7％～95.9％；1991年在大葱上的为害率降低54.5％～100％，与化学防治相比，降低成本63％。陈庭华等（2000）在浙江蔬菜上应用甜菜夜蛾性诱剂防治试验表明，两个点防治区与非防治区对比，甜菜夜蛾数量分别减少90.9％和62.7％，雌蛾交配率下降，产卵量减少，蔬菜被害株率下降。郑允等在我国台湾用性诱剂防治青葱、花生和番茄等作物上的甜菜夜蛾时也取得了较好的防治效果。

（三）灯光诱杀

根据甜菜夜蛾成虫的趋光性，种群监测和防治上可应用灯光诱杀，诱杀成虫可降低田间成虫落卵量，压低下一代虫源基数，减轻幼虫为害，同时可明显减少农药使用量和使用次数。据吉训聪等（2010）报道，在蔬菜田间，利用频振式杀虫灯诱杀甜菜夜蛾，每台功率为30W的杀虫灯可控制20 010～33 350m^2菜田，功率为50W的可控制53 360～66 700m^2菜田。用太阳能黑光灯诱杀甜菜夜蛾，每台灯可控制6 670～10 005m^2菜田。张维军等（2007）报道，在菜田中应用频振式杀虫灯的防治效果达74.7％。

（四）化学防治

随着人们健康意识的增强和绿色食品的生产，化学农药的用量逐渐减少，但是在生产实践中，应用一些高效、低毒、新型农药防治甜菜夜蛾仍十分必要。甲氨基阿维菌素苯甲酸盐是近年来开发的一种高效、广谱、无公害抗生素类杀虫剂，甜菜夜蛾幼虫在二龄以前，每667m^2施用0.5％甲氨基阿维菌素苯甲酸盐微乳剂10mL防治甜菜夜蛾的效果达85％以上，显著优于阿维菌素乳油。虫酰肼是一种新合成的非甾醇蜕皮激素类杀虫剂，引起昆虫早熟、致死蜕皮。杨彬等（2010）报道，20％虫酰肼悬浮剂对甜菜夜蛾有较好的控制效果，药后3d和7d防治效果分别达81％和84％以上。氯虫苯甲酰胺是一种新开发的高效广谱杀虫剂，可防治常见的鳞翅目害虫，其作用机理是激活害虫鱼尼丁受体，导致细胞内源钙离子释放失控，使肌肉细胞的收缩功能破坏。席敦芹（2012）报道，20％氯虫苯甲酰胺悬浮剂4 000倍液对大葱、生姜甜菜夜蛾3d、7d和10d的防治效果可以达到100％、100％和97.6％。生产上可推广使用20％氯虫苯甲酰胺悬浮剂4 000～5 000倍液或5％氯虫苯甲酰胺悬浮剂1 000～1 500倍液喷雾防治。另外，生产上还可选用10％虫螨腈悬浮剂1 000～2 000倍液、15％茚虫威悬浮剂2 000～3 000倍液、5％氟啶脲乳油800～1 200倍液或5％除虫脲悬浮剂750倍液喷雾防治。根据甜菜夜蛾昼伏夜出的生活习性，傍晚施药效果较好，同时为延缓甜菜夜蛾产生抗药性，应注意不同药剂的轮换使用。

江幸福　罗礼智（中国农业科学院植物保护研究所）

第 5 节　土　　蝗

土蝗是非远距离迁飞性的蝗虫种类的统称，分布地区很广，多发生在田间和草地上，以杂草或农作物为食。土蝗形状略似飞蝗，但不成群飞翔，也很少飞到较远的地区，危害性比飞蝗小。20 世纪 50 年代初至 60 年代初，土蝗在我国曾频繁暴发；60 年代中期至 70 年代末期，其为害有所缓和；80 年代以后，受异常气候及农业生态环境变化的影响，加上大部地区化学农药的不合理使用，致使土蝗在我国北方地区农田及农牧交错区再度猖獗。特别是 80 年代中期以来，华北内涝洼地及渤海湾地区冬小麦苗受害严重，北方丘陵山区和农牧交错区玉米、谷子、高粱、豆类、薯类等杂粮作物也频频受害。在水稻产区，稻蝗对水稻生产也构成严重威胁。据初步统计，2000—2008 年，北方农牧交错区土蝗年发生面积达 500 万～666.7 万 hm²，每年均在部分地区对农作物和周边草场造成一定程度的产量损失。

本节主要介绍常发生的 18 种土蝗，另有部分土蝗将在第 22 单元牧草病虫害中介绍。

一、亚洲小车蝗

（一）分布与危害

亚洲小车蝗［*Oedaleus decorus asiaticus* B. Bienko］隶属直翅目斑翅蝗科小车蝗属，属于地栖偏植栖型蝗虫，是我国北方草原和农牧交错地带的重要害虫。

亚洲小车蝗主要分布于我国内蒙古、宁夏、甘肃、青海、河北、陕西、黑龙江、吉林和辽宁等省份。该虫为寡食性害虫，主要以禾本科植物为寄主，在食料缺乏的情况下也取食莎草科、鸢尾科植物。在草原上主要取食羊草、隐子草、针茅、冰草、苔草等，也为害水稻、玉米、小麦、莜麦、谷、黍等农作物。从 2001 年开始内蒙古草原每年蝗虫的发生面积都在 400 万 hm² 以上，其中发生的蝗虫 80% 以上是亚洲小车蝗。严重年份发生面积可达 600 多万 hm²，发生为害早，发生数量大，严重时可导致受害作物减产 50% 以上，不光造成农牧业产量的损失，还加重了对草原和农田生态系统的破坏。最近几年该蝗在各地起飞严重，成为草原的主要成灾蝗虫种类，一般占据整个蝗虫种群的 50%～60%，严重发生时能达到 90% 以上，并作为蝗群前锋聚集迁移，成为蝗灾北移的主力军。因此，有效地控制其发生为害至关重要。

（二）形态特征

成虫：雄虫体长 21～24.7mm，雌虫体长 31～37mm；雄虫前翅长 20.0～24.5mm，雌虫前翅长 28.5～34.5mm。成虫体绿或灰褐、暗褐色。前胸背板具浅色 X 形斑纹。前翅具明显的暗色斑纹，后翅基部淡黄色，未到达后缘的暗色横纹带，顶端烟色。后足股节内侧黑色，具 2 个淡色横纹，底缘红色，顶端黑褐色；胫节红色，基部淡色部分常混杂红色。头大而短。颜面垂直或略倾斜，隆起宽平，仅中眼处微凹陷，两侧缘近乎平行。头顶宽短，顶端圆形，侧缘明显隆起。触角为丝状，超过前胸背板的后缘。复眼卵形。前胸背板沟前区较缩窄，沟后区较宽平；中隆线明显，侧面观上缘几乎平直；后缘为弧形或锐角形；淡色 X 形纹侧面观前端略向下倾斜或近乎平直。中胸腹板侧叶间中隔较宽，中隔的宽度为长度的 1.4～1.6 倍。前、后翅发达，超过后足股节的顶端。后足股节匀称，长为宽的 3.8～4.1 倍，上侧上隆线无细齿。雄性下生殖板呈短锥状，雌虫产卵瓣短粗，顶端钩状，上产卵瓣的上缘无细齿。亚洲小车蝗卵囊为无囊壁的土穴，中部稍弯，长 25～48mm，宽 4～6mm。卵粒与卵室之间充满浅粉色泡沫物。卵粒间黏着不牢、易散（彩图 13-5-1）。

卵：淡灰褐色，长形，较粗，中部稍弯，长 5.6～6.1mm，平均 5.93mm，宽 1.5～1.7mm，平均 1.66mm。卵粒在卵室交错排列成 3～4 行，每一卵囊含有卵 8～33 粒，平均 19 粒。

蝗蝻：雄性 4 龄，雌性 5 龄。

一龄蝗蝻体长 4.79～6.85mm，较粗壮。头大，且背面隆起。头顶平，前缘与颜面隆起相连，颜面侧隆线明显，脊与头顶侧隆起相连，中间无界线，为一相通的沟。X 形纹前面一对明显较大，几乎达到前胸背板中间，后面一对不清楚或无。翅芽不明显。

二龄蝗蝻雄性体长 7.03～10.5mm，雌性体长 7.15～10.78mm。触角 17 节。头顶低平，侧缘隆起与颜面侧隆线同一龄。后一对 X 形纹出现，翅芽明显长于背板侧缘，翅脉可见，翅芽指向后下方。

三龄蝗蝻雄性体长 9.04～14.16mm，雌性体长 9.04～14.3mm。雄性触角 11 节，雌性触角 20 节。头顶微凹，其侧缘隆起与颜面侧隆线同一龄。X 形纹前一对较后一对长。雄性的翅芽翻转到背上，长达第一腹节，后翅明显长于前翅，翅尖指向后下方，前翅可见一部分；雌性的翅芽明显宽出背板侧缘，翅脉明显。

四龄蝗蝻雄性体长 13.28～18.54mm，雌性体长 13.09～19.44mm。雄性触角 23 节，雌性触角 22 节。

头顶凹下。雄虫 X 形纹前后约等长，雌虫 X 形纹前稍长于后。雄虫翅芽长达第三腹节后缘，后翅尖指向后下方，前、后翅等长；雌虫翅芽翻到背上，长达第一腹节后缘，后翅长于前翅，前翅可见一部分，后翅尖指向后方。

五龄蝗蝻体长 18.3～30.27mm。触角 24 节。头顶稍凹。X 形纹前一对与后一对长度约相等。翅芽长达第三腹节后缘或第四腹节中部，后翅稍微长于前翅，翅尖指向后方。

（三）生活习性

亚洲小车蝗 1 年发生 1 代，以卵在土壤中越冬，大概在胚胎发育的第 13 阶段进入越冬期。5 月中、下旬越冬卵开始孵化，幼虫 5 龄，6 月中、下旬为三龄若虫高峰期，第五次蜕皮后，7 月上、中旬为成虫羽化盛期，7 月中、下旬为成虫盛期，7 月下旬至 8 月上旬开始产卵。

亚洲小车蝗为地栖型蝗虫。适生于板结的沙质土，植被稀疏、地面裸露的向阳坡地和丘陵等地面温度较高的环境，有明显的向热性。中午为活动高峰，阴雨、大风天不活动。成虫有趋光性，且雌虫比雄虫强。

产卵时，选择向阳温暖、地面裸露、土质板结、土壤湿度较大的地方。土壤 pH7.5～8.8 都可产卵。亚洲小车蝗产卵所需的土壤含水量偏高，且产卵数目随土壤硬度的增加而明显增加，在土壤硬度为 10.4kg/cm² 时产卵量最大，松软土壤内产卵块数明显下降。初孵化的蝗蝻活动能力弱，群集在孵化处的杂草丛中栖息和取食。三龄以后，活动能力增强，并逐渐扩散。在草场缺乏食料时，蝗蝻和成虫可集体向邻近的农田迁移为害。迁入农田为害时间的早晚与气象、牧草长势和虫口密度相关。高密度的蝗群常对农田造成毁灭性的为害。

近年来亚洲小车蝗在各地起飞严重，作为蝗群前锋聚集迁移，甚至成群结队出现在城区中心，实属历史罕见。1999 年 7 月 24 日、2003 年 7 月 11～31 日、2004 年 7 月 16 日夜间，亚洲小车蝗多次迁入城市、村镇、厂矿、企业、居民区。2002 年 7 月初至中旬先后在赤峰多伦县、张家口、承德和北京等北方城市，从北到南突然大量出现亚洲小车蝗的成虫。根据不同地区亚洲小车蝗成虫出现时间的分析比较，其雌成虫的卵巢发育状态和迁飞降落过程以及对此期间在北京采集到的亚洲小车蝗饲养观察等，初步认为亚洲小车蝗具有远距离迁飞的特性。亚洲小车蝗主要在夜间迁飞，因它具有较强的趋光性，因而在城市中灯光强烈的地方会吸引大量的亚洲小车蝗成虫。2003 年是亚洲小车蝗迁飞最频繁的 1 年。7 月 30 日晚，亚洲小车蝗大量迁入呼和浩特市区，在灯光集中处虫口密度达 1 000 头/m² 以上。据观察，亚洲小车蝗成虫对白炽灯、日光灯、黑光灯、霓虹灯、高压汞灯等光源有较强的趋性。雄虫趋光性弱于雌虫，在灯下雄虫数量约占总虫量的 1/5。21：00～22：00 是迁入的主要时段。但迁入的蝗虫很少对树木、草坪、花卉等绿化植物造成危害。在夜晚和清晨，亚洲小车蝗行动迟钝，对外界反应能力弱，日出后随着温度的升高，再度迁出城镇活动。

亚洲小车蝗的迁飞习性也反映了它的群集性特点，加强亚洲小车蝗聚集行为的研究，对于了解其暴发成灾机制具有重要的意义。亚洲小车蝗成虫的聚集行为表现不明显，只是在若虫时期表现出一定的聚集性，老熟雌成虫也有部分聚集行为。除雄性若虫对相同发育阶段的异性（雌性若、成虫粪便）有聚集反应外，各发育阶段的雌、雄虫均喜欢选择来自同性的体表或粪便挥发物。亚洲小车蝗喜欢选择在已有卵囊和泡沫的有卵杯中产卵，而不喜欢在没有卵囊和泡沫的无卵杯中产卵，表明该蝗可利用挥发性气味区分有卵杯和无卵杯，并且可被其卵囊和泡沫挥发物吸引产卵。这些结果初步显示了亚洲小车蝗存在聚集产卵的现象，卵囊及泡沫有可能是调控其产卵行为的信息化合物的来源。

采用人工饲养与自然发育相对照的方法，对亚洲小车蝗的食量进行了测定。若虫期食量平均为 1.844g（最大 3.38g，最小 1.1g）；成虫期食量平均为 8.395g（最大 10.568g，最小 6.735g）；一生食量平均为 10.239g（最大 13.948g，最小 7.835g）。成虫期因寿命较难判断，故以自然发育期校正。亚洲小车蝗若虫食量三龄期明显增加，为一龄或二龄期的 4 倍，一、二龄期总和的 2.3 倍；雌若虫食量约为雄虫的 2 倍；若虫期食量约占总食量的 1/5，成虫期约占 4/5。故防治应在三龄前进行，最晚到羽化前。当亚洲小车蝗、宽须蚁蝗和短星翅蝗混养时，亚洲小车蝗的死亡率比单种时有所降低，而短星翅蝗死亡率比单种时则有所增加，表明亚洲小车蝗具有很强的种间竞争能力。

（四）发生规律

1. 虫源基数 从测报资料看，当蝗虫（卵）越冬基数大于 10 粒/m² 时，即有大发生的可能。错过防治适期会遗留大面积虫源。蝗虫发生初期多在牧区和荒山、荒坡取食牧草，由于虫龄低，食量小，无人进行防治。当蝗虫向农田扩散迁移时，大多进入羽化期，食量大增，并对作物造成明显为害后，农民才陆续进行防治。如 1992 年以亚洲小车蝗为主的蝗虫在内蒙古四子王旗、达茂旗、武川县等地严重发生，侵入农田 1.98 万 hm²，一般虫口密度 50～150 头/m²，最高达 300 头/m²。各地 6 月中旬才陆续进行防治，有的旗（县）7 月 14～23 日才进行飞防，已错过了防治适期。由于防治太晚，多种蝗虫已经产卵，遗留下翌年蝗虫大面积发生的虫源。另外，农牧交错区每年防蝗面积有限，而牧区存在大面积的防蝗空白区，自然形成了翌年虫源区。从 20 世纪 70 年代到 2005 年间的 15 次大发生统计来看，内蒙古乌兰察布蝗虫发生面积17.56 万～70.57 万 hm²/年（不包括牧区），但防治面积仅为 0.03 万～26.58 万 hm²/年，且呈逐年递减趋势。如果再加上牧区，每年都有大范围蝗虫虫源区，因此导致了蝗灾频繁发生。但是高越冬基数和大的虫源面积并不意味着蝗虫必然大发生，只有同时具备适宜的气候条件，才会造成亚洲小车蝗的大发生。

2. 气候条件 分析历史资料，一般上年冬雪大，当年早春降水多是蝗虫大发生的重要因素。因冬雪可在地面形成保温层，有利于蝗卵越冬，提高冬后成活率。早春降水较多，有利于蝗卵水分保持和胚胎发育，下一代产卵量增加，尤其是 5 月上旬降水多，对小车蝗发生有利，卵孵化期提早，孵化整齐，孵化率高，虫口密度大。2000 年春季在内蒙古赤峰林西县调查蝗卵，5 月 4 日挖测 20 点，共有卵块 47 块，每块卵粒最多有卵 60 粒，预测当年严重发生。当年 5 月 9 日降雨一次，5 月 11 日再次降雨，5 月 20 日调查已有 10% 的卵块开始孵化，5 月 25 日调查孵化率达 40%。降水所形成的地表松散湿润状态有利于自然植被的返青和生长，为蝗蝻提供了必需的食料。而夏季干旱、高温导致牧草生长不良，促使蝗虫因食料和水分缺乏而大量迁入农田为害。如 2002 年秋季蝗虫卵越冬基数为 21.4 粒/m²，越冬面积 24 万 hm²（不包括牧区），当年 11 月至翌年 2 月，赤峰全市降水 11.1～31.4mm，大部地区比历年同期偏多 7 成到 1 倍。期间出现了历史上少有的大范围强降雪天气过程，2002 年 12 月 23 日开始连续 4d 中到大雪，积雪厚度 5～13cm，形成坐冬雪（冬季不消融）；2003 年 2 月 21～22 日全市再次普降大雪，积雪厚度 3.2～5.5cm。春季（3～5 月）降水量比历年同期偏多 6 成至 3 倍。适宜的气象条件与蝗虫的生理需求相吻合，造成 2003 年蝗虫大发生。

光周期对亚洲小车蝗的生殖和生长也具有一定影响。亚洲小车蝗老龄蝗蝻到成虫的发育速度在中光照下（L12∶D12）最快，长光照时数（L16∶D8）更有利于亚洲小车蝗羽化。光周期对亚洲小车蝗产卵影响最为明显，亚洲小车蝗在中光照和长光照条件下有利于产卵。亚洲小车蝗在 50%～80% 相对湿度下的取食量显著大于其他湿度。

3. 生态条件 草场退化是草原直翅目昆虫大量发生的一个重要原因。随着人口增长和经济发展，草原牧区和农牧交错区的开发规模不断扩大，造成对草地资源的深度开发、超负荷利用和掠夺式经营。诸如盲目追求养畜数量、超载放牧、开采矿产、垦草种田、过量樵采、采挖药用植物等，对天然草原（草场）造成了极大破坏。根据 1999 年卫星遥感调查，内蒙古草原荒漠化面积已超过 60%。2001 年内蒙古中部地区（乌兰察布市、锡林郭勒盟）由于无序开垦，超强度放牧和气候变化，致使草原景观面积与 20 世纪 80 年代相比净减少 51 万 hm²。草原开垦，为蝗虫提供了更适宜的生存环境和更宽的食物选择范围。亚洲小车蝗的分布与植物种类、草地盖度和生产力有关，在重度和过度放牧退化草原区域分布较多。退化草原（草场）植被稀疏，地表相对裸露，适宜亚洲小车蝗等多种地栖性蝗虫栖息生存，而蝗虫的猖獗为害又加重了草原的退化，由此形成恶性循环。亚洲小车蝗喜欢取食牲畜取食后的牧草，推断其原因是亚洲小车蝗喜食含氮量较低的牧草，而牲畜取食降低了牧草氮素含量。20 世纪 70 年代以来，草原的过度利用和气候变化等因素导致蝗虫暴发频率增加，发生面积扩大。

4. 寄主植物 亚洲小车蝗喜食禾本科植物，非喜食植物会负向影响其生长生殖状况。亚洲小车蝗对禾本科植物具有很强的嗅觉灵敏性，尤其是雌虫。不同植物饲喂亚洲小车蝗，以羊草最优，大针茅次之，而用冷蒿和菊叶委陵菜作食料则对其生长发育极为不利。成虫的体长和体重是由蝻期的取食植物所决定的，同时体重也受成虫期取食植物的影响。亚洲小车蝗在取食喜食植物的情况下，雄虫寿命均长于雌虫寿命，这种现象的出现，主要是由于亚洲小车蝗雄虫羽化比雌虫早，而当地寒冷天气出现较早，从而使雌、雄虫基本上同时死亡。亚洲小车蝗不论是在蝻期还是在成虫期，只要给以不同的食料植物，其生殖力即产卵量总是有所变化的，取食喜食的植物，产卵量则多；取食不喜食的植物，产卵量则低；给其拒食或特别不喜食的食料植物，则不能产卵。低密度为害时对牧草有超补偿作用，而随密度增加牧草产量损失逐渐增大。

5. 天敌昆虫 亚洲小车蝗的天敌有狐狸、百灵鸟、沙鸡、鹌鹑、刺猬、蜥蜴、蟾蜍、虎甲、步甲、食虫虻、寄生蝇、泥蜂、蜘蛛、螽斯、芫菁等。这些天敌在草原生态系统的食物链中占有重要地位，对蝗虫起一定的制约作用。但随着草原（草场）退化，生态环境恶化以及人类捕猎，破坏了生物多样性，天敌数量锐减。

6. 化学农药 化学防治是目前我国防治亚洲小车蝗的主要措施，然而化学防治在消灭蝗虫的同时，也杀死了大量天敌，大大削弱了天敌制约蝗虫的作用。天敌的减少也是 20 世纪 90 年代以来蝗虫频繁成灾的一个重要因素。

（五）防治指标

亚洲小车蝗在三龄期的防治经济阈值大约为 17 头/m²。若考虑到蝗虫的环境容纳量，防治指标稍大于经济阈值，约为 21 头/m²。

张泽华　刘朝阳（中国农业科学院植物保护研究所）

二、毛足棒角蝗

（一）分布与危害

毛足棒角蝗［*Dasyhippus barbipes*（Fischer‐Waldheim）］属直翅目槌角蝗科棒角蝗属（*Dasyhippus* Uv.）。分布于我国黑龙江、吉林、内蒙古、宁夏、青海、甘肃张掖（民乐、山丹）、陕西、新疆，国外分布于蒙古、前苏联、朝鲜等地。毛足棒角蝗是我国草原重要的优势蝗虫之一，在轻度退化的草原数量较大，发生期较早，主要为害禾本科、藜科等植物。

（二）形态特征

体形较小，通常黄褐色，偶见黄绿色。雄虫体长 13.4～19.0mm，前翅长 9.4～13.0mm，雌虫体长 14.5～21.0mm，前翅长 8.3～14.0mm。头大而短，颜面倾斜，隆起上端较窄，下端较宽，纵沟较低凹。雄虫触角顶端明显膨大，呈锤形，雌性触角端部膨大较小。头侧窝狭长，四角形，长为宽的 2.2～3 倍。复眼卵形，中隆线和侧隆线明显，侧隆线在沟前区明显弯曲，前胸背板前缘平直，后缘弧形，后横沟在背板中后部穿过。前胸腹板前缘略隆起。前翅发达，长为宽的 6 倍，顶端到达后足股节的顶端，缘前脉域不达翅中部，前缘脉域较宽，约为亚前缘脉域的 3 倍。中脉域最宽处几乎等于肘脉域的最宽处。后翅略短于前翅。雄性前足胫节稍膨大，底侧具有细长绒毛，后足股节外侧膝片顶端圆形，胫节顶端无外端刺。肛上板三角形，具中纵沟。雄性尾须柱状，端部扁，顶部圆；雌性尾须短椎形。雄性下生殖板短椎形，顶钝；雌性下生殖板后缘中央略凹陷（彩图 13‐5‐2）。

（三）生活习性

1 年发生 1 代，以卵在土壤中越冬，越冬卵 4 月底至 5 月初开始孵化，5 月下旬大部分蝗蝻进入三至四龄，6 月初少量成虫羽化，6 月中、下旬成虫大量羽化。7 月初到 7 月中旬成虫交尾产卵。毛足棒角蝗产卵时间为 8：30 左右到 17：30 左右，集中产卵时间为 13：00～16：00，产卵高峰为 14：00 左右。在土壤硬度为 0.44～0.72MPa 时其产卵块数最高。同时，毛足棒角蝗喜欢在含水量较低的土壤中产卵，在土壤含水量为 4% 时，产卵量达到最高峰。毛足棒角蝗的卵块一般分布在土壤表层的 1.5cm 左右，且具柔韧、革质的卵囊外壳。

毛足棒角蝗以取食禾本科植物为主，主要取食羊草，也比较喜食冰草、冷蒿、早熟禾、苔草、星毛委陵菜、乳白花黄芪等。毛足棒角蝗三龄蝗蝻对羊草的平均日取食量为（1.56±0.24）mg，四龄蝗蝻为（2.84±0.31）mg，五龄蝗蝻为（5.59±0.78）mg，雄成虫日取食量为（10.30±2.11）mg，雌成虫日取食量为（17.49±1.69）mg。其蝗蝻的平均寿命为 6.97d，成虫为 32d。在草原 5 种主要蝗虫（亚洲小车蝗、毛足棒角蝗、宽须蚁蝗、小蛛蝗、狭翅雏蝗）中，毛足棒角蝗成虫平均寿命最长。毛足棒角蝗造成的牧草损失为 391mg/头，其防控的经济阈值为 22.7 头/m²（三龄蝗蝻）。

（四）发生规律

1. 气候条件 温度和光照周期是昆虫生长发育和生活史的主要影响因子，也是草原蝗虫形成其特定物候学规律的决定因素。随温度的升高，毛足棒角蝗产卵蝗虫的数量增加，产卵高峰与温度的最高值相吻合。地温对蝗虫产卵的影响比气温具有更重要更直接的作用。在白天温度（28±1）℃、黑夜温度（23±1）℃的恒定温度下，不同光周期对毛足棒角蝗高龄若虫的发育、羽化、产卵影响不大，但是对其存活率有极显著的影响。毛足棒角蝗老龄蝗蝻到成虫的发育速度在中光照下（L12：D12）最快。毛足棒角蝗的羽化在中光照条件下最适宜；中光照和长光照条件有利于毛足棒角蝗产卵。

2. 寄主植物　毛足棒角蝗以取食禾本科植物为主，主要取食羊草，所以毛足棒角蝗主要分布在以羊草为主的草原。

3. 放牧强度　毛足棒角蝗对放牧活动呈正反应，与植物生物量、高度和土壤含水量呈正相关。毛足棒角蝗对放牧的反应表现在对不同类型的植被反应不同。在羊草草原，随放牧强度的增加而表现出种群逐渐增加的趋势，而过度放牧地段，群落生物量热值达到最高；在大针茅草原放牧草场，毛足棒角蝗随放牧强度的加剧逐渐增加，重度放牧地段达到最高，在过度放牧地突然下降。由于毛足棒角蝗是一种早期发生的兼栖型蝗虫，对湿润的土壤和充足的阳光依赖性较大，它喜欢稀疏的植被，但又需具有一定的高度，故极端退化的草场并不是它适宜的生境。

4. 围栏封育　围栏封育使蝗虫的食物及其栖息环境发生变化。不同种的蝗虫具有不同的生物学及生态学特征，对食物及其生存环境有不同的要求，而表现出对围栏封育的不同反应。有些种类丰富度上升，有些则下降，某些适应性强的不敏感种类变化不大。毛足棒角蝗为早期发生种，为兼栖偏地栖型的禾草或杂草取食者。硬度大、含水量低的土壤有利于其产卵，围栏后植被生物量增加，裸地减少，使毛足棒角蝗的产卵量下降，其丰富度降低。

王广君（中国农业科学院植物保护研究所）

三、宽须蚁蝗

（一）分布与危害

宽须蚁蝗〔*Myrmeleotettix palpalis*（Zubovsky）〕属槌角蝗科槌角蝗亚科蚁蝗属。

宽须蚁蝗分布于青海、甘肃、新疆、内蒙古、河北、山西等省份，国外分布于俄罗斯（西伯利亚）和蒙古。喜食禾本科、莎草科、豆科、菊科、蔷薇科植物。

（二）形态特征

成虫：体形短小。雄性体长 10.5～11mm，雌性体长 14～16mm。雄性前翅长 7.5～8mm，雌性前翅长 8～10mm。雄性后足股节长 6～7mm，雌性后足股节长 9～9.5mm。触角丝状，顶端明显膨大，但不呈锤状。头侧窝狭长，呈四角形。下颚须的端节较宽，长为宽的 1.5～2 倍，顶圆。前胸背板侧隆线在沟前区颇弯曲，在沟后区较分开。雄性前翅到达后足股节的顶端，雌性前翅不达后足股节的顶端。前翅前缘较直，基部不扩大，向端部逐渐弯狭。中脉域的最宽处大于肘脉域最宽处的 1.5～2 倍。鼓膜孔呈狭缝状（彩图 13 - 5 - 3）。

卵：卵囊呈近圆柱状并略弯曲，上部略细于下部，长为 10.8～15.6mm，中部直径为 2～2.5mm，下部较粗，直径为 2.3～3mm，平均 2.7mm。卵囊外壁的胶质较硬，卵囊内上部为淡褐色泡沫状物质，约占卵囊全长的 1/3，其下部为卵室，内含卵 4～6 粒，平均 5 粒。卵粒规则地排列成两行，卵粒直立或略微倾斜。卵粒长约 4mm，直径约 0.9mm。

蝗蝻：雄性 4 龄，雌性 5 龄。一龄蝗蝻体较短粗，头大而圆。触角端部略粗，前胸背板侧隆线后方明显向外扩张，后缘中央凹入，中胸和后胸背板两侧钝圆，没有突出。翅芽不明显。二龄蝗蝻前胸背板中央微凹，但较一龄为浅，略见翅芽，中胸和后胸背板两侧略向下方突出，雄性更加明显。三龄蝗蝻雌性翅芽翻向背部靠拢，翅尖开始指向后方，翅芽长度约为前胸背板长度的 1/2，翅脉明显可见，雄性翅芽仍在体侧，但较二龄更为明显，且翅尖指向后下方，前胸背板后缘平直。四龄蝗蝻雄性翅芽伸长，其长度与前胸背板长度相等，翅芽尖端指向后下方，雌性翅芽翻向背部靠拢，翅尖指向后方，长度约为前胸背板的 1/2。前胸背板后缘向后突出，雄性更为明显，形成锐角。五龄蝗蝻雌性翅芽伸长，与前胸背板等长，前胸背板后缘中央更向后延伸形成钝角。

（三）生活习性

宽须蚁蝗属每年发生较早的种类，1 年发生 1 代，以卵在土中越冬。在甘肃甘加草原地区每年 4 月中旬末至下旬，当平均气温 5.4℃、5cm 平均地温 8.6℃左右时，越冬卵开始孵化出土，5 月上旬末至下旬为孵化盛期。孵化多在晴天的 10：00～15：00，刚孵出的幼蝻不大活动，1d 后开始跳跃，并向周围扩散。二龄蝗蝻从 5 月上旬开始到 6 月下旬结束，盛期在 5 月中、下旬。5 月中旬至 7 月中旬是三至五龄蝗蝻发生时期。6 月中旬始见成虫，6 月下旬至 7 月上旬进入羽化盛期。7 月上旬开始产卵，7 月中、下旬为产卵盛期。卵多产在向阳背风、土质较硬、距地表 2～3cm 的土中。每头雌虫产卵囊 1～4 个，平均 2.5 个，一生平均产卵 12.5 粒。雄虫交配后、雌虫产卵后 15d 左右即死亡，至 8 月下旬已基本无成虫活动。在新疆和内蒙古地区卵最早孵化出现在 5 月中旬，孵化盛期约为 5 月中、下旬。蝗蝻最早羽化在 6 月中旬，羽化盛期为 6 月下旬至 7 月上旬。成虫产卵初期约为 6 月下旬，产卵盛期为 7 月上、中旬，成虫可以生活到 8～9 月。

用无芒雀麦叶片饲养宽须蚁蝗，观察到蝗蝻各龄历期依次为 (15.3 ± 0.9) d、(16.5 ± 3.3) d、(16.5 ± 2.7) d、(15.7 ± 3.1) d 和 (17.0 ± 1.4) d。全历期雄性平均为 (69.8 ± 8.2) d，雌性平均为 (75.1 ± 9.7) d。成虫寿命平均为 (49.5 ± 12.1) d。

宽须蚁蝗多发生在退化典型的草原和荒漠草原等植被比较稀疏和干旱的地带。据观察，宽须蚁蝗喜食禾本科牧草，也取食豆科、菊科、莎草科植物，大发生时可将禾本科牧草吃光。

宽须蚁蝗在雨雪和刮风天气几乎不取食，蜕皮前 1～2d 和蜕皮期间不取食，待老皮完全蜕去后就立即取食牧草。食量随虫龄的增大而加大，一至五龄蝗蝻对无芒雀麦的日取食量分别为 (0.49 ± 0.22) mg、(2.77 ± 0.65) mg、(4.85 ± 2.64) mg、(7.47 ± 2.81) mg 和 (21.76 ± 3.46) mg。雌、雄成虫食量差异很大，雌虫日取食量为 (28.66 ± 8.47) mg，雄虫日取食量为 (10.09 ± 4.99) mg，雌虫的日取食量为雄虫的 2.8 倍左右。蝗蝻期的食量平均为 333.15mg，成虫期平均为 959.57mg。每头宽须蚁蝗一生总食量约为 1 292.72mg。

（四）发生规律

1. 气候条件　在甘肃夏河县，宽须蚁蝗的发生高峰期与 5 月上、中旬的土壤温度密切相关，4 月中旬土壤温度和 5 月上旬降水量对高峰期发生量影响较大。高峰发生期（y）与 5 月上、中旬 5cm 平均土温（x）的线性回归模型为：$y = 41.450\ 5 - 2.515\ 6x \pm 1.979\ 6$。每 0.25m² 高峰期发生量（$y$，头）与 4 月中旬 5cm 平均土温（$x_1$）、5 月上旬降水量（$x_2$）的回归模型为 $y = 4.732\ 3 - 0.565\ 7x_1 + 0.053\ 8x_2 \pm 0.189\ 2$。

2. 物候条件　对甘加草原宽须蚁蝗各虫态发育阶段的物候观测表明，马蔺、岌岌草返青时，蝗蝻开始孵化出土。马蔺分蘖时，进入孵化出土盛期。马蔺初花、蒲公英谢花时为二龄盛期。马蔺盛花、芦苇拔节时为三龄盛发期。垂穗披碱草、紫花羊茅孕穗时为四龄盛期。老芒麦孕穗、马蔺结荚时为成虫盛发期。

（五）防治指标

根据经济损失水平和牧草产量损失测定，甘肃夏河县高山草原的防治指标为 32.3 头/m²，内蒙古典型草原防治指标为 34.3 头/m²。

刘长仲　张廷伟（甘肃农业大学草业学院）

四、日本黄脊蝗

（一）分布与危害

日本黄脊蝗 [*Patanga japonica* (I. Bolivar)] 属直翅目蝗总科斑腿蝗科黄脊蝗属，在我国主要分布于河北、山东、安徽、江苏、浙江、湖北、江西、福建、台湾、广东、广西、四川、贵州、云南、西藏、甘肃等省份；在国外主要分布于日本、朝鲜、印度等。主要为害小麦、玉米、高粱、花生、大豆、棉花及水稻等农作物。据田间笼罩饲养观察，每平方米有蝗蝻 50 头以上时，5d 可将夏谷叶片吃光，剩叶片主脉和茎秆，随后谷穗被全部吃掉，10d 后可将穗茎、叶片主脉吃掉，茎秆损失 32%，因而该虫在蝗蝻期即可造成危害。

（二）形态特征

成虫：体长 31～36mm，黄褐色至暗褐色，体背沿中线自头顶至翅尖有明显的淡黄色纵带，前胸背板侧片有 2 个明显的黄斑，腹眼下有短黑色条纹。前翅达到后足胫节中部，有较多的黑褐色圆斑。后足胫节外侧沿上隆线有黑色纵条，后足胫节刺基部黄色，顶端黑色。

雄成虫体大型，粗壮，具粗而密的刻点。触角细长，25～27 节，到达或超过前胸背板后缘。胸部与体腹面具密长绒毛。头大而短，短于前胸背板；头顶平坦，顶端略宽，无头侧窝；额面略向后倾斜，具粗刻点；颜面隆起狭长，中单眼之上平坦，具粗刻点，之下具纵沟，但不到唇基，两侧缘几乎平行；复眼较大，卵圆形。前胸背板低平，有粗大刻点，前缘平直或略向前突出，后缘圆弧形，中隆线平直，较浅，无侧隆线，3 条横沟明显，均切断中隆线，沟前区与沟后区等长。前胸腹板突圆柱形，略向后倾斜，顶端钝圆。中胸腹板侧叶狭长，侧叶间中隔长方形。后胸腹板侧叶后端毗连。前、后翅发达，到达后足胫节中部；后翅略短于前翅。后足股节匀称，上侧中隆线具明显的细齿，后足胫节内线具刺 10～11 个，外缘 8～9 个，无外端刺，跗节爪间中垫很长，顶端圆形，其长超过爪顶端。肛上板细长，顶端呈三角形突出，中央基部一半处具纵沟。尾须细长，顶端向内弯曲，超过肛上板顶端。下生殖板长圆锥形，顶端尖锐。

雌成虫体大于雄成虫，后胸腹板侧叶略分开。肛上板三角形，中央有纵沟。尾须短小，圆锥形，短于肛上板顶端。产卵瓣粗短，钩状。上产卵瓣之上外缘平滑无齿，下生殖板平滑，后缘中央具长三角形突出。

卵：卵囊较长，卵囊壁土质，较薄，卵室上有很多泡沫状物质，其长度约为卵囊全长的 1/2，卵粒外无卵囊壁，卵粒完全裸露在外。卵粒黄褐色，长度一般为 6.0mm。

蝗蝻：末龄蝗蝻体色较淡，翅芽可达第三腹节。

（三）生活史

1. 年生活史　据饲养和田间调查，日本黄脊蝗在河北西部山区 1 年发生 1 代，以成虫越冬，越冬成虫 4 月上旬开始交尾，4 月下旬至 5 月下旬产卵，蝗卵于 6 月中旬至 8 月上旬孵化，8 月下旬蝗蝻羽化为成虫，9 月下旬为羽化盛期，12 月上旬成虫进入越冬休眠期，翌年 5 月下旬至 6 月上旬越冬成虫陆续死亡。

2. 各虫态历期　日本黄脊蝗卵历期 38～62d，蝗蝻历期 61～87d，其中一至四龄蝗蝻历期 31.8～38d，五龄蝗蝻历期 31.5～35d。成虫历期平均 270d，最长 286d，最短 261d，其中从羽化到越冬 72d，越冬休眠期 90d 左右。

（四）生活习性

1. 孵化　蝗卵孵化多为 9：00～14：00，以 10：00～12：00 孵化最盛。阴雨天气很少孵化。一般年份蝗卵于 6 月中旬开始孵化，7 月中旬达孵化盛期，孵化极不整齐，前后相差可达 58d。蝗卵自然孵化率为 76% 左右。用不同的埋卵方式进行孵化率观察，结果差异较大，其中土中散埋卵粒的孵化率为 12.5%，扎孔埋卵块卵粒的孵化率为 41.6%，湿度适宜的锯末内埋卵块，其孵化率为 100%。

2. 蜕皮、羽化、交尾与产卵　蝗蝻经 6 次蜕皮羽化为成虫，一般蜕皮或羽化以 11：00～15：00 较多，个别在 6：00 或 17：00，夜间或阴雨天气几乎不蜕皮、不羽化，阴雨转晴及闷热天气蝗蝻蜕皮显著增多。一般年份 8 月中旬末成虫开始羽化，9 月中旬末至下旬初达盛期，自然羽化率 73.58%～88.15%，羽化期成虫自然死亡率为 20.3%。羽化时间平均 38 min，最长 48 min，最短 30 min；羽化后成虫展翅时间平均 33.5 min，最长 37 min，最短 28 min。

成虫经越冬休眠，翌年 4 月上旬开始交尾，4 月下旬至 5 月下旬初为交尾盛期，一生中可进行多次交尾。交尾多在白天进行，一天中 7：00～12：00 和 15：00～18：00 出现两次交尾高峰，个别在交尾时遇连雨天交尾持续时间可超过 49h。

成虫交尾后 15～20d 开始产卵，5 月中旬为产卵盛期。成虫选择产卵地点后，即以 6 足支持身体，弯曲腹部，用腹部末端的生殖片挖土成孔道，先分泌胶质，一块卵产完后在上部分泌一层胶质，然后拨动土粒掩埋卵孔，方才飞走。胶囊顶部距地表 2～4 mm，产卵深度 55～60 mm。1 头雌虫一生产卵 1～4 块，平均 2.7 块，每卵块卵粒 64～152 粒，平均 85 粒。产卵多在 10：00～15：00 进行，雨天不产卵，每产一块卵需 1～3h，平均 1.33h。成虫腹内剖检卵粒数为 72～170 粒，平均 117 粒。

3. 取食习性　蝗蝻、成虫最喜食玉米、谷子、黍子、豆类、花生、小麦等作物及禾本科杂草，为害甘薯较轻；在食料缺乏的情况下可取食洋槐、紫穗槐叶片和其他杂草暂时充饥。蝗蝻出土后 1～2h 开始活动，并在附近寄主上取食，三龄前蝗蝻食量较小，四龄蝗蝻食量显著增加，早晨蝗蝻多在作物中下部，8：00后转移到中上部甚至穗部集中暴食。阴雨天及夜间很少取食或不取食。蜕皮、羽化前 6～20h 停止取食。交尾产卵期间取食次数增加，食量增大，边交尾边取食。蝗蝻和成虫有一定的耐饥力，四龄蝗蝻停食

17～20d 死亡，五龄蝗蝻停食 5d 后继续取食，羽化率为 70％，成虫在停食后15～31d 才大量死亡。

4. 活动栖息与飞翔习性　日本黄脊蝗聚集性很强，蝗蝻龄期越大越明显，蝗蝻和成虫均可成群迁移。据调查，一株谷子上最多可聚集蝗蝻 22 头，一棵大豆上可聚集 35 头，平均单株最高 40 头（蝗蝻 20 头、成虫 20 头）。成虫在性成熟前有迁飞能力，但迁飞距离不远，多在视野内降落；迁飞多出现在中午前后，适宜天气为风力 3 级以下的晴天，其飞行方式可分为三种类型。

（1）低空短距离飞行。一般飞行数米远即落下来，高度约为 2 m。

（2）中空较远距离飞行。一般飞行距离可达数十米，迎风斜飞，高度距地面 4～5m。

（3）盘旋远距离飞行。起飞时头部迎风飞，前进方向与风向呈锐角盘旋而上，飞至 10～15m 高处，飞行方向偏离至与风向呈钝角。飞行 200～300 m 降落。迁飞降落地点多数为环境条件优越、食料丰富处。

五、黄胫小车蝗

（一）分布与危害

黄胫小车蝗（*Oedaleus infernalis* de Saussure）属直翅目蝗总科斑翅蝗科小车蝗属。国内主要分布于内蒙古、黑龙江、吉林、辽宁、河北、陕西、山东、江苏、安徽、福建、台湾等省份；国外分布于朝鲜、日本等。主要取食禾本科植物，如羊草、碱蓬，对玉米、高粱、谷子等农作物也能造成一定程度的危害。

（二）形态特征

成虫：雄虫体长 21～27 mm，雌虫体长 30.5～39 mm。雄虫前翅长 22～26 mm，雌虫前翅长26.5～34 mm。虫体黄褐色带绿色，有深褐色斑。头顶短宽，顶端圆形。颜面垂直或微向后倾斜；颜面隆起明显，在中眼之下不紧缩，顶端具细小刻点。复眼卵圆形。头侧窝不明显。触角丝状，到达或超过前胸背板的后缘。前胸背板中部略缩窄，沟后区的两侧较平，无肩状的圆形突出；中隆线仅被后横沟微切断，背板上具有淡色 X 形纹，沟后区图纹比沟前区宽。前翅端部较透明，散布黑色斑纹，基部斑纹大而宽；后翅基部浅黄色，中部的暗色带纹常到达后缘，雄性后翅顶端色略暗。后足股节底侧红色或黄色；后足胫节基部黄色，部分常混杂红色，无明显分界（彩图 13-5-4）。

卵：卵囊细长弯曲，长 27.9～56.9 mm，宽 5.5～8.0 mm，无卵囊盖，囊壁泡沫状，囊内有卵 28～95 粒，平均 65 粒，卵粒与囊纵轴呈倾斜状，整齐排列成 4 行。卵囊通常分布在含水量稍低、植被覆盖度较低的草原及农田周边的土壤中。卵粒较直或略弯曲，中间较粗，肉黄色，长 4.6～6.0mm，宽 1.3～1.7mm。表面具有雕刻样花纹，初产的卵表面通常有 6 个隆起细脊所围成的网状小室，脊的交界处有瘤状突起。

蝗蝻：蝗蝻有 5 个龄期。前胸背板向上拱起，略呈屋脊状，体多为灰褐色，从二龄开始出现绿色个体，且体色的深浅及花纹的变化颇不一致。一龄蝗蝻体色较深，由复眼前后直到前胸背板后缘中央两侧，各有 1 条较粗的黑褐色带纹；由上唇基部直到前胸背板侧缘也各有 1 条较细的褐色条纹；后足股节有 3 个完整的褐色环带，体上有各种花纹，异常分明。二龄体色较浅，仍保留一龄蝗蝻时的各种花纹，但花纹的深浅不明显。三龄蝗蝻体色稍深，头部及前胸背板上的花纹大部消失，仅保留部分残余痕迹，后足股节上的环带也不完整，在前胸背板上开始出现 "><" 形花纹，但不甚明显。四龄蝗蝻体色、花纹等与三龄蝗蝻相似，但前胸背板上 "><" 形纹较突出。五龄蝗蝻头及前胸背板上的花纹较四龄蝗蝻明显，后足股节的黑色环带不完整。

一龄蝗蝻体长 5～7 mm，翅芽很小，不明显，呈半圆形，其长度几乎与中胸和后胸背板相平；二龄蝗蝻体长 6～9 mm，翅芽较明显，呈半椭圆形，略突出于中胸和后胸背板的后缘；三龄蝗蝻体长 8～13 mm，翅芽远远超过中胸和后胸背板的后缘，前翅芽狭长，后翅芽略呈长三角形；四龄蝗蝻体长 12～19 mm，翅芽向背后方翻折，其长度可伸达第四腹节背板的后缘，并将听器掩盖。

（三）生活史

1. 年生活史　黄胫小车蝗在河北北部和西部山区，山西中部、北部地区 1 年发生 1 代；河北南部、陕西关中地区、汉水流域、山西南部的黄河沿岸低海拔（400 m 以下）地区及山东、河南等地 1 年发生 2 代。各地均以卵越冬，1 代区越冬卵于 6 月上、中旬孵化，6 月下旬至 7 月上旬进入孵化盛期，7 月下旬至 8 月上旬羽化为成虫，8 月中旬为羽化高峰，9 月上、中旬为产卵盛期，10 月中、下旬成虫陆续死亡。

2 代区越冬卵于 5 月中旬孵化，5 月下旬至 6 月上旬进入孵化盛期，6 月下旬至 7 月上、中旬羽化出第一代成虫，7 月中、下旬产卵；第二代蝗蝻于 7 月下旬至 8 月上旬开始孵化，8 月中旬进入孵化盛期，9 月中、下旬羽化出第二代成虫，第一、二代成虫均于 10 月下旬至 11 月上旬死亡。

2. 各虫态历期 据河北安新县饲养观察，黄胫小车蝗越冬卵历期 140～170 d，第二代卵历期 20～25 d。第一代蝗蝻历期 52.7 d，第二代蝗蝻历期 47.3 d；第一代成虫历期 60.7 d，第二代成虫历期为 45.2 d。山西曲沃县 1 代区黄胫小车蝗全世代历期 195.2 d，其中蝗蝻历期 58.4 d，成虫历期 136.8 d（表 13-5-1）。

表 13-5-1 黄胫小车蝗全世代历期

Table 13-5-1 Generation duration for *Oedaleus infernalis*

项目		一龄 (d)	二龄 (d)	三龄 (d)	四龄 (d)	五龄 (d)	蝗蝻 (d)	成虫 (d)	全世代历期 (d)
2 代区	第一代（安新）	8.2	9.1	13.3	11.5	10.6	52.7	60.7	113.4
		6～18	6～39	8～38	6～41	8～37	38～108	44～95	82～189
	第二代（安新）	7.3	6.5	8.1	10.2	13.2	47.3	45.2	92.5
		7～12	5～18	6～14	7～19	9～28	36～76	37～60	78～118
1 代区（曲沃）		8	10.9	11.3	11.4	16.8	58.4	136.8	195.2
		4～14	7～17	7～15	9～15	13～22	52～66	124～162	176～228

（四）生活习性

1. 卵孵化 据山西、河北等地观察，黄胫小车蝗卵多在 8：00～16：00 孵化，其中 10：00 左右为孵化高峰。阴雨或低温天气蝗卵一般不孵化，阴雨转晴或晴朗无风天气有集中孵化的现象。孵化时，借颈膜泡的收缩作用，将卵壳顶破，推去土粒向上移动，幼蝻逐渐钻至土表。

2. 蜕皮、羽化、交尾与产卵 蝗蝻一般有 5 个龄期，每次蜕皮时间一般为 15～20 min，长的可达 40～50 min。蜕皮和羽化多集中在一天中的 13：00～15：00，在晴朗无风、潮湿闷热或阴雨转晴时蜕皮、羽化较多。同一天孵化的卵块，即使在同一环境中，蝗蝻的蜕皮、羽化时间亦不同，有的相差 10～20d，长者可达 30d。羽化后的成虫经 1～2 周达到性成熟，并开始交尾。成虫有多次交尾的习性，一般交尾 16～20 次，多者达 25 次。交尾多在 8：00～10：00 和 14：00～16：00 进行，阴雨天、低温或高温天气很少交尾。每次交尾时间短的 45～70min，长的达 3～4h。黄胫小车蝗雌虫对产卵环境有明显的选择性，在土质坚实、植被覆盖度低、向阳坡处及田埂处产卵较多。成虫交尾约 18d 后开始产卵，产卵多在晴天 10：00～16：00，以 14：00～16：00 较多。产卵时，雌虫腹部比正常伸长 3 倍，卵产到土中后，用副腺液将卵粒黏在一起，形成卵块。每次产卵完毕，雌虫用后足在产卵孔附近不停地踩踏，并拨动卵孔附近的土粒，待填平产卵孔踏实后再离开。产卵前，雌虫有试产现象，试产不覆盖产卵孔。据河北观察，在黄胫小车蝗 2 代区，第一代雌虫每头产卵 2～6 块，每卵块有卵 28～95 粒，累计产卵 100～355 粒，平均 217.5 粒；第二代雌虫每头产卵 1～3 块，每卵块有卵 27～66 粒，累计产卵 57～172 粒，平均 108 粒。在山西高平、曲沃进行了室内单体饲养，生殖力比室外笼罩结果明显增加，单雌产卵块数可达 2.6～3.1 块，卵粒数达 166～184 粒（表 13-5-2）。

表 13-5-2 黄胫小车蝗产卵记录（山西）

Table 13-5-2 The oviposition number of *Oedaleus infernalis* (Shanxi)

地点	饲养方式	总卵块数（块）	每块卵粒数（粒）	每块卵平均粒数（粒）	总卵粒数（粒）	平均每头雌虫产卵块数（块）	平均每头雌虫产卵粒数（粒）
曲沃	室内单体饲养（20 对）	62	32～79	59.35	3 680	3.1	184
	室内笼罩饲养（80 对）	153	17～63	42.88	6 560	1.91	82
高平	室内单体饲养（30 对）	78	29～83	63.85	4 980	2.6	166
	室外笼罩饲养（50 对）	108	14～72	41.73	4 507	2.16	90.14

3. 取食习性　黄胫小车蝗为杂食性害虫,喜食谷子、小麦等禾本科作物,在同等条件下,取食谷子的占其他作物的 80% 以上。初孵化、蜕皮的蝗蝻及初羽化的成虫均有一段时间的停食现象,一般停食 4h 左右。蜕皮、羽化及交配前,均有一段暴食期。夏季日出后半小时开始取食,1d 中有两个取食高峰,分别在 10:00 和 18:00,中午高温很少取食,夜间及阴雨天则潜伏于植物茎部,停止取食。在 16~37℃ 内,温度愈高,取食愈多,当温度低于 15℃ 或高于 38℃ 时,取食量显著下降或停止取食。蝗蝻三龄前食量很小,四龄后取食量显著增加,成虫期食量是蝗蝻期的 3~7 倍,据观察,一头成虫取食量为 0.8~1.3g,约合 5~7cm² 小麦叶片,雌虫食量比雄虫大 1/3。

4. 活动栖息与迁移习性　黄胫小车蝗蝗蝻和成虫均具有群集习性和一定的迁移能力,低龄蝗蝻的扩散、迁移能力弱,距离短,龄期大的蝗蝻扩散、迁移能力强。据河北献县观察,三龄蝗蝻在无植被时 2h 可迁移 10m,有植被时多在原范围内活动,成虫具有一定的飞翔能力,每次飞行可达 10m 左右。扩散迁移的原因多为寻找食料或受人类活动的影响。在食料丰富的情况下,蝗蝻和成虫多栖息在杂草丛中及禾本科作物田内。春季,蝗卵孵化后,蝗蝻先在草滩、荒地就地取食,然后迁移到附近作物田为害;夏季,冬小麦或早春作物收割后,田间食料缺乏,蝗蝻就迁移到谷子田或附近其他禾本科作物田继续为害;秋季,作物收割后,田间正处于整地阶段,成虫可再迁移到未收割的晚收庄稼地、作物残茬地、秸秆堆或附近杂草中,这时草滩及夹荒地中的杂草也逐渐干枯,食料大为减少,待秋播小麦出苗后,成虫白天迁移到麦田为害,而晚上再回到附近的杂草中栖息,如此反复,直至霜降前后死亡为止。因此,靠近荒坡地或耕作粗放的冬麦田受害最重。

六、长翅素木蝗

(一) 分布与危害

长翅素木蝗 [*Shirakiacris shirakii* (Bolivar)] 属直翅目蝗总科斑腿蝗科素木蝗属。国内主要分布于吉林、河北、陕西、山东、江苏、安徽、浙江、湖北、江西、福建、广西、四川等省份。国外分布于日本。主要为害禾本科、豆科的多种作物。

(二) 形态特征

成虫:体中型。雄虫体长 23~28mm,雌虫体长 32~42mm。雄虫前翅长 21~25mm,雌虫前翅长 28~37mm。头顶宽短,无中隆线。虫体通常黑褐色,自头顶向后到前胸背板后缘具黑色纵条纹。前胸背板宽平,沿侧隆线具狭而略呈弧形的黄色纵纹,侧隆线在沟后区近后缘部分消失;前胸腹板突圆柱形,略后倾,顶粗圆。中胸腹板侧叶间中隔狭,后胸腹板侧叶相毗连。前翅超过后足股节顶端甚远,表面具许多黑色圆点。后足胫节端半红色,基半黄褐色,具有黑色横斑(彩图 13-5-5,1)。

卵:卵囊长 28~56mm,宽 4.2~8.5mm,卵囊较直或略弯曲,细长,产卵时遇硬物可弯曲。卵囊壁泡沫状,有时粘有少量沙土,泡沫状物质呈黄褐色或淡黄色,与卵粒粘连不甚紧密。囊内有卵 43~67 粒,与囊纵轴近平行状,排列杂乱。卵粒长 4.6~5.5mm,宽 1.0~1.4mm,黄褐色。卵粒较直,略弯曲,中间较粗,向两端渐细,上端钝圆,下端狭阔(彩图 13-5-5,2)。

蝗蝻:初孵蝗蝻体色浅,经 20~30min 体色变深,活动能力增强,一至二龄蝗蝻头部颜色较深、相对较大。蝗蝻前胸背板略平,中、后胸发达,后足强壮有力,善跳跃,后足股节外侧中央有纵向黑色带纹。体色及花纹随龄期的不同而有所变化,一龄蝗蝻胸部背面两侧均有黑斑,中央部分颜色较淡,可区别于其他各龄;二龄蝗蝻全身为深灰色,由头顶到前胸背板的背面为黑色或灰黑色;三龄蝗蝻全身为灰褐色,前胸背板背面的黑色部分愈加明显;以后各龄体色变化不大,但四龄的前翅芽向下,五至六龄翅芽向上(彩图 13-5-5,3)。

(三) 生活史

1. 年生活史　长翅素木蝗在河北 1 年发生 1 代,以卵越冬。越冬卵于 5 月中、下旬孵化,孵化盛期为 6 月中旬,7 月中旬开始羽化,7 月下旬交尾,8 月上旬产卵,成虫寿命可延长至 11 月初。

2. 各虫态历期　河北安新县饲养观察,长翅素木蝗越冬卵历期较长,一般为 210~280d,最长可达 290d。蝗蝻 5~7 个龄期,平均历期为 68.1d;其中一龄和最后一个龄期较长,一龄历期一般为 11~14d,最后一个龄期一般为 13~18d,平均为 15.6d,中间各龄历期差异较小,均为 6~10d。成虫历期一般为 57~99d,最长达 112d。

（四）生活习性

1. 卵的孵化 蝗卵孵化期较长，一般地势较高的河堤、高岗等处土温变化幅度大，蝗卵发育快，孵化早；地势低洼潮湿及湖、河沿岸土温变化小，蝗卵发育慢，孵化晚。

2. 蜕皮、羽化、交尾及产卵 蜕皮和羽化时间多为8：00～16：00，夜间、阴雨或低温天气几乎不蜕皮、不羽化。成虫羽化后17～20d开始交尾，有多次交尾习性，成虫交尾时间长，一般达4～5h，最长达24h以上。雌虫喜在河堤、渠埂和高岗等处产卵，每头雌虫产卵2～3块，每块卵含卵粒43～67粒，1头雌蝗一生产卵108～223粒。

3. 取食习性 长翅素木蝗主要为害禾本科作物，如高粱、玉米、谷子及豆科作物的大豆、小豆、绿豆等，此外还为害甘薯、马铃薯和白菜、甘蓝、萝卜等。取食多在9：00～11：00和15：00～17：00，在中午高温及低温阴雨天气很少取食。

4. 活动栖息 蝗蝻和成虫都善于跳跃，常在植株茎叶上活动，多栖息于豆科作物上，很少到地面活动。受惊后即迅速跳跃或转移到植物叶片背面。成虫具有一定的飞翔能力，秋季常因环境条件不适宜而较远距离迁移。

七、短额负蝗

（一）分布与危害

短额负蝗（*Atractomorpha sinensis* I. Bolivar）属直翅目蝗总科锥头蝗科负蝗属。分布范围广，我国东北、华北、西北、华中、华南、西南以及台湾等地都有分布。主要为害禾本科植物以及豆类、棉花和蔬菜。

（二）形态特征

成虫：体中小型。雄虫体长19～23 mm，雌虫体长28～36 mm。雄虫前翅长19～25 mm，雌虫前翅长28～35 mm。头顶较短，其长度等于或略长于复眼纵径。体绿色或土黄色，头部圆锥形，呈水平状向前突出。前翅较长，其超出后足股节部分不足翅长的1/3，后翅略短于前翅，基部粉红色（彩图13-5-6，1）。

卵：卵囊长28～40mm，宽4.1～7.6mm，囊壁泡沫状，极易破裂，使卵粒散离。卵粒上的泡沫状物质较厚，可超过20mm，卵粒间仅有少量泡沫状物质，并不与卵粒粘连。囊内有卵32～160粒，卵粒在囊内与囊纵轴呈平行状堆积排列。卵粒长3.9～4.6mm，宽0.8～1.3mm，黄褐色或栗棕色；卵粒较直，中间较粗，向两端渐细（彩图13-5-6，2）。

蝗蝻：蝗蝻有5～6个龄期。体为草绿色或土黄色，头部为圆锥形，触角剑状，前胸背板有侧隆起。一龄蝗蝻体长4.3～6.0mm，翅芽不明显；二龄蝗蝻体长6～8.0mm，前翅芽突出，呈三角形；三龄蝗蝻体长8.0～16.0mm，前、后翅芽突出，均呈三角形；四龄蝗蝻体长16.0～19.0mm，前、后翅芽均向后平伸；五龄蝗蝻体长14～21.6mm，翅芽向背后方翻折；六龄蝗蝻体长20～29.5mm，翅芽超过腹部第二节（彩图13-5-6，3）。

（三）生活史

1. 年生活史 短额负蝗在河北1年发生2代，以卵越冬。越冬卵5月中、下旬孵化，6月下旬开始羽化，7月下旬开始产卵。第二代蝗蝻于8月上、中旬孵化，9月上旬羽化，9月下旬产卵，10月下旬至11月上旬成虫陆续死亡。38°N以南为2代区，以北为1代区，均以卵越冬。在山西1年发生1～2代。1代区越冬卵于6月中旬开始孵化出土，8月下旬开始羽化，9月上旬开始产卵，10月中旬成虫陆续死亡。2代区越冬卵于5月下旬开始孵化，7月上旬开始羽化，8月上旬进入产卵盛期；一代蝗卵于8月中旬孵化，9月中旬开始羽化，10月上旬产越冬卵，10月下旬开始陆续死亡，2代区有世代重叠现象。在长江流域地区1年发生2代，以卵在土中越冬。越冬卵于5月孵化，11月雌成虫产越冬卵。

2. 各虫态历期 短额负蝗越冬卵历期较长，约260d。第一代卵期较短，约10d。蝗蝻有5～6个龄期。据河北安新县饲养观察，第一代蝗蝻各龄历期差异较大，最大相差4.3d，全蝗蝻历期48d；第二代蝗蝻历期差异较小，最大相差2.8d，全蝗蝻历期28d。短额负蝗有世代重叠现象，一代成虫寿命较长，一般80～120d；二代成虫寿命较短，一般60～70d。一代成虫从羽化到产卵32d，二代成虫从羽化到产卵25d（表13-5-3）。

表 13 - 5 - 3 短额负蝗各龄历期

Table 13 - 5 - 3 Generation duration of *Atractomorpha sinensis*

观察头数		一龄历期 (d)	二龄历期 (d)	三龄历期 (d)	四龄历期 (d)	五龄历期 (d)	六龄历期 (d)	平均 总历期 (d)
7 (♀)	平均	18.7	10.9	8	10.1	7.9	10.4	66.1
	测定值	16~22	8.5~13	7~10	8~13	6~9.5	8~13	
10 (♀)	平均	18.5	10.8	10.6	10	10.8	—	61.5
	测定值	9~15	9~13	7~13	5~14	6~17		
7 (♀)	平均	19.7	9.7	9.6	10.6	9.5	—	59.1
	测定值	15~26	9~11	7~15	7~14	7~12		

山西室内单体饲养 24 头雌虫产卵观察，结果发现，蝗蝻大部分为 5 龄，6 龄只占总数的 29.17%。在室温条件下，蝗蝻平均历期 60d，最长 69d，最短 52d。一至五龄的蝗蝻历期比一至六龄蝗蝻历期少 5.8d。

（四）生活习性

1. 孵化 越冬卵于 5 月中、下旬至 6 月上旬陆续孵化，孵化历期短的 12~20d，长的 35d 以上。一天中的孵化高峰为 11：00~15：00，上午及下午其他时间孵化较少，阴雨及低温天气不孵化。

2. 蜕皮、羽化、交尾及产卵 蝗蝻有 5 个或 6 个龄期，一天中以上午蜕皮、羽化多，下午较少，阴雨、低温天气及夜间不蜕皮羽化。每次蜕皮历时 18~43min。第一代成虫羽化后 6~13d 开始交尾，第二代成虫羽化后 5~9d 开始交尾。成虫有多次交尾习性，一般交尾 14~25 次，交尾时间较长，每次交尾达 4~6h，最长可超过 10h。

第一代成虫交配后 6~8d 开始产卵，第二代成虫交配后 4~6d 开始产卵。成虫喜在高燥向阳的道边、渠埂、堤岸及杂草较多的地方产卵。卵囊距地面 4~12mm，每头雌虫产卵 1~4 块，25~276 粒，平均 116.1 粒。

3. 取食 蝗蝻及成虫食量均较小，但四龄蝻后食量有明显增加，蜕皮和羽化后的食量大于蜕皮及羽化前的食量。一天中 8：00~10：00 和 16：00~18：00 取食较多，阴雨及闷热天气不取食。短额负蝗主要取食大豆、棉花、薯类、蔬菜、烟草、甜菜、向日葵、芝麻和麻类等，其中以大豆及棉花受害较重。

表 13 - 5 - 4 短额负蝗饲养食量（山西应县）

Table 13 - 5 - 4 The appetite of *Atractomorpha sinensis* (Ying County, Shanxi)

单位：g

观察头数	一龄蝻	二龄蝻	三龄蝻	四龄蝻	五龄蝻	蝗蝻期总食量	成虫	全生育期食量
8（♀）	0.081 6	0.152 4	0.253 6	0.645 0	0.808 7	1.941 3	8.967 6	10.908 9
5（♂）	0.090 7	0.104 9	0.269 7	0.357 1	0.761 8	1.584 2	1.894 8	3.479 0

4. 活动栖息 短额负蝗成虫多善跳跃或近距离迁飞，不能远距离飞翔，活动范围小。在无风晴朗天气，蝗蝻和成虫喜在向阳处或在植株上栖息，天气炎热的中午或低温情况下，多栖息在作物根部或杂草丛中。

八、花胫绿纹蝗

（一）分布与危害

花胫绿纹蝗 [*Aiolopus tamulus* (Fabricius)] 属直翅目蝗总科斑翅蝗科绿纹蝗属。在我国南、北方都有发生，主要分布于辽宁、吉林、河北、陕西、宁夏、山东、江苏、安徽、浙江、福建、台湾、广东、海南、广西、四川、云南、贵州、西藏等省份，国外分布于印度、缅甸、斯里兰卡、东南亚及大洋洲部分地区。主要为害棉花、玉米、谷子、小麦、高粱、水稻、大豆、柑橘、毛苕等。

（二）形态特征

成虫：体中小型。虫体通常暗褐色或黄褐色。头顶较狭，顶端呈较狭的锐角形，侧缘隆线较直，不向内弯曲，到达复眼的前缘。颜面隆起自中单眼向上渐渐缩狭，顶端甚狭。头侧窝狭长，梯形。前胸背板前端狭，后端宽，中隆线明显，无侧隆线，中央常具有褐色、黄褐色或红褐色纵纹，两侧有狭的黑色纵纹，侧片沟后区常绿色。前翅暗褐色，具细碎小斑点，在亚前缘脉域具一鲜绿色纵条纹，长度几乎到达后足胫节中部，具中闰脉。后足股节内侧具 2 个大黑斑，下侧红色，膝黑色。后足胫节基部 1/3 黄色，中部蓝色，端部红色；后足胫节无外端刺，胫节端部 1/3 鲜红色是该种的显著特征。雄性下生殖板短锥形，顶钝圆。雌性产卵瓣粗短，顶端呈钩状，较尖锐，体黄褐色（彩图 13 - 5 - 7，1）。

卵：卵粒长 4～4.5 mm，宽 0.9～1.2 mm，淡黄色。卵囊长 18.0～37.0 mm，宽 3.2～4.7 mm，囊内有卵 19～34 粒，卵粒与囊纵轴呈放射状排列。囊壁泡沫状，有时粘有少量沙土，但不牢固，易脱落。卵室内的泡沫状物质较薄，与卵粒粘连在一起（彩图 13 - 5 - 7，2）。

蝗蝻：蝗蝻共 5 龄。虫体体色不一，头多为淡褐色，自二龄起开始出现绿色或紫红色个体。顶平直，颜面倾斜，与头顶组成锐角。头顶到腹部末端的背面中央有 1 条淡黄色带纹。二龄后蝗蝻前胸背板出现 X 形花纹。一至三龄前、后翅芽与中后胸背板相连，向后下方伸展，四至五龄翅芽向背后方翻折，后翅在外，前翅在内。

一龄蝗蝻体长 5.0～6.5 mm，翅芽不明显，呈半圆形，长度几乎与中后胸背板相平。二龄蝗蝻体长 6.5～8.0 mm，翅芽比较明显，呈半椭圆形，略突出于中、后胸背板的后缘。三龄蝗蝻体长 7.1～11 mm，翅芽远远超过中胸和后胸的后缘，前翅芽狭长，后翅芽略呈三角形。四龄蝗蝻体长 10～14 mm，翅芽向背后方翻折，达第一腹节背板的后缘。五龄蝗蝻体长 14～24 mm，翅芽向背后方翻折，其长度伸达第四腹节背板的后缘，并将听器掩盖（彩图 13 - 5 - 7，3）。

（三）生活史

1. 年生活史　花胫绿纹蝗在河北北部、西部山区以及坝上高原等地 1 年发生 1 代，在河北中南部及河南等地 1 年发生 2 代，均以卵越冬。越冬卵在 4 月下旬至 5 月上旬孵化，5 月中旬进入盛期，6 月上旬羽化为成虫，6 月下旬交尾产卵；第二代蝗蝻 7 月上、中旬开始孵化，8 月上、中旬羽化，9 月上旬交尾、产卵，产卵期可延续到 11 月初。成虫一般在 10 月中旬至 11 月上旬死亡，南部地区可持续到 11 月底。

2. 各虫态历期　蝗蝻分 5 个龄期，第一代蝗蝻历期 40 多天，其中一龄 7d，二龄 9d，三龄、四龄 8d，五龄 10d；第二代蝗蝻历期 30d，各龄历期均比第一代稍短。

（四）生活习性

1. 孵化　蝗卵孵化因环境不同，孵化期和孵化整齐度有所不同，其中土温变化幅度是最重要的影响因子。一般地形较高的河堤、渠埂和高岗等处，土温变化幅度大，蝗卵发育快，卵孵化早；相反，低温地区的湖、河沿岸及内涝洼地，蝗卵发育慢，卵孵化迟。

2. 蜕皮、羽化、交尾及产卵　花胫绿纹蝗在产卵前雌、雄交尾时间短，1min 左右即完毕，但产卵后再进行交尾时，则常达数小时以上。雌虫产卵时多选择植被覆盖度为 60%～70% 的地方，卵多产在背风向阳、土质较潮湿的植株附近。每头雌虫一生中产卵块 2～4 块，卵粒 22～139 粒。

3. 取食　花胫绿纹蝗喜食禾本科植物，主要为害谷子、高粱、玉米及小麦等。早春或晚秋发生严重时，常将麦苗吃光，尤其在地头、地边更为严重。初孵化、初蜕皮的蝗蝻及初羽化的成虫均有一段停食时间；蜕皮前、羽化前及交配前的一段时间取食较多。中午高温时停止取食，阴雨天取食甚少，甚至不取食。四龄蝗蝻后取食量逐渐增加。

4. 活动栖息　蝗蝻多栖息在植物茎叶上，成虫羽化后多在植物低矮、稀少处活动，并进行交尾和产卵。当受惊后，成虫短距离飞翔。花胫绿纹蝗成虫具有较强的趋光性。

九、疣蝗

（一）分布与危害

疣蝗［*Trilophidia annulata* (Thunberg)］属直翅目蝗总科斑翅蝗科疣蝗属。国内分布于黑龙江、吉林、辽宁、内蒙古、宁夏、河北、陕西、山东、江苏、安徽、浙江、江西、福建、广东、广西、四川、贵州、云南、西藏等省份，国外分布于朝鲜、日本、印度、斯里兰卡、巴基斯坦、尼泊尔、泰国等。可取食禾本科杂草、甘蔗、桑、苦竹等植物。

（二）形态特征

成虫：雄虫体长 15.8~18.0 mm，雌虫体长 19~24.5 mm。腹面及足具有较密的绒毛，虫体暗褐色或灰褐色。前胸背板前端较狭，后端较宽，具有颗粒状突起。中隆线明显隆起，沟前区隆起较高，被三条横沟切断，形成齿状（彩图 13-5-8，1）。

卵：卵囊圆柱形，长 12~33 mm，宽 3.2~4.3 mm，囊壁泡沫状，卵粒间有泡沫状物质与卵粒相连；囊内有卵 10~24 粒，平均 16.5 粒，卵粒在囊内呈 2~4 行香蕉状排列。卵粒长 4.5~5.2mm，宽 1.0~1.4mm，淡黄色；卵粒较直或略弯曲，向两端渐细（彩图 13-5-8，2）。

蝗蝻：蝗蝻一般有 5~6 个龄期，个别 7 个龄期。虫体暗褐色或灰褐色（彩图 13-5-8，3）。

（三）生活史

疣蝗在华北平原北部 1 年发生 1 代，南部 1 年发生 2 代，以卵越冬。1 代发生区，越冬卵 5 月中旬孵化，7 月中、下旬羽化，8 月中旬交尾，9 月上旬产卵，成虫 11 月初死亡；从卵孵化到成虫羽化历期 56d，成虫羽化到交尾历期 17d，交尾到产卵历期 18d。2 代发生区，第一代卵 5 月上、中旬孵化，6 月中旬羽化，7 月上旬交尾产卵；第二代卵 7 月下旬孵化，8 月下旬羽化，9 月中旬交尾产卵，成虫 11 月初死亡。

（四）生活习性

1. 孵化　疣蝗卵孵化以 8：00~11：00 最盛，下午较少，阴雨天和晚上不孵化。

2. 蜕皮、羽化、交尾及产卵　蝗蝻一般在晴天的上午蜕皮或羽化，阴雨低温天气不蜕皮、羽化。成虫有多次交尾习性，一天中交尾高峰期为 8：00~16：00。成虫产卵时，多选择阳光充足、背风向阳、土壤板结、湿度适中的田埂、路旁、沟坡等。据调查，植被覆盖度为 5%~20% 时，产卵较多。一头雌虫一生产卵块 2~3 块，卵粒 30~70 粒。

3. 食性　疣蝗喜食禾本科杂草，主要为害谷子、大豆和蔬菜等作物。7：00~10：00 和 14：00~18：00 为取食高峰期。

4. 活动栖息　疣蝗成虫除取食外，经常在地面栖息活动。在无食料的情况下，三龄蝗蝻 24 h 可迁移 21 m，在食料丰富时，无迁移现象。蝗蝻和成虫在阴雨、降温、炎热天气很少活动，常躲在草丛及土缝中潜伏栖息。成虫不做远距离飞翔。

十、笨蝗

（一）分布与危害

笨蝗（*Haplotropis brunneriana* Saussure）属直翅目蝗总科癞蝗科笨蝗属。主要分布于我国的苏北、皖北、华北以及内蒙古的丘陵地区，在某些年份或地区，可对甘薯、马铃薯、大豆、绿豆、小麦、大麦、玉米、高粱、谷子以及棉花、蔬菜、瓜类、向日葵等造成危害，有时林木幼苗也遭受其害。

（二）形态特征

成虫：雄虫体长 28~37 mm，雌虫体长 34~49mm。体形粗大，具有粗密的颗粒和隆线。体色通常呈黄褐色、褐色或暗褐色，头较短，后头常有不规则的网状隆线。颜面隆起明显，在中单眼之上具有纵沟。触角丝状，淡褐色，基部较淡，顶端较暗。复眼红褐色，卵形。前胸背部的前、后缘淡黄色，沿中隆线的两侧在前、后端各有 1 个较大的黑色斑块；侧片中部的前缘具有较短的黑色条纹，常和复眼后端的黑色斑纹相接。前胸背板中隆线片状隆起，侧面观则呈圆弧形。前翅长卵形，前缘暗褐，后缘较淡。后足胫节上侧青蓝色，底侧黄褐色或淡黄色；股节上侧具 3 个暗色黄斑。

卵：卵囊长 11.0~15.0 mm，宽 9.8~12.1 mm，呈圆筒形。无胶质部，胶囊绛黑色，结构紧密，不呈海绵状。每块卵含卵 8~15 粒，卵粒长 7.6~9.6 mm，宽 1.8~2.6 mm；卵块中的卵粒常纵向排列，中间的胶质粘连，周围以卵袋包裹，上面袋盖封口，外观似馒头形，倒立于土中，土黄色，似土块。

蝗蝻：蝗蝻有 5 个龄期，一至三龄没有翅芽，四龄开始出现小翅芽，这时雌、雄体长的差异比较显著。蝗蝻和成虫在形态上基本相同，在体长上有明显差异。一龄体长 8 mm 左右，二龄体长 12~16 mm，三龄体长 16~24 mm，四龄体长 24~32 mm，五龄体长 32~40 mm。

（三）生活史

1. 年生活史　笨蝗 1 年发生 1 代，以卵越冬。笨蝗属早发性害虫，生活史比较稳定，山东中南部 2 月底至 3 月初开始孵化，3 月中、下旬进入孵化盛期，5 月中、下旬羽化出成虫，8 月上、中旬成虫死亡。河北北部 3 月下旬至 4 月初开始孵化，5 月中、下旬出现成虫，7 月下旬成虫死亡。山西北部地区约在 4 月中、下旬开始孵化，6 月上旬羽化，6 月中、下旬为羽化盛期，7 月上旬开始产卵，一直到 9 月上旬仍可见产卵。内蒙古地区在 4 月下旬孵化，但个别年份在 5 月下旬或 6 月上旬可见到成虫，6 月下旬或 7 月上、中旬开始产卵。

2. 各虫态历期　笨蝗卵历期较长，长达 260～300 d。卵能经过炎热的夏天和寒冷的冬天。蝗蝻历期一般为 60～70 d，成虫历期一般为 30～50 d，短的 19 d，长的 59 d，不同地区，各虫态历期有所差异（表 13 - 5 - 5）。

表 13 - 5 - 5　笨蝗蝗蝻及成虫发育历期

Table 13 - 5 - 5　Generation duration of *Haplotropis brunneriana*

地点	一龄历期（d）	二龄历期（d）	三龄历期（d）	四龄历期（d）	五龄历期（d）	蝗蝻历期（d）	成虫历期（d）
玉田	10～17	10～15	11～15	9～14	12～14	51～75	19～49
鲁中	18～25	10～14	10～14	10～13	11～16	67～78	44～59
沧县	15～16	13～14	10～11	10	9	57～63	45～65

（四）生活习性

1. 孵化　据山东观察，笨蝗卵在气温较高的条件下，具有滞育现象，胚胎发育在较低温度条件下进行。6 月下旬至 8 月下旬气温为 22.9～24.5℃，平均 23.8℃，此期间蝗卵无胚胎发育迹象；9 月中旬至翌年 2 月上旬为胚胎发育期，此时期气温为 3.3～20℃，平均 11.75℃，此时胚胎逐步发育，体节形成，胚胎与卵壳分离，卵黄消失。蝗卵孵化多在 10：00～15：00，以晴朗天气孵化多，蝗蝻出土快，遇阴冷或倒春寒天气，孵化少，蝗蝻出土慢。同一卵囊中的卵粒，在正常情况下，蝗蝻同时顶盖出土，遇骤冷天气，初孵蝗蝻可暂不出土，待天气转暖后再出土。

2. 蜕皮、羽化、交尾及产卵　蝗蝻有 5 个龄期。蝗蝻蜕皮多在晴朗无风天气的下午进行，高温时，在植株下部阴凉处蜕皮，低温时在向阳处蜕皮；蜕皮前，蝗蝻先爬到杂草树枝丛中，不食不动，然后先从头部开始蜕皮，逐步向后延伸。蜕皮、羽化时间短的 50 min，长的 150 min。成虫有多次交尾习性，一生中可交配 5～8 次，最多 10 次以上；一般交配时间为 4～8 h，最长可超过 11 h。成虫交尾后 10 d 左右开始产卵，喜在高燥、向阳、植物覆盖度小的地方产卵。1 头雌虫一生产卵 2～3 块，卵粒 40 粒左右，少者 16 粒，多者 84 粒，每卵块有卵 6～12 粒。产卵深度 13 cm 左右，一次产卵 1 块，产卵时间一般为 2～3 h。

3. 取食习性　初孵蝗蝻一般经 2 h 后开始取食。笨蝗喜食双子叶植物，农作物中喜食大豆、甘薯、豌豆等，其次为马铃薯、棉花、瓜类、蔬菜、小麦以及林木幼苗等。三龄前食量较小，三龄后食量逐渐增大，但无明显暴食现象。取食活动多在晴朗无风天气的 8：00～10：00 和 16：00～18：00，夜间取食较少。在蜕皮、羽化前后食量增大，成虫交尾产卵期，取食量显著增加，取食次数也增多，有时中午或夜间仍然取食，甚至边交尾边取食，但在低温或风雨天不取食（表 13 - 5 - 6）。

表 13 - 5 - 6　笨蝗取食量测定

Table 13 - 5 - 6　The appetite of *Haplotropis brunneriana*

重复	头数	总取食量（g）	一至二龄 取食量（g）	一至二龄 取食率（%）	三龄 取食量（g）	三龄 取食率（%）	四龄 取食量（g）	四龄 取食率（%）	五龄 取食量（g）	五龄 取食率（%）	成虫 取食量（g）	成虫 取食率（%）
1	10	56.69	0.91	1.6	0.68	1.2	1.70	2.9	7.20	12.7	46.2	81.5
2	10	67.63	1.14	1.7	0.94	1.4	2.00	2.9	7.35	10.8	56.2	81.5
3	10	78.85	0.92	1.2	0.80	1.0	1.75	2.2	7.18	9.1	68.2	86.5
平均	10	67.65	0.99	1.5	0.80	1.2	1.82	2.7	7.24	10.7	56.8	83.9

4. 活动栖息与为害特点　一至四龄蝗蝻白天多集中在背风向阳和绿色植物周围取食取暖，此时期活动范围较小，活动直径5～10 m。日落或阴冷天气，栖息在植物底部或土、石缝内或草丛中。五龄蝗蝻和成虫期，随着气温变暖，活动直径扩大到15～20 m。成虫的翅极不发达，因此不能飞翔，也不善跳跃，行动迟缓，但有时成虫及高龄蝗蝻也攀爬上树，接受阳光照晒或取食苹果树等林木幼树。早春，笨蝗孵化后多在越冬作物地或荒草坡地取食双子叶杂草和作物，随着龄期的增长和春播作物的出苗，笨蝗便迁移到春种作物地为害甘薯、大豆等农作物。笨蝗对越冬植物和春种作物均有较强的趋性。

十一、中华剑角蝗

（一）分布与危害

中华剑角蝗（*Acrida cinerea* Thunberg）属直翅目剑角蝗科剑角蝗属，又名中华蚱蜢、东亚蚱蜢。全国各地北至黑龙江，南至海南，西至四川、云南均有分布。食性杂，寄主植物广，可为害高粱、小麦、水稻、棉花、甘薯、甘蔗、白菜、甘蓝、萝卜、豆类、茄子、马铃薯等农作物和各种杂草、花卉，常将叶片咬成缺刻或孔洞，严重时将叶片吃光。

（二）形态特征

成虫：体大型。体绿色或褐色。雄虫体长30～47mm，雌虫体长58～81mm；雄虫前翅长25～36mm，雌虫前翅长47～65mm；雄虫后足股节长20～22mm，雌虫后足股节长40～43mm。前胸背板侧隆线在沟后区较分开，后横沟在侧隆线之间平直，不向前弧形突出，侧片后缘较凹入，下部具有几个尖锐的节，侧片的后下角锐角形，向后突出。鼓膜板内缘直，角圆形。雄性下生殖板上缘直。雌性下生殖板后缘中突与侧突等长（彩图13-5-9）。

卵：卵囊较长，弯曲，长43.4～67.0 mm，宽8.0～10.5 mm。卵囊外表面胶质部与泥沙相混，构成一硬壳，顶端有一黑色坚硬的胶囊，内部胶质为白色。卵囊外表面不与泥沙相混，单独形成一层黑色薄壁，内部卵胶为绛黄色。卵粒为4行，呈多层次排列，每卵块含卵77～125粒，平均90.3粒。卵粒呈淡黄色，长5.7～6.5mm，宽1.0～1.3mm，表面有一纵行淡黄色条纹。

蝗蝻：蝗蝻有6个龄期，体绿色或灰色。头部圆锥形，触角剑状，肛上板较长，到成虫时退化，前胸背板有侧隆线。从三龄蝗蝻起，雌、雄体长差异较大。一至四龄蝗蝻翅芽向后方斜伸，倾斜度较小，几乎与身体平行。五、六龄蝗蝻翅芽向背后方翻折。

一龄蝗蝻体长9～14mm，翅芽不明显，在中胸背板后缘两侧稍向外扩展，后胸背板的后缘平直。二龄蝗蝻体长14～19mm，前翅芽突出，呈三角形，后翅芽明显向后下方伸展，故后胸背板的后缘略呈弧形。三龄蝗蝻体长17～25mm，前、后翅芽突出，均呈三角形，后胸背板后缘呈内凹的半圆形。四龄蝗蝻体长19～35mm，前翅芽呈犬齿状，后翅芽呈长三角形，均向后方平伸，中、后胸背板的后缘呈平底槽形。五龄蝗蝻体长29～52mm，翅芽向背后方翻折，长度超过第一腹节。六龄蝗蝻体长35～62mm，翅芽长度雌虫超过第二腹节，雄虫可达第三腹节。

（三）生活史

1. 年生活史　中华剑角蝗在河北等地1年发生1代，以卵越冬，越冬卵6月上旬至下旬孵化，8月中旬至9月上旬羽化，9月中旬至10月上旬产卵，10月中旬至11月上、中旬成虫死亡。

2. 各虫态历期　中华剑角蝗卵期较长，据河北安新县饲养观察，卵历期280d左右，最长296d，最短273d。蝗蝻历期平均88.6d，一至五龄各龄历期差异较小，均为12.6～15.2d，六龄历期较长，平均18.8d（表13-5-7）；成虫历期一般60d左右，最长84d，最短44d；从蝗蝻孵化到成虫死亡，最长163d，最短130d，平均152.8d；成虫羽化到交配需13d。交配后15d左右产卵，产卵期最长36d，最短13d，平均27.9d。

表 13-5-7　中华剑角蝗各龄历期（河北安新）
Table 13-5-7　Generation duration of *Acrida cinerea*（Anxin, Hebei）

观察日期（月/日）	观察头数	一龄历期(d)	二龄历期(d)	三龄历期(d)	四龄历期(d)	五龄历期(d)	六龄历期(d)	全蝻历期(d)
6/9～9/11	186	12.6 10～16	13.3 10～22	14.8 10～19	13.9 10～20	15.2 12～21	18.8 13～27	88.6 66～105

(四) 生活习性

1. 孵化 蝗卵孵化期比较集中，孵化历期 20d 左右。在一天中上午孵化较多，下午孵化较少，8：00～10：00 孵化最盛，雨天或低温天气不孵化。

2. 蜕皮、羽化、交尾及产卵 蝗蝻经过 6 次蜕皮羽化为成虫。同一饲养条件下，同一天孵化的蝗蝻各龄历期也不相同，有的差异较大，但无论差异大小，其羽化时间基本相同。安新县饲养观察各龄历期最大相差 9d，但羽化期最大相差仅 3d。蜕皮和羽化多在 8：00～18：00，羽化盛期在 9：00～11：00。夜间、阴雨或低温天气几乎不孵化、不羽化。

成虫羽化后 9～16d 开始交尾，成虫一生中可交尾 7～12 次，每次交尾历时最短几分钟，最长接近 2h。交尾后 6～33d 产卵。产卵地点常选择道边、堤岸、沟渠、地埂等处及植被覆盖度为 5%～33% 的土壤。卵囊距地面 4～11mm。每头雌虫可产卵块 1～4 块，卵粒 69～437 粒，平均 221.7 粒。

3. 取食性 三龄前蝗蝻取食量较小，四龄后显著增加。蜕皮和羽化后约 2h 开始取食，蜕皮和羽化前后有暴食现象。成虫在 8：00～10：00 和 16：00～18：00 取食较多，中午一般不取食；天气闷热时只在早晨或晚上取食，在阴雨天不取食。主要为害禾本科作物及杂草，尤其喜食谷子、水稻、小麦，其次是玉米、高粱及稗草、马唐等。

4. 活动栖息 一至二龄蝗蝻有群居现象，二龄蝗蝻 2h 可迁移 6m，三龄蝗蝻 2h 可迁移 24m。在食料充足的情况下多不迁移，以植栖活动为主，当寄主植物被吃光后，便向其他地方迁移为害。成虫不做远距离迁移活动。

十二、越北腹露蝗

(一) 分布与危害

越北腹露蝗（*Fruhstorferiola tonkinensis* Will.）属直翅目斑腿蝗科腹露蝗属，该虫的分布区域包括越南北部地区和我国广东、广西及湖南南部，严重发生于广西漓江流域和广东北江流域。1985 年越北腹露蝗在我国广西恭城县首次暴发成灾，1999 年在桂林市漓江两岸的枫杨林发现越北腹露蝗为害严重，且发生范围、为害程度逐年加重，2000 年长达 10km 的两岸枫杨林被严重为害，虫口密度达平均每株 300 头以上，多者达 1000 头以上，林木叶片被食尽，枝条光秃，整个林带呈现一片枯黄，河流两旁的水稻及其他农作物也受到明显为害。

(二) 形态特征

成虫：体绿色，中型，匀称，具细皱纹、刻点和绒毛。头顶较突。触角 24 节，丝状细长，端部数节暗红色，基部 2 节淡褐色，其余节为珊瑚红色。前胸背板中隆线明显，无侧隆线，3 条横沟均明显切断中隆线，沟前区长度大于沟后区长度；前胸背板前缘平直，后缘呈三角形突出，顶圆形。前胸腹板突，圆柱状，顶较尖。前翅较长，超过后足股节顶端。后足下膝侧片顶钝角形。雄成虫体长 21.0～26.4 mm，平均 23.5 mm；前翅长 18.9～20.9 mm，平均 20.2 mm；腹部末节背板具小尾片。雌成虫体长 30.5～32.0 mm，前翅长 24.5～25.5 mm；下生殖板后缘的中齿明显长于侧齿；上产卵瓣狭长，顶尖锐。

卵：卵粒长 6～9 mm，直径 1.0～1.2 mm，长椭圆形，稍弯曲，黄色。卵块圆筒形，长 20～25mm，直径 5～7mm，黑褐色。

蝗蝻：一龄蝗蝻体长 6.4～9.8 mm，平均 7.9 mm；初孵化时浅黄色；复眼黑色，经一定时间后变为灰黑色；足、腹部有白色绒毛；翅芽很不明显；触角 13 节。二龄蝗蝻体长 9.1～12.2 mm，平均 10.5 mm；体色深黑色，翅芽不明显；触角 17 节。三龄蝗蝻体长 11.4～13.0 mm，平均 12.4mm；体色黑褐色；翅芽可见，后翅芽长可达 0.8～1.1mm；触角 20 节。四龄蝗蝻体长 13.8～20.6 mm，平均 16.8 mm；体色淡黄色；翅芽明显，黑色，前翅芽呈狭长片状，后翅芽比前翅芽宽，呈三角形片状，翅脉清晰，后翅芽压住部分前翅芽，后翅芽长 2.4～3.2 mm；触角 22 节。五龄蝗蝻体长 19.8～29.2 mm，平均 23.9 mm；体色深褐色；翅芽黑色，长 5.5～7.2 mm；触角 24 节。

(三) 生活史

1. 年生活史 越北腹露蝗 1 年发生 1 代，以卵在土中越冬。在广西桂林越冬卵于 4 月中旬开始孵化，4 月下旬为孵化盛期，5 月上旬为孵化末期；在广东北部地区于 3 月底开始孵化，4 月上、中旬进入孵化高峰期。成虫 6 月中旬开始羽化,6 月下旬至 7 月上旬为羽化盛期,7 月上旬开始交尾,7 月中旬为交尾盛期,8 月中旬为产卵盛期,产卵期可持续到 10 月中旬。

2. 各虫态历期 越北腹露蝗一龄蝗蝻历期 12～19d,平均 12d;二龄蝗蝻历期 11～15d,平均 12d;三龄蝗蝻 11～30d,平均 19d;四龄蝗蝻 12～29d,平均 17d;五龄蝗蝻 19～26d,平均 16d;成虫历期 40～76d,平均 57d。在广西桂林室内饲养和林间观察,发育进度基本同步;在广东广州室内饲养和广东北部的田间观察相比,前者的发育进度要比后者早 15～20d。

(四)生活习性

1. 孵化 越北腹露蝗蝗卵全天可孵化,但以 9:00～12:00 为主,同一卵块的卵粒大多同一天孵化,2%～5%延迟至第二天或第三天孵化。

2. 蜕皮、羽化、交尾及产卵 6 月上、中旬蝗虫成虫逐渐进入交尾期,每天 8:00～10:00 和 16:00～18:00 出现两个交尾高峰期,雄虫一生可以交尾 1～2 次,交尾后 7d 陆续死亡;雌成虫可和多个雄成虫交尾多次,交尾时间一般可持续 1～48 h,甚至更长;雌虫交尾后继续取食,补充营养 1～2 个月后才开始产卵,每年 8 月底至 9 月初进入产卵高峰期,每雌可产卵块 2～3 块,每卵块含卵 23～35 粒。产卵选择具有一定植被的湿润环境,常在河岸的疏松沙滩或靠近树荫的沙壤土中产卵。卵产于土中,深度 3～4 cm。产卵时雌成虫以产卵瓣挖掘泥土,直至腹部全部插入土中才产卵。

3. 食性 越北腹露蝗喜食植物主要有枫杨、白饭树、雪见草、桑、黄荆、葎草、益母草、球米草、枸杞、意大利杨树、灰毛浆果楝、千里光、羊角扭等。

4. 活动栖息 广东北部地区的越北腹露蝗在不同生境下呈现出不同的迁移扩散模式,在墩背河滩越北腹露蝗是一种垂直扩散模式,随着龄期的增长,一至二龄蝗蝻会由草本层植物向乔木层植物迁移,三至四龄乔木层和灌木层植被上的蝗蝻则部分向周边的寄主植物做短距离转移,成虫则聚集在枫杨等植物上进行交配,并在附近沙壤土中产卵;广东英德桑地的越北腹露蝗随着龄期的增长,则呈现一种水平扩散的模式,低龄蝗蝻聚集成团,聚集程度随着龄期的增长而减弱,五龄蝗蝻和成虫则近乎均匀地分散于桑地桑树上。墩背河滩植被丰富,植物群落构成有高大乔木、低矮灌木和几乎覆盖整个河滩的草本植物,而英德河滩桑地的生境特点则是植被单一、人工种植面积广。这两种不同的生境特点决定了越北腹露蝗迁移扩散的差异,同时这两种扩散模式也是越北腹露蝗在广东北部地区迁移扩散的两个极端典型,其他任何形式在各类寄主之间的生境转移、扩散不外乎介于垂直—水平扩散模式之间。与其他蝗虫如沙漠蝗、东亚飞蝗等不同的是,越北腹露蝗是一种树栖性蝗虫。垂直扩散是由越北腹露蝗的趋高特性决定的,垂直迁移扩散是越北腹露蝗的主要生境转移模式。当生境条件许可时,蝗蝻会作垂直迁移扩散,但是当条件不允许时(例如桑地没有高大的乔木层和灌木层以及草本植物)则作水平扩散,而且随着蝗虫龄期的增大,蝗蝻在寄主植物上的聚集程度会逐渐降低。

十三、意大利蝗

(一)分布与危害

意大利蝗 [*Calliptamus italicus italicus* (L.)] 属直翅目斑腿蝗科星翅蝗属。意大利蝗具有极强的适应能力,广泛分布于欧洲大陆及中亚、东亚的一些国家。在我国主要分布在新疆、甘肃等地,青海和陕西的部分地区也有分布。意大利蝗是新疆草原、农牧地区分布最为广泛的优势种群,主要分布在海拔 700～2 200 m 的干旱、半干旱荒漠草原及农牧地区。重发年份,5 月初,刚孵化出土的蝗蝻群居在一起,可形成一个长数公里、宽 200～300 m 的黑色条带,并有规律地朝着生长茂盛的农田或打草场推土式啃食、迁移,为害之处一片枯黄,成为不毛之地。

(二)形态特征

成虫:体形粗短。雄性体长 14.5～23.4 mm,雌性体长 24.5～41.1 mm;雄性前翅长 11.3～18.3 mm,雌性前翅长 22.3～31.6 mm。前胸背板中隆线较低,侧隆线明显,几乎平行,3 条横沟均明显。在两前足基部之间具有近乎圆柱状的前胸腹板突。后足股节粗短,上隆线具有细齿;后足股节内侧玫瑰色或红色,常有两个不完全的黑色横纹,此黑纹不到达后足股节内侧的底缘。后足胫节上侧和内侧红色。前、后翅均发达,前翅明显地超过后足股节的顶端,后翅基部玫瑰色。雄性尾须狭长,略向内弯曲,顶端分成上、下两枝,上枝长于下枝,下枝顶端有明显尖锐的下小齿。

卵：卵囊常呈屈膝状，即泡沫部分与卵室部分相连接处微细并呈钝角。卵囊长 22～41mm，直径为 4.5～7.0 mm（泡沫体部分细于卵室部分）。卵囊上部由泡沫物质形成较长的柱状，呈淡黄、黄褐或土红色，其外被有较软的卵囊外壁。卵囊下部为卵室，内含卵粒 20～50 粒，卵粒排成 4 行且与卵囊外壁几乎呈直角，其外壁为由较硬的土壤或沙粒混合形成的土壁。卵粒黄褐色或土红色，长 5～6 mm，宽约 1.2 mm。卵粒表面具五边形或六边形的网状花纹，花纹在彼此交接处具圆形小隆起。

蝗蝻：雄性 5 龄，雌性 6 龄。

一龄：体长 5～6 mm。后足股节长 2.5～3.0 mm。触角 13 节，端部灰色。头部及体躯黑褐色或黑色，后足股节、胫节也呈褐色或黑色；但唇须、前胸侧板后下角及后缘、体躯下部及前足和中足皆呈白色或淡白色，后足股节基部也呈淡白色，并在其外侧有两条白色或淡色带斑。后足胫节近基部有一白色环纹。前胸背板无侧隆线或不明显。无翅芽。

二龄：体长 6.0～7.0 mm。后足股节长 3.8～5.5 mm。雄性触角 16 节、雌性触角 17 节。体色同一龄蝗蝻或略呈灰褐色。前胸背板侧隆线明显。前胸侧板常有一块被灰色包围的暗斑。前胸腹板具锥形突起。前、后翅芽可见，翅尖指向下方，并有翅脉痕迹。

三龄：雄性体长 11～13 mm，雌性体长 12～16 mm。雄性后足股节长 5.0～6.5 mm，雌性后足股节长 6.0～8.0 mm。雄性触角 18～20 节，雌性触角 20～22 节。体色呈灰褐色或黄褐色。前胸侧板上被灰色包围的暗斑明显。前胸腹板具明显的锥形突起。前翅芽较小，后翅芽较大，呈半圆形，其翅尖指向后下方。

四龄：雄性体长 10～14 mm，雌性体长 19～22 mm。雄性后足股节长 7～9 mm，雌性后足股节长 8～12 mm。雄性触角 21～22 节，雌性触角 22～23 节。前翅芽基部被前胸背板后缘所掩盖，后翅芽增大，前、后翅芽都往上翻，且后翅芽将前翅芽笼盖。

五龄：雄性体长 12～28 mm，雌性体长 21～28 mm。雄性后足股节长 9～12 mm，雌性后足股节长 9～15 mm。雄性触角 23～24 节，雌性触角 25～26 节。翅芽暗色或黑色，且达到或超过第三或第四腹节。前胸腹板突起及生殖器几乎与成虫相似。

六龄：仅雌性具六龄，其体长比五龄有所增大。

（三）生活史

1. 年生活史 在新疆地区，意大利蝗 1 年发生 1 代，以卵在土中越冬。越冬卵孵化最早在 5 月上旬，最迟在 6 月初，孵化盛期在 5 月中、下旬，孵化末期在 5 月下旬，个别年份孵化末期可延至 6 月上、中旬。成虫羽化最早在 6 月上旬，羽化盛期在 6 月中旬末期。产卵初期在 6 月下旬，盛期在 7 月上、中旬，产卵末期可延迟到 8 月。成虫在多次交配后，雄性常较雌性先死亡，雌性成虫可活到 9 月中旬。

2. 各虫态历期 据新疆玛纳斯县和木垒县笼罩饲养观察，意大利蝗一龄蝗蝻期为 8～20 d，二龄为 6～15 d，三龄为 5～16 d，四龄为 5～19 d，五龄为 15.47 d，六龄为 6.57 d。成虫历期雌性 20～51 d，平均 35.5 d；雄性 33～54 d，平均 43.5 d。

（四）生活习性

1. 孵化 意大利蝗的蝗卵孵化与天气状况以及土壤温度、湿度有一定的关系。在孵化期间，如遇温度下降，孵化率明显降低，阴雨或降雪天均未见孵化，但在阴雨天转晴升温后，孵化率则明显增加。一般晴天在 16：00 以前蝗卵均可孵化，8：00～10：00 为孵化最盛期。新疆自 5 月 14 日至 6 月 10 日观察了 3 367 粒卵的孵化情况，55.6% 的卵在 8：00～10：00 孵化，10：00～12：00 及 12：00～14：00 孵化的占 16.6% 及 16.1%，8：00 以前孵化的仅占 4.2%。

2. 蜕皮、羽化、交尾及产卵 意大利蝗在羽化后 4～7 d 开始交尾，交尾后即开始产卵。产卵多选择土质不十分坚硬、碎石较多的裸露地段，产卵多在 10：00～16：00。雌虫产卵时，多选择靠近小石块的地方，以产卵器顺着小石块向地下钻洞产卵。约经 1h 产卵完毕。卵产完后，雌虫猛然跳走，产卵洞口即被周围的小碎石及浮土封住。雌虫可产卵 3～5 块，产卵间隔为 7～9 d。意大利蝗喜集中产卵，据在新疆巴里坤小红旗沟山坡观察，在不到 1m² 的面积内就有 30 多头雌虫同时产卵，此后在该地 0.5m² 面积内挖出 140 块蝗卵。

3. 取食习性 意大利蝗蝗蝻初孵化的前两天可不取食，其后开始取食，主要喜食胡卢巴、黄花苜蓿、刺儿菜、灰菜、鹤虱、猪毛菜、臭蒿、冷蒿、优若藜、二裂叶委陵菜、油菜、线叶拉拉藤、草原老鹳草、野油菜、天山赖草、紫花苜蓿、新麦草、沙葱、小麦、玉米、水稻和棉花等杂草和农作物。

4. 活动栖息 意大利蝗蝗蝻有群聚、趋光晒体的习性，常随太阳光线照射的角度不同而改变群聚的位置。在阴雨天或大风天蝗蝻与成虫全部栖入草丛，无群聚现象。蝗蝻善于跳跃，幼龄蝻一次可跳至 1 m 左右，雄性蝗蝻跳跃能力较雌性蝗蝻更强，老龄蝗蝻一次可跳出 2 m 以上。成虫善于飞翔，特别是在羽化后、产卵前飞翔现象明显。据文献记载，在前苏联的中亚地区，成虫可作远距离迁飞，且常为群居型个体。其迁飞常出现在晴朗天气，一般在长距离迁飞之前常先低飞，高度 1～10 m，低飞或短距离飞翔往往是选择取食或产卵场所；高飞远迁的飞翔高度可达 50～200 m，且多出现在晴天 11：00 以后，12：00～17：00 为迁飞盛期，18：00～20：00 停止迁飞。解剖迁飞前和降落后的雌虫发现，迁飞前的含卵少而小，卵粒长 2～3 mm，降落后的，特别是降落 2 d 以后的，卵粒明显增大，可超过 4 mm，且可在输卵管内发现完全成熟的卵。成虫在地面温度 20～30℃时最为活跃，40℃以上及阴雨条件下则栖息于草丛根部静止不动。

十四、红胫戟纹蝗

（一）分布与危害

红胫戟纹蝗［*Dociostaurus kraussi kraussi* (Ingenisky)］隶属直翅目网翅蝗科，是新疆草原优势种蝗虫。主要为害禾本科及莎草科牧草，也可侵入农田为害小麦。

（二）形态特征

成虫：雄性体长 16.0～20.0 mm，雌性体长 23.0～26.0 mm；雄性前翅长 11.0～15.0 mm，雌性前翅长 13.0～16.0 mm。体较粗短。颜顶角宽短，头的背面光滑，无侧隆线，颜顶角在复眼之间的宽度约等于颜面隆起在触角之间宽度的 2～3 倍。颜面倾斜。触角丝状，细长。头侧窝宽短，梯形。前胸背板 3 条横沟均明显，都割断侧隆线，但仅后横沟割断中隆线，侧隆线在沟前区消失；前胸背板具有较宽的"＞＜"形淡色条纹，在沟后区侧条纹的宽度约等于沟前区侧条纹宽度的 2～4 倍；雌性前胸背板的沟后区较宽，沟后区侧隆线间的宽度明显大于其长度。后足股节较粗短，长度为其宽度的 3.3～3.6 倍；沿外侧下隆线处常有 5～7 个黑色小斑点；后足股节外侧的下膝片淡色，有时基部略暗。后足胫节红色。雄性前翅到达后足胫节的顶端，雌性前翅的顶端离后足股节的顶端较远。雄性腹部末节背板后缘的尾片较宽。

卵：卵囊呈长筒形，中间略弯，一般长 11～19 mm，直径（内径）3.2～4.0 mm，卵囊外壁由很细的泥土沙粒组成，厚 0.5～1.0 mm，其内壁有较厚的褐色膜。卵囊盖的两面呈内凹形，似小帽状，其内表面褐色平滑。卵囊内一般有卵粒 10～15 粒，没有泡沫物质。卵粒长 4～5 mm，呈土黄色。卵粒斜面排成不规则的 3 行，全部卵粒约占卵囊的 1/3～3/4。

蝗蝻：共 5 龄。一龄：体长 5～8 mm。后足股节长 3～4 mm。触角 13 节左右，长约 2 mm。自头顶经前胸背板向后到腹部在背中央线处有 1 条明显的白色或黄白色条纹，前胸背板后缘平直或向前微凹陷，前胸背板有较显著的"＞＜"状黄色花纹，但在中部为前胸背板横沟所割断，横沟 3 条均可见，后横沟约在前胸背板的中部。腹部棕褐色，在腹中央线两侧有由小黑色点形成的两条黑褐色条纹。翅芽很小，外缘指向下方。

二龄：体长 6.5～11.0 mm。后足股节长 4.0～5.0 mm。触角 15～17 节，长 2.2～2.6 mm。前胸背板"＞＜"形花纹显著，其后缘仍微向前凹陷。翅芽较明显，外缘略指向下方。

三龄：体长 8.0～14.0 mm。后足股节长 6.0～7.0 mm。触角约 20 节，长 3.2～3.6 mm。前胸背板后缘平直或微向后突，形成钝角。翅芽上可见翅脉，雄性前、后翅芽皆翻向腹部背面合拢，但后翅芽仍未完全合拢；雌性前翅芽小于后翅芽，明显指向后下方。翅芽长 0.9～1.3 mm。

四龄：雄性体长 13.0～15.0 mm，雌性体长 14.0～16.0 mm。后足股节长 8.2～9.0 mm。触角 21～22 节，长 4.5～5.0 mm。前胸背板后缘呈钝角。雄性翅芽上翅脉显著，色泽暗褐或黑褐色，翅芽在腹部背面完全合拢，并超过第二腹节；雌性翅芽也翻向腹部背面合拢，但不超过第二腹节。

五龄：体长 17.0～22.0 mm。后足股节长 10.0～11.5 mm。触角 23～24 节，长 6.0～7.0 mm。雌性翅芽已在腹部背面完全合拢并超过第二腹节，色泽加深，呈暗褐色或黑褐色。

（三）生活史

1. 年生活史 在新疆地区，红胫戟纹蝗1年发生1代，以卵在土中越冬。一般年份，最早孵化出现在4月下旬或5月初，孵化盛期在5月上、中旬，孵化末期在5月下旬。不同地区孵化时间存在一定差异。蝗蝻期一般在4月下旬至6月下旬或7月上旬。成虫最早羽化期在5月下旬初，羽化盛期在5月下旬或6月初；产卵初期在6月上、中旬，产卵盛期在6月中、下旬，产卵末期可延迟到7月。至9月上旬仍可见到成虫。

2. 各虫态历期 据观察红胫戟纹蝗成虫的寿命，雄性一般在19 d以上，最短9 d，最长59 d；雌性一般在27 d以上，最短17 d，最长59 d。

（四）生活习性

1. 孵化 一天中，10：00～12：00蝗卵孵化最多，8：00～10：00次之，12：00～14：00更少，其余时间则很少孵化。

2. 蜕皮、羽化、交尾及产卵 一般情况下，成虫羽化后5～7 d即可进入交尾盛期；在新疆巴里坤大柳沟地区6月上、中旬即有交尾，6月中旬开始产卵。成虫喜在芨芨草附近或休闲麦地的田垄上产卵，多数成虫常在植被较稀疏、土质较板结的地段产卵。成虫产卵期最长可达27 d。据观察，产卵时间一般约需1 h以上，产卵后当日或次日即可进行交尾。

3. 取食习性 红胫戟纹蝗蝗蝻食性比较复杂，主要取食禾本科及莎草科植物，如紫花芨芨草、小麦、新麦草、冰草、狐茅、猪毛菜、优若藜、三棱草、野油菜、刺蓬、臭蒿、沙葱等。在巴里坤地区于5月下旬观察，清晨地表温度在2～4℃时，蝗蝻在草丛基部不动；当地表温度上升到9℃时，蝗蝻爬出草丛；在距地表面10 cm处气温达18℃时，蝗蝻开始取食。一头三龄蝗蝻在5 min内即可将一根狐茅吃光，且可立即取食新的叶子。在一般情况下，在晴天8：00后，当地面温度达25～30℃时，蝗蝻普遍取食，当地面温度达34℃时，多数蝗蝻在草间爬行取食或静止，或连续跳跃。

4. 活动栖息 蝗蝻善跳跃，高龄蝗蝻一次可跳跃80～100 cm，但无聚集习性。大风天，蝗蝻则多潜伏在草丛或沟渠附近，特别喜在避风坡面栖息。一般晴天状况下，蝗蝻在清晨及傍晚多栖息于植被根际附近，一天中以10：00～12：00及15：00～17：00比较活跃，中午日照强时虽无风也喜栖息于草丛荫蔽处。成虫无远飞迁移习性，多喜跳飞，一次跳飞最远距离也不过3 m左右。

十五、黑条小车蝗

（一）分布与危害

黑条小车蝗［*Oedaleus decorus decorus*（Germar）］隶属直翅目斑翅蝗科，主要分布于我国新疆牧区及农牧交错区，主要取食紫花芨芨草、针茅、细柄茅、天山赖草等。

（二）形态特征

成虫：颜顶角宽短，顶端圆形。触角丝状，细长。头侧窝不明显，呈三角形。前胸背板较短，中部明显缩狭，沟后区的两侧各呈圆形隆起，形成肩状；在背面有不完整、不隆起的"＞＜"形淡色斑纹，"＞＜"形斑纹在沟前区和沟后区几乎等宽，沟前区的"＞＜"形斑纹从侧面看颇向下倾斜；中隆线较高，全长完整，由侧面看，呈弧形隆起；侧片较高，明显高于其长度，后缘直角或近乎直角形。中胸腹板侧叶间的中隔相等于或较狭于侧叶的宽度。后足股节上侧的上隆线无细齿。后足胫节黄褐色或红色；若是红色，则基部的淡色部分不混杂红色。前、后翅发达，前翅远远超过后足股节的顶端；后翅宽大，略短于前翅，在中部具有暗色斑纹带，但不到达后翅的后缘，基部黄色。雄性体长18.0～26.0 mm，前翅长16.0～28.5 mm；雌性体长25.0～38.0 mm，前翅长22.0～32.0 mm。

卵：卵囊呈明显的屈膝状，泡沫状物质与卵室部分相连处微细并形成钝角。卵囊长28～40 mm，直径4～6 mm，含卵粒9～25粒，卵粒排成不整齐的3～4行。卵囊泡沫状物质外壁为一薄土层，其内泡沫呈白色或玫瑰色并微透明。卵粒橙黄色或黄色并带玫瑰色泽，卵粒外壳具有六角形的纹脊和突起。

蝗蝻：雌、雄两性皆为5龄。

一龄：头部的后头两侧及复眼自背面观有明显淡黄色条纹。触角13节。前胸背板前缘微向前突出，后缘中央部分向前凹陷，呈缺刻状。前胸背板中隆线明显并有"＞＜"状淡色花纹。翅芽很小，外缘钝圆并指向下方。

二龄：头部的后头两侧及复眼自背面观淡黄色条纹更为明显。触角 18 节。前胸背板前缘明显向前突出，后缘中央部分微向前凹入但较平缓。翅芽、翅脉略可见，其外缘略指向后下方。

三龄：头部向前。触角 21 节。前胸背板前缘及后缘明显突出形成钝角。翅芽外缘明显指向后下方，前、后翅芽、翅脉明显，后翅芽明显宽于前翅芽。

四龄：触角 22 节。前胸背板背面 ">＜" 状淡色纹更为明显，前胸背板前缘中央向前突出，后缘向后突出更为明显，前胸背板中隆线明显隆起。前、后翅芽均翻向腹部背面，前翅芽被后翅芽覆盖并超过第一腹节，后翅芽略超过第二腹节。

五龄：触角 23 节。前胸背板明显长于前翅芽。前翅芽达第三与第四腹节之间，几乎全被后翅芽所覆盖。

（三）生活史

1. 年生活史　在新疆地区，黑条小车蝗 1 年发生 1 代，以卵在土中越冬。一般年份，黑条小车蝗最早孵化出现在 5 月中、下旬，但在不同年份和地点以及海拔高度的不同，孵化时间很不一致。在新疆巴里坤大柳沟地区一般于 5 月 31 日初见孵化，7 月上旬始见成虫；而在巴里坤西部苏吉山山谷 6 月下旬即可见到初羽化的成虫，同时在巴里坤西部的沙尔乔克南山山麓则在 8 月上旬还曾见到初龄蝗蝻。成虫交尾产卵期也因地点不同而有明显的差异，故在 7、8 月均可见到成虫交尾、产卵。成虫在自然环境下可生活到 9 月。

2. 各虫态历期　黑条小车蝗雌虫产卵至死亡短者仅 1 d，长者可达 25 d，一般则为 7～12 d。据观察，10 对成虫中，40% 的雄性寿命仅 7 d，60% 可达 40 d 以上；90% 的雌性寿命达 27 d 以上，一般雌虫寿命皆长于雄性。

（四）生活习性

1. 蜕皮、羽化、交尾及产卵　黑条小车蝗成虫羽化至交尾一般相隔 7～13 d，个别则可长达 30 d；交尾至产卵相隔 6～9 d，长的达 35 d。在一天中，产卵多在 10：00～16：00 完成。雌虫产卵时，有许多雄虫停在雌虫的周围，有的雄虫爬到正在产卵的雌虫身上。当雌虫产完卵后，雄虫又立即与雌虫进行交尾。因此，很容易发现正产卵的雌虫。雌虫产完卵后，并不立即跳走，而是用其后足拨动产卵孔周围的土粒，待把产卵洞口封好后才离开产卵地点。黑条小车蝗多选择土质比较坚硬的场所产卵，其产卵的场所常为具有较多小碎石的地段，有时也在草根旁边甚至在矮草丛中钻孔产卵。在野外可以看到许多与地面呈倾斜角度但未产卵的洞，这是因为在黑条小车蝗钻洞产卵时遇到了石块，而其卵块又较长，所以就转移到土表下无石块处钻洞产卵所致。据在新疆巴里坤大柳沟饲养观察，黑条小车蝗每头雌虫可产卵块 3 块。

2. 取食习性　黑条小车蝗蝗蝻及成虫喜食禾本科植物，如紫花芨芨草、针茅、细柄茅、天山赖草、新麦草、三棱草、优若藜、银灰旋花等。

3. 活动栖息　黑条小车蝗蝗蝻有趋温趋光群聚习性，但在地面却很少群聚，较多数量的群聚常出现在草上。

十六、朱腿痂蝗

（一）分布与危害

朱腿痂蝗 [*Bryodema gebleri* (Fisher-Waldheim)] 隶属直翅目斑翅蝗科，主要分布在我国新疆，是冬季牧场及部分春、秋牧场的优势有害种类，主要取食紫花芨芨草、蒿草等，由于其食量较大，有时造成牧草的严重损失。

（二）形态特征

成虫：体形较大，雌雄两性体形很不相同。雄性细长，雌性粗短，体躯常具有较密的粗大刻点和短的隆线或小的颗粒。头顶较宽，顶端钝圆。前缘无隆线，顶端和颜面隆起的上端相连接。颜面垂直或略微倾斜，颜面隆起宽平，下端近上唇基部几乎消失。触角细长，丝状。前胸背板的前端较狭，后端宽平，隆起的颗粒和短隆线很多。中隆线较低，被两条横沟割断，侧隆线在沟后区略可见。中胸腹板侧叶的中隔甚宽。后足股节粗短，后足股节内侧和底侧及后足胫节均呈红色。后足胫节内侧有刺 9～13 个。雄性前、后翅均很发达，可达到后足胫节的顶端；雌性前、后翅较不发达，仅到达后足股节顶端。雌性前翅中脉域的中闰脉明显，后翅基部玫瑰色，其余部分暗色。雄性体长 25～32 mm，雌性体长 32～42 mm；雄性前翅长 32～36.5 mm，雌性前翅长 20～24 mm。

卵：卵囊褐色，呈鞘状弯曲，上端泡沫状物质部分直径较细，与卵室部分相连处弯曲，且其直径明显增大。卵室内含卵粒 8～29 粒，一般 20～26 粒。卵粒呈褐色。

蝗蝻：雌、雄两性皆为 4 个龄期。

一龄：前胸背板前缘及后缘较平直。雌性前、后翅芽不明显，末端钝圆。雄性翅芽则较为明显，且末端略指向下方。触角 14～15 节。

二龄：前胸背板前缘略向前隆起，呈弧形，后缘呈钝圆形。前、后翅均可见翅脉，并略微指向后下方，雄性尤为明显。触角 19～20 节。

三龄：前胸背板后缘明显向后伸长，后缘呈钝角。翅芽翻向腹部背面，雄性后翅芽将前翅芽大部遮盖，几乎不见前翅，雌性不完全覆盖前翅。雄性后翅芽未到达腹部第二节末缘，雌性后翅芽不超过腹部第一节。触角 22 节。

四龄：前胸背板明显增大，后缘几乎呈直角形。雄性后翅芽未完全将前翅芽遮盖，翅芽超过腹部第五节；雌性翅芽仅超过腹部第一节。触角 24 节。

（三）生活史

朱腿痂蝗在新疆 1 年发生 1 代，以卵在土中越冬。据观察，在新疆巴里坤盆地大柳沟越冬蝗卵最早于 5 月 9 日孵化，其后孵化有所增多，一直延续到 5 月中、下旬。成虫始见于 6 月中旬，6 月下旬成虫进入交尾期，7 月上旬开始产卵，7 月中、下旬为产卵盛期，8 月中旬成虫开始死亡。而在巴里坤盆地的沙尔乔克 6 月下旬即可见到成虫产卵，7 月上旬为产卵盛期。

（四）生活习性

1. 孵化　蝗卵孵化以 8：00～10：00 最多。

2. 蜕皮、羽化、交尾及产卵　成虫交尾活动多在晴朗天气进行，阴雨天则停止交尾，但当雨后转晴，土表温度达到 18℃时，则可进行交尾。成虫产卵也在晴天进行，产卵时对光线的要求比对土壤硬度的要求更为严格。一般来说，成虫产卵喜在土质较为疏松并混有小石粒的地方，产卵比较分散。

3. 取食习性　朱腿痂蝗主要取食紫花苜蓿草、猪毛菜、臭蒿、香蒿、刺儿菜、荠菜、灰菜、三棱草、沙葱等。取食与光线和温度有密切的关系，雨天不取食，阴天也很少取食，只在太阳出来后地表温度升到 17℃时，才普遍取食。朱腿痂蝗食量较大，据新疆巴里坤观察，363 头成虫不到 3d 即将高约 35 cm、直径 30 cm 的一丛紫花苜蓿草全部吃光；350 头成虫 1d 即将 26 枝平均为 35 cm 的牛尾蒿叶片吃光，同日再放入 40 枝牛尾蒿，次日又有 16 枝叶片被吃光，另 24 枝的大半叶片也被取食。

4. 活动栖息　朱腿痂蝗喜在裸露的土表和石表栖息，其栖息地点的改变，常随阳光照射的部位而转移。

十七、斑角蔗蝗

（一）发生与分布

斑角蔗蝗［*Hieroglyphus annulicornis*（Shiraki）］属直翅目斑腿蝗科蔗蝗属。主要分布于广东、广西、云南、福建、山东、台湾等省份，取食甘蔗、水稻等禾本科植物。

（二）形态特征

成虫：体长 45～55 mm，体形较大，体色绿褐色或黄绿色，前胸背板有 3 条明显黑色的横向沟带，各足腿节及复眼黄褐色。

卵：卵囊长 17.3～25 mm，直径 9.5～12.5 mm，呈椭圆形。胶囊为褐色，卵囊的上端通常为膜质，下端为土质，囊壁较厚且坚硬，有时从卵囊上端可见卵粒。每个卵囊内约含卵粒 20～25 粒，排列整齐。卵粒长 5～5.5 mm，直径 1～1.2 mm，黄棕色，中央略弯。

蝗蝻：斑角蔗蝗蝗蝻共 5 个龄期，五龄蝗蝻老熟后羽化为成虫。蝗蝻全体黄绿色，触角丝状，细长。前胸背板较长，呈覆瓦状，中央隆起很低，故不明显，中部有 3 条较暗、近于黑色的横沟。前胸腹板在两前足之间有圆锥状突起。

（三）生活史

1. 年生活史　斑角蔗蝗在山东 1 年发生 1 代，以卵在 3～5 cm 深的土层中越冬。蝗卵于 5 月初至 5 月中旬开始孵化，5月中、下旬为孵化盛期，8月上、中旬为交尾高峰期，8月中、下旬为产卵盛期。9月以后成虫陆续死亡，有的可延续到11月上旬死亡。

2. 各虫态历期　越冬卵历期196～248 d，平均221 d。蝗蝻历期约70 d，成虫周期60～95 d。山东西南部成虫出现期早于东北部和东部沿海地区。菏泽地区7月中旬开始羽化，7月下旬进入羽化盛期；烟台则在7月底才见成虫羽化，8月上旬成虫羽化进入盛期，两地相差7～10 d。

（四）生活习性

1. 蜕皮、羽化、交尾及产卵　斑角蔗蝗有多次交尾和多次产卵的习性。雌虫多选择在水库、洼地及河滩的路边、沟沿、田埂等处产卵，土壤过于潮湿对其产卵不利。每头雌虫可产卵块2～5块，每卵块含卵30～50粒。

2. 取食习性　斑角蔗蝗喜食芦苇、蒲草、玉米、谷子、高粱、水稻等多种农作物和杂草。8月上、中旬进入为害盛期，一般先从中、下部的叶片开始取食，逐渐向上部的叶片扩展为害。

3. 活动栖息　初孵蝗蝻多群集在孵化穴附近活动，随着龄期的增大，活动范围逐渐扩大，三龄后，陆续向芦苇、蒲草和附近的玉米、谷子、高粱、水稻等作物田扩散为害。蝗蝻活动敏捷，跳跃力强，跳跃高度0.3～0.5 m，跳跃距离1～1.5 m，受到惊吓时，迅速潜逃，或立即转到植物的叶、茎背面躲避。高龄蝗蝻经常栖息在植物的叶、茎上，温度适宜时，常爬到植物的顶端，中午阳光强烈时转移到植物中部以躲避烈日。

初羽化的成虫，多停留在植物中部的叶片上，10～30 min后开始活动。成虫在植株的顶部或中部叶、茎上栖息或取食，遇到惊吓，绝大多数顺作物的茎秆下滑到地面躲藏；成虫可连续飞翔，每次飞翔距离3～5m。成虫多从农作物田边、地头逐渐向田内扩散为害。

斑角蔗蝗每天有两个活动高峰，即8：00～12：00和16：00～18：00。早晨、傍晚、低温和中午高温时多静止不动。

十八、黄脊竹蝗

（一）分布与危害

黄脊竹蝗［*Rammeacris kiangsu*（Tsai），异名：*Ceracris kiangsu* Tsai］属直翅目网翅蝗科竹蝗属，别名黄脊雷篾蝗、黄脊阮蝗，是我国产竹区的主要害虫，分布于湖南、四川、江西、福建、广西、广东、湖北、江苏、浙江、安徽、云南、贵州等省份。喜取食毛竹叶，大发生时受害竹林如同火烧，新竹受害一次即死，壮竹受害2～3年内不发新笋。还可取食玉米、水稻等5科20种植物。

（二）形态特征

成虫：雌虫体长31～40 mm，平均33 mm；翅长30～35 mm。雄虫体长29～35 mm，翅长24～25 mm。身体主要为绿色，翅长过腹。雌虫触角长23 mm，雄虫触角长25 mm。额顶突出如三角形。由额顶至前胸背板中央有一显著的黄色纵纹，越向后越大。触角末端淡黄色。前翅前缘及中域暗褐色，臀域绿色。后足腿节黄色，间有黑色斑点，中部有排列整齐的"人"字形褐色沟纹；胫节瘦小，表面黑绿色，有棘两排，外排14个，内排15个，刺基部浅黄，端部深黑。腹部11节，背面紫黑色，中央脊起部分颜色淡黄，腹面黄色。

卵：卵囊圆筒形，长18～30 mm，土褐色。卵粒长椭圆形，上端稍尖，中间稍弯曲。长6～8 mm，棕黄色，有巢状网纹。

蝗蝻：共5龄。

一龄：体长9.8～10.9 mm，平均10.2 mm。触角13～14节，长4.1～5.2 mm，平均5 mm。初孵化蝗蝻为浅黄色，约经4 h后即变为黄、绿、黑、褐相间的杂色。头灰色，额顶突出如三角形。复眼深灰色。触角尖端淡黄色。后足有淡黄色条纹。前胸背板前端中线的两旁各有1个四方形黑斑，侧面也各有1个较小的黑斑，前胸背板后缘不向后突出，几乎呈一直线。后胸背板两侧各有1个大黑斑。翅芽不明显，仅中、后背板两侧后缘微向后突出。

二龄：体长11～15 mm，平均12.1 mm。触角18～19节，长6.2～7.2 mm，平均6.8 mm。体色较一龄为黄，尤以胸部背板及腹部背板中线色最黄。前胸背板后缘仍不向后突出。前、后翅芽向后突出较为明显，在放大镜下可隐约看出数条翅脉。

三龄：体色黄绿色。前胸背板后缘略向体后延伸，将中胸一部分盖住。翅芽显而易见，前翅芽呈狭长片状，后翅芽呈三角形片状，较前翅芽为宽，翅脉较易看清，翅芽不翻折于背面。

四龄：体色与三龄相同，体长 20～24 mm，平均 21.4 mm。触角 23 节，长 12～13.7 mm，平均 12.6 mm。前胸背板后缘显著地向后延伸，将后胸一部分盖住。前、后翅芽翻折于背面，前翅芽位于后翅芽之内，后翅芽几乎伸至腹部第一节末端，翅脉明显可见。

五龄：体色与四龄相同。体长 20.8～30 mm，平均 26.3 mm。触角 24～25 节，长 15.7～17.6 mm，平均 16.5 mm。前胸背板后缘极度地向后延伸，将后胸大部分盖住，其上缘长几乎为下缘的 1 倍。翅芽较四龄时更大，已伸至腹部第三节末端而将听器盖住。将羽化时，身体变为翠绿色。

（三）生活史

1. 年生活史　1年发生 1 代，以卵在土中越冬。在湖南，越冬卵于 5 月初开始孵化，5 月中旬至 6 月初为孵化盛期，6 月下旬为孵化末期。成虫于 7 月初开始羽化，7 月下旬为羽化盛期。8 月中旬为产卵盛期，可延续至 10 月底。

2. 各虫态历期　蝗蝻历期 46～69 d，平均 52 d。其中一龄蝗蝻历期 9～26 d，平均 14.4 d；二龄蝗蝻历期 7～17 d，平均 9.9 d；三龄蝗蝻历期 5～19 d，平均 9.6 d；四龄蝗蝻历期 5～14 d，平均 10 d；五龄蝗蝻历期 7～13 d，平均 11 d。雌成虫寿命 50～84 d，平均 69 d；雄成虫 54～56 d，平均 54.6 d。

（四）生活习性

1. 孵化　卵的孵化，一般产于南坡的较产于北坡的孵化早，产于山腰的较产于山顶的早，地被物薄的产卵地较地被物厚的早。当日均气温达 25℃ 以上时，蝗卵开始孵化，有利于孵化的相对湿度为 60%～80%。卵孵化盛期为 14：00～16：00，约占总孵化数的 54%，夜晚孵化的甚少。同一卵块的卵粒大多于同一天孵化完，极少有延迟至第二或第三天的。

2. 蜕皮、羽化、交尾及产卵　蝗蝻蜕皮前 1d 停止取食，亦不活动，蜕皮集中在 9：00 左右，需经半小时。成虫羽化后 20d 左右性成熟，一天中有两个交尾高峰期，即 5：00～7：00 和 17：00～21：00。雌、雄成虫均可多次交尾。成虫接近交尾期常作长距离迁飞，这时发生地区迅速扩大。雌成虫经半个月补充营养后开始产卵。成虫在产卵前飞向背北向阳的竹林，选择杂草稀少、地势高燥、排水良好、土壤深厚、土质较松的竹山山腰、林中空地或山沟斜坡空地产卵。雌虫产卵时先以产卵管挖掘泥土，直至腹部能全部插入，再分泌出一团泡沫状白色带黏性物质，然后将卵粒一层层斜产于此泡沫状物质中。产卵完毕后在卵块上端分泌一些泡沫状物质，在泡沫状物质上又分泌一团深褐色浓厚黏液。每头雌虫产卵可达 6 块左右，产卵后成虫即在产卵地附近死亡。

3. 取食习性　蝗蝻孵出后多群聚于小竹及禾本科杂草上，第一天不取食，第二天才开始取食小竹及禾本科杂草叶片，使其边缘呈现许多缺刻。取食时间多为 5：00～8：00 和 18：00～22：00。四龄蝗蝻至成虫交尾前食量最大，其中尤以五龄蝗蝻食量最大，占蝗蝻期总食量的 60% 以上。一龄末至二龄初的蝗蝻先上小竹及禾本科杂草取食，三龄以后则全部上大竹，但当地面小竹及禾本科杂草缺乏时，孵化后不久即有上大竹现象。跳蝻上大竹后，起初集中在梢端取食，四龄后则慢慢分散。

4. 活动栖息　蝗蝻有较强的喜阳性，上竹蝗蝻多集中在竹梢上部取食，竹梢被吃成一片枯黄。四龄后蝗蝻逐渐分散。蝗蝻有群聚迁移习性，以四、五龄较为明显。当中午气温高于 30℃ 以上时，蝗蝻有下竹息凉、喝水习性，气温下降后再上竹取食。成虫迁飞多为寻找食料和适宜的产卵地点，迁飞多发生在晴天或炎热天气，迁飞距离长达 10km 以上。

十九、土蝗综合防治技术

（一）土蝗综合防治的指导思想

土蝗的综合防治是根据"预防为主，综合防治"的植保方针，针对当地主要土蝗种类，力求从生态学、经济学和环境保护学的观点出发，用经济阈值或经济允许损失水平制订土蝗防治指标，采用综合防治的技术手段，控制土蝗的发生和为害。防治技术以农业防治为基础，结合各地农事活动特点，引导农民因地制宜，采取有效的农业耕作与栽培管理措施减少土蝗的虫源基数和滋生环境；充分利用自然天敌对蝗虫的控制作用，避免或减少化学农药的使用，为蝗虫天敌创造良好的栖息环境；应急防控时，要选择高效、低毒、低残留和经济的化学农药，采取科学的施药手段，及时控制蝗虫的发生为害。

（二）土蝗综合防治的基本策略

根据不同的地区、不同的作物和不同的土蝗优势种群，选择主攻对象，掌握防治关键时期，因地制宜做好以下三点工作：

1. 春季挑治保春苗　"挑治"即针对出土早且密度高的蝗蝻，开展点片挑治，并把握在低龄蝗蝻期进行重点防治的原则，可降低成本，提高防效和显著压低土蝗的种群基数，保护豆类、薯类、秧田等春播作物的安全生长。

2. 夏季普治保夏苗　在夏季，各种土蝗多数出土或已进入高龄蝗蝻和成虫阶段，此期防治可有效地保护水稻、玉米、谷子、豆类等多种夏收及秋收作物的安全生长。

3. 秋季扫残保秋苗　此期土蝗已进入成虫阶段，而且不少土蝗正处于产卵时期，食量很大，尤其在临近荒坡草地或耕作粗放的地方，秋季小麦播种出苗后，常遭到土蝗的频繁为害，因此，扫除残蝗，不但可保护秋苗，而且能有效降低卵的越冬基数。

总之，要采取"挑治为主，普治为辅，巧治低龄"的策略，将土蝗控制在发生基地和扩散为害之前。

（三）土蝗综合防治技术

1. 农业防治　农业防治是改变土蝗滋生环境，抑制土蝗种群密度的有效手段。根据各地的实践，主要有以下几项措施：

（1）深耕细耙，清除杂草，破坏产卵环境。依据土蝗产卵习性，通过春、秋深耕细耙破坏产卵适生环境，耕深 10～20 cm，使土中卵块受到机械性破坏或暴露于地表干死、冻死，耕耙还可破坏蝗虫的产卵环境，压缩蝗虫的发生分布范围，压低虫源基数。据河北玉田、沧县等地调查，精耕细作的农田虫口密度可比一般农田降低 51.8%～73%。

（2）铲埂、抹埂、清淤灭卵。依据土蝗喜产卵于田埂、渠坡、埝埂等环境的习性，结合修整田埂、清淤等农事活动，用铁锹铲田埂，深度 2～3 cm，或清淤时将土翻压于渠埝之上，将卵块铲断，暴露于地表干死。据河南郑州金水区、原阳、民权等地调查，采用这些方法可使卵孵化率降低 37%～45%。

（3）稻田泡田拉荒捞卵控制稻蝗。在插秧前放水泡田后，用圆盘耙或钉齿耙耙地，可使田内或田埂边的卵块漂浮到水面，通过打捞卵块及残渣，既灭了卵，也清除了杂草及其他病害菌核。河南原阳县植物保护站在官厂乡柳园村 100 亩稻田进行耙地捞卵试验，捞卵区大田蝗蝻密度比对照区降低 57.9%。

（4）种植紫穗槐。在土蝗发生区的地边荒坡地种植紫穗槐，增加植被覆盖度，减少产卵环境，降低虫口密度。近年来，河北沧县在田边、河堤、沟渠等特殊环境中种植紫穗槐约 6 700hm²，经调查在植被覆盖度超过 80% 的地方基本查不到土蝗卵，控制效果非常明显。

2. 保护利用天敌　近年来，河南、河北、山西等地在调查研究的基础上，摸索出下列几项有利于土蝗天敌栖息和繁殖的保护利用措施。

（1）人工助迁蜘蛛。蝗区蜘蛛种类较多，种群数量较大，是蝗虫重要的自然天敌。可通过人为采集蜘蛛，放于蝗区四周农田，增加蝗区天敌数量。其方法是用铁纱做成直径 15 cm、长 50 cm 的纱笼，一头封闭，一头用布做成漏斗状的口，将采集的蜘蛛放于纱笼中，里边放芦苇或稻草防止蜘蛛互相残杀，然后移放于稻田埂上，每隔 5 m 放 50 头，每 667m² 放 1 000 头以上，可明显增加稻田的蜘蛛数量。

（2）在稻田中人为创造有利于蜘蛛栖息的环境，增加蜘蛛种群数量。春、夏间稻田中除草破埂时，将锄下的草集中堆放，或在田埂上放置稻草堆（每 667m² 放草堆 15～20 个），在草堆泼水，保持其湿润（蜘蛛喜欢在潮湿的环境中栖息），可招引蜘蛛在草堆下栖息，增加蜘蛛种群数量，堆放草堆 10d 后调查，蜘蛛种群数量明显增加，数量由堆草前的 5～6 头/m²，增加到 8～13 头/m²。

（3）合理布局和安排茬口，适当增加油菜、小麦面积，保护天敌安全转移。在作物布局上应避免单一化，使田间植被丰富，水稻前茬安排可考虑增加一些小麦、油菜等作物，这样在水稻收获后，天敌有适生场所，可减少对天敌的杀伤，保证麦收前有大量天敌转移到周围的稻田。

（4）科学管水，控制害虫，促进天敌的活动。"浅水勤浇，开沟排水，适时晒田，干干湿湿"不但是防病丰产的措施，也是增加益虫和控制害虫的重要措施。稻田长期深水会限制天敌种群的活动，据河南中牟县调查，稻田浅水管理比深水管理蜘蛛种群数量增加 83.9%，其他天敌，如中华广肩步甲、中华螳螂等，浅水田的种群数量也比深水田多。

（5）协调化防与生防的矛盾。从"保益控害"出发，选择适当的农药品种、施药方法、施药时间，减少对天敌的杀伤，稻田中，蜘蛛是数量最多的优势天敌，是保护的重点，在药剂品种上，要选择对天敌影响小，对害虫防效好的品种，如敌百虫对天敌比较安全，残效期也较短，异丙威对蜘蛛类及瓢虫影响较小，同一种农药一般喷粉对天敌杀伤力较大，如用颗粒剂土壤深施或毒土土壤表层撒施则较安全。天敌的不同虫态对农药的抗药力是不一样的，一般幼虫、若虫期抗药性弱，蛹期抗药性较强，在施药时间上应尽量避开主要天敌的幼虫（若虫）期。

3. 化学防治 化学防治是综合防治的重要手段，为保证农作物正常生长，在生态控制的基础上，根据"挑治为主，普治为辅，巧治低龄"的策略，对土蝗密度已超过或即将达到防治指标的农田，要及时采取补救措施，合理使用化学农药进行防治。朱恩林等根据研究，制定了部分农区主要土蝗防治指标（表13-5-8）。

表 13-5-8　农区主要土蝗防治指标
Table 13-5-8　The control indexes of main locusts for the cultivated land

土蝗种类	为害作物	防治指标（头/m²）	适用地区
大垫尖翅蝗	秋播麦苗	高产区：4～5 中产区：6～7 低产区：9～10	华北平原及黄土高原盆地
黄胫小车蝗	秋播麦苗	高产区：2～3 中产区：4～5 低产区：7～8	晋东南盆地及河北平原
中华稻蝗	本田期水稻	高产区：8～9 中产区：10～11 低产区：12～14	渤海湾，黄河、渭河及汉水流域
笨蝗	苗期甘薯 苗期大豆 苗期玉米	高产区：0.5～1 中产区：1～2 低产区：2～3	华北丘陵山区及高燥坡地等
日本黄脊蝗	夏谷	2～3	河北
宽翅曲背蝗	玉米等	10～15	东北农牧交错区

（1）选好防治适期，主攻关键种类。根据不同地区土蝗优势种的为害特点和农作物的生长发育时期，结合虫情预测预报，因地制宜做好以下三个阶段的工作：

①春末夏初保苗防治。此期的主攻对象是挑治丘陵山区的早发性蝗虫如笨蝗等，重点保护豆类、薯类等早春作物苗期的生长。在山东、河南等地，防治适期以4月底至5月中旬为宜。在河北、山西等偏北地区，以5月上旬至下旬为宜。

②夏季保苗防治。在稻区，防治中华稻蝗一般以6月上旬至6月下旬为宜，但在华北南部秧田及早插秧田，防治适期以5月底至6月上旬为宜；在山区坡地和平原区的高燥环境，6月上、中旬则以防治黄胫小车蝗和短星翅蝗为主；在滨海洼地，6月中旬至7月中旬主抓大垫尖翅蝗防治；在沟渠、畦田附近，6月上、中旬主抓短额负蝗防治；在北部低湿草滩及东北的农牧交错区，7月上、中旬是宽翅曲背蝗和大垫尖翅蝗等的防治时期。

③秋季保苗防治。秋季防治的重点是大垫尖翅蝗和黄胫小车蝗等，防治适期一般在秋播麦苗出土之前（9月下旬至10月上旬）。

准确掌握防治适期和防治主要对象，因地制宜地制订不同蝗虫种类的防治指标，是提高土蝗化学防治效果的先决条件。但要根据不同地区以及不同年份，对上述时期作适当的调整。一般情况下，防治土蝗的时间应遵循三个基本原则：一是抓住土蝗发生基地早期的挑治，将低龄土蝗控制在未扩散之前；二是将土蝗控制在侵入农田之前；三是将已扩散到农田的土蝗及时控制在经济允许损失水平以下。

（2）选择适宜的农药品种。根据各地近年来试验结果，从安全性、经济性和防治效果综合考虑，目前防治蝗虫的化学农药以40%马拉硫磷乳油、75%马拉硫磷油剂、40%甲基异柳磷乳油、40%氧乐果乳油、2.5%顺式氰戊菊酯乳油、45%敌·马合剂、50%辛硫磷乳油等效果较好。

（3）改进农药施用方法

①发展超低量施药技术，提高防治效率。

②选择有效施药靶区。根据土蝗的发生为害特点，通过"武装侦察"的手段，对土蝗滋生环境如稻田边、地边、沟渠、农田夹荒地等特殊环境进行重点挑治。如稻蝗在三至四龄期，主要集中在田埂及稻田边行稻丛中取食，此期在田埂和稻田边1～3 m内施药，即可起到很好的防治效果。将"防治靶区"主要放在特殊环境和边行农田，能够大大压缩农药的施用区域，不但提高了防效，而且减少了对天敌的杀伤。

③打封锁带阻止蝗虫的迁移为害。此项措施在农牧交错区和丘陵山区的傍山农田效果尤为明显。

④实行集中连片的规模防治。农区土蝗的防治工作要统一组织、统一领导，充分发挥植保服务体系的作用，鼓励发展多种形式的技术承包灭蝗队伍。对土蝗发生重、集中连片的区域实行规模防治或集中防治，才能收到理想的防治效果。

（4）把握用药时间。蝗虫的取食及其他活动的活跃程度与环境温度有关，温度过高与过低均影响其取食活动，因此防治用药时的温度条件直接影响防治效果。据河北多地实验，晴天的早晨，蝗虫多爬到作物向阳处晒太阳以吸取能量，提高体温。高温季节的中午，蝗虫多潜伏于地表遮阴处不活动，因此防治时应避开中午。北方地区秋季气温较低，蝗虫多在气温相对较高的中午前后取食活动，因此秋季防治保秋苗应在中午前后施药。

本节四至十九作者：冯晓东（全国农业技术推广服务中心）、张书敏（河北省植物保护站）、吕国强（河南省植物保护站）、董宝信（山东省植物保护站）、王建敏（河北省植物保护站）、王江蓉（河南省植物保护站）、芦屹（新疆维吾尔自治区植物保护站）、张振波（河北省植物保护站）、勾建军（河北省植物保护站）、李虎群（河北省安新县植物保护站）、张小龙（河北省安新县植物保护站）

主 要 参 考 文 献

比恩科，等．1954．蝗虫生态学［J］．昆虫学报，4（3）：315-332．

蔡秀玉．1965．黏虫核型多角体病毒的研究［J］．昆虫学报，14（6）：534-540．

曹卫菊，罗礼智，徐建华．2006．我国草地螟的迁飞规律及途径［J］．昆虫知识（3）：279-283．

陈发炜，段希运，李敬瑞，等．1996．笨蝗的发生规律与防治技术研究［J］．植物医生，9（4）：18-19．

陈广平，等．2009．光周期对内蒙古三种草原蝗虫高龄若虫发育、存活、羽化、生殖的影响［J］．昆虫知识，46（1）：51-56．

陈海霞，罗礼智．2007．双斑截尾寄蝇对寄主种类及草地螟幼虫龄期和寄生部位的选择性［J］．昆虫学报，50（11）：1 129-1 134．

陈海霞，张蕾，罗礼智．2008．双斑截尾寄蝇成虫的生物学特性研究［J］．昆虫学报，51（12）：1 313-1 319．

陈建，江幸福，罗礼智，等．2010．甜菜夜蛾低龄幼虫取食Cry1Ac毒素对生长发育及成虫繁殖的影响［J］．昆虫学报，53（3）：1 119-1 126．

陈静，罗礼智，潘贤丽，等．2010．草地螟选择大画眉草而非藜产卵的证据及原因［J］．植物保护，36（2）：75-79．

陈瑞鹿，暴祥致，王素云，等．1992．草地螟迁飞活动的雷达观测［J］．植物保护学报，19（2）：171-174．

陈瑞鹿，王素云，暴祥致，等．1987．草地螟滞育的研究：光照周期、温度与发育及滞育的关系［J］．植物保护学报，14（4）：253-258．

陈瑞鹿．1990．迁飞害虫的雷达监测［J］．病虫测报，2：36-41．

陈阳，姜玉英，刘家骧，等．2012．标记回收法确认我国北方地区草地螟的迁飞［J］．昆虫学报，55（2）：176-182．

陈永林，李鸿昌，章慧麟．1986．内蒙古草原主要蝗虫及其嗜食植物的无机化学元素特征初步研究［J］．生态学报，6（3）：217-228．

陈永林，刘举鹏，黄春梅，等．1979．新疆的蝗虫及其防治［M］．乌鲁木齐：新疆人民出版社．

陈永林．1963．飞蝗新亚种：西藏飞蝗 *Locusta migratoria tibetensis* subsp. n. ［J］．昆虫学报，12（4）：463-474．

陈永林．2000a．蝗虫再猖獗的控制与生态学治理［J］．中国科学院院刊，28（5）：341-345．

陈永林．2000b．中国的飞蝗研究及其治理主要成就［J］．昆虫知识，37（1）：50-59．

陈永林．2007．中国主要蝗虫及蝗灾的生态学治理［M］．北京：科学出版社．

冯晓东，等．2010．中国蝗虫预测预报与综合防治［M］．北京：中国农业出版社．

冯晓东．2009．"3S"技术在蝗虫监控领域的应用概况［J］．世界农业（4）：60-62．

高灵旺，王丽英，谢克勉，等．1997．亚洲小车蝗痘病毒田间杀虫效果［J］．中国生物防治，13（4）：157-158．

高艳，罗礼智．2006．寄主植物-甜菜夜蛾-寄生蜂三级营养关系的研究进展［J］．昆虫学报，49（2）：333-341．

关敬群，魏增柱．1989．亚洲小车蝗食量测定［J］．昆虫知识，26（1）：8-10．

郭郛，陈永林，卢宝廉．1991．中国飞蝗生物学［M］．济南：山东科学技术出版社．

郭郛.1955.中国古代的蝗虫研究成就 [J].昆虫学报,5(2):211-220.

郭郛.1956.东亚飞蝗的生殖 [J].昆虫学报,6(2):150-164.

郝树广,秦启联,王正军,等,2002.国际蝗虫灾害的防治策略和技术:现状与展望 [J].昆虫学报.45(4):531-537.

胡文绣.1981.草地螟的生物学特性及其测报——介绍苏联的概况 [J].病虫测报参考资料,1:20-25.

黄亮文,马世骏.1964.东亚飞蝗 *Locusta migratoria manilensis* (Meyen) 二型生物学特性的初步研究 [J].昆虫学报,13 (3):329-338.

姬庆文,等.1999.中华稻蝗及其综合防治 [M].北京:科学出版社.

江幸福,程云霞,韩爽,等.2010.外源注射 PBAN 对甜菜夜蛾求偶、交配与产卵作用初步研究 [J].植物保护,36 (5): 52-56.

江幸福,陈建,罗礼智,等.2011.Cry1Ac 杀虫蛋白对甜菜夜蛾飞行能力的影响 [J].植物保护,37 (6):102-106.

江幸福,罗礼智,胡毅.1998.甜菜夜蛾飞行能力及其与蛾龄的关系 [C]//中国农业科学院植物保护研究所.植物保护二十一世纪展望——植物保护21世纪展望暨第三届全国青年植物保护科技工业者学术研讨会文集.北京:中国科学技术出版社:568-571.

江幸福,罗礼智,胡毅.1999.幼虫食物对甜菜夜蛾生长发育繁殖及飞行的影响 [J].昆虫学报,42 (3):270-276.

江幸福,罗礼智,胡毅.2000.成虫期营养对甜菜夜蛾生殖和飞行的影响 [J].植物保护学报,27 (4):327-332.

江幸福,罗礼智,胡毅.2005.黏虫产卵前期的遗传特征 [J].生态学报,25 (1):68-72.

江幸福,罗礼智,李克斌,等.2001.甜菜夜蛾抗寒与越冬能力研究 [J].生态学报,21 (10):1 575-1 582.

江幸福,罗礼智,李克斌,等.2002.温度对甜菜夜蛾飞行能力的影响 [J].昆虫学报,45 (2):275-278.

江幸福,罗礼智.1999.甜菜夜蛾暴发原因及防治对策 [J].植物保护,25 (3):32-34.

江幸福,罗礼智.2010.辽宁省甜菜夜蛾田间种群虫源性质分析 [J].长江蔬菜,18:34-35.

江幸福,罗礼智.2010.我国甜菜夜蛾发生危害特点及治理措施 [J].长江蔬菜,18:93-95.

江幸福,罗礼智.2010.我国甜菜夜蛾越冬与迁飞规律研究进展与趋势 [J].长江蔬菜,18:36-37.

蒋湘,买买提明,张龙,等.2003.夜间迁飞的亚洲小车蝗 [J].草地学报,11 (1):75-77.

康爱国,张跃进,姜玉英,等.2007.草地螟成虫产卵行为及中耕除草灭卵控害作用研究 [J].中国植保导刊,27 (11): 5-7.

康爱国,樊荣贤,张玉慧,等.2002.康保县2001年防治草地螟技术经验 [J].植保技术与推广,22 (5):35.

康爱国.2003.草地螟越冬代虫源量与一代发生关系研究 [J].植保技术与推广,23:10-12.

孔海龙,罗礼智,江幸福,等.2011.幼虫密度对草地螟生长发育及繁殖的影响 [J].昆虫学报,54 (12):1 384-1 390.

孔海龙,罗礼智,江幸福,等.2012.幼虫密度对草地螟食物利用率及消化酶活性的影响 [J].昆虫学报,55 (2): 361-366.

雷仲仁,问锦曾,谭正华,等.2003.绿僵菌油剂防治东亚飞蝗田间试验 [J].农药,29 (1):17-19.

李炳文,秘雪金,刘炳明,等.1992.笨蝗发生规律和防治方法的研究 [J].病虫测报,12 (1):17-18.

李朝绪,罗礼智,潘贤丽.2006.草地螟滞育和非滞育幼虫抗寒能力的研究 [J].植物保护,32 (2):41-44.

李春选,马恩波.2003.飞蝗研究进展 [J].昆虫知识,40 (1):24-31.

李光博,王恒祥,胡文绣.1964.黏虫季节性迁飞为害假说及标记回收试验 [J].植物保护学报,3 (2):101-109.

李光博,王恒祥,李淑华.1987.我国西部地区黏虫迁飞规律及预测预报研究 [G]//中国农业科学院建院科研管理部.中国农业科学院建院三十周年主要科技成果汇编(1957—1987).北京:中国农业科学技术出版社.

李光博.1979.黏虫的综合防治 [M]//中国科学院动物研究所.中国主要害虫综合防治.北京:科学出版社:301-319.

李光博.1996.黏虫 [M]//中国农业科学院植物保护研究所.中国农作物主要病虫害.北京:中国农业出版社: 657-723.

李广,张泽华,张礼生,等.2007.科尔沁草原亚洲小车蝗防治指标研究 [J].植物保护,33 (5):63-67.

李含毅,夜梦承.1996.黏虫绒茧蜂生物学特性研究 [J].陕西农业科学,6:5-6.

李和平,胡振国,高月亭,等.1984.德州地区粘虫寄生性天敌控制作用的调查研究初报 [J].山东农业科学 (4): 41-42.

李红,罗礼智.2007.草地螟的寄生蝇种类、寄生方式及其对寄主种群的调控作用 [J].昆虫学报,50 (8):840-849.

李红,罗礼智,胡毅,等.2008.伞裙追寄蝇和双斑截尾寄蝇对草地螟的寄生特性 [J].昆虫学报,51 (10):1 089-1 093.

李华荣,马世寅,常兆芝,等.1992.笨蝗消长因素及防治研究 [J].山东农业科学 (3):41-43.

李克斌,高希武,曹雅忠,等.2005.甜菜夜蛾能源物质积累及其飞行能源消耗动态 [J].植物保护学报,32 (1): 13-17.

李淑华.1994.气候变化与害虫的生长繁殖、越冬和迁飞 [J].华北农学报,9 (2):110-114.

梁宏斌，虞佩玉．2000．中国捕食黏虫的步甲种类检索 [J]．昆虫天敌，22（4）：160-167．

林昌善．1990．黏虫生理生态学 [M]．北京：北京大学出版社．

林珠凤，罗礼智，潘贤丽．2007．杀虫剂使用失当是甜菜夜蛾大发生的重要原因 [J]．昆虫知识，44（3）：327-332．

刘崇乐，傅贻玲，陈泰鲁．1960．黏虫黑卵蜂 Telenomus cirphivorus Liu 的生物学及田间散放 [J]．昆虫学报，10（3）：283-288．

刘光涛，郭向东，张金，等．1987．草地螟的生物学特性及其发生与环境条件的关系 [J]．病虫测报：草地螟测报与防治研究专辑（S1）：59-64．

刘红兵，罗礼智．2004．黑化黏虫的形态特征及其遗传模式 [J]．昆虫学报，47（3）：287-292．

卢辉，韩建国，张泽华，等．2008．典型草原亚洲小车蝗危害对植物补偿生长的作用 [J]．草业科学，25（5）：112-116．

卢辉，余鸣，张礼生，等．2005．不同龄期及密度亚洲小车蝗取食对牧草产量的影响 [J]．植物保护，31（4）：55-58．

鲁信纯，兰光燮．1983．贵州毕节地区黏虫寄生性天敌昆虫调查 [J]．昆虫天敌，5（4）：247-248．

罗礼智，曹卫菊，钱坤，等．2003．甜菜夜蛾交配行为和能力 [J]．昆虫学报，46（4）：494-499．

罗礼智，曹雅忠，江幸福．2000．甜菜夜蛾发生危害特点及其趋势分析 [J]．植物保护，26（3）：37-39．

罗礼智，黄绍哲，江幸福，等．2009．我国 2008 年草地螟大发生特征及成因分析 [J]．植物保护，35（1）：27-33．

罗礼智，江幸福，李克斌，等．1999．黏虫飞行对生殖及寿命的影响 [J]．昆虫学报，42（2）：149-157．

罗礼智，李光博．1992．草地螟不同蛾龄成虫飞行能力和飞行行为的研究 [J]．青年生态学者论丛，2：303-308．

罗礼智，李光博．1993a．草地螟的有效积温及世代区的划分 [J]．昆虫学报，36（3）：332-339．

罗礼智，李光博．1993b．温度对草地螟成虫产卵和寿命的影响 [J]．昆虫学报，36（4）：459-464．

罗礼智，刘大海，张蕾．2008．草地螟幼虫取食量、头宽、体长及体重的测定 [J]．植物保护，34（6）：32-36．

罗礼智，屈西锋．2005．我国草地螟 2004 年危害特点及 2005 年一代危害趋势分析 [J]．植物保护，31（3）：69-71．

罗礼智，徐海忠，李光博．1995．黏虫幼虫密度对幼虫食物利用率的影响 [J]．昆虫学报，38（4）：428-435．

罗礼智，张红杰，康爱国．1998．张家口 1997 年一代草地螟幼虫大发生原因分析 [J]．自然灾害学报，7（3）：158-164．

罗礼智．2004．我国 2004 年一代草地螟将暴发成灾 [J]．植物保护，30（3）：86-88．

孟正平，陈玉宝，刘一凌．1987．草地螟生殖力及卵孵化与湿度的关系 [J]．病虫测报：草地螟测报与防治研究专辑（S1）：115-120．

牛成伟，张青文，叶志华，等．2006．不同地区甜菜夜蛾种群的遗传多样性分析 [J]．昆虫学报，49（5）：867-873．

钦俊德，郭郛，郑竺英，等．1957．东亚飞蝗的食性和食物利用以及不同食料植物对其生长和生殖的影响 [M]．昆虫学报，7（2）：143-164．

任春光，等．2007．白洋淀鸟类蝗虫天敌及控制能力研究 [J]．植物保护，33（3）：113-117．

山西省草地螟科研协作组．1987．山西省草地螟发生规律、预测预报及其综合治理的研究 [J]．病虫测报：草地螟测报与防治研究专辑（S1）：82-97．

唐昭华，王保海，王成明，等．1991．西藏飞蝗蝗卵的孵化 [J]．西藏农业科技，4：22-27．

唐昭华，王保海，王成明，等．1992．西藏飞蝗蝗蛹的习性 [J]．西藏农业科技，2：37-40．

唐昭华，王保海，王成明，等．1993．食料结构对西藏飞蝗生殖的影响 [J]．西藏农业科技，15（2）：25-27．

唐昭华，王保海，王成明，等．1993．西藏飞蝗成虫生殖的生物生态学研究 [J]．西藏农业科技，15（1）：23-30．

唐昭华，王保海，王成明，等．1994．西藏飞蝗为害麦作的防治指标探讨 [J]．西藏农业科技，15（1）：18-21．

田绍义，高世金．1986．草地螟滞育特性的研究 [J]．华北农学报，1（2）：105-110．

田绍义．1963．草地螟及其防治研究 [J]．河北农学报，2（3）：15-22．

田晓霞，罗礼智，胡毅，等．2010．我国首次发现草地螟卵寄生蜂——暗黑赤眼蜂 [J]．植物保护，36（3）：152-154．

汪建沃．2011．蝗虫成灾的主要原因及其综合防治技术 [J]．农药市场信息（19）：43．

王娟，江幸福，吴德龙，等．2008．幼虫密度对甜菜夜蛾生长发育与繁殖的影响 [J]．昆虫学报，51（8）：889-894．

王凯，程云霞，江幸福，等．2011．草地螟交配行为及能力 [J]．应用昆虫学报，48（4）：978-981．

王磊，徐光青，刘大锋，等．2006．迁入性亚洲飞蝗与气象因子关系的研究 [J]．新疆气象，29（5）：25-27．

王玲，江幸福，罗礼智，等．2012．甜菜夜蛾类钙黏蛋白基因的克隆与序列分析 [J]．应用昆虫学报，49（6）：1 413-1 421．

王绍英，王光明．1991．笨蝗的生物学特性及防治 [J]．昆虫知识，18（2）：80-81．

王荫长，陈长琨，卢中建，等．1996．高温对小地老虎和东方粘虫精子发生和形成的影响 [J]．昆虫学报，39（3）：253-259．

王英，李文利，孟凡洲，等．2008．博斯腾湖亚洲飞蝗发生情况及防治对策 [J]．新疆畜牧业（增刊）：61-63．

王元信．1990．亚洲飞蝗发育起点温度和有效积温测定及在测报中的应用 [J]．病虫测报，2：9-13．

韦修平．1982．桂西右江盆地黏虫生活史与寄生性天敌观察初报 [J]．昆虫知识，19（3）：15-17．

魏春光，孟瑞霞，冯淑军，等.2009. 卵囊及泡沫对亚洲小车蝗产卵的调控作用 [J]. 内蒙古农业大学学报，30（3）：51 - 54.

乌麻尔别克，熊玲.2007. 黑条小车蝗、意大利蝗和西伯利亚蝗发育起点温度及有效积温测定 [J]. 新疆畜牧业（增刊）：30 - 31.

席瑞华，刘举鹏.1984. 不同食料植物对亚洲小车蝗生长和生殖力的影响 [J]. 昆虫知识，4：153 - 155.

谢志庚.2005. 我国蝗灾防治的社会、经济、科技影响因素及对策探讨 [D]. 北京：中国农业大学.

许国庆，蔡忠杰，刘培斌，等.2008. 新型甜菜夜蛾诱捕器的设计与田间试验效果分析 [J]. 沈阳农业大学学报，39（5）：565 - 568.

许国庆，罗礼智，江幸福.2006. 甜菜夜蛾对性信息素行为反应及其田间诱捕效果 [J]. 生态学报，26（9）：3 035 - 3 040.

杨光安.1980. 辽源市黏虫寄生蜂的初步调查 [J]. 吉林农业科学（3）：63 - 65.

叶志华，等.1993. 中国重大农业生物灾害及减灾对策 [M] //国家科委全国重大自然灾害综合研究组. 中国重大自然灾害及减灾对策分论. 北京：科学出版社.

殷永升，赵九亨.1987. 黏虫绒茧蜂生物学特性的初步研究 [J]. 昆虫天敌，9（2）：88 - 89.

尹姣，薛银根，乔洪波，等.2007. 黏虫（*Mythimna separata* Walker）选择产卵场所的意义及颜色在定位中的作用 [J]. 生态学报，27（6）：2 483 - 2 489.

尹姣，曹雅忠，罗礼智，等.2005. 草地螟对寄主植物的选择及其化学生态学机制 [J]. 生态学报，25（8）：1 844 - 1 852.

尹姣，曹雅忠，罗礼智，等.2004. 寄主植物对草地螟种群增长的影响 [J]. 植物保护学报，31（2）：173 - 178.

尹姣，曹煜，李克斌，等.2005. 不同药剂对草地螟控制效果的研究 [J]. 中国植保导刊，25（9）：39 - 41.

翟会芳，江幸福，罗礼智.2010. 甜菜夜蛾 hsp90 基因克隆及高温胁迫下表达量的变化 [J]. 昆虫学报，53（1）：20 - 28.

张蕾，蒋善军，江幸福，等.2011.Cry1Ab 杀虫蛋白对淡足侧沟茧蜂生长发育的影响作用 [J]. 植物保护，37（6）：107 - 111.

张蕾，罗礼智，江幸福，等.2006. 一日龄饥饿对黏虫成虫卵巢发育和飞行能力的影响 [J]. 昆虫学报，49（6）：895 - 902.

张履鸿.1990. 草地螟 [M] //中国农业百科全书昆虫卷编辑委员会. 中国农业百科全书：昆虫卷. 北京：农业出版社：26 - 27.

张泉，等.1995. 意大利蝗生物学特性研究 [J]. 新疆农业科学，6：256 - 257.

张志涛，李光博.1985. 黏虫飞翔生物学特性初步研究 [J]. 植物保护学报，12（2）：93 - 100.

赵百灵，张良英，张少柏，等.1989. 笨蝗的发生与防治 [J]. 山东农业的科学（3）：36 - 37.

赵建铭.1962. 中国黏虫寄蝇的研究 [J]. 昆虫学报 11（增刊）：32 - 44.

朱恩林，等.1993. 北方农区土蝗化学防治技术 [J]. 植保技术与推广（2）：13 - 14.

Bant V N，Mikhal'stov V P. 1980. Trichogramma against the meadow moth [J]. Zashchita Rastenii，12：34.

Cheng Y X，Luo L Z，Jiang X F，et al. 2010. Expression of pheromone biosynthesis activating neuropeptide and its receptor (PBANR) mRNA in adult female *Spodoptera exigua* (Lepidoptera：Noctuidae) [J]. Archives of Insect Biochemistry and Physiology，75（1）：13 - 27.

Cheng Y X，Luo L Z，Jiang X F，et al. 2012. Synchronized oviposition triggered by migratory flight intensifies larval outbreaks of beet webworm [J]. PLoS ONE，7（2）：e31562.

Feng H Q，Wu K M，Cheng D F. 2004. Spring migration and summer dispersal of *Loxostege sticticalis* (Lepidoptera：Pyralidae) and other insects with radar in northern China [J]. Environmental Entomology，33（5）：1 253 - 1 265.

Frolov A N，Malysh Y M，Tokarev Y S. 2008. Biological features and population density forecasts of the beet webworm *Pyrausta sticticalis* L. (Lepidoptera，Pyraustidae) in the period of low population density of the pest in Krasnodar territory [J]. Entomological Review，88：666 - 675.

Jiang X F，Cao W J，Zhang L，et al. 2010. Beet webworm (Lepidoptera：Pyralidae) migration in China：evidence from genetic markers [J]. Environmental Entomology，39（1）：232 - 242.

Jiang X F，Luo L Z，Sappington T W. 2010. Relationship of flight and reproduction in beet armyworm，*Spodoptera exigua* (Lepidoptera：Noctuidae)，a migrant lacking the Oogenesis-Flight syndrome [J]. Journal of Insect Physiology，56（10）：1 631 - 1 637.

Jiang X F，Zhai H F，Wang L，et al. 2011. Molecular characterization and expression of heat shock protein 90 and 70 genes in relation to thermal stress and development in the beet armyworm，*Spodoptera exigua* [J]. *Cell stress and Chaperone*，17：67 - 80.

Kong H L，Luo L Z，Jiang X F，et al. 2010. Effects of larval density on flight potential of the beet webworm，*Loxostege sticticalis* (Lepidoptera：Pyralidae) [J]. Environmental Entomology，39（5）：1 579 - 1 585.

Sharma H C, Davies J C. 1983. The oriental armyworm, *Mythimna separata* (Wal.) distribution, biology and control: a literature review [M] // Center for Oversea Pest Research. ODA Miscellaneous Report 59. London: Center for Oversea Pest Research.

Struble D L, Lilly C E. 1977. An attractant for the beet webworm, *Loxostege sticticalis* (Lepidoptera: Pyralidae) [J]. The Canadian Entomologist, 109: 261 - 266.

Wang G P, Zhang Q W, Ye Z H, et al. 2006. The role of nectar plants in the severe outbreaks of armyworm *Mythimna separata* (Lepidoptera: Noctuidae) in China [J]. Bulletin of Entomological Research, 96: 445 - 455.

Yin J, Feng H L, Sun H Y, et al. 2012. Functional Analysis of General Odorant Binding Protein 2 from the Meadow Moth, *Loxostege sticticalis* L. (Lepidoptera: Pyralidae) [J]. PLoS ONE, 7 (3): e33589.

Zhang L, Jiang X F, Luo L Z. 2008. Determination of sensitive stage for switching migrant oriental armyworm, *Mythimna separata* (Walker), into residents [J]. Environmental Entomology, 37 (6): 1 389 - 1 395.

Zhang L, Luo L Z, Jiang X F. 2008. Starvation influences allatotropin gene expression and juvenile hormone titer in the female adult oriental armyworm, *Mythimna separata* [J]. Archives of Insect Biochemistry and Physiology, 68 (2): 63 - 70.

第13单元 杂食性害虫

彩图13-1-1 东亚飞蝗取食芦苇（涂雄兵提供）
Colour Figure 13-1-1 Foraging of *Locusta migratoria manilensis*（by Tu Xiongbing）

彩图13-1-2 东亚飞蝗聚集（涂雄兵提供）
Colour Figure 13-1-2 Aggregation of *Locusta migratoria manilensis*（by Tu Xiongbing）

彩图13-1-3 东亚飞蝗交配
（张泽华提供）
Colour Figure 13-1-3 Mating of *Locusta migratoria manilensis*（by Zhang Zehua）

彩图13-1-4 东亚飞蝗成虫（涂雄兵提供）
Colour Figure 13-1-4 Adult of *Locusta migratoria manilensis*
（by Tu Xiongbing）
1. 雄成虫侧面观 2. 雌成虫侧面观

彩图13-1-5 中国飞蝗三亚种成虫侧面观
（引自陈永林，1963）
Colour Figure 13-1-5 Lateral observation
of solitary migratoy locust adults in China
（from Chen Yonglin, 1963）
1. 东亚飞蝗 2. 西藏飞蝗 3. 亚洲飞蝗

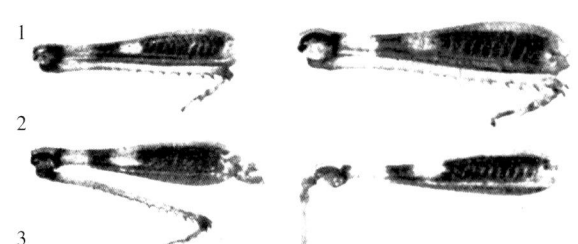

1
2
3

彩图13-1-6　中国飞蝗三亚种后足股节内侧
（引自陈永林，1963）
Colour Figure 13-1-6　Femur inside comparison of solitary migratoy locust adults in China（from Chen Yonglin, 1963）
1. 亚洲飞蝗　2. 东亚飞蝗　3. 西藏飞蝗

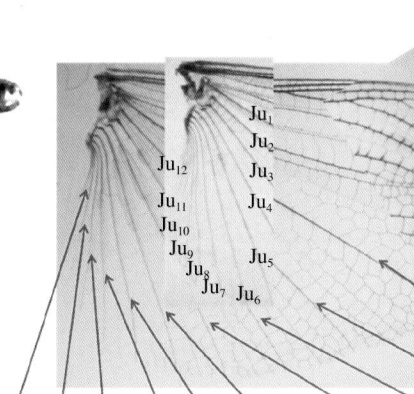

♂　♀

彩图13-1-7　中国飞蝗三亚种后翅翅脉比较
（张泽华提供）
Colour Figure 13-1-7　Hind wing vein analysis of migratory locust in China（by Zhang Zehua）

	R_4	R_5	Ju_9	Ju_{10}	Ju_{11}	Ju_{12}
东亚飞蝗	40%	60%	×	10%	90%	90%
亚洲飞蝗	40%	60%	×	40%	60%	60%
西藏飞蝗	94%	6%	88%	88%	12%	×

1

2

彩图13-1-8　亚洲飞蝗成虫
（1. 牙森·沙力提供；2. 张泽华提供）
Colour Figure 13-1-8　Adult of *Locusta migratoria migratoria*（1. by Yasen Shali; 2. by Zhang Zehua）
1. 雄成虫背面观　2. 雌成虫背面观

彩图13-1-9　西藏飞蝗为害青稞（王文峰提供）
Colour Figure 13-1-9　Damage of *Locusta migratoria tibetensis* to highland barley（by Wang Wenfeng）

彩图13-1-10　西藏飞蝗交配（王文峰提供）
Colour Figure 13-1-10　Mating of *Locusta migratoria tibetensis*（by Wang Wenfeng）

彩图 13-1-11　西藏飞蝗成虫（王文峰提供）
Colour Figure 13-1-11　Adults of *Locusta migratoria tibetensis*
（by Wang Wenfeng）

彩图 13-1-12　西藏飞蝗产卵（王文峰提供）
Colour Figure 13-1-12　Egg-laying of *Locusta migratoria tibetensis*（by Wang Wenfeng）

彩图 13-1-13　西藏飞蝗散居型（王文峰提供）
Colour Figure 13-1-13　Solitary Tibetan migratory locust, *Locusta migratoria tibetensis*（by Wang Wenfeng）

彩图 13-1-14　西藏飞蝗卵（王文峰提供）
Colour Figure 13-1-14　Eggs of *Locusta migratoria tibetensis*（by Wang Wenfeng）

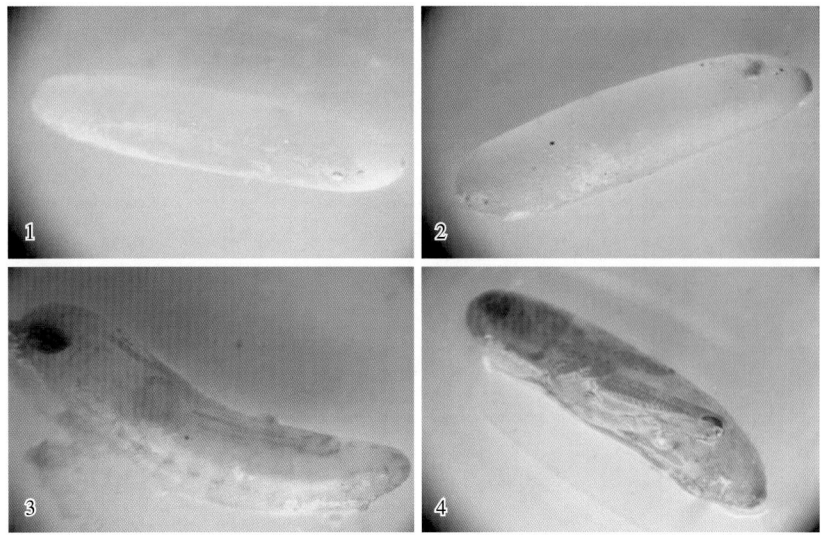

彩图 13-1-15　西藏飞蝗卵的孵化过程（王文峰提供）
Colour Figure 13-1-15　Embryonic dynamic of *Locusta migratoria tibetensis* Chen（by Wang Wenfeng）
卵孵化过程顺序为从 1 至 4

彩图13-1-16　西藏飞蝗蝗蛹（王文峰提供）

Colour Figure 13-1-16　Nymphs of *Locusta migratoria tibetensis*（by Wang Wenfeng）

1.一龄蝗蛹：翅芽很小，不明显；前胸背板后缘呈直线　2.二龄蝗蛹：翅芽稍现，前胸背板中隆线隆起，背板后缘呈直线，略向后突出
3.三龄蝗蛹：前胸背板后缘侧明显向后延伸并掩盖中胸背面部分，此时背面部分后缘呈钝角，翅芽明显　4.四龄蝗蛹：前胸背板后缘进一
步向后延伸掩盖中、后胸背面部分，后缘角度进一步减小，翅芽伸达腹部第二节　5.五龄蝗蛹：前胸背板后缘进一步向后延伸掩盖中、后
胸背面部分，后缘角度进一步减小，翅芽伸达腹部第四、五节

彩图13-4-1　甜菜夜蛾（江幸福提供）

Colour Figure 13-4-1　*Spodoptera exigua*（by Jiang Xingfu）

1.成虫　2.卵　3.幼虫　4.蛹

彩图13-5-1　亚洲小车蝗成虫
（张泽华提供）

Colour Figure 13-5-1　Adult of *Oedaleus
decorus asiaticus*
（by Zhang Zehua）

彩图13-5-2 毛足棒角蝗成虫（吴惠惠提供）
Colour Figure 13-5-2 Adult of *Dasyhippus barbipes*
（by Wu Huihui）

彩图13-5-3 宽须蚁蝗成虫（刘长仲提供）
Colour Figure 13-5-3 Adult of *Myrmeleotettix palpalis*
（by Liu Changzhong）

彩图13-5-4 黄胫小车蝗雌成虫（李虎群提供）
Colour Figure 13-5-4 Female adult of *Oedaleus infernalis*（by Li Huqun）

彩图13-5-5 长翅素木蝗（李虎群提供）
Colour Figure 13-5-5 *Shirakiacris shirakii*（by Li Huqun）
1. 成虫交尾 2. 卵 3. 蝗蛹

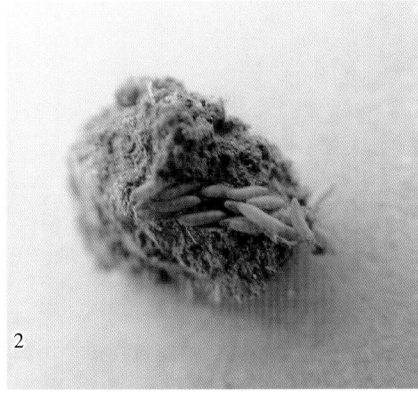

彩图13-5-6　短额负蝗（李虎群提供）
Colour Figure 13-5-6　*Atractomorpha sinensis*（by Li Huqun）
1.雌成虫　2.卵　3.蝗蝻

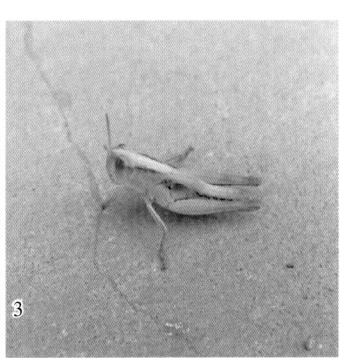

彩图13-5-7　花胫绿纹蝗雌成虫（李虎群提供）
Colour Figure 13-5-7　*Aiolopus tamulus*（by Li Huqun）
1.雌成虫　2.卵　3.蝗蝻

彩图13-5-8　疣蝗（李虎群提供）
Colour Figure 13-5-8　*Trilophidia annulata*（by Li Huqun）
1.雌成虫　2.卵　3.蝗蝻

彩图13-5-9　中华剑角蝗
（李虎群提供）
Colour Figure 13-5-9　*Acrida cinerea*
（by Li Huqun）
1.成虫交配　2.雄成虫

第 14 单元 地下害虫

地下害虫是世界性的重要农林害虫。地下害虫种类多、分布广、食性杂、为害严重。据统计，在我国发生的重要地下害虫有 320 余种，隶属于 8 目、38 科，主要包括蛴螬、金针虫、地老虎、蝼蛄、根蛆、根象甲、根蝽、根蚜、根叶甲、根天牛、根粉蚧、拟地甲、蟋蟀等类群。发生普遍和为害比较严重的主要种类有蛴螬、金针虫、地老虎、蝼蛄、根蛆等，其中以蛴螬种类最多，约 110 余种，是为害严重的一大类群；其次为金针虫，约 50 余种；地老虎在许多地区也严重发生；蝼蛄在大多地区已基本得到控制，但在局部地区仍猖獗发生；其他类群常在局部地区造成严重危害。

地下害虫在我国各地发生普遍，不论平原、丘陵、山地、草原、水田和旱地，都有不同种类的地下害虫分布。地下害虫为害粮食、棉花、油料、蔬菜、糖料、烟草、甜菜、向日葵、麻类、牧草等多种作物，也是固沙植物、果树、林木苗圃、草坪、中草药等植物的大敌。地下害虫为害时期长，春、夏、秋三季（在南方包括冬季）均能为害，咬食植（作）物的幼苗、根、茎、种子及块根、块茎等。苗期受害，造成缺苗断垄；生长期受害，破坏根系组织，啃食地下嫩果和块根、块茎等，降低产量，影响品质，部分严重地块可造成绝收。

第 1 节 蛴 螬

蛴螬是金龟子幼虫的通称，属鞘翅目金龟甲总科，俗称土蚕、地蚕等。蛴螬是地下害虫中种类最多、分布最广、食性颇杂、为害最重的一大类群，也是鞘翅目中的大类群之一，全世界已记载的有 20 000 余种，我国目前记载的有 1 800 多种。蛴螬在土内取食多种农作物、林果、牧草、药材和花卉植物等萌发的种子、幼根、地下茎，咬断幼苗和环剥大苗、幼树的根皮。幼虫食量大，轻则造成缺苗断垄，重则毁种绝苗，食害幼苗后断口整齐平截，易于识别；成虫（金龟子）出土取食叶、花蕾、嫩芽和幼果，常将叶片咬食成缺刻和孔洞，残留叶脉基部，严重时将叶全部吃光。蛴螬中对作物为害严重的主要包括鳃金龟科（Melolonthidae）、绢金龟科（Sericidae）、丽金龟科（Rutelidae）和花金龟科（Cetoniidae）等。

目前我国重要的蛴螬种类主要包括分布于东北、内蒙古、河北、甘肃等地以及日本、蒙古和前苏联的东北大黑鳃金龟（*Holotrichia diomphalia* Bates），分布于北京、河北、山西、河南、山东、江苏、安徽、天津、陕西、青海、内蒙古、宁夏、甘肃等地的华北大黑鳃金龟［*H. oblita*（Faldermann）］、除西藏外遍布全国的暗黑鳃金龟（*H. parallela* Motschulsky）、黑绒鳃金龟［*Maladera orientalis*（Motschulsky）］、分布于西北、山西、河北、四川等地的小云斑鳃金龟（*Polyphylla gracilicornis* Blanchard），分布于华南及东南亚的红脚异丽金龟（*Anomala cupripes* Hope），分布于新疆的褐带异丽金龟（又称黑条异丽金龟）（*A. vittata* Gebler），分布于东北、西北、华北各省份的中华弧丽金龟（*Popillia quadriguttata* Fabricius），分布于东北、华北、西北、内蒙古等地及前苏联远东的苹毛丽金龟（*Proagopertha lucidula* Faldermann），分布于东北、华北、华中、华南、陕西及前苏联、朝鲜、日本的白星花金龟［*Protaetia brevitarsis*（Lewis）］等。

金龟子的生活习性复杂而多样化，根据活动规律，可分为日出、夜出及日夜都活动的三种类型。白天活动的有苹毛丽金龟、中华弧丽金龟、棉花弧丽金龟、白星花金龟等；夜间活动的占多数，如大黑鳃金龟、暗黑鳃金龟、小云斑鳃金龟、黄褐异丽金龟等；日夜都活动的较少，如阔胸禾犀金龟，主要还是夜间活动，白天仅见少数个体爬行，且不飞翔。金龟子的越冬虫态也多样化，有的以成虫越冬，如苹毛丽金龟、东方绢金龟等；有的以幼虫越冬，如铜绿异丽金龟、黄褐异丽金龟、蒙古异丽金龟；有的成虫、幼虫都可以越冬，如华北大黑鳃金龟、塔里木鳃金龟等。金龟子的为害虫态也各异，有的以成虫为害，幼虫不为害，如白星花金龟等；有的以幼虫为害，成虫不为害，如毛黄鳃金龟、弟兄鳃金龟。大多数成虫和幼虫都可为害。有些种类的金龟子有很强的趋光习性。掌握各种金龟子的习性，可对症下药，因地制宜指导防治。

一、华北大黑鳃金龟

（一）分布与危害

华北大黑鳃金龟［*Holotrichia oblita*（Faldermann）］属鞘翅目金龟总科鳃金龟科。主要分布于东北、华北、西北等地。成虫取食粮食、花生、蔬菜等作物和杨、柳、榆、桑、核桃、苹果、刺槐、栎等多种果树和林木叶片，幼虫为害多种农作物和阔叶树、针叶树的根部及幼苗。2008 年 7 月笔者在河南省新乡和驻马店地区调查，花生田的蛴螬发生为害十分严重，其中华北大黑鳃金龟和暗黑鳃金龟为优势种；每平方米有蛴螬 1～19 头，最高密度达到 44 头。与其习性和形态近似种有东北大黑鳃金龟（*H. diomphalia* Bates）、华南大黑鳃金龟（*H. sauteri* Moser）、四川大黑鳃金龟（*H. szechuanensis* Chang）。

（二）形态特征（图 14 - 1 - 1）

成虫：长椭圆形，体长 21～23mm，体宽 11～12mm，黑色或黑褐色，有光泽。胸、腹部生有黄色长毛，前胸背板宽为长的 2 倍，前缘钝角，后缘角几乎呈直角。每鞘翅 3 条隆线。前足胫节外侧 3 齿，中、后足胫节末端 2 距。雄虫末节腹面中央凹陷、雌虫隆起。

卵：椭圆形，乳白色。

幼虫：体长 35～45mm，肛孔三射裂缝状，前方着生一群扁而尖端呈钩状的刚毛，并向前延伸到肛腹片后部 1/3 处。

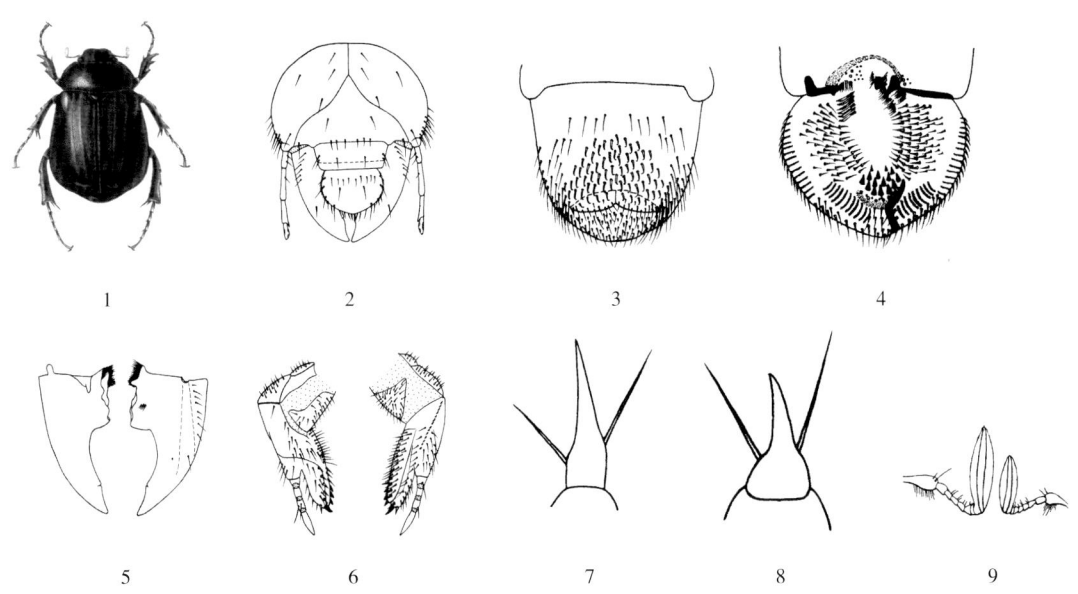

图 14 - 1 - 1　华北大黑鳃金龟（1 和 9. 引自刘广瑞等，1997；2～8. 引自张芝利等，1984）

Figure 14 - 1 - 1　*Holotrichia oblita*（1 and 9. from Liu Guangrui et al.，1997；2 - 8. from Zhang Zhili et al.，1984）

1. 成虫　2. 幼虫头部正面观　3. 幼虫臀节腹面观　4. 内唇　5. 左上颚　6. 左下颚　7. 前足爪

8. 后足爪　9. 触角（左为雄虫触角，右为雌虫触角）

蛹：预蛹体表皱缩，无光泽。蛹黄白色，椭圆形，尾节具突起 1 对。

（三）生活习性

华北大黑鳃金龟在西北、东北和华东等地 2 年发生 1 代，在华中及江浙等地 1 年发生 1 代，以成虫或幼虫越冬。在河北，越冬成虫约 4 月中旬左右出土活动，直至 9 月入蛰，前后持续达 5 个月，5 月下旬至 8 月中旬产卵，6 月中旬幼虫陆续孵化，为害至 12 月以二龄或三龄幼虫越冬。第二年 4 月越冬幼虫继续发育为害，6 月初开始化蛹，6 月下旬进入化蛹盛期，7 月开始羽化为成虫后即在土中潜伏，相继越冬，直至第三年春天才出土活动。东北地区的生活史则推迟约半个多月。

成虫白天潜伏于土中，黄昏活动，20：00～21：00 为出土高峰；有假死及趋光性；出土后尤喜在灌木丛或杂草丛生的路旁、地旁群集取食交尾，并在附近土壤内产卵，故地边苗木受害较重；成虫有多次交尾和陆续产卵习性，产卵次数多达 8 次，雌虫产卵后约 27d 死亡。卵多散产于 6～15cm 深的湿润土壤中，每雌产卵 32～193 粒，平均 102 粒，卵期 19～22d。幼虫 3 龄，均有相互残杀习性，常沿垄向及苗行向前移动为害，在新鲜被害株下很易找到幼虫；幼虫随地温升降而上下移动，春季 10cm 处地温约达 10℃ 时幼虫由土壤深处向上移动，地温约 20℃ 时主要在 5～10cm 深处活动取食，秋季地温降至 10℃ 以下时又向深处迁移，于 30～40cm 深处越冬。土壤过湿或过干都会造成幼虫大量死亡（尤其是深度 15cm 以下的幼虫），幼虫的适宜土壤含水量为 10.2%～25.7%，当低于 10% 时初龄幼虫会很快死亡；灌水和降雨对幼虫在土壤中的分布也有影响，如遇降雨或灌水则暂停为害，下移至土壤深处，若遭水浸则在土壤内做一穴室，如浸渍 3d 以上则常窒息而死，故可通过灌水减轻幼虫为害。老熟幼虫在土深 20cm 处筑土室化蛹，预蛹期约 22.9d，蛹期 15～22d。

（四）发生规律

华北大黑鳃金龟先在粮田为害小麦、玉米，后又在花生田猖獗为害，随之在大豆田、菜地、苗圃相继严重发生，该虫在蛴螬类群中的广泛性和严重性仍居首位。

在黄淮海流域及华北平原，其生活史基本是 2 年发生 1 代，成虫、幼虫相间越冬，在两熟地区的春、秋两季，表现了"一轻一重"或"一重一轻"的规律。这是该虫发生规律上的一个特点。

在黄淮海粮田中以小麦—夏玉米（豆类）种植制度最为普遍，华北大黑鳃金龟成虫初见期为 4 月中旬，高峰期在 5 月中旬，正是成虫取食杂草等寄主的盛期，大量取食为交尾产卵提供了条件。6 月下旬一龄幼虫盛期也正是夏播作物出苗期，为幼虫顺利生长发育提供了食物条件。二、三龄幼虫期正是夏播作物根深叶茂期，有利于幼虫在土壤中栖息生存，9～10 月小麦播种时，则是三龄幼虫暴食期，大量取食后下潜越冬，翌春小麦返青，幼虫上升继续为害直至化蛹羽化，这种种植方式为华北大黑鳃金龟提供了一条非常完整的食物链。

一般来说，小麦—玉米地块，受害最重的是秋、春两季小麦，造成秋季死苗，春季死株，而玉米受害轻微，仅在生育后期根部被害，造成倒伏。

李克斌（中国农业科学院植物保护研究所）

二、东北大黑鳃金龟

（一）分布与危害

东北大黑鳃金龟（*Holotrichia diomphalia* Bates）属鞘翅目鳃金龟科。主要分布于黑龙江、吉林、辽宁及河北北部。分布广、数量大、为害重，是东北旱粮耕作区的重要地下害虫。其幼虫食性杂而多，寄主多达 32 科 94 种植物，以栽培的主要作物和果树、林木居多，如大豆、小麦、花生、高粱、向日葵、甘薯、甜菜、豆类、油菜、芝麻、麻类、桃、李、苹果、梨、杏、桑、栗、杨、柳、榆、榛等。幼虫在地下严重为害作物等的根、地下茎，常致春苗缺苗断垄，或毁种重播，造成严重减产。

（二）形态特征（图 14-1-2）

成虫：体长 16.2～21mm，体宽 8～11mm。体型中等，体较短阔扁圆，后方微扩阔。体黑褐色或栗褐色，最深为沥青黑色，以黑褐色个体为多，腹面色泽略淡，相当油亮。唇基密布刻点，前缘微中凹，头顶横形弧拱，刻点较稀。触角 10 节，鳃片部由 3 节组成，雄虫鳃片部长大，明显长于其前 6 节长之和；雌虫鳃片部短小。前胸背板散布中部稀疏侧面密集的脐形刻点，侧缘弧形扩阔，最阔点略前于中点；前段微外弯，有少数具毛缺刻，后段完整。小盾片三角形，后端圆钝，基部散布少量刻点。鞘翅表面微皱，纵肋明显，纵肋 III 最弱。臀板短宽，近倒梯形，散布圆大刻点，下端向后呈圆形延突，延突长度约与末腹板等长，中央有浅纵沟平分顶端为 2 个矮小圆突，上侧方各有 1 个小圆坑。第五腹板中部后方有深谷形凹坑。胸下密被绒毛。前足胫节内缘距约与中齿对生；后足第一跗节短于第二节；爪齿位于中点之前，长大于爪端。雄性外生殖器阳基侧突下端分支，中突、左突片端部近圆形。

卵：卵产下初期呈长椭圆形，白色稍带黄绿色光泽，平均长 2.5mm、宽 1.5mm。卵发育到后期呈圆球形，洁白而有光泽，平均长 2.7mm、宽 2.2mm。孵化前能清楚地看到在卵壳内的一端有 1 对略呈三角形的棕色上颚。

幼虫：三龄幼虫体长 35～45mm，头宽 4.9～5.3mm，头长 3.4～3.6mm。头部前顶刚毛每侧各 3 根，排成 1 纵列，其中 2 根彼此紧挨，位于额顶水平面以上的冠缝两侧，另 1 根则位于近额缝的中部。额前缘刚毛 2~6 根，多数（66.7%）为 3~4 根。内唇端感区感区刺多数为 14~16 根。在感区刺与感前片间，除具 6 个较大的圆形感觉器外，尚有 6~9 个小圆形感觉器。内唇前侧褶区折面左侧 7~9 条，多数为 8 条；右侧 7~8 条。每条折面间隔较宽，几与每条折面宽相等。肛门孔呈三射裂缝状。肛腹片后部钩状刚毛，多为 70~80 根，平均约 75 根，分布不均，上端（基部）中间具不明显的裸区，即钩状刚毛群的上端有两单排或双排的钩状刚毛，向基部延伸，中间裸区无毛，钩状刚毛群由肛门孔处开始，向前延伸到肛腹片前 1/3 处。

蛹：蛹为离蛹（裸蛹），体长 21~24mm，宽 11~12mm。化蛹后，初期为白色，以后逐渐变深至红褐色。蛹的复眼，依据蛹的发育过程，由白色依次变为灰色、蓝黑色、黑色。腹部具 8 对气门，位于第一至八节两侧。第一至四节气门近圆形，深褐色，隆起。发音器 2 对，分别位于腹部第四、五节和第五、六节交界处的背部中央。尾节（腹部第九、十节）瘦长，三角形，向上翘

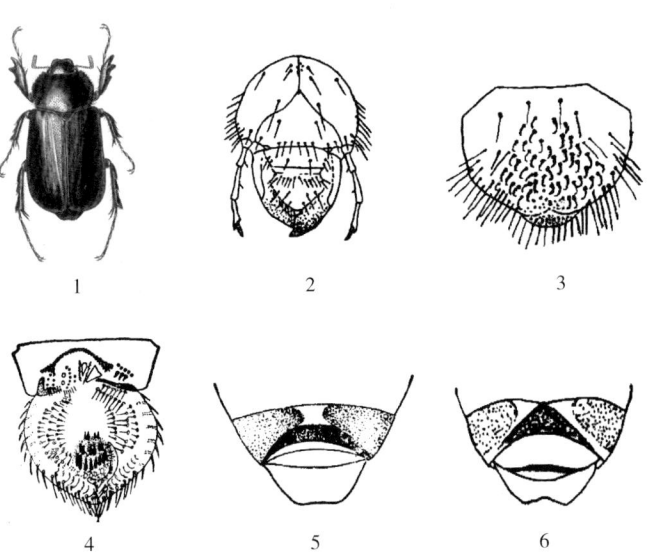

图 14-1-2　东北大黑鳃金龟（1. 引自刘广瑞等，1997；2. 引自张芝利等，1984；3~6. 引自魏鸿钧等，1989）

Figure 14-1-2　*Holotrichia diomphalia*（1. from Liu Guangrui et al.，1997；2. from Zhang Zhili et al.，1984；3-6. from Wei Hongjun et al.，1989）

1. 成虫　2. 幼虫头部正面观　3. 肛腹片后部　4. 内唇
5. 雌虫腹部末端腹面观（示梭形隆起骨片）
6. 雄虫腹部末端腹面观（示三角形凹坑）

起，端部具 1 对尾角，呈钝角状向后岔开。尾节基部腹面（第九节），雄蛹有 3 个毗连的疣状突起，即位于两侧的阳基侧突和位于中间的阳基；雌蛹第九节腹面近基部中间具 1 生殖孔，将腹板分为 2 个正方形骨片。尾节端部腹面（第十节）三角形，中间具横裂的肛门孔。

（三）生活习性

成虫食性：据商学惠等的饲喂试验，成虫食性极杂，可食植物有 32 科 94 种。主要喜食种类有豆科的花生、菜豆、豇豆、豌豆；禾本科的玉米、小麦、高粱；十字花科的油菜、白菜；茄科的马铃薯、茄子；菊科的向日葵、苦荬菜、抱茎苦荬菜；蔷薇科的苹果、山楂、秋子梨；百合科的韭菜；桑科的大麻、桑；榆科的刺榆、榆；鸭跖草科的鸭跖草；藜科的菠菜、甜菜；旋花科的甘薯；胡麻科的芝麻；锦葵科的苘麻；桦木科的榛；杨柳科的小叶杨以及壳斗科的板栗等。

成虫趋性：成虫对光有一定趋性，但雌虫几乎完全不上灯。灯光诱集的雌虫仅占 4.8%，雄虫却占 95.2%，而田间捕捉的雄、雌虫自然比例为 1 : 4.5，这一则说明雌虫对光趋性差，二则说明雌虫上灯难（体笨）。据商学惠观察，成虫趋灯始期是自然出土后的 13~17 d，因此，提出不宜用灯诱法做成虫发生期的预报。

成虫活动：成虫昼伏夜出活动、取食和交尾。出土后 15 d 内，体躯软弱，行动缓慢，在地面爬行，觅草为食，15~30d 可飞翔 10~20m 远并部分交尾，30~50d 为暴食阶段，活动频繁，每次飞行 50~100m，大量交尾并开始产卵。成虫多数在 20：00~21：00 取食交尾，出土气温为 12.4~18.0℃，出土地温为 13.8~22.5℃，气温低于 12℃，地温低于 13℃ 则不出土。出土盛期为 20：00 左右，多数在下半夜入土。雄虫比雌虫早出土 2~4d。出土后先食杂草，继而取食大豆、马铃薯及甜菜等作物叶片，特别喜食大豆叶片。

幼虫食性：一龄幼虫取食腐殖质及大豆叶、菜豆叶、甘薯叶；二、三龄幼虫取食玉米、小麦、高粱等作物的种子、幼苗及根系，并取食花生荚果、马铃薯、甜菜的地下部分。以成虫越冬年份，秋季幼虫为害花生、冬小麦；以幼虫越冬年份，春季幼虫为害春播作物，造成缺苗断垄，还可取食苗木地下根系和树根纤维可食部分，造成幼树死亡，严重地块每平方米虫量高达 286 头，常成为苗圃地的重要虫害。

（四）发生规律

东北大黑鳃金龟2年发生1代，以幼虫、成虫交替越冬。由于2000年以来气温升高，一些地方已经可见1年发生1代。越冬成虫于4月末、5月初开始出土活动，5月为盛期，9月中旬绝迹。在辽宁经系统饲养为2年发生1代，成虫、幼虫相间越冬。越冬成虫5月出现，5月下旬产卵，6月中、下旬达产卵盛期，8月中、下旬为产卵末期，9月上、中旬绝迹；6月中旬出现初孵幼虫，7月中、下旬出现二龄幼虫，8月幼虫进入三龄，10月中旬下潜，11月下旬以后开始越冬。第二年5月幼虫上移为害作物，6月下旬开始化蛹，8月上旬开始羽化，不出土，在羽化处越冬。

在辽宁大部分地区有奇数年成虫盛发，偶数年幼虫盛发的规律，这一规律和华北大黑鳃金龟在华北地区的表现有类似之处。但是，由于环境条件及种群演化进度的差异，造成了与上述规律迥然相反的规律。例如华北大黑鳃金龟在河北沧州表现了偶数年春季幼虫发生严重，奇数年秋季幼虫发生严重的规律，而在山东东部规律正与此相反。因此，以此作为规律指导大范围预测预报与实际情况常有出入，应当根据每年实地调查做出区域性预报。

东北大黑鳃金龟的发生与环境条件密切相关。据张治良在辽宁调查，非耕地虫口密度明显高于耕地；油料作物地虫口密度高于粮食作物地；向阳坡岗地虫口密度高于背阴平地。这些特点均与金龟子需要土壤保水性好，通透性强，有机质丰厚，喜食作物及土壤适宜温度、湿度条件有关。

李克斌（中国农业科学院植物保护研究所）

三、暗黑鳃金龟

（一）分布与危害

暗黑鳃金龟（*Holotrichia parallela* Motschulsky）属鞘翅目鳃金龟科。分布于我国黑龙江、吉林、辽宁、甘肃、青海、河北、山西、陕西、山东、河南、江苏、安徽、浙江、湖北、江西、湖南、福建、四川、贵州以及俄罗斯（远东地区）、朝鲜半岛、日本等地。成虫食性杂，嗜食榆叶，取食杨、柳、槐、桑、蒙古栎、梨、苹果等乔木、灌木的叶片，并有定树、定树段（多在乔木中段）为害、暴食等习性，也取食大田花生、玉米、大豆、甘薯、向日葵、马铃薯、高粱、麻类等的叶片。幼虫食性极杂，主要为害花生、甘薯、大豆、小麦秋苗等大田作物，常造成毁灭性灾害。

（二）形态特征（图14-1-3）

成虫：体长16～21.9mm，体宽7.8～11.1mm。体色变幅很大，有黄褐、栗褐、黑褐至沥青黑色，以黑褐、沥青黑个体为多，体被淡蓝灰色粉状闪光薄层，腹部薄层较厚，闪光更显著，全体光泽较暗淡。体型中等，长椭圆形，后方常稍膨阔。头阔大，唇基长大，前缘中凹微缓，侧角圆形，密布粗大刻点；额头顶部微隆拱，刻点稍稀。触角10节，鳃片部甚短小，由3节组成。前胸背板密布深大椭圆刻点，前侧方较密，常有宽亮中纵带；前缘边框阔，有成排纤毛，侧缘弧形扩出，前段直，后段微内弯，中点最阔；前侧角钝角形，后侧角直角形，后缘边框阔，为大型椭圆刻点所断。小盾片短阔，近半圆形。鞘翅散布脐形刻点，4条纵肋清楚，纵肋Ⅰ后方显著扩阔，并与缝肋及纵肋Ⅱ相接。臀板长，几乎不隆起，掺杂分布深大刻点。胸下密被绒毛，后足跗节第一节明显长于第二节。

卵：与东北大黑鳃金龟卵相同。

幼虫：中型，体长35～45mm，头宽5.6～6.1mm，头部前顶刚毛每侧1根，位于冠缝侧。臀节腹面无刺毛，仅具钩状刚毛，

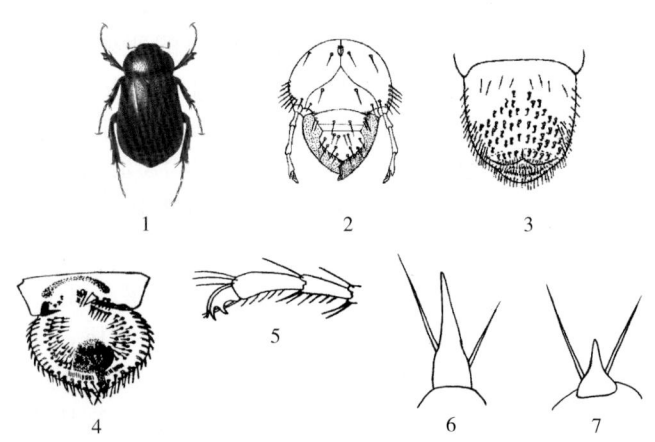

图14-1-3　暗黑鳃金龟（1. 引自刘广瑞等，1997；2～5. 引自魏鸿钧等，1989；6和7. 引自张芝利等，1984）

Figure 14-1-3　*Holotrichia parallela*（1. from Liu Guangrui et al., 1997；2-5. from Wei Hongjun et al., 1989；6 and 7. from Zhang Zhili et al., 1984）

1. 成虫　2. 幼虫头部正面观　3. 幼虫臀节腹面观　4. 内唇

5. 足跗节及爪　6. 前足爪　7. 后足爪

肛门孔三裂。

蛹：体长 20～25mm，宽 10～12mm。前胸背板最宽处，位于侧缘中间。前足胫节外齿 3 个，但较钝。腹部背面具有发音器 2 对，分别位于腹部第四至五节和第五至六节交界处的背面中央。尾节三角形，两尾角呈锐角岔开。雄性外生殖器明显隆起，雌性外生殖器只可见生殖孔及两侧的骨片。

（三）生活习性

暗黑鳃金龟为我国长江中下游及长江以北，直至黑龙江南部广大地区常发、多发，经常造成严重危害的主要地下害虫种类之一，成虫、幼虫都能严重为害植物，造成农业、林业重大损失。1 年发生 1 代，以老熟幼虫和少数当年羽化的成虫越冬。成虫有隔日出土习性，风雨对其无多大影响；飞翔力强，有趋光性。越冬幼虫翌年春不再上升为害，直接在越冬处化蛹。随着山区绿化、农田林网化和水利化，为成虫提供了丰富的食物和生息环境，有些地区有严重发展的趋势。

（四）发生规律

近年来各地对暗黑鳃金龟在各种作物田中的发生规律做了详尽研究，首先明确暗黑鳃金龟在各地均为 1 年发生 1 代，绝大部分是以幼虫越冬，但也有极少数以成虫越冬的，其比例各地有所差异。

成虫在河北于 6 月中旬初见，7 月中、下旬至 8 月上旬达高峰，9 月绝迹；在陕西关中平原，5 月下旬初见成虫，6 月下旬进入始盛期，9 月下旬绝迹。

一龄幼虫发生在 7 月上旬至 8 月上旬，二龄幼虫发生在 8 月中、下旬，正值玉米成株期，9 月上旬大部分进入三龄，大量取食玉米根系、薯块等以及小麦秋苗，11 月下潜越冬，翌春不为害，直至 5 月化蛹。

暗黑鳃金龟的发生与生态环境关系密切。首先植被条件是农田生态系的基本核心，农作物配置结构及林业盛衰及其比例是暗黑鳃金龟成虫、幼虫繁殖、获取营养的决定因素。如山东诸城平原粮区，小麦—玉米连作，植被简单，成虫生殖力低，种群增长慢，幼虫数量占总虫量的 9.63%；而在丘陵山区，林木较多，植被丰富而复杂，幼虫量却高达 46.1%。在不同作物田幼虫量也有明显不同，粮田幼虫量占 36.73%，花生田幼虫量则为 46.85%。江苏泗洪调查证实，成虫量随着花生面积增加而大幅度增长。6 年间花生面积由 2 466.7hm² 增到 17 333.3hm²，增加 7 倍。而成虫量则由 2 802 头（灯下）增至 28 583 头，增加 9 倍。

土壤质地对暗黑鳃金龟的发生也有明显影响，质地如何实际上是指保水能力和空气通透性是否有利于幼虫或成虫的生存。调查指出，凡是蓄水性强、土层深厚、有机质丰富的土壤中虫量大，土壤瘠薄、易旱、易涝的土壤中虫量小，这种现象的实质是土壤水分问题。为此罗益镇通过不同土壤含水量对卵及初孵幼虫进行了测定，结果说明，过高或过低的土壤含水量对卵及初孵幼虫均不利。如在卵期和孵化期遇有降雨或灌溉调整了土壤水分含量，则对卵孵化及幼虫成活产生了新的影响。

李克斌（中国农业科学院植物保护研究所）

四、铜绿丽金龟

（一）分布与危害

铜绿丽金龟（*Anomala corpulenta* Motschulsky）属鞘翅目丽金龟科异丽金龟属，除西藏、新疆外遍及全国。成虫为害柳、榆、松、乌桕、油茶、油桐、豆类、板栗、核桃等共几十种树木和植物的叶部，幼虫则食害植物及苗木的根部。

（二）形态特征（图 14-1-4）

成虫：体长 15～21mm，体宽 8～11.3mm，体背铜绿色，有金属光泽，前胸背板及鞘翅侧缘黄褐色或褐色。唇基褐绿色且前缘上卷；复眼黑色；触角黄褐色，9 节；有膜状缘的前胸背板前缘弧状内弯，侧、后缘弧形外弯，前角锐而后角钝，密布刻点。鞘翅黄铜绿色且纵隆脊略现，合缝隆较明显。雄虫腹面棕黄色且密生细毛，雌虫乳白色且末节横带棕黄色，臀板黑斑近三角形。足黄褐色，胫节、跗节深褐色，前足胫节外侧 2 齿，内侧 1 棘刺，2 附爪不等大，后足大爪不分叉。初羽化的成虫前翅淡白，后渐变黄褐、青绿到铜绿色，具光泽。

卵：白色，初产时长椭圆形，长 1.65～1.94mm，宽 1.30～1.45mm；后逐渐膨大为近球形，长约 2.34mm，宽约 2.16mm。卵壳光滑。

幼虫：三龄幼虫体长 29～33mm，头宽约 4.8mm。头部暗黄色，近圆形，头部前顶毛排各 8 根，后

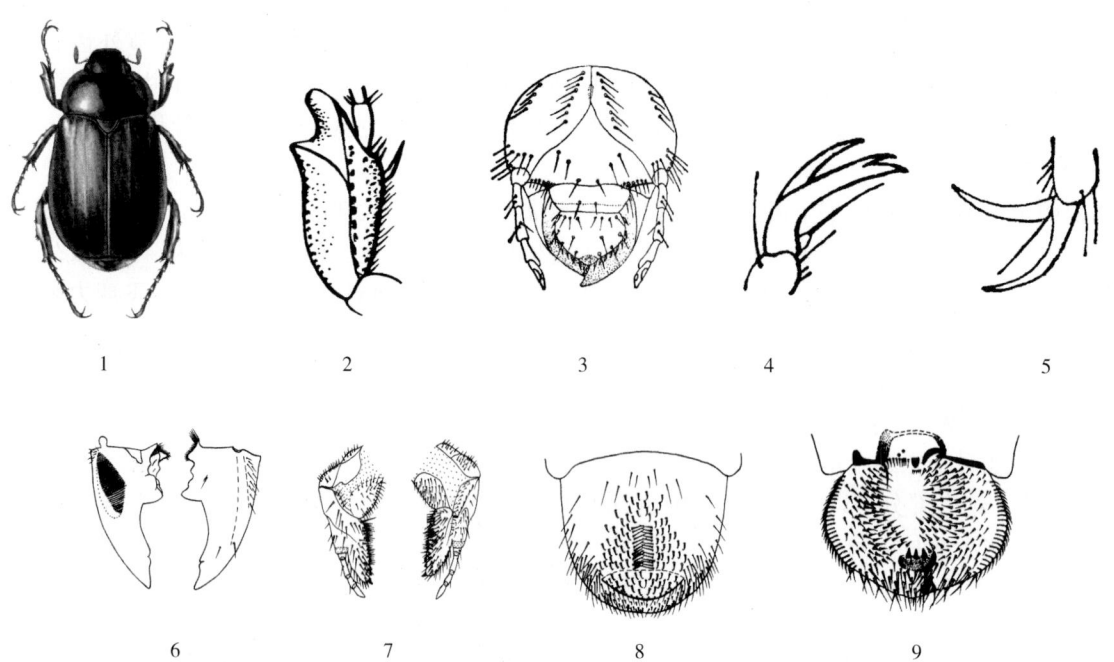

图 14-1-4 铜绿丽金龟（1 和 2. 引自刘广瑞等，1997；3～5. 引自魏鸿钧等，1989；6～9. 引自张芝利等，1984）

Figure 14-1-4 *Anomala corpulenta*（1 and 2. from Liu Guangrui et al.，1997；3-5. from Wei Hongjun et al.，1989；6-9. from Zhang Zhili et al.，1984）

1. 成虫 2. 前足胫节 3. 幼虫头部正面观 4. 前足爪 5. 后足爪 6. 左上颚 7. 左下颚 8. 幼虫臀节腹面观 9. 内唇

顶毛 10～14 根，额中侧毛列各 2～4 根。前爪大、后爪小。腹部末端两节自背面观为泥褐色且带有微蓝色。臀腹面具刺毛列，多由 13～14 根长锥刺组成，两列刺尖相交或相遇，其后端稍向外岔开，钩状毛分布在刺毛列周围。肛门孔横裂状。

蛹：略呈扁椭圆形，长约 18mm，宽约 9.5mm，土黄色。腹部背面有 6 对发音器。雌蛹末节腹面平坦且有 1 个细小的飞鸟形皱纹，雄蛹末节腹面中央阳基呈乳头状。临羽化时前胸背板、翅芽、足变绿。

（三）生活习性

成虫趋光性强，寿命约 30 d，有多次交尾及假死习性。白天隐伏于地被物或表土中，黄昏出土后多群集于杨、柳、梨、枫杨等树上，先交尾，再大量取食。气温 25℃以上、相对湿度为 70%～80% 时活动较盛，闷热无雨、无风的夜晚活动最盛，低温或雨天较少活动。21：00～22：00 为活动高峰，在翌日黎明前飞离树冠的中途如遇到高大的杨树防护林带，有猛然落地潜伏习性。食性杂、食量大，群集为害时林木叶片常被吃光。卵多散产于果树下或农作物根系附近 5～6cm 深的土壤中，每雌产卵约 40 粒，卵期 10d。土壤含水量为 10%～15%、土壤温度为 25℃时孵化率达 100%。幼虫主要为害果树、林木和农作物根系，多在清晨和黄昏由土壤深层爬到表层咬食，被害苗木根颈弯曲，叶枯黄，甚至枯死。一、二龄幼虫食量较小，9 月进入三龄后食量猛增，越冬后三龄幼虫又继续为害至 5 月，因此，一年中春、秋两季均是为害盛期；一龄幼虫期 25d，二龄幼虫期 23.1d，三龄幼虫期 27.9d。老熟幼虫在土深 20～30cm 处做土室，经预蛹期后化蛹，预蛹期 13d，蛹期 9d。

（四）发生规律

铜绿丽金龟 1 年发生 1 代，以三龄幼虫，少数以二龄幼虫在土中越冬。翌年 4 月越冬幼虫上升至表土为害，5 月下旬至 6 月上旬化蛹，6～7 月为成虫活动期，9 月上旬停止活动；成虫高峰期开始见卵，7～8 月为幼虫活动高峰期，10～11 月进入越冬期。如 5～6 月雨量充沛，成虫羽化出土较早，盛发期提前，一般南方的发生期约比北方早 1 个月。经在江苏、山东、安徽、河北、河南、陕西及辽宁南部研究，铜绿丽金龟 1 年发生 1 代，成虫发生期短，产卵集中，没有发现世代重叠现象。

在渤海湾沿岸，越冬幼虫 5 月化蛹，6 月上旬初见成虫，6 月中旬进入始盛期，6 月下旬至 7 月上、中旬为盛期，8 月中、下旬终见。

在江苏，成虫始见期为 5 月中、下旬，陕西为 6 月上旬末，辽宁南部为 6 月中旬，高峰期均集中在 6

月中旬至7月上、中旬。高峰期短且集中利于成虫的捕捉或防治。幼虫在春、秋两季为害，春季4~5月可在麦田为害，8月以后可在玉米、薯类等田以及秋播麦田为害。

铜绿丽金龟的发生量与环境条件关系密切。成虫发生量与农田路边林带网格化程度有关，凡是杨、榆、柳等树种密集地区，成虫食料丰富，繁殖力高，据江苏调查，靠近林带30cm内的花生田内幼虫量远比距离林带远的花生田高。幼虫多发生在沙壤地、水浇条件好的湿润地（土壤含水量15%~18%），这样的地块远比旱地虫量要高。

李克斌（中国农业科学院植物保护研究所）

五、日本金龟子

（一）分布与危害

日本金龟子（*Popillia japonica* Newman）属鞘翅目丽金龟科弧丽金龟属，为我国重要的检疫害虫。

（二）形态特征（图14-1-5）

成虫：体色泽漂亮，椭圆形，长11.2mm，宽8.0mm，体亮绿色，腿暗绿色，鞘翅直至腹末均为铜褐色，腹末臀板上有两撮白毛，腹侧各有5撮白毛。成虫外部形态与我国常见种四纹丽金龟［*Popillia quadriguttata*（Fabricius）］近似，在外部形态上，前者前胸背板刻点较后者粗而大。雌、雄区别在于前足胫节上距的形态，雌性长而钝圆，雄性锐而尖。

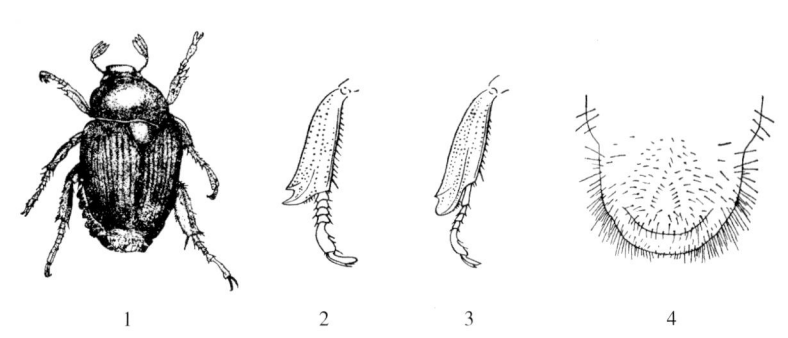

图14-1-5 日本金龟子（引自罗益镇等，1995）
Figure 14-1-5 *Popillia japonica*（from Luo Yizhen et al.，1995）
1. 成虫 2. 雄虫前足胫节 3. 雌虫前足胫节 4. 幼虫臀节腹面

卵：刚产的卵乳白色，呈圆形，直径1mm，之后变成长卵形，长1.5mm，宽1mm，色也渐加深。

幼虫：体白色，呈C形弯曲，体长18~25mm，上颚极发达，黑褐色，尾节极膨大，蓝色或黑色；腹毛区具1横弧状肛裂，且具2列相向短刚毛，每列6根。幼虫3个龄期，头壳宽度分别为1.2mm、1.9mm、3.1mm。

蛹：阔纺锤形，长14mm，宽7mm，灰白色至黄褐色，附肢活动自如，离蛹。

（三）生活习性与发生规律

据在美国新泽西州观察，6月中旬成虫出土，通常飞到或爬到附近的矮小植物上取食，不久便雌、雄交尾并多次在植物上或地面上交尾达30多d，当成虫密集时，常滚成团，每团有1头雌虫，吸引多达300余头雄虫在一起滚动。交尾后于傍晚入土产卵，产卵地点多选择土壤潮湿的草地和牧场，湿润的高尔夫球场落卵更多，耕地比非耕地更易落卵。雌虫1次产卵1~4粒，单雌产卵40~60粒。卵在合适温度下经2周孵化，在比其稍大的小土穴中以幼嫩草根为食。经2~3周蜕皮进入二龄，又经3~4周进入三龄，越冬后于翌春老熟，经10d预蛹期和8~20d蛹期羽化为成虫。1年完成1代。

越冬虫态以二、三龄幼虫为主，一龄幼虫只有在大量取食、积累能量后方可越冬，2/3在深度12cm以上土壤中，个别在18cm以下越冬。

成虫食性极杂，主要取食叶肉、花瓣和果实。当气温达21℃时便开始取食，超过35℃停止，取食高峰期一般为9：00~15：00，晚间阴雨天取食少或不取食，甚至一片浮云暂时遮日，成虫也纷纷寻找栖息的地方。

夏季，晴天、气温21℃，相对湿度低于60%时，成虫无方向性飞行，对取食植物有趋性。羽化起始时，首先在低矮植物如玫瑰、百日草和葡萄上取食，2周后转向果树或高大树木。特别喜欢取食将熟果实和含糖量少的植物。据对435种植物测定，喜食47种，中等喜食59种，微食67种，迫食122种，不食140种。特喜食浆果类植物的果实和叶片，如黑莓、越桔和葡萄，喜食苹果、柑橘、李的叶片，当苹果将成熟时，成虫可大量取食。还喜食大豆和玉米的叶片及雄穗，但甜玉米雌穗对它更有吸引力。对芦笋的为害也十分严重，取食嫩叶和主茎表皮。对观赏的蔷薇花和嫩芽以及叶片均能暴食殆尽。此外对枫、柳、桦、栗等树木叶片均能取食为害。

成虫也能取食天竺葵及蓖麻的花和叶,但食后麻痹中毒,少部分死亡,大部分 24h 后恢复。

幼虫取食范围很宽,包括园艺和大田作物、观赏植物、草皮等的根系,如为害轻微,则地上不表现症状。

在美国受害最重的是草皮、牧草和高尔夫球场的草坪,幼虫喜食柔嫩的草根,也能取食坚韧的草。当每平方米有 10 头以上幼虫时,雨后就会在地面发现成片草皮死亡。

幼虫也取食玉米、大豆等粮食作物根系,室内饵料试验证明,幼虫最喜食小麦,玉米次之,作物受害后造成缺苗断垄或生长势明显减弱。另对甘蓝、番茄、草莓以及苗圃均能形成危害。

幼虫在 25℃条件下,体重由初孵的 2.3mg 到三龄时增为 270.8 mg,体重增加是细胞体积增大的结果而不是细胞数量增多所致。

尹姣 李克斌(中国农业科学院植物保护研究所)

六、中华弧丽金龟

(一)分布与危害

中华弧丽金龟(*Popillia quadriguttata* Fabricius),又称四斑丽金龟或四纹丽金龟,属鞘翅目丽金龟科。分布于黑龙江、吉林、辽宁、内蒙古、宁夏、北京、天津、河北、河南、山西、陕西、山东、浙江、江苏、上海、安徽、湖南、湖北、江西、甘肃、四川、青海、广东、广西、台湾、云南、贵州等地。成虫食性极杂,据商学惠测试,可食禾本科、豆科、蔷薇科等 19 科 25 种植物叶片。

(二)形态特征(图 14-1-6)

成虫:体长 7.5～12mm,体宽 4.5～6.5mm。头、前胸背板、小盾片、胸和腹部腹面等均为青铜色,有强烈闪光。鞘翅浅褐色、黄褐色、褐色。唇基横宽,呈梯形,前缘直,边缘上卷,前角圆。前胸背板隆突明显,具镜子状闪光。前胸背板侧缘从后角处起到中间的后半段几乎等宽,前半段明显收缩。前角前伸,呈突状。侧缘在中间弧状外扩。后角钝宽,呈弧形。后缘向后延伸,但在中段,位于小盾片前方,却向前呈弧状凹陷。前胸背板中间,具窄而光滑的纵凹线,且两侧中段稍里边处具 1 个小圆形凹窝。小盾片呈正三角形。鞘翅宽而短。肩疣突明显。鞘翅背面每侧具 6 条粗刻点沟线,沟线间纵肋 5 条。鞘翅从侧缘约 1/2 处开始直到会合缝处都具膜质边檐。前足胫节外齿 2 个,第一外齿大而钝,内方距位于第二外齿的基部对面下方。前、中足大爪分叉,后足大爪不分叉。腹部第一至五节的腹板两侧有由白色密细毛构成的毛斑。臀板隆拱,密布锯齿状细横刻点,上有 2 个由白细毛组成的大毛斑。雄虫外生殖器阳基侧突的下缘端部呈内弯的尖刀状。

卵:初产卵椭圆形,后呈圆球形,大小为 1.46mm×0.95mm。

幼虫:三龄幼虫体长 8～10mm,头宽 2.9～3.1mm。头部前顶刚毛每侧 5～6 根,呈一纵列;后顶刚毛每侧 6 根,其中 5 根呈一斜列。内唇端感区具感区刺 3～4 根,多数为 3 根,圆形的感觉器 8～11 个,其中 4 个较大。感前片与内唇前片明显,并连在一起。基感区具突斑 2 个,突斑四周光裸。左上唇

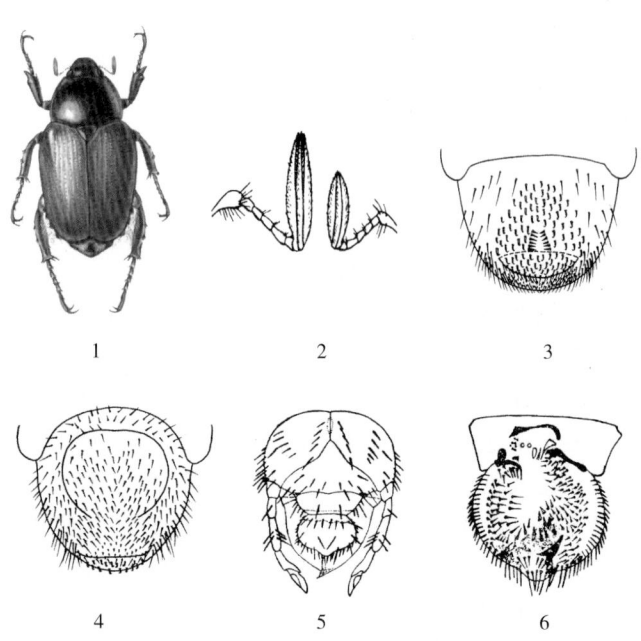

图 14-1-6 中华弧丽金龟(1 和 2. 引自刘广瑞等,1997;3 和 4. 引自张芝利等,1984;5 和 6. 引自魏鸿钧等,1989)

Figure 14-1-6 *Popillia quadriguttata* (1 and 2. from Liu Guangrui et al., 1997; 3 and 4. from Zhang Zhili et al., 1984; 5 and 6. from Wei Hongjun et al., 1989)

1. 成虫 2. 触角(左为雄虫触角,右为雌虫触角)
3. 臀节腹面观 4. 臀节背面观 5. 幼虫头部 6. 内唇

根侧突端部向下呈90°圆弧形的钩状弯曲，伸向内唇中区。肛背片后部有由细缝（骨化环）围成的、中间微凹的心圆形臀板，后部敞开较大而宽。肛门孔呈横裂缝状。刺毛列呈"八"字形岔开，每侧由5～8根，多数由6～7根锥状刺毛组成。

蛹：体长9～13mm，体宽5～6mm。唇基近长方形。触角雌、雄同型，靴状。具指状中胸腹突。腹部第一至四节气门近椭圆形，与体同色，不隆起。腹部背面第一至七体节具发音器6对。腹部每体节侧缘均有锥状突起，尾节近三角形，端部呈双峰状，其上生有褐色细毛。雌蛹臀节腹面平坦；雄性外生殖器阳基侧叶宽，发育后期可呈疣状，位于中间的阳基呈指头状。

（三）生活习性

中华弧丽金龟在陕西旬邑主要以三龄幼虫在土壤中越冬。11月下潜，翌春4月中旬开始上升，4月下旬至5月下旬是为害盛期。5月下旬开始化蛹，6月中旬至7月中旬为化蛹盛期。6月上旬成虫零星出土活动，6月下旬至7月下旬为成虫发生、产卵盛期。7月上旬至8月上旬为卵孵化盛期，以10：00～18：00最盛。盛期群集取食、交配，常见栗子树、山葡萄等上群集着几十头甚至上百头成虫咬食叶肉，只留下叶脉，并有成群迁移为害的特点，成虫也有取食玉米、豆类等作物的叶片和棉花花蕊的习性。成虫活动最盛时也是交尾最多之时，多在上午交尾，雌虫出土2～3d交尾，能多次交尾，每次交尾15～20min，产卵高峰在发生高峰后15d，每雌产卵平均为40粒左右。产卵深度2～5cm，一个卵室产一粒卵。在炎热的中午，常在叶丛中躲藏。初孵幼虫以腐殖质为食，9月大部分幼虫进入三龄，为害秋播作物幼苗。

成虫喜在林木果树地活动，幼虫在甘薯茬虫量最多，玉米茬次之，小麦、高粱等茬虫量少。凡地势平坦、保水力强、土质疏松的田块，虫量多；土壤瘠薄、凹凸不平的地块，虫量显著减少；村庄附近，虫量也多。

（四）发生规律

中华弧丽金龟在河北、陕西、辽宁等省份1年发生1代，主要以三龄幼虫在土内越冬。在河北完成1代约需364.5d，在陕西约需369d。各地成虫出土时间不一，但均在6月。气温26.9℃，相对湿度75.8%是其出土适宜的温、湿度条件。成虫寿命26d。

该虫越冬后翌春4月上旬开始上移。6月中旬开始化蛹，6月下旬为盛期，末期在7月上旬，蛹期8～18d。6月下旬开始羽化，盛期在7月上旬，末期在7月中旬，成虫历期约30d。成虫于发生盛期后5～7d产卵，7月14～19日为产卵始期，7月16～23日为产卵高峰，7月底、8月初产卵终止，卵期8～18d。卵孵化始期为7月中旬，盛期为7月24～28日，8月中旬终见。8月上旬幼虫进入二龄，经10～15d后，于8月中旬进入三龄，后下潜越冬。

成虫的消长与气候密切相关，如旬气温低于20℃，一次降水量47mm以上则出土数量明显下降。成虫在日间活动也受温度影响，20～27℃为活动适温，28℃时成虫活动数量明显减少，29℃以上则成虫不活动。温度对幼虫的垂直活动也有影响，10cm深处地温15℃时，幼虫多在耕作层活动，如降至9℃以下则幼虫下潜。

王庆雷（河北省沧州市农林科学院）

李克斌（中国农业科学院植物保护研究所）

七、毛黄鳃金龟

（一）分布与危害

毛黄鳃金龟［*Holotrichia trichophora* (Fairmaire)］属鞘翅目鳃金龟科，分布于北京、天津、河北、山西、山东、河南、江苏、安徽、浙江、湖北、江西、福建、辽宁、陕西、甘肃、贵州等地。主要为害夏播高粱、大豆、甘薯、谷子等。

（二）形态特征（图14-1-7）

成虫：体中型，个体大小变化较大，体长13.3～18mm，体宽6.2～10.3mm，长椭圆形。体黄褐色，被黄褐长毛，两复眼间由锐而中间退化的一横脊突起相连。唇基横向，前缘弧形上翘。复眼黑色，触角9节，红褐色。前胸背板稍窄于鞘翅基部，侧缘前边收缢较后边明显，背板密生长毛。小盾片宽三角形，具多而小的刻点，但光裸无毛。鞘翅长约12.2mm，覆有密而大的刻点和密而长的黄细毛，肩瘤明显，无隆起带，臀节稍隆起，生有长的黄色细毛。前胫节外侧具有3个锐齿，内侧着生一棘刺，后腿节发达，胫节呈喇叭状，跗节 5 节，端部生 1 对爪，爪中部垂直着生一齿。腹部扁圆形，有光泽，密生细短毛。雌、雄虫主要从触角上区分：雄虫触角鳃叶部细长较大，雌虫则短粗较小。

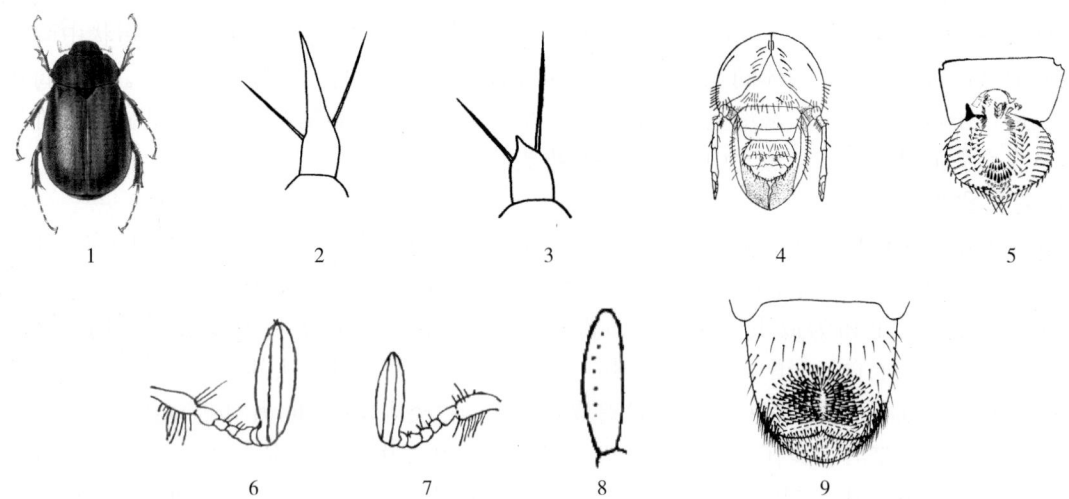

图 14-1-7　毛黄鳃金龟（1～3. 引自刘广瑞等，1997；4～8. 引自魏鸿钧等，1989；9. 引自张芝利等，1984）

Figure 14-1-7　*Holotrichia trichophora*（1-3. from Liu Guangrui et al.，1997；4-8. from Wei Hongjun et al.，1989；9. from Zhang Zhili et al.，1984）

1. 成虫　2. 前足爪　3. 后足爪　4. 幼虫头部　5. 幼虫内唇　6. 雄虫触角　7. 雌虫触角　8. 下颚须末节　9. 臀节腹面观

卵：近球形，长 2mm，乳白色。

幼虫：体型中等，三龄幼虫体长 40～45mm，平均头宽 4.9mm，头部黄褐色，前顶毛每侧 6 根，呈纵裂状，后顶毛 3 根。额中刚毛每侧由 12～14 根组成一簇。靠近额前缘中部具 2 个对称式的线状凹陷。上唇隆起明显，中间具 2 条平行横脊，基部刚毛 20 根以上，排列不整齐。内唇端感区具感区刺 15～17 根，圆形感觉器 13～15 个，其中较大的 6 个，均分为两组，中间由 3 个较小的感觉器隔开。前爪大，后爪小。臀节腹面上锥状毛较多，尖端向内，中间有一近椭圆形裸区，肛门孔三射裂状。

蛹：体长 20～25mm，体宽 10～12mm。从头部直至腹部背板中央具一纵凹线。腹部气门 8 对，第一至四节气门近圆形，深褐色，隆起。发音器 2 对，分别位于腹部第四、五节和第五、六节交界处的背部中央。尾节瘦长，三角形。雄蛹臀节腹面不平坦，阳基位于阳基侧突中间；雌蛹臀节腹面平坦，基部中间具生殖孔。

（三）生活习性

成虫不取食，羽化时体内储有丰盛的脂肪体，均为幼虫期间摄取营养物质的积累，足以满足成虫活动的需要，因此成虫寿命短，活动力差。

成虫越冬后当 10cm 深处地温 8～10℃时上移至地表。气温稳定在 10℃以上开始出土。每日傍晚在晴朗无风条件下 19：00 准时出土，10min 后出土量剧增。19：30 达最高峰，以后逐渐入土，21：00 绝迹，仅活动 2h。每年均发生 2 个高峰，即 4 月 12～13 日和 26～27 日，如无天气变化准时出土。据报道，山东地区有 4 月上旬、4 月中旬及 5 月上旬 3 个发生高峰的现象。

成虫出土即觅偶交配，雄虫略先出土，在地面低空短飞寻找雌虫，雌虫不飞翔。一头雌虫同时可诱集几十头甚至上百头雄虫滚团在一起竞争交配。

成虫当晚只交尾 1 次。雌虫多次交尾，多次产卵。而雄虫第一次交尾能使雌虫产生受精卵，第二次不产生受精卵，第三次则失去交尾能力。

雌虫产卵前期 23～26d，产卵期 13.6～15.3d，产卵量 10～34 粒，遗腹卵 4.7 粒。雌虫寿命 42.8d，雄虫寿命 33.6d。交尾后 15d 产卵，卵产在土质疏松、湿润的沙壤土内，产卵深度变化很大，根据土壤湿度而定。最浅 8cm，最深 35cm，多产在 10～20cm 深的湿土层内，在干土层很少产卵。

早期产的卵经 41d 孵化，中期卵 27.7d 孵化，晚期卵 20.1d 孵化。幼虫共 3 个龄期，一龄不为害幼苗，二龄幼虫则向作物根部集中为害，三龄幼虫对早播麦田形成威胁，造成严重缺苗断垄，而晚播麦田由于幼虫老熟，为害较轻。

幼虫在土中的垂直活动受土壤温湿度制约。土壤含水量降至5%以下则幼虫下潜，地温较高则幼虫主要在1～5cm深的土层分布。

老熟幼虫在9月下旬至10月上旬下移化蛹，前蛹期7～15d，蛹期20～60d，11月羽化，不出土。在室内饲养条件下化蛹深度达80cm。

(四) 发生规律

毛黄鳃金龟在山东、河北、山西均为1年发生1代，以成虫越冬，在山东也有以幼虫或蛹越冬的。由于成虫活动范围小，特别是雌虫不飞翔，造成常年局部危害。

成虫在早春3～4月开始出土活动，5月上旬达活动高峰期，6月初绝迹，发生期短且集中。田间始见卵为4月中旬或下旬，产卵盛期在5月上旬。5月下旬出现初孵幼虫，二龄幼虫出现时正值夏播作物苗期，三龄幼虫历期较长，在夏播作物苗期和成熟期都可为害。

毛黄鳃金龟的发生与环境因素有关，该虫多发生在河流两岸平原区，土质多为沙壤或轻沙壤土，通透性强、排水好则发生集中。在山前平原沙壤土区也易发生。另外，土壤含水量对卵孵化的影响很大，干旱不利于卵孵化，高湿则有利于幼虫成活。幼虫生长期内如降雨较多则发生严重，干旱则发生轻微。

王庆雷（河北省沧州市农林科学院）
李克斌（中国农业科学院植物保护研究所）

八、黑绒鳃金龟

(一) 分布与危害

黑绒鳃金龟又称东方绢金龟［*Maladera orientalis* (Motschulsky)，异名：*Serica orientalis* Motschulsky］属鞘翅目绢金龟科。分布于北京、天津、黑龙江、吉林、辽宁、河北、山西、山东、河南、江苏、安徽、内蒙古、宁夏、陕西、甘肃、青海等地。成虫食性极杂，可食45科116属149种植物，较常见的有苹果、梨、梅、葡萄、桃、李、樱桃、柿、核桃、山楂、楤椋、桑、榆、槐、刺槐、白杨、柳、沙枣；农作物有扁豆、豌豆、大豆、花生、甘薯、茄子、番茄、马铃薯、白菜、油菜、胡萝卜、棉花、向日葵、甜菜、胡麻、芝麻、烟草、西瓜、蓖麻、草莓、水稻、大麦、小麦、高粱、玉米、粟、甘蔗等；牧草有各种豆科牧草如草木樨、紫花苜蓿等，还发现成虫在河北东部专食未出土的大豆嫩芽，常导致成片毁种。在春季大量取食枣树嫩芽，导致枣树开花推迟，严重影响枣树产量。在河北北部不仅为害防护林带还取食桑树，影响蚕桑业发展。

(二) 形态特征 (图14-1-8)

成虫：体长6.2～9mm，体宽3.5～5.2mm，体卵圆形，体背面为黑色或黑褐色等天鹅绒状绒毛。唇基黑色，光泽强，前角钝圆，边缘上卷，前缘中间凹入较浅，唇基上密布大的刻点，散生褐色细毛，中间具明显的纵隆起。触角9节，鳃片部3节，雌、雄异型。前胸背板横宽；两侧中段外扩；前缘显著凹入而中段前伸，故为波浪形；侧缘列生褐色刺毛。前胸背板中部突出，明显向前方倾斜，密布细刻点。小盾片三角形，顶端变钝。鞘翅较短，长度为前胸背板宽的1.5倍，两侧缘微呈弧形。纵肋明显。鞘翅两侧边缘毛稀而短并密布小刻点，呈黑或黑褐的天鹅绒色。前足胫节外齿2个，后足胫节端距2个。前足跗节下边具刚毛，后足跗节下边无刚毛而下边外侧具纵沟。爪具齿。臀板三角形，中间高，顶端变钝，其上密布粗大刻点。雄性外生殖器基片宽大，呈长卵状，阳基侧片小，端部尖而弯曲，且左右不对称，中片长而尖。

卵：初产为卵圆形，乳白色，后膨大成球状。

幼虫：体长14～16mm，头宽2.5～2.6mm，头长1.8～1.9mm。头部前顶刚毛每侧1根，额中侧毛每侧1根，无额前缘毛。上唇基部刚毛较多，分两组横列。内唇端感区刺3根，其前缘具圆形感觉器，大的2个。感前片与内唇前片发达，连接成"人"字形，左上唇根侧突不明显，与唇根呈钝角。肛腹片后部覆毛区满布顶端尖而稍弯的刺状刚毛，刺状刚毛的前缘呈双峰状，终止于肛腹片后部的中间，肛门三裂状，纵裂长于横裂。覆毛区中间的裸露区呈楔状，尖端朝向尾端，将覆毛区分隔为二。刺毛列位于覆毛区的后缘，呈横弧状排列，由16～22根锥状刺组成，中间明显中断。

蛹：体长8～9mm，体宽3.5～4.0mm。唇基近半圆形。触角雌、雄同型，靴状，触角近基部有前伸突起。中、后足胫节具二端距。腹部第一、二节腹板被后足基节遮盖，腹部第一至四节气门近圆形，与体

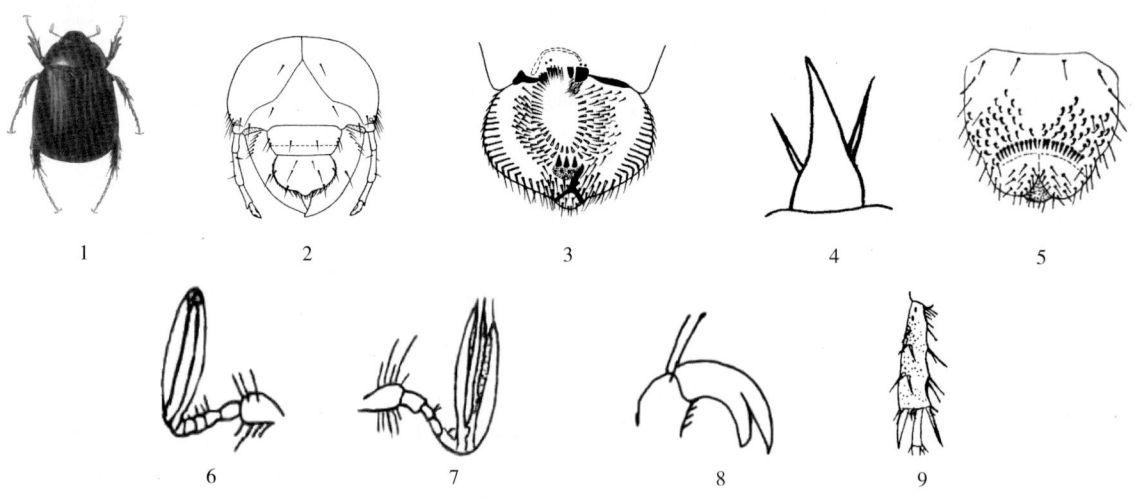

图 14 - 1 - 8 黑绒鳃金龟（1. 引自刘广瑞等，1997；2～4. 引自张芝利等，1984；5～9. 引自魏鸿钧等，1989）

Figure 14 - 1 - 8 *Maladera orientalis*（1. from Liu Guangrui et al.，1997；2 - 4. from Zhang Zhili et al.，1984；

5 - 9. from Wei Hongjun et al.，1989）

1. 成虫 2. 幼虫头部 3. 幼虫内唇 4. 前足爪 5. 肛腹片 6. 雌虫触角 7. 雄虫触角 8. 前爪 9. 后足胫节

同色。无发音器。腹部第一至六节每节背板中间具横向峰状锐脊。尾节近方形，后缘中间凹入，两尾角很长。雄性外生殖器的阳基侧突达到或超过阳基端，两者前端至少位于同一直线上，甚或侧突更前伸些；雌蛹臀节腹面平坦，生殖孔位于基缘中部。

（三）生活习性

成虫 17：00～18：00 出来活动，温度、降雨、大风均能影响出土，但在雨后常有出土高峰日。成虫出现期，北京为 4 月上旬至 6 月中旬，盛期为 5 月上、中旬；辽宁西部为 4 月上、中旬至 6 月，盛期为 4 月下旬至 5 月下旬；江苏北部为 4 月上旬至 6 月上旬；河北则 4 月中旬出土活动，4 月末至 6 月上旬均为盛期，7 月终见；甘肃陇东 4 月上旬开始活动，盛期为 4 月下旬至 5 月中旬，终见期为 6 月下旬。出土早晚与温度有关，10cm 深处地温 6.5℃时，成虫在 20～40cm 深处，升至 8.5℃时则成虫上升至 0～20cm 深处；升至 12℃时则 91.6% 的成虫上升至 10cm 深以内，升到 20℃时则成虫大量出土。

成虫出土初期，雄多于雌。出土后即进行取食、飞翔、交尾。飞翔高度可达 10m，雌虫一般跳飞或不飞。雌、雄交尾时呈直角形，雌虫边交尾边取食，雄虫不食不动，交尾时间一般为 30min，交尾后 10d 左右在土壤 16～20cm 深处产卵。

卵呈块状产下，每块 1～5 粒，也有更多的，后期卵粒散开。单雌平均产卵 26.1 粒。产卵量多少与食料有关。卵期为 5～10d。成虫产卵前期 10d，雌虫一般 1 次产卵 2～23 粒，一生可产卵 9～78 粒，产卵 1～4 次。

幼虫主要在 6～8 月发生，二、三龄时，作物根系已很发达，同时食量又小，对作物影响不大。8 月以后幼虫下移化蛹，15 d 后羽化，成虫当年不出土即行越冬。

（四）发生规律

黑绒鳃金龟在河北、山东、陕西、甘肃、宁夏、辽宁等省份 1～2 年发生 1 代，在河北发生期为 372d，甘肃为 388d，各地均以成虫在浅土层或覆盖物下越冬。

成虫出现期，北京为 4 月上旬至 6 月中旬，盛期为 5 月上、中旬；辽宁西部为 4 月上、中旬至 6 月，盛期为 4 月下旬至 5 月下旬；江苏北部为 4 月上旬至 6 月上旬；在河北 4 月中旬出土活动，4 月末至 6 月上旬均为盛期，7 月终见；在甘肃陇东 4 月上旬开始活动，盛期为 4 月下旬至 5 月中旬，终见期为 6 月下旬。

6～8 月为幼虫主要发生期，幼虫老熟后在土中约 20cm 深处化蛹，8 月至 10 月上旬为化蛹期，8 月中、下旬开始羽化为成虫，随即在原土室内越冬。

黑绒鳃金龟的发生量与环境条件有关，该虫喜欢在干旱地块生存，最适宜的土壤含水量为 15% 以下，河北和辽宁北部、甘肃东部干旱区适宜其发生。从土壤质地来说，沙土或沙荒地比黏重土壤易于生存。凡是成虫喜食寄主植物多的地方则常年发生严重。

王庆雷（河北省沧州市农林科学院）

李克斌（中国农业科学院植物保护研究所）

九、鲜黄鳃金龟

(一) 分布与危害

鲜黄鳃金龟 (*Metabolus tumidifrons* Fairmaire) 属鞘翅目鳃金龟科。分布于辽宁、河北、山东、河南、江苏、浙江、江西、山西、湖南、四川等地。主要为害春谷、玉米、高粱、麦苗等作物。

(二) 形态特征 (图 14-1-9)

成虫：体长 11～14mm，体宽 6～8mm，长椭圆形，体隆起，向后略扩展，体表光滑无毛，除头部、复眼周围为黑色或黑褐色外，全身背面为黄褐色，腹面为淡黄色。唇基新月形，黄褐色，前缘、侧缘上卷，黑色或黑褐色。头在两复眼间明显隆起，中央具 1 条纵凹带，其前方明显下垂，两侧各具角状疣突。触角 9 节，鳃片部 3 节，雄虫的鳃片长而略弯，明显长于柄部；雌虫的鳃片短直，短于柄部。前胸背板呈横长方形，宽约为长的 2 倍，均具边檐。前缘中段稍前伸，整个前缘波浪状，前、后角均为钝角，侧缘呈宽大不等的钝齿状并具稀黄色的边缘毛。小盾片略呈半圆形，基部两角尖，顶端钝圆，其上布有少数刻点。鞘翅的长度约为前胸背板宽的 2 倍。鞘翅全部具檐，黄色，有光泽，除缝肋明显外，仅可见 2 条纵肋。臀板小，三角形，前部隆起后部平直，密布细小刻点。体腹面被黄色细毛，以胸部腹面的毛密而长。前足胫节具 3 个外齿，中齿近顶齿。内方距位于第二外齿基部的对面。爪为双爪式，爪齿近顶部分出，其下缘与爪基部下缘形成直角。中、后足胫节中段有 1 个完整的具刺横脊。

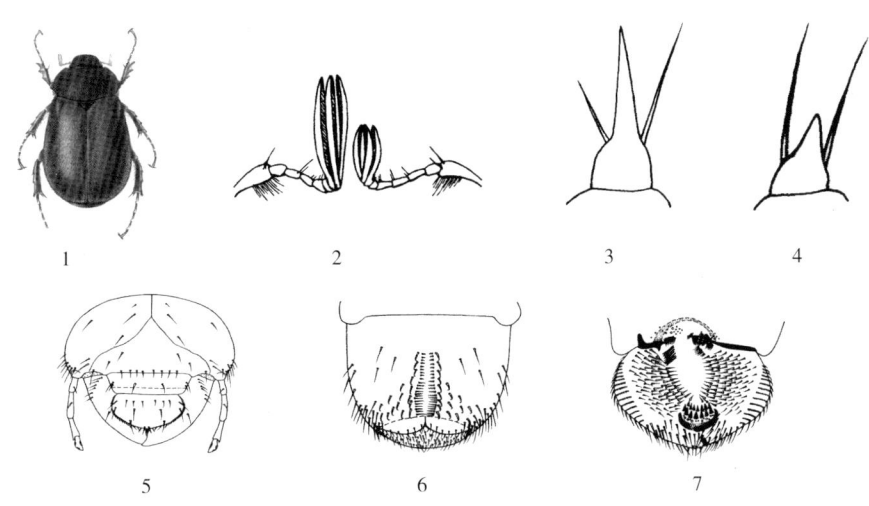

图 14-1-9　鲜黄鳃金龟 (1～4. 引自刘广瑞等，1997；5～7. 引自张芝利等，1984)
Figure 14-1-9　*Metabolus tumidifrons* (1-4. from Liu Guangrui et al.，1997；5-7. from Zhang Zhili et al.，1984)
1. 成虫　2. 触角 (左为雄虫触角，右为雌虫触角)　3. 前足爪　4. 后足爪　5. 幼虫头部　6. 臀节腹面观　7. 幼虫内唇

卵：初产卵乳白色稍带绿色，椭圆形；中期圆球形；近孵化前呈淡黄色。卵的大小为 (1.5～2.0) mm× (0.9～1.6) mm，平均为 1.56mm×1.16mm。

幼虫：三龄幼虫体长 18～20mm。头部前顶刚毛各 4 根，排成 1 纵列。额中刚毛各 1 根。内唇端感区的感区刺 9～16 根，多为 10～13 根，前排的 7～8 根较大。感前片发达，分左右两片，呈倒 "八" 字形排列。在基感区，位于弯曲的中衡棒左右两端，各具 2 个较大的乳状感觉器。肛门孔为三射裂缝状。刺毛列由不同长度的针状刺毛组成，各为 19～27 根，多数为 21～23 根，刺列的前后两端稍微靠近，中间外扩，形似长颈瓶状，组成刺毛列的针状刺毛，由前向后逐渐加长，但以瓶肚处的刺毛最长。

蛹：体长 14.1～15.5mm，体宽 6.0～6.5mm。初化的蛹为白色，1d 后变淡黄色，7d 后变黄褐色。唇基近半圆形。触角雌、雄异型。腹部第一至四节气门椭圆形，褐色，明显隆起。无发音器。腹部第一至六节背板中央具横脊。尾节近方形，具尾角 1 对，呈锐角岔开。雌蛹尾节腹面平坦，生殖孔位于中间，两侧各具 1 个不太清晰的骨片；雄蛹尾节腹面中央外生殖器明显突出，呈疣状，阳基侧突达阳基端部。

(三) 生活习性

在山东、山西、辽宁三地，鲜黄鳃金龟成虫发生始于 6 月上旬，盛期为 6 月中、下旬，末期为 7 月上旬，活动时间短而集中。成虫夜出，趋光性极强，上灯虫中雄虫占 90%，雌虫不活跃，仅占 10%。成虫出土后喜在杂草、春谷、玉米等作物上停留，上灯时间以22：00～23：00最盛。20：00～22：00为交尾盛期，一次交尾历时10～20min，交尾后即入土潜伏。成虫不取食，交尾后9～17d产卵，产卵后成虫死亡，雌虫寿命12～27d，雄虫寿命9～17d。产卵盛期在6月下旬至7月上旬，单雌产卵平均为21粒。卵产于玉米根层内，相对集中。卵历期11.3～13d。

一龄幼虫取食腐殖质，二龄幼虫为害玉米、高粱及杂草根系，三龄幼虫为害麦苗。10月中、下旬，地温15～17℃时达为害盛期，地温降至6～8℃时下移越冬。春季地温7.4℃时上升，4月达为害盛期，降雨可抑制幼虫活动，减轻为害。一般春季较秋季受害要轻。秋季幼虫取食嫩茎，造成缺苗断垄；返青期至拔节期咬断分蘖节，形成丛状死苗；拔节至孕穗期咬断茎部，使之枯死；抽穗后受害则形成白穗。

老熟幼虫于5月上旬开始化蛹，化蛹深度以20～40cm最多，在辽宁可深达110cm。蛹期平均为15d，羽化后在土中蛰伏3～5d即出土。

(四) 发生规律

鲜黄鳃金龟在山东、山西、辽宁三省1年均发生1代，以三龄幼虫越冬。成虫发生始于6月上旬，盛期为6月中、下旬，末期为7月上旬，活动时间短而集中。据调查，鲜黄鳃金龟多分布在沿河两岸、低洼潮湿的红黏土地区，这些地区虫量占总虫量的25.7%～86%。麦田套种玉米田虫量大，主要原因是玉米须根有利于初孵幼虫生长，玉米收获后又利于就近为害麦田，为三龄幼虫生长发育提供条件。据调查，平地、豆茬、非耕地等环境条件均有利于该虫发生。

王庆雷（河北省沧州市农林科学院）

李克斌（中国农业科学院植物保护研究所）

十、云斑鳃金龟

(一) 分布与危害

云斑鳃金龟（*Polyphylla laticollis* Lewis）属鞘翅目鳃金龟科，也称大云鳃金龟。分布于北京、黑龙江、辽宁、吉林、山西、山东、河北、河南、安徽、江苏、浙江、福建、四川、云南、内蒙古、甘肃、青海、贵州等地。成虫取食玉米、杨树、榆树叶片。喜食黑松针叶，幼虫食害禾谷类、豆类、蔬菜、苗木等。

(二) 形态特征 (图14-1-10)

成虫：体长28～41mm，体宽14～21mm。体呈暗褐色，少有红褐色，足和触角的鳃片部暗红褐色，下颚须末节长而稍呈长卵形。雄性触角柄部由3节组成，第三节近端部扩大，呈三角形，鳃片部由7节组成，大而弯曲，其长度为前胸背板长度的1.25倍。雌性触角柄部由4节组成，鳃片部由6节组成，小而

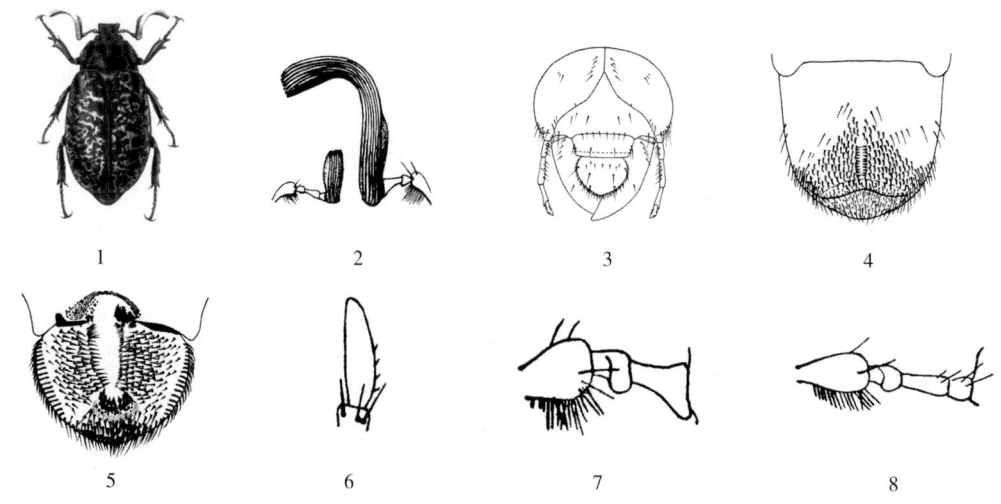

图14-1-10　云斑鳃金龟（1和2.引自刘广瑞等，1997；3～5.引自张芝利等，1984；6～8.引自魏鸿钧等，1989）

Figure 14-1-10　*Polyphylla laticollis*（1 and 2. from Liu Guangrui et al.，1997；3-5. from Zhang Zhili et al.，1984；6-8. from Wei Hongjun et al.，1989）

1. 成虫　2. 成虫触角（左为雌虫触角，右为雄虫触角）　3. 幼虫头部　4. 臀节腹面观

5. 内唇　6. 下颚须末节　7. 雄虫触角基部　8. 雌虫触角基部

直。唇基前缘明显卷起，几乎是直的。头部覆有相当均匀的黄色鳞状毛片，额除鳞状毛片外，还生有长的、竖立着的黄细毛。前胸背板中纵线附近的刻点，比两侧的刻点要稀。前胸背板前半部中间分成 2 个窄而对称的由黄色鳞状毛片组成的纵节斑；其两侧各有由 2～3 个毛斑构成的纵列。前胸背板前缘、侧缘生有单行的竖立着的褐色刚毛，后缘边沿无刚毛。小盾片覆有密而长的黄白色鳞状毛片。鞘翅上的鳞状毛片顶端变尖，呈长椭圆卵形，并构成各种形状的斑纹，而得名"云斑"。臀板全部覆有密的锉状小刻点和贴身的黄色小细毛。腹部各节腹板前缘具光滑的窄带。前足胫节外齿雄性 2 个雌性 3 个，中齿明显靠近顶齿。雄性外生殖器的基片、中片极短，略呈方形或稍长方形，阳基侧突显著细长，向下方延伸。从侧面观，阳基侧突与中片几乎呈直角，阳基侧突向前方呈弓状弯曲。

卵：乳白色，椭圆形，初产时长 3.5～4mm，宽 2.5～3mm。

幼虫：三龄幼虫体长 60～70mm，头宽 9.8～10.5mm，头长 7.0～7.5mm。头部前顶刚毛每侧 3～8 根，多数 4～6 根，排成 1 斜列，后顶刚毛每侧 1 根。额中刚毛每侧多 2 根，额前缘刚毛 4～8 根，多数 4～6 根。沿额缝末端终点内侧常具平行的横向皱褶。唇基和上唇表面粗糙；内唇端感区具感区刺 15～22 根，较粗大的 14～16 根，圆形感觉器 15～22 个。肛腹片后部覆毛区中间的刺毛列，每列多由 10～12 根小的短锥状刺毛组成，大多数两刺毛列几乎平行，刺毛列排列比较整齐，无副列；少数刺毛列排列不整齐，具副列。刺毛列的长度远没有达到覆毛区钩状刚毛群的前部边缘处。

蛹：体长 49～53mm，体宽 28～30mm。唇基近长方形。触角雌、雄异型。前胸背板横宽，后缘中间具疣状隆起，在隆起处着生 1 对黑斑，其两侧沿后缘有 1 条褐色条纹，条纹呈纵向排列，中间弧状，两侧较直。腹部第一至四节气门椭圆形，发音器 2 对，分别位于腹部第四至六节之间。腹部第三至六节背部中央，相当于发音器外侧处，各具 1 对弧形凹陷。尾节近三角形，尾角尖锐，两尾角端呈锐角岔开。雄性外生殖器由 2 个疣状突组成，基部的呈柱形，中间收缢，端部的呈圆形。雌蛹尾节腹面平坦，生殖孔位于中间，两侧各为 1 个方形（内缘呈弧状）骨片。

（三）生活习性

成虫趋光性强，21：00 出土活动，喜在杨树、柳树上飞翔、取食、交尾。成虫活动分两段，前期昼伏夜出，后期昼食夜飞。

成虫每日活动高峰为 20：00～21：30，上灯量占全夜上灯量的 61.6%～75.2%，21：00～23：00 为交尾高峰，单雌产卵 15～16 粒，卵经 20d 孵化，卵产在 10～40cm 深的土壤内。成虫寿命较短，平均为 17d。卵期为 23d。一龄幼虫以作物须根为食，历期 315 d，二龄幼虫食量大，取食侧根，历期 365d，三龄幼虫取食侧根，咬断主根，钻咬茎基，为害最重，历期 660d。老熟幼虫在 10～20cm 深处化蛹，预蛹和蛹期各为 20d。

（四）发生规律

在辽宁观察，云斑鳃金龟 4 年完成 1 代。在山东 3 年完成 1 代，以幼虫越冬。在山西观察，4 年完成 1 代，10 月上旬，幼虫钻入 70～90cm 深的土壤中越冬，翌年 5 月上升为害，5 月下旬化蛹，蛹期 15 d 左右。成虫期约 60d。在山东，第一年主要以二龄幼虫，少数以一龄幼虫越冬，第二、三年都以三龄幼虫越冬，一龄幼虫在 7 月下旬发生，历期为 49～56d，于 9 月中旬进入二龄，当年即以二龄幼虫越冬，二龄幼虫历期 240～280d，少数以一龄幼虫越冬的，一龄幼虫历期可达 240d，于翌年 6 月发育为二龄幼虫，但二龄幼虫历期较短，为 86d，于 9 月上、中旬发育为三龄幼虫，冬季以三龄幼虫越冬，三龄幼虫历期 660～720d，第三年以三龄幼虫为害 1 年，第四年化蛹，蛹历期 17～18d，成虫在 6 月中旬羽化，可取食松树针叶，经过飞翔、取食，促使性器官成熟，才能交配产卵。

环境条件对云斑鳃金龟的发生影响较大。高森林覆盖率，较多的植物种类有利于云斑鳃金龟成虫的发生，为云斑鳃金龟成虫提供了丰富的补充营养源，提高了成虫的繁殖力。在干旱年份灌水（7～8 月），有利于雌虫产卵及卵孵化。干旱对产卵和卵孵化均不利，因此一龄幼虫极易死亡。据调查，在降水量较正常年份（年降水量 500mm），一龄幼虫量占总虫量的 44.65%～46.05%；在降水量少的年份（年降水量 278mm），一龄幼虫量占总虫量的 36.31%，降水量对二、三龄幼虫影响不大。凡土层厚（超过 1.5m）、较湿润（常年土壤含水量不低于 15%）、有机质含量高的肥沃中性土壤中都有幼虫，且虫量较多；反之，则虫量很少；黏质土或 1m 以下处是砂砾，则很难找到幼虫。

王庆雷（河北省沧州市农林科学院）

李克斌（中国农业科学院植物保护研究所）

十一、小云斑鳃金龟

（一）分布与危害

小云斑鳃金龟（*Polyphylla gracilicornis* Blanchard）属鞘翅目鳃金龟科。分布于河北、辽宁、山西、河南、四川、陕西、甘肃、青海、宁夏、新疆、内蒙古等地。在山西，幼虫主要为害莜麦、华北落叶松等。

（二）形态特征（图 14 - 1 - 11）

成虫：体长 24～30mm，体宽 13～15mm，长椭圆形，隆起。体为黑色，有光泽，鞘翅暗棕色，上被有密集、不规则的云斑状黄白色鳞状毛。足和触角呈暗褐色。下颚须末节圆筒形、窄，顶端变钝。雄虫触角第三节前边靠近顶端具不对称的角状突起，触角鳃片部 7 节，弯曲，其长度等于前胸背板长；雌虫触角鳃片部 6 节，直而短。唇基横长方形，前缘、侧缘上卷，前缘中间凹陷，前角雄虫尖，雌虫钝，其上面除覆有密而长的黄色鳞毛外，还竖立着褐色细毛。前胸背板宽约为长的 2 倍，稍窄于鞘翅基部，中央及后方隆起，侧缘锯齿状。前胸背板覆有不密的大刻点，而后半部中央几乎是光滑的。前胸背板上的黄色鳞毛密集成光亮的图案：沿中纵线密集成 1 纵带；其两侧又各有 1 个中断的不对称的纵带；在侧缘中间和边缘基部处，各有环形毛斑。前胸背板除后缘中间外，均竖立着褐色缘毛。小盾片大，呈弧状三角形，除中纵线和顶端光秃外，覆有密的黄白色鳞毛。鞘翅隆起，椭圆形，两侧稍外扩，几乎平行，其上覆有不密而浅的刻点、皱褶和白色鳞毛。白色鳞毛聚成很多大小不对称的云状毛斑，而毛斑间则几乎无鳞毛。纵肋不发达，缝肋可见，缘折窄长，直达近弧状的后缘。臀板三角形，具密的锉状小刻点，中间具光滑的纵脊，覆有密、小的贴身黄细毛，在顶部具成簇的竖立着的褐色细毛。腹部腹面密生短的黄细毛，其间还散生较多的黄褐色长毛，每节腹板前缘光秃。前足胫节外齿：雄虫只具 1 个顶齿，雌虫具 3 个齿。雄性外生殖器的基片、中片短，略呈方形或稍长方形。从侧面观，阳基侧突与中片几乎呈直角，阳基侧突向前方呈 S 状弯曲。

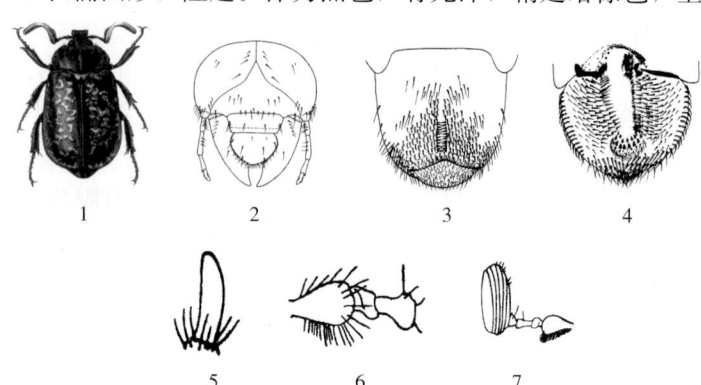

图 14 - 1 - 11　小云斑鳃金龟（1. 引自刘广瑞等，1997；2～4. 引自张芝利等，1984；5～7. 引自魏鸿钧等，1989）

Figure 14 - 1 - 11　*Polyphylla gracilicornis*（1. from Liu Guangrui et al.，1997；2 - 4. from Zhang Zhili et al.，1984；5 - 7. from Wei Hongjun et al.，1989）

1. 成虫　2. 幼虫头部　3. 幼虫内唇　4. 臀节腹面观
5. 下颚须末节　6. 雄虫触角基部　7. 雌虫触角基部

卵：椭圆形，白色，长 2.5～3.0mm，宽 1.8～2.0mm。

幼虫：三龄幼虫体长 55～65mm。头部前顶刚毛每侧 4～5 根，后顶刚毛每侧 1 根，较长，旁边有 1～2 根短小刚毛。额中侧毛各 2～5 根，额前缘毛 6～10 根。触角第一节具毛 4～7 根，第二节具毛 3～4 根。内唇端感区刺 12～16 根，排列成 2～3 层，前排 8 根较大，其前沿圆形感觉器 12～16 个，刺毛列由短锥状刺毛组成，每列多为 10～11 根，多数两列刺毛平行，也有的前端或后端的 2 根刺毛明显靠近，其前端远不达钩状刚毛群的前缘，约达覆毛区的 1/3 处。肛门孔呈横裂缝状。

蛹：体长 30～33mm，体宽 16～18mm。唇基近方形。触角雌、雄异型。前胸背板横宽，中纵线呈脊状，后缘中部向后延伸，且明显凸起，凸起处具 1 对黑斑，前足胫节外齿雄蛹 1 个，雌蛹 3 个，气门椭圆形，腹部第一至四节气门的围气门片黑褐色，气门腔明显。发音器 2 对，不发达，分别位于腹部第四、五节和第五、六节节间交界处的背部中央。腹部第三至六节背中央各具 1 对弧形凹陷。腹部第二至六节背面有明显的小疣点。尾节近三角形，具 2 个尾角。雄蛹外生殖器由 2 个疣突组成，基部的大些。雌蛹臀节腹面平坦，具 1 个生殖孔。

（三）生活习性

雄虫趋光性强，雌虫不趋光，一般在 20：00～22：00 活动，多在草丛、土缝中交尾产卵，6～9 月为产卵盛期，卵散产于 15～16cm 深的土内。

成虫雌、雄性比一般为 1.23：1。成虫发生高峰，第一次为 6 月中旬，第二次为 6 月末或 7 月初。成虫 20：00～22：00 活动，不取食，寿命 15d 左右，单雌产卵多达 41 粒。

一龄幼虫食量小，真正造成危害的是二龄幼虫和第一年的三龄幼虫及第二年的三龄幼虫前期，三龄幼虫后期食量骤减或不取食。幼虫为害一般在 5～9 月，没有夏蛰现象。

地温 8～9℃时为越冬幼虫下迁或上升为害温度界限。越冬期 180d，为害期 150d。蛹期 25d。小云斑鳃金龟幼虫在土中越冬深度为 30～90cm，以 40～70cm 的冻土层居多。但各龄越冬深度有差异：一龄幼虫多在 40～50cm 深处，二龄幼虫多在 50～60cm 深处，三龄幼虫多在 60～70cm 深处。

（四）发生规律

小云斑鳃金龟 4 年完成 1 代，跨 5 个年头，以各龄幼虫在土中越冬。成虫及卵发育历期较短，幼虫期很长，龄期重叠。

在青海、甘肃地区，成虫始见于 6 月上旬，盛发期为 7 月中、下旬，末期为 8 月中、下旬，个别年份也有少量成虫可生活至 9 月。产卵始期为 6 月上旬，盛期为 7 月中、下旬。7 月中旬可见初孵幼虫，田间孵化盛期为 7 月下旬，当年以一龄幼虫越冬，第二年 4 月下旬上升至耕层活动为害，一龄幼虫历经约 340d。越冬后的一龄幼虫于 6 月上、中旬进入二龄，继续活动取食，当年以二龄幼虫越冬，第三年 4 月下旬又返回耕层，活动为害，二龄幼虫历期约 365d。越冬后的二龄幼虫于 6 月上、中旬进入三龄，继续活动为害，当年以三龄幼虫越冬，第四年 4 月下旬又返回耕层活动为害，直至秋季仍以三龄幼虫再行越冬，三龄幼虫经两次越冬，历期约 700d。第五年 5 月上、中旬开始化蛹，蛹期平均为 29d。6 月上旬始见成虫，从而完成一个世代。

小云斑鳃金龟在青海分布在海拔 1 600～2 800m，东起民和、循化，西至海晏、兴海地区，以湟水流域的川水地区虫量最大，一般为每平方米 4 头，个别地块高达 100～127 头。一龄幼虫以豆茬地最多，麦类田次之；二龄幼虫则从上年一龄幼虫发展而来，因此与上年茬口密切相关。作物越到后期受害越重，甚至即将收获的麦类和薯类仍受其害。

王庆雷（河北省沧州市农林科学院）
李克斌（中国农业科学院植物保护研究所）

十二、小黄鳃金龟

（一）分布与危害

小黄鳃金龟（*Metabolus flavescens* Brenske）属鞘翅目鳃金龟科。分布于北京、河北、山西、山东、河南、江苏、浙江、陕西、甘肃、天津等地。成虫食害苹果、山楂、梨等果树叶片，幼虫食害其根部以及花生、玉米、大豆地下部分。

（二）形态特征（图 14-1-12）

成虫：体长 11～13.6mm，体宽 5.3～7.4mm。全身黄褐色，被匀密短毛。头部黑褐色，唇基前缘平直，向上卷起，复眼黑色。触角 9 节，鳃片部 3 节，较短小。前胸背板有粗大刻点，侧缘钝角形，外扩，侧边锯齿状，并着生有长细毛；后缘弧形，外扩，中部靠近小盾片处尤为显著。小盾片三角形。鞘翅侧缘近平行，缝肋明显隆起，靠近缝肋的纵肋明显，肩疣突显著。胸、腹部腹面及足的腿节上具细长毛。臀板

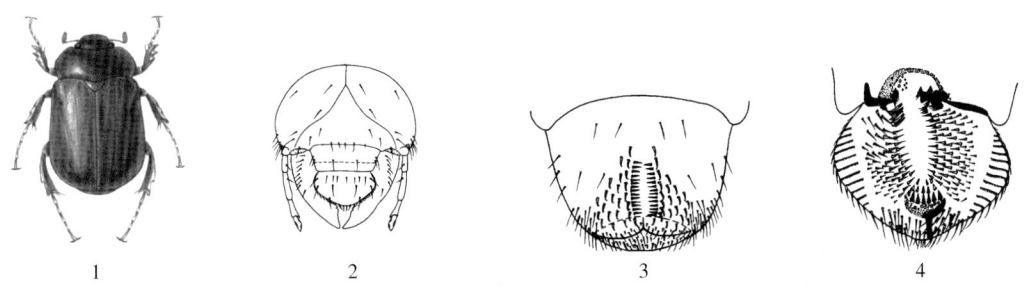

图 14-1-12　小黄鳃金龟（1. 引自刘广瑞等，1997；2～4. 引自张芝利等，1984）

Figure 14-1-12　*Metabolus flavescens*（1. from Liu Guangrui et al.，1997；2-4. from Zhang Zhili et al.，1984）

1. 成虫　2. 幼虫头部　3. 幼虫臀节腹面观　4. 幼虫内唇

圆三角形。前足胫节外缘具2个齿，1对爪。雄性外生殖器从背面观，基片短粗，阳基侧突下部外扩；从侧面观，基片短而窄，阳基侧突则较宽大。

卵：初产时乳白色，孵化前浅褐色，卵粒椭圆形，长1.4mm，宽1mm。

幼虫：三龄体长15～17mm，头宽2.9～3.1mm，头长2.1～2.2mm。头部前顶刚毛每侧2根，后顶刚毛每侧1根。内唇端感区刺6～9根，其前缘具圆形感觉器约12个，其中6个较大。内唇前片与右半段感区前片相连。肛腹片后部钩状刚毛群中间的刺毛列两列，呈长椭圆形整齐排列，由短针状刺毛组成，每列多为13～15根。肛门孔三射裂缝状。

蛹：体长约14mm，体宽5.5mm。唇基近半圆形，触角靴状。前胸背板宽大。腹部第一至四节气门近椭圆形，褐色，明显隆起。腹部背面中央节间处无发音器。腹部第一至六节背板中央具横脊。尾节近方形，两尾角呈锐角岔开。雄蛹外生殖器阳基侧叶（突）达于阳基近中部；雌蛹臀节腹面平坦，生殖孔位于第九节腹板前缘中间。

（三）生活习性

成虫每天19：30出土，先群飞10～20min，然后在幼树或灌木上交尾取食，翌日4：00入土，多群居在幼树根际附近。成虫喜食白蜡树叶，也食苹果、海棠、丁香等的叶片。成虫有趋光性，一盏黑光灯最高日诱成虫量可达1 491头。

成虫产卵有选择性，最喜在定植3年的白蜡树苗圃地产卵。产卵深度1～5cm的占5.9%，6～10cm的占25.3%，11～15cm的占39.7%，16～20cm的占21.9%，21～30cm的占7.2%。卵孵化后幼虫又向下移动，在5cm深的土层找不到幼虫，6～10cm深的土层仅有12.8%，而87.2%的幼虫则在10cm以下，最深达35cm。

幼虫抗逆力极强，溺水和干旱均不易致死，老熟幼虫在13～30cm深处化蛹。成虫羽化后待翅变硬后再出土。

（四）发生规律

小黄鳃金龟在北京、天津、河北、山东地区均为1年发生1代，以三龄幼虫越冬。郭佩联饲育发现，小黄鳃金龟卵期11.97 d，幼虫历期一龄为42.9 d，二龄为34.6 d，三龄为210 d，预蛹期为11.9 d，蛹期为15.4 d，成虫期为37.1 d，全生育期为363.9 d。

早春3月，10cm深地温达4℃以上时，越冬幼虫开始向上移动，4月上旬，地温稳定在4.5℃以上时幼虫开始为害。5月下旬化蛹，6月下旬达化蛹盛期，6月下旬至7月上旬为成虫盛期，7月下旬为一龄幼虫盛期，8月下旬至10月上旬为二、三龄幼虫为害盛期，10月下旬即下移。11月底73.3%的幼虫下潜至30cm以下越冬。

王庆雷（河北省沧州市农林科学院）

李克斌（中国农业科学院植物保护研究所）

十三、黄褐异丽金龟

（一）分布与危害

黄褐异丽金龟（*Anomala exoleta* Faldermann）又称黄褐丽金龟，属鞘翅目丽金龟科，为国内蛴螬的主要种类之一。除新疆、西藏无报道外，分布遍及全国各地。该虫最宜在沙土和沙壤土中生活，这类土壤主要分布在河流两侧及故河道一带，如河北南部漳卫河流域、河北东部滦河沿岸、河南黄河故道等都是易发区。成虫、幼虫均能为害，而以幼虫为害最严重。成虫取食杏树花、叶以及杨树、榆树、花生、大豆等的叶片。幼虫食性较广，主要取食小麦、大麦、玉米、高粱、谷子、糜子、马铃薯、向日葵、豆类等作物以及蔬菜、林木、果树和牧草的地下部分。取食萌发的种子，造成缺苗断垄，咬断根颈、根系，使植株枯死，且伤口易被病菌侵入，造成植物病害。其中为害小麦尤甚，为害轻时幼苗生长受阻、叶片变黄或植株瘦弱，抽穗、灌浆受到影响，为害严重时幼苗萎黄枯死，扬花灌浆、乳熟期幼虫咬断根部，植株青干死亡。为害马铃薯时，咬断根部或块茎被钻蛀成洞穴、沟槽，造成减产。

（二）形态特征（图14-1-13）

成虫：黄褐异丽金龟成虫体型中等，体长15～18mm，体宽7～9mm，体黄褐色，有光泽，前胸背板色深于鞘翅。头顶具刻点，唇基长方形，前侧缘向上卷，复眼黑色。触角9节，黄褐色，雌、雄区分特征以触角最为明显，雄虫鳃叶部大而长，雌虫短而细。前胸背板隆起，两侧呈弧形，小盾片三角形，与背板连接处密生黄色细毛。鞘翅长卵形，密布刻点，各有 3 条暗色隆起带。前足胫节具 2 个外齿。前、中足跗节末有大爪和小爪，且大爪分叉。3 对足的基节、转节、腿节淡黄褐色，胫节、跗节黄褐色。腹部淡黄褐色，生有细毛，分节纹明显。雄性外生殖器的基片、中片和阳茎基侧突大小几乎相等，阳茎基侧突端部不分叉，呈圆弧形。

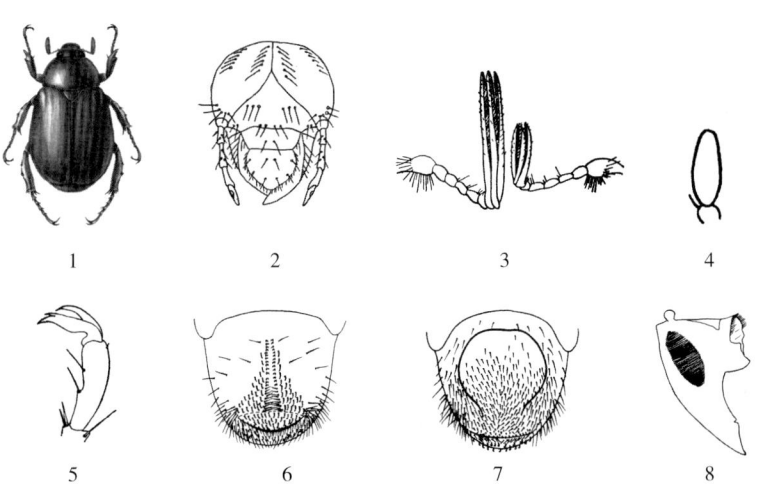

图 14 - 1 - 13　黄褐异丽金龟（1 和 6～8. 引自张芝利等，1984；
2～5. 引自魏鸿钧等，1989）

Figure 14 - 1 - 13　*Anomala exoleta*（1 and 6 - 8. from Zhang Zhili et al.，1984；
2 - 5. from Wei Hongjun et al.，1989）

1. 成虫　2. 幼虫头部　3. 触角（左为雄虫触角，右为雌虫触角）
4. 下颚须末节　5. 末跗节及爪　6. 臀节腹面观　7. 臀节背面观　8. 左上颚腹面观

卵：椭圆形，乳白色。初产时较小，卵粒长径平均为 2.14mm，短径平均为 1.50mm。随着胚胎的发育，卵粒逐渐增大，至孵化前其长径平均为 3.20mm，短径平均为 2.67mm，增长率为 56%～66.7%。

幼虫：体长 25～35mm，头部前顶刚毛每侧 5～6 根，呈 1 纵列。内唇端感区具感区刺 3 根，圆形感器 7～9 个，其中较大的 4～5 个。感前片和内唇前片明显并连在一起。左上唇根侧突端部骤然向下，呈直角状弯曲，伸向内唇中区。在肛背片后部，有由细缝围成的、中间稍微凹陷的椭圆形骨化环，后边开口比较小而窄。肛腹片后部覆毛区的刺毛列纵排成 2 行，由短锥状和长针状 2 种刺毛组成。每列有短锥状刺毛 12～15 根和长针状刺毛 11～13 根。前段短锥状刺毛 2 列平行，约占全刺列长的 3/4，后段每列由 11～13 根长针刺毛组成，呈"八"字形向后岔开，占全刺毛列的 1/4。肛门孔为横裂状。

蛹：裸蛹，初为淡黄色，后渐变为黄褐色，长 18～20mm。

（三）生活习性

黄褐异丽金龟在华北、东北等地均是 1 年发生 1 代，以幼虫越冬。4～5 月化蛹。在河北南部，5 月下旬始见成虫，6～8 月是成虫盛发期，其间出现两个高峰，6 月末至 7 月初为第一高峰，8 月上旬出现第二高峰，以第一高峰为大，是田间幼虫的主要来源。在河北东部，全年只在 6 月下旬至 7 月上旬出现一个峰期，发生量中等。成虫羽化后需在土内短暂栖息再出土。初羽化时体色较淡，为淡黄褐色，3d 后，体色变深，呈黄褐色。

成虫白天潜伏于土中，傍晚时开始活动。每天出土活动时间一般在 20：00 开始，21：00～22：00 为活动盛期，22：00 以后逐渐减少。以无风晴朗、闷热的夜晚成虫出土数量最多。雄虫出土后，立即展翅飞翔，主要飞行于农田、地埂、林带、苗圃、水渠和杂草处。雌虫飞翔能力较弱，多在地面爬行。成虫出土后食害杨、柳、榆以及果树等植物叶片，多在黄昏后出土取食，寻偶交尾。成虫有重复交配现象，交配时间多集中在 21：00 左右。每次交配持续时间为 5～15min，交配后雄虫飞走，雌虫随即钻入土内。

成虫具假死性和趋光性，但弱于铜绿丽金龟和黑绒鳃金龟。成虫出土后 1 周左右田间开始见卵，产卵盛期在 6 月下旬至 7 月底。成虫产卵前期平均为 5.3d，卵散产于 5cm 深的土内，生殖能力较低，单雌产卵量平均为 25.3 粒，2～4d 产完。产卵后成虫很快死去，寿命 20～30d。卵的发育历期在室温 24～26℃条件下为 13～35d，平均为 20.2d。卵孵化率平均为 84%。卵孵化盛期为 7 月上旬至 8 月初。一龄幼虫历期 20.3d，二龄幼虫历期 27.5d，三龄幼虫历期 275d，全幼虫期 322.8d。8 月中、下旬进入二龄的幼虫开始严重为害花生嫩果，三龄为害更甚。10 月下旬越冬，翌年气温回升后上移为害春播作物刚播下的种子和幼苗。4～5 月进入预蛹期，并陆续化蛹，蛹期为 7～18d，平均为 10.4d。

（四）发生规律

1. 幼虫在土内垂直分布活动与土壤温湿度的关系　10 月中、下旬至 11 月初幼虫即开始陆续下移至土层深处越冬，11月中、下旬大部分幼虫在土深50~80cm处，此时10cm深处土温平均为1℃。翌年春暖后随土壤温度的逐渐上升，幼虫向土壤上层移动。4月上旬10cm深处土温达10~11℃时，幼虫开始上升活动。4月下旬至5月上旬10cm深处土温达14℃左右时，幼虫上升至10~40cm深的土层内。5月中、下旬至6月上、中旬10cm深处土温为21.2~22.9℃时，幼虫集中在5~20cm深的土层中活动，此时作物受害最烈。6月下旬以后10cm深处土温高于25℃时，幼虫向下潜伏于土壤深层，遇有气温较低而表土湿度适宜时，则仍向上移动取食。8月中旬至9月下旬土温渐低，幼虫又上升至耕作层活动，继续为害。10月中旬以后土温下降至10℃以下时，幼虫向土壤深层下移，10月下旬至11月上旬随着气温、土温的降低，幼虫即潜入土壤深层越冬。

土壤湿度适宜与否对黄褐异丽金龟幼虫的活动和发育状况亦有密切关系。根据田间调查和室内饲养观察，过干或过湿的土层中虫口密度都很小。土壤过干，老熟幼虫不能进入预蛹期和蛹期，虫皮干枯于体表，很难蜕下，最后虫体变灰黑，以致死亡。土壤含水量以14%~16%为宜，此范围内幼虫的发育与活动均正常，含水量过高或过低幼虫均易死亡。

2. 幼虫发生与土质、前茬作物的关系　土壤质地结构状况的不同，影响黄褐异丽金龟的分布。该虫适宜在粉沙壤土或沙壤土的地区发生和分布。在比较疏松而潮湿的粉沙壤土地块，土内幼虫数量多，发生严重，而在黏土及壤土地内，很少见到幼虫。幼虫的发生密度与前茬作物种类亦有密切的关系。在不同前茬作物的地块中，以小麦为前茬作物的地块土内幼虫密度最大，平均每平方米为4.8头；马铃薯为前茬作物的地块次之，土内幼虫平均每平方米为3.3头；前茬作物为谷子、糜子的地块，土内幼虫密度小，平均每平方米分别为2.6头和1.7头。其中小麦连作地块土内的幼虫密度更大，平均每平方米为7.6头。

3. 主要天敌　黄褐异丽金龟的捕食性昆虫天敌主要有步甲、隐翅甲等14种。寄生性天敌主要有土蜂、钩土蜂、寄蝇等。此外，还有白僵菌、绿僵菌、乳状杆菌和线虫等昆虫病原微生物。其中，以钩土蜂、乳状杆菌、白僵菌分布广，是保护利用的主要对象。

苗进（河南省农业科学院植物保护研究所）

李克斌（中国农业科学院植物保护研究所）

十四、蒙古异丽金龟

（一）分布与危害

蒙古异丽金龟（*Anomala mongolica* Faldermann）曾用名蒙古丽金龟，属鞘翅目丽金龟科。成虫是林木、果树上的常见害虫，主要取食苹果、山楂、榆、柳、柞、栎等树木的叶片。其中最嗜食的是苹果和榆树的叶片，多选择在3~5年生的幼树上取食。幼虫常发生在被成虫为害树木附近的农田里，主要为害花生、甘薯以及秋播的冬麦苗。在我国，该虫主要分布于黑龙江、吉林、辽宁、内蒙古、河北、山东等地区，国外主要分布于蒙古和俄罗斯远东地区。一般在半山区、山区发生为害较严重。

（二）形态特征（图14-1-14）

成虫：体型中等，体长16~22mm，体宽9~12mm，椭圆形，隆起。大多数个体背部为深绿色，稍有金属光泽。体腹面为紫铜色，金属闪光明显。复眼黑色，触角10节，长2.7~3.0mm，第二节最长，第一、四节约等长，均长于第三节，第二节具毛6~8根，第三节具毛2~3根。雄性触角鳃片部与柄部等长，雌性触角鳃片部短于柄部。头不小，唇基呈横椭圆形，前缘近弧形且翘起，其上具有大而密的刻点。下颚须末节小而窄，明显延伸。前胸背板前窄后宽，呈梯形，且向头部弯曲，上面布有大而密的横列刻点，两侧的刻点较密，而中央具窄的光滑中纵线。鞘翅有明显肩瘤，纵肋不明显。小盾片三角形，顶端呈弧形。腹部第一至五节腹板两侧具有由黄褐色细毛聚成的毛斑。前足胫节外侧只有1个齿明显可见，跗节5节，端部有1对爪，1个分叉1个不分叉，后跗节的二端距相距很近，后爪均不分叉，但大小不等。

卵：初产的卵为乳白色，接近孵化时为淡米黄色，用肉眼能够看到淡褐色的上颚，卵期12~15d。

幼虫：体型中等偏大，三龄幼虫平均头宽5.0mm，体长40~50mm。头部前顶刚毛每侧各为4~5根，呈1纵列。额中侧毛每侧3根，后顶毛各为5根。触角第二节具毛6~8根，第三节具毛2~3根。内唇端感区的感区刺多数为3根，少数为4根，感前片虽退化，但尚可见。内唇前片退化，呈痕迹状。左上唇根侧突端部向下，呈弧状直角弯曲，伸向内唇中区。臀节背板上缺骨化环，臀节腹面上的刺毛列由两种刺毛组成，一般每列34～43根，前段为尖端微向中央弯曲的短锥状刺毛，一般每列14～24根，后段为长针状刺毛，通常每列16～22根。刺毛列由前向后略微岔开，排列不甚整齐，前段短锥状刺毛列常向后延伸至长针状刺毛列内侧，并有个别短锥状刺毛夹杂于长针状刺毛之间，长针状刺毛常有副列，呈2行乃至3行，排列不整齐，两列间部分长针状刺毛之尖端相遇或交叉；刺毛列的前端超出钩毛区的前缘，或刚刚达到前缘，其前方不被钩状刚毛所包围。刺毛列的前端略超过复毛区的2/3处，但不达3/4处。肛门孔为横裂状。

蛹：体中型，长18～21mm，宽10～11mm。唇基近长方形。前胸背板横宽，呈弧状隆起，两侧缘不平展。腹部第一至四节气门近卵圆形，气门不隆起，几乎与蛹体同色。发音器6对，位于腹部第一至七节背板

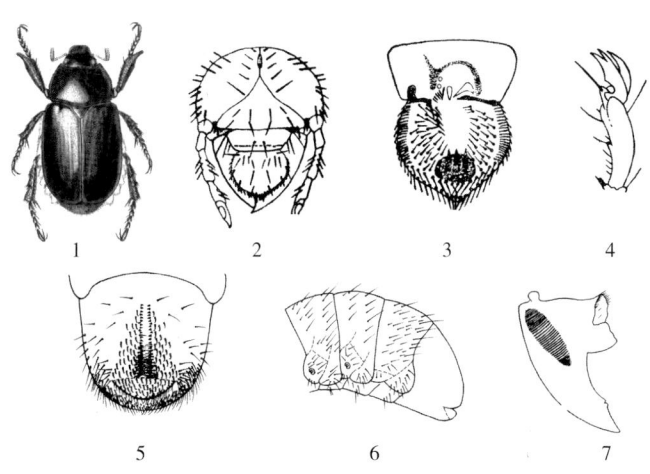

图 14 - 1 - 14　蒙古异丽金龟（1. 引自刘广瑞等，1997；2～4. 引自魏鸿钧等，1989；5～7. 引自张芝利等，1984）

Figure 14 - 1 - 14　*Anomala mongolica*（1. from Liu Guangrui et al.，1997；2 - 4. from Wei Hongjun et al.，1989；5 - 7. from Zhang Zhili et al.，1984）
1. 成虫　2. 幼虫头部　3. 幼虫内唇　4. 幼虫跗末节及爪　5. 幼虫臀节腹面观　6. 第七至十腹节侧面观　7. 左上颚腹面观

中央节间处。第八节背板后缘中间有一面向后呈梯形突出。尾节背部中部极度隆起，后缘半圆形，无分叉尾角。雄蛹外生殖器侧突未达阳茎基端部；雌蛹臀节腹面平坦，生殖孔两侧各有1个方形骨片。

（三）生活习性

成虫白天和夜晚均可取食，除受外界干扰，白天多静伏在树叶上不动或取食，只有少数偶然在枝间移动，雄虫有时飞寻雌虫交尾。20：00～21：00是成虫飞行、活动高峰，22：00以后又静伏不动。成虫聚集性强，常在1～2棵树上大量聚集。

成虫有趋光性。根据灯诱调查，在成虫发生的初期、盛期和末期雄虫均占总诱虫量的25%～30%。蒙古异丽金龟不同于其他金龟子在交尾前有一段婚飞活动时间，而是雄虫在找到雌虫后趴在雌虫背上配对但不立即交尾，交尾一般集中在17：00～19：00。根据室内产卵观察，成虫在白天和夜间均可产卵，雌虫一生最多可产卵81粒，最少20粒，多数为30～40粒。

初孵幼虫取食土壤中的有机质和作物须根，但食量很小，为害不显著。在花生、甘薯种植区，二、三龄幼虫发生期正值花生荚果期、甘薯嫩薯期，可严重为害花生和甘薯。花生收获后，如种植小麦则可继续为害冬麦苗，直至10月下旬才下潜越冬，第二年4月以后上升，继续活动为害。幼虫一般在6月化蛹，最早在5月下旬。蛹期为17～19d。

（四）发生规律

蒙古异丽金龟在我国大多数地区1年发生1代，以三龄幼虫越冬。越冬的幼虫，4～5月即上升至耕作层活动为害。5月中旬进入预蛹期，5月下旬开始化蛹，蛹期为17～19d。6月中旬始见成虫，7月上、中旬为成虫盛发期，成虫期可一直持续至8月中、下旬。6月下旬开始产卵，卵期为12～15d，7月中旬卵孵化，始见幼虫，一龄幼虫期为16～26d，二龄幼虫期为28～41d，8月上、中旬进入三龄幼虫期。10月中、下旬三龄幼虫下潜越冬，三龄幼虫期为270～295d。

苗进（河南省农业科学院植物保护研究所）
李克斌（中国农业科学院植物保护研究所）

十五、苹毛丽金龟

（一）分布与危害

苹毛丽金龟［*Proagopertha lucidula*（Faldermann）］属鞘翅目丽金龟科。主要分布于山西、黑龙

江、吉林、辽宁、内蒙古、甘肃、河北、陕西、山东、河南、江苏、安徽等。成虫为害苹果、梨、李、山楂、海棠等果树及洋槐、杨、柳、榆的芽和嫩叶，幼虫为害植物幼根。据在吉林通榆县一林场及果树场调查，在3cm长的杨树新梢有虫5头，榆树有虫6头，在海棠树上虫量高达12头，即可将全株的嫩叶几乎全部食光。在吉林大安市苗圃地（杨、柳）调查，平均每平方米苗圃地内有幼虫2～4头。由于受该虫为害，严重影响树木的长势及果树的坐果率。

（二）形态特征（图14-1-15）

成虫：体长8.9～12.2mm，体宽5.5～7.5mm。体小型，后方微扩阔，呈长卵圆形，背、腹面弧形隆拱。体除鞘翅外为黑色或黑褐色，常有紫铜色或青绿色光泽，有时雌虫腹部中央有形状不规则的淡褐色区。鞘翅黄褐色，半透明，常有淡橄榄绿色光泽，四周颜色明显较深。唇基长大无毛，密布挤皱刻点，点间呈横皱，前侧圆弧形；头面刻点较粗大，分布甚密，具长毛。触角9节，鳃片部3节。雄虫触角鳃片部十分长大，较额宽为长，雌虫只及额宽之半。前胸背板密布刻点，具长毛，前、后侧角皆圆钝，后缘中段向后扩出。小盾片短阔，散布刻点。鞘翅油亮，有9条刻点列，列间有刻点散布。臀板短阔，三角形，表面粗糙，雌虫尤甚，密布刻点，具长毛。体表长绒毛厚密，中胸腹突呈尖指状，长短不一；后胸腹板中央宽深，凹陷成纵沟。前足胫节外缘有2个齿，雄虫内缘无距。

卵：椭圆形，乳白色。临近孵化时表面失去光泽，变为米黄色，顶端透明。

幼虫：体长10～22mm，体中型，全身被黄褐色细毛。臀节腹面覆毛区中央有刺毛列两列，每列前段为短锥状刺毛，一般为6～12根，后段长针状刺毛较多，每列6～10根，相互交错，刺毛列两侧及肛裂前缘为钩状刚毛。

蛹：长12.5～13.8mm，裸蛹，深红褐色。

（三）生活习性

苹毛丽金龟1年发生1代，越冬成虫在4月下旬（气温达到11℃以上）出土活动，不取食，只在地面或杂草上爬行。当气温达20℃左右时多在向阳处沿地表成群飞舞或在地面上寻求配偶，14：00以后气温下降又潜伏土中，气温达20℃以上时不再下树。成虫趋光性不强，有假死性，但气温高于22℃时，假死性不明显。成虫喜食花、嫩叶和未成熟的果实，有边取食边交尾习性，交尾多

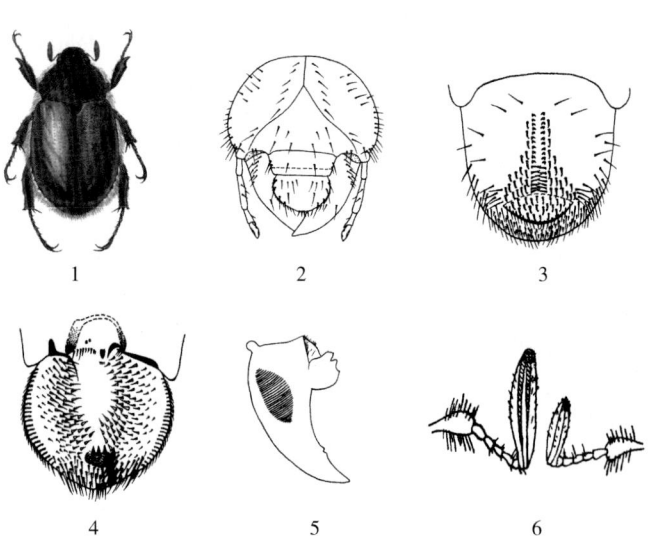

图14-1-15　苹毛丽金龟（1.引自刘广瑞等，1997；2～5.引自张芝利等，1984；6.引自魏鸿钧等，1989）

Figure 14-1-15　*Proagopertha lucidula*（1.from Liu Guangrui et al.，1997；2-5.from Zhang Zhili et al.，1984；6.from Wei Hongjun et al.，1989）

1.成虫（雄）　2.幼虫头部　3.臀节腹面观　4.幼虫内唇

5.左上颚腹面观　6.触角（左为雄虫触角，右为雌虫触角）

集中于中午前，交尾时间约30min。产卵历期平均为4d，卵多产在有机质丰富的树木或果树根部附近的疏松土壤内，产卵深度5～10mm，平均单雌产卵17粒，有隔日产卵现象。卵历期17～25d，卵孵化率87％～95％。幼虫共3龄，一龄历期20～38d，生活在2～5cm深的土中；二龄历期24～36d，生活在4～10cm深的土中；三龄历期36～66d，生活在20cm深的土中，潜土深度最深可达80cm。8月上旬幼虫向上移动到地表10cm深的土层中做土室化蛹，蛹期16～20d，土室比较松软，前蛹期7～10d，蛹初期为乳白色，快羽化时颜色加深，最后成虫破蛹而出。

（四）发生规律

苹毛丽金龟发生世代稳定，播种前的虫口数量即为下一代或下茬作物的发生基数。在黄淮地区，秋种前是基数调查的有利时期。

苹毛丽金龟的发生量与天气状况有关，温度是制约苹毛丽金龟发生的第一关键因子，风力也是影响苹毛丽金龟数量的关键因子。气温低于10℃时，苹毛丽金龟极少，风力超过5级时苹毛丽金龟也极少，气温高于20℃、无风的天气数量最多。气温低于15℃时，发生量减少。成虫活动与风力有关系，无风时一

般飞行高度 2～3m，最高达 7～8m，一次飞行距离达 30～50m，风力 5 级以上时，成虫都顺风沿地面飞行，一般背风面虫口密度大。成虫喜在高燥地块取食活动，低洼地较少见。

苹毛丽金龟的活动与樱桃及桃的花期相吻合。樱桃花蕾期始见苹毛丽金龟，盛花期达到高峰，幼果期发生量逐渐减少。据观察，在果园中，4 月 1 日观察到第一头苹毛丽金龟，4 月 6 日前陆续出现但发生量极少，而同期道边柳树上已见较多的苹毛丽金龟，山杏上直到盛花末期也不见苹毛丽金龟及被害状。4 月 8 日 11：00 左右，在樱桃园南边 7～8m 低空，可见到由南迁入的大量苹毛丽金龟，同时发现樱桃园南边杂果上有大量苹毛丽金龟滞留，10min 后便又消失，随后园内苹毛丽金龟数量增多。以后的两次高峰前期均见樱桃园东南的榆、杨等树上苹毛丽金龟数量极大，而同期道边柳树上苹毛丽金龟数量减少。天气连续晴好时，5：00 振动树干即有苹毛丽金龟掉落，日出后随气温回升，樱桃园周围杂草上方有苹毛丽金龟飞舞，并陆续迁至榆树、杨树等及樱桃园中，11：00 绕树飞行量最大，午后全部迁入樱桃园。

据每日调查雌、雄数量可知，苹毛丽金龟的雌、雄比例随着时间的推移逐渐递增。因此，在发生前期大量消灭苹毛丽金龟雄虫，可减少其雌虫的交配率，从而减少当年苹毛丽金龟幼虫发生量，后期（4 月 15 日以后）大量消灭苹毛丽金龟雌虫，可减少当年苹毛丽金龟越冬基数和翌年的虫口基数。

曲明静（山东省花生研究所）
李克斌（中国农业科学院植物保护研究所）

十六、蔗龟

蔗龟（*Alissonotum* spp.）属鞘翅目犀金龟科。在国外分布于缅甸、印度及南非等地，在国内分布于广西、广东、云南、福建、贵州、四川及台湾等地。蔗龟主要有 3 种，即突背蔗龟（又称突背犀金龟）、光背蔗龟（又称光背犀金龟）和厚大蔗龟。以突背蔗龟为主，分布广，为害重。

蔗龟以成虫、幼虫为害甘蔗，造成枯心苗，一般枯心苗率 20％～40％，个别达 80％～90％，甘蔗受害后不再分蘖，蔗芽受害后缺苗缺株。成虫为害严重，幼虫并非年年发生。

（一）突背蔗龟（*Alissonotum impressicolle* Arrow）

1. 形态特征（图 14 - 1 - 16）

成虫：雌虫体长 14.0～17.5mm，雄虫体长 13.5～16.0mm。体漆黑色，有光泽。头小，近三角形。触角 9 节，鳃片部由 3 节组成。唇基两前角处呈疣状上翘，此一对突起较额唇基缝处的一对疣突距离要狭。唇基与额区的刻点不连接，呈横皱状。前胸背板刻点较粗而深，近前缘中央有新月形突起。前胸背板前缘、侧缘具沿，后缘无沿，前角几乎呈直角，后角呈宽弧状。小盾片呈弧状三角形，光滑。鞘翅每侧具明显的纵线沟 8 条。臀板密布同等大小的刻点。前足胫节外侧 3 个大齿后还有 2 个小齿；中、后足胫节外面具有 2 个横向脊，上生有成列的刺。

卵：乳白色，带光泽，初产时呈长椭圆形，临孵化前呈圆形。

幼虫：三龄幼虫体长 31～35mm，头宽 4.9～5.2mm，头长 3.5～3.8mm。头部前顶刚毛各 1～2 根，后顶刚毛各 1 根，额中侧毛各 1

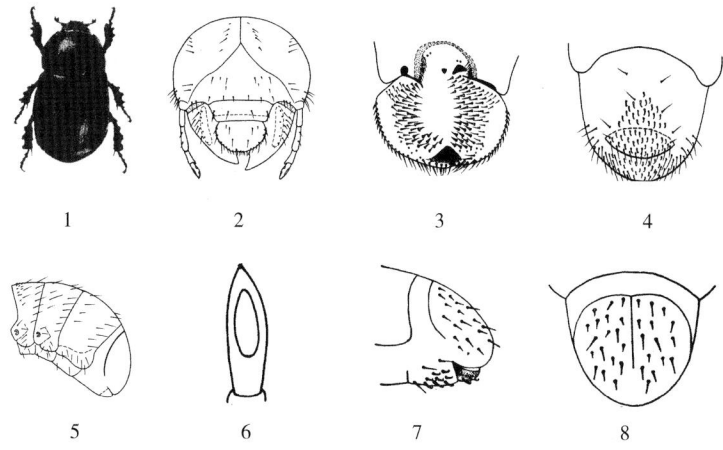

图 14 - 1 - 16 突背蔗龟（1. 引自龚恒亮等，2010；2～6. 引自张芝利等，1984；7 和 8. 引自魏鸿钧等，1989）

Figure 14 - 1 - 16 *Alissonotum impressicolle*（1. from Gong Hengliang et al.，2010；2 - 6. from Zhang Zhili et al.，1984；7 and 8. from Wei Hongjun et al.，1989）

1. 成虫 2. 幼虫头部 3. 幼虫内唇 4. 臀节腹面观
5. 第七至十腹节侧面（第十腹节毛未画出）观
6. 触角端节背面观 7. 肛背片侧面观 8. 肛背片背面观

根。头壳表面稍皱，具小而浅的刻点。触角末节背面有感觉器 1 个，腹面有 2 个。内唇端感区刺与感前片和内唇片愈合，呈锤状的骨化突，其上具圆形感觉器。基感区近中央的突斑小，四周光裸。左上唇根后突呈球状，侧突前端明显前弯。肛背片后部围成臀板的细缝（骨化环）末端指向肛门孔缝角的稍上方；在肛腹片后部无刺毛列，只有钩状刚毛群，钩毛比较密集。

蛹：体长 17～20mm，体宽 9～10mm。唇基呈梯形，前缘中部凹陷，后部明显隆起。触角雌、雄同型，呈膝状。额区近唇基后缘中部具有 1 个圆形隆起。下颚须呈圆锥状。前胸背板前角后方有凹陷，腹突近锥形。蛹体背面中央从唇基经额、头顶、前胸背板直到腹部第七节背板前缘纵贯 1 条凹纵线。腹部第一至四节气门呈椭圆形，褐色，微隆起；发音器 6 对，位于腹部背面第一至七节的节间处，第八节背板每侧基部各具 1 对横椭圆形凹陷。尾节呈三角形，两尾角呈锐角岔开。雄蛹臀节腹面可见阳基侧突伸达或稍超阳具端部；雌蛹臀节腹面平坦，前缘中间有 1 个小的瓣状突起，中具生殖孔，两侧各具 1 片横矩形骨片。

2. 生活习性与发生规律　突背蔗龟 1 年发生 1 代，成虫 8 月底至 9 月初产卵，卵期 15d，一龄、二龄幼虫历期 45d，三龄幼虫历期 120d，蛹期 20d，成虫期 5～12 个月，以三龄幼虫越冬。

成虫飞翔力弱，不趋光，有假死性；成虫咬食距地面 10cm 以内的蔗苗地上部分，为害状为圆形孔洞，深达茎髓部，一般咬食 1 洞后再转移为害。在地温 30℃ 以下，土壤湿度 66.7% 时，成虫在种苗以上的土层中活动。地温高于 30℃，土壤湿度低于 66.7% 则成虫移至种茎以下潜伏。6 月温度高于 30℃ 则潜土较深，准备进入夏蛰。7 月全部夏蛰，9 月复苏，经补充营养后进行交配产卵。9 月下旬，16：00～18：00 在土中交尾，交尾时间长达 90min。突背犀金龟产卵期约 2 个月，卵产在宿根蔗头处的土壤中或腐烂蔗头处，雌虫每隔 1～2d 产 1 粒卵，单雌产卵 42～45 粒，遗腹卵 30 粒，卵孵化率 81%～84%，如遇积水则卵孵化率降低。水浸 3d 后卵孵化率 51.7%，5d 为 6.7%，7 d 则全不孵化。成虫的为害程度也与自然降水有关，如 5 月雨水充沛则为害严重，反之则轻。

6 月，由于气温升高，成虫准备进入夏蛰。6 月下旬少数成虫开始夏蛰，到 7 月中旬以后全部进入夏蛰。田间成虫潜土深度为 8～15cm，夏蛰期间，成虫不食不动，六足收缩，若遇水淹，则爬出水面，水退后再入土蛰伏。成虫夏蛰复苏期为 8 月底至 9 月上旬，成虫复苏后继续进行营养补充。夏蛰与土温有很大关系，当 5～10cm 深处平均土温超过 30℃ 时，便开始有成虫进入夏蛰；当土温达 33℃ 以上时，成虫全部进入夏蛰；当土温降低至 30℃ 时，成虫全部复苏。

（二）光背蔗龟（*Alissonotum pauper* Burmeister）

1. 形态特征（图 14 - 1 - 17）

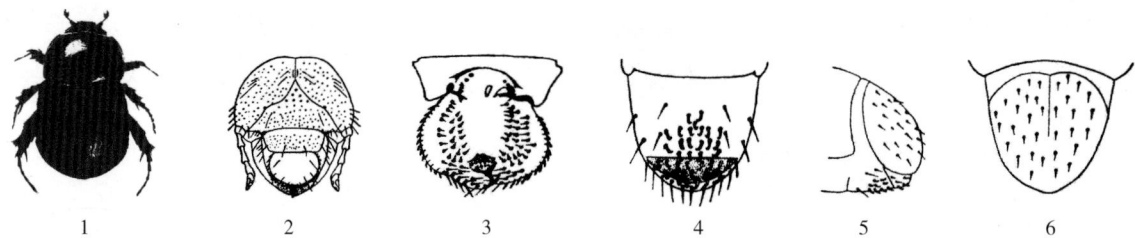

图 14 - 1 - 17　光背蔗龟（1. 引自龚恒亮等，2010；2～6. 引自魏鸿钧等，1989）

Figure 14 - 1 - 17　*Alissonotum pauper*（1. from Gong Hengliang et al.，2010；2 - 6. from Wei Hongjun et al.，1989）

1. 成虫　2. 幼虫头部　3. 幼虫内唇　4. 肛腹片　5. 肛背片侧面观　6. 肛背片背面观

成虫：雌虫体长 13.5～16.5mm，雄虫体长 12.5～15.5mm，呈棕色或黑棕色，后变为漆黑色，有光泽。头小，近三角形。触角 9 节，鳃片部由 3 节组成。唇基两前角呈钝角，在两前角不远的内侧前缘沿上，各具 1 对上翘的瘤突，此 1 对瘤突较额唇基缝处 1 对瘤突距离要宽或相等。前胸背板刻点细而浅。近前缘中央无新月形突起。前胸背板前缘、侧缘具沿，后缘无沿；前角呈锐角，后角呈钝角。小盾片呈弧状三角形，光滑。鞘翅每侧具明显的纵肋沟 8 条。前足胫节外侧 3 个大齿后还有 2 个小齿；中、后足胫节外面具有 2 个斜向横脊，上生有成列的刺。

卵：乳白色，带光泽，初产时呈长椭圆形，临孵化前呈圆形。

幼虫：三龄幼虫体长 31～35mm，头宽 4.5～4.9mm，头长 3.4～3.7mm。头部表面粗皱，仅额区有少量浅刻点，前顶刚毛每侧 1～2 根，且左、右侧有的个体不等；后侧刚毛各 3 根，呈 1 纵列。内唇端感区刺愈合，呈双峰状骨化突，圆形感觉器多 6 个，个别有 10 个的，分两行排列。感前片与内唇前片相连，呈托掌状。基感区左上唇根后突呈球状，侧突前端明显前弯。肛背片后部围成臀板的细缝（骨化环），末端正指向肛门孔缝角处，因而从背面看臀板大而敞。肛腹片后部无刺毛列，只具钩状刚毛群，比较疏散。

蛹：体长 17～18mm，体宽 9～11mm。唇基呈梯形。触角膝状。额区近唇基后缘中部具 1 个小圆形隆起。下额须呈圆锥形。前胸背板前角后方无凹陷，腹板似瓶状。蛹体背面中央，从唇基经额、头顶、前胸背板、小盾片直至腹部，纵贯 1 条凹线。腹部第一至四节气门呈长椭圆形，褐色，微隆起。发音器 6 对，发达，位于腹部背面第一至七节节间处。腹部第八节背板前缘具两对横椭圆形凹点。雄蛹臀节腹面阳基侧突未达阳基端部；雌蛹臀节腹面平坦，生殖孔近前缘中间。

2. 生活习性及发生规律　据胡少波（1965）报道，在广西光背蔗龟 1 年发生 1 代，以成虫、卵和幼虫越冬。成虫出现期为 5 月上旬至翌年 3 月下旬。10 月中旬成虫开始产卵，卵终见期为翌年 4 月上旬。成虫每天的产卵量与当时的土壤温度密切相关，当土温上升至 15℃以上时，成虫开始产卵；土温在 24℃左右时，产卵量达到高峰。11 月上旬至翌年 5 月下旬为一龄幼虫期，12 月中旬至翌年 7 月上旬为二龄幼虫期。因成虫产卵期长，卵孵化参差不齐，且又处于冬季，发育快慢不均，故一、二龄幼虫历期长达 7～8 个月之久。三龄幼虫发生于 3 月上旬至 8 月下旬，此时正值早春植蔗期，因而对蔗苗有一定的为害。蛹出现于 3 月下旬，蛹期为 13～16d。蛹羽化的成虫始见于 5 月上旬，从而完成了 1 个世代。

刘春琴（河北省沧州市农林科学院）
李克斌（中国农业科学院植物保护研究所）

十七、白星花金龟

（一）分布与危害

白星花金龟［*Protaetia brevitarsis*（Lewis），异名：*Liocola brevitarsis*（Lewis）］属鞘翅目花金龟科，此虫遍布全国，分布于山西、黑龙江、吉林、辽宁、内蒙古、青海、河北、陕西、山东、河南、江苏、安徽、浙江、湖北、江西、湖南、四川、福建、台湾、云南、西藏等省份。国外主要分布于俄罗斯、朝鲜、泰国和日本，澳大利亚、美国已将其列为外来入侵物种。幼虫主要在粪堆或半腐烂状态的秸秆垛、食用菌渣堆放处等营腐生生活，成虫产卵于含腐殖质多的土中、堆肥中和腐物堆中。主要为害玉米、大麻等植物的花，或为害有伤痕的桃和苹果，吸取榆、栎类多种树木伤口处的汁液。在我国的新疆、陕西、山西等广大地区，其成虫群集为害葡萄等果树的果实及花、叶等器官。该虫对以玉米为代表的大田作物的为害日益加重，通过取食或粪便污染玉米的未成熟籽粒，导致其产量或质量下降。成虫取食向日葵花盘，从幼嫩部分开始逐渐向四周扩散，取食花器，尤其是分泌花蜜较多的品种受害更重，其排出的白色粥状粪便可导致葵盘发霉变质，在花盘上形成大面积坏死、坚硬、黑色的不规则斑块。向日葵授粉后，成虫又开始取食幼嫩的果皮及幼胚，被害处黑色乱麻状或呈黑色空洞，最后钻蛀到花盘内部取食，破坏花托海绵体组织。

（二）形态特征（图 14 - 1 - 18）

成虫：体长 18～22mm，体宽 11～13mm。椭圆形，具古铜色或青铜色光泽，体表散布众多不规则白绒斑。唇基前缘向上折翘，中间凹，两侧具边框，外侧向下倾斜。触角深褐色，复眼突出。前胸背板具不规则白绒斑，后缘中间凹。前胸背板后角与鞘翅前缘角之间有 1 个三角片。鞘翅宽大，近长方形，遍布粗大刻点，白绒斑多为横向波浪形。臀板短宽，每侧有 3 个白绒斑呈三角形排列。腹部第一至五节腹板两侧有白绒斑。足较粗壮，膝部有白绒斑。后足基节后外端角尖锐。前足胫节外缘有 3 个齿，各足跗节顶端有 2 个弯曲爪。

卵：乳白色，初产时椭圆形，近孵化时圆形并且体积增大大约 1 倍。

幼虫：体型中等偏大，三龄幼虫头宽 4.1～4.7mm，体短粗，头小，唇基前缘 3 叶形，臀节腹面密布短直刺和长针状刺，两刺毛列呈长椭圆形排列，每列由 14～20 根扁宽锥状刺毛组成，肛门孔横裂状。

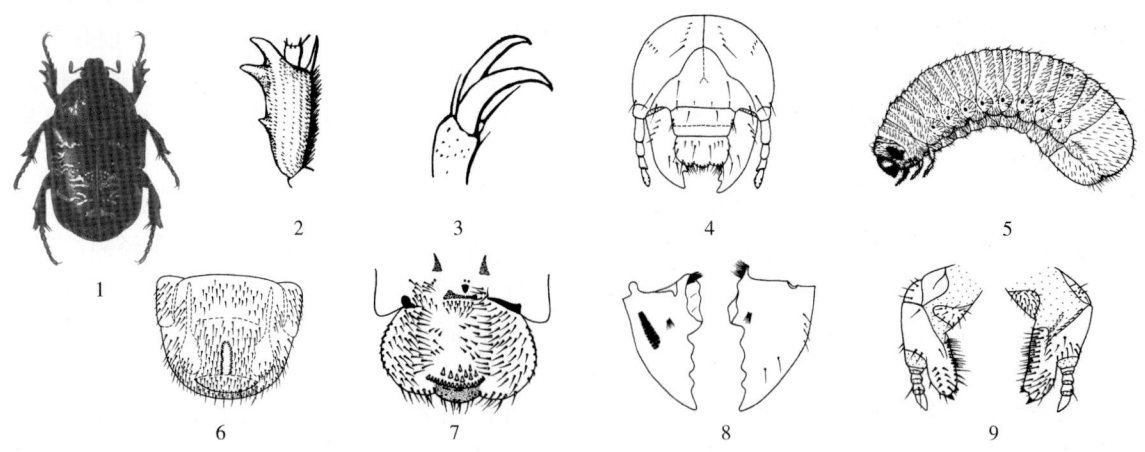

图 14 - 1 - 18 白星花金龟（1～3. 引自刘广瑞等，1997；4～9. 引自张芝利等，1984）

Figure 14 - 1 - 18 *Protaetia brevitarsis*（1 - 3. from Liu Guangrui et al.，1997；4 - 9. from Zhang Zhili et al.，1984）

1. 成虫 2. 前足胫节 3. 爪 4. 幼虫头部正面 5. 幼虫侧面 6. 第九、十愈合腹节腹面

7. 幼虫内唇 8. 左上颚 9. 左下颚

蛹：初期为乳白色，快羽化时颜色加深。

（三）生活习性

白星花金龟 1 年发生 1 代，以老熟幼虫在土下 3～10cm 处越冬。成虫 6 月出现，6 月中旬逐渐潜入玉米、向日葵地为害，主要为害玉米、向日葵等植物的花，6 月底至 7 月初，随着各种农作物的大量成熟，成虫发生达到高峰，8 月下旬以后成虫数量逐渐减少，至 9 月上旬成虫期结束。成虫一般于 7 月中旬开始在粪肥等地产卵，产卵后成虫很快死亡。成虫趋光性不强，有假死性，但气温高于 22℃时，假死性不明显。成虫主要于 10：00～12：00 在玉米田里飞翔，多数时间在田间上方盘旋，少数时间在玉米株间穿梭飞行，飞行时身体大约与水平方向呈 15°角并且发出嗡嗡的声音。在田间观察发现有时成虫从远处飞来，径直飞到玉米秆上，从玉米螟为害产生的孔洞边取食流出的液体。成虫喜为害鲜食甜玉米，其次是鲜食糯玉米。为害时一头成虫首先头向内钻到玉米穗的苞叶内，然后其他成虫依次钻入，并用后足将叶蹬开。每穗玉米内最多可聚集 15～20 头成虫。成虫用口器将玉米粒的上皮啃开，将口器的突出部位及下颚须插入其中，除交尾（不包括雌虫）及重新寻找食物外，夜间依然停留在玉米穗上并保持白天的取食姿势，活动强度较白天明显减弱。取食时成虫会间断地向外喷射白色的浆状排泄物。室内饲养时发现成虫昼夜均有潜土习性，下潜深度 5～10cm，因此成虫的日出性并不是特别明显。成虫寿命约 1 个月，雄虫个体略大于雌虫，多次交尾，多次产卵。交尾活动昼夜均可发生，前半夜、早晨、傍晚交尾频率明显高于中午及后半夜。交尾时间可持续约 1h，一旦受惊扰交尾即停止；雄虫射精时可见腹部明显鼓起，呈气球状。雄成虫间有争夺配偶现象，在试验风洞内观察到雄虫有试图与死掉的雌虫交尾现象。交尾后的雌成虫多于次夜间产卵。幼虫行动迅速，背部着地，腹部朝上倒行。幼虫在丝质椭圆形茧内化蛹，化蛹场所以历年的玉米秸秆垛下的浅层腐质土内为主，成虫羽化后可直接在羽化处越冬。产卵历期平均为 4d，卵多产在有机质丰富的树木或果树根部附近的疏松土壤内，产卵深度 5～10mm，平均单雌产卵 17 粒，有隔日产卵现象，有时雌虫也会产下未受精的卵，这样的卵明显较其他正常受精卵体积小。卵历期 17～25d，孵化率 87%～95%。幼虫 3 龄，一龄历期 20～38d，生活在 2～5cm 深的土中；二龄历期 24～36d，生活在 4～10cm 深的土中；三龄历期 36～66d，生活在 20cm 深的土中，潜土最深可达 80cm。8 月上旬幼虫向上移动到地表 10cm 深的土层中做土室化蛹，蛹期 16～20d，土室比较松软，前蛹期 7～10d。白星花金龟成虫具有昼夜取食、多次交尾、多次产卵习性，幼虫具有腐生、腹面朝上倒行等主要习性。成虫交配高峰期（9：00 和 17：00）观察，可看到大量白星花金龟成虫飞舞，很多正在进行交配，说明白星花金龟成虫在田间有明显的聚集取食习性，雌、雄虫相遇概率较大，因此郝双红等认为，该虫随时都有交配的可能。

（四）发生规律

白星花金龟发生世代数稳定，播种前的虫口数量即为下一代或下茬作物上的发生基数。在黄淮地区，秋种前应作为基数调查的有利时期。在地势、土质均一致的地方，可采用棋盘式 9 点取样法。在生态环境特殊的地片，可采用选样取样法，以比较不同生态条件下种群的分布。白星花金龟幼虫在不同牲畜粪便中的越冬基数大小依次为：牛粪＞猪粪＞羊粪＞牛羊混合粪。贾彦霞等认为，白星花金龟成虫在盐池荒漠草原呈聚集分布，分布的基本单位是个体群，引起聚集的原因主要是白星花金龟成虫自身的习性。种群数量动态研究显示，白星花金龟种群数量在 6 个不同样带表现基本一致，除了撂荒 2 年后形成的以蒙古冰草为优势植物的样带外，其他样带也都出现 3 次高峰。

白星花金龟各虫态发育适温为 21～36℃，随温度的升高而缩短；发育速率随温度的升高而加快。卵期、幼虫期、蛹期和产卵前期的发育起点温度分别为 12.79℃、9.15℃、14.86℃ 和 13.80℃，有效积温分别为 136.25℃、3 031.31℃、308.92℃ 和 98.35℃，全世代发育起点温度和有效积温分别为 9.96℃ 和 3 628.73℃。

李涛等研究表明，白星花金龟的主要寄主有 10 科 21 属 22 种，其中作物 14 种，林木 3 种，花卉 1 种，杂草 4 种。为害严重的作物依次是玉米、向日葵、葡萄和桃。陈日明等研究了白星花金龟群集为害玉米的行为机制，认为鲜食甜玉米的穗在各器官中对白星花金龟成虫的诱集力最高，达 85%；白星花金龟成虫或玉米螟幼虫为害玉米穗时对白星花金龟成虫有诱集作用，且白星花金龟成虫和玉米螟幼虫共同为害玉米穗时对白星花金龟成虫的诱集作用最强。用甜玉米作为诱虫植物，抵御白星花金龟为害普通玉米切实可行。

范丽清等首次发现，白星花金龟为落叶松毛虫蛹期的天敌，其对落叶松毛虫种群数量的调控起着不可忽视的作用。捕食方式为以足附着在落叶松毛虫的茧上，用咀嚼式口器破茧后将蛹咬破，然后吸食蛹体的汁液，初步调查其捕食率达 50% 以上。

高有华等测定了几种引诱剂对白星花金龟的引诱效果。结果表明，30% 红糖溶液和配方为白酒：红糖：醋：水＝1：3：6：9 的糖醋酒液对白星花金龟有显著的诱集作用。王清华就几种引诱剂对白星花金龟的诱集作用进行了研究，结果表明，30% 蔗糖溶液、30%D-果糖溶液、反-2-己烯醛、乙酸丁酯、苯酚等几种物质对白星花金龟有诱集作用，其中 30% 蔗糖溶液诱集作用最强。

曲明静（山东省花生研究所）
李克斌（中国农业科学院植物保护研究所）

十八、蛴螬预测预报

（一）田间虫情调查

掌握蛴螬的种类、分布、发育阶段、虫口密度等，是防治和预测的依据。

1. 种类调查　在调查地块设 1m×1m×0.8m 的样方，以每 20cm 为 1 层，分 4 层取土，分别统计、记录蛴螬的种类和数量。

2. 为害损失调查　主要掌握蛴螬为害造成的损失，苗木受害程度，判断虫口数量及发展趋势，为防治提供依据。

（二）发生趋势预测

据上年虫量与发生期的气候，预测下年的发生趋势。如大黑鳃金龟成虫、幼虫交替越冬的习性决定了其为害有一年轻一年重的规律，所以上年越冬幼虫比例占 90% 以上时，翌春幼虫为害严重，秋季幼虫为害则轻，否则情况相反；但是决定发生程度的重要因素是具体地块三龄幼虫量和幼虫孵化期的降水量和气温，如若干旱无雨则发生严重。不同地区幼虫孵化期是有差异的，西北为 5 月上旬至 6 月中旬，华北等地为 5 月上、中旬，东北为 6 月中、下旬。

短期预测：在幼虫为害期前进行调查，预测发生高峰期，为确定防治适期提供依据。从幼虫化蛹开始，在大田内挖蛹调查，每次调查不少于 30 头。当化蛹率达 60% 以上时，再加上蛹历期和成虫蛰伏期后即为成虫防治适期；如再加上成虫产卵前期和卵历期即为孵化高峰期或幼虫防治适期。其中的关键是根据雌虫卵巢的发育级别确定成虫出土后的天数，表 14-1-1 可作为参考；在成虫发生期采用随机取样法隔日捕捉雌虫 20 头，解剖雌虫检查卵巢发育级别。一般当卵巢发育到 4 级时，成虫已进入产卵后期，所产的卵多数已孵化，此时即为幼虫防治适期。

表 14 - 1 - 1 华北大黑鳃金龟卵巢发育分级标准

Table 14 - 1 - 1 Criteria for scoring progression of ovary development in *Holotrichia oblita*

发育级别	发育特征	成虫出土后天数 (d)
1 级：乳白透明期	卵巢尚未发育，小管无色透明	12
2 级：卵黄沉淀期	小管内可见乳黄、长椭圆形卵细胞	18
3 级：卵待产期	卵巢管内有成熟卵粒，管柄膨大	27
4 级：产卵始盛期	管内有 1~2 粒成熟卵	30~32
5 级：产卵高峰期	成熟卵少，排列松，有空段	40
6 级：产卵盛末期	卵巢管萎缩，管内无卵或残存少量卵细胞	60

十九、蛴螬防治技术

我国蛴螬具有分布广、为害作物种类多、取食时间长、隐蔽性强的基本特性。且种类繁多，发生规律复杂，分布也十分广泛。大多数种类的蛴螬成虫期在地上生活，幼虫期多隐蔽在土壤中栖息和为害。防治蛴螬首先要了解当地发生的种类，根据其为害程度确定其优势种及其他种，更需要掌握优势种的生活习性及发生规律，从而确定防治策略，在防治策略指导下，选择适用于本地虫种的单项防治技术，组配最佳的防治技术体系。

多年实践证明，防治蛴螬要从农田生态系统的整体观点出发，采用农业防治与化学防治相结合，作物播种期防治与生长期防治相结合，防治成虫与防治幼虫相结合，合理综合运用农业、化学、生物、物理等方法以及采用改造环境条件的手段，将蛴螬控制在为害允许水平以下，达到保护植物、增加产量的目的。

（一）农业防治

农业防治是蛴螬防治中不可或缺的关键环节，主要从以下几方面来进行。

1. 清洁农田 铲除田边地头的杂草，集中处理；平整土地，深翻改土，消灭沟坎荒坡，植树种草，以消灭地下害虫滋生地，创造不利于地下害虫发生的环境条件。同时注意清理秸秆残茬。

2. 合理轮作倒茬 蛴螬易为害禾谷类的小麦、玉米，豆科的花生、大豆以及马铃薯等块根、块茎作物，而不易取食直根系的棉花、芝麻、油菜等作物。因此，合理轮作，尤其是水旱轮作可以明显地减轻地下害虫的为害。

3. 深耕翻犁 通过这种方式，可以将生活在土壤表层的蛴螬翻到深层，将生活在深层的翻到地面，通过暴晒、鸟雀啄食等，一般可以消灭一部分蛴螬。耕翻土壤、拾虫杀死、冻垡晒垡等技术措施应结合使用。同时，结合秋播深翻，还可破坏蛴螬下潜的虫道，使其不能安全越冬，减少来年的虫口基数。

4. 合理施肥 一定要施用腐熟的猪粪厩肥等有机农家肥料，否则易招引金龟子、蝼蛄等产卵。

5. 合理、适时灌水 春季和夏季作物生长期间适时灌溉，迫使生活在土表的蛴螬下潜或死亡，可以减轻其为害。

（二）物理防治

田间成虫盛发期（可根据不同种类的金龟子确定时期），利用某些金龟子对光的趋性，通过合理布置频振式杀虫灯或黑光灯进行诱杀，单盏灯控面积可达 4hm² 左右。也可在傍晚时利用成虫的假死性，进行人工捕杀，将成虫消灭在产卵前，以压低虫口数量。也可利用成虫嗜食杨、柳、榆等树木叶片的特性，在田间设置树枝把，诱集成虫后集中杀死。

（三）化学防治

采用化学防治时，要关注当地植保部门发布的病虫情报，对达到防治指标的田块认真及时选用有效药剂进行防治。不同的作物在不同的地区可能有不同的防治指标，比如安徽地区蛴螬防治指标为 4 头/m²，有的地区为 2~4 头/m²。

1. 种子处理 药剂处理种子方法简便，是保护种子和幼苗免遭蛴螬为害的有效方法，这种方法用药量最低，因而对环境的影响也最小。目前我国主要推选液剂拌种（湿拌），提倡微囊悬浮剂拌种。微囊悬浮种衣剂拌种省时，省工，非常符合当今农村劳动力缺乏的现状，加之其残效期较长，可以持续到作物生长的大部分时间，因此可以较好地控制蛴螬的为害。目前效果较好的微囊悬浮种衣剂有辛硫磷、毒死蜱、氟虫腈·毒死蜱、阿维菌素等。使用时将种子与 18％辛硫磷微胶囊悬浮种衣剂 2 000 倍液按 1∶10 拌种，也可在播种前将辛硫磷药剂均匀喷洒到地面，然后翻耕或将药剂与土壤混匀；或播种时将药剂与种子混播。20％毒死蜱微囊悬浮种衣剂田间推荐剂量为 1 500～2 100mL/hm²，拌毒土撒施，防效可达 90％以上。每公顷用 15％毒死蜱颗粒剂 9～10.5kg 或 48％毒死蜱乳油 3 000mL，在花生行间顺垄撒施，随之与中耕锄草配套把毒土翻施土中，也可撒施后结合浇灌，防效明显。15％毒死蜱颗粒剂在花生果针期撒施，每公顷用有效成分 1.8～3.6kg，防效可达 80％。也可用 40.7％毒死蜱乳油进行拌种。拌种前应做发芽试验，确定适当的用药量。

2. 土壤处理 土壤处理方法有多种：第一，将药剂均匀撒施于土面（实际是地表处理），然后犁入土中，也可以呈带状施下，然后将种子沿药带播下，即所谓的条施；第二，施用颗粒剂；第三，将药剂与肥料混合施下，即肥料农药复合剂；第四，沟施或穴施等。为减少污染和对天敌的杀伤，可局部施药，特别是施用颗粒剂，作为选择性土壤处理更有其优点。施用颗粒剂虽比普通种子处理花费大，但持效期长，除在播种期外，生长期亦可以使用；同时还可以减少药剂对种子的伤害（药害）。如果使用颗粒撒播机，还可以省时省力，节约劳动力。

（四）生物防治

在重视化学防治的同时，结合生物防治及物理防治也是蛴螬防治中不可或缺，并且越来越重要的技术环节。可采用昆虫病原线虫、绿僵菌（*Metarhizium*）、苏云金芽孢杆菌（*Bacillus thuringiensis*，简称Bt）、钩土蜂等生物杀虫剂对蛴螬幼虫进行防治，也可利用金龟子的性外激素辅以诱集植物的提取物，能达到防治成虫的效果。

1. 昆虫病原细菌 Bt 是目前研究最多、应用最广泛的微生物杀虫剂，其产量占整个生物农药的 70％以上，目前国内已经分离到了一些针对鞘翅目昆虫的 Bt 菌株株系，但大多数株系的应用目前还只限于小规模试验阶段。1998 年冯书亮等从河北土壤中分离获得菌株 HBF-1，发现其对黄褐异丽金龟的幼虫有特异高杀虫活性，对一至二龄幼虫的杀虫效果可达 100％；对铜绿丽金龟幼虫也表现出较高的杀虫活性。该分离菌株是我国首次发现并报道的对蛴螬具有特异杀虫活性的苏云金芽孢杆菌分离菌株。2003 年王容燕等又从供试的 300 余株 Bt 菌株中筛选出 7 株对铜绿丽金龟幼虫有毒力的菌株。

乳状菌是最早应用于蛴螬防治的病原细菌。我国对乳状菌的研究始于 20 世纪 70 年代，经试验，引入的菌种对我国主要蛴螬反应敏感的达 14 种以上。1981 年，河北省沧州地区农业科学研究所通过自然患病蛴螬中乳状菌菌株的分离及其毒力测定，证明其对铜绿丽金龟幼虫的感染率高达 80％。后来国内陆续发现新菌种，并对其致病性、感病范围等方面进行了研究，而在制剂生产及使用技术方面进展缓慢。

在进行田间应用时，播种期可应用 Bt 粉剂（100 亿芽孢/g）按药种比 1∶10 的比例拌种，对蛴螬具有较好的防治效果。在作物生长期，每 667m² 利用 Bt 粉剂（100 亿芽孢/g）0.5kg 进行灌根，防治蛴螬。

2. 昆虫病原真菌 病原真菌是首先被研制成杀虫剂的微生物，世界上登记注册的真菌产品中白僵菌和绿僵菌占注册产品的 60％以上。卵孢白僵菌（*Beauveria brongniartii*）对蛴螬具有较强的寄生能力。用卵孢白僵菌防治苗圃地蛴螬的研究结果表明，卵孢白僵菌 AB 菌株每公顷施菌量112.5～150.0kg，对东北大黑鳃金龟幼虫有较强的寄生力，而且卵孢白僵菌在土壤内有较长的持效期，施用后 3 年仍有一定的防治效果。在播种期，可以用白僵菌粉剂（40 亿芽孢/g）、绿僵菌粉剂（20 亿芽孢/g）拌种，按药种比 1∶10 的比例拌种，对在苗期为害的蛴螬有较好的防治效果。而在作物生长季节，每 667m² 可以用白僵菌粉剂（40 亿芽孢/g）1.5kg、绿僵菌粉剂（20 亿芽孢/g）1.5kg，对水 100～150kg 灌根。

由于真菌杀虫剂是触杀性杀虫剂，具有广谱性、易生产、可形成再侵染等特点，所以近几年研究进展较快。但用菌量大、制剂的储存、药效发挥期以及对环境的温度、湿度要求较严格等问题阻碍了其大范围的使用。因此，现阶段对真菌制剂的研究不仅要有工业化生产工艺上的突破，而且要寻找新的助剂或充分利用现代生物技术手段，提高真菌制剂的稳定性和对害虫的速效性。

3. 昆虫病原线虫 昆虫病原线虫以感染期线虫（infective juveniles，IJs）侵染寄主，对寄主具有一定的专一性，主动搜索能力强，体内携带共生菌，致死速度快，能够以人工培养基低成本培养，使用安全。昆虫病原线虫是一种具有极大发展潜力的生防因子，但环境中的生物因子和非生物因子等都对线虫的寄生效果有直接影响。目前国内外专家正致力于线虫转基因、分子生物学等方面的研究，希望培育出耐热、抗干燥的优良线虫品系，以扩大线虫的生产和应用范围。另外，目前的线虫制剂相比其他微生物制剂生产而言还相差甚远，而储存问题也成为线虫产品推广应用的瓶颈，因此，扩大商品化、延长储存期依然是日后研究的热点。

4. 寄生性天敌 钩土蜂科（Tiphiidae）土蜂是蛴螬的重要天敌，世界上已知有500余种，除澳洲区外世界各大动物地理区均有分布。我国对土蜂的研究较多，已知50余种，其中山东土蜂资源丰富，已报道的有30余种。其他地区也发现了不少新种。钩土蜂是一种体外寄生蜂，雌蜂具有寻找寄主的能力，对寄主有一定的专性寄生性。钩土蜂对蛴螬具有明显的控制作用，在花生田对蛴螬的寄生率可达到51%～78%。由于在某些农区多种害虫经常混合发生，而使用化学农药防治是在所难免的，所以协调化学防治措施，为土蜂建立安全的生活环境，对害虫适当的放宽防治指标，避免在成蜂发生期施药，对保护天敌有一定意义。微生物制剂不仅能压低蛴螬虫口基数，且对土蜂无害，利用微生物制剂和土蜂协同控制蛴螬为害，将会取得事半功倍的效果。

李克斌（中国农业科学院植物保护研究所）
王庆雷（河北省沧州市农林科学院）
苗进（河南省农业科学院植物保护研究所）
曲明静（山东省花生研究所）

第2节 地 老 虎

地老虎是我国农、林、牧业生产中的重要地下害虫，也是世界性的重大地下害虫；属鳞翅目夜蛾科切根夜蛾亚科。地老虎种类多、分布广、数量大、为害重，其幼虫俗称截虫、地蚕、切根虫、土蚕、夜盗虫等。幼虫在地下和地表为害，咬断幼根、幼茎，吞食叶片，造成缺苗断垄或毁种。陈一心（1986）报道中国农区地老虎有170种，并从分类、识别角度做了系统研究。在我国发生量较大，造成危害且有研究记载的种类主要有小地老虎 [*Agrotis ipsilon* (Hüfnagel)，异名：*Agrotis ypsilon* (Rottemberg)]、黄地老虎 [*A. segetum* (Denis et Schiffermüller)，异名：*Euxoa segetum* Schiffermüller]、大地老虎（*A. tokionis* Butler）、警纹地老虎 [*A. exclamationis* (Linnaeus)]、八字地老虎 [*Xestia c-nigrum* (Linnaeus)，异名：*Amathes c-nigrum* (Linnaeus) 和 *Agrotis c-nigrum* (Linnaeus)]、白边地老虎 [*Euxoa oberthuri* (Leech)]、冬麦地老虎（又称冬麦沁夜蛾）[*Rhyacia auguroides* (Rothschild)，异名：*Rhyacia auguroides* (Rothschild) 或 *Rhyacia simulans* (Hüfnagel)]、三叉地老虎（又称三叉地夜蛾）[*A. trifurca* Eversmann，异名：*Euxoa trifurca* (Eversmann)]、绛色地老虎（又称疆夜蛾）[*Peridroma saucia* (Hübner)]、显纹地老虎（又称显纹切夜蛾）（*Euxoa conspicua* Hübner）等20种左右。

一、小地老虎

（一）分布与危害

小地老虎 [*Agrotis ipsilon* (Hüfnagel)] 属鳞翅夜蛾科。是地老虎中分布最广的一种，在国外遍及各大洲，其分布北限可达62°N的丹麦法罗群岛，最南到52°S的新西兰坎贝尔岛，亚洲各国均有分布。在我国各省（自治区、直辖市）均有分布记载，长城以南、乌鞘岭与横断山系以东的广大地带，虫口密度普遍较高；主要发生区多集中在华北平原，西北、西南和东南的河谷地带（江、河两岸的冲积平原及低洼内涝地区）以及城市郊区的菜田等。自20世纪80年代以来，随着北方水浇地面积的扩大，其发生区也随之扩大。

小地老虎是一种典型的广食性害虫，寄主植物十分广泛，除水稻等水生植物外，几乎对所有植物的幼苗均能取食为害。在我国主要受害作物有棉花、玉米、高粱、小麦、芝麻、烟草、麻类、薯类、蔬菜、中草药、牧草，以及果树、林木的幼苗。受害后造成缺苗断垄，乃至毁种重播。

（二）形态特征

成虫：体长 16～23mm，翅展 42～50mm。额部平整光滑无突起，雌蛾触角丝状，雄蛾触角双栉齿状，栉齿渐短，端半部为丝状。虫体和翅暗褐色，前翅前缘及外横线至中横线部分（有的个体可达内横线）呈棕褐色，肾形斑、环形斑及剑形斑位于其中，各斑均环以黑边。在肾形斑外，内横线里有 1 个明显的尖端向外的楔形黑斑，在亚缘线内侧有 2 个尖端向内的黑斑，3 个楔形黑斑尖端相对（图 14 - 2 - 1，1），是识别成虫的主要特征。后翅灰白色，翅脉及边缘呈黑褐色。雄性外生殖器（图 14 - 2 - 1，2）钩形突细长，端部尖，有冠刺，抱钩为一细指状突起，阳茎端基环宽肥，两侧中部外突，基部尖，端部圆钝，无结状突起。

卵：散产于叶片上；扁圆形，高 0.38 ～ 0.50mm，宽 0.58～0.61mm；顶部稍隆起，底部平。花冠分 3 层，第一层菊花瓣形，第二层玫瑰花瓣形，第三层呈放射状菱形（图 14 - 2 - 1，7）。纵脊 31～35 条，直，不弯曲，其中达到精孔区的有 16～20 根；横脊 13～16 条。初产时为乳白色，渐变为淡黄色，孵化前呈褐色。

幼虫：末龄幼虫体长 37～47mm，头宽 3～3.5mm。体色较深，黄褐色至暗褐色不等，虫体背面及侧面有暗褐色纵带。表皮粗糙，在放大镜下可看到满布大小不等的稍突起的明显颗粒（图 14 - 2 - 1，3）。头部黄褐色至褐色，变化很大；颅侧区有不规则的黑色网纹，额为一等边三角形（图14 - 2 - 1，4），颅中沟很短，额区直达颅顶，顶呈单峰。腹部各节背面的毛片后两个要比前两个大 2 倍以上（图 14 - 2 -

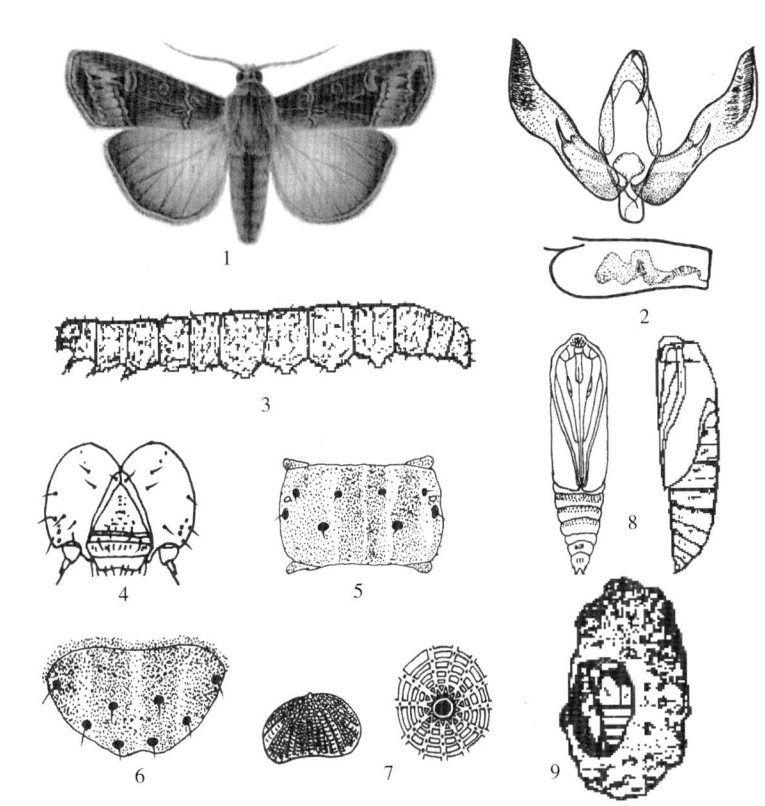

图 14 - 2 - 1　小地老虎（仿罗益镇和崔景岳等，1995）

Figure 14 - 2 - 1　*Agrotis ipsilon*（from Luo Yizhen and Cui Jingyue et al.，1995）

1. 成虫　2. 雄性外生殖器　3. 幼虫　4. 幼虫头部　5. 幼虫腹节背面
6. 幼虫臀板　7. 卵　8. 蛹　9. 蛹室

1，5）。气门后方的毛片也较大，至少比气门大 1 倍多；气门长卵形，气门片黑色。不同龄期的幼虫，其第三对腹足趾钩数量都有一定范围，一龄 6 个；二龄 7～8 个；三龄9～11 个；四龄 12～14 个；五龄 15～17 个；六龄 13～21 个。臀板黄褐色，臀板基部连接的表皮有明显的大颗粒（图 14 - 2 - 1，6），臀板上的小黑点除近基部有 1 列外，在刚毛之间也有 10 多个小黑点。

蛹：体长 18～24mm，体宽 6～7mm，黄褐色至暗褐色；腹部第一至三腹节无明显横沟，第四腹节背侧面有 3～4 排刻点（圈状凹纹），第五至七腹节背面的刻点较侧面大；尾端黑色，背面有尾刺 1 对（图 14 - 2 - 1，8）。

（三）生活习性

1. 幼虫　小地老虎幼虫期一般有 6 龄，少数 5 龄或 7 龄。幼虫在孵化时咬破卵壳，并能吞噬部分卵壳。幼虫每蜕皮一次增长 1 龄，头壳和体长相应变宽、变长。蜕皮前停食 1～2d，体色变浅，停止活动；2h 后完成暗化与鞣化。初孵幼虫具有较强的耐低温、耐饥饿和寻找食物的能力。小地老虎一、二龄幼虫有趋光性，三龄后逐渐逆转，四至六龄期表现出明显的畏光性。初孵幼虫多集中在产卵寄主的叶背，或移至寄主心叶啃食叶肉，残留表皮。大龄幼虫昼伏土中，夜出取食为害。幼虫三龄后白天常躲藏在寄主植物心叶等黑暗处取食叶肉（受害叶展叶后呈窗纸状孔或排孔），并开始扩散（有群集迁移习性）。四龄以上幼虫多在幼苗的植株茎基部取食，常咬断，将苗拖入土中或土块缝中继续取食。高粱、玉米苗高 10～15cm 或以上时，茎秆变硬，则多在茎基处咬成孔洞造成枯心苗。如作物在小地老虎盛发后期发芽，常在苗未出土前受害。小地老虎为害马铃薯、甘薯、萝卜、甜菜等作物时，不仅咬断幼苗，还可蛀食地下块茎。小地老虎末龄期幼虫的食量最大，占全期的 70% 以上。在五、六龄时仍具有较强的耐饥能力（数天内无食物仍可存活），但饥饿或种群数量过大，会造成个体间自相残杀。幼虫发育到老熟后在土中化蛹（图 14-2-1，9）。

2. 成虫　羽化习性：据观察，小地老虎成虫全天都可羽化，但白天羽化数量少，羽化主要集中在夜间；一般 18：30～21：00 及 23：00 至翌日 2：00 有两个羽化高峰，其羽化数量占总羽化量的 70% 左右；在 2：00 到黎明前还有一个小的羽化高峰；羽化的高峰时段及数量受生态环境（温度、灯光等）影响而有所不同。成虫羽化的全过程需 1～2h；刚羽化的成虫经 15min，翅面由皱缩逐渐伸展，然后将前、后翅上举静息 15min，再水平覆于腹背之上；这时翅可振动，但不飞翔；一般在羽化 1h 后翅和胸部表皮以及飞行肌逐渐硬化，即可进行短距离飞翔或取食活动。

活动习性：成虫羽化后出土，昼伏夜出。白天栖息在田间草丛、枯叶、油菜田、麦田、土缝、柴草垛等隐蔽场所，在夜间进行羽化、飞翔、取食、产卵等活动。一般在整个夜晚中的活动可出现 2～3 次蛾峰，有的在日落后和黎明前仅出现两次活动高峰；有的在日落后 2～3h 内出现第一次活动高峰，21：30～24：00 出现第二次活动高峰，黎明前出现第三次活动高峰；每一次高峰蛾量的多少因不同蛾龄期、不同世代、不同季节和不同地区而有变化。

补充营养习性：室内外观测发现，成虫具有取食补充营养的特性。取食活动多在夜间活动高峰内进行，主要吸食蜜源植物的花蜜、蚜虫和介壳虫分泌的蜜露。室内观测显示，成虫取食补充营养主要在羽化后的前 4 日龄（占成虫期取食量的 90% 左右）；特别是成虫在长时间飞行之后，表现出强烈的取食欲望。不同的花蜜或糖液对成虫产卵量有显著影响，如果成虫期不能取食补充营养的话，直接抑制正常的卵巢发育、抱卵量、产卵量和卵孵化率，而且缩短成虫寿命。因此，小地老虎成虫羽化后对蜜源等补充营养表现出强烈的取食行为，尤其是 3～5 日龄成虫。

飞翔行为习性：小地老虎成虫具有很强的飞行能力。在静风、有补充营养条件下连续吊飞测试表明，累计飞行时间最长者达 65h；累计飞行距离最远者达 1 003km；最大飞行时速可达 15km 以上。在自由飞翔过程中，小地老虎表现出明显的昼夜飞翔活动节律，喜欢在夜间进行飞翔，而在白昼不出来活动；未成熟的成虫飞翔活动多在前半夜，随着蛾龄增加，后半夜的飞翔活动日趋频繁。室内昼栖夜飞的间歇测试发现，5 日龄成虫可飞行 6 个夜晚，平均累计飞行时间为 67.5h，平均累计飞行距离达 1 176.2km。飞行能力与蛾龄关系密切，羽化初期数小时内的飞行能力较弱，满 1 日龄后可累积飞行 25h 和 200km；3 日龄蛾飞行能力显著增强，5 日龄蛾飞行能力进入高峰期，产卵初期（7～9 日龄）的雌蛾飞行能力最强，11 日龄蛾开始下降。利用风洞观测小地老虎成虫在风场的飞翔行为显示，长时间（远距离）飞行的移动方向是顺风向的，但虫体头部方向主要是侧逆风（即虫体与风向有约 30°夹角），顺风飞行时的合速度大于风速；风速≤4.6m/s 时，可逆风飞行。适宜飞翔活动的温度范围为 10～30℃，最适温度为 18～20℃；飞翔活动的临界低温约为 6℃，抑制飞翔的临界高温为 36℃。补充营养直接影响其飞翔能力，特别是在羽化后的 1～4 天。雌、雄蛾的飞翔力有所差异，低龄期雄蛾飞翔力强于雌蛾，到了成熟期雌蛾飞翔力剧增，显著强于雄蛾。

交配及产卵习性：小地老虎成虫在夜间进行交配，性冲动行为随蛾龄而变化，4 日龄蛾的每夜性冲动次数最多（可达到 21 次），持续时间也最长（平均达 177min）；交配 1～2 次的最多，少数交配 3 次或 4 次；一般每次性冲动时间约 1 min；6～7 日龄后逐渐停止交配，并进入产卵盛期。小地老虎不能孤雌生殖，不进行交配虽能产卵，但卵量少，且不能孵化。雌蛾产卵多在夜间，产卵场所因季节、植物种类和地貌等不同而异。杂草或作物未出苗前，多产在土块或枯草秆上；寄主植物丰盛时，多产在植物上，一般将卵产在植物叶片背面。卵大多散产，在产卵盛期也有数粒产在一起的。并具有边取食补充营养边产卵的习性。据观察，成虫产卵具有一定的选择性，主要在杂草多的田块产卵，尤其喜欢在灰藜（藜科植物）上产卵。另外，对于叶面性质也有选择性；凡表面粗糙多毛者，落卵量大。所以在测报上，提倡将麻袋片剪成小块置于田间诱集产卵。小地老虎产卵量多为 800～1 000 余粒，最高达 2 000 粒以上。

趋性：小地老虎成虫对甜（糖）、酸（发酵）产物具有明显的趋性，并对短波光源有很强的趋性。自然条件下，成虫羽化后在当天夜间或翌日夜间就开始进行觅食活动，对正在开花的植物和有蚜虫、介壳虫分泌物的蜜源具有定向搜索能力，特别是对糖醋液混合物有很强的趋性。成虫有大量取食花蜜或昆虫蜜露的特性，主要是生理需求，为其远距离迁飞及生殖活动提供必需的能量和营养。小地老虎成虫对光趋性的强弱与光源波长关系密切，其中对 350nm 波长的灯光趋性强。上（扑）灯时间在日落后 1h 开始，到 20：00 后蛾量增多，直到翌日凌晨 2：00 才逐渐减少；4：00 以后不再上（扑）灯。观察发现，小地老虎的趋光性受蜜源、低温和月光等的影响。

（四）发生规律

1. 年生活史 小地老虎的各虫态均无滞育现象。在高温或低温条件下，田间自然种群密度骤减，甚至绝迹。因此，自然界中在一个地区很难观察到全年的世代循环。据我国不同地区的饲养观察，其世代数由南向北递减，由低海拔向高海拔递减；其世代数的多少由年积温而决定。例如：在南岭以南地区 1 年可完成 6~7 代；在长江以南至南岭以北地区 1 年完成 4~5 代；黄河、海河地区 1 年完成 3~4 代；东北中北部等地 1 年完成 1~2 代。从全国范围看，除南岭以南地区有两代为害外，其他地区，无论当地有几个世代，都是以当地发生最早的一代幼虫造成生产上的严重危害。

2. 各虫态历期 小地老虎不同虫态的生长发育历期主要受温度影响，其次是食料；另外，试验方法等不同结果也有一定差异。因此，在我国不同地区所观测各虫态的历期资料，互有差异。

室内变温测得平均卵期 19.1℃时为 4.98d，29.1℃时为 3.12d；而在自然界第一代卵期的变幅最大。江淮平原越冬代成虫早期产的卵，历期为 10~15d，河北黑龙港地区测得越冬代成虫初峰期产的卵历期为 13.2d，中峰期产的卵历期为 9.2d，末峰期产的卵历期仅为 3.8d。幼虫的历期一般约为 31d，但越冬代历期较长，其中在杭州约 60d，在重庆达 90d。在相同温度条件下，食料影响较大：用灰菜饲养比用老瓜筋饲养的幼虫历期短 10d；以莴苣为食料的幼虫历期为 35d，以番茄为食料的幼虫历期为 47.5d，以紫叶牵牛为食料的幼虫历期为 47.0d；取食小麦的幼虫历期最短，为 24.6d。蛹的历期一般为 10.5~18.3d；成虫历期（寿命）一般为 9.1~13.7d。

小地老虎不同虫态的发育起点温度和有效积温，在不同观测资料中差异较大。其中，卵期发育起点温度和有效积温分别有 7.2℃与 67.64℃、7.98℃与 68.85℃、10.5℃与 43.9℃、11.3℃与 56.5℃、11.42℃与 47.28℃等；幼虫期发育起点温度和有效积温分别有 10.57℃与 340.71℃、10.98℃与 257.9℃、5.6℃与 387.3℃、8.9℃与 334.3℃、10.98℃与 254.63℃等；蛹期发育起点温度和有效积温分别有 9.43℃与 201.63℃、10.0℃与 175.9℃、10.2℃与 198.0℃、11.21℃与 193.93℃等；成虫产卵前期发育起点温度和有效积温分别有 9.99℃与 74.52℃、12.40℃与 48.93℃等；全世代的发育起点温度和有效积温分别有 10.74℃与 620.64℃、11.84℃与 504.0℃等。

3. 越冬规律 我国小地老虎科研协作组于 20 世纪 80 年代初在河北、河南、甘肃及皖北和苏北等地进行越冬调查，加上 50 年代和 60 年代两次大规模的协作调查，未发现任何龄期的幼虫和蛹等虫态。根据在 1 月 0℃等温线附近的江苏沛县和赣榆，安徽阜阳和宿县，甘肃徽县、成县、天水、武都和文县等地进行的幼虫田间越冬试验，结果显示 1 月平均温度为 0℃的地区，供试幼虫全部死亡，而在武都和文县两地 1 月平均气温达到 3.1~3.5℃时，幼虫存活率为 10%~20%。在进行越冬调查试验的同时，我国小地老虎科研协作组开展了成虫的标记回收，并辅以形态、生物、生理和毒理研究，取得了直接的科学数据，基本阐明了小地老虎从南向北迁飞的路线和节律。根据越冬调查、标记回收、室内观测等试验及相关资料分析，确定了 1 月 0℃等温线为小地老虎能否越冬的分界线，并按 1 月不同等温线将全国划分为 4 类越冬区以及不同区域之间的虫源性质。

（1）主要越冬区。为 10℃等温线以南地区。冬季小地老虎能正常生长发育，形成较大种群，翌年 3 月越冬代成虫大量北迁，是我国境内春季的主要迁出虫源基地。夏季高温期间小地老虎基本绝迹，秋季虫源由北方地区迁移返回，冬季正常取食和繁衍。

（2）次要越冬区。为 4~10℃等温线之间的地区。夏季小地老虎虫量明显减少，秋季迁入量亦少。1~2 月气温一般年份低于幼虫发育起点温度，故越冬代成虫迁出量较少，迁出时间也迟，多在 4 月出现迁出峰，并有大批成虫过境。

（3）零星越冬区。为 0~4℃等温线之间的地区。夏季和秋季小地老虎的种群密度低，秋季迁入量较少，而且由于 0℃低温时间较长，冬季存活量极少，春季发生为害的虫源主要依靠南方迁入，亦有部分过境成虫。

（4）非越冬区。即 0℃等温线以北广大地区。冬前小地老虎的虫量极少，冬季全部死亡。春季越冬代成虫全部由南方越冬区迁入。越冬代成虫一般在当地旬平均气温达到 5℃时始见，旬平均气温稳定在 10℃以上时，即出现迁入蛾高峰。

4. 迁飞规律 成虫标记回收的研究结果显示，小地老虎成虫具有很强的远距离迁飞能力。越冬代成虫主要是由南向北迁飞，如在广东曲江进行标放的成虫，同期在北方的山东聊城、内蒙古呼和浩特分别回收到 2 头和 1 头，其直线距离均超过 1 300km（最远为 1 818km）；在云南砚山标放的成虫，在西北的甘肃天水回收到，直线距离为 1 236km。也有东西方向的迁飞，如从四川昭觉迁到武隆，直线距离为490km。一代成虫在天津武清县标放，在辽宁岫岩县回收到，直线距离为 520km。根据标记回收结果及季节性发生衔接的地面观测资料分析，由于太平洋暖流和西伯利亚冷流的季节性活动，形成了我国境内小地老虎随季风活动、南北往返迁移的发生为害规律。春季越冬代成虫，由越冬虫源区逐步从南向北迁出，秋季再由北方地区向南方迁飞返回到越冬区过冬，从而构成一年内大区间的世代循环。

有关小地老虎的迁飞高度问题，曾在海拔高度 4 050m、4 320m 和 4 530m 分别发现成批死亡的小地老虎成虫和诱集到迁飞的成虫。根据室内飞翔生物学的观测结果及田间调查等综合分析，小地老虎的实际迁飞高度主要受高空温度、气流、地形地貌和季节的影响。越冬代成虫在春季从南向北迁飞时，由于受到飞翔活动临界低温的抑制，其迁飞高度大约在 6℃空中等温面之下，主要迁飞高度约在 10℃等温面附近；因为春季南方气温高于中部和北方，所以成虫向北迁移飞行的高度由南向北逐渐降低，大约从地面上 1 500m 逐渐下降至 500～300m。另外，在这一时期，地面 6℃等温线也是广大北部地区小地老虎成虫迁入的北界；而日均温 10℃的地区开始进入成虫迁入的高峰期。在秋季，北方小地老虎向南方迁移返回阶段的迁飞高度与春季不同，飞行高度则逐渐升高，迁移空间也随之扩大。由于成虫飞行也受到气流和空中湿度的限制，回迁的高度可能在 2 000m 的云层下方，这一高度的气流方向也适宜小地老虎的迁飞。

（五）防治技术

防治小地老虎等行之有效的方法较多，但应根据不同作物受害的生育阶段、为害幼虫的龄期、地老虎的生活习性和发生规律、种群的田间分布状况和数量以及防治投资的效益等，结合当地实际情况，综合考虑，选择适宜的防治技术。

1. 农业防治

（1）清洁田园。杂草是地老虎产卵的主要场所及低龄幼虫的食料，清除田间杂草对防治地老虎有一定作用。早春清除农田及周围杂草，防止地老虎成虫产卵是关键环节；作物收获后及时清除田间杂草，剔除残留在地表的作物残梗碎叶；在地老虎发生期可铲埂灭蛹，以减轻为害。

（2）耕耙土壤。结合土壤养育的耕翻与保墒等农事操作，深秋或初冬深耕翻土细耙，不仅能直接杀灭部分越冬蛹和幼虫，还可将蛹和幼虫暴露于地表，使其被冻死、风干，或被食虫鸟啄食，被天敌昆虫捕食或寄生，以有效减少和压低越冬虫口发生基数。

（3）灌溉灭虫。在有水利条件的地区，针对地老虎幼虫在土壤中栖息、为害和在地下越冬化蛹的习性，在地老虎盛发期或越冬期可结合农事需要进行大水浇灌，可致使土中部分幼虫和蛹窒息死亡，压低土壤虫口密度。

（4）合理轮作。利用小地老虎等地下害虫多为害旱地作物的特点，可与水稻或水生作物实行 2～3 年的水旱轮作，可明显降低虫口密度、减轻为害。

2. 诱杀防治

（1）灯光诱杀。利用小地老虎成虫的趋光性，可采用黑光灯进行诱杀。具体方法是：于地老虎成虫发生期，在作物田地面以上 100～150cm 处，安装频振式杀虫灯，隔 1～2d 收集昆虫袋和清理杀虫电网，每盏灯可控制 2 hm² 左右的范围。

（2）糖醋液诱杀。在春季或地老虎盛发期利用糖醋液诱杀越冬代成虫或其他世代成虫，按糖 3 份、醋4 份、酒 1 份、水 2 份，再加 1 份菊酯类等杀虫剂调匀配成诱液，将诱液放于盆内。傍晚时放到作物田间，位置距离地面 1m 左右，翌日早晨检查并去除杀死的地老虎和其他害虫。

（3）嗜好寄主诱杀。利用地老虎对一些寄主植物（或场所）有趋性的特点进行诱杀。如用新鲜杨树或柳树的枝叶扎成把，每公顷插 150 把，或老桐树叶每公顷放 900～1 200 片，浸以药液后于傍晚插放入田间，翌日清晨进行检查；或用泡菜水或发酵变酸的甘薯、胡萝卜、烂水果等加适量农药诱杀成虫。在作物苗定植前，地老虎幼虫仅以田中杂草为食，因此可选择其喜食的灰菜、刺儿菜、苦荬菜、小旋花等杂草堆放诱捕幼虫。

3. 药剂防治 主要采用药剂拌种、撒施毒土、毒饵诱杀、药液浇灌等控制措施和方法。一至三龄地老虎幼虫的耐药性差，且暴露在寄主植物或地面上，是药剂防治的适期。

（1）种子处理。该措施（药剂拌种、浸种或种衣剂）应在地老虎或其他地下害虫常发区内实施。采用 70％噻虫嗪干粉种衣剂 1g 处理 300g 种子；或 60％吡虫啉悬浮种衣剂 1g 处理 200g 种子；或 5％、8％氟虫腈悬浮种衣剂按药种比 1：50～1：100 和 1：100～1：150 包衣处理；或 70％福双·乙酰甲胺磷干粉种衣剂按药种比 1：150～1：180 包衣处理；或 10％辛硫·甲拌磷颗粒剂以每 100kg 种子 600～800g 拌种；或 3％辛硫磷水乳种衣剂按 1：30～1：40 的药种比包衣；或 16％甲柳·福美双悬浮种衣剂按 1：40～1：50 的药种比包衣；或 16％克·醇·福美双悬浮种衣剂按 1：30～1：50 的药种比进行种子包衣。可防治地老虎等多种地下害虫对作物苗的为害。

（2）撒施毒土、土壤处理。用 50％辛硫磷乳油 0.5kg，加适量水，喷拌细土 50 kg，每公顷用毒土或毒砂 300～375kg，播种时顺垄撒在种子上，或在地老虎为害期撒在幼苗根附近。或用 4.5％敌·毒颗粒剂，使用量为 37.5～52.5kg/hm²，每公顷拌细潮土 150kg 均匀撒于作物的茎基部。此外，可选用 3％氯唑磷颗粒剂，每公顷 2～5kg 处理土壤，均可获得较好的防治效果。或采用 0.2％联苯菊酯颗粒剂 90～150g/hm²、5％二嗪磷颗粒剂 600～900g/hm² 随播种进行撒施。也可用 0.4％氯虫苯甲酰胺颗粒剂撒施，防治小地老虎对作物苗期的为害。

（3）撒施毒饵。利用地老虎幼虫对香甜物质有强烈趋性的特点，采用撒施毒饵的方法加以防治。先将饵料（麦麸、谷子、豆饼、玉米碎粒等）炒香，每公顷用饵料 60～75kg，再拌入 90％敌百虫晶体 2.25kg，加适量水配成毒饵，于傍晚撒施在农作物的苗间或畦面上，引诱毒杀。可用 5％氟虫腈悬浮剂 30 倍液、90％敌百虫晶体 30 倍液或 50％乐果乳油 30 倍液拌匀，药量为饵料的 0.5％～1.0％，加适量水与饵料拌潮，顺着栽培行，均匀撒施在作物根部附近。

（4）喷灌药剂。在地老虎严重为害期，用 16％阿维·毒死蜱微囊悬浮剂、48％毒死蜱乳油，用药量为 900～1 200mL/hm²，防治效果均达 95％以上，还可兼治蛴螬等地下害虫。用 16％阿维·毒死蜱微囊悬浮剂、48％毒死蜱乳油 1 000 倍液、20％丁硫克百威乳油 1 000 倍液等对受害作物进行灌根。还可用 40.7％毒死蜱乳油 1.4～1.8kg/hm²，对水 750～900kg 喷洒作物茎基部；或 20％氰戊菊酯乳油 3 000 倍液、20％菊·马乳油 3 000 倍液、10％溴·马乳油 2 000 倍液、50％辛硫磷乳油 1 000 倍液进行喷雾防治；或用 200g/L 氯虫苯甲酰胺悬浮剂 10～20g/hm²、20％氰戊菊酯乳油 11.25～15 g/hm²、5％氯氰菊酯乳油 5.6～7.5 g/hm² 进行喷雾防治。

4. 生物防治 重点是注意保护天敌和利用生物制剂进行防治。如六索线虫（*Hexamermis agrotis*）在田间对地老虎幼虫的寄生率高达 49％～68％，对棉田第一代小地老虎寄生率可达 84 %。另外，斯氏线虫（*Steinernema carpocapsae*）NC116、Mex、An/6 等品系对小地老虎也具有较高的侵染致病活性。应用黄地老虎颗粒体病毒制剂制成毒饵，也可获得较好的防治效果。用芜菁夜蛾线虫制成毒饵或浇灌对小地老虎幼虫也有较好的防治效果。在蔬菜大棚大量释放松毛虫赤眼蜂和广赤眼蜂可以有效控制小地老虎等的为害，对小地老虎卵的寄生率可达到 75.91％～80.76％。利用地老虎性诱剂进行诱杀防治也是十分有效的生防措施。生物制剂（生物农药）的田间使用剂量，应根据不同生物农药的具体用量和使用说明严格掌握。另外，注意生物制剂与化学药剂的协调防治。

曹雅忠（中国农业科学院植物保护研究所）

二、黄地老虎

（一）分布与危害

黄地老虎［*Agrotis segetum*（Denis et Schiffermüller）］属鳞翅目夜蛾科。在欧洲、亚洲、非洲及大洋洲至少 30 多个国家有分布。在日本、朝鲜和印度发生也很普遍。国内广泛分布于西北、华北、东北、西南和中南地区。20 世纪 60 年代以前主要为害区在新疆、甘肃、青海和宁夏等干旱少雨地区的灌溉耕作区，在新疆常与警纹地老虎混合发生。20 世纪 70 年代以后，在我国江淮和华北地区的种群数量上升，与小地老虎混合为害。黄地老虎多在春、秋两季为害，食性复杂多样，为害的经济植物约 50 余种，一般春季为害大田作物、牧草及蔬菜幼苗；秋季为害麦苗及蔬菜、豆类作物幼苗。

（二）形态特征

成虫：体长 14～19mm，翅展 32～43mm。雌蛾触角丝状，雄蛾触角双栉状，栉齿长而端渐短，约达触角的 2/3 处，端部 1/3 为丝状。前翅黄褐色，布满小黑点。各横线为双曲线，但多不明显，且变化很大，肾状斑、环状斑及剑形斑比较明显，各具黑褐色边，而中央呈黄褐色至暗褐色（图 14 - 2 - 2，1）。后翅白色，半透明，前缘略带黄褐色。与警纹地老虎近似，但可从雄蛾触角分支长短和前翅剑纹上加以区分。雄蛾的抱钩粗壮，短而弯，端部钝圆，阳茎端基环稍扁，基部尖，端部中凹（图 14 - 2 - 2，2）。

卵：为扁圆形，底部较平，高 0.44～0.49mm，宽 0.69～0.73mm。卵孔不显著。花冠第一层为菊花瓣形纹，其外围有玫瑰花形纹一圈。纵棱显著比横道粗。初产时乳白色，渐变为黄褐色，孵化前变为黑色。

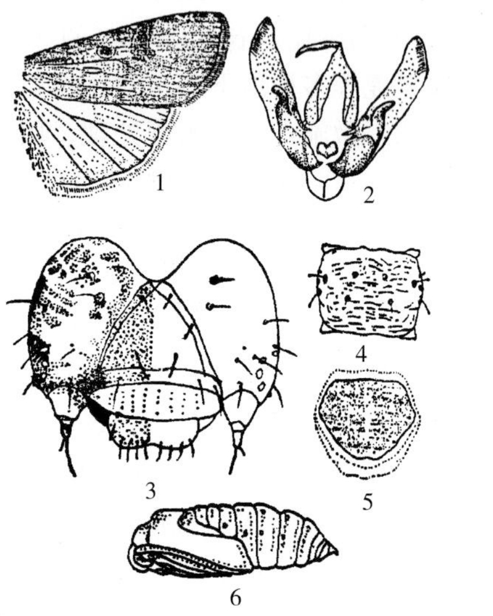

幼虫：末龄幼虫体长 33～43mm，头宽 2.8～3mm。头部黄褐色（图 14 - 2 - 2，3），颅侧区有略呈长条形的黑褐色斑纹，唇基三角底边略大于斜边，无颅中沟或仅有很短的一段，额区直达颅顶，呈双峰。体黄褐色，表皮多皱纹。表皮上的颗粒较小，不明显，腹部各节背面的毛片前两个比后两个稍大（图 14 - 2 - 2，4），气门后毛片比气门约大 1 倍。气门片黑色，呈椭圆形。腹足趾钩为 12～21 个，臀足为 19～21 个。臀板上有中央断开的两块黄褐色斑（图 14 - 2 - 2，5）。

蛹：体长 16～19mm，红褐色，腹部末端有 1 对粗刺，第一至三腹节无明显横沟，第四腹节背面有稀疏点刻，第五至七腹节点刻相同，气门下边有 1 列点刻（图 14 - 2 - 2，6）。

图 14 - 2 - 2 黄地老虎（引自贾佩华，1995；魏鸿钧等，1989）

Figure 14 - 2 - 2 *Agrotis segetum* (from Jia Peihua, 1995; Wei Hongjun et al., 1989)

1. 成虫翅 2. 雄蛾外生殖器 3. 幼虫头部 4. 幼虫第四腹节背面 5. 臀板 6. 蛹

（三）生活习性

黄地老虎在西藏和新疆北部、辽宁、黑龙江每年发生 2 代；北京、河北、新疆南疆每年发生 3 代，少数发生 4 代；河南、山东每年发生 4 代。日本关东以西地区每年发生 3 代，前苏联每年发生 2～3 代，朝鲜每年发生 2 代。在西藏、新疆北部主要以老熟幼虫在土中越冬，少数以三至四龄幼虫越冬。越冬场所主要集中在田埂和沟渠堤坡的向阳面。越冬多在地表下 5.0～8.0cm 处。

在我国东部地区，越冬虫态常随各年气候和发育进度而异，无严格的越冬虫态。据在山东汶上调查，1966 年以四龄幼虫越冬为主，1968 年则以二龄幼虫越冬为主，1970 年以三龄幼虫越冬为主，1972 年又以五龄幼虫越冬为主；在江苏盐城新泽农场发现有 40% 以蛹越冬，60% 以三龄以下幼虫越冬；在河北坝县观察，三至六龄幼虫均可在土中同时越冬，说明田间不仅有同一世代不同龄期的幼虫，而且还存在两个不同世代。进入越冬期的蛹，可能比初龄越冬幼虫少 1 代。在东部 3～4 代发生地区，实际上是两年完成 7 代，因此，表现出越冬幼虫龄期在年度间高低龄互相更替，而且有大小年之别。

越冬代成虫出现日期除与越冬虫态有关外，还受 3～4 月气温影响。在山东商河观测，当 3～4 月的月平均气温高于 10℃时，发蛾盛期在 4 月下旬至 5 月上旬，低于 10℃时则推迟到 5 月中旬。在新疆玛纳斯观测，越冬代发蛾始期、盛期与马蔺开花的始期、盛期相吻合，发蛾盛期在 5 月上旬至 6 月上旬；第一代发蛾盛期在 7 月上旬至 9 月上旬。在西藏拉萨，越冬代发蛾盛期在 4 月下旬至 6 月上旬；第一代发蛾盛期在 7 月中旬至 9 月下旬。在黑龙江，越冬代发蛾盛期在 5 月上旬至 6 月中旬；第一代发蛾盛期在 7 月底至 8 月中旬。在江苏南通，越冬代发蛾盛期在 4 月上旬至 5 月下旬；第一代发蛾盛期在 7 月中旬；第二代发蛾盛期在 9 月中旬；第三代发蛾盛期在 10 月下旬至 11 月下旬。在河南郑州，越冬代发蛾盛期在 3 月中旬至 5 月上旬；第一代发蛾盛期在 5 月下旬至 6 月下旬；第二代发蛾盛期在 7 月上旬至 8 月上旬；第三代发蛾盛期在 9 月上旬至 10 月上旬。在河北沧州，越冬代发蛾盛期在 5 月上旬至 5 月下旬；第一代发蛾盛期在 7 月中旬至 7 月下旬；第二代发蛾盛期在 9 月下旬至 10 月上旬。

黄地老虎越冬代历期，在新疆玛纳斯，黄地老虎雌、雄蛾越冬代历期分别为 8.1d 和 10.2d；在江苏南通，雌、雄蛾越冬代历期分别为 4.7d 和 8.5d，在河南郑州，雌、雄蛾越冬代历期平均为 8.0d。山东济宁观测，其越冬代产卵前期为 4.2d，第一代为 6.5d，第二代为 3.5d。新疆玛纳斯记载越冬代产卵前期为 2.9d，产卵期一般为 10d 左右。越冬代产卵量大于其他各世代，一般为 800～1 000 粒。

成虫习性与小地老虎近似，昼伏夜出，趋光及趋化性均很强，但越冬代发生较小地老虎晚 15～20d，因此时的蜜源植物较小地老虎发生期增多，故用糖诱集的黄地老虎蛾量较少，且蛾峰不明显。产卵多在地表的枯枝、落叶、根茬及地表 1～3 cm 处的植物老叶上，卵多散产。

卵的发育起点温度，江苏东台的资料为 10.03℃，前苏联报道为 9～10℃，日本报道为 11℃。卵期的长短与积温有关，一般为 5～9d。在 17～18℃时为 10d 左右；28℃时，只需 4d。

幼虫多为 6 龄，个别 7 龄。非越冬代幼虫期 25～36d，在 25℃条件下为 30～32d，越冬幼虫期约为 150d。初孵幼虫体重仅 0.18mg，随着生长发育迅速增长，六龄幼虫平均体重约为 1.3g。初龄幼虫主要食害植物心叶，二龄以后昼伏夜出，咬断幼苗。为害棉花时可咬断顶尖，群众称之为"公棉花"。老熟幼虫在土中做土室越冬，低龄幼虫越冬只潜入土中，不做土室。

越冬幼虫春季化蛹。在新疆的化蛹进度比较整齐。自 3 月下旬至 4 月上旬，10d 左右。在我国东部地区，因越冬虫态不一，春季化蛹进度也相对拉长，历时约 30d。蛹的历期为 10～30d 不等。

（四）发生规律

黄地老虎在全国都是春、秋两季为害，而以春季为害世代发生最重。东部地区，夏季世代因受高温抑制，越夏虫量极小，且年度间数量变化大。每年第一代幼虫数量与为害程度同越冬基数大小有关。局部田块受害情况与作物布局、地貌、耕作措施及杂草多少有关。

新疆资料显示，第一代的发生程度与成虫产卵期农田是否灌水有关。在产卵期内，灌水地无论是否翻耕、有无杂草，均发生重，其发生数量随灌水的早晚而异。发蛾前灌水播种地块，较发蛾期灌水播种的地块受害轻，冬麦播前情况与春播作物相反。

新疆北部地区黄地老虎越冬代发蛾的时间为 4 月 30 日至 6 月 15 日，越冬代种群数量在年际间存在很大波动性。黄地老虎越冬代种群数量与当年覆雪天数（1 月 1 日至 4 月初）呈显著负相关（$R^2=0.602\,2$，$P<0.008\,3$），而与冬季最大积雪厚度（$R^2=0.23$，$P=0.157\,7$）和秋、冬季（11 月至翌年 4 月）积雪天数（$R^2=0.099$，$P<0.374\,8$）相关不显著。当年的覆雪天数可以作为黄地老虎预测中的一项重要参考指标。

华北地区资料显示，麦套棉地块，小地老虎、黄地老虎的发生量比单作棉田高 2 倍左右。分析主要原因是小麦生长为成虫提供了栖息、隐蔽、产卵的适宜场所，小麦后期灌水，增加了田间湿度，提高了低龄幼虫的成活率。日本报道，随着农业生产改制，蔬菜的种植种类增加，栽培面积不断扩大，助长了黄地老虎的发生为害。

黄地老虎成虫的产卵寄主与幼虫取食寄主也并不一致，如成虫在苘麻上产卵很多，但幼虫取食苘麻以后，蜕皮次数增多，死亡率提高。黄地老虎幼虫取食混合食料，发育速度和成虫产卵量较取食单一食料为高。如幼虫取食白菜、棉花及玉米、马铃薯混杂食者，较取食旋花、马铃薯及玉米单一食料者产卵量高 0.15～2.23 倍，产卵期和寿命亦较长。成虫取食蜂蜜红糖水、马兰花和向日葵花者产卵率和产卵量最高，取食白菜花、苜蓿花和清水者最低，产卵期和寿命亦比前者短。成虫期补充营养较幼虫期营养更为重要。因而某一地区蜜源植物的种类、分布密度以及蜜源植物花期与成虫发生期的吻合程度，是决定某地区黄地老虎种群密度高低、为害轻重的最主要因素之一。

从黄地老虎的地理分布看，它属于古北区系的害虫，前苏联记载，气候干旱有利于其大发生，前苏联部分地区 5～7 月降水量偏低（40～60mm），温度偏高 0.5～1.0℃ 常大发生。在我国东部也有相对干旱的年份发生重的报道。

（五）防治技术

参见小地老虎防治技术。

董晋明　陆俊姣（山西省农业科学院植物保护研究所）

三、大地老虎

(一) 分布与危害

大地老虎（*Agrotis tokionis* Butler）属鳞翅目夜蛾科。国外分布于前苏联到日本一带；国内主要分布于长江下游沿海地区，多与小地老虎混合发生。20世纪70年代中后期其种群数量曾大增，进入80年代后又有所下降。它与小地老虎一样，也是一种食性很杂的害虫。主要为害棉花、玉米、麦类、豆类、芝麻、瓜类、茄子、辣椒等幼苗，并取食小蓟、婆婆纳、繁缕等多种杂草和植物的枯黄叶片。在我国其他分布有大地老虎的省（自治区、直辖市），虽有发生，但较少造成灾害。

(二) 形态特征

成虫：体长41～60mm，头宽3.8～4.2mm。头部黄褐色，额部平整无突起。前翅肾状斑外缘有1个不规则的黑斑，无剑形斑纹（图14-2-3，1）；后翅淡褐色，外缘有很宽的黑褐色部分。雄性生殖器钩形突细长，端部尖，抱器瓣背缘中段稍拱曲，有冠刺，抱钩短粗，端部略弯。阳茎稍长于抱器瓣（图14-2-3，2）。

卵：半球形，直径1.8mm。初产时为乳白色，孵化前呈深褐色。卵表面有纵棱、花纹。

幼虫：体长41～61mm，头宽3.8～4.2mm。体黄褐色，体表多皱褶，颗粒较小，不明显。头部后唇基为等腰三角形，底边大于斜边，颅中沟极短，约等于唇基高的1/5。额区直达颅顶，呈双峰（图14-2-3，3）。腹部各节背面的毛片，前两个和后两个大小相似（图14-2-3，4）。腹足趾钩5～19个。臀板除端部2根刺毛附近外，几乎全部为一整块深色斑，全面布满龟裂皱纹（图14-2-3，5）。

蛹：为黄褐色，第一至三腹节侧面有明显的横沟，背面无点刻。第四至七腹节背面有大小相近的点刻（图14-2-3，6）。

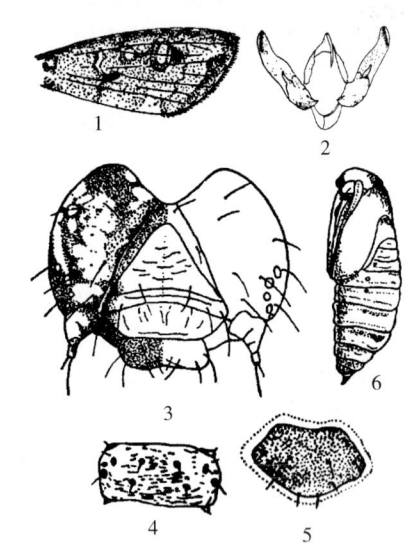

图14-2-3 大地老虎（引自贾佩华，1995；魏鸿钧等，1989）

Figure 14-2-3 *Agrotis tokionis* (from Jia Peihua, 1995; Wei Hongjun et al., 1989)

1. 成虫前翅 2. 雄蛾外生殖器 3. 幼虫头部 4. 幼虫第四腹节背面 5. 臀板 6. 蛹

(三) 生活习性

大地老虎以老熟幼虫滞育越夏，以低龄幼虫越冬。国内外都是每年只发生1代。据报道，在南京以二至四龄幼虫在杂草地或苜蓿田土层内越冬，翌年3月天气回暖，田间温度近8～10℃时，开始取食活动，4月是为害盛期，温度达20.5℃时幼虫陆续成熟，停止取食，开始滞育。9月中旬至10月初越夏幼虫陆续化蛹，成虫10月中旬开始羽化产卵。11月中旬为卵孵化高峰。越冬、越夏幼虫历期均在100d以上。

成虫在诱测时趋光性大于趋化性，可能与当时蜜源植物较多有关。交配产卵多在夜间。卵散产在地表土块、枯枝落叶及绿色植物的下部老叶上。卵期14～26d。成虫寿命雄大于雌，雄蛾为15～30d，雌蛾为10～23d。每头雌蛾平均产卵500～1 000粒，多达1 500粒。产卵前期为3～4d，产卵期平均为6d。在13.3～17.8℃的气温条件下，卵期平均为19.1d。从卵开始孵化到初孵幼虫钻出卵壳，约需2h 40min。幼虫食性杂，共7龄。初孵幼虫耐饥力平均为8.5d。三龄幼虫食叶量平均每天为11.7mm^2，幼虫从三龄末起，白天入土静伏，夜间外出蚕食叶片。幼虫四龄后，有特别的取食和排粪特点，即夜间取食时，仅将头部和部分胸部从土中伸出取食，身体其余部分仍留在土中，粪便则全部排在土壤内。综合各地资料看出，中低龄幼虫12月开始越冬，但仍能正常取食和发育。3月中旬天气回暖开始为害，直至6月中、下旬。5月中旬老熟幼虫开始入土做土室滞育越夏至9月下旬。滞育幼虫潜伏在土壤中的深度因土壤类型不同而异，在黏土中浅于沙壤土中。

(四) 发生规律

大地老虎的生长适温为15～25℃，经过暴食期，在5月上旬进入七龄，开始滞育，滞育期为119～131d，平均为125.7 d。通过测定生理生化指标发现，末龄幼虫停止取食后，约经15d呼吸代谢才下降到最低水平，耗氧量降到滞育前的 1/3。滞育结束之前，在脑、心侧体和咽侧体中都可观察到神经分泌细胞开始活动，以生理生化指标来衡量，真正滞育期仅为 80d 左右。但在室内饲养，滞育期长短不一，个别幼虫甚至逾年不化蛹。

研究发现，大地老虎末龄幼虫在专性滞育期间消化道有明显变化，中肠缩短变细，前、后两端封闭，肠壁细胞微绒毛萎缩，停止消化吸收。前肠、后肠、唾腺和马氏管等维持低水平活动。由于滞育幼虫在土壤中的历期很长，受天气变化、寄生物及人为耕作的影响大，因此自然死亡率极高。滞育幼虫死亡率的高低，是下一代种群为害数量大小的基础。据报道，幼虫滞育越夏有严格的遗传特性，用调节温度、光周期及化学处理方法等均未能打破滞育，所以至今尚不清楚其滞育机制。

大地老虎幼虫大量死亡多发生在滞育期间，滞育幼虫虽有土室，但仍在土中活动，以便选择土壤温湿度较为合适的栖境；在解剖学与生理学方面，也有很多适应性变化，如体壁增厚、肠道内食物排空、中肠缩小并且两端封闭，耗氧量从活动期的每小时 $115\mu L/g$ 下降到 $37\mu L/g$；与此相应，气门的开放和二氧化碳的排除也呈间歇性进行。滞育幼虫在 4 个月的干旱酷热环境下，体内水分消耗很多，尤其是螨的寄生率很高，受螨为害的虫体，体壁的蒸散作用增高。滞育期的自然死亡率有时高达 91.6%，从而使虫口密度受到抑制；相反，如果滞育期存活率高，则容易使种群数量增高。

（五）防治技术

参见小地老虎防治技术。

董晋明　陆俊姣（山西省农业科学院植物保护研究所）

四、白边地老虎

（一）分布与危害

白边地老虎［Euxoa oberthuri（Leech）］属鳞翅目夜蛾科。又名白边切夜蛾、白边切根虫、白边切根蛾。国外分布于朝鲜、日本、前苏联等地；国内主要发生区在内蒙古东部、黑龙江北部、吉林东部和河北张家口坝上地区。白边地老虎为害甜菜、豆类、瓜类、亚麻、马铃薯、玉米和烟草等粮食、蔬菜和经济作物。在其发生区内，还有三叉地老虎混发；在吉林东部延边地区为害烟草甚烈，占各种地老虎发生总量的24%，居第二位。在内蒙古大后山地区为害蚕豆成灾。还有一种混发害虫，即宽翅地老虎，分布在内蒙古后山东部地区和河北坝上地区，是发生在高寒地区的一个特殊种，是当地的优势种群。

白边地老虎以幼虫进行为害，主要为害作物的幼苗，切断近地面的茎基部，使整株死亡，造成缺苗断垄，甚至改种或毁种。

（二）形态特征

成虫：体长 17～21mm，翅展 37～45mm。触角纤毛状。翅色和斑纹变化极大，有的前翅前缘区的色泽并不淡于翅面（图 14-2-4，1），可区分为两种基本型：白边型——前缘有明显的灰白色至黄白色的淡色宽边，中室后缘也有淡色狭边，肾形斑和环形斑的两侧全为黑色，剑形斑也是黑色；暗化型——前翅深暗，既无白边淡斑，也无黑色斑纹。两型间杂交后产生过渡的中间型。但后翅均为褐色，翅反面一律为灰褐色，外缘有两条褐色线，中室有黑褐色斑点。雄性外生殖器（图 14-2-4，2）钩形突长；抱器瓣背缘中段拱曲，冠刺发达；抱钩二叉，腹向一支长，端尖；背向一支棒状。阳茎端基环纵长，阳茎粗，稍短于抱器瓣，内囊无角状器。

卵：为长圆形，直径约 0.7mm，纵棱高于横道，形成棘状突起，初产时乳白色，渐变为灰褐色，可见卵内有一深暗色幼虫体。

幼虫：体长 35～40mm，头宽 2.5～3mm，头部黄褐色（图 14-2-4，3），颅侧区有许多褐色斑纹及1 块黑斑。体黄褐至暗褐色，体表无颗粒，腹部背面毛片前两个略小于后两个（图 14-2-4，4）。腹足趾钩 15～22 个，臀足 18～25 个。臀板上的小黑点多集中在基部，排成两个弧形（图 14-2-4，5）。

蛹：体长 16～18mm。腹部第五至七节点刻呈环状，背部点刻大而稠密，具有臀刺 1 对（图 14-2-4，6）。

（三）生活习性

白边地老虎每年发生 1 代。以胚胎发育完全的滞育卵越冬。翌年 4 月下旬幼虫破卵而出，5 月下旬至6 月是为害盛期，6 月末化蛹，7 月和 8 月为成虫盛发期。8 月下旬出现蛾峰。在黑龙江嫩江地区发生期要晚 1 个月左右。成虫寿命平均约 30d，产卵前期平均 20d，卵产出后即行胚胎发育，经 7~18d 发育为成形幼虫，但不孵出，即呈越冬卵滞育越冬。卵在土壤表层内长达 270d 左右。

成虫喜在杂草丛生、植株茂密的阴暗潮湿处栖息，深秋在土块、石缝以及干草堆中亦有发现。白天不活动，每天 20：00~22：00 取食交尾。据观察，成虫羽化多在每天 5：00~10：00。诱集试验证明，雌、雄成虫均有趋光性和趋化性，利用黑光灯比糖蜜诱集效果好，雄虫趋光性强于雌虫。卵多产在土层下宿根植物的根际附近，或草根、干草上。卵粒黏着成堆，但也有散产者。幼虫多数 6 龄，少数 5 龄或 7 龄。4 月末田间出现一龄幼虫，5 月中旬多为二至三龄幼虫期，5 月下旬开始大量为害，随气温升高很快进入四至五龄期，6 月多见五至七龄幼虫。四龄后开始暴食，在食物缺乏时，可向附近田块迁移，每分钟可爬行 30~40cm。幼虫期平均 60d 左右，也有更长者，可达 107d。三龄以上幼虫喜在土中干湿层之间栖息，随干土层加深而向深土层下潜，入土深度可达 15cm 以上。但土壤湿度超过 40% 并持续 2~3d，则幼虫大量死亡。白边地老虎幼虫在田间的分布规律符合泊松（二项）分布，即属随机分布。6 月下旬至 7 月上、中旬幼虫开始在 5cm 左右深的土内化蛹，其蛹室为椭圆形，顶端有 1 个小孔。

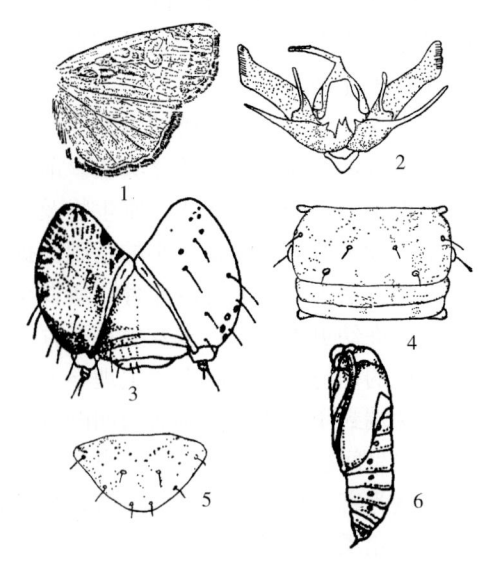

图 14-2-4　白边地老虎（引自贾佩华，1995；魏鸿钧等，1989）

Figure 14-2-4　*Euxoa oberthuri*（from Jia Peihua, 1995；Wei Hongjun et al.，1989）

1. 成虫翅　2. 雄蛾外生殖器　3. 幼虫头部
4. 幼虫第四腹节背面　5. 臀板　6. 蛹

（四）发生规律

影响白边地老虎发生的主要因素是温度和湿度。白边地老虎的发生程度与上一年 8 月的降水量呈负相关，原因首先是 8 月降雨天较多、降水量较大，可影响白边地老虎的活动、交尾和产卵，降低越冬卵基数。其次是白边地老虎幼虫化蛹时，对土壤湿度要求较严，适宜的土壤湿度为 15%~25%，过高、过低影响化蛹和成活。

据内蒙古锡林郭勒盟观测，土壤肥沃地块虫口密度大，瘠薄地块虫口密度小；背风地虫口密度大而泛风地则密度小；沙壤土虫口密度大，而板结的黏重土或盐碱土虫口密度小；精耕细作地块密度小，翻耕质量差或不翻耕地块虫口密度大；杂草多的地块以及地边、田埂、林带附近密度大，而远离村庄的坡地密度小；重茬播种亚麻地块重于换茬地块；前茬为麦、瓜类、荞麦的地块发生重。成虫产卵前翻耕的地块第二年发生轻，在成虫产卵时尚未收割的大豆、玉米田块落卵量多，第二年发生也重。

1976 年在内蒙古锡林郭勒盟农区的白边地老虎中发现一种寄生蜂——平截点缘跳小蜂（*Copidosomax truncatellus*），对白边地老虎的寄生率约为 8%。一个寄主体内有幼蜂 800~1 209 头，最少为 467 头。

（五）防治技术

参见小地老虎防治技术。

董晋明　陆俊姣（山西省农业科学院植物保护研究所）

五、警纹地老虎

（一）分布与危害

警纹地老虎[*Agrotis exclamationis*（Linnaeus）]属鳞翅目夜蛾科，又称警纹夜蛾、鸣夜蛾、尖啸夜蛾。国外主要分布于欧洲和中亚地区，是马铃薯上的重要害虫；我国主要发生在甘肃河西走廊，新疆南至和田、北至伊犁、东至哈密均有发生，并常与黄地老虎混合发生，其他地区如西藏、宁夏、内蒙古、青海、四川、黑龙江等地多为零星发生。为害胡麻、玉米、苜蓿、甜菜、马铃薯、棉花、萝卜和白菜等多种农作物，还能为害多种蔬菜的实生苗和移植苗。为害胡麻幼苗可致死苗 40%，主要咬食根部沿土表 1~

2cm 长的一段根皮，有的把根皮咬食一半，有的全部吃光，但不食维管束，幼苗因失去根皮不能输送水分和养料而发黄枯萎死亡。一头幼虫可为害 20～30 株幼苗。

（二）形态特征

成虫：体长 16～18mm，翅展 36～38mm。头、胸部灰色。雄蛾触角双栉齿状，分支短，有纤毛丛；雌蛾触角丝状。前翅横线不明显，肾形斑、环形斑和剑形斑均很明显（图 14 - 2 - 5，1）。剑形斑粗大而黑，易于识别。雄性生殖器的钩形突细长，端部尖，有冠刺，抱钩细，棘状，微弯。阳茎端基环宽扁，略呈心形。阳茎粗而直（图 14 - 2 - 5，2）。

卵：扁圆形，直径约 0.75mm，纵脊纹 12～14 条。花冠分两层，第一层为菊花瓣形，第二层为狭长多边形，外围与纵脊相接。

幼虫：体长 35～37mm，头宽约 3mm。头部黄褐色，有 1 对"八"字形的黑褐色条纹。颅侧区有黑褐色多角形网纹（图 14 - 2 - 5，3），唇基为 1 个等边三角形，颅中沟长约等于唇基高的 1/3，额区伸达颅顶。体淡黄褐色，亚背线、气门上线附近及气门线以下色淡。在这些浅色带之间，形成深色纵带。表皮粗糙，有不均匀的颗粒及浅皱纹。腹部第一至七节背面的毛片前两个略小于后两个（图 14 - 2 - 5，4），第三至六节气门后面的毛片与气门大小相等。气门片与气门筛均为黑色。腹足趾钩 7～16 个，臀足趾钩 18～19 个。臀板上有明显的皱纹，在基部及中央两根刚毛附近颜色较深（图 14 - 2 - 5，5）。

蛹：长约 20mm，红褐色。腹部第四节背面无点刻（黄地老虎有点刻），臀刺背方有 1 对小刺，并有 1 对小疣（图 14 - 2 - 5，6），黄地老虎则无。

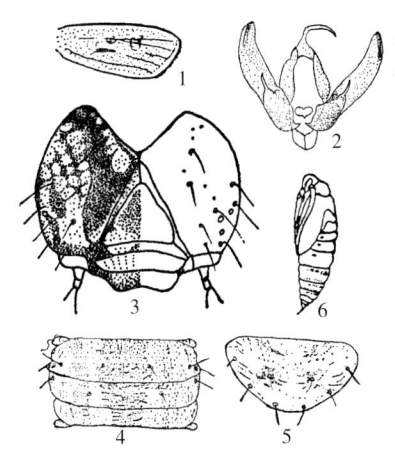

图 14 - 2 - 5　警纹地老虎（引自贾佩华，1995；魏鸿钧等，1989）

Figure 14 - 2 - 5　*Agrotis exclamationis*（from Jia Peihua, 1995；Wei Hongjun et al., 1989）

1. 成虫翅　2. 雄蛾外生殖器　3. 幼虫头部
4. 幼虫第四腹节背面　5. 臀板　6. 蛹

（三）生活习性

警纹地老虎在南疆的莎车、内蒙古呼和浩特地区每年发生 2 代，甘肃武威每年发生 1.5 代，青海每年发生 1 代。以老熟幼虫在土中越冬。越冬深度比黄地老虎浅，在 4～10cm 深处，5～7cm 深处数量最大。越冬幼虫有滞育现象。翌年 3 月下旬至 4 月上旬化蛹羽化，4 月下旬至 5 月上旬出现第一次蛾峰，比黄地老虎晚 5d 左右；第二次蛾峰在 7 月上、中旬，比黄地老虎晚 5～10d。第一代幼虫主要取食藜科杂草；第二代幼虫为害马铃薯、苜蓿、甜菜等。在甘肃武威地区发蛾期略晚于新疆莎车地区，但发蛾期长。

当 0℃以上积温达 800℃时，越冬代成虫即达羽化盛期。成虫趋光性较趋化性强。雄蛾趋糖浆较雌蛾强。预测成虫期，黑光灯较糖浆诱集更早也更为精确。气温在 20℃时飞翔最活跃，连续 2～4d 即可达发蛾盛期。风速大于 3～4m/s 时影响飞行活动。气温低于 8℃很少活动。卵散产、堆产均有。卵的发育起点温度为 7.81℃。卵期在 20℃时为 8～10d，26℃时为 4～6d。卵主要产在寄主植物上，也可产在土块和残枝落叶上。一头雌蛾产卵量一般为 500～800 粒。

幼虫共 6 龄，幼虫期 26～39d。初孵幼虫多群集在植物心叶啃食，二龄后开始散居，昼伏于土表下，夜出取食为害。其钻蛀性比黄地老虎差。为害作物的主要特征是环状剥皮，破坏输导组织，致使幼苗枯死。如胡麻受害，在茎基部沿上表皮 1～2cm 处，呈现环状剥皮状。马铃薯在花期受害时，只剥食主茎皮。玉米受害时，主要取食其次生根，从而造成植株枯萎死亡。

（四）发生规律

警纹地老虎种群数量消长与食料、气候、土壤条件等有关。成虫以马蔺花为补充营养者产卵量最高，洋槐花次之，白菜花再次之。幼虫以甜菜饲养者其成虫产卵量最高，玉米最低，两者间相差 1.74 倍。从田间分布数量看，苜蓿、甜菜、马铃薯地分布最多，玉米、白菜、棉花地分布较少。土壤团粒结构好，土壤湿度 15%～18%，最适其生活。成虫期气温变化大的年份发蛾期拖长，蛾峰期不集中。

末代幼虫遭受俏额短须寄蝇 [*Linnaemya compta*（Fallén）] 寄生，1963 年在内蒙古呼和浩特的寄生率达 32.1%～38.9%。该种寄蝇以幼虫在寄主体内越冬。翌年春暖后，被寄生的地老虎仍能活动，不久寄蝇幼虫即迅速发育而致地老虎死亡。

（五）防治技术

参见小地老虎防治技术。

董晋明 陆俊姣（山西省农业科学院植物保护研究所）

六、八字地老虎

（一）分布与危害

八字地老虎［*Xestia c-nigrum*（Linnaeus）］属鳞翅目夜蛾科。广泛分布于世界各地。在欧洲、亚洲、美洲很多国家为害烟草、棉花、葡萄苗和蔬菜；在我国各省（自治区、直辖市）均有分布，是常见种，但在各地都不是优势种。相对而言在西南、东北高寒地区发生较多，日本记载主要发生在北海道地区。寄主植物繁多，除为害粮食作物外，也为害一些经济作物和蔬菜等。

（二）形态特征

成虫：体长约16mm，翅展35～40mm。触角丝状。前翅灰褐色，由环形斑向上至翅前缘为1个三角形大白斑（图14-2-6，1），下边有黑色边框，易于识别。雄蛾外生殖器的钩形突细长，端部尖，背兜发达，抱器腹端细，抱钩短，折曲明显。阳茎较粗（图14-2-6，2），向背弯曲，短于抱器瓣，内囊无角状器。

卵：馒头形，直径0.41mm，高0.35mm。初产时乳白色，后渐变为黄色；卵壳柔软，卵的表面有纵刻纹。

幼虫：体长30～40mm，头宽2～2.5mm。头部黄褐色，颅侧区有多角形的褐色网纹及1对"八"字形的黑褐色斑纹（图14-2-6，3）。唇基为等边三角形。体淡黄褐色，亚背线由中央间断的黑褐色条纹组成，腹节背面观形成多对"八"字形斑（图14-2-6，4）。侧面观气门上线的黑褐色斜线与亚背线也组成"八"字形，易于识别。臀板中央部分及两角边缘颜色较深，但有的个体不明显（图14-2-6，5）。

蛹：体长18.9～19.7mm，腹部第四至六节上有红色的点刻，臀部有两对刺，外部一对刺向外弯曲（图14-2-6，6）。

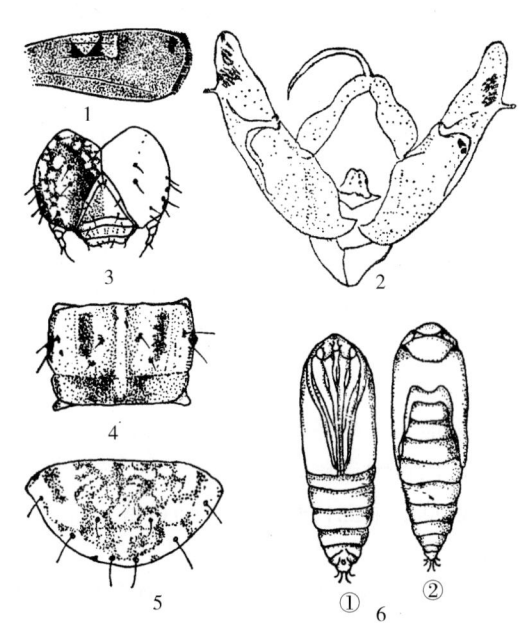

图14-2-6 八字地老虎（引自贾佩华，1995；魏鸿钧等，1989）

Figure 14-2-6 *Xestia c-nigrum*（from Jia Peihua, 1995；Wei Hongjun et al., 1989）

1. 成虫前翅 2. 雄蛾外生殖器 3. 幼虫头部
4. 幼虫第四腹节背面 5. 幼虫臀板 6. 蛹：①腹面，②背面

（三）生活习性

成虫有很强的趋光性，也特别喜欢香甜物质。成虫产卵多在寄主植物根际叶片背面，或地面落叶和土缝中；土壤肥沃而湿润的地方较多，卵散产，每雌产卵200粒左右。卵期5～7d。初孵幼虫常群集于幼苗上啃食嫩叶。幼虫多数为6龄，少数为7龄或8龄。具有假死性，被触动后能吐丝下垂，扩散性强。三龄前昼间为害，三龄后白天在表土的干湿层间潜伏，夜间活动取食，常咬断幼苗嫩茎拖入土穴内取食。当植株木质化后则改食嫩芽和叶片，秋后取食杂草及小蓟。老熟幼虫下潜入6cm左右深的土中做土室化蛹，预蛹期6～8d，蛹期在18～25℃时为20～25d。初化蛹为淡黄色，蛹体较软，蜕皮后30min左右，尾刺淡红色，3～5d后蛹全变为红色，羽化前为黑色。雌蛾寿命10d左右，雄蛾寿命7d左右。

（四）发生规律

在我国西藏林芝、吉林延边和日本北海道均为每年发生2代，以老熟幼虫及蛹在土中越冬。延边地区第一代幼虫为害盛期在5月中、下旬，5月中旬开始化蛹，6月上、中旬为第二代羽化盛期。在西藏林芝，越冬幼虫2月上旬开始活动，4月上旬化蛹进入高峰期，5月上、中旬盛发第一代蛾；第一代卵盛期在5月中旬，6月下旬进入幼虫为害盛期，9月中旬第二代蛾有两个高峰，幼虫9月中、下旬为害，11月陆续开始越冬。日本北海道记载，8月中、下旬第二代成虫出现，10月上、中旬幼虫为害。

八字地老虎的种群动态与气候条件和寄主植物的关系密切。例如，不同虫态和不同世代的发育历期存在明显差异。第一代卵在11.4℃时，历期为8～12d，幼虫期为53d，蛹期为28～31d，成虫期寿命8～12d，全世代历期为100d左右。第二代以五龄幼虫越冬，五龄幼虫历期约为210d，其中，越冬期约为130d，全世代历期为270d左右。据研究，在油菜、甜菜、白菜和莴苣4种食料植物中，八字地老虎幼虫取食油菜时发育历期最短，蛹最重，产卵量最多；甜菜次之。而幼虫取食莴苣时发育历期最长，蛹最轻，产卵量最少。另外，八字地老虎还受到栖息地土壤微生物的严重影响，在众多有益微生物中，核型多角体病毒的影响更为突出。1989年，从哈尔滨郊区罹病八字地老虎幼虫中分离获得八字地老虎核型多角体病毒（$X_{C_n}NPV$）。八字地老虎核型多角体病毒接种八字地老虎三龄初幼虫，感染3～6d，幼虫体重明显小于对照幼虫，发育历期显著延长，幼虫蜕皮和化蛹严重受阻。在接种低剂量病毒情况下，成虫的繁殖力下降。

（五）防治技术

参见小地老虎防治技术。

董晋明　陆俊姣（山西省农业科学院植物保护研究所）

第3节　金针虫

金针虫是叩头甲幼虫的通称，属鞘翅目叩头甲科。是一类重要的地下害虫，在我国从南到北分布很广。为害农作物的金针虫有数十种之多，其中发生普遍、为害损失突出的重要种类有沟金针虫 [*Pleonomus canaliculatus* (Faldermann)]、细胸金针虫（*Agriotes fuscicollis* Miwa，异名：*A. subvittatus* Motschulsky）、褐纹金针虫 [*Melanotus caudex* (Lewis)] 与宽背金针虫 [*Selatosomus latus* (Fabricius)] 等。

一、沟金针虫

沟金针虫 [*Pleonomus canaliculatus* (Faldermann)] 俗称节节虫、铁丝虫、钢丝虫、土蚰蜒、芨芨虫等，其成虫称为沟线角叩甲或沟叩头虫，属鞘翅目叩头甲科。

（一）分布与危害

沟金针虫是中亚大陆的特有种类。在我国南至长江流域沿岸，北至山西南部、河北南部、北京、辽宁丹东，西至陇中东部和陇东南部，东至东部沿海广大地区均有分布。限制沟金针虫向北分布的主要因素为冬季低温，其界限温度为1月平均温度-6℃。沟金针虫在西北地区的分布北界，经调查后确定位于甘肃天水、清水、华亭、平凉、镇源、宁县和陕西洛川、宜川一线。

沟金针虫为多食性昆虫，寄主范围十分广泛，不但为害麦类、玉米、高粱、谷子、大麻、青麻、菜豆、蚕豆、大豆、甘薯、马铃薯、甜菜、烟草、棉花、向日葵、苜蓿、瓜类、萝卜、花生、芝麻、油菜、番茄、大蒜、苹果、梨，还可以取食多种杂草和苗木的根部。江苏新沂调查，小麦平均株被害率26.7%，茎蘖被害率15.6%，严重田块死苗80%以上，虫口密度最高达50头/m²，造成小麦大幅度减产，甚至改种其他作物。2004年11月，福建晋江胡萝卜播种后金针虫大面积发生为害，面积达到80多hm²，田间调查平均每平方米有虫12.3头，缺苗率达32.5%。

（二）形态特征

成虫：雌虫体长14～17mm，体宽4～5mm，体形较扁；雄虫体长14～18mm，体宽约3.5mm，体形较细长（图14-3-1，1）。雌虫体深褐色，体及鞘翅密生金黄色细毛。头部扁平，头顶呈三角形洼凹，密生明显刻点；触角深褐色，雌虫略呈锯齿状，11节，长约为前胸的2倍（图14-3-1，2）。雌虫前胸背板发达，前窄后宽，宽大于长，向背面呈半球形隆起，密布刻点，在正中部有极细小的纵沟，后缘角稍向后方突出；鞘翅长为前胸的4倍，其上纵沟不明显，后翅退化。雄虫体细长，触角12节，丝状，长可达鞘翅末端（图14-3-1，1）；鞘翅长约为前胸的5倍，其上纵沟较明显，有后翅；足细长。

卵：椭圆形，长约0.7mm，宽约0.6mm，乳白色（图14-3-1，3）。

幼虫：老熟幼虫体长20～30mm，宽约4mm，金黄色，宽而略扁平（图14-3-1，4）。体节宽大于长，从头部至第九腹节渐宽，胸背至第十腹节背面中央有1条细纵沟。体表被有黄色细毛。头部黄褐色，扁平，上唇退化，其前缘呈锯齿状突起；尾节（臀节）黄褐色分叉，背面有暗色近圆形的凹入，其上密生刻点，两侧缘隆起，每侧具 3 个齿状突起，尾端分为尖锐而向上弯曲的二叉，每叉内侧各有 1 个小齿（图 14-3-1，5）。

蛹：纺锤形，雌蛹长 16～22mm，宽约 4.5mm；雄蛹长 15～19mm，宽约 3.5mm。前胸背板隆起，呈半圆形。中胸较后胸宽（图 14-3-1，6），背面中央隆起并有横皱纹，自中胸两侧向腹面伸出，翅端达于第三腹节。腿节与胫节并叠，后足位于翅芽之下。腹部细长，尾端自中间裂开，有刺状突起。化蛹初期体淡绿色，后渐变为深色。

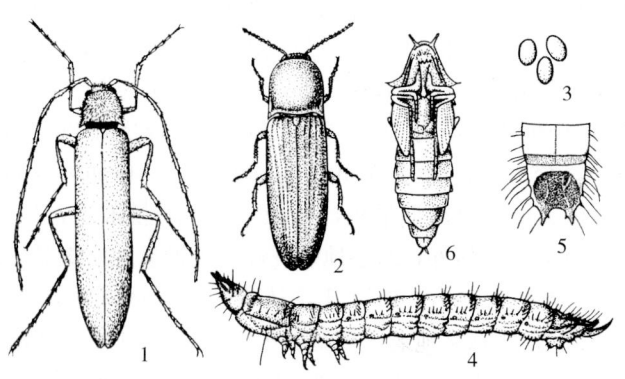

图 14-3-1 沟金针虫（引自魏鸿钧等，1989）

Figure14-3-1 *Pleonomus canaliculatus* （from Wei Hongjun et al.，1989）

1. 雄成虫 2. 雌成虫 3. 卵 4. 幼虫 5. 幼虫臀节 6. 蛹

（三）生活习性

1. 生活史 沟金针虫一般 3 年完成 1 代。以成虫和幼虫在 15～40cm 深的土中越冬，最深可达 100cm。有资料报道，在江苏泰兴发现沟金针虫老熟幼虫也可在枯树皮中越冬。越冬成虫在春季 10cm 深处土温升至 10℃左右时开始出土活动，10cm 深处土温稳定在 10～15℃时达到活动高峰。在华北地区，越冬成虫于 3 月上旬开始活动，4 月上旬为活动盛期。产卵期为 4 月中旬至 6 月上旬，卵期 35～42d，5 月上、中旬为卵孵化盛期。孵化幼虫为害至 6 月底，土温超过 24℃时潜入土中越夏。9 月中、下旬上升至土表层为害秋播作物，至 11 月上、中旬潜入土壤深层越冬。第二年 3 月初，越冬幼虫出土活动，3 月下旬至 5 月上旬为害最重。7 月至 8 月越夏，秋季上升至表土层继续为害，11 月越冬。幼虫发育历期长达 1 150d 左右，直至第三年 8 月上旬至 9 月上旬，先后在土中化蛹，化蛹深度一般以 13～20cm 的土中最多，蛹期16～20d。9 月初成虫开始羽化，但当年并不出土，即在土中越冬，至第四年春季才出土交配、产卵。

2. 主要习性

（1）成虫习性。成虫昼伏夜出，白天潜伏在麦田或田边杂草中和土块下，傍晚爬出土面交配、产卵，黎明前潜回土中。雄虫出土迅速，活跃，有趋光性，飞翔力较强，但只作短距离飞翔，在麦苗尖上停留，但不取食，黎明前潜回土中。雌虫行动迟缓，不能飞翔，只在地面或麦苗上爬行。有假死性，无趋光性，偶尔咬食少量麦叶。雄虫交配后 3～5d 即死亡，雌虫产卵后死亡，成虫寿命约 220d。在北京，4 月中旬以后，田间即很少发现成虫。卵散产，产在土下 3～7cm 深处。单雌平均产卵 200 余粒，最多可达 400多粒。

（2）幼虫习性。幼虫期全部在土壤中度过，随季节变化而上下迁移为害。室内饲养观察结果表明，一年幼虫体长 10～19mm，二年幼虫体长 17～27mm，三年幼虫体长约 30mm。但同时饲养发现，室内饲养的幼虫发育极不整齐，有的需 3～4 年，甚至 5 年或更长时间仍有未化蛹者。

沟金针虫有夏眠习性。从 5 月下旬开始，中下层虫量逐月增多，到 7～8 月进入夏眠盛期，在表层栖息活动的幼虫绝大部分为小型或中型偏小的幼虫。进入夏眠期，中大型幼虫首先停止取食，逐步潜入土壤中下层，最深达 35～39cm。1988—1990 年 7～8 月高温季节，表层虫量平均占 39.1%，其中小型幼虫占 89.0%～100%，平均体长 13.3mm；中层中大型幼虫占 76.7%～86.8%，平均体长 17.3mm；下层则全为大型幼虫，平均体长 20.1mm。体形肥胖，油光发亮，表明发育比较充分的高龄段种群是对夏季高温刺激诱导的敏感阶段，是进入夏眠的临界虫态。

在麦田，沟金针虫的田间分布型为嵌纹分布，即负二项分布，聚集的原因是个体间的相互吸引。

（四）发生规律

1. 虫源基数 沟金针虫的虫源基数因地、因时、因生态环境变化很大。福建晋江 2004 年 11 月胡萝卜播种后发生沟金针虫大面积为害，面积达到 80 多 hm²，田间调查平均每平方米有虫 12.3 头，缺苗率达 32.5%；河南登封 2006 年 3 月中旬调查，每公顷密度达 108 万头以上，田间死苗率达 2/3。

2. 气候条件 影响沟金针虫发生为害的气候条件主要是温度和湿度。其中温度主要影响沟金针虫在土壤中的上升和下潜活动，从而影响沟金针虫在一年中的为害时间。且这一影响因地而异。在北京，沟金针虫在 3 月下旬 10cm 深处土层土温 6.8～12℃时，越冬幼虫到达小麦根际，此时正值小麦返青，开始为害。4 月上、中旬 10cm 深处土温为 11.7~19.8℃，正是春播末期，也是沟金针虫为害返青小麦和春播作物的一次高峰。5 月上旬土温升至 19.1~23.3℃，幼虫开始向 11~17cm 深处下移，一旦温度稍低而表土湿润，仍能上移。6 月土温达 22~32.1℃时，幼虫即深入土中越夏，到 9 月下旬至 10 月上旬，6.5~10cm 深处土温为 7.8℃左右，幼虫又回升到 13cm 以上土层活动为害，此时正值冬麦播种期，为一年中的第二次为害高峰。但这一次为害很轻，在一年一作的秋季一般为害不明显。在江苏新沂，早春 5d 平均气温稳定在 3~5℃、5~10cm 深处地温稳定在 4~6℃时开始为害，平均气温稳定在 4~6℃、5~10cm 深处地温稳定在 5~7℃时为害进入始盛期，平均气温与 5~10cm 深处地温稳定在 9~12℃时达到为害高峰期。如早春气温回升晚，为害期推迟。

室内试验研究表明，随着温度的升高，沟金针虫的呼吸频率逐渐增加，其中在 10~20℃的温度范围内沟金针虫的呼吸代谢比较稳定，而 25℃以上的高温对沟金针虫的呼吸代谢具有明显影响。说明 10~20℃是沟金针虫生长和活动的适宜温度范围。在空气相对湿度 5%、50%、90%条件下，沟金针虫的呼吸频率没有显著差异，说明沟金针虫在呼吸代谢过程中对环境湿度没有特殊的要求，即沟金针虫对湿度条件的适应性较广。

在陕西咸阳，越冬成虫于 3 月初 10cm 深处土温达 7℃左右时开始出土活动；3 月上、中旬土温稳定在 7℃以上时是活动盛期；3 月下旬土温达 9.8~11.6℃时，活动逐渐减弱。在成虫活动期间，若遇大风（风速 5m/s）、降温天气，气温低于 6℃时则不出土；在背风处可偶见零星成虫。成虫出土后如遇大风、降温天气，气温降至 4℃左右，则很快入土。

沟金针虫适宜生活于旱地，但对水分也有一定的要求，其适宜的土壤湿度为 15%~18%。在干旱平原，如春季雨水较多，土壤墒情较好，为害加重。如 3~4 月表土过湿，幼虫也向深处移动。麦田沟金针虫的为害高峰都在常年为害期内的降大雨后出现。华北经验，在春季金针虫为害时浇水，能迫使幼虫下移，也促进作物生长。

3. 寄主 室内利用不同食料植物对沟金针虫生长发育影响的研究结果表明，小麦、玉米、谷子（粟）、荞麦是沟金针虫的适宜食料，幼虫取食后生长发育速度快；油菜、豌豆、棉花、大豆是沟金针虫较不适宜的食料，幼虫取食后生长发育速率低于前者，较为缓慢；大蒜和蓖麻是其不适宜食料，幼虫取食后发育迟缓或停滞，部分幼虫体重下降；而苍耳和曼陀罗两种杂草对其则有不良影响。试验结果还表明，沟金针虫成虫体重与食料植物种类有密切关系，尤以对雌虫影响更大，当幼虫取食适宜食料植物时，其雌虫体重大。在雌虫羽化前一年取食小麦的，产卵量也最多。

4. 土质 江苏新沂在 9 个乡（镇）243 块旱作田普查沙壤土、青沙板土、沙性岗黑土、紫沙土、包浆土、黄沙土、黄土、老黄土和黏土等 9 种土质的沟金针虫发生量，结果表明每平方米虫口密度分别为 50 头、41 头、39 头、34 头、23 头、19 头、7 头、5 头和 1 头。以沿河两岸的沙壤土和丘陵岗地的青沙板土、沙性岗黑土、紫沙土 4 种土质中的发生量最大，形成了固定发生的虫窝地带。

5. 耕作方式 沟金针虫分布于长期旱作地区，水旱轮作田无沟金针虫的发生。小麦—玉米两熟制的耕作制度，给沟金针虫提供了非常适宜的食物资源，加之小麦田套种玉米或麦收后留茬播种玉米的种植习惯，使小麦收获后土壤不能及时耕翻，从小麦到玉米使沟金针虫原地不动就完成了食物衔接，对沟金针虫保持种群稳定和加重为害起到了积极的作用。

仵均祥（西北农林科技大学）

二、细胸金针虫

细胸金针虫（*Agriotes fuscicollis* Miwa）的俗称与沟金针虫一样，有节节虫、铁丝虫、钢丝虫、土蚰蜒、芨芨虫等多种，其成虫称为细胸锥尾叩甲或细胸叩头虫，属鞘翅目叩头甲科。

（一）分布与危害

细胸金针虫的分布范围很广，南达淮河流域，北至东北地区的北部，西北地区也有分布。但以水浇地、低洼过水地、黄河沿岸的淤地、有机质较多的黏土地为害较重。

细胸金针虫为多食性昆虫，寄主范围十分广泛，不但为害麦类、玉米、高粱、谷子、大麻、青麻、菜豆、蚕豆、大豆、甘薯、马铃薯、甜菜、烟草、棉花、向日葵、苜蓿、瓜类、萝卜、花生、芝麻、油菜、番茄、苹果、梨，还可以取食多种杂草和苗木的根。在甘肃临洮，细胸金针虫主要为害麦类、玉米等作物，受害面积占种植面积的30%以上，被害株率达20%以上。

（二）形态特征

成虫：体长8～9mm，宽约2.5mm。体细长，暗褐色，略具光泽。触角红褐色，第二节球形。前胸背板略呈圆形，长大于宽，后缘角伸向后方。鞘翅长约为胸部的2倍，上有9条纵列的刻点（图14-3-2，1）。足红褐色。

卵：乳白色，圆形，大小为0.5～1.0mm（图14-3-2，2）。

幼虫：老熟幼虫体长约23mm，体宽约1.3mm，体细长，圆筒形，淡黄色，有光泽。臀节圆锥形，背面近前缘两侧各有褐色圆斑1个，并有4条褐色纵纹（图14-3-2，3）。

蛹：纺锤形，长8～9mm。化蛹初期体乳白色，后变黄色；羽化前复眼黑色，口器淡褐色，翅芽灰黑色（图14-3-2，4）。

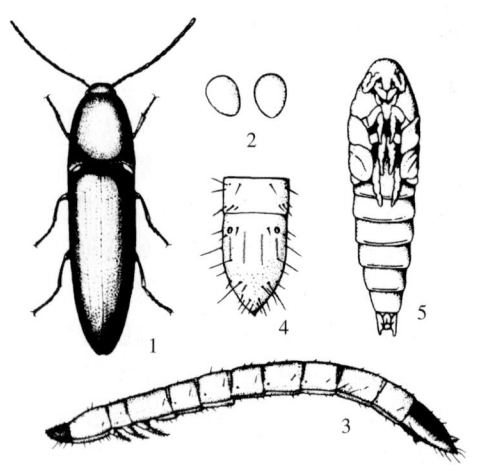

图14-3-2 细胸金针虫（引自魏鸿钧等，1989）
Figure 14-3-2 *Agriotes fuscicollis* (from Wei Hongjun et al., 1989)
1. 成虫 2. 卵 3. 幼虫 4. 幼虫臀节 5. 蛹

（三）生活习性

1. 生活史 细胸金针虫一般2年完成1代。但据室内饲养观察，该虫有世代重叠现象，在相同饲养条件下，1年1代者占2.78%～3.93%，2年1代者占71.43%～95.83%，3年1代者占4.17%～24.64%，还有极少数4年才能完成1代。以成虫和幼虫在20～40cm深的土中越冬。越冬成虫在春季10cm深处土温升至7.6～11.6℃、气温5.3℃时开始出土活动，10cm深处土温平均达15.6℃、气温13℃左右时是活动盛期。

在陕西关中，越冬成虫3月上旬或中旬开始活动，4月中旬或下旬为活动盛期，6月中旬为活动末期。4月下旬开始产卵，产卵期39～47d；卵期13～38d，平均26d；幼虫期427～486d，平均451d；预蛹期4～11d，平均7.5d。田间6月下旬见蛹，直至9月下旬。蛹期8～22d，平均13.4d。成虫羽化后即在土室中潜伏，直至翌春3月出土活动。雌成虫寿命239～353d，平均285d；雄成虫寿命207～353d，平均263d。成虫寿命虽长，但出土活动时间只有75d左右，产卵前期约40d。

在甘肃临洮海拔1 886.6m地带观察，细胸金针虫大多数为2年多完成1代，少数3年完成1代。以不同龄期的幼虫在20～50cm深的土层中越冬，卵期28～35d，幼虫期平均556d，蛹期20d，成虫期285d，全生育期889～896d。6月下旬老熟幼虫在20～40cm深的湿润土层中化蛹，7月中旬羽化为成虫，但仍然蛰伏在土室中越冬。翌年4月上旬春小麦3叶期成虫陆续出土取食和交配、产卵。整个生育期经历3个年份，幼虫经历2个年份。越冬幼虫在3月平均气温0℃左右时开始活动，5月10cm深处土温达7～13℃时为害猖獗，此后在10～15cm深的土壤中活动，取食小麦、玉米地下根、茎部分。7月上旬至8月中旬地温达到17℃以上时，由于地表干燥，各龄幼虫即下潜到20～25cm深的土层内活动。地温越高，下潜越深，并停止为害。9月上旬0～10cm深处土温降到14℃左右时，大部分幼虫又上移到地表层为害。11月上旬地表封冻后，80%左右的幼虫在30～40cm深的土层中，少量在50cm深的土层以下越冬。

2. 主要习性

（1）成虫习性。成虫白天多潜伏在地表土缝中、土块下或作物根丛中。黄昏后出土在地面上活动。具有负趋光性和假死性。喜食小麦、玉米苗的叶片边缘或叶片中部叶肉，残留叶表皮和纤维状叶脉，被害叶片干枯后呈不规则残缺。对稍萎蔫的杂草有极强的趋性，故喜欢在草堆下栖息、活动和产卵。

成虫出土后1～2h内为交配盛期。交配方式为重叠式，交配时间数分钟至半小时不等，并可多次交配，一夜最多达6次。卵散产于表土层，0～3cm深的土层卵量占全部卵量的86%。每雌产卵5～70粒。

（2）幼虫习性。幼虫期全部在土壤中度过，随季节变化而上下迁移为害。初孵幼虫活泼，自相残杀习性较烈，老龄幼虫大为减弱。幼虫老熟后在土中20～30cm深处筑土室化蛹。

细胸金针虫幼虫在田间的空间分布符合负二项式分布，土壤深度10cm以上浅层分布基本与幼虫在整个活动深度土层内的空间分布相一致。春、秋两季大部分幼虫在深度10cm以上浅层土壤内取食为害。幼虫的抽样调查可选在春、秋为害期于深度 10cm 以上土层内进行，以平行线取样方法效果较佳。

（四）发生规律

1. 气候条件　土壤水分充足，是细胸金针虫发生、分布和为害猖獗必不可少的条件。研究结果表明，土壤含水量 10%～11% 是细胸金针虫成虫产卵的临界土壤湿度，以含水量 13%～19%，尤以 15% 左右时最适宜产卵。

在陕西关中地区，20 世纪 70 年代宝鸡峡水利工程竣工后，使百万亩旱田变为水浇地，地下水位升高，土壤结构变为黏重型，喜湿的细胸金针虫逐渐演变为当地的优势种。但自 20 世纪 80 年代后期以来，这一情况又发生了变化，细胸金针虫发生量很少，甚至绝迹，这一情况尚未见有关资料进行分析。

在河北，细胸金针虫过去都发生在过水易涝地，20 世纪 80 年代后期以来，因雨水偏少，更因兴修水利，使易涝地区解除了涝灾的威胁，因此细胸金针虫便向水涝地和植物覆盖率较高的地方转移，从而形成了京广、京沈铁路沿线水涝地区发生严重的现象。

2. 寄主　细胸金针虫主要为害小麦、玉米等禾本科作物和杂草，其他如花生、薯类、亚麻、向日葵、甜菜、苜蓿等也常遭受危害。

3. 土质　细胸金针虫喜欢微偏酸性的土壤，主要发生在黏土地。

4. 耕作方式　在深翻土壤、精耕细作的地块，一般发生为害较轻；初开垦的农田以及荒地、苜蓿地由于耕翻机会少，为害重。耕作对细胸金针虫不仅有直接的机械杀伤作用，而且通过夏翻或冬翻还可将休眠的虫体翻到土表，供鸟禽啄食或暴晒、冷冻致死。

仵均祥（西北农林科技大学）

三、褐纹金针虫

（一）分布与危害

褐纹金针虫 [*Melanotus caudex* (Lewis)]，又叫褐纹梳爪叩头虫，属鞘翅目叩头甲科梳爪叩头甲属。在我国，褐纹金针虫在华北地区常与细胸金针虫混合发生，同时在陕西、甘肃、新疆、湖北、广西和辽宁等省（自治区）也有发生。在国外，褐纹金针虫主要分布于北美洲、欧洲和亚洲。褐纹金针虫的寄主种类较多，主要有小麦、大麦、玉米、高粱、谷子、花生、甘薯、马铃薯、豆类、芝麻、棉、麻类、甜菜、蔬菜和牧草等。

褐纹金针虫为常见的地下害虫，食性广而杂。其幼虫长期生活于土壤中，能为害小麦、玉米、高粱等多种农作物及林木、蔬菜。其成虫在地上活动的时间不长，只能取食一些禾谷类和豆类等作物的嫩叶，不造成严重的危害。

（二）形态特征

成虫：体长 8～10mm，体宽约 2.7mm，体细长，被灰色短毛，黑褐色（图 14-3-3，1）。头部黑色，向前突，密生刻点。触角暗褐色，第二、三节近球形，第四节较第二、三节稍长，第四至十节锯齿状。前胸背板黑色，长明显大于宽，刻点较头上的小，后角尖，向后突出。唇基分裂。鞘翅狭长，为胸部 2.5 倍，黑褐色，自中部开始向端部逐渐缢尖，具纵列刻点 9 条。腹部暗红色。足暗褐色。爪梳状（图 14-3-3，3）。

卵：初产白色略黄，椭圆形，长约 0.6mm、宽约 0.4mm。孵化前呈长卵圆形，长宽约为 3mm×2mm。

幼虫：末龄幼虫体长 25～30mm，宽约 1.7mm，体细长，呈圆筒形，茶褐色，具光泽（图 14-3-3，2）。头扁平，呈梯形，上具纵沟，布小刻点；身体背面中央具细纵沟及微细点刻。第一胸节长，第二胸节至第八腹节各节的前缘两侧均具深褐色新月形斑纹。尾节扁平而长，近圆锥形，前缘具半月形斑 2 个，前部具纵纹 4 条，后半部具皱纹，且密生大刻点，尖端有 3 个小突起，中间的尖锐，呈红褐色。幼虫共 7 龄。

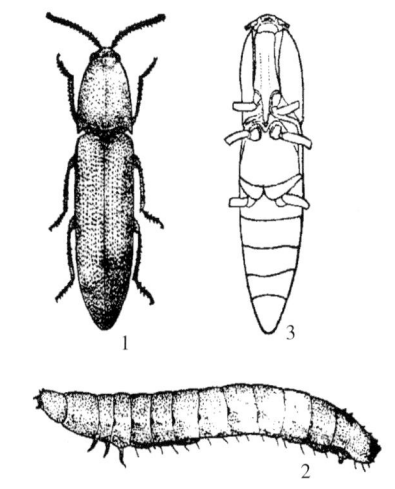

图 14-3-3　褐纹金针虫（引自魏鸿钧等，1989）
Figure 14-3-3　*Melanotus caudex*（from Wei Hongjun et al., 1989）
1. 成虫　2. 幼虫　3. 成虫腹面

蛹：体长 9～12mm，初蛹乳白色，后变黄色，羽化前棕黄色。前胸背板前缘两侧各斜竖 1 根尖刺。尾节末端具 1 根粗大臀棘，生有斜伸的两对小刺。

（三）生活习性

褐纹金针虫为昼伏夜出型地下害虫。生活史的历期长，且有世代重叠现象，在同一调查地块可以见到不同龄期的幼虫为害。据张范强等（1986）在陕西咸阳地区观察，褐纹金针虫完成 1 代历期最长为1 400d，最短为 1 052d，平均为 1 163.2d，3 年发生 1 代。当年孵化的幼虫，发育到三至四龄越冬，第二年以五至七龄幼虫越冬，第三年正常发育的幼虫于 7～8 月以六至七龄老熟幼虫化蛹，化蛹深度为 20～30cm。蛹期 14～28d，平均 17d。成虫羽化后即在土内越冬。

褐纹金针虫在 6 月中、下旬成虫羽化，活动能力较强，对刚腐烂的禾本科杂草具有趋性。成虫寿命258～303d，平均 288.1d。成虫昼出夜伏，7：00～20：00 均有活动，以 14：00～16：00 最盛，夜晚潜伏于 10cm 深的土中或土块、枯草下等处，也有潜伏在叶背、叶腋或小穗处过夜的。成虫具伪死性，多在麦株上部叶片或麦穗上停留。

越冬成虫在 5 月上旬，当旬平均土温（10cm 深处）17℃、气温 16.7℃时，开始出土。10cm 深的土温上升到 20℃、气温达 18℃时，成虫大量出土活动，活动适宜温度为 20～27℃。此期间湿度大小直接影响成虫的活动，成虫发生期日降水量在 4mm 以上，或连日阴雨，对其活动有利，特别在干旱天气若遇降雨，成虫数量猛增。成虫终见期在 6 月中旬，发生期 21～41d，盛期 7～14d。

成虫多在麦株或地表交配，呈背负式，有多次交配和多雄争一雌的现象，交配时间 8～18min。5 月底至 6 月下旬为产卵期，产卵盛期为 6 月上、中旬，雌虫卵产于麦株根际 10cm 深的土层中，多散产。卵发育历期 8～21d，平均 16d，孵化整齐。

幼虫喜潮湿的土壤，在春、秋两季为害，一般在 5 月 10cm 深处土温 7～13℃时为害严重，7 月上、中旬土温升至 17℃时，即逐渐停止为害。4 月上、中旬，旬平均土温（10cm 深处）为 9.1～12.1℃时，越冬幼虫大部分在表土层活动为害；4 月下旬至 5 月下旬是为害盛期；6～8 月大部分老龄幼虫下潜到20cm 以下的土层栖息。秋季 9 月上、中旬，10cm 深处平均土温为 18～16℃时，幼虫又上移到表土层为害麦苗；10 月下旬，10cm 深处平均土温降到 8℃左右，幼虫开始下移准备越冬，越冬深度多在 40cm 以下。

（四）发生规律

褐纹金针虫的发生与土壤条件有关，适宜发生于湿润疏松，pH7.2～8.2，有机质 1％的土壤中。碱土、有机质少的土壤中较少发生。土壤干燥，有机质很少的碱性土壤对其极为不利。褐纹金针虫在陕西关中地区 3 年完成 1 代，以成虫或幼虫在 20～40cm 深的土层中越冬。10cm 深处地温达 20℃，相对湿度60％时，成虫大量出土，当相对湿度达 63％～90％时雄虫活动极其频繁，湿度 37％以下很少活动，所以久旱逢雨对其活动极其有利。成虫昼出夜伏，以 14：00～16：00 活动最盛，夜晚潜伏于土中或土块、枯草下等处，也有潜伏在叶背或小穗处过夜的。成虫具假死性，无趋光性，有叩头弹跳能力，多在麦株上部叶片或麦穗上停留。越冬成虫在翌年 5 月上旬开始活动，5 月中旬至 6 月上旬活动最盛。5 月底至 6 月下旬为成虫产卵期，6 月上、中旬为产卵盛期。雌虫产卵于麦株等根际 10cm 深的土层中，多散产，卵期约16d，孵化整齐。幼虫在 4 月上、中旬，地温 9～13℃时开始在耕作层活动，为害幼苗，大约 1 个月后幼虫开始下潜，9 月又上升至耕作层为害秋季麦苗，10cm 深处地温 8℃时又下潜至 40cm 以下越冬。幼虫越冬 2 次，4 月下旬至 5 月下旬是为害盛期，至第三年 7～8 月幼虫老熟化蛹。成虫羽化后当年不出土，经越冬后翌年春季才出土活动和产卵。

褐纹金针虫的发生受环境因素的影响较大，其中以温度和湿度的影响较大。褐纹金针虫在土层中上下迁移活动受温度的影响比较明显。近年来，由于冬季气候变暖，褐纹金针虫下潜越冬时间延后，同时降低了幼虫越冬死亡率，增加了虫口基数。春季气温回升较早，褐纹金针虫上迁为害时间提前，延长了褐纹金针虫的整个为害期，增加了为害株率，提高了损失率。除温度外，褐纹金针虫的为害程度还与降水量密切相关。

褐纹金针虫的发生还受到耕作栽培制度的影响。一般来讲，褐纹金针虫在精耕细作地区发生较轻。近年来，耕作制度的改革给褐纹金针虫创造了有利的取食和栖息环境。特别是近年来保护性耕作和免耕栽培的大面积推广，导致了地下害虫种群逐年积累，为害日趋严重。此外，随着复种指数的提高，套种夏玉米等作物的播种期提前，小麦收获后土壤不能及时耕翻，从小麦到玉米使褐纹金针虫原地不动就完成了食物衔接。对褐纹金针虫的栖息环境破坏较少，有利于该虫生存，这就是 2000 年以来褐纹金针虫种群稳定和为害加重的主要原因。

1. 虫情测报 褐纹金针虫的虫源基数因地、因时、因生态环境变化很大。因此，应密切注意其发生动态，做好预测预报工作。根据褐纹金针虫的移动规律，应加强春季的虫情调查，当金针虫上升至表土层 10cm 左右，返青麦苗开始出现少数被害时，需及时发报。春季金针虫上升为害与气温关系密切。当小麦返青至拔节期雨日多，旬降水量达到 15mm 时，可预报为重发生。另外，每年根据不同土质、不同茬口褐纹金针虫的虫口密度，确定重点防治区域及田块，有的放矢，提高防治效果。

2. 耕作方式 耕作粗放地区，间作套种面积较大地区及荒地、杂草丛生的地段，因耕翻较少，褐纹金针虫能安全地完成生活史，所以发生较重。而精耕细作地区，因麦收后及时伏耕，加重了机械损伤，蛹室及出蛰后成虫的土室遭到破坏，部分成虫、幼虫、蛹被翻至地表，使其死亡率增加，所以发生较轻。

3. 土壤条件 褐纹金针虫适宜生存的 pH 范围为 6.9~8.8，地温与含水量比值为 1.1~2.6，土质中壤、中壤偏黏或黏土。褐纹金针虫不耐土壤干燥，喜湿润，在干旱土壤里为害很轻，其适宜的土壤含水量为 20%~25%。褐纹金针虫适宜在较低温度下生活，早春由深层上升为害早，秋后较耐低温，入蛰迟。土壤平均温度在 10~15℃ 时为为害盛期，20℃ 时停止为害，冬季潜伏于深层土壤中越冬。小麦秋苗期及早春返青期易受金针虫为害，以早春受害最重。

武予清（河南省农业科学院植物保护研究所）

四、宽背金针虫

（一）分布与危害

宽背金针虫 [*Selatosomus latus*（Fabricius）] 属鞘翅目叩甲总科叩甲科金叩甲属。我国新疆、内蒙古、黑龙江、甘肃、河北及宁夏等地均有分布，是我国西北部地区的主要金针虫种类。有时在局部地区为害很严重。如黑龙江嫩江、甘肃古浪、河北坝上地区都是此种虫集中为害的地方，以沿河流开放的草原流域、退化淋溶黑钙土、栗钙土地带发生较重。国外分布于俄罗斯西伯利亚、哈萨克斯坦、蒙古等地。多在新开垦的农田中为害小麦、大豆、树苗根部，也可为害玉米、高粱、谷子、薯类、甜菜、棉花、苜蓿等。

据郭玉琳等（1985）报道，在甘肃古浪县共查到 7 种金针虫，除 3 种未鉴定出种外，有宽背金针虫、细胸金针虫、褐纹金针虫和虎斑金针虫 4 种，其中宽背金针虫占 53.61%。在嫩江地区宽背金针虫约占虫量的 90%，是黑龙江的重要害虫之一。也是辽宁东部人参产区的优势种，新开垦的人参地块 2012 年遭此虫为害十分严重，不仅咬食人参种子及根部，也能钻进高龄参茎内为害，导致其生长缓慢或停止生长，品质变劣，产量下降，虫害伤口常受细菌侵染，致使人参根部全部腐烂，其损失十分惨重。

（二）形态特征

成虫：雌虫体长 10.5~13.1mm，雄虫体长 9.2~12.0mm，体形粗短宽厚。体褐铜色或暗褐色。头具粗大刻点。触角暗褐色而短，端不达前胸背板基部，第一节粗大，棒状，第二节短小，略呈球形，第三节比第二节长 2 倍，从第四节起各节略呈锯齿状。前胸宽大于长，前胸背板横宽，侧缘具有翻卷的边沿，向前呈圆形变狭，后角尖锐刺状，伸向斜后方。小盾片横宽，半圆形。鞘翅宽，适度凸出，端部具宽卷边，纵沟窄，有小刻点，沟间突出。足棕褐色，腿节粗壮，后跗节明显短于胫节（图 14-3-4，1）。

卵：乳白色，近球形，直径约 0.7mm。

幼虫：体宽扁，老熟幼虫体长 20~22mm，体棕褐色。腹部背片不显著凸出，有光泽，隐约可见背纵线。腹部第九节端部变窄，背片具圆形略凸出的扁平面，上覆有 2 条向后渐近的纵沟和一些不规则的纵皱，其两侧有明显的龙骨状缘，每侧有 3 个齿状结节。尾节末端分叉，缺口呈横卵形，开口约为宽径之半。左右两叉突大，每一叉突的内支向内上方弯曲；外支如钩状，向上，在分支的下方有 2 个大结节：一个在外支和内支的基部，一个在内支的中部（图 14-3-4，2）。

蛹：体长约 10mm。初蛹乳白色，后变为白色带浅棕色，羽化前复眼变黑色，上颚棕褐色。前胸背板前缘两侧各具 1 个

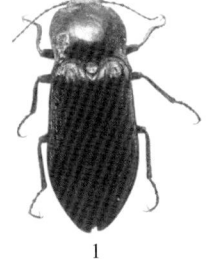
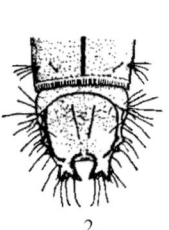

图 14-3-4　宽背金针虫（引自王小奇等，1989）
Figure 14-3-4　*Selatosomus latus*（from Wang Xiaoqi et al.，1989）
1. 成虫　2. 幼虫腹末节

尖刺突，腹部末端钝圆状，雄蛹臀节腹面具瘤状外生殖器。

(三) 生活习性及发生规律

宽背金针虫需 4~5 年完成 1 代，以成虫和幼虫越冬。在黑龙江成虫于 5 月开始出现，一直延续到6~7 月，成虫出现后不久就交配产卵。越冬幼虫于 4 月末至 5 月初即开始上升活动，春小麦收割后翻耕地时常见很多幼虫化蛹。

宽背金针虫耐干旱，如遇过于干旱的土壤，也不能长期忍耐，但能在较干旱的土壤中较久存活，此特性使其能分布于开放广阔的草原地带，属于草原区系的种类。在干旱时往往以增加对植物的取食量来补充水分的不足，为害常更突出。其生存能力较强，在食物不足、无活体植物可食的情况下，越冬后的大龄幼虫可存活 7 个月以上。在黑龙江，宽背金针虫在 30cm 深以内的土层中可以越冬，0~10cm 深的土层越冬虫量最多，越冬平均深度为 8.18cm。

宽背金针虫多在腐殖质较多的林区土壤环境中发生。植被条件对宽背金针虫的种群数量分布影响较大。其中针叶林中虫量最多，其次是混交林，阔叶林中虫量最少。

武予清（河南省农业科学院植物保护研究所）

五、金针虫的防治技术

金针虫作为一种典型的"K-对策"地下害虫，对其防治应坚持以"农业防治为基础、综合治理"的防控策略。在预测预报的基础上，贯彻"播种期防治与生长期防治相结合"、"幼虫防治与成虫防治相结合"、"化学防治与其他防治相结合"的防治技术措施，并注重兼治其他地下害虫。在采用化学防治时可参考沟金针虫的防治指标，20 世纪 80 年代初期和 90 年代初期的研究结果均表明，沟金针虫的防治指标以 5 头/m^2 为宜。

(一) 农业防治

1. 精耕细作　耕作对金针虫有直接的机械杀伤作用。在金针虫发生严重的小麦田进行精耕细作，特别是在播种前进行深耕细耙，除直接的机械损伤，也能将土中蛹及休眠幼虫或越冬成虫翻至土表，从而遭受不良天气和天敌侵袭而死亡，以降低金针虫密度。及时将田间杂草除净，减少金针虫早期食料，也可消灭或减少部分幼虫和卵。另外，注意在施用粪肥时不施未腐熟的生粪，避免招引金针虫和其他趋粪的地下害虫。

2. 合理轮作　水旱轮作是控制金针虫等地下害虫的农业防治措施之一。春季适时灌水，迫使上升至土表的金针虫幼虫下潜或死亡，可以减轻为害。

3. 冬季深翻　封冻前 30d 左右深耕土壤 35cm，并随耕捡虫，通过破坏其生存和越冬环境，可压低虫口密度 15%~30%。同时，也能杀伤其他地下害虫。

(二) 生物防治

室内利用绿僵菌 Mf2 菌株对沟金针虫进行毒力测定，结果表明绿僵菌 Mf2 菌株 $1.0×10^8$ 个/mL 和 $1.0×10^7$ 个/mL 两种浓度的孢子液对沟金针虫均有明显致病力。细胸金针虫对苏云金杆菌较为敏感。试验表明，在室内饲养条件下设不同浓度梯度毒土接入健壮供试虫体，经 48~96h 虫体死亡率达到最高，其中低龄幼虫更敏感。

迄今为止，已经有 20 余种叩甲科昆虫的性信息素得到了鉴定，利用性信息素进行金针虫的田间防治在日本和欧美国家得到了广泛的应用，在低虫口密度下可以达到较为理想的效果。

(三) 物理防治

利用金针虫成虫的趋光性，于成虫发生期在田间地头设置杀虫灯诱杀成虫。例如，沟金针虫、褐纹金针虫具有较强的趋光性，利用黑光灯进行诱杀，有一定的防治效果。试验表明，黑绿单管双光灯（一半绿光、一半黑光）诱杀效果更为理想。

(四) 化学防治

1. 药剂拌种　药剂拌种是播种期防治金针虫的主要方法。用 50%辛硫磷乳油或 50%甲基异柳磷乳油按种子量的 0.2%拌种，在虫口密度大的地方，小麦播种前必须进行拌种。播种前上述药剂、水、种子按 1：50~100：500~1 000 的比例拌种，将拌湿的种子堆闷 2~3h，摊开晾干后即可播种，药剂拌种的有效期为 30d。或用 40%甲基异柳磷乳油 250mL，加水 5~6kg，拌小麦种子 250kg。或用 18.5%适·甲柳悬浮种衣剂 1：20：500（药：水：种子）包衣对金针虫等地下害虫的防治效果达到 97.4%。或用 48%毒死蜱悬浮种衣剂按种子重量的 0.16% 剂量对麦种进行包衣，对金针虫、蛴螬、蝼蛄等地下害虫具有很好的防治效果。

2. 土壤处理 每公顷用 5% 辛硫磷颗粒剂或 3% 甲基异柳磷颗粒剂 37.5kg，在耕地时撒施土壤内或播种沟内。或用 50% 辛硫磷乳油每公顷 3～3.75kg，加水 10 倍，喷于 25～30kg 细土上拌匀成毒土，顺垄条施；用 5% 甲基毒死蜱颗粒剂每公顷 30～45kg 拌细土 25～30kg 制成毒土；或用 5% 辛硫磷颗粒剂每公顷 37.5～45kg 处理土壤。

3. 药剂盖种或诱杀 对于玉米、花生等稀植类作物，每公顷用 5% 辛硫磷颗粒剂 30kg，于播种或移栽时施入播种穴或盖种，此法简单易行，防效较好。或用 5% 辛硫磷颗粒剂按每 667m² 2～2.5kg 随种子施入。或每公顷用 5% 辛硫磷颗粒剂 18.75kg 拌干粪 1 500kg，随小麦播种施入地下，可诱杀金针虫等地下害虫。

4. 根部灌药 在冬小麦拔节初期或作物苗期有沟金针虫为害时，可用 20% 毒死蜱或 50% 辛硫磷乳油 1 000 倍液，顺垄或逐株喷施。苗期如发现幼虫为害，可选用 48% 毒死蜱乳油 500 倍液、50% 二嗪磷乳油 500 倍液、50% 辛硫磷乳油 500 倍液，每隔 8～10d 灌根 1 次，连灌 2～3 次。在幼虫密度高的地块，可选用 40% 甲基异柳磷乳油 0.750～1.125kg/hm² 对水 750～1 125kg，2.5% 溴氰菊酯乳油 6 000 倍液、20% 氰戊菊酯乳油 4 000 倍液，去掉喷头，利用喷雾器，顺着麦垄或玉米定植穴灌根。

仵均祥（西北农林科技大学）

武予清（河南省农业科学院植物保护研究所）

第 4 节 蝼 蛄

蝼蛄属直翅目蝼蛄科蝼蛄属。我国记载有 8 种，其中分布最广泛、为害最严重的种类有华北蝼蛄（*Gryllotalpa unispina* Saussure）和东方蝼蛄（*G. orientalis* Burmeister）。此外，普通蝼蛄（*G. gryllotalpa* Linnaeus）又称欧洲蝼蛄，是华北蝼蛄的近似种，国内仅在新疆局部地区分布为害，国外分布于欧洲、非洲北部。台湾蝼蛄（*G. formosana* Shiraki）主要分布在台湾、广东和广西，福建晋江、江西庐山亦有过采集记录。另外，1990 年以后发现并定名的有：金秀蝼蛄（*G. jinxiuensis* You et Lin, 1990），河南蝼蛄（*G. henana* Cai et Niu, 1998），杨正泽在台湾发现的 *G. dentista* Yang（1995），以及李晓东、马丽滨、许升全 2007 年记录的新种——武当蝼蛄（*G. wudangensis* sp. nov.）。其中，东方蝼蛄在我国从 1929 年开始至 1992 年一直被误称为非洲蝼蛄。随着昆虫分类学的进展，康乐（1993）对我国蝼蛄种类进行了考证，证实我国一直称为非洲蝼蛄的应该为东方蝼蛄。

一、分布与危害

蝼蛄分布较广，是最活跃的地下害虫，食性广而杂，成虫、若虫均为害严重。咬食各种作物种子和幼苗，喜欢取食刚发芽的种子。取食幼根和嫩茎，可咬食成乱麻状或丝状，使幼苗生长不良甚至死亡，造成严重缺苗断垄。另外，蝼蛄在土壤表层窜行为害，造成种子架空漏风、幼苗吊根，导致大面积种子不能发芽，幼苗失水而死，损失非常严重。

华北蝼蛄（又称单刺蝼蛄）：国内主要分布于 32°N 以北地区，发生区遍及东北、华北和西北。北起黑龙江（肇源）、内蒙古（锡林郭勒盟）、新疆（乌鲁木齐），南限在长江附近，最南采自上海、浙江慈溪、安徽宣城、湖北阳新，东接国境线，西自甘肃西延，直达新疆西陲（喀什、疏附）。一般农区密度较大，是重要的苗期地下害虫。国外分布于前苏联（西伯利亚）、中亚、土耳其等。主要为害麦类、棉花、豆类、花生、甘薯等多种旱地作物和林果苗木。

东方蝼蛄：国内除新疆未见外，其余各省（自治区、直辖市）均有分布。在长江以北，常与华北蝼蛄混合发生，北、南、东三面均接近边境线；西达甘肃民勤、武威和青海湟中，由此折入四川、云南，再向西扩展至西藏。国外分布于朝鲜、日本（北海道）、菲律宾、越南、老挝、泰国、缅甸、印度、斯里兰卡、马来西亚、新加坡、印度尼西亚、巴基斯坦、阿富汗、伊朗、伊拉克、以色列、欧洲（南部）、非洲（埃及、毛里求斯）以及巴布亚新几内亚、新西兰、澳大利亚、夏威夷等。为害多种旱地作物及果木幼苗。

二、形态特征

（一）华北蝼蛄

成虫：雌虫体长 45～66mm，头宽约 9mm；雄虫体长 39～45mm，头宽约 5.5mm。体黄褐色，全身密被黄褐色细毛（图 14-4-1，1）。头部暗褐色，头中央有 3 个单眼，触角鞭状。前胸背板盾形，背中央有 1 个心脏形、凹陷、不明显的暗红色斑。前翅黄褐色，长 14～16mm，覆盖腹部不到一半；后翅长远超越腹部，达尾须末端。足黄褐色，前足发达；其腿节下缘不平直，中部向外突，弯曲成 S 形；后足胫节内侧仅有 1 个背刺（图 14-4-1，3）（故又称为背刺蝼蛄）。雄性生殖器粗壮，后角长，端部尖舌状，阳茎腹片向阳茎侧突囊下方延伸弯折，末端分叉，整体呈 W 状（铁锚状）。

卵：椭圆形，初产时长 1.6～1.8mm，宽 1.3～1.4mm，以后逐渐膨大，孵化前长 2.4～3.0mm，宽 1.5～1.7mm。初产时为黄白色，后变为黄褐色，孵化前呈深灰色。

若虫：若虫共有 13 龄。初孵若虫体长约 3.5mm，末龄若虫体长约 41.2mm（图 14-4-1，2）。初孵时体乳白色，以后体色逐渐加深，复眼淡红色，头部淡黑色；前胸背板黄白色，腹部浅黄色，二龄以后体黄褐色，五龄后基本与成虫同色，体形与成虫相仿，仅有翅芽。

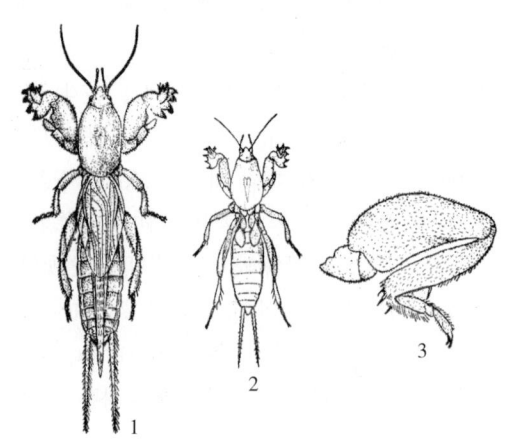

图 14-4-1 华北蝼蛄（仿魏鸿钧等，1989）

Figure 14-4-1 *Gryllotalpa unispina* (from Wei Hongjun et al., 1989)

1. 成虫 2. 若虫 3. 成虫后足

（二）东方蝼蛄

成虫：雌虫体长 31～35mm，雄虫体长 30～32mm。体淡灰褐色或淡灰黄色，全身密被细毛（图 14-4-2，1）。头圆锥形，暗褐色。触角丝状，黄褐色。复眼红褐色，单眼 3 个。前胸背板从上面看呈卵形，背中央凹陷长约 5mm。前翅灰褐色，长约 12mm，覆盖腹部达一半；后翅卷缩如尾状，长 25～28mm，超越腹部末端。前足发达，其腿节下缘正常，较平直；后足胫节内侧具 3 枚背刺（图 14-4-2，3）。雄性生殖器粗壮，侧面观有折形，后角短，端部平凹，位于腹突之上；阳茎腹片向两侧延伸成 M 状。

卵：椭圆形，初产时长约 2.8mm，宽 1.5mm，孵化前长约 4.0mm，宽约 2.3mm。初产时乳白色，渐变为黄褐色，孵化前暗紫色。

若虫：若虫有 8～9 龄（图 14-4-2，2）。初孵若虫体长约 4mm，末龄若虫体长约 25mm。若虫初孵化时体乳白色，复眼淡红色，数小时后头、胸、足渐变为暗褐色，并逐步加深；腹部浅黄色。第三龄若虫初见翅芽，第四龄时翅芽长达第一腹节，末龄若虫翅芽长达第三、四腹节。

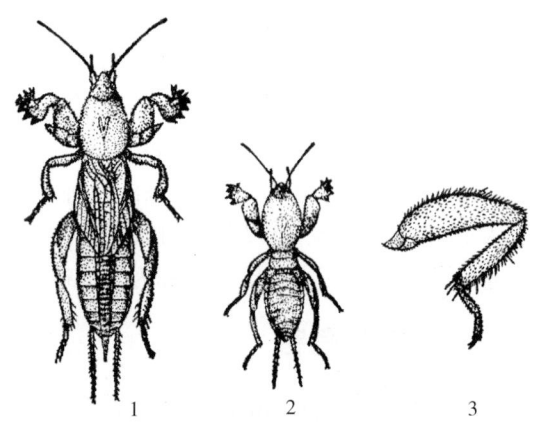

图 14-4-2 东方蝼蛄（仿魏鸿钧等，1989）

Figure 14-4-2 *Gryllotalpa orientalis* (from Wei Hongjun et al., 1989)

1. 成虫 2. 若虫 3. 成虫后足

三、生活习性

华北蝼蛄和东方蝼蛄均是昼伏夜出，21：00～23：00 为活动取食高峰。它们具有强烈的趋光性。而且对香、甜的物质气味有趋性，特别嗜食煮至半熟的谷子、棉籽及炒香的豆饼、麦麸等；对马粪、有机肥等未腐熟有机物也具有趋性。蝼蛄有群集特点，初孵若虫群集、怕光、怕风、怕水。东方蝼蛄孵化后 3～6d 群集在一起，以后分散为害；华北蝼蛄第一至二龄若虫仍为群居，第三龄后才分散为害。另外，蝼蛄喜欢栖息在河岸、渠旁、菜园地及轻度盐碱潮湿地，而且东方蝼蛄比华北蝼蛄更喜湿；具有明显的"蝼蛄跑湿不跑干"的行为特性。

华北蝼蛄属于不完全变态,具有成虫、卵、若虫 3 个虫态。华北蝼蛄完成一个世代约需 1 131d,其中,卵期最长为 23d,最短为 11d,平均为 17.1d;若虫共有 12 龄或 13 龄。若虫蜕皮完毕后,有 2~3d 休止状态;蜕皮后的若虫大都把蜕下的皮吃掉。若虫历期最长为 817d,最短为 692d,平均为 736d;成虫寿命变化较大,其中最长的为 451d,最短的为 278d,平均为 378d。华北蝼蛄雌、雄成虫进行交配的时间,大多数是在 20:00~24:00。

东方蝼蛄亦有成虫、卵、若虫 3 个虫态。卵期平均为 15~17d。若虫不同个体龄期数 7~10 龄不等,8~9 龄者为最多。由于成虫羽化有当年和来年的区别,若虫历期存在很大差别,且龄期数越多历期越长。同时,羽化月份越晚,历期越长。例如,成虫在当年羽化的若虫历期平均约为 105d;间隔不同年份羽化的若虫历期为 341~443d。当年羽化的成虫,经过越冬,于第二年产卵,产卵前期平均为 275d;翌年羽化的,若虫历期较长,有的当年交配产卵,产卵前期较短,平均为 55.5d;单雌总产卵量平均 100 余粒。8 月后羽化的成虫绝大多数经过越冬,至第三年产卵,产卵前期平均为 287d。东方蝼蛄生活史少数为 1 年 1 代,跨过两个年度,整个生活史约 390d;绝大多数为 2 年 1 代,跨 3 个年度,整个生活史为 740d。

四、发生规律

华北蝼蛄:是我国北方的重要地下害虫种类,国内主要分布于长江以北地区。在各地约需 3 年完成 1 代。在华北地区,雌、雄蝼蛄交配大多开始于 5 月上旬,6 月为盛期。越冬成虫产卵盛期在 6~7 月;1 头雌虫一生产卵量 53~1 072 粒。成虫交配产卵后,大部分当年死亡,少数能越冬。卵孵化盛期在 6 月上旬至 8 月下旬,气温是影响卵期和孵化率的主要因素。若虫到秋季达八至九龄时,深入土中越冬。越冬若虫翌年 4 月上、中旬开始活动为害,当年蜕皮 3~4 次,至秋季以大龄若虫(十二至十三龄)越冬,第三年越冬后春季又开始活动,8 月上、中旬若虫老熟,最后 1 次蜕皮羽化为成虫;为害一段时间后即以成虫越冬,至第四年 5 月成虫开始交配产卵。

华北蝼蛄在一年中的活动规律与温度及湿度关系密切。土深 10~20cm 处,土温为 16~20℃、土壤含水量为 22%~27%,有利于蝼蛄活动,土壤含水量小于 15% 时,其活动减弱;在雨后和灌溉后常使蝼蛄为害加重;所以,蝼蛄在春、秋季节有两个为害高峰。当早春气温回升到平均 5℃ 左右、20cm 深处地温 3℃ 时,越冬虫体开始苏醒;当平均气温 7~8℃、20cm 深处地温 5.4℃ 左右时,地面出现拱形隧道,开始为害幼苗或发芽种子;地温升至 20℃ 以上时,则活动频繁,为害最烈,成虫进入交尾产卵期。进入秋季后,当地温降至 25℃ 以下时,成虫、若虫开始大量取食,积累营养,准备越冬。成虫或若虫在土表以下 60~160cm 深处单头分散越冬。华北蝼蛄喜欢在轻盐碱地、腐殖质多的壤土和沙壤地里产卵。

东方蝼蛄:在我国各省(自治区、直辖市)均有分布,属全国性害虫。在华中、长江流域及其以南各省(自治区、直辖市)每年发生 1 代;华北、东北、西北 2 年左右完成 1 代;陕西南部约 1 年发生 1 代,陕西关中 1~2 年发生 1 代。东方蝼蛄一年中的活动规律与华北蝼蛄相似。在黄淮地区,越冬成虫 5 月开始产卵,盛期为 6~7 月;卵经 13~28d 孵化(随气温而变化)。当年孵化的若虫发育至四至七龄后,在 40~60cm 深的土中越冬。第二年春季恢复活动,为害至 8 月开始羽化为成虫。当年羽化的时间在 9~10 月,翌年羽化的始于 4 月,盛期在 8~9 月;当年羽化的成虫少数可产卵,大部分越冬后,至第三年才产卵。在黑龙江越冬的成虫活动盛期在 6 月上、中旬,越冬若虫的羽化盛期在 8 月中、下旬。东方蝼蛄有较强的趋光性,喜栖息在沿河、沟渠、近湖等低湿地区,在轻盐碱地、腐殖质多的壤土和沙壤地里发生为害严重。

在黄淮海地区,东方蝼蛄的发生为害一般分为 4 个时期。越冬休眠期:从 11 月上旬(立冬)至翌年 2 月下旬,成虫、若虫停止活动,一洞一虫,在 40~60cm 深处土中休眠。苏醒为害期:2 月上旬(立春)气温回升到 5℃ 左右,蝼蛄开始苏醒;3 月上旬(惊蛰)由洞穴深处上移,中午气温超过 10℃ 以上开始为害幼苗等;4 月上旬(清明)至 5 月下旬(小满),20cm 深处土温已上升到 15~26℃,此时是为害最严重时期。越夏繁殖为害期:6~8 月气温高,平均 23.5~29℃,此时是蝼蛄产卵盛期,对夏播作物为害严重。秋播作物暴食为害期:8 月(立秋)以后,新羽化的成虫和当年孵化的若虫已达三龄以上,均待取食,为生长发育积累养分,以抵御寒冷,做越冬准备,故为害秋播作物发芽种子和幼苗严重;在 11 月上旬以后停止为害,开始越冬。

五、防治技术

(一) 农业防治

深耕翻地、中耕细耙，消灭蝼蛄栖息和繁殖场所，可以压低虫口密度，减轻为害。耕、翻、耙等农业措施不仅能杀伤和杀死大量的越冬蝼蛄及其卵，还可招引食虫鸟寻食，减少越冬虫源基数。在有条件的情况下，秋末大水冬灌可压低虫口数量、减轻蝼蛄翌年春季的为害。另外，采用水旱轮作也是一种很好的防治措施。

(二) 诱杀和捕杀

蝼蛄具有很强的趋光性、趋化性、趋粪性，可利用这些特性来诱杀。在蝼蛄羽化期间，19：00～22：00可利用黑光灯诱集捕杀成虫。因其对香甜物质具有趋性，可将玉米面、谷子、豆饼、麦麸等炒至半熟（有香味），按比例与农药搅拌均匀，做成毒饵，于晴天傍晚撒在作物行间、苗根附近，或隔一定距离撒一堆；一般每公顷需用毒饵 75kg 左右；可采用 90％敌百虫晶体 30 倍液或 50％乐果乳油 30 倍液拌匀，药量为饵料的 0.5％～1.0％，加适量水拌潮，顺着栽培行均匀撒施在作物根部附近。同样，将白糖 250g、白酒 50g、90％敌百虫晶体 130～150g、5kg 温水拌匀做成毒饵，晚间撒在地里，也可收到较好的防治效果。或在作物行间每隔 20m 左右挖一小坑，将厩肥、马粪或带水的鲜草放入坑内诱集，翌日清晨可到坑内集中捕杀。另外，在蝼蛄发生为害期间，根据蝼蛄活动产生的新鲜隧道，进行人工捕杀。

(三) 保护利用天敌

鸟类是蝼蛄的重要天敌。可在田间周围栽植杨、刺槐等防风林，招引红脚隼、戴胜、喜鹊、黑枕黄鹂和红尾伯劳等食虫鸟，以控制蝼蛄。蝼蛄也有其他微生物天敌和昆虫天敌，如白僵菌、黄褐螳螂等（参见本单元蛴螬部分），注意保护利用，控制蝼蛄为害。

(四) 化学防治

利用化学防治技术控制蝼蛄为害，主要采用药剂浸种、拌种、种衣剂、毒饵、撒施毒土、浇灌药液等方法。

1. 种子处理 用 50％辛硫磷乳油 1kg，对水 50kg 稀释后喷洒在 500kg 小麦、玉米、谷子等种子上，搅拌均匀或浸种。每 100kg 种子用 50％甲柳·三唑酮乳油 50～75g 拌种，也可用 50％二嗪磷乳油按种子量 0.2％～0.3％进行拌种。

2. 种子包衣 使用 25％甲·克悬浮种衣剂按种子量的 0.7％～1％、15％甲柳·福美双悬浮种衣剂 1：40～1：50（药种比）、每 100kg 种子用 15％吡·福·烯唑醇悬浮种衣剂 250～375g、16％克·醇·福美双悬浮种衣剂 1：30～1：50（药种比）、每 100kg 种子用 15％五硝·辛硫磷悬浮种衣剂 250～375g 进行种子包衣。

3. 颗粒撒施 5％丁硫克百威颗粒剂对蝼蛄表现出优良的防治效果，以 15kg/ hm² 防效为最佳，其药后 15d 的防效达 92.65％；药后 30d 的防治效果仍接近 85％。或用 5.2％ 阿维·毒死蜱颗粒剂 1.56～2.34kg/hm² 撒施、用 3％毒死蜱颗粒剂 1.8～2.25kg/ hm² 撒施，对蝼蛄也有很好的防治效果。

4. 药液浇灌 用 40％福·甲·杀虫单可湿性粉剂 0.4～0.6g/m² 进行苗床喷雾；用 20％毒死蜱微囊悬浮剂 1 650～1 950g/ hm² 进行灌根。

5. 撒施毒土 用 25％甲萘威粉剂 100～150g 与 25g 细土均匀拌和，撒于土表再翻入土中毒杀。或在播种时，用 50％辛硫磷乳油、25％辛硫磷微囊缓释剂与过筛的细干土 20kg 拌匀，将毒土撒施于种子表面。上述化学药剂及其使用技术对蝼蛄均有较好的防治效果。

曹雅忠（中国农业科学院植物保护研究所）

第 5 节　根　象　甲

象甲科是昆虫中较大的科，世界各地有 40 000 种以上，我国记载的达 130 种之多。其中有不少种类在地下生活，在土壤中取食植物根部造成危害，称为根（象）甲类地下害虫。在我国北方地区常见的主要有大灰象甲〔*Sympiezomias velatus* (Chevrolat)〕、甜菜象甲（*Bothynoderes punctiventris* Germar）和蒙古土象（*Xylinophorus mongolicus* Faust）等；在南方地区主要有甘薯小象虫〔*Cylas formicarius* (Fabricius）] 和国际上重要的检疫对象稻水象甲（*Lissorhoptrus oryzophilus* Kuschel）等。

一、大灰象甲

（一）分布与危害

大灰象甲 [*Sympiezomias velatus*（Chevrolat）] 属鞘翅目象甲科灰象属，又名大灰象鼻虫。主要分布在我国北方，是多食性害虫，以成虫为害寄主的幼芽、叶片和嫩茎，被啃食叶片呈圆形或半圆形的缺刻，影响苗木正常生长，严重时可将植株吃成光秆甚至缺苗断垄。可为害棉花、玉米、花生、马铃薯、辣椒、甜菜、瓜类、豆类的叶片等。1988 年 5 月 11 日在安徽亳州闫集乡 2 块烟田内各调查烟草 200 株，有虫株率均为 100%，百株成虫量分别为 361 头和 426 头；且田间烟苗被害症状明显。

（二）形态特征

成虫：雌成虫体长 9.5～12.5mm，腹宽 3.7～5.5mm。雄成虫体长 8～10.5mm，腹宽 3～4mm。一般雌大雄小（彩图 14-5-1）。体密被暗灰色或灰白色鳞片。头、喙粗短，漆黑色，背面中央纵列 1 条凹沟。复眼近椭圆形，黑色隆起。触角屈膝状，末端 3 节显著膨大，呈纺锤形。前胸长度略大于宽度，两侧近弧形，背板近弧形，背板布满不规则瘤状突起，中央纵列 1 条漆黑色斑纹，纹中具 1 条细小的纵沟。两鞘翅紧密结合，各列 10 条由刻点组成的纵沟纹，翅中部横列 1 条不明显的灰白色斑纹。雌成虫两鞘翅末端尖削，合成近 V 形，腹部较大，末节腹板近三角形，在前缘处有 1 对白斑。雄成虫两鞘翅末端则钝圆，合成略呈 U 形，腹部末节腹板近半圆形，前半部灰白色，后半部灰黑色，二者构成清晰的黑白横带。无后翅。足腿节肥大，前、中足胫节内侧纵列 1 排齿突。

卵：长圆筒形而略扁。卵粒间有胶质膜胶连在一起，列成单层不规则卵块，黏附在两叶片重叠间。卵初产时为乳白色，随后变为紫灰色。卵壳表面可见有蜂房状皱纹。卵长 1.1～1.4mm，宽 0.4～0.5mm。

幼虫：末龄幼虫体长 11～13mm，宽 3.5mm 左右。体乳白色或淡黄色。头部黄褐色，头盖缝中干明显凹陷，上颚具 2 个齿，尖端黑褐色。下颚叶端部腹面顶端有 5 根骨化刺，狭而小（3 根短小，2 根尖长），斜缘有 5 根扁而宽的骨化板，呈叶片状；背面顶端有 2 根较小的骨化板。下颚须 3 节，末节顶端有数根感觉刺。腹部末节背面分成 3 个明显的骨化部分：中间部分略呈心脏形，上纵列 3 对刚毛；两旁部分在外缘近末端处，各生 1 根刚毛。腹部末节腹面分成 3 个明显的骨化部分，两旁骨化部分之间，位于肛门腹方，有块较小的近圆形骨化部分，其后缘横列 4 根刚毛。肛门两侧各生 1 根刚毛。

蛹：体长 7.5～12mm，胸宽 3.5～5mm。体淡黄色。头管弯向胸前，上颚似大钳状。复眼紫褐色。前胸背板隆起，中胸后缘微凸，背面生有 6 对短小毛突，前缘 1 对距离较近。前翅从体背伸达腹面。腹部背面各节横列 6 对刚毛，前缘 1 对较小；末节背面末端两侧各生 1 个黑褐色尖刺状臀棘。

（三）生活习性

大灰象甲在东北地区 2 年发生 1 代，在浙江 1 年发生 1 代。2 年发生 1 代的地区，第一年以幼虫越冬，第二年以成虫越冬。成虫不能飞翔，4 月下旬从土内钻出，群集于幼苗上取食。5 月下旬开始产卵，成块产于叶片上，每雌产卵 700 粒左右，每次产卵 10 粒，卵黏在一起成为块状。6 月下旬陆续孵化，幼虫生活于土内，取食腐殖质和植物根系，随着温度降低，幼虫下移，9 月下旬在 60～80cm 深的土中越冬。翌春越冬幼虫上升至表土层继续取食，6 月下旬开始化蛹，7 月中旬羽化为成虫，在原地越冬。

（四）发生规律

1. 环境条件

（1）降雨：该虫发生时期的早晚和数量的多少，与降雨对土壤湿度的影响有密切关系。干旱年份，成虫出土较晚，发生量也较少，春、夏多雨有利于成虫的大发生。

（2）土壤：发生数量因土质不同而有明显差异，据观察在沙壤土、山坡岗地、撂荒地发生较多，在土质黏重、板结或黑土地、低洼易积水地区及植被稀疏的土地上，发生较少。

（3）温度：当平均气温达 18.3℃，地表温度达 21.1℃，5cm 深土壤温度达 22.6℃ 时，成虫开始出土。当 5d 平均气温达 19℃ 以上，地表温度达 25℃ 时，为成虫出土盛期。

2. 寄主植物　在棉田成虫取食棉苗的嫩尖和叶片，轻者把叶片食成缺刻或孔洞，重者把棉苗吃成光秆，造成缺苗断垄。在枣树上成虫主要取食枣树叶片，对枣树幼苗和幼龄枣树为害尤重。还能为害烟草、玉米、花生、马铃薯、辣椒、甜菜、瓜类、豆类、苹果、梨、柑橘、核桃、板栗等。

3. 天敌昆虫 据野外观察和巢室剖析，大灰象甲天敌叉突节腹泥蜂（*Cerceris rufipes evecta* Shestokov）多分布在田间的土路、土堰斜坡下部及多年荒废的硬土地上。一群蜂占据面积为 0.5～1.7m²；垂直分布距离为 10～25cm，其中以地下 15cm 处分布最集中。成蜂出巢后即寻偶交配，并取食花蜜作为补充营养，尔后便开始营巢。该蜂有在旧巢地营造新巢的习性，其营巢能力较强。营巢时用唇基片状突起将土拱下，用足把土扒运到身背后，用腹部末端将土拱送到地面，如此反复，在地面形成蓬松的土壅。1 头成蜂 1d 可做 1 个巢室，筑巢后，即开始捕捉象甲成虫。捕捉时行动极为迅速，先飞临象甲上空，然后突然俯冲，用足将象甲抱握并注入蜂毒将其麻痹后带回巢。稍息后再飞出继续寻找象甲成虫，据观察，3～45min 可捕捉 1 次，其间隔时间的长短与寄主的多少、远近以及成蜂本身的勤惰有关。成蜂每天捕食活动均在 9：00～18：00 进行，以 10：00～13：00 和 15：00～17：00 最为活跃。每一个巢室内所捕捉的象甲成虫的种类比较专一，当象甲成虫填满巢室后，即在巢室内产 1 粒卵，以胶质物黏附于象甲成虫的腹部，然后密封巢室，并留直径为 2mm 的通气孔，再营造新巢。巢室内的象甲成虫，即为该蜂子代幼虫的食料。成蜂一生可产卵 12 粒，所营巢室数亦与之相同。

（五）防治技术

大灰象甲的防治方法，各地可根据越冬成虫在早春发生为害的时期、程度，因地制宜进行防治，采取农业防治和药剂防治相结合的防治措施。

1. 农业防治

（1）选用抗虫品种，培育壮苗，以增强苗株移栽后耐虫害的能力。

（2）进行春浇秋灌，增大土壤含水量，从而造成不利于大灰象甲活动的环境，以推迟其出土时间或致其死亡。

2. 胶环捕杀 清明前后用胶环包扎树干，或将胶直接涂在树干上，防止成虫上树，并逐日将诱集在胶环上的成虫消灭。胶环配料：蓖麻油 2kg，松香 3kg，黄蜡 50g；先将油加温到 120℃左右，将磨碎的松香徐徐加入，边加边搅，至完全融化，待全部融化后，加入黄蜡充分搅拌，冷却即成。

3. 人工捕杀 在 4 月中旬成虫盛发期，利用其假死性，在树下铺塑料布，然后振动树枝，将掉落的成虫集中烧毁，连续 2～3 次，可以杀灭大量成虫。

4. 药剂防治 在成虫上树为害初期，早治、连续治。因该虫发生频率不高，抗药性不强，一般的杀虫剂都有较好的效果。因此，可选用低毒、低残留农药。可选用的药剂有 48％毒死蜱乳油、10％氯氰菊酯乳油、2.5％高效氯氟氰菊酯乳油等。

席景会（吉林大学）

二、甘薯小象虫

（一）分布与危害

甘薯小象虫［*Cylas formicarius* (Fabricius)］也称甘薯锥象甲、甘薯蚁象甲、甘薯象，属鞘翅目锥象甲科蚁象属。甘薯小象虫在文献中常见的学名 *Brentus formicarius* Fabricius 和 *Otidocepahus elegantulus* Summere 是同种异名。

甘薯小象虫在国内分布于浙江、江苏、江西、湖南、福建、台湾、广东、广西、贵州、四川、云南等省（自治区），以东南沿海各省份发生最重。国外分布于中美洲、北美洲、大洋洲、非洲及东南亚各国。甘薯小象虫是寡食性害虫，寄主植物除甘薯外，还有蕹菜、砂藤、五爪金龙、三裂叶藤、牵牛花、小旋花、月光花等旋花科植物。甘薯小象虫是我国南方各地的重要甘薯害虫，成虫和幼虫均能为害。成虫啃食田间外露薯块、嫩梢、嫩芽和叶，还可在薯窖内为害薯块。幼虫钻蛀甘薯蔓茎和块根为害，并能间接传播黑斑病、软腐病，造成薯块腐烂。甘薯被害后虫道内充满大量虫体和排泄物，散发恶臭，味苦而不能食用。一般损失率达 20％～30％，严重的达 70％～80％，甚至绝收（彩图 14-5-2）。

甘薯小象虫是热带、亚热带及暖温带地区的害虫，虽然具有完善的翅，但罕用于飞翔，据资料记载，其一般能飞 3～6 m。成虫善于爬行，室内测定每小时可以爬行 20 m。甘薯小象虫主要通过被害薯块、茎蔓等携带各虫态而传播。传入我国时间不详，1934 年浙江昆虫局首先调查发现该虫，近年来有扩大蔓延的趋势。

（二）形态特征

成虫：体长 5～8mm，体细长，如蚂蚁。全体除触角末节、前胸和足呈橘红色外，其余均为蓝黑色而有金属光泽（彩图 14 - 5 - 3，1）。头部前伸，似象鼻。触角 10 节，棍棒状。雄虫触角末节长度为触角总长度的 3/5；雌虫触角末节长度为总长度的 1/3。前胸长为宽的 2 倍，在后部 1/3 处缩入，如颈状。鞘翅合起呈长卵形，显著隆起。足细长，腿节端部膨大。

卵：长 0.5～0.7mm，椭圆形。初产时乳白色，后变为淡黄色，表面散布许多小凹点。

幼虫：老熟幼虫体长 5.0～8.5mm，圆筒形（彩图 14 - 5 - 3，2）。背面微隆起，两端略小，向腹面稍弯曲。头部淡褐色，胸、腹部乳白色。胸足退化成细小的革质突起。

蛹：长 4.7～5.8mm，初为乳白色，后为淡黄色，复眼褐色。管状喙贴于腹面，末端伸达胸、腹部的交界处。腹部较长，各节交界处缩入，中央部分隆起。在背面隆起部分各具有一横列小突起，其上各生 1 根细毛。末节具端尖而弯曲的刺突 1 对。

（三）生活习性

甘薯小象虫每年发生代数因地而异。浙江、贵州 1 年发生 3～4 代，湖南 1 年发生 4 代，广西 1 年发生 4～6 代，福建 1 年发生 5～7 代，台湾、广东 1 年发生 6～8 代。有明显的世代重叠现象。成虫、幼虫、蛹均可越冬。成虫越冬于薯田或附近的岩石、砖瓦、土缝、枯叶、杂草丛以及被害的薯块和藤蔓中，幼虫和蛹于薯块中越冬。在广东、广西及福建南部温暖地带，冬季成虫能继续产卵繁殖而无越冬现象。当春季气温达 17～18℃及以上时，越冬幼虫和蛹逐渐发育，羽化为成虫。甘薯小象虫在福建莆田 1 年发生 5 代，第一、二代主要为害薯苗，三、四代为害早薯、套种薯、夏薯，五代为害晚薯，有明显的世代重叠现象。各代成虫盛发期：越冬成虫活动盛期在 5 月上旬，第一代在 6 月中旬，第二代在 7 月下旬，第三代在 8 月下旬，第四代在 9 月下旬至 10 月上旬，第五代在 10 月下旬至翌年 1 月上旬。成虫于 7 月中旬开始激增，高峰期在 9 月下旬至 10 月上旬，11 月中旬后虫口密度明显下降，5～6 月为发生为害小高峰，全年以 7 月下旬至 10 月上旬为害最重。

甘薯小象虫以成虫、幼虫和蛹各虫态在臭薯、藤头内越冬，此外，还有 50% 的成虫分散在甘薯地附近的杂草、土缝、石隙、田间残藤枯叶下过冬。成虫无明显滞育休眠现象。成虫善爬行，不善飞翔，有假死性，耐饥力强，趋光性弱。成虫畏阳光，喜干怕湿，白天多躲在茎、叶荫蔽处。所以，藤头部位受害较重。当薯地潮湿或下雨后，则爬出活动。当气温达 17～18℃及以上时，越冬幼虫和蛹逐渐羽化为成虫，成虫羽化时不甚活动，羽化后 6～8d 进行交配，交配后一般经过 7～8d 才能产卵。卵产在藤头和薯块表皮下。产卵前，先于寄主上咬一深口，产卵 1～3 粒（多数 1 粒）于其中，然后分泌黄褐色胶质物封住产卵孔。单雌产卵 30～200 粒。成虫取食露出地面或因土壤龟裂而外露的薯块，咬成许多小孔，还可取食幼芽、嫩叶、嫩茎和薯蔓的表皮，妨碍薯株正常生长发育。

幼虫共 5 龄。幼虫孵化后即在卵粒附着处蛀入，整个幼虫期都在薯块或藤头内生活。蛀食薯块形成弯曲不定形的隧道，隧道内充满虫粪，被害部变为黑褐色，并产生特殊恶臭和苦味。一个受害薯块中有虫少则 1～2 头，多的达 170 余头。受害薯块不耐储存，易霉烂干枯，且不能食用和饲用。蛀食藤头形成较直的隧道，隧道中也有虫粪。幼虫发生量大时，被害茎逐渐肿大成不规则的膨胀。幼虫老熟后在原蛀的隧道内化蛹，化蛹前向外蛀食，到达薯块或藤头皮层处咬 1 个近圆形羽化孔，然后在羽化孔内侧附近化蛹。

甘薯小象虫产卵期为 15～115d；卵期在 31℃时为 5～7d，22℃时为 13d，20.4℃时为 18～19d；幼虫期为 20～33d；蛹期为 7～17d；雄虫寿命一般为 30～51d，最长达 82d；雌虫寿命一般为 30～50d，最长达 123d。

（四）发生规律

1. 气候因素　干旱少雨是甘薯小象虫大发生的主导因素，尤其是 7～8 月连续干旱易造成土壤龟裂，使薯块外露，有利于成虫取食为害和产卵，常发生较重。由于全球气候变暖，冬、春气候温和，降水量少，甘薯小象虫越冬死亡率低，春季虫口基数逐年增加。如 2002 年 2 月福建莆田平均气温 13.9℃，比常年偏高 2.3℃，降水量 21.1mm，比常年减少 42.1mm，3 月平均气温 15.8℃，比常年偏高 1.7℃，降水量 64.2mm，比常年减少 56.2mm，冬后大田每 667m² 虫量一般为 90 头，多的达 720 头，为害率比 2001 年同期增加 49.7%～90.3%。夏、秋（7～10 月）降水量分布不均，高温干旱，容易造成畦面龟裂，薯块外露，有利于甘薯小象虫成虫产卵为害。如 2000 年 9 月福建莆田降水量仅 3.5mm，10 月无降水，连续 2 个月的干旱致使臭薯率达 60％以上，损失率达 15％～30％。

2. 土壤类型与地势 凡黏重或有机质缺乏的土壤、保水力差的土壤、容易龟裂以及土层薄、薯块容易外露的薯田，都有利于成虫产卵繁殖为害。凡有机质多、疏松、保水力强、土层深的土壤，以及沙园类型的薯田，畦面不易龟裂，为害轻。从地形来看，高燥向阳薯田比低洼阴向薯田虫口密度大，为害重。同一块薯田，四周比田中受害重，原因是四周接近杂草，虫源多，同时土壤容易冲刷，薯块外露多。

3. 耕作制度和栽培技术 耕作制度与甘薯小象虫发生的关系十分密切。凡是连年种植甘薯，虫源连绵不断的，为害严重，如实行轮作，可大大减轻其为害。如浙江实行甘薯与甘蔗或甘薯与花生轮作，在福建实行花生、小麦、甘薯等轮作，受害较轻。在有水源的地区实行水田和旱地轮作，则受害更轻。

栽培技术与甘薯小象虫发生的关系也十分密切。早插的薯田易诱集越冬成虫，使其群集产卵和繁殖为害，虫源多，比迟插的薯田为害重。此外，中耕松土可以防止土壤龟裂，培土可避免薯块外露，这些都可减少成虫产卵和繁殖为害，所以不培土比培土的，迟培土比早培土的受害重。肥足苗壮，早期封行，可以减少土壤水分散失，防止土壤龟裂，有利于减轻受害。

4. 寄主植物 不同甘薯品种间因质地和生长特性不同，受害程度有所差异。凡薯块组织疏松、含水量多、含淀粉少的品种受害重。凡薯块质地坚实、含水量少、含淀粉多的品种受害较轻。一般薯蒂较长，薯块着生较深的品种受害较轻，而薯蒂较短，着生较浅的品种受害重。

（五）防治技术

甘薯小象虫的防治必须贯彻"预防为主，综合防治"的植保方针，加强植物检疫，强化农业防治，关键时期用药防治。

1. 植物检疫 不从虫害区调运种薯、种苗和薯蔓。

2. 农业防治

（1）选用抗虫品种。选择抗虫高产、质地坚实、含淀粉多、含水量少的优良品种。

（2）清洁田园，及时处理臭薯坏蔓。甘薯收获时有 60％～70％的甘薯小象虫潜存于臭薯坏蔓中，因此收获时一定要把田间小薯清理干净，把好薯、坏蔓分开，把臭薯、坏薯彻底清理，或作堆沤处理，并在薯堆上撒石灰粉，防止成虫逃逸，以减少越冬虫口基数，减轻翌年为害。

（3）合理轮作。根据甘薯小象虫主要为害旋花科植物，寄主范围较窄，成虫迁移能力不强的特点，避免早、中、晚薯混栽，因地制宜全面推广甘薯与花生、玉米、水稻、豆类等非寄主作物大面积轮作，尤其是水利条件好的地区实行水旱轮作，效果更为显著。

（4）改良土壤，防止土地龟裂。黏重土壤加沙或畦面盖沙，含沙过多的土壤加河泥、塘泥、腐熟垃圾或畜栏土；有机质缺乏的土壤，多施草木灰。通过土壤改良，使土层加厚，土质疏松，防止土地龟裂，减少成虫侵入产卵繁殖为害的机会。

（5）适时中耕培土。中耕松土、培土，减少土壤水分散失，防止畦面龟裂、薯块外露，减少甘薯小象虫在薯块上的产卵量。

3. 诱杀成虫

（1）薯蔓或薯块浸药诱杀。①冬诱：甘薯收获清园后，及时应用鲜蔓浸药（40％乐果乳油 300 倍液浸 3～6h 后，捞起晾干备用），扎成长 20～30cm、8～10 根的一捆，每公顷用 750～800 捆，均匀放在受害薯田进行诱杀，降低越冬的虫口基数，减轻翌年为害。②春诱：春季气温回升至 15℃以上时，利用鲜小薯块浸在 90％敌百虫晶体 500 倍液、40％乐果乳油或 48％毒死蜱乳油 300 倍液中 24h 后，捞出晾干备用，在薯田四周，每公顷均匀挖 12～15cm 深、20cm 宽的小穴 750～900 个，每穴中放 1 个小药薯，并用杂草或瓦片、土块遮盖，以提高诱杀效果。每周换药薯 1 次，连续诱杀 2～3 次，降低冬后虫源基数。

（2）性诱剂诱杀。根据甘薯小象虫雌成虫性外激素对雄成虫有较强的引诱能力的特点，应用人工合成的性诱剂诱杀雄成虫。此法成本低、易操作，既安全又环保，群众容易接受，防治效果好。在常年甘薯小象虫发生较严重的连片薯地，从早春气温回升至 15℃以上时，每公顷放置用 1.25L 的可乐瓶改制成的性诱剂诱捕器 30～45 个，诱捕器间隔 15m，直至冬季气温下降至 15℃以下为止。每隔 2 个月换诱芯 1 次，15～20d 移动 1 次诱捕器位置，连片持续诱杀。在春季、冬季诱杀时，要把诱捕器中下部直接埋入土中，上口露出地表 5cm。在甘薯生长期内要保持诱芯高出薯蔓平面 10cm 左右，以利性信息素的散发。诱杀结果表明，一般每年单器诱虫量 4 000～11 000 头，虫口降低 55.4%～57.9%，甘薯藤头被害率减少 10.0%～29.3%，薯块被害率减少 8.5%～10.1%，直接防治效果达 59.3%～69.3%。诱捕区雌、雄性比为 1.0∶0.3；对照区雌、雄性比为 1.0∶0.7。诱捕区比对照区雄虫下降 60%。

4. 生物防治　甘薯小象虫为地下害虫，其成虫易感染寄生性真菌。在 6 月上旬至 7 月中旬，于甘薯小象虫二、三代成虫盛发期前 10d，或在甘薯拐头膨大期，趁雨后田间温、湿度较适宜白僵菌菌株生长时，及时施用对甘薯小象虫具有较强的毒力活性（15d 致死率 92%～98%）的白僵菌 Bb-1（每克含菌量 1×10^7～1×10^9）菌粉 1.5kg 拌细土 20kg，均匀撒施在藤头周围并盖土。若遇到长期干旱，甘薯畦面土壤干硬，施前要先用水将畦面土壤灌透，然后再均匀撒施盖土，防治效果可达 70%～85%，可有效控制甘薯生长前期甘薯小象虫的虫口基数。

5. 化学防治

（1）薯苗地及越冬薯田防治。越冬薯田苗地面积较小，是甘薯小象虫集中为害的场所，于 5 月上、中旬用 50%辛硫磷乳油 1 000 倍液、48%毒死蜱乳油 1 500 倍液、40%甲基异柳磷乳油 1 500 倍液、90%敌百虫晶体或 40%乐果乳油 800～1 000 倍液，均匀喷洒甘薯藤头及附近畦面土表，每公顷施用药液 500kg，可兼治其他害虫。

（2）药液保苗。薯苗扦插前用 90%敌百虫晶体或 40%乐果乳油 500 倍液浸苗 1～2min，立即取出晾干后扦插，保护薯苗效果较好。

（3）大田防治。根据田间调查，当藤头被害率达 2%～3%或薯块受害率达 3%～5%时，要及时喷药防治，用 48%毒死蜱乳油 1 500 倍液、40%甲基异柳磷乳油 1 500 倍液，均匀喷洒甘薯藤头及附近畦面土表，每公顷施用药液 250～300kg。在薯苗插植后 30～40d 或在薯块膨大初期，结合施夹边肥，每公顷用 10%丁硫克百威颗粒剂 37.5kg、3.6%杀虫双颗粒剂 37.5～45kg 或 10%毒死蜱颗粒剂 31.5kg，拌细土 300kg，均匀撒施于藤头周围，施药后立即培土，防效显著。

席景会（吉林大学）

三、甜菜象甲

（一）分布与危害

甜菜象甲（*Bothynoderes punctiventris* Germar）又叫甜菜象，俗称甜菜象鼻虫，属鞘翅目象甲科甜菜象属。低洼内涝地势、土壤盐碱成分大的土地，是其主要的发生与蔓延区域，为黑龙江、吉林、辽宁、内蒙古、新疆、甘肃及山东等甜菜产区主要苗期害虫。寄主植物有甜菜、菠菜、白菜、甘蓝、瓜类等。

成虫在甜菜幼苗出土后，咬食子叶和真叶成缺刻，严重时把叶片吃光或咬断幼茎，造成缺苗断垄。不仅以成虫为害，幼虫还咬食甜菜根部，对甜菜后期生长威胁较大，有不少植株因此枯萎死亡，或者造成主根破坏，须根增多，严重影响块根的正常生长（彩图 14-5-4，1、2）。

（二）形态特征

成虫：体长 12～16mm，体宽 4～6mm，是一种长椭圆形土灰色的甲虫（彩图 14-5-4，3），后期因背部绒毛脱落，颜色逐渐成为灰黑色或黑色。头底黑色，密被灰白色分裂成 2～4 叉的鳞片。喙短，前端稍膨大，背面中间有纵隆起，两侧凹陷成沟，前胸宽为长的 1.16 倍，向前窄狭，基部最宽，前端为基部的 2/3，触角膝状，位于头的基部。复眼黑色，两鞘翅有 10 条纵列的粗刻点，有断续的黑色斜纹，在鞘翅的末端各有瘤状突起一个。腹部 5 节，第一、二节中间凹陷者为雄性，突起者为雌性。雄虫较瘦，腹面基部凹陷，前足跗节第三节长于第二节。雌虫肥大，腹部基部饱满，前足跗节第三节和第二节等长。

卵：椭圆形，长 1.3mm，宽约 1mm，初为乳白色，表面光滑，有光泽，以后逐渐变黄，光泽减退。

幼虫：老熟时长约 15mm，乳白色，肥胖弯曲，头部褐色，多皱纹，无足，行动极不活泼，体节分明（彩图 14-5-4，4）。

蛹：裸蛹体长 11～14.5mm，体色淡黄色至黄红色。每腹节背面后缘有横列背刺，腹部数节活动性较强。

（三）生活习性

甜菜象甲在我国北方地区 1 年发生 1 代，主要以成虫在甜菜地 15～30cm 深处越冬，少部分幼虫和蛹在入冬前未能发育为成虫即进入越冬。早春 4 月温度升高到 4～5℃ 时，开始向上移动，聚集在表土层下，当温度升高到 10～12℃ 时，就大量出现于地面。刚出土时多不会飞翔，主要靠爬行觅食，这时正是甜菜出苗时期，幼苗生长缓慢，抵抗力弱，再生力不强，而越冬后的成虫食量增大，往往将甜菜幼苗子叶和初期的真叶全部吃掉，造成严重的缺苗。在温度达 20～25℃ 时，成虫最为活跃，有较强的飞翔力。成虫寿命很长，4 月下旬至 8 月下旬，在田间均可见到成虫活动，除为害甜菜外，还取食多种杂草，尤其是滨藜、猪毛菜等藜科植物。成虫出土后，经过一个阶段补充营养，即开始交配产卵，卵期平均为 10～11d。成虫从 5 月中旬开始交配产卵，6 月下旬至 7 月下旬是产卵盛期。繁殖力很强，一头甜菜象甲雌虫，一般可产卵 100～200 粒，在适宜的条件下，可产卵 700 多粒。幼虫期为 45～90d，在土壤中随温度高低作垂直运动，一般 7 月初幼虫开始出现，咬食甜菜主根和须根，被害后的植株，上部叶片萎蔫，在干旱的情况下，更为显著，严重时干枯死亡，直接影响了甜菜的产量和品质。幼虫老熟后在土内结土茧化蛹，蛹期约为 15d。甜菜象甲适宜在土质疏松、通透性良好、土温较高的沙壤土中发生。长期阴湿且黏重的土壤则不利于其发生。

（四）发生规律

1. 寄主植物　盐碱地是甜菜象甲最初的居留地，滨藜是其最喜欢的植物，其他藜科植物为甜菜、菠菜、灰藜、小藜、角果藜、地肤、猪毛菜以及野苋、反枝苋；其次是菊科的盐蒿、茵陈蒿、向日葵等。此外，有时取食蓼科的萹蓄，豆科的苜蓿和三叶草。成虫取食范围较幼虫广泛。

2. 气候条件　甜菜象甲适于在温热干燥的环境中生活，除地面温度、湿度、风影响成虫活动外，土壤温湿度对各虫态生长发育都有密切关系。幼虫在 10%～15% 土壤湿度中发育最好；7～9 月多雨，幼虫容易死亡。一般雨水较多或灌浇条件好的甜菜田，土壤温度较高，幼虫、蛹及初羽化的成虫易被绿僵菌感染致死。深秋挖掘甜菜时可发现大量染病虫体。

9 月温度变化影响到越冬虫态比例，如降温早，当时幼虫和蛹即停止发育，冬、春长期严寒，甜菜象甲容易冻死。所以秋雨及秋季降温迟早和冬寒程度是决定甜菜象甲发生量的重要因素，是预测虫情的一个依据。

春末夏初土表温度达 4～5℃，越冬成虫即向上移动；气温 6～8℃ 时开始出土，气温 10℃，地面温度 12℃ 时大量出土；气温 15℃ 时在土表迅速爬行。据乌鲁木齐 5 年和呼和浩特 10 年气象记录，3 月平均气温分别是 −0.4℃ 与 −0.6℃，所以 3 月下旬仅发现极个别成虫；4 月平均气温分别为 7℃ 和 8.5℃，成虫亦零星出现；5 月平均气温分别为 14.7℃ 和 17.7℃，成虫即大量在地面活动，因此春末夏初温度变化是决定象甲出土迟早的测查依据。一般来说春季象甲出土受 4 月气象条件影响最大，如当时温度高、湿度低，有利于成虫出土，反之则减缓其出土率。

3. 土壤条件　土质疏松，排水通气良好，盐碱性较大，温度容易升高的沙壤土，最适于甜菜象甲发生；黏重而长期阴湿的土壤，不利于其发育。

活动于地表的甜菜象甲，一般在土块多的农田潜匿和爬行，特别是黏重土壤、整地不良的甜菜田，最容易招引象甲。土地不平整，耕耙不均匀，甜菜幼苗出土不齐，也会造成象甲的严重为害。

（五）防治技术

1. 挖防虫沟阻止甜菜象甲迁入甜菜地　甜菜象甲未迁移前，在甜菜地四周挖深 30cm、宽 30cm 左右的小沟，在沟内每隔 3～5m 远挖 20～27cm 深的方形井，沟壁、井壁平滑，并与沟底、方形井底呈垂直方向。采取这项措施，在防虫沟里会集聚大量的甜菜象甲，防治效果显著。

2. 秋灌春浇　将下一年计划种植甜菜的土地，尽可能地进行秋灌或春浇，因为湿润的土壤不仅可以使甜菜播种后出苗整齐，生长迅速，同时由于灌溉使土壤湿度增大，温度降低，对甜菜象甲生活不利；加上寄生菌的作用，可减低其成活率或在翌年春季使其推迟出土，减轻为害。

3. 田间喷药　甜菜象甲为害盛期时，要及时进行喷药防治，一定要将其消灭在成虫补充营养以前。可用 25% 亚胺硫磷乳油 400～500 倍液，杀虫率为 85%～95%。喷药次数一般视甜菜象甲发生数量而定。

席景会（吉林大学）

许国庆（辽宁省农业科学院植物保护研究所）

四、稻水象甲

(一) 分布与危害

稻水象甲（*Lissorhoptrus oryzophilus* Kuschel）属鞘翅目象甲科沼泽象亚科稻象甲属。稻水象甲原产于美国东部平原和山林之中，取食野生禾本科、莎草科等潮湿地带生长的植物，19 世纪初随水稻大面积栽培传入我国稻区。在国外主要分布在美国、加拿大、墨西哥、古巴、多米尼加、哥伦比亚、圭亚那、日本、朝鲜。自 1988 年在我国河北唐山唐海地区首次发现后，现已陆续扩散到吉林、辽宁、天津、北京、山东、浙江、福建、台湾、安徽、湖南、云南、贵州等省份，并有进一步向邻近地区扩散的趋势。1990 年在台湾桃园县新屋乡发现，1991 年传播到新竹、苗栗两县，1992 年为害面积达 11 663hm^2。河北主要发生在唐山和秦皇岛，发生面积 8.7 万 hm^2，1988 年有 400hm^2 稻田受害，减产 25%。辽宁先后于 1991 年和 1992 年在丹东和宽甸发生。吉林 1993 年最早在集安发现，目前已分布到通化、白山、吉林、延边、辽源 5 个市；中朝边境地区，稻水象甲在我国境内的发生区域已占整个中朝边境线的 1/2。浙江 1993 年首次在温岭发现，当年发生面积 1 533hm^2，波及面积 6 333hm^2。水稻受害后，一般产量损失 5%～10%，严重田块达 40%～60%，少数田块基本绝收。

稻水象甲以成虫和幼虫为害水稻，幼虫食根（彩图 14-5-5，1），成虫食叶（彩图 14-5-5，2），以幼虫为害为主。成虫在幼嫩水稻叶上取食上表皮，留下表皮，在叶片上形成宽 0.38～0.8mm、长不超过 30mm，两端钝圆的白色长条斑，影响水稻光合作用，这种为害一般来说没有经济意义，但虫口密度大时，可致损失加重；幼虫在水稻根内和根上取食，一至三龄幼虫蛀食根部，四龄后爬出稻根，直接咬食根系。幼虫密集于根部，根系几乎全部被蛀食，刮风时植株倾倒，甚至被拔起浮在水面上，根系受害后还常变黑腐烂。由于水稻根系造成损坏，使植株生长受阻，变得矮小，分蘖率降低，成穗率明显减少，抽穗期和成熟期显著推迟，最终导致严重减产。幼虫为害秧苗是造成水稻减产的主要原因。

(二) 形态特征

成虫：成虫背面从前胸背板前沿到鞘翅 3/4 处有 1 个黑色鳞片组成的暗斑，形似倒挂的花苞（彩图 14-5-5，3），是识别稻水象甲成虫的重要特征。然而，稻水象甲成虫个体之间黑斑的明显程度有较大差异，特别是羽化较长时间后鳞片会部分脱落，因此稻水象甲成虫的识别还需要结合其他形态特征，比如中足胫节的梳状泳毛、鞘翅上无毛等。稻水象甲雌成虫体形稍大于雄成虫，第一、二腹节腹板中央隆起或平坦；第五腹节腹板突起后缘呈圆弧形，纵向长度超过腹板长度的一半；后足胫节近跗节端有一个前锐突，呈尖钩状。雄成虫第一、二腹节腹板中央有较宽的凹陷；第五腹节腹板突起后缘较平直，纵向长度不超过腹板长度的一半；后足胫节近跗节端的突起深裂呈二叉状，短而粗。后足胫节近跗节端突起的形状是区别稻水象甲雌、雄成虫较为可靠的形态特征。

卵：长圆形，略弯，长约 0.8mm，呈略透明白色。

幼虫：稻水象甲幼虫共有 4 龄，老熟幼虫长约 10mm，各龄幼虫的体色和体形变化不大，体壁近乎透明，因体内充满脂肪体而呈白色，头部褐色，无足（彩图 14-5-5，4）。体壁外表皮是拒水的，因此幼虫漂浮在水面上。体内气管系统发达，活虫大气管呈银白色，清晰可见；一旦死亡，银白色即迅速褪去，气管也变得不易观察。幼虫第二至七腹节背中线两侧各有一脊状突起，彼此相接，连线与背中线垂直。每个突起中央有一呼吸管，一端露出脊状突起呈稍向前倾的羊角状，顶端形成钳状的特化气门；另一端则分别与体内背部左、右纵行主气管相通。脊状突起可以伸缩，带动角状呼吸管伸出体外或缩入体内。这 6 对可以伸缩的脊状突起和前倾的羊角状呼吸管是稻水象甲幼虫的重要特征。稻象甲 [*Echinocnemus squameus* (Billberg)] 幼虫第二至七腹节也有角状呼吸管，但脊状突起不明显，呼吸管左、右分开位于体侧上方，与稻水象甲明显不同。

蛹：在化蛹前，老熟幼虫一定要找到有活力的水稻根，在根上咬一个小洞，使之与稻根的输气组织相连，然后在小洞的基础上做土茧。茧室内充满空气，并能通过小洞与稻根输气组织进行气体交换，保证虫体的呼吸。稻水象甲土茧的一个显著特征就是每一个茧都与稻根相连，形同稻根上长出的一般。土茧与稻根的结合相当牢固，摘下土茧时常常能扯下一块根皮组织。

(三) 生活习性

稻水象甲经过 4 个发育期，即卵、幼虫、蛹和成虫，完成一个世代，为半水生昆虫。该虫分两性生殖型和单性生殖型（即成虫可行孤雌生殖），单性生殖型比两性生殖型更易扩散蔓延，只需有一头雌虫传入就能迅速繁衍存活下来，扩大种群。目前，日本、朝鲜和我国发生的稻水象甲均为单性生殖型。成虫在西班牙苔藓、稻草、稻茬、水田周围的禾本科杂草、田埂土中、杂木林、竹林的落叶及住宅附近的草地越冬，越冬代成虫在春季温度达 10℃左右时开始复苏活动，首先为害禾本科植物的新叶。在稻田灌水插秧后，迅速从越冬场所向田间水稻植株上转移，在水中游动，取食为害水稻秧苗叶片，特别是那些在水面上的叶片，造成和喙一样宽的条痕，如果稻田尚未灌水，成虫白天隐藏在土中，夜晚爬出取食，成虫能在水面下或水面游动，在植株茎部随意上下爬动。

成虫一般在水淹后随着取食卵巢逐渐成熟，开始产卵，水对成虫产卵十分重要，深水条件下产卵多，93％的卵产在位于叶鞘水淹部分的基部一半处，5.5％产在淹水的上部，1.5％产在根里。产卵期 1 个月，一头成虫可产卵 50～75 粒。稻水象甲卵期约 7d，第一代幼虫期 30d 左右，蛹期 5～14d。越冬代成虫每头平均产卵 54 粒，每日产卵 1～2 粒，主要在白天产卵。卵孵化后，初孵幼虫仅在叶鞘里钻蛀取食短暂时间后，沿植株爬向根部，在根上和根内取食，多集中于 8cm 深以内土壤根系中活动，完成 4 龄发育，幼虫期 30～40d，有转株为害习性。幼虫在发育过程中，可以从一个根钻出转入另外的根为害，造成一系列穿孔，四龄幼虫则在根外直接咬食稻根，造成断根，有时幼虫向上取食直到根基部。老熟幼虫于活根上营造卵形土茧后化蛹。土茧与稻根的通气组织相连，蛹依靠根系供氧。

北方稻区 1 年发生 1 代，南方稻区 1 年发生 2 代，以成虫在稻田周围的草丛、树林、落叶层中滞育或休眠越冬，部分可在稻茬内越冬。翌年春天气温回升后，成虫解除滞育开始取食杂草或玉米、小麦、茭。在浙江稻区 4 月下旬开始迁入早稻秧田和本田，完成第一代发育，大部分个体进入越夏、越冬场所，少部分成虫迁入晚稻完成第二代发育，9～10 月后迁入周边越冬场所；早稻受害明显重于晚稻。在河北 5 月开始迁入稻田，5 月下旬为迁入高峰，以田块边缘受害较重。

稻水象甲具有较强的迁飞习性，一次飞行距离可达 4～6km；越冬成虫如遇适宜气温 20～27℃，3～4 级顺风情况下，远程传播距离可达 100km 以上。

（四）发生规律

1. 虫源基数 稻水象甲以成虫越冬，越冬场所比较复杂，研究表明，不同的越冬场所存活率不同，背风向阳的沟渠越冬存活率为 100％，其次是荒草地，存活率为 91.6％，林带的存活率为 89.4％，在田埂的存活率最低，约为 71％。

2. 气候条件 在我国稻水象甲以成虫在山地、荒地和田埂等场所越冬，主要在 4～5cm 深的土表层或浅土层。越冬场所虽具有背阴向阳特点，但其耐低温能力较强，在 -5℃下 3 个月后的生存率在半数以上，但干燥对其越冬不利。土表有枯草落叶等覆盖物是其越冬的必需条件。

成虫的迁飞性是稻水象甲适应不同环境的表现，但其飞行力较弱，飞行肌的发育和飞行活动受温度影响，越冬后成虫飞行肌的发育临界温度为 13.8℃，在气温 20～27℃时随气温升高而活跃。在迁飞扩散的过程中，风速和风向对其远距离传播起重要促进作用。

在河北当 4 月初气温升至 10℃左右时，越冬代成虫开始活动，4 月中旬开始向秧田转移。5 月下旬至6 月上旬为为害高峰期。在辽宁 5 月初成虫开始活动，于 5 月中、下旬迁入稻田，7 月上、中旬至 8 月中旬为为害盛期。在安徽 3 月下旬始见稻水象甲，4 月中旬开始为害，5 月中旬为早稻大田为害盛期，直到6 月初。在浙江一代成虫于 6 月中旬始见，6 月下旬至 7 月上、中旬达峰期；二代成虫于 8 月底始见，9月中旬达到高峰，但二代虫量低，对晚稻的为害轻于早稻。

3. 寄主植物 稻水象甲为害植物较多，除水稻外，还可取食麦类、甘薯、玉米及禾本科、莎草科、灯心草科、马蔺科、泽泻科杂草。但主要以禾本科、莎草科植物为主，水稻、玉米及高粱受害最为严重。

4. 天敌昆虫 稻水象甲是外来物种，入侵不同地区的时间比较短，自然界的天敌种群还没有建立起来，因而天敌很少。田间捕食性天敌有蟾蜍、青蛙、鱼类、蜘蛛、麻雀、蚂蚁、螳螂、蜻蜓等。而且，在整个世代周期内，仅成虫是在水上为害，卵期及蛹期均在水下生活。因此，天敌对于稻水象甲种群发展的抑制作用尚不明显。

（五）防治技术

1. 农业防治

（1）合理施肥。施肥多的稻田，幼虫量大，呈直线增长，所以选好施肥时期，合理施肥，即注意在整理稻田时尽量使用腐熟的有机肥，少用化肥，可降低虫口密度。

（2）清除杂草。春季越冬成虫未向稻田转移前及秋、冬季节，清除和烧毁稻田四周杂草，使其失去越冬场所，降低越冬虫口基数。

（3）稻水象甲疫情临界区重点隔离，实施水改旱，或改种其他非寄主作物，建立安全缓冲隔离带。

（4）通过秋翻、春翻等农事操作来消灭越冬代成虫。

（5）选育和应用抗虫品种。

2. 生物防治　稻水象甲是检疫性害虫，原产地美洲的天敌原本就较少，传播到亚洲后未必随之传入各种捕食、寄生性天敌。其成虫体表被硬甲，不易被天敌捕食或寄生。幼虫隐蔽在泥土中，不易接触到天敌。一般认为，稻田和沼泽地栖息的鸟类、蛙类均可捕食稻水象甲成虫；淡水鱼类既可捕食成虫，又可捕食幼虫；结网型和游猎型蜘蛛均可捕食成虫；步甲等捕食性天敌可猎食各种虫态。在寄生性天敌中，尚未发现寄生成虫、卵或者幼虫的节肢类动物。稻水象甲的所有寄生性天敌均是引起昆虫疾病的病原微生物，主要有绿僵菌和白僵菌。迄今，稻水象甲寄生性天敌的种类仅限于真菌和线虫，且目前仅见寄生成虫，未见寄生其他虫态的天敌种类。

3. 物理防治　稻水象甲成虫具有趋光性，灯光诱杀技术可大量压低虫源。但是，越冬后迁入稻田的成虫趋光性不强，而穗期的新成虫趋光性强。因此，灯光诱杀对当代害虫的防治效果不佳，只起到压低翌年虫源量的作用。试验表明，白炽灯、黑光灯、频振式杀虫灯、高压汞灯等光源在新成虫期均可大量诱集成虫。因此，可在稻田内、离大片稻田边缘 200m 以内设置诱虫灯。

稻水象甲的飞行能力差，可以设置防虫网阻止其迁移进入稻田；而成虫产卵需要有水的条件，因此可以覆膜无水层栽培。

4. 化学防治　化学防治是目前稻水象甲的主要防治方法。能有效防治稻水象甲的主要以拟除虫菊酯、有机磷、有机氯、氨基甲酸酯、沙蚕毒素类及混配制剂为主。目前使用较多的有溴氰菊酯、氯杀威（氯氰菊酯与仲丁威混剂）、甲氰菊酯、顺式氰戊菊酯、高效氯氰菊酯、水胺硫磷等。一些植物源农药如天然菊酯、苦参碱、烟碱、印楝素等对稻水象甲成虫具有直接杀死或拒食驱避作用，在绿色稻米生产地可推广应用。一些生物农药，如球孢白僵菌、绿僵菌对成虫的致病力较强。上述化学农药和生物农药的施用剂量应根据具体药剂的使用说明而定。

在进行化学防治时，应抓住稻水象甲生活史的薄弱环节，对越冬代成虫和新一代成虫进行重点防治。成虫在迁入稻田时期存在着明显的聚集现象。利用这一特性，可实施田外集中施药防治。一般在水稻移栽前或移栽后 1~2d，调查稻田周围的田埂、水沟、旱地、荒地禾本科植物上及水稻边行稻株上的成虫量，可对成虫大量集中的地方，用常规农药的常规剂量施药 1 次；如遇阴雨天气，则在天气晴好后，立即对成虫聚集地点进行防治。在水稻移栽前 5~10d，通过苗床浇施、撒施或喷施噻虫嗪、敌百虫、乙酰甲胺磷、毒死蜱等农药，可取得较好的防治效果，而且移栽后对迁入本田的成虫仍有很高的防治效果，移栽后 10d 对成虫的防治效果可达 68%~85%，幼虫减少 70%~90%。移栽后 5~10d 同一药剂全田施药，达到 90% 以上的防效，而且其用药量较少、施药操作简便。但需要注意观察成虫的迁移过程，正确选择成虫田外聚集期施药。

5. 植物检疫　目前该虫只在我国局部地区有分布，通过划定疫区、设立检疫哨卡等措施，严格限制来源于疫区的可能携带稻水象甲的植物及植物产品流入非疫区，可有效延缓该虫向非疫区的扩散速度。

席景会（吉林大学）

许国庆（辽宁省农业科学院植物保护研究所）

五、蒙古土象

（一）分布与危害

蒙古土象（*Xylinophorus mongolicus* Faust）别名蒙古象鼻虫、蒙古灰象甲，属鞘翅目象甲科土象属，分布在我国东北、内蒙古、西北等地区。该虫寄主植物广泛，除为害桑树外，还为害棉花、亚麻、玉米、谷子、甜菜、苹果、槟、桃、樱桃、枣、栗、核桃以及君达菜、瓜类、花生、大豆、向日葵、高粱、烟草等多种植物。成虫取食桑树幼苗子叶、嫩尖及生长点，苗未出土就常被吃光或吃成秃桩，造成缺苗断垄，严重的整片地无苗。该虫对嫁接成活的桑苗或即将出土幼树的嫩芽为害甚重。

（二）形态特征

成虫：雄虫体长 4.4～4.9mm，雌虫体长 4.7～5.8mm（彩图 14-5-6）。黑灰色或土色，体被褐色和白色鳞片，头和前胸，尤其是头部发铜光。前胸、鞘翅两侧被覆白色鳞片，鳞片间散布细长的毛；触角和足红褐色，多有白斑。头和喙密被发铜光的鳞片，鳞片间散布细长鳞片状的毛；头部细长，喙扁平，基部较宽，中沟细，长达头顶；触角棒状，10 节，基节较长。触角棒状部长卵形，端部尖。额宽于喙。前胸宽大于长，两侧凸圆，呈圆弧形，前端略缢缩，后缘有明显的边，背面中间和两侧被覆发铜光的褐色鳞片，中间和两侧之间被覆白色鳞片，从而形成 3 条深纵纹和两条浅纵纹。前胸背板雌虫短宽，雄虫窄长。小盾片三角形，有时不明显。鞘翅宽于前胸，雌虫特别宽，行纹间 3、4 基部被白色鳞片，形成白斑，其余部分被褐色鳞片，并掺杂少数白色鳞片。行纹细而深，线形，行间扁，散布成行细长的毛，毛的端部截断形，端部的毛端部尖。后翅退化，不能飞行。足被鳞片和毛，前足胫节内缘有钝齿 1 排，端部向内放粗，但不向内弯。雄虫较小，前胸宽略大于长，腹部末节端部钝圆；雌虫较粗壮，前胸宽大于长，腹部末节端部尖，基部两侧有沟纹。

卵：长 0.9mm，宽 0.5mm；长椭圆形，初产时乳白色，24h 后变为暗黑色。

幼虫：体长 6～9mm，无足，乳白色，稍弯曲，内唇前缘有 4 对齿突，中央有 3 对小齿突，后方有 1 个五角形褐斑。

蛹：体长 5～6mm，乳黄色或乳白色，椭圆形。

（三）生活习性

内蒙古、东北、华北 2 年发生 1 代（部分个体需 3 年），黄海地区 1～1.5 年发生 1 代；以成虫或幼虫在土中越冬。翌春均温近 10℃时，开始出土，成虫白天活动，以 10：00 前后和 16：00 前后活动最盛，夜晚和阴雨天很少活动，多潜伏在枝叶间和作物根际土缝中。成虫有群居性，常常数头聚集于苗上取食。此外还有假死性，受惊动时假死不动。棉花、烟草及桑树、茶树的苗和幼树受害较重，5～6 月受害最重。成虫经一段时间取食后，开始交尾产卵。雌虫一般 5 月开始产卵，产卵时先用足将地面踏实，然后分产于地内，多成块产于表土中。产卵期约 40d，每雌可产卵 200 余粒，卵期 11～19d。8 月以后成虫绝迹。5 月下旬幼虫开始孵化，幼虫生活于土中，取食腐殖质，或为害植物地下部组织，至 9 月末筑土室越冬。翌春继续活动为害，至 6 月中旬幼虫开始老熟，筑土室化蛹。7 月上旬开始羽化，不出土即在蛹室内越冬，第三年 4 月出土。成虫有群居性，低温时潜伏于幼苗周围的土块缝隙中，温度升高后爬出活动，喜食幼苗和茎的嫩芽，往往造成大面积缺苗断垄。

（四）发生规律

辽宁、山东、河南桑区 2 年完成 1 代，以成虫及幼虫在土中越冬。辽宁越冬代成虫 4 月中旬出土活动，在地面上或近地表的幼小桑苗及幼树上取食，5 月上旬产卵在土中，5 月下旬出现新孵化幼虫，在土中为害小根，9 月底做土室越冬。山东越冬代成虫则于 3 月下旬至 4 月上旬出土，4 月中、下旬交尾产卵，至 6 月下旬。5 月上旬新孵幼虫始见，10 月中、下旬越冬，翌年春季继续为害，6 月下旬化蛹，7 月上旬羽化为成虫，羽化的成虫不出土，在土室中越冬，直至第三年 3～4 月才出土为害。

（五）防治技术

1. 农业防治 科学进行肥水管理，铲除桑园杂草，及时修剪老枝残枝，清除桑园落叶，增强树势，减轻为害；在受害重的田块四周挖封锁沟，沟宽、沟深各 40cm，内放新鲜或腐败的杂草诱集成虫，集中杀死。

2. 药剂防治 成虫为害期向幼树喷洒 50％辛硫磷乳油 1 300 倍液或 50％马拉硫磷乳油 1 200 倍液、4.5％高效氯氰菊酯乳油 2 000～3 000 倍液、48％毒死蜱乳油 1 500 倍液等。还可用 50％辛硫磷乳油 0.5kg，加细土 15～20kg 拌成毒土，撒在桑苗四周。在成虫出土为害期喷洒或浇灌 2.5％高效氯氟氰菊酯乳油 2 500 倍液或 5.7％氟氯氰菊酯乳油 2 000 倍液、50％辛·氰乳油 2 000～3 000 倍液。

席景会（吉林大学）

许国庆（辽宁省农业科学院植物保护研究所）

第 6 节 根 蛆

根蛆是指双翅目蝇（蚊）等的幼虫，在土壤中为害发芽的种子和植物根部或茎基部，常造成严重损失。在我国发生的重要根蛆种类主要有灰地种蝇（种蝇）［*Delia platura*（Meigen）］、葱地种蝇（葱蝇）［*Delia antiqua*（Meigen）］、韭菜迟眼蕈蚊（韭蛆）（*Bradysia odoriphaga* Yang et Zhang）、麦地种蝇（麦种蝇）［*Delia coarctata*（Fallén），异名 *Hylemya coarctata*（Fallén）］、萝卜地种蝇（萝卜蝇或白菜蝇）［*Delia floralis*（Fallén）］等。根蛆是世界性地下害虫主要类群，食性较杂，韭菜、葱、蒜、瓜类、豆类、花生、陆稻等作物常遭受较重为害。

一、韭菜迟眼蕈蚊

韭菜迟眼蕈蚊（*Bradysia odoriphaga* Yang et Zhang）俗称韭蛆，属双翅目长角亚目蕈蚊总科眼蕈蚊科迟眼蕈蚊属。该虫在新中国成立之前就有为害的记录。1981年版的《中国农作物病虫害》（下册）所用学名为 *Sciara sp.*，杨集昆（1985）将其定名为韭菜迟眼蕈蚊，是我国特有的昆虫种类。韭菜迟眼蕈蚊在我国分布广泛，北京、天津、山东、山西、陕西、辽宁、宁夏、内蒙古、甘肃、江西、四川、湖北、浙江、江苏、台湾等省（自治区、直辖市）均有发生。该虫寄主范围较广，可为害百合科、菊科、藜科、十字花科、葫芦科、伞形科等7科30多种蔬菜，其中以韭菜受害最重，其次为大蒜、洋葱、大葱、瓜类和莴苣，还发现为害食用菌。在我国韭菜种植的主产区，该虫发生普遍，韭菜田间被害墩（株）率一般在20%以上，严重地块高达100%，造成的经济损失达30%～80%，甚至绝产。北方冬季设施栽培韭菜的发展，给韭蛆冬季继续繁殖为害和顺利越冬提供了良好的条件，不仅在设施栽培韭菜上为害严重，而且造成虫源积累，发生和为害日趋严重，给韭菜生产造成了巨大的经济损失。由于有些地方化学药剂使用不合理，导致农药残留超标，给人们的身体健康带来威胁，已成为制约韭菜生产和产品出口的重要因素之一。该虫为害大蒜也较严重，在山东金乡，一般地块虫株率达40%～50%，严重地块虫株率达90%以上。

韭菜迟眼蕈蚊以幼虫群集在寄主柔嫩的地下茎部和鳞茎处为害。初孵幼虫先为害韭菜叶鞘基部和鳞茎上端，在春、秋两季主要为害韭菜的嫩茎，夏季和冬季向下活动，钻食鳞茎，易导致地下部分腐烂。受害植株的地上部分轻者叶片瘦弱、枯黄、逐渐向地面倒伏，严重时成墩死亡。当从地上观察到韭菜叶尖发黄变软时，幼虫已进入为害盛期。为害大蒜时，幼虫群居在根颈和鳞茎处蛀食，大蒜苗期可造成地上部分枯死，形成缺苗断垄现象；生长期为害可导致蒜瓣受损，地上部分则从下部老叶逐渐向上发黄干枯死亡，导致植株长势弱，茎秆过早变软倒伏，严重影响产量。该虫还为害黄瓜、西瓜等瓜类幼苗，幼虫聚集在幼苗地下的根颈部为害，在砧木与接穗嫁接接口处为最多。在上海浦东温室中发现，韭菜迟眼蕈蚊为害黄瓜苗，被害株率可达10%左右，初孵幼虫为害叶鞘基部，而后蛀入嫩茎内取食，导致瓜苗嫩茎腐烂干枯，被害株地上叶片羸弱、枯黄、萎蔫断叶，甚至腐烂，成垄死亡，状似猝倒病，用手轻轻一拔，即可拔出断裂的瓜苗，断口处可见韭菜迟眼蕈蚊幼虫。

韭菜迟眼蕈蚊的形态特征、生活习性、发生规律及防治技术见10单元141节。

薛明（山东农业大学）

二、葱地种蝇

（一）分布与危害

葱地种蝇［*Delia antiqua*（Meigen）］属双翅目花蝇科地种蝇属，异名 *Hylemya antiqua*（Meigen）。葱地种蝇又称为葱蝇、蒜蛆，属根蛆类，是为害百合科蔬菜的重要地下害虫。

葱地种蝇主要发生在北半球温带地区，该虫的分布区要具备以下条件：12月平均温度−2℃以北地区；4～5月降水量50～100mm，6～8月100～180mm，9月100～150mm。该虫主要分布在我国中部和北部地区，如江苏、河南、山东、河北、北京、辽宁、宁夏、甘肃、山西、陕西、内蒙古、新疆和青海等省（自治区、直辖市）。国外朝鲜、日本、俄罗斯、英国、法国、美国、加拿大等国均有该虫发生为害的报道。

葱地种蝇属寡食性害虫，仅为害葱、蒜、洋葱、韭菜等百合科蔬菜。国外以洋葱受害最重；在我国以大蒜、洋葱受害严重，大葱受害较重，韭菜受害轻。该虫以幼虫群集蛀食为害植株的地下根部、茎基部和鳞茎，严重时蛀空鳞茎，引起地下部分腐烂，地上部分生长矮小、叶片发黄、萎蔫，严重者整株枯死，造成田间严重缺苗。葱地种蝇在我国北方大蒜主产区常年发生严重，春季大蒜受害最重，枯苗率一般达10%～20%，严重地块达50%以上；大蒜生长后期被害，轻者外皮受损，蒜头畸形突出或蒜瓣裂开，重者蒜头中空，腐烂变臭，失去食用价值，也是目前影响大蒜产量和质量的重要原因。

(二) 形态特征

雌成虫：虫体灰黄色，体长6～7.5mm，翅展12～12.5mm，复眼红褐色，间距较宽。胸部前翅基背鬃毛较短；前翅微黄，翅脉淡褐色，前缘有鬃毛列，Sc脉与C脉相交接处有2条鬃毛特别粗大，一长一短上下并列（彩图14-6-1，1）。足转节漆黑色，其他节与体同色，中足胫节外上有2根较长的前背鬃。腹部纺锤形，可见5节，第一腹节的前缘角各有1个乳头状突起伸向前端；第三、四腹节背板正中央有很细而不明显的纵纹。

雄成虫：体较雌成虫略小，体色略深。头部两复眼相距较近（彩图14-6-1，2）。后足胫节内下方中央，约占胫节总长的1/3～1/2处，生有1列稀疏、约等长的短毛。腹部分节不太明显，第一、二节上下扁，使腹部呈弧状；各腹节背板中央有倒三角形、灰黑色斑纹4～5块；腹节背面密生缘鬃，末几节的缘鬃显著粗大；腹末尾叶向头部弯折明显。

卵：乳白色，形似香蕉，顶端呈瓶口状，长1.2mm。卵壳表面密生波状隆起线（彩图14-6-1，3）。单粒或是10粒左右错综排列成块状。

幼虫：蛆状，无头式，乳白色，体长6～8mm（彩图14-6-1，4）。头咽器的口钩下缘无齿；咽骨的上下臂较扁宽，前气门突起显著，具9～12个长掌状分叉。体末节斜切状，周缘有5对三角形的片状小突起，其中第五对显著大于第四对；在尾节腹面肛门后方，另有3对较小的突起，从虫体背面看不到。

蛹：纺锤形，长6～7mm。初化的蛹呈白色，渐变成浅黄褐色，随后从前、后两端开始颜色加深，呈枣红色，快羽化时变为暗褐色（彩图14-6-1，5）。头端鸭嘴状，灰黑色，前气门略长，淡褐色。腹部末端与头端同色，周缘仍残存幼虫腹末的突起，第一对几乎消失，第五对显著大于第四对。

该虫与灰地种蝇为近缘种，应注意区别。

(三) 生活习性

葱地种蝇在我国1年发生2～3代，每年在春季和秋季形成两次为害高峰，以蛹在大蒜、洋葱、葱、韭菜等被害的寄主植物根际土中5～10cm处滞育越冬。葱地种蝇属于兼性滞育，有夏滞育和冬滞育两种形式，以蛹滞育越冬和越夏。温度和光周期是诱导滞育的重要条件，感受温度诱导滞育的最敏感虫态为预蛹期到蛹的前期，即蛹颜色从白色变浅黄褐色这一很短的阶段。温度和光周期是诱导葱蝇滞育的主要因素。判断是否为滞育蛹，可以按蛹羽化的时间来划分，在25℃，L：D＝16：8条件下，20d之内羽化的为非滞育蛹，在20d之后羽化的为滞育蛹。在多代区各世代均有部分蛹进入滞育，各代滞育蛹的积累是春季虫量较大的主要原因之一。据观察，葱地种蝇在陕西关中地区大蒜上1年发生3代，其年生活史大致可划分为4个阶段。越冬阶段：11月上、中旬开始进入越冬，以蛹在大蒜根际周围5～10cm深的土中滞育越冬；春季为害阶段：成虫于4月初蒜苗返青后羽化，4月中旬出现幼虫，4月下旬至5月初为第一代幼虫为害高峰期；5月上、中旬化蛹，5月下旬至6月初为第一代成虫发生盛期，6月上、中旬为第二代幼虫为害盛期，这代虫口数量较少，以为害大蒜鳞茎为主，为害轻；越夏阶段：此时处于6月底，田间大蒜已收获，第二代幼虫以蛹在土中滞育越夏，9月初大蒜出苗后大部分蛹陆续羽化；秋季为害阶段：羽化的二代成虫在蒜苗根际或植株周围土中产卵，9月底至11月初为第三代幼虫为害期，11月上、中旬第三代幼虫化蛹滞育越冬。

葱地种蝇在山东苍山县大蒜田1年发生2代，以蛹在寄主大蒜根际土中滞育越冬。越冬蛹3月下旬开始羽化，至4月中旬发生越冬代成虫，4月中旬为越冬代成虫盛发期。4月下旬至5月上、中旬为一代幼虫严重为害期，为害苗期的春播大蒜和抽薹期的秋播大蒜（彩图14-6-1，6）；5月下旬一代幼虫开始化蛹，并在土中滞育越夏，历时约3个月；9月下旬至10月中旬为第二代幼虫为害期，为害苗期的秋蒜，也为害洋葱和大葱。

成虫白天活动，以晴天10：00～14：00活动最盛。喜温暖，刮风和阴雨天活动减少。交尾大多在9：00～10：00进行，有多次交配的习性。成虫需大量取食开花期的植物花蜜作为补充营养，以满足生殖的需要。雄虫羽化较雌虫早，羽化后的成虫多在附近开花期的果树，葱、甘蓝、胡萝卜、萝卜等多种蔬菜以及蒲公英等开花植物上取食花蜜。在蒜田附近种植的越冬菠菜，春季在菠菜收获后残留在地里的植株和菠菜叶片上经常有大量的葱蝇成虫栖息取食。成虫对未腐熟的粪肥有明显的趋性。成虫寿命长，一般1个月左右。

卵一般10粒左右聚产，偶见散产。卵主要产在植株基部及附近的土缝、土块、马粪块上或者叶腋间，破伤的植株对成虫产卵有很强的吸引力，生长健壮的植株不吸引成虫产卵。大蒜收薹后，留下的薹孔若遭雨淋，易腐烂，易诱使葱地种蝇成虫来产卵。在温度（22±1）℃，光周期为16L：8D，相对湿度50%～

70%的条件下，成虫寿命 30~40d。成虫羽化后 3~4d 开始进行交配，产卵前期大约 7d；产卵期主要集中在羽化后 10~21d，平均单雌产卵 120~180 粒。葱地种蝇成虫的产卵量受食物营养影响比较明显，在食物匮乏的条件下，葱地种蝇的产卵量会显著下降。

幼虫共 3 龄，植食性。幼虫孵化后即钻入土内，蛀入寄主植物地下部分取食为害。葱地种蝇雌虫喜在前期轻度受害的寄主上产卵，利于幼虫定居存活，而生长健壮的植株和前期受害严重的植株均不利于成虫选择产卵和幼虫的侵害。各代老熟幼虫在土中化蛹，越夏蛹和越冬蛹均为滞育蛹；在土中的化蛹深度明显不同，越夏蛹主要集中在 15~20 cm 土壤深处越夏，而越冬蛹主要在 5~10 cm 深的土中越冬，这与该虫耐冷不耐热的特性有关。在山东越冬蛹的蛹期一般 150d 左右，越冬代成虫寿命 20d 左右；第一代卵期 4~8d，第一代幼虫期 18~22d，越夏蛹的蛹期约 120d。

葱地种蝇寻找寄主产卵的行为包括对寄主生境的寻找、对寄主的定向和识别等系列行为。葱地种蝇主要借助嗅觉定向寄主植物，可在 100m 之外对洋葱的挥发性气味做出反应。洋葱散发的气味中二丙基二硫醚及其相应的烷基硫化物等物质对葱地种蝇成虫具有引诱力并刺激其产卵。

（四）发生规律

1. 气候因素　温度是影响葱地种蝇发育速度的重要因素。葱地种蝇发育起点温度为 4~4.5℃，成虫发育所需有效积温 103℃、卵为 50℃、幼虫为 287℃、蛹为 306℃，完成 1 代共需 746℃。在山东 3 月下旬，当平均温度达到 8℃以上时始见成虫，气温稳定在 12℃以上成虫数量骤增，出现卵高峰，当平均气温上升到 19℃以上时，越冬代成虫不再出现。9 月平均气温下降到 20℃时大田出现一代成虫，当稳定在 15℃以下时出现幼虫高峰；当气温下降到 10℃以下时，秋季一代成虫逐渐灭迹。葱地种蝇发生的适宜日平均气温为 10~20℃。室内饲养，温度（22±1）℃，光周期为 16L∶8D，相对湿度 50%~70%的条件下，葱蝇的卵期为 2~3d，幼虫期为 14~16d，非滞育蛹的蛹期为 17~20d。

温度和光照是诱导葱地种蝇滞育的主要因素，其中温度的影响尤为重要。非滞育葱蝇的最适生长温度为 22℃，不管是在长日照还是短日照条件下，其滞育比例均低于 9%；随着温度升高或者降低，其滞育比例均升高；一般低温诱导冬滞育，高温诱导夏滞育。在温度（20±0.2）℃、L∶D=16∶8 和相对湿度 50%~70%的条件下，饲养的非滞育幼虫和蛹生长良好。葱地种蝇夏滞育的诱导临界温度为（24±1）℃，并且滞育率随着温度的上升而增大。在 L∶D=16∶8，温度为 22℃时蛹的夏滞育率为 7.2%，当温度达到 23℃时滞育率上升为 30%，而当温度为 25℃时滞育率高达 98%。16℃是非滞育发育的最佳温度，在此温度条件下，18d 即有成虫羽化，22d 达羽化高峰，30d 羽化率达 99%。进入夏滞育的蛹略重于非滞育蛹。湿度对夏滞育蛹结束滞育起加速作用。

把葱地种蝇置于（15±0.5）℃，L∶D=12∶12，相对湿度 50%~70%的条件下，进入冬滞育的比例接近 100%，此条件下其卵期约为 3d，幼虫期为 24d，诱导的冬滞育蛹蛹期为 90~150d。在 4~15℃条件下，冬滞育 130d 左右能解除滞育。进入冬滞育的蛹，平均蛹重明显重于非滞育蛹。

光周期对于葱地种蝇的蛹滞育诱导是随着温度变化而起作用的。在温度为 16℃时，光照周期不同，滞育率不同，短日照条件下（L∶D=12∶12），其滞育率高达 90%；低于 13℃时，不管光周期如何，滞育率均超过 70%。不同的光周期对葱地种蝇进入冬滞育的临界温度也有影响，在 L∶D=16∶8 条件下，50%的蛹进入冬滞育的临界温度为 14.0℃，在 L∶D=12∶12 条件下，50%的蛹进入冬滞育的临界温度为 18.5℃。

葱地种蝇是研究昆虫兼性滞育很好的实验材料，在葱地种蝇滞育基因的研究方面，已经成功构建了冬滞育蛹、夏滞育蛹和非滞育蛹的全长 cDNA 文库，为滞育基因的克隆以及功能的研究奠定了基础。

2. 土壤条件　土壤水分含量是影响葱地种蝇发生的主要因素之一。5cm 深土壤含水量和土温与葱蝇的发生程度关系密切，当 5cm 深土温为 19.5~24.5℃时，葱地种蝇的为害最重。成虫羽化与土壤湿度关系密切，土壤含水量 5%~20%最为适宜，25%以上羽化率明显降低。成虫喜欢选择干燥的地方产卵，一般干旱的蒜田和漏浇返青水的蒜田中产卵量大，幼虫发生严重；大蒜植株的水分已能满足幼虫的需要，降水和灌溉都能减轻幼虫为害。土壤含水量较高时，幼虫的虫口密度较大，但过高，虫口密度又呈下降趋势。土壤质地也是影响葱地种蝇发生的主要因素之一，沙土和沙壤土结构松散，通透性好，适于其活动和繁殖，黏土发生轻。葱地种蝇生长发育适宜 pH 为 6.0~6.5。施肥时若使用碳酸氢铵，土壤中形成弱碱性环境和有刺激性气味的氨气，可有效杀死幼虫，且不利于成虫产卵。

3. 寄主植物　葱地种蝇在不同大蒜品种上的为害程度也有差异。大蒜种植区的主栽品种中红皮蒜受害重，白皮蒜受害轻；抗寒性强，不易受冻害的品种对葱地种蝇抗性强；在幼虫为害期，植株长势健壮的受害轻，反之则受害重。通过对葱地种蝇的抗性差异达到显著水平的全国 52 份大蒜品种材料进行聚类分析，并结合感虫指数，将大蒜品种分为高抗、抗、中抗、中感、感、高感 6 个类别，其中高抗品种有中牟大蒜、阜康紫蒜、早红选、阿城紫皮、三月黄、平谷白蒜、莱芜红皮蒜、嘉定 2 号、蓟州大蒜、清迈 3 号、耀县竹叶青、丫子蒜、大埋蒜、临洮大蒜；抗性品种有兴平白皮、蒲棵蒜、紫皮蒜、莱芜白皮、嘉祥大蒜、白皮红星蒜、雪里青、金乡红皮；中抗品种有三月黄、平谷白蒜、莱芜红皮蒜、嘉定 2 号、蓟州大蒜、清迈 3 号、耀县竹叶青、丫子蒜、大埋蒜、临洮大蒜。相关性分析表明，不同品种的感虫指数与鳞茎的鳞芽背宽、鳞茎的大蒜辣素含量呈显著的负相关，即大蒜辣素含量越高，大蒜对葱地种蝇的抗性越强。

4. 天敌因素　一些病原真菌和线虫能侵染葱蝇。国外报道绿僵菌素 E（mycotoxin destruxin E）和蝇虫霉（*Entomophthora muscae*）对葱蝇成虫的感染率高，玫烟色拟青霉（*Paecilomyces fumosoroseus*）侵染葱蝇的蛹，病原线虫（*Heterorhabditis bacteriophora*）侵染葱蝇幼虫。

5. 种植方式　大蒜覆盖地膜种植模式发展很快，目前山东主要大蒜产区几乎全面推广。在山东春、秋两季葱地种蝇的发生为害期调查发现，覆膜蒜田葱地种蝇的为害程度较未覆膜蒜田显著减轻。成虫产卵选择试验表明，葱地种蝇成虫对覆膜蒜田的选择性减弱，这应是导致葱地种蝇在覆膜蒜田为害减轻的重要原因。

（五）防治技术

根据葱地种蝇在我国北方地区的发生为害规律，在生产上应采用种植期和生长期防治相结合，地上诱杀成虫与地下防治幼虫相结合的方法，巧用化学药剂，实施综合治理。

1. 农业防治

（1）合理浇水。浇返青水时浇遍、浇透，可减少成虫产卵。春播大蒜烂母前适时浇水，既增加了土壤湿度，又可缩短烂母期，避开成虫盛发期，减少落卵。在发现幼虫为害时，及时进行大水漫灌，可以暂时控制为害。冬灌和春灌可以杀死部分越冬蛹。

（2）精选蒜种。选用饱满、无霉、无破伤的蒜瓣作种；剥去蒜皮，缩短烂母期。育壮苗，可减轻幼虫为害。

（3）调节播种期。春季以春播蒜受害重，而秋播蒜受害轻。秋播蒜适期晚播，在山东推迟播期至 10 月中旬，即可避开秋季成虫的发生盛期，并有利于形成冬前壮苗，减少受害。春播蒜播种期适当提前，使其烂母期错过成虫产卵期，可减少落卵量，并且不利于幼虫侵入。

（4）科学施肥。施用充分腐熟的有机肥及优质大蒜专用肥，施肥时用土覆盖，不要露出土面。蒜在烂母期前，结合灌溉追施氨水或碳酸氢铵，可以减轻为害。成虫产卵期，在大蒜根际撒草木灰，对成虫产卵有驱避作用。

（5）合理轮作换茬。尽量避免与百合科葱、蒜、韭类重茬或邻作。

（6）清洁田园。大蒜等寄主收获期及时清除植株残体，并带出田外，集中处理，可降低田间残株虫口基数和对成虫的引诱产卵。

2. 物理防治　利用钴-60 处理葱地种蝇的蛹，可以导致其羽化后雄性不育，大量释放不育的葱地种蝇雄成虫，与雌虫交配，以达到控制幼虫为害的目的。目前在荷兰已商业化，国内已有该技术的引进。蓝色黏虫板在田间用来诱杀成虫效果显著，其上喷布 10％蜂蜜水能显著增加对成虫的诱杀效果。在春季成虫高峰期，田间放置深蓝色黏虫板，每天可诱集大量成虫，有效控制为害。

3. 化学防治　在葱地种蝇的综合治理中，化学防治依然起着重要的作用。要降低农药残留，保证产品安全，关键在于如何合理地使用化学杀虫剂。

（1）播种期防治。① 药剂拌种：可用 60％吡虫啉悬浮种衣剂 30mL 对水 1 500mL 稀释，拌种蒜 125～150kg，随拌随播。② 药剂处理土壤：在播种或定植前，可选用 40％辛硫磷乳油制成毒土处理播种沟（穴）或土壤。配制毒土时用制剂 3 000～4 500mL/hm² 与 750kg 细土混匀，配成毒土；也可用 75％灭蝇胺可湿性粉剂配成毒土，制剂用量为 1 500g/hm²。

（2）生长期防治。① 幼虫期灌根：春季田间幼虫为害期，可用 40％辛硫磷乳油 4 500～6 000 mL/hm²、75％灭蝇胺可湿性粉剂 1 250～1 500g/hm²，分别加水稀释后，顺垄灌根使用。灭蝇胺属昆虫生长调节剂，对葱地种蝇幼虫的致毒效果较缓慢，主要形成畸形蛹，使其不能羽化或降低繁殖能力。② 成虫期防治：利用成虫羽化后需大量取食补充营养的习性，在成虫发生初盛期诱杀成虫，选用胃毒作用强的药剂配制诱液诱杀成虫。可选用 90％敌百虫原粉或 2％甲氨基阿维菌素苯甲酸盐乳油，用 5％～10％蜂蜜水或糖醋液（糖：醋：水＝1：1：5）分别稀释 1 000 倍和 2 000 倍，配制成诱杀液，诱杀成虫。也可用 40％辛硫磷乳油 1 000 倍液在植株周围地面和根际进行喷洒，间隔 7～10d 喷 1 次，连喷 2～3 次。

薛明（山东农业大学）

三、灰地种蝇

（一）分布与危害

灰地种蝇［*Delia platura*（Meigen）］又称种蝇、瓜种蝇、种蛆，俗称地蛆，属双翅目芒角亚目蝇总科花蝇科种蝇亚科地种蝇属。文献中常见的学名 *Hylemya platura*（Meigen）是同种异名 。

灰地种蝇分布范围很广，属世界性分布。在我国除海南外，全国各地均有发生，以北部和中部发生较普遍。

灰地种蝇是多食性害虫，喜为害豆类、瓜类、十字花科蔬菜和石刁柏，以及棉花、玉米、麻类、薯类等农作物，还可为害多种花卉如月季、榆叶梅、仙客来、玫瑰、桂花、夹竹桃、马蹄莲等，也为害松、柏和银杏等树木的幼苗嫩根。

该虫以幼虫成群蛀食发芽中的种子和幼苗表土下的嫩茎部分，可引起种芽畸形、腐烂，受害种子不能正常发芽出苗；幼虫为害已出苗的幼苗时，自茎基部蛀入，顺着茎向上为害嫩茎，将茎中心蛀空或引起腐烂，使地上部分凋萎倒地而死亡；幼虫还可转移为害，导致田间呈现成片缺苗现象。幼虫为害花卉的地下部分，主要蛀食其根颈部，引起变褐或腐烂，地上部分生长不良，植株色泽变得暗淡，失去光泽，不规则失绿、变黄，新叶不能正常展开。该虫在水肥充足，尤其是粪肥施在表面的圃地和盆花中发生严重。20世纪 60～70 年代，该虫在山东发生为害严重，尤其在春季作物播种期常常造成严重危害，致使播下的种子不能发芽，黄瓜育苗苗床的死苗率达 50％以上；催芽直播的西瓜 100％不发芽。

（二）形态特征

成虫：体长 4～6mm，淡灰黑色；胸部背刚毛很明显；前翅 Sc 脉与 C 脉交接处有两条较粗、略短的鬃毛（图 14-6-1，1）。雄虫略小，两复眼近乎相接；胸部背面具黑纵纹 3 条，腹部背中央有 1 条黑色纵纹；前翅基毛极短；后足胫节内下方密生着成列几乎等长的尖端稍向下弯曲的细鬃毛。雌虫体灰黄色至灰色，两复眼间距离约为头宽的 1/3；胸部背面具褐色纵纹 3 条；中足胫节外上方有 1 根长鬃毛（前背鬃）；腹部第三、四节背板正中央有较明显的长三角形暗斑。

卵：长椭圆形，稍弯，长约 1.6mm，乳白色，透明，上有纵沟陷（图 14-6-1，2）。

幼虫：蛆状，成长后体长 6～7mm，乳白而略带淡黄色（图 14-6-1，3）。头咽器的口钩下缘有微细的齿刻，前气门突起显著，具 5～8 个较长的掌状分支。体末节斜切状，周缘有 5 对三角形的片状小突起，第四对和第五对突起最大且近乎等大；另有 3 对较小的突起，着生在尾节腹面肛门的后方，从虫体背面不能看见。

蛹：长 4～5mm，纺锤形，黄褐色或红褐色，两端稍带褐色。前端稍扁平，后端圆形，可见幼虫腹末残存的小突起（图 14-6-1，4）。

（三）生活习性

灰地种蝇在我国由北向南 1 年发生 2～6 代。在黑龙江、宁夏 1 年发生 2～3 代，在辽宁 1 年发生 3～4 代，在北京、山西 1 年发生 3 代，在陕西 1 年发生 4 代，在江西和湖南 1 年发

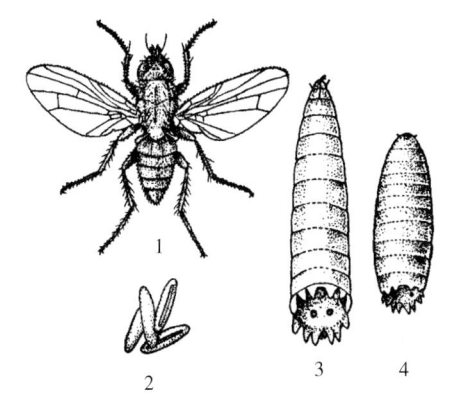

图 14-6-1 灰地种蝇（引自魏鸿钧等，1989）

Figure 14-6-1 *Delia platura* （from Wei Hongjun et al.，1989）

1. 成虫 2. 卵 3. 幼虫 4. 蛹

生 5～6 代。在北方以蛹在土中越冬，在温暖的地区则各虫期都有可能越冬，无滞育现象。一年中以春季发生数量最多，秋季轻于春季，夏季最轻。春季正值各类蔬菜、花生、棉花、豆类等寄主的种子发芽期，幼虫钻入种子或幼苗使种子丧失发芽力，受害严重，造成苗期大量缺苗断垄。在山西越冬代成虫于 4 月下旬至 5 月上旬羽化、交配产卵。5 月上旬至 6 月中旬，第一代幼虫为害甘蓝、白菜等十字花科蔬菜的采种株、苗床的瓜类幼苗和豆类发芽的种子等。6 月下旬至 7 月中旬，第二代幼虫为害白菜、秋萝卜等。在湖北应城，成虫于 3 月上、中旬飞入大棚，在黄瓜、甜瓜根部产卵，孵化出蛆即钻入黄瓜、甜瓜幼苗根颈

部，蛀食心部组织，使幼苗萎蔫、死苗，造成缺苗断垄。在大棚内，以各种虫态越冬并连续造成危害。

灰地种蝇的突出特点是不怕寒冷，在南方冬、春季的暖日尚可见成虫活动。成虫喜在干燥晴朗的白天活动，以晴天中午前后最活跃，尤以 10：00 至 14：00 为甚。早、晚及阴雨大风天气，成虫则躲藏在土缝中或其他隐蔽场所。成虫期需取食补充营养，对花蜜、蜜露、腐烂的有机物和未腐熟的有机肥有很强的趋性。成虫产卵期较长，可达 1～2 个月；单雌产卵 20～150 粒，这与成虫补充营养有密切关系。

成虫将卵 3 粒、5 粒或数十粒地产在湿土、有机肥料附近的土缝中。施用未腐熟的有机肥料而又不翻入土里能吸引成虫产卵。灰地种蝇还有在湿土上产卵的习性，如新耕翻过的地，或浇水等其他农事操作使湿土露出来，均能招致成虫产卵。成虫对浇水后播下的种子，特别是催过芽的种子，因覆土不细致而外露着湿润土壤的地方趋性极强，专门趋向播过种的这类穴上产卵，而且前来产卵的速度很快，前面覆着土，后面就被产上了卵。寄主种子发芽过程中放出的气味和播种沟较潮润的土壤都可吸引成虫产卵。

幼虫有 3 个龄期，在土中昼夜为害。幼虫孵化后，即钻入土中并趋向种子，蛀食胚乳，1 粒种子内可有幼虫 10 余头，也可钻入根、茎基部为害。幼虫活动性很强，特别是一龄幼虫，能找到埋在 15 cm 深的沙土层下的食物。在缺乏食物时幼虫的活动力也会加强，在土中能转移寄主为害，加重了其为害性。在春季播种期，灰地种蝇幼虫为害最猖獗，以瓜类、棉花、大白菜、豆类受害最重。阴湿的环境有利于灰地种蝇的繁殖和生长发育，经常洒水的瓜苗温床和浇穴直播或浇穴播催芽种子的地块，灰地种蝇发生严重。幼虫还有腐食特性。幼虫老熟后即在土内化蛹，蛹一般在 7.5cm 深的表土层，但当幼虫的食物在较深的土层时，化蛹位置也随着下移。

在南方大棚栽培花卉的地区，棚内还经常设有温、湿度调制系统，温度基本保持在 15～28℃，一年四季温差不大，这样的温度和湿度条件十分适合灰地种蝇的繁殖发育。设施栽培花卉常采用腐殖土或一些经过腐熟的有机质作为栽培介质，水肥充足，环境湿度大，其栽培环境十分适合灰地种蝇的生长与繁殖，灰地种蝇在此可以各种虫态越冬并连续为害，经常暴发，不及时防治，还能导致毁灭性的危害。

（四）发生规律

1. 温度 温度影响灰地种蝇发生的时间、代数和数量。当春季日平均气温上升至 5℃ 时，越冬蛹即开始羽化为成虫；日平均气温超过 11℃ 时，成虫数量逐渐增加，进入羽化始盛期。因此，春季平均气温上升至 5℃ 越早的地区和年份，越冬代成虫出现也越早，日平均气温超过 11℃ 越早的年份，越冬代成虫始盛期也越早，反之则迟。据此可根据气象因素预测越冬代成虫羽化始期和始盛期，指导大田查虫和防治。

灰地种蝇的发生世代因地区差异而不同，该虫发育进度受气温影响明显。灰地种蝇的卵期，在恒温条件下 10℃ 时为 7.8d，20℃ 时为 2d，30℃ 时仅为 1d，在 35℃ 时有 70% 的卵不能孵化。幼虫期 8～9℃ 为 37d，20.5℃ 时为 8.4d，24.5℃ 时为 7.2d；在 33℃ 时只有 80% 幼虫能化蛹，幼虫发育的最适温度为 15～25℃。春季平均气温在 15℃ 时蛹期为 22.5d，26℃ 时仅为 9d。入冬后，日平均气温下降至 11.6℃ 时，蛹期延长到 37d，9.3℃ 时达 53d。

因完成一个世代所需的时间受气温的影响极大，春季平均气温在 17℃ 左右时，由卵到成虫约需 42d；在 25℃ 时，则只需 19d；秋季降温至 12～13℃ 时则需 51.6d。灰地种蝇不耐高温，当气温超过 35℃ 时，有 70% 以上的卵不能孵化而死亡，幼虫不能存活，蛹不能羽化，故夏季灰地种蝇发生量较少。

2. 湿度 卵、幼虫和蛹的发育受土壤湿度影响较大，如在干燥土中卵的孵化率仅 20%～25%，而含水量大的土中则可达 85%～100%。土壤含水量在 18%～24% 时最适于其生存和繁殖后代，含水量超过 24% 时不利于成虫羽化和卵孵化。潮湿土壤也有招引成虫产卵的作用，土壤干旱时，幼虫集中到寄主根部为害。

3. 土壤有机质 灰地种蝇对未腐熟的有机肥有明显的趋性。施用未腐熟的有机肥和田间腐烂的有机质极易招引成虫集中产卵，尤其是将有机肥施在土壤表面，灰地种蝇幼虫发生严重，即喜好在潮湿和腐殖质多的土壤中生活。

4. 食物 灰地种蝇为多食性害虫。成虫羽化后需取食补充营养。萌芽的种子对其吸引力很强，可刺激雌成虫产卵。灰地种蝇雌虫嗅觉反应极为敏感，能够单独依赖嗅觉来定位产卵位点。试验证明，正在发芽的种子与附着在种子表面的非病原微生物的代谢产物能够刺激灰地种蝇雌成虫产卵，采取种子消毒的方法可以减少成虫的产卵。用消毒过的小豆或人工饲料饲养种蝇幼虫，其不能存活到化蛹，饲料里需要有细菌和镰刀菌。灰地种蝇有腐食特性，据田间观察有病伤的马铃薯受害严重。

（五）防治技术

一般春季播种期间，灰地种蝇为害最猖獗，春季移栽的瓜类、豆类和甘蓝类蔬菜也严重受其为害。由于该虫在地下为害，为害萌芽的种子和幼苗，一旦发生很易造成毁种重播。因此应实施以农业防治为基础的综合治理措施。

1. 农业防治

（1）春耕尽量提前。在土地开冻后灰地种蝇成虫羽化前深翻土壤，既能杀死部分越冬蛹，又能避免翻地暴露湿土，招引成虫产卵。

（2）科学施肥。若施用未腐熟的有机肥，使其不暴露于土面，并及时翻入土内，避免对成虫的吸引。有机肥在堆积发酵过程中要用泥封严，防止成虫集中产卵。

（3）定植时挑选壮苗，避免带地蛆入本田；除西瓜以外，尽量不采用大田直播。

（4）精耕细作。在灰地种蝇经常发生为害地区，对易受害的菜豆、瓜类等，春季播种时浇过水的播种沟（穴），覆土一定要细致，尽量不使湿土外露，勿留有土缝，这样可避免或减少越冬代成虫前来产卵。催芽后播种，也可减轻灰地种蝇为害。

2. 诱杀成虫　成虫羽化期，用 1∶1∶2.5 的糖、醋、水配成糖醋液，加少量敌百虫和洗衣粉，诱杀成虫。当雌、雄比为 1∶1 或虫量突增时，即为盛发期，可及时指导田间防治。

3. 药剂防治

（1）春季种植时土壤处理。在春季播种或定植时在播种穴或播种沟内施用毒土或喷施药剂。可选用 40％辛硫磷乳油或 40％毒死蜱乳油 3 000～4 500mL/hm² 与 750 kg 细土混匀，配成毒土。

（2）防治成虫。成虫发生期地面喷洒药剂，可选用 40％辛硫磷乳油 1 000 倍液，在寄主植株周围的地面和根际喷洒，间隔 7d 喷 1 次，连喷 2～3 次。

（3）幼虫发生为害期的防治。已发生幼虫的地块或大棚，可用 40％辛硫磷乳油 4 500～6 000mL/hm² 或 75％灭蝇胺可湿性粉剂 1 250～1 500g/hm²，分别加水稀释后，顺垄灌根使用。

薛明（山东农业大学）

四、麦地种蝇

（一）分布与危害

麦地种蝇［*Hylemya coarctata*（Fallén）］又称麦种蝇、瘦腹种蝇、冬作种蝇，属双翅目花蝇科种蝇属。该虫在欧洲已有上百年研究史，我国 1965 年始见范滋德先生关于其分布和成虫形态的描记报道，1972 年刘育钜等发现麦地种蝇为害的死苗，20 世纪 80 年代初在甘肃清水、庆阳、天水等陇东、陇南（部分地区）、宁夏南部山区冬小麦、黑麦苗上常发生为害，此后陕西、青海和内蒙古满洲里、山西长治、新疆和靖等相继报道发生。寄主主要为小麦、大麦、燕麦等，主要以幼虫蛀入麦类茎基部，取食心叶，导致青枯后黄枯死苗，小麦受害株率为 10％～30％，造成田间"斑秃状"缺苗，严重田块受害株率高达 50％以上，造成插空补种或翻耕改种，直接影响我国西北冬麦区小麦的生产。

（二）形态特征

成虫：雌虫体长 5～6.5mm，呈灰黄色。额宽与眼宽相等或宽于眼宽（图 14-6-2，1）；复眼间距宽为头部的 1/3。胸、腹部灰色，足的腿节、跗节黑褐色，胫节黄色；腹部较雄虫粗大，略呈卵形，腹后端尖。雄虫体长 6～7mm，暗黑色。头部银灰色，间额狭窄近相接（图 14-6-2，2），额条黑色；复眼暗褐色，在单眼三角区的前处；触角黑色，其第三节长为第二节的 2 倍，触角芒长于触角；胸部灰色，其背面中央有 3 条褐色纵纹（图 14-6-2，3）；翅略显暗色，光下泛红绿色荧光，前缘密生微刺；平衡棒黄色；腹部灰黄色，扁平而狭长细瘦，较胸部色深。足黑色，跗节黑色。

卵：长 1～1.2mm，长椭圆形，一端尖削，另一端较平；初产乳白色，后至浅黄白色，具细小纵纹（图 14-6-2，4）。

幼虫：体长 8～9mm，蛆状。乳白色且有光泽，老熟时略带黄褐色（图 14-6-2，5）。头部极小，气门黄褐色，口钩黑色。尾部截断状（图 14-6-2，6），具 6 对乳状突起，第五、六对乳突明显肥大，第六对呈双叉状。

蛹：围蛹，纺锤形，长 6mm 左右，宽 1.5～2mm。初为淡黄色，后变黄褐色，两端稍带黑色，羽化前黑褐色（图 14 - 6 - 2，7），稍扁平，蛹壳上有幼虫气门和尾端突起痕迹。

（三）生活习性及发生规律

据甘肃省庆阳地区观察，麦地种蝇 1 年发生 1 代，以卵在土内越冬。卵期长达 190～200d。翌年 3 月上旬小麦返青后，越冬卵开始孵化，3 月中、下旬达到孵化高峰。初孵幼虫经短距离爬行至植株茎秆、叶及地面上，在麦茎基部蛀入麦苗分蘖节，头部向上取食生长点部位的幼嫩组织，蛀食茎部，出现黄褐色坏死，蛀食后其心叶呈锯齿状，心叶青枯致死，枯心极易被拔出，易于与其他为害症状区分。幼虫转株为害的麦苗数为 3.5～5 株，也有无转株习性的报道。3 月中旬至 4 月上旬为幼虫为害盛期，为害期长达 30～40d，其田间分布基本上符合负二项分布和奈曼 A 型分布，幼虫聚集多为昆虫自身习性（雌虫集中产卵、幼虫活动能力弱）和环境因素（土壤水肥条件、麦苗生长状况等）协同作用，导致麦田枯心苗点片发生。4 月中旬老熟幼虫爬出茎外，钻入小麦根际 6～9cm 深的土层中化蛹；4 月下旬至 5 月上旬为化蛹盛期，蛹期 21～30d；6 月初蛹陆续羽化为成虫。时值小麦近成熟期，成虫即迁入秋作苜蓿、牧草上寻觅花蜜。成虫有趋光性，多在 7：00～10：00、15：00～16：00 活动，阴天中午亦可见；秋季则在中午最活跃，喜枝叶繁茂、地面覆盖物多的高湿环境。9 月上旬小麦播种前后则开始产卵，卵分次产在土壤缝隙 2～3cm 深处，单雌产卵量 9～48 粒，产卵后成虫很快死去，10 月全部死亡。

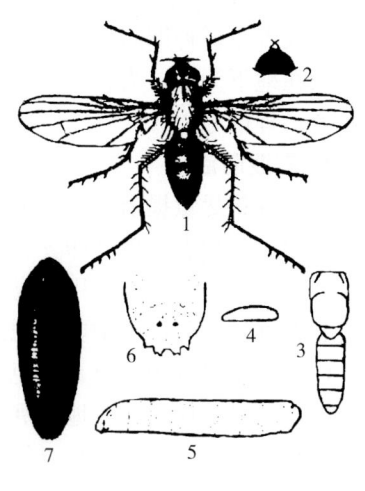

图 14 - 6 - 2　麦地种蝇（引自刘育钜和郭予元，1987）

Figure 14 - 6 - 2　*Hylemya coarctata*（from Liu Yuju and Guo Yuyuan，1987）

1. 雌成虫　2. 雄虫头部　3. 雄虫胸、腹部　4. 卵　5. 幼虫　6. 幼虫尾端背部　7. 蛹

（四）防治技术

1. 农业防治

（1）精细耕作。麦地种蝇发生密度大的田块，有条件的可进行播种前深翻整地，耙平松散土块，一来可降低表土层湿度，恶化产卵或发育条件；二来可借播种翻地时的机械作业破伤越冬卵，降低虫口基数。

（2）错期播种。适当延后小麦播种期至 9 月中、下旬，可错过麦地种蝇的产卵期。西北地区应在白露播种，不得早播。

（3）平衡施肥。推荐施用充分腐熟的有机肥。麦地种蝇成虫有趋粪趋腐习性，施用未腐熟的有机粪肥或生粪易引诱大量成虫产卵，从而加重为害。

（4）诱集带集中灭杀。利用冬小麦收获后大部分成虫迁移的习性，可在田间插花点种小块留种萝卜、葱等，待其成虫采食花蜜时集中喷施杀虫剂。但注意保护蜜源昆虫和天敌寄生蜂。

2. 物理防治

（1）黑光灯诱杀。当麦地种蝇从羽化地迁出时，可利用其成虫的趋光习性，有条件的地区田间可架设黑光灯进行诱杀。

（2）黏板诱杀。麦地种蝇成虫日间活动、交尾期成群追逐主要集中于穗部。可在田间挂放一定数量的黄色黏虫板，挂放高度可与植株等高。

3. 化学防治

（1）撒施毒土。每 667m² 用 40％辛硫磷乳油 200～250mL，配制成 5 倍稀释液喷拌在 20kg 左右细沙土上，混拌均匀后随种撒施；或每 667m² 用 3％辛硫磷颗粒剂 6 000～8 000g 随种穴施，对种子发芽、出苗安全。

（2）拌闷种子处理。用 40％辛硫磷乳油 1 份、水 50 份、干种子 1 000 份进行闷拌处理。拌种方法是先根据种子量，按上述比例确定用药量，加水稀释后均匀喷拌在种子上，晾干播种。

（3）药剂喷雾。成虫羽化后长时间在麦田活动，可喷施菊酯类杀虫剂防治。发生期可喷洒 3％啶虫脒乳油 1 500～2 000 倍液或 50％敌敌畏乳油 800 倍液，每 667m² 喷施药液量 75L。

谷希树（天津市农业科学研究院植物保护研究所）

第 7 节 蟋 蟀

蟋蟀属直翅目蟋蟀科，是杂食性昆虫，我国约有百余种。在北方地区农田蟋蟀以北京油葫芦、大扁头蟋和斗蟋为主，常混合发生，特别是前两种，约占农田蟋蟀的 80%～90%。南方尤其在华南地区主要是花生大蟋较为严重。

20 世纪 80 年代中期，河北、河南、安徽多地农田蟋蟀暴发为害；80 年代末至 90 年代初，蟋蟀成为陕西辣椒田的主要害虫；90 年代，河北、山东、河南、陕西等地蟋蟀发生均较严重，主要为害秋季蔬菜、大豆、玉米、谷子、小麦秋苗、芝麻等，啃食植物叶片、茎秆、根部和果实，群集为害，造成缺苗断垄或翻种。1992 年山东青州何官、高柳两乡镇秋白菜被害苗率 50%，严重地块被害率达 90%；大豆荚被害率 20%～30%；玉米气生根被害率 35%～40%，直接影响作物的生长及产量。近年来，由于气候条件及耕作制度的变化，部分地区蟋蟀类害虫出现了明显加重的趋势。2006 年天津报道，蟋蟀已成为当地保护性耕作玉米田发生较重的害虫。山东西南地区农田蟋蟀的发生也呈明显加重的趋势，尤以豆类、花生、大白菜、萝卜、辣椒、玉米等受害最重。近年来，陕西周至报道，在猕猴桃果实即将成熟时，蟋蟀为害越来越重，尤以 2010 年最重。据调查，全县平均虫园率 80%，平均虫株率 60%，平均虫果率 3.5%，严重园虫果率达到 26%。蟋蟀咬食猕猴桃果实造成伤口并引起大量落果，已成为猕猴桃生产上的主要害虫之一。

一、北京油葫芦

（一）分布与危害

北京油葫芦 [*Teleogryllus emma* (Ohmachi & Matsumura)]，国内曾用名 *Gryllus testaceus* Walker (1869)、*Gryllus mitratus* Burmeister (1838)、*Teleogryllus mitratus* Burmeister (1838)，属直翅目蟋蟀科油葫芦属。在我国从北到南广泛分布，尤其在华北地区多有发生。该虫食性很杂，主要为害豆类、棉花、麦类、玉米、花生、蔬菜、谷子、芝麻等作物的幼苗、嫩茎、根尖、果针、花及幼果，导致缺苗、断垄、毁种或倒伏、空棵、无果等，是农田的主要蟋蟀种类。据山东青州调查，北京油葫芦占农田蟋蟀总数量的 53.79%。除了为害农作物外，北京油葫芦也为害小树苗的根部和部分药用植物。陕西曾报道，1999 年夏、秋该种在陕西关中地区严重为害苹果树的枝干表皮。

（二）形态特征

成虫：雄虫体长 18～25mm，雌虫体长 19.5～26.6mm。体褐色至黑褐色，头顶黑色无浅色纵纹或黑褐色有不清晰的浅色纵纹（图 14-7-1）。复眼周围及颜面土黄色。前胸背板褐色至黑褐色，侧叶下半部常色淡，特别是前下角均为土黄色。足粗壮，后足胫节背方有 6～7 对亚端距。雄虫前翅伸达腹末端；斜脉 3～4 条，发音镜近似斜长方形，内有一曲脉分镜为两室。端区发达，呈规则网状。侧区纵脉 11～12 条。雌虫前翅具 10～11 条斜纵脉，由横脉分隔成规则网状。雌、雄虫后翅均伸出腹末端，似尾状。雌虫产卵管长度约与体长相等或稍短。

卵：长筒形，长 2.4～3.8mm，宽 0.3～0.4mm。乳白色微黄，表面光滑，孵化前出现红色眼点。

若虫：共 6 龄。一龄体长约 2mm，头宽 0.5～0.8mm，触角 30～34 节，体背面深褐色，腹面淡褐色。后胸背板后半部灰白色，尾须灰白色与灰褐色相间。足褐色。二龄体长约 3.6mm，头宽 0.95～1mm，触角 37～47 节，体背深褐色，腹面淡褐色。前

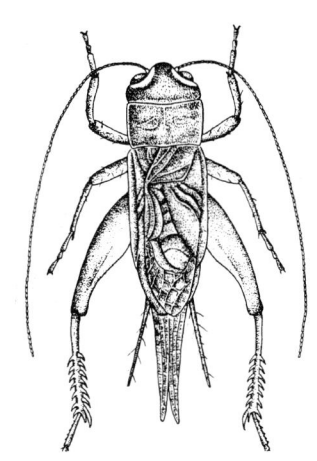

图 14-7-1 北京油葫芦雄成虫（王音提供）

Figure 14-7-1 Male adult of *Teleogryllus emma* (by Wang Yin)

胸背板上月牙形纹尚未显现，后胸背板后半部灰白色，尾须基部黄褐色，中间大部为褐色，末端灰褐色，足深褐色。三龄体长约 5.8mm，头宽 1.3mm，触角 56～58 节，体色同二龄。前胸背板可见 1 对明显的月牙形纹。尾须与二龄相似，雌虫已显出产卵管痕迹。四龄体长 8.5mm，头宽 2.2～2.3mm，触角 106～131 节，其他形状与二、三龄相同。雌虫产卵管超出第九腹节。五龄体长约 14mm，头宽 3～3.3mm，触

角 117~169 节。雄虫已具翅芽，雌虫翅芽尚未出现。尾须淡褐色，末端灰白色。雌虫产卵管已达第十腹节后缘。六龄体长约 21.5mm，头宽 4.3~4.9mm，触角 209~217 节。体色深褐，腹面较淡，前胸背板月牙形纹显著，后胸背板后缘灰褐色部分已渐消失。雌、雄虫翅芽均已发达，尾须淡褐色，末端灰白色。雌虫产卵管超过腹末端。

（三）生活习性

北京油葫芦在北方地区 1 年发生 1 代，以卵在渠边、畦梁等杂草多的向阳面 1.5~2.8cm 深的土中越冬。翌年 4 月底至 5 月初开始孵化，荫蔽地的卵孵化较迟。5 月至 8 月上旬为若虫发生期，8 月为成虫羽化盛期，9 月上旬至 10 月中旬为成虫产卵盛期。10 月下旬后成虫陆续死亡。在田间，6 月中、下旬至 7 月上旬的夏苗期正值大龄若虫发生期，9~10 月秋苗期正是成虫发生期。这两个时期是北京油葫芦的两个主要为害期。

成虫多在白天羽化，日间隐藏于土块下、土缝中、钻蛀的隧道内，特别喜爱潜藏于植物秸秆堆或杂草下，夜出活动为害。取食时间主要集中于 19∶00~22∶00，但阴天的白天也可取食。对黑光灯有强烈趋性，成虫羽化后 3~5d 上灯。据陕西观察，高峰期每夜每盏黑光灯可诱集北京油葫芦 3 415 头。北京油葫芦有趋湿性、趋化性，对萎蔫的泡桐、杨树枝叶、禾本科杂草、麦草均有趋性，其中，萎蔫的杨树枝叶诱集力最强。成虫一生可多次交尾，交尾多在 19∶00~23∶00 进行，交配后 2~6d 产卵。一般产卵管入土 1 次产卵 1~5 粒。单雌产卵 248~1 103 粒。产卵深度约为 2cm。喜在土壤干湿适宜，软硬适中，有少量杂草的向阳渠埂、田埂、畦背处产卵。产卵期 29~53d。卵存在滞育现象，卵期长达 7 个月，完全解除滞育至少需 8℃ 低温处理 100d 以上。卵较抗低温，经 −15℃ 处理仍能正常孵化。卵的发育起点温度为 $(13.86±1.38)$℃，有效积温为 $(199.96±20.59)$℃。若虫昼夜均能孵化，其发育起点温度为 $(12.96±1.41)$℃，有效积温为 $(789.86±78.52)$℃。若虫白天躲藏在土壤缝隙或作物隐蔽处，常多头群居在一起，夜晚活动为害。若虫期 61~100d。成虫寿命 39~74d，平均 64.2d。24~30℃ 最有利于成虫生长发育和繁殖。

成虫、若虫均可为害作物，以六龄若虫和成虫食量最大，20∶00~22∶00 取食最盛。主要为害作物的幼苗、嫩茎、根尖、果针、花及幼果，导致缺苗、断垄、毁种或倒伏、空棵、无果等，尤喜食幼嫩带甜味的组织和果实。

（四）发生规律

农田蟋蟀大多喜欢潮湿环境，在低洼潮湿的环境落卵量高，发生量大，为害也比较严重。冬季田野覆盖积雪，地温偏高，越冬卵死亡率低。短期浸水对越冬卵孵化无影响，春季翻浆地地表疏松、湿润，有利于若虫孵化出土。4~5 月降水量是影响发生量的重要因素。若雨水偏多，土壤湿度大，利于卵的孵化和若虫出土、成活，发生就重，反之则轻。6 月上旬至 7 月上旬降大雨对三龄若虫的成活有明显的抑制作用。成虫对降雨有较强的抵抗能力。

山丘、干旱地区发生密度小，平原、低洼潮湿地区发生密度大。不同土质发生密度不同，黏土地发生重，壤土地次之，沙土地发生最轻。地势低洼、地下水位较浅的地块，土壤湿度相应较高，利于北京油葫芦的发生，虫口密度较高。靠近田埂、土埝、垄沟、渠埂等多年不耕翻杂草多的地方或较潮湿的地方密度也较高，往往是产卵的主要场所。另外，耕作粗放、土块大、缝洞多的地块或麦茬残留多的地块虫量也偏高。

不同寄主对北京油葫芦的发生量有不同影响。一般蔬菜、玉米、大豆、绿豆、花生田虫口密度高，小麦、水稻、棉花、甘薯田虫口密度低。与嗜食作物田相邻的地块发生数量多，反之则少。

作物长势好，田间郁闭度较高的地块蟋蟀发生量高于作物长势差的田块，地膜覆盖的田块蟋蟀数量较多。秸秆还田量大、杂草多的农田发生密度大，为害重。特别是禾本科杂草多的田块，蟋蟀密度大。

近年来，耕作制度的变化特别是保护性耕作技术的实施推广，使北方部分地区小麦、玉米保护性耕作田出现了蟋蟀加重发生的趋势。由于小麦收割后秸秆还田，为蟋蟀提供了隐蔽的生活场所，大量的蟋蟀从草丛及其他场所迁入活动。6 月下旬秸秆还田麦田免耕种植夏玉米，7 月正值玉米苗期，恰逢蟋蟀五、六龄若虫和成虫期，食量最大，大量蟋蟀从小麦秸秆下面钻出为害玉米，造成玉米缺苗、断垄、倒伏，严重影响玉米的生产。据调查，保护性玉米耕作田蟋蟀发生量为非保护性耕作田的 3~21 倍。

据河北、山东、陕西等省观察，北京油葫芦的主要捕食性天敌有星豹蛛（*Pardosa astrigera* L. Koch）、双窗舞蛛［*Alopecosa licenti*（Schenkel）］、沟渠豹蛛（*Pardosa laura* Karsch）、弓水狼蛛（*Pirata praedatoria* Schenkel）、步甲、蟾蜍（*Bufo bugo gargarizans*）、青蛙、蜥蜴、鸟等。其中星豹蛛在辣椒田中种群数量大，对蟋蟀的捕食能力较强，控虫作用明显。河北平山县室内饲养观察，体重为 40.3g 的青蛙，日均捕食蟋蟀成虫 9.3 头，蟾蜍日均捕食 31.3 头。寄生性天敌有异绒螨（*Allothrombium* sp.）等。

二、大扁头蟋

（一）分布与危害

大扁头蟋（*Loxoblemmus doenitzi* Stein）也称丑蟀、棺头蟋，属直翅目蟋蟀科扁头蟋属。分布于北京、河北、河南、山东、山西、陕西、江苏、浙江、四川、湖南、贵州、广西、云南等省份。在华北地区农田常见，食性杂，为害作物同北京油葫芦，也是农田蟋蟀优势种之一。山东报道，山东西南农田蟋蟀中大扁头蟋占 57.5%。

（二）形态特征

成虫：雄虫体长 15～20mm，雌虫体长 16～20mm。体中型，黑褐色。雄虫头顶显著前突，前缘弧形，黑色，边缘后有一黄色横带（图 14-7-2）。颜面深栗色至黑色，扁平，强烈倾斜，中央有 1 个黄斑，中单眼隐于其中，两侧向外突出，呈三角形。前胸背板背区褐色，有黑色斑纹，侧区黑色，前下角黄色。前翅伸达腹端，发音镜四方形，内无分隔脉，斜脉 2～3 条。后翅细长，伸出腹端如尾状，但常脱落。足淡黄褐色，散布黑褐色斑点。前足胫节外侧听器大，椭圆形，内侧听器小，圆形。雌虫头顶略向前突出，面部倾斜，但不向两侧突出。前翅略短于腹端，背区有 9～10 条斜纵脉。产卵管短于后足腿节。

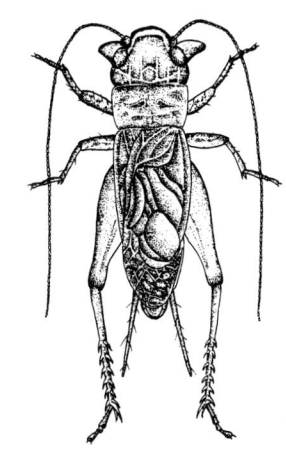

图 14-7-2　大扁头蟋雄成虫（王音提供）

Figure 14-7-2　Male adult of *Loxoblemmus doenitzi* （by Wang Yin）

卵：长筒形，略弯曲，长 2.3～2.6mm，宽 0.5～0.65mm。乳白色微黄。

若虫：共 6 龄。一龄体长 2.3～2.7mm，头宽 0.6～0.8mm，触角 34～44 节。头大而圆，前额突出，触角柄节浅黄色，鞭节基部 9 节，黑褐色，其余为白色。胸、腹部背面褐色，腹面浅褐色。二龄体长 4.1～5.0mm，头宽 1.0～1.3mm，触角 45～53 节，其鞭节基部 11 节，黑褐色，其余为白色。前胸背板两侧各有 1 块黑斑。三龄体长 4.3～5.5mm，头宽 1.3～1.5mm，触角 54～80 节，鞭节基部 16 节为黑色，其余为白色。四龄体长 5.2～8.0mm，头宽 1.5～2.5mm，触角 68～120 节，鞭节基部 2～3 节浅褐色，其余 17 节以内深褐色，其余白色。颜面浅黄色，较扁平。五龄体长 7.0～11mm，头宽 1.3～2.5mm，触角 146～207 节，鞭节基部 24 节为黑褐色，其余为白色。中、后胸两侧各有 1 个 0.7mm 和 0.9mm 长的翅芽。产卵管外露 0.5mm。六龄体长 11～12mm，头宽 2.7～3.0mm，触角 168～288 节，柄节浅黄色，其余均为深褐色。颜面扁平，中、后胸两侧各有 1.0mm 和 2.3mm 长的翅芽，产卵管长 1.7～2.0mm。

（三）生活习性

成虫白天栖息于砖石下、土缝中、植物残茬下、草堆及垃圾堆下及菜园、苗圃、旱田里，夜出活动，19：00～22：00 集中取食为害，有趋湿、趋光性。大扁头蟋比北京油葫芦更喜爱钻蛀隧道。一般隧道长 5～60cm，宽 2～7cm。交配和产卵多在 19：00～23：00 进行，一生可进行多次交配。卵散产于土中，产卵深度 0.3～1.2cm，平均 0.72cm。产卵期 34～45d，单雌平均产卵 270 余粒。若虫昼夜均可孵化。初龄若虫啃食叶肉，留下表皮，二至三龄后的若虫从叶的边缘啃食造成缺刻。若虫量较大时，常造成秋作物及秋季蔬菜缺苗断垄。据河北观察，若虫期为 58～66d，成虫期为 16～75d，平均为 56d。

（四）发生规律

大扁头蟋在我国北方 1 年发生 1 代，以卵在土中越冬。在山东菏泽地区，翌年 5 月上旬开始孵化，5 月上旬末至 5 月下旬初为孵化盛期，5 月下旬至 8 月上旬为若虫发生盛期。8 月上旬始见成虫。成虫发生为害盛期在 8 月中旬至 9 月下旬。9 月下旬为产卵初盛期，10 月上旬至 10 月下旬初为产卵盛期，11 月上旬后成虫陆续死亡。在河北若虫于 5 月下旬至 6 月上旬孵化出土，三龄盛期在 7 月上、中旬，8 月中、下旬为成虫羽化盛期，10 月中、下旬为产卵盛期。

影响大扁头蟋发生量的因素基本同北京油葫芦。

三、斗蟋

(一) 分布与危害

斗蟋〔*Velarifictorus micado*（Saussure）〕属直翅目蟋蟀科斗蟋属。分布于北京、河北、山东、山西、江苏等省（直辖市）。在农田中常与北京油葫芦和大扁头蟋混合发生，但数量较少，一般占 10% 以下。斗蟋为杂食性，为害作物基本与北京油葫芦和大扁头蟋相同。

(二) 形态特征

成虫：雄虫体长 13～16cm，雌虫体长 14～19cm。体黑褐色。头顶有 3 对黄色纵纹。两侧单眼间有一黄带，两端粗，中间细，呈弧形。颜面正常。前胸背板黑褐色，横宽。雄虫前翅长达腹端，发音镜斜长方形，内有一弯曲脉将镜分为两室，斜脉 2 条，端区约与发音镜等长，末端圆（图 14 - 7 - 3）。雌虫前翅短于腹末端。后翅超过腹端，似尾状，常脱落。雌虫产卵管比后足腿节长。

卵：长 2.3～3.1cm，宽 0.4～0.6cm，长筒形，两端钝圆，表面光滑，黄白色。

若虫：共 6 龄。一龄体长 2.05～2.2mm，头宽 0.65～0.75mm，触角 30～41 节，体浅褐色。二龄体长 3.0～3.75mm，头宽 0.85～1.05mm，触角 53～56 节，体黄褐色。三龄体长 4.1～5.5mm，头宽 1.2～1.7mm，触角 58～75 节，尾须基部褐色，端部浅褐色。四龄体长 4.5～8.0mm，头宽 2.0～2.5mm，触角 84～176 节，中单眼下方有一明显黄短纵纹，前胸背板月牙形斑明显。五龄体长 9～11mm，头宽 2.0～2.5mm，触角 158～213 节，后胸有 1 个 0.4mm 长的翅芽。六龄体长 11.5～16.0mm，头宽 2.5～3.4mm，触角 192～224 节。头部形态与成虫相似，中、后胸分别有 1 个 1.0～2.0mm 长的翅芽。雌虫产卵管长 3.5mm。

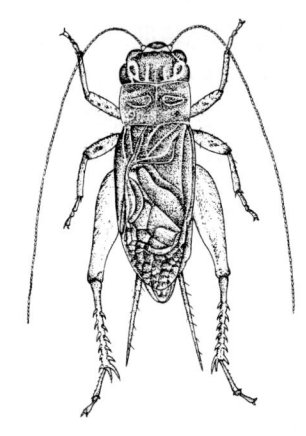

图 14 - 7 - 3　斗蟋雄成虫（王音提供）

Figure 14 - 7 - 3　Male adult of *Velarifictorus micado*（by Wang Yin）

(三) 生活习性

斗蟋在北方地区 1 年发生 1 代，以卵在土中越冬。若虫 5 月中旬孵化出土，5 月下旬至 6 月上旬进入出土盛期。三龄若虫盛期在 7 月上、中旬。成虫羽化盛期在 8 月中、下旬，产卵盛期在 9 月中、下旬。卵散产，产卵深度 1～1.5cm，每雌平均产卵 130 粒。10 月中、下旬后成虫逐渐死亡。

据河北曲周室内自然条件观察，斗蟋卵期 230～260d，若虫期平均 72.3d，成虫期平均 68d，产卵历期为 25～51d。

(四) 发生规律

在山东调查发现，由于不同地区的地理、气候、作物种植制度等条件有所差异，农田蟋蟀的分布及优势种类也有一定的差异。斗蟋在胶东沿海和鲁中平原、山区所占比例较大，但在鲁北黄河滩区数量较少。斗蟋在壤土地比例偏高。

据河北曲周 1984—1986 年、馆陶 1982—1984 年调查，黏质土平均每平方米有斗蟋 46 头，壤土地每平方米有 13.5 头，黏质土单位面积斗蟋数量是壤土的 3.4 倍。在不同的作物田中，斗蟋密度也不相同。不同地势斗蟋的密度有显著差异。气象条件对斗蟋的发生程度有一定影响。据各地几年观察，4 月下旬和 5 月降雨较多，土壤湿度大，有利于斗蟋孵化出土和若虫成活。

四、北京油葫芦、大扁头蟋及斗蟋的防治技术

由于北京油葫芦、大扁头蟋及斗蟋在农田中常混合发生，下列措施的合理应用即可达到 3 种蟋蟀同时

兼治的目的。

（一）农业防治

1. 深耕灭卵 3种蟋蟀的越冬卵主要分布在田埂、垄沟、农田等环境内，成为繁殖基地。结合春、秋耕深翻灭卵，将卵翻到深土层，可抑制若虫出土。

2. 中耕除草 杂草是蟋蟀的寄主，5～6月进行中耕，及时清除田间杂草，既可直接杀伤部分越冬卵和初孵若虫，又可恶化其取食条件，从而降低蟋蟀密度。

3. 控制浇水时间 5月中、下旬蟋蟀若虫出土盛期，浇水的农田，将增加蟋蟀的出土量。因此，合理调整5月中旬至6月上旬的浇水时间或采用旱作技术可减轻蟋蟀的发生。

4. 夏苗适时早播 谷子、玉米、大豆等夏播作物适时早播，可减轻苗期受害。

（二）物理防治

1. 堆草诱杀 利用成虫、若虫喜爱隐藏于草堆下的习性，在田间均匀堆放面积为$1m^2$、5～8cm厚的草堆或麦秸，每$667m^2$放30～50堆，每天翻堆灭虫1次。若在草堆下撒毒饵，效果更好。

2. 黑光灯诱杀 根据成虫趋光的习性，可在成虫发生期开灯诱杀。

（三）生物防治

积极保护利用寄生螨和青蛙、蟾蜍等天敌，并可在蟋蟀处于三龄盛期时田间放鸡，每$667m^2$放鸡100只左右，有很好的灭蟋效果。另外，据陕西经验，可在田间挖蜘蛛窝（窝口径18～20cm，深10～15cm，窝底放鸡蛋大小的一土块，上投放麦草，麦草上再压1～2个土块），经3～5d后可招引大量的蜘蛛。蜘蛛捕食蟋蟀能力较强，对蟋蟀有明显的控制作用。

（四）化学防治

1. 毒饵 每$667m^2$用60％敌·马乳油（40％敌百虫＋20％马拉硫磷）30mL加水4kg，加麦麸4kg撒施，效果很好。也可用90％敌百虫晶体0.5kg，加热水溶解后，加入新鲜的油渣和麦麸各7.5kg混匀，堆闷3～4h后，于傍晚堆施或条施于田间，防治效果为90％～100％。

2. 毒土 用50％辛硫磷乳油375～900mL/hm^2，喷拌细土，均匀撒施，效果达85％以上。

3. 喷雾 用5％顺式氰戊菊酯乳油2 500倍液喷雾，或每$667m^2$用80％敌敌畏乳油或48％毒死蜱乳油200mL对水稀释2 500倍喷雾，药后7d防效可达90％左右。

由于蟋蟀活动迁移性强，取食量大，凡每平方米虫量达5头以上时，均应进行防治。于闷热的傍晚施药效果最好。在防治时要连片统一行动，喷洒时从田块四周向中心推进，地上喷雾与地面封闭相结合，才能防治彻底。

4. 灌根 蟋蟀白天多隐伏在作物根部附近的地皮裂缝或自然洞穴中，在大豆、绿豆、花生等寄主作物封垄后，将50％辛硫磷乳油对水稀释1 500倍，用552丙型或工农16型喷雾器拧下旋水片顺垄喷浇植株根部，杀灭效果极为显著。

五、花生大蟋

（一）分布与危害

花生大蟋［*Tarbinskiellus portentosus* (Lichtenstein，1796)］，属直翅目蟋蟀科大蟋属。又名华南大蟋蟀、台湾大蟋蟀、巨蟋蟀，俗名大土狗、土猴、肥腿等，曾用异名有 *Acheta portentosa* Lichtenstein (1796)、*Brachytrupes ustulatus* Serville (1838)、*Brachytrypes portentosa* (Lichtenstein，1796)、*Brachytrypes portentosus* (Lichtenstein，1796)、*Brachytrypus achatinus* (Stoll，1813)、*Gryllus achatina* (Stoll，1813)、*Gryllus filiginosa* (Stoll，1813)、*Liogryllus formosanus* (Matsumura，1910)。国内分布于江苏、浙江、四川、江西、云南、贵州、广西、广东、福建、海南、台湾等省份，国外分布于马来西亚、印度尼西亚、泰国和缅甸。食性极杂，可为害豆类、花生、玉米、水稻、大麦、小麦、瓜类、棉花、麻类、烟草、木薯、甘蔗、蔬菜、咖啡以及多种果树、松、杉、桉等多种林木播种苗、组培苗和扦插苗及造林地的幼树和药材的幼苗。成虫、若虫咬食切断植物的幼茎，拖回洞中嚼食，常造成严重缺苗断垄，是南方旱地作物和苗木上的重要害虫，尤以大豆、花生等作物受害最重，常造成严重损失。该虫从20世纪50年代初即有严重为害作物的报道，是福建旱地作物的主要害虫之一。2005年广西报道花生大蟋对籽瓜的为害逐年加重，在部分地区已成为为害籽瓜的主要害虫。2010年8月在重庆云阳县发现大量花生大蟋和北京油葫芦为害贡菊和杭白菊接近地面部分的韧皮部，导致菊花供水不足，发黄、落叶、死亡。

（二）形态特征

成虫：体型硕大，粗壮。雄虫体长 35～38mm，雌虫体长 35～42mm，黄褐至赤褐色。头半圆形，有稀疏刻点。单眼 3 个，水平排列。前胸背板前缘后凹呈缓弧形，后缘波纹状，背区密布刻点，两侧各有 1 个三角形斑纹。足粗壮，前足胫节外侧有 1 个大的卵形听器，内侧听器小，圆形。后足腿节外侧有褐色斜条纹，后足胫节背方有亚端距 4～5 对。雄虫前翅长达腹端，发音镜较小，近似卵圆形，内有 1 条曲脉分镜为两室，斜脉 2～3 条。另有 1～2 条短脉，端区长，呈规则网状（图 14 - 7 - 4，1）。雌虫前翅背区有 14～15 条纵脉，由小横脉分隔成规则小室。产卵管极短。

卵：为长筒形，略弯曲（图 14 - 7 - 4，2）。长 4.5～4.8mm，宽约 1.4mm，表面光滑，初产时青灰色，后变土黄色。

若虫：体形与成虫相似（图 14 - 7 - 4，3），初孵化时乳白色，后变为黄褐色或褐色，腹面颜色较浅。共 7 龄。一龄体长 5.4～6.1mm，触角 52～56 节。二龄体长 6.6～10.1mm，触角 62～80 节，翅芽开始微露。三龄体长 11.1～13.5mm，触角 84～132 节。翅芽略显，稍向下后方伸展。产卵瓣开始出现，第八腹节腹板后缘可见 1 对腹瓣，第九腹节腹板后缘有 1 对背瓣，背瓣内侧有 1 对内瓣。四龄体长 12～21.2mm，触角 135～150 节。翅芽较为显著，前翅芽乳头状，后翅芽略呈三角形。产卵瓣腹瓣和背瓣已接合，尚未伸达肛门。五龄体长 17～29mm，触角 152～186 节，前翅芽略向后斜，后缘基部有显著凹陷。产卵瓣已达肛门。六龄体长 28～33.0mm，触角 184～208 节，翅芽后伸，位于胸部

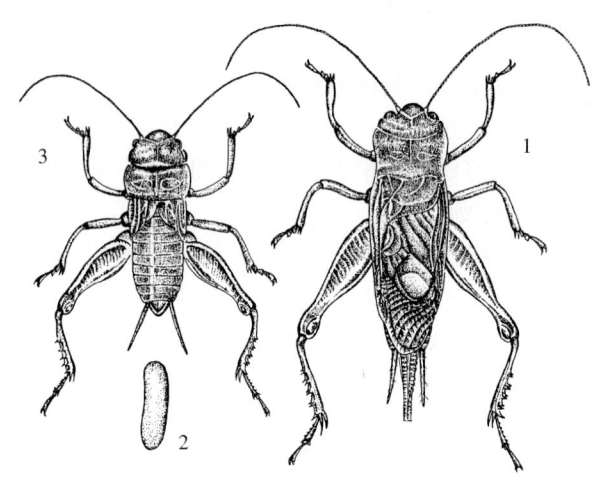

图 14 - 7 - 4　花生大蟋（王音提供）

Figure 14 - 7 - 4　*Tarbinskiellus portentosus* (by Wang Yin)

1. 雄成虫　2. 卵　3. 若虫

背面，前翅芽略呈心脏形，长达后胸，后翅芽三角形，长达第一腹节，产卵瓣长达腹部末端。七龄体长 35～38.5mm，头宽 9.5～10.0mm，触角 218～242 节，两前翅芽左右相遇，伸达第一腹节，后翅芽三角形，伸达第三腹节。产卵瓣已超过腹末。

（三）生活习性

成虫、若虫喜欢在疏松沙土中挖洞穴居，一般 1 穴 1 虫。交配时雌、雄同居。白天静伏洞内，傍晚爬出洞口，到附近寻找食物。除就地取食外，常带回一些食料储备于洞中。入洞时把洞内泥土弹出，塞住洞口。雌虫产卵时多营 2～3 个支穴，卵成堆产于支穴内，常 30 余粒成一堆。每雌可产卵 35～500 粒，卵期 15～30d。初孵若虫有群集性，每穴 20～30 头，先食洞内的食料，不久即分散，各自营穴独居。洞穴入口处有较多的松土堆。一般三龄前食量较小，土洞分布较集中；四龄后食量大增，土洞较分散。

洞穴深度依龄期、温度、土质等而异。幼龄若虫土洞浅，一龄若虫土洞一般深 3～7cm，二龄若虫土洞深 10～20cm，老龄若虫和成虫洞穴在低温期可深达 82cm。冬季寒冷时，穴深甚至达 150cm。表土层厚的沙质土壤洞穴深，表土层薄的黏质土壤洞穴浅。

每穴若虫期，广西 290d 左右，云南 211d，台湾 210～270d。若虫龄期各地不一，福建漳州 6 龄、福州 7 龄，云南 9 龄。成虫寿命一般 90d 左右。

成虫、若虫都喜干燥，每逢雨后或久雨不晴，多移居于近地面的洞穴上端。雨天一般不外出觅食，以储备的食料为食。闷热的夜晚出洞活动最盛，是毒饵诱杀的最好时机。

成虫、若虫均喜食植物幼嫩部分，一般先把嫩茎切断后拖入穴中嚼食，有时也会把嫩茎切断后弃于穴外。性成熟期，雄成虫夜间在洞口展翅摩擦而鸣，雌虫闻声而至，雌、雄成虫在洞中同居交配。

（四）发生规律

花生大蟋在南方各省份 1 年发生 1 代，以卵或三至五龄若虫在洞穴内越冬。在广东和福建南部，越冬若虫于 3 月上旬开始大量活动，3～5 月严重为害各种农作物幼苗。5～6 月成虫陆续出现，7 月为盛发期，

并开始产卵，9月为产卵盛期，同时当年若虫开始出现。成虫于10月陆续死亡。10～11月若虫仍常出土为害，12月初开始越冬，但无真正的冬眠。在广西贺州花生大蟋12月初以卵或若虫在土壤洞内越冬，翌年3～5月若虫出洞大量活动，为害严重。6～7月为成虫羽化盛期，开始产卵，以后若虫陆续出现。以卵过冬的在4月下旬至6月上旬若虫孵化出土，7～8月为大龄若虫发生盛期。8月初成虫开始出现，9月为发生盛期，10月中旬成虫开始死亡，个别成虫可存活到11月上、中旬。在江苏泰兴，该虫以卵在苗圃土表或杂草根部越冬，4月若虫开始活动，6月出现少量成虫，7～8月成虫活动最烈，为害最严重。以若虫和成虫为害苗木的根部和茎基部，切断输导组织，阻止水分、养分传递，致使苗木枯黄或枯死。

气象条件特别是降雨是影响花生大蟋发生的重要因素。一般4～5月雨水多，土壤湿度大，有利于若虫的孵化出土；5～8月降大雨或暴雨，不利于若虫的生存。

作物的茬口及土壤质地等对花生大蟋的发生也有明显的影响，如广西报道籽瓜田前茬作物为花生的地块及沙土或沙壤土地块，发生程度较为严重。

（五）防治技术

1. 农业防治　深耕细耙、轮作倒茬、中耕除草、合理施肥等措施，都能消灭土中部分花生大蟋，减轻为害。具体措施参见北京油葫芦等农田蟋蟀的防治措施。

2. 人工捕杀　在雨季，由于花生大蟋怕过分潮湿，往往爬到穴洞近洞口处栖息，这时可挖穴捕杀，容易找到，或是平时发现田间有一堆堆松土时，扒开洞口松土，放进一些吸过煤油的草木灰，然后灌水入洞，或用松针蘸花生油后再蘸2.5%敌百虫粉塞入洞中，但此法工效低，不适于大面积应用。

3. 灯光诱杀　利用黑光灯在无月光、无风、天气闷热的夜间诱杀成虫，以20：00～22：00诱杀效果最好。诱杀灯应远离作物田，以免引起集中为害。

4. 毒饵诱杀　用90%敌百虫晶体0.5kg，拌炒香的米糠或麦麸、甘薯渣、甘薯碎片等25～50kg，加适量水做成毒饵，傍晚撒于地上。也可将南瓜、蔬菜残叶切成小块或碎片作为饵料，效果亦佳。

5. 化学防治

（1）每667m²用50%辛硫磷乳油0.5kg或5%辛硫磷颗粒剂5kg加水100kg，淋于蟋蟀为害出没的地方。

（2）蟋蟀发生密度大的地块，傍晚用10%氯氰菊酯或4.5%高效氯氰菊酯乳油1 000倍液喷雾。也可选用40.7%毒死蜱乳油、80%敌敌畏乳油、50%辛硫磷乳油等稀释1 500～2 000倍喷雾。

王音（中国农业科学院植物保护研究所）

第8节　拟地甲

拟地甲属鞘翅目拟步甲（伪步行虫）科。在我国北方发生的主要种类有沙潜（别名网目拟地甲）（*Opatrum subaratum* Faldermann）和蒙古沙潜（别名网目土甲、蒙古拟地甲）（*Gonocephalum reticulatum* Motschulsky，异名：*Gonocephalum mongolicum* Reitter）；在福建、广西等地有二纹拟地甲（又称二纹土潜）（*Gonocephalum bilineatum* Walker）；在新疆有草原伪步甲（*Platyscelis sulcatus* Ball）；在台湾有扁沙潜（*Opatrum depressum* Fabricius）、尖角土潜［*Gonocephalum*（*Opatrum*）*acutangulum* Fairmaire］和 *Opatrum* sp. 等3种以幼虫为害甘蔗的拟地甲。

一、沙潜

（一）分布与危害

沙潜（*Opatrum subaratum* Faldermann）别名网目拟地甲，属鞘翅目拟步甲科拟步甲属，广泛分布于我国北方的干旱地区，是我国淮河以北地区的重要苗期害虫。沙潜食性非常复杂，取食寄主有34科110种植物。主要有大豆、花生、紫苜蓿、白菜、独行菜、荠菜、棉花、甘薯、南瓜、西瓜、向日葵、蒲公英、蓟菜、玉米、谷子、桃、苹果、胡麻等萌发的种子和幼苗。为害严重，常造成缺苗断垄，甚至毁种。

（二）形态特征

成虫：雌虫体长7.15～8.55mm，体宽3.8～4.6mm；雄虫体长6.4～8.7mm，体宽3.3～4.8mm。虫体椭圆形，黑褐色，头部较扁，背面似铲状。触角近似念珠状，前胸背板密布刻点，侧缘呈半圆形，鞘翅近长方形（图 14 - 8 - 1，1），翅前缘向下弯曲，将腹部包住，故翅不能展开飞翔，后翅退化。鞘翅上有隆起线 7 条，两鞘翅后缘的纵线合成 1 条，每条纵线两侧有大型突起 5～8 个，似网格状。足均有距 2 个，雌性前足跗节第一至四节大于第五节；雄性则第一至四节小于第五节。

卵：乳白色，表面光滑，无花纹，长椭圆形（图 14 - 8 - 1，3），大小为 0.76～0.93mm，卵表面附着细土。

幼虫：共有 6～7 龄。初龄乳白色，后为黄褐色，体长约 2.85mm，头宽约 0.41mm；末龄幼虫体长 13.32～16.10mm，头宽 1.44～1.50mm（图 14 - 8 - 1，4）。幼虫体黄褐色，前足比中、后足粗大，腹部末节背板稍隆起。边缘刺的排列各龄幼虫不同。从尾节正中央画 1 条纵中线，分左右两部分，各有刺 7 根（图 14 - 8 - 1，2）。每侧偏上外方，有一钩形纹，中间有浅纵沟。

蛹：裸蛹，乳黄色，后转为深黄色，头、口器、复眼、爪均为深黑褐色，体长 6.8～8.7mm，体宽 3.1～4.0mm，腹末端有一分叉。

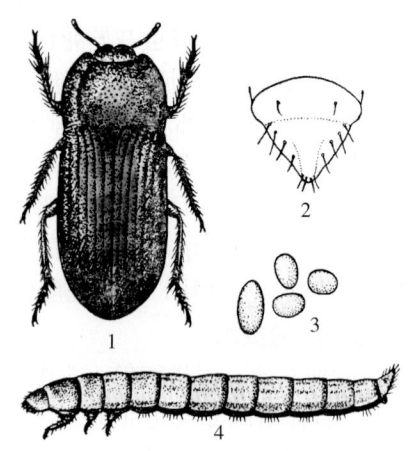

图 14 - 8 - 1 沙潜（引自魏鸿钧等，1989）
Figure 14 - 8 - 1 *Opatrum subaratum* (from Wei Hongjun et al.，1989)
1. 成虫 2. 幼虫尾节 3. 卵 4. 幼虫

（三）生活习性与发生规律

1. 成虫 沙潜成虫在表土层或地表下 15～30cm 的疏松土层内，在田间地埂遗留的残株落叶下，碎砖石下，多年生杂草、花卉根颈处，鼠洞及其他洞穴等处越冬。成虫活动与温度有密切关系，当地温 8℃时即能微动，15℃开始爬行，20～32℃最为活跃，即播种大豆或玉米前后是出蛰盛期。7～8 月天气炎热，成虫潜伏在作物根际荫蔽处，早、晚活动。沙潜食性非常复杂，可取食 34 科 110 种植物。成虫主要取食萌发的种子和幼苗，尤其喜食脂肪和蛋白质含量高的食物，如棉籽饼、花生饼、豆饼等。

成虫迁移完全靠缓慢的爬行，但易被水冲走作长距离扩散。成虫耐饥力强，经 20～38d 饥饿才死亡；成虫抗水性强，连续浸 9h 成虫不死，故雨水对成虫影响不大。在沙潜发生的地区，多为沙质土、地势高、排水良好。沙潜受惊扰时能从腹部末端排出褐色液体，具有芳香味，以拒避天敌。沙潜假死时间 3～125s，雌、雄比为 1∶1.32～1.4。

成虫羽化后当年不交配，翌年春交配，第二年、第三年仍交配，交配为甲虫式，每次 5～9min。成虫交配后 1～2d 即可产卵，散产在表土层。雌虫每天产卵 1～8 粒，每天产 1 粒的占 55.43%，产 2 粒的占 17%。产卵间隔期 1～3d，间隔期 1～3d 的占 72.52%。白天产卵多于夜晚。3 月中旬为产卵初期，4 月下旬至 5 月下旬为产卵盛期，7 月上旬为产卵末期。雌虫一生产卵量 4～221 粒，连续 3 年都产卵，成虫寿命最长者达 1 343d，平均 974.8d。

沙潜一般行两性生殖，也能孤雌生殖，雌虫不经交配所产的卵能孵化为幼虫。

2. 卵 卵期与温度有密切关系。在河北昌黎，春季回暖后卵期随气温上升而缩短，3 月下旬卵期 28d，4 月上旬卵期 22d，4 月中旬卵期 19～21d，4 月下旬卵期 12～15d，5 月上、中旬卵期 7～13d，6 月下旬卵期 5d。湿度大有利于卵孵化，天气干旱孵化率低。

3. 幼虫 幼虫孵出时卵壳纵裂，虫体蠕动约经 2min 能拖带卵壳爬行，10min 后幼虫爬出。白天孵化多于夜晚，占 61.75%。幼虫主要为害地下部嫩根、未出土的幼芽，并能钻入根颈、块根、块茎内为害，造成幼苗枯萎死亡。幼虫活动多集中在土壤表层，地势高、向阳、杂草丛生的地方幼虫多，阴坡无虫。40℃时幼虫活动仍集中在 4cm 深的土层活动。雨后在黏质土壤中幼虫常被黏住不能逃脱。所以在低洼地，水分含量高，幼虫发生受到限制，如连阴大雨天对幼虫生存不利。

初龄幼虫体重 0.42mg，老熟幼虫体重增加 83.73 倍。幼虫共 6～7 龄，一龄期 5d，二、三龄期 5d，四龄期 5.5d，五龄期 6.5d，六龄期 6.5d，七龄期 20d。如幼虫为 6 龄，则其六龄期 20d。幼虫历期为 48～53d。

4. 蛹 幼虫老熟后，在土中先做一土室，而后在土室中化蛹，化蛹深度 4～21cm，但一般多集中在 5～8cm 深处，94% 在 8cm 以上的土中化蛹。蛹有假死性，刚触动时伪死不动，连续触动则蛹利用其腹部有力的拨动，能滚动很远。气温 27～28℃时，蛹期 11d；气温为 29～30℃时，蛹期 7d；35℃时蛹期 4.5～5d。

5. 生活史　沙潜在黑龙江、河北、山东均为 1 年发生 1 代。成虫寿命较长，有的跨越 5 个年度，能 4 次越冬，导致世代重叠。

（四）防治技术

1. 人工捕捉成虫　由于成虫早春出蛰，4 月上旬至 5 月中旬为活动盛期，当作物种子萌发出土时群集为害，因此，最好在清晨气温开始升高时进行人工捕捉，效果理想，然后集中毁灭。

2. 早春挖封锁沟　成虫在草多的地边田埂越冬，春季逐渐迁至大田。在需要保护的田地四周，挖 1 个小沟，沟壁尽量光滑，沟底每隔 10m 远左右放豆饼少许，可将成虫诱集到一起，定期检查，捕捉成虫，效果极为显著，同时田内结合施毒土。

3. 陷阱诱杀　沙潜成虫喜食有香味的豆饼和花生饼，可用瓷罐、瓦罐、大口瓶或挖垂直土坑，口高出地面，用湿土在口四周做一土坡使与口相平，内放豆饼等饼肥，每隔 10m 远左右埋 1 个罐，将罐埋入草多的地边，这些地方的虫口密度比大田高数倍。此方法可有效消灭成虫，压低下代虫口密度，尤其是在山坡梯田应用效果更好。

4. 药剂防治　可采用辛硫磷、毒死蜱、吡虫啉配成毒土或使用这些药剂的相应制剂进行拌种。配制毒土方法参考蟋蟀防治技术。

二、蒙古沙潜

（一）分布与危害

蒙古沙潜（*Gonocephalum reticulatum* Motschulsky）旧称蒙古拟地甲，属鞘翅目拟步甲科土潜属。凡有沙潜的地区大都有蒙古沙潜混生，共同为害大豆、花生、棉花、甘薯、玉米、蔬菜等农作物以及花卉、果树苗的幼芽、幼根，造成不同程度的损失。

（二）形态特征

成虫：雄虫体长 4.94～5.72mm，体宽 2.22mm，前足跗节一至四节小于第五节；雌虫体长 5.49～6.94mm，体宽 2.43mm，前足跗节一至四节大于第五节。体黑褐色有光泽，触角近似念珠状，前胸背板侧缘弧形（图 14-8-2，1），表面密布刻点，将前胸背板平分为左右两半，每半中央偏前方有较明显的突起圆斑点。鞘翅狭长，上有平行隆起线 10 条，行间有 9 条突起的小点，排列成行。

卵：椭圆形，长 0.9～1.25mm，宽 0.5～0.8mm，乳白色，表面光滑，由于表面有黏液而黏有沙土。

幼虫：共有 6 龄。一龄幼虫乳白色，后转浅黄色，头两侧有赤褐色斑。尾节有刚毛，两侧各 3 根，个别 2 根。二龄幼虫浅黄褐色，体透明，头两侧有赤褐色斑点，取食后消化道黑绿色。尾节两侧刚毛各 4 根，有的一侧少 1 根。三龄幼虫体淡黄褐色，尾部刚毛形成刺，两侧各 4 根（图 14-8-2，2），或者两侧各 5 根。四龄幼虫体黄褐色，刺淡褐色，尾节中央有 1 条白色纵沟，两侧各有 7 根刺，但也有的少 1～3 根刺。五龄幼虫黄褐色，中胸前缘有 1 个深褐色弓形斑。尾节背部有 1 条白色浅纵沟，两侧各有褐色刺 7 根，但有的一侧少 1 根。六龄幼虫灰黄褐色，中胸前缘有深褐色弓形斑，尾部两侧各有 7 根刺。

蛹：乳白色，复眼红褐色，体长 5.5～7.4mm。

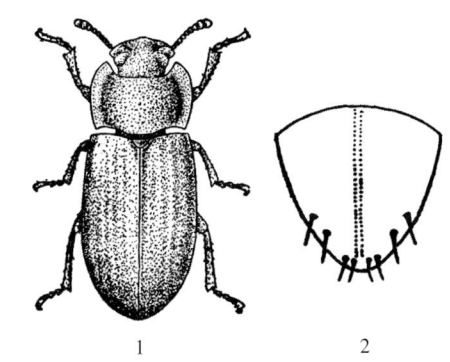

图 14-8-2　蒙古沙潜（引自魏鸿钧等，1989）

Figure 14-8-2　*Gonocephalum reticulatum* (from Wei Hongjun et al., 1989)

1. 成虫　2. 幼虫尾节

（三）生活习性

成虫：越冬结束后，即在 20cm 深的土层交配，一般交配 1 次，个别 2 次。卵散产于 20～30cm 深的土层里。产卵量每雌 34～490 粒。每天产 1～19 粒。从 792 次产卵分析，日产 1～6 粒的占 81.6%；成虫产卵有间隔，间隔 1～3d 的占 75.3%，最长间隔 65d 后再产卵。一般产卵 2～6d 内为最多，占 80%，最长连续产 64d，成虫夜间产卵多于白天。

卵：卵历期在 4 月中旬 17.2℃时需 14～18d，5 月下旬 25℃时需 5～6d，6 月下旬 30.1℃时仅需 3d。卵抗水性强，将卵放入水中 53h，孵化率达 96%，但卵期推迟 2～3d。

幼虫：卵孵化速度很快，自卵壳破裂经2min幼虫爬出。夜间孵化多于白天。幼虫抗水性较弱，六龄幼虫浸入水中30h，全部死亡。幼虫龄期一至五龄平均每龄5~5.5d，六龄期19~22d，前蛹期3~5d，幼虫期50~56d，最长61d。

蛹：幼虫老熟前先在土中做一土室，长5~9mm，宽4~6mm，幼虫在土室内化蛹，化蛹1~10cm深的土层占86.49%，最深15cm。羽化后的成虫，待足、翅硬化后，用头和前足往后倒。蛹浸入水中48h全部死亡。蛹期在6月上、中旬为10d，7月上旬为7d，7月下旬为4~5d。

（四）发生规律

蒙古沙潜在河北、黑龙江、山东、江苏1年发生1代，以成虫越冬，多集中在2~10cm深的土层中，如多年生杂草根际、残株落叶下面、砖石下面、洞穴之中。在河北昌黎地区到11月中旬地面上仍见有成虫爬行，成虫越冬死亡率很低，越冬后成虫于土温5℃以上时即可活动，8℃以上在无风天气即有爬行成虫在寻找食物，天气转暖后于3月中、下旬开始产卵。

（五）防治技术

参考沙潜的防治技术。

刘春琴（河北省沧州市农林科学院）

第9节 耕葵粉蚧

一、分布与危害

耕葵粉蚧（*Trionymus agrestis* Wang et Zhang）属半翅目粉蚧科，是寄生在玉米根部的一种害虫，在河北、河南、山东、山西等省均有发生。目前已知寄主10余种，有玉米、高粱、小麦、谷子等禾本科作物，还有狗尾草（*Setaria viridis* Beauv.）、马唐（*Digitaria sanguinalis* Scop.）、牛筋草（蟋蟀草）（*Eleusine indica* Gaertn.）、大画眉草（*Eragrostis cilianensis* Vignolo-Lutati）、虎尾草（*Chloris virgata* Swartz）等禾本科杂草。

耕葵粉蚧以雌虫及若虫在近地面的叶鞘内及根颈部刺吸寄主的汁液，密集为害，轻者使受害植株的茎、叶发黄，生长缓慢；重者使植株短小细弱，根部有许多小黑点，根系肿大，根颈部变粗，茎基部发黑，根尖变黑腐烂，严重时不能结穗甚至整株死亡。一般受害单株有虫2~10头，多者达20头以上；玉米受害株率一般为15%~60%，最高的遭毁种。据调查，1999年河北邯郸馆陶县玉米有虫地块占35%，平均百株有虫50~78头，最多的单株有虫87头，虫量极不均衡。2001年河北宁晋县发生面积1万hm²，7月上、中旬部分夏玉米地块已严重受害。每株有虫2~4头，高的10~15头，被害株率15%，最高95%。2002年7月上旬调查，宁晋县发生面积1.3万hm²，部分夏玉米地块已受害。每株有虫2~5头，高的达15头以上，被害株率17%左右，最高达96%。一般受害单株有虫2~10头，多者达20头以上，拔苗调查虫体震落土中，肉眼不易发现，玉米受害株率一般为15%~60%，最高的遭毁种（彩图14-9-1）。

二、形态特征

成虫：雌虫体长3~4.2mm，体宽1.4~2.1mm，呈扁平长椭圆形，两侧缘近于平行。红褐色，全身覆一层白色蜡粉，复眼椭圆形，发达而突出，触角8节，第一节短粗，第八节最长。喙短，2节，口针不到达中足基节附近。足发达，跗冠毛1对，细长；爪冠毛1对，长于爪，纤细，端部稍膨大；腹脐1个，近圆形，位于第四至五节腹板之间。肛环椭圆形，发达，具肛环孔及肛环刺6根，刺长约为肛环直径的2倍。臀瓣不甚明显，臀瓣刺发达，在其附近有1根长毛。刺孔群在腹部可见7对，分布于腹部的第三至九节；头部刺孔群2对，但大多数个体均已消失。多格（孔）腺只存于虫体腹面，在第五至九节腹板上呈横带分布，生殖孔附近尤其丰富，三格（孔）腺密布于背腹面；管状腺则有大小两种（图14-9-1）。体毛长而粗细不一，背、腹面均有分布。

雄虫较小，体长1.42mm，体宽0.27mm，身体纤弱，全身深黄褐色。3对单眼紫褐色，背面一对较大。触角10节，柄节短粗，梗节短，其他各节形状近似，最后1节最长，各节上均生有细毛。口器退化，丛生长而弯的刚毛。胸部发达，各部分分区明显。胸足发达，3对足，细长。前翅长0.83mm，白色透明，具 1 条分二叉的翅脉。后翅退化为平衡棒，基部弯曲而端部粗大。腹部 9 节，最后两节明显收缩。第八腹节两侧有蜡腺分泌出的蜡丝 2 条，长约 0.21mm。交配器短，基部粗壮。

卵：长椭圆形，长约 0.49mm，宽约 0.27mm。初产卵呈橘黄色，孵化前呈浅褐色；卵囊白色，棉絮状，有卵 150～500 粒。

若虫：一龄若虫体长 0.61mm，体宽 0.27mm。全体长椭圆形而稍扁平，淡黄褐色，无蜡粉。单眼 1 对，紫褐色。触角 6 节，柄节较粗，其余各节细长，末节粗壮。喙较短，口针几乎延长到肛环。足 3 对，细长。二龄若虫体长 0.90mm，体宽 0.53mm，体表出现白色蜡粉，触角 7 节。

蛹：雄蛹体长 1.15mm，体宽 0.35mm。长形而略扁，黄褐色。触角、足、翅芽等均明显外露。茧白色，长形，两侧几乎平行，茧丝柔密。

三、生活习性

一龄若虫活泼，没有分泌蜡粉保护层，是药剂防治的最佳时期；二龄后开始分泌蜡粉，在地下或进入植株下部的叶鞘中为害。雌若虫老熟后羽化为雌成虫，雌成虫把卵产在玉米茎基部土中或叶鞘里。

耕葵粉蚧以卵在雌成虫卵囊中附着在田间残留的玉米根茬上、玉米苞叶内、杂草根部或土壤中及残存的玉米秸秆上越冬。卵囊絮状，由雌虫分泌的蜡丝组成，长 5～10mm，宽 2～3mm。每个卵囊中有卵 100 粒以上。越冬卵一般在翌年春季 4 月中、下旬，当气温达 16.5℃ 左右时开始孵化，孵化期长达 15d。若虫孵出后先在卵囊中活动，1～2d 后向四周自由分散活动，寻找食物，待找到适宜寄主即固定取食。若虫群集于玉米的幼苗根节或叶鞘基部外侧周围吸食汁液。

初孵的一龄若虫十分活泼，身体微小，体壁柔软。若虫进入二龄后开始分泌蜡粉，保护自身。二龄若虫具有向植株茎秆移动、进入植株下部叶鞘取食的习性。

四、发生规律

耕葵粉蚧 1 年发生 3 代，每年 9～10 月雌成虫产卵越冬。翌年 4 月中、下旬，气温 17℃ 左右时开始孵化，孵化期半个多月。初孵若虫先在卵囊内活动 1～2d，再向四周分散，寻找寄主后固定下来为害。第一代发生于 4 月中、下旬至 6 月中旬，第二代发生于 6 月中旬至 8 月上旬，第三代发生于 8 月上旬至 9 月中旬。

耕葵粉蚧第一代发生于 4 月中、下旬至 6 月中旬，主要为害小麦及田间禾本科杂草。以雌成虫及若虫群集在地表以下的小麦或禾本科杂草基部吸取汁液为害。受害小麦叶片发黄，分蘖减少。由于小麦的群体较大，根系发达，一般不表现明显的受害症状。若虫老熟后，迁移到玉米叶鞘内，分泌蜡丝，结成长而薄的丝质茧，在其内蜕皮为前蛹，然后化蛹。第一代成虫 6 月上旬开始羽化。雄虫羽化后不取食即寻找雌虫交尾，交尾后 1～2d 死亡。雌虫交尾后 2～3d 在玉米植株旁的土中和叶鞘内产卵，产卵前分泌蜡丝，结卵囊将自身包住，并在其中产卵。第二代于 6 月中旬至 8 月上旬发生，主要为害夏玉米幼苗。夏玉米出苗后，孵化的若虫群集在玉米主茎根部取食，使根部形成许多黑点，根尖肿大，发黑腐烂，受害植株周围有大量的蚂蚁。导致玉米植株矮小，茎秆细弱，生长发育缓慢，叶片发黄。若虫也可转移到夏玉米幼苗近地面的叶鞘内为害，造成被害株基部 3～4 个叶片发黄干枯，而上部叶片焦边，严重时整株死亡，不能结实而减产。第三代发生于 8 月中旬至 9 月中旬，主要为害玉米或高粱成株，此时作物已成熟，对产量影响不大。9 月中、下旬至 10 月雌成虫开始做卵囊，把卵产于其中越冬。

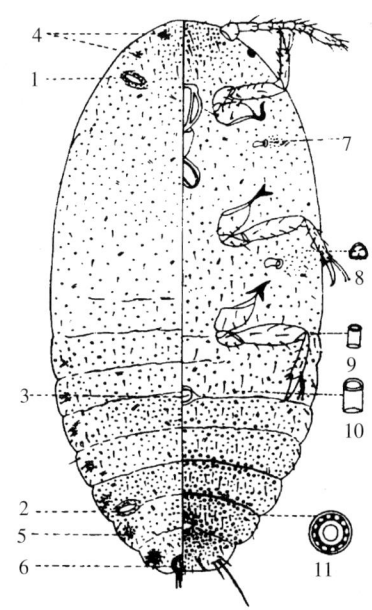

图 14 - 9 - 1　耕葵粉蚧雌成虫背面（左）、腹面（右）观（引自薛明等，1995）

Figure 14 - 9 - 1　The dorsal and ventral view of *Trionymus agrestis* female adult (from Xue Ming et al., 1995)

1. 前背裂　2. 后背裂　3. 腹脐　4. 头部刺腺群
5. 腹部刺腺群　6. 肛环/肛孔　7. 胸气门　8. 三格腺
9. 小管状腺　10. 大管状腺　11. 多格腺

越冬卵在越冬期间能抵抗外界不良环境的影响。一般玉米播种过早或过晚、播种过浅、水肥管理条件差的田块，以及土壤板结、通气不良的玉米田适合耕葵粉蚧的发生，受害重。而土质疏松、墒情好的田块受害轻。

五、防治技术

（一）农业防治

1. 种植抗虫品种　苗期发育较快、抗逆性较强的品种基本不受害。

2. 合理轮作　耕葵粉蚧只寄生和为害禾本科作物及杂草，不为害双子叶植物。因此，发生为害严重的地块，可改种大豆、花生和棉花等作物，切断其食物来源，阻断其生活史。

3. 翻耕灭茬、消灭虫源　玉米收割后，种植小麦前虽通常进行机械翻耕，但许多根茬仍留在田间，为耕葵粉蚧提供了越冬场所，故玉米收获后深耕灭茬，并将根茬带出田外集中烧毁处理，可消灭大量虫源。

4. 适时播种　玉米适期播种可减轻耕葵粉蚧的为害，过早或过晚播种有利于其为害。

5. 增施有机肥、磷钾肥、复合肥　不仅促进寄主根系发育，还对耕葵粉蚧有抑制作用。

6. 麦田适时冬灌　该虫越冬卵越冬时，浇大水提高土壤湿度，覆盖在土壤下的卵囊，使其易吸水受霉菌感染，从而发霉腐烂，影响存活，可减少部分虫源，减轻发生和为害。

7. 加强田间管理　精耕细作，中耕除草，结合施肥浇大水，可增强寄主抗害能力，尤其注意清除禾本科杂草。

（二）化学防治

1. 种子处理　播种前，用 35% 克百威种衣剂按种子重量的 2%～3% 进行包衣处理。

2. 药液灌根　6 月下旬至 7 月上、中旬，耕葵粉蚧若虫二龄前，是药液灌根防治最为有利的时期。可选用 48% 毒死蜱、40% 毒死蜱、40% 氧乐果或 50% 辛硫磷乳油 800～1 000 倍液灌根，每株玉米用药液量 100～150g，重点喷玉米下部叶鞘处和茎基部，并使药液渗到玉米根颈部，或将喷雾器拧下旋水片喷浇玉米幼苗基部。用药的同时，最好加配生态龙、四季风等营养剂，以促进玉米植株生长。

席景会（吉林大学）

第 10 节　葡萄根瘤蚜

一、分布与危害

葡萄根瘤蚜 [*Daktulosphaira vitifoliae* (Fitch，1851)] 属半翅目蚜总科根瘤蚜科葡萄根瘤蚜属。

葡萄根瘤蚜曾先后被划归为瘿绵蚜属 [*Pemphigus* (1851)]、矮蚜属 [*Phylloxera* (1875、1925 et al.)]、葡萄根瘤蚜属 [*Viteus* (1867、1999 et al.)] 等。文献中常见的学名 *Pemphigus vitifoliae*、*Viteus vitifoliae*、*Viteus vitifolii* 和 *Phylloxera vitifoliae* 是同种异名。

葡萄根瘤蚜在我国分布于辽宁、上海、山东、湖南、甘肃、云南、陕西和台湾。在全世界葡萄产区广泛分布，包括亚洲的亚美尼亚、阿塞拜疆、格鲁吉亚、印度、以色列、日本、约旦、朝鲜、韩国、叙利亚和土耳其；欧洲的奥地利、波黑、保加利亚、克罗地亚、捷克、法国、德国、希腊、匈牙利、意大利、黎巴嫩、卢森堡、马其顿、马耳他、摩尔多瓦、葡萄牙、罗马尼亚、俄罗斯（南部）、斯洛伐克、斯洛文尼亚、西班牙、瑞士、英国和乌克兰；非洲的阿尔及利亚、突尼斯、摩洛哥、南非和津巴布韦；美洲的百慕大群岛、加拿大、墨西哥、美国、巴拿马、阿根廷、巴西、哥伦比亚、秘鲁、乌拉圭和委内瑞拉；大洋洲的澳大利亚和新西兰。

葡萄根瘤蚜在葡萄属植物上为害，涉及多种不同的葡萄品种，是世界上第一个被列为检疫对象的有害生物，是我国葡萄上的首要害虫，已成为影响我国葡萄安全生产的重大问题。葡萄根瘤蚜原产于北美洲落基山脉东部，19 世纪 60 年代自美国传入欧洲，现已传播到各大洲 56 个国家和地区。1892—1915 年我国张裕公司从法国引种葡萄苗木时首次引入葡萄根瘤蚜（中国农业科学院植物保护研究所，1996），但在 1935 年才首次报道其为害情况，直到 1954 年才引起政府的重视（李传隆，1957；王守聪和钟天润，2006），随后在辽宁大连、盖县、丹东、辽阳、昌图、兴城和陕西武功及台湾地区相继发现了葡萄根瘤蚜。20 世纪 60～70 年代，对感染葡萄根瘤蚜的葡萄进行砍伐毁园后，其后 30 年中没有葡萄根瘤蚜发生为害的报道。葡萄根瘤蚜的新分布点于 2005 年 6 月在上海嘉定区马陆镇李家村再次发现（叶军等，2006），发生面积涉及 9 个郊区县的 40km² 葡萄产区，并在嘉定区 3 个乡镇铲除了 27.2km² 葡萄园，造成重大经济损失。目前在湖南怀化、陕西西安等地也发现了葡萄根瘤蚜（张尚武等，2006）。

葡萄根瘤蚜在葡萄根部吸食汁液，可诱发葡萄根系肿胀，在须根上形成米粒状或鸟头状根瘤，在侧根和大根上形成关节形的肿瘤（彩图 14 - 10 - 1），根瘤易变色腐烂，导致受害根枯死，严重阻碍根系对水分、养分的吸收和输送，造成植株发育不良、生长迟缓、树势衰弱，影响开花结果，果实产量及品质下降，严重时可造成部分根系甚至植株死亡。在美洲葡萄品种上，葡萄根瘤蚜除为害葡萄根系之外，还可在葡萄叶片上诱发形成豌豆状虫瘿，使叶片萎缩，光合作用受阻，严重影响植株的正常生长，但欧洲和亚洲葡萄品种叶片上虫瘿罕见（张广学等，1983）。

二、形态特征

无翅孤雌蚜：体卵圆形，腹部末端狭长。体长 1.15～1.50mm，体宽 0.75～0.90mm。活体鲜黄色、污黄色、黄褐色至褐色，有时淡黄绿色。玻片标本淡色至褐色，触角及足深褐色。体表明显有暗色鳞形纹至棱形纹隆起，体缘包括头顶有圆形微突起，胸部、腹部各节背面各有 1 个横行的深色大瘤状突起。气门 6 对，大，圆形，明显开放，气门片深色。中胸腹岔两臂分离。体背毛短小，不明显，毛长为触角第三节直径的 0.20 倍。头顶弧形。复眼由 3 个小眼面组成。触角 3 节，粗短，有瓦纹（图 14 - 10 - 1），全长 0.16mm，为体长的 0.14 倍，第一、二节约等长，第三节长 0.09mm，一至三节长度比例为 33：33：100；第三节基部顶端有 1 个圆形感觉圈；第一至三节上各有毛 1 或 2 根，其中第三节顶端还有毛 3 或 4 根。喙粗大，端部伸达后足基节，第四、五节长锥形，长约为基宽的 3.0 倍，为后足跗节第二节的 2.2 倍，有 2 或 3 对极短的刚毛。

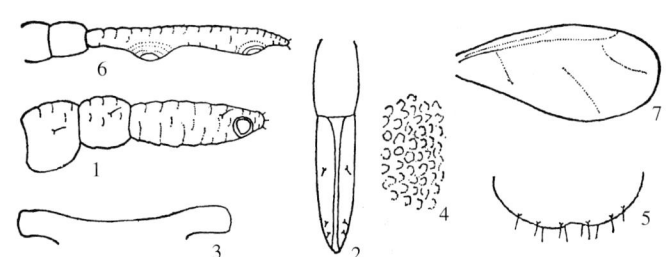

图 14 - 10 - 1　葡萄根瘤蚜形态特征（引自张广学和钟铁森，1983）

Figure 14 - 10 - 1　Morphological characteristics of *Daktulosphaira vitifoliae* (from Zhang Guangxue and Zhong Tiesen，1983)

1. 无翅孤雌蚜触角　2. 无翅孤雌蚜喙节Ⅳ+Ⅴ　3. 无翅孤雌蚜中胸腹岔
4. 无翅孤雌蚜腹部背纹　5. 无翅孤雌蚜尾片　6. 有翅孤雌蚜触角　7. 有翅孤雌蚜前翅

足短粗，胫节短于股节，后足股节长 0.10mm，为触角长度的 0.65 倍，为该节直径的 2.30 倍；后足胫节长 0.08mm，为触角长度的 0.50 倍，为体长的 0.07 倍，毛长为该节直径的 0.16 倍。后足跗节第二节端部有 1 对棒状长毛从爪间伸出；跗节第一节毛长、尖锐，毛序为 2，2，2。无腹管。尾片末端圆形，有毛 6～12 根。尾板圆形，有毛 9～14 根（张广学和钟铁森，1983）。

有翅孤雌蚜：体长 0.90mm，体宽 0.45mm。活体橙黄色，中、后胸深赤褐色，翅无色透明，触角及足黑褐色。触角 3 节，第三节有 2 个感觉圈，基部一个近圆形，端部一个近长圆形。中胸盾片中部愈合。静止时翅平叠于背面。前翅翅痣大，仅有 3 根斜脉，其中肘脉 1 与 2 共柄。后翅缺斜脉（张广学和钟铁森，1983）。

孤雌卵：长 0.30mm，宽 0.15mm，长椭圆形。初产时为淡黄色，有光泽，后渐加深至暗黄绿色（张广学等，1983）。

雄性卵：长 0.27mm，宽 0.14mm（张广学等，1983）。

雄性蚜：体长和体宽与雄性卵相同，无翅，喙退化（张广学等，1983）。

雌性卵：长 0.36mm，宽 0.18mm（张广学等，1983）。

雌性蚜：体长和体宽与雌性卵相同，无翅，喙退化。活体黄褐色，触角及足灰黑色。触角 3 节，第三节长约为第一、二节之和的 2.0 倍，端部有 1 个圆形感觉圈。跗节 1 节（张广学等，1983）。

三、生活习性

葡萄根瘤蚜在美洲葡萄品种上营全周期生活，具有有性世代，为害后导致叶片形成叶瘿，根部形成根瘤；在欧洲和亚洲葡萄品种上通常营不完全周期生活，以孤雌生殖方式在根部繁殖，不在叶片上形成虫瘿。有时在某些欧洲品种的根上和叶上也可发生两性生殖现象，但越冬卵孵化的干母大都死亡，叶瘿罕见；而在欧美两系的杂交品种上可形成叶瘿。

国外报道葡萄根瘤蚜以卵在枝条或以各龄若虫在根部越冬，每年可发生 5～8 代。春季，在美洲品种枝上越冬卵孵化，孵出的干母在叶片正面取食，形成虫瘿，并在虫瘿内产卵；8～10d 后孵化为干雌，营孤雌生殖 4 或 5 代后迁移至根部；夏、秋两季发生有翅性母蚜，由根部回迁到枝叶上，产生大小两类卵，分别孵化为无翅的雌性蚜和雄性蚜，交配后每头雌性蚜在二至三年生枝条上产越冬卵 1 枚（张广学和钟铁森，1983）。

在我国的葡萄根瘤蚜仅寄生在根部，每年发生 7～8 代，若虫期 12～18d，成虫期 14～26d。葡萄根瘤蚜以各龄若虫在 1cm 以下土层中或二年生以上粗根的根权及缝隙处越冬，翌年 4 月气温回升到 13℃ 即开始取食活动，5 月上旬形成无翅孤雌蚜并产出第一代卵，经过若干代孤雌生殖之后，在 7 月上旬开始出现有翅孤雌蚜若虫，有翅蚜很少出土，但在湖南和上海都在黄板上诱捕到极少量的有翅孤雌蚜成虫，说明其具有一定的迁飞能力，传播力较强，对葡萄种植业产生危害的风险更大（韦国余等，2010）。我国目前仅发现无翅孤雌蚜和有翅孤雌蚜，尚未发现雌、雄性蚜和雌、雄性卵。

四、发生规律

葡萄根瘤蚜的田间发生规律与气候条件、葡萄的生长状况以及生存环境密切相关，在葡萄园中以虫源引入点为核心，向周围辐射式分布。种群数量主要随土壤温度、土壤湿度、葡萄根系生长状况等因素的综合作用，通常会出现两个高峰期，即 5 月中旬至 6 月底和 9 月下旬至 10 月下旬。

每年的 4～5 月，气温逐步回升，降水量适中，随着葡萄新根系的萌发，越冬若虫和成虫解除休眠，恢复生长和繁殖，种群数量逐渐上升，直到 5 月中旬至 6 月底形成第一个高峰期，7 月初达到最高峰；7～8 月受夏季高温多雨天气的影响，地表高温高湿、被害根腐烂坏死，不利于蚜虫繁殖，种群数量下降；9 月随着气候条件逐渐改善，葡萄根瘤蚜种群数量恢复增长，在 9 月下旬至 10 月下旬形成第二个高峰期；11 月至翌年 3 月，随着气温下降，大量成虫死亡，种群数量最少，密度最低，仅少数存活的成虫和若虫（以一龄若虫为主）进入越冬休眠状态，直至翌年 4 月（张化阁等，2010）。

葡萄根瘤蚜的田间为害范围伴随着葡萄根系的生长不断在深度和广度上延伸扩大，通常随着葡萄根系生长而在 0～60cm 深的土层下为害。每年 4～6 月和 10 月，气候最适宜葡萄根系生长，葡萄根瘤蚜在各土层的分布也最广，种群数量较均衡，从地表土至深层土，种群数量略有减少的趋势；7～9 月地表高温高湿等条件对表层土壤的影响最大，在土壤表层取食的个体大量死亡，种群活动范围向下迁移，以 15～30cm 深的土层为主；11 月至翌年 3 月，大量个体则集中在 0～30cm 深的土层越冬。

五、防治技术

（一）检验检疫

葡萄根瘤蚜在我国主要随带根的葡萄苗木调运而传播，且随根系生长而深入土壤内部，无论是生物防治还是化学防治都很难实现预期的效果，因此要以预防为主，严控苗木转运。

严禁从葡萄根瘤蚜发生地区输出葡萄苗木和插条，在新引进葡萄苗木、插条的地区要严格检查苗木、插条、运载工具和包装物。检查时要注意苗木的叶片有无虫瘿，根部（尤其是须根）有无根瘤，侧根和大根处有无关节形肿瘤，肿瘤缝隙处、植株表面的伤口和树皮裂隙中有无虫卵；检查运输工具、包装物及其四周部位是否有虫卵、若虫或成虫。

确需从疫区或可疑地区调运葡萄苗木、插条、砧木时，必须严格进行灭虫处理。通常使用农药浸泡或熏蒸，也可用热水浸泡灭虫。灭虫处理方法：用 50％辛硫磷乳油 1 500 倍液浸泡 1min（每捆枝条 10～20 根）；或用 80％敌敌畏乳油 1 500～2 000 倍液浸蘸 2 或 3 次；或用 45℃ 热水浸泡 20min；或用 30～40℃ 热水浸泡 5～7min，然后移入 50～52℃ 热水中浸泡 7min；或用 40％乐果乳油 1 000 倍液，浸泡 1～2min（倪洁，2008）。

（二）无虫苗和抗蚜葡萄品种

利用葡萄根瘤蚜易在具疏松和团粒结构的土壤中存活和迁移，而在沙质土壤中不易迁移的特性，用沙质土地育苗和栽培，建立无虫苗圃，培养无虫苗木。

在葡萄接枝时尽量选择抗虫性强的品种作为砧木。目前世界葡萄生产国除中国、智利外，都普遍实施了抗根瘤蚜砧木嫁接育种（杜远鹏等，2007）。生产上普遍使用的砧木大多数来自冬葡萄（*Vitis berlandieri*）、沙地葡萄（*V. rupestris*）及河岸葡萄（*V. riparia*）的种间杂交种，对根瘤蚜都有较强的抗性，可以在疫区以及新建果园中结合当地的生态条件选择应用（杜远鹏等，2008）。但是抗性品种的子代对葡萄根瘤蚜的抗性受到双亲抗性平均数的制约，而且在子代中表现为抗性普遍下降。因此，选择亲本时，要注意亲本的抗性传递能力，在葡萄砧木育种工作中，选择葡萄根瘤蚜抗性强的亲本是育种工作的首要任务（刘崇怀等，2012）。

（三）田间调查

葡萄根瘤蚜可借农事操作、灌溉和雨水传播，还可由若虫爬行进行近距离传播或以有翅孤雌蚜借风力传播，因此，对葡萄根瘤蚜开展田间调查，将有利于尽早发现疫情，采用适当的防治措施，及时高效消灭蚜害，防止造成更大的经济损失。

在葡萄根瘤蚜的疫区和适生区，都要积极开展田间调查，以挖根调查方式为主。根据葡萄根瘤蚜的生活习性，在每年10月至翌年3月，重点调查0～30cm深的表层土，此时期越冬个体以若蚜为主，种群密度小、生命力弱、存活率低，如能及时发现并加以防治，将最大程度减少经济损失；4～7月，葡萄根瘤蚜种群数量逐渐增长，达到第一个高峰，各土层均有分布，因此，最易发现葡萄根瘤蚜为害，若防治及时将减少葡萄根瘤蚜对葡萄果实产量和品质的影响；8～9月，主要调查15cm以下土壤中的葡萄根瘤蚜，如防治及时将有效控制10月的第二个发生高峰；9～10月是最佳调查防治期，葡萄根瘤蚜在葡萄收获后形成第二个高峰期，因葡萄营养不足，在受害后表现出更明显的萎黄、枯死等症状，更易观察到其为害，而且此期开展挖根调查，对植株和产量的影响都相对较小。挖根调查时，以植株主干为中心，在半径30cm、深度40cm范围内寻找须根和侧根分布密集区域，查看有无鸟头状、米粒状根瘤和黄色、褐色蚜虫；如果发现干枯、腐烂的根瘤，要继续向深处或邻近植株挖根检查（倪洁，2008）。

除开展挖根调查之外，植株地上部分在受蚜虫为害后也表现出一些相应的症状，受害初期，新生触须短或无，新叶小；受害中期，植株下部老叶提前变黄，落叶，树势显著衰弱，产量下降；受害后期，植株明显矮小，叶片变黄，挂果很少或果实干瘪，甚至整株枯死。

若田间调查采集的蚜虫初步确定是葡萄根瘤蚜时，应立即将蚜虫保存于75％以上的酒精溶液中，连同病根及时报送植保或检疫部门；对发生疫情的葡萄园加强封锁，禁止外来无关人员进入，禁止所有接触地面的物品运出。

（四）农业防治

1. 对地上部分已经表现出严重受害症状的植株区段，应将被侵害植株全部挖掉，并对土壤进行药物处理。处理的区域要扩大到区段边缘外5～10m的范围。

2. 加强栽培管理，增施磷肥和钾肥，培育健壮的植株，提高葡萄植株自身抗性。冬季清理园内残枝杂草，春季用含硫黄的农药制剂进行土壤施药，或者撒施生石灰。

（五）化学防治

1. 植株处理 对已经发生疫情的园地，要用10％吡虫啉可湿性粉剂1 500倍液或50％辛硫磷乳油800倍液，对植株、地面和支架等均匀喷雾，杀灭地上可能存在的蚜虫；处理24h后，将部分贴地根砍掉，藤蔓就地切断，集中于深坑内，浇淋农药，覆土填埋。

2. 土壤处理 对有根瘤蚜葡萄园或苗圃，可用50％辛硫磷乳油800倍液等化学药剂灌注。方法为在葡萄主蔓及周围距主蔓25cm处地面，每1m²打孔8～9个，深10～15cm，春季每孔注入药液6～8g，夏季每孔注入药液4～6g。在花期和采收期不能使用此方法，以免产生药害。采用1.5％蒽油与0.3％二硝基甲酚（DNON）的混合液，在4月越冬代若虫活动时对根际土壤及二年生以上的粗根根杈、缝隙等处喷药；或用50％辛硫磷乳油500g，均匀拌入50kg细土，每667m²用药量250g，于15：00～16：00施药，施药后随即深锄（张军翔等，2001）。还可以在冬季对全部果园灌水杀虫，连续灌水3～6d，清除水面的杂物集中深埋，保持水深不低于 10cm，能有效杀死越冬蚜虫。在疫区果园通道口建消毒池，所有车辆及人员必须对曾经接触地面的部位消毒后才能出园。

姜立云　乔格侠（中国科学院动物研究所）

第 11 节　根 土 蝽

一、分布与危害

根土蝽（*Stibaropus formosanus* Takado et Yamagihara，异名：*Stibaropus flavidus* Signoret）属半翅目土蝽科。俗称土臭虫、漏风虫等。国内主要分布于吉林、辽宁、内蒙古、河北、山西、山东、陕西、河南、江西和台湾等地。以成虫及幼虫在土中为害作物根部，吸取汁液。受害作物主要是小麦、谷子、玉米、高粱等禾本科作物，也可为害大豆、烟草等经济作物，为害严重时可使作物停止发育，逐渐干枯而死。陕西靖边县调查，在土中每样点（面积 33.3m²，深 100cm）有虫 100 头的条件下，受害作物（玉米、高粱、谷子）较未受害的株高降低 12.1%～44.9%，千粒重减少 33.2%～53.9%，单株产量损失 69.3%～86.5%。

二、形态特征

成虫：近圆形，体长 4.2～5.5mm，体宽 2.4～3.4mm（图 14-11-1，1）。呈浅褐色至深褐色。头宽近等于长的 2 倍，边缘锯齿状，前端向下倾斜；侧叶稍长于中叶，具深刻的斜皱纹，向上翘起。头前缘具 18～20 个短刺，其中 2 个位于中叶的前端，前缘下具 1 列刚毛。眼极小。触角 4 节，第二节最短，第四节最长。喙 4 节。前胸背板极度上鼓，前胸光滑，后部具刻点及横皱纹，侧缘具若干排列不整齐的长毛。小盾片基部光滑，端部横皱。前足胫节镰刀状，近端部处黑色、光秃，其余部分多毛及刺，跗节着生于其中部；中足胫节香蕉状，腹面光滑，背部及侧面多毛及刺；后足腿节极粗，胫节马蹄形，多毛及刺，马蹄的底面中部稍鼓，底面及周缘具许多粗刺（中部 11 根，周缘 30 根）。中、后足跗节均甚细小，着生于胫节的顶端。

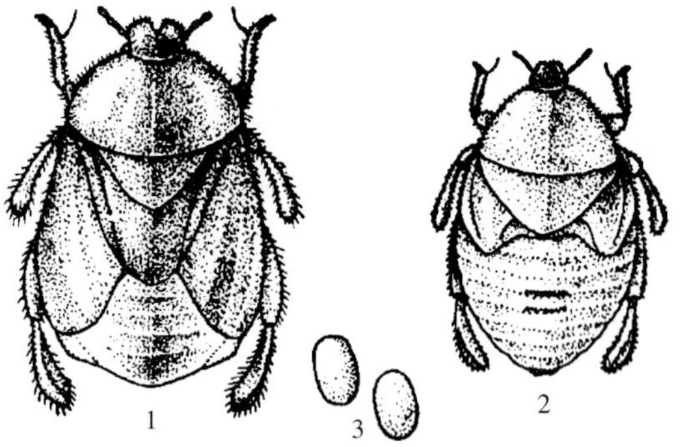

图 14-11-1　根土蝽（引自魏鸿钧等，1989）

Figure 14-11-1　*Stibaropus formosanus*（from Wei Hongjun et al.，1989）

1. 成虫　2. 若虫　3. 卵

卵：长椭圆形，大小为 1.4mm×1.0mm（图 14-11-1，3），初产时乳白色，有光泽，后变灰白色。

若虫：老熟若虫体长和体宽与成虫相似（图 14-11-1，2）。虫体白色，头、胸部、翅芽均橙黄色。幼小若虫足仍为白色，无翅芽，腹部纺锤形，白色，背部有 3 条黄色横条纹。各节上均有细毛。

三、生活习性

成虫白昼出土，特别是降雨或暴雨过后的晴天，成虫爬出地表，仰卧在地面上接受阳光暴晒，身体稍干即缓缓爬行，随即飞翔于作物间。成虫飞翔能力较强，飞行高度多为 3.3～6.7m，飞行距离 1.6～2.0m，顺风可飞 50m，傍晚钻入土中，有假死习性。

成虫多在 20～35cm 以下的深土层交尾。交尾前雌虫放出很强的臭味，以招引雄虫。交尾后 30～45d 产卵，卵多产在 20～30cm 深的土层中，卵多为零星散产。

根土蝽从越冬结束后，即在土中约 20cm 深处交配，一般交配 1 次，个别 2 次。每雌产卵量各地报道差异较大，山东聊城为 5 粒；陕西榆林平均为 2.2 粒；山西河津为 4～6 粒；山西大学生物系报道，每雌一般产卵 100 粒左右。根土蝽成虫有出土习性。6～8 月，土温达 25℃ 以上，天气炎热、降雨或灌水量大的田块，成虫便爬出土面，仰卧在阳光下暴晒，身体稍干即可缓缓爬行，随即飞翔。成虫出土有两个条件：一是高温闷热，二是降雨、土壤湿度大，缺一不可。陕西榆林调查，田间灌水后每平方米平均有出土雌虫 27.4 头，最多 167 头，其中 80.6％飞出，8.2％钻回地下，剩余的 11.2％则死活各半。山东聊城调查，成虫出土量占总虫量的 4.75％～33.39％，占成虫量的 11％～49.5％。成虫出土时间以 12：00 前为最多。一般以降雨（灌水）后第一天出土量最多，第二天较少，第三天绝迹。

根土蝽的臭腺可分泌臭液，栖息的土壤中亦具臭味，令人作呕。

初孵化的若虫，静息 1～2d，开始爬行、活动取食，成虫、若虫均以口针刺入作物根部吸取汁液。成虫和若虫均在土壤中掘洞钻行，有土室，虫体可在其中转动；成虫、若虫均具假死性，可通过随水漂泊、随土搬运、随根茬移动、成虫飞行和爬行等传播蔓延。

四、发生规律

根土蝽在山西 1 年发生 1 代，成虫、若虫常年混生且均能越冬。一般 10 月下旬至 11 月中旬，各龄若虫及成虫即开始向下迁移，准备越冬。第二年 3 月中、下旬开始向上移动。4 月下旬至 5 月上、中旬是春季为害盛期。越冬成虫一般从 3 月下旬开始交配，直到 10 月下旬。6 月中旬至 7 月下旬为产卵盛期。7 月上旬至 9 月上旬为卵孵化盛期。由卵孵化出来的小若虫，静息 1～2d 后，开始爬行取食，经 7～10d 蜕皮 1 次，共蜕皮 6 次，才变成成虫。成虫直到下一年性成熟后，再交配产卵。8 月上旬至 9 月中旬是秋季为害盛期。

根土蝽常年栖于地下，成虫、若虫混合越冬。越冬深度依地区不同而异，在华北山东、山西等地多在 30～50cm 深的土层越冬，少数可深达 1m，在辽宁越冬深度多在 80cm 以下，一般深达 1～2m，最深达 4m。

根据根土蝽在土中的活动情况，将其活动土层分为三层。①栖息不稳定层：表土 15～20cm 深处，受耕作栽培和温、湿度变化影响较大。根土蝽在此层，可随各种环境条件变化而上下移动。②适生栖息层：表土 20～40cm 深处，接近耕层，食料（根群）、温度、湿度变化小，常年集聚虫量较多。③抗逆潜藏层：地面 40cm 以下的区域，能使根土蝽抗旱、防寒和逃脱不适环境。

据山西河津观察，当土壤 10～20cm 深处相对含水量为 15％～18％时根土蝽活动力最强，干旱年份土壤 10～20cm 深处相对含水量平均为 2％～6％时，根土蝽便向深处迁移。雨水过多或灌水后长期积水，也会造成虫体变软，生活不利；当土壤 20cm 深处的相对含水量为 25％～42％时，根土蝽大量死亡。在自然情况下虫情消长受年降水量的影响十分显著，年降水量低于年平均值的少雨年，虫情就重。

五、防治技术

（一）轮作倒茬

据山东等地试验，实行禾本科与非禾本科植物轮作能收到显著效果。轮作 1 年为害大大减轻，轮作 2 年虫量只残留极少数。

（二）深翻和整修土地

根土蝽冬季以半休眠状态在土壤 40～50cm 深处越冬，利用其休眠越冬之机，进行深翻可大量减少越冬虫源。整修土地可破坏根土蝽的生活环境，减少虫口密度。

（三）增施水肥

适当增施水肥，可促使作物迅速生长，增强小麦等农作物的抗逆能力，也可以减轻根土蝽的为害程度，保证增产。

（四）化学防治

可采用土壤处理方法。在播种前用 50％辛硫磷乳油，每公顷 1.5～2.25kg，对细土 30～37.5kg，撒施后耙地，再播种或建植草坪。利用根土蝽在暴雨和灌水后出土的习性，于 12：00 左右，在集中发生地喷撒 4％敌·马粉剂，每公顷 30～37.5kg，防治效果良好。

席景会（吉林大学）

第 12 节　黄曲条跳甲

一、分布与危害

黄曲条跳甲［*Phyllotreta striolata*（Fabricius）］属鞘翅目叶甲科菜跳甲属，异名：*Phyllotreta vittata* (Fabricius)、*Phyllotreta sinuata* (Redtenbacher)，是一种世界性的重要害虫，在我国俗称狗虱虫、菜蚤子、跳虱、土跳蚤、黄跳蚤等。

黄曲条跳甲原发生于欧亚大陆，然后传入北美洲。从 70°N（芬兰）到 10°S（印度尼西亚的爪哇岛、苏门答腊）广阔区域，如欧洲、北美洲、前苏联、印度、北非、中东和亚洲中部都有分布。国内除新疆、西藏尚无报道外，其他省（自治区、直辖市）均有发生，其中，长江流域、珠江流域发生严重。黄曲条跳甲可取食十字花科、葫芦科、白花菜科、旱金莲科、辣木科等多科植物，偏嗜十字花科蔬菜，如白菜、萝卜、小白菜、油菜、芥菜、大头菜、甘蓝、花椰菜等。

我国对黄曲条跳甲的研究始于 20 世纪 30 年代，但此后的近 60 年极少报道，到 90 年代末由于其为害加重，研究逐渐增多，并在世界上占主导地位。从 20 世纪 70 年代开始，黄曲条跳甲在世界各地的发生日趋严重，在加拿大为害油菜和黄芥菜早播田幼苗，幼苗死亡率增高，植物发育延迟。在白俄罗斯明斯克地区夏播白菜上发生严重，虫口密度达 3~50 头/m²。1976—1980 年在我国台湾连续发生。1987—1988 年青海油菜田大发生，总发生面积达 6.6 万 hm²，有些油菜田越冬成虫的密度超过 200 头/m²，严重发生田由于幼苗被害枯死，被迫毁种。20 世纪 90 年代后黄曲条跳甲在广东、广西和福建部分地区上升，成为蔬菜上的主要害虫之一。

黄曲条跳甲成虫和幼虫均可为害蔬菜。成虫在植物幼苗期为害严重，刚出土的幼苗子叶被吃光后，整株死亡，造成缺苗断垄。在成株期，成虫咬食叶片形成椭圆形小孔洞，严重时将叶肉全部吃光，仅剩叶脉。成虫还可咬断嫩茎，咬伤果实，也可为害花蕾和花荚。幼虫属地下害虫，取食蔬菜地下根或根状茎，剥食表皮或钻蛀为害，形成隧道，使植株凋萎、枯死，不仅影响产量，更重要的是影响蔬菜的外观和质量，降低商品价值，如对萝卜商品性状的影响极大。

二、形态特征

成虫：体长 2~3mm，长椭圆形，黑色，具光泽，触角丝状，前胸背板及鞘翅均密布刻点，纵向排列。鞘翅上各有 1 条鲜明的黄色纵斑，其外侧中部狭而弯曲，内侧中部直，前后两端内弯（彩图 14-12-1，1）。后足腿节膨大，为跳跃足，适于跳跃。胫节、跗节黄褐色。雄成虫腹部和阳茎具有向内弯曲的特点，利于交尾。

卵：椭圆形，长约 0.3mm，初产时淡黄色（彩图 14-12-1，2），后变为乳白色，近孵化时色泽明显不均。

幼虫：分为 3 个龄期，初孵幼虫体长 1mm 左右，身体乳白色，头部黑色；老熟幼虫体长 4mm，圆筒形，尾部稍细，头部和前胸盾板褐色，胸、腹部淡黄白色（彩图 14-12-1，3），各节上疏生黑色短刚毛，末节臀板椭圆形，淡褐色，在末节腹面有 1 个乳状突起。胸足 3 对。

蛹：长椭圆形，长约 2mm，乳白色（彩图 14-12-1，4），头部隐于前胸之下，翅芽和足达腹部第五节，腹末具 1 对叉状突起，末端褐色。

三、生活习性

黄曲条跳甲年发生世代数随纬度增高而减少，台湾 1 年发生 11 代，广东 1 年发生 7~8 代，广西 1 年发生 6~8 代，上海 1 年发生 6 代，浙江 1 年发生 4~5 代，北京、宁夏 1 年发生 4~5 代，河北、山东 1 年发生 3~4 代，东北各省 1 年发生 2~3 代，青海 1 年发生 1 代。以成虫在匍匐于地面的菜叶下面或残枝落叶、杂草丛中越冬，越冬时若气温转暖，可活动取食。越冬成虫于翌年温度回升至 10℃ 左右时开始活动，20℃ 左右时食量增大，达到为害高峰。东北地区越冬成虫于 4 月开始活动。在年发生 5 代的地区，第一代成虫羽化初期为 5 月中旬，第二代成虫羽化初期为 6 月底，第三代为 8 月初，第四代为 9 月上旬，第五代为 10 月底。南方地区无越冬现象，冬季各虫态皆可见。黄曲条跳甲每年有春季和秋季 2 个发生为害高峰期，春季一、二代（5~6 月）和秋季五、六代（9~10 月）为主害代，但春季为害重于秋季，盛夏高温季节发生为害较少。南方春季湿度高，有利于卵的孵化，而北方春季干旱，影响卵的孵化，因此，春季南方受害一般比北方重。

成虫常群集在叶背取食，啃食叶片，夜伏昼出，善跳跃，能飞翔，性极活泼，早、晚和阴雨天藏身于叶背和土块下，中午前后温度较高时活动力强，疾风时躲在植株下不活动。具有趋光性，尤其是对黑光灯敏感，耐饥饿力弱，抗寒性较强。

黄曲条跳甲成虫对食料选择性强，具有明显的趋黄性和趋嫩绿性，如在同一田块内同品种的小白菜，叶色深的比叶色浅的虫量多、受害重。在花椰菜、甘蓝中夹种小白菜时，多为害小白菜，花椰菜和甘蓝为害较轻。白菜和菜心不同叶位上的虫口分布上午无显著差异，下午则在心叶附近较集中。

成虫寿命很长，平均寿命 30～80d，最长可达 1 年。产卵期可达 1 个月以上，致使发生不整齐，世代重叠现象明显。卵多产于植株根部周围的土缝中或细根上，产卵时间以晴天为主，一天中以午后为多。各代成虫产卵量差别很大，第一、二代仅产卵 25 粒左右，而越冬代产卵量可多达 600 粒以上，并聚集成块，每块 20 余粒。卵期 5～7d，发育始温 12℃，适温 26℃，卵在高湿条件下才能孵化，土壤相对湿度达不到 100%，许多卵不能孵化，因而近沟边潮湿地带幼虫较多。幼虫在菜田的空间分布型与成虫相同，表现为聚集分布，符合负二项分布。幼虫共 3 龄，幼虫期 11～16d，最长可达 20d。幼虫在土内的栖息深度与作物根系有关，最深可达 12cm。幼虫专食植株的地下部分，沿须根向主根取食，剥食根的表皮成弯曲虫道，使植株生长不良，重者枯萎。老熟幼虫多在 3～7cm 深的土中做土室化蛹，预蛹期 2～12d，蛹期 3～17d，幼虫和蛹的发育始温 11℃。成虫羽化后爬出土面继续为害，喜食叶片的幼嫩部位，所以苗期受害最为严重，常造成毁苗现象。

黄曲条跳甲的扩散由非密度制约引起，受环境等随机因素影响。在田间，黄曲条跳甲先是随机飞翔于菜地与杂草之间，当近距离探索到合适的气味（芥子油）后便向气味源飞去，通常虫源地上风处的气味源植物受黄曲条跳甲为害较严重，因此风向、气味源的浓度（植物生长期、种植密度、种类等）、混合气味（如寄主植物与非寄主植物套种）等因素均可影响黄曲条跳甲的扩散。黄曲条跳甲成虫的扩散主要沿逆风或与风向垂直的方向进行。风速有利于扩散，适宜的风速不影响黄曲条跳甲逆风飞行，但风速太大则不利。高温不利于黄曲条跳甲扩散。

四、发生规律

（一）虫源基数

黄曲条跳甲的发生动态与寄主植物的生长发育期密切相关，以白菜田调查结果看，白菜刚出苗，黄曲条跳甲成虫就开始迁入，苗期是成虫迁入产卵的高峰期。当田间成虫密度为每百株 20～50 头时，白菜被害率达到 50%～76%，当成虫密度为每百株 50 头以上时白菜叶片被害率达 100%。随着幼虫数量逐渐上升，还可为害白菜幼根。当白菜生长到 3～6 片真叶时，田间成虫、幼虫的虫口数量达最高峰，此时是白菜受害最严重的时期。当寄主植物进入生长期时，幼虫开始化蛹；到采收期，化蛹达到高峰，幼虫数量明显减少，但成虫数量增加。黄曲条跳甲成虫年季节性变化规律较明显，一般有 2 个发生高峰期，即 4～6 月的春季发生高峰期和 8～10 月的秋季发生高峰期。影响黄曲条跳甲种群发生数量的主要因子为种群基数和温湿系数，春季高峰发生量明显高于秋季高峰发生量，其中春季高峰发生量占全年发生总量的 46.42%～64.50%。

（二）气候条件

成虫有极强的耐低温能力，在 -10℃下仍能存活；在 -5℃时，经 20d 仅有 10% 死亡。温度与成虫的取食量密切相关，成虫在 10℃左右开始取食，20℃时食量急增，32～34℃食量最大，超过 34℃食量剧减，繁殖率下降，并有蛰伏现象。反过来，温度对成虫耐饥能力的影响也较明显，在 10℃以下，成虫不取食，能存活 20d 以上，随着温度的上升，不取食能存活的天数相应缩短，在 32.6℃时雌虫经 5d，雄虫经 3d 即全部死亡。

湿度与黄曲条跳甲的发生数量关系最大，特别是产卵期和卵期。成虫产卵喜潮湿土壤，含水量低的土壤中极少产卵。卵在相对湿度低于 90% 时，极少孵化，接近饱和湿度下孵化率最高。幼虫期由于食料内水分充足，湿度对其生存的影响比卵期小。

黄曲条跳甲发生的适温范围为 21～30℃。近几年受全球气候变暖的影响，我国部分地区气温、地温升高，有利于黄曲条跳甲各虫态的发育和成虫的活动。我国广西、广东和福建等地属南亚热带海洋性季风气候，气候温暖潮湿，最适宜其活动，并且越冬现象不明显，造成严重危害。

（三）寄主植物

黄曲条跳甲属寡食性害虫，偏嗜十字花科蔬菜，如小白菜、大白菜、菜心、青花菜、结球甘蓝、花椰菜、芥蓝等。黄曲条跳甲对菜心、萝卜、芥菜有较强的嗜好性，在硫苷含量较高的萝卜上的密度显著偏高，白菜次之，对芥蓝、花椰菜的选择性最弱，芥蓝子叶期虽可吸引大量成虫，但其种群数量始终较低，到生育后期其种群数量会迅速下降。作物不同器官及不同叶位上，硫苷含量较高的花及嫩叶的落虫量也相应较高。作物的栽培方式对黄曲条跳甲的发生也有一定的影响。十字花科蔬菜常年四季连作，终年食料不断，致使该虫大量繁殖，虫源不断积累，虫口密度大幅增加，猖獗为害。寄主植物品种和生育期的变化，直接影响种群结构的组成，在一季白菜、菜心和芥菜上，黄曲条跳甲可完成 1 个世代，在一季芥蓝上黄曲条跳甲可完成 2 个世代。

(四) 天敌昆虫

已发现并记载的黄曲条跳甲天敌有茧蜂类、螨类和昆虫病原线虫等 10 余个种类。20 世纪 50 年代，在北美洲开展了有关黄曲条跳甲的天敌调查与研究，已发现黄曲条跳甲食甲茧蜂（*Microctonus vittatae*）、两色汤氏茧蜂（*Townesilitus bicolor*，异名：*Microctonus bicolor*）等两种茧蜂可以稳定寄生黄曲条跳甲。Smith 和 Peterson 研究发现，黄曲条跳甲食甲茧蜂对黄曲条跳甲的寄生率平均可达 46.4%。

黄曲条跳甲的捕食性天敌至今仅有零星报道。在田间观察到长蝽科的泡大眼长蝽（*Geocoris bullatus*）捕食黄曲条跳甲成虫，步甲、蚂蚁等捕食黄曲条跳甲幼虫和蛹。

(五) 化学农药

20 世纪 50~60 年代，黄曲条跳甲的防治主要应用滴滴涕、敌百虫、氯化钡等药剂进行，然而仅仅 4 年时间，黄曲条跳甲就对滴滴涕产生了很强的抗药性。20 世纪 70 年代后，化学农药的快速发展和新型杀虫剂的不断出现，使防治黄曲条跳甲的药剂由有机氯杀虫剂逐渐被有机磷类、氨基甲酸酯类、拟除虫菊酯类等多种杀虫剂所替代。目前防治黄曲条跳甲的主要药剂有敌敌畏、吡虫啉、啶虫脒、毒死蜱等，但这些杀虫剂也出现了不同程度的田间药效降低现象。

当前黄曲条跳甲的猖獗为害与对该害虫的防治措施不当有密切关系。各蔬菜主产区在其防治中对成虫较为关注，而忽视地下的幼虫和蛹，使得幼虫和蛹的防治容易失控。防治过程中广谱性农药的使用不仅大量杀伤天敌，导致防治效果下降，而且使该虫的抗药性逐年增强，防治难度不断加大。

药剂防治黄曲条跳甲的效果受施药技术的影响很大，其中最佳防治时期是非常关键的。姚士桐等对黄曲条跳甲幼虫灾变规律的研究表明，黄曲条跳甲幼虫的防治适期为成虫高峰期后 13~16d。

五、防治技术

根据黄曲条跳甲的生物学特性，其防治对策应以农业防治为主，压低虫源基数，再辅以必要的化学农药防治。

(一) 预测预报

黄曲条跳甲田间发生程度或趋势的简易判断，可结合百株成虫数和寄主植物生长发育期进行分析。另外，结合日平均气温也可初步判断黄曲条跳甲的发生动态，如利用日平均气温稳定通过 10℃初日、终日的数据，可分别确定黄曲条跳甲成虫活动频繁的初始日和结束日（进入越冬期）；而利用日平均气温稳定通过 26℃初日、终日的时间点，则可判断成虫进入活动减弱期的起始日和结束日。目前对于成虫及幼虫高峰期的预测预报，较为成熟的方法是黄盆诱测法。卵的密度估计也可作为研究黄曲条跳甲种群变化趋势的重要参数，目前较成熟的预测成虫产卵盛期的方法主要是淘土法。

(二) 农业防治

黄曲条跳甲寄主范围窄，耐饥力差，怕干旱，可以采用以下防治措施：一是避免十字花科蔬菜特别是小白菜的连作，可以与水稻、葱、蒜、胡萝卜、菠菜、生菜等进行轮作，以切断食源，减少为害。二是间作套种，合理推广十字花科蔬菜与蒜、葱类作物进行间作套种，可以有效减少黄曲条跳甲的发生为害。三是种植前对土壤进行翻耕、暴晒，铲除菜地周围的杂草，破坏成虫栖息场所，减少在枯枝叶、土缝中躲藏或越冬的虫体和虫卵。四是合理密植，注意清沟排渍，降低田间湿度；加强幼苗期肥水管理，促进菜株早生快长，以缩短幼株受害危险期。此外，选用抗虫品种、施用有机肥等方法也可减轻黄曲条跳甲的为害。

(三) 生物防治

可选用芽孢杆菌、球孢白僵菌、昆虫病原线虫等相关的生物药剂对黄曲条跳甲进行防治。菜田土壤施用斯氏线虫对黄曲条跳甲种群数量具有显著的控制效果，与对照区相比，其种群发展趋势指数由 12.9 降至 2.39。斯氏线虫在田间对黄曲条跳甲侵染期的长短依幼虫龄期和虫态的不同而表现出明显的差异，感染率以三龄幼虫最高，其次是蛹，一、二龄幼虫的感染率最低。另外，斯氏线虫的侵染能力与土壤环境也密切相关，一般情况下，比较潮湿的土壤有利于线虫的生存，黄曲条跳甲感染率较高。

在生物防治策略所利用的各种替代药剂中，植物源杀虫剂对黄曲条跳甲的控制作用尤其引人瞩目，可采用烟草渣对土壤进行播种前处理，也可以在蔬菜子叶期喷施植物性杀虫剂 1%印楝素乳油 600～1 000 倍液或 3%苦参碱水剂 800～1 000 倍液，对黄曲条跳甲防效较好。

（四）物理防治

覆盖防虫网对黄曲条跳甲具有良好的防治作用。利用跳甲成虫的趋性，在菜畦上插黄板或白板，或晚上开黑光灯诱杀成虫。在菜畦上覆盖地膜，可有效防止成虫躲藏，或潜入土缝中产卵繁殖。

（五）化学防治

在十字花科蔬菜播种前，结合整畦选用化学农药拌细沙土均匀撒施进行防治，常用药剂有 3%毒死蜱颗粒剂、4%杀螟丹颗粒剂、35%丁硫克百威颗粒剂等。播种时进行拌种，常用药剂有 40%辛硫磷微乳剂 1 000～1 200 倍液、48%毒死蜱乳油 1 500 倍液、90%敌百虫可溶粉剂 800 倍液、18%杀虫双水剂 400 倍液等。药剂灌根防治幼虫为害，可选用 48%毒死蜱乳油 1 000 倍液、1.8%阿维菌素乳油 2 500 倍液等。拌种时，按药剂有效量占种子重量的 0.6%～1.0%进行；灌根时，根据不同蔬菜和药剂品种的具体说明书确定其剂量。

根据成虫的活动规律，夏、秋两季喷药应选择早上和傍晚，春、冬两季喷药应选择成虫活动盛期，如午后。可选用 48%毒死蜱乳油 1 000 倍液、2.5%高效氯氰菊酯乳油 1 000 倍液、10%吡虫啉可湿性粉剂 1 500倍液、1.8%阿维菌素乳油 2 500～3 000 倍液等（根据不同蔬菜和药剂品种的具体说明书确定其剂量）。注意农药的混用与轮用，以保护天敌，提高防效，减缓抗药性。喷药时需从四周向中心以围歼的方式进行，防治效果更好。每 7～10d 防治 1 次，连续喷 2～3 次。

司升云（武汉市蔬菜科学研究所）

潘文亮（河北省农林科学院植物保护研究所）

第 13 节　玉米异跗萤叶甲

一、分布与危害

玉米异跗萤叶甲 [*Apophylia flavovirens* (Fairmaire)] 又名旋心异跗萤叶甲、玉米旋心虫、黄米虫、玉米枯心叶甲、钻心虫等，属鞘翅目叶甲科异跗萤叶甲属。在我国，1975 年在辽宁西丰县发现该虫为害玉米、高粱幼苗。近年来，在辽宁、吉林玉米、高粱上普遍发生，造成明显的经济损失。玉米异跗萤叶甲主要为害玉米苗期，在近地表面 2～3 cm 的茎基部蛀入，螺旋状蛀食幼苗心叶，形成近圆形或长条形褐色裂痕，蛀孔易受土壤中有害病原菌侵染。轻者叶片上出现排孔、花叶，生长点受损，不能正常生长；重者心叶干枯死亡，分蘖较多，叶片卷缩畸形。引起植株矮化，叶片丛生，呈君子兰状，农民称之为"君子兰苗"。根据田间观察，玉米受害后 10d 左右中上部叶片开始出现黄绿条纹症状，但植株的矮化程度与玉米受害的时期有关，6～8 叶期受害最为严重，个别植株出现心叶枯萎，此后停止生长，叶片卷曲丛生，株高仅有 30～40 cm。受害时间稍晚的玉米，虽能生长，但比正常植株生长缓慢，最终株高只能长到 1m左右，不能正常抽雄结实。

玉米异跗萤叶甲为害玉米出现的田间症状与玉米病毒病和缺锌症等相似，在进行田间农事操作时，应注意区分。玉米异跗萤叶甲为害后在玉米根颈或茎基部处留有褐色蛀孔或裂痕是其主要区别特征。

二、形态特征

成虫：体长 5～6mm，虫体密被黄褐色细毛。头黑褐色，复眼黑色。触角 11 节，丝状，基部 4 节黄褐色，其余黑褐色。前胸黄色，宽大于长，中间和两侧有凹陷，无侧缘。胸节和鞘翅上布满小刻点。鞘翅具有绿色光泽。足深黄色（彩图 14 - 13 - 1，1）。

卵：椭圆形，长 0.8mm，初产时乳黄色，渐变枯黄色至褐色。表面光滑。

幼虫：老熟幼虫体长 8～11mm，头部褐色，腹部姜黄色，前胸背板红褐色，11 节，中胸至腹部末端每节均有红褐色毛片，中、后胸两侧各有 4 片，腹部一至八节两侧各有 5 片。臀节臀板呈半椭圆形，背面中部凹下，腹面也有毛片突起（彩图 14-13-1，2）。

蛹：裸蛹，长 6mm，黄色。

三、生活习性

玉米异跗萤叶甲在山西和辽宁均为 1 年发生 1 代。以卵在玉米地土壤中越冬。5 月下旬至 6 月上旬越冬卵陆续孵化，7 月上、中旬进入为害盛期。幼虫除主要为害玉米外，也为害高粱、谷子等。幼虫蛀食玉米苗，在玉米幼苗期有明显的转株为害特点，同时具有顺垄为害的特点，但是苗长至近 30cm 左右后，很少再转株为害，幼虫为害期约 1 个半月。7 月下旬幼虫老熟后，在地表做土茧化蛹，蛹期 10d 左右羽化出成虫。成虫白天活动，夜晚栖息在植株间；有假死性，不为害玉米等作物，喜在田间杂草如唇形科、菊科杂草等上取食。卵散产在疏松的玉米田土表或植物根部附近。每头雌虫可产卵 10 余粒，多者 20～30 余粒，呈团状。

四、发生规律

耕作栽培方式及环境直接影响玉米异跗萤叶甲的发生。例如晚播、连作、密度过大、使用未腐熟的农家肥、采用免耕技术、田间管理粗放等栽培方式都易引起玉米异跗萤叶甲的发生。地势低洼，排水不良，田间杂草多，靠近坝埂，上年秋冬温暖，干旱少雨雪，导致越冬卵存活量高等环境因素也是玉米异跗萤叶甲发生的有利条件。一般低洼地或降水多的年份，干旱沙土地及多年重茬田受害重。玉米不同品种间受害程度有一定差异。降水多的年份，5～6 月温湿度适宜则玉米异跗萤叶甲发生重。

郭石山等（1993）在汝阳的玉米播期试验及连年多点大面积调查，证明适时早播的玉米，遭受为害极轻。反之，播期推迟至 6 月上旬以后的玉米，为害加重。分析晚播玉米受害严重的原因是玉米 2～4 片叶龄的幼苗期，正值该虫的幼虫出现盛期，有利于其钻蛀为害。相反，早播的玉米这时段苗龄已大，避过了幼虫为害盛期。

五、防治技术

（一）农业防治

实行合理轮作，避免重茬连作，与马铃薯、豆类等非寄主作物轮作，可明显减轻玉米异跗萤叶甲为害。秋翻整地，破坏其越冬场所。结合间苗、定苗，拔除被蛀苗株，带出田外，集中处理，可压低转株率。注意清除田间地头杂草，减少成虫食物。上年发生严重的地块，不要将根茬旋耕在地里，应将根茬捡出集中处理，以降低虫源基数。

（二）化学防治

（1）种衣剂处理。利用含有克百威成分的玉米种衣剂处理玉米种子（采用 17% 呋·多种衣剂，按种衣剂：种子＝1：50 的重量比包衣玉米种子；或用 35% 克百威种衣剂按有效成分占种子重量的 0.8% 拌种），防治效果较好。

（2）毒土处理。为害初期用 90% 敌百虫晶体 1.5 kg/hm²，用适量温水稀释；或用 25% 甲萘威可湿性粉剂 1.5kg/hm²，拌细土 20kg，搅拌均匀后顺垄撒在玉米根部周围，可杀伤转株为害的玉米异跗萤叶甲。

（3）药液灌根。用 40% 毒死蜱乳油 1 500 倍液、50% 辛硫磷乳油 1 000～1 500 倍液或 40% 乐果乳油 500 倍液灌根，防治效果均较好。

董晋明　陆俊姣（山西省农业科学院植物保护研究所）

主 要 参 考 文 献

蔡邦华，黄复生 .1963. 黑绒金龟子初步研究［J］. 昆虫学报，4：108-123.

曹雅忠 .1994. 小地老虎飞翔行为的观察［J］. 昆虫知识，31（2）：71-73.

曹雅忠 .2008. 地下害虫［M］//成卓敏 . 新编植物医生手册 . 北京：化学工业出版社：528-548.

柴武高 .2010. 甘肃河西走廊油菜黄曲条跳甲生活习性及防治方法［J］. 中国植保导刊，30（6）：23-24.

柴一秋，陈祝元，冯惠英，等.2000.金龟绿僵菌对稻水象甲的致病性 [J].中国生物防治，16（1）：22-25.

陈爱端，李克斌，尹姣，等.2011.环境因子对沟金针虫呼吸代谢的影响 [J].昆虫学报，54（4）：397-403.

陈斌，黎万顺，冯国忠，等.2010.葱蝇的实验室饲养、生物学特性及滞育诱导 [J].重庆师范大学学报：自然科学版，（2）：1-5.

陈福如，杨秀娟，张联顺，等.2002.甘薯小象虫综合防治技术体系研究与应用 [J].江西农业大学学报：自然科学版，24（4）：445-447.

陈贵省.2003.玉米耕葵粉蚧发生为害观察及防治方法初探 [J].植保技术与推广，23（2）：15-16，19.

陈红，金平涛，刘宏社.2011.猕猴桃园蟋蟀重发原因及防治 [J].西北园艺（1）：30-31.

陈齐信，伍国强.1989.谨防白星花金龟为害棉铃 [J].江西棉花（2）：28.

陈万权.2012.图说小麦病虫草鼠害防治关键技术 [M].北京：中国农业出版社.

陈文奎.1985.大地老虎（Agrotis tokionis Butler）滞育幼虫的器官变化及其生理特点 [J].南京农业大学学报（2）：48-58.

陈晓云，方中萍，佟淑杰，等.1997.土壤环境条件对根土蝽发生的影响 [J].辽宁农业科学（6）：30-33.

陈一心.1986.中国农区地老虎 [M].北京：农业出版社.

陈祝安，冯惠英，施立聪，等.2000.田间施放绿僵菌防治稻水象甲效果评价 [J].中国生物防治，16（2）：53-55.

程宏祚，李雪琴，李洪.1991.我省小麦新害虫麦种蝇的初步观察 [J].山西农业科学（2）：31-32.

程辉彩，张丽萍，张根伟.2007.绿僵菌防治铜绿丽金龟蛴螬药效试验 [J].现代农药，6（5）：40-41.

崔景岳，李广武.1996.地下害虫防治 [M].北京：金盾出版社.

代伐，李鑫，段爱菊，等.2007.大蒜根蛆发生规律与防治技术研究 [J].河南农业科学（4）：101-103.

党志红，董建臻.2001.不同种植方式下韭菜迟眼蕈蚊发生为害规律的研究 [J].河北农业大学学报，24（4）：65-68.

党志红，高占林，李耀发，等.2009.17种杀虫剂对细胸金针虫的毒力评价 [J].农药，48（3）：213-214，232.

邓煌博，吴敏荣.2008.黄曲条跳甲的发生与综合防治措施 [J].福建农业（9）：24.

杜远鹏，王兆顺，孙庆华，等.2008.部分葡萄品种和砧木抗葡萄根瘤蚜性能鉴定 [J].昆虫学报，51（1）：33-39.

杜远鹏，翟衡，王忠跃，等.2007.葡萄根瘤蚜抗性砧木研究进展 [J].中外葡萄与葡萄酒（3）：25-29.

范滋德.1992.中国常见蝇类检索表 [M].2版.北京：科学出版社.

冯惠琴，郑方强.1987.韭蛆发生规律及防治研究 [J].山东农业大学学报，18（1）：71-80.

冯书亮，王容燕，范秀华，等.2000.一株对金龟子类幼虫具有杀虫活性的苏云金杆菌新分离株 [J].中国生物防治，16（2）：74-77.

冯奕玺.1997.甘蔗金龟子及其防治对策 [J].广西热作科技（3）：50-51.

傅建炜，陈沁，林泽燕，等.2005.黄曲条跳甲田间种群发生的生态干扰 [J].生态学杂志，24（8）：917-920.

甘国福，王芙兰，钟龙槐，等.1997.麦种蝇为害麦苗田间分布型研究 [J].甘肃农业科技（5）：34-35.

高军.2004.河北省夏玉米上的新害虫——玉米异跗萤叶甲 [J].中国植保导刊，24（9）：43.

高先涛.2009.嘉祥县细胸金针虫、华北大黑鳃金龟重发原因分析及综防措施 [J].中国农技推广，25（10）：42-43.

高泽正，崔志新.2000.关于黄曲条跳甲的寄主范围 [J].生态科学，19（2）：70-72.

高泽正，吴伟坚，崔志新，等.2001.硫代葡萄糖苷对黄曲条跳甲寄主选择性的影响 [J].华南农业大学学报，22（4）：39-42.

高泽正，吴伟坚，崔志新，等.2005.环境因素对黄曲条跳甲种群扩散的影响 [J].应用生态学报，16（6）：1082-1085.

葛君，张福娟，赵敬领，等.2011.金针虫的发生与防治 [J].现代农业科技，12：176.

龚恒亮，安玉兴.2010.中国糖料作物地下害虫 [M].广州：暨南大学出版社.

苟三启.2002.黄褐丽金龟子的发生与防治 [J].甘肃农业科技，5：26.

顾启明，钱丽珠，潘月华，等.1990.上海地区蔬菜害虫研究——黄曲条跳甲生物学特性、预测预报和防治的研究 [J].上海农学院学报，8（4）：297-303.

关惠君，刘文才，王丽敏.1994.中朝边境口岸地区（延边地段）花蝇调查分析 [J].中国国境卫生检疫杂志，17（专刊）：78-80.

郭石山，蔡娟，李杏山.1998.玉米旋心虫生物学特性及防治研究 [J].河北农业大学学报，21（2）：59-62.

郭士英，陈光华，侯建雄，等.1985.武功地区细胸金针虫（Agriotes fusicollis Miwa）生活规律与防治的研究 [J].西北农业大学学报（4）：1-14.

郭亚平，李月梅，马恩波，等.2000.山西省金针虫种类、分布及生物学特性的研究 [J].华北农学报，15（1）：53-56.

郭亚平，马恩波，任竹梅，等.2001.苏云金杆菌制剂防治细胸金针虫的初步研究 [J].华北农学报，16（2）：108-112.

韩国君，张文忠，韩国辉，等.2002.黑绒鳃金龟生物学特性研究 [J].吉林林业科技，6：16，25.

韩怀奇，赵宗林，李巧芝，等.2008.玉米耕葵粉蚧发生因素分析及防治对策 [J].中国植保导刊，28（8）：20-21.

韩钦，王兆祥，王久德，等 .1988. 油葫芦和棺头蟋的生活习性及其防治的初步研究［J］. 昆虫知识（1）：12 - 14.

韩文斌 .1994. 花生蛴螬的发生及防治［J］. 四川农业科技（3）：18 - 19.

韩召军，杜相革，徐志宏 .2007. 园艺昆虫学［M］. 北京：中国农业大学出版社 .

郝伟，任兰花，晁国德，等 .2003. 鲁西南农田蟋蟀的优势种群及其发生规律调查研究［J］. 植保技术与推广，23（6）：13 - 15.

何笙，周泽容，吴赵平，等 .2006. 白星花金龟发生与防治技术研究初报［J］. 中国农学通报（6）：314 - 316.

何振昌 .1997. 中国北方农业害虫原色图鉴［M］. 沈阳：辽宁科学技术出版社 .

何振贤，郭更博，刘子卓 .2006. 沟金针虫成灾因素分析及综合治理对策［J］. 河南农业科学（11）：63 - 64.

洪若豪 .1966. 福建为害柑橘三种食叶性象虫的记述［J］. 昆虫学报，15（4）：294 - 302.

胡琼波 .2004. 我国地下害虫蛴螬的发生与防治研究进展［J］. 湖北农业学（6）：87 - 92.

胡锐，邢彩云，李元杰，等 .2011. 金针虫在郑州市近年上升原因分析及其防控技术［J］. 河南农业科学，40（2）：103 -106.

胡想顺，龙书生，相建业 .2000. 蟋蟀危害苹果树初报及其防治试验［J］. 陕西农业科学（5）：26.

胡志魁，李惠萍 .1997. 吉西白城地区地下害虫的发生与防治［J］. 宁夏农学院学报，18（1）：78 - 83.

黄成裕 .1957. 福建的大蟋蟀及防治经验［J］. 昆虫知识（3）：124 - 125，111.

黄应昆，马应忠，华映菊 .1994. 云南主要蔗龟的生物学研究［J］. 昆虫知识，31（3）：156 - 158.

季正端，吕楠，屈振刚，等 .1994. 玉米耕葵粉蚧生物学特性的研究初报［J］. 河北农业大学学报，15（3）：54 - 58.

贾佩华，曹雅忠 .1992. 小地老虎成虫飞翔活动［J］. 昆虫学报，35（1）：59 - 65.

贾佩华，曹雅忠 .1995. 地老虎［M］// 中国农业科学院植物保护研究所 . 中国农作物病虫害：上册 .2 版 . 北京：中国农业出版社：758 - 774.

贾佩华 .1985. 小地老虎远距离迁飞标记回收结果简报［J］. 植物保护，11（2）：20.

江世鸿，王书永 .1999. 中国经济叩甲图志［M］. 北京：中国农业出版社 .

姜丰秋，姜达石 .2009. 华北蝼蛄的生物学特性及防治技术［J］. 林业勘察设计（2）：86 - 88.

姜双林，刘建平 .2001. 麦地种蝇的发生规律及防治技术［J］. 农业科技通讯（10）：32.

姜玉英 .2008. 小麦病虫草害发生与监控［M］. 北京：中国农业出版社 .

金成洛，黄文，金真，等 .2010. 通化地区玉米旋心虫的发生与防治［J］. 现代农业科技（22）：166.

康乐 .1993. 我国的"非洲蝼蛄"应为"东方蝼蛄"［J］. 昆虫知识，30（2）：124 - 127.

冷鹏 .2009. 韭蛆在大蒜上的发生规律和防治技术研究［J］. 安徽农学通报，15（6）：93 - 93.

黎万顺，冯国忠，陈斌，等 .2010. 葱蝇冬滞育蛹的全长 cDNA 文库的构建［J］. 昆虫知识（1）：53 - 58.

李传隆 .1957. 烟台地区葡萄根瘤蚜（*Phylloxera vitifoliae* Fitch）观察［J］. 昆虫学报，7：489 - 495.

李春杰，许艳丽，刘长仲 .2006. 大豆地下害虫生物生态控制［J］. 大豆通报，6：20 - 30.

李光博，曾士迈，李振岐 .1990. 小麦病虫草鼠害综合治理［M］. 北京：中国农业科学技术出版社 .

李红，朱芬 .2008. 危害西瓜幼苗的韭菜迟眼蕈蚊的生物学特性及防治［J］. 昆虫知识，44（6）：834 - 836.

李计勋，王马的，聂俊杰，等 .1999. 邯郸市玉米耕葵粉蚧为害特点调查［J］. 河北农业科学，3（4）：25 - 26.

李涛，苟军 .2007. 白星花金龟的发生与防治［J］. 北京农业（13）：45.

李裕嫦，曹雅忠，贾佩华，等 .1991. 小地老虎有效积温测定及与各地的比较分析［J］. 病虫测报（2）：64.

李振宇，解焱，等 .2002. 中国外来入侵种［M］. 北京：中国林业出版社 .

梁广文，曾玲，童晓立，等 .1990. 黄曲条跳甲成虫空间分布图式研究［J］. 华南农业大学学报，11（1）：15 - 32.

林存銮，李令堂，李素真，等 .1993. 浸水对农田蟋蟀越冬卵孵化的影响［J］. 昆虫知识（3）：142.

林存銮，寻振山，李令堂，等 .1992. 山东省农田蟋蟀发生与危害的初步研究［J］. 山东农业科学（1）：40 - 41.

林国才 .1999. 大棚蔬菜灰地种蝇的防治［J］. 湖北植保，5：28.

林国飞 .2008. 甘薯小象虫发生原因分析及综合治理技术［J］. 华东昆虫学报，17（3）：226 - 229.

林永岭，焦素环 .2007. 玉米新害虫——异跗萤叶甲的发生与防治［J］. 河北农业科技（3）：20.

刘爱芝，李素娟，陶岭梅 .2003. 花生蛴螬空间分布型研究及药效评价方法探讨［J］. 昆虫知识，40（1）：45 - 47.

刘长富，燕静，张新虎 .1988. 细胸金针虫（*Agriotes fuscicollis* Miwa）的饲养方法及其生活史观察［J］. 甘肃农业大学学报（2）：51 - 55.

刘长富，张新虎，冯玉波，等 .1989. 甘肃河西地区细胸金针虫为害及发生规律的研究［J］. 植物保护学报，16（1）：13 -18.

刘崇怀，冯建灿，董丹丹，等 .2012. 葡萄杂交后代对葡萄根瘤蚜抗性的遗传分析［J］. 果树学报，29（2）：184 - 187.

刘广瑞，章有为，王瑞 .1997. 中国北方常见金龟子彩色图鉴［M］. 北京：中国林业出版社 .

刘树森，李克斌，刘春琴，等 .2010. 嗜菌异小杆线虫沧州品系对暗黑鳃金龟幼虫的致病力［J］. 植物保护，36（5）：

96 - 100.

刘树森，李克斌，刘春琴，等 . 2009. 河北异小杆线虫一品系的分类鉴定及其对蛴螬致病力的测定 ［J］. 昆虫学报，52 （9）：959 - 966.

刘廷明，黄厚英 . 1989. 葱蝇发生规律及防治技术的研究 ［J］. 山东农业科学 （4）：15 - 19.

刘伟，冯朝明，常云燕，等 . 2012. 注意查治小麦金针虫 ［J］. 现代农村科技，5：31.

刘永琴，王小松 . 2005. 草坪地下害虫蛴螬的防治 ［J］. 植物医生，18 （4）：14.

刘育钜，郭予元，李文葡，等 . 1987. 麦秆蝇生活史及其对小麦损失估计的研究 ［J］. 植物保护学报，14 （4）：241 - 245.

刘育钜，郭予元 . 1986. 麦种蝇田间种群生命表初步研究 ［J］. 宁夏农学院学报 （1 - 2）：22 - 26.

刘育钜，李晓宏，张家山 . 1986. 吹雾技术在大面积防治麦种蝇成虫中的应用 ［J］. 宁夏农林科技 （4）：17 - 19.

刘左军 . 1995. 麦地种蝇幼虫空间分布型及抽样技术的研究 ［J］. 甘肃科学学报，4：42 - 46.

柳瑞余，惠军涛，张培利 . 2010. 夏玉米异跗莹叶甲重发原因与防控措施 ［J］. 农技科技，27 （12）：1577.

柳唐镜 . 2005. 籽瓜田地下害虫大蟋蟀的发生及防治措施 ［J］. 中国西瓜甜瓜 （1）：35 - 36.

娄慎修，李忠喜，吴燕茹 . 1991. 象甲天敌——叉突节腹泥蜂初步观察 ［J］. 中国生物防治通报 （2）：94.

卢成合，马洪茹，牛朝阳，等 . 2005. 小麦地下害虫种群变化原因及防治 ［J］. 河南农业 （9）：27.

吕昭智，王佩玲，张秋红，等 . 2006. 黄地老虎种群动态与积雪的关系 ［J］. 生态学杂志，25 （12）：1532 - 1534.

罗晨，郭晓军，张芝利 . 2008. 京郊草坪蛴螬的种类和为害特点 ［J］. 昆虫学报，51 （1）：108 - 112.

罗益镇，崔景岳 . 1995. 土壤昆虫学 ［M］. 北京：中国农业出版社 .

罗益镇，牛赡光，龙岩 . 1994. 麦田沟金针虫种群垂直分布与夏眠的生态特性及其与防治的关系 ［J］. 生态学杂志，13 （3）：7 - 10.

罗益镇 . 1981. 暗黑鳃金龟发生规律和防治方法 ［J］. 植物保护学报 （3）：179 - 185.

罗宗秀，李克斌，曹雅忠，等 . 2009. 蛴螬无害化防治研究进展 ［M］//成卓敏，等 . 粮食安全与植保科技创新 . 北京：中国农业科学技术出版社：265 - 271.

罗宗秀，李克斌，曹雅忠，等 . 2009. 河南部分地区花生田地下害虫发生情况调查 ［J］. 植物保护，35 （2）：104 - 108.

罗宗秀，李克斌，曹雅忠，等 . 2010. 暗黑鳃金龟性信息素田间应用的初步研究 ［J］. 植物保护，36 （5）：157 - 161.

梅增霞，吴青君，等 . 2003. 韭菜迟眼蕈蚊的生物学，生态学及其防治 ［J］. 昆虫知识，40 （5）：396 - 398.

梅增霞，吴青君，等 . 2004. 韭菜迟眼蕈蚊在不同温度下的实验种群生命表 ［J］. 昆虫学报，47 （2）：219 - 222.

牟吉元，李照会，徐洪富 . 1995. 农业昆虫学 ［M］. 北京：中国农业科学技术出版社 .

内蒙古农业厅 . 1959. 甜菜象甲及其防治 ［J］. 新疆农垦科技 （3）：26 - 27.

倪洁 . 2008. 葡萄根瘤蚜的监控与防治 ［J］. 西北园艺，10：20 - 21.

倪艳松，张履鸿，周彦武 . 1991. 八字地老虎 （Xestia c - nigrum） 核型多角体病毒的研究 ［J］. 东北农学院学报，22 （1）：20 - 24.

牛赡光，罗益镇，邢佑博，等 . 1993. 麦田沟金针虫夏眠特性与危害关系的研究 ［J］. 植物保护，19 （2）：14 - 16.

潘涛，马惠萍 . 2006. 细胸金针虫的发生规律及防治技术研究 ［J］. 甘肃农业科技 （8）：29 - 30.

潘秀美，夏玉堂 . 1993. 韭菜迟眼蕈蚊发生动态及其防治研究 ［J］. 植物保护，19 （2）：9 - 11.

裴智能，赵东容，张建华 . 2007. 白僵菌防治苗圃害虫蛴螬试验 ［J］. 湖北林业科技 （5）：32 - 34.

钱金泉，马德新，范滋德 . 1998. 新疆蝇类研究 I：花蝇科 ［J］. 地方病通报，13 （2）：74 - 77.

钱秀娟，许艳丽，李春杰，等 . 2005. 昆虫病原线虫对大豆地下害虫东北大黑鳃金龟幼虫的致病力研究 ［J］. 大豆科学，24 （3）：224 - 228.

秦雪峰，吕文彦，杜开书，等 . 2007. 草坪蛴螬种群调查及综合治理研究 ［J］. 河南农业科学，2：56 - 57.

全国小地老虎科研协作组 . 1990. 小地老虎越冬与迁飞规律的研究 ［J］. 植物保护学报，17 （4）：337 - 342.

商世吉，董繁生，朴明浩，等 . 1997. 黑龙江省人参地下害虫种类及发生规律 ［J］. 中国林副特产 （4）：7 - 8.

商学惠 . 1979. 四纹丽金龟发生规律和防治研究 ［J］. 昆虫学报 （4）：478 - 480.

商学惠 . 1981. 鲜黄鳃金龟生活史及其习性研究 ［J］. 昆虫知识 （3）：104 - 105.

畲明达 . 1992. 沟金针虫越冬场所的新发现 ［J］. 中国植保导刊 （2）：65.

宋兰英，商学惠 . 1989. 东北大黑鳃金龟幼虫防治指标 ［J］. 沈阳农业大学学报 （4）：443 - 444.

宋洋，黄琼瑶，舒金平，等 . 2008. 叩甲科昆虫性信息素研究及应用 ［J］. 中国农学通报，24 （11）：359 - 364.

宋增明，薛明，卢传兵 . 2004. 6 种药剂对葱蝇的毒力及控制效果 ［J］. 农药 （10）：474 - 476.

宋增明，薛明，王洪涛 . 2007. 六种昆虫生长调节剂对葱蝇生长发育和繁殖力的影响 ［J］. 昆虫学报，50 （8）：775 - 781.

苏骏，崔景岳，李仲秀 . 1989. 细胸金针虫田间分布型及抽样技术 ［J］. 华北农学报 （3）：110 - 115.

孙昌学，周艳丽，张荣，等 . 1994. 甜菜象虫生物学特性及防治研究 ［J］. 中国甜菜 （3）：29 - 32.

汤淮明 . 2006. 大豆田地下害虫——蛴螬的发生及防治对策 ［J］. 安徽农学通报，12 （13）：182.

滕学强，何振昌．1989．葱蝇生物学特性的观察研究［J］．沈阳农业大学学报（6）：89-94．

田兆丰，巴根，奥福田，等．1995．内蒙古花蝇科、粪蝇科、厕蝇科（双翅目）名录［J］．医学动物防制，15（4）：182-185．

佟淑杰，孙富余，李钧，等．2000．不同寄主作物对根土蝽发生量影响的研究［J］．杂粮作物，20（1）：50-52．

万胜印，万明．1980．棉区灰地种蝇的观察研究［J］．湖北农业科学（3）：28-29．

王爱东．2008．菏泽市农田蟋蟀的发生与防治［J］．现代农业科技（5）：105-106．

王丙丽，王洪亮．2006．花生田蛴螬的成灾原因及综合治理［J］．河南农业科学（7）：66-68．

王秉绅．2009．黄曲条跳甲的鉴别及为害特点［J］．农技服务，26（1）：81-82．

王朝阳，侯丽华．2008．挂瓶诱杀白星花金龟成虫防治效果试验报告［J］．新疆农业科学，45（S1）：219-222．

王焘，李长安．1980．山西地区金龟子的研究［J］．山西大学学报：自然科学版（1）：80-87．

王恩和．1978．白边地老虎天敌——多胚跳小蜂的初步观察［J］．内蒙古农业科技（1）：28．

王凤葵，巨江里．1998．关中大蒜根蛆生活史及为害规律［J］．西北农业大学学报，26（1）：55-59．

王国鼎．2004．小云斑鳃金龟生物学特性研究［J］．甘肃林业科技（1）：35-38．

王海平，李锡香，沈镝，等．2010．大蒜种质资源对蒜蛆的抗性评价［J］．植物遗传资源学报，11（5）：578-582．

王怀玉，莫让瑜．2012．重庆地区菊花害虫蟋蟀的发生与防治［J］．南方农业，6（3）：21-22．

王坚，于有志．2002．七种杀虫剂对白星花金龟的室内毒力测定［J］．宁夏农学院学报，23（4）：4-6．

王敬儒，戴淑慧，禹如龙，等．1982．不同食料对黄地老虎生长发育和繁殖的影响［J］．植物保护学报，9（3）：187-192．

王久常，杨宝丰，才树良，等．1999．黑绒金龟成虫为害期与地温关系的研究报告［J］．昆虫知识（2）：88-89．

王连泉，王运兵．1988．细胸金针虫生活史和习性的初步研究［J］．河南职业技术师范学院学报，16（1）：33-37．

王清华，张金桐．2008．白星花金龟引诱剂的田间筛选［J］．山西农业大学学报（4）：484-486．

王容燕，冯书亮，范秀华，等．2003．苏云金杆菌新菌株对金龟子幼虫的毒力比较［J］．植物保护学报，30（2）：223-224．

王守聪，钟天润．2006．全国植物检疫性有害生物手册［M］．北京：中国农业出版社．

王小奇，方红，张治良．2012．辽宁甲虫原色图鉴［M］．沈阳：辽宁科学技术出版社．

王秀丽．2004．花生田蛴螬的发生规律、发生原因及防治对策［J］．安徽农业科学，32（2）：287-303．

王学山，宁波，潘淑琴，等．1996．苹毛丽金龟生物学特性及防治［J］．昆虫知识，33（2）：111-113．

王音，吴福祯．1992．我国油葫芦属种类识别及一中国新记录种［J］．植物保护（4）：37-39．

王永祥，杨彦杰，柯汉英．1998．冀中平原区蛴螬种类及综合防治技术［J］．河北师范大学学报：自然科学版，22（2）：268-270．

王玉东，肖春，李克斌，等．2012．三种化学杀虫剂对病原线虫侵染暗黑鳃金龟能力的影响［J］．中国生物防治学报，28（1）：67-73．

王忠兵，卜凡平，孔庆军．2003．金针虫在大蒜上发生为害［J］．植保技术与推广，23（6）：5．

王子清，张晓菊．1990．危害玉蜀黍的葵粉蚧属新种记述（同翅目：蚧总科，粉蚧科）［J］．昆虫学报，33（4）：450-452．

韦秉兴，韩世健，吕鸣群，等．2009．黄曲条跳甲成虫生殖系统的解剖学观察［J］．河北农业科学，13（7）：27-29．

韦波，刘先齐，胡周强，等．1997．危害川麦冬的蛴螬种类研究［J］．中药材（4）：222．

韦国余，张建国，陈丽荣，等．2010．上海地区葡萄根瘤蚜发生规律研究［J］．植物检疫，24（5）：66-68．

魏鸿钧，张治良，王荫长．1989．中国地下害虫［M］．上海：上海科学技术出版社．

魏克明．1998．糖醋液诱集白星花金龟效果好［J］．西北园艺（2）：41．

吴立民，陆化森，何培谭，等．1993．沟金针虫为害小麦的损失分析及防治指标研究［J］．昆虫知识，30（2）：78-81．

吴立民．1993．麦田沟金针虫分布型的研究［J］．江苏农业科学（1）：31-32．

吴立民．2004．麦田沟金针虫的发生为害特点及无公害防治技术［J］．中国植保导刊，24（4）：6，14．

吴伟坚．2002．黄曲条跳甲食性的研究［J］．生态学杂志，21（1）：32-34．

仵光俊，陈志杰，张淑莲，等．1993．辣椒田蟋蟀种类、生活规律与综合防治的研究［J］．植物保护学报，20（3）：223-228．

仵均祥．1987．关于麦田沟金针虫防治指标的建议［J］．植物保护，13（3）：50-51．

仵均祥．1988．武功地区沟金针虫和细胸金针虫种群演替原因初探［J］．植物保护，14（1）：18-19．

武海斌，辛立，范昆，等．2012．12种昆虫病原线虫对小地老虎的致病力［M］∥吴孔明．植保科技创新与现代农业建设．北京：中国农业科学技术出版社：144-146．

武三安，杨俊芸．1995．限制沟金针虫向北分布的因子分析［J］．山西农业大学学报，15（1）：45-48．

席景会，潘洪玉，刘伟成，等．2000．八字地老虎核型多角体病毒对宿主的弱化作用［J］．昆虫天敌，22（2）：75-78．

席景会，潘洪玉，刘伟成，等．2000．八字地老虎核型多角体病毒对宿主昆虫繁殖潜势的影响［J］．中国病毒学，15（1）：

76 - 80.

谢成君，李培贵，柴忠良．2001．黑绒鳃金龟种群发生及测报技术的研究［J］．宁夏农学院学报（2）：8 - 13．

辛国奇，潘春彩，张海洲．2003．葡萄根瘤蚜的预测预防［J］．西北园艺（8）：39 - 40．

熊仁次，李修炼，李健军．2006．温度对北京油葫芦生长发育的影响［J］．塔里木大学学报，18（1）：28 - 30．

徐长福，孙昌学．1980．甜菜象虫防治经验［J］．植物保护（5）：20 - 21．

徐国淦．1964．甘薯小象鼻虫的种类及其防治［J］．植物保护（5）：219 - 220．

徐华潮，吴鸿，周云娥，等．2002．沟金针虫生物学特性及绿僵菌毒力测定［J］．浙江林学院学报，19（2）：166 - 168．

徐进，曹瑛，张毅，等．2010．玉米异跗萤叶甲在西安地区的发生与防治［J］．中国农技推广，26（11）：42 - 43．

徐文英，刘桂荣．1994．一种玉米害虫——玉米耕葵粉蚧［J］．植物保护，20（2）：47 - 48．

徐秀德，刘志恒．2009．玉米病虫害原色图鉴［M］．北京：中国农业科学技术出版社．

徐志宏，韩烈保，刘荣堂．1999．高尔夫球场草坪地下害虫蛴螬的研究［J］．草业科学，16（12）：60 - 69．

许建军，袁洲，刘忠军，等．2009．白星花金龟在新疆农田生态区的寄主、分布及其发生规律［J］．新疆农业科学，46
（5）：1042 - 1046．

薛铎，郭秀兰．1991．黄褐丽金龟的生物学特性研究［J］．甘肃农业大学学报，26（1）：75 - 80．

薛明，路奎远，刘玉升，等．1995．禾本科作物新害虫耕葵粉蚧的研究［J］．山东农业大学学报，26（4）：459 - 464．

薛明，庞云红，等．2006．百合科寄主植物对韭菜迟眼蕈蚊的生物效应［J］．昆虫学报，48（6）：914 - 921．

薛明，王承香，等．2006．取食不同寄主植物对韭菜迟眼蕈蚊幼虫药剂敏感性的影响及其生化机制［J］．植物保护学报，
32（4）：416 - 420．

薛明，王永显．2002．韭菜迟眼蕈蚊无公害治理药剂的研究［J］．农药，41（5）：29 - 31．

薛明，袁林．2002．韭菜迟眼蕈蚊成虫对挥发性物质的嗅觉反应及不同杀虫剂的毒力比较［J］．农药学学报，4（2）：
50 - 56．

薛淑珍，张范强，纪勇，等．1985．细胸金针虫的初步研究［J］．陕西农业科学（3）：9 - 11．

阳艳萍，赵吕权，朱其松．2006．温度对黄脸油葫芦卵滞育解除的影响［J］．中南林学院学报，26（2）：38 - 42．

杨海珍，王振庄．1989．河北蟋蟀发生与防治研究［J］．中国植保导刊（4）：9 - 15．

杨集昆，张学敏．1985．韭菜蛆的鉴定迟眼蕈蚊属二新种（双翅目：眼蕈蚊科）［J］．北京农业大学学报，11（2）：
153 - 157．

姚庆学，张勇，丁岩．2003．金龟子防治研究的回顾与展望［J］．东北林业大学学报，31（1）：64 - 66．

姚士桐，郑永利，陈国祥．2008．黄曲条跳甲幼虫灾变规律研究初报［J］．浙江农业科学（3）：353 - 354．

姚士桐，郑永利，姚德宏，等．2008．浙北地区黄曲条跳甲自然种群变化规律及其影响因子研究［J］．中国农技推广，24
（6）：34 - 36．

叶军，郑建中，唐国良．2006．上海地区发现葡萄根瘤蚜危害［J］．植物检疫，2：98．

于凤泉，蔡忠杰，李骥，等．2004．稻水象甲防治技术［J］．辽宁农业科学（1）：46 - 47．

于凤泉，李志强，刘培斌，等．2003．稻水象甲生物防治研究进展［J］．辽宁农业科学（6）：19 - 20．

喻幸香，李建荣，石万成，等．1994．花生蛴螬种群分布和季节动态研究［J］．西南农业大学学报，（16）：171 - 173．

袁永达，洪晓月，等．2006．上海地区韭菜迟眼蕈蚊的发生与防治［J］．上海农业学报，22（3）：43 - 46．

翟保平，程家安，黄恩友，等．1997．浙江省双季稻区稻水象甲的发生动态［J］．中国农业科学，30（6）：20 - 26．

张范强，薛淑珍，纪勇，等．1986．褐纹叩头甲生物学特性观察［J］．应用昆虫学报，2：14 - 16．

张凤舞，李桂良，孙淑梅．1982．大灰象甲发生为害的观察［J］．植物保护学报（2）：88．

张广学，钟铁森．1983．中国经济昆虫志 第二十五册 同翅目蚜虫类（一）［M］．北京：科学出版社．

张广学．1999．西北农林蚜虫志 昆虫纲 同翅目 蚜虫类［M］．北京：中国环境科学出版社．

张洪喜，赵连民，徐焕丽．1989．沙潜类害虫的防治［J］．植物保护（1）：53．

张洪喜．1982．沙潜（网目拟地甲）生活习性观察［J］．植物保护学报（1）：68 - 69．

张洪喜．1985．沙潜（网目拟地甲）孤雌生殖的研究［J］．河北农业大学学报（4）：63 - 72．

张洪喜．1986．沙潜生物学特性的观察研究［J］．沈阳农业大学学报（4）：23 - 32．

张洪喜．1989．蒙古沙潜（蒙古拟地甲 *Gonocephalum riticulatum* Motsh）生活习性及防治的研究［J］．河北农业大学学报
（2）：40 - 49．

张化阁，刘崇怀，钟晓红，等．2010．西安和上海两地葡萄根瘤蚜种群周年消长动态观察［J］．园艺学报，37（2）：
291 - 296．

张继祖．1996．中国南方地下害虫及其天敌［M］．北京：中国农业出版社．

张军翔，李玉鼎．2001．葡萄根瘤蚜［J］．中外葡萄与葡萄酒，4：27 - 29．

张莉，罗秀英，刘土国．2008．高唐县小麦金针虫发生加重的原因分析及防治方法［J］．中国植保导刊，28（10）：44．

张丽坤，赵奎军.1996.两种线虫对东北大黑鳃金龟（Coleoptera：Melolonthidae）的侵染效果 [J].东北农业大学学报，27（3）：240-242.

张履鸿，张丽坤.1990.金针虫常见属的鉴别及有关问题 [J].昆虫知识（4）：233-235.

张茂新，梁广文.2000.斯氏线虫对黄曲条跳甲种群系统控制研究 [J].植物保护，27（4）：333-337.

张茂新，凌冰，梁广文.2000.十字花科蔬菜上黄曲条跳甲种群动态调查与分析 [J].植物保护，26（4）：1-3.

张庆臣，胡海燕，王钲，等.2010.地膜蒜田葱蝇的发生特点和主要影响因素 [M]//吴孔明.公共植保与绿色防控.北京：中国农业科学技术出版社.

张尚武，刘勇，朱璇.2006.我省首次发现葡萄根瘤蚜 [N].湖南日报，2006-06-01.

张树波.1994.镇原县 1994 年麦种蝇发生危害及防治意见 [J].甘肃农业科技（12）：35-36.

张维球，戴宗廉，张之光，等.1983.农业昆虫学 [M].北京：农业出版社.

张云霞，王钲，苏茂文，等.2012.葱蝇对寄主植物的选择性研究 [J].中国蔬菜（4）：83-86.

张云霞，薛明，宋增明.2003.葱蝇 Delia antiqua（Meigen）的研究进展 [J].山东农业大学学报：自然科学版，34（3）：455-458.

张贞材.1964.大蟋蟀生活史及幼期识别 [J].昆虫知识（1）：6-8.

张芝利.1984.中国经济昆虫志第二十八册鞘翅目 金龟总科幼虫 [M].北京：科学出版社.

张志涛，商晗武，傅强，等.2005.关于稻水象甲形态的几个问题 [J].中国水稻科学，19（2）：190-192.

张志武，王秀英，蒲小平.2006.保护性耕作玉米田蟋蟀发生规律及防控技术研究 [J].天津农林科技（3）：5-6.

张治体，章丽君，赵长斌，等.1981.华北蝼蛄生活史观察 [J].植物保护（4）：10-11.

章士美，赵泳祥.1996.中国农林昆虫地理分布 [M].北京：中国农业出版社.

赵成德，李钧，孙富余，等.1997.人参田宽背金针虫发生及其生活习性研究 [J].辽宁农业科学（3）：39-41.

赵江涛，于有志.2010.中国金针虫研究概述 [J].农业科学研究，31（3）：49-55.

赵青，杜远鹏，王兆顺，等.2010.几类葡萄资源对根瘤蚜抗性的差异 [J].园艺学报，37（1）：97-102.

赵同刚，丁汉瀛.1997.农田蟋蟀种类发生规律及防治技术初步研究 [J].中国植保导刊，17（5）：14-15.

赵养昌.1977.中国灰象属的研究 [J].昆虫学报（2）：221-228.

郑方强，范永贵，冯居贤.1996.土壤含水量对大黑鳃金龟生殖的影响 [J].昆虫知识（3）：160-162.

郑桂玲，李长友，张履鸿，等.1998.八字地老虎核型多角体病毒的寄主范围和室内增殖以及寄主组织病理的研究 [J].东北农业大学学报，29（4）：340-344.

郑洪波，张军鸽.2008.葡萄白星花金龟的发生及防治 [J].农村科技（10）：47.

郑芝波，赖永超，胡珊，等.2010.灰地种蝇在大棚花卉危害的识别及综合防治技术 [J].北方园艺（1）：191-192.

中国农业科学院植物保护研究所.1995.中国农作物病虫害：上册 [M].2 版.北京：中国农业出版社.

中华人民共和国国家质量监督检验检疫总局.2004.SN/T 1366—2004 葡萄根瘤蚜的检疫鉴定方法 [S].北京：中国标准出版社.

周方园，薛明，王钲，等.2012.粘虫板对葱地种蝇成虫的诱杀效果 [J].植物保护，38（3）：172-175.

朱东明，刘兴朝.1990.非洲蝼蛄（Gryllotalpa africana Palisot de Beauvois）生活史初步研究 [J].河南师范大学学报：自然科学版（4）：131-133.

朱圣波.2001.黄曲条跳甲寄主选择性及其机理研究 [D].福州：福建农林大学.

祝长清，朱东明，尹新明.1999.河南昆虫志·鞘翅目 [M].郑州：河南科学技术出版社.

Burgess L. 1977b. Geocoris Bullatus, An occasional predator on flea beetle（Hemiptera：Lygaeidae）[J]. The Canadian Entomologist, 109：1519-1520.

Chittenden F H. 1927. The species of Phyllotreta north of Mexico [J]. Entomologica Americana, 8：1-63.

Duckett A B. 1920. Annotated list of Halticini [J]. Bull. Univ. Md. Agr. Exp. Sta., 241：111-155.

Eckenrode C, Harman G, Webb D. 1975. Seed-borne microorganisms stimulate seedcorn maggot egg laying [J]. Nature, 256：487-488.

European and Mediterranean Plant Protection Organization. EPPO A2 List of pests recommended for regulation as quarantine pests [EB/OL]. [2011-09]. http://www. eppo. Int/QUARANTINE/listA2. htm.

Feeny P, Paauke K L, Demong N L. 1970. Flea beetles and mustard oils：host plant specificity of Phyllotreta crucjferae and P. striolata adults（Coleoptera：Chrysomelidae）[J]. Annals of the Entomological Society of America, 63（3）：832-841.

Gouinguené S P, Städler E. 2006. Oviposition in Delia platura（Diptera, Anthomyiidae）：The Role of Volatile and Contact Cues of Bean [J]. Journal of Chemical Ecology, 32（7）：1399-1413.

Ishikawa Y, Tsukada S, Matsumoto Y. 1987. Effect of temperature and photoperiod on the larval development and diapause induction in the Onion Fly, Hylemya antiqua Meigen；Diptera：Anthomyiidae [J]. Applied Entomology and Zoology, 22

(4): 610 - 616.

Ishikawa Y, Yamashita T, Nomura M. 2000. Characteristics of summer diapause in the onion maggot, *Delia antiqua* (Diptera: Anthomyiidae) [J]. Journal of Insect Physiology, 46 (2): 161 - 167.

Kim H S, Cho J R, Lee M, et al. 2001. Optimal radiation dose of Cobalt60 to improve the sterile insect technique for *Delia antiqua* and *Delia platura* [J]. Journal of Asia-Pacific Entomology, 4 (1): 11 - 16.

Koppenhofer A M, Wilson M, Brown I, *et al*. 2000. Biological control agents for white grubs (Coleoptera: Scarabaeidae) in anticipation of the establishment of the Japanese beetle in California [J]. Journal of Economical Entomology, 93 (1): 71 -80.

Mamiya Y. 1989. Comparison of the infectivity of *Steinernema kushidai* (Nematoda: Steinernematidae) and other steinernematid and heterorhabditid nematode for three different insects [J]. Applied Entomology and Zoology, 24: 302 - 308.

Mannion C M, Winkler H E, Sharpio D I, *et al*. 2000. Interaction between halofenozide and the entomopathogenic nematode *Heterorhabditis marelatus* for control of Japanese beetle (Coleoptera: Scarabaeidae) larvae [J]. Journal of Economical Entomology, 93 (1): 48 - 53.

Metcalf C L, W P Flint, R L Metcalf. 1962. Destructive and useful insects [M]. New York: McGraw-Hill Book Co.: 1087.

Poprawski T J, Robert P H, Maniania N K. 1985. Susceptibility of the onion maggot, *Delia antiqua* (diptera: anthomyiidae), to the *Mycotoxin destruxin* [J]. The Canadian Entomologist, 117 (6): 801 - 802.

Samuels K D Z et al. 1990. Scarabeid larvae cont rol in sugarcane using tarhizium anisopliae [J]. Journal of Invertebrate pathology, 41: 135 - 137.

Smith O J, Peterson A. 1950. Microctonus vittatae, a parasite of adult flea beetles and observations on hosts [J]. Journal of Economical Entomology, 43: 581 - 585.

Talekar N S, et al. 1985. Seasonality of insect pets of Chinese cabbage and common cabbage and common cabbage in Taiwan [J]. Plant Protection Bulletin (Taiwan), 27 (1): 47 - 52.

Tokunaga M Kadowakis. 1949. Studies on the life history and bionomies and *Phyllotreta vittata* Fabricius (Coleoptera. Chrysomelidae) Feeding habits of imaginal insects [J]. Trans. Kansai ent. Sco., 14 (2): 59 - 69.

Villani M G, Wright R J. 1988, Entomogenous nematodes as biological cont-rol agents of European chafer and Japanese beetle (Coleoptera : Scarabaeidae) larvae infesting turfgrass [J]. Journal of Economical Entomology, 81 (2): 484 - 487.

Wylie H G. 1980. Factors affecting facultative diapause of *Microctonus vittata* (Hymenoptera: Braconidae) [J]. Canadian Entomologist, 112 (7): 747 - 749.

第14单元 地下害虫

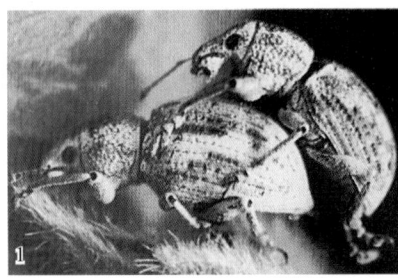 

彩图14-5-1 大灰象甲（引自何振昌等，1997）
Colour Figure 14-5-1 *Sympiezomias velatus*（from He Zhenchang et al., 1997）
1. 成虫交尾 2. 成虫

彩图14-5-2 甘薯小象虫为害状
（1.引自 Mike Quinn, 2012；
2. 引自 James Castner, 2009）
Colour Figure 14-5-2 Damage symptoms
caused by *Cylas formicarius*（1. from Mike
Quinn, 2012; 2.from James Castner, 2009）
1.成虫为害状 2.幼虫为害状

 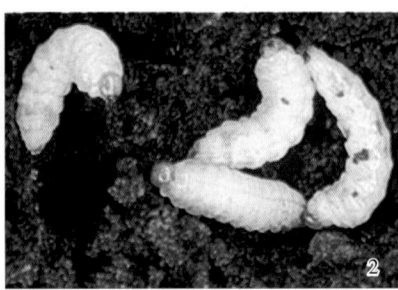

彩图14-5-3 甘薯小象虫（1.引自 Mike Quinn, 2012；2.引自 James Castner, 2009）
Colour Figure 14-5-3 *Cylas formicarius*
（1. from Mike Quinn, 2012; 2. from James Castner, 2009）
1. 成虫 2. 幼虫

彩图14-5-4 甜菜象甲（引自Boris M. Loboda, 2008）
Colour Figure 14-5-4 *Bothynoderes punctiventris*（from Boris M. Loboda, 2008）
1. 成虫为害作物幼苗 2. 幼虫田间为害状 3. 成虫 4. 幼虫

彩图 14-5-5　稻水象甲
（1.许国庆摄；2.引自何振昌等，1997；
3.席景会摄；4.引自张志涛等，2005）
Colour Figure 14-5-5
Lissorhoptrus oryzophilus
（1. by Xu Guoqing; 2. from He
Zhenchang et al., 1997; 3. by Xi Jinghui;
4. from Zhang Zhitao et al.,2005）
1.幼虫为害水稻根部
2.幼虫为害水稻叶片　3.成虫　4.幼虫

彩图 14-5-6　蒙古土象
（引自何振昌等，1997）
Colour Figure 14-5-6
Xylinophorus mongolicus
（from He Zhenchang et al., 1997）
1.成虫　2.成虫交尾

彩图 14-6-1　葱地种蝇（薛明提供）
Colour Figure 14-6-1　*Delia antiqua*（by Xue Ming）
1.雌成虫　2.雄成虫　3.卵　4.幼虫　5.蛹　6.为害大蒜状

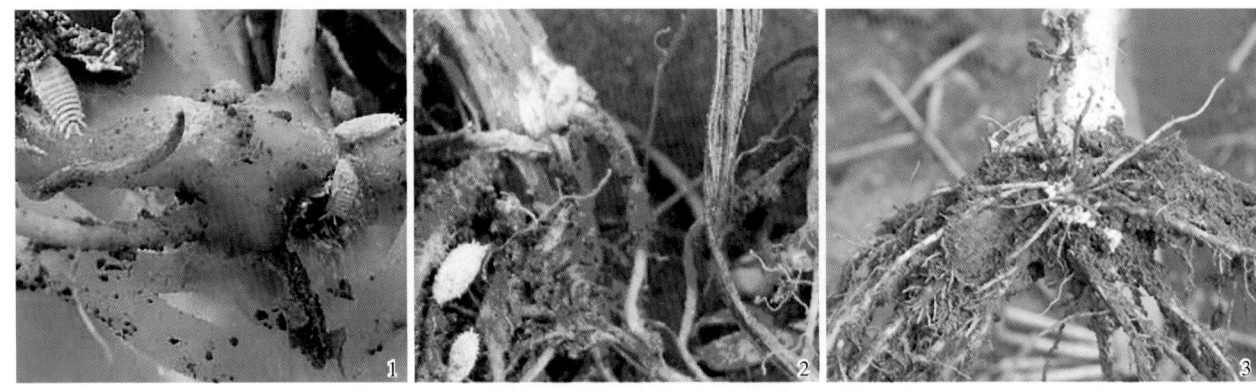

彩图 14-9-1　玉米耕葵粉蚧（1 和 2. 屈振刚摄；3. 许国庆摄）
Colour Figure 14-9-1　*Trionymus agrestis*（1 and 2.by Qu Zhengang; 3. by Xu Guoqing）
1、2. 为害根部　3. 田间为害状

彩图 14-10-1　葡萄根瘤蚜无翅孤雌蚜为害状（上海市农业技术推广服务中心提供）
Colour Figure 14-10-1　Damages caused by *Daktulosphaira vitifoliae* apterous viviparous female
(by Shanghai Agricultural Technology Extension Service Center)
1～3. 取食为害葡萄根部　4. 葡萄根部的根瘤

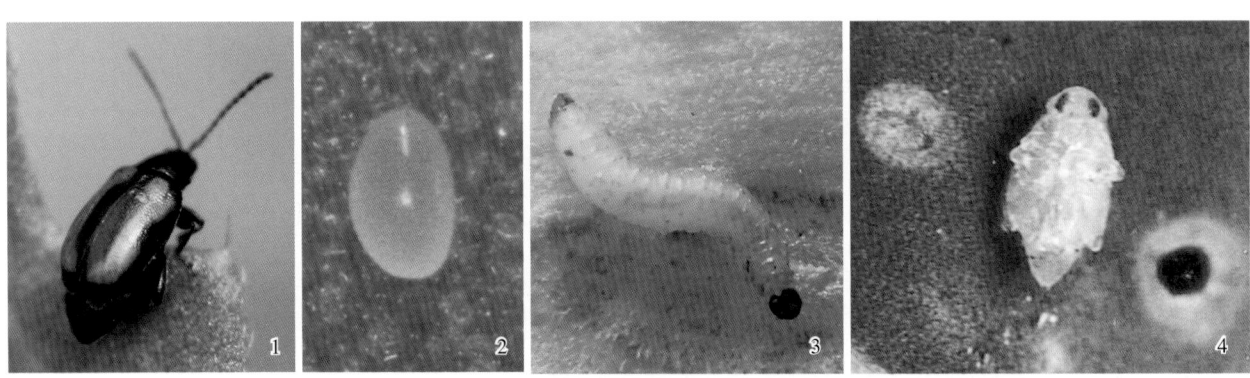

彩图 14-12-1　黄曲条跳甲 (司升云摄)
Colour Figure 14-12-1　*Phyllotreta striolata*（by Si Shengyun）
1. 成虫　2. 卵　3. 幼虫　4. 蛹

彩图 14-13-1　玉米异跗萤叶甲
（引自徐秀德和刘志恒，2013）
Colour Figure 14-13-1　*Apophylia flavovirens*（from Xu Xiude and Liu Zhiheng, 2013）
1. 成虫　2. 幼虫

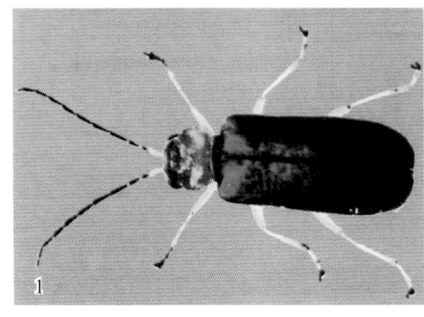

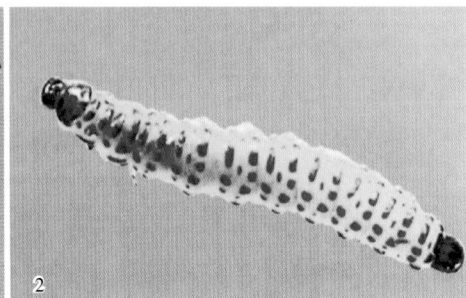

第15单元　储粮病虫害

第1节　象虫类害虫

本类害虫属鞘翅目象虫科，本节主要介绍玉米象［*Sitophilus zeamais*（Motschulsky）］和米象［*S. oryzae*（Linnaeus）］。

一、玉米象

（一）分布与危害

玉米象是分布最广、为害最重的储粮害虫，在世界大多数国家和地区，国内各省、自治区、直辖市均有发生，对多种谷物及其加工品，以及豆类、油料、干果、药材均造成严重危害。成虫食害稻谷、大米、小麦、玉米、高粱、大麦、黑麦、燕麦、荞麦、花生仁、豆类、大麻种子、干果、通心粉、谷粉、面粉、米粉、面包等，其中，以小麦、玉米、糙米及高粱受害最重。幼虫在粮粒内取食，属储粮最主要的初期性害虫。据实仓调查，玉米象为害造成的重量损失，在3个月内为11.25%，6个月内为35.12%。为害后还能使粮食发热及水分增高，引起粮食发霉变质。

（二）形态特征（图15-1-1）

成虫：体长3～5mm，圆筒形，全体锈褐色至暗褐色，甚至黑色，背面稍有光泽。头部向前延伸呈象鼻状，称为"喙"。雄虫的喙短粗，表面粗糙；雌虫的喙比较细长，表面光滑。触角膝状，无刻点，柄节长大，第三节与第四节长度之比约为5∶3；端节呈长椭圆形，实际由第八、九两节愈合而成，故看起来像由8节组成似的。前胸背板端缘较后缘狭，与头部相连接的部分呈一窄领状，中央稍向后方凹入。在领状的后缘生有刻点，呈一横列，并生有淡黄色叶状毛。整个前胸背板布着圆形刻点。鞘翅长形，后缘细而尖圆。两鞘翅刻点和隆起线不明显，约有13条纵刻点行。每鞘翅基部和端部各有1个橙黄色的椭圆形斑纹。后翅发达，膜质透明。足3对，前足最粗大，次之为后、中足。各节以腿节最粗，特别是前足腿节。跗节5节，第一、二节等长，第三节2裂，第四节微小，隐于第三节背面的凹陷内，第五节细长，具2爪。

雄虫外生殖器阳茎表面几乎扁平，但中间有1条纵隆脊，脊两侧各有1条明显的纵沟，因此阳茎横切面呈"山"字形。阳茎基片呈长三角形。雌虫外生殖器的Y形骨片两臂较狭长，略向内弯。臂的顶端略尖。

卵：长椭圆形，乳白色，半透明。长0.6～0.7mm，宽0.28～0.29mm。下端稍圆大，上端逐渐狭小。上端生1帽

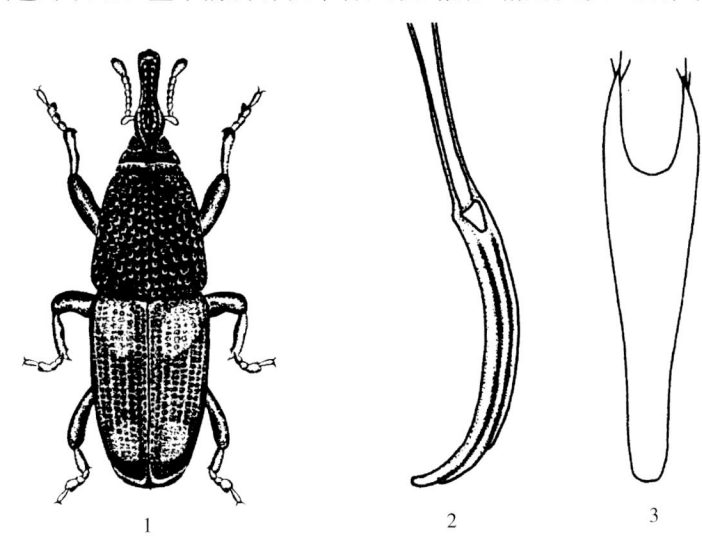

图15-1-1　玉米象（仿张生芳，1998）

Figure 15-1-1　*Sitophilus zeamais*（from Zhang Shengfang，1998）

1. 成虫　2. 雄虫阳茎　3. 雌虫Y形骨片

状圆形小隆起。

幼虫：体长 3～4mm，体肥胖，背隆起，无足，腹部底面平坦，除头部有色泽外，胸腹部均为乳白色。头部呈椭圆形，但上方略为细小，有光泽。内隆脊长度超过额长 1/2，端部宽，基部细，上颚具明显的端齿 2 个。胸、腹部背面除前胸无横皱外，其余各节至少具横皱 1 条，而其中一、二、三腹节各具横皱 2 条，各被横皱划为三部分，尾节小而不明显，腹部各节的两侧均有纵皱，第一、二节有 2 条，第三节 3 条，以后各节均为 5 条，而尾节及其相连的则不明显。

前蛹：体长 3.8～4.0mm，狭长椭圆形，乳白色，无足。胴部一至三节粗大，第四节以下则逐渐狭小。

蛹：体长 3.5～4.0mm，初化蛹时乳白色，后变成褐色，椭圆形。头部圆形，喙伸达中足基部。前胸背板上有小突起 8 对，其上各生 1 根褐色刚毛。腹部 10 节，以第七节较大，其背面近左右侧缘处各有 1 小突起，上生 1 根褐色刚毛。腹末有肉刺 1 对。

（三）生活习性

玉米象每年发生 1～5 代，北方寒冷地区一般 1～2 代，南方温暖地区一般 3～5 代。主要以成虫在仓内黑暗潮湿的缝隙、垫席下或仓外砖石、垃圾、松土内、树皮裂缝中越冬，少数以幼虫在粮粒内越冬，温度升高后返回到粮堆内为害。一般卵期 3～16d，幼虫期 13～28d，前蛹期 1～2d，蛹期 4～12d，成虫寿命 54～311d。

成虫羽化后 1～2d 开始交配，交配后约 5d 即可产卵。产卵时选择谷粒表面有损伤的部位，用口器咬成与喙状部约等长的卵窝，然后在窝内产卵 1 粒，并分泌黏液封闭窝口，一生产卵约 150 粒，多在粮堆上层离粮面 7cm 内产卵。卵孵化后，幼虫即在粮粒内蛀食。幼虫共 4 龄。被害粮粒常被蛀食一空，还能引起粮食发热、水分增高以及霉菌繁殖，使粮堆霉烂变质。幼虫老熟后即在粮粒内化为前蛹，前蛹再蜕皮 1 次化为蛹，然后羽化钻出粮粒。成虫在粮堆内活动，咬食粮粒，继续繁殖后代，有假死、趋温、趋湿、畏光等习性，也能飞到田间活动，为害水稻、小麦谷粒，并随收获的粮食重新进入仓库为害。

（四）发生规律

1. 温度　玉米象活动的温度范围在 15～35℃，以 25～30℃最适宜玉米象的发育和繁殖。卵、幼虫、蛹在 18～28℃范围内，发育速率随温度上升而加快，高于 28℃发育速率下降。在 18℃时无明显产卵高峰，在 22℃、25℃、28℃和 30℃下，产卵高峰明显，高峰期分别出现在成虫羽化后的 40～75d、30～70d、20～60d 和 20～60d。

2. 粮食水分　除越冬期外，玉米象都在粮粒或粮堆内生活。粮食含水量的高低直接影响其发育和繁殖。在温度适宜的情况下，粮食水分在 9.5%时，玉米象虽能产少数卵，但不能孵化为幼虫；粮食水分在 8%以下，玉米象不能生活；粮食水分在 12%以上适合发育繁殖，但 20%以上会引起粮食霉烂，影响玉米象的生存。仓内空气的相对湿度低于 40%时，对玉米象生长发育不利；高于 60%时对玉米象的生存有利。玉米象的卵、幼虫、蛹和整个未成熟期，发育速率随粮食水分的升高而加快，但粮食水分愈高，发育速率上升愈缓慢。玉米象在粮食水分为 11.5%时，幼虫死亡率高达 42.51%；在粮食水分 11.5%～15.5%范围内，随着粮食水分的增加，产卵量增加。

3. 粮食品种　玉米象食性广泛，成虫能取食 96 种植物的果实和种子，幼虫能取食 30 种植物的果实和种子。在 28℃和粮食水分 13%左右时，用玉米、小麦、大米、糯米分别饲养玉米象，卵、幼虫、蛹和整个未成熟期分别为 30.15d、30.12d、28.17d 和 30.41d。不同粮食品种的营养成分、粮表结构，如坚硬程度、毛和凹沟的有无等对玉米象的产卵有影响。试验表明，玉米象在小麦上产卵量最大，平均每雌一生产卵 283.18 粒；在玉米和大米上次之，分别为 264.32 粒和 255.86 粒；糯米上产卵最少，平均为 204.26 粒。

4. 种群动态　在 18℃、22℃、25℃、28℃、30℃和 32℃下，用含水量 13.5%的大米饲养玉米象，随着温度的升高，种群的平均世代时间从 18℃时的 183.14d 缩短到 72.71d；成虫平均每雌产卵量从 18℃时的 19.65 粒增加到 28℃的 255.86 粒，然后降低到 32℃的 46.96 粒；种群内禀增长率、净增殖率与平均每雌产卵量的变化趋势一致，在 18℃时净增殖率为 5.37，内禀增长率为 0.010，在 28℃时两者最高，分别为 69.45 和 0.0692，而在 32℃下，分别降低为 12.75 和 0.0384。由此看出，最有利于种群繁殖增长的温度是 25～28℃。种群消长动态还与虫口基数和食物供应量有关。在 28℃恒温条件下，用含水量 13.5%的大米粉 500g 饲养玉米象，初始虫量为 2 对、4 对和 8 对成虫时，其种群呈逻辑斯蒂曲线增长；初始虫量为 16 对和 32 对时，种群呈抛物线形式增长。但在供给充分的食物和空间的情况下，种群均呈指数形式增长。

（五）防治技术

参见本单元第 32 节"储粮病虫害防治原理与技术"。

邓永学　赵志模（西南大学植物保护学院）

二、米象

（一）分布与危害

世界多数国家和地区均有分布。据报道，全世界未发现米象的国家有安哥拉、洪都拉斯、马拉维、泰国、哥斯达黎加、朝鲜、塞拉利昂、新加坡和委内瑞拉；国内主要分布于内蒙古、四川、重庆、福建、江西、贵州、湖南、云南、广东、广西等省（自治区、直辖市）。米象严重为害各种谷物及其加工品，也能为害豆类、油料、干果和药材等。分布地区和为害程度均不及玉米象。

（二）形态特征（图 15 - 1 - 2）

成虫：外部形态与玉米象十分相似。成虫体长 2.3～3.5mm，圆筒状，红褐色至暗褐色，背面不发亮或略有光泽。触角 8 节，第二至七节约等长。前胸背板密布圆形刻点。每鞘翅近基部和近端部各有 1 个红褐色斑，后翅发达。雄虫阳茎背面均匀隆起，雌虫的 Y 形骨片两侧臂末端钝圆，两侧臂间隔约等于两侧臂宽之和。

幼虫：与玉米象幼虫极相似，主要不同点为头部呈宽卵形，内隆脊从端部到基部宽窄一致，长度超过额长的 1/2。

（三）生活习性及发生规律

米象年发生代数因地而异。在贵州省，1 年 4～5 代，第一代和第四代的历期为 42～52d，第二代和第三代的历期为 38～40d。成虫于 4 月中、下旬开始交尾产卵，雌虫每天产卵 2～3 粒，在适宜条件下雌虫一生产卵多达 576 粒。幼虫在寄主内蛀食为害，经历 4 龄。在 25℃ 和 70% 的相对湿度条件下，卵期 4～6.5d，幼虫期 18.4～22d，蛹期 8.3～14d，预蛹期 3d，完成一个发育周期需 34～40d。在 70% 的相对湿度条件下，在温度为 30℃、21℃ 和 18℃ 时，完成一个发育周期分别需 26d、43d 和 96d。成虫寿命 7～8 个月，最长达 2 年之久。米象发育的温度范围为 17～34℃，最适温度为 26～31℃；发育的湿度范围为相对湿度 45%～100%，最适的相对湿度为 70%。与玉米象相比，米象只能在仓内繁殖，且耐寒力、耐饥力较弱，产卵量较低，发育速率较慢。因此，米象的分布和为害程度都不及玉米象。

（四）防治技术

参见本单元第 32 节"储粮病虫害防治原理与技术"。

邓永学　赵志模（西南大学植物保护学院）

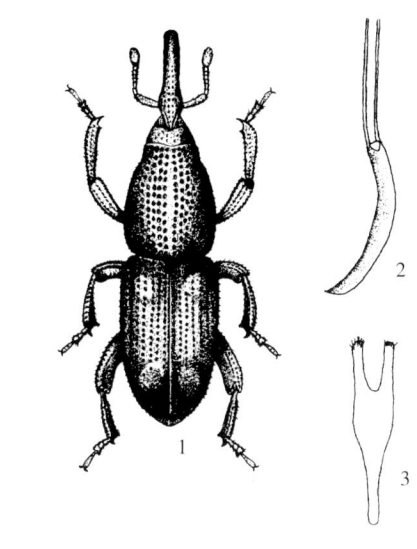

图 15 - 1 - 2　米　象
（1. 仿 Balachowsky，1949；2 和 3. 仿张生芳，1998）
Figure 15 - 1 - 2　*Sitophilus oryzae*（1. from Balachowsky，1949；2 and 3. from Zhang Shengfang，1998）
1. 成虫　2. 雄虫阳茎　3. 雌虫 Y 形骨片

第 2 节　长角象虫类害虫

编入本节的咖啡豆象 ［*Araecerus fasciculatus*（de Geer）］属鞘翅目长角象虫科。

咖啡豆象

（一）分布与危害

咖啡豆象别名短吻豆象、短喙豆象和可可长角象虫。属世界性分布，遍及热带及亚热带地区；国内分布于内蒙古、辽宁、河北、陕西、甘肃、河南、湖南、湖北、安徽、山东、江苏、浙江、江西、福建、台湾、四川、重庆、广东、广西、云南、贵州、青海等省（自治区、直辖市）。在仓内外皆可繁殖为害。在田间可为害可可、咖啡、肉豆蔻等，以可可受害最重，咖啡次之。在仓内为害咖啡豆、玉米、薯干、干果及中药材等。该虫在中药材、土特产、粮食仓库、米、面及油料加工厂，食品、罐头等的原料库甚为常见。

（二）形态特征（图 15 - 2 - 1）

成虫：体长 2.5～4.5mm。卵圆形，背方隆起，暗褐色或灰黑色。触角 11 节，红褐色，向后伸越前胸基部；第三至八节细长，末 3 节膨大呈片状，黑色，松散排列。鞘翅行间交替嵌着特征性的褐色及黄色方形毛斑；不完全遮盖腹末，腹末外露部分呈三角形。

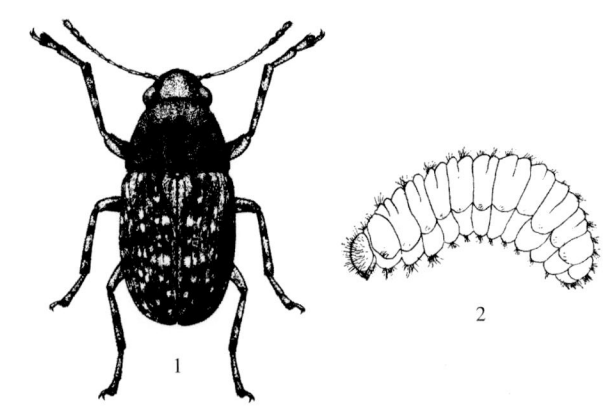

图 15 - 2 - 1　咖啡豆象（1. 仿 Bousquet，1990；2. 仿白旭光，2008）
Figure 15 - 2 - 1　*Araecerus fasciculatus*
（1. from Bousquet，1990；
2. from Bai Xuguang，2008）
1. 成虫　2. 幼虫

幼虫：弯弓式。体长 4.5～6mm，乳白色，有皱纹，背、腹面被有白色短毛。头部大，淡黄褐色，近于圆形。内上唇端缘有 8 根短的粗刚毛，内上唇中央有 4 根短的粗刚毛，且彼此相距较远，似位于一个方形的角上。胸足退化，仅留痕迹。

（三）生活习性及发生规律

咖啡豆象 1 年发生 3～6 代，在台湾世代重叠明显，多以幼虫越冬。成虫活泼善飞，喜在储藏玉米和咖啡豆上繁殖，也可在田间为害。雄虫羽化后 3d、雌虫羽化后 6d 达性成熟并开始交尾。平均每雌产卵 33.4 粒，最多达 140 余粒。在 27℃和 60%的相对湿度下，完成一代约需 27d，而在 100%的相对湿度下需 29d。卵期一般 5～8d，幼虫蜕皮 3 次。分别用玉米和薯干作饲料，各饲养 3 对成虫，5 个月后繁殖的后代分别为 136 头和 176 头，饲料损失分别为 22.6%和 31.4%。该虫发育的最低温度为 22℃，最适温度为 28～32℃；在 50%～100%的相对湿度范围内均可发育，但以 80%的相对湿度最适。

（四）防治技术

参见蚕豆象防治技术和本单元第 32 节"储粮病虫害防治原理与技术"。

邓永学　赵志模（西南大学植物保护学院）

第 3 节　豆象类害虫

本类害虫属鞘翅目豆象科。全世界记录约 1 400 种，国内记载的储藏豆类害虫有 10 种，本节重点介绍 4 种。

一、绿豆象

（一）分布与危害

绿豆象 [*Callosobruchus chinensis* (Linnaeus)] 别名中国豆象、小豆象和豆牛等。世界性分布，国内绝大多数省、自治区、直辖市均有发生。严重为害绿豆、赤豆、豇豆、鹰嘴豆、蚕豆、大豆等多种豆类，尤以绿豆和赤豆受害最重，田间被害率可高达 43%～69%。在中东，扁豆受害率高达 70%。在四川西昌地区还严重为害大豆与蚕豆。农户储藏或居民保存的绿豆，由于田间收获时已被产卵，其受害率甚至高达 80%～100%，完全丧失食用价值。

（二）形态特征（图 15 - 3 - 1）

成虫：体长 2.0～3.5mm。体形粗短，近卵形。表皮红褐色或暗褐色至黑色，足大部分红褐色。雄虫触角栉齿状，雌虫锯齿状。前胸背板后缘中央有 2 个明显的瘤突，每个瘤突上有 1 个椭圆形白毛斑，两个白毛斑多数情况下不融合。鞘翅表皮颜色及毛色在"明色型"和"暗色型"个体中有很大区别：在"明色型"个体，鞘翅的基部及中部近外缘各有 1 个黑斑，其余皆为褐色；在"暗色型"个体，鞘翅基部和端半部暗褐色至黑色，二者之间为褐色，常着生黄色毛，端半部暗色区中间和其前端各有 1 条灰白色横毛带。臀板上主要着生灰白色毛。腹部第三至五腹板两侧有浓密的白毛斑。后足腿节腹面内缘脊近端部的齿略呈棒状，两侧缘略平行，末端钝圆。雄性外生殖器的阳茎细长；外阳茎瓣枪头状，基部缢缩；内阳茎的囊区有 1 对肾形骨化板。

卵：长约 0.54mm，椭圆形，初为乳白色，后变为淡褐色。

幼虫：无足式。体长 3.0～3.5mm，乳白色，

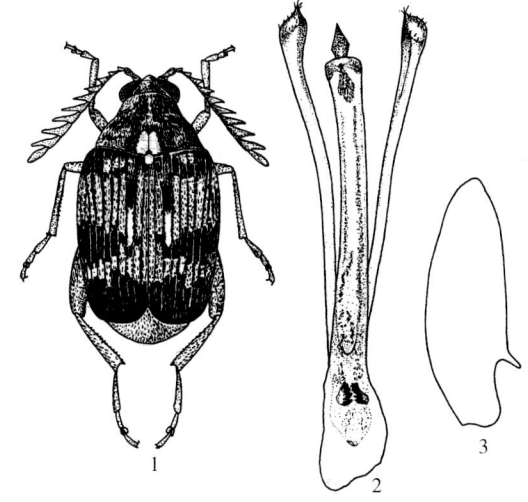

图 15 - 3 - 1　绿豆象（仿张生芳，1998）
Figure 15 - 3 - 1　*Callosobruchus chinensis*（from Zhang Shengfang，1998）
1. 成虫　2. 雄性外生殖器　3. 后足腿节，示内缘齿

肥胖，背面隆起，腹部底面不平坦而凹曲，头部小，大部分缩入前胸内，淡黄白色，额前缘呈较不明显的淡褐色，此色通常不向两侧延伸包围触角基部。口器淡赤褐色，上颚端部平截，上唇较唇基长，下唇板呈梭形。胸足退化，呈肉突状。

蛹：长 3.0～3.5mm，椭圆形，淡黄色。头向下弯曲，腹部末端肥厚，显著向腹面倾斜。

（三）生活习性及发生规律

绿豆象 1 年发生 4～6 代，环境条件适宜可达 11 代。以幼虫在豆粒内越冬，翌年春季化蛹，成虫羽化后爬出豆粒，经数小时便开始交配产卵，每雌一生可产卵 100 余粒。在仓内产卵于豆粒上，在田间产卵于嫩豆荚上。孵化的幼虫从卵壳下蛀入豆粒内为害，直到化蛹羽化为成虫。成虫寿命平均 12d，最长达 26d。

成虫善飞，活跃，具趋光性和假死性，常聚集在粮面和仓壁，以表层 6cm 以内的豆子受害最重。该虫在 10～37℃、10％～100％的相对湿度下可以发育，但适宜温度为 29～32℃，适宜相对湿度为 68％～95％。成虫在 13.5～37℃下可以产卵，但以 29～36℃、相对湿度 71％～100％时产卵最多。在 50℃时成虫经 5min 死亡。

在不同地区，由于绿豆象在食性上的差异，可能形成不同的地理种群。系统研究重庆和四川西昌地区两地的绿豆象种群发现，重庆地区的绿豆象主要为害绿豆和饭豆，而西昌地区的绿豆象主要为害蚕豆和大豆。在 25～32℃的相同试验温度下，重庆绿豆象的卵期、成虫寿命远较西昌绿豆象长，世代存活率和平均每雌产卵量也比西昌绿豆象高。在 25～32℃范围内，重庆绿豆象的世代存活率为 65.1％～81.5％，而西昌绿豆象仅为 52.2％～74.3％。以绿豆、饭豆、大豆、蚕豆和巴山豆分别饲养两个种群，重庆绿豆象的平均每雌产卵量分别为 76.8 粒、21.0 粒、67.9 粒、10.3 粒和 48.0 粒，而西昌绿豆象分别为 35.9 粒、21.0 粒、30.0 粒、16.0 粒和 29 粒。两个种群卵期和豆内期（幼虫和蛹）的发育起点温度和有效积温也有差异，重庆绿豆象卵期和豆内期的发育起点温度分别为 13.4℃和 12.7℃，有效发育积温分别为 74.2℃和 320.4℃；西昌绿豆象卵期和豆内期的发育起点温度分别为 14.3℃和 12.2℃，有效发育积温分别为 68.2℃和 340.0℃。

（四）防治技术

参见蚕豆象防治技术和本单元第 32 节"储粮病虫害防治原理与技术"。

二、四纹豆象

（一）分布与危害

四纹豆象〔*Callosobruchus maculatus*（Fabricius）〕是我国农业部公布的国内植物检疫性有害生物。

广布于世界热带及亚热带地区；国内分布于广东、广西、福建、云南、湖南、江西、湖北、山东、河南等省（自治区）。以幼虫为害各种豆类，尤以豇豆、赤豆、绿豆、鹰嘴豆被害最为严重。在非洲的一般储藏条件下，经 3～5 个月豇豆种子被害率可达 100％；在埃及，豇豆经 3 个月储藏，重量损失可达 50％；在尼日利亚，豇豆储藏 9 个月后重量损失可达 87％。

（二）形态特征（图 15 - 3 - 2）

成虫：体长 2.5～3.5mm。表皮暗红褐色至黑色，足红褐色，后足腿节基半部色暗，全体被灰白色及暗褐色毛。触角弱锯齿状，基部几节或全部黄褐色。每鞘翅有 3 个黑斑，肩部的黑斑小，中部及端部的黑斑大，两鞘翅的淡色区多构成 X 形图案。由于不同性别和不同的“型”，鞘翅斑纹在种内变异甚大。腹部第二至五腹板两侧无浓密的白毛斑。后足腿节内缘齿大而尖，呈三角形。雄性外生殖器的阳基侧突较直，顶端着生刚毛 40 根左右；内阳茎端部骨化部分呈 U 形，大量的骨化刺在中部构成 2 个直立的穗状体，囊区无骨化板或有 1 对骨化板。

卵：长平均约 0.6mm，宽 0.4mm，椭圆形，扁平。

幼虫：与绿豆象幼虫极为相似，主要

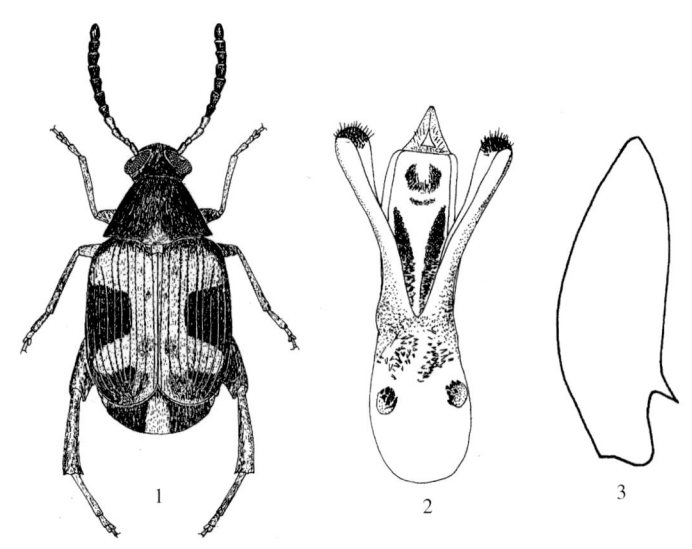

图 15 - 3 - 2　四纹豆象（仿张生芳，1998）

Figure 15 - 3 - 2　*Callosobruchus maculatus*（from Zhang Shengfang, 1998）

1. 成虫　2. 雄性外生殖器　3. 后足腿节，示内缘齿

不同处为：上颚端部边缘圆而尖，下唇板两臂状部的基部外侧各有 1 个清晰的白色圆形斑，臂后部分近似方形。

蛹：体长 3.0～5.0mm。椭圆形，乳白色或淡黄色，体被细毛。

（三）生活习性及发生规律

在美国加利福尼亚州，1 年发生 6～7 代；在北非及我国广东，1 年可发生 11～12 代。以成虫或幼虫在豆粒中越冬，越冬幼虫于翌年春化蛹。成虫活泼善飞，新羽化的成虫与越冬成虫离开豆粒，继续在仓内产卵繁殖，或飞到田间在嫩豆荚或开裂豆荚的豆粒上产卵。卵单产，仓内多产卵在完整豆粒的表面，每粒豆可着卵 1～3 粒。成虫寿命短，在最适条件下一般不多于 12d。平均每雌产卵 90 粒，最多可达 123 粒。产卵最适温度为 25℃。该虫的卵对低温的忍耐力强，在 5℃、0℃、−5℃、−10℃、−15℃和−20℃下的半致死时间（LT_{50}），分别为 110h、35h、16h、2.7h、1.3h 和 0.3h。幼虫经 4 龄发育成熟，发育的最适温度为 32℃，最适相对湿度为 90％，在上述条件下，幼虫期为 21d。在 25℃及相对湿度 70％的条件下，在豇豆种子内发育，整个生活周期为 36d。

四纹豆象因环境条件不同，除在体形、色泽、鞘翅及臀板斑纹等形态上发生变化外，还在生理、行为、体内化学成分等方面出现差异。该虫可区分为活动型（飞翔型）和常型（不飞翔型）两个型。常型虫在 30℃和 75％相对湿度条件下，平均每雌产卵量为 62.4 粒，孵化率为 92.5％，在 35℃时产卵最多，孵化率最高；而活动型在相同温湿度条件下，平均每雌产卵量仅为 29.9 粒，孵化率为 87.6％，在 25～30℃下产卵最多，25℃时孵化率最高。

（四）防治技术

参见蚕豆象防治技术和本单元第 32 节“储粮病虫害防治原理与技术”。

三、豌豆象

（一）分布与危害

豌豆象［*Bruchus pisorum*（Linnaeus）］几乎分布于整个欧洲、中亚、北非、北美和中美，在印度和日本也有分布；国内分布于辽宁、内蒙古、河北、山西、河南、陕西、宁夏、甘肃、湖北、四川、重庆、江苏、浙江、安徽、广东、江西、湖南、福建、广西、云南等省（自治区、直辖市）。主要为害豌豆属作物。成虫仅取食豌豆的嫩叶、花粉和花蜜，幼虫蛀食豆粒成为空洞，重量损失达 40% 以上，且降低豌豆品质，破坏种子发芽。

（二）形态特征（图 15 - 3 - 3）

成虫：体长 4～5.5mm。表皮黑色，仅触角基部四至五节及前足与中足胫节红褐色。前胸背板宽约为长的 1.5 倍；侧齿着生于侧缘中央稍前处，齿尖指向后方；侧缘在齿后凹入且外斜。鞘翅两侧缘近平行，长约为肩宽的 1.25 倍，肩胛突出；每鞘翅基半部有 2～3 个小白毛斑，端半部常有 1 条白色斜毛带，两翅端半部的斜毛带构成"八"字形。臀板有明显的 1 对黑色斑。后足腿节腹面的端前齿大而尖。

卵：长 0.4～0.6mm，椭圆形，一端稍尖，半透明，淡橙黄色，表面光滑。

幼虫：无足式。成熟幼虫体长 4.5～6.0mm，肥胖，背部隆起，无背线。腹部底面凹陷不平坦。头部小，口器褐色，上唇与唇基的长度几乎相等，下唇板侧缘向后向内弯曲。唯一龄幼虫具临时性短足 3 对和带刺的前胸背板。

蛹：长 5～6mm，椭圆形，乳白色至淡黄色，腹部较肥大。前胸背板及其鞘翅密布皱纹。前胸两侧各具 1 不明显的齿状突起，中胸背面后缘向后突出，后胸中央有沟。腹节中央及两侧均有隆起线。

（三）生活习性及发生规律

豌豆象 1 年发生 1 代，以成虫在仓房缝隙、包装物内、豆粒内和仓房附近的杂物、砖瓦或植物树皮下越冬。翌年春天平均气温达14～18℃时，越冬成虫飞到田间，取食豌豆花粉花蜜作为补充营养，约 6d、7d 性器官发育成熟后开始交配产卵。在日均气温26～27℃下，产卵期为16～24d，每雌一生产卵 72～380 粒，平均 150 粒左右。卵多产在嫩豌豆荚表面，每荚着卵3～5 粒，最多的达 18 粒。产卵盛期在 4 月中、下旬至 5 月中旬。卵期5～18d，平均8～9d。幼虫孵化后穿透荚壁蛀入豆粒。幼虫 4 龄，幼虫期 35～40d，一至二龄幼虫造成的重量损失为 3%～4%，三龄7%，四龄23%。蛹期14～21d，羽化为成虫后，或仍然藏匿在受害豆粒中越冬，或钻出豆粒寻觅越冬场所。成虫善飞，具假死性。

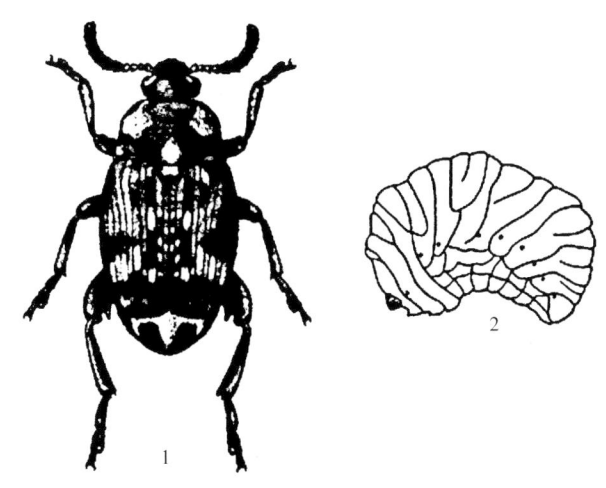

图 15 - 3 - 3 豌豆象（1. 仿张生芳，1998；2. 仿白旭光，2008）
Figure 15 - 3 - 3 *Bruchus pisorum*（1. from Zhang Shengfang, 1998；2. from Bai Xuguang, 2008）
1. 成虫 2. 幼虫

（四）防治技术

参见蚕豆象防治技术和本单元第 32 节"储粮病虫害防治原理与技术"。

四、蚕豆象

（一）分布与危害

蚕豆象（*Bruchus rufimanus* Boheman）别名豆牛、豆乌龟、蚕豆红脚象等。原产欧洲，后传入伊朗和非洲北部，1909 年传入北美，现分布于世界各地。国内在北京、天津、内蒙古、山东、河北、河南、陕西、湖南、湖北、江西、云南、贵州、四川、重庆、广东、广西、江苏、浙江、福建、安徽等省（自治区、直辖市）均有发生。该虫主要为害蚕豆，国外还报道为害豌豆、野豌豆和箭筈豌豆。成虫仅取食少量豆叶、豆荚、花瓣及花粉，幼虫蛀食蚕豆粒常成空洞，引起霉菌侵入，使豆粒变质，表面发黑或成赤褐色，有苦味。在许多国家可造成 20%～30% 的损失。

（二）形态特征（图 15 - 3 - 4）

成虫：体长 4.0～4.5mm。表皮黑色，仅触角基部 4、5 节及前足淡黄褐色。触角向后伸达前胸背板后缘，第一节长为第二节的 2 倍以上，第三、第四节几乎等长，短于第一节，第四节稍宽于第三节，第五节长大于宽，其余节稍横宽。前胸背板显著横宽，侧齿位于侧缘中央，短而钝，水平外指向；侧缘在齿后的部分稍凹。鞘翅两侧缘近于平行，长约为肩宽的 1.5 倍，淡色毛形成明显的小毛斑，在近小盾片处形成 1 个大斑，在翅的端半部形成不明显的弧形横带。臀板不横宽，上面的暗色斑不明显。后足腿节腹面的端前齿钝，近直角；雄虫中足腿节远比前足腿节粗，中足胫节明显弯曲，具 3 条纵脊。

幼虫：形同豌豆象幼虫，不同之处是背面有背线。

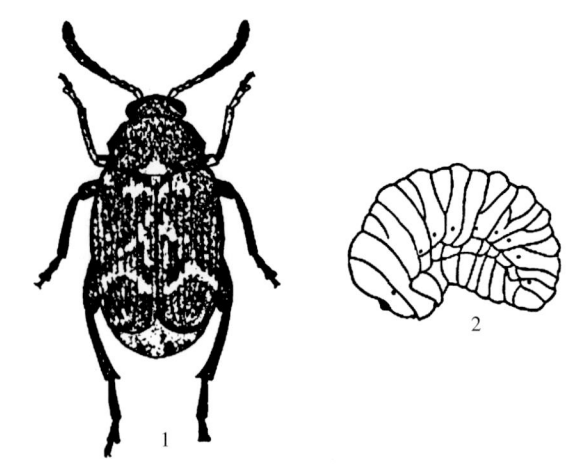

图 15-3-4 蚕豆象（1. 仿张生芳，1998；2. 仿白旭光，2008）

Figure 15-3-4 *Bruchus rufimanus* （1. from Zhang Shengfang, 1998；2. from Bai Xuguang, 2008）

1. 成虫 2. 幼虫

（三）生活习性及发生规律

蚕豆象 1 年发生 1 代，以成虫在豆粒内、仓库角落、缝隙、包装物以及在田间、晒场的作物遗株、杂草或砖石下越冬。越冬成虫在 3 月中、下旬飞往豆田活动，4 月上旬为交尾盛期，4 月中、下旬为产卵盛期，5 月上旬为孵化盛期。成虫需取食蚕豆花瓣和花粉等作为补充营养。卵主要产于蚕豆植株中下部的嫩荚上，以 11～12d 的嫩荚上着卵最多。卵散产，每荚着卵 2～6 粒，最多的达 34 粒。每头雌虫一生产卵 35～40 粒，最多可产 96 粒。幼虫孵化后穿透荚壁蛀入豆粒内食害。当蚕豆收获时，豆粒内的幼虫随豆入仓继续为害。幼虫共 4 龄，各龄平均历期依次为 18.5d、14.6d、59.4d 和 10.8d。蚕豆收获时的幼虫一般已发育至二龄。被蛀的豆粒，表面留有 1 个小黑点（一龄幼虫的蛀入孔），受害蚕豆一般有 2 个蛀入孔，最多的达 17 个。幼虫在豆粒内蛀成弧形虫道，接近老熟时移动到种皮下，做 1 个圆形蛹室，并在豆粒上咬出 1 个圆形的羽化孔盖，然后开始化蛹。平均每一豆粒有羽化孔 1.3 个，最多 4 个。8 月上、中旬为化蛹盛期，9 月上旬为成虫羽化盛期。成虫羽化后经过 1～2d 的静止期，然后冲开羽化孔盖离开豆粒。蚕豆象平均卵期 9.4d，幼虫期 103.6d，前蛹期 1.6d，蛹期 5.7d，从卵发育到成虫羽化约需 120.3d。成虫的飞翔力、耐饥力、耐侵力及抗寒力都较强，具假死性。幼虫在豆粒内的死亡率平均为 39.1%，死亡率随侵入豆粒内幼虫的增多而升高。

（四）防治技术

1. 日光暴晒 选择晴天摊晒粮食，一般厚 3～5cm，每隔半小时翻动一次，粮温升到 50℃ 左右，保持 4～6h。晒粮时需在场地四周距离粮食 2m 处喷洒敌敌畏等农药，防止害虫逃逸。

2. 低温除虫 多数储粮害虫在 0℃ 以下保持一定时间可被冻死。北方冬季，气温达 -10℃ 以下时，将储粮摊开，一般 7～10cm 厚，经 12h 冷冻后，即可杀死储粮内的害虫。如果达不到 -10℃，冷冻的时间需延长。冷冻后的粮食需趁冷密闭储存。

3. 沸水浸烫 主要适用于农村储粮中的蚕豆和豌豆等。将生虫的豆粒放入竹篮或竹篓等可沥水的容器中，待水煮开后，将容器浸入，边烫边搅拌，经 25～28s 后，迅速取出，入凉水中冷却，摊开晾凉，等豆粒充分干燥后，再储存。此法可完全杀死豆粒内的豌豆象、蚕豆象，且不影响发芽力。用开水烫种，应掌握在豆象羽化为成虫以前。

4. 植物熏避除虫 将花椒、茴香或碾成粉末的山苍子等，任取一种，装入纱布小袋中，每袋装 12～13g，均匀埋入粮食中，一般每 50kg 粮食放 2 袋。

其他防治技术参见本单元第 32 节"储粮病虫害防治原理与技术"。

邓永学　赵志模（西南大学植物保护学院）

第 4 节　长蠹类害虫

编入本节的主要害虫谷蠹 [*Rhyzopertha dominica* （Fabricius）] 属鞘翅目长蠹科。

谷蠹

(一)分布与危害

谷蠹别名小眼谷蠹、米长蠹和谷长蠹等。分布于全世界,尤以印度、澳大利亚等热带和亚热带地区发生最重。国内各地均有发现,主要分布于淮河以南,是南方储藏谷物的重要害虫。主要为害稻谷、小麦,还为害豆类、块茎、块根、中药材及图书档案等。该虫所咬下的粮食大大超过它取食的重量,达到该虫体重的 5~6 倍;受害的稻谷和小麦,常被蛀成空壳,大量繁殖时引起储粮发热,可使粮温高达 38℃以上。该虫还蛀食木材,并喜在木材内潜伏、化蛹及越冬,严重破坏仓房的木质结构。

(二)形态特征 (图 15 - 4 - 1)

成虫:体长 2~3mm。长圆筒状,赤褐至暗褐色,略有光泽。触角 10 节,第一、二节几等长,触角末端 3 节扁平,膨大呈三角形。前胸背板遮盖头部,前半部有成排的鱼鳞状短齿作同心圆排列,后半部具扁平小颗瘤。小盾片方形。鞘翅稍长,两侧平行且包围腹侧,刻点成行,着生半直立的黄色弯曲短毛。

幼虫:体长 2.5~3.0mm,弯弓式,乳白色,胸节的腹面及胸足和尾部均着生短毛。头小,半缩在前胸内,上颚不尖长。触角 3 节。胸部显然比腹部粗大。第八腹节气门不大于前数节气门,第一对气门位于前胸后缘。足细小。

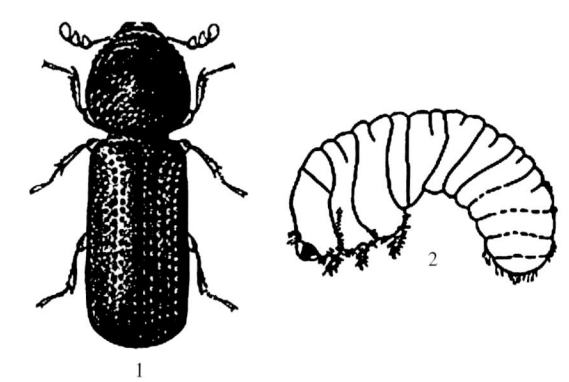

图 15 - 4 - 1 谷蠹(1.仿张生芳,1998;2.仿白旭光,2008)
Figure 15 - 4 - 1 *Rhyzopertha dominica*
(1. from Zhang Shengfang,1998;
2. from Bai Xuguang,2008)
1. 成虫 2. 幼虫

(三)生活习性及发生规律

在华中地区 1 年发生 2 代,在广东可发生 4 代。主要以成虫越冬,少数以幼虫越冬。发热粮堆是主要的越冬场所,但粮温降低时向粮堆下层转移,蛀入仓底或四周木板,或潜伏于粮粒内,或飞至野外树皮裂缝中越冬。翌年,当气温升至 13℃左右时,成虫开始活动,交尾产卵。卵单产,或 2~3 粒连产在粮粒蛀孔或粮粒缝隙内、碎屑中、谷颖间,或包装物上。每雌一生产卵 52~412 粒,平均 204 粒,产卵期长达 1~2 个月。幼虫孵出后,先在粮粒间爬行,然后由胚部或粮粒的破损处蛀入。幼虫共 4 龄,在粮粒内蛀食直至发育为成虫才从羽化孔爬出,成虫飞翔力强。第一代成虫约在 7 月中旬发生,第二代成虫于 8 月中旬至 9 月上旬发生。

该虫发育温度为 18~39℃,最适为 32~34℃;发育的相对湿度为 25%~70%,最适为 50%~60%。谷蠹的卵期在 18℃时为 32d,36~38℃时仅为 5d;幼虫期在 70%相对湿度下,温度为 25℃和 28℃时分别需 46d 和 27~31d;蛹期在 70%相对湿度下,温度为 25℃和 28℃时分别需 8d 和 5~6d;在 34℃和 75%相对湿度下,从卵孵化到成虫羽化需 28~33d。在最适条件下每 4 周的虫口增长可达 20 倍。该虫有较强的耐热、耐干能力,能在含水量为 9%的小麦中发育。但该虫抗寒力差,在 0.6℃以下仅存活 7d,在 0.6~2.2℃下存活不多于 11d。

(四)防治技术

参见本单元第 32 节"储粮病虫害防治原理与技术"。

邓永学 赵志模(西南大学植物保护学院)

第 5 节 谷盗类害虫

该类害虫属鞘翅目谷盗科,编入本节的主要害虫包括大谷盗 [*Tenebroides mauritanicus* (Linnaeus)] 和暹罗谷盗 [*Lophocateres pusillus* (Klug)] 2 种。

一、大谷盗

(一)分布与危害

大谷盗别名米蛀虫、乌壳虫和谷老虎等。属世界性分布。国内除西藏和宁夏外,其余各省、自治区、直辖市均有发生。主要为害小麦、大麦、稻谷、玉米、面粉、薯干,也为害油料、豆类、药材、干果等。为害小麦、大麦等原粮时常咬食粮粒的胚部,1头幼虫可破坏小麦、大麦等种子1万多粒,使种子不能发芽。幼虫喜好在木板内化蛹、潜伏,还有咬啮筛绢、麻袋及木板的习性。该虫耐饥可达2年以上,在仓房内也可捕食拟谷盗、锯谷盗、米象和谷蠹等仓虫。

(二)形态特征(图15-5-1)

成虫:体长6.5~11.0mm。长椭圆形,略扁平,暗红褐色至黑色,有光泽。头部近三角形,触角末3节向一侧扩展呈锯齿状。前胸背板宽略大于长,前缘深凹,两前角明显,尖锐突出;前胸与鞘翅间有细长的颈状连索相连。鞘翅长为宽的2倍,两侧缘几乎平行,末端圆,刻点行浅而明显,行间有2行小刻点。

卵:长1.5~2.0mm,细长形,一端较尖,乳白色,无光泽。

幼虫:老熟幼虫体长19mm,略扁,灰白色有光泽。头黑褐色,近长方形,下颚轴节明显较茎节小。前胸盾黑褐色,中间有1条淡色的窄纹,中后胸背面左右各有1个黑褐色斑,但后胸的黑褐色斑有时不明显。腹末有1个大型臀叉,着生在腹末最后一节背板的骨化区上。

蛹:体长约8mm,扁平纺锤形。初化蛹乳白色,后变淡黄白色。头及前胸背板散生黄褐色长毛,腹部各节两侧均有1个小突起。鞘翅翅芽伸达腹面第三节,腹末有1对褐色小刺。

(三)生活习性及发生规律

在温带地区,1年发生1~2代;在热带地区,可发生3代。幼虫和成虫均可越冬。越冬时常潜伏于木板等各种缝隙或包装内。成虫寿命与羽化的时间关系密切,春季羽化的成虫,寿命只有6~7个月,秋末羽化的成虫,寿命可达1年以上。在15℃下成虫可耐饥饿114d,幼虫可耐饥饿33d。雌虫将卵产在粮粒碎屑或附近的缝隙内,每次产卵20~30粒,可持续产卵2~14个月,每雌产卵量为430~1 319粒。幼虫3~7龄,完成一个世代需65~400d。不同食物对幼虫发育的影响较大,用玉米粉或小麦饲养,幼虫期平均为69d,用大麦粉饲养平均为83d,而用上等面粉、糙米或精米饲养,幼虫期可长达180d。

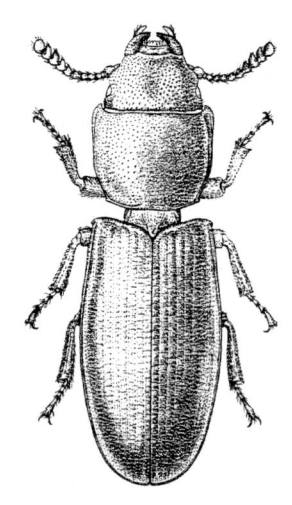

图15-5-1 大谷盗(仿Bousquet,1990)

Figure 15-5-1 *Tenebroides mauritanicus*
(from Bousquet,1990)

该虫最适发育和繁殖的温度为28~30℃,相对湿度为70%~80%,在此温湿度条件下,卵期约为7d,幼虫期为48d,蛹期为10d,从卵到蛹羽化约需65d。而在21℃下,卵期为15~17d,幼虫期为250~300d,蛹期22~25d,完成一个世代需285~352d。在温湿度和食物不适宜时,完成一个世代甚至可长达3年。该虫在15℃时停止繁殖,12℃时停止活动。

成虫和幼虫性凶猛,常自相残杀或捕食其他仓虫。耐饥、耐寒力强,在4~10℃下,成虫能耐饥184d,幼虫可耐饥2年。

(四)防治技术

参见本单元第32节"储粮病虫害防治原理与技术"。

二、暹罗谷盗

(一)分布与危害

暹罗谷盗国外分布普遍,国内分布于吉林、辽宁、内蒙古、河北、河南、广东、广西、福建、四川、云南、江苏、湖北等省(自治区),以高温潮湿的地区发生最重。该虫为后期性昆虫,主要为害破损的稻谷、大米、小麦、玉米、花生及粮食碎屑，多在初期性害虫如谷象、玉米象、米象、谷蠹、拟谷盗类害虫为害后发生。

（二）形态特征（图 15-5-2）

成虫：体长 2.6~3.2mm。长椭圆形，背面扁平，赤褐色或暗褐色，无光泽。触角 11 节，第一节大而呈卵圆形，第二节着生于第一节侧方，末 3 节形成触角棒。前胸背板扁平，两侧略平行，端缘凹入，前角突出，背板密布小刻点，后缘与鞘翅间紧密连接。鞘翅约与前胸等宽，两侧缘平行，每鞘翅有 7 条纵脊，脊间有深而密的两行刻点。跗节式 5-5-5 式，但第一跗节甚小，似为 4 节。

幼虫：长 4mm，乳白色，两侧生细毛，尾端有 1 个凹形大臀叉，叉的末端成钩状，弯向内方。

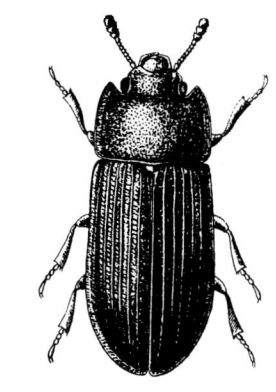

图 15-5-2 暹罗谷盗（仿 Hinton，1945）
Figure 15-5-2 *Lophocateres pusillus* (from Hinton，1945)

（三）生活习性及发生规律

该虫较迟钝，多附着在面袋、木板、纸张等物体表面，有群居性。以成虫越冬，雌虫产下扇形的卵块，每卵块有卵 11~14 粒，多产在缝隙中。在相对湿度 75%，温度为 17.5℃、20℃、25℃、30℃和 35℃时，平均卵期分别为 36.3d、23.9d、11.3d、7.4d 和 5.8d，在 15℃以下或 37.5℃以上时卵不能孵化。幼虫共有 4 龄。用全麦粉加酵母饲养，在相对湿度 75% 的条件下，当温度为 20℃、25℃、30℃和 35℃时，平均幼虫期分别为 128.3d、57.6d、36.4d 和 33.7d；平均蛹期分别为 27.5d、12.3d、8.0d 和 6.6d。在 30℃下，当相对湿度为 10%、20%、30%、40% 和 50% 时，平均幼虫期分别为 56d、47.3d、44.3d、39.8d 和 38.3d。以全麦粉加酵母为食，在相对湿度 75%，温度为 20℃ 及 35℃时，由卵至成虫的平均历期分别为 179.7d 和 48.8d。

（四）防治技术

参见本单元第 32 节"储粮病虫害防治原理与技术"。

邓永学　赵志模（西南大学植物保护学院）

第 6 节　扁谷盗类害虫

该类害虫属鞘翅目扁谷盗科，编入本节的主要害虫有长角扁谷盗 [*Cryptolestes pusillus* (Schönherr)] 和锈赤扁谷盗 [*Cryptolestes ferrugineus* (Stephens)] 2 种。

一、长角扁谷盗

（一）分布与危害

长角扁谷盗别名长角谷盗、角胸谷盗和长角谷甲等。广泛分布于世界温带和热带地区；国内普遍分布。常发生于面粉厂、米厂的加工车间、原料库、成品库，在酒厂存放酒曲的仓库内发生也很严重。成虫和幼虫主要为害稻谷、麦类、油菜籽、豆类等已破碎和受损伤的原粮及其加工产品，也可为害酒曲、糕点、干菜、干果、药材等。

（二）形态特征（图 15-6-1）

成虫：体长 1.35~2.0mm。淡红褐色至淡黄褐色，约具光泽，被细密绒毛。头三角形，头顶中央有 1 条细的纵隆线，唇基前端截形略凹。复眼圆形，突出，黑褐色。触角细长，等于或稍长于体长之半。前胸背板明显横宽，宽为长的 1.22~1.34 倍（♂）或 1.17~1.25 倍（♀），前角不突出，

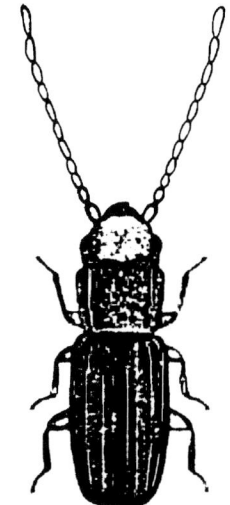

图 15-6-1 长角扁谷盗（仿张生芳，1998）
Figure 15-6-1 *Cryptolestes pusillus* (from Zhang Shengfang，1998)

后角钝，两侧近侧缘处各有 1 条细的纵隆线，前胸背板两侧向基部方向稍狭缩。鞘翅长不超过宽的 1.75 倍，两鞘翅各有纵行细脊纹。

卵：椭圆形，长 0.4～0.5mm，乳白色。

幼虫：长约 3mm，淡黄色。头部扁平，侧单眼 3 对排成不规则的环形。触角短小，由 3 节组成。胴部前半部扁平，后半部略膨大，末节圆锥形，末端有 1 对褐色、细长而尖的尾突。全体散生淡黄白色绒毛。

蛹：长 1.5～2.0mm，淡黄白色，头顶宽大，复眼淡赤褐色。前胸背板扁形。后足伸达腹面第五节后缘。腹部末节狭小，近方形，末端着生小肉刺 1 对，全体散生黄褐色细长毛。

（三）生活习性及发生规律

1 年发生 3～6 代，以成虫在较干燥的碎粮、粉屑、底粮、尘芥或仓库缝隙中越冬。成虫羽化后，在茧内静止 1 至数日，便开始交尾产卵。一般卵产于粉类表层 5mm 以内，或产在缝隙内。卵散产，卵上常黏附食物颗粒。每雌一生产卵 20～334 粒。17℃时日平均产卵不到 1 粒，30℃时日平均产卵 4 粒。在相对湿度 50%～90% 的范围内，产卵量随湿度的增加而锐增。在 32℃及相对湿度 90% 的条件下，卵期 3.5d；幼虫共 4 龄，各龄期依次为 4.0d、3.6d、3.3d 和 7.0d；蛹期 4.4d。在相对湿度 90% 及温度 17.5℃的条件下，雄虫寿命 48 周，雌虫 24.1 周；在相对湿度 90% 及温度 37.5℃下，雄虫寿命 16.1 周，雌虫 8.2 周。除温度、湿度条件外，食物的质量对该虫的发育也有很大影响。在 28℃及相对湿度 75% 时，饲喂英国小麦，生活周期平均 37.1d；同样温湿度条件下若饲喂加拿大面粉，生活周期平均 43.4d。在不利的营养条件下可发生同类相残现象。

该虫发育的温度为 18～38℃，最适为 35℃；发育的相对湿度为 45%～100%，最适温度为 90%。每月虫口最大的增殖速率为 10 倍。32.5℃及相对湿度 90% 最适于产卵。

（四）防治技术

参见本单元第 32 节"储粮病虫害防治原理与技术"。

二、锈赤扁谷盗

（一）分布与危害

锈赤扁谷盗分布遍及全世界，国内除河北、吉林、陕西、宁夏、西藏外，其余各省（自治区、直辖市）均有发生，尤以南方各省为害最重。该虫主要为害破碎和损伤的谷物、豆类和面粉等，在储粮中多发生在玉米象、谷蠹、麦蛾为害之后的碎粒粉屑中。

（二）形态特征（图 15-6-2）

成虫：体长 1.70～2.34mm，赤褐色，扁平，具光泽。头部和前胸背板上的刻点少而稀。唇基前缘稍突出，上唇前缘圆形，雄虫上颚外缘近基部有一大齿。触角 11 节，雄虫触角长约等于体长的 1/2，雌虫触角略短。前胸背板两侧缘向基部方向显著收缩，呈倒梯形，雄虫更明显。鞘翅长为宽的 1.6～1.9 倍。雄虫跗节 5-5-4 式，雌虫 5-5-5 式。全体密生金黄色细毛。

图 15-6-2　锈赤扁谷盗（仿张生芳，1998）
Figure 15-6-2　*Cryptolestes ferrugineus*（from Zhang Shengfang，1998）

幼虫：长 3.5～4.5mm，长扁形，后半部稍膨大，除头和臀叉为淡黄色外，其余为乳白色。头部背面左右骨化形成两个椭圆形圈。触角 3 节。前胸背面近长方形。腹末着生 1 对长而尖的臀叉。前胸腹面有 1 对丝腺，末端前侧缘有 1 束排列成环形的刚毛。

（三）生活习性及发生规律

每年发生 3～6 代，以成虫在碎粮、粉尘、仓房缝隙中越冬。成虫羽化后 1～2d 即开始产卵。卵成块产在粉类表层或仓房缝隙中，每块 10 粒卵左右。在 35℃，70% 相对湿度条件下，每雌产卵可多达 423 粒。幼虫喜食种胚。在 32℃、60%～90% 相对湿度条件下，卵期平均为 3.8d，一龄幼虫平均龄期

4.1d，二龄幼虫3.0d，三龄幼虫3.5d，四龄幼虫6.8d，蛹期4.3d，由卵孵化到成虫羽化平均25.37d。幼虫化蛹前不做茧，常先用粪便堵塞蛀孔，然后在粮粒内化蛹，也有在受害粮粒之间化蛹的。成虫善飞翔。该虫抗干燥和抗低温的能力很强，在20~40℃、40%~95%相对湿度下，可顺利完成发育和繁殖；在-20℃和10%相对湿度下仍然可以存活。最适发育温度为32~35℃，最适相对湿度为70%~90%，在此条件下，1个月的增殖速率可达60倍。该虫不仅可在小麦等粮食上产卵发育，也经常发现于树皮下、土壤内或植物性材料的堆放处。除取食植物性物质外，还可兼营捕食性生活，具有同类相残习性。

（四）防治技术

参见本单元第32节"储粮病虫害防治原理与技术"。

邓永学　赵志模（西南大学植物保护学院）

第7节　露尾甲类害虫

该类害虫属鞘翅目露尾甲科，编入本节的主要储粮害虫有脊胸露尾甲 [*Carpophilus dimidiatus* (Fabricius)] 和黄斑露尾甲 [*C. hemipterus* (Linnaeus)] 2种。

一、脊胸露尾甲

（一）分布与危害

脊胸露尾甲别名米出尾虫、米露尾虫。分布于世界各地，国内已知分布于四川、重庆、云南、广东、广西、福建、湖南、湖北、江苏、安徽、山东、河南、江西、陕西、甘肃等省（自治区、直辖市）。该虫食性复杂，主要为害麦类、稻谷及加工产品、油料、豆类等，特别喜欢生活在含水量较高的大米中，在干燥而洁净的粮食中为害较少，是重要的后期性和兼营腐食性的储粮害虫。

（二）形态特征（图15-7-1）

成虫：体长2~3.5mm，卵圆形，亮黑褐色。背面隆起，密被倒伏至半直立颇粗的金黄色至黑色毛。头宽大，向下。触角11节，第二节等于或略短于第三节，末3节膨大呈锤状。前胸背板宽大于长，小盾片五角形。中胸腹板顶区无中纵脊，中足基节窝后方有腋区。鞘翅短，宽大于长，翅面无明显斑纹，端部呈截形。腹末2节外露。雄虫第五腹板末端中央有一圆形凹陷，雌虫第五腹板卵圆形，第六腹节腹板完全隐藏。前足基节窝后方封闭式，跗节5-5-5式。

卵：长圆形，长约0.84mm，宽约0.7mm，乳白色而有光泽。

幼虫：体长5~6mm，细长略扁，乳白色或黄白

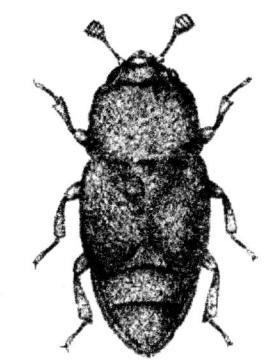

图15-7-1　脊胸露尾甲成虫（仿赵养昌，1974）
Figure 15-7-1　*Carpophilus dimidiatus*（from Zhao Yangchang，1974）

色，身体前端小，后端略膨大。头部与腹末背面骨化区为黄褐色。腹末的一对尾突色较深，末端突然收缩呈乳头状，两尾突间呈圆弧形。

蛹：长约3mm，白色有光泽，头部圆形，前胸前缘、侧缘着生粗刺8根，腹部第五、第六节特别膨大。

（三）生活习性及发生规律

在热带与亚热带地区1年发生5~6代，以成虫群集于仓内隐蔽处越冬。成虫羽化后经过2周即交尾产卵。卵产于包装物及谷物间的缝隙中，每雌一生产卵80粒左右。初孵幼虫先侵食粮粒外表，长大后即钻入粮粒内蛀成不规则隧道。在25~28℃下，卵期为4~5d，幼虫期为40~47d，蛹期为6~7d，雌成虫寿命平均207d，雄成虫寿命168d。在夏季适宜环境下，18d即可完成一代，冬季则需150~200d。成虫活泼，飞翔力强，有群集、假死、趋光等习性，往往在黄昏时飞出仓外取食花蜜、花粉及腐烂发酵的果实。该虫喜高湿，夏季如果大米含水量达15%以上受害最重，在大米含水量为10%的条

件下，蛹不能羽化。

（四）防治技术

参见本单元第 32 节"储粮病虫害防治原理与技术"。

二、黄斑露尾甲

（一）分布与危害

黄斑露尾甲别名酱曲虫、酱曲露尾虫、干果露尾虫等，为世界性害虫，国内已知分布于四川、重庆、云南、湖南、湖北、江西、安徽、广东、广西、福建、江苏、河南、陕西等省（自治区、直辖市）。该虫为害粮食、干果、酱曲、饼干、药材、蜂蜜等，在田间、仓库和粮食加工厂均可为害，潮湿发霉的储藏食品受害尤重，酿造厂的酱油醋受害可达 50%，每 500cm³ 的醋醅内，该虫密度可达 114 头。

（二）形态特征（图 15-7-2）

成虫：体长 2～4mm，倒卵形两侧近平行，背面略隆起并密生细毛。淡栗褐色略有光泽。触角基部数节和足赤褐色或黄褐色。触角 11 节，第二节长为第三节的 1.2～1.5 倍，末端 3 节突然膨大呈锤状。小盾片五角形。中胸腹板顶区有明显纵脊，两侧有斜弧形隆线，中足基节窝后方无腋区，两鞘翅肩部和末端各有一黄色斑块，腹末 2 节外露。

幼虫：体长 6～7mm，细长略扁平，乳白色或黄白色，有光泽。头，前胸盾，第九腹板后端及足为黄褐色，口器及尾突略深，腹末尾突间宽呈截形，两尾突端部逐渐收缩。

（三）生活习性及发生规律

在重庆地区 1 年发生 6 代，世代重叠明显。以成虫、蛹或老熟幼虫在仓内各处缝隙中越冬，也有的在田间土下或尘杂物中越冬。成虫有明显的群聚、多次交配、趋光的习性，寿命较长，雄虫平均 145.6d，雌虫平均 103.3d。卵产于包装物或谷粒间的缝隙中，每雌平均产卵 1 071 粒。在 30℃下，相对湿度 65% 以上，各虫态均可正常发育，但最适相对湿度在 75%～90% 的范围内。在 60%～70% 的相对湿度下，发育温区为 20～30℃，最适温区为 25～28℃。各虫态的发育起点温度和有效积温，卵分别为 10.9℃ 和

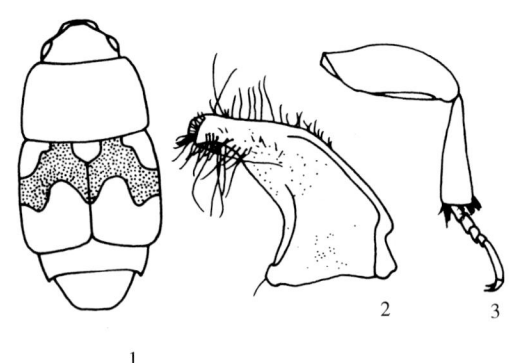

图 15-7-2 黄斑露尾甲（仿张生芳，1998）
Figure 15-7-2 *Carpophilus hemipterus* (from Zhang Shengfang, 1998)
1. 成虫背面观 2. 雄虫阳基侧突 3. 后足

25.04℃；幼虫分别为 10.14℃ 和 132.55℃；前蛹分别为 12.37℃ 和 26.06℃；蛹分别为 10.86℃ 和 103.36℃；成虫产卵前期分别为 14.19℃ 和 55.87℃；全世代分别为 10.61℃ 和 343.32℃。在 30℃ 和 75% 相对湿度条件下，种群的内禀增长率为 0.078，净增殖率为 1.081，世代平均时间为 60.5d。

（四）防治技术

参见本单元第 32 节"储粮病虫害防治原理与技术"。

邓永学 赵志模（西南大学植物保护学院）

第 8 节 拟步甲类害虫

该类害虫属鞘翅目拟步行虫科，是储粮甲虫中的一个大类群。本节编入的主要储粮害虫包括赤拟谷盗 [*Tribolium castaneum* (Herbst)]、杂拟谷盗 [*Tribolium confusum* (Jacquelin du Val)]、姬拟谷盗 [*Palorus ratzeburgi* (Wissmann)]、二带黑菌虫（*Alphitophagus bifasciatus* Say.）、褐菌虫（*Alphitobius viator* Mulsant & Godart）、黄粉虫（*Tenebrio molitor* Linnaeus）和黑粉虫（*Tenebrio obscurus* Fabricius）等 7 种。

一、赤拟谷盗

（一）分布与危害

赤拟谷盗属世界性害虫，主要分布在热带与较温暖的地区，在我国大部分省（自治区、直辖市）均有发生。该虫食性广，多生活在干燥的环境中。成虫和幼虫均可为害玉米、小麦、水稻、高粱、油料、干果、豆类、食用菌、中药材、生姜、干鱼、干肉、皮革、蚕茧、烟叶、昆虫标本等。其中对面粉的为害最为严重。该虫有臭腺分泌臭液，其分泌物含有致癌物苯醌。受害的面粉发生霉腥味，结块、变色，不能食用，从而造成严重的经济损失。

（二）形态特征（图 15-8-1）

成虫：长 3.0～3.7mm，宽 0.91～1.26mm，扁平长椭圆形，全体褐色，有光泽。头部扁阔，密布小刻点，前缘两侧扁而突出。复眼长椭圆形，黑色，着生于突出部后方。腹面两复眼间的距离约与复眼直径相等。触角棍棒状，11 节，末端 3 节显著膨大。前胸长方形，前缘角略向下弯，密布小刻点。小盾片略呈长方形。鞘翅上有 10 条纵线纹，纹间列生小刻点，腹部可见 5 节，雄虫的前足股节腹面基部有一个卵形的浅窝，雌虫无此特征。

卵：长约 0.6mm，宽约 0.4mm，椭圆形，乳白色，表面粗糙无光泽。

幼虫：长 6～7mm，细长，圆筒形，稍扁。头部淡褐色，头顶略隆起，侧单眼 2 对，黑色。触角 3 节，长为头长的 1/2。额中线每侧后端稍凹入。胴部 12 节有光泽，散生黄褐色细毛，各节前半部淡褐色，后半部及节间淡黄白色。末节末端有 1 对黑褐色臀叉，腹面有 1 对肉质指状突。背线很细，腹面及足均为淡黄白色。

蛹：长 3.0～3.7mm，宽 1.0mm，全体淡黄白色。头部扁圆形。复眼黑褐色，肾形，位于触角基部。口器褐色。前胸背板密生小突起，近前缘尤多，上生褐色细毛。鞘翅伸达腹部第四节。各腹节后缘淡黑褐色，自第五节以下略向前弯曲。末节有黑褐色刺 1 对，第一至第七节近背面两侧着生侧突 1 个。

（三）生活习性及发生规律

赤拟谷盗 1 年发生 4～5 代，以成虫在包装物、苇席、杂物及各种缝隙中越冬。成虫喜黑暗，常聚集在粮堆下层或碎屑中，有群集性和假死性。身上有臭腺分泌臭液，污染粮食、面粉，往往造成霉臭味。

成虫羽化后 1～3d 开始交配，交配后 3～8d 开始产卵，产卵期可长达 174d。每雌日平均产卵 2.4 粒，最多 13 粒；一生产卵 516.2 粒，最多 1 000 粒以上。赤拟谷盗为喜温昆虫，对低温较为敏感，最适温度为 35℃；在相对湿度 10%～90% 均可发育；温度低于 17.5℃，高于 40℃，相对湿度低于 10% 时发育不正常或死亡；在 45℃ 高温中，成虫 7h 死亡。在 34℃ 和 72% 相对湿度下，从卵到成虫需 22d；在 24℃ 和 76% 相对湿度下需 50d。

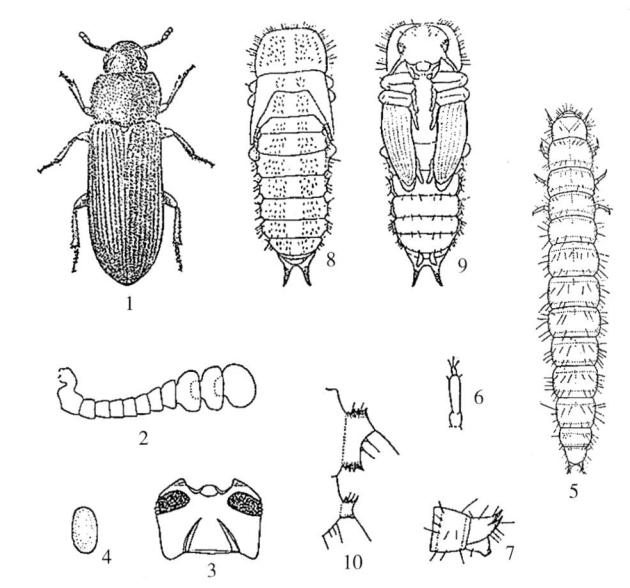

图 15-8-1　赤拟谷盗（仿陈启宗等，1986）

Figure 15-8-1　*Tribolium castaneum*（from Chen Qizong et al., 1986）

1. 成虫　2. 触角　3. 成虫头部　4. 卵　5. 幼虫　6. 幼虫触角
7. 幼虫腹部末端　8. 蛹（背面观）　9. 蛹（腹面观）　10. 蛹腹节侧方

（四）防治技术

参见本单元第 32 节"储粮病虫害防治原理与技术"。

二、杂拟谷盗

（一）分布与危害

杂拟谷盗广泛分布于世界各地。我国主要分布在河北、山西、黑龙江、新疆、陕西、山东、湖南、江西、河南、江苏、安徽、云南、四川、重庆等省（自治区、直辖市）。该虫的为害与赤拟谷盗相似，食性非常复杂，以谷类、油料受害最多，尤以面粉受害最重。

（二）形态特征（图 15 - 8 - 2）

成虫：长 3.1～3.9mm，比赤拟谷盗稍大，红褐色或锈赤色，有光泽。头部前侧缘在复眼前方显著突出，头在复眼内侧有明显的脊。两复眼之间的距离约为复眼直径的 3 倍。触角 11 节，末端逐渐膨大成棒形，其膨大部分在 3 节以上。雌、雄成虫的鞘翅末端有明显的区别：雌虫第三与第七刻点行，第四与第六刻点行在末端相互连接；而雄虫的在末端不连接。

卵：长约 0.6mm，椭圆形，乳白色。

幼虫：长 6～7mm，全体黄色或黄褐色，疏生黄色细毛。头部着生单眼 1 对。触角短小，胸足 3 对。腹部最后的第九腹节背面后端着生较硬化的尾突 1 对，其腹面着生指状突起 1 对。

蛹：长约 4mm，黄色。头部扁圆形，下弯。腹部可见 8 节，各节两侧着生 1 个瓣状突起，突起上着生细齿。腹末着生 1 对尾突。雌蛹腹末在尾突的前方有 1 对尖细的附器，而雄蛹的这种附器为一杯形的突起。

（三）生活习性及发生规律

杂拟谷盗每年可发生 4～5 代，在仓房温暖的情况下，以成虫、幼虫及蛹越冬；在低温仓房内则以成虫越冬。成虫群聚，喜黑暗，具假死性，能分泌臭液污染食品。雌成虫寿命平均 447d，雄成虫 634d，产卵期 432d。一生产卵最多 976 粒，平均 458 粒。卵产在粮粒表面或缝隙内及碎屑下，卵外有黏液附着碎屑、粉末。该虫发育的最适温度为 30～33℃，最适相对湿度为 75％左右，在此温湿度条件下，卵期 4～12d，幼虫期 22～48d，蛹期 6.2～9.6d，从卵到成虫羽化需 41.8～69.5d。

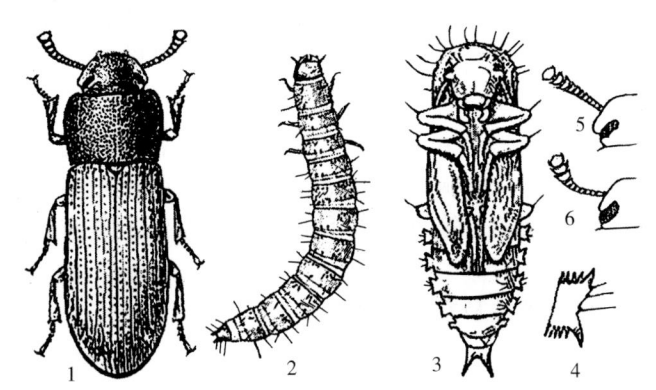

图 15 - 8 - 2　杂拟谷盗（仿陈启宗等，1986）

Figure 15 - 8 - 2　*Tribolium confusum*（from Chen Qizong et al.，1986）

1. 成虫　2. 幼虫　3. 蛹　4. 蛹腹部侧叶　5. 头部附触角

6. 赤拟谷盗头部附触角

（四）防治技术

参见本单元第 32 节"储粮病虫害防治原理与技术"。

三、姬拟谷盗

（一）分布与危害

姬拟谷盗的分布遍及世界各地，在我国主要分布在四川、重庆、云南、贵州、江西、湖北、湖南、广西、广东、福建、甘肃、陕西等省（自治区、直辖市）。主要为害谷粉、麸皮、面粉、豆类、干菜及木材等。

（二）形态特征（图 15 - 8 - 3）

成虫：长约 2.9mm，体呈扁平长椭圆形，亮棕红色。头部宽扁，复眼圆形，黑色，很小。触角 10 节，末端仅稍微膨大。前胸背板略呈方形，前缘比后缘稍宽，两个前缘角向前突出，两个后缘角近于直角，表面密布小刻点。小盾片为横长椭圆形。左右鞘翅上各有 8 条纵走线。

卵：长约 0.3mm，椭圆形，卵壳薄而光滑，乳白色，半透明。

幼虫：长约 5.0mm。头部扁平，黄褐色，头长只及头宽一半；触角 3 节，第二节最长，末节最短，各节端部淡黄色，其余部分为黄褐色。胴部 12 节，呈淡黄白色，着生灰白色细毛；第一节背面前半部为淡黄褐色，第二至八节背面的前半部为淡黄褐色，依次渐淡，自第九节起又依次逐渐加深，到末节呈深黄褐色；末节呈圆锥形，后半部着生细小疣状突起 5～7 个，其上各着生细毛 1 根；末端着生细小的尾突 1

对；其腹面还着生 1 对小突起。有背线但不明显。

蛹：体长 2.5～3.0mm，呈纺锤形。头部的两侧共有刺毛 7 对，复眼浅黑褐色；触角向后伸达前足腿节的末端。前胸背面散生褐色细长毛。后翅伸达第五腹节中部，将后足全部覆盖。各足在腿节与胫节连接处着生一长毛。腹部背面及两侧均散生褐色细毛。腹末的背面着生肉刺 1 对，肉刺的前上方，雌蛹着生乳头突起 1 对，雄蛹则呈一横长方形凹陷。

（三）生活习性及发生规律

姬拟谷盗每年发生 2～3 代，以成虫在仓库缝隙、尘埃、碎屑内越冬。成虫羽化后经 1～2d 即可交尾产卵。成虫爬行很快，偶尔飞行。卵产于粮食表面或碎屑中，卵期一般为 5～7d，幼虫期为 26～100d，蛹期为 4～9d。

（四）防治技术

参见本单元第 32 节"储粮病虫害防治原理与技术"。

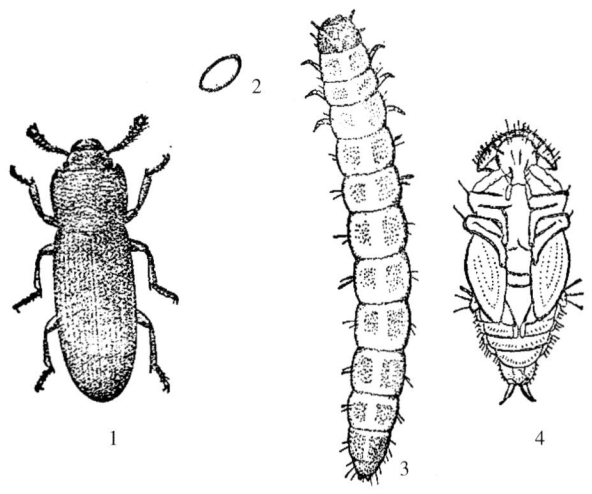

图 15 - 8 - 3　姬拟谷盗（仿陈启宗等，1986）
Figure 15 - 8 - 3　*Palorus ratzeburgi*（from
Chen Qizong et al.，1986）
1. 成虫　2. 卵　3. 幼虫　4. 蛹

四、二带黑菌虫

（一）分布与危害

二带黑菌虫分布遍及全世界，在国内已知分布于湖北、河南、河北、山西、山东等省。该虫喜在陈粮、底粮、潮粮以及腐烂的植物中以霉菌为食，食真菌、香菌。主要为害发霉的储粮及成品。

（二）形态特征（图 15 - 8 - 4）

成虫：长 2.5～2.8 mm，呈倒卵形，黑褐带红棕色，有光泽。头部宽短，雄虫头部的前部加厚，有凹陷，头顶有 2 条黑色具光泽的纵隆脊，而雄虫则没有。触角黄褐色，由 11 节组成，呈棍棒状。前胸背板横长方形，密布小刻点。小盾片三角形，黄褐色。鞘翅上有 2 条横行的黄褐色宽带，一条近基部，一条在中部偏后，鞘翅末端还有一个小的黄褐色斑纹。左右鞘翅上各有纵走线 8 条。

卵：长约 0.8mm，长椭圆形，亮乳白色。

幼虫：长约 5mm，扁圆筒形，亮棕黄色。头部暗褐色；触角短小，由 3 节组成，第二节最长，末节最短，呈淡黄白色。胸部共 12 节，两侧着生淡黄白色细毛；末节圆锥形，密生褐色细毛，腹面着生突起 1 对。背线不甚明显。

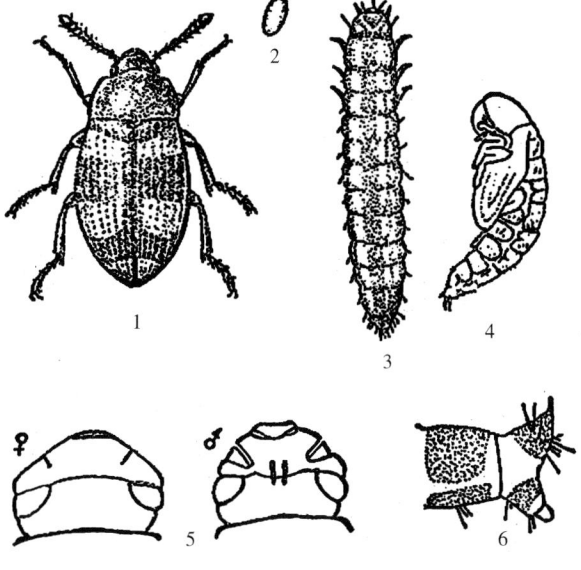

图 15 - 8 - 4　二带黑菌虫（仿陈启宗等，1986）
Figure 15 - 8 - 4　*Alphitophagus bifasciatus*
（from Chen Qizong et al.，1986）
1. 成虫　2. 卵　3. 幼虫　4. 蛹
5. 雌、雄成虫头部背面　6. 幼虫腹末侧面

蛹：长约 2.7mm。鞘翅伸达第四腹节后缘，后足伸达第五腹节后缘。腹节侧突的侧缘只有一齿，上生一长毛。

（三）生活习性及发生规律

二带黑菌虫成虫爬行迅速，有群居性。成虫、幼虫均喜食霉菌，栖息于阴暗潮湿环境中。每年发生的代数尚不清楚。

（四）防治技术

参见本单元第 32 节"储粮病虫害防治原理与技术"。

五、褐菌虫

（一）分布与危害

褐菌虫在非洲的肯尼亚、刚果（金）、塞内加尔、科特迪瓦和坦桑尼亚有分布。该虫先后在英国、法国口岸发现过。我国在湖南永州有报道发现。该虫可为害姜根、干辣椒、骨制品、花生等储藏物。

（二）形态特征（图 15-8-5）

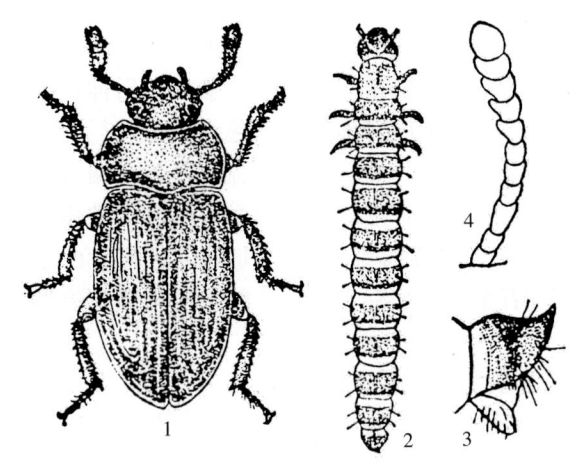

图 15-8-5 褐菌虫（仿陈启宗等，1986）
Figure 15-8-5 *Alphitobius viator*（from Chen Qizong et al.，1986）
1. 成虫 2. 幼虫 3. 幼虫臀叉 4. 成虫触角

成虫：长 5.5~6 mm，宽 2.3~2.7mm。红褐色至黄褐色，长椭圆形，背面稍暗；密布较粗大刻点，刻点内着生短刚毛，刚毛长不超过刻点直径；腹面较背面暗，密布小刻点，被金黄色倒伏状细毛。头部腹面观，两复眼的间距小于复眼横径的 2 倍，侧面观，复眼凹缘最深处的宽度为 2~3 个小眼面；触角棍棒状，与前胸背板约等长，由第五节至第十节向侧方扩展。前胸背板长宽之比为 1∶1.5~1.7；刻点间距小于或等于刻点直径；前角呈直角至钝角，后角近直角；前缘及侧缘有窄缘边；与鞘翅肩部约等宽。鞘翅长为宽的 1.7~1.8 倍，约为前胸背板长的 3 倍，行纹深，布粗大刻点，鞘翅两侧的几步至末端各有一条暗红色纵带，约占鞘翅总面积的 1/3。前胸腹板中突向下弯曲，中胸腹板上的 V 形脊光滑发亮，第一腹板中突有明显的边缘脊。前足胫节细，末端不扩张，外缘具细齿，跗节 5-5-4 式。

（三）生活习性及发生规律

该虫产卵及发育需要高的湿度，在潮湿发霉的条件下发育良好。在 25℃ 及 70% 的相对湿度下，用小麦精粉、全粉及酵母饲养，再加上湿的衬垫物，发育状况极好。

（四）防治技术

参见本单元第 32 节"储粮病虫害防治原理与技术"。

六、黄粉虫

（一）分布与危害

黄粉虫在世界各国均有分布，我国分布于黑龙江、吉林、辽宁、内蒙古、甘肃、河北、山东、四川、重庆、山西等省（自治区、直辖市）。喜食陈粮、潮湿而开始腐烂的粮食和地脚粮，也取食面粉、麦麸、面包等。常发现于粮油加工厂及副食品仓库内的阴暗潮湿处，在干燥环境中不易发生。该虫对谷物及其制品一般不造成严重危害，其存在是储藏条件欠佳的标志。

（二）形态特征（图 15-8-6）

成虫：长 14~18mm，椭圆形，黑褐色，有光泽，背面较光滑。触角 11 节，念珠状，第三节长为第二节的 2 倍，末节长略大于宽。前胸背板宽略大于长，背面的刻点间距大，较光滑。每鞘翅上有明显刻点纵行 8 条，刻点行间无明显颗粒，末端较圆滑。

幼虫：长 28~32mm，圆筒形，黄色有光泽。口器内上唇端缘两侧具多根粗短刚毛，排列不规则。胴部各节连接处有一圈黄褐色条纹，各足转节腹面末端有两根刺。腹末背面臀叉向上的方向与虫体背面几成直角。

（三）生活习性及发生规律

1 年发生 1 代，个别情况下 2 年 1 代。以幼虫在仓内潮湿阴暗处、各种缝隙内及底粮尘芥中越冬。在我国北方，越冬幼虫在 5 月上旬开始活动，中旬化蛹，下旬见成虫。成虫喜夜间活动，爬行迅速，善飞，具趋光性。成虫羽化后 2~5d 内交尾，每雌每天产卵可多达 40 粒，一生产卵平均 276 粒，最多能产 600余粒。成虫寿命约 2 个月。卵期 4~19d，幼虫期长，一般 281~629d，有 7~20 龄，龄数的多少取决于温度、食物、幼虫密度等环境条件。蛹期 6~18d。黄粉虫繁殖的温、湿度范围分别为 18~30℃和相对湿度

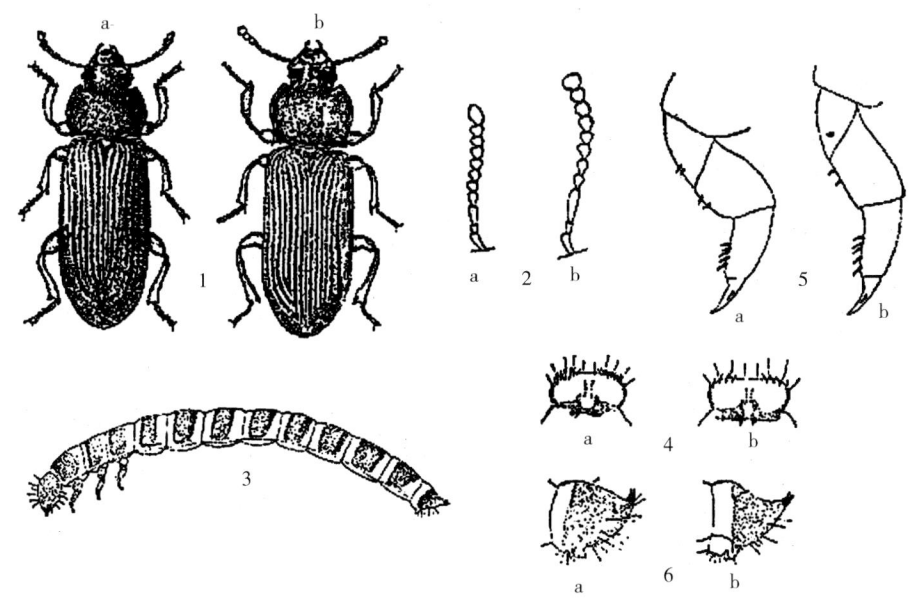

图 15 - 8 - 6　黑粉虫和黄粉虫（仿陈启宗等，1986）

Figure 15 - 8 - 6　*Tenebrio obscurus* and *T. molitor*

（from Chen Qizong et al.，1986）

a. 黑粉虫　b. 黄粉虫

1. 成虫　2. 成虫触角　3. 幼虫　4. 幼虫内上唇

5. 幼虫前足　6. 幼虫腹末侧面

60％～90％。在室内饲养时，以 25～30℃ 为宜。幼虫能抗低温和干燥，但在极干燥的条件下进入休眠状态，可存活 1 年以上。

（四）防治技术

参见本单元第 32 节"储粮病虫害防治原理与技术"。

七、黑粉虫

（一）分布与危害

黑粉虫属世界性分布，在我国分布于黑龙江、辽宁、吉林、内蒙古、新疆、山西、河北、山东、江苏、浙江、湖南、安徽、四川、贵州、广东、福建等省（自治区）。食性复杂，为害潮湿粮食和油菜籽、粉类、糠麸、饼屑、羽毛、干鱼、干肉，并能食虫尸、鼠粪。

（二）形态特征（图 15 - 8 - 6）

成虫：长 14.0～18.5mm。长椭圆形，暗褐色至黑色，无光泽。头部扁阔，前伸，触角念珠状，第三节长等于第一、第二节之和，为第二节的 3 倍或第四节的 2 倍。前胸背板长宽约相等，刻点间距小而粗糙。每鞘翅上有明显刻点纵行 8 条，行间有大而扁的颗粒，形成明显隆起的脊。幼虫体长约 30mm，长圆筒形，表皮较硬，有光泽，口器黑色，胴部 12 节，各节背面前后缘呈深黑褐色，腹面及节间呈淡黑褐色，末节末端有 1 对臀叉，腹面有 1 对突起。

幼虫：长 30～35mm，长圆筒形，体壁高度骨化，光滑，骨化部分为黑褐色。口器上内唇端缘两侧各有粗短刚毛 3～4 根排成一列。触角 3 节，第二节长大，末节极细小。腹末腹面具伪足突起 1 对。各足转节腹面近端部具一粗刺。

（三）生活习性及发生规律

一般 1 年发生 1 代，少数为 2 年 1 代，每代需时 115～650d 不等。以幼虫在仓内缝隙、地板下、底粮中、碎屑杂物内以及其他阴暗处越冬。在我国北方，5 月越冬幼虫开始活动和化蛹。成虫具趋光性，喜夜间活动。每雌平均产卵 463 粒。卵期 4～19d，幼虫期 79～642d，平均 300d；幼虫通常有 14～15 龄，最少 12 龄，最多 22 龄，龄数的多少取决于温度、食物、幼虫密度等环境条件。蛹期 7～20d。幼虫和成虫常群居，均有自相残杀习性，喜食潮湿而开始腐败的粮食及地脚粮等，常发现于粮油加工厂及其副产品仓库内阴暗潮湿处，干燥环境中不易发生。

（四）防治技术

参见本单元第 32 节"储粮病虫害防治原理与技术"。

豆威 王进军（西南大学植物保护学院）

第 9 节 锯谷盗类害虫

该类害虫属鞘翅目锯谷盗科，编入本节的主要储粮害虫有米扁虫 [*Ahasverus advena*（Waltl）] 和锯谷盗 [*Oryzaephilus surinamensis*（Linnaeus）] 两种。

一、米扁虫

（一）分布与危害

米扁虫属世界性害虫，国内分布于吉林、辽宁、新疆、福建、江苏、北京、天津、浙江、江西、湖北、湖南、广西、广东、海南、四川、重庆、云南、贵州等省（自治区、直辖市）。食性十分复杂，为害稻谷、大米、小麦、玉米、豆类等粮食及加工品和 150 余种中药材，但喜食粮食碎屑、粉末，在潮湿或发霉的环境较多，干燥洁净的储粮不易为害。属次生性储粮害虫，还取食真菌，在虫口数量大时，造成粮食和食品严重污染。

（二）形态特征（图 15-9-1）

成虫长 1.5～2.0 mm，扁长卵形，黄褐色至褐色，背面密生黄褐色细毛。头略呈三角形，前窄后宽，具小刻点和淡色微毛，缩入前胸至眼部。触角 11 节，末 3 节膨大成棒状，第一棒节显著窄于第二棒节。前胸背板横宽，四角稍突出；前角各有一钝齿，后角各有一小尖齿，侧缘在前角之后有多数微齿。鞘翅椭圆，两侧近平行，长为两翅宽的 1.5 倍以上。鞘翅上的刻点浅圆，刻点行整齐，第一行间有刚毛 1 列，其余行间有刚毛 3 列。跗节 5-5-5 式。

幼虫长 3～4mm，灰白色，扁平细长，两侧平行，后端较宽，全体散生黄色细毛。头部略呈梯形，淡褐色。触角与头部略等长，共 2 节，第二节锤状。胸部乳白色至灰白色，由前胸至第四腹节逐渐膨大，以后各节逐渐缩小，末节半圆形，无臀突。

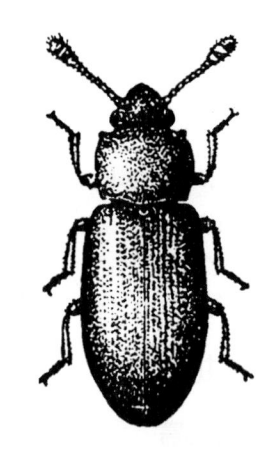

图 15-9-1 米扁虫（仿陈启宗等，1986）

Figure 15-9-1 *Ahasverus advena*（from Chen Qizong et al.，1986）

（三）生活习性及发生规律

1 年发生多代，主要以成虫越冬。成虫寿命一般 159～208d，个别未交尾的可长达 530d，活泼但不善飞翔。卵单产，偶尔 2～3 粒产在一起。在 27℃及相对湿度 75% 的条件下，每雌产卵 100～300 粒，平均每日产卵 1.46 粒，卵期 4d。幼虫有 4～5 龄，一龄 3.6d，二龄 2.4d，三龄 2.4d，四龄 2.2d，五龄 2.2d，整个幼虫期 11～19d。前蛹期 1～2d，蛹期 3～5d。在 24℃及相对湿度 66%～92% 的条件下，用燕麦加啤酒酵母（重量比为 95：5）作饲料，由卵发育至成虫需要 19～24d；在 27℃及相对湿度 85% 的条件下，用阿姆斯特丹曲霉（*Aspergillus amstelodami*）、白曲霉（*A. candidus*）和橘青霉（*Penicillium citrinum*）饲养，完成 1 个生活周期所需的时间分别为 17～20d、22～34d 和 16～23d。该虫发育的最适温度为 27～30℃，最适相对湿度为 85%～92%，发育的温度下限接近 17.5℃。

（四）防治技术

参见本单元第 32 节"储粮病虫害防治原理与技术"。

二、锯谷盗

（一）分布与危害

锯谷盗分布全世界，国内除吉林、宁夏、西藏未发现外，其他各省（自治区、直辖市）均有分布，是仓库中虫口数量较大、分布最广的重要害虫，对所有植物性储藏物产品均可为害，但喜食粮食碎屑、粉末，多为害陈粮、糕点、干果、蜜饯、干菜、烟草、干肉和药材等，常生活在已被蛀食的储藏物中，为后期性害虫。

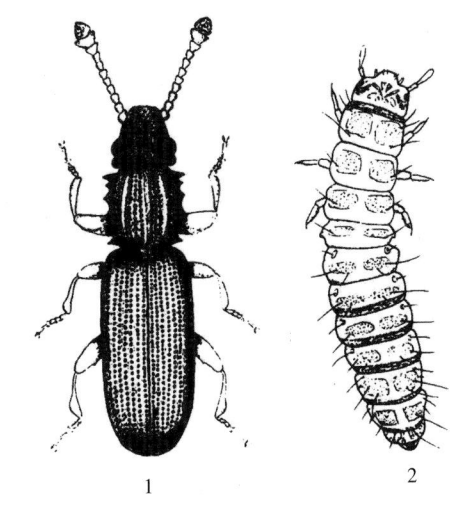

图 15 - 9 - 2　锯谷盗（仿陈启宗等，1986）

Figure 15 - 9 - 2　*Oryzaephilus surinamensis*（from Chen Qizong et al.，1986）

1. 成虫　2. 幼虫

（二）形态特征（图 15 - 9 - 2）

成虫：长 2.5～3.5mm，宽 0.5～0.7mm，体扁平细长，暗赤褐色至黑褐色，密被金黑色细毛，无光泽，腹面及足颜色较淡。头近梯形，复眼小，圆而突出，复眼后的齿突大而钝，其长度约为复眼长的 1/2～2/3。触角 11 节，末 3 节膨大成锤形，其中第九、第十节横宽，呈半圆形，末节呈梨形。前胸背板长略大于宽，上面有 3 条纵脊，中脊直，两侧的脊明显弯向外方，两侧缘各具锯齿突 6 个。鞘翅长，盖住腹末，两侧近平行，每鞘翅有相距较远的纵脊 4 条及刻点 10 条。雄虫后足腿节腹面近端部有一小刺突。

幼虫：长 3～4mm，灰白色，但头部及各体节背面的骨化区颜色较深。体长扁形，后半部膨大，近末端数节逐渐缩小。触角 3 节，与头部等长。前、中、后胸背面左右各有一近方形的、骨化的褐色斑，腹部各节背面中央横列一椭圆形或半圆形黄褐色斑。在第二至第七节腹节背面褐色斑的后缘各具刚毛 4 根。腹部末端呈半圆形，无臀叉、臀刺，腹末腹面无伪足状突起。

（三）生活习性及发生规律

1 年发生 3～4 代。少数成虫在仓内缝隙中越冬，多数在仓外墙壁缝隙、砖石下或树缝中越冬，翌春又返回仓库内。成虫寿命可长达 3 年以上，性活泼，爬行快，喜群聚。在 30℃ 和 70％ 相对湿度下，成虫羽化后 5～6d 即可产卵。卵产在缝隙处或碎屑中，散产或聚产，每雌平均产卵 375 粒，卵的孵化率可达 95％ 以上。幼虫蜕皮 2～4 次，一般 3 次，具假死性。该虫发育的温度范围为 18～37.5℃，最适为 31～35℃。当仓库内相对湿度 90％ 左右，气温 35℃ 时，完成 1 代仅需 18d，30℃ 时需 21d，25℃ 时则需 30d，耐寒力较强。该虫一般情况下不为害完整的粮粒，主要取食初期性害虫为害过的谷粒，在仓内的为害程度随破碎粒增多和粮食含水量增高而加剧。

（四）防治技术

参见本单元第 32 节"储粮病虫害防治原理与技术"。

豆威　王进军（西南大学植物保护学院）

第 10 节　窃蠹类害虫

该类害虫属鞘翅目窃蠹科，编入本节的主要害虫有烟草甲 ［*Lasioderma serricorne*（Fabricius）］ 和药材甲 ［*Stegobium paniceum*（Linnaeus）］ 2 种。

一、烟草甲

（一）分布与危害

烟草甲是一种世界性的储烟害虫，国内除黑龙江、辽宁、宁夏、青海、江苏、山西外，其他各省（自治区、直辖市）均有发生，尤以温暖多湿的地区为害最重。成虫的食量很小，主要以幼虫为害，喜食储藏中正在醇化的烟叶，其粪便和尸体对烟叶和烟草制品造成污染，严重影响烟叶的可用性和卷烟质量。该虫食性很杂，除取食储藏烟草外，还可为害储粮、茶叶、豆类、油料、可可、皮革制品和动植物标本等。

（二）形态特征（图 15 - 10 - 1）

成虫：长 2.5～3mm，椭圆形，红黄色至赤褐色，背面隆起，密被黄褐色细毛，有光泽。头隐于前胸下方，上颚外露。触角分11节，第三至十节为锯齿形，末节为椭圆形。前胸背板下弯。鞘翅上散生微小刻点，盖住整个腹部。

卵：长0.5mm，长椭圆形，淡黄色，有光泽。

幼虫：长3～3.2mm，乳白色，半透明，蛴螬状，密布金黄色细丝状毛，常沾有大量烟末和虫粪，形似小粉球。头褐色，额中央两侧各有一纵的深色斑纹。腹部末端有一褐色新月形骨片。

蛹：长3mm，浅黄色，头向下弯。复眼褐色。前胸背板位于头部上方，后缘角两侧突出。鞘翅伸达第二腹节中部，雌蛹腹末两节的两侧各有一根小刺，呈叉状，雄蛹腹末圆锥形。

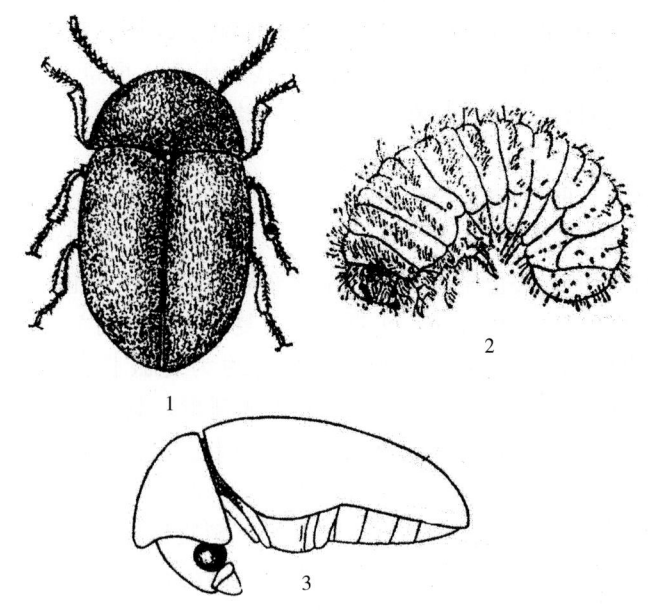

图15-10-1 烟草甲（仿陈启宗等，1986）
Figure 15-10-1 *Lasioderma serricorne*（from Chen Qizong et al.，1986）
1. 成虫 2. 幼虫 3. 成虫侧面

（三）生活习性及发生规律

1年发生3～6代，主要以老熟幼虫在烟包内、中药材碎屑或包装物上越冬，常连接食物残屑等由中肠分泌黏液结成茧在内化蛹。预蛹期7d左右，蛹期在30～37.5℃下为4d，在20℃下需12d。成虫刚羽化时仍留在茧内，待皮肤硬化后再出茧活动。成虫羽化的适宜温度为32.5～35℃，在4℃下经6d死亡。在20～25℃下，雄虫寿命43d，雌虫18～46d；59℃下24h或60℃下几分钟可杀死成虫。成虫交尾后1～2d产卵。平均每雌产卵30～75粒，最高可达百余粒。卵散产在烟叶、药材缝隙中或包装物上。产卵的适宜温度为22.5～35℃，在20℃时产卵期14～20d。卵的适宜发育温度为20～35℃，相对湿度为69%～90%；在20℃时卵期20～22d，35℃时5～6d，高湿对卵的孵化有利。初孵幼虫很活跃，会取食卵壳，有群集性，耐饥力较强，畏光，老熟幼虫行动迟缓。幼虫一般5～6龄，少数有4龄或7龄。幼虫发育的上限温度为37.5～40℃，下限温度为17.5～20℃，在10℃时，幼虫经11周有60%死亡。在30～35℃下幼虫期为33d，25℃下为50d，20℃下为120d。

（四）防治技术

烟草甲的化学防治主要采用熏蒸法。目前常用的熏蒸剂是磷化铝、溴氰菊酯乳油等。为延长化学熏蒸剂的使用寿命，避免或延缓烟草甲抗性的产生，在使用熏蒸剂时可采用缓释和间歇法。也可使用磷化氢和二氧化碳混合熏蒸的方法，以提高安全系数。研究表明，用比例为65%：8%：27%的CO_2、O_2、N_2的混合气体防治烟草甲，效果最为理想。在冬季将烟草储藏在-5℃下3个月，然后将其储藏在18℃的条件下，可在整个储藏期免遭烟草甲的为害。

其他防治技术参见本单元第32节"储粮病虫害防治原理与技术"。

二、药材甲

（一）分布与危害

药材甲为世界性分布，国内分布在吉林、辽宁、北京、天津、河北、河南、山东、新疆、青海、甘肃、四川、重庆、广西、广东、福建、浙江等省（自治区、直辖市）。食性复杂，主要为害动植物药材，因此又称药谷盗。另外，也可为害谷物、油料、薯干等。

（二）形态特征（图15-10-2）

成虫：长2～3mm，长椭圆形，红褐色至深栗色，密被细毛。头部小，隐藏于前胸下方，背面不能见。触角11节，末端3节扁平。复眼大，黑褐色。前胸背板高凸，略呈三角形，背板后缘稍宽于鞘翅基部。鞘翅上刻点明显，排列成9纵行，被淡黄色毛。跗节5-5-5式。

卵长：约3mm，椭圆形，乳白色，孵化前呈乳黄色。未受精卵常呈半透明，略有光泽。

幼虫：长约 3.5mm，弯曲，蛴螬形，乳白色。头淡褐色，体被直立的黄褐色细毛。腹部除第十节外，其余各节均有微刺。胸足 4 节，具爪。肛前片不明显。

蛹：长约 4mm，长椭圆形，乳白色。鞘翅伸达第三腹节后缘。腹部末端两侧各有一小肉刺。

（三）生活习性及发生规律

1 年发生 2～4 代，以幼虫越冬。在 24℃ 和 45% 相对湿度下用禾谷类饲养，卵期 9d，幼虫期 57d，蛹期 9d，成虫寿命 20d。每雌产卵 40～60 粒，卵产于食物表面和皱褶裂缝处，聚产，每卵块有 40 粒左右。成虫和幼虫均喜在坚硬食物上蛀成孔穴，穿透力强。成虫善飞翔，耐干，有假死性、趋光性，但白天喜在黑暗处，常在夜间和傍晚飞出。幼虫耐饥能力强，蜕皮 3 次。生长繁殖最适温度为 24～30℃，相对湿度为 70%～90%；15℃ 以下、34℃ 以上、相对湿度 35% 以下，该虫发育受到限制。

（四）防治技术

药材甲的防治主要采用熏蒸法，因药材甲

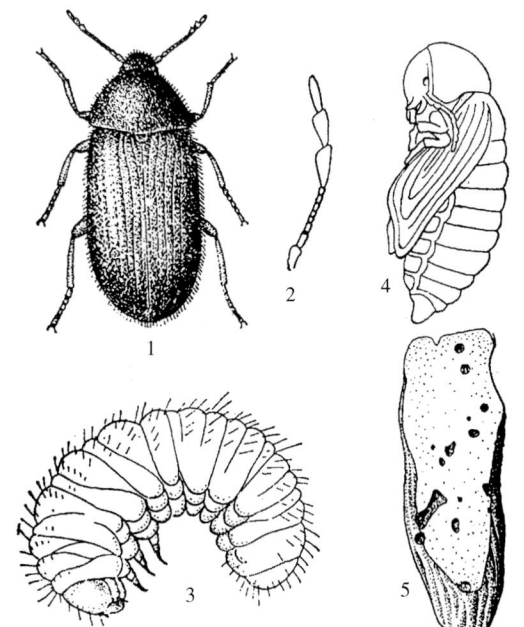

图 15-10-2 药材甲（仿邓望喜等，1992）
Figure 15-10-2 *Stegobium paniceum* （from Deng Wangxi et al., 1992）
1. 成虫 2. 触角 3. 幼虫 4. 蛹 5. 被害状

为害的物品大多直接入药，故目前常用的熏蒸剂是丹皮提取物及丹皮酚等。为延长化学熏蒸剂的使用寿命，避免或延缓烟草甲抗性的产生，在使用熏蒸剂时可采用缓释和间歇法。为提高安全系数，多采用高浓度 CO_2 进行气调防治或适时的高温处理。

其他防治技术参见本单元第 32 节"储粮病虫害防治原理与技术"。

豆威　王进军（西南大学植物保护学院）

第 11 节　蛛甲类害虫

本类害虫属鞘翅目蛛甲科，编入本节的主要害虫包括拟裸蛛甲（*Gibbium aequinoctiale* Boieldieu）和日本蛛甲［*Ptinus japonicus* （Reitter）］2 种。

一、拟裸蛛甲

（一）分布与危害

拟裸蛛甲近乎世界性害虫，国外分布在墨西哥、危地马拉、新喀里多尼亚、哥伦比亚、委内瑞拉、巴西、圣文森岛、多米尼加、古巴、澳大利亚、马来西亚、泰国、菲律宾、日本、朝鲜、巴基斯坦、印度、斯里兰卡、土耳其、伊朗、叙利亚、前苏联、波兰、希腊、法国、英国、阿尔及利亚、利比亚、突尼斯、埃及、也门、埃塞俄比亚、索马里、马达加斯加、毛里求斯、卢旺达、乌干达、刚果（金）、安哥拉、圣海伦纳岛、圣多美、上沃尔特、塞内加尔。国内各省（自治区、直辖市）均有分布。拟裸蛛甲除了为害粮食和面粉外，还为害某些动物性物质，如干鱼、干肉。常发生于仓库、加工厂和住宅内。

在过去的一些国内仓虫文献中，将该种误定为裸蛛甲［*Gibbium psylloides* （Czempinski）］但后者仅分布于古北区（欧洲和地中海地区）、东南亚和北非，包括西班牙、法国、英国、比利时、瑞士、波兰、捷克、斯洛伐克、匈牙利、俄罗斯、意大利、马耳他、希腊、黎巴嫩、伊朗、埃及、阿尔及利亚、摩洛哥。

(二) 形态特征 (图 15-11-1、图 15-11-2，彩图 15-11-1)

成虫：体长 2~3mm。有强光泽，背面强烈隆起呈球形，两性同型。头小下垂；额区有一纵凹纹；在复眼上方、下方和后方有许多近平行的脊纹，伸达前胸背板前缘；两触角窝后缘线构成直角。前胸背板小，光滑少毛无刻点。鞘翅宽约为其腹部腹板宽的 3 倍，鞘翅无毛无刻点，两鞘翅愈合，并向两侧扩展包围腹部。腹部可见 4 节腹板。后足转节长为腿节长的 1/2。

拟裸蛛甲与其近缘种裸蛛甲的外形极其相似，但裸蛛甲两触角窝后缘线构成锐角，阳茎背方的骨化脊正面观狭而长；拟裸蛛甲两触角窝的后缘线构成直角，阳茎背方的骨化脊正面观粗而短。

卵：长约 0.5mm，宽约 0.3mm，卵圆形。表面光滑，乳白色，有光泽。

幼虫：外形与日本蛛甲相似，其不同点：老熟幼虫体长 3.8mm；额上的淡赤褐色 "八" 字形斑不明显或无；第一腹节气门最大宽度约为气门后上方的鸭嘴状突宽的 8 倍；肛前骨片 V 形，小，仅包围肛门后缘。

蛹：体长约 2.5mm，乳白色，背面隆起呈弧形，腹面平，两端较细削，中部最宽。腹末近腹面处具钩状突 1 对，其基部相连，端部伸向两侧；近背面处着生一柄状突，其基部较粗，末端钝圆。

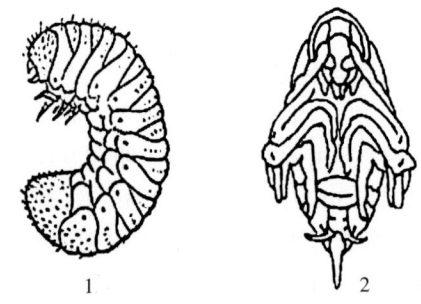

图 15-11-1 拟裸蛛甲 (仿邓望喜, 1992)

Figure 15-11-1 *Gibbium aequinoctiale* (from Deng Wangxi, 1992)

1. 幼虫 2. 蛹

(三) 生活习性

在辽宁、山东、河南、湖北，1 年发生 2~3 代。以成虫在各种缝隙中越冬，或以幼虫在其分泌物将粮食碎屑所缀的团块中越冬。在武汉，越冬成虫 4 月中旬开始交配、产卵，卵期平均 20.8d，于 5 月上旬孵化，幼虫期 54.8d，于 6 月中、下旬结茧化蛹，蛹期 12.6d，于 7 月出现第一代成虫。第一代卵期 6.4d，幼虫期 36.6d，8 月下旬开始结茧化蛹，蛹期 9.4d，9 月上旬出现第二代成虫。

成虫：羽化后在茧中静止数日，性成熟后再爬出交尾产卵，以开始产卵的数日内产卵量最多。卵多产在粮食表面及碎屑中。每雌可产卵 45~524 粒，平均 283 粒。缺乏食物时，产卵量极少。成虫有假

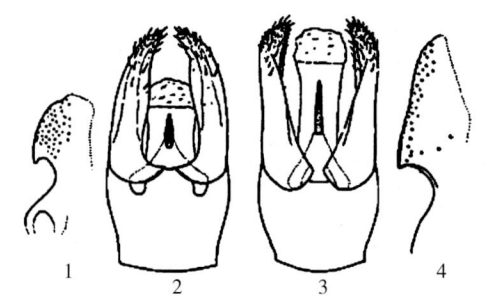

图 15-11-2 拟裸蛛甲与裸蛛甲的雄性外生殖器 (仿张生芳, 1998)

Figure 15-11-2 The male genitalia of *Gibbium aequinoctiale* and *Gibbium psylloides* (from Zhang Shengfang, 1998)

1. 拟裸蛛甲阳茎骨化脊侧面观 2. 拟裸蛛甲雄性外生殖器
3. 裸蛛甲雄性外生殖器 4. 裸蛛甲阳茎骨化脊侧面观

死性，畏光，移动缓慢，多在粮食表面及包装品缝隙中活动，喜食较干燥的面粉及其他尘芥杂物。一般能耐饥 7d，最长达 50d。

幼虫：一般 3 龄，多潜伏在粮食碎屑中或粉底层，喜以分泌物缀碎屑及粪便成团，第三龄排出分泌物最多，往往作白色丝质茧潜伏其中，若食物充足则不喜活动。幼虫最喜食全麦粉，其次为白面粉。老熟幼虫做白色球形坚韧薄茧化蛹。茧多混杂在粮食碎屑及尘埃中或黏附在包装品、地板及板壁缝隙内。

该虫能抵抗干燥环境，在温度 25℃，相对湿度 0% 的条件下，没有食物和水也能存活近 3 个月。

(四) 发生规律

拟裸蛛甲较耐高温，在 35℃ 下能完成世代发育。该虫最适发育温度为 25~33℃，相对湿度为 70%~90%，若低于 30% 即不能完成发育。在温度 40℃ 和相对湿度 70% 的条件下，卵全部死亡。相对湿度 70%，温度 23℃，用鱼粉饲养时，卵期 14.6d，幼虫期 69d，蛹期 13.4d，完成一代约需 97d；温度 25℃ 时，用小麦饲养，完成一代约需 49d，雌虫寿命可长达 113d；20℃ 时约经 120d 才能完成一个世代。

（五）防治技术

做好仓房和包装用品的清洁杀虫工作，仓房周围喷布防虫线，防止传播感染。种子过筛后，可以消除大部分成虫和幼虫。结合清理除杂消灭越冬幼虫或成虫，将清理出来的害虫集中处死。

日光曝晒杀虫，结合降水干燥是经济、便利的防治技术；不宜用高温的储藏物，如火腿、腌肉、香肠、水产品等，可用磷化铝、硫酰氟、敌敌畏等药剂进行密闭熏蒸杀虫。轻纺工业品可使用精萘、对二氯苯防虫。对仓库走道、垛底可喷洒溴氰菊酯等防治。

干燥储藏物可采用缺氧杀虫法（如使用除氧剂，以 N_2 置换 O_2，充 CO_2 或自然缺氧等）。"双低"或"三低"储藏既可防虫，又能治虫，并能保持储藏物品质。

其他防治技术参见本单元第 32 节"储粮病虫害防治原理与技术"。

二、日本蛛甲

（一）分布与危害

日本蛛甲又名白纹蜘蛛标本虫、皮毛标本虫。国外分布在俄罗斯远东地区、日本、印度、斯里兰卡。国内大部分省（自治区、直辖市）均有发生，但主要分布在东北和西北地区。为害干燥或腐败的动植物及其制品，包括小麦、玉米、面粉、生姜、辣椒粉、干果、皮毛、毛织品、蚕丝及其制品、烟叶、中药材、干肉、干鱼和动物标本。尤以面粉受害最烈，使面粉结块变味，失去食用价值，损失率 20％ 以上，甚至高达 100％。还曾发现严重为害酒曲，也可取食鼠粪。主要发生在粮食仓库、饲料仓库、制酒厂原料库、食品加工仓库、羊毛衫仓库、皮革生皮原料库等场所。成虫可近距离传播，各虫态可随食物及包装物品、运输工具远距离传播。

在内蒙古自治区的林西地区，日本蛛甲主要为害面粉，被害面粉结块，色味均变，不能食用。该虫为害使小麦、玉米、高粱、黏米、小米等各种禾谷类粮食、生药材呈缺刻状，直至形成粉碎性渣滓；食害种胚影响种子发芽率；为害花生、葵花籽时，种皮首先受害，接着种仁被逐渐啃食；羊毛衫受害被咬断线股，降低商品价值；生皮受害呈现孔穴。

（二）形态特征（图 15-11-3，彩图 15-11-2）

成虫：体长 3.5～5.0mm。雌雄异型：雄虫较细长，触角等于或长于体长，两鞘翅外缘近平行，肩胛明显；雌虫较粗短，触角显然短于体长，两鞘翅外缘弧形外弓。表皮黄褐色至褐色，被黄褐色毛。触角丝状，11 节，密被黄褐色毛，位于两复眼间。上唇圆，其前缘几乎平截。前胸背板小，中部有 1 对黄褐色毛垫，毛垫前部高宽隆起。每鞘翅近基部及近末端各有 1 个白色大毛斑。足细长，腿节末端膨大，后足胫节弯曲。

卵：长 0.6～0.7mm，长椭圆形，一端稍尖，一端为钝圆，乳白色，不透明。

幼虫：老熟幼虫体长 4.5～5.5mm，弯弓式，乳白色，多皱纹，密被淡黄褐色细长毛。头部近圆形，淡黄褐色，无眼。额上有 1 个"八"字形的褐色斑纹。上颚黑色，端齿短而钝。触角 1 节。第一对气门位于近前胸前缘（即前胸盾）前方，第一腹节气门最大宽度约为气门后上方的鸭嘴状突宽的 2 倍，第一至八腹节上气门均为等大。腹末腹面具 1 个褐色 U 形肛前骨片，骨片的两臂较长，伸越肛门中部。

蛹：体长 5.0～5.5mm，呈扁平纺锤状，乳白色。头及胸部小。触角细长，弯向腹面。前胸背板上纵列黄褐色隆起 2 个，鞘翅芽伸至第五腹节。腹末有 1 半圆形隆起，上生肉刺 1 对。

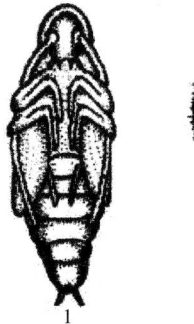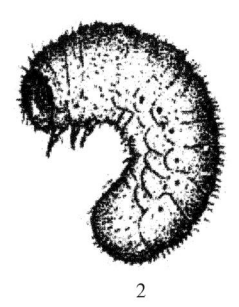

图 15-11-3　日本蛛甲（仿姚康，1986）
Figure 15-11-3　*Ptinus japonicus*（from Yao Kang，1986）
1. 蛹　2. 幼虫

（三）生活习性及发生规律

1 年发生 1～2 代，以幼虫在各种缝隙、食品内或粉类中，以分泌物缀碎屑、尘芥、粉末做成的薄茧中越冬，翌年 4 月下旬出现成虫，5 月上、中旬至 7 月上旬为成虫盛发期和产卵盛期。每雌可产卵 40 粒，散产在粉屑或成虫排出的粪便中，吐丝连缀，附着在面粉表层。5 月初可见幼虫，5 月中旬至 8 月初为幼虫盛发期。幼虫喜潜伏在面粉近表层，缀碎屑粉末成茧状，使面粉结块变色变味。幼虫期 90d 左右。蛹在

8月初至9月上、中旬出现，高峰期在8月下旬，蛹期13～15d。8月中、下旬始见第二代成虫，9月上旬至10月中、下旬为第二代成虫盛发期。成虫多在夜间活动，成虫和幼虫均有假死性。观察468头成虫，其中雌虫占58.2%，雄虫占41.8%。

日本蛛甲耐寒性较强，抗热性较差。在5℃下，卵经97d、幼虫164d、蛹4d、成虫72d才能致死；在40℃下，成虫经10～12min、卵48～50min、老熟幼虫25min、蛹31min死亡；在45℃下，成虫经6min、卵27～48min、老熟幼虫16min、蛹23min死亡；在50℃下，成虫经3min、卵15～16min、老熟幼虫8min、蛹15min死亡；在55℃下，成虫经1min、卵8～9min、老熟幼虫5min、蛹7min死亡。

（四）防治技术

参见本单元第32节"储粮病虫害防治原理与技术"。

鲁玉杰　王争艳（河南工业大学粮油食品学院）

第 12 节　皮蠹类害虫

本类害虫属鞘翅目皮蠹科。国内记述近100种，分隶于14个属。编入本节的主要害虫有花斑皮蠹 [*Trogoderma variabile* (Ballion)] 和黑皮蠹 [*Attagenus piceus* (Olivier)] 2种。

一、花斑皮蠹

（一）分布与危害

花斑皮蠹起源于墨西哥和美国，国外主要分布于俄罗斯、阿富汗、伊朗、蒙古、伊拉克、美国、墨西哥等地；国内除西藏外，其他各省（自治区、直辖市）均有发生。该虫活动隐蔽，耐寒、耐旱、耐热、耐饥，抗药性强；其卵和初孵幼虫微小，很容易随气流传播。由于花斑皮蠹生活环境变化小、天敌少、食物丰富、活动范围有限、雌雄相遇机会多等原因，导致其种群繁殖力极强。花斑皮蠹能为害各类原粮、成品粮、副产品、油料、中药材、毛呢丝棉织品、皮革、图书和干燥动物性物质，甚至为害家居的装潢材料、天花板、地板等。幼虫常群集为害，且为害期长。在储粮中，一般先食害粮粒胚部，然后食害胚部周围部分，或从胚部蛀入为害，几乎将整个籽粒食完而仅存种皮；在野外，幼虫常与毛皮蠹属的一些种混合生活于鸟巢和切叶蜂属（*Megachile*）、条蜂属（*Anthophora*）、石蜂亚属（*Chialicodoma*）及黄斑蜂属（*Anthidium*）等蜂的蜂巢内，取食巢内死蜂及其他动物尸体皮毛的角质层。花斑皮蠹常将物品蛀成锯末状，如标本昆虫被害后，只剩下蛀空的体壳；档案图书、皮毛、装潢材料等常被蛀成孔洞。

（二）形态特征（彩图 15-12-1）

成虫：体长2.4～3.3mm，宽1.2～1.8mm。椭圆形，体上密布淡褐色细毛。前胸背板及腹面为单一的黑色，触角和足淡褐色，鞘翅由淡黄褐色与黑褐色2种颜色的体壁在翅面上形成影斑。鞘翅基部各有1环状或半月形红褐色斑纹，中部和末端1/4处也各有1红褐色波状带纹，斑上生有白色细毛，这些斑纹有时不甚明显或不完全。头部额上方有1中单眼。触角棍棒状，11节。雄虫的触角棒6～7节，端节的长度为第九、十两节之和的1.4倍；雌虫的触角棒4～5节，端节的长度等于第九、十两节的总长，端节圆锥形。雄虫触角窝后缘隆线完整，刀刃状；雌虫触角窝长为宽的3倍。鞘翅掩盖住腹部，各鞘翅翅端圆形，臀板部分外露。后足第一跗节长于第二跗节。雌虫交配囊内的成对骨片宽大，表面有许多小刺。

卵：长米粒形、卵圆形，少数肾形。长0.4～0.7mm，宽0.23～0.38mm。卵初产乳白色稍透明，表面光滑，富有弹性和黏性，一端有2～12根长短不等的透明丝（或肉刺）。随着胚胎的发育卵颜色由乳白色变为淡黄色，最后变深黄色，光泽消失，表面可见放射状纵脊之间有横脊，胚胎发育到后期，卵的一端出现长约0.09mm的赤褐色（为初孵幼虫尾毛），而另一端则为长约0.22mm的透明状，透明端清晰可见即将孵化的幼虫复眼和口器，卵中间一侧出现淡褐色纹（为初孵幼虫每体节的刚毛）。

幼虫：爬虫式。老熟幼虫体长6～9mm，宽1.4～2.0mm。背隆，腹平，呈纺锤形。头圆，黄褐色，每边有单眼6个，口器黑色。胴部背面可见11节，每节前半部黑褐色，上有短状毛，较稀少；后半部黄褐色，不生毛。节间黄白色。各节两侧均向左右方向着生黑褐色粗毛1丛。腹末簇生较长的黄褐色粗毛20余根。腹部第七至八节背面近端缘各具有1明显的前脊沟。这些特征与斑皮蠹属的其他幼虫相同，但可从触角、上唇腹面的乳状突极易区别：幼虫触角 3 节，第一节有刚毛 6～8 根，集中于内侧。第二节无刚毛；上唇腹面正中的乳状突 6 个，分 2 列，前列 2 个，后列 4 个，位于 1 圆窝内。

蛹：纺锤形，扁平。离蛹，雌蛹长 7～9mm、宽 3～4mm，雄蛹长 5～6mm、宽 2.0～2.6mm，蛹体外被有末龄幼虫的蜕皮，蛹体背面及腹末被长短不等的淡黄色刚毛，胸背中区的刚毛长而密，有时夹杂粗而硬的刚毛，其余部分刚毛短而稀。

（三）生活习性

1 年发生 1～2 代，以不同龄期的幼虫在仓内各种缝隙中、砖瓦地板下的粮食或储藏物碎屑中群集越冬。翌年 4 月初开始活动取食，4 月中旬为始蛹期，5 月上、中旬为化蛹盛期。幼虫化蛹时身体缩短，体色加深，进入蛹前期，2～4d 后化蛹于幼虫的蜕皮中，5～8d 成虫羽化，2～3d 后爬出；成虫 4 月下旬开始羽化到 8 月上旬结束，羽化盛期为 5 月下旬至 6 月上旬。成虫具假死性、群集性，飞行能力较强，产卵前有负趋光性，产卵后则具正趋光性；卵散产于粮粒间或粮粒裂缝及胚部、织物缝隙内等阴暗隐蔽处，卵于 4 月下旬出现到 8 月上旬结束，产卵盛期为 5 月下旬至 6 月上旬；卵经过 6～12d 孵化，5 月上旬幼虫初见，6 月上、中旬为盛期。幼虫有假死性，喜潮湿黑暗，耐饥、耐热、耐旱；蛹于 6 月中旬出现至 9 月中旬结束，以 7 月中、下旬为盛期；第二代成虫在 6 月下旬至 9 月下旬羽化，7 月下旬为盛期；第二代卵于 7 月上旬出现至 9 月下旬结束，7 月下旬为盛期；幼虫孵化盛期为 8 月上、中旬，10 月下旬后以第一代的高龄幼虫或第二代低龄幼虫进入越冬。

（四）发生规律

1. 各虫态的发育规律

（1）幼虫的发育。花斑皮蠹初龄幼虫（一至二龄）的死亡率较高，为 14%，以后各龄死亡率几乎为 0；雄性幼虫多为 5 龄，少数 4 龄，历经 39～53d；雌性幼虫多为 6～8 龄，少数 10～11 龄，历经 48～108d。在营养条件不良时，雌性幼虫可达 17～18 龄，历经 27 个月甚至 3 年。不同龄期幼虫的耐饥时间，初孵幼虫为 7～24d，三至四龄幼虫为 9～20 个月；老龄幼虫 12～28 个月，休眠幼虫甚至能耐饥 8 年不死。在温度 38～40℃、储藏物含水量 8%～10%、相对湿度不超过 50% 的条件下，幼虫能正常发育，但该虫耐寒性弱，低龄幼虫在 0℃ 以下只能存活 7d；2℃ 时存活 11d。初龄幼虫（一至三龄）及老龄幼虫（九至十二龄）龄期较长，每龄 12～13d，四至七龄幼虫龄期较短，10～12d；随着幼虫龄期的增长，体长、体重逐渐加大，一至八龄体长和体重增长较快，八龄以后增长较慢。

（2）卵和蛹的发育。越冬代幼虫化蛹后，平均蛹期 6.9d，平均羽化率为 96.8%，第一代蛹期平均 4.7d，平均羽化率 98%。第一代卵期平均 9.8d，平均孵化率为 84% 左右，第二代卵期平均 7.5d，卵平均孵化率为 76% 左右。虫口密度越大末龄幼虫化蛹历期越长。

（3）产卵及成虫寿命。花斑皮蠹雌虫在羽化后第三天即交尾产卵，到第四天达产卵高峰，第五天几乎全部产卵，第七天产卵量和产卵率开始下降。每雌产卵量最少 14 粒，最多 102 粒，平均 51.3 粒。成虫寿命最短 9d，最长 18d，平均 14.6d。

2. 温度对发生的影响

花斑皮蠹卵、幼虫、蛹、产卵前期的发育起点温度分别为 14.5℃、15.9℃、14.6℃ 和 13.6℃；有效积温分别为 113.25℃、513.43℃、71.29℃ 和 43.67℃；整个世代的发育起点温度为 15.5℃，有效积温为 716.76℃；在相对湿度 75% 时，发育的最适温度范围为 27.8～35.0℃；当温度高于 37.8℃ 时，幼虫的发育受到明显抑制；温度低于 17.8℃ 时，各虫态的发育历期延长，羽化后的成虫常停留在末龄幼虫的虫蜕内静止不动，交尾的概率明显降低，即使交尾，成虫产卵量也明显减少。初孵化幼虫发育非常缓慢，至第一次蜕皮需要 1 个月左右时间。

3. 食物对发生的影响

分别用稻谷、大米、小麦、玉米、大豆、菜籽饼在室内常温下饲养，繁殖率以饲小麦的最高，平均每对产后代 56.7 头，饲大豆、菜籽饼的最低，分别为 17 头和 9 头。化蛹时间也以饲小麦的最早，饲大米、玉米的推迟 2～3d，饲大豆、菜籽饼的推迟 5～7d。用全麦粉饲养成虫的平均产卵量为 78 粒，最多 185 粒；以蛾类的蛹饲养，成虫平均产卵量为 124 粒，最多 214 粒。

（五）防治技术

由于花斑皮蠹对不良环境的抵抗力较强，抗药性发展很快，一旦发生，很难根治。因此，对于该虫的防治应贯彻预防为主、综合防治的策略。

1. 生态控制

花斑皮蠹喜欢在温暖、阴暗和潮湿的环境下生存，及时清除室内外垃圾、加强库房通风换气、保持环境清洁卫生，经常翻晒储藏物，或用除湿机排湿等是有效的预防措施。对储藏图书、标本等，应在每年春末或秋末全面清理 1 次；对于储藏的干蚕茧，可重新烘干，一般在 60℃下保持 2h，可有效杀灭花斑皮蠹的各个虫态；保持仓内或室内温度在 17℃以下，可以控制花斑皮蠹发生。日光曝晒储藏粮食或储藏物品，经 48～52℃ 2h，可取得较好的杀虫效果。

2. 化学驱避　目前常用的驱避剂有樟脑丸、樟脑精、对二氯苯等。使用樟脑精块一般每层可放 1～2 块；使用高纯度的对二氯苯，剂量为 0.5～3.0g/m³，7～30d 内可全部杀灭花斑皮蠹幼虫和成虫。对二氯苯的毒性比樟脑低 40 倍，对环境安全。另外，灵香草植物源制剂对花斑皮蠹的成虫和幼虫具有良好的驱避或杀灭效果，一般高浓度杀虫、低浓度驱避，对人体安全，对环境无污染，是理想的防治药剂。

3. 熏蒸杀虫　常用的熏蒸剂有磷化铝、环氧乙烷等。熏蒸方法可根据贮藏物品数量多少并结合仓库建筑条件，酌情采用整库密封熏蒸、帐幕密封熏蒸、小室密封熏蒸和密封箱、密封缸熏蒸等形式，但必须注意上述几种熏蒸剂均系剧毒气体，使用时应严格落实安全措施。磷化铝的使用剂量 5～10g/m³ 密闭 5d，环氧乙烷 30～100g/m³ 密闭 2～3d，对花斑皮蠹成虫和幼虫均有很好的杀灭效果。这 2 种熏蒸剂对储藏物品质无明显影响，磷化氢气体和环氧乙烷还具有明显的抑菌和杀菌作用，可以防止储藏物在储藏过程中的发霉变质。

4. 生物防治　对花斑皮蠹控制效果较好的生物制剂主要有白僵菌 [*Beauveria bassiana* (Balsamo) Vuillemin]，其剂型为含孢子 50 亿～70 亿个/g 的粉剂，可采用喷粉、喷雾、放带菌死（活）虫等方法施药。施放带菌死（活）虫最为简单易行，可在 5～8 月份施放 2～3 次；如虫口较多时可多施放 1 次，每次 0.10～0.15 头/m³。白僵菌对人、畜无毒，适应性较强，在适宜条件下可重复感染，延续致病。生物防治技术具有用药少，防治效果好，药效长，对环境和人无毒害作用等优点，是今后发展的重要方向。

其他防治技术参见本单元第 32 节"储粮病虫害防治原理与技术"。

二、黑皮蠹

(一) 分布与危害

黑皮蠹 [*Attagenus piceus* (Olivier)] 异名有 *Attagenus unicolor japonicus* Reitter、*Attagenus japonicus* Reitter、*Attagenus piceus japonicus* Reitter、*Attagenus megatoma japonicus* Reitter，别名黑毛皮蠹、短角黑皮蠹、黑鲣节虫、日本鲣节虫、毛毡黑皮蠹。在我国各省（自治区、直辖市）均有分布。国外分布在日本、朝鲜、蒙古、前苏联及欧洲、美国。

黑皮蠹食性复杂，以幼虫为害禾谷类、油籽类、花生、豆类、粉类、大米、麸糠、油饼、蚕茧、蚕蛹、丝、丝织品、皮毛、皮革、羽毛、羊毛、毛织品、奶粉、干酪、骨骼、干肉、干鱼虾、烟叶、胡椒、中药材等。此外，还喜食虫尸、鼠粪及腐败物品。发生场所包括粮食仓库、土特产、中药材、皮毛、食品、外贸等仓库，居民家里的衣橱、抽屉等。幼虫三龄前取食碎屑粉末和碎粮粒，四龄后取食整粮粒。被害蛀孔呈卵圆形或不规则形，齿缺明显，老熟幼虫为害的蛀孔长 2～4mm。据甘肃省安西县调查，全县小麦、玉米因该虫为害，损失达 2.5 万 kg，粮粒被害率为 0.1%，该县种子公司 1987 年储藏的玉米种子，因黑皮蠹蛀食，发芽率仅 50%。

(二) 形态特征（彩图 15 - 12 - 2）

成虫：体长 3～5mm，椭圆形，体壁为单一黑色，仅在前胸背板边缘与鞘翅基部被金黄色毛外，余为褐色毛。头部扁圆形，头部额上方有 1 赤褐色中单眼，复眼间距几为复眼最大直径的 2 倍。触角 11 节，触角棒 3 节，触角雌雄异形：雄虫触角端节牛角形，长度为第九、十两节之和的 3～4 倍；雌虫触角端节长圆锥形，仅略长于第九、十两节之和。后足第一跗节短于第二跗节的 1/2，第二跗节与第五跗节等长，第三、四跗节几乎等长。3 对足均为棕褐色，腿节腹面均有置放胫节的沟，前足胫节沟内缘与外缘均隆起，且等高；中、后足胫节沟的内缘比外缘略隆起，且很明显。鞘翅掩盖住腹部，有的臀板部分外露。

卵：椭圆形，长 0.6～0.9mm，宽 0.25～0.35mm，乳白色，略具光泽。

幼虫：爬虫式，圆锥形。末龄幼虫体长 9～10mm，背面隆起，腹面平坦。触角 3 节，第二节无毛。幼虫除头外，体为 12 节，第一节最宽，至尾部逐渐缩小。体壁骨化为赤褐色或褐色，节间乳白色。骨化部分密被带色刚毛，刚毛长而尖，深褐色。第二至七腹节背板近侧缘中部仅各有 2 直立粗刺，后缘粗刺（气门周围的几根粗刺除外）的长度通常仅约为所在背板长度的 1/2，极少与所在背板等长。尾部背面无臀叉，有长毛 1 束，其长度约等于 6 个腹节的总长。每根刚毛具 2 条纵纹。

蛹：扁圆锥形，长 5～8mm，宽 2～3mm，淡黄褐色，密被淡黄褐色细毛。通常外裹末龄幼虫的蜕皮壳。鞘翅芽沿腹面伸达第五腹节。腹部背面第五至七节间各有 1 黑褐色口形凹陷，凹陷前缘具细小齿状突。腹末有褐色肉刺 1 对。

（三）生活习性

黑皮蠹一般 1 年发生 1 代。完成一个世代至少需要 6 个月，长者可达 3 年。以幼虫群集于墙壁、地板、垫木、砖石等的缝隙或尘土杂物内越冬。1 年发生 1 代的地区，4 月中、下旬越冬幼虫开始化蛹，延续到 7 月上旬。越冬代成虫于 4 月下旬至 8 月上、中旬出现，于 5 月中、下旬产卵至 8 月上、中旬。6～9 月第一代幼虫开始取食为害，10 月开始越冬。

成虫喜欢在粮谷中栖息，具正趋光性，飞行及爬行迅速。初羽化的成虫淡褐色，不活动，经 2～3d 体色固定，成熟后方出来活动。遇晴朗无风的天气，成虫常飞到室外，取食花粉、花蜜或菌类等作为补充营养，在野外或飞回室内交尾。交尾在日间进行，每次交配 2～3min。卵散产在幼虫的食物表面或附近。单雌产卵量 450～890 粒。交配过的雄成虫平均寿命略长于雌虫，未交配过的雄成虫平均寿命短于雌虫。

幼虫有假死性、负趋光性，喜阴暗、潮湿环境，常群聚于地板、砖缝、仓内墙角、铺垫物、加工厂的机座下等处。幼虫期长短随温、湿度及食物而异。环境不良时，虫龄增加，由 7～12 龄增加到 20 龄或更多。每龄需时 8～43d，越冬幼虫的龄期达 194～297d。1 年完成 1 代的幼虫期 222～472d，2 年完成 1 代的幼虫期可长达 603～784d。幼虫耐饥、耐寒力强，在没有食料情况下，可食自身的蜕皮维持生命。幼虫在 -1.1～1.7℃ 下能生活 314d，在 -3.9～-1.1℃ 下能生存 198d。黑皮蠹在末龄幼虫蜕皮内化蛹，常夹杂在粮食碎屑中，蛹期 6～24d。

（四）发生规律

在 18～30℃ 范围内，成虫寿命随温度升高而缩短。未交配成虫的寿命受温度变化的影响尤大。成虫产卵前期、产卵期和卵、蛹发育历期随温度升高而缩短（表 15-12-1）。在 12.7℃ 时停止产卵。在 23.8℃ 条件下，相对湿度在 20%～93% 的范围内对卵期的影响不显著。

表 15-12-1 不同温度下黑皮蠹成虫寿命、产卵前期、产卵历期和发育历期 (d)（引自陈耀溪，1984）

Table 15-12-1 Adult life span, preoviposition and ovipositon period, and development time of *Attagenus piceus* under different temperatures (from Chen Yaoxi, 1984)

温度 (℃)	寿命				产卵前期（实际产卵天数）	产卵历期	发育历期	
	雌虫		雄虫				卵	蛹
	未交配	已交配	未交配	已交配				
18.3	76.0	37.0	61.0	40.0	9.0 (5.3)	13.0	22.0	17.6
23.8	42.0	22.0	32.0	28.0	6.0 (5.7)	10.6	10.2	9.2
25	—	—	—	—	(28.0)	—	—	—
28	—	—	—	—	(18.0)	—	—	—
29.4	25.0	16.0	18.0	17.0	3.0 (5.6)	7.6	6.0	5.5

雌虫产卵量与温度有关。在 18.3℃ 时，单雌总产卵量 60.8 粒，日产 5.3 粒；在 23.8℃ 时，总产卵量 82.8 粒，日产 5.7 粒；在 25℃ 时，总产卵量 128.3 粒，日产 28 粒；在 28℃ 时，总产卵量 160.5 粒，日产 18 粒；在 29.4℃ 时，总产卵量 74.4 粒，日产 5.6 粒；在 30℃ 时，总产卵量 88.7 粒，日产 17.3 粒。

蛹期长短与温度关系较大，湿度的影响较小。当温度 23.8℃，湿度为 20%、43%、75% 和 93% 时，蛹期平均为 9.1～9.5d。

（五）防治技术

1. 农业防治

（1）环境治理。储存仓库要经常保持清洁，做到仓底、顶棚、墙壁以及各角落严密无缝，光滑无尘，无虫网，无下脚料等；要清除仓库四周的蜜源植物和杂草，定期进行仓房消毒。

（2）日光暴晒。每年夏天对储粮或其他储藏物进行暴晒。保持日晒时粮温 45℃以上，经 4h，可杀死黑皮蠹幼虫 93％以上。

（3）冷冻灭虫。北方地区冬天气温较低，11 月到翌年 1 月，地面最低温度可低于 -24.0～-29.7℃。利用这一自然因素，在严冬季节可将粮食摊到晒场上，厚 3～5cm，粮温可降至 -20℃以下，每隔 1～2h 翻动 1 次，冷冻 15～36h 后，能冻死 85％左右的越冬幼虫。

2. 物理机械防治　发现储粮被黑皮蠹蛀蚀，可利用精选机或风车筛选粮食，该法除虫效果可达 75％～80％。也可根据成虫的趋光性，利用黑光灯诱捕。

3. 化学防治　磷化铝既可用于粮食入库前的空仓熏蒸，也可用于发现虫情后的实仓熏蒸。施药剂量为 56％磷化铝片剂 3～6g/m³ 或 56％粉剂 2～4g/m³，施药后密闭 5～7d，杀虫效果可达 97％～100％。为延缓害虫对磷化氢的抗药性，可与敌敌畏交替使用。80％敌敌畏乳油对水 1 倍，用药液浸湿麻袋或布条后，悬挂在仓库内壁或梁上，闭仓 5d，可收到 92％～95％的灭虫效果。

4. 气调防治　使用环氧乙烷与 CO_2 混合气体能有效杀灭黑皮蠹幼虫，这种方法适合于集装箱、密闭大型仓库，具有操作方便快捷、效率较高、易于掌握的特点。在集装箱内，按 100g/m³ 施放 10％环氧乙烷（内含 90％的 CO_2）或 20％环氧乙烷杀菌气（内含 80％的 CO_2），密封熏蒸 24h，黑皮蠹的死亡率达 100％。

其他防治技术参见本单元第 32 节"储粮病虫害防治原理与技术"。

鲁玉杰　王争艳（河南工业大学粮油食品学院）

第 13 节　书虱类害虫

该类害虫属啮虫目书虱科，是世界范围内广泛发生并造成严重经济损失的一类储藏物害虫。目前，世界上已知书虱有 120 多种，我国已记录 27 种。本节编入为害储粮较重的书虱种类包括嗜卷书虱（*Liposcelis bostrychophila* Badonnel）、嗜虫书虱 [*Liposcelis entomophila* (Enderlein)] 和无色书虱 [*Liposcelis decolor* (Pearman)] 3 种。

一、嗜卷书虱

（一）分布与危害

嗜卷书虱（*Liposcelis bostrychophila* Badonnel）为世界性害虫，我国河北、北京、河南、江苏、安徽、上海、浙江、江西、湖北、湖南、广东、广西、四川、重庆、陕西等省（自治区、直辖市）均有发生。主要生活在室内，但在室外地面枯枝落叶层中也有发现。可为害 30 多种储藏物，如禾谷类及其加工品、药材、动植物标本、油料及衣物等。该害虫主要啮食谷物或食品中的粉屑、淀粉及霉菌等。

（二）形态特征（彩图 15-13-1）

成虫：体长 0.87～1.16mm，无翅，体半透明，黄棕色。头顶具有中大型的瘤突，排成弓形，形成明显的鳞状副室，内具清晰的中型瘤。触角丝状，浅黄色。复眼由 6～7 个小眼组成，黑紫色。前胸背板 S1 相当短小，仅比周围小毛长少许，无 PNS 毛，小毛 5～6 根，前缘通常有 3 根末端平截的长刚毛，后半部两侧还有 1 对长刚毛。腹部三至七节背板后部均有浅黄色的节间膜。跗节 3-3-3 式。

卵：极小，长椭圆形，灰白色略有光泽。卵壳表面常有黏液附着粉屑、尘芥。

若虫：与成虫相似，仅体较小。初孵时白色，半透明。头淡褐色，复眼红色，跗节 2-2-2 式。

（三）生活习性及发生规律

嗜卷书虱每年可繁殖 13 代左右，最多 17 代，营孤雌生殖，少见雄虫。该虫一般以卵越冬。在 25℃下完成一代需 5～6 周。卵散产或成块，产于储藏物碎屑中。25℃时卵期 12d 左右，若虫分 4 龄共 22d 左右，成虫寿命 80～90d，最长达 175d。成虫耐饥力强，在 20℃和 70％相对湿度下，不进食可存活 2 个月以上。该虫最适温区为 27.5～30℃，最适相对湿度为 80％左右。世代发育起点温度为 13.5℃，有效积温为 414.1℃。在 30℃和 80％相对湿度下，该虫实验种群的内禀增长率为 0.092，净生殖率为 60 左右。若虫和成虫活动能力强，爬行迅速，喜生活于潮湿、黑暗处。

（四）防治技术

对于书虱的防治，应采取综合治理的策略。保持库房清洁卫生、干燥通风。可采用磷化铝、敌敌畏等进行熏蒸处理，最好连续进行 2～3 次；也可采用气调和药剂熏蒸交替处理。另外，以 CO_2 气调为主，在库内垛底、走道或墙角处喷洒溴氰菊酯或敌敌畏等储粮防护剂，再配合适宜的控温措施，可以控制嗜卷书虱的发生和为害。

其他防治技术参见本单元第 32 节"储粮病虫害防治原理与技术"。

二、嗜虫书虱

（一）分布与危害

嗜虫书虱［*Liposcelis entomophila*（Enderlein）］为世界性分布，国内分布于北京、河南、山东、湖北、广东、黑龙江、浙江、上海、重庆、海南、四川等省（直辖市），是储藏物特别是储粮中常见的种类。主要在室内发生，其为害与嗜卷书虱类似。

（二）形态特征（彩图 15-13-2）

成虫：雌虫长 1.28～1.40mm，雄虫长 0.80～0.90mm，体黄褐色。复眼黑红色，每复眼具小眼 6～8个，通常 8 个。前胸背板 S1 特别粗壮。PNS 毛 3～4 根，几乎形成一横排，稍短于 S1 毛。小毛 3～4 根。合胸背板刚毛 8～10 根，在前缘几乎形成一弓形排。腹部第三、四节和六至九节背板通常有一褐色横带，横带中有明显间断。若虫与成虫相似，但较小。

卵：与嗜卷书虱相似。

（三）生活习性及发生规律

嗜虫书虱营两性生殖，雌虫明显大于雄虫。该虫喜欢生活在温暖潮湿的环境中，具负趋光性，取食范围很广。世代发育历期在 21.7～71.9d。生长发育和繁殖的最适温区为 28～30℃，最适相对湿度在 80%～90%。

（四）防治技术

参见嗜卷书虱和本单元第 32 节"储粮病虫害防治原理与技术"。

三、无色书虱

（一）分布与危害

无色书虱［*Liposcelis decolor*（Pearman）］是储粮中常见的种类。世界性分布，国内分布于河南、山东、湖北、北京、河北和湖南等省（直辖市）。其为害与嗜卷书虱类似。

（二）形态特征（彩图 15-13-3）

雌虫：体长 1.19～1.30mm，雄虫 0.77～0.80mm。体色均为浅棕黄色，头前端颜色稍暗；腹部色稍浅，肥大半透明。头部具细小的毛，毛间距等于 2～3 倍毛长。头顶具鳞状副室，上有小瘤突。复眼黑色，触角棕色。复眼一般由 6～8 个小眼组成。腹部紧凑，腹节第五至第七节副室明显，第三至七节背板后缘具有节间膜。前胸背板侧叶只有 S1 毛，无 PNS 毛，小毛 2～3 根。前胸背板前缘有长刚毛 4～5 根，均着生在前半部。合胸腹板刚毛 7～9 根，几乎形成一弓形排。若虫与成虫形体和颜色相似，但较小。

卵：呈卵圆形，白色、半透明，有紫色的珍珠光泽。

（三）生活习性及发生规律

无色书虱营两性生殖，雌虫个体大于雄虫。雌虫若虫有 4 个龄期，雄虫有 3 个龄期。温度对各虫态发育历期均有极显著的影响。其生物学特性和发生规律与嗜卷书虱和嗜虫书虱类似。

（四）防治技术

参见嗜卷书虱和本单元第 32 节"储粮病虫害防治原理与技术"。

豆威　王进军（西南大学植物保护学院）

第 14 节　鳞翅目害虫

国内记述为害储粮的鳞翅目害虫有 30 余种，编入本节的主要害虫有 7 种，涉及麦蛾科、斑螟科、螟蛾科和蜡螟科。

一、麦蛾

(一) 分布与危害

麦蛾 [*Sitotroga cerealella* (Olivier)]，别名麦蝴蝶、飞蛾，属鳞翅目麦蛾科。原产墨西哥，现分布全世界。国内除新疆、西藏外，其余各省 (自治区、直辖市) 均有发现。

麦蛾是一种既可为害储粮，又可为害大田小麦的重要害虫。该虫难以防治的主要原因一是储粮环境不一致，使麦蛾各个世代的发生期不整齐，难以做到适期防治；二是储粮分散，农户储粮增多，因技术水平和其他条件的限制，防治效果很难提高；三是麦蛾一年发生几个世代，除第一代发生在小麦大田生长期外，其余各代都发生在小麦储藏期，同步彻底防治难以实现。

麦蛾是我国储粮的一种严重的初期性蛀食害虫，其为害仅次于玉米象。在我国长江以南为害尤为严重。麦蛾以幼虫为害禾谷类籽粒，其中以小麦、稻谷、玉米受害最重。被害粒可被蛀空，稻、麦受害重量损失达 60%～80%，平均 43.8%；玉米因籽粒大小不同，平均损失为 13.1%～24.0%；被害后的小麦、稻谷几乎丧失了发芽力。除了重量损失外还影响储粮品质，受害小麦的淀粉、总蛋白、面筋和灰分含量分别下降 13.8%、48%、45% 和 23%，并使水分含量升高。

此虫在仓内及田间都能为害。田间小麦受害率一般为 0.26%～2.06%，严重时可达 13%，平均每穗被麦蛾蛀食 2.96 粒，每公顷损失产量 447kg。在淮北地区，第一代麦蛾卵孵化期正值小麦灌浆期，孵化的幼虫先蛀食颖壳，然后蛀入种皮下为害胚乳。受害早的麦粒，受害处往往变成黑色，影响正常灌浆，失去食用价值；受害晚的麦粒虽可灌浆，仍能食用，但影响面粉品质。1992—1994 年淮北地区大面积田间调查，平均虫粒率为 11.3%，虫粒重量损失 40.9%，产量损失 4.6%。6 月上旬，第一代麦蛾的幼虫随同小麦收获，进入小麦储藏期为害。

(二) 形态特征 (图 15-14-1，彩图 15-14-1)

成虫：体长 4～6mm，翅展 8～16mm。虫体淡黄色或黄褐色，即似麦粒色或稻粒色，且有光泽。头顶具毛丛，复眼黑色，触角长丝状。下唇须发达，向上弯曲并超过头顶，3 节，第三节尖细而弯曲。前翅竹叶状，翅端较尖，翅面灰黄色，通常在翅端部及翅中横线处各有一若干黑色鳞片形成的小黑点。后翅菜刀形，翅端较突出，前翅在近翅中室中部的位置向内凹入，翅面银灰色，缘毛均较长，尤以后缘毛更长，其长度约为后翅宽度的 2 倍。前翅 Sc 脉伸达前缘的终点仅达翅中室一半，R 脉 5 根，M 脉 3 根，R_{4+5} 与 M 共柄，Cu 脉 2 根，Cu_2 出自翅中室端部 1/5 处，A 脉基部成叉状。后翅 Sc $+R_1$ 脉较长，且自前缘凹入部始，渐渐极为接近前脉，终于 M_1 与 Rs 共栖交点上方的前缘处，Rs 在翅中室中段起向外延伸形成一个弯曲弧终于顶角。M 脉 3 根，M_1 与 Rs 共柄，共柄的交点位于全翅长的端部 2/7 处，A 脉 1 根。

外生殖器的抱握器似桃形，顶端有一向外侧延伸较长而尖的弯钩突；爪形突呈二裂状；囊形突较抱握器为短。阳茎棒状，基部收缩较细。雌虫产卵器的交配节呈矩形；后棒较前棒长 1 倍，交配囊为细长颈瓶形，骨化的交配孔呈椭圆的菱形囊内底部有 2 个分离的长椭圆形交配刺。

卵：长 0.5～0.6mm，扁平椭圆形，一端较小且平截，表面有纵横凹凸条纹。初产时乳白色，后变淡红色。

幼虫：初孵时淡红色，二龄后变为淡黄白色。成熟幼虫体长 6.5～8.0mm，除头部为淡黄色外，其余均为乳白色。全体较光滑无皱纹，无斑点。刚毛乳白色，微小。头部小，胸部较肥大，向后逐渐缩小。前

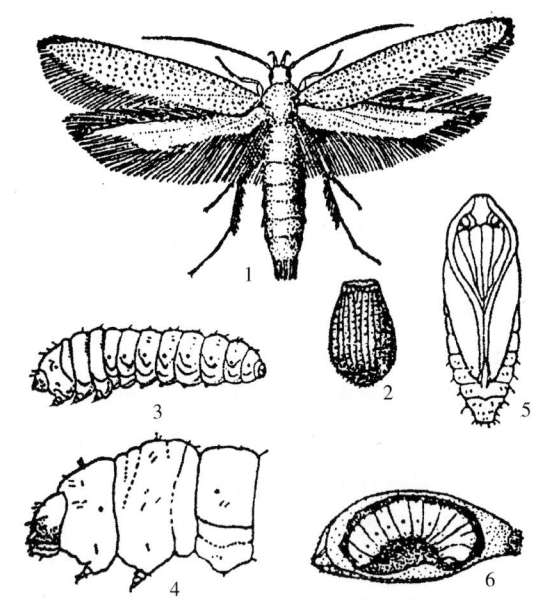

图 15-14-1 麦蛾 (仿作均祥，2009)

Figure 15-14-1 *Sitotroga cerealella* (from Wu Junxiang, 2009)

1. 成虫 2. 卵 3. 幼虫
4. 幼虫头部，前、中胸及第四腹节侧面
5. 蛹 6. 为害状

胸气门群 3 根毛，排列成三角形。胸足发达，腹足退化成肉突状，其上仅有 2～3 个退化的趾钩。雄虫第五腹节背面有紫黑色斑 1 对。

蛹：长 5～6mm，黄褐色。前翅末端尖锐，达到腹部第六、七节后缘。腹部末节腹面两侧各有 1 角状突起，背中央有 1 向上的角刺。

（三）生活习性

1 年发生的代数随温度、湿度、食料等环境条件而异。一般在寒冷地区 1 年发生 2～3 代，温暖地区 4～6 代，炎热地区或仓库内可发生 12 代。在我国浙江、重庆每年发生 6 代，陕西关中 4～5 代，江西及湖南 6～7 代，河北、山西、内蒙古约 3 代，黑龙江 2 代。以老熟幼虫在粮粒内越冬，翌年化蛹，第一代成虫羽化时间，重庆在 4 月中、下旬，陕西关中地区在 4 月下旬到 5 月上旬，黑龙江在 5 月中、下旬；第一代成虫大部分飞到田间麦穗上产卵，以带卵或带幼虫的麦粒重新进入粮仓，但也有小部分成虫在仓内粮堆表面产卵，幼虫孵化后即蛀入麦粒食害，并在粒内化蛹。

成虫羽化 1d 后即可交配，交配后 1d 开始产卵。一般交配和产卵在清晨和黄昏进行。卵多产在小麦种子腹沟内或者稻谷的护颖内，散产或聚产，平均每雌产卵 86～94 粒，最多达 389 粒。在粮堆表层 20cm 范围内产卵最多，约占总卵数的 88%，在粮面深度 33cm 以下，羽化的成虫因不能钻出粮面而大量死亡。幼虫侵入粮粒后边食边生长，幼虫经 4 个龄期，一龄平均 6d，二龄 6d，三龄 5d，四龄 7d，化蛹前幼虫在粮粒的皮层下咬成一个直径 1～2mm 的羽化孔，然后结一白色薄茧化蛹，蛹期平均 5d，羽化后成虫从羽化孔钻出，雄成虫平均寿命 13.6d，雌虫 13.4d，最长 38d。成虫飞翔力不强，一次持续时间平均为 79.7s。

（四）发生规律

1. 与温度、湿度、粮食含水量的关系 　根据李隆术等在重庆的测定，在相对湿度 85% 时，温度 16℃、20℃、24℃、28℃ 和 32℃ 下，麦蛾从卵到成虫的发育历期分别为 171.43d、79.17d、51.80d、38.45d 和 30.65d；卵孵化率、幼虫存活率、化蛹率及成虫羽化率见表 15-14-1；在不同温湿度条件下的产卵量见表 15-14-2。

表 15-14-1　相对湿度为 85% 时不同温度条件下麦蛾的卵孵化率、幼虫存活率和化蛹率及成虫羽化率（引自李隆术）

Table 15-14-1　The rate of eggs hatching, larval survival, pupation and adult emergence of *Sitotroga cerealella* under different temperatures and relatives humidity 85% (from Li Longshu)

项目 ＼温度	16℃	20℃	24℃	28℃	32℃	36℃
卵孵化率（%）	80.16	90.00	95.58	90.00	85.53	76.20
幼虫存活率（%）	38.25	55.30	64.76	50.50	38.53	0
化蛹率（%）	74.89	77.80	80.61	75.90	73.54	0
成虫羽化率（%）	80.78	85.78	91.67	84.50	77.50	0
总存活率（%）	18.54	33.21	45.74	29.15	18.90	0

表 15-14-2　不同温湿度条件下麦蛾成虫产卵量（粒/雌）（引自李隆术）

Table 15-14-2　The amount of eggs laid by *Sitotroga cerealella* under different temperatures and relative humidity (from Li Longshu)

温度 ＼相对湿度	85%	75%	65%	55%	45%
16℃	63.05	75.75	59.50	44.60	34.50
20℃	102.20	125.00	63.30	52.75	39.70
24℃	108.33	147.50	96.30	84.50	60.25
28℃	91.67	86.67	73.50	69.50	52.00
32℃	62.30	75.57	60.50	52.50	34.00

在相对湿度为 85% 时，卵的发育起点温度为 12.01℃，幼虫为 12.58℃，蛹为 12.44℃，成虫为 12.59℃；卵的有效发育积温为 90.30℃，幼虫为 398.24℃，蛹为 118.99℃，全世代为 598.06℃。卵在 10℃ 以下不能孵化。幼虫在 -17℃ 下经 25h 死亡，成虫在 45℃ 下经 35min 即死亡，43℃ 经 42min 死亡；幼虫、蛹、卵在 44℃ 下经 6h 全部死亡。当粮食含水量在 8% 以下，或相对湿度 26% 以下，幼虫不能

生存。

温度在 16～32℃ 范围内，相对湿度为 85％ 时，麦蛾的内禀增长率与温度呈线性递增关系，r_m 值在 32℃ 为最大；相对湿度为 75％ 和 65％ 时，r_m 值和温度呈抛物线关系，r_m 值在 24℃ 左右为最大。

据国外报道，5～8 月平均气温在 12.5℃ 以上的地区，麦蛾都有猖獗发生的可能。凡是连续遇上几个暖冬，麦蛾即猖獗发生。反之，冬季严寒麦蛾则不致成灾。一般在高温雨季，尤其是前一年冬季气候温暖，加上 7～8 月特别炎热的，麦蛾有猖獗发生的可能。

吴立民 1990—1996 年在江苏新沂的田间观测表明，温度是影响田间麦蛾发生的关键因素。5 月上旬平均气温偏低，越冬代成虫的羽化期推迟，大田第一代卵高峰期也相应推迟，而且第一代麦蛾在大田的为害减轻。

2. 与食物的关系　不同谷物品种对麦蛾的抗性存在差异，一般常规稻较杂交稻抗性强，谷物裂颖率高的品种，能引诱初孵幼虫定位，并利于幼虫蛀入；粗蛋白含量高的品种抗性也高，此外谷物外壳的机械破损也有利于麦蛾幼虫的蛀入为害。

3. 与天敌的关系　麦蛾的常见天敌有黄色仓花蝽 [*Xylocoris flavipes* (Reuter)]、黄冈仓花蝽 (*Xylocoris* sp.)、仓双环猎蝽 [*Peregrinator biannulipes* (Montrouzier et Signoret)]、麦蛾茧蜂 [*Habrobracon hebetor* (Say)]、红铃虫迪伯金小蜂 (黑青小蜂) [*Dibrachys cavus* (Walker)]、广赤眼蜂 (*Trichogramma evanescens* Westwood)、稻螟赤眼蜂 (*Trichogramma japonicum* Ashmead)、苏云金杆菌 [*Bacillus thuringiensis* (Berliner)] 等。其中麦蛾茧蜂对麦蛾种群数量有较大控制潜能。

(五) 防治技术

麦蛾防治包括储粮期防治和田间防治两个方面。

1. 储粮期麦蛾的防治技术

(1) 农业防治。及时收获脱粒，晒干扬净，密闭贮藏，是预防麦蛾为害的关键。在粮食入库前，应彻底打扫仓库，清除残存粮粒；入库后，可采取以下措施：

①移顶揭面。根据麦蛾在粮堆表面产卵和幼虫入粮深度一般为 20cm 左右的特点，可将受害粮堆表面 30cm 厚的粮食取出，单行曝晒或熏蒸，对下面的储粮采取其他防虫措施，防止继续受害。

②粮面压盖。粮面压盖密封既可阻止麦蛾产卵又可防止成虫飞出。每年 4 月，可在受害粮面先铺上清洁麻袋或报纸，再压盖大豆等麦蛾不为害的粮食或谷壳灰、硅藻土、黄沙 (均可袋装，但不要装满) 等 30cm 左右，其防效最高可达 90％ 以上。

③暴晒。利用夏季高温摊晒粮食，摊粮厚度 3～5cm，翻勤翻透，使粮温达到 45℃，连续摊晒 4～6h，将粮食水分降到 12.5％ 以下，趁热入仓、密封，可杀死麦蛾卵、幼虫、蛹 95％ 以上。粮食晒干入库时也可用塑料袋等密封缺氧，使麦蛾窒息死亡。

(2) 物理防治。在大型粮仓可用麦蛾性诱剂诱杀。以直径 20cm 的瓷盆作性诱捕器，盆内倒入清水，水面距盆沿 1cm，加 2g 洗衣粉，将装有诱芯的塑料管用防水胶带黏附在盆壁，仓库每 50m² 设置 1 个诱捕器。也可采用黑光灯诱杀成虫。

(3) 驱避剂。可使用植物性物质驱虫，例如用柳叶、艾叶、肉桂、八角、茴香、猪毛蒿精油拌粮，对麦蛾成虫有较好驱避效果。这种方法适合于农户小规模储粮。

(4) 化学防治。在粮食入仓时或入仓后，可用 1.5％ 防虫磷药粉 (将 98％ 马拉硫磷原油 1.5kg，用喷雾器喷入经 200 筛目的 98.5kg 陶土粉中，然后充分拌和成药粉) 按粮堆表层 35cm 深的粮重计算，每吨粮拌入 1kg 药粉；拌药可采取双向抽槽法，即先将粮面纵向扒成若干条 35cm 深的槽沟，将所需药粉的一半均匀撒入粮食中，用铁耙推平粮食，然后又横向将粮面扒成若干条 35cm 深的槽沟，将剩余的药粉均匀撒入粮中，再用铁耙推平粮食；也可在成虫羽化前用粮重的 0.001％ 的防虫磷 (99％ 以上的马拉硫磷) 直接喷雾粮堆表面，或将移出的粮食用防虫磷制剂拌和后恢复原位。采用防虫磷拌粮，药效期可长达 5～8 个月，在拌药后 3～5 个月内，可基本达到无麦蛾为害。

当虫口密度较大时，可及时采用熏蒸杀虫法。

①磷化铝熏蒸。对粮谷数量较少的粮垛，可按每片 56％ 磷化铝片剂 (每片 3.3g) 熏蒸粮食 150～200kg 的比例，将磷化铝片剂散埋在粮垛里，并迅速用塑料膜将粮垛周边封严，密闭熏蒸。对粮谷数量较多的仓储粮食，按每立方米粮堆或空间用药 3～4 片，散埋于粮面下 50cm 左右处，投药后立即封闭仓门。

在 30℃下熏蒸 3～4d 即可。熏蒸结束后，一般须经 2 周后仓内方无残留。

②敌敌畏熏蒸。大粮仓可在储粮空间悬挂浸有敌敌畏原液的布条，注意不要使药液滴到粮食上。小型储粮容器，装粮时在上面留出一定空间，于粮食表层安放一个内装药液纱布的小瓶，瓶口高出粮面，然后密封储粮容器。其用药量按储粮容器计算，敌敌畏原液用量为 $0.4～0.6 g/m^2$。

使用储粮防护剂和熏蒸剂，都要严格按安全规程操作，防止人、畜中毒。

其他防治技术参见本单元第 32 节"储粮病虫害防治原理与技术"。

2. 田间麦蛾的防治技术　由于田间虫源来自储粮，因此，越靠近村庄或粮仓的麦（稻）田，受害越重。通过对麦蛾生物学习性及田间发生规律的研究，在麦蛾全年的 5 个世代中，只有越冬代的化蛹、羽化高峰期短而集中，且成虫羽化后飞到抽穗杨花至灌浆初期的大田麦穗上产卵，可利用这一有利时机，选用高效、低残留农药集中施药防治，不但可以防治麦蛾，而且可以兼治其他叶面害虫，提高综合防治效益。田间防治以杀卵和杀灭初孵幼虫为主，把其消灭在钻蛀之前。

具体防治技术是在第一代麦蛾产卵盛期至卵孵高峰期，正值小麦谢花至满仁期间，在小麦穗部按每 $667 m^2$ 50%辛硫磷乳油或 40%氧乐果乳油 75mL、或 20%氰戊菊酯乳油 30mL、或 2.5%高效氯氟氰菊酯乳油 20～30mL 对水 50L 喷雾。小麦大田期喷药 1 次，防治效果可达 90%以上，仓内虫粒率可由 30%下降到 2%以下。

附：田间麦蛾虫情测报

1. **根据历期预测**　麦收前，选麦蛾幼虫发生量大的麦田，取 400～500 个麦穗，混合脱粒、晒干后装入布袋或养虫瓶内，扎好袋口或用网纱扎好瓶口，让麦蛾自然繁殖，第二年春天，于常年越冬代始蛹期前 5d 开始，隔 2d 剥查 1 次，每次剥查的活虫不低于 30 头，当化蛹率达 50%左右时为化蛹高峰期。化蛹高峰期加蛹期 17d 和产卵前期 1d，即为预测的大田期麦蛾产卵高峰期，也即大田防治适期。

2. **根据平均气温预测**　当 4 月 10 日前后连续 10d 平均气温升达 12℃以上，或 4 月 10 日以后连续 5d 平均气温升达 13℃以上，越冬代麦蛾进入化蛹始盛期，此时平均气温如稳定在 15℃左右，即达化蛹高峰期。当 5 月 1 日前后，连续 10d 平均气温升达 17℃以上，越冬代麦蛾进入羽化始盛期。连续 5d 平均气温稳定在 18～20℃时，即达羽化高峰期。可根据当地气象部门的气温预报或实时气温，预报越冬代麦蛾的化蛹、羽化高峰期，用于指导大田防治工作。

二、粉斑螟

（一）分布与危害

粉斑螟 [*Cadra cautella* Walker，异名：*Ephestia cautella*（Walker）] 又名干果斑螟，属鳞翅目螟蛾科斑螟亚科。为世界性分布的储藏物害虫，国内各省（自治区、直辖市）均有分布。幼虫可为害大米、玉米、麦类、高粱、各种粉类、豆类、花生、干果及中药材，食性很杂，往往与印度谷螟一起发生，是储藏物重要的初期性害虫之一。

该虫的发生场所有粮油仓库、米面加工厂、油厂、粮油门市部、酒厂、日杂仓库、土产仓库、药材仓库等。幼虫食害粮粒胚部，有时将粉屑结成团，喜在散装大豆表面吐丝成厚网或缀豆粒成块，使质和量受到重大损失；在面粉厂幼虫还可为害平筛的绢丝；在金菜花储藏期间，幼虫先取食花药，再逐渐转移蛀食其他部分，并吐丝结网将花蕾缀结成块，同时排出大量带有臭味的红色粪便，降低金菜花的商品价值。

（二）形态特征（彩图 15-14-2）

成虫：体长 6～7mm，静止时连翅长 8～9mm，雌虫翅展 12～20mm，雄虫翅展 11～17.5mm。虫体灰黑色。复眼深黑褐色至黑色，表面通常有灰白色网状纹。下唇须发达，弯向前上方，可伸达复眼顶端。前翅长三角形，翅面暗灰色，近翅基 1/3 处有 1 条淡色横纹带，其外侧紧连与之平行的黑色横纹。另外，在翅端 1/6 处有 1 条不明显的小波浪状淡色横纹。后翅灰白色。前、后翅缘毛均短。前翅 Sc 和 R_1 端部不明显，R 脉 3 根，R_3 与 R_4 愈合，缺 R_5 脉。M 脉 2 根，Cu 脉 2 根，A 脉 1 根。后翅 Rs 与 $Sc+R_1$ 在中室外一度愈合至近端部处分离，也有的愈合直达端部。M 脉 3 根，M_3 与 Cu_1 共柄的交点位于翅的中横线处，A 脉 3 根。

雄虫的抱握器长椭圆形，内侧近中部有一齿尖指向尾后的齿突。囊形突为抱握器长度的 2/5。爪形突不分裂。雌虫交配节横长方形，前、后棒几等长，阴道内有细长纤维丝 1 束，交配囊壁上有众多排列成行的骨化小刻点，囊底有 2~4 个半月形骨化交配刺。

卵：球形，直径约 0.5mm，乳白色，表面粗糙，有许多小刻点。

幼虫：老熟幼虫体长 12~15mm，头赤褐色，前胸盾及腹末臀板褐色至深褐色，其余各节为乳白色或稍带粉红色。体中部稍粗，两端稍细。头部颅中沟与额沟长度之比为 2：1，单眼每侧 6 个。前胸气门群 2 根毛，中胸及第八腹节 ρ 毛（3 毛）基部具深色骨化环，其余各节各刚毛基部均有深色毛片。第八腹节 ε 毛至气门的距离等于或略小于气门直径，此特征明显区别于地中海螟（*Ephestia kuehniella* Zeller）。第三至六节腹足趾钩为双序环形，短趾钩约为长趾钩长度的 1/4。雄虫第五腹节背面有 1 淡紫色斑即为睾丸。

蛹：长 6.0~7.5mm，淡黄褐色。复眼、触角及足的末端都带黑褐色。头顶至翅端部约占全长 3/5~3/4。触角和中、后足及翅端都齐达第四腹节后缘，胸部各节背面长度之比约为 1：4：1。全体从前胸到第四腹节都比较宽大，两侧近于平行；以下各节即逐渐细小；末节圆锥形，末端背面着生尾钩 6 个，横排成弧形，当中的 4 个比较靠近，相对的腹面两侧又各具尾钩 1 个。

（三）生活习性及发生规律

该虫 1 年发生 4 代，第一代发生于 5 月，第二代发生于 7 月，第三代发生于 8 月，第四代发生于 9 月。以幼虫在包装物上、仓内各种缝隙及阴暗角落处群集结茧越冬，翌年春暖化蛹和羽化为成虫，交尾产卵。成虫不取食，但当有水源存在时，会取食水。成虫交尾 1~2d 后产卵于粮食表面或包装物品的缝隙中，如粮堆表面已被幼虫吐丝结网，则往往产卵在网上。卵单产或集产成堆，但极易散落。成虫喜高温，有趋弱光性，故在仓房内飞翔多集中于近窗边及靠西的墙壁处，成虫的这种习性也就造成了产卵和幼虫的分布和为害极不均匀；成虫在白天或全暗条件下静止不动，一般在弱光下飞翔，在仓库内 19：00~21：00 和 5：00~7：00 有两次飞翔高峰，但以 19：00~21：00 为甚。

成虫寿命随温度而异，10℃时约 18d，温度高于或低于 10℃，寿命缩短，35℃下 3d，−1℃下 1~2d。成虫在 13℃即可交配，但在此温度下仅能产下少数能成活的卵；产卵适温为 20~33℃。每雌一生可产卵 50~200 粒。该虫抗寒力弱，成长幼虫在温度−1℃时仅能存活 1d，0℃时为 5d，5℃时为 32d，10℃时为 83d。晚龄幼虫比早龄幼虫和卵抗寒，蛹比老龄幼虫抗寒。

初孵幼虫以成虫尸体及碎粮、粉屑为食物，幼虫稍大则为害完整粮粒，先蛀食粮粒柔软胚部，再剥食外皮。当食物缺乏时，幼虫有自相残杀现象。幼虫有吐丝结网或连缀食物并潜伏其中为害的习性。散装粮堆被害严重时，常在表层布满厚网。幼虫老熟后离开粮堆，爬至墙壁、梁柱、天花板及各种缝隙中吐丝结茧化蛹或越冬。

以小麦及甘油的混合物为食料，温度 20.0℃、相对湿度 50%~70% 条件下完成一代的时间为 64d；23.0℃、相对湿度 60% 条件下为 49d；25.0℃、相对湿度 70% 条件下为 45d；30.0~32.0℃、相对湿度 70%~80% 条件下为 29~30d（其中卵期约 3d，幼虫期约 21d，蛹期约 6d），如在 15.5℃、相对湿度 70% 时，则可长达 145d。卵期和蛹期发育最低温度为 10~13℃，幼虫期为 8.5℃。发育的最适相对湿度为 70%~80%，卵和蛹对湿度的要求不严，幼虫则需要较高湿度。粮食含水量低，幼虫取食困难，对其发育不利。

（四）防治技术

1. 仓储环境治理 粉斑螟喜欢昏暗潮湿的环境，仓房角落、缝隙和食物碎屑、粉尘是粉斑螟藏匿的主要场所。因此，应在贮藏前将库房内、外彻底打扫干净，剔刮虫茧，封堵嵌缝，墙壁用石灰浆粉刷；库房门窗最好加设纱门、纱窗，防止成虫飞入；对装粮的麻袋、空仓连同用具、包装材料等采用熏蒸密闭杀虫；晴天开窗通风，保持仓库干燥。

粮食入库时，应晒干、扬净，尽量减少杂质和破损粒，储藏时对有虫粮和无虫粮、新粮和陈粮要严格分开保存，防止害虫传播扩散。

2. 生态控制 粉斑螟抗寒力比印度谷螟、地中海粉螟及烟草粉螟弱，在−1℃下经过 1d，或在 0℃下经过 1 周，各虫态即可死亡。在 10℃条件下，幼虫的活动明显减弱，成虫停止产卵；在 15℃时，成虫繁殖减缓。因此，冬季开放门窗，放宽粮堆间距，降低粮温能有效控制种群发展。夏季日光曝晒粮食可杀死大部分害虫。仓库密闭条件好的可以充入 CO_2、N_2、沼气等气体或用除氧剂除氧防虫。

3. 生物防治 粉斑螟的天敌较多，主要天敌有黄色花蝽 [*Xylocoris flavipes* (Reuter)]、黄冈仓花蠹（*Xylocoris* sp.）、仓双环猎蝽［*Peregrinator biannulipes*（Montrouzier et Signoret）］、麦蛾茧蜂［*Habrobracon hebetor*（Say）］、仓蛾姬蜂［*Venturia canescens*（Gravenhorst）］等。在南非一个葡萄干仓库的害虫综合治理中，大量释放麦蛾茧蜂能控制粉斑螟的发生。

4. 物理防治　在粉斑螟成虫盛发期，可利用黑光灯诱杀仓内成虫。

5. 化学防治　密闭条件好的仓库，用 80％敌敌畏乳油 20～40mg/m³，或浸有敌百虫的锯木屑烟剂密闭熏蒸，都有很好的杀虫效果。

其他防治技术参见麦蛾和本单元第 32 节"储粮病虫害防治原理与技术"。

三、地中海粉螟

（一）分布与危害

地中海粉螟［*Ephestia kuehniella* Zeller，异名：*Anagasta kuehniella*（Zeller）］别名地中海粉斑螟，属鳞翅目螟蛾科斑螟亚科。为世界性分布害虫，国内吉林、甘肃、河北、浙江、湖南、福建、广东、广西、云南等省（自治区）均有发生。以幼虫为害面粉、高粱、玉米、大米、豆类、油料及干果等，食性复杂。幼虫能大量吐丝，严重时往往将粮食籽粒连缀成一大块，使质与量受到损失。华北地区幼虫为害面粉十分严重，在面粉厂大量发生时，甚至会阻塞机器而造成事故；在东北地区该虫常常与印度谷螟、粉斑螟同时发生，为害豆类、禾谷类及油籽类，并喜在散装大豆表面吐丝成厚网或缀豆粒成块。是储粮重要的初期性仓虫之一。

（二）形态特征（图 15 - 14 - 2）

成虫：体长 7～9mm，翅展 20～27mm，灰褐色。前翅长三角形，灰黑色，翅面内横线和亚外缘线各呈一淡色的波状横纹，内横纹的外方及外横纹的内方均为深灰黑色。后翅三角形，灰白色。

雄外生殖器抱握器背缘骨化条齿突在内侧近端部，末端较长而尖略向外弯，爪形突狭长不分裂。囊形突为抱握器长的 1/3，颚形突后部无侧臂，阳茎无骨片。雌外生殖器交配节呈狭长方形，前棒短、后棒长，前棒长度为后棒长的 1/2，交配囊长袋形，囊壁基部密布骨化小刻点，交配囊内有并列的大齿骨片 1～4 个，常为 2 个。

卵：球形，直径约 0.3mm，乳白色，表面粗糙，略有光泽。

幼虫：外形与粉斑螟相似。老熟体长 15～

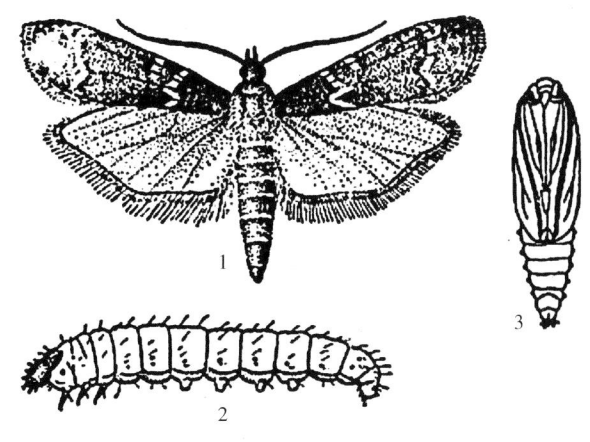

图 15 - 14 - 2　地中海粉螟（引自邓望喜，1992）

Figure 15 - 14 - 2　*Ephestia kuehniella*（from Deng Wangxi, 1992）

1. 成虫　2. 幼虫　3. 蛹

20mm。头部赤褐色，胸腹部淡黄、灰白或乳白色，背面常常桃红色。颅中沟与额沟长度之比为 3∶1，上颚有 3 齿；外部之齿比较近于腹面和正中面，上颚腹面观，第二齿的外缘形成上颚外腹缘的一部分。前胸气门直径约等于其前 2 根刚毛之间的距离。第八腹节 ε 毛与气门的距离为气门直径的 2～3 倍。腹足趾钩双序环形，短趾钩为长趾钩长度的 1/4。

蛹：长 6.5～9mm，宽 1.5～2mm，较细长。前胸背和额唇基有皱纹，后足基节被中足掩蔽，外露部分呈三角形，长为宽的 4～5 倍；触角末端在中足末端前方；腹末着生尾钩 7～9 个，常为 7 个。前、中、后胸背长度比 1∶4∶1。

（三）生活习性及发生规律

该虫常与印度谷螟同时发生，1 年发生 2～4 代，若温湿度适宜，可繁殖 5～6 代。以幼虫在仓内缝隙中做茧越冬。幼虫吐丝缀粮粒成团，匿居其中为害。温度 25～30℃时，卵期 4d，幼虫期 24～41d，蛹期 7～10d，完成一代需 35～55d。已交配的成虫平均寿命 6～7d，未交配的平均 10～11d。每雌平均产卵量因温度而异，12～15℃时为 30 粒，16～19℃时 228 粒，20～23℃时 935 粒，24～26℃时 496 粒，27～29℃时 95 粒，30～32℃时 9 粒，33℃以上不能产卵。绝大部分卵在开始产卵的 1～2d 内产下，在黑暗条件下的产卵量比在光亮条件下多 4 倍。未交配雌虫所产卵不能孵化。成虫寿命短，雄虫平均 6d，雌虫 7d；

各虫期的致死低温时间，在 −1.1～−3.9℃时为 116d，−3.9～−6.7℃时 24d，−6.7～−9.4℃时 7d，−9.4～−12.2℃时 4d，−12.2～−15℃时 3d，−15～−17.8℃时 1d。幼虫在水分只有 1% 的面粉中也能繁殖。越冬虫期、场所及习性与印度谷螟相同。

（四）防治技术

参见麦蛾防治技术和本单元第 32 节"储粮病虫害防治原理与技术"。

四、印度谷螟

（一）分布与危害

印度谷螟 ［*Plodia interpunctella* （Hübner）］ 别名印度谷斑螟、印度谷蛾，属鳞翅目螟蛾科斑螟亚科。全世界及我国各地均有分布，我国华北及东北地区受害尤其严重。印度谷螟食性复杂，不但为害粮食及其制品，还为害各种农副产品，如油料、干果、干蔬菜、动植物药材、花粉、烟叶、皮毛及其制品等。幼虫喜食粮食的胚部及表皮，并吐丝结网成巢匿居其中为害，幼虫发育成熟后在巢网中结茧化蛹。幼虫为害常引起储粮发热，粮食结块变质，排出异味粪便，污染食物。成虫善飞翔，易重复感染。

（二）形态特征（图 15 - 14 - 3）

成虫：体长 6～7mm，静止时连翅长 9～10mm。赤褐色。有喙，额前有一锥状鳞片脊，下唇须向前平伸。前翅长三角形，亚基线与中横线之间为灰黄色，其余为赤褐色并散生有紫黑色斑点。后翅灰白色。前、后翅缘毛均短。前翅 Sc 端部伸达前缘不明显，R 脉 3 根，R_3 与 R_4 愈合，缺 R_5 脉。M 脉 2 根，Cu 脉 2 根，A 脉 1 根。后翅 Rs 与 Sc+R_1 脉自基部即愈合至翅端，有的在端部分离并伸达前缘。M 脉 2 根，M_3 与 Cu_1 共柄的交点位于中横线外方，A 脉 3 根。雄虫的抱握器长椭圆形，内侧近端部有一尖齿突。囊形突为抱握器长度的 1/2。爪形突不分裂。阳茎粗壮长炮弹形。雌虫交配节近似矩形，前、后棒几等长，交配囊为不规则的袋形，交配囊中有 4 个排列在一起的几乎骨化的交配刺。

幼虫：体长 11～14mm，头赤褐色，前胸盾及腹末臀板淡黄色，其余各节为淡黄白色或黄绿色。头部颅中沟与额沟长度之比为 2：1，单眼每侧 5 个。前胸气门群 2 根毛，中胸及第八腹节 ρ 毛（3 毛）基部有深色骨化环，其余各节各刚毛基部均无毛片。第三至六节腹足趾钩为双序环形。

（三）生活习性

每年发生 4～6 代，以幼虫在包装物及梁柱、天花板、缝隙或仓内隐蔽的角落越冬，翌年春化蛹。在武昌，越冬幼虫翌年 4～5 月化蛹。四川越冬幼虫化蛹始见期在 3 月下旬，高峰期在 4 月上旬，羽化始见期在 4 月下旬，高峰期在 4 月底。第一至三代化蛹盛期分别

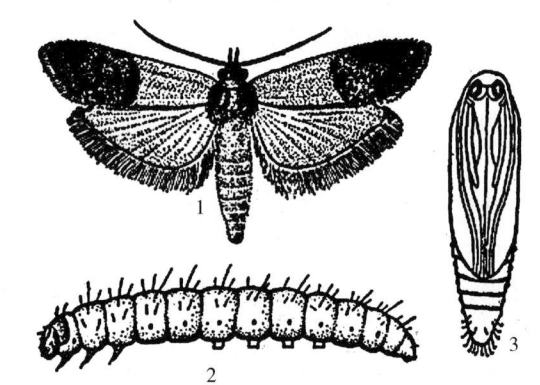

图 15 - 14 - 3　印度谷螟（引自邓望喜，1992）
Figure 15 - 14 - 3　*Plodia interpunctella*（from Deng Wangxi, 1992）
1. 成虫　2. 幼虫　3. 蛹

在 6 月中旬、7 月中下旬和 8 月下旬，羽化盛期分别在 6 月下旬、7 月底至 8 月上旬和 9 月上中旬。在 27～30℃下卵期 2～14d，幼虫期 22～35d，蛹期 7～14d，完成一代约需 36d，成虫寿命 8～14d。成虫羽化、交配、产卵全天均可进行，但羽化以白天较多，交配产卵以夜间较多。羽化后即行交尾，产卵于储藏物表面或包装品缝隙中，也可产在幼虫吐丝形成的网上，卵散产或聚产。每雌平均产卵 152.3 粒。

初孵幼虫先蛀食粮粒胚部，再剥食外皮。为害花生仁及玉米时，喜蛀入胚部，潜伏其中食害；为害干辣椒则是潜入内部蛀食，仅留一层透明的外皮。幼虫常吐丝结网封住粮面，或吐丝连缀食物成团块状，藏在团块内取食。初期为害多在粮堆表面及上半部，以后逐渐延至内部及下半部。幼虫行动敏捷，具避光性，受惊后会迅速匿藏。缺乏食物时，幼虫会自相残杀。幼虫 5～6 龄，在低于 20℃ 或其他不利的条件下，某些幼虫可进入滞育，使生活周期延长。幼虫老熟后多离开受害物，爬到墙壁、梁柱、天花板、包装物缝隙或其他隐蔽处吐丝结茧化蛹。

（四）发生规律

1. 温湿度条件 印度谷螟为喜温性害虫，在温度 18～33℃ 及相对湿度 25%～95% 的范围内，均可顺利地完成发育，但最适条件为 26～29℃ 和相对湿度 70%～75%。鲁玉杰等 2007 年研究了不同温度和相对湿度组合对印度谷螟不同发育阶段历期和存活率的影响（表 15-14-3 和表 15-14-4），结果表明，在 25～32℃ 范围内，随着温度的升高，印度谷螟的生长加快，发育历期缩短，温度降低则生长发育明显减缓，发育历期延长。在 35℃ 条件下，印度谷螟成虫的产卵期很短，且卵的孵化率很低，即使孵化，幼虫也不能存活；65% 和 75% 相对湿度相比，各虫态的发育历期前者长于后者，幼虫的存活率前者高于后者，但其他几个虫态的存活率则后者高于前者；在 25～32℃ 温度条件下，幼虫期在 28℃ 时存活率最高，而卵期、蛹期和成虫期均在 32℃ 下最高，在 35℃ 时各虫态存活率都最低。各虫态在低温下的致死时间不同：−3.9～1.1℃ 时为 90d；−3.9～−6.7℃ 时为 28d；−6.7～−9.4℃ 时为 8d；−9.4～−12.2℃ 时为 5d。光周期对成虫产卵有一定影响，在明暗 12h 交替下的产卵量是全黑暗条件下的 3 倍；成虫在温度较高时，活动能力强，交配增多，在 20～30℃ 时绝大部分都成功交配，而在 15℃ 或 30℃ 时，交配的成功率较低；在 30～35℃ 下，增加相对湿度有利于交配。

表 15-14-3 在 75%±5% 和 65%±5% 相对湿度下不同温度对印度谷螟发育历期的影响（引自鲁玉杰等，2007）

Table 15-14-3 Effect of different temperatures under the humidity of 75%±5% and 65%±5% on development period of Indian meal moth（from Lu Yujie et al.，2007）

相对湿度（%）	发育历期（d）	环境温度			
		25℃	28℃	32℃	35℃
75±5	产卵前期	1.80±0.11a	1.24±0.08a	0.91±0.03a	0.50±0.03b
	卵期	4.43±0.39a	3.86±0.25a	3.31±0.19b	2.65±0.45c
	幼虫期	48.60±0.94a	36.90±0.47b	30.47±0.30c	—
	蛹期	10.42±0.93a	8.25±1.05b	7.38±0.85c	
	成虫期	3.92±0.95a	3.15±0.41a	2.77±0.33b	
	全世代发育历期	69.17±3.32a	53.04±2.26b	45.06±1.70c	
65±5	产卵前期	1.90±0.17a	1.31±0.57b	1.00±0.46b	0.9±0.35b
	卵期	5.02±0.78a	4.07±0.87b	3.97±0.62b	2.8±0.17c
	幼虫期	51.39±0.41a	39.42±0.48b	35.34±0.56b	—
	蛹期	11.36±0.76a	8.85±0.69a	8.27±0.89a	
	成虫期	4.32±0.58a	3.79±0.95a	3.16±0.78b	
	全世代发育历期	73.99±2.70a	57.44±3.56b	51.73±3.31c	

注 表中同一行数据为 3 个重复的平均值±标准误，采用 Duncan's 新复极差测验检验，数值后面不同字母表示同一行的数据差异（$P<0.05$），表中"—"表示没有数据无法统计。

表 15-14-4 不同相对湿度条件对印度谷螟存活率（%）的影响（引自鲁玉杰等，2007）

Table 15-14-4 Effect of different relative humidities on survival rate of Indian meal moth（from Lu Yujie et al.，2007）

相对湿度（%）	温度（℃）	卵期（d）	幼虫期（d）	蛹期（d）	产卵前期（d）	成虫期（d）
65	25	40	58	57	75	10
	28	60	72	68	88	26
	32	57	82	71	90	30
	35	7	0	0	0	0
75	25	47	57	87	86	20
	28	70	62	85	100	33
	32	63	74	93	100	43
	35	13	0	0	0	0

2. 食物 不同种类的食物对印度谷螟的生长发育、存活及繁殖等有显著影响。用玉米及大豆碎块、红枣、葡萄干、菊花等饲养的个体发育快，大米饲养的次之，稻谷饲养的不能正常发育和存活。

3. 天敌 印度谷螟的常见天敌有黄色花蝽、黄冈花蝽、锡兰全平步甲、尼罗维须步甲、拟蝎、螳螂、麦蛾茧蜂等。其中麦蛾茧蜂对种群数量有较大控制潜能，在自然情况下，春季寄生率约为 14%，夏秋季为 9%～25%，一般每头寄主幼虫体内有麦蛾茧蜂幼虫 2～14 头。

（五）防治技术

除了采取清洁卫生防治、日光曝晒外，还可在成虫羽化期用性信息素诱杀。据报道，采用人工合成性信息素 TDA（顺-9，反-12-十四碳二烯醋酸酯）有较好的诱杀效果，一个诱蕊在 4 个月内可诱集成虫 200 余头。Bt 对幼虫有较高毒力。用 2.266×10^8 个活芽孢/mL 浓度的 Bt 菌液处理四龄幼虫，32h 后死亡率达 98.24%。用 Bt 菌粉处理的粮面深度以 10～15cm 为佳。

其他的防治技术参见麦蛾和本单元第 32 节"储粮病虫害防治原理与技术"。

五、紫斑谷螟

（一）分布与危害

紫斑谷螟（*Pyralis farinalis* Linnaeus）别名粉缟螟、紫斑螟、大斑粉螟等，属鳞翅目螟蛾科。为世界性害虫，国内除西藏外，各省（自治区、直辖市）均有发生。一般温带地区比热带地区发生重。幼虫主要为害禾谷类、粉类、干果、饼干、麦麸、花生仁等。喜食腐败食物，食性复杂。在霉变的禾谷类、粉类中发生最多，特别是米、粉加工厂的副产品库中发生更为严重。幼虫群集，吐丝缀粮粒或碎屑成巢，潜伏在巢中为害。清洁干燥的粮食受害较轻。

（二）形态特征（图 15-14-4）

成虫：体长 8～11mm，翅展 17～25mm。前翅宽大三角形，近基部及外缘各有 1 条白色波状横纹，外横纹外方及内横纹内方均为赤褐色及紫黑色，二横纹间为淡黄色。后翅淡黑色，有白色波状纹 2 条。幼虫体长 20～25mm，老熟幼虫头部赤褐色。前胸盾及臀板黄色，中后胸及腹末 3 节淡灰黑色。胴部淡黄白色，前盾宽大，橙褐色。头部两侧各具单眼 4 个。

（三）生活习性及发生规律

该虫 1 年发生 1～2 代，温度适宜发生代数增加。夏季 1 代需时 5～6 周，幼虫期为 25～35d，成虫寿命仅 7～8d。多以幼虫在仓房的墙壁、木板、梁柱、地板缝隙等处越冬，越冬幼虫多以食物碎屑做成强韧的薄茧并潜伏其中，茧常聚集成团连绵数尺。越冬幼虫翌春化蛹，4 月中旬开始羽化，成虫在 17.9～19℃、相对湿度 69%～90%

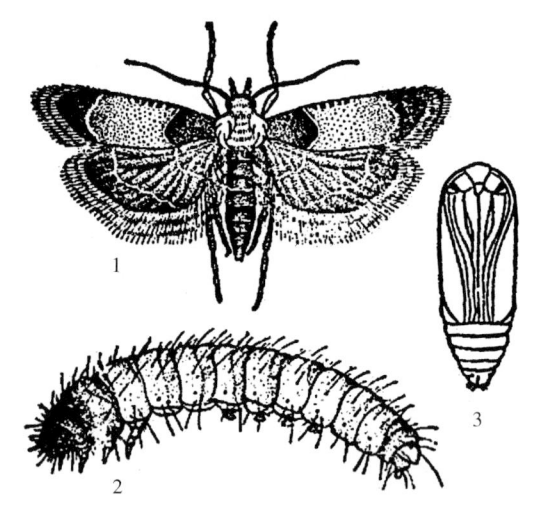

图 15-14-4 紫斑谷螟（引自吕剑秋等，1980）
Figure 15-14-4 *Pyralis farinalis*（from Lü Jianqiu et al.，1980）
1. 成虫 2. 幼虫 3. 蛹

时能正常产卵；在 24～27℃、相对湿度 89%～100% 时最活跃，每雌产卵量为 131.5～341.8 粒，平均 250 粒。喜在大米、高粱等储粮上产卵。产卵期平均 4～5d。幼虫群集，喜食碎屑，喜高湿，在霉粮中发生较多。

（四）防治技术

防治技术参见麦蛾和本单元第 32 节"储粮病虫害防治原理与技术"。

六、米缟螟

（一）分布与危害

米缟螟（*Aglossa dimidiata* Haworth）别名米黑虫，属鳞翅目螟蛾科。国外分布于东南亚、日本和印度，国内除西藏外，其余省（自治区、直辖市）均有发生。幼虫最喜食大米、小米、玉米及其糠麸，也为害小麦、豆类、动植物标本、蚕茧、烟叶、茶叶、辣椒粉、中药材及酒曲，在粮库、粮油加工厂、副产品库及不洁之处发生为害最重，为重要的初期性储粮害虫。

（二）形态特征（图 15-14-5）

成虫：雌蛾体长 12～14mm，翅展 32～34mm；雄蛾体长 10～12mm，翅展 22～26mm。体呈黄褐色，密布紫黑色鳞片。头小，下唇须颇长，并向上直立。头顶丛生灰黄色粗鳞毛。复眼黑色。触角长丝状，灰褐色。前翅呈三角形，黄褐色，散布着不规则的紫黑色斑纹，有时形成 4 条不大明显的波浪形横纹。外缘处有 7 个小黑点，成直线排列。后翅淡黄褐色，近前缘有 1 条黄白色波浪形横纹。雌蛾腹束为一圆孔，产卵管呈长管状，灰褐色；雄蛾腹末由 1 对抱握器形成 1 个倾斜的孔。

卵：椭圆形，长约 0.58mm，宽约 0.45mm。初为乳白色，后变淡黄色，表面多皱纹。幼虫体长 19～29mm。一至二龄时体呈乳白色，三龄以后，胴部自前向后渐变黑色。老熟后除头部为棕黄色外，胴部全部为亮黑色。胴部背面多横皱。胸足黄褐色，腹足趾钩全环双序。

蛹：长 8.5～13mm，略呈纺锤形，亮棕红色，腹末稍带黑色并稍向上隆起。腹部背面第九节与第十节之间有横沟。第十腹节前缘细波浪形。腹部背面第一至八节各节密生细小刻点。蛹茧白色，丝质，外附虫粪及被害粒。

（三）生活习性及发生规律

1 年发生 1～2 代。在成都，越冬幼虫于翌年 3 月、4 月结茧化蛹，蛹期平均 26.4d。第一代成虫于 5 月上旬到 6 月中旬出现，每雌一生平均产卵 465.5 粒，卵期平均 15.1d。幼虫期在 6 月、7 月，平均历期 65.4d，蛹期在 7 月、8 月，平均历期 15.1d。第二代成虫于 8 月中旬到 9 月上旬出现，每雌平均产卵 312.7 粒，卵期在 8 月，平均历期 11.3d。越冬幼虫期长达 6～8 个月。

成虫畏光，交尾、产卵等活动多在夜间进行。幼虫吐丝连缀粮粒碎屑及粪便藏在其内取食。越冬幼虫喜群集做茧，并吐丝相连成网，不易脱落。

（四）防治技术

防治技术参见麦蛾和本单元第 32 节"储粮病虫害防治原理与技术"。

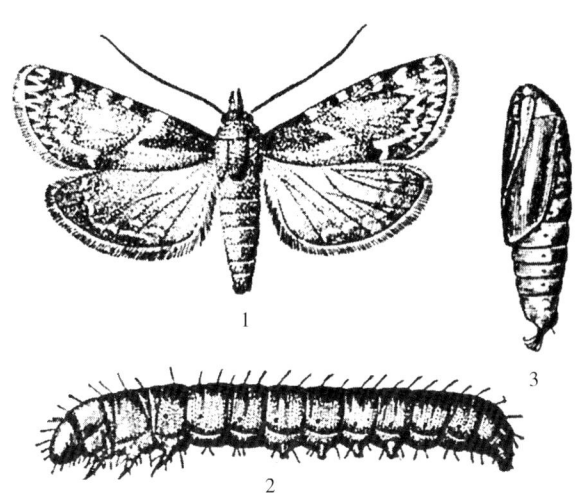

图 15 - 14 - 5　米缟螟（仿李隆术、朱文炳，2009）
Figure 15 - 14 - 5　*Aglossa dimidiata*（from Li Longshu, Zhu Wenbing，2009）
1. 成虫　2. 幼虫　3. 蛹

七、一点缀螟

（一）分布与危害

一点缀螟 [*Paralipsa gularis*（Ieller），异名：*Aphomia gularis* Zell] 也称一点谷蛾，属鳞翅目螟蛾科蜡螟亚科。原产地为东南亚，在西欧及北美洲若干港口有截获记录。国内除新疆、西藏、宁夏、青海尚无记录外，其他各省（自治区、直辖市）均有发现。

幼虫喜食糙米、小麦、稻谷、面粉、米粉、荞麦粉、大豆、干果、核桃、花生、茶叶、中药材、烟草、辣椒粉、棉花以及动植物标本等，尤其对储藏大米和中药材为害最重。是一种介于初期性害虫及后期性害虫之间的中间型害虫。

（二）形态特征（图 15 - 14 - 6）

成虫：雌虫体长 10～12mm，展翅 24～30mm；雄虫体长 8～9mm，展翅 20～24mm。体呈棕灰色。复眼黑色，表面有灰褐色网状纹。触角较短，其长度不及前翅前缘长度的一半。雌虫的下唇须发达，触角 50 节，前翅近基部及外缘各有 1 条灰黄色波浪形横纹，两横纹之间有 1 个小黑点。雄虫下唇须短小，触角 40 节，前翅也有 2 条波浪形横纹，翅中央有 1 条黄褐色的细长叉状纹，纹的外侧有 1 个小黑点。

卵：椭圆形，长约 0.5mm，乳白色，表面有不规则的小刻点及斑纹。

幼虫：老熟时体长 18～21mm，头部淡棕灰色，前胸背板及臀板黄褐色，胴部黄白色。头部两侧各有单眼 6 个。唇基略小于或等于头长的 1/2。颅中沟及额沟几乎等长。腹足趾钩环形，近于单序，共 30～35 个。

蛹：体长约 10mm，体略呈纺锤形，赤褐色。腹部略向腹面弯曲。腹末两侧各有 1 黑褐色三角形尖突，无尾钩。茧灰色，非常坚韧，多结在木板上及天花板的缝内。

（三）生活习性及发生规律

1 年通常发生 1 代，极少 2 代。以老熟幼虫在仓内梁柱、屋檐、天花板及仓壁等缝隙内结茧越冬，翌年 4 月化蛹，4 月下旬到 6 月下旬羽化为成虫。成虫在羽化的当天或第二天开始交配，交配当天或第二天开始产卵。交配和产卵多在黄昏或夜间进行，在暗处白天也可交配和产卵。产卵期 4~7d。每次产卵 1 粒或数粒，散产或集产在包装物缝隙内或食物间。每雌一生可产卵 13~442 粒，平均 197 粒；以第一天产卵最多，以后逐渐减少。雄蛾寿命 11~12d，雌蛾 15d。卵期在 5 月上旬为 10~12d，5 月下旬为 9d 左右，6 月为 7~8d，9 月初为 3~4d。卵在 -3~-4℃ 条件下 6 个月死亡。幼虫群集，先以米胚或

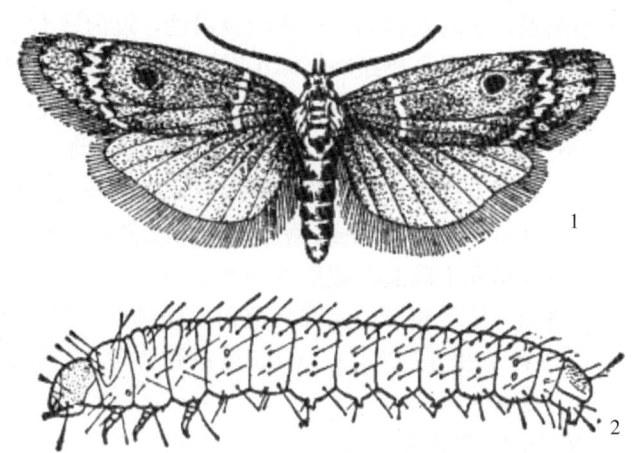

图 15 - 14 - 6　一点缀螟（引自李文光等，1983）

Figure 15 - 14 - 6　*Paralipsa gularis*（from Li Wenguang et al.，1983）

1. 成虫　2. 幼虫

成虫尸体为食，其后吐丝连缀许多米粒做成长巢，藏在巢内食害米胚，渐及整个米粒。幼虫蜕皮 7 次，一龄龄期 14d，二龄 7d，三龄 7d，四龄 6d，五龄 5d，六龄 7d，七龄 15d，八龄幼虫爬到仓壁或天花板缝隙内结茧越冬，翌年 4 月越冬幼虫先在茧端咬 1 羽化孔并结 1 薄膜，准备化蛹。雄蛹期 24~34d，平均 27d；雌蛹期 24~28d，平均 26d。1 年发生 2 代地区，第一代成虫于 3~4 月出现，第二代成虫于 8 月出现。9 月初卵期只有 3~4d。在 24℃ 及 56% 相对湿度下，每完成 1 代需 12~15 周。幼虫在温度为 0℃ 时呈不活动状态可达数周，环境适宜时能恢复活动。

（四）防治技术

防治技术参见麦蛾和本单元第 32 节"储粮病虫害防治原理与技术"。

陈秋芳（郑州大学离子束生物工程重点实验室）

第 15 节　害　　螨

本节编入为害储粮严重的腐食酪螨和粗足粉螨，均属蛛形纲蜱螨目粉螨科。

一、腐食酪螨

（一）分布与危害

腐食酪螨［*Tyrophagus putrescentiae*（Schrank）］又名卞氏长螨，隶属蛛形纲蜱螨亚纲蜱螨目粉螨科。世界性分布，在我国各省（自治区、直辖市）发生普遍，常见于亚热带和温带地区，是最重要的储粮害螨。为害小麦、大米、玉米、高粱的碎屑及粉类加工品，在温带地区大量发生于脂肪和蛋白质含量高的仓储物内，如蛋粉、火腿、椰子干、干酪、各种坚果。对棉籽、花生、向日葵、菜籽等也为害甚重。该螨还能在室外落叶层、土表、垃圾以及老鼠、雀鸟巢穴中生活。可引起人患谷痒症，患者皮肤出现皮疹，奇痒难忍或胸部发闷。

（二）形态特征（图 15 - 15 - 1）

雄成螨：体长 280~350μm。体半透明，淡色，附肢略带红色，体上刚毛细长。前足体背盾明显，前侧缘有 1 对无色角膜。外顶毛几与膝节 I 等长，位于内顶毛后面；内肩毛比外肩毛长，基节上的毛基部膨大，有长短不等的侧刺；第二背毛为第一背毛的 2~3 倍。跗节 I 的第一感棒顶端稍膨大，膝节 I 的 σ_1 毛比其他 σ 毛稍长。

雌成螨：体长 320~420μm，外形和刚毛排列与雄螨相似。肛门孔达体的末端，周围具 5 支刚毛，肛后毛 pa_1 短而细于 pa_2 和 pa_3。

卵：长椭圆形，表面有不规则的刻斑。

幼螨：体长 120～125μm，背毛 d_3 比 d_1 长而粗，后肛毛（pa）3 对，pa_1 为刚毛状，pa_2 粗而细长，超过体的末端，pa_3 细而短，杆状。

（三）生活习性及发生规律

腐食酪螨的发育经历卵、幼螨、第Ⅰ若螨、第Ⅱ若螨、成螨几个阶段。在重庆地区 1 年发生两个高峰，分别出现在 5～6 月和 9～10 月。在 26～28℃和粮食含水量为 15%～20%时为害最重。饥饿的雌成螨虽可交配，但不能产卵。每雌产卵可达 500 余粒，在相对湿度低于 62%，储粮含水量低于 10%时不能产卵。用麦胚作饲料，在相对湿度 85%和 25℃下，平均卵期 4.02d，幼螨期 3.20d，第Ⅰ和第Ⅱ若螨期分别为 2.54d 和 2.87d，整个未成熟阶段为 12.6d，成螨寿命可达 66d。卵的发育起点温度为 5.45℃，幼螨为 12.05℃，第Ⅰ若螨和第Ⅱ若螨分别为 11.66℃和 13.05℃。各螨态能忍受的最高温度为 40～45℃，能忍受的最低温度为 -5～-15℃。该螨爬行缓慢，喜湿，怕干，在干燥储粮中很少发生。能借气流、老鼠、昆虫及人的衣服、鞋子、检查工具等传播。

（四）防治技术

防治技术参见本单元第 32 节"储粮病虫害防治原理与技术"。

二、粗足粉螨

（一）分布与危害

粗足粉螨（*Acarus siro* L.）隶属蛛形纲蜱螨亚纲蜱螨目粉螨科。为世界性分布的害螨，尤以温带发生最重，国内凡储藏物环境几乎都有发生。主要为害禾谷及其加工品、中药材、烟草、动植物标本等，也可以真菌为食。仓库操作人员可被该螨感染而患螨病。

（二）形态特征（图 15 - 15 - 2）

成螨雄螨长 0.32～0.42mm，雌螨长 0.35～0.65mm，体躯淡色，螯肢和足淡黄色至红褐色。后端钝圆，体毛细，栉齿稀，顶内毛和胛毛的栉齿特别明显。颚体螯肢粗壮，活动螯钳钝，有 3 齿，固定螯钳尖，有 4 齿。前足体的顶内毛长，伸达螯肢尖端。顶外毛退化，极短。胛内毛和胛外毛各 1 对，均较长。后半体的背毛共 4 对，第四对背毛较长。肩外毛较肩内毛约长 3 倍，与身体成直角排列。末体后缘有长毛 2 对。足较粗，共 6 节。雄螨的第一对足较雌螨的发达和粗壮，腿节着生一个较大的刺状突起，第四对足跗节有吸盘 2 个，雌螨均缺如。雌螨生殖孔和雄螨的阳具均位于第四对足的基节之间。肛门两侧生有肛门毛及肛门吸盘。

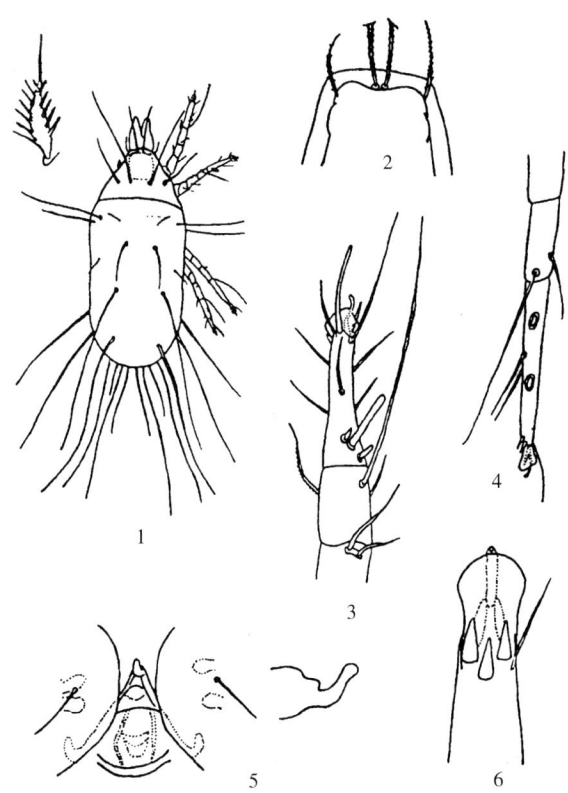

图 15 - 15 - 1　腐食酪螨（仿 Hughes，1976）

Figure 15 - 15 - 1　*Tyrophagus putrescentiae*
　　　　　　　　　　（from Hughes，1976）

1. 雄螨背面　2. 前足体　3. 足Ⅰ背面　4. 雄螨足Ⅳ背面
5. 阳茎和生殖区　6. 跗节Ⅰ腹端

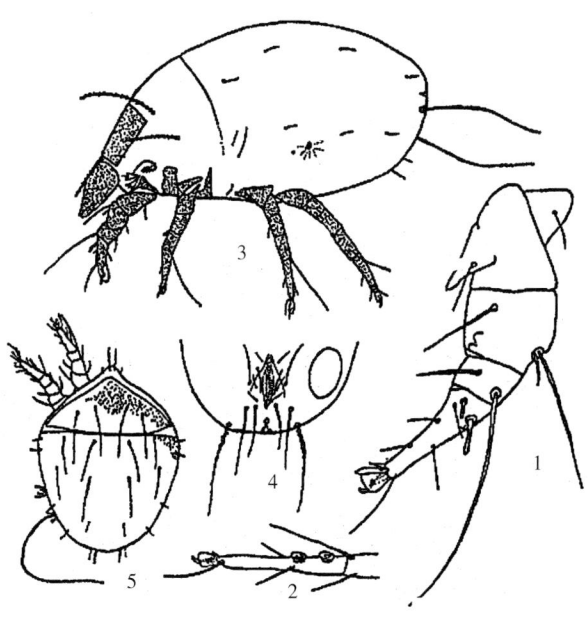

图 15 - 15 - 2　粗足粉螨（引自 Hughes，1976）

Figure 15 - 15 - 2　*Acarus siro*（from
　　　　　　　　　　Hughes，1976）

1. 雄足Ⅰ内侧　2. 雄跗节Ⅳ侧面　3. 雌螨侧面
4. 肛门区　5. 休眠体背面

（三）生活习性及发生规律

该螨发育过程与腐食酪螨相似。1 年发生多代，平均每雌产卵 230 粒，在适合温湿度条件下，用麦胚或奶粉饲养，最高产卵量可多达 670 粒。发育的最适温度为 20～25℃，最适相对湿度为 75％～80％，最适粮食含水量为 15％～18％。将该螨置于 -18℃ 下，经 24～168h，各虫态死亡 99％ 以上。成螨的寿命长短取决于温度、湿度、食物和是否交配。用麦胚饲养，在 20～25℃ 下雌螨可存活 42～51d，在 28℃ 下，可存活 30d；雄螨寿命通常比雌螨短几天。未受精的雌螨和雄螨寿命更长，分别为 83d 和 50d。

（四）防治技术

防治技术参见本单元第 32 节"储粮病虫害防治原理与技术"。

豆威　王进军（西南大学植物保护学院）

第 16 节　链格孢病

一、分布与危害

链格孢 [*Alternaria alternata* (Fr. ; Fr.) Keissler] 在自然界广泛分布，链格孢属子囊菌无性型。是土壤、空气、工业材料上常见的腐生菌，在植物的叶子、种子和枯草上常见到，同时又是农作物的寄生菌。从 pH0.5～8.6 的土壤中都可以发现链格孢，但是在 pH6.5 的土壤中数量比 pH8.6 的土壤中数量大得多。该菌要求比较潮湿的生长环境，因此相对湿度较高时繁殖很快。在相对湿度 85％ 时，孢子形成率 95％，分生孢子萌发率为 89％。最适温度 25～26℃，最高温度 37℃，最低温度 6.5℃，属于中温型真菌。适宜碳源：麦芽糖、蔗糖、棉子糖、葡萄糖、D-半乳糖和 D-甘露糖。适宜氮源：硝酸镁、硝酸钙、蛋白胨、尿素、硝酸铵和各种氨基酸。链格孢有些菌种可用于生产蛋白酶，某些种可用于甾族化合物转化。

此菌是储粮中常见的霉菌之一，可引起粮食在储存过程中发生腐败变质，也是水稻褐变穗、烟草赤星病、梨黑斑病等农产品病害的常见致病菌（彩图 15 - 16 - 1）。生态环境稍干燥便适宜其生长。可致支气管哮喘和过敏性肺炎等，是世界性最主要的致敏真菌。链格孢可产生多种毒素，研究表明食管癌的发生可能与摄入链格孢毒素有重要关系。

二、形态特征

菌落：菌落呈绒状，菌丝灰黑色至黑色，有隔膜，以分生孢子进行无性繁殖。分生孢子梗较短，单生或成簇，大多数不分枝，与营养菌丝几乎无区别。

菌体：分生孢子呈纺锤状或倒棒状，顶端延长成喙状，褐色或青褐色，有壁砖状分隔，有 1～2 个纵隔，3～5 个横隔。分生孢子常数个成链，一般为褐色。尚未发现有性世代（图 15 - 16 - 1）。

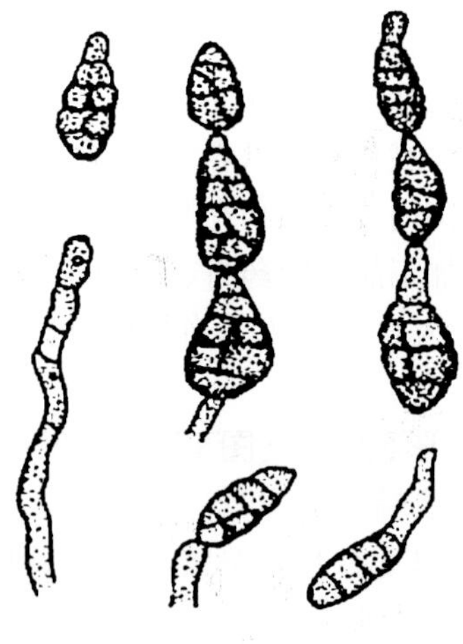

图 15 - 16 - 1　链格孢的分生孢子
（引自蔡静平等，2002）

Figure 15 - 16 - 1　Conidia of *Alternaria alternata* (from Cai Jingping et al., 2002)

三、发生规律

主要在病残体上越冬。其发生与日灼病有联系，多发生在日灼处。

四、毒素产生及检测

（一）毒素产生

链格孢产生多种毒素，主要有 4 种：交链孢霉酚（简称 AOH）、交链孢霉甲基醚（简称 AME）、交链孢霉烯（简称 ALT）、细偶氮酸（简称 TeA）（图 15-16-2）。AOH 和 AME 有致畸和致突变作用。交链孢霉毒素在自然界产生水平低，一般不会导致人或动物发生急性中毒，但长期食用则慢性中毒值得注意。

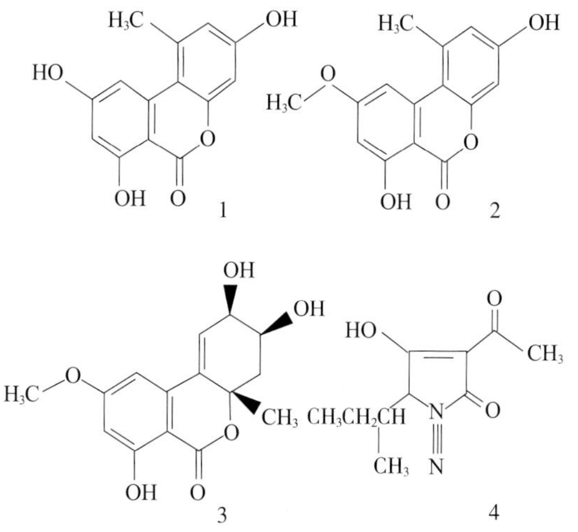

链格孢毒素可从霉变的番茄、苹果等蔬菜水果及粮谷中分离。其中番茄中以 TA 为主要检出毒素；粮食中则以 AOH、AME 为主，而几乎未检出 TA；ALT、ATX 则在各种食物中相对检出较少，但也有调查表明，在霉变的蔬菜、水果中，可检出较大量的 ALT 和 ATX-Ⅰ。链格孢在谷类培养基中生长良好，并易于生长在番茄、柑橘和马铃薯上。链格孢产毒需要一定的条件，TA 的产生需较高的温度、稳定的湿度及绿色植物，被认为是接种培养时链格孢产生的主要毒素；AME、AOH 的产生则需要较低温度和遮光条件；ALT

图 15-16-2 链格孢产生四种毒素的化学结构
（引自 V. Ostry，2008）

Figure 15-16-2 The chemical structure of four mycotoxins produced from *Alternaria alternata*（from V. Ostry，2008）

1. 交链孢霉酚（AOH） 2. 交链孢霉甲基醚（AME）
3. 交链孢霉烯（ALT） 4. 细偶氮酸（TeA）

在一定的温度和低氮状况时产生，它在天然或培养中相对检出较低。

（二）毒素的检测

目前对 AOH 与 AME 的检测方法有 TLC、LC、LC-MS、免疫学法等。Benjamin 等采用 LC-MS 与 LC-MS/MS 法测定果汁与饮料中的 AOH 与 AME，LC-MS 与 LC/MS-MS 法的灵敏度比 LC-UV 法更高。

1. 薄层色谱法 使用硅胶 G 薄层层析，流动相可选择为氯仿：甲醇（90：10）、乙酸乙酯：苯（99：1）、氯仿：甲醇（80：20）和苯：丙酮：乙酸（70：25：5）等溶剂系统。检测时以已知的链格孢毒素为标准，在紫外光下或显色试剂中检测样品。

2. 液相色谱分析条件 以 80% 甲醇水作流动相，流速 0.25mL/min，可变波长编程测定，波长设定 258nm 用作测定 AOH 和 AME。记录仪纸速 0.2cm/min。外标法测定各毒素的含量。

3. 液相色谱-质谱联用分析法 以 80% 甲醇水作流动相，流速 0.5mL/min，解离室温度 60℃，离子源温度 200℃，电离能量 40eV，电离电流 180μAEI+电离模型。50～650AMU 全谱扫描，扫描时间间隔 0.1s，He 气用作雾化气，压力保持 137.895 2kPa。

4. 液相色谱串联质谱法 李碧芳等采用玉米赤霉醇（zearalanone，Zea）作为内标物，建立了液相色谱串联质谱法（LC/MS-MS）ESI-食品中的 3 种链格孢毒素的测定方法。

五、防治技术

减少侵染来源，清除枯枝落叶，特别是树冠上残留的病枯枝，清理的病枯枝集中处理。发病初期喷洒 80% 代森锰锌可湿性粉剂 500～600 倍液或 58% 甲霜灵·锰锌可湿性粉剂、60% 琥·乙膦铝可湿性粉剂 500 倍液、75% 百菌清可湿性粉剂 600 倍液、64% 噁霜灵可湿性粉剂 500 倍液或 27% 碱式硫酸铜悬浮剂 600 倍液，隔 7～10d 防治 1 次，连续防治 2～3 次。

仓储的粮食中链格孢病的防治主要通过：①控制水分。粮食收获后宜及时干燥，入库时的水分低，达到或低于安全水分，易于保管。②清除杂质。粮食中的杂质在入库时，由于自动分级现象聚积在粮堆的某一部位，形成明显的杂质区。杂质区的有机杂质含水量高，吸湿性强，带菌量大，呼吸强度高，储藏稳定性差。糠灰等细小杂质可降低粮堆孔隙度，使粮堆内湿热不易散发，也是储藏的不安全因素。③通风降温。粮食入库后，应根据气候特点适时通风，缩小粮温与外温及仓温的温差，防止发热、结露。④低温密闭。在完成通风降温、防治害虫之后，冬末春初气温回升以前粮温最低时，因地制宜采取有效的方法，压盖粮面密闭粮堆，以长期保持粮堆的低温或准低温状态，延缓最高粮温出现的时间及降低夏季粮温。这种方法不仅可以减少害虫和霉菌的侵害，而且可保持粮食的新鲜度，没有药物的污染，保证了粮食的卫生。

鲁玉杰 张帅兵（河南工业大学）

第 17 节 禾草蠕孢霉病

一、分布与危害

禾草蠕孢霉病是由麦根腐平脐蠕孢 [*Bipolaris sorokiana* (Sacc.) Shoemaker] 侵染引起的，病菌异名有 *Helminthosporium sorokinanum* Sacc.、*Drechslera sorokiana* (Sacc.) Sakram. et B. L. Jain，其有性阶段为禾旋孢腔菌 [*Cochliobolus sativus* (S. Ito et Kurib.) Drechser ex Datsur]，是大麦斑点病的病原菌，此菌属子囊菌无性型平脐蠕孢属真菌。此菌是禾本科及其他经济作物的寄生菌，从各类植物的种子和寄主的病斑上以及植物残株和土壤中均能分离到，有较强的纤维素酶活性。世界性分布，我国广大地区都见此菌，主要是从大麦、小麦上分离出，可侵染植物叶片、根部和枝干等部位造成局部坏死性病斑，引发根部腐烂、麦粒疫病和斑枯病等，使粮食减产（彩图 15-17-1）。该病菌常见于气候比较温暖地区的叶子的病原菌，在我国东北、华北、西北、浙江地区，以及美国、加拿大和中欧均有发现。各生育期不同部位均可发病。幼苗出土后，幼叶、叶鞘近地面处产生褐色病斑，渐向茎基部及茎部扩展，引致根及茎基腐烂，病苗矮小、分蘖增多。叶片染病，形成椭圆形或梭形病斑，中部呈深褐色，边缘不规则，色浅，故称斑点病。叶鞘染病，病斑较大，长形，灰色，其中杂有褐色斑点，边缘不明显，穗部染病几个小穗梗和颖片呈褐色。

二、形态特征

菌落：在马铃薯琼脂培养基上菌落呈绒毛状，灰绿色，边缘白色，背面褐色；菌丝白色，等径生长，比较致密；菌落较平整，边缘很整齐。

菌体：菌丝有隔，浅色。分生孢子梗多分枝；分生孢子颜色呈浅褐色，比菌丝颜色深。分生孢子三角锥形，比较饱满；多细胞，有横隔和纵隔，隔很明显；单个着生或成链状，孔出（彩图 15-17-2）。

三、发生规律

该菌可在病残体上越冬，翌年发病期随风、雨传播侵染寄主。该菌菌丝体发育温度范围为 0～39℃，最适温度 24～28℃。分生孢子萌发从顶细胞伸出芽管，萌发温度范围 6～39℃，以 24℃最适宜。分生孢子在中性或偏碱性条件下萌发较佳。光照对菌丝生长发育及分生孢子的萌发无明显的刺激作用。分生孢子在水滴中或在空气相对湿度 98% 以上，只要温度适宜即可萌发侵染。除为害小麦和大麦外，还能够为害燕麦、黑麦等禾本科作物。该菌寄主范围广，对其防治比较困难。

病菌可直接穿透侵入或由伤口和气孔侵入。直接穿透侵入时，芽管与叶面接触后顶端膨大，形成球形附着胞，穿透叶角质侵入叶内；由伤口和气孔侵入时，芽管不形成附着胞而直接侵入。在适宜的温度和湿度条件下，发病后不久病斑上便产生分生孢子。病菌侵入叶组织后，菌丝体在寄主组织细胞间蔓延并分泌毒素破坏寄主组织，使病斑扩大。发病初期，叶面水分蒸腾作用增强；后期病叶丧失活力，造成植株缺水，叶枯死亡。病菌以菌丝体在病残体、病种胚内越冬，也可以分生孢子在土壤中或附着种子表面越冬，成为翌年初次发病的侵染源。

该病菌的发病程度主要与耕作制度、种子带菌率、土壤温湿度、播种深度以及品种抗病性等因素有关。

四、毒素产生及检测

1976 年，C. J. Rabie 等报道了禾旋孢腔菌可在半合成培养基中产生杂色曲霉素（sterigmatocystin）。该毒素是一类结构类似的化合物，主要由杂色曲霉（*Aspergillus versicolor*）和构巢曲霉（*A. nidulans*）

等真菌产生。杂色曲霉主要污染玉米、花生、大米和小麦等谷物，但污染范围和程度不如黄曲霉毒素。不过在肝癌高发地区居民所食用的食物中，杂色曲霉素污染较为严重；在食管癌高发地区居民喜食的霉变食品中也较为普遍。杂色曲霉素的急性毒性不强，对小鼠的经口 LD_{50} 为 800mg/kg（体重）以上。杂色曲霉素的慢性毒性主要表现为肝和肾中毒，但该物质有较强的致癌性。以每天 $0.15\sim2.25$mg/只的剂量饲喂大鼠 42 周，有 78% 的大鼠发生原发性肝癌，且有明显的量效关系。该物质在 Ames 实验中也显示出强致突变性。

（一）杂色曲霉毒素的检测方法

目前，杂色曲霉毒素检测的方法主要有薄层层析法、高效液相色谱、气质联用仪、偶联质谱法和固相酶联免疫法。薄层层析法操作简单，不需要复杂精密的仪器设备。我国在食品上已有检测的国家标准，其原理是将样品经提取、纯化、浓缩后薄层展开，用三氯化铝显色，再加热产生一种在紫外光下显示黄色荧光的物质。根据其在薄层上显示的荧光最低检出量来测定样品中的含量。高效液相色谱、气质联用仪和偶联质谱法等检测的灵敏度和可靠性高，但需要昂贵的仪器和专门的操作人员，并且预处理十分复杂，无法同时对大批量样品进行检测。酶联免疫法灵敏度高，特异性强，预处理简单，且不需要昂贵的仪器设备，但其前提条件是需要先制备抗体，而我国目前尚无大批量生产抗体的厂家，因此现阶段难以广泛使用此法。

（二）杂色曲霉毒素的去除

谢同欣等用小鼠微核试验和体外人外周血淋巴细胞程序外 DNA 合成试验探讨了日光消除杂色曲霉毒素致突变性的作用，结果发现日光可消除杂色曲霉素的致突变作用。姚冬升等对嗜酸乳杆菌及其菌体总蛋白对杂色曲霉毒素的去除能力研究发现，嗜酸乳杆菌菌体总蛋白对杂色曲霉毒素相对吸附率可达 75.8%，而面包酵母菌体总蛋白为 48.9%，小牛血清蛋白只有 32.5%。嗜酸乳杆菌菌体总蛋白质的吸附作用呈一定的量效关系。

五、防治技术

防治禾草蠕孢霉病可采取种植抗病品种、种子消毒、喷药防治和栽培防治等措施。

（1）种子消毒处理。可用种子重量 0.3% 的 50% 福美双可湿性粉剂或用种子重量 0.03% 的 15% 三唑酮可湿性粉剂。

（2）药剂预防。应根据病情预报，在发病初期及时喷药进行预防，效果较好的药剂有异菌脲、菌核净、福美双等。

（3）药剂防治。在小麦返青期及时喷药保护，药剂有 25% 三唑酮可湿性粉剂和 50% 多菌灵可湿性粉剂。

（4）栽培防病。主要可采用合理耕作，与非寄主作物轮作 $1\sim2$ 年可有效减少土壤菌量；粮食收后翻耕，加速病残体的腐烂，可减少越冬病菌源；加强田间管理，播种前精细整地，适时播种，合理灌溉等，可减少病害。

鲁玉杰　张帅兵（河南工业大学）

第 18 节　禾谷镰孢病

一、分布与危害

禾谷镰孢（*Fusarium graminearum* Schwabe）属子囊菌无性型镰孢属真菌。该菌在玉米、小麦和土壤中常见，是禾本科作物的重要病原菌之一。可引起小麦、大麦、水稻、燕麦的穗枯或穗疮痂病和玉米的茎腐病与穗腐烂病。也称为赤霉病（彩图 15-18-1）。侵染麦粒或玉米后，生出白色絮状或绒状菌丝，后呈白色至玫瑰色、白色至粉红色或白色至砖红色。此菌分布全国各地，尤其是江苏、浙江、湖北、安徽、黑龙江等省分布最广。该菌在储粮病害中，能使小麦、玉米等粮食作物发热霉变。

二、形态特征

菌落：在马铃薯葡萄糖琼脂（PDA）培养基上，菌丝棉絮状至丝状，生长茂盛，高度可达 5～7mm，初期白色，然后呈白色至玫瑰色、白色至粉红色或白色至砖红色，中央有黄色气生菌丝区，背面深红色或淡砖红赭色。

菌体：菌丝有分枝，有横隔，透明或玫瑰色，直径 1.5～5.0μm。从气生菌丝生长出分生孢子梗和分生孢子，或由培养基内的营养菌丝直接生出黏孢层，黏孢层内含有大量的分生孢子。分生孢子分大和小两种类型。大型分生孢子近镰刀形、纺锤形、披针形，稍弯，两端稍窄细，顶细胞末端稍尖或略钝。脚胞有或无，大多数 3～5 隔，极少数 1～2 隔或 6～7 隔。单个孢子无色，聚集时呈浅粉色。小型分生孢子生于分枝或不分枝的孢子梗上，大多是单细胞，偶尔有少数分隔，形态多样。分生孢子群集时，呈黄色、粉红色或橙红色。一般无厚垣孢子，如果有也极少，间生。菌核呈各种深浅不同的紫红色、暗紫红色、鲜明玫瑰色或无色。有性阶段的子囊壳散生或聚生，卵圆形或圆形，深蓝至黑色。子囊棍棒状，无色，内有 8 个纺锤形子囊孢子（图 15-18-1）。在常用的马铃薯-葡萄糖-琼脂培养基，或马铃薯-蔗糖-琼脂（PSA）培养基上，很难产生大型分生孢子。影响镰孢菌产孢的因素主要有光照、氧气、培养基碳氮比等。

三、发生规律

禾谷镰孢生命力强，腐生性强，既可以在活的寄主上生活，也能够在死亡植物体上寄生。在一定条件下，产生孢子，在空气中传播，侵染寄主植物组织。禾谷镰孢菌丝的最适生长温度是 25℃，湿度越大，菌丝生长越快，黑暗条件有利于菌丝的生长。禾谷镰孢以菌丝和分生孢子在病残体组织内外、土壤中存活越冬。带病种子和病残体产生子囊壳，翌年 3 月中旬释放的子囊孢子是主要的初侵染源，从根部伤口侵入。玉米抽雄期至成熟期高温、高湿是茎腐病发生流行的重要条件，尤其是雨后骤晴，土壤湿度大，气温剧升，往往导致该病暴发成灾。土壤质地黏重、地势低洼、透水性差、地下水位高的地块发病就重。栽植过密及连作地发病重。底肥不足，氮肥偏多致使植株的机械性能降低，对病菌的侵染及扩展也有利。

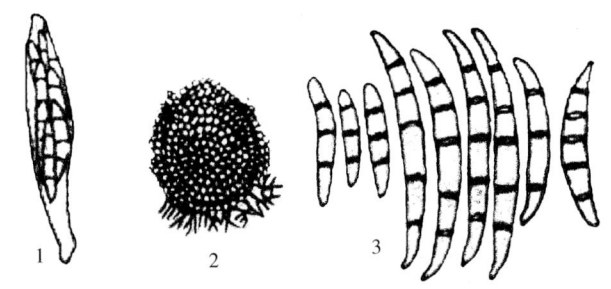

图 15-18-1 禾谷镰孢（引自蔡静平，2002）

Figure 15-18-1 *Fusarium graminearum* (from Cai Jingping, 2002)

1. 子囊及子囊孢子 2. 闭囊壳 3. 分生孢子

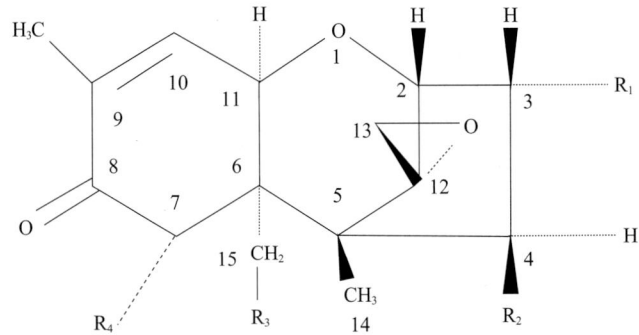

图 15-18-2 B 型单端孢霉烯族毒素的化学结构（引自武爱波，2010）

Figure 15-18-2 The chemical structure of type-B trichothecene (from Wu Aibo, 2010)

四、毒素产生及检测

禾谷镰孢主要产生 B 型单端孢霉烯族毒素，其基本化学结构式如图 15-18-2 所示。目前在粮食作物中存在 20 多种毒素，其中几种主要 B 型单端孢霉烯族毒素的特异性功能基团见表 15-18-1。而最主要的一种是脱氧雪腐镰孢菌烯醇（Doexynivalneol，简称 DON），也称为致呕毒素（vomitoxin）。

不同禾谷镰孢菌株产生毒素的种类和数量差别很大，而培养基组成、培养的温度、pH、菌种接种量等都对毒素的产生有一定的影响。禾谷镰孢在固体培养基和液体培养基中均可产生毒素，但在前者中的产毒量较高。

表 15 - 18 - 1　几种主要 B 型单端孢霉烯族毒素的特异功能基团（引自武爱波，2010）
Table 15 - 18 - 1　The characteristic functional group of type - B trichothecenes（from Wu Aibo，2010）

毒素类型	R1	R2	R3	R4
		功能基团		
脱氧雪腐镰孢菌烯	OH	H	OH	OH
雪腐镰孢菌醇	OH	OH	OH	OH
3 -乙酰脱氧雪腐镰孢菌烯醇	OAc	H	OH	OH
15 -乙酰脱氧雪腐镰孢菌烯醇	OH	H	OAc	OH

（一）毒素的检测

1. 生物测定法　所谓毒素生物测定，就是利用一些生物材料，包括器官（种子、根、茎、叶等）、组织、细胞等在毒素的胁迫作用下，生物体本身反映出来的一些生理生化指标的变化。通过检测这些生理生化指标，评价菌株致病力和品种抗赤霉病性，可能会成为一条有效途径。目前，国内外从整体植株、组织器官、细胞及细胞器、酶等不同水平的毒素生物测定方法很多，如幼苗浸渍法、叶片浸渍法、花粉萌发法、APL 法等。

2. 化学测定法　该法是目前用于镰孢菌毒素测定的主要方法，其特点是快速、准确、重现性好。现已建立了薄层色谱、气相色谱、高效液相色谱等方法。由高效液相色谱和气相色谱，一次能够检测出多种毒素的类型和含量，而且仪器和试剂的选择性范围较大，现在越来越受到研究者的青睐，但其纯化程序比较费时和复杂，技术含量要求也较高。

3. 酶联免疫吸附法（ELISA）　应用 ELISA 测定真菌毒素，操作简单，费用较低，但因为检测出的毒素中常含有一些其他衍生物，所以测定的结果往往偏高。由于镰孢菌毒素抗原多数为半抗原，通常需要改变毒素分子或与其他蛋白质分子偶联后作为抗原，制备多克隆或单克隆抗体，目前商品化的镰孢菌毒素特异抗体不多。

（二）脱毒方法

目前脱毒的方法主要为物理去毒和消毒剂、杀菌剂去毒。在谷物收获后，干燥、低温、低湿条件下储藏并防治虫害；用消毒剂处理，但这些处理都可能导致小麦籽粒的湿度增加而不利于储藏。国内外禾谷镰孢生物防治也有较多研究，如戴富明等分离来自不同地理环境的土壤、叶面芽孢杆菌及营养竞争球菌等 4 个细菌菌株，对小麦赤霉病均有显著的防治作用，与多菌灵的防治效果无显著差异。Jun 等则利用从土壤中分离的一种细菌，降低禾谷镰孢产生毒素 DON 的含量。Perkowski 研究了 DON 和谷粒大小的相关性，建议剔除小谷粒，以达到物理去毒的目的。但上述这些降解毒素 DON 的方法，效果都不十分理想，而且同时引进了新的化学物质、微生物或者新的有机生物体，虽然在一定程度上能够降低禾谷镰孢的产毒量，但引入的物质本身及其可能产生的代谢物，又可能对食品安全带来新的污染和问题，因此仍然不能从根本上解决毒素污染的问题。

五、防治技术

1. 谷类作物入库前，一定把水分降到 13％以下。①北方玉米种子含水量高的地区和短时间难以晾干的地区可采用站秆剥皮法。即把玉米果穗苞叶从顶部剥成两半。剥皮适宜时间，一定要掌握在玉米乳熟末期，大多数玉米定浆后进行，经 15d 散水即可收获。剥皮时间不可过早或过迟，成熟不一致的可分 2～3 次进行。②系棒搭架法。含水量不太高的玉米种子可采取收获后系棒搭架法进行降水。方法是先剥掉棒子外部苞叶，留下 3～4 片叶两个棒系在一起搭在木架上或树上晾干。

2. 储藏库要求通风。

3. 有条件的采用低温储藏。

鲁玉杰　张帅兵（河南工业大学）

第 19 节 匐枝根霉病

一、分布与危害

匐枝根霉［*Rhizopus stolonifer*（Ehrenb.：Fr.）Vuill.］也称黑根霉、黑面包霉，是一种常见的霉菌，从土壤或空气中都很容易分离得到，属接合菌门根霉属真菌。它是根霉属中具代表性的种类。分布很广，全世界均可见，长在各种有机物上，除面包、馒头、米饭等淀粉质外，也常长在甜熟的水果上。匐枝根霉也是目前发酵工业上常用的微生物菌种，我国很早利用它制曲酿酒。根霉的淀粉酶活力很强，酿酒工业多用它作淀粉质原料酿酒的糖化菌（把淀粉水解成葡萄糖），也可用来转化甾族化合物。该菌分布广泛，常出现于生霉的食品上，瓜果蔬菜等在运输和贮藏中的腐烂及甘薯的软腐都与其有关。

二、形态特征

菌落：菌落初期白色棉絮状，老熟后灰褐色至黑褐色，匐匍枝爬行生长，无色。

菌体：根霉的菌丝无隔膜，有分枝和假根，营养菌丝体上产生匐匍枝，匐匍枝的节间形成特有的假根。假根非常发达，根状，棕褐色。从假根处向上丛生直立、不分枝的孢囊梗，通常 2～3 根群生（图15-19-1）。顶端膨大形成圆形的孢子囊，囊内产生孢囊孢子。孢子囊内囊轴明显，球形或近球形，囊轴基部与梗相连处有囊托，囊托大而明显，楔形。孢囊孢子球形、卵形、椭圆形或不规则形，多有棱角，条纹明显，灰色或略带灰蓝色。接合孢子

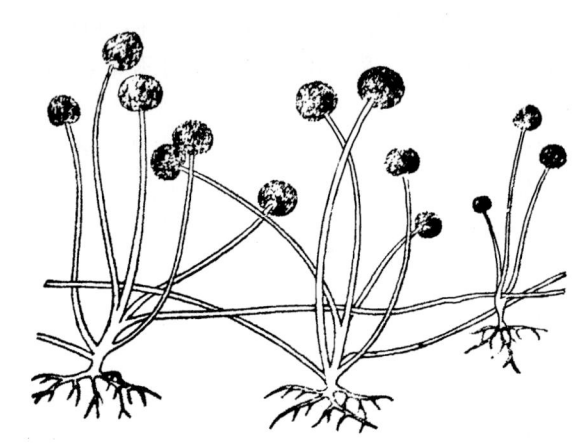

图 15-19-1 匐枝根霉（引自蔡静平，2002）
Figure 15-19-1 *Rhizopus stolonifer*（from Cai Jingping，2002）

球形，有粗糙的突起，直径150～220μm。根霉的孢子可以在固体培养基内保存，能长期保持生活力。

三、发生规律

该菌是典型的腐生菌，分布环境广泛，可在多汁的蔬菜残体上或储藏器官上以菌丝状态腐生存活。条件适宜时，随时生长，产生孢子囊，散出孢囊孢子，借气流、雨水、灌水及农事操作等传播扩散。病菌只能由伤口或生活力极度衰弱的部位侵染。病菌侵入以降解细胞壁中间层为特征，分泌果胶酶，引起病部组织细胞迅速解体而软化腐烂。本病在 20～40℃ 均可发展，以23～28℃ 为适，配以 80% 以上的相对湿度，病害易于发生。低温情况下，病菌生长明显受抑制。薯块收获和贮运期间造成伤口多，则遭受侵染的概率大，发病重。储藏过程中温度过高、通风不良、湿度过大、则病害严重。

四、毒素产生及检测

尚未见到关于匐枝根霉产生毒素的报道。

五、防治技术

匐枝根霉耐高温，生长最低温为 25℃，因此，粮食在入库前，需把水分降低到当地安全标准以内，掌握好气候条件，合理通风密闭，保持仓内和储粮的干燥。同时采用低温密闭、缺氧保管的方法，严格控制适当的粮食水分，可防止因匐枝根霉的产生而导致的粮食品质变劣。

鲁玉杰 张帅兵（河南工业大学）

第 20 节　总状毛霉病

一、分布与危害

总状毛霉（*Mucor racemosus* Fresen.）属接合菌门毛霉属真菌。总状毛霉是毛霉中分布最广的一种，广泛分布于土壤、空气、粪便、谷物及其他生霉水果、蔬菜等基物上。该菌可产生蛋白酶，有分解大豆蛋白的能力，我国多用来做豆腐乳、豆豉。此菌经常从粮食上分离出来，适宜生长温度为 20～25℃，生长相对湿度为 92%，属于湿生性菌，具有较强的酒精发酵能力。在高水分密闭储藏的粮食中可使粮食发酵变质。总状毛霉是条件致病菌，总状毛霉千叶变种可引起皮肤毛霉病。

二、形态特征

菌落：生长前期，菌落质地疏松，呈白色棉絮状直立并蔓延，出现极个别嫩孢子囊。随后菌丛高度可达到 15mm 以上，菌丝体变得紧密整齐，菌丝白色，有较明显的黑点状孢子囊出现。后期菌丝渐变为灰色，不再伸展或蔓延，菌落中心开始有所萎缩或凹陷，此时有大量黑点状孢子囊出现（彩图 15 - 20 - 1）。

菌体：菌丝无隔、多核、分枝状，在基物内外能广泛蔓延，无假根或匍匐菌丝。孢囊梗最初不分枝，其后以单轴式生出不规则的分枝，长短不一，直径 8～20μm。孢子囊球形，直径 20～100μm，浅黄色至黄褐色，成熟时孢囊壁消解。光滑，大小不一，无色或黄色。异宗配合产生接合孢子，球形，有粗糙的突起，直径 70～90μm。配囊柄对生，无色，无附属物（图 15 - 20 - 1）。囊轴球形或近卵形，孢囊孢子短卵形至近球形，能形成大量厚垣孢子，在菌丝体、孢囊梗甚至囊轴上都可形成，厚垣孢子形状大小不一，光滑，无色或黄色。

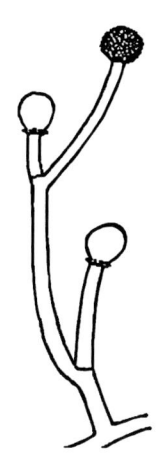

图 15 - 20 - 1　总状毛霉的孢囊梗和孢子囊
（引自齐祖同，1998）

Figure 15 - 20 - 1　Sporangiophore and sporangium of *Mucor racemosus*（from Qi Zutong, 1998）

三、发生规律

总状毛霉孢子成熟后随空气气流飘散传播，最适生长温度为 20～25℃。基质表面只要湿度合适，孢子就能萌发长出菌丝，在高温高湿条件下生长快，蔓延迅速。

四、毒素产生及检测

未见到关于总状毛霉产生毒素的报道。

五、防治技术

粮食在入库前，需把水分降低到当地安全标准以内，掌握好气候条件，合理通风密闭，保持仓内和储粮的干燥。同时采用低温密闭、缺氧保管的方法，严格控制适当的粮食水分，可防止因总状毛霉的产生而导致的粮食品质变劣。

鲁玉杰　张帅兵（河南工业大学）

第 21 节　局限曲霉病

一、分布与危害

局限曲霉（*Aspergillus restrictus* G. Sm.）属于子囊菌无性型曲霉属真菌。其在自然界中广泛分布于谷物及其他干贮食品、土壤、织物及霉腐材料，陈粮上和粮食仓库害虫的身体上的带菌率很高。由于它的干生性很强和要求基质的渗透压很高的生活特性，在一般合成培养基上难以生长或生长极慢，常为其他生长快的霉菌所掩盖，所以容易忽略其存在。局限曲霉是引起低水分（13.5%左右）粮食霉坏变质的最重要的霉菌，在粮食贮藏期间能慢慢地侵入粮粒的种胚，杀害种子和引起麦粒胚部变褐使低水分粮食变质并丧失发芽力，是形成所谓的"褐胚小麦"或"病小麦"的主要原因之一。

二、形态特征

菌落：在察氏琼脂上生长极慢，25℃培养2～3周直径10～20mm，稍隆起，质地丝绒状到絮状；分生孢子结构大量，近于橄榄色或深橄榄灰色，边缘暗绿，近于水松绿；无渗出液；有轻霉味或无；菌落反面褐绿或暗黄绿色。

菌体：顶囊由分生孢子梗顶端凸面膨大至近球形不等。小梗单层，着生顶囊上部。分生孢子梗短，椭圆形、卵圆形、桶形或球形，表面具有小刺，通常无色透明，但偶尔在末端区呈绿色。分生孢子幼龄时长椭圆形或近圆柱状，成熟时明显椭圆形或梨形，壁粗糙或显著粗糙（图15-21-1）。

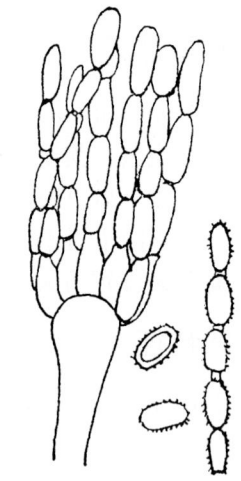

图15-21-1　局限曲霉的分生孢子
（引自蔡静平，2002）

Figure 15-21-1　Conidiospores of *Aspergillus restrictus*（from Cai Jing-ping，2002）

三、发生规律

局限曲霉干生性强，其孢子可在较低湿度条件下萌发，是引起水分13.5%左右粮食霉变的重要菌类。

四、毒素产生及检测

未见到关于局限曲霉产生毒素的报道。

五、防治技术

粮食在入库前，需把水分降低到当地安全标准以内，掌握好气候条件，合理通风密闭，保持仓内和储粮的干燥。同时采用低温密闭、缺氧保管的方法，严格控制适当的粮食水分，可防止因局限曲霉的产生而导致的粮食品质变劣。

鲁玉杰　张帅兵（河南工业大学）

第22节　阿姆斯特丹曲霉病

一、分布与危害

阿姆斯特丹曲霉［*Aspergillus amstelodami*（L. Mangin）Thom et Church］属于子囊菌无性型曲霉属真菌。该菌属于灰绿曲霉群中最常见的一种，广泛存在于土壤、室内环境、储藏的粮食中，可在14%的水分条件下生长。由于其干生性，是导致种子发热霉变的主要霉菌，腐生性强，能引起种子霉病变质。该菌常见于热带和亚热带地区，但其在高纬度地区也有发现。

二、形态特征

菌落：菌落呈浓绿色并有硫黄色小粒，反面无色或淡色（图15-22-1）。

菌体：分生孢子头放射状或略呈疏松柱状。分生孢子梗无色或淡绿色，光滑。分生孢子近球形或椭圆形，具细刺，顶囊近球形（图15-22-2）。小梗单层。闭囊壳球形至近球形，硫黄色。子囊孢子双凸透镜形，全部粗糙，具有明显沟及圆钝的鸡冠状突起（图15-22-3）。

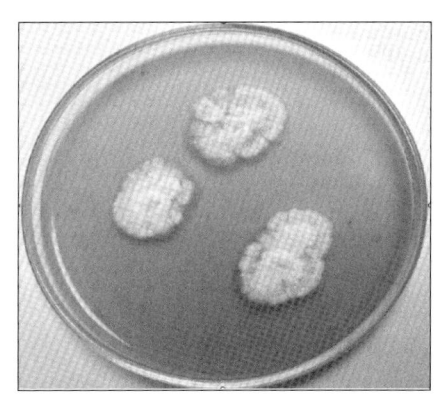

图 15 - 22 - 1　在麦芽汁培养基上生长的阿姆斯特丹曲霉
（引自 Virginija Bukelskienė 等，2006）

Figure 15 - 22 - 1　*Aspergillus amstelodami* growing on malt extract medium（from Virginija Bukelskienė et al.，2006）

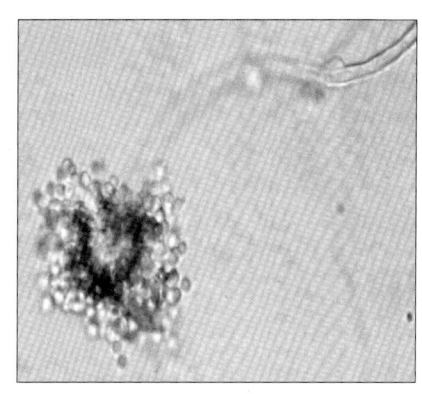

图 15 - 22 - 2　阿姆斯特丹曲霉的分生孢子头
（引自 Virginija Bukelskienė 等，2006）

Figure 15 - 22 - 2　Microscopic structure of *Aspergillus amstelodami*（from Virginija Bukelskienė et al.，2006）

三、发生规律

孢子萌发相对湿度在 65%～80%，在储粮中可在 14% 的水分条件下生长，所以是引起低水分粮食霉变的重要菌。

四、毒素产生及检测

阿姆斯特丹曲霉产生赭曲霉素 A、柄曲霉素和棒曲霉素等毒素，在小麦中主要产生的是赭曲霉素 A。其产生的毒素对脂肪嗜热芽孢杆菌和巨大芽孢杆菌有抑制作用，将毒素饲喂小鼠可致小鼠体重下降。

（一）毒素的检测

1. 薄层色谱法　使用带荧光指示剂的硅胶 60 薄层层析，流动相可选择为甲苯：乙酸乙酯：甲酸（5∶4∶1）溶剂系统。检测参照标准样品，在紫外灯或显色试剂中检测样品。

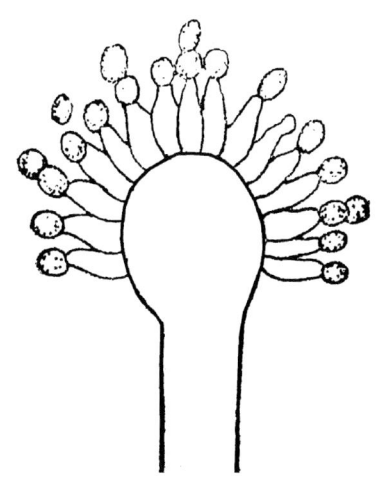

图 15 - 22 - 3　阿姆斯特丹曲霉的孢子头（引自 Anna A. Resurreccion 等，1977）

Figure 15 - 22 - 3　Conidial head of *Aspergillus amstelodami*（from Anna A. Resurreccion et al.，1977）

2. 酶联免疫法　ELISA 检测方法可使用赭曲霉素 A 的 ELISA 试剂盒，线性范围一般为 $2\sim500\mu g/L$，检测下限为 $1\mu g/L$，可用于毒素的快速检测和大批量样品的筛选。

（二）毒素的去除

可应用物理方法和化学方法去毒，如将受毒素污染的粮食进行水洗脱除毒素。有报道称利用 γ 射线辐照受毒素污染的粮食也可以显著降低粮食中赭曲霉素 A 的含量。

五、防治技术

粮食在入库前，需把水分降低到当地安全标准以内，掌握好气候条件，合理通风密闭，保持仓内和储粮的干燥。同时采用低温密闭、缺氧保管的方法，严格控制适当的粮食水分，可防止因阿姆斯特丹曲霉的产生而导致的粮食品质变劣。

鲁玉杰　张帅兵（河南工业大学）

第 23 节　烟曲霉病

一、分布与危害

烟曲霉（*Aspergillus fumigatus* Fresen.）属子囊菌无性型曲霉属真菌。烟曲霉菌是一种分布广泛的真菌，在曲霉种群中最常见。在土壤和腐败有机物上普遍存在，其孢子体积很小，人和动物因大量吸入其孢子或误食烟曲霉污染的食物可中毒。它也是一种常见的呼吸道过敏原，生长过程中可以释放多种蛋白酶，在哮喘发病中的作用近年来逐渐受到重视。粮食中以玉米、大麦、小麦等较常见，可寄生于人及动物的肺内，发生肺结核样症状，引起人及动物的死亡，属于病原真菌。该菌在粮食发热霉变的中期和后期常会大量出现，可促使粮堆温度不断升高而变质。具有分解纤维素和油脂的能力。

二、形态特征

菌落：烟曲霉的菌落生长迅速，绒状或作一定的絮状，暗烟绿色，老后色变得更深。

菌体：烟曲霉的菌丝是有隔菌丝，菌丝无色透明或微绿，分生孢子梗常带绿色。分生孢子呈典型的柱状，较为致密，呈深浅不同的颜色。顶囊烧瓶状，典型的在上半部 3/4 以上处可育，通常呈绿色。小梗单层并密集，分生孢子梗光滑，带绿色。分生孢子球形至近球形，罕见椭圆形，具有小刺至细密粗糙状。在某些种中产生闭囊壳，初为白色，老时呈奶油色、淡黄色、黄色或橙色。子囊孢子无色，双瓣形，具有赤道冠，并且凸面具有各种不同的纹饰，如图 15-23-1。

三、发生规律

该菌生长的适宜温度范围相当广泛，并嗜高温，在 25～55℃的条件下都能生长，它在 45℃或更高的温度下生长旺盛。

四、毒素产生及检测

烟曲霉菌可以分泌多种毒素，对机体具有免疫抑制作用，可以抑制巨噬细胞的吞噬，促进其凋亡。阻断淋巴细胞的活性，抑制杀伤细胞的形成。另在实验动物证明，给小鼠腹腔内注射烟曲霉毒素 4mg，30min 死亡；腹腔局部皮下注射 200mg 引起局部坏死，肾皮质坏死，肺支气管炎症，在肺、肝可形成肉芽肿。烟曲霉震颤素（fumitremorgins，FT）主要由烟曲霉产生，是一系列毒素，包括 A～N 种，其中最重要的为 A、B、C 三种，对实验动物有较

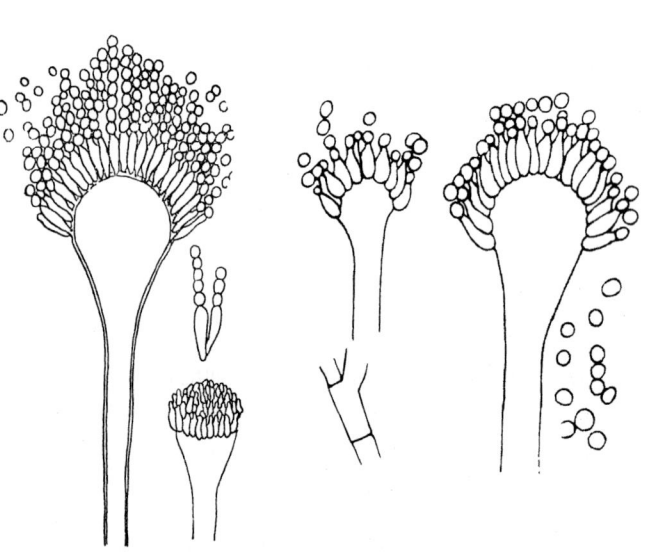

图 15-23-1　烟曲霉分生孢子（引自蔡静平，2002）

Figure 15-23-1　Conidiospores of *Aspergillus fumigatus* (from Cai Jingping，2002)

强的毒性，结构类似的震颤性真菌毒素还有疣孢青霉原和 TR-2 毒素等。FT 是 1971 年首先从烟曲霉产毒培养基中分离出来的，随后从费氏新密丝明孢曲霉的培养物中还分离出 FTA 和 FTB。产生该毒素的菌还有焦曲霉（*Aspergillus ustus*）、羊毛状青霉（*Penicillium lanosum*）、鱼肝油青霉（*P. piscarium*）、丛簇曲霉（*A. caespitosus*）、微紫青霉（*P. janthinellum*）和短密青霉（*P. brevicompactum*）。

（一）烟曲霉震颤素的检测

毒素常采用 TLC 和 HPLC 方法进行检测。薄层色谱法检测灵敏度低，约为 2g/L。TLC 检测中常用的展开剂为苯-丙酮，显色剂为 10%硫酸。烘烤 15～20min，紫外灯下观察。刘江等介绍了一种简便、快捷的检测烟曲霉震颤素 B 的高效液相色谱（HPLC）检测方法，用三氯甲烷提取后直接进样，方法检出限为 1.5～2.0 pg，在 2.5～400 pg 范围内线性良好。

（二）毒素的去除

本菌对物理和化学作用的抵抗力较强。在干热 120℃经 1h，煮沸 5min 才能使本菌的培养物失去发芽能力。2%氢氧化钠、0.05%～0.5%硫酸铜、0.01%～0.5%高锰酸钾等药物处理，均不能使其死亡，而只稍微使孢子发芽时间延长。

五、防治技术

粮食在入库前，需把水分降低到当地安全标准以内，掌握好气候条件，合理通风密闭，保持仓内和储粮的干燥。同时采用低温密闭、缺氧保管的方法，严格控制适当的粮食水分，可防止因烟曲霉的产生而导致的粮食品质变劣。

鲁玉杰　张帅兵（河南工业大学粮油食品学院）

第 24 节　黑曲霉病

一、分布与危害

感染黑曲霉病之后，受害籽粒上的菌落开始为白色，之后会生出一层致密的黑色粉粒，好似粗地毯状。黑曲霉病的病原菌为黑曲霉。黑曲霉（*Aspergillus niger*）属子囊菌无性型曲霉属真菌，是曲霉属真菌中的一个常见种。广泛分布于世界各地的粮食、植物性产品和土壤中。黑曲霉具有种类多且活性强大的酶系，已被广泛用于工业生产。如产生的淀粉酶用作生产酒精、白酒或制造葡萄糖和糖化剂；酸性蛋白酶用于蛋白质的分解或食品消化剂的制造；果胶酶用于水解聚半乳糖醛酸、果汁澄清和植物纤维精炼。

黑曲霉属于高温、高湿性好氧菌，能使含水量高的粮食霉变发热。同时具很强的分解粮粒中有机物的能力，可产生多种有机酸和分解酶类，造成大批粮食霉变。霉变会影响粮食的品质，主要表现为气味不正、重量减轻、水分增加、发芽率降低、脂肪酸值升高、酸度升高、工艺品质变劣等。黑曲霉侵染粮食后还会引起总氮和可溶性糖含量的下降，从而降低了食用及饲用品质，甚至完全丧失使用价值。

我国广东、广西等南方地区的玉米外部和内部所带的真菌以黄曲霉最多，其次是黑曲霉。而调查广东省正在晒场上已晒干的稻谷中，外部的黑曲霉也是优势菌群之一。河南省的玉米中，也可检测到黑曲霉的存在。

二、形态特征

菌落：生长蔓延迅速，初期为白色，后变成鲜黄色直至黑色厚绒状。背面无色或中央略带黄褐色。有时在新分离的霉菌中能找到白色、圆形、直径约 1mm 的菌落。30℃条件下用 PDA 培养基培养时，到第二天菌落就可基本形成了，绒毛状，中央呈放射状，具有同心圆，菌落疏松，颜色黄色，直径约为 3cm。到第四天时，菌落可长满整个平皿，直径约为 10cm，边缘整齐光滑。第四天以后，菌落开始衰竭，颜色逐渐由黄褐色变成黑褐色，顶囊大，呈球形。

菌体：分生孢子头初期为球形，直径 700～800μm，呈绿黑色、黑褐色、紫黑色至炭黑色等，平滑或粗糙。成熟后呈放射状，或裂成一些不规则的形状，有的状如"菊花"。分生孢子梗由特化了的厚壁而膨大的菌丝细胞（足细胞）上垂直生出，直径 15～20μm，长 1～3 mm，长短不一，无色透明至褐色，典型的光滑，但在少数种中略带颗粒或小黑点，易碎，在受到压力时纵向裂开，不聚束。顶囊呈球形或近似于球形，其上全面覆盖一层梗基和一层小梗。小梗根据种的不同单层或双层，通常着色很深甚至充满色素，直径 2.5～4.0μm（图 15-24-1）。对紫外线以及臭氧的耐性强。

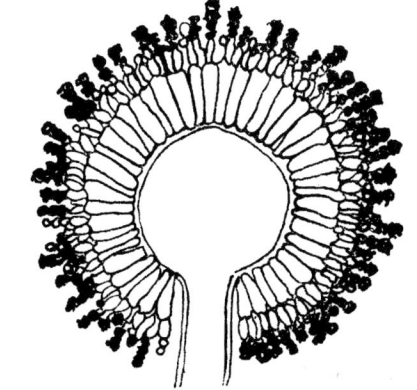

图 15-24-1　黑曲霉（引自中国农业科学院植物保护研究所，1995）

Figure 15-24-1　*Aspergillus niger*（from Institute of Plant Protection, Chinese Academy of Agricultural Sciences，1995）

菌丝发达多分枝，为有隔多核的多细胞真菌。分生孢子球形、近球形、椭圆形或横向扁平，较为光滑，有的带有明显的纵向条纹。菌核球形或近球形，初为奶油色，后呈淡黄至带粉红色、灰黄色或褐色。

三、发生规律

黑曲霉属于接近高温高湿性的霉菌，生长适温为 35～37℃，最高可达 50℃；孢子萌发、生长和产生孢子的相对湿度分别为 80％、88％～89％和 92％～95％。能引致水分较高（含水量 14％以上）的粮食霉变，对种子发芽力的伤害很大，是自然界中常见的霉腐菌。

四、毒素产生及检测

在目前的报道中，黑曲霉只产生赭曲霉素 A（ochratoxin A，OTA）一种毒素，而且产毒菌株占 3％～10％。除在花生等粮食中黑曲霉的产毒菌株分布比较多以外，近年来还有学者认为黑曲霉是葡萄及其酿造的酒中产生 OTA 的主要菌株。

OTA 的化学名称为 7 -（L -β -苯基 -α -羧基乙基氨基羰基）- 5 -氯代 -8 -羟基 -3，4 -二氢化 -3R -甲基异氧杂萘邻酮（香豆素）（分子结构见图 15 - 24 - 2）。相对分子质量为 403，是一种无色的晶体状化合物，在紫外光下可发出蓝色的荧光，易溶于极性有机溶剂，微溶于水，呈弱酸性，能溶于稀的碳酸氢盐水溶液。在有机溶剂和碱水中，OTA 对空气和光不稳定，尤其是在潮湿环境中，短暂的光照都能使之分解，但在乙醇溶液中低温条件下可保存 1 年。OTA 对热不太稳定，高温可使之分解产生氯气与氧化氮。当以苯-乙酸（99：1，V/V）为溶剂时，最大吸收峰的波长为 333 nm，摩尔吸光系数为 5 500。

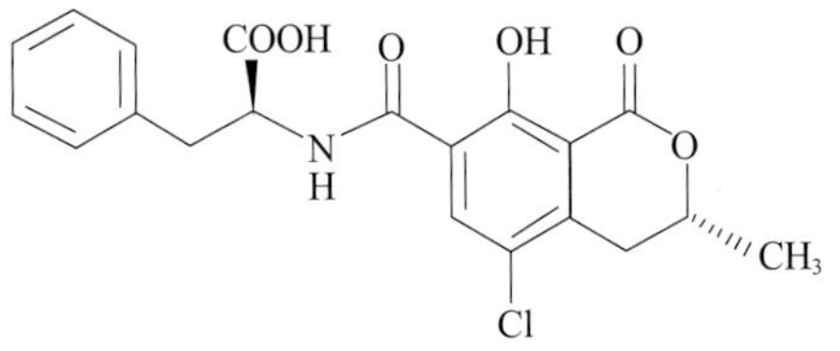

OTA 是毒性最强的一种赭曲霉毒素，广泛存在于动植物产品中，是储藏的谷物中极易检测到的仓贮毒素。赭曲霉毒素对动物的肾脏危害最大，可以导致肾癌，此外它对肝脏也有损害，还有免疫抑制、

图 15 - 24 - 2　OTA 的分子结构（引自 Richard，2007）

Figure 15 - 24 - 2　Molecular structure of OTA（from Richard，2007）

致畸性。OTA 是致癌很强的一种毒素。据报道，每千克饲料中含有 0.2～0.3 mg OTA 就能使猪和鸡中毒。反刍动物的易感性要小得多，因为它们瘤胃中的微生物会将毒素降解。我国对谷类和豆类中最新的 OTA 限量是 5μg/kg。

（一）OTA 的检测

薄层色谱分析法（Thin - layer chromatography，TLC）是较早用于毒素检测的一种方法。其优点是方法简单，使用的试剂价格便宜。但是该方法灵敏度相对较差，所需试剂繁多，检测周期长，重现性不好，无法自动化，已远远不能满足现代检测要求。

酶联免疫吸附检测法（Enzyme - linked of immunosorbent assay，ELISA）具有灵敏、快速、简便的特性，对样品中毒素的净化纯度要求不高，特别适合于大批量样本的检测，但检测结果的重现性差，试剂寿命也较短，易造成假阳性，常需要用其他的方法来验证。它主要被广泛应用于 OTA 的快速检测和大批量样品的筛选。目前 OTA 的 ELISA 试剂盒已经得到产业化应用，主要还是以进口为主，价格较为昂贵。目前的 ELISA 检测方法，线性范围一般为 2～500 μg/L，检测下限为 1μg/L。

高效液相色谱法（High performance liquid chromatography，HPLC）是目前最常用于食品中毒素检测的方法。它可进行定性和定量分析，并可配套使用不同的检测系统，结果较为准确可靠，灵敏度高，重现性好，应用广泛。但这种方法设备昂贵，对毒素纯度的要求较高，检测成本高，无法满足大批量样本快速筛查的需要，使用也受到限制。目前建立的 HPLC 方法可用于检测玉米、小麦和大麦等粮食中的 OTA，回收率大于 90％，检测下限可达 0.05μg/kg。

此外，已研制成功了快速检测 OTA 的胶体金试纸条，检测限为 10μg/L，检测时间为 10min。HPLC-MS（Mass spectrometry）方法，检测下限为 0.6μg/kg。毛细管电泳测定方法，回收率为 78.37％～93.6％，检测下限为 0.03μg/mL。

（二）毒素的去除

在去除霉菌毒素的研究方面，目前主要有物理、化学和生物 3 种方法。物理方法包括挑选、水洗浸泡、加热处理、吸附和紫外线辐射处理；霉菌毒素一般遇碱能被分解而失活，故可采用氨、氢氧化钠、碳酸氢钠、氢氧化钙等化学药剂进行处理。除了碱性试剂外还可以采用臭氧、过氧化氢、次氯酸钠、氯气等氧化剂进行处理，这样也可使霉菌毒素降解而失活。生物法则主要指微生物脱毒法，通过筛选某些微生物，利用其生物转化作用，使霉菌毒素破坏或转变为低毒物质。

目前新兴的方法还有辐照降解处理。有研究人员以受 OTA 污染的玉米为研究对象，采用 HPLC 分析方法定量检测 OTA，比较不同剂量 γ 射线辐照处理的 OTA 的降解率，评价辐照处理后玉米的营养组分。探讨了 γ 射线对于玉米中 OTA 的辐照降解效果。结果表明，玉米中 OTA 经过辐照后，含量明显降低，在 10kGy 的辐照剂量下，降解率可达 50%；经过辐照后玉米的营养组分没有明显变化。所以辐照能够降解玉米中赭曲霉毒素 A，且不会降低玉米品质。

除常规方法外，最近的研究表明，牛至提取物也具有抑制黑曲霉生长的作用。用琼脂平板培养法检测黑曲霉的生长情况，发现体积分数在每 100mL 含 2.5 mL 牛至提取物时，牛至提取物对黑曲霉的抑制率为 45.6%。牛至提取物的组成经检测含有 21 个不同的组分，主要成分为香芹酚（34.2%）和香芹酮（18.1%）。

五、防治技术

玉米等禾谷类作物入库前，一定要保证把水分降到 13% 以下。在北方玉米种子含水量高的地区或者短时间难以晾干的地区，可在收割前采用以下两种方法来减少种子的水分。

站秆剥皮法。即把玉米果穗苞叶从顶部剥成两半。剥皮要找准适宜的时间，一定要掌握在玉米乳熟的末期，大多数玉米定浆后进行，经过约 15d 时间水分散失之后即可收获。剥皮的时间不宜过早或过迟，成熟不一致的可分 2～3 次进行。

系棒搭架法。含水量不太高的玉米种子可采取收获后系棒搭架法进行降水。留下 3～4 片叶便于将两个棒系在一起搭于木架或树上晾干。储藏库最好通风，保持低温。

当储存的粮食受到黑曲霉的污染后，黑曲霉会产生 3-甲基-1-丁醇和 3-辛醇，可以利用电子鼻、色谱等技术检测粮食产生的气味或挥发性物质判断黑曲霉的存在。

鲁玉杰　李海峰（河南工业大学）

第 25 节　黄曲霉病

一、分布与危害

玉米、花生和马铃薯等易感染黄曲霉病。玉米染病时会在胚部生出粗地毯状或絮状的菌落，初为黄色，后变为黄绿色，最后变成棕绿色。黄曲霉病是引起贮存的粮食霉变和发热的主要病害。引发这种病害的菌种为黄曲霉。黄曲霉（*Aspergillus flavus* Link：Fr.）属子囊菌亚门无性型曲霉属真菌，是一种常见的腐生真菌。有些菌株具有很强的糖化淀粉与分解蛋白质的能力，因而被广泛用于白酒、酱油和酱的生产，也是酿造工业中的常见菌种。黄曲霉分布很广泛，在各类食品和粮食上均能出现。有些菌株可产生黄曲霉毒素，该毒素不仅对粮食作物的生产、储藏和加工造成巨大经济影响，还会危及人和畜禽的健康和生命。

研究表明，我国广东、广西等南方地区的玉米外部和内部所带的真菌以黄曲霉最多，带菌量可达到 $1×10^5$ 个/g。1981 年浙江新收的早稻样品中，谷粒外部所带的真菌中，黄曲霉占 72%，侵入谷粒内部的占 9%；而调查广东省在晒场上已晒干的稻谷中，外部的黄曲霉也是优势菌群。还有报道表明，广东产的含 13% 水分的早籼米中黄曲霉是优势菌，湖南产的含 13% 水分的早籼米中也以黄曲霉为优势菌。在水分含量为 16% 时，黄曲霉会大量生长繁殖。用霉变粮食酿造啤酒后，啤酒中黄曲霉素有的高达 20μg/kg 以上。因此，禁止用霉变粮食酿造啤酒。

二、形态特征

菌落：生长快，柔毛状，平坦或有放射状沟纹；在培养基上初为灰白色、扁平，之后出现放射状皱纹，菌落颜色转为黄至暗绿色，菌落背面呈无色或至淡红色，有的菌株会产生灰褐色的菌核。

菌体：菌体由许多复杂的分枝菌丝构成。营养菌丝具有分隔；气生菌丝的一部分形成长而粗糙的分生孢子梗，分生孢子梗壁厚、无色，长度小于1mm，直径 $10\sim20\mu m$；顶端产生的顶囊近球形或烧瓶状；表面产生许多小梗（一般为双层），直径 $300\sim400\mu m$；小梗上会着生成串的表面粗糙的球形分生孢子。分生孢子梗壁粗糙或有刺，无色；分生孢子头为半球形、柱形或扁球形，如图15-25-1所示。

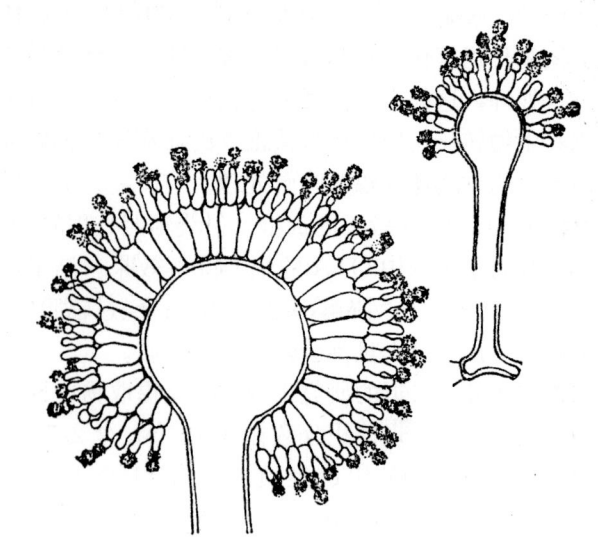

图15-25-1 黄曲霉（引自中国农业科学院植物保护研究所，1995）
Figure 15-25-1 *Aspergillus flavus*（from Institute of Plant Protection, Chinese Academy of Agricultural Sciences, 1995）

三、发生规律

黄曲霉多见于发霉的粮食、粮制品及其他霉腐的有机物上。属中温性、中生性霉菌。生长温度一般为 $6\sim47℃$，最适温度为 $30\sim38℃$；生长的最低水活度为 $0.8\sim0.86$。该菌产毒的最适温度为 $27℃$，最适水活度为 0.86 以上。孢子萌发、生长和产孢的相对湿度分别为 80%、80% 和 85%。

四、毒素产生及检测

1993 年黄曲霉毒素（aflatoxins，AFT）被世界卫生组织（WHO）的癌症研究机构划定为 1 类致癌物，是一种毒性极强的剧毒物质。

AFT 的危害性在于对人及动物肝脏组织有破坏作用，严重时会导致肝癌甚至死亡。在天然污染的食品中以 $AFTB_1$ 最为多见，其毒性和致癌性也最强。20 世纪 60 年代，人们发现黄曲霉会产生有毒的代谢物质，AFT 是黄曲霉和寄生曲霉的代谢产物，很多曲霉种类也能产生 AFT，但产量较少。

AFT 是一组化学结构类似的化合物，目前已分离鉴定出 12 种，包括 B_1、B_2、G_1、G_2、M_1、M_2 等。AFT 的基本结构为双呋喃环和香豆素（图15-25-2），B_1 是二氢双呋喃氧杂萘邻酮的衍生物。即含有一个双呋喃环和一个氧杂萘邻酮（香豆素）。前者为基本毒性结构，后者与致癌有关。M_1 是 $AFTB_1$ 在体内经过羟化而衍生成的代谢产物，黄曲霉毒素的主要分子形式含 B_1、B_2、G_1、G_2、M_1 和 M_2 等。其中 M_1 和 M_2 主要存在于牛奶中，B_1 为毒性及致癌性最强的物质。

理化特性：在紫外光下，AFT 的 B_1、B_2 发蓝色荧光，G_1、G_2 发绿色荧光。AFT 的相对分子质量为 $312\sim346$。难溶于水，易溶于油、甲醇、丙酮和氯仿等有机溶剂，但不溶于石油醚、己烷和乙醚中。一般在中性溶液中较稳定，但在强酸性溶液中稍有分解，在 pH $9\sim10$ 的强碱溶液中分解迅速。其纯品为无色的结晶，耐高温。$AFTB_1$ 的分解温度为 $268℃$，紫外线对低浓度 AFT 有一定的破坏性。

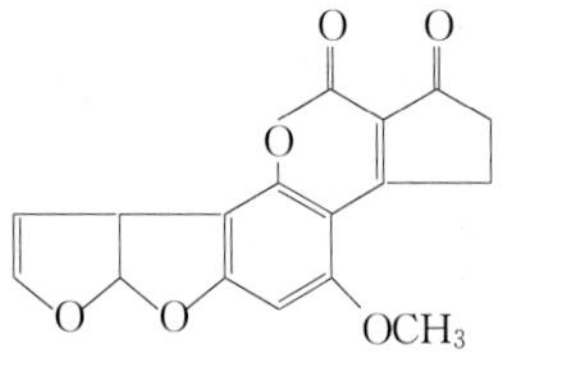

AFT 分布广泛，先后在土壤、动植物、坚果、特别是花生和核

$AFTB_1$，$C_{17}H_{12}O_6$，MW=312.3

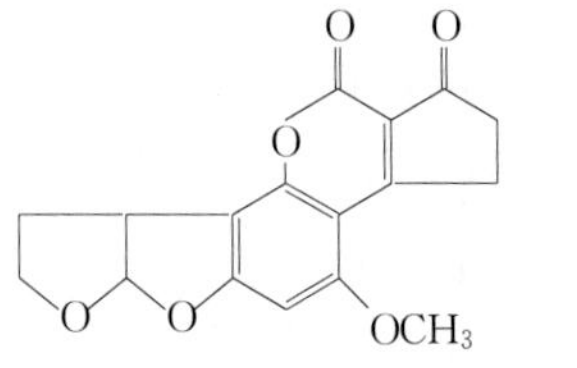

$AFTB_2$，$C_{17}H_{14}O_8$，MW=314.3

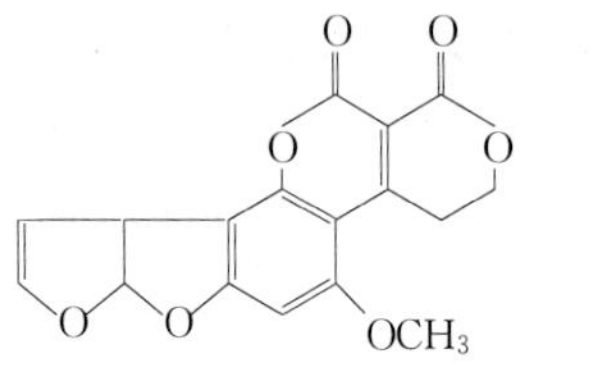

$AFTG_1$，$C_{17}H_{12}O_7$，MW=328.3

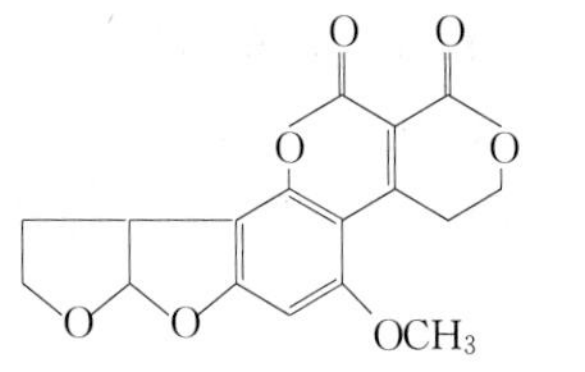

$AFTG_2$，$C_{17}H_{14}O_7$，MW=330.3

图15-25-2 主要 AFT 的分子结构式（引自王伟，2007）
Figure 15-25-2 Molecular structures of major AFT（from Wang Wei, 2007）

桃中被发现。在大豆、稻谷、玉米、牛奶、奶制品、食用油等制品中也检测到有 AFT 的存在。一般在热带和亚热带地区食品中 AFT 的检出率比较高。在中国，产生 AFT 的菌种主要为黄曲霉。

（一）AFT 的危害

AFT 分子中的双呋喃环结构，是产生毒性的重要结构。研究表明，AFT 的细胞毒作用，是干扰 DNA 和 mRNA 的合成，进而干扰细胞蛋白质的合成，导致动物全身性损害。AFT 的毒性主要是对动物肝脏的伤害，研究结果表明，AFT 可导致肝功能下降，降低牛奶产量和产蛋率，并使动物的免疫力降低，易受有害微生物的感染。此外，长期食用含低浓度 AFT 的饲料也可导致胚胎内的动物中毒，通常年幼的动物对 AFT 更为敏感。AFT 的临床表现为消化系统功能紊乱，生育能力降低。在中国，由此而带来的畜牧业损失非常巨大。

因为黄曲霉等真菌在食物或食品原料中的存在非常普遍，当食用了被 AFT 污染的食物，就会受到危害。有时候含 AFT 浓度较低的粮食和食品非常难以进行控制，所以尤其是在发展中国家，食用被 AFT 污染的食物与癌症的发病率呈正相关性。长时间食用含低浓度 AFT 的食物被认为是导致肝癌、胃癌、肠癌等疾病的主要原因。除此以外，AFT 与其他致病因素（如肝炎病毒）等对人类疾病的诱发还具有叠加效应，为我们对其进行控制又增加了难度。$AFTB_1$ 急性毒性比氰化钾要高出 10 倍，是砒霜的 68 倍。诱发肝癌的能力比二甲基亚硝胺大 75 倍。中毒的临床表现有：胃部不适、食欲减退、恶心、呕吐等；严重者出现水肿，昏迷，以致抽搐而死。

研究者选取 AFT 等 14 种具有重要食品卫生学意义的真菌毒素为研究对象，对采自全国 13 个省（自治区、直辖市）的 708 份谷类食品中上述真菌毒素的污染水平进行调查，并对我国居民对这些真菌毒素的膳食暴露水平进行评估。

评估结果显示，我国成人、儿童、城市、农村、男性、女性每人每天每千克体重对 AFT 的平均暴露量分别为：2.94ng/kg、3.97ng/kg、1.79ng/kg、3.75ng/kg、3.52ng/kg、3.14ng/kg，玉米是 AFT 的主要贡献食品。

$AFTB_1$ 是迄今为止发现的毒性最强的天然化合物。当 AFT 暴露量为 1ng/（kg·d）时，HbsAg 阳性携带者中 HCC 的年发生率为每 10 万人口 0.3 例，HbsAg 阴性携带者中 HCC 的年发生率为每 10 万人口 0.01 例。从全国来看，在分析的 347 份玉米制品、292 份小麦粉、36 份膨化食品和 13 份花生样品中，各类食品中 $AFTB_1$ 的均值都低于 5μg/kg，从高到低依次为花生、玉米制品、膨化食品和小麦粉，分别为 4.40μg/kg、2.48μg/kg、0.70μg/kg 和 0.15μg/kg。我国规定玉米、花生及其制品中的 $AFTB_1$ 限量标准为 20μg/kg，与该限量标准比较，除了 1 份花生（最高 21μg/kg）和 5 份玉米制品（最高 129.8μg/kg）样品中 $AFTB_1$ 含量超标（超标率分别为 7.69％和 1.44％）外，其他样品污染水平都低于国家规定的限量标准；我国农村人群和儿童的膳食真菌毒素暴露较高，罹患 HCC 的风险也高。

研究特定仓内稻谷以及稻谷的糙米、糠粉、精米中 $AFTB_1$ 的分布。结果表明：在粮仓内的各层和各点，稻谷中 $AFTB_1$ 的分布极不均匀，含量在 0.8~88.1μg/kg；稻谷籽粒中 $AFTB_1$ 主要分布在糙米的皮层（糠粉），占 90％以上。

AFT 污染是全球性的问题。在我国，由于南方地区气温、湿度更适合于黄曲霉的生长繁殖，因而南方的粮谷样品中 AFT 污染率较高，阳性样品中 AFT 的含量也较高，而在东北、华北、西北地区，除个别样品检出外，一般未见 AFT 的污染。分析取自湖北、重庆、广东、江苏、上海、福建、广西、浙江等地区市售的玉米、花生、大米、核桃、松子等 284 份样品 AFT 的污染情况，结果表明，玉米中 AFT 的检出率为 70.27％，平均含量为 36.51μg/kg，最高为 1 098.36μg/kg，并有 14.86％的玉米样品中 $AFTB_1$ 含量超出国家限量标准；花生中 AFT 的检出率为 24.24％，平均含量为 80.27μg/kg，最高为 437.09μg/kg，有 3.03％的花生样品中 AFT 含量超出国家及国际食品法典限量标准；在玉米、大米、花生、核桃和松子中，被 AFT 污染最严重的是玉米，不仅污染率高（70.27％）、含量高（最高含量 1 098.36μg/kg），而且污染范围广，在 8 个地区采集的 74 份玉米样品中全部存在 AFT 的污染，检出率为 40％~100％。

（二）AFT 的检测方法

1977 年我国起草制定了食品中 $AFTB_1$ 允许量标准，1985 年制定食品中 $AFTB_1$ 的测定方法国家标准；1995 年，世界卫生组织制定的食品 AFT 最高允许浓度为 15μg/kg。人类消费的牛奶中的含量不能超过 0.5μg/kg，其他动物饲料中的含量不能超过 300μg/kg。而欧盟国家的规定更加严格，要求人类生活消费品中的 AFTB$_1$ 的含量不能超过 $0.05\mu g/kg$。

薄层层析法：

薄层层析（TLC）是在 AFT 研究方面应用最广的分离技术。自 1990 年，它被列为 AOAC（Association of official agricultural chemists）标准方法，该方法同时具有定性和定量分析 AFT 的功能。天然污染的粮油食品中，AFTB$_1$ 含量最大，且毒性和致癌性最强，故在粮油食品 AFT 的监测中常以 AFTB$_1$ 作为主要指标。国家标准中的检测方法，是通过薄层色谱分离，目测比较样液与标液中 AFTB$_1$ 荧光强度来定量的。检出限为 $5\mu g/kg$，回收率 75％以上，适合各类粮油食品中 AFTB$_1$ 的测定。

液相色谱法：

液相色谱（Liquid chromatography，LC）与薄层层析在许多方面具有相似性，二者可以互补。通常用 TLC 进行前期的条件设定，选择适宜的分离条件后，再用 LC 进行 AFT 的定量测定。

免疫化学分析方法：

利用具有高度专一性的单克隆抗体或多克隆抗体设计的 AFT 的免疫分析也是最常用的 AFT 检测方法。这类方法通常包括放射免疫分析方法（Radioimmunoassay，RIA）、ELISA 和免疫层析法（Immunoaflinity column assay，ICA）。它们均可以对 AFT 进行定量测定。

薄层层析法和液相色谱法是目前国内绝大多数检测机构都在使用的方法，随着现代科学技术的不断发展，以金标试纸为代表的这些方法已经被很多先进国家所广泛使用，引进和优化这些先进的方法是我国检测领域的当务之急。

五、防治技术

（一）对 AFT 的脱毒措施

对 AFT 的脱毒途径主要包括 3 种，即脱除毒素、把毒素转变为无毒的化合物或者使 AFT 分解为无毒的小分子化合物。相对应的脱毒方法有物理法、化学法和生物法。

物理法包括剔除霉粒、吸附、辐照、粉碎水洗、高温及熏蒸处理法；化学法包括添加氢氧化钠、氧化降解、有机溶剂处理法等；生物方法则利用可吸附 AFT 或降解 AFT 的微生物来进行。其中物理法只是将 AFT 转移，并没有消除 AFT 对环境的危害，化学法又容易引起二次污染，影响粮食的品质，所以，生物脱毒法是近年来研究的热点。

据报道，用无根根霉、米根霉、橙色黄杆菌和亮菌等进行处理，对去除粮食和饲料中的 AFT 有较好效果。与物理学和化学方法相比，微生物发酵处理法对饲料营养成分的损失和影响较少。此法目前仍处于研究阶段，尚未应用于生产，但它是一种有应用前景的方法，也是目前一个比较活跃的研究领域。

研究者还利用大蒜、肉桂、洋葱和甘草等植物材料阴燃生成的烟来抑制黄曲霉的增长，并且评估了这种方法杀菌的潜力。使用一种自行设计的实验系统，将黄曲霉孢子接种到 PDA 培养基和玉米籽粒上，并且暴露于植物材料阴燃释放的烟雾中，结果表明，这些植物材料释放的烟雾均不同程度地表现出对黄曲霉菌的抗真菌活性。阴燃烟雾可以有效地防止黄曲霉生长，其中 $20g/m^3$ 的肉桂烟雾完全消除了黄曲霉对谷物内核表面的感染。利用这种方法储存的谷物，15d 后的感官特性没有改变。因此，阴燃植物和它们随后暴露的烟雾可以作为有效的技术用于粮食存储过程中病原真菌的去除。

除了利用大蒜、肉桂等植物材料阴燃生成的烟来抑制黄曲霉的增长，研究人员也发现一些植物比如问荆草和甜叶菊的提取物含有的抗氧化剂可能具有抗真菌的活性。他们利用问荆草和与甜叶菊提取物对玉米中产毒真菌黄曲霉生长的控制进行了测试。当水分活度（a_w）在 $0.85\sim0.95$ 时，将不同浓度和比例的植物水提取物添加到未经消毒的玉米上，培养 30d，结果表明，问荆草和甜叶菊的提取物混合的比例为 1∶1 时，可有效地抑制黄曲霉的生长以及 AFT 在高水分活度水平（收获前的条件）的产生。所以，这两种植物的提取物可作为控制潮湿玉米 AFT 产生的替代产品。

（二）对黄曲霉病的防治

（1）首先还是要尽量降低粮食籽粒的含水量以及周围环境的湿度和温度，入库前要把玉米籽粒含水量降至 13％。

（2）用氨、二氧化硫与丙酸等化学药剂通过低温干燥系统可有效控制储藏霉菌的生长。

（3）用 $0.1\%\sim0.5\%$ 的尿素与籽粒混合，在相对湿度为 95% 的条件下也可以保障 $6\sim8$ 周的安全储藏。

（4）在收割前的田间控制需从灌溉、适当密植、灭虫除草和轮作等措施做起，控制黄曲霉的发生，做到根据田间的发病情况分别收获，筛选并剔除已发病的果穗。如果果穗发病率达到 10% 时，应在含水量降至 $26\%\sim28\%$ 时提前收获，及时进行人工干燥，防止病害加重。

在粮食的储存过程中，黄曲霉会产生乙醇、2-甲基-1-丙醇、3-甲基-1-丁醇和 3-辛醇，而利用电子鼻、色谱等技术来测定粮食产生的气味或挥发性物质，可以检测食品的风味，判断谷物是否变质与损坏，从而判断所污染的霉菌种类。

鲁玉杰　李海峰（河南工业大学）

第 26 节　杂色曲霉病

一、分布与危害

杂色曲霉病的病原菌为杂色曲霉，杂色曲霉 [*Aspergillus versicolor* (Vuill.) Tirab.] 属子囊菌无性型曲霉属真菌。杂色曲霉分布广泛，是世界性的广布种，也是我国最常见的曲霉类群之一。杂色曲霉种的范围很大，不同菌株在外观上有很大差异，特别是颜色，正如学名所示，颜色的种类相当丰富，所以常被认为是不同的种，但通过显微镜观察可以看到其显微结构基本相同，没有多少差异，显然是属于同一个种。种内有些菌株存在非常多的畸形，如小顶囊上只生有少数梗基和瓶梗，或不具梗基，有时瓶梗直接生于气生菌丝上。该群的曲霉可为害含水量稍高的粮食、饲料及其他农产品。

调查安徽省部分地区小麦、玉米、大米 3 种主要粮食中霉菌侵染状况，结果表明：这 3 种粮食中霉菌侵染严重，侵染率分别为 96.27%、84.79% 和 26.80%；霉菌菌相以曲霉为主。通过对四川省部分地区大米和小麦两种主粮中杂色曲霉菌污染进行调查，结果发现，在大米和小麦中杂色曲霉菌污染率分别为 5.5% 和 10.5%。浙江省象山县卫生防疫站通过对 60 份大米、小麦、玉米样品进行杂色曲霉污染状况调查，结果表明：小麦中杂色曲霉污染严重，污染率达 60%；大米、玉米中未检出杂色曲霉。对河南省 1994 年和 1995 年玉米、小麦、大米中霉菌侵染情况进行研究，结果显示，玉米、小麦和大米受霉菌侵染严重，侵染率分别为 86%、73.5% 和 21.5%；大米中优势菌为曲霉，其中杂色曲霉和构巢曲霉达 18.5%。

二、形态特征

菌落：该菌群菌落生长局限，颜色变化范围很大，能在小区域同时具有浅绿色、浅黄色甚至粉红色，或者呈现出几种颜色镶嵌起来的情况。背面有深红色或暗紫色，具有无色或紫红色的液滴。

菌体：分生孢子头性状不一，放射状至疏松的柱状，通常呈绿色，但有些种具有绿色和白色两种颜色。分生孢子梗颜色不一，从无色到明显褐色，通常光滑，偶尔细密粗糙或呈现表面沉积物，有一种为明显粗糙型。顶囊卵圆形至椭圆形，在小分生孢子头中常呈陀螺形至匙形，表面上部至 3/4 处可育。小梗双层，分生孢子通常为球形至近球形，较少为椭圆形，通常具小刺。壳细胞是一种厚壁细胞，在一些菌系和菌株中产生，多为球形或近球形（图 15-26-1）。在少数种中产生菌核或致密的变形菌丝团。

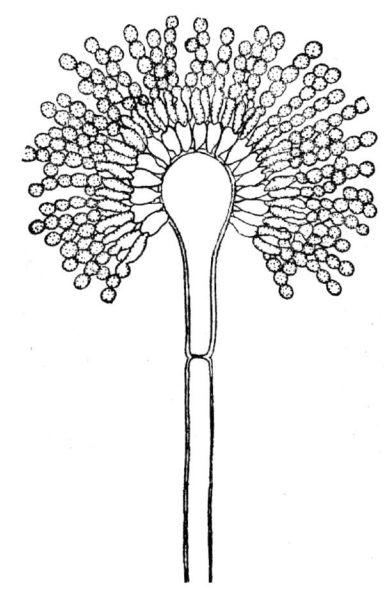

图 15-26-1　杂色曲霉（引自中国农业科学院植物保护研究所，1995）

Figure 15-26-1　*Aspergillus versicolor*（from Institute of Plant Protection, Chinese Academy of Agricultural Sciences，1995）

三、发生规律

杂色曲霉孢子萌发和生长的相对湿度分别为 76% ～ 78% 和 75%。在适宜的情况下，有些杂色曲霉菌株可产生杂色曲霉毒素，导致人畜中毒或引起肝癌等。

四、毒素产生及检测

杂色曲霉产生的毒素为杂色曲霉素（sterigmatocystin，ST）。曲霉属许多霉菌都能产生 ST，如杂色曲霉、构巢曲霉、皱曲霉、赤曲霉、焦曲霉、爪曲霉、四脊曲霉、毛曲霉以及黄曲霉、寄生曲霉等。最近，研究人员又发现了 6 个新的可以产生 ST 的真菌种类。产生 ST 的菌种广泛分布于自然界，从土壤、农作物、多种水果、食物、饲料、人畜体内都可以分离到产毒菌。

ST 是一组化学结构近似的有毒化合物，目前已确定结构的有 10 多种。ST 及其衍生物是一类化学结构近似的化合物，与黄曲霉毒素结构相似。ST 为微黄色针状结晶，易溶于氯仿、苯、吡啶、乙腈和二甲基亚砜，微溶于甲醇、乙醇，不溶于水和碱性溶液。以苯为溶液时，其最高吸收峰波长为 325nm，摩尔消光系数 e 为 15 200，分子式为 $C_{18}H_{12}O_6$，相对分子质量为 324，熔点为 246～248℃，在紫外线照射下具有砖红色荧光。ST 的衍生物包括 O-甲基 ST、双氢-O-甲基 ST、5-甲氧基 ST、双氢脱甲氧基 ST、二甲氧基 ST。对人和动物为害最严重的为 ST。

ST 的产生受到诸多因素的影响。在半合成的培养基中考察培养条件对杂色曲霉产生 ST 的影响，结果发现：当培养基中同时添加无机磷酸盐以及与柠檬酸循环相关的物质（如琥珀酸、苹果酸、富马酸、酮戊二酸等）时，会促进 ST 的产生；温度也会影响 ST 的生成，27～29℃ 是杂色曲霉产生 ST 的最适温度；而液体培养时杂色曲霉产生 ST 的最大量为 210mg/kg，利用整粒玉米作添加物时，ST 的最大产量可达 8g/kg。

许多粮食作物如大麦、小麦、玉米，饼粕如豆饼、花生饼和常见饲草、麦秸和稻草等均易被 ST 污染。在自然状况下 ST 最高产量约 1.2g/kg（食物），而在人工培养条件下 ST 产量可达 12g/kg（培养基）。研究发现，饲料样品中 ST 的含量可高达 6.5mg/kg；而且原粮的 ST 污染量显著高于成品粮；不同粮食品种之间 ST 污染量有差异，按 ST 污染量由大到小排列为：杂粮和饲料＞小麦＞稻谷＞玉米＞面粉＞大米。

ST 毒性较大，主要影响肝、肾等脏器。各种动物均会因食入被污染的饲料而发生急性中毒、慢性中毒、死亡。关于 ST 的 LD_{50}，经口服，雄性大鼠为 166mg/kg，雌性大鼠为 120mg/kg，小鼠大于 800mg/kg；猴的敏感性比啮齿类高，经腹腔注射 LD_{50} 为 32mg/kg。ST 急性中毒的病变特征是肝脏、肾脏坏死；慢性中毒主要表现在肝硬化和肝脏坏死等。

试验证明 ST 是具有较强致癌作用的致癌因子，其致癌作用仅次于黄曲霉毒素。有人认为它是非洲某些地区肝癌的主要致癌因子。Holzapfel 和 Purchase 最早发现 ST 可诱发肝癌，大鼠采食含有 ST 的饲料后可发生肝癌及其他肿瘤（如肠系膜肉瘤、肝脏肉瘤、脾血管肉瘤和胃鳞状上皮癌等）。ST 还可使大鼠出现血管肉瘤、背组织血管瘤和肝脏肉瘤。研究人员通过对我国 10 个县进行综合考察发现，霉菌毒素与人的胃癌发生有关，ST 是胃内检出的优势真菌毒素。对胃癌、肝癌发病区的粮食进行了检测，发现高发区 ST 污染量高于低发区。河北省境内太行山南部是肿瘤高发区，其中磁县是食管癌高发区，赞皇县是胃癌高发区。研究表明，这些地区肿瘤高发与饮食被霉菌及其毒素污染有关，而杂色曲霉及其毒素是该地区饮食中的优势污染霉菌和毒素之一。ST 对动物和体外培养的人体细胞有致癌作用，并可使抑癌基因 $p53$ 突变，而使其蛋白呈高表达状态。

由于 ST 的毒性大，而且各类动物都易感染，容易引起动物中毒，故需要规定饲草和日粮中 ST 的安全剂量。研究者推荐饲草及日粮中 ST 的允许量为：饲草≤200μg/kg，大麦和玉米≤100μg/kg，豆饼和花生饼（粕）≤150μg/kg，配合饲料≤80μg/kg。

ST 在粮食中污染较普遍，阳性率为 67.2% ～100%，平均含量为 0.49～231.53μg/kg。尤其在小麦中阳性率高达 100%，平均含量达 161.3μg/kg，1994 年收获的小麦、玉米平均含毒量明显高于 1995 年收获的小麦、玉米，说明 ST 在粮食储藏过程中易产生。对 1999 年山东省粮食中 ST 的污染进行分析，结果表明 60 份小麦、玉米和大米中 ST 的污染率分别为 89.8%（含量范围 1.1～4 515.3μg/kg）、45.3%（含量范围 1.1~1 542.7μg/kg）和 41.5%（含量范围 1.0~52.1μg/kg）。通过对四川省部分地区大米和小麦两种主粮中 ST 污染进行调查，结果发现在大米和小麦中，ST 污染率为 53.4% 和 65.8%；ST 平均含量为 15.5μg/kg 和 58.6μg/kg。对不同地区和不同储藏期粮食进行分析，杂色曲霉菌检出率越高，粮食中 ST 污染率和含量越高；储藏期延长，杂色曲霉菌和 ST 检出率及 ST 含量增高。产毒试验表明所有杂色曲霉菌菌株均能产生 ST，平均产毒量达 7 190.2μg/kg，证实杂色曲霉菌是 ST 形成的主要菌种。

浙江省象山县卫生防疫站通过对 60 份大米、小麦、玉米样品进行 ST 的测定，结果表明：三种主粮中 ST 污染较普遍，总污染率为 78.3%，平均污染量 261.3mg/kg，最高达 1 626.0mg/kg，其中小麦污染最为严重，污染率依次为小麦 100%、玉米 95%、大米 40%，平均污染量分别为小麦 534.1mg/kg、玉米 27.5mg/kg、大米 2.4mg/kg。

对河南省 1994 年和 1995 年玉米、小麦、大米中 ST 的污染状况进行研究，结果显示：3 种粮中 ST 污染状况差异较大，小麦受 ST 污染最严重，阳性率高达 97.81%；最高含毒量达 270.48μg/kg，平均含毒量为 43.69μg/kg，为玉米平均含毒量的 2.3 倍。大米中 ST 含量相对较低，平均含毒量 3.71μg/kg（1.10~25.69μg/kg）。

1985 年起草制定了食品中杂色曲霉毒素的测定方法；目前用于检测 ST 的方法有薄层层析法（TLC）、高效液相色谱法（HPLC）、气质联用法（GC‐MS）、偶联质谱法（Tandem MS）和固相酶联免疫吸附法（ELISA）等。TLC 操作简单，不需要复杂精细的仪器设备；HPLC、GC‐MS、Tandem MS 等检测灵敏度高、可靠性强，但需要昂贵的仪器设备和专门的操作人员，并且预处理十分复杂，无法同时对大批量样品进行检测；ELISA 法灵敏度高，特异性强，预处理简单，且不需要昂贵的仪器设备，但其前提条件是需要先制备 ST 抗体，而我国尚无大批量生产 ST 抗体的厂家，因此现阶段难以广泛使用 ELISA 法。目前我国在食品上已有检测 ST 的国家标准（GB/T 5009.25—2003），其原理是将样品中的 ST 经提取、净化、浓缩、薄层展开后，用三氯化铝显色，再经加热产生一种在紫外光下显示黄色荧光的物质，根据其在薄层上显示的荧光最低检出量来测定样品中 ST 的含量。

HPLC 定量分析法：

样品中的杂色曲霉毒素经正己烷提取后，经硅胶柱固相萃取去除脂肪等杂质，运用高效液相色谱法测定。该方法在 0.08~4.00μg/mL 范围内线性良好（$R^2 = 0.999\ 6$），平均回收率为 86.59%，相对标准偏差（RSD）为 4.7%，最低检出量为 0.017μg/kg。所以，HPLC 方法具有简便、快速和准确的特点，可用于小麦等粮食中杂色曲霉毒素的测定。此外，还可以应用 HPLC‐气质联用来检测谷物中浓度在 0.5g/kg 以下的 ST。该方法灵敏度高，检测限为 0.5μg/kg，准确率高。

酶联免疫吸附测定法：

样品 ST 测定时用包被抗原包被酶标板，明胶封闭，加入待检试样和抗 ST 单克隆抗体竞争反应，加酶标记羊抗鼠 IgG，加邻苯二胺底物液显色，2mol/L 硫酸终止反应，酶标仪检测。绘制标准工作曲线，计算试样的 ST 浓度。

酶联免疫吸附测定法可以简化样品中 ST 的提取及检测步骤，特别是使用抗 ST 单克隆抗体使最小检出量由原来的 4ng 达到 0.01ng，并提高了检测方法的特异性。在对全国 2 000 多份小麦、玉米和大米中 ST 污染情况的调查中，ELISA 方法具有特异、灵敏、快速的特点，得到了广泛的应用。然而 ELISA 方法的稳定性是方法标准化中需要重点解决的问题，如控制酶标板的质量（酶标板的材质要均匀）、抗体的纯度及毒素标准系列的精度等。总之，粮食中的酶联免疫吸附测定法为 ST 的研究及监测工作起到积极的推动作用。

五、防治技术

1. 日光分解 结合河北省肿瘤高发区现场实际情况，研究人员开展了去除粮食 ST 方法的尝试。结果发现日光可分解 ST，而且杂色曲霉培养物提取液可诱导微核出现率升高和程序外 DNA 合成，而该培养物以阳光照射晾晒后，其提取液的这种致突变作用消失。表明日光晾晒方法不但可分解粮食中的 ST，并可有效地消除其致突变作用。其原理可能类似用紫外线照射消除黄曲霉素，由阳光中的紫外光分解了 ST。此种方法简便易行，不需要任何设备，群众乐于接受，阳光照射还可分解亚硝胺类致癌物，没有毒副作用。因此，日光晾晒方法是去除粮食中的霉菌毒素的有效方法，适合在肿瘤高发区居民中推广应用。

2. 植物提取物抑制作用 牛至是一种在食品工业中广泛使用的香料。它主要的作用是增进食物的口感和香气。但近年来的研究发现由于大量的熊果酸、咖啡因、迷迭香、紫氨基酸、黄酮类化合物、对苯二酚、单宁和酚类苷物质的存在，牛至有较为明显的抗氧化和抗菌活性。

探讨牛至提取物对杂色曲霉合成 ST 的影响，结果发现经过 21d 的作用，杂色曲霉生成 ST 的量明显减少，而且提取物的体积分数一直可以保持在有效的作用范围之内（0.06mL/mL）。而在浓度为 0.2mL/mL 时，牛至提取物可以彻底抑制杂色曲霉的生长以及 ST 的合成，所以牛至提取物可以作为一种潜在的植物保护剂来进行应用。

3. 吸附脱毒 研究人员探讨了埃及蒙脱石（EM）和一种矿物黏土对 ST 的吸附效果，测试了在复杂的体外不同条件下所得结果的稳定性，并且利用鱼为体内模型来评估 EM 对 ST 在动物体内诱导毒性的保护作用。在体外试验中，对 4 种浓度的 EM（0.5mg/L、1mg/L、2mg/L 和 4mg/L 的水溶液）和 3 种浓度的 ST（5μg/mL、10μg/mL 和 50μg/mL）进行了测试。结果表明，在试验所取的不同 EM 浓度条件下，对于 ST 的吸附效率可以达到 93.1%～97.8%。而且在 37℃时，在不同 pH 条件吸附效果都是稳定的。在动物实验中进行评估 EM 对 ST 产生的毒性以及引发染色体畸变的影响时，发现 EM 存在时可以明显减少 ST 对鱼产生的毒性并且减小肾脏中的染色体畸变的频率。所以，EM 可以作为预防 ST 产生毒性的有效产品选择之一。

除了矿石和黏土外，还有研究报道某些乳酸菌能去除食物中潜在的致突变性物质，包括某些毒素和杂环胺类。乳酸菌去除真菌毒素的机制目前认为有 3 种：吸附、降解、代谢产物抑制 AFT 的生物合成。所以，乳酸菌等益生菌不仅可以发挥清除肠道有害微生物等作用，而且还为人体提供了大量的菌体蛋白。考察不同状态的菌体和菌体蛋白对 ST 的吸附、去除作用的特点和规律，在食品加工以及使用中有十分重要的应用前景。对嗜酸乳杆菌（*Lactobacillus acidophilus*）菌体总蛋白和不同方法处理的菌体对 ST 的吸附作用进行研究，并且探讨嗜酸乳杆菌对 ST 的去毒作用的特点和规律，结果显示：嗜酸乳杆菌菌体总蛋白对 ST 的相对吸附率达 75.8%，而面包酵母菌体总蛋白为 48.9%、小牛血清白蛋白只有 32.5%，嗜酸乳杆菌菌体总蛋白的吸附作用呈一定的量效关系；胰蛋白酶或胃蛋白酶消化使嗜酸乳杆菌菌体总蛋白对 ST 的相对吸附率由 52.2% 下降至 34.3% 和 36.1%，但吸附作用没有消失；菌体总蛋白与 ST 混合温育 1h、2h、3h、4h、5h 检测，结果嗜酸乳杆菌菌体总蛋白在整个试验的时段中的相对吸附率在 57.2%～75.7% 的较高水平内波动，而面包酵母菌体总蛋白由开始的 70.6% 相对吸附率在试验 5h 结束时变为 19.8%；酸和热处理菌体使嗜酸乳杆菌对 ST 的相对吸附率由 60.5% 分别增加至 71.2% 和 69.5%。这些试验为 ST 的去毒以及食品加工提供了有用的参考。

鲁玉杰　李海峰（河南工业大学）

第 27 节　橘青霉病

一、分布与危害

稻谷在感染了橘青霉后，最常见的症状是形成黄变米。黄变米是由于稻谷在收割后和储存过程中含水量过高，被真菌污染后发生霉变所致。由于霉变米呈黄色，故也称为"黄粒米"。黄变米现象主要见于大米，也可发生在小麦和玉米中，特点是米粒变为黄色，由青霉菌（主要由橘青霉等霉菌）引起。橘青霉（*Penicillium citrinum* Thom）属于子囊菌无性型青霉属真菌。一般大米产区都有此菌发生，早在 1951 年即从黄变米中分离到了橘青霉。黄变米的急性中毒症状表现为神经麻痹、呼吸障碍、惊厥等，可因呼吸麻痹死亡。慢性中毒会发生溶血性贫血，并可致癌。橘青霉污染的黄变米对肾脏毒性大，中毒后会出现肾脏肿大、肾小管扩张及坏死等症状。橘青霉一旦侵染了稻谷或大米，就会迅速生长繁殖，使米粒的表面及内部都变为黄色，在紫外灯下能够发出荧光。橘青霉的产毒能力很强，当水分、温度等条件适宜时，往往一昼夜就能导致米粒变黄。

橘青霉属中温、中湿性霉菌，生长最适温度为 25～30℃，最高生长温度为 37℃；生长的最低水活度为 0.80～0.85。该种霉菌在自然界中分布广泛，世界各国大米产区都有此菌发生，是粮食中常见的霉菌之一，常见于腐烂的水果、蔬菜、肉食及衣服和鞋上，种类很多。多呈灰绿色，也能引起柑橘的橘青霉病。

二、形态特征

菌落：生长局限，10～14d 后直径 2～2.5cm；有典型的放射状沟纹；绒状，有的稍带絮状；艾绿色到黄绿色，有窄白边；渗出液淡黄色；反面呈黄色至褐色。在察氏琼脂培养基上于 24～26℃ 培养 10～14d 时，菌落呈天鹅绒状，灰绿色，外缘呈白色，背面有黄色色素。紫外光照射下可见黄色荧光，有明显的蘑菇气味。

菌体：帚状枝典型的双轮生，不对称；分生孢子梗多数由基质长出，壁光滑，带黄色，长 50～200μm；梗基 2～6 个，轮生于分生孢子梗上，明显散开，端部膨大；小梗 6～10 个，密集而平行，基部圆瓶形；分生孢子链为分散的柱状；分生孢子球形或近球形，2.2～3.2μm，光滑或接近光滑（图 15 - 27 - 1）。

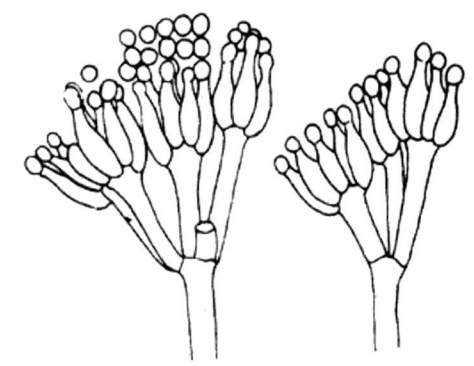

图 15 - 27 - 1　橘青霉（引自中国农业科学院植物保护研究所，1995）

Figure 15 - 27 - 1　*Penicillium citrinum* (from Institute of Plant Protection, Chinese Academy of Agricultural Sciences, 1995)

三、毒素产生及检测

橘青霉素（citrinin，CIT）又称橘霉素，是由赭曲霉、橘青霉及其他霉菌某些菌株产生的一种可广泛污染大米、小麦、大麦、燕麦和黑麦等农作物的真菌毒素。研究发现受污染小麦或大米中 CIT 的含量可达 $80\mu g/g$，而以玉米为基质时 CIT 的含量可达 $2.96g/kg$，表明谷物是橘青霉产生 CIT 的适合基质。CIT 的化学名称为 （3R，4S）- 4，6 - 二氢 - 8 - 羟基 - 3，4，5 - 三甲基 - 6 - 氧代 - 3H - 2 - 苯并吡喃 - 7 羧酸，察氏培养液中呈柠檬黄色针状菱形结晶。难溶于水，易溶于乙醚、氯仿，熔点为 171.5～173℃，溶于稀氢氧化钠溶液时，加入氯化铁溶液，出现浅黄色沉淀，继续加氯化铁溶液转为褐色，说明该物质显酸性，有酚羟基结构存在。分子式为 $C_{13}H_{14}O_5$，相对分子质量为 250（分子结构见图 15 - 27 - 2），易溶于极性有机溶剂、氢氧化钠、碳酸钠和碳酸氢钠稀溶液，难溶于水和乙醇。

研究发现，在许多农产品如玉米、苹果、梨和果汁等中都可检测到 CIT。在谷物上，经常发现它与赭曲霉毒素 A 共同存在。CIT 对豚鼠、小鼠、大鼠、兔、家禽、狗和猪等动物有明显的肾毒性。在短期试验中，还发现 CIT 具有胚胎毒性、致畸性和遗传毒性，用 CIT 喂养小鼠后还可以观察到良性的肾腺瘤的产生。而 CIT 对人类也具有严重的致畸、致癌和诱发基因突变等作用，人食用了含有 CIT 的食物后肝和肾等器官会受到损伤，所以 CIT 引起的污染问题越来越受到人们的关注。

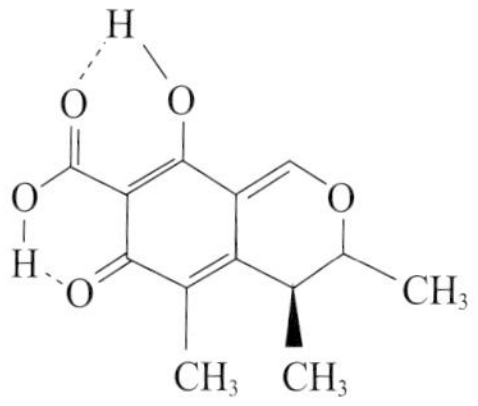

橘青霉毒素的检测：

薄层层析法（TLC）、高效液相色谱法（HPLC）和高效液相色谱-质谱联用技术是检测 CIT 最常用的方法。其中，TLC 法适于大量样本 CIT 的定性检测；HPLC 法灵敏度高，可达到 ng/g 的水平，多用于少量样本中 CIT 的检测。最近还发展起来高效液相色谱荧光检测法（HPLC - FL）和液相色谱串联质谱法（LC/MS/MS）两种检测食品中的 CIT 的方法，两种方法效果几乎相同，回收率可以达到 70%～88%，灵敏度达到 0.1μg/kg。

除了常规的化学检测法以外，还可以应用免疫化学方法来检测 CIT 的存在与含量。该方法同时具备灵敏度特异性高和操作简便两大优点，适合于大批量样本的筛查，近年来得到了广泛的应用。免疫化学方法具体还包括免疫标记技术、ELISA、免疫荧光技术、放射免疫技术和免疫胶体金技术等，灵敏度可达到 10ng/mL。

图 15 - 27 - 2　CIT 分子结构（引自蔡静平，2002）

Figure 15 - 27 - 2　Molecular structure of CIT (from Cai Jingping, 2002)

四、防治技术

既然黄粒米是由橘青霉等霉菌在稻谷上大量生长繁殖造成的，预防黄粒米生成的关键就在于抑制橘青霉等霉菌的生长和繁殖。研究发现，当稻谷的水分控制在 14.5％以下时，这些霉菌的生长繁殖会停留在胚芽和皮层部位；当水分超过 14.5％时，橘青霉更容易生长和繁殖，它们将蔓延到糊粉层，进而进入胚乳，并且很快蔓延。橘青霉生长繁殖最适宜温度为 30℃，所以当温度控制在 10℃时能基本抑制它们的生长繁殖。所以，稻米的储藏要在安全的水分活度以内，并要尽可能采用低温条件进行储藏。这种青霉菌在精白米中寄生时繁殖得最快，其次为胚芽米、白米和糙米。因此，储藏大米时水分应控制在 14.5％以下，粮温在 15℃以下为宜，关键还是要尽量避免长期储藏精米。

对于黄粒米的预防还要做到适时收割，掌握好收割日期。收割太晚会造成减产等损失，收割过早则稻谷的茎、叶和种粒含水量又会太高，易发生黄变。收割之后要及时脱粒、干燥，并且把稻谷的含水量降到 13.5％的安全标准以下再入库。如果不能及时脱粒，也要将割倒的稻谷先晾晒 4～5d 后再堆垛，而且垛不要堆得过大，尽量不压实，垛顶要盖好，严格防止雨水的漏入。如果是在阴雨天收割的稻谷，必须边收割边脱粒，脱粒的湿谷也不能立即入囤，应该做好应急防霉处理，等稻谷干燥之后再入库储藏。

鲁玉杰 李海峰（河南工业大学）

第 28 节 产黄青霉病

一、分布与危害

产黄青霉病主要由产黄青霉引发。产黄青霉（*Penicillium chysogenum* Thom）属子囊无性型青霉属真菌。广泛分布于土壤、空气及腐败的有机材料等基物。产黄青霉属中温、中湿性霉菌，最适生长温度为 20～30℃，生长温度范围为 4～37℃，孢子萌发的最低相对湿度为 82％～84％。产黄青霉可产生青霉素，还可以产生纤维素酶等多种酶类及有机酸，是重要的工业用生产真菌菌种，但在特定条件下也会产生真菌毒素。广黄青霉是为害低温储粮的主要霉菌之一，它可使低温储藏的大米发热变质，受害大米呈白垩状。

二、形态特征

菌落：25℃下，菌落在查氏培养基上生长 7d 后直径为 21～25mm，有明显的辐射状皱纹，边缘菌丝体白色，质地绒状，有些略带絮状。分生孢子较多，蓝绿色，老后有的呈现灰色或淡紫褐色。大多数菌系渗出液很多，聚集成浅黄色或柠檬黄色的大滴，较为独特，无特殊气味。菌落背面呈亮黄至暗黄色，色素可扩散至培养基中。30℃条件下用 PDA 培养基培养时，第三天菌落基本形成，致密绒状，颜色白色，直径约 1.5cm。第三天到第十天，菌落开始迅速生长，菌体表面平坦，有明显的放射状沟纹，边缘白色、光滑，较整齐，孢子很多，青绿色，直径达到 6cm。第 15 天后，菌落颜色变深，呈灰绿色，菌落长满整个平皿，直径达到 10cm。此后菌落明显开始衰老，菌体萎缩。

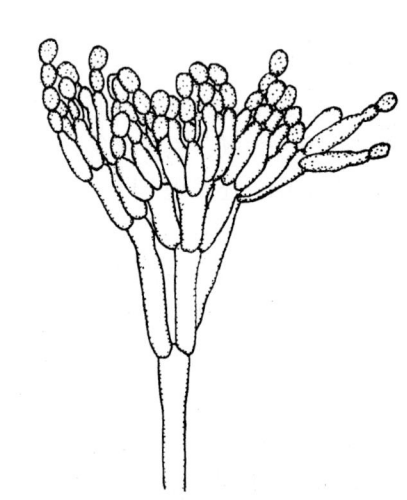

图 15 - 28 - 1　产黄青霉（引自中国农业科学院植物保护研究所，1995）

Figure 15 - 28 - 1　*Penicillium chysogenum*（from Institute of Plant Protection，Chinese Academy of Agricultural Sciences，1995）

菌体：分生孢子梗发生于基质菌丝，分生孢子梗（150～350）μm×（3.0～3.5）μm，壁平滑。帚状枝非对称，三轮生，偶尔双轮生或四轮生，较为复杂。每个帚状枝有副枝 2～3 个，（15～25）μm×（3.0～3.5）μm。梗基每轮 3～5 个，（10～12）μm×（2.0～3.0）μm，小梗 4～6 个轮生，（8.0～10.0）μm×（2.0～2.5）μm。分生孢子链呈分散柱状，长度可达

200μm。分生孢子椭圆形，（2.0~4.0）μm×（2.8~3.5）μm，近球形的较少，淡绿色，光滑，分生孢子链稍叉开而成疏松的柱状（图 15-28-1）。

三、毒素产生及检测

除了在工业中用来发酵重要的工业产品，产黄青霉也会在粮食储存过程中产生真菌毒素，如展青霉素。展青霉素（patulin，PAT）又称棒曲霉素，是一种有毒的真菌代谢产物，能产生 PAT 的真菌还有扩张青霉、展青霉、圆弧青霉、棒曲霉、巨大曲霉、土曲霉和雪白丝表霉等共 3 属 16 种。对其中的 8 个种（扩张青霉、展青霉、圆弧青霉、产黄青霉、萎地青霉、棒曲霉、巨大曲霉和土曲霉）共 49 株产 PAT 的菌株进行产毒性能研究，结果发现：产黄青霉产 PAT 的阳性率为 13.3%，产毒量大部分小于 100μg/L，最大量可接近 1 000μg/L。分析不同来源产黄青霉的产毒情况，发现从水果制品及粮食中分离的菌株产毒率最高，而从土壤及其他样品中分离的菌株几乎不产毒。

PAT 的化学名为：4-羟基-4H-呋喃并（3，2-c）吡喃-2（6H）酮（分子结构式见图 15-28-2），分子式为 $C_7H_6O_4$，相对分子质量 154，晶体为无色菱形，熔点为 110.5℃。易溶于水、丙酮、乙醇、乙腈、三氯甲烷及乙酸乙酯等大多数有机溶剂，微溶于乙醚、苯，不溶于石油醚、戊烷。在酸性环境下较稳定，而在碱性条件下稳定性较差。

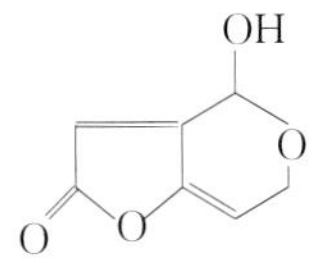

图 15-28-2　PAT 分子结构式

（引自蔡静平，2002）

Figure 15-28-2　Molecular structure of PAT

(from Cai Jingping，2002)

PAT 主要存在于水果及其制品（尤其是苹果、山楂、梨、番茄、苹果汁和山楂片等）中，也会不同程度地污染粮食（包括玉米、大豆、小麦等）。对 PAT 的污染调查目前主要集中在水果制品。通过测定 401 份样品来调查山东、大连等 9 个省（市）水果制品的污染情况，结果显示：在 39 份水果原料中，PAT 检出率为 76.9%，含量为 18~95μg/kg，平均含量为 21.4μg/kg；水果制品的成品 362 份样品中，PAT 检出率为 19.6%，含量为 4~262μg/kg，平均含量为 28μg/kg。对北京市 28 个水果酱样品的检出率为 17.9%，含量在 11.26~77.26μg/L，平均为 37.17μg/L。此外，对庄河市 6 个山楂酒和 27 个山楂罐头样品中 PAT 的含量进行抽查检测，检出率分别为 50% 和 14.8%，含量分别为 27.3~52.6μg/kg 和 338.4~2 007μg/kg，平均值为 39.4μg/kg 和 1 207.7μg/kg。而对广东省 2005—2007 年抽检的 83 份苹果、山楂制品中 PAT 含量进行分析，结果检出率为 7.2%。对我国 5 个省（市）136 份霉烂苹果、6 份霉烂梨、25 份水果汁、5 份果酒和 5 份果酱进行 PAT 分析发现，PAT 阳性检出率依序为 48.5%、16%、73.3%、40% 和 0。前 4 种水果及制品中 PAT 平均含量分别为 $6.56×10^{-11}$ g/kg、$1.28×10^{-12}$ g/kg、$4×10^{-10}$ g/kg 和 $4×10^{-10}$ g/kg。其中，以霉烂苹果含量最高。所以，水果及水果制品受到 PAT 的污染是较为严重的。

另外，部分药食两用的中药材和豆科植物近年来被发现受 PAT 污染的情况也比较严重。其中，PAT 的超标问题已成为我国农产品出口的主要阻碍。鉴于 PAT 对人与动物健康的严重为害性，我国相应的标准规定苹果、山楂半成品限量标准为 100μg/kg，果汁、果酱、果酒、罐头和果脯的限量标准为 50μg/kg。为保证中药材的安全有效性，对乌梅、木瓜、杏仁、红枣和豆科类等中药材及其制剂中 PAT 含量的检测研究有必要加强，以完善我国中药安全控制标准体系。

PAT 是多种真菌的次生代谢产物，对人和动物具有明显而强烈的毒性作用，可引起恶心、呕吐、便血、惊厥、昏迷等症状及体征。毒理学试验表明，PAT 具有影响生育、致癌和免疫等毒理作用，同时也是一种神经毒素。啮齿动物的急性中毒常伴有痉挛、肺出血、皮下组织水肿、无尿直至死亡。而且试验结果表明，PAT 除了对雄性小鼠产生生育毒性以外，溶度为 10μg/mL 时可引起大肠杆菌活体细胞单链DNA 的断裂，而当溶度达 50μg/mL 时能够引起双链断裂，只有在 250~500μg/mL 溶度范围时才可抑制体外蛋白质的合成，PAT 可以有选择性地损害 DNA，还具有细胞溶解作用和细胞致病作用。PAT 还被证明具有致癌性和系统免疫毒性。

PAT 的检测方法很多，主要包括薄层色谱法、胶束电动毛细管电泳法、高效液相色谱法、气相色谱法和色谱联用技术等。

薄层色谱法：

薄层色谱法（TLC）是最初用于检测PAT的化学方法。该法是将样品提取、净化后，在硅胶薄层板上点样，用适宜的展开剂使目标物质与杂质分开的检测方法，最后再用显色剂显色进行验证或提高检测的灵敏度。目前我国GB/T 5009.185—2003苹果和山楂制品中PAT的测定方法即为薄层色谱法。该法检出限为10ng，折合到原果汁中为$3\mu g/L$。薄层色谱法测定时需要的设备简单。但是只能对样品进行半定量，误差较大，不适合大批量样品的检测。同时由于该法具有共萃取现象，容易出现假阳性或偏高的结果。

气相色谱法：

目前气相色谱法（GC）测定PAT时大都需要先将其衍生，衍生后可减小PAT的极性，使其更具挥发性，同时更稳定，然后使用电子捕获检测（ECD）或质谱检测器（MS）检测。选择一个稳定的PAT类似物作内标物，用内标法定量。研究结果显示，选用七氟丁酰作为衍生物，回收率可达到84%，检出限小于$10\mu g/L$，重复性较好（1.9%～4.0%）。还有一种原位乙酰化方法，是以醋酸酐为衍生介质，4-N，N-二甲氨基吡啶作为衍生剂，硝基苯为内标物，用MS配合选择性离子探测SIM检测，检出限为$10\mu g/L$，回收率为79%。发现应用乙酸甲酯作为内标物时，检出限可达$1\mu g/L$。气相色谱检出限与高效液相色谱法相当，但是它需要将PAT衍生化后才能得到较清晰的结果，目前主要通过选择合适的内标物来降低分析误差，抑制基质效应是关键。

液相色谱法：

目前，液相色谱法是PAT检测中最常用的方法。PAT属于相对分子质量小的极性化合物，有较强的紫外吸收能力，因此适于利用高效液相色谱法（HPLC）进行检测。定量检测苹果汁中PAT的含量时，加标回收率为87.2%～100%。

检测饲料中PAT的含量时，样品中PAT检出限为$2.5\mu g/kg$，定量限为$8.5\mu g/kg$。PAT浓度在$0.1～4\mu g/mL$与峰面积呈良好的线性关系，$R^2=0.9999$。苹果渣、麦芽根、DDGS、玉米、次粉、酒糟、配合料、小麦和米糠在添加$50\mu g/kg$ PAT后回收率为66.2%～89.4%，平均为73.8%；添加$250\mu g/kg$ PAT后回收率为76.1%～92.7%，平均为82.9%，可以作为一个参考方法。

免疫学检测方法：

免疫学检测技术适于大量样品的快速检测，可作为色谱分析方法的补充，成为半定量筛选和定量分析的工具，这种方法还适于进行高通量筛选，显示了替换传统仪器分析的应用前景。

近年来，关于PAT的免疫学检测技术在快速净化和分析方法上都有了快速的发展。由于PAT相对分子质量小，本身不具有免疫源性，抗体制备比较难。所以最初将PAT与半戊二酸（HG）连接得到二者的衍生物，再与牛血清白蛋白（BSA）连接构成完全抗原PAT-HG-BSA，制备出抗PAT-HG-BSA的多克隆抗体，从而建立间接性竞争的ELISA方法。也可以采用戊二酸酐法合成PAT-HG，利用活泼酯法将PAT-HG偶联到BSA，制备PAT免疫抗原（PAT-HG-BSA），再给小鼠接种，经4次免疫后，得到PAT多克隆抗体。但是目前该法只具备一定的定性能力或进行半定量，一些抗体也会影响检测结果。所以针对PAT的更为专一敏感的定量检测方法尚有待进一步研究，因此免疫学方法检测PAT也仅局限于实验室研究，尚未在实践检测中应用。建立快速、简便、灵敏、特异性好、廉价的免疫方法具有十分重要的意义。

四、防治技术

有研究者考察了水活度分别为0.7与0.9、温度分别为10℃与30℃、液体乙醇与乙醇蒸气对产黄青霉孢子失活的影响，存活与否以青霉孢子在最佳条件培养3d能否发芽来判断。结果发现：水活度对产黄青霉孢子失活的影响最大，而产黄青霉孢子对乙醇不太敏感，不过在较为剧烈的灭活作用下（即$0.7a_w$，30℃，10%m/m乙醇），所有的孢子在4d内都会被液体乙醇灭活。因此，对于产黄青霉病的防治可考虑利用降低水活度或采用液体乙醇灭活的方法。

鲁玉杰　李海峰（河南工业大学）

第 29 节　草酸青霉病

一、分布与危害

草酸青霉病是玉米等多种储粮常见的病害。受害玉米等籽粒初生白色霉，后期生出蓝绿色霉状物。病菌来自土壤、空气、污水及腐败动植物体，借风力、雨水及人为活动传播，落到粮食上。此外包装器材、运输工具、粮食杂质上的病原也会污染粮食。储藏库温湿条件适宜，储粮水分超出当地安全标准，破碎粒和胚部即产生白毛，散发出霉味，接着出现蓝绿色绒状菌落，造成玉米等大批粮食失去食用价值。

该病的病原为草酸青霉。草酸青霉（*Penicillium oxalicum* Currie et Thom）属子囊菌无性型青霉属真菌。可以在厌氧、低糖的二氧化碳条件下生长，产生大量的絮状菌丝体。能产生许多抗氧化物质，生长繁殖较快，环境适应性很强。

草酸青霉广泛存在于土壤中，是一种常见的土壤真菌。据调查，河南地区的玉米中存在草酸青霉，东北三省新收获的高水分玉米（水分在 20% 以上）中青霉的数量相当多，特别是草酸青霉最为常见。

二、形态特征

菌落：菌落生长很快，蔓延广阔，10～12d 时直径达 6～8cm。绒状或近绒状，表面光滑，有的菌株有不规则的放射状皱纹。当分生孢子大量产生时，菌落呈暗蓝或暗绿色。在 PDA 培养基上 28℃ 培养 5d，可以发现菌落生长速度较快，菌落直径为 3～4cm，平坦，中心有脐状突起而其他部分呈放射状，分生孢子极易脱落，质地绒状，中心上面有少许絮状；菌落表面呈暗绿色，边缘为近白色，背面呈淡黄色；菌丝体近白色，渗出液缺乏，可溶性色素缺乏。而在察氏培养基上 28℃ 培养 5d，生长速度较慢，菌落直径仅为 2～3cm，其余特征不变。

菌体：分生孢子通常形成厚层，培养皿或试管受到震动时，分生孢子层破裂成块状脱落，并形成孢子雾。渗出液缺乏或多，无色。菌落背面一般为黄色、橙色或带粉红色。分生孢子梗由基质生出，长短不一，通常小于 200μm，壁光滑，为典型的两轮不对称状。在分生孢子梗同一水平面上产生 2 个或 2 个以上平行的梗基，（13～25）μm×（2.9～4.1）μm。小梗 4～8 个密集平行簇生于梗基上，（9.1～15.6）μm×（2.3～4.0）μm。分生孢子椭圆形，较大，（3.4～5.4）μm×（2.5～4.0）μm，表面光滑。分生孢子链近圆柱状，孢子极易从链上脱落（图 15 - 29 - 1）。

三、毒素产生及检测

草酸青霉会产生毒素。人食用含有草酸青霉毒素的饮料后，会不同程度地出现头昏、头痛、恶心、呕吐、出冷汗、脸色苍白、四肢无力、颤抖、视力模糊等临床表现。

对草酸青霉毒素毒性的研究结果显示：分别向 30 只小鼠的腹腔注射 0.1～1.0mL 草酸青霉毒素提取液，10min 后相继出现厌食、竖毛、尾巴下垂、全身震颤等症

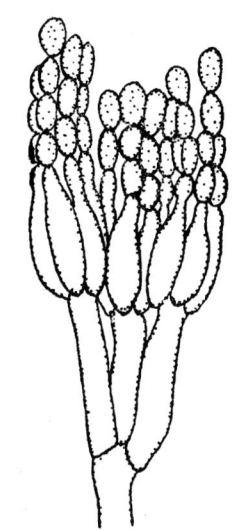

图 15 - 29 - 1　草酸青霉（引自中国农业科学院植物保护研究所，1995）

Figure 15 - 29 - 1　*Penicillium oxalicum*（from Institute of Plant Protection, Chinese Academy of Agricultural Sciences, 1995）

状；30h 后全部中毒死亡。而用不同浓度的草酸青霉孢子渗入饲料后再喂养 18 只小鼠，16h 后均出现厌食、全身震颤、大小便失禁等症状，直至死亡。小鼠发病死亡后，经解剖发现胃、肠黏膜充血，肝脏肿大，有出血斑，呈暗红色。

除以上的毒素外，P. W. Steyn 等于 1969 年首次从草酸青霉菌中发现了黑麦酮酸 D（secalonic acid D，SAD），后来的研究表明 SAD 是玉米和其他谷物灰尘中草酸青霉菌的主要代谢产物，在鸡饲料混合物中也

分离出了可以产生淡黄色 SAD 的草酸青霉菌。1982 年 K. C. Ehrlich 等首次从谷物仓库的灰尘中用反相高效液相色谱检测到了 SAD，其浓度范围是 0.3～4.5μg/g。

毒素的检测方法同第 28 节。

除了会产生生物毒素给人类的生产和生活带来危害之外，草酸青霉还有很多可以为人类所用的优良品质。例如，很多研究报道草酸青霉菌株具有较强的溶解无机磷的能力，可以有效地促进农作物的生长。而且，20％的草酸青霉的水剂对室内及田间的玉米小斑病具有良好的防治效果。稀释 1 000 倍的草酸青霉菌（P - o - 41）的发酵液对植物叶片枯斑的抑制率达到 80％左右，对小麦白粉病的诱抗效果达到 60％～70％。利用草酸青霉水剂制成的生物农药还具有选择性高、易于降解、不易积累、用量少、对人畜毒性小、环境兼容性好、不易产生抗性等优点。同时，生物农药草酸青霉水剂为水基性环保制剂，具有对环境和施药者更安全、没有有机溶剂和粉尘的加入、可以有效减少对环境的污染等优点。

四、防治技术

针对草酸青霉，应该在粮食储藏期间做好常规的防霉工作。首先要控制好原料的质量，如玉米等谷物在储藏前就容易发生霉变，所以要选择未受污染的粮食入库；其次要控制好饲料等粮食的加工过程，特别是控制好水分及高温处理后的降温过程；控制好储藏和运输，防止因潮湿、高温、昼夜温差大、雨淋等因素而发生霉变；加入适量的防霉剂，这是预防霉变的重要措施，不过一旦霉变导致毒素产生，就要使用其他方法来降解或去除饲料中的毒素。

要预防其产生的毒素对人类造成伤害；同时也应该进一步探索其生理代谢途径，把握好对产毒代谢的控制，利用好其有益的方面，使其更好地为我们的生产和生活提供便利。

鲁玉杰　李海峰（河南工业大学）

第 30 节　圆弧青霉病

一、分布与危害

圆弧青霉病主要由圆弧青霉引起。圆弧青霉（*Penicillium cyclopium* Westl. ）属子囊菌无性型青霉属真菌。该菌在自然界分布普遍，在粮食、食品以及饲料上常见，在霉腐的材料上也多发现，常作为霉腐试验菌使用。圆弧青霉能产生多种毒素，可引发食物中毒。

二、形态特征

菌落：一般情况下菌落生长较快，12～14d 后菌落直径可达 4.5～5cm，略带放射状皱纹，老后可显环纹，暗蓝绿色，在生长期有宽 1～2mm 的白色边缘，质地绒状或粉粒状，但较幼的区域为显著的束状。渗出液无或较多，色淡。背面无色或初期带黄色，后变为橙色或褐色。用 CYA 培养基，在 25℃条件下培养 7d，菌落直径 5cm 左右，毛状或束丝状，全缘，分泌物棕色，背面浅黄色；利用 MEA 培养基在 25℃条件下培养 7d，菌落直径可达 3～4cm，稀疏，全缘，黄绿色，无分泌物，背面黄绿色；而用 G25N 培养基在相同条件下培养时，菌落直径 1.2～1.5cm，全缘，白色，无分泌物，背面灰白色。

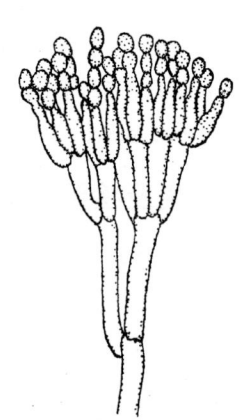

图 15 - 30 - 1　圆弧青霉（引自中国农业科学院植物保护研究所，1995）

Figure 15 - 30 - 1　*Penicillium cyclopium*（from Institute of Plant Protection, Chinese Academy of Agricultural Sciences, 1995）

菌体：帚状枝不对称、紧密，常具 3 层分枝，50～60μm，上生纠缠的分生孢子链。分生孢子梗大多（200～400）μm×（3.5～3.9）μm，典型的粗糙，但也有些系近于光滑。分枝（15～30）μm×（2.5～3.5）μm。梗基（10～15）μm×（2.5～3.3）μm，小梗 4～8 个轮生，（7.0～10）μm×（2.2～2.8）μm。分生孢子形状大多近球形，$3.0 \sim 4.0 \mu m$，光滑或略显粗糙（图 15 - 30 - 1）。

三、毒素产生及检测

（一）毒素的产生

圆弧青霉是一种产毒真菌，产生的毒素有圆弧偶氮酸（cyclopiazonic acid，CA）、青霉酸（penicillic acid，PA）、展青霉素（patulin）和赭曲霉素（ochratoxin）等。1989 年我国首次报道了圆弧青霉毒素引起人群急性食物中毒的事件。在产生的多种毒素中，PA 是圆弧青霉菌有毒代谢产物的主要成分，首先于 1913 年由 Alsberg 和 Black 从青霉侵染的玉米中分离得到。目前，在玉米、豆类、花生、坚果和动物饲料中都已检测到 PA 的存在。约 50% 的圆弧青霉菌株都会产生 PA，而且在受到损伤的谷粒上 PA 的合成量会更高。在一般的储藏条件下，PA 在较低的含水量与较低的温度下更为稳定。

许多青霉属的真菌都能产生 PA，主要包括软毛青霉、圆弧青霉、马顿青霉、托姆青霉、徘徊青霉、棒形青霉以及棕曲霉等产生的多聚乙酰类霉菌毒素，有人曾在感染软毛青霉和圆弧青霉的玉米中分离出很高的 PA。其化学名为 3 -甲氧基- 5 -甲基- 4 -氧化- 2，5 -己二烯酸（分子结构见图 15 - 30 - 2），是无色结晶化合物，熔点 $83^{\circ}C$，分子式为 $C_8H_{10}O_4$，相对分子质量为 170.16，极易溶于热水、乙醇、乙醚和氯仿，但不溶于戊烷、己烷。主要污染玉米、干豆等，在果汁、大米、烟草、香肠、奶酪中也能检出。该毒素对枯草杆菌重组试验呈阳性反应；在大鼠皮肤上连续涂抹 1mg PA，可引起肿瘤。据调查，PA 在饲料中的污染率可达到 89.30%，而圆弧青霉占青霉污染率的 60%。

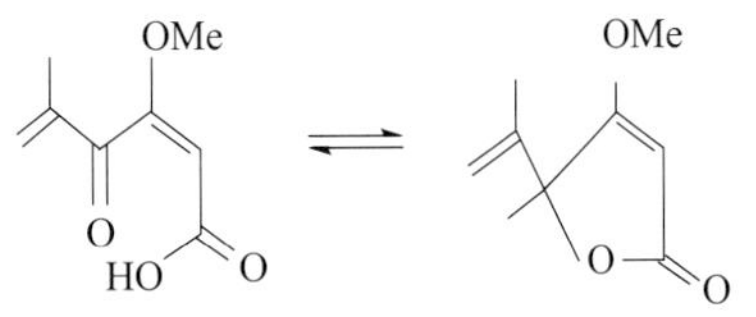

PA 对多种动物均有毒性作用，能引起心脏、肝脏、肾脏和淋巴等多种器官的损伤，同时还具有细胞毒性，对体外培养的肺泡巨噬细胞有细胞毒作用，使巨噬细胞的 ATP、RNA 和蛋白质合成降低；PA 能促使人呼吸道上皮细胞死亡，阻断细胞的能量传导和降低细胞的呼吸作用，是一种潜在的致癌物。研究还发现

图 15 - 30 - 2　PA 的分子结构式（引自戈娜，2009）
Figure 15 - 30 - 2　Molecular structure of PA（from Ge Na，2009）

PA 会导致恶性肿瘤的发生，PA 与其他毒素如赭曲霉素、展青霉素与橘青霉素等相互作用，联合毒性增强，亚致死量的 PA 与赭曲霉素结合后，作用于小鼠，毒性明显增强，而且对肾脏的毒性作用相同。

PA 对动物的毒性研究很多，但还有研究表明 PA 对玉米的发芽过程也会造成不良影响，显示出对植物种子的毒性。在浓度为 $25\mu g/mL$ 时会抑制 50% 的玉米种子发芽，而 $50\mu g/mL$ 的 PA 也会导致玉米主根长度减少 50%。

（二）毒素的检测

青霉酸的检测目前国内外主要使用的方法有薄层层析法（TLC）和高效液相色谱法（HPLC）。

1. 薄层层析法　薄层层析法是测定 PA 的经典方法。将样品经过提取、柱层析、洗脱、浓缩和薄层分离后，在波长 365nm 的紫外光下产生蓝紫色或黄绿色荧光，可以根据 PA 在薄层上显示的最低检出量来确定其含量。

2. 高效液相色谱法　HPLC 法是近年来逐渐得到应用的检测方法。主要步骤是将样品经过对酰内酰胺苯甲酸氯（PIB - Cl）为柱前衍生试剂与 PA 发生衍生反应，衍生物再用 ODS 柱进行分离。HPLC 法的检测结果十分灵敏、准确，但样品前处理过程较为繁琐、技术性要求高，且要有昂贵的仪器，不适合大量样品的筛选测定。

除以上两种常规检测方法外，近年来还发展起来称为胶体金免疫层析的检测方法。胶体金免疫层析试纸条具有操作方便、快捷迅速、特异性强、灵敏准确、经济实用等优点，所以适于大批量检测和大面积普查 PA 的存在。研究人员发现当胶体金颗粒大小在 20nm、pH 为 8.2、包被标记抗原量为 0.4mg/mL、标记抗体量为 $25\mu g/mL$ 时，试纸的显色效果最佳，且 PA 快速检测试纸条的灵敏度为 $5\mu g/mL$，检测时间为 10min，非常方便灵敏。

四、防治技术

针对圆弧青霉，目前对储藏期粮食和水果中由其引发病害的防治包括采后热处理、化学药剂、拮抗细菌和拮抗真菌等方法。此外，由于植物源的杀菌剂低毒、低残留，可在环境中被自然代谢，且对非靶标生物相对安全，因而逐渐成为植物病害防治的热点。研究发现黄连、丁香和黄芩等植物浸出液对青霉菌有较好的抑菌效果，其中黄连抑菌效果最好。

对河北省储藏期苹果进行采样调查发现，在储藏期引起苹果腐烂的主要病原是青霉菌。经过分离鉴定，确定分离到圆弧青霉。从分离频率看，圆弧青霉为 16.7%。菌丝生长的适温为 15~28℃，最适温度为 25℃。在 3℃ 和 35℃ 下菌丝生长极其缓慢。分生孢子萌发适温为 15~20℃。在 3℃ 和 35℃ 下分生孢子都不能萌发。生长适宜 pH 为 7~11，最适 pH 为 9，pH3~12 都能生长。圆弧青霉分生孢子适宜的 pH 为 3~7，最适 pH 为 5；在有水滴的情况下萌发率最高，随着湿度的下降萌发率也逐渐下降。当湿度为 86% 时，没有萌发。

对采后的苹果进行青霉菌防治的研究，通过对艾叶、白芍、麻黄、蒲公英等 87 种植物提取物和水合霉素、多抗霉素与多菌灵等 6 种化学药剂的筛选，确定化学药剂水合霉素和植物提取物 Ts-109 混合使用，对苹果青霉病有较好的防治效果，在活体上防效达到 82.56%。

在对 PA 的脱毒过程中，研究人员应用碳酸氢钠、次氯酸钠、氢氧化钠和氯化钠等化学试剂对 PA 进行脱毒试验，发现碳酸氢钠是最有效的 PA 去毒剂，利用 3% 的碳酸氢钠对 PA 处理 1d，就能使 PA 降低 96.51%。此外，氨能够解除饲料中 PA 的细胞毒性和基因毒性。目前针对 PA 的脱毒方法报道还不多，但许多研究结果表明，通过物理、化学、生物、热灭活、辐射等方法，可使 PA 得到不同程度的失活或去除。另外，也可以添加可吸附霉菌毒素的物质，如铝硅酸盐类、活性炭、沸石、酵母或酵母细胞壁成分，使毒素在经动物肠道时不被吸收，直接排出体外；或者利用拮抗微生物来抑制产毒霉菌生长，以降低 PA 的污染。

李海峰（河南工业大学生物工程学院）

第 31 节 白曲霉病

一、分布与危害

花生或粮粒感染白曲霉病后菌落初为白色，后变乳黄色，菌落生长局限。该病的病原菌为白曲霉。白曲霉（*Aspergillus candidum* Link：Fr.）属子囊菌无性型青霉属真菌，为中温干生性霉菌，生长在低水分基质上，实验室培养时需选用高渗透培养基。最适生长温度为 28℃，相对湿度 72%~75%。孢子萌发、生长和产孢的相对湿度分别为 72%~75%、72%~75% 和 80%。白曲霉是粮食上常见的霉菌，特别是从低水分陈粮上易分离到，是导致低水分粮食霉变的主要霉菌。

白曲霉过去认为是粮食的正常储藏真菌之一。但是，一些白曲霉菌株也具有产毒的性能。研究发现，一些白曲霉培养物的 Ames 试验结果呈阳性；而且也有研究表明，白曲霉能够产生黄曲霉毒素。

调查结果显示：广东产的含 13% 水分的早籼米中白曲霉是优势菌，湖南产的含 13% 水分的早籼米中白曲霉也是优势菌之一，信阳产的含 14.5% 水分的早籼米发热到 40℃ 时，白曲霉的侵染率为 74%。除了侵染早籼米之外，白曲霉也是面粉中常见的约有 8 属的 20 种霉菌中的优势菌，它与灰绿曲霉共同组成霉菌总数的 60%~90%。对浙江省各地的 51 份大米和 46 份面粉进行白曲霉污染量测定，发现其中的平均含量分别是 200CFU/g 和 590CFU/g，而对分离的 28 株白曲霉进行产黄曲霉毒素测定时，未发现产毒菌株。对这些菌株进行卤虫急性毒性试验，结果表明有 11 株菌对卤虫幼虫有较高的毒性（1.36mg 培养物/mL 剂量，死亡率在 10% 以上）。面粉中分离的白曲霉产毒株比率比大米中的要高。大米中的白曲霉检出率为 86.3%，平均含量为 200cfu/g，最高达到 28 000cfu/g。而面粉中的白曲霉检出率达 97.8cfu/g，平均含量为 590cfu/g，最高可达 45 000cfu/g。所以，面粉中的白曲霉含量比大米中的高。此外，关于大米内部白曲霉侵染情况的调查结果显示，51 份大米中，内部未侵染白曲霉的占 43.1%，每百粒米侵染白曲霉的粒数在 1~9 粒的占 31.4%，10~29 粒的占 15.7%，30 粒以上的占 9.8%。

二、形态特征

菌落：通常为白色，成熟时变为浅黄乳酪色，背面无色或浅黄色。

菌体：分生孢子头大小不一，直径 $100\sim250\mu m$。初球形，后裂为几个疏松的短柱。分生孢子梗长短不一，顶囊球形或近球形，小梗双层，在顶囊全部着生二层小梗，梗基通常很大，有时在同一分生孢子头中大小变化很大。分生孢子球形至近球形，光滑，大小 $2.5\sim3.5\mu m$（图 15 - 31 - 1）。有时菌株产生菌核，幼时呈奶油色，成熟时接近紫色或褐色。

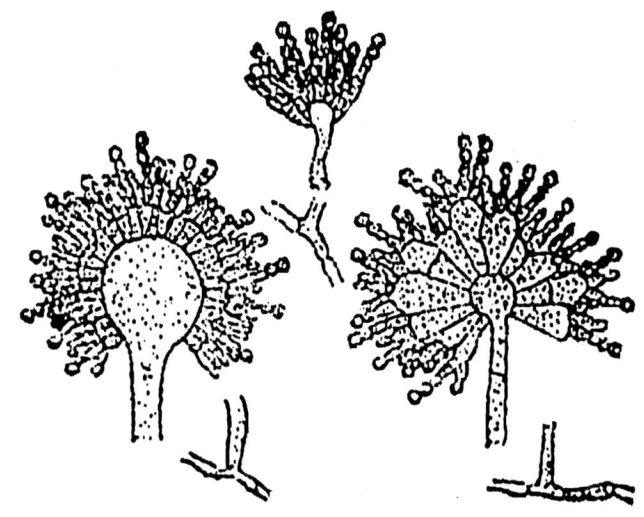

图 15 - 31 - 1　白曲霉（引自蔡静平，2002）

Figure 15 - 31 - 1　*Aspergillus candidum*（from Cai Jingping，2002）

三、发生规律

白曲霉属于干生性真菌，能引起含水量低的粮食发热霉变，陈粮更容易染病。而且侵染粮食之后，容易引起温度的明显上升。

四、毒素产生

白曲霉之前被认为是粮食中的正常霉菌菌相，属于常见的储粮真菌。但是近年来逐渐发现白曲霉也有一些可以产毒的菌株，白曲霉主要产生黄曲霉素（AFTB₁），此外还产生三苯素类（P - terphenyls）与橘青霉素（citritin）等生物毒素。

五、防治技术

（1）降低湿度。玉米等禾谷类作物在入库前，需要把水分降到13％以下。包括站秆剥皮法和系棒搭架法。含水量不太高的玉米种子可采取收获后系棒的搭架法进行降水。方法是先剥掉棒子外部的苞叶，留下 3～4 片叶将两个棒系在一起搭在木架或树上晾干。

（2）储藏库要求能够时常通风，有条件的最好采用低温储藏。

（3）生物防霉。毕赤酵母是密闭储藏的谷物中较为常见的真菌，研究发现毕赤酵母对密闭储藏的小麦中的白曲霉有抑菌活性，而且在白曲霉不适于生长或产孢的条件下（15℃以下或者30℃以上），毕赤酵母对白曲霉的抑制作用更有效。

鲁玉杰　李海峰（河南工业大学）

第 32 节　储粮病虫害防治原理与技术

防治储粮病虫是保证国家粮食安全的重要组成部分。储粮病虫防治必须贯彻"预防为主，综合防治"的植保工作方针和"安全、经济、卫生、有效"的防治原则。

一、应用粮堆生态系统的基本理论指导科学储粮

粮堆生态系统是以储藏粮食为主体，由粮食、各种昆虫、螨类、霉菌等生物成分及仓储环境构成的生态系统。在粮堆生态系统中，生物与生物、生物与环境之间通过能量流动而联结，粮食在储藏过程中的数量损失和质量变劣，其实质是粮堆生态系统能流造成的结果。由于粮堆生态系统是一个高度人工化的闭环系统，储藏粮食又是系统中物质和能量有限的、不可再生的资源，因此在系统中能流的速度越快，流量越大，其储粮的损失越严重。而能流的速度和流量除直接取决于系统中消费者和分解者的种类和数量外，还有赖于储粮的环境条件。在良好的储藏条件下，粮堆温度、粮食水分和气体成分的改变都比较缓慢，对生物的影响相对微弱，能流和物流不够畅通，但当这些环境因素超过正常的储藏条件时，潜伏着的分解者（微生物）会被激发，处于停育或滞育的消费者（害虫、害螨等）会活跃起来，粮食本身的呼吸作用更加旺盛，这样能流和物流就会畅通，储藏粮食的损失会因此而加剧。因此调节与控制粮堆生态系统，改善储粮基本条件，是防治储粮病虫害和科学、安

全储粮的核心。

（一）改进储粮设施，实施分类储藏

任何形式的仓房都要做到上不漏雨、下不返潮；门窗既能通风，又可密闭；墙壁无裂缝、无孔洞，面面光滑。储藏粮食应防止混杂，做到干湿分开、不同品种分开、好坏粮分开、新陈粮分开、种子和食用粮分开、有虫粮和无虫粮分开。

（二）提高粮食入库质量，加强储藏管理

粮食质量的好坏，如成熟度、纯洁度、含水量等是影响储粮变化和虫霉活动的重要条件。为了削弱粮堆生态系统中能流、物流的速度和流量，应当尽量清除入库粮食中的各种有害生物和杂质，控制粮食水分，提高入库粮食质量和加强对粮食入库后的管理。入库前，对粮食品质必须严格检验，确保入库粮食达到"干燥（合乎安全储藏的含水量标准）、饱满（无瘪粒、破碎粒）、洁净（无虫霉、无杂质）"的要求。入库后，要加强储藏管理，建立岗位责任制，制定储粮检查制度、安全卫生制度，确切掌握粮堆中各种生态因子和粮食品质的变化情况，做好防热、防火、防虫、防霉、防鼠、防雀等安全工作。

（三）调节粮堆生态条件，控制储粮品质变化

粮堆生态条件最主要的是温度、水分和气体。调节其中任何一个或两个条件均能有效控制储粮品质的变化。其中降低粮食水分是调节粮堆生态条件的核心。但对于出现的高水分粮，如能降低其储藏温度，在一定程度上也能有效控制粮食的呼吸强度和有害生物尤其是微生物的生命活动。在气体成分中，如能将氧浓度调降至 2% 以下，或二氧化碳浓度提高到 40% 以上，即使粮温和水分偏高，也能阻止害虫和微生物为害，保持粮食的呼吸代谢在一个低的水平。

（四）实施综合治理，防止粮食污染

储藏粮食的污染主要来自仓库中使用的杀虫剂、熏蒸剂等化学农药、粮食烘干时烟道气体中的有害化学物质、霉菌及其毒素以及害虫、害螨、鼠类的排泄物或携带的有毒物质等。防止粮食污染是安全储粮的重要内容。目前，我国普遍推行的"三低"储粮技术，把低温、低氧和低药剂三者结合起来，一方面能有效控制有害生物和粮食本身的生理活动，防止储粮发热、生虫、霉变和变质，另一方面又能减少化学农药的污染。"三低"储粮技术是应用粮堆生态系统原理，有效调节主要环境因子，全面、系统地阻碍或中断能流、物流的综合性措施。

二、储粮害虫（害螨）综合治理措施

储粮害虫防治应当贯彻"预防为主，综合防治"的方针。"防"是基础，要把"防"的思想和措施贯彻到储粮工作的始终，包括粮食的生产、储藏、运输、加工等各个环节。"治"是"防"的补充，要将多种防治技术有机结合，相互协调、取长补短。储粮害虫、害螨综合防治的具体措施包括植物检疫防治、清洁卫生防治、机械物理防治、密封与气调防治、化学防治和生物防治等。

（一）检疫防治

各种储粮害虫、害螨都有一定的原发地。随着人类经济活动，特别是国际、国内贸易的发展，包括粮食在内的商品交流十分频繁，从而为储粮害虫的传播蔓延创造了条件。至今还有许多储粮害虫在中国尚未发现，或传播的范围不大，所以必须以国家法律法令的形式，防止危险性储粮害虫由国外传入国内，或由国内局部地区传播蔓延到其他地区。

植物检疫包括对外检疫和对内检疫。对外检疫又称进出境检疫或国际检疫，它是防止从国外传入新的危险性有害生物到国内，以及根据输入国要求防止那些在国内发生的有害生物传到其他国家的一项措施。对外检疫由国家及各地的商品检验检疫局执行，包括进口检疫、出口检疫、过境检疫、旅客携带品检疫和国际邮包检疫等。根据 1992 年农业部发布的"中华人民共和国进境植物检疫危险性病、虫、杂草名录"，将进境检疫性有害生物分为一类和二类。在此名录中属于一类的储粮害虫有：菜豆象 [*Acanthoscelides obtectus* (Say)] 和谷斑皮蠹 (*Trogoderma granarium* Everts)；属于二类的储粮害虫有：鹰嘴豆象 [*Callosobruchus alalis* (Fabricius)]、灰豆象 [*Callosobruchus phaseali* (Gyllenhal)]、大谷蠹 [*Prostephanus truncates* (Horn)] 和巴西豆象 [*Zabrates subfasciatus* (Boheman)]。对内检疫又称国内检疫，它是阻止国内危险性有害生物在省际或地区间传播蔓延，并在发生地区将其封锁、消灭的一项措施。对内检疫由全

国及地方的植物检疫机构执行。根据 1995 年农业部发布的"全国植物检疫对象名单",涉及储粮害虫的有：谷斑皮蠹、菜豆象和四纹豆象［*Callosobruchus maculates*（Fabricius）］。

（二）清洁卫生防治

清洁卫生防治是贯彻"预防为主，综合防治"方针的基本措施，是巩固和发展无虫螨、无霉变、无鼠雀、无事故的"四无粮仓"的基础，对限制害虫发生发展，提高储粮品质和卫生标准，维护人民身体健康都具有重要作用。

清洁卫生防治的范围非常广泛，包括仓外环境、仓房、工具和储粮本身的清洁卫生。仓外环境是指仓房一定距离内容易隐藏害虫和不清洁的地方，如地面、沟渠、杂草、瓦砾、垃圾、杂物等都应彻底清扫、消毒；仓房四壁、天花板、地脚、门窗通风口以及各种工具、围席、麻袋等都容易藏匿害虫，应打扫干净；入库新粮要求晒干扬净，入库后应尽快平整粮面，必要时在粮面使用防护剂处理，以防感染害虫；不同品种的粮食，新粮与陈粮，干粮与湿粮，虫粮与无虫粮等应严格分开储存；仓库四周要定期喷洒防虫带，门窗、通风口和粮食进出口要安装防鼠板或防鼠网。清洁卫生防治应贯穿在粮食收获、脱粒、整晒、入库、储藏、调运、加工、销售等各个环节中。如果某个环节或某个方面不能保持清洁卫生，害虫就有可能乘机侵入和蔓延为害，造成防治工作的被动。由此可见，清洁卫生工作涉及面广，工作量大，必须建立健全仓库的清洁卫生制度，全面而经常地开展清洁卫生工作，为建设"四无粮仓"奠定扎实的基础。

（三）机械、物理及气调防治

1. 机械防治　机械防治是根据粮食、害虫、杂质的形状、相对密度（比重）等的不同，利用人力、风力或其他动力机械设备清除粮食中的害虫、杂质和瘪粒。机械防治方法主要有风扬除虫、风车除虫、过筛除虫、风筛结合除虫和净粮机械除虫等。国外的一些面粉加工厂曾广泛应用一种离心撞击机防治小麦和面粉中的害虫。这种机械利用高速的旋转装置，将投进旋转器的有虫小麦或面粉抛向运动中的间柱上及机器的内壁上，因机器旋转快，离心力大，害虫即被撞击致死，然后由筛除器将死虫分离出去。机械防虫处理应在仓外露天进行，切不可在仓内或加工厂房内操作，以免清除的害虫仍然存留在仓库或加工厂房内。各种机械还应当装上集尘设备，以防虫、灰被吹散，给害虫造成蔓延的机会。在露天进行机械除虫时，应在场地四周用杀虫药剂喷成一道防虫药带，以阻止害虫逃散，清理出的虫灰要立即焚烧或深埋。

另外国内一些粮仓曾使用竹筒诱杀害虫、抗虫粮袋防虫，这些也属于机械防治的方法。竹筒诱杀是用 0.5m 长的竹筒，下部留节，上部开口贯通至竹节处，自上口起到距下端 33mm 处，锯成害虫可以钻进的小缝 8～9 条，筒内置放蘸有马拉硫磷的棉球，把竹筒竖直插入粮堆，上端露出 100～130mm，然后扒动粮堆表面，害虫（如玉米象、锯谷盗等）即钻进筒内触药致死。抗虫粮袋一般是用塑料薄膜制成，将原粮装入袋内能够避免外部害虫的侵害。美国目前试制的抗虫粮袋是用加入增效醚的除虫菊酯处理的多层纸袋或棉袋，为了阻止增效醚等药物透进袋内污染粮食，常用涂有萨然树脂的纸或不透油的纸套在抗虫袋外作为障碍层。此外，在含有增效除虫菊酯的涂料中加入异分子化合物次乙基乙烯基醋酸盐，也可阻止增效醚等药物透入袋内粮食中。

2. 物理防治　物理防治是利用物理作用直接杀灭害虫，或恶化害虫的生活条件抑制害虫的发生和为害。物理防治方法主要有以下几种：

（1）高温杀虫。大多储粮害虫、害螨较为适宜的温度为 18～35℃，超过 35℃即影响其发育和繁殖，40～45℃达到害虫仅能忍受的上限，温度升高到 45～48℃时，绝大多数害虫即处于热昏迷状态，如果温度达到 48～52℃，则害虫经过一段时间就会死亡。高温杀虫包括日光暴晒、沸水杀虫、烘干杀虫、蒸汽杀虫等方法。

日光暴晒不仅能达到杀虫的目的，而且可以降低粮食水分。对粮食暴晒，粮温可达 48℃以上，足以达到杀虫的目的。如果日光暴晒后粮食趁热入仓，压盖，保持 20d 左右，杀虫效果更为显著。但入仓粮食的含水量要低，一般小麦、籼稻在 12％以下。该方法应用普遍，特别适用于夏收入库的粮食。

沸水杀虫适宜于已在田间感染豆象的少量豆类。在沸水中浸烫的时间，蚕豆 30s，豌豆 25s。浸烫过程中水温保持沸点，豆子应受热均匀。一旦浸烫完毕，立即将豆子平铺晾干。

烘干杀虫是利用某种热源，通过干燥机或干燥塔产生热空气处理已感染害虫、害螨的高水分粮食。烘干时的热风一般不超过 105℃，出机粮温不超过 55℃。在面粉厂或食品加工厂，应用红外线加热器将室温加温至 60~70℃维持 12h，可以杀死机器内部或厂房四壁缝隙中的害虫。

蒸汽杀虫或蒸汽消毒是用高温蒸汽来杀灭仓储工具和包装器材上的害虫，但一般不能用于处理虫粮。蒸汽杀虫的设备很多，在密闭条件下，使高温蒸汽充满全室，待室内温度达到 80℃时，将需要消毒、杀虫的物品推入，处理 15~20min，即可将害虫杀死。

（2）低温杀虫。储粮害虫、害螨生命活动的最低温度一般在 8~15℃，低于此温度，发育和繁殖一般就会停止，当温度为 4~8℃时，害虫即进入冷眠状态，如果温度降到 -4℃或更低，害虫即会死亡。低温杀虫就是利用冬季寒冷的空气自然制冷或利用制冷机械产生的冷气来降低粮温，以达到抑制害虫发育、繁殖，乃至杀灭害虫的目的。

自然制冷包括利用自然通风、地下储粮、洞库储粮等形式。在自然通风的情况下，仓温和仓湿一般是随外温和外湿而变化的，因此当外温和外湿低于仓温和仓湿时，即可打开通风窗，进行通风换气，有利于粮堆散温散湿，这种方法在北方寒冷季节应用较为普遍。地下储粮和洞库储粮在我国古来就有，主要是利用地下和洞库的自然低温。

机械制冷包括空调制冷和机械通风。前者是利用制冷机或空调向粮仓直接通入冷气，后者是利用鼓风机把外界冷空气通过管道压入粮堆，或利用抽气机将粮堆内的湿热空气从管道吸出。两种方法都可以降低仓温，抑制虫害发生，保障储粮安全。

（3）电离辐射杀虫。使用 α 粒子、β 粒子、X 射线、γ 射线及加速电子等产生的电离辐射，都可杀死害虫或使其不育。其中使用最方便和较普遍的是 γ 射线。不同种的害虫对 γ 射线适用剂量不同，例如杂拟谷盗 100Gy 的剂量即可在 2~4 周内防治所有虫态；如果防治锯谷盗，则需用 435Gy 的剂量在 14d 内才能达到有效防治。使用亚致死剂量的 γ 射线可能造成部分害虫、害螨不育，例如对粗脚粉螨，当剂量为 217~361Gy 时，可致其完全不育；对腐食酪螨经 217~435Gy 的剂量照射，其生殖则被完全抑制。但是，用不足以造成鞘翅目仓虫不育的剂量处理，很可能延长其寿命，例如用 26Gy 的剂量照射杂拟谷盗成虫，即有 30% 可存活 400d 以上，而未经照射处理的仅有 13%。

辐射处理过的粮食作为食用，是否会影响人的身体健康是一个至关重要的问题。用大鼠、猴子进行较长期饲养试验，用辐射过的食物作饲料，结果未发现任何毒害或致癌作用。用辐射过的小麦（辐射剂量为 174Gy）制成的面粉，除颜色稍微加深外，其他理化特性及烘焙特性都未受影响。美国规定小麦及面粉的照射剂量为 174~435Gy，前苏联批准用于粮食的照射剂量为 261Gy，加拿大批准用于小麦及小麦产品的最大照射剂量为 625Gy。

应用电离辐射防治仓虫的优点是无残留，处理时间短，甚至几秒钟就可杀死种子和谷物中的各发育阶段的害虫，而且在适合剂量下不会影响种子的发芽和谷物的理化特性。但由于电离辐射需要特定的设备，成本较高，目前还不能广泛使用。

（4）微波杀虫。微波是指波长为 1~1 000mm、频率为 300~300 000MHz 的电磁辐射波。微波杀虫已在粮仓中应用，对处理过的粮食及其制品没有污染和残留，对品质无不良影响，还对粮食有干燥作用，是一种有前途的储粮杀虫技术。

微波杀虫属于热杀虫，但它不是传导和对流加热，而是由于害虫体内分子间的偶极子相互摩擦发热，使得害虫体内的蛋白质或胆固醇变性或遭到破坏，从而导致害虫死亡。虫体内水分含量越高，产生的热量越大，一般仓虫体内的含水量为 50%~60%，因而利用微波很容易使其死亡。

（5）光能杀虫。紫外线、可见光、红外线都是电磁波。波长在 4~390nm 的叫紫外线，390~770nm 的是可见光，770~1 000 000nm 的称红外线。一般人类可见光波为 400~700nm，仓虫的可见光波为 350~770nm。

红外线的穿透能力很低，因此，一般用来处理运输带上粮食中的害虫和库存粮食表层的害虫。过去曾用燃烧陶瓷板红外线加热器防治糙米中的米象、麦蛾和谷蠹的各虫态，均有很好的效果。用 250W 红外线灯照射单层铺放的豌豆，距离 25~30cm，照射 3min，即可将豌豆象杀死。用红外线处理被害的小麦，使粮温上升到 48.6℃，经 24h 则 99% 的玉米象及 93% 的谷蠹都被杀死。红外线发出的大量热能还可使粮食短期内干燥，从而减少虫害。

紫外光对某些仓虫具有诱集作用，在仓库中安置紫外光灯（黑光灯）可以诱杀大量的蛾类害虫，其诱杀效果甚至高于性诱剂。黑光灯诱到的麦蛾，其雌蛾更多，诱集的雄蛾也比性诱剂诱到的多。

（6）声音杀虫。声音具有一定能量，高能量的声音能引起仓虫内部器官摩擦生热或体内细胞内出现空化而导致死亡；低能量声音能够干扰仓虫的生物信息，破坏其正常的生长、发育和繁殖。用低声发生器在田间防治玉米螟，可以杀灭 50%～60% 玉米秆内及穗内的幼虫；对印度螟新羽化的成虫用放大的 120～2 000Hz 正弦波处理，结果发现第一代后的发生数量只有对照的 1/4。

用声音防治害虫的最大成就是播送害虫的通信信号以控制害虫的行为反应。声音治虫与化学防治相比，具有易于控制，使用无危险、无残留物和无残毒等优点。但由于源自空气振动的声音经过多孔的介质而减弱，给实际应用带来一定困难，还有待进一步研究。

（7）低真空杀虫和臭氧杀虫。仓虫在低真空（绝对压力小于 100Pa）下会很快死亡。低真空杀虫与其说是低压力的内在影响，不如说是由于缺氧的作用。低真空杀虫可用于名贵的粮食品种和中药材品种，以及少量的种子粮和包装食品。

臭氧杀虫是利用臭氧较强的氧化能力杀死害虫和造成某些仓虫的不育。希腊 Athanassion（2008）报道，用 115μL/L 和 55μL/L 的臭氧分别处理谷蠹、米象和赤拟谷盗的成虫 2h，得到较高的死亡率；意大利 Limonta 等也报道，在 18～22℃ 下用 600μL/L 的臭氧处理米象、谷蠹、杂拟谷盗、印度谷螟和地中海粉螟 0.5～3h，也有较高的死亡率。

（8）密封杀虫。即密闭储粮，利用粮食本身及害虫、微生物的呼吸作用消耗粮堆内或储粮容器中的氧气，从而造成缺氧和高二氧化碳环境，使害虫窒息死亡。据试验，当粮仓空气中的氧气含量下降到 2% 时，即可控制虫害。在粮食含水量合乎储藏标准的情况下，氧气的下降速率取决于害虫的数量。例如 6 头谷象为害含水量 13%～14% 的小麦 589.6g，需要 25d 才能把氧气降到 2%；而如果有谷象 60 头，则仅需要 4d。地下密封储粮较地上密封储粮的防虫效果更好，因为地下粮仓与大气的交换有限。据试验，将 14% 的粳米在仓内用塑料薄膜密封，经 20d 后，氧气浓度降到 1%，米中的印度螟蛾、拟谷盗、米扁虫和露尾虫全部死亡；国外用异丁橡胶聚合薄膜制成锥形仓储藏小麦达 3 年之久，基本上消除了虫害。用聚乙烯塑料袋盛粮密封是杀虫行之有效的方法。据试验，先用麻袋盛装有谷象和锯谷盗为害的小麦和大麦，再装在聚乙烯塑料袋内密封，袋中氧浓度很快降到 1%，7d 后两种害虫均受到抑制。市场销售的塑膜包装粮，体积小，携带方便，在一定时间内可保持品质良好，不生虫，不发霉，小包装所用的材料，尼龙复合薄膜比一般的聚乙烯塑料薄膜为好，因为前者的气密性更高。

3. 气调防治　气调防治在本质上也属物理防治的范畴，但因其在粮食储藏和储粮害虫防治中的重要作用而单独列出。

气调防治即通过人为地改变粮堆中的气体成分，以抑制粮堆中害虫和微生物的生长，保证储粮安全。从一般意义讲，前述低真空杀虫、臭氧杀虫和密封杀虫都有气调防治的性质，但狭义的气调防治主要是指向封闭的粮仓充入氮气、二氧化碳或沼气等气体。

（1）充氮储藏。是将惰性气体——氮气充入粮堆中，使储粮处于无氧或接近无氧状态，并保持密闭粮堆内外的气压平衡，以抑制害虫的生命活动或杀死害虫，并降低粮食的呼吸强度，达到安全储粮的目的。充氮储粮的氮源主要是有液氮和气氮，此外还有沸石分子发生器、碳分子筛发生器等。在国外，充氮储粮已有较大规模，并有气密性很强的专用粮仓。在我国多用塑膜密封充氮，用于密封粮堆的薄膜一般为 0.24～0.4mm 厚。充氮时粮堆上部或仓库顶部的气孔必须打开，以免仓内气压过大而损坏仓库。一般 300～7 000t 仓容的仓库，充氮速度以 3m³/min 为宜。向仓内充氮，应持续不断进行，当粮堆内的氧浓度降到 1% 左右时停止充气，同时关闭进气孔和通气孔。一个充氮密闭的粮堆，一般经过数周才能慢慢恢复到正常大气的水平。恢复的速度取决于仓库的密闭性和温度的高低。

（2）充二氧化碳储藏。是在密闭条件下充入高浓度的二氧化碳。这种方法不仅可以杀死储粮害虫，而且有利于保持粮食品质，目前在我国已处于较大规模的应用阶段。充入二氧化碳可利用钢瓶充入或化学发生器充入，既可用于大型粮仓，也可用于小包装储粮。一般只要开始时二氧化碳浓度在 70% 以上，并在处理的 10d 内保持二氧化碳浓度在 35% 以上，即可有效防治多种储粮害虫。根据杀虫的需要，二氧化碳气调储藏还可与某些杀虫剂如磷化氢、甲酸乙酯或硫酰氟以及不育剂等配合使用。

（3）充沼气储藏。主要用于有沼气设施的农户。沼气的主要成分是甲烷和二氧化碳，还含有少量的其他混合气体，如硫化氢等。在密闭粮堆中充入沼气，使害虫呼吸困难而中毒、窒息死亡或抑制害虫的生长发育。在充沼气的过程中，切勿有明火接近，以免发生燃烧。

（4）"双低"和"三低"储粮。目前我国推行的"双低"和"三低"储粮是把气调防治与化学熏蒸结合起来的防治技术。"双低"储粮是指低氧储藏和低药量熏蒸两项技术的配合；"三低"储粮是低氧、低药量熏蒸和低温储藏三项技术先后交替综合应用的储粮技术。"三低"技术交替配合使用，既能使每项技术发挥其独立的防治作用，又能相互补充、相互增效，从而能显著提高防治效果，保持储粮品质和新鲜度，获得较高的经济效益和社会效益。"三低"技术的交替应用一般以先密闭降氧，后施药杀虫，再通风降温并实施低温储藏效果最好，储藏 1 年后的稻谷，其发芽率仍可保持在 90％以上，米饭的色泽、黏性和食味与储藏前基本一致，且用药省、费用低、防虫效果好。

气调防治应注意安全。氮气虽然是无毒的惰性气体，但充氮后往往伴随氧气浓度降低。一般氧气含量在 14％以下，二氧化碳含量在 5％以上对人的生命即有危险。因此充气时要备有压缩空气呼吸器，而防毒面具是不能抵御低氧及高二氧化碳的。另外，值得注意的是，近年来在实施气调防治中，害虫对气调出现了不同程度的抗性。已有试验表明，交替使用不同的气体，减少连续使用气调的时间，可以降低害虫对气调抗性的发生频率和发展速度。

（四）化学防治

使用化学药剂是储粮害虫、害螨综合防治的一项重要措施，具有杀虫迅速、高效等优点。其缺点是对人畜有毒，污染粮食，引起害虫产生抗药性。但只要正确使用，仍可保证人畜和粮食的安全。目前应用于防治储粮害虫的化学药剂有防护剂、熏蒸剂和植物性杀虫剂。

1. 防护剂 防护剂包括具有胃毒或触杀作用的化学药剂和不具直接毒杀作用的惰性粉制剂。后者以硅藻土、黏土、骨粉、磷矿石、氧化钙等为原料制成粉剂，混入储粮中，害虫在爬行过程中身体上黏附粉末，通过摩擦破坏表皮结构，加剧害虫体表水分蒸发造成死亡，或堵塞气门造成害虫窒息。我国在 20 世纪中叶曾开展惰性粉的研究与应用，对储粮害虫有一定的防治效果，但一般用量较多，同时增加了储粮中的杂质而未能大面积推广。目前常用作储粮防护剂的化学药剂主要是有机磷杀虫剂、拟除虫菊酯类杀虫剂和氨基甲酸酯类杀虫剂。下面简要介绍几种有代表性的化学防护剂。

（1）马拉硫磷（malathion）。为非内吸性广谱有机磷杀虫剂，具有触杀、胃毒和微弱的熏蒸作用，在水中和长期置于潮湿空气中能缓慢水解，在中性溶液中稳定，在高酸性和高碱性溶液中易于分解。纯度 97％以上的优质马拉硫磷乳油称防虫磷，专用于储粮害虫防治，能毒杀多种仓虫，具有药效期长、残留低、使用安全、价格便宜、应用面广等优点，可用于各种原粮、油料及种子，也可用于空仓、器材、运输工具和喷布防虫带。由于马拉硫磷的热稳定性较差，在我国南方和北方的用药量差异较大。在北方粮库一般为 10～20mg/kg（有效剂量），南方粮库为 20～30mg/kg，施药的粮食须间隔 1 个月后才能加工食用。马拉硫磷的施用方法：在具有机械设备的大型粮库，将喷雾机的喷头安装在粮食输送带基部或中部的上方，根据输送粮食的流量控制药剂喷雾量，粮食边入仓边喷药；在不具备机械装置的粮库，可将粮食薄铺在晾场上，用超低量喷雾器进行人工喷雾，随时翻动粮食，待药液蒸发后即可入仓。

（2）杀螟硫磷（fenitrothion）。高质量的杀螟硫磷又称杀虫松，是一种应用很广的有机磷杀虫剂，具触杀与胃毒作用，残效期中等，能溶于多种有机溶剂，遇碱分解，对哺乳类动物毒性低。杀虫松对谷象、锯谷盗、锈赤扁谷盗的防治效果最好，最低有效剂量为 0.25～0.5mg/kg；对玉米象的最低有效剂量为 0.5～0.75mg/kg；对米象和赤拟谷盗的最低有效剂量为 1～2mg/kg；而对谷蠹的最低有效剂量则为 15～20mg/kg。由于防治多种仓虫的效果优于马拉硫磷，加之生产成本低，是目前国际上仓虫对马拉硫磷产生抗性的国家选择的代用品种之一。

（3）甲基嘧啶磷（pirimiphos - methyl）。进口商品名为安得利，国内产品称虫螨磷，又称保安定，为广谱性速效有机磷杀虫剂，具有触杀、胃毒和微弱的熏蒸作用，可溶于多数有机溶剂，可为强酸和强碱分解，不侵蚀铜、铝、不锈钢、尼龙及聚乙烯塑料。对哺乳类动物的毒性小。用于小麦、稻谷、玉米等各种原粮和种子粮的防虫，对多种储粮螨类均有较高防效，也可用于空仓、器材杀虫或打防虫线，但不得用于各种成品粮，对种子发芽率无不良影响。用药量一般为 5～10mg/kg，折合 50％虫螨磷乳油 10～20mg/kg；空仓和器材杀虫一般为 0.5g/m²。适用于高温高湿地区和粮食长期储藏，是目前国际上替代马拉硫磷的主要品种之一。

（4）甲基毒死蜱（chlorpyrifos - methyl）。为非内吸性广谱有机磷杀虫剂，具触杀、胃毒作用。可溶于多种有机溶剂，微溶于水，化学性质稳定，但遇酸、碱分解。对哺乳类动物毒性小。可保护储藏玉米不受虫害达 21 个月，并使害虫不产生后代。一般使用量为 6～10mg/kg。目前美国等国家已停止甲基毒死蜱的生产和使用。

（5）敌敌畏（dichlorvos）。为广谱性有机磷杀虫剂，具触杀、胃毒和熏蒸作用。对人畜毒性中等，有乳油和塑料缓释剂两种剂型。乳油一般只用于空仓消毒，一般用量为 100～200mg/m³，用药后密闭 3d，然后敞气 24h，再进仓清扫。塑料缓释剂残效期长，约 100d，一般用量为 62g/m³，用药后密闭 72h。

（6）杀虫畏（tetrachlorvinphos）。为广谱性有机磷杀虫剂，具触杀、胃毒作用，对人畜毒性低。能防治多种仓库害虫，对杂拟谷盗、赤拟谷盗特别有效。用 8mg/kg 剂量处理小麦中的谷象，20d 后的死亡率达 95%～100%。杀虫畏在小麦、玉米储藏期间的药效可维持 8 个月。

（7）生物苄呋菊酯（bioresmethrin）。属拟除虫菊酯类广谱性杀虫剂。光照下易于分解。对哺乳类动物毒性很低。此药对谷蠹特别有效，用 1mg/kg 剂量加增效醚 10mg/kg，可有效控制谷蠹达 9 个月，用 4mg/kg 剂量加增效醚 20mg/kg，可保护小麦不受谷蠹、谷象、米象、锯谷盗、印度螟和粉斑螟侵害达 1 年之久。

（8）溴氰菊酯（deltamethrin）。用于储粮保护的溴氰菊酯其商品名叫凯安保。属广谱性杀虫剂，具有触杀、胃毒和驱避作用，对害虫的击倒速度快。溶于多种有机溶剂，不溶于水，化学性质稳定，耐热、耐光。对多种害虫的毒力远大于生物苄呋菊酯。一般用量为 0.75～1mg/kg，是对仓虫防效最好的一种人工合成的拟除虫菊酯类农药，对谷蠹的防治有特效。溴氰菊酯的残效期较长，粮食拌药后，不仅可很快杀死现有的害虫，而且还可抑制其后代的发生。为了增加溴氰菊酯的药效和减少有效成分的用量，常在此药中加入 10 倍的增效醚，这样溴氰菊酯的有效用量可降低到 0.25～0.5mg/kg。

（9）保粮安。也称溴马合剂，其主要组分为防虫磷 69.3%、溴氰菊酯 0.7%、增效醚 7%，其余的为乳化剂和溶剂。谷蠹和玉米象是我国储粮中的主要害虫，将防虫磷和凯安保混配，可以充分发挥这两种杀虫剂的药效。保粮安可用于小麦、稻谷、玉米等各种原粮储藏期的害虫防治，也可用于空仓、器材杀虫和打防虫线，但一般不得用于各种成品粮。目前，未发现保粮安对种子粮的种用品质有任何不良影响。用药量一般为 10～20mg/kg，折合 70%保粮安乳油 14.3～28.6mg/kg。用于包装粮表面和空仓杀虫一般用药量为 0.5g/m²，折合 70%保粮安乳油 0.7g/m²。用药量为 10～15mg/kg 的，其加工或食用的安全间隔期应在 6 个月以上；用药量为 15～20mg/kg 的，应在 8 个月以上。

（10）保粮磷。又称杀溴合剂，是由杀虫松 1%、溴氰菊酯 0.01%和填充剂制成的微胶囊剂。保粮磷可用于小麦、稻谷、玉米等各种原粮和种子粮的储藏期害虫防治，也可用于空仓、器材杀虫和打防虫线，但一般不得用于各种成品粮。1.01%保粮磷的商品规格有 10kg/袋和 100g/袋两种，前者用于大型粮库，后者用于农户。使用量一般为每吨粮食 400g，折合杀虫松 4g 和溴氰菊酯 0.04g，防治有效期可达 1 年以上。

（11）甲萘威（carbaryl）。又名西维因，属氨基甲酸酯类农药，具触杀与胃毒作用。在正常储藏条件下，不受光、热影响而分解，化学性质稳定，无腐蚀性，可与大多数杀虫剂混用。甲萘威对防治谷蠹特别有效，一般用药量为 10mg/kg。

2. 熏蒸剂 熏蒸剂是一种能够气化，并通过挥发出的有毒气体杀死害虫的化学药剂。它主要作用于害虫的呼吸系统，降低其呼吸率，并进入组织内部引起害虫中毒死亡。熏蒸剂具有渗透性强、杀虫效率高、易于通风散失等特点。当储粮已经发生害虫，或害虫潜藏而不易发现、不易接触，用一般药剂防治不能立即收效时，便可使用熏蒸剂防治。熏蒸的对象主要是虫粮，也可用于空仓、加工厂、包装器材的消毒。熏蒸剂有气体、液体和固体 3 种剂型。气体剂型如将溴甲烷压缩在钢瓶内成液态，使用时启动开关便可气化喷出；液体熏蒸剂是在使用时进行适量喷洒，或在仓内悬挂蘸有药剂的布条，然后挥发成气体，如敌敌畏；固体熏蒸剂在我国目前生产的有片剂、粉剂和丸剂，使用后它们与空气接触，吸收空气中的水分而产生毒气，如磷化铝。下面介绍几种用于储粮害虫防治的熏蒸剂。

（1）磷化铝（aluminium phosphine）。磷化铝是用红磷和铝粉在镁的燃烧下合成的，与水蒸气或酸作用产生有毒气体磷化氢（PH_3），是一种高毒广谱性杀虫剂。磷化氢气体具有毒力大、渗透性强、在粮堆中扩散速度快、对种子发芽力影响小和残留低等优点，但对金属有较大的腐蚀作用，且易燃烧，熏蒸时气体释放较慢，需要的熏蒸时间较长。磷化铝制剂有含量为 56％的片剂和含量为 56％的粉剂，片剂每片重 3.3g，完全分解可产生磷化氢气体 1g。可用于熏蒸原粮、加工的成品粮、种子粮、油料、干果和中药材等，也可熏蒸空仓和包装器材。使用磷化铝熏蒸散装粮时，若仓库密闭良好，每吨粮食用药 3～5 片，一般密闭粮仓 5～7 片，密闭较差的粮仓可用药 15 片。施用后一般密闭 5～7d。施药方法有多种形式：如果粮堆厚度不足 3m，可采用粮面施药，即施药点分布在粮面，点间距离不小与 1.3m，每个点先铺上麻袋，再垫上旧报纸或搁置不易燃烧的器皿，使用粉剂厚度不超过 0.5cm，片剂相互间不要接触、重叠，施药后用塑料薄膜密闭粮面；如果粮堆厚度超过 3m，先将药片或药粉用小布袋或透气的纸或塑料薄膜包装，再用投药器分层均匀地把药片或药粉袋投入粮堆内的中、下层，袋装粮可在袋内投药，也可在袋间投药。无论采用哪种方式，用药后都应密封粮面和仓房，同时施药人员应戴防毒面具和橡皮手套或塑料手套，注意防燃防爆。密闭熏蒸结束后，要清除磷化铝的残留物，对粮仓通风换气，经检测磷化氢气体处于安全浓度后才能进入仓内工作。检查浓度的简单方法是：把滤纸条放在 3％～5％的硝酸银溶液中浸透，取出，置于被检查处，如果空气中含有磷化氢，则滤纸变为黑色，当滤纸在 7s 之内变为黑色，即表示空气中的磷化氢浓度已能引起人体中毒。长期使用磷化铝可能引起害虫产生抗性，可结合高二氧化碳和低氧使用，可以降低磷化氢用量，其增效作用十分明显。

（2）硫酰氟（sulfuryl fluoride）。属中等毒性的广谱杀虫剂，渗透力强，用药量少，不燃不爆，无腐蚀。硫酰氟一般用于防治木材中的白蚁，以及竹木制品、毛呢料、文史档案、动植物标本、烟草等的害虫，用量一般为每立方米体积 60g，熏蒸 24h。也可用于粮食熏蒸，根据试验，以 40～45g/m³ 用量熏蒸粮食 2～7d，对谷蠹、米象、赤拟谷盗的成虫、幼虫和蛹有 100％的杀灭效果。美国近年生产的熏蒸剂 Profume，是一种含硫酰氟的广谱性熏蒸剂，能杀虫、杀鼠和其他的无脊椎动物。它无色无味，比溴甲烷更易被有害生物吸收，全世界采用该药剂进行了上千次的商业熏蒸，均取得满意效果，从而被认为是一种在技术和经济上比溴甲烷更好的替代药剂，已有美国、德国、法国、英国等 20 多个国家先后登记使用。硫酰氟残留较高，不适宜用于含有高蛋白、高脂肪的粮食和食品，也不适于熏蒸鲜果、蔬菜及活体植物。

（3）环氧乙烷（ethylene oxide）。是适合于低温下使用的熏蒸剂，有良好的杀虫、杀菌作用，对虫卵也有较好的毒杀效果。可用于熏蒸原粮、成品粮，但不能用于种子粮。一般用药量为 15～30g/m³，密闭 48h。

（4）其他熏蒸剂。我国曾经使用过的熏蒸剂还有氯化苦、二氯乙烷等。近年来，新研究出用甲酸乙酯、氧硫化碳防治储粮害虫效果较好。

3. 植物性杀虫剂　由于储粮害虫对有些化学药剂的抗性日渐增长，同时人们对化学药剂给储粮带来的不同程度的污染更加关注，因此，发掘资源丰富、取材方便、成本低廉、使用安全的植物性杀虫药剂正逐渐受到重视。

我国历史上有不少使用植物性杀虫药剂防治储粮害虫的事例，20 世纪中叶后研究更多。例如，用山苍子油防治蚕豆象，每 50kg 蚕豆拌油 300mL，处理 12h，成虫死亡率达 95.8％；用 5mL 棕榈油处理豇豆 1kg，可降低四纹豆象的为害率至 2％～3％，而对照的受害率达 77％～98％。有人用 11 种植物性芳香油，如冷杉油、薰衣草油、红橘油、香叶油、柠檬油、樟叶油以及 α-蒎烯等对多种仓虫进行室内及实仓防治试验，结果表明：在 30℃、85％～90％相对湿度下，50mg/kg 的 α-蒎烯等对 7 种甲虫有很强的熏蒸作用；50mg/kg 的冷杉油、薰衣草油、香叶油对腐食酪螨的防治效果在 85％以上；香叶油、柠檬油、樟叶油的防治效果达 100％。

在国外报道中，用椰子油、芥子油、皂角碱、夹竹桃核果粉、菖蒲根粉、印度旋花树叶粉、黑胡椒粉等对某些储粮害虫都有防治效果。例如以色列 Shaaya（1988）的试验，他用 50μL/L 剂量的不同芳香族植物精油处理赤拟谷盗和米象成虫，密闭 5d，取得 100％的杀虫效果。

（五）生物防治

广义的生物防治包括利用天敌昆虫、病原微生物、昆虫信息素、生长调节剂、遗传工程和抗虫品种等措施防治储粮害虫。

1. 利用天敌昆虫防治储粮害虫　储粮害虫的天敌昆虫包括捕食性和寄生性两大类，涉及 8 目（昆虫纲 5 目，蛛形纲 3 目）44 科 300 余种。它们在粮食储藏过程中对控制害虫为害起着积极的作用。分布在我国福建、广东等地粮食仓库、加工厂的仓双环猎蝽，能捕食赤拟谷盗、锯谷盗、玉米象、谷蛾、麦蛾等多种仓虫。1 头仓双环猎蝽一生可捕食赤拟谷盗幼虫平均达 199.2 头，对于身体较小、行动迟缓的长角扁谷盗、谷蠹等，日捕食量为 5～10 头；以 1∶5 的比例接入仓双环猎蝽和锯谷盗，110d 后锯谷盗被全部消灭，而不接天敌的对照，锯谷盗增加 14 倍。以花生为饲料，接入 3 对印度螟蛾，8d 后再分别接入仓双环猎蝽 1 对、2 对和 4 对，经 100d 后，3 个处理中均未发现印度螟蛾幼虫，而不接天敌的对照有印度螟蛾的幼虫 257 头；各处理中花生被害率分别为 3%、8% 和 12%，而对照中 100% 的花生被害。1980 年我国从美国引进黄色花蝽（*Xylocoris flavipes*）并相继引入湖南、四川、贵州等地，该天敌对难以防治的谷蠹，其防治效果高达 80%～90%。其后在湖北、湖南、广东、广西等地发现黄冈花蝽（*Xylocoris sp.*），其捕食效果并不低于引进的黄色花蝽。据报道，一种阎虫（*Teretriosoma nigrescens*）从哥斯达黎加引进非洲后，很好控制了大谷蠹对储藏玉米和木薯的严重为害。在美国还发现了一种寄居性捕食螨麦草蒲螨（*Pyomotes tritici*），它至少可以捕食赤拟谷盗、大眼巨谷盗、烟草甲、粉斑螟和印度螟蛾等 5 种害虫。此外，普通肉食螨在储粮中能大量捕食其他害螨，可明显抑制粗脚粉螨的种群密度。

寄生性天敌麦蛾茧蜂（*Bracon hebetor*）主要寄生印度谷螟和烟草粉螟，在我国已有较多研究，该蜂一年能繁殖 10 代；仓蛾姬蜂（*Venturia canescens*）、米象金小蜂（*Lariophagus distinguendus*）和赤眼蜂（*Uscana lariepfage*）在仓库中是控制象虫类、豆象类和粉斑螟类的有效天敌，在国外已进入应用阶段。据报道，用卵寄生蜂（*Trichogramma evanesceus*）和幼虫寄生蜂（*Habrobracon hebetor*）防治面粉厂的地中海粉螟，可保持面粉 1 年不受为害。

2. 利用病原微生物防治仓虫 引起储粮害虫感病死亡的病原微生物包括细菌、真菌、病毒和原生动物。目前已发现有数百种细菌与昆虫疾病有关，其中苏云金杆菌（*Bacillus thuringinsis*，Bt）在仓虫防治上应用最广。研究表明，Bt 能防治多种鳞翅目仓虫，按 100～150mg/kg 的剂量在玉米堆表层施药，可降低印度谷螟虫口密度 92% 以上。至今世界各地已分离出 Bt 的 12 个血清型和 20 个变种，它们对人畜安全，不会污染储粮和环境，在仓虫防治上具有广阔前景。

真菌是唯一可穿透昆虫表皮侵染的微生物，目前世界上已有多种真菌制剂用于仓虫防治。用球孢白僵菌（*Beauveria brassiana*）处理玉米，可免遭玉米象为害至少 6 个月。用该菌与 Bt 等比例混用处理谷象，死亡率可达 83%。据报道，在非洲还分离鉴定出几种对大粉长谷蠹和玉米象高效的球孢白僵菌株。此外虫霉和丝孢菌也可通过口器进入消化道感染害虫，具有一定利用价值。

病毒在自然界普遍存在，至今已从节肢动物中分离出 700 余种，其中来自鳞翅目昆虫的占 83%，膜翅目昆虫的占 10%，双翅目昆虫的占 4%。这些病毒多数是非持久性病毒，其获毒和接毒可很快完成，潜伏期极短。用于储粮害虫防治的主要是颗粒体病毒，它对环境的适应力极强，常温下可保存 1～2 年，对人畜无毒，用含颗粒体 3.2×10^7 个/mg 的颗粒体病毒粉剂，每千克小麦拌入 1.875mg，防治印度谷螟、粉斑螟都很有效，印度谷螟的死亡率达 100%。

原生动物约有 300 种从昆虫体中分离出来，其中从仓虫中分离出来的有多形簇虫、裂簇虫、微孢子虫及单孢虫等，它们都可寄生地中海粉螟和麦蛾，有的还可寄生赤拟谷盗、皮蠹等储藏害虫。对于原生动物的利用目前仅处于研究阶段。

3. 昆虫信息素的利用 用于仓虫监测和防治上的昆虫信息素主要包括性信息素和聚集素两类。前者一般由雌性分泌，吸引雄性交配；后者一般由雄性分泌，以诱集同种昆虫聚集、交配和取食。信息素在仓虫防治上的应用，主要是用于监测害虫的发生和用迷向法破坏雌雄间的通信，或将信息素置于捕杀器中并配合杀虫剂直接防治害虫。目前已有近 40 种仓虫的信息素被鉴定，其中约有一半可以人工合成其类似物，并且已有许多商品化的产品。据报道，在粮仓中安置诱捕器，每个诱捕器放 10～50mg 信息素，8～11 月诱集的印度螟蛾成虫达 5.8 万多头，而未放置诱捕器的仓库，其印度谷螟的种群密度较放置的高 8.4 倍。

4. 生长调节剂的利用 应用于仓虫防治的生长调节剂主要包括保幼激素类似物、蜕皮激素类似物和几丁质合成抑制剂等几类。保幼激素类似物已开发利用的如烯虫酯（蒙 515，Altosid）和烯虫乙酯（蒙 512，Altozar）等。在粮堆中按 5mg/kg 剂量施用烯虫酯，即可有效防治印度螟、烟草螟、锯谷盗、赤拟谷盗；10mg/kg 可有效防治粉斑螟及杂拟谷盗。据报道，用烯虫酯防治烟草甲和粉斑螟，防效可长达 2 年，防治锯谷盗亦可保持防效 3～5 个月。世界卫生组织和联合国粮农组织均对其注册作为粮食保护剂。

蜕皮激素类似物如 RH5849（Dibenzoy hydrazines）和 RH5992（Tebufenozide）等，能有效防治印度螟蛾，5mg/kg 用量能抑制幼虫生长，50mg/kg 用量可致幼虫死亡率达 100%。

几丁质合成抑制剂如灭幼脲，对谷蠹、锯谷盗、谷象、赤拟谷盗和烟草甲有效。据报道，0.2mg/kg 剂量处理小麦，米象和谷蠹几乎不产生后代。有研究者认为，几丁质合成抑制剂有望成为最重要的谷物保护剂之一，因为它不仅对谷物蛀食性害虫有效，而且还能直接杀死低龄幼虫，使谷物损失降低到很低水平。

5. 抗性品种在储粮害虫防治上的利用　有学者曾研究了 22 个水稻品种稻谷的 13 个物理、化学因子在储藏期对玉米象抗性的影响以及 6 个水稻品种的稻谷、糙米、精米对玉米抗虫性的差异。结果表明，稻谷开裂率低、千粒重小、谷粒长窄、表面颖毛多、直链淀粉含量低、粗蛋白和粗脂肪含量高的品种，在其储藏期对害虫的抗性高。国外还报道，稻株韧皮部的次生物质含量高低决定了稻谷在储藏期对害虫的抗、感程度，并且可用正丁醇提取稻株中有抗虫活性的物质。利用储藏品种的抗虫性控制害虫为害，效果持久，对人畜安全，不污染环境，极具发展前途。但在目前的品种筛选、培育中，一般都未把品种在储藏期间的抗虫性作为指标。

三、储粮发热霉变的预防和除治

（一）粮堆发热霉变的原因及条件

粮食在储藏期间粮温不正常上升的现象称为发热。粮堆发热是引起粮食霉变的主要原因，它实质上是粮食的有机物质被霉菌、细菌、酵母菌等微生物分解，干物质大量损耗，粮食严重劣变败坏的过程。

粮堆发热与粮堆生物学、物理学特性密切相关。在不良储藏环境条件下，粮堆中的各种活的有机体生命活动加强，释放出大量热量，为其生物学因素；粮堆的空隙小，热容量不大，导热性差，则造成粮堆内外代谢不平衡，使热量不断积累，是其物理学因素。粮温违背正常变化规律而出现异常上升的现象包括：在气温上升季节，粮温上升速度超过气温所能影响的范围；气温下降季节，粮温下降太慢，甚至回升；仓库背阳面粮温高于向阳面粮温；粮堆不同部位或层次的粮温不符合正常粮层温度的变化规律，该降的反而上升；同一层点的粮温与前几次检查记录比较有突出上升的现象等。

粮堆发热的热源来自粮堆生物的生命活动。是粮食本身还是粮堆中的微生物和害虫生命活动产生的热源更为重要，长期以来似有争议。一些人认为，粮堆发热的生物热源主要来自粮食自身的呼吸；另一种看法则认为，主要是粮堆中的微生物和害虫在适宜条件下的代谢活动所引起。已有研究表明，以曲霉和青霉为代表的霉菌，其呼吸强度比粮食本身的要高上百倍乃至上万倍。例如正常干燥的小麦，其呼吸强度 Q（每克干重 24h 释放的二氧化碳）为 0.02～0.1mg，而培养 2d 的黑曲霉的呼吸强度为 1 576～1 870mg，后者为前者的数万倍。在常温下，当小麦的水分含量在 13%～14% 时，粮食和微生物的呼吸都较微弱，但在小麦含水量达 17.9% 以上时，小麦上微生物的呼吸强度为 93.6mg，而小麦本身的呼吸强度只有 6.9mg。微生物在分解粮食有机质的过程中，其总能量的利用率很低，所产生能量的 80% 左右都以热的形式散发到粮堆中。害虫、害螨的大量繁殖和活动也为粮堆发热提供了重要的生物热源。害虫、害螨的代谢强度较之处于休眠状态的粮食种子要高得多。试验证明，每 0.453kg 小麦中有 10 头米象（重约 2mg），其呼吸放出的二氧化碳是小麦的 7 倍，在每千克粮食中有 100～170 头谷蠹时，可使粮温高达 40℃ 以上。

粮堆生物热源是储藏粮食发热霉变的内在因素，但是否出现发热霉变以及发生的程度如何，却受其他因素的影响。促进发热霉变的条件包括：

1. 粮食水分含量高　粮食含水量高是引起粮堆发热霉变的决定性因素。一般情况下粮食水分含量高，能促进粮粒的呼吸作用和有利于微生物的繁殖，因此发热速度快，霉变也趋于严重。

2. 粮食质量差　粮堆内杂质多，不熟粒多，破损粒多，发芽粒多，不仅带菌量大，而且水分含量也高，导致微生物大量侵染。此外各种杂质还充塞粮堆内的孔隙，影响粮堆内湿热向外扩散，也容易引起粮堆发热。

3. 仓房条件差　仓房结构不好，出现漏雨、渗水，或仓壁、地面返潮，或隔热密封性能不好，或通风不良等，均难以控制粮食温湿度的正常变化，容易出现仓内外温差增大，外湿进入仓内等现象，均易造成粮堆发热霉变。

4. 储藏方法不当，管理失误　储藏保管粮食方法不当，如干粮湿粮混装，未按粮食水分状况及生理特性设计堆装，在降温、去湿有限的情况下翻倒高水分粮，未根据水分平衡原理而不合理翻晒粮食或实施机械通风不当等，都会促使粮堆发热霉变。在管理过程中疏于检查，发现问题不及时，或发现后未采取相应的合理措施，也是造成粮堆发热霉变发展扩大的原因。

（二）粮堆发热霉变的过程和类型

1. 粮堆发热霉变过程　粮堆发热霉变有一个由轻微到严重的过程，其发展速度主要取决于环境条件，特别是温度和水分对粮食、微生物、昆虫等生命活动的适宜程度，快则 1 至数天，慢则数周至数月。一般粮食发热霉变可经历 3 个相继的阶段。

（1）初发阶段。当储粮水分高于安全水分，或粮堆内温差较大引起水分转移时，粮堆内的生物体呼吸开始增强，放出的热量逐渐积累，此时灰绿曲霉首先生长、繁殖，使粮堆湿热淤积，局限曲霉、杂色曲霉等中温性微生物随之大量繁殖，积累的湿热不能散发，发热现象便开始出现。此时粮食表面的特征是粮粒表面湿润，有"出汗"、"返潮"现象，散落性降低；粮食软化，色泽发暗。其质量指标一般反映为粮食带菌量增加，脂肪酸值上升，非还原糖含量减少。

（2）升温—生霉阶段。当粮温升高到 35～40℃，水分超过 15%～15.5%，仓内相对湿度亦达到 75%～85% 以上，白曲霉、黄曲霉迅速生长，并使粮温继续上升，水分增加，此时霉菌开始在粮食胚部或破损处形成菌落，而后逐步扩大到粮粒的一部到全部，粮食出现"生毛"、"点翠"和霉味严重等症状。

（3）高温—霉烂阶段。此时粮温可上升到 50～55℃，粮堆中的中温性微生物已很少生长，而少数嗜热性微生物如烟曲霉、毛霉以及放线菌等大量繁殖，可使粮温升至 60℃ 左右。此时粮食的生活力已大大减弱甚至完全丧失，粮粒可黏结成团而失去食用价值。当嗜热性微生物在高温下继续分解有机物质时，可能产生低燃点的碳氢化合物，如果氧气充足，则有可能氧化而导致粮堆自燃。

2. 粮堆发热霉变的类型　根据粮堆发热的部位和条件，可归纳为以下发热类型：

（1）局部发热。又称窝状发热，是粮堆内某一小范围出现的发热现象。它主要是由于粮食入库时水分不均匀或杂质聚集在某一区域，或入库后仓房漏雨，仓壁渗水，使局部粮食受潮而造成的。

（2）上层发热。这是最常见的发热类型，一般出现在粮堆表层 5～30cm 处。发热的原因主要是由于季节转换、气候变化，粮堆上层的仓温与粮堆内部的温度形成较大温差，从而产生结露，或因仓湿、气湿过大而表层吸湿。此外害虫、害螨多集中于粮堆表层繁殖活动，这些都是造成粮堆表层发热的原因。

（3）下层发热。主要是由于地面潮湿、铺垫不善，或热粮入仓遇到冷凉地面而结露，或因粮食内部水分转移而引起的。

（4）垂直发热。是指靠仓壁、立柱或粮囤周围的粮食发热。其原因主要是垂直粮层与墙壁、立柱或粮囤外围的温差过大，或者这些部位渗水而造成的。

（5）全仓发热。通常是由于对前述几种类型的发热未及时、合理处理而发展扩大形成的。一般下层发热更易促使全仓发热。而"三高"（高水、高温、高杂）粮食易由点到面造成全仓发热。

粮堆霉变的类型，一般根据霉变发生的基本条件区分为劣质霉变（粮食水分高、杂质多，带虫带病率高）、结露霉变、吸湿霉变和水浸霉变等。它们可能在粮堆中局部发生，也可能全仓发生，并且与粮堆发热紧密联系。

（三）粮堆发热霉变的鉴别与预测

粮堆发热霉变的鉴别与预测是一件细致的工作，既要掌握粮温、微生物、害虫消长、粮堆物理化学性状等的变化规律，进行系统的检查和监测，又要凭借长期经验的积累。其鉴别与预测的内容和方法主要包括以下方面：

1. 依据粮温的变化规律进行鉴别和预测　在正常情况下，粮温是受气温和仓温的影响而变化的。若粮温上升太快，或该降而未降甚至反而上升就是粮堆发热的现象，而霉变又常常伴随着粮堆发热而产生。粮堆是否发热通常采用对比分析的方法。例如不同仓房的粮温比较：凡粮食品种、入库时间、储藏条件等基本相同的粮仓，如果粮温相差在 5℃ 以上时，则意味着粮温高的粮堆出现了发热现象；粮温与仓温比较：在春夏季节气温、仓温上升期间，粮温日平均上升超过仓温 3～5℃ 以上，秋冬季节气温、仓温下降期间，粮温不下降反而上升的，都意味着粮堆出现了发热现象；粮温检查记录比较：通过分析对比前后时间、粮堆不同部位、层次的粮温记录，在无其他特殊原因影响的情况下，粮温突然升高，同一粮堆或其某一部位在几天或短时间内平均每天升高 1℃ 以上，都意味着粮堆出现了发热现象。

2. 依据粮堆中微生物种类演替进行鉴别和预测　粮食储藏期间，微生物种类很多。在早期，主要是低温性的灰绿曲霉、局限曲霉侵染，继而中温性的白曲霉、黄曲霉增加，最后嗜热性的黑曲霉、放线菌等大量寄生。微生物的不同种类及其演替，反映了粮堆发热霉变的过程和程度。总之当微生物的数量增多、生命活动逐渐增强时，即使粮堆当时尚未发热，也预示着即将出现发热霉变的状况。

3. 依据粮堆的理化性状进行鉴别和预测 储藏粮食如果出现散落性、整洁度降低、粮粒潮湿发软或黏结成团、色泽变暗、气味异常等变化，都可作为鉴别和预测粮堆发热霉变的间接依据。更为灵敏、准确、简便的鉴别和预测方法，如生化测定、计算机监测系统等已有一些研究成果，有待进一步验证、提高，并在储粮实践中推广应用。

（四）储粮发热霉变的预防与除治

1. 储粮发热霉变的预防 要防止储粮发热霉变必须坚持"预防为主，综合防治"的原则，除在入库时严格保证粮食质量外，还应着力于控制有关的储藏条件，预防有害微生物和害虫、害螨的快速发展。

保证入库粮食质量是防止储粮发热、霉变的关键。入库前，必须把粮食晒干扬净，使之达到干燥、饱满、纯净、无虫的要求。这种粮食在储藏期生理活动正常，呼吸作用产生的湿热较少，储藏稳定性好，有利于安全储藏。

及时通风散热是防止储粮发热的有效措施。新粮入库后，粮堆内的积热如不及时散发，往往促使粮食与微生物生理活动加强，呼吸更加旺盛，进而导致储粮发热，甚至结露、霉变。新粮入库后的通风散热应充分利用昼夜温差大的有利条件，在夜间气温明显低于仓温（温差一般大于10℃）时，打开仓房门窗，反复在粮堆表面扒成许多浅沟，进行人工散热通风。有条件的仓房，可用机械通风。

适时压盖密闭是防止储粮吸湿转潮的重要措施。梅雨季节，表层粮食容易吸收空气中的水分而转潮，可在粮堆表面覆盖一层无虫、清洁、干燥的麻袋或塑料薄膜，关闭仓房门窗。此外，还应疏通仓库四周的水沟，防止仓房周围积水。

改善仓储条件是防止储粮发热霉变的基本要求。要做到仓房不漏、不潮，无虫、无鼠，且具有良好的隔热、密闭性能。

2. 储粮发热霉变的除治 因吸湿、结露引起的转潮、发热，除可采用上述扒沟、翻动粮面、人工通风、机械通风等方法外，还可采用以下补救措施控制霉变的发展。

（1）摊晾、灌包、打井。摊晾就是把已吸湿转潮的粮食摊成薄层并适时扒动，以降温、除湿，该法用于处理发热的稻谷效果较好；灌包就是把湿热粮食装入麻袋，堆成通风堆垛，以增加粮堆间隙，利于气、热交换，散湿降温；打井就是在粮堆表面挖成深坑，以散发粮堆内的湿热气体。这些方法用于不太湿的粮堆有一定效果。如果粮堆太湿，分布面大，不局限于粮堆表层时，则应将全仓粮食翻仓暴晒，或人工加热烘干。

（2）日光暴晒。日光暴晒是处理湿热粮食，制止发热霉变的重要措施。根据湿热粮食的分布情况，可分别采用全仓暴晒、分层暴晒和局部暴晒。暴晒的粮食以4～5cm厚为宜，适时翻动，当粮食水分达到安全标准时就可收场，经摊晾、过风、过筛后入库储藏。

（3）降低堆积高度。当粮食转潮、粮温上升而又不能暴晒、摊晾时，除进行扒沟通风、机械通风外，还可从仓房出粮口放出粮食，将粮堆高度降低至1.5～2m。

（4）倒包翻仓。将仓内包装粮食全部翻动检查一次，挑出湿热粮包，摊晾、暴晒。对于未发热的粮包，可不定期地适当调换堆放位置，防止底层粮包压实结块。

（5）风筛除杂、彻底灭虫。因杂质过多引起的发热、发霉，应及时进行风筛去杂；因虫害严重引起的发热霉变，应及时采用化学防护剂、熏蒸等杀虫措施。

（6）机械通风。利用通风机械将冷空气送入粮堆，促使粮堆内外的冷、热空气对流交换，带走粮堆湿热空气，这是解决大型粮仓储粮发热十分有效的措施。

（7）药剂熏蒸。不少用于防治仓储害虫的化学熏蒸剂也具有相当强的杀菌效能。实践证明，二氯乙烯熏蒸用于高水分储粮，对抑制储粮发热、发霉具有良好效果，而且不影响种子发芽，也无明显毒性，适宜在较低温度下使用；磷化氢熏蒸能抑制储粮微生物的生长、繁殖，其优点是投药方便，对种子生活力无损害。采用化学熏蒸剂可收到防虫、防霉的双重效果。

3. 储粮真菌毒素污染的预防与除治 污染粮食的真菌毒素很多，对人畜的危害十分严重。储粮真菌毒素污染的预防应从田间抓起。麦类赤霉病、麦角病、某些黑穗病等产毒真菌在田间已经感染，使粮食带毒，因此，做好田间病害防治工作不仅可控制病害的发生流行，减少病害造成的直接损失，同时也可减少和避免粮食带毒。在粮食入仓时，要严把质量关，对带病、带毒粮应单独保管，保持干燥、低温、避免发热转潮，防止病菌继续繁殖为害。

不论是收获前田间病害流行造成的粮食带毒，还是收获后因储藏不当造成的粮食带毒，都应该认真对待，科学处理。带毒粮食的去毒处理有以下几种方法。

（1）风筛法。利用风车或自然风将粮食中带毒粮粒或有毒的病原结构体如麦角菌核分离出去，从而减少粮食带毒。通常赤霉病粒在15%左右时，经过风筛处理可降低至4%以下，符合卫生标准，不致引起人畜中毒。

（2）水漂水浸法。利用带病粒相对密度较低的特点，用清水、泥水（40～60kg黄泥加水100kg）或盐水（25%）水漂，将健粒与病粒分开，对于赤霉病麦粒的分离效果可达80%左右。一些真菌毒素能溶于水，采用淘洗或较长时间的浸泡，可以降低毒性。赤霉病小麦用清水淘洗3次，先除去漂浮的病麦，再用清水浸泡24h，除病去毒的效果很好。水漂、水浸法都只能用于储粮较少的农户。处理时要注意天气，以便及时晒干水漂水浸处理过的粮食。

（3）加工法。真菌毒素绝大部分分布在粮粒的表皮和胚中，通过碾磨去皮，可去除大量毒素。被黄曲霉污染的稻谷，加工成标一米，可去除82%的毒素，加工成特制米可去除90%。试验证明，赤霉病麦用碾米机轧辊去皮，可去除80%的致呕毒素，用作饲料，牲畜食欲正常，生长良好。

毒素含量高以及去毒后毒素含量仍然超标的粮食，不能食用，也不能用作饲料粮，可改作其他用途，例如用于制造工业淀粉，供印染厂浆纱使用，或用于制造工业酒精。

四、农户储粮病虫害的防治技术

目前，我国农户粮食生产的集约化程度较低，农户生产的粮食除部分作为商品在市场出售外，绝大部分都作为储粮留作自用。短期内我国粮食小规模生产和储藏的现状尚不能改变，因此研究适合农户的储粮技术，减少农户粮食产后损失，是保障我国粮食安全的一个重要方面。农户储粮品种繁多、器具多样，储藏条件较差，自建粮仓一般都不规范，难以达到密闭、防虫、防鼠、防潮的要求，绝大多数农户也未掌握使用储粮防护剂、熏蒸剂的技术，乱用剧毒农药的情况时有发生。据四川、河南等地的典型调查，农户储粮因生虫、霉变、鼠害等造成的损失一般为5%～20%，严重的高达50%以上，一些储量不大的豆类甚至损失殆尽，不堪食用。

农户储粮病虫害防治应遵循"预防为主，综合防治"的植保工作方针和"安全、经济、卫生、有效"的防治原则，因时、因地制宜地采取以下措施。

（一）树立安全储粮意识，改善储粮环境

要彻底转变只重田间生产不重家中粮食保管的观念，树立安全储粮意识。在现有条件下，农户应将粮食存放在家中通风、干燥、凉爽的房间；不要把储粮与农具、饲料、秸秆或其他副产品堆放一起，特别要改变把粮食存放在卧室或厨房的习惯；不同品种的粮食，新粮与陈粮，干粮与湿粮，虫粮与无虫粮等应严格分开储存；要保持储粮器具、粮仓和储粮环境的清洁卫生，装粮前最好对储粮器具、粮仓进行消毒杀虫处理。农户装粮器具和粮仓的消毒杀虫方法可用纱布浸渍敌敌畏悬挂于储藏容器或仓内，也可用敌敌畏喷雾，密闭10d后开启，再行装粮。

（二）改变储粮方式，建设农户粮仓

以往农户粮食多用瓦缸、瓦罐、木柜、麻袋、塑料袋等器具储藏。这些储具一般容量较小，占据空间较大，且储粮分散，不便管理。加强农户新型储粮设施建设是改善储粮环境，提高农户储粮水平的一个重要方面。农户粮仓一般建在室内，以建砖式仓、水泥仓最好，也可建铁皮仓，或在室外建地窖仓。室内粮仓要做到通风密闭、防潮、防鼠；仓底应架空30cm以上，靠墙面可浇涂沥青或粘贴沥青纸，仓内底部、顶部及四壁光滑无缝；仓门的位置、大小和形式，以方便进出粮食和密闭性好为原则；室内粮仓的大小根据房屋空间和储粮数量而定，一般长2m、宽1m、高1.2m的粮仓可盛粮食1 500kg左右；储粮种类多的农户可将粮仓建成多格式，格子相互独立，避免病虫在格子之间交互感染。

（三）提高储粮质量，保证好粮入仓

粮质好坏是决定粮食安全储藏的重要因素。收获后的粮食一定要晒干、去杂、扬净，达到干燥、饱满、干净的要求才能储藏。利用阳光干燥粮食是农户常用的方法。暴晒粮食应先晒场后晒粮，薄摊均摊或

向阳起垄，沟垄交错，做到翻勤翻透；晒干的粮食一般应降温后储藏，但田间带虫的粮食，例如小麦和一些豆类也可趁热密封，利用自然缺氧杀死粮粒内携带的害虫。

（四）改进储粮方法，预防病虫发生

农户储粮一般都采取常规方法，即将晒干、降温、去杂、扬净后的粮食，直接装入储粮器具或自建的粮仓中。根据农户的具体条件、储粮时间的长短和储藏品种，还可采取以下科学储粮方法。

趁热密闭缺氧储藏法：即将收获的粮食进行暴晒，使水分降到12%以下，粮温达到45℃以上，然后趁热装入储粮器具或粮仓，粮面用塑料薄膜覆盖，并用干沙或干麦糠或谷糠压顶，由于高温、干燥和降氧的作用，可以抑制害虫和霉菌的发生和促进小麦生理后熟。

三灰压盖储粮法：将晒干、去杂、扬净后的粮食装入容器或粮仓，粮食距容器口7～10cm，或距仓顶15～20cm，在粮面先铺上2～3层报纸，然后在报纸上铺8～10cm厚的干燥草木灰或煤灰、生石灰，加盖密闭。由于上述三灰对粮食有吸湿、防虫的功能，可长期保存粮食，用此法储存种子，可延长种子寿命。

玉米穗藏法：即将适时收获的玉米穗，剥开苞叶但保留在穗的基部，然后将几个穗的苞叶结在一起，悬挂在通风、避雨的支架上，到农闲时再脱粒转入密闭储藏。

沸水处理法：主要是绿豆、红豆、豌豆等豆类，由于收获后可能带有豆象等害虫的卵，可将晒干的豆类装入竹篮中，在沸水中快速搅拌30s，立即投入凉水中冷却，沥干后在阳光下晒干，存入储粮器具。

为了预防害虫的发生，还可采用防护剂（如防虫磷等）载体拌粮储藏法，花椒、茴香、山苍子驱虫储粮法等。

（五）加强粮情检查，防治储粮生虫霉变

粮食本身的变化和环境条件的影响，使粮堆的温度、湿度和病虫情况经常发生变化。因此必须加强粮情检查，以便及时处理。粮情检查的内容主要包括：粮堆温度的升降、水分的高低；有无虫害、生霉、变质和鼠害；储藏器具或仓房有无裂缝、孔洞；储具或粮仓周围环境是否清洁等。农户检查粮情可用眼看、口尝、鼻闻、手捏等办法。如果仅是粮食表层结露，可在粮堆表面覆盖一层无虫、清洁、干燥的麻袋或塑料薄膜压盖密闭；出现粮食结团、发潮、发热，应立即翻动粮面，降温散湿，并保持粮仓通风；发潮严重的粮食应立即翻倒出仓，采取摊晾翻晒或日光暴晒等措施；如出现粮食发霉，应立即过筛、扬净，或采取水漂水浸、加工碾磨等方法处理，必要时也可采用磷化氢等化学熏蒸剂处理，以抑制仓储微生物的生长、繁殖。

对非药剂处理的常规储粮，如果发现虫情，除可采取暴晒粮食、过筛扬净、压盖密闭等措施外，应采用储粮防护剂或化学熏蒸剂杀灭害虫。适于农户使用的储粮保护剂，可根据害虫发生的种类，选择防虫磷、杀虫松、保安定、凯安保、保粮安或保粮磷等。储粮保护剂可以对水直接喷洒粮食（主要是水剂、油乳油）、也可直接拌和粮食（主要是粉剂）或以砻糠等作为载体，先把储粮保护剂喷洒在砻糠中，然后再与粮食拌和。砻糠载体法具有药效持久、对粮食污染小、操作安全方便等特点，特别适合农户使用。作为载体的砻糠应干燥、洁净，粒度以2mm左右为好；拌和砻糠的重量一般为粮重的0.1%，在施药前几天，将砻糠薄摊在室内地面，用超低容量喷雾器将防护剂（不要加水）喷于砻糠中拌匀，阴干后再与粮食均匀拌和。

农户可使用的熏蒸剂主要是敌敌畏和磷化铝。敌敌畏市售剂型一般为80%乳油，可供直接喷雾；敌敌畏缓释块及片剂可装入小纸袋放入粮堆，以上剂型均可在粮仓内用挂条法施药。磷化铝的剂型有含量为56%的片剂和含量为56%的粉剂。片剂每片重3.3g，完全分解后可产生磷化氢1g，适合于农户使用。使用方法是将单片的磷化铝装入小布袋或透气的纸中，然后放到粮堆表面或粮堆中。熏蒸的容器一定要远离住房，投药后的容器或粮仓必须严格密闭，特别是对木柜、铁皮柜、砖仓和水泥仓等，要在投药前用多层塑料胶带粘贴一切可能存在的缝隙，在投药后立即关闭柜门或仓门，并用塑料胶带粘贴门缝。投药后5～7d，打开容器口或仓门，待充分散气后将磷化铝残渣拣出，埋入远离住房和畜禽的土中。

此外有沼气设施的农户，在密闭粮堆中充入沼气，使害虫呼吸困难而中毒、窒息死亡或抑制害虫的生长发育。在充沼气的过程中，切勿接近明火，以免发生燃烧。

使用储粮防护剂、熏蒸剂，都必须十分注意安全防护，具体操作应在技术人员的指导下进行。其使用剂量和方法等，参见本节储粮害虫（害螨）综合治理措施部分。

王进军　赵志模（西南大学植物保护学院）

鲁玉杰（河南工业大学粮油食品学院）

附：储粮害虫的检测

目前较常用的害虫检测方法有直观检查、扦样检查、诱集检查等方法。

一、直观检查法

直观检查法是用感官在现场检查害虫的方法，是最直观、简便但很粗放的一种方法。检查时用眼睛观察粮堆表面、仓壁、仓顶或包装粮垛的外部，注意是否有害虫活动的迹象。如有无害虫飞舞和爬行；有无虫蚀粮粒及害虫取食的粉末；有无蛾类幼虫的丝茧、结网、虫尸、虫蜕、虫粪等。并可撒粮粒击动粮面，观察有无蛾类成虫飞翔。储藏物害虫大多有趋温性，检查时应根据季节及储粮温度的变化，重点检查温度比较高的部位。直观检查仅是一种初步的检查方法，它很难准确地判定害虫的种类、密度等，所以只能作为一种辅助的检查手段，但非常适合农户使用。

二、取样检查法

取样检查法是扦取一定的储粮样品，然后检查样品中害虫的种类和密度，从而推断整个储藏物中害虫发生状况的方法。该方法是较准确和客观的一种检查方法，它受环境因素影响较小，是目前国家粮食仓储部门规定的标准检查方法。在取样过程中，害虫完全处于被动状态，无论是哪一种害虫、任何虫期或其是否处于运动状态，都会连同粮样被取出。但这种方法工作量较大，同时由于检查人员的技术水平（如识别害虫种类的能力）限制，有时可能会影响检查结果的准确性。

取样检查包括样品的扦取和害虫检查两个方面。

（一）取样方法

1. 散装粮堆的取样　对于平房仓，粮堆面积在 100m² 以内的，设 5 个取样点；101～500m²，设 10 个取样点；500m² 以上，设 15 个取样点。取样部位应根据害虫的习性、发育阶段以及季节等情况确定，采取定点与易发生害虫部位相结合的方法。一般粮堆高度在 2m 以内的，只在上层取样即可；粮堆高度超过 2m 的，应设上、下两层取样。随着粮堆的增高，应适当增加取样层次。上层可用手或铲取样，中、下层用扦样器或深层取样器取样。每一取样点的样品数量一般应不少于 1kg。

圆仓和围垛的设点取样方法基本与房式仓相同。以粮堆高度分层，按面积设点取样。对于体积高大的圆仓要适量增加取样点。

2. 包装粮堆的取样　应分层设点取样，堆垛外层可适当多设取样点。500 包以下的粮堆，一般应取 10 包；500 包以上的粮堆，按 2% 的比例取样。对抽取的粮包，一般采用包装扦样器（探子）扦取粮食样品，方法是将扦样器的凹槽向下，自粮包的一角插入至相对的一角，当扦样器完全插入粮包后，再将扦样器的凹槽转向上方，然后抽出。大颗粒粮如花生、薯干等应采用拆包取样。每包的取样数量应不少于 1kg。

3. 空仓、器材、装具等的取样　对于未装粮的空仓，一般是在四角和四周任选 10 个点，对于较大型的粮仓可适量增加取样点。每点以 1 m² 为单位，在此面积内检查活虫的数量。

对于麻袋、面袋、席子、篷布及其他器材，只要是接触过虫粮的，都应按 2%～5% 的比例取样检查。

（二）害虫的检查方法

1. 外部害虫的检查　对于扦取的粮食样品，一般采用筛选法检查粮粒外部的害虫。根据粮粒与害虫个体大小选用适当孔径的筛子，将粮样装入筛内，用双手以回旋的方式筛动 3min，然后检查筛下物中的害虫，包括种类和数量。亦可选用一组不同大小孔径的筛子，将粮样装入上层选筛，过筛后逐层检查害虫情况。

对于包装粮除用筛选法检查外，还需感官检查粮包外的害虫情况。包括害虫的种类、数量等。

对于空仓或加工厂害虫的检查通常是采用感官检查的方法。包装器材应先检查正、反面和接缝等处有无害虫，然后在地上铺上白纸，再抖动和敲打器材，观察有无害虫被震落；也可收集震落物过筛检查。空仓和铺盖物是在取样点设定的范围内检查害虫的活动情况，包括害虫的种类和数量等，必要时在取样范围内扫集过筛检查。

2. 隐蔽性害虫的检查　隐蔽性害虫是指隐藏在粮粒或寄主内部的害虫，通常是一些未成熟期的蛀食性害虫。这些害虫无法用筛选法查出，必须用一些特殊的方法检查。较常用的方法有以下几种。

（1）剖粒法。采用分样器或"四分法"从各个扦取的粮食样品中得到代表性的少量样品，大豆、玉米等大粒粮食可取 10g，小麦、稻谷等可取 5g。然后用锋利的刀片将粮粒逐粒剖开，检查是否有害虫，计算每千克粮食内隐蔽害虫的数量。

（2）染色法。蛀食性害虫在产卵或幼虫钻入粮粒时，会在粮粒表面留下痕迹，这些部位在某些溶液中会显现出可辨别的颜色。利用这种方法可以检查出粮粒内的隐蔽害虫。

高锰酸钾溶液可用于检查大米粒内的隐蔽害虫。在过筛后的样品中取 15g 代表性样品，先在 30℃ 的温水中浸泡 1min，再移入 1% 高锰酸钾溶液（高锰酸钾 10g，加水至 1 000mL）内浸 1min，立即取出用清水冲洗，然后放在吸水的白纸上，用放大镜仔细检查，挑出具有深色斑点的粮粒剖粒检查。

碘化钾溶液可用于检查豆粒内部的害虫。取代表性的豆粒样品 50g，浸入 1% 碘-碘化钾溶液（碘化钾 20g，溶入少量水中，再加结晶碘 10g，充分搅拌，待完全溶解后加水稀释至 1 000mL）中，经 1~1.5min 后取出，再移入 0.5% 氢氧化钠或氢氧化钾溶液（氢氧化钠或氢氧化钾 5g，溶于水中，加水稀释至 1 000mL）内浸泡 0.5min，取出用清水冲洗 15~20s。挑出有圆形深色斑点的豆粒，剖粒检查。

酸性复红溶液可用于检查稻谷、小麦、玉米等粮粒内部的害虫。在过筛后的样品中取 25g 代表性样品，浸入 30℃ 的水中 5min，再移入酸性复红溶液（冰醋酸 50mL、蒸馏水 950mL 及酸性复红 0.5g）中，经 2~5min 后取出，用清水冲洗。挑出具红色斑点的粮粒，剖粒检查。

（3）比重法。由于虫蚀粮粒与正常粮粒的比重不同，使用不同浓度的盐溶液处理受检粮粒，使虫蚀粮粒（包括一些未成熟粮粒）浮于溶液表面，从而将其区分出来。检查小麦、稻谷、玉米等禾谷类粮食可用比重 1.2 的氯化钠溶液（35.9g 氯化钠溶于 100mL 水中）或 2% 硝酸铁溶液处理；检查豆类粮食可用 18.8% 或饱和氯化钠溶液处理。方法是：在过筛后的样品中取 100g 代表性样品，浸入盐溶液中，充分搅拌 10~15min，静止 1~2min 后捞出浮于液面的粮粒，进行剖粒检查。

（4）透视法。较常用的是灯光透视法。将受检的粮粒放在透光度较好的玻璃板上，下置较强的光源，在黑视野中挑出有阴影的粮粒进行剖粒检查。

在植物检疫中也有用软 X 射线透视的方法。使用波长 0.05~0.1nm 的 X 射线，透视受检粮粒或其他害虫寄主。方法是将受检物置于软 X 射线仪内，接通电源，可观察窗口直接检查或用胶片感光后冲洗检查。

三、诱集检查法

诱集检查法是利用害虫本身的某些行为或习性，将其诱集到一个局限的小范围内进行检查。此法通常需采用一些特殊的诱捕装置，使诱捕到的害虫无法逃逸；或与一些害虫引诱剂相结合，以提高诱捕效率，对于某些害虫还能起到诱杀，降低害虫密度的效果。

（一）习性诱集

储藏物害虫的一些习性，如上爬性、群集性等都可以加以利用，可因地制宜地对害虫进行诱集检查。

（二）诱捕器诱集

诱捕器能在储藏环境内连续工作，可提供害虫种类、虫口密度、感染源等重要信息。该方法与取样法相比能明显减少工作量，也可对害虫计数。但该方法对一些活动能力较弱的害虫效果较差。由于害虫的活动受环境因素的影响，当环境条件不适合害虫活动时，诱捕器的效果也会受到影响。

四、害虫密度、损失率的计算

害虫密度亦称虫口密度，是指单位空间内害虫的数量。

根据国家有关规定，不论包装或散装的粮食，以及空仓、车间或器具等，均以其中虫害最严重、密度最大的部位代表整仓或整体的害虫密度，不能采用各取样点害虫密度的平均值。检查的结果一律以发现的活虫头数计算，包括各个虫期及隐蔽性害虫。同时应注意害虫的假死或休眠现象，死虫中若有检疫性危险害虫，应引起注意，并做好记录。

害虫密度的计算和表示方法如下：

1. 粮食中的害虫密度

粮食中的害虫密度＝1kg 样品中各种害虫活虫头数的总和。

表示方法为：头/kg。

2. 空仓或建筑物内的害虫密度

空仓或建筑物内的害虫密度＝1m² 面积内各种害虫活虫头数的总和。

表示方法为：头/m²。

3. 器材或工具害虫密度

器材或工具害虫密度＝一件器材或工具上各种害虫活虫头数的总和。

表示方法为：头/件。

4. 某种害虫所占的比例

对样品中检出的害虫逐一进行分类鉴定，并分别计数，然后可用下式计算其所占百分率：

$$某种害虫的百分率＝\frac{某种害虫的头数}{各种害虫的总头数}×100\%$$

5. 粮食被害百分率

$$被害百分率＝\frac{虫蚀粒数}{检查粮粒总数}×100\%$$

6. 粮食虫蚀重量损失百分率

$$损失百分率＝\frac{完整粒千粒重－虫蚀粒千粒重}{完整粒千粒重}×100\%$$

鲁玉杰（河南工业大学粮油食品学院）

主 要 参 考 文 献

艾力．吐热克，唐文华，等．2006．草酸青霉菌（P-o-41）发酵液对小麦病害的诱导抗性作用［J］．新疆农业科学，43：386-390．

白旭光．2008．储藏物害虫与防治［M］．2版．北京：科学出版社．

蔡静平．2002．粮油食品微生物学［M］．北京：中国轻工业出版社．

陈启宗，黄建国．1985．仓库昆虫图册［M］．北京：科学出版社．

陈尚武，张大鹏，张维一．1998．匍枝根霉和半裸镰刀菌侵染甜瓜果实产生的胞壁降解酶与侵染方式［J］．植物病理学报，28（1）：55-60．

陈耀溪．1984．仓库害虫：增订本［M］．北京：农业出版社．

成卓敏．2008．新编植物医生手册［M］．北京：化学工业出版社．

迟蕾，哈益明，王锋，等．2011．玉米中赭曲霉毒素A的辐照降解效果［J］．食品科学，32：21-24．

邓望喜．1992．城市昆虫学［M］．北京：农业出版社．

窦玉平．2011．薄层层析法测定粮食中的黄曲霉毒素B1［J］．吉林农业，251：23．

杜大庆，刘玲玲，张星元，等．2006．黑根霉对甾体的C11α-羟基化反应［J］．河南工业大学学报：自然科学版，3：70-74．

樊永清．1993．黑皮蠹的发生与防治［J］．甘肃农业科技（1）：32-33．

范京安，李隆术，朱文炳．1989．麦蛾［Sitotroga cerealella（Oliv.）］生物学及生态学特性的研究［J］．粮食储藏（3）：54．

凤舞剑，戴优强，胡长效．2004．花斑皮蠹的生物学特性及防治技术［J］．安徽农业科学，32（3）：472-473．

葛素君，王志刚，许际华，等．2007．食物中毒饮料雪碧草酸青霉产毒素特性的检查研究［J］．中国卫生检验杂志，17：1649-1651．

郝飞．2004．烟曲霉的致病因子及作用机制的研究进展［J］．中华医院感染学杂志，14（1）：119-120．

何家沁．1992．小麦赤霉病菌源种类和禾谷镰刀菌的特性及变异研究［J］．国外农学-植物保护，5（4）：9-11．

何树森，辛汉川，刘金秀，等．1998．四川省部分地区主粮中杂色曲霉及其毒素的污染状况调查［J］．卫生研究，S1：21．

何祖平，袁慧．2000．青霉酸的化学脱毒效果试验［J］．湖南农业大学学报，5：64-65．

河南农学院昆虫教研组．1975．河南农业昆虫图册［M］．郑州：河南农学院．

贺玉梅，贾珍珍，董葵，等．2001．展青霉素产生菌产毒性能研究［J］．中国卫生检验杂志，11：302-303．

胡伟莲，吕建敏．2004．杂色曲霉素毒性及检测方法研究进展［J］．中国饲料，23：32-33．

胡伟莲，叶均安，吕建敏，等．2005．饲料中杂色曲霉素检测方法的研究［J］．浙江大学学报，31：617-620．

黄建国，周玉香．1992．我国已发现暗红褐菌虫［J］．植物检疫，6（1）：31-32．

黄开忠，韩逢春，黄勇．1997．麦田麦蛾的发生与防治［J］．当代农业（1）：10-11．

江彦军．2005．河北省储藏期苹果青霉病的病原鉴定与防治［D］．保定：河北农业大学．

廊坊地区农业科学研究所．1974．植物保护手册［M］．廊坊：廊坊地区农业科学研究所．

李俊英．1998．花斑皮蠹生物学特性研究［J］．河北农业大学学报，21（2）：93．

李隆术，朱文炳 .2009. 储藏物昆虫学 ［M］. 重庆：重庆出版集团 .

李培武，张道宏，杨扬，等 .2010. 粮油制品中黄曲霉脱毒研究进展 ［J］. 中国油料作物学报，32：315 - 319.

李庆，夏雪奎，张奕，等 .2008. 真菌代谢产物 Secalonic Acid D 及其药理活性研究 ［J］. 中药材，31：1274 - 1278.

李锡宏，毕庆文，黎妍妍，等 .2010. 清江流域及环神农架烟区烟草赤星病菌观测与发生规律研究 ［J］. 湖北民族学院学报，28 (3)：308 - 309.

李云瑞 .2002. 农业昆虫学：南方本 ［M］. 北京：中国农业出版社 .

李云瑞 .2005. 农业昆虫学 ［M］. 北京：高等教育出版社 .

李照会 .2002. 农业昆虫鉴定 ［M］. 北京：中国农业出版社 .

梁志宏，黄昆仑，何云龙，等 .2008. 黑曲霉及其食品安全领域的赭曲霉毒素问题 ［J］. 食品安全与检测，10：191 - 194.

刘功良，陶嫦立，白卫东，等 .2011. 农产品中展青霉素检测的研究进展 ［J］. 安徽农业科学，39：6084 - 6092.

刘巨元，张生芳，刘永平 .1997. 内蒙古仓库昆虫 ［M］. 北京：中国农业出版社 .

刘岚 .2010. 粮油食品中黄曲霉毒素检测方法 ［J］. 农产品加工，4：66 - 67.

刘永平，张生芳 .1988. 中国仓储品皮蠹害虫 ［M］. 北京：农业出版社 .

刘祖春，袁群，宋明亮，等 .2003. 环氧乙烷熏蒸杀灭集装箱内德国小蠊、黑皮蠹效果观察 ［J］. 预防医学文献信息，9 (1)：15 - 16.

柳琼友，顾丁，陈文龙 .2007. 烟草甲的防治研究进展 ［J］. 湖北农业科学，46 (5)：841 - 844.

龙飞 .2008. 烟曲霉菌对呼吸道上皮细胞结构和功能的影响 ［D］. 上海：上海交通大学 .

楼建龙 .1992. 杂色曲霉素研究新进展 ［J］. 国外医学：卫生学分册，4：218 - 220.

鲁银，袁慧 .2012. 桔青霉毒素细胞毒性及其检测方法研究 ［J］. 生物技术，39：60 - 63.

鲁玉杰，王小莉，毛婷婷 .2008. 温度和相对湿度对印度谷螟生长发育的影响 ［J］. 河南工业大学学报：自然科学版，5：42 - 46.

吕建华，袁良月 .2008. 烟草甲生物学特性研究进展 ［J］. 中国植保导刊，28 (9)：12 - 15.

吕剑秋 .1987. 储粮昆虫学 ［M］. 北京：中国财政经济出版社 .

马继盛，李正跃 .2003. 烟草昆虫学 ［M］. 北京：中国农业出版社 .

浦冠勤，毛建萍 .2005. 蚕茧害虫花斑皮蠹的生物学特性及其防治技术 ［J］. 丝绸 (5)：32 - 33.

齐祖同 .1998. 中国真菌志：第五卷 曲霉属及其相关有性型 ［M］. 北京：科学出版社 .

乔金玲，台莲梅，王平，等 .2010. 水稻褐变穗病原菌生物学特性的研究 ［J］. 现代化农业，4：9 - 10.

全国农业技术推广服务中心 .2008. 小麦病虫草害发生与监控 ［M］. 北京：中国农业出版社 .

商鸿生，王凤葵 .2008. 新编辣椒病虫害防治 ［M］. 修订版 . 北京：金盾出版社 .

商业部商业储运局 .1985. 仓库害虫防治图册 ［M］. 北京：中国财政经济出版社 .

四川省粮食学校，四川省粮食厅储运处 .1983. 四川仓库害虫图册 ［M］. 成都：四川人民出版社 .

苏世彦 .1994. 食品中青霉属产毒霉菌的快速分离与鉴别 ［J］. 彭城大学学报，9：85 - 88.

孙永年，王德成，宋来宾，等 .1996. 田间一代麦蛾发生规律与防治技术 ［J］. 山东农业科学 (2)：34.

孙玉英，王瑞明，刘庆军，等 .2004. β-葡聚糖酶高产菌株的分离筛选及其新菌种初步鉴定 ［J］. 酿酒科技，2：25 - 27.

孙元峰，杜海洋 .2008. 作物种子病虫害防治技术 ［M］. 郑州：中原出版传媒集团 .

唐为民 .1997. 黄变米和黄粒米的成因及预防 ［J］. 粮油仓储科技通讯，2：34 - 46.

田禾菁，刘秀梅 .2004. 粮食中杂色曲霉素酶联免疫吸附测定方法 ［J］. 卫生研究，1：111.

汪东风 .2006. 食品中有害成分化学 ［M］. 北京：化学工业出版社 .

汪全勇 .1991. 麦蛾的危害特性及防治研究 ［J］. 武汉粮食工业学院学报 (1)：61 - 64.

王頔，贾金生 .2010. 青霉酸研究进展 ［J］. 吉林畜牧兽医，31：14 - 16.

王殿轩，白旭光，周玉香，等 .2008. 中国储粮昆虫图谱 ［M］. 北京：中国农业科学技术出版社 .

王丽丽，田晋奇 .2004. 植物提取物对霉菌的抑菌作用 ［J］. 氨基酸和生物资源，26 (4)：17 - 19.

王鸣岐，文永昌 .1965. 粮食微生物手册 ［M］. 上海：上海科学技术出版社 .

王伟 .2007. 我国谷类食品中多组分真菌毒素污染水平和膳食暴露评估研究 ［D］. 济南：山东大学 .

王艳红，吴晓民，杨信东，等 .2011. 温郁金内生真菌 E8 菌株的鉴定及次生代谢产物的研究 ［J］. 中国中药杂志，36：770 - 774.

王勇，张文革，何璐，等 .2007. 生物农药草酸青霉水剂对玉米小斑病的防治效果 ［J］. 安徽农业科学，35：1965 - 1966.

王裕中，Mllier J D.1994. 中国小麦赤霉病菌优势种——禾谷镰刀菌产毒素能力的研究 ［J］. 真菌学报，13 (3)：229 - 234.

王云果，李孟楼，高智辉，等 .2008. 花斑皮蠹生物学研究及幼虫密度对化蛹的影响 ［J］. 西北林学院学报，23 (2)：113 - 117.

王云果，李孟楼，高智辉 .2008. 花斑皮蠹发育起点温度和有效积温研究 ［J］. 西北农业学报，17 (4)：208 - 210.

王志刚，童哲，程苏云，等.1993.粮食中白曲霉的污染和毒性研究 [J]. 中国食品卫生杂志，5：16-19.

吴立民.2000.麦蛾田间发生规律观察及其应用 [J]. 植保技术与推广，20 (1)：6-7.

吴婉瑛.2010.饲料中展青霉素测定及其在饲料中污染情况的研究 [D]. 武汉：华中农业大学.

武爱波.2010.禾谷镰刀菌（Fusarium graminearum）致病力鉴定、毒素检测及其分子生物学研究 [D]. 武汉：华中农业大学.

谢开春，苏梅.1992.仓库害虫防治手册 [M]. 上海：上海科学技术出版社.

谢同欣，张祥宏.1996.日光消除杂色曲霉素致突变作用的研究 [J]. 卫生研究，25 (4)：234-236.

徐国淦.2005.病虫鼠害熏蒸及其他处理实用技术 [M]. 北京：中国农业出版社.

轩静渊.1992.四种鳞翅目食品害虫对食物选择性的初步研究 [J]. 四川动物，11 (2)：18-20.

薛宝燕，程新胜，魏重生，等.2005.烟草甲研究进展 [J]. 烟草科技 (2)：44-48.

杨琳.2011.粮谷中黄曲霉毒素（B_1、B_2、G_1、G_2）曲霉毒素 A 联合检测研究 [D]. 重庆：西南大学.

杨晓平，胡红菊，王友平，等.2009.梨黑斑病病原菌的生物学特性及其致病性观察 [J]. 华中农业大学学报，28 (6)：680-684.

姚东生，胡亚冬，谢春芳，等.2004.嗜酸乳杆菌对杂色曲霉吸附作用的研究 [J]. 食品科学，25：79-84.

姚康.1986.仓库害虫及益虫 [M]. 北京：中国财政经济出版社.

余敦年，刘勇，刘坚，等.2008.粮仓内稻谷及稻谷籽粒中黄曲霉毒素 B_1 分布情况研究 [J]. 粮食储藏，6：42-44.

袁建，杜鹃，汪海峰，等.2011.高效液相色谱法测定小麦种的杂色曲霉素 [J]. 食品科学，32：174-177.

云南烟草科学研究院农业研究所.2001.中国烟草害虫防治 [M]. 北京：科学出版社.

张和义.2002.黄花菜 扁豆栽培技术 [M]. 北京：金盾出版社.

张宏宇.2009a.城市昆虫学 [M]. 北京：中国农业出版社.

张宏宇.2009b.粮食与种子贮藏技术 [M]. 北京：金盾出版社.

张慧玲，刘建勋，张钧.2001.安徽省主粮中霉菌及其毒素污染状况研究 [J]. 中国公共卫生，1：73-74.

张生芳，陈洪俊，薛光华.2008.储藏物甲虫彩色图鉴 [M]. 北京：中国农业科学技术出版社.

张生芳，刘永平，武增强.1998.中国储藏物甲虫 [M]. 北京：中国农业科学技术出版社.

张生芳，施宗伟，薛光华，等.2004.储藏物甲虫鉴定 [M]. 北京：中国农业科学技术出版社.

张书昂，韩景红.2001.贮粮害虫麦蛾的防治措施 [J]. 植保技术与推广，21 (7)：34.

张筱秀，周运宁，李唐，等.1996.性诱剂诱捕仓库中麦蛾初步实验 [J]. 中国生物防治 (2)：90.

张玉芝.2000.仓储害虫日本蛛甲在林西地区的发生规律及其危害 [J]. 现代农业 (2)：11.

章英，许杨.2006.谷物类食品中赭曲霉毒素 A 分析方法的研究进展 [J]. 食品科学，27：767-771.

赵军.2006.霉菌菌落分形及雅致小克银汉霉深层发酵动力学的研究 [D]. 大连：大连轻工业学院.

赵姝荣，王云果，高智辉，等.2008.花斑皮蠹生物学特性研究 [J]. 陕西林业科技 (2) 110-115.

《中国农业病虫图谱》编绘组.1992.中国农作物病虫图谱：第十二分册 贮粮病虫 [M]. 北京：农业出版社.

赵志模.2001.农产品储运保护学 [M]. 北京：中国农业出版社.

浙江农业大学.1982.农业昆虫学：上册 [M].2 版. 上海：上海科学技术出版社.

郑州粮食学院，吉林财贸学院.1986.仓库昆虫学 [M]. 北京：中国财政经济出版社.

钟立雄.1998.花斑皮蠹生态习性初步观察 [J]. 粮油仓储科技通讯 (6)：19-20.

周玉春，杨美华，许军.2010.展青霉素的研究进展 [J]. 贵州农业科学，38：112-116.

朱丽，袁慧.2010.胶体金免疫层析法检测圆弧青霉毒素——青霉酸的初步研究 [J]. 中国兽医杂志，46：65-68.

Abarca M L, Bragula M R, Castell G, et al. 1994. Ochratoxin A production by strains of *Aspergillus niger* var. niger [J]. Applied and Environmental Microbiology，60：2650-2652.

Abdel-Wahhab M A, Hasan A M, Aly S E, et al. 2005. Adsorption of sterigmatocystin by montmorillonite and inhibition of its genotoxicity in the Nile tilapia fish (*Oreachromis nilaticus*) [J]. Mutation Research，582：20-27.

Amadi J E, Adeniyi D O. 2009. Mycotoxin production by fungi isolated from stored Grains [J]. African Journal of Biotechnology，8 (7)：1219-1221.

Ana Niurka Hernández-lauzardo, Silvia Bautista-Baños, Miguel gerardo Velázquezdel Valle, et al. 2006. Identification of *Rhizopus stolonifer* (Ehrenb.；Fr.) Vuill., causal agent of *Rhizopus* rot disease of fruit and vegetables [J]. Revista Mexicana de Fitopatologia，24 (1)：65-69.

Anna A, Resurreccion P E, Koehler. 1977. Toxicity of *Aspergillus amstelodami* [J]. Journal of Food Science，42 (2)：482-487.

Benjamin P Y, Peter L M, David A L, et al. 2003. Liquid chromatography-mass spectrometry and liquid chromatography-tandem mass spectrometry of the *Alternaria* mycotoxins alternariol and alternariol monomethyl ether in fruit juices and beverages [J]. Journal of Chromatography A, 998: 119 - 131.

Beuchat L R. 1987. Food and beverage mycology [M]. 2nd ed. New York: Van Nostrand Reinhold.

Bjornberg A, Schnurer J. 1993. Inhibition of the growth of grain storage molds in vitro by the yeast *Pichia anomala* (Hansen) Kurtzman [J]. Canndian Journal of Microbiology, 39: 623 - 628.

Bonaterra A, Mari M, Casalini L, et al. 2003. Biological control of *Monilinia laxa* and *Rhizopus stolonifer* in postharvest of stone fruit by *Pantoea agglomerans* EPS125 and putative mechanisms of antagonism [J]. International Journal of Food Microbiology, 84 (1): 93 - 104.

Brent A, Land P T B. 1980. High - frequency heterokaryon formation by *Mucor racemosus* [J]. Journal of Bacteriology, 141 (2): 565 - 569.

Bukelskienė v, Baltriukienė D. 2006. Study of health risks associated with *Aspergillus amstelodami* and its mycotoxic effects [J]. Ekologija, 3: 42 - 47.

Ciegler A. 1972. Bioproduction of ochratoxin A and penicillic acid by members of the *Aspergillus ochraceus* group [J]. Canndian Journal of Microbiology, 18: 631 - 636.

Dao T, Bensoussan M, Gervais P, et al. 2008. Inactivation of conidia of *Penicillium chrysogenum*, *P. digitatum* and *P. italicum* by ethanol solutions and vapours [J]. International Journal of Food Microbiology, 122: 68 - 73.

Darling W M, McArdle M, 1959. Effect of inoculum dilution on spore germination and sporeling growth in a mutant strain of *Aspergillus amstelodami* [J]. Transactions of the British Mycological Society, 42 (2): 235 - 242.

Davis N D, Dalby D K, Diener U L, et al. 1975. Medium - scale production of Citrinin by *Penicillium citrinum* in a semisynthetic medium [J]. Applied and Environmental Microbiology, 29: 118 - 120.

Ehrlich K C, Lee L S, Ciegler A, et al. 1982. Secalonic acid contaminant of corn dust [J]. Applied and Environmental Microbiology, 44: 1007 - 1008.

EL - Nezami H, Kankaanpaa P. 1998. Ability of dairy strains of lactic acid bacteria to bind a common food carcinogen, aflatoxin Bl [J]. Food and chemical Toxicology, 36: 321 - 326.

Garcia D, Ramos A J, Sanchis V, et al. 2012. Effect of *Equisetum arvense* and *Stevia rebaudiana* extracts on growth and mycotoxin production by *Aspergillus flavus* and *Fusarium verticillioides* in maize seeds as affected by water activity [J]. International Journal of Food Microbiology, 153: 21 - 27.

Genthner F J, Borgia P T. 1978. Spheroplast Fusion and Heterokaryon Formation in *Mucor racemosus* [J]. Journal of Bacteriology, 134 (1): 349 - 352.

Halls N A, Ayres J C. 1975. Factors affecting the production of sterigmatocystin in semisynthetic media [J]. Applied Microbiology: 702 - 703.

Healy M J, Britton M P 1968. Infection and development of *Helminthosporium sorokinianum* in *Agrostis palustris* [J]. Phytopathology, 58: 273 - 276.

Hodges C F. 1972. Influence of culture age and temperature on germination of *helminthosporium sorokinianum* conidia and on pathogenicity to *Pos pratensis* [J]. Phytopathology, 62: 1133 - 1137.

Jackson L K, Ciegler A. 1978. Production and analysis of citrinin in corn [J]. Applied and Environmental Microbiology, 36: 408 - 411.

Janardhanan K K, Husain A. 1983. Studies on isolation, purification and identification of tenuazonic acid, a phytotoxin produced by *Alternaria alternata* (Ft.) Keissler causing leaf blight of *Datura innoxia* Mill [J]. Mycopathologia, 83: 135 -140.

Jayaramon P. 1990. Natural occurrence of toxigenic fungi and mycotoxins in rice bran [J]. Mycopathologia, 110: 81 - 85.

Jiang H B, Liu J C, Wang Z Y, et al. 2008. Temperature - Dependent Development and Reproduction of a Novel Stored Product Psocid, *Liposcelis badia* (Psocoptera: Liposcelididae) [J]. Environmental Entomology, 37: 1105 - 1112.

Keromnes J, Thouvenot D. 1985. Role of penicillic acid in the phytotoxicity of *Penicillium cyclopium* and *Penicillium canescens* to the germination of corn seeds [J]. Applied and Environmental Microbiology, 49: 660 - 663.

Krska R, Baumgartner S, Josephs R. 2001. The state - of - the - art in the analysis of type - A and - B trichothecene mycotoxins in cereals [J]. Fresenius J Anal Chem, 371: 285 - 299.

Kocic - Tanackov S, Dimic G, Tanackov I, et al. 2012. The inhibitory effect of oregano extract on the growth of *Aspergillus* spp. and on sterigmatocystin biosynthesis [J]. LWT - Food Science and Technology, 49: 14 - 20.

Lindenfelser L A, Ciegler A. 1977. Penicillic acid production in submerged culture [J]. Applied and Environmental Microbiology, 34: 553 - 556.

Luttrell E. S. 1963. Taxonomic Criteria in *Helminthosporium* [J]. Mycologia, 55 (5): 643 - 674.

Marder L, Corbellini V A, Ferrão M F, et al. 2006. Quantitative analysis of total mycotoxins in metabolic extracts of four strains of *Bipolaris sorokiniana* (*Helminthosporium sativum*) [J]. Process Biochemistry, 41: 177 - 180.

Mateo J J, Llorens A, Mateo R. 2001. Critical study of and imporvements in chromatographic methods for the analysis of type B trichothecenes [J]. Journal of Chromatography A, 918: 99 - 112.

Mathot P, Debevere C, Walhain P, et al. 1992. Composition and nutritive values for rats of *Aspergillus niger* solid fermented barley [J]. Animal Feed Science and Technology, 39: 227 - 237.

Matusinsky P, Frei P, Mikolasova R, Svacinova I, et al. 2010. Species - specific detection of *Bipolaris sorokiniana* from wheat and barley tissues [J]. Crop Protection, 29: 1325 - 1330.

Mislivec P, Tuite J. 1970. Species of *Penicillium* occurring in freshly - harvested and in stored dent corn kernels [J]. Mycologia, 62: 67 - 74.

Mooney D T, Sypherd P S. 1976. Volatile Factor Involved in the Dimorphism of *Mucor racemosus* [J]. Journal of Bacteriology, 126 (3): 1266 - 1270.

Nagendra S, Wu X R. 1999. Aflatoxin Bl binding abilities of probiotic bacteria [J]. Bioscience Microflora, 18: 43 - 48.

Nakakita Y. 1984. Studies on an tiordative substances of microbial origin [J]. Agricultural Biology and Chemistry, 48: 2385 - 2386.

Ohtsubo K. 1977. Hepato and cardoitoxicity of xanthoascin, a new xanthcilin analog produced by *Aspergillus candidus* [J]. Annales de la Nutrition et de l' alimentation, 31: 771 - 779.

Ostry V. 2008. Alternaria mycotoxins: an overview of chemical characterization, producers, toxicity, analysis and occurrence in foodstuffs [J]. World Mycotoxin Journal, 1 (2): 175 - 188.

Perkowski J. 1998. Distribution of deoxynivalenol in barky kernels infested by *Fusarium* [J]. Nature, 42 (2): S: 81 - 83

Rabie C J, Lubben A, Steyn M. 1976. Production of sterigmatocystin by *Aspergillus versicolor* and *Bipolaris sorokiniana* on semisynthetic liquid and solid media [J]. Applied and Environmental Microbiology, 32 (2): 206 - 208.

Rank C, Nielsen K F, Larsen T O, et al. 2011. Distribution of sterigmatocystin in filamentous fungi [J]. Fungal Biology, 115: 406 - 420.

Samajpati N. 1979. Aflatoxin produced by five species of *Aspergillus* on rice [J]. Naturwissenschaften, 66: 365 - 366.

Schuster E, Dunn - Coleman N, Frisvad J C, et al. 2002. On the safety of *Aspergillus niger* - a review [J]. Applied Microbiology and Biotechnology, 59: 426 - 435.

Scott P M, Walbeek W V, Kennedy B, et al. 1972. Mycotoxins (ochratoxin A, citrinin, and sterigmatocystin) and toxigenic fungi in grains and other agricultural products [J]. Journal of Agricultural and Food Chemistry, 20: 1103 - 1109.

Tabata S, Iida K, Kimura K, et al. 2008. Simultaneous determination of ochratoxin A, B and citrinin in foods by HPLC - FL and LC/MS/MS [J]. Shokuhin Eiseigaku Zasshi, 49: 100 - 105.

Tandon R N. 1969. Biosynthesis of citrinin by the fungus *Aspergillus candidus* [J] . Lab dev part B, 7: 263 - 265.

Tang P A, Wang J J, He Y, et al. 2008. Development and reproduction of the psocid *Liposcelis decolor* (Pearman) (Psocoptera: Liposcelididae) as a function of temperature [J]. Annals of Entomological Society of America, 101: 1017 - 1025.

Tayel A A. 2010. Innovative system using smoke from smoldered plant materials to control *Aspergillus flavus* on stored grain [J]. International Biodeterioration and Biodegradation, 64: 114 - 118.

Versilovskis A, Bartkevics V, Mikelsone V. 2007. Analytical method for the determination of sterigmatocystin in grains using high - performance liquid chromatography - tandem mass spectrometry with electrospray positive ionization [J]. Journal of chromatography, 1157: 467 - 471.

Vesela D, Vesly D, Jelinek R. 1983. Toxic effects of ochratoxin A and citrinin, alone and in combination, on chicken embryos [J]. Applied and Environmental Microbiology, 45: 91 - 93.

Xing Y G, Li X H, Xu Q L, et al. 2010. Antifungal activities of cinnamon oil against *Rhizopus nigricans* , *Aspergillus flavus* and *Penicillium expansum* in vitro and in vivo fruit test [J]. International Journal of Food Science &. Technology, 45 (9): 1837 - 1842.

Yoder J A, Chambers M J, Tank J L, et al. 2009. High temperature effects on water loss and survival examining the hardiness of female adults of the spider beetles, *Mezium affine* and *Gibbium aequinoctiale* [J]. Journal of Insect Science, 9: 1 - 8.

Žnidaršič P, Komel R, Pavko A. 2000. Influence of some environmental factors on *Rhizopus nigricans* submerged growth in the form of pellets [J]. World Journal of Microbiology &. Biotechnology, 16: 589 - 593.

第15单元　储粮病虫害

彩图15-11-1　拟裸蛛甲成虫（白旭光提供）
Colour Figure 15-11-1　Adult of *Gibbium aequinoctiale*
(by Bai Xuguang)

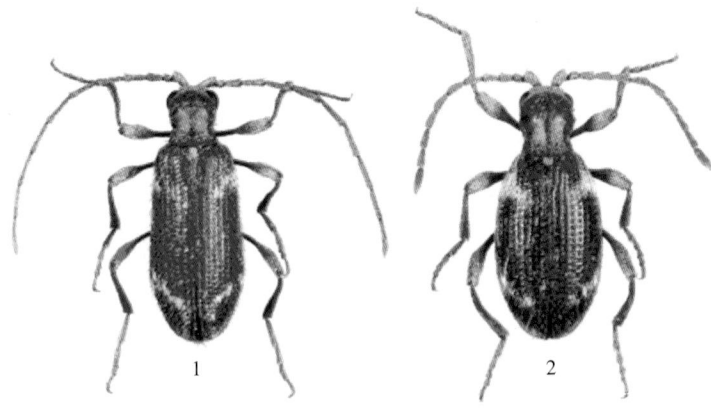

彩图15-11-2　日本蛛甲（白旭光提供）
Colour Figure15-11-2　Adult of *Ptinus japonicus*
(by Bai Xuguang)
1. 雄成虫　2. 雌成虫

 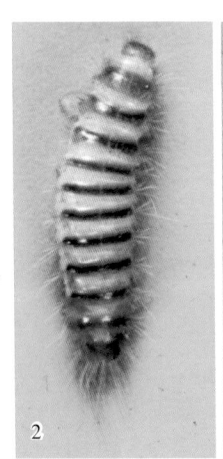 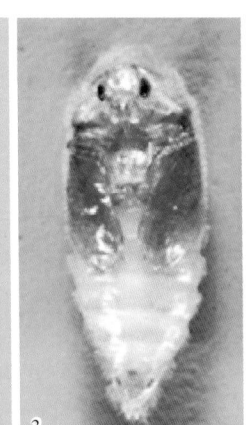 

彩图15-12-1　花斑皮蠹（白旭光提供）
Colour Figure 15-12-1　*Trogoderma variabile*（by Bai Xuguang）
1. 雄成虫　2. 幼虫　3. 蛹　4. 小麦被害状

 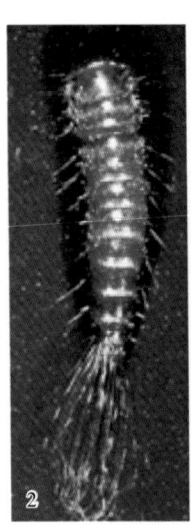 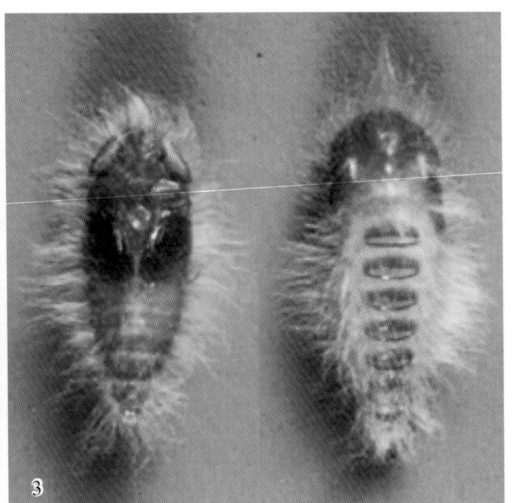

彩图15-12-2　黑皮蠹（白旭光提供）
Colour Figure15-12-2　*Attagenus piceus*（by Bai Xuguang）
1. 雄成虫　2. 幼虫　3. 蛹

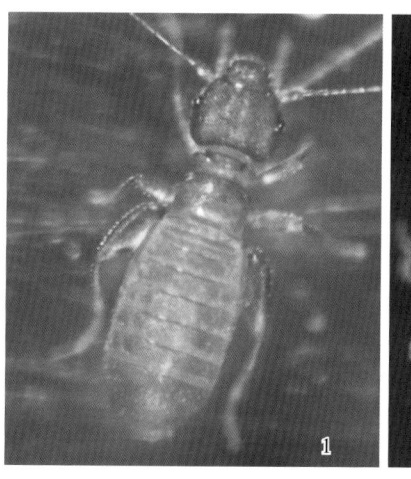

彩图 15-13-1　嗜卷书虱（魏丹丹提供）
Colour Figure 15-13-1　*Liposcelis bostrychophila* (by Wei Dandan)
1. 成虫　2. 若虫

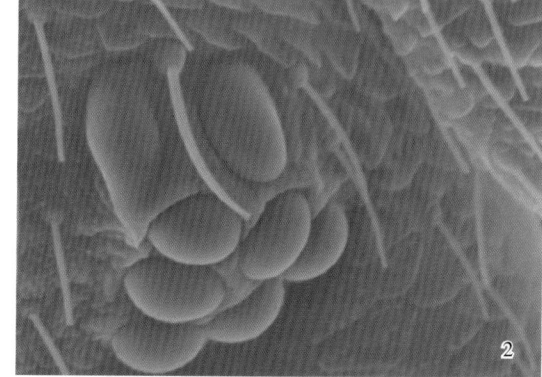

彩图15-13-2　嗜虫书虱
（胡飞提供）
Colour Figure 15-13-2
Liposcelis entomophila
(by Hu Fei)
1. 若虫　2. 扫描电镜下的小眼
3. 成虫

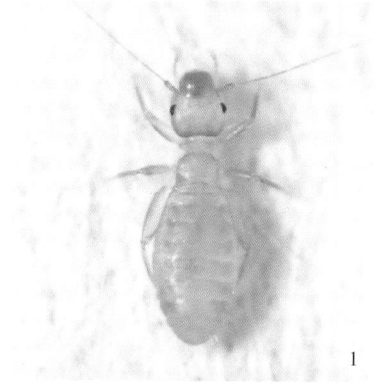

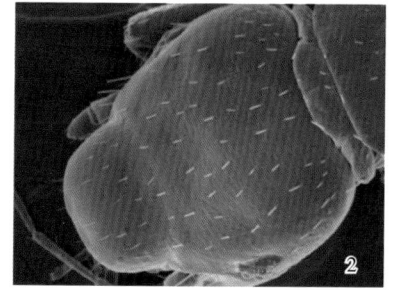

彩图 15-13-3　无色书虱（胡飞提供）
Colour Figure 15-13-3　*Liposcelis decolor* (by Hu Fei)
1. 成虫　2. 扫描电镜下的头部

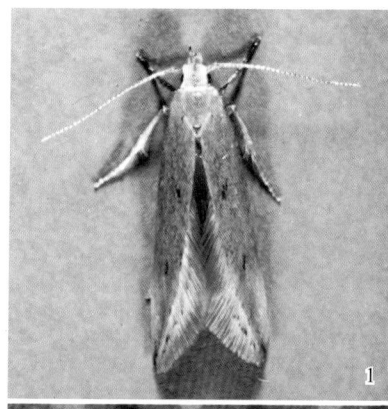

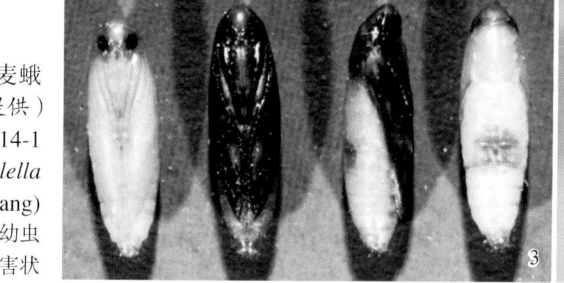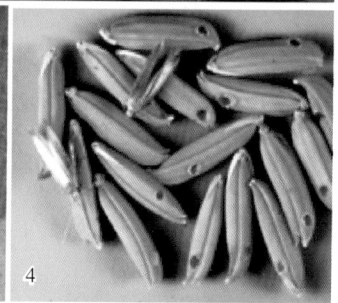

彩图15-14-1　麦蛾
（白旭光提供）
Colour Figure 15-14-1
Sitotroga cerealella
(by Bai Xuguang)
1. 成虫　2. 幼虫
3. 蛹　4. 为害状

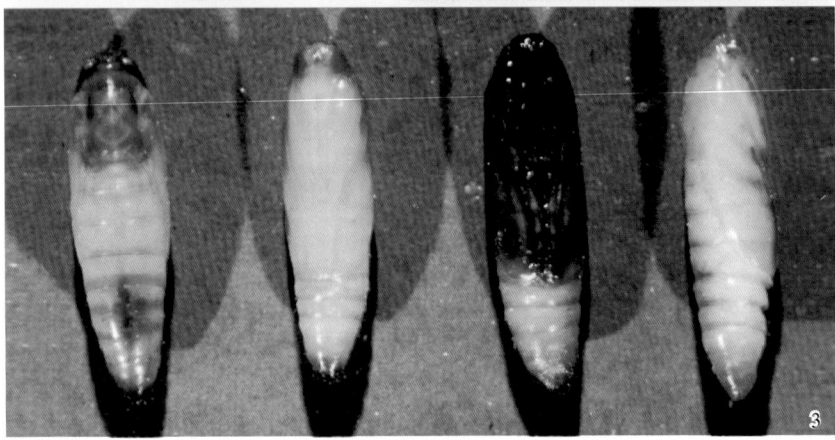

彩图15-14-2　粉斑螟（白旭光提供）
Colour Figure 15-14-2　*Cadra cautella* (by Bai Xuguang)
1. 成虫　2. 幼虫　3. 蛹

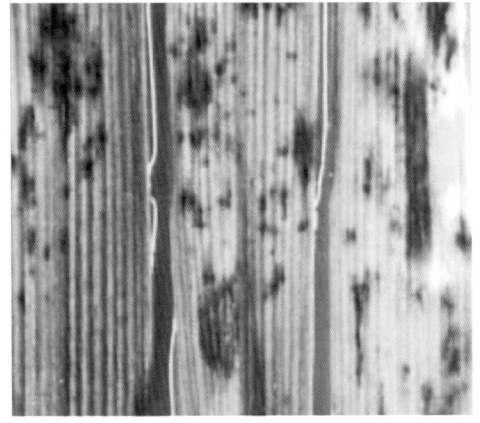

彩图15-16-1　被链格孢感染的茄子
（引自吕佩珂等，1992）
Colour Figure 15-16-1　Eggplant
infected by *Alternaria alternate*
(from Lü Peike et al., 1992)

彩图15-17-1　被麦根腐平脐蠕孢侵染的叶片
（引自Jagdish Kumar 等，2002）
Colour Figure 15-17-1　Leaves infected by *Bipolaris
sorokiana* (from Jagdish Kumar et al., 2002)

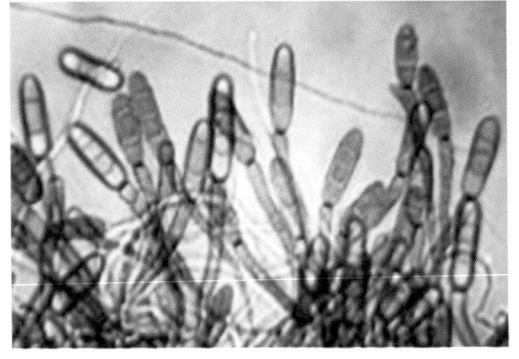

彩图15-17-2　麦根腐平脐蠕孢
（引自Jagdish Kumar 等，2002）
Colour Figure 15-17-2　*Bipolaris sorokiana*
(from Jagdish Kumar et al., 2002)

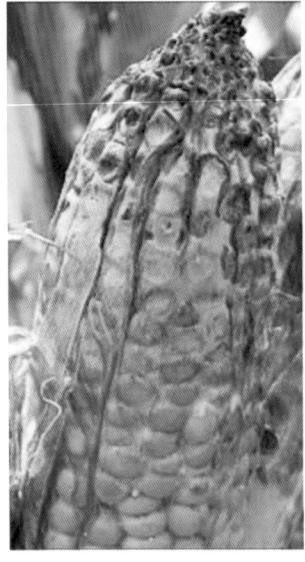

彩图15-18-1　被禾谷镰孢侵染的玉米
（引自吕佩珂等，1992）
Colour Figure 15-18-1　Corn infected by
Fusarium graminearum (from
Lü Peike et al.，1992)

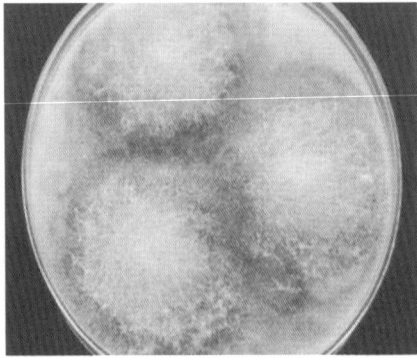

彩图15-20-1　总状毛霉在PDA平板上的
菌落形态（引自齐祖同，1998）
Colour Figure 15-20-1　Colonial
morphology of *Mucor racemosus*
grown on PDA medium
（from Qi Zutong, 1998）

索　引

病原学名索引

S

害虫学名索引